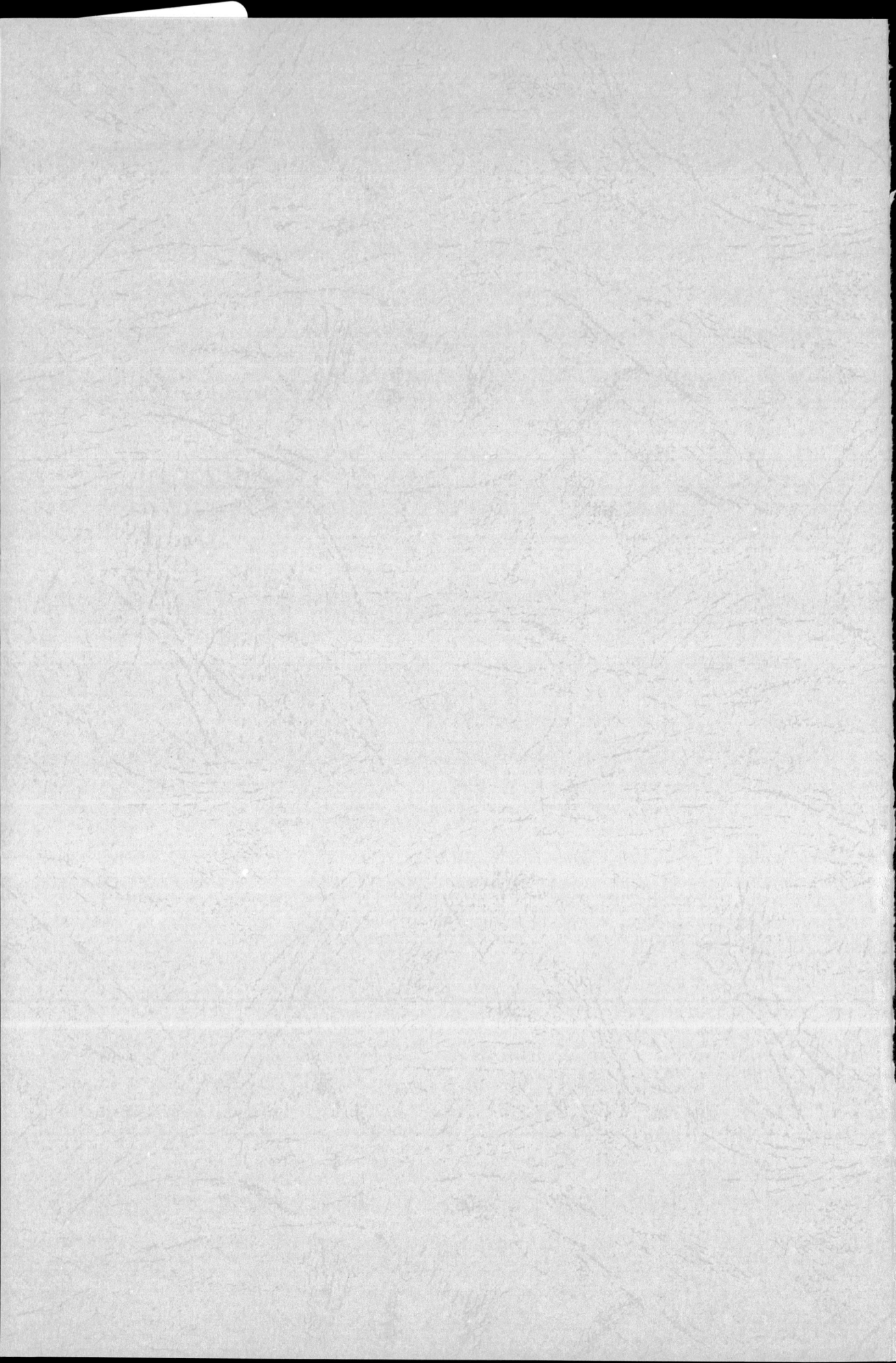

简明国际百科全书　名誉主编　李铁映　主编　滕　藤

简明东亚百科全书

（上卷）

主编　张蕴岭　魏燕慎

副主编　韩镇涉　高连福　孙叔林　刘　颖

中国社会科学出版社

图书在版编目（CIP）数据

简明东亚百科全书（上、下卷）/张蕴岭，魏燕慎主编．—北京：中国社会科学出版社，2007.6
（简明国际百科全书）
ISBN 978－7－5004－6173－9

Ⅰ．简…　Ⅱ．①张…②魏…　Ⅲ．东亚－概况　Ⅳ．K931

中国版本图书馆CIP数据核字（2007）第061727号

出版发行	中国社会科学出版社		
社　址	北京鼓楼西大街甲158号	邮　编	100720
电　话	010－84029450（邮购）		
网　址	http://www.csspw.cn		
经　销	新华书店		
印刷装订	北京一二零一印刷厂		
版　次	2007年6月第1版	印　次	2007年6月第1次印刷
开　本	787×1092　1/16	折　页	1
印　张	98.75	插　页	10
字　数	2901千字		
定　价	280.00元（上、下卷）		

《简明国际百科全书》

总编委会

总　　序

李铁映

我们正站在21世纪的门槛上。在即将进入新世纪的时候，认真审视人类在20世纪所经历的一些重大事件，以史为鉴，以史为师，有助于我们在未来前进的道路上保持清醒的头脑。

在过去的100年间，世界上发生了许多重大的事件，对人类社会进程产生了或将要产生深刻的影响。

两次世界大战给人类带来了深重的灾难。由于帝国主义国家发展的不平衡性和它们之间矛盾的不可调和性，它们为争夺世界霸权、重新瓜分世界而进行的斗争，酿成了20世纪初期和中期的两次世界大战。这两次战争造成了1亿多人的死亡和伤残、数万亿美元的财产损失。同时，战争也削弱了帝国主义的力量，增强了和平、民主的力量。要和平，求发展，已成为世界人民的共同心声。

社会主义制度的建立，开创了人类历史的新纪元。第一次世界大战后期，十月社会主义革命首先在帝国主义链条的薄弱环节——俄国取得胜利。从此，人类历史上出现了一种崭新的社会制度。第二次世界大战以后，又有一批国家走上社会主义道路，社会主义成了一支令帝国主义感到威胁的力量。尽管社会主义在某些国家遭受挫折，但是社会主义终将代替资本主义的总趋势是不会改变的。

殖民体系瓦解，一大批殖民地国家走上独立发展的道路。在社会主义运动的鼓舞下，亚洲、非洲、拉丁美洲的殖民地、半殖民地国家的人民，为争取民族独立和解放开展了英勇的斗争并且取得了胜利，汇成了20世纪中期又一股革命洪流。获得独立和新生的发展中国家，克服重重困难，发展民族经济，积极参与国际生活，已经成为争取建立公正合理的国际政治经济新秩序、推进和平与发展事业的重要力量。

经济和科技的发展，特别是信息技术的应用和传播，极大地推动了经济全球化的进程，给世界经济、政治和社会生活带来深刻变化。如何利用经济全球化带来的历史性机遇，应对经济全球化提出的挑战，已经成为世界各国特别是发展中国家必须认真研究的、关乎国家命运和前途的重大课题。

我国对国际问题的研究已有很长的历史，尤其是在最近20多年改革开放期间，取得了很大的成绩，科研成果累累，著译作品难于计数，其中不乏优秀之作。然而，在国内外有较大影响的高层次学术专著和全面、系统地介绍各国、各地区、各国际组织和国际事件的大型基础性科学著作尚不多见。基于这种情况，为了适应我国社会主义现代化建设对借鉴国际先进经验和理论、避免别国走过的弯路的需要，在国家编制"八五"出版计划和十年科研规划时，我们提出组织编纂出版多卷本《简明国际百科全书》的计划。这个计划得到国家新闻出版署批准，这套《全书》被列入"八五"、"九五"计划期间国家《重点图书选题、出版计划》。中国社会科学院将这套《全书》列为重点研究项目。这套《全书》包括：

《简明东亚百科全书》（上下卷）

《简明南亚中亚百科全书》

《简明西亚北非百科全书》（中东）

《简明非洲百科全书》（撒哈拉以南）
《简明东欧百科全书》
《简明西欧百科全书》
《简明北美百科全书》（美国 加拿大）
《简明拉丁美洲百科全书》（含加勒比地区）
《简明大洋洲百科全书》（澳大利亚 新西兰 太平洋岛国）
《简明国际组织百科全书》

在编写过程中，我们力图以马克思列宁主义、毛泽东思想、邓小平理论为指导，全面、客观、准确地反映各国、各地区、各国际组织和重大国际事件的历史、现状和特点，使这套《全书》成为可信赖的科学著作和工具书。这个目的是否达到，还有待时间的检验和读者的评判。

这套《全书》由中国社会科学院主持，院属各国际问题研究所组织编写，院内外近300位专家、学者参与了这一工作。可以说，这套《全书》是院内外国际问题专家、学者团结协作、辛勤劳动的结晶。借《全书》出版之机，我对他们表示衷心的谢意！

中国

日本

朝鲜

韩国

蒙古

越南

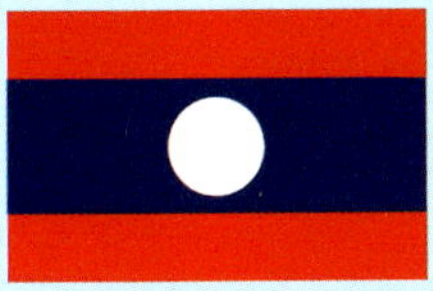

老挝

柬埔寨

缅甸

泰国

马来西亚

新加坡

印度尼西亚

菲律宾

文莱

东帝汶

东亚地区

北冰洋
太平洋
印度洋
阿拉伯海
孟加拉湾
南海
东海
黄海
日本海
鄂霍次克海
白令海
巴伦支海
喀拉海
拉普捷夫海
东西伯利亚海
里海
黑海
地中海
红海
波斯湾
阿曼湾
亚丁湾
爪哇海
苏拉威西海
班达海
阿拉弗拉海
泰国湾
安达曼海
中华人民共和国
蒙古
俄罗斯
哈萨克斯坦
乌兹别克斯坦
土库曼斯坦
吉尔吉斯斯坦
塔吉克斯坦
阿富汗
巴基斯坦
印度
尼泊尔
不丹
孟加拉国
缅甸
泰国
老挝
越南
柬埔寨
马来西亚
新加坡
印度尼西亚
菲律宾
文莱
朝鲜
韩国
日本
伊朗
伊拉克
土耳其
叙利亚
约旦
沙特阿拉伯
也门
阿曼
斯里兰卡
马尔代夫
东帝汶
北京
上海
天津
重庆
香港
澳门
台北
乌兰巴托
平壤
首尔
东京
河内
万象
金边
曼谷
仰光
内比都
达卡
加德满都
新德里
伊斯兰堡
喀布尔
德黑兰
巴格达
大马士革
安曼
利雅得
安卡拉
莫斯科
吉隆坡
斯里巴加湾市
雅加达
马尼拉
科伦坡
马累
帝力
西伯利亚
青藏高原
喜马拉雅山脉
珠穆朗玛峰 8844.43
昆仑山脉
天山
阿尔泰山脉
乌拉尔山脉
印度半岛
阿拉伯半岛
中南半岛
马来半岛
堪察加半岛
朝鲜半岛
苏门答腊岛
加里曼丹岛
爪哇岛
新几内亚岛
台湾岛
海南岛
北海道
本州岛
九州岛
四国岛
库页岛
千岛群岛
阿留申群岛
吕宋岛
棉兰老岛
比例尺 1 ∶ 42 500 000
0 425 850 1275 1700 2125km
①阿拉伯联合酋长国
②巴勒斯坦
③以色列
④阿拉伯区
⑤格鲁吉亚
⑥阿塞拜疆
⑦亚美尼亚
地区界
军事分界线

《简明东亚百科全书》
编辑委员会

撰　稿　人

（按姓氏笔画为序）

马文增　马汝骏　马树洪　孔建勋　王士录　王子建　王小敏
王玉主　王　伟　王仲全　王新生　王晓丹　王晓龙　叶其湘
冯昭奎　田　禾　石北屏　石明礼　刘　颖　刘小雪　刘秀莲
刘佳雁　刘樊德　成小洲　许志谆　朴光姬　朴英姬　朴键一
孙厚琴　孙振远　李　文　李　青　李成勋　杜继锋　何　强
何星亮　陈　山　肖　民　陈秀英　邱　彤　谷人旭　吴献斌
郑保勤　郑海英　周小兵　周荣国　杨艳艳　金英姬　赵成国
赵阶琦　赵　源　赵江林　胡少维　佟福全　张　伶　张可喜
张兴利　张明澍　张蕴岭　张惠霖　高　静　郝继涛　袁　扬
徐之先　徐长文　徐占权　黄晓勇　董新林　龚　莉　韩　锋
郗润昌　俞家栋　翁　瑾　康淞万　薛克翘　钱今昔　熊玉祥
雷钧华　阚耀珊　魏燕慎

本 卷 序

《简明东亚百科全书》是国家新闻出版署确定的重点选题、出版项目和中国社会科学院确定的重点科研和资助项目——《简明国际百科全书》大型套书中的一卷。它是中国学者编纂出版的第一部全面、系统、客观地论述东亚地区历史、政治、经济、社会、教育、科技、文化、外交及军事等领域，以及该地区所涵盖国家（地区）各领域的历史、现状和前景的重要基础科学著作和工具书。

本卷的东亚地区包括通常地理概念的东亚五国（中国、日本、朝鲜、韩国、蒙古）、北亚俄罗斯西伯利亚远东地区和东南亚十一国（越南、老挝、柬埔寨、缅甸、泰国、马来西亚、新加坡、印度尼西亚、菲律宾、文莱、东帝汶），共16个国家和1个地区。其地理范围，北起北冰洋，南至印尼南缘的印度洋；西起亚欧交界的乌拉尔山，东至亚洲与美洲交界的白令海峡及其西南走向的西太平洋海域。

东亚地区历史悠久，文化底蕴深厚；既有绚丽多彩的古代文化传统，又有当代文化令世人瞩目的成就；人力资源和自然资源丰富，也是多种族、多民族和多种宗教信仰汇聚的地区。总之，东亚地区在世界历史发展进程中，以及在全球经济、政治、文化的战略地位和未来发展趋势上，都具有极其重要的意义。

回望20世纪，东亚地区发生了翻天覆地的变化。近现代，由于遭到殖民主义—帝国主义的长期侵略，东亚地区曾经是世界上充满贫困、战乱和动荡的地区之一。第二次世界大战结束后，这个地区许多国家经过长期奋斗和努力，挣脱殖民枷锁，赢得民族独立，并且作为国际社会的平等成员登上国际舞台，在国际和地区事务中发挥着积极的作用，为亚洲和世界的和平与发展作出了重要贡献。

20世纪后半期，东亚地区的崛起为世界文明史揭开了新的篇章。纵观世界经济发展史，人们不难发现，东亚的经济崛起，有着区别于世界其他地区的明显的“个性”，即：空间的密集与均衡，时间的持续与长久，分工层次的鲜明与有序。20世纪六七十年代以来，东亚地区通过结构调整与产业转移，日本已成为较成熟的发达国家，“东亚四小龙”（韩国、新加坡、中国台湾及香港）目前已向中等发达经济迈进，中国已建立起初步完整的工业体系，正在争取到21世纪中叶进入中等发达国家的行列，东盟的泰国、马来西亚等也步入了准新兴工业国之列，日本、中国、“东亚四小龙”和东盟之间形成了技术密集与高附加值产业—资本、技术密集产业—劳动密集产业的阶梯式产业分工体系。

20世纪末的一二十年，面对西欧北美区域集团化挑战和适应区内经济活力增长的需要，亚太经济合作以较之以往更快的速度向前拓展。以1993年亚太经济合作组织西雅图会议为契机，一方面，亚太泛区域合作获得新的推动力，亚太经合组织官方协调作用得到加强；另一方面，东亚的次区域合作得以深入发展。无论是亚太泛区域合作还是东亚地区的次区域合作，其目的均在于顺应世界经济全球化的趋势，发挥各自优势，尽速发展壮大自己。特别应当指出的是，近年来东亚地区合作的进展突出反映为，在东盟加快区域一体化进程的同时，以中国—东盟自由贸易区的启动为发端，整个东亚地区的经济合作正步入新的阶段。

1997年发生的东亚金融危机对亚洲、尤其是东亚一些国家、地区经济的打击是沉重的。金融危机之所以在东亚一些国家、地区发生，反映出东亚经济经过多年持续发展，一些积淀的体制性、结构性问题，已经发展到积重难返，必须加速改革和调整的步伐。面向新世纪，东亚各国、地区只要认真对待自身经济发展中的问题，适时调整经济结构，改革不适应经济全球化、一体化的旧的银行金融体制等，定将走上健康的发展轨道。

二战结束后半个多世纪当中，东亚地区曾经是美苏两个超级大国进行冷战和策动局部战争的重点地区之一。随着1991年苏联解体，冷战结束，和平与发展成为主流发展趋势。朝鲜半岛在南北双方和国际社会的共同努力下，和平进程已有所进展。然而，迄今东亚地区仍存在一些历史遗留下来的不稳定因素，令人十分关注。

中国是世界文明古国，是人类文明的主要发祥地之一。距今四五千年前，中原大地进入了有文字可考的文明史时期，随后即累积创造了辉煌的中华文明，对东亚乃至整个人类的发展作出了重大贡献。1949年中华人民共和国的成立，是当代东亚乃至世界发展中的一个重要里程碑。特别是近20多年来，在改革开放的推动下，中国经济发展取得举世瞩目的成就，中国的经济实力和国际地位迅速提高。正如世界银行研究报告指出的，中国经济的迅速发展对世界来说“是一个机会，而不是威胁”。50多年来特别是近二三十年来亚洲发展的历程表明，作为占亚洲人口1/3、幅员1/5的一个大国，中国的稳定发展，是亚洲稳定和繁荣的重要力量。更为重要的是，作为和平共处五项原则的倡导者之一，中国坚持以邻为伴、与邻为善的方针，与亚洲国家发展睦邻友好关系。

正如中国前任国家主席江泽民在1997年东亚首脑非正式会晤时指出的那样，展望21世纪，我们可以满怀信心地说：“推动东亚经济和社会发展达到新的水平，已经具备了比较良好的条件”。“东亚各国通过各自的发展和相互合作，可以为世界各国和各地区的经济合作，创造经验和提供范例。并且可以为推动建立和平稳定、公正合理的国际政治经济新秩序，发挥重要作用。”

胡锦涛主席2006年6月17日在亚洲相互协作与信任措施会议上强调，为了实现建设一个持久和平、共同繁荣的和谐亚洲的美好目标，建议应该重点在以下几方面共同努力。第一，坚持互信协作，建立亚洲新型安全架构。尊重各国独立自主选择发展道路、制定内外政策的权利，尊重各国平等参与国际事务、平等发展的权利。第二，坚持相互借鉴，促进各种文明共同繁荣。第三，坚持多边主义，加强区域内外合作，加强上海合作组织、独联体、欧亚经济共同体、东盟、亚信等区域组织或机制内的合作，构筑密切的伙伴关系网络。加强优势互补，为实现亚洲各国发展繁荣创造更好条件。第四，坚持互利共赢，继续深化经济合作。

《简明东亚百科全书》是在中国社会科学院《简明国际百科全书》总编委会领导下，以中国社会科学院亚洲太平洋研究所为主，邀请其他各方面研究东亚政治经济问题的专家学者参与撰稿，由中国社会科学出版社出版。全书近300万字，分为上下卷，包括三大部分：第一部分为“地区综合”，下辖11编：第一编　概况，第二编　历史，第三编　政治体制与法律制度，第四编　经济，第五编　东亚地区内外经济与贸易关系，第六编　人民生活与社会保障，第七编　教育、科技、文化，第八编　军事，第九编　外交，第十编　安全，第十一编　东亚地区内外国际组织与会议；第二部分为“国别”，分为6编，分别阐述东亚16个国家和1个地区的概况、历史、政治、经济、贸易、人民生活、教育、科技、文化、军事和对外关系等；第三部分为重要文献与基本统计。全书内容取材一般截至2005年底，某些新的重要变动截至2006年12月。本书附有地图及彩色图片100余幅。“国别”部分的中国和日本两编，是根据近些年新的研究成果，对于1989年和1994年先后出版的《简明中国百科全书》和《简明日本百科全书》的内容，作了许多重要补充，相当于它们的增订本。

本书不采用词条诠释形式，而是按内容体系设置编、章和节，邀请有关专家学者，就相关的专题或国别地区进行较深入的研究与论述，以确保其系统性和完整性。全书力图做到论叙结合和图文并茂，以便读者一书在手即可了解东亚地区总体及有关国家和地区的概貌。我们希望它既能为有关部门提供东亚问题决策参考，也能成为科研机构、大专院校进行研究与教学的参考，成为广大读者了解世界发展状况、进行借鉴的一部有益的读物。

本书编纂出版过程中，得到了有关领导、科研机构、学术团体、大专院校及出版社的大力支持和帮助。中共中央对外联络部、国务院发展研究中心、新华通讯社、国家发改委宏观经济研究院、中国商务部对外经贸研究院及有关大专院校的多位知名专家学者参与编纂和审定，在此一并表示衷心感谢。中国社会科学出版社刘颖编审为本书的审改付出了大量心血，提出了许多中肯而宝贵的意见，在此特致谢意。

本书涉及领域广泛，国别颇多，有些研究起步较晚，尚欠深入，因而疏漏乃至舛误之处恐属难免，恳望读者予以指正。

《简明东亚百科全书》
编辑委员会
2006年12月15日

总　　目

目　　录

（上卷）

第一部分　地区综合

第一编　概况

第二编　历史

第五编　东亚地区内外经济与贸易关系

第六编 人民生活与社会保障

第八编 军事

第九编　外交

第十编 安全

第十一编 东亚地区及相关区域的国际组织与会议

彩图目录

上卷封面图片

上卷封底图片

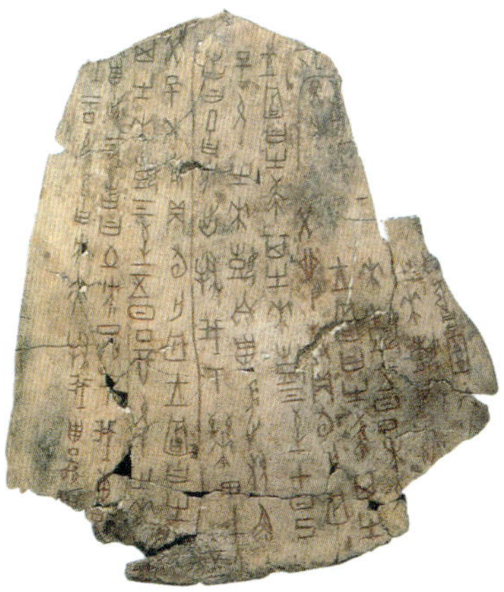

1 中国距今50万年的“北京人”头盖骨化石
2 中国商代（约前17 世纪初～约前11 世纪）甲骨文
3 中国新石器时代舞人彩陶盆
4 日本绳文时代的陶制火焰纹深碗
5 中国万里长城
6 韩国首尔朝鲜王朝正宫景福宫之勤政门
7 缅甸千年古城蒲甘的佛教遗址
8 泰国古城素可泰的“素可泰遗址公园”

1 2 3 4
5 6
7 8

9 中国青海 “三江源”之长江源头“格拉丹东冰川”
10 中国台湾阿里山日出
11 中国黄土高原
12 中国云南丽江玉龙雪山
13 中国九寨沟
14 蒙古草原
15 俄罗斯滨海边疆区植被

9	10
11	12
13	
14	15

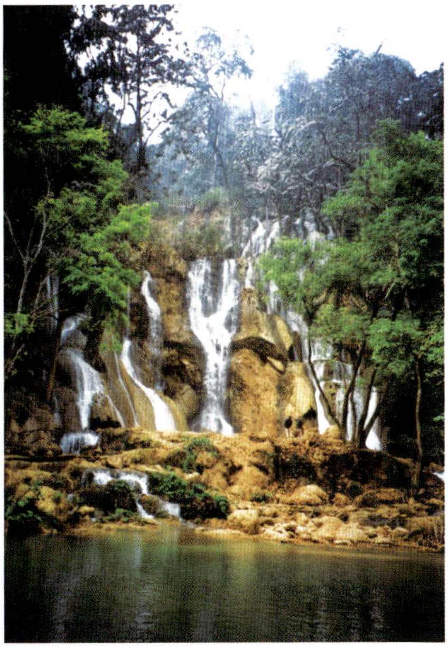

16　老挝大瀑布
17　韩国济州岛海滨
18　马来西亚马六甲海峡
19　日本冲绳海滩
20　越南下龙湾风景
21　印尼街头的载客三轮车
22　日本古城名古屋一隅

16	17
	18
19	20
21	22

23 中国大熊猫
24 印尼西伊里安的珍贵鸟类“极乐鸟”
25 俄罗斯远东西伯利亚虎
26 中国丹顶鹤
27 菲律宾眼镜猴
28 中国金丝猴
29 野生亚洲象
30 东南亚马来貘

23 24
25 26
27 28 29
30

31 中国北京人民大会堂
32 日本国会大厦
33 韩国首尔国会大厦
34 马来西亚太子城首相府（绿宫）
35 朝鲜金日成故居万景台
36 蒙古乌兰巴托苏赫巴特雕像
37 越南河内巴亭广场胡志明陵墓

32	31
36	33
	34
37	35

39	38
40	
42	41
43	44

38　中国三峡大坝鸟瞰
39　中国海尔集团
40　中国深圳联想研发中心
41　中国香港国际金融中心
42　日本的电子产业
43　韩国的大型钢铁企业“浦项钢铁公司”
44　泰国暹罗湾畔的海滨旅游胜地帕塔亚

45	47
46	48
50	49
	51

45　中国上海东方明珠塔
46　中国台湾的世界第一高楼——台北101大厦
47　中国香港会展中心
48　日本神户跨海大桥
49　朝鲜平壤地铁
50　俄罗斯远东第一集装箱集散港“东方港”
51　马来西亚北部连接槟榔屿与马来半岛的槟榔大桥

52　中国宇航英雄杨利伟
53　日本成功发射 H2—A 火箭
54　中国“两弹一星”元勋钱学森
55　中国著名数学家华罗庚
56　华裔核子物理学首席女物理学家吴健雄
57　中国获得 2006 年度国家最高科技奖的小麦育种专家李振声
58　日本日立公司展示的智能机器人“Emiew”
59　日本研制的磁悬浮列车
60　韩国的遗传工程学研究

52 53 54
55 56 57
58
59 60

61	62
63	64
66	65
	67

61　中国西藏拉萨布达拉宫
62　中国澳门妈阁庙
63　中国海南三亚南海观世音像
64　泰国历史名城佛统的帕巴吞金塔
65　文莱首都斯里巴加湾市的“赛福鼎”清真寺
66　马来西亚清真寺内的伊斯兰教信徒
67　缅甸街头佛教信徒为僧侣舍饭的场面

68　韩国妇女的传统服饰“韩袍”
69　身着传统服饰的俄罗斯妇女
70　蒙古儿童
71　身着传统服饰的缅甸女青年
72　日本传统婚俗服饰
73　朝鲜平壤市少年宫计算机活动室
74　韩国初中教学中的课外选修科目
75　日本初中教室一角

68	69	70
71		
73	72	
74	75	

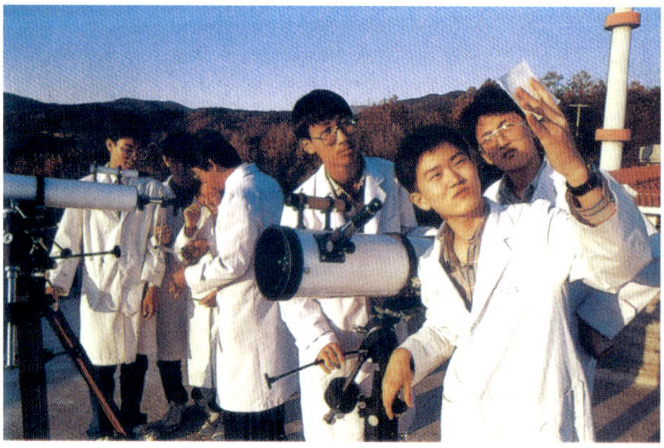

76 中国杨丽萍编导的原生态民族舞蹈《云南映像》
77 蒙古歌剧艺术
78 日本传统表演艺术“能剧”
79 韩国新罗时期的传统宫廷舞蹈《剑舞》
80 缅甸艺术家在演奏民族乐器“围鼓”
81 印尼巴厘岛歌舞
82 越南民族乐器“特令”琴表演
83 印尼巴厘岛木偶剧表演道具“皮哇扬”

76 77
78 79 83
81 82
80

84　打破110米栏世界纪录的中国田径名将刘翔
85　中国女排取得“三连冠”辉煌战绩，图为主攻手郎平在奋力击球
86　首次获得奥运会网球女子双打冠军的中国选手李婷和孙甜甜
87　1988年汉城奥运会开幕式
88　具有1500年历史的日本传统体育项目大相扑表演
89　蒙古那达慕大会上的摔跤手
90　参加第二届亚洲青少年足球大赛的东帝汶队小队员

84	85	87
86		89
90		88

91 1931年日军发动侵略中国东北的“九一八事变”
92 1937年日军发动全面侵略中国的“七七事变”
93 1941年日本袭击美国珍珠港，发动太平洋战争
94 1943年中美英三国首脑发表《开罗宣言》
95 1945年董必武代表中国解放区在《联合国宪章》上签字
96 1945年9月，日本在美国军舰上签署向反法西斯盟国投降书
97 1948年11月，盟国远东国际军事法庭宣布，对日本东条英机等7名甲级战犯处以绞刑

91	92
93	94
	95
96	97

98 1946 年 3 月，丘吉尔在杜鲁门陪同下于美国发表演说，揭开冷战序幕

99 1949 年 10 月 1 日，毛泽东在北京天安门上宣告中华人民共和国成立

100 1950 年 6 月 27 日，杜鲁门宣布美国出兵朝鲜，并派第七舰队侵入台湾海峡

101 1953年7月，朝鲜战争交战双方签订《朝鲜停战协定》

102 1967 年由泰国、印尼、马来西亚、菲律宾和新加坡组成的东盟宣告成立

103 1971 年 10 月 25 日，中国恢复联合国席位

104 1973 年 1 月 27 日，美国发动侵略印度支那战争失败，《巴黎协定》签订

98	99	100
101	102	
103		
104		

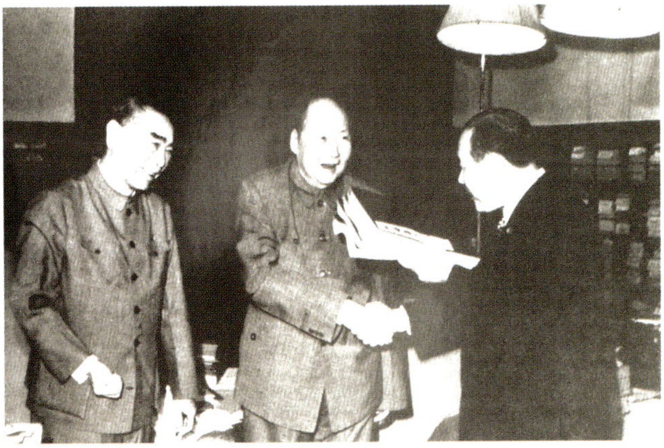

105 1949年12月，毛泽东访问苏联与斯大林会谈，并签订《中苏友好同盟互助条约》

106 1954年6月，周恩来会见尼赫鲁，共同倡导和平共处五项原则

107 1954年4～7月，周恩来率中国代表团出席日内瓦会议

108 1955年4月，周恩来率中国代表团出席亚非会议

109 1972年2月，毛泽东会见美国总统尼克松

110 1972年9月，毛泽东、周恩来会见日本首相田中角荣

111 1974年邓小平在特别联大演讲，阐述划分三个世界的战略思想

105	106
107	108
109	110
	111

112　1979年邓小平访问美国并出席卡特总统举行的欢迎仪式

113　1995年10月，江泽民等联合国安理会常任理事国五国元首会晤

114　2001年6月，江泽民等上海合作组织六国元首共同签署联合声明

115　2002年4月，胡锦涛在联合国总部会见联合国秘书长安南

116　2006年11月，胡锦涛出席在越南河内召开的亚太经合组织第十四届领导人非正式会议

117　2006年10月，温家宝出席中国－东盟建立对话关系15周年纪念峰会

118　2006年12月，朝核问题第五轮六方会谈第二阶段会议在北京举行

112	113
114	116
115	117
118	

第一部分　地区综合

第一编

概　　况

本书上下卷为涵盖广义的东亚地区内容，包括通常地理概念的“东亚”、“东南亚”和“北亚”的16个国家及1个地区，即：东亚五国——中国、日本、朝鲜、韩国、蒙古；北亚的俄罗斯西伯利亚与远东地区；东南亚十一国——越南、老挝、柬埔寨、缅甸、泰国、马来西亚、新加坡、印度尼西亚、菲律宾、文莱、东帝汶。

广义的东亚地区自然地理区划涉及：蒙古高原区，内蒙古—新疆高原区，青藏高原区，中国东部季风区，朝鲜半岛区，日本群岛区，俄罗斯西伯利亚与远东山区，中南（或印度支那）半岛区，东南亚岛屿区（又称马来群岛区或南洋群岛区）。

本卷涵盖的东亚地区历史悠久，幅员辽阔，人口众多，资源丰富。各国（地区）领土总面积约为2 902.58万平方公里，仅次于非洲领土面积（3 020余万平方公里），大于拉丁美洲的领土面积（2 072万平方公里），也大于两个欧洲的领土面积（一个欧洲领土面积是1 016万平方公里），超过3个大洋洲面积（大洋洲897万平方公里），约占世界陆地总面积的20%。总人口约为21亿多（2005年），相当于世界人口的30%。除亚洲外，比世界其他任何一洲的人口都多，为欧洲和非洲人口的各2.9倍和2.3倍，北美洲人口的6.4倍，拉丁美洲人口的3.5倍和大洋洲人口的69倍（据2005年6月24日世界人口年会发布资料推算）。这一地区包括世界四大文明古国之一的中国，文化底蕴深厚，既有博大精深和绚丽多彩的古代传统文化，又有当代经济、科技和文化迅速发展令人瞩目的成就；还有居于世界经济第二位的经济大国日本和一批正在兴起的工业化国家，以及拥有科技和工业实力、资源丰富和具有巨大开发潜力的俄罗斯西伯利亚远东地区。人力资源和自然资源在与世界其他地区比较中居于前列，又是多种族、多民族和多种宗教信仰汇聚的地区。

总之，本书上下卷涵盖的东亚地区，在世界历史发展进程中，在当代全球战略地位和未来的发展趋势上，都具有极其重要的意义。

第一章　自然地理

第一节　地理位置和面积

本卷涵盖的东亚地区位于西起亚、欧交界的乌拉尔山脉，东至亚洲与北美洲交界的白令海峡；北起北冰洋，南至印度尼西亚南缘的印度洋。地处北纬81°49′～南纬11°20′及东经60°～西经168°之间。

东亚地区总面积约2 902.58万平方公里，其中：包括通常地理概念的东亚五国（中国、日本、朝鲜、韩国和蒙古）约为1 176.7万平方公里；北亚的俄罗斯西伯利亚与远东地区为1 276.59万平方公里；东南亚十一国（越南、老挝、柬埔寨、缅甸、泰国、马来西亚、新加坡、印尼、菲律宾、文莱、东帝汶）约为449.28万平方公里。东亚地区各国（地区）的面积、人口、民族及首都、首府，详见表1。

表1 东亚地区各国（地区）面积、人口、民族及首都、首府一览表

区域	国家(地区)	领土面积(万平方公里)		人口(万人)		民族(个)	首都 首府
东亚	中国	约960		约133 000*		56	北京
	日本	37.7 880		12 774		2	东京
	朝鲜	12.3 138		2 314.9		1	平壤
	韩国	9.96		4 905.3		1	首尔(曾用名汉城)
	蒙古	156.65		253.32		16	乌兰巴托
	小计	约1 176.7 118		约153 247.52			
北亚	俄罗斯西伯利亚地区	1 276.59	650.96	3 180	2 476.2	约130	新西伯利亚市
	(与)远东地区		621.5		703.8		哈巴罗夫斯克市
东南亚	越南	32.9 556		8 090		54	河内
	老挝	23.68		567.9		60多	万象
	柬埔寨	18.1 035		1 340.0		20多	金边
	缅甸	67.6 581		5 300.0		135	仰光
	泰国	51.3 115		6 308.2		30多	曼谷
	马来西亚	33.0 257		2 558.0		30多	吉隆坡
	新加坡	0.0 689		348.7		3以上	新加坡
	印度尼西亚	190.4 443		21 500.0		100多	雅加达
	菲律宾	29.97		8 400		90	马尼拉
	文莱	0.5 765		35.8		2以上	斯里巴加湾市
	东帝汶	1.4 874		92.46		3	帝力
	小计	449.2 815		54 541.06			
东亚地区总计		约2 902.5 833		约210 968.58			

* 中华人民共和国《第五次全国人口普查公报》（第1号）数据及2005年1月6日公布数据。

资料来源 根据《2005～2006年世界知识年鉴》等资料整理编制。

第二节 地形

东亚地区地形总的特点是：以山丘和高原为主的地形组合，东缘为特有的环西太平洋岛弧——海沟。

一 复杂悠久的地质演化奠定了地形基础

地理学活动论者认为，地球表面的陆地是由不同的地块在不同地质时期分合而成，并且仍继续不断地进行分合、演化。据研究，亚洲自古生代以来，就是在不同的地块经过一系列碰撞缝合，才形成了今天全球最大陆地的部分——东亚地区。

从大地构造单元考虑，东亚地区大致可分出以下的大地构造单元。

（一）东西延伸的中轴大陆古地块单元

其主体为塔里木—中朝地块，包括中国的塔里木（西延至卡拉库姆荒漠）、中国的华北和朝鲜北部等地区。

（二）北亚陆间单元

它是复杂中间稳定地块与活动带相间的地区。

东亚地区的阿尔泰、萨彦岭，蒙古的中、东部，中国的内蒙古和兴安岭皆可归入本单元。

（三）南亚陆间单元

位于中国的昆仑—秦岭山系以南地区。

亚洲帕米尔山结以东，中轴大陆单元以南地区，以及中南半岛都列入本单元。同北亚陆间单元相似，也是一个复杂的中间地块与活动带相间的地区。

（四）环太平洋岛弧—海沟系单元

这一单元属近期和当今地质时期活动带。它包括俄罗斯远东山地，朝鲜半岛大部，日本列岛，中

国东南沿海地区、台湾、海南及邻近有关岛屿，以及东南亚的弧形群岛，而滨亚洲大陆东缘的海域，也应归入本单元之内。

需要指出，雅鲁藏布江以南的西藏地区，包括喜马拉雅山脉，属于亚洲的南亚大陆区单元。它们原属冈瓦纳古陆，至中生代中期它才分裂成独立的地块。

由上所述，亚洲整体和它的东亚地区部分，在古地块、活动带及中间地块相互作用下，地块之间产生了空间位置的相对移动。而地块边缘的沉积物及沉积物形成的地层遭到挤压，使沉积地层上部形成褶皱，甚至断裂，以致地块深处产生深大断裂。根据断裂性质，海洋地壳向地块下方俯冲，或向地块上方逆冲。不管俯冲或逆冲，都会使相向运动的地块靠近，使被褶皱的沉积地层出露于海面，并日趋增高，地块边缘地区或随之抬升或随之沉降。同时在大规模的俯冲作用下，若是俯冲角度不大，地块或大陆边缘形成海沟；若俯冲角度较大，则在地块或大陆边缘形成海沟—岛弧—弧后盆地—沿岸山脉的地貌组合。

二 山丘和高原等地形的分布

东亚地区的地形类型复杂多样，既可见到各地质时期的褶皱山地、断块山地、高耸宽阔的高原及其他特色醒目的高原，又可见到绵延起伏的丘陵、山丘围绕的盆地、大河冲积平原和滨太平洋的岛弧群。然而，具体地看东亚地区地形是以山地高原为主的地形组合。

（一）四大山脉

1. 喜马拉雅山脉

西起帕米尔山结，东南行，至缅甸西部突然南折，然后一直延伸至马来群岛。就喜马拉雅山脉而言，长约2 450公里，由北向南分为柴斯克和拉达克山、大喜马拉雅山、小喜马拉雅山、希瓦里克山。平均海拔约6 000米，其中超过7 000米的山峰就有50多座，超过8 000米的高峰10座。屹立于中国和尼泊尔交界处的珠穆朗玛峰（尼泊尔称之为萨迦—玛塔峰）海拔8 848.13米，为世界第一高峰。山体呈巨型金字塔状，上覆巨大的山地冰川，最长的达26公里。距今约6 000万年前，喜马拉雅山区为海洋（古地中海）占有。距今3 000万～4 000万年前，原在南方的印度陆块向北漂移，古海洋渐渐缩小。距今约1 200万年前，印度陆块与古亚洲碰撞缝合，并向古亚洲陆块俯冲，才形成了最早的喜马拉雅山脉。由于两陆块持续挤压及均衡上升作用，山区平均每1万年升高25～30米，至今仍未终止抬升。

那加山脉是印度东北贾帕沃山（Japvo）向东北延伸的山脉体，蜿蜒于印、缅边境，有超过海拔3 000米的高峰数座。

2. 昆仑山脉

横贯中国新疆、西藏之间的大山系。西起帕米尔山结，东止于四川盆地西缘，长约2 500公里，海拔平均5 500～6 000米，西部不少高峰海拔超过7 000米，如公格尔山（7 719米）、慕士塔格山（7 546米）、慕士山（7 282米）。昆仑山脉东延分出以下三支：

阴山山脉　在中国内蒙古自治区中部，东西向绵延约1200公里，海拔1 500～2 000米，属古老的断块山地。山脉北坡缓缓落入内蒙古高原，山间有不少重要垭口，南坡因断层，与河套平原相对高差达1 000多米。

秦岭山脉　横贯中国中部，为东西向的古老褶皱断层山脉。广义的秦岭山脉，西起甘、青边界，东止于河南中部，包括西倾山、岷山、迭山、终南山、华山、崤山、嵩山、伏牛山等；狭义的秦岭只指位于陕西省境的一段。海拔2 000～3 000米，主峰太白山，海拔3 767米。北侧为断层，相对高差大，故山势显得十分雄伟。秦岭南北多谷地，成为交通孔道。秦岭是一条重要的亚热带景观与暖温带景观的分界。

南岭山脉　系横亘在中国湘、赣、粤、桂四省、区边境山脉的总称，东西绵延1 000多公里，平均海拔1 000米左右。因其中越城、都庞、萌渚、骑田和大庾5个山岭最为著名，故南岭又别称五岭。南岭海拔不算高，且山体互不连续，主体山峰岩石坚硬，显得十分壮观。山岭多低谷及山口，自古就构成南北交通孔道。南岭同秦岭相似，是中国南方的一条重要的自然地理分界。

3. 天山山脉

亚洲中部的大山系。西段位于中亚细亚，东段横贯中国新疆维吾尔自治区中部，东西绵延长达2 500公里，宽250～300公里，海拔3 000～5 000米，将新疆南北分隔为塔里木和准噶尔两大内陆盆地。天山山系由数列东西向断块山地组成。著名高峰有托木尔峰（7 443.8米）、汗腾格里峰（6 995米）和博格达山（5 445米）。天山在地质时期历尽沧桑，在距今两三亿年前就形成了古天山。后在外力作用下，一度被侵蚀削低成200米左右的地面及大小不一的平台。新构造运动使它新裂抬升，形成今日重峦叠嶂、雄壮挺拔的雄姿。同时那些局部陷落的地区，成为山间盆地与谷地，如焉耆、吐鲁番、哈密等盆地及北疆的伊犁谷地。天山东段有不少山口，著名的有达坂城、七角井山口，它们构成南北疆交通孔道，前者位于乌鲁木齐东南，后者在哈密西北。位于阜康县境天山顶上的天池，今日已成游览避暑的旅游胜地。吐鲁番盆地中的艾丁湖，原湖面海拔为－154米。据《人民日报》海外版2000年5月11日报道，经新疆和吐鲁番市两级水利部门专家考察，由于节水措施得力，中国海拔最低点吐鲁番艾丁湖干涸多年后已重获新生。艾丁湖目前南北宽3公里，东西长至少在10公里以上，水面的海拔低于海平面147米，湖水在干涸的凹地重新露出地面。

4. 阿尔泰山脉

横亘于中国、蒙古、哈萨克斯坦、俄罗斯边界的山系。西起于东经82°，东至东经106°，全长2 000公里，海拔1 000～3 500米，位于中、蒙、俄交界处的主峰友谊峰，海拔为4 374米，阿尔泰山脉走向为北西—东南。

此外，俄罗斯远东地区主要是山地，最东缘的堪察加半岛、库页岛和千岛群岛，为第三纪褶皱带；大陆东部边缘有锡霍特山脉、布里亚山脉等中生代褶皱山脉。锡霍特山脉耸峙于太平洋岸和黑龙江、乌苏里江河谷之间；布列亚山脉为远东区南部山脉，长约400公里，北高南低，一般海拔不足1 500米，最高点海拔2 071米，它与大兴安岭之间为塞雅布里亚高原。

（二）集聚于东经110°以西的高原

东亚地区体现了亚洲东部多高耸崇山峻岭和高原，由此向外，渐为中、低山，丘陵及平原所取代的特征。

进行仔细考察，山系之间是高原所在，东至东经110°附近，出现了南北走向山脉。再向东，山地走向显示为北东走向，地形转为低山、丘陵和平原，而高原基本上分布于东经110°以西地区。

1. 青藏高原

位于中国西南部的高原。地域之宽阔、地势之高峻，为世界其他高原望尘莫及，素有“世界屋脊”之美称。面积230万平方公里，平均海拔4 500米。高原发育了近东西向与近南北向两组山系，其中以东西向山脉占优势。近东西向山脉自北而南主要有昆仑山、喀喇昆仑—唐古拉山、冈底斯—念青唐古拉山和喜马拉雅山。南北向山脉主要是高原东侧的横断山脉。正因如此，人们又称青藏高原为“山原”。高原的雪山连绵延伸，山上冰河下垂，山地冰川犹如天然的“固态冰库”。山岭之间，原野旷平，湖泊晶莹，星罗棋布。

2. 云贵高原

位于中国青藏高原东面。高原面崎岖不平，素有“地无三里平”之说，实际上它是一山地性质的高原。海拔1 000～2 000米，西北高东南低。至高原东缘，海拔仅500米左右。高原广布石灰岩层，在地体抬升、河流下切及水化学共同作用下，喀斯特（岩溶）地貌发育：地面有石芽、石林、峰林、漏斗、洼地等；地下有溶洞、地下（暗）河等，构成全球著名喀斯特地形发育地区之一。高原面上低谷与盆地，土壤肥沃、水源丰沛，是发展农业的重要场所，被人们称为“坝子”。

3. 掸邦高原（Shan Highland）

中南半岛最大的高原。其北端一部分位于中国境内。在缅甸东部，东与中国、老挝、泰国的山地相接，面积约17万平方公里，海拔900～1 100米，最高峰琳峰（Loi Lin，在腊戍东南）海拔2 675米。高原广布古生代和中生代石灰岩层，喀斯特地貌发育。高原中部萨尔温江纵贯，东西两侧有伊洛瓦底江和湄公河的众多支流。在断层和河流切割作用下，形成南北延伸、矗立于河谷平原之上的大断层崖壁，而高原范围内发育了纵行山脉与纵谷。

4. 蒙古高原

位于中部亚洲东北部，系一平均海拔为1 500米的波状高原。西界阿尔泰山，北接萨彦岭、肯特山和雅布洛诺夫山，南界模糊，为戈壁，东接内蒙古高原。高原面由西北向东南低倾。中、东部丘陵起伏。最高点乃接姆达勒山（Haupam），位于中蒙边境，海拔4 653米。

5. 内蒙古—新疆高原

位于中国祁连山和昆仑山北麓以北，以及黄土高原以西和以北的高原。北与蒙古高原连成一片，东界大兴安岭。新疆地区因新构造运动导致的差异上升，形成高山与盆地相间的分布。而内蒙古高原广大地区海拔1 000～1 500米左右，地表起伏不大，多浅宽的大盆地，地势较低处，并往往有湖泊分布。高原面上可见大面积分布的戈壁。

6. 黄土高原

分布于中国秦岭以北、古长城以南、太行山以西、乌鞘岭和日月山以东地区，面积近 60 万平方公里。海拔1 000～1 500米。黄土高原的黄土堆积深厚，达 50～100 米，陇东与陕北地区厚度可达 200 米左右。因受到水流切割，高原面破碎。除高原中央因切割较轻，高原面比较宽阔平整，构成“塬”。高原边缘，特别在黄河沿岸，高原面十分破碎，为一条条狭窄的山梁组成，构成黄土“土梁”与“峁”组成高原面上的黄土丘陵，相对高度约 200 米。沟谷川地常见于河岸，展伸于高原低处，并蜿蜒曲折伸向四面八方。因高原原有植被遭到严重破坏，流水侵蚀强烈，水土流失已成为亟待治理的环境问题。

（三）位于东经 110°以西的四大盆地

1. 准噶尔盆地

位于新疆维吾尔自治区北部，为天山、阿尔泰山、阿拉套山、塔尔巴哈台山等山脉环绕。盆地东西长达1 120公里，南北最宽处有 800 多公里，呈三角形状，面积约 38 万平方公里。海拔 500～1 000米，东南高西北低。盆地最低处是西部的艾比湖，海拔 189 米。同塔里木盆地一样，在距今 5 亿年前是一大洋中的地块，距今 2 亿～3 亿年前地块四周沉积地层被挤压抬升形成山脉，塔里木与准噶尔才各自成为群山环抱的盆地。准噶尔盆地西北边缘海拔较低并在阿拉山口额尔齐斯河谷地存在缺口。这种形势有利于来自西部及北部的湿润空气进入盆地。

2. 塔里木盆地

位于新疆维吾尔自治区南部，为天山、昆仑山和阿尔金山环绕。盆地东起甘肃和新疆边境，西至帕米尔山结，东西长1 400公里，南北宽 550 公里，似菱形状，面积约 53 万平方公里。这一内陆盆地，海拔 800～1 300米，自西向东缓缓倾斜。盆地封闭，只有东端有宽约 70 公里缺口与甘肃河西走廊相通。四周高山海拔达4 000～6 000米。山麓四周是环形戈壁带，但宽窄不一，有的地方 30～40 公里，而昆仑山麓的戈壁可达 80 公里。戈壁的砾石层厚一般有几十米。高大山脉的山前地带因有雪山冰融水补给，特别是盆地西部，发育了面积不等的 100 多个“绿洲”。其中阿克苏、莎车、和田、疏勒和库车等 5 个绿洲面积都超过1 000平方公里。塔里木盆地中发育了中国最大的沙漠——塔克拉玛干沙漠，这儿沙丘、沙垅构成了一望无际的沙漠。

3. 柴达木盆地

位于青海省西北部，为昆仑山、阿尔金山和祁连山所环抱。盆地东西长约 850 公里，南北最宽处约 350 公里，面积 25 万平方公里。盆地由几个山间盆地组成。从盆地边缘至中央依次分布着戈壁、丘陵、平原、湖沼。柴达木盆地海拔2 600～3 000米，为一高盆地，自西向东南缓缓倾斜。盆地现有大小湖泊5 000多个，盐湖 100 多个。仅察尔汗盐湖储盐量就约有 250 亿吨。

4. 四川盆地

位于四川省东部，为秦岭、大巴山、大娄山、巫山、邛崃山和大雪山环绕。盆地内广布紫红色砂页岩，所以人们又称它为“红色盆地”。盆地似梯形，顶点分别是广元、雅安、叙永和奉节，面积约 20 万平方公里，比今天柬埔寨的面积还大。海拔 300～600 米，由北向南倾斜。因长江支流岷江、沱江、嘉陵江的长期切割，盆地地表崎岖、破碎，构成一个丘陵性盆地。盆地东部是北东走向的平行岭谷，华蓥山主峰海拔1 580米，其他山岭海拔介于 500～1 000米之间。中部多平顶方山，海拔 350 米左右。西部在成都附近为面积达9 000平方公里的冲积平原。

（四）位于东经 110°以东的丘陵、低地、平原和岛弧系统

东亚地区的东部，在三条巨型隆起及两条巨型沉降带制约下，发育了北东走向的不同地形。

1. 自西向东基于隆起带发育三列山地

（1）第一列山地

大兴安岭　又名西兴安岭。北起中国黑龙江省漠河，南至内蒙古自治区的西拉木伦河，长约1 200公里，宽 200～300 公里，海拔1 000～1 400米，主峰黄岗梁，海拔2 029米。大兴安岭的东西两坡形态不对称，西坡缓缓汇入内蒙古高原，东坡以阶梯状向松辽平原降落。横谷、山口构成山地东西之间交通孔道。

太行山　位于中国山西与河北交界处南北延

伸，北起河北省拒马河谷，南抵晋、豫边界的黄河河岸，长500公里，平均海拔超过1 000米，最高峰海拔超过1 500米。东西坡形态也很不对称：西缓东陡。所以从山西高原东看太行山，山体相对高度仅几百米，而从华北平原西看太行山，则显得高大雄伟。山体多横谷，构成东西交通孔道，如著名的穿越太行的“太行八陉”：轵关、太行、白、釜口、井、飞狐、蒲明和早都等八陉。

巫山　位于中国川鄂两省边境，北接大巴山，平均海拔1 000～1 500米。西来之长江穿过由石灰岩和砂页岩构成的山体时，前者形成壁立的险谷，后者江面较为开阔，从而形成了奇峰竞秀的三峡风光。三峡中有的地段江面宽仅200～300米，但山峰可高出江面500～1 000米。如今三峡大坝建成，原三峡的江面宽度已发生了变化。

雪峰山　位于中国湘西一线，北起洞庭湖滨，南抵湘桂边境，平均海拔1 000米左右，主峰苏宝顶，海拔1 934米。雪峰山南北差异明显，北段的山体向南渐渐转化成丘陵。

（2）第二列山地

锡霍特山脉　位于俄罗斯远东山地区南部，濒临鞑靼海峡、日本海。长1 200公里，宽200～250公里，平均海拔800～1 000米。托尔多基—亚尼为最高峰，海拔2 077米。锡霍特山南部和东部陡峭，西部有宽广的纵谷和盆地。

长白山　位于中国黑龙江、吉林、辽宁三省的东部和中朝边境，由一系列北东走向的平行山脉组成，主要有完达山、穆棱窝集岭、老爷岭、张广才岭、吉林哈达岭、老岭等，海拔多变动于500至1 000米之间，一些山峰可超过1 000米。白头山属长白山，位于中朝边境，原是死火山，然而却在1597、1668和1702年出现过三次喷发活动，使白头山的死火山口积水成湖，即长白山的天池。

武夷山　位于中国赣闽两省边境。南连九连山，北接仙霞岭，海拔1 000米左右，主峰黄岗山，海拔2 158米。福建崇安县城西南10多公里处的武夷山地段，海拔仅600多米，是红色砂岩构成的低山，风景秀丽，号称福建第一名山，有虎啸岩、流銮洞、卧龙潭、九曲溪、桃源洞、四十九峰、八十七岩等名胜景点。

（3）第三列山地

千岛群岛　位于俄罗斯远东地区堪察加半岛以南的岛群。介于鄂霍次克海和太平洋之间，属俄罗斯远东地区萨哈林州，呈东北—西南向分布，由30多个较大岛屿及许多小岛组成。各岛多山地，海拔500～1 000米。主要由岩浆岩构成。已知约有160座火山，其中活火山约40座，最高点为阿莱德山，海拔2 339米。

日本群岛　位于亚洲大陆东缘和太平洋的西北部，由北海道、本州、四国、九州四大岛和3 900多小岛组成，属东亚弧形列岛的重要组成部分。日本群岛山脉纵横，火山广布，地震频繁。日本群岛地形结构，大致以本州中部的丝鱼川—静岗构造线为界，分为南弯山脉（西南日本）和北弯山脉（东北日本）两大单位。构造线西侧，山势高，如飞弹山脉、木曾山脉和赤石山脉，统称“日本阿尔卑斯”，海拔多达2 500～3 000米。构造线东侧，大致以关东山脉西麓为界。关东山脉是地垒状山脉，海拔约2 000米。而在构造线的断裂地沟中多新近火山喷出物，构成著名的富士火山带，地沟带中还有不少小型断层盆地，如甲府盆地和诹访湖地沟。

日本群岛多火山，计270多座，活火山约80座，约占全球活火山总数的10%，分布在群岛内8条火山带上。与火山活动相联系，温泉众多，计有18 678处。著名的温泉如静冈县的热海，大分县的别府、神奈川县的箱根等。此外，日本群岛正处在地震带上，年均地震7 500次，其中有感地震1 500次，破坏性地震420次。大部分属浅震，主要集中在东北本州弧外海沟的近陆一侧。震源深度大于60公里的地震则见于东北日本弧及琉球弧。

日本群岛海岸曲折，多海湾、半岛和天然良港。海岸地貌类型复杂多样，有沉降海岸、隆升海岸、砂岸、珊瑚礁海岸等。

台湾山脉　位于中国台湾中部和东部，由4列东北—西南走向平行山脉组成，由东至西依次为台东山脉、中央山脉、玉山山脉和阿里山脉。它们都是第三纪形成的年轻山脉，山势雄伟高峻，海拔超过3 000米的高峰有62座，其中22座山峰超过3 500米，为世界海岛中罕见。台东山脉沿太平洋岸从花莲南伸至台东，长140公里，宽7～15公里，海拔500～1 000米，主峰为新港山，海拔1 682米。中央山脉北起苏澳，南抵岛南端的鹅銮鼻，长320公里、宽80公里，为岛之“屋脊”及水系的主要分水岭，高峰海拔多介于3 000～3 500

米，而秀姑峦山高达3 833米。玉山山脉北起三貂角，南至屏东平原，长280公里，高峰海拔多超过3 000米，主峰玉山海拔3 950米，是中国东部的最高峰，而雪山海拔3 884米，为台湾省第二高峰。阿里山是围绕台湾西部平原的山脉，北起鼻角头，南隐没于台南平原，山势不高，海拔多在1 000～3 500米之间。玉山与阿里山发育了不少断层，其上有许多湖泊与山间盆地。日月潭即是占地900多公顷的断层湖。

东南亚岛屿区（又称马来群岛） 包括大巽他群岛、努沙登加拉群岛、马鲁古群岛和菲律宾群岛等。本区是新近地壳运动形成的支离破碎的高峻地貌，同时，火山、地震活动非常剧烈。

大巽他群岛 属巽他群岛一部分，主要有苏门答腊、爪哇、加里曼丹、苏拉威西等大岛及数以万计的中、小岛屿组成。

苏门答腊岛 位于印度尼西亚西部，世界第六大岛，南北长约2 600公里，最宽处400多公里，面积43.4万平方公里。西半部山地纵贯，有近百座成串火山，并发育了喀斯特（岩溶）高原、山脉与纵谷。最高峰葛林芝火山，海拔3 805米。西陡东缓。东半部为南宽北窄的平原，最宽超过100公里。

爪哇岛 属印度尼西亚，在苏门答腊和巴厘岛之间，北临爪哇海，南濒印度洋。东西长约970公里，南北宽95～160公里，面积12.6万平方公里。岛上山脉绵亘，火山众多。最高峰塞马鲁火山海拔3 676米。山间多宽盆地。北岸沿海有冲积平原，南岸陡峻，有丘陵。

巴厘岛 面积5 500平方公里，山脉横贯，东高西低，最高峰阿贡山，海拔3 142米。北坡陡，南坡缓，火口湖构成岛上的天然水库。

加里曼丹岛（又称婆罗洲） 世界第三大岛，面积73.6万平方公里。山脉从内地向四外延伸，东北部较高，有东南亚最高峰基纳巴卢山，海拔4 102米。全岛地形起伏和缓。

苏拉威西岛（旧名"西里伯斯"） 面积17.9万平方公里。全岛由四个半岛组成，多高山深谷少平地，岛北端有10多座活火山。许多山峰海拔超过3 000米，最高峰兰特孔博拉，海拔3 455米，位于西南半岛中部。

马鲁古群岛（旧名"摩鹿加群岛"） 山地险峻，平地少，多火山。许多山峰海拔超过1 000米。最高峰西比拉山海拔2 111米，位于巴漳岛上。

菲律宾群岛 北隔巴士海峡与中国台湾相望，西临南海，东濒太平洋，面积29.97万平方公里。群岛由7 100多个大小岛屿组成，其中2 400个岛屿有名称，1 000多个岛上有居民。超过1 000平方公里的岛屿只有13个，占群岛总面积90%以上，其中吕宋和棉兰老岛是两个最大的岛屿。约2/3以上的岛屿为丘陵、山地与高原。岛上山峦重叠，全群岛共有52座火山，其中活火山为11座，地震频繁。

2. 自西而东基于两条巨型沉降带制约的平原、丘陵

（1）平原

布列亚河平原 布列亚河，中国古称"牛满河"，是俄罗斯远东区南部黑龙江北岸第二大支流，它的下游冲积成结雅—布列亚平原。

松辽平原（又称东北平原） 位于中国东北地区，北起嫩江中游，南至辽东湾，长约1 000公里，东西最宽处约400公里，面积约35万平方公里，是该沉降带中面积最大的平原，主要由松花江、辽河、嫩江冲积而成。海拔一般不足200米。在中国各大平原中，松辽平原地势最高、地面起伏明显、沼泽与湿地广布。沼泽多的原因有二：地势低洼处排水不畅，或江河急拐弯处水流不能顺利下泄；地下的冻土层和黏土层起到隔水层作用，使积水无法下渗。

华北平原（又称黄淮海平原） 位于中国黄河下游地区，西起太行山麓和伏牛山麓，东至渤海、黄海和山东丘陵，北倚燕山，南于淮河附近与长江中下游平原相连。面积约31万平方公里。华北平原自西部山麓到东部海滨，地势缓降。其高度，近山麓为冲积扇带，海拔50米左右，坡度较大，排水性质好；近海部分为海滨平原，海拔一般不足5米。华北平原因是许多河流冲积扇连接而成，冲积扇之间形成低洼地。因黄河在塑造华北平原中贡献最大，它形成的冲积扇既高又大，成为海河与淮河的分水。所以黄河以北叫海河平原，以南叫黄淮平原。黄河冲积扇以北发育了海河低洼地中心，上面分布着白洋淀。黄河冲积扇以南，发育了黄淮平原低洼地中心分布的洪泽湖等湖泊。黄河冲积扇与山东丘陵交界处，也发育了低洼中心分布的微山湖与东平湖。洼地地下水位高，在干旱季节，土壤下层及地下水中可溶性盐分会随毛细作用加强而上升，导致土层中盐类积聚，形成危害农作物的盐碱土。

长江中下游平原　包括长江三峡以东、黄淮平原和淮阳山地以南、江南丘陵以北范围内的平原地区。面积约19万平方公里，大部分地区海拔不足50米。不同于松辽平原和华北平原，它由4个相对独立的部分构成：两湖平原、鄱阳平原、苏皖平原和长江三角洲。两湖平原位于湖南省北部和湖北省中部，由汉江、湘江、资水、沅江、澧水等共同冲积而成。面积约5万平方公里，海拔50米左右。鄱阳平原位于江西省北部及安徽省西南边境，由长江及鄱阳湖水系赣、抚、信、修等水共同冲积所致。面积只有两湖平原的40%，海拔则相差不大。鄱阳平原东去经安徽至南京、镇江，为苏皖平原。它沿江分布，因沿岸山丘制约，面积不大，地势较低，海拔低于20米。镇江以下为长江三角洲，介于杭州湾与通扬运河之间，面积约5万平方公里，海拔不足10米。距今2 000万～3 000万年前，今日之长江三角洲尚是大海的一部分。7 500年前海岸线还在扬州、镇江一带。因长江挟带的大量泥沙在海水顶托下沉积，在南北两岸形成沙堤。北岸沙堤与黄淮泥沙堆积之间，构成海拔只有2～4米的河洼地；南岸沙堤与钱塘江北岸沙堤之间，形成海拔多低于10米的太湖平原。

（2）丘陵

胶辽丘陵　系中国山东半岛与辽东半岛丘陵之总称。山东丘陵为缓岗宽谷相间的丘陵。除崂山、沂山、蒙山、泰山等少数山峰海拔超过1 000米外，大部分地区不足500米。辽东丘陵呈东北—西南走向，海拔多低于500米，少数山脉超过1 000米，地形破碎。

东南丘陵　位于中国云贵高原以东，长江中下游平原以南的丘陵分布区，包括江南丘陵、闽浙丘陵和两广丘陵三部分。

江南丘陵　处于南岭以北、长江以南、天目山—武夷山以西的地区。海拔多在200～600米。东北—西南走向的低山、丘陵与条形盆地相间。主要山脉主峰海拔超过1 500米，多由花岗岩与其他坚硬岩石构成。这儿可见悬崖峭壁、飞流瀑布、怪石奇松，构成“雄、奇、险、秀”的胜景。如庐山、黄山、井冈山、衡山等。江南丘陵又可分为湘西、湘中、赣西、皖南和宁镇5个丘陵单元。丘陵间分布着许多红色盆地，如长沙、湘潭、株洲、衡阳、宁都、赣州、吉安、瑞金、兴国等盆地。

闽浙丘陵　指浙江杭州市以南、福建全省及广东东部低山、丘陵区。主要山脉有武夷山、天目山、仙霞岭、括苍山、雁荡山、戴云山，均为东北—西南走向，海拔200～1 000米，个别山峰可超过1 500米。在低山丘陵间夹有盆地与河口平原，如金衢盆地、邵武盆地、漳州平原、泉州平原、福州平原、温州平原等。

两广丘陵　广东省和广西壮族自治区低山丘陵总称，也叫岭南或华南丘陵。海拔多低于500米，少数高峰海拔超出1 000米。主要山脉有两广边境的云开大山和十万大山等，多呈东北—西南走向。广西境内多喀斯特特色，广东丘陵则多显花岗岩及红色砂岩韵味。

第三节　气候

东亚地区的气候以季风气候为主要特色，兼具明显大陆性，复杂多样。

一　气候主要特征

东亚地区的气候也是在太阳辐射、大气环流和地文因素综合影响下形成的。从该地区各地气候的实情概括，以及同其他各洲相同地理位置地区的对比分析，东亚地区的气候，具有以下三大显著的特征：季风性、明显的大陆性和复杂多样性。其中，季风性气候最具代表性。

（一）季风性气候

所谓季风性气候，系指季风盛行地区的气候。冬季盛行时，气流来自大陆，天气干冷；夏季气流来自海洋，天气湿热。

俄罗斯远东滨海区、日本群岛、朝鲜半岛、中国东经105°以东地区、中南半岛、东南亚群岛等地区，盛行的风向随季节而有显著的变化。1月与7月盛行风向间的夹角变动，至少达120°。亚欧大陆与太平洋之间巨大的热力差异及其季节变化，加上行星风带季节移动的作用，是东亚地区季风及季风气候形成的主要原因。夏季风从海洋吹向陆地，在夏季气压配置、锋面、气旋活动配合下，暖热多雨；冬季风从大陆吹向海洋，在冬季气压配置、锋面、反气旋活动配合下，凉冷少雨。这构成东亚地区亚洲季风气候的共同特征。

强大的季风环流，破坏了同纬度地区大陆西部与中部气候应有的相似性。比如东亚地区温带地区最冷月气温比同纬度欧洲西岸温带地区低得多。东亚地区亚热带部分的降水季节分配与亚热带欧洲地中海地区截然不同，前者夏季多雨冬季少雨，而后者冬季多雨夏季少雨。尽管如此，立足于温度标准，东亚地区季风气候仍可按热量自北而南划分出寒温带、温带、亚热带及热带季风气候，同时对比不同纬度季风气候中的夏季风与冬季风两者强度的差异，发现寒温带、温带和亚热带的季风气候，以冬季风势力强于夏季风，而热带季风气候，则以夏季风势力强于冬季风。前三者季风气候的形成，主要导因于海陆热力差异，包括了青藏高原的作用，后者叠加了行星风带的季节移动。

以北纬 35°～55°的东亚地区温带季风气候而论，冬季受极地大陆气团影响，盛行风向为偏西、偏北风，风力强劲，由亚洲中高纬陆地吹向海洋，寒冷少雨天气为主，南北温差大；夏季受热带海洋气团或变性海洋气团影响，风由海洋吹向陆地，暖热多雨，南北温差小。四季分明，夏季降水比例最高。北纬 35°以南为亚热带与热带季风气候。前者主要见于中国华中区域及日本群岛南部。年降水量，因包括台风降水，比温带季风气候丰富得多。中南半岛、菲律宾群岛和南洋群岛，发育着热带季风气候。全年划分为干、湿两季，最热月出现于湿季来临前的 5 月。夏季风的出现具有突发性，带来丰富的降水，降雨的年变率大。

因东亚地区深受季风影响，以及在时间上的差异，5 月，季风雨带首先出现于热带季风区，6 月中旬北迁到长江中下游及日本南部，7～8 月雨带最终迁移到中国华北、东北及朝鲜半岛、日本群岛北部和俄罗斯远东地区。要指出，因海陆相关位置、面积、地形的影响，热带季风气候地区内部，存在着一定的差异，粗分成大陆性及海洋性两类热带季风气候，前者主要见于中南半岛内部，其特征是热季（干季）突出，气温年较差大，干季长于湿季。后者见于菲律宾群岛和南洋群岛，气温日较差、年较差小，热干季不那么明显。如果从温带及亚热带季风气候区域看，日本群岛季风，更近海洋性季风气候。

（二）明显的大陆性气候

东亚地区约有 40% 的区域属干旱、半干旱区域，它们位于东亚地区的西部，属于亚洲的内陆。气候的大陆性十分明显，气温年较差大。如蒙古的乌兰巴托 7 月气温 15.3℃，降水 51 毫米；1 月气温 −23.7℃，降水不足 3 毫米。中国新疆古尔班通古特沙漠（北纬 45°～北纬 48°）7 月气温 24℃，降水 25 毫米；1 月气温 −20℃，降水不足 10 毫米。

又如前所述，东亚地区之季风，除日本群岛、东南亚外岛及中南半岛沿岸外，基本上都属于大陆性季风。即使依中国一些学者看法，至少内蒙古高原、黄土高原以西的部分，春温平均大于秋温，属于“大陆型季风气候”。

综上所述，东亚地区 40% 干旱、半干旱区域及季风区中大陆性显著的区域，约超过东亚地区总面积的 60% 或 70%，可见东亚地区气候大陆性的明显性。

（三）复杂多样的气候类型

东亚地区南北约跨 70 个纬度，北起北半球寒温带，南至赤道带；东自亚洲东缘的日本列岛，西至亚洲内陆帕米尔山结，几乎发育了世界上所有的气候类型。东亚地区的俄罗斯远东滨海省发育了寒温带针叶林气候；由此向南，依次发育了温带、亚热带及热带季风气候。东亚地区由东向西发育了森林气候、草原气候及半荒漠与荒漠气候。因东亚地区高原山地地形占优势，所以垂直气候带丰富，而且发育了特殊的亚热带青藏高原气候。

总之，东亚地区气候类型复杂多样，发育了世界唯一的一组季风气候类型，以及发育了世界屋脊——青藏高原上特殊的高原气候型，在世界七大洲中，构成了独特的大陆东岸及内陆的气候类型图谱。

二　气候分区

（一）寒温带季风气候区

位于俄罗斯远东滨海地区及中国黑龙江极北部等地。冬季吹西北风，带来西伯利亚大陆气团。夏季，吹东南风，太平洋气流吹向陆地。1 月平均气温 −25℃～−1℃，7 月 15℃～20℃。年降水量多寡同地势及山地坡向密切相关，全区一般介于 500～700毫米。冬季雪层一般只有 10～20 厘米。

（二）温带季风气候区

位于中国秦岭—淮河以北，以及温带半干旱、干旱区以东地区，含朝鲜半岛与北纬 37°以北的日本北部地区。冬季吹偏北风与西北风，十分寒冷。

除日本群岛西半部，因山地迫使气流经过海域上升，冬季带来丰富的降雪外，本气候区绝大部分晴朗干燥。夏季吹偏南风、东南风，给本气候区带来丰沛的降水。1月气温－20℃，雪层很薄。7月气温20℃～25℃，全年降水多降于夏季，年降水平均约在600～1 000毫米上下。

（三）亚热带季风气候区

位于秦岭—淮河以南、南岭山地以北和青藏高原东缘（大致东经105°）以东的中国大陆，和包括台湾等的中国东部岛屿及北纬37°以南的日本群岛部分。冬冷夏热，降水介于800～1 600毫米之间，全年至少有8个月的月平均气温高于9.5℃，区内绝对最低气温可低于－10℃。冬季处于亚洲大陆高压前方，西藏高原南侧南支急流自西南进入本区并直抵本区东缘，气旋较有规律地侵入，带来一定的云雨，降水量可占全年降水10%上下。夏季随夏季风自洋面吹来及增强，锋面雨带自南而北推进。当锋面雨带移至长江中下游地区，长江干流及其支流流域的初夏降雨被称为梅雨。因静止锋在6～7月初摆动于长江中下游地区约20～30天，梅雨降水量可占本区6～7月两个月降水量的50%～70%。9～10月，沿海地区，在西太平洋副高南缘东风气流引导下，热带风暴带来丰沛的降水。必需指出，本区的梅雨降水与热带风暴降水，年际变化明显，因此，本区年降水、月降水变率相当大。

（四）热带季风气候区

主要分布于中南半岛、菲律宾群岛。印度尼西亚群岛因位处赤道两侧，虽然热带季风作用被削弱，主要显示出赤道雨林气候特征，然而仍显示出季风的影响，不同于非洲与南美洲赤道雨林气候。在这儿，考虑到一般的说法，印度尼西亚等国所在的南洋群岛等地不列入本区。北纬6°～20°间的中南半岛和菲律宾群岛，发育着典型的热带季风。考虑到本区温度和降水，一般可分出三季，即凉干季、热干季及湿季。6～9月，西南季风盛行，在热带辐合带作用下热湿多雨。11月～翌年5月为干季，盛行东北季风。干季据温度又可分出凉季及热季，前者约介于11月与翌年2月之间，后者约介于3～5月之间。最热月出现在雨季开始前的5月。平均气温，全年多为20℃～27℃，年均降水超过1 000毫米。菲律宾群岛年均降水超过2 000毫米。

台风是热带海洋上急速旋转的大气涡旋，因它生成的地区不同而有不同的名称，在西北太平洋称为台风。气象学上，台风专指北太平洋西部（国际日期线以西，包括南中国海）洋面上发生，近中心最大持续风速达到12级及以上（即每秒32.6米以上）的热带气旋。至于在大西洋或北太平洋东部发生，达到同样强度的热带气旋，则称为飓风。

台风以其中心附近地面最大风速又划分为三种类型：

1. 强台风——台风中心附近地面最大平均风速大于32.6米/秒（相当于风力12级）。

2. 台风——台风中心附近地面最大平均风速曾出现17.2～32.6米/秒（相当于风力8～11级）。

3. 热带低压——台风中心附近地面最大平均风速曾出现10.8～17.1米/秒（相当于风力6～7级）。

根据国际气象组织规定，在北太平洋西部及南中国海发生的热带气旋，分为五级。各地向外公布的分级和名称有时略有不同。2000年之前，我国一直按照一年当中台风生成的先后顺序进行编号。如1997年发布的“9711号台风”，就是指1997年西太平洋海域生成的第11号台风。但是从2000年1月1日起，台风委员会为提高人们的警觉，在发布台风警报时，除继续使用原来的编号外，还对其进行命名。这些名字由14个成员国和地区提供，每个成员国提供10个，按预先确定的次序排名，循环使用。中国提供的10个台风名字分别为：龙王、玉兔、风神、杜鹃、海马、悟空、海燕、海神、电母、海棠。

在台风活动的过程中，伴随有狂风、暴雨、巨浪和风暴潮。所以，在台风经过的地区，除伏旱期间，有解除旱灾的作用外，将会给人民造成巨大的灾害。全球每年热带风暴发生80～100个，它们对人类生活产生巨大影响。平均每年约1.5万～2万人死于热带气旋灾难之中。每年给全球造成经济损失竟达60亿～70亿美元。

（五）赤道季风区（赤道多雨气候、热带雨林气候）

位于中国最南端南海诸岛、马来半岛南部及南洋群岛。全年为赤道气团及变性热带气团控制，高温多雨，全年如夏。月均气温24℃～28℃，夜间最低温一般不低于16℃，气温年较差小。与非洲和南美洲热带雨林气候相比，年较差小，一般不足1.5℃，最大不超过3℃。年降水多超过2 000毫米。本区虽处于赤道两侧，主要体现了热带雨林气候特征，常夏无冬，全年有雨；但是，年内春、秋分雨峰出现时期为季风所破坏，即雨峰移至夏季风盛行时期。又因地形与夏季风或冬季风结合的结果，导致赤道以北面对东北季风一侧多雨，如马来半岛东岸的瓜拉丁加奴，年降水3 093毫米，而11、12月降水均超过600毫米，夏季各月降水只有130毫米左右。加里曼丹岛东北岸的山打根，年降水3 650毫米，11、12月各超过500毫米，而春季各月不足180毫米。赤道以南的岛屿，面迎西北季风一侧多雨，如苏拉威西岛西南的乌戎潘当，年降水2 878毫米，当西北季风吹来的12月和1月降水分别为597和676毫米，而盛行东南季风的7、8、9月降水剧降，分别为36、10和15毫米，构成乌戎潘当的干季。赤道附近岛屿，季风变换季节多雨，而且西岸多于东岸。如苏门答腊西侧的巴东，年降水超过4 000毫米，但位处东部平原上的巴邻旁，年降水仅2 573毫米。

（六）温带草原气候区

位于蒙古草原带、中国内蒙古自治区及黄河中游地区，属半干旱型草原气候。因位处亚洲内陆及周围山脉阻挡水汽伸入，年降水250～450毫米。全年降水集中于夏季，如乌兰巴托年降水208毫米，夏雨占84%，且多暴雨。降水变率大；蒸发量大于降水量，干燥度1.5～3.99。冬季寒冷，1月均温多在－5℃～－20℃；夏季暖热，7月均温超过20℃；年较差达36℃～37℃。

（七）温带半荒漠、荒漠气候区

位处中国西北内陆盆地、内蒙古自治区西部和蒙古国东南部。因深居亚洲大陆腹部，降水稀少，年降水一般不足250毫米；气温变化极端，年较差和日较差都很大。中国新疆的吐鲁番年降水22.7毫米，冬有少量降雪。年相对日照率高达60%～70%，冬寒夏炎，气温变化剧烈。吐鲁番（北纬43°），6～8月各月月均温超过30℃，最高气温可达47.8℃，而极端最高地温曾达75℃，是中国“热极”，有“火洲”之称。年较差达43.5℃，比埃及阿斯旺年较差（18.9℃）还高24.6℃！

（八）高山气候区

东亚的高原及高山，气候要素如气温、降水等，因海拔高度变化而变化，显示了高山气候特征。中国青藏高原，地体巨大，地势高耸，全年平均气温低，冬季严寒。青藏高原气候，又可列为亚热带高原季风气候，但主要受西南季风影响。喜马拉雅山脉及其他高山，因其所处经、纬度不同，各有自己从山麓到山顶的垂直气候带结构谱。如喜马拉雅山脉南坡，从亚热带山麓气候，随高度演变成温带，寒温带，直至高山冰雪气候。

第四节 植被和土壤

无机自然界异常复杂,有机界及介于有机界与无机界之间的中间体土壤也复杂多样。众所周知,植被与土壤都反映出自然界的水热组合条件及其他自然地理因素的制约,所以成为反映自然界最灵敏的因子,它们好像镜子,足以反映出自然界的一般特征。

一 植被特征与类型

（一）植被特征

因漫长的地质演化导致东亚地区地形组合变动，以及导致地形—气候组合的变化，为该地区植被的源起及演化提供了动力。今日东亚地区植被主要特征可概括为：种类丰富，成分复杂，起源古老，特有种类繁多。下面主要以中国植被为例予以说明。

1. 种类丰富，成分复杂

从维管束植物的种数看，世界最丰富的地域是马来西亚、巴西和中国，分别约为4.5万、4.0万和2.7万种。依本卷涵盖地理范围，马来西亚与中国皆属东亚地区，共占有植物的种数为7.2万种，占三地维管束植物种数的64.3%以上。

东亚地区植物成分，涉及泛北极、古热带等地理成分。就中国而言，温带成分最为丰富，热带成分相当明显，而且古地中海成分也占一定比例。这些成分在中国境内相互渗透、交错地分布在一起。泛热带分布的科约有一半北渗至秦岭、淮河以南的地区，有的甚至渗入华北、东北或西北。少数典型泛热带属的分布甚至更北。另外许多温带的科与属也广布于中国，其中不少可南下至亚热带山地。分布中心在地中海区的和主要分布于中国西北的一些科属，也常迁移到华北、西南，甚至广布于中国。

2. 起源古老，特有种类繁多

据研究，中国裸子植物繁盛及被子植物发生发展于中生代及第三纪，当时气候温暖，有利于植物的生存与繁衍。除第三纪末、第四纪初，喜马拉雅山抬升，东南沿海普遍下陷外，全国大地形格局基本形成，以后变化不大。第四纪冰期，对亚洲影响相当小，中国更没有受到大陆冰川影响，而主要是受山地冰川及冰期、间冰期气候波动的影响。中国南方基本上维持第三纪古热带的气候特征。这不仅使中国南方原有古老的植物得以持续存活与演化，而且还接纳了南迁的原北方古老树种，及演化出新的植物种。今日中国南方可见到的不少古老的植物及孑遗植物，足以证明这一点。

中国南方热带植物中，古老的科就有肉豆蔻科、龙脑香科、樟科、五加科等；亚热带—温带区系中，有16个古老的科，其中单属或2属的为7科。含少种属或单种属的有八角茴香、五味子、腊梅、水青树、莲科等科，以及含多属的有忍冬、木兰、金缕梅等科，都是古植物的后裔或孑遗植物。又如中国的水杉、银杏、鹅掌楸等也是古老的植物。水杉，白垩纪时曾广布于欧洲及北美洲，今天只见于湖北省利川县水杉坝。侏罗纪出现的银杏于第三纪广布于北半球，今日的银杏只有一种一属存活于长江流域。至于天然银杏林，仅见于浙江省天目山区。鹅掌楸，又名马褂木，是独有的古遗留种。中国的古遗留种植物还有马尾树、水青树、五味子、猕猴桃、昆兰树、油柴、裸果木、木岑木、白豆杉、金钱松、银杉、杜仲、珙桐、金钱槭、香果木等。这些古遗留种植物今日已成珍奇植物。还有喜树、青檀、青钱柳、伞花树、文冠果、观光木、秤锤树等也被列入珍奇植物名册。珍奇树生态奇异、结构与质地特殊，或具有很高的经济价值。长江流域的花榈木，材质如紫檀，致密坚硬，切面具有光泽，适于雕刻等用途。

中国特有单种属分布，主要在秦岭—山东以南的整个热带和亚热带地区，特别集中于云南及西南其他地区。两广、海南、台湾特有单种属也较多，而北方及西北干旱地区特有的单种属较贫乏。

（二）植被主要类型

森林植被根据树木营养体和生态特征，又可分为针叶林、阔叶林以及它们的混合形态针叶—阔叶混交林。

1. 针叶林

据它们所处的热量带，针叶林可细分为寒温带与温带山地落叶针叶林、温带常绿针叶林、亚热带和热带常绿针叶林及亚热带和热带落叶针叶林。

（1）寒温带、温带山地落叶针叶林

分布于俄罗斯远东山地、日本群岛北端、阿尔泰山脉、中国大兴安岭北部，少量分布于长白山地及华北山地。这类针叶林耐寒耐湿，主要树种有兴安落叶松、西伯利亚落叶杉等。

（2）温带常绿针叶林

包括典型的及山地的两类。

典型的温带常绿针叶林，广布于小兴安岭、长白山、大兴安岭南段、辽东半岛、山东半岛和黄土高原地区。因东西水热组合各异，所以自西而东针叶林的优势种和林型不同。小兴安岭、长白山地区，针叶林以红松为主，林内乔木层、灌木层及草本层清晰可辨，种类较复杂。排水较差的红松林，混生着云杉和冷杉；山坡下部，杂生着温带落叶阔叶树，如香榆、黄菠萝、水曲柳、胡桃楸、大青杨等。大兴安岭南段，水分条件较差，主要树种有兴安落叶松、华北落叶松、油松、红皮云杉等。在胶东、辽东两半岛，则以赤松为主，而在石灰质山地及黄土高原1 300米以上的阳坡则长有侧柏。

山地针叶林，主要有云杉与冷杉林，分布于朝鲜半岛，日本北纬43°以北，阿尔泰山西北，中国东北东部的山地，贺兰山、祁连山、天山，西南的高山上部，喜马拉雅山、台湾高山和秦岭等地。主要有云杉、冷杉等常绿种属，如雪岭云杉、红皮云杉、喜马拉雅云杉等。

（3）亚热带、热带常绿针叶林

分布广，多呈零星状或小片状。多喜湿的中生或稍耐干旱的乔木种。主要建群树种为马尾松、华山松、南亚松、云南松、思茅松、黄山松、杉木、柏木、干香柏等。林型多为马尾松—杉木—黄山松针阔混交林、马尾松—杉木林、柏林—阔叶林和云南松—华山松—干香柏林等。马尾松—杉木—黄山松针阔混交林主要分布于亚热带东岸湿润区，马尾松—杉木林常见于低海拔红壤或黄壤区，柏木林则多长于西南中性紫色土和石灰岩地区，云南松—华山松—干香柏林出现于干季明显的亚热带地区。本带针叶林，特别是马尾松、杉木、云南松和柏林，是主要的用材林木。杉木材质柔软坚韧、纹理顺直，是家具、建筑、化工的原材料。

（4）亚热带、热带落叶针叶林

第三纪孑遗种水杉构成的天然林，存活空间有限，最初被发现于鄂西利川县水杉坝、海拔 950～1 150米的谷沟旁的沙质土上。今天，水杉已人工栽培，面积扩大。

2. 阔叶林

北起温带湿润地区，南至热带湿润地区。自北而南为落叶、常绿及硬叶林三种类型。

(1) 温带落叶阔叶林

见于朝鲜半岛、日本群岛、中国的东北、华北与西北。夏季林木郁郁葱葱，冬季树木落叶休眠。主要建群树种属壳斗科、榆科、椴树科、桦木科、槭树科等。因水热组合地域差异，相应地建群树种与林相特征也显示出差异。北部建群树种有蒙古栎、白桦、色木槭、紫椴、春榆、山杨、柳、山毛榉、枫等；南部有大叶白蜡、鹅耳栎、木解树、槐树、核桃。红桦林、栓皮栎等落叶阔叶树种见于水热条件较好的北亚热带。

(2) 亚热带、热带常绿阔叶林

见于朝鲜半岛南部，日本群岛北纬 30°以南，中国青藏高原以东、秦岭—淮河以南广大地区，中南半岛，菲律宾群岛及南洋群岛。

亚热带常绿阔叶林占地范围广，以黄壤和红壤分布区发育良好，主要建群树种有栲栎、石楠、青刚栎、樟科。朝鲜半岛南部以竹梅樱槐为主，日本主要有苏铁、漆树、柯树、榕、露兜树、桫椤等。

热带常绿阔叶林主要分布于南洋群岛、中南半岛、菲律宾群岛，中国台湾岛南部、海南岛东、西岸和云南、西藏南缘低山及峡谷地区以及南海诸岛。

热带常绿阔叶林又可分成赤道两侧的热带雨林及偏北处的热带季雨林。

马来群岛、菲律宾群岛，是亚洲热带雨林区部分。这儿的雨林不如亚马孙雨林典型，面积也小，但比刚果盆地雨林面积大并具海洋性。中国海南岛雨林见于南部诸山 500 米以下迎风坡、低丘，虽面积有限，但发育甚为良好。主要组成种类为热带植物并生长有亚洲雨林的特征植物，如龙脑香科植物。群落外貌常绿，乔木 3～4 层，树干挺直，树皮薄而光滑，板根常见。中国台湾高雄、恒春一带海拔 500 米以下砖红壤上，发育着台湾肉豆蔻、白翅子树、长叶桂木林。其结构特征类似于菲律宾雨林，种类丰富但优势种并非龙脑香科的种类。而云南南部，在河口、金平一带，在 500 米以下的坡地，发育着云南龙脑香、毛坡垒、隐翼林。在天保、河口、金平和勐定等地，发育着干果榄仁、番龙眼、翅子树林等。在藏东南海拔不足 600 米低山、河谷地带，长有多种龙脑香、野树菠萝、红果葱臭木为主的群落。

中国有季雨林，或常绿季雨林。中南半岛各国干热河谷和盆地中，也分布着季雨林。因旱季落叶程度不一，季雨林又分为落叶与半常绿两类。落叶季雨林，落叶植物较多。旱季，顶上层多数乔木落叶，林冠秃露。半常绿季雨林，旱季只有少数植物落叶。季雨林单位面积上的种类组成数量少于雨林，但植株密度大。季雨林乔木的叶面积小于雨林，但中型叶乔木种类超过 60%。季雨林第一层乔木，树冠宽大、稀疏，彼此不相连接。乔木树高一般低于 25 米（个别乔木可达 37 米），树干稍直而分枝低，枝桠短而弯曲，板根通常不发达；第二层乔木，无论种类数量和植株密度超过第一层，高 10～15 米，树冠互接，形成盖幕，树皮比第一层光滑；在半常绿季雨林第三层发育较好，植株密度大，多为耐阴种类。在落叶季雨林中第三层常缺失。中南半岛的柚木林实际上属于落叶季雨林型的乔木，海南岛西部与滇南干热河谷，有木棉—楹树群系和厚皮树—平脉木周—鸡珍群系。热带北部那些水热条件好的地方，发育了榕树—白颜树—鸭脚木林、青皮林和华坡垒林等群系，在桂南、滇南海拔 700 米以下石灰岩山地发育了石灰岩季雨林，如擎天树林、砚木—金丝李—肥牛树林和四数木林等群系。擎天树、砚木是珍贵树种，材质优良、抗虫耐腐性强。

红树林是生长在热带和亚热带潮间带的海洋木本植物群落，素有“海上森林”之美称，也是公认的“天然海岸卫士”。东亚地区中国东南沿海和中南半岛沿岸，均拥有大片郁郁葱葱的绿色屏障红树林。

3. 草原

主要分布于中国及蒙古。分草原和草山草坡两种：前者分布于东北西部、内蒙古、西北荒漠地区的山地、青藏高原中部与北部，以及蒙古高原中部，而后者见于中国南方低山丘陵。

(1) 温带草原

分布于北纬 35°～51°之间，建群种除针茅、羊草等禾本科植物外，还有蔷薇科、豆科、菊科、百合科、十字花科、毛茛科、石竹科、唇形科、伞形科等杂草。冬季枯黄、夏季萌生，属多年生旱生根茎植物。草原地区降水自东而西递降，并因此导致东西生态环境变化，草原进而被细分为以下三种。

草甸草原，温带针阔混交林向草原过渡地带之间的草本植物，分布于东北（松嫩）平原与大兴安岭西麓低山丘陵，生长繁茂、产草量高。建群种以豆科为主，其次为禾本科植物，是天然的牧场。

典型温带草原，即干草原，占有内蒙古高原北部和中部、蒙古高原东部、中国东北平原西南部及黄土高原中西部。此外，还见于祁连山、天山、阿尔泰山山地针叶林带以下，是面积最大的“草原”类型。建群种主要为禾本科的大针茅、克氏针茅、短花针茅和本氏真茅等。生长稀疏，植株高30～50厘米，蛋白质含量高，营养丰富，是畜牧业良好的饲料基地。

荒漠草原，主要分布于蒙古、中国内蒙古西部，以及两地荒漠区山地下部。草群矮小，10～20厘米，生长稀疏，覆盖度15%～30%，产草量低而不稳定。建群种为禾本科、菊科、百合科，还有蒺藜科、十字花科。这儿还生长比较多的超旱生半矮灌木和灌木。

（2）高寒草原

见于青藏高原海拔4 000～4 500米以上的高寒半干旱地区，另外，在天山和阿尔泰山森林线以上也可见到。属高寒类型，植株矮小，密集丛生，生长期短。营养物质丰富、适口性强、粗脂肪和无氮浸出物含量比温带草原高。主要代表性植物有紫花针茅、异针茅、狐草、高山早熟禾、各种高草。

（3）南方草山草坡

因水热条件优良，草本植物生长繁茂，覆盖度80%～90%，产草量高，亩产青草250～500公斤（高的可超过1000公斤）。因利用不当，目前出现退化。另外，建群植物中，毒草及害草比重较大，因此应重视改良草山草坡和科学利用草山。

4. 荒漠植被

极端大陆性地区或雪线以上山地生长存活的植被，种类贫乏，植丛稀疏，常以斑状形式分布在裸地上。建群植物主要为旱生和盐生灌木、半灌木、肉质植物或短命植物，还有地衣及蓝藻等。

（1）温带荒漠植被

见于中国新疆维吾尔自治区和蒙古戈壁沙漠，中国青海柴达木盆地和内蒙古西部广大荒漠地区。建群种主要是藜科，此外，还有柳科、蒺藜科、豆科、菊科、禾本科等。建群种和优势种中含有中生代的残留特有种，如泡泡刺、四合木、盐爪爪、木圣柳、矮冬青等。

（2）高寒荒漠植被

见于藏西北、藏北高原，海拔5 000～5 500米，地高天寒，风狂水缺。植物以斑块状半矮灌木为主，覆盖率5%～10%。驼绒菜、藏亚菊为主要建群植物。植被生产力小，产草量有限，但分布面积大，全年皆可利用，成为高原牦牛及藏羚羊的天然牧场。

二 土壤特征和类型

众所周知，土壤是地球表层无机界与有机界相互作用的产物。高原山地为主的地形，季风和干旱气候的二元格局，以及森林、草原及荒漠地区的植被的地域分布，必然综合地作用于土壤，规定了东亚地区土壤的特征及土壤类型地域分布。

（一）土壤特征

着眼于地表物质的地球化学状况及有机质积累特征，东亚地区土壤特征，可表述为：成土过程自西向东增强，黏化和富铝化过程自北而南增长，及有机质累积率自东北向西南递降。

1. 成土过程自西向东增强

土壤形成过程，就是地球表层松散物质、有机物质及在水热条件作用下的地球表层化学元素积累、迁移和聚积的过程。青藏高原及高山盆地，因强烈隆起、风化及成土过程尚处于初期，碎屑疏松层薄，植被稀疏矮小，所以仅发育了高山处的幼年土壤。内陆干旱地区干旱缺水，水迁移元素活动受阻，地表常见石膏、石灰及易溶盐类。又因植被贫乏，有机质甚少，所以发育了富含盐碱的荒漠土。由此向东，进入东北西部、华北西北部及贺兰山以东的广大半干旱地区，因降水渐增，土壤风化壳中盐和石膏等易溶盐类多被淋失，但石灰因较难溶仍存留在土壤中。依钙化程度，形成各种类型草原土壤，自西而东依次见到灰钙土、栗钙土和黑钙土。进入东部湿润地区，因降水丰沛、排水良好，易溶盐类大量淋失，而硅、铝、铁等难迁移的元素，也出现迁移及聚积过程，导致硅铝风化壳和富铝风化壳的形成。

2. 黏化和富铝化过程自北而南增长

季风控制地区，土壤水分随季节周期性上升和下渗。冬季，土壤水分上升，夏季下渗，但全年土壤水以下渗为主。所以，季风地区的土壤，以黏化、富铝化及酸化过程占优势。因水热组合地域差异，如北方热量小于南方，降水由北向南增加，所以铝化和富铝化过程在季风地区自北而南增强，土壤中含铁成分自北向南增高、土色愈红。据黏化富铝化差异自北而南依次发育了灰化土、漂灰土、暗棕壤、棕壤、黄棕壤、黄壤、砖红壤性红壤和砖红壤。

3. 有机质累积率自东北向西南减少

土壤有机质累积率取决于土壤上盖植被状况及土壤动植物残体分解与溶失过程。温带草原地区，植物茂密，水热状况十分有利于土壤有机质积累，所以草原土壤有机质含量高。而南方尽管植被稠密，土层中动植物残体量也大，但因高温多雨，有机质的积累多被旺盛的分解、淋失所抵消，所以，累积率不高。西部荒漠干旱缺水，植物稀疏，虽然分解淋失作用不强，但进入土壤的动植物残体有限，所以荒漠土层中有机质很低。总的看，东亚地区土层的有机质累积率，自东北部草原向西、向南减小。

（二）主要土壤类型

1. 森林土壤

（1）灰化土

见于俄罗斯远东山地、中国大兴安岭北部和日本群岛北端。属寒温带湿润气候和针叶林下的土壤。土壤剖面中有白色、无结构的灰化层，有机质含量10%～30%，呈酸性反应，利于针叶林生长。

（2）棕壤

分布于中国东北和华北沿海，朝鲜半岛和日本群岛（北纬37°～43°）。胶东、辽东半岛发育最为典型，属于温带湿润落叶阔叶林环境下形成的自然土壤。土壤剖面中有棕色黏化淀积层，土壤偏中性。在山地温带湿润针叶阔叶混交林环境下发育了暗棕壤。它与棕壤之区别主要在于腐殖质含量上，即腐殖质累积量（8%～15%）大于棕壤（5%～8%），原因在于山地气温较低。

（3）褐土

见于中国华北山地丘陵盆地。为温带半湿润森林或森林草原环境下的自然土壤。剖面中有黏化层及钙积层，质地较重，中性—微碱性反应。褐土最重要的特征是碳酸盐随季节周期性地因淋溶及淀积而升降。

（4）黄棕壤

主要见于中国江淮地区。是亚热带常绿阔叶林与落叶阔叶混交林环境下发育而成的过渡性自然土壤。剖面中部发育了黏重的淀积层，中性—微酸性反应。它既具有棕壤的淋溶和黏化过程，又有南方土壤的富铝化过程。剖面中可见黏粒盘或铁锰结核。因铁锰胶膜作用，显棕黄色，故称黄棕壤。

（5）黄壤

见于亚热带高原山地及丘陵缓坡，如中国云贵高原山地，川北和长江以南丘陵。是亚热带湿润气候、常绿阔叶林环境下发育的自然土壤。质地黏重，酸性。因土体中的氧化铁水化显黄色或鲜黄色，发育于该土壤上的植被，其上层林木生长良好，腐殖质含量高，可供多种亚热带经济林木生长，尤宜茶树栽培。

关于中国黄土高原的土壤形成过程，中国科学院院士朱显谟（1915～　）经过对黄土和黄土区土壤性征的对比研究，提出了“风成沉积”的新理论。他认为，250万年以来黄土高原的黄土一直主要是从天而降，其风成过程主要是西来尘暴和东来湿气在黄土高原上空相遇交锋，以高空泥拦水、水截泥而自动坠落形成的得天独厚的黄土沉积。正是由于黄尘不断空降、增厚和植被尤其是草本植物的不断蘖生，才使得黄土地区的土壤保持有高度的透水性、巨大的水库作用，使得深厚土层得以叠加堆积。据此，朱显谟大胆提出了“没有季风就没有黄土沉积，没有植被的繁生就没有黄土高原”的论断。

（6）红壤

主要分布于长江以南地区、台湾山区坡地、日本列岛南部等地，是亚热带暖湿气候和常绿阔叶林环境下发育的自然土壤。剖面中部为质地黏重的红色和棕红色淀积层。红壤底部常有红、棕、黄、灰白等杂色交织而成的网纹，构成网纹层，它是土壤潜育过程中铁铝硅酸盐被水解的结果。酸性—强酸性反应，红壤的富铝化过程比黄壤明显，比砖红壤弱。

（7）砖红壤

见于中国陆地南部边缘、南海诸岛、中南半岛、菲律宾群岛、马来群岛。是在热带森林环境下发育的自然土壤。剖面深厚，有机质含量1%～

3%，全剖面呈强酸性反应。富铝化过程强烈，硅酸盐因分解淋溶而流失，铁铝元素富集。

2. 草原土壤

在半湿润、半干旱和干旱气候与草本植被环境下形成的土壤类型。自东而西依钙化程度分出黑钙土、栗钙土、棕钙土等草原土壤。

(1) 黑钙土

主要见于中国松辽平原中部及大兴安岭两侧。是温带半湿润、半干旱的草甸草原或草原下发育的自然土壤。有机质含量高，表层有机质含量5%～15%，腐殖质层厚30～80厘米，土体呈黑色，团粒结构良好。腐殖层下是由钙镁碳酸盐组成的钙积层，故又名黑钙土。呈中性—碱性反应，自然肥力很高。

(2) 栗钙土

见于中国内蒙古东部草原、松辽平原西部、准噶尔盆地北部等地。属温带半干旱及干旱草原植被下发育的自然土壤。有机质含量低于黑钙土，而钙化过程比黑钙土强。剖面较薄，表层为栗色腐殖质层，有机质1.5%～4.0%，中层为钙积层，呈中性—强碱性反应。

(3) 棕钙土

见于蒙古高原、中国内蒙古西部及准噶尔盆地东北等地。是温带荒漠草原下发育的自然土壤。表层为有机质含量极低的褐棕色或淡棕色腐殖质层。土体结构差，多砂、砾、石膏盐类积聚，呈碱性到强碱性反应。

此外还有荒漠土，见于亚洲内陆盆地、山前戈壁，是温带极干旱植被下发育的土壤。成土过程缓慢，土层很薄，不足50厘米。有大量碳酸钙和石膏积聚。表层为孔状碳酸盐结皮、下层是石膏。有的地方最下层为坚硬的盐盘。有机质极低，0.1%～0.3%，内含大量沙子、砾石。若再细分，荒漠土还可分为灰漠土、灰棕漠土等。

第五节 自然资源

一 主要矿产资源

(一) 矿产资源分布与地质构造关系

矿产资源的形成与分布受地质构造的控制，同地质构造单元与构造运动密切相关。

北部的中轴古陆是地壳最古老单元之一。寒武纪前构造活动频繁。寒武纪以来长期遭受外力侵蚀，古老岩相多已裸露于地表。多岩浆分化矿床、伟晶岩矿床和接触矿床。主要矿种为铁矿，如鞍山式铁矿、宣龙式铁矿。

北亚陆间区属古生代褶皱区，矿床数量远超过上述古地块区。多为有色金属、稀有金属和黑色金属矿床。因古生代多次成陆或海浸，沉积矿床也很多。亚洲重要的煤矿、岩盐、铜、铅、锌、锡、钨、锑等矿床多见于本区。

与南亚陆间区交界及濒太平洋地带，为近期上升的年轻褶皱山系，伴有广泛的岩浆侵入和火山活动，形成中生代和新生代的矿床。主要有沉积矿床的石油和天然气；热水矿床及接触矿床的金、银、铜、锌、铅、汞、锑；气成矿的锡；在基性岩中可找到铬、镍；与火山活动直接有关的为硫黄和硼砂。

矿床的形成和分布也与构造体系有关。各纬向构造带都同稀有元素和重型矿床有关；新华夏系各隆起带为著名的多金属矿带；新华夏系沉降带，基本上控制了东亚的生油盆地的分布；山字形构造两翼盆地和马蹄形盾地部经常有煤系分布，而脊柱则常有多种金属矿床生成，等等。

(二) 黑色金属矿床

1. 铁

见于俄罗斯的布列亚山地；中国的辽宁、河北、湖北、内蒙古、四川、福建；朝鲜半岛的茂山、利原、殷栗；日本的釜石、俱知安，以及越南、菲律宾等地。中国鞍山式铁矿为前震旦纪沉积变质型铁矿；河北宣化式铁矿也为沉积铁矿。朝鲜半岛茂山铁矿是前寒武纪沉积变质型铁矿。

东亚地区，中国已探明铁总保有储量矿石463亿吨，居世界第五位。俄罗斯是世界上铁矿石资源较为丰富的国家之一，其中：西伯利亚地区的铁矿石储量为64亿吨，主要分布在克麦罗沃州南部绍里雅山区、伊尔库茨克州的安卡拉－卡塔地区和克拉斯诺亚尔边疆区的雷桑斯克耶地区；远东地区的铁矿石储量为25亿吨，主要分布在萨哈共和国南部的阿尔丹河上游一带的阿尔丹磁铁矿床，阿穆尔州的结雅河－谢列姆加河和哈巴罗夫斯克边疆区的布列雅山区。朝鲜铁矿资源比较丰富，其中咸镜北道的茂山铁矿探明储量30亿吨。越南已探明大型铁矿4处，主要分布在越北和越中地区，其中河静省的石溪铁矿储量最大，证实储量5.44亿吨。

2. 铬、锰

铬、锰是与铁同组的金属。俄罗斯铬铁矿基础储量4.6亿吨，矿床分布在乌拉尔山脉的萨拉诺夫、克柳切夫以及极圈乌拉尔和车里雅宾斯克地区。中国铬矿主要见于贺兰山等地，中国铬铁矿资源总量为4 400万吨。菲律宾铬铁矿约0.3亿吨，铬铁矿集中在三描礼士山脉、巴拉望岛和北苏里高。

中国锰矿资源量较大，锰矿见于中国南部和东北的西南部，目前已探明的锰矿区有213处，保有储量达5.6亿吨。俄罗斯锰矿储量位居第二，占世界总储量的37.9%。

（三）有色金属矿床

1. 锡

从中国云南、广西、贵州，经缅甸东部、泰国国境、马来半岛到印度尼西亚的邦加岛和勿里洞岛，是世界著名的锡矿带，属气成—高温热水锡矿床。锡霍特山地也有锡矿。全球锡矿储量约440万吨，仅泰国（140万吨）、马来西亚（60万吨）、印度尼西亚（55万吨）和中国（51万吨）储量之和即达306万吨，占全球锡储量约70%。

2. 钨、锑

中国南方为钨、锑矿床主要分布地，特别是南岭山地。中南半岛、朝鲜半岛北部（金刚山）也产钨。世界钨矿储量为123万吨，其中中国为95万吨，占世界总量77%。中国是世界上锑矿资源最为丰富的国家，总保有储量锑278万吨，居世界第一位。日本也有锑与汞矿。

3. 铜、铅、锌

东亚国家铜矿资源较丰富，分布也较广泛。中国铜矿经过大规模地质勘查工作，截至1996年底累计探明储量7 300万吨。印度尼西亚的铜资源也很丰富，主要矿床有伊利安查亚的埃茨贝格、格拉斯贝格（铜资源量2 142万吨），松巴哇岛的巴图希贾乌（资源量500万吨）等。其他储量较多的有俄罗斯（铜储量2 000万吨）、越南（795万吨）、菲律宾（700万吨）、蒙古（382万吨）。

中国铅锌矿资源丰富，是世界上铅、锌储量基础最多的国家，已查明资源储量超过1.7亿吨。东亚地区铅、锌储量较多的国家除中国外还有朝鲜、蒙古、日本、缅甸、印度尼西亚等。朝鲜铅锌矿床主要分布在西北部的咸镜南道，其检德（Komdok）铅锌矿已跃居为世界第一大矿床。蒙古铅、锌矿主要分布在蒙古东部地区，较为重要的矿床有图木廷鄂博锌矿和乌兰多金属矿。前者有锌矿石储量770万吨；后者矿石储量为6 800万吨。

4. 金

见于蒙古肯特山北麓（罗尔）、杭爱山南麓（拜德拉格河流域），中国新疆维吾尔自治区、华北、湖南，朝鲜半岛的云山、稷山，日本的佐贺关、串木野，以及印度尼西亚的苏门答腊、爪哇等地。沙金见于黑龙江沿岸、阿尔泰山北麓，朝鲜半岛的金堤、顺安等地。东亚国家金矿分布广泛，储量丰富。主要分布在俄罗斯（3 000吨）、越南（596吨）、蒙古（140吨）、印度尼西亚（1 800吨）和菲律宾（254吨）等国。俄罗斯的金储量仅次于南非和美国，居世界第三。

5. 稀土金属

中国的稀土资源极为丰富，储量居世界第一。稀土矿产资源储量多、品种全。现已探明的稀土储量达1亿吨以上，占世界储量55%，而且还有较大的资源潜力。内蒙古自治区白云鄂博又是中国稀土储量最集中的矿区，占全国储量的80%。俄罗斯稀土资源储量居世界第三（中国第一，澳大利亚第二），其中：西伯利亚克拉斯诺亚尔斯克边疆区阿纳巴尔高原的托姆托尔稀土－铌矿床稀土－铌矿藏颇为丰富，稀土矿总含量4 000万吨，据认为是世界最大的稀土蕴藏地。

（二）非金属矿

1. 石油

根据2002年《BP能源统计》资料，2001年东亚地区已探明的石油资源储量为101亿吨，其中：俄罗斯西伯利亚远东地区为48.5亿吨，中国为32.6亿吨，东南亚为14.30亿吨。占世界已探明石油资源储量1 428亿吨的7.07%。

东亚地区有以下两大储油带。

（1）东亚西部及南海周边储油带

自中国新疆维吾尔自治区经甘肃、陕西，到四川，以及自缅甸西部，经苏门答腊东北部到爪哇北部两带，皆属于本储油带。油层属第三系砂岩及页岩层。

（2）亚洲东部边缘山脉内侧、新华夏系沉降带储油带

俄罗斯库页岛、日本北海道西部（石狩）、本

州西北部（新潟、秋田）、中国东北、华北、东南沿海、台湾东部，南至加里曼丹岛东部和西北部，都属于本储油带。

2. 煤炭

东亚地区已探明的硬煤炭资源储量为2 705亿吨，其中：中国为1 776亿吨，居世界第一位，蒙朝韩日为 224 亿吨，俄罗斯西伯利亚远东地区为682 亿吨，东南亚为 22 亿吨。计占世界已探明的硬煤资源储量9 842亿吨的 27.5%。

东亚地区煤炭涉及古生代、中生代及第三纪的煤矿床。

（1）古生代煤矿床

见于黄土高原、蒙古东部、朝鲜半岛三陟和咸兴等地。

（2）中生代煤矿床

见于锡霍特山区、布列亚河流域，中国的东北、内蒙古东部、四川盆地、云南东部、浙赣一带，以及中南半岛鸿基等地区。

（3）第三纪褐煤

见于日本北海道西部和九州北部，朝鲜半岛的吉州和明川，苏门答腊。中国抚顺的第三纪褐煤，因后期熔岩侵入、变质，成了烟煤。

中国、俄罗斯西伯利亚远东地区和东南亚许多国家是世界石油和天然气的重要储藏和生产地区。

3. 天然气

据英国石油公司（BP）能源统计数字显示：2001 年，东亚地区天然气已探明的资源储量为 46.92 万亿立方米，其中：俄罗斯西伯利亚远东地区为 39.86 万亿立方米，东南亚为 5.68 万亿立方米（主要分布在马来西亚和印尼，其储量均在 2 万亿立方米以上），中国为 1.38 万亿立方米，合计占世界已探明的天然气资源储量 155.08 万亿立方米的 30.25%。

最新初步估计，截至 2004 年末，中国拥有天然气总资源 47 万亿立方米，可能找到资源量是 22 万亿立方米，目前探明的天然气储量仅仅是 3.8 万亿立方米，探明率仅为 17.5%。中国的天然气资源潜力巨大。（石油工业部原部长王涛：《中国的和平崛起与能源挑战》，2005 年 4 月 29 日）近年来，中国又陆续发现诸多大型气田。例如：2006 年 4 月，中国石化公司宣布，在中国川东北地区发现了迄今国内规模最大、丰度最高的特大型气田——普光气田。经国土资源部矿产资源储量评审办公室审定，普光气田累计探明可采储量为2 510．75亿立方米。而此前，我国储量达到2 000亿立方米以上的气田只有 4 个。

4. 其他非金属矿

中南半岛缅甸抹谷星光蓝宝石，是世界上所有蓝宝石产地（缅甸、斯里兰卡、泰国、澳大利亚、中国）中唯一有星光的蓝宝石，世界五大珍辰石之一，晶莹剔透，吉祥如意。

中国新疆阿尔泰山的石棉矿带探明储量达 2 470万吨；日本与爪哇富藏硫黄。

中国盐矿资源相当丰富，除海水中盐资源外，矿盐资源在全国 17 个省（区）都有产出。探明储量的矿区有 150 处，总保有储量 NaCl 4 075亿吨，以青海省为最多，占全国的 80%；四川（成都盆地、南充盆地等）、云南、湖北（应城盐矿）、江西（樟树盐矿、周田盐矿）等省次之。

二 水资源

（一）水资源的特点

总的看，东亚地区水资源总量相当丰富。以全球平均流量最大的 10 条河流看，其中东亚地区占了5 条（长江、黄河、鄂毕—额尔齐斯河、澜沧江、湄公河）。若以 20 条看，东亚地区占了 9 条（长江、黄河、鄂毕—额尔齐斯河、澜沧江、湄公河、伊洛瓦底江、珠江、萨尔温江和黑龙江）。长江平均流量31 060立方米/秒，是全球超过 3 万立方米/秒的三条大河之一，仅次于亚马孙河（17.5 万立方米/秒）和刚果河（3.9 万立方米/秒）屈居第三；而在亚洲则位居第一。

然而，考虑到人口，以及与水资源形成密切相关的季风气候，那么东亚地区水资源又显示出人均占有水资源数量低以及水资源在地域分布和季节分配方面的不均衡性。

随着社会经济的发展和人口有增无减，人们对淡水需求与日俱增，东亚地区普遍出现了水资源紧张的态势。不少地区，淡水已经或即将成为国民经济发展和生产配置的制约因素。

2005 年 10 月，德国西门子（SIEMENS）水处理部门的一份水资源调查报告显示，亚洲包括东亚已成为世界上最缺水的地区。随着人口增长、工业发展，水资源消耗量也在不断猛增，水资源短缺将成为东亚新一轮发展的瓶颈。报告指出，亚洲占全球60%的人口仅拥有36%的水资源。随着经济不断发展，人口数量日益增大，洁净水的消耗也与日俱增，但可用的水储量却未发生改变。这些国家还面临严重的水污染问题。根据亚洲开发银行资料，目前东亚地区大约近9亿人不能得到清洁的饮用水。例如，中国拥有2.8万亿立方米淡水资源，占全球淡水资源6%，是世界上水资源丰富的国家之一，但人均只有2 300立方米，仅为世界平均水平1/4。随着经济的发展，水资源分布不平衡和水污染矛盾突出等原因，使得水资源短缺的问题日益显现。预计到21世纪末，全国600多座城市中，400多个城市存在供水不足问题，其中比较严重缺水城市达110个。

在上述报告所列水资源贫乏指数表中，总分数为100，而中国只有51.1，新加坡为56.2，泰国为64.4。今后，要保证在供水量减少的同时经济增长不会停滞，所有东亚国家水资源短缺的严重问题必须得到解决。未来投资必须重视城市和工业废水的处理和回收，并使其重返经济循环，这是最经济也是最有效遏制水资源短缺的方法。例如，据统计，目前中国建有市政污水处理厂700余家，污水处理比例不足45%。随着对水处理问题进一步重视和加大投入，中国每年污水处理能力将以10%的速度增长，预计到2010年新增高水平污水处理项目700～800座，届时将可有效缓解一部分水资源短缺压力。

（二）水力电力资源

东亚岛国或大陆的濒海地区、大河湖泊等则蕴藏着富饶的水力电力资源。1998年东亚地区已开发的水力电力资源为16 126万千瓦，其中：中国为5 300万千瓦，俄罗斯西伯利亚远东地区约为4 000万千瓦，日本4 486万千瓦，朝鲜半岛为813万千瓦，东南亚为1 527万千瓦；占世界当年已开发的水力电力资源总量73 750万千瓦的22%。

三　生物资源

植物与动物资源属于可再生资源，然而又是有限的资源。生物资源直接或间接地为人类提供木材、粮食、乳品、肉类、果品、油料、毛皮、药材等生活消费品和工业原料。

（一）陆地动物群

1. 寒带动物群

西伯利亚寒带地区的野生动植物资源较丰富，有许多名贵的中药材，如鹿茸、鹿鞭、熊胆以及大量的野生草药原料等。西伯利亚寒带动物种类较少，主要有45种，分5类：食虫目有，鼹、小鼩鼱、中鼩鼱、水鼩鼱；翼受目有，鼠耳蝠、大耳蝠、北方蝙蝠；食肉动物有，狼、狐狸、熊、白鼬、银鼠、黄鼬、水貂、黑貂、狼獾、水獭、猞猁；偶蹄目有，麝、西伯利亚狍、西伯利亚马鹿、驼鹿；啮齿目有，花鼠、长毛黄鼠、松鼠、红色田鼠、麝鼠、北方鼠兔、雪兔、灰兔、林旅鼠等。西伯利亚鸟类资源较为丰富的地区主要聚集在克拉斯诺亚尔斯克边疆区和新西伯利亚州。克拉斯诺亚尔斯克边疆区由于地域辽阔，这里分布着东西伯利亚地区所有自然带，其中属于寒带气候的泰加林带、冻土带、森林冻土带和多年冻土带，亦具美丽的自然景观，已发现的鸟类也有上百种。

2. 寒温带针叶林动物群

分布于黑龙江以南地区的针叶林中。各类动物较苔原地带增多。因松子、浆果与青草等食料增加，供养了松鼠、豹鼠、田鼠等动物，它们又成为棕熊、狼獾、黑貂、红狐等动物的食料。麋为大型动物，主食桦、白杨等嫩枝、嫩芽、树叶及多汁的树皮。此外，这里的动物，如黑貂、猞猁、熊、松鼠，有爬树特性，有的具有在雪被下冬眠的特性，如熊与松鼠。因冬季严寒、积雪很深、树枝覆冰很厚，动物毛长、绒厚，故毛皮珍贵，如黑貂、红狐、猞猁、松鼠。本带有鸟类200多种，以松鸡、雷鸟、啄木鸟为最多。一些偏南方的臭猫、鼬鼠，因森林被砍伐、农耕地北推，也侵入本带。

3. 温带阔叶落叶林动物群

分布于中国东部沿海地区、朝鲜半岛、日本和俄罗斯远东部分。动物种类多于寒温带，分布较均匀，动物生活具有明显的季节变化。夏季动物的种类比冬季丰富得多。不少动物，尤其是鸟类在冬季南迁。一部分动物，如蝙蝠、刺猬、獾、熊等，需冬眠。

本带动物不少种属与欧洲和北美相同，但也有特有动物。如日本睡鼠产于日本的本州、四国等地；麋鹿（野生种已灭绝）为中国特有；梅花鹿也是本带森林地区的标志。麝广布于蒙古、朝鲜半岛及中国东部。

本带动物群典型动物有：黑熊、马鹿、麝、梅花鹿、灰鼠、飞鼠、花鼠、大林姬鼠和日本睡鼠、灰喜鹊、黑枕黄鹂、灰背鸫、杜鹃、白眉姬鹟鸟、冕柳莺、绿啄木鸟、褐马鸡、蝮蛇、大蟾蜍、雨蛙、中国林蛙等。

4. 亚热带常绿林动物群

分布于中国东南部，日本和朝鲜半岛南部。本带灵长目的种类不多，典型树栖种有金丝猴，仅见于中国西南。为数不多的猕猴、短尾猴栖息于岩洞中，半树栖特性明显。喜栖于山麓、丘陵或平原杂木林的潮湿地带有地栖的食蚁动物穿山甲。此外，有小麂、獐、毛冠鹿；赤腹松鼠、长吻松鼠、松花鼠，豪猪；红腹锦鸡、白颈长尾雉、画眉、白头鹎；乌游蛇、尖吻蝮、竹叶青、石龙子、平胸龟；扬子鳄；棘胸蛙、斑腿树蛙；生活在急湍清澈山溪中的大鲵、东方蝾螈；以及长江中下游水域中的珍稀水兽白鳍豚。

5. 热带森林动物群

分布于中国台湾、广东、广西和云南4省区南部以及中南半岛、菲律宾群岛、马来半岛、南洋群岛等地的热带森林动物群中，食虫目树鼠句科的65个种和亚种，除印度外，多见于本带，半树栖，巢置于树上，常下地觅食昆虫和野果。

皮翼目的鼯猴为本带典型而珍奇的兽类，严格的树栖、夜行生活，群栖于林内，以野果、嫩叶为主食，可在高枝间滑翔达60～70米。

翼手目的两个亚目种类很多，如狐蝠、果蝠、假吸血蝠和蝙蝠科的彩蝠、黄蝠等。

灵长目的懒猴（蜂猴）和跗猴（眼镜猴），为夜行树栖动物，性情孤独。猩猩只见于加里曼丹和苏门答腊，习于树栖，会用枝叶搭成睡巢，出没于河岸边及密林湿地。长臂猿习于树上生活，在枝间用“臂”前进。长鼻猴仅栖于加里曼丹低湿椰林或芒果林，喜栖于沿河谷近水面的树枝上。

食肉类树栖种多，有许多树栖灵猫科动物，如花面狸（果子狸）、椰子猫、熊狸、褐棕榈猫等。至于马来熊和懒熊攀缘能力很强。

此外，有巨松鼠、多种鼯鼠、长吻松鼠、云南的长尾攀鼠、两广笔尾树鼠、长尾豪猪；鼷鹿、黑鹿（水鹿）、印度貘；疣猪、野猪、爪哇牛、亚洲象、亚洲犀牛、华南虎；鹦鹉、犀鸟、蜂虎、太阳鸟、阔嘴鸟、缝叶莺、织布鸟；地栖生活的雉类，有原鸡、绿孔雀、孔雀雉；巨蜥、班飞蜥、树蜥、蟒蛇、眼镜王蛇、绿瘦蛇、湾鳄、飞蛙、多种树蛙。

6. 温带草原动物群

分布于新疆、内蒙古直到黄河中游。

典型哺乳类主要为啮齿类、有蹄类和食肉类构成。有黄鼠、草原旱獭、草原鼢鼠、草原田鼠、仓鼠；黄羊、鹅喉羚、高鼻羚羊；艾鼬（艾虎）、虎鼬、兔狲。

鸟类少，有云雀、蒙古百灵、大鸨（地甫鸟）。草原水域附近，夏季鸟类丰富，有白骨顶、凤头麦鸡、苍鹭、鸬鹚、多种雁鸭；猛禽有鸢、草原鹞和苍鹰。

爬行类常见丽斑麻蜥、白条锦蛇；两栖类以花背蟾蜍多且分布广。

7. 温带荒漠动物群

见于中国西北地区和蒙古高原大戈壁。

典型哺乳动物有大耳猬、沙狐、蒙古野驴、鹅喉羚、高鼻羚羊、双峰驼、沙鼠和多种跳鼠。鸟类十分稀少，常见的是沙即鸟、凤头百灵、角百灵、地鸦、沙鸡、岩鸽。蜥蜴甚丰，以多种沙蜥和麻蜥居优势。蛇类有斑红沙蛇、花条蛇。新疆半荒漠丘陵有四爪陆龟。两栖类只见绿蟾蜍和湖蛙于有水绿洲处。

绿洲、大河两岸若有走廊林伸入处，种类较丰富，有野猪、狼、野猫、环颈雉。河岸、湖滨有鹬、鸥、鹭等水禽，夏季迁此繁殖。

8. 热带草原动物群

见于中南半岛、中国云南一些干河谷、海南西部和北部、雷州半岛和台湾西部。

大型草食性动物贫乏，鹿科动物较丰富。牛科动物有爪哇野牛和柬埔寨野牛。典型鸟类有小鸦鹃、褐翅鸦鹃、大嘴乌鸦。

（二）山地、高原动物群

东亚地区山地，随海拔增加，动物种类组成即相应变化，长白山、秦岭、喜马拉雅山、祁连山等无不如此。如珠穆朗玛峰南坡则有如下垂直变化：

1. 灌丛草间带

分布于海拔4 000～4 500米，个别地段可上升至4 800米。本带有高原鼠、藏地鼠、锡金松田鼠、喜马拉雅鼠兔、灰鼠兔、喜马拉雅旱獭、林麝、岩羊，粉红胸鹨、黑喉红尾鸲、蓝喉红尾鸲、黑喉石即鸟和领岩鹨。杂色噪眉鸟、细纹噪眉鸟偶尔见于河谷林灌。

2. 针叶林带

海拔3 100～4 000米，黑熊、黄鼬较常见。该带典型代表种为林麝、灰腹鼠、锡金松田鼠及喜马拉雅鼠兔，黄腹柳莺、暗绿柳莺、褐冠山雀、黄颈凤眉鸟、煤山雀、红眉朱雀和红额原雀，棘臂蛙、高山蛙。

3. 针阔混交林带

海拔2 500～3 100米，本带有橙腹长吻松鼠、拟家鼠、灰腹鼠，长尾叶猴、熊猫、黑熊、赤麂、林麝，杂色噪眉鸟、白眉雀眉鸟、棕顶树莺、金眶鹟鸟莺、黄眉柳莺、火尾太阳鸟，长尾山椒鸟、棕尾虹雉、煤山雀、班喉希眉鸟、绿背山雀、蓝喉太阳鸟、绿喉太阳鸟。

4. 常绿阔叶林带

海拔1 600～2 500米，鸟类、兽类种类丰富，数量较多。有成群活动于河谷密林中的长尾叶喉、熊喉，赤麂，橙腹长吻松鼠、针毛鼠和灰腹鼠，小熊猫、青鼬、丛林猫、金钱豹、黑熊，黑胸鹇、凤头杜鹃、夜鹰、棕腹林鸲、红头噪鹛、白喉噪鹛、杂色噪鹛、细纹噪鹛、乌翁鸟、铜蓝翁鸟、绿背山雀、红头长尾山雀、绿喉太阳鸟、玫红眉朱雀，其中以噪鹛和绿喉太阳鸟占优势。常见两栖类有棘臂蛙、喜山蟾蜍和一种角蟾。

高原动物群，以青藏高原为例，可见到海拔从东南向西北升高，动物种类越少，动物起源历史越新近。

高原东南边缘，动物种类丰富多样。

高山森林草原有白唇鹿、马鹿、马麝、白唇鹿及马麝为常见种。

草原上有高原兔、喜马拉雅旱獭、中华鼢鼠和长尾仓鼠、藏鼠兔、尖颅鼠、狭颅鼠兔、红耳鼠兔和黑唇鼠兔。

森林中有狼、狐、猞猁、石貂、马熊、艾鼬和香鼬。

高地森林草原上有藏马鸡、蓝马鸡、高原山鹑、雪鹑、虹雉和雉鸡，还可见到红隼、褐岩鹨和岩鸽等。

高原西北部，湖泊众多，景观单调，生物种类贫乏。

高山草原和高寒荒漠中，见到藏野驴、藏原羚、岩羊与盘羊。藏羚与野牦牛为高寒荒漠典型代表动物。另外有雪豹这一肉食动物。鸟类，以褐背地鸦、藏雀、棕颈雪雀、棕背雪雀、白腰雪雀和褐翅雪雀等留鸟广布。它们以旱獭、鼠兔弃穴为家，形成常见的高原"鸟鼠同穴"现象。

水禽有斑头雁、棕头鸥、赤麻鸭、秋沙鸭、海鸥、嘴鸥等。高原沼泽可见黑颈鹤，分布范围不大，越冬时，迁徙至横断山脉及喜马拉雅山附近。爬行类常见的有高原蝮蛇。见于温泉附近的为温泉蛇。有西藏沙蜥，分布于雅鲁藏布江及阿里地区河谷，拉萨附近山地可见喜山鬣蜥。两栖类有倭蛙、高山蛙、西藏蟾蜍，以及齿突蟾和山溪鲵。

（三）野生动植物资源的保护与可持续利用

自英国工业革命以来，由于在经济利益驱使下的人类活动干预频仍，地球的生态环境已遭到严重的破坏，森林面积减少，物种资源大量流失。目前，地球上物种灭绝的速度比形成的速度快100万倍，每年约有1.75万种生物从地球上消失，成为历史上生物消失速度最快的时期。据估计，到20世纪末，全世界已有5万～6万种植物受到不同程度的影响，即每5种植物就有1种受到生存威胁。

《濒危野生动植物种国际贸易公约》（CITES）1975年7月1日生效后，它就肩负着一个十分具有挑战性的使命：确保数以千计的动植物种的国际贸易成为可持续的，不会导致其数量减少或者灭绝。经过多年不懈努力，目前列入该公约新的紧急名单的物种已日益稀少，列入其名单的物种没有因贸易而灭绝。越来越多的国家和组织参与到该公约的活动中来，在世界范围内保护濒危野生动植物种的工程已取得一定成效。

以中国为例，"十五"期间（2001～2005），随着六大林业重点工程和以生态建设为主的林业发展战略的实施，野生动植物和湿地保护及自然保护区事业取得快速发展。主要体现在以下方面：

1. 自然保护区建设飞速发展，栖息地保护得到大力加强

"全国野生动植物保护及自然保护区建设工程"实施4年来，新建自然保护区763处，相当于工程启动前40多年建设数量的4/5。截至2004年年底，林业系统建设和管理的自然保护区达1 672个，面积1.19亿公顷，占国土面积的12.36%，分别占全国自然保护区数量和面积的76.3%和80.1%，初步形成了自然保护区网络。现在，中国自然保护区面积占国土面积的比重已超过世界平均水平，甚至超过了发达国家的水平。

2. 野生动植物保护管理大力加强，物种资源状况有了很大好转

目前，全国建立野生动物拯救繁育基地250多处，野生植物种质资源保育或基因保存中心400多处，使200多种珍稀濒危野生动物、上千种野生植物建立了稳定的人工种群，朱鹮、扬子鳄、野马等相当一批物种已成功回归大自然。

3. 湿地保护工作显著加强，取得了瞩目成效

“十五”期间，湿地保护工作每年都有较大加强。各地积极采取建立自然保护区、保护小区、野生动植物栖息地、湿地公园、湿地多功能利用管制区等各种有效措施保护湿地和恢复湿地功能，仅湿地自然保护区就达473个，使45%的自然湿地纳入保护区得到严格保护。2004年湿地国际将世界上首个“全球湿地保护与合理利用杰出成就奖”授予中国。

4. 野生动植物资源培育迅速发展，促进了由利用野外资源为主向利用人工资源为主的战略性转变

据统计，全国经济类野生动物驯养繁殖单位发展到2.45万家，野生植物培育单位发展到1.7万家，野生动物园、动物园240多个，植物园、树木园110多个，年经营总产值从2002年的200多亿元发展到2004年的逾1 000亿元。现在，中国已形成了科学实验用、工业原料用、毛皮用、药用、肉用、观赏用野生动植物繁育产业体系，已初步实现从利用野外资源为主向培育利用人工资源为主转变。

总的来讲，世纪之交，通过多年努力，中国野生动植物资源稳中有升，栖息地不断扩大，栖息环境不断改善，湿地面积减少和功能退化的趋势得到缓解，初步实现从利用野外资源向利用人工资源为主的历史转变。但是，也要看到：尚有一部分物种处于极度濒危状态，相当一部分经济利用度大的物种野外资源恶化问题还很严重，52%的野生动物和48%的野生植物因过度利用而面临严重威胁。湿地资源存在面积减少和功能退化问题。自然保护区地区间的发展不平衡性还很突出。　（康凇万）

第二章　人文地理

第一节　人口状况

一　概述

东亚地区既是占世界人口比重大的地区，又是世界上人口稠密的地区之一。

东亚地区1998年总人口是18.51亿，占世界总人口的33%，占亚洲人口的54.6%。世界每10个人中有3个东亚地区人，亚洲每2个人中则有1个东亚地区人。世界9个人口超过1亿的国家，其中有3个在东亚地区（中国、印度尼西亚和日本）。越南、菲律宾、泰国的人口都已超过5 000万。

本地区有世界上人口最多的国家——中国，人口总数达13.33亿（2005年1月1日），但也有人口仅34.08万（2002年）的小国文莱。按照联合国1982年提出的人口年龄结构类型划分标准，东亚地区囊括了三种人口类型：柬埔寨属于年轻型人口国家，日本属于老年型人口国家，其余14个国家和地区属于壮年型国家。东亚地区各国的人口问题也各不相同。发达国家和地区如日本的人口问题主要是老年人口的社会保障、妇女的就业机会、高消费的生活习惯等，而发展中国家的主要问题是人口增长过快，经济发展相对滞后以及由此带来的一系列问题，如贫困、教育水平低、妇幼保健不够、死亡率高等。

20世纪30～40年代，日本积极推行鼓励人口增殖的政策，号召青年早婚早育，“为帝国繁荣昌盛贡献人力”；对独身者课以重税；对多子女家庭减轻纳税负担；禁止节育和人工流产，违者惩处等。与此同时，第二次世界大战期间泰国政府宣布，泰国的人口目标是2亿，它认为只有把泰国总人口增加到2亿水平，才能确保泰国国防安全。缅甸也曾推行过人口增殖政策。

近30多年来，由于人口的迅速增长，东亚地区已成为世界人口最稠密的地区，人口密度为世界平均水平的3倍。到20世纪末，东亚地区16个国家中，除老挝以外，人口密度均超过世界平均水平。

东亚地区除日本、新加坡外，大多数是农业国，人多地少是个突出的矛盾。每平方公里负担的人口数是世界平均水平的3～6倍，最高的达到10～20倍。人均耕地少，再加上单位面积产量低，从而影响各国经济社会的发展和生态平衡。

二　各国人口政策

（一）20世纪50年代后陆续实行新的人口政策

随着社会政治经济形势的变化和人口的增加，东亚地区各国都相继走上人口计划发展的道路。中国、新加坡、泰国、印度尼西亚、菲律宾、马来西亚等国家均宣布推行控制人口增长的政策。

在发达国家中，日本是较早实施计划生育政策的国家。1945～1955年日本经历了一段“婴儿激增”时期。1947～1949年每年大约有270万人出生，出生率水平上升到3.4%略多。另一方面，由于战败，百业凋敝，食物匮乏，生活困苦，日本出现了历史上的第二个人口过剩期。20世纪50年代初，日本一改鼓励人口增殖的政策，成立“人口问题审议会”，先后通过和颁布了一些控制人口增长的立法，以人口静止作为国家的人口目标，走上控制人口的道路。

韩国20世纪60年代初期的人口再生产处于高出生、低死亡、高自然增长阶段。1960～1966年，总人口由2 500万猛增到2 920万，年平均自然增长率为2.5%。人口的快速增长带来的一系列社会问题，使政府制定了包括人口计划在内的第一个经济和社会发展五年计划，从此开始实行计划生育。韩国自20世纪60年代推行计划生育以来，已成为世界上生育率转变最快的国家之一。人口自然增长率从1960年的2.9%下降到1992年的0.9%。

泰国20世纪70年代也改行人口控制政策，规定到1981年把人口自然增长率从70年代的3%以上降低到2.1%，1986年再降低到1.5%，随后其出生率节节下降。泰国既注重调动国内各方面积极性，又重视国际间的合作；大力保护母亲、儿童的健康，降低婴儿死亡率；积极支持计划生育；并对绝育者进行经济津贴和实物援助；同时加强人口教育，把家庭生育计划列入学校正规课程。

马来西亚在20世纪60年代以前，政府在生育方面的基本态度是非干预的，1964年议会投票通过把家庭生育计划作为政府政策。1966年成立了国家家庭生育计划委员会，负责计划生育工作，30年来取得显著效果。1975年高达3.1%的人口出生率水平到1980年降为2.82%，1985年为2.6%。

表1　　东亚地区13个国家1990～2003年人口结构状况

国　家	人口数（2003，百万）	人口密度（人/平方公里，2003）	总和生育率（2003）	年均增长率（1990～2003）	总劳动力（2003，百万）	出生预期寿命（2003）	成年文盲率(占15岁或以上人口百分比,2002)		城市人口比重（2003,%）
							男	女	
中国	1 288	138	1.9	1.0	772.9	71	4	4	39
日本	127.6	350	1.3	0.2	68.1	82	—	—	79
韩国	47.9	485	1.5	0.9	25.0	74	—	—	84
蒙古	2.5	2	2.4	1.3	1.3	66	2	2	57
越南	81.3	250	1.9	1.6	43.3	70	5	9	25
老挝	5.7	25	4.8	2.4	2.9	55	23	45	21
柬埔寨	13.4	76	3.9	2.6	6.7	54	42	46	19
缅甸	49.4	75	2.8	1.5	27.0	57	11	19	29
泰国	62.0	121	1.8	0.8	37.0	69	5	9	20
马来西亚	24.8	75	2.8	2.4	10.7	73	8	15	59
新加坡	4.3	6 343	1.4	2.6	2.1	78	3	11	100
印度尼西亚	214.7	119	2.4	1.4	106.6	67	8	17	44
菲律宾	81.5	273	3.2	2.2	34.6	70	7	7	61

资料来源　世界银行《2005年世界发展指标》，中国财政经济出版社，2005年10月版。

新加坡1970年规定把出生率水平从2.21%降低到1975年的1.8%，并为此做出很大努力。20世纪80年代中期，新加坡政府又提出新的人口政策，希望高文化家庭的生育规模超过两个子女，以确保人口科学文化素质的提高。新加坡的人口政策主要是：第一，政府高度重视；第二，措施配套、得力，执行坚决；第三，有一支专业计划生育人员队伍。这是其人口政策取得成功的主要原因。其具体措施主要是：分娩费随胎次增多而递增；奖励绝育；惩罚多胎；入学优待；奖励三子女以下家庭等。

印度尼西亚是人口众多的发展中国家，是当今世界仅次于中国、印度和美国的第四人口大国。从20世纪60年代末开始，印度尼西亚制定了一系列人口发展的计划，采取长期的计划生育政策，特别是70年代以来，印尼政府大力开展以一对夫妇生两个孩子、建立"繁荣、幸福的小家庭"为主要内容的计划生育运动，收到了明显的效果。1967～1970年印尼的总和生育率为5.6，到1980～1984年已降到4.1，1985～1990年为3.5，1996年进一步降低为2.6，估计20世纪末降为2.4。

（二）实行人口控制政策的原因

1. 人口与经济结合的状况不佳，人均国民收入过低，人口增长过快

比如中国，属于发展中国家，经济比较落后，科学技术不发达；但人口众多且长期高速增长，致使人均国民收入十分低下。1952～1978年中国国内生产总值增长了3.7倍，但人均国民收入只增长了1.8倍；1978～1994年国内生产总值增长了3.2倍，由于实行了计划生育，人口增长率减缓，因此人均国民收入增长了2.4倍。1952～1994年中国粮食总产量增长了近3倍，但人均粮食占有量只增长了1倍。1994年中国许多产品的总量居世界第一，工业产品中的煤炭、水泥、布匹、电视机等居第二，钢产量居第三，发电量居第四……但在人均产量表格上几乎都排在世界第100位之后。所以中国如不长期坚定不移地控制人口增长，提高人口质量，则断难改变人口与经济结合的不理想状况。

2. 人口与资源的结合状况不佳，人均耕地过少

有些国家由于人口数量多，人均资源明显过少，尤其是人均耕地过少，不控制人口增长就不能刹住人均资源继续恶化的势头。比如日本，它既没有美国那样的女权运动，也没有较高的离婚率，而且已婚妇女的劳动参与率很低。但是日本的生育率下降得仍然很快。日本的学者认为这主要由于日本贫乏的资源环境。这使日本国民产生了民族危机感，从而把自己和家庭的命运同国家的命运联系在一起。再如印度尼西亚，人均耕地只有1.5亩，即便每亩产粮250公斤，人均粮食也不过400公斤，距根本解决粮食问题的标准（750～1 000公斤）仍很远。所以，对印度尼西亚来说，仅从争取粮食自给的角度看，也需要控制人口。

3. 生存空间日见狭小，不能再容纳更多的人口

新加坡、日本是城市型国家或岛国。主要出于生存空间狭小的考虑，走上控制人口增长的道路。新加坡是个城市国家，其东西宽仅41.8公里，南北长不过22.5公里，空间十分有限。1947年平均每平方公里已达1 514人，1965年宣布独立时增加到3 062人，生存空间缩小了将近一半。1994年更是增加到每平方公里4 564人。日本1945年时每平方公里196人，1979年增加到305人，1994年增加到330人，生存空间缩小了1/3多，从而使日本成为世界上人口对耕地压力最大的国家之一。若仅从人均国民收入和城乡劳动力供求关系来看，日本可以不担心人口增长，但是若考虑生存空间和人均资源的态势，人口规模和增长就明显构成威胁了。

4. 城乡劳动力供大于求的状况严重

许多发展中国家的城乡经济不发达，经济发展不能提供足够的就业岗位，以致城乡都出现劳动力过剩的现象，就业不充分，并由此产生一系列的社会问题。

需要指出的是，一国走上控制人口的道路，是在通盘考虑了以上所有的因素、权衡利弊之后作出决断的，而不是仅仅从一个或两个因素出发就做出决定。比如中国，从生存空间看，并不构成任何威胁，还有广阔的地域可以开发。但若从人均国民收入、人均资源以及从城乡劳动力供求关系考虑，就不能不控制人口。

就整个东亚地区而言，日本、新加坡、中国是人口控制政策收效最快、最显著的3个国家。即使从世界范围来说，这3个国家的计划生育政策所取得的成功也是令人瞩目的。日本人口出生率从1947年的3.4%锐减到1997年的1.7%。新加坡人口自然增长率1966年还高达2.3%，1976年就锐减到1.4%。中国人口出生率1970年时高达3.34%，1979年锐减到1.78%，2000年降为1.07%，和日本一样，大致也是10年时间把出生率降低了一半。

三 劳动力转移、人口增长及老龄化

(一) 劳动力转移

1. 劳动力跨国流动

与世界各地情况一样，东亚地区的劳动力流动一直十分活跃。近二三十年，东亚地区各国劳力输出总数在1 500～1 600万之间。20世纪80年代以前，东亚地区劳力主要流向西亚地区。80年代以后，随着西亚劳力市场相对萎缩，和东亚一些国家地区工业化的进展，向地区内部经济发达地区日本及新兴工业经济体劳力流动的规模迅速扩大。

日本作为亚洲地区唯一的经济发达国家，自20世纪80年代中期起，特别自海湾石油生产国对外籍劳工的需求减少以来，成为国际人口迁移的焦点之一。战后日本对于亚洲其他国家的来访者很少有签证限制。80年代，大量的孟加拉国、巴基斯坦和伊朗人到日本的建筑业和服务业中非法就业。到80年代末，日本政府对许多亚洲国家恢复了签证要求，签证超过期限而滞留不归的外籍人数量从1988年的2.05万人猛增到1992年的28万人。

韩国对阿拉伯石油生产国的劳务输出，20世纪80年代到达顶峰。随着经济的迅速发展，90年代初韩国已成为劳工净进口国。

新加坡历来依靠外籍劳工缓解其劳动力短缺。目前新加坡约有17.5万外籍劳工，约占全部劳动人口的15%。

菲律宾是亚洲与海外签订劳务输出合同的主要劳务输出国，每年输出劳力在700万～800万之间，将近本国人口的1/10，占东亚地区各国劳力输出总数一半以上，劳务输出是菲的主要外汇来源。

海湾战争前，中东海湾地区接纳了大量的东亚及南亚劳工。由于海湾战争造成伊拉克和海湾地区约200万外地劳工离开该地区，与此形成对照的是东亚劳务市场的逐渐繁荣。日本、“亚洲四小龙”及马来西亚由于经济的持续、高速发展，引起劳动力价格的上涨，从而由劳务输出国成为输入国。

2. 劳动力在当地各经济部门间的流动

在东亚各国和地区实现工业化和现代化的进程中，逐步把农业剩余劳动力转移到非农业部门，这是各国和地区社会经济发展中共同存在的现象。二战前，亚洲发展中国家和地区农业劳动力的转移处于停滞状态。二战后，特别是20世纪60年代以来，在经济发展过程中，各国和地区都程度不同地进行了农业劳动力转移。由于各国各地区工业化和现代化的进程、经济发展水平以及所实行的经济发展战略、产业政策等方面的差异，使农业劳动力转移的途径、方式、速度和规模等有所不同。

(1) 农业劳动力转移的速度

从速度上看，中国台湾地区和韩国农业劳动力转移得较快，目前农业劳动力的比重都已降低到20%以下，同二战后初期相比，下降了50%多，基本上完成了农业剩余劳动力转移的任务。

一般说来，一个国家或地区农业剩余劳动力转移的进程和规模，取决于该国或地区的经济发展速度和综合经济水平。除此之外，农业劳动力转移的速度，与该国家或地区所实行的经济发展战略和政策也有密切关系。中国台湾地区和韩国在经济起飞过程中，都曾实行过以劳动密集型工业为重点的工业发展战略，这为农业劳动力转移提供了众多的岗位。

老挝的农业劳动力目前占劳动力的比重仍在70%左右，转移很慢，几十年处于停滞状态。其他绝大多数国家处于中间状态，农业劳动力的比重一般在40%～60%之间。目前泰国农业劳动力的比重为55.8%，菲律宾为50%，缅甸为65.7%，印度尼西亚为60.7%。同20世纪50年代相比，这些国家一般都下降了20%左右。

(2) 农业劳动力转移的方向

从农业劳动力转移的方向看，一般都是从农村直接转向城市，从农业转向工业和服务业。但在不同的发展时期，转向工业和服务业的规模不同。总的来看，转向工业部门的劳动力在完成工业化任务之后逐年减少，而转向服务业部门的劳动力逐年增加。例如，中国台湾地区工业部门在60年代劳动密集型工业迅速发展时期，吸收农业剩余劳动力的数量占相当大的比重，从70年代开始逐渐减少，80年代有的年份甚至出现负增长，而转向服务业部门的劳动力比重60年代为30%，70年代为40%多，80年代达60%余。韩国农业剩余劳动力转移的变化趋势大致也是如此。

马来西亚、泰国农业劳动力转移的速度虽然没

有中国台湾地区和韩国那么快，但是很有特点。他们的做法是在农村和小城镇围绕农业开辟加工业和服务业，使农业剩余劳动力实行就地转移。马来西亚海岸地带绵延广阔，为防止农村人口大量流入城市，在海岸广大农业地区开辟了农产品加工业，同时进一步充实和提高那里的交通、通讯、电力等基础设施的范围、能力，并给予在此就业的劳动力补贴。这样既提高了农业劳动生产率，又避免了城市人口膨胀。泰国北部的清迈是一座具有数百年历史的城市，但人口至今只有10万，不足曼谷的2%，其原因就是周围的广大乡村发展了众多的村镇，各村镇布满了工业作坊、工厂、商店、餐馆等非农产业。这些非农产业吸收了郊区及其以外地区的相当数量的农业人口，80年代末，郊区总人口增加到6.3万，相当于市区人口总数的62%。

表2　中国1955～2025年城市人口占全国总人口比重变化趋势

年　份	城市人口百分比（%）
1955	13.3
1965	18.2
1975	17.3
1985	25.8
1995	40.8
2005	52.4
2015	59.5
2025	65.8

注　城市人口是指生活在城镇管理体制下的人口。

资料来源　联合国《世界人口展望》2000。

就目前的情况而言，中国是农业劳动力转移规模最大、速度最快的国家。许多年轻人从农村流向城市。而且，这种从农村到城市的移民仍在大规模地增加。应该指出的是，虽然中国每年都有数十万甚至数百万农业劳动力流入城市或东南沿海地区寻求新的职业，但是其中的一个很重要的原因不是由于流出地对农业劳动力的容量已到了极限，而是由农业生产比较效益低下而诱发的。城市的收益大于农村是大多数中国农民从农村迁往城市的根本原因。另外，中国农业劳动力的素质普遍很低。据1992年的统计，中国农业劳动者具有小学文化程度的占45%，文盲半文盲占22.7%。文化素质低是限制农业劳动力向非农产业转移的一个重要因素。目前，中国乡镇企业还基本处于粗放化发展阶段，对劳动者的文化素质要求还不高。随着工业化和现代化步伐的加快，乡镇企业对劳动者的文化技术水平要求也会越来越高。如果农业劳动者的文化素质仍像目前这种状况，势必会阻碍农业剩余劳动力的转移。

与中国尚无足够的能力消化数量巨大的农村剩余劳动力的情况相反，进入20世纪90年代后，马来西亚却面临着严重的人才劳力危机。据马来西亚统计局公布的数字，1992年各部门需增加的员工高达83 273人，以制造业的需求量为最大，第一产业的人员空缺也迅速增加。这种状况的原因是多方面的，包括过早进入全民就业、教育失误、经济发展、劳动密集型企业大量增加等。人才劳力的缺乏使得马来西亚在技术上长期依赖外国而处于被动地位，并阻碍技术转移。随着经济的持续发展，制造业开工严重不足，工资涨幅较大，外国劳工大量涌入，1993年底已达100多万。他们主要来自印度尼西亚、泰国和菲律宾。

（二）人口增长和经济发展

1. 经济发展对生育率下降的正面效应

韩国自20世纪60年代实行计划生育以来，生育率下降很快，其根本原因可以从经济的飞速发展中寻找。随着经济快速发展，从70年代开始韩国加快了城市化进程。1960年韩国城市化的水平是28%，1970年是41.7%，1980年达57.2%，1993已达79%。大规模的工业化生产取代了传统的农业生产，劳动力实现了由农业劳动向非农业劳动的转移。经济的发展对个人价值观也产生了重要影响，新一代韩国青年被称为新世纪人，他们对子女的期望更多的是如何得到最好的教育，如何得到收入高的工作，而不是关心多生孩子。

2. 经济发展有利于人口问题和社会分配不均问题的解决

东亚地区经济的高速增长极大地促进了该地区人口问题的解决。据世界银行专家的研究，1965～1990年间，东亚8个高增长经济体（日、韩、中国台湾、中国香港、泰、新、马、印尼）用于衡量分配公平程度的基尼系数随着经济增长而呈逐渐下降趋势，尤其是韩国与中国台湾地区已接近于零。而在世界其他地区经济的高速增长往往会加剧收入分配的不均程度。世界银行专家认为在现代经济发展史上唯有东亚这8个国家和地区在经济高速增长的同时缩小了而不是扩大了贫富差距。

3. 经济高速发展将极大地改善居民的生活和延长人们的预期寿命

除日本以外的7个经济体的预期寿命1960年为56岁，1990年已达71岁。相比之下，世界其他低收入和中收入国家预期寿命，只从1960年的36岁和49岁提高到1990年的49和62岁。

从人文发展指数来看，东亚地区的成就也是十分突出的。人文发展指数是联合国开发署的国际比较综合指标，它是将各国的预期寿命、识字率和人均国民生产总值3个指标排序打分，然后加以综合而得出的指数，用以反映各国和地区的社会发展程度的高低。数值越接近1，表示其社会发展程度越高。东亚“新月带”地区1990年的人文发展指数如下：日本0.993，韩国0.884，新加坡0.879，马来西亚0.802，泰国0.713，中国0.614，菲律宾0.613，印度尼西亚0.499，越南0.498，中国台湾未作统计，估计应在0.80以上。相比之下，邻近的南亚国家巴基斯坦、印度仅为0.311和0.308，而孟加拉国只有0.186。

（三）人口老龄化趋势

生育率下降最直接的后果是人口年龄结构的变化。由于生育率的迅速下降，少年儿童人口比重减少，老年人口比重相应增加，总体年龄结构趋向老化。生育率转变是人口发展的必然过程，所以任何国家都将走进老龄化社会。东亚地区各国中，虽然菲律宾现在正处于年轻化人口阶段，其老龄化也只是时间的早晚问题。

东亚地区最早进入老龄化国家是日本。日本的人口老化是1947年开始的。65岁老年人口比例，从1947年的4.79%，经过23年到1970年达到7%，进入老年型国家，然后又经过15年在1985年达到10%。此后日本的人口老龄化并未停止，1992年又达到1 687万人，占总人口的13.05%。估计1994年已达14%。1993年世界人口的平均寿命是65岁，而日本人的平均寿命是79岁。日本男性自1986年、女性自1985年开始一直保持世界上最长寿的记录。根据日本厚生省人口问题研究所的预测，日本人口老化将持续到2045年左右，届时老年人口的比例将高达28.4%，全国每3.5个人中就有1个65岁以上的老人，老年扶养比为51%，每2个人要负担1个老人。

随着年龄结构日趋老化，日本正面临一场危机，即随着老龄化趋势的发展，15～64岁的新增劳动力绝对减少成为定势。1971年日本新增人口200万，相当于1991年进入就业市场的高中毕业生数。1980年新增人口降至157万，1990年新增人口是120万，这意味着到2010年进入劳动力市场的高中毕业生将比1990年减少40%。

与日本相比，中国人口老龄化的起点较低，起步较晚。1964年老年人口比例只有3.56%。一般认为中国人口老龄化是从1970年开始的，此时日本老年人口的比例已经是7%。但中国老年人口增长速度很快，目前中国60岁以上的老年人数量正以年均3.2%的速度增长。2003年中国65岁以上的人口超过9 400万，已占总人口的7%以上；80岁以上老年人口达1 300万。按照国际通行标准，中国人口年龄结构已经开始进入老年型。

中国老年人口所占总人口的比例在世界各国虽不名列前茅，却是世界头号老年人口大国。中国老年人口相当于世界老年人口总数的1/5。而且与发达国家的人口老化随着国家工业化和现代化的到来不同，中国是典型的“未富先老”国家。发达国家在进入老年型社会时，人均国内生产总值一般在5 000～1万美元左右，而中国目前刚超过1 000美元，这就更加重了问题的严重性。

韩国的人口也面临老龄化问题。据联合国规定，老龄化是指社会人口中65岁以上的老人比率占7%以上，老龄社会是指社会人口中65岁以上的老人比率超过14%。韩国1988年的人口预期寿命已达70.1岁，1990年65岁以上的老人占总人口的比例是5%，据韩国劳动研究院2004年1月25日发表的《为引进退休年金制度的最终报告书》显示，韩国自1999年开始进入老龄化社会，到23年后的2022年将彻底成为老龄社会。韩国从老龄化社会转变为老龄社会的时间大约为23年，法国为115年、瑞典为85年、美国为75年、英国和德国均为45年、日本为26年等。与上述国家相比，韩国步入老龄社会的速度最高能快4倍以上。因而，韩国的人口老龄化速度在世界各国中排在第一位。

四 人口的前景、问题及对策

（一）人口前景

面向21世纪，东亚地区各国多数将继续推行控制人口增长的政策，在可以预见的未来，人口增长的速度将越来越慢，其势头不可阻挡。

从相对数上说，东亚地区人口在世界和亚洲所占的比例在逐渐下降。根据1994年联合国人口司经济社会信息和政策分析部提供的资料，我们可以看出这一趋势。但是，东亚地区人口的绝对数却在上升。2015年东亚地区人口总数要比1994年上升22%强，增长总人数接近4.1亿；而2050年要上升41.3%，增加总人数为7.7亿。这仍然是个惊人的数字。

表3 东亚地区人口在世界和亚洲人口中的比例变化趋势预测（千人 %）

类别	1994	2015	2050
东亚地区人口总数*	1 858 755	2 268 335	2 626 508
占世界人口百分比	33.0	30.4	26.7
占亚洲人口百分比	54.6	50.2	45.7

*未含中国台湾地区人口数。

资料来源 联合国人口司2000。

表4 东亚13个国家和地区人口发展及预测

国家或地区	年中人口数（千人）		
	1994	2015	2050
世界	5 629 614	7 468 896	9 833 167
发达地区	1 162 466	1 223 733	1 207 504
发展中地区	4 467 168	6 245 163	8 625 663
欠发达国家	559 318	945 499	1 642 213
亚洲	3 403 437	4 515 814	5 741 005
中国	1 208 841	1 441 075	1 605 991
中国香港特区	5 838	6 039	4 944
日本	124 815	125 946	110 015
韩国	44 563	52 078	56 456
越南	72 931	105 493	143 620
老挝	4 742	8 050	13 001
柬埔寨	9 968	16 286	26 272
缅甸	45 555	66 538	94 569
泰国	58 183	69 351	81 913
马来西亚	19 695	27 970	38 089
新加坡	2 821	3 221	3 304
印度尼西亚	194 615	252 047	318 802
菲律宾	66 188	94 241	129 532

资料来源 联合国人口司2000。

以印度尼西亚为例。在1990～2020年期间，印尼的人口年增长率将继续呈下降趋势，1980～1990年为年平均1.97%，1990～2000年估计为1.58%，2000～2010年为1.28%，2010～2020年为0.9%。其中，人口粗出生率将从1990年的2.15%下降到2020年的1.6%，人口粗死亡率将从1990年的8.4%下降到2020年的7.4%。但根据印尼中央统计局的预测，到2020年印度尼西亚的总人口仍将达到2.626亿。

（二）存在的主要问题

东亚地区是世界上人口最稠密的地区。虽然现在其经济发展的速度举世瞩目，但是直到20世纪60年代以前多数国家还是属于一个经济发展滞后地区。此后的经济高速增长，为本地区带来了繁荣和富裕。在1965～1990年的25年里，东亚地区人均实际收入增长了3倍，绝对贫困人数下降了2/3，健康与教育水平明显提高。

经济的增长固然给解决人口问题带来光明，但是东亚地区的人口与发展还有许多的问题亟待解决。这些问题包括人口规模问题和人口结构问题，既体现在人口的增量上，又体现在过剩人口的存量（静态）和流量（动态）上。

1. 人口数量问题

虽然东亚地区的人口控制取得了很大成功，但是人口的绝对数量仍然在不断增长。以中国而论，20多年的计划生育少生了3亿人，但是由于人口基数大，人口形势仍然严峻。目前全国每年净增人口1 279万，处于生育旺盛期的妇女达1亿人，“越穷越生”的现象还没有消除，国民收入大约有25%为新增人口所消耗。特别是农村贫困地区，其出生率比一般农村高出4～6个千分点。预计整个东亚地区到2025年仍然有8个国家人口总数排名在世界前32名以内，其中6个国家（中国、印尼、日本、越南和菲律宾）人口在1亿以上。

2. 就业问题

就发达国家如日本而言，经济的发展可以为劳动力提供足够的工作岗位，一些发展中国家还不得不从国外引进人才和劳动力，如马来西亚。但是，另一些国家则仍然存在就业问题。如，印尼长期以来即为就业问题所困扰，1990～1995年间，公开失业人口从234.4万人增至625.1万人，年平均增长率高达21.68%，公开失业率从3.17%提高到7.24%。1997年发生金融危机后，失业问题更加严重。2002年8月失业总人数约达3 800万人，另外还有大量半失业人口。菲律宾近年来经济发展缓慢，失业和就业不足现象亦十分严重。2002年，菲全国劳动人口为3 367万，失业人口为342万，失业率达10.2%。

3. 人口流动问题

国家与国家、地区与地区间经济发展的不平衡导致人口的自发迁移，这种迁移大大超过了政府允许的规模。一方面，目前许多东亚地区劳工跨境流动，内中不乏非法的打工者，日本及东亚许多新兴工业经济体，即有大批外籍非法打工者。与此同时，各地农村向城市的大规模人口流动也给各国政府造成很大压力。数千万的流动人口大多数以自发流动为主，它固然对经济发展具有不小的促进作用，但是对城市的交通、治安、基础设施乃至计划生育管理等都带来新的难题。

4. 老龄化问题

人口老龄化规律根源于人口年龄结构的变动，它独立于社会制度和经济体制之外。继日本之后，东亚的一些国家和地区将相继进入老龄化社会。特别是一些发展中国家的老龄化先于工业化的到来，则将给社会经济发展带来新的更大的压力。随着老年人口负担系数提高，劳动力人口的负担日益沉重，使得社会有失去活力的危险。加之，社会保障体系建立的滞后，则使得老年人特别是农村老人的处境十分艰难，必然带来更多的社会经济问题。

5. 人口文化结构问题

东亚地区日本、韩国、新加坡、中国香港及菲律宾、马来西亚和泰国人口的文化水平较高，而其他国家人口的文化结构则处于较落后状态。具体而言，东亚地区总的文盲率与世界中等收入国家水平相当，而柬埔寨、老挝和蒙古的成人文盲率则极高，1999年柬埔寨女性成人文盲率高达79%。东亚地区人口的大学入学率与世界低收入国家的水平相当，1997年柬埔寨、老挝、缅甸、中国和越南的人口大学入学率甚至较世界低收入国家8%的水平还低。

6. 性别比例问题

目前，东亚地区重男轻女的现象还在很大程度上存在。如韩国，据调查15～49岁的育龄妇女中有40.5%的人认为结婚后应该生一个男孩，许多人在如何只生一个男孩上下功夫。1982年韩国出生婴儿性别比是106.9，1988年达到113.6，近几年继续上升，有些地方已达130左右。而自20世纪80年代以来，中国的男女比例失调的问题也越来越严重，农村出生性别比例升高的趋势比城市更明显。据估计到2020年中国男性22～51岁的婚龄人口将比女性20～49岁的人口多3 000万。

（三）对策

东亚地区各国的国情各异，加之不同时期的社会经济问题的发展，使得不同国家不同时期制定人口发展战略不尽相同。然而，基于人口本身的发展规律，及其与社会经济发展的本质联系，因而在调节人口增长，提高人口素质，完善人口结构等方面则有着诸多共同之处。

1. 控制人口增长

如上所述，二战后随着社会政治经济形势的变化和人口的增加，东亚各国都相继走上控制人口发展的道路。日本，20世纪50年代初开始，即一改鼓励人口增殖的政策，通过和颁布了一些控制人口增长的立法，走上控制人口增长的道路。其他东亚地区国家，60～70年代亦开始相继宣布推行控制人口增长的政策。20世纪80年代中期，新加坡政府根据当地人口发展的新态势提出了新的人口政策，鼓励高文化家庭的生育规模超过两个子女，以确保人口科学文化素质的提高。

2. 加强人力资源开发

在提高人口素质方面，东亚地区有些国家，例如马来西亚、菲律宾、泰国等已经迈出了可喜的一步，都实行了初步的教育免费普及制。其中，马来西亚的免费普及制已扩展到中学；70年代中期，泰国的学龄儿童入学率已高达99.4%，人口识字率达82%。要继续大力发展教育事业，降低文盲率，提高人口特别是农村地区的人口素质。韩国历来十分重视教育和人力资源开发，教育费预算通常占政府支出总额的20%左右。根据义务教育制度，韩国小学对6～11岁的儿童提供6年的义务教育，早在20世纪70年代已基本扫除文盲，教育水平在世界上名列前茅。

3. 开发富余劳动力

一个地区劳力相对过剩将导致人口的流动，人口流动对经济发展的影响，利弊兼有。实践显示，兴办乡镇企业、建设农村小城镇“离土不离乡”，是经济相对落后的地区和农村发展经济脱贫致富的重要途径。印度尼西亚、马来西亚、泰国、菲律宾等国都先后对边远落后地区实行移民开发计划，并取得显著成绩。此外，东亚一些国家，为发展农业，十分重视农村科技骨干的培养，为提高农村劳力素质和农业劳动生产率创造条件。如菲律宾，到70年代末已培训近4万名农业科技人员，泰国先后举办过5万次农业科技人员学习班，培训出20万名农业科技骨干。

4. 加强社会保障

社会保障与人口增长密切相关。为了保证社会稳定与经济发展，二战后东亚各国根据各自国情与经济发展的态势，均开始着手逐步完善相关的社会保障制度，制定有关社会福利、劳动就业以及其他方面的政策和法规。在城市，则积极筹划建立养老保险、基本医疗保险、生育保险和社会福利等社会保障制度；在农村，则按照政府支持和农民自愿的原则，根据实际情况逐步建立医疗与养老保险制度。

如，2000年2月，韩国出台《国民基本生活保障法》。根据这项新的法规，从2000年10月起，收入在韩国政府规定的最低生活标准线以下的所有家庭，都将得到政府提供的最低生活保障。新法规的核心是放宽政府救济对象的标准。预计新法规实施后，接受政府提供最低生活保障人数，将从现在的50万人增加到153万人。实施这一政策是韩国迈向福利国家的重要一步。菲律宾医疗保障的水平较低，大部分医生和护士集中在城市地区，城市人口和就业人口能够享受的服务好于农村人口。为了改变农村人口医疗条件差的情况，菲律宾设立了免费医疗或接近免费医疗的制度，对贫困的农村人口实行免费医疗。然而，目前由于资金问题，农村医疗服务只是初级和最原始的形式，参与的人数也不是很多，很难真正解决农村人口的就医问题。

新加坡公民的福利与社会保障包括两个方面：

一是主要由政府出资设立的各种社会福利设施，其全部或大部分由政府财政收入中拨款，包括：(1) 儿童津贴。通过减免个人所得税，对生育两个和两个以上子女者进行补助。(2) 老人和残疾人保障计划。纳税人赡养父母及残疾兄妹，可以享受每人2 500新元的个人所得税的税务扣除，到1991年，扣税额已提高至3 500新元。(3) 医疗保健基金。(4) 教育储蓄基金。鼓励并帮助贫困家庭子女上学。(5) 公共援助津贴。向那些没有亲友帮助或本身没有生活来源的贫困家庭直接提供现金津贴。

二是由政府立法和管理、带有强制储蓄性质的社会福利设施，主要是建立中央公积金制度。它是一种通过强制储蓄方式实行的社会保障制度。中央公积金主要用于以下3个方面：(1) 养老。(2) 医疗保险。(3) 购房。

第二节 民族

一 民族构成

东亚地区的种族、民族构成比较复杂，种族主要为黄种人，拥有100多个民族。

中国 作为东亚地区最大的国家，从远古以来就是一个多民族国家，当代经过识别的有56个民族。据2000年统计，汉族有115 940万人，占总人口的91.4%；其余55个少数民族人口为10 643万人，占全国总人口的8.41%。各少数民族人口数量不等，相差很大。中国少数民族地区特征明显，主要是：地域广大，人口稀少，许多少数民族居住在山区、高原、牧区和林区；水产、矿产、物产资源极为丰富，在国民经济中占有相当重要的地位；大都处于边境、国防要冲；由于历史人口的变迁，少数民族形成了“大杂居，小聚居”的局面，各少数民族在政治、经济和文化生活方面，不仅相互影响，而且都和汉族有着密切的联系。

日本 民族构成比较单一，现有的1.26亿人中，绝大多数属于大和民族。除此之外，还有少数生活在北海道一些地区的阿伊努人和琉球群岛的琉球人。大和民族是日本民族的主体，属蒙古人种东亚类型，其形体特征是头部短，黄皮肤，黑直头发，被认为是身材矮小的民族。有文字记载的历史不甚悠久，但有独特的文化和自己的语言，并善于吸取其他民族文化中的精华。阿伊努族是日本一个古老的民族，旧称虾夷族，属千岛人种类型，身体形态具有蒙古人种的基本特征并兼有赤道人的一些特点，肤色黑黄，体毛浓密，腿长腰阔，头大颧高。有自己的语言和文化，语言为阿伊努语。信奉一种带有浓厚萨满教色彩的宗教。琉球人属蒙古人种，在日本约有120万人。绝大多数生活在琉球群岛。琉球人身材矮小，眉毛较重，颧骨较高。有自己的语言，称琉球语。琉球人的文化受中国和日本本国的影响较大。信奉佛教和神道，也有信奉道教的。喜欢吃比较油腻的菜肴。

朝鲜和韩国 均为单一民族组成的国家。朝鲜半岛民族起源于生活在中亚细亚阿尔泰山脉一带的种族。几千年前，有几个蒙古部落开始东移，大约公元前3 000年进入朝鲜半岛。朝鲜人就是那些蒙古部落的后裔。到公元开始时，朝鲜人就已经是同一个民族。公元7世纪，新罗国王第一次实现朝鲜半岛的统一。朝鲜半岛是中国的邻邦。很久以前不少山东半岛的中国人，漂洋过海或北闯关东，辗转来到朝鲜半岛。二战结束时，约有华侨8万人，其中6万在北方。目前，朝鲜半岛除了上述近10万名华侨以外，几乎不存在少数民族。

蒙古　民族以喀尔喀系蒙古族人为主，占总人口的75.3%，是统一的蒙古民族的主体；另外还有杜尔伯特蒙古族人、土尔扈特蒙古族人、布里亚特蒙古族人、额鲁特蒙古族人等15个少数民族，蒙古族各系人口总数占全国人口的近90%。哈萨克族人占蒙古全国人口的5%，几乎全部集中居住在巴彦乌列盖省。其他民族主要是汉族人和俄罗斯族人，他们总共占全国人口的5%。

俄罗斯西伯利亚和远东地区　人口中，俄罗斯人占大多数。主要分布情况是：西西伯利亚为多民族地区，俄罗斯人占全经济区人口的90%。北部地区有汉特人、曼西人、涅涅次人、科米人等小民族，在南方的山区生活着阿尔泰人。在该地区还散居着一些鞑靼人、哈萨克人和德意志人。东西伯利亚为多民族地区，主要有布里亚特人、图瓦人、哈卡斯人、鞑靼人、托法拉尔人、鄂温克人、埃文人、多尔甘人、涅涅次人等。远东地区迄至21世纪初，在该地区近800万人口中，俄罗斯人和乌克兰人占90%以上，其余为白俄罗斯人，雅库特人、埃文克人、乌德盖人、奥罗奇人、尤卡吉尔人、尼夫赫人、楚科奇人、科里亚克人、爱斯基摩人、阿留申族人；此外，还有中国人和朝鲜人。

越南　全国共有54个民族，京族是越南的主体民族，人口逾6 000万人，约占全国总人口的86%，主要分布在红河三角洲、湄公河三角洲和沿海地区等经济、文化较发达且交通便利的地区。其余50多个少数民族，大多数居住在北部、西部的广大山区和丘陵地带，人数约700万，约占全国总人口的12%。除高棉族、占族和部分华族与越族杂居在平原地区以外，其余少数民族都分布在北部和西部靠近越中、越老和越柬边境的广大山区和河谷盆地，面积占全国总面积的2/3以上。他们的分布特点是：在北方多交叉居住，有的山区一个乡就有六七个民族；在南部多形成单一的小块民族聚居区。中越两国有10多个跨境民族。

老挝　全国共有60多个民族，在长期共同的生产和生活中，各个民族经济相互融合和演化，逐步形成了相近的生活习俗、生产方式和文化，实际上一些少数民族已被同化。老挝人民革命党在反帝反殖斗争期间为便于发动老挝人民争取胜利，把老挝民族分成三大民族，即老龙族（老族）、老听族和老松族。老族占全国总人口70%，分布于湄公河两岸的平原地区；老听族为坡地上的老挝人，包括克木、卡戈、卡比、拉芬、吉蔑等少数民族；老松族为山顶上的老挝人，包括苗、瑶、拉姑、保保等少数民族。

柬埔寨　全国共有20多个民族。除操南亚语系的高棉族及其近亲民族外，还有操汉藏语系语言的华族(华人)、缅族、泰族，操南岛语系语言的占族、马来族、越族（京族）等，此外还有一些土著民族以及欧洲人。其中，高棉族是柬埔寨的主体民族，有800多万人，约占全国总人口的80%。他们在政治、经济和文化上占主导地位，在全国各地的居民中都占多数，但最主要的聚居区是湄公河、洞里萨河和洞里萨湖周围的低平地区以及过渡性平原地带和沿海地区。

缅甸　全国大小民族有135个。缅族是主体民族，人口约2 800多万人，占总人口的65%，主要居住在伊洛瓦底江中下游平原。其他主要少数民族有：克伦族（占8%）、掸族（占7%）、若开族（占5%）、孟族（占2.8%）、克钦族（占2.4%）、钦族（占2%）、佤族（占0.8%）、克耶族（占0.3%）、华侨华人（占1.5%）。除华人外，其他30余个少数民族主要分布在北部、西北部和东部山区，人数1 200余万。

泰国　全国有30多个民族，其中主要的民族有泰族（占40%）、老族（占35%）、华族（占10%）、马来族（占3.5%）、高棉族（占2%）。此外，还有苗、瑶、桂、汶、克伦、掸等山地民族。在泰北山区则聚居着阿卡、克伦、傈僳、茵、瑶、拉姑等多个少数民族，人数约70万，泰国官方称之为“山民”。

在中南半岛地区的越南、老挝、缅甸和泰国的广大山区，分布着众多的少数民族，一般统称为山地民族。山地民族问题已成为这些国家的主要民族问题，并引起了国际社会的关注。在这些多民族国家，比较先进的主体民族都居住在肥沃平坦的平原、河谷地带，而山地民族则主要在山地、高原地区。以上4国的少数民族经济社会发展滞后，与先进民族差距日益扩大，加深了民族隔阂；刀耕火种的生产方式长期保存，造成生态环境的不断恶化，而且罂粟种植和毒品走私泛滥成灾。

马来西亚 居民都是由其他地方移居而来的。最早迁移到马来西亚的原住民族主要有3个：尼克里多族（Negrito）、西诺伊族（Senoi）、雅贡族（Yakun）。在漫长的历史发展长河中，马来西亚容纳了来自世界各地的新老移民，形成多民族国家，构成了一个和睦的大家庭。这些民族相互学习，共同发展，印度文化、中国文化、阿拉伯文化和西方文化在这里都有发展和充分体现，有机融汇于马来西亚文化之中。当今的马来西亚拥有30多个民族，人口近2 000万，其中马来族、华族、印度系各族分别占人口的62%、29%和8%。马来族居住在马来西亚各地，据考古学家考证，马来族的发源地为中国的云南地区。在民俗上马来族至今还保留着与中国西南少数民族相类似的古俗。由于宗教信仰、语言文字及生活习俗的差异，马来西亚印度系民族又分为泰米尔族、齐提族、锡兰族、锡克族和巴基斯坦族。

新加坡 多种族、多民族国家。历史最早的是马来族，人口最多的是华族。据古籍记载，早在2 000多年前，汉武帝派往印度的特使归国时就到过新加坡。在14～15世纪，已有华人在新加坡居住和拓荒。19世纪后，华人到新加坡居住谋生和发展的越来越多。现在新加坡，华人占77%，马来人占14%，印度人、巴基斯坦人占7.6%，其他少数民族占1.4%，包括阿拉伯人、苏格兰人、荷兰人、阿富汗人、菲律宾人、缅甸人和欧亚混血种人。

印尼 全国有100多个民族。主要民族有：爪哇族，约占全国人口的42%，分布于中爪哇和东爪哇；巽他族约占全国人口的13.6%，分布于西爪哇；马都拉族约占全国人口的7%，分布于马都拉岛和东爪哇部分地区；米南加保族约占全国人口的3.3%，散居于苏门答腊岛西部。其他为巴塔克族、马来族、布吉斯族、望加锡族、巴厘族、达亚克族、亚齐族、托拉贾族、米纳哈萨族、萨萨克族、巨港族、楠榜族、马鲁古族以及华人、印度人、阿拉伯人等等。

菲律宾 群岛上的阿埃塔人的祖先是菲律宾最早的居民。其次是原始马来人。当今，菲律宾有米沙鄢、他加禄、伊洛克、比科尔、邦板牙、邦阿锡南、卡加延、马京达瑙、马罗瑙、陶苏格、萨玛尔、亚坎、伊戈罗特、巴交、克诺伊等近90个民族。生活在平原地区的民族主要有米沙鄢、他加禄、伊洛克、比科尔等。米沙鄢族是菲律宾人口最多的民族，约2 640万人，主要分布在萨马岛、保和岛、宿务岛等地。农业和畜牧业在米沙鄢人的经济中占有重要的地位。在菲律宾岛屿语系的民族中，人口最多的民族是华人，大部分是土生土长的华裔。华人分布在各个岛屿的商业中心，多数集中在马尼拉市。

二 民族政策

东南亚的印尼、马来西亚、菲律宾和泰国等，都是华人作为少数民族的多民族国家。华人企业集团往往为寻求政治保护和企业的发展，与当地权力中枢建立关系。而当权者为发展经济，对已构成国家经济重要部分的华人经济则无法小视，往往根据不同时期的政经态势，对华人及华人经济采取利用、限制或二者并用的方针。

越南 华人华侨约110万人，其中祖籍属于广东省的占80%以上，福建、云南和广西等省份籍约为20%。从地域分布看，80%以上的华人华侨居住在越南南部，仅胡志明市的华侨就占越南华侨总数的一半以上。越南华人华侨所从事的职业范围相当广泛，他们参与了越南几乎所有的经济部门。长期以来，越南华人华侨与当地人民一道辛勤耕耘，为越南经济的发展作出了贡献。

老挝 1893年法国殖民者占领老挝后，推行“以老制老”、“分而治之”的民族压迫政策，加深了老挝的民族隔阂。1975年老挝人民民主共和国成立，政府一方面强调民族平等和民族团结，另一方面对少数民族反政府武装进行镇压，并将部分山地民族安置到平原地区，实行定耕、定居和合作化。然而许多少数民族对新政府采取不合作态度，纷纷从“再教育营地”和安置地区逃跑。20世纪80年代以来，老挝实行革新开放，对民族政策作了较大调整，使民族矛盾逐渐缓和，少数民族反政府武装纷纷解体。目前，老挝没有搞民族区域自治，而是培养少数民族干部，扩大少数民族的参政面，在党和政府的领导机构中保持一定的少数民族干部比例。在老挝党和政府的领导机构中，少数民族大约占20%。在少数民族地区的基层组织和地方行政机构中，少数民族占主导地位。老挝近年来加快民族地区的经济开发力度，大力发展民族地区经济，改善少数民族的物质和文化生活。主要政策包括：(1) 发展山区农、林和加工工业。对游耕、游居的民族给予重点投资，帮助他们定耕、定居，抓好粮食生产。(2) 发展山区商品经济，普及商业网点，发展边境贸易。积极引进外资，兴办旅游业，促使少数民族地区从自然经济向商品经济过渡，缩小并逐步消除山地民族地区与内地的经济差距。(3) 投资建设和改造山区道路、集市、城镇商贸和工业中心，增加对山区医疗卫生、文化教育事业的投资，发展民族教育，对山区少数民族子女一律免收学杂费。(4) 在少数民族地区建立符合当地需要的科技研究中心，推广种植业、养殖业以及加工工业方面的科学技术。在"金三角"老方一侧建立经济开发区，实施改植计划，让当地农民改种药材、棉花等经济作物。

柬埔寨 华侨华人是柬埔寨的第三大民族集团，也是仅次于越南人的第二大少数民族集团。他们是在不同历史时期从中国移民柬埔寨的，其中以清代移居的最多。20 世纪 60 年代末期的统计资料显示，柬埔寨的华侨华人约有 42.5 万人。自 20 世纪 70 年代中期以后，大批华侨华人沦为难民，流落异国他乡，人数锐减。20 世纪 80 年代末期随着柬埔寨形势的日益稳定，华侨华人人数又迅速回升。目前，柬埔寨全国华侨华人总数已约达 30 万人。华人经济自近代以来一直是柬埔寨的一种重要经济成分。如今，他们仍然是柬埔寨经济建设中的主力军，有的已成为拥有庞大资产的跨国企业家。与许多国家华侨华人多数居住在城市的情况相反，柬埔寨的华侨华人有相当一部分住在农村。

缅甸 华人华侨约 70 余万人，其中福建籍最多，其次是云南籍，广东籍位居第三，其余还有浙江、江苏、四川、湖北等省籍的。虽然旅缅华人华侨经济在缅甸经济中占有一定地位，但从他们的经济实力、文化素质等诸方面看，显然远远比不上发达国家和东南亚其他国家的华人华侨。中缅两国人民很早就有友好交往，汉代至宋代，就不断有中国人通过"海上丝绸之路"和"南方陆上丝绸之路"到过缅甸。到元、明、清时期，因各种原因，中国人较多地从云南进入缅甸，并在当地定居，华侨社会也就逐步形成。中国人大量移居缅甸是从 19 世纪末开始的，当时正处在东南亚进行普遍开发以及西方殖民主义势力向该地区扩张的时期。为发展殖民经济吸收外来劳工，英殖民政制与法律为移民大开绿灯，缅甸华侨人口有了成倍的增长。

自 1948 年缅甸获得独立之后，迄今为止，缅甸华人华侨经历了三个发展时期，这三个时期都有不同的重大变化。

第一个时期（1948～1962 年），缅甸政府从民族主义立场出发，对华侨（也含其他外侨）采取许多限制性措施。先后颁布了《外侨登记条例》、《缅甸公民法》和《不动产转让限制法》，规定华侨没有选举权和被选举权；不能充当政府公务员；不能把不动产赠予非缅籍子孙或售予非缅籍人；规定移民必须持护照才能入境，入境后必须立即向外侨局登记。1953 年缅甸政府又公布《私立学校登记条例》，由官方对华侨学校进行检查，不合规定者不予登记。缅甸政府以上措施与规定，限制了缅甸华侨社会的发展。但总的来看，这一时期华侨在缅甸的处境还是比较好的，他们仍然享有宗教信仰、结社、言论、居留和旅行等方面的权力，可以自由经营工业、商业与贸易。缅甸独立之后百废待兴，也使得华侨在社会经济中能较多的发挥作用，缅甸华侨经济也就有较大的发展。

第二个时期（1962～1988 年），为缅甸纲领党执政时期，特别是 1964 年至 1969 年期间，缅政府推行闭关锁国和民族主义为主要内容与特点的政策，缅甸华人华侨受到很大打击和影响。华文学校被取消，华文报刊被禁止出版，华侨经济地位一落千丈。1964 年缅甸政府推行大规模的国有化运动，其中有 700 多家华人华侨经营的企业被收归国有，华人华侨所开的商店几乎无一幸免。20 世纪 70 年代初，缅甸面临极为严重的经济困难，缅甸政府较大幅度地调整了其经济政策，逐步放宽对私营经济的限制，允许私人投资制造业，还颁布了《私营企业权利法》，并对收归国有的企业及商场、商店给予赔偿。华人华侨经济有所恢复发展，但其规模和在缅甸经济中的地位，远远不能同 1962 年以前的情况相比。1982 年，缅甸政府又颁布新的《缅甸公民法》，华人为了谋生、求业、出国、子女上学等，几乎全加入缅籍。

第三个时期（1988 年迄今），为缅甸军政府即缅甸现政府执政时期。吸取了纲领党执政时期缅甸经济失败的教训后，缅甸现政府实行经济变革。为了加速建立国内市场经济，则鼓励和扶持私人经济发展，积极引进外资，缅甸华人经济也再次获得发展机会。近 10 多年来，随着缅甸经济从封闭走向开放，国内经济逐步恢复和趋于活跃，缅甸华人经济得到较快的发展。

马来西亚　战后马来西亚民族政策经历三个时期：

1945～1957 年，基本维持战前的民族政策。允许华人充当矿工、小业主及中间商，在中下层经济中自由发展，二战中受挫的华人经济得到恢复发展。

1957～1969 年，随着改变产业结构、扶持新兴产业政策的实施，大量华人资本转向制造业，华人经济又有了长足进展。

1970～1990 年，20 世纪 70 年代初开始实施扶持马来人经济的“新经济政策”。“新经济政策”为期 20 年（1971～1990 年），目标是消除贫困和重组社会，要求把马来人在全国资产总额中的股份从 1970 年的 2.4%提高到 1990 年的 30%。为了推行新经济政策，政府对经济采取了各种有力的干预措施，对马来西亚的经济发展和社会变化产生了深刻的影响。

新加坡　是一个多种族、多民族的社会，种族、民族和宗教和谐被认为是新加坡的“基本财富”。政府奉行种族、民族平等的原则，强调各种族、民族间要和睦相处、相互协调、相互宽容，而不应相互歧视。同时，政府奉行多元宗教政策，其主要内容有：信仰自由，促进与实现各种宗教之间的和谐、容忍与节制；坚决反对宗教干涉和介入政治，实现宗教与政治的严格分离。

新加坡非常强调东西方文化的融合，提出五大共同价值观：一是国家至上，社会为先；二是家庭为根，社会为本；三是关怀扶助，尊重个人；四是求同存异，协商共识；五是种族和谐，宗教宽容。在新加坡已经有越来越多的居民，不分种族、宗教、语言，都产生了对这些共同价值观的认同感。

印度尼西亚　独立后，在发展民族经济思想的指导下，制定了许多政策扶植民族私营企业的发展，将外资经营的企业转归本地居民经营，给原住民提供各种优惠，如低息贷款、发放许可证及承包工程等。同时制定法律限制外侨（如华侨、印侨等）对某些行业的经营，保障原住民对一些行业的经营权，如进出口贸易、碾米业、木材业及岛际航运均对外侨实行限制。

1967 年，苏哈托执政后，改变了苏加诺时期对外资实行国有化和限制华人资本的方针。1967 年 7 月 1 日颁布的《外国投资法》，规定不对外资企业实行国有化，外资企业经营年限为 30 年，及外商可自由汇出利润等。苏哈托时期对华人资本改采利用为主方针，1967 年 6 月颁布了《解决华人问题的基本政策》（第 37 号令），该法令有关华人经济的条款中说：华人资本“是在外侨手中的印尼民族财富”，应当“利用在发展和建设方面”。与此同时，为保护民族经济的发展，1974 年起，印尼政府又规定所有新来的外国投资，必须与印尼原住民合营，合营企业中，原住民持股应占 51%。1986 年后，为吸引外资印尼则又扩大了外商持股比例和投资范围，并有条件地延长了外商投资期限。

菲律宾　华人自 7 世纪开始移居菲律宾，主要是来自中国的福建、广东两省。菲律宾华人与当地居民混血程度比东南亚海岛地区的其他国家的华人要深，几乎 20%的菲律宾人有华人血统，包括许多菲律宾名人在内。如菲律宾民族英雄何塞·黎刹和菲律宾前任总统科拉松·阿基诺夫人均有华人血统。菲律宾华人主要从事商业、工业和日常生活中的服务业。1986 年《菲律宾共和国宪法》承认华人现有的菲律宾国籍，允许未获国籍者申请加入菲律宾国籍，使菲律宾人和菲籍华人之间增强了团结。　（俞家栋）

第三节　东亚地区的海外华人及华人经济

一　海外华人的分布、地位与作用

在长期的岁月中，华夏子孙通过海上和陆地“丝绸之路”，走向东南亚，走向世界，在各地勤奋耕作，落地生根，形成华人群落，促进了当地经济的发展和文化的繁荣，成为那里不可忽视的社会与经济力量。

“海外华人”群体，主要是通过两大移民潮逐渐形成的。史书记载，早在秦汉时期，中国人移民海外的现象已经出现，而大规模的移民潮则发生在 19 世纪中叶鸦片战争之后。

1840 年的鸦片战争，使大批失地的农民和破产的小型工业者为了生计，背井离乡，浪迹天涯。之后，到 20 世纪初，因应西方殖民者开拓胶园等需要，则有更多的华人契约劳工，从广东和福建迁移到东南亚，还有些华工赴北美参与大铁路的建设，分别为当地经济发展作出了重要贡献。据英国人口专家塞伽罗（Segal）研究，仅在1815～1914年的100年间，就有超过1 200万华工进入世界各地。

表5　世界各地华人及占全球华人总数比率

（万人　%）

区　域	华人数(万)	占海外华人比率(%)
东亚地区	3 275.5	79.77
南亚和西亚	25.3	0.62
美　洲	539.7	13.14
欧　洲	197.1	4.80
大洋洲	53.6	1.30
非　洲	14.7	0.37
总　计	4 105.9	100.00

资料来源　第七届世界华商大会《纪念文献》(2003年吉隆坡)，第372页。

第二波华人移民潮，与近代世界各大区域经济发展不平衡直接相关。第二次世界大战，特别是20世纪70年代后，流向西方发达国家和东南亚地区的华人也不在少数，非正式估计约为400万～500万左右。与早期第一批廉价劳工的移民相比，二战后的华人移民是以知识工人为主，商业移民次之。

（一）分布及特点

据不完全统计，截至2000年底，定居中国内地及台港澳地区以外的海外华人约4 100多万，散居于世界100多个国家和地区，其中亚洲约3 300万（主要集中在东亚地区），约占总数的80%。

经过长期的流动与迁徙，海外华人的分布形成了如下一些特点。

1. 分布面广，但多数居于东南亚

数据显示，海外华人遍布世界100个国家和地区。其中，亚洲华人总数居六大洲之首，尤以东南亚地区最为集中。在东亚集中分布的国家地区中，百万以上的国家有6个，泰国最多，其次是印尼、马来西亚和新加坡。世界各国华人比例最高的国家是新加坡，占近80%，其次是马来西亚，占30%。

表6　东南亚各地华人及占当地总人口比率　（万人　%）

国　别	华人数（万）	华人占总人口比率（%）	国别	华人数（万）	华人占总人口比率（%）	国别	华人数（万）	华人占总人口比率（%）
越南	160	2.03	泰国	645	10.60	菲律宾	226	3.04
老挝	17	3.21	马来西亚	560	25.65	文莱	4.9	15.60
柬埔寨	40	3.44	新加坡	274	77.62	总计	3 246.9	6.35
缅甸	120	2.66	印尼	1 200	5.73			

资料来源　第七届世界华商大会《纪念文献》(2003年吉隆坡)，第372页。

2. 聚居于一些城市、区域，形成“小集中”的格局

华人在海外一些地区、城市中形成极具民族特色的“中国城”、“唐人街”或“华埠”。这一特点的形成，一方面有历史原因，另一方面是海外华人经济活动的需要，更重要的则应归因于中华民族意识的凝聚力及宗族关系的作用。马尼拉、东京和横滨都有“中国城”、“唐人街”或“华埠”，新加坡、曼谷和胡志明市的居民大部是华人。

3. 原省籍多为粤、闽

如闽籍华人约有900多万，占全部海外华人的1/3，其中90%集中于东南亚地区。主要原因是：粤闽两省濒临东南亚地区，地缘因素使其较早地与海外进行经贸往来，加之宗族关系则使某一地区同一省籍华人高度集中，从而形成了粤闽籍华人集中于东南亚，台湾省籍华人集中于日本和山东籍华人集中于朝鲜半岛的现象。

（二）地位与作用

海外华人经过长期努力与奋斗，与当地人民一道耕耘与经营，融入当地社会，日益成为住在国政治经济发展中一支不可忽视的力量。

首先，华人经济已成为当地经济不可分割的一部分。二战后，特别是20世纪60年代以来，在经济全球化大环境的驱使下，随着住在国华人政策的松动，加之华人自身的长期奋进，世界各地华人经济发展迅速，成为各居住国民族资本的重要组成部分。以往华人资本大多从事商业活动。资料显示，迄至20世纪80年代中期，东南亚2 000多万华人中，一半以上从商，近2 000亿美元华人资本中，600亿美元属商业资本。而今，海外华人的经济活动已扩及各个领域，在工业方面，不仅东南亚的华人工业保持领先增长势头，其他国家和地区的华人工业也呈现喜人局面。其他领域诸如金融、房地产、保险和高科技等，也有长足进展。其中，金融业的发展尤为突出，华资银行的实力大大增强。世纪之交，面对知识经济挑战，华人在以信息产业为先导的高科技产业中的表现卓著，发展迅速。

其次，华人在住在国就业领域不断扩展，就业层次日益提高。早期住在海外的华人大都属于劳工阶层，文化水准低。而今，华人就业领域遍及各个行业。他们或经营传统的餐饮、零售、杂货和食品加工业，约占海外华人的一半以上；或拓展新领域，从事房地产、机器制造以及金融、保险、信息服务业和高科技产业；近年来，不少华人还开始挺进白领阶层，从事行政管理、律师、医生、教育及社科研究等工作。

再次，华人文化日益成为居住国文化的重要组成部分。近年来，华人文化日益融入居住国社会，成为当地文化的重要组成部分。每逢华人的传统节日，具有民族特色的唐人街和中国城热闹非凡，大大丰富着住在国人民的生活。同时，随着华人政治经济地位的提高，海外华人相对独立的文化空间也在不断扩大，有了许多自己创办的报纸和杂志。此外，近年来，在海外华人集居地东南亚，华人的参政意识在提高，许多高层政要是华裔。

特别应当指出，二战后东亚地区经济崛起的进程中，华人资本起着十分重要的作用。20世纪80年代中期以前，日本资本对东亚的投资，带动了相关国家地区经济的腾飞。此后，华人资本对东南亚及中国内地的投资，则使东亚经济的发展进入新的增长时期。华人资本在推进东亚经济一体化的过程中起着重要作用，从80年代初开始，大量华人资本涌向中国内地，其间，曾一度放慢步伐转向东南亚。然而，随着中国内地进一步扩大开放，华人资本涌向中国内地势头将持续发展。

二 海外华人经济

海外华人经济，应该说是由早年华侨经济演变而来，从无到有，从小到大，经历长期的演进与发展，取得今天的成效。

(一) 海外华人经济的部门及特点

1. 华人祖籍的影响

海外华人经营的事业因其祖籍及方言语系的不同而不同，早期的大致情况是：福建语系，以闽南语为主，多经营土产贸易；潮州语系，以潮州语为主，也多经营土产贸易；广府语系，以广府语为主，以经营马来亚锡矿享有盛名；客家语系，以客家语为主，擅长农耕，多经营工商业；海南语系，以海南语为主，经营咖啡店、餐馆及旅馆等。

2. 注重建立人际关系网络，以家长式的经营方式为主

文化背景和历史因素使得华人企业注重营造人际关系，并由亲缘、地缘和业缘为线索，形成了广泛的人际关系网络。在华人企业发展及国际化的进程中，这种人际关系网络在降低海外投资和经营中，因信息不畅产生的风险方面起着重要的作用。另一方面，基于华人家族企业的现实，其决策核心是以家族或同乡为主，同时由于在家族或同乡内，华人企业国际经商网络的开放性，加之在华人企业世代传承中，安排受过西方商学培训的第二代掌舵决策，使得这种家族式的经营方式在一定的历史时期内，成为华人企业巩固壮大和开拓国际市场的重要途径。

3. 从商业、餐饮等向制造业、金融业及房地产业扩展

长期以来，从事商业、饮食服务业、零售杂货业及洗衣业等传统行业的华人占一半以上。近三四十年来，东南亚华人的经济事业已向制造业、金融业、房地产业及保险业等扩展。近年来，不仅原经营的制造业生产规模扩大，设备更新，而且还迅速向一些当地新兴产业扩展，如电子、钢铁、化工及建材等。金融业是战后特别是近年来海外华人积极从事的经济事业，海外华人经营的金融业，初期是以为华侨邮寄信款的汇兑信局为主，建立专业银行则是20世纪60年代以来的事。到20世纪80年代初，泰国的盘谷银行、泰农银行和新加坡的大华银行等已跻身于世界500家大银行之列。此外，近二

三十年，海外华人在房地产、航运、信息咨询及高科技产业领域也取得长足进展。

（二）华人经济形成与发展的历程

华人经济是从华侨经济演变而来，因而研究华人经济，应从华侨经济的形成与发展入手。战后，特别是20世纪60年代以后，随着世界及当地政治经济形势的变化，居住国90%以上的华侨放弃中国国籍，加入所在国国籍，华侨经济遂转化为华人经济。从华侨经济到华人经济，大致经历了如下几个阶段。

1．早期的华侨经济

早期的华侨经济，是指欧洲殖民者建立殖民地前的年代中，海外华侨从事的简单经济活动。由于历史和地理的因素，使得中国人最早的移居地是东南亚，他们通过海陆途径，将中国的丝绸陶瓷制品运到东南亚，而后将那里的土特产品运回中国，其中有些人便侨居当地成为华侨。这些华侨或同当地土著以及从中国去的商人从事商贸活动，或在当地从事农耕活动。此时华侨经济多具中国传统小农经济色彩。同时，早期华侨经济有一定的自主性，并在当地相对落后的经济中占有一定优势。

2．殖民时期的华侨经济

从15世纪末到20世纪中叶，亚非拉广大地区长达四五百年的殖民统治期间，海外华侨经历了漫长而艰辛的历程。殖民统治初期，早期的华侨经济并未发生大的变化，仍保留原先的一些特点。只是到了工业革命开始以后，随着大批欧洲工业品的涌入和殖民统治的加强，早期拥有一定自主性的华侨经济，才转而附庸于殖民经济。这时华侨在宗主国与殖民地商品交易的过程中，逐渐成为中间商，并扩大着自己的经济实力。与此同时，随着殖民掠夺的加强和中国半殖民地半封建社会的形成，在中国的移民史上出现了大批契约劳工被贩卖到海外各地的高潮。

殖民时期大批华工从事的开拓性工作包括：

（1）垦荒　如新加坡原是一个少有人烟的荒岛，1819年英国开埠后，便招募大批华工前往垦殖。

（2）开矿　马来西亚锡矿产量占世界总量近半，锡矿开采几乎全靠华侨。文莱、缅甸油矿，最初开采者亦多为华侨。

（3）筑路　不少国家发展初期，为加快基础设施建设，亦从中国招募大批华工，修筑铁路和公路。

（4）种植园　19世纪30～40年代，在新加坡约有2万名华工在四五百个面积为2.68万英亩（1.08万公顷）的甘蔗和胡椒园中从事耕作。

之后，大多数从事上述艰苦劳动的契约劳工，期满后均留居当地成为华侨。他们开始逐渐用多年积攒的血汗钱，经营小本生意。到了19世纪末20世纪初，特别是一战结束后，随着各地中国移民增加及华侨社会自身的发展，海外华侨经济初具规模，并具有了全球性。到二战爆发前，东南亚地区华侨经济更有了长足进展，在华侨经济事业扩展的同时，还出现了不少如陈嘉庚（1874～1961）、郭鹤年（1923～　）等的著名华侨企业家。

3．二战后的华人经济

二战后，东南亚各国纷纷独立，开始致力于民族经济的发展与建设，当地华侨大都放弃中国国籍，加入侨居国国籍成为华人，华侨经济也就变为华人经济。此后，华人经济经历了缓慢增长与迅速发展的两个不同历史时期。东南亚各国独立初期，受殖民者分而治之政策的影响，在一些国家一定时期里，华人成为被攻击的目标，并立法限制华人经济的活动范围，华人经济发展缓慢。20世纪60年代，随着世界经济的发展和华侨经济向华人经济演变过程的完成，华人经济成为居住国民族经济的重要组成部分，华人经济进入迅速发展的时期。据日本学者游仲勋（1932～　）估计，1968年东南亚华人资本较二战前增加了4～5倍，若按1962年价格计算，实际资本也增加了2.1～2.4倍。在经济活动领域方面，已从传统的小商业和手工业为主发展为多种产业并进的格局。在商业方面，除了零售商外，则积极挺进中介商、批发商、进出口商和超级市场；在工业方面，则涉足纺织、机械、石化及电子等及其他新兴产业；服务业中，则出现了银行、保险、旅游、航运及房地产等。经营方式也发生了很大变化，从二战前的独资企业、家族企业，逐渐发展为合股公司、控股公司和跨国公司，各国华人资本相互渗透，组成若干华资集团。

（三）20世纪末亚洲金融危机对华人企业冲击及前景

从《亚洲周刊》公布的《国际华商500强》资料显示：1997年东亚金融危机前东亚地区华人企

业发展的主要状况是，东南亚国家——数量减少实力下降。1997年在500强中，新加坡，数量下降，占总市值的比重，由上年的11.4%下降为8.96%；马来西亚，数量下降，占总市值的比重，亦由上年的13.59%下降为10.67%；泰国是数量和比重降幅最大的国家，数量减半，占总市值的比重由8.23%猛降至2.6%；印尼数量和比重均有所增加，占总市值的比重，由上年的5.19%上升为6.67%；菲律宾上市华商数量持平，占总市值的比重，由上年的3.13%下降为2.46%。上述国家中，除印尼的华商在制造业占较大比例外，其他上市华资公司的经营范围，大多集中于银行和金融服务业方面。

亚洲金融危机过后，1999年东亚地区各国华商企业大多重视精简机构和提升国际竞争力。它们及时转型，推进科技化、多元化和国际化，收复危机失地。危机过后种种迹象显示，华商企业正试图以科技健身，争取在新世纪大显身手，其动力是：风暴过后，各地都在寻找新的经济增长点，市场潜力巨大；西方各国为发展资讯及高科技产业也极需东亚华商作为其生产基地和战略伙伴。在科技健身的同时，东亚地区华商还面对在管理上如何推行专业化和现代化的问题。一些学者认为，危机中马来西亚的一些华商企业，正是由于在危机前完成了家族企业向专业化现代化和国际化管理的转变，从而经受住了危机的冲击。可以预期，今后为了应对外部的冲击，东亚各地将会有日益增多的华商企业，通过调整内部经营结构，走上专业化和现代化的快车道。

三 东亚地区主要国家华人经济

（一）泰国华人经济

同东南亚其他国家一样，早在1 000多年前，即有华人开始移居泰国，但真正大规模的移居则始于18世纪。进入20世纪后，由于中国国内政局混乱，沿海百姓为谋生计被迫离乡，出外寻求发展，旅居泰国华人迅速增加，特别是二战后，到泰华人每年以6万人速率递增。

泰国华人经济从19世纪开始起步，大都以经营泰国大米及日用百货起家，并逐步向烟草、典当及林牧渔业扩展。到20世纪初，泰国华人经济已初具规模，特别是在一些大中城市，更具举足轻重地位。20世纪30年代，泰国建立君主立宪政体，一些受过西方教育的知识分子开始掌权，在民族主义思想影响下，制定了一系列限制华人及其他外侨工商活动的法规，并采取措施促进华人与土著居民同化，加之华人在宗教文化方面与土著人有许多相似之处，因而泰国华人同化速度超过东南亚其他国家。二战后，泰国政局一直不稳，华人经济发展缓慢。60年代开始采取措施推进私营经济发展，加强基础设施建设，为民间资本发展创造了良好投资环境，一些大型华人企业集团乘势而起。

泰国经济在其发展的进程中，尽管华人经济受到一些限制，但其活动领域依然十分广泛，其作用举足轻重。

1. 工业领域

泰国华人企业遍布加工制造业各个领域，在某些产业中还占据较大比重。例如，在纺织及食品加工业产值中，华人企业拥有60%份额；在金属及化工产业中，华人企业拥有40%份额；在电子电器行业中，华人企业拥有30%份额。

2. 农产品及其加工业

泰国华人通过各种方式在农业，特别是大中城市的城近郊区占有一席之地。除了基本生产领域外，华人经营的农副产品加工业发展迅速。例如，20世纪20年代初创建的泰国正大（卜蜂）集团不仅是泰国最大的跨国公司，也是世界最大的农业企业集团之一，90年代初总资产额已超过40亿美元，营业额达20多亿美元。其所属的卜蜂饲料、曼谷土产和卜蜂东北饲料三大公司跻身于国际华商500强。

3. 金融业

金融业是泰国华人经济的重要组成部分，20世纪初泰国华人即组建了裕成银行，它是东南亚最早成立的华人银行之一，目前泰国注册的银行分行中，华人分行占70%以上。华人控股的盘谷银行是目前泰国最大的商业银行，创建于1944年，到90年代初，资产总额已超过200多亿美元。其经营领域除银行业外，还涉及保险、证券、纺织和塑胶等，地域扩及世界各地，在亚洲及欧美设有分行达20多家。

4. 发展趋势

进入21世纪，泰国华人经济与泰国整体经济同步，经过20世纪八九十年代的发展与起伏，加之危机后的调整改革，预期将继续20世纪90年代的势头，迎来国际化与多元化发展的新时期。一方面，随着中国的进一步扩大对外开放和东亚地区经济的重新振兴，泰国华人经济将加快跨国投资的国际化步伐，利用华人企业的语言和文化优势，扩大对中国内地的投资空间和部门领域。90年代，泰国的一些华人企业，如谢国民等控制的正大（卜蜂）集团在中国内地和台港澳地区投资兴建了一系列农副产品加工业，盘谷银行也在中国香港、新加坡等地扩大业务。新世纪随着泰国经济新的振兴，这一趋势将持续发展。另一方面，泰国华人经济的横向多元综合扩张的趋势进一步增强。与其他企业经济发展的进程一样，泰国华人企业创建初期亦主要集中于某一经济领域，如盘谷银行以金融业起家，正大集团则以经营农副产品为主。近年来，则逐步向其他经济领域扩展，盘谷银行已将触角伸向纺织、橡胶领域，正大集团也开始经营进出口贸易、房地产、金融及百货等。其他一些大型的华人企业如明泰集团、泰华集团等，也都已成为跨行业、跨地区的特大型企业集团。新世纪，随着各大华人企业集团经营业务发展，其横向综合扩张的趋势亦将持续。

（二）印度尼西亚华人经济

华人移居印尼可追溯到2 000多年前的西汉时期。印尼华人经济达到一定规模主要是在19世纪末20世纪初，特别是1929年世界经济大危机前夕，印尼华人经济发展到第一个鼎盛时期。据1938年统计，当年印尼华侨向政府交纳的赋税达1.3亿印尼盾，约占全国赋税总额的15.3%。

二战期间，印尼华人经济的发展陷于低谷。由于大量日本商品和日本商人的进入，华人经济备受冲击。但是这一时期又有新一代的华人经济开始崭露头角，以经营日常用杂品及百货起家，逐步在经济领域站稳脚跟，超级富豪林绍良事业的发展即是一例。

1945年印尼独立后，苏加诺政府排斥包括华人资本在内的外国资本，致使20世纪50年代及60年代初华人经济发展缓慢。1965年苏哈托执政后，关注经济发展，对华人经济策略由“排斥”调整为“限制利用”，加之印尼全国人心思定，百废待兴，从而为华人经济的发展提供了较为宽松的环境。此时华人经济的发展进入第二高峰期，一些大型工商集团，如林绍良的三林集团、谢建隆的阿斯特拉集团以及黄栾聪的金光集团都是在60年代迅速崛起的。进入80年代，印尼积极推进外向型发展战略，利用外资发展经济，此时华人经济也得到进一步的发展，老企业更上一层楼，新企业迅速崛起。同时许多大型企业也开始把目光投向世界，走上跨国经营的道路。

具体而言，印尼华人经济起步于19世纪，经过100多年的惨淡经营，而今已颇具规模，涉及工业、商业、金融、旅游及农林等众多行业。

1．商业

商业是印尼华人经济发展的起点。在19世纪，当时荷兰殖民者规定华人不得拥有土地，促使华人除充当苦力外，多从事商品小额零售及批发业务。经过长期努力，而今印尼华人经营的商业网点已遍布全国，经营范围涉及进出口贸易和国内批发零售业务。其中一些大型的华人商业企业集团在印尼商业领域占有举足轻重地位。如以华人为主的“太阳”集团即是印尼最大商业企业，林绍良三林集团下属的文杜·肯卡那公司也拥有数十家商业经营网点，至于华人经营小商品批发零售业务的网点则更遍布于印尼的各大中城市。

2．工业

印尼华人工业企业崛起于20世纪60年代苏哈托掌权后的二三十年间，其特点是各企业集团分工明晰，在各特定领域形成垄断性经营。如阿斯特拉集团主要从事汽车生产和销售业务，目前该集团生产和销售的汽车占印尼汽车业的60%以上；三林集团所属的宝佳沙里面粉厂，几乎垄断了印尼整个面粉加工业；该集团属下的印尼士敏水泥公司，其生产的水泥约占全国产量的一半以上。

3．金融业

二战前，印尼华人即开始涉足金融领域。然而，印尼华人金融业真正起步还是近二三十年的事，特别是20世纪80年代中期以来，印尼政府进一步放宽了对金融业的管制，华人金融业发展更为迅速。90年代末金融危机爆发前，华人经营的银行已达近百家，主要包括林绍良领导的中央亚细亚银行，以及由李文正和林绍良控制的力宝银行。

（三）新加坡华人经济

1．种植园经济

早期移居新加坡的华侨主要从事胡椒和甘密的种植活动，到1827年，新加坡华侨种植者已开辟了一条至少 10 英里半（16.9 公里）长的地带种植甘密和胡椒。19 世纪三四十年代，新加坡已有甘密和胡椒园四五百个，总面积约 2.6 万多亩，使用华工 2 万余名。到 1848 年，甘密和胡椒园已占其总耕地面积的 3/4 以上，出口值占新加坡农产品出口值的 3/5 多。到 19 世纪五六十年代，甘密和胡椒已几乎全靠新加坡华侨种植。19 世纪末 20 世纪初，随着汽车工业在欧美的兴起，橡胶一时成为国际市场的抢手货。随之新加坡胡椒、甘密、甘蔗和咖啡等作物种植逐渐为橡胶所代替，大部分华工成为橡胶园中的割胶工；原来经营胡椒甘密园的华侨，转而经营橡胶园。在橡胶种植业发展的同时，橡胶加工业也随之兴起。同时，橡胶种植业的发展也推动了橡胶贸易的兴起与发展。

2. 加工制造业

一战后，随着英国在国际贸易与金融领域中实力的衰落，其对新加坡等殖民地商品出口的下降，殖民地一些商品供应的不足，为新加坡华人加工制造业的发展创造良机。一时间，华人经营的水泥、建材、五金机械及酿造等加工制造业相继出现，其中规模和实力较大的企业如林秉详 1918 年创立的和丰水泥有限公司，即拥有资本 300 万元。二战后，世界各地殖民地纷纷独立，发展民族经济。李光耀政府为使新加坡从转口贸易港向加工出口贸易港转变，积极推进工业化发展计划。占新加坡人口 76% 的华人，也加快了向现代化企业过渡的步伐，其资本开始进入木材、电子电器、精密仪器制造等出口加工业。

3. 金融业

早期移居新加坡的华人往往将其一些积蓄通过称为“水客”或“客头”带回家乡。随着移民的增加，这些客头开始以店铺作为经营场所，定期为华侨送款回乡，从中获取报酬。到 19 世纪末，这种传送款项的营生逐渐演变成民信业，店铺和一些商号则成为“民信局”的前身。到 1877 年即有 49 家民信局，这些民信局不仅经营汇款业务，也从事借贷、汇兑等活动。20 世纪初，新加坡已成为当时东南亚地区华资汇兑业中心。随着大批契约劳工增加，以及一些华资企业和商行间财务结算量的加大，仅靠兼营民信侨汇和华侨汇兑业的商号、店铺和以个人信用为基础的传统借贷方式，难以满足需求。一些实力雄厚的华侨开始在经营汇兑业务的基础上，纷纷建立金融机构。1903 年，新加坡第一家华侨银行——广益银行建立。随后，四海通银行、华商银行、和丰银行和华侨银行也相继创立。

（四）马来西亚华人经济

马来西亚是东南亚地区华人相对集中的国家。马来西亚华人人口，就绝对数而言，仅次于印尼；就相对数而言，仅次于新加坡。华人大规模移民，始于 17 世纪西方进入马来西亚之后。18 世纪马来西亚华人经济的发展，即已初具规模。19 世纪英国殖民者对锡矿的全面开发，迎来了华人移民的新浪潮。

20 世纪 20 年代以后，马来西亚华人经济的发展遇到了日本商人的竞争。日本商人进入马来西亚之初，华人经济已遍及大中城市和部分乡村地区，日本商人不得不依靠华人原已建立的商业网络。随后，日本商人加紧筹划建立自己的商业网点。1928 年开始，日本商人开始对种植业和采矿业进行投资，在商品销售方面与华商的竞争也日益激烈。二战爆发后，日本人凭借军国主义的势力全面打击马来西亚华人经济。

独立后，受政府政策的影响，华人经济在国民经济中的地位呈下降趋势。1957 年马来西亚独立时，华人在经济文化及教育诸方面均优胜于马来人，马来西亚政府采取了一些措施限制华人经济的发展，如制定宪法保障马来人的特权；成立联邦土地发展局、农村和工业发展局以及人民信托局等，协助马来人发展经济；提倡华人与马来人合作，即“阿里（马来人）巴巴（华人）”式的联营；同时，政府还设立了土著机构收购股权，通过行政选择式收购各公司股权，为其向马来人转让创造条件。20 世纪 70 年代，“新经济政策的制定”全面调整了各种族经济权益的分配，对华人经济的发展产生了不同程度的影响。

马来西亚不同领域的华人经济情况是：

1. 商业

在英国殖民时期，华商多从事批发和零售业，为宗主国采购原料和销售制成品。独立后，马来西亚华商转为从事和发展贸易业。到 20 世纪 70 年代初，在贸易业中华商股份约占 1/3。70 年代实行“新经济政策”后，华人在商业中的比重逐渐下降。

2. 银行业

目前马来西亚共有 9 家华资银行，即：马来亚银行、马法银行、南方银行、兴业银行、公明银行、万兴银行、福华银行、华达银行和沙巴银行。其中较大的是马来亚银行，该银行集团资产总额达180.75亿马元，是世界500家大银行之一。华人约占马来西亚全国银行资产总额比重的50%以上。

3. 制造业

马来西亚华营工业也颇具实力，华人制造业企业约占制造业总值的1/4强。在数万家的华人中小企业中，大部分为家庭式经营。郭鹤年的蔗糖种植及提炼公司经营的蔗糖占全国糖市场的80%，“联邦面粉厂”占全国产量的一半以上；邱继炳的“泛马洋灰”占全国产量的1/3；谢英福的“合顺机械集团”生产的重型机械，占全国市场的40%。此外，华人经营的油脂厂、化工厂和钢铁厂生产的产品在全国也占据重要地位。

4. 农渔矿业

资料显示，截至20世纪80年代初，马来西亚60余万华人劳工中，农业劳工占半数，其中有15万胶园劳工，3万渔业劳工，其余则为油棕、菠萝、茶园和胡椒园劳工。马来西亚是世界上最大的胡椒出口国，每年出口的胡椒中90%是华人生产的。此外，马来西亚华人从事锡矿、金矿开采的历史悠久，规模亦十分可观。

5. 餐饮旅游业

华商的旅馆业、观光餐厅占全国的80%，旅行社占全国的一半。此外，还有众多的夜总会、旅游商店等。

（五）菲律宾华人经济

菲律宾华人华侨在总人口中所占比重虽然十分有限，但在其经济中的作用却不可小视。

1. 加工制造业

纺织、烟草、制药和木材加工等行业中的华人企业已初具规模，华资烟厂占有菲国内市场绝大比重，菲较大的木材加工业也多为华资所有。而在作为菲律宾主要的出口加工业的纺织成衣中，华人企业已占有3/4比重。近年来，华资企业在电子电器、钢铁、化工、汽车装配等行业的投资增长迅速，涌现出一批大中型企业。

2. 银行金融业

华资银行在菲银行金融业中的地位举足轻重。由华人控股或持有多数股权的首都、黎刹、联盟、建南等9家华资商业银行，占菲国内28家私人商业银行总资产额和存贷款额比重均达到40%左右。其中，首都银行是菲律宾最大的私人商业银行。

3. 商业旅游和房地产业

据菲华商联总会的资料估计，迄至20世纪90年代初，华商所经营杂货店及贸易行总数近万家，随着经济发展，则大力投资房地产业。华商积极投资兴建各种基础设施和旅游服务项目，首都及各大城市的酒店商场及写字楼多由华商投资和经营，包括多家五星级饭店。

此外，在农业和农产品加工业，华商的地位也举足轻重。较具规模的粮食收购、储运、加工和贸易多为华商经营，在诸如甘蔗、椰子等经济作物的种植和加工中，华商亦占相当比重。

四 东亚地区主要国家华人企业集团

（一）华人企业集团发展历程

华人企业集团发展的最高形式是华人跨国公司，20世纪初是华人跨国公司形成的起点，至今，华人跨国公司的成长，经历了萌芽、形成和发展3个阶段。

1. 萌芽期（20世纪初至二战前）

该时期主要代表性企业是：以印尼为起点，在东南亚各国从事贸易、航运、金融及食品加工业务的黄仲涵总公司；以缅甸为起点，在中国、东南亚各地从事中成药制造和报业业务的永安堂·虎豹兄弟集团。

2. 形成期（二战后至20世纪70年代末）

这一时期的华人企业陆续开始对外直接投资，包括20世纪40年代末中国上海纺织业迁往香港和台湾，并向海外其他地方扩展，如南洋纺织、永泰集团和远东集团等；70年代起，东南亚国家华人企业集团开始向海外其他地区扩展，如马来西亚的郭氏兄弟集团丰隆集团、泰国正大集团、菲律宾亚世集团和印尼三林集团。

3. 发展期（20世纪80年代初至今）

20世纪80年代初至今，华人企业跨国公司进入蓬勃发展新时期。其中，东南亚华人跨国公司的发展尤为引人注目，如：泰国的卜蜂·正大集团和盘谷银行，马来西亚的郭氏兄弟集团、丰隆集团和常青集团，菲律宾的陈永栽集团、亚洲世界集团，印尼的三林集团、金光集团和力宝集团，以及新加坡以四大华人银行为核心的各个集团，都已发展成较具规模的跨国公司。

（二）泰国华人企业集团

就产业形态而论，泰国华人企业集团可分为：金融企业集团、工业企业集团和农基工业企业集团。

1. 金融企业集团

泰国的商业银行始于欧洲的殖民地商业银行，1888、1894和1897年，汇丰、渣打和汇理银行等相继在泰国设立分行。为降低对殖民者银行资金的依赖，由碾米业华侨资助的暹华银行，于1908年率先在曼谷开业。同年，顺福成银行成立，接着陈炳春银行和黄利银行也相继开始营业。所有这些，基本上均属“家族银行”。立宪革命后，1939年泰国政府公布的法令规定，商业银行必须拥有实缴资金最低额度。由于资金不足，顺福成银行被迫倒闭，陈炳春银行和黄利银行通过吸收所属银信局资金和改善经营得以保存。

泰国的华商银行虽多属“家族银行”，但并非由单一家族组成。到20世纪40～50年代逐渐发展形成了京华银行集团、盘谷银行集团、泰华农民银行集团和大成银行集团“四大金融家族”。到60～70年代，盘谷、泰华农民、大成和京华银行集团，分别由陈弼臣、伍班超、李木川和郑午楼四大家族持有。1962～1972年间，在全国30家大银行中，四大家族控制的银行拥有的存款占全国存款数的比率，由32%上升为59%。四大家族金融企业集团发展的主要特点是：

（1）在企业组织方面　四大家族金融企业集团已形成跨行业的综合性大企业，已从金融向商业、航运、制造业和服务业扩展。

（2）在企业规模方面　四大家族金融企业集团，不仅在商业银行方面举足轻重，而且在证券、保险等非银行的金融业中也占有绝对优势。

（3）在金融资本与工业资本的关系方面　早在20世纪70年代初，四大金融企业集团即已通过长期贷款、投资和派遣董事等手段与制造业和农基工业企业集团建立了密切的联系。到70年代末，四大金融企业集团直接和间接控制的大公司即已超过100家。

二战后，泰国的工业化经历了进口替代到出口导向的发展进程，在这一背景下，则形成了进口替代产业为基础的泰国华人企业集团（集中在纺织业和汽车装配）和出口导向产业为基础的泰国华人企业集团（集中在农产品加工业）。

2. 工业企业集团

以进口替代产业为基础的泰国华人企业集团，颇具代表性的有暹罗摩托集团（汽车制造）、泰美伦集团（纺织业）和协成昌集团（日用品工业）。其主要特点是：从拓展进程看，制造业的扩展是商业资本向产业资本发展过程的反映，这些企业集团在向制造业拓展之前，一般都从事相关产业的进口和销售；从资金和技术的来源看，工业企业集团的形成主要依赖跨国公司的技术和资本，除跨国公司的资金外，也接受上述四大金融企业集团的融资。

3. 农基工业企业集团

以出口导向为基础的企业集团，其从事的产业主要是农产品加工工业。20世纪60年代开始，泰国以旱地农业为中心，推进农业多样化经营，导致饲料、木茨粉和棕榈油等农产品加工业的兴起。为确保原料供应，往往直接经营农场或采取承包生产方式，并将事业扩展到经营仓储和出口业务，形成了一些由专业化企业组成的农基工业企业集团，70年代此类企业集团发展迅速。此类企业集团在其发展的进程中，大都在相当程度上依赖外国企业的资金力量、销售网络和技术诀窍。如肉用子鸡加工业依赖日本综合商社、木茨加工业依赖德国公司。

在新兴的农基工业华人企业集团中，有饲料业的正大卜蜂集团、大米出口业的顺和盛集团和马振盛集团、蓖麻油业的那那班集团和木茨加工业的美都集团。在拓展海外市场方面，将饲料、饲养、屠宰和销售等产销程序直接配套的正大卜蜂集团，70、80年代，即已把市场拓展到西欧、北美、东南亚乃至中国内地和台湾地区。美都集团的木茨粉产品90%向欧盟出口。80年代，在欧盟加紧实行进口配额的情况下，则在政府的帮助下与日本商社合作，向欧盟外的木茨粉市场扩展。

（二）马来西亚华人企业集团

二战后，随着国家独立，马来西亚民族经济获得较快发展，从而作为民族经济重要组成部分的华人企业也得到迅速发展的机遇。一方面，大批殖民资本撤离，为华人资本的发展提供了较大的空间；另一方面，马政府制定的一系列促进民族经济发展的政策，为大型企业的发展创造了许多有利条件。基于上述背景，二战后一批华人资本由中小企业迅速成长为大型企业集团。

1. 郭氏兄弟集团

郭氏兄弟集团是马来西亚最大的华人企业集团，也是该国最大的跨国公司。1949年，郭鹤年与其堂兄弟在马来西亚柔佛的新山创办了郭氏兄弟公司，初期主要从事米、糖、面粉的贸易。到20世纪70年代初，该集团已控制了马来西亚原糖市场的80%，世界原糖市场的10%和马来西亚面粉市场的40%。

20世纪70年代开始，郭氏兄弟集团走向多元化、国际化方向，其发展的重点领域是酒店业，1970年在新加坡开设香格里拉五星级饭店。1971年开始，在东亚各地陆续兴建以“香格里拉”(Shangri－La意为“世外仙境”）命名的高档连锁饭店。伴随海外酒店业发展，在70年代该集团逐渐把经营重点推向海外。迄至20世纪90年代中，东亚各地香格里拉连锁店已达30余家。郭氏兄弟集团对下属公司股权的策略是，大部分仅控有30%～51%股权，但要争取做第一大股东；对海外公司和酒店，更采取尽可能少股权的策略，以降低投资风险。

2. 丰隆集团

郭芳枫16岁只身从福建到新加坡谋生，1941年与其他三兄弟合办丰隆公司，后发展成丰隆集团。经过30多年发展，马来西亚丰隆集团已成为该国第三大企业集团和第二大跨国公司。

丰隆集团从事的行业主要是金融业、制造业和房地产业，制造业主要从事摩托车、冷冻机制造和建筑材料生产。

20世纪控制的上市公司在马来西亚有10个，在海外有4个；市值总计超过120亿美元。20世纪70年代下半期开始，丰隆集团走向国际化，先是进军香港，而后向中国内地、菲律宾和新加坡发展。进入80年代，国际化步伐进一步加快。到90年代中，该集团在马来西亚拥有的员工达2.5万人。

3. 云顶集团

云顶集团是马来西亚第二大华人企业集团，也是东南亚最大的游乐业集团。该集团主要从事博采和娱乐业。该集团创始人林梧桐1937年从福建到吉隆坡谋生，20世纪50年代承包建筑工程小有名气。1965年成立云顶高原有限公司，停止原先承包工程和铁路经营业务，变卖橡胶园，筹集资金，历经3年，开辟一条通往山顶的20公里大道，马政府为对其自费开拓进行补偿，1971年批准给云顶公司兴办赌场颁发执照。经过20多年的发展，云顶高原已成为东南亚重要的度假游乐胜地。

4. 马化—甘文丁集团

甘文丁集团20世纪60～70年代主要从事锡矿业，80年代转向房地产。1987年，林天杰大学毕业后，接替其父主管集团业务。1989年，甘文丁集团收购了“马来西亚多元化控股公司”近30%的股份后，组成了马化—甘文丁企业集团。收购后，林天杰任马化控股公司主席，进行了一系列重组整顿工作，扭亏为盈，1990～1993年间税前盈利从0.5亿马元上升为4.2亿马元。

5. 金狮集团

金狮集团是20世纪80年代马来西亚迅速成长起来的一个华人多元化企业集团，拥有马来西亚最大的钢铁厂——合营制钢公司。

1977年，钟廷森在马来西亚创建了合营制钢公司，后来成为金狮集团的核心企业。在钟廷森的经营下，80年代营业额以年均34%的速率增长，急速成长为一个多元化的企业集团。90年代中期，该集团控制着11家上市公司，从事钢铁、百货、食品、房地产、集装箱制造及水产养殖等行业，拥有200多家企业，2万名职工。该集团龙头企业是合营制钢公司，1994年底市值达9.54亿美元，当年销售额27.55亿马元，税后纯利1.21亿马元。90年代初，该集团开始进军海外，在中国内地和香港百货零售业均有投资。

6. 常青集团

常青集团是马来西亚最大的林木业集团，活动基地在森林茂密的东马沙捞越州。1957年常青公司由张晓青创办，1989年成立常青集团。常青集团在沙捞越州拥有80万公顷伐木权。80年代中期世界木材价格高涨，该集团成为马来西亚最大的木材商及夹合板出口商。80年代后期开始拓展海外林木业，先是进军巴新的伐木业，逐渐控制其60%以上的木材出口，后来又在新西兰获得数万公顷的伐木权，在喀麦隆也获得了大片有待开发的森林。

（三）新加坡华人企业集团

新加坡华人占人口的近80%，在新加坡经济中的地位举足轻重，华人资本控股企业集团成为新加坡经济运营的主体。主要有以下几种类型。

1. 金融服务型的华人企业集团——华侨银行集团

金融服务型的华人企业集团是以银行金融业为主体，通过中长期贷款、控股及人事参与等方式进入其他经济领域，并为其提供服务的华侨银行集团。

新加坡银行界，除新加坡发展银行为政府所营，其余均为华人经营，其中最具实力的是华侨银行集团、大华银行集团和华联银行集团。20世纪90年代初统计数字显示，新加坡50家最大的上市公司中，以上3家银行均名列前茅。到90年代末，华侨银行集团与大华银行有限公司，均已进入500强的前20名行列。现以华侨银行集团为例，剖析金融服务型的华人企业集团的发展及其经营特点。

华侨银行集团是新加坡四大金融财团之一，其核心是华侨银行。该集团的形成与发展，同新加坡经济走向现代化、国际化息息相关。1919年林永庆（福建）创办华侨银行，30年代华人银行步履维艰，1932年华侨银行和华商银行及华丰银行合并改组为华侨银行有限公司。二战期间，华侨银行经营陷于困难境地。二战后新加坡经济恢复进程中，采取了“自由与慷慨”贷款政策，促使新加坡经济恢复生机。

20世纪60年代新加坡独立后，伴随着新加坡工业化的进展，华侨银行的规模与实力迅速增长，趋向多元化经营。通过中长期贷款、参股、担保及人事参与等方式，涉足锡矿、橡胶园、贸易、旅游、保险、服务、房地产及制造业等经济领域。华侨银行在扩大经营规模与范围的同时，还大力改善银行服务设施，使银行办公设备现代化。90年代，华侨银行已发展成为以李成伟及其家族为主体的跨国金融企业集团，在海外设立了不少分支机构，目前华侨银行的业务已扩大到大洋洲、中国、中国香港、韩国、日本、伦敦及美国。

2. 综合型企业集团——丰隆集团

综合型企业集团即指从事多种经营业务活动的企业集团。丰隆集团是新加坡颇具实力的综合型华资企业集团，它是以丰隆金融有限公司为核心，由郭芳枫兄弟合营的丰隆公司发展起来的郭氏家族企业。1941年郭芳枫及其三兄弟用积蓄合伙经营一家小企业——丰隆公司，二战后低价收购战时剩余物资，获取了丰厚的利润。1948年，丰隆改组为有限公司，下设6家分公司，开始兼营种植、贸易、地产等，业务扩及马来半岛。

20世纪50年代开始，丰隆集团日益向多元化、国际化经营扩展。1957年，与日本三井、黑龙洋灰公司合作创设水泥厂。1962年，又与新加坡企业及马来西亚官商合办水泥厂。1963年，成立丰隆实业有限公司，投资新加坡房地产和建筑业。1966年进军金融业，成立丰隆金融有限公司。其后，随着新加坡经济腾飞，丰隆集团实力进一步增强。而今，丰隆集团旗下在新加坡和香港拥有多家上市公司，包括城市发展、统一酒店、丰隆金融、新加坡金融、阿波罗企业及香港城市酒店等，整个集团约有100多家子公司。

3. 产业关联型企业集团——杨协成企业集团

产业关联型企业集团指以某一产业垂直式经营为主体，并参与其他一些行业经营活动的企业集团，杨协成企业集团是一个以从事饮食业经营活动为主的产业关联型企业集团。1938年秋，新加坡杨协成酱油厂成立。20世纪40年代，日本侵占新加坡，杨协成酱油厂被炸，却使其免遭封禁，成为日占期间唯一幸存的酱园。日本战败投降后，1950年杨协成新建机械化酱油厂落成。

20世纪50年代是杨协成集团发展的重要时期，在此期间除了生产系列调味品酱油、酱料外，并开始从事咖喱鸡罐头、瓶制牛乳、菊花茶等食品的生产活动。为满足市场需求，还相继成立了杨协成罐头厂和酱料厂。为进一步扩大集团实力，50年代末开始，该集团积极向海外扩展业务，相继在吉隆坡和香港设立机构。70年代，杨协成集团获得百事可乐国际饮料特许经营权，并在英、美、加设立分销中心。80年代，杨协成集团继续挺进北美市场的同时，也开始到中国内地投资设厂。

（三）印尼和菲律宾华人企业集团

1. 印尼华人企业集团

印度尼西亚的经济命脉主要掌握在政府企业和原住民企业手中，但华人企业在某些行业中占有一定优势。据20世纪90年代初统计，在印尼的制造业中，华人占有大企业数的70%以上和中小企业数的60%。90年代初，印尼的制造业前25家私营企业集团的排名中，20家是华人企业集团，其营业额占全印尼200家私营企业集团总营业额的一半以上。

林绍良为首的三林集团是印尼和东南亚最大的华人企业集团之一。林绍良是印尼三林集团董事长，印尼政府经济顾问，印尼首富，曾被美国《财富》杂志列为世界十二大银行家之一，被称为“世界十大富豪之一”。1995 年该集团的总资产高达 184 亿美元，营业总额约 200 亿美元，所属公司 640 家。

林绍良早年从经营中获取了相当可观的利润，同时又与印尼高层结下了深厚的私人友谊，为他日后事业成功打下基础。之后，林绍良开始从事获取大利的买卖——丁香生意。在相关方面的协助下，成了小有名气的富豪。1952 年后，林绍良先后建立了数座独资、合资纺织厂，形成了有一定实力的纺织集团。随之，于 1957 年，在泰国的金融巨头陈弼臣的帮助下，正式创办了中央亚细亚银行。至此，一个兼有工业、商业、金融的林氏集团已初显雏形。

1967 年后，在政府的大力支持下，林绍良利用他与印尼高层及各方的关系，继续在事业上大力发展。1968 年，林绍良获得了政府给的丁香进口专利权，成了名副其实的“丁香大王”。接着，1969 年，他向政府建议在国内建立面粉加工厂，很快得到批准，并拥有全国面粉生产 2/3 的专利权。到 20 世纪 80 年代中期，林绍良的面粉加工厂已能满足国内面粉需要量的 80%，成为亚洲最大的面粉公司。1975 年起，林绍良还开始投资水泥生产业，成为印尼最大的水泥企业集团，其水泥产量占整个印尼总产量的 60% 以上。

20 世纪 70～80 年代，林绍良早年建立的中央亚细亚银行成为印尼最大的私营银行。除了在香港等城市设立分行以外，中央亚细亚银行还与国际一些著名的大银行组成多国金融公司，经营中长期贷款业务。1977 年它被印尼政府批准为印尼 10 家外汇银行之一。20 世纪 80 年代，中央亚细亚银行已同世界上 20 多家大银行建立通汇协定，成为世界第六大银行之一。1982 年，中央亚细亚银行还打入了美国金融界，控制了旧金山爱尔兰银行股份中 80% 的股权。

到 20 世纪 90 年代，林绍良的事业已向多元化发展，经营的范围相当广泛，主要拥有纺织、水泥、化工、电子、林业、渔业、航运、保险、金融、房地产、黄金、宝石、酒楼饭店、医疗器材、电讯设备、钢铁等行业。林氏集团的活动中心在印尼首都雅加达，下属 60 多家公司企业，分布在印尼、新加坡、中国香港、利比里亚、荷兰、美国等国家和地区，成为一个跨亚、非、欧、美四大洲的国际财团，因此他又多了一个称呼——“亚洲的洛克菲勒”。

2. 菲律宾华人企业集团

菲律宾华人企业集团的总体经济力量较东南亚其他国家小，但在本国经济中还是起着举足轻重的作用。据 20 世纪 90 年代中期香港《亚洲周刊》报道，当时总资产在 1 亿美元以上的菲律宾华人企业集团有 14 个（同期，马来西亚有 77 个，泰国有 45 个，新加坡有 44 个，印尼有 33 个），华人企业集团在菲律宾国内金融业商业不动产和制造业中均占有一定优势。

陈永栽集团是菲律宾最大的华人企业集团，拥有菲律宾最大的卷烟厂（占全菲 60% 市场份额）、菲律宾第二大啤酒厂、东南亚最大的养猪场和居菲律宾第七位的商业银行等近百家企业，并向酒店、房地产及航空运输业投资，在中国内地、香港，美国关岛，文莱等地进行跨国经营。其个人财产估计超过 40 亿美元。陈永栽是菲律宾最大的纳税人，1994 年向政府交纳税款总额超过 80 亿比索（约合 3.2 亿美元），约占菲律宾当年全国财政收入 2.5%。

（宴　真）

第四节　宗教

一　传播与分布的特点

2 000 多年来，东亚地区既是儒教、道教和神道教等宗教的发源地，又是广泛吸纳世界其他主要宗教——佛教、伊斯兰教、天主教、基督教、东正教和印度教等得到不同程度传播的地区。近现代以来又出现了一些新创立的宗教。因此，东亚地区是一个多宗教信仰的地区，几乎世界上的各种主要宗教都在此有传播和信徒。

东亚地区宗教的传播和分布有其不同于其他地区的特点，正是这些特点成为决定东亚地区文化特征的重要因素。

（一）佛教广为传播

约公元前 6～前 5 世纪诞生于印度的佛教，在东亚地区的流传比世界其他任何一个地区都要广泛，佛教的信徒也最多。

佛教早期是以印度为中心向四面传播的，但向西方的传播并不成功，先是受到西亚和欧洲文化的阻隔，传到西亚和中亚一些地区便不再向前；后又遭到伊斯兰教的打击，很快丧失了它在这些地区的势力。但向东方和北方的传播却很成功，大约在公元前就进入了东南亚的缅甸和中国的新疆等地，继而又在公元前后进入中国的中原地区。此后，佛教在中国迅速发展，并成为中国文化的一个组成部分。又经过中国传播到朝鲜半岛、日本、越南、蒙古等地。

佛教通常被认为有三条主要的传播路线和三个主要的派别：

1. 向北经由中国中原地区而传播到东亚地区的一支被称为北传佛教（即通常所说的“大乘佛教”）。

2. 向南经由斯里兰卡传播到东南亚及中国云南地区的一支被称为南传上座部佛教（即通常所说的“小乘佛教”）。

3. 向北经由中国西藏而传播到内蒙和外蒙（今蒙古国）的一支被称为藏传佛教（又称“喇嘛教”）。

这三个佛教派别都在东亚地区长期存在和流传，影响极大，不仅影响着东亚地区的社会文化，也影响着这一地区的政治经济。

目前，对东亚地区佛教的信徒数量很难做出确切的统计，因为佛教不仅有出家的信徒（僧尼），有在家的信徒（居士），还有一些兼信两种以上宗教的人士（如在日本）。在中国，佛教信徒在汉族中的比例较小，约有4万僧尼，崇奉大乘佛教；但在藏、蒙、土、裕固、普米、门巴等民族中所占比例则很高，有僧尼约10万人，信徒约600万，崇奉喇嘛教；云南傣、彝、佤、布朗、阿昌、独龙、拉祜、德昂等族大多信仰南传上座部佛教，信教人口约100万。

（二）儒教、道教独具特色

在中国发源的儒教和道教在东亚地区流传较广，而在世界其他地区则较少信奉者。

中国的儒家学说创立者是孔子（公元前551～前479）。其学说在先秦只是诸子百家学说中的一种，但从汉代（公元前206～公元220）以后逐渐发展成为一个“正统的”政治和社会伦理体系。大约到隋唐（581～907）时代，它又与佛教和道教一起被并称为“三教”，沾染上少许宗教的色彩。儒家学说很早就传到朝鲜半岛、日本和越南等地，并在那里演变为宗教，至今尚有很大影响。在东南亚的一些华人较多的国家，如新加坡、马来西亚、泰国等，也有较大影响。道教是在佛教传入中国后形成的，也很早就从中国传入朝鲜半岛和越南等地，并在这些地方有较大影响，在东南亚的华人中也影响较大。

（三）伊斯兰教等传播较广

伊斯兰教在东亚地区的流传之广仅次于西亚、非洲、中亚和南亚，在印度尼西亚、马来西亚和文莱的影响尤其突出。

自从穆罕默德于公元7世纪创立了伊斯兰教后，伊斯兰教的发展势头一直非常强劲。在中国的唐代（618～907）中期，西域信仰伊斯兰教的阿拉伯和波斯商人便来到中国东南沿海居住，还有一批帮助平定“安史之乱”的穆斯林官兵定居于中国，伊斯兰教就是从那个时代由西北和东南两个方向传入中国的。

目前，在中国也有大批信徒，约1 000多万人，主要集中于新疆、宁夏和云南等地。

伊斯兰教影响东南亚的时间也不会晚于这一时期。到13世纪，伊斯兰教对东南亚的影响已经很突出，当时，苏门答腊等地建立起苏丹国。后来，伊斯兰教在东南亚迅速传播，逐步壮大，于17世纪风靡马来半岛和印度尼西亚诸岛。目前，伊斯兰教在印度尼西亚、马来西亚和文莱都被奉为国教。此外，其他国家也有零散的分布。

（四）天主教和基督教也发展较快

公元1世纪在西亚创立的基督教及其后分出的天主教传入东亚地区虽比较晚，但发展很快，几乎遍布东亚地区各国，信徒数量并不算少。基督教聂斯脱利派曾于唐初（公元7世纪）传入中国，称为景教；天主教于元代一度传入中国，后又于明万历（1573～1620）年间再度传入。中国现有天主教和基督教徒700余万人。总的看，东亚地区的天主教信徒大大多于基督教徒。此外，东亚地区还有一定数量的东正教徒，主要分布于北亚的俄罗斯西伯利亚和远东地区，蒙古国、韩国和日本也有少量分布。

（五）印度教、锡克教和神道教等有一定传播

公元8～9世纪后流传于印度的印度教，由最初的巫术信仰发展成早期的吠陀教，又由吠陀教发展成婆罗门教，后来婆罗门教经过不断的发展和改革，终于成为今天有8亿多印度人信仰的印度教。印度教除了在印度本土流行以外，在非洲、欧美等地也有影响，在东南亚的传播和影响比较大。这是因为东南亚与印度相邻，古代和近现代有许多印度移民在此定居。目前，东南亚的印度教信徒基本都是印度移民或其后裔。

锡克教是中世纪创立于印度的宗教，是伊斯兰教传入南亚次大陆以后，与印度教相融合的产物。锡克教徒在东亚地区也有分布，人数较少，主要是印度移民。

神道教为日本人的主要宗教之一，目前日本信仰此教的人口在1亿以上。

另如萨满教、巴哈伊教等也在东亚地区有一定影响。

（六）新宗教的影响不可低估

近100多年来产生了许多新宗教。这些新宗教绝大多数与东亚地区的传统宗教有紧密的联系，信徒人数虽然多少不一，但能量很大，影响不可低估。例如，越南有两个新宗教很有名：一是高台教，一是和好教。这两个新宗教都在越南的近代史上起过重要作用，并至今在越南的政治经济生活中起作用。目前，高台教在越南国会拥有4个席位，和好教拥有1个席位。韩国的天道教是在融合儒、佛、道三教教义基础上，于1860年创立的。另外，在韩国，20世纪初期就出现了对佛教教义进行重新解释的“圆佛教”（创立于1916年），二战以后又有所发展。

二 各国、地区宗教概况

（一）日本

日本的宗教情况十分复杂，传统的宗教加上新兴宗教总计不下700余种。

日本的各宗教信徒数量加在一起，比日本国民的总数还多，原因是许多人都信仰两种以上的宗教。一般来说，一个日本人出生时往往要实行神道教的礼仪，结婚时常常实行基督教礼仪，而去世时又实行佛教礼仪。在他们看来，多种宗教集于一身并不是一件矛盾的事情，而是多种文化融合的表现，信仰者以为可以从不同的宗教神明那里得到庇护，获得精神上的寄托。

日本的宗教可以分为三大类：本土宗教、外来宗教和新兴宗教。本土宗教主要是神道教，外来宗教主要是佛教、基督教等，新兴宗教则是现代以来不断出现的大大小小宗教团体。根据1990年的统计，日本神道教信徒有10 458万人，佛教信徒有8 712万人，天主教和基督教信徒143万人，其他宗教信徒约1 612万人。

神道教

日本的神道教起源很早，大约在公元前不久，距今已有2 000余年的历史。那时日本列岛上的居民开始了农耕生活，崇拜自然物和自然现象，相信日本列岛和世界万物都是天神创造的。原始神道时期大约形成于弥生时代（约公元前200年～公元3世纪）前期，这一时期的神道只有祭祀礼仪、巫术和神话传说等而没有宗教理论。到公元3～8世纪，日本神道教发展演变成神社神道。这一时期的神道有了固定的祭祀场所，同时也随着日本政权的统一而成为天皇的统治工具和精神依托。后来，受到中国和朝鲜传去的佛教和儒家学说的影响，日本神道逐步接受了佛教的一些思想和礼仪，终于在平安时代（794～1192）形成了理论化了的学派神道；又接受了儒家思想的影响，在江户时代（1603～1867）形成了神儒融合的会神道和理学神道。可以说，明治维新以前相当长的一段时间里，日本的神道教基本属于神社神道，并与佛教和儒家学说结合在一起。明治维新前后，神道教主要分为两支，一支是延续下来的神社神道，一支是明治时期形成派别众多的教派神道。这两大派别在日本近现代的历史上成为日本国发展的主要精神支柱，尤其是前者，曾作为“国家神道”为日本军国主义的发生发展起到推波助澜的作用。第二次世界大战结束以后，神社神道不再是国教，成立了联合组织“神社本厅”，但仍与国家政治有密切的联系。而教派神道也成立了联合组织“教派神道联合会”。

佛教

日本的佛教是由中国和朝鲜传去的。佛教最初传到日本是在公元522年，当时有一名叫司马达的中国梁朝人去了日本，并带去了佛像在那里礼拜。但当时的日本人还没有皈依者。到公元552年，百济王向日本钦明天皇献礼，送去了佛像、佛经和一些法器，天皇将这些赐给了大臣稻目，稻目舍宅供奉佛像和礼拜。这便是佛教正式传入日本之始。从那时起，经过了一些挫折后，佛教终于在日本站稳了脚跟。到奈良时代（710～794），日本的佛教已经相当发达，有许多僧人到中国来学习佛教，也有像鉴真（688～763）这样著名的中国大和尚到日本去传播佛法，中国佛教的主要派别都已经传到日本。在此后的一个很长时期，佛教更发展成为日本意识形态的主导潮流。直到1868年明治维新时期，佛教才失去其主导地位，但仍然有不少宗派在日本流行。

目前在日本流行的主要佛教宗派有：法相宗、华严宗、天台宗、真言宗、融通念佛宗、净土宗、临济宗、曹洞宗、真宗、日莲宗、时宗等。

1954年，日本成立了全国性的佛教组织全日本佛教会（简称“全日佛”），下辖50多个佛教派别、20多个佛教团体和7 500个寺院。日本的佛教研究机构很多，各类学会和研究会有50多个，主要有日本佛教学会、日本宗教学会、印度学佛教学会、佛教史学会、日本佛教研究会和国际宗教研究会等。日本有一些佛教办的大学，也开展佛学研究，主要大学有大谷大学、龙谷大学、创价大学、立正大学、花园大学、驹泽大学、佛教大学、高野山大学、大正大学、武藏野女子大学和京都女子大学等。此外尚有不少大学设有佛学课程和研究机构。

天主教

日本天主教是由一名西班牙传教士于1549年传入的。经过了艰难曲折的发展，到1587年，日本的天主教徒就达到了20万人。但由于统治阶级的迫害，天主教一度转入地下，信徒减少。直到19世纪中期才有所恢复，1868年明治维新以后取得合法地位。

目前，日本天主教的全国机构是天主教中央协议会，下辖16个教区，各教区主教由罗马教皇直接任命。据20世纪80年代末期的统计，日本有天主教信徒422 304人，其中神父和修士将近3 000人，修女约7 300人，普通信徒41 200人。该会办有34所医院，300多所各种学校和47所养老院。

基督教新教

基督教新教于1859年由美国圣公会传教士传入日本，继而，长老会、福音同盟会、公理会、卫理公会、浸礼会、普世会等陆续传入。1939年，在日本军国主义的强迫下，日本各新教派别和团体合并成日本基督教团。该教大力兴办文化教育和社会福利事业，在日本的知识界素有影响，信徒大约有10万人。主要研究机构有基督教研究会、基督教史学会、日本基督教学会等。

东正教

有东正教教会79个，传道所29处。

目前日本有新宗教团体700余个，多数都比较小，其中较大的有：创价学会（由日本佛教日莲宗改革发展而成，1930年创立，有国内会员795万人）；立正佼成会（由日本佛教日莲宗改革发展而成，1938年创立，有会员640万人）；天理教（由日本神道教演变而成，1938年创立，有教徒200余万人）；金光教（由日本神道教演变而成，1859年创立，在农民和工商业者中有大量信徒）；大本教（混合日本神道教和佛教而成，创立于19世纪，有信徒约13万人）；灵友会（由日本佛教日莲宗发展改革而成，创立于1919年，有会员290万人）；解脱会（由日本佛教真言宗发展演变而成，创立于1929年，有信徒22万人）；念法真教（由佛教和神道教综合而成，创立于1925年，有信徒近90万人）；妙智会（综合佛教和神道教而成，创立于1950年，有信徒72万人）；善邻会（由神道教演变而成，创立于1947年，有信徒约63万人）等。

日本的这些宗教团体都比较富裕，与一些政党关系密切，有的还开办有大学、研究所、电台及出版报刊等。

（二）朝鲜

朝鲜的宗教主要有佛教、天主教、基督教新教和天道教。佛教信徒数量约30万人，天主教信徒约1.9万人，基督教新教教徒约13万人。

佛教

据朝鲜古籍《三国史记·高句丽本纪》记载，佛教正式传入朝鲜是在公元4世纪。当时的朝鲜半岛正处在三国（高句丽、百济和新罗）鼎立时期。首先到朝鲜传播佛教的是由前秦国君苻坚派往高句丽的中国僧人顺道于372年，后来又有印度僧人384年由东晋前往百济传授佛法，创建寺院。

公元668年，新罗统一朝鲜半岛，佛教得到空前的发展。这一时期到中国学习佛法的朝鲜僧人特别多，他们不仅从中国学习佛教，带回佛教典籍，还从中国学到了许多其他方面的知识。中国当时所有的佛教宗派都传了过去。

936年，高丽王朝建立，佛教在统治者的支持下发展到鼎盛时期。这一时期仍然有不少人到中国取经和学习佛教。1022 年，在高丽王朝的大力赞助下雕刻成5 024卷的《大藏经》，但此经于 1232 年被蒙古军队毁坏。在 1251 年前后，又在原先的基础上重刻和增补为6 558卷，即现今流行的《高丽大藏经》。

14 世纪末，朝鲜的李朝统治者推崇儒教而反对佛法，佛教受到很大打击，呈现出衰落的局面。1945 年，朝鲜成立佛教总务院和佛教徒联盟。联盟加入了亚洲佛教徒和平会，并于 1986 年加入世界佛教联合会。1953 年以后，朝鲜政府陆续拨专款修复寺院达 60 余所。

道教

中国的道教传入朝鲜的时间很早。三国时期，《道德经》已经传入朝鲜。中国唐代初期，朝鲜民间就流行中国的五斗米道。唐高祖李渊曾派遣道士给高丽王和百姓讲解《道德经》。唐太宗也曾派遣道士到高句丽传道。三国统一后，道教继续在朝鲜发展，一些到中国留学的新罗人学习道家的修炼方法，并将其传回国内，同时带回许多重要的道教经典，如《参同契》、《龙虎经》、《黄庭经》等。新罗时期最著名的道教人物是崔致远。他在中国留学多年，是一位著名诗人，他的诗歌至今还保存在《全唐诗》里。他的道教著作《参同契十六条口诀》和《伽耶步引法》在朝鲜道教史上具有很高地位。高丽时代，由于统治者的尊奉，朝鲜的道教发展到一个高峰，中朝道教交往也十分频繁。但到了李朝中期，道教呈现颓势，到李朝后期便一蹶不振，走向消亡了。

天主教

天主教传入朝鲜也与中国有关。1784 年，一直在中国从事天主教活动的李承薰回国传教。10 年后，他邀请中国神父周文谟到朝鲜传教，在他们的共同努力下，朝鲜天主教信徒数量大增，达到万人，于是朝鲜教区于 1831 年正式成立。到 1950 年朝鲜战争开始时，朝鲜有 2 500 多名天主教徒。1988 年，平壤建成新的天主教堂。

基督教新教

基督教新教最初是由荷兰人传入的。1884 年朝鲜建立第一座新教教堂。1950 年以前，北朝鲜的基督教徒数量在亚洲占第二位。后来则人数逐渐减少。1992 美国浸信会人士访问朝鲜。

东正教由俄国人于 1897 年传入朝鲜，但信徒很少。

“东学”与天道教

当天主教在朝鲜大发展的时候，为了对抗这种由西方传来的文化，朝鲜的思想家崔济愚（1824～1864）于 19 世纪 60 年代开创了“东学”。他的“东学”是在天主教的影响下，在民间信仰的基础上，融合儒佛道理论而形成的，如他所说：“儒之人伦大纲，仙之清净自修和佛之普济众生，足以成为吾道之三科。”他提出了“天道”的理论，使东学成为一个新的，同时又是朝鲜土生土长的宗教。东学发展很快，但也受到李朝政府的残酷镇压，1864 年崔济愚 41 岁便被捕杀头，第二任教主崔时亨也于 1865 年被捕入狱，东学不得不转入地下。但此时的东学已是一个组织严密、信徒众多的新宗教，在全国的影响相当大。1900 年，孙秉熙继任第三任教主。不久，他清除了教内的亲日派，并将东学改名为天道教，继续扩大组织，广泛传教。北朝鲜于 1946 年设立北朝鲜总务院，并成立了朝鲜天道教青友党。该党在农民中影响较大，宗旨是反对外来侵略，把朝鲜建设成富强的民主主义国家。

（三）韩国

相对于朝鲜，韩国的宗教要复杂得多，其主要宗教有佛教、天主教、基督教新教、天道教、萨满教、圆佛教、伊斯兰教等。韩国的佛教信徒大约有1 335万人，天主教信徒大约有 292 万人，基督教新教信徒约 900 万人，萨满教信徒约 970 万人，圆佛教信徒约 100 万人，伊斯兰教信徒约 3.3 万人。

佛教

三国时期，佛教首先传入北方的高句丽，继而传到百济，最后传到新罗。在李朝时期，佛教遭到统治者的排斥，呈现衰落局面。韩国被日本占领期间，日本佛教界人士曾到韩国传授曹溪宗教法，所以现在曹溪宗在韩国佛教界占有绝对优势，信徒中有 78％属于曹溪宗。1945 年以后，韩国的佛教发展很快，目前有寺院1 527座，其中多数为曹溪宗所有。1954 年，韩国成立了佛教信徒协会，1968 年在军队中设立军人僧侣，1976 年国家规定释迦牟尼诞生日为全国性节日。韩国目前的主要佛教组织有曹溪宗全国信徒会、大韩佛教青年会、国际佛教、国际佛教徒协议会等。主要佛教研究中心有东国大学、海东佛教大学、圆光佛教大学、韩国佛教研究院等。

天主教

1784年，在中国接受了洗礼的李承薰回到朝鲜传播天主教。1831年，韩国设立了第一个教区司铎职务。到1910年，教徒数量便达到7万人。1953年，韩国天主教信徒有16万人，1967年又猛增至73万人。据1989初的统计，韩国有司铎15 222人，修女5 067人，修士1 442人，教堂2 000余座。据1992年的一项统计，韩国有天主教信徒292万人，在世界上仅次于法国、意大利和西班牙而位居第四。目前韩国有汉城、光州和大邱等三大教区，兴办大中学校45所，出版6种报刊。同时韩国天主教会还积极向海外派遣传教团，有511名教士分布于47个国家。计划到2000年派出1万名传教士。

基督教新教

基督教新教传入韩国的时间大约在17世纪30年代。1627年，有一艘荷兰巡洋舰到济州岛寻找淡水，有3人留下，定居于汉城。其中一人是新教信徒，曾传播过新教，这被认为是新教传入韩国之始。1662年前后，又有一批荷兰人因海难滞留韩国10多年，他们都是新教教徒，在韩国滞留期间宣传过新教。但这两批人都不是为传教目的到韩国的，因此许多学者认为，新教正式传入韩国的时间应该是1884年。这一年，美国监理教会牧师麦克莱到韩国会见高宗皇帝，并得到布道的许可。此后，美国、加拿大、澳大利亚的长老会，英国的圣公会，加拿大的浸礼教会，夏威夷的安息教会和英国伦敦的救世军等都先后到韩国传教。尽管受到各种阻挠迫害，韩国人加入新教的热情很高。而第二次世界大战结束以后的数十年间，韩国基督教信徒的数量增加十分迅猛，在全世界占第一位。据统计，1890年，每1 000名韩国人中仅有1名新教信徒；到20世纪30年代，这个比例上升到50比1；到80年代则陡然上升到4比1。目前，韩国基督教新教开办有11所新大学和学院、85所高中、79所初中和许许多多小学，还有21所医院和诊所，并拥有50个传媒机构，出版报刊数十种。

儒教

儒家学说很早就传到韩国，并在那里形成了儒教。李朝时期曾被奉为国教。至今，韩国的儒教徒数量约490余万，全国有儒教庙宇240余座，教职人员约1.2万人于春秋两季举行祭孔活动。

天道教

在全国各市、郡都有自己的教区和传教点，共有150个教区，140余座寺院，拥有信徒82万余人。

圆佛教

由朴重彬创立于1916年。该教是在佛教的基础上创新而成，主张佛教现代化和生活化，不化缘，不供佛，组织严密，注重教化、教育和慈善三大事业。目前圆佛教有17个教区，500余处聚会馆和传教所，100万信徒。主办有圆光大学、海外布教研究所，并出版英语杂志《圆光佛教》。

（四）蒙古

蒙古人最初信仰萨满教，后来信仰藏传佛教。现在，绝大多数蒙古人信仰藏传佛教，另有极少数人信仰天主教、东正教和伊斯兰教。

公元13世纪以前，蒙古人普遍信奉萨满教。13世纪初期成吉思汗（1162～1227）统一蒙古诸部以后，蒙古人的主要宗教仍然是萨满教。此后不久（1247年）蒙古贵族开始与西藏的喇嘛教联系，并迎请藏传佛教萨迦派（俗称“花教”）首领萨班到蒙古传教。从此，蒙古贵族中开始有人信仰藏传佛教，并建立起蒙古第一座寺院幼化寺。1253年，藏传佛教萨迦派首领八思巴到蒙古拜见大汗忽必烈（1215～1294），使蒙古人与佛教的关系进一步密切。1271年忽必烈建立元朝后，封八思巴为国师，藏传佛教则成为元朝的国教。由此，一些藏文《大藏经》被陆续译为蒙文，藏传佛教的其他派别也开始在贵族间流传，而蒙古族民间仍然大多信仰萨满教。元朝灭亡，蒙古地区的藏传佛教一度衰落，萨满教则一度兴盛。但到了16世纪后期，藏传佛教的格鲁派（俗称“黄教”）开始被蒙古的一些王公信奉。第三世达赖喇嘛锁南嘉措亲自到蒙古地区传教。从此，藏传佛教逐渐取代了萨满教的地位。清王朝建立以后，对藏传佛教采取大力扶持的政策，蒙古的王公贵族和普通民众纷纷放弃萨满教而改宗藏传佛教。到蒙古人民共和国成立前夕，蒙古有喇嘛教寺院2 500余座，喇嘛10万余人，每3个男子中就有1名喇嘛。蒙古人民共和国成立以后，对佛教采取逐步限制的政策，信教人数也逐步减少。到

20世纪的六七十年代，蒙古的出家佛教徒已经很少，他们的法事活动主要是按照政府的要求提供一个对外交流的窗口。由于20世纪90年代蒙古开始实行社会制度转轨，佛教在蒙古得到迅速的复兴。

公元7世纪，就有西方人士到蒙古地区传播天主教，但没有留下什么影响。13世纪以后，又陆续有天主教教会人士到蒙古传教。目前，天主教亚洲的一些教会在蒙古开展了宗教活动，吸引了少数信徒。

（五）俄罗斯西伯利亚与远东地区

俄罗斯西伯利亚与远东地区地域辽阔，民族众多，有多种宗教在流传。

萨满教

是西伯利亚土著民族的原始宗教。西伯利亚有两大语系（阿尔泰突厥语系和阿尔泰蒙古语系）的若干民族信奉萨满教。他们世代居住于两大地区：东西萨彦岭地区和内外贝加尔地区。在东西萨彦岭地区，17世纪晚期以后，基督教（东正教）和喇嘛教陆续传入，但萨满教并没有消失，而是与这两种宗教和平共处继续存在。苏联十月革命以后，这一地区的萨满教受到限制，但民间仍然有萨满教的神职人员活动。在内外贝加尔地区，到19世纪末和20世纪初，东正教、喇嘛教和萨满教形成三足鼎立之势，并出现三教混合的局面。虽然仍有部分人坚持信仰纯粹的萨满教，但也有相当多的人兼信萨满教和东正教、萨满教和喇嘛教，或者三者兼信。20世纪30年代，这一地区的萨满教因受到无神论宣传的冲击而走向衰落，40年代重新抬头，50和60年代每个村庄平均有2～3名萨满。最近10多年来，由于政府宗教政策的变化，萨满教恢复和发展速度较快。

东正教

1861年，俄罗斯东正教成立传教使团试图向西伯利亚地区居民传教。1862年在色楞格河岸建立第一座修道院。19世纪30年代，东正教会加大传教力度，在西伯利亚地区兴建教会学校，翻译出版东正教读物，终于站稳脚跟。俄国1917年十月革命以后，东正教的发展受到限制，20世纪80年代以后逐渐恢复。目前西伯利亚地区大城市均有东正教新修的教堂。

伊斯兰教

在哈萨克斯坦以北的俄罗斯西伯利亚西部地区流传最广的宗教是伊斯兰教。10～19世纪上半叶，这一地区的鞑靼人、巴什基尔人、阿迪格人、切尔克斯人、阿巴津人、卡巴尔达人、车臣人、印古什人等，已经陆续信仰了伊斯兰教。但在沙皇统治时期和苏维埃政权时期，这里的伊斯兰教信仰遭到压制。苏联解体以后，这里的伊斯兰教重新活跃起来。

喇嘛教

17～18世纪从蒙古传入，信徒主要分布于西伯利亚的4个地区：布里亚特、卡尔梅克、图瓦三个自治共和国和赤塔州阿嘎布里亚特自治区。17世纪以前，这些地方的居民信奉萨满教，后来皈依喇嘛教。20世纪50年代有信徒约50万人，90年代末达到200万人。

此外，西伯利亚还有天主教、旧礼仪教、基督教新教和犹太教信徒。

（六）越南

越南是中国的近邻，因此，中国的古代宗教对越南影响很深，儒、佛、道三教都在越南流行，影响至今不泯。

佛教

越南佛教信徒最多，大约有45%的人信仰佛教，而越南佛教以北传佛教（大乘佛教）为主，信徒在2 000万人以上；南传上座部佛教（小乘佛教）的信徒主要是高棉族人，大约在200万以上。越南佛教是在中国东汉末年从中国传去的，此后不久也有印度等地的僧人到越南传播佛教。在隋唐时代，越南与中国佛教的发展大体同步，有不少越南僧人到长安说法。10世纪时，越南封建国家建立，越南佛教开始走向辉煌，直到14世纪。这一时期，中国的禅宗传入越南，并在越南形成了灭喜禅、无言通禅、草堂禅和竹林禅等派别。此后，由于儒学的发展和佛教界内部的原因，越南佛教开始走向衰落。1976年，越南南北统一，成立了越南佛教联合会。越南佛教徒至今学习的仍是汉文佛经，剃度等礼仪也都如中国的佛教。

儒学和道教

早就传入越南，到公元6～9世纪，越南的道教开始兴盛，一直持续了几百年。但从15世纪初开始，越南统治集团独尊儒学，排斥佛道，道教随之衰落；17～18世纪间虽然曾一度复兴，但19世纪初再次走向衰落。现在很难说越南有多少道教信徒，尽管如此，儒学和道教的影响已经深入到民众之中。

天主教

于16世纪后半叶传入越南。在法国统治时期，越南天主教得到发展，1883年，越南天主教徒已达70余万。目前，越南天主教信徒约有400余万，正式组织为越南天主教联合委员会。

高台教

创始于1926年，系融合儒、佛、道、基督教教义而成，崇拜对象有玉皇大帝、释迦牟尼、孔子、老子、姜太公、耶稣、观音、关圣等各路神仙和历史名人。信徒吃素，留发。1930年有信徒500万，1935年激增至1 000万。目前有信徒大约200万，分属西宁、前江、后江和仙天等派别。

和好教

创立于1939年，系由佛教净土宗宝山奇香派分化而来。20世纪40年代有信徒100余万。该教主张敬祖、爱国、爱同胞，尊重师、书、友“三宝”，不受各种清规戒律的限制。目前有信徒约150万。

这两个近代新兴宗教有个共同点，即与政治关系紧密，都曾经有过自己的军队，在抗日斗争、反法斗争和抗美救国斗争中都曾起到重要作用。

（七）老挝

老挝目前主要有4种宗教，即印度教、佛教、基督教和原始宗教，号称“四教并存”。但实际上，佛教在老挝占据绝对优势，其他宗教都不能与之相提并论。印度教的影响主要体现在历史文化上，目前并没有多少信徒。原始拜物教的信徒主要是山区的部落民，以苗族为代表，信徒大约数十万人。此外，老挝还有穆斯林3万多人，是个不可忽视的数量。

佛教

是老挝的主要宗教。早在公元前后，印度的婆罗门教就传入老挝，并对老挝的文化发生了深刻影响。但现在老挝流行的上座部佛教是在公元14世纪由柬埔寨传入的。1353年，老挝由分散的小国被法昂王统一为南掌王国，由于他自己在柬埔寨长大，并娶柬埔寨公主为妻，深受柬埔寨上座部佛教的影响，因此他从柬埔寨请来高僧传播佛教，并把佛教定为国教。后来经历代国王的努力，佛教在老挝得到很大发展。即便在19世纪末被法国占领期间，老挝佛教受到限制，但人民也没有放弃佛教信仰。老挝独立以后，佛教再次振兴，宪法仍然规定佛教为国教，国王必须是佛教徒。所以，老挝王室成员都要在少年时期出家一次，在寺庙中度过一段僧侣生活。由于老挝尊奉的是上座部佛教，所以，僧侣们学习和诵读的是南传巴利文大藏经，用巴利语宣讲教义。目前，老挝有寺庙约2 000多座，佛塔1万多座，僧人近2万人。寺庙既是宗教中心，又是百姓精神和文化活动的中心。老挝的佛教分为两大流派，即大部派和法相应派。前者为柬埔寨一系的传承，后者为泰国一系的传承。目前，老挝佛教界又划分为四个思想流派：传统派、改革派、折衷派和复兴派。除了上座部佛教以外，老挝还有大乘佛教流传，但信徒很少，主要是华人和越南人后裔。据1995年的统计，老挝的总人口为460.5万人，有大约95%的人信仰佛教，也就是说，老挝的佛教信徒大约有437万人。全国性的佛教组织是老挝佛教徒联合会。

天主教

于1630年传入老挝，开始时主要在老挝与泰国边界一线传播，1950年开始向边远山区传播。到1970年，山区部落民中已有相当多的人加入天主教会。目前，老挝有天主教徒5万多人。新教于1902年由瑞士兄弟会首先传入，当时的传教士还把全本圣经翻译为老挝文。此后，新教在老挝加强传教活动，虽有所进展，但至今仍不满3万人。老挝的天主教和新教信徒中的大部分是越南人后裔。

（八）柬埔寨

柬埔寨流行的宗教有：上座部佛教、大乘佛教、天主教、新教、伊斯兰教和原始拜物教等。其中，佛教徒约700万人，主要是高棉人和华人。天主教徒约6万人，信徒基本上是越南侨民。穆斯林有大约10万人，信徒主要是占族人和马来人。

婆罗门教

婆罗门教大约于公元初就传到了柬埔寨，那时已有大批印度移民到柬埔寨定居，据说扶南国就是由印度人征服了当地的土著后建立的。中国的《南齐书·扶南传》说，当地人崇拜婆罗门教的大神摩醯首罗天，即大自在天，或称湿婆。到公元4世纪末，来自印度的扶南国王将印度婆罗门教礼仪全面应用于宫廷，扶南的婆罗门教文化得到加强和发展。到了9世纪的吴哥王朝时期，柬埔寨出现了将湿婆和国王合而为一加以崇拜的天王教，这是婆罗门教的本地化，受到统治者的大力支持。在此后的几个世纪，天王教盛极一时，但有时大乘佛教也被国王信仰而占上风。柬埔寨著名的吴哥文化就是在这种背景下产生的，是婆罗门教与大乘佛教相结合的产物。14 世纪，暹罗人不断入侵柬埔寨，并大力推广上座部佛教，柬埔寨的婆罗门教从此走向衰落。但婆罗门教的影响始终存在，直到近现代，国家的庆典和王室的礼仪仍然采取古代婆罗门教的仪式，国王仍然以婆罗门为国师。至于婆罗门教在柬埔寨文化中的影响，如语言、文学、艺术、民俗等，更是处处可见。如今虽然已经没有什么婆罗门教信徒，但它对柬埔寨的社会文化产生了深远的影响。

柬埔寨的大乘佛教是随同婆罗门教一起传入的。根据中国史书记载，五六世纪时，虽然柬埔寨的婆罗门教处于优势地位，但大乘佛教的传播已经相当广泛，有当地的僧人到中国来传播佛教，也有印度僧人先在柬埔寨传教，然后又应中国皇帝之邀到中国来传教（如著名的译经大师真谛），促进了中柬文化交流。从 12 世纪中期到 13 世纪中期的 100 余年时间里，柬埔寨的大乘佛教空前发展，国王和王室成员信仰佛教，并修建了大量佛寺。但从 13 世纪起，上座部佛教不断自泰国传来，到 14 世纪，泰人入侵柬埔寨，吴哥王朝衰落，上座部佛教逐步取代了婆罗门教和大乘佛教的地位而成为柬埔寨的主要宗教。

法国人占领柬埔寨后，佛教受到排挤。但到了 20 世纪初期，柬埔寨的佛教又有所复兴。这一时期，柬埔寨建立了第一所巴利语学校，成立了佛教三藏编译委员会。与泰国和老挝的上座部佛教一样，柬埔寨的佛教也主要分为两大派：大部派和法相应派。两派都有与政府部门相对应的组织机构：有僧王，下设僧伽委员会；省有省僧长，区有区僧长，各寺庙有住持，实行层层管理。柬埔寨的佛教信徒一般也有出家（僧人）和在家（居士）两种，在家的男性信徒一生中也至少要出家一次。童年出家一般 3～7 天即可还俗，成年出家至少 3 个月才能还俗。

由于政治的变迁，柬埔寨的佛教在现代遭受了重大曲折：西哈努克亲王执政的五六十年代，实行“佛教社会主义”；70 年代中期则遭到镇压，80 年代中期又受到严格限制，1989 年以后才恢复了国教的地位。柬埔寨的主要佛教组织和大学有：柬埔寨王国佛教联合会（1952 年成立）、西哈努克佛教大学（1959 年落成）、柬埔寨佛教青年会（1971 年成立）、章纳联合会（1972 年成立）。

（九）缅甸

缅甸的宗教以佛教为主，全国4 392万人口，85%以上的人信仰佛教，有大约 8%的人信仰伊斯兰教。此外还有基督教、印度教和原始拜物教信徒。

佛教和婆罗门教

由于缅甸是印度的近邻，所以印度的佛教和婆罗门教传入缅甸的时间很早。一般认为，佛教是在佛陀去世后不久传入缅甸的。首先传到缅甸的是原始佛教，后来传去的是上座部佛教，7 世纪以后又传去了密教。从中国方面的资料来看，缅甸在公元八九世纪时佛教相当流行。11 世纪前，缅甸流行的主要宗教有上座部佛教、印度教、阿吒利教（密教与缅甸原始民间信仰相结合的产物）和民间宗教。

11 世纪中期阿努律陀统一了缅甸，建立了蒲甘王朝，并大力推广上座部佛教，建立了许多寺庙，使缅甸的佛教达到了一个空前兴旺的时期。从此，缅甸的历代国王都信仰和赞助佛教，遂使佛教在缅甸取得了不可动摇的至尊地位。1871 年，缅甸敏东王主持召开了第五次佛经结集大会（第一至三次是公元前在印度举行的，第四次是在斯里兰卡举行的），世界各国高僧大德前去参加者达2 400多人，历时 5 个月，成为世界佛教史上的盛事。

缅甸独立后，宪法为佛教规定了特殊地位。1954～1956 年，缅甸又举行了历时两年的第六次佛经结集大会。1961 年，吴努为首的政府曾一度把佛教定为国教（1962 年被取消）。1980 年，全国 9 个教派向政府登记的僧侣总数为109 000人，实际数字要高于此数。

目前，缅甸佛教的 9 大派别是：善法派、瑞京派、大门派、根门派、西河门派、竹林派、捏顿派、目古派和摩河英派。

主要佛教组织有：全缅青年僧侣联合会、全缅上座僧侣联合会、孟族僧伽联合会、全缅僧伽党、教义纯洁联合会等。

缅甸素以“佛塔之国”著称于世界，仅蒲甘一地就有佛塔5万多座，形成了独特的文化景观。

印度教的前身婆罗门教在缅甸的传播大体与佛教同时，古代缅甸的国王都以婆罗门教祭司主持国家典礼，这种情况一直延续到19世纪，婆罗门教文化对缅甸影响很深。目前缅甸的印度教徒主要是后来从印度来的移民，他们有自己的组织：印度教友谊协会。另外，近代在印度兴起的印度教罗摩克里希那教会在缅甸拥有好几个活动中心和修道院。

伊斯兰教

大约于13世纪从印度一侧传入缅甸。目前，缅甸的穆斯林主要是印度、巴基斯坦和孟加拉国的移民，约有50多万人。其主要组织有：缅甸穆斯林组织、缅甸穆斯林大会、若开穆斯林联合会、穆斯林中央基金真理会和全缅穆斯林学生联合会等。

天主教

大约于16世纪初由西方传教士传入。1807年，英国传教士在仰光建成英国浸礼会，传入新教。1831年，美国浸礼会传教士到缅甸，把《新约全书》和《旧约全书》译成缅文。1966年，缅甸政府将教会学校和医院收为国有，驱赶外国传教士。目前缅甸有天主教信徒约40万，神父200多人，出版物有缅文和英文杂志各一种。

（十）泰国

泰国是一个以佛教为主的国家，全国人口中有90%以上的人是佛教信徒。除了佛教以外，泰国尚有伊斯兰教、基督教、印度教和锡克教等。

佛教

大约在公元后的几个世纪传入泰国。现今的出土文物中，公元4～6世纪的佛像不少，说明当时泰国的佛教已经相当普及。中国的古代文献也能提供相关的佐证，如《南齐书·扶南传》记载，扶南国“佛法兴显，众僧殷集”，而当时的扶南国已经囊括了今天泰国的大部分国土。出土文物证明，6～11世纪，泰国湄公河下游地区流行的是上座部佛教。8～14世纪，大乘佛教曾在泰国的中部和东北部盛行。大约11世纪后半叶，缅甸的上座部佛教传入泰国的清迈地区。12世纪末期，锡兰（今斯里兰卡）的上座部佛教传入泰国南部。13世纪，泰国素可泰王朝的第三代国王大力推广佛教，此后泰国的佛教迅速发展，遍及全国，至今不衰。目前，大乘佛教在泰国也有不少信徒，但基本上是华人和越南人的后裔。泰国的上座部佛教分为两大派别，即大众派和法宗派。泰国的佛教虽然不是国教，但具有国教的地位。《宪法》规定，国王必须是佛教的虔诚信仰者。一般来说，国王和王室成员在少年时代都在寺院中接受过佛教教育，过一段僧侣生活。普通的臣民也是如此。泰国的佛教有严密的组织机构，有一套与政府机关相并行的管理体系。其最高领导为僧王，由国王任命。下设高僧委员会和僧侣内阁。高僧委员会将全国分为18个教区，教区有僧长，下面还有府僧长、县僧长、区僧长，直到寺院住持，层层管理。此外，全国还有100多个佛教协会和团体。1990年，全国有佛寺28 499所，信徒约5 000多万，僧侣和沙弥约50万人。

伊斯兰教

伊斯兰教于15世纪传入泰国，1954年成立了泰国穆斯林全国委员会。1990年，泰国的伊斯兰教信徒217.3万余人，清真寺2 602座。这是泰国除了佛教以外的最大宗教。泰国的穆斯林主要分布于南部与马来西亚接壤的地区，成员主要是马来族人，绝大多数属于逊尼派。

天主教

于1511年由葡萄牙人传入泰国，并很快发展了1 500名信徒。到17世纪中期，法国的传教士在泰国十分活跃，但效果甚微。18世纪，基督教徒人数极少。19世纪末，法国占领泰国，天主教才有了复兴的机会。1965年以后，全国分成两大教区，分别在曼谷和沙功那空。目前泰国有352座天主教堂，4 000多名神职人员，还有教会学校130多所，在校学生15万人，出版4种泰文报刊。

基督教新教

1828年，当曼谷王朝拉玛二世在位时，荷兰、英国的传教士便来到泰国。此后的若干年里，美国的传教团不断进入，如浸礼会、长老会等，此外还有德国和澳大利亚的传教士。1934年，长老会联合其他教会成立了泰国基督教总会，下设慈善基金会，开办有36所学校、7所医院。百余年来，新教的发展并不理想，泰人信仰者不到8 000人，华人信徒则大大超过此数。到1990年，泰国有新教教徒约30万人，教堂673座。

印度教

印度教传入泰国的时间显然要早于佛教，大约在公元前后。那时的泰国文化不发达，印度的婆罗门给泰国人带来了高度发达的印度文明，如天文、地理和数学知识、治理国家的典章制度、礼仪、文学和艺术等。在素可泰王朝时期，一些大臣、文学家等都是婆罗门教信徒。宫廷中的礼仪也都与婆罗门教有关。如今，尽管泰国的印度教徒很少，但由于受印度教文化影响很深，从宫廷仪式到文学艺术、百姓生活习俗，都有印度教影响的痕迹。目前，在泰国的各府都有印度教徒，他们主要从事手工业生产或经商。但相对集中的地方是泰国的南部，那里有4 000多户印度教居民。全国有印度教寺庙21座。

（十一）马来西亚

据1995年的统计，马来西亚有2 000多万人口，其中53%的人是穆斯林，即1 060万人信仰伊斯兰教。大约有220多万人信仰佛教，140万人信仰印度教，100万人信仰天主教和新教。另有少数土著民信仰原始宗教。

伊斯兰教

于公元14世纪传入马来半岛，15世纪开始，马来半岛逐步伊斯兰化。马来西亚的穆斯林基本属于逊尼派。信仰者除了绝大多数马来人外，还有一少部分印度人和极少数华人。由于伊斯兰教被定为国教，所以马来西亚的伊斯兰教政党和组织很多，主要有马来西亚伊斯兰青年运动（1969年成立）、达鲁尔·阿甘姆（1969年成立）、泛马伊斯兰教党（1951年成立）和马来西亚穆斯林福利机构等。印度族穆斯林成立有自己的组织印度人穆斯林联盟。

佛教

大约于公元前后传入马来半岛，到公元五六世纪马来半岛上已经有了佛教国家。但到了15世纪，伊斯兰教势力强大，佛教便衰落了。现在马来西亚的佛教徒大多是华人，属于大乘派；但也有一部分南传上座部佛教信徒，这是从泰国、斯里兰卡和缅甸等地传入的。1960年，马来西亚佛教协会成立于槟榔屿。其他佛教团体尚有吉兰丹佛教协会和沙捞越佛教协会等。

印度教

印度族是马来西亚的三大民族之一，其中除一少部分信仰伊斯兰教外，大多数印度人信仰印度教，他们基本上是来自南印度的泰米尔人移民。印度教约在公元初年传入马来半岛，到7世纪盛行起来，成为马来半岛的主要宗教。这种局面一直持续了8个世纪。到15世纪，马六甲王皈依伊斯兰教，同时下令国人改宗伊斯兰教，于是印度教的地位一落千丈。但印度教对马来西亚文化的影响十分深远。英国占领马来西亚后，曾大量招募印度人到马来半岛充当种植园的劳工。这些劳工有许多都是南印度的泰米尔人，他们再次带去印度教的信仰、种姓制度和生活习俗。印度教徒在马来西亚各地建有印度教寺庙，还出版自己的报纸杂志。

天主教、基督教新教

1511年,天主教由葡萄牙人传入马来西亚。1641年,新教传入。马来西亚的新教信徒比天主教信徒少将近一半,教徒主要是中国和印度移民的后代。

德教

马来西亚的一个新宗教，很有名。德教创立于1952年，融合了“五教”（道、儒、佛、基督、伊斯兰）的基本精神，主张以道德净化人间。五教的教主都是德教的崇拜对象，但其中老子的地位最高。德教信徒都是华人，目前有57个组织，分为紫、济、明、振等派系。

（十二）新加坡

新加坡虽然国土面积小，人口少，但人种并不单一。新加坡人口中华人的比例最大，然后依次是马来人、印度人、巴基斯坦人和斯里兰卡人等。其宗教信仰主要有佛教、道教、伊斯兰教、印度教、基督教、锡克教等。此外还有少量新兴宗教、巴哈伊教、犹太教、耆那教、琐罗亚斯德教的信徒。据1989年的数字，佛教信徒约有75万人，道教信徒约有35.51万人，穆斯林约有42.4万人，印度教徒约有12.99万人，天主教和新教信徒约有49.56万人，锡克教徒2.3万人，新兴宗教信徒1.6万人，巴哈依教徒1 000人。

佛教

分大乘佛教和南传上座部佛教两个派别。大乘佛教由华人向南洋移民时传去，因此信仰者基本都是华人。南传上座部佛教由斯里兰卡和东南亚传去，信仰者主要是斯里兰卡人和部分华人。新加坡的佛教组织主要有：新加坡佛教总会（1949年成立）、新加坡佛教僧伽联合会（1966年成立）和世界佛学社（1956年成立）等。

道教

也是随华人进入新加坡的。目前，新加坡道教的联合组织有：三清道教会、新加坡茅山德学道教会、旺相堂三教老祖师新加坡道教协会和新加坡道教总会等。

伊斯兰教

是12世纪由阿拉伯和南印度商人带到南洋的，到14世纪时成为这一地区的主要信仰。目前新加坡有80多座清真寺，主要组织是穆斯林宗教会议。

天主教

于1511年传入马六甲地区，但发展缓慢，直到1831年不过有300名信徒。近年天主教在新加坡发展加快，目前有10余万人，其中70%是华人。

基督教新教

于1819传入新加坡，此后，长老会、卫理公会、神召会、圣公会等新教派别相继进入，并取得进展。但最近的数十年间新教发展很快，尤其是在年轻华人知识阶层中，新教徒比例较高。新加坡的主要基督教组织有：实得力华人教会、中华基督教会、基督教青年会和女青年会等。

（十三）印度尼西亚

印度尼西亚是个多宗教国家，伊斯兰教是印尼第一大宗教，全国人口的89%信奉伊斯兰教，穆斯林的人数超过16 700万。其次是天主教和基督教，信徒数量约1 400多万。另有约440万佛教信徒和约400万印度教徒。在偏远地区还有少量的原始拜物教信徒。

婆罗门教（印度教）

传入印尼的时间很早，大约在公元前后的几个世纪就传播过去了。公元4世纪，印度教传入爪哇，并在那里风靡一时。目前印尼的印度教信徒主要集中于巴厘岛和龙目岛，信奉的主要是印度教湿婆派。印尼的印度教组织为印度教协会。

佛教

传入印尼的时间与婆罗门教传入印尼的时间大体相同，大约在公元前后的几个世纪。据中国佛教典籍记载，5世纪时爪哇岛上的居民已经普遍信仰佛教了。8世纪以前，印尼佛教主要是南传上座部佛教，后来大乘佛教占了上风。8世纪时佛教在印尼风靡一时，日惹附近建起了一座巨大的佛塔婆罗浮图，它保留至今，是世界上最大的佛塔。9至13世纪，佛教和印度教在印尼诸岛广泛流行。16世纪20年代，伊斯兰教势力崛起，夺取了爪哇的政权，印尼的佛教和印度教都很快走向衰落。后来印尼的佛教徒主要是华人，只有少量的土著人信奉佛教。

伊斯兰教

是印尼占绝对优势的宗教。由于印尼的地理位置，阿拉伯、西亚和南亚的商人到东方来经商必须经过印尼，是他们首先将伊斯兰教传入印尼，时间在13世纪。到16世纪，印尼的主要岛屿实现伊斯兰化。1945年印尼独立，伊斯兰教得到政府的支持，发展迅速。

基督教（新教）和天主教

是随着西方殖民统治在印尼传播开的。在荷兰人统治印尼期间，基督教和天主教都得到很大的发展。目前，这两个宗教的信徒有进一步增加的趋势。

（十四）菲律宾

菲律宾虽然号称是亚洲唯一的基督教国家，但也有不少其他宗教的信徒，如菲律宾原始宗教信徒、佛教徒、穆斯林、印度教徒、犹太教徒和巴哈伊教徒等。据20世纪90年代初的统计，菲律宾全国人口中有5 000多万人是基督教信徒，占全国人口的90%强。而在全部的基督教信徒中，绝大多数又是天主教信徒，新教教徒约270万人。伊斯兰教在菲律宾传播较早，拥有信徒296万人。佛教信徒基本上都是华人，有将近6万人。

天主教

菲律宾最早接触到天主教是在1521年，当时西班牙人的第一批传教士来到这个岛国。1565年，有5名信奉奥古斯丁教义的传教士来到菲律宾，成为菲律宾天主教传播的正式起点。这一时期，西班牙人连续入侵菲律宾，1569年，西班牙在菲律宾的马尼拉成立总督府，开始了殖民统治。同时，西班牙国王还命令菲律宾人必须信仰天主教。于是，西班牙的天主教各派争相到菲律宾传教。从此，菲律宾的天主教徒与日俱增。1583年，菲律宾有10万名信徒，1622年有50万名，1751年增加到90万名，1866年达到400万名，1898年则将近656万名。传教士的人数则由1591年的140人增加到17世纪末的400人，1876年又增加到900人，1896年达到1 100人。这一时期，菲律宾有5个主要的修会：奥古斯丁会、圣方济各会、耶稣会、多明我会和里科列特会。1898年菲律宾独立。1901

年美国代替了西班牙在菲律宾的统治，菲律宾的天主教在美国化的同时也得到了新的发展。至今，菲律宾全国有 90 个教区，两名红衣主教，120 名主教，4 300多名神父和7 000多名修女。拥有 3 家全国性报刊、21 家电台和电视台，约有 100 多万学生在教会开办的各类学校中读书。

基督教新教

在菲律宾的传播是从美国入侵菲律宾后开始的。1899 年，菲律宾第一个长老会成立。同年，美国卫理公会传教士来到菲律宾传教。1900 年，美国浸礼会传入；1901 年使徒会传入；1902 年，基督徒与传教士联盟和美国圣公会传入；1905 年，复临安息日会传入；20 世纪 20 年代，五旬节派传入。1948 年，菲律宾组成了一个基督教合一教会，由长老会、公理会、兄弟会、使徒会等派别联合而成。这是目前菲律宾最大的基督教新教教会，有信徒 15 万人，教堂1 200多个，牧师 700 多名。

在菲律宾的民族独立运动中，菲律宾人也成立了自己的教会，以对抗西方的教会。如，1902 年成立的菲律宾独立教会（又名阿格里巴教，或菲律宾独立天主教会）和 1914 年成立的基督教会（又名基督会）。前者拥有信徒 200 多万，后者有信徒 70 多万。其共同特点是反对传统，强调由菲律宾人自己管理教务。

原始宗教

是产生于菲律宾本土的传统宗教，相信万物有灵，带有巫术性质，崇拜鬼魂和上帝。由于天主教在菲律宾的强力推广，原始宗教的信徒在逐渐减少，只是在一些边远山区还有信仰者。目前菲律宾的原始宗教信徒约有 10 万人。

伊斯兰教

是随着马来人移民于 14 世纪后期进入菲律宾的。菲律宾的穆斯林多分布于偏远地区，如棉兰老岛、苏禄群岛、巴拉望岛等地。长期以来，菲律宾的穆斯林为争取民族权利进行了不屈不挠的斗争，直到 20 世纪 70 年代中期才与政府逐步实现和解。

（十五）文莱和东帝汶

文莱达鲁萨兰国的宗教主要有伊斯兰教、佛教、基督教和当地土著民族信仰的原始拜物教。在 28 万多国民中，有 65% 的马来人，他们基本上都是穆斯林，还有一部分印度移民也是穆斯林，因此，文莱的伊斯兰教信徒至少在 18 万人以上，他们属于逊尼派。伊斯兰教是文莱的国教，苏丹是最高宗教领袖。因此，文莱的伊斯兰教得到政府的大力支持。文莱的佛教徒和基督教徒主要是占全体文莱国民 20% 的华人。华人的祖先大多是 15 世纪或 19 世纪末移居到文莱的，他们从中国带来佛教信仰，其中融合有儒教、道教信仰。

东帝汶民主共和国成立于 2002 年 5 月 20 日。从 16 世纪初期起直到 1975 年，东帝汶长期被葡萄牙人统治，所以，其 78 万人口（2002 年 12 月统计）中绝大多数是罗马天主教信徒，他们占总人口的 91.4%。此外还有基督教新教信徒（2.6%）、穆斯林（1.7%）、印度教教徒（0.3%）和佛教徒（0.1%）。

三　宗教政策

东亚地区各国的宗教政策可分为两大类型。

（一）宗教国家

即宪法规定以某种宗教为国教，或者全民中绝大部分人口信仰同一种宗教，国家在法规和政策上向这种宗教倾斜的国家。

在东亚地区的宗教国家中也可分为两种：

1. 以伊斯兰教为国教的国家

东亚地区以伊斯兰教为国教的国家有马来西亚和文莱。印度尼西亚自苏哈托上台以后即采取一系列措施支持伊斯兰教，如大量印制《古兰经》、组织朝觐、兴建大批清真寺、重视伊斯兰教研究和在华人中积极传播伊斯兰教等。可见，印度尼西亚政府在这一时期给予伊斯兰教以特殊地位和特殊优惠。所以，印尼《宪法》虽然未将伊斯兰教规定为国教，但印尼应当被算作宗教国家。

2. 以佛教为国教的国家

以佛教为国教的国家有老挝、柬埔寨。泰国《宪法》虽然没有明确规定佛教为国教，但佛教在泰国的地位很高，具有国教的性质，所以泰国可以算是宗教国家。缅甸虽然规定佛教为国教的时间很短，但全国绝大部分人信仰佛教，国家法律和政策明显倾向于佛教，所以缅甸也可算作宗教国家。

（二）世俗国家

除了上述宗教国家以外，其余的东亚地区国家应被称为世俗国家。如中国，《宪法》规定公民有信仰自由，也有宣传无神论的自由。蒙古，1960 年《宪法》公布，政教分离，宗教与教育分离，宗教信仰自由。朝鲜，1972年的《宪法》规定，公民有宗教信仰自由和反宗教宣传的自由。韩国，1972年《宪法》规定公民有宗教信仰自由，不承认国教，宗教与政治分离。日本，1946年日本《宪法》规定，宗教信仰自由，禁止宗教组织从国家和政治团体处接受特权优惠，国家及其代理人禁止接受宗教教育和进行宗教活动。菲律宾，1973年新《宪法》规定，政府与教会分离，国家保护宗教信仰和崇拜，对宗教与崇拜不抱任何偏见，不得为宗教机构和宗教教士动用公款和公物。越南，1991年宣布政府新法令，保障宗教信仰自由，宗教活动必须遵守《宪法》和法律。新加坡，对少数民族和宗教采取保护措施，宗教与政治分离。

总之，世俗国家是指该国的《宪法》规定人民信仰自由，各宗教平等，政教分离，宗教不得干预政治。

（薛克翘）

第二编

历　　史

在世界历史的长河中，东亚地区的历史具有极其重要的地位和十分鲜明的特色。

东亚地区的中国，是人类发祥地之一，也是世界四大文明古国之一。中国古代辉煌灿烂的文化，不仅有力地促进了东亚地区文明的发展，而且对世界文明的发展产生了巨大的积极影响。东亚地区其他各国古代文明发展也异彩纷呈。

在近现代，西方国家在发现新航路和进行产业革命后，对外实行侵略扩张政策，而东亚地区的多数国家陆续沦为殖民主义者和帝国主义者的殖民地和半殖民地。其经济、政治、科技和文化等都处于落后状态。唯有日本在明治维新后，逐步走上了资本主义—垄断资本主义的发展道路，并大肆对外扩张侵略，与欧美帝国主义在东亚地区剧烈地争夺殖民地和半殖民地。日本继20世纪初侵占朝鲜之后，30年代起又逐步对东亚大国——中国发动全面侵略战争，陆续侵占中国东部经济较发展的约1/3领土，侵略战争波及半个中国。40年代，日本进而与德、意两国结成法西斯“轴心国”，分别在亚、欧两洲扩大第二次世界大战的战火。日本一度取代美、英、法、荷、葡等帝国主义，侵占了东亚地区13个国家的700多万平方公里领土，使这些国家经历了深重的灾难，直至日本在二战中战败投降为止。

东亚地区多数国家人民经过长期坚苦卓绝的奋斗，在第二次世界大战结束后陆续取得民族独立，并进入经济、政治、科技和文化高速发展的时代，再次创造了辉煌，引起了世界的瞩目。日本则在二战失败后进入和平发展时期，发展成为世界经济大国。

第一章　光辉灿烂的古代史

东亚地区古代史，主要包括东亚地区在历史发展中所经历的奴隶社会和封建社会这两个历史时期。

在这两个社会时期，东亚地区各国呈现出诸多的差异即个性，构成了东亚地区历史的多姿多彩。与此同时，东亚地区各国的历史发展也表现出很多的共同特征即共性，这些共性则充分印证了历史唯物主义对社会发展规律解释的科学性。

勤劳智慧的东亚地区人民，在古代创造了辉煌的物质文明、高度的制度文明和灿烂的精神文明。这些文明成果的取得，除了各国人民的自身努力之外，相互的交流与学习、相互的借鉴与影响，也起了重要作用。由于中华文明源远流长，发展程度较高，有力地促进了东亚地区各国文明的发展。

第一节　古代中国

早在距今170万～50万年前，中国境内的一些地区已经生活着世界上最早的人类群体的一部分。他们已能制造和使用简单的劳动生产工具，并懂得使用天然火和保存火种。大约从距今四五万年前至五六千年前，中国进入了氏族公社时期。大约在距今四五千年前，黄河流域等地出现了一些氏族、部落和部落联盟。其中，黄帝部落和炎帝部落在黄河中上游，后来长期定居于黄河流域，遂开始形成以华夏民族为主干的中华民族。黄帝之后，中国相继出现了尧、舜、禹等几位杰出的部落联盟领袖。禹死后，其子启自主为帝，是为夏王朝的开始，也是原始社会的结束。

中国形成奴隶社会到封建社会，开始于夏王朝建立时的公元前21世纪，结束于1840年的鸦片战争。其间，经历了夏、商、周、秦、汉、隋、唐、宋、元、明、清等主要朝代。以秦朝为界，之前属奴隶社会，之后属封建社会。

一 奴隶社会（前2070～前221）

主要经历了夏、商、周（西周和东周）三个朝代。为了廓清中国历史的起源和早期面貌，中国政府于1996年正式启动“夏商周断代工程”，进行了大投入、多学科的攻关，取得了多项重大突破，使人们对中国早期历史的认识更趋清晰。

（一）中国历史上的第一个朝代夏朝（前2070～前1600）

夏的活动范围，主要在今山西南部与河南西部，其奠基人是治水英雄大禹。公元前21世纪，黄河中下游地区洪水泛滥成灾，夏部落的首领尧任命禹的父亲鲧治水，但没有成功。舜继承尧位后，任命禹治水。禹率中原各部落人民苦干多年，他自己则三过家门而不入，最后终于排除了水患。禹还奉舜的命令，率华夏各部落打败了三苗族各部落。舜死后，禹受禅继位。禹死后，他的儿子启继位，世袭制取代禅让制。

夏朝的发展，标志着它所在的东亚黄河流域，与同一历史时期西亚幼发拉底河与底格里斯河两河流域、北非尼罗河流域和南亚印度河流域并列的世界古代四大文明交相辉映。

夏王朝经历了“太康失国”、“少康中兴”、“孔甲乱夏”等重大事件，最后到夏桀被商灭亡，前后经历了17代王，历时470余年（约公元前21～前17世纪初）。

（二）经济文化取得重大发展的商朝（前1600～前1046）

商部落原居黄河下游，曾臣服于夏。公元前16世纪中期，商部落首领起兵灭夏，建立了商朝（约前16～前11世纪，共约500年）。商朝频繁进行对外战争，掠夺奴隶和财富。到后期，其统治的区域发展到相当于今河南、河北、山东、山西、陕西、湖北和江南的一部分，势力还远远达辽宁、内蒙古和青海等地，是当时世界上少有的奴隶制大国。

商朝已建立了相当完善的国家统治机器，其农业、畜牧业、手工业和商业已相当发达。商代铸成的著名的司母戊大方鼎重875公斤，这样巨大而复杂的青铜器在当时是举世无双的。商代的历法已比较完善，它把一年分为12个月，大月30天，小月29天，增加置闰，闰年13个月。它把阴历和阳历结合起来，是当时世界上较好的历法之一。商代在文化上的另一项重大成就是甲骨文。这是一种刻写在龟甲和兽骨上的文字，其内容主要是占卜记录，所以又称卜辞。这是中国最早的历史记录。甲骨文是中国早期的汉字，它表明了以象形为特征的中国文字已发展到了比较成熟的阶段，是走着与西方拼音文字决然不同的道路，成为中国民族文化最重要的特征之一。后来，汉字传到了朝鲜、日本和越南等地,对当地社会文化的发展起了积极的推动作用。

（三）奴隶社会由盛而衰、并向封建社会过渡的周朝（前1046～前256）

周是渭水中游、黄土高原上的一个古老部落。后来为摆脱西北方戎狄的威胁，迁居到周原（今陕西岐山县），成为商朝的属国，始称为周。周文王姬昌统治时期迅速崛起，对商朝形成威胁。公元前11世纪，周武王趁商朝社会矛盾激化，对外征伐疲惫不堪之际向商进攻，史称周武伐纣。牧野之战，使商受到致命打击，商朝遂亡。

周朝分为西周和东周，先后历时约790年。西周是中国奴隶社会发达的时期。东周又分为春秋和战国两个时代，是中国奴隶社会走向衰亡，并向封建社会过渡与转折时期。

1．西周（前1046～前771）

历时近300年，首都为镐京（今西安西南）。其领土范围在商朝的基础上进一步扩大，东部达到今山东和渤海沿岸，南方达到长江以南，西至今甘肃，西南达四川。统治者在征服了广大地区后，派遣自己的亲姻兄弟、异姓贵族勋戚或臣服的异姓首领到指定的地点进行统治，建立起了西周的属国。这些受封地区的统治者就叫诸侯。诸侯在其封国内，又将大部分土地分封给属下的卿大夫，作为

"采邑"。卿大夫再把受封采邑的土地分封给属下的士，作为"食邑"。这就是西周的大分封，史称"封藩建卫"。周初先后分封了71国，其中，鲁、齐、卫、晋、燕等国最为重要。

"封藩建卫"是在土地王有的前提下，利用宗法血缘纽带，分封勋戚，使之成为国王的藩屏。通过层层分封，使天子、诸侯、卿大夫之间形成严格的隶属关系。而在这个基础上形成的王权，其集中程度远远超过了夏商。在实施分封制的同时，西周还实行宗法制和礼治，从而形成了等级森严、尊卑分明的奴隶制统治秩序。西周的文化有了显著进步，五行说、八卦、周易等具有朴素唯物主义思想的学说已产生并不断完善。

2. 东周（前770～前256）

公元前770年，周平王把首都东迁到洛邑（今洛阳），东周开始。东周分春秋和战国两个时代，共历时500多年。

春秋时代是公元前770～前476年，它大致与孔子（前551～前479）修订的中国第一部编年史《春秋》所反映的年代相当，遂以其命名。春秋时代，各诸侯拥兵自立，混战争雄，先后出现齐、晋、楚、吴、越所谓"春秋五霸"。经过200多年的兼并战争，春秋初年的140多个诸侯国，只剩下10多个大国，实现了区域性的统一，使中国在统一的道路上大大前进了一步。

战国时代是公元前475～前221年。公元前403年，晋国分裂为韩、赵、魏，史称三家分晋，以后逐渐形成楚、燕、齐、秦、韩、赵、魏7个大国主宰中国的局面，此即"战国七雄"。其中，秦经过商鞅变法，国力迅速强盛。秦采用远交近攻的战略，先后灭六国，最终于前221年完成了统一大业。

春秋战国时代，中国社会经济显著发展。李冰（约前256～前251年任蜀郡守）父子在四川灌县修建的都江堰，使成都平原成为"天府之国"。铸铁技术和丝绸业领先世界。经济发展使阶级关系发生了深刻变化，奴隶制度已趋向衰落。

春秋战国的思想文化空前繁荣，达到了中国历史上的第一个高峰。当时学派纷呈、百家争鸣，先后出现了儒家、道家、墨家、法家、阴阳家、名家、农家、神仙家等流派。其中以孔子、孟子（约前372～前289）为代表的儒家学说，后来不断被丰富完善，成为中国历代占统治地位的思想意识形态，并陆续传播至朝鲜、日本、越南等地，在这些地区也产生了很大的影响。

二 封建社会（前221～公元1840）

公元前221年，秦灭六国，建立了中央集权的统一帝国，标志着中国进入封建社会；封建社会经历了2 000多年，至1840年英国发动侵略中国的鸦片战争，迫使中国沦为半殖民地半封建社会。

（一）秦朝（前221～前206）

秦王嬴政改王号为"皇帝"，自称"始皇帝"。他废除诸侯制度，推行郡县制，统一度量衡、货币和文字，促进了社会的进步。但是，他修长城、焚书坑儒和施行暴政，激起了人民的强烈反抗。陈胜（？～前208）、吴广（？～前208）揭竿而起，领导了中国历史上的第一次大规模的农民起义。后来虽然陈胜、吴广被害，但各路起义已势不可挡，刘邦〔前256（前247）～前195〕于公元前206年攻破秦都咸阳，秦亡。

（二）汉朝（前206～公元220）

秦被灭后，刘邦和项羽（前232～前202）之间又发生战争。公元前202年，项羽兵败后自杀。刘邦建立了汉王朝，建都长安（今西安），史称西汉（前206～公元25）。其间经过"文景之治"，在汉武帝时期臻于极盛；公元9年，王莽篡汉，建立新朝；公元23年，刘玄称更始帝。公元25年，刘秀又恢复汉朝，定都洛阳，史称东汉（公元25～公元220）。经过"光武中兴"之后，到了东汉后期，由于外戚与宦官专权，朝政腐败，军阀割据，导致了公元184年黄巾大起义，220年东汉灭亡。

历时400多年的两汉，是中国历史上的一个重要时期。汉朝作为当时世界上最强大的帝国，其版图东起朝鲜半岛、西抵葱岭（今帕米尔）、北达大漠、南到中南半岛。其影响辐射到了东亚地区的大部分地区。随着大一统帝国和封建君主集权统治的巩固，汉武帝采取董仲舒（前179～前104）的意见，"独尊儒术"、"罢黜百家"，儒家的一元文化取代诸子百家的多元文化而被历代统治者奉为正统，并一直延续到清末。

（三）三国（220～280）、晋（265～420）、南北朝（420～589）

公元3世纪中叶后，中国历史进入了一个动荡不安的时期。东汉末年黄巾起义后，残酷的混战长期持续不断，秦汉形成的统一局面被打破。群雄并起，逐鹿中原，逐渐形成了魏（220～265）、蜀汉（221～263）、吴（222～280）三国鼎立的局面。265年西晋（265～317）取代魏而兴，并发动了灭吴的统一战争。280年，西晋统一了中国。但是，仅在11年之后，即291年，西晋统治集团内部就爆发了内乱，史称“八王之乱”。大规模的战乱和频繁的天灾，使百姓无以为生，纷纷起义。从公元4世纪初，自北方内迁的各游牧民族不满西晋王朝的残酷压迫，相继掀起反晋战争。此后的130余年间，匈奴、鲜卑、羯、氐、羌等少数民族，在中国北方各地先后建立了十几个地方性政权，史称“五胡十六国”，这些政权互相攻伐，导致天下大乱，使黄河流域的农耕文明遭到极大的破坏。317年，晋皇室渡过长江，在建康（今南京）建立了东晋王朝（317～420），但在江南仅偏安百年。之后，又相继出现了宋、齐、梁、陈诸朝的更替，此即南朝（420～479）。在北方，经过反复争战，诸少数民族割据政权渐趋合并，先后出现北魏、北齐、北周诸王朝，此即北朝（386～534）。南北王朝相对峙，史称南北朝。

东汉末年以后的400年间，中国北部众多的少数民族不断内迁南移，并与汉族相互学习影响，形成了中国历史上的民族大融合高潮。同时，西晋的南逃，江南日益开发，使中国的经济重心从此由北方向南方转移。汉代已传入中国的佛教，也在此时得到极大发展和传播，并日益中国化，成为中国的民族宗教之一。后来，佛教又从中国传到了朝鲜和日本，并对这些地区的思想和文化产生了重要影响。

（四）隋（581～618）、唐（618～907）、五代十国（902～979）

581年，篡权并灭北周的杨坚（541～604）建立了隋朝，这就是隋文帝。不久，他又攻灭了南陈，南北朝结束。中国又一次实现统一。隋文帝的儿子隋炀帝（569～618）施政暴虐，民怨殊深，起而造反，隋朝只存在了30多年便告灭亡。

618年，反隋势力之一的李渊（566～635）建立了以长安（今西安）为首都的唐朝（618～907）。他的儿子唐太宗李世民（599～649）励精图治，开创了著名的贞观之治。而后又经过武则天（624～705）和唐玄宗（685～762）等有为君主的治世，使唐朝出现了经济发达、政通人和、文化昌明、国势强盛的局面。中国的封建文明达到了其发展的鼎盛时期。中唐以后，帝王昏聩、奸臣当道、藩将逆反，酿成安史之乱。之后，唐王朝渐趋衰败，终于在黄巢农民大起义的冲击下走向了灭亡。

隋唐是中国历史上的一个辉煌时期。在这个时期，社会生活的各个方面都有了很大的进步，而法律、文学、艺术、科技所取得的成就尤其突出。始创于隋朝、完善于唐朝的科举制标志着中国封建官僚政治发展的成熟，它对中国封建制度的影响极为深远，并为朝鲜、越南等地吸纳采用。

唐王朝覆灭后，中国再次分裂。北方相继建立了后梁、后唐、后晋、后汉、后周5个朝代，史称五代（907～960）。南方和山西地区先后出现了吴、南唐、吴越、楚、闽、南汉、前蜀、后蜀、荆南、北汉等国，史称十国（902～979）。五代十国时期持续的时间并不长。

（五）宋（960～1279）、元（1206～1368）、辽（907～1125）、金（1115～1234）

960年，后周大将赵匡胤（927～976）发动了陈桥兵变，黄袍加身，立都汴京（今开封），建立了宋朝。随后他实施“先南后北”的战略，挥兵逐一翦灭长江和黄河流域的各个割据政权。中国经过50年的短暂分裂之后，又实现了局部的统一，这就是北宋（960～1127）。

在北宋时期，中国北方的辽（907～1125）、金（1115～1234）、西夏（1032～1227）等少数民族政权与北宋王朝并立。这些政权的相继崛起，并频繁南下和东进，使宋朝从一开始就承受着来自北方的强大军事压力。宋与辽、西夏长期对峙，相互攻伐不止。12世纪，东北地区女真族部落逐渐强大。1115年，阿骨打建立政权，国号大金。金于1124年攻灭契丹族政权辽。1126年，金兵又攻陷宋都开封，俘获宋徽宗和宋钦宗。北宋遂亡。1127年，宋康王赵构（1107～1187）重建赵宋王朝，偏安东南一隅，定都临安（今杭州），史称南宋（1127～1279）。经过反复搏杀，南宋与大金以淮河为界，南北对峙近百年。

13世纪初，地处北方大漠的蒙古族遽然崛起。铁木真（1162～1227）先后统一蒙古各部，1206年被推为大汗，称成吉思汗，建立蒙古汗国。其后，蒙古冲出高原，掀起了一股世界历史上空前强劲的扩张浪潮。经过半个世纪的征战，蒙古铁蹄踏遍了西到维也纳城下，西南到大马士革和巴格达，南到中南半岛和爪哇的辽阔区域，建立起了东至朝鲜半岛、西至波兰、北到北冰洋、南临印度洋和波斯湾的空前庞大的蒙古帝国。1227年，蒙古灭西夏，1234年灭大金。成吉思汗的孙子忽必烈（1215～1294）继位为蒙古大汗后，于1271年定国号为大元，并把首都由和林（今内蒙古境内）迁到大都（今北京）。1276年蒙古军攻陷南宋首都临安，此后虽然文天祥、张世杰、陆秀夫等人继续抗战，但已无力回天。1279年，蒙古军最后攻灭了南宋，统一了中国。

元朝继汉唐之后，重开中国大一统的局面，并基本承袭了唐宋以后的政治体制，蒙古统治者也逐步弃牧转农。元朝实行严酷的民族歧视和压迫政策，致使民族矛盾和阶级矛盾激化，加上统治集团的腐败和内讧，更使国无宁日。1351年，黄河中下游地区爆发大规模的起义。到1368年，历经11代、统治不足百年的蒙元帝国被红巾军为主力的起义军推翻。元朝残余势力撤回和林。

（六）明（1368～1644）、清（1616～1911，以1840年鸦片战争为界划分古、近代史）

1368年反元起义军首领朱元璋建立了新的封建王朝——明朝。明前期的统治者进行了一系列调整，在政治、军事、文化等方面加强控制，强化皇权，使秦汉以后中央集权的封建专制主义制度发展到了极致。明朝的社会经济有了很大的发展，江南一些地区出现了中国最早的资本主义生产关系的萌芽。明朝海外贸易发达，明在当时的太平洋贸易中扮演着重要角色。15世纪上半期，航海家郑和〔1371（1375）～1433（1435）〕受明成祖（1360～1424）派遣，率庞大的船队七下西洋，扩大了中国与亚非等地的政治、经济和文化交流。然而明朝后期，统治者的腐朽及其残暴统治，致使社会矛盾激化，爆发了以李自成（1606～1645）为首的农民大起义。1644年，李自成攻进北京，建立大顺政权。统治中国近300年的明王朝覆灭。

明末天下大乱，偏处东北的满族乘机崛起。1616年，清太祖努尔哈赤（1559～1626）即汗位，建立金（史称后金）政权。1636年，后金统治者皇太极（1592～1643）在沈阳即位，改国号为“清”。1644年，清军勾结防守山海关的明将吴三桂，攻入北京，颠覆了李自成的大顺政权。清朝在定都北京后，挥师南下进攻南明，虽遭各地人民的英勇抵抗，最后还是征服了整个中国。清王朝在其前期通过平定三藩，收复台湾，对蒙古、西藏、新疆少数民族用兵等措施，建立起了一个幅员辽阔的统一的多民族国家。虽然在17～18世纪经过康乾时期，清王朝的经济和社会文化有一定的发展，但从世界范围和社会发展史的宏观角度来看，中国封建制度已成为阻碍生产力发展的因素，显然无法与西方正处于蓬勃向上的资本主义相抗衡。随着西方殖民主义的东侵和资本主义的急剧扩张，中国的封建社会已走到了其历史的尽头。由于在1840年英国发动侵略中国的鸦片战争中遭到失败，中国由封建社会进入了半殖民地、半封建社会。

第二节　古代朝鲜和日本

一　古代朝鲜

朝鲜半岛北面与中国山水相连，南面与日本隔海相望，是东亚古代文明的重要区域之一。自远古旧石器时代以来，朝鲜半岛就与中国大陆有密切的联系。新石器时代半岛出现的巨石文化就与中国辽东、山东等地的同类文化基本一致。公元前5世纪，朝鲜相继出现铜器和铁器，开始了金石并用时代。

（一）早期部落联盟

随着原始社会的逐渐解体，半岛出现了几个较大的部落联盟，东部、东北部有沃祖人、秽人；南部有马韩、弁韩和辰韩。北部因受中国大陆文明影响较深，最早出现国家雏形“古朝鲜”。西汉初年（公元前195年），中国燕人卫满率部千余人徙至古朝鲜，在今平壤建立了卫氏朝鲜。公元前108年，汉武帝攻灭卫氏政权，在半岛北部实施统治。

（二）百济、新罗、高句丽

公元前后，在三韩部落联盟的基础上，半岛南部分别兴起百济和新罗两个奴隶制政权。与此同时，原居住在中国东北地区的少数民族高句丽部落联盟也由辽东迁徙到鸭绿江两岸，以今吉林集安为都城形成了高句丽政权。4世纪左右，高句丽广开土王向南扩张，进至大同江一带，迁都平壤。至此，朝鲜半岛遂形成西南部汉江下游的百济、南部庆州一带的新罗和北部高句丽三国鼎立角逐的局面。

三国之中，新罗发展较快，国势渐强，并采取了与中国大陆政权修好结盟的政策。而高句丽、百济两国逐渐结盟，并联合日本，力图抑制新罗。自6世纪末起，中国的隋唐王朝数度征伐高句丽，均遭败绩。660年和668年，中国唐朝与新罗结盟，先后灭百济和高句丽。唐朝随即在朝鲜半岛设置安东都护府，欲对其进行直接统治，但在朝鲜军民的坚决反抗下，没有达到目的，被迫迁走安东都护府。新罗遂统一了整个朝鲜半岛。

完成统一后的新罗王朝大规模引进、吸收中国大陆先进的政治、文化、经济体制，使封建制度在朝鲜全面确立。在经济上，新罗王朝实行禄邑制和丁田制，基本上确立了封建土地国有制。在政治上，参照中国隋唐王朝中央集权的模式，建立了相当完备的官僚统治体制。文化上，则大力倡导中国的儒家学说。设国学，行科举，并派大批贵族子弟赴唐留学。

7～8世纪是新罗王朝的盛世。到9世纪末，新罗王朝陷入了全面危机。10世纪初，弓裔借农民起义之势，自立为王，在半岛北部建后高句丽政权。西南戍将甄萱割据称雄，建后百济国。新罗则只据于东南一隅之地。三国鼎立的局面重现，史称后三国。918年，弓裔部将王建发动政变，篡权自立，国号高丽，建都松岳（今开城）。随后，王氏高丽兴兵南下，攻灭新罗和百济，重新统一了朝鲜半岛。

10世纪以后的数百年间，中国大陆尤其是东北地区的政治动荡，是影响朝鲜半岛封建政权稳固的一个重要因素。这一时期，中国东北地区的契丹、女真和蒙古政权相继崛起，不断对高丽造成剧烈的冲击。高丽王朝的统治者苟安求存，称臣纳贡，但朝鲜人民则不甘屈辱，奋起反抗。1280年，蒙古入侵，在开城设立征东行省，派达鲁花赤监督高丽国政。高丽王朝内部武将擅权，封建秩序大乱。在内忧外患中，高丽王朝岌岌可危。

（三）李朝、朝鲜、壬辰卫国战争

14世纪中叶，中国元朝被明王朝取代，元朝残余势力逃到和林，史称北元。高丽王朝的统治者仍奉行依附北元，与明朝抗衡的政策，并派大将李成桂率军北上与明军对抗。1388年李成桂进军至鸭绿江威分岛时，断然抗命返回京都，夺得政权，并于1392年自立为王。他迁都汉城，改国号为朝鲜，开创了朝鲜历史上延续400余年的李朝。李氏王朝与中国的明朝长期修好，既消除了数百年以来沉重的北方压力，又极大地促进了中朝两国在政治、经济和文化诸方面的友好往来，大陆文化又一次被大规模地引进半岛地区。李成桂还刷新政治，对田制、户制、兵制、官制、法律等方面进行了大胆的改革，有力地促进了李氏朝鲜的政权稳固、国力增强和社会发展，使李氏朝鲜前期的社会经济文化空前繁荣。

15世纪后期，李朝社会矛盾加剧，党朋之争激化。1592年（壬辰年），日本乘李朝党争内讧和武备松弛之机，派18万大军入侵朝鲜，并迅速占领了汉城、平壤。朝鲜军民奋起抗战，史称“壬辰卫国战争”。中国明朝也应邀派军援朝抗日，中朝军队联手最终打败了日军。但倭寇的侵扰仍然没有停止。

从17世纪开始，李朝推行闭关锁国政策，实施海禁，但与中国清王朝的关系仍很密切。17～18世纪，李朝封建制度发生了日趋严重的危机，内部农民起义和教派起义不断，外部则面临着西方殖民主义侵略的威胁。17世纪中期，法国和美国舰队曾先后入侵江华岛，强迫朝鲜开放口岸，与之通商。虽然在朝鲜军民的抵抗下，殖民主义者被迫暂时撤走，但已走到历史尽头的朝鲜封建社会最终还是无力抵挡来自外部的资本主义的强烈冲击而趋于灭亡。

二 古代日本

早在旧石器时代，日本列岛就有原始人类生存。距今1万年左右，日本进入绳文文化为代表的新石器时期。公元3世纪以后，大陆的稻谷种植、青铜冶炼、铁器制造等技术相继经朝鲜半岛传到日本。日本原始文明加速发展，进入了以农耕为主的弥生文化时代，并出现了国家的雏形。

（一）邪马台国、大和国与“大化革新”

公元2～3世纪之交，女王卑弥乎统治的邪马台国逐渐强盛，该国曾数次向中国三国中的魏国进贡，并接受了魏帝的册封。

3世纪中叶，大和国家兴起于本州中部，发展迅速。经过长期攻伐，到5世纪，大和征服各部，建立了日本列岛上的第一个统一的国家政权，还染指朝鲜半岛东南端的任那地区。公元6世纪前期，大和国家内部的奴隶主与奴隶两大阶级的矛盾激化，中央与地方豪强、中央大贵族各个集团之间的纷争也愈演愈烈。而此时，隋唐帝国相继恢复了中国的统一，新罗王朝崛起于朝鲜半岛，周边国家的巨变对大和政权产生了极大的影响。562年，新罗攻占任那地区，使大和政权权威下降。面对内外危机，大和国家不得不进行深刻的变革。7世纪初，圣德太子出任推古朝摄政，推行了“推古改革”，但实效有限。7世纪中叶，从中国唐朝留学回国的一批有识之士和大和统治集团中的改革派掌握了权力，组成了以推进改革、建立中央集权国家为己任的领导核心，自646年（大化二年）开始，进行了从经济基础到上层建筑的全面改革，史称“大化革新”，使日本迈进了封建制的发展时代。

（二）奈良时代、平安时代与镰仓幕府

710年，天皇迁都平城京（今奈良），开始了日本历史上的“奈良时代”（710～794）。奈良时代的历代天皇注重发展经济，加强与新罗和中国唐朝的交往，日本遣唐使团在此期间频繁来往于日本列岛和中国之间。儒学和佛教在日本广泛传播，对日本文化产生了深刻影响。794年，天皇把首都从奈良迁到平安京（今京都），史称“平安时代”（794～1192）。在这一时期，日本在“大化革新”时确立的班田制度逐渐废止，庄园制度兴起。贵族外戚与历代天皇之间的斗争日趋激烈，中央逐渐失去对地方的控制，武士集团日益成为日本社会重要的政治力量。11世纪初，日本武士逐渐形成两大集团，一为关西平氏，一为关东源氏。1185年，关东源氏武士集团击垮平氏关西集团，控制了中央政权。1192年，关东集团的代表人物源赖朝任“征夷大将军”，设将军幕府于镰仓，史称“镰仓幕府”，开始了武家政权的统治时期（1192～1333）。从大化以后的天皇专制统治体制已有名无实，只是公家（天皇朝廷）还保留，并在名义上任命将军，但实际上已成为象征性摆设。日本由此形成了极为独特的“公武并立”、将军专权的二元政权体制。

（三）室町幕府、德川幕府

1333年，后醍醐天皇乘镰仓幕府内乱，起兵讨幕，曾短暂恢复了天皇政权的统治，但不久，实力强大的武士贵族足利尊氏崛起，废黜了后醍醐天皇并入主京都，自立为征夷大将军，设置幕府，开始了室町幕府的统治时期（1336～1573）。15世纪后期，由于农民起义和封建领主阶级内部矛盾激化，室町幕府瓦解，日本出现了持续百年的群雄争霸的混战局面。16世纪中叶以后，封建领主织田信长及其继任人丰臣秀吉通过一系列战争，曾一度统一日本。丰臣秀吉还大肆扩张，于1592年（壬辰年）兴兵侵略朝鲜，但以失败告终，丰臣秀吉忧愤而死。他的部将德川家康经过关原之战和大阪之战，消灭了对手，使日本终于摆脱了长期的战乱，完成并巩固了日本的统一。1603年，德川家康自立为征夷大将军，在江户设立幕府，日本开始了德川幕府（江户幕府）的统治（1603～1868）。

在德川幕府时期，幕府是全国最高的政权机关，将军成为全国实际的统治者，天皇只是名义上的最高统治者。德川幕府时期的日本仍是一个封建经济占支配地位的农业国，将军是全国最大的地主，其直辖领地占全国的1/4，其余的大部分国土则分割给260多个被称为“大名”的封建诸侯，大名的领地叫做“藩”，因此这时日本的封建统治制度又被称为“幕藩体制”。德川幕府在对外关系上实行闭关锁国政策，只同中国、朝鲜及荷兰保持一定的贸易关系。日本长达200多年的“锁国体制”，虽然巩固了幕府的统治，维护了日本的独立，并在一定程度上遏止了西方殖民主义势力的渗透，但使日本在国际上长期处于自我封闭的状态，割断了日本经济同世界市场的联系，严重阻碍了日本社会的进步，使本来已经落后的日本进一步被资本主义西方抛在后面。闭关造成了落后，落后则无法抵挡西方列强的殖民侵略，19世纪中叶日本的封建社会在外部新兴资本主义的挑战面前走向了衰亡。

第三节　古代东南亚

东南亚在中国古籍中被称为“南洋”或“南海”，意指它位于中国南方的大洋之中。在明代，以文莱为界，东为“东洋”，西为“西洋”。郑和七次出使南海诸国，并进入印度洋，最远达到非洲东部，航行所历均在文莱以西，故称“郑和下西洋”。东南亚作为一个地理名称始于第二次世界大战。1943年，英国蒙巴顿将军在此地建立了东南亚盟军司令部后，东南亚一词逐渐推广，在二战后为世界各国普遍采用。东南亚包括越南、老挝、柬埔寨、缅甸、泰国、马来西亚、新加坡、印度尼西亚、菲律宾、文莱、东帝汶等。东南亚古代历史受到中国文化、印度文化和伊斯兰文化的巨大影响，近代在西方殖民入侵后又受到西方文化的影响，这些影响表现在宗教、艺术、文字、建筑等诸多方

面，从而使东南亚历史发展呈现出多姿多彩的面貌。

一 古代越南

约在新石器时代，分布在红河三角洲地区的雒越是越族的先民。从公元前214年起，中国秦朝发展到越南北部，实施管辖。秦朝与汉朝在越南的统治，使越南从原始社会的末期直接过渡到了封建社会。公元前214～公元10世纪的1100余年里，中国封建王朝在今越南北部和中部设置郡县，进行统治，史称越南的“郡县时期”。679年，唐高宗将越南由交州都督府改为安南都督府，从此越南开始称为安南。越南在中国封建王朝的直接统治下，先后经历了秦、两汉、三国、两晋、南北朝、隋、唐和五代十国。

（一）建立独立国家

五代十国时期，中国中原王朝分裂，割据政权林立，安南地方势力也乘机建立了地方政权，走上了建立独立国家的道路。939年，越南将军吴权击败了中国南汉的军队，自立为王。至此，越南摆脱了中国的统治而成为独立的国家。944年，吴权死后，大封建主争权，国家长期处于分裂状态。

（二）李朝、陈朝

1009年，李公蕴夺取政权，建立了李朝“大越国”，定都升龙（今河内），实现了越南国家的统一。李朝统治持续了200多年（1009～1225），后来被陈日煚建立的陈朝（1225～1400）所取代。

李朝和陈朝是越南历史上统治时间很长的两个封建王朝，共达4个多世纪。这两个王朝仿效中国唐宋建立了比较完善的封建体制，并进行了长期的对外扩张。10世纪前，越南版图仅限于越南北部和中部地区，其南是占婆国，再南是水真腊（柬埔寨）。1044年，李朝大举进攻占婆，最后在17世纪合并了占婆。李朝和陈朝还多次侵扰西邻老挝和北邻中国，在1075年入侵广西、广东部分地区，占领了南宁、钦州等地，成为当时宋朝严重的边患。

从13世纪中叶开始，蒙古三次入侵越南，其中后两次被越南军民击败，但越南统治者害怕报复，主动进贡以示“赎罪”，蒙古最后罢兵。

（三）后黎朝

15世纪初期，中国明朝曾短暂占领越南北部并实施直接统治。越南人民的不断反抗，迫使明朝不得不退出越南。抗明起义军领袖黎利建立大越国，定都河内，史称后黎朝，越南恢复了独立和统一。后黎朝进行了政治经济的一系列改革，国势日盛，并恃强先后吞并占婆北部，征服了老挝，成为当时中南半岛上最强大的国家。

（四）南北朝、阮朝

由于内外矛盾的发展，到了16世纪初，后黎朝衰落，接着出现的是越南历史上的南北朝（1527～1592）。莫氏的北朝与郑氏的南朝进行了长期的战争，最后郑氏获胜。不久以顺化—广南为基地的阮氏封建主集团崛起，阮郑两大集团又爆发了长达半个世纪的战争。阮氏政权还向南扩张，占领了占婆国残余领土，把下柬埔寨完全并入了越南版图。阮郑两集团的长期混战，使越南人民饱受煎熬。

18世纪，越南从南到北爆发了大规模的武装起义，其中以西山农民起义军力量最大。西山军先后灭掉了阮氏和郑氏两大集团，建立了政权，并控制了整个越南。1802年，逃跑到外国的阮氏集团代表人物阮福映在法国殖民者的帮助下，返回越南，消灭了西山政权，建立了越南最后一个封建王朝阮朝。以法国为代表的西方势力随之进入越南，越南也面临西方殖民入侵的严重威胁。

二 古代柬埔寨

（一）扶南王国：混氏王朝、范氏王朝、跋摩王朝

柬埔寨的主体民族是高棉族，这是一个属于南亚语系的古老民族。公元1世纪，高棉族建立了扶南王国，这是东南亚地区最早的古代国家之一。从公元1世纪至7世纪，扶南王国经历了三个王朝：混氏王朝（公元1世纪末～3世纪初）、范氏王朝（3～4世纪中）和跋摩王朝（4世纪下半期～7世纪初）。

扶南王国处于封建社会的初期，实行分封制。公元3～4世纪，在范氏王朝统治时期，扶南国力强盛，以武力征服邻国，并纳入其版图，成为当时东南亚地区一个强大的王国，其领土包括现在的柬埔寨全境、越南南部、泰国南部直到马来半岛北部。

扶南王国的农业和手工业发达，扶南商人频繁来往于印度和中国。扶南深受印度文化的影响，引进了南印度文字和新历法塞伽纪元，婆罗门成为国教，佛教也很盛行。公元6世纪初，扶南王国急剧衰落。

（二）真腊国、吴哥王朝

随着扶南王国的衰落，其属国真腊乘势而起，并于540年发动兼并扶南的战争，最后攻灭了扶南。到7世纪中叶，真腊国政治经济和社会文化各方面都有较大发展，封建制度日臻完善。在8世纪真腊国分裂为两半，北部多山号陆真腊，南部临海号水真腊。在8世纪末，水真腊长期遭到爪哇海盗的侵袭，并一度被爪哇人控制。

公元802年，水真腊的阇耶跋摩二世赶走爪哇侵略者，随后又用几十年的时间完成了水陆真腊的统一。由于阇耶跋摩二世及其以后诸王，均建都于柬埔寨暹粒省的吴哥地区，故被称为“吴哥王朝”。

吴哥王朝（802～1432）共存在了600多年，分为三个时期：

1. 第一时期（9～10世纪）

加强了中央集权，大兴水利，并开始兴建规模宏大的神庙。此时的吴哥疆土同扶南全盛时一样广大。

2. 第二时期（11～12世纪上半期）

向西扩展疆域，在著名国王苏利耶跋摩二世时，远征越南李朝末期的大越国，一度占领了占婆国。他还主持建造了举世闻名的吴哥窟（寺），这是一座被誉为“全世界最大的宗教建筑物”，同时也是他的陵墓。

3. 第三时期（12世纪～13世纪初）

进一步开疆扩土，建立了一个空前强大的王国，其版图除真腊本土外，还包括现在的泰国、老挝和缅甸的一部分及马来半岛北部。在阇耶跋摩七世当政时，他建造了吴哥通城（意为大都城），在大约45平方公里的范围内，修建了600余座各种建筑物。至此，吴哥通城、吴哥窟（寺）和班达斯雷女王宫等众多的宏伟建筑组成了享誉世界的“吴哥文化”。

阇耶跋摩七世是吴哥王朝最著名的君主，他把吴哥王朝推上了繁荣富强的巅峰。但由于他好大喜功，挥霍无度，连年对外用兵和大兴土木，耗尽了国力，使经济遭到了严重破坏。他在1219年死后，吴哥王朝便迅速衰落。泰国的素可泰王朝和阿瑜陀耶王朝都乘吴哥王朝的衰落，多次向其发起大规模进攻，最后迫使吴哥国王蓬黑阿·亚特于1432年放弃吴哥城，并辗转迁都到札木多（今金边）。

以放弃吴哥城为标志，自9世纪兴起的吴哥王国在中南半岛的政治舞台上消失了。从此以后，真腊国改称柬埔寨，灿烂的“吴哥文化”也从此湮没于热带雨林中达数百年之久。

三 古代缅甸

（一）掸国、林阳和直通王国、骠国

缅甸是一个多民族的国家，共有40多个民族，其中主要有缅族、孟族、掸族、克伦族、钦族等。公元前后缅甸境内已有一些小王国存在：北部有掸族建立的掸国，南部有孟族建立的林阳和直通王国，中部和南部有骠国。公元7世纪，骠国成为一个幅员辽阔的国家，信奉上座部佛（小乘佛教）。公元9世纪初骠国逐渐衰落。

（二）蒲甘王国

缅族是属于汉藏语系藏缅语族的民族，在公元7世纪从掸邦高原进入缅甸的平原地区后迅速发展，公元849年，缅族修建蒲甘城作为政治中心。1044年缅族首领阿奴律陀创建了蒲甘王朝（1044～1287），建立了缅甸历史上第一个统一全国的封建国家。阿奴律陀在位时，蒲甘国势强盛，除统一全缅甸外，其势力还扩展到了马来半岛和暹罗广大地区。蒲甘王朝盛行小乘佛教，到处修建佛塔和庙宇，严重消耗了国力，破坏了农业生产。当时有一首民谣“佛塔建成，国家为墟”，就反映了人民的不满。

13世纪后期，中国元朝入侵缅甸，虽然遭到缅甸人民的英勇抵抗，但最终还是攻陷了蒲甘，蒲甘国王出逃，于1287年被杀，蒲甘王朝灭亡。

（三）战国时期、东吁王朝、贡榜王朝

缅甸北部的掸族、南部的孟族、西部的阿西干族乘蒲甘王朝灭亡纷纷自立，形成了小国分立的局面，史称战国时期（1287～1351）。在战国的纷争中，缅族在缅甸东部东吁建国，经过长期的征战，东吁王朝先后平定了各民族建立的小国。莽应龙统治时期，他四处征战，于1559年最后完成了缅甸的统一。当时东吁王朝的版图，包括上、下缅甸和掸邦，东至暹罗北部的清迈，西到曼尼普尔边界。从1511年起，葡萄牙、荷兰、法国、英国等殖民势力先后伸入缅甸，介入缅甸各族的战争。1635年，东吁王朝迁都阿瓦。1752年南部孟族东山再起，攻陷阿瓦，俘虏缅王，东吁王朝告终。也是在1752年，缅族领袖雍籍牙揭竿而起，反抗孟族的征讨，力量不断壮大。他从孟族人手中夺回阿瓦之

后，即开始重新统一缅甸的战争，并建立了贡榜王朝。

19世纪英国殖民主义者发动了三次英缅战争，侵占了缅甸全境。缅甸从此成为英国的殖民地，延续1 000多年的缅甸封建国家最终瓦解灭亡。

四 古代泰国

（一）堕罗钵底国、罗解国

泰国领土上最早出现的国家，是由孟人在湄南河流域建立的。属于南亚语系的孟族，分布于泰国中部和南部，在公元12世纪之前，孟人先后建立了堕罗钵底国和罗解国，信奉佛教，与中国的唐朝和宋朝通好。公元11、12世纪，在泰国中部和北部，发源于中南半岛的泰族，建立了一些小王国。

（二）素可泰王朝、阿瑜陀王朝（暹罗）

1238年，泰族首领坤·邦克朗刀开创素可泰王朝，这是泰国历史上的一个早期封建领主国家，但不久就衰落了下去。湄南河下游乌通领主乘素可泰衰落之机，于1350年宣告脱离素可泰，以阿瑜陀耶（大城）为京城建立了阿瑜陀耶王朝（1350～1767）。中国史籍称为暹罗。阿瑜陀耶王朝建立后，四方用兵，开疆拓土，到17世纪已控制了现在泰国大部分领土，其势力远达马来半岛及缅甸的部分地区，遂成为中南半岛上的一大强国。阿瑜陀耶王朝所建立的是一个中央集权制的封建专制国家，经过几代国王的经营，其政治经济制度日趋完善，经济社会文化相当繁荣，对外商业有了很大发展。

1569年，缅甸的东吁王朝曾出兵占领暹罗达15年，后被赶走。18世纪下半叶，阿瑜陀王朝内讧加剧，农民起义不断，地方势力纷纷自立，新兴的缅甸雍籍牙王朝出兵，于1767年占领阿瑜陀耶城，灭亡了已历400余年的阿瑜陀耶王朝。

（三）吞武里王朝

缅甸在进攻暹罗的同时，本国遭到了中国清帝乾隆的进攻，缅王于是从暹罗撤走主力，回缅迎击清军。年仅34岁的华裔郑信率泰国军民，赶走缅甸侵略者，光复了国土，并于1768年建立了吞武里王朝，他本人则成了暹罗历史上的郑皇。郑信（即披耶达信）继续对外用兵，侵略弱小的邻国老挝、马来苏丹国和柬埔寨，并控制了这些小国。

（四）曼谷王朝（却克里王朝）

1780年，率军侵入柬埔寨的暹罗青年将领诏披耶却克里带兵返国，推翻了吞武里王朝，于1782年在曼谷登上了暹皇的宝座，号拉玛一世，建立了曼谷王朝。曼谷王朝又称却克里王朝，其统治从1782年一直延续至今。

五 古代印度尼西亚

大约公元前2500～前1500年期间，一支属于蒙古人种的马来—波利尼西亚语系的民族，由中南半岛和中国的闽粤沿海来到现在印度尼西亚群岛的广大地区。最早到来的被称作“原始马来人”，后来的被称为“新马来人”。新马来人吸收了大多数原始马来人，并与当地土著居民尼格利陀相融合，演变为当代马来系统的民族，构成了印尼的主体民族，现在统称“印度尼西亚人”。

（一）10世纪前的一些王国

属于马来系统的民族，于公元10世纪以前在爪哇岛和苏门答腊岛上建立了许多古代国家。爪哇岛上的主要国家有耶婆提国、多磨罗国、诃棱、夏连特拉王国、阇婆国等，苏门答腊岛上的主要古代国家有干陀利国、末罗瑜国、巴邻旁王国、室利佛逝王国等。

（二）柬义里王国、新柯里沙王国、满者伯夷王国

公元10世纪初，中爪哇出现了一个新的王国—柬义里王国，在10世纪中叶统一了除西部以外的整个爪哇岛。到13世纪柬义里王国由于农民起义而灭亡，被新柯沙里王国所取代。新柯沙里王国曾强盛一时，把末罗瑜、巴厘岛、爪哇西部皆纳入其势力范围。在新柯沙里末期，中国元朝远征爪哇，元军与新柯沙里王国的战争导致了满者伯夷的崛起。1292年，韦查耶击退元军，于次年以满者伯夷为首都，建立了满者伯夷王国（1293年～1527），在哈奄·武禄王统治时期，满者伯夷王朝达到全盛，其版图范围包括：西到苏门答腊的大部分地区和洛坤以南的马来半岛，东到从巴厘岛到帝汶岛、苏拉威西岛南部、马鲁古群岛、班达群岛等。进入15世纪，满者伯夷国势渐衰，大约在1500年左右灭亡。

（三）一些伊斯兰教王国

从13世纪末叶开始，伊斯兰教进入印尼并广为传播。16世纪初，在满者伯夷的废墟上，出现了许多信奉伊斯兰教的王国，主要有东爪哇的淡目王国、西爪哇的万丹王国、中爪哇的马打兰王国、苏门答腊的齐亚王国、马来半岛的马六甲王

国等。

新航路开辟后，印度尼西亚成为西方殖民者掠夺的对象之一，1511 年，葡萄牙殖民者占领了信奉伊斯兰教的马六甲王国。这是西方殖民者对东亚进行殖民扩张的起点。此后葡萄牙以马六甲为基地，侵略印度尼西亚，当年就用武力强占了安汶岛，后来又在这里设立了贸易公司，取得了香料贸易的独占权。也是在这个时期，西班牙开始侵入印尼，并在帝多利岛设立商站。16 世纪末，荷兰开始了对印尼的殖民侵略，并先后从葡萄牙人和西班牙人手中夺取了安汶岛和帝多利岛，1608 年又占领了班达岛。1609 年，荷兰东印度公司任命彼得·波士为第一任印尼总督。1619 年，荷兰人在爪哇雅加达建立殖民地，命名为巴达维亚，以此为根据地，荷兰人又相继占领了马都拉、泗水和西加里曼丹。到 17 世纪末，荷兰殖民者征服了马达兰和万丹，成了印度尼西亚群岛的实际统治者。

六　古代马来亚

古代马来亚没有形成统一的国家。来自古代柬埔寨的扶南王朝、来自暹罗（泰国）的素可泰王朝、来自苏门答腊的室利佛逝国和爪哇的满者伯夷都曾先后统治和控制过马来半岛。由于地处海上交通要冲，很早以来马来半岛就是国际贸易中心，是过往商船停泊和商品交易的重要场所，这使得马来半岛受到了多种文化的影响。古代马来半岛深受印度文化的影响，从 13 世纪起又开始了伊斯兰化的过程。14 世纪，马来半岛南部兴起了一个伊斯兰王国，即马六甲王国（1402～1511 年）。在其鼎盛时期，曾据有整个马来半岛和苏门答腊岛，15 世纪末期，马六甲王国逐渐衰落。　　（吴献斌）

第二章　反抗殖民压迫的近代史

16～19 世纪，欧洲、美国和日本殖民主义者，先后对东亚地区进行殖民扩张，陆续侵占了马来亚、新加坡、东帝汶、菲律宾、印度尼西亚、缅甸、文莱、越南、老挝、柬埔寨、朝鲜、泰国以及中国等 13 个国家的全部或部分地区，使这些国家沦为殖民地或半殖民地。这些国家人民痛恨殖民主义者的残酷统治，展开了日益强大的反殖民主义斗争的浪潮。

第一节　近代欧、美、日殖民主义者对东亚地区侵略的两个时期和两种类型

16 世纪以后，随着新航路的发现，欧、美殖民主义者开始了向东方的侵略扩张。最早东来的是葡萄牙和西班牙，随之荷兰、英国、法国、美国也接踵而至。经过 3 个多世纪的侵略，欧、美列强把东亚大部分地区变成了它们的殖民地和半殖民地（其中中国和泰国是半殖民地）。只有日本通过明治维新，实现了富国强兵，没有变为欧、美列强殖民地，却成了殖民者阵营中的一员，走上了扩张侵略的道路，对朝鲜和中国进行了不断的侵略。

一　近代殖民主义对东亚地区侵略的两个时期

（一）第一个时期是 16～18 世纪

这时的西方资本主义处于原始资本积累时期，因此，其殖民活动以商业资本为基础。西方殖民者以赤裸裸的暴力掠夺为特征，以荷兰、英国的东印度公司为代表的殖民垄断公司是主要的殖民工具。西方的殖民活动主要以在东亚地区沿海建立商站和兵站为目标，除西班牙人开始深入菲律宾群岛的内陆外，其他殖民势力均未达到东亚地区国家的腹地，他们建立的殖民地仅具有商业殖民地的性质。这时东亚地区国家在政治上仍保持独立，经济上没有出现或很少出现资本主义的因素，整个地区的社会形态尚未出现质变。

（二）第二个时期是 19 世纪

这个时期，世界资本主义已发展到自由贸易和竞争阶段，商品输出为其主要特征。西方殖民掠夺以工业资本为基础，它们通过商品倾销和对原料和农产品掠夺，把东亚地区变成了自己的商品市场和原料产地。英国殖民者则对中国进行大规模的鸦片贸易，毒害中国人民，并连续以倾销鸦片为借口发动对中国的侵略战争。

从 19 世纪初开始，欧洲殖民势力不断在东亚地区扩张领地，进行了一系列的殖民战争、政治欺骗与收买，其势力日益深入东亚地区内地，使东亚地区国家大部分相继沦为西方国家的殖民地和半殖民地。

19世纪是东亚地区殖民地化的重要时期，这时东亚地区开始被卷入世界资本主义市场，各国前资本主义的自然经济不同程度地遭到破坏，商品经济日益发展。殖民国家对东亚地区殖民领地的政治统治体制也逐步确立，这是东亚地区国家由封建社会向殖民地和半殖民地社会转变的时期，东亚地区国家的社会形态发生了质的变化。而日本则迅速实现了从封建制度向资本主义制度的转变，并开始了对外的殖民扩张，参与西方国家角逐的行列。

二　近代东亚地区殖民地的两种类型

（一）第一种类型，是政治、经济、文化等方面的殖民地特征都得到充分发展和表现的典型殖民地

如东南亚许多国家和朝鲜。在这些殖民地中，原有的国家和民族已完全丧失主权和民族独立，受殖民宗主国的绝对统治和控制。在这些殖民地内，尽管前殖民地时代的政治、经济、文化形态继续残存下来，但殖民地性质的新政治、经济和文化因素已得到较为充分和明显的发展。东亚地区各殖民地的政治体制虽有不同，但其基本特征是建立隶属于宗主国国王和政府直接控制下的总督集权统治，包括行政、立法、司法、外交、军事等一切大权完全集中于总督或高级驻扎官手中。

当然，殖民统治在东亚各地还是有差异的。在东南亚，西方殖民者还程度不同地保留和利用了原有的统治机构，扶植当地封建贵族、部落酋长作为傀儡工具；同时，他们还把宗主国的某些统治方式带入殖民地，英美在自己的殖民地实行所谓的“宪政改革”，建立三权分立的政治体制，东南亚殖民地出现了法院和咨询性议会，实行文官制，并成立了一些政党。因此，殖民时期东南亚国家的政治体制，既有东方传统的封建专制主义的因素，又被涂上了西方资产阶级民主政治的某些色彩。而在朝鲜情况则不同，作为军事封建帝国主义的日本在朝鲜推行“武断统治”，总督由现役的陆军或海军大臣担任，实施残酷的军事警察统治制度，剥夺了当地人民的一切民主权利。

（二）第二种类型，是殖民地政治、经济、文化特征发展程度较低的殖民地，一般称为半殖民地

中国和泰国即属此种类型。这些半殖民地，在政治上还保持着形式上的独立，原有的国家或政府依然存在，但实际上已成为殖民列强控制和支配的傀儡。在半殖民地中，前殖民地时代的政治、经济、文化形态的丧失与殖民化程度可能要比前一类型的殖民地相对低一些。殖民列强主要是通过当地傀儡政府来达到殖民统治和掠夺的目的。

三　近代殖民主义者对东亚地区掠夺与瓜分的状况

这一时期欧、美、日殖民主义者对东亚地区进行了激烈的争夺与瓜分，东亚地区先后被掠夺与瓜分的状况是：

葡萄牙侵占了东帝汶和中国澳门；

西班牙侵占了菲律宾，1898年后被美国取代；

荷兰侵占了印度尼西亚群岛，建立了荷属东印度；

英国侵占了马来亚、新加坡、缅甸、中国香港、沙捞越、北婆罗洲和文莱；

法国侵占了越南、老挝、柬埔寨，建立了法属印度支那联邦；

英、法还通过协议，以湄南河为界，划分了双方在暹罗（泰国）的势力范围；

沙俄从中国割走了150多万平方公里的领土；

日本侵占了朝鲜半岛、中国台湾省。

19世纪，欧、美、日殖民主义者对中国发动了多次侵略战争，迫使清政府签订了数百个不平等条约，除了强迫割地赔款外，还在中国设立租界，划分了势力范围：长江流域属英国的势力范围；东北三省属沙俄；山东属德国；福建属日本；两广和云南属法国；美国则提出“门户开放”、“机会均等”政策，以分享其他列强在中国的利益。

第二节　近代欧、美殖民主义者向东亚地区扩张的过程

一　马来亚、新加坡、文莱、缅甸沦为英国殖民地，英、荷对印尼的争夺及英、法对泰国的争夺

（一）英国把马来亚、新加坡、文莱、缅甸变为殖民地，英国、荷兰对印尼的争夺

早在1511年，葡萄牙人就占领了马六甲，这是西方殖民者对东南亚侵略的开始。1641年荷兰人从葡萄牙人手中夺取了马六甲。同葡萄牙一样，荷兰占领马六甲的目的，只是为了贸易垄断权，它也没有在马六甲内陆建立它的殖民统治，只是在柔佛、雪兰莪等地派出了驻扎官，垄断了那里的锡矿贸易。

英国对东南亚的侵略也很早，曾先后占领过印度尼西亚的瓦伊岛、伦岛和班达群岛，在马辰和朋库连等地建立了商站，并把英国东印度公司董事会

设在巴达维亚（雅加达）。但在18世纪以前，英国殖民活动的重点是北美，在东南亚势力并不大，而且受到荷兰的排挤。荷兰人陆续将英国的势力赶出了印度尼西亚群岛，英东印度公司董事会被迫于1623年从巴达维亚迁往印度。

18世纪60年代后，随着工业革命的开展，英国国力日盛，加之北美殖民地的丧失，使英国把殖民活动的重心转向了亚洲。1786年，英国占领了槟榔屿，1819年又占领了新加坡，这使荷兰对马来半岛的殖民统治受到了威胁。经过多年的争夺与谈判后，1824年，两国签订了划分东南亚殖民地和势力范围的《英荷伦敦条约》。根据这一条约，荷兰将马六甲转让给英国，并保证不在马来半岛谋取利益；英国则放弃在印尼的领土要求和商业利益，承认印尼为荷兰的势力范围。同年，英国东印度公司将槟榔屿、马六甲、新加坡合并为“海峡殖民地”，首府设在槟榔屿，1832年又迁往新加坡。为了节省财政开支，英国开始时将海峡殖民地隶属于孟加拉管区，1867年又将海峡殖民地从印度分离出来，变为“直辖殖民地”，并设总督加以管理。

19世纪70年代后，英国殖民势力开始向马来各土邦伸展，通过内部干预、武装威胁等手段，迫使各土邦签订条约，接受英国的保护和派去的驻扎官。这样英国逐个获得了对霹雳、雪兰莪、森美兰和彭亨的控制权。为了便于统治，英国通过与各邦缔结条约，于1896年正式成立了马来联邦，联邦的首府设在吉隆坡，最高长官为高级专员，由海峡殖民地总督兼任，负责实际政务的执行长官为总驻扎官。英国于是确立了对马来半岛的殖民统治。

19世纪初，英国开始对北婆罗洲（今称北加里曼丹）进行殖民侵略。当时在北加里曼丹存在着一个信仰伊斯兰教的王国——文莱。文莱王国大约兴起于15世纪，在16世纪上半叶处于鼎盛时期。1577年后，由于文莱反对西班牙占领菲律宾，因而受到西班牙的多次侵略，文莱日趋衰落，它的属地苏禄群岛也脱离文莱而独立。当19世纪初英国殖民者到达时，文莱已是一个十分衰弱的国家。它的领土包括文莱本土、沙捞越河流域和婆罗洲西北沿岸。19世纪30年代，文莱国发生内乱。1839年英国殖民者布鲁克奉海峡殖民地总督之命，到沙捞越帮助文莱国王平息叛乱。布鲁克在平叛之后，乘机扩张势力，蚕食了文莱王国大片领土。1881年，英国商人通过购买方式，取得了对北婆罗洲的特许统治权。1888年，文莱、沙捞越和北婆罗洲正式成为英国的保护地。英国驻海峡殖民地总督兼任驻文莱高级专员。至此，大体相当于今天新加坡、马来西亚和文莱的这些地区都成了英国的殖民地。

英国在向婆罗洲（今称加里曼丹岛）北部扩张的同时，还对缅甸发动三次侵略战争，用60年的时间完成了对缅甸的征服。1824年，缅甸和印度因边界划分发生武装冲突。当时英国已在印度建立了稳定的殖民统治，正欲向东扩张，遂以此为借口对缅宣战。英军向阿萨姆、曼尼坡和若开地区发动进攻，但遭到重挫，于是又经海路在仰光登陆，并继续北上，当接近缅甸首都阿瓦时，缅甸国王被迫签订了割地赔款的《扬达波条约》，将若开（阿拉干）、阿萨姆、丹那沙林等地划归英国。1852年，英国借口缅甸“虐待英国商人”，发动了第二次侵缅战争，将整个下缅甸占为己有。1885年，英国的孟买贸易公司从缅甸运出柚木时偷漏税款，被缅甸政府判以罚金，英国借此发动了第三次侵缅战争。英军于11月29日攻下缅甸当时的首都曼德勒，占领王宫，并把缅甸国王流放到印度洋南部的拉德乃奇黎岛。1886年1月1日，英国宣布上缅甸为其殖民地，一场弱肉强食的侵略战争至此结束。缅甸最后一个封建王朝贡榜王朝覆亡。缅甸被英国征服后，与英国最大的殖民地印度连成了一片，成为英属印度的一个省，接受英驻印度总督的管辖。

（二）英、法对暹罗（泰国）的争夺

与英国完成侵略缅甸几乎同时，法国也获得了对柬埔寨和老挝的“保护权”，并建立了法属印度支那联邦。英法这两个殖民大国在暹罗（泰国）的东西两侧建立了殖民统治后，都把目光转向了中间的暹罗，暹罗于是成了英法殖民扩张的下一个共同的目标。

早在1855年，英国就通过《英暹条约》获得了在暹罗的治外法权和片面最惠国待遇。1856年，法国也通过《法暹条约》获得了同样的权利。到了19世纪90年代，英法在暹罗东西两侧站稳脚跟后，便分别开始东进和西进的扩张，从而导致两国在暹罗迎头相撞。为了避免两败俱伤，英法经过激烈的讨价还价，于1896年1月签订了《英法公约》，其内容是双方保证泰国的独立，任何一方都不得将武装部队开进泰国中部地区—湄南河流域。1904年，双方又缔结协议，重申1896年公约，并确定以湄南河为界划分势力范围:西部为英国的势力范围,东部为法国的势力范围。但是,英法在暹罗的争夺仍未结束。1907年,暹罗又被迫签订了另一个《法暹协定》,将两个最富庶的属地马德望和暹粒割让给法国(法国后来将这两地并入了柬埔寨),作为交换条件法国放弃了在暹罗的治外法权。1909年,暹罗又被迫签订了另一个《英暹协定》,将暹罗南部的几个属国(吉兰丹、丁加奴、吉打和玻璃市)并入了英属马来亚,同时英国也放弃了在暹罗的治外法权。至此,英法在暹罗的争夺方告结束,同时这也标志着英法在中南半岛划分殖民势力范围的完成。

二　西班牙、美国先后侵占菲律宾

1521年3月，航海家麦哲伦奉西班牙国王的命令，率船队经美洲南端和太平洋，到达今天的菲律宾群岛，并将它命名为圣拉扎罗群岛。不久，麦哲伦在侵占马克坦岛时被打死。这是西班牙侵略菲律宾的开始。此后，为攫取黄金和香料，西班牙对菲律宾的殖民侵略不断加剧。1542年，西班牙殖民者以国王查理五世继承人菲力普的名字，将圣拉扎罗群岛改称菲律宾。1565年，西班牙人开始将菲律宾变成其殖民地。西班牙对菲律宾的侵略，没有遇到强烈的抵抗，这主要是由于菲律宾群岛当时还没有比较强大的政治力量，伊斯兰的传播还只限于菲律宾南部的棉兰老岛地区，而西班牙人的侵略和他们带来的天主教阻止了伊斯兰教继续向中部和北部的传播。到17世纪中叶，除苏禄群岛和棉兰老岛外，西班牙在菲律宾建立了殖民统治，设总督直接治理。在1851年和1861年，西班牙殖民者分别征服了苏禄苏丹国和马金达瑙苏丹国，占领了苏禄群岛和棉兰老岛，完成了对菲律宾的侵占。

西班牙在菲律宾实施政教合一的殖民统治，天主教不仅成为菲律宾的主要宗教，而且在政治、经济和军事上的影响都举足轻重。西班牙在菲律宾推行“授地”制度，把掠夺来的大片土地，授给西班牙官吏、军官和天主教修道会。殖民者强征重税，还垄断了对外贸易，使菲律宾长期与外界隔绝，阻碍了社会经济的发展。

1898年4月，美国和西班牙爆发战争。1899年，美国政府拒绝了菲律宾政府的要求，出动大军对马尼拉发动突然袭击，并不断派军队增援。1902年4月，美国占领菲律宾，并设总督进行统治。菲律宾自此沦为美国的殖民地。

三　荷兰侵占印尼，葡萄牙与荷兰瓜分帝汶

15世纪起，印度尼西亚先后遭到葡萄牙、西班牙和英国殖民主义者入侵。17世纪，荷兰先后从印尼排挤走了西班牙和英国的势力，并于17世纪末征服爪哇岛上的马打兰王国和万丹王国，把爪哇变成了荷兰的殖民地，其势力则遍及印度尼西亚群岛，达300年之久。在1800年以前，荷兰在印尼主要依靠荷兰东印度公司进行统治。该公司1602年成立，由荷兰国会给予特许证，有发动战争、签订条约、占据土地等权力。东印度公司在爪哇建立了两种占领制度，即：公司直辖殖民地和藩属土邦，前者由荷兰人直接管理，后者虽名义上是独立的，但公司派往的驻扎官拥有极大的权力。为保证高额利润，公司对印尼的贸易实行垄断制度，独占了产品交换的收购、运输和贩卖的全过程。公司在直辖地实行实物定额纳税制，在藩属土邦实行强迫供应制，残酷压榨当地人民。同时公司还在印尼实行盗人和贩卖奴隶制度，荷兰种植园主依靠奴隶劳动大发横财。通过这些奴役方式，殖民者从印尼榨取了巨额财富，当地人民则陷入了饥饿与贫困的境地。

19世纪初，欧洲局势出现巨变。法国拿破仑帝国崛起，英法为争夺欧洲霸权而兵戎相见，印度尼西亚因此成了英法争夺的对象。1806年，拿破仑占领荷兰，英国则利用夺取荷兰的海外殖民地的方式来打击法国。1811年8月，英国驻印度总督明多率战舰百艘进攻巴达维亚（雅加达），印尼人民拒绝支持荷兰殖民者，被强行征募的军队与英军作战是一触即溃，亲法的荷兰驻印尼总督詹生氏在三宝垄向英军投降，把爪哇统治权交给了英国人。英国统治印尼后，委派莱佛士为印尼总督，这个英国工业资产阶级的代理人在印尼实行改革，推行一系列新殖民政策，扩大了英国的工业品市场，同时也使印尼群岛与外部的经济联系加强。

拿破仑帝国灭亡后，荷兰恢复独立。根据1814年英荷签订的条约，印尼重归荷兰统治。荷兰殖民者对印尼的压榨更变本加厉，肆无忌惮，从而导致了其同印尼社会各阶级的矛盾都趋于激化，终于引发了1825～1830年的爪哇人民大起义。

19世纪中期以后，荷兰殖民者在印尼的侵略范围迅速扩大。在此之前，荷兰对印尼的殖民统治以爪哇岛和马都拉岛为中心，对其他外部诸岛不够重视。当时荷兰人把许多未征服的岛屿叫做“外部

领地”，他们对“外部领地”不以掠夺土地为目的，只在这些地方设置东印度公司的办事处和堡垒，以控制封建主和加强对人民的掠夺。但1840年英国势力侵入北婆罗洲，加上苏伊士运河开通后，印尼与欧洲的市场航距缩短，欧洲资本涌入印尼，刺激荷兰殖民者加紧侵占外岛。1846～1849年间，荷兰向巴厘岛发动三次侵略战争，迫使当地王公承认荷兰统治。随后殖民者又把侵略矛头指向加里曼丹，1860年，荷兰吞并了南加里曼丹的马辰王国。在苏门答腊岛上，荷兰人逐渐吞并许多独立的小邦，直到1903年，亚齐苏丹穆罕默德·达沃特被荷军俘获，位于苏门答腊岛北部的亚齐王国覆亡后，整个印度尼西亚群岛才变成了荷兰的殖民地。

16世纪起，葡萄牙殖民者入侵帝汶。1613年，荷兰势力侵入，并排挤葡势力至东部地区。1859年，葡荷签订条约，重新瓜分帝汶岛。帝汶岛东部及欧库西归葡，西部并入荷属东印度（今印尼）。

四　越南、柬埔寨、老挝沦为法国殖民地

（一）法国侵占越南、柬埔寨、老挝

早在17世纪初，法国的传教士和商人就到了越南。18世纪初，法国殖民主义者联合被农民起义军击败而逃到国外的阮氏集团代表人物阮映福，绞杀了西山农民起义，阮映福建立了阮氏王朝，法国殖民者随之进入了越南。到了19世纪初，阮氏封建王朝已是风雨飘摇，危机四伏，法国殖民者则在此时加快了吞并越南的步伐。19世纪40年代，法国不断派舰队侵犯西贡、嘉定等地。1861年，法国伙同英国发动第二次鸦片战争打败中国后，便倾全力进攻越南南部即南圻，次年迫使阮氏王朝签订割地赔款的第一次《西贡条约》，越南开始了沦为法国殖民地的进程。1874年和1884年，在法国的军事进攻和政治欺骗下，阮氏王朝被迫与法国签订第二次《西贡条约》和《顺化条约》，承认了法国对越南的保护权。这样，经过逐步蚕食，法国终于把越南全部吞并，变成了它的殖民地。法国在侵略越南的同时，1882～1885年还发动中法战争，迫使清政府签订中法《天津条约》，承认了法国对越南的“保护”。

法国把越南变为殖民地后，立即发动了对柬埔寨的侵略。19世纪40年代，柬埔寨成为越南和暹罗的保护国，为了摆脱越、暹的控制，当时的柬国王幻想争取法国的支持，以确保王国的独立，这给法国以插手柬埔寨的可乘之机。不久，柬王室发生内乱，法乘机派军占领柬王宫，迫使柬国王于1884年签订《法柬协定》，使柬成为法国的“保护国”。1887年，法国将越南、柬埔寨合并为“印度支那联邦”，并设总督进行统治。随后法国殖民者加紧了对老挝的侵略。

老挝在古代历史上，曾出现过一个较重要的王国，即澜沧王国。该王国1353年建国，定都琅勃拉邦，统一了整个老挝，历时3个半世纪。18世纪初，老挝发生了分裂。到暹罗的吞武里王朝时期，老挝沦为暹罗的附属国。1893年，法国分兵三路入侵老挝，并派炮舰驶入湄南河，直逼曼谷，迫使暹罗国王签订《法暹条约》，将湄公河以东的老挝领土割给法国。从此，老挝由暹罗的藩属国变成了法国的“保护国”。1899年，法国将老挝并入法属印度支那联邦。越南、老挝、柬埔寨都成了法国的殖民地。

（二）法国对印度支那三国实行殖民统治政策

法国殖民者对印支三国实行“分而治之”的殖民统治政策，即在印支三国之间及各国内部的各个民族之间制造仇恨，使之相互攻击和牵制。法国实行以越治柬、以越治老的手段，使印支三国人民不能团结起来共同反抗法国的殖民统治。

在越南，法国也同样使用“分而治之”的手法，对越南南部、中部、北部三个地区采取了不同的殖民统治形式。法国把南圻划为“直辖领地”，由法国总督直接统治；把中圻划为“保护领地”，保留了阮氏王朝的统治机构，同时派法国总督总揽一切；把北圻划为“半保护领地”，形式上由阮朝傀儡政权统治，实际上还是听命于法国人。法国殖民者在经济上对越南人民进行残酷的掠夺和剥削，主要方式是掠夺土地、征收重税、实行盐酒专卖、放高利贷、贩卖鸦片、广设赌场等等，使越南人民陷入了水深火热之中，但同时也激起他们的反抗。

五　欧、美殖民主义者对中国的侵略

19世纪中期至末期，中国处于道光（1821～1850年在位）、咸丰（1851～1861年在位）和慈禧太后（1862～1908年垂帘听政或以强势专权）作为最高统治者的清朝晚期。其经济显著滞后，政治加剧腐败，国力日趋衰落，对外妥协投降，以致欧、美殖民主义者不断扩大对中国的侵略和掠夺。

1840年，英国以清政府钦差大臣林则徐禁止

外国向中国输入鸦片为借口，发动了对中国的侵略战争，以武力迫使清政府于1841年4月29日同英国签订不平等的《南京条约》。1843年，英国又强迫中国与其签订《五口通商章程》和《虎门条约》，作为《南京条约》的补充。依约英国取得了协定关税、领事裁判和片面最惠国待遇等特权。

西方其他列强也乘机而入，先后同清政府签订了中美《望厦条约》，中法《黄埔条约》。葡萄牙则乘机扩大其从16世纪起在中国澳门侵占的地盘，1851年和1864年先后侵占了氹仔岛和路环岛。1887年，葡萄牙迫使清政府签订《中葡会议草约》和《北京条约》，塞进了"永驻管理澳门"的条款，一直占领澳门并把澳门划为葡"领土"。

鸦片战争以后，中国门户洞开，开始了沦为半殖民地的悲惨历程。

1857年12月，英法等国为进一步扩大在华权益，以"修约"为借口，发动了第二次鸦片战争。虽然中国军民进行了英勇的抵抗，但由于清政府的腐败和软弱无能，英法联军先后攻占了大沽和北京，抢劫并烧毁了圆明园，迫使清政府签订了不平等的《天津条约》和中英、中法、中俄《北京条约》。第二次鸦片战争，使中国进一步陷入了半殖民地的深渊，使殖民主义侵略势力到达中国沿海各省和内地，并加强了对清政府的控制。在中国的西部边疆，英国从印度向西藏和新疆扩张。

1857年第二次鸦片战争后，中国经济遭到了外国资本的严重冲击，农业凋敝，手工业破产，商业衰退，白银外流。面对严重的民族危机，清政府从原来的抵抗政策转向妥协退让，进而与侵略者勾结，拱手出让主权，妄图以此换取统治政权的暂时稳定。

沙俄等加入了对中国的瓜分。

沙俄在对中国的侵略中，掠夺了大片领土，得到了最大的利益。1858年，俄国强迫清政府订立了不平等的《中俄瑷珲条约》，侵占中国东北60多万平方公里的土地；它还强迫清政府同意在乌苏里江以东原属中国的40万平方公里土地上实行所谓"中俄共管"，并夺取了乌苏里江的航行权。1860年，沙俄强迫中国政府签订了《中俄北京条约》，把乌苏里江以东40万平方公里土地占为己有。1864年，通过《中俄勘分西北界约记》，割走中国西北44万多平方公里领土。1881年，通过中俄《伊犁条约》等几个边界议定书，又割走中国领土7万多平方公里。沙俄近代从中国东北和西北共侵占了150多万平方公里的土地。但沙俄还不满足，后来又同清政府签订《中俄密约》，取得了在中国东北修建铁路的特权，并通过《旅大租地条约》和《续订旅大租地条约》，强占了中国的旅顺口、大连湾及附近水域。

在中国西南，1884～1885年法国对中国发动了侵略战争，即中法战争。中国虽然取得了军事上的胜利，但由于清政府腐败无能，却与法国屈辱议和，造成了中国不败而败、法国不胜而胜的罕见结局。

第三节 日本的明治维新及其对外扩张

一 明治维新

19世纪前期，日本仍处于德川幕府的统治之下。在这时，日本的资本主义因素有了一定发展，农业和手工业相结合的自然经济开始解体，阶级关系也随之发生了变化，中下层武士因经济地位下降而成为变革旧体制的领导者。

19世纪中期，欧美资本主义国家加强了对东亚地区的殖民侵略，日本也面临严重的民族危机。1853年，美国海军准将佩理率军舰首先打开日本大门，史称"佩理叩关"。1854年，美日两国签订《日美亲善条约》，日本被迫开埠通商，给美国以最惠国待遇。此后其他欧洲列强起而效法，纷纷与日本签订不平等条约。1858年，美国又迫使日本签订《日美友好通商条约》，接着荷、俄、英、法等国也强迫日本签订了类似的条约。因这些条约都是在安政年间签订的，故史称"安政五国条约"。

面对列强的侵略和严重的民族危机，中下层武士中的一些改革派提出了"王政复古"、"尊王攘外"的口号，力图改革藩政，挽救民族危机。"安政五国条约"签订后，改革派认识到，非倒幕不能救国。倒幕思想于是逐渐流行，并发展为倒幕运动，进而演变为各藩联合的武装倒幕运动。1866年8月，幕府将军德川家康突然死去，由德川庆喜继任。12月，反对倒幕的孝明天皇也突然死去，由年仅15岁的睦仁继位，是为明治天皇。倒幕派乘机加快了倒幕步伐，1867年10月，倒幕派从天皇手中得到了《讨幕密诏》，开始组织讨幕联军。1868年1月，倒幕派发动政变，以天皇的名义宣布"王政复古"，废除幕府，成立新的中央政府，命幕府将军"辞官"。德川庆喜则以清君侧的名义率军向京都进发。1月27日，双方在京都郊外决战，幕府军大败。4月，德川庆喜在江户投降，统治日本250多年的德川幕府寿终正寝。

1868年7月，新政府改江户为东京，定为日本首都。10月，天皇年号由庆应改为明治，因此其间及以后的一系列改革通称为明治维新。从1868年起，明治政府采取多项改革措施，主要包括以下三个方面。

（一）政治上富国强兵

行政管理上，“奉还版籍”和“废藩置县”，把将军、大名的领地和人口收回，重新划分行政区划，消除了封建割据，取消了将军和大名的俸禄。军事上，建立常备军和警察系统，实行义务兵役制。1889年2月，颁布以普鲁士军国主义宪法为蓝本的《大日本帝国宪法》，以法律形式确认了日本国家制度和统治机构的合法性。《宪法》的颁布，标志着日本君主立宪制的确立和资本主义改革的胜利。

（二）经济上殖产兴业

确定土地私有，改革地税。禁止行会垄断，废关卡，整顿币制，统一汇兑，大力发展工商业。从此，日本资本主义经济迅速发展起来，开始了由农业国向工业国的转变。

（三）文化上文明开化

主要是学习西方，引进和发展近代科学技术、文化教育、思想意识形态、生活方式等，特别是大力普及科学技术和教育。

明治维新是一场以农民为主力、以资产阶级和中下层武士联盟为领导的资产阶级革命。它推翻了幕府的封建统治，实行了一系列资本主义性质的改革，使日本成为亚洲第一个，也是唯一的走上独立发展资本主义道路的国家。这次革命虽然在日本较为广泛地传播了西方的资产阶级民主思想，但同时也引进和接受了西方文化中的糟粕——对外扩张的理论和思想，使其同明治维新后的封建思想意识形态残余相结合，形成了日本特有的军国主义思想和“藩阀”势力，使日本成了以后的对外扩张战争策源地。

二 近代日本的殖民扩张

1868年明治维新后，随着资本主义的发展，日本立即进行了大规模持续的对外扩张侵略。由于19世纪中期至末期，中国处于清朝晚期，经济滞后，政治腐败，国力日衰，连续遭到欧、美殖民主义者的侵略。因此，日本也将其侵略的矛头首先指向了中国、朝鲜和琉球。

（一）对中国台湾、朝鲜和琉球的侵略

1874年，日本发动侵略台湾的战争，迫使清政府与日本签订《北京条约》，以50万两白银的赔款作为日军退出台湾的条件。这是日本侵略台湾的开始。

19世纪初的朝鲜是一个衰败落后、闭关自守的封建国家。从19世纪30年代开始，欧、美列强的炮舰一再轰击朝鲜。19世纪后半期，朝鲜逐步被列强的不平等条约所束缚。1873年，朝鲜李朝的外戚以“国王亲政”为借口，把大院君（李氏王朝第26代国王李熙的父亲；凡旁系入继的国王，其父亲通称为大院君）赶下了台，掌权的闵妃集团面对列强的威胁，采取妥协投降的政策。1875年9月，日本入侵江华岛，闵妃集团屈膝与日本签订了《江华条约》，规定朝鲜向日本开埠通商，日本享有片面最惠国待遇和领事裁判权。1882～1892年，英、法、俄、美、德等国也继日本之后，强迫朝鲜签订了类似的不平等条约。

1882年，汉城爆发反对日本侵略者及其附庸势力的起义，日本乘机出兵朝鲜，强迫朝鲜订立《仁川条约》，除获得赔款外，日本还攫取了在汉城驻兵的特权。

琉球曾向中国封建王朝纳贡，1872年，日本把琉球国王绑架到东京，7年后，正式吞并琉球，改为冲绳县。

（二）对中国、朝鲜的甲午战争

为了准备对中国和朝鲜的侵略，日本需要英美的支持，而英美则力图利用日本抗衡俄国在中国的势力。1894年，日本与英国签订条约，宣布5年后废除幕府时期与日本签订的不平等条约，随后美国和其他欧洲国家也与日本签订了类似的条约，使日本成为亚洲第一个摆脱了不平等条约奴役的国家。

1894年，中国腐败的清朝，正在挪用海军建设等经费，倾全力为慈禧太后筹办60寿辰。日本在取得英美的支持后，于7月25日，即日英条约签订后9天，不宣而战，发动了侵略朝鲜和中国的“甲午战争”。日军开进朝鲜，渡过鸭绿江，侵入中国东北。1895年，战败的清政府被迫接受了奴役性的《马关条约》。根据条约，日本侵占了中国的台湾、澎湖列岛和辽东半岛；取得了2亿两白银的赔款和在中国设立工厂的权利。这标志着外国资本主义对中国由商品输出变为资本输出的开始。此后，西方列强也加紧向清政府租借土地，划分势力范围，从而形成了瓜分中国的狂潮；朝鲜则实际上变成了日本的殖民地。

日本侵占辽东半岛，与妄图独占中国东北的沙俄发生了利害冲突。沙俄联合德、法进行干涉，日本被迫将辽东半岛暂时归还中国，但强迫清政府又付出了3 000万两白银的代价。沙俄借口干涉“有功”，迫使清政府给予它在东北修建铁路的特权，并强行租借了旅顺和大连，同时沙俄积极插手朝鲜事务，这就与日本发生了尖锐的矛盾。

第四节 近代东亚地区展开反殖民主义和反封建主义的斗争

一 概述

16世纪后，东亚地区各国先后沦为西方的殖民地和半殖民地，日益陷入了政治动荡、经济破产和衰竭的民族危机之中。面对殖民者的征服、奴役和疯狂榨取，东亚地区各国人民以各种不同的方式捍卫国家主权和民族独立，维护自己历史文化的尊严。有些国家，下层民众自发和有组织地进行反殖民主义的民族起义和暴动，如中国的太平天国和义和团运动。有些国家，封建统治者面对西方的入侵，开展了自救改良运动，如19世纪下半叶的日本明治维新、暹罗朱拉隆功国王（即拉玛五世）的改革及中国的戊戌变法等。这些封建统治者进行的改革，大多数有引进西方近代经济、科技、教育制度以及军事技术和武器装备等内容。这些改革虽有的成功，有的失败，但都对这些国家的近代历史产生了多方面的影响。有些国家，在民族资产阶级和知识分子的领导下，大力开展反帝反封建的改革运动和革命运动，如19世纪末到20世纪初的菲律宾资产阶级革命和中国的辛亥革命等。在东亚地区的资产阶级革命中，有一个普遍特点，即反对外国殖民统治和反对本国封建专制统治往往同步进行，因为传统的封建制度和专制统治者已成为国家复兴强盛的巨大障碍，成为外国殖民侵略者的工具和傀儡。近代东亚地区各国人民，面临既要反抗西方资本主义国家的殖民统治，以挽救民族危机，同时又要推翻本国封建制度，以完成社会形态转换的双重历史任务。维护民族独立与变革传统制度、反抗西方殖民主义与学习引进西方科技和资产阶级民主制度等历史任务同时交织在一起，使得近代东亚地区各国反殖民主义的斗争呈现出矛盾错综复杂、斗争道路曲折和任务十分艰巨等特点。

二 近代中国反殖民主义和反封建主义斗争

中国的近代史以19世纪40年代英国发动的鸦片战争为开端。此前，中国是一个在清王朝统治下领土和主权完整的独立的封建国家，农业和手工业相结合，自给自足的自然经济在社会经济生活中占统治地位。鸦片战争之后，这一切都发生了重大变化，使中国进入了半殖民地半封建社会。

殖民主义者对中国的侵略，给中国人民带来深重灾难的同时，激起了中国人民的强烈反抗。

早在第一次鸦片战争中，英军进犯到广州北郊三元里时，就遭到了当地民众自发的武装反抗。

在外国殖民者的历次入侵中，中国人民包括清军将士都进行了英勇的抵抗，并涌现出林则徐（1785～1850）、关天培（1781～1841）、丁汝昌（1836～1895）、邓世昌（1849～1894）等许多民族英雄。

鸦片战争后，中国的民族危机不断加深，农民与地主阶级的矛盾日益激化。

1851年，爆发了以洪秀全（1814～1864）为领袖的太平天国运动，参加者不仅有贫苦农民、手工业者、矿山工人，而且还有知识分子和家境富裕的各阶层人士。太平天国对内主张推翻清政府的封建统治，建立“天下一家，共享太平”的理想国，并为此颁布了《天朝田亩制度》作为政治纲领；对外，太平天国反对外国侵略者干涉中国内政，主张与资本主义国家自由通商，进行平等的经济文化交流和往来。这场运动历时14年，席卷18个省，并建立了农民政权，沉重打击了封建制度和清王朝的腐朽统治，在一定程度上延缓了西方列强对中国的殖民化过程。

随着民族危机的加深，中国人民的反抗在深度和广度上也大大加强。在中法战争期间，中国广西、福建、广东、香港等地群众，以各种形式掀起了反法斗争。他们焚洋行、毁教堂、逐教士、毁法船。中法战争结束后，在四川、福建、贵州、浙江、江西和江苏等12个省，掀起了反对外国教会的斗争，表现了中国人民反抗殖民侵略的坚强决心。

同时，中国新兴的民族资产阶级也加入了民族救亡运动，他们要求“振兴内政”、“消除外患”，主张“变法”，学习西方资本主义的政治制度，创设议会，以君主立宪制度代替封建专制制度。他们还提出“商战”的口号，要求保护民族工商业，与外国资本抗衡。

国难当头之际，1894 年，孙中山（1866～1925）为首的资产阶级革命派在檀香山建立革命团体“兴中会”，明确提出“驱除鞑虏，恢复中华，创立合众国政府”的斗争纲领，并于 1895 年发动广州起义，揭开了中国资产阶级革命的序幕。

1895 年，以康有为（1858～1927）为代表的维新派也发起了一场变法维新的运动，想利用光绪皇帝（1871～1908）推行新政，但遭到慈禧太后（1835～1908）为首的顽固派的镇压，最后以失败告终。

三　朝鲜人民反殖民主义和反封建主义斗争

欧、美、日列强的侵略激起了朝鲜人民的反抗，各地接连爆发起义，其中规模较大的是 1882 年的壬午兵变。1882 年（壬午年）7 月，由于闵氏统治集团克扣军饷，引发了汉城驻军的兵变。起义的士兵与贫民汇合，冲进王宫，处死了一些卖国大臣和贵族，烧毁日本公使馆，杀死日本官员，控制了整个汉城。大院君乘机入宫重掌政权。清政府应闵妃集团要求派丁汝昌、袁世凯率军3 000人，镇压了起义的士兵和贫民，帮助闵氏集团恢复了权力。

在日本加紧入侵朝鲜的 1893 年，朝鲜全国农业歉收，饿殍遍野。在这样的形势下，朝鲜爆发了近代历史上规模最大的甲午农民战争。这次起义由东学道领导，其领导人是全琫准，起义军提出了“尽灭权贵”、“逐灭倭夷”的口号，矛头直指封建统治者和日本侵略者。起义在全罗道古阜郡首先爆发，迅速发展到了 10 万余人。农民军控制了全国 3/5 的土地，并直逼汉城。6 月，清军应朝鲜国王之邀，在牙山登陆，企图镇压农民军。

随后，日军以清军入朝为借口出兵朝鲜，并与政府军联手向农民军进攻。农民军由于武器简陋和内部分裂，11 月失败。全琫准因叛徒告密被俘后英勇就义。

甲午农民战争是朝鲜旧式农民起义最大的一次，在朝鲜人民反殖反封建斗争历史上写下光辉的一页，是 19 世纪后半期东亚人民反殖反封建运动的重要组成部分。

四　越南反殖民主义的斗争

越南反殖民主义的斗争，主要有两种力量：一种是越南封建统治者的主战派领导的勤王运动，各地的爱国文绅和官吏都纷起参加和响应，后来因各股力量分散孤立，没有统一的指挥而相继失败。另一种是遍布各地的农民起义和游击战争。其中规模最大、影响最深的是黄花探领导的安世农民游击战争。1887 年，起义爆发并迅速蔓延，农民军建立了根据地，以灵活的战术四处袭击殖民者，还经常破坏铁路，使法国殖民者的交通长期处于瘫痪状态。1894 年和 1897 年，焦头烂额的法军两次被迫与黄花探签订停战协定。1909 年，农民军在法军优势兵力的进攻下损失惨重，黄花探率余部仍坚持抗法 3 年多，最后在 1913 年失败。安世农民游击战争历时 20 多年，纵横北圻四省，沉重打击了法国的殖民统治，谱写了越南民族解放史上的光辉篇章。

五　印尼人民反抗荷兰侵略的斗争

荷兰殖民者对印尼的侵略和掠夺，不断激起爪哇各地人民的反抗和起义。17 世纪末年便爆发了苏巴拉蒂领导的反荷起义，1740 年又发生了华侨与印尼人民的联合抗荷斗争。荷兰占领巴达维亚（雅加达）初期，为了解决劳动力不足，曾竭力招引和掳掠华工到印尼从事手工业和农业生产。随着华侨人数的增加和经济实力的增强，荷兰殖民者日益不安，因此不断强化对华侨的入境限制，对已入境的“无业华侨”则进行拘捕，然后遣送回中国或押到锡兰（今斯里兰卡）、南非充当奴隶。殖民者这些行径激起了华侨的反抗，在 1740 年 10 月 9 日发动了反荷起义。由于组织松懈、武器简陋，起义很快被镇压，荷军则在巴达维亚城华人区进行大屠杀，华侨惨死数万，所流的血把河水都染红了，因此这次屠杀被称为“红溪惨案”或“红溪事件”。

在印尼人民的反抗下，荷兰东印度公司衰落了下去，其财务恶化，负债累累。同时公司对印尼的垄断性经营，也引起了荷兰国内工业资产阶级的强烈不满，他们要求对印尼实行自由贸易。1800 年，荷兰政府正式解散了东印度公司。

经过 19 世纪初欧洲局势的变化，荷兰继法国之后重新入侵印尼。由于荷兰变本加厉进行掠夺，引发1825～1830年的爪哇人民大起义。

爪哇大起义的领导人是蒂博尼哥罗。作为日惹苏丹的王子，他对自己的祖国和民族文化遭受西方殖民者的蹂躏怀有极大愤慨，对殖民者日益剥夺印尼贵族权力深感不满，因此力图恢复贵族的权力和地位，重建一个独立强盛的伊斯兰教封建王国。起义前，他已是封建贵族抗荷集团的领袖人物，他的领地成了反荷人士的聚集地。1825年7月，荷兰殖民者为消灭这支反荷力量，派兵逮捕蒂博尼哥罗，这一事件成了大起义的导火线。7月20日，逃脱围捕的蒂博尼哥罗率部在斯拉朗发动武装起义，他号召人民进行圣战，消灭荷兰殖民者，得到了贵族、农民和华侨的广泛响应，起义遂成燎原之势，迅速席卷了爪哇岛的中部和北部。在起义取得一系列胜利的基础上，1825年10月，蒂博尼哥罗建立了伊斯兰教王国，自立为苏丹（国王）。殖民者调集重兵，采取碉堡战术，围攻起义军，但在起义军灵活机动的战术面前收效甚微。后来荷兰人又对起义军上层进行诱降，一些参加反荷起义军的封建主动摇投敌，使起义军受到很大削弱，蒂博尼哥罗则毫不动摇，坚持斗争。1830年3月8日，他在与殖民者进行停战谈判时，被骗遭捕，被流放到万鸦老，后转到望加锡。起义以失败告终。蒂博尼哥罗领导的反荷起义在广大农民的支持下，坚持了5个年头，歼灭了1.5万多殖民军，给殖民者以沉重打击，在印尼人民反对殖民主义的历史上写下了辉煌的一页。

六 菲律宾人民反抗西班牙和美国殖民统治的斗争

（一）菲律宾反抗西班牙的斗争

19世纪中叶，菲律宾的民族资产阶级开始形成，他们虽然与外国资本和本国封建势力有密切的联系，但其民族意识不断觉醒，开始了争取民族解放的呐喊，掀起了一个声势浩大的“宣传运动”。这个运动的代表人物是何塞·黎萨尔。他的两本小说《不许犯我》和《起义者》，发出了“爱国者的声音”和“复仇与反抗”的呼唤，使他获得了巨大的声望。其他一些“宣传运动”的参加者也通过办报纸、发表文章，鼓动人民争取自己的经济和政治权利。1892年6月，黎萨尔从香港回到马尼拉，建立了菲律宾的民族组织——“菲律宾联盟”，参加“联盟”的另一位领导者波尼法秀后来又建立了“卡蒂普南”的秘密组织，进行反殖斗争。1895年8月，“卡蒂普南”发动了争取独立的武装起义，并迅速席卷全国，在许多地方夺取了政权，殖民当局对黎萨尔十分恐惧，于12月30日将他逮捕处死。但独立战争继续发展。

在菲律宾独立战争蓬勃发展的之际，“卡蒂普南”的另一领导者阿奎那多挑起分裂，并夺取了独立战争的领导权。1897年5月，阿奎那多捏造罪名，杀害了波尼法秀，并于11月1日在比阿克纳巴多召开起义队伍代表会议，通过《临时宪法》，成立新政府，自任总统。但阿奎纳多在殖民者的威胁利诱下，公开与敌人妥协，在2月14日同殖民当局签订了缴械投降的《破石洞条约》后，自动解散政府，逃亡香港。不久他在香港成立“爱国委员会”。

（二）菲律宾人民反抗美国的斗争

1898年4月，美国和西班牙爆发战争。5月，“卡蒂普南”的一位领导者阿奎那多在同美国多次密谈后，乘美国军舰回国。6月12日，他在甲米地发表《独立宣言》，成立革命政府。8月底，革命军占领吕宋岛大部分，并包围了马尼拉，9月，菲律宾议会在马洛洛开幕，次年1月颁布菲律宾共和国《宪法》，阿奎那多成为新成立的菲律宾共和国总统。新政府把教会的大地产和其他不动产没收并转归国有，消除了教会在经济和政治上对农民的压迫。在外交上，新政府抗议美国和西班牙在和约中把菲律宾“转让”给美国的条款，要求美国承认菲律宾的独立。

1899年，美国政府拒绝了菲律宾政府的要求，出动大军对马尼拉发动突然袭击，3月31日，侵占了首都马洛洛。虽然菲律宾人民进行了英勇的抵抗，但新政府内部的分裂和美军的不断增援，使抗美斗争连连受挫，共和国5次迁都，总统阿奎那多和内阁主席巴特诺等人相继被俘。1902年4月，抗美战争失败，美国最后占领了菲律宾，并设总督进行统治。菲律宾自此沦为美国的殖民地。

菲律宾共和国虽然被颠覆了，菲律宾独立战争虽然失败了，但它毕竟结束了西班牙300多年的殖民统治，显示出东亚各国建立民族独立国家的共同趋向，揭开了20世纪亚洲资产阶级民族民主革命的序幕。

（吴献斌）

第三章 争取民族解放的现代史

19世纪末至20世纪初，主要资本主义国家过渡到垄断资本主义，即帝国主义时代。世界历史也从此至20世纪中叶进入了现代时期。在这个时期，帝国主义国家更强化了对殖民地半殖民地的侵略与掠夺，而且发动了两次世界大战，给世界带来了严重灾难。

在这一时期，东亚地区历史呈现的主要特点是：(1)帝国主义对东亚地区的侵略和奴役更为残酷，争夺更加剧烈。(2)后起的帝国主义国家日本走向军国主义法西斯化，在二战期间，一度取代美、英、法、荷、葡等老牌帝国主义国家而独霸东亚地区广大部分领土。(3)为战胜日本法西斯，具有不同社会制度的中、苏、美、英、法等数十国结成同盟国取得伟大胜利。(4)东亚地区殖民地半殖民地人民由于受到1917年俄国十月社会主义革命的影响，掀起新型的、波澜壮阔的反帝反封建斗争，特别是经历了第二次世界大战中反抗日本侵略的斗争，取得了历史性的胜利。

第一节 八国联军侵略中国及《辛丑条约》签订

19世纪末，中国山东爆发了以农民为主体的义和团反帝爱国运动，随之在北方和南方广大地区发展起来。帝国主义国家为了镇压义和团运动，乘机瓜分中国，在1900年6月组成由德国、日本、俄国、英国、美国、法国、意大利和奥地利参加的八国联军，发动了20世纪初大规模的侵略中国战争。八国联军先后投入兵力达10万，日军达2.5万，德军达2万，德国陆军元帅瓦德西任联军总司令，先后攻占大沽、天津、北京、山海关、保定、正定以至山西，所到之处烧杀抢掠，肆意践踏中国主权。沙俄则单独调集军队17万人分6路侵占中国东北，妄图独占东北。

1901年9月，清政府被迫与列强11国(参加八国联军的8国，加西班牙、荷兰、比利时)签订了《辛丑条约》(即《辛丑议定书》)。依据条约：清政府赔款银4.5亿两(本息折合9.8亿两)；将北京东交民巷划为使馆区，区内由各国驻兵管理，不准中国人居住；拆毁大沽炮台及北京至海岸通道之各炮台，外国军队驻扎在北京和从北京至山海关沿线的12个重要地区；永远禁止中国人民成立或参加“与诸国仇敌”之各种组织，违者处死；各省官员对所属境内发生的“伤害诸国人民事件”，必须立刻镇压，否则即行革职，永不叙用；外国认为各个通商章程中应修改之处或其他应办的通商事项，清政府概允商议；清政府承认“纵信”义和团的错误，向各国“道歉”，惩罚“首祸”诸臣。该条约的签订，进一步强化了帝国主义对中国的侵略和控制，加重了中国半殖民地化的灾难。

第二节 日本帝国主义对外侵略及其失败

一 概述

日本是后起的资本主义国家，20世纪前10年才完成产业革命。随之，在日本政府的大力引导支持下，又迅速实现了向垄断资本主义即帝国主义的过渡，并跃居世界强国之列。

从19世纪末期起，日本不断向外扩张，吞并了朝鲜，持续向中国侵略。20世纪30年代，日本发动了全面侵华战争。40年代与纳粹德国、意大利结成法西斯“轴心国”，分别在亚太和欧洲扩大了第二次世界大战的战火。日本以“大东亚共荣圈”为标榜大肆进行扩张，1941年12月，突然袭击美国珍珠港，发动了太平洋战争。此后，日本在东亚地区和太平洋上，纵横数千公里，方圆2万多公里范围内，陆海空并进，长驱直入，连同原来占领的国家和地区，共侵占了13个国家总面积约700多万平方公里、人口4亿多的地区。在如此辽阔的土地上，日本对被侵略国家各民族人民实施了空前残酷的法西斯统治，给当地造成了举世罕见的浩劫。它不仅疯狂掠夺占领国的资源财富，而且违反国际法和人类的良知，在东亚地区造成4 211万以上军民伤亡；在中国造成军民伤亡3 500多万人，仅在南京进行有组织的大屠杀，就使30万人丧失生命；按1937年比值折算，给中国造成直接经济损失达1 000多亿美元，间接经济损失5 000多亿美元；还残无人道的使用毒气弹、化学弹残害被占领国家人民，以致二战结束60多年后，时至今日其散存掩藏的化学弹仍在伤害着无辜的人们。在20世纪30～40年代的十几年当中，日本军国主义给东亚地区国家和人民造成了极其深重的灾难，也使日本人民遭到空前浩劫。据《日本陆海军事典》记载，仅1937年7月至1945年8月，日军在战争中死亡人数即达185万，负伤及失踪者68万人。战败投降720余万。工矿业生产水平降至战前的1/10。战后仅支付印尼、菲律宾、韩国、缅甸、越南、柬埔寨、老挝、新加坡、马来西亚、泰国、西班牙、瑞士、瑞典、丹麦等国的战争赔款即达22.3亿以上美元。

1945年8月，日本被中、苏、美、英、法等世界反法西斯同盟国战败投降。

二 日本进入帝国主义时代后不断发动对外侵略战争和走向法西斯化

（一）甲午战争、日俄战争和日本吞并朝鲜

1894年日本发动甲午战争，侵占中国台湾和澎湖，并强迫中国支付巨额战争赔款。

1900年，为了镇压中国义和团运动，日本作为八国联军主力之一向中国出动了2.5万侵略军，再次强迫中国支付巨额战争赔款。

同时，沙俄也不甘示弱，派重兵侵入中国东北，日俄矛盾激化。1904年2月，日本舰队突袭旅顺口的俄国太平洋舰队，10月，日俄正式宣战。这是20世纪初列强为重新瓜分殖民地在东亚地区进行的一场帝国主义战争。日本陆军自朝鲜北上，侵入中国境内，先后攻克旅顺口和沈阳；日本海军则在对马海峡全歼远道而来的俄国波罗的海舰队，不久日军占领库页岛，日俄战争以日本胜利告终。1905年9月，日俄在美国的朴次茅斯签订和约，依约日本取得了对中国辽东半岛、俄国库页岛南部及朝鲜的独占权。至此，经过中日、日俄这两场战争，连同已割占的中国台湾省，日本夺取了相当于其本土面积76%的殖民地，并将中国东北的南部纳入了其势力范围。日俄战争后，日本加紧侵略中国东北，1905年底，日本强迫清政府承认，根据《朴次茅斯和约》俄国"转让"给日本的在中国东北南部的各项特权，还迫使清政府开放吉林、哈尔滨、满洲里等为商埠。

1910年，日本正式吞并朝鲜，设总督进行统治。

（二）第一次世界大战爆发后，日本以对德宣战名义扩大对中国的侵略

1914年七八月间第一次世界大战爆发后，日本很快决定对德宣战，但其目的却在于不仅夺取德国在华势力范围胶州湾，而且借机扩大侵略山东广大区域。日本在侵占胶济路全线和青岛以后，又立即于1915年1月18日向袁世凯提出妄图全面控制中国的"二十一条"，其侵略范围不仅包括山东、东北，而且包括湖北、中国沿海港湾及岛屿，以及中国全境。1915年5月7日，日本向中国提出仅删个别内容的《最后通牒》，并对陆海军下达了准备出动的命令；5月25日，由于日方施加的高压，日本与袁世凯政府签订《关于山东省之条约》《关于南满洲及东部内蒙古之条约》，互换了《关于汉冶萍公司的换文》《关于胶州湾租借地的换文》及《关于福建省的换文》等。

1918年11月，第一次世界大战结束，1919年1月在巴黎召开和会。日本采取强硬态度，企图通过巴黎和约获得德国在山东的一切权利和财产。实际主宰会议的美、英、法、意四国首脑屈从日本的压力，同意将其列入和约。消息传回中国，引起强烈震动。5月4日，3 000多名北京学生在天安门广场等地举行抗议集会；各大城市群众纷纷投入抗议运动，形成广泛的人民群众反帝爱国运动。中国出席巴黎和会代表也拒绝在和约上签字。

（三）日本的经济危机和走向法西斯化

第一次世界大战结束后，在战争中出现畸形繁荣的日本经济很快陷入危机，1923年才有所回升。当20年代其他资本主义国家出现繁荣时，日本仍处于萧条状态。

1929年世界经济的大危机迅速席卷日本，给日本经济造成沉重打击。日本的工业总产值下降1/3，失业工人达300万，就业工人工资降低1/3，农民收入由危机前的700日元降至130日元，2/3的农民失去土地，许多地方出现饥荒，大批人口饿死。

面对严重的经济危机，日本政府强制降低工资，以便扩大出口，并淘汰中小企业，增强大财团对主要产业的控制。为了刺激国内生产，日本政府还实行"军需通货膨胀"政策，即通货膨胀与政府扩大军事支出和军事订货相结合，推动国民经济向军事化方向发展。新老财团依靠政府和军部的支持，大力发展与军事有关的产业和产品，使财团与军事有关的经济利益发生了联系，军阀和财团前所未有地紧密结合起来，在日本历史上被称为"军财合抱"。"军财合抱"使得原来军国主义传统浓厚的日本社会更加军国主义化，对日本最终走上发动战争的道路具有重要影响。日本政府推行转嫁危机的军需通货膨胀政策，加重了日本人民的痛苦，导致社会矛盾尖锐化，工人罢工和农民起义空前高涨。在日本统治下的朝鲜和台湾人民也不断进行反抗斗争,这一切都对日本政府造成极大冲击。在这种情况下,日本军国主义势力和法西斯势力乘机而起。

早在1919年,法西斯分子北一辉等人就建立了日本第一个右翼法西斯组织"犹存社"。1923年,该组织解散后,又分化出一系列法西斯组织和团体,如"黑龙会"、"大日本国粹党"等。此外,还有一些法西斯组织如"国家社会党"、"血盟团"、"爱国社"等也纷纷建立。1930年9月,一批陆军青年军官秘密成立了"樱会",标志着日本现代法西斯运动进入了高潮。这些以军人为主体的法西斯组织和团体,要求取消议会,实行军部独裁,加快扩军备战和对外侵略的步伐,逐渐成了推动日本法西斯化的主力。

(四) 日本法西斯的主要特点

1. 以策动侵略战争为先导，形成战争策源地，然后夺取政权，建立军事法西斯专政

日本经济危机爆发后，围绕如何摆脱危机，出现两派意见：一派主张先发动侵略中国东北的战争，然后趁势改变国内政治体制，确立法西斯专政；另一派则相反，主张先实行"国家改造"，建立军部独裁政权，然后再解决"满洲问题"。由于前者占了上风，因此1931年日本关东军按预定计划发动了"九一八事变"，并很快占领了中国东北三省，成立了伪"满洲国"。"九一八事变"是日本帝国主义在亚太地区进行扩张侵略而点燃的第一把战火，它标志着日本这个亚洲战争策源地的形成。

2. 通过一系列暗杀、政变事件逐步建立起军事法西斯专政

日军侵占中国东北后，军部的政治地位明显提高，但其内部存在两个派别：一个是以荒木贞夫为首的少壮派军官组成的皇道派，另一派是以东条英机为首的由高级军官组成的制统派。制统派掌握着军部实权，皇道派则一直想用极端的方式取而代之。1932年5月15日，皇道派分子在东京发动武装暴乱，袭击了首相官邸、警视厅、政友会总部等处，枪杀了首相犬养毅。"五一五政变"虽被镇压，但导致了海军大将斋藤为首的内阁成立，这标志着日本的政党内阁寿终正寝，开始向军部独裁过渡。1936年2月26日，皇道派1 500人在东京发动军事政变，占领了首相官邸、国会议事厅、陆军省、参谋部、警视厅等主要国家机关，杀死了内务相、藏相、陆军教育总监等要人。制统派动用2.4万人镇压了叛乱，荒木贞夫等皇道派头目被迫退出现役。

"二二六事件"是日本现代史上的一件大事，制统派在这一事件后完全掌握了军政大权，并最后确立了法西斯统治。日本法西斯专政建立后，对内推行白色恐怖，镇压共产党和进步组织的活动，剥夺和限制人民的民主自由权利，加紧推行国民经济军事化；对外则更加肆无忌惮地扩大侵略战争。

三 日本制定扩大侵略的计划,与德、意结成法西斯联盟,分别在亚欧扩大二战战火

日本是一个岛国,其经济严重依赖国外资源和国际市场,这种依赖驱动日本帝国主义的代言人——军方迫切希望用战争手段征服邻近地区和国家,使东亚地区成为日本的殖民地。

在日本的对外扩张中,以中国为首要目标。通过所谓"武力解决满蒙问题",自1931年起陆续侵占了中国东北及河北省部分地区后,1936年8月7日,广田内阁召开了由首相、外相、藏相、陆军相、海军相参加的五相会议,通过了《基本国策纲要》。提出要"稳步地向外扩张","确保帝国在东亚大陆的地位";确立了南北并进的国策方针,即向南进犯英美等太平洋的殖民地及附属国和向北侵略苏联二者并举。为了实现这些目标,日本政府大力扩充军备和兵力,并在军中极力鼓吹武士道精神,把军队训练成侵略的工具。

1936年11月,日本和德国签订了《反共产国际协议》。在反苏反共的幌子下,东西这两个法西斯国家联合起来,企图瓜分世界。1937年6月,同天皇、军部和财界均有密切联系的近卫文麿组阁,他上台伊始就发动了"七七事变",开始全面侵华战争。9月,近卫内阁颁布了《国家总动员法》,宣扬要"举国一致,征服世界",把国民经济完全转上了战争轨道,日本军国主义的战争机器被全面开动起来。

1940年,纳粹德国侵占西欧,荷兰、法国等相继投降,英国困守英伦三岛也岌岌可危,美国又忙于支援西欧盟国的抗德战争而无力东顾。日本决策集团认为这是千载难逢的好机会,决定以南进为对外侵略的主要战略方向。日本之所以急于南进,是为了夺取东南亚地区丰富的石油资源及其他战略资源,并切断国际援华通道。1940年8月,近卫内阁抛出"大东亚共荣圈"计划,妄图建立一个包括中国、朝鲜半岛和东南亚在内的、进而包括大洋洲的日本殖民帝国。1940年9月23日,日本侵占法属印度支那北部,迈出了南侵的第一步。9月27日,日本与德国、意大利签订《军事同盟条约》,形成了第二次世界大战亚、欧两个战场的轴心国联盟。日本在东亚地区的扩张,加深了它同英美的矛盾,但美国实施"先欧后亚"的战略方针,且深受国内孤立主义的牵制,因此,除部分对日本经济制裁外,想通过谈判与日本达成协议。日本也需要争取时间作外交和军事准备,于是日美两国展开了谈判,并一直持续到日本发动珍珠港事件时。

1941年6月,苏德战争爆发,日本统治集团内部又一次发生了北进和南进孰先孰后的争论,但南进主张很快占了上风。7月24日,日军在印度支那南部登陆,迅速占领了整个印度支那。美国立即冻结了日本在美资产,并对日禁运石油等战略物资。为了先发制人,1941年12月7日,日本海军突袭珍珠港,使美国太平洋舰队遭到重创。珍珠港的爆炸声把美国从孤立主义的酣梦中惊醒,12月8日,美、英对日宣战。接着,自由法国、澳大利亚、新西兰、加拿大等20多个国家对日宣战。12月9日,中国政府正式对日宣战。11日,德、意对美宣战,美国、中国、古巴、危地马拉等国对德、意宣战。太平洋战争的爆发,使20世纪30年代爆发的第二次世界大战的范围迅速扩大,以致全球各大洲主要国家都被卷入了战争,战争具有了空前的世界规模。

日本在偷袭珍珠港的同时,自1941年12月8日起,在东南亚和西南太平洋发动全面进攻。12月8日入侵泰国,9日侵占曼谷。12月10日占领关岛。同一天,日军飞机炸沉了停泊在马来亚沿岸的英国远东舰队主力"威尔士亲王"号和"却敌"号两艘战列舰,取得了东南亚海域的海空控制权。12月22日日军占领威克岛。12月25日占领香港。1942年1~2月,日军攻占马来亚和新加坡,使英军丧失了在远东的重要军事基地。

1941年12月10日,日军在菲律宾吕宋岛登陆,1942年1月2日占领菲律宾首都马尼拉。4月9日,驻守八达雁的美军和菲军7万余人投降,5月7日,美军司令下令余部向日军投降。

1942年1月下旬,日军进攻荷属东印度群岛;2~3月,先后在苏门答腊和爪哇空降、登陆,占领了印度尼西亚;同年占领东帝汶。

1942年1月,日军由泰国进攻缅甸,3月占领仰光。应英国当局的请求,中国派远征军10万余人,赴缅配合英军作战。5月,英、中军队在遭挫后暂退到印度和中国云南境内。

1942年5月,日军占领了英属所罗门群岛中的瓜达尔卡纳尔岛,达到了日本向东南推进的极限。

从1941年12月到1942年5月短短几个月时间内,日军侵占了380万平方公里的土地和太平洋大片海域,占领区人口1.5亿。加上原已侵占的中国部分地区、朝鲜半岛和印度支那,共控制了700多万平方公里的土地和4亿人口,分别是日本领土的18.5倍和人口的4倍。

四　日本法西斯覆灭

日本侵占东南亚后随即开始走下坡路。由于战线过长、兵力分散,以及各国人民武装抗日斗争的蓬勃开展,使日本陷入了力不从心的困境。从1942年6月起,日军逐渐失去了在亚洲和太平洋战争中的军事优势和主动权。盟军则逐渐在太平洋、中国和缅甸三个战区转入反攻。

在太平洋战区,1942年8月,美军与日军在瓜达尔卡纳尔岛展开殊死大战,并在历时半年的瓜岛争夺战中大败日军,这标志着盟军在太平洋战场上开始转入反攻。

在中国战区,日军陆续侵占中国东部经济较发展的约1/3领土,侵略战火波及半个中国。在这广阔地域上的抗日烽火,不仅歼灭日军大量有生力量,而且一直拖住日军庞大兵力,使盟军得以顺利实现太平洋反攻战略。

在缅甸战区,中国军队和美军从1943年9月开始了缅甸战役,英军配合作战。1944年,中、美、英三国军队节节胜利,迫使日军从缅甸北部和中部败退。1945年5月盟军收复仰光,6月解放缅甸全境。

在太平洋战场,1943年初,盟军兵分两路,一路沿所罗门群岛北上,一路从新几内亚西进。1944年10月,美军解放菲律宾,并在次年1月取得莱特湾海战的胜利。美军向日本本土进攻的越岛战术取得了巨大成功,到1945年初,盟军几乎占领了太平洋上的全部岛屿。

1945年5月,在欧洲的盟军打败了纳粹德国,中、美、英(后来苏联正式加入)发表了敦促日本无条件投降的《波茨坦公告》。日本统治集团十分恐慌,但表示拒绝接受公告。反法西斯盟国当即展开了打败日本法西斯的最后决战。美国为了摧毁日本的军事工业、海空军设施和战争意志,从1944年中期起就连续对日实施大规模的战略轰炸,并在1945年8月6日和9日在日本长崎和广岛分别投下了两颗原子弹。苏联则于8月8日对日宣战,并以绝对优势兵力分西、北、东三个方向,在中国东北、内蒙古和朝鲜北部4 000公里的战线上对日本关东军发起全线总进攻。至8月底苏军在中国军民和朝鲜人民革命军的配合下,肃清了中国东北及朝鲜"三八线"以北顽抗的日军。同时,苏军还进占萨哈林岛(库页岛)南部和千岛群岛,并在9月1日占领国后、色丹两岛。苏军的胜利加速了日本法西斯的崩溃。1945年8月9日,中共中央主席毛泽东发表《对日寇最后一战》,号召一切抗日力量立即举行全国规模的大反攻,配合盟军的作战。八路军、新四军抽调10万人进军东北,会同东北抗日联军与苏军并肩作战,打击日寇。各解放区军民展开大反攻,从8月9日到9月2日,收复县以上城市150余座。东亚地区各国人民抗日武装也纷纷发起反攻,打击日本侵略者。

在反法西斯盟国合力的坚决打击下,日本法西斯陷入了土崩瓦解、山穷水尽的境地。1945年8月14日,日本政府被迫接受《波茨坦公告》。8月15日,天皇以广播《终战诏书》的形式,向全世界正式宣布日本无条件投降;17日,又向国内外日军发布和平投降的命令,散布在日本以外的330万日军陆续向盟军投降。8月30日,美军在东京及附近地区登陆,陆续进驻日本的美军共达47万人,从而实现了对日本的占领。9月2日,在东京湾的美国战列舰"密苏里"号上,举行了盟国接受日本投降的仪式,日本外相重光葵代表日本天皇和政府、陆军参谋总长梅津美治郎代表帝国大本营在投降书上签字,远东盟军总司令麦克阿瑟和中、美、苏、英等反法西斯盟国代表也签了字。至此,第二次世界大战宣告结束。曾经不可一世、四处侵略、给东亚地区人民造成空前浩劫,并给日本人民带来巨大灾难的日本法西斯政权宣告灭亡。

第三节 东亚地区现代民族民主运动的特点

一 20世纪上半叶东亚地区反帝反封建的斗争进入新阶段

反帝反封建斗争是现代东亚地区各国面临的两大主要任务。

进入20世纪,随着帝国主义对东亚地区的争夺与瓜分,东亚地区各国都被纳入世界资本主义经济体系。伴随着东亚地区各国资本主义工商业的发展和自然经济的瓦解,各国的阶级关系也相应发生了变化,无产阶级、资产阶级和城市小资产阶级成长和发展起来,东亚地区的民族解放运动进入了一个新的阶段。

20世纪以前,东亚地区国家的反殖民主义斗争,是以封建领主、贵族和部落酋长领导的,农民起义、爱国勤王运动是主要形式。20世纪以后,东亚地区的民族主义勃兴,成为"亚洲觉醒"的一个重要表现,民族资本主义的发展和西方资产阶级民主政治思想的传播,促进了东亚地区人民的民族觉醒,激起了反帝民族解放运动的空前高涨,并使运动具有了新的内容与发展方向。东亚地区的民族主义若不是以君主立宪就是以民主共和为奋斗目标,有些民族主义领袖则经历了从君主立宪主义者到民主共和主义者的转变。1911年中国辛亥革命后,建立民主共和的政治主张成为许多东亚地区国家争取民族独立的斗争纲领。

第一次世界大战和俄国十月革命对东亚地区发生了巨大的影响。从20世纪20年代起,由于马列主义的传播,中国、朝鲜、越南、印尼等东亚国家的共产党先后成立,东亚反帝反殖斗争进一步发展,成为当时世界被压迫民族解放斗争的重要组成部分。30年代以后,东亚地区10多个国家的广大地区逐渐被日本帝国主义侵占,各国人民掀起了抗日民族解放斗争的高潮。这一浪接一浪的斗争风暴,猛烈冲击着帝国主义在东亚地区的统治,为东亚地区各国的独立奠定了基础。

二 东亚地区现代民族民主运动的不同道路

由于各国国情的差异、阶级力量状况的不同,东亚地区民族独立运动的发展很不平衡,在现代民族解放运动的发展中,也有着不同的类型,形成了不同的发展道路。殖民地国家在民族运动的领导权上,东亚地区多数国家掌握在资产阶级手中,有些掌握在爱国王公手中,朝鲜和越南则由工人阶级的政党掌握。在建立民族独立政权的途径上,既有经过长期的武装斗争和发动全国起义,争得独立和巩固政权的国家(例如越南);也有经过武装斗争与和平谈判两者交替,赢得独立并巩固政权的国家(如印尼和缅甸);还有经过群众运动与政治谈判,和平移交政权的国家(如菲律宾、马来西亚和新加坡);朝鲜半岛则是根据雅尔塔协定,随着苏美军队开进半岛以北纬38度线为界分别接受日军投降并在此基础上建立了南北政权。

中国和泰国自近代以来处于半殖民地和半封建状态,因此在争取民族解放进程中,与其他国家有所不同。在中国,自19世纪中叶以后,民族资产阶级曾领导民族民主革命,但在俄国十月革命及五四运动后,随着无产阶级登上历史舞台和中国共产党的建立，中国的民主革命由资产阶级领导的旧民主主义革命变为无产阶级领导的新民主主义革命。经过坚苦卓绝的斗争，中国人民最后推翻了帝国主义、封建主义和官僚资本主义三座大山，取得了民族民主革命的彻底胜利。随着人民民主政权的建立，中国开始了向社会主义的过渡。在泰国，自近代以来尽管在经济上受到以英国为首的西方国家的控制，二战期间又被日军占领，但其国家政权仍掌握在以王室为首的泰国人手中。在20世纪的前半期，泰国政权发生了很大的变化，先是在20世纪初却克里王朝进行了一系列改革，1932年又发生了具有资产阶级性质的政变，确立了君主立宪政体，从而加速了泰国的现代化进程。

第四节 中国反帝反封建革命

一 20世纪初反帝斗争和辛亥革命

1899年，山东爆发以农民为主体的义和团反帝爱国运动，提出了“扶清灭洋”的口号。到1900年上半年，义和团运动席卷大半个直隶，北京、天津、保定等重要城市落入起义者手中。此后从黑龙江到广东、从浙江到陕甘，都掀起了反对外国殖民侵略的斗争浪潮。各帝国主义国家以此为借口，1900年组成八国联军，出兵攻占北京，清朝最高统治者慈禧太后仓皇逃往西安。1901年，清政府被迫与列强签订《辛丑条约》。该条约进一步强化了帝国主义国家对中国的控制，使清政府成了帝国主义统治中国的工具，激起中国人民更强烈的反抗斗争。

1905年8月，在孙中山的倡导下，各革命团体在日本东京成立“中国同盟会”，标志着中国近代民主革命进入了一个新的阶段。同盟会确立了“驱除鞑虏，恢复中华，建立民国，平均地权”的政治纲领。1911年10月10日，武昌起义爆发，并迅速蔓延到了全国，清政府的反动统治被推翻。辛亥革命结束了中国2 000多年的封建君主专制制度，对亚洲乃至世界都产生了重大影响。1912年元旦，孙中山为领导的中华民国临时政府在南京建立，并制定了具有宪法性质的《中华民国临时约法》，为后来新的民族民主革命的发展创造了条件。

二 五四运动和第一、二次国内革命战争

（一）五四运动

1911年的辛亥革命虽然推翻了清王朝，但中国民主革命的任务并未完成。袁世凯在帝国主义的支持下窃取了辛亥革命的胜利果实，并于1916年废除民国，恢复了帝制。袁世凯的倒行逆施，激起了全国人民的强烈反对，声势浩大的讨袁护国战争，很快就把袁世凯扫进了历史垃圾堆。此后，中国出现了帝国主义操纵下的军阀统治局面，北洋军阀系统的皖系军阀和直系军阀以及盘踞各地的军阀混战不休。1917年7月孙中山领导的护法运动，是辛亥革命的继续，也是辛亥革命以来资产阶级领导的革命的尾声。1918年5月，护法军政府改组，孙中山辞去大元帅职务。1919年2月，南北政府进行议和，但这只是军阀之间的暂时妥协。

中国半殖民地和半封建社会的各种矛盾，尤其是帝国主义与中华民族的矛盾，封建主义、官僚资本主义与人民大众的矛盾继续发展，必然要引起新的更大的革命高潮。由于帝国主义在华企业的增加和中国民族工业的发展，中国工人阶级队伍迅速壮大，并开始走上政治舞台，开展了反帝、反封建和反官僚资本主义的坚决斗争。同时中国的知识分子、城市工商业者和少数民族也都在奋起抗争，古老而广袤的中华大地正在酝酿着一场深刻的社会政治变革。

这场变革以五四运动开始并作为其主要标志，而五四运动又是以新文化运动为先导。1915年9月陈独秀主编的《新青年》杂志的出版，标志着反封建文化运动的开端。新文化运动高举民主与科学两大旗帜，反对为封建制度服务的儒家伦理学说，提倡白话文和文学革命，其影响迅速扩大。1917年，蔡元培出任北京大学校长，他“循自由思想原则，取兼容并包主义”，聘请不同学派学者任教，使该校成为传播新文化的一个重要阵地。

1917年俄国十月革命的一声炮响，给中国送来了马克思主义。在十月革命影响下，中国出现了一批具有共产主义思想的知识分子，他们积极传播马列主义，并努力使之与工人运动相结合，促进了爱国民主运动的开展。1918年11月结束的第一次世界大战则把十月革命后中国的爱国民主运动推向了高潮。1919年4月30日，巴黎和会通过凡尔赛和约，规定将战败国德国在中国山东的特权转交给日本，这项无理决定遭到了中国人民的强烈反对，5月4日，北京3 000多名学生在天安门前举行抗议示威，要求“外争国权，内惩国贼”、“拒绝和约签字”，全国其他大城市学生和市民及在日本、法国等国的留学生纷纷响应。6月3日，北京军警大肆逮捕爱国学

生，引起全国各界人士的愤慨，中国工人在各地举行了政治大罢工，对扩展运动和争取胜利起了决定性的作用。在此形势下，中国代表拒绝在和约上签字，五四爱国运动的直接目的得以实现。

（二）第一次国内革命战争

五四运动促成了马克思主义与中国工人运动的结合，为中国共产党的产生作了思想上和组织上的准备。

1921年7月，中国共产党在上海成立。从此，中国的民族民主革命有了新的领导力量，这是中国近现代史上最重大的事件之一。中国共产党成立后，首先把工人运动作为中心工作。它从1922年1月到1923年2月领导了中国工人运动的第一次罢工高潮。1923年6月，中共三大确立了统一战线方针，1924年1月，孙中山在中国国民党第一次全国代表大会通过的宣言中，把旧三民主义改造为新三民主义，奠定了同共产党合作的基础。

革命统一战线的建立，加速了革命的高涨，也促使了军阀内部的分化。1924年10月，直系将领冯玉祥发动北京政变，结束了北洋军阀的中央政权，以此为契机，全国开展了国民议会运动和废除不平等条约运动。1925年的五卅运动，推动了省港大罢工，促成了广东革命根据地的统一，从而为北伐战争准备了条件。1926年7月1日，广东革命政府发布《北伐宣言》，并开始北伐。在10个月时间里，北伐军歼灭了数倍于己的吴佩孚、孙传芳的军阀部队，从广州进军到武汉、上海、南京，占领了中国南方广大地区。与此同时全国工农运动迅猛发展，1927年，工人联合学界和商界收回了武汉、九江的租界。1926年和1927年两年中，上海工人举行了三次武装起义。湖南、江西、福建、浙江等省的农民运动也轰轰烈烈地开展起来。正当革命深入发展之际，1927年4月12日，蒋介石在上海发动反革命叛变。7月15日，汪精卫在武汉进行了血腥大屠杀。第一次国内革命战争以失败告终。

（三）第二次国内革命战争

第一次国内革命战争使中国共产党认识到武装斗争的重要性，针对蒋介石集团的屠杀政策，1927年8月1日，在中共前敌委员会书记周恩来的领导下，举行了南昌起义，开始以武装的革命对抗武装的反革命。但起义者还没有创立农村革命根据地的观念，而是想南下广东，然后北伐，结果失利。9月9日，毛泽东在湘赣边界领导了秋收起义，于10月到达井冈山地区，用创造农村革命根据地的实际行动为中国革命开辟了一条新的道路。1928年4月，朱德、陈毅率南昌起义余部到达井冈山，与毛泽东领导的部队会师。此后，以井冈山为中心发展为湘赣区、赣南区和闽西区根据地，为中央革命根据地打下了基础。井冈山根据地建立后，鄂豫皖、洪湖及湘鄂边区、闽浙赣、左右江等根据地也随之建立发展起来。广东的海陆丰、海南岛，陕西的渭南、华县及四川、江苏、河北等省都出现了革命武装和小块的革命根据地，革命的星星之火，旋成燎原之势。

面对革命根据地的发展，蒋介石集团在1930～1933年向中央苏区发动了五次反革命围剿。前3次在毛泽东的指挥下，第4次在周恩来、朱德的领导下，红军都获得了胜利。在这期间，各根据地都有了发展，并进行了土地革命和政权、经济、文化建设。但由于中国共产党内"左"倾路线的膨胀，导致红军在1933年第五次反围剿中失败，被迫开始长征。1935年1月，在贵州遵义举行中共中央政治局扩大会议，确立毛泽东为代表的新的中央的正确领导，结束了党内的"左"倾统治。1935年10月红军到达陕北，长征结束。

三　抗日战争

1929年资本主义世界爆发了空前严重的经济危机。日本帝国主义为了摆脱危机，转移国内尖锐的矛盾，决定乘当时国民党军阀混战之机，用武力占领中国东北。1931年9月18日，日本发动"九一八事变"，占领了沈阳。由于蒋介石推行"攘外必先安内"方针，对日本的侵略采取不抵抗政策，东北很快沦丧。1932年，日本扶植清朝废帝溥仪上台，建立伪"满洲国"。之后，日本得寸进尺，于1933年和1935年又侵占察哈尔省和河北省的大部分地区。日本对中国不断扩大的侵略，使中国人民与日本军国主义的民族矛盾成为主要矛盾，抗日救亡成为当时中国的首要任务，全国的救亡运动蓬勃兴起。

1935年，北平学生发起抗日救亡的"一二九运动"，得到了全国人民的广泛响应，停止内战、一致抗日的呼声越来越高。而蒋介石集团仍坚持"攘外必先安内"的方针，甚至逼迫张学良率领东北军和杨虎城率领西北军进攻陕北红军。1936年12月12日，张杨两将军在西安附近临潼逮捕了蒋介石，进行兵谏要求抗日，这就是震惊世界的"西安事变"。经中共全权代表周恩来和张、杨两将军参加谈判，国民党方面参加谈判的宋子文、宋美龄等作出"停止剿共"、"3个月后抗战发动"等项承诺。蒋介石又当面向周恩来表示："停止剿共，联红抗日"。中国共产党倡导的抗日民族统一阵线初步建立。

1937年7月7日，日军在今北京郊区卢沟桥发动"七七事变"，开始全面侵华战争。当地中国驻军奋起抗击，全面抗日战争爆发。国共再次实现合作共同抗日。日军虽陆续侵占中国东部经济较发展的约1/3领土，其侵略战火波及半个中国；但中国经过战略防御、战略相持和战略反攻阶段，在国际反法西斯同盟国共同努力下，于1945年8月迫使日本战败投降。中国取得了抗日战争的伟大胜利。抗日战争期间，中国军民共毙伤俘日军155万余人，伪军118万余人，接受投降日军128万余人。

日军在侵略中国过程中，大肆烧杀抢掠，使中国军民伤亡人数达3 500万人（仅在南京一地的屠杀就达30万人）；按1937年比值折算，给中国造成直接经济损失1 000亿美元；间接经济损失5 000多亿美元。

抗日战争是中国自近代以来第一次取得胜利的反对外国侵略的战争，中国战场作为抗日的主要战场，对世界反法西斯战争的胜利作出了重大贡献。

四　第三次国内革命战争和新中国诞生

抗日战争胜利后，中国存在两大政治力量：共产党和国民党；也有两种发展前途：和平建国或进行内战。中共领导全国人民为避免内战，争取和平民主进行了积极的工作。1945年8月28日，毛泽东、周恩来等亲赴重庆，开始了国共两党就和平建国等问题举行的谈判，并签订了停战协议。国共两党还与各党派举行政治协商会议，通过了政协决议。但是，国民党并无和平诚意，只是想利用和谈来争取时间，准备内战。1946年6月下旬，在美国的大力支持下，国民党蒋介石集团撕毁各项协议，开始向解放区发动全面进攻，解放区军民在中国共产党领导下，奋起还击，开展第三次国内革命战争，亦称解放战争。经过8个月的作战，迫使国民党放弃了全面进攻，于1947年上半年转为重点进攻，目标是陕北和山东。1947年6月30日，中国人民解放军由战略防御转入战略进攻，以主力一部挺进中原，将战争引入国民党统治区，另一部分主力和地方武装则在内线作战，收复失地。1948年9月到1949年1月，人民解放军连续进行了辽沈、淮海、平津三大战役，基本上消灭了国民党军主力，解放了长江中下游以北地区。三大战役后，蒋介石被迫下野，由李宗仁代行职务。国共双方于1949年4月举行新的和平谈判，但国民党当局拒绝在《和平协议》上签字。4月21日，解放军横渡长江，一举解放南京，国民党反动统治宣告覆灭。

1949年10月1日，中华人民共和国成立。到1949年底除西藏外、大陆基本获得解放。在3年多战争期间，中国人民解放军歼灭了由美国武装和支持的800多万（据近年原各野战军史统计资料为1 065.8万）国民党军队。1949年底，蒋介石集团残余败退盘踞在台湾等岛上。第三次国内革命战争胜利结束。

第四节　东亚地区其他各国民族解放运动

一　朝鲜半岛民族解放运动

19世纪末，日本势力入侵朝鲜半岛。20世纪初的日俄战争后，日本把俄国的势力从半岛排挤了出去，朝鲜变成了日本的"保护国"。1910年8月驻汉城日军包围了朝鲜宫廷，用刺刀逼朝鲜国王签订了《日韩合邦条约》，从此朝鲜完全沦为日本的殖民地。

日本吞并朝鲜后，不断强化对朝鲜的殖民统治。朝鲜人民陷入了亡国灭种的悲惨境地。朝鲜人民不断反抗，1919年3月1日爆发了著名的"三一起义"。

"三一起义"的导火线是朝鲜国王李熙之死。李熙是朝鲜封建王朝的最后一位国王，曾向国际社会多次呼吁，要求朝鲜独立，为此被殖民当局废黜监禁。1919年1月22日，李熙突然死亡，相传是被日本当局毒死，因此激起民愤。朝鲜民族主义者和青年学生起草了《独立宣言》，准备在为李熙举行国葬时向公众发表。3月1日，来自各地群众在汉城塔洞公园集会，学生代表宣读了《独立宣言》，然后举行了约20万人参加的示威游行。3月5日又进行了第二次大示威。日本殖民当局出动军警镇压，游行群众则组织武装反抗，袭击了政府机关、警察署和日本官员住宅。汉城武装起义迅速蔓延到了全国，从3月底到5月初全国218个府郡中有203个爆发了示威和暴动，参加的人数超过200万，并得到了旅居外国的朝鲜爱国者的广泛响应和声援。日本殖民当局除出动朝鲜境内的全部军警外，还从日本本土调来了军队，对起义者进行残酷镇压，成千上万的朝鲜爱国者惨遭杀害。

起义被镇压后，朝鲜资产阶级民族主义者出现分化。20年代，朝鲜无产阶级作为一个自觉的阶级登上了历史舞台，从此朝鲜民族解放运动的领导权转入了无产阶级手中。

1929年世界经济危机爆发后，日本殖民者为了向朝鲜转嫁危机，压低朝鲜农产品价格，倾销日本商品，增加捐税,激起了朝鲜工农运动的高涨,日本殖民者撕掉"文治主义"的面纱,加强了法西斯统治。30年代,日本侵占了中国东北,东北的抗日武装斗争随之兴起,中国抗日联军与朝鲜人民军、独立军在中国东北和中朝边界共同抗击日本侵略者。1936年,以金日成为会长的朝鲜"祖国光复会"成立,它是以朝鲜共产主义者为领导核心的抗日民族统一阵线组织,在朝鲜争取民族解放的斗争中发挥了重要作用。

二　印度支那三国民族独立运动

(一) 二战前印度支那民族独立运动

19世纪后期,法国把越南变为其殖民地,并在侵占柬埔寨和老挝之后,将越、柬、老合并为"印度支那联邦"。

进入20世纪后,印支三国反对法国殖民统治的民族解放运动兴起,并从越南首先开始。越南早期独立运动的领袖是潘佩珠,他被称为越南的孙中山,他先后组建了越南"维新会"、"光复会"和越南国民党,为独立运动进行了长期不懈的努力。但由于越南民族资产阶级的软弱,难以承担领导反对法国殖民主义和争取民族解放的重任,因此1930年由越南国民党领导的安沛起义失败后,越南的旧民主主义革命阶段也随之结束。

第一次世界大战后,法国在越南进行第二次"经济开发",向越南大量输出资本,越南的工人阶级队伍随之逐渐壮大。

20世纪20年代中期,马克思主义通过法国和中国传到越南,马克思主义与工人运动相结合,使无产阶级政党的建立成为形势发展的需要。胡志明为建党做了大量工作,1930年1月,他在香港将原来越南的3个共产主义组织组建成统一的无产阶级政党——越南共产党,后来又改称为印度支那共产党,目的是为了帮助老挝和柬埔寨的建党工作。印支共产党制定了党的民族民主革命时期的纲领和路线,取代越南民族资产阶级担当起了领导越南民族民主革命运动的历史使命。1930年共产党领导了影响深远的义安、河静两省的苏维埃运动,把反帝反封建斗争密切结合了起来。这次运动虽然失败,但为后来的八月革命准备了条件。

(二) 二战期间印度支那民族独立运动

第二次世界大战爆发后,日本把侵略魔爪伸向了东南亚,日本入侵东南亚的第一步就是占领印度支那。当时法西斯德国已占领了法国,并在维希建立了贝当为首的傀儡政权,日本通过德国向贝当政府施加压力,贝当政府被迫同意日军进驻印度支那。1940年9月23日,日军入侵印度支那北部,1941年7月侵入印支南部,法驻印支的10万军队不战而降。在占领越南的最初几年,日本仍保留了法国殖民当局,通过各种条约利用法国的殖民行政体系为日本服务,形成了实际上法国殖民当局和日本军事当局并存的局面。1945年3月,日军突然包围法国总督府,废除了法国殖民政府,成立了以保大为皇帝、以陈重金为总理的傀儡政府,结束了日、法统治并存的局面,印度支那完全沦为日本的殖民地。1945年3月日本取代法国殖民当局后,印度支那共产党召开了具有历史意义的中央扩大会议,做出了为抗击日本侵略准备发动全国武装起义的决定,起义的时机选择在盟国军队进入印支同日军交战之时。然而,事态的发展出人意料,盟军还没有在印支登陆,日本就于1945年8月15日宣布投降。

印度支那共产党1945年发动了"八月总起义",从日本占领者手中夺取政权,并迫使傀儡皇帝保大于8月24日退位。9月2日,胡志明在河内巴亭广场50万人的庆祝大会上宣读《独立宣言》,宣告越南民主共和国诞生。八月革命的成功,标志着越南反帝反封建的民族民主运动取得重大胜利。

老挝始终没有出现资产阶级民族解放运动。老挝的独立运动是由爱国王公贵族领导的。1945年8月日本宣布投降后,10月11日,琅勃拉邦王国副王兼首相佩差拉在人民的支持下,宣布老挝的统一与独立。10月12日在万象举行群众集会庆祝独立,会上宣布了临时宪法,并组成了新政府。这是殖民时代以来的第一个独立的政府。

在柬埔寨,西哈努克政府在日本投降后、法国军队尚未卷土重来之前这一个政治真空时期,也获得了短暂的独立。但是,法国拒绝承认印支三国的独立,并企图依靠英美重新建立法属"印度支那联邦"。根据波茨坦会议的决定,日本投降时,以北纬16度线为界,以南地区的日军向英军投降,以北地区的日军向中国国民党军队投降。1945年9月,中英军队分别开进印支北部和南部。9月3日,法军随英军开进并占领西贡,越南人民奋起反击,南方抗法战争开始。1945年11月25日,印支共产党中央发出了"抗战建国"的号召,1946年1月,越南全国进行普选,3月召开国民大会,正式成立了以胡志明为首的共和国政府。并制定了宪法。

三 印度尼西亚的民族解放运动和国家独立

印尼的民族独立运动兴起于20世纪初。开始时，印尼境内出现了许多民族主义政党和组织，其中较大的有两个，一个是伊斯兰教联盟，另一个是印尼共产党。伊斯兰教联盟成立于1912年，在印尼这个穆斯林人口占大多数的社会中，该组织发展很快，到1916年已有了36万成员。印尼共产党的前身是1914年成立的“东印度社会民主联盟”，1920年改名为“东印度共产党”，并加入了共产国际。1926年10月，印尼共冒险发动了武装起义，结果惨遭失败，共产党也遭到残酷镇压。此后，印尼民族运动的领导权转到了以苏加诺为代表的民族资产阶级手中。20年代后期，苏加诺创立了“印尼民族协会”，明确提出“争取民族独立”。后来，苏加诺在印尼民族独立协会的基础上，组建了“民族党”，并倡导成立了一个广泛的民族统一战线组织—“印尼民族政党联盟”，联合了许多进步组织，使印尼的民族运动开始走向统一。

正当民族运动高涨时，殖民当局逮捕了苏加诺，印尼民族党随之分裂为两个政党。其中一派组成了“印度尼西亚党”，仍坚持原来的路线，另一派组成了“新印尼民族党”。不久，从荷兰回国的著名民族主义者哈达成了新印尼民族党的领袖。1931年12月，苏加诺出狱后加入印度尼西亚党，并担任主席。他重新开始奔走呼号，从事民族运动的组织发动工作。不久，印度尼西亚党和新印尼民族党都被查禁，苏加诺和哈达先后被捕，直到日军占领后他们才获得自由。

第二次世界大战期间，日军发动了对东南亚的侵略。由于兵力不足，日军没有迅速向印尼发起大规模进攻。直到1942年1月才开始进攻婆罗洲（今称加里曼丹岛），英、美、荷、澳四国海空部队虽然进行了联合抵抗，但未能阻止住日军的推进。不久，日军在苏门答腊和爪哇登陆，3月12日，荷兰总督正式投降，日军占领了整个印度尼西亚。日本在占领印尼期间，并没有立即成立傀儡政府，而是把印尼作为日本领土的组成部分实行直接的军事统治。为了巩固统治，占领当局决定拉拢利用在人民群众中享有威望的民族主义领袖人物和宗教界头面人物。于是，苏加诺被抬了出来。由于苏加诺当时对日本军国主义本质认识不清，抱有借日本之手实现民族独立的幻想，因此同意了日本人的要求。在同占领当局的合作中，他成立了一个“人民力量动员中心”、一个顾问机构“爪哇中央参议会”、一个准军事组织“卫国军”，这些机构和组织都是为日军当局服务的，但苏加诺也试图利用它们为他的民族主义目的服务。

1944年秋，日本在太平洋战场上节节败退，在大势已去的情况下，它宣布改变对印尼的政策，允许给印尼“独立”。1945年3月，日本占领当局宣布成立“印尼独立筹备调查委员会”。6月1日，苏加诺在该委员会第一次全体会议上发表了著名的“建国五项原则”的演说，提出了未来印尼共和国建国的五项指导思想。8月15日，日本宣布投降。8月17日，在苏加诺的住宅前，举行了印尼独立仪式。苏加诺宣读了《独立宣言》，宣告了印尼的独立。8月18日，由“印尼独立筹备调查委员会”演变而来的“印尼独立筹备委员会”举行会议，通过了《印尼共和国宪法》，苏加诺、哈达当选为正、副总统。

四 菲律宾独立

菲律宾在1898年以前是西班牙的殖民地。1898年的美西战争之后，根据美西两国在同年12月10日签订的《巴黎条约》，西班牙以2000万美元的代价，将菲律宾“转让”给了美国。此举遭到了菲律宾共和国政府和人民的坚决反对。1899年2月美军侵占马尼拉，美菲战争爆发。美国依靠强大的军事力量占领了菲律宾，于1901年3月颠覆了菲律宾共和国，开始了美国对菲律宾的殖民统治，并一直持续到1946年菲律宾独立。

1901～1946年，菲律宾的历史可分为四个阶段：

第一阶段是1901～1935年的美国直接统治时期。

第二阶段是1935～1941年的菲律宾自治领时期。

第三阶段是1942～1945年日本占领菲律宾时期。

第四阶段是1946年后菲律宾获得独立时期。

1941年12月，日军袭击珍珠港几小时后，即发起攻击菲律宾，并迅速占领马尼拉。美、菲军队虽进行了顽强抵抗，但最终投降。美国驻菲殖民军司令麦克阿瑟和奎松为首的菲律宾自治政府逃到澳大利亚，奎松及一些自治政府官员后又逃到美国，而菲律宾共产党领导的人民抗日军（或称“胡克”）及菲律宾人民仍坚持抗战，且力量不断壮大。

1944年10月，美军把日军赶出了菲律宾。当日军停止抵抗后，美军便立即把枪口转向人民抗日军，宣布其为非法组织，扼杀抗日战争中建立的基层民主政权，袭击胡克的指挥部，逮捕了菲共和人民抗日军的领导人路易斯·塔鲁克和赫苏斯拉瓦。

美国重占菲律宾后，并不想履行原来的10年期满后让菲律宾独立的诺言，反而寻找各种借口进行拖延。美国的这种行径激怒了菲律宾人民，1945年9月，6万人在马尼拉游行示威，要求独立和民主。12月又有6.5万人举行了反美群众集会，抗议美国修改“泰丁斯—麦克杜菲法案”，反对延期宣布菲律宾独立。在人民的压力下，美国政府被迫同意宣布菲律宾的独立。1946年4月28日，在美国的监督下选举了以罗哈斯为总统的最后一届菲律宾自治政府。7月4日，在马尼拉鲁尼塔公园举行独立仪式，宣布菲律宾共和国成立，美国正式向菲律宾共和国“移交主权”。菲律宾终于结束了长达400多年的殖民时代，获得了国家的独立，菲律宾的民族民主运动以此为标志取得了胜利。

五 马来亚和新加坡民族独立运动

19世纪末20世纪初，英国完全侵占了马来亚半岛，1896年建立“马来联邦”，1914年建立“马来属邦”。像对其他殖民地一样，英国也对马来亚实行分而治之的统治策略，对不同的地区采取了不同的统治方式：对海峡殖民地（由马六甲、槟榔屿和新加坡组成），实行直接统治，设总督管理；对马来联邦（由霹雳、雪兰莪、森美兰、彭亨等组成），实行间接统治，即保留了各邦的苏丹，但向各邦派出驻扎官；对马来属邦（由吉兰丹、吉打、玻璃市、丁加奴和柔佛等组成），实行影响控制，即向各邦派出具有建议权的顾问官。分而治之政策的实施，阻碍了各邦团结起来共同反对英国的殖民统治。

20世纪初，马来亚兴起了民族主义思潮并广泛传播，随之马来亚于1926年出现了最早的民族主义组织“新加坡马来人联盟”，1936年成立了更为激进的“马来亚青年联盟”。第二次世界大战前，马来亚最重要的组织是1930年成立的“马来亚共产党”，它明确提出了反帝反封建的两大革命任务，并把主要精力放在领导城市的工人运动上。1931年，殖民当局宣布共产党为非法，直到太平洋战争爆发。

日本占领时期，马来亚共产党是国内最大的政治力量。它有1万多名党员，领导着1.5万的武装力量和50万有组织的群众，与日军进行了艰苦的武装斗争，并在马来亚的中部和北部人口集居地区以及一些城市中建立了具有政权性质的人民委员会。

六 缅甸民族独立

缅甸的民族运动也是在20世纪初就已开始，但在30年代前，其发展还处于初级阶段。1906年成立的最早的民族主义组织“佛教青年会”，虽然也提出了实行地方自治的要求，但总的来说，其宗教色彩浓于政治色彩。第一次世界大战后，在亚洲民族运动的推动下，这个组织也发生了转变，1920年改名称为“缅甸人民团结总会”，并公开倡导民族运动。英国殖民当局用拉拢上层人士的方法，对该组织进行了分化，导致了团结总会的瓦解。

就在团结总会衰落的过程中，一个新的政治力量崛起并接过了民族运动的领导权。1930年，仰光大学的一批青年知识分子成立了一个政治组织“德钦党”(亦称“我缅人协会”)。1938年，后来被称为现代缅甸之父的德钦昂山成为德钦党的总书记。在德钦党的领导下，学生、农民和工人举行了大规模的示威游行和罢工，缅甸的民族运动掀起了高潮。随着工人运动的展开，1939年，缅甸共产党宣布成立。掌握缅甸民族运动领导权的德钦党确立了建立革命武装、通过武装斗争争取独立的路线，同时还积极寻求外国的支持，并向日本求援，德钦党的一些骨干还接受了日本的军事训练。

1941年12月，太平洋战争爆发。1942年1月，日军由泰国出发进攻缅甸。昂山等德钦党人在泰国组建的缅甸独立军，也配合日军进入缅甸向英军进攻。当攻占仰光后，日军不但没有给予缅甸独立，反而成立了一个军政权，解散了独立军在各地建立的革命政权，强行把独立军大幅缩编。日本的背信弃义使昂山十分气愤，也使他认清了日本的虚伪本质。1943年8月，日本虽然宣布撤销军管，承认缅甸的独立，成立了一个以亲日的巴莫为首的政府，并拉拢昂山入阁，但昂山已不再对日本抱有幻想，秘密加入了抗日阵营。1944年8月，昂山同缅共领导人德钦丹东等会晤，决定成立抗日民族统一阵线“反法西斯人民自由同盟”，昂山和德钦丹东分别当选为该同盟的主席和总书记。自由同盟制定了全面武装起义计划，并与印度同盟军建立了联系。1945年3月，缅军和日军在共同对英军作战时，缅军突然掉转枪口向日军开火，从此开始了缅甸的反日斗争。5月，缅军配合盟军收复了仰光。

七 泰国1932年革命和“自由泰”运动

19世纪末，英法这两个殖民帝国为瓜分泰国进行了剧烈的角逐，为避免两败俱伤，最后两国达成协议，在泰国进行势力范围的划分，把泰国变成了一个半殖民地国家。在严重的民族危机面前，暹罗的统治者意识到继续落后就有完全沦为西方殖民地的危险。于是在19世纪末20世纪初，从却克里王朝（又称曼谷王朝）的第四代国王拉玛四世起开始进行改革，并在拉玛五世（即朱拉隆功）时期达到高潮。朱拉隆功按西方模式改革暹罗的社会政治制度，其主要内容包括：废除奴隶制；建立议会制和内阁政府；改革税务制度，将王室预算与国家预算分开；实行义务兵役制，建立常备军；推行西式教育等等。这次改革虽然未能实现真正的富国强兵，完全抵御西方的扩张和蚕食，但为后来泰国的现代化进程奠定了基础。

第一次世纪大战期间，暹罗参加了协约国，战后取得了战胜国的地位，这使得暹罗同西方列强签订的不平等条约得以废除。虽然暹罗收回了部分主权，如关税自主权、治外法权等，但帝国主义垄断资本仍在暹罗有很大势力，这严重阻碍了民族资本的发展。大批外国顾问在政府中任职，也使外国势力在国家政权中的影响很大。因此，暹罗仍未摆脱半殖民地的地位，泰国人民也同样面临反殖反帝的历史任务。随着民族资本主义的发展，暹罗封建专制统治与民族资产阶级的矛盾越来越尖锐，民主革命的任务也突出地摆到了泰国人民面前。反帝反封建是1932年革命发生的根本原因。

朱拉隆功改革之后，暹罗与国际社会的联系大大加强，西方资产阶级的民主空气吹进了暹罗，形成了革命的思想基础。从欧洲留学回来的青年知识分子散布在政府、军队的各级机构中，成了革命的政治基础，1928年出现的第一个政党“民党”就是以这些人为骨干建立的。民党的基本纲领是建立君主立宪政体的国家。其组织成分实际上有两个部分：一部分小资产阶级知识分子、中小官吏，他们是激进的民主派，是民党的左翼，也称“文治派”。著名法学家比里·帕侬荣是这派的代表，他接受了法国空想社会主义和孙中山的三民主义，是暹罗资产阶级民主革命的先驱。另一派是青年军官集团，他们与高级军政显贵、大商人、大地主联系密切，思想有很大的局限性，主张革命主要是分享皇家贵族的权力，这派是民党的右翼，也称“军事派”，其首领是青年军官披耶帕风。

革命采取了军事政变的形式。1932年6月24日，乘国王离开曼谷之机，发动政变的部队解除了皇家卫队的武装，占领电台、车站、警察局等重要据点，逮捕了内阁和王室的要员。接着成立了以披耶帕风中校为首的临时军政府，起草了临时宪法。政变成功后，在外地避暑的国王回到首都，被迫接受临时政府的条件，签署临时宪法，承认实行君主立宪政体。这次政变推翻了君主专制政体，建立了议会内阁制的君主立宪政体，因此是一次资产阶级革命。

然而这次革命很不彻底，此后保皇势力多次试图复辟，革命出现反复，国王甚至颁布诏令“封闭国会”，内阁则颁布了《反共法令》。1933年10月，前军政大臣发动军事叛变，但很快被平息。在平叛过程中，一个少壮派军官披汶·颂堪崭露头角，迅速上升，不久便被任命为国防部长兼内政部长。1938年披耶帕风辞职后，披汶接任了总理，独揽军政外交大权，实行军人独裁统治。他鼓吹大泰主义，将暹罗国名改为泰国。对外他投靠日本军国主义，妄图借助日本在中南半岛扩张势力。日本为了通过泰国领土向缅甸和马来亚推进，有意投其所好，支持泰国的领土要求。

1941年12月8日，日军侵入泰国，21日披汶政府与日本签订《日泰同盟条约》，日本许诺帮助泰国收回1909年被英国夺走的几个马来邦，而泰国则为日本在东南亚的扩张提供方便。不久泰国还公开站在日本一方向英美宣战。

披汶的卖国政策并没能减轻日本对泰国的践踏和泰国人民的痛苦，日本大肆掠夺泰国工业原料，占领泰国市场，奴役泰国人民，激起了人民的反抗，各种爱国反日势力蓬勃兴起。1942年12月泰国共产党成立，在它的领导下成立了“曼谷工人联合会”和全国性的抗日群众组织“泰国抗日大同盟”。与此同时，资产阶级民主派也兴起了一个抗日爱国运动，即“自由泰运动”。这个运动的领导人就是民主主义者比里·帕侬荣。比里为反对披汶的倒行逆施辞去了财政部长，不久担任了年幼国王的摄政官。作为摄政官他拒绝签署对英美宣战书，并与盟国建立了广泛的联系。自由泰运动发展迅速，国内成员很快达到5万人之多，许多爱国军政官员也参加了进来。

1944年7月，积极支持披汶政府的日本东条英机内阁垮台，这也动摇了披汶的统治，不久他被迫辞职。自由泰军官宽·阿派旺组成了新内阁，自由泰运动和其他反日爱国运动更加蓬勃发展。日本投降后，作为国王摄政官的比里以国王的名义公布了和平宣言，宣布披汶政府对英美的宣战无效，并答应把战时获得的4个马来邦和掸邦交还英国。此后，比里实际控制着泰国的权力，1946年3月比里正式出任总理。在自由泰政府执政期间颁布了惩办战犯条例，逮捕并监禁了披汶，废除了《反共法令》，泰国共产党获得了合法地位，整个泰国政治出现了民主自由的趋势。　（吴献斌）

第四章　迅速崛起的当代史

第一节　当代东亚地区发展特点

1945年8月，第二次世界大战结束以来的当代东亚地区历史，与世界其他地区比较，有着若干明显不同的特点。

一　东亚地区发展中国家在20世纪40年代中期至80年代战胜了美、苏超级大国策动的大规模战争和武力威胁

第二次世界大战结束不久，美、苏两个超级大国由于战略目标的改变发生矛盾，形成对峙、争霸的冷战格局。

随之，美国于1946年6月，首先支持蒋介石集团发动中国内战，妄图以此消灭中国共产党及其领导的人民武装力量，完全控制中国，在与苏联争霸中占据有利地位。但是，经过3年的较量，美国和蒋介石集团遭到严重失败，蒋介石集团残部不得不退踞台湾等岛屿上；中国共产党领导的中华人民共和国诞生，掀开了中国历史新的一页。

1950年6月27日，美国借口朝鲜发生内战，出兵干涉朝鲜内政，并派海军封锁台湾海峡，阻挠中国解放台湾。继之，美国纠集15国武装力量，披上联合国外衣扩大侵朝战争。但因遭到重大失败，1953年7月签订《停战协定》。

1961年5月起，美国在越南南方发动特种战争。1964年8月，美国海军在越南沿海制造“北部湾事件”后，大肆轰炸越南北方，陆续向越南南方派出50多万军队，妄图消灭越南南方民族解放力量，并把战火烧到老挝和柬埔寨。但美国遭到惨败，不得不于1975年撤出印度支那。

20世纪60年代中期起，苏联在苏中边境和蒙古陈兵百万，对中国进行长期严重的武力威胁，妄图改变中国政策，遭到失败，被迫撤出武力威胁的军事力量。70年代，苏联还幕后支持越南侵略柬埔寨，也因遭到国际上的强烈反对，越南军队不得不撤出柬埔寨。

二　东亚地区虽然形成两种社会体系，但发展中国家面临共同目标

1945年8月，第二次世界大战在东亚地区结束，东亚各国人民陆续打碎了殖民主义的枷锁，先后实现了国家的独立。独立后的东亚由于各国处于不同的历史条件，形成了社会主义国家体系和民族独立国家体系这两类新兴的国家体系。

社会主义国家在东亚的出现，是该地区历史发展的重要事件。走上社会主义道路的中国、朝鲜和越南等国，在发展过程中具有许多相似之处。在外部，这些国家都曾遭受过外国的侵略，并取得了反侵略的胜利。由于外国的干涉，这些国家都饱受国家分裂或分离的痛苦，其中越南在取得抗美救国战争胜利之后，于20世纪70年代实现了统一，而中国和朝鲜的统一事业则至今尚未完成。在内部，这些国家所进行的社会主义建设都历经曲折，但在马克思主义政党的领导下，不断总结经验、吸取教训、克服困难，以与时俱进的姿态，开辟着自己的前进道路。

大部分东亚国家在获得政治独立后，都把发展民族经济、争取经济独立作为自己的奋斗目标。经过一段时间的探索与实践，这些国家逐渐摸索出了适合本国国情的发展道路，许多国家的经济发展迅速，大大缩小了与发达国家的距离。

二战后初期，东亚各国的经济都处于落后状态。20世纪50年代中期，日本经济率先起飞，并带动了东亚一些国家和地区的经济发展，东亚经济从此成为世界经济中最具活力的部分，东亚开始了蔚为壮观的崛起进程。60年代，被称为“亚洲四小龙”的韩国、新加坡、中国台湾和香港地区相继开始起飞，在70年代整个世界经济不景气的情况下，它们的经济仍保持高速增长，步入了“亚洲新兴工业化国家和地区”的行列。70年代，马来西亚、泰国、印度尼西亚和菲律宾等东南亚国家也开始进入经济高速发展时期，东亚崛起的洪流增加了一批新成员。80年代，摆脱了极左束缚的中国开始了伟大的改革开放，也汇入了东亚地区高速发展的大潮，成为东亚振兴行列中最重要的成员。自20世纪50年代中期到世纪末，经过40多年的发展，东亚实现了历史性的崛起，东亚面貌发生了举世瞩目的巨变，在世界经济和政治的格局变动中起着举足轻重的作用。

三　经济呈现持续高速发展态势

东亚的崛起主要表现在经济领域,具体体现在持续创纪录的经济增长、迅速扩大的经济规模和对外贸易、大大增强的金融实力等诸多方面。与世界其他地区的发展相比,东亚经济的崛起有着如下鲜明的特点。

（一）空间的密集与均衡

20世纪60年代以后东亚经济的高速增长，虽然不同国家和地区在时序上有先有后，但从世界经济发展史层面考察，从日本的复兴、亚洲新型工业化国家和地区（俗称“亚洲四小龙”）的起飞到中国、东盟乃至印度支那半岛的经济振兴，在短短一代人时间里，其经济崛起在空间分布上如此密集和均衡，在世界其他地区从未出现过。

（二）时间的持续与继起

从20世纪50年代中期的日本经济起飞，揭开东亚经济崛起的序幕，在此后的40多年时间里，世界经济曾经历过西方衰退、石油危机及苏联东欧剧变的冲击。其间无论是西欧或东欧、资本主义或社会主义、发达国家或发展中国家，都有过较长时间的停滞萧条甚至倒退，唯独东亚地区保持着经济高速增长的势头。

（三）区域发展的阶梯网络化

20世纪60年代以来，东亚地区通过结构调整与产业转移，日本已成为成熟的发达国家，“亚洲四小龙”则达到了中等发达程度，中国已建立起相当完整的工业体系，争取在21世纪中叶进入中等发达国家的行列，东盟的泰国、马来西亚等也步入了准新兴工业国家之列。它们之间形成了技术密集与高附加值产业—资本、技术密集产业—劳动密集产业的阶梯式产业分工体系。

四　“东亚经济发展模式”形成

东亚在崛起的过程中,形成了独特的“东亚模式”,其最主要的特征是政府对经济的干预和外向型发展战略的实施。依靠这两大利器及其他内外因素的综合作用,东亚实现了腾飞,创造了举世瞩目的“东亚奇迹”。但东亚崛起的进程并非一帆风顺。曾是东亚增长发动机的日本经济在20世纪90年代持续低迷,经历了“失去的十年”,直到21世纪初仍在徘徊中。1997年下半年,一场来势凶猛的金融危机席卷东亚,除中国、新加坡等少数国家和地区外,大多数东亚国家都遭到了沉重打击,在印度尼西亚、菲律宾等国还引发了社会政治动荡。虽然金融危机使东亚的发展遭受重挫,东亚模式也因此受到了质疑,但危机后东亚仍有着较强的经济实力和基础,东亚发展的基本因素并没有因为发生危机而消失,如良好的教育,勤劳、训练有素的劳动力队伍,开放的经济政策和体制等有利条件依然存在,而东亚各国和地区也在认真总结以往成功的经验,吸取挫折的教训,进行积极的调整和改革。在新的世纪,如果东亚能够抓住知识经济带来的新机遇,兴利除弊,实现经济结构的更新,东亚发展前景仍然是十分光明的。

第二节　当代中国史

1949年10月1日中华人民共和国的成立，标志着中国进入了新的历史时代，是中国当代史的开端。当代中国的发展过程大体经过了3个时期，即：新中国诞生到1966年的17年，是中国社会主义制度的确立和探索时期；1966～1976年的10年，是“文化大革命”内乱时期；1976年后经过两年的徘徊和过渡，中国在1978年进入了改革开放的新时期。

一　社会主义制度的确立和探索时期（1949～1965）

1949年中华人民共和国成立之初，国内是一个千疮百孔、十分落后的局面，国际上美国对新中国实行政治孤立、经济封锁和军事包围。在艰难的条件下，中国共产党领导人民披荆斩棘，除旧布新，在1950～1953年短短3年时间内，建立起了各级人民政府，进行了广泛的社会改造，使国民经济得到了恢复和发展，全国工农业生产到1952年底已达历史最高水平。在此期间，中国人民还胜利地进行了抗美援朝战争，为社会改造和经济建设赢得了一个相对稳定的和平环境。

1953年6月，中国共产党正式提出过渡时期的总路线，要在一个相当长的时期内，逐步实现国家的社会主义工业化，并逐步实现国家对农业、对手工业和资本主义工商业的社会主义改造。通过委托加工、统购包销、公私合营等形式，实现了对资本主义工商业的和平赎买；通过组织互助组、初级农业合作社和高级农业合作社，使个体农民走上了集体化道路；对个体手工业也采取类似的方法进行了改造。到1956年，全国绝大部分地区基本上完成了对生产资料私有制的社会主义改造。虽然这项工作存在着改造过快过急，工作过粗等缺点和偏差，但在一个几亿人口的大国比较顺利地实现了如此复杂、困难和深刻的社会变革，促进了工农业和国民经济的发展，的确是一个历史性的伟大胜利。

在进行社会主义改造的同时，新中国开始了大规模的社会主义建设。在1953～1957年的第一个五年计划期间，中国人民依靠自己的努力，加上苏联和其他友好国家的援助，一批为国家工业化所必需的基础工业建立了起来。1953～1956年全国工业总产值平均每年递增19.6%，农业总产值每年平均递增4.8%，人民生活显著改善。1956年4月，毛泽东发表《论十大关系》，初步总结了中国社会主义建设的经验，提出了探索适合中国国情的社会主义建设道路的任务。

1956年9月中国共产党召开了第八次代表大会，大会认为：社会主义制度在中国已经基本上建立起来，国内的主要矛盾已不再是工人阶级和资产阶级的矛盾，而是人民对于经济文化迅速发展的需要同当前经济文化不能满足人民需要的状况之间的矛盾。全国人民的主要任务是集中力量发展社会生产力，实现国家的工业化。

中共八大的路线是正确的，提出的许多新方针和设想富于创造性。但是，由于社会主义在中国实践的时间很短，作为执政党的中国共产党在理论上和思想上还不够成熟，许多新的观念和方针还不可能牢固地确立并取得共识，使得八大的正确路线未能坚持下去，中国的社会主义道路面临着曲折和新的探索。

从1957年起，“左”倾错误日益发展。这一年，全党展开了整风运动，发动群众向党提出批评和建议。但是在整风过程中进行的“反右派斗争”被严重地扩大化了。到1958年，55万知识分子、爱国人士和党内干部被错划为“右派分子”。

1958年5月，中共八大二次会议通过了“鼓足干劲，力争上游，多快好省地建设社会主义”的总路线，并发动了“大跃进运动”和“人民公社化运动”，使得高指标、瞎指挥、浮夸风和“共产风”为主要标志的“左”倾错误严重泛滥开来。当时全民大炼钢铁，粮食亩产量被夸大到几万斤以上。从1958年底到1959年7月中共中央政治局庐山会议前期，毛泽东和中共中央曾经试图纠正已觉察到的失误；但在庐山会议后期，毛泽东错误地发动了对彭德怀的批判，进而在全党开展了错误的“反右倾斗争”，以致被重点批判和划为“右倾机会主义分子”的干部和党员有三百几十万人之多。

主要由于“大跃进”和“反右倾”的错误，加上当时的自然灾害和苏联政府背信弃义撕毁合同，中国国民经济和人民生活在1959～1961年发生了严重困难，国家和人民遭受了重大损失。据《当代中国的人口》一书介绍，1958年前几年和1962年后几年，每年全国人口增长一千几百万；但1960和1961年连续出现全国人口负增长的情况。据《中国共产党的七十年》一书记载，1960年全国总人口比上年减少1 000万。1960年冬，中共中央开始纠正农村工作中的“左”倾错误，并决定对国民经济实行“调整、巩固、充实、提高”的八字方针，制定和推行了一系列正确的决策和措施。1962年1月召开的有7 000人参加的中央工作会议，初步总结了“大跃进”的经验教训，开展了批评和自我批评，在“反右倾”运动中被错误批判的大多数党员被平反，大多数“右派分子”也被摘掉了帽子。由于这些措施，从1962年起中国社会主义建设重新走上了正轨，并持续到1966年5月。

总的来说，“文化大革命”前的17年，中国的社会主义建设虽然有过严重的失误和曲折，但由于全国人民的同心同德、艰苦奋斗，仍然取得了很大的成就。中国后来赖以进行现代化建设的物质技术基础，很大一部分是在这个时期建设起来的，全国经济文化建设等方面的骨干和他们的工作经验，大部分也是在这个时期培养和积累的，这些成就是这一时期的主导方面。

二　“文化大革命”内乱时期（1966～1976）

从1966年5月起，中国发生了“文化大革命”。这是一场由领导者错误发动，被反革命集团利用，给中国共产党和全国人民带来严重灾难的内乱。毛泽东发动这场“文化大革命”的主要依据，后来被概括为“无产阶级专政下继续革命的理论”,其主要内容是:党内走资本主义道路的当权派已篡夺了各级和各部门的领导权,并在中央形成了一个资产阶级司令部,过去的各种斗争形式都已不能解决问题,只有全面地自下而上地发动广大群众来揭发上述黑暗面,才能把被走资派篡夺的权力重新夺回来。这实质上是一个阶级推翻另一个阶级的政治大革命,以后还要进行多次。

这些“左”倾论点,对当时中国的阶级状况和国家政治形势的估计是错误的,脱离了作为马列主义普遍原理和中国革命相结合的毛泽东思想的轨道,造成了全国范围的大动乱。中共党组织和国家政权受到极大削弱,大批干部和群众遭到残酷迫害。仅国家干部被立案审查的就占当时国家干部人数的17.5%,特别是省、部级以上高级干部被立案审查的约占75%。许多干部无辜被加上种种“罪名”受到迫害,甚至被迫害致死,并且株连到他们的家属、亲友或同志。很多无辜的群众也遭到迫害,甚至被迫害致死。民主和法制被肆意践踏,科学文化教育事业受到了严重摧残;整个国民经济濒临崩溃的边缘,人民生活水平下降,中国的社会主义建设遭到了中华人民共和国成立以来最严重的挫折和损失。1976年9月9日,毛泽东主席逝世。10月上旬,中共中央政治局依据全党和全国人民的意愿,一举粉碎了“四人帮”(由江青、王洪文、张春桥和姚文元为首组成的反革命集团),结束了“文化大革命”。

三 改革开放的新时期(1978年以来)

(一)重新确立解放思想、实事求是的思想路线

1976年10月,粉碎江青、王洪文、张春桥和姚文元为首的“四人帮”的胜利,从危难中挽救了党和国家。但此后两年,由于“文化大革命”遗留下来的政治、思想、组织和经济上的混乱还很严重,特别是不符合马克思主义的“两个凡是”思想(即所谓“凡是毛主席作出的决策,我们都坚决维护;凡是毛主席的指示,我们都始终不渝地遵循”)的阻碍,国家的发展处于徘徊状态。

1978年5月,《光明日报》发表特约评论员文章《实践是检验真理的唯一标准》,矛头直指“两个凡是”的错误主张,在全国引发了一场关于真理标准的大讨论。邓小平、叶剑英、陈云、李先念、胡耀邦、聂荣臻、徐向前、罗瑞卿等一批老同志都支持这场讨论。这场讨论冲破了个人崇拜的束缚,重新确立了解放思想、实事求是的思想路线,成为当代中国大转折的先声。

(二)把党和国家工作重心转移到经济建设上,并作出改革开放的重大决策

1978年12月下旬,中国共产党召开了具有历史意义的十一届三中全会,形成了以邓小平为核心的第二代中央领导集体。这次会议抛弃了“以阶级斗争为纲”的错误方针,把党和国家的工作重心转移到了经济建设上来,并作出了改革开放的重大决策,从而实现了当代中国发展的历史性转折,开创了中国社会主义事业发展的新时期。在中共十一届三中全会确立的路线方针的指引下,中国开始了波澜壮阔的改革开放进程。

改革的突破首先出现在农村。1978年秋,安徽、四川两省部分地区的农民,率先实行包产到组、包工到组。中共中央充分肯定和大力支持农民建立生产责任制的伟大实践,到1984年实行家庭联产责任制的农户已占总数的98%。农村改革极大调动了亿万农民的生产积极性,从根本上改变了农业生产长期停滞的困境。与此同时,乡镇企业异军突起,广袤的中国农村到处都呈现出生机勃勃的崭新气象。在农村改革开始后不久,城市的改革也迈开了步子。从1979年5月起,国务院连续发布了5个扩大企业自主权的文件,揭开了城市经济体制改革的序幕。1980年10月中共中央决定对城镇集体经济和个体经济采取积极扶持的方针,随后又决定对科技体制、教育体制等诸多领域进行改革。

20世纪80年代后期和整个90年代,中国的改革全面展开,几乎包括了社会经济的各个方面。在进行经济改革的同时,中国的政治改革也开始启动:1980年中共十一届五中全会决定废除干部终身制;1987年中共十三大明确提出要建立具有中国特色的社会主义民主政治,力图消除政治体制上的弊端,充分发挥人民代表大会和政治协商会议的作用;2002年中共十六大则进一步提出,要在建设社会主义的物质文明和精神文明的同时,建设社会主义的政治文明。这些使得中国政治体制的改革从理论到实践都呈现出不断推进之势。经过27年多的全面深入的改革,中国的社会生产力获得了极大的解放和提高,改革已成为中国社会生活中的最强音和推动社会发展的主要力量。

与改革进程相伴随,中国的对外开放也形成了蔚为壮观的局面。1980年5月,国务院决定在深圳、珠海、汕头和厦门各划出一定范围,试办经济

特区，在特区内可以采取与内地不同的体制和政策。1984年决定增加大连、天津、广州、上海等14个沿海城市，实行对外开放和特殊政策。此后又相继在长江三角洲、珠江三角洲、闽东南地区和环渤海地区开辟经济开放区，批准海南建省并成为经济特区。1992年邓小平南方讲话后，沿江和沿边（边疆）也加入了开放行列，形成了多层次全方位的对外开放格局。2001年底，经过长期的不懈努力，中国加入了世界贸易组织，标志着对外开放进入了一个全新的阶段。通过对外开放，大量的外资、先进技术和管理经验源源不断地涌进了中国，中国与世界经济的联系大大加强，中国对外贸易的规模迅速扩大，中国制造的产品在国际市场上的份额持续强劲增长。对外开放对促进中国的现代化建设起了十分重要的作用。

（三）改革开放的不断推进，与中国共产党对社会主义建设基本规律认识的不断深化紧密联系

中共十一届三中全会提出了改革开放的重大决策；中共十二大提出了“走自己的路，建设有中国特色社会主义”的思想，确定了分两步走，在20世纪末实现国民经济翻两番的目标；随后中共又提出，第三步到21世纪中叶基本实现社会主义现代化的战略；中共十三大则系统论述了中国社会主义初级阶段的理论，明确提出了党的“一个中心，两个基本点”的基本路线，即：以经济建设为中心，以四项基本原则和改革开放为基本点来推进中国的社会主义现代化建设。

1992年初，邓小平发表了著名的南方讲话，强调坚持党的基本路线100年不动摇；提出思想更解放一点，改革开放的步子更大一点，建设的速度更快一点。同年10月，中共召开了十四大，确定了90年代加快改革开放和现代化建设步伐的战略部署，明确提出经济改革的目标是建立社会主义的市场经济体制。1997年召开的中共十五大把邓小平理论确立为党的指导思想。2002年11月，中共十六大把“三个代表”的重要思想与马列主义、毛泽东思想和邓小平理论并列为党的指导思想，提出了全面建设小康社会的奋斗目标，并实现了党领导集体的新老交替。

改革开放27年来，中国的发展虽然也有一些失误和偏差，但总的来说，在这个时期，中国共产党领导人民锐意进取，努力奋斗，使整个国家焕发出勃勃生机，中华大地发生了历史性的巨变，安定团结的局面不断巩固，生产力获得新的解放和极大提高，全国人民的温饱问题基本解决，中国已初步迈入了小康社会，综合国力上了一个大的台阶，正在世界的东方迅速崛起。

（四）国家统一事业取得重大进展，国际地位不断提高

在走向强盛的过程中，中国的统一事业也取得了重大进展。按照邓小平“一国两制”的构想，通过与英国和葡萄牙的谈判，于1997年和1999年先后顺利实现了香港和澳门的回归，并保持了两地的稳定和繁荣，同时也为台湾问题的早日解决和统一大业的最终完成提供了新鲜的经验。

在外交领域，中国同周边国家建立了睦邻关系，与发展中国家的团结合作进一步加强，与发达国家的关系保持了稳定和发展，中国的国际影响力持续增加，国际地位不断提高。

进入21世纪，中国人民继续以坚定的步伐，满怀信心地朝富强、民主和文明的目标迈进。中国的崛起不仅是中国历史上的一件大事，也是对世界发展产生重大影响的大事。

第三节　当代日本史

1945年8月15日，日本在第二次世界大战中战败，宣布无条件投降。这是日本当代史的开端。

二战结束后的日本历史，大致可分为四个时期：1945年8月～1954年为重建时期，1955～1970年为经济起飞时期，1971～1990年为国际地位上升时期，1990年后日本陷入了“痛苦调整”的时期。

一　重建时期（1945～1954）

第二次世界大战结束时，美远东军总司令麦克阿瑟率美军占领了日本，这对战后日本历史的发展产生了重大影响。依据《波茨坦公告》规定的原则，在美军占领当局的指令和督促下，日本在战后进行了民主化改革。民主化改革在政治领域主要在以下三个方面展开。

第一是非军事化改革

包括解除日本武装，惩处战犯，整肃军国主义分子，取缔法西斯主义团体等。

第二是确保人权的改革

包括赋予妇女参政权，保障工人团结权，教育制度自由主义化，废除专制统治等。

第三是制定新宪法

这是政治改革的重点。1947年5月3日，由美军占领当局提出的、由日本国会通过的《日本国宪法》开始实施。这部宪法规定：普选产生两院（参议院和众议院），实行多党制，议会多数党领袖担任首相，天皇是国家的象征，但无实际权力。从立法形式上看，这部新宪法是美军占领当局强加给日本民族的，但它的内容实质（如公民的民主权利、议会内阁制等），则反映了日本战后民主改革的基本成就，是一部民主主义宪法，也是一部和平宪法，受到了日本国民的欢迎。

为了彻底铲除日本军国主义的经济基础，二战后日本还进行了经济民主化改革。改革主要围绕解散财阀、禁止垄断和农村土地改革这两大主题展开。通过改革打破了财阀家族垄断的半封建经济格局，扫除了封建地主土地所有制，大大促进了日本资本主义的发展。

二战后初期日本的政治经济民主化改革，是一次从思想意识到政治经济等各种制度上都较为彻底的变革。从一定意义上说，它完成了资产阶级民主革命的任务。为战后日本经济的高速发展铺平了道路。但是，这次由美军占领当局主导的改革也存在明显的局限性。由于50年代初朝鲜战争的爆发和冷战的加剧，出于利用日本作为反共堡垒的需要，美军占领当局对日本军国主义整肃虎头蛇尾，使得军国主义思想在日本仍有很大市场，许多军国主义分子甚至在战后日本政坛上仍占据了重要位置，绝大多数日本国民对日本发动的对外侵略战争所犯下的罪行缺乏应有的正确认识和反省，从而造成了日本与东亚国家围绕“历史问题”产生的摩擦长期持续。

二战后初期，日本出现了为数众多的政党，经过分化组合，逐渐形成了几个较稳定的大党，其中中间偏右的自由党与民主党势力最大。从1947年开始，这两党与一些保守势力联合组阁，1955年11月，这两党合并正式定名为自由民主党（简称自民党），并在日本政坛上形成了一党长期执政的局面。1958～1997年自民党赢得了历次选举胜利，仅在1976和1979年未曾在议会中获得多数。此外还有社会党和共产党也力量较强，但左翼从未掌握过政权。

自民党内派系林立，斗争激烈，党内六七个最强有力的人物互相讨价还价，组成联盟，支配着自民党。自民党领袖自20世纪50年代以来一直自动成为日本首相。1946～1954年吉田茂先后5次担任首相，他对日本的重建起了很大作用。

1951年日本经济恢复到了战前水平。朝鲜战争期间日本成为美国侵朝战争的后勤供应基地，1950～1953年日本为美国提供了24.7亿美元的军火和军需品。这种“特需”订货为日本经济注入了活力，刺激了日本经济的恢复和发展。1953年朝鲜停战后，日本经济因“特需”订货的骤停而受到了严重影响。美国为帮助日本工业品寻找市场，一方面帮助日本打开东南亚市场；另一方面又把自己的国内市场向日本产品全面开放。

二　经济起飞时期（1955～1970）

在美国的扶持下，日本经济自1955年开始进入了高速增长时期。1956年，日本政府在《经济白皮书》中宣称：“今后的增长将由现代化来支撑”。1955～1964年，日本工业生产年均增长率高达14.6%，1964年日本的生产规模相当于1954年的3.8倍，战前的6.4倍，为国民经济现代化打下了雄厚的基础。1964年佐藤荣作组阁。从1965年到1970年7月，日本经济连续57个月年均增长17.2%，被称为“伊奘诺景气”。经过近20年的高速增长，日本基本上实现了经济现代化。1950年日本国民生产总值为109亿美元，人均收入123美元，排在世界第三十七位；1970年日本国民生产总值达到了1 975亿美元，人均收入1 770美元，上升到世界第十五位。20年间国民生产总值增长了18.1倍，人均收入增长了14.4倍。70年代初，日本经济超过了联邦德国，成为仅次于美国的世界第二经济大国。

日本能够较快摆脱战败经济的困境，实现经济的繁荣是诸多因素共同作用的结果。通过民主化改革，大幅度调整了生产关系，为生产力的发展开辟了道路；日本原有的经济基础，特别是人才储备较好；朝鲜战争的“特需”订货及美国的扶持在关键时期为日本经济提供了有力支持；日本国民的节俭勤劳，长期的低工资、低成本和高储蓄、高投资使生产规模快速扩大；重视教育和重视利用现代科学技术对经济进行全面改造，为经济发展提供了高素质劳动力和可靠的技术保障。

除此之外,还有两个因素也十分重要:第一,在外部环境上,20世纪50年代中后期,美苏紧张对峙开始向缓和、竞争方向转化,苏联与日本于1956年复交,日本也在这一年加入了联合国,并先后获准加入了国际货币基金组织、国际复兴开发银行、关贸总协定等国际经济组织。这些因素为日本这样的岛国发展外向型经济,推行"贸易立国"的方针,开拓国际市场创造了必要的前提条件。第二,在内政方面,自民党长期执政,政局保持了长期的稳定。特别是政府的有效干预,对经济的发展起了极大的促进作用。在经济发展的每个阶段,日本政府都制定了相应的发展计划,提出了明确的发展目标,采取了各种政策措施来推动实现这些目标,从而使日本经济结构不断升级,实现了持续的高速增长。

三 国际地位上升时期(1971～1990)

到20世纪70年代初,日本已经成为世界经济大国。但二战结束后日本一直采取追随美国的外交政策,对国际事务的发言权十分有限,这种脆弱的政治地位使日本在世界性事件的冲击下极难适应。于是从20世纪70年代起,日本开始推行以日美合作为基轴的"多边自主外交",走上了谋求政治大国的道路。

1972年6月,田中角荣上台后,在尼克松访华的冲击下,于1972年9月实现了日中邦交正常化。1978年又与中国签订了《日中友好和平条约》。在日苏关系方面,两国进行了多次缔结和约的谈判,但均因北方四岛问题的卡壳而搁浅。

1983年,中曾根首相发表演说,宣称要"增加日本不仅作为经济大国的分量,而且是作为政治大国的分量",这是日本首相第一次公开提出要从经济大国走向政治大国。

20世纪80年代,日本进行了多方面的努力,谋求政治大国的地位。第一,在构成日本对外政策基轴的日美关系中,日本力求摆脱追随的地位,要求加强自主性,取得与美国"平起平坐"的地位。第二,日本以积极参与亚太经济合作为条件,来提高自己的政治地位,特别注重发展与东盟国家的关系。第三,谋求扩大在国际组织中的发言权。从70年代起,日本实际上已争取到了不少与西方大国平等的权利,成为西方七国首脑会议的出席者,但日本的目标是成为联合国安理会的常任理事国。因此日本借联合国改革之机,在世界各国频繁活动,试图借助各种手段促成这个目标的实现。第四,大力扩充军力并试图走向海外,发挥所谓的"国际作用",争取军事大国地位。在军费开支上,1986年底中曾根内阁正式取消军费不得超过国民生产总值1%的限制,次年即达到了1.004%,以后还不断增加。由于日本国民生产总值基数巨大,使得日本军费仅次于美国和苏联,跃居世界第三位。

在迈向政治大国的过程中,日本上下的信心陡升,民族主义情绪膨胀。表现在对外关系上,就是在20世纪80年代到90年代初,日美关系出现了起伏,两国的"贸易摩擦"和"经济摩擦"发展到了"结构摩擦"和"整体摩擦";日本大量收购美国的资产,包括著名的纽约洛克菲勒中心和好莱坞的哥伦比亚电影公司。1989年出版的《日本可以说"不"》一书,力主对美强硬,该书一年之内就重印了10次。在日中关系方面,由于日本修改教科书问题、光华寮问题和日本首相正式参拜靖国神社问题,使得两国友好关系出现了不和谐的音符。

四 "痛苦调整"时期(1990年以来)

在20世纪80年代,日本在争取政治大国地位上取得了很大进展,但在进入90年代后,日本的发展却遭到了重挫。其主要表现就是日本经济在整个90年代一蹶不振,长期低迷,回升乏力,被称为"停滞的十年","失去的十年"。1991年末,日本经济开始出现滑坡,80年代后半期以后地价暴涨等因素引起的"泡沫经济"开始破裂,证券公司、股份公司大多数出现赤字,东京股市大幅度下跌。"泡沫经济"的破灭导致了日本经济的长期萧条,日本从多年来发达国家经济增长的"优等生",沦为经合组织(OECD)的倒数第一。日本经济从50年代到70年代初保持了年均超过两位数的高速增长,其后只在石油危机后的1974年出现过负增长,而在70年代和80年代日本仍保持了年均4%的稳定增长。但在90年代10年间日本经济年均增长率仅为1%,其中1997、1998和2001这3年均为负增长,是战后以来的第一次。同时日本的失业率也屡创新高。

20世纪90年代日本经济的持续萧条,主要由以下三个互相关联的"过剩"因素造成。

(一)金融泡沫膨胀

其实质是日本银行在"房地产热"中滥放贷款

造成了巨额的不良资产，引发了严重的金融危机。80年代后期日本经济持续景气，部分过剩资本纷纷投向房地产业及证券市场，造成日本地价和股价飚升，产生了过度膨胀的金融泡沫，随着供求关系的变化及政府紧缩银根，地价与股价双双回落，“泡沫经济”迅速破裂，银行出现大量坏账。据日本官方统计，日本银行坏账为5500亿美元，相当于日本国内生产总值的22%以上，众多金融机构因坏账而纷纷破产。

（二）生产相对过剩

“泡沫经济”破裂后，日本市场陷入萧条，民间需求下降，从而导致多数商品销路不旺，库存过剩，企业经营困难，产量下降，设备投资乏力，中小企业倒闭增多。

（三）外贸出口过剩

日本依靠其产品的国际竞争力在国际市场上的份额不断扩大。每年外贸盈利高达1200亿美元，而对美出超又占其一半。出口过剩加剧了日本对外贸易摩擦，引起了日元对美元升值。1995年4月，日元升值一度高达79.75日元兑换1美元，使得日本产品价格竞争力猛跌。

与经济危机相伴随，日本的政局也出现了战后少见的动荡，内阁更迭频仍，党派分化活跃，朝野易位频繁。1991～2001年10年间日本先后更换了8位首相，平均一年多就换一位首相，而且来自不同的政党。

虽然20世纪90年代日本饱受了经济危机和政局动荡的冲击，但是其追求政治大国，特别是军事大国的步子却并未停止，反而更加急促。在确立政治大国的地位过程中，90年代日本国内为侵略历史翻案的言行此起彼伏，政要高官在历史问题上屡屡“失言”，日本首相多次在国内外的抗议声中强行参拜靖国神社，歪曲历史的教科书在通过了文部科学省的审定后已在学校中使用，否定“东京审判”的声音不绝于耳，修改日本和平宪法的讨论大幅升温，日本右翼势力空前活跃，日本政治呈现出“总体保守化”的趋势。90年代日美经济摩擦有所缓和，两国的政治和战略关系得到了强化。1995年11月，日本发表《新防卫大纲》，强调在“周边地区”强化日美同盟的作用。1997年《新日美防卫合作指针》出台，扩大和加强了日本在亚太地区发挥军事作用的范围和能力。1999年5月，日本国会通过《新日美防卫合作指针》相关法案，使日美军事合作范围由“日本本土”扩大到“日本周边地区”，包括朝鲜半岛、台湾海峡和南中国海。2004年12月10日，日本安全保障会议和内阁会议批准通过了的第三版《防卫计划大纲》。这是日本战后首次以官方文件的形式，将所谓“国际和平合作活动”确定为自卫队的“固有职能”。2005年2月19日，日美两国外长和国防部长在华盛顿举行的“美日安全协商委员会”会议发表声明，在区域内“共同战略目标”中，列出“鼓励台湾海峡相关问题透过对话和平解决”内容，措词虽含蓄，实际上是以官方声明形式表明将台湾列为日美两国共同关切的安全事项。

日本的军事开支在20世纪90年代每年高达400亿～500亿美元，在苏联解体后，仅次于美国而居世界第二位。日本海、空军实力在亚洲处于领先地位，一些军事装备和技术已达世界先进水平。在向海外派兵问题上，1992年，日本通过了《协助联合国维和行动合作法案》，在90年代以各种方式向海外派遣自卫队10多次。2001和2002年日本借支持美国反恐的名义，多次把包括宙斯盾驱逐舰在内的军舰开进了印度洋，将日本军事力量介入国际军事事务的范围从亚太地区扩大到了地区之外。2003年7月，日本国会通过的《伊拉克重建支援特别措施法》，首开日本战时直接向冲突地区派遣自卫队之先例，同时亦为日本在不经联合国授权和冲突当事国政府认可的前提下实施自卫队的海外派遣打开了法理之门。2003年12月，依据《伊拉克重建支援特别措施法》，日本派遣自卫队到达伊拉克。2004年12月，日本内阁会议决定日本自卫队在伊拉克驻期延长1年。

总的看来，尽管日本的发展在20世纪90年代遭到了经济低迷和政局不稳的影响，但其仍保持着世界第二大经济强国的地位，国内政局在新世纪初也趋向稳定。

进入21世纪，日本朝野已形成了共识，必须进行改革，除旧布新，以便摆脱困境，再图振兴。但是，日本改革的方向和目标是什么？如何进行改革？改革对日本的未来影响如何？日本会走向何方？面向新世纪，这些问题无论对日本国民还是对国际社会都将引起长期的关注。

第四节　当代朝鲜、韩国和蒙古史

一　当代朝鲜史

1945年8月，侵占朝鲜40年的日本战败投降。1948年9月9日，在朝鲜半岛北部，朝鲜民主主义人民共和国宣告成立。1950年6月至1953年7月，朝鲜处于开始是半岛内战和随之而发生的反抗美国侵略的战争之中。停战后，朝鲜人民经过艰苦努力，医治战争创伤，社会经济很快得到了恢复。到1958年，在金日成的领导下，朝鲜完成了生产资料的社会主义改造，从1959年起，朝鲜开始了推动社会主义建设的千里马运动，社会经济有了相当的发展，文化教育领域取得的成就较为突出。但在冷战的阴影下，朝鲜长期遭受西方国家的经济制裁和封锁，在内部则存在计划经济体制下的低效率和重复生产等弊病，加上面对美国的军事威胁，使得朝鲜军事开支过大，这些因素都对朝鲜经济建设产生了不利影响，使得朝鲜发展水平远低于韩国。1994年金日成逝世后，金正日接班。金正日生于1942年2月16日，在朝鲜劳动党和政府中长期担任重要职务，他在1997年10月正式出任朝鲜劳动党总书记。

朝鲜过去一直以易货贸易方式与东欧、苏联等社会主义国家进行经贸往来，但冷战结束和苏联东欧剧变，使朝鲜经济遭受重创，工业原料和能源供给越来越紧张，最终造成了制造业和交通运输几近瘫痪。国民经济呈现徘徊不前、甚至连年退步的局面。从1990年起朝鲜经济连续9年为负增长，特别在90年代后期，朝鲜连年遭受严重的洪涝、干旱等自然灾害，粮食产量大幅度下降，使国民经济雪上加霜。

为了克服困难，振兴经济，朝鲜政府开始进行渐进的改革。1991年12月，建立了一个自由贸易区，这个贸易区位于图们江三角洲的罗津、先锋地区，面积745平方公里，实行对外开放。这是朝鲜为发展经济、促进对外经贸合作而采取的积极步骤。与此同时还允许各地兴办一批合资合作企业，并制定了一些相配套的政策、法律和法规。

1993年朝鲜劳动党召开了六届十一中全会，强调重点抓好电子、煤炭、运输等部门的工作，制定了“缓冲期经济建设方针”，几年来取得了一定成效，例如，到1998年1月朝鲜慈江道所辖各市、郡兴建了60多个中小发电站，发电量从1000瓦到数千瓦不等，在一定程度上缓解了电力供需矛盾。朝鲜劳动党把1998年定为争取朝鲜式社会主义决定性胜利的斗争之年和跃进之年，努力使朝鲜经济建设掀起新的高潮。进入21世纪，朝鲜改革的步伐加快，先后开辟了金刚山旅游特区、新义州特别行政区和面向韩国的开城工业区。2002年，朝鲜政府大幅度提高了物价和职工工资，开始对经济运行机制进行改革。随着改革的展开和深入，朝鲜社会正在经历一场深刻的变化。

二战后冷战期间，朝鲜半岛分裂成两个国家。20世纪90年代以前，在冷战的背景下，南北关系长期处于紧张和对峙的状态。

随着冷战的结束，双方关系出现缓和，1990年双方代表团开始了互访。1991年12月，双方通过总理会谈签署了《关于北南和解、互不侵犯和合作交流协议书》、《关于朝鲜半岛无核化共同宣言》等协议。但双方仍存在矛盾，朝鲜希望美军从韩国撤军，韩国则希望朝鲜不要制造核武器。1993年3月，韩美恢复“协作精神93”军事演习，朝鲜则宣布本国进入准战时状态，并退出《不扩散核武器条约》，南北双方关系又呈紧张，对话陷入了停顿。其后，双方都为缓和气氛做了大量工作，1994年6月，金日成在会见了访朝的美国前总统卡特时，表示愿意与韩国总统金泳三会晤。不久朝韩双方商定于7月下旬在平壤举行南北首脑会晤，但金日成在7月8日的突然逝世，使首脑会晤暂时搁浅。1998年，金大中就任韩国总统后，大力推行“阳光政策”（后来称“包容政策”），以和解、合作和交流为重点处理南北关系，积极谋求半岛局势的缓和，还向朝鲜提供了大量的人道主义援助。朝鲜在90年代后期也对外交战略进行了调整，改变了对韩国的态度，双方的对话与交流不断扩大和深入。2000年6月韩国金大中总统飞赴平壤，同金正日进行了具有历史意义的会谈，实现了首脑之间的第一次会晤，并发表了《北南共同宣言》，极大地改善了南北关系。总的看来，尽管双方之间仍存在着许多分歧和矛盾，但和解与合作的大趋势将持续下去。

二　当代韩国史

1948年8月15日，大韩民国在朝鲜半岛的三八线以南地区宣告成立，李承晚成为首任总统。朝鲜战争停战后，李承晚继续执政，他在任内的12年间（1948～1960），推行“先统一，后建设”的方针，不重视经济建设，致使韩国经济发展缓慢。

1960年4月26日,由于政府腐败和在选举中舞弊,在人民的抗议声中,李承晚辞职下台,国务总理许政组成了过渡内阁。同年7月,民主党在大选中获胜,张勉出任总理组阁。1961年5月16日,朴正熙发动军事政变,推翻了张勉内阁,建立了军人政权,实行军事警察统治。为了巩固统治,朴正熙把经济建设提到了重要地位,提出了"先建设,后统一"的口号。他启用一批经济学家,制定了韩国的经济发展规划。为解决建设资金问题,朴正熙政府加强了与日本和美国的合作,实现了日韩关系正常化。

1961年朴正熙上台后，开始推行加快工业化建设的方针，决定采取"工业立国"和"出口立国"的发展战略，实施对外开放、保证重点投资等政策措施，从而形成了以促进轻工业制品的出口和参与世界经济为重点的外向型经济发展模式。1962年至1979年，韩国的国民生产总值年均增长9.4%，人均国民生产总值从1960年的82美元猛增到1980年1 508美元。

1979年，全斗焕发动政变，夺取了政权，并于1981年2月出任总统。全斗焕任职期间，实行一系列经济调整，把经济运行机制由"政府主导型"转为"民间主导型"，并加快科技开发。80年代中期，日元大幅度升值，韩国抓住时机，依靠汽车、化工产品、造船、半导体等产品的大量出口使经济获得了飞速发展。1986～1988年3年间，韩国经济年均增长率超过了12%，创造了令世界瞩目的"汉江奇迹"，成为亚洲的4个新兴工业化国家和地区（通称"亚洲四小龙"）之一。1990年韩国的人均国民生产总值达到了5 569美元，出口达到了650亿美元。全斗焕在执政期间虽然推动韩国经济取得了巨大成就，但政治上却采取高压手段进行专制统治，1980年5月，在光州城发生了反对全斗焕军政权的起义，全斗焕派军警残酷镇压，死数百人，伤数千人。

1987年，卢泰愚赢得了选举胜利，担任总统。在他任职期间，韩国的政治自由有所放宽。1992年，持不同政见者、自由民主党领袖金泳三当选为总统，成为韩国32年来第一位文职总统。但金泳三当政期间，韩国政治腐败，经济丑闻不断。其中以1997年1月曝光的韩宝贷款丑闻最具有代表性。在经济上，从1992年开始，韩国国际收支状况恶化，经常性项目收入逆差达237亿美元，债务超过1 000亿美元，大企业不断倒闭，韩元对美元不断贬值。到了1997年10月，始自东南亚的金融风暴刮到了韩国，韩国金融动荡，韩元剧跌，股市急挫，利率猛升，企业大量倒闭，韩国经济状况恶化，成为亚洲金融危机的重灾区。

造成90年代韩国经济恶化的主要原因，首先是冷战结束后韩国赖以生存的外部市场出现了巨大变化。靠美国市场来发展经济的情况发生改变，美国政府不再给予韩国在冷战时期那样的优惠和帮助，同时世界经济一体化的发展使韩国经济受股市变化的严重影响。其次是政府支持大企业盲目扩张，产生了高成本低效益的后果，越来越阻碍韩国经济的发展。另外，在政府的支持和担保下，韩国企业从国际资本市场大量借贷，造成了企业的高负债率，而其中短期贷款所占比例过高，致使韩国企业体质虚弱，难以抗御外部风浪的冲击。虽然金融危机使韩国元气大伤，经济实力由世界第11位倒退到了第20位，但韩国民众上下一心，共渡难关，加上国际社会的援助，使得韩国经济恢复较快，在2000年经济增长率达到了9.3%。进入新世纪，韩国正在进行深刻的改革，通过革旧鼎新，韩国经济仍然有着良好的发展前景。

三　当代蒙古史

1911年12月，蒙古王公在沙俄的支持下脱离中国清政府的管辖，宣告自治，建立了政教合一的封建君主专制政权。在俄国十月革命的影响下，1921年3月，以苏赫巴托尔和乔巴山为首的蒙古人民党（1925年改称蒙古人民革命党）成立，并领导人民迅速取得了蒙古革命的胜利，同年7月蒙古宣布独立，建立了君主立宪政府。1924年11月26日，宣布废除君主立宪制，成立蒙古人民共和国。1945年2月，英、美、苏三国首脑参加的雅尔塔会议规定："外蒙古（蒙古人民共和国）的现状须予维持"，以作为苏联参加对日作战的条件之一。1946年1月5日，当时的中国国民党政府承认了外蒙古的独立。中华人民共和国成立后，1949年11月6日，中蒙两国正式建交。1992年2月蒙古人民共和国改名为"蒙古国"。

在20世纪30年代之前，蒙古的整个国民经济建立在游牧业基础之上，从30年代起，在苏联的帮助下才开始建立现代工业部门，如煤炭、电力等，公路、铁路也陆续兴建。从1948年开始，实施第一个五年计划（1948～1952），接着又实施三年计划（1953～1956）。在苏联和中国等社会主义国家的援助下，蒙古经济在50年代发展较快，建立了一系列工业部门，工业产值在整个国民经济中的比重由1940年的15%增长到了1957年的41%。同时政府也采取了一些措施，使畜牧业有了较快的发展。但在这个时期，蒙古的农业发展缓慢，粮食主要依赖进口。随着农牧业合作化的基本完成，社会主义公有制已在国民经济中占了统治地位。1962年蒙古加入了经互会，此后，通过大量垦荒和推进农业机械化，使农业有了很大起色。但大多数工业建设项目仍依靠苏联援助，投资效益不高和产品质量低劣的问题长期存在。从1982年起，蒙古在一些经济部门中陆续开始了对经济运行机制改革的试验，日益加强和扩大了与中国及其他非经互会国家之间的经济文化联系。

在政局发展方面，1952年乔巴山逝世后，泽登巴尔长期担任蒙古的党政最高领导人。1984年8月，巴特蒙赫开始担任党的总书记，1991年2月，又改选达登云继任此职。随着苏联戈尔巴乔夫时期形势的变化，深受苏联影响的蒙古在1988年也开始了政治经济改革。1990年春，蒙古开始实行多党制，7月大选后成立了蒙古历史上第一个多党联合政府。1991年8月，议会通过决议禁止高级官员属于任何政党。据此，当时担任总统的奥其尔巴特和总理滨巴苏伦等相继宣布退出蒙古人民革命党。

苏联的解体及其对蒙古影响的大幅度减弱，使长期依赖苏联的蒙古国民经济出现了困难。为了摆脱困境，奥其尔巴特上台后，推行了激进的经济改革，很大程度上放弃对经济的调控，使得蒙古出现了持续的经济危机，工业生产下降，农牧业减产，通货膨胀居高不下，失业和贫困人口剧增，引起了人民的普遍不满。在1997年5月举行的蒙古第二次总统选举中，蒙古人民革命党获胜。该党领袖巴嘎班迪担任总统后，在政治上强调纠正不符合国情的某些政策，巩固民主改革成果，反对贪赃枉法。在经济上强调进行渐进的市场经济改革，反对“休克疗法”及其他过激改革，注重社会保障和社会稳定。在对外政策上，他强调保持政策的连续性，继续执行多支点的、对外开放的、积极的外交政策，把发展与中、俄邻国的友好合作关系作为重要任务，同时也将发展与美、日等发达国家的关系，并积极加强与一些重要的国际组织的合作。巴嘎班迪的主张及政策得到了蒙古民众的支持，因此，在贯彻的过程中取得了明显成效。总的来看，蒙古正处在社会的转型时期，经过改革与调整，蒙古将以新的面貌和姿态迈向21世纪。

第五节 当代越南、老挝、柬埔寨和缅甸史

一 当代越南史

1945年8月15日日本战败投降。当时作为日本殖民地的越南，在胡志明的领导下，发动了八月革命，于1945年9月2日宣布成立越南民主共和国。但越南的真正独立和统一却是在经历了长期艰难曲折的斗争后才最终实现的。

1945年9月，法国殖民者再次入侵越南。从1945年开始越南人民进行了9年的抗法战争。法国殖民军队被打败后，根据1954年的《日内瓦协议》，越南民主共和国控制了北纬17°以北的地区，南越则在美国的支持下于1955年成立了所谓的“越南共和国”，造成越南长达20年的南北分裂。从1961年起，美国开始侵略越南，并把战火从南越烧到了北越。经过10多年的抗美救国战争，到1973年3月，美军被迫撤出了越南，1975年越南的南北实现了统一（详见本编第三章第四节有关越南的部分）。

1969年胡志明逝世后，黎笋成了越南的最高领导人，直到1986年。在这期间越南在内政和外交上都实行强硬的路线，坚持亲苏、反华和侵柬的立场。1978年12月25日，越南出动十几万正规军，向柬埔寨大举进攻，很快占领了金边和绝大部分柬埔寨领土，并建立了亲越的韩桑林傀儡政权，开始了对柬埔寨长达12年的占领。越南侵柬遭到了国际社会的强烈谴责和抵制，越南在外交上陷入了孤立。

20世纪80年代越南的国内问题也开始激化，经济陷入了严重困难，党内权力斗争日趋激烈。1986年7月黎笋去世，在12月召开的越共六大上，改革派代表阮文灵被选为总书记。这次大会认真总结了过去10多年来越南社会主义建设的经验教训，特别是在经济上的失误。大会决定把党的工作重点转移到经济建设上来，提出了全面革新开放的路线，决定在全国实施大幅度的经济改革和对外开

放。随后，越南将其对外政策进行了调整，缓和了同中国的关系。在1989年9月前从柬埔寨撤走了全部军队，并接受柬埔寨问题的政治解决。

1990年越共举行了七大，全面完整地阐述了越南改革的政治方向，把“建设社会主义民主”确定为政治改革的目标，在坚持马克思主义的同时把胡志明思想作为越共的思想基础和行动指南。大会还通过了《到2000年经济、社会稳定和发展战略》，开始了迎接新世纪的准备。1994年2月，美国解除了对越南的贸易禁令，1995年7月，越南加入了东盟，美越关系实现了正常化，这为越南经济发展提供了一个较宽松的外部环境，也为越南迅速融入区域和世界经济创造了有利条件。整个90年代，越南经济年平均增长率在8%以上，是世界上经济发展速度最快的国家之一。农业连续8年获得丰收，成为世界第三个大米出口国。1996年越共八大全面总结了革新开放10年的经验教训，提出了到2020年国民生产总值达到1990年的8～10倍，基本实现国家工业化、现代化的目标。1997年下半年开始的东南亚金融危机，虽然也对越南造成了一定影响，但越南经济依然保持了快速增长的态势。进入21世纪，越南正充满活力地在自己选择的道路上前进，其发展前景被广泛看好。

二 当代老挝史

老挝当代历史的演变十分复杂和曲折。1945年8月15日，日本战败投降。10月12日，被日本占领了5年的老挝宣布独立。1946年3月，法国殖民者再次入侵老挝，迫使反法力量成立了以卡代为主席的“起义委员会”(后改为国民委员会)。1946年10月，国民委员会在万象举行会议，宣布成立以披耶·坎冒为总理的“寮国自由民族统一战线”(简称“伊沙拉战线”)独立政府，苏发努冯亲王、富马亲王等都被任命为政府部长，国王西萨旺·冯由于拒绝承认新政府而被捕，并宣布退位，伊沙拉政府正式接管了老挝政权。

但新政府只存在了半年时间，由于法国的镇压，新政府成员或逃往泰国，或转入地下。法国完全占领老挝后，扶植旧国王西萨旺·冯复位，抵抗力量则坚持斗争，左翼代表人物苏发努冯亲王潜回国内，成立了“寮国解放委员会”，于1950年重组了老挝伊沙拉战线，成立了以他为首的老挝抗战政府，并解放了大片国土。法国被迫于1953年10月承认了老挝的独立，1954年，根据《日内瓦协议》，法军撤出了老挝。老挝王国政府军队和抗战政府的武装则继续进行内战。美国在《日内瓦协议》签署后，不断向老挝渗透，逐步控制了老挝王国的卡代政府，后来卡代政府在人民的反抗中垮台，中立的梭发那·富马亲王组成了新政府。1956年以苏发努冯亲王为主席的老挝爱国战线党（巴特寮）成立，通过多次谈判于1957年11月同富马组成了联合政府。

但美国支持富米—文翁右派集团于1958年8月18日推翻了联合政府，夺取了万象政权。在老挝爱国战线党的领导下，老挝爱国军民同亲美的万象政权进行了顽强斗争，解放了超过60%的国土，使得美国不得不同意召开和平解决老挝问题的日内瓦会议。1962年7月日内瓦会议通过了关于老挝中立的宣言和议定书，不久，成立了以富马为首相、以富米和苏发努冯为副首相的老挝临时民族团结政府。1964年，美国再次策动老挝右派军官在万象发动政变，逼迫富马亲王改组了政府。随后，美国在老挝发动特种战争，还派遣南越军队入侵老挝南部，其目的是要切断经过老挝境内的胡志明小道（这是当时北越和南越之间最重要的运输线），阻止印支三国在抗美战争中相互支援。面对美国或南越的侵略，老挝人民解放军（由巴特寮领导的寮国战斗部队于1965年10月改名而来）愈战愈壮大，到1972年，在南越解放军的配合下，共歼敌23万，解放了4/5的国土，并把南越伪军赶出了老挝。

革命形势的发展迫使万象政府与老挝爱国力量举行谈判，1973年2月，双方签订了《关于老挝恢复和平实现民族和睦的协定》(即《万象协定》)，1974年4月，老挝人民解放军领导人苏发努冯返回万象，接着成立了以富马为首的临时民族联合政府和苏发努冯亲王为主席的民族政府联合委员会。1975年5月，老挝人民革命党（原名老挝人民党）号召把政权夺回到人民手中。7月底，美国军事人员全部撤出了老挝，右派军队和警察的武装基本上被解除。12月，在万象召开了老挝人民全国代表大会，决定废除君主制度，建立老挝人民共和国。苏发努冯被选为国家主席和最高人民委员会主席，老挝人民革命党总书记凯山·丰威汉任政府总理，富马任政府顾问。至此，老挝革命取得了成功。

老挝革命胜利后，人民革命党在巩固政权和恢复经济的同时，开始采取一系列措施向社会主义过渡，后来人民革命党还进一步提出了社会主义过渡时期的总路线。但是这条急于求成的总路线无论在理论上还是在实践上都重复了其他社会主义国家的失误，对推动老挝社会和经济发展的作用十分有限。1986年11月，老挝人民革命党举行了四大，这次大会认真总结了革命胜利以来的经验和教训，重新认识了老挝的现状，检讨了党的工作，作出了全面实行革新开放的决策，将对外政策由原来封闭的一边倒亲越调整为开放的多边外交，四大是老挝改革的里程碑和经济发展的转折点。此后老挝解散了农业合作社，分田到户。在工业上，下放经营管理权。1988年颁布了第一部外商投资法。

1990年，苏联和东欧的剧变影响到了老挝，党内外一些势力要求实现多党制和政治多元化，旧王室的支持者和一些少数民族甚至举行了武装叛乱，老挝政局出现了动荡。1991年老挝人民革命党召开了五大，确立“有原则的全面革新路线”，提出坚持党的领导和社会主义方向等六项基本原则，对外实行开放政策。8月老挝最高人民议会决定把国徽图案的镰刀斧头改为塔銮佛塔。对于反政府的叛乱则进行了坚决打击，使局势很快平稳了下来。90年代，老挝的经济改革推进较快，在农业、工商业及对外合作等方面都获得了一定的成效，1997年，老挝加入了东盟。但由于基础薄弱，资金、技术和人才严重缺乏以及各级政府管理水平较低，使得老挝经济的发展仍然十分缓慢，1999年，老挝的人均国民生产总值仅290美元。

2001年，人民革命党召开了七大，强调继续坚持党的领导和社会主义方向不变，将经济建设作为工作重心，把解决人民的温饱问题作为首要任务，尽快摆脱不发达状态，并提出了21世纪前20年发展的目标、规划和方针。但在诸多不利因素的制约下，要使经济达到东南亚地区平均发展水平和速度，对老挝来说仍是任重而道远。

三 当代柬埔寨史

1945年日本战败投降前后，柬埔寨曾获得了一段时间的短暂独立，但不久随着法国殖民者再次入侵柬埔寨，柬埔寨人民又投入到了反抗法国殖民统治的斗争之中。1954年，根据《日内瓦协议》，法军撤出了印度支那，柬埔寨获得了真正的独立。

从1954年至1970年，柬埔寨国王是广受尊敬的诺罗敦·西哈努克亲王。他推行中立和不结盟的外交政策，使柬埔寨在60年代赢得了“东方瑞士”的称号。在这个时期，柬埔寨的社会经济文化也有了很大的发展。但是，柬埔寨的这种平静在1970年不幸被打破，这一年的3月18日，在美国的策动下，朗诺—施里玛达集团发动政变，推翻了正在苏联访问的西哈努克，朗诺集团则允许美军及南越军队进入柬埔寨攻击在越柬边境的越共基地和供应线。失去政权的西哈努克转而与柬埔寨共产党（即红色高棉）合作，反对美国侵略，反对朗诺反动集团。

1975年，越战结束，美国再也无力干涉柬埔寨内政。同年4月，红色高棉攻克金边，并解放了全国，12月将国名改为民主柬埔寨。红色高棉执政后，推行极左路线，使柬埔寨的社会经济文化发展遭受了严重挫折。1978年12月下旬，越南在苏联的支持下，出兵占领了柬埔寨，建立了由越南控制的政权，并将大量越军长期驻扎在柬埔寨。

越南的侵略遭到了柬埔寨各派爱国力量的坚决抵抗，1982年7月，抗越力量成立了民主柬埔寨联合政府，以西哈努克为主席、乔森潘为副主席兼外长、宋双为总理，领导全国人民进行抗越救国战争，并得到了国际社会的广泛同情和大力支持。1989年9月，越南从柬埔寨撤军后，金边政府与民主柬埔寨联合政府继续进行内战，1990年1月，联合国安理会5个常任理事国通过了解决柬埔寨问题的一揽子方案，要求金边政府和民柬政府立即停火，实现和平，然后再成立联合政府。

1991年10月23日，由19个国家和柬埔寨4方参加的巴黎国际和平会议最终通过了《柬埔寨和平协定》，规定成立联合国驻柬权力机构，监督各派实行停火，裁减武装人员，并举行大选。1993年5月，柬埔寨的首次大选正式举行，由于此前红色高棉拒绝参加，因此参加大选只有3派政治势力，即洪森领导的柬埔寨人民党、拉那烈领导的奉辛比克党和宋双领导的佛教民主自由党。虽然拉那烈领导的奉辛比克党势力较弱，但他以西哈努克为号召却赢得了选举的胜利。具有雄厚军事实力的洪森则以大选“不公正”为名，拒不承认选举结果。为了早日结束内战，在联合国和西哈努克的调解下，两党勉强同意组成联合政府，拉那烈和洪森分别担任第一首相和第二首相，但两党从一开始就互相猜忌，执政伊始就争权夺利，互不相让。由于红色高棉决策错误，没有参加1993年的大选，致使后来一直处于非法状态，并受到联合政府不断的军事打击，最后终因发生了内讧而迅速瓦解，其武装力量则在分裂之后分别向拉那烈派和洪森派投降。本来就存在尖锐矛盾的拉那烈和洪森在接受红色高棉投降的问题上发生了激烈的冲突，1997年7月，忠于拉那烈的军队和忠于洪森的军队在金边发生了大规模的交火，柬埔寨烽烟再起。后经东盟国家调停，两派都同意停火，并定于1998年举行大选。

在20世纪最后30年，柬埔寨政治经济形势起伏跌宕。从1970年起，柬埔寨经历了长期不断的战乱，国民经济濒于崩溃，百废待兴，农田地雷遍布，大部分荒芜，工业产值几乎为零，通货膨胀长期高达200%左右，人均收入在200美元以下，被联合国列为世界上最贫穷的国家之一。因此，结束内战，实现和平，发展经济是1000多万柬埔寨人民共同的强烈愿望。正是在这样的背景下，1998年7月26日，柬埔寨举行了全国大选，执政的人民党在大选中获胜。这次选举对以后的柬埔寨政治和经济发展具有重要意义，它标志着柬埔寨在历经劫难之后，终于步入了和平与发展的轨道。1999年，柬埔寨加入了东盟，柬埔寨开始了融入区域经济发展的时代潮流。

2003年7月27日，柬埔寨举行了恢复和平以来的第三届国民议会选举。然而大选后，由于三党在新政府首相人选等问题上分歧严重，致使新政府迟迟不能组成。2004年6月2日，柬埔寨人民党和奉辛比克党发表新闻公报声明，两党工作组经过近两个月的14轮会谈，就即将成立的第三届柬埔寨王国政府施政纲领完全达成一致，表明柬埔寨在2003年7月大选后出现的长达10个月的僵局终于取得突破。

四 当代缅甸史

缅甸争取独立的斗争经过了一个曲折的过程。它曾长期被英国侵略。第二次世界大战期间又遭日本侵占。1945年，在反法西斯战线盟军于东南亚战场转向全面反攻的形势下，缅甸“国民军”于3月27日发动了抗日武装起义，5月1日，解放仰光；日本对缅甸的统治崩溃。但随后英国再次入侵缅甸，直至1948年1月4日，缅甸挣脱英国的殖民统治获得了独立。1948～1958年，缅甸由吴努担任联邦政府总理。在外交上，他推行独立的外交政策，力图摆脱西方的控制，走中间路线，与印度和中国都建立了友好关系，并于1954年与中国、印度领导人共同倡导了著名的和平共处五项原则。在内政方面，缅甸独立后不久就发生了内战，缅甸共产党（分为“白旗”和“红旗”两个组织）、执政党“自由同盟”分裂出来的一些势力及许多反叛的少数民族组成了多种武装力量，与政府军发生了冲突。其中，克伦族的反叛武装在1949年几乎占领了首都仰光。剧烈的内战使得缅甸政局动荡，吴努只得依靠军队总司令吴奈温将军来维持统治，与大大小小的反政府武装作战。1958年，吴努被迫让奈温将军担任了总理。但在1960年的全民选择中，吴努仍然获胜。1962年奈温发动一次流血的军事政变，组成了以他为首的军政府，缅甸文人执政的议会民主以失败告终，军人统治时代从此开始。

奈温上台后成立了革命委员会，并自上而下地组建了社会主义纲领党，实行一党专制。奈温宣称要走一条缅甸式社会主义的道路，并认为这是一条佛教式的中间道路。在奈温掌权的26年间（1962～1988），军人政府实行赤裸裸的专制统治，几乎取消了人民的所有自由，对缅共、少数民族及宗教团体的打击和控制尤其严厉。在经济上，处于封闭状态的缅甸国民经济停滞不前，商品严重短缺，外债负担沉重，年均经济增长率不到3%，人均国民收入在200美元以下，1987年被联合国列为世界上10个最不发达的国家之一。

到了1988年初，人民对奈温政府的高压统治和糟糕的经济状况再也无法忍受，强烈要求进行改革。3月，仰光的大学生首先走上了街头，开始示威游行，并迅速蔓延到了全国，形成了一场声势浩大的民主运动。7月23日，纲领党主席吴奈温、副主席兼总统吴山友被迫辞职。继任的吴盛伦也于8月12日辞职，之后，貌貌博士出任总统。

1988年9月18日，以国防部长苏貌将军为首的军队发动政变，成立了“国家恢复法律和秩序委员会”，接管了政权。苏貌夺权后，一方面做出满足人民民主要求的姿态，废除一党制，解除党禁，实行多党民主制。另一方面仍极力对反对党进行打压，并软禁了反对派的重要领导人昂山素季。1990年5月，在军政府的主导下，缅甸进行了30年来的首次多党选举，昂山素季领导的“全国民主联盟”（简称民盟）获得了绝对多数，但军政府拒不承认选举结果，昂山素季仍被软禁。

1992年4月，丹瑞大将出任“国家恢复法律和秩序委员会”主席，他撤销了宵禁令和两项军管法令，释放了一批政治犯，各大学也陆续复课。1993年1月，军政府主持召开了制宪国民大会。但政府与国内最大反对派民盟的矛盾并未化解，1995年7月，民盟总书记昂山素季被解除软禁后，双方对抗升级，同年11月，民盟退出国民大会，此后昂山素季的自由又遭限制。1996年12月仰光部分大学生上街游行，政府再度关闭除军校以外的所有大学直至2000年6月。国民大会也在1996年4月后一直处于休会状态。尽管政治上管制仍然很严，但从1988年苏貌发动政变以来，缅甸在经济上却实行了大幅度的改革，出现了由中央严格管制的计划经济向开放型市场经济的转变，同时，还打破了长期形成的闭关锁国局面，实行对外开放，并在1997年加入了东盟，促使外国投资和对外贸易持续增加。经济改革和对外开放使90年代的缅甸经济有了较快的增长。但是，由于西方制裁和国内政治矛盾重重，可以预期21世纪初缅甸政治经济发展仍将面临不少困难。

第六节　当代泰国、马来西亚和新加坡史

一　当代泰国史

二战后，泰国的政体是实行君主立宪制。但很长时期处于军事政变迭起和军人统治之中，在50多年里，泰国绝大部分时间是军人直接或间接统治，真正的文人执政十分短暂。

从1944年披汶下台到1947年11月，是自由泰文人政府时期。1947年11月，披汶·颂堪军人集团发动政变上台，1948年4月，披汶出任总理，并在1949年5月又将暹罗改名为泰国（1938年暹罗曾改名泰国，1945年恢复暹罗国名）。披汶实行独裁统治，对内镇压进步力量，对外奉行亲美政策。1957年8月，国防部长沙立·他纳叻发动政变，推翻了披汶政府。12月大选后，由他侬·吉滴卡宗将军出任总理。

1958年10月，沙立再次发动政变。1959年2月，沙立自任总理，并独揽军政大权。沙立重视发展经济，领导了泰国自60年代开始的工业化运动，为70年代后的泰国经济发展奠定了基础。1963年12月，沙立病逝，由其副手他侬·吉滴卡宗元帅接任总理，他侬与副总理巴博元帅一起实行了长达10年的军人统治，一直持续到1973年。他侬政府继续了沙立时期开始的经济发展计划，注重发展多种经营和进口替代工业，鼓励私人资本投资，保持了经济的发展势头。

但他侬—巴博集团长期实行军人独裁统治和亲美政策加剧了泰国的社会矛盾，1973年10月13日，曼谷数十万学生、工人和市民举行了示威游行，反对他侬的独裁统治，第二天遭到了军队的开枪镇压，引发了社会的急剧动荡。当晚，普密蓬国王发表电视讲话，宣布他侬辞职，并任命政法大学校长讪耶·探玛塞为临时政府总理。这就是泰国当代史上的“十月十四日事件”，次日，他侬和巴博秘密逃往国外。1975年1月的大选后，克立·巴莫出任联合政府的总理，1976年10月，以沙鄂·差罗如上将为首的军人发动政变，推出了以最高法院法官他宁·盖威迁为首的文人政府取代了克立政府。1977年10月，沙鄂·差罗如上将再次发动政变，推出三军最高司令江萨·差玛南上将为总理取代了他宁政府。但是，江萨政府未能解决因世界石油危机引发的泰国经济危机，被迫于1980年2月在国会特别会议上宣布辞职。

1980年3月，国会一致提名陆军司令、国防部长炳·廷素拉暖上将为政府总理，后来炳还赢得了1983年和1986年的大选，连续执政长达8年。炳政府加强议会民主和法制，挫败了多次政变，保持了社会的稳定。他重视发展经济，加快了泰国成为新兴工业化国家的步伐。炳执政时期的卓著政绩得到了泰国民众和国际社会的广泛好评。1988年7月，泰国大选，产生了差猜·春哈旺为总理的新政府，但在两年后即1991年2月被军人政变推翻，泰国武装部队最高司令顺通·空颂蓬为首的国家安全委员会接管了政权，并推出阿南为临时政府总理。

1992年3月，泰国举行大选，结果5个党组成了联合内阁，并推举武装部队最高司令素金达担任总理。其他反对党则以素金达不是民选为由加以抵制，并领导群众进行声势浩大的示威游行。5月18日，军队向参加示威游行的群众开枪，造成了严重的流血事件。1992年9月13日，泰国举行大选，反

对派获胜，民主党的领导人川·立派担任了联合政府的总理。1996年11月，新希望党在泰国的又一次大选中获胜，差瓦立·永猜成为新总理，但在第二年的金融危机中，则因解决危机不力而被迫于1997年11月辞职。川·立派临危受命，又一次被国王任命8党联合政府的总理。2001年泰国泰爱泰党的塔信（又译他信）在大选中获胜，成为新总理。

20世纪80年代后期以来，泰国经济高速发展，年均增长率高达8%，号称亚洲“第五小龙”。但泰国经济发展存在着基础不牢等弊端，大量外资进入泰国的房地产和旅游业，造成了泡沫经济，1997年5月，泰国首先爆发了金融危机，使泰国发展受到了重创，之后，随着政府务实改革措施的推行，使经济逐步走上较为稳定的发展轨道。然而，依旧面临改革中如何平衡各利益集团权益和稳定政局等诸多挑战。

二 当代马来西亚和新加坡史

1945年日本战败投降后，英国卷土重来，马来亚仍是英国的殖民地。经过长期的斗争，1957年8月31日，马来亚联合邦宣布独立。1963年9月16日，马来亚联合邦与沙捞越、沙巴等合并成立了马来西亚。马来西亚实行西方式的议会制，但是这个国家一开始就面临着许多问题，其中最重要的是种族问题和宗教问题。由于马来西亚三大种族马来人、华人和印度人之间存在矛盾（当时这三大种族在马来西亚总人口的比例分别是49.3%、38.4%和10.8%），因此如何处理各种族之间的关系，始终是马来西亚政治斗争的焦点和政治稳定的关键。60年代后期，马来西亚的种族矛盾日益尖锐，社会动荡不安。1969年5月，马来西亚举行独立后的第三次大选，结果马来民族统一机构（巫统）占首要地位的联盟党失利，而华人反对党民主行动党、民权党等获得的席位上升，这使得马来人充满了危机感，导致了“五一三种族冲突事件”的发生。

“五一三事件”后，东古·拉赫曼在巫统激进派的压力下，宣布成立了以敦·拉扎克为主任的全国行动理事会，负责全国行政事务，标志着国家政权转移到了第二代马来人手中。1971年2月，马来西亚国会通过修改宪法保证马来人在国家政治生活中的主导地位。1974年6月，拉扎克组织了执政党联盟—“国民阵线”，取代了名存实亡的联盟党。国民阵线包括了10多个政党，但仍以巫统为核心，其他非马来人政党从某种意义上说只是卫星党，国民阵线在1974年及以后的历次大选中均获胜，并一直延续到了21世纪初。

1976年，敦·拉扎克病逝，敦·奥恩继任。1981年敦·奥恩因健康理由辞职，其副手马哈蒂尔出任马来西亚总理和巫统主席。马来西亚进入了马哈蒂尔时期。在此后长达20多年的时间里，一些势力虽然先后数次试图对马哈蒂尔的执政进行挑战，但总的来说马来西亚保持了社会和政治的稳定，经济发展较为顺利，1988～1996年，年经济增长率平均超过8%，成为东南亚发展较快的国家之一。

20世纪90年代后，马来西亚政府先后推出了第六个五年计划（1991～1995）、第二个远景计划纲要（1991～2000）和“2020宏愿”（1991～2020）等中长期经济发展计划，提出要在2020年前把马来西亚建成先进的工业国。虽然1997年的金融危机对马来西亚的经济造成了相当冲击，但危机之后，马来西亚政府吸取教训，进行了积极的调整，马来西亚经济也因此基本上保持了稳定发展的势头。

新加坡于1965年8月9日正式退出马来西亚联邦，成立了新加坡共和国。新加坡独立后，李光耀领导的人民行动党一直是执政党。长期以来人民行动党把保障政治稳定放在突出位置，并为此采取了一系列措施，如严格控制舆论，建立一党独大的政治体制，控制工会和建立严密的社会组织，强化行政机构，重视廉政建设，注重法制，从严执法，维护良好的社会秩序等等。80年代以来，新加坡反对党趋于活跃，人民行动党的地位受到了挑战，在80年代中期的几次大选中得票率不断下降。针对这种情况，人民行动党在继续加强政府的高效、廉洁和法制建设的同时，也主动稳健地推行政治改革，包括修改宪法，增加民选总统权力，扩大公民的民主权利等，还在1990年顺利实现了第一代领导人向第二代领导人的权力移交。

在政治和社会稳定的环境下，新加坡的经济发展取得了令世界瞩目的巨大成就。独立前，新加坡的经济主要依靠转口贸易。独立后，新加坡政府把原来的鼓励进口的经济政策转变为面向出口的发展战略，大力发展制造业和鼓励出口，重视引进外资和国外先进技术，开始建设资本密集型和技术密集型的工业部门。由于措施得当，新加坡经济迅速实现了起飞，1966～1979年，国内生产总值年平均增长率高达10.1%。产业结构出现了重大变化，形成了以制造业、金融、交通运输、贸易、旅游为支柱的现代化经济结构。新加坡成了亚太地区重要的国际贸易中心、国际金融中心和国际航运中心。在不到20年的时间里，新加坡成为著名的"亚洲四小龙"（亚洲4个新兴工业化国家和地区的通称）之一。

20世纪80年代后，新加坡政府提出进行"第二次工业革命"，大力发展技术密集和知识密集型企业，鼓励高科技产品的研究和开发。但在80年代中期，新加坡经济的发展遇到了不利的国际经济环境，一度出现波折。新加坡政府及时进行调整，在80年代末提出了新加坡经济发展的新方向，强调加强新加坡经济的"三化、一中心"，即：经济国际化、自由化和高科技化，以服务业作为经济发展的中心，并采取了一系列切实有效的措施，促使经济的转型。经过这次调整，新加坡经济重新驶上了平稳发展的快车道，并成功抵御了90年代后期东南亚金融危机的冲击，表现出令人称道的强劲增长。其经济发展达到了发达国家的水平。

第七节　当代印度尼西亚、菲律宾、文莱和东帝汶史

一　当代印度尼西亚史

1945年8月17日，印度尼西亚宣布独立，荷兰则乘日本战败又卷土重来，并发动了第二次殖民战争，印尼再次展开反对荷兰殖民主义的斗争。至1950年8月15日，统一的印度尼西亚共和国成立，印尼历史掀开了新的一页。

1950～1965年是苏加诺执政时期。在这个时期，印尼在外交上取得了一些成就，如高举反帝大旗，于1955年在万隆成功地举行了亚非会议，提高了印尼的国际地位。但在内政方面，印尼在这个时期的发展却历尽曲折。经济上，由于政府忽视经济的恢复与发展，使得国内经济迟迟不能走向正轨，人民怨声载道。政治上，虽然建国初期实行了议会民主制，但政党矛盾、宗教矛盾、中央和地方的矛盾、军政矛盾及军队内部矛盾错综复杂，特别是地方分裂势力反叛迭起，政局严重动荡，内阁像走马灯一样不断更换。鉴于议会民主制的种种弊端，从1957年起，苏加诺在印尼推行"有领导的民主"制度，其主要内容是：制定政党法，简化政党；修改普选法，让专业团体和军队代表参加立法机构；规定议会一半由普选产生的代表组成，另一半由总统任命的"职业阶层"的代表组成；成立一个包括共产党在内的"纳沙贡"内阁等。"有领导的民主"制度的建立，制止了印尼的分裂和动荡，削弱了右派政治势力，提高了共产党的地位，并使其进入了政权，但陆军也在这个过程中迅速增强了对国家政治经济生活的影响力，并与共产党的矛盾日益尖锐。

1965年，印尼军队内左右两派军官的斗争趋于激化，9月30日发生了严重的流血冲突，时任陆军战略后备军总司令的苏哈托指挥部队占领了要害部门，控制了局势。1966年3月，苏加诺签署命令，被迫将总统权力交给苏哈托，1968年3月，苏哈托正式就任总统，印尼进入了"新秩序"时期。1968～1998年的30余年间，印尼的领导人一直是苏哈托，他依靠军队在印尼建立起了铁腕统治。在政治上，他严厉地镇压异己，对印尼共产党和左派人士进行了大规模的屠杀，大力削弱了其他反对党的力量，除专业集团外把其他政党强行合并为两个政党　"建设团结党"和"印尼民主党"。为了保证对政权的控制，苏哈托将大批军人安插在从中央到地方的各级政府机构中，甚至每一个村庄都派了军代表，主要的经济部门也都由军人把持。在通过高压获得政治稳定的同时，苏哈托全力推动经济的发展，他任用财经专家管理经济，1969～1999年，先后实施了6个五年计划。这一期间，印尼经济发展战略的特点首先是实行对外开放，大力引进外资。其次是大力开发油气资源，发挥资源优势，带动经济的全面发展。此外，还逐步调整经济结构，由"进口替代"改为"面向出口"，积极发展电子等高新技术产业。

经过近30年时间，印尼经济有了长足的发展，综合经济实力有了较大的增强，国民经济保持了年均6.8%的增长速度，多次被世界银行列为全世界经济发展最快的10个发展中国家之一。但是，印尼经济的快速发展也带来了不少问题，依靠外国贷款导致了沉重的债务负担，过旺的需求使通货膨胀率上升，人口增加过快使失业问题严重，财富分配

不均导致贫富差距拉大等等。1997年，金融危机使印尼经济遭受了沉重打击，并引发了严重的政治和社会危机。1998年5月在局势剧烈动荡和持续性骚乱的冲击下，苏哈托被迫辞职。苏哈托倒台使印尼社会长期积累的矛盾一下了全部爆发出来。虽然印尼在1998年后已先后换了哈比比、瓦希德和梅加瓦蒂三位总统，但政局仍未实现稳定，经济恢复也面临挑战。加上分裂主义势力肆虐和恐怖主义猖獗，使得迄至21世纪初印尼经济仍处在转型的阵痛之中。

二 当代菲律宾史

1946年7月4日，菲律宾摆脱了美国的殖民统治，宣布独立。但是，此后美国仍在菲律宾有着很大的政治影响。在独立后的20多年里，菲律宾国民党和自由党交替执政，每次当选的总统都与美国有密切的联系，并推行亲美的内外政策。在这20多年里，菲律宾实行的是“美国式的民主制度”，如总统制和两党制；菲律宾的宪法是由美国人主持制定的，议会和总统定期举行选举，新闻和言论的自由程度较大，西方国家因此把这个时期的菲律宾称为“民主橱窗”。1965年，马科斯当选为菲律宾总统，在第一届任期内，他刷新吏制，打击腐败，发展经济，调整一边倒的亲美外交，加强与社会主义国家及周边国家的合作，在内政和外交上都做出了一定成绩，在1969年的竞选中成功实现了连任。但在他的第二届任期内，菲律宾经济下滑，政治上也出现了不稳定，马科斯于是以“要把国家从共产党的颠覆中拯救出来”为借口，于1972年9月23日宣布全国进入紧急状态，颁布了《军管法》，终止宪法，解散国会，禁止一切政治活动，查封传媒，逮捕政敌和反对派领袖，并通过强行修宪，打破了总统只能连任一届的限制，达到终身执政和进行家族王朝统治的目的。

20世纪70年代，菲律宾虽然处在马科斯的军法统治之下，但菲律宾经济却取得了长足的发展。农业方面，通过继续推行土改，大力推广科学种田等措施，使农业产量显著提高。菲律宾从一个粮食进口国变成了大米出口国。工业方面，通过大力吸收外资，建立出口加工区等措施，有效促进了工业发展，并带动了其他经济部门的发展。整个70年代，菲律宾的年平均经济增长率为6.4%，已成为一个中等收入的国家。在对外关系方面，马科斯政府加强了与发展中国家的联系，在东盟中积极发挥作用，提高了菲律宾的国际地位。

但是，70年代的经济增长，并未给贫苦大众带来多大好处，两极分化越来越严重，各种政治势力也不能继续忍受马科斯的专制统治。为了缓和社会的不满情绪，马科斯于1981年1月下令取消军管。出乎他的预料，解除军管后菲律宾出现了大规模的群众性民主运动。1983年8月，马科斯的主要政敌、著名的参议员阿基诺自美国返回菲律宾，准备参加1984年的国民议会选举，他一下飞机，即遭枪击而亡。这一事件将反马科斯的民主运动推向高潮，在持续的声势浩大的抗议浪潮的冲击下，马科斯众叛亲离，被迫下台，于1986年2月乘飞机仓皇出逃，客死美国。

马科斯垮台后，菲律宾在女总统科·阿基诺的领导下开始了向民主的过渡，但这一过渡之路并不平坦。科·阿基诺政府先后挫败了7次军事政变，为了消除对她地位威胁，她相继解除了国防部长恩里莱的职务，接受了总理兼外长劳雷尔的辞职，使菲律宾的政局趋向平稳，经济也有了一定的恢复。1992年，曾对帮助阿基诺稳定局面发挥过很大作用的拉莫斯当选为菲律宾的第八任总统，他继续推行以稳定政局、缓和社会矛盾和发展经济为重点的政策。但是，菲律宾长期存在的官员严重腐败和社会犯罪等问题却一直没有得到有效的遏制。1998年上台的埃斯特拉达不仅没有认真治理贪污和腐败，自己也被卷入受贿丑闻中，在全国上下一片反对声中，他被迫辞职。2001年1月20日副总统阿罗约宣誓就任总统，成为菲律宾历史上第二位女总统。进入21世纪的菲律宾，仍面临着经济低迷、政局起伏和南部分离主义势力猖獗等一系列严重的社会经济政治问题。要摆脱困境，走上健康的发展之路，菲律宾的政府和民众仍需要付出艰巨的努力。

（吴献斌）

三 当代文莱史

第二次世界大战爆发后，1941年文莱被日本占领。日本战败投降以后，文莱重又沦为英国的“保护国”。此后，文莱的石油产量稳步增长，经济迅速恢复。文莱第28代苏丹奥玛尔·阿里·赛福迪制定了文莱的第一个五年（1953～1958）发展规划，利用文莱的石油收入大力发展基础设施建设，使文莱经济逐渐摆脱落后状态。

1959年文莱颁布成文宪法，获得内部自治，始于1906年的英国行政长官职位改为高级专员。高级专员对除伊斯兰宗教和马来习惯外的其他事务向苏丹提供咨询。1967年，苏丹奥玛尔·阿里·赛福迪于在位17年后主动退位，其长子哈桑纳尔·博尔基亚继位。

文莱实行内部自治后，英国为了保持和扩大其在东南亚的统治地位，积极支持马来亚联邦推行包括文莱在内的“马来西亚”计划，遭到文莱人民反对。1962年12月，文莱人民在人民党领导下发动大规模武装起义。在苏丹的请求下，英国空运英联邦军队将起义镇压下去。随后，人民党被取缔，宪法被终止，苏丹宣布实施紧急状态法令。1963年7月，由于在石油收入分配以及文莱在马来西亚统治者会议中的地位等问题上发生争执，文莱苏丹宣布退出关于马来亚联邦的伦敦谈判。1970年的一次选举中，一个新的反对党取得胜利。此后，文莱王室抵制所有主张选举立法机构和建立代议制政府的言行，代之以组成清一色委任的议院，通过皇家法令实施统治，文莱重又回到君主专制政体。

1971年，文莱与英国签订新条约，文莱获得“完全的内部自治”，但仍由英国执掌外交权和国防事务。当时文莱王室出于对文莱自身安全和经济发展等的考虑，仍然希望继续保持其英国保护国的地位。随后，于1975年12月，在马来西亚的推动下，联合国大会通过决议，要求英国撤出文莱，允许流亡者回国举行大选。

1979年是文莱历史的一个转折点。英国与文莱签订《友好合作条约》，保证文莱在1983年后获得完全独立。1984年1月1日，文莱苏丹博尔基亚宣布文莱独立，宣布文莱“永远是一个主权、民主和独立的马来穆斯林君主国”。苏丹宣布组建一个6人内阁，他本人任首相，并兼任内务和财政部长。1月7日，文莱正式加入东南亚国家联盟，成为东盟第6个成员国。1月9日，文莱加入联合国，成为其第159个会员国。同年，文莱还加入了英联邦和伊斯兰会议组织。

1988年，苏丹重新组阁，他宣布放弃内务和财政部长职位，担任他父亲自1984年以来担任的国防部长一职。他同时宣布任命5位新部长和8位副部长。为了推动国家的经济发展，1988年11月30日，苏丹再次宣布重新组阁，组建工业和初级资源部。新内阁自1989年1月1日起开始工作。自此，在苏丹的领导下，政府制定了多个五年计划，推动国家的经济、社会和文化发展。

四　当代东帝汶史

东帝汶曾长期被葡萄牙侵占，1942年又被日本占领。第二次世界大战结束后，葡萄牙再次对东帝汶实行殖民统治，1951年被葡萄牙划为“海外省”。1960年，第十五届联合国大会通过1542号决议，宣布东帝汶岛及附属地为葡萄牙管理的“领土”。

1975年葡萄牙政府允许东帝汶举行公民投票，实行民族自决。当时东帝汶各派政治势力积极活动，主要有：主张独立的东帝汶独立革命阵线（简称革阵），主张同葡萄牙维持关系的民主联盟（简称民盟）和主张同印尼合并的帝汶人民民主协会（简称民协）。遂因三方政见不同引发内战。经过斗争，革阵于1975年11月28日单方面宣布东帝汶独立，成立东帝汶民主共和国。1975年12月，印尼出兵东帝汶，并于1976年宣布东帝汶为印尼第27个省。1977年7月，葡萄牙表示自1976年8月起已不再对东帝汶寻求主权。

联合国大会曾于1975年12月通过决议，要求印尼撤军，呼吁各国尊重东帝汶的领土完整和人民自决权利。此后联合国大会多次审议东帝汶问题，1982年联大以50票赞成、50票弃权、46票反对，通过了支持东帝汶人民自决的决议。但由于革阵独立进程几无进展，印尼占领既成事实，国际社会对东帝汶问题关注下降。

20世纪90年代后期亚洲金融危机和印尼政权更迭后，东帝汶独立倾向上升，东帝汶问题再度引起国际社会的广泛关注。在内外压力下，1999年1月，印尼哈比比总统同意东帝汶通过全民公决选择自治或脱离印尼。5月5日，印尼、葡萄牙和联合国三方就东帝汶举行全民公决签署协议。6月11日，联合国安理会通过决议成立联合国驻东帝汶特派团（UNAMET），负责东帝汶过渡初期工作。8月30日，东帝汶在联合国主持下举行全民公决，45万登记选民中约44万人参加了投票，其中78.5%拒绝自治并选择脱离印尼。哈比比总统当日表示接受投票结果。投票后东帝汶亲印尼派与独立派武装发生流血冲突，东帝汶局势恶化，联合国特派团被迫撤出，约20多万难民逃至西帝汶。9月，哈比比宣布同意多国部队进驻东帝汶。此后，安理会通过决议授权成立以澳大利亚为首、约8 000人组成的多国部队，并于9月20日正式进驻东帝汶，与印尼驻军进行权力移交。10月，印尼人民协商会议通过决议正式批准东帝汶脱离印尼。同月，安理会通过第1272号决议，决定成立联合国东帝汶过渡行政当局（UNTAET，简称联东当局），全面接管东帝汶内外事务。10月30日，最后一批印尼军警离开帝力，标志着印尼正式结束对东帝汶的23年统治。

2001年8月30日，东帝汶在联合国东帝汶过渡行政当局主持下举行大选，选举立宪会议。2002年4月14日，又举行了正式独立后的首任总统大选，夏纳纳·古斯芒获胜。5月20日，东帝汶正式独立。　　（张兴利　王小敏）

第五章　重要考古发现

第一节　中国

中国是一个历史悠久的文明古国，文化遗存十分丰富。中国的考古发掘虽不足百年，但所获重要发现却不胜枚举。这里只能按时间顺序择其要者而述之。

一　旧石器时代

分早、中、晚三期，分别与直立人、早期智人、晚期智人相对应。

西侯度文化　因1960年最先于山西芮城县西侯度村进行发掘而得名。距今约180万年，是中国已知最早的旧石器时代遗存。遗址的地质年代属于早更新世。该遗址发现有刮削器、砍斫器、三棱大尖状器等石制品，以及烧骨、带切痕的鹿角和动物化石。该发现提早了人类用火的历史。

元谋人　因于1965年在云南元谋县上那蚌村发现人类化石而得名，距今约170万年，是迄今所知中国境内年代最早的直立人。已发现人牙、石制品和哺乳动物化石，似乎也有用火遗迹。

北京人　因在北京市周口店龙骨山北坡，即“周口店第一地点”发现人类化石而得名，距今约70万～20万年。1921和1923年，瑞典学者安特生（Johan Gunnar Andersson，1874～1960）在此先后发现2枚人牙。1927年正式发掘，并于年底在洞穴堆积中发现人类下臼齿化石，定名为中国猿人北京种。1929年12月，发掘出第一个完整的人类头盖骨，这是当时保存最好的人头盖骨化石，引起了世界的震惊。随后，1931年中国学者裴文中（1904～1982）首先发现了猿人用火的遗迹，是最先发现猿人用火的直接证据，确立了直立人的存在，从而基本明确了人类进化的序列，极大地推动了学术发展。

周口店北京猿人遗址是目前世界上发现人类化石最丰富的遗址之一。至1937年抗日战争开始时，陆续发现的北京猿人化石有：头盖骨5具、头骨残片7块、面骨6块、下颌骨14块、牙齿147颗、股骨断片7段、肱骨2段、锁骨1根、月骨1块，分别来自40多个不同年龄和性别的猿人个体。中华人民共和国成立前所发现的标本，除1927年发现的牙齿化石仍在瑞典外，其余均在抗日战争期间下落不明。但当时主要的化石均做成模型保存下来，成为研究1949年前发现化石的唯一材料。中华人民共和国成立后又先后发现头盖骨、下颌骨各一件，牙齿6颗及肱骨、胫骨等。其中，1966年发现的额骨、枕骨与1934年在附近发现的两块颅骨碎片（现仅存模型）可合并成一个完好的头盖骨。

金牛山文化　因于1974年最早发掘辽宁营口金牛山村而得名，距今约20万年，是东北地区最重要的旧石器时代文化遗存。发现有人类化石和用火遗迹，特别是1984年发现一个有头骨和其他骨骼的男性个体，为世界学术界所瞩目。

丁村人　因在山西襄汾县丁村发现人类牙齿化石而得名，属于旧石器时代中期。丁村人属于早期智人，距今约12万～10万年。1954年，由贾兰坡（1908～2001）主持进行了首次发掘。遗址中所出土石制品以三棱大尖状器为突出特征，是华北地区旧石器时代两大传统之一，即“匼河——丁村系”

的代表，对探索华北古文化的来龙去脉和建立文化序列具有重要的学术价值。

峙峪文化 因1963年发现于山西朔县峙峪村而得名，距今约2.8万年，石制品以刮削器等细小石器为主要特征，是华北地区旧石器时代两大传统之一，即“周口店第一地点——峙峪系”的代表。该遗址出土遗物对于研究细石器工艺的发生具有重要意义，是该地区新石器时代典型细石器工艺的先驱。

山顶洞人 因1930年发现于北京市周口店龙骨山北京人遗址顶部的山顶洞而得名，距今约1.8万年，山顶洞人属于晚期智人。1933～1934年裴文中先生主持发掘出完整的人头骨等化石、石器、骨角器和穿孔饰物，并发现了中国迄今所知最早的埋葬，为中国葬俗的端倪。

二　新石器时代

仰韶遗址 位于河南省渑池县仰韶村，是著名的“仰韶文化”命名地。1921年，瑞典学者安特生发掘该遗址，通常被认为是中国现代考古学的开端。仰韶文化是在中国发现最早的新石器时代考古学文化，其分布以渭水、汾河、洛河诸黄河支流汇集的中原地区为中心，北抵长城沿线及河套地区，南达湖北西北部，东到河南东部一带，西到甘肃和青海接壤地带，共发现遗址约1 000多处，其年代约为公元前5 000～前3 000年。仰韶文化以小口尖底陶瓶、彩陶盆等为特色，分布广泛，延续时间长，内容丰富，影响深远，成为中国新石器时代的一支主干文化，展现了中国原始社会特定阶段的社会结构和文化成就。

半坡遗址 位于陕西省西安市半坡村，文化遗存分早晚两期，早期遗存内涵典型丰富，“仰韶文化半坡类型”因此而得名，年代约为公元前4 800～前4 300年。遗址面积约5万平方米。1954～1957年，中国科学院考古研究所先后进行了5次发掘，揭露了面积约1万平方米，发现有房址、窖穴、成人墓葬、小孩瓮棺葬及窑址等，出土了粗砂绳纹罐、小口尖底瓶和钵等陶质生活用器，器表多饰绳纹、锥刺纹、指甲纹、弦纹等，另有人面、鱼、鹿、几何图案等彩色纹饰。遗址内所发现的工具有斧、铲、刀、磨盘、磨棒、镞等石器及骨器、角器等。遗址内多处发现“粟”的遗存，表明已有农业生产。主要家畜有猪和狗，渔猎经济仍占重要地位。半坡遗址是中国首次大规模揭露的新石器时代聚落遗址，为复原中国原始社会的社会生活状况提供了宝贵资料。1957年在此建立了中国第一座遗址博物馆——半坡博物馆。

元君庙墓地 位于陕西省华县柳子镇东南，属仰韶文化半坡类型，代表时间约前4 000～前2 000年。1958～1959年，对此墓地进行了较为全面的发掘，共发现了97座墓葬。其中45座分属东、西两个同时并存的墓区，每个墓区内的墓葬可分三期，由东向西（早→晚）分三个纵行，同期的墓葬从北到南依次入葬。有单人葬及多人合葬，后者居多。该墓地反映了当时存在家族、氏族和部落的社会组织情况，合葬墓当属家族墓葬，若干个合葬墓所组成的墓区则为氏族墓区，包括两个墓区的整片墓地为部落墓地。这为探讨原始社会的埋葬制度提供了重要资料。

裴李岗文化 因1977年首先发现于河南新郑县裴李岗而得名，主要分布在河南中部一带，豫北、豫南也有发现，年代约为公元前5 500～前4 900年。发现有房址、窖穴、窑址和墓葬等遗迹，陶器以三足钵、肩部装饰半月形双耳壶为特色，生产工具有镰、铲、鞋底形磨盘、磨棒等石器，发现粮食——粟，表明当时经济以农业为主，兼营渔猎和采集，家畜有猪、狗。该遗址和同类遗存的确认，标志着中国新石器时代考古研究取得了重大进展，对于探讨仰韶文化的渊源和追溯更早期的新石器时代遗存，探索农业的起源具有十分关键性的意义。

陶寺遗址 位于山西省襄汾县陶寺村南，是“陶寺文化”的命名地，年代约为公元前2 500～前1 900年。1978年起，中国社会科学院考古研究所等单位开始进行正式发掘，取得了重要收获。陶寺文化居住址发现有房址、水井、陶窑和灰坑，房址以半地穴、窑洞式为多，也有地面建筑，还发现有白灰面和夯土的大型建筑基址的线索。特别是在居住地东南发现了面积达3万平方米的公共墓地，分大、中、小三类。其中大型墓有3米长，使用木棺，随葬品达一二百件，有精美的蟠龙盘等彩绘陶器、鼓等彩绘木器、磬和钺等玉或石制的礼器以及整个猪骨架等。陶寺遗址对探索中国文明的起源、复原中国古代国家产生的历史具有重要的学术价值。

龙山文化　特指中国黄河下游地区铜石并用时代晚期的一类文化遗存，即所谓山东“典型龙山文化”，年代约为公元前2 500～前2 000年，因1928年首先发现于山东省章丘县龙山镇城子崖而得名。城子崖遗址陶器以素面黑陶和蛋壳黑陶为主，器类以三足盘、高柄豆、鼎、鬶、甗为代表。漆黑发亮的蛋壳陶烧成温度达1 000℃，无疑是陶器中的精品，为世人叹为观止。城子崖遗址是中国考古学者发现并发掘的第一处新石器时代遗址，在中国考古学史上具有开创性意义。后来，随着考古新发现的增多，对龙山文化的内涵、性质、分布等认识有几度变化，曾一度泛指黄河中下游地区同时代的文化，现已细分为几个不同的考古学文化。进而现在学术界提出了“龙山时代”这个较为科学的新概念。龙山时代是中国文明起源十分重要的时期，龙山文化在中国文明起源的过程中占有十分重要的地位。

良渚文化　因1936年首先发掘浙江省余姚县良渚遗址而得名，主要分布在太湖地区，年代约为公元前3 300～前2 200年。良渚文化出土有稻谷、玉器、刻画黑陶、竹编器物、丝麻织品等，显示了长江三角洲地区原始社会末期或是文明初期的物质文化发展水平。特别是反山、瑶山大型祭祀遗址等考古新发现，出土了一批代表良渚文化社会发展水平的玉制礼器，数量之多，工艺之精，令世人称奇，为探索中国文明的起源提供了十分宝贵的资料。

红山文化　因最早发现于内蒙古自治区赤峰市红山后遗址而得名，主要分布于内蒙古东南部、辽宁西部、河北北部地区，年代约在公元前4 000～前3 500年。该文化最早由日本学者于1935年发现，当时误称为“赤峰第一期文化”，1954年才由中国学者科学地定名为“红山文化”。遗迹有带瓢形灶的方形半地穴式房址、窑址和墓葬，遗物以彩陶、“之”字形纹陶器（筒形罐、斜口器）、精美玉器（勾云形佩饰、箍形器）、石器（鞋底形耜、桂叶形双孔刀）和细石器为基本特色。特别是近年辽宁朝阳地区大型坛、庙、冢的发掘，表明当时已有了特权阶层，引起了世界学术界的瞩目，被认为是中国五千年文明的曙光，为探索中国文明的起源具有重要的学术意义。

卡若遗址　位于西藏自治区昌都城东南的卡若村西，属于西南地区澜沧江上游流域，年代约在公元前3 300～前2 100年。1978～1979年西藏自治区文物管理委员会进行了两次发掘，发现28座房屋和一批重要遗物，分二期。陶器多绳纹和刻画纹，常见小平底罐、钵、盆，石器以打制为主，与细石器、磨制石器共存。在西藏高原第一个经过正式考古发掘的卡若遗址，初步揭示了四五千年前西藏东部的原始社会生活概貌，对研究西藏地区的考古学文化及其与周邻地区的关系等具有重要的意义。

大坌坑遗址　位于台湾省台北县八里乡，属于新石器时代和青铜时代（距今约7 000～4 700年）的贝丘遗址，是“大坌坑文化”的命名地。1964年，台湾大学进行了发掘，将下层遗存称为大坌坑文化，上层遗存属圆山文化。大坌坑文化的陶器多绳纹，以斜沿罐、短直领罐为大宗，少三足器；圆山文化陶器常见罐、碗、壶等，尤以有段石锛、双肩石斧为特色，还发现了两翼青铜镞，有人认为是大陆传入的。该遗址对于认识包括台湾在内的东南沿海地区的考古学文化谱系等具有重要的意义。

三　夏商周时期

二里头文化　以河南省偃师县二里头遗址命名的青铜时代考古学文化，年代约在公元前1 900～前1 500年，主要分布在河南中西部和山西南部一带。1959年由徐旭生（1888～1976）最先发现该遗址，随后中国科学院考古研究所开始组队发掘，直至现在。二里头文化的居住址有半地穴式、地面建筑和窑洞式等，大小不一。特别是在二里头遗址上层发现的大型宫殿夯土基址，代表了当时建筑的最高水平。宫殿由堂、庑、庭、门等组成，布局严谨，主次分明，是迄今确认中国最早的宫殿建筑，其形制堪称中国历史时期宫殿建筑之滥觞。其墓葬多为中小型，个别墓葬出土爵、铃、刀、镞等青铜器，陶埙、石磬等乐器。据考证，二里头文化可能是“后羿代夏”以后的夏代文化。二里头遗址当是中国第一个奴隶社会国家　“夏朝”的晚期都城所在地。

偃师商城遗址　1983年发现在河南省偃师县城西部，属于商代早期的都城，时间约为前1 600～前1 400年。城址为缺角长方形，总面积达200万平方米。现已探明城址的基本布局和结构，城址由三重城垣（外城、内城、宫城）组成，宫城在西南隅，正处内城的南北中轴线，宫城内的宫殿左右对称，当是中国后来都城对称布局之开端。在城的东北隅发现车辙，证明在早商时期已有双轮车。新近的考古新发现和研究证实，此城址很可能是商朝最早的都城“亳”，这就基本解决了夏商分野的重大学术问题，推动了中国三代文明的研究和古代都城制度的探索进程。

殷墟遗址　位于河南省安阳市西北郊洹河两岸，面积约24平方公里。据文献记载，是商代后期盘庚至纣王的都城，年代约在公元前14世纪末～前11世纪。商代又称“殷”，故称殷墟。从1928年至今的考古发掘研究，已探明了该遗址的基本布局，确认了武丁以后诸王的陵墓、宫殿宗庙区和手工业作坊区等，出土重要遗物数以万计。这是中国学者最早正式发掘的都城遗址，在学术史上占有十分重要的地位。目前中国最大的出土青铜器司母戊大方鼎就发现于此。诸王陵、小屯南地甲骨坑（出土5 000余片甲骨卜辞）、妇好墓（出土1 928件精美随葬品）等重要发现驰名中外，极大地丰富了商代历史和文化的研究资料，堪称是20世纪世界考古的重大发现。

三星堆遗址　位于四川省广汉市，是先秦时期四川盆地的中心聚落或都邑之一，年代约在距今4 200～3 200年，即龙山文化晚期至殷墟三期左右。1929年发现，1933～1986年先后进行了多次发掘。该遗址城墙的发现，似表明这里是蜀国的早期城址。1986年，第一、二号祭祀坑出土了一大批不同于中原地区的人面像、大型立人像、神树等青铜器、金器、象牙和精美的玉石器等举世罕见的遗物，被誉为“本世纪最激动人心的发现”，使世人对巴蜀文明有了全新的认识，对于中原文明中心论提出了挑战。类似的重要发现还见于江西省新干县大洋洲墓地。

晋侯墓地　位于山西省曲沃县北赵村，是西周中期至春秋早期晋侯的墓地。1992年发现并开始进行全面的发掘。该墓地主要是夫妻并穴合葬墓，个别有妻、妾三穴者，有专门的车马坑殉葬。墓地出土了一批精美的青铜器（鼎、簋、爵、兔尊、成套编钟）、玉器（覆面、六璜联珠佩饰）等礼乐器以及陶器、木制双轮车等，男性墓中多有“晋侯”名字的铜器铭文。此墓地的发掘，为探索晋国始封地提出了重要线索，对研究周代墓葬制度乃至周文化的年代分期具有重大的学术意义。

曾侯乙墓　战国早期（公元前433年或稍后）曾国君主乙的墓葬。位于湖北省随州市西郊擂鼓墩附近。1978年由湖北省博物馆进行了发掘。该墓长21米，宽16.5米，平面呈多边形，分四室，殉葬21名女性。出土随葬品1万余件，有金器、玉器、青铜器（礼器、乐器、生活用器、兵器）、竹简等。其中编钟最为著名，共65件，最大一件高153.4厘米，重203.6公斤，钟体上均有铭文，是研究先秦音乐史的珍贵资料。该墓是东周考古断代的标尺之一。

平山中山王墓　战国晚期（公元前4世纪末）中山国王（刘胜）陵，位于河北省平山县城北的灵山下，附近有中山国晚期都城灵寿故城。1974～1978年进行了发掘，清理两处共5座墓葬。其中1号墓为中山王（刘胜）的墓，墓上有“享堂”，附近有陪葬坑和车马坑，出土有9个铜鼎、金银镶嵌龙凤形铜方案等精美器物。特别是中山王鼎壶有1 101个字，记载中山王的世系及有关史实，是研究中山国历史的重要资料；巨大的山字形铜器，是罕见的仪仗性礼器，象征王权；中山王陵兆域图铜板提供了战国时期王陵的形制和规模的重要资料。

四　秦汉时期

秦始皇陵　位于陕西省临潼县城东，是中国历史上第一个皇帝秦始皇的陵墓。1962年陕西省文物管理委员会开始勘察，1974年起开始对陵园进行较全面的复查，并对兵马俑坑进行正式发掘，直至今日。1977年就地建成了秦始皇兵马俑博物馆。该陵园呈长方形，有二重垣墙，北半部有寝殿基址。陵园东部有诸公子、公主殉葬墓，有埋置陶俑、活马的从葬坑群，以及被称为“世界古代第八大奇迹”的模拟军阵送葬的兵马俑坑，西部有埋葬奴隶的墓地等。此陵园制度，对于后来历代帝王陵园建筑影响很大。尤其是兵马俑如同真人、真马，雕塑艺术精湛，形象准确生动，堪称中国古代雕塑艺术的珍宝。

云梦秦简　湖北省博物馆等单位于1975年在湖北省云梦县睡虎地11号墓中发现简牍。墓主为秦狱吏喜，葬于秦始皇三十年（公元前217年）。简牍多达1 100枚左右，以秦代法律、文书为主，另有《编年记》等，共9种。简文提供了战国晚期到秦始皇时期的政治、经济、文化、法律、军事等方面的可信资料。其法律方面的内容，在世界法律史上占有重要的地位。

马王堆汉墓 发现于湖南省长沙市东郊，是西汉初期长沙国丞相、轶侯利仓及其家属的墓葬（公元前168年）。因被讹传为五代十国时楚王马殷的墓，故名马王堆。1972～1974年进行了发掘，墓葬出土有满盛丝织品、衣物、食品和药材等物的竹笥、漆器、木俑、乐器、竹木器和陶器，以及“遣策”竹简等。最为重要的是1号墓中的女尸，历经2 100年仍保存完好，在世界尸体保存记录中是十分罕见的，为中国医学发展史的研究提供了重要资料。3号墓中具有重要史料价值的大批帛书（如老子甲乙本及佚书八篇、战国纵横家书、五星占、病方52种、汉初长沙国南部地形图等）是中国考古学上古代典籍资料又一次重要发现。充满象征意义的艺术珍品彩绘帛画也较为引人注目。此墓为研究西汉初期手工业和科学技术的发展，以及当时的历史、文化和社会生活等方面，提供了极为重要的实物资料。

满城汉墓 发现于河北省满城县陵山上，是西汉中山靖王刘胜及其妻窦绾的墓葬（公元前113年或稍晚）。1968年中国科学院考古研究所等单位进行了发掘。这座夫妇并穴合葬墓是多室的崖墓，共出土随葬品4 200多件，有陶器、铜器、铁器、金银器、玉石器、漆器、纺织品以及车马、俑、钱币等，其中“长信宫”灯、错金博山炉等铜器都是难得的艺术瑰宝。特别是以“金缕玉衣”为殓服，与以往习俗迥异，是中国考古发现年代最早的玉衣。墓葬中的诸多发现，极大地丰富了冶金史、医学史、天文学史、军事史等方面的资料。

汉长安城遗址 位于陕西省西安市西北约3公里，是西汉都城遗址。1956年以来的考古发掘和勘探已经究明了此城为不规则方形，每面有3个城门，长乐宫、未央宫在城的南部，东市和西市在城的北部等，弥补了文献之不足。考古发掘证实，郭城、宫城形制、未央宫前殿选址等，从城市规划设计上体现了汉人“择中”、“崇方”的观念。此城址在中国古代都城发展史上占有重要地位。

尼雅遗址 位于昆仑山北麓，新疆维吾尔自治区民丰县尼雅河北的塔克拉玛干沙漠中，是两汉魏晋时期西域诸国之一精绝国的遗存。20世纪初被发现后，曾遭英国等探险家的掠掘。1949年以后，我国学者先后进行了多次的科学调查和发掘。居住遗址分南北两部分，南部较小，有数十幢房屋，北部有数百幢房屋，而且最宽敞的房屋和寺院建筑都在北部。出土有雕刻精美木质家具、陶容器、铁镰、铜镜、丝织品等，尤以房屋中发现的木质简牍最为重要。简牍用汉文或佉卢文书写，包含公文、指令、书信、契约、账簿记录等。特别引人注目的是1995年出土的东汉彩锦，历经千余年仍图案清晰，色彩艳丽，文字醒目，用黄色字体织有“五星出东方利中国”8个字，与《史记》“五星分天之中，积于东方，中国大利”的记载相合，堪称精奇巧合之珍品。北部居住址以北还有一片墓地。该遗址的发掘，对于研究精绝国的历史，以及认识西域诸国与中原汉晋王朝的关系等提供了重要资料。

李郑屋汉墓 位于香港九龙半岛南端深水埗李郑屋村，是目前香港地区所发现的唯一汉代墓葬（东汉中期）。1955年，香港大学进行了发掘。该墓是由甬道、前室、后室和左右侧室组成的砖墓，出土了铜器、陶器及陶模型明器等随葬品。李郑屋汉墓的发现，填补了香港汉代考古的空白，说明至少从汉代起这里与珠江三角洲地区已经同属一个行政区域，该墓“和华南其他汉墓一样，都肯定了汉代中国文化的统一性”。

五 三国两晋南北朝时期

走马楼三国吴简 是指1996年在湖南省长沙市五一广场东南侧走马楼第22号井窖所出土的三国时期东吴国的简牍。在这个井窖中出土了吴国纪年简牍数量多达17万余枚，超过了现知全国其他地方出土简牍数量的总和。内容涵盖了吴国的政治、经济、军事、文化、赋税、户籍、司法、职官诸方面，尤以佃田税卷书和类似经济合同等凭据为多，对于研究三国时期的历史，特别是吴国史提供了十分珍贵的第一手资料。这一考古发现被誉为是20世纪中国继甲骨卜辞、敦煌文书之后在古代文献方面又一次重大发现。

集安高句丽壁画墓 主要分布在吉林省集安县集安镇岭前麻线沟迄长川一带，是指在大约4世纪至7世纪上半叶期间高句丽王室、贵族的一组墓葬。现已发现20余座，以通沟12号墓、长川1号墓、舞蹈墓、五盔坟4号墓等为代表，有单室墓和多室墓。墓葬可分为3个时期。墓室中的壁画反映了高句丽的贵族日常生活和社会习俗，以及神话传说等内容，有很高的学术和艺术价值。壁画色彩鲜艳，线条流畅又富有变化，布局严谨，代表了高句丽壁画艺术的高超水平。

六 隋唐至元明时期

隋大兴唐长安城遗址 位于陕西省西安市，是隋唐两代的都城遗址。1957年以来的考古研究解决了有关都城布局的关键性问题，如对大明宫遗址龙尾道的确认等较为重要，弥补了文献之不足。隋大兴唐长安城平面呈方形，由外郭城、宫城、皇城和各坊、市等构成。宫城和皇城位于外郭城北部的中央，各坊分布在宫城、皇城的左右和皇城以南，东西两市分布在皇城的东南和西南，东西对称。整个都城规划整齐，布局严谨，是中国里坊制封闭式城市的典型。隋大兴唐长安城在中国都城发展史上占有特殊的地位。特别是唐长安城曾是当时世界上最大最繁荣的国际城市之一，其形制不但是中国中世纪城市的典范，而且也影响了邻近国家都城的建筑形制，如日本平城京和平安京等。

法门寺 中国佛教寺院，位于陕西省扶风县城北的法门镇，是安放释迦牟尼真身舍利的著名寺院，始建于东汉桓帝年间。据载，古天竺（印度）国王为弘扬佛教，分葬佛祖真身舍利，在世界各地建塔，法门寺即为其一，以珍藏“佛指舍利”闻名于世。现寺内有大雄宝殿、寺塔等建筑。1986年4月，在因塔身部分塌毁进行的清理中，发现了唐代修建的地宫（位于塔基中央）、国宝佛指舍利（一枚灵骨、三枚影骨），和大批工艺精美的唐代稀世珍宝（金银珠宝、玻璃、玉器、瓷器、铜器、丝织品等）。伊斯兰琉璃制品，晶莹剔透，当属西亚珍品。秘色瓷制工考究，为解决陶瓷史上悬而未决的秘瓷问题提供了突破性的发现。夹金锦和蹙金绣等珍贵丝织品则表现出唐代高超的工艺水平。文物揭示了密教与唐皇室的密切关系和法门寺成为“皇帝佛国”的历史背景。法门寺地宫文物内容之精美丰富，等级之高，堪称世界宗教文物的一次重大发现，对政治社会史、宗教史、艺术史、科技史以及唐代中外文化交流史等方面的研究，都具有弥足珍贵的学术和历史价值，受到了国际学术界的极大关注。

渤海上京龙泉府遗址 位于黑龙江省宁安县东京城镇，是唐代渤海国都城遗址。上京龙泉府是渤海国五京之一，因地理位置在渤海北方，故称上京；因西临忽汗河（今牡丹江），又称忽汗城。1933～1934年，日本学者曾做过发掘。1964年中国科学院考古研究所进行了大规模的勘探和发掘，进一步明晰了都城的形制和布局。考古发掘表明，不论是上京龙泉府城的形制、布局、建筑物的风格，还是出土的陶瓷器皿、建筑砖瓦、铜镜和铜带饰等遗物，都表现出与唐长安城遗址较多的相似性，说明中原唐文化对渤海文化的影响之深远。

耶律羽之家族墓地 位于内蒙古自治区阿鲁科尔沁旗罕苏木东南的朝克图山，是辽代东丹国左相耶律羽之的家族墓地。1992年被盗掘后，内蒙古文物考古研究所进行了抢救性发掘。墓地是一处布局严密的封闭式茔园，南部入口有祭奠性的建筑基址，共20余座墓葬。以年代最早、规模最大的耶律羽之墓（公元941年）最重要。该墓以琉璃砖为墓室的建筑构件，华丽高贵。墓内壁画与彩绘精彩纷呈，是十分珍贵的辽早期绘画杰作。该墓被盗，追缴回的300余件随葬品（金、银、铜、铁、木器和瓷器等）中仍有不少珍品，墓志铭多达千余字，详载了墓主属皇族近支的显要世系及其生平事迹，有很高的文献价值。此墓东南部发现了大型实用车具殉葬坑，在辽代尚属首次，对研究契丹葬俗有重要意义。该墓地的发现和深入研究将会对契丹历史的研究产生较为深远的影响。此外，内蒙古阿鲁科尔沁旗宝山辽墓、奈曼旗陈国公主墓和河北省宣化县下八里辽金墓地等也是较为重要的发现。

明定陵 位于北京市昌平区天寿山下明代十三陵中部，大峪山下，是明神宗万历皇帝朱翊钧的陵墓，同葬孝端皇后王氏、孝靖皇后王氏。1956～1958年，由夏鼐（1910～1985）组队进行了发掘。定陵有陵园建筑，墓室由前、中、后殿和左、右配殿组成，总面积达1 195平方米。陵墓中出土金、银、玉、瓷、木器和丝织品等各类器物总计2 000件之多。定陵是十三陵中唯一经过科学发掘的，对于研究明代皇陵的墓葬制度和当时的社会发展水平等提供了十分珍贵的资料。现已就地建成定陵博物馆。

第二节 日本

汉委奴国王金印 1784年发现于日本九州福冈县糟屋郡志贺町，现藏福冈市美术馆。是中国东汉光武帝（公元25～58年在位）赠给日本委奴国王的金印。该印印面为方形，印台上附蛇形钮，通高2.2厘米。印文为隶书，阴刻，有“漢委奴國王”5字。“委”为“倭”之简略，中国汉代称日本为“倭”，“奴国”是倭的国家之一。据考证，奴国在今九州福冈县境内。此印可以同中国史书《后汉书·东夷传》的记载相印证，对于研究日本古代史和古代中日关系史等有重要的学术意义。

高松冢古坟　位于日本奈良县高市郡明日香村，是古坟时代（4～7世纪）末期的贵族墓葬。1972年日本僵原考古研究所进行了发掘。古坟丘呈圆馒头形，底径约18米，夯土筑成。横穴式石室平面为长方形，门向南。墓室四壁壁画的内容有人物图、四神图和天象图3类，壁画上的日、月、星辰用金银箔装贴，内容丰富，绘制精美，色彩艳丽，保存完好。此墓是日本最重要的考古发现之一，对于研究日本的考古、历史、文化和艺术等都具有重要的价值。

三角缘神兽镜　是日本古坟时代（4～7世纪）前期古坟中出土的一种铜镜。因其缘部隆起甚高，断面呈三角形，镜背花纹是东王父、西王母等神像和龙虎等兽形而得名。现已发现了300余枚，直径多大于20厘米，属大型镜，分“舶载的”和“仿制的”两类，通常指的是前者。镜的纹样皆浮雕式，铭文繁简不同。镜的制作年代相当于中国的三国时期（220～280）。中日学者对铜镜的制造者和性质等（中国制或中国工匠在日本制）认识不同。目前，三角缘神兽镜为日本考古学界和历史学界所重视，是研究的重要课题之一。

平城京遗址　位于日本奈良盆地北部今奈良市左近地区，是奈良时代（710～784）都城遗址。1928年进行过试掘，1956年开始由奈良国立文化财研究所进行有计划的正式发掘。平城京形制主要仿中国唐代长安城，也受到唐代洛阳城的影响。全城平面呈长方形，宫城在北部中央。朱雀大路纵贯南北，将全城分为东西两半，分别称左京和右京，两京又划分里坊和商市。平城京周围没有城墙。此城有规模宏大的著名佛寺　东大寺，寺内大佛殿西北面的正仓院建筑保存至今。平城宫是天皇的居处和政府衙署之所在，在宫城中部考古发现了一组包括巨大殿基、门址和四面回廊的大型建筑基址，可能是平城宫初期元明天皇、元正天皇时的朝堂院和太极殿，圣武天皇改为“中宫院”。此外，还有一些重要发现，对于研究日本古代都城制度发展史和中日文化交流等都具有重要意义。

第三节　朝鲜半岛

平壤高句丽壁画墓　位于朝鲜平壤市附近，是公元4～7世纪的高句丽贵族墓葬群，共30余座。多为方形或长方形石室墓，彩色壁画多直接绘在石壁上，主要题材有人物图、人物四神图、四神图三类，具有分期断代意义。代表墓葬有德兴里壁画墓、药水里壁画墓、平安南道江西郡江西大墓等。墓葬壁画反映了当时的生活习俗、宗教信仰和艺术水平等内容，具有重要的学术价值。

庆州邑南墓地　位于韩国庆尚北道庆州市附近，是三国时期著名的新罗墓地，可能是公元5～6世纪新罗王陵所在地。在1.5平方公里的范围内，有150余座大型的封土堆，其中以壶杅墓、金冠墓、金铃墓、瑞凤墓和天马墓为代表。墓葬皆为积石木椁墓，有封土。随葬品丰富，以精美的金制服饰品为特色，还有陶器、青铜容器、铁制工具、漆器和玻璃器等，其中不乏珍品。有些遗物明显来自中国或西亚地区。这些墓葬对于了解新罗的历史和对外关系史都具有重要价值。

武宁王陵　位于韩国忠清南道公州郡宋山里，是三国时期百济国武宁王及其王妃的合葬墓。1971年进行了发掘。该墓为长方形砖室墓，出土有金、银、玉、玻璃等制的冠、簪等装饰品、木枕、青铜器、铁器、石镇墓兽和墓志等，还出土有中国的青瓷和青铜器。墓志所记的宁东大将军系梁朝的封号，与《梁书·东夷传》的记载吻合。

第四节　蒙古国

诺彦乌拉墓地　位于蒙古国中央省色楞河畔诺彦乌拉山，是公元前1世纪～公元1世纪的匈奴墓地。1924～1925年苏联学者进行了首次发掘，1927年以后蒙古学者又进行了多次发掘，共发现200余座墓葬。大型墓可能为匈奴单于或贵族墓，已发掘10余座，地表有坟丘，最大者达35米见方，方形墓室，四面有台阶，南面有墓道。两重椁室，木棺，墓底有毡毯，椁壁挂织物。随葬品有铜鍑、车马具等典型的匈奴用具，也有铜灯、铜镜等汉代遗物，表明了汉和匈奴的密切关系。该墓地为研究匈奴族历史和社会文化以及东西文化交流等提供了重要资料。

突厥文碑铭 指在蒙古国鄂尔浑河和图勒河流域发现的、大约为公元 7 世纪末～9 世纪中叶的突厥文石碑铭刻，主要属于古代突厥汗国（552～745）和回鹘汗国（744～840）。1989 年，俄国学者发现重要的阙特勤碑、毗伽可汗碑的碑文，是用突厥文和汉文两种文字刻成，主要记述后突厥汗国建立者毗伽可汗及其弟阙特勤的事迹。九姓回鹘可汗碑的碑文用突厥文、汉文、粟特文 3 种文字刻成，汉文保存最好，主要记述了回鹘汗国建国以后至保义可汗（808～821）在位的事迹、与中国唐朝的关系及摩尼教传入回鹘汗国的情况。碑铭的发现，为研究突厥汗国、回鹘汗国的历史和探讨其与唐朝的关系提供了极为重要的史料。

第五节 俄罗斯西伯利亚与远东地区

卡拉苏克文化 指主要分布在俄罗斯南西伯利亚、鄂毕河上游以及哈萨克斯坦的青铜时代晚期文化，年代约在公元前 13～前 8 世纪，分早晚二期。因于 20 世纪 20 年代首先发现在卡拉苏克河畔巴捷尼村墓地而得名。已发现的每一个墓地都多有近百座墓，墓穴为土圹或石箱，多仰身直肢单人葬，以陶器、青铜器和祭肉随葬，其中青铜弯刀和六棱形铜锛最有代表性。其经济生活以畜牧业为主，社会贫富等级差别不大。该文化的诸多青铜器特征与蒙古、中国北方草原地带青铜器特征较为相似，彼此关系可能较为密切。关于其人种和文化起源的意见不一，为学术界所关注。

巴泽雷克冢墓 指公元前 5～前 4 世纪或公元前 3～前 2 世纪南西伯利亚早期铁器时代墓地，分布于俄罗斯丘雷什曼河及其支流巴什考斯河之间的巴泽雷克谷地。1924 年发现，1927 年起苏联学者主持发掘，重点有 5 座大墓。大墓均有坟丘，多长方形墓室，两重椁室，多夫妻合葬墓，有文身、将死者制成木乃伊和战死者被敌方剥取头皮等风俗。随葬品以丝织品、毛皮制品为大宗，还有金银装饰品、铁制武器和工具、木器等。椁壁多挂毛织毡毯，以一幅约 30 平方米的毡帐和迄今所知世界上最早的拉绒多彩毛毯最为珍贵。单面的角制筒形鼓、竖琴式乐器、烟具和一辆可以拆卸的四轮木制马车也都是比较重要的发现。有人推测，该墓地居民的族属是中国历史文献中的月氏。这些冢墓的发掘为研究阿尔泰早期畜牧部落的社会物质文化提供了珍贵资料，是 20 世纪前半叶苏联考古学上的一个重要发现。

乌苏里斯克神道碑 发现于绥芬河下游俄罗斯滨海远东区乌苏里斯克城（分东西两城）附近，与陵墓有关。碑文磨灭，仅存碑额为“大金开府仪同三司金源郡明毅王完颜公神道碑”。碑有龟趺，原在乌苏里斯克东城以北的一个土丘碑亭基址上。神道两侧原有雕刻精美的石人、石兽。经考证，此处墓应为移居于绥芬河上游的押懒水完颜部首领完颜忠的陵墓。据此推测，乌苏里斯克城当是金代恤品路路治所在。

第六节 东南亚

爪哇人 指东南亚地区旧石器时代早期的人类化石，因最早发现于印度尼西亚爪哇岛而俗称。分类名称为“直立人”，距今约 70 万～50 万年，是迄今发现最早的直立人化石。爪哇人最初发现于 19 世纪，在发现的人类化石中，以 1891 年发现的一个头盖骨和次年发现的一根股骨最为重要，没有人工制品共生。爪哇人比北京人更为原始些，但已经具有直立行走的能力。在人类进化历程中占有十分重要的地位。

尼阿洞穴遗址 位于马来西亚沙捞越西北部的洞穴遗址群，年代约为距今 4 万年，属于东南亚地区旧石器时代晚期到金属时代初期。该遗址发现于 1954 年，1957～1976 年间进行了多次发掘，获得了珍贵的资料。遗址约在公元前 1 万年出现了刃部磨光的石斧，约在公元前4 000年出现了通体磨光的石斧，约在公元前2 500年出现了陶器和方角石斧，约在公元前 250 年以后，出现了小件红铜及青铜制品、铁制品、中国陶器和玻璃珠等。墓葬共发现 166 座，葬俗因时代的不同而变化。该遗址的发掘第一次建立了这一地区从旧石器时代晚期到金属时代的考古学文化序列，为研究这一地区古代民族的迁徙与文化的传播具有重要的学术价值。

北山文化 因 1924 年法国学者最早发现于越南河内东北的北山而得名，主要分布在越南东北部。年代约在公元前7 000～前5 000年左右，属于新石器时代早期文化。遗址多发现在洞穴或岩荫内，墓葬为圆形圹，屈膝蹲坐葬，随葬穿孔贝壳和石制工具。石器以刃部磨光的斧和表面有沟槽的磨石为特色，被学术界称为“北山石斧”和“北山痕迹磨石”。人骨主要属美拉尼西亚人和印度尼西亚人。该文化的确认，对于理清越南及其附近地区考古学文化的谱系等具有重要的学术价值。

三隆森贝丘遗址 位于柬埔寨芝尼河右岸洞里萨湖东南部，是东南亚新石器时代至青铜时代的贝丘遗址，年代下限在公元前第2 000年后半叶，是东南亚地区发现最早的史前遗址。1876年发现，1902和1923年法国考古学家进行了两次发掘。整个遗址是一个巨大的贝丘，长350米，宽180米，高6米。主要文化层由淡水贝壳和淤泥堆积而成，出土了磨制石器、骨器和手制陶器（罐、圈足盘、深腹豆等），还发现牛、鹿、贝壳等。

班清墓地 因位于泰国东北部乌隆府安芬县班清村而得名，是东南亚地区青铜时代至早期铁器时代的墓地。1966年发现，1974～1975年美国学者进行了发掘。墓地可分3期，早期年代为公元前3 600～前1 000年，中期为公元前1 000～前300年，晚期为公元前300～公元200年。墓葬均以仰身直肢葬为主，随葬有陶器、铜器、铁器等。因为班清墓地出土的青铜器和铁器的年代较早，引起学术界的广泛关注。有学者推测东南亚可能是世界早期冶金中心之一，但也有不同认识。（董新林）

第六章 重大历史事件

第一节 中国

商鞅变法 战国时期（公元前476～前221）商鞅（公元前390～前338）在秦国进行的封建性政治改革。商鞅，卫国人，公孙氏，名鞅，也称卫相公孙痤家臣，后向秦孝公进富国强兵之策。秦孝公六年（公元前356）任左庶长，实行变法。第一次变法令主要内容为：（1）按户籍行什伍“连发”法。（2）析大家为小家。（3）奖励生产，好吃懒做而致贫困者，全家罚为官奴。（4）奖励军功，禁止私斗。孝公十二年（公元前350），由雍迁都咸阳后下第二次变法令，主要内容为：（1）禁父子兄弟成婚后继续“同室内息”。（2）推行县治，全国共分31县。（3）废井田，开阡陌，允许土地买卖，承认土地私有权。（4）颁布法定度量衡器，统一度量衡制。上述改革加速了社会经济变革和集权政体形成，使秦国富强，为秦统一中国奠定了基础。

郑和下西洋 中国明代(1368～1644)初年的大规模远洋航行。郑和(1371～1435)，本姓马，回族，云南昆阳(今晋宁)人，后入宫作太监，赐姓郑，因小字三保，世称三保太监。从永乐三年(1405)至宣德八年(1433)之间，奉命七次下西洋(当时称今加里曼丹至非洲之间的海洋为西洋)。郑和第一次下西洋，与副使王景弘率水手、书记、医生、翻译和将士27 800余人，分乘62艘宝船(最大的船长44.4丈，合148米；宽18丈，合60米，可容千人)，满载中国的精美产品，从苏州刘家港(今江苏太仓浏河镇)出发，历经占城(今越南南部)、爪哇、苏门答剌(今苏门答腊北部洛克肖马韦)、旧港(今苏门答腊巴林冯)、锡兰(今斯里兰卡)，然后经印度的西岸于1407年折回。以后又六次出洋，前后共28年。经历30多个国家和地区，最南至爪哇，最北至波斯湾和红海的麦加，最西到非洲东岸木骨都束(今索马里摩加迪沙)。郑和下西洋，促进了中国与亚非各国的经济文化交流，是世界航海史上的创举，仅以最后一次的出航时间1433年计算，比哥伦布和达·伽马的航行还早半个世纪以上。中国西沙群岛中的永乐群岛、南沙群岛中的郑和群岛，都是为纪念郑和的航海事业而命名的。

鸦片战争 1840～1842年英国对中国发动的侵略战争。从18世纪末起英国就对中国实行侵略战争，大量输入鸦片，1838年达4万余箱，毒化中国，引起中国白银外流，财政困难。1838年底，清道光帝派钦差大臣林则徐赴广东查禁鸦片。1839年6月，林则徐在广州虎门当众销毁鸦片230万余斤，并多次击败英军的挑衅。1840年6月28日，英国在美、法两国的支持下，发动了侵华战争。战争中，以林则徐为代表的爱国官兵进行了坚决抵抗；以三元里群众为代表的沿海沿江人民进行了英勇的反抗斗争，给英国侵略军以沉重的打击。由于以道光皇帝为首的清政府非常腐败，对内破坏和镇压人民抗英斗争，对外执行动摇妥协的政策，使战争遭受失败，于1842年8月29日同英国签订了《南京条约》，中国赔款2100万银元，割让香港，并开放五口通商等。从此，中国逐步沦为半殖民地半封建社会，同时，中国人民开始了反帝反封建的民族民主革命。

辛亥革命 1911年（农历辛亥年）10月10日爆发的由中国资产阶级领导的民主革命。19世纪末20世纪初，由于帝国主义列强的不断侵略和清朝政府的日益腐败，中国社会进一步半殖民地半封建化。工人、农民不断起来反抗，新兴的资产阶级也迫切要求改革现状。1905年同盟会成立后，积极在各省和海外华侨中发展革命力量，开展对资产阶级改良派的论战，发动和领导多次武装起义，为辛亥革命准备了条件。1911年夏秋，鄂、湘、川、粤等省的保路运动蓬勃发展，革命形势趋于成熟。10月10日，武昌爆发起义，各省纷纷响应。孙中山于12月回国，被推举为临时大总统。1912年1月1日在南京成立中华民国临时政府，2月12日，清帝被迫宣告退位，清朝政府的统治遂告结束。4月，孙中山在帝国主义和封建势力的压力下，被迫辞职，代表大地主大资产阶级利益的袁世凯，窃踞了临时大总统职位，革命遂告失败。辛亥革命结束了中国2000多年的封建专制制度，但它未能完成中国人民反帝反封建的民族民主革命任务。

五四运动 1919年5月4日爆发的中国人民反对帝国主义和封建主义的伟大革命运动。第一次世界大战结束后，1919年1月，美、英、法、日等帝国主义国家在巴黎召开“和平会议”，决定由日本接管德国在中国山东的各种特权。消息传出，举国愤怒，5月4日，北京学生数千人在天安门前集会和游行示威，表示坚决反对。中国北洋政府派军警镇压、逮捕学生30余人，北京学生遂举行总罢课抗议，全国各地学生纷纷响应。6月3、4日，北洋政府又逮捕北京学生近千人，激起全国人民更大愤怒，特别是中国工人阶级以巨大声势参加了这一运动，上海、唐山、长辛店、九江等地工人相继举行政治罢工，中国工人阶级作为一支独立的政治力量登上了政治舞台。全国各城市的商人也相继罢市。迫于人民的压力，6月10日，北洋政府撤去了卖国贼曹汝霖、陆宗舆、章宗祥的职务，28日，拒绝在《巴黎和约》上签字。五四运动也是彻底反对封建文化的新文化运动。它在思想上和干部上为中国共产党的成立作了准备，是中国新民主主义革命的开端。 （李成勋）

第二节 日本

大化革新 公元7世纪中叶日本由奴隶制向封建制过渡的一次重要变革。又称大化改新、大化新政。大化革新前夕出现社会危机。在王室内部，苏我氏专权，引起革新派豪族不满。中大兄皇子（后来的天智天皇）和中臣（后赐姓藤原）镰足经过长时间密谋，于公元645年6月12日发动宫廷政变，推翻苏我氏，立中大兄舅父轻王子继位，称孝德天皇。公元646年元旦，颁布由四纲目构成的《革新诏》，进行一系列政治、经济改革。其主要内容是：1. 废除私有地、私有民；2. 实行国、郡、里三级地方行政制，权力集中于王室；3. 建立户籍，进行土地调查，实行班田收授法；4. 实行租、庸、调制，统一租税。通过上述一系列改革，使日本逐步成为中央集权国家。

明治维新 日本近代史上一场划时代的资产阶级改革运动。1853年美国以武力扣关，迫使日本“开国”，签订第一个不平等条约《日美亲善条约》。随后，日本又同英、俄、荷等国签订一系列不平等条约，锁国体制崩溃，使日本陷入殖民地危机。在日本国内，阶级矛盾加剧。农民起义和市民暴动接连不断。在内外矛盾加剧的背景下，19世纪50年代后期兴起的“尊王攘夷”运动逐步演变为“尊王倒幕”运动。在内外压力下，1867年11月江户幕府将军德川庆喜上表天皇，奏请“大政奉还”。1868年1月，倒幕派发动政变，宣布“王政复古”，迫使德川庆喜将政权移交天皇睦仁。改元明治。此后，倒幕派武力镇压幕府反抗，成立天皇专制政权。新政权成立后，实行改制，推行“版籍奉还”、“废藩置县”和地税改革等一系列政策，从而结束了绵延数百年的封建幕府制，建立了近代的统一国家，使日本走上资本主义道路。

推行“大陆政策” 日本是后起的资本主义国家，明治维新政府成立不久，日本即开始推行参加列强瓜分亚洲殖民地的“大陆政策”。明治维新时，正值西方列强纷纷进入亚洲，进行瓜分殖民地的争夺，日本也加入到这一行列，当时它的目标是吞并朝鲜，进攻中国东北，然后向南扩张。到19世纪80年代，其“大陆政策”最终形成。主要政策制定者山县有朋提出“主权线”、“利益线”的主张，作为“大陆政策”的理论基础。当时其首要目标是朝鲜。后来，外相青山周藏提出要把朝鲜、中国东北以及勒拿河以东的西伯利亚并入日本。根据上述“大陆政策”，日本发动了中日甲午战争和吞并朝鲜。其后，日本提出灭亡中国的二十一条、发动“九一八事变”和“七七事变”的全面侵华战争则是这一政策的继承和发展。

偷袭珍珠港 20世纪30年代末，日本侵华战争陷入泥潭。在中国人民全面抗战面前，欲进不能，欲退不成。1940年4月，纳粹德国发动“闪击战”，大败英法等国，席卷欧洲。日本认为这是其扭转困境的“千载难逢之良机”，于是决定南进。8月宣布推行“大东亚共荣圈”，9月同德、意签订《三国同盟条约》，同时决定进军印度支那北部。日本南进加剧了它同美英的矛盾。1941年7月初，日本御前会议决定：“加快向南扩张的步伐”。为达此目的“同英美不辞一战”。7月下旬，日本进军印支南部。美、英、荷、加等宣布对日石油禁运和冻结其在本国资产。对此，9月6日日本御前会议决定：如日美谈判不成，即决心对美开战。此后，经过一系列精心准备，1941年12月8日（当地时间7日凌晨），日本出动包括6艘航空母舰在内的30艘舰只偷袭珍珠港，大获全胜，美英对日宣战，从而爆发了太平洋战争。 （赵阶琦）

第三节 朝鲜半岛

三一运动 朝鲜半岛近代史上著名的爱国独立运动。1910年日吞并朝鲜后，引起了朝鲜人民的强烈反抗，1919年3月1日起，在李承晚、金九、金奎植、申翼熙等人的领导下，掀起了反对日本殖民统治的运动。这次运动以平壤和汉城市民的反日示威开始，迅速成为大规模的全国性运动，席卷了全国几乎所有的地区。这一运动一直持续到年底，在全国各地举行示威和暴动达3200次之多，有200多万人参加起义。由于日本殖民统治者的血腥镇压，运动遭到失败。

光州起义 韩国当代史上著名的民主运动。1979年10月26日朴正熙被刺后，韩国政局混乱，由国务总理崔圭夏代理总统，并于当年12月6日当选为第十届总统。12月12日，当时任韩国国军军事保安司令的军队强硬派代表人物全斗焕在夜间发动军事政变，逮捕和清洗了大批军官，换上了自己的亲信。1980年3月下旬到5月下旬，韩国全境爆发学生运动，要求已掌权的全斗焕下台。5月18～27日在全罗南道光州市爆发大规模起义，一度完全掌握光州市，起义波及半个全罗南道。当局派军队残酷进行镇压，学生和市民死伤500多人，有2000人被捕。这次起义为推进韩国的民主政治做出了很大贡献。 （金英姬）

第四节 越南 老挝 柬埔寨 缅甸

一 越南

勤王运动 1884年，法国侵占了整个越南，越南沦为法国的殖民地。法国入侵后，越南人民前赴后继，与法国殖民者进行了不屈不挠的斗争。而“勤王运动”成为这一时期越南人民抗法斗争的主要形式。1885年7月，尊室说在顺化发动起义，袭击法国侵略军。咸宜帝号召“文绅”勤王，各地纷纷起义，越南历史上称之为“勤王运动”。“勤王”即“勤劳王事”，它的主要内容是：拥护和支持越南封建统治阶级中的主战派，在恢复王权的名义下，争取国家独立，建立君主制国家。19世纪末，越南勤王运动此伏彼起，其中规模较大的有：1885年张廷绘和阮自如的广治起义，黎宁和荫武的河静起义；1885～1889年阮善述的芦苇滩起义；1892年宋维新和高田的雄岭起义等。而1885～1896年潘廷逢在河静、义安的起义是勤王运动中起义较早、持续时间较长的一次。潘廷逢领导的起义军依靠人民的支持，活跃在河静、义安、广平和清化四省，凭借山林险要形势，不断地打击法国侵略者。由于各地的勤王运动各自为政，未能相互配合。在法国殖民者的分化瓦解和镇压下，最终以失败告终。

八月革命 1945年8月，在日本法西斯即将土崩瓦解之际，在胡志明领导下的印度支那共产党于8月13日召开第二次全国代表大会，会议决定及时发动全国人民总起义。8月14～18日，高平、谅山、宣光、太原、河静、广义等省相继发动武装起义，夺取政权。8月19日，河内10万群众举行起义，迅速占领伪政权的各个机关，并取得胜利。随后，顺化和西贡起义也相继取得胜利。8月25日，保大宣布退位。越南“八月革命”取得全国胜利。9月2日，胡志明主席宣读《独立宣言》，宣

告成立越南民主共和国临时政府。　（孔建勋）

二　老挝

老挝十月独立运动　老挝原是法国殖民地，二战期间被日本占领，战后法国又重返老挝。为争取独立，1943年旅泰知识分子组织了“伊沙拉”（自由老挝）阵线，向英、美提出“老挝独立”的要求。但国王西萨旺·冯却同意法国继续统治，引起了万象等城市人民的强烈反对，人们推举了佩差拉为领袖，开展了争取民族独立的斗争，组建了以“伊沙拉”成员为主的起义委员会。1945年10月3日，该委员会改名为“国民会议”，并派代表到各省通报“争取独立的计划”。1945年10月12日，“国民会议”在万象广场召开群众大会，宣告独立，成立伊沙拉政府，颁布了临时宪法。但法国殖民者对伊沙拉政府发起了进攻。1946年5月24日，法军占领了万象和琅勃拉邦等重要城市，10月独立运动宣告失败。　（马树洪）

三　柬埔寨

柬埔寨抗法起义　19世纪80年代中期柬埔寨人民反抗法国殖民统治的武装起义。1884年6月，法属交趾支那总督汤姆森胁迫柬埔寨国王诺罗敦签署《柬法条约》，剥夺国王的一切权利，控制柬埔寨全国各级行政机构，激起柬埔寨人民的强烈反对。同年11月，柬埔寨人民发动反法武装起义，西伏塔等王族成员不久也加入武装起义队伍，并成为起义的主要领导者。起义队伍迅速壮大，发展到1万多人。法国殖民当局调集大批军队对起义者进行镇压。但起义军运用灵活机动的战略战术与敌人周旋，寻机打击敌人，法国殖民军和越军伤亡惨重。结果迫使法国政府把部分权力归还给柬国王诺罗敦，表示将尊重柬埔寨人的宗教信仰和风俗习惯。起义至1887年1月结束。　（王士录）

四　缅甸

英国三次侵缅战争　贡榜王朝时代，正是西方资本主义国家向海外殖民侵略扩张的时代。当时，辽阔的亚洲地区已成为英、法等殖民势力争夺角逐的场所。闭关锁国的缅甸也同样未能逃脱被它们渗透与侵略的命运。从18世纪初开始，英法两国在缅甸不断制造矛盾，各自支持缅族和孟族展开争夺，企图将缅甸攫为自己的殖民地。结果英国占了上风，并于1824、1852和1885年对缅甸发动三次侵略战争，使缅甸沦为英国的殖民地。

（张惠霖）

第五节　泰国　马来西亚

一　泰国

打开国门　19世纪，西方资本主义的发展伴随着殖民扩张。1852年，英国占领缅甸之后，寻求泰国的市场和原料。1851年，曼谷王朝的政权进行更迭，拉玛四世登基。英国乘机于1855年派它驻香港的总督鲍林率领使团赴泰国。在英国的威胁下，泰国于同年4月18日被迫与英国签订了不平等的《英暹条约》（泰国古称“暹罗”），也称《鲍林条约》。条约的主要内容是：英国人在泰国享受治外法权；英国人可以直接与泰国人自由贸易，并在曼谷永久居留；英国商品只付3%的进口税；鸦片和金块银块可免进口税；英国军舰可以进入湄南河口，在北榄要塞停泊。条约严重损害了泰国的主权和独立，也结束了王室对贸易的垄断，打开了泰国的国门。之后，西方列强纷纷仿效英国，至1898年，荷、美、法、德、俄、意等15国与泰国签订了类似的不平等条约。

君主立宪　从立国到20世纪30年代初，泰国实行君主制。但在国门被打开后，君主制逐渐面临挑战。由于西方殖民主义的扩张，使泰国经济纳入世界资本主义体系。与此同时，本国资本主义也加速发展。1929年世界性的经济危机导致泰国农产品出口急剧下降，国家经济陷入困境。为了缩减开支，当时的国王巴差提勃（1925～1935年在位）决定裁减政府官员和军警，引起中下层政府官员和年轻军官的不满。他们与青年知识分子组成民党，于1932年6月24日发动政变，逮捕了主要的政府官员，控制了首都，并提出了建立君主立宪制的《临时宪法》。巴差提勃国王被迫签署宪法，根据宪法，产生了国民议会，任命了政府总理，成立了内阁。从此，泰国君主立宪制诞生了。

由于民党内部发生分歧，1933年4月1日巴差提勃国王宣布解散议会和内阁，准备恢复君主制。6月20日再次发生政变，重新恢复国民议会，组成新的立宪政府。同年10月，保皇派军队进逼曼谷，结果被立宪政府陆军部长披汶·颂堪击败，君主立宪制得以巩固。　（韩　锋）

二　马来西亚

新经济政策　20世纪60年代末，马来西亚因经济与社会发展不协调，出现了马来人与华人之间的社会冲突。因此，政府制定了长达20年

(1970～1990)的"新经济政策"，亦被称为第一个远景规划。其社会发展目标是确定各主要民族在经济中的相应地位，特别强调了马来人经济地位的提高；经济目标是国民生产总值年均增长7%，并调整产业结构，提高制造业在经济中的比重，相应降低农业的比重。到该规划的后期，政府逐步降低了对非马来人和外国人的经济限制，以利引进外资。在规划执行期间经济年均增长6.9%，马来人的经济地位有较大提高，全社会的种族矛盾有较大缓解。

加强管制克服金融危机 1997年东南亚货币金融危机爆发，国际货币基金组织的对策是经济紧缩，并以严厉的经济整顿为条件向受冲击国提供贷款。马来西亚政府为维护经济独立，拒绝国际货币基金组织援助。政府在采取紧缩政策经济严重萧条后，于1998年7月采取扩张型措施，并于1998年9月宣布将浮动汇率改为固定汇率，强制外国资本须在马停留一年方可撤出。此后马经济逐步稳定并取得1999年增长5.4%的佳绩。对此，国际货币基金组织也不得不认为以政府管制手段抑制国际资本过度自由流动对经济产生的冲击，在短期内是卓有成效的。 (周小兵)

第六节 印度尼西亚

红溪惨案 荷兰殖民者惧怕华侨威胁殖民统治，从1690年起，在雅加达限制华侨人口的增长，实施居留证制度。1727年后，荷兰殖民当局多次颁布法令，限制华侨在雅加达居留。1740年10月，华侨奋起反抗，荷兰殖民者进行武力镇压，约有1万名华侨惨遭杀害，雅加达城外的红溪河水被鲜血染红。红溪惨案激起爪哇岛各地华侨和当地人反抗，袭击当地的荷兰殖民者。但终因华侨和爪哇人民的武装力量有限，于1743年被荷兰殖民者镇压下去。

蒂博尼哥罗起义 庞格兰·蒂博尼哥罗是日惹苏丹哈孟库步沃诺三世的长子，他对荷兰殖民政府干涉日惹宫廷内部事务，任意废立苏丹，侵犯爪哇封建主的利益极为不满。1825年7月20日，他领导长期遭受殖民压迫和剥削的印尼人民起义，多次击退荷兰殖民军队，并向日惹城进攻。其后，起义军在中爪哇和东爪哇地区开展游击战，荷兰殖民军队受到沉重打击。1829年8～10月，蒂博尼哥罗的部分亲属和将领投降，使他陷入困境。1830年3月，蒂博尼哥罗被迫与荷兰殖民当局谈判，被荷军逮捕。印尼人民这次反对荷兰殖民统治的起义遂告失败。 (马汝骏)

第七节 菲律宾

菲律宾独立宣言 16世纪，西班牙殖民主义者入侵菲律宾，此后，对菲律宾实行了长达300余年的殖民统治。不满西班牙殖民主义者的残酷统治，菲律宾人民同殖民主义者进行了坚苦卓绝、前赴后继的斗争。1896年，菲律宾爆发了全国范围的反西班牙革命，在革命军的打击下，西班牙殖民统治迅速土崩瓦解。1898年6月12日，革命领导人阿吉纳尔多的律师安布罗西奥·里安萨雷斯·包蒂斯塔宣读了了著名的《菲律宾独立宣言》，庄严宣布菲律宾从西班牙的统治下解放出来。参加革命的98位代表在宣言上签了字。宣言废除了菲律宾和西班牙之间的一切政治上的联系，宣称从此以后，菲律宾与所有独立国家一样，享有完全独立的权力从事宣战、媾和、订立商约、加入同盟、管理商业和行使任何独立国家有权进行的其他事项。

《菲律宾独立宣言》是安布罗西奥·里安萨雷斯·包蒂斯塔仿照1776年美国独立宣言起草的。菲律宾独立宣言向全世界宣布了菲律宾的独立，它是菲律宾人民反对西班牙殖民主义者取得伟大胜利的象征。宣言的历史局限性在于，承认了美国对菲律宾的保护地位，为菲律宾的完全独立留下了隐患。 (田 禾)

第七章 著名历史人物

孔子（前551～前479） 中国春秋时代(公元前770～前476)思想家、教育家、儒家学派创始人。名丘，字仲尼，被尊称孔子。鲁国陬邑(今山东曲阜)人。先世为宋国贵族，内讧中被杀，曾祖时流亡鲁国。少时贫贱，成年后做过管粮草和畜牧的小官。少年时就以"知礼"出名，相传曾问礼于老子(即老聃，约前 580～前 500）。自周返鲁后，开始聚徒讲学，创中国私塾之先河。有弟子3 000人，知名者 72人。后任鲁国中都宰、司空、大司寇。50 岁时，由大司寇摄行鲁国宰相 3 个月。以后周游列国前后 13年。68 岁返鲁，仍不为当局所用，便从事文化典籍的整理。相传曾删《诗》、《书》，定《礼》、《乐》，作《春秋》，晚年喜读《易》，它们被称为六部儒家经典，简称“六经”，又称“六艺”。孔子说：“六艺于治一也，《礼》以节人，《乐》以发和，《书》以道事，《诗》以达意，《易》以神化，《春秋》以道义。”

孔子在政治上，主张“克己复礼”，即遵守周朝传统的贵族等级制度。提出正名，即君、臣、父、子各守名分，不得逾线；反对一味以刑杀作为统治手段，注意缓和社会矛盾，强调以“德”和“礼”治国。在哲学上，相信天命，曾说君子“畏天命”，“不知命，无以为君子也”。在伦理思想上，提倡以“仁”作为最高标准，既具有维护贵族等级制度的意图，也具有尊重人的意义。在教育思想上，认为“有生而知之者”，但强调“学而知之，敏而好学，不耻下问”，“知之为知之，不知为不知”，“三人行必有我师焉”，具有朴素唯物主义色彩，对后世教育事业发展产生过积极影响。在经济思想上，主张“重义轻利”、“见利思义”，反对徭役苛重，主张“使民以时”，节用克俭，主张薄赋和“藏富于民”，他认为民富则安。

自西汉以后，在中国2 000多年的封建社会中，孔子一直被看做圣人，其学说成为封建文化的正宗。他的思想在中国，在亚洲，甚至在全世界都有影响。现存《论语》一书，为他的学生们记录其谈话的汇编。

秦始皇（前 259～前 210） 中国第一个封建主义王朝的创立者，即嬴政。前 246～前 210 年在位。前 238 年亲政以后，诛杀专权用事的宦官嫪毐，又免吕不韦相职，任用李斯为相。重用王翦父子和蒙武父子等能征善战的将领，实行“远交近攻”的策略，用兵 10 年，兼并韩、赵、魏、楚、燕、齐等 6 国，于前 221 年建立了中国历史上第一个统一的中央集权的封建主义国家。

他自称始皇帝，独揽全国经济、政治、军事大权。废除分封制，推行郡县制，分全国为 36 郡，郡下设县；中央和地方的重要官吏均由皇帝任免，概不世袭；统一法律、度量衡、货币和文字；堕毁战国时各国边境的城郭、堡垒。前 220 年，下令修建驰道，后又修筑直道和在今云贵地区通五尺道，还开凿了沟通湘江、珠江的灵渠。他派兵北击匈奴，筑长城；南定百越，设置闽中、南海、桂林、象郡。上述举措，对国家统一、社会经济文化教育的发展都具有积极意义。

为了加强统治，他曾 5 次出巡，又焚书坑儒，销毁民间武器，推行强本（农）弱末（商）政策。他修宫筑墓，穷奢极欲，加以严刑苛法，赋税繁重，连年用兵，耗尽民力，破坏了社会生产，激化了阶级矛盾。他死后不久即爆发了陈胜（？～前 208）、吴广（？～前 208）领导的农民大起义，秦王朝覆亡。 （李成勋）

圣德太子（574～622） 日本大和国推古时代（亦称飞鸟时代）的皇太子，摄政，政治思想家，“推古改革”的倡导者和日中恢复国交及增进两国文化交流的推动者。被称为日本佛教的始祖，是日本人民心目中的大圣人，对日本文化发展作出了巨大贡献。原名厩户丰聪耳皇子，谥号圣德太子，亦称上宫王、圣德王、法大王、法主王等。是用明天皇的第二皇子，母亲穴穗部间人皇后。592 年 12 月，推古女帝（592～628 在位）即位，翌年 4 月，立圣德太子为皇太子，任摄政，辅佐女皇，直至去世。在辅助天皇处理大政期间，曾进行了“推古朝改革”。603 年制定《冠位十二阶》，定官职为 12 阶，以冠衣种类标志官位高低，有助于打破旧的氏族、贵族门阀，加强皇室权威。604 年制定《十七条宪法》，第一次明文制定了新的官僚制度，为日本建立中央集权制奠定了基础。在整顿内治的同时，恢复了自 5 世纪以后中断了的日中国交，在日本外交史上开辟了一个新时代，为日中两国国交的恢复和文化交流作出了卓越贡献。607 年（隋炀帝大业三年）派出遣隋使小野妹子赴隋，学习吸收中国先进文化，编修史书、兴修水利、修建道路、创办社会福利设施。推崇佛教，在奈良附近修建的法隆寺是世界上十分古老的木质结构建筑物。但他发动的侵朝战争，给朝鲜和日本人民都带来灾难。《日本书纪》记载，圣德太子编有史书《天皇记》《国记》和《臣连伴造国造百八十部并公民等本记》等，但遭火焚，未留于世。因逝世较早，未得继承皇位。 （石北屏）

成吉思汗（1162～1227） 古代蒙古首领，元太祖，军事家和政治家。曾发动向西远征，建立蒙古三大汗国。名铁木真。1162年出生于蒙古部孛儿只斤氏族。12世纪末13世纪初，先后统一蒙古诸部，1206年建立了蒙古汗国，被推为大汗，称成吉思汗（蒙古语“海洋”或“强大”之意）。制定军事、政治、法律等制度，开始使用文字，从而改变了诸部之间长期的争战局面，加强了经济联系，对当时蒙古社会的发展起了进步作用。

即位以后，展开了大规模的军事活动。1211和1215年两次大举向金进攻，直到黄河北岸，占领中都（今北京）。1219～1224年发动蒙古军西征，攻灭了花剌子模，遣军攻入钦察，在喀勒喀河打败了斡罗斯和钦察联军。版图扩展到中亚、西亚地区和南俄，并把这些地区分封给长子术赤、次子察合台和三子窝阔台，建立了钦察汗国、察合台汗国和窝阔台汗国。（后来成吉思汗之孙蒙哥汗命其弟旭烈兀继续西征伊朗等西亚地区，又建立了伊利汗国，故史称“蒙古四大汗国”。）1226年，率兵南下攻灭西夏，为元朝的建立奠定了基础。

军事才能卓越，战略上重视联远攻近，力避树敌过多。用兵注重详探敌情、分割包围、远程奇袭、佯退诱敌、运动中歼敌等战法，史称“深沉有大略，用兵如神”。另一方面，作战具有野蛮残酷的特点，大规模屠杀居民，毁灭城镇田舍，破坏性很大。

1227年夏历七月十二日，在宁夏六盘山病死。元朝建立后，成吉思汗被追尊为元太祖。

（陈　山）

丰臣秀吉（1537～1598）　日本战国末期统一事业的英杰，丰臣政权的创立者，武将、军事家和政治家，曾两次入侵朝鲜遭失败。乳名日吉丸，后称木下藤吉郎。1537年2月6日出生于尾张国中村，父亲木下弥右卫门，是织田信长之父信秀家的下级武士。初为今川氏家臣松下之纲的侍从，1558年投到织田信长门下，转战南北，屡建战功。1573年浅井氏灭亡后，任筑前守，进驻长滨城，成为长滨城主，改姓羽柴。1576年受命征伐中国地方，平定播磨国后任姬路城主。1577年受织田信长之命出征阴山和山阳，进入备中围攻高松大名的毛利辉元。1582年本能寺之变，织田信长被杀。与毛利辉元媾和，回师东向，击毙叛臣，灭明智光秀，为织田信长复仇，掌握了政局主导权。1583年灭织田信孝、柴田胜家，在大阪城修筑城堡，作为统一全国的根据地。1585年任关白，后晋升为太政大臣，1586年底又授以丰臣之姓，成为日本历史上与权贵齐名的势家。1587年平定九州的岛津氏。1590年灭北条氏，平定关东和奥羽地方，完成了统一日本全国大业。1591年将关白职让给养子秀次，自称太阁。为加强统治，曾实行清丈全国土地（太阁检地）、没收农民的兵器、限制天主教传播等政策。1592和1597年两次入侵朝鲜失败。1598年8月18日病死于伏见城（桃山）。

丰臣秀吉继织田信长之后，结束百年战国动乱，完成日本再度统一，对日本社会发展起到了积极作用。但为了实现狂妄野心，对外扩张侵略，给邻国及日本人民带来灾难。　（石北屏）

李舜臣（1545～1598）　朝鲜古代民族英雄，著名抗日爱国将领。字汝谐，号德水。1545年5月5日生于京畿道开丰〔今属首尔（汉城）〕，22岁开始习武，1576年武科及第，时年31岁。曾任全罗道井邑县狱吏等职，1591年任全罗道左水军节度使。为抵御外侮，他建造了一种在当时极具威力的铁甲“龟船”，并加紧训练水军。1592年4月，日本统治者丰臣秀吉发兵入侵朝鲜，朝鲜壬辰卫国战争爆发。同年6～8月李舜臣率部在玉浦、泗川、闲山岛等战役中连战连捷，夺取了制海权，粉碎了日军水陆并进的计划。9月，他出任忠清、全罗、庆尚三道水军统制使，率军于10月在釜山海战中击沉敌船百余艘。1597年日本施反间计，致使他受诬告而被革职下狱。日本乘机动员14万兵力分水陆两路再次进犯朝鲜，朝鲜水军在庸将元钧指挥下大败。9月，李舜臣再次被任用为三道水军节度使，并率军与日军大战于鸣梁海峡，以弱势兵力击退330余艘敌舰，粉碎了日军西进企图。随后他移师古今岛（今莞岛），同陈嶙、邓子龙率领的中国水军组成联合舰队，加强对敌进攻并实施封锁。1598年12月在露梁海战中，中朝联合舰队大败敌船队，但在追击逃敌时，李舜臣中弹牺牲。死后谥号“忠武”，追封为右议政、左议政及领义政。遗著辑成《李忠武公全集》15卷。　（吴献斌）

伊藤博文（1841～1909）　日本明治时期著名政治家，近代日本首任内阁总理大臣，日本侵略中国和朝鲜的甲午战争的发动者。幼名利助，后改名利辅、俊辅，又称春辅或俊介、沧浪阁主人。1841年9月2日出生于日本周防国熊毛郡束荷村农民家庭，父林十藏，养父下级武士伊藤直右卫门。早年，师从国粹派学者吉田松阴，受尊王攘夷倒幕思想影响。1863年赴英国留学，1868年明治政府成立后，出任外国事务局判事、大藏省少辅、民部省少辅、工部省少辅、参议兼工部卿等要职。1870～1882年多次赴欧美考察，探索德国普鲁士国权主义宪法理论及欧洲各国宪法。1878年大久保利通被暗杀后，为明治天皇倚重，成为掌握政府实权的中枢人物。1885年出任日本首届内阁总理大臣兼宫内大臣，至1901年四次组阁。1888年4月天皇咨询机构枢密院成立后，三次出任枢密院议长。1889年主持制定了《大日本帝国宪法》，为天皇制国家政权打下法制基础。1890年出任贵族院首任议长。在其任内发动了侵略中国、朝鲜的甲午战争，并迫使清政府签订丧权辱国的《马关条约》，割去台湾、澎湖列岛及辽东半岛，索取赔款白银2亿两。后在被迫归还辽东半岛时，又强索3 000万两白银。1900年成立立宪政友会，出任总裁。1905～1909年出任朝鲜总督，其间受封公爵。他前半生积极参加讨幕维新运动，主张发展资本主义；后半生对内镇压日本人民革命运动，对外侵略扩张，是侵略中国和朝鲜的元凶。1909年10月为考察中国东北和调整日俄关系，与沙俄协商吞并朝鲜，在中国哈尔滨火车站会见沙俄财政大臣时，被朝鲜独立运动著名爱国志士安重根击毙。

（石北屏）

朱拉隆功（Chulalongkorn 1853～1910）　泰国近代进行一系列政治、经济改革的国王。泰国近代著名国王拉玛四世帕宗诰昭之第九子，也称拉玛五世。全名为帕拔颂德·帕尊拉宗·诰昭育华（Phrabat Somdetch Phrachula Chom Klaochaoyuhua）。1853年12月5日生于曼谷，自幼在宫廷受英国教师的教育，15岁时（1868），父死即位，由王族摄政5年。曾经游历海峡殖民地（新加坡）、爪哇、印度等地。1873年正式加冕，亲临朝政。在位期间，进行了一系列重要的政治、经济改革。仿效欧洲国家管理结构，抑制封建割据，加强中央集权；整顿财政，改革税收制度；改革法律，逐步废除奴隶制；修建铁路，发展交通、邮电事业；改革教育，兴办学校、医院；创办近代工业，推进近代化进程；改编陆军、创建海军，颁布征兵条例。1893年被迫签订《法暹曼谷条约》，分别割让湄公河东岸、马来半岛北部4邦领土给英、法两国，但是仍维护暹罗的独立。他被尊称为朱拉隆功大帝，并在曼谷立有铜像，逝世日称为“铜马点灯日”，为泰国一大节日。　（韩　锋）

何塞·黎刹（Rizal Jose 1861～1896）　菲律宾近代民族革命的先行者、著名学者和民族英雄，被称为“从未有过的最伟大的马来人”。1861年6月出生于内湖省的湖边市镇卡兰巴。1872年在马尼拉阿提尼奥学院读书，是一个富有才华的学生，1877年获文学学士学位。随后到圣托马斯大学学习医学，1882年在西班牙中央大学完成医学和古典文学的学业。黎刹是一位多才多艺的人，他是医生、诗人、小说家、戏剧家、小品文家、辩论家、历史学家、音乐家、画家、雕刻家、哲学家和语言学家。1878年，为了改变菲律宾人的悲惨状况，被流放在世界各地的菲律宾的爱国知识分子发动了一场改革运动，又叫“宣传运动”，向全世界揭露西班牙的黑暗统治。他是菲律宾反对西班牙的改革运动的领袖之一。他的小说《不许犯我》和《起义者》唤醒了人民为自由而斗争，同时也激起西班牙统治者的报复怒火，成为当时著名的禁书。

1888年2月，他被迫再赴欧洲，在巴黎从事宣传工作。1889年，在巴黎成立了“国际菲律宾学家协会”，目的在于推动对菲律宾历史和语言的研究。1892年，重返马尼拉，组织成立了菲律宾联盟，联盟宣称“人与人平等”。联盟成立仅4天，黎刹就被逮捕入狱，开始了悲惨的流放生活。1896年，在马尼拉的巴冈巴扬遇难。　（田　禾）

孙中山（1866～1925）　中国近现代伟大的民主革命家、思想家，革命先行者，中国同盟会和国民党的创始人、总理，民国时期大总统，“三民主义”的倡导者。名文，字德明，号日新，改号逸仙。后化名中山樵，遂名中山。1866年11月12日生于广东香山（今中山）。1892年毕业于香港西医书院，先后在澳门、广州开设西医房。

1894年赴北京上书李鸿章，提出革新政治，并积极组织广州起义。广州起义失败，逃亡日本，奔波于欧、美、南洋各地，宣传革命，发展组织和考察资本主义社会。1900年发动惠州起义，失败后继续在海外进行革命活动。1905年在东京建立中国同盟会，确定“驱除鞑虏，恢复中华，建立民国，平均地权”的纲领，被选为总理。他创办《民报》，提出“民族、民权、民生”三民主义学说，并积极联络华侨、会党、新军在两广、云南等地多次发动武装起义。1911 年武昌起义后，被选为中华民国临时大总统，后因革命党人向袁世凯（1878～1916）妥协，2 月 13 日被迫辞去大总统职务。1912 年 8 月，同盟会改组为国民党，被推为理事长。1913 年他领导讨伐袁世凯的“二次革命”，1914 年在日本建立中华革命党，继续举起讨袁护国的旗帜。1917 年领导护法运动，在广州组织中华民国军政府，被选为大元帅。1919 年将中华革命党改组为中国国民党。1921 年任中华民国非常大总统。1922 年因陈炯明（1878～1933）叛变，被迫回到上海。

在革命屡遭失败、陷入绝望境地的情况下，在共产国际和中国共产党的帮助下，决定改组国民党。1924 年 1 月在广州召开国民党第一次全国代表大会，通过宣言，确定联俄、联共、扶助农工三大政策，把旧民主主义发展为新三民主义，建立国共两党和各界人民统一战线，建立黄埔军校，训练军事干部。11 月抱病北上，提出“召开国民会议和废除不平等条约”两大口号，同帝国主义和北洋军阀继续作斗争。1925 年 3 月 12 日在北京逝世。遗著编为《中山全书》或《总理全书》多种。

孙中山在自然观上，把“以太”作为世界的根源，强调世界形成是由以太到地球，由生元（细胞）到生命，由生物到人类的过程。在认识上，提出“知难行易”说，反对“知之百艰，行之惟艰”的思想。在历史观上，认为求生存是社会发展的动力。在经济政策上，主张平均地权、节制私人资本、发达国家资本；改革货币，实行纸币制度；主张“使外国之资本主义，以造成中国之社会主义”；反对帝国主义经济侵略；并提出宏伟的实业计划。他的革命实践和思想理论，对中国社会的进步和亚洲各国的发展都产生了积极的重大的影响。（李成勋）

李承晚（Lee Senug Man 1875～1965） 近现代参加韩国反日争取独立运动，当代韩国首任总统。1875 年 4 月 26 日生于韩国黄海道平山。1894 年（高宗三十一年）进入培材学堂，第二年转为该学堂的英语教师。1894 年日本人杀害韩国明成皇后，他积极参加了为推翻亲日政府，找出杀害明成皇后元凶及救出国王的示威活动，之后受到通缉。1896 年，帮助从美国回来的徐载弼成立“协成会”、“独立协会”等，继续投身到独立运动。在徐载弼被放逐到美国后，担任《协成会报》《每日新闻》的主编，成立“万人共同会”等，站在了独立与启蒙运动的前沿。由于抨击政府，同时受到“皇国协会”的诬告，于 1898 年被判终身监禁入狱。但 1904 年，在闵泳焕的周旋下得以释放。同年冬，携带高宗皇帝的密信前往美国，拜见美国总统，欲说服美国与韩国合作打击日本侵略阴谋，但未获成功；无奈决意在美国学习。于 1910 年获得普林斯顿大学博士学位。

1910 年 8 月日本强占韩国，他 9 月回国，以朝鲜基督教青年联合会为中心展开工作。1945 年光复以后，主张成立独立政府，坚持独立路线；1948 年在坚决反对内阁负责制、极力推崇总统制，并于当年 7 月在成立大韩民国政府之同时，当选为第一任总统。

1950 年 6 月 25 日朝鲜内战爆发后，他积极要求美国拼凑的“联合国军”出兵朝鲜，进行了 3 年多的战争。他为了长期执政，不顾其政敌及在野党的反对，先后几次修改宪法，最终导致 1960 年的“四一九”运动，不得不辞去总统职务，避往美国夏威夷，1965 年 7 月 19 日客死夏威夷。

（朴光姬）

吉田茂（1878～1967） 现代曾任日本外交官，参与制定侵略中国政策，当代日本前首相。1878 年 9 月 22 日生于东京都。是明治时期自由党领袖竹内纲的第五子。养父吉田健三，横滨贸易商。吉田茂 1906 年从东京帝国大学法学部政治学科毕业后进入外务省，曾任日本驻中国安东（今丹东）、济南领事，驻天津、沈阳总领事。在此期间参加田中义一召开的东方会议，参与制定侵华政策。1928 年出任外务省次官，曾协助田中义一以“保护日侨”为借口，两次出兵侵袭中国山东、河北一带。其外交官生涯中，在华长达十几年。1930 年后出任驻意大利、英国大使等职，1939 年辞官隐退。1945 年日本战败后，曾任东久迩内阁和币原喜重郎内阁外务大臣。自 1946 年 5 月以后 5 次组阁出任首相，执政 7 年多。其间，1951 年 9 月作为日方全权代表出席旧金山对日媾和会议，签订了单独对日和约，后又签订了《日美安全保障条约》、日蒋“和约”等。他一直采取敌视新中国的政策，在外交上向美国一边倒。但所采取的稳定经济，反对重新武装日本的路线，对重建日本，特别在维护独立、振兴科学、恢复经济、解决国计民生、重返国际社会等方面起到了重要作用，是二战后日本国家新体制的奠基者。1955年自由党和民主党合并为自由民主党后，任顾问。1963年退出政坛，1967年10月20日病故。著有《回想十年》、《大矶随想》、《激荡的百年史》等书。

东条英机（1884～1948）　现代日本前首相，陆军大将，参与策划、指挥侵略中国和发动太平洋战争、侵略东南亚的甲级战犯。1884年12月30日生于东京。其父陆军中将东条英教，是发动和指挥日本侵略中国的甲午战争、屠杀中国人民的刽子手。东条英机1905年毕业于陆军士官学校。历任日本驻德国大使馆武官、陆军大学教官、陆军省课长、参谋部第一课长等职。1931年参与策划了侵略中国东北的“九一八”事变。1935年出任关东军宪兵司令官，1937年升任关东军参谋长。是镇压中国东北人民的凶手。“七七”事变后，率“东条兵团”侵入中国承德、张家口、大同等地，建立了察南傀儡政权。1938年5月出任第一届近卫文麿内阁的陆军次官。1940年出任陆军大臣，强烈主张扩大侵华战争，力主对英、美开战。1941年10月组阁，出任首相兼陆军大臣、内务大臣、军需大臣、总参谋长等要职，实行法西斯独裁统治。同年12月参与决策偷袭珍珠港发动太平洋战争，把侵略战争从中国扩大到太平洋和东南亚地区，并策划“本土决战”。1944年7月日本败局已定，东条内阁垮台。1945年日本投降后自杀未遂，作为甲级战犯被捕。由于其在东亚和太平洋地区疯狂地发动侵略战争，犯下了不可饶恕的罪行，1948年被盟国远东国际军事法庭判处绞刑，同年12月23日被绞死。

（*石北屏*）

蒋介石（1887～1975）　中国国民党当政时期的党、政、军主要领导人，曾任国民党总裁、国民政府主席、总统、军事委员会委员长，在执政22年期间，两次13年发动反共内战。原名瑞元，后改名中正，字介石，学名志清。1887年10月31日生于浙江奉化。1907年在保定陆军速成学堂肄业。次年赴日本入振武学校学习军事。同年加入同盟会。武昌起义后回国，投沪军都督陈其美部任团长。1918年先后任援闽粤军总司令部作战科主任和粤军第二支队司令。1922年6月陈炯明率部叛变，孙中山避难于“永丰舰”，蒋往随侍，取得信任与器重。1923年先后任陆海军大元帅大本营参谋长和行营参谋长，8月赴苏联考察。1924年国共合作后，任黄埔军校校长兼粤军总司令部参谋长。1926年3月制造“中山舰事件”，5月提出“整理党务案”，打击和排斥中国共产党人。随后任军事委员会主席、国民党中央党部军人部部长等职。1926年7月国民革命军北伐，任总司令。12月，国民党中央党部和国民政府自广州迁往武汉，但他坚持要迁南昌，冀图直接控制。

1927年4月12日在上海发动“四一二”政变，残酷屠杀共产党人和革命人民，并在各地“清党”，从而破坏了第一次国共合作。4月18日，在南京另立“国民政府”与武汉国民政府对峙。1928年任国民政府主席、军事委员会主席兼第一集团军总司令。1929年后，他凭借帝国主义和江浙大资产阶级的支持，战胜了各派军阀势力，并击败了汪精卫、胡汉民、孙科等派系的对抗，巩固了自己的独裁统治。

1931年日本发动侵略中国的“九一八”事变后，他坚持“攘外必先安内”政策，对中国工农红军和农村革命根据地发动多次军事“围剿”。1936年12月，张学良（1901～2001）和杨虎城（1893～1949）发动西安事变，扣留蒋介石，逼蒋抗日。经中共代表周恩来等多方努力，蒋接受联共抗日条件。后又无限期地将张学良软禁起来。抗日战争期间，在他统率下，中国军队先后在淞沪、忻口、南京、徐州、武汉、长沙、南昌等地作战，阻滞了日军的疯狂进攻。但由于他实行片面抗战路线和单纯防御的战略方针，致使中国大片国土相继沦陷。尤其是武汉失守以后，他发动三次反共高潮，严重损害了抗日事业。1943年曾出席在埃及开罗举行的中、美、英三国政府首脑会议，讨论对日作战问题，会议发表了《开罗宣言》。

日本投降后，蒋介石在美国支持下，撕毁国共《停战协定》，于1946年6月向解放区发动全面进攻。在人民解放军有力反击下，1947年3月改为集中兵力向陕北、山东实施重点进攻，不久被粉碎。7月解放军转入战略进攻。1948年9月起，国民党军主力在解放军接连发动的辽沈战役、淮海战役和平津战役中被歼灭。他于1949年1月宣告“引退”，但仍在幕后指挥，拒绝接受国共双方代表谈判拟定的《国内和平协定》。解放军遂乘胜进军，推翻了国民党在中国大陆的反动统治。他于同年12月败走台湾省。1950年3月在台湾“复职”重任“总统”，此后一再连任4届，并连续当选国民党总裁。他以“三民主义建设台湾”、“反共复国”为号召，维系他在台湾的统治；与美国签订“共同防御条约”。但是他反对“台湾独立”、“国际托管”和“两个中国”，坚持一个中国的民族立场。1975年4月5日在台北逝世。 （李成勋）

胡志明（Ho Chi Minh 1890～1969） 现当代越南共产党和越南民主共和国主要领导者，曾任越南共产党(越南劳动党)主席，越南独立同盟主席，越南民主共和国主席，胡志明思想的创立者。1890年5月19日生于越南义安省南坛县金莲村。幼时原名阮必成，后取名阮爱国，40年代初改名胡志明。1920年在法国加入共产党，参加成立“殖民地各民族联合会”等革命团体。1923年前往苏联学习，1924年参加共产国际第五次代表大会。同年年底至1927年在中国广州参加革命活动，成立越南青年革命同志会。1930年2月在他领导下3个越南共产主义组织成立统一的印度支那共产党(后改名为越南劳动党)。1941年发起建立越南独立同盟并当选为主席。

1945年越南人民取得八月革命的胜利，9月2日胡志明在河内巴亭广场发表《独立宣言》，宣告越南民主共和国成立，任临时政府主席。1946年初在越南第一届国会上当选为越南民主共和国主席并兼任总理。此后，在1960年5月和1964年4月的第二、三届国会上分别连任国家主席。1951年2月印度支那共产党改名为越南劳动党后，任越南劳动党中央委员会主席。1945～1954年领导越南人民进行了9年抗法战争。60年代开始领导越南北方人民开展抗美救国战争。1969年9月3日病逝。

1991年6月，越共七大通过的党章中规定，越共以马列主义、胡志明思想作为思想基础和行动指南。 （杜继峰）

毛泽东（1893～1976） 伟大的马克思主义者，无产阶级革命家、政治家、军事家和战略家，中国共产党、中国人民解放军和中华人民共和国的主要创建者和领袖，毛泽东思想的主要创立者。字润之。1893年12月26日出生于湖南省湘潭县。1911年辛亥革命时参加起义的新军为列兵。1912～1918年自修和在湖南第一、四师范学习。1918年发起组织新民学会。

1919年五四运动前后接受和传播马克思主义，并创办《湘江评论》。1920年筹建湖南社会主义青年团，同何叔衡等创建长沙的中国共产党早期组织。1921年7月出席中共第一次全国代表大会，参加创建中国共产党。会后任中国劳动组合书记部湖南分部主任和湖南省工团联合会总干事。1922年起任中共湘区（包括江西安源）委员会书记。1923年在中共三届一次执委会上被推选为中共中央局成员，任中央局秘书。1924年初参与中共帮助孙中山改组中国国民党的活动。第一次国共合作期间，在国民党第一、二次全国代表大会上被选为国民党中央候补执行委员。1924年5月起任中共中央组织部部长。1925年起任国民党中央宣传部代部长。同年12月起任《政治周报》主编，兼任国民党中央党部宣传员养成所所长。1926年2月起任国民党中央党部政治讲习班理事，5月起任第六届农民运动讲习所所长。同年秋任中共中央农民运动委员会书记。1927年到湖北武汉任全国农民协会总干事，主持农民运动讲习所。1925年12月和1927年3月，先后发表《中国社会各阶级的分析》和《湖南农民运动考察报告》，对于中国社会阶级状况，中国民主革命的依靠力量、朋友和敌人，以及农民运动的重要性，进行了创造性的科学的论述。

1927年8月在汉口举行的中共中央紧急会议（八七会议）上，提出“政权是由枪杆子中取得的”，即以革命武装夺取政权的思想，并被选为中共中央临时政治局候补委员。八七会议后，作为中共中央特派员领导湘赣边秋收起义，任中共前敌委员会书记，创建工农革命军第一师，在井冈山创立了第一个农村革命根据地。1928年与朱德、陈毅领导的起义部队会师，组成中国工农红军第四军，任红四军党代表、军委书记。1928年5月起任中共湘赣边界特委书记。1930年6月起任红一军团政治委员、前敌委员会书记，8月起任红一方面军前敌委员会书记兼总政治委员，9月在中共六届三中全会上被补选为中共中央政治局候补委员。1928～1930年，先后写了《中国的红色政权为什么能够存在?》《星星之火，可以燎原》等著作，创造性地提出了建立农村根据地，以农村包围城市，最后夺取城市的战略思想。1931年1月起任中共苏区中央局委员，10～12月任中共苏区中央局代书记。1931年1～11月任中华苏维埃中央革命军事委员会委员、副主席、主席。1931年11月中华苏维埃共和国中央执行委员会在江西瑞金成立，当选为主席、中央执行委员会人民委员会主席、中华苏维埃共和国中央革命军事委员会委员。1934 年 1 月在中共六届五中全会上当选为中共中央政治局委员。1934 年 2 月起任中华苏维埃共和国第二届中央执行委员会主席。同年 10 月参加长征。

1935 年 1 月举行的中共中央政治局扩大会议——遵义会议确立毛泽东在红军和党中央的领导地位，增选他为中共中央政治局常委。会后不久，任前敌司令部政治委员，为三人军事指挥小组成员，统一指挥红军的行动。1935 年 11 月红一方面军番号恢复,任政治委员。1935 年 11 月至 1936 年 12 月任中华苏维埃西北革命军事委员会委员、主席。1935 年 12 月作《论反对日本帝国主义的策略》的报告,阐明了抗日民族统一战线的理论、路线和政策。1936 年 12 月起任中华苏维埃人民共和国中央革命军事委员会委员、主席、主席团成员。1937 年 8 月至 1976 年 9 月长期担任中共中央军委委员、常委、主席。1938 年及其后发表《论持久战》等著作,为党在抗日时期制定了正确的路线、方针和政策。1941 年 9 月起任中共中央研究组(又称中央学习组)组长。1942 年 6 月起任中共中央总学习委员会主任。1943 年 3 月起任中共中央政治局主席、中共中央书记处主席;并任中共中央宣传委员会书记,兼任中共中央党校校长。1945 年 6 月在中共七届一中全会上当选为中共中央主席,中共中央政治局委员、主席,中共中央书记处书记、主席。

1949年 6 月发表《论人民民主专政》一文，总结了民主革命的基本经验，并成为创建新中国的纲领性文献。同月起任新政治协商会议筹备会常务委员会主任。1949 年 9 月在中国人民政治协商会议第一届全体会议上当选为中华人民共和国中央人民政府主席，10 月 1 日在北京天安门广场举行的开国大典上，宣告中华人民共和国成立。1949 年 10 月当选为政协第一届全国委员会主席。1949 年 10 月至 1954 年 9 月任中央人民政府人民革命军事委员会主席。1954 年 9 月在第一次会国人民代表大会上当选为中华人民共和国主席，同月起任第一届国防委员会主席。1954 年 12 月、1959 年 4 月两次被选为政协全国委员会名誉主席。1956 年 9 月在中共八届一中全会上当选为中共中央主席，中共中央政治局委员、常委。1956 年 4 月作《论十大关系》的讲话，对适合中国情况的社会主义建设道路进行了初步的探索。1957 年 2 月作《关于正确处理人民内部矛盾的问题》的讲话，提出必须正确区分和处理社会主义社会两类不同性质的社会矛盾，把正确处理人民内部矛盾作为国家政治生活的主题。

1969 年 4 月在中共九届一中全会上当选为中共中央主席，中共中央政治局委员、常委。1973 年 8 月在中共十届一中全会上当选为中共中央主席，中共中央政治局委员、常委。

毛泽东在领导中国革命和建设中，坚持马克思主义普遍真理与中国具体实践相结合的原则，发展了马克思列宁主义，形成了毛泽东思想，在哲学、政治经济学、军事学和科学社会主义等方面，丰富了马克思主义的理论宝库。

毛泽东在民主革命时期的理论和政策主张，已被实践证明是完全正确的。进入社会主义革命和建设时期，毛泽东在探索“怎样建设社会主义”的过程中，既取得了一系列重大成就，也曾轻率地发动了“大跃进”和人民公社化运动。其后，在关于社会主义社会阶级斗争的理论和实践上的错误发展得越来越严重，以致发生了在 1966～1976 年发动和领导“文化大革命”的严重错误。他在犯严重错误期间，仍警觉地注意维护国家安全，执行正确的对外政策，坚决支持各国人民的正义斗争，并提出划分三个世界的国际战略和中国永远不称霸的重要思想。

毛泽东的一生,是伟大的无产阶级革命家的一生。他对中国革命的功绩远远大于他的过失。他为中国共产党和中国人民解放军的创立和发展,为中国各族人民解放事业的胜利,为中华人民共和国的缔造和社会主义事业的发展建立了不可磨灭的功勋。

1976 年 9 月 9 日在北京逝世。他的主要著作收入《毛泽东选集》1～4 卷。 （李成勋）

乔巴山（1895～1952） 蒙古人民革命党创始人之一，蒙古人民共和国前部长会议主席。1895 年 2 月 8 日生在一个贫苦牧民家庭。1914 年春在俄国学习时受到俄国革命的影响。1919 年在蒙古组织秘密革命小组，不久，与苏赫·巴托尔等共同筹建蒙古人民党及武装力量。1920 年 6 月秘密赴苏俄学习军事。1921 年 3 月蒙古人民党成立，当选为中央委员会委员和中央主席团委员，并担任人民革命军副总司令兼政治委员。7 月，蒙古人民革命政府成立，任第一届人民政府委员、人民军政治委员。8月，任蒙古革命青年团中央委员会书记。1928年12月，当选为小呼拉尔主席团主席。1935年被任命为部长会议副主席，1936年兼内务部长。1936年被授予蒙古人民共和国元帅军衔，同年任人民军总司令和国防部长。1937年起任部长会议主席。1940年3月，蒙古人民革命党举行第十次全国代表大会。以后，乔巴山居于党的领导地位。1945年8月10日，蒙古人民共和国向日本宣战。他率军与苏联红军联合作战，为打败日本法西斯作出了贡献。1952年1月26日，乔巴山逝世。他的著作有：《蒙古人民革命简史》《青年的立志》《马克斯托布传》和《蒙古人民的大事》等。

（陈 山）

周恩来（1898～1976） 伟大的马克思主义者，无产阶级革命家、政治家、军事家和外交家，中国共产党、中国人民解放军和中华人民共和国主要创建者和领导人之一，当代国际关系中，具有重大意义的和平共处五项原则和“求同存异”外交思想的倡导者。字翔宇。1898年3月5日生于江苏淮安，祖籍浙江绍兴。1913～1917年在天津南开中学学习。1917～1919年留学日本。

1919年回国后，参加五四运动，成为天津学生界主要领导人之一，并组织觉悟社，从事反帝、反封建的革命活动。1920年11月赴法国勤工俭学。1921年春加入旅法中国共产党早期组织。1922年6月与赵世炎等发起成立旅欧中国少年共产党，任中央执委会委员，负责宣传工作。随后任中国社会主义青年团旅欧支部书记、中共旅欧支部领导人，对早期的建党、建团工作起了重大的作用。1923年6月以个人身份加入中国国民党旅欧组织。同年11月当选为中国国民党旅欧支部执行部总务科主任、代表执行部部长。

1924年9月回国，历任中共广东区委委员长、中共广东区委常委兼军事部部长、黄埔陆军军官学校政治部主任，主持建立党直接领导的第一支革命武装叶挺独立团。1925年起任国民革命军第一军政治部主任、副党代表、东征军总政治部总主任，参与领导了第一、二次东征，为巩固和发展广东革命根据地和进行北伐做出了重大贡献。1926年初起任中共中央军委委员。1926年冬赴上海，任中共中央组织部秘书、中共中央军委委员兼中共江浙区军委书记。1927年2月起任中共上海区委军委书记；3月任上海工人第三次武装起义总指挥；5月在中共五届一中全会上当选为中共中央政治局委员，随后列席政治局常委会；5～11月任中共中央军事部部长，其间：5～7月任中共中央军委主任；7～8月任中共中央政治局临时常委会委员。

1927年大革命失败后，与贺龙、叶挺、朱德、刘伯承等发动和领导八一南昌起义，向国民党反动派打响了第一枪，为创建人民军队作出了重要贡献，在起义中任中共前敌委员会书记。起义发动后任国民党革命委员会委员、参谋团委员。1927年8～11月任中共中央临时政治局候补委员。1927年11月至1928年7月任中共中央临时政治局委员、常委，其间：曾兼任中共中央军事科科长。1928年7月出席中共六大，在中共六届一中全会上当选为中共中央政治局委员、常委。后在上海坚持党的地下工作，任中共中央秘书长，中共中央组织部部长，中共中央军事部委员、常委、部长、书记，中共中央军委委员、常委、主任、书记，中华苏维埃共和国中央革命军事委员会委员。1931年12月进入中央革命根据地，任中共苏区中央局书记、中国工农红军总政治委员兼红一方面军总政治委员、中华苏维埃共和国中央革命军事委员会委员、副主席等职。1934年1月起任中共中央书记处书记。1934年10月参加长征。

1935年1月，在中共中央政治局扩大会议——遵义会议上，坚决支持毛泽东的正确路线，为确立毛泽东在全党的领导地位，起了十分重要的作用。遵义会议后为中共中央负责军事行动的三人小组成员。1935年11月至1936年12月任中华苏维埃西北革命军事委员会委员、副主席，并负责军委组织局工作，1935年12月起兼任中共中央东北军工作委员会书记。1935年12月至1937年7月任中华苏维埃人民共和国中央革命军事委员会委员、副主席，其间，1936年12月起任委员会主席团成员。1936年12月作为中共全权代表赴西安，促成西安事变的和平解决。1937年2～9月作为中共首席代表同国民党就停止内战、一致抗日进行多次谈判。抗日战争时期，任中共中央军委委员、副主席，历任中共中央代表、中共中央长江局副书记、中共中央南方局书记，负责领导除西北以外国民党统治区中共党的工作。1945年6月在中共七届一中全会上当选为中共中央政治局委员、中共中央书记处书记。1945年8月起作为中共代表之一参加重庆国共谈判,达成“双十协定”后,率中共代表团继续在重庆、南京同国民党谈判。1946年初起代表中共方面参加执行国共停战协定的军事三人小组。解放战争时期,任中共中央军委副主席。1946年11月回到解放区,12月起兼任中共中央城市工作部部长。1947年8月起兼任中央军委代总参谋长。

1949年6月起任新政治协商会议筹备会常务委员会副主任。中华人民共和国成立后，1949年10月至1954年9月任中央人民政府政务院总理，1954年9月至1976年1月任国务院总理。1949年10月至1954年9月任中央人民政府委员会委员、中央人民政府人民革命军事委员会副主席。建国初期仍主持中央军委日常工作。1949年10月至1958年2月兼任外交部部长。1949年10月当选为政协第一届全国委员会副主席，1954年12月、1959年4月、1965年1月相继当选为政协第二届、三届、四届全国委员会主席。1956年9月在中共八届一中全会上当选为中共中央政治局委员、常委，中共中央副主席。1956年起任中国人民外交学会名誉会长。1966年8月中共八届十一中全会后实际主持中央日常工作。1969年4月在中共九届一中全会上当选为中共中央政治局委员、常委，1973年8月在中共十届一中全会上当选为中共中央政治局委员、常委，中共中央副主席。

长期参与党的路线、方针、政策的制定；战争时期参与指挥人民军队赢得胜利；新中国成立后，主持制订和组织实施几个发展国民经济的五年计划。1960年提出调整、巩固、充实、提高的方针，并采取一系列措施，使国民经济顺利地得到恢复和发展。提出了中国知识分子绝大多数已经是劳动人民的知识分子，科学技术在中国现代化建设中具有关键性作用等观点，对社会主义建设都有重大意义。

在“文化大革命”的特定环境中，顾全大局，任劳任怨，为党和国家继续进行正常工作，尽量减少损失，为保护大批党内外干部，费尽心血，并同林彪、江青反革命集团的阴谋进行了各种形式的斗争。1975年1月在第四届全国人民代表大会上提出，在20世纪内，全面实现我国农业、工业、国防和科学技术现代化，使我国国民经济走在世界前列的宏伟规划。

在国际事务中，参与制定并亲自执行了重大的外交决策，提出了外交工作中一系列方针政策，创造性地贯彻执行了党的革命外交路线。1953～1954年，倡导了著名的和平共处五项原则；1955年4月，率中国代表团出席第一次亚非会议，提出加强亚非团结，求同存异的方针，促进会议获得成功，通过了会议《最后公报》及以和平共处五项原则为基础的万隆会议十项原则。曾率领代表团访问亚、非、欧洲许多国家，与到访的各国领导人和客人会见，大大增进了中国与世界各国的友谊、沟通与合作。

1972年患重病以后，一直坚持工作。1976年1月8日在北京逝世。其主要著作收入《周恩来文选》1～3卷。

苏加诺（Soekarnl 1901～1970）　现当代印度尼西亚民族独立运动领袖和首任总统（1945～1967年在位），“潘查希拉”（建国五项基本原则）和“纳沙贡内阁”（多党合作内阁）思想的倡导者，亚非会议和不结盟运动的发起者之一。1901年6月6日生于东爪哇泗水。1926年毕业于万隆工学院建筑专业，获工程学士学位。学生时代即从事反对荷兰殖民统治的活动，1927年7月参加创建印尼民族联盟（翌年5月改称印尼民族党），任主席。1928年12月任印尼政党联盟主席。1929年12月被荷兰殖民当局以“煽动叛乱罪”逮捕，1931年12月获释。翌年8月加入印度尼西亚党，任主席，并主办党刊《人民思潮》。1933年8月因发表《争取独立的印度尼西亚》一文再次被捕，先后被流放到弗洛勒斯岛和苏门答腊岛。在流放期间，坚持反荷斗争，并研究伊斯兰教等问题。1942年日军侵占印尼时获得自由，并与日本合作，出任日方组建的“人民力量中心”主席、“中央参议院”议长、“爪哇奉公会”主席等职，参加“印尼独立筹备委员会”的活动。

1945年6月1日，首次提出“潘查希拉”，即印尼建国指导思想的五项基本原则（简称建国五基）：至高无上的神道、公正文明的人道、印尼的统一、协商和代表制下的民主、实现社会的正义和繁荣。这五项基本原则被写进了印尼1945年《宪法》。同年8月17日签署并发表《印尼独立宣言》，宣告成立印度尼西亚共和国，翌日当选为总统。1948年12月荷军攻占日惹时被俘。1949年荷兰、印尼签订《圆桌会议协定》后，出任印尼联邦共和国总统。1950年重建统一的印尼共和国，仍任总统。曾先后兼任最高评议院主席、战时最高掌权者、民族阵线主席、国防委员会主席、解放西伊里安最高司令部总司令、参谋长联席会议主席等职。针对印尼复杂政局，1957年2月提出改革政治体制的方案：建立包括民族主义者、宗教界和共产党人在内的“互助合作内阁”，即“纳沙贡内阁。”1959～1965年，印尼一直实行这一政治体制。曾获临时人民协商会议授予的“伟大的革命领袖”和“终身总统”等称号。生前为争取印尼民族独立，建立统一的国家作出了重大贡献。任内，奉行反帝、反殖、独立自主的外交政策，对召开1955年亚非会议，促进亚非人民团结，发起不结盟运动等作出了重要贡献。

1965年10月1日发生军人政变后，其权力逐渐丧失。1967年3月12日被临时人民协商会议特别会议撤销总统职务，并遭软禁。1970年病逝于雅加达。（马汝骏）

吴庭艳（Ngo Dinh Diem 1901～1963） 20世纪五六十年代任南越当局“总理”和“总统”。1901年1月3日生于越南中部顺化一天主教徒家庭。早年在河内大学攻读法律。1933年被保大皇帝任命为内政大臣，但不久即因与法国殖民政府产生矛盾而辞职。1950年出国，先后到过日本、意大利、菲律宾、比利时、美国等国家。1953年至1954年6月在法国生活。1954年6月，应保大邀请回国，出任保大政权“总理”。1955年10月26日通过所谓的公民投票废黜保大，成立“越南共和国”，自任“共和国总统兼总理和国防部长”。1961年4月连任“总统”。任内实行法西斯独裁统治，破坏日内瓦协议，阻挠越南南北统一。1963年11月1日在美国支持的军事政变中被赶下台，11月2日被政变军人处决。（杜继峰）

阿卜杜勒·拉赫曼·阿卜杜·哈米德·哈里姆·沙阿（Abdul Rahman Ibni Abdul Hamid Halim Shah 1903－1990） 20世纪50年代马来亚独立和60年代马来西亚成立后首任总理。吉打州苏丹之第七子。1903年2月8日生于吉打州亚罗士打，1925年英国剑桥大学圣凯瑟琳学院毕业，获文学士学位。1931年起先后在吉打州政府、亚罗士打法律顾问署任职，并曾任副县长、县长。1947～1949年再赴英国留学，并先后任英国马来人协会秘书和会长。1949年回国后，加入马来民族统一机构，任区部主席，兼任副检察官。1954年任马华印联盟党主席。1955年4月，任马来亚自治政府首席部长兼内政部长。1957年8月31日马来亚宣布独立，任首任总理兼外交部长。1963年马来西亚联邦成立，成为马来西亚第一任总理。1970年9月，因“五一三事件”而被迫辞去总理、马来民族统一机构主席、马来亚大学校长等职务。后从事伊斯兰宗教事务和其他社会活动。1970～1973年任伊斯兰国家组织秘书长。1980年11月任东南亚、太平洋地区伊斯兰组织首任主席。1990年12月6日逝世。

他在政治上比较温和，在马来亚独立和马来西亚建立的过程中，能够协调各方面利益，达成妥协，促成国家的独立和巩固。他接受了李光耀提出的新加坡与马来西亚联合的建议，但又对新加坡在马来西亚的地位进行限制，以保持马来人在国家政治中的优势地位。不过，拉赫曼来不及解决马来人与其他民族的经济差距，终因马来人与其他民族的流血冲突导致他下台。（周小兵）

邓小平（1904～1997） 伟大的马克思主义者，无产阶级革命家、政治家和军事家，中国共产党、中华人民共和国和中国人民解放军的主要领导人之一，中国社会主义改革开放和现代化建设的总设计师，建设有中国特色社会主义理论的创立者。原名邓先圣、邓希贤。1904年8月22日生于四川广安。1920年赴法国勤工俭学，1922年参加中国少年共产党（后改名为中国社会主义青年团旅欧支部），1924年转入中国共产党。入党后任青年团旅欧总支部领导成员、中共党组织里昂区特派员，参与编辑青年团机关刊物《赤光》杂志。1926年初离开法国赴苏联，先后在莫斯科东方劳动者共产主义大学、中山大学学习。

1927年春回国，被派往冯玉祥部所属中山军事政治学校任政治处处长兼政治教官，并任该校中共组织的书记。1927年夏到湖北汉口，在中共中央机关工作，改名邓小平。1928～1929年任中共中央秘书长。1929年夏作为中共中央代表前往广西领导起义，任中共广西前敌委员会书记，与张云逸等于12月发动百色起义，创建中国工农红军第七军和右江革命根据地。1930年2月又发动龙州起义，建立红八军和左江革命根据地，任红七军、红八军政治委员和前敌委员会书记。1931年夏到中央革命根据地，历任中共瑞金县委书记、会昌中心县委书记、江西省委宣传部部长。1933 年遭到推行“左”倾错误的中共临时中央领导人的打击，被撤销职务。后调红军总政治部任秘书长。不久，负责主编总政治部机关报《红星》报。1934 年 10 月参加长征。同年底任中共中央秘书长。遵义会议后任红一军团政治部宣传部部长、政治部副主任、主任。

抗日战争时期，1937 年 8 月起任八路军政治部副主任。1938 年 1 月起任八路军第一二九师政治委员。1942 年 9 月起兼任中共中央太行分局书记。1943 年 10 月起代理中共中央北方局书记，并主持八路军总部工作。

解放战争时期，1945 年 8 月起任中共晋冀鲁豫中央局书记、晋冀鲁豫军区政治委员。1947 年 5 月起任中共中央中原局书记。1948 年 5 月，任辖区扩大了的中共中央中原局第一书记及中原军区、中原野战军政治委员。1948 年 11 月任统一指挥中原野战军（后改称中国人民解放军第二野战军）和华东野战军（后改称中国人民解放军第三野战军）的总前委书记。1949 年 2 月起任中国人民解放军第二野战军政治委员，3 月起兼任中共中央华东局第一书记。

中华人民共和国成立后，任中央人民政府委员会委员、中央人民政府人民革命军事委员会委员，中共中央西南局第一书记，西南军政委员会副主席，西南军区政治委员。1952 年 7 月调中央工作，任政务院副总理兼政务院财政经济委员会副主任，后又兼任政务院交通办公室主任和财政部部长。1954～1956 年任中共中央秘书长、中共中央组织部部长。1954 年 9 月起任国务院副总理、国防委员会副主席。1956 年 9 月起任中共中央政治局委员、常委、中共中央总书记，主持中央书记处工作。1959 年 9 月起任中共中央军委常委。

1966 年“文化大革命”开始后受到错误批判，失去一切职务。1973 年 3 月恢复国务院副总理职务，12 月起任中共中央政治局委员、中共中央军委委员。1975 年 1 月起任中共中央政治局常委、中共中央副主席、国务院副总理、中共中央军委副主席、解放军总参谋长。周恩来病重后，在毛泽东支持下，主持党、国家和军队的日常工作。1976 年 4 月受江青、王洪文、张春桥、姚文元“四人帮”诬陷，再次被撤销党内外一切职务。1977 年 7 月在中共十届三中全会上恢复中共中央政治局委员、中共中央政治局常委、中共中央副主席、国务院副总理、中共中央军委副主席、解放军总参谋长职务。1978 年 3 月当选为政协第五届全国委员会主席。1981 年 6 月起任中共中央军委主席。1982 年 9 月至 1987 年 11 月任中共中央顾问委员会主任。1983 年 6 月当选为中华人民共和国中央军事委员会主席。中共第十三次全国代表大会后不再担任中共中央委员，中共中央政治局委员、常委，中共中央副主席，中共中央顾问委员会主任等职务。1989 年中共十三届五中全会上辞去中共中央军委主席职务。1990 年 3 月在第七届全国人大第三次会议上辞去中华人民共和国中央军事委员会主席职务。第一届、二届、三届国防委员会副主席。

从 1978 年中共十一届三中全会以后，他成为中国共产党的主要领导人。在中国处于由十年动乱向拨乱反正转折的关键时期，他提出了解放思想、实事求是、团结一致向前看的方针，主张把全党全国的工作重点转移到经济建设上来，实行改革、开放的总政策，提出了走有中国特色社会主义道路的理论。

他提出实行独立自主的和平外交政策，适时地作出了和平与发展是当今世界两大主题的科学判断，主张以和平共处五项原则作为建立国际政治经济新秩序的准则；提出了冷静观察、稳住阵脚、沉着应付、韬光养晦、有所作为的战略策略方针。在他的主持下，中国同美国建立了外交关系，同日本缔结了《中日和平友好条约》，恢复了中苏两党两国的关系，发展了同周边国家和第三世界国家的友好关系。他为打开中国外交新局面，争取有利的国际环境来进行现代化建设，维护世界和平，作出了不懈的努力。

为了完成祖国统一大业，他提出了“一国两制”的构想。

1992 年春，他视察南方并发表了重要讲话，加快了中国改革开放和经济发展的步伐。

1997 年 2 月 19 日在北京逝世。其重要文章和讲话已被收入《邓小平文选》1～3 卷。

（李成勋）

吴努（U Nu　1907～1995）　缅甸独立后多次出任总理，参与倡导和平共处五项原则和召开亚非会议，重视发展与中国等邻国友好关系。1907 年 5 月 25 日生于缅甸一商人家庭。1929 年毕业于仰光大学，获文学士学位。1934 年重返仰光大学攻读法律，曾任该校学生联合会主席。1936 年因领导罢课运动被学校开除。1937 年加入我缅人协会(德钦党)。1943～1945 年任巴莫政府外交部长。1947 年 6 月当选为缅甸制宪议会议长，领导制定缅甸联邦宪法的工作。1947 年 7 月昂山遇刺后，继任反法西斯人民自由同盟主席。

1948 年 1 月 4 日主持缅甸独立仪式,并出任首届政府总理直至 1956 年 7 月。1957 年 2 月～1958 年 9 月再次出任总理。1960 年 3 月他领导的党派在大选中获胜,第三次出任总理。1954～1961 年期间曾先后 6 次访问中国。1954 年 6 月和周恩来总理发表确立和平共处五项原则的联合声明。1962 年 3 月奈温发动政变后被捕,1966 年 10 月获释。1969 年 4 月流亡国外。1980 年 7 月回国。1988 年 8 月组建反对党民主和平同盟并任名誉主席。同年 9 月在缅甸国家恢复法律和秩序委员会接管政权后担任影子内阁总理。1989 年 12 月起遭软禁,1992 年 4 月获释。1995 年 2 月 14 日在仰光逝世,享年87 岁。

吴奈温（U Ne Win 1911～2002） 20 世纪 60～80 年代，缅甸国务委员会主席，缅甸社会主义纲领党主席，“缅甸式社会主义”的倡导者，重视发展与中国等邻国的友好关系。1911 年 5 月 14 日生于卑谬县。1932 年仰光大学肄业，并参加我缅人协会（德钦党）。1940 年起与昂山等人赴日学习军事，1941 年返回缅甸并与昂山共同创建缅甸独立军。1949 年后，任缅甸军队总司令、总参谋长。1949 年 4 月，任主管国防和内政的副总理。1956 年晋升上将军衔。1958 年 6 月～1960 年 4 月任看守内阁总理和国防部长等职。

1962 年 3 月 2 日，发动政变，推翻吴努政府，出任革命委员会主席、部长会议主席兼国防部长和国防军总参谋长。同年 7 月，创建缅甸社会主义纲领党。1971 年 7 月缅甸社会主义纲领党一大当选中央委员会和中央执行委员会主席，并于二大和三大连任。1972 年 4 月辞去军职。1974 年 1 月颁布新宪法，还政于民。3 月召开人民议会，解散革命委员会，成立民选政府，当选国务委员会主席并于 1978 年再次当选。1981 年 11 月辞去国务委员会主席一职。1988 年 7 月辞去纲领党主席职务。任内主张在缅甸实行“缅甸式的社会主义”，反对殖民主义，奉行中立、不结盟的外交政策，重视发展与包括中国在内的邻国的友好合作关系。曾先后 12 次访问中国。 （杜继峰）

金日成（Kim Il Sung 1912 ～ 1994） 20 世纪 40～90 年代任朝鲜民主主义人民共和国首相、主席，朝鲜劳动党中央总书记，武装力量最高司令、大元帅，“主体思想”的倡导者。原名金成柱，1912 年 4 月 15 日生于平壤市万景台。1925 年随父移居中国东北，于 1926 年 10 月创建了朝鲜第一个共产主义组织——“打倒帝国主义同盟”，又于 1927 年 8 月成立了朝鲜共产主义青年同盟，组织和动员青年学生进行反日斗争。1929～1930 年被捕，获释后在伊通县孤榆树创建革命军。1930 年 6 月，在卡伦会议上提出抗日武装斗争路线等有关朝鲜主体革命路线，推动了抗日武装斗争的准备工作。同年改名为金日成。1932 年 4 月 25 日他组织了抗日游击队，又于 1934 年把东满和南满的抗日游击队合编为朝鲜人民革命军。1936 年 5 月建立了朝鲜第一个反日民族统一战线组织——“祖国光复会”，并当选为会长。1938 年任东北抗日联军第二军第六师师长。1940 年后他去苏联，在苏联陆军士官学校毕业，曾参加苏德战争，任少将。

1945 年 8 月朝鲜光复后，于同年 10 月 10 日创建了朝鲜共产党（1946 年同新民党合并为劳动党），并当选为委员长。1946 年 2 月，组织北朝鲜临时人民委员会，任委员长，并完成了朝鲜北半部的反帝反封建的民主主义革命。1948 年 9 月 9 日，创建了朝鲜民主主义人民共和国，被推举为内阁首相。1949 年，南、北朝鲜劳动党合并，他当选为朝鲜劳动党中央委员会委员长。

1950 年 6 月～1953 年 7 月祖国解放战争期间，他作为朝鲜的首相、军事委员会委员长和朝鲜人民军最高司令官，领导朝鲜军民抗击美帝国主义，取得了历史性胜利。1953 年 2 月和 1992 年 4 月被授予朝鲜民主主义人民共和国元帅和大元帅称号。1953～1958 年，他组织和领导了生产关系的社会主义改造。1959 年提出了开展推动社会主义建设的“千里马运动”。20 世纪 50 年代提出“主体思想”，即：坚持“思想上主体，政治上自主，经济上自立，国防上自卫”的体现“自主性的指导原则”。1966 年 10 月，当选为朝鲜劳动党中央委员会总书记。1972 年 12 月，他被推举为朝鲜民主主义人民共和国主席，并担任朝鲜武装力量最高司令、中央军事委员会委员长。1980 年 10 月，提出了加速社会主义建设，以建立高丽民主联邦共和国的方式争取实现自主和平统一祖国的方针。1994年7月8日，因心脏病突发逝世，终年82岁。1998年9月朝鲜第十届最高人民会议修改后的宪法称他为朝鲜永远的主席。　　（朴键一）

费迪南德·马科斯（Ferdinand Marcos　1917～1989）　20世纪60～80年代菲律宾多次连任总统。1917年9月11日生于北依罗戈省。1939年获菲律宾大学法学学士学位。1941～1945年，他从事反对日本侵略的活动，有“抗日英雄”之称。1945年以后，协助总统哈罗斯处理经济事务，连续三届当选众议员，并任众议院工商委员会主席兼国防委员会委员。1959年当选参议员，1963年任参议长，1965年11月以国民党候选人当选第六任总统，1969年蝉联总统。1972年9月21日宣布废除国会，停止政党活动，实行军法管制。1978年6月兼任总理。同年在原国民党的基础上组成“新社会运动党”，自任主席。1981年宣布取消军法管制，6月由新社会运动党提名再次当选总统。

在担任总统20年期间，发展经济是首要目标，虽然取得了一定的成效，但是不足以保持社会的稳定。在其执政的大多数年间实行军法管制，仍然不能阻止经济恶化。社会动荡、贫富差距扩大，最终使公众对政治丧失信心。被视为他的有力竞争者的自由党领袖贝尼尼奥·阿基诺被暗杀，是马科斯下台的直接导火索。1986年2月7日举行总统选举时，虽然马科斯已经由当时的国民议会宣布当选总统，但是由于人民的强烈反对和以国防部长恩里莱为首的军队反戈一击，马科斯被迫退出政坛，于1986年2月25日举家离开菲律宾流亡美国，1989年于流亡之地去世。　　（田　禾）

田中角荣（1918～1993）　当代日本前首相，任内为日中恢复邦交作出贡献。号越山。1918年5月4日出生于新潟县刈羽郡贫苦农民家庭。1936年毕业于日本中央工业学校土木科。18岁开始创办自己的设计事务所。1938年应征入伍，被派驻中国黑龙江，1940年因病返回日本，翌年退役。1943年创立田中土木建筑工业株式会社，后为日本建筑业五十强之一。二战后，选择了政治家道路，自28岁起，14次当选众议院议员。二战后初期加入民主党，后退党与币原喜重郎等人组成同志俱乐部。1948年该俱乐部与民自党合并。同年10月出任吉田内阁法务省政务次官。

1954年任自由党副干事长。1955年自由党与民主党合并为自由民主党后，历任众议院商工委员会委员长、岸信介内阁邮政大臣、自民党政调会长、池田内阁大藏大臣、佐藤内阁大藏大臣、自民党干事长、佐藤内阁通产大臣等自民党和内阁要职。1972年7月当选自民党第六任总裁后，任内阁首相。同年9月应中国政府邀请访华，同周恩来总理举行会谈，就恢复中日邦交达成协议，并签署了《中日联合声明》，对发展日中友好关系作出了贡献。任首相期间建树卓著。1976年因涉嫌“洛克希德事件”被迫辞职，退出自民党。在1980年众议院大选中，仍以无党派候选人身份第14次当选为众议员。1993年12月16日因病去世。著有《我的履历书》和《日本列岛改造论》等书。

（石北屏）

苏哈托（H.M.Soeharto 1921～　）　当代印度尼西亚前陆军战略后备部队司令，1965年10月1日发动政变后，逐步担任印尼第二任总统（1966～1998年在位）。1921年6月8日生于日惹特区格木苏村。1940年6月参加荷印皇家陆军。1941年在中爪哇昂望荷印皇家陆军干部学校学习。1942年11月进入日本警察学校。1943年参加由日本组织训练的“卫国军”，先后任小队长、中队长。1945年8月投入印尼独立斗争，10月参加印尼人民保安军（后改称印尼国民军）。1945～1959年在军队中历任连长、营长、团长、旅长、师长、军区参谋长。1959～1960年在万隆陆军参谋指挥学校深造。1960年1月晋升为陆军准将。1960年3月任陆军参谋长第一助理，兼陆军第一后备司令和陆军空防部队司令。1962年1月晋升为少将，任印尼东部军区司令，兼任解放西伊利安战区司令。1963年5月任陆军战略后备部队司令。1965年1月兼任对抗马来西亚战区警备司令部副司令。

1965年印尼发生“九卅运动”。10月1日他发动政变，挟持苏加诺总统，夺取了国家权力，任陆军临时领导人兼恢复治安与秩序行动指挥部司令。借口镇压发起反对右派将领政变的“九卅运动”，对印尼共产党和人民进行残酷镇压。1966年2月晋升为中将，任武装部队司令，内阁部长。3月，苏加诺总统被迫授权苏哈托代行总统职权。7月任内阁主席团主席兼国防安全部长和陆军司令，晋升为陆军上将。1967年2月22日苏加诺被迫将总统权力交给苏哈托。1968年3月临时人民协商会议决定他为总统。1973、1978、1983、1988、1993和1998年蝉联总统。因严重的经济危机和社会动乱，被迫于1998年5月21日辞职。（马汝骏）

凯山·丰威汉（Kaysone Phomvihan　1920～1992）　老挝人民民主共和国前国家主席、老挝人民革命党前主席。1920年12月13日生于沙湾拿吉省康塔布里县纳赛村，父亲为越南人。自幼在越南读书，曾就学于越南河内大学法律系。1942年开始参加反法、反日学生运动。1946年加入印度支那共产党，成为旅越老侨反法运动领导人之一。1949年1月组建"拉沙冯"人民武装力量（老挝人民解放军的前身）。1950年8月任抵抗政府国防部长。1953年任寮国战斗部队总司令。

1955年3月当选老挝人民党（后称老挝人民革命党）总书记并在党的二大、三大、四大上连任。1959年开始领导民族解放战争，同年10月当选老挝爱国阵线中央委员会副主席。1975年12月老挝人民民主共和国成立后任政府总理。1982年9月任部长会议主席。1991年3月在老挝人民革命党五大上当选人民革命党主席。同年8月在老挝最高人民议会二届六次会议上当选国家主席。1992年11月21日病逝。

诺罗敦·西哈努克（Norodom Sihanouk 1922～　）　柬埔寨前国王、国家元首，为维护柬埔寨独立、抗美救国斗争和柬中友好作出重要贡献。1922年10月31日生于金边。为诺罗敦和西索瓦两大王族后裔。早年留学法国，1941年4月23日在其外祖父西索瓦·莫尼旺国王去世后继承王位。1955年3月宣布退位，让位于其父诺罗敦·苏拉马里特亲王。1960年4月苏拉马里特国王去世，西哈努克宣布取消王位继承制。6月，国民议会选举其为国家元首。任内致力于国家建设并对外奉行独立、和平中立和不结盟的外交政策。1970年3月8日，美国支持朗诺集团发动政变，推翻王国政府。

1970年3月23日，西哈努克在北京宣布成立柬埔寨民族统一阵线并任主席。同年5月5日，柬埔寨王国民族团结政府成立，西哈努克亲王仍任国家元首。1975年9月回国，担任民主柬埔寨国家元首。1976年4月宣布退休。1979年初，越南侵略柬埔寨后不久离开柬埔寨，1981年3月26日在平壤宣布成立争取柬埔寨独立、中立、和平与合作民族团结阵线并任主席。1982年7月9日，在吉隆坡与乔森潘、宋双签署《民主柬埔寨联合政府成立宣言》，任民主柬埔寨联合政府主席。1991年7月17日，被推举为柬埔寨全国最高委员会主席。同年10月23日，率最高委员会成员出席巴黎会议，参加签署关于全面政治解决柬埔寨冲突的政治协定。11月，返回金边，被推举为国家元首。1993年9月24日，柬埔寨恢复君主立宪制，他重任国王。2004年10月7日因健康原因宣布退位。

西哈努克是中国人民的老朋友。他长期致力于中柬友好事业，并多次访问中国。他曾先后创作了《怀念中国》《万岁，人民中国；万岁，主席毛泽东》和《啊，中国，我亲爱的第二祖国》等赞颂中柬友好的歌曲。他也曾多次慷慨解囊，向中国遭受自然灾害的地区捐款。（杜继峰）

李光耀（Lee Kuan Yew 1923～　）　新加坡人民行动党创始人，新加坡共和国首任总理，为发展新中友好作出重要贡献。1923年9月16日生于新加坡。1936～1942年在新加坡莱佛士书院和莱佛士学院求学。1946～1950年留学英国剑桥大学攻读法律，并在伦敦获得执业律师资格。1950年8月由英国返回新加坡，至1959年一直为执业律师。1954年11月参与创建新加坡人民行动党，并任秘书长至1992年12月。1955年当选为立法议会（1965年12月改称国会）议员。1959年6月任新加坡自治政府首届总理。1965年8月9日，新加坡退出马来西亚联邦后成立共和国，之后他长期任共和国总理。

在执政中，他主导的对内政策方针是推行政府对经济与社会发展的积极干预。在他的领导下，新加坡经济发展迅速，在不长的时间内，成为著名的"亚洲四小龙"之一；对外政策方针是与大国建立密切的关系，从而平衡大国与周边国家等外部因素对新加坡的影响。他还对东南亚国家联盟（东盟）的创建作出了很大贡献；他曾将"亚洲价值观"和儒家文化作为东亚发展的重要因素，但在1997年爆发的东亚金融危机后，他的观点有较大转变，认为儒家价值观导致任人唯亲的投资行为，从而成为危机爆发的基础，而经济透明和法治等西方价值观则有利于新加坡免受金融危机的重创。他在1990年11月27日辞去总理职务。但继续留在内阁，任内阁资政。

李光耀是中国人民和中国领导人的老朋友，重视并致力于发展同中国的友好关系。离职前实现了中新两国建交，为两国关系的发展作出了重要贡献。1976年以来，已访问中国25次，仅2005年就有3次。这在国外领导人中是不多见的，说明他对发展中新关系高度重视。他还对中国的现代化建设寄予很大希望，并提出了许多宝贵建议。2005年5月被复旦大学授予的名誉博士学位。

马哈蒂尔·穆罕默德（Mahathir Mohamed 1925～　）　马来西亚独立后第四任总理，东亚地区经济合作的倡导者。1925年12月20日生于吉打州亚罗士打。1953年毕业于新加坡马来亚大学医科系。1957年开业行医，而后参加了马来民族统一机构（巫统）。1964年当选为国会议员。1965～1969年任巫统最高理事会理事。1969年5月在大选中落选，后上书总理拉赫曼，7月以违反党纪被开除出党。1973年3月恢复党籍，6月重新当选为巫统最高理事会理事。1973年任上议员。1974年当选为国会议员，9月任教育部长。1975年6月当选为巫统副主席。1976年3月任副总理兼教育部长。1978年任副总理兼贸易工业部长，9月当选为巫统署理主席，并任该组织的纪律委员会、宣传委员会、外交委员会主席。1981年6月，当选为巫统主席。7月16日以后长期担任马来西亚总理，并成为执政党国民阵线的主席。马哈蒂尔性格刚毅果断，出任总理时是当时唯一出身平民、无皇族背景的高级政治家。他在总理任内奉行务实路线，积极发展经济，协调各方面关系；对外奉行独立自主的外交路线，宣传“亚洲价值观”，倡导东亚经济合作。在1997年受到东亚金融危机冲击时，力拒西方国家以政府全面放松经济控制为前提的援助，加强政府对经济的宏观控制，逐步使经济走出危机。2003年12月卸任总理。　（周小兵）

江泽民（1926～　）　伟大的马克思主义者，曾任中共中央委员会总书记、中华人民共和国主席、中共中央军事委员会主席和中华人民共和国中央军事委员会主席，“三个代表”重要思想的倡导者。生于1926年8月17日，江苏省扬州市人。1943年起参加中共地下党领导的学生运动，1946年4月加入中国共产党，1947年毕业于上海交通大学电机系。上海解放后，历任上海益民食品一厂副工程师、工务科科长兼动力车间主任、厂党支部书记、第一副厂长，上海制皂厂第一副厂长，一机部上海第二设计分局电器专业科科长。1955年赴苏联莫斯科斯大林汽车厂实习。1956年回国后，任长春第一汽车制造厂动力处副处长、副总动力师、动力分厂厂长。1962年后，任一机部上海电器科学研究所副所长，一机部武汉热工机械研究所所长、代理党委书记，一机部外事局副局长、局长。1980年后，任国家进出口管理委员会、国家外国投资管理委员会副主任兼秘书长、党组成员。1982年后，任电子工业部第一副部长、党组副书记，部长、党组书记。1985年后，任上海市市长，中共上海市委副书记、书记。1982年9月在中共第十二次全国代表大会上当选为中共中央委员。1987年11月在中共十三届一中全会上当选为中共中央政治局委员。1989年6月在中共十三届四中全会上当选为中共中央政治局常委、中共中央委员会总书记。1989年11月在中共十三届五中全会上任中共中央军事委员会主席。1990年3月在第七届全国人大第三次会议上当选为中华人民共和国中央军事委员会主席。1992年10月在中共十四届一中全会上当选为中央政治局委员、常委、中央委员会总书记，出任中共中央军事委员会主席。1993年3月在第八届全国人民代表大会第一次会议上当选为中华人民共和国主席、中华人民共和国中央军事委员会主席。1997年9月在中共十五届一中全会上当选为中央政治局委员、常委、中央委员会总书记，出任中共中央军事委员会主席。1998年3月在第九届全国人民代表大会第一次会议上当选为中华人民共和国主席、中华人民共和国中央军事委员会主席。2002年11月在中共十六届一中全会上出任中共中央军事委员会主席。2003年3月在第十届全国人民代表大会第一次会议上当选为中华人民共和国中央军事委员会主席。2004年9月，在中共十六届四中全会上辞去中共中央军事委员会主席职务；2005年3月，在第十届全国人民代表大会第三次会议上辞去中华人民共和国中央军事委员会主席职务。

在主持中央领导工作期间，提出了“我们党要始终代表中国先进生产力发展要求，代表中国先进文化的前进方向，代表中国最广大人民的根本利益”的“三个代表”重要思想。强调“始终做到

‘三个代表’，是我们党的立党之本、执政之基、力量之源”。

在国际关系方面，强调“和平与发展仍是当今时代的主题”；“中国外交政策的宗旨，是维护世界和平，促进共同发展”；主张“建立公正合理的国际政治经济新秩序”；“维护世界多样性，提倡国际关系民主化和发展模式多样化”；“继续加强睦邻友好，坚持与邻为善、以邻为伴，加强区域合作，把同周边国家的交流和合作推向新水平”；“继续增强同第三世界的团结和合作”；“继续积极参与多边外交活动，在联合国和其他国际及区域性组织中发挥作用，支持发展中国家维护自身的正当权益”。

主要著作收入《江泽民文选》1～3卷，2006年出版。 （郝继涛）

普密蓬·阿杜德（Bhumibol Adulydej－Rama Ⅸ 1927～ ） 现任泰国国王。拉玛九世。是已故泰国国王朱拉隆功（拉玛五世）之孙。其父玛希敦亲王是泰国现代医学的先驱，其母珊旺出身平民。普密蓬1927年12月5日生于美国马萨诸塞州坎布里奇市，1928年底随父母回泰国。1933年又到瑞士洛桑居住，1945年回国。曾在洛桑大学和曼谷大学学习法律。1946年6月9日，其兄阿南达·玛希敦国王（拉玛八世）在宫中遇刺身亡，由他继承王位，成为拉玛九世。登基后，并未亲政，而是再赴瑞士洛桑大学学习政治和法律。1950年4月28日与当今王后诗丽吉结婚，同年5月5日加冕，之后又回瑞士洛桑大学继续学习，1951年底回国亲政。曾经出访美国、英国、德国、加拿大等国家，并积极参加国内的政治生活，在国内有很高的威望和影响。每年到外地行宫期间，经常亲自同附近的村民接触，关心泰国农业和水利发展，深受百姓的敬仰。他多才多艺，兴趣广泛，精通绘画、音乐、摄影，并爱好汽车竞赛和帆船运动。他有一子三女，王储和公主曾多次访问中国。

（韩 锋）

科拉松·许寰哥·阿基诺（Corazon Cojuangco Aquino 1933～ ） 菲律宾第七任总统。1933年1月25日生于马尼拉，祖籍中国福建省龙海县。1946年赴美国费城拉文山学院读书。1949～1953年在美国圣文森特山学院学习法语和数学，获文学学士学位。1953年在菲律宾远东大学学习法律一年。1954年与小贝尼尼奥·阿基诺结婚。其夫为菲律宾著名反对党领袖。1954年以后协助其夫从事政治活动。1980年随夫赴美国。1985年8月阿基诺遇刺身亡后，她回国处理丧事，并参加反对时任总统马科斯的活动。1985年12月正式宣布以民族民主组织名义参加总统竞选。1986年2月，菲律宾人民发动“二月革命”，把统治菲律宾长达20年之久的马科斯赶下了台。

1986年2月25日，她在人民的拥戴下出任菲律宾总统。阿基诺在任期间，菲律宾局势跌宕起伏，事端不断，多次发生军事政变，她外柔内刚，争取和团结积极力量，在现实斗争中增强了治理国家的能力，迅速成为一位女政治家，保持了政权的稳定。1992年她卸任总统职位，由前国防部长拉莫斯接任菲律宾第八任总统。 （田 禾）

第八章 东亚地区历史大事年表

公元前

约180万年 在今中国山西省芮城县西侯度村一带，出现“西侯度文化”，这是存在于中国境内可考的最早人类活动遗址。

约170万年 “元谋人”生活在今中国云南省元谋县一带。

约70万年～前50万年 “爪哇人”生活在今印度尼西亚爪哇岛。

约70万年～前20万年 “北京人”生活在今中国北京周口店一带。

约20万年 在今中国辽宁省营口一带出现“金牛山文化”。

约4万年 在今马来西亚沙捞越西北部一带存在人类活动。

约2.6万年 在今中国山西省朔县一带出现“峙峪文化”。

约8 000年 日本出现“绳文文化”。

7 000～前 5 000 年 在越南出现“北山文化”。

5 000～前 3 000 年 在今中国河南省渑池县一带出现“仰韶文化”。

2 500～前 2 000 年 在今中国山东章丘一带出现“龙山文化”。

2 070～前 1 600 年 中国夏朝。

1 600～前 1 046 年 中国商朝。

1 046～前 256 年 中国周朝。

1 046～前 771 年 西周。

841 年 “共和行政”，中国历史有明确纪年的开始。

770～前 256 年 东周。

770～前 476 年 中国春秋时代。

551～前 479 年 中国孔子在世。

475～前 221 年 中国战国时代。

356 年 中国秦商鞅开始变法。

221～前 206 年 秦朝。

221 年 秦统一六国。

209～前 208 年 陈胜、吴广起义。

206～公元 220 年 中国汉朝。

206～公元 25 年 西汉。

206 年 刘邦率军进入咸阳，秦朝亡。

140～前 78 年 汉武帝在位。

108 年 朝鲜卫氏政权被汉灭亡。

公元前后 朝鲜半岛出现高句丽国家。

公元

17～25 年 中国绿林赤眉起义。

25～220 年 东汉。

184 年 中国黄巾起义。

3 世纪初 日本邪马台国兴起。

220～280 年 中国三国时期。

220～265 年 魏国。

221～263 年 蜀国。

222～280 年 吴国。

265～420 年 中国晋代。

265～317 年 西晋。

280 年 西晋统一中国。

317～420 年 东晋。

391～412 年 高句丽广开土王时期。

420～589 年 中国南北朝。

420～589 年 中国南朝。

386～534 年 中国北朝。

439 年 北魏统一北方。

5 世纪 大和国家统一日本。

581～618 年 中国隋朝。

587 年 日本苏我氏灭物部氏。

593～621 年 日本圣德太子执政。

611 年 中国隋末农民起义开始。

618～907 年 中国唐朝。

627～645 年 中国僧人玄奘西行印度等地求取佛经。

630～894 年 日本先后派出 16 次遣唐使。

646 年 日本大化革新开始。

668 年 高句丽灭亡。

676 年 新罗统一朝鲜。

7 世纪 中国发明火药。

7～13 世纪 印尼室利佛逝朝。

710～794 年 日本奈良时期。

750～1222 年 印尼夏连特拉朝。

794～1192 年 日本平安时期。

802～1431 年 柬埔寨吴哥王朝。

874～884 年 中国黄巢起义。

889 年 新罗农民大起义。

900 年 后百济国建立。

907～960 年 中国五代。

907～1125 年 中国辽代。

936 年 高丽统一朝鲜。

939 年 越南成为独立国家。

960～1279 年 中国宋朝。

960～1127 年 北宋。

1120～1122 年 宋江、方腊起义。

1127～1279 年 南宋。

980～1009 年 越南前黎朝。

1006 年 印尼室利佛逝攻打马打兰首都。

1010～1225 年 越南李朝。

1044～1287 年 缅甸蒲甘王朝。

1044～1047 年 缅王阿奴律佗。

1115～1234 年 中国金代。

1162～1227 年 蒙古铁木真（成吉思汗）在世。

1192～1333 年 日本镰仓幕府。

1206～1368 年 中国元朝。

1206 年 蒙古孛儿只斤铁木真建国，称大汗——成吉思汗。

1218～1221 年 蒙古征服中亚。

1231 年 蒙古侵入高丽。

1236～1242 年 蒙古第二次西征。

1253～1258 年 蒙古旭烈兀第三次西征。

1258 年 蒙古攻陷巴格达，阿拔斯王朝灭亡。

1271 年 忽必烈定国号为元。

1279 年 灭南宋。

1351～1363 年 反元红巾军起义。

1225～1400 年 越南陈朝。

1238～1377 年 泰国素可泰王朝。

1271～1295 年 意大利人马可·波罗在中国遍游各地，归国后口述《马可·波罗行记》，广为流传。

1274～1281 年 蒙古军远征日本。

1280～1752 年 缅甸东吁朝。

1336～1573 年 日本室町幕府。

1368～1644 年 中国明朝。

1644 年初 李自成领导的农民起义军建立大顺政权，进入北京，推翻明朝。

1377 年 印尼满者伯夷兼并室利佛逝。

1388 年 高丽李成桂兵变。

1392～1910 年 朝鲜李朝。

1405～1433 年 中国郑和率大型船队七次下西洋。

1428～1789 年 越南后黎朝。

1447 年 越南侵略老挝。

1467～1573 年 日本战国时代。

1470 年 越南并吞占婆，征服老挝。

1511 年 葡萄牙侵占马六甲。

1531～1752 年 印尼满者伯夷王国。

1555～1566 年 中国戚继光平定倭寇。

1557 年 中国澳门被葡萄牙侵占。

1565～1571 年 菲律宾被西班牙占领。

1582～1598 年 日本丰臣秀吉统治。

1592～1670 年 朝鲜壬辰抗日战争。

1616～1911 年 中国清朝。

1644 年 清政权由东北入关后，推翻李自成农民起义军建立的大顺政权，逐步统一中国。

1618 年 英国与荷兰殖民者争夺暹罗的战争。

1619 年 荷兰侵占雅加达，改名巴达维亚。

1624 年 中国台湾被荷兰殖民者侵占。

1628～1658 年 中国明末农民大起义。

1639 年 日本颁布锁国令。

1662 年 中国郑成功率部从荷兰殖民者手中收复台湾。

1771～1802 年 越南西山农民起义。

1825～1830 年 印尼蒂博尼哥罗领导爪哇人民起义。

1838 年 日本西南诸藩开始藩政改革。

1840 年 6 月～**1842 年** 8 月 英国发动侵略中国的第一次鸦片战争。

1842 年 英国迫使清政府签订《南京条约》。

1844 年 中国洪秀全创立拜上帝会。

1851～1861 年 中国太平天国革命。

1854 年 美国强迫日本签订《美日亲善条约》。

1856 年 5 月～**1860 年** 10 月 英法发动侵略中国的第二次鸦片战争，侵占广州、北京等地，焚掠圆明园。

1858 年 5 月 沙俄趁机迫使清政府签订《瑷珲条约》。

6 月 英、法、俄、美分别迫使清政府签订《天津条约》；11 月英、法、美还迫使清政府签订《通商章程》。

1860 年 英、法又迫使清政府签订《北京条约》；沙俄亦再次迫使清政府签订《北京条约》。

1861 年 2 月 俄国侵占日本对马岛。

1863 年 柬埔寨沦为法国保护国。

1863～1873 年 朝鲜大院君执政，实行锁国政策。

1866～1925 年 中国孙中山在世。

1867 年 10 月 日本睦仁天皇下讨幕密诏，幕府上书天皇，“奉还大政”。

1868～1873 年 日本明治维新。

1868 年 日本明治政府成立。

1871 年 日本废藩置县。

1872～1873 年 日本土地与地税改革，废除封建身份制。

1871 年 朝鲜击退美国入侵者。

1873 年 1 月 中国黑旗军与越南人民在河内城外大败法军。

1874 年 法越第二次西贡条约。

1881 年 中俄签订《伊犁条约》。

1882 年 朝鲜壬午兵变，朝日签订《仁川条约》。

1883 年 12 月～**1885 年** 6 月 中法战争。

1884 年 5 月 清政府与法国签订《中法简明条约》，承认法国占有全部越南。

1886 年 缅甸完全沦为英国殖民地。

1887 年 法属印度支那联邦成立。

1889 年 日本明治宪法颁布。

1892 年 菲律宾“卡蒂普南”组织成立。

1893～1976 年 中国毛泽东在世。

1894～1895 年 日本发动侵略中国和朝鲜的“甲午战争”；朝鲜“甲午农民战争”。

1894 年 《英日条约》和《美日条约》分别签订。

11 月 孙中山在檀香山组织“兴中会”。

1895 年 4 月 日本强迫清政府签订《马关条约》，把台湾和澎湖列岛割给日本。

1896 年 菲律宾资产阶级革命开始。

1897～1898 年 帝国主义列强在中国瓜分势力范围。

1898～1976 年 中国周恩来在世。

1898 年

6 月 11 日 中国戊戌变法开始。

6 月 12 日 菲律宾宣布独立。

12 月 10 日 美西签订《巴黎条约》，规定西班牙将菲律宾群岛割让给美国。

1899 年 9 月 美国提出“门户开放”政策。

1899～1906 年 菲律宾反抗美国侵略的斗争。

1900 年夏 中国义和团进入北京、天津。

1900 年 6 月～**1901 年** 9 月 德、日、俄、英、美、法、意、奥八国联军侵占中国北京等广大区域，迫使清政府签订《辛丑条约》。

1904 年 2 月～**1905** 年 9 月 日俄战争。

1904～1997 年 中国邓小平在世。

1905 年 9 月 日俄签订《朴次茅斯和约》。

1905 年 朝鲜与日本签订《保护条约》。

1910 年 8 月 2 日 日本吞并朝鲜。

1911 年 10 月 10 日 中国辛亥革命从武昌起义开始，各省积极响应。

1912～1949 年 中华民国。

1912 年

1 月 1 日 中华民国临时政府成立，孙中山就任临时大总统。

2 月 12 日 中国清帝宣统退位。

1916 年 1～3 月 中国袁世凯称帝。

1917 年 11 月 7 日 俄国十月社会主义革命胜利。

1918 年 8～9 月 日本发生抢米风潮。

1919 年 1～6 月 第一次世界大战结束后，巴黎和会召开。欧美国家拟同意将战败国德国在中国山东的特权转让给日本，引起中国人民强烈抗议，引发五四运动；与会的中国代表拒绝签字。

3 月 朝鲜人民“三一”反日起义。

1921 年 7 月 中国共产党成立。

1924 年 11 月 26 日 蒙古人民共和国成立。

1925 年 5 月 30 日 中国人民反帝五卅运动。

1926 年 12 月～**1927 年** 1 月 印尼共产党领导的反荷民族起义。

1926～1927 年 中国国共合作发动北伐战争。

1927 年

4 月 12 日 蒋介石发动反革命政变。

8 月 1 日 中国共产党领导南昌起义。

9 月 中国共产党领导秋收起义。

1928 年 印尼民族党建立。

4 月 毛泽东与朱德率领的起义武装在井冈山会师。

1929 年 资本主义世界经济危机。

1930～1934 年 中国工农红军五次反“围剿”。

1930 年 2 月 越南国民党领导安沛起义。

1931 年 9 月 18 日 日本发动侵略中国东北的“九一八事变”。

1934 年 7 月～**1935 年** 10 月 中国工农红军进行长征。

1935 年 1 月 中共中央政治局在遵义召开会议，确立毛泽东的领导地位。

1936 年

5 月 朝鲜祖国光复会成立。

12 月 12 日 张学良、杨虎城发动西安事变，要求蒋介石抗日。

1937 年 7 月 7 日 日本策动卢沟桥事变，发动全面侵华战争。

1940 年 9 月 27 日 日本、德国、意大利签订《三国同盟条约》（通称《轴心国条约》），结成军事同盟。由于该约妄称日本与德、意有分别“统治”亚、欧之权，遂导致迅速扩大了二战在亚、欧的战火。1941年12月11日又签订《日、德、意联合作战协定》，作为上述条约之补充。

1941年

4月10日　日本东条英机内阁上台。

4月13日　《苏日中立条约》签订。

12月7日　日本偷袭美国夏威夷珍珠港，挑起太平洋战争，并向东南亚发动全面侵略战争。

12月～**1942年**5月　日本侵占菲律宾、印尼、马来亚、缅甸等东南亚国家。

1942年6月　日美中途岛海战。

1942年8月～**1943年**2月　日美瓜达尔卡纳尔战役，日军大败。

1943年12月1日　中、美、英三国政府首脑蒋介石、罗斯福、丘吉尔发表《开罗宣言》，宣布三国之宗旨是将日本逐出其“以暴力或贪欲所攫取之所有土地”，其中包括使中国东北、台湾、澎湖群岛等归还中国；使朝鲜自由独立。

1945年

2月11日　苏、美、英三国政府首脑斯大林、罗斯福、丘吉尔在雅尔塔会谈，签订关于苏联加入对日本作战的协定（又称《雅尔塔协定》）。在中国未参与的情况下，该协定包含有损中国权益的内容。

5月1日　缅甸人民抗日军解放仰光。

7月26日　中、美、英三国发表《促令日本投降之波茨坦公告》，8月8日苏联正式加入此公告。该公告还重申《开罗宣言》的条件必须实施。

8月2日　英军重占缅甸全境。

8月6、9日　美国先后在日本广岛和长崎投掷原子弹。

8月8日　苏联对日宣战，苏军进入中国东北、朝鲜北方和萨哈林岛（库页岛）、千岛群岛。

8月15日　日本接受《波茨坦公告》，宣布无条件投降。

8月17日　印度尼西亚独立，建立印度尼西亚共和国。

9月2日　日本政府代表在东京湾美国密苏里号军舰上签署投降书。第二次世界大战结束。

同日　越南独立，建立越南民主共和国，胡志明主席发表《独立宣言》。不久法国重新入侵越南。

10月5日　中国政府在台湾接受日军投降，并宣布：“从今日起，台湾及澎湖列岛正式重入中国版图。”

10月12日　老挝独立。不久法国再次入侵老挝。

1946年

3月5日　在美国总统杜鲁门陪同下，丘吉尔在美国富尔敦发表攻击社会主义国家为“铁幕”的演说，揭开了“冷战”的序幕。

6月　在美国支持下，蒋介石集团发动历时3年多的中国内战；遭到失败后逃往台湾等岛屿上。

12月23日　英国政府发表《马来亚改制建议书》，以“马来亚联合邦”代替“马来亚联邦”，新加坡从联合邦中分离出来。

1947年

3月12日　美国总统杜鲁门在援助希腊和土耳其咨文中，提出“遏制共产主义”的总方针，宣告冷战全面开始。

5月　日本实施新宪法。

1948年

1月4日　缅甸联邦独立。

4月19日　南北朝鲜政党、社会团体为和平统一朝鲜召开代表会议。

8月15日　大韩民国成立。

9月9日　朝鲜民主主义人民共和国成立。

1949年

5月4日　中日贸易促进会（后改名为日中贸易促进会）在东京成立。

5月24日　促进中日贸易议员联盟（后改名为促进日中贸易议员联盟）在东京成立。

10月1日　中华人民共和国成立。毛泽东主席宣布，愿在平等互利和互相尊重领土主权等项原则基础上，与世界各国建立外交关系。

10月3日　中国与苏联建交。

10月6日　中国与朝鲜建交。

10月16日　中国与蒙古建交。

11月15日　周恩来总理分别致电联合国秘书长和联大主席，要求立即取消蒋介石集团在联合国的代表权。

1950年

1月9～14日　在科伦坡举行的英联邦国家外长会议，通过《南亚和东南亚经济合作发展科伦坡计划》，并决定设立部长级协商委员会。

1月18日　中国与越南建交。

1月31日　朝鲜与越南建交。

2月14日 中国与苏联签订《中苏友好同盟互助条约》。

3月31日 越南、老挝、柬埔寨的民族统一阵线代表举行联席会议，正式建立联合民族统一阵线组织。

4月7日 日本首相吉田茂与韩国总统李承晚签订《日韩临时航运协定》。

4月13日 中国与印尼建交。

4月14日 日本与韩国签订《日韩通商协定》。

6月8日 中国与缅甸建交。

6月25日 朝鲜内战爆发。

6月27日 美国以朝鲜爆发内战为借口，由总统杜鲁门宣布，派海空军投入朝鲜战争，干涉朝鲜内政，并派第七舰队到中国沿海，阻挠中国人民解放台湾。

同日，美国纠集一些国家披上联合国外衣，组成所谓“联合国军”赴朝鲜，扩大干预朝鲜内政。

8月19日 日本吉田茂政府发表题为《朝鲜战争及日本立场》的外交白皮书。

9月6日 日本与逃到台湾的蒋介石集团签订《通商协定》。

9月15日 美军在仁川登陆，随后越过三八线，进逼中朝边境，轰炸中国东北，严重威胁中国安全。

9月30日 日本中国友好协会成立。

10月19日 应朝鲜劳动党和政府出兵援助的请求，中国人民志愿军入朝参加抗美援朝战争。

1951年

1月4日 朝鲜人民军与中国人民志愿军解放汉城。

3月11日 越南、老挝、柬埔寨三国联盟会议开幕。会议通过宣言和决议。会议还成立了三国民族统一阵线代表参加的“越、老、柬人民联盟委员会”。

7月10日～8月23日 朝鲜停战谈判在开城举行。

10月25日 朝鲜停战谈判在板门店恢复举行。

12月2日 日本与蒋介石集团在台北举行“经济圆桌会议”。

1952年

2月15日 日本与韩国举行邦交正常化谈判。由于在赔偿问题上的分歧，谈判没有达成协议。22日，日本政府代表与韩国代表在东京开始谈判缔结单独和约问题。

2月27日 朝鲜停战谈判双方就关于召开高一级政治会议和平解决朝鲜问题达成协议。

4月28日 日本政府与台湾当局在台北签订所谓《和平条约》，规定日本放弃对台湾、澎湖列岛和日本过去在中国的财产所有权。

6月1日 第一次中日民间贸易协议在北京签订。

8月5日 日本与台湾当局建立所谓“外交关系”。

10月4日 中国与蒙古签订10年经济及文化合作协定。

11月28日 第一次中日民间贸易协议第一个贸易具体合同在北京签订。

1953年

6月8日 朝鲜停战谈判双方签署关于遣返战俘协议。

7月27日 朝鲜战争交战双方在板门店签订《停战协定》。

10月29日 第二次中日民间贸易协议在北京签订。

11月9日 柬埔寨王国独立。

11月12～26日 金日成首相率领朝鲜政府代表团访问中国。23日，中国与朝鲜《经济和文化合作协定》在北京签订，并发表会谈公报。

12月30日 中国与印尼贸易协定在北京签订。

1954年

4月22日 中国与缅甸签订3年贸易协定。

4月26日～7月21日 讨论朝鲜和印度支那问题的国际会议在日内瓦举行。会议达成了关于恢复印度支那和平的协议，并于7月21日签署关于恢复印度支那和平的《日内瓦会议最后宣言》。

7月3～5日 周恩来总理在中越边境与胡志明主席举行会谈，双方就恢复印度支那和平问题及有关问题交换了意见，并发表公报。

8月7日 老挝、柬埔寨全境停火。

9月8日 美、英、法、澳、新西兰、菲律宾、泰国和巴基斯坦等8国在马尼拉签订《东南亚集体防务条约》。

10月18日 在柬埔寨的越南志愿人员全部撤离柬埔寨国境。

10月28日 日本恢复日中、日苏邦交国民会议成立。

11月5日 日本与缅甸在仰光签订《日缅和平条约》和《日缅关于赔偿及经济合作协定》，正式结束战争关系。

12月29～30日 印尼、印度、缅甸、锡兰（今斯里兰卡）和巴基斯坦五国总理在印尼茂物举行会议，决定于1955年4月召开亚非会议。

1955年

2月23～25日 东南亚条约组织在曼谷举行第一次理事会会议，决定对柬埔寨、老挝和南越当局给予援助。

2月25日 朝鲜外相南日就朝、日关系发表声明，表示愿意与日本建立友好关系。

3月30日 日本恢复日中、日苏邦交国民大会在东京举行。大会通过促进日本同中、苏两国的经济和文化交流等项决议，以及致日本政府和国会的要求书。

4月9～10日 印度、中国、日本、锡兰（今斯里兰卡）等国代表参加的亚洲国家会议在新德里举行，会议通过政治、文化、科学、经济和社会问题等项决议。4月11～12日，会议主席团开会，决定成立亚洲团结委员会，负责联络工作。

4月18～24日 亚非会议在印尼万隆举行。出席会议的有亚非29个国家和地区的政府代表团。会议讨论了有关经济合作、文化合作、人权和自决权、附属国、世界和平与合作的促进等问题。会议通过《亚非会议最后公报》，并发表了《关于促进世界和平合作的宣言》。周恩来总理在会议期间提出“求同存异”等主张，为加强亚非团结做出重要贡献。

4月22日 中国与印尼《关于双重国籍问题的条约》在万隆签订。

5月4日 中国与日本民间贸易协定在东京签字。

6月20～23日 东南亚条约组织的经济代表在卡拉奇举行秘密会议，研究其亚洲成员国用自身的财力负担军费的问题。

11月28～29日 日本促进恢复日中、日苏邦交全国大会在东京举行。大会通过宣言，敦促日本政府同中国会谈，以促进日中邦交正常化。

1956年

3月17日 日本恢复日中、日苏邦交国民大会在东京举行。

5月9日 日本与菲律宾签订战争赔款协定，日本将在20年内以货物和劳务形式向菲律宾赔偿5.5亿美元。

6月4日 马来亚联合邦宣告，取消不准向中国输出橡胶的禁令。

6月6日 印尼政府宣布，它不再受联合国关于禁止向中国输出天然橡胶决议的约束。

6月21日 中国与柬埔寨在北京签订经济援助协定及其实施议定书。

7月23日 日本与菲律宾决定将互派的外交代表团改为大使馆，并宣告建立正式邦交。

9月28日 缅甸与蒙古同意建立外交关系并互派公使。

10月15日 泰国与缅甸签订友好条约。

同日 中国国际贸易促进委员会与日本国际贸易促进协会、日本国会议员促进日中贸易联盟关于进一步促进中日贸易的《共同声明》在北京签字。

1957年

5月20日 中国华侨事务委员会发表声明，抗议南越当局强迫华侨改变国籍。

5月20日～6月4日 日本首相岸信介首次访问东南亚各国，并提出日美共同设立“东南亚开发基金”的设想。

7月16日 日本宣布，放宽对中国禁运的限制。

8月31日 马来亚联合邦独立。

12月9日 日本与印尼签署关于战争赔款问题的备忘录，日本将给印尼2.3亿美元的战争赔偿费。

1958年

1月20日 日本与印尼在雅加达签订和平条约、赔偿协定、经济开发借款换文等8项文件。

2月19日 中国与朝鲜在平壤发表联合声明，宣布中国人民志愿军将于1958年年底以前分批全部撤出朝鲜。

3月31日 中越两国政府关于1958年中国援助越南的议定书和中国援助越南建设和改建18个工业企业项目的协定在北京签订。

7月7日　周恩来总理提出关于中日关系正常化的政治三原则，即：日本不执行敌视中国的政策，不参加制造“两个中国”的阴谋，不阻挠中日两国关系正常化的恢复。

7月19日　中国与柬埔寨建立外交关系。

9月6日　周恩来总理就台湾海峡地区局势发表声明。

10月26日　中国人民志愿军总部发表撤军公报，宣布志愿军已全部撤离朝鲜。

11月24日　柬埔寨照会泰国，要求暂时断绝两国外交关系。

12月28日　越南、老挝两国边境发生冲突。

1959年

1月6日　柬埔寨与泰国恢复外交关系。

2月18日　中国与越南在北京签订《关于中国政府给予越南政府经济技术援助的协定》《关于中国政府给予越南政府无偿援助人民币1亿元的换文》《关于中国政府和越南政府1960年到1962年的长期贸易协定》等7个文件。

5月9日　印尼颁布《监督外侨居住和旅行条例》，进行排华、反华活动。

5月13日　日本政府与南越当局在西贡签订战争赔偿协定。同年12月28日，越南外交部发表声明，反对这一协定。

6月20日　苏联片面撕毁中、苏1957年10月15日签订的国防新技术协定，拒绝向中国提供原子弹的技术资料。

9月9日　苏联塔斯社发表关于中印边境事件的声明，公然袒护印度，指责中国。

10月29～31日　中国、苏联、越南、朝鲜、印度五国亚非团结委员会发表声明，抗议老挝政府非法审讯苏发努冯。

1960年

5月31日　中国与蒙古签订《友好互助条约》。

10月1日　中国与缅甸签订《中缅边界条约》。

11月16日　东南亚条约组织军事顾问会议讨论老挝事务。

12月19日　中国与柬埔寨签订《友好和互不侵犯条约》。

同日　中国与缅甸签订《友好和互不侵犯条约》。

1961年

2月13日　马来亚总理拉赫曼、菲律宾外长塞兰诺和泰国外长科曼在吉隆坡会谈后发表联合公报，表示将组织“东南亚联盟”。

3月22～29日　东南亚条约组织理事会和军事顾问会议在曼谷举行，着重讨论老挝问题。

4月1日　中国与印尼签订《友好条约》。

4月25日　中国与老挝建立外交关系。

4月26日　中国与蒙古签订《通商条约》。

5月2日　中国与柬埔寨互换《友好和互不侵犯条约》批准书，该条约即日生效。

5月16日　和平解决老挝问题的14国会议在日内瓦召开。7月23日，14国代表签署关于解决老挝问题的日内瓦协议。

7月11日　中国与朝鲜签订《友好合作互助条约》。

7月31日　泰国、菲律宾、马来亚在曼谷成立“东南亚联盟”。

8月2日　日本首相岸信介访问台湾，与蒋介石会谈。

10月11日　中国与印尼签订《经济技术合作协定》。

1962年

1月13日　中国与老挝签订《航空运输协定》和《修建公路协定》。

3月12～17日　日本外相小坂善太郎与韩国外长崔德新举行“日韩关系正常化”的第一次会谈。

4～5月　苏联通过其驻中国新疆的机构和人员，在伊犁地区引诱和胁迫数万名中国公民到苏联境内。

9月7日　越南与老挝决定建立外交关系。

10月20日　印度军队在中印边界东、西两段，向中国边防部队发动大规模进攻；中国边防部队被迫实行自卫还击。24日，中国政府为停止中印边境冲突、重开和平谈判解决中印边界问题发表声明。

11月5日　中国与朝鲜签订《通商航海条约》。

12月5日　中国与越南签订《通商航海条约》。

12月26日　中国与蒙古签订《边界条约》。

1963 年

3 月 6～10 日 老挝国王西萨旺·瓦达纳访问中国。

4 月 12 日～5 月 16 日 刘少奇主席访问印尼、缅甸、柬埔寨、越南。

5 月 1 日 印尼正式收回西伊里安。

6 月 7～11 日 印尼、马来亚和菲律宾三国外长在马尼拉举行会议，就马来血统国家结成联盟和建立马来西亚联邦问题达成协议。

7 月 30 日～8 月 5 日 印尼、马来亚和菲律宾三国在马尼拉举行首脑会议，讨论关于成立马来西亚和建立马—菲—印尼联邦问题。8 月 5 日，三国首脑签署联合声明、马尼拉协议和马尼拉宣言，宣布成立“马、菲、印尼组织”。

9 月 6 日～1964 年 7 月 14 日 中国《人民日报》和《红旗》杂志发表了 9 篇批评苏共领导内外方针政策的文章。

9 月 17 日 马来亚宣布与印尼、菲律宾断交，因为它们对 16 日马来亚总理拉赫曼宣布成立马来西亚联邦持反对态度。

10 月 3 日 中日友好协会成立，廖承志任会长。

11 月 9 日 中国渔业协会与日本日中渔业协议会签订关于黄海、东海渔业协定。

1964 年

4 月 10～15 日 第二次亚非会议筹备会议在雅加达举行。会议决定 1965 年 3 月在非洲举行第二次亚非会议。

6 月 20 日 印尼、菲律宾、马来西亚三国首脑在东京会晤，旨在解决印尼与马来西亚争端。

8 月 4 日 美国制造“北部湾事件”，美总统约翰逊下令美机轰炸越南民主共和国的海军基地和军舰。

8 月 5 日 美机开始轰炸越南北方清化等地区。

11 月 6 日 中国与印尼签订《航空交通协定》。

1965 年

2 月 7 日 美国白宫发表声明，开始大规模轰炸越南北方。

2 月 17～20 日 日本外相椎名悦三郎访问韩国。20 日，双方草签《日韩基本条约》。

3 月 1～9 日 印度支那人民会议在金边举行，柬埔寨、越南、老挝三国 38 个协会的代表团参加会议。

3 月 7 日 美国地面部队和海军陆战队 2 个营到达越南岘港，参加侵越战争。

5 月 3～5 日 东南亚条约组织在伦敦举行部长理事会会议。

5 月 10～11 日 调查湄公河下游流域的统筹委员会在曼谷举行特别会议，决定将该委员会扩大并改名为“综合开发湄公河下游流域的统筹委员会”。

6 月 22 日 日本与韩国在经过长达 14 年的会谈后，在东京正式签署《日韩基本关系条约》和 4 项有关协定，实现邦交正常化。

7 月 13 日 中越两国签订关于中国给予越南经济技术援助的协定。

8 月 7 日 新加坡总理李光耀与马来西亚总理东古·阿卜杜勒·拉赫曼在吉隆坡签订《新加坡和马来西亚关于新加坡脱离马来西亚成为独立主权国家的协定》。

8 月 9 日 新加坡共和国成立。

9 月 22 日 柬埔寨国家元首诺罗敦·西哈努克亲王访问中国。

12 月 18 日 日本与韩国在汉城交换《日韩基本条约》批准书，并宣布建立正常外交关系。

12 月 21 日 朝鲜政府发表声明，宣告《日韩基本条约》是非法的、无效的。

1966 年

1 月 15 日 苏联与蒙古签订具有军事同盟性质的为期 20 年的《友好合作互助条约》。

2 月 3 日 印尼暴徒袭击中国驻印尼大使馆。4 日，中国外交部提出抗议。

3 月 11 日 印尼陆军司令苏哈托发动政变。苏加诺总统被迫签署把总统权力移交苏哈托的命令。苏哈托宣布解散共产党，并逮捕外交部长。

4 月 6～7 日 东南亚开发部长会议成立，并在东京召开首次会议。与会的有：日本、菲律宾、泰国、马来西亚、新加坡等国和南越西贡当局及老挝万象当局的代表，印尼和柬埔寨派了观察员。这次会议是由日本出面兜售美国的“用 10 亿美元开发东南亚计划”的会议。日本首相佐藤荣作在会上提出搞“亚洲共同体”设想，并表示日本愿意为“开发”东南亚提供“援助”。会议决定成立“促进东南亚经济发展中心”，研究和制定《开发计划》。

东南亚开发部长会议于1975年停止活动。

6月14～16日　日本、泰国、马来西亚、菲律宾、澳大利亚、新西兰、韩国外长及南越、台湾当局的代表在汉城附近举行会议，决定建立亚洲及太平洋地区部长会议。6月16日会议发表联合公报，强调要合作反共，并决定在曼谷成立一个常务委员会。

8月11日　印尼与马来西亚签署两国关系正常化协定。

8月30日　越南政府宣布，中国与越南签署协定，中国将向越南无偿提供经济、技术援助。

10月24～25日　美国、泰国、澳大利亚、新西兰、菲律宾、韩国及南越当局举行所谓首脑会议讨论越南问题。

11月24～26日　亚洲开发银行董事会在东京举行成立大会，决定设在马尼拉的永久总行12月19日正式开业。

1967年

6月24日　越南与柬埔寨发表建交公报。

8月5日　中越两国签订协定，中国将向越南提供无偿经济援助。

8月5～8日　马来西亚、菲律宾、泰国、印尼和新加坡五国外长在曼谷举行会议，正式宣告“东南亚国家联盟”成立，其宗旨是促进经济、社会和文化的发展，促进本地区的和平与稳定。

8月28日　东盟在吉隆坡举行首次部长级会议宣告，1961年7月31日泰、菲、马三国成立的东南亚联盟解体。

9月7～9日　日本首相佐藤荣作访问台湾，同蒋介石会谈。

9月20～30日　日本首相佐藤荣作访问缅甸、马来西亚、新加坡、泰国、老挝等5国。

10月8～22日　日本首相佐藤荣作访问菲律宾、印尼、澳大利亚、新西兰和南越。

10月9日　印尼政府宣布关闭驻华大使馆，并无理要求中国政府在10月30日前关闭驻印尼大使馆。

10月27日　中国政府发表抗议声明，并宣布暂时关闭中国驻印尼使领馆。30日，中国与印尼中断外交关系。

1968年

9月18日　菲律宾通过一项合并马来西亚沙巴州的法律。19日，马来西亚中断同菲律宾的外交关系。

1969年

2～3月　苏联军队侵入中国领土——黑龙江省珍宝岛。3月2日、13日和15日，中国外交部照会苏联驻华大使馆，就苏军侵入珍宝岛地区，袭击中国边防人员，一再制造流血事件提出强烈抗议。

3月7日　印尼单方面宣布，废除印尼、中国关于双重国籍问题的条约。

12月16～17日　东盟五国在马来西亚金马昆高原举行部长级会议，讨论东南亚地区的军事、经济和文化关系。

1970年

1月20日　中断两年的中美大使级会谈在华沙恢复。

2月18日　美国总统尼克松在发表对外政策报告中表示，作为一个伟大的、生气勃勃的中国，不应该继续孤立在国际大家庭之外。此后，他又一再表示，愿同中国政府接触、对话和谈判，“最后必须建立关系”。

3月18日　美国策动朗诺乘西哈努克外访之机发动政变，妄图取代西哈努克亲王为首的合法政府。

3月23日　西哈努克亲王在北京领导组成柬埔寨民族统一阵线和王国民族团结政府，展开反对美国侵略和朗诺政变集团的斗争。

4月23日　印尼外长马利克在与东盟其他四国协商后，提出召开由东盟五国出面组织的关于柬埔寨问题的区域性会议。

4月24～25日　印度支那人民最高级会议在老、越、中边境举行。出席会议的有代表印度支那三国人民的柬埔寨、老挝、越南民主共和国、越南南方共和领导人率领的4个代表团。会议一致通过联合声明。

5月10～13日　越南劳动党第一书记黎笋访问中国。

5月25日　柬埔寨国家元首西哈努克和王国民族团结政府成员同越南国家领导人在河内会晤，就两国反对美国侵略者斗争问题达成协议。

1971年

2月8日　美国飞机轰炸越南在柬埔寨的供应

线；印度支那战争蔓延到老挝和柬埔寨。

2月25日 美国总统尼克松发表对外政策报告表示，美国准备与中国对话。

4月10～17日 美国乒乓球队应邀访问中国。周恩来总理接见他们时指出，美国乒乓球队的来访，打开了中美两国人民友好往来的大门。

7月9～11日 美国总统国家安全事务助理基辛格访问中国，与周恩来总理等举行会谈。中国政府正式邀请尼克松总统访华。7月16日，中美发表公告宣布：尼克松总统将于1972年5月之前访华。

10月25日 第二十六届联合国大会以压倒多数票通过恢复中华人民共和国在联合国的一切合法权利，并立即把台湾当局的代表从联合国及其所属一切机构中驱逐出去的提案。

11月16日 马来西亚、新加坡和印尼三国发表声明，宣布共同管理马六甲海峡和新加坡海峡的一切事务，并决定组织合作机构，负责海峡的航行安全问题。

11月26～27日 东盟五国外长举行特别会议，通过《东南亚中立化宣言》。

1972年

1月10日 朝鲜金日成主席提出促进朝鲜半岛和平统一的倡议，主张朝鲜南北双方缔结和平协定。

2月4日 日本与蒙古建立外交关系。

2月21～28日 美国总统尼克松访问中国。毛泽东主席会见尼克松总统。周恩来总理与尼克松总统会谈。2月27日，中美在上海发表《联合公报》指出：中美两国关系走向正常化是符合所有国家的利益的。中国方面重申："台湾问题是阻碍中美两国关系正常化的关键问题；中华人民共和国政府是中国的唯一合法政府；台湾是中国的一个省，早已归还祖国；解放台湾是中国内政，别国无权干涉；全部美国武装力量和军事设施必须从台湾撤走。"美国方面声明："美国认识到，在台湾海峡两边的所有中国人都认为只有一个中国，台湾是中国的一部分。美国政府对这一立场不提出异议。它重申它对由中国人自己和平解决台湾问题的关心。"

5月3～4日 朝鲜金日成主席在接见秘密访问北方的韩国中央情报部长李厚洛时，提出自主、和平统一、民族大团结为统一祖国三原则。

7月4日 朝鲜南北双方发表以三项原则为基本内容的联合声明，就促进和平统一达成协议，并成立南北协调委员会。

9月29日 周恩来总理与到访的日本首相田中角荣签署《联合声明》，中国与日本建立外交关系。

10月12日 朝鲜南北协调委员会两主席举行首次会谈。

12月1日 日本成立日台交流协会，从事日本与台湾之间的民间交流。

12月2日 台湾成立亚东关系协会，从事台湾与日本之间的民间交流。

12月6日 马来西亚、印尼决定管制马六甲海峡，从1973年1月起，禁止20万吨以上油船通过。

1973年

4月24日 日中友好议员联盟在东京成立。

6月23日 朝鲜金日成主席再次提出实行朝鲜南北联邦制，国号为"高丽联邦共和国"，并提出自主和平统一朝鲜的五点方案。

9月21日 日本与越南达成建交协议。

1974年

1月3～6日 日本外相大平正芳访问中国。5日，中日签订贸易协定。

1月7～17日 日本首相田中角荣访问菲律宾、泰国、新加坡、马来西亚和印尼。

1月15～20日 15～19日，南越西贡当局武装侵犯中国领土西沙群岛，中国军民奋起自卫还击。20日，中国人民解放军将入侵西沙群岛的南越军队全部逐出这一地区。

1月30日 日本与韩国签订《日韩共同开发大陆架协定》，片面将东海海域的大面积大陆架划为"共同开发区"。中国外交部发言人2月4日发表声明指出：这违反了大陆架是大陆自然延伸的原则，侵犯了中国主权，中国政府决不能同意。

2月9日 朝鲜外交部发言人发表声明，指出韩国当局和日本政府签订的所谓共同开发大陆架协定，是非法的、无效的。

2月20日 中国毛泽东主席会见赞比亚总统卡翁达时说："我看美国、苏联是第一世界。中间派，日本、欧洲、加拿大，是第二世界。""第三世界人口很多，亚洲除了日本都是第三世界，整个非洲都是第三世界，拉丁美洲是第三世界。”

4月10日　邓小平副总理在第六次联大特别会议上发言，阐述中国对外政策和关于划分“三个世界”的战略思想，并宣布，中国永远不称霸，永远不做超级大国。

5月7～9日　东盟第七次部长会议举行，讨论了对华关系、东南亚中立化、印度支那局势以及联盟成员国之间的经济合作等问题。

5月31日　中国与马来西亚建立外交关系。

1975年

4月30日　越南解放西贡、解放全部越南南方，实现统一。

6月9日　中国与菲律宾建交。

7月1日　中国与泰国建交。

10月28日　柬埔寨与泰国建交。

1976年

2月23～24日　东南亚国家联盟第一次首脑会议在印尼巴厘岛举行。24日，五国首脑签订《东南亚友好合作条约》，发表《东盟协调一致宣言》，强调加强地区性合作。

1977年

2月24日　东盟外长特别会议发表联合公报，签署了东盟优惠贸易安排的基本协议。会议期间，马来西亚、新加坡和印尼签订了关于马六甲海峡航行安全的协定。

3月11日　日中和平友好条约推进委员会在东京成立。

4月23日　中国外交部就侵犯中国主权的《日韩共同开发大陆架协定》向日本政府提出抗议。

6月30日　东南亚条约组织理事会在马尼拉宣布，该组织正式解散。

7月9～18日　日本首相福田赳夫先后访问马来西亚、缅甸、印尼、新加坡、泰国和菲律宾，并分别同上述国家的首脑发表联合公报或联合声明。

7月18日　越南和老挝签订《友好合作条约》。

12月1日　泰国与越南发表公报，双方保证立即采取措施以实现两国关系正常化。

1978年

7月1日　民主柬埔寨谴责越南军队6月15～29日再次入侵柬埔寨。

7月3日　由于越南不断加剧反华排华，中国政府被迫决定停止对越南的经济技术援助，并调回援越的中国工程技术人员。

8月12日　中国与日本签署《中日和平友好条约》。

10月22日　邓小平副总理访问日本。10月23日，《中日和平友好条约》批准书互换仪式在东京举行。

11月3日　越南与苏联签订了具有军事同盟性质的《友好合作条约》。

12月3日　越南当局宣布建立“柬埔寨救国民族团结阵线”，并声称要推翻民主柬埔寨政府。

12月25日　在苏联支持下，越南悍然入侵柬埔寨。

1979年

1月7日　越南军队攻占金边。8日，越南扶植成立韩桑林傀儡政权。

2月17日～3月5日　中国边防部队对越南进行自卫还击战；3月5日达到预期目的开始撤军，16日边防部队全部撤回。

8月16日　东盟外长举行特别会议并发表联合声明，要求越南军队立即全部撤出柬埔寨，并停止输出难民。

12月3日　越南与蒙古缔结《友好合作条约》。

12月5～9日　日本首相大平正芳访问中国。6日，中日两国政府《文化交流协定》在北京签字。7日发表联合新闻公报，宣布日本政府将对中国的6项工程进行力所能及的合作。访问期间，大平正芳还宣布向中国提供第一次日元贷款。

12月14日　东盟外长会议发表声明，要求尽早实现联合国关于外国军队撤出柬埔寨的决议。

1980年

10月10日　朝鲜金日成主席进一步明确提出建立统一的国家“高丽民主联邦共和国”方案。

1984年

1月1日　文莱正式宣布完全独立。

1月7日　东盟外长会议正式接纳文莱为成员国。

3月23～26日　日本首相中曾根康弘访问中国，宣布日本政府决定向中国提供第二次长期低息日元贷款，总额4 700亿日元。

9月10～12日，中日“二十一世纪委员会”

首次会议在东京举行，中曾根首相出席会议并致词。12月12日，在日本箱根举行会议，同意设立3个专门委员会，即中日关系中、长期展望专门委员会；中日经济、科学技术交流专门委员会；中日青年文化交流专门委员会。

11月15日 朝鲜北、南双方在板门店举行近40年来首次经济会谈。

1985年

7月5日 中国与印尼在新加坡签署两国开展直接贸易的谅解备忘录。

1987年

6月27日 中国与印尼在雅加达举行20多年来第一次直接贸易研讨会。

12月14～15日 东盟第三次首脑会议在马尼拉举行，提出建立东盟自由贸易区构想，签署了《马尼拉宣言》和4个经济文件。

1988年

8月25～30日 日本首相竹下登访问中国，宣布日本政府1990～1995年向中国提供第三次日元贷款8 100亿日元。

1989年

4月29日～5月7日 日本首相竹下登访问东盟五国。

7月14日 日本参加西方七国对中国制裁，冻结第三批政府贷款，停止高层往来。

9月11日 韩国总统卢泰愚提出朝鲜北南双方先建立联邦，再实现统一的"韩民族共同体统一方案"，以此回应北方倡导的以高丽民主联邦共和国方式实现统一的方案。

11月5～7日 首届亚太经济合作组织部长级会议在澳大利亚堪培拉举行。来自澳大利亚、美国、日本、韩国、新西兰、加拿大及东盟六国的外交和经济、贸易部长出席会议，亚太经合组织正式成立。

1990年

3月26日 蒙古宣布与韩国建立外交关系。

7月16～18日 首届中国长春"东北亚经济发展国际会议"举行，会上中国方面提出东北亚经济合作与图们江地区开发构想。

7月27～29日 东盟外长与美国、澳大利亚、加拿大、日本、新西兰及欧共体6个主要贸易伙伴举行对话会议。

7月29～31日 第二届亚太经济合作组织部长级会议在新加坡举行。会议欢迎中国、中国香港和中国台湾地区参与今后亚太经合组织的咨询会议。

8月8日 中国与印尼正式恢复外交关系，并签署两国复交后的第一个贸易协定。

9月5～6日 朝鲜北、南双方总理首次会谈在汉城举行。

9月7日 韩国总统卢泰愚建议成立以日本、中国、韩国为轴心的东北亚合作机构。

9月30日 苏联与韩国建立外交关系。

10月3日 中国与新加坡建立外交关系。

10月7日 台湾"国家统一委员会"在台湾成立。

10月18日 台湾"行政院"大陆委员会成立。其主要任务为主管大陆政策与大陆工作的具体规划、研究、制订与执行。

11月14～19日 印尼总统苏哈托访问中国。

11月21日 台湾成立官方授权的民间中介机构"海峡交流基金会"。

12月10日 马来西亚总理马哈蒂尔提出成立"东亚经济集团"设想。

1991年

1月31日 朝鲜、日本就两国关系正常化举行第一次会谈。

4月27日～5月6日 日本首相海部俊树出访泰国、马来西亚、文莱、新加坡、菲律宾等东盟五国。

5月3～6日 李鹏总理访问朝鲜。

8月10～14日 日本首相海部俊树访问中国和蒙古。

9月26日～10月6日 日本天皇明仁访问泰国、马来西亚和印尼三国。

9月30日 中国与文莱建立外交关系。

10月4～13日 朝鲜劳动党中央总书记、国家主席金日成访问中国。

10月7～8日 东盟经济部长会议举行，一致同意在今后15年内建立一个东盟自由贸易区。会议还决定采纳"东亚经济集团"设想，并将其改称为"东亚经济核心会议"。

10月24日 联合国开发计划署宣布，在中国、朝鲜、俄罗斯三国交界的图们江三角洲地区兴建一个多国经济技术合作开发区。

11月5～10日　越共中央总书记杜梅和越南部长会议主席武文杰率党政代表团访问中国，双方发表了联合公报。

11月13～14日　第三届亚太经济合作组织部长级会议在韩国汉城举行。中国、中国台北和香港首次与会，成为该组织的正式成员。会议通过《亚太经济合作汉城宣言》，明确规定了亚太经济合作的宗旨、活动范围和合作方式。

12月13日　朝鲜北、南双方第五次高级会谈在汉城举行。会谈取得突破性进展，双方签署《关于朝鲜北南和解、互不侵犯与合作交流协议书》。

12月16日　中国海峡两岸关系协会在北京成立，汪道涵当选为会长。

12月17～19日　俄罗斯总统叶利钦访问中国。双方签署了《中华人民共和国和俄罗斯联邦相互关系基础的联合声明》和《关于在边境地区相互裁减军事力量和加强军事领域信任问题的谅解备忘录》等24个政府间及部门间的协定和文件。

12月26日　苏联解体，美苏的冷战格局结束。

12月27日　中国与俄罗斯建立外交关系。

1992年

1月13日　蒙古颁布新《宪法》，将蒙古人民共和国改名为蒙古国。

1月27～28日　第四次东盟首脑会议在新加坡举行，签署了《新加坡宣言》《促进东盟经济合作和建立东盟自由贸易区的框架协议》及《共同有效优惠关税协定》等文件。

2月27～28日　联合国开发计划署图们江地区开发计划首届筹委会在韩国汉城举行。来自中国、朝鲜、韩国、蒙古及联合国开发计划署、亚洲开发银行的代表共同商讨了创立图们江三角洲自由贸易区问题。日本、俄罗斯以观察员身份列席会议。

7月21～22日　第二十五届东盟外长会议举行，发表了《东盟关于南中国海宣言》，强调“必须用和平手段”解决南中国海争端。越南和老挝首次应邀出席外长会议，签署《东南亚友好合作条约》并被吸收为东盟观察员。

8月24日　中国与韩国建立外交关系。

9月10～11日　第四届亚太经济合作组织部长级会议在泰国曼谷举行。会议确定组建秘书处，并选择新加坡为常设秘书处所在地。

1993年

1月1日　东盟自由贸易区计划开始实施。

2月5日　澜沧江—湄公河区域经济技术合作涉及国家在马尼拉召开第一次会议。

2月27～29日　中国海峡两岸关系协会会长汪道涵与台湾海峡交流基金会董事长辜振甫，在新加坡正式会谈。双方就两岸加强经济合作、加强科技文化交流及两会会务交换了意见，并签署4项协议。

6月2日　南中国海问题研讨会在马尼拉结束。亚洲9个国家和地区的海洋专家与会，并一致同意对南中国海进行联合海洋科学考察。

7月6日　韩国总统金泳三就朝鲜半岛统一问题提出“尊重民主、发扬共存共荣精神、增进民族繁荣”三条原则和“缓和、合作、南北联系”三阶段统一方案。

7月23～24日　第二十六届东盟外长会议在新加坡举行。中国政府副总理兼外长钱其琛及俄罗斯、越南的外长应邀出席开幕式。会议同意邀请中国、老挝、巴布亚新几内亚、俄罗斯和越南参加1994年在曼谷举行的东盟地区论坛。

10月7～8日　东盟召开第二十五届经济部长会议，决定加快实现东盟自由贸易区进程，一致同意从1994年起降低关税和15年内建立东盟自由贸易区。会议还在东亚经济决策委员会问题上取得新的共识。

10月20日　首次亚太经济合作组织领导人非正式会议在西雅图举行，江泽民主席出席会议并发表讲话。会议发表了《经济展望声明》。

1994年

5月30～31日　东盟六国、印支三国及缅甸举行东南亚十国非正式会议，共同提出建立“东南亚共同体”构想。

7月25日　首届东盟地区论坛会议在曼谷举行。该论坛将每年轮流在东盟国家举行一次部长级会议。

9月2～6日　江泽民主席访问俄罗斯。两国领导人签署《中俄联合声明》《关于不将本国战略核武器瞄准对方的联合声明》及《中俄国界西段协定》。

11月15日　第二次亚太经济合作组织领导人非正式会议在印尼茂物举行。会议主要讨论在亚太地区实现贸易和投资自由化问题，以及实现这一目标的时间表问题。大会通过了《亚太经济合作组织经济领导人共同决心宣言》。

1995 年

5 月 30 日　图们江开发项目管理委员会在北京举行第五次会议。中国、俄罗斯、朝鲜、韩国、蒙古草签《图们江合作开发协定》。

7 月 28～30 日　第二十八届东盟外长会议在文莱斯里巴加湾举行。28 日，东盟正式接纳越南为东盟成员国，柬埔寨成为观察员。30 日，东盟外长呼吁扩大该组织，把成员国从 7 个扩大到 10 个。

10 月 25 日　韩国与老挝恢复外交关系。

11 月 19 日　第三次亚太经济合作组织领导人非正式会议在大阪举行，通过《大阪宣言》和《行动议程》。各成员在贸易投资自由化和经济技术合作等问题上达成共识。

11 月 20 日　泰国、马来西亚、印尼、香港、菲律宾、新加坡共同签署多边资金援助协定，规定：签字国（地区）一旦出现资金问题时，可向其他签字国（地区）提出要求资金援助。

12 月 4～6 日　图们江地区开发项目管理委员会第六次会议在联合国总部举行。中国、俄罗斯、朝鲜、韩国和蒙古代表签署了《关于建立图们江经济开发区及东北亚开发协商委员会的协定》和《图们江地区经济开发区及东北亚环境谅解备忘录》。中、朝、俄代表签署了《关于建立图们江地区开发协调委员会的协定》。

12 月 15 日　朝鲜半岛能源开发组织与朝鲜达成轻水反应堆协议。

1996 年

3 月 1～2 日　首届亚欧会议在曼谷举行，并发表《主席声明》。亚洲 10 国和欧盟 15 国领导人以及欧盟委员会主席出席了会议。

4 月 9 日　中国、澳大利亚、东盟三边关系国际研讨会在北京举行。会议就中、澳、东盟三边关系、东南亚和平与发展、东北亚经济合作等问题进行了研讨。

4 月 18～19 日　中、俄、朝、韩、蒙关于图们江开发的政府间首次会议在北京举行。

4 月 24～26 日　俄罗斯总统叶利钦访问中国，与江泽民主席会晤。25 日双方签署《中俄联合声明》，宣布两国建立“平等信任的、面向 21 世纪的战略协作伙伴关系”。

4 月 26 日　中国、俄罗斯、哈萨克斯坦、吉尔吉斯斯坦、塔吉克斯坦五国元首在上海举行第一次会晤，签署了《关于在边境地区加强军事领域信任的协定》。

7 月 16～18 日　第二十九届东盟常设委员会第六次会议一致同意，中国、印度、俄罗斯由过去的东盟磋商伙伴国升格为东盟全面对话伙伴国。

7 月 23 日　第三届东盟地区论坛会议在雅加达举行，中国首次以东盟对话国身份参加会议，钱其琛副总理兼外长率团出席会议并发表讲话。

11 月 25 日　第四次亚太经济合作组织领导人非正式会议在菲律宾苏比克举行。会议通过了《马尼拉行动计划》《亚太经合组织经济技术合作原则框架宣言》和《亚太经合组织经济领导人宣言：从憧憬到行动》等 3 个文件。

11 月 30 日　首次东盟首脑非正式会议在雅加达闭幕。会议决定将吸收柬埔寨、老挝和缅甸，以建立“大东盟十国集团”。

1997 年

1 月 7～14 日　日本首相桥本龙太郎访问文莱、印尼、马来西亚、越南、新加坡等东盟国家。

2 月 15 日　首届亚欧外长会议在新加坡举行。

2 月 26 日　中国—东盟联合合作委员会在北京成立，并于 26～27 日举行首次会议。

3 月 6～8 日　东盟地区论坛会议在北京举行。中国成为东盟地区论坛的正式对话国。

7 月 1 日　中国政府恢复对香港行使主权。江泽民主席、李鹏总理出席在香港举行的中英香港政权交接仪式。

7 月 2 日　东南亚金融危机爆发。泰国央行宣布实行浮动汇率，泰铢汇价暴跌。

7 月 11 日　东亚 6 国毒品控制部长级会议在曼谷举行。中国、柬埔寨、泰国、老挝、缅甸、越南等国代表及联合国官员出席会议。

7 月 21～22 日　第三十届东盟常务委员会第六次会议举行。23 日　老挝和缅甸正式加入东盟。

11 月 25 日　第五次亚太经济合作组织领导人非正式会议在加拿大温哥华举行。

12 月 1～2 日　东盟财长会议在吉隆坡举行。会议发表一项声明，财长们同意加速实施“马尼拉框架”，促进本地区的金融稳定。

12月9～10日 中国、朝鲜、韩国、美国的高级官员，在日内瓦举行有关朝鲜半岛问题四方首次正式会谈。朝鲜半岛建立和平机制进程正式启动。

12月15～16日 东盟与中国、日本、韩国首脑非正式会晤和中国与东盟首脑非正式会晤在吉隆坡举行。12国领导人主要就21世纪东亚地区的前景、发展和合作问题取得了广泛共识。江泽民主席出席会晤，并与东盟首脑发表了《中华人民共和国与东盟国家首脑会晤联合声明》。

1998年

3月16～21日 中国、朝鲜、韩国、美国在日内瓦举行第二次朝鲜半岛问题四方会谈，各方同意设立一个工作组来推动会谈。

4月3～4日 第二届亚欧会议在英国伦敦举行。

4月18～19日 俄罗斯总统叶利钦访问日本，与桥本首相举行非正式会谈。双方就俄方提出的把力争在2000年签署一项《和平条约》改为签署一项包括和平条约在内一揽子的《日俄和平友好合作条约》的建议达成一致意见。

10月3日 中国、朝鲜和俄罗斯在平壤签订《中朝俄关于确定图们江三国国界水域分界线的协定》。

10月14～19日 台湾海基会董事长辜振甫率参访团对大陆进行参访，并与海协会会长汪道涵达成四点共识。

10月21～24日 中国、朝鲜、韩国和美国在日内瓦举行第三次朝鲜半岛问题四方会谈，就未来"四方会谈"的一些程序性问题达成协议，发表《联合声明》。

10月27日 韩国现代集团董事长郑周永一行抵朝鲜访问。30日，朝鲜劳动党总书记金正日会见郑周永一行。经过协商，现代集团与朝鲜就价值数十亿美元的10个合作项目达成协议。

11月11～13日 日本首相小渊惠三访问俄罗斯。13日，两国领导人签署关于建立建设性伙伴关系的《莫斯科宣言》。

11月17～18日 第六次亚太经济合作组织领导人非正式会议在吉隆坡举行。

11月25～30日 江泽民主席访问日本。这是中国国家元首对日本的首次访问。26日，中日双方在东京发表关于建立致力于和平与发展的友好合作伙伴关系的《联合宣言》。两国政府签署了3项协议。

1999年

4月30日 东盟9国在河内举行仪式，正式接纳柬埔寨加入东盟。

9月13日 第七次亚太经合组织领导人非正式会议在奥克兰举行，并通过《奥克兰挑战》宣言。

9月20日 第二十届东盟议会组织大会接纳柬埔寨为东盟议会组织正式成员。

11月28日 东盟十国和中、日、韩三国领导人在马尼拉举行第三次非正式会晤，并发表了《东亚合作联合声明》。

12月1～3日 日本前首相村山富市率日本政党代表团访问朝鲜，与朝鲜劳动党代表团举行会谈，敦促尽早重开朝日政府间会谈。

12月20日 中国政府对澳门恢复行使主权。江泽民主席、朱镕基总理出席澳门特别行政区政府成立仪式。

2000年

2月9日 朝鲜和俄罗斯在平壤签署了《朝俄友好睦邻合作条约》。

5月6日 东盟就建立双边货币互换机制与中、日、韩达成共识。

5月29～31日 朝鲜劳动党总书记、国防委员会委员长金正日访问中国。江泽民总书记同金正日举行会谈。

6月13～15日 朝鲜最高领导人金正日和韩国总统金大中，在平壤举行朝鲜半岛分裂以来北南双方领导人的首次会晤。15日，双方发表《共同宣言》。

7月17～19日 俄罗斯总统普京访问中国。18日，江泽民主席与普京总统举行会谈，并签署《北京宣言》和《关于反导问题的联合声明》等文件。

7月26～29日 首届东盟与中、日、韩外长会议、第七届东盟地区论坛会议、东盟与对话国会议先后在曼谷举行。朝鲜首次参加东盟论坛会议。

10月20～21日 第三届亚欧会议在汉城举行。

11月15～16日 第八次亚太经合组织领导人

非正式会议在文莱斯里巴加湾举行。会议通过《领导人宣言》和《新经济行动议程》。江泽民主席向与会领导人通报了中国2001年承办亚太经合组织第九次领导人非正式会议的筹备情况。

11月24～25日　第四次东盟与中、日、韩领导人会晤（10+3）和中国与东盟领导人会晤（10+1）在新加坡举行。

2001年

1月15～20日　朝鲜劳动党总书记金正日对中国进行非正式访问。访问期间，江泽民总书记与金正日总书记举行会谈。

2月27日　首个永久定址中国的国际会议组织“博鳌亚洲论坛”成立大会在海南博鳌举行。江泽民主席在大会上致辞。

2月25日　第三届亚欧外长会议在北京举行，并通过《主席声明》。

7月13日　在莫斯科举行的国际奥委会第112次全体会议决定，2008年夏季奥运会在北京举行。

7月15～16日　江泽民主席访问俄罗斯。16日中俄两国元首签署《中俄睦邻友好合作条约》。

7月18日　中国与马其顿实现外交关系正常化并签署联合公报。

7月23日　印尼总统瓦希德宣布全国进入紧急状态令。随之，印尼人民协商会议特别会议否定总统的紧急状态令，并通过决议罢免总统瓦希德，任命副总统梅加瓦蒂为印尼第五任总统，梅加瓦蒂于当日宣誓就职。

7月26日　朝鲜领导人金正日开始对俄罗斯进行正式访问。8月4日，他在莫斯科与普京总统会谈，并签署《莫斯科宣言》。

同日　朝鲜和欧盟宣布正式建交。

8月13日　日本首相小泉纯一郎不顾国内外强烈反对参拜靖国神社。中国政府提出严重交涉；韩国外交通商部发言人发表声明，对小泉纯一郎执意参拜靖国神社表示“严重遗憾”。

8月22日～9月1日　第二十一届世界大学生运动会在北京举行。中国大学生体育代表团以54枚金牌荣获第一。

9月11日　美国发生国际恐怖主义袭击的重大事件。

9月12日　江泽民主席同布什总统通电话，指出：九一一袭击事件“不仅给美国人民带来了灾难，也是对世界人民向往和平的真诚愿望的挑战”；表示“中国人民和美国人民一样，强烈谴责这起骇人听闻的恐怖活动”，“我们愿意与美方和国际社会加强对话，开展合作，共同打击一切恐怖主义暴力活动”。

9月17日　历时15年的中国加入世贸组织的谈判宣告完成。

同日　第六届世界华商大会在中国南京开幕。

9月21日　中国台湾地区国民党撤销李登辉党籍。这是国民党成立107年以来首次对前主席给予党纪处分。

10月15～21日　亚太经合组织第十三届部长级会议和第九次领导人非正式会议在中国上海召开。与会成员围绕“新世纪、新挑战：参与、合作、促进共同繁荣”的主题深入交换意见；就加强多边贸易体制，推动亚太地区贸易投资自由化和经济技术合作等问题阐述了各自的观点，形成了广泛的共识，达成了《领导人宣言》及相关的《上海共识》等文件。

10月29～31日　菲律宾总统阿罗约访问中国。

11月5～6日　第七次东盟首脑会议在文莱首都斯里巴加湾市举行。会议期间还举行了第五次东盟与中国、日本、韩国（“10+3”）领导人会议。东盟与中国一致同意在10年内建立“中国—东盟自由贸易区”。

11月9～14日　世界贸易组织第四届部长级会议在卡塔尔首都多哈举行。10日，会议以全体协商一致的方式通过《关于中国加入世贸组织决定》。11日，会议通过决定，同意台湾以“台湾澎湖金门马祖单独关税区（简称中国台北）”的名义加入世界贸易组织。按规定程序，12月11日中国正式加入世界贸易组织，成为其第143个成员。

11月30日　日本国会通过《联合国维和行动合作法修正案》，解除自卫队参加联合国维和主体行动的限制。

12月13日　美国总统布什不顾国际社会强烈反对，宣布退出美苏1972年签署的《反弹道导弹条约》。

2002年

1月9～15日　日本首相小泉纯一郎访问菲律宾、马来西亚、泰国、印尼和新加坡5国，商谈东亚经济合作问题。

1月29日　美国总统布什发表首篇国情咨文，对伊朗、伊拉克和朝鲜试图发展大规模杀伤性武器提出警告，并称其为“邪恶轴心”国家。

2月17日　美国总统布什访问日本。

2月19～20日　美国总统布什访问韩国。

2月21～22日　美国总统布什访问中国，双方就中美关系和重大国际及地区问题达成广泛而重要的共识。

3月4日　中国国务院任命董建华为香港特区第二任行政长官，于2002年7月1日就职。

3月21～23日　日本首相小泉纯一郎访问韩国。

3月24～28日　印尼总统梅加瓦蒂访华。

3月25日　中国研制的“神舟”三号飞船在酒泉卫星发射中心顺利发射升空，完成各项科学试验后4月1日准确返回地面。

3月28～30日　印尼总统梅加瓦蒂访问朝鲜。

4月3～5日　韩国总统特使、总统外交安保统一特别助理林东源访问朝鲜。6日，双方发表联合新闻公报，全面恢复对话与合作。

4月12～13日　博鳌亚洲论坛年会在中国海南省博鳌举行，朱镕基总理出席并发表致词和主旨演讲。

4月16～19日　亚洲议会和平协会16日在北京开幕，19日在重庆闭幕。李鹏当选协会主席并主持会议。会后发表《亚洲议会和平协会重庆宣言》。

4月17日　古斯芒当选东帝汶总统。

4月21日　日本首相小泉纯一郎再次参拜靖国神社。中国外交部向日方提出严正交涉。24日，中国政府决定推迟两项日中交流活动。

5月10～12日　亚洲开发银行理事会第三十五届年会在上海举行，江泽民主席出席开幕式并发表《加强亚洲团结合作，促进世界和平发展》讲话。

5月20日　东帝汶民主共和国正式成立，古斯芒为第一任总统。同日中国与东帝汶建交。23日联合国安理会通过决议，接纳东帝汶为联合国会员国。

5月21～24日　澳大利亚总理霍华德访华。

6月6～7日　第四届亚欧外长会议在西班牙首都马德里举行。

6月7日　江泽民主席出席在圣彼得堡举行的上海合作组织成员国元首会晤，发表题为《弘扬“上海精神”促进世界和平》的重要讲话。中、俄、哈、塔、乌、吉6国元首签署《上海合作组织宪章》《关于地区反恐怖机构的协定》和《上海合作组织成员国元首宣言》3个政治、法律文件。

7月23～25日　越南陈德良连任国家主席，阮文安再次当选为国会主席，潘文凯连任政府总理。

8月15～16日　韩朝双方民间代表500多人在汉城举行“八一五”民族统一大会。朝鲜116人大型民间代表团参加了这一活动，是朝鲜半岛分裂50多年来的第一次。

8月20～24日　朝鲜最高领导人金正日对俄罗斯远东地区进行访问，并于23日在海参崴与俄罗斯总统普京举行会晤。

同时　第二十四届国际数学家大会（誉为国际数学界的奥林匹克）在北京举行，来自100多个国家和地区的2 000多位外国数学家和1 000多位中国数学家出席。这是中国第一次主办国际数学家大会，也是发展中国家第一次主办这一大会。

9月11日　第五十七届联合国大会决定，不把所谓台湾“参与”联合国问题的提案列入该届联大议程。

9月13日　首次中国—东盟经济贸易部长会议在文莱首都斯里巴加湾市举行，原则通过了《中国—东盟全面经济合作框架协议》草案。

9月15日　朝鲜与韩国军方就北南军事分界线非军事区设立共同管理区域等问题达成协议。这为今后连接朝韩之间的铁路和公路建设提供安全保障。

9月17日　日本首相小泉纯一郎访问平壤，与朝鲜最高领导人金正日举行会谈。这是二战结束以来朝日两国首脑首次举行会谈，双方签署《朝日平壤宣言》。

9月20日　朝鲜最高人民会议常任委员长金永南同到访的韩国6名议员会见，这是1953年朝鲜停战以来，双方议员之间的首次接触。

9月22日　纪念中日邦交正常化30周年友好交流大会在北京举行，江泽民出席大会并发表重要讲话。

9月23～24日 第四届亚欧首脑会议在丹麦首都哥本哈根举行，会议通过《亚欧会议哥本哈根反对国际恐怖主义合作宣言》《朝鲜半岛和平政治宣言》和《第四届亚欧首脑会议主席声明》等文件。

9月24日 根据9月17日朝韩双方达成的有关协议，朝韩开通一条军事当局之间的直通电话热线，以避免双方在连接非军事区铁路和公路过程中发生突发事件。这是朝鲜半岛分裂以来首次开通的军事热线。

9月27日 第五十七届联大通过决议，接纳东帝汶民主共和国为联合国第191个会员国。

9月29日～10月14日 第十四届亚洲运动会在韩国釜山举行，中国运动员共获金牌150枚，蝉联奖牌总数第一；韩国、日本分获金牌95枚和44枚，位居奖牌总数第二、第三。

10月12日 晚间，印尼旅游胜地巴厘岛发生一系列针对外国人的爆炸事件，造成200多人死亡，30多人受伤，死伤者多为澳大利亚人。

10月25日 江泽民主席访美，与美国总统布什在得克萨斯州克劳福德牧场举行峰会，标志着中美关系进入稳定发展阶段。

10月26～27日 亚太经合组织第十次领导人非正式会议在墨西哥洛斯卡沃斯举行。会议重点讨论了促进全球和地区经济复苏与增长、推动全球贸易体制发展、深化反恐合作等问题。在27日的会议上，江泽民主席发表重要讲话，就亚太经合组织开展广泛合作提出三点主张。

11月1～4日 朱镕基总理访问柬埔寨并出席在金边举行的第六次东盟和中日韩（10+3）领导人会议、东盟与中国（10+1）领导人会议及大湄公河次区域经济合作（GMS）领导人会议。

11月4～5日 第八次东盟国家首脑会议在柬埔寨首都金边举行，东盟与中日韩及印度领导人分别签署了一系列文件并发表联合声明。

11月8～15日 中共十六大在北京举行。大会选举了新一届中央委员会，胡锦涛当选为总书记。

12月3日 经过国际展览局第132次代表大会投票表决，中国上海获得2010年世界博览会举办权。

12月12日 美国宣布停止对朝鲜的燃料油供应后不到一个月，朝鲜宣布立即重启其核设施以缓解美上述行动引起的能源短缺问题。因此，美朝在围绕1994年核框架协议方面的争执进一步升级。

12月14日 韩国30万人举行集会强烈要求修改《驻韩美军地位协定》。

12月19日 印尼政府与“自由亚齐运动”在日内瓦签署以结束敌对状态为核心的和平协议。

2003年

1月1日 东盟成员国自由贸易区进入全面实施阶段。

1月9～12日 日本首相小泉纯一郎访问俄罗斯，双方签署了旨在深化两国关系的《联合声明》和《联合行动计划》。

1月14日 小泉纯一郎上台后第三次参拜靖国神社，激起了中国和韩国等战争受害国强烈愤慨和抗议。

1月22日 朝韩红十字会第三次事务性接触在朝鲜金刚山举行，双方就兴建南北离散家属见面场地和举行南北第六次离散家属会面达成协议。

1月26日 台湾中华航空公司执行包机任务的客机飞抵上海浦东国际机场，迎接从上海登机的台商及其眷属返乡过节。这是两岸民航界隔绝54年后第一架飞抵祖国大陆的台湾民航客机。

2月5日 朝鲜外务省声明，为生产电力已重新启动核设施。

2月14日 朝鲜首次向韩国开通金刚山陆路旅游。

2月19日 江泽民主席与俄罗斯普京总统通电话，双方就伊拉克问题交换看法。

2月24日 日本首相小泉纯一郎访问韩国，旨在改善日韩关系和协调对朝政策。

2月25日 韩国总统卢武铉就职典礼举行。

3月17日 中国驻伊使馆人员全部撤出伊拉克。

3月20日 美国对伊拉克战争开始。

4月10日 日本海上自卫队宙斯盾舰“金刚”号等3艘军舰前往印度洋支援美军对伊拉克战争。

4月23日 温家宝总理主持召开国务院常务会议，决定成立国务院防治非典型肺炎指挥部，吴仪任总指挥。

4月23～25日 在中国的积极斡旋下，美国与朝鲜和中国代表一起在北京举行磋商。这是自

2002年10月中旬朝核危机爆发以来，美朝两国首次恢复外交对话，打破双方各自坚持的强硬立场，为和平解决朝核危机带来好的开端。

4月26日 胡锦涛主席与布什总统就伊拉克问题通电话。

4月29日 中国与东盟领导人在泰国曼谷举行关于非典型肺炎特别会议，讨论加强合作、采取措施防治“非典”和消除其威胁问题。

5月12日 朝鲜宣布，1992年签署的《朝鲜半岛无核化》协议无效。

5月26日～6月4日 胡锦涛就任国家主席后首次出访，对俄罗斯、哈萨克斯坦和蒙古3国进行国事访问，并出席上海合作组织峰会、圣彼得堡建市300周年庆典和法国埃维昂南北领导人非正式对话会议。

6月14日，朝韩在军事分界线一带举行京义线和东海线铁路的连接仪式。这是朝鲜分裂半个多世纪以来首次实现南北铁路大动脉的连接。

6月29日～7月1日 温家宝总理赴香港出席《内地与香港关于建立更紧密经贸关系安排》的签署仪式和香港回归祖国6周年庆祝活动。

8月5日 印尼首都雅加达中区南部五星级万豪大酒店遭恐怖炸弹袭击，造成16人死亡、150人受伤。

8月15日 朝韩两国政党及各界团体在平壤举行“八一五和平统一民族大会”，纪念朝鲜半岛摆脱日本殖民统治独立解放58周年。

8月27～29日 朝核问题六方（朝鲜、韩国、中国、美国、俄罗斯和日本）会谈在北京举行，各方都主张保持对话、建立互信、减少分歧、扩大共识，继续六方会谈的进程，并尽快确定下一轮会谈的时间和地点。

10月6日 韩国千人访朝团沿新建公路跨过军事分界线进入平壤，参加耗资5 600万美元的郑周永体育馆开馆仪式。

10月7～8日 第九次东盟首脑会议、第七次东盟与中国（10+1）领导人会晤、东盟与中日韩（10+3）首脑会晤、第五次中日韩领导人会晤以及首届东盟与印度首脑会晤，在印尼巴厘岛举行。温家宝总理出席这次峰会。此次峰会签署建立“东盟经济共同体”、“东盟安全共同体”和“东盟社会和文化共同体”等文件。东盟第三次修订《东南亚友好合作条约》，使其成为向非东盟国家开放的区域性组织，中国成为该条约首个非东盟成员的签约国；印度也将成为东南亚友好合作条约的签约国。

10月15日 中国首位航天员杨利伟乘坐“神舟五号”飞船升空，绕地球飞行14圈后，于16日清晨安全返回。

10月18日 中国中央政府与澳门特区签署了《内地与澳门关于建立更紧密经贸关系的安排》和6个附件。

10月20～21日 亚太经合组织领导人非正式会议在泰国曼谷举行。会议围绕“在充满多样性的世界，为未来建立伙伴关系”主题，就世贸组织多边贸易谈判进程、加强亚太地区经济技术合作、促进贸易和投资自由化以及反恐合作等议题进行讨论。胡锦涛主席与会，并发表重要讲话。会议期间，胡锦涛主席对泰国进行国事访问。会后访问澳大利亚和新西兰。

11月2～3日 博鳌亚洲论坛2003年年会在中国海南博鳌举行，主题为“亚洲寻求共赢：合作促进发展”。温家宝总理、穆沙拉夫总统、吴作栋总理、拉莫斯前总统、美国前贸易代表巴尔舍夫斯基以及中国香港特首董建华、澳门特首何厚铧等来自30多个国家和地区的政、商、学界人士，以及国际组织代表、中外媒体记者1 200多人参加。温总理发表题为《把握机遇，迎接挑战，实现共赢》的主题讲演。

11月6～7日 世界经济发展宣言大会在中国珠海举行，吴仪副总理、成思危副委员长、全国政协副主席徐匡迪、澳大利亚前总理霍克、世界经济论坛主席施瓦布、诺贝尔经济学奖获得者劳伦斯·罗·克莱因等世界政要、国际组织负责人、中外著名经济学奖获得者、工商界知名人士广泛参加。大会发表了《世界经济发展宣言》。

12月7～16日 温家宝总理访问美国、加拿大、墨西哥和埃塞俄比亚，并出席中非合作论坛第二届部长级会议开幕式。

12月11～12日 东盟和日本特别首脑峰会在日本东京举行，日本首相和东盟10国领导人出席开幕式。会议发表了旨在加强日本与东盟各国经济、政治和安全关系的《东京宣言》和《行动计划》。宣言写进了建立“东亚共同体”的设想。日本也正式宣布加入《东南亚友好合作条约》，是继中国之后加入该条约的第二个非东盟国家。

2004 年

1月1日 中国内地与香港、澳门的更紧密经贸关系安排协议开始实施。该项安排主要涉及了货物贸易、服务贸易与贸易投资便利化3个方面。在货物贸易方面，从此开始内地对273项香港、澳门原产地产品实行零关税。

同日 日本首相小泉纯一郎执政以来第四次参拜靖国神社。中国副外长王毅立即召见日驻华使节提出严正交涉，并予以强烈谴责。

1月16日 台湾地方当局领导人陈水扁公布所谓“320和平公投”两个题目。中国外交部发言人进行严厉批驳，指出：“陈水扁罔顾台湾人民的切身利益和国际社会的普遍反对，一意孤行地推行破坏两岸关系的所谓‘公投’，是对台海和平稳定的挑衅，其实质是要为今后利用‘公投’实现‘台独’做准备。”

1月26日～2月4日 胡锦涛主席访问法国、埃及、加蓬和阿尔及利亚。

1月28日 “当前禽流感形势部长级会议”在泰国曼谷开幕。中国、日本、韩国、泰国、越南等亚洲国家，欧盟、美国以及世界卫生组织、联合国粮农组织和世界动物卫生组织等负责农业和卫生的部长或高官，就亚洲地区当前的疫情共商对策。

2月10～11日 第六次中美国防部副部长级防务磋商在北京举行。中国人民解放军副总参谋长熊光楷与来访的美国国防部副部长费斯就两军关系和共同关心的国际和地区问题进行磋商。

2月16日 中国驻伊拉克使馆复馆小组在临时代办孙必干的带领下，抵达伊拉克首都巴格达。

3月12～23日 韩国国会弹劾总统卢武铉，激起韩国民众的强烈不满。

3月21日 马来西亚第十一届国会大选举行，执政的国民阵线取得胜利。

3月26日 中国外交部发言人发表谈话，对3月24日中国公民7人登上钓鱼岛后遭日方非法扣留，并受到非人道待遇一事，表示强烈愤慨。

4月19～21日 朝鲜劳动党总书记、国防委员会委员长金正日对中国进行非正式访问。中共中央总书记、国家主席胡锦涛同金正日举行会谈。

4月24～25日 博鳌亚洲论坛2004年年会在海南博鳌举行，主题为“亚洲寻求共赢——一个向世界开放的亚洲”。胡锦涛主席在开幕式上发表了《中国的发展 亚洲的机遇》的主旨演讲。

5月2～12日 温家宝总理访问德国、比利时、意大利、英国、爱尔兰及欧盟总部。

5月14日 韩国宪法法院驳回国会3月6日通过的弹劾卢武铉总统动议案，宣布立即恢复卢武铉中断2个多月的总统职权。

5月17日 中共中央台湾工作办公室、国务院台湾事务办公室，受权就两岸关系问题发表声明，指出：坚决制止旨在分裂中国的“台湾独立”活动，维护台海和平稳定，是两岸同胞当前的紧迫任务。

5月22日 日本首相小泉纯一郎再次访问朝鲜。

6月8～18日 胡锦涛主席访问波兰、匈牙利、罗马尼亚和乌兹别克斯坦，并出席6月16～17日在乌兹别克斯坦塔什干召开的上海合作组织峰会。

6月14日 日本国会通过了《限制外国军事用品海上运输法案》《美军行动便利法案》《自卫队法修正案》《交通通信管制法》《国民保护法》《处罚违反国际人道法法案》和《俘虏处理法案》等7项法案。

6月23～26日 朝鲜、韩国、中国、美国、俄罗斯和日本在北京举行了第三轮朝核问题六方会谈，发表了第二份《主席声明》。

6月30日 菲律宾全国选举揭晓，现任总统阿罗约蝉联总统。阿罗约正式宣誓连任。

同日 中越两国边界谈判代表团团长王毅和武勇在河内互换两国关于《在北部湾领海、专属经济区和大陆架的划界协定批准书》。当天，两国还就《北部湾渔业合作协定》生效事宜互换了照会。

7月10日、13日 中国外交部发言人明确表示：台湾问题直接关系到中国主权和领土完整。我们坚决反对同中国建交的国家与台湾当局进行任何形式的官方往来。作为新加坡副总理，李显龙无论以何种方式何种借口访台，都严重违背了新加坡政府关于奉行一个中国政策的承诺，新方应对此产生的后果承担全部责任。

7月14日 西哈努克国王发布王令，任命洪森为新一届柬埔寨王国政府首相并负责组建新政府。15日，国会通过投票表决，批准了以洪森为首相的新一届王国政府。新一届柬埔寨王国政府仍然由人民党和奉辛比克党联合组成。

8月12日　李显龙宣誓就任新加坡总理，成为该国第三任总理。

8月13～29日　第二十八届雅典奥运会上，中国体育代表团勇夺32枚金牌、17枚银牌、14枚铜牌，位列金牌榜第二位，奖牌榜第三位。

8月29日　何厚铧在澳门特区第二届行政长官选举中高票当选。9月1日，温家宝总理主持召开国务院全体会议，并签署国务院令，任命何厚铧为中华人民共和国澳门特别行政区第二任行政长官，于2004年12月20日就职。

9月19日　中共十六届四中全会通过关于同意江泽民辞去中共中央军委主席职务的决定，决定胡锦涛任中共中央军委主席。

10月4日　印尼全国选举委员会正式宣布总统选举第二轮投票结果，民主党候选人苏西洛当选，新总统和内阁于10月20日宣誓就职。

10月6日　西哈努克国王发表告同胞书正式提出退位。10月14日柬埔寨王国王位委员会宣布，推选西哈努克国王之子诺罗敦·西哈莫尼继承王位，29日诺罗敦·西哈莫尼正式就任柬国王。

10月7～8日　第五届亚欧会议在河内举行，主题是“进一步振兴、充实亚欧伙伴关系”。本届首脑会议通过了《亚欧会议更紧密经济伙伴关系宣言》《亚欧会议文化与文明对话宣言》及《主席声明》等文件。10月7日，亚欧会议接纳了来自亚洲的老挝、柬埔寨、缅甸，以及新加入欧盟的10个国家。至此，东盟10国和欧盟25国均已加入亚欧会议。

11月29～30日　第十次东盟首脑会议在老挝首都万象举行。与会领导人同意努力谋求东盟的全面一体化，以在2020年实现建成一个对外开放、充满活力的东盟共同体。会上，东盟同韩国和俄罗斯分别签署了关于加入《东南亚友好合作条约》的文件。东盟除了分别同中国、日本、韩国、印度举行10+1领导人会议外，还同澳大利亚和新西兰举行了领导人会议。会上还讨论了建立“东亚首脑会议”机制和建设“东亚自由贸易区”的可能性。会议决定首次“东亚峰会”将由马来西亚于2005年主办。

12月8日　中国联想集团宣布，以17.5亿美元的实际金额收购IBM个人电脑事业部。IBM被收购后，它将持有联想集团18.9%股份，成为联想的第二大股东。

12月11日　台湾地区第六届“立法委员”选举结果揭晓，国民党、亲民党、新党三党得票过半，继续主导“立法院”；民进党和“台湾团结联盟”受到挫败。

12月26日　印尼苏门答腊岛西北发生九级强震，引发大海啸，冲向印尼、泰国、马来西亚、斯里兰卡、印度和马尔代夫等12国，致死人数达30万。灾后，中国在第一时间向受灾国伸出了援助之手。

2005年

2月19日　日美国防部长、外长安全磋商委员会（“2+2”）会议在华盛顿举行。会后发表的联合声明中首次提到台湾问题，并将“鼓励以和平方式经由对话解决台湾海峡议题”列为美日在亚太地区的共同战略目标之一。

3月16日　日本岛根县议会表决通过了“竹岛之日”条例案，将2月2日定为“竹岛之日”。韩国政府立即做出强烈反应，认为这是关系韩国领土主权完整的重大问题，并决定动员一切可能的手段，进行“强烈应对”。

3月28日～4月1日　中国国民党副主席江丙坤率领国民党参访团，访问了广州、南京和北京。在北京期间，中共中央政治局常委、全国政协主席贾庆林和国务委员唐家璇分别会见了参访团全体成员。中共中央台湾工作办公室和有关部门的代表与参访团一行，就加强两岸经贸等领域的交流与合作举行会谈，在两岸同胞关心的12项议题方面广泛交换了看法，取得共识。

4月5～12日　温家宝总理访问巴基斯坦、孟加拉、斯里兰卡和印度。访印期间，温总理同印度领导人坦诚深入交换意见，并就解决边界问题的政治指导原则达成共识。温总理还应邀出席于巴基斯坦伊斯兰堡举行的亚洲合作对话第四次外长会议开幕式，并作主旨演讲，阐述中国关于加强区域合作的立场和主张。

4月20～28日　胡锦涛主席访问文莱、印尼和菲律宾，并出席在印尼举行的2005年亚非峰会和万隆会议50周年纪念活动。胡主席在亚非峰会上提出亚非国家要在四个方面成为合作伙伴：政治上，要相互尊重、相互支持；经济上，要优势互补、互利共赢；文化上，要相互借鉴、取长补短；安全上，要平等互信、对话协作。

4月26日～5月3日 中国国民党主席连战率领代表团参访大陆，先后访问了南京、北京、西安、上海4个城市。在北京期间，胡锦涛总书记与连战主席举行正式会谈，并发表了两党会谈《新闻公报》。双方坚持“九二共识”，反对“台独”，谋求台海和平与稳定等立场；在此基础上将共同促进尽速恢复两岸谈判，共谋两岸人民福祉；促进终止敌对状态，达成和平协议；促进两岸经济交流，建立两岸经济合作机制；促进协商台湾民众关心的参与国际活动的问题以及建立党对党定期沟通平台。

5月3～13日 中国亲民党主席宋楚瑜率领代表团访问西安、南京、上海、长沙、北京等城市。胡锦涛总书记与宋楚瑜主席进行了正式会谈并发表两党《会谈公报》，就坚持“九二共识”，反对“台独”等问题达成了六项共识，还就加强两岸经贸交流，建立两岸经贸合作机制提出了9项具体内容。

5月9日 胡锦涛主席应邀参加俄罗斯举行的纪念卫国战争胜利60周年庆典。

6月2日 中国和俄罗斯在符拉迪沃斯托克互换《中华人民共和国和俄罗斯联邦关于中俄国界东段的补充协定》批准书，标志着中俄两国彻底解决了长达4 300多公里共同边界的所有历史遗留问题。

6月15日 印尼政府与“自由亚齐运动”组织在芬兰首都赫尔辛基正式签署和平协议。

6月16日 香港特区行政长官选举提名结束，曾荫权共获得796位选举委员中674位的提名，是唯一获得有效提名的候选人，并自动当选新的行政长官。6月21日，温家宝总理主持召开国务院全体会议，决定任命曾荫权为中华人民共和国香港特别行政区行政长官，2005年6月21日起就职，任期至2007年6月30日。

7月5日 上海合作组织在哈萨克斯坦首都阿斯塔纳举行第五次元首会晤。

7月16日 马英九当选国民党主席。

8月18～25日 中俄两军举行“和平使命—2005”军事演习。

9月8～17日 胡锦涛主席对加拿大和墨西哥进行国事访问，并在纽约出席联合国成立60周年首脑会议。

9月19日 第四轮北京六方会谈第二阶段会议与会各方一致通过了《第四轮六方会谈共同声明》。

10月8～11日 中共十六届五中全会举行，通过了《关于制定国民经济和社会发展第十一个五年规划的建议》。

10月8日 巴基斯坦北部地区发生强烈地震。中国决定向巴提供包括现汇和物资在内的620万美元紧急人道主义救灾援助，并向巴受灾地区派遣救援队。

10月17日 中国搭载2名宇航员费俊龙、聂海胜的神舟六号载人飞船安全返回。

同日 韩国就日本首相小泉纯一郎再次参拜靖国神社，表示强烈抗议和愤慨。

10月18日 美国防部长拉姆斯菲尔德开始为期3天的对中国的访问。

10月24～30日 新加坡李显龙总理一行对中国进行为期一周的正式访问，先后访问了北京、天津、沈阳和大连。

10月28～30日 中共中央总书记、国家主席胡锦涛，对朝鲜进行正式友好访问。

10月29日 日、美国防部长和外长参加的安全磋商委员会在华盛顿举行会议，就驻日美军调整以及日本自卫队与美军职能分担等问题达成协议，并发表了题为《日美同盟：为了未来的改革与重组》的报告。

10月31日 来自亚太经合组织21个成员的卫生和防疫专家在澳大利亚举行闭门会议，商讨共同应对禽流感。

10月31日～11月2日 在中越建交55周年之际，中共中央总书记、国家主席胡锦涛访问越南。双方强调，应共同推进中国—东盟自由贸易区的建设进程；确保《南中国海协议区三方联合海洋地震工作协议》得到落实，共同促进海上共同开发和局势稳定。

11月8～19日 胡锦涛主席访问英国、德国、西班牙和韩国，并出席在首尔（汉城）举行的亚太经合组织第十三次领导人非正式会议。

11月9～11日 朝鲜半岛核问题第五轮六方会谈第一阶段会议在北京举行。会议通过的《主席声明》强调，各方愿在增信释疑的基础上，整体落实第四轮会谈通过的《共同声明》，分类实施各项承诺，自始至终及时行动、协调一致，实现利益均衡，达到合作共赢。

11月19～21日　美国总统布什访华，胡锦涛主席与布什总统就中美关系和重大国际及地区问题达成广泛而重要的共识。胡主席在会谈中特别强调，中美关系已远远超出双边范畴，越来越具有全球意义。

12月3日　台湾地区“三合一”（县市长、县市议员、乡镇市长）选举揭晓，国民党席位明显增加，民进党席位减少。

12月4～15日　温家宝总理访问法国、斯洛伐克、捷克、葡萄牙和马来西亚，并出席在吉隆坡举行的第九次中国—东盟（10＋1）领导人会议、第九次东盟与中日韩（10＋3）领导人会议和首届东亚峰会。

12月14日　首届东亚峰会在马来西亚吉隆坡举行。来自东盟10国、中国、日本、韩国、印度、澳大利亚和新西兰等16个国家元首或政府首脑与会。会议发表《吉隆坡宣言》，并讨论通过《关于预防、控制和应对禽流感》东亚峰会宣言。会议确定了东亚峰会的发展方向及模式，东盟将在东亚峰会及东亚合作进程中发挥主导作用。

12月20日　中国国家统计局宣布，经济普查后，中国2004年国内生产总值总量从普查前的16 537亿美元，调整为19 317亿美元，占全球当年国内生产总值总量的比重，由3.8%提高到4.4%；2004年中国国内生产总值从世界第七位上升到世界第六位。

2006年

1月1日　台湾地方当局领导人陈水扁再次公开宣称，要推动“新宪公投”，“在2008年为台湾催生一部合时、合身、合用的新宪法”；遭到各方面强烈反对。

1月9～10日　中国举行新世纪第一次全国科学技术大会，部署实施《国家中长期科学和技术发展规划纲要（2006～2020年）》。

1月10～18日　朝鲜劳动党总书记金正日对中国进行非正式访问。

2月　泰国曼谷爆发大规模游行，要求塔信辞职。塔信解散议会，决定于4月2日提前3年举行选举。

2月27日　台湾地方当局领导人陈水扁强行决定终止“国统会”运作和“国统纲领”适用。

4月1～8日　温家宝总理访问澳大利亚、斐济、新西兰、柬埔寨，并出席在斐济举行的“中国—太平洋岛国经济发展合作论坛”首届部长级会议开幕式。

4月2日　泰国举行大选，“泰爱泰”党获得57%的支持票。

4月14～15日　由中共中央台湾工作办公室海研中心和中国国民党国政研究基金会共同主办的“两岸经贸论坛”在北京举行，论坛通过了《共同建议》。

4月14～22日　日本海上保安厅4月初宣布，将从4月14日至6月30日在竹岛（韩国称独岛）周边海域进行海洋调查与勘测。4月14日，韩国政府紧急对策会议决定，如果日勘测船侵犯韩专属经济区，韩方将依法采取拦截、停船、上船搜查等相应措施。4月22日晚，韩日经过24小时的激烈谈判达成妥协。

4月18～21日　胡锦涛主席访美，和布什总统举行会谈，并在耶鲁大学发表了《促进中美两国人民友好，共创世界美好明天》的重要演讲。

4月18～25日　越共十大在河内召开，确定了2006～2010年社会经济发展方向、目标和任务，修改、补充党章，并选举产生了以总书记农德孟为首的越共新一届领导班子。

4月19日　韩国国会通过韩明淑为总理的议案。

4月22～23日　以“亚洲寻求共赢：亚洲的机会”为主题的博鳌亚洲论坛2006年年会，在中国海南博鳌举行。

4月22～29日　胡锦涛主席访问沙特阿拉伯、摩洛哥、尼日利亚、肯尼亚。

4～5月　泰国总理塔信暂时将日常权力转交副总理奇猜，长达7周；但其后来又重返看守总理职务，并重新将选举日期确定为10月15日。国王于7月底同意举行重新选举，并希望尽快结束危机。

5月27日　印尼遭受里氏5.9级地震，造成数千人死亡，2万余人受伤，灾情严重。中国政府立即决定，派救援队赴印尼实施紧急救援。

6月9日　泰国为国王普密蓬·阿杜德登基60周年举行大规模庆祝活动。

6月14日　中国台湾海峡两岸航空机构就两

岸客运包机节日化和开办专案包机的技术性、业务性问题达成共识，做出了框架性安排。

6月15日　上海合作组织成员国元首理事会第六次会议在上海圆满结束，发表了《上海合作组织五周年宣言》等重要文件。

6月17～24日　温家宝总理访问埃及、加纳、刚果（布）、安哥拉、南非、坦桑尼亚和乌干达7国。

6月26～27日　越南国会选举阮富仲为新任国会主席，阮明哲为新任国家主席，阮晋勇为新任政府总理。

7月1日　中国青藏铁路格尔木至拉萨段建成通车。

7月5日　朝鲜向日本海试射数枚导弹，引起各方强烈反应。中国外交部发言人表示"严重关切"，希望有关各方保持冷静和克制，不要再采取使局势紧张和复杂化的行动。

7月10日　若泽·拉莫斯·奥尔塔宣誓就任东帝汶新一任政府总理。他表示，政府将加强首都帝力和东帝汶其他地区的安全，尽快恢复人们的信心和希望。

7月12日　中国运动员刘翔在2006年瑞士洛桑田径超级大奖赛男子110米栏的比赛中，以12秒88打破了英国名将科林－杰克逊保持13年之久的12秒91的世界纪录。

7月15日　联合国安理会通过第1695号决议，对朝鲜试射导弹表示严重关切和谴责，要求朝方重新做出暂停导弹试验的承诺。

7月16～17日　胡锦涛主席在俄罗斯圣彼得堡出席中国、八国集团同印度、巴西、南非、墨西哥和刚果（布）5个发展中国家领导人会议。会议期间，胡锦涛同与会的发展中国家领导人举行了集体会晤，并参加了中国、俄罗斯和印度三国领导人会晤，会见了有关国家领导人，就双边关系及共同关心的国际问题交换意见。

7月20日　中国台湾海峡两岸航空业界的首架两岸专案货运包机——台湾"中华航空公司"航班飞机抵上海机场。

7月20～21日　首届"环北部湾经济合作论坛"在中国广西南宁举行。

7月26日　东盟与中日韩（10＋3）外长会议和东亚峰会外长会议在马来西亚首都吉隆坡举行。

8月10～11日　日本首相小泉访问蒙古。

8月11～24日　蒙古、美国、印度、泰国、孟加拉、斐济和汤加7国的1000多名军人在蒙古武装力量训练中心塔旺陶勒盖举行代号为"可汗探索—2006"的多国联合军事演习。演习期间，美军太平洋司令法伦上将与蒙古军方高层举行会谈，签署与蒙古的军事合作协议。

8月15日　即将离任的日本首相小泉纯一郎悍然再次参拜靖国神社。

8月28～30日　日本首相小泉对哈萨克斯坦和乌兹别克斯坦进行正式访问。

8月～11月　台湾地方当局领导人陈水扁家族涉及多起重大贪腐弊案，激起台湾各界"反贪倒扁"浪潮。继百万人自发郵款反贪"倒扁"，又先后进行了长达40天的台北凯达格兰大道和环岛的抗议活动。10月10日，由"倒扁总部"发起约有150万人参加的倒扁"天下围攻"行动。11月3日，"国务机要费案"提前侦结，陈水扁夫妇被检方认定涉嫌贪污和伪造文书等罪。11月9日，台湾"中研院"前院长李远哲发表公开信，呼吁陷入"国务机要费案"的陈水扁"慎重考虑去留的问题"。11月13日，出于对民进党表现的不满，两位民进党籍"立法委员"林浊水和李文忠宣布辞去台"立法委员"职务，在岛内政坛特别是民进党内部引起震撼。11月29日，曾经与陈水扁情同父子的前"客委会主委"罗文嘉在美国发表演讲时，公开批评陈水扁处理"国务机要费案"的方式没有说服力。

9月9～16日　温家宝总理访问芬兰、英国、德国和塔吉克斯坦，并出席在赫尔辛基举行的第九次中欧领导人会晤、第六届亚欧首脑会议和在杜尚别举行的上海合作组织成员国总理第五次会议。

9月10～11日　第六届亚欧首脑会议在芬兰首都赫尔辛基举行，并共同庆祝亚欧首脑会议成立10周年。会议通过了《主席声明》《亚欧会议未来发展宣言》和《关于气候变化的宣言》，并宣布保加利亚、罗马尼亚、印度、巴基斯坦、蒙古、东盟秘书处将加入亚欧会议机制。中国将于2008年10月在北京举行第七届亚欧首脑会议。

9月15日　上海合作组织成员国总理第五次会议在塔吉克斯坦首都杜尚别举行。

9月19日　泰国陆军总司令颂提领导军事政

变，接管泰国政权。一个名为“泰国国家管理改革委员会”的组织随后宣布，废除1997年制定的宪法，解散泰国宪法法院、泰国议会上下两院和由看守政府总理塔信领导的内阁。

9月20日 安倍晋三当选日本自民党总裁。9月26日，他被日本国会任命为新任首相。9月29日，安倍表示，日本加强与中国和韩国的信赖关系对亚洲地区以及整个国际社会极为重要。10月2日，在国会众议院回答有关历史问题的质询时，安倍引用“村山谈话”说，日本的殖民统治和侵略给许多国家特别是亚洲各国人民造成了巨大的损害和痛苦。

10月1～10日 泰国管理改革委员会宣布，泰国国王普密蓬已签署由该委员会起草临时宪法，临时宪法颁布后立即生效；枢密院大臣素拉育被任命为泰国临时总理。10月10日，受到国王普密蓬认可的泰国临时内阁正式上任。

10月8～9日 应温家宝总理邀请，日本首相安倍晋三对中国进行正式访问。

10月9日 朝鲜宣布已成功地进行了地下核试验。联合国安理会14日下午一致通过了关于朝鲜核试验问题的第1718号决议，对朝鲜核试验表示谴责，要求朝方放弃核武器和核计划，立即无条件重返六方会谈，并决定针对朝鲜采取制裁措施。决议排除了授权使用武力的可能，未对朝鲜实施全面制裁，并表示将视朝鲜遵守决议情况调整、暂停或取消对朝制裁措施。

10月13日 胡锦涛主席与来华进行工作访问的韩国总统卢武铉举行会谈。双方同意，不断深化中韩全面合作伙伴关系，为维护和促进朝鲜半岛及东北亚和平、稳定与发展而共同努力。

同日 联合国大会正式任命韩国外交通商部长官潘基文为下一任联合国秘书长。

10月17 中国台湾海峡两岸农业合作论坛在海南博鳌举行。中共中央政治局常委贾庆林与中国国民党荣誉主席连战出席论坛开幕式，并发表演讲。中共中央政治局委员吴仪，中国国民党、亲民党、新党人士、两岸农业企业家、专家、学者和农民团体代表400余人出席论坛，发表了《两岸农业合作论坛共同建议》。10月19日，海峡两岸农业合作成果展览暨项目推介会在厦门开幕。吴仪和连战荣誉主席出席开幕式并参观展览。

10月30日 中国—东盟建立对话关系15周年纪念峰会在中国广西南宁举行。温家宝总理与东盟10国领导人出席峰会。

10月31日 中国、朝鲜和美国三方作出将于近期恢复朝核问题六方会谈的决定。韩国、俄罗斯、日本均对此消息表示欢迎，并对中方在其间作出的努力表示感谢。联合国秘书长安南当天也发表声明对中朝美的决定表示欢迎。11月1日朝鲜外务省发言人在平壤宣布，在朝美于六方会谈框架内讨论解除金融制裁问题的前提下，朝鲜将重返六方会谈。

11月3～5日 中非合作论坛北京峰会暨第三届部长级会议召开，中国领导人和48个非洲国家的国家元首、政府首脑或代表与会。在友谊、和平、合作、发展的主题下，发表《中非合作论坛北京峰会宣言》和《中非合作论坛——北京行动计划(2007至2009年)》两个成果文件，确立发展中非新型战略伙伴关系，对中非未来3年合作进行了全面规划。

11月9日 世界卫生大会在日内瓦举行特别会议，选举中方候选人、原世界卫生组织助理总干事、香港特区前卫生署长陈冯富珍女士为世界卫生组织新任总干事。

11月15～26日 胡锦涛主席先后访问越南、老挝、印度和巴基斯坦，其间：17～19日，出席在越南河内举行的亚太经合组织（APEC）第十四次领导人非正式会议，并发表重要讲话。本次会议的主题是“走向充满活力的大家庭，实现可持续发展与繁荣”。

12月1～15日 第十五届亚运会在卡塔尔首都多哈举行，有45个国家和地区的1万余名运动员参加比赛。中国代表团获得165枚金牌、88枚银牌和63枚铜牌，以金牌数和奖牌总数（316枚）的优异成绩位居榜首；韩国和日本分别居于第二、三名。

12月13日 马来西亚米詹·扎因·阿比丁宣誓就任第十三任最高元首。

12月14日 联合国新任秘书长潘基文（韩国外交通商部前长官）宣誓就任。

12月14～15日 胡锦涛主席特别代表吴仪副总理率中国代表团与布什总统特别代表、财政部长包尔森率美国代表团，在北京举行首次中美战略经济对话。

12月14～17日　印度总理曼莫汉·辛格访问日本。

12月15日　日本参议院继11月30日众议院之后，也通过了将日本防卫厅升格为防卫省的法案。该法案正式生效，从2007年1月9日起，防卫厅升格为防卫省，防卫厅长官也随之升格为防卫大臣。

12月18～22日　关于朝核问题第五轮六方会谈第二阶段会议在北京举行。22日后休会。

12月27日　中共中央总书记胡锦涛在会见海军第十次党代会代表时强调，中国是一个海洋大国，在捍卫国家主权和安全，维护中国海洋权益中，海军的地位重要，使命光荣。要按照中国特色军事变革要求，推动海军建设整体转型，提高海军信息化条件下防卫作战能力。要坚持以科学发展观为重要指导方针，按照革命化、现代化、正规化相统一的原则，努力锻造一支与履行新世纪新阶段我军历史使命要求相适应的强大的人民海军。

12月31日　据海关统计，2006年中国对外贸易规模达17 606.9亿美元，比2005年增长23.8%，中国对外贸易发展增速已经连续5年保持在20%以上。2006年中国外贸出口9 690.8亿美元，增长27.2%，同比回落1.2个百分点；进口7 916.1亿美元，增长20%，同比上升2.4个百分点。

2006年　中国外汇储备达10 663亿美元。

（张　伶）

第三编

政治体制与法律制度

第一章 东亚地区国家政治体制的发展

涵盖广义的东亚国家多是文明古国，政治文明包括政治体制文明发展久远。在古代，东亚国家经历了原始社会、奴隶社会和封建社会，特别是封建社会历史比较长，创造了比较完善的封建政治体制。到了近代，东亚国家遭到西方殖民主义国家的入侵，多数国家沦为殖民地，中国和泰国沦为半封建半殖民地，日本则走上了资本主义道路，对外实行侵略扩张的政策。因此，东亚国家的政治体制发生了分化。东亚发展中国家在反帝反殖民族解放斗争和反封建斗争中，由于所走的道路不同，因而所建立的政治体制也不相同，形成了东亚政治体制多样性的特点。

第一节 古代东亚地区国家政治体制的发展

人类自原始社会进入奴隶社会，形成国家，建立政权，就有了以维护奴隶主统治为目的的政治体制。由于占有史料程度不同，有些东亚国家奴隶主专政的政治体制情况很难完整地描述；而东亚国家封建社会的政治体制发展比较健全，史料也较丰富。

一 奴隶主专政的政治体制

中国古代奴隶主专政的政治体制比较典型。已发现的甲骨文卜辞和铜器铭文记载，中国殷商时代，在商（殷）王之下有一大批官吏协助他实施统治。这些官员的职掌和相互关系，因史料不足尚难以弄清，但大体有以下几类：一是在宫内担任侍卫、杂务者，如小臣、臣正等；二是管理田猎、马政、武器征伐者，如多马、多射、亚箙、多犬等；三是管理祭祀、占卜者，如多卜、卜等；四是管理文书记载等事者，如史、乍册等；五是管理王室宗族者，如宗等；六是管理庶民和奴隶者，如宰、尹等；七是管理制造用具者，如工、多工等。

中国西周王朝在推行分封制和宗法制的基础上，又建立了一套比殷商时代更加复杂的统治机构，大大强化了奴隶主专政的政治体制。据成书于战国时期的《周礼》记载，周王朝“设官分职，以为民极”，设置了庞大而复杂的官僚机构，以作为统治和镇压庶民和奴隶的工具。《周礼》称，周代有“六官”之制，即“天官冢宰”，掌管“邦治”，称为“治官”，为“六官”之首；“地官司徒”，掌管“邦教”，称为“教官”；“春官宗伯”，掌管“邦礼”，称为“礼官”；“夏官司马”，掌管“邦政”，称为“政官”；“秋官司寇”，掌管“邦禁”，称为“刑官”；《冬官司空》一篇遗失，后人以《考工记》补之，多列工官、工匠之名，判其职掌工程。《周礼》所记“六官”排列整齐、组织严密，甚至超过了后世的某些官制，因此有人怀疑它是后人虚构的。

根据《诗经》《尚书》和铜器铭文的记载，人们可以窥见西周政权政治体制的大体情况：周天子下面的重要辅弼之官有太师、太保、太傅，称为“三公”或“师保”。“三公”之中，太师的地位最尊。姜太公在文王、武王之世相继担任太师，被尊称为“师尚父”。“师保”总揽军政大权，地位显赫。在中枢机关里，“师保”一般都兼领冢宰，为最高执行官，率领众多卿士，组成庞大的卿事寮，总揽朝廷政务。卿事寮包括“六大”或称“六卿”。周康王时有“三左三右”官职，大概就是“六大”。“三右”是：太宰，掌王室奴隶和财务；太宗，掌贵族事务；太士，掌司法。“三左”是：太史，掌王的册命和祭典；太祝，掌祭祀祈祷；太卜，掌卜筮。在冢宰之下，除“六大”外，分管各项具体政务的还有：司徒，管理农田耕作和奴隶，官司籍田，负责征发徒役；司马，管理军赋的征收和有关军旅的事宜；司空，管理百工职事和土木建筑工程；司寇，掌管刑狱纠察；司士，掌管版籍爵禄。这些官职也很重要，都由奴隶主担任。周朝分封的诸侯国，也仿照王朝的政治体制，设立了相应的官职。有些诸侯兼任了王室的官职；诸侯国里有些官吏也由周天子任命。

东周时期，王室衰微，诸侯势力增强。各诸侯国都有自己一套政治体制。但各国政体除体现本国的特点外，也有共同性。春秋时期，各诸侯国在国君之下设文官之长为相（各国称谓不尽一致，有的称相邦、丞相、冢宰、太宰、令尹等），武官有将军（有的国家称之为柱国、上柱国等）、尉（有的国家称之为国尉、都尉等）。各国都设有御史，掌记录文书和监察之事。中枢机构的职权分工大体如周制。战国时期，一些诸侯国已进入封建社会，一些诸侯国仍停留在奴隶制阶段，各国的政治体制很不一致，但大体可以说，东方的韩、赵、魏、齐，受周代制度的影响颇大，它们的政体也大体相同；南方的楚，西方的秦，则自成体系，但也吸收了中原国家的一些制度。

二　封建专制下的政治体制

在东亚，中国的封建制度建立最早。一般认为，秦朝于公元前221年统一中国，标志着中国已完全确立了封建制度。秦朝总结了西周以来的经验教训，开创了一整套封建专制主义中央集权的政治体制。这种体制是：在全国设立中央、地方两级统治机构。中央行政机构设丞相、太尉、御史大夫，称为“三公”。丞相，是皇帝之下的第一高官，是文官之长。秦朝分设左、右丞相，以左为尊。他们承奉皇帝旨意，辅佐皇帝处理全国事务，地位最为重要。太尉，不仅掌管武事，是武官之长，而且兼掌用人、定爵等人事大权。御史大夫，为丞相之副职，兼管监察百官，督察地方诸郡，接受公卿奏事等。较“三公”略低者为九卿：奉常，掌宗庙祭祀；郎中令，掌保卫皇帝；卫尉，掌保卫宫廷；太仆，掌皇帝车马；廷尉，掌刑罚；典客，掌接待管理边区民族；宗正，掌皇族事务；治粟内史，掌粮食货币；少府，掌税收及制造用具。此外，中央的高官还有：中尉，掌京师治安；将作少府，掌修建宫室；典属国，掌少数民族事务；等等。这套政治制度又称“三公九卿制”，构成了秦朝完整的中枢统治体系。秦朝的地方政治体制是郡县制。郡县两级均直属秦朝中央统辖，郡县长吏由中央派遣，必须服从中央旨令，从而将地方权力集中于中央。当时全国分为36郡，后来又增至40余郡。秦朝郡辖县，是地方最高行政机构。郡设郡守和郡尉。郡守是郡的最高行政长官，主管一郡政事；郡尉协助郡守，掌管军事。县的行政长官称县令，不满万户的县称县长，掌管一县的政务。县设县尉、县丞，分别协助县长掌管治安和司法。县下设乡。乡有三老，掌教化；有啬夫，管司法和税赋；有游徼，管治安。乡之下为里正，里有什伍组织。总之，秦朝建立的从中央到地方一整套完整、崭新的政治体制，为中国2 000年的封建政治体制奠定了基础。此后中国各个朝代的政治体制，虽在机构设置上有所调整，官吏名称上有变化，但实质上与秦朝别无二致。

东亚一些国家，特别是越南、朝鲜—韩国、日本的封建专制下的政治体制，均受到中国的影响。

公元968年，丁部领建立丁朝，使越南摆脱了中国封建王朝的统治，成了独立的国家。它仿效中国建立中央集权制。此后的前黎朝、李朝、陈朝、后黎朝，所建立的统治机构和官制均效法中国。

公元1世纪前后，朝鲜半岛上的3个国家：新罗、百济、高句丽由奴隶社会进入封建社会。公元668年，新罗在中国唐朝的帮助下，先后征服了百济和高句丽，统一了半岛。7世纪后半期，新罗形成群雄割据局面。公元936年，高丽重新统一了朝鲜半岛。为巩固政治统治，高丽国重新整顿了中央集权的封建政治体制，在中枢机构中设立了统管国家全盘事务的内史门下省、管理文武百官的尚书都省、管理国家财政的三司等三省部，以及负责司法监督的御史台、拟制国家重要文献的翰林院、培养贵族子弟的国子监等。上述机构设置与当时中国五代梁朝的机构设置几乎是相同的。

公元673年日本天武天皇建立天皇制政权后，其政治体制实际是借鉴中国唐朝的模式逐渐建立起来的、以天皇为核心的中枢政权体制，称为“太和官制”（中国称为“宰相制”）。天皇制中枢机构设太和大臣、左大臣、右大臣。太和大臣的职责近似唐朝的三师、三公；左、右大臣的职责相当于唐朝尚书省左、右仆射。在太和大臣之下设有左大弁，统辖中务、式部、民部、治部4省；右大弁统辖兵部、刑部、大藏、宫内4省。其地方政治体制也仿效唐朝，实行国、郡、里制。唐朝有王畿10道制；日本设畿内7道。国分大、上、中、下4级，每国设国守。郡分大、上、中、下、小5级，每郡置郡令。里设里长，50户为1里。国守由中央派遣；郡令从地方豪族中选拔。

受中国影响不大的东亚国家，在进入封建社会后所建立的中央集权的政治体制，跟中国封建中央集权的政治体制也相类似。例如，公元1350年印尼麻喏巴歇封建王国进入鼎盛时期后，国王拉查沙纳加拉建立了一套完整的中央集权的政治体制。中枢机构设军事、内政、外交和司法4个部，由首相统辖。地方政权分为内领（爪哇本土）和外领（属国）。内领设省、县、区、乡4级，受中央统辖。各级官吏由中央统一任免，不能世袭。外领由代表麻喏巴歇国王的当地酋长管理。外领的行政机构仿效内领的地方政府模式组建。

东亚国家封建中央集权的政治体制比较健全，对长期维护以帝王为首的地主阶级的统治起了很大的作用。但这种体制是建立在封建地主对农民的残酷压榨和剥削的社会基础之上的，因此必然遭到农民阶级的反对。事实上，封建社会的农民起义从来没有停止过，有些起义还推翻封建王朝的统治。同时，这种体制也是建立在人治基础之上的，皇权至高无上，皇帝世代相传。这就必然会引起争夺皇权的斗争。事实上，争夺皇权的斗争在封建社会也从来没有停止过。这种斗争主要表现为三种形式：一是皇族争夺王位的斗争。为了继承王位，兄弟相残、父子相戮的事情并不鲜见。二是在皇帝左右的势力争夺对皇权控制的斗争。其一般规律是：继承王位的皇帝年龄幼小时，由后党外戚集团把持朝政；皇帝长大成人欲从外戚手中夺回权力时，就须依靠宦官集团，结果是皇权落到阉党手中；当政局动荡、内乱严重时，强力人物则“挟天子以令诸侯”。事实上，中国封建社会各朝代除开国皇帝、“中兴皇帝”和其他少数有作为的皇帝外，多数皇帝的大权都是旁落的。三是地方势力争夺皇权的斗争。中国汉朝的“七国叛乱”、唐朝的“安史之乱”等都属于这种性质的斗争。日本武士阶层登上政治舞台后建立的幕府政治体制，使得日本天皇大权旁落，也是属于地方势力夺取皇权的性质。

第二节　近代东亚地区国家政治体制的发展

东亚各国建立的封建制度，在开始时大都比较适应当时社会生产力发展水平，对推动生产力的发展起了积极的作用。到了中世纪以后，这种封建制度逐渐成了发展生产力的桎梏。当西方资本主义制度蓬勃发展、向外扩张时，东亚国家仍停留在闭关锁国的封建时代。随着近代西方殖民主义国家对东亚国家的入侵，对东亚国家的封建社会的猛烈冲击，使东亚国家的社会性质和政治体制也发生了变化。

一　殖民地国家的政治体制

近代西方国家西班牙、葡萄牙、荷兰、德国、英国、法国、俄国、美国等，都曾入侵过东亚国家；东亚内的日本在明治维新后，也发起了对中国、朝鲜等东亚国家的侵略，把朝鲜变成了日本的殖民地。到二次大战前，对东亚国家侵占时间较长且建有全国性殖民政权的西方国家有英国、法国、荷兰、西班牙、美国和日本。

越南、老挝、柬埔寨在近代沦为法国的殖民地。1858年开始，法国多次入侵越南，至1884年越南正式沦为法国的殖民地。法国殖民者为了加强对越南的控制，采取了分而治之的办法，把越南一分为三：南部称交趾支那（又称南圻），由法国直接统治，首府西贡；中部称安南（又称中圻），为法国“保护”下的王国，首府顺化；北部称东京（又称北圻），由越南王朝“让予”法国管理，首府河内。不论“直接统治”，或是“保护”和“让予”，实际上都是政出法国，越南王朝只是傀儡政权。柬埔寨1863年沦为法国的“保护国”，1884年沦为殖民地。1863～1884年法国对柬埔寨实施“间接统治”，由法国驻交趾支那总督操纵柬埔寨国王执行政务。1884年以后法国直接对柬埔寨进行统治。法国殖民者控制了柬埔寨的一切权力，柬国王独立颁布政令、征缴税收、任命皇室成员等权力均被剥夺，仅仅保留了作为国家元首和宗教保护人的礼仪性头衔。法国驻印度支那总督和驻柬首席殖民官员有着至高无上的权力。没有他们的批准，柬国王的命令、枢密院的决议、政府大臣的任命等均属无效。1893年老挝沦为法国的殖民地，法国采取“以老制老”和“分而治之”的办法对老挝实施殖民统治。老挝封建君主制在形式上被保留下来。1895年，法国把老挝划分为上寮和下寮，各由一名法国最高行政专员控制；最高行政专员通过各地的法国驻扎官进行统治。1899年上、下寮合并成一个整体，法国撤销了上、下寮的最高行政机构，老挝成了向法国印度支那总督负责、由最高驻扎官管理的“自治保护国”和“印度支那联邦”的一员。法国最高驻扎官对老挝实施统治，其中枢机构设有司法部、工务管理局、水土卫生部、保健部、税务部、特别出纳部、邮政部、教育部、农务部、畜牧兽疫部，以及法院、密探局等；将地方划分为省、县、区、乡、村5级，由法国人担任省长，县以下主官虽由老挝人担任，但均在法国派出人员的监督和控制下工作。

缅甸、马来西亚、新加坡和文莱先后沦为英国的殖民地。从1824年到1885年，英国先后3次发动侵略缅甸的战争，逐步吞并了缅甸。1824年英国第一次侵缅战争，迫使缅甸将阿拉干和丹纳沙林割让给英国。1852年英国第二次侵缅战争，占领了缅甸勃固省，将其与阿拉干和丹纳沙林合并为英属印度缅甸省。1885年英国第三次侵缅甸战争，推翻了缅甸最后一个封建王朝，完全吞并了缅甸，并将缅甸作为英属印度的一个省，进行殖民统治。英国统治缅甸的政治体制也是英印省级当局的体制。英国对缅甸的殖民统治引起缅甸人民的不断反抗。在缅甸民族主义运动不断高涨的情况下，英国议会于1922年通过了《缅甸改革法案》，决定在缅甸实行“两元制”，把政府部门分为“保留的”和“移交的”两类。前者包括国防、外交、治安、财政、税收等重要部门，仍由英印殖民政府通过缅甸省督控制和管理；后者包括教育、公共卫生、农业和林业等部门，移交给通过选举产生的缅甸人部长。1786年英国占领槟榔屿、新加坡和马六甲，1826年组成海峡殖民地。到20世纪初，马来亚逐渐沦为英国的殖民地。沙捞越、沙巴历史上属文莱，1888年和文莱一起沦为英的“保护国”。马、新、文沦为殖民地、“保护国”之后，其原来的政治体制发生了重大变化，传统的官僚等级制被英国式的行政管理制度所取代。英国的高级专员和驻扎官是马、新、文的最高执政者，掌握除宗教以外的一切事务。当地的苏丹及大臣们毫无实权。在中枢机构设置方面，英国人按其模式先后在这些国家设立了海关、邮政局、农业部、公共工程部、卫生部、教育部、警察局等部门。在地方一级，也划分不同的行政区；地方长官一般由当地人担任；但受英国人监督。

菲律宾先后沦为西班牙和美国的殖民地。1521年3月，麦哲伦奉西班牙朝廷之命，率殖民舰队横渡大西洋来到菲律宾群岛，在其率部进犯马克坦岛时被当地人击毙。此后西班牙又先后6次派兵入侵菲律宾，1571年占领马尼拉，在那里建立了殖民统治中心。菲律宾沦为西班牙殖民地后，西班牙国王通过墨西哥（当时西班牙的殖民地）副王对菲实行统治，在菲设立了殖民总督及其领导下的中枢机构，把菲的村社合并成一片片领地，派领主对农民进行残酷的压榨和剥削。1899年美国通过美西战争取得了对菲律宾的殖民权利。此前，美国在1898年占领马尼拉后就建立了军政府，其任务是把美国的统治权扩展到整个菲律宾。同时美国接连派遣两届“菲律宾委员会”抵菲拉拢菲的妥协派，奠定殖民统治的基础。美国控制菲律宾后成立了以塔夫托为总督的殖民文职政府，实行所谓“民主政治”，按照美国国内的政治体制，设置了中枢和地方机构。1912年美国国会通过了《琼斯法案》（又称《菲律宾自治法》），菲律宾才取得较大的自治权。

印尼早期先后受葡萄牙、西班牙入侵。1596年荷兰入侵印尼。1602年荷兰在印尼成立“联合东印度公司”（简称“东印度公司”），垄断印尼的贸易，并对印尼实行殖民统治。东印度公司先后击败了葡萄牙和西班牙入侵者以及英国在印尼的势力，于1619年占领了雅加达。此后荷兰以雅加达为据点，对印尼实施了300年的殖民侵略和统治。1800年荷兰政府取代东印度公司对印尼实行直接统治。根据荷兰宪法的规定，印尼的最高统治权属于荷兰国王。荷兰殖民当局剥夺了印尼封建苏丹和土王的实权，只留空名，让他们领取薪俸，成为殖民政府的工具。荷兰殖民政府的中枢和地方机构基本按荷兰国内的体制建立。

朝鲜半岛先后受到英、美、法、俄、德等西方殖民主义国家的武装入侵或胁迫，与它们签订了不少不平等条约。日本早在1592年和1597年就曾两次入侵朝鲜半岛；明治维新后更是不断侵扰朝鲜半岛。1905年，日本通过与韩国签订《乙巳保护条约》将朝鲜半岛沦为殖民地。1906年日本在朝鲜半岛设立了殖民政府——统监府。日本统监府直属于天皇，拥有立法、司法、行政、军事等大权。统监府实际上成了韩国的最高统治机关。1910年日本又与韩国签订《日韩合并条约》，强迫韩国皇帝“将整个韩国的一切统治权完全地永久地让与日本国皇帝”。韩国皇帝被贬为王。日本将韩国改称朝鲜，设立朝鲜总督府，任命总督代表日本政府统治朝鲜，统辖各项政务，统率陆、海军。

二　半殖民地国家的政治体制

近代东亚没有完全沦为殖民地而成为半殖民地半封建的国家有中国和泰国。

中国自1840年鸦片战争之后，先后遭受英、法、日、俄、德、美、意、奥等列强的入侵，被沙俄夺走100多万平方公里的领土，被日本霸占了台湾和琉球，向英国割让了香港、九龙等。列强还在中国划分势力范围，在一些大城市设“租借地”。中国名义上保持独立，但领土主权受到严重侵犯。清朝政府的政治体制在列强入侵等的冲击和影响下，逐步发生了一些变化。

在清灭明取得全国政权后，基本采用的是明朝的政府体制：皇帝之下设内阁，为最高政务机构，主官为大学士，初设满汉各2人，乾隆定三殿、三阁大学士之制，沿用到清末。中枢机关设六部：吏部、户部、礼部、兵部、刑部、工部，各部主官为尚书。雍正年间因用兵需要始设军机房，后改称军机处，主官为军机大臣，下设提调、总办、章京（俗称小军机）等。自设军机处后，内阁地位虽高但无实权，军政大权均归由皇帝直接指挥的军机处掌握，皇帝的各项重要机密旨文均由军机大臣起草。鸦片战争后，清朝为适应政治形势的变化，在中枢机构中设立了一些新的部：为了与列强办交涉，1850年设总理各国事务衙门；1901年在列强胁迫下又将总理各国事务衙门升格为外务部，且将其列在各部之上。同时清朝还先后设立了民政部、学部、陆军部、海军部、农工商部、邮传部，并将户部改称度支部，将刑部改称法部。同治六年（1867），清朝始派遣使臣出国办理外交事宜。光绪元年（1875），清朝定出使外国之制，命侍郎郭嵩涛使英国，侍讲何如璋使日本。这是中国正式派驻外交官之始。在地方机构中，清朝将全国划为若干大区，每区有总督1人，辖地有的为1省，有的为2省，有的为3省。清朝较长时间设8个总督，末年增设东三省总督。同治五年（1866），清朝以两江总督（辖苏、皖、赣3省）兼南洋通商大臣；同治九年（1870），以直隶总督兼北洋通商大臣。清朝将全国划为若干省，各省设巡抚，为一省行政长官，有民政、财政、司法、教育、盐政等机构。各省下设道、府、州；道有道员，府有知府，州有知州。州、府等下设县，县有知县。地方机构设置在鸦片战争之后，除上述总督兼职南洋大臣、北洋大臣之外，没有大的变化，大体沿用明制。

泰国于1855年在英国的威逼下与其签订了《英暹条约》（即《鲍林条约》）。这一条约严重损害了泰国的司法独立、关税自主等项主权，结束了王室对贸易的垄断，打开了泰国闭关自守的大门。此后，西方列强以《英暹条约》为蓝本，威逼泰国签订类似条约。到1898年，泰国被迫先后与美、法、丹麦、荷兰、德国、瑞士、比利时、挪威、意大利、俄国等15个国家签订了各种不平等条约。泰国在近代虽然没有沦为某个西方国家的殖民地，但许多主权丧失，成为半封建半殖民地国家。在西方列强的威逼下，泰国王室为保住封建君主制度，自19世纪中叶起进行了一系列改革。在政治体制改革方面，仿效西方议会制，设立内阁；内阁设财政部，负责整顿和统管国家财政；设教育部，负责改革教育制度，推行西式教育。同时加强立法，模仿西方国家制定各种法律，建立司法机关，推行新的法律制度。在地方，重新划分省区，由中央政府按行政系统对全国实施统治。

三　近代日本天皇制的确立

日本在17世纪中叶到19世纪中叶仍由幕府统治，奉行闭关自守政策。而同期西方国家已完成资产阶级革命和工业革命，积极向东方进行殖民扩张，并纷纷将触角伸向日本。1792年，沙俄首先要求日本通商，但遭拒绝。随后，英国、美国先后以武力威胁，要求日本开国。1854年，日本被迫与美国签订了《日美亲善条约》（又称《日美神奈川条约》）。条约规定，日本开放下田、箱馆，在开放港口圈定外国人“居留地”。此后，英、俄、荷等国也仿效美国，与日本签订了内容相同的条约。日本开国开港后，国内社会矛盾更加激化，封建营垒内部出现分化，要求改革的分子形成革新势力，号召“尊王攘夷”。1867 年，革新派倒幕成功，成立了以天皇为首的明治新政府。1868 年，日本公布《政体书》，宣称“天下之权力皆归太政官”，并将“太政官之权力分为立法、司法、行政三权，使无偏重之患”。同年，日本改年号为明治。1889 年《明治宪法》规定，日本由“万世一系的天皇统治之”；天皇是神的后裔，为国家元首，统率海、陆军，总揽国家的一切大权。明治政权的中枢政治体制基本采用的是封建中央集权的遗制，但《宪法》规定帝国议会实行两院制（贵族院、众议院），并有部分立法权。在地方政权改革方面，明治天皇于 1869 年下诏接受各藩“奉还版籍”（版指领地、籍指户籍），任命藩主为藩知事。1871 年，日本“废藩置县”，解除旧藩主的藩知事职务，建立了近代的府县制，取消了封建领主的统治权。全国行政区重新划分为 3 府（东京、京都、大阪）、72 县，由中央政府任命府、县知事管理，从而加强了中央集权制的政治体制。明治政府在改革政治体制的同时,大力推行“殖产兴业”、“富国强兵”和“文明开化”三大政策，极大地推动了资本主义的发展。

第三节 现代东亚地区国家政治体制的发展

日本是后起的帝国主义国家。它于 19 世纪末 20 世纪初进入垄断资本主义即帝国主义阶段。随之逐步实现法西斯化政治体制，疯狂对外侵略扩张，一度取代欧美资本主义国家，侵占了东亚地区大部分国家。

日本于 1931 年 9 月 18 日对中国东北地区发动进攻，揭开了第二次世界大战的序幕；1937 年制造“七七”卢沟桥事变发动全面侵华战争；在侵占约半个中国后又于 1941 年 12 月发动太平洋战争，占领了东南亚所有国家。

二战时期东亚地区各国的政治体制比较复杂，大体可以分为三种情况：日本政治体制的变化；中国的政治体制情况；东南亚国家的政治体制情况。

一 日本政治体制的变化

日本在第一次世界大战期间获得急速发展，同时国内阶级矛盾空前尖锐。1918 年曾发生全国性的群众抢米暴动。随后，日本进行了一些改革。1925 年，日本公布“普选法案”，并进行了议员选举。普选后，由在众议院获多数席位政党的总裁组织内阁，被称为“政党内阁”。

由于法西斯势力恶性发展，1932 年“政党内阁”被法西斯军人推翻，成立了亲军部的“举国一致政府”，标志着日本走向法西斯化。日本发动侵华战争后，为强化国内统治，先后采取了一系列政策措施，使日本国家生活全面转上战时轨道，逐步建立了法西斯体制。其中，“政治新体制”就是进一步强化法西斯统治。各党各派于 1940 年先后宣布解散，同时成立了法西斯组织统治的“大政翼赞会”，通过该会把人民紧紧束缚起来，强化战时自上而下的法西斯统治。这种法西斯政治体制一直持续到日本战败、二次大战结束。

二 中国的政治体制情况

1911 年中国发生辛亥革命，推翻了清朝封建统治。但其后长期处于军阀混战，仍处于半殖民地半封建的政治体制。日本发动的侵华战争侵占了中国东半部大部分地区；中国的西半部和东半部的一些地区仍分别由国民党领导的国民政府和共产党领导的解放区政府控制。因此，二次大战期间中国存在着三种政治体制，即：沦陷区政治体制、国统区政治体制和解放区政治体制。

在沦陷区，日本军部实行法西斯统治，一切大权均掌握在侵华日军总司令官的手中。为了比较顺利地实施法西斯统治，日本还先后在中国扶植了伪满洲国政权和汪精卫伪政权两个傀儡政权。日本于 1931 年侵占中国东北地区后，1932 年 3 月在长春成立“满洲国”，扶植清朝退位皇帝溥仪为“执政”，1934 年 3 月改称“满洲帝国”，“执政”改称“皇帝”。1940 年 3 月，日本又在南京成立伪国民政府，扶植在 1938 年公开投降日本的汉奸、原国民党副总裁汪精卫出任伪国民政府主席，参加汪伪政权的有汉奸陈公博、周佛海等。为了巩固法西斯统治，日本还在沦陷区组织了各级“维持会”，笼络汉奸去奴化人民，镇压人民抗日斗争。

在国统区,由以蒋介石为总裁的国民党领导的国民政府实行统治。国民政府的前身是 1923 年在广州成立的以孙中山为首的大元帅府,1925 年孙中山逝世后,在中国共产党的推动下改组为国民政府,通称广东革命政府。1927 年随着北伐战争的胜利,国民政府从广州迁往武汉,通称“武汉政府”;同年 4 月蒋介石发动“四一二”反革命政变,在南京另立“国民政府”。1937 年日军侵占南京前,国民政府迁往重庆。蒋介石领导的国民政府在形式上与现代资产阶级政府体制没有多大不同,但实质上它是蒋介石一人独裁、国民党一党专政的政府。

在解放区，由中国共产党领导的人民政府实行统治。在抗日战争中，中国共产党组成由共产党领导的、以工农联盟为基础的、由各阶级阶层爱国人士参加的广泛的抗日民族统一战线，成立抗日民族联合政府，领导解放区和敌后游击区人民进行艰苦卓绝的抗日战争，为中国人民抗日战争胜利做出了巨大的贡献。解放区的人民政权是一种全新的人民民主专政的革命政权。它的政府，从中央到地方，都是由共产党领导、有各阶级阶层爱国人士参加、以民主集中制为根本制度的人民政府。这种政治体制完全符合中国的国情，有蓬勃的生命力，使人民享受了当家作主的权利，极大地调动了人民抗日的积极性，促进了中国抗日战争的胜利。

三　朝鲜半岛政治体制

20 世纪初，朝鲜半岛即已沦为日本的殖民地，实行殖民政治体制。二战期间，日本对朝鲜半岛统治的政治体制更加法西斯化。

四　东南亚国家的政治体制情况

东南亚国家自 1940 年至 1942 年先后被日本侵占。日本对东南亚国家实行的法西斯统治，在政治体制的具体形式上有所不同。

越南、老挝、柬埔寨，在二战前为法国的殖民地。1940 年 6 月法国投降德国后，日本乘机侵占了印度支那。日本占领印支地区的头几年，仍然保留了法国的殖民统治机构，但实权操在日本占领军的手中。1945 年 3 月，驻印支日军发动政变，解除驻印支法军的武装，占领了法国总督府，拘押了法国总督和其他高级官员，对印支地区实行直接的军事统治，并在越南建立了以陈重金为首的亲日傀儡政权。在老挝扶植琅勃拉邦国王。在柬埔寨以宣布脱离法国独立为诱饵，拉拢当地行政当局为日本的殖民统治服务。日本对印支地区的直接统治，不到半年即因战败宣布无条件投降而告终。

缅甸、马来西亚、新加坡、文莱，在二战前为英国的殖民地，1942 年先后被日本占领。日本对这些国家实行军事法西斯统治，军政府直接控制它们的政治、军事、外交和经济大权。1943 年日本在丧失太平洋战场主动权之后，为了稳定其统治，允许一些国家“独立”。因此，缅甸于 1943 年 8 月 1 日宣布“独立”，成立以巴莫为国家元首兼总理的政府。缅甸在形式上获得了独立，但日本通过与巴莫政府签订《日缅合作条约》、《秘密军事条约》，仍牢牢掌握着缅甸的一切大权。

菲律宾，在二战前为美国殖民地，1942 年 1 月被日本侵略军占领。日本占领当局对菲律宾实行严厉的军事管制，同时极力拉拢当地的上层人物，建立中央傀儡组织“行政委员会”，随后又宣布给予菲律宾“独立”，成立“菲律宾共和国”，组建亲日的菲律宾政府，而实际上日本仍掌握着菲律宾大权，直至 1945 年美军重新占领菲律宾。

印尼，二战前是荷兰殖民地，1942 年 3 月被日本占领。日本在印尼建立了军政府，对印尼实行严厉的法西斯统治。1943 年春季日军在东亚战场转入防御后，日本军政府不得不同印尼的民族主义者和宗教领袖进行一定程度的合作。1943 年 3 月，军政府成立了以印尼政界和伊斯兰教人士组成的名为“民众力量动员中心”的政治组织；同年 9 月，在爪哇成立了中央参议院和州参议会。中央参议院并无立法权，其职责只是向军政府提出一切建议；同年 11 月，又同意成立“印度尼西亚穆斯林联合会”即马斯友美党，该党的宗旨是支援日本建立“大东亚共荣圈”，统一穆斯林社会。1944 年 3 月，军政府又成立“爪哇奉公会”取代“民众力量动员中心”，作为其“动员一切力量赢得战争”的工具。

泰国在 1941 年 12 月太平洋战争爆发的同时遭到日军的入侵;12 月 21 日,日本占领军诱迫泰国銮披汶政府签订了《日泰同盟条约》;12 月 25 日泰国追随日本对英、美宣战。1942 年銮披汶政府宣布加入德意日轴心集团。日军占领泰国期间,泰国的政治体制在形式上没有大的变化,但实权受日本人操纵。

第四节　当代东亚地区政治体制

一　二战结束至 20 世纪 60 年代的东亚地区政治体制

二战结束后，原来的西方殖民国家卷土重来，重新控制了其在东亚的原殖民地。经过各国人民艰苦的民族解放斗争，到20世纪60年代，东亚地区大部分国家均获得了独立；日本在经过一段时间的美国军事占领之后实现了政治独立。

（一）中国、越南、朝鲜和蒙古的政治体制变化

抗日战争胜利后，中国人民在共产党的领导下，经过解放战争，推翻了国民党反动统治，于1949年10月1日宣布成立中华人民共和国，组建了中央人民政府和地方各级人民政府。中华人民共和国是社会主义国家，实行的是共产党领导的、以工农联盟为基础的人民民主专政的政治体制。

越南人民在越南共产党领导下，在日本投降后不久，即1945年8月19日举行总起义，同年9月2日宣告成立越南民主共和国。但9月23日法国重新入侵越南，先是占领越南南方，接着发动对整个越南的进攻。越南共产党领导人民经过8年艰苦的抗法战争，终于在1954年迫使法国同意签署关于恢复印度支那和平的日内瓦协议，越南北方获得解放，建立了社会主义的政治体制。但随后美国取代法国对南越实行殖民统治，建立了傀儡政权。

二战结束后，在美、苏的安排下，朝鲜半岛南北方以北纬38°线为界分别成立了国家。1948年5月，南半部举行选举，成立国会，7月12日通过了宪法，7月15日国会选举亲美的李承晚当总统，8月15日宣布成立大韩民国，12月10日联大通过决议，承认韩国政府合法。其实，李承晚政府是美国卵翼下的傀儡政府。在南半部宣布建国的情况下，北半部于1948年8月25日举行最高人民会议代议员选举，9月2日召开第一届最高人民会议第一次会议，通过了宪法，9日宣布成立朝鲜民主主义人民共和国，成立了以金日成为首相的政府。朝鲜也建立了社会主义的政治体制。

蒙古于1924年11月成立人民共和国，在苏联的帮助下走上了社会主义道路，建立了由蒙古人民党领导的政治体制。二战期间，蒙古虽受过日本的侵犯，但未被占领，一直到20世纪80年代保持着社会主义的政治体制。

（二）菲律宾、泰国的政治体制变化

1945年美国从日本手中收复菲律宾后继续对菲实行殖民统治，1946年7月被迫“给予”菲律宾独立。虽然菲律宾在独立后建立的是总统制政治体制，但在20世纪70年代之前，菲在实行这种体制时还是受到美国的控制或掣肘。

泰国在日本投降后宣布，过去对英美宣战的公告无效，放弃二战期间它所占领的老挝、柬埔寨和马来西亚的领土。二战后初期一直到20世纪60年代，泰国社会、政局动乱不已，军事政变频繁发生。这段期间，泰国名义上实行的是君主立宪政治体制，而实际实行的是军人专政的政治体制。

（三）其他殖民地国家的政治体制变化

抗日战争期间，英军作为盟军进入缅甸对日作战。战后，英国企图全面恢复对缅甸的殖民统治，遭到缅甸人民的强烈反对。1947年10月，英缅签订了《英缅条约》，条约规定“缅甸联邦为完全独立的主权国家”。1948年1月4日，缅甸宣告独立。从独立到1962年，缅甸虽然建立了议会民主制度，但基本上是由“反法西斯人民自由联盟”独掌政权。由于该同盟不是真正意义上的政党，而是由多个党派、团体和个人构成的联盟，所以内部政见不一、争权夺利，终于导致缅甸的议会民主政治走入死胡同。1958年10月，奈温军人势力以“维护国内秩序”为名，以“看守内阁”名义接管了吴努政府的政权。1960年4月，吴努虽通过选举上台执政，重新组织了内阁，但也未能使缅甸走上健康发展的道路。1962年3月，以奈温为首的缅甸军人集团发动政变，推翻了吴努政府，建立了以“革命委员会”为核心、由缅甸社会主义纲领党一党统治的政治体制，实际是军人专制，并使这种体制维持了26年之久。

日本投降后，法国于1946年3月重新占领了老挝，对老挝实行殖民统治。1949年7月，法国与老挝签订条约正式确认老挝为法兰西联邦内的独立国家，但实际上其国防、外交、财政等大权仍握在法国手中。因此老挝人民不断进行反对法国殖民主义的民族解放斗争。1954年关于印度支那问题的日内瓦会议后，老挝才结束了法国的殖民统治获得独立。由于美国的插手，独立后的老挝三派势力——左派老挝伊沙拉（意为自由）阵线（1956年扩大为老挝爱国战线）、中立派富马集团和美国支持的右派集团，在建设什么样国家的问题上进行了反复较量。1961年6月、1962年6月，老挝3位亲王——左派苏发努冯、中立派富马、右派文翁先后两次开会，达成了关于组成临时民族团结政府的协议，并于1962年6月23日在万象成立联合政府。同年7月，扩大的日内瓦会议一致通过了关于老挝中立的宣言和两个议定书，在国际上确立了老挝的中立地位。但美国从其建立反苏反共包围圈的战略出发，竭力扶植右派、拉拢中立派、打击左派，不让老挝走和平中立的道路。在美国和右派的拉拢下，富马倒向右派，1963年4月，联合政府解体。1964年4月，右派军人库帕拉西发动政变成立右派政府，老挝陷入全面内战之中。二战后至20世纪70年代中期，老挝的政治体制几经变化，但大部分时间是亲美军人专政的体制。

日本投降后，法国重返柬埔寨，恢复了对柬的殖民统治。柬埔寨人民为摆脱法国的殖民统治进行了艰苦的争取民族独立的斗争。1953年7月法国被迫宣布给柬埔寨以完全的独立和主权；同年11月正式向柬埔寨王国交出权力。从柬独立到1970年3月，柬埔寨一直实行的是君主立宪制的政治体制。柬宪法规定，国家政权组织主要包括国王（后为国家元首）、最高王廷会议（后称最高王位委员会）、内阁和国民议会。国王是国家的最高元首，有颁布法律、解散国民议会、挑选首相、任命大臣等多项权力，同时是军队最高统帅。内阁由首相及各部大臣、国务秘书组成。首相由国王指定，各部大臣由首相提名，经议会通过由国王任命。

日本投降后，印尼独立运动领袖苏加诺和哈达于1945年8月17日宣布印尼独立。但负责整个东南亚地区受降的英军于同年9月进入印尼后，英国表示不同意印尼独立，甚至命令侵略印尼的日军继续“维护社会安宁，执行行政权力”，还将被日军关押的荷兰战俘释放后编为“荷印联军”。1946年10月英军开始撤退前，将其控制的苏拉威西岛和加里曼丹岛移交荷兰人管理。荷兰决定建立“东印尼联邦”与以苏加诺为首的“共和派”进行斗争。1949年11月，荷兰与印尼签订了《圆桌会议协定》，协定规定：荷兰将政权移交给印尼联邦，联邦包括印尼共和国及荷兰扶植的政权，但印尼要与荷兰组成“荷兰—印尼联邦”，以荷兰女王为最高元首，并在外交、国防、财政、经济、文化等方面与荷兰“永久合作”。这个协定是印尼丧权辱国的协定。1949年12月，印尼联邦共和国宣告成立。它立即引起了印尼人民的强烈反对。在人民的压力下，荷兰扶植的联邦区纷纷解散。1950年8月15日，印尼颁布统一的印尼共和国临时宪法，同时宣布成立统一的印尼共和国，取代原来的印尼联邦共和国。从1950年8月印尼临时宪法颁布，到1959年7月苏加诺总统宣布恢复1945年宪法实行总统制，这一时期印尼实行的是议会内阁制政治体制：内阁由国会中占多数席位的政党联合组成，对国会而不是对总统负责；总统形式上是国家元首，实际权力不大。这一时期印尼政党林立、斗争复杂，政局动荡，内阁更迭频繁。从1959年7月到1965年“九三〇”事件，印尼实行的是总统内阁制政治体制。这一时期，苏加诺既是国家元首又是政府首脑，内阁对总统而不是对国会负责；内阁部长由总统遴选，不代表任何政党。印尼还先后建立了总统咨询机构“最高评议会”、立法机构“合作国会”及最高权力机构“人民协商会议”。

日本投降后，英国又恢复了对马来西亚、新加坡和文莱的殖民统治。1948年2月马来亚成立马来亚联合邦；1957年8月，英国允许马来亚联合邦在英联邦内独立；1963年9月马来亚联合邦和新加坡、沙捞越、沙巴合并组成马来西亚（1965年8月新加坡退出）。马来西亚实行的是君主立宪联邦政治体制，最高元首为国家首脑兼武装部队统帅，但实权操在内阁手里；议会实行上、下两院制，是国家最高立法机构，上议院（又称参议院）有动议权，所有议案须得上、下两院通过并交最高元首批准才能成为法律；内阁由在议会中占多数席位的政党或政党联合组成，向议会负责；国家机构还有统治者会议、法院等。新加坡于1946年被英国划为直辖殖民地；1959年6月新实行内部自治，成为英联邦内的自治邦；1963年9月新加入马来西亚；1965年8月新脱离马来西亚，成立共和国，10月成为英联邦成员国。新加坡独立后实行议会制政治体制，按立法、行政、司法三权分立的原则组织国家机构。总统为国家元首，由议会选举产生，与议会共同行使立法权；议会采用一院制，由选民直选产生；内阁由总理和各部部长组成，对议会负责；新还设有最高法院和总检察长公署。1959年文莱与英国签订协定，规定国防、治安、外交由英国管理；1971年5月双方又签约规定文莱享有除外交事务外的完全自治。1984年1月文莱宣布完全独立。独立后的文莱实行君主制政治体制，苏丹是国家元首、最高执政官和立法者，文莱的一切权力都属于苏丹。

（四）日本政治体制的变化

1945年8月日本投降后，美军进驻日本。美国设置“盟国驻日占领军最高统帅总司令部”（简称“盟总”）对日本实行军事管制，在日本推行非军事化民主改革。在政治方面，通过修改宪法，对近代天皇制、议会制、内阁制、中央集权、司法制度等政治制度进行了改革。1946年1月1日，裕仁天皇按“盟总”的要求发表《人间宣言》，宣布自己是人不是神，自我否认了天皇被赋予的神权。同年10月，日本议会通过了以“盟总”制定的“修改宪法草案”为蓝本，经增补修订的新宪法，11月日本政府予以公布。1947年5月3日，新的《日本国宪法》正式生效。新宪法体现了国民主权、放弃战争、保障基本人权等三项基本原则，规定天皇只是国家和日本国民整体的象征，只是礼仪性的从事国务活动，取消了天皇总揽统治大权的权力。新宪法取消了枢密院和贵族院及内大臣府，取消了军部。通过修改宪法，日本建立了比较完善的议会制度；将原来的“敕令内阁”变为议会制内阁，行使行政权力，向议会而不再向天皇负责。通过修改宪法，日本改变了中央集权的政治体制，规定都、道、府、县、市、町、村实行地方自治；改变了以往天皇高于法律的状况，规定最高法院是与议会、内阁并行的独立机构。美国从其建立反苏反共包围圈的战略需要出发，1947年7月就提出要对日媾和。1951年9月，在旧金山召开的、有52个国家参加的片面对日和平会议，由48国签署了《旧金山对日媾和条约》（简称《对日和约》）。同时，日美签署了《日美安全保障条约》（简称《日美安全条约》）。1952年4月28日《对日和约》生效后，美国结束了对日完全占领的状态，日本重新获得了政治独立和外交主权。根据新宪法建立的政治体制，在日本政治独立后一直运转正常。

二 20世纪70年代以后东亚国家的政治体制

20世纪70年代以后政治体制有变化的东亚国家，在东南亚有越南南方、老挝、柬埔寨、泰国、缅甸、印尼、菲律宾和文莱（变化情况前面已介绍），在东北亚有韩国和蒙古。

（一）越南南方政治体制的变化

1954年6月，在美国的操纵下，南越建立了以吴庭艳为总理的傀儡政府。1955年10月，南越通过所谓“公民投票”废黜皇帝保大，成立“越南共和国”。与此同时，美国积极准备发动全面对越战争。1954年日内瓦会议后不久，美国就向南越派驻了大量军事人员，并将其驻印支地区军事顾问团改为驻南越军事援助顾问团，帮助南越伪政权镇压人民武装斗争。1964年8月5日，美国制造“北部湾事件”，开始轰炸越南北方，1965年3月8日，美海军陆战队在岘港登陆，并不断增兵，在越南发动了一场为期8年的大规模侵越战争。在此期间，美国多次在南越策动政变，更换傀儡政府，最后确立了阮文绍的统治地位。1973年1月，越美在巴黎签署《关于在越南结束战争恢复和平的协定》，美军撤出南越。1975年4月30日，越南人民军攻占西贡，解放了整个越南。1976年4月，越南举行统一的全国国会选举；6月24日至7月3日举行统一国会会议，宣布从7月2日起越南南北方实现统一。统一后的越南实行原北方实行的社会主义的政治体制。

（二）老挝政治体制的变化

1962年老挝第二次联合政府成立不久，美国就支持老挝右派部队向解放区发动进攻。1964年开始，美军飞机不断对老挝解放区进行大规模轰炸。进入20世纪70年代，老挝人民解放军采取了一系列攻势，大大扩大了解放区。在这种情况下，老挝爱国战线和万象方面于1972年10月中旬开始谈判。经过多次会谈，1974年4月5日富马和苏发努冯共同签署公报，宣布成立以富马为首相、富米·冯维希和仑·英锡相迈为副首相的临时民族联合政府和以苏发努冯为主席的民族政治联合委员会。第三次联合政府成立后，老挝人民解放军虽已控制全国绝大部分地区，但在个别地区与右派部队仍有战斗。1975年5月，在老挝人民党的号召下，全国掀起向右派夺权运动。6月，美军人员撤出老挝。8月，全国夺权斗争基本结束。11月29日，老挝国王西萨旺·瓦达纳宣布自愿退位。12月1～2日，老挝爱国战线中央在万象召开老挝人民代表大会，接受了国王退位和第三次联合政府自行解散，宣布废除君主制度，建立老挝人民民主共和国。从此老挝实行社会主义的政治体制。

（三）柬埔寨政治体制的变化

1970年3月18日，柬埔寨首相朗诺在美国的策动下发动政变组成亲美政府，10月9日宣布废除君主立宪制，建立所谓“高棉共和国”。1972年4月又颁布“宪法”，6月举行“总统”选举，9月举行“国会”选举，10月产生“参议院”。朗诺集团投靠美国，很快使美国将越南战争战火扩大到柬埔寨。西哈努克被推翻后，与柬埔寨共产党及其他政治派别达成协议，于1970年5月5日成立柬王国民族团结政府，领导人民进行反对美国及其走狗朗诺集团的斗争，经过近5年的艰苦斗争，于1975年4月17日收复金边，推翻了朗诺集团的反动统治。同年9月，柬埔寨举行国民大会，通过了宪法（1976年1月生效），改国名为“民主柬埔寨”。1976年4月，西哈努克“宣布退休”；4月成立了以柬共总书记波尔布特为总理的政府，柬共成了柬埔寨的唯一执政党。民柬政府上台后推行极左错误政策，给柬人民带来深重灾难，很快失去了民心。1978年12月25日，越南黎笋集团在苏联支持下出兵入侵柬埔寨。1979年1月7日越军攻入金边，柬反对派人士韩桑林等在越南支持下建立了金边政权。随后，民柬方面、西哈努克、前首相宋双等组织武装开展抗击越军入侵的斗争。1982年7月9日，西哈努克宣布成立以他为主席、乔森潘为副主席、宋双为总理的民柬联合政府。该政府成立后被联合国确认为合法政府，并领导了抗击越南入侵的斗争。越南侵柬后，国际力量为柬问题的解决作了极大的努力。1988年7月，柬四方（抵抗力量三方和金边方面）开始接触、会谈，至1991年10月，柬四方与有关的19个国家在巴黎签署柬埔寨和平协定，从此正式结束了长达近13年的战争。1993年5月柬埔寨举行大选。大选后，西哈努克任命奉辛比克党主席拉那烈为第一首相，柬人民党领导人洪森为第二首相，组成以两党为主的临时联合政府；人民党主席谢辛出任国民议会主席。1993年9月，柬议会通过了新宪法，规定柬实行君主立宪制的政治体制。西哈努克成了国王，并正式组建新政府。新政府仍由奉辛比克党和人民党联合执政，设两位首相，重要部设两位部长，他们具有同等权力。1998年第二届国会选举后成立的政府，设一位首相，由洪森担任；议会主席则由拉那烈担任。随后柬政治局势逐渐趋向平静。

（四）泰国政治体制的变化

进入20世纪70年代后，由于他侬、巴博集团长期实行军人独裁统治和亲美政策，引起各界群众的广泛不满。1973年10月，曼谷学生、工人连续举行反对军人独裁、争取民主自由的斗争，他侬、巴博被迫下台逃往国外。泰国组成了临时政府，负责制定宪法。新宪法于1974年10月公布，1975年1月举行大选，由克立·巴莫出任总理，组成7党联合政府。但泰政局一直动荡不稳，军事政变频仍。在国王的干预下，1992年9月泰再次举行大选，组成了以民主党领袖川立·派为总理的5党联合政府。此后泰国政局虽时有动荡，但由文官统治的君主立宪政治体制基本稳定下来，军人集团对政治的影响力逐渐削弱。

（五）缅甸政治体制的变化

奈温1962年发动政变上台执政后，一直实行直接的军人统治。1974年1月，缅甸举行“全国公民投票”，通过了《缅甸联邦社会主义共和国宪法》，将国名由“缅甸联邦”改为“缅甸联邦社会主义共和国”。该宪法规定，缅甸是“社会主义国家”；奈温领导的“缅甸社会主义纲领党”是唯一合法政党；国家政体采用人民议会制，人民议会是唯一的立法机构；人民议会闭会期间由国务委员会行使最高权力，国务委员会主席即总统、下设部长会议、人民司法委员会、人民监察委员会和人民检查委员会；地方权力机关设省或邦、镇区、区或村组3级，各级设“人民委员会”等进行管辖。奈温统治时期的“社会主义”其实是“民族社会主义”，其政治体制实际上仍然是军人专政的体制。由于军人集团统治一再引发经济危机，缅甸不断暴发群众示威，1988年6月的群众示威活动还提出了废除一党制、实行多党制和民主化的要求。8月19日，以缅军总参谋长为首的军人集团宣布建立“恢复法律与秩序委员会”，接管全国政权，同时宣布实行军管。军政府上台后立即宣布废除宪法中关于纲领党为唯一合法政党的规定，允许组织其他政党。1989年将国名改为“缅甸联邦”。党禁开放后，缅甸各种势力纷纷组党，到1989年大约组织政党210个左右，其中主要的政党是由纲领党改称的“民族团结党”和由丁昊任主席、昂山素季任总书记的“缅甸全国民主联盟”（简称“民盟”）。1990年5月27日，缅甸大选如期举行，结果“民盟”大获全胜，但军政府以各种借口拒不向“民盟”交权。1992年4月苏貌辞职，丹瑞上将继任“恢复法律与秩序委员会”主席兼总理至今。缅甸仍实行军人专政的政治体制。

（六）印尼政治体制的变化

1965年“九卅事件”后，苏加诺总统的权力逐渐被削弱。1966年3月11日，苏加诺被迫将行政权力交给苏哈托。1967年3月，印尼临时人民协商会议委任苏哈托为代总统。1968年3月，苏哈托正式当选为总统。在苏哈托统治期间，印尼实行“潘查希拉民主制”下的政治体制，也就是1945年印尼宪法确立的政治体制：总统内阁制。根据该宪法，印尼国家组织结构包括：人民协商会议，为最高权力机构，每5年召开一次全体会议，如有必要可召开特别会议；总统，是国家元首兼政府首脑，任期5年，可连选连任；内阁，是总统行使权力的最高、最重要的机构，向总统而不是向国会负责；人民代表会议（即国会），与人民协商会议都是立法机构，承担日常的立法工作；最高评议院，是总统的咨询机构；最高法院；国家审计署。地方政府分省、县、区或乡、村4级；省、县政府机构与中央政府类似。苏哈托统治期间主要依靠军队维护政权，当时的政权具有军人政权的性质。1999年10月经选举上台的瓦希德总统不断削弱军方的影响；但迄今军方对印尼政局仍具有相当大的影响力。

（七）菲律宾政治体制的变化

1965年菲总统马科斯在美国支持下上台执政后，菲国内由于美菲之间不平等的政治、经济、军事关系所引发的民族主义运动不断高涨；菲统治阶级内部争权夺利的斗争也不断加剧。因此，马科斯于1972年9月下令实行军事管制。1983年8月菲反对党领袖阿基诺从美国返回菲律宾时在马尼拉被暗杀，激起反对党和群众的愤怒，一致要求马科斯辞职或提前举行总统选举。1982年2月菲举行大选，国民议会宣布马科斯“获胜”。反对派指责政府作弊，不承认大选结果，同时国防部长恩里莱和参谋长拉莫斯发动兵变，宣布同马科斯决裂，支持参选的阿基诺夫人当选。马科斯被迫携眷逃往夏威夷，从而结束了他长达20多年的统治。阿基诺夫人1986年2月25日出任总统后，于1987年2月2日组织全民投票通过了新的《宪法》。新《宪法》规定，菲律宾实行行政、立法、司法三权分立的体制，议会又称国会，为最高立法机构，由参、众两院组成；政府实行总统制，拥有行政权，总统任期6年，不得连任，无权实施戒严法，无权解散国会；司法权属于最高法院和各级法院。新《宪法》还规定，禁止军人干预政治。但实际上军人集团对政治的影响依然很大。

（八）韩国政治体制的变化

1948年5月10日，美国占领军出动几万名兵力强迫韩国举民投票“选举”国会议员。美国一手包办的这届国会又选举亲美派头目李承晚当“总统”。由于李承晚忠心为美国的反苏反共战略效力，所以美国支持他在韩国统治12年之久。这期间，朝鲜半岛曾爆发战争，造成大量人员伤亡，经济状况一直欠佳，政治腐败，统治集团争权夺利，因此激起韩国人民的强烈不满。在1960年韩国“四月人民起义”的革命风暴中，李承晚被迫辞去“总统”职务，携美籍妻子“亡命”夏威夷。李承晚下台后，朴正熙在美国支持、策划下，于1960年5月16日发动军事政变上台执政。朴正熙上台后立即宣布“紧急戒严令”，解散国会和所有政党、社会团体，禁止一切政治活动，实行亲美独裁军事统治。1962年12月，朴正熙集团操纵通过“宪法修正案”。修正案规定，把“责任内阁制”改为“总统制”，把“国会”两院制改为一院制，把“国会”选举“总统”改为“总统”由选民直接选举产生。1963年10月、1967年5月、1971年4月，朴正熙用尽花招，连续经过“直选”当选“总统”，继续其军事独裁统治，一直到1979年10月被其情报部长金载圭枪杀，统治韩国长达17年。朴正熙死后，朴正熙集团中的“强硬派”少壮军人全斗焕于1979年12月发动军事政变，成了韩国的又一“铁腕人物”，对韩国实行独裁统治达8年之久，1987年才被迫向在大选中获胜的卢泰愚交了权。卢泰愚政权迫于群众反对独裁、要求实行民主的形势，不得不认真对待韩国人民的强烈愿望。韩国经历了40多年的独裁统治之后，终于开始了一个新时期。卢泰愚时期韩国的民主化进程得到较快发展。1992年12月，金泳三当选总统，开启了“文官政治时代”的序幕。根据1988年2月生效的韩国《宪法》，韩国实行总统制政治体制。总统是国家元首兼武装力量总司令，由选民直接选举产生，任期5年，不得连任。国会为立法机构，实行一院制，任期4年。中央政府称内阁，为最高行政机构。总统通过由总统、总理、副总理及有关行政部长组成的行政会议行使行政职权。中央司法机构设大法院、大检察厅。

（九）蒙古政治体制的变化

在冷战结束后，蒙古的社会性质和政治体制均发生重大变化。1992 年 2 月生效的蒙古新《宪法》规定，“蒙古国是独立、主权的共和国”，以“建立人道的公民民主社会为崇高目标”；建立设有总统的议会制度。根据新《宪法》，改国名为“蒙古国”。1999 年 12 月蒙古国家大呼拉尔通过的《宪法》修正案规定，在议会选举中获胜的政党单独或联合组阁时，“可自行向国家大呼拉尔提出总理人选”，剥夺了总统对总理人选的提名权。蒙古的议会称国家大呼拉尔，是国家最高权力机关，行使立法权。总统是国家元首，由选民直接选举产生，但需经国家大呼拉尔确认，国家大呼拉尔有权罢免总统。中央政府为国家权力最高执行机关，成员由国家大呼拉尔任命。中央司法机关有国家最高法院和国家检察署。

第二章　东亚地区国家现行政治体制

东亚地区国家的政治发展，在古代有相似的经历，但到近代的遭遇却各有不同，特别是现代国际国内政治斗争异常复杂，则使得各国所走的政治道路、所建立的政治体制显示出更大的差异。可以说，目前世界上所有的政治体制，在东亚地区几乎都有。其中，实行社会主义政治体制的国家，目前除古巴外都集中在东亚地区。

第一节　社会主义政治体制

目前实行社会主义政治体制的东亚地区国家，有中国、朝鲜、越南和老挝。这些国家政治体制的共同之处是：马列主义政党为执政党，坚持社会主义制度，实行人民民主专政，但它们的政权组织机构设置也有不少差别。

一　国家元首名称不同

中国、越南、老挝均设国家主席作为国家元首。而朝鲜 1998 年 9 月颁布的新《宪法》则规定，拥戴已故国家主席金日成为“永远的国家主席”。新《宪法》删除了 1992 年宪法中“国家主席”一节，并规定最高人民会议常任委员会委员长代表国家；但现任朝鲜劳动党总书记、国防委员会委员长、朝鲜人民军最高司令官金正日为国家元首。

二　议会名称不同

中国称全国人民代表大会；朝鲜称最高人民会议；越南和老挝均称国会。虽然名称不同，但根据各自国家《宪法》的规定，它们作为国家最高权力机关和立法机关的职责则是大体相同的。

三　政府名称不同

中国称为国务院。《宪法》规定，国务院为国家权力机关的执行机关和最高国家行政机关，实行总理负责制。朝鲜称为内阁。《宪法》规定，内阁是国家最高权力的行政执行机关和全面管理国家的机关，内阁主官为总理，各部主官称“相”，部级委员会（如国家计划委员会）主官称“委员长”。越南、老挝均称政府。《宪法》规定，政府为国家最高行政机关，实行总理责任制。

中国的政治体制中比较特殊的是设有“中国人民政治协商会议”。它是在中国共产党领导下的最广泛的爱国统一战线组织，也是多党合作组织。每年在全国人民代表大会举行全体会议期间召开一次全国政协全体会议，参与对政府工作报告和各项重要议案的讨论，提出意见和建议；政协委员平时也深入各阶层、各界别，并将收集到的各方面意见或建议，反映到有关政府部门。它对中国的政治发展有重要影响，是中国政治体制的一种创造。

第二节　君主立宪制

东亚地区目前实行君主立宪制政治体制的国家，有日本（形式上是君主立宪制，而实际上是议会内阁制）、泰国、马来西亚和柬埔寨。这些国家的君主，日本称天皇，马来西亚称最高元首，泰国和柬埔寨称国王。他们在国家政治生活中虽均不握有实权，但均有一定影响，但其影响各不相同。

一　君主名称、职权不同

（一）日本天皇

现行《日本国宪法》规定，“天皇是日本国的象征，是日本国民整体的象征，其地位，以主权所属的全体日本国民的意志为依据。”日本《宪法》规定的天皇制是将天皇作为一个“政治机关”予以承认的，这个“政治机关”在政治上没有权力，只是根据《宪法》的规定从事一些形式上和礼仪上的国事活动，而这些活动也并非出自天皇个人意志，而是“根据内阁的建议与承认”而行事的。日本天皇的地位不是国家元首，而是“国家象征”。

（二）泰国国王

泰国现行《宪法》规定，国王作为国家元首通过国会、内阁和最高法院行使国家权力。具体做法是国会讨论通过的法律、法规提案，均须报请国王签署批准。如果国王将国会通过的法律案未予签署就退回国会，或超过 90 天未退回国会，国会须重新对原案进行审议；如果国会仍坚持原案并提请国王签署，在国王接到法案 30 天后未予签署或未退回，才可视为国王已经同意，内阁可颁布执行。《宪法》还赋予国王处理一些国家重大事务的权力，规定为维护国家安全、公共治安、经济稳定，国王在必要时可制定具有法律效力的规定。但国王制定规定时，必须是内阁认为情况紧急、非这样做不可才行。事实上，现任国王普密蓬·阿杜德在二战后泰国的几次重大政治事件中，在政治上都曾发挥重要影响。1973 年 10 月，泰国爆发空前规模群众反政府示威，军警开枪镇压，打死打伤大批学生和群众。在这关键时刻，普密蓬国王召见他侬、巴博，要求他们离开泰国；他侬、巴博政权随即垮台。1981 年 4 月，一伙“少壮派军官”发动政变，扣留炳·廷素拉暖总理；国王巧妙召见炳总理，并指导第二部域军组织兵力反击，政变很快失败。1985 年 9 月发生政变时，也因国王持反对态度而使政变破产。1992 年 5 月，泰国再次爆发由反对党掀起的大规模群众抗议武装部队最高司令素金达·甲巴允组织政府的活动，军队出动镇压。在局势出现危机时刻，国王召见素金达和反对派代表，要求他们迅速平息事态。素金达随后宣布辞去总理职务，政治危机结束。

（三）马来西亚最高元首

马来西亚宪法规定，最高元首为国家元首、伊斯兰教领袖兼武装部队统帅，由统治者会议从 9 个州的世袭苏丹中选举产生，任期 5 年。最高元首拥有立法、司法、行政的最高权力，以及任命总理、拒绝批准解散国会等权力。宪法同时规定，最高元首必须接受及根据政府的劝告执行任务。1993 年马来西亚议会修改宪法时，还取消了王室的法律豁免权等特权。实际上，马来西亚最高元首对马的政治运作所起的作用和影响，与日本天皇差不多，是“国家象征”。

（四）柬埔寨国王

柬埔寨现行宪法规定，国王是终身国家元首、国家军队最高司令、国家统一和永存的象征。国王统治国家，但不执政，有权宣布大赦，根据首相建议并征得国会主席同意后解散国会。国王因故不能视事、参议院主席也不能视事时，由国会主席代理国家元首职务。王位不能世袭，国王去世后，由首相、两派僧王、国会主席和副主席组成的王位委员会从王室后裔中推选产生新的国王。前任柬埔寨国王诺罗敦·西哈努克是国际知名的政治家，在抗击法国殖民主义、争取柬埔寨民族解放的斗争中，在反对美国及其傀儡朗诺集团的斗争中，在抵抗越南入侵柬埔寨的斗争中，以及在组成王国政府的斗争中，均发挥了杰出的作用。在柬进入和平重建时期之后，西哈努克在调解奉辛比克党和柬埔寨人民党两派之间的矛盾、维护柬国内政治稳定方面，也起了无可替代的作用。

二　议会、政府名称、职权也不尽相同

东亚地区君主立宪制国家，不仅君王在国家中的地位和影响不同，而且政权的组织结构及职能也不尽相同。

（一）议会

日本泛称国会，由众、参两院组成，是最高权力机关和唯一立法机关。在权力上，众议院优于参议院。宪法规定，首相有权提前解散众议院重新选举。泰国议会称国会，为国家最高权力机关，分上、下两院，上院议员由国王任命，下院议员由选举产生。平时两院分开活动；在处理涉及国王、宪法及国家重要内政外交等重大问题时、两院召开联席会议讨论并作出决定。马来西亚议会也称国会，也分上、下两院，下议院议员由选举产生，但上议院 69 名议员中有 43 名由最高元首任命，另外 26 名由各州立法会各推荐 2 名。柬埔寨议会也称国会，是最高权力机关和立法机关。1999 年 3 月国会通过关于成立参议院的宪法修正案，规定参议院有权审议国会通过的法律条款并提出意见；参议院主席在国王因故不能视事时任代理国家元首。

（二）政府

日本称内阁，为国家最高行政机关，对国会负责。内阁首脑称总理大臣（首相）；内阁各部称省、厅、委员会；省、厅、委员会主官称大臣（相）、长官、委员长。泰国、马来西亚、柬埔寨均称政府；政府首脑，泰、马称总理，柬称首相；政府职能部门均称部，部的主官，泰、马称部长，柬称大臣。

日、泰、马、柬的司法机构的名称和职能基本相同。马来西亚有个独特的国家机构——统治者会议。该机构由柔佛等 9 个州的世袭苏丹和马六甲等 4 个州的州长组成，其职能是在 9 个世袭苏丹中轮流选举产生最高元首和副最高元首；对国家宪法和全国性的伊斯兰教问题有最后的决定权；对马来族和沙巴、沙捞越土著民族的特殊地位等影响国家政策的问题进行审议，凡有关统治者特权地位和法律，未经该会议同意，国会不得通过。

第三节 总统内阁制

在东亚地区国家中，实行总统内阁制政治体制的国家有韩国、印尼、菲律宾。这些国家的总统虽都具有国家元首兼政府首脑的地位，但其产生的方法及职责等不尽相同。

一 韩国总统

由国民直接选举产生，任期 5 年，不得连任。总统对外代表国家，对内是国民整体性和统一性的中心，是“具有国民代表资格的国家机关”；有缔约、宣战、任免驻外使节及任命总理、部长、大法院院长、大法官等权力；有“捍卫国家独立、领土完整，维持国家连续性、保护宪法”的职责，有“和平统一祖国”的义务。总统的权限有：1. 有关《宪法》修正和国民投票的权限；2. 有关组成国家机关的权限；3. 有关行政的权限；4. 有关国会和立法的权限；5. 有关法院和司法的权限；6. 国家紧急动员权等。总之，韩国《宪法》所规定的总统的实际权力比传统的总统制下的总统的权力更大，其捍卫国家独立、领土完整，保卫宪法，促进和平统一祖国的职责和义务也更重。

二 印尼总统

不是通过竞选或直接选举产生，而是通过人民协商会议协商产生，任期 5 年，连选可连任。总统被认为是人民协商会议的委托人，因此总统必须履行符合人民协商会议所制定的国家大政方针的职责。根据宪法规定，总统有权宣布紧急状态法令，经国会同意与别国宣战、媾和、缔结条约，还有权颁布恩赦、大赦及任命、免除、恢复行政、司法部门主官。1999 年修改的宪法，将总统任期限制在两任之内，每任 5 年，减少了总统的权力。

三 菲律宾总统

由选民直接选举产生，每届任期 6 年，不得连选连任。菲宪法规定，总统有权签署法令，颁布国会通过的法律，接收外国使节的国书，对外代表国家，必要时召开国会特别会议，有权提名委任政府各部部长、驻外使节以及宪法授权委任的司法官员。如果某项法案被总统否决，那么该法案必须再经国会 2/3 以上多数票通过才能生效。总统受国会、内阁和人民的监督。当内阁多数成员向参、众两院提出总统不能行使其职权的书面声明时，即应由副总统代行总统职权。如有 1/3 以上众议员提出对总统的弹劾案，并经参议院聆讯有 2/3 以上的参议员赞同，可对总统实行弹劾，解除总统职务或取消其担任菲律宾任何国家机关职务的资格。菲宪法还规定，总统无权实施戒严，无权解散国会，不得任意拘捕反对派；取缔个人独裁统治。

韩国、印尼、菲律宾国家机构的设置及其职能也不尽相同。

韩国的议会称国会，为一院制，有立法权和国家政务监察、批评权等。韩国政府由总统、国务总理和国务委员组成，以总统为首脑；政府是行政权的主体，行政事务由政府各部执行，主要政策审议机关是由以总统为议长、国务总理和国务委员为成员的国务会议审定。国务会议制度和国务总理制度是韩国总统内阁制政府的两大特点。国务总理为国务会议副议长，在总统缺位或因故不能履行职务时代行总统职权，还有对国务委员和各部部长提名权、总统签署法律文件的副署权、对中央行政机关官员进行指挥和监督的权力等。

印尼的议会称人民代表会议，议员总数为 500 人，其中 400 人由专业集团、团结建设党和印尼民主党 3 个政党根据大选结果进行分配，其余 100 名由武装部队任命。根据印尼 1945 年宪法规定，人民协商会议和人民代表会议同是立法机关。人民协商会议成员比人民代表会议成员多 1 倍，共1 000

人，其中500人为人民代表会议成员，另500人中有100人为专业集团代表，由总统任命，147人由一级行政区或省的立法会议选举产生，其余253人由参加大选的专业集团、团结建设党和民主党以及武装部队按在人民代表会议中所占比例加以分配。人民协商会议的主要任务是制定和修改宪法，决定国家大政方针和选举正、副总统。人民协商会议决议采取协商一致的原则。人民协商会议一般每5年举行1次；平时的立法工作由人民代表会议来做。印尼的这套立法制度是很特别的。印尼政府称内阁，内阁对总统负责而不是对人民协商会议或人民代表会议负责。为减轻总统工作负担，内阁设有统筹部长，协助总统监督有关部门的工作。内阁行政机关设部，每个部通常下属4个部门，即领导部门，由部长领导；行政部门，由秘书长领导；执行部门，由总主任领导；监督部门，由总监督官领导。

韩国、印尼、菲律宾的司法机构设置与职责基本相同。但韩国最高司法机构称大法院；印尼称最高法院；菲律宾称最高法院，又称大理院。印尼还设有宗教法院，由内阁宗教事务部监督，负责依照伊斯兰教法规审理民事案件。

第四节 议会内阁制

东亚实行议会内阁制的国家除上边介绍的日本外只有新加坡。新加坡宪法规定，总统为国家元首，由选民直接选举产生，任期6年，与议会共同行使立法权。实际上总统没有多少实权。国会为立法机关，实行一院制，议员由公民投票选举产生，任期5年。政府称内阁，内阁总理为议会多数党领袖，由国王任命。内阁实行总理责任制。司法机构设最高法院和总检察署。最高法院由高庭和上诉庭组成。最高法院上诉庭为终审法庭。

第五节 设有总统的议会内阁制

设有总统的议会内阁制与上述议会内阁制基本相同。实行这种制度的东亚国家只有蒙古。蒙古宪法规定，蒙古总统为国家元首，由选民直接选举产生，实际权力不大。1999年12月蒙古国家大呼拉尔（议会）通过修改宪法案取消了总统对总理人选的提名权。蒙古总统那楚克·巴嘎班迪否决了宪法修正案。2000年1月国家大呼拉尔驳回了总统的否决。由此可见蒙古总统没有多少实权。蒙古议会称国家大呼拉尔，为一院制，其成员由选民直接选举产生，任职4年。国家大呼拉尔是国家最高权力机关，行使立法权，可提议讨论内外政策的任何问题，有权罢免总统、任免总理和政府其他成员。政府为国家权力最高执行机关，政府由选举获胜政党单独或联合组成。司法机构包括行使司法权的法院系统和行使检察权的检察署系统。

第六节 军人专制

缅甸自1962年奈温将军发动政变后，一直是在军人统治之下。1988年奈温军人政权下台后，先后上台的吴盛伦政权、苏貌政权都是军人执政。1988年9月苏貌上台执政后废除《宪法》，解散人民议会和国家权力机构，成立“恢复治安与秩序委员会”实施统治；同时宣布废除一党制，实行多党民主制。1990年3月缅甸举行大选，但军人政府并没有向在大选中获胜的“全国民主联盟”交出政权，而且指责该联盟卖国求荣，破坏国家稳定。1992年苏貌因健康原因辞职后，丹瑞大将上台执政，继续实施军人统治。1997年11月将军人统治的最高权力机构“恢复和平与秩序委员会”改称“国家和平与发展委员会”。该委员会由19人组成，主席为三军总司令丹瑞大将，副主席为三军副总司令兼陆军司令貌埃上将，第一秘书长为国防部情报局局长钦纽中将，第二秘书长为陆军参谋长丁吴中将，第三秘书长为军务署署长温敏中将。作为国家最高行政管理机关的政府也由军人把持。丹瑞兼任总理，副总理及主要部长都是高级军官。

第七节 君主制

东亚地区实施君主制政治体制的只有文莱。文莱宪法规定，文莱的一切权力都属于苏丹。关于国家机构，《宪法》规定，设立5个机构协助苏丹治理国家：一是行政委员会，为国家最高行政机构，由苏丹任主席，由7名担任政府公职的当然成员和7名苏丹指定的未担任公职非官方成员（其中6名兼任立法院成员）组成，苏丹行使职权时须与行政委员会磋商。1964年，行政委员会改称大臣会议，1984年大臣会议又改称内阁，由苏丹兼任内阁总理。二是枢密院，为苏丹的咨询机构，由5名担任官职的当然成员和苏丹指定的其他成员组成。三是立法院，职责是审议经苏丹批准的法律，1984年被解散，迄今尚未恢复。四是王位继承委员会。五是宗教委员会，为苏丹提供伊斯兰教事务方面的咨询建议，并负责处理涉及宗教的案件。文莱的司法机关分为全国和地方两级，各级法院的司法要员均由苏丹任命。

第三章　东亚地区国家的政党

东亚地区国家是在近代西方列强入侵之后，才开始建立政党的。其中，绝大多数在20世纪初叶建党，一些在二次大战后新形成的国家，在立国前后才建立起政党。由于近代以来东亚国家政治发展情况不同、政治思潮不同，所以各国政党的政治取向呈现多样化的特点，政党制度也不尽相同。

第一节　东亚地区国家政党的发展

东亚地区各国政党的发展，与各国的政治发展密不可分。由于各国的发展道路有很大差别，因此只能根据各国建立政党时间的先后分成19世纪末期、20世纪初期、二次大战结束后3个阶段，分别介绍各国政党的发展情况。

一　19世纪末期

19世纪末期开始建立政党的国家，在东亚地区只有日本。日本明治政府建立后，一方面实行资产阶级改革推进资本主义化，另一方面继续实行封建专制，压制群众性政治运动。在此背景下，19世纪70～80年代日本爆发了一场以要求开设国会、制定宪法、确立地方自治等为主要内容的“自由民权运动”。运动初期，日本成立了一些民权组织。1881年10月日本自由党成立，这是日本第一个资产阶级政党；不久又成立了“立宪改进党”、“立宪帝政党”。随后，以主张“主权在民”的自由党和改进党为一方，以主张“主权在君”的帝政党为另一方展开斗争。后来民权运动发生分裂，1884年10月自由党宣布解散；改进党也名存实亡。1889年《大日本帝国宪法》颁布；1890年日本成立第一届议会，日本又建立了一些资产阶级政党，其中有“政友会”、“民政党”。“政友会”自1918年9月至1924年5月曾组阁执政。1924年6月至1932年5月，“护法三派”（从政友会分裂出来的政友会、宪政党和革新俱乐部）联合执政。

1932年5月，日本法西斯军人打死首相犬养毅，日本走向法西斯化。1940年6～8月，日本各政党先后宣布“自行解散”。同年10月，日本军政府成立名为“大政翼赞会”的政治组织，辅助其强化法西斯统治。

二次大战结束后，日本恢复政党活动：1945年11月社会党、自由党、进步党先后成立；12月日共重建；此外还成立了许多政治组织。1946年3月，进步党改组为民主党。1955年，自由党和民主党两大保守政党合并成立自由民主党（简称自民党），从此自民党独自执政到1993年；其后与其他政党联合执政至今。二战后日本实行“政党政治”，政党不断变化。目前对日本社会影响较大的有自民党及由该党分离出去的日本新党、新生党、先驱新党（新党魁党），以及日本社会党、民社党、社会民主联合、公明党、社会党等。

早在20世纪初，马克思主义就传入日本。1917年俄国十月革命之后，日本于1921年出现了许多马克思主义小组；1922年7月日本共产党正式成立。日共提出“废除君主制”，并领导群众开展政治斗争，多次被日本当局镇压和取缔。二次大战期间，日共领导人民进行了艰苦的反战斗争，为东亚反对日本法西斯战争作出了重要贡献。二战后日共奉行独立自主路线，主张通过合法斗争，争取在议会中掌握多数席位，以实现“无产阶级执政”。日共现为在野党，对日本社会有一定影响。

二　20世纪初期

20世纪初叶建立政党的东亚地区国家有中国、蒙古、越南、老挝、柬埔寨、泰国、缅甸、菲律宾和印尼。

（一）中国政党的发展

1840年鸦片战争后，中国沦为半殖民地半封建国家，内忧外患，民不聊生。同时，民主革命思想得到广泛传播，爱国人士致力于挽救民族危亡的政治活动不断发展。1894年孙中山在檀香山成立第一个反清革命团体“兴中会”；1905 年 8 月，他又在日本东京成立了中国第一个资产阶级革命政党“中国同盟会”，标志着中国资产阶级革命派以新的姿态走上历史舞台。辛亥革命后，同盟会先后改组为国民党、中华革命党，1919 年又改组为中国国民党。1924 年 1 月中国国民党第一次全国代表大会召开，国民党成了吸收共产党员参加、奉行新三民主义的革命政党。1927 年 4 月 12 日，蒋介石发动反革命政变，使得国民党走向反动。随后国民党进行了 10 年内战，1936 年西安事变后才联合共产党进行抗日战争。抗战胜利后，国民党反动派又发动内战遭到失败后，1949 年被赶到台湾，结束了对中国大陆 22 年的统治。

1917 年俄国十月革命后，马克思主义在中国传播开来。1920 年各地出现许多共产主义小组。1921 年 7 月，中国共产党成立，随后推动孙中山改组国民党，实现第一次国共合作。1927 年 4 月蒋介石叛变革命后，共产党组织武装，在农村开辟革命根据地，领导农民进行土地革命战争；多次粉碎国民党的军事“围剿”。1936 年 12 月西安事变后，共产党再次促成与国民党合作，进行抗日战争，对中国抗战胜利作出了巨大贡献。抗战胜利后，由于国民党蒋介石集团发动内战，共产党领导全国进行反对国民党反动统治的斗争。经历 3 年解放战争，赢得了胜利，1949 年 10 月成立中华人民共和国，成为执政党。新中国成立后，在社会主义革命和建设中，中国共产党领导全国人民取得了令世界瞩目的伟大成就。在反对国民党反动派的斗争中，中国还成立了一些民主党派：中国国民党革命委员会、中国民主同盟、中国民主建国会、中国民主促进会、中国农工民主党、中国致公党、九三学社和台湾民主自治同盟。这些民主党派在长期的革命斗争和社会主义建设中，与中国共产党肝胆相照、荣辱与共，作出了重要贡献。

（二）蒙古政党的发展

在苏联的帮助下，1921 年 3 月成立了蒙古人民党，1925 年改名蒙古人民革命党。该党成立后领导人民取得革命胜利，一直到苏联解体，始终是蒙古的执政党。苏联解体后，蒙古实行多党制，随之出现了多个政党，至 2001 年注册政党有 15 个，除蒙古人民革命党之外，主要政党有蒙古民族民主党和蒙古社会民主党。1999 年 7 月组成的政府由民族民主党和社会民主党联合执政。

（三）越南政党的发展

在抗击法国殖民统治的斗争中，越南革命青年在 1929 年分别成立了“印度支那共产党”、“安南共产党”、“新越共产主义联盟”等马克思主义政党。1930 年 10 月，这些革命组织合并成立“印度支那共产党”。该党成立后领导群众用暴力手段举行起义夺取政权，屡次遭到法国殖民当局的残酷镇压。在抗日战争中，印支共产党成立了越南独立同盟战线，发动爱国运动，建立根据地。日本投降后，印支共产党举行总起义，夺取政权，于 1945 年 8 月成立越南民主共和国。随后，印支共产党（越南劳动党）又领导越南人民进行为期 8 年的抗法战争。1951 年 2 月，印支共产党决定越南、老挝、柬埔寨分别建党；同年 11 月越南党成立，称越南劳动党。抗法战争胜利后，越南劳动党又领导人民进行了长期的抗美救国战争，1975 年 5 月解放越南南方，实现国家的统一。1976 年 12 月，越南劳动党改名越南共产党。当时的越共领导人根据其“维护和发展越南同老挝和柬埔寨之间的特殊关系”的错误路线，于 1978 年 12 月派兵入侵柬埔寨，并不断骚扰中国边境，不仅遭到国际上的反对，而且在越共党内也引起强烈不满。1986 年 12 月，越共召开第六次全国代表大会，调整了内外政策，建立了新的领导体制。此后越共纠正了错误路线，坚持革新开放方针，使越南社会主义建设不断向前发展。越南在革命斗争中组织了越南祖国阵线、越南南方民族解放阵线和越南民族、民主及和平力量联盟等政治组织。1977 年这 3 个组织合并，称越南祖国阵线。

（四）老挝政党的发展

1930 年印度支那共产党成立后，在老挝的印支共产党基层组织曾组织领导反对法国殖民主义的斗争。1936 年印支共产党老挝地区支部成立，开始单独进行活动。抗日战争期间，老挝地区党支部积极开展抗日斗争。日本投降后，印支共产党中央指示老挝地区党委开展抗法斗争，发展武装，建立根据地。随后，老挝地区党委组织了许多抗法组织和武装力量，并成立“老挝伊沙拉（意为自由）阵线”。1951 年 2 月印支共产党决定越南、老挝、柬埔寨 3 国分别建党后，经过一段时间的筹备，老挝人民党于 1955 年成立，随后成立了“老挝爱国战线”统一战线组织，领导人民开展反对美国及老挝右派的斗争。经过长期艰苦斗争，老挝人民党(1972年改称老挝人民革命党)领导人民取得全面胜利。老挝人民革命党成为执政党。

老挝是个多民族、多宗教的国家，长期受法国殖民统治、日本入侵和美国干涉等，因此政治党派比较多。除老挝人民革命党之外，20世纪中期成立的右翼政党有：民主主义自由党、国家党、独立党、人民联合党等；“中立”政党有：中立党、和平中立党、爱国中立力量联盟、青年路线运动等。这些政党，有的在老挝人民革命党成为执政党之前就已解散；有的在人民革命党掌权后被宣布为非法组织。

（五）柬埔寨政党发展情况

1951年2月印度支那共产党决定越南、老挝、柬埔寨分别建党之后，高棉人民革命党于同年6月成立。1960年9月，高棉人民革命党改名为柬埔寨工人党；1966年9月又改名为柬埔寨共产党。1968年1月，柬共建立了自己的武装，年底控制了柬东北地区。1970年3月朗诺发动政变后，柬共与西哈努克合作于1975年4月夺得全国政权，随后踢开西哈努克，成立民主柬埔寨政府，推行极左政策。1979年1月越军侵占金边后，民柬政府垮台。此后，柬共又与西哈努克、宋双两派结成抗越同盟，进行抗越救国斗争。1988年柬埔寨四方进入和平谈判进程后，柬共一直持消极态度，1992年6月又退出和平进程，也未参加1993年5月举行的柬埔寨大选。此后不久柬共分裂、消亡。

1979年越军侵占柬埔寨后，柬共中一部分人在金边执政后另组柬埔寨人民革命党，并定该党的生日为1951年6月28日，即高棉人民革命党诞生日。1991年10月，该党改名柬埔寨人民党。1993年5月柬埔寨大选中该党得票落后于奉辛比克党，不得不与奉党联合执政；1998年10月大选中该党获胜，仍与奉党联合执政。

1993年5月柬埔寨大选前，有20个政党获准参加竞选，其中主要政党除柬人民党外，还有奉辛比克党（全名为“争取柬埔寨独立、和平与合作民族团结阵线党”），其前身为西哈努克1981年组建的“阵线”，1992年2月改称“党”，由西哈努克之子拉那烈任主席。此外还有高棉自由民主佛教党、高棉民主自由党、柬埔寨民主党、柬埔寨自由共和党、柬埔寨自由民主社会党等。

（六）泰国政党的发展

泰国历史上第一个政党是1928年成立的民党。1932年6月民党发动政变，推翻君主专制统治，建立了君主立宪制政体。1938年泰国军人发动政变后长期执政，政党活动基本停止。

二次大战后，泰国于1946年4月颁布新《宪法》，允许成立政党，随后，泰国先后成立了进步党、民主党、职联党、宪法阵线党、正义党、社会民主党、工农党等，各党之间矛盾尖锐，斗争复杂。

1951年11月泰国军人政变后宣布解散一切政党。

1955年泰国政府又允许恢复政党活动，并成立“玛兰卡西拉自由党”作为执政党；接着民主党等又恢复活动，并成立了人民党、农民党、工人党、民族主义党等一批小党。

1958年泰国他侬军人集团发动政变，取缔了全部政党。

1968年，泰国又颁布新《宪法》，政党活动随之得到恢复并活跃起来。执政的他侬军人集团组成泰国人联合党作为执政党，民主党等恢复活动，另外建立了民主阵线党、助农职业党、新暹罗党、泰主权党等一批新的政党。

1971年11月，他侬发动“自我政变”，再次废除《宪法》，取缔了一切政党。

1974年10月泰国新《宪法》生效，同时又颁布了《政党条例》。随后，一些旧政党恢复活动，新政党纷纷成立，至1976年注册政党达56个，政党活动得到正常发展。经过淘汰、合并，至2000年泰国有合法政党12个，主要有：民主党、新希望党、国家发展党、泰国党、社会行动党、民众党、统一党和自由正义党。

泰国共产党成立于1942年12月1日，随后联合各阶层人民进行斗争。1945年日本投降后，泰共领导人民开展武装斗争，遭到当局的镇压，并被宣布为非法政党。1987年泰共中央遭破坏，处境困难。

（七）缅甸政党的发展

缅甸人民在反对英国殖民主义斗争中成立的第一个爱国政治组织，是1920年成立的“缅甸人民团体总会”。后来，“总会”在英国分化拉拢下发生分裂。1930年，“总会”中一些革命知识分子另组“我缅人协会”，坚持反英斗争。在20世纪30年代缅甸反英斗争中，“我缅人协会”发挥组织领导作用，取得很大胜利。该“协会”的一些先进分子接受马克思主义，在印度共产党帮助下于1939年8月19日成立缅甸共产党，仍在“协会”中开展斗争。

1941年3月，“协会”领导人昂山作出“联日反英”的错误决定，导致“协会”内部混乱，因而解体。

日本占领期间，缅共坚持抗日，并提出要建立抗日统一战线组织。1944年8～9月间成立了“反法西斯人民同盟”（1945年3月改称“反法西斯人民自由同盟”）。在“同盟”的领导下，缅甸“国民军”开展抗日战争，在盟军的帮助下摧毁了日本的统治。

日本投降后，在英国分化下，“同盟”发生分裂：缅共于1946年被逐出“同盟”，1948年3月转入地下，被视为非法。1948年1月，缅甸独立，“同盟”成为执政党，但进一步发生分化：“同盟”中的爱国党、民主联盟等分裂出来成为反对党。后来，反对党又组成名为“民族团结阵线”的联盟。

1962年3月奈温发动政变后实行军人统治，同年7月成立社会主义纲领党。1964年3月，奈温政府宣布实行一党制，除纲领党外，其他政党均属非法。

1988年9月苏貌军人集团上台后宣布开放党禁，准备举行大选。至1989年2月28日政党登记截止日，登记的政党有233个。此后一些政党自动解散或被取缔，到1989年底剩下210个左右，其中最主要的政党是由纲领党改名的缅甸民族团结党和1988年9月成立的缅甸全国民主联盟（简称“民盟”）。“民盟”在1990年5月大选中获得485个议席中的396席，但迄今军人集团仍未向其交出政权。至2001年，缅甸合法政党有10个，主要政党除上述两党外还有掸邦民主联合会。

缅共于1948年3月被宣布为非法后转入农村开展武装斗争，1963年、1982年先后两次与政府举行和谈，均未成功。1989年3～4月间，缅共因内部发生分裂而遭受巨大挫折。

（八）印尼政党的发展

20世纪初，印尼一些民族主义政治团体纷纷建立。1908年5月印尼第一个政治团体“崇知社”成立。1912年成立的“东印度党”，主张争取印尼独立。1914年印尼先进分子组织了传播马克思主义的“东印度社会民主联盟”，1920年5月改名为印尼共产党，开展反对荷兰殖民当局的斗争，1926年遭镇压，陷于瓦解。

1927年，在苏加诺的倡导下，建立了“印尼民族主义者协会”，次年改称印尼民族党，开展争取民族独立的斗争，1929年被殖民当局宣布为非法，被迫解散。民族党领导人随后又分别建立了印尼党和印尼国民教育党，继续领导人民进行抗荷斗争。

1935年，印尼共产党恢复组织，并于1937年领导成立了公开的政党“印尼人民运动党”。1939年，印尼人民运动党和其他民主政党组成“印尼政治联盟”，1941年9月“联盟”改名为“印尼人民会议”。

1942年3月日本侵占印尼后解散一切政党。1943年3月，日本军政府成立了由印尼政界和宗教界人士参加的名为“民众力量中心”的政治组织；同年11月又同意成立“印尼穆斯林联合会”即马斯友美党，以支援日本建立“大东亚共荣圈”。1944年3月，军政府又以“爪哇奉公会”取代“民众力量中心”，以支持日本的战争政策。

印尼共在艰苦条件下坚持开展抗日斗争。

日本投降后，印尼于1945年8月17日宣告独立，10月宣布各政党均为合法组织，可以恢复活动。

随后，荷兰殖民主义者卷土重来，政党活动又遭到镇压。

直到1950年8月印尼成立统一的共和国并颁布《临时宪法》，各政党才重新活跃起来。1955年9月，印尼举行大选，参选的政党有100多个，其中民族党、马斯友美党、伊斯兰教师联合会和印尼共产党控制了议会90%的席位。此后各政党斗争异常复杂，印尼政局动荡不定。1961年4月和7月，苏加诺总统先后签署法令，规定只允许10个政党存在，取缔了参加和支持叛乱活动的马斯友美党和社会党。

1965年“九卅事件”发生后，苏哈托上台执政，1966年3月取缔了印尼共产党，1967年颁布简化政党条例，只允许存在2个政党、1个专业集团：一个政党叫建设团结党，由4个穆斯林政党合并而成；一个政党叫印尼民主党，由印尼民族党等5个政党合并而成；专业集团由各行各业专业团体组成，起政党作用。

1998年苏哈托下台后，继任的哈比比总统宣布解除成立政党的禁令。1999年参加大选的合法政党共48个，其中主要的有印尼斗争民主党、专业集团、民族团结党、民族崛起党、民族使命党等。

印尼共产党1966年被取缔后继续在一些地方开展武装斗争，1967年遭围剿。1968年印尼共中央所在地遭摧残，1972年武装斗争遭失败，印尼共全面瓦解。

（九）菲律宾政党的发展

菲律宾于1902年2月成立了“菲律宾民主工人联盟”进行反帝反封建斗争。1930年11月，菲律宾共产党成立，但不久遭到沉重打击。直到1946年7月宣告独立之前，菲律宾的政党活动一直受到压制、打击和取缔。

菲律宾独立初期，政党活跃起来，多达100多个，大多数为地方性小党，全国性主要政党有：国民党、自由党、民主党、民族主义公党、基督教社会运动等。

1972年马科斯总统实行军事管制，1973年1月宣布停止一切党派活动。1984年5月菲律宾举行国民议会选举，政党重新组合，各类合法政党多达100多个，主要政党有：菲律宾民众战斗党、全国基督教民主联盟党、国民党、自由党、社会民主党、民主力量党、穆斯林联邦党等。

菲律宾共产党成立后在抗日战争期间领导人民进行抗日战争，后被解散，1968年12月重新建党，1969年3月建立新人民军开展武装斗争。1974年11月曾与政府和解成为合法政党；后又被宣布为非法。1986年8月该党同阿基诺政府达成停火协议，1987年2月双方重新开火，新人民军受重创。此后该党多次与政府谈判，迄今未成功。

三　二次大战结束后

（一）朝鲜半岛政党的发展

朝鲜半岛原为统一的国家，沦为日本殖民地后成立了政治组织，领导人民进行抗日斗争。日本投降后，1948年8月，半岛南部成立了大韩民国，同年9月北部成立了朝鲜民主主义人民共和国。从此半岛统一的国家分裂成社会制度和政党制度不同的两个国家。

韩国光复后，政治上处于大变动时期，各种政治势力纷纷活动，政党林立，你争我夺，既有意识形态差异，又有地方群雄割据特征，加上不同派别利益关系纵横交错，时而分裂，时而联合，令人眼花缭乱。朴正熙执政期间曾于1972年10月宣布实行戒严，禁止一切政治活动。但20世纪70年代后半期，韩国的政治生活又活跃起来。至90年代，各政党的主张和政策趋向大同小异，但彼此仍严重对抗，斗争不已，90年代中期，各政党又重新进行组合。目前主要政党有4个：新千年民主党、自由民主联盟、大国家党、民主国民党。

日本投降后，朝鲜半岛北部于1945年10月10日成立“北朝鲜共产党中央组织委员会”；1946年8月该委员会与新民党合并，称“北朝鲜劳动党”。1949年6月，北朝鲜劳动党与南朝鲜劳动党合并，称“朝鲜劳动党”，是朝鲜的执政党。朝鲜还有两个政党：一是朝鲜社会民主党，原名朝鲜民主党，成立于1945年11月；一是天道教青友会，成立于1946年2月。

（二）马来西亚、新加坡和文莱政党的发展

马来西亚、新加坡、文莱均是二次大战结束后独立的国家。在独立之前，马来半岛就有政党组织领导人民进行反英、抗日活动。但作为国家的政党活动，是从独立后开始的。

抗日战争胜利后，马来亚成立了许多政党，其中主要的有：马来民族统一机构（简称“巫统”），1946年5月成立，为马来人政党；马来亚印度人大会党（现名马来西亚印度人大会党），1946年8月成立，为马来亚印、巴人政党；马来亚华人公会（现名马来西亚华人公会，简称“马华公会”），1949年2月成立，为马来亚华人最大的政党。马来西亚于1963年成立后，一直由这3个党为主组成联合政府。1974年4月，这3个党联合其他政党共14个党，组成国民阵线，作为执政联盟，在任总理为国民阵线主席。目前马来西亚注册政党有40多个，除参加国民阵线的14个党外，主要的反对党有：伊斯兰教党、民主行动党、沙巴团结党和国民正义党。

马来亚共产党于1930年4月30日成立，日本侵占时期曾领导马人民开展游击战争；1948年被英国殖民当局宣布为非法后转入地下开展武装斗争；1955年曾和政府进行和谈，但失败；1989年12月与政府签署和平协议，结束武装斗争。

新加坡最早的政党是人民行动党，成立于1954年11月。自1959年新加坡实行“内部自治”以来，人民行动党一直是新加坡的执政党。目前新加坡注册政党有23个，除人民行动党外，主要有工人党和新加坡民主党。

文莱人民党是文莱有史以来第一个政党，成立于1956年1月。1962年8月文莱人民党在地方议会选举中获压倒性多数，同年12月发动武装起义遭镇压，被取缔。文莱独立后成立的第一个政党叫文莱民族民主党，1988年1月被政府取缔。1986年初，文莱联合民族党成立。该党与政府关系密切，是目前文莱唯一合法政党。

第二节 东亚地区国家政党特点和政党制度

一 东亚地区国家政党发展呈现三个明显的特点

（一）政党发展道路曲折，主要破坏力来自殖民当局和军人专制

除日本之外，东亚地区国家建立政党普遍比较晚。殖民地国家的爱国人士组建政党后，因怕遭到殖民当局的镇压，往往不敢公开活动，或者以群众团体的名义活动。特别是日本侵占东亚地区国家后实行法西斯统治，禁止一切政治活动，致使政党组织受到极大的破坏，政党正常活动几近停止，一些爱国先进政党转入地下领导人民开展抗日游击战争。二战结束后，卷土重来的西方殖民主义者慑于殖民地人民的觉醒，放松了对政党活动的限制。使得在殖民地国家独立前后，政党活动才空前活跃起来。东亚地区一些国家获得政治独立后，政党发展受到的最大威胁是军人集团上台执政。军人集团执政的初期或在其统治受到民众斗争严重威胁时，总是宣布实行戒严，解散一切政党，停止一切政治活动。例如，泰国多次发生政变，几乎每次政变后都要取缔政党。有的国家军人集团上台后组织自己的“御用”政党来装潢“民主”门面；有时他们也允许一些对其统治不构成威胁的“反对党”存在。

（二）多数东亚地区国家的政党是在反帝反封建斗争中成长起来的，因此具有民族民主主义的传统

除日本之外，东亚地区国家在近代均沦为西方国家的殖民地或半殖民地。殖民国家与当地的封建势力相勾结进行封建、殖民统治。这些国家在最初建立政党时就是为了团结和领导群众争取民族解放、争取国家独立。当然，由于东亚地区各国的具体情况不同，所受政治思潮影响不同和历史传统不同等，各国不同政党的政治取向也不相同。概括地说有左翼政党、右翼政党和中间（中立）政党。但各政党斗争的结果是：坚持反帝反封建、反独裁争取民族独立和人民民主的政党不断取得胜利；而那些殖民主义、帝国主义、封建主义或独裁者“御用”的及“帮闲”的政党则不断失败乃至消亡。目前东亚地区国家无论是坚持社会主义的或是坚持资本主义的政党，大多数均具有民族民主主义传统。

（三）东亚地区资本主义国家国内政党之间的斗争仍在继续，但有些国家不同政党之间的斗争趋于缓和

东亚地区国家政党发展的历史表明，各国在建党初期总是政党林立，政见分歧严重，政党之间的斗争十分复杂激烈，因而导致政局混乱，给外部势力（西方国家）插手创造了条件，也成了军人集团发动政变实行独裁专制的借口。各国政党在不断地斗争中逐渐地接受了教训。有些政党因坚持不符合本国国情的理念或政策而被淘汰或转变了方向；有些政党因利益和理念一致而合并或组成政党联盟。因此有些国家不同政党之间的斗争形势趋缓。例如日本、韩国，它们的执政党和在野党的斗争仍在继续，在野党总是抓住执政党的失误进行猛烈攻击，但在涉及国家根本利益的问题上执政党和在野党很少有原则分歧。当然，一些政党发展不健全的东亚资本主义国家，如缅甸等，各政党的政见分歧仍很严重。

二 东亚地区不同社会制度的国家实行不同的政党制度

（一）东亚地区资本主义国家实行多党制

东亚地区资本主义国家实行的是多个政党竞争国家政治职位并轮流执政或联合执政的制度。这些国家实行多党制的原因很复杂。从根本原因来说，这些国家的阶级结构和政治力量比较复杂，代表不同阶级、阶层、集团、地域政治利益和要求的势力，都以组织政党在政治舞台上进行角逐。从直接原因来说，是因为这些国家都采取多党竞选政治职务的制度，这刺激了政党的发展，造成政党林立。

东亚地区资本主义国家实行的多党制有两种基本类型。一是国内多个政党中没有一个占据绝对优势地位或者是各党势均力敌，因此在选举中没有任何一个政党能够长期保持议会多数席位，执政党或者偶然在选举中获得相对多数席位而单独执政，或者联络几个获得议席的政党构成议会多数席位，联合组阁执政。目前东亚地区多数资本主义国家是这种类型。另一种是：国内虽然存在多个政党，但其中某个政党的力量长期占压倒优势，因而长期单独执政。日本曾经是这种类型。1955～1992 年间，日本占有议席的政党有自民党、社会党、公明党、民社党、共产党等；但自民党势力最强，自 1955 年后连续执政，被称为“一党独大制”，从 1993 年起，才结束“一党独大”的局面。目前一党长期执政的东亚国家还有新加坡。新加坡人民行动党自 1959 年以来一直是执政党。

（二）东亚地区社会主义国家实行无产阶级政党掌握政权的制度

东亚地区社会主义国家中国、朝鲜、越南、老挝的宪法都规定，无产阶级政党处于国家的领导地位。东亚地区社会主义国家无产阶级政党执政地位的确立，是这些国家社会主义历史发展的必然结果，是这些国家的利益结构和政党的特点决定的。这些国家，由于社会主义发展的历史条件不同，在政党制度方面也存在着差异，主要有两种类型：一是无产阶级政党领导制。越南、老挝的政党制度就属于这种类型。越南只有共产党、老挝只有人民革命党为唯一合法政党。二是无产阶级政党领导下的多党合作制。中国实行的就是共产党领导下的多党合作制。朝鲜除劳动党是执政党外，其社会民主党和天道教青友会也不是反对党，而是支持劳动党执政的。

第四章　东亚地区国家的政治思潮

近代以来，各种政治思潮在东亚地区广泛传播，其中对东亚地区国家影响比较大的政治思潮有马克思主义政治思潮、民族主义政治思潮、军国主义思潮、不结盟思潮和地区主义思潮。

第一节　马克思主义政治思潮

20 世纪初，马克思主义传入东亚地区。特别是 1917 年俄国十月社会主义革命后，马克思列宁主义在东亚广泛传播。从 20 世纪 20 年代初开始，东亚地区各国的无产阶级相继成立了共产主义性质的政党，领导人民进行反帝反封建斗争。中国共产党把马列主义的普遍真理与中国革命和建设的实践相结合，创立了毛泽东思想、邓小平理论和“三个代表”重要思想。朝鲜劳动党也确立了主体思想。

一　毛泽东思想、邓小平理论、“三个代表”重要思想

毛泽东思想是以毛泽东为主要代表的中国共产党第一代领导集体，根据马列主义的基本原理，对中国长期革命实践中一系列独创性的经验进行理论概括而形成的适合中国国情的科学指导思想。它是在中国共产党领导人民进行反对帝国主义、封建主义和官僚资本主义的斗争中，在社会主义革命和建设中，在同党内的教条主义、“左”倾或右倾的错误思想的斗争中不断发展起来的，是党的集体智慧的结晶，是对马列主义的运用、丰富和发展。毛泽东思想有多方面的内容，最具独创性的理论，一是关于新民主主义革命的理论；二是关于社会主义革命和社会主义建设的理论；三是关于革命军队的建设和军事战略的理论；四是关于政策和策略的理论；五是关于思想政治工作和文化工作的理论；六是关于党的建设的理论。毛泽东思想的活的灵魂是贯穿于它的各个组成部分的立场、观点和方法，其基本方面是实事求是、群众路线、独立自主。毛泽东思想不仅是中国共产党宝贵的精神财富，也是对国际共产主义运动的重大贡献。

以邓小平为代表的中国共产党第二代领导集体，在全面深入地总结中国社会主义革命和社会主义建设经验、透彻分析中国国情和世界形势趋向的基础上，形成了邓小平理论。邓小平理论的核心是建设有中国特色社会主义的理论。这一理论倡导解放思想、实事求是的思想路线，围绕“什么是社会主义、怎样建设社会主义”这个首要的基本的理论

问题，在一系列重大问题上形成互相联系的基本观点，构成了科学的理论体系。其主要内容有：关于建设社会主义的思想路线的理论；关于社会主义本质和社会主义发展道路的理论；关于社会主义发展阶段和中国处于社会主义初级阶段的理论；关于社会主义的根本任务是集中力量发展社会生产力的理论；关于中国分“三步走”基本实现现代化的社会主义建设发展战略的理论；关于改革是社会主义发展动力的理论；关于社会主义国家对外开放的理论；关于社会主义经济体制改革的理论；关于社会主义政治体制改革的理论；关于社会主义精神文明建设的理论；关于坚持四项基本原则是社会主义建设政治保证的理论；关于社会主义国家外交战略的理论；关于用“一国两制”统一中国的理论；关于社会主义事业要依靠广大人民力量的理论；关于社会主义国家军队和国防建设的理论；关于社会主义事业领导核心共产党建设的理论等。邓小平理论活的灵魂是坚持实事求是的思想路线，一切从实际出发，走群众路线。邓小平理论为中国开创社会主义事业的新局面指明了方向，开辟了道路，做出了重大贡献。

以江泽民为核心的中国共产党第三代领导集体，坚持马列主义、毛泽东思想和邓小平理论观察当今中国和世界，不断总结实践经验，不断作出新的理论概括，不断开拓前进，提出了中国共产党要始终代表中国先进生产力的发展要求、始终代表中国先进文化的前进方向、始终代表中国最广大人民的根本利益的“三个代表”重要思想，并把这“三个代表”重要思想作为中国共产党的立党之本、执政之基、力量之源。这是对邓小平理论的重大发展，必将对21世纪中国共产党全面推进党的建设，不断推进理论创新、制度创新和科技创新，不断夺取建设有中国特色社会主义事业的胜利产生巨大的、深远的影响。

中国共产党坚持的马列主义思想是与时俱进的，因此也是最有活力的。

二 主体思想

主体思想是朝鲜劳动党领导朝鲜人民进行革命和建设的指导思想。1955年12月，朝鲜劳动党领袖金日成对党的宣传工作者发表谈话时，提出要“克服教条主义和形式主义，树立主体”。金日成认为：“由于我国历史发展的特殊性，我国所处的地理环境与条件以及我国革命的复杂性和艰苦性，对于我们来说，树立主体的问题是特别重要的问题。”金日成在解释“主体思想”的内涵时说：“主体思想就是认为革命和建设的主人是人民群众，推动革命和建设的力量在于人民群众这样一种思想。换句话说，就是认为自己命运的主人是自己本身，开创自己命运的力量也在于自己本身这样一种思想”；“树立主体，意味着坚持这样一种原则：独立地根据本国的实际情况，并主要是用自己的力量，解决革命和建设中的一切问题”；“思想上主体，政治上自主，经济上自立，国防上自卫，这是我们党一贯坚持的立场”；“主体思想首先体现为政治上的自主原则”。金正日认为，主体思想是以“人决定一切这一哲学原理为基础的”；主体思想的指导原则是：“主体、自主、自立和自卫的原则，是在思想、政治、经济和国防领域体现自主性的指导原则”；“思想上树立主体，就是要有自己是革命和建设的主人这样一种自觉性”；“在政治上坚持自主性，就是要实现人民力量的政党”；“经济自立就是要建立自立的不受外人控制的民族经济”；国防上自卫，“就是要用自己的力量保卫自己的国家”。主体思想对朝鲜社会主义革命和建设已经起了和正在起着重要的作用。

第二节 民族主义政治思潮

东亚地区国家在反殖民主义反封建主义斗争时，民族民主政治思潮比较流行，主要有孙中山的“三民主义”、苏加诺的“潘查希拉”和“纳沙贡”原则、昂山的“中间道路”和奈温的“社会主义”。

一 孙中山的“三民主义”

孙中山（1866～1925）早年主张革新政治，1894年在檀香山组织兴中会；1905年在日本领导兴中会、华兴会和光复会组成中国同盟会，被推选为总理。同盟会根据孙中山的建议确定的宗旨是“驱除鞑虏，恢复中华，创立民国，平均地权”。随后，孙中山将这一纲领概括为“三大主义，一曰民族，二曰民权，三曰民生”，并在理论上进一步阐发了“三民主义”的思想体系，奠定了中国民主主义的思想基础。同时，孙中山领导同盟会积极在国内发展革命组织，多次发动武装起义。1911年爆发辛亥革命，推翻了清王朝，成立了民主共和国。

1924年国民党改组以前的三民主义是旧三民

主义，反映了资产阶级领导民主革命时期的历史特点，在当时它是进步的、革命的，但还不是彻底反帝反封建的纲领。后来，在俄国十月社会主义革命和五四运动的影响下，孙中山接受共产国际和中国共产党的帮助，确定联俄、联共、扶助农工三大政策，把旧三民主义发展为新三民主义。1924 年在《中国国民党第一次全国代表大会宣言》中，重新解释了三民主义：民族主义，是要免除帝国主义之侵略，求得中国民族之真正自由与独立，对内实行各民族一律平等；民权主义，要建立为一般平民所共有、非少数人所得而私的民主政治；民生主义，其最要之原则为平均地权和节制资本。新三民主义成为中国国民党和中国共产党第一次合作的政治基础，对推动中国民主主义革命起了重要作用。

二 苏加诺的“潘查希拉”和“纳沙贡”

苏加诺（1901～1970），印尼第一任总统。早年从事爱国民主活动，反对荷兰殖民主义。1927 年创建“印尼民族联盟”（翌年改称印尼民族党）；1928 年参加创建“印尼政党联盟”，当选为主席。1942 年日本占领印尼后曾参加日本组织的“中央参议会”、“印尼独立筹备委员会”等活动。1945 年 6 月印尼独立前夕，苏加诺在谈到建国的指导原则时提出了“潘查希拉”，即印尼建国指导思想的五项基本原则：至高无上的神道，公正文明的人道，印度尼西亚的统一，协商和代表制下的民主，实现社会的正义和繁荣。这五项原则也称“建国五基”，被写进了 1945 年印尼宪法。印尼独立后一段时间政局十分混乱，国内外右派势力不断制造事端，多次发生军事政变。在这种情况下，苏加诺于 1957 年 2 月提出了改革政治体制的“苏加诺方案”：建立包括各政党在内的“互助合作内阁”，即“纳沙贡内阁”（“纳沙贡”是民族主义者、宗教界和共产党人的印尼文缩写）。从 1959 年印尼恢复总统内阁制到 1967 年苏加诺下台，印尼内阁一直贯彻“纳沙贡”原则。

1965 年“九卅事件”后，苏哈托上台执政。1966 年 3 月，苏哈托宣布，“潘查希拉”是建国“唯一理想的原则，是国家和民族生活的方向和目标”。苏哈托以印尼共产党是无神论者，违背了“潘查希拉”第一条（信仰神道），遂宣布予以取缔。苏哈托于 1998 年下台后，印尼仍贯彻 1945 年宪法，遵守“潘查希拉”（建国五基）。

三 昂山的“中间道路”和奈温的“社会主义”

昂山（1915～1947），缅甸独立运动领袖，缅甸共产党创始人之一。1939～1940 年任“我缅人党”（德钦党）总书记，同时任缅共和缅甸自由联盟总书记。1940 年逃亡到中国厦门；1941 年在泰国组织缅甸独立军，1942 年随日军进入缅甸；1943～1945 年任巴莫政府国防部长；1945～1947 年任反法西斯人民自由同盟主席；1947 年任临时政府总理，同年被暗杀。昂山曾信仰马克思主义，后来转向，提出缅甸要在西方的资本主义和马克思的科学社会主义之间走“中间道路”。他认为，“一党制是维护一个有力而又稳固的政府的最好的形式。”他重视缅甸既十分复杂又生死攸关的民族问题，主张民族平等。由于昂山一直担任缅甸主要政党或政党集团的领导人，他的政治理念对缅甸政界影响很大。奈温就深受其影响。奈温早年参加反英斗争，是昂山组织的“独立军”的领导人之一；1943 年出任缅甸国民军总司令，1944 年缅甸反法西斯人民同盟（翌年改称缅甸反法西斯人民自由同盟）成立后，奈温是重要领导成员之一。1962 年 3 月奈温发动政变上台执政，随后就公布了名为《缅甸社会主义纲领》的文件，提出要“在缅甸建立没有人剥削人的平等的社会主义制度”，把缅甸建成“社会主义国家”，实行一党制，并为贯彻这一政治理念成立了缅甸社会主义纲领党作为唯一的政党。1964 年 9 月，纲领党发表《缅甸社会主义纲领党的特点》的文件，阐述了该党与社会民主党和共产党的区别。奈温的“社会主义纲领”实际上是昂山“中间道路”思想的具体化。奈温于 1988 年 7 月下台后，继任的缅甸军人政府虽然将纲领党改称民族团结党，并取消一党制，但实际上仍然遵循着奈温的“社会主义”（是民族社会主义而不是科学社会主义）路线，亦即“中间道路”路线。

第三节 军国主义思潮

军国主义是把国家置于军事控制之下，穷兵黩武，侵略扩张，使国家生活的各个方面为军事侵略目的服务的思想、政策和制度。

日本在明治维新以后资本主义迅速发展，到 19 世纪末发展到帝国主义阶段，军国主义思想恶性发展：对外发动侵略战争，掠夺、干涉和破坏他国内政；对内竭力增加军费，畸形发展军事工业，向人民灌输侵略思想，强迫人民服兵役，实行军事独裁，镇压人民革命斗争。到二次大战前，日本成了军国主义国家。

日本军国主义思想的支柱是皇国史观和武士道精神。皇国史观是日本维护天皇统治的势力特别是极右翼势力的历史观。它强调天皇至高无上，皇道无量，把天皇看做是“政教一致”、“人神合一”的“现人神”；宣扬大和民族是“天定”的统治者，天下应归于“皇国”，归于“万世一系”的天皇。武士道精神是日本武士的封建道德观念，始于镰仓幕府时代。日本武士腰间常佩利刃以示勇武，其应尽的义务和责任是：效忠主上，重名轻死，崇尚勇武，廉耻守信。武士道精神是封建制度的重要思想支柱。武士等级虽在明治维新时被废除，但武士道精神却仍然被统治者宣扬和利用。

日本进入帝国主义阶段后，为了侵略扩张，把皇国史观和武士道精神结合起来，不仅大力宣扬，而且形成政策和制度，使得日本军国主义成为给东亚地区人民造成深重灾难的法西斯主义。

二次大战结束后，日本军国主义头目受到制裁，日本天皇不再是“神”而是“人”，日本军国主义势力遭到毁灭性打击。但日本的军国主义势力并没有被完全消灭，极右翼势力一直为日本在二战期间犯下的滔天罪行辩解，仍在鼓吹皇国史观和武士道精神，并且对日本的政治产生影响。

第四节　不结盟思潮

不结盟思潮是不结盟运动的指导思想。不结盟运动奉行独立、自主和非集团的宗旨和原则；支持各国人民维护民族独立、捍卫国家主权以及发展民族经济和民族文化的斗争；坚持反对帝国主义、新老殖民主义、种族主义和一切形式的外来统治和霸权主义；呼吁发展中国家加强团结；主张国际关系民主化和建立国际政治经济新秩序。

1956年底，南斯拉夫总统铁托、埃及总统纳赛尔、印度总理尼赫鲁举行会谈时提出不结盟的主张。此后，他们又与印尼总统苏加诺和加纳总统恩克鲁玛进行会谈，并取得一致意见。1961年6月在开罗召开了由20个国家发起的第一次不结盟国家首脑筹备会。同年9月，第一次不结盟国家和政府首脑会议在贝尔格莱德举行，25国出席了会议，不结盟运动正式形成。

不结盟运动逐渐发展，到2000年成员达到113个。中国1992年9月成为不结盟运动的观察员。目前除日本、韩国外，东亚地区国家均已成为不结盟运动的正式成员或观察员。由此可见，不结盟也已经成为东亚地区国家重要的政治思潮。

第五节　地区主义思潮

东亚的地区主义，主要是指由东南亚国家发起的地区主义。二次大战后，东南亚国家人民日益觉醒。这些国家人民日益懂得，只有相邻或相近的数国联合起来，才能壮大自己的力量，在国际政治、经济的斗争中维护自己的正当权益。东南亚地区合作既包括政治合作，也包括经济合作，还包括安全和军事方面的合作；既包括内部合作，也包括对外合作。

东南亚地区主义大体经历了萌芽期、发展期、成熟期和大发展期等4个阶段。

一　萌芽期

从二次大战结束至20世纪50年代末。这一时期的东南亚地区主义，主要是以对美苏争霸为主要目的的地区主义潮流。二战后初期，印尼、缅甸、柬埔寨拒不参加美国等策划的军事同盟组织，也不接受美国的军事和经济援助，而是寻求建立以反对殖民主义为目的的区域合作。因此，印尼、缅甸等倡议、发起和积极参与了1955年4月在万隆召开的具有历史意义的亚非会议。亚非会议后，地区主义成了世界潮流；在东南亚，以独立、中立、不结盟为形式的地区合作潮流迅速发展。

二　发展期

从20世纪50年代末至60年代初期。这一时期东南亚的地区主义继续发展。与萌芽时期相比有3个明显特点：一是地区主义运动的自主性增强。出现了“东南亚联盟”（1961年7月成立）和“马菲印多”（1963年7月成立）这样的没有区域外国家参加的东南亚国家区域合作组织。二是地区主义运动的组织程度明显提高。萌芽期的区域性组织只开一次或几次会议，未建立持久的机构和实际开展工作。而“东南亚联盟”和“马菲印多”已具有当代意义上区域合作的许多特征，设立了一套完整的组织机构。三是地区合作的目的逐步由军事、防务合作转向经济、社会和文化合作。与萌芽时期的地区合作相比，“东南亚联盟”和“马菲印多”淡化了政治色彩，强调了经济和社会、文化方面的合作。

三　成熟期

从20世纪60年代中期到印支战争结束。20世纪60年代中期东南亚地区格局发生更大变化：一是美国加紧侵越战争，逐渐将战争扩大到越、老、柬三国。二是东南亚进入政治权力调整期，一些国家发生政权更迭，同时东南亚国家之间因政治取向不同或领土争端等造成的紧张关系得到缓和。在这种背景下，印尼、泰国、菲律宾、马来西亚、新加坡五国于1967年8月在曼谷开会，决定建立东南亚国家联盟（简称东盟）。东盟的产生标志着东南亚新时代的开始。东盟的宗旨和目的是：促进区域内经济、社会和文化发展；同时促进本地区的和平与稳定。东盟成立后在区域内政治、经济、安全、文化等方面合作不断发展；在越南战争特别是越南侵略柬埔寨战争期间，东盟在国际上所作的努力对问题的解决起了重要作用，在国际上赢得了赞誉，成了具有世界影响的重要地区组织。

四　大发展期

从20世纪90年代中期开始。东盟在成立时就定下了向大东盟发展的目标；1984年接纳文莱为第六个东盟成员国。1990年越南从柬埔寨撤军后，东盟酝酿将其组织扩大到整个东南亚。1994年5月，东盟六国、印支三国和缅甸的高级官员及专家在马尼拉开会，就建立包括东南亚10国在内的大东盟达成共识。越南于1995年、老挝和缅甸于1997年、柬埔寨于1999年先后成为东盟正式成员国。按照东盟某些国家领导人的构想，东盟可能突破东南亚的地理概念，将澳大利亚、新西兰甚至印度也接纳为成员国。东北亚国家及东亚以外的主要大国对东南亚的地区主义发展已经认可，并与东盟建立了对话机制或其他关系。　（阚耀珊）

第四编

经济

第一章　概况

第一节　概述

本书所涵盖的是广义的东亚地区，其幅员辽阔，人口众多，具有丰富的自然资源和巨大的经济实力和潜力。它包括通常地理概念的“东亚”五国（中国、日本、朝鲜、韩国、蒙古）、“北亚”俄罗斯西伯利亚与远东地区和“东南亚”十一国（越南、老挝、柬埔寨、缅甸、泰国、马来西亚、新加坡、印度尼西亚、菲律宾、文莱、东帝汶）。其总面积约2 902.58万平方公里，人口达21亿多（2005年），分别占亚洲的66%和54%。其面积仅次于非洲领土面积（3 020余万平方公里），大于拉丁美洲领土面积（2 072万平方公里），也大于两个欧洲领土面积（一个欧洲领土面积是1 016万平方公里）；其人口超过世界其他各洲。

东亚地区自然资源很丰富，已探明重要资源矿产储量的有30多种。其中，煤、石油、天然气、锡、铀、钼、钨、稀土、钛、锑、汞、铅、锌、铁、金、银、硫黄、石墨、萤石、菱镁、铜、铝、锰、硼、滑石、高岭土、钾盐、宝石和玉石的探明储量居世界重要地位。水力资源丰富，已开发水能1.61亿千瓦，占世界开发量的22%；煤炭资源丰富，探明储量2 705亿吨，占世界储量的27.5%；石油资源量101亿吨，占世界石油资源量1 428亿吨的7.07%；天然气资源量46.92万亿立方米，占世界天然气资源量155.08万亿立方米的30.25%。与富藏石油、天然气的西亚北非（中东）地区相比，东亚地区石油、天然气资源量分别为中东地区相应资源量的10.86%和90.56%。东亚地区还具有发展农业、牧业、林业和水产业比较丰富的资源。但各国所拥有和开发资源的种类、比重有所不同，分布不均匀。

从历史上看，东亚地区各国经济的发展也不平衡。在漫长的自然经济时代，东亚地区中国的经济水平曾是世界的佼佼者之一，并对亚洲和世界的经济发展产生了重要和积极的影响。在19世纪前很长一段时期，中国国民生产总值居于世界的前列。随着产业革命的兴起，日本在1868年明治维新以后，沿着曲折的道路发展成为近代化工业国家，在第二次世界大战后，逐渐成为世界上第二个经济大国。而东亚地区大多数国家，经历了二三百年的殖民地半殖民地时代，在第二次世界大战结束，陆续取得独立后，进入了在相对和平国际环境中高速发展经济的时代，成为世界上经济发展最快的地区。截至2000年，东亚地区年国内生产总值约达6.8万亿美元，约占世界国内生产总值31万亿美元的22%。1980～2000年间，东亚地区年经济增长率约为5%～6%，居世界各洲、地区年增长率之首。

适应经济全球化、知识化与信息化的发展趋势，当代东亚地区各国积极面对发展模式的选择、转型规律的探索和各类风险的防范。与此同时，适时调整产业结构，以高新科技和优化管理机制为经济发展注入强大动力，重视积极加强地区内外的经济联系与合作，力求为未来可持续发展奠定良好基础。

第二节　经济发展的三个主要时代

东亚地区是世界文明的重要发祥地之一,古代经济、科技、文化曾居于世界前列,又是当今世界经济发展最快的地区。其经济发展不仅具有自身的特点,而且在世界历史与现实中均具有极其重要的地位和影响。

东亚地区绝大多数国家的经济发展经历了三个主要时代，即：自然经济时代，殖民地半殖民地经济时代和第二次世界大战结束后先后取得独立，进入民族经济高速增长时代。而日本有所不同的是，在第二个时代经历的是殖民主义—帝国主义经济时代。

一　自然经济时代

从公元前3世纪开始到19世纪中叶，是东亚地区自然经济时代。

以黄河—长江流域为中心产生的农耕经济，是这一时代东亚地区的主要生产力。以一家一户为基本生产单位，小农业和小手工业紧密结合，是东亚地区自然经济的基本特征。在自然经济时代，这一地区的农业生产力，在亚洲和世界范围一直处于较高的发展水平。中国的“四大发明”和先后开辟的陆上丝绸之路和海上丝绸之路，曾经对亚洲和世界文明的发展产生了重大影响。但由于各国政府对工商业缺乏足够重视等原因，致使工业和商业的发展相对滞后。直到19世纪中叶，几乎所有东亚地区国家都没有形成统一的国内市场。

在自然经济时代，东亚地区与周边各国形成了多边联系的网络。以中国产生和发展的农耕经济为基础的华夏文明在地区内的传播为主线，这一时期东亚区域内在人员、技术、货物、文化等方面展开了比较频繁的交流。以汉字书写与活字印刷为特征的传播文明和以儒教伦理为核心的政治模式一起，以中国大陆为中心呈扇形渐次向东北亚和东南亚传播，投射到中国周边的原始与半原始经济区，形成了以中国为中心的、以朝贡贸易与册封体系为特征的东亚地区文明体系，即“东亚文明区域”。“东亚文明区域”的中心与边缘之间只存在松散的从属关系，并自成体系，在世界长期保持独立发展的态势，一直到19世纪中叶。

在自然经济时代，迄至18世纪末19世纪初，以中国为核心的东亚文明在世界上长期处于领先地位，该地区的经济在世界上亦处于领先水平。到乾隆（1736～1796）末年，中国的经济总量居世界第一位，对外贸易保持出超。

表1　世界主要国家地区工业生产份额　（%）

地域　国别	1750	1800	1830	1860	1880	1900
欧　洲	23.2	28.1	34.2	53.2	61.3	62.0
美　国	0.1	0.8	2.4	7.2	4.7	23.6
中　国	32.8	33.3	29.8	19.7	12.5	6.2
日　本	3.8	3.5	2.8	2.6	2.4	2.4
世　界	100.0	100.0	100.0	100.0	100.0	100.0

资料来源　〔美〕保罗·肯尼迪：《大国的兴衰》中译本，中国经济出版社，1989年4月第1版第185页。

据美国保罗·肯尼迪《大国的兴衰》一书提供的数据：1800年，中国制造业产量占世界总产量的33.3%，而整个欧洲只占28.1%，美国只占0.8%。1820年英国产业革命期间（1760～1830），“中国依然是世界最大的经济体，人口占全球的三成半，国内生产总值占世界各国生产总值的近三成，超过印度，更超过法国、英国、俄国、日本和美国”。（《一百五十年大变化》，人民出版社2002年12月第1版第127页）

亚洲开发银行估计，1820年西方工业时代刚开始的时候，亚洲占世界生产总值的60%，到1940年降到了20%。（李光耀：《在海南博鳌亚洲论坛上的讲话》，2005年4月23日）

在这期间，尽管从16世纪早期开始，西方商业资本已经开始向东亚地区扩张，但在19世纪以前，东亚在同国际市场经济关系中，基本上与欧洲处于相对隔绝状态。1600年，整个亚洲和欧洲双方往来的贸易总量仅各达1万吨左右，每年贸易额大约100万英镑。1751年，英国仅从一个牙买加岛的进口就等于从整个亚洲进口的3/4。从16世纪开始，西方文明的扩张和冲击，造成了东欧农民的农奴化，导致非洲和美洲奴隶贸易和使用奴隶劳动的种植园的产生；但直到19世纪中叶，东亚地区几乎没有受到西方扩张主义的影响。

二　殖民地半殖民地经济时代

从19世纪中叶到20世纪中叶，东亚地区多数国家沦为殖民地半殖民地。

在英国等国开展产业革命(1760～1830)及其以后,欧美国家大规模地对东亚地区进行侵略扩张,到

1910 年，东亚土地面积的一半以上已沦为列强的殖民地。与此同时，日本在 1868 年明治维新以后也在该地区大肆进行侵略扩张，从而使东亚地区多数国家渐次沦为它们的殖民地和半殖民地。东亚地区自给自足的自然经济受到殖民—帝国主义的严重破坏。殖民—帝国主义国家以武力为后盾，疯狂掠夺和榨取东亚殖民地和半殖民地国家的原料、能源和初级产品，同时也在一些国家和地区开办了一些殖民主义工业，而各国的民族工业则长期受到压制和破坏。有些殖民地和半殖民地国家还同时或先后受到多个殖民—帝国主义的入侵，以致本国经济、贸易不断受到摧残。这一时代东亚地区的经济、贸易等都打上了殖民—帝国主义侵略、掠夺的深深印记。

以印度尼西亚为例，1870 年的土地法，是印尼向欧美资本敞开市场、经济殖民化程度进一步加深的转折点。1883～1918 年间，印尼向欧美资本长期租让土地，从 19 万公顷跃升至 86 万公顷。同一期间，供殖民者掠夺的农矿原料产量迅速增加，印尼对外出口额也大幅增长。当时在印尼的农矿原料出口中外资企业占主导地位，1920 年外资种植园在全国总出口中占 60%，外资矿山占 17%，两者合计高达 77%。殖民主义的统治与奴役，从印尼掠夺了大量财富，而印尼人民则陷于饥饿贫困的境地，导致人口减少、土地荒芜。

三　经济高速增长时代

自第二次世界大战结束到 21 世纪初，是东亚地区经济高速发展时代。

随着东亚地区殖民主义体系的崩溃，走向国家独立和民族解放的各国，陆续踏上发展经济的现代化和产业化道路。

在冷战结束之前，中国等社会主义国家主要采取了社会主义计划经济的现代化模式；而日本等国则大多采取了资本主义市场经济的现代化模式。这一期间，中国等社会主义国家通过走独立自主、自力更生的道路初步奠定了工业化的基础；而属于东亚资本主义的国家和地区则由于采取“出口导向型发展战略”，在现代化、产业化方面取得进展。

从 20 世纪 80 年代开始，特别是冷战结束后，中国等社会主义国家相继走向改革开放的道路，由单一的公有制形式走向公有制主导多种经济并存，由计划经济向社会主义的市场经济转型，同时国家的行政体系也发生了相应的变革。这些改革举措，有力地推动了这些国家经济的迅猛发展，成为世界经济增长的新亮点。

由于日本在二战中的失败和美国作为经济与政治霸权国家的崛起，极大地影响了东亚地区的经济格局。日本的失败使美国成为东亚地区的重要政治力量，但中华人民共和国的成立以及朝鲜战争的爆发和中国抗美援朝的胜利，却打破了美国一统天下的局面。冷战时期，美国为了与苏联对峙，“有必要”在东亚建立“反共堡垒”。作为东亚当时唯一工业国的日本，遂成为美国扶持的主要对象，同时中国台湾和韩国也被纳入其扶持范围。冷战体制直接决定了日本、中国台湾和韩国在二战后初期的经济发展战略和结构。在这一过程中，首先，美国的占领促进了日本经济向市场经济方面转化。美国在安全方面提供的保障，则使日本得以全力发展经济。20 世纪 50 年代的朝鲜战争又为日本经济的恢复提供了资金和市场，通过 10 多年的时间，日本在经济方面取得的成就，巩固了它在西方联盟中的成员地位。

20 世纪 80 年代中期以后，东亚地区经济关系，主要是以日本的资金和技术加以连接的，而日本的作用又源于日本在美国等西方国家的压力下实行的发展战略的转变。

1985 年 9 月 22 日，美国、日本、联邦德国、法国以及英国的财政部长和中央银行行长，在纽约广场饭店举行会议，达成五国政府联合干预外汇市场，诱导美元对主要货币的汇率有秩序地贬值，以解决美国巨额贸易赤字问题的协议。因协议在广场饭店签署，故该协议又被称为“广场协议”。该协议达成后，日元大幅升值，在 1985～1987 年间升值达 40%。这使得日本经济，尤其是与出口相关的产业深受打击。

与此同时，东亚地区出现 4 个新兴工业化的国家和地区（韩国、中国台湾、中国香港、新加坡，俗称“亚洲四小龙”）却趁机扩大对美国的出口，使美国与它们之间出现巨额贸易逆差。美国为化解逆差困境则加紧对“亚洲四小龙”施压，迫使它们货币升值，开放市场。此外，美国还采取出口配额和其他非关税壁垒措施，限制“亚洲四小龙”产品的进口。日本和“亚洲四小龙”的企业为解脱出口困境而将出口型产业移向海外，尤其是转向东盟四国（印度尼西亚、泰国、马来西亚、菲律宾）和中国。在1986～1989年间，日本的对外直接投资年均增长速度超过40%。同一时期，日本在其他亚洲国家的累计投资额超过了其1951～1985年间在该地区的累积投资额。1996年，日本对东亚的直接投资总额已达216亿美元。而“亚洲四小龙”（中国香港除外）1990～1996年对东亚的投资扩大了3.2倍，1996年，它对东亚地区的直接投资高达429亿美元。

总之，20世纪80年代中期以来，日本和“亚洲四小龙”的对外经贸关系也越来越向地区内转移。这种日益增长的经济与贸易联系，形成了东亚经济实体间的相互依赖和交织。结果是在美国、日本、“亚洲四小龙”和东盟四国及中国之间形成了一个贸易三角。这个贸易三角的特征是：在技术上高度依赖日本，在资金上依靠日本和“亚洲四小龙”，在产品装配与加工上选择劳动力低廉的东盟四国和中国沿海地区，在出口市场上依赖美国。

应当指出，中国在当代东亚地区经济的发展过程中，起着十分重要的作用。二战前，欧美国家包括日本所构成的资本主义体系一直是世界经济发展的中心，其他区域的国家仅处于从属地位，没有主动地直接参与世界经济与贸易活动。自二战结束后，在世界范围内出现了以美国为首的西方资本主义体系和以前苏联为首的社会主义体系同时并存的局面。新中国的成立，使它彻底摆脱了百年来一直受控于西方世界的从属地位。20世纪60年代初，中苏关系破裂，1968年完全偿清了苏联的债务，中国又与以苏联为首的经互会在经济上划清了界限。从而中国在东亚地区不仅成为一个在政治上的自主国家，而且在经济上也形成了一套初步完整的工业体系，完成了积累资本与建立基础工业这两项工业化初期的任务，在科学、技术和教育方面也奠定了一定的基础。1979年以来，中国通过实施改革开放政策，完全是以独立的姿态登上世界舞台，并通过加入世界贸易组织等途径积极参与经济全球化的新发展。中国经济的迅猛崛起，有力地推动了世界经济格局向更加平衡的状态发展，并对东亚其他社会主义国家的经济改革产生了巨大的影响。

第三节 当代经济发展

一 东亚地区经济的规模

第二次世界大战结束以来，特别是20世纪80年代以来，东亚地区的经济迅速发展，其规模不断扩大。1960年，东亚地区在世界国内生产总值中的份额约占6%，1970年跃升到13%以上。70年代受石油危机冲击和美元汇率变动影响，东亚在世界国内生产总值中的份额，上升幅度不大。80年代东亚地区在世界经济中的份额，有较大幅度的提高。1990年，东亚地区在世界国内生产总值中的份额近20%。2000年，东亚地区经济国内生产总值约为6.86万亿美元，占世界国内生产总值的22%，而北美国内生产总值和欧盟的国内生产总值各占世界国内生产总值的28%左右。在东亚地区内，日本是高度发达的世界经济大国，2000年其国内生产总值约占东亚地区国内生产总值的63.2%，约占世界国内生产总值的13.9%；人均国内生产总值为34 210美元，同美国的34 260美元水平相当。

表2　东亚主要国家和地区
1960～2000年国内生产总值变化（亿美元）

国别 地区	1960	1970	1980	1990	2000
中国	427.7	932	1 996	3 546	10 645
中国台湾	16	57	414	1 570	3 139
中国香港	9.5	35	275	748	1 764
日本	440.0	2 037	10 593	29 700	43 373
韩国	38.1	90	637	2 526	4 211
蒙古			23		9
越南				65	307
老挝				9	15
柬埔寨				11	31
缅甸	13		55		160
泰国	25.5	71	324	853	1 218
马来西亚	22.9	42	245	428	785
新加坡	7.0	19	117	366	994
印度尼西亚	86.7	96	780	1 144	1 199
菲律宾	69.6	67	352	443	787
小计	1 243	3 446	15 733	41 324	68 145
占世界%	6.4	13.2	14.4	19.3	21.9
世界总计	19 433	26 090	109 394	213 906	311 710

资料来源 世界银行《世界发展报告》1983、1995、1999和2002年。

表3 1965～2003年东亚地区及中、韩、泰国国内生产总值年平均增长率 （%）

时 间	中国	韩国	泰国	东亚地区
1965～1980	6.8	9.9	7.3	7.3
1980～1990	10.3	9.0	7.6	7.9
1990～2003	9.6	5.5	3.7	7.6

二 东亚地区经济在世界经济中地位的演变

自20世纪60年代开始，世界经济的增长出现了递减趋势，即从60年代的经济年均增长率5.2%，降为70年代3.9%，80年代的3.1%和90年代的2.5%。70年代和80年代上半期，世界主要资本主义国家经济受第一次和第二次石油危机的冲击，增长率出现大幅下滑或陷于低潮。在这一时期，其他地区发展中国家的经济情况也基本上没有发生变化。但东亚地区的经济，却自50年代中期开始先后进入"起飞"阶段，并经历了一个较长的高速增长期。

在1961～1997年30多个可比较的年份中，东亚各国和地区大部分年份的经济实际增长率均高于整个世界经济的增长率。其中，1979～2000年间，中国经济增长率每年都高于世界平均水平。东亚地区的经济转型国家（蒙古、越南、老挝、缅甸、柬埔寨）的经济，自20世纪90年代也开始呈现出较好的发展趋势。1971～1997年间，东亚地区（除日本外）作为一个整体，年均增长速度超过了7%（受1997年亚洲金融危机的影响，"亚洲四小龙"和东盟四国的增长速度从1998年开始下滑），而同期世界平均增长速度仅为3%。

蒙古、越南、老挝、缅甸、柬埔寨等转型国家，自20世纪80年代以来，也都开始进行经济改革，并取得一定成就。

越南1986年开始的改革，其范围涉及宏观经济管理、对外经济贸易和吸引外来直接投资。新政策还包括结束农业中的集体制度、国有企业私有化、建立出口开发区、对外资实施优惠等。自1990年初开始，出台一系列法规，增大国有企业的自主权，将它们推向市场，并在1990年3月取消各种形式的津贴和价格控制。越南在20世纪80年代，国内生产总值的年平均增长率仅为5%，而在1992～1997年间的增长率曾达到8%～9%。

1985年，老挝开始实行"新经济机制"，即实施改革，主要目的在于完成由中央计划经济向市场经济的转变，改善国有企业的结构和调整农业市场秩序。1988年后，老挝又出台各种措施，其中包括减少政府对经济生活的干涉、由市场决定价格、扩大自由贸易、取消津贴以及允许私人企业介入服务和生产部门等。改革还涉及到了财政和金融等方面。1990年政府颁布17号法令，禁止政府对经济行为的直接干预。在外贸方面则取消了对进口商品额度的限制，降低关税。与此同时对法律系统也进行了相应的改革。1992～1997年，该国的国内生产总值增长基本稳定在7%左右。

蒙古的改革虽然开始于20世纪80年代中期，但其经济向市场经济的转移则从1990年7月开始。此后蒙古在放松对物价的控制、在对外贸易自由化及国有企业的私有化方面均取得重大进展。政府于1991年颁布的第20号决议取消了诸多商品的价格限制，至90年代末，零售商品销售总额仅有36%依然受政府控制。到1992年3月，受政府控制价格的商品仅剩下9种，农产品价格则完全放开。国有企业的私有化于1991年开始，在为期不长的时间内，大约有70%的小型国有企业和75%的大型国有企业实行了私有化。与此同时，政府还在财政、金融、税制等方面进行了改革。

持续、高速的经济发展，提高了东亚地区经济在世界经济中的地位。1960年，东亚地区的国民生产总值仅占世界国民生产总值的6.4%。尤其是从20世纪80年代开始，东亚地区经济发展进一步加速，国民生产总值占全球国民生产总值的比重也迅速增长，1980年为14.4%，1985年为16.4%，1990年为19.3%，1995年为26%。受东亚金融危机的影响，2000年回落到22%左右。

东亚各国（地区）的人均国民生产总值亦随着经济的发展而增加。1973年东亚地区仅有日本、中国香港、新加坡的人均国民生产总值超过世界平均水平；到1985年和1987年，中国台湾和韩国也分别超过世界平均水平。根据1999年世界银行的划分标准，即以官方汇率折算的人均国民生产总值低于755美元的国家为低收入国家（地区），755～9 266美元之间的为中等收入国家（地区），高于9 266美元的为高收入国家（地区）。东亚地区的日本、"亚洲四小龙"，东盟的马、泰、菲分别属于高收入和中等收入的国家（地区）。除日本外，新加坡和中国香港最富有，人均国民生产总值达到或超过了2.5万美元（按1990年美元比价）。其次是韩国和中国台湾均超过1万美元。这一地区低收入的国家是，印支半岛的越、老、柬、缅等（人均国民生产总值在400美元以下）。

东亚地区经济的发展，提高了该地区对世界市场所占份额。1965年，日本、中国、“亚洲四小龙”和东盟四国共10个国家与地区的出口额，占世界总出口额的10%，1975年为12.2%，1985和1990年为20%，1993年为25.6%，2000年为25.65%；东亚地区进口额占世界总进口额的份额，1965年为9.6%，1975年为12.9%，1985年为16.8%，1990年为19%，1993年为23.3%，2000年为22.38%。到2000年，东亚地区的国际贸易总额已占世界贸易总额的23.99%。

三 经济增长与产业结构的变迁

经济的高速增长使东亚地区的产业结构发生了显著变化，即在国内生产总值中第一产业所占比重大幅下降，第三产业有所提高；第二产业在日本有所下降，在其他国家则有所上升。这表明继日本之后，“亚洲四小龙”的经济首先趋于成熟，即伴随着经济的发展，农业部门的产值在国内生产总值中所占的份额不断减少，而且随着服务部门的扩张，工业部门的相对规模也有所下降，出现了一定的“非工业化”的趋势（韩国情况例外）。东盟四国和中国的第二产业比重有所增加的同时，第三产业的增幅也较大。

第四节 经济发展结构与生产要素

一 东亚地区“接替型”经济结构形成的条件

20世纪60年代日本经济的高速增长，70年代“亚洲四小龙”（韩国、新加坡、中国台湾与香港）的崛起，80年代东盟四国（印尼、泰国、马来西亚、菲律宾）的起飞，90年代中国和越南等经济转型国家的经济振兴，这种“接替型”或称“链条式”的发展轨迹，是东亚地区经济长期保持高速增长的重要动因。

从发展过程看，第二次世界大战结束后，日本的发展得力于美国资金与技术的转移；“亚洲四小龙”得力于美国、日本的资本、技术和生产分工转移，东盟四国与中国以及越南等经济转型国家又继其后。在近30年的发展进程中，东亚地区逐渐形成了由日本、“亚洲四小龙”、东盟四国、中国与越南等经济转型国家组成的国际分工体系。这一体系既不同于二战前工业国与原料生产国或宗主国与殖民地之间的垂直、固定的分工体系，又不同于二战结束后发达国家之间（如欧共体）以工业品贸易为中心的水平分工体系，而是一种带有较多互补性的新型国际分工体系。

东亚地区经济发展水平的阶梯性、产业结构的互补性、国际分工的多层次性，是实现地区经济合作一体化的内在动力。

地区性经济的形成和“接替型”经济结构的形成，一般须具备三个条件：各经济群体地理上接近；地区内经济发展水平多样化；各国和地区间建立了适于国际贸易和投资的开放体制。

在地理上，东亚地区一边面临着一望无际的太平洋，另一边则耸立着亚洲巨大的中心山脉——喜马拉雅山脉和青藏高原。与人类其他文明的相对隔离是东亚形成其独特文明的重要因素。地缘因素使东亚地区在历史上就形成了自身的“文明区域”（或称“文明圈”），近代以来西方文明的东渐，从另一侧面促使着这一地区的内在联系进一步加强。

东亚地区经济多样化的程度超过西欧与北美。中国和印度尼西亚占据了该地区86%的人口。这一地区还拥有世界其他地区无可比拟的众多民族。不同国家和地区所处的经济发展阶段也有所不同，发展阶梯依次是：高度发达的工业化国家（日本），二战结束后第一代新兴工业化国家和地区（“亚洲四小龙”），第二代新兴工业化国家（东盟四国），正在进行工业化的发展中的国家（中国、越南等经济转型国家）。

在过去20多年里，东亚地区人均实际收入虽然增加了3倍，绝对贫困人数平均下降了2/3，但直到20世纪90年代中期，贫困人口占各国人口的比例依然不小：越南仍高达51%，老挝46.1%，菲律宾36.8%，蒙古36.3%，印尼27.1%。

在地形学上，东亚地区还存在着诸多的文化、宗教、种族和语言等方面的差别和不尽相同的历史背景。马来西亚、新加坡和印尼以及中南半岛和朝鲜半岛都曾有过备受英国、荷兰或日本殖民统治的历史，而泰国由于处在英法两大殖民强国之间作为缓冲，从而侥幸保留了国家的独立地位。

二战结束后，日本、“亚洲四小龙”、东盟四国和中国渐次经历了由封闭社会向开放社会的转变，许多国家和地区经历了由进口替代向出口导向政策的转换之后，不断加快了同世界经济接轨的进程。以有关引入外资的政策为例，自1960年韩国采取导入外资的鼓励措施后，在20世纪60～70年代，“亚洲四小龙”的其他经济体和东盟四国，在加速出口工业化的过程中，也纷纷出台和修订了有利于吸引外资的政策，从而对地区内出口加工区的形成和跨国企业的发展起到了重要作用。

中国在20世纪70年代末80年代初开始实施面向世界的改革开放，建立经济特区和开放沿海城市，为引进外来资本制定了多项优惠政策。中国的政策在一定程度上对越南等经济转型国家产生了影响。

作为后发国家，越南等经济转型国家需要发展现代工业结构，改善基础设施，提高劳动力素质，因此对外国资本有着较为迫切的需求，也在引进外资方面纷纷采取积极措施。越南在1988年1月通过引进外资法律，为引进外资创造良好条件。老挝于1988年9月通过《外资引进法》，包括保护投资者利益，保证外商利润的返还，免税4年等，以刺激外国资本、技术的流入，提高管理能力，改善国家的基础设施，增强制造业的出口竞争能力。1988年11月，缅甸亦颁布《外资引进法》，内容与越南和老挝基本相同。

二 东亚地区生产要素的互补性

东亚地区生产要素的互补性主要表现在：东盟四国和中国自然资源丰富，资金相对短缺，而日本与“亚洲四小龙”面积小、自然资源匮乏，资本市场却相对过剩；日本和“亚洲四小龙”由于劳动力成本的攀升而丧失比较优势，而中国与东盟四国劳动力资源丰富、成本低廉；日本在技术、管理和信息等方面居世界领先地位，“亚洲四小龙”也在积极进行科技开发，而中国虽在某些基础科学领域逼近世界前沿，但在若干应用科学和高新技术产业方面却相对落后。

生产要素的不均匀分布决定了地区内各国和地区之间有一种内在的需求：打破国家、地区界限，加强区域经济合作，使资源、劳力、资本、技术等生产要素在各国和地区间充分流动，促进全地区的共同发展；而生产成本的多级结构，则使东亚不同发展层次国家和地区之间在产业结构上可进行相互调整和转移。换言之，东亚经济的梯形结构和产业结构的互补性，恰好适应了不同发展水平经济体之间产业转移的客观需要：日本向“亚洲四小龙”转移资本密集型和部分技术密集型产业；日本向东盟四国转移劳动密集型产业；在20世纪后二三十年，“亚洲四小龙”向东盟四国和中国及蒙古等经济转型国家转移劳动密集型和标准化技术产业等。

（一）自然资源

从东亚地区的自然资源分布情况看，越南的石油、无烟煤，马来西亚的锡、天然气，泰国的天然气，印度尼西亚的石油，文莱的石油、天然气和矿产资源均十分丰富。此外，越南、泰国、马来西亚、菲律宾的农产品和水产品资源也很丰富。中国幅员辽阔，自然资源较为丰富。而在资金和技术方面具有优势的日本、新加坡、韩国等，在自然资源的拥有上却处于劣势。

资源的分布和经济发展水平上的差异，导致东亚不同国家和地区的经济在生产原材料成本上的差异。据日本开发银行的调查，1994年，在日本跨国企业使用的日本以外的国家与地区零件、原材料的价格，与日本国内相比，差额在全部制造业是20.7%，加工组装业为22.4%，其中电器为19.7%，汽车为17.7%。另据有关1990年代前半期日本家电制品的国内外价格差异的比较研究资料显示，在劳务支出等费用中，除资本成本（利息）和名义法人税率外，所有的项目成本的差异都相当显著。在主要电器制品的费用构成中，东南亚许多国家的劳务费用仅为日本的15%。

（二）劳动力

以1986年的平均工资为基准，东亚地区在劳动力成本上呈四级结构：如日本为100，“亚洲四小龙”则为26.3，东盟四国为7.7，中国与越南等经济转型国家低于东盟四国。这一状况一直维持到20世纪90年代。1993年对1985年工资上升率，日本为111%，韩国、新加坡为150%，东盟四国仅19%。除日本与“亚洲四小龙”的差异外，“亚洲四小龙”与东盟四国之间同样存在较大差异。1988年，两者间劳动成本的加权平均数，后者平均不到前者的1/10。而若以不同职业间的工资比较，其差别则更大。

1998年，受亚洲金融危机的影响，有关国家货币发生贬值的情况下，根据工资正常增幅与

1998年预期的汇率计算，与中国相比，韩国的劳工成本仍在8倍以上，马来西亚从3.7倍缩小到2.6倍，泰国从3.4倍下降到1.9倍，印尼仍略高于中国。

（三）技术

东亚国家与地区之间，在技术水平上的差异，使得经济地区化的进展伴随技术转移同时进行。

1. 东亚地区技术呈接力式传递关系

实际上，自20世纪80年代中期起，在日本、“亚洲四小龙”与东盟、中国之间就开始形成接力赛式的产业与技术传递关系。

首先，日本向“亚洲四小龙”转移资本技术密集型产业，如技术含量较高的电子、电气、自动化机械等产业。20世纪80年代末，韩国已成为日本彩色电视机、显像管及其他电子、电气和运输机械的生产基地，中国台湾则成为日本汽车和电机零部件的首要供应地，新加坡成为日本转移电子、家电及精密仪器产业的场所，中国香港则成为日本钟表、电子精密机器的加工地。

继而，“亚洲四小龙”向东盟和中国转移劳动密集型和附加值较低的技术密集型产业。80年代末，“亚洲四小龙”由于货币升值（如中国台湾、韩国）、劳动力短缺（如中国香港）及工资上涨等原因，不得不将部分失去国际竞争力的劳动密集型产品和附加值较低的技术密集型产品转移到东盟四国和中国生产。例如，80年代末90年代初韩国即有100多家企业迁往东盟四国，转移的产业包括纤维、成衣、玩具、制鞋、家具、汽车零件、药品、塑胶、造纸、基本金属、木材加工及电子、电器，等等。中国台湾在印尼建立了以制鞋、造纸、机械为主的“台湾工业区”，还在泰国、马来西亚建立了电子、石化、造船等工业基地。新加坡则将部分工业迁至马来西亚，在柔佛建立了工业区。中国香港在泰国的制造业项目也有所增加。从80年代末开始，中国台湾、韩国在马来西亚、印尼建立了大型钢铁、造纸和石油化工厂，标志着其投资已向资本、技术密集型产业升级。

日本跨国企业向东亚的转移，对这一地区的技术升级起到了主要催化作用。除新加坡、菲律宾外，“亚洲四小龙”与东盟四国从日本导入的技术件数远高于美国。尤其是中国台湾和韩国在技术上从日本转移来的最多。自日本引进的技术，韩国1962～1985年占全部引进数的54.6%，中国台湾1952～1983年占全部引进数的65%。

2. 东亚地区技术发展的差异增加了互相的依存程度

任何产品的制造，都需要拥有基础性技术、中间技术和特殊技术（即高科技）三个层面，并需要三者间保持平衡状态，构成一个等腰三角形。三角形的高度反映整个技术水平的高度，三角形底部的宽度反映了技术群体的厚度。

一些日本学者认为，日本在工业现代化的百年历程之中，已经成功地形成了犹如富士山均衡的“技术群体结构”，但由于近年来人口的高龄化和青年人对基础技术部门的疏离，正面临基础性技术缺乏的困境。“亚洲四小龙”中的韩国、中国台湾在高科技方面有较快发展，基础性技术的建设则相对滞后。泰国、马来西亚、印尼和中国香港在特殊技术和基础性技术方面有所欠缺，唯独中间技术部分膨胀。与上述东亚诸经济实体的情况有所不同，中国的特殊技术具有相当水平，也拥有相当规模的基础性技术部门，但连接两者的中间技术却不够成熟。因此，东亚地区目前和将来在技术方面的相互依存关系主要表现为：日本在基础性技术方面依存中国，东盟依存日本的高科技和中国的基础技术，中国依存其他经济实体的中间技术，同时韩国、中国台湾和东盟在许多地方依赖日本和中国在科学技术方面的贡献。

（四）资本流动

除自然资源、技术和劳力外，资本也是现代工业生产的一个重要的生产要素。第二次世界大战后，尤其是20世纪80年代末以来，各种资本在东亚地区的流动，促进了地区内经济间的相互依赖和交织。

1. “亚洲四小龙”和东盟四国大量引入外资，而中国成为世界投资首选地

20世纪80年代后半期以来，除日本外，东亚地区其他国家（地区）都大量引进了外来直接投资。

1985～1990年间，“亚洲四小龙”与东盟四国（泰国、印尼、马来西亚、菲律宾）引进的外来直接投资增加了5.6倍，中国增长了1倍。1985年世界对发展中国家直接投资总额为111亿美元，其中东亚地区占28%。1994年世界发展中国家获得直接投资总额增加到779亿美元，东亚地区占半数以上即55%。“亚洲四小龙”在20世纪70～80年代初吸引外来直接投资较多；而东盟四国则在1988年以后加快引进外来直接投资的速度，1988年之后3年间引入国外直接投资额占名义固定资本形成的50%。

中国进入90年代后引进外资的速度明显加快。尤为值得人们关注的是，随着加入世贸组织和进一步对外开放，面向新世纪，中国已成为东亚地区和世界国际资本的重要投资场所。联合国贸发会议《2003年世界投资报告》显示，近年来世界各地外资流入量减少是普遍的现象：2002年在世界195个经济体中，有108个的流入量低于2001年。同期，发展中国家中所有地区的外国直接投资流入量也都在下降。但是，其中流入亚洲和太平洋地区的外国直接投资流量则下降最少，这主要得益于流入中国的外国直接投资的持续增长。

与全球外国直接投资的萎缩趋势相反，中国的增长势头显得一枝独秀。强劲的经济增长速度、廉价的劳动力以及市场准入程度的不断扩大，构成了中国对外国直接投资的巨大吸引力，2003年中国实际利用外资达530亿美元，超过当年美国400亿美元的利用外资数，成为国际资本的首选地。近年来，东亚地区的主要资本输出国日本和韩国也加大了向中国输出资本的步伐，2003年度在对中国内地直接投资的海外资本中紧随香港和维尔京群岛，位居前列。2004年前5个月韩国的对华投资规模，更超越日本晋升一个名次。与此同时，近年来台湾对大陆的投资增长也十分迅速，截至2003年末，台湾对祖国大陆投资累计额已近达800亿美元。

2. 越南、老挝、柬埔寨和缅甸也积极引进外资

20世纪80年代末，东亚经济转型国家实施对外开放政策以来，在引进外资方面也取得长足进展。越南在1988～1994年末引入外资项目近1 000项，总资本109亿美元。自1994年2月，美国取消对越南的禁运令后，遂有大量资本流入越南。1988～1994年对越南直接投资的国家和地区排列前五名依次是：中国台湾、中国香港、新加坡、韩国、日本。老挝，至2002年底，经政府批准外资项目944项，协议金额76.05亿美元。老挝引进的外来直接投资大部分来自泰国，约占总数的40%，其次是美国，而来自其他亚洲国家的约占21%。柬埔寨，1994年国会通过《投资法》，以法律形式规定了为投资者提供优惠条件。至2002年底，柬埔寨外商投资总额累计已突破40亿美元。投资主要来自中国（含台湾）、马来西亚、韩国、泰国。缅甸，截至2003年上半年，外国在缅甸的投资项目共371个，协议投资总额为75亿美元。投资国家和地区27个，投资额排列前五位的是：新加坡、英国、泰国、马来西亚和美国。

另据日本贸易振兴会的数字，1985年和1990年东亚地区外来直接投资对名义固定资本形成的比率：中国香港28.2%、21.3%，“亚洲四小龙”6.9%、5.4%，东盟四国为5.2%、25.4%（1989），其中：泰国9.8%、51.1%，马来西亚4.1%、46.4%，印度尼西亚4.3%、18.3%，菲律宾2.7%、11.2%。

引入境外直接投资补充了东亚地区经济发展中的资金不足，并为吸收发达国家的技术、产业和管理经验开辟了渠道。

3. 在对外投资中，日本、“亚洲四小龙”和东盟四国居重要地位

日本20世纪80年代中期随着币值的上升和国内工业竞争力下降，到国外寻找低成本加工地需求增长，从而成为世界经济的主要资本输出国。1976～1980年间，日本对外直接投资仅占世界直接投资总额的5.4%，而1981～1985年间这一比率上升到11.3%，1990年又上升到22%，直到1991年才回落到16.6%。日本在东亚地区资本流动中长期占据主导地位。

“亚洲四小龙”在东亚地区直接投资的资金流入和流出方面也扮演了重要角色。值得注意的是，近年来在东盟四国（菲律宾除外）和中国引入的直接投资中，日本所占的份额有所下降，而“亚洲四小龙”在东盟四国（菲律宾除外）和中国引入的直接投资中所占份额高于日本。1985～1990年间，“亚洲四小龙”的对外投资，在全球对外投资中所占份额由0.7%提高到3%。1996年，“亚洲四小龙”对东亚8国和地区（中国、中国香港除外的“亚洲四小龙”和东盟四国）的投资总额为429亿美元，占上述8个国家与地区接受外来资本总额的42%。与此同时，近年来东盟四国对越南等经济转型国家的直接投资增长很快，成为对越南等经济转型国家的主要投资者。

第五节　经济的增长模式及变革

一　东亚经济增长模式："目的意识型"的现代化

按列宁的术语表达，相对先进的西方国家的现代化可称做"自然成长型"。相对后进的东亚地区的现代化则可以称做"目的意识型"。前者是作为历史发展的自然结果而出现的，后者则是按照现代化的愿望加以推进的。

这一差异产生的主要原因是，无论明治时期和二战后的日本、1970 年以后的"亚洲四小龙"、1980年以后的东盟四国，还是 1979 年以后的中国，东亚各国家与地区经济起飞和增长的初期条件，与同期西方国家经济发展水平相比，都存在着相当大的差距。1970 年，以美国人均国民生产总值为 100 计算，日本则为 39.23，中国香港为 19.56，新加坡为 9.65，中国台湾为 7.68，韩国为 5.51，中国仅为 3.23。

表 4　东亚 10 个国家和地区 1970～2000 年人均国民生产总值比较（以美国为 100）

国别　地区	1970	1980	1992	2000
美国	100.00	100.00	100.00	100.00
日本	39.23	75.30	110.64	99.85
中国	3.23	2.49	2.36	2.45
中国香港	19.56	35.80	57.24	75.74
中国台湾	7.68	14.47	38.02	40.82
韩国	5.51	13.18	26.07	26.00
新加坡	18.65	38.93	65.19	72.21
马来西亚	7.48	14.31	11.03	24.40
泰国	3.93	5.67	5.27	5.87
菲律宾	3.87	5.57	3.13	3.03
印度尼西亚	1.53	3.90	2.10	1.66

资料来源　国际货币基金组织《国际金融统计》等。

实践表明，在经济基础相对薄弱的情况下，为追赶西方，东亚的国家和地区在经济增长之前大都加强了政府的经济职能。如日本二战前的明治维新和二战失败后政治、经济改革，"亚洲四小龙"的出口导向工业化政策的实行，中国的改革开放等。以经济为中心，倡导"经济优先主义"，发展政府主导下的市场经济，积极参与国际经济竞争，实行外向型经济发展战略，是东亚地区经济增长过程中的一般做法。与此同时，东亚地区许多国家（地区）的政府和当局还采取各种积极产业政策，推进国民经济的结构调整与产业升级，如新加坡的"第二次产业革命"，中国台湾的"产业升级"，韩国的"重化学工业化"，中国香港的"产业多样性纲要"，马来西亚的"重工业推进"。面向新世纪，这些国家和地区在以往经济迅速增长的基础上，又都制定了在 21 世纪初把经济推向一个新台阶的战略目标。

二　东亚地区政府（当局）的双重品格

东亚地区"目的意识型"的现代化带有较强的意识形态品格，政治家在现代化的目标和手段的选择方面扮演着重要角色。

东亚地区各地文化传统相近。诸多国家和地区在一代人的时间内从落后农业国（地区）向新兴工业经济体转变，重要原因之一就在于实行了所谓"威权主义政治体系"，即建立高度集权的政府对经济、政治、社会生活进行控制和指导，通过政府对经济生活的干预达到现代化的目标。

日本经济学家都留重人认为，"政府的家长式的指导"是日本在二战后经济高速增长的一个重要条件。军人集团的、半军人集团的和文人集团的政权则是"亚洲四小龙"中韩国、中国台湾、新加坡等经济发展的主宰。世界银行指出：(1) 东亚政府指导者为了确定自己统治的正统性和获得民众的支持，伴随着的是公平分配的增长。为达到这一目的，它们导入各种机制，如普及初等教育、扩展中高等教育、进行土地改革（日本、韩国、中国台湾)、支持中小企业（中国香港、日本、韩国、中国台湾）和政府提供廉价住宅等。(2) 建立"技术性独立化"制度，让受过良好教育、具有专门知识或专门特长的技术精英和政治精英在经济生活中发挥决定性作用。(3) 政府与商界高度沟通，政府与大企业间互动紧密。(4) 完善道路、港湾、电力和通讯等基础设施。总之，在过去 30 多年的时间里，东亚各国和地区的政府和当局以加强本国企业的竞争力为目标，运用政权机器对企业进行支持，在加速资本积累和实现出口导向工业化以及研究与开发科学技术等方面起到了重要作用，从而促进了经济的快速增长和后发效应（catch-up effect）的发挥。

进入 20 世纪 90 年代，东亚地区的"威权主义"面临新的挑战。诚然，东亚地区在历史上未曾出现过西方那样的市民社会，因此它难以、也不能照搬西方民主政治模式。然而，政府主导经济的模式或许更适于冷战时期的世界经济更多地受制于政治势力影响的状况。在世界经济日益全球化的今天，日新月异的技术和瞬息万变的市场极可能会使任何产业计划都感到尴尬，在市场这棵常青树面前，技术官僚体制往往显得呆板和乏力。

当今，包括中国在内的原施行计划经济的国家，需要改进政府与企业之间的关系，而其他经济制度不同类型的东亚国家和地区在政企关系上也同样面临新的课题。19世纪末年明治时期的日本，曾通过国家支持财阀的方式推进产业化；二战后日本政府财政和企业金融之间依然缺乏明确界限，政府与私有大企业之间关系密切。韩国仿效日本，在缔造大财团方面高度发挥了政府干预的作用，官僚机构与家族控制的私有大企业间结成了复杂的关系网。但实践证明，适于二战前殖民主义时代，在冷战时期也有一定效果的政府扶植政策，对冷战结束后的世界已不再适用。没有经过充分市场竞争的考验与洗礼，而主要是靠政府扶植起来的大企业往往会成为泥足巨人。

政府与企业关系过分密切，财富便易于追随权力。过去30多年东亚地区经济增长迅速，而一些国家和地区腐败现象也比较严重的根本原因，就在于缺乏建立在自由竞争原则基础之上的政治、经济机制，在那里政治权力成为最大的经济资源，拥有政治权力和接近政治权力的利益集团往往能够迅速和稳妥地获得利益。

三　东亚地区经济面临调整与改革

在冷战结束之前，通过“看不见的手”调整、促进经济发展的市场经济体系，和主要依靠“看得见的手”把经济引向预定发展目标的计划经济体系长期并存。二战后30多年来，以市场经济为特征的日本和“亚洲四小龙”的经济高速增长，其成功的经验主要在于将市场机制的竞争性的与国家的宏观调控两者有机结合。20世纪80年代末进入高速增长的中国的成功经验则在于，对经济体制进行了重大的改革，实行了社会主义市场体制和对外开放政策。进入90年代后，随着世界经济全球化趋势的加强，东亚经济增长的主要特色是：市场因素和非市场因素都在发挥作用。

1997～1998年东亚金融危机的爆发，除中国和中国台湾外，日本、“亚洲四小龙”和东盟四国经济几乎都陷于衰退或停滞，表明东亚地区需要对自身的经济体制进行调整与改革，寻找在世界经济日益全球化、竞争激烈的态势下，能够保持经济持续增长的新途径。在遭受金融风暴打击后，韩国政府1998年达成协议接受国际货币基金组织关于进行全面结构性改革的方案，拟摒弃日本式金融体制，用美式市场体制取而代之。其他东南亚国家如泰国、印尼以及马来西亚，也都从不同层面采取措施调整结构，和对自身以往金融体系进行反思与变革。

四　外向型经济发展战略

东亚地区外向型经济发展战略（出口导向型工业化战略）的内容，是按照国际比较优势的原则，在政府产业政策的具体指导下，通过积极引进外国资金、技术，面向国际市场组织生产，以扩大出口带动经济增长。

（一）东亚地区实施外向型经济发展战略的状况

日本从20世纪50年代中期就确立了贸易立国的方针，到60年代，其出口增长率远远高于世界出口增长率，利用本国产品的竞争优势获得了较高的国际市场占有率。“亚洲四小龙”在50～60年代初曾经历了短暂的进口替代时期，而当狭小的区域内市场成为经济发展的桎梏时，便纷纷转向出口导向型经济。

20世纪70～80年代，东盟四国（泰国、马来西亚、印尼、菲律宾）与中国也逐渐对外开放，扩大出口。据国际货币基金组织的统计，1972～1992年间世界总出口贸易额增加了8.2倍，而同期东亚地区的出口总额则增加了27倍。在1965～1989年25年的时间里，“亚洲四小龙”的出口占国内生产总值的比率由26%上升到72.1%，东盟四国由27%上升到35.8%，中国则由6.8%上升到15%。

20世纪60～80年代恰逢西方资本主义世界产业结构调整时期，巨大的国际市场，尤其是对低附加值产品的需求的增长，消化了东亚地区生产的商品，从而使实施出口导向战略的东亚扩大了对国际市场的分享额，为扩大再生产积累资金和优化产业结构创造了有利条件。这一期间，在东亚各地经济快速增长的年份里，大都伴随着较高的出口增长率。出口导向曾对东亚地区经济的高速增长起到了巨大推动作用。

表5　“亚洲四小龙”1970～2000年出口额的变化　（亿美元）

国家　地区	1970	1975	1980	1985	1990	1995	2000
世界	3 151	8 755	19 986	19 356	34 166	43 643	663 501
中国香港	25	46	197	302	822	1 767	2 024
中国台湾	15	53	198	307	672	1 116	1 483
韩国	8	51	174	303	649	1 250	1 726
新加坡	15	54	194	228	526	1 183	1 379

资料来源　经济合作与发展组织《国际贸易和发展统计手册》；世界银行《2002年世界发展报告》。

（二）出口导向型战略的局限性

然而，在经济全球化出现了新的发展趋势，世界各国经济开放程度提高、技术更新和产业升级日益加快后，扩大出口则不再继续成为东亚地区拉动经济继续增长的唯一途径。

1. 出口导向战略导致对外贸的高度依存

2000年，美国的外贸依存度（对外贸易额占国民生产总值比重）为21%，日本为18%。但同年马来西亚高达231%，中国台湾、韩国、菲律宾和泰国也都在80%以上，中国为44%。至于新加坡和中国香港由于是开放城市型的国家和地区，对外高度依存性就不言而喻。高外贸依存度降低了经济本身抵御汇率变化风险的能力，给金融投机活动提供了机会。“亚洲四小龙”，尤其是东盟制造业的迅速发展极大程度上依靠的是外国直接投资的大量涌入，而外商控制的企业主要是出口导向的。显然，这种主要依靠外来企业的制造业难以发挥对本国市场和本国供应商的“后关联效应”。

表6　东亚部分国家、地区对外贸易依存度指标
（对外贸易占国民生产总值的百分比）

国别　地区	1975	1985	1995	2000
中国	11.0	22.7	40.7	40.8
中国香港	146.7	175.2	239.9	295.3
中国台湾	73.0	80.5	81.5	89.1
韩国	59.4	67.4	57.6	87.2
泰国	36.9	42.8	78.0	124.4
马来西亚	82.2	95.1	175.5	231.5
新加坡	236.1	267.8	287.8	295.4
印尼	40.8	34.4	45.4	69.2
菲律宾	40.9	33.7	59.8	106.5

资料来源　亚洲开发银行《1996年亚太地区发展指标》；世界银行《2002年世界发展报告》。

2. 出口导向战略导致对西方市场的依赖

这是由于技术层次低的国家和地区只能生产在发达国家产业升级中遭到淘汰或“生命周期”已濒临结束的产品，在自身市场容量很小的情况下，只能到发达国家的“剩余市场”寻找出路。在80年代中期以前，东亚除日本外旨在向西方出口的生产还仅限于“单兵作战”或“小兵团作战”状态，且产量规模的扩大还受到当时技术水平的限制。同时，80年代中期之后，随着东亚地区多数国家和地区纷纷加入出口导向生产行列，东亚国家和地区彼此间竞争与摩擦不断涌现。在这种情况下，势必会造成大批技术落后的产品的急剧积压。日本自战后经济振兴以来，便一直依靠美国市场。即使在对东亚贸易顺差增加的同时，日本对美国的贸易出口依存度依然有所增加，由1980年的24.5%上升到1987年38.4%，即出口产品近四成依赖美国市场。而日本以外的东亚诸国和地区随着日本跨国企业的进入而开始出口导向的工业化后，很快就形成“对日赤字对美黑字”的三角贸易关系。1986～1988年东亚诸国对日、对美的出口依存度分别为15.0%和26.7%，东盟四国为12.0%和36.5%。在80年代后三年间，东盟四国在出口方面，对日的依存度则从21.9%迅速降至19.8%，对美的出口依存度则由15.8%上升到20.7%。在机械品出口方面，1993年“亚洲四小龙”对外出口总额中，对美出口占51.8%，对日出口占25.2%；东盟四国对美44.7%，对日本12.3%。

3. 片面推行出口导向战略将造成对发达国家技术的依赖

由日本学者提出的“雁行模式假说”，较为形象地记述了过去30年间亚太地区产业及产品的生产过程中，技术从高水平经济向低水平经济的转移进程，即从美国到日本，从日本到“亚洲四小龙”，

再到中国和东盟四国。但这种依据产品的生命周期来转移生产的方式不利于东亚地区经济的长期持续发展。因为它一方面造成了首先进行传递的国家和地区生产优势的丧失，以及传递过程中低阶级对高阶级的技术及零部件的依赖。“亚洲四小龙”的发展始于60年代及70年代初，当时该地区低劳动力成本和地价致使该地区出口成本低廉。但从70年代后半期开始到80年代初为止，由于农村劳动力转移的减少和征兵制的实行，劳动力开始出现不足，使工资水平明显高于其他新兴国家和地区，促使“亚洲四小龙”采取向海外转移劳动密集型产业、在国内发展高技术产业的策略。但这导致了国内产业基础的空洞化，而发展高技术产业又遇到各种困难。

以韩国为例，迄至21世纪初，韩国虽然一直采取导入海外技术增加出口优势的政策，然而美日等发达国家的技术保护主义，则使得韩国在高新技术方面同美日之间差距依然相去甚远，许多高新技术产业对国际垄断资本仍具有高度依赖性。长期以来，韩国的发展是依靠从海外进口的设备和零部件加以促进，如：韩国电脑产品的零件是大量依靠从日本进口，计算机化的工作机械设备的出口的总收益的35%～45%依靠来自日本的进口维持。因此，导致电器、汽车、造船、石油化学产业等主要出口产品，依然缺乏较高的自我技术创新能力。韩国政府及财阀在1990～1995年间，在人工智能计算机、探测卫星、海底探测机器人、超高速列车等研究开发中进行投资，但估计在今后相当长的时期内尚难以具备与欧、美、日抗衡的能力。

五　东亚地区经济的发展与世界经济体系

自20世纪80年代开始，东亚地区在全球化进程中，不断地由消极被动的开放客体转换为积极主动的开放主体，使经济全球化不再成为单纯的西方资本主义体系的扩张过程，而在真正的意义上开始成为一个西方和东方互动的过程。因此，使新的历史时期的经济全球化与以往主要表现为西化的全球化产生了根本区别：西化是西方国家主导和支配的，全球化的新发展则有发展中国家，尤其是有东亚地区的积极参与和制衡。

东亚地区的崛起带来全球化进程中的国际分工和世界经济格局的根本变化。在二战后日渐形成的国际分工中，美国垄断了处在金字塔顶端的信息产业的供给，第二层的金融产业基本上为美国和英国垄断，德国垄断了第三层的资本品的生产，日本占绝对优势的是第四层的高技术含量的最终消费品的生产，而东亚地区国家和其他发展中国家则主要从事劳动密集型的最终消费品生产，处在金字塔的最下层。随着20世纪80年代东亚地区作为一个整体在经济上的重新崛起，它在世界产业链中的这种不利地位开始日益发生重大改变。在21世纪，东亚将成为新的全球制造中心，并在信息、金融以及其他高科技领域有所作为；西方和东亚地区之间现存的以垂直分工为主的分工状态将日益转变为以水平分工为主的分工状态。

在21世纪，东亚地区将进一步寻求自己的经济增长范式。现实的世界市场与政府都不是单独的存在，两者之间的关系并非非此即彼，而是存在最佳组合关系。这种组合关系并非先验的，而是通过一连串的选择，并受历史的、社会的和政治的诸因素的影响。目前的东亚地区正在转变政府的职能和角色。东亚地区或许能够继续发扬以自己的储蓄形成资本的优良传统，优先实现自力主导型的增长，把对外资的依赖置于从属地位。再如在贸易方面，东亚地区在经济发展过程中存在差距，牵头的国家和起步晚的国家这种联系增强扩大了互通有无、优势互补的贸易。虽然目前尚不能预测这种关系最终将会产生什么样方式的域内分工结构（包括产业内水平分工），但可指望由地区内需的增大而产生的自由市场的活力将推动和协调扩大再生产。在科学技术方面，东亚地区正在通过相互合作和交流的途径寻求跳跃性的发展。可以预期，东亚地区有能力重新审视以往，从而为新世纪经济重新起航引导出一个新的发展战略路向。　　　　（李　文）

第二章　农业

第一节　概述

一　农业资源特点

东亚地区农业自然资源条件从全球比较角度看，其特点是：农业气候资源具有多类型特征；农业耕地资源总量大，人均量小；农用水资源相对紧缺；农业人力资源极为充裕；农作物种资源十分丰富。这些资源为东亚各国人民从事农林牧渔业活动，进行繁衍生息提供了比较优越的自然环境和生存环境，并为东亚创造发达的传统农业和未来新型农业奠定了基础。

(一) 地跨热、温、寒三带，形成多种不同农业生产类型和结构

多种不同的气候类型对植物生长和农事活动产生影响，形成了不同的农业生产类型与农业生产结构。例如，热带在有充裕水分条件地区，农作物可以全年生长，一年可三熟甚至四熟，形成热带农业生产类型和结构；在热带与寒带之间的温带，一年可种植两季到三季作物，形成温带农业生产类型和结构；寒带一般不能种植农作物，靠采集、捕捞为生。

东亚地区的东南亚各国绝大多数属热带性气候，高温和温差变化较小，整年都适于农作物生长，大部分地区的农作物可一年两熟至三熟。由于气候温暖湿润，植物的种类很多，生长期也长。在赤道附近，多系四季常绿的热带雨林；在缅甸、泰国则为落叶树种，而草本植物仍终年常绿。

除东南亚外的东亚其他地区绝大部分属亚热带、温带。中国兼有热带、亚热带、温带多种农业气候区，主要农区位于温带和亚热带季风区，由于雨热同季，适宜各种农作物生长。其中，亚热带季风区年积温在5 500度以上，年降雨量大于1 000毫米，一年可以两熟、三熟。耕地面积有3 300多万公顷，约占全国可耕地面积的27%，这一比重大大超过美国和俄罗斯，在美国这类地区只占7%，在俄罗斯只占4%。

(二) 耕地资源总量大，人均量小

自然资源中的土地是农业赖以发展的根本。土地资源通常由农用土地（包括耕地和多年生作物用地）、草场牧场、森林与林地以及其他用地所构成。东亚地区土地资源中可耕地面积比重大，不包括俄罗斯的西伯利亚与远东地区，即占到世界可耕地面积的15%左右，而世界可耕地平均比重为11%。东亚地区的可耕地面积与北美的可耕地面积大致相当，然而由于东亚地区人口众多，人口总数比北美高出数倍，使得其人均可耕地面积大大低于北美。例如在东亚地区人均可耕地面积最大的泰国为0.49公顷左右，人口2亿的印度尼西亚人均可耕地面积为0.12公顷，而人口13亿多的中国人均可耕地面积只有0.095公顷。北美的人均可耕地面积为0.64公顷，比中国和印尼要高出7倍和4倍多；北美每个农业劳动力平均拥有的可耕地面积为1.3公顷，则比东亚地区要高出五六倍以上。

(三) 农用水资源相对紧缺

水是农作物生长的命脉，东亚地区水资源相对紧缺。地球上的年降水量和年径流量在地区分布方面都很不平衡。干旱与半干旱地区占总耕地比重比世界平均比重要高1倍多，是农用水资源相对紧缺的地区。例如，中国长江流域及以南地区的水资源丰沛，占有全国总水量的80%，而耕地资源较少，只占到全国耕地总量的1/3；长江流域以北地区的情况正相反，水资源较少，约占全国总量的20%，但耕地资源丰富，约占全国总量的2/3。由于水土资源分布组合不对称，中国形成了干旱与半干旱地区的分布格局。东南亚诸国虽没有中国那样鲜明，但也多少存在一些水资源相对紧缺的地区。

(四) 农业劳动力资源丰富

农业是一种结合人与土地、气候、水利、物种的经营事业。人在其中既是生产者，又是消费者，对农业生产、土地经营、气候、水、种的利用起主导作用。东亚地区劳动力资源极为充裕，到1995年，东亚地区农业劳动力仍占全部劳动人口的60%以上。例如，中国农业劳动力有5亿多，印尼农业劳动力有4 800多万，越南有2 600多万，泰国有2 000多万。

（五）农作物种质资源丰富

农作物种质资源是农作物新品种选育的原始材料和物质基础。东亚地区是全球农作物种质资源极丰富的地区。据联合国粮农组织材料，世界上的生物种估计有1 000多万个，被人类开发利用的只不过约300多种，大量的生物种尚未经人类鉴定，对人类来说，可开发利用潜力巨大。目前人类食品80%来自20种左右的动植物；人类摄取食物营养热能的一半以上来自小麦、稻米和玉米3种植物。东亚地区生物种质资源开发利用虽说进展很大，但远远不够。例如，中国种质资源搜集保存的只有60多种作物30多万份种质材料，其中38种作物的品种资源完成编目，包括种质12万多份。国家级低温种子库2座，库容量为40多万份。

以上是东亚地区农业自然资源条件的总概貌。近一个世纪以来，全球包括东亚地区的农业自然资源，由于各国不重视合理开发利用和对生态环境保护意识差等原因，加上农业的粗放经营方法而使之呈日趋恶化的形势，农业活动的自然生态环境状况和自然资源储备的数量和质量均呈严重下降之势。因此，1992年联合国在巴西里约热内卢召开了联合国环境与发展大会，呼吁人类重视生存环境保护，重视自然资源的合理开发利用，关心给子孙后代留下一个良好的生存环境。上述呼吁完全适合东亚地区。东亚地区人民在这方面正面临一次重大的历史性转折的挑战，即迫切需要告别人与自然对立的过去，加快走向人与自然和谐的未来。东亚地区人民在这方面的任务相对来说要更重些，要求各国，尤其人口大国做出更大努力，学习和总结前人的经验与教训，创造新的技术形式（生态技术和生态工艺）和新的能源形式，实施农业的可持续发展，既为社会提供丰富的食品，又能保护自然生态平衡，迈向实现人与自然和谐、持续发展的新路。

二 农业发展变化的历史

东亚地区是世界上农业发展历史悠久并有辉煌业绩的地区之一。但在16世纪欧洲殖民主义者开始入侵亚洲后，东亚地区各国社会经济和政治环境发生剧变，导致国民经济的主要部门——农业的地位与发展方向发生根本性改变。绝大多数国家失去独立地位后，政治上经济上均受制于殖民—帝国主义国家，长期占主导地位的自然农业受到破坏。农业从封建制的自然经济领地逐渐变成殖民—帝国主义国家生产部门的属地；以粮食为主的自给自足农业生产结构逐渐演变为适应殖民—帝国主义国家需要的单一作物商品农业结构。这个变化进程给各国农民带来了严重灾难。

20世纪中叶，东亚地区诸国先后获得独立，农业变成在国民经济中具有基础地位的重要部门；农业生产从单一作物的生产结构，变成多种经营和综合经营的生产结构；从一国非规模化的农业变成区域分工合作的专业化农业。因此，给各国农业发展带来机遇，为农民创造了生存、发展所需的政治、经济和社会条件。

（一）从自然农业沦为依附农业的进程，导致农业生产结构畸形化和农村两极化

从16世纪初至19世纪初大约300年间，葡萄牙、西班牙、荷兰、英国、法国、美国等殖民主义者先后入侵东亚地区。除日本外，东亚绝大多数国家先后沦为殖民地、半殖民地或附属国；日本在1868年明治维新后，也加入在东亚发动侵略战争和争夺殖民地的行列。

欧洲殖民主义者入侵前，东亚地区各国处于封建社会，农业属于自给自足的自然经济，在其中出现了诸如香料、胡椒、甘蔗、槟榔等商品性作物。殖民主义者入侵后，强制占用大片良田，利用这些国家地处热带的自然气候条件和当地极为廉价的劳动力，建立成片的种植园，种植殖民主义需要的热带经济作物，使这些国家的自然经济农业逐步变成单一粮食或单一经济作物为主的、依附于殖民主义需要的农业。农业生产部门结构向畸形化发展，一些国家变成宗主国的工业原料生产基地；另一些国家变成殖民主义的粮食生产基地；多数国家粮食从自给自足变成靠出口经济作物换回所缺的粮食；国家经济的兴衰严重地依赖国际市场的行情，农民的生计与国内外市场联系起来，受国内外市场不公正的贸易条件双重剥削。唯独日本，从“明治维新”开始的一个多世纪里，农业沿着通常演进道路，缓慢地从传统农业向现代化农业转变。直到第二次世界大战前，日本仍是带有浓厚封建性质的地主—佃农制，影响着资本主义农业的迅速发展。

这个历史时期，东亚地区其他国家里，西方殖民统治者为了巩固自己的统治地位，通常较少触动殖民地半殖民地的原封建阶级的利益，并相互勾结，使其为自己服务。例如，荷兰殖民统治者占领印度尼西亚后，于1870年颁布《土地国有法令》，允许外国私人资本以租期达75年的“长期租借地”形式，向殖民政府租用国有土地；或以“租让地”、“农业租借地”形式向封建土侯和村社租借土地来经营种植园，以少触动原封建统治阶级的利益来开展农业经营活动。英国殖民统治者占领马来西亚后，于1913年和1930年先后颁布了《马来人保留地法》和《土著地保留法》，从法律上保证封建势力对农民的剥削。西班牙殖民者和美国殖民者在菲律宾都保持原有封建土地所有制。上述诸国重新获得独立前，在农村经济关系中，封建主义因素和资本主义因素并存，同时起作用。泰国虽保持着独立国的地位，但受英国的控制。所以，无论是印尼、马来西亚、菲律宾的广大农民，还是泰国的农民，都遭受封建势力和外国资本的双重剥削，处于水深火热、饥寒交迫的生存环境中，努力寻求解放之路。中国农民在中华人民共和国建立前的境遇也是一样，受帝国主义、封建主义和官僚资本主义三重压迫，同样在努力寻求翻身解放之路。

东亚地区多数国家在获得独立前的农业，只能称做受殖民统治的农业，缺乏保证本国居民对农业和食品需求的比较完整的农业生产结构，畜牧业、渔业也比较落后，而相对发达的是单一经济作物。例如，荷兰统治印尼后，强制印尼农民种植咖啡、甘蔗、胡椒、茶、烟草、木棉、椰子、可可、橡胶等。美国占领菲律宾后，强制菲律宾农民种植甘蔗、椰子、烟草、马尼拉麻等农产品。英国占领马来西亚后，强制马来西亚农民大面积种植橡胶、椰子、油棕、菠萝。据有关资料，直到20世纪50年代初，马来西亚全部耕地中，橡胶面积占70%，椰子、油棕、菠萝种植面积占12%，水稻种植面积只有17%。法国把越南、老挝、柬埔寨变为自己的粮食和热带作物的生产基地。英国占领缅甸后，让缅甸与泰国扩大谷物种植，变成自己的粮仓。上述诸国在1941～1945年第二次世界大战期间被日本占领后，又按照日本统治者的旨意，调整作物种植结构以适应日本侵略战争的需要。如，在印尼，缩减甘蔗、烟草种植，扩大棉、麻种植面积；在马来西亚，毁胶种粮，以满足日本军国主义者的军需之用。朝鲜和中国东北三省在日本帝国主义占领期间，农业要种什么，生产多少，均按照日本统治者的旨意安排，农民只有服从，没有丝毫自主权。

东亚地区除日本外的农业，在外国殖民者长达几个世纪统治下，逐步形成一种有专业化分工特色的、严重依赖国外市场的种植部门，并在国民经济中产生决定性影响。它对独立后的农业发展和结构调整，增加了复杂性。独立后其农业生产结构调整必须作根本性的改革与调整。这样，才会给农业和国民经济创造国内发展空间和自主走向国际市场提供较为有利的机遇和条件。而日本农业部门结构，昔日由于军国主义发展的需要，也是片面地发展稻米生产，所有其他部门都没有大的发展。如1937年按价值计算，以水稻为主的种植业仍占日本农业总产值的81.6%，养蚕业占10%，畜牧业只占8%。

（二）从单一性作物结构向农林牧渔综合发展

第二次世界大战结束后，东亚地区诸国，除日本作为战败国一度受美国占领外，其他各国先后摆脱了帝国主义的统治，获得独立和解放。独立后的东亚地区各国经济上面临的是大体相似的情况：农业是国民经济的决定性部门但很落后，工业不发达甚至没有，人民生活极度贫困。如何在不长的时期内切实改变这种经济局面，比较快地建立起自己的民族经济，以确保国家的政治经济独立，成为各国共同的战略目标。

因此，在独立后的头10年，东亚地区有关国家在农业方面采取了相似而又有所不同的结构调整政策措施。相似之处是把单一种植结构变革为多部门的农林牧渔综合结构，不同之处是，中国、中南半岛、朝鲜半岛诸国在继续发展水稻生产同时，加速发展经济作物和养殖部门，而东南亚群岛诸国在继续发展经济作物同时，加速发展粮食生产。在建立民族工业方面，采取了“进口替代”战略，发展国产品取代舶来品，以吸纳国内劳动力，缩小失业队伍，防止国内紧缺的外汇流出，收到了某些经济自主的实效。但同时又出现了国内市场饱和、产品滞销、工厂开工不足、中小企业成批倒闭以及企业产品缺乏竞争力等问题。

考虑到国内市场狭小，不利于整个国民经济的全面发展，20世纪60年代开始，东亚地区多数国家由“进口替代”转为“出口导向”战略，实现民族经济振兴。而实行计划经济的中国、朝鲜、越南、老挝、柬埔寨诸国却继续实施“进口替代”战略。由于在对外开放方向、条件和步调方面的差别，使民族经济成长速度、国民经济结构和农业结构变化出现明显差异。这一时期，实行开放政策的市场型国家和地区取得的进展要大于实行封闭政策的计划型国家和地区。

泰国的“出口导向”战略建立在农林牧渔综合发展基础上，取得了工农业协调发展的佳绩。第二次世界大战刚结束时，其农业在国内生产总值中约占一半，农业劳动力在全国总劳动人口中占80%。到20世纪80年代初发生了明显变化，相应比重为21.8%和65.7%。农业部门结构中畜牧业和水产业得到很大发展，所占比重有较大提高。在种植业中，玉米、甘蔗、木薯、麻类、菠萝、豆类等旱作物得到大发展。农业结构的大调整为食品工业发展创造了有利条件，使得食品加工工业以较之农业更快速率发展，泰国成了一个新兴的农业工业国家。

韩国在经济起飞时期，其“出口导向”战略是建立在发展重工业的基础上。由于过分倚重发展重化工业，片面依靠进口国外农产品来维持国内的消费需求，本国农业受到了很大冲击，农产品自给率明显下降。国民经济结构出现重工轻农的失衡格局，影响着经济的协调发展。

菲律宾尝到了实行“进口替代”战略而忽视农业的苦果后，20世纪70年代初开始重视农业开发，并在此基础上重视农产品加工的发展，加快了农业发展步伐。传统农产品有很大的发展。椰干、椰油年产量和出口量均居世界之首，因此而得名为“世界椰王”国。由于粮食生产得到重视，到70年代末，菲律宾基本做到了大米自给。

二战结束后，日本在美国占领军统治下，颁布了《解放农民令》，在全国范围内实行土地改革，彻底废除了长期统治日本农村的地主—佃农制度。随后又制定并颁布了《农地法》，把自耕农体制用法律形式固定下来。经济进入高速增长时期后，日本政府针对经济高速增长引起的就业和居民饮食习惯变化，以及贸易自由化带来的农产品贸易在国际市场上的更激烈竞争的情况，制定了新的农业结构政策体系，并以《农业基本法》形式固定下来。总之，二战结束后日本是依靠土地制度变革、农业生产政策、市场—价格政策和结构政策来推动农业发展，提高农产品自给率的。

实施计划经济的东亚地区社会主义国家，为医治战争对经济严重破坏的创伤，在恢复与发展农业方面采取了一系列积极措施。然而，由于农业体制偏差和片面发展重工业的倾向，使得农产品供给长期处于紧张的状态。直到20世纪80年代实行改革开放方针后，以市场导向调动和发挥农民生产积极性和走向市场的主动精神，形势才有较大好转。

中华人民共和国成立后，全国很快进行了土地改革，实现了“耕者有其田”目标，农业生产得到了迅速的恢复和发展。但是，50年代末开始，搞人民公社化，在全国范围建立“一大二公”、“政社合一”的农业体制，挫伤了农民个人生产积极性，农业生产全面倒退。80年代的改革开放政策，在农村废除人民公社体制，改行家庭联产承包责任制，大大提高了农民发展生产的热情。与此同时，国家也增加对农业的投入，从而结束了长达20年之久的农业发展停滞状态，恢复了农业和农村的生机与活力。

越南未统一前，南方与北方实行不同的经济体制。北方早在20世纪50年代末对农业进行了社会主义改造。南方解放后，按同一的社会主义方向发展经济，把北方的模式、政策、措施推行到了南方，从而造成农业生产的经济效益日益下降。80年代初开始，随着农业承包制的新模式推行，集中力量发展粮食生产，粮食紧张局面逐步得到缓解。1986年越共六大提出发展粮食、副食品、日用品和出口产品等三大发展计划，把农业摆在首位，重新安排生产结构和投资结构。将发展农业和农村经济与国家工业化和现代化过程相结合，将农村经济结构调整与国际市场接轨，使革新后的农林牧渔各业都得到不同程度的发展。从1989年起，不但结束了长期缺粮的历史，而且成了仅次于泰国和美国的世界第三大稻米出口国。

（三）各国农业向区域合作方面发展

20世纪80年代以来，特别冷战结束后，随着东亚地区经济合作在区域级和次区域级两个层次发展步伐加快，各国农业也加速了向区域合作方向转变。东亚地区市场经济国家相互间的经济合作行动始于60年代。1967年8月，印尼、马来西亚、菲律宾、新加坡、泰国等5国在曼谷建立了东南亚国家的次区域性合作组织“东南亚国家联盟”，简称

“东盟”。伴随着东亚各国经济高速发展，相互间的经贸合作呈现扩大趋势。相关国家政府首脑和学者提出了众多的次区域合作构想与建议，诸如“亚洲经济圈”、“东亚经济圈”、“日本海经济圈”、“黄海经济圈”、“中华经济圈”、“三角经济合作区”、“东盟自由贸易区”、“东亚经济集团”等等构思与创议，并产生了泛太平洋经济合作构想。

首先，东盟次区域经济合作活动得到迅速扩大，推动着农业方面的合作。同时，“东盟”组织成员还同意在诸如联合国、世界贸易组织、亚太经济合作组织、亚欧会议以及东盟地区论坛等各种国际和地区场合中加强协调与合作。

其次，日本、韩国和中国的经贸合作也在同时起步，良好的发展势头推动着整个区域经济合作进程。中国农业的发展动向越来越多地影响着本区域农产品供求形势的变化。朝鲜于90年代也逐步扩大对外开放，参与次区域合作活动。

再次，与次区域合作发展的同时，泛太平洋的区域经济合作也在积极推进。而农业合作是各种形式区域合作的有机组成部分，尽管它的进展不及制造业部门那么迅速，但在农产品贸易、农业科技合作、农产品加工和投资合作方面，诸如政策协调、信息交流、人员培训和科技开发等也都取得了不少进展。此外，美国大农业企业向美国政府提出亚太地区建立粮食系统，把粮食合作纳入亚太经合组织议事日程，按共同“游戏规则”开展竞争与合作，各自在发挥比较优势和竞争优势中向前发展，共同实现可持续发展和走向现代化，解决21世纪农业面临的种种紧迫问题。

三 农业生产结构与类型

农业自然资源转化成能供社会消费的丰富食物，是要通过人们之间结成的一定生产关系，诸如封建的、资本主义的或社会主义的生产关系，作用于自然资源形成一定的农业生产方式，通过传统的、现代的或可持续的等生产方式，才能得以实现。农业这个食物工厂是在农业内在关系、外在关系与农业自然资源条件不断整合中运作，形成农业生产结构，并在社会变革中发挥自己的作用，既有稳定保守方面，也有变革创新方面。农业内在关系指人、劳动工具与劳动对象（土地）的相互关系，农业外在关系指农民与农民、农民与工人、商人、知识分子之间结合与农业自然资源间的关系。

（一）生产结构组合

在东亚地域，上述诸多关系整合的结果，出现多种农业生产结构：

1. 传统的家庭农业结构

如缅甸很少使用现代农业机械、技术和投入的家庭经营结构，土地单产低、自给自足能力低。

2. 现代商品型家庭农业结构

如日本一家一户的产业化农业，采用现代科学与耕作技术，农业的单产、总产和农产品加工增值能力均很高。

3. 现代加工型家庭农业结构

如泰国一家一户的小规模经营农业与现代农产品加工业结合，逐步形成公司形式的农业经营，不断采用现代农业科技，不断改良农产品品种，提高质量，增加农业投入，使家庭农户的土地单产和总产都有较大提高，农产品商品率也较高，公司对农产品加工、再加工增值，在国际市场上不断增强竞争力。

4. 发展中的外向型家庭农业结构

如菲律宾的家庭个体经营与供销合作体系的结合结构，主要发展鲜活型农产品，由于耕地面积小而散、耕作技术落后，产量不高，形不成规模出口。

5. 传统家庭农业与现代大农场并存的双重农业结构

如马来西亚、印度尼西亚的二元化农业生产结构，一部分是耕作技术差的小农经营，另一部分是现代技术的种植园经营。

6. 以家庭联产承包制为基础逐步与市场结构相联系的社会主义农业结构

如中国、越南的家庭农业结构，还有蒙古尚存的游牧式的畜牧业，等等。

上述各种农业生产结构，随着农业内在关系的变革和农业外在关系重新组合，即主客观条件的变革与变化，而使农业、农民和农村发生新的、向前推进的变动。例如，过去的乡村变成现代城市，过去的农民变成现代的农民、工人、商人和知识分子，过去的荒野变成耕地和花园，而农业生产者以其新品质和新精神造就新的交往方式、新的需要和新的语言。东亚各国农业、农民、农村大致按上述轨迹在发展运行，有先有后，呈现多样性。

（二）生产类型区分

1. 按地位作用区分

东亚地区农业从其在国民经济中的地位与吸纳

劳动力的作用看，13 个国家大致可分三类：较轻类有日本、韩国，农业在国内生产总值中的比重低，只有 1.8% 和 7.7%，农业劳动力在全国劳动人口中的比重也低，只有 4.8% 和 12%；较重类有马来西亚、印度尼西亚、菲律宾、泰国，农业在国内生产总值中的比重占 10%～20%，农业劳动力在全国劳动人口中的比重占 21%～59%；举足轻重类有中国、越南、柬埔寨、缅甸等，农业在国内生产总值中的比重大，有的高达 45%，农业劳动力在全国劳动人口中的比重更高，达 69%～77%。

2. 按国家对农业支持方式区分

东亚地区各国宏观经济政策对农业政策的倾向大致可分三类：

（1）支持型　如日本、韩国。1998 年日本农业支持率（农业补贴占农产品生产总值的%）为 63%，韩国为 59%。

（2）保护型　如马来西亚、印尼、菲律宾、泰国等，开始从反农业政策转向保护农业生产者利益的政策，马来西亚对农业的支持率，在乌拉圭回合农业协议前和后分别为 133.7% 与 57%，印尼相应为 32.7% 与 22%，菲律宾相应为 158.6% 与 58.1%，泰国相应为 98.5% 与 62.4%。

（3）农业供血型或称反农业倾向型　如中国、越南、柬埔寨、缅甸等，由于国家正处于工业化前期、初期和中期阶段，仍然需要利用各种手段，把一部分农业积累向工业转移，以加速工业化进程。

3. 按食品战略地位区分

东亚农业从国家食品战略地位看可分成四类：自给型、进口型、外向型和综合型。进口型有日本、韩国、菲律宾，它们是农产品净进口国家；外向型有泰国、马来西亚、印度尼西亚等，它们是净出口额大的国家；中国既有大量进口又有大量出口，而且出口高于进口，应属综合型；越南、老挝、柬埔寨、朝鲜、蒙古等转型国家，有的出口多些，有的进口多些，属自给型。

4. 按农民收入水平区分

东亚农民生活福利水平参差不齐。据世界银行的居民收入和发展水平分类：日本、新加坡属高收入；韩国、马来西亚、泰国、菲律宾、中国、朝鲜属中等收入（2000 年人均年收入 756～9 265 美元）；印尼、蒙古、越南、老挝、柬埔寨、缅甸属低收入的国家（2000 年人均收入 755 美元以下）。这只是大致的收入分类，并不能全面反映农民收入状况。农民收入高低、多少，还要由农产品收购与销售价格的高低、政府保护和支持的力度来决定，在这方面的情况，各国政策并不完全相同。

近 10 多年来，尽管东亚各国农业在向积极方向转化，不断调整农业内部的各种关系，改善农业的生产条件，国家转向重视对农业的支持和保护，农业生产得到较快发展，作物单产提高，劳动生产率也有所提高，人均粮食占有量略有增加。这方面的具体内容将在后文叙述。但不能不强调，东亚农业发展和食品安全方面仍存在一系列有待努力解决的问题：

（1）耕地面积趋于减少，一些国家的封建土地所有制仍阻碍土地利用和农业生产的发展。

（2）农田水利基础设施建设薄弱，不能保证农业的稳产、高产。

（3）森林和渔业资源遭受严重破坏，对今后发展产生着不利影响。

（4）农产品国际贸易条件的不利地位，导致农业发展速度缓慢。

（5）农业生产技术落后，一些国家或农民仍以传统生产方式为主，影响着农业生产的发展，加重了面临的食品安全问题。

第二节　农业发展、政策调整与管理创新

一　农业生产、贸易与消费

东亚地区国家除日本、朝鲜、蒙古外，在 20 世纪 90 年代农业均以较高的增长速度得到了发展，农产品贸易扩大，居民食品消费也得到了明显改善。

（一）东亚地区 20 世纪 90 年代农业发展迅速

农业产值增长指数整体上高于世界水平——116.5。但东亚各国发展并不平衡：中国（159.5）、缅甸（148.5）、越南（137.1）、柬埔寨（126）、印尼（123）、韩国（121.7）、马来西亚（121.6）、菲律宾（120.9）8 国农业产值增长指数均高于世界水平；而泰国（114.6）、老挝（113）、朝鲜（112）3 国低于世界水平；日本（96）、蒙古（83.4）2 国则为负增长。

东亚地区种植业产值指数高于世界水平——116.6 的国家有：缅甸（151.3）、中国（137.7）、越南（136）、柬埔寨（127.2）、印尼（120.5）5

个国家。低于世界水平的国家有：泰国（113）、马来西亚（111.8）、菲律宾（111.3）、韩国（109.6）、老挝（108.4）、日本（94.4）、蒙古（29.1）等8个国家，其中日本、蒙古为负增长。

东亚地区谷物生产量有一定提高。1987～1997年期间，东亚地区各国谷物生产量由5.07亿吨增加到6.2亿吨，增长了22.3%。东亚地区谷物产量占世界谷物产量的比重略有增长，由28.4%上升到28.9%。在此期间，各国的谷物生产状况差别很大：基本自给型的中国粮食生产1995～1998年连续4年丰收，这4年的平均产量为4.94亿吨。农产品进口型的日本、韩国，1995年世贸组织农业协议实施以来粮食生产出现下降趋势，农产品自给率进一步下降。转型国家如蒙古的粮食生产出现大幅度下降。外向型国家均有一定的增长。到2001年，由于中国谷物产量与1997年相较有所下降，使得东亚地区在世界谷物生产中的份额略为减少。

东亚地区经济作物发展呈多元化趋势。油料作物：大豆产量从1980年的899万吨增加到1997年的1 758万吨，18年增长95.6%，占世界的份额略有增加，由11.1%上升到12.4%；花生产量从510万吨增加到1 183万吨，增长132%，占世界的份额由29.8%上升到43.9%；油菜籽产量从242万吨增加到955万吨，增长295%，占世界的份额由22.8%上升到28%。纤维作物：棉花产量从281万吨增加到475万吨，增长69%，占世界份额由20.1%上升到24.3%。黄麻产量由146万吨减至62万吨，下降58%，占世界份额由35.7%降至18.4%。糖料作物：甘蔗产量从7 878万吨增加到20 955万吨，增长166%，占世界份额由9.4%上升到17.2%。嗜好作物：茶叶产量从53万吨增加到93万吨，增长75%，占世界的份额由28.5%上升到34.8%；烟草产量从140万吨增加到479万吨，增长242%，占世界的份额由26.8%剧升至68.7%。

（二）东亚地区20世纪90年代畜禽产品产量比谷物产量增长速度更快

在1987～1997年期间，肉产量由3 255万吨增加到7 767万吨，增加了138.6%。东亚地区肉产量占世界肉产量的比重有重大变化，由20.5%上升到35.1%，增加近15个百分点。其中，据1998年的有关资料计算：猪肉占世界份额为47%，禽肉为25%，羊肉为23%，牛肉为11%。东亚地区各国鸡蛋产量由1 010万吨增加到2 251万吨，增加了122.9%。1987～1997年间，东亚地区鸡蛋产量占世界份额也大大提高，由29.8%上升到48%，增加18个百分点。2001年，东亚地区肉、蛋产量，占世界的份额又有所提高。到2001年，东亚的肉、蛋产量又有所增长，在世界的份额与1997年基本持平。

表1 东亚地区13个国家1997年农业产值指数

（1989～1991年＝100）

国家	农业	种植业	畜牧业
中国	159.5	137.7	216.4
日本	96.0	94.4	95.5
朝鲜	112.0		
韩国	121.7	109.6	152.9
蒙古	83.4	29.1	87.8
越南	137.1	136.0	140.3
老挝	113.0	108.4	127.4
柬埔寨	126.0	127.2	121.4
缅甸	148.5	151.3	130.1
泰国	114.6	113.0	126.4
马来西亚	121.6	111.8	149.8
印度尼西亚	123.0	120.5	139.0
菲律宾	120.9	111.3	156.8

资料来源 联合国粮农组织《生产年鉴》，1997年。

表2 东亚地区12个国家1997年人均农业、种植业、畜牧业产值指数

（1989～1991年＝100）

国家	农业	种植业	畜牧业
中国	148.2	127.9	201.1
日本	94.4	92.8	93.9
韩国	114.2	102.8	143.4
蒙古	71.9	25.0	75.7
越南	119.5	118.5	122.2
老挝	91.3	87.6	103.0
柬埔寨	104.1	105.1	100.3
缅甸	131.3	133.8	115.0
泰国	107.6	106.0	118.7
马来西亚	103.6	95.1	127.8
印度尼西亚	110.5	108.3	124.9
菲律宾	103.9	95.6	134.9

资料来源 联合国粮农组织《生产年鉴》，1997年。

表 3 东亚地区 13 个国家 1987～2001 年谷物产量及占世界比重 （百万吨 %）

国别	1987	1997	2001	国别	1987	1997	2001
中国	359.0	444.0	400.5	缅甸	14.5	21.7	21.2
日本	14.5	13.3	12.6	泰国	21.0	26.1	29.0
朝鲜	11.6	3.7	3.3	马来西亚	1.9	2.0	2.3
韩国	8.2	7.6	7.7	印尼	43.4	60.0	59.4
蒙古	0.9	0.2	0.2	菲律宾	13.0	15.6	17.2
越南	16.0	28.0	33.0	东亚 13 国小计	507.0	620.0	572.9
老挝	1.2	1.5	2.3	世界	1 785.2	2 145.3	2 044.1
柬埔寨	1.8	3.5	4.2	东亚占世界%	28.4	28.9	28.0

资料来源 联合国粮农组织统计数据库

表 4 东亚地区 13 个国家 1987～2001 年肉、蛋产量 （万吨）

国别	肉类			蛋类		
	1987	1997	2001	1987	1997	2001
中国	2 325.0	6 397.0	6 637.1	617.0	1 721.5	1 980.2
日本	361.6	302.8	296.1	235.5	259.2	252.6
朝鲜	25.1	22.1	20.9	13.5	13.0	9.5
韩国	75.7	157.7	173.0	37.8	47.0	48.0
蒙古	24.9	24.3	21.0	0.15		
越南	96.3	148.2	206.3	8.67	14.0	16.5
老挝	12.1	5.4	9.2	2.88	3.5	1.0
柬埔寨	7.0	11.6	20.4	1.02	1.0	1.2
缅甸	31.0	38.4	47.8	0.22	4.6	8.3
泰国	98.8	166.1	207.7	18.0	49.5	53.0
马来西亚	40.9	97.5	110.5	17.4	36.0	42.0
印尼	79.4	217.5	211.5	34.8	67.5	60.0
菲律宾	76.9	178.7	192.4	23.1	39.0	53.4
东亚 13 国小计	3 255.0	7 767.0	8 165.9	983.6	2 219.7	2 531.1
世界总量	15 878.0	22 128.0	23 745.0	3 389.0	4 689.0	5 182.1
东亚占世界%	20.5	35.1	34.4	29.02	47.34	48.84

资料来源 联合国粮农组织统计数据库。

畜牧业产值指数高于世界水平——116 的国家有：中国（216.4）、菲律宾（156.8）、韩国（152.9）、马来西亚（149.8）、越南（140.3）、印尼（139）、缅甸（130.1）、老挝（127.4）、泰国（126.4）、柬埔寨（121.4）10 个国家。低于世界水平的国家有日本（95.5）和蒙古（87.8）。

（三）东亚地区 20 世纪 90 年代食品消费水平有较明显提高

人均食品产值指数超过世界水平——106 的国家有中国（152.1）、缅甸（130.1）、越南

(117.7)、韩国（115)、印尼（111.1)、马来西亚(110.7) 6个国家。低于世界水平的国家有菲律宾(105.2)、泰国（104.2)、柬埔寨（103.8)、朝鲜(102) 4个，而日本（94.8)、老挝（91.3)、蒙古(71) 属负增长。

（四）东亚地区渔业产量逐年提高

1974年为2 267万吨，1983年为2 872万吨，1997年为3 561万吨，2001年为6 515万吨。1983年比1974年增加26.7%，1997年比1984年又增加24%，2001年比1997年又增加85.7%。1973～1997年间，东亚地区渔业产量在世界渔业产量中的比重变化不大，在35%～40%之间。1997～2001年间，由于中国捕鱼量迅速提高，东亚在世界渔获总量中的份额有了较大幅度提高。

表5 东亚地区12个国家 1974～2001年渔业产量 （万吨）

国别	1974	1983	1997	2001
中国	413.3	521.3	1 572.0	4 151.3
日本	1 010.0	1 125.0	588.2	593.6
朝鲜	98.0	160.0	23.6	27.9
韩国	168.8	240.0	220.4	242.3
越南	57.2	71.0	106.6	179.5
老挝	2.0	2.0	2.6	6.0
柬埔寨			10.3	28.4
缅甸	43.3	58.6	83.0	94.6
泰国	151.6	225.0	291.1	360.8
马来西亚	52.5	74.1	117.3	140.7
印度尼西亚	133.1	211.2	364.9	479.7
菲律宾	137.0	183.7	180.6	219.9
东亚12国小计	2 266.8	2 872.0	3 561.0	6 514.7
世界	7 636.6	7 638.2	9 321.0	12 617.7
东亚占世界%	34.4	37.6	38.2	51.6

资料来源 联合国粮农组织《渔业年鉴》，1983、1997、2002年。

（五）东亚地区木材产量不断提高

1973年为4.95亿立方米，1984年为5.91亿立方米，1997年为7.47亿立方米。1984年比1973年增加19.3%，1997年比1984年增加26.3%。在此期间，东亚地区木材产量在世界木材产量中的比重没有多少变化，1973年、1984年、1997年相应为：19.2%、19.4%和20.9%。

表6 东亚地区13个国家 1973～1997年木材产量 （亿立方米）

国别	1973	1984	1997
中国	1.800	2.320	3.130
日本	0.430	0.330	0.230
朝鲜	0.037	0.045	0.048
韩国	0.076	0.067	0.015
蒙古	0.024	0.024	0.009
越南	0.185	0.243	0.360
老挝	0.032	0.042	0.055
柬埔寨			0.079
缅甸	0.150	0.190	0.230
泰国	0.340	0.410	0.400
马来西亚	0.309	0.402	0.460
印度尼西亚	1.230	1.480	2.030
菲律宾	0.340	0.360	0.420

资料来源 联合国粮农组织《林业年鉴》1983、1997年。

（六）东亚地区农产品贸易

东亚地区各国1997年农产品进口7 882亿美元，占世界农产品进口量的17%。其中，日本农产品进口量3 820亿美元，占东亚地区全部进口量的48%左右；韩国进口量971亿美元，占东亚全部进口量的12%左右。日韩两个农产品进口型国家在东亚农产品进口中占60%左右。东亚地区各国农产品出口3 969亿美元，占世界农产品出口量的8.8%。其中，泰国、马来西亚和印度尼西亚3个外向型国家出口合计1 871亿美元，占东亚地区全部出口量的47%。从粮食品种结构看，大米出口大于进口：大米出口量735万吨，占世界大米出口的40.7%；大米进口量252万吨，占世界大米进口的13.5%；大米净出口483万吨，占世界大米出口的1/4强。而东亚地区各国玉米和小麦进口均大于出口，如：玉米进口352万吨，占世界玉米进口的49%；出口69.9万吨，占世界玉米出口的9.5%，玉米净进口282.1万吨，占世界玉米进口量的近40%。

表 7　　东亚地区 13 个国家 1997 年农产品进出口额　　(亿美元)

国　别	农产品		食　品	
	进口	出口	进口	出口
中国	1 597.3	1 341.8	841.0	907.0
日本	3 820.0	163.9	2 578.0	78.5
朝鲜	41.6	5.0	38.2	1.45
韩国	970.9	181.0	537.8	124.4
蒙古	6.6	6.2	5.8	1.0
越南	90.0	169.4	53.8	106.3
老挝	3.3	6.0	3.2	4.3
柬埔寨	11.7	4.86	7.7	4.7
缅甸	11.8	39.2	9.9	35.8
泰国	189.3	536.5	80.1	347.0
马来西亚	438.3	730.4	329.8	551.9
印度尼西亚	446.7	604.0	274.5	327.9
菲律宾	254.4	180.3	193.9	150.0

资料来源　联合国粮农组织《贸易年鉴》，1997 年。

二　东亚地区农业政策调整与经营管理创新

（一）二战结束以来，东亚地区农业发展经历的几个历史时期

1. 二战结束至 20 世纪 50 年代农业恢复时期

二战后初期，东亚地区各国相继采取土地改革和合作化政策措施，旨在实现“耕者有其田”的目标，以促进农业和农村经济的发展。合作化有两种形式，计划经济国家如中、朝、越采用互助组—生产合作社形式，市场经济国家，如日、韩、泰等国采用供销合作社形式。

2. 20 世纪 60 年代农业发展滞后时期

20 世纪 60 年代，随着各国经济发展进入工业化时期，无论采取出口导向型还是进口替代型的国家和地区，均采用了以农支工的经济政策，即：市场经济国家通过农协、农行的政策渠道，而计划经济国家通过工农产品“价格剪刀差”的政策渠道来实施以农支工的经济政策。这一时期，有关国家地区的上述经济政策，均程度不同地影响着农业和农村经济的发展，使得农业发展相对滞后于工业。

3. 20 世纪 70 年代农业发展两极化时期

70 年代，东亚地区国家农业的外部条件处于农产品价格疲软，农产品贸易徘徊不前的境地。在这种不利的外部环境中，东亚地区国家（地区）内部条件与政策的选择就具有了决定性意义。由于各国（地区）内部条件与政策的明显差异，使得东亚地区农业经济发展出现两极化趋势，即：有较强管理能力的国家，如日本，选择那些可以有效除弊趋利的措施，使农民、农业和农村能在不利环境中生存与发展，没有出现重大的危机与问题；而那些管理能力相对薄弱的国家，由于未能选择和实施有利于稳定农民、农业和农村发展的措施，则使得农民收入大幅度下降，农业出现危机和困难，农村走向衰败。

4. 20 世纪 80 年代以来农业发展进入新的振兴时期

80 年代以来，农业科技进步、农产品市场化、国际间农业竞争与合作走向规范化和全球化的趋势加强。为使农业和农村走出困境、实现复兴和发展，东亚地区各国适应形势变化的要求，都在很大程度上进行了农业改革、农村政策调整与经营管理创新。各国先后把农业置于国民经济的基础产业地位，农业政策从重工轻农转向工农并重，再到以工支农政策的大调整。经营管理工作从传统的指导思想转向传统文化与现代文明管理有机融合。各国对农业纷纷采取积极保护的政策措施，构筑一种符合本国农业加速发展需要的农业生产组织、管理制度、支农体系的新文化，推进新世纪东亚地区农业的发展与振兴。这些政策举措得到了联合国粮农组织、世界贸易组织、世界银行和国际货币基金等国际机构的帮助和推动。

（二）各国农业政策调整与创新

1. 中国

中国农业从总体来看，20 世纪后半叶仍处于从传统农业向现代农业发展的初期和中期阶段，农业没有改变弱势地位，仍在为国家工业化作贡献。在这种条件下，中国农业要适应全球化趋势，变成有竞争能力的产业，实现与世界接轨仍面临很大的挑战。

中国政府承受着国内外双重的压力，中国所遇到的新问题并没有现成的解决方案。为了不失时机地利用全球化的机遇与应对可能的挑战，中国领导者的基本态度是：从实际出发，寻求符合自己的改革道路、改革方法，即：有中国特色的社会主义道路和渐进的改革方式方法，旨在使大多数农民愿意

接受，身体力行，使改革的阻力最小、效果最大。

农村改革的指导思想，一是把农民组织起来，二是主要依靠农民自己的力量建立一个支农服务体系。这是因为，组织起来的农民和农业生产既便于保证粮食的供需平衡，又有利于农民从组织起来中得到更大的利益。所以中国多数农民对合作制持拥护态度，反对的只是过去的“一大二公”的平均主义做法。

基于上述农村改革思路，20 世纪 70 年代末中国农民首创了联产承包责任制，采用“交够国家，留足集体，剩下自己”的原则与方式，实现了国家和农民利益的有机结合，即按照利国利民的思路，指导农村改革取得了成功。

农民自己发展各种专业合作社来承担起支农、建农的重任，创办乡镇企业，发展农产品加工业，分享工业利益；创办农工商企业，参与流通过程，分享市场活动利益。这种利益共享、风险共担的利益架构，创造了迅速改变农民的贫困、农业弱势地位的客观环境和条件，并为全国各行各业实行支农、建农行动奠定了良好的基础，有利于进一步形成一个发达的支农服务体系，使中国农业具有与世界接轨的能力和条件。

与此同时，从宏观方面，中国将大力调整农业政策，并在组织管理方面引进现代管理文明，把实现粮食安全与提高农业经济效益、实施农业可持续发展战略、增加农民收入、扩大农产品内需和外需有机结合在一起，在新的高度上整合：研究和制定市场经济体制下农业和农村经济发展战略，不同区域农业持续发展方向，研究农产品价格和流通问题、农村产业结构调整及农村经济政策、农业科技政策方面的问题与对策，为国家 21 世纪进行宏观政策的调整提供新思路。

进入 21 世纪，中国农业政策在国内方面从以农支工转变为工农互动到以工支农的大调整。2002 年宣布把土地承包制再延长 30 年不变落实到具体农户和具体地块，并完善土地征用的补偿方式，方便农民进行土地的综合整理，使农产品生产建立在减少资源和能源消耗基础上。2004 年 12 月正式宣布了工业反哺农业、城市支持农村，解决农民增收的目标。2005 年提出为提高农业综合生产能力，进一步增强农业发展后劲，形成完整的包括免税、补贴和支持的支农政策体系。在国际方面，从自力更生的方针转变为利用“两种资源”、“两个市场”的方针；在最有效利用国内资源、通过国内大市场满足全国达到小康目标、城乡人民对农产品的基本需要的同时，积极地参与国际农业交换和合作，充分利用国外资源和国际市场，来满足全国人民达到小康目标对农产品的多样性需要。国内政策在世贸组织规则的“绿箱”政策范围内，转向以工支农的调整。采取对农业税收优惠、财政倾斜、价格保护到金融支持等整套措施，支持粮食主产区的生产能力建设，诸如通过土地开发整理不仅弥补建设占用与灾害损毁的耕地面积，而且提高耕地质量，增加土地产出率、降低农产品生产成本，提高市场竞争力，使国内农业资源得到高效的利用。

由于对外经济运行立足于国外市场，它不完全相同于国内市场，为减少农产品贸易摩擦和经济风险，中国农业企业在多边、双边农业合作协议和架构中运作，想方设法从生产、市场、科技、信息、组织多种渠道，发展在国际市场上有竞争力的绿色农业和有机农业，并建立健全的农业标准体系，以质优价廉的农产品满足本国人民和东亚地区各国人民的需要，实现互补双赢发展。

2. 日本

日本政府根据农业各个发展时期的需要，通过经济立法把农业政策、目标和经济措施法律化。

(1) 农业立法范围十分广泛

不仅包括农、林、水产各业，而且从组织管理、财政金融到生产、流通，都制定了相应的法律和条例，为国家管理农业奠定了完备的法律基础。

二战结束后，日本管理农业的战略措施主要集中在两个方面：一是进行农地改革；二是改变小农经济体制。

围绕上述两个方面的战略，先后颁布了《农地法》《农业基本法》以及《农业协同组合法》等一系列农业法规，并不断地补充、修订和完善。诸如 1980 年补充制定了《农用地利用促进法》。1984 年修改《农振法》和《土地改良法》，同年国会通过了《生物系特定产业技术研究推进机构法》、修改和完善了部分主要农作物《种子法》及《种苗法》。1987 年修改部分《森林法》，同年新制定《集落地域整顿法》及《农林渔业信用基金法》等。这些法律化的农业政策，对在不利环境与条件下促进日本农业发展起了重要的保证作用。

(2) 日本农业合作组织发达，既有生产性合作组织，又有流通性合作组织

日本农业管理方面重视发挥农协的中介职能，实现政府对农业的指导与管理。农协从中央到基层的各级组织，在农业产前、产中、产后包括生活服务方面服务农民、指导农民中，都起着重要作用。

农协从事的业务有：综合指导事业，采购事业，销售事业，信贷事业。

农协在日本农产品生产与销售中，发挥着既代表农民利益，又代表政府在农村的调节职能的双重作用。

在日本，以大米为主的粮食流通，与生鲜食品的流通有所不同。大米是由政府统一管理的计划生产和供应的农产品，分为政府米和自主流通米两种，由农民选择确定大米的流通渠道。自主流通米制度从1969年开始实行。日本政府为减轻粮食管理费用，不断增大自主流通米的比重。生鲜食品的流通是通过系统农协的销售渠道，再通过批发市场流通和批发市场外流通两种渠道到消费者。批发市场外流通指直接与产地挂钩所进行的交易，是近年发展起来的流通渠道，它可以节约流通费用并解决流通合理化问题，深受消费者欢迎。

(3) 日本政府介入市场，制定了各种农产品的价格稳定制度

这样做的目的是为了确保大米、牛肉、小麦等重要食物的生产和供应，避免国内与国际市场价格的波动伤害消费者的利益。具体做法通常是经政府的各个顾问班子审查后，每年由政府确定一次。农产品价格政策分为以下几种类型：

① 管理价格制度 如对大米。

② 幅度价格制度 如对猪肉、牛肉、生丝。

③ 最低价格保证制度 如对麦类、原料用薯、甜菜、甘蔗。

④ 差价补贴制度 如对大豆、油菜籽。

⑤ 稳定基金制度 如对蔬菜、加工用水果、肉用仔牛、鸡蛋。

日本农林水产的立法与规章，有效地保障了日本产业结构调整中农林水产业必要的份额，在高价农业中稻米、牛肉、鸡蛋、生乳仍保持一定程度的增长。

为解决农业面临的种种问题，1992年6月又发表了《新的食品、农业、农村新政策的方向》(简称《新政策》)，旨在使日本农业管理水平再上一个台阶，实现制止粮食自给率下降、缩短劳动时间、提高农户收入、加强生产基础和改善生活环境等多重目标。1999年日本又出台了《粮食、农业、农村基本法》(即农业《新基本法》)，主要内容包括旨在加强政府从科研和服务方面对农业的支持，增强农业发展的后劲，根据农业的多功能性理论，转变单纯农业保护为农业保护、增加农民收入和环境生态保护的多重目标保护，依据世贸组织规则，农业保护从价格保护转向对农业直接补贴，实施有选择的扶持政策。日本将农业国际分工的基础建立在“合理主义”政策上。十分重视本国的农业基础，对国内农业特别关注农业信息的支持，使农协利用信息技术保证生产者和经营者直接挂钩，减少生产的盲目性。

进入21世纪，日本重视农业多功能的建设。也就是说，不仅关注现代农业的食物功能，保障粮食安全，而且要关注现代农业的非食物功能，即保障农村的生存和发展，如水土保持、保护自然资源和环境、维护生物多样性的功能，以及继承传统文化的功能。强调农业可持续发展理念，扶持美化自然环境的农民和农业对象。

3. 泰国

近20年来，泰国农业和农村经济发展，在探索中找到了比较成功之路。该国在成长为新兴工业化国家的进程中，农业生产稳定增长，农村面貌改观，农村经济全面进步。泰国的经验归纳如下。

(1) 把农业作为国民经济发展的重点，从政策、资金方面向农业倾斜

1961～1996年，泰国实行了7个五年计划。“一五”计划明确规定重点发展基础设施和农业多种经营；“三五”计划重点放在加速优先部门和农村地区的发展；“四五”计划强调要实现社会公正，把地区开发列为重要内容，提出要更有效地利用耕地；“七五”计划强调要提高农业生产力，推广实用技术，以农渔牧生产和加工为重点，扩大出口创汇，提高国民收入，振兴农村经济。

(2) “两个轮子即工业和农业一起转”，大力发展农产品加工业

20世纪80年代后期，泰国以出口为导向的罐头、冷冻食品和饲料工业等农产品加工业，与汽车制造、集成电路、家用电器、石油化工等新兴工业

并驾齐驱，成为泰国出口创汇的一支重要力量，为经济稳定高速增长打下了牢固基础。

(3) 动员各种力量，创建合作发展创汇农业成功之路

政府制定了《促进投资法》，对农业基础设施及利用本国自然资源的投资项目，给以特别优待。这一政策吸引了国内外近30家私营公司投资于创汇农业。政府还鼓励私人企业在农业生产的产前、产中、产后各领域为农民提供服务。如家禽养殖方面，政府与盘谷银行、正大集团联手，由政府负责选点和挑选农户，帮助修建公路等基础设施，银行负责为农户提供低息贷款，正大集团负责提供设备、家禽种苗、饲料以及技术指导，并包购全部产品，产品销售后四方均受益。

(4) 注重贫困山区的开发和建设

泰国北部和东北部约有30个山区府是贫困地区，农耕方式落后，单产低，农民生活困难。政府在实施扶贫计划帮助山地民族脱贫的同时，重视未来的持续发展和自然资源的保护，并积极提倡种植为山民增加经济收入的作物等。

4. 印尼、菲律宾与韩国

印尼、菲律宾、韩国等国在土地政策、农产品购销政策、农产品价格政策、农业投资和贷款政策、农业保护政策、农产品贸易政策等方面进行调整与改革，为农业和农村经济的发展与走向国内外市场，创造有利的条件和环境。

(1) 土地政策

重视平均地权，使无地少地农民获得谋生手段。把加强土地管理、合理利用与新土地开发结合起来，旨在使农民不仅为自己的生存，而且为国家的利益与需要从事农业生产。

(2) 农产品购销政策

重视农民间开展的多种合作活动，并促使形成多形式、多渠道的购销体系，搞活农村经济。在农产品价格上，把产品价格支持作为一项防止谷贱伤农的重要措施，其办法有：设立低限保护价格、提高收购价并同时采取调节上市量、扩大收购量、增加出口等措施。

(3) 农业投资和贷款政策

增加国内财政对农业科研、农业管理、农村基础设施方面的投资、补贴和贷款优惠；重视引进外资到农业投资领域，对它提供一定的优惠条件；运用政策与行政手段，调动和吸引社会的资金支农、建农。

(4) 农业的支持保护政策

建设农业社会化服务体系，建立农产品加工体系，扩大农产品生产和提高产品的附加值；建立地区合作组织，合理配置资源，发挥本国资源的优势，走向专业化生产，提高农产品的商品性和竞争力。

与此同时，为了更有成效的管理，防止意外不测的发生和减少风险，东盟国家还建立分区早期预报系统。预报系统的项目及步骤一般为：①研究谷物生长条件，为分析和预测粮食生产、供应状况提供资料，并收集和分析谷物批发价格和消费价格作收获前预报。②对政府收购的进程、库存的分布、销售的情况及与过去相比的分析，按照公众需求进行预报。③力争在亚太地区进行联合预报中，及早指明分区内的生产情况、进口需要和出口盈余量，以利于区域国家制定贸易计划和采取及时行动，防止粮食短缺。

进入21世纪，韩国关注解决农业和农村中的突出矛盾，颁布新的《农业、农村基本法》和《农业协同组合法》，利用各种有效的政策和立法手段，提高农民收入水平；加大国家对农业的投资力度，加强农业教育投资，培养高素质、有技术、视野开阔的农业劳动者，加强农业基础设施建设，完善农村市场体系，开拓农产品流通渠道，自上而下建立三级农业服务体系；关注发挥农业的经济机能和公益机能；提高国内农产品自给率、加强农产品质量管理同时，加强与国外农产品生产国协作，发展海外农业。

5. 越南

近年来，越南进行了农业革新。农业革新的主要内容如下。

(1) 把农业摆在首位

越共六大提出发展粮食及副食品、日用消费品和出口产品等三大发展计划，把粮食及副食品摆在首位，重新安排生产结构，大幅度调整投资结构，其顺序由过去的“重、轻、农”转为“农、轻、重”。

(2) 完善农业承包制

1988年4月，越共中央政治局作出了关于完善生产承包制的《10号决议》，其主要内容是：重

申承认国营、集体、个体等多种经济成分长期、平等共存；合作社、生产集团是农民自愿的经济组织，具有法人资格，合作社和生产集团是农民自己管理、自己确定生产形式、规模、方向和经营方式的经济单位；完善家庭承包制，承包土地期限为10～15年，承包定额为5年一期。1989年3月，越共六届六中全会作出了关于改革农业管理的决议，肯定合作社和生产集团是多种生产资料所有制形式的合作经济单位；由劳动者自愿集资、出力和在民主的原则上进行管理的所有经营组织，不论规模大小、技术程度高低、生产资料集体化程度如何，都是合作社；社员家庭是自主经济单位。

（3）给农民长期使用土地的权利

1993年7月，越南国会九届三次会议通过了《土地法》。该法规定：土地所有权属全民所有。但是，农民有权转让、交换、租赁和继承他们使用的土地，有权以土地作抵押获得银行贷款。农户对土地的使用期限将视所种作物的品种而定，用来种植一年生作物的耕地使用期为20年，期满后可以延期；用来种植多年生作物的耕地使用期为50年。

（4）制定发展农业的目标和措施

1993年6月，越共中央召开了七届五中全会，研究继续改革和大力发展农业和农村经济的问题，制定了发展目标和措施。发展目标是：继续解放生产力，挖掘一切潜力，调动各方面的积极因素，大力发展农业和农村经济，通过发展多种经营和国家工业化，吸引大部分剩余劳力；提高劳动生产率，增加社会产品，切实解决人民的粮食和食品问题，满足工业对原料的需求，增加外汇收入，为工业化增加积累；保护和合理开发资源，保护和改善生态环境；增加收入，进一步改善农民的物质和文化生活，从根本上消灭营养不良现象。实现上述目标的措施是：必须将发展农业和农村经济与国家工业化和现代化过程结合起来，并看成是具有战略意义的头等任务；在发展农业和农村经济中长期一贯地执行多种经济成分的政策；按照社会主义方向，建立和改革生产关系，使之适应不断发展的生产力性质、程度和要求；发展经济要与发展农村文化和社会相联系，建设新农村；改革经济要与改革农村政治体制同时进行；将发展农业和农村社会经济，置于地区和世界开放和竞争的国际背景中；制定市场战略、科技战略和正确地鼓励和保护国内生产的政策。

进入21世纪，越南农业的新政策：按市场要求转变农业生产结构，实现种植业、养殖业多样化。深化农村改革，农业企业股份制改造，合作社改革转型成新合作社。鼓励农产品出口交流，参与国际合作。

（三）东亚地区新农村建设

新农村建设问题，或者农民、农业和农村的“三农”问题，实质上是工业化和现代化进程中的结构变革和社会转型问题，带有某种普遍性，各国在工业化的进程中都会遇到这一问题的困扰和挑战。新农村建设的成功，取决于多种因素，其中包括如何处理好政府主导与农民主体的关系，以及在产品生产与市场开拓方面发挥地域优势和市场调节机制等问题。在东亚地区无论是发达国家日本，还是新兴国家韩国、泰国和中国等在这方面都做了一些成功的尝试。

1. 政府主导作用与农民主体地位

（1）政府主导作用的发挥

在农村建设和现代化初期，东亚国家十分注重发挥政府的主导作用。这是由于在先期城市发展和工业化过程中积累的经验，加上东亚国家在现代化早期政府多属于威权主义性质，具有强大的宏观调控能力，对于采用政府主导模式、在农村建设中发挥主导作用的路子也往往驾轻就熟。

东亚地区许多国家，在农村建设和现代化启动后，伴随着农业和农村经济向工业和城镇经济、传统农业社会向现代农业社会的转型，各国政府往往担负起了统筹城乡发展、建设新农村的重任，扮演着积极的角色，发挥着组织者和领导者、监管者和引导者以及支持者和参与者的作用。

（2）政府主导与农民主体地位的关系

政府在新农村建设中必须发挥主导作用，而新农村建设的主体是农民，农民是新农村建设的直接建设者和受益者，因此需要切实注意处理好主导与主体的关系，这也是东亚国家农村建设中的重要经验。

在新农村建设中，尊重农民的主体地位，就是要注重满足农民最迫切的真实需求。政府要做到领导、引导而不误导，统筹计划而不包办代替，真正把新农村建设变成农民自己的事业。只有政府和农民协调一致，新农村建设才能形成有效的合力，才能取得实效。

2. 韩国“新村运动”的发展

韩国的“新村运动”经历了3个发展时期。

（1）“新村运动”的第一个时期（1970～1980）

这一时期，“新村运动”首先从农村开始，之后逐渐发展为全国性的运动。这一时期的基本特征是官方主导。

这一时期还可细分为3个阶段。

第一阶段是农村基础建设阶段（1970～1973）。政府无偿提供水泥、钢铁等物资，大大激发了农民自主改善自己的生活和生产环境、建设家乡的积极性和相互合作的精神，初步改善了农村的居住条件和基础设施。

第二阶段是农村全面发展并向城市扩散阶段（1974～1976）。受农村“新村运动”成效的鼓舞，政府有意将运动范围扩大到城镇。自1974年起开展了工厂、企业“新村运动”。

第三阶段是充实和提高阶段（1977～1980）。这一阶段“新村运动”的内涵逐渐从物质文明的建设扩大到物质和精神文明齐头并进，倡导新村精神的生活化。到20世纪70年代后期开始演变为精神文明建设运动。

（2）“新村运动”的第二个时期（1981～1988）

这一时期，官方主导的“新村运动”转变为以“新村运动”中央会为核心的民间主导型运动，其基本特征是民间主导和在全国推广

（3）“新村运动”的第三个时期（1989年至今）

20世纪90年代开始，“新村运动”立足于地区居民的自觉、自主参与和实践，解决居民所在地和所在单位的各种问题，将重点放在了精神激励、意识改革和提高道德水平上。

总之，韩国新农村建设实践进程显示，鉴于市场机制这只“无形的手”并不是在所有领域都能发挥作用，存在诸多市场失灵的领域，加之东亚地区许多国家市场机制发育不足，因而在新农村建设初始阶段，必须以政府为主导。然而，农民是农村建设主体的客观现实，则使得即或在新农村建设政府主导时期依然必须注意处理好主导与主体的作用。而随着新农村建设的进展，经验积累和农村经济实力加强，新农村建设则将从政府主导逐渐向民间主导过渡。另一方面，经验亦显示，在整个新农村建设的过程中应始终不忘育人树德，随着农民物质文化生活水平的提高，新农村建设的重心应更多地向精神文明建设倾斜，达到物质文明与精神文明并重的良性循环。

3. 新农村建设中的“一村一品”运动

日本大分县开展的“一村一品”运动，迄今已20余年，并在亚洲、非洲许多国家得到借鉴与推广。“一村一品”运动持续发展的生命力在于以村镇为依托，发挥区域经济的特色优势，通过提高产品质量和扩张规模来提高市场竞争力。它是发展农村地方经济、加快脱贫致富的一种有效模式。

（1）“一村一品”运动的发端

“一村一品”运动是20世纪70年代末由日本大分县前知事平松守彦首先倡导和积极推动发展起来的。这一运动以“立足地方，自主创新，放眼世界，面向未来”为基本理念，运用“农户＋农协＋公司”的模式，充分调动农民的积极性，开发各地优势产业，积极参与市场竞争，促进农业产业化，发展地方经济。

20世纪70年代，在日本由于都市急速发展，以农业生产为主的大分县青壮人口严重外流，留下的多半是老、妇与幼童。无论是村民所得或生活环境，比起都市来，都有很大的差距。1979年，平松守彦担任大分县知事后，便在这些艰难恶劣的背景下，动员地方民众，积极展开一村一品运动。此一运动推展后，大分县的特色产品，无论在数量或收益上，都有显著的增加。1980年大分县仅有4项特产，到1999年，已增为19项。

开展“一村一品”运动包括三项原则：一是立足本地，放眼全球。具有地方特色的产品由于其发挥了地域的特殊优势，因而也满足了世界公众的需求。二是自主自立，锐意创新。本村要生产什么产品应该由当地居民决定，不能由政府包办代替；但是政府在商品销售和商品开发以及技术推广等方面则要给予农户大力支持。三是运动的最终目的是育人，培养一批在农业、工业、服务业等各个领域内能够适应新时代，富于挑战性的人才。

（2）“一村一品”运动的扩展

“一村一品”运动不仅改变了日本大分县的面貌，也受到世界的瞩目。20多年以前在日本大分县首创的“一村一品”运动，迄今已在中国、泰国、韩国、蒙古等东亚各国得到积极推动，并扩展

到非洲的一些国家。当前，这一运动已成为促进东亚地区农业经济发展的重要手段。例如，在泰国，为“一村一品”产品建立了5个等级的评价体系，75个府都在积极推动“一村一品”运动。2004年9月，“一村一品”国际研讨会首次在泰国成功召开。

2001年下半年开始，泰国农业部、工业部及其他有关部门在学习日本农村工业发展先进经验的基础上，实施“一乡一产品（OTOP）”计划，即在政府统一规划下，全国5 000多个乡都开发出一种充分体现自身优势的特色产品。2001年在122个乡进行了试点，2002年将扩展到1 000多个乡。为了帮助各乡开发和推广自身产品，政府还成立了7个工作小组，分别负责为各乡制定产品开发、营销、设备、信息、融资、出口和公关等具体计划。

泰国“一村一产品”销售收入，在2001年达到8.3亿多美元，2002年达到10亿多美元。随后的3年间，列入“一村一产品”计划项目的产品有近1万种，主要包括泰国传统服饰、粮食、草药配制饮品、纪念品以及装饰品等，营业收入额预计达到23亿美元。“一村一产品”运动为解决泰国贫困人口问题提供了强大的资金支持，有力地加强了泰国基层政府的工作效率，也密切了政府和基层群众的关系。

第三节 农业可持续发展及前景

一 东亚地区农业可持续发展与科学技术政策措施

东亚地区农业从传统农业向持续农业发展，不可能逾越现代农业阶段，而应在继承传统农业遗产与发扬现代农业优点基础上向持续农业转变，既能满足当代人的食物需求，又不妨碍后代人生存和发展所需要。东亚地区国家在进行技术革新方面的政策措施必须妥善处理好这个转变关系。

创造有利于持续发展的资源和环境，这是东亚地区农业当今发展方式的必然选择。诸如日本国逐渐把农业发展与环境的相互关系问题摆上日程，并从农业科学技术政策措施等许多方面进行研究和采取行动。

持续农业（或称可持续发展农业）重视发挥经济、社会和生态三个效益，实现“生产要发展，生活要提高，生态要改善”。从经济学观点看，农业生产不光是土地、资金、劳动力三个要素的结合，而是还要把科技进步、农业投入和生态资源储量等要素增加进来。很显然，保护资源和改善环境，已成为经济社会发展的一个新的动力和源泉。

发达国家日本当前和未来对农产品的需求增加量的要求比东亚地区其余国家要低，环境受到的新压力相对要小些，从而使它们有可能较快地采取措施，诸如把贫瘠土地不再用于生产，在易造成地下水污染的流域减少施用化肥或有残毒的农药，加强对牧畜废物处理的控制等，来克服和缓解农业对环境的威胁，旨在实施保护环境的切实可行的生产。

而东亚地区众多发展中国家则面临农产品需求增加量大的要求和对环境压力增大的问题，而大量增加农产品产量方面的困难是很大很重的。据联合国粮农组织专家估计，发展中国家增加产量的来源：63%来自提高单产，22%来自增加耕地面积，15%来自提高种植率（复种指数）。所实施的农业增产办法将导致诸如粗放和掠夺式的经营、广种薄收，大面积土地被滥用和过度利用，毁林、沙漠化、水土流失、盐碱化和丧失生物资源方面的多样性及多种形式的污染等，与实施环境保护的要求背道而驰。

基于上述，东亚地区众多国家的职能开始转向有效处理发展与环境的相互关系，在增加农业生产中不断改善农业资源的管理和环境的保护。

1. 特别转向关注与重视国际农业专家和粮农组织有关持续农业三个战略目标的提法，即：要把积极增加粮食生产、促进农村综合发展与合理利用、保护和改善自然资源与环境结合起来。同时，还应重视合理分配资源，克服短期利益的盲目驱动，国家应有效采取人民参与和权力下放措施，以明确农业资源所有权和使用权并固定到人。

2. 对不同生态类型地区，采取因地制宜的农业政策和农业技术措施，加强工程与生物技术相结合，诸如防止水土流失，改良土壤，综合防治病虫害，配方施肥，合理和节约利用资源，研究推广对环境无害、有利持续发展的耕作技术，增加投入，提高农业综合生产能力。

3. 积极调整科技方向，利用沼气、太阳能、风能、地热等，增加农村能源；建立公共机构，加强资源环境监测，推行有偿使用资源制度，采取法律与经济手段，切实保护和改善农业资源和环境状况。

20世纪80年代以来，东亚地区各国对农业科学技术进步因素普遍给予了极大的关注，农业科技进步呈现出地域性共同推进的格局。如印尼政府制定计划，提倡研究符合印尼自然条件的优良品种，使农产品多样化。在农作物研究中，优先研究稻谷和杂粮、经济作物的高产优质新品种，提高水果和蔬菜的产量；研究更有效地施用化肥、农药和科学地进行田间管理；研究农作物的害虫及如何防治病虫害等。在国内大力开展科学研究的同时，也重视引进国外的先进技术，例如进口优良稻种和良种牲畜等。农业科技在农业增长中的贡献份额提高很快，如中国目前已达到35%以上，一些国家已超过此水平。其中，日本农业科技比东亚地区其他国家要领先一步，成了东亚的火车头，它在促进日本农业发展的同时，还带动东亚地区各国传统农业向现代农业快速转变。

东亚地区国家尽管在谋求技术革新方面因国而异，但在创造有利于持续发展的资源和环境方面不乏许多共同之处，如：进一步重视条件差地区的雨育农业，同时继续关注进行灌溉的可能性；进一步注意养分循环，而不忽视矿物肥料的重要性；进一步注意传统的间作格局，而不损害搞机械化和利用除草剂的机会；研究综合防治虫害和生物防治虫害的可能性，同时利用合适的机会恰当地使用化学杀虫剂；培育作物和牲畜的应力耐性，而不限制它们在有利条件下的表现；进一步了解小生产者的耕作制，同时不忽视大规模生产的问题；进一步重视基本粮食产品，同时提高经济作物在创造收入中的地位；进一步重视小反刍动物；加紧努力解决冬季饲料供应和饲料质量问题。

（一）中国

在农业发展和资源、环境相互关系方面，中国农科院专家为实现《国民经济和社会发展“九五”计划和2010年远景目标纲要》有关农业的目标，提出了关于加速农业科技某些领域的发展及其成果的如下转化内容。

1. 加强作物新品种选育和推广，以增强农业发展后劲的技术支撑。

2. 开展区域综合治理和农业综合开发研究，提高中低产田的农业产出率。

3. 研究和推广资源节约型高产高效农业，保持高中低产田均衡发展。

4. 研究农业自然资源的深层次开发，提高资源的有效利用率。

5. 进一步加速农业生物技术发展，为农业现代化提供高新技术储备。

6. 抓好动物病虫害防治、动物营养及饲料研究开发，进一步提高动物生产率。

7. 重视农业经济和宏观问题研究，为农业持续发展提供新思路和科学依据。

8. 研究加速农业科技成果转化的方式，提高农业发展的科技贡献率。

中国农业科研工作将沿着两个方面展开：一是实施农业持续发展的关键技术攻关，为实现农业发展目标提供技术保证；二是开展农业基础性应用的研究，在“用”字上下功夫。

（二）日本

20世纪80年代，日本农林水产科研体制进行了一次二战结束以来的大调整：面向全国，进行应用、基础和开发研究并举的调整；关注世界，重视国际农业科技进步新动向，成立日本生物资源研究和农业环境技术研究所，积极开展创新研究。

日本农业科技进步实行全方位与国际接轨的独创性方针，它非常重视从国外引进种质资源，并利用引进的资源积极开展本国的育种工作。据有关资料，到1986年底，日本共育成并由农林水产省登记编号的作物品种计68种农作物的1 140个，其中水稻品种331个，甜菜品种15个，草莓品种16个，番茄品种21个，桃品种14个，茶品种36个，桑品种9个等；家禽也培育了不少新品种，其中自60年代以来，随着大量进口良种猪，为利用杂交优势选育猪的良种打下了良好的基础。

日本农民在作物栽培及家禽饲养的方法和技术方面有不少创新，增效显著；在土地改良及施肥、植物保护和动物防疫、农业机械化方面也有许多创意；在农业能源开发方面，利用太阳能居世界前列；在农产品加工利用方面，研究并采用了食品加工新技术、新工艺及新设备，大大增加了农畜产品的附加值，增加了农民的收入；与此同时，生物技术和信息技术也开始在农业中推广和应用。日本育成的农产品良种和现代农业技术在东亚地区各国间推广应用，加速了东亚地区许多国家传统农业向现代农业转变的进程。

（三）东亚地区其他各国

印尼、马来西亚、菲律宾诸国近20多年来普遍重视良种选育、引进、推广和普及，增施化肥、农药，改良土壤，兴修水利和加强农田水利管理。泰国十分重视农产品综合加工技术研究，20世纪80年代以来农产品加工利用水平有很大程度提高，为适应出口要求标准，尽量采用现代设备。如其大型碾米厂库存量达6.5万吨，厂房高16层，用电脑控制，稻谷从顶层起，不断加工，直到底层出来时已将大米分类成各种规格和等级，可直接运往销售点装运出口。屠宰加工业走向现代化，大型肉鸡加工厂年处理能力达3 000万只。有亚洲鸡王之称的正大公司成了全球第三大饲料厂商，建成6个现代化配合饲料厂，年产量达200万吨，设备先进，采用电脑控制，质量管理完善而严格，生产的各种饲料规格齐全。正大集团生产的饲料已占泰国国内市场的35%，出口的冷冻鸡占泰国冷冻鸡出口的70%。泰国四家大型的金枪鱼罐头厂，日产量达200～300吨，成了泰国农产品出口支柱之一。泰国的农产品加工业还重视对下脚料的再加工，如菠萝业，产量的95%都用来加工制成罐头，其大量的下脚料就被提炼一种医用原料，当地价格每公斤达60～80美元，使农产品在加工、再加工利用中不断增值，充分发挥技术创收的效能。

此外，越南、朝鲜、韩国近20多年来在作物品种改良、栽培技术、灌溉、植物保护、土壤改良、增施化肥、农药和机械化作业方面也很重视，并取得了巨大进步。

二 21世纪农业发展前景

（一）农业面对三个不可逆转的巨大压力

21世纪东亚地区各国，特别如中国、印尼等人口众多的发展中国家，普遍存在三个不可逆转的巨大压力。

1. 人口增长不可逆转

例如中国总人口1995年为12.11亿，2000年增加到12.88亿，到2005年已增加到13.33亿，到2010年将增加到13.84亿。尽管人口增长呈递减趋势，但每5年平均增加人口5 700万，年平均人口增加在1 000万人以上。印尼由于推行计划生育，人口增长率有所下降，80年代已降到19.7‰，但与亚洲人口众多的中国和印度相比（人口增长率分别为11.8‰和17.2‰），其增长率还是比较高的。

2. 居民消费需求升级不可逆转

诸如韩国人民的饮食结构，从以大米等谷物为中心向肉类及方便的加工食品方向转化。人民食物消费模式将从温饱型转向营养均衡型，需求多样化：保健、营养、卫生、方便，等等，不仅求量的满足，而且求质、求服务的满意。

3. 耕地减少，尤其人均耕地减少不可逆转

例如中国耕地面积1995年减少到139.7万平方公里，比1978年的143.2万平方公里少3.5万平方公里，人均耕地面积1995年1 150平方米，比1978年少340平方米。上述人地变化趋势在延续，据有关资料计算，2000年均耕地面积降为1 000平方米，2025年均耕地面积降为667平方米。

（二）农业面临五大方面挑战，影响未来的农业发展

第一，长期存在微观生产决策与宏观供求关系之间的矛盾，生产结构变化适应不了需求结构变化的挑战。

第二，农业资源非持续性开发、利用所造成的生态环境问题与发展的矛盾，许多非再生资源开发潜力面临枯竭的挑战。

第三，居民收入差距扩大与现代需求目标实现的矛盾，面临提高几亿低收入贫困人口收入的挑战。

第四，农业要求支持保护与国家保护支持能力的矛盾，面临改变农业弱势地位的挑战。

第五，农业融入世界出现的食品安全与国家政治经济不安全的矛盾，有关国家面临农产品自给率下降的挑战。例如韩国1993年加入世界贸易组织后，即面临农产品自给率下降问题，其粮食除了国民的主食大米能够保证自给及大麦保持一定量供给外，小麦、玉米及大豆等产品大部分依靠进口；畜产品进口呈上升趋势；苹果、梨等水果和蔬菜进口额也有较大提高，从而面对日益增强的粮食和农产品的自给率种种难题。

（三）迎接挑战的“三农”基本方略

东亚地区各国如何能使压力变成发展农业和农村经济的动力，如何能使多方面的矛盾和挑战变成改革、开放、选择农业发展和农村经济创新路径的机遇，关键在东亚地区各国政府、社会力量和农民群众的智慧、组织、支持、团结和整合力。

从前面所述的东亚地区农业科技发展状况与已

有水平，从各国农业政策调整与经营管理工作来看，最近十几年已经有了许多积极因素积累，多数国家还在把更多的国内、国外的加强农业和农村经济发展因素添加到这宏大的事业中来，旨在创造一个农民、农业和农村发展的新局面，迎接21世纪的挑战。

显然，任何一个东亚地区国家，无论大小、强弱、资源多少，若能不断调动有利于发展的一切因素并加以整合，那么，它在不远的将来，就一定会在面临新的严峻农业和食物消费局面的挑战中获得成就。如泰国实施以出口为导向的农业发展战略以来，农业生产对国际市场的依赖性越来越大。其生产情况也随着国际市场的行情而波动。20世纪90年代，泰国大米、木薯、棕榈油的出口遇到了困难，泰国政府鼓励农民由种水稻改种其他经济作物，从事家禽家畜的饲养，以增加农民收入，从而在政府引导和农民的积极配合下较好地应对了其所面对的挑战。

从东亚地区各国总体上分析，各国有其强势与弱势，有其成功的经验与失败的教训。诸如韩国在工业化进程中，未及时有效地对农业、农村、农民进行保护，使农业与工业得到协调发展方面有深刻教训；同时也有开展新村运动，改变农村面貌，建设新农村，提高农民思想素质，培养勤勉、自强、团结、奉献的新农民来促进农村综合发展方面的经验。各国有自力更生与加强相互合作的愿望，在区域合作组织和双边合作中，发挥平等、互利、合作、互补与整合精神，这一切一定会使所面临的诸多挑战有可能转化而变成难得的一种创新的机遇，使东亚农业在新世纪有完全不同于20世纪依附于西方殖民主义宗主国状态的新变化，能在世界农业中占有更高的地位，对人类作出更大的贡献。

1. 关于解决人民吃饭问题：要求将开发自然资源措施与环境保护统一起来

民以食为天。农业承担着保证不断增加人口的食品供应及得到量与质满足的任务。20世纪70年代以来的20多年时间里，由于各国政府重视、政策对头、措施得力，在这方面取得了较大的成功。不仅贫困人口的绝对数和相对比重均下降，而且整个东亚居民的营养水平也有较大提高。东亚除朝鲜的食品安全形势较差外，多数国家虽存在这样那样的问题，但总是可以找到妥善解决办法的。例如韩国粮食自给率下降，农产品供应长期不足，大量依赖进口的局面正在为全民所关注，并在采取农业科技进步措施，努力加以扭转。目前，在农业振兴厅的领导下，农业科学技术在研究、普及推广和农业教育方面进行着以下各项工作：（1）开展生物技术的研究与应用；（2）培育水稻新品种；（3）培育蔬菜、水果、花卉优质品种及推广大棚、温室栽培技术；（4）大力推进韩国牛与国外优良种中沙若拉牛的杂交及品种改良工作；（5）利用计算机联网和遥感技术等先进通讯设备，建立全国性的农业信息网络，为农民服务，为政府制定农业政策和措施提供可靠的依据；（6）加强农业技术教育，对农民进行专业技术、农业经营和农政等方面的培训。显然，东亚地区国家若能沿着加强食品安全的既定方向，结合国内外形势变化，采取相应的措施作出积极的调整与适应，那么，多数国家的食品安全前景将一定会是美好的。

2. 关于农业科技：要求实行无毒、无污染、无公害的清洁生产技术和文明消费

随着知识经济时代的到来，世界农业科技发展日新月异。东亚地区农业科技进步紧随世界潮流，在农业最新科技研究方面也取得了不同程度的积极进展，使农业增产与保护环境结合起来，向可持续方向发展。在农业生物技术方面取得的进展尤为明显。例如，中国最先在小麦、水稻、玉米、甘蔗、大豆、橡胶、葡萄和苹果等方面用组织培养生产单倍体，成功地育成了一些新品种。韩国用花药培养单倍体方法，育成2个水稻品种，而且每年筛选出约6 000个花药衍生的水稻品系。中国已将烟草中抗花叶毒病的基因转移到黄瓜，把一种杀虫基因引入水稻。泰国也利用遗传工程方法选育抗病毒的番木瓜和番茄品种。中国、菲律宾利用生物技术在主要作物中选择、诱导、分离和转移抗盐性品系，已选育出水稻抗盐性或耐盐性品种，推广后可显著提高盐碱地水稻的产量。

信息技术在农业中的应用方面，20世纪90年代东亚地区各国也有明显的进展。中国正在建设农业科技信息网络系统。它由中央、省（市）和县3个层次的数据库开发利用，和骨干网、地区网、局域网三级的网络结构互联所组成。通过网络系统，加强信息分析和农业发展研究，实现为政府宏观决策服务，为农民、农业和农村服务，为农业科研、教育服务。

东亚地区许多国家在多年生作物耕作技术、园艺式设施农业技术、农产品加工技术、持续农业技术方面也都有不同的进展，紧随世界潮流前进。诸如日本、泰国的农产品加工利用向密集化和食品多元化方向发展；菲律宾发展生态农业，实行综合经营；日本运用计算机控制农业，发展园艺式设施的农业；印尼把组织培养技术应用于油棕、兰花和藤及某些树种的繁殖；菲律宾、泰国等利用胚培养技术来保存和交换椰子的遗传资源。

3. 关于农业现代化：要求创建发展同环境、资源保护紧密结合起来的新模式

东亚地区各国农业现代化是发展的必然趋势，但它是一个非均衡的进程，有先有后，有快有慢，由少数国家到多数国家，直到全东亚地区的发展变化过程。目前只有日本农业实现了现代化，少数国家农业仍处于传统农业阶段，而多数国家农业已处于从传统农业向现代农业转变的阶段。它们经过“绿色革命”后，没有完全沿着西方现代农业发展的轨迹，而是直接进入了向可持续发展农业新路迈进的阶段。也就是从工业农业转向人与自然和谐的可持续发展农业。在这个转变中，没有现成的经验、现成的模式和现成的办法，发展中国家与发达国家处于同一起跑线上探索，以寻找到符合自己的发展道路，东亚地区各国或明或暗，或强或弱地均在进行中。中国则正在探索一条有社会主义特色的农业发展道路。东亚地区若能创造出更多的发展模式，诸如日本模式、泰国模式、马来西亚模式、韩国模式，并加强交流，取长补短，那么东亚地区农业现代化就会搞得更好和更有成效，就有可能以东亚地区农业发展道路与模式，对未来的世界农业发展道路产生积极的影响。

4. 关于可持续发展：要求政策措施上拥有新的理念与内容，协调好农业技术与资源、生态、环境之间的关系

农业可持续发展，无论对发达国家，还是对发展中国家来说，都是一个跨世纪的大课题，需要作认真的调研，结合实际采取持续性政策和坚持长期不懈的措施，才可能达到理想的前景。自 1992 年巴西里约热内卢联合国环境与发展大会，把可持续发展列为各国发展的热门课题以来，东亚地区各国在这方面都在探索实施的战略与办法。然而，由于农业可持续发展战略实施的思想和条件准备，在东亚地区各国间很不一样、很不平衡，其实现的进程将是渐进与多样的。迄今为止，就东亚地区整体而言，农业生态环境恶化的趋势不但没有停止，而且还有扩大之势。尤其是那些从传统农业向现代农业转变处于初期阶段的国家，由于缺乏生物技术和可持续技术的创新、推广和应用的能力与条件，中近期尚难实现这个理想目标。

总之，实践显示，可持续发展本身就意味着持续不懈，而急功近利则是难以得到理想效果的。它要求人们在思想上确立新的发展观即可持续发展观，要求政策措施上拥有新的理念与内容，即持续政策、持续技术和措施。唯有如此，通过积极的探求与不懈的努力，才可能日积月累逐步推进，实现农业的可持续发展，构筑东亚地区农业发展的美好愿景。

（孙振远）

第三章 工业

第一节 概述

东亚各国和地区，除日本和俄罗斯西伯利亚远东地区外，工业化起步较晚。大多数国家的工业是在第二次世界大战结束和陆续取得独立以后，才逐步发展起来。

中华人民共和国自 1949 年成立后，经过一段时期的恢复，1952 年开始第一个五年计划，并将工业作为发展的重点，随后曾经历一段较快的发展阶段。后来由于“文化大革命”等的影响，全国工业发展曾一度处于停滞状态。20 世纪 80 年代以来，全面实施改革开放政策，全国工业进入高速发展的崭新时期。

二战结束后，日本经济经过近 10 年的恢复，在 1955 年开始进入了高速发展时期。

20 世纪 60 年代后，新加坡、韩国和中国的台湾与香港等新兴工业化国家和地区（俗称“亚洲四小龙”）工业得到高速发展。随后，泰国、马来西亚、印尼和菲律宾等东南亚国家也加快了工业发展步伐，从而与中国、日本及“四小龙”发展交相辉映，形成近二三十年东亚地区经济快速发展的靓景。

迄至21世纪初，东亚地区的现代工业已达到一定规模水平，由日本、中国、韩国和其他东亚新兴工业化地区构成的西太平洋沿岸新月形工业带初步形成，其所生产的钢铁、汽车、船舶以及电子电器高新技术产品，在世界市场中均占有一席之地。

一　二战后初期至60年代初工业的恢复与发展

自第二次世界大战结束到20世纪50年代末60年代初，对于东亚国家和地区来说，可谓是工业化和经济发展的关键时期。各个国家和地区通过一系列的措施医治战争创伤，在致力于恢复本区域内的政治与经济秩序的同时，努力恢复正常的生产和生活，并结合全球发展趋势和本国本地区的特点，制定适宜的经济发展战略，探寻具有自身特色的工业化发展道路，为区域工业的腾飞和快速发展奠定了坚实的基础。

（一）日本

在东亚地区，日本工业化起步相对较早。在1868年明治维新后，便开始了现代工业的发展，并逐渐成为亚洲乃至世界工业强国之一。但由于日本在19世纪末至20世纪上半叶发动的侵略战争，不仅破坏了东亚各国和地区本已十分落后的工业，也给其自身带来严重后果。第二次世界大战后，1946年开始，日本在恢复和调整经济过程中，优先大力发展纤维、食品等出口导向型工业，并积极扶植面向国内市场的进口替代工业，如：化工、钢铁、水泥等部分资本密集型工业，以及半导体收音机、黑白电视机、冰箱等耐用消费品等，并对钢铁、煤炭、船舶、电力、合成纤维、化肥等重化工业部门进行了重点投资。到20世纪60年代初期，工业产值增至141亿美元，占国内生产总值的比例达45%；约为美国工业产值的10.3%。

（二）中国

1949年以前，经济发展极端落后，生产力水平十分低下。工业结构以轻纺工业、食品工业为主，缺乏重工业基础，基本上没有机器制造业。汽车、拖拉机、飞机等都不能生产。1949年中华人民共和国成立后，经过三年国民经济恢复时期，自1952年开始第一个五年计划，并在苏联的援助下，以156项工程建设为重点，开始了中国的现代工业化发展历程。其中，重点建设煤炭、电力等能源工业，钢铁、有色金属、化工等基础工业和国防工业等，使中国从无到有地建立起重型机床、电器、汽车、飞机、船舶、机车车辆等工业部门，逐步形成了门类比较齐全的工业结构体系，奠定了社会主义工业化的初步基础。至1957年“一五”计划的完成，标志着中国工业化已经越过了初期发展的阶段。到20世纪60年代初期，中国工业产值增至141亿美元，占国内生产总值的33%，为当时美国工业产值的7.34%。

中国台湾

1952年以前经济相当凋敝。从1952年开始，台湾当局选择了进口替代型工业化发展战略，展开了以生产最终消费品为中心的面向内需的工业，建立以非耐用消费品生产为中心的进口替代工业体系。如扩大传统的棉纺工业，大力发展食品工业，并建立和发展了一些人造纤维、塑料制品、胶合板和玻璃制品等劳动密集型轻工业，以提高工业品的自给率。到20世纪60年代初期，工业产值增至4.2亿美元，占区内生产总值的27%，为当时美国工业产值的0.22%。

中国香港

自20世纪50年代起，向加工工业发展。1953年开始，香港选择纺织和制衣业作为现代工业发展的突破口，并带动小五金、玩具、机械维修、建筑业等行业的发展，其产品开始出口东南亚和欧美等国家和地区。到20世纪60年代初期，工业产值增至3.7亿美元，占区内生产总值的39%，为当时美国工业产值的0.19%。

（三）韩国

工业化起步较晚。由于连续遭受第二次世界大战和朝鲜战争的破坏，至20世纪50年代初韩国经济处于极度紊乱状态。1953年，朝鲜停战协定签订后，韩国经济开始走上恢复和发展的道路。主要是利用来自美国的援助，发展当地急需的非耐用消费品工业，实施以生产一般消费品轻工业为中心的进口替代政策，其中食品和纤维等工业发展较为迅速。到20世纪60年代初期，工业产值增至7.6亿美元，占国内生产总值的20%，为当时美国工业产值的0.39%。

（四）新加坡

自1959年实行自治到1965年脱离马来西亚联邦为止，主要采取进口替代型工业化发展战略，重点发展劳动密集型的轻工业。在政府主导下集中力量发展交通运输、电讯、电力和住宅、自来水、煤气等工业发展所必需的基础设施，并建立起食品、纺织、印刷、皮革等一系列新兴的工业部门。与此同时，也建立了许多工业区，其中最大的裕廊工业区，占地面积约为全国的1/8，成为新加坡的工业中心。1965年，工业产值达1.26亿美元，为当时美国工业产值的0.06%。

（五）马来西亚

从20世纪50年代末开始，主要是在发展初级产品的生产与出口的基础上，建立和发展进口替代工业，并着力完善基础设施。

（六）泰国

1954年颁布《鼓励工业发展条例》，开始实施以工业化为中心的经济发展战略，其特点是由政府主导，通过发展国家资本发展工业，振兴经济。

（七）印尼

在1956～1960年的五年建设计划中，制定了进口替代工业的发展战略，把工业建设作为经济建设的中心。由于实施了上述经济发展战略及政策措施，印尼经济有所发展。

二 20世纪60～70年代的工业发展

20世纪60年代前后，东亚各国和地区的工业相继进入快速发展阶段，并逐渐形成相对比较完整的区域工业结构体系。然而，在其后的发展过程中，由于先后受到两次全球性石油危机的影响，整个东亚地区工业开始进入结构转换、调整的时期。随着日本产业结构开始由重化工业结构向高附加值产业转移，在空间上，东亚工业发展出现梯度化趋势，主要表现为日本向以亚洲4个新兴工业化国家和地区（“亚洲四小龙”）为主的国家和地区转移相关产业；进而在工业化先行的日本与工业化后发的“亚洲四小龙”乃至东盟一些国家之间开始出现“雁型”发展态势，从而促成了“亚洲四小龙”的经济起飞和东盟一些国家出口加工业的发展。

（一）日本

20世纪60年代初开始，日本政府确定“贸易立国”的发展战略，并以重化工业作为产业结构调整的基本方向，促进了产业结构的升级。日本通过大力引进国外先进技术，建立起钢铁、电力、造船、石油化工、汽车、家用电器等一大批出口导向型的资本密集型企业，开始了国民经济的重化工业化进程。与此同时，日本也重视发展部分资本、技术密集型进口替代工业，如电子工业、机器人、航天工业等。70年代受石油危机的影响，日本政府再次对产业结构进行调整，确定以建立知识、技术密集型产业结构为基本方向，即以知识、技术密集程度较高的产业为中心，同时也对其他产业相应提高其知识、技术密集程度。通过减少原材料加工型产业，大力发展加工组装型产业，从而促使制造业中的一批技术、知识密集型行业替代重化工业行业，成为发展较快的工业行业。到20世纪70年代末，日本工业产值已由60年代初的198亿美元增至4 448亿美元，与美国工业产值相较百分比由10.3%提高到49.8%。

（二）中国

20世纪50年代中期至60年代中期，中国依靠社会主义制度优越性和自力更生、艰苦奋斗精神，以及50年代后期制定并实行的《科学技术发展规划》，使得这一期间工业不仅赢得了一定的增长速度，而且作为传统工业且属经济薄弱环节的石油工业和作为新兴工业的化学工业及电子工业均获得了较快的发展。作为高科技产业的核工业和航天工业也取得了进展。然而，随后由于“文化大革命”的影响，工业增长速度大幅下降，产业结构严重失衡，技术升级趋缓，与经济发达国家渐趋缩小的差距又被拉大，工业化发展的进程延缓。此外，这期间由于较多地从国家安全角度考虑，进行了“三线”建设，在一定程度上缩小了东部与中西部地区之间的差距，但这些项目的投资效益低下，没有起到带动中国中西部地区经济发展的应有效果。到20世纪70年代末，中国工业产值已由60年代初的141亿美元增至988亿美元，占国内生产总值的比例已由33%提高到49%；与美国工业产值相比由7.34%提高到11.05%。

中国台湾

20世纪60年代，中国台湾工业结构向出口导向型工业转换，工业化速度加快。从而在台湾地区建立起一个以出口加工区为依托，以轻纺、家电等加工工业为核心的产业支柱。在大力发展纺织、食品、塑料制品、胶合板等出口型轻工业的同时，也发展了部分重化工业，如化学材料、石油、煤制品等，并开始发展收音机、电子零部件等劳动密集型电气机械工业。70年代，台湾地区利用发达国家转移出来的廉价设备发展重化工业，将经济发展重心从劳动密集型的轻型加工业转向资本密集型的重型制造业；产业政策也从重点扶持轻纺工业的扩张转向促进重化工业的发展，尤其是钢铁、石化、造船、核电等支柱产业和社会基础设施的建设。到20世纪80年代，中国台湾工业产值达187亿美元，占区内生产总值的46%，为美国工业产值的2.12%。台湾地区亦成为亚洲4个新兴工业化国家和地区（俗称“亚洲四小龙”）之一。

中国香港

20世纪60～70年代，中国香港进一步推动出口导向型的劳动密集型工业发展，加快工业化进程。60年代，香港继续50年代开始的出口加工业发展进程，经过10多年的努力，发展成为东亚地区的以纺织、服装和塑料制品生产为主的制造业中心。70年代，随着美国总统尼克松成功访华，中美、中日关系缓和，香港的制造业则向多元化发展，除传统的纺织、服装制造外，电子、玩具、钟表和塑料制品的制造也都取得长足进展。到20世纪80年代末，香港工业产值提高到91亿美元，占区内生产总值的32%；为美国工业产值的1.02%。香港成为亚洲4个新兴工业化国家和地区（俗称“亚洲四小龙”）之一。

（三）韩国

自20世纪60年代开始，韩国大力发展出口导向型轻纺工业，如纺织、服装、塑料制鞋、玩具、食品、杂货等，也开始积极发展化工、民用机械、钢铁、汽车和耐用消费品等进口替代型重化工业。与此同时，根据电力、交通、通讯等社会基础设施建设先行的原则，政府通过公共投资，建设了汉城至釜山的高速公路，完成了铁路干线的电气化，修建了港口和通讯设施，为经济进一步的起飞创造了良好的投资环境。70年代，韩国加快重化工业发展步伐，颁布汽车工业、钢铁工业、机械工业、造船工业等“发展法令”，确定把钢铁、石油化工、有色金属、造船、汽车制造等部门作为重点发展的出口战略产业，同时对计算机、精密机械、电气机械等技术密集型产业实行进口替代，促进了产业结构的升级和出口产品结构的优化。到20世纪80年代，韩国工业产值提高到251亿美元，占国内生产总值的40%，为美国工业产值的2.8%。韩国成为亚洲4个新兴工业化国家和地区（俗称“亚洲四小龙”）之一。

（四）新加坡

在20世纪60年代中期至70年代初，开始采取出口导向型工业化战略，重点发展面向出口的船舶修造、石油精炼和电子、电器业。1973年石油危机后，新加坡制造业开始逐步由劳动密集型向资本、技术密集型过渡，形成了以制造业为中心的贸易、运输、通讯、金融与商业服务和建筑五大经济支柱。到20世纪80年代，新加坡工业产值达44亿美元，占国内生产总值的38%，为美国工业产值的0.49%。新加坡成为亚洲4个新兴工业化国家和地区(俗称“亚洲四小龙”)之一。

（五）马来西亚

20世纪60～70年代，马来西亚主要是以工业化为中心，带动经济均衡发展。这一阶段后期，工业化的重点开始从进口替代向出口导向型转移。

（六）泰国

20世纪60年代泰国工业进入“进口替代”阶段。1961年开始实施第一个《国民经济和社会发展计划》，开始大规模实施“进口替代”发展战略。随着“进口替代”弊端的出现，从1971年开始，提出了发展“面向出口”的工业化政策，工业发展进入了“面向出口”阶段。这一时期，泰国利用地区产业结构调整的机会，发展自身的工业，较快地建立起自己的以轻纺、食品加工等劳动密集型为主的工业体系。

（七）印尼

1965年9月苏哈托执政以后，继续推进发展进口替代工业的战略，以便逐步实现工业化，带动国民经济迅速发展。20世纪70年代中期开始，在消费品基本满足国内需要的情况下，把工业化的重点逐渐转向发展以出口为主的劳动密集型加工工业。这一期间，印尼制造业发展迅速，在国内生产总值中所占比重显著上升。

（八）菲律宾

20世纪60年代亦主要是发展进口替代工业。70年代以后，菲律宾政府制定了增强本国工业基础的计划，实施鼓励出口加工业的政策。

表 1 中国、日本及"亚洲四小龙"1960～2000 年工业增长及同美国比较 (亿美元 %)

国别地区	1960		1970		1980		1990		2000	
	工业*产值	同美国比较%	工业*产值	同美国比较%	工业*产值	同美国比较%	工业*产值	同美国比较%	工业*产值	同美国比较%
中国	141(33)	7.34	354(38)	10.29	988(49)	11.05	1 489(42)	9.57	6 027(52)	22.79
日本	198(45)	10.31	957(47)	27.82	4 448(42)	49.75	12 177(41)	78.30	13 584(32)	51.36
韩国	7.6(20)	0.39	26(29)	0.751	251(40)	2.81	1 086(43)	6.98	1 731(41)	6.54
中国台湾	4.2(27)	0.22	20.6(37)	0.599	187(46)	2.115	681(42)	4.38		
中国香港	3.7(39)	0.193	12.6(36)	0.366	91(32)	1.018	187(25)	1.202	227(14)	0.858
新加坡	1.26(18)	0.064	5.7(30)	0.166	44(38)	0.492	128(35)	0.823	313(34)	1.183
美国	1 920	100.0	3 439	100.0	8 940	100.0	15 551	100.0	26 445	100.0

* 括号内为工业产值占国家（地区）内生产总值的百分比。

资料来源 世界银行《世界发展报告》1983、1995、1999～2000、2000～2001、2003 年版；隅谷三喜男、刘进庆、涂照彦著：《台湾经济》，东京大学出版会 1992 年 2 月 25 日初版（日文）。

三 20 世纪 80 年代以来的工业发展

20 世纪 80 年代初，日本高附加值制造业的迅速发展，制造业产品的质量稳步提高，国际市场上的竞争力也同步增强，经济发展进入巅峰时期。进入 90 年代，美国信息产业等高技术产业的发展，导致日本产品的国际竞争力下降，泡沫经济开始破灭，经济发展陷于停滞。迄至 90 年代中期，"亚洲四小龙"及东南亚国家和地区经济进一步得到发展。然而，1997 年亚洲金融危机造成巨大冲击，使得东亚许多国家和地区的经济普遍进入痛苦的调整阶段。与此同时，在改革开放政策的引导下，中国经济和平崛起，成为东亚乃至全球经济的重要增长中心。总之，90 年代日本经济的停滞、"四小龙"、东盟的发展和中国的崛起，促使日本一家独大"领头雁"格局逐步被打破。进入 21 世纪，东亚地区经济则开始呈现出多元化、网络化分工体系的格局。

(一) 中国

1978 年开始实施改革开放政策，进入了以实现经济总量（或人均国民生产总值）翻两番、人民生活达到小康水平为战略目标的社会主义建设新时期。国家计划为主的格局开始打破，市场调节的基本格局初步形成。包括高新技术产业在内的工业得到迅速发展，产业结构优化调整的进程不断加速。先后进行了四次产业结构调整。一是 70 年代末～80 年代初，改变了轻、重工业比例长期失调的局面，初步实现了二者间的协调发展。二是 80 年代下半期以后，新兴家电工业迅速发展，实现了家电产品的升级换代。三是 90 年代后期开始，基础产业有了比较迅速的发展，逐步缓解了基础产业的"瓶颈"制约。四是 90 年代以来高技术产业在工业中的比重有了明显上升。通过加快沿海地区工业以及东中西部地区间的协调发展，以及西部大开发战略的实施，中国工业地区布局得到极大改善。进入 21 世纪，随着中国加入世贸组织、北京成功申办 2008 年奥运会、上海成功申办 2010 年世博会，中国经济进入全新的发展阶段，跨国公司全方位地进入中国市场，中国企业也开始"走出去"，在国际市场上寻求新的发展空间，中国开始成为全球加工制造中心和重要的经济增长点。到 2000 年，中国工业产值达6 027亿美元，占国内生产总值的 52%，为美国工业产值的 22.8%。

中国台湾

20 世纪 80 年代提出"工业升级"、推进工业高度化的基本战略，遵循生产效果大、市场潜力大、技术集约度高、附加价值高、能源消耗少、污染轻的原则，将一般机械、电气机械、运输机械和信息产业部门作为重点发展的策略性工业，依靠技术密集型工业的发展，实现新一轮产业升级和经济转型。90 年代末，台湾地区经济进入新的转型期，内需持续低迷成为经济复苏的障碍，祖国大陆的兴旺是其经济发展的重要支撑。到 21 世纪初，台湾地区电子信息产业获得长足进展。截至 2001 年 10 月统计数字显示，目前全球 24.5% 的台式电脑，

52.5%的笔记本电脑，53.7%的监视器，70.2%的主板，92.5%的显示器，62%的芯片组，都出自台商之手。当前，台湾地区信息产业从配件到整机，从芯片到主板，从鼠标到手机，已成为世界重要的制造基地。在2006年3月28日世界经济论坛发布的《2005～2006年全球信息技术报告》里，台湾地区在这份最新的全球信息技术排名中，首次排名第七位，比2004年上升了8位。

中国香港

在20世纪80年代提出了"第二次工业革命"、实现"工业多元化"的口号，进行类似其他新兴工业化国家和地区的产业结构调整。选择微电脑、电传设备和医疗电子设备作为产业发展的重点，促进产业结构向技术密集型升级，并向中国华南地区大规模转移劳动密集型工业，形成香港制造业产品出口比重下降、由中国华南地区生产并经香港转口的产品比重急剧增大的格局。面向新世纪，经过20世纪末痛苦的结构调整，香港经济正迈向新的振兴发展之路。到2000年，香港工业产值达227亿美元，占区内生产总值的14%；为美国工业产值的0.858%。2004年1月1日《内地与香港关于建立更紧密经贸关系的安排》的正式实施，香港与祖国内地联系将更趋紧密，亦将为其制造业的创新与发展增添新的活力。

（二）日本

进入20世纪80年代，确定了以自主技术开发为基础，以软件技术为中心，使高技术和富有创造性的劳动力相结合，形成知识和技术密集型产业结构，实现技术和知识密集化，提高各产业部门的附加值，并把重点扶植的产业转向计算机、电子、新材料、新能源等高新技术产业，而对一些重化工业部门实行转产，或推进其产品、生产工艺等方面的知识、技术密集化。这次产业结构调整改变了以往依靠外需牵引的发展模式，逐步向以内需为主导的经济发展模式转换，并通过工业结构的高精尖化和整个产业结构的高技术化、信息化和服务化，实现了向更高层次的集约型经济结构的转换，促进日本经济重心逐渐由物质生产部门向非物质生产部门转移。到2000年，日本工业年产值达13 584亿美元，占国内生产总值的32%，为美国工业产值的51.36%。

（三）韩国

在20世纪80年代把开发和投资技术密集型产业、再次进行产业升级、实现"技术立国"作为基本战略。按照产业比较优势及其动态演变，建立三个相互协调发展的产业群：

第一个产业群包括纺织、水泥、钢铁、造船、汽车、石化、家用电器等行业。作为传统优势产业，通过技术升级提高产品的附加值和国产化率，其中部分劳动密集型产业开始向海外转移。

第二个产业群包括计算机、电子、精密机械、精密材料和航空等行业，其中有些产业目前尚处于引进、吸收阶段，将其作为主导产业加以重点培育。

第三个产业群包括信息技术、新能源、新材料、生物工程等高新技术产业，属于韩国21世纪发展的"未来产业"，选择若干重点领域，通过引进和消化，为最终转向知识、技术密集型产业结构创造条件。

面向21世纪，韩国确定的科技发展目标是：在新材料、生物工程、微电子、光学和航空工业等7个领域赶上先进国家，使电子、汽车、机械、高级化学等产业再上一个新台阶。1990～2000年间，高科技产业产值占国民生产总值的比重，从12.3%增加到32.7%。到2000年，韩国工业产值达1 731亿美元，占国内生产总值的41%，为美国工业产值的6.54%。2004年，韩国造船业建造量为830万吨，已经连续两年位居世界第一；钢铁产量突破4 500万吨，居世界第五位；汽车产量347万辆，连续3年排名世界第六位。

20世纪80～90年代东盟主要国家工业发展进入结构调整与升级阶段，一些国家的电子工业与汽车制造业取得长足进展。

（四）新加坡

20世纪80年代，政府根据其国土小、无资源、市场狭小的特点，选择以电子工业和生物工程等高技术、高附加值制造业作为发展重点，以期降低成本、提高产品的国际竞争力。同时，重视传统产业的技术革新，依靠新的技术继续发展。如对服装和家用电器组装业进行技术改造，扩大炼油业中高级油品的炼制比重，把海上钻井平台作为造船业发展的重点。此外，建立与海外各种合作关系，如与中国合作在苏州建立中国—新加坡工业园区，把大量的传统劳动密集型产业向海外转移。到2000年，新加坡工业产值达313亿美元，占国内生产总值的34%，为美国工业产值的1.18%。21世纪，为了保持制造业、制造服务业与贸易性服务业等的优势地位，新加坡政府提出了《产业21计划》。为此政府制定了一系列经济发展战略，主要包括高科技战略、中国战略和扩大腹地战略。同时，新加坡政府还进一步推动企业实施“走出去”战略，努力创新，开拓新的海外市场，以便为给本国企业创造更大的市场空间。

（五）马来西亚

20世纪80年代后期开始加速推进产业结构升级进程；1991年开始实施的“国家发展政策”时期，要求产业结构不断升级，制造业在经济中的比重进一步提高。80～90年代，马来西亚电子工业获得长足进展，其产值约占外向生产部门产值的70%，电子产品出口达出口总值的60%，成为经济的支柱产业。

（六）泰国

20世纪80年代中期，工业逐渐取代了农业在经济中的位置，成为经济发展的主要动力。80～90年代，泰国工业制造业发展迅速，汽车工业异军突起，90年代中期汽车产量已达50万辆以上，汽车及相关行业产值居东南亚首位。

（七）印尼

20世纪90年代末苏哈托下台后，历届政府都重视克服经济困难和危机，恢复印尼经济，并采取了多项政策措施。如，整顿金融机构，加强国有企业管理，放宽投资政策，改革外贸政策，进一步推进贸易投资自由化等。

（八）菲律宾

20世纪80年代，政府开始注重发展中间产品工业和重工业。进入90年代，政府对制造业的发展方向做了重大调整，改变以往面向城市、资本密集的工业政策，鼓励发展中小型的、劳动密集型工业和乡村工业。

第二节 工业结构

一 基础工业与加工工业格局

在东亚地区工业构成中，基础工业与加工工业均十分发达，其空间布局具有以下显著的特征。

（一）基础工业

东亚地区基础工业主要由能源工业、冶金工业等部门构成。能源工业在空间上主要集中于三大区域——俄罗斯西伯利亚远东地区的石油、天然气工业区，东南亚石油工业区和中国大陆的石油与煤炭开采工业区。

东南亚地区1990年石油产量为10 600万吨，目前尚余储量22亿吨。

自从中国东部大庆、胜利、辽河、华北等油田投产后，中国大陆石油开采量常年维持在1亿吨以上。中国也是东亚地区煤炭的主要生产国，煤炭资源储量丰富，1990年全国保有储量9 543.9亿吨，原煤年产量达到10.8亿吨；2004年则达到年产煤19.6亿吨。

俄罗斯共有8个大产油区，从产油区的特点和地理位置看，属于西伯利亚和远东地区的均颇具潜力。西西伯利亚是俄罗斯21世纪前期油气主要开采区。1995年以来，原油产量稳定在2亿吨以上。该地区中南部（尤甘克和托木斯克地区），是俄罗斯重要产油基地和原油出口基地。西西伯利亚油气区天然气储量占全俄的68%，产量约占全俄的90.2%。在已发现的五大气田中，有4个在西西伯利亚，这些气田使得俄罗斯天然气产量跃居世界第二位。

20世纪80年代后，前苏联开始实施东部油气战略，油气开发中心向东转移，即从西西伯利亚油区转向东西伯利亚和远东地区的油区。东西伯利亚、远东地区作为俄罗斯石油天然气新增产量接替区，是俄罗斯21世纪油气产量增长远景地区及向东亚地区出口油气的资源基地。至21世纪初，东西伯利亚南部已发现3个大型油田，如全面投入开发，预计2010年可年产石油1 000万～2 000万吨，2020～2030年预计年产原油3 000万～4 000万吨。

东亚地区冶金工业以钢铁工业为主，主要集中于中国、日本和韩国。2003年，3国钢铁产量分别为22 233万吨、11 051万吨和4 630万吨，占当年世界钢铁总产量的近40%。在空间布局上，日本和韩国的钢铁工业以临海型布局为主要特征，这与日本、韩国钢铁工业原料、燃料主要依靠海外进口密切相关联。中国的钢铁工业绝大多数属资源型布局，与铁矿、焦煤基地高度关联，仅有“宝钢”是利用海外原料、燃料，接近消费地布局的钢铁工业基地。

（二）加工工业

东亚地区加工工业门类众多，主要有机械工

业、纺织工业等。在东亚各国和地区中，机械工业相对完整，其中主要有日本、韩国和中国。日本、中国和韩国的汽车、造船工业都很发达。2001 年全球订造新船总吨位2 867万吨，其中：日本1 101万吨，占 38.4%；韩国 1063 万载重吨，占 37.1%。日本和韩国的造船量占全球造船总量的 75.5%，成为引领全球造船业的“旗舰”。近年来，中国造船业发展迅速，2004 年造船量达 880 万载重吨，占世界市场份额的 15%。2004 年，日本汽车产量达到1 051万辆，中国为 507 万辆，韩国为 346 万辆，分别占世界总产量的 16.27%、7.85%和 5.41%，中日韩三国占全球汽车总产量的近 30%。中国是世界纺织大国，每年有大量纺织品出口，但产品档次较低。日本和“亚洲四小龙”的纺织工业以生产高档面料及成衣为主。

二　基础工业基本结构及其薄弱环节

中国在 20 世纪 90 年代，钢铁工业产品产量迅速增长，品种结构和产品质量亦有所改善。钢产量由 1952 年 135 万吨增加到 2003 年的22 233万吨，成品钢材由 1952 年 106 万吨增加到 2003 年的 24 199万吨。目前，中国的钢、钢材、生铁的生产能力均已超过 2 亿吨，成为世界钢铁生产第一大国。

1973 年，日本钢铁产量达到11 932万吨高峰，一度成为世界第一钢铁生产大国。“泡沫经济”破灭后，钢铁生产徘徊在 1 亿吨上下，2003 年粗钢产量为11 051万吨。

韩国的钢铁产量在世界占有一定的份额，居世界第五位。为适应大量耗用钢材的汽车、电子、机械、造船等工业发展的需要，韩国的钢铁工业得到持续发展，2003 年钢铁产量达4 630万吨。近年来，韩国钢铁工业也开始扩大对中国和东南亚等地的海外投资。

朝鲜能源工业主要由煤炭和电力构成。进入 20 世纪 90 年代后，随着采掘煤层加深和采掘设备老化，原有煤炭生产机械化水平显得普遍低下，煤炭生产效率显著下降。朝鲜 2001 年煤炭年产量为 2 310万吨，煤炭生产难以满足经济发展的能源需求。朝鲜所需石油全部依赖进口，年石油需求量为 350 万吨，但进口量仅为需求量的 1/3 左右。20 世纪 90 年代之前，朝鲜电力工业稳步发展。1970 年全国总发电量为 165 亿千瓦小时，1987 年的发电量增加到 600 亿千瓦小时。20 世纪 90 年代以来，由于煤炭工业发展相对滞后，发电设备老化，电力生产受到很大影响。落后的交通系统更加重了能源问题。2001 年全国发电量下降到 202 亿千瓦小时。能源供不应求，导致朝鲜钢铁工业设备运转率仅达 30%，化肥工业为 39.4%，炼油工业为 26%，交通运输业发展严重滞后。

马来西亚矿业生产以锡、石油和天然气的开采和提炼为主。马来西亚曾是世界最大的锡生产国，但在其他产锡国的竞争和国际市场需求下降的双重压力下，采锡业急剧萎缩，产量从 20 世纪 80 年代初期的 6 万吨左右降到 20 世纪 90 年代中期的 0.5 万吨，1999 年为 0.7 万吨。马来西亚是一个能源净出口国，主要出口产品是原油和液化天然气。石油开采从 20 世纪初开始，集中在东马的沿海地区，到 20 世纪 60 年代基本枯竭，遂逐步转向深海地区。进入 20 世纪 70 年代以后，石油开发与生产继续迅速扩大。到 20 世纪 90 年代中期，已探明的石油储量可供生产 10～15 年，天然气储量可供生产 75～100 年。以资源为基础，油气生产迅速增长，成为东南亚地区在印尼之后的重要能源输出国。1999 年年产原油3 400万吨，出口1 800万吨；石油液化气1 540万吨，出口1 490万吨。

三　加工工业基本结构及其优势

日本汽车工业近年来一直执世界汽车业增长之牛耳，在 1991 年开始进行海外投资，开展跨国经营。机械工业是日本最主要的支柱工业部门，自 1992 年起，机械工业生产开始下降，一般机械的生产自 1994 年跌入低谷后开始缓慢回升，电气机械回升幅度较大，运输机械则一直徘徊不前。日本自 1994 年起，化学工业生产增长迅速，石油化工增长平稳。

韩国电子工业是经济腾飞的龙头和战略主导产业，在世界电子产业中占有重要地位。韩国是世界十大电子产品生产国之一。电子工业是韩国国民经济支柱产业。根据韩国电子产业振兴会的统计，2000 年韩国电子产业产值达到 673 亿美元，位居美国、日本和中国之后为第四位。三星、LG、大宇等企业是韩国著名的电子工业企业。汽车工业是韩国“五大战略产业”之一，1990～2000 年间，汽车产量由 132 万辆上升为 311 万辆。2002 年汽车产量 320 万辆，居世界第六位。主要汽车生产企业有现代、起亚、大宇、亚细亚等。韩国纺织工业构成中棉纺织业呈缩减趋势，但化学纤维产量呈发展趋势。20世纪80年代以来，韩国的纺织工业增长趋缓，在制造业中的地位和在国民经济中所占的比重有所下降，但从生产设施和出口的角度来说，韩国仍然是世界上十大纺织品生产国之一。2000年韩国纤维工业的发展规划是，纤维产品出口达到250亿美元，纤维工业在世界同行中的排名提高到第三位。

朝鲜在工业化进程中始终贯彻“优先发展重工业，同时发展轻工业和农业”的基本方针，集中大量财力、物力和人力加速重工业发展，对轻工业的投资较少，导致朝鲜加工工业发展不足。

新加坡加工工业的支柱是电子电器、石油加工和运输设备。20世纪90年代起，电子业发展十分迅速，成为制造业部门产值最大、从业人数最多的行业，是新加坡的主要经济支柱之一。随着跨国公司的积极参与以及技术密集和高附加值产品的开发生产，新加坡电子业已从简单加工装配发展到自行设计生产，现已成为世界上电脑磁盘机和集成电路的主要生产国之一。2001年电子业的产值已占到整个制造业总产值的约45%。新加坡是世界三大炼油中心之一，该行业在制造业中的地位正在下降。运输装备业在80年代后受世界海运业不景气影响，出现严重衰退，1985年营业额和出口额均降至1980年以来最低点。1986年该行业出现转机，1995年运输装备业的产值达到40.5亿新元。2001年该行业占制造业总增加值的9.2%。

马来西亚加工工业中较重要的部门有电子、纺织、服装以及橡胶、热带硬木和原油加工。这些加工工业一直是马来西亚经济发展最快的部门之一，特别是1987～1997年期间，该部门一直保持两位数的年增长率。不过，它的增长在1998年受金融危机的影响而出现两位数的负增长，1999年后开始逐渐走向复苏。

第三节 东亚地区工业地域构成

一 东亚地区工业地域构成的整体特征

由于历史原因及工业化起步的先后，东亚各国和地区的工业发展程度明显不同。总体而言，日本位居前列，发展水平明显高于其他国家或地区。“亚洲四小龙”紧随其后，其发展程度正在逐步接近发达地区水平，而除新加坡以外的东盟其他国家则发展水平各异。中国由于地域辽阔，各地区发展水平存在较大差距，东部沿海地区发展水平较高，近年来正迅速赶上或超过“亚洲四小龙”，而广大中西部地区发展水平相对落后。

在日本的工业结构中，除食品以外的主要行业均为技术、资本密集型行业，特别是体现高技术的电子设备制品、精密机械和造船、汽车工业等，无论所占比重，还是实际的技术水准与质量，都超过东亚其他国家和地区。即使同为电子设备制品，其关键性高技术部分也主要由日本研制开发。因此，即使和其他国家（或地区）相同的行业，在技术和附加值方面仍有很大区别。

在“亚洲四小龙”中，韩国和中国台湾的工业结构比较相似，电子设备制品行业均处于制造业首位。韩国的汽车、造船业已位居世界前列；作为重化工业的机械、钢铁在制造业中占的比重也较大。中国台湾的电子设备制品比重较高，这是因为个人电脑等电子产品产量很高。同时，基础金属制品和化学材料制品在制造业中占的比重也较大。两地结构的不同之处在于：韩国制造业中以大企业为主体，因而汽车、造船、钢铁等拥有大型生产设备的行业处于上位，整个结构较之台湾更趋重型化；而台湾则以中小企业为主体，整个结构较之韩国要趋轻型化。中国香港和新加坡虽然都表现为城市型产业结构，然而制造业内部结构发展却有明显差异。中国香港制造业中以劳动密集、轻型工业行业为主，仅服装和纤维两个行业就占制造业部门近四成的比重，比电子设备制品行业所占比重高3倍。新加坡制造业中以重型工业行业为主，特别是电子设备制品行业在制造业中占的比重很大，石油精炼业和运输机械占的比重也较大。两地相比，新加坡不仅在制造业领域更为重型化，而且在知识与技术密集型行业的发展更为领先。

东盟的马来西亚、泰国、印度尼西亚、菲律宾四国中，马来西亚工业发展居最前列。该国电子设备制品在制造业中占的比重很高，达到二成以上，在东亚各国和地区中位居前茅。这是因为80年代后半期以来，马来西亚大力吸引具有高度技术的外资企业，从而迅速推动了制造业结构的升级，目前正处在追赶“四小龙”的征途中。泰国制造业中的服装、纤维行业所占份额最大，同时以汽车行业为主的运输机械部门也占有较大比重。印尼木制品、纤维行业在制造业中的比例很高。而菲律宾则是食品行业在制造业中占有特别高的比例，达到四成以上。以产业发展达到的高度来看，处在最高位的是马来西亚，其次是泰国、印尼，而菲律宾居后。越南、老挝、缅甸、柬埔寨等新加入东盟的国家的工业相对落后，有些甚至还没有进入工业化之列。

二　中国工业构成特征

1949年以来，经过40多年的大规模建设和发展，中国工业不仅建立起独立、完整的工业体系，而且有了较雄厚的基础和规模。许多工业部门和行业从无到有，从小到大，跨入世界的前列；汽车、飞机、远洋船舶、冶金矿山、化工、电站等大型成套设备、精密仪器仪表以及许多电子高新技术、核能、宇航等工业相继填补空白。与此同时，中国工业布局也发生了巨大变化，日趋合理。

（一）能源工业

能源工业是中国重要基础工业。2004年中国标煤产量达19.6亿吨，是1957年的19.1倍，是1978年的3.05倍。由于生产、运输及品种调剂等诸多因素，目前中国能源生产和供应与工业经济发展出现某种程度上的不相适应。从中国资源、经济和技术等实际条件出发，应发展以电力为中心、煤炭为基础，石油、天然气和新能源相结合的多元化能源工业结构体系。

1. 煤炭工业

50多年来，中国煤炭工业作为“基础的基础”，发展迅速，产量一翻再翻，1989年突破10亿吨以来，连续10多年居世界首位，2004年原煤产量达到19.6亿吨。中国煤炭基地主要包括如下区域。

（1）晋、蒙、陕以及宁、豫西等地构成的全国基地

其煤炭资源保有储量超过6 000亿吨，约占全国总量的2/3以上。其中晋陕蒙毗邻地区，资源储存尤为量大、质优、种全、易采，且区位优越，便于加工和外运。山西是中国最大的煤炭生产基地，除自己加工转化一部分煤炭外，还通过大秦、京包、京原、石太、邯长、太焦、南同蒲及朔黄铁路和公路大量外调，供应华北、东北、华东、华中、华南和西南等地区，每年并有部分出口。

（2）由东北、冀、京、鲁、皖北和苏北等地组成的东部老工业基地

煤炭资源比较丰富，更是中国经济发达地区，是高耗煤、耗能中心，原有煤炭工业已有很好基础。

（3）云贵基地是中国南方唯一的富煤区

其开发不仅能满足自身需要，而且还可就近供应四川、重庆及两广等地区。

（4）西北内陆新疆煤炭资源也很丰富

目前由于区位偏远，受运力限制，只能以运定产。

2. 石油工业

石油工业一直是中国能源建设的重点产业。20世纪60年代以来，中国逐渐建立起庞大的石油勘探、开采和加工生产体系，成为重要的石油生产大国。1996年1月1日，中国剩余探明石油储量3 287.67百万吨，居世界第十位。2003年，生产原油1.70亿吨，原油勘探、建井和产油能力取得新进展。80年代，中国是石油净出口国，是出口创汇的主要来源，自1994年开始成为石油净输入国，1996年开始，石油产量年增长低于2%，但需求量增长却远高于此数，令原油缺口日渐扩大，1997年缺口在2 000万吨以下，到2003年缺口超过了9 000万吨，2004年进口原油约1.2亿吨。

目前，中国已形成了东部、西部、海上和南方四大石油勘探开发区，近期以东部地区为重点，西部和海上为战略接替区域。目前中国的大型油田主要位于东部地区，如大庆、胜利、辽河、华北、中原等油田，合计产量占全国原油总产量的80%，是中国原油生产的主力油田。近年来西部地区的石油勘探，主要是塔里木油田。西部油田原油产量虽只占全国总量的10%，但是发展前景广阔。此外，中国海上石油工业也从无到有、从小到大地发展起来，1996年产量达1 700万吨，其中最大油田是位于珠江口外、香港东南190公里的流花油田。最大气田为莺歌海的崖城13－1气田，其他如渤海、东海的勘探与开发也取得喜人成就。从中长期看，中国油气增产希望须寄托于海上油田。中国渤海湾于2010年后将成为中国第二大油气田，届时年产量可达到3 000万吨，沿海的海上油田总产量将达5 550万吨。

3. 电力工业

中国可供发电的能源资源蕴藏总量丰富，其中

主要是煤炭和水力。煤的蕴藏量呈现“北多南少”和“西多东少”格局。而水力资源理论蕴藏量达6.76亿千瓦，其中可开发利用的为3.79亿千瓦，地域分布状态为“南多北少”和“西多东少”。根据中国能源资源的总量和分布，今后能源工业的发展应坚持：水火并举，火电实行坑口和其他区位模式相结合，适当发展核电，同步发展电网。

50多年来，伴随着新中国前进的步伐，中国电力工业从185万千瓦发电装机容量、43亿千瓦时发电量，连续越过2亿千瓦装机容量和1万亿千瓦时发电量的两座高峰，于1995年开始居世界第二位。自1978年起到1998年底，中国发电装机容量每年平均增加1 000万千瓦以上，年均增长率达7.68%；发电量年均增长率为7.48%。至1998年底，中国发电装机容量达到2.7亿千瓦。2003年发电量达到19 107亿千瓦时，暂时缓解了全国性缺电局面。

中国建设中的三峡电站是目前世界上最大的水电站，总装机容量1 820万千瓦。从2003年到2009年，26台机组将陆续投产发电，按设计，电站年均发电量为847亿千瓦小时。

（二）原材料工业

原材料工业系指向国民经济各部门提供基本材料的部门。中国原材料工业主要包括金属冶炼及加工、炼焦及焦炭化学、化工原料、水泥、人造板加工等工业。

1. 冶金工业

冶金工业即金属冶炼业，在中国以钢铁工业最为重要。中国铁矿石资源丰富，1995年保有储量为478.94亿吨，居世界前列。但贫矿多、富矿少，矿石成分复杂。中国炼焦煤资源丰富，炼焦煤约占煤炭资源总储量的30%以上，各种焦煤品种齐全，数量、质量均可保证国内钢铁工业的发展。此外，锰矿蕴藏量也居世界前列。长期以来，中国钢铁工业布局主要是根据国内资源分布条件而展开，也即在铁矿资源集中的鞍山—本溪、冀东、攀西、包头—白云鄂博、五台—岚县、宁芜—庐纵、鄂东—鄂西等7个特大矿区，建设了鞍山、本溪、首钢、攀钢、包头、太原、马鞍山、武汉九大钢铁联合企业和以梅山、马鞍山为原料基地的上海钢铁工业。改革开放后，在沿海地区建设了现代化的大型钢铁联合企业——宝钢，并扩大了武钢、马钢、上钢等长江沿江企业的生产规模，建成了鞍、本钢铁基地，京、津、唐钢铁基地，上海钢铁基地，武汉钢铁基地、攀枝花钢铁基地、包头钢铁基地，太原钢铁基地、马鞍山钢铁基地、重庆钢铁基地等十大钢铁基地，基本形成了一个有中国特色的、大中小企业相结合、具有年产亿吨钢综合生产能力。

2. 化学工业

化学工业是原料来源广、产品种类复杂，与各产业部门有广泛而密切联系的工业部门。经过近50年的建设和发展，中国化学工业已发展成为行业齐全、布局比较合理的化学工业体系，成为全国工业体系的重要组成部分。中国化学工业由基本化学工业，即酸碱工业、化学肥料工业和由石油化工和煤化工组成的有机化学工业构成。目前，中国综合化工基地中，依规模大小居前5位的，依次是上海、天津、南京、北京和吉林。此外，还有以煤化工为特色的太原基地，以及以石油化工为基础的大庆、淄博和兰州基地。

（三）加工制造业

1. 机械工业

机械工业是加工制造业的核心部门，是国家确定的重要支柱产业部门之一。主要有工业设备制造业、农业机械制造业和交通运输机械制造业等。目前，中国主要机械工业基地有：上海、北京、天津、广州、沈阳、深圳、南京、重庆、长春、大连等。其中上海是中国最大的工业城市，也是全国最大的机械工业基地，在研究、规划、设计、开发、制造、引进及消化创新与协作配套等方面均居全国之首，其产品不仅行销全国各地，部分产品在国际市场也有一定竞争力。代表性行业有工业设备、交通运输设备、电子工业、精密仪器仪表、高科技产业等。

2. 汽车工业

中国汽车工业与发达国家相比，目前仍存在较大差距。主要表现为汽车生产企业布局分散、规模偏小、尚未形成规模，汽车工业的自主开发能力低。中国中型卡车制造主要集中在“一汽”和“东风”两大集团；重型汽车制造主要集中于济南重型集团，四川、包头有关企业通过引进也生产重型车；轻型汽车制造除一汽集团外，南京、北京、江西、沈阳、四川等，都通过引进、合资建设，发展了轻型车生产厂家；中国批量制造轿车为期尚短，目前主要集中在“三大”、“三小”基地，即长春、武汉、上海三个较大轿车生产基地和北京、天津、广州三个较小轿车生产基地。

经过50年的发展，2003年，中国汽车的年产量已达450万辆，在世界排名第四，成为世界汽车生产大国。然而，中国的汽车工业迄今没有或较少有自主开发，更没有自己的品牌。今后，中国汽车工业唯一出路是：努力争取双赢平等的国内外合作，充分利用国内外先进技术、设备和人才资源，形成自己的核心技术，形成有竞争力的自主品牌，使汽车工业走上创新和持续增长能力的良性循环轨道。

3. 轻工业

目前中国轻工业已经形成了具有相当规模和水平、能够满足国内需求又有一定国际竞争能力的生产体系，初步形成了以环渤海地带、长江三角洲、闽南三角洲、珠江三角洲为主体的轻工业出口基地。在中国沿边内陆地区，新疆、内蒙古、黑龙江等地对独联体、东欧和蒙古各国，新疆、宁夏对中、西亚伊斯兰国家，四川、云南、贵州对南亚和中南半岛三国的轻工业产品出口基地也正在逐渐形成。

4. 纺织工业

中国纺织工业基础比较雄厚，是世界纺织工业大国之一。中国棉纺织工业规模较大的地区有江苏、山东、湖北、河北、上海、河南；毛纺织业主要集中于江苏、上海、山东、浙江、辽宁、天津、北京等省市；丝绢纺织业主要集中在四川、江苏、浙江、辽宁等地；缝纫服装业及皮革、毛皮、羽绒制品业规模较大的有广东、江苏、浙江、上海、山东、福建、北京等地；化学纤维工业规模比较大的地区有江苏、上海、辽宁、广东、黑龙江。

（四）高新技术工业

中国高新技术工业主要包括新能源与新材料工业、电子和信息工业以及生物工程、空间技术与海洋开发等。目前中国在秦山和大亚湾建有核电站。在精细陶瓷、复合材料、光导纤维、激光材料、超导材料、形状记忆合金、非晶态材料、超微粒等生产领域，部分已实现产业化。在空间技术方面，中国已建立和发展了具有世界水平的航天工业，成为世界空间技术强国之一，发射入轨的返回式遥感卫星、通讯广播卫星和气象卫星和载人航天器等，已应用于国防和国民经济各部门，取得了良好的经济效益和国际声誉。

20世纪90年代以来，中国高新技术产业从小到大、由弱变强，已成为拉动国民经济增长的重要力量。10年间，中国高新技术产业的工业产值从3 000亿元增加到1.8万亿元，年均增长20%以上，超过同期全部工业年均增长速度10多个百分点，成为国民经济发展中最具活力的部分。在国民经济构成中，高新技术产业所占比例已经由1991年的1%提高到2001年的15%。

中国高新技术产业的发展为高新技术产品出口提供了强有力的支撑。自20世纪90年代中期以来，中国以计算机和通讯产品为代表的高新技术产业加速发展，以电子信息产品为主的高新技术产品迅速走向国际市场。20世纪90年代初，中国高新技术产品出口的比例只有4%，经过十几年的努力，到2004年则上升到27.4%。

三　中国台湾、香港工业构成特征

（一）中国台湾

台湾地区工业的发展和布局经过几十年的发展，形成了一种以加工外销为主体的海岛工商业经济体制，对外依赖性大。其工业大都集中在西部平原，基本上以台北、台中、高雄为中心形成一个弧形工业带。目前台湾地区工业中首先是新兴产业居主导地位，其中电子电机业更居制造业内各业之首。其次是，资本技术密集型的重化工业所占比重逐渐上升。产品结构逐渐由非耐用消费品的加工向中间产品、机械设备和耐用消费品的加工制造过渡。

从1996年开始，台湾地区先后建立了高雄、楠梓和台中等3个加工出口区。台中加工出口区面积较小，且靠近中部腹地，以高级精密工业为主；其余两个加工区面积大，腹地广，地理位置优，产品包罗万象，除精密机械类、电子制品类以外，还有金属、假发、成衣、针织、皮革、橡胶、家具、手工艺和玩具等。这些加工出口区都是融合自由贸易区和一般工业区功能的综合体。

今后台湾地区工业发展趋势主要为：一是劳动密集和低附加值的加工产业将继续向中国大陆和东南亚国家转移；二是台湾地区将强化产业体系，提升产业结构，包括加强科技研究开发、推动明星工业发展、促进信息化社会发展、改善产业结构等。

（二）中国香港

香港制造业发展始于20世纪50年代，主要从纺织、成衣和制鞋业开始。经过几十年的发展，香港已进入新兴工业化国家和地区行列，成为远东地区重要的制造业中心。香港制造业中以纺织业、制衣业、金属制品（包括机械设备）、电子电机业和塑胶制品业等五类产值最大，这五类行业合计产值占制造业产值总额的81.86%。其中电子业和金属制品业的发展非常迅速，而纺织业和成衣业则呈萎缩之势。此外，香港钟表、首饰和玩具制造业等也较为发达。就总产量、雇佣人数和出口额而言，香港的制衣业及其辅助业仍然是香港最大的制造业部门。香港制衣业集中在天然纤维，如棉花、羊毛、丝等面料，近年来也加入了苎麻和类似的纤维。1994年，香港有制衣厂5 628家，雇佣工人14万人，占香港制造业雇佣人数的31%。香港制造的成衣产品，出口额几乎占港制产品出口额的40%，仅次于中国内地和意大利。

1. 香港工业的特点

一是以中小型工厂为主，一般都是独资经营或家庭企业，资金主要来自老板的个人积蓄，产品订单主要来自进出口商及当地工厂，生产比较专业化。随着制造业的自动化发展和劳动密集型工序向内地的转移，香港企业雇员的人数急剧减少。到1996年底，每间工厂平均雇佣的人数已经从1980年的20人下降为12人。二是香港的工业主要是制造业，而制造业以轻纺工业为主，生产以加工装配为主。三是工业产品以海外市场为主，产品的90%以上出口，市场主要集中在发达国家。四是香港厂家信息灵通、适应性强，劳工工作效率高。加之通讯发达、出入境方便，对市场的反应快。

2. 香港工业今后发展的趋势

一是劳动密集型产业和低技术的加工式制造业将进一步向中国内地和东南亚一些国家和地区转移，以降低产品成本，提高国际竞争力；二是工业发展将转向技术密集型和资本密集型，走技术密集型模式，将是香港工业未来的目标和发展方向。

四 日本工业构成特征

日本在第二次世界大战前主要以轻纺工业为主，二战期间与军事有关的重化工业发展迅猛。二战后，1955～1970年，日本初步形成了以机械、钢铁、炼油、石油化工为中心的工业体系。20世纪70年代，日本工业开始由劳动密集型和资源型向技术密集型转变。80年代又提出“技术立国”的政策，大力发展信息产业和高新技术产业，如微电子、新能源、宇航、生物工程、新材料、人工智能等。

二战后，日本工业主要集中在“三湾一海”地区。从东京湾东侧的鹿岛开始，向西经千叶、东京、横滨—骏河湾沿岸、名古屋（伊势湾）和大阪、神户（大阪湾），再沿濑户内海沿岸，直达北九州地区，长达1 000公里，它包括京滨、中京、阪神、濑户内海、北九州等五大工业地带及其毗连地区，略呈东西向的条带状分布，通常被称之为“太平洋沿岸带状工业地带”。这一地带占日本全国总面积的20.4%，拥有人口和工厂数的60%、工人数的65%以上和工业产值的75%以及重化工业产值的80%以上。特别是二战后新建的大量消费原料的资源型工业，均集中在这一地带，成为“临海型工业”的典型代表，也是世界上工业最发达的地区之一。

日本工业按发展历史和现代化水平，可分传统工业和现代工业两大类别。传统工业指明治维新以前，日本各地发展起来的生产各种日用消费品的手工业、家庭手工业，如丝、棉、麻织品、酿造、土纸、漆器、陶瓷器、刃具等的生产。这些工业随现代工业的发展，有的已衰落，有的则保存下来，如陶瓷工业、造纸工业等。

日本的现代工业按历史发展和现代化水平，以及原料、劳动力、技术、人口分布、市场等方面的关系，可分为基础资源指向型、劳动力指向型、技术指向型、城市人口集聚型等；依照地域分布的特点，又可分为临海型工业与内陆型工业两种地域类型。

（一）基础资源指向型工业

是指在生产过程中大量消耗原料的工业部门，如钢铁、石油、化学工业等。战后日本钢铁工业主要集中布局在太平洋沿岸地带。这是因为战后日本钢铁产量急剧上升，原料、燃料的对外依赖程度日益加深，铁矿石的98.2%、焦炭的88.4%依靠进口，同时钢铁产品的40%左右需要销往国外。原料、燃料来源从近距离资源地向远距离原料供给地转移，运输线延长到5 000海里，比美、英、德等国长1.5倍。铁矿石的运费要占铁矿石费用的40%，因此降低运费成为保证日本钢材在国际市场竞争中取胜的重要条件。优越的天然港湾和便于运输的临海地区成为厂址选择的首要条件。石油精炼和石油化工是日本战后的新兴产业，日本产油少而炼油能力很大，全部集中在沿海地区，特别是沿太平洋带状地区，集中了全国石油精炼的80%，乙烯生产的94.6%，是日本工业临海性特征的典型表现。

（二）劳动力指向型工业

是指电机、精密机械和纺织等行业，耗费金属原料少，却需要大量的具有熟练技术的劳动力。多分布在原有的三大工业中心，特别是政治、经济、科学文化中心的京滨地区，集中了全国生产的一半以上。近年来，则明显的向其周边地区分散，成为日本工业分散的典型部门。在长野、北关东内陆各县和东北地区的南部，形成了新的发展中心。

（三）技术指向型工业

一般包括电子、运输机械和车床工业等。如造船工业和汽车工业。战后日本造船工业发展迅速，从1956年起，船舶总吨位一直保持世界首位（占1/2以上）。20世纪60～70年代以生产大型油轮为主，其建造量的80%用于输出，是日本经济高速增长时期的三大输出品之一。大型造船厂多集中在太平洋沿岸和钢铁工业基地。日本汽车工业发展较晚，20世纪60年代后才飞速发展起来，在60年代末期超过西欧、1980年超过美国，成为世界最大的汽车生产与出口国。日本汽车工业分为总装、车体、部件三大部分，与钢铁、玻璃、橡胶等工业部门关系紧密。

20世纪70年代以来，日本工业结构明显地从大量消耗原材料的基础资源型工业向节省资源的技术、知识密集型工业转换。电子工业是典型的技术知识密集型工业，它成为重点发展的部门之一，主要包括电子计算机、通讯设备、收录音机、集成电路和机器人等。其中集成电路工业在日本被称为产业的“粮食”或产业的“能源”。日本集成电路工业的地域分布相对比较分散，从北海道到南九州，从沿海到内陆都有分布，而主要集中在关东和九州地区，其次为京阪神地区、东北地区南部和北陆地区。从工厂类型来看，集成电路工业的研制设计阶段主要集中在京滨和京阪神大工业地带的大城市，原有的电机工业城市，以及新建的科技密集城市。而部件与组装工厂在地域上多是结合的，多分布在九州地区、东北地区南部和北陆地区。其中九州是日本集成电路工业生产的重要基地，几乎集中了全国产量的40%和产值的30%，被称为日本的“硅岛”，对九州经济的发展有着举足轻重的作用。九州集成电路工业部门结构以生产和组装为主，而其研究阶段则集中于京滨和京阪神地区，这与美国的研究、生产、组装组成一体的“硅谷”有很大差别。

（四）城市人口集聚型工业

主要指为城市服务的工业，如食品、出版、印刷、家具等。日本食品工业原料多为农、水产品，易腐烂、制品不易保存。其布局可分为三种类型：近原料地型、近消费地型、中间型。

五　朝鲜半岛工业构成特征

第二次世界大战期间，朝鲜半岛作为日本的粮食和工业原料的供给地、工业品的倾销市场和剥削劳动力的场所，主要发展了一些为战争服务的钢铁、有色金属冶炼、化学等军需工业。1945年8月日本战败投降后分裂成南、北两部分，1948年南半部成立了大韩民国，北半部成立了朝鲜民主主义人民共和国。1950～1953年爆发朝鲜战争，其后双方以军事停战线为分界线。

（一）朝鲜

朝鲜在充分利用本国资源的基础上，建成了钢铁、有色金属、机械、建材、纺织为中心的工业体系，并在矿产、水力、森林资源丰富的北部，建立了许多工业中心。朝鲜工矿业系统主要分布在7个重点工业区内，它们分别是：以平壤为中心、连接南浦直辖市和黄海北道松林地区的中央工业区；以平安北道新义州市为中心的轻工业区；咸镜南道咸兴化学工业区；以咸镜北道清津为中心的钢铁工业区；慈江道江界—满浦—熙川工业区；平安北道博川一带石油化工区；江原道元山工业区。大多数工业部门和企业集中在平壤和南浦之间的大同江下游和东北部狭长的沿海地带。在朝鲜的工业体系中，以军事工业为主的重工业相对发达，并能仿造苏联50年代设计的“飞毛腿”导弹，还有发射人造地球卫星的能力，1998年朝鲜发射了第一颗人造卫星。由于长期偏重于发展重工业，朝鲜轻工业生产相对薄弱。20世纪80年代以来，轻工业难以充分提供优质、多样的消费品，国内需求难以得到满足的状况变得更加突出。

（二）韩国

目前韩国的工业开始由低层向高层次过渡，由劳动力密集型工业向资源、资本密集型工业发展，进而向知识（技术）密集型工业迈进。

1. 钢铁工业

韩国的支柱产业之一。钢铁工业从1970年浦项钢铁联合企业的建立才真正发展起来。1970年只产钢铁48.1万吨，1981年突破1 000万吨。2002年钢铁产量4 544万吨，居世界第五位。钢铁自给率达到85%，其产品45%用于出口，是韩国的十大出口商品之一。韩国钢铁工业所需原料大部分依赖海外进口，其中铁矿石的95%、焦炭的100%依赖国际市场，从澳大利亚、印度和南美进口铁矿石，从澳大利亚和北美进口焦炭。主要钢铁企业分布在浦项、光阳、釜山、仁川等地，其中，浦项是韩国最大的钢铁企业，年生产能力为910万吨，是世界上工艺技术和设备最先进的大型钢铁联合企业之一。

20世纪70年代以来，韩国铜、铅、锌、铝等有色金属冶炼工业也有很大发展。

2. 造船工业

韩国发展重化工业的重点工业部门之一。1970年造船总吨位只有2 000吨。1975年以来，先后建造了4座大型造船厂，20世纪80年代初造船400万吨，1990年建成下水342.1万吨，占世界总量的21.8%。2001年接收造船订单达620万吨，仅次于日本。2002年造船订单标准货船吨数759万吨，重新成为世界第一。韩国造船厂集中分布在东南沿海地带，这一地区不仅良港密集、水深潮差小，又是钢铁工业和机械工业中心，人口稠密，适合造船业的发展。蔚山（现代造船厂）是最大的造船中心，占韩国造船总量的1/2，木浦次之。此外，还有些造船企业分布在巨济、釜山、忠武、丽水等地。

3. 汽车工业

韩国的支柱产业之一。1973年汽车产量只有2.5万辆，经过两起两落，进入20世纪80年代才得以迅速发展。1986年超过100万辆，1989年达112.9万辆，2001年韩国现代和起亚汽车的汽车总产量达到252万辆，占全球汽车产量排名的第九位，50%以上用于出口，较多输往中美、南美和非洲等发展中国家及西欧、北美市场。韩国汽车工业集中分布在蔚山、釜山和光州等地，并在海外建有生产基地及销售网点。韩国汽车产量在1997年也曾排在世界第四位，但由于1998年的金融危机下降至第八位，1999年上升到第七位。2003年韩国的汽车生产量为318万辆，排在世界第六位。

4. 电子工业

电子工业以高技术密集型产品为主，为世界十大电子工业国之一，半导体集成电路发展尤为迅速，已成为韩国的支柱产业。1971年产值1.38亿美元，1988年增加到246.73亿美元，2001年韩国电子信息产业的出口额为384亿美元，占出口总额的25%。韩国的电子工业多分布在汉城周围地区、釜山和龟尾。北美、西欧是其产品的主要出口地区，同时，为扩大出口在北美、东南亚国家也建有分厂。

5. 石油化工业

20世纪60年代后期逐渐发展起来。按乙烯产量计算，1973年产10万吨，1988年已超过60万吨，各种石油化工产品产量达200万吨，合成纤维织品年产26亿多平方米，占世界总产量的18.6%，居世界第二位。石化工业主要分布在东南部沿海地区，以丽水和蔚山为中心，向西部沿海地区扩展。

韩国工业主要集中在京仁和岭南临海两大地带。在韩国经济发展过程中，工业曾大量集中于汉城（今称首尔）。工业的高度集中吸引大量农村人口涌进大城市。为了防止人口和工业的过度集中，从60年代后期开始从汉城迁出一部分人口和企业，安置在汉城的周围地区。这样，汉城的一些企业和新建的工业向西沿京仁高速公路经永登浦、富川、富平到仁川，向南沿京釜高速公路经安养、半月、水原、平泽一直延伸到牙山湾一带。把原有的工业地域扩大成以汉城为中心，以汉城—仁川，汉城—平泽为两翼的京仁工业地带。随着重化工业的发展，新的重化工业基地多沿着京釜高速公路向东南沿海延伸，逐步形成以釜山为中心，向北扩展到蔚山和浦项，向西经玉蒲、马山、镇海、丽水到光阳湾的东南沿海工业地带（岭南工业地带）。

六 东南亚国家工业构成特征

东南亚包括越南、老挝、柬埔寨、缅甸、泰国、马来西亚、新加坡、印度尼西亚、菲律宾、文莱和东帝汶等11个国家。其中，新加坡、泰国、马来西亚、菲律宾、印度尼西亚等国工业较为发达，其余国家工业相对落后，甚至工业化尚未开始。

在东南亚工业构成中，加工贸易型工业占很大比重，它曾为东盟经济快速发展起到积极的促进作用。但由于工业对外依存度过大及金融领域过度开放，导致1997年亚洲金融危机对东盟经济造成巨大冲击，直至21世纪初，才逐步走上复苏的轨道。

（一）制造业

一般认为，东南亚国家以制造业为主的工业化，经历了以下几个阶段。

1．20世纪50～60年代，发展消费品替代工业，以改变过去单一农业经济、各种工业制成品都需要进口的落后状况。这一阶段重点发展面向国内市场的中小型轻工业，属于工业化起步阶段。

2．20世纪70年代，重点发展面向出口的工业部门。在此时，原发展起来的消费品替代进口工业因国内市场狭小而渐趋饱和，国际上，发达国家大幅度的产业结构调整，正力图把劳动密集型部门向发展中国家转移。以此为背景，不少东南亚国家采取多种措施，建立出口加工区或“自由贸易区”，通过吸收外资，利用本国劳动力资源的优势，发展服装、鞋帽、玩具、电子电器等装配型或加工出口型工业部门，扩大对外贸易，使工业得到了更快的发展。

3．20世纪80～90年代，在继续大力引进外资发展出口工业的同时，对生产资料替代进口工业和基础工业给予了更多的重视，新加坡则加速发展高科技工业，从而进一步增强了工业实力。东盟各国的制造业普遍具有集中分布的特点，首都及其毗邻地区，在其国家的制造业总产值中占有很大的比重。

（二）石油工业

在东南亚经济中，石油工业占有特殊重要的地位，它提供了全区绝大部分商品性能源，并且是重要的出口产品。从1889年缅甸生产石油算起，东盟的石油工业迄今已有100多年的发展历史，2000年东盟生产原油1.3亿吨，其石油生产和布局有以下特点。

1．原油生产高度集中

东盟油气田分布很广，全区已有7个国家生产石油，但其总储量和总产量的95%集中于印度尼西亚、马来西亚和文莱。产量占全区2/3的印度尼西亚，过去生产长期高度集中于苏门答腊，加之油田渐趋老化，现开始出现向加里曼丹转移的趋势。在马来西亚和文莱，油田主要集中于加里曼丹的北部和西北部海域。

2．炼油工业主要配置在消费区和出口港

在东盟产油量增长的同时，炼油工业得到相应的发展，其中新加坡成为世界最大的炼油基地之一。但东盟炼油工业主要集中于消费区和出口港，新加坡、泰国、菲律宾、柬埔寨的炼油工业均依赖进口原油，而印度尼西亚、马来西亚和文莱三国原油产量占东盟95%，炼油能力仅占44%，而且它们的炼油厂有很大一部分建于消费区。由于上述特点，几个产油大国均以出口原油占绝对优势，成品油出口较少。

3．天然气生产发展很快，液化气出口居世界首位

东盟的天然气探明储量折合标准燃料比石油多1.1倍，但过去开发甚少。自20世纪70年代以来，随着石油工业的大发展，以及日本对液化天然气这一“干净”燃料表现出的浓厚兴趣，东盟天然气产量和消费量迅速增长，1966～1989年，实际消费量从大约34亿立方米增至220亿立方米，液化天然气的出口量则由零起步，达到393亿立方米，跃居世界首位，成为仅次于石油的出口商品。

东南亚各国中，新加坡本身虽不开采石油，但由于它处于东南亚区域中心的地理位置，以及巨大的国际海、空运输枢纽地位，为建立和发展炼油工业提供了优越条件。从1961年起，英、荷壳牌石油公司、美国莫比尔石油公司、英国石油公司和美国埃索石油公司相继在新加坡各建成一座炼油厂，后来新加坡本国银行与外国公司合资又建成一座。2000年原油加工能力约5 000万吨，是与荷兰鹿特丹、美国休斯敦并列的世界三大炼油中心之一。

（三）锡矿业

东南亚锡矿的开采主要集中于马来西亚。马来西亚是太平洋锡钨带的重要组成部分，锡矿储量非常丰富，占世界总储量的1/3，居世界各国第一位。马来西亚的采锡业已有数百年历史，19世纪末以来，其产量和出口量一直居世界首位。1940年产锡量达8.4万吨，创历史最高纪录。近年来，由于多种原因，尤其是铝的竞争，世界各国对锡的需求量逐渐减少，锡矿普遍开工不足，锡价也连续下跌。

20世纪70年代初，马来西亚共有采锡矿1 000多个，此后迅速减少，至1987年仅剩221个，从业人数亦由高峰时的7万～8万人减至2.3万人。马来西亚所产锡矿经熔炼成锡块后大部分出口，在槟城、巴生和北海建有三座大型外资炼锡厂，生产能力达10余万吨，21世纪初陷于开工严重不足状态。

第四节 东亚地区较具代表性的现代工业企业（集团）发展及其特征

东亚地区工业在从传统工业到现代工业，发展成为全球重要的工业中心和增长中心的过程中，各国各地区的各种类型企业，由小到大、由单一到多元化、由本地企业到国际企业进而到跨国公司，对促进东亚区域工业结构调整、升级换代、发展壮大，发挥着极其重要的作用。

一 丰田公司

丰田汽车公司（Toyota Motor）总部位于日本东京，是世界十大汽车工业公司之一。1937年丰田汽车工业公司创立，1938年工厂开始投产，1950年创立丰田销售公司，截至1996年底，丰田公司已累计生产超过9 000万辆汽车。载至2003年3月，注册资金3 970亿日元（约合35亿美元）。

截至2003年，丰田公司除了在日本的12个工厂和11个制造子公司外，在全球其他26个国家还拥有总共51个制造公司，负责制造丰田及“凌志”品牌的汽车和部件。汽车公司产品涵盖从微型轿车到大型卡车的整个范围。它主要的品牌是Toyota（丰田）和Lexus（凌志，现在译为“雷克塞斯”），兼有的品牌有Daihatsu（大发）和Hino（日野）。在《财富》杂志2001和2002年的全球五百大企业调查中，丰田汽车排名第十。而在2003年全球五百大企业最新调查中，丰田排名跃升至第八。

截至2004年3月，丰田公司在全球的雇员总数约为26.4万人，在超过140个的国家销售其产品。2004财年的销售额约为17.29万亿日元（约合1 500亿美元），净收入约1.162万亿日元（约合95亿美元）。丰田汽车年生产能力与通用汽车相比虽有一定差距，但它已于1980年超过福特公司而跃居世界第二位。2003财年，连续12年刷新了海外销量，总共销售的汽车数量为678万辆。

二 索尼公司

索尼公司（Sony Corp）总部位于日本东京都境内，其前身是成立于1946年5月的东京通信工业株式会社（简称“东通工”，1958年更名为索尼公司，英文名称：Sony）。由通信器材制造起家的索尼公司，在同行业中率先引进或研制出同时代最先进的通信技术和专利，并应用于生产，企业规模不断扩大，逐渐发展成为不仅在日本国内，而且在国际同行业中也处于领先地位的知名企业。

索尼公司创立之初的资本金仅19万日元，从业人员仅有20多人，当时主要进行真空管电压计和通信机器的研究、生产。同年10月，其资本金额就增至60万日元。1950年开始开发日本最早的磁带录音机G型，1955年又从美国购买了晶体管的专利权，之后研制出了世界上最早的晶体管收音机，并开始在市场上出售。这些技术的开发使索尼的事业不断扩大，出口急剧增长。1958年将工厂名称改为其出口产品的商标名——索尼（Sony）。1970年，索尼作为日本企业首次在美国纽约证券交易所上市。此后，索尼作为国际性企业稳步发展，不断开拓国际市场，开发出具有时代特点的商品以及音乐、电影等广泛领域的软件产品，受到了世界各国的高度评价。1997年索尼公司销售额约5.6万亿日元，纯利润1 395亿日元，创历史最高值。在日本经济持续萧条之时，不断创下令人惊讶的历史最好业绩。

1988年，索尼公司成立了索尼电影公司，独立从事电影制作和发行，并先后收购了美国CBS唱片公司和美国哥伦比亚电影公司。现在，索尼公司不仅成长为世界电器行业继日本松下、德国西门子、荷兰菲利浦公司之后的世界级电器公司，而且跻身于好莱坞电影三巨头之列。

面对新世纪，索尼公司将音响图像机器生产向产业用、业务用的方向转变作为战略目标，计划将其提高到总销售额的50%，以彻底扭转家用电器产品销售额长期占总销售额80%的局面。此外，为适应新技术发展的时代潮流，索尼在计算机、通讯器材及零部件生产方面将投放大的力量以增加其产品销售额。目前，索尼公司在计算机相关的领域、工程技术工作站、从低级到高性能的微机系列以及高分辨率的监视器和软磁盘等，都具有相当的竞争优势。

三 松下公司

松下电器产业株式会社（Matsushita Electric Industries），总部位于日本大阪府门真市。自1918

年由公司创始人松下幸之助创业以来，作为企业人，通过提供商品服务，始终以“为了使人们生活变得更加丰富、更加舒适，并为了世界文化的发展作出贡献”为经营理念从事着企业经营活动。经历80多年的奋斗，现在已成为世界著名的综合性大型电子企业，并在世界各国开展事业活动。在独特的企业文化支撑下，松下公司与世界知名的飞利浦、西门子公司并称为世界三大电器公司。

松下公司作为一家跨国性公司，目前在全世界设有230多家公司，员工总数超过25万人。其中在中国有54 000多人。2001年全年的销售总额为610多亿美元，位列世界制造业500强的第二十六位。

在国际市场上，电子产业是个行业中变化最为激烈的领域。为了获取竞争优势，松下公司在员工普及电子邮件使用、销售策略等方面采取了一系列新的改革战略和策略，取得了明显效果，在多项产品领域超过竞争对手——索尼公司，被称之为现代版的“龟兔赛跑”。

堪称战后日本企业象征的松下公司，在电视这个松下与索尼竞争的关键领域，松下开始大批量生产出价格和品质上，让其他公司难以匹敌的42英寸和50英寸超薄等离子电视机。由此，在2002年创造高增长和高利润率的等离子电视机市场上，松下占据了24%的份额，而索尼只得屈居第三，索尼在电视机市场上的垄断地位受到了彻底的动摇。之后，松下再接再厉，开发出搭载硬盘的DVD机这一新领域，目前垄断50%以上的市场份额。虽然索尼也相继采取了补救措施，但松下所采用的DVD录像标准比索尼所采用的更加普及，不仅如此，松下的SD记忆芯片规格也高于索尼的同等产品。当然，松下与索尼之间的竞争仍然十分激烈。在数码相机和手机领域，还是索尼领先。在电视机实现网络家电化的今后两三年里，可以说两者将有一场恶战。

在21世纪，随着数码网络时代的发展及广播和通信的融合等市场的演进，松下电器将事业的结构由原来的民用产品、工业产品、零部件三个部分，改为以“音像通信网络”、“家电产品”、“工业设备”和“元器件”等四个领域为核心的新体系。作为带动这些事业成长的“龙头”，特别将“数码广播系统”、“移动通信”、“半导体元器件”、“存储器件”、“显示器件”定位为五个具有发展前途的事业，并将此作为松下集团的骨干事业加以扩大。面对已经到来的数码网络社会，不仅需要提供产品，还需要在技术过硬的元器件事业以及提供与设备合为一体的高附加值服务等各个方面创建的企业策略。通过开拓面向未来网络社会的“电子网络商务”、“系统解决方案”等事业，力求使松下客户能够不断得到更多的满足，并以此来扩大附加值。

四 中国石油天然气集团公司

中国石油天然气集团公司（简称“中国石油集团”，英文缩写：CNPC），总部位于中国北京。是根据国家机构改革方案，在原中国石油天然气总公司的基础上，于1998年7月组建的特大型石油石化企业集团。是国家出资设立的国有独资公司、国家授权投资的机构，是集石油天然气上下游、内外贸、产销一体化，按照现代企业制度运作，跨地区、跨行业、跨所有制和跨国经营的综合性国家控股公司。

作为中国境内最大的原油、天然气生产和供应商，最大的炼油化工产品生产、供应商，中国石油集团业务涉及石油天然气勘探开发、炼油化工、管道运输、油气炼化产品销售、石油工程技术服务、石油机械加工制造、石油贸易等各个领域。它在中国石油、天然气生产和加工市场中占据主导地位。在美国《石油情报周刊》最大50家世界石油公司排名中，中国石油集团位居第十位，在《财富》杂志2004年公布的世界500强企业排名中，由上年的第六十九位提升为第五十二位，排名前进了17位，并被评为“世界最受赞赏企业”。

中国石油集团注册总资本1 149亿元，总资产7 362亿元。2004年在中国境内东北、华北、西北、西南等广大地区拥有13个大型特大型油气田企业、16个大型特大型炼油化工企业、19个石油销售企业和一大批石油石化科研院所和石油施工作业、技术服务、机械制造企业。在中东、北非、中亚、俄罗斯、南美等地区拥有近30个油气勘探开发和生产建设项目。2003年国内生产原油10 954.4万吨，生产天然气248.8亿立方米，加工原油9 842.8万吨；同时在海外获取权益原油产量1 288.4万吨、天然气产量13.9亿立方米。全年实现销售收入4 752.9亿元，上缴税费760亿元，实现利润726.7亿元，实现利润在国内企业中位居榜首。

经过近50年的积累建设和5年多的快速发展，中国石油集团已经建成了一支门类齐全、技术先进、经验丰富的石油专业化生产建设队伍，具有参与国内外各种类型油气田和工程技术服务项目的全套技术实力和技术优势，总体技术水平在国内处于领先地位，不少技术已达世界先进水平。

中国石油天然气集团公司，根据中华人民共和国公司法，于1999年11月5日重组创立了中国石油天然气股份有限公司。在重组过程中，作为母公司——中国石油天然气集团公司向中国石油天然气股份有限公司转移其国内勘探与生产、炼油与销售、化工产品和天然气业务有关的大部分资产、负债和权益。中国石油天然气集团公司保留其余下的业务和经营有关的资产和负债，包括与国际原油天然气勘探与生产以及炼制和管道业务有关的资产和负债。重组后，中国石油天然气集团公司是中国石油天然气股份有限公司多种服务和产品的主要提供者，而中国石油天然气股份有限公司是中国石油集团最大的控股子公司，主要经营石油、天然气勘探、开发、生产、炼制、储运、销售等业务，该公司已于2000年4月在香港和纽约两地成功上市，目前中国石油集团拥有其90%的股权。

自1998年组建集团公司以来，公司的跨国经营逐渐步入快速发展阶段。其海外投资项目主要分布在亚洲、非洲、北美洲和南美洲等地区，形成了中东及北非、中亚及俄罗斯、南美等三个具有规模的投资区域。海外业务涵盖了油气勘探开发、地面建设、长输管道、石油炼制、石油化工和油品销售等领域。除在苏丹、哈萨克斯坦、委内瑞拉、秘鲁投资石油项目获得成功外，中石油集团公司还先后在加拿大、泰国、缅甸、土库曼斯坦、阿塞拜疆、阿曼、伊拉克等11个国家签署了包括产品分成、合资、租让、服务等石油合作项目协议。最新统计显示，中石油集团公司海外项目石油探明可采储量已由1997年底的3.54亿吨增加到2004年的近6亿吨，原油作业产量由94.7万吨增长到2 500万吨。新项目开发至今已分布于四大洲11个国家，同时滚动评价了50多个国家和地区的200多个项目。

五　海尔集团

海尔集团（Haier Group）创立于1984年，经过近20年来持续稳定发展，已成为在海内外享有较高美誉的大型国际化企业集团。集团总部位于中国青岛市。产品从1984年的单一冰箱发展到拥有白色家电、黑色家电、米色家电在内的86大门类1.3万多个规格的产品群，并出口到世界160多个国家和地区。2004年，海尔全球营业额突破1 016亿元，比1994年的31.7亿元增长了31倍。

全球消费市场调查研究权威机构欧洲透视（Euromonitor），2002年10月发布了全球白色家电企业市场占有率最新排序，海尔在白色家电制造商中，紧随惠普、丽都、博世—西门子和GE之后，跃居全球第五，比2001年又上升了一位。而在全球白色家电的产品品牌占有率排序中，海尔冰箱则跃居全球冰箱品牌市场占有率榜首，成为全球冰箱第一品牌。根据持续跟踪10年的中国最有价值品牌研究，在2004年度中国最有价值43个品牌中，海尔以616亿元的品牌价值，连续第三年位居中国最有价值品牌榜首。由世界品牌实验室（World Brand Lab）独家编制的2005年度《世界品牌500强》排行榜于4月18日揭晓，海尔再次入围世界品牌百强，荣居第八十九位。

海尔能在短短10多年时间内称雄全球冰箱行业，进入全球白色家电制造商五强，与其多年来贯穿始终的名牌战略和国际化战略密切相关。在名牌发展战略阶段，海尔只做一个冰箱产品，夺得中国冰箱历史上第一枚质量金牌，创出中国冰箱名牌；在多元化发展战略阶段，海尔名牌从一个冰箱产品扩张到国内其他家电领域，创出中国家电第一品牌；国际化战略阶段，海尔把名牌从国内向国际延伸，通过美国海尔、欧洲海尔、中东海尔等本土化的海尔名牌，创出国际知名的家电品牌。

21世纪初，在欧洲，海尔冰箱率先达到欧洲A^+能耗标准，大大提高了海尔冰箱在欧洲市场的竞争力。在美国，海尔小冰箱市场份额大幅度提高，2002年市场占有率达50%。在日本，2002年1月海尔与三洋建立竞合关系，并在日本成立相应的合资公司，海尔冰箱、洗衣机等白色家电产品开始全面进入日本市场。在南亚，本土化生产的海尔家电已成为辐射南亚各国的家电名牌。

在网络经济时代，海尔把创新的价值观视为企业成长的基因，通过实施以市场链为纽带的业务流程再造，提升企业的市场反应速度和定单响应速度，并把每一个员工塑造成创新的主体（SBU），使企业的肌体充满活力。在成长为一个国际知名品牌的过程中，海尔不但在质量水平、技术水平和市场占有率上成为全球白色家电行业的佼佼者，而且其创新的企业文化和管理水平，已发展到与国际著名公司共同探讨管理前沿领域的境界。海尔关于管理的成功经验已进入欧美多所著名工商管理院校的案例中。而海尔"三园一校"——即：海尔开发区工业园、海尔信息园、美国海尔园，一校是海尔大学校部的落成，则为海尔加快进入世界500强的行列进一步奠定了基础。

展望未来，首席执行官张瑞敏对海尔今后的发展胸有成竹，他表示，今后海尔将重点发展的新兴行业包括软件、通讯、生物、家居、金融服务业，在世界白色家电五强基础上，向该领域的顶峰攀登，并形成以软件开发为代表包括通讯、生物等新兴行业的强势增长。

六　联想集团

联想集团（Lenovo Group）总部位于中国北京市。是1984年在中国科学院计算机研究所的一间简陋的传达室里，由11名技术人员筹资20万元创办的。经过近20年的发展，目前已成为一家在信息产业内多元化发展的大型企业集团。

在企业创办的初期，联想的主要业务只是修修机子，搞搞电脑维护，给国外产品做做代理。1989年是联想集团发展的转折点，年初，联想决定由国外电脑代理，转为"做开发，做自己品牌"，开始走上主攻自主品牌电脑之路。1996年，联想发起了"万元奔腾电脑大战"，一年内连续4次大幅降价，引发了电脑在中国的第一次热销高潮，联想于当年实现销售总台数增加100%，并开始在中国电脑市场领跑。

凭借在产品研发、市场预测、物流和资金流管理，以及销售和服务网络建设上的积累，联想不断创新，先后推出中国第一台家用电脑、第一台中文激光打印机、第一台自有品牌服务器、第一台自有品牌笔记本电脑、第一款因特网电脑……曾连续三次获"年度英特尔PC创新"大奖。2002年又推出中国第一台万亿次机群计算机，跻身世界最快的50台超级计算机行列。

联想集团的快速发展，首先是与其明确的发展战略密切相关。尤其是在近几年来，为了能够在竞争日益激烈的信息产业领域不断保持领先地位，联想也在战略上实现了三个转变：前端产品实现从单一到丰富的转变；后台产品从产品模式向方案模式转变；服务方面，由增值服务扩展到服务业务。此外，联想在全国范围内全面实施一站式服务，并更加注重服务与技术、服务与业务的结合，切实提高竞争力。

不仅如此，在技术竞争日益激烈的今天，联想集团也在不断加大对研发技术的投入和研发体系的建立。目前，已成立了以联想研究院为龙头的二级研发体系。高性能服务器事业部和研究院服务器研究室密切配合，推出高性能机群系统iCluster1800系列产品。联想电脑的市场份额从1996年以来连续9年位居国内市场销量第一。至2004年3月底，联想集团已连续16个季度获得亚太市场（除日本外）第一（数据来源：IDC）；2003年，联想台式电脑销量全球排名第五。

伴随着公司规模的不断扩大，联想的业务经营区域也开始由北京扩展到全国，进而不断向国际市场迈进，在追求"高科技的联想、服务的联想"的同时，实现"国际化的联想"的目标。目前联想在国内除北京平台外，在香港、上海、深圳等全国各大城市设有办事处。在国外设有欧洲区、美洲区，包括美国、英国、荷兰、法国、德国、西班牙、奥地利七间子公司。2004年12月8日，联想与IBM签署购并暨合作协议。联想以6亿美元现金及6.5亿美元股票，收购IBM个人电脑事业。收购后，IBM将持有联想集团18.5%的股权，而联想有权使用IBM商标5年。联想集团顺利买下IBM个人电脑分支后，可省下10年奋斗时间，直接跻身全球第三大个人电脑制造商。

七　三星集团

三星集团（Samsung Corp）是韩国最大的企业集团，总部设在首都首尔（曾称汉城）。包括26个下属公司及若干其他法人机构，在近70个国家和地区建立了近300个法人及办事处，员工总数19.6万人，业务涉及电子、金融、机械、化学等众多领域。

集团旗下3家企业进入美国《财富》杂志2003年世界500强行列，其中三星电子排名第五十九位，三星物产第一百一十五位，三星生命第二百三十六位。2003年三星集团营业额约965亿美元，品牌价值高达108.5亿美元，在世界百大品牌中排名第二十五位，连续两年成为成长最快的品牌。集团旗下的旗舰公司——三星电子在2003年《商业周刊》IT百强中排名第三，日益成为行业领跑者，其影响力已经超越了很多业内传统巨头。

三星有近20种产品世界市场占有率居全球企业之首，在国际市场上彰显出雄厚实力。以三星电子为例，该公司在美国工业设计协会年度工业设计奖（Industrial Design Excellence Awards 简称 IDEA）的评选中获得诸多奖项，连续数年成为获奖最多的公司。这些证明三星的设计能力已经达到了世界级水平。2003年三星在美国取得的专利高达1 313项，在世界所有企业中排名第九。

三星电子是三星集团旗下的重头企业，成立于1969年，通过数码技术创新不断地改变着我们的世界、市场以及人们的生活方式，超越时间和空间的界限，创造无限的可能。所有这些改变的最终目标就是使消费者和投资者在三星电子的引领下享受到更好、更优质的生活方式。为了成为数码集成领域的领导者，三星电子分别在家庭、移动、办公以及核心零部件领域制定了相应的商业战略。三星电子通过在各个领域中独特的实力已成为世界最好的电子公司之一。目前，三星电子的业务主要集中在四个核心业务领域，通过发挥所有机构的最大效率，凭借最强的竞争力，三星电子已经跻身于数码集成领域的前端。

八 现代汽车公司

现代汽车公司（Hyundai Motor Company）1967年12月建立，总部设在韩国首都首尔。

20世纪70年代初，现代集团的管理层做出了一个至关重要的决定，即不再仅仅依赖于外国车型的授权许可，而是要同步地开发现代自主拥有所有权的轿车车型。70年代后期，现代汽车开始试验性地进军海外市场，这令公司获得了非常宝贵的经验。

80年代中期，现代已经在加拿大确立了坚固的先遣阵地并开始准备向最具挑战性市场——美国——进军。至1990年为止，公司对美国的累计出口量已逾100万辆之多，这个里程碑标志着现代汽车终于在美国的竞争版图上有了一席之地。

新千年向现代汽车公司展现了一个激动人心的时代。现代汽车决心在全球市场上有更为出色的表现。在2001年7月，现代汽车最大的海外工厂之一印度臣奈（Chennai）的工厂开始生产轿车（New Sonata），并开始在土耳其大批量生产商用车。2002年，现代汽车还与北京汽车工业控股有限责任公司合资建立了在中国的第二家分厂。

2001年度韩国的轿车销售总量达到145万辆。现代汽车公司一家销售即达70.6万辆，其在韩国市场上的占有率约达49%。起亚（Kia）排名第二，占有率为27%，大宇（Daewoo）排在第三位，占有率为12%。在出口方面，现代汽车公司轿车总销量达到84.6万辆。

2003年，现代汽车公司的年总销售额为18亿美元，纯利润为9.32亿美元。

九 长江实业集团

长江实业（集团）有限公司（Cheung Kong' Holding' Limited）位于中国香港特别行政区。经过近40年来的发展，该集团从经营塑胶业、地产业到掌握多元化的集团业，业务经营领域，早已越过大洋，向美国、向全球扩展，它不仅是香港著名的综合性企业集团之一，而且在国际市场上也占有重要地位。

长江实业（集团）有限公司的前身，是集团创始人李嘉诚于1950年用7 000美元的个人积蓄和筹款开设的名为“长江塑胶厂”的小型塑料厂。20世纪50年代后期欧美市场上塑胶花畅销，李嘉诚及时抓住这一时机，成立了长江工业有限公司，开发塑胶花产品。大量生产塑胶花，庞大的塑胶花市场，为李嘉诚带来了数以千万港元的利润。“长江”因此而成为世界上最大的塑胶花制造基地，李嘉诚则被誉为“塑胶花大王”。这一成功的经历，也为长江实业集团后来发展庞大的事业奠定了坚实的经济基础。

1958年，李嘉诚开始兼营房地产业。1972年成立长江实业（集团）有限公司。1973年，李嘉诚针对世界石油危机以及中国“文化大革命”对香港发展前景造成的不稳定影响，低价买入了大量地产及物业。1978年，长实集团已发展成为最大的土地使用权拥有者，在发展地产及实业方面卓有成效。

长实集团还致力于多元化经营。1979年9月，长实集团购入汇丰银行持有的老牌英资财团和记黄埔有限公司普通股9 000万股（占和黄发行的普通股总数的22.4%），成为香港第一家控制英资财团的华资集团。1981 年，李嘉诚又成为和黄公司董事会主席，是华人入主英资财团的第一人。

十　宏基集团

宏基集团(Acer Group)总部位于中国台湾的台北市。台湾宏基集团于 1976 年成立,主要从事计算机硬件产品的制造与营销,发展至今,已成长为国际化的高科技企业集团。宏基是台湾最大的自创品牌厂商,“Acer”品牌多次蝉联“国际知名度最高的台湾品牌”。宏基集团在国际化进程中的再造策略被誉为“第四种国际化模式”和“企业国际化的杰出个案”,是全球第五大个人计算机公司。宏基集团 2003 年营业额达 46 亿美元,员工人数5 700人。

近年来，宏基销售增长迅速，2003 年营业额增长 47%。2004 年初，超过了日本电子业巨头东芝和 NEC 株式会社，跻身为全球第五大 PC 生产商。2004 年营业额将增长 20%，实现 53 亿美元到 55 亿美元的计划。如今，宏基计划乘胜前进，下一个目标是超过富士康、西门子电脑集团和 IBM，从而成为全球第三大 PC 生产商。预计 2005 年的销售额将增长 26.7%，达到 82 亿美元。

该集团主要产品有中英文电脑、中文终端机、电脑周边设备(包括显像终端机、磁带机、高速英文列表机电脑用品、文书处理印字机、传送设备等)。

宏基集团国际业务广泛。该集团代理美国等多家公司相关产品，在 11 个国家和地区拥有 33 个分公司，海外员工就有1 000多人，并在新加坡、美国、加拿大、法国、德国、瑞典、中国香港及中国内地等有众多代理商，建立了全球性的经销网。

宏基集团下属宏基科技股份有限公司、宏基电脑股份有限公司、定基科技股份有限公司、明基电脑股份有限公司、宏大创业投资股份有限公司、宏基欧洲总公司、日本宏基股份有限公司、扬基科技股份有限公司、立基国际股份有限公司、卜基资讯股份有限公司、德基半导体股份有限公司、国基电子股份有限公司、群基投资股份有限公司等 13 家分、子公司。核心人物施振荣现任宏基科技、宏大创业投资、宏基电脑等多家公司的董事长。

该集团在台北设有总管理处，各公司业务、财务虽独立，但与核心企业宏基电脑公司有销售代理、资金融通、委托加工等密切关系。宏基电脑公司股票于 1988 年 11 月 11 日正式上市交易，企业向大众化经营目标迈进。　　　　(谷人旭)

第四章　能源工业

第一节　东亚各国、地区能源生产状况

能源工业生产对东亚地区的经济、政治、社会、文化的发展具有十分重要的影响。

东亚地区拥有各类能源资源，是世界能源资源蕴藏和生产的主要地区之一。

中国、俄罗斯西伯利亚远东地区和东南亚许多国家，是世界石油和天然气的重要储藏和生产地区。东亚地区 2001 年石油产量为 5.5 亿吨，其中：中国为 1.65 亿吨，俄罗斯西伯利亚远东地区为 2.49 亿吨，东南亚为 1.36 亿吨；占世界石油总产量 35.85 亿吨的 15.34%。

东亚地区 2001 年天然气开采量为7 388亿立方米，其中:中国为 303 亿立方米,俄罗斯西伯利亚与远东地区为5 687亿立方米,东南亚为1 398亿立方米;占世界天然气总开采量24 640亿立方米的 29.98%。

东亚地区岛国或大陆的濒海地区、大河湖泊等则蕴藏着富饶的水力电力资源。1998 年东亚地区已开发的水力电力资源为16 126万千瓦，其中：中国为5 300万千瓦，俄罗斯西伯利亚远东地区约为4 000万千瓦，日本为4 486万千瓦，朝鲜半岛为 813 万千瓦，东南亚为1 527万千瓦；占世界当年已开发的水力电力资源总量73 750万千瓦的 22%。

关于核电和新能源，当今在东亚的有些国家和地区，也已经起步或取得较大进展。截至 2002 年，已建成 83 座核电站，总装机容量达7 100万千瓦，其中：日本 54 台，装机容量4 430万千瓦，韩国 16 台，装机容量1 300万千瓦，中国 9 台，装机容量 650 万千瓦，中国台湾 6 台，装机容量 490 万千瓦，俄罗斯西伯利亚远东地区 1 台，装机容量 4.8 万千瓦；东亚地区核电装机容量约占世界当年核电总装机容量的 20%。

表1 东亚地区10个国家1990、1998年能源生产构成 （占能源生产总量%）

国家	固体		液体		气体		电能	
	1990	1998	1990	1998	1990	1998	1990	1998
中国	76.75	75.13	19.68	19.38	2.02	2.90	1.55	2.60
日本	7.27	2.06	0.79	0.63	2.86	2.18	89.08	95.13
朝鲜	95.42	96.87	–	–	–	–	4.58	3.13
韩国	12.55	7.59	–	–	–	–	87.45	92.41
越南	50.62	36.82	42.11	56.35	0.04	0.05	7.22	6.78
泰国	27.26	31.15	23.72	18.50	45.41	48.78	3.40	1.57
马来西亚	0.17	0.34	71.01	49.50	28.02	49.59	0.80	0.57
印度尼西亚	3.29	20.04	59.59	45.02	35.93	33.30	1.18	1.64
菲律宾	9.72	6.69	4.05	0.58	–	–	86.22	92.73
文莱	–	–	42.22	46.77	57.78	53.23	–	–

资料来源 根据联合国《能源统计年鉴》1993年、1998年资料计算。

东亚各国、地区能源生产状况分述如下。

一 中国

中国的能源在东亚各国中是最具独特性的。这是因为：

（一）中国是多种能源生产的大国

中国的一次能源生产总量,1998年折合为12.4亿吨标准煤,仅次于美国和俄罗斯居世界第三位,原油产量居世界第五位,煤占第一位,天然气第二十一位,发电装机容量和年发电量均为第二位,水力发电量第四位,新能源品种齐全。这种能源品种基本齐全,又都位居世界前列的国家,是罕见的。

（二）中国也是世界能源消费大国

中国的一次能源消费总量，2002年折合为标准煤14.8亿吨，居世界第二位。其中，煤居世界第一，石油居第三，每年能源消费约有6 000万吨标准煤的缺口。

（三）中国的人均能源生产量和消费量都较低

两者都只合标准煤1吨左右。以人均消费量计，只相当于世界平均数的44%，在世界各国中位列第六十六位。

（四）中国的单位产值能耗高

以商品产值1美元所耗的标准煤来说，中国约耗2.041公斤，而世界的平均值仅0.433公斤。

（五）中国能源消费结构

中国的一次能源消费结构中，煤炭高达75%，石油仅17.5%，天然气仅1.6%，水电仅5.9%。煤炭所占比例过大，是结构中最大弱点。

到2004年底，在中国电力装机容量中，火电所占比重减少到73.7%，水电等所占比重上升到了26.3%。到2005年底，中国电力装机容量突破5亿千瓦，同年，全国发电总量达24 975亿千瓦小时，其中：火电20 437亿千瓦小时，水电3 964亿千瓦小时，核电531亿千瓦小时，分别占发电总量的81.8%、15.9%和2.1%。

从20世纪80年代以来，在改革开放政策的指引和实施科教兴国与可持续发展战略方针的推动下，中国的能源生产和消费，以优化结构，调整布局为突破口，打破仅仅依靠国内单一市场、单一资源、单一资金的格局，走上依靠国内外两种资源、资金和市场的轨道。2004年3月20日，中国政府决定15年内投入5 000亿元人民币，开发多种能源，加快替代能源的步伐。当前，中国的能源消费结构在保持煤炭居首位格局的同时，石油、天然气、水能、核能所占的份额正稳步提高。

二 日本

日本同中国及许多东亚国家不同,它是一个能源资源贫乏,一次能源生产不足,但能源消费量很高的国家。它所需的能源资源绝大部分由国外进口。所以,它的一次能源生产结构和消费结构有很大差异。

日本所生产的煤、石油、天然气在本国能源及世界同类产品中所占的份额虽然都很小，但是其一次能源消费总量却仅次于美国、中国、俄罗斯而居世界第四位。二次能源的电力数量巨大，占能源生产结构中的92%。其装机容量和年发电量仅次于美国和中国，位列世界第三。

在日本能源消费结构中，石油占49.8%，其次是煤炭占19.2%，电力占15%，天然气占13%，和煤或电力相差不大，显示了日本能源的消费结构相当优化。其中石油的消费量仅次于美国而居世界第二位。

日本的发电装机总容量约22 100万千瓦，其中火电占62.58%，水电占18.95%，核电占18.44%、地热电占0.3%，核电和水电所占份额基本相似。预期随着核电的加速发展，核能将晋升为发电源的第二位。

日本在20世纪后期开发的许多发电新技术，诸如高效的磁流体发电、磁流体动力发电、余水发电、新颖燃料电池等的科学技术方面，都同美国、西欧一样走在世界前列，有的已具有一定的或初步的生产规模。

但是，日本的能源形势具有很大的脆弱性。一次能源生产规模小、而其消费量却很大。即从1994年来说，它的消费量几乎达到生产量的500%左右，80%的能源消费要靠国外输入满足。如果去除自产自销的电力外，那么一次能源的输入所占消费量的比例更大，可以说基本上都依靠国外。一旦国际形势发生变化，特别是它赖以进口的地区或国家发生经济或政治军事的动荡，那么日本的能源供应便会产生危机，对日本的社会生产和人民生活产生难以估量的影响。

三 朝鲜

朝鲜的能源生产与消费主要由煤、石油和电力构成。煤是首要能源，无烟煤出口，炼焦煤、煤气进口。石油全凭进口。电力以煤电和油电为主，积极发展水电。1991年全年发电量曾达535亿度高峰，20世纪90年代，由于自然灾害和石油进口不足，年发电量则从535亿千瓦小时降为202亿千瓦小时。

近年来，为解决能源供应的困难，朝鲜做出了很大的努力，在加强石油进口的同时，加强了电力设备的维护工作，确保现有水力、火力发电站的正常运行，增加发电能力。

四 韩国

韩国是煤和石油的大量进口国。随着其经济的发展，能源的进口量亦日益增多。它的能源消费结构，以油、气为主，煤次之。为了缓解对进口能源的依赖性，韩国着重于核电的建设和水电的开发，提出了以核和水代油的设想。同时也推进了天然气的应用。

1993年韩国的发电总量为1 445亿千瓦小时。1995年为1 846亿千瓦小时。其电源结构为：火电占61.9%，核电占35.6%，水电占2.5%。到1998年，核电所占比例扩大为42%，是东亚各国中核电超过水电的第二个国家。韩国核电装机容量在亚洲仅次于日本，预计到2015年，核电站将增加到28座。

在家庭用能和工业用能中，韩国大力推行天然气的使用，将在南部及西部港口兴建一系列的液化天然气终端进口接收站设施。

五 蒙古

蒙古的能源生产结构和消费结构都以煤为主，所产煤炭可以自给。国内消费的石油和天然气大都来自国外进口，主要由俄罗斯进口。

蒙古是东亚各国中仅次于中国的铀矿储藏者，其资源储量约8万吨，1993年的产量约为120吨。蒙古虽富藏核裂变的原料铀235，但迄今却仍未建立核电站。

蒙古有辽阔的草原，畜牧业发达，风力资源丰富。风力电站对解决牧民的生产和生活用能有重要意义。太阳能电站的开拓亦有前途。

蒙古已建有8座规模较大的发电厂，主要是煤电厂，总装机能力约50万千瓦。1982～1996年间，全国的发电量已从15亿千瓦小时上升为21亿千瓦小时。

六 俄罗斯西伯利亚与远东地区

俄罗斯是世界石油生产大国。西伯利亚与远东地区的石油储量约占全世界总储量的1/4，天然气储量约占世界总储量的1/3。据1998年12月第六届独联体国家自然资源国际会议信息，在俄罗斯北部和远东海域的大陆架已发现180个大中型油气田，总储量约300亿吨标准燃料，其中3/4的油气田储量在7 000万吨标准燃料以上。在鄂霍次克海和白令海大陆架有70个富有油气开采前景的区域。远东区是该国20世纪后期的新兴储、产油区。它以萨哈林岛为中心，所产的原油和天然气除供本区需要外，还大量出口，主要是输往日本、中国、朝鲜、蒙古等国，从该岛的奥哈建有输油管经共青城直达中苏边境的哈巴罗夫斯克。油、气可以经由输油管道或输气管道由陆路出口，也可用油罐或液化天然气罐经陆路或海路出口。

七 越南

越南国土的4/5是山地，又有亚洲东南的大河——红河，拥有丰富的水力资源。煤炭、石油和天然气资源也很丰富，尤其是沿海大陆架，油气开发的前景看好。

越南的优质无烟煤——鸿基煤闻名于世，除供本国外，还向中国、日本及东南亚其他各国出口。越南从1954年开始发展重工业，于1955～1964年间建立了鸿基煤炭基地和太原钢铁基地等现代化工业区。20世纪80～90年代，越南的工业和对外经济贸易有较大发展，对能源供应特别是电力供应提出了加快发展的要求。1981年全国的发电总量为40亿千瓦小时，到2000年已达266亿千瓦小时。越南发展水力发电以冶炼有色金属，水电约占总电量的40%左右。展望21世纪，越南将借助日本的援助建立核电站。

八 老挝

老挝的煤、油资源虽不丰富，但它是多山国家，大部分地区又属湄公河流域。山地和高原占全国面积的80%，自北部和东部向南部和西部下降。湄公河上游地段，下切强烈，形成湍急的水流，水力资源特别丰富。从20世纪70年代起，老挝就利用水力为主发展了现代化电力业，使之成为国民经济主要支柱。1976年，由美国、日本、德国援建了首都万象以南的南俄河水坝和电站。目前全国的电力装机容量约18万千瓦，发电量12亿千瓦小时左右，80%即来自南俄河水电站。电力是推动万象经济区的工农业生产发展的主要动力，同时还以全部发电量的85%输往泰国，是老挝重要的外汇来源。此外，1999年1月老挝与中国签订供电协定，2001～2005年，拟自中国云南通过一条110千伏电线路向老挝输电。

九 柬埔寨

柬埔寨的东、北、西部是低山和丘陵区，蕴藏有煤矿。中部是宽广平坦的湄公河三角洲平原，平原中心有印支半岛上最大的洞里萨湖（金边湖），向东与湄公河相通，蕴藏着丰富的水力资源。

1953年柬埔寨独立后经济有所发展，开采煤矿，建立电站。20世纪70年代后战争连绵，能源开发缓慢，仅对上丁、柏威曼、磅同等煤矿有小规模的开发；在首都金边建有较大的发电厂；在西北部，位于洞里萨湖北部、暹粒河西岸的暹粒市近郊建立了巴莱杜托水库，用以灌溉及水力发电等。

柬埔寨利用进口原油，在国境西南部的港市磅逊，建立了大型炼油厂。磅逊曾名西哈努克港，是全国最大的海港和外贸中心。港湾水深，可泊远洋巨轮，建炼油厂于此，便于国外原油的进口及所炼制油品的集散。在炼油的基础上发展了石油化工和化肥等工业，分布于金边、暹粒和磅逊等城市中。柬埔寨以农业为主，但在工业中，炼油业却同轻工业一样占有重要地位。

随着柬埔寨民族和解团结的实现，对外经济联系加强，经济有所发展，对能源的开发利用有新的进展。

十 缅甸

缅甸从1963年始，工业发展较快，对能源的开发和使用提出了新的需求。缅甸在伊洛瓦底江中下游，仁安吉到仁安羌一带有重要的石油田，稍埠有丰富的天然气。伊洛瓦底江上游的加里瓦煤矿也闻名于印支半岛，80年代起加强了对油、气、煤的开发。到90年代初，其原油除供本国消费外，部分还有出口，炼油厂亦初具规模。

两大河流，伊洛瓦底江和萨尔温江，纵贯国土，自山地奔腾到冲积平原，落差极大，有利于水电站开发与建设。在缅甸2000年的发电量50亿千瓦小时中，约30%来自水电。

十一 泰国

泰国有石油、天然气、煤炭、水力等资源，但储藏和生产数量均不很大。能源开采和加工业未占国民经济的主导地位。20世纪80年代以来，泰国在泰国湾和内陆先后发现了天然气和石油，从此，泰国石油工业发展加快，1983～1985年间，原油产量由221.8万桶猛增至759.3万桶，2001年产量已达到2 200万桶。

在能源开采业的基础上，泰国于60年代起逐步建立了炼油业和石油化工业。其能源消费结构和电力用能结构，也由以煤为主转为以油、气为主。1997年，泰国发电总量达932亿千瓦小时，居东南亚各国首位。其中5座以重油为主的发电厂的发电能力，占全国总发电能力的61.5%。另有9座以天然气或柴油为燃料的发电厂。

泰国多河流湖泊，水力资源丰富，20世纪下半期以来加强了水库的建设，7个综合利用的水库构成了泰国水力发电的骨架。

泰国拥有铀资源，有发展核电站的设想。

随着经济的发展，泰国的用能曾一度紧张。因此，泰国制定政策，对新建发电厂除由政府承担主要投资外，并鼓励民营企业投资于电力生产，然后政府再向其收购电力。

十二　马来西亚

马来西亚具有石油、天然气、水力、煤炭、新能源等多种能源资源，从20世纪下半期起，加强了多方面的开发。其国内的能源消费90%以上是石油和天然气。

马来西亚和新加坡的经济联系密切，所产石油和天然气大量输往新加坡，加工成的部分油品运回马来西亚。当它于20世纪80～90年代在沙捞越、民都鲁等地开发天然气时，曾借助于日本和英国的资本，合资建立了大型的（年产600万吨以上）的液化天然气厂，再以液化天然气供应日本、美国、新加坡、韩国、德国等。

马来西亚电力以油电为主，发电厂主要集中于马来半岛。2000年全国发电量667亿千瓦小时，供过于求。

20世纪90年代以来，马来西亚加强了对地热能、太阳能和风能利用的研究和推广。

十三　新加坡

新加坡国土面积狭小（618平方公里），境内无石油、天然气等天然资源。但石油加工业和电子电器、运输装备合称为全国三大产业，炼油业迅速发展成为全国规模最大、最现代化的工业，其炼油能力仅次于美国的休斯敦和荷兰的鹿特丹。企业所在的巴西班让、裕廊和南部岛屿，接近新加坡湾，便于深水油轮的停靠，输出的油、气产品到马来西亚、美国、中国、日本、泰国、德国、英国等地。

进口原油加工成油品出口，是新加坡主要外汇收入来源，这就促使其炼油技术必须位居世界先进水平。与此同时，在炼油业的基础上发展了石油化工业，产品有塑料、合成橡胶、化纤、化肥等。并兴建了现代化造船业，包括大型油槽船制造业。20世纪80～90年代，当世界各地广泛兴起海上石油钻探业时，新加坡则适时地将部分造船业转为海上产油平台建造业，以供应东亚及中东等国海洋采油业的需要。

十四　印度尼西亚

印尼拥有多种能源资源，其能源生产结构和消费结构以油、气为主。它是东亚仅次于中国的石油和天然气生产国，石油的出口量超过中国而居东亚首位，对日本、韩国和新加坡的能源供应起着重要作用。印尼是东亚国家中唯一参加石油输出国组织的国家，其生产和出口，在一定程度上要受到该组织的协议和政策的制约。

印尼是东亚煤炭的重要生产国之一。它的产量虽不能同产煤大国中国相比，但是由于它的能源结构以油气为主，所以，所产煤炭可以大量出口，出口量超过了中国，位列亚洲第一，世界第三。它出口大都是优质硬煤，对日本、韩国的发电、冶金、化工等工业有不可忽视的影响。

1979年以后，印尼推行了能源多样化政策，积极发展农村小水电站、地热和太阳能发电，特别是地热能发电（位列世界第六）取得了相当成效。1990年印尼的总发电量为489亿千瓦小时，到1998年已达900亿千瓦小时，支持了此一时期国民经济较高发展速度中的能源需要。

十五　菲律宾

菲律宾是由吕宋、棉兰老岛等11个大岛和7 100余个小岛组成的群岛国家。国内的矿产资源以金属矿为主，也有一定数量的煤、石油、天然气的储藏。它的煤储藏以褐煤为主，硬煤较少。1991年是产煤高峰期，曾达126.71万吨。后因受储产比下降制约，产量始终徘徊不前。菲律宾石油产量十分有限，不敷国内需要，要从印尼、马来西亚、中国、文莱等地进口原油或油品。

菲律宾大部分地区，地处海洋性热带季风区，雨量丰沛。这里河流短小，多急流，虽不利航行，然而由于山地和平原交接，又有大量降水，使得水力资源丰富，水电业比较发达。

菲律宾位于东亚火山喷发带内，火山很多，地热资源十分丰富，它也很着力于地热发电站的建立。在1967年建立了第一座地热电站后，新站陆续建立，是仅次于美国的世界第二位地热电站国。1998年全国的地热发电装机容量为335万千瓦，为该年全国装机总容量1 160万千瓦的32%。马里特博克地热电站拥有3台8万千瓦的机组，总装机24万千瓦，是世界最大的地热电站。

十六　文莱

文莱北面临海，东、南、西领土与马来西亚的沙捞越接壤，它的海、陆都有石油和天然气的富藏。按人口平均的油、气产值位居世界前列。它是东亚地区仅次于中国、俄罗斯西伯利亚与远东地区、印尼和马来西亚的油、气生产国。

石油和天然气开采业是文莱国民经济的支柱，产值占国民经济的 90%左右。它所产的油、气绝大部分供应出口，出口额占全国总出口额的 95%。油、气出口的地理分布包括东亚的日本、韩国、中国、新加坡等国，也到达美国、英国、澳大利亚。

文莱的炼油业不很发达，所需的一部分汽油、柴油还须进口。

文莱的发电燃料大都用油和天然气，1997 年发电量为 17 亿千瓦小时。

第二节 各种能源的开采与加工

一 石油

从世界能源的生产结构和消费结构来说，20 世纪初到 60 年代前期以煤为主，称为“煤的时代”；60 年代中期以后，转而以石油为主，称为“石油时代”。主要因为：石油的单位热值每公斤约 1 万大卡，优于煤的7 000大卡。石油可以用管道运输，较之固体煤炭用火车、汽车运输方便得多。石油燃烧时所产生的污染要少于煤。再加上内燃机在工艺上的性能远优于蒸汽机。所以，从 1965 年起，石油就占据世界能源消费结构中的首位，直到 20 世纪末仍是如此。不过，世界上仍有一些发展中国家，至今还是以煤为主。展望未来，从保护环境和重视可持续发展的前提出发，将逐渐转向以石油和天然气为主。

（一）石油生产

在东亚地区，中国是重要的石油生产国，而东南亚则是仅次于中国和俄罗斯西伯利亚与远东地区的又一个石油丰产区。地域相邻的印度尼西亚、马来西亚和文莱都是著名的石油生产和输出国。其中，印度尼西亚是石油输出国组织的成员国，1999 年 1 月 1 日的石油剩余探明储量为 6.79 亿吨，居世界第十五位；1998 年产原油6 445万吨，位居亚洲第二；石油的勘探、开采和加工业占印度尼西亚工业的主导地位，并占出口总值的 60%左右。越南、泰国、缅甸也富有石油的储藏与开采。

1. 中国

在东亚各国，中国是石油生产、加工和进出口贸易都很发达的国家。20 世纪 80 年代，中国是石油净出口国，是石油出口创汇的主要来源。1993 年以后，中国成为石油的净进口国。随着经济的迅速发展，今后对石油的需求量将会进一步增大。2004 年，生产原油 1.75 亿吨，居世界的第五位，原油勘探、新建产油能力取得新的进展。

中国石油和天然气的发展方针是陆上稳定东部，发展西部；海上油气并举，稳步提高。

（1）东部地区油田

中国原油的 90%左右产自陆上，约 10%产自海洋。陆上原油产量中，约 90%产自东部地区，最主要的油田有：

大庆油田

自 1960 年投产以来，产量从上升而趋于稳定。1976 年起年产量连续保持在5 000万吨以上。大庆油田 1960 年正式投入开发，到 2003 年已累计生产原油约 17.8 亿吨，产量占同期全国陆上原油总产量的 47%以上。创造了连续 27 年产量稳定在5 000万吨以上的世界奇迹。然而，在现有的勘探和开采技术条件下，经过几十年的开采，迄今探明的可采石油储量已所剩无多。2003 年，大庆油田原油产量为4 840万吨，这是 27 年来首次降到5 000万吨以下。今后 7 年内计划年均削减产量约 7%，到 2010 年，原油产量将降到3 000万吨级水平。

胜利油田

是中国第二大油田，1994 年的产量曾高达3 090万吨，以后逐年下降，到 1998 年仍有2 731万吨的产量。

辽河油田

从 1986 年起年产原油1 000万吨以上，1998 年为1 452.1万吨。以上三大油田，1998 年的合计产量超过9 753万吨，约占全国总产量的 61%以上。此外东部的华北油田、大港油田、中原油田、吉林油田，还有河南、江苏、江汉、冀东、安徽等油田生产情况也很可观。

东部是中国经济发达、石油消费的主要地区。东部油田的开发对促进中国东部社会经济的发展起了很大的作用。但是经历了几十年来的长期开采，东部的一些大油田已进入了高含水期，可采储量有所减少，产量亦出现了下降的趋势。可是为了力保经济发达的东部的能源需求，同时东部的油田也还有潜力可以发挥，所以继续贯彻“稳住东部”的方针是十分必要的。

科学技术是第一生产力。要“稳住东部”就必须从引进、应用和推广高新科技来找寻力量。20

世纪80～90年代以来，由于中国采用了诸如地质勘探从寻找储油圈走向直接寻找油气藏，钻井技术从随钻测量发展到地质导向钻井；提高高含水期油田采收率，水平井采油，三次采油；并加大滩海油田开发力度等先进措施；在经济上又实行了滚动勘探开发措施，因此，中国东部油田的产量在21世纪前期和中期，都能够持续稳定。

依据资源开发的客观规律，以后中国东部油田的产量还会逐渐减少。因此，及早加速西部油田的勘探开发以作替补，是中国石油开发发展也是中国整个经济发展战略中非常重要的步骤。

(2) 西部地区油田

新疆是中国西部原油储藏最丰富、产量节节上升的大油区。北疆的克拉玛依油田是老油区，1955年开始产油，以后逐步大力勘探开发，形成了以克拉玛依为中心的北疆准噶尔盆地油田。南疆的塔里木油田，于20世纪50年代末在北缘打出油气井，1984年已开始产出原油和天然气，1997年在西南边缘发现高产油气井。据勘测，该油田的规模很大。吐鲁番—哈密盆地发现的油气资源也很可观。到1996年在以上3个油区中发现了多个亿吨级储油区和一大批5 000万吨级油田。1998年准噶尔盆地原油年产量达871万吨，位居全国第四；加上塔里木（385万吨）、吐哈（295万吨），合计1 551万吨，约占西部原油总产量的95%。估计到2010年新疆原油产量可高达5 000万吨，大致相当于目前大庆油田的生产规模。

中国西部1998年原油产量还有：长庆（400万吨）、青海（176万吨）、延长（163万吨）、玉门（40万吨）和四川、滇黔桂等油田。总之，随着21世纪中国西部油田开发的加强，西部经济从后进跃向先进，它将对整个中国生产力布局和社会经济的发展产生巨大影响。

(3) 海洋油气田

中国沿海的莺歌海、北部湾、珠江口、渤海湾和东海等海域，都拥有丰富的油气资源。20世纪80年代以来，海洋石油生产的发展惊人，年产量从1991年的241万吨增至1998年的1 748万吨。虽然一些陆上油田进入枯竭期，但海洋石油快速发展，第十一个五年计划（2006～2010）期间，中国原油产量中的增量部分将主要来自海上石油。基于对国际资本和先进技术的加大引进和消化，21世纪中国海洋原油的发展将不可限量。

(4) 炼油工业

随着改革开放政策的推行，中国的炼油工业，也已从单一利用国内原油发展到利用国内和国外两种资源。1999年1月1日，中国的原油加工能力约2.2亿吨，仅次于美国、俄罗斯、日本，居世界第四，东亚第二。按实际开工率70%计，实际加工量约1.5亿吨。产品以汽油、煤油、柴油、润滑油为主，合占总量的60%左右。还有燃料油约占15%，其余为沥青、石油焦和石蜡等。

1998年，中国有炼油厂90家左右，其中年加工量在100万吨以上的，约42家。它们分属于中国石油天然气集团公司、中国石化集团公司和地方企业。最大的是茂名石油化工公司，年可加工原油722万吨。其后依次是抚顺石油化工公司（699万吨）、齐鲁石油化工公司（673万）、镇海炼化股份有限公司（639万吨）和北京燕山石油化工公司（602万吨）等，它们都已跻身于世界型大炼油厂行列。

2. 俄罗斯西伯利亚与远东地区

西西伯利亚是俄罗斯21世纪前期油气主要开采区，石油年产量占全俄总产量的65.5%。迄今原油累计产量为76.5亿吨。1988年原油产量高峰值达4.1亿吨，1995年以来，原油产量稳定在2亿吨以上。该地区中南部（尤甘克和托木斯克地区），是俄罗斯重要产油基地和原油出口基地。20世纪80年代后，前苏联开始实施东部油气战略，油气开发中心向东转移，即从西西伯利亚油区转向东西伯利亚和远东地区的油区。

3. 印度尼西亚

印度尼西亚是东亚各国中开采石油较早的国家。早在1872年，就在中爪哇发现了石油，但被认为没有开采价值而放弃。1885年在苏门答腊北部发现了具有商业价值的油田，开始产油。但当时印尼处于殖民统治之下，石油开采业进展不快。1945年印尼独立后，通过了石油公司国有化，吸引外资和高新技术，与国际石油公司缔结“工作合同”和“生产分成合同”等方法，促使原油勘探、生产和出口迅速增长。

苏门答腊岛是印尼最大的储油与产油区。油田集中分布于绵长的东北海岸，从北到南形成三个地带，即北岸以兰沙为中心；中部以米纳斯为中心，是印尼最大的油田，闻名于世界；南岸以巴邻旁（巨港）为中心。

爪哇岛是印尼第2储油区，油田分布于北岸，自西至东有贾蒂巴朗、辛当、南望和炽布等油田。此外，加里曼丹东部、伊里安查亚西部等地也分布着一些油田。

20世纪60年代以来，印尼经过勘探，又发现了较多的海底油田，散布于苏门答腊、爪哇和加里曼丹的沿岸，其中如阿朱纳、阿塔卡辛塔拉等油田都已开采。

1977年，印尼的原油产量达8 300万吨，是其历史最高点。尔后因执行欧佩克的减产保值政策和保持适度的储产比，原油产量下降很大，1988年为5 687万吨，下降了约31%。以后经过多次增减，到2000年为6 977万吨，仍低于历史的最高点。

为了发展民族经济、改变外国油品对国内市场的独占，独立后印尼加快发展本国的炼油工业。1988年，全国原油加工能力达4 649万吨。

4. 马来西亚

马来西亚是东亚第三个产油国。它的采油业崛起于20世纪70年代初期，1979年原油产量超过文莱，跃居东南亚第二，是东亚原油生产增长较快的国家之一。塔皮斯、蒂昂、萨马兰为三大海洋油田。石油开采从20世纪初开始，集中在东马的沿海地区，到20世纪60年代基本枯竭，遂逐步转向深海地区。进入20世纪70年代以后，石油开发与生产继续迅速扩大。1973年在西马的东部沿海也发现了新油田，1974年在沙巴沿海找出了新油田。到20世纪90年代中期，已探明的石油储量可供生产10～15年。以资源为基础，油气生产迅速增长，成为东南亚地区在印尼之后的重要能源输出国。1999年年产原油3 400万吨，出口1 800万吨。1999年1月1日，马来西亚的年炼原油能力为237万吨。

5. 文莱

文莱是东南亚产油历史较早国家之一。20世纪70年代每年产油都超过1 000万吨。1980年后，由于后备资源有限，年产量明显下降。2000年原油产量为938万吨。桑皮昂与西南安帕为主要产地。1999年1月1日的原油加工能力约43万吨。

此外，东亚的越南（2002年原油产量1 663万吨），泰国（2000年原油产量306万吨）、菲律宾（1998年原油产量约4万吨）都列名于当今世界石油储产量表上。

（二）石油消费与加工

在东亚地区除中国外，日本、韩国和新加坡也是重要的石油消费国。

1. 日本

日本石油的年消费量，1998年高达2.55亿吨，仅次于美国和俄罗斯而居世界第三位。可是日本的原油剩余探明储量仅821万吨（1999年1月1日），年产量仅68万吨（1998年），所以日本所需的98%以上的大量原油都需从国外进口。

中东是日本传统的最大原油供应地。20世纪80年代以前，日本从中东进口的原油，每年均占其进口总量的80%左右。沙特阿拉伯、阿拉伯联合酋长国和伊朗是供应日本石油最多的国家。尔后，为确保原油进口少受中东政治动荡的影响，从80到90年代，日本逐渐减少了从中东的进口量。

东南亚是日本另一个传统原油供应地。因为地理位置邻近，20世纪80年代以来，日本增加了从印尼的原油进口量，还从马来西亚、文莱购进原油。

从20世纪90年代以来，日本加强实施石油进口多国化的方针，以稳定石油的进口来源。所以日本十分重视从近邻中国进口原油，也提高了从拉丁美洲购买石油的数量。

日本虽然缺乏石油资源，却拥有庞大的炼油能力。截至1999年1月1日，日本原油年加工能力为2.53亿吨，仅次于美国、俄罗斯而居世界第三位。日本的炼油厂大都分布于本州岛的中南部和西南部。千叶和川崎两大炼油中心，分别濒临东京湾的东西两侧和首都东京的两翼地带，是全国重化工业的集中区，也是石油油品的最大消费区。濑户内海沿岸的水岛，系由浅滩填海造陆而成，是一个重化工业基地，建有全国最大的、年炼原油能力1 600万吨的炼油厂。

日本的炼油业在20世纪70年代后期曾达高峰，1977～1982年6年间，均稳定在2.9亿吨左右。1983年起因厉行节油，加强替代能源与新能源的研制和推广，减少了油品消费量，故该年的原油加工量降至2.4亿吨。以后，因油品供需渐趋平衡，原油加工量也相对稳定了。在加工能力中，催化裂化4 114万吨，催化重整3 155万吨，两者合计占原油总加工能力约30%，表明了日本炼油技术的先进。展望21世纪初期，日本炼油业的原油加工能力将缓慢增加，而其技术优化构成则将有很大进展。

2. 韩国

韩国也是原油储藏贫乏，依靠进口原油的国家。1999年1月1日的原油年加工能力为1.27亿吨，仅次于日本、中国居亚洲第三，位列世界第六，是世界8个年炼油能力在亿吨以上的国家之一。现共拥有年炼油能力100万吨以上的大炼油厂6座。主要分布在以汉城和仁川为中心的京仁区和以釜山为中心的东南沿海区（釜山、蔚山），以及南部沿海的丽水等地。印尼、中国和中东等地是主要的原油供应地。

3. 新加坡

新加坡是亚洲位列第四的炼油国。1999年1月1日的原油年加工能力达5 860万吨。新加坡石油加工业的兴起主要源于其地理位置。它位于马来半岛之南，太平洋与印度洋之间的海上重要通道马六甲海峡东口，正当波斯湾—马六甲海峡、新加坡海峡—日本石油海上运输线的中枢，把其西向的中东、北非、中非丰产油区，邻近的印尼、马来西亚、文莱产油区和东北方的日本、韩国乃至南面的澳大利亚等的石油消费区联系起来。从1961年开始就建立了炼油厂。把进口的原油炼成各类油品出口，以取得发展本国经济必需的外汇。炼油业是新加坡规模最大、最现代化的工业。炼油厂所在地巴西班让、裕廊和南部岛屿，接近新加坡海峡，便于深水海轮停泊。炼油业在新加坡经济腾飞中的作用不容低估，它促进了石油化工、航运业和造船业的蓬勃发展。而石油机械制造业、海上石油平台制造业的发展则带动了电子、电器、冶金、仪表等工业的隆兴。新加坡成为“亚洲四小龙”之一，绝不是偶然的。

经过新加坡的这一条运输线是世界第二大海上石油运输线。它能通行20万吨以上的大型超级油轮。它对日本的经济发展有很大的关系。因为20世纪60～90年代，日本进口石油的80%都经过此线。

1971年，海峡沿岸三国——马来西亚、印尼和新加坡——提出确保无害的通航原则以后，部分大型油轮已改道龙目海峡和望加锡海峡航行。但由于新加坡炼油业在数量和质量上都不断有增进，它的石油加工业仍对东亚经济起着不可忽视的作用。

东亚其他一些国家，也建有现代化炼油业，如泰国的原油加工能力为356万吨，朝鲜为355万吨，菲律宾为195万吨，缅甸为160万吨等，均拥有一定规模。

表2　　东亚10个国家、地区

1990、2000年石油、煤炭产量

国别　地区	原油（百万吨）		硬煤（百万吨）	
	1990	2000	1990	2000
中国	138.30	162.23	1 079.90	849.40
日本	0.54	0.62	8.26	3.14
韩国	–	–	17.22	4.15
俄罗斯西伯利亚与远东	377.68	242.15	195.22	152.29
越南		16.27	3.35	10.86
泰国	1.28	3.06	–	–
马来西亚	30.03	32.47	0.105	0.35
印尼	70.20	69.77	7.33	58.34
菲律宾	0.23	0.03	1.24	1.35
文莱	6.69	8.13	–	–

资料来源　联合国《统计年鉴》1997年；联合国《统计月报》2001年10月。

二　天然气

天然气是指在不同地质条件下生成、运移并以一定压力储集在地下构造中的碳氢气体。它的热值高、对环境污染小，是一种清洁的高热值燃料。20世纪下半叶以来，天然气的生产利用发展迅速，在世界能源消费结构中的地位提高，一些专家认为21世纪上半叶，天然气将可逐步取代石油而占据世界能源消费结构中的首位。

天然气的发现往往和石油勘探与开采有关，所以伴生气约占世界天然气储量的40%。还有一些地区，进行石油深钻勘探或海底勘探，没能钻出原油，却产出了天然气。

到20世纪末，天然气的应用，主要为：（1）用于居民生活和商业部门，约占世界天然气总用量的41.5%。（2）工业部门（生产石油产品和合成燃料，冶炼工业热源等）占37%。（3）发电厂用，占19.5%。（4）运输部门用约占1%。进入21世纪以后，它的应用领域进一步扩大，特别是在天然气发电、天然气化工和天然气汽车方面已有很大的进展，这在东亚地区也已显现。

以前，由于气体运输的空间局限性，天然气的国际贸易不占重要地位。但从20世纪下半叶，特别是20世纪80～90年代以来，天然气的管道运输技术日趋完善，管道建设长度迅速增长，国际合作日益增进，以及液化天然气的制作与贸易突飞猛进，从而使得天然气的国际贸易量增长迅速。到1998年，世界天然气的总贸易量已占当年世界商品气总产量的20%，其中管输气占75%，液化气占25%。这一现象也在东亚的天然气国际贸易中有一定的表现。

（一）俄罗斯西伯利亚与远东地区、中国、印尼、马来西亚等天然气生产

1. 俄罗斯西伯利亚与远东地区

俄罗斯是世界天然气的最大生产国。除巴伦支海和喀拉海域外，其他产气区主要分布在西西伯利亚、东西伯利亚、远东萨哈林岛及大陆架。

俄罗斯西西伯利亚油气区天然气产量约占全俄的90.2%，是俄罗斯21世纪前期油气主要开采区。东西伯利亚和远东地区的天然气勘探、开发潜力巨大。根据俄罗斯《2020年前西伯利亚发展战略》的设想，在21世纪的头20年，将在东西伯利亚地区建立新的石油和天然气开采中心。在这期间，东西伯利亚天然气的开采量可达到700亿～800亿立方米。

1996年，俄罗斯和中国签署了能源领域的合作协定。从西西伯利亚或中亚经乌鲁木齐—兰州—西安—南阳—南京—上海的天然气管道的研究工作已经开始，预计21世纪初将进入项目的实施阶段。伊尔库茨克—二连浩特—北京—日照—上海的天然气管道项目的研究也取得积极的进展。萨哈林岛—哈尔滨—沈阳的天然气管道项目亦在加紧进行前期工作。

2003年11月14日，中国、俄罗斯与韩国共同签署了《伊尔库茨克供气项目》可行性方案，即中国、俄罗斯和韩国三方共建的天然气管道项目。该线路的起点为俄罗斯西伯利亚东部伊尔库茨克附近的科维克金（Kovykta）油气田直达中国的满洲里，随后分为两路，一路通往大连，然后通过海底燃气管道直通韩国；一路直贯中国东北三省，辐射首都北京及环渤海湾的周边地区，直接通往中国华北五省二市。输气管道预计年天然气输送能力为200亿立方米左右，其中将有100亿立方米的天然气转口大连港通过海底石油管道输往韩国。

然而，2004年1月29日，俄天然气工业公司总裁米勒表示，科维克金项目不符合俄罗斯国家利益，铺设从伊尔库茨克州的科维克金气田通往中韩两国的天然气管道是不适宜的。始于1994年的科维克金项目原定于2005年开工，2008年开始供气。俄方此时突然“叫停”，让该项目的前景蒙上了一层阴影。

2. 中国

2003年，中国天然气产量达350亿立方米，位列东亚第三。

到20世纪90年代末，中国天然气的主要储、产区是在陆上，如1998年陆上气田约占总产量的82.7%。主要的产区为四川，年产75.3亿立方米，占全国总产量的33.7%。其次是新疆、大庆、辽河、中原、胜利等油气田，它们的产量都各在10亿立方米以上。海洋天然气的产量虽只占17.3%，但到90年代中期，中国已与16个国家和地区的60余家公司签订110项以上的海洋油气开发合同和协议。已有20余个海上油气田投入开发，1998年底已产天然气达38.6亿立方米。这些气田分布于沿海的莺歌海、北部湾、珠江口、东海和渤海湾。与此同时，到2002年底，中国三大石油公司共在境外参与油气开发项目近30个，海外天然气年作业量达到13亿立方米。

1998年中国天然气的消费量为205亿立方米，相比于产量，是自给而稍有余。可是中国天然气的产销平衡仅是低水平线上的平衡。因为中国的天然气只占其一次能源消费结构中的2.2%，和世界能源消费结构中的20%相距甚远。同时，天然气的用途，以供化肥生产（占38.3%）和供开采油气田自用（占25.9%）为主，两者合计已达61.2%。而电力和民用所占比例仅分别为12.7%和10.9%，至于供汽车用尚处于萌芽状态。

2002年7月，中国实施西部大开发战略的标志性项目——西气东输管道工程正式动工兴建。西气东输管道长4 000公里，连接西北部的新疆至东部的上海市，途经8个地区及省份，以及中国两条最大的河流黄河与长江。西气东输项目的总成本估计达180亿～200亿美元，是中国仅次于总成本达250亿美元的长江三峡工程的最大基建工程。西气东输项目2000年2月启动，2002年7月4日正式开工建设，2004年1月1日正式向上海商业供气。投产以来已向沪、浙、苏、皖、豫地区全面供气，在2005年1月1日全线实现商业供气的目标，最终每年输气量将达120亿立方米。

从20世纪80年代，特别是90年代以来，中国从科教兴国和可持续发展的战略出发，加强优化能源结构和净化生态环境的工作，在对国内天然气的勘探、开发，国外资金与技术的引进和天然气的进口等方面均取得较大进展。中国拥有丰富的天然气资源，1998年全国天然气的储产比高达63∶1，远远超过美国的8.3∶1，英国的7.9∶1，显示开采的潜力巨大。随着中国国民经济发展对优质能源——天然气需求的增长，估计到2020年，中国天然气的需求量将达1 840亿立方米，天然气的消费构成亦将有很大变化。与此同时，在发展国内天然气生产的同时，也积极推进从国外进口天然气。特别是中国的东南沿海地区，那里是中国发达的工商金融业区域和主要的耗能区，但又都远离国内的产能区，对优质能源的需求殷切，从而成为从国外进口天然气的首选地区。

3. 印尼

印尼的天然气产量，1970年仅为31亿立方米，以后产量猛增，到1998年已达679亿立方米，增达22倍之巨。其产量超过马来西亚居世界第六位。

印尼天然气产量的猛增，除了拥有丰富的天然资源外，还同它采用一系列有效的开发政策有关，例如：(1) 以优惠灵活的政策（多次修订产量分成合同，对地质条件复杂的气田增加优惠）吸引外资参与勘探生产。(2) 勘探生产与市场建设并重。(3) 在扩大出口的同时，鼓励国内消费，等等。

在南海西南端的纳土纳群岛海域、苏门答腊的阿伦和加里曼丹的巴达克是印尼的三大气田，也都是世界著名的巨型气田。目前，印尼西部的盆地仍有新发现气储的潜力，东部亦多良好的勘探前景。所以它的天然气产量仍拥有继续增长的坚实基础。

1998年印尼出口天然气363亿立方米，占其总产量的53%。在世界天然气出口国中，排名第六。同时，由于印尼是千岛之国，所以天然气的出口是以液化天然气为主的。1996年它出口的此项产品已达359亿立方米，约占世界液化天然气总贸易量的35%。日本、韩国和中国台湾是其三大客户，都同它签订长期合同。估计到1999年底，印尼液化天然气的出口将增加到410亿立方米。

4. 马来西亚

1970年，马来西亚天然气的产量仅为3.4亿立方米。到1998年达239亿立方米，为1970年的70余倍，位列亚洲第二。

马来西亚的主要气田分布于沙捞越、沙巴和丁加奴等沿海大陆架。在马来西亚东部的宾吐鲁正设计大型的液化气生产企业，于2003年投产，将是世界最大的液化天然气综合企业之一。马来西亚还计划从北部的槟榔屿州与泰国的宋卡之间铺设油气管道，以便使马来半岛的油气经泰国海岸直接出口到韩国、中国和日本，而不必绕道马六甲海峡。

20世纪90年代以来，马来西亚的天然气需求量增长迅速，年增长率高达28%左右，是东亚各国中增长最快的。但到90年代后期，每年的内需仍只占产量的30%左右，从而使其成为亚洲的重要天然气出口国。其出口以液化天然气为主，1998年约占世界液化天然气出口量的18%。

5. 文莱

文莱是以油气为国民经济支柱的国家，2000年的天然气产量为116亿立方米。主要的产区为安巴、钱皮恩、费尔利等近海油气田。全国75%以上的天然气产量供应出口。主要出口对象为日本、新加坡、韩国、马来西亚、美国、澳大利亚等，大都以液化天然气形式出口。

6. 泰国

泰国天然气的国内供需情况不同于印尼、马来西亚和文莱三国，从20世纪80年代起经历了明显的曲折。1980年泰国无天然气的生产，所需近3亿立方米都靠进口，之后随着国内发现并开发天然气田，到1985年，生产37亿立方米，需求31亿立方米，自给有余。1993年生产97亿立方米，需求88亿立方米，有近9亿立方米向邻国出口。到1996年生产122亿立方米，国内需求148亿立方米，出现26亿立方米的缺口，又再次成为净进口国。这样的变化，同20世纪后期泰国经济的勃兴，以及能源消费结构的优化政策有密切关系。如1997年泰国天然气用于发电的约101亿立方米，工业用约18亿立方米，两者合计约占总消费量的80%左右。2001年产量为196亿立方米，主要产自8个气田，其中6个位于泰国湾，产量合计占全国的80%以上，还有两个位于泰国东北部。

7. 菲律宾和越南是东亚地区天然气开发的后起之秀

菲律宾1989年首次发现天然气，随后进行勘探。

越南气田构造，与菲律宾相同，都拥有较大的潜在天然气资源。80年代后期才开始采气，1985年的产量仅5 600万立方米左右。90年代以后，增长较快，到1998年已达11亿立方米。

8. 缅甸

缅甸拥有2 830亿立方米的天然气探明储量(1999年1月1日)，约为马来西亚储量的1/8。1993年其产量仅12亿立方米，产区在马达班湾沿海，已与泰国签订供气合同，规定1998年7月起泰国将从耶达那气田购买920万立方米/日的天然气，并从叶坦肯气田购买1 132万立方米/日的天然气。估计到20世纪末缅甸的天然气产量将突进到年产75亿立方米左右。

（二）日本、韩国、新加坡天然气的消费与进口

东亚地区拥有一些重要的天然气净进口国，如日本、韩国和新加坡等。

1. 日本

日本1998年的天然气需求量高达698亿立方米，但全国探明储量只有390亿立方米。1998年的产量22.5亿立方米，仅占当年需求量的3%。所以日本所需97%的天然气，亦即675亿立方米是从国外进口的，其中大都是液化天然气。日本是仅次于美国和德国的世界第三大天然气进口国，约占世界总进口额的15%。其中液化天然气进口约占世界进口总量的58%，位列世界榜首。

日本从20世纪90年代以来，加速了对能源消费结构优化的步伐。进口的天然气，首先用于发电。天然气在日本电力能源结构中的比重，1973年仅2.3%，1979年上升到12.5%，1992年达19.6%，而1993年更高达72%。估计21世纪，日本进口的天然气数量还将递增。日本天然气的进口地区分布，大致是：印尼占38%，马来西亚20%，澳大利亚15%，文莱13%，阿拉伯联合酋长国11%，美国3%。日本的袖浦液化天然气终端规模之大为世界之最，其中1/3以上储罐的接收能力达270万立方米。

2. 韩国

韩国缺乏天然气资源。自20世纪60年代以来，随着国民经济的起飞，能源需求量迅速上升。自80年代以来，为适应能源优化结构的潮流，天然气的消费量增长更加迅速。如1980年所需天然气仅18.99亿立方米，而1997年已达127.3亿立方米，为1980年的6.7倍，是东亚天然气需求量增长最快的国家。

韩国的天然气几乎全靠进口，基本上是进口液化天然气，占世界进口总量约14%。进口的天然气主要用于发电。在这基础上，逐步开发城市天然气市场，并且首先在首都汉城及其周边地区使用，然后向其他城市推广。为了提高环境质量，韩国还规定，民用燃料中禁止使用煤炭和石油产品。这样，到20世纪末，韩国的液化天然气，49.3%用于发电，49%用于城市（主要为城市民用），1.7%消耗于管道运输。

韩国天然气的进口地区分布，以印尼为主。1983年韩国成立国家天然气公司，负责主管有关天然气的各项业务，包括液化天然气和液化石油气的进口和出口，天然气加工，液化天然气进口终端和天然气管网建设和管理，天然气开发研究以及国家授予的其他权限。经过多次谈判，该公司于1983年和印尼国家石油公司达成协议，签订了20年长期供气合同。1986年印尼的首船液化天然气抵达韩国。从此，源源不断的液化天然气，从印尼运往汉城、仁川等港口的天然气终端站。

为了确保能源安全，韩国推行了能源多元化政策，其中也包括天然气进口的多元化，增加了从马来西亚、文莱、卡塔尔和阿曼等国的天然气进口。90年代，韩国国家天然气公司已买进了阿曼液化天然气公司和卡塔尔的腊斯雷芬液化天然气公司的股份，以加强其开发和进口的源泉。另外，该公司还计划建立长距离的管道，将俄罗斯东部气田的天然气通过管道，穿越蒙古和中国以输往韩国。

据韩国商业、工业和能源部的预测，到2005年，韩国天然气的消费量将高达189亿立方米，比1997年增加48%，这对东亚天然气输出国来讲是一个值得关注的信息。

3. 新加坡

新加坡无天然气的储藏和生产，所需天然气全部依靠进口。20世纪80年代以前，对天然气的需求量不大。90年代后，为了保持世界环境最洁净国家的称号，竭力加强以气代油的措施，天然气的用量激增。到1993年年需求量已达13亿立方米，1998年更增至20余亿立方米。新加坡已和印尼签订合同，从2000年起自印尼的纳土纳气田铺设海底输气管道，向新加坡的电厂供气。还从马来西亚进口天然气，提供电厂的用能。

三 煤炭

煤炭在世界能源消费结构中，仅次于石油占第二位。但在东亚的中国、朝鲜、蒙古等国则仍占第一位。目前，东亚的煤炭生产主要集中在中国和俄罗斯西伯利亚与远东地区。与此同时，在东亚还有世界煤炭进口占第一、二位的日本和韩国。

东亚与世界其他地区相似，煤炭的探明储量以热值计远远超过石油，它的分布也更广泛。

煤的种类，大致可分无烟煤、烟煤和褐煤等。烟煤用途最广，产量最多；无烟煤硬度最大；褐煤最软，多杂质，质量较差。以上各种煤均包括很多品种，它们所含的碳分、湿度和挥发气不同。因此热能、焦化能和产出的副产品亦各异。

从最终用户来说，世界煤炭的87%以上用于生产国本身，只有13%左右才进入国际贸易，而且以炼焦煤为主。在东亚，煤炭的国际贸易也不如石油与天然气的规模大和多角化。目前各经济发达和较发达的国家，煤炭主要用于发电和冶金，其进口亦为此目的。

为了减少煤炭对环境的污染并提高其热效率，各国都对煤炭进行高效化和洁净化的处理，主要表现在煤的洗选、气化、液化和洁净燃烧等方面，在这些方面日本、中国和韩国均已取得不同程度的成效。

（一）中国

1. 中国是世界最大的煤炭生产国和消费国

2003年产原煤16.67亿吨，当年煤炭占全国一次能源生产总量的74%，一次能源消费总量的67%。不论是工业、农业、运输业，还是广大人民的生活用能，都同煤有着联系。

2. 中国发展煤炭生产的方针和规划

中国对煤炭生产的方针是：在保持合理开发强度的前提下，稳定东部煤炭产量；重点加速山西、陕西、内蒙古的煤炭开发。

中国国土资源部2004年信息显示，中国已经确定规划建设13个大型煤炭基地。这13个大型煤炭基地涉及14个省、区，总面积10.34万平方公里，拥有40多个主要矿区（煤田），煤炭保有储量6 908亿吨，占全国煤炭储量的70%。大型煤炭基地建设的目标是：到2005年，煤炭产量达到11亿吨，占全国煤炭产量19.3亿吨的57%；到2010年，煤炭产量达到17亿吨，占全国煤炭产量21.7亿吨的78%。

山西是中国的“煤极”，资源储量2 608亿吨，占全国的28%；年产3.5亿吨左右，占全国总产量的1/4，每年外调煤约2.5亿吨，占全国产煤省区净调出量的80%左右。山西全省37%的土地蕴藏着煤炭资源，大同煤矿产量居全国首位。阳泉有全国最大的无烟煤矿，还有西山、潞安、轩岗、汾西、霍县等大矿。平朔煤矿露采范围达176.3平方公里，地质储量61.44亿吨，生产服务年限在100年以上。预计2010年前，平朔矿区将形成年产煤炭4 500万～5 000万吨的生产规模。

内蒙古的煤炭资源储量约2 100亿吨，60%分布于西部的伊克昭盟，集中于东胜、准噶尔、桌子山三大片。东胜和准噶尔都位于储煤丰富的鄂尔多斯盆地北翼，其南部接连陕西的神木府谷煤田。东胜煤质极佳，能产出低灰、低硫、低磷、高挥发分和高热值量的煤炭。内蒙古的准噶尔、霍林河、伊敏河、元宝山、山西的平朔和陕西的神府煤田，被称为中国的六大露天煤矿。

陕西的煤炭资源储量在2 000亿吨以上，以神府东胜煤田为主。它埋藏浅，炭质好，储量大。1997年已产1 000万吨，到21世纪初，将增产到2 500万吨。还有较早开发的渭北煤田，尚有潜力可挖。

中国东部煤炭老基地包括东北、安徽、山东、苏北、河北等地的煤矿，资源储量约350亿吨以上。虽然埋藏较深，表土层厚、建井条件复杂，工期较长，但是煤层赋存条件好，煤质尚佳。矿区所在地工农业基础好，交通方便。煤矿生产和管理水平较高。所以要稳定它们的产量，以就地就近供应东部经济发达地区的用煤。

按照中国的能源发展战略，是实行以煤为主、多能互补和积极调整能源结构的方针。也就是说，随着其他能源开发利用程度的提高，煤在能源结构中的比重虽将不断下降，但“以煤为主”方针却不会发生大的变化，煤在各种能源的总产量中还将保持首位。

3. 中国煤炭生产发展面临的问题

(1) 中国煤炭的资源储量虽达9 363亿吨(1998年)，位居世界前茅，但它的已探明储量仅1 145亿吨，经济可采储量和近期可供建井储量比例更低。

(2) 中国煤的80%都被直接烧掉，单位产品的耗煤量很高。在全国大气中有害气体的排放量中，90%的二氧化硫、83%的二氧化碳、71%的一氧化碳以及60%的灰尘微粒都来自煤的燃烧。

(3) 中国煤炭产量的80%以上都出自北部和西部，而消费却偏于东部、南部。所以每年约有6亿吨原煤要长途运输，既占用大量的运线运力，还污染了沿线的环境。也就是说，中国如要继续发展煤炭工业，就必须把对煤炭的高污低效利用改变为高效洁净利用。从20世纪80年代起，中国已开始着手实施煤的高效洁净利用，进入21世纪还将加速推进步伐。

(二) 印度尼西亚

印尼的煤炭探明储量320.1亿吨，其中硬煤(烟煤和无烟煤) 9.62亿吨，褐煤等311亿吨，已超过朝鲜，仅次于中国和印度而位居亚洲第三。2000年煤的产量达7 682万吨，在亚洲次于中国和印度居第三位。产区以苏门答腊岛为主，其次为加里曼丹岛。

印尼的国内能源结构以石油和天然气为主，大量生产的煤炭可供应出口。而且所产几乎全部是优质硬煤。所以20世纪80年代后，出口量日增。21世纪初已成为为世界主要煤炭出口国之一，主要出口方向为日本、韩国和东南亚等地。

(三) 越南

越南煤的资源储量300亿吨，可采储量约150亿吨，主要分布在北部山区，以广宁省的储量最大，品质优良，以优质的无烟煤为主。已开采的有鸿基、锦普、汪秘、毛溪等煤矿，2000年产煤1 086万吨。目前全国煤产以鸿基为主，有越南“煤都”之称。除供应本国外，有部分出口。

(四) 朝鲜

煤矿资源主要分布在德川、平壤和安州一带。安州是最大的煤产地，煤层厚、易开采，运输方便。90%的褐煤分布在东北部，阿吾地里是褐煤生产中心。朝鲜煤的探明可采储量约6亿吨，其中硬煤和褐煤各半，硬煤年产约4000万吨。在综合利用煤的基础上，朝鲜发展了化肥、合成橡胶、化学纤维和塑料等工业。

(五) 蒙古

蒙古，硬煤的资源储量约120亿吨，另有数字相近的褐煤。煤资源分布较广，乌兰巴托东南的纳来哈煤矿、达尔汗东南的沙尔河露天煤矿和东方省的阿敦楚伦露天煤矿是蒙古的三大煤矿。其中纳来哈的产量占全国65%以上。沙尔河煤矿的煤层厚达14～34米，便于开采。在许多省份还有地方性的小型煤矿。全国年产煤约500余万吨，基本满足国内需要，主要供应乌兰巴托热电站、工业用和居民采暖用煤。

(六) 日本

日本煤的可采储量和国内产量逐年减少。到1997年探明可采储量仅8.22亿吨。北海道、九州和本州常磐等地为主要煤田区。九州的三池煤田煤质较优,筑丰煤田在日本工业发展中曾起过很大作用,现已衰落。北海道的石狩,钏路煤田,煤质亦较佳。日本的炼焦煤较缺。

日本于19世纪80年代,开始了以纺织工业为中心的产业革命。当时,煤曾是最主要的动力源泉,开采业亦很兴旺。尔后,由于本国资源有限,能源消费结构优化进展迅速,使国内煤的生产逐渐衰退。到1997年,产量只630余万吨,主要生产于北海道,约占全国总产量的61%,其次为九州占38%。

(七) 韩国

韩国的煤可采储量约1.8亿余吨，主要分布于东海岸太白山脉中部，年产只有561万吨。自20世纪下半叶经济起飞以后，耗煤的电力工业和冶金工业兴起，煤炭进口量激增，年约2 500万吨，主要从美国、澳大利亚和中国进口。

四　核电

20世纪50年代，人类社会开始建立核电站，以后世界各地的核电站如雨后春笋般地迅速发展。到1997年，全世界已有446座核电站投入使用。全部核电站约提供世界电力生产的17%。

核电站的能量密度高，空间布局灵活，节省大量矿物原料，发电成本低廉，减轻环境污染，可以综合利用，并可带动新兴科学和工业的发展。展望未来，其前景是光明的，21世纪仍将有所发展。

可是核电站的建立却需应用高新科学技术，建设经费数额亦较大。所以世界核电站的分布多集中于经济发达国家，北美、日本、西欧和独联体四地区，合计约占世界核电站总装机容量的93%以上。地域广阔的东亚地区，只有日本、中国、韩国、俄罗斯西伯利亚与远东地区和中国台湾已有核电站运行，朝鲜也计划兴建核电站。中国核能集团公司2005年6月6日宣布，中国计划到2020年核电装机容量达4 000万千瓦，占全国电力装机容量4%和发电量的6%。

（一）日本

日本是石油、天然气、煤炭资源都很匮乏的国家，绝大多数依靠进口，而且受政治、经济的不稳定因素影响很大。因此它的能源政策始终关注能源供应的安全可靠性和经济性，强调发展能源要着重利用高新技术。在寻求国外长期稳定供应能源的同时，国内实行高效率、低环境负荷的能源体系。据此，日本推行了积极发展核电的方针。

日本1964年引进美国通用电气公司的轻水堆，建立了第一座核电站后，在研究先进堆型发展经费，每个财政年度的核电经费拨款，以及设施制造费、安全保证费和核能人员生活优待费等的预算支付，日本政府都积极予以支持，并普遍有所增加。

日本在核动力技术发展中，对施工技术、安全运营、施工质量、意外停堆次数、冷却水的放射性水平、发电成本、建造周期、职工承受的辐射剂量等都大量使用先进技术成果。在计算机辅助设计和控制运行方面，也几乎都走在世界各国前面。

日本兴建一座核电站平均仅需5年，这也可见日本要以核电逐步取代火力发电的决心。到1998年日本已拥有核电站54座，装机容量约4 636万千瓦，约占各种电站总装机容量的19%。核电年发电量2 870亿千瓦小时左右，约占全国总发电量的29%。日本的核电站主要分布在本州岛北部的北陆地区、东北地区和日本海沿岸一带。从20世纪70年代末起，日本的核电站设备99%已由国内企业制造。到90年代日本已成为仅次于美国、法国的世界第三位核电国。

1997年日本的柏崎核电站第7台机组投入运行，使该核电站的设计装机容量达821.2万千瓦，超过加拿大的布鲁斯核电站（727.6万千瓦），成为世界最大的核电站。

据日本能源咨询委员会预测，到2010年，日本的核电站总数将增加到80座，总装机容量将达7 250万千瓦，核电的总发电量占全国总量的42%左右，成为电力资源的第一位。

（二）韩国

韩国在1977年以前，能源供应以国外进口的石油和煤为主。1977年第一座核电站开始运行，尔后，韩国推行以核电和水电替代油电的长期能源发展计划，特别是从80年代开始，更大规模地建造核反应堆。2003年初，位于全罗南道灵光郡的两座核电站竣工并投入运行。两座新核电站投入运行后，韩国核电站数量增加到18座，总装机容量达到1 572万千瓦，约占韩国国内发电设备装机总量的30%。随着两座新核电站的竣工，韩国核电站总装机容量已经位居世界第六位。从1993年开始，韩国计划新建14个核电站，预定于2006年全部投入运行。届时，其总装机容量将达全国发电总量的50%以上。已建、在建和计划建造的核电站，将对国土西北的京仁工业区和东南沿海工业的用电起到重要的作用。

（三）中国

中国的核电站起步较迟，但近年来发展速度较快。它首先在距上海市130余公里的杭州湾畔浙江秦山建核电站，于1983年破土动工，一期工程装机容量30万千瓦，1991年已经建成。接着二期工程是建2台60万千瓦机组亦已于1996年6月正式开工。秦山核电站的三期工程是2台70万千瓦机组，于1997年已完成了厂址平整工作。这样，到21世纪前期，秦山将成为拥有装机容量290万千瓦的大核电站。1996年，秦山核电站的年发电量为22.3亿千瓦小时，上网电量20.7亿千瓦小时。

中国广东省经济发展迅速，能源资源短缺，必须发展核电站来补充能源供应。到1997年，坐落在深圳市东北部大亚湾麻岭角的大亚湾核电站已安全运行3年，该电站拥有两台90万千瓦的核电机组，装机容量共180万千瓦，全年实发电121.1亿千瓦小时。广东的第2座核电站——岭澳核电站，已于1997年5月开始兴建，2个机组各为100万千瓦，分别于2002年和2003年投产。

中国原拟在大连与俄罗斯合作兴建核电站，后来决定改在江苏省的连云港市田湾兴建，拥有两台100万千瓦的机组，总装机容量为200万千瓦。目前，在建的江苏田湾核电工程进展顺利，1号机组已经进入调试阶段，2号机组也进入了设备安装阶段。秦山二期2号机组、田湾核电站1号机组于2004年投入商业运行。

2004年中国共有9台核电机组投入商业运行，总规模650万千瓦，装机约占全国发电装机总量的1.6%。2005年田湾核电站投产以后，中国将拥有6座核电站，11台机组，核电装机规模850万千瓦，核电年发电量将接近600亿千瓦时。

国家发展改革委规划，到2020年，中国总发电装机容量将达到9亿千瓦，而核电装机容量将达到3 600万～4 000万千瓦，占全国电力装机总量的4%左右。除迄今已经投产和在建的870万千瓦核发电能力外，尚需再建2 700万千瓦的核电设施。目前，国家已核准或正在核准广东岭澳核电站二期（2×100万千瓦）工程、秦山二期扩建（2×65万千瓦）工程和广东阳江（2×100万千瓦）工程、浙江三门核电站（2×100万千瓦）工程。上述工程的准备工作，包括招投标工作正在按计划推进。

在积极推进核电建设，满足国民经济发展需求的同时，中国从保持核能可持续发展的角度出发，也在发展热堆和积极开展快中子增殖堆的研究，为中国2020年后的核能发展做准备。目前，一座热功率为65兆瓦、电功率为20兆瓦的实验快堆正在建造过程中。高温气冷实验堆已建成，正在考虑建设高温气冷堆发电的示范工程，高温气冷堆制氢技术研究也在积极进行中。

中国台湾

能源资源贫乏，而耗能量巨大。一次能源进口占省内供应量的96%。1977年开始兴建核电站，以后又陆续建造，已有核电厂3座，2座在台北县，1座在屏东县的恒春半岛。总装机容量488万千瓦，占台湾地区各种电站总装机容量的26.8%，年发电量占全地区总发电量的34.6%。在全地区一次能源供应中，核电约占13.4%，是次于石油和煤的第三位的主要能源。

（四）其他

俄罗斯核电站大型机组主要分布在俄罗斯欧洲部分，截至2000年底，西伯利亚与远东地区核电站只有1座，发电机总容量为4.8万千瓦。

东亚其他国家中，朝鲜、菲律宾和泰国等也有建立核电站的计划或设想。

五　水电

水能是随自然界的水循环，可周而复始不断为人类提供能量，是当今常规能源中唯一的可再生能源。全世界的水能蕴藏丰富，已开发的仅占15%左右，开发潜力巨大。

表3　　东亚地区10个国家1998年电力装机容量和2000年发电量

国　别	1998年电力装机容量（百万千瓦）					2000年发电量（亿千瓦小时）
	总装机容量	火力	水力	核能	地热	
中国	231.17	176.00	53.00	2.17	–	13 131
日本	245.26	153.50	44.86	46.36	0.54	9 407
朝鲜	9.50	4.50	5.00	–	–	310*
韩国	47.98	32.84	3.13	12.01	–	2 664
越南	4.98	2.02	2.89	–	0.07	260
泰国	21.50	18.576	2.923	−0.001	0.001	
马来西亚	13.60	11.50	2.10	–	–	667
新加坡	5.66	5.66	–	–	–	283
印度尼西亚	22.86	18.16	4.34	–	0.36	900*
菲律宾	11.60	5.23	3.02	–	3.35	452
东亚10国	614.11	427.986	121.263	60.54	4.321	
世界总计	3 242.30	2 122.90	737.50	365.20	16.70	

*　为1998年数字。

资料来源　联合国《能源统计年鉴》1993、1998年；联合国《统计月报》2001年10月。

水能主要用于水力发电，其优点是成本低、可连续再生、无污染。缺点是建设水电站受水文、气候、地貌等自然条件的限制。水电站的基建投资和工期与火电站相比，显得投资大、工期长、占地多。但是，实际上水电是一次能源（水能）和二次能源（发电）建设同时完成。如将建设水电站同兴建煤矿、运煤铁路和火电站的全过程相比，两者的投资和工期则相近。

东亚岛国或大陆的濒海地区、大河湖泊等蕴藏着富饶的水力电力资源。联合国统计资料显示，迄至20世纪末，东亚地区已开发的水力电力资源为16 126万千瓦（其中，中国为5 300万千瓦，俄罗斯西伯利亚与远东地区约为4 000万千瓦，日本4 486万千瓦，朝鲜半岛为813万千瓦，东南亚为1 527万千瓦），占世界当年已开发的水力电力资源总量73 750万千瓦的22%。

为了提高水资源发电的利用效率，从20世纪60年代起，出现了抽水蓄能电站。它具有上下水库，利用电力系统中多余的电能，把下水库的水抽到上水库内，以位能的方式蓄能，系统需要电力时，再从上水库放水到下水库进行发电。它是利用电力系统多余的低价电能，转变成系统中十分需要的高价峰荷电能，并具有紧急事故备用、调峰、调频等效用，以提高电力系统的可靠性。日本是抽水蓄能电站的早期建立者，在20世纪90年代，中国也已有建造。

（一）中国

中国是世界上水能资源最丰富的国家，可开发的装机容量为3.78亿千瓦，年发电量可达1.92万亿千瓦小时。但目前的开发程度很低，已开发水电量只占可开发水电量的4.9%。不仅低于世界平均利用水平（20%），而且也落后于发展中国家的平均数（8%）。到2000年底，水电装机在总装机中所占的比例仅为24%，这与水电资源大国的地位极不相称。中国水电装机容量已排名世界第一，而开发率只有15%，大有潜力。

新中国成立后，坚持大力发展水电的电力发展政策，许多大型水电站陆续建成。到2000年，年水力发电量达2 400亿千瓦小时。计划到2005年达3 558亿千瓦小时。

在中国，装机容量100万千瓦以上的建成和在建的水电站有19座之多。最大的在建站是长江三峡水电站，已于1997年动工，建成后装机容量将达1 820万千瓦，年均发电量847亿千瓦小时。它的主体工程总工期约15年，第9年开始第一批机组发电。在2003年机组投产的第一年，三峡首批机组的实际发电能力已经超过了二滩电站和葛洲坝电站，成为国内装机容量最大、发电能力最强的电站。三峡工程在大坝左、右岸建有两个电站，分别装置70万千瓦机组14台和12台。2005年初左岸电站已有12台投产，使三峡装机在2005年4月下旬提前达到了840万千瓦的装机规模。上半年的发电量累计达到了204亿千瓦时。左岸电站剩余机组2005年10月全部投产后，三峡电站装机规模可达到980万千瓦，从而使2005年的三峡发电计划提前实现。四川雅砻江的二滩水电站，装机容量330万千瓦，年发电约170亿千瓦小时，已于1998年7月开始发电，2000年建成，是中国的第二大水电站。

与此同时，2003年7月末，位于四川省凉山总装机360万千瓦的世界最高拱坝锦屏一级水电站通过了项目建议书评估。除了锦屏一级电站进入开工前的关键程序外，金沙江上总装机1 860万千瓦的溪洛渡、向家坝，黄河上游装机420万千瓦的拉西瓦、红水河上装机540万千瓦的龙滩、澜沧江上装机420万千瓦的小湾、大渡河上装机330万千瓦的瀑布沟等巨型水电站，近两年来相继立项、开工。这一批项目的陆续启动，表明中国水电开发步伐大大加快，步入了一个前所未有的黄金期。

根据国家“十五”计划和2015年远景规划，到2010年中国水电装机将达到1.25亿千瓦，占电力总装机容量的28%，水电装机位居世界第一；到2015年水电装机达到1.5亿千瓦，占电力总装机的比重仍维持28%，届时水能资源开发程度将达到40%，中国将成为名副其实的水电大国。

由于中国的大水电站大都建于国土西南部，而用电大户却在东南沿海，所以西电东送也是中国水电建设的重要方针之一。例如葛洲坝水电站（装机容量271.5万千瓦）到上海的500千伏直流输电线路已于90年代中期建成投产，实现了华东、华中两大电网的联网运行。21世纪“西电东送”工程将加速推进。

（二）俄罗斯西伯利亚与远东地区

东西伯利亚水力资源在全俄占第一位，仅在安加拉河—叶尼塞河流域就集中了数千亿千瓦小时的潜在电能，占东西伯利亚的50%，适合建立大功率的梯级电站。由于地形有利，因此水力发电成本是全俄最低的。已经建成一批世界上规模最大的水电站，其中有安加拉河上的伊尔库茨克水电站，装机容量662.4兆瓦；布拉次克水电站，装机容量450万千瓦；乌斯季伊利姆斯克水电站，装机容量430万千瓦；在叶尼塞河上有克拉斯诺亚尔斯克水电站，装机容量600万千瓦；萨彦舒申斯克水电站，装机容量640万千瓦等。

远东地区大、中型河流有效电力资源潜力估计为3 000亿千瓦，已开发的电力仅占资源潜力6%，水电站在远东北部地区和阿穆尔河流域已显示出较高的动力效率。该地区的鄂霍次克海沿岸还蕴藏着丰富的潮汐能，已建有装机容量达1 000万千瓦的潮汐发电站（哈巴罗夫斯克边区同通古拉海湾）。另外，在堪察加半岛和千岛群岛地热资源也很丰富，可用于发电。

（三）日本

日本的水系具有河网密、流程短、流域面积小、河床坡度大、水势湍急、水量充沛、水力资源丰富的特点。日本的可开发水能资源达4 960万千瓦，年可发电1 280亿千瓦小时。但日本没有长江大湖，最长的信浓川，干流长367公里，其次是利根川（322公里），其他河流都在300公里以下。所以日本的水电站大都以中、小型为主，仅有部分属较大型。虽能以多取胜，毕竟制约了水电的发展。

日本由于缺乏足够的煤、石油、天然气资源，水电站发展较早。在20世纪50年代以前，它的电力建设政策曾是"以水为主，水主火从"。而水电建设的方针是"先易后难、先小后大，先引水后水库，先地面后地下，经济适用"。到1940年，日本建立了1 434座水电站，总装机容量512万千瓦，平均每座只有3 575千瓦，规模很小。在第二次世界大战中大部分火电厂被炸毁，而水电站则大都无恙。所以，战后初期日本工业和民用电力的95%靠水电站供应。这是日本水电站作用最大的时期。50年代以后，日本加强了石油和煤的进口，电力政策改变为火主水从。水电站建设则以较大型水库式为主，装机容量在70万～100万千瓦之间。

从1975年开始，日本的水电开发进入低潮。到1981年，日本的水电总装机容量达2 934万千瓦，年发电量921亿千瓦小时，约占全国总发电量的15%。此时，日本水能资源开发程度已达68%。1995年，全国水力发电量891亿千瓦小时，低于80年代初，仅占全国总发电量的9%。

事实上，日本从1965年起，适合于建造较大型水电站的地址已不多，从而开始逐渐转向以建设抽水蓄能电站为主的水能开发，日本是世界上开发建设此类电站的先行国家之一。到80年代初，日本已建有抽水蓄能电站29座，总装机容量1 081万千瓦。

根据20世纪80年代的水资源普查，日本未开发的水资源尚有1 850万千瓦，可开发的地点2 500多处，其中绝大部分只适合于建设小型水电站。因而，今后日本的水力资源开发仍将以建中、小型站为主，而抽水蓄能电站则将以较之常规水电站更快的速度发展。

（四）朝鲜

朝鲜的河网稠密，河流多源于北部和东部山地，西流注入黄海。它们一般流程较短，上游湍急，多瀑布，水力资源丰富，可能开发的水能资源的年发电量可达800亿千瓦小时。水电站的建设一向是朝鲜经济建设的重点之一。20世纪80年代初，朝鲜的水电站总装机容量已达350万千瓦，约占全国总装机容量的63%；年发电量225亿千瓦小时，占全国的64%。此时，水能资源的开发程度已达28%。水电站主要分布于鸭绿江的水丰（中、朝共用）和云山、长津江、赴战江、秃鲁江等江河的中上游。

到1991年，朝鲜水电的年发电量已达535亿千瓦小时。此后，随着火电站建设的加强，水电站的发电量则有所下降，1993年为380亿千瓦小时，1995年为230亿千瓦小时。90年代朝鲜大力推进金刚山水电站的一期工程。预期今后，朝鲜的水电事业将有进一步的扩展。

（五）韩国

如前所述，韩国的电力构成以火电为主，水电不占重要位置。1977年，水电只占全国装机总容量的2.5%。20世纪80年代以来，加快了以核电和水电替代油电的实施进程。在实际发展过程中，水电的开发虽不如核电迅速，但也取得一定进展。到1995年水电装机容量为250万千瓦，其在全国各种电站装机总容量中的份额已上升到8%。

此外，越南、缅甸、老挝、柬埔寨和泰国、马来西亚、印尼及菲律宾等国也都有水电站的建设，在生产和生活用电中均起着一定的作用。其中，有些国家的水电所占全国总发电量比例还比较高，如越南约占40%，泰国占31%，菲律宾占22.5%。

六 新能源

由于对全球环境保护的强烈愿望，近年来许多国家都投入大量资金、人力、物力，以加大对可再生的新能源的开发力度。虽然目前新能源所起的作用有限，但其增长潜力很大。随着先进的电子器件、新型合成材料等高新技术的采用，价格的下降以及保存、传输等技术的不断完善，预计到21世纪中叶，新能源将在东亚的能源生产结构和消费结构中占有相当重要地位。

（一）日本

日本是世界新能源发展较早较先进的国家之一。20世纪80年代初，日本就开始加速推进新能源的开发，并取得诸多成果。日本对风能的利用着重在发电应用上。同时发展大型化和小型化的风力发电机。于20世纪90年代初，在津轻海峡的青森县建成全国最大的风电站，叶片直径长28米，塔身高30米，有5台机组，总装机容量达1 375千瓦。与此同时，日本还生产了许多型号的小型风电机。

日本在太阳能光电技术研究上也有很大投入，它在台式计算机和手表中使用太阳能电池，产量约居世界半数。日本制造的非晶硅薄膜太阳能电池可广泛用于手表、计算器、汽车和电子器具，还可用作住宅、冰箱、通讯、航标、牧场、深山和海岛的电源。到80年代后期，日本所产的太阳能光电池已占世界市场的44%。日本的太阳能电站也位居世界前列。

日本的地热能，主要分布于松川、大岳、大多喜、八幡平、八丁原一带，以及葛根田川流域。这些地区大都建立了地热发电站，其中松川地热发电站装机容量达20万千瓦。到1995年日本的地热发电量已达29.7亿千瓦小时，占该年全国发电总量的0.3%。

20世纪90年代后，日本政府更积极推进开发新能源的“阳光政策”的实施。1998年3月，日本投入1万亿日元。预期于2020年前，使太阳能、风能、氢能、生物能、海洋能等开发进入现代化、商业化应用，加上核能扩大应用，以有助于逐步摆脱依赖进口能源的局面。

日本开发新能源的近期指标是：在2010年前建成风力电站500座以上，总装机容量共30万千瓦；太阳能发电达460万千瓦；普及太阳能住宅，使其到2005年占新建住宅的10%，到2010年达20%；新能源汽车产量达250万辆。到2005年城乡垃圾再生利用率达95%以上，其中90%用于发电，可产出电力6 000万千瓦小时，约相当于100座中型火电站等。

（二）中国

中国的国家科委和国家经贸委共同编制的《1996～2010年中国新能源和可再生能源发展纲要》中，提出了15年新能源发展的目标是：提高转换率、降低生产成本、增大新能源在能源结构中的比例；与此同时，新技术、新工艺要有大的突破，国内外已成熟的技术要转化为生产力，实现规模化生产，形成比较完整的生产体系和服务体系。

中国的可开发风能资源约1.6亿千瓦。从20世纪70年代开始进行并网型风力发电的尝试以来，从丹麦、德国等引进先进的风力发电设备，建站进展迅速，90年代初装机容量3.5万千瓦，1998年已达22.36万千瓦，位居世界第八位。2004年风电场总装机容量达50万千瓦。到2005年，风力发电装机容量将扩大到134万千瓦。到2010年，全中国拟建成总装机容量400万千瓦的风电场。

中国的风电站中，属于国家电力公司系统的有266台，装机容量达12.64万千瓦；其他系统的有264台，装机容量达9.72万千瓦。主要分布在新疆144台，装机容量6.7万千瓦；其次是，内蒙古100台，装机容量4.52万千瓦。其他依次分布在广东、辽宁、河北、海南、甘肃、福建、山东、浙江等地。目前，风力发电已开始对中国的农牧民以及山区、分散海岛居民的生活和生产用能发挥重要的作用。2004年8月18日，江苏如东一期10万千瓦风力发电项目破土动工。预期，年发电量在2.5亿千瓦小时左右，有望于2005年二季度并网发电。如东二期15万千瓦风电项目将于2004年9月招标，三期60万千瓦风电项目拟建设成海上风电场。

中国亦处于利用太阳能的有利地区。年日照时间大于2 000小时，太阳年辐射量高达220千卡/平方厘米的地区，约占国土面积的2/3。到20世纪90年代后期，中国已拥有太阳能热水器400万平方米，被动式太阳房650万平方米，太阳能农用温室27万公顷，太阳能光伏电池6 000千瓦，并在西藏无电县建成10万千瓦和20万千瓦的光伏电站。

中国的地热资源年总容量约321亿千瓦。地热发电事业始于20世纪70年代。到90年代后期已先后在广东、河北、江西、山东、广西、湖南、辽宁、西藏和台湾等地建立了11座电站。全国总装机容量2.86万千瓦。其中西藏羊八井地热电站,装机容量2.5万千瓦,年发电量约占拉萨市电量的50%。它西南的羊易地热电站也已在90年代末兴建。

中国从50年代后期起就研究潮汐发电，到20世纪末，已建8个潮汐电站，总装机容量为6 000千瓦，年发电量1 000万余千瓦小时。我国潮汐发电量，仅次于法国、加拿大，居世界第三位。其中浙江省温岭的江厦潮汐电站，建于1980年，装机容量3 000千瓦，年发电1 100万千瓦小时，位列世界第三。

此外，东亚各国中，还有正处于世界火山环带上的菲律宾，拥有丰富的地热能资源，1995年地热电的装机容量达135万千瓦，约占全国装机总容量的11%。1997年地热电装机容量达164万千瓦，是世界上仅次于美国的第二个地热能发电国。印尼从1979年后推行能源多样化政策，积极发展地热电和太阳能电。1997年地热电装机容量达47.5万千瓦，位列世界第六。马来西亚的地热能利用，朝鲜和韩国的潮汐能开发，蒙古的风电站建设等也是卓有成绩的。

（钱今昔）

第五章 交通运输和邮电通信

第一节 交通运输

一 概述

东亚地区是世界上交通运输起源早的地区，并在经济、政治和文化发展方面起过重要作用。但在长期的自然经济社会和殖民地、半殖民地半封建社会中发展较缓慢，而且经历曲折。仅日本在1868年明治维新后走上资本主义发展道路，近现代交通运输业发展迅速；其他大多数国家，在第二次世界大战结束后陆续获得独立，随着经济的逐步振兴，交通运输业在空间上、能量上和技术上才得到了空前迅速的发展。

近二三十年，特别是20世纪90年代以来，东亚地区各国政府日益重视交通运输在经济、政治、社会、文化和科技发展中的作用，把它列为制定未来发展规划的重要部分。同时，吸引国内外的资金、技术和人才以发展交通运输事业，呈现了全新的交通运输发展局面。

截至2000年，东亚地区公路通车里程410多万公里，较高等级公路和高速公路比重日益加大；铁路通车里程约16.2万公里；国际海运装货量21 214多万吨。

表1 东亚地区1999～2000年铁路与公路状况

类别 / 国家与地区	铁路（2000）		公路（1999）
	铁路总长度（公里）	电气化铁路长度（公里）	公路网长度（万公里）
中国	72 000*	17 000*	180.00*
中国台湾	4 600	519	1.96
中国香港	34	34	0.1934
日本	27 600*	12 080*	116.65*
朝鲜	5 000	—	3.12
韩国	6 819	668	8.70
蒙古	1 810	—	4.92
俄罗斯西伯利亚与远东地区	23 039	4 300	12.37
越南	3 142	—	9.33
老挝	—	—	2.50
柬埔寨	655	—	1.50
缅甸	4 508	—	2.82
泰国	4 044	—	6.46
马来西亚	1 622	152	6.59
新加坡	83	83	0.2066
印度尼西亚	6 458	131	34.27
菲律宾	1 200	—	20.20
合计	162 614	34 967	411.79

* 2002年数据。

资料来源 联合国数据库。

表 2 东亚地区 2000 年国际空运客货周转量

类别 / 国家或地区	空运货物周转量（亿吨公里）	空运旅客周转量（亿人公里）
中国	50.30	971
中国香港	50.12	—
中国澳门	0.22	—
日本	86.72	1 628①
韩国	76.51	628
蒙古	0.08	—
俄罗斯西伯利亚与远东地区	18	711
越南	1.17	—
缅甸	0.01	—
泰国	17.13	—
马来西亚	18.64	379
新加坡	60.05	718
印度尼西亚	4.13	151
菲律宾	2.90	—
合计	385.98	5 186

资料来源 联合国数据库。

二 东亚地区各国交通现状

东亚地区各国由于所处地理位置不同、自然条件差异和经济发展水平悬殊，使交通状况差别很大。

（一）中国

中国地域广大，幅员辽阔，陆上拥有丰富的河流资源，加之近 1.8 万公里长的海岸线，从而为发展交通提供了十分有利的条件。

考古发现浙江省河姆渡出土的木桨，证明在距今7 000多年前，中国东南沿海的渔民已使用航海工具出海捕鱼。夏朝（公元前 2070～前 1600）以前就有了简单的陆路交通的记载。夏至南北朝（公元 420～589）长达2 600多年历史中，又有了利用水路交通的记载。始于春秋时代（公元前 770～前 476）末期吴国开挖的邗沟，后经隋（581～618）、元(1206～1368）两朝大规模的扩建和连接，最后形成了一条举世闻名的纵贯南北长达1 700公里的京杭大运河。对于中国河流大多自西向东流的自然特点而言，这条南北大运河无疑对沟通中国南北方交流和发展起到了很大的作用。春秋至战国时代（前 770～前 221），水运就十分频繁。到了汉代（公元前 206～公元 220)，就已有了坚固的船舶，并掌握使用风帆和平衡舵，利用季节风远航到日本、朝鲜及东南亚各国。从汉武帝（前 156～前 87）时起，由中国源起，经有关国家共同努力，逐步建立了古代亚、欧、非三洲洲际陆海兼备的贸易文化交流大通道——丝绸之路，这是世界交通史上的伟大创举。宋代（960～1279）已将指南针用于航海，这是中国古代航海技术上的一项重大发明，它对人类文明的进步有着重大的影响。明代（1368～1644）郑和七次下西洋，每次组建了 200 多艘海船、2 万多人的庞大船队，历访了 30 多个国家和地区，远至非洲的东岸和红海海口，为亚非文明的沟通与发展做出了伟大贡献，这是世界航海史上的壮举，是中国古代航海事业的鼎盛时期。

1. 中国大陆当代交通发展

（1）公路运输

近现代由于处于半殖民地半封建社会，虽然也开始修筑铁路和公路，但总的来看发展还是缓慢的。1949 年中华人民共和国成立后特别是改革开放以来，中国的交通运输事业得到了迅速发展。

1949 年全国公路仅 6 万公里，而且公路级别很低，能长年通车的道路就更少。中华人民共和国成立后，由于政府非常重视发展交通事业，公路建设飞速发展。经过第一个五年计划（1953～1957）后，全国公路里程即达到 15 万公里，并修建了第一条通往西藏的公路——青藏公路。

1979 年改革开放以来，公路发展十分迅速，尤其是高速公路发展更快。1988 年，中国第一条高速公路（北京—天津）建成通车。到 2003 年底，全国公路总里程达到 180.98 万公里，其中高速公路达29 745公里。国道干线公路里程为127 899公里。公路运输能力也在逐渐提高，2003 年底，全国登记在册的公路运输汽车 924.6 万辆。其中载客汽车 352.19 万辆，载货汽车 572.45 万辆。2003 年，公路完成客运量 146.43 亿人次，客运周转量7 696亿人公里。公路完成货运量 116 亿吨，货运周转量7 099亿吨公里。

（2）铁路运输

中国出现的第一条铁路是 1876 年 7 月开通的淞沪（吴淞—上海）铁路，全长 14.5 公里。1909 年 9 月完工的京张铁路（北京—张家口）是中国自己筹款，中国人自己勘测、设计、施工的第一条铁路，全长 201.2 公里。它的建成，揭开了中国铁路建筑史上崭新的一页。

新中国成立初期，由于政府投入大量的资金和人力，除及时修复被毁坏的铁路外，还大量修建复线，1949年一年共抢修恢复了8 278公里铁路。到1949年底，全国铁路营业里程共达21 810公里。到2002年末，中国铁路总营业里程已达7.2万公里，位居世界第三。其中，复线铁路2.3万公里，电气化铁路1.7万公里，均居亚洲第一。由青海至西藏的铁路，经筑路工人的努力，已于2005年10月提前通车。它是世界海拔最高的铁路，对于西藏的经济、政治、文化发展具有重大意义，而且使全国各省区市都联通了铁路。

20世纪90年代以来，通过现有铁路技术改造与管理创新，铁路运营提速，更大大提高了铁路运载能力与服务质量。从1997年4月到2001年10月，中国铁路已经历了4次提速，前4次提速将时速允许超过120公里和140公里的线路，分别延长到1.3万多公里和近1万公里。与前4次相比，2004年4月第五次提速主要是大幅度延长了允许时速超过160公里的线路，为2005年第六次提速奠定基础。第六次大范围提速，将使大部分铁路线路的时速提高到200公里。

（3）水路运输

中国的水运事业历史久远，但与中国现代经济发展相适应的水运事业，却是新中国成立之后才发展起来的。中华人民共和国成立初期，全国只有大连、秦皇岛、青岛、上海4个港口，万吨级深水泊位共61个。

港口建设经历了三个发展时期：

第一个时期，从建国初期至1970年的20年间，发展较慢，主要是技术改造、恢复利用为主，全国共新建改建万吨级泊位30个。

第二个时期是70年代，新建改建深水泊位53个，装备了150条装卸作业线，新增吞吐能力1亿吨。新开辟大连、秦皇岛、青岛原油装船港区，首次建成5万吨、10万吨级深水泊位。

第三个时期是80年代，沿海15个港口，新建成54个万吨级泊位，还建成中级泊位25个，新增港口货物吞吐能力1亿吨以上。同时还新建了一批大型专业化泊位，如10万吨级煤和矿石码头，3万吨级的散粮、木材、重件和集装箱码头。到“七五”的头三年又建成港口泊位93个，其中深水泊位39个，中小泊位54个，新增港口货物吞吐能力近5 000万吨。1988年发展更快，全年建成深水泊位14个。由于加快了对码头的新建和扩建，从而极大地提高了装卸和吞吐能力，促进了对外贸易的发展。

2003年，全国内河航道通航里程123 964公里。全国港口拥有生产码头泊位34 289个，万吨级泊位达到899个。内河港口拥有生产码头泊位30 015个，内河港口万吨级泊位151个。

2003年，全国港口货运吞吐量达329 646万吨，其中沿海港口完成206 360万吨。2003年完成港口集装箱吞吐量4 800万标准箱，跃居世界第一位。上海港和深圳港集装箱吞吐量双双突破1 000万标准箱，分列世界集装箱大港的第三、第四位。

2003年，水路客运量为1.71亿人次，旅客周转量63亿人公里；水路货运量15.81亿吨，货运周转量28 716亿吨公里。运输船舶拥有量为20.4万艘。

（4）航空运输

1949年以前，由于经济落后，民航事业很不发达。中华人民共和国成立后设立了民用航空局，开始创建新中国的民航事业。1950年8月1日，天津—北京—汉口—重庆和天津—北京—汉口—广州两条航线开通。这是新中国民航国内航线的正式开通。1952年7月17日，中国人民航空公司在天津成立，这是新中国创办的第一个国营航空运输企业。1965年3月1日，北京—成都—拉萨航线正式开航。我国民航航线建国初期只有12条，其中国际航线通航5个国家的9个城市，仅有12架小型飞机和36个简陋的民用机场。运输总周转量为157万吨公里，旅客运输量为1万人次。

20世纪70年代实行改革开放政策以来，民航事业进入了一个持续、快速发展的新阶段。2003年，我国民航定期航班机场已达到126个，其中能起降波音747机型的机场25个。民用航线1 155条，民用飞机架数1 190架。截至2003年底，定期航班航线达到115条，通航里程237.25万公里。国际航线194条，国外通航32个国家的72个城市。

2. 中国台湾当代交通发展

台湾地区铁路总长为4 600公里，其中电气化铁路519公里；公路总长19 634公里，其中沥青路17 171公里，包括高速公路548公里。1989～1998年公路客运量在逐年下降，铁路客运量却逐渐上升，1997年铁路客运在交通业所占比重已超过公路客运。

台湾地区是四面环海的岛屿，这就决定了海洋运输在其运输与经济发展中的重要地位。台湾地区进出口货物的99%需赖海运完成，海运成为维系其经济的生命线。海洋运输是台湾地区水运最重要的部分。台湾地区水运包括远洋、近海、沿海及内河航舶客货运输。2002年，在台湾地区登记的200吨以上的“国轮”船舶为241艘，总吨位计430万吨，载重量为682万吨；各公司的货运量计10 109万吨，运行里程计31 282万海里。台湾地区与祖国大陆之间的航线自1949年以后因两岸政治上的对立而中断，长期以来主要通过香港与日本等地转运。1997年4月起，祖国大陆厦门与福州两港口与台湾高雄港的“境外航运中心”实现了“试点直航”，成为海峡两岸航运史上的一个重要里程碑。远洋运输则是台湾地区海运业的主流。其航线分为定期与不定期两种航线，定期远洋航线有10条。

1998年航空客运量因台湾岛内航线减少而下降，但货运量仍趋于上升。1998年，共有机场39个，直升机机场2个。其中，桃园、台北、高雄、花莲机场规模最大，担负岛内外主要的航空客货运业务。台湾地区航线，包括18条地区内航线和149条国际航线。

3. 中国香港当代交通发展

香港素有港口城市的美称，地处两大洋之间交通要冲附近，是世界著名的国际航海、航空运输中心。

香港以其优越的地理位置，良好的自然条件，连接广阔的经济腹地（中国大陆），低税的自由港政策，完善的港口设施和出色的办事效率等，成为今天的国际枢纽大港和航运中心。

香港航运业发达，是亚太地区重要的航运中心。目前香港与世界各国和地区500多个港口保持着航运联系，并已建立1 120多条航线，前往欧美的航线占香港航运的70%。香港是全球供应链上的主要枢纽港，现有约80家国际航运公司，每周提供超过400班集装箱船班次，往返全球数百多个目的地。每年到港的货运和客运远洋船舶和内河船只共约22万艘。目前，香港共有20个集装箱码头。其中9号集装箱码头2个泊位于2003年下半年陆续启用后，大大提高了香港港口的集装箱处理量和竞争力，使香港继续保持国际贸易中心的地位。

香港成为集装箱港已超过30年历史，这里毗邻珠江三角洲，得天独厚，拥有风平浪静的深水港，使其成为世界一流的集装箱港。自1992年以来，除个别年份外都保持处理集装箱量全球第一。1998年曾一度落后于新加坡，1999年后重又夺得全球第一的桂冠。1992～2003年的11年间，香港有9年位居全球最繁忙港口。2003年香港共处理2 000万个标准箱的集装箱，连续5年蝉联全球最繁忙港口。

香港机场有3个，香港国际机场是全球最繁忙的航空港之一。在国际乘客的流通量上，香港每年乘客人次为3 300万，位列全球第五位。在国际航空货运方面，香港在全球首屈一指，2003年的总货运量达250万吨，超越东京的成田机场。

香港的市内交通除有公共汽车、出租汽车、渡海轮船以外，尚有三条自成系统的铁路网络，铁路总长为34公里，全部为电气化铁路。2003年香港的公路总长为1 934公里，拥有各种车辆52.4万辆。它们对保持香港的交通顺畅起了很重要的作用。

（二）日本

日本的现代化综合交通体系由铁路（含地铁）、公路、海运（含水运）和航空构成。二战后，日本利用其军费投入少的时机，致力于公路、铁路、海运和航空业的基础设施改扩建，并注入各种先进科技手段，不到20年时间就登上了“世界第一海运大国”和“世界最大装卸国”的宝座。其中，公路和铁路起了决定性作用。

1. 公路与铁路

公路运输是日本综合运输体系的支柱产业之一。按照建筑标准、运输作用和管理体系的不同，公路分为高速公路、一般国道、都道府县道路和村镇道路4种。高速公路是连接本州、九州、北海道、四国等主要城市的干线；一般国道主要连接都道府县政府所在地或重要城市；都道府县道路主要连接具有5 000人口以上的村镇；村镇道路是村区市镇范围内的道路。

日本政府从1958年开始对公路建设实施第二个五年计划。在政府的重视下，日本公路发展很快，目前公路已成为日本国内交通运输的主力。到

2002年，公路总长度为116.65万公里，其中高速公路8 017公里（截至2001年），公路铺装率约为70%。日本虽然有116万公里的道路，但路面宽度普遍较窄，比法国、德国、美国低56～33个百分点，高速公路的里程也少得多。然而所完成的年货物周转量却明显高于欧美，可见日本的道路利用率、通过能力和运输效率是比较高的。从运量和运输周转量来看，公路运输的国内旅客周转量占国内总周转量的65%，国内货物周转量占总运量的51.5%。截至2002年10月，共有汽车7 712.2万辆。2001年客运量564.96亿人次，货运量55.78亿吨。

日本的主要铁路线多分布在沿海地带，且与海岸线平行。通车里程为27 600多公里，其中复线为1万多公里，电气化铁路1 200多公里。1964年10月1日，日本东海道新干线东京—大阪高速铁路正式开通投入商业运营。这是世界上第一条完全按照高速行车技术条件建造的铁路。这不仅为日本铁路，而且也为世界铁路开创了新纪元。20世纪60～90年代中期已经修筑了4条高速铁路（新干线），4条新干线高速铁路1995年列车时刻表营业里程为2 014.8公里。2002年铁路客运量为215.61亿人次，客运周转量为3 822.36亿人公里，货运量为5 659.2万吨，货运周转量为221.31亿吨公里。4段正在建的新干线高速铁路，约461公里；计划建设的新干线高速铁路有5段，约1 000公里；11条未来基本规划建设的新干线高速铁路，预计总长3 510公里，建成后铁路总计将达到6 985.8公里。

2. 近海与远洋航运

日本国内通行水路总长大约为1 770公里，有东京、大阪、神户、广岛、川崎、名古屋等港口。二战后日本进行了多次港口建设五年计划，实现了港口的现代化，集装箱码头的吞吐量年年增加。截至2002年，日本的港口总数为1 088个，年吞吐量1亿吨以上的港口有千叶、名古屋、横滨等。

日本的商船队是仅次于希腊的世界第二大商船队。截至2002年12月，各种商船数为6 650艘，总吨位约385万吨。2000年海运客运量为46.85万人次，货运量为7.394亿吨。

日本主要远洋航线有30多条，其中目的港有洛杉矶、旧金山、西雅图、温哥华、纽约、巴尔的摩、伦敦、汉堡、鹿特丹、马赛、腊斯塔努腊、科威特、悉尼、墨尔本、新加坡、中国香港等。外航运输的特点是商船队平均船龄小，性能良好；油轮比重大，两用船和集装箱船增长快等。

日本海上运输的管理机构主要是外航海运公司下属31个公司，国内旅客船公司下属12个公司，航空运输公司下属3个公司，造船业下属9个公司，内航海运公司下属252个公司等。运输省起宏观调控的作用。日本还是世界上最大的造船国。1993年起造船量占世界造船总量的40%。

3. 航空运输

二战后初期，战败国日本被禁止一切航空活动。1952年日本制定了《航空法》。从此，日本的航空运输走上了轨道。鉴于航空运输的公共性，日本对航空运输事业实行运输大臣批准制。

为了提高航空运输能力，日本政府采取了国际航线多家经营，国内航线鼓励竞争的措施，使航空企业得到了最大限度的自由发展。1994年日本航空的国际航线里程为31 827.2万公里。日本先后同五大洲几十个国家或地区签署了航空协定，开辟了国际航线，其中以飞往东南亚和横越太平洋到北美西海岸的航线最为重要。此外还有经莫斯科到欧洲以及赴大洋洲、太平洋岛屿和中国的航线。日本机场有170个，其中国际机场23个，另外还有14个直升机机场。

2002年日本国际航线客运量为1 690.5万人次，货运量为103.29万吨，国内定期航线客运量9 458.3万人次，货运量83.61万吨。日本航空客运运输在东亚地区占有重要位置。

（三）朝鲜半岛

1. 朝鲜

朝鲜东西两面临海，南面为陆上军事分界线，北面与中国和俄罗斯毗邻，具备发展交通事业的良好条件。朝鲜交通运输发达，陆路交通以铁路为主。朝鲜的铁路有定期的国际列车来往于平壤—北京和平壤—莫斯科之间。全国铁路总长约5 000公里，复线159公里。1993年已基本实现干线铁路电气化，电力机车牵引比重达90%以上。在朝鲜的交通运输体系中，公路运输和水上运输处于从属地位。公路总长为31 200公里，但铺装率仅为6.4%。高速公路354公里。1973年，在平壤建了两条总长32公里的地铁线路。朝鲜水路总长2 253公里，海上运输以东部沿岸最繁忙。主要港口有清津、南浦、元山、兴南、新义州、咸兴等。共有船只110只（1 000吨位以上）。空运欠发达，目前有5条定期国际航线，大多是通过莫斯科飞往欧洲，有一条由平壤飞往北京的国际航线。国内航线均不定期。1996年离港飞机数为6 000架次，客运量25.4万人次，朝鲜共有机场22个，平壤的顺川机场为主要国际机场。

2. 韩国

韩国三面环海，一面为陆上军事分界线，其内河基本不能通航，远洋和沿海运输相当发达。但其海运业直到当代才有了快速发展。20世纪60年代初，韩国的经济发展规模和贸易量都很小，交通运输量不大，国内运输主要靠铁路。1962年开始实行第一个五年计划，随着生产的发展，交通运输量迅速增加，开始建立全国交通网。当时的主要运输工具是铁路，因而对铁路部门的投资多，而且铁路部门主要集中于铁路的改良和复线化，新建的很少，这种交通状况满足不了经济起飞的运输需要。“二五”期间大力发展公路运输，特别是修建高速公路,对缓解交通运输的紧张局面起了很大作用。

近年来，随着经济的发展，交通运输量迅速增长，全国已形成较完备的铁路网和公路网。现今，韩国的海、陆、空交通运输均较发达。

截至2002年，韩国公路全长为91 400公里，其中高速公路2 637公里。拥有机动车1 291.4万辆。2000年公路完成货运周转量114亿吨公里。

至2002年，韩国铁路总长为6 819公里，其中：复线为1 028公里；电气化铁路为667公里；另有地铁402公里。1999年铁路客运量为822万人次，客运周转量28 356万人公里，货运量为42万吨，货运周转量为10 072万吨公里。

韩国水运主要是海上运输，用于对外贸易。现有28个贸易港和22个沿岸港，2002年总吞吐量1 175万集装箱，其中釜山港吞吐量为933万集装箱，为世界第三大港。船舶6 586艘，总吨位659.2万吨。主要港口有：仁川、群山、木浦、釜山、浦项、济州、丽水等。海上客运也较发达，2002年国际旅客125.3万人次。

截至2003年底，韩国同81个国家签有航空协定，开通国际航线137条，可飞往30个国家、90多个城市。现有8个国际机场：仁川、金浦、金海、济州、清州、光州、大邱、襄阳。另有国内航线机场16个。截至2002年，拥有飞机295架，其中客货运飞机183架。

（四）东南亚国家

1. 越南

越南的交通运输受二战和越战的影响，发展一直较慢，直到90年代，交通运输的基础设施才得到改善。近年来，交通运输业经过重组，取得了较好的经济效益。但交通运输仍为越经济中的薄弱环节。铁路网络连同六条干线（长2 700公里）和一些支线总长为3 220公里。2000年客运量973万人次，货运量19.21亿吨。公路总长为13多万公里(其中1.4万公里国道，1.5万公里省道，其余是连接各县乡的公路)，公路质量很差，沥青和水泥路面只占公路总长的10%。汽车总数7万辆。2000年客运量6.557亿人次，货运量47.99亿吨。水路总长1.1万公里，各类船只约11 500余艘。2000年全国港口总吞吐量8 000万吨。空运军民不分，全国有大小机场90个，其中有15个机场用于民航，有3个国际机场。飞机大都较陈旧。近几年有所改善。2000年客运量为280万人次，货运量1.132亿吨。

2. 老挝

老挝的交通更显得落后。老挝是一个内陆国家，既无出海口，又无铁路，交通运输主要靠公路、水运和航空运输。2001年全国公路总长为25 090公里。客运量1 912万人次，货运量154.3万吨。水运方面，内河航道总长4 600公里，只能通行载重量不大的船只。只有1条1 000吨位以上的货船。客运量188.5万人次，货运量73.9万吨。老挝机场有52个，其中包括简易机场43个。空运方面，仅有七条与亚洲国家相通的国际航线。有三个国际机场。客运量44.7万人次，货运量1 400吨。

3. 柬埔寨

柬埔寨的交通运输以公路和内河运输为主，大多集中在中部平原和洞里萨湖流域，水路总长3 700公里，100吨位以上的船只有141艘。水运方面，旱季主要河流可通行2 000吨船舶。雨季时，沿湄公河而上，4 000吨船舶可驶抵金边。西哈努克港是主要的对外海港。公路最主要有三条：一条是从金边通往越南胡志明市；一条是从金边通往西哈努克港；一条是从金边经马德望通向柬泰边境。全国公路总长为 15 万公里。铁路有两条：金边—波贝（通向泰国首都），全长 385 公里；金边—西哈努克市，全长 270 公里，是柬埔寨的交通大动脉，但运输能力较低。空运由柬王家航空公司租赁 5 架飞机独家经营，开通了 6 条国际航线。全国共有机场 20 个，有波成东和暹粒。

4. 缅甸

缅甸的交通业比较落后，设施陈旧，铁路主要是窄轨。原来的交通运输主要靠水运，内河航道约 12 800公里，船只 41 艘（1 000吨位以上），可供远洋货轮停靠的港口有 15 个，以仰光港最大。由于政府比较注意发展陆路交通，近年来，铁路交通发展较快，现全国有铁路约 4508 公里。2001 年货运量为 355 万吨，火车站 739 个。公路约28 200公里。共有汽车 24.4 万辆，1999～2000 年度，客运量 4 978万人次，货运量 120 万吨。有 10 来架福克 F－27 和 F－28 型飞机，全国有 80 个机场，直升机机场 1 个，但国际机场只有仰光机场一个。目前已与 13 个国家和地区建立了直达航线。

5. 泰国

泰国是继“亚洲四小龙”之后经济发展较快的东南亚国家之一。20 世纪 60 年代以来，其交通运输业也得到快速的发展。泰国交通以公路和空运为主，从 1992～1997 年货运量逐年增加，但客运量呈下降趋势。1999 全国公路全长52 260公里，其中国家级公路17 920公里，各府、县都有公路相连，四通八达。公路货运和客运在泰国交通业中都占有较大比重，1997 年国内总货运量50 835万吨，其中公路货运量为45 493万吨。1997 年公路客运量为 122 367万人次，约占总客运量的 94.8%。铁路只有4 623公里，复线 99 公里，而且主要是窄轨。1997 年铁路货运量为 929 万吨，客运量为4 828万人次。水运集中在湄公河和湄南河上，水路总长 3 999公里，共有船只 293 只（1 000吨位以上），1997 年水运货运量为1 941万吨。海运可达日、美、欧、中国和新加坡，海运货运量为2 461万吨。曼谷和南查邦是最重要的港口，1998 年南查邦港集装箱吞吐量增长最快，达到142.5 万标箱，较 1997 年的 102.4 万标箱增长 39.2%，排名从 1997 年世界集装箱港第 38 升到 1998 年的第 28 位，目前已成为泰国第一大集装箱港。自 1987 年以来，曼谷廊曼机场已逐渐成为东南亚地区空中枢纽。到 1998 年，泰国共有机场 107 个，其中简易机场 51 个，直升机机场 3 个。国际航线可达欧、美及大洋洲 40 多个城市。2001 年国内航空客运量 726.7 万人次。

6. 马来西亚

马来西亚的交通业发展不如“亚洲四小龙”快，但受其发展的带动，特别是受新加坡港口发展的影响，吸引新加坡的一部分转口货运，从而调整了发展步伐。马来西亚共有 19 个港口，其中巴生港的建设已发展成为东南亚的另一个航运中心，1998 年巴生港的集装箱吞吐量为 182 万标箱，排名从 1997 年世界集装箱港第 23 前进到 1998 年的第 21 名。其他主要港口还有古晋、关丹、槟榔屿、哥打基纳巴卢等。2000 年各港口的货物吞吐量为 1.603 亿吨。马来西亚共有各类船只1 008只，水运 80%以上靠外航海运。内河水运不发达，水路为 7 296公里，其中马来半岛3 209公里，沙巴1 569公里，沙捞越2 518公里。

马来西亚全国有良好的公路网，公路和铁路干线贯穿马来半岛南北，2000 年年全国公路总长 66 465公里。截至 2001 年底，注册车辆有1 130万辆。2002 年铁路1 668公里，其中电气化铁路 148 公里。

马来西亚航空业较发达，1998 年马来西亚航空（Malaysia）拥有飞机 108 架，在亚太地区航空公司中排名第 5，客运量和客运周转量均为第 8 名，货运周转量为1 260百万吨公里，排名第 11。机场共 37 个，其中国际机场 5 个。

7. 新加坡

新加坡是一个岛国，由面积约为 583 平方公里的主岛和其他 60 个小岛组成。国土总面积为 682.7 平方公里，人口 331.9 万。新加坡南临新加坡海峡，是太平洋与印度洋之间的航运要道，向有“东方十字路口”之称，1819 年即已开港。新加坡拥有独特的地理位置和上好的自然条件，经过建国 30 多年的发展，已成为国际贸易的中心。新加坡海运业十分发达，现拥有 6 个大港口，是东南亚最大的现代化港口，也是世界著名的转口港。截至 2001 年底，共有商船总数 3 353 艘，总吨位 2 316.73万吨。以进港船只的吨位计算，新加坡曾六度蝉联“世界最繁忙港口”的称号，2003 年集装箱吞吐量达到1 810万标准箱，仅次于香港，位居世界第二。

同时，这里也是亚、欧、大洋洲之间的重要国际航空站，现拥有两大机场，承担了跨国运输的主要客运运输。樟宜机场是世界上最大、最繁忙、最豪华的机场，连续多年被评为世界最佳机场。新加坡航空公司及其子公司胜安航空公司，经营91架飞机。各国的60家航空公司每周提供超过3258班次的定期飞行服务，航线联系世界50个国家的139个城市。2001年客运量2 810万人次，空运货物150万公吨。

国内交通以公路为主，道路总长3 109公里，其中2 900公里铺有沥青路面，高速公路111.6公里，地铁91公里，1999年底建成轻轨铁路与地铁相连。另有一条与马来西亚联系的单轨铁路，形成了以高速公路、地铁为骨架的四通八达的交通运输网络。截至2001年底，车辆总数70.84万辆，其中客运40.76万辆，货运13.72万辆。

8. 印度尼西亚

印度尼西亚陆上交通和航运业较为发达，航空业近十多年来有显著发展。陆上交通方面，铁路总长为6 458公里，其中电气化铁路101公里，复线250公里。绝大部分分布在爪哇。截至1999年，全国公路总长35.59万公里，2000年底共有注册车辆1 897.5万辆。水路总长为21 579公里，共有船只近5 000只（1 000吨位以上），1999年各类港口672个，主要港口有雅加达、丹绒不禄、古邦、三宝垄、泗水等。1998年丹绒不禄国际港的集装箱吞吐量为1 898千标箱，在世界集装箱港中排名第19。印度尼西亚民用机场共有179个，2000年拥有飞机512架，1999年客运量1 007万人次，货运量32.66万吨。

9. 菲律宾

菲律宾系多岛国家，自古水上交通比较发达，由于地处印度洋和太平洋两洋之间的交通重要路径，为其发展海运业创造了有利条件。19世纪末、20世纪初，由于外国资本的注入，外国垄断资本集团在菲律宾进行资源掠夺和开辟商品市场，先进的交通设备大量涌入，促使交通运输业的迅速发展。二战后，政府从外国垄断资本集团手中收买了铁路运输公司、公路运输公司和一部分远洋轮船公司，并建立了国营航空公司。因此，除远洋运输外的大部分国内运输都是由国家经营。

菲律宾陆上交通以公路运输为主，陆上65%货运和90%客运都是由公路承担，全国公路网全长约20万公里。各主要岛屿的公路特点是基本呈环形状，由于岛内距离较近、地势起伏不平而限制了铁路网的发展。全国铁路干线总长1 200公里，并大部分集中在吕宋岛。

海运在菲律宾国民经济中占有非常重要的地位，它包含沿海航运（含岛际航运）和远洋航运。水路总长为3 219公里，全国共有港口数百个，主要港口有马尼拉、宿务、伊洛伊洛、八打雁、达沃等。共有商船千余艘，沿海航运以轮船为主，岛际航运以木帆船和小汽轮为主。

菲律宾航空业较发达，菲律宾航空公司于1941年成立，是东南亚国家中历史最悠久的航空公司，1977年起由政府控制，除经营遍及全国40多个城市的国内航线外，还是政府指定的经营国际航线的航空公司，有班机飞往曼谷、吉隆坡、雅加达、新加坡、东京、卡拉奇、中国香港、北京、旧金山、悉尼、墨尔本、罗马、法兰克福、阿姆斯特丹等城市。菲律宾航空（Philippine）拥有飞机27架。菲律宾共有288个机场，含马尼拉和宿务国际机场，马尼拉机场是菲最大和最重要的机场，由15家外国大航空公司和菲律宾航空公司联合经营使用。

三　东亚地区各国交通的未来展望

东亚各国和地区的交通业发展水平参差不齐，在东亚地区16个国家和地区里，极少数国家和地区的交通发展到很高的阶段，不但在东亚地区处于领先地位，在世界范围也走在前列，而这一地区的多数国家正努力改善和提高交通运输水平，还有少数国家仍处在非常落后的状态。

（一）实施“东亚铁路网”和“泛亚铁路”建设计划

1996年举行的“澜沧江—湄公河次区域经济合作第六届部长会议”，一致同意实施以“泛亚铁路”和“中泰铁路”为核心的“东亚铁路网建设计划”。泛亚铁路计划以新加坡为起点，经吉隆坡、曼谷、金边、胡志明市和河内抵达中国昆明。泛亚铁路全长5 500公里，该铁路将会跨越东盟10个成员国中的5个。如果泛亚铁路计划加以扩充，有可能是世界上最长的铁路，它使亚洲与欧洲连贯起来，这条铁路的起点是中国云南省经土耳其最后抵达欧洲的保加利亚，全长17 050公里，比现在世界上最长的俄罗斯西伯利亚铁路还多出2 400公里。目前从新加坡经吉隆坡到曼谷，从曼谷到泰柬边境的亚兰，以及从胡志明市经河内到昆明这三段已有铁路。另外，还修支线通到缅甸首都仰光和老挝首都万象。以泛亚铁路和中泰铁路为核心的东亚铁路网的建设把中国铁路网和中南半岛铁路网连接起来，促进中国与东南亚国家的经贸合作和经济发展，而且把湄公河流域六国和东盟国家联系起来，推动湄公河流域的开发。东亚铁路网建成后，中南半岛铁路网可通过中国铁路网同欧亚大陆桥连接，直达欧洲，将进一步加强了亚欧国家的经济合作。

（二）建设亚洲公路网

亚洲公路网是联合国亚太经社理事会自 1959 年开始倡导规划的一个连接亚洲地区各国重要城市的国际公路交通运输网。

2003 年 11 月 18 日，联合国亚太经社理事会在泰国曼谷正式通过了《亚洲公路网政府间协定》，32 个成员国同意加入亚洲公路网。2004 年 4 月 26 日在中国上海举行的亚太经社理事会第六十届会议上，包括日本、韩国、印尼、泰国、哈萨克斯坦、越南、土耳其等 23 个成员国正式签署该协议，还有一些国家也将陆续签署协议。

根据《亚洲公路网政府间协定》，亚洲公路网由亚洲境内具有国际重要性的公路路线构成，包括大幅度穿越东亚、北亚、东南亚、南亚、西南亚和中亚等次区域的公路线路，在次区域范围内，包括那些连接周边次区域的公路线路，以及成员国境内的亚洲公路线路。

被命名为亚洲公路 1 号（AH1）的线路是整个公路网中最长的一条线路，它始于日本东京，从福冈经轮渡到韩国的釜山，再经由中国的沈阳、北京、广州等城市，进入越南河内，随后经柬埔寨、泰国、老挝、缅甸、印度、巴基斯坦、阿富汗、伊朗、土耳其等 10 多个国家到达保加利亚边境。到 2004 年，亚洲公路网的入网公路里程已超过 14 万公里。

进入 21 世纪，各国更进一步认识到交通业的发展对经济发展的重大推动作用，各国政府都十分重视交通基础设施建设和资金的投入，根据本国的现实交通状况，制定出可持续发展方略。自由竞争的市场调节机制，促使各国的决策者从本国实际出发，扬长避短，展现其优势。原来交通运输业基础薄弱的国家势将投入大量的人力和物力，改建、扩建基础设施。原来交通运输业基础较好的国家和地区，为发展自身经济创造更为有利的条件，也必然会投入重金或作政策倾斜，在政策软件方面下功夫。

（三）运输集约化

在未来 20 年，集装箱运输业的远洋轮船公司、运输公司、港口将会结成策略性的伙伴而联合经营，以保持自身稳定的发展地位。东亚各国中，交通事业走在前列的国家和地区将基本上实现运输集约化。随着资讯技术的飞快发展，促使许多行业走向信息化，交通运输业必将全面进入信息联网时代。有的还将以中国香港为模式，把某些港口扩大为自由型口岸。

（四）中国铁路、公路、水路和航空

1．铁路的“八纵八横”

中国根据 2004 年 1 月国务院通过的《中长期铁路网规划》，到 2020 年铁路总营业里程将达到 10 万公里。到 21 世纪中叶，中华人民共和国 100 周年的时候，铁路将在数量和质量上获得更大的发展，把铁路建成布局合理、干支协调、四通八达的铁路网。

在《中长期铁路网规划》中，明确提出了铁路网中长期建设的目标，描绘了中国铁路网至 2020 年的宏伟蓝图，其中包括建成“八纵”〔即：京哈、东部沿海铁路、京沪、京九、京广、大（同）湛（江）、包（头）柳（州）、兰（州）昆（明）〕和“八横”〔即：京兰、煤运北通道、煤运南通道、陆桥铁路（陇海和兰新）、宁（南京）西（安）、沿江铁路、沪昆、西南出海通道〕的铁路网络。沿海铁路只是中国铁路网规划中的“八纵八横”中的“一纵”。铁道部部长刘志军说，《中长期铁路网规划》的批准和实施，标志着我国铁路新一轮大规模建设即将展开。

根据铁道部最新发布的《铁路“十一五”规划》，中国计划到 2010 年将全国铁路营业里程提高至 9 万公里以上，快速客运网总规模提高至 2 万公里以上，并将建设连接主要大中城市的 10 条快速客运专线或信道。这 10 条客运专线或信道具体是北京—上海、北京—郑州—武汉—广州—深圳、哈尔滨—大连、天津—秦皇岛、上海—杭州—宁波、石家庄—太原、济南—青岛、徐州—郑州—西安—宝鸡客运专线，沪汉蓉以及甬厦深快速客运信道。届时，从北京坐火车到深圳将由目前的24小时缩短到10个小时左右。

2. 公路的“五纵七横”

到2010年“五纵七横”国道主干线（五纵，即：同江—三亚，北京—福州，北京—珠海，二连浩特—河口，重庆—湛江；七横，即：连云港—霍尔果斯，上海—成都，上海—瑞丽，绥芬河—满洲里，丹东—拉萨，青岛—银川，衡阳—昆明）基本建成通车；到2015年国道主干线和公路枢纽系统全部建成，构筑起以高速公路为主体的公路运输主骨架。

3. 水路

到2010年沿海港口初步实现现代化，并形成完善的内河航运体系，到2015年全国水运主通道大部分完成。“十五”期间，支持保障系统要基本适应交通运输和行业管理的需要，到2015年海事系统全面实现管理系统化，救助网络立体化。

4. 航空

预计到2010年航空运输总周转量约达到350亿吨公里，旅客运输量约达到2.5亿人次。坚持“安全第一、正常飞行、优质服务”的民航工作总方针，严格管理，确保安全，大力提高航班正常率和服务质量。努力实现两个根本性转变，实施“科教兴业”战略。依法管理民航，切实加强人员素质建设。

（五）日本21世纪发展交通事业的政策与措施

日本今后的交通政策方向是：从汽车社会向大宗的公共交通运输体系转移。1991年6月，日本运输政策审议会及运输技术审议会根据日本第四次全国综合开发计划，拟定了《放眼21世纪的运输技术措施》。根据这项计划，日本拟最终建设23条高速铁路，总长为7 000公里。计划实现后，可基本连通本州、九州、北海道、四国及其主要城市。为实现这一计划，日本拟采取以下重要措施。

1. 充分利用原有设施，规范建设标准

在运量大的地段仍建设1 435毫米的准轨高速铁路，最高时速为260公里。

2. 根据运量大小变化，区别对等

运量目前尚不算大，但将来有希望增加运量的地段，其基础设施按准轨高速铁路来建设；但近期先铺窄轨铁路，与现有路网连通，最高时速为160～200公里，待将来运量增加时再铺标准轨铁路。

3. 充分利用现有设施，在窄轨铁路上套轨，既可开行准轨快速列车，又可进入窄轨系统

为适应航空量的迅速增长和国际交往的需要，今后航空建设的目标是：把大城市的主要机场连接成全国统一的航空网；建设和扩充地方及孤岛机场，提高其功能，以填补高速交通网的空白。建设重点是东京、大阪两大城市圈的三大国际机场，即新东京国际机场、东京国际机场和关西国际机场。

在海上运输方面，将以东京湾、大阪湾、伊势湾的港湾为中心，扩充和完善15个据点港，并加大三大湾的外贸集装箱码头的水深，加强其功能，以形成发达的国际海上交通网。同时在日本海中部沿岸、北部九州地区等主要港湾建设集装箱终点站。在地方圈的据点港中，建设多用途大型泊地，以加强国际物资流通的中转功能。

航空运输是日本交通运输业中最年轻、发展最快的部门，是紧急货运和远距离客运的主力，也是实现“全国一日交通圈”的目标和形成“立体交通网”的关键之一。

（六）韩国面向未来的交通规划

韩国交通运输业的未来，随着国际贸易的不断增加，物流量必然增大，同时伴随着产品“轻、薄、短、小”化和多品种小批量生产趋势的出现，运量将会剧增。为了提高运输效率，拟促进货物的标准化和装卸设备机械化。特别是，随着高附加价值货物的增加，预计定时性、送货上门运输的需要量会不断增加。因此，规划交通发展的基本方向是，建立货物的运输、保管、装卸的一体化系统，健全国内外货物的流通系统。扩充流通设施，建立交通及流通设施联结系统，提高运输效率。实现运输货物的规格化、机械化及运输系统信息的系统化，提高流通效率。

韩国未来的国土政策是建立具有完备的基础设施而清新舒适的国土空间，从而在国土方面确保国家竞争力，提高国民的生活质量，而且考虑到南北统一的可能性，国土开发要面向未来。共提出了五项任务：（1）开发性的国土开发，大力发展交通；（2）发展地区经济，搞好地区分工，提高国家竞争力；(3) 改善生活环境，提高生活质量；(4) 保护自然环境和传统文化；(5) 为南北统一的国土开发作准备。这五项任务大都与交通有关。其具体内容是扩充干线道路网，建立半日生活圈，建设中枢机场和国际集装箱港口，解决好大城市交通。铁路的今后发展方向为建设高速铁路，提高现有铁路的复线化率，发展城市地铁。

为了减少交通拥挤堵塞带来的经济损失，有效地适应日益增加的交通运输量，促进各地区的均衡发展和满足国民对交通运输的需求，韩国政府制定了扩大交通网的基本规划。

全国性干线公路网要建设成全国性的高速、高级、大量交通系统，干线公路总长要达到7 000公里，其中高速公路5 000公里（2001 年达到2 931公里），高速的国家级公路2 000公里。干线公路网的长期构想，是建立南北 7 条、东西 9 条的格子型干线公路网。

由于航空技术的制约，目前东南亚—北美需要中间停留站，而且中国也需要大力发展航空事业，日本航空运输业发达，运量也大，已相当拥挤，而且费用也高，用方不能不考虑费用问题等因素，为了满足这一地区迅速增加的航空运输需要，因而，韩国决定大力发展航空交通，使其成为东北亚地区的中枢机场。

第二节 邮电通信

一 概述

东亚地区的邮电通信业历史较早的如中国，战国时期（公元前 475～前 221 年）就有了邮政传递业务。东亚地区一些国家的现代邮电事业的起源大都在 19 世纪中叶，如中国是在鸦片战争后逐渐引进了现代邮电通信设施。日本则于 1871 年开始东京至京都、大阪间的邮递，1877 年开始经营国际邮电业务。泰国的第一个电话系统于 1881 年安装，1886 年普通电话业务引进到公共事业。其他一些东亚地区国家发展则更晚一些，如马来西亚是在第一次世界大战后引进了电话和电报业务。直到 20 世纪上半叶，东亚地区国家电信业仍是设备简陋、技术落后、手段单一，除日本外，其他东亚国家的通信业都是在 20 世纪 90 年代才发展成为具有一定工业基础、设备较先进、多手段、多工种、服务多样化的现代通信业。

二 组织机构

各国邮政组织机构隶属不尽相同，在不同经济发展时期还有新的调整，但一般都属于邮电部或通讯部管理，如日本邮政省就一直管理日本邮电业，但 2001 年日本邮政省与现在的总务厅、自治省合并，统一成立总务省。总务省内成立邮政企业化管理局。韩国邮政总局创建于 1884 年，1984 年又归属于新设立的通讯部，1994 年更名为韩国情报通信部。该部下设邮政局、邮政金融局、无线电管理局和情报通信支援局。而东亚国家中最具特色的是新加坡的邮政管理机构。新加坡邮政隶属电信公司下的一个子公司，是民营化公司，它是世界上唯一的民营化邮政公司。自 1992 年 4 月改制起，由新加坡政府给予 15 年的专营权。另外还有的国家和地区的邮电隶属于交通和通讯部管理，如菲律宾、泰国和中国台湾。菲律宾交通运输和通讯部的主要职责是制定和实施有关建立全国交通运输网和通讯系统（包括安全、迅速、可靠和高效率的邮政系统）的发展计划。其主要机构有陆运局、空运局、电讯局、国营铁路公司、海运业署、运输局等。中国台湾地区的“交通部”则管理邮政、电信、铁路、公路、水运、港埠、航空、观光、气象等部门。

三 邮政业务

邮政业务在早期只有函件、包件、汇票、集邮、报刊等，随后又出现了许多新的业务，如特快专递、邮政储蓄、商业信函、邮资广告明信片、有奖明信片、邮送广告、邮政礼仪、货物邮递等，这些新的业务都呈现了较快的发展势头。虽然邮政通信服务仍是最基本、最普遍的服务方式，但是从 20 世纪 70 年代以来，各国邮政面临内部和外部环境的变化，在许多发展中国家，邮政都出现巨额亏损，不仅面临着电信业的竞争，而且还有来自私营速递业的竞争。

四 电话业务

全球电信网在过去的 40 多年内，增长一直比较稳定。在这段时期内，经历了三个发展阶段。

在 1960 年至 1975 年之间是第一阶段。东亚国家中发展较早的是日本。进入 60 年代后，随着经济的高速发展，日本电信事业突飞猛进，家庭电话迅速普及。电话普及率在 1960 年至 1977 年从每 100 居民 3.9 条电话主线增加到 30.6 条。而其他发展中国家增长率则极低，平均电话普及率仅增加到每 100 居民 1 条电话主线。

在 1975～1985 年间的第二阶段内，韩国、新加坡和中国台湾地区电信业有了惊人的增长，在较短的时间内使电话普及率从每 100 居民 10 条电话主线提高到 30 条。

第三阶段，1985 年至今，特别是 1990 年后，以众多发展中国家的快速增长为标志。经济高速增长带动了通信事业的飞速发展，使东亚成为世界电话主线发展速度最快的地区，其中最引人注目的是中国和越南。

改革开放以来，中国电话用户数以跨越式的速度发展：从 1979 年的 203 万户到突破1 000万户，用了 13 年的时间；从1 000万户到突破 1 亿户，用了 6 年时间；从 1 亿户到 2 亿户，用了 2 年时间；从 2 亿户到 3 亿户，用了 1 年的时间。1990～1997 年内全世界所增加的约 3 亿条主线之中，中国占了 1/5，电话普及率从每 100 居民不足 1 条电话主线提高到超过 5 条。到 2001 年电话普及率每 100 居民拥有 14.14 条电话主线。电话用户达到 1.80 亿户。2004 年 7 月，中国固定电话用户数达到 2.99 亿户。

五　移动通讯

移动通信是固定电话通信的一种补充和延伸。移动电话是 20 世纪 50 年代最早在美国出现的。70 年代，一些国家着手于模拟制蜂窝状移动电话系统的开发、研制。到 1980 年，全世界的用户不足 50 万个，自 80 年代起在全世界广泛应用。随着 90 年代初数字式蜂窝移动电话的采用，移动电话的发展大大加速。

东亚国家和地区中发展最早，并且使用蜂窝移动电话用户最多的是日本。日本最早于 1979 年投入使用 NAMTS 系统。早期模拟式蜂窝移动电话发展缓慢，到 1990 年蜂窝移动电话用户还不足 100 万。1994 年 4 月，日本对终端市场的管理开放，移动通信竞争中的最后一个障碍被排除。1995 年，随着数字式蜂窝移动电话和个人手持机系统 PHS 的采用，20 多家新公司进入了市场提供 PHS，把资费率定为常规蜂窝式移动电话资费率的一半，结果移动电话密度提高了 6 倍。1995～1996 年新增移动用户1 519.44万，增长率为 129.7%。据日本邮电省统计，1998 年 10 月末，移动电话用户总数已达到4 693.8万户，日本的移动电话用户总数位居世界第二。

1993 年 1 月，中国香港的一家企业在亚洲地区引进了第一个 GSM（数字移动通信系统）网，该网由爱立信提供。1996 年中国香港移动电话用户总数为 136 万（参见表 5），据中国香港电讯管理局统计，到 1999 年 3 月底，移动电话用户总数已达到 317 万，占总人口的 47%，并且全部为数字式移动电话。

中国移动电话从发展之初到1 000万户，用了十年时间，而从1 000万户到 1 亿户，只用了不到 4 年的时间，发展速度创下了世界之最。2000 年，移动电话用户总数跃居世界第二位。2001 年一季度用户总数突破 1 亿户，到 2001 年 7 月即已位居世界第一位。2004 年 7 月，中国移动电话用户达到 3.1 亿户。

1984 年韩国电信公司成立了自己的分公司——韩国移动电信公司（KMT）。韩国电信公司拥有这家分公司的 21%股权。KMT 开通的 AMPS 网络的第一期工程在 1984 年上马。1994 年，Shinsegi 移动电信公司取得通信经营许可证，成为韩国第二个移动通信公司。1996 年移动电话用户为 318.1 万户，2002 年移动电话用户已超过3 200万。1990～1996 年，它的增长率在东亚地区国家中仅次于中国。

六　光纤网络

光纤通信首先应用于市话中继。20 世纪 80 年代中期大量应用于长途干线，80 年代后期开始建设海底光缆通信系统。由于光纤技术的飞速发展，在过去 10 年里，在亚太地区安装的光纤系统的数量已超过以往 40 年里所有的模拟系统的总数，自从光纤技术被运用，国际话务量增长了 10 倍。

中国自 1989 年起参与国际海底光缆项目的投资和建设。1991 年 12 月，中日海底光缆系统开工，全长1 250公里，1993 年 12 月，中日海底光缆连通上海和日本宫崎，成为第一条连接中日的海底光缆，它通过 TPC－4 和其他跨太平洋海底光缆系统使中美相连，从此中国国际通信传输开始进入高速数字光通信时代。2004 年，中国已建成 16 条 7 个系统的国际海底光缆系统，通达世界 30 多个国家和地区的海底光缆登陆站，形成覆盖全球的高速数字光通信网络。

1997年12月，贯通亚非欧12个国家和地区的FLAG环球海底光缆投入使用。FLAG环球海底光缆东起日本，连接韩国、中国、中国香港、泰国、马来西亚、印度、阿联酋，然后穿越红海连接埃及，再经过地中海到达意大利和西班牙，最后穿越直布罗陀海峡抵达英国。在日本，这一光缆系统与太平洋海底光缆相连，从而形成环绕全球的海底电信通道。FLAG环球海底光缆全长28 000公里，是全世界已建海底光缆中最长的。

2002年10月，亚太地区最大的一条国际光缆网络系统——亚太2号光缆网络正式建成投产。亚太2号光缆不仅可以满足亚太地区之间不断增长的通信业务需求，而且可以通过其他国际海底光缆系统与美洲、欧洲、澳洲等地进行无缝隙连接，从而满足通达世界各地的通信需求。

七 卫星通讯系统

卫星通信在东亚国家地区中发展较早的有印度尼西亚、日本、中国、中国香港、马来西亚和泰国等。从20世纪90年代中期东亚许多国家的卫星系统都有了较大发展。

中国1972年在北京安装了第一个卫星地面站。1985年开始使用卫星通信，主要用于国内通信。近年来，中国卫星传输建设得到进一步加强。中国电信在续建15个卫星地面站的同时，对已建的23个卫星地面站进行了大规模的扩容，卫星通信网的通信能力大大增强。2004年4月8日是中国第一颗试验通信卫星“东方红二号”成功发射20周年。20多年来中国卫星通信产业得到了快速发展，国内卫星通信双向话路已开通23400条，连接国际250多个国家和地区的国际话路已开通25 000条，解决了中国国际通信的难题。在卫星电视和广播方面，中央电视台的12套节目、一套多语种多频道的对外电视广播、30路中央人民广播电台的数字语音广播和大约30个省市电视台的卫视频道均已通过卫星向全国或全球广播。据统计，卫星电视和广播已使中国电视和广播的覆盖率分别达到了94.18%和92.92%，中央电视台的国际频道实现了全天24小时不间断播出，覆盖了世界98%的人口地区。

日本从1969年成立了“国家太空开发处”以来，日本的通信发展日趋巩固。

中国香港已成为区域卫星通信的枢纽，尤其在卫星电视业务方面。它的Asiasat 1号是亚洲第一颗私营区域通信卫星，1990年4月由中国长征3号火箭发射，它标志着亚洲电信与广播新的开端，刺激了本地区对高质量、大功率卫星容量的需求。

越南1980年和1984年在原苏联的援助下相继建成了“荷花”Ⅰ号和“荷花”Ⅱ号卫星地面接收站，开通了与东欧、俄罗斯、老挝和柬埔寨等国的国际通信。1987年，澳大利亚国际海外电信公司为胡志明市安装了小型卫星地面接收站，不久这家公司又在河内、岘港和胡志明市安装了国际卫星地面接收站。到1997年底，越南已先后在河内、南宁、岘港和胡志明市等地建立了6个卫星地面接收站，主要通过国际卫星系统和国际通信卫星系统并租用俄罗斯、泰国和印尼等国的卫星，开设了3 000多条信道。

马来西亚从1970年开始通过Intelsat卫星提供国际通信业务以来，马来西亚一直是个卫星使用大户。1989～1990年，该国国际通信业务量的65%都是通过Intelsat和Palapa卫星完成的。从马来西亚到美国和中国的业务量全部靠卫星完成。

印度尼西亚于1969年开始使用卫星通信来连接国内的1 300个岛屿。7年后，印度尼西亚自己的第一颗卫星Palapa A1发射成功，开创了该国卫星通信发射的新纪元。印度尼西亚是世界上第三个拥有国内通信卫星的国家。

八 互联网络

近几年，互联网络作为一种新的电子通信手段得到了快速发展。它对邮政通信的替代和分流作用已引起世界各国电信的重视。一些东亚地区国家的互联网络在最近两年已取得了令人瞩目的发展。据国际电联统计预测，至2005年，亚太地区的互联网用户将达到2.4亿，超过北美地区的用户数，用户的上网时间也有明显增长，而在这一地区，越来越多的互联网流量交换将在中国进行。

中国 1994年4月正式成为互联网国家，迄今互联网的发展已经有10年的历史，网络迅速普及，网民总数增长迅速。根据中国互联网络信息中心（CNNIC）调查，截至2004年6月底已经达到了8 700万，比1997年多了146倍，居世界第二位，计算机总量达到了3 360万台。

日本 2004年《信息通信白皮书》显示，在2003年底，日本网络的普及率突破了60%，上网人数达7 730万人，网络已波及社会生活的各个领域。

韩国　从1996年起开始实行信息化促进计划，到2000年底就建成了高速信息通信网络，覆盖全国144个地区，比原计划提前了两年。1998年韩国互联网用户只有1万多，而到2003年末已超过1 000万，按人口比例计算可称世界之最。

随着信息技术迅猛发展，近年来东亚各地互联网中的宽带（快速互联网）用户增长迅速。美国业界团体宽带DSL论坛发布的数据显示，2003年底中国宽带用户已增加到1915万户，超过日本居世界首位。其后依次为美国的911万户，和韩国的643万户。2004年7月日本的宽带网用户已达1 495万户，逼近1 500万大关。

九　电信政策与规划

20世纪70年代，东亚各国和地区积极投入了全球电信政策改革大潮。无论富国还是贫国，政府都在积极调整电信政策，以适应影响电信发展的科技与经济形势的变化，满足不断上升的各种需求。过去对电信的忽视及对电信的垄断，已使许多不发达国家吃尽苦头，从而敦促这些国家迅速优先发展其电信基础设施，放宽对通信领域的限制，开放电信市场，打破垄断经营，允许民间企业和个人参与电信业务的经营，以及允许外国资本参股本国的电信企业。在东亚国家中，80年代调整政策以获得发展的国家有日本，而90年代后则以泰国为典型。电信与经济发展的每一环节都息息相关，因此，制定正确的政策对经济的影响极其深远。

日本的电信市场改革主要经历了三个阶段：1952年之前的第一阶段为国家垄断时期，电信市场全部由国家经营。第二阶段，1952～1985年由少数企业集团垄断。1952年日本制定了《公共电信法》、《日本电信电话公社法》和《国际电信电话公司法》。根据上述法律，由日本电信电话公社和国际电信电话公司分别经营国内和国际电信业务。这一时期，随着经济的高速发展，电信业也加快了发展步伐。1985年以后进入第三阶段。由于世界经济一体化、市场共同化趋势，以及垄断经营的弊病日趋明显，日本下决心改革电信事业制度，放宽限制，开放市场，逐步实行电信市场自由化。1984年日本制定了《电信事业法》和《日本电信电话公司法》，允许私人企业和外国投资者参与电信业务。这两项法律实施后，从事通信服务业的企业从开放前的两家增加到1999年4月的6 780家。其中170多家为第一类电信企业，它由大型骨干企业构成，这类企业拥有自己的线路网络等基础设施；而第二类的6 600多家企业，则需要租用别的公司的线路提供服务。1998年11月1日，日本开始实施修改后的《电信事业法》，以增强通信市场活力。1999年，日本政府决定进一步进行改革。首先是，确定把日本电信电话公司改组成控股公司，下设NTT长途电话公司、NTT东日本公司、NTT西日本公司，并进行了业务分工。其次是，放宽限制，进一步开放市场，允许并扶持其他公司进入市话市场，并撤销通信领域对外投资比例的限制，以利于竞争。

泰国有5个电信业务经营法：1934年的电报电话法，1954年的泰国电话公司法，1955年的无线通信法，1955年无线电和电视广播法和1976年泰国通信公司法。其中1934年的电报电话法是该国电信业务经营的重要法规。根据此法，只有泰国电话公司和泰国通信公司有权经营电信业务。泰国在第六和第七个五年计划（1987～1996）的10年间，以发展通信满足公众需求和商业发展为目标，包括如下项目：5年内新增电话300万门，以及泰国卫星、电信港、数据处理区（Zone）、可视图文、陆地光缆、海底光缆、数字移动通信、无线寻呼VSAT和磁卡电话等项目。而只靠泰国电话公司和泰国通信公司是难以完成的，因此，泰国政府邀请私人公司通过BOT（建设—运营—移交）方式参加。

越南国家邮电部门在1994年已制定了1995～2005年邮电通信发展规划，并已拟订多项计划发展电讯系统。由于这几年发展较快，有的目标已提前实现，有的适应不了社会经济发展的需求，因此，有的指标有所调高。另外还计划与泰国及一家中国香港公司合作建造一条海底光缆，连接越南、泰国与中国香港。　（赵　源）

第六章　金融体制与金融市场

国际间有了经济交往，特别是商品贸易以后，就产生了有关货币支付、汇兑、信贷、结算等金融交易行为，从中又引起资金流动、国际金融市场、国际货币体系和国际金融机构等金融业态与机制。上述种种归纳起来，就构成一般所谓的“国际金融”。本章对东亚各国和地区的金融结构、金融体制、金融市场与金融中心进行阐述。

第一节　金融体制与结构

东亚各国的国际金融业起步时间先后有别。其中，日本伴随着明治维新后资本主义的发展，其国际金融业发展较早；其他多数国家因经历殖民地半殖民地半封建时代，国际金融业发展较晚。二战结束，东亚地区许多国家独立后建立起本国的中央银行，发行自己的货币，在城市和农村建立一系列金融机构，逐渐形成适合当地经济发展的金融体系。经过几十年努力，当地的金融业均取得不同程度的进展。

二战后，东亚各个国家和地区与其经济发展水平及经济体制的差异相适应，其金融结构与金融体制则呈现出多层次多样化的格局。

一　发达资本主义国家

日本是东亚地区唯一的发达资本主义国家，具有发达国家金融银行体系的共同特征，即：形成了中央银行为核心、以商业银行为主体和专业银行为补充的金融银行体系。

与德国相同，日本也是19世纪70年代后兴起的资本主义国家，是通过改良方式进入资本主义的，银行与工商业资本紧密结合，在经济发展历史中的作用十分突出；同时，日德在作为较强的封建性军事性帝国主义国家后，随着侵略战争失败而来的经济崩溃，迫切需要有一个高度集中垄断的金融银行体系为其筹集复兴经济的建设资金。因而，与英美“自然构造”模式不同，社会经济环境演变的进程，决定了日本和德国一样都选择了“人为构造”的金融银行体系模式。

在日本银行金融体系构造的进程中，政府积极涉足参与，使其成为发达国家“人为构造”银行金融体系独特的典型。“人为构造”是与“自然构造”相对应的银行金融体系，即指一些国家政府采取人为办法，强行建立、合并或撤销银行及其他金融机构，通过立法方式强制建立符合本国社会经济发展要求的银行金融体系的构造方式。其主要特点是：

第一，国家直接出资建立各种专业性银行。20世纪初开始日本政府通过立法形式建立了一批专业性银行和政策性银行，使专业性银行和政策性银行在日本银行体系中占有非同一般的重要地位。

第二，国家通过不断颁布和修订银行条例和法规，对私人银行的建立、合并或改组进行强有力的干预，并通过大藏省和中央银行对其实行严格的监督管理。

第三，积极改组和淘汰中小银行，并对银行的并购行为给予积极的支持和鼓励。1896年，日本颁布《银行合并法》，规定了对银行合并的要求和程度。1911年，日本大藏大臣通告各地方长官，要求合并小银行以避免相互竞争。1927年，日本颁布了新的《银行法》积极鼓励合并，并重新规定了银行资本的最低限度。总之，日本政府对银行并购始终持鼓励和积极推进的态度，与欧美发达国家有着明显的差别。

银行业务制度与历史习惯和银行金融体系的构造方式相适应。发达国家银行金融体系在其历史演进的过程中，形成了两种截然不同的银行业务制度，即：专业化银行制度和综合化银行制度。日本是实行专业化银行制度的典型，日本经济的二元结构，要求建立一种二重的多层次的专业化分工的银行金融体系，因而日本银行机构大都按不同的业务领域设置。这种制度有利于集中资金，重点运用于特定领域或行业，有利于宏观经济的调控，却不利于专业银行自身的扩张和国家金融监管当局对金融体系的监控。

二　发展中国家

东亚地区发展中国家，独立后由于确立的经济体制不同，国际金融体制的发展也经历了不同的发展道路。

（一）走资本主义道路的国家和地区

由于特殊的历史经济和社会背景，决定了东亚走资本主义道路的国家和地区的银行金融体系，具有突出的多样性、不平衡性和脆弱性。

1. 多样性和不平衡性

东亚发展中市场经济体中既有发展迅速市场化程度高的新兴工业经济体，也有正在赶超、但市场化程度仍有待进一步提高的准新兴工业经济体，还有经济发展水平较低、市场化水平不高的国家。

经济社会发展水平的差异决定了东亚各地金融体制的多样化和发展不平衡。其中，中国香港和新加坡经过近三四十年发展已成为亚太地区重要的国际金融中心，韩国和中国台湾的股票资本市场也有长足进展，正在赶超中的马来西亚和泰国的银行金融业亦有较大发展。然而，诸如缅甸、柬埔寨等后进国家的金融业，则尚有很大的发展空间。

2. 局限性

二战结束后，除了在市场发育方面取得较大进展的“亚洲四小龙”外，东亚发展中市场经济体原先的二元经济结构和市场化程度不高，决定了其金融体系市场化进程的局限性。大多数东亚发展中经济体没有发达的金融市场，或有一般的金融市场而无发达的债券市场，使得投资者无法在银行存款、股票和各种债券之间进行比较选择。从而也就无法像发达国家那样通过非货币渠道筹集资金，解决财政赤字和为公共建设提供资金。同时，由于东亚多数发展中市场经济体的利率市场化程度低，往往是借助行政手段控制利率，从而使中央银行无法充分利用利率这一富有弹性和对市场机制反应灵敏的调控工具。

3. 脆弱性

在东亚发展中市场经济体中，即或是“亚洲四小龙”新兴工业经济体，20 世纪 80 年代后，伴随着经济发展和对外开放，金融市场的培育取得进展，但其金融体系仍有待完善与健全。这些经济体面对经济全球化大潮，放松外汇管制，允许资本自由进出，从而使得当地在金融体系尚待健全的情况下，其金融国际化的进程往往超越自身的宏观调控与金融监管能力。巨额国际资本特别是游资的自由出入，往往导致货币供应量巨大波动，影响物价与市场的稳定。同时，大量游资充斥市场，游资为追逐地区内外利差和汇差，大量频繁进出，则引发利率和汇率的急剧波动，给金融体系造成危害，甚而酿成金融危机。韩国、泰国及印尼等 1997～1998 年间爆发的严重金融危机，就是很好的例证。

（二）转轨型国家

东亚转轨型国家是指 20 世纪八九十年代初以来，随着改革开放的推进，开始由计划经济向市场经济转换进程的国家，如中国、越南等。这些国家在转轨过程中，逐渐形成了自身鲜明特点的金融体制。这种体制，既不同于计划经济又有别于资本主义市场经济，是一种处于不断变革中逐步走向市场经济的过渡性金融体制。

高度集中的计划经济和大一统的银行体制是转轨型国家金融体制改革的起点。转轨型国家金融体制改革之初，均面临改革的模式、路径与方法的选择问题。其选择方式，基本上区分为“激进”与“渐近”两种方式，东亚转轨型国家属于后一类型。

东亚转轨型国家的金融体系在转轨进程中，与先前的计划经济大一统的银行体制渐行渐远，又未达至完全市场经济的彼岸，是一个不断变革的、动态的、过渡性的金融体制。它的货币信用制度尚不发达，银行体系往往积淀着大量的呆账和风险贷款，金融行为对经济利益、利率等金融信号反应不灵敏，金融杠杆缺乏弹性，从而使金融市场的功能无法得到充分发挥。总之，东亚转轨型国家的金融体制的变革任重道远，必须因势利导、继续向前推进。

经过 20 多年来的改革开放，中国的经济体制发生了很大变化。尤其是金融体制，已由以往大一统的银行体制逐步发展成为多元化的金融体制模式，建立了以中央银行领导，国有商业银行为主体，多种形式金融机构并存与分工合作的金融体制；逐步形成了以债券、股票为主体的多种证券形式并存、交易体制初步健全的全国性资本市场体系。当前，中国金融体制改革正稳步推进，但是，现行的金融体制仍存在不少问题，依然必须继续深化改革，逐步完善。金融分业监管体制应继续完善，国有商业银行和保险公司股份制改革步伐必须加快，在今后三年中，中国银行和中国建设银行将改造成为资本充足、内控严密、运营安全、服务效益良好，具有国际竞争能力的现代化股份制商业银行。与此同时，资本市场将进一步开放，利率市场化、农村信用社改革等多项金融改革试点亦将逐步推进。

第二节 金融市场

一 外汇市场

(一) 东京外汇市场

东京外汇市场由政府批准的外国银行或外汇专业银行、经纪商与客户组成。但是能与外国银行直接进行外汇交易的，仅限于经政府批准和与外国签订通汇合同的银行，如作为日本中央银行的日本银行、外汇的实际需求者和供应者，以及外汇投机者。因此，东京外汇市场的交易规模与范围尚有一定的局限性。

东京外汇市场的外汇交易可划分为3种形式：即外汇银行与顾客之间的交易、外汇银行之间的交易和本国外汇银行与外国银行之间的交易。以外汇的交割期限来划分，分为现货交易、期货交易和互换交易。

二战结束后，东京外汇市场于1952年重新开放。由于美元停止兑换黄金和汇率制度改革，1971年8月，日本第一次实行浮动汇率制。同年12月，在"史密森体制"下又返回固定汇率制，但1973年2月又再次实行浮动汇率制。伴随着日本经济的发展，对外贸易和资本交易的不断自由化，日本的外汇市规模也迅速扩大。1993年，东京外汇市场的日元美元交易额（包括现货交易、期货交易、互换交易）达4.171万亿美元。

1980年后，由于实行了促进国内外资金交流活跃化的政策，日本固有的外汇交易限制和交易惯例进一步发生变化，朝着自由化和国际化的方向发展。1980年12月起，实施修改后的《外汇法》。根据该项法律，居民外汇存款和借款自由，证券发行、投资以及资本交易基本自由。1984年4月，废止"实需原则"（一般个人和企业与外汇银行进行外汇交易时，必须要有外汇实际需求的根据）；同年5月发表了"日元—美元委员会"的报告书，把金融国际化推到新的高度，对外汇市场的管制进一步放松。同年6月，取消了"日元兑换限制"。同时银行间市场可以进行直接交易。1986年12月1日，旨在促进日元进一步国际化的东京离岸金融市场宣告成立。此后，日本海外投资急剧增加而最终成为世界最大债权国，东京外汇市场也成为重要的国际性外汇市场，与纽约、伦敦一起，形成了外汇交易的世界性网络。

作为中央银行的日本银行，为了稳定外汇市场，维持信用秩序，往往以大藏大臣代理人的身份，运用"外汇资金特别会计"，在外汇市场上适时地进行外汇买卖，这样必然对汇率带来一定的影响，这就是日本银行平衡外汇的市场操作，一般称为"市场介入"。在浮动汇率制度下，日本银行经常根据市场的实际情况，按照金融调节的需要，适时地以各种合适的方式介入市场，进行外汇市场操作，平衡汇价和维持外汇市场的稳定。

日本政府对东京外汇市场的严格管理是该市场的一大特色。20世纪70年代，管理外汇市场以行政手段为主，日本银行管理的手段之一就是严格的报表制度。所有进入外汇市场的机构，都必须遵守当局制定的极为详细的报告制度，以便于大藏省和日本银行通过报表随时了解外汇市场动向，采取措施影响市场价格。此外，还对外汇经营行、货币兑换商和其他重要的外汇交易商，以政府法令和大藏省法令等形式，形成了一系列外汇管理规章条例。大藏省和日本银行也以口头或非正式书面劝告形式，对外汇市场进行行政指导。90年代以后，日本政府对外汇市场的管理，虽然从行政管理转向市场管理，但管理仍然比较严格。

(二) 中国香港外汇市场

1. 香港外汇市场

香港外汇市场存在已久，但真正大规模发展，却出现在1973年解除外汇管制及1974年港元自由浮动之后。

香港原属英镑区，港元与英镑挂钩，规定其固定汇率为1英镑兑换16港元，并实施外汇管制，限制资金流出英镑区。当时，香港的外汇市场划分为官方汇市与非官方汇市两部分。官方汇市是英镑成员国货币互相兑换及与非成员国货币兑换的法定市场，只许政府批准的授权银行参与，按官价买卖。非授权银行则只能买卖非区内成员国货币（主要是美元），以市价进行，构成所谓非官方市场。

1972年6月23日，英国政府将英镑自由浮动，以减轻英镑疲弱所受的压力。同年7月6日，港府宣布港元与英镑脱钩，改成与美元挂钩，汇价变为1美元兑5.65港元，波幅上下限为±2.25%。自此，香港奉行数十年的"英镑汇兑制"寿终正寝，英镑区的外汇管制亦一并取消。

港元与美元挂钩为期并不太长。由于美国国际收支逆差不断扩大，令美元持续疲弱。1973 年 11 月，美国政府宣布将美元自由浮动。11 月 26 日，港元与美元挂钩亦告终结。自此，港元汇价自由浮动，由市场供求力量决定升降，成为世界上可自由兑换的货币之一。

外汇管制的撤销及容许货币自由兑换，为香港汇市的发展提供了条件，这一时期外国银行的涌入及接受存款公司的出现，极大地推动了香港汇市的发展。

1978 年 3 月，港府撤销了对外资金融机构申请银行牌照的冻结，许多国际银行纷纷涌进香港开业。由于缺乏港元存款基础，这些外资银行或依赖同业市场拆借资金，或透过外汇市场抛售外汇，或进行掉期交易来换取港元头寸，它们的活动及专业知识，大大促进了香港同业市场及汇市的发展。另一方面，在暂停发出银行牌照期间，成立接受存款公司是外资金融机构参与香港金融业务的唯一可行途径。1976 年《接受存款公司条例》通过后，这些公司的地位得到普遍承认，加上多有外资背景的支持，令它们能够参与外汇市场及同业市场活动，使两个市场的发展更具规模。同时，香港内部一些有利因素，如受审慎监管的金融架构、有利的时区位置、优良的通讯设备、政府的积极不干预政策、经验丰富的专业人才及低税制，再加上经济发展良好，有足够的庞大对外贸易额支持外汇买卖活动，所有这些也是推动香港汇市在 20 世纪 70 年代迅速发展的原因。

20 世纪 80 年代初，香港汇市经历了一次严峻考验。1982 年 9 月，英国首相撒切尔夫人访华，开始就香港问题与中国展开谈判，由于政治前景不明朗，导致香港资金大量外流，加上美元的强劲及投机作用，令外汇市场极不稳定，港元备受抛售压力。为挽救港元危机，港府在 1983 年 10 月 15 日宣布两项措施：第一项是修改发行港钞的有关安排，将发钞汇率固定在 1 美元兑 7.80 港元上，这项改革导致“联系汇率制”的出现；第二项措施则是取消港元存款 10% 的利息预扣税，与外币存款同等看待。两项措施旨在恢复公众对持有港元的信心。自联系汇率制实施以来，市场汇价多数时候在 1:7.80 水平作窄幅波动，香港汇市得到了稳定发展，并取得了国际地位。

香港汇市的参与者主要为 3 类本地认可机构（持牌银行、有限制牌照银行和接受存款公司）和海外的金融机构，它们均以独立名义参与市场买卖。在香港外汇市场上，本地认可机构与海外金融机构之间的交易，大约占整个市场成交额的一半左右。自 20 世纪 80 年代初发生金融危机后，本地参与者集中在银行及有银行支持的接受存款公司上，缺乏银行背景的接受存款公司多已退出外汇市场。

除上述金融机构外，另一类市场参与者是外汇经纪行。经纪行的工作是接受银行及接受存款公司的委托，传达它们提供的买、卖盘信息给予其他参与者，帮助安排交易的达成，从中赚取佣金。香港的外汇经纪行多为国际性的大经纪行，它们的参与加强了香港汇市与国际汇市的联系。所有在香港开业的外汇经纪行均须为“香港外汇及存款经纪同业公会”的会员，其会员资格并须获香港银行公会承认。工商企业及个人不能直接在汇市中买卖，而必须通过银行或接受存款公司进行。

成交的途径有直接和间接两种。直接成交是买卖双方利用电讯设备直接联络，由一方报出买卖价，另一方按价成交；间接成交则是通过外汇经纪行进行。市价的形成源于间接成交过程。外汇市场的交易媒介是美元。在外汇市场中最常见的交易类别有：现汇交易、期汇交易和掉期交易。香港的外汇市场以现汇交易为主，交易最活跃的是美元、日元、马克、港元、英镑及瑞士法郎。

港府对外汇市场并无明确的法规和条例管制，市场秩序的维持主要靠业内人士的自律，交易双方遵守合约的诺言十分重要，否则便会遭受同行排挤而被淘汰出市场。每间认可机构内部都有一定的监管制度，控制着代表这些机构的交易员之买卖限额和过夜承担风险程度（Overnight Exposure）。

1989 年 9 月，银行监理处发出一份咨询文件，阐明银监处对认可机构外汇风险监管政策的建议，除要求这些机构管理阶层须对监管、限制外汇风险有一套有效的内部制度外，更订出一个“隔夜盘”（Overnight Position）的限额，按存款机构的资本基础计算。建议要求任何一种货币（不计美元兑港元在内）的隔夜盘，不能超逾机构资本基础的 10%，所有货币合计的隔夜盘不能高于资本基础的 15%。这个建议只针对在香港注册的认可机构，于 1990

年7月1日起付诸实施。海外注册的机构则由注册所在国监管机构负责，不受建议所限制。

2. 联系汇率制度

联系汇率制度又被称为货币发行局制度，它是一种稳固的固定汇率制度。这种制度与挂钩或钉住汇率（Pegged rate）制度不同。在实行挂钩汇率制度的情况下，中央银行要经常在外汇市场做出干预，以便汇率能保持在设定的水平之内。但是，货币发行局制度无须进行这种外汇市场干预，它所依赖的是一种自动调节机制。

这一制度的运作需要3部分金融机构的参与，它们是：香港外汇基金（由香港金融管理局负责），3家发钞银行和180家持牌银行。在这一制度下，香港的3家发钞银行必须持有外汇基金发出的负债证明书来发行港元现钞。自1983年以来，这些负债证明书都以7.80港元兑1美元的固定汇率发出和赎回。此外，180家持牌银行都要经由金融管理局在外汇基金开设结算户口。银行体系结算余额是所有持牌银行在香港金融管理局开设的结算户口的港元结余总额；持牌银行在金融管理局开设结算户口，是为了就银行相互之间的交易和银行与金融管理局之间的交易进行港元结算，结算按照7.80港元兑1美元的固定汇率进行。这样，香港的货币基础——已发行的港元钞票加上银行在外汇基金开设的港元结算户口的余额总额，需要由美元按固走汇率来提供足够的支持。当金融管理局被动地从银行买入或卖出港元时，金融管理局所持有的美元储备相应增加或减少，而港元的货币基础随之发生变动。

这一机制的优点是调整的自动性。当市场上出现资金流出，抛售港元，令港元兑美元出现贬值的情况时，银行按固定汇率向金融管理局沽出港元购买美元。在结算交易时，银行体系的港元结算余额便会收缩。这是因为金融管理局在结算这些交易时，自银行的结算户口扣除结算所需的港元。港元结余的收缩最终导致银行同业拆借市场的港元拆借利息的上升。抛售港元的情况越严重，利息就会越高，银行会因此缺乏同金融管理局结算的港元。在这种情况下，银行只有两种选择：其一是在结算日通过贴现窗，又称流动基金调节机制向作为最后贷款人的金融管理局借取港元，因为金融管理局不会向抛空港元的人提供便宜的港元资金，对于反复向金融管理局借港元的银行来说，成本会很高，而且也只能借到隔夜钱。其二是银行向金融管理局出售美元以换回港元资金。当银行这样做时，资金外流，港元贬值的情况就会自动终止。反之，按上述反方向进行操作。

以上的调节过程是完全自动运作的，金融管理局无须作出任何决定。金融管理局并没有积极干预汇市，也没有进行任何货币市场的操作，只是被动地从银行买入或卖出港元，就可以在资金流出时把市场售给金融管理局的港元回流至银行体系，在资金流入时把售给市场的港元赶走。这一制度可以依靠市场本身的力量使市场汇率接近官方汇率。

（三）新加坡外汇市场

随着20世纪60年代末新加坡亚洲美元市场的建立，和70年代新加坡政府实行扶植外汇市场发展政策的执行，新加坡外汇市场迅速发展起来。

20世纪60年代，跨国公司为适应在亚洲的扩展需要，在亚太地区设立一个境外美元信贷中心。新加坡利用其优越的地理位置成为亚洲美元中心的入选者，从而加入了全球24小时外汇交易接力。新加坡政府一直在不遗余力地推动新加坡亚洲美元中心的发展，1973年，新加坡免除了亚洲货币单位的20%的存款准备金，开放二级市场，新加坡元实行浮动汇率；1978年，完全撤销外汇管制，允许各种外币在市场内自由买卖，还降低了外汇交易的经济佣金。

新加坡外汇市场的地理位置十分优越。早上8时开市时，东京外汇市场已开市约1～2小时。中午，中东地区的巴林外汇市场接着开市。下午3时以后，伦敦外汇市场也跟着开市。晚上10时左右，纽约外汇市场也开始交易。新加坡外汇市场将世界其他主要外汇市场联系起来，使全球外汇交易在一天内得以连续不断。

新加坡经济的开放程度相当高。参加新加坡外汇市场的银行除国内银行外，还有大量的外资银行参与。这里除了外资银行外，还有若干国际货币经纪商，在新加坡外汇市场中充当着重要的中间人角色。

新加坡外汇市场是一个无形市场，无固定交易场所，市场采用直接标价法。外汇交易的币种以美元为主，交易方式以即期交易为主。汇率均以美元报价，非美元货币间的汇率通过套算求得。

(四) 中国台湾外汇市场

台湾地区外汇市场，在1978年7月汇率制度由固定汇率制改为浮动汇率制以后，开始逐步发展。发展外汇市场的主要目的是使新台币的汇率通过市场机制得到调节，缓和外来因素对台湾地区经济的冲击。同时，准许外汇获得者以外汇存款的方式持有外汇，可以减轻外汇集中结算制度下对货币供应量可能造成的膨胀压力。

不过台湾地区外汇市场仍带有行政管制的烙印，它不是通过外汇交易商或经纪商来买卖，而是实行一种“中心汇率交易制度”，由指定的5家大银行组成外汇交易中心，负责外汇买卖定价和中介。依照台湾地区“中央银行”所谓“指定银行买卖即期外汇办法”，由外汇交易中心银行与“中央银行”代表组成汇率拟定小组，每日商讨确定外汇交易的中心汇率，并规定最高、最低的差价以及每日汇率波动的上下限幅度。

台湾地区“中央银行”于1989年4月实行外汇交易制度的改革，废除了实施多年的“中心汇率制度”，取消了对交易汇率上下限变动幅度的限制，外汇交易以自由议价为交易基础。不过，台湾地区外汇市场还没有真正实现自由化，对外汇市场交易还有不少限制。

二　货币市场

(一) 同业拆借和票据市场

1. 日本的银行间市场

(1) 银行同业拆借市场

日本的银行同业拆借市场，是指金融机构之间调剂资金头寸的场所。它的参加者仅限于金融机构，主要有两类：一类是需求资金或供给资金的金融机构，如都市银行、地方银行、相互银行、保险公司等；另一类是专门的中介机构——短期资金公司。短期资金公司，一方面，通过取得金融机构贷款，或通过向金融机构卖出自身的票据来吸收资金；另一方面，则通过对金融机构的直接短期借贷，或买入金融机构的票据来提供资金。银行同业拆借主要是通过短期资金公司来进行的。短期资金公司实际上在交易中起了联系资金供求双方、促成交易完成的经纪人的作用。拆借属于临时性的资金调剂，期限一般都在7天以内。其利率根据市场资金供求情况自由浮动，即采用市场自由利率。由于利率自由，对资金供求状况反应灵敏，因而该市场利率成为日本银行实施货币政策的操作目标。另外，为了确保拆出资金的安全，维持信用秩序，日本采用担保制度，如以国债、政府短期证券、优良地厅债、金融债和优良票据等为担保。在实际操作中，资金拆入者通常是把这些证券寄存在日本银行或证券交易所等单位，取得寄存证书，然后以该寄存证书为担保进行短期资金拆借。从1985年7月起，为顺应金融国际化的潮流，日本的短期资金公司也开始办理无担保拆借业务。到1994年末，银行同业拆借市场余额已达42.8万亿日元，占其整个短期金融市场余额的近42%，成为日本短期金融市场最主要的组成部分。

(2) 票据买卖市场

票据买卖市场在日本虽然出现较晚（1971年5月正式设立），但发展很快。1992年末，其余额为15.6万亿日元，占短期金融市场余额的14.3%。票据买卖市场是专门办理商业票据承兑与贴现的市场，金融机构通过票据的买卖可以获得时间较长的短期资金。票据的卖者以都市银行为主，买者为信托银行、信用金库等。票据买卖的具体交易方式与银行同业拆借一样，都通过短期资金公司办理，不同之处在于：银行间拆借的每一笔钱都要经过短期资金公司的账户；而票据买卖的大部分都是银行与银行“一手交钱，一手交票”，不经过短期资金公司的账户，短期资金公司只起中间介绍人的作用。票据买卖市场的利率也采用自由利率。由于票据本身具有担保的作用，因而票据买卖交易无须进行担保。此外，与银行同业拆借不同，日本银行直接参与票据市场买卖，其目的是通过买进或卖出票据来调节市场上资金的季节性变化和不规则变化。因而可以说，票据买卖市场是日本银行进行金融调节的活动场所，起着传递金融政策的重要作用。

2. 日本的公开市场

在日本的短期金融市场中，金融机构以外的个人和一般企、事业单位也可以参加的市场，叫做公开市场。它包括债券现先（Gensaki）市场、可转让存单（Negotiable Certificate of Deposit）市场、无担保商业期票（Commercial Paper）市场、政府短期证券（Financing Bill）市场、短期国债（Treasury Bill）市场和日元计价银行承兑票据（Banker' s Acceptances）市场。

(1) 债券现先市场

债券现先是日本债券买卖的一种形态，实质上是以债券为担保的短期金融交易。日本的债券现先市场历史悠久，作为日本银行的操作手段，是日本最具代表性的短期金融市场之一。

在日本，债券买卖的方法，一般可分为“普通买卖”和“现先交易”。普通买卖是进行所谓债券的包销、承购。与此相对，现先交易是预先约好在一定时期，以一定的价格回买（或者回卖）来卖出（或买进）债券的债券买卖交易，也可以看做是债券买卖的特殊形态。在债券现货的买、期货的卖的意义上成为“债券现先交易”。另外和债券的普通买卖不同，因为是“在一定期间后用一定价格回买（或回卖）”为条件的交易，所以也称为“附条件的债券买卖”。

债券现先的期限根据大藏省通告为一年以内，但现实中是以10天至3个月期间的短时间交易为主。买卖的单位从1000万日元到数百亿日元不等。债券现先市场的参加者除证券公司和金融机构外，还有事业法人、政府公共机构、政府系统的金融机构、简易保险资金和资金运用部资金及外国人等。债券现先市场大的买主为事业法人、信托银行，大的卖主为债券经销商（证券公司）及其他金融机构、生命保险、财产保险等机构。

作为债券现先交易的对象——被买卖的债券，根据其是由经纪人（证券公司、银行等）保有，还是由其他的卖方保有，可划分为“自主现先”和“委托现先”。自主现先指证券公司为筹措资金而将保有的债券付回买条件卖出，委托现先指证券公司以外的卖方将保有的债券通过证券公司做卖出现先。

债券现先是以二战后证券公司需要筹措资金，而向特定的金融机构附回买条件的自主现先为开端的，形成真正的市场是1965至1975年出现委托现先时期，但进入80年代后，由于可转让定期存单、短期贴现国债、商业票据市场的相继开业，使债券现先作为短期金融产品的价值逐步降低。进入1985年以后，实行大额定期存款利率的自由化，对债券现先来说增加了竞争对手。相对于这些新的短期金融产品，债券现先的资金筹措成本较高，而且债券买卖的结算时间被缩短，影响了债券现先的竞争力。

(2) 可转让存单市场

可转让存单市场是经营可转让定期存款的交易场所。可转让定期存款与普通定期存款不同，经背书后可转让给第三者，且利率自由。在日本，可转让存单是从1979年5月开始发行的，现在已成为货币市场的重要融资工具。现在所有政府允许的金融机构都可以发行这种存款，同时对购买可转让存单的投资者没有任何限制。80年代后，可转让存单市场不断扩大。1994年末，可转让存单市场余额达18.5万亿日元，其规模已超过了债券现先市场，从而成为日本短期金融市场的一个重要组成部分。

(3) 政府短期证券市场和短期国债市场

政府短期证券市场和短期国债市场是以回购方式进行政府短期证券和短期国债交易的市场，其信誉高，不缴纳证券交易税，主要由日本银行经营。但由于流通市场还不发达，加之交易余额还很少，因而目前还不能形成稳定的市场。

(4) 日元计价银行承兑票据市场

日元计价银行承兑票据市场主要为进出口贸易结算服务，它创立于1985年6月。在日本，由于日元计价交易在整个贸易交易中所占的比例很低，而且短期金融市场是以银行同业拆借市场和票据买卖市场为中心而发展的，所以以前几乎没有银行承兑票据市场。进入20世纪80年代中期，作为金融自由化和国际化的一个环节才创设了银行承兑票据市场。银行承兑票据市场是一个比较自由的市场，除利率自由外，参加交易的成员也较自由，金融机构、企事业单位、非居民等均可参加。

3. 中国香港的港元同业拆借市场

又称港元同业拆息市场，是接受存款的金融机构之间相互借贷港元资金的市场。由于同业间拆借资金的期限一般不超过6个月，故这一市场属于融通短期资金的货币市场。具体说来，同业市场的拆借期限有：隔夜（即1日）、1周、2周、1个月、2个月、3个月及6个月等。

港元同业拆借市场是香港货币市场中形成最早的一种。20世纪50年代末，随着香港银行业的迅速发展，香港本地银行间相互拆借资金的活动即已活跃起来。但是60年代席卷香港的银行危机，又使刚刚萌芽的港元同业拆借市场转入沉寂。从70年代开始，同业市场重又活跃。这一时期，蓬勃发展的香港经济带动了银行业的国际化，外资银行纷纷来港开设分支机构。由于这些外资金融机构在港立足伊始，尚未打入本地存款市场，其放贷业务需依靠已具雄厚存款基础的本地英资及华资金融机构拆放港元头寸来支持。当时，在同业间贷放资金的金融机构，主要是那些实力雄厚的本地接受存款公司。这些非银行金融机构，是在1965年银行危机后，港府停发新银行牌照的背景下应运而生的。

进入20世纪80年代后，随着香港经济的进一步发展，以及香港国际金融中心地位的确立，港元同业拆借市场的发展更趋成熟，其规模已相当可观。接受存款的银行和非银行金融机构同业间的港元负债，已占所有存款机构港元总负债的30%。另外，由于港府在70年代末重新开始发放新银行牌照，以及80年代初金融三级制的实行，使得持牌银行在同业市场上的地位不断上升，成为资金的主要提供者和需求者。而两类接受存款公司在同业市场上的地位逐渐下降。

香港同业拆借市场基本上属于抽象性的市场，市场参与者主要凭借电子通讯设备联络来进行交易。市场参与者除持牌银行外，还包括另两类存款机构（有限制牌照银行和接受存款公司），以及海外银行和货币经纪行。

在港元同业市场上，资金成交的价格（即拆息市价）称同业拆息率（HongKong Interbank Offer Rate，简称HKIOR），它是由同业市场资金供求状况决定的。一般来说资金拆借期限不同，拆息率也不相同。接受存款机构可以通过同业拆息率的变化，了解整个经济中资金供求的状况，并据此调整存款利息和优惠利率。银行公会根据利率协议于每周调整最高存款利率时，也会以同业拆息率为依据。同业拆息率持续偏高时，表明资金求大于供，银行公会便会调高存款利率，以吸收更多的存款，同时，存款机构也会将优惠利率调高，以弥补成本的上升。反之，若同业拆息率持续偏低时，表明市场资金充裕，银行工会便会调低存款利率，从而存款机构也会调低优惠利率，以刺激资金的需求。可见，同业拆息率的变化是反映金融市场资金供求状况及整个经济走势的晴雨表。

4. 中国香港的商业票据市场

商业票据市场是工商企业筹措短期资金的市场。工商企业通过金融机构在市场上发行的商业票据，是一种短期、无抵押借贷凭证，发行机构有责任在债务到期时以贴现方式向投资者偿还本息。商业票据的期限通常都在一年以下，在香港主要有30天、60天、90天和180天几种，因此属于货币市场工具。

商业票据市场的参与者有：票据发行机构（即工商企业）、包销财务机构和投资者。发行机构多为实力雄厚且经营良好的大型工商企业。因为商业票据是一种无抵押债务凭证，包销机构和投资者的利益是直接由发行机构自身的信用状况来保障的。唯有实力雄厚、信誉良好的大型企业方有资格发行商业票据。包销财务机构多为有经验的商人银行（即接受存款公司）。购买商业票据的投资者也主要是各类金融机构，如银行、财务公司、基金和保险公司等，个人投资者较少，因为票据面值最低不得低于50万港元。

商业票据的发行有两种形式：一种是为筹集一笔季节性的短期资金而进行的一次性发行；另一种是循环包销形式。在香港商业票据市场上，多采用循环包销形式，即发行票据的工商企业与包销票据的财务机构之间签订一份包销协议，由财务机构承诺，在一定的期限内，包销工商企业所发出的一切商业票据。同时，规定一包销限额，在包销期限内发行的商业票据累计总额不能超过此限额。但是如果在包销协议有效期内，有已发出的票据期满被赎回，则可继续发行新的票据，直至达到限额为止。

商业票据市场在香港的货币市场中出现较晚。首宗商业票据是由香港地铁公司于1977年发行的，期限为360天，总额为5亿港元。在此之后，陆续又有其他大型企业利用商业票据市场筹措短期资金。但在整个20世纪80年代，香港的商业票据市场仍处于初级阶段，尚缺乏一套有效的信用评级及交收结算制度，初级市场规模仅有几十亿港元，二级市场的买卖也不活跃。

5. 中国香港的外汇基金票据市场

香港的外汇基金票据市场是香港最新发展而又最富发展潜力的市场。相对于其他货币市场而言，外汇基金票据市场的风险最低、流动性更高。

外汇基金是根据香港《1935年货币条例》（其后改称为《外汇基金条例》）而设立的，指定用途是调整港元的外汇价值。根据《外汇基金条例》第三条规定，在财政司认为需要直接或间接影响港元汇率的情况下，便可运用外汇基金。所以每当金融危机发生时，为挽救公众人士对港元的信心，政府便会动用外汇基金，作出救援行动。

外汇基金票据是香港政府以外汇基金的名义发出的短期票据，票据直接构成香港政府外汇基金账目内一项无条件的无抵押负债。外汇基金是由外汇基金发出的无抵押短期票据，而外汇基金本属官方组织，因此由它发出的票据性质与其他国家政府所发出的短期国库券无异，信贷风险决定于政府本身的信用情况，一般会较商业票据信用为低。

外汇基金票据的时限分为91天（即13个星期）、182天（即26个星期）和364天（一年期）3种，面值均为50万港元，以贴现形式发行，期满时以面值赎回，期间并无利息支付，折扣部分实际上相当于利息收益。3个月票据定为每周发行一次，6个月及一年期票据则分别为每2周及4周发行一次，票据以无票形式发行，所有交易皆通过在金融事务科开设的票据户口以过账方式处理。

外汇基金票据是以投标的方式发行，每种票据每次发行额，在投标日前4个工作日，由香港政府决定和公布，只有被选定为认可交易商的115家金融机构才有资格出标竞投，其他人士必须通过这些认可交易商来投标。香港政府再根据这些认可的交易商在同业或资本市场上的活跃程度、一般业务的基础、机构背景和地域分布，选出15家作为外汇基金票据市场的庄家。

外汇基金票据市场的监管工作，主要由市场委员会和市场管制小组委员会进行，市场的主要规则包括买卖报价、抛空限制、再购回安排和票据的借贷等。

外汇基金票据在1990年3月13日首次开投推出后，第一市场及第二市场的发展甚为迅速。促使外汇基金票据市场迅速发展的因素主要有：认可机构的积极参与、税项的豁免优惠和市场监管的弹性。

外汇基金票据市场是一个年轻而富有朝气的市场，正在稳步成长。这个市场的确立，对香港政府和金融市场均有正面与积极的作用。一方面，对香港政府而言，票据为外汇基金提供了一个低成本的干预外汇市场的途径，不但有利于稳定和巩固联系汇率，也令外汇基金的资源运用更为灵活和有效；另一方面，外汇基金票据可被视做港元金融票据的定价指标，有推动市场发展的作用，令香港金融市场更为多元化，同时还为认可机构提供一种高素质的流动资产，对增强体系的稳定性和效率有极大的帮助。

（二）衍生金融市场

1. 衍生金融工具的范畴

衍生金融工具是金融基础工具派生的一种金融产品，主要指在汇率、利率、股票、债券和商品等基础工具上衍生出的新的金融合约。衍生金融工具交易已经成为国际金融市场的主要业务之一。据统计，目前国际金融市场上的衍生金融工具已达1200余种。国际清算银行1995年的调查表明：截至1995年3月，全球衍生金融工具交易未清偿余额为47.5万亿美元。

2. 东京国际金融期货交易所

东京国际金融期货交易所（Tokyo International Financial Futures Exchange　TIFFE）于1989年6月30日正式开业。它的建立是为了顺应日本金融市场化和国际化的发展趋势。

该所有260个会员公司，包括证券公司、储贷协会、保险公司、货币市场经纪人、外国银行、外国证券公司和期货公司。广泛的会员结构使其成为世界上最开放的交易所之一。

该所有3种主要的期货合约：3个月期欧洲美元期货合约、日元—美元货币期货合约和3个月期欧洲日元期货合约，最后的这种期货合约效益最好。该所1990年的交易量，仅次于芝加哥商品交易所的欧洲美元期货的交易量，在其第一个财政年度（1990年4月到1991年3月）内，总交易量超过了1 500万个合约，跻身于世界十大期货交易所之列。

3. 新加坡国际金融交易所

新加坡国际金融交易所（Singapore International Monetary Exchange, Ltd.　SIMEX)，于1984年9月开始营业，成为继芝加哥、纽约、伦敦之后世界上第四个期货交易所。该交易所与芝加哥商品交易所属下的国际金融市场挂钩，实行金融期货交易上的相互抵消系统，这在世界期货交易上是一项创举。通过相互抵消系统，两个交易所的交易商得以参与对方的交易，或可能在另一个交易所进行结算。此外，它又为地处不同时区的交易所拓展了交易时限，为实现国际金融期货24小时交易创造了条件。

新加坡国际金融交易所的买卖客户主要来自美

国、日本，本地客户占第三位。因此，其客户以国际投资者和交易商为主。在品种方面，利率期货是最活跃的一种，货币期货不太活跃。

新加坡注重以“制度”来保障交易安全。它的主要制度有：结算公司联保制、监察制度、不拖欠制度、保证金分立制和赔偿金制度。通过这些制度保证，使新加坡期货交易所在结构和安全性上大体与美国等成熟市场相近，这些都有利于它的稳步发展和吸引更多的客户。

4. 对衍生金融工具交易的监管

衍生金融工具主要是为了避免汇率和利率风险、降低成本、开拓新业务、追求新的获利机会，金融机构可以把它当做风险管理工具，把所面临的利率、汇率等风险通过市场转移出去；同时也可以把它作为冒险的筹码，寄希望于赚取巨额利润，这方面既有成功的事例，又有失败的惨痛教训，如巴林银行的倒闭事件。

随着衍生金融工具的迅速发展，国际金融界已认识到监管不力是衍生金融工具最大的风险来源。因此需要修订现有的监管措施或制定新措施，以对衍生金融工具的交易予以必要的监管，巴塞尔银行监管委员会和国际证券协会组织于 1994 年 7 月联合公布的《衍生产品风险管理准则》，便是其中最重要的文件之一。

《衍生产品风险管理准则》旨在强化被监管机构的内部控制系统，要求成立由实际操作部门、高层管理部门和董事会组成的自律组织。《管理准则》指出，被监管机构不论是作为衍生工具的自营商还是作为经纪人，均应重视下述风险管理的关键因素和基本原则：董事会成员和高级管理人员的适当监督；健全的风险管理程序包括谨慎的风险限额、合理的衡量方式和信息系统及连续的风险跟踪和经常性的管理报告；完备的内部控制和审计程序。

三 资本市场

(一) 发展概况

20 世纪 80 年代，东亚地区资本市场迅速发展。截至 1989 年底，东亚股票市场资本时价总值占到全球股票市场时价总值的 43%。根据国际金融公司（IFC）的统计，1980～1989 年，国际资本市场的股市资本时价总值增长了大约 4 倍，东亚地区资本市场的股市资本时价总值却增长了将近 10 倍，其中最突出的例子是中国台湾（39 倍）、韩国（37 倍）、印度尼西亚（25 倍）、泰国（21 倍）的资本市场。在东亚地区资本市场中，日本资本市场的规模最大，中国香港资本市场次之。

20 世纪 80 年代以后，资本市场一体化和全球化的浪潮，使东亚地区各国放松了对金融市场的管制，鼓励资本市场的改革、竞争与创新。资本市场进入前所未有的发展阶段。具体数据见下表。

表 1 东亚部分国家（地区）1990～2004 年股票交易市场情况

项 目 国别地区	市场资本总市值（亿美元）		交易额占 GDP%		成交价值占资本总市值%		当地上市公司数	
	1990	2004	1990	2003	1990	2004	1990	2004
中国	20	6 397	0.2	33.6	158.9	113.3	14	1 384
中国香港	834	7 146	45.9	211.7	43.1	56.3	284	1 029
日本	29 200	30 406	52.7	52.8	43.8	88.0	2 071	3 116
韩国	1 110	4 286	28.8	112.8	61.3	174.0	669	1573
泰国	239	1 151	26.8	67.6	92.6	95.3	214	439
马来西亚	486	1 900	24.7	48.3	24.6	33.4	282	962
新加坡	343	1 451	55.0	96.2	–	71.1	150	475
印尼	81	732	3.5	7.1	75.8	43.3	125	331
菲律宾	59	289	2.7	3.3	13.6	14.0	153	233

资料来源 世界银行《2005 年世界发展指标》，中国财政经济出版社 2005 年 10 月，第 282～284 页。

(三) 资本市场的多层次性

20 世纪 80 年代中期以来，东亚地区经济的快速增长带动了东亚多层次资本市场的形成。东亚地区资本市场中的第一层次是东京和中国香港资本市场，即多功能的区域性国际资本市场；第二层次是新加坡和中国台湾的资本市场，即比较成熟的地区性的资本市场；第三层次是曼谷、汉城、吉隆坡等地的区域性资本市场；第四层次是马尼拉、雅加达、上海等地的新兴区域性资本市场。上述 4 个层次的资本市场形态各异、相辅相成。

(四) 发行市场

发行市场是新发证券由发行者出售给投资者的市场。发行市场中的活动，反映了政府、企业和金融机构规划、推销和承购所发行证券的全部过程。长期以来，在东亚地区，许多传统式的家族企业所有者由于担心股权分散，加之市场波动性大、投机猖獗，因而不愿借助股市融资，这在很大程度上造成了发行市场的疲软状况。

1. 东亚地区资本市场中发行市场的主要特征

主要特征有：无固定场所，证券发行的认购和销售一般不在有组织的交易所内进行；无统一固定时间，发行者根据自身需要和市场行情来决定发行时间，且发行时间较为集中，交易量亦较大。

2. 东亚地区资本市场中证券发行市场的结构

东亚地区证券发行市场无特定发行场所，是抽象的非组织化市场。东亚证券发行市场由发行者、投资者和中介机构组成。东亚地区资本市场中的证券发行者主要为政府、公司和金融机构。投资者主要包括证券公司、信托投资公司、共同基金、人寿保险公司和企事业机构、社会团体。中介机构主要包括投资银行、商人银行、证券公司、金融公司。

3. 东亚资本市场中发行市场的发行方式

(1) 私募和公募

公募是以不特定的广大投资者为发行对象公开推销证券的方式；而私募是指只向少数特定的投资者发行证券的方式。东亚地区资本市场中的私募对象主要有两类：一类是个人投资者；另一类是机构投资者。

在证券发行的具体操作层面，日本惯于采取股票配股等私募手段，发行公司给予公司职员以新股认购权。20 世纪 70 年代以来，市价发行在日本逐渐普及，以公募发行的新股比重大幅提高。目前，公募发行已经成为日本债券发行的重要方式。期限一般为 60 天、最长不超一年的短期国债和 10 年期的长期国债主要以公募方式发行；2～4 年的中长期国债和 5 年期贴现国债一般采用间接公募方式发行；只有超长期（15～20 年）的国债才使用私募方式发行。

马来西亚和新加坡的证券发行方法是，新股分配给现有股东的私募行与商人银行包销的公募相结合。马来西亚的债券品种主要是公债，一般通过公募方式发行。新加坡的债券发行方法也与此大体类似。

韩国股票发行市场中私募方式十分盛行。随着东亚资本市场的不断国际化，私募方式逐渐向公募方式发展。韩国的公债发行在很大程度上受到政府的控制，所以公债发行大多采用公募。进入 20 世纪 90 年代，公司债券的公募发行也越来越多。

中国台湾证券发行经历了一个由私募向公募转变的过程。1961 年以前，台湾企业筹集资本还是主要采取私募方式，极少有公募发行。随着台湾资本市场的发展，到 1990 年，台湾采用公募发行的公司达到1 362家。台湾的公司债仍以私募为主，而公债发行则都采取公募发行。

中国香港股票发行主要采用公募方式，具体发行方式有：公开招股与公开发售、配股、投标竞股、供股、送红股，等等。

泰国和菲律宾规定，新股发行主要通过公募和私募两种方式进行。泰国的政府债券、政府机构债券和公司债券发行也都采用公募方式。

(2) 直接发行和间接发行

东亚地区资本市场中的直接发行是指，发行人直接向投资者推销出售证券。直接发行的优点是：可以节省发行手续费，降低发行成本。在东亚地区，无论是资本市场发达的日本、中国香港、新加坡，还是资本市场欠发达的韩国、中国台湾、泰国、菲律宾、马来西亚和印度尼西亚，所有私募证券通常都采取直接发行方式。东亚地区资本市场中的间接发行是指，发行公司委托投资银行、商人银行或证券公司等中介机构代理出售股票。目前东亚地区除了较大的金融机构公募外，绝大多数公募发行都采取间接发行。按发行风险的承担、所筹资金的划拨和手续费高低，间接发行方式又可分为包销、代销和助销 3 种。

由于缺乏投资银行，日本的公募股票通常由中介机构包销、代销或助销。日本干事公司有7家证券公司包销了日本股票。但由于国债发行量过大，仅由证券公司无法完成发行、承销任务，所以国债发行必须由一系列金融机构共同承担。在中长期债券的发行中，较多采用助销方式。

中国香港法律规定，香港上市公司公募发行需采取包销方式。在接受某公司发行股票的委托后，股票包销商需同该公司商定发行何种股票、何时发行，同时还需同公司商定新股发行价格和风险责任。

中国台湾地区的证券发行销售业务包括包销、代销两种。台湾的证券发行通常由某家信托公司或证券公司负责总承销，总承销公司再委托其他同业分销。

韩国、马来西亚、泰国、菲律宾、新加坡、印度尼西亚和中国的证券发行通常都采取金融中介机构包销、助销的间接发行方式。

(3) 折价发行、溢价发行与面额发行

20世纪60年代初期，日本公司发行证券时曾广泛使用折价发行、溢价发行与面额发行。1968年以后，时价发行在日本逐步普及。但大多数日本公司在增发新股时，却依然采用面额发行。

泰国法律规定，公司不能折价发行债券。中国台湾和香港地区、菲律宾及印度尼西亚公司的证券发行则普遍采用国际上通行的时价发行。韩国的新股发行大多采用折价发行方式，时价发行并不盛行。马来西亚和新加坡则是折价发行和面额发行并用。20世纪80年代的中国证券多采取面额发行方式。1991年以后，中国证券基本上全部采用溢价发行。

4. 股份公司的增资发行方式

根据认购者认购股票时是否需要交纳股金款，东亚资本市场中的增资发行，可分为有偿增资、无偿增资和有偿无偿混合增资发行3种方式。

(五) 流通市场

东亚地区资本市场中的证券流通市场与证券发行市场相辅相成。东亚地区证券流通市场为投资者提供了灵活方便的变现场所，使投资者能够放心参加证券发行市场中的认购活动，从而对证券的发行起到了积极作用。

1. 东亚地区证券流通市场的规模

证券流通市场的规模大小取决于证券的发行规模。二级市场中流通的各类证券来源于发行市场。可以说，证券的发行是证券流通的前提和基础。

从数量上看，东亚地区的证券流通规模要大于证券发行规模。20世纪80年代以来，对经济形势的强势预期，日本和中国台湾、中国香港地区的各类投机行为，以及证券发行相对数量较低，导致股票供求严重失衡，证券溢价发行和高价买卖现象丛生，以时价计算的证券流通规模在数量上大大高于证券票面价值总额。

东亚地区证券流通规模，是交易所市场交易以及场外交易证券数量的总和。证券交易所市场是东亚地区资本市场中最具代表性的流通市场，它反映了上市证券的交易规模，是东亚地区资本市场的核心组成部分。场外市场（简称OTC）也是东亚地区证券流通市场的重要组成部分。东亚地区的场外市场是抽象意义上的市场，没有固定的集合场所。在很多东亚国家和地区，大多数种类证券的交易，均采用场外交易形式进行。

2. 东亚地区资本市场中的证券交易所

在东亚国家和地区，只有具备了以下条件方可组织成立证券交易所：其一，拥有足够种类、数量的并且能够上市交易的股票和债券；其二，拥有相当数量的投资者和筹资者；其三，具备一定数量的职业道德完备、业务素质较高的中介经纪人；其四，拥有相当数量的、能够自由流动的社会闲散资金；其五，具有一定规模并且配备了相应设施的交易场所；其六，拥有成熟的管理机构、管理人才和比较完备的证券法规等外部机制，并得到有关管理部门的批准。

(1) 证券交易所的组织形式

大致分为公司制和会员制两类。公司制的证券交易所是指以股份公司形式成立，并以赢利为目的的法人团体。公司制的证券交易所一般由银行、证券公司、投资公司以及民营公司共同出资招股建立。东亚地区的公司制的证券交易所对本所内的证券交易负有担保责任，因而一般不设立赔偿基金。东亚地区广泛存在的会员制的证券交易所，通常是由会员自愿联合组成，并且不以盈利为目的的社会法人团体。证券公司、投资银行等中介机构，往往是充当会员制的证券交易所的发起者角色。

(2) 东亚地区证券交易所的分布密度

金融界一般使用证券交易所的人口密度、地域密度以及 GNP 密度三个指标来考察证券交易所的分布密度。东亚地区证券交易所的 GNP 密度较好地反映了资本市场的总体发展情况。证券交易所的 GNP 密度，就是每一固定数额 GNP 值中所含证券交易所的数量。

(3) 东亚地区证券交易所上市制度

东亚国家和地区对各类证券上市的条件及标准规定有所不同。但是，就其基本内容而言，其上市的条件和标准的规定则大体一致。这类共同的内容主要是：其一，需要已经达到一定年限，而且确有维持后续营业的能力；其二，企业设立必须产生社会效益，在同行业中具有较高地位，能够保持业绩稳定。譬如，公司上市股数和股份总额达到一定水平，股权分散状况良好，资产净值或股票净值也要达到一定数额，纯收益或股息必须达到一定标准，获利能力较强等等。证券上市资格是指赋予某种证券在交易所进行交易买卖的特定资格。在东南亚的一些国家和地区，公司证券的上市资格并不是永久性的。

3. 东亚地区资本市场的证券交易制度

(1) 证券交易所的交易时间

东亚地区的证券交易所对具体交易时间都有明确规定。每天首笔交易称为开盘，末笔交易则称为收盘。在东亚很多国家，证券交易所每天只开盘一次。在东亚地区，法定节假日、每周六、日证券交易所一般不对外开放。即使某些证券交易所在上述时间开业，营业时间也不会过长。

(2) 东亚地区资本市场中的证券交易方法

证券交易方法乃是证券交易的基本环节，证券交易方法随着资本市场的形成、发展而不断得到充实和创新。可以说，竞价成交是资本市场的本性的集中体现。东亚资本市场上的证券交易方法种类繁多，主要包括公开申报竞价以及拍卖、标购两种。

(3) 东亚地区资本市场中的证券交易类型

东亚地区资本市场中的证券交易类型随着资本市场的发展而不断趋于完善。东亚地区资本市场中的证券交易类型主要包括现货交易、信用交易和期货交易 3 种。

(六) 管理体系

东亚地区资本市场中的管理体系，也包括当今国际资本市场管理体系中的三种类型：即集中与立法管理型、自我管理型以及中间管理型。从发展趋势上看，那些采取集中与立法型管理方式的国家和地区，也在吸收部分自我管理型、中间管理型中所包含的合理因素。同时，采取自我管理型和中间管理型管理方式的国家和地区的相应法规中，也有集中立法的内容。无论是属于哪种类型的管理体制，或是哪种机构为主体的证券管理体制，一般而言，东亚地区资本市场中的管理体制通常以综合性、特殊性委员会的形式组成。许多东亚国家和地区的证券管理体制都直接或间接地吸收中央银行参与。中央银行在资本市场的管理中发挥着不可或缺的重要作用。无论是哪种类型的资本市场管理体制，其共同的特点是：证券市场管理体制是建立在证券行业从业者的自我约束、自我管理基础上的。

第三节　金融中心

一　东京

(一) 概述

东京成为世界性的金融中心是以日本强大的经济和金融实力为后盾的。日本强大的金融实力表现在两个方面：一是金融业大规模的海外扩张，其外部净资产额为全球第一；二是金融市场规模的迅速膨胀。与纽约和伦敦相比，东京的国际化程度相当低。尽管东京作为国际金融中心的发展仍有种种限制，但日本的目标是将东京建成为与纽约和伦敦齐名的全球性金融中心。

1986 年 12 月，东京离岸市场的建立是东京作为国际金融中心发展的关键一步。东京离岸市场的发展速度相当惊人，仅在初建的头两年其资产额就超过纽约“国际银行便利”的资产额，仅次于英国。

从每日平均交易量比较，东京外汇市场居伦敦和纽约之后，排名第三。

东京股票市场的规模在 20 世纪 80 年代后期曾经超过美国股市，股市市值位居全球第一。但是 1990 年以来，深受日本泡沫经济破灭的影响，东京股市股票交易额下降，退至美国之后。同时，东京股市价格也由多年持续的上涨转而大幅度的下跌。

(二) 日本金融管制与东京国际金融中心的发展

日本金融结构具有较强的专业化及多样化的特点。日本金融管理部门根据资金的性质，对金融机构作了详细的划分，并且严格限制金融机构经营业务范围，这使得日本金融机构种类繁多，专业性极强。二战后大部分时期，这种复杂的金融结构，加上日本政府对国外金融机构在日本开业和设立分支机构进行严格的限制，在相当程度上成为外国金融机构进入日本金融市场的障碍。为战后重建，日本对金融业实行严格管制，将有限的资金通过政策性的引导，扶植重点产业的发展。但是，到20世纪70年代后期，由于连年贸易顺差累积了巨额外汇资产，此时制度上的限制不仅影响外国金融机构的进入，甚至还制约着本国金融机构的发展，使得日本金融机构大大加快寻求海外市场步伐。与此同时，在欧美国家实行的泛金融自由化的推动下，日本金融业的海外扩张与日俱增，终于在80年代中期成为全球最大的债权国，其海外金融分支机构遍布全球各地。

日本金融业的开放相当迟缓，在东京国际金融中心的发展过程中，日本政府实际上采取一种谨慎的干预态度，即在逐步放松管制的同时，密切关注可能受冲击部门的承受力。因此，对本国市场的保护是日本政府干预的重心，而日本金融市场的对外开放，则往往是迫于外部的压力。这种谨慎的干预，使得东京金融中心虽然在规模上可以与纽约和伦敦相抗衡，但其国际化程度却相对较低。

在国际金融日益自由化的今天，日本这种谨慎的干预则显得过于保守，成为东京金融中心发展的制约。尽管日本已决心将东京建成与纽约和伦敦齐名的真正意义上的国际金融中心，但是东京有着比其他金融中心更复杂而且高得多的税率，再加上泡沫经济破灭造成日本银行业深重的危机，这些因素都对东京的金融中心地位产生负面影响。

（三）日本的金融自由化与东京金融中心的发展

1. 日本二战后的金融制度和金融结构

二战后，日本经济处于极端衰败与混乱之中。日本政府为促进经济增长，维持信用秩序，一方面通过国内国际各种渠道筹集资金，另一方面对国内金融实行严格的限制，从而形成了具有日本特色的限制金融体系。这种限制金融体系在金融制度上主要表现为：金融业务领域限制，即银行长期业务与短期业务分离限制、银行业务与证券业务分离限制、银行业务与信托业务分离限制；利率限制，即对银行存款利率最高水平以及贷款利率进行限制；外汇管制，即对资金的流入、流出进行限制，旨在切断国内外金融市场的联系。

在此基础上建立起来的日本金融制度有以下特点：以银行为主的金融机构形成的间接金融具有明显的优势，并形成了低利率体系；金融机构内部实行严格的分工制度；金融市场的对外封闭性和分离性；政府对金融机构实行高度集中的管理。

日本在金融制度上的特点导致日本的金融结构出现了4个显著的特征：超额贷款、超额借款、都市银行与地方银行之间资金流动性的不平衡和占主导地位的间接融资。

2. 日本金融改革与金融自由化

进入20世纪80年代以来，随着金融自由化的进展，日本严格分离的金融体制的界限正在逐步被打破。面对全球范围的金融革命，日本为提高其在金融市场上的竞争力，促进日本金融全面自由化和国际化，努力改革现有的金融体制，以适应不断变化着的世界金融市场的发展潮流。近年来，日本金融体制改革主要基于：一方面，二战后金融体制内在的不合理性，要求金融体制的相应变革，以便适应日本经济从高速增长时期的资金不足到稳定增长时期的资金过剩的变化；另一方面，国债的大量发行要求有一个发达的国债流通市场，促使公开市场迅速扩大，使大量资金流向利率更高的证券市场，这就要求商业银行冲破利率的限制。总之，国债的大量发行是金融自由化的最大牵引力；而资本、金融的国际化对金融体制的冲击、金融业务上的技术革新则要求金融体制进行变革。

上述种种原因，加上受美国金融改革的影响，日本从20世纪80年代初开始了金融体制的改革。1984年5月，大藏省发表了《金融自由化与日元国际化的现状和展望》的报告，承认过去实行近40年的利率限制和银行业务限制有撤销的必要，提出逐步进行金融自由化和国际化改革的步骤。从此，日本金融自由化正式起步，日本金融当局采取了一系列具体措施促进金融自由化，取消利率管制，废除对金融机构业务领域的限制，从而促使金融市场趋于自由化，日元走向国际化。

可以看出，日本在进行金融改革的过程中，日本政府采取的是极为慎重的态度，把自由化纳入政府所能控制的范围，有步骤地逐步放松金融管制。例如在利率自由化过程中，解除管制与应用“指导性限制”相结合，密切注意对弱小机构的冲击程度；改善短期资金市场，逐渐扩大利率自由化市场范围，鼓励日元国际化；逐步取消对外资机构进入的限制；然后再逐渐消除金融机构的业务限制。

（四）离岸金融市场的建立与东京国际金融中心的发展

20世纪70年代，东京已成为亚洲地区的金融中心之一，但当时主要是就其市场规模的意义而言。由于日本经济实力和规模都远远超过其他亚洲国家和地区，所以它在股市、基金管理和外汇交易等方面都雄居亚洲之首。进入80年代，由于实行了新的外汇法，东京外汇市场的规模急剧膨胀。为了与其经济实力相适应，日本进一步开放金融市场，提升日元的国际地位，从1983年就开始着手研究创设离岸金融市场的有关问题，试图通过日本先进的通讯技术、便利的交通条件以及有利的地理位置，将东京建成与纽约、伦敦齐名的国际性金融中心。1984年5月，美、日双方达成《日本金融自由化及国际化协议》，加快了日本金融市场的开放和日元国际化的进程。东京离岸市场的开设，标志着东京已成长为一个完整意义的国际金融中心。

二 中国香港

20世纪70年代，香港的国际金融中心地位最终确立。

二战后初期，香港的金融业主要由汇丰银行为首的英资银行和一些华资银行构成，主要是为当地的转口贸易提供金融服务。20世纪40年代末开始，受当时国内局势的影响，上海的中外金融机构和资本开始陆续移入香港，因而推动了香港金融业的发展。但是，直到60年代末，香港金融业仍以本地经贸行业为主要服务对象，香港金融业的海外业务量仅占全部香港金融业业务量的5%弱。

70年代之后，亚太地区经济进入高速增长时期，由此带动了金融业的蓬勃发展。这一时期，东亚出现了东京、香港、新加坡等国际金融中心，打破了战后主要国际金融中心集于欧美的局面，推动了金融全球化的发展进程。

从总体上讲，香港金融市场是亚太地区相当发达的金融市场。1992年，香港外汇市场每日成交额高达609亿美元，名列世界第六位。香港股市被国际金融公司列为“发达形态市场”。1994年，香港股市市价总值高达3 160亿美元，外国银行在港资产总额高达5 520亿美元。此外，香港黄金市场排位仅次于苏黎世和伦敦，名列世界黄金市场第三位。1997年香港回归后，香港正以自由港的形象，发挥着重要的东亚国际金融中心的作用。

（一）促使香港成为国际金融中心的主要因素

香港之所以能够在东亚地区脱颖而出，以最快的速度率先发展成为东亚国际金融中心，原因在于香港具有自身的特点和优势，大致分为两类因素：

1. 内部因素

包括政治制度、法制建设，金融自由化程度、基础设施建设等方面的原因。

香港人口中的大部分是来自中国大陆的移民，因而社会凝聚性较强。同时，香港又有一种较为宽松自由的社会制度结构，居民可以安定地从事政治、经济和文化事业。二战结束以来，香港本地生产总值年均实际增长率高达9%。70年代，香港本地生产总值更是高达年均增长12%，居于世界前列。可以说，自二战结束以来，香港的经济金融发展，基本上未受政治社会动乱的冲击。香港法律制度健全，吸引了大批外国机构和人才。在香港发展成为国际金融中心的过程中，这些因素都发挥了积极的作用。

香港历来奉行金融自由化政策。在香港，任何外汇或资金移动，都不会受到香港政府的任何限制。政府对银行与其他金融机构的外汇业务数量与期限，也不作任何限制。香港金融自由化的另一个重要表现是，香港给予外资银行和金融机构真正的国民待遇。在香港，外资银行和其他金融机构，一旦得到执照或获准营业以后，即可从事港元或任何外币的境内境外业务。外资银行和其他金融机构，亦可收购部分或全部香港金融机构或其他公司的股权。

香港税收制度也有利于香港金融中心的形成。香港税率较低，标准税率为15%，有限股份公司利润税为17.5%。除极少数商品之外，香港不征收一般性关税。此外，香港还具备富有效率的现代化基础设施和电讯设备，这是香港发展成为金融中心不可或缺的前提条件。

2. 外部因素

主要包括全球金融一体化趋势、亚太经济的蓬勃发展、中国大陆的改革开放等现实因素。

近30年来，由于高新科技在金融业中的广泛应用，加上国际金融深化过程中，各国先后采取了大量金融自由化的政策措施，全球范围内金融一体化的趋势日渐明晰。全球范围内的金融一体化进程，为香港国际金融中心的发展提供了更为广阔的空间。

亚太经济的高速增长，为香港金融中心的发展创造了有利条件。中国的改革开放，直接促进巩固了香港的国际金融中心地位。中资公司纷纷在香港上市，使得香港成为中国大陆地区的融资中心；许多外资银行和其他金融机构为容量巨大的中国市场所吸引，纷纷在香港设立其分支机构；同时，随着两岸经贸关系的发展，台湾的金融机构亦纷纷踊跃来港设立分支机构。在时区划分上，香港介于欧洲和北美之间，其优越的地理位置恰巧填补了美国与欧洲金融市场间的时间空档。这一重要因素更增加了香港成为东亚金融中心的必然性。

（二）香港作为国际金融中心的主要标志

1. 银行和金融机构数目激增

1969 年年底以来，香港持牌银行的分支机构迅速增加，外资银行和金融机构纷纷涌入，表明香港的国际金融中心地位已经初步确立。20 世纪 70 年代，在世界上最大的 100 家商业银行中，有 60 多家以各种形式在香港开展业务。当时，在港外国金融机构数目仅次于伦敦和纽约，香港被世人称为远东的金融中心。截至 2000 年末，在世界上最大的 100 家商业银行中，已有 83 家在香港设立分支机构。

2. 国际金融业务比重不断增加

20 世纪 70 年代之前，香港银行的作用主要是为本港贸易及其他经济活动提供融资服务。但是，到 1992 年时，香港银行体系对海外金融机构的负债规模增长了 1 789 倍，对海外金融机构债权规模增长了 385 倍，对海外放款规模增长了 6 046 倍。此外，香港银行业的服务种类也在不断增加，已经广泛涉及金融资讯、投资管理、海外租赁等多项内容。

3. 金融结构多元化

过去，香港的金融业几乎全部由商业银行组成。1970 年，香港成立了第一家外国投资银行，这可以称得上是香港金融结构多元化的开端。此后，各类跨国银行开始纷纷在港设立投资银行和金融财务公司。

4. 外汇和黄金市场的国际化

自 1972 年起，港元先后与英镑、美元和黄金脱钩，同时，港府取消了对外汇和黄金的限制，这些举措使得香港外汇市场和黄金市场成为完全开放的国际性市场。国际间的外汇交易成为香港外汇市场的主体。在黄金市场上，自 1974 年取消黄金输出入禁令后，香港不仅可以直接从欧洲进口黄金，而且可以利用时差，承接欧美黄金市场的交易。香港金市迅速发展成为仅次于伦敦、苏黎世的全球第三大黄金市场。

作为一个区域性的功能型国际金融中心，香港金融市场对香港自身的经济发展起到了很大的促进作用。同时，在亚太地区乃至全球金融一体化过程中，香港金融市场扮演着极其重要的角色。但是，随着亚洲金融业的日益发展，香港的东亚国际金融中心的地位，也面临新加坡、日本、中国台湾、韩国乃至东亚发展中国家的竞争和挑战。

三 新加坡

20 世纪六七十年代，新加坡几乎与香港同时成为东亚的国际金融中心。香港、新加坡文化背景大致相同，地理环境也基本相似。二战后，二者也都获得了经济增长迅速、社会局势稳定，国际贸易发达的优势。再者，两地都是依照“港口—转口港—贸易服务—金融中心”这一模式发展起来的。与香港相比，新加坡的金融发展模式最显著的区别在于：新加坡的国际金融中心地位，是在特定的历史条件下，通过政府的积极推动和严格管理迅速发展起来的，尤其与政府的强力支持密不可分。

（一）金融业的发展

新加坡金融业的起源，可以追溯到 19 世纪中叶。1840 年新加坡出现了第一家商业银行。20 世纪初随着贸易和工业的发展，出现了第一批本地华人银行，如广益银行（1903 年）、四海通银行（1906 年）、华商银行（1912 年）等。但直到 1959 年新加坡成为自治邦，新加坡的金融业才真正进入发展阶段。到 1965 年，新加坡共有银行 30 多家，另外还有 100 多家金融公司及保险公司。

新加坡自建国起就以迈向“亚洲的苏黎世市场”为目标，利用其作为国际商贸港的有利条件，加速发展金融市场，尤其是抓住国际有利时机，重点培植了亚洲美元市场和金融期货交易市场。1968 年 10 月，新加坡政府鉴于 20 世纪 60 年代中期美国为减少资金外流、缓和国际收支逆差而采取紧缩金融的措施所导致的欧洲货币市场对美元的需求大增和利率上升，以及亚洲地区对美元的需求和石油垄断资本在亚洲活动的需要，抓住有利时机，批准了在新加坡的美国美洲银行经营“亚洲货币单位”(Asian Currency Unit)，并通过各项优惠政策，创建了新加坡亚洲美元市场。到1970年，新加坡政府又先后批准了花旗、渣打、汇丰等16家外国银行经营境外货币业务。

20世纪70年代初，为了创造有竞争力的高效率的运转机制，放宽对利率、外汇和银行业务范围的管制，强化宏观控制和维持金融发展秩序，新加坡政府修订了《银行法》和《外汇管理法》，颁布了《新加坡金融管理局法》等一系列重要的金融法规，并于1970年1月正式成立了金融管理局。到1974年新加坡共有62家银行，银行资产总额超过123亿美元。

1976年新加坡开始放宽外汇管制，并加强了与东盟各国的联系和金融往来，吸引了大量的国际资本，并使更多的跨国银行设立了分支机构，经办境外货币业务。1977年，新加坡成立了亚洲第一个期权交易市场。1980年，新加坡正式参加了证券交易所国际联盟。同年，新加坡经营亚洲美元的银行发展到108家，存款净额为518亿美元。1984年新加坡国际货币交易所（Simex）成立，开始提供金融期货交易服务，成为继芝加哥、纽约、伦敦之后世界上第四个期货市场。

亚洲美元市场的创立，意味着新加坡金融国际化的肇始，同时带动了新加坡外汇市场的发展。20世纪80年代初，新加坡外汇市场的交易量一度超过东京和香港外汇市场，成为亚洲最大的外汇市场。1989年上半年，新加坡外汇市场的日平均交易量为600亿美元，为世界第五大外汇交易中心。同年，新加坡证券市场的股市总市值为570亿美元，上市公司343家。

（二）新加坡成为国际金融中心的主要标志

进入20世纪90年代，新加坡已形成十分健全和完善的金融体系，并成为世界最重要的国际金融中心之一。

1. 众多的本国和外国金融机构

截至1995年5月，新加坡的商业银行已增至140家，同时还有57家海外银行设立的代表处。1992年，新加坡拥有商人银行75家，金融公司27家，各种类型的保险公司136家，股票经纪公司71家，以及众多的货币兑换商和具有大量分支机构的邮政储蓄银行。

2. 有效运作的外汇交易市场

新加坡外汇市场包括场外交易的外汇市场、亚洲美元市场和场内交易的期货市场，具有利率、融资市场化、金融工具多样化、管理法律化、竞争规范化等特点。新加坡外汇日交易量，1989年为550亿美元，世界排名第五位，1992年为739亿美元，世界排名第四位，1993年增至850亿美元，从而确立了新加坡的世界外汇交易中心的地位。

3. 先进的金融期货市场

金融期货市场是新加坡作为一个国际金融中心颇具特色的产物。新加坡金融期货市场的交易量，1988年为2 872 668宗合同，到1992年交易量达12 180 174宗合同。新加坡国际金融交易所以其应变能力突出和善于竞争的特点，成为最佳国际交易所。

4. 活跃的短期资金市场

新加坡短期资金市场上流通的金融工具主要有：国库券、政府债券、商业票据和可转让存款证。主要参与者是：贴现公司、商业银行、货币经纪行和金融管理局等。其中贴现公司是金融管理局调节市场资金的重要中介，是国库券和政府公债发行和流通的主要经营机构。活跃的短期资金市场，既为境内金融机构融通本币资本提供了便利条件，也有利于调节社会资金需求。

5. 亚洲美元市场的建立

这是新加坡金融国际化的一个重要里程碑，它标志着新加坡金融业进入了一个新的历史时期，它为确立新加坡的国际金融中心地位奠定了基础。到1993年3月，持有亚洲货币单位执照的金融机构有195个，亚洲美元市场的总资产达3765亿美元之多。

（三）新加坡成为国际金融中心的因素

1. 安定的政治环境

自独立以来，新加坡共和国是东南亚地区政局最稳定的国家。新加坡政府经过多年的努力，使新加坡出现了第三世界少有的和谐、稳定的政治局面。

2. 优越的地理位置

新加坡位于东西方海上交通的要冲，拥有天然的深水港，长期以来一直是国际航运的中枢和东南亚重要的贸易转口中心。从国际金融市场的时区位置来说，新加坡地处伦敦市场和东京市场之间，是全天候运作的有利地带。

3．政府的扶植、鼓励和严格监管

新加坡国际金融中心地位的形成与其政府的鼎力扶植有着密切关系。新加坡一建国就以迈向“亚洲苏黎世”为目标，利用其国际贸易港的有利条件加速发展金融市场。为了促进金融市场的成长发育，政府通过提供税收和管理上的种种优惠，重点培植了亚洲美元市场和金融期货交易所。随着新加坡作为金融中心地位的提高，政府也在不断改革和完善金融制度。

此外，完善的基础设施，高效率的办事机构和体制，高素质的国际金融人才等都是新加坡成为国际金融中心的重要因素。

（四）新加坡金融中心的特点

从新加坡金融市场的发展历程看，新加坡金融中心的成长模式属“政府主动塑造型”。即该中心是政府大力策划推动而形成的。其表现为：一是建设优良的基础设施；二是制定完备的法令规章及优惠的财税政策；三是创造吸引国际金融机构的优良环境和条件。

新加坡国际金融中心的另一特点是：它是一个内外分离型的金融市场。政府人为地将国内银行业与离岸银行业分离开来，目的是在促进离岸金融中心的发展，同时保证国内银行业务和政府货币政策的独立操作，防止国际资本大量频繁进出，影响新加坡金融市场的稳定。

（王子健　许志谆　王玉主）

第七章　旅游

第一节　概述

一　历史渊源

旅游业是伴随经济、政治、文化和社会的发展而发展的产业。它的历史十分悠久。

东亚地区，早在自然经济时代，大约2 000多年前，即已出现同外国的旅游交往。中国汉武帝（约公元前156～前87）时，开辟并经有关国家共同长期努力建成亚欧非洲际经贸文化交流大通道——“丝绸之路”，大大扩展了旅游天地。在距今1 600～1 300多年前，中国东晋法显（约337～约422），唐代玄奘（602～664）、王玄策（643～661年期间3次访印，并曾到尼泊尔）和义净（635～713）等多名僧人、使者曾游访南亚、中亚和东南亚诸国，并有重要记述传世。由玄奘口授后弟子笔录的《大唐西域记》具有重要史料价值。明代地理学家、旅行家徐弘祖（字振之，号霞客1586～1641），历时30余载，遍访华东、华南、华中和华北地区，涉及今19个省市区，对各地的地貌、地质、水文、气候及植物等进行了深入细致的考察，并详细记录，经友人整理辑成《徐霞客游记》，长达69万字，既是文学游记，也是科学著述。

日本在1868年明治维新以后，逐步兴起近代旅游业。19世纪后半叶，日本筑地饭店、横滨俱乐部旅馆、西洋馆饭店和帝国大饭店等西式旅馆相继建成。明治三十八年（1905）滋贺县草津车站前开设小饭铺的南新助兼办起了旅游服务，即日本旅行（NTA）的前身，这被认为日本近代旅游业的开端。而创立于1912年专为外国人赴日本旅游提供服务的日本交通公社（JTB），今天已经成为日本最大的旅行社。

第二次世界大战结束，东亚地区大多数国家先后获得独立。伴随着经济高速发展，旅游业的发展也十分迅速。泰国、韩国、新加坡、中国香港与台湾等地的旅游业基本开始于20世纪50～60年代，但规模不大。如，20世纪50年代香港游客最多的一年，也没有超过13万人次，泰国在60年代初一年接待外国游客仅8万人次左右，新加坡1964年的外国游客不足10万人次。

20世纪70年代以后，东亚各国和地区的旅游业进入了快速发展阶段，韩国1962～1981年旅游外汇收入累计达40亿美元，平均增长率高达50%。中国香港1969年海外游客为76万人次，1978年突破了200万人次，到2000年末游客已经超过了1 300多万人次。东盟国家进入80年代以后，旅游业以高于世界平均增长率的速度发展。1980～2001年，东盟国家接待的国际游客从680万人次增至1.17亿人次，旅游收入从31.8亿美元增加到278.8亿美元。中国旅游业的腾飞是在20世纪70年代末。2000年的旅游外汇收入为162.31亿美元，是1978年的61.7倍。如今旅游业已经成为了大部分东亚国家和地区重要的创汇手段。

表1 东亚部分国家（地区）1991～2000年旅游接待数 （万人次）

国别 地区	1991	1995	1996	1997	1998	1999	2000
中国	3 335.0	4 638.7	5 112.7	5 758.8	6 347.8	7 279.6	8 344.4
中国台湾	185.5	233.2	244.1	197.9*	229.9	241.1	262.4
中国香港	603.2	1 012.4	1 170.3	1 040.6	1 016.0	1 132.8	1 305.9
中国澳门	–	462.3	427.5	700.0	694.9	744.4	916.2
日本	353.3	–	199.1	384.0	–	–	475.7
韩国	319.6	375.3	381.5	390.8	425.0	466.0	532.2
泰国	508.7	695.1	719.2	722.1	776.5	858.0	950.9
马来西亚	554.3	793.6	774.2	621.0	–	793.0	1 022.0
新加坡	541.5	713.7	729.3	719.8	624.2	695.8	769.1
印尼	250.0	432.4	503.5	518.5	460.6	472.7	506.4
菲律宾	95.1	176.0	204.9	222.3	214.9	217.1	199.2

* 为前10个月数。

资料来源 《中国旅游年鉴》(1992～2002年)；《国际旅游报道》(International Tourism Reports)，1998年第3期、2002年第4期；《东洋经济统计月报》1998年。

表2 东亚部分国家（地区）1992～2000年旅游外汇收入 （亿美元）

国别 地区	1992	1995	1996	1997	1998	1999	2000
中国	39.47	87.33	102.00	120.74	126.02	140.98	162.31
中国台湾	24.49	35.00	30.80	–	33.72	35.71	37.38
中国香港	60.37	90.75	112.00	96.00	74.96	72.10	78.86
中国澳门	22.34	25.00	24.80	33.17	26.38	24.66	30.83
日本	35.88	32.50	35.80	–	37.42	34.28	33.74
韩国	32.72	55.79	63.15	51.20	68.70	68.00	68.10
马来西亚	17.68	35.00	44.10	27.90	24.56	35.40	45.63
泰国	48.29	75.56	88.29	87.00	59.34	66.95	71.19
新加坡	57.04	75.50	94.10	79.50	54.94	60.33	62.93
印尼	27.29	52.33	56.62	–	43.31	47.10	57.49
菲律宾	16.74	24.54	27.01	28.31	24.13	25.34	–

资料来源 《中国旅游年鉴》(1992～2002年)；《国际旅游报道》(International Tourism Reports) 1998年第3期、2002年第4期。

东亚地区旅游业发展如此迅速，得益于他们丰富的旅游资源，超前的基础设施，一流的服务和得力的宣传，但最为关键的还是政府的重视。在旅游业发展初期，包括日本在内的东亚地区各国都把发展旅游业作为获取外汇的重要途径。泰国政府从第五个国民经济和社会发展计划起，把旅游业正式列入计划项目。对旅游业的发展目标和各项增长指标都作了具体规定，同时在1960年成立旅游管理局的基础上，于20世纪80年代又在总理府下设立了由旅游机关部门参加的旅游委员会。东盟各国也都成立了类似于旅游部或旅游局的国家机关，来统一协调发展各自的旅游业。而韩国更是提出了“旅游立国”的口号，向“全体国民旅游职员化，整个国土旅游资源化，旅游设备国际标准化”的目标前进。1997年刚刚当选的韩国总统金大中还亲自出面为韩国旅游做广告。日本在经济发展以后，把出境旅游作为平衡贸易收支和改善日本形象的途径，于1987年提出了《一千万计划》。1990年日本出境旅游人次首次突破了1 000万的记录。虽然东亚地区旅游业起步较晚，但是在各国政府的全力扶持下，已经迅速成长起来。东亚在太平洋地区所占的旅游入境人次的市场份额，已经由1975年的3.9%上升到2000年的21.3%。

二　旅游业在经济发展中的作用

20世纪70年代以来，东亚地区经济的蓬勃发展为旅游业的持续增长创造了十分有利的条件，而旅游业的发展又进一步推动了与旅游相关的其他产业的发展，给国家带来了可观的外汇收入，促进了经济繁荣，在国民经济中发挥着举足轻重的作用。而且，旅游业创造的外汇收入的增长速度大大超过接待的国际旅游人数的增长速度，充分显示了旅游业在东亚地区的经济效益。菲律宾的旅游业在国内生产总值中的比例由1990年的约5%增长到2000年的9.1%，成为其外汇收入的第三大来源。中国香港的旅游业是其经济创汇最高的产业，也是经济支柱之一，旅游业的兴衰直接影响到整个香港经济的繁荣与否。1996年，香港的旅游收入达到创纪录的100亿美元。旅游业还是泰国的第一大创汇产业，新加坡的三大支柱产业之一。

三　国际旅游与国内旅游的发展

（一）国际旅游接待

东亚国家中如泰国、韩国、马来西亚、菲律宾等国家发展旅游业的初衷是为国家赚取外汇，因而得到了政府的大力支持，在几十年的发展中取得了令世人瞩目的进步。接待国际旅游人数不断有新的突破，许多国家都已成为世界重要的旅游目的地。泰国已跻身于世界著名旅游目的地，按照《世界贸易组织报告》（1998），1998年泰国已从1985年亚洲的第五大旅游目的地跃居到第三位，2002年，泰国接待的国际旅游人数超过1000万人次，占据了东亚及太平洋地区总接待人数的13.5%。而印度尼西亚的巴厘、马来西亚的槟榔屿和泰国的普吉则是被国际旅游界公认为亚洲最受欢迎的旅游度假区。

表3　东亚部分国家（地区）2002年旅游业在生产总值中的比重　（%）

国家　地区	中国香港	中国澳门	新加坡	马来西亚	泰国
占生产总值%	6.2	23.4	10	7	6

资料来源　根据互联网检索各旅游目的地官方网站综合整理。

（二）出境旅游

出于为国家节省外汇和其他方面的考虑，东亚国家和地区在发展初期都限制国民出境旅游。随着东亚经济的持续增长，许多人有了出境旅游的经济基础和愿望，出境旅游也在东亚国家和地区发展起来。如韩国自1980年宣布解除出境旅游禁令至1989年全面放开，出境旅游急剧上升。在1988～2000年的12年间增长了940.5%，成为世界上主要的客源国之一。新加坡得益于其多年经济的持续增长，出境旅游非常普遍。1991年它成为世界上出境旅游人数最多的国家之一，1993年出国旅游人数约占全国人口的80%，已形成了成熟的出境旅游。泰国、马来西亚由于经济发展速度快，尽管政府作了一定的限制，但出境旅游的势头不减。泰国的出境旅游市场已趋于成熟，呈现出“散客增多、回头客增多、目的地变多”的新趋势。马来西亚在20世纪80年代中期跃居世界第二十大旅游客源国。日本在1970年就取消了出境旅游的限制，此后政府又制定了“海外倍增计划”鼓励国民出国旅游，其出境旅游发展较其他东亚国家早且已经形成了成熟的市场。现在日本已列入世界七大客源国之一。

（三）国内旅游

国内旅游的发生和发展是在一国经济、社会、文化和生产水平达到一定程度时的必然产物。日本的国内旅游发展先于国际旅游，因而旅游也成为日本人生活中必不可少的一部分。其他国家的国内旅游大都是在发展国际入境旅游以后发展起来的。近年来，伴随着泰国、马来西亚出境旅游的兴起，旅游外汇收入的流失，旅游收入出现赤字，两国政府都采取了一系列措施鼓励国民在国内旅游。泰国1995年3月开展了“泰国人游泰国”活动，1996年又围绕泰国王登基50周年金典展开了一系列活动。马来西亚政府采取了提高机场税、降低国内旅游产品价格、提高国内旅游服务质量等措施。菲律宾则开展了主题为“不要成为自己国家的陌生人”的活动和提出“现在旅游，以后付钱”的计划以鼓励国民在国内旅游。

四　区域内旅游是东亚国家和地区旅游业的主要特点

东亚国家和地区由于地理位置、文化、经济等方面的联系比较紧密，而且邻近国家旅游时间短、花费少等原因，区域旅游活跃。大部分国家的邻近市场是本国客源的主体市场。尤其是东盟旅游协会等组织的成立及其相关活动的展开，促进了区域旅游的成长和发展。如东亚地区一直是泰国的最大客源市场，新加坡的第一大客源市场来自东盟，韩国的主要客源市场是亚洲，其1996年的亚洲客源占旅游接待总数的66.3%，而日本多年来一直是韩国最大的客源国，占其旅游接待总数的41.4%。根据《世界贸易组织报告》(2000)，在东亚地区旅游消费最多的是来自日本的游客，其次是韩国、新加坡和中国台湾。

五　会议旅游的发展

会议旅游具有不同于一般旅游的特点，它不仅影响大、规格高、利润高，而且通过举办国际会议和展览，还能直接引入国际上先进的科技成果、设备和经验，综合利用本国旅游设施，提供更多的区域经济合作机会，提高国际声誉。因而自20世纪70年代中期以来它引起了东亚国家和地区的重视。各国都在本国的旅游机构中设立了专司国际会议的部门，以系统研究并开发会议市场。1983年韩国、马来西亚、新加坡、泰国、中国香港、菲律宾和印度尼西亚这7个政治体系、语言、开发程度不同的国家和地区为了将亚洲地区国际会议的推广和服务提高至国际水准，联合创设了亚洲会议局，使亚洲地区的会议业在国际上形成了一股力量。

新加坡在20世纪80年代中期由于饭店过剩而将目标转向会议和奖励旅游，大力开拓国际会议旅游。因此，会议旅游成为新加坡旅游促进局宣传促销的重点。1994年新加坡接待的会议旅游人数就已经占其总接待人数的10%。1995年它策划了“1995相聚在新加坡”旅游年活动，不仅招徕了大量的会展活动，而且会议数和参加人数也都有大幅度的上升。2000年，新加坡筹划了“2000年大聚会”活动，奖励旅游者和外国参展代表分别达到20万～30万人之间。一般估计，会议旅游者在新加坡的人均日消费是一般游客的3倍，他们逗留的时间也较长，为新加坡的旅游业和经济发展带来了可观的收入。由于在多年的发展中新加坡积累了相当丰富的会议旅游接待经验，加之其软硬件设施上的优势，现它已是在全球排名第七位的会议目的地，且多次被国际会议联盟选为亚洲最佳会议城市，而且还争取到了PATA旅游交易会的永久举办权。

东亚地区另一个最大的会议旅游市场是中国香港。据香港展览会议业协会的估计，展览业在香港举办的展览中每赚取1港元，便为其零售、酒店、饮食和运输业带来5港元的利益，而且这些游客的消费额是一般游客的2.5倍。2000年，香港展览业为酒店带来94.3万人入住，占其中总入住率的16.6%。2000年香港举办了ICCA的年会，以加强其在国际上作为成功的会议举办国的地位。

亚洲第三大会议目的地是泰国。泰国会展业的发展速度也在不断加快，2000年举办的展览会已从1998年的23个上升到63个，会展经济总量在2000年达到1.5亿美元。

20世纪90年代，会议旅游在日本也得到了迅速发展，东京、大阪，神户、横滨等城市现在都是国际会议理想的举办地。

在菲律宾，1996年掀起了“’96会议城市马尼拉”活动，旨在重振马尼拉20年前世界重要会议城市的雄风，并接待了亚太经合组织首脑会议等一系列大型会议，共接待了4万名会议奖励旅游者。

第二节 东亚地区旅游资源及客源地

东亚的旅游资源极具特色。本地区地域辽阔，自然景色丰富多彩，是世界上山水风光最为壮美的旅游区之一。自然景观差异非常明显，许多生物资源表现出古老性、独特性、稀有性；本地区历史悠久，文化灿烂，有四大文明古国之一的中国，佛教文化之邦泰国，以及具有丰富多彩的岛屿、海洋风光的印尼、新加坡和马来西亚等等。山地、沙滩、礁石、温泉、河湖、草原、宫殿、古刹、名城、古墓、民俗、文化都构成对旅游者强大的吸引力。东亚地区有很多国家都有“礼仪之邦”、“微笑之国”的美誉，富有人情味的东方式的服务深受欧美游客的称道。

目前就东亚地区入境旅游客源国的状况来看，客源国入境游客数排名依次为欧洲、美洲、东亚及太平洋地区、非洲、中东、南亚。根据世贸组织的预测，到2010年，东亚及太平洋地区将取代美洲成为世界各地区入境游客数排名第二的客源地。由于亚洲及太平洋地区的经济合作潜力巨大，同时有例如亚太经合组织（APEC）和东南亚国家联盟（ASEAN）对国际旅游起到的积极推动作用，东亚区域内部的国际旅游的增长也将获得较为持久的动力。

一 东亚地区旅游资源

（一）中国

中国是具有5 000年悠久历史的文明古国，其复杂多样的自然条件，孕育了独具特色的灿烂文化，造就了中国丰富的旅游资源。

1. 中国大陆的十大名胜和列入联合国教科文组织文化遗产名录的景点

中国的十大名胜　万里长城、桂林山水、杭州西湖、北京故宫、苏州园林、安徽黄山、长江三峡、台湾日月潭、承德避暑山庄和西安兵马俑。

北京　历史名城、五朝古都，也是一座具有国际水平的现代化大都市。北京的名胜古迹、著名园林数不胜数。故宫曾是明清两朝的皇宫，北海公园、颐和园为皇家宫苑，天坛则是明清皇帝祀天祈谷之地。此外，天安门广场、圆明园遗址、八达岭长城、香山等都是北京著名的景点。

西安　历史悠久的古城，先后有秦、西汉、隋、唐等朝代在这里建都，历时1 160年。西安以其名胜古迹和艺术珍藏之丰富著称于世，如秦始皇兵马俑坑、半坡遗址、唐朝皇陵、黄帝陵墓等都是著名景点。

上海　中国最大的城市，也是中国的经济中心。自1845年开埠以来，国内外淘金者蜂拥而至，一度成为冒险家的乐园。今日上海更是气象万千，呈现出世界大都市的繁荣景象。上海的著名景点有豫园、外滩、陆家嘴、上海博物馆、人民广场、南京路、中共一大会址等。

长江三峡　中国十大风景名胜之一，中国四十佳旅游景观之首。它是瞿塘峡、巫峡和西陵峡三段峡谷的总称，是长江上最为奇秀壮丽的山水画廊。西起四川奉节的白帝城，东到湖北宜昌的南津关，长204公里。两岸高峰夹峙，江面狭窄曲折，江中滩礁棋布，水流汹涌湍急。瞿塘峡西起奉节县白帝山，东迄巫山县大溪镇，总长8公里，是三峡中最短的一个，但最为雄伟险峻。巫峡又名大峡，绵延40公里余，以幽深秀丽著称。整个峡区奇峰突兀，怪石嶙峋，峭壁屏列，绵延不断，是三峡中最可观的一段，宛如一条迂回曲折的画廊，充满诗情画意。西陵峡东起香溪口，西至南津关，约长70公里，是长江三峡中最长的一个，以滩多水急闻名。整个峡区由高山峡谷和险滩礁石组成，峡中有峡，滩中有滩。在三峡壮丽的山川中，闪耀着大溪文化的异彩。唐宋以来，李白、杜甫、白居易、刘禹锡、范成大、苏轼、陆游等许多诗圣文豪，在这里写下了许多千古传诵的诗章。

黄山　位于中国安徽省南部，横亘在黄山区、徽州区、歙县、黟县和休宁县之间。中国十大风景名胜之一，蜚声中外的旅游胜地。黄山与黄河、长江、长城齐名，成为中华风貌闻名于世的又一象征。黄山风景区面积约1 200平方公里，区内有名可指的共有72峰，其中大峰、小峰各为36个。天都峰、莲花峰、光明顶是黄山三大主峰，海拔皆在1 800米以上。黄山以奇松、怪石、云海、温泉“四绝”著称于世，与埃及金字塔、百慕大三角洲同处于神秘的北纬30°线上，雄峻瑰奇，奇中见雄、奇中藏幽、奇中怀秀、奇中有险。黄山景集泰山之雄伟、华山之峻峭、峨嵋之清凉、匡庐之飞瀑、雁荡之巧石、衡山之烟云。黄山以变取胜，一年四季景色各异，山上山下不同天。独特的花岗岩峰林，遍布的峰壑，千姿百态的黄山松，惟妙惟肖的怪石，变幻莫测的云海，构成了黄山静中有动，动中有静的巨幅画卷。明代大旅行家徐霞客二游黄山，叹曰："薄海内外无如徽之黄山，登黄山天下无山，观止矣。"

九寨沟　位于四川省阿坝藏族羌族自治州南坪县境内，距离成都市400多公里，是一条纵深40余公里的山沟谷地，因周围有9个藏族村寨而得名。自然景色兼有湖泊、瀑布、雪山、森林之美。"黄山归来不看云，九寨归来不看水"，九寨沟的精灵是水。湖（海子）、泉、溪、瀑、河、滩连缀一体，飞动与静谧结合，刚柔相济，多彩多姿。置身于沟，如梦如幻。不论你仰望，俯视，还是左顾，右盼，无处不是美景，以致游者感叹：人在沟里走，如同画中行。1992年12月九寨沟作为自然遗产被列入《世界遗产名录》。

桂林　以山水风景闻名于世。清澈的漓江由市东蜿蜒南流至阳朔，水程83公里，沿途"山青、水秀、洞奇、石美"，堪称四绝。桂林全市皆景，风景区包括漓江两岸、阳朔、兴安人工运河及龙胜花坪林区等。

丽江　中国著名的历史文化名城。位于滇西北高原的纳西族自治县，是纳西族聚居地。其悠久的历史形成了独特的纳西东巴文化。坐落在丽江坝子中间的丽江古城依山傍水，格局独特，又是沟通滇川康藏的交通要塞。丽江坝子北端的玉龙雪山地势高峻，秀丽雄伟，山顶终年积雪，如晶莹的玉龙横卧山巅。此外，黑龙潭、虎跳峡、丽江壁画等都是著名的旅游景点。

2002年11月，在博鳌亚洲旅游论坛上，世界旅游组织秘书长弗朗加利指出：中国的经济繁荣带动了旅游业的快速发展，中国在吸引游客方面做得非常成功。2001年，到中国旅游的境外客人已达3 300万人次。预计到2020年，中国将成为世界主要的旅游目的地国家，届时，估计每年前往中国的游客将达1.3亿人次。

2. 中国宝岛台湾

台湾雨量充沛，植被丰富，岛上高山丘陵分布广，自然景观秀美。

台湾八景　1953年评出了台湾八景，即：双潭秋月、玉山积雪、阿里云海、大屯春色、安平夕照、清水断崖、鲁阁幽峡、潮湖渔火。

日月潭　位于海拔760米的山头之上，是岛内唯一的天然湖。湖中的"珠子屿"小岛把湖分成日潭和月潭。每年中秋，月亮升起，倒映于湖中，出现"双潭秋月"的胜景。日月潭边还有玄奘寺、慈恩寺、文武庙等旅游景点。

阿里山　由18座山峰组成，其景色以日出、云海、神木及樱花而著名，山上有姐妹潭、慈云寺、高山植物园等景点。

阳明山公园　位于台北北郊大屯山。阳明山公园群山围绕，山清水秀，鸟语花香，景色极美，是台湾第一避暑胜地。

同时，台湾有着一部悠久的、与祖国大陆血脉相连和反抗侵略、追求统一的历史，岛上留下了许多历史古迹。

赤嵌楼　其历史可追溯到郑成功收复台湾时期。郑成功率领军队登上台湾岛后第一个攻下的被荷兰侵略者所占据的堡垒。

台南孔庙　是台湾最早建立的孔庙，也是全岛最早的府学，孔庙中"泮宫坊"也是台湾圣庙中仅存的石坊。

另外，台南礼典武庙，彰化孔庙、台南王妃庙、鹿港龙山寺、澎湖天后宫、台湾城遗迹、浜水红毛城、亿载金城、澎湖西台古堡、基隆二河湾炮台、台北府城北门、王得禄墓、金广福公馆及旧中横公路——八道关古道等都是台湾最为著名的古迹。

3. "东方之珠"——香港

香港是一个充满活力和现代风情的大都会，号称"东方之珠"、"动感之都"，"购物的天堂"，深受世界各地游客的青睐。香港是中西文化的汇聚地；香港交通便利，基础设施完备，商务活动和奖励旅游发达。

海洋公园　东南亚最大也是香港最具特色的游乐场地，里面的海豚表演尤为出名，是抵港游客必到之地。

浅水湾　浅水湾碧波荡漾，宽阔的海岸上沙粒细密，别墅林立，是香港著名的海水浴场。

跑马场　跑马是香港市民的重要娱乐活动之一，也是香港极具特色的一项旅游资源。目前香港有两处跑马场：沙田跑马场和快活谷马场。

太平山　登上500多米高的太平山顶，可以远眺号称世界三大夜景之一的香港夜色，是感受香港繁荣昌盛的好场所。

青马大桥　是香港新机场核心计划中青衣至大

屿山干线的组成部分，桥长约 1.4 公里，是世界上最长的公路及铁路吊桥。

星光大道 位于尖沙咀海滨长廊，毗邻香港艺术馆，全长 440 米。其路面镶嵌着为香港电影发展作出卓越贡献的电影工作者的手印或名字，道旁设立 9 座红色的电影“里程碑”，用文字介绍了香港电影的百年发展历程，于 2004 年 4 月 28 日正式向游人开放。

此外，维多利亚港、天坛大佛、黄大仙庙、旧三军司令官邸、圣约翰教堂、中银大厦、宋城、虎豹别墅、兰桂坊、九龙尖沙咀的钟楼及众多的商场和美食楼都是香港重要的旅游资源。而 2005 年 9 月已经建成并对游客正式开放的香港迪斯尼乐园，已成为东南亚地区新的重要旅游资源，为东南亚地区旅游业的发展作出新贡献。

4. 世界文化遗产地——澳门历史城区

澳门有悠久的文化历史，也曾长期被葡萄牙所侵占。在中葡文化的交互撞击下，澳门拥有了独特的建筑和旅游景点，同时，它也是东方著名的博彩之城。2005 年 7 月 15 日，联合国教科文组织第二十九届世界遗产委员会会议，批准将中国澳门历史城区列入“世界文化遗产地”名录。澳门历史城区主要历史文化景点有：大炮台、妈阁庙、大三巴牌坊、玫瑰圣母堂等。

大炮台 建于 1617～1626 年间，高居澳门市中心，曾经是一军事要点，起着防御作用。炮台上有大片空地。古树参天，文物众多。20 世纪 90 年代末，又在炮台上新辟澳门博物馆，以展示澳门的历史。

妈阁庙 即“澳门八景”中的“妈阁紫烟”，古称海觉寺，是澳门“三大古刹”中最古老的庙宇，史载建于明朝弘治元年（公元 1488 年），距今已有 500 多年历史。

大三巴牌坊 一直是澳门的象征，使人联想起早日宏伟的耶稣会教堂，1845 年教堂失火，仅余前壁，即今日的大三巴牌坊。

玫瑰圣母堂 是一座宏伟的巴洛克式建筑，位于大广场尽头。其下面建筑仿效大三巴牌坊。每年 5 月 13 日，澳门的天主教徒都要抬着供奉在教堂内的花地玛圣母游行。

（二）日本

在旅游资源方面，日本是一个重视现代与传统结合的国度，既有现代化的都市，又有保留着传统文化的古城。环境保护较为得力的日本山清水秀，具有丰富的自然旅游资源。目前日本设立了国立公园 28 所、国家公园 54 所（国家指定，都道府县管理），都道府县自然公园 300 所。

富士箱根伊豆国立公园 风景区内山景秀、温泉好，古迹也多。著名的富士山就坐落于其中，它也是露营、旅游、垂钓及冬季滑冰滑雪的场所。

日光国立公园 位于东京近郊，园内的东照宫是日本建筑艺术的代表作，其自然风光也极佳，是度假旅游的理想场所。

东京 一座富有独特风貌的大都市。其市容因新旧并存而蔚为壮观。银座、秋叶原等是东京购物区，上野是东京的文化娱乐区。上野公园是日本最大的公园，内有东京文化公馆，国立西洋美术馆，东京国立博物馆、东京都美术馆以及上野动物园，等等。

京都 群山围绕的京都有许多历史古迹与神奇传说。1794～1868 年是日本的首都。京都有不少神社、寺院、宫殿与精心设计的大小花园，其中有 17 处被列为世界文化遗产（1998 年 3 月止）。最具代表的是金阁寺，寺的建筑镀有金叶，熠熠生辉。还有以庭园之美著称的龙安寺，以及东本原寺、西本原寺、东寺庙、京都皇宫、二条城堡、清水寺、平安神宫等著名古迹。

此外，奈良的兴福寺、法隆寺、神户的姬路城堡、广岛的和平纪念公园、冲绳海岸国家公园、长崎原子弹中心陈列馆等都是日本著名的旅游景点。日本也有大量的主题乐园，东京迪斯尼乐园、京都的东映太秦电影画村、长崎的荷兰村等都有很高的知名度。

（三）韩国

韩国是一个新旧并存、古今交融的迷人国家，至今仍然保留着古老东方文明的精髓。世界文化遗产有宗庙、昌德宫、佛国寺石窟庵、海印寺藏经板殿、水原华城、支石墓遗址、庆州历史遗址区。世界无形遗产有宗庙祭礼记及宗庙祭礼乐。在自然风光方面，韩国是一个多山国家，山川、溪谷等自然景观非常独特，构成了许多明流涧，气象万千的胜地。韩国属于大陆性季风气候，四季分明。

雪岳山 雪岳山国家公园，位于韩国北部，主峰为大青峰（海拔1 708米）。春天的野花，夏天的溪谷，秋天的红叶，冬天的雪花，构成了雪岳山四季美丽的景色，旅游者既可享受攀登崖壁的刺激，又适宜野游或徒步旅行。雪岳山风景区包括权金城、千佛洞溪谷、神兴寺、百潭寺等景点。

济州岛 位于韩国最南端的北太平洋海上，为韩国最大岛屿，岛中央的汉拿山高1 950米，为韩国最高峰，是一座拥有火山湖的秀丽之山。受暖流影响，济州岛全年气候温和，有韩国的“夏威夷”之称，岛上民风纯朴，风俗独特，经常可以看到一种压低帽子、微斜着头、大眼睛的石像，这就是作为济州岛象征的多尔哈鲁耶，相传是济州岛村庄的守护神。济州岛上的主要风景点有龙头岩、石丈窟、三姓穴、下房瀑布、天地渊瀑布、城山日出峰、汉拿山公园等。

汉城 一座拥有深厚的传统文化，却又充满现代气息的都市，城内的五处故宫仍然荡漾着王朝时代富丽堂皇的气象。此外，南大门、光代门、塔洞公园、日溪寺、国立中央博物馆、大学路、大韩生命63大厦、奥林匹克公园等也是汉城著名景点。而南大门市场、东大门市场、明洞等则是汉城的购物区。

庆州 从公元57年至935年是新罗王朝的千年都城，号称“无围墙的博物馆”。主要景点有古坟公园、瞻星台、雁鸭池王陵、芬皇寺址、佛国寺、石窟庵等。

近几年来，韩国对发展旅游业高度重视。早在若干年前就计划在旅游资源丰富的地区设立5个旅游特区：济州南岛、庆州市、雪岳山、儒城区（大田市）及海运台（釜山市）。

（四）东亚地区其他国家

1. 柬埔寨

金边 柬埔寨的首都，位于洞里萨河与湄公河的交会处。市内寺院繁多，佛塔比比皆是。富丽堂皇的“王城”和鲜花绿叶掩映下的塔山公园是游人经常光顾的景点。

吴哥窟 又称小吴哥或吴哥寺，建造于12世纪中叶，被视为柬埔寨的艺术瑰宝。寺外有石砌的围墙，寺内有回廊、小屋、佛龛和神座，整个吴哥窟的建筑均用石块砌成。

2. 缅甸

仰光 缅甸首都，是一座有着东方民族色彩的现代化城市。矗立于市区北部的仰光大金塔是世界著名的佛塔，建于公元585年，高度超过99米。塔顶用黄金铸成，塔身贴有金箔1 000多张，耗费黄金7吨多。

曼德勒山上的古迹 位于缅甸第二大城市——曼德勒城东北，山上有八大寺院，寺内供奉着许多金箔包身的佛像。

3. 泰国

帕塔亚 位于泰国湾的东海岸，集大城市与海滨度假地于一身。它兼具大城市舒适的生活条件和娱乐设施，又有阳光、碧海与沙滩，被誉为“亚洲度假区之后”。

清迈 泰国北部的古都。这个被誉为“北方玫瑰”的城市曾是古代兰纳王朝的首都，至今仍然保留着大量文化遗址，如古城墙、双龙寺及泰皇夏日行宫等。

曼谷 在泰国人心目中曼谷是一座“天使之城”，旅游景点众多，有大皇宫、金佛寺、四面佛、玉佛寺、郑王庙、拉嘉宝碧寺、湄南河水上市场等著名景点。

百万年石林与鳄潭 距帕塔亚市仅6公里，占地16万平方米。园内屹立着各种奇形怪状的古石和植物化石，另外还饲养了数千条鳄及眼睛呈石榴红的白马与白牛等多种野生动物。

水果 泰国的水果种类极为丰富。芒果、榴莲、香蕉、红毛丹等各类水果已成为泰国独特的旅游资源。

服务 好客之道及一流的服务是泰国的一道独特景观。泰国的东方文华饭店长期以来一直被认为是全世界服务最好的饭店。

此外，普吉、“是拉差”老虎乐团、梦幻世界、魔幻乐园、古都阿犹他亚、夏日行宫挽巴茵等都是泰国重要的旅游资源。

4. 马来西亚

兰卡威 位于马来西亚的吉打州，是一个未受污染的天然岛屿。它以天然美景，不朽的传说和优良的沙滩而闻名。著名的景点有盘泰桑那海滩、盘泰古海滩、烧米田、七仙井、温泉、玛苏莉皇陵等。

云顶高原 海拔2 000米，与吉隆坡相距50公里，是驰誉海外的避暑胜地及赌城。主要旅游点有山顶的人造湖、东马场、赌场等。

槟城 位于马来半岛西北岸，作为其行政和商业中心的乔治市有着众多古雅的建筑。槟城有许多名胜及著名海滩，如母卡海滩、岑株费合基海滩和巴汉海滩、蛇庙、观音庙、甲比丹武吉清真寺、圣乔治教堂、卧佛寺以及槟城大桥等。

吉隆坡 一座新旧辉映、中西合璧的大都会。作为一个多民族聚居地，其市容也显现着各种文化的特征，吉隆坡的主要景点有苏丹阿都沙末大楼、双子星摩天楼、国会大厦、火车站、国家博物馆、惹默回教堂、中央广场及独立广场等。

马六甲 一座将历史集中在一起的活动博物馆。其狭窄的街道，别致的建筑富有中世纪风情。主要景点有三保山、青云亭、苏丹古井、圣地亚哥古堡、荷兰红堡、圣彼得教堂、葡萄牙广场等。

5. 新加坡

圣淘沙岛 位于新加坡南端，离市区不过5公里。岛上树木葱郁，花草繁盛、金黄色的沙滩和清澈的海水，使其极具热带情调。圣淘沙的景点包罗万象，有鱼尾狮塔、音乐喷泉、万象新加坡、西乐索炮台、海底世界、蝴蝶园、圣淘胡姬花园、乐索海滩、中央海滩、丹戎海滩、香料植物园。

鱼尾狮公园 园内的鱼尾狮像高8米，外形半狮半鱼，矗立于新加坡河河口，成为新加坡观光旅游的标志。

花柏山 新加坡最高的山峰，登临山顶，新加坡的美丽景观尽收眼底。

裕廊飞禽公园 占地20.2公顷的飞禽公园坐落于苍翠的林木之中，有世界各地超过600种不同品种的鸟类，总数超过8 000只。内有“东南亚珍禽屋”、“企鹅宫”，利用大自然热带雨林景观建立的A形鸟舍、设有人工瀑布的步行鸟舍。

在新加坡，传统与现代、东方文化与西方文化和谐共存，相互交融。克拉码头、牛车水、亚美尼亚教堂、高等法院、新加坡植物园、虎豹别墅、新加坡动物园、夜间野生动物园等也都是著名景点。

6. 印度尼西亚

雅加达 位于爪哇岛上，其商业繁荣，古迹众多，是印尼最为重要的旅游区。主要的旅游景点有世界最大的植物园摩姑尔植物园，建于1626年。曾经是东印度公司总部的历史博物馆、世界著名的海滩丹戎不碌。另外200余所清真寺、100余所教堂、数十所佛教寺庙和道教宫观等都是雅加达的旅游资源。

万隆 号称“印尼小巴黎”，其地势较高、气候凉爽、景色宜人，是著名的避暑胜地，主要景点有小西湖、霞舟火山和隆降温泉等。

泗水 东爪哇首府，有着光荣的反侵略历史，被誉为“英雄城”。主要景点有烈士纪念塔、海滨浴场、大清真寺、亨德里克古堡、达尔莫动物园等。

巴厘岛 印度尼西亚著名的风景区，以其金色沙滩、火山景观、各式庙宇和传统的风俗著称于世，巴厘岛上的旅游度假区每年都吸引了大量游客。

7. 菲律宾

马尼拉 著名旅游城市，洁白的茉莉花、挺拔的椰树、苍翠的棕榈与现代化建筑相互辉映，构成一幅浓郁的热带风光。其主要景点有马尼拉教堂、圣奥古斯丁教堂、圣地亚哥古堡、王彬街（唐人街）、市郊的百胜滩和达尔湖等。

碧瑶 海拔达1 524米，四面环山、气候凉爽，是著名的避暑胜地，被称为菲律宾的“夏都”。主要景点有夏宫、贝尔大教堂、茅寮式建筑等。

二 旅游客源地

（一）东亚地区主要旅游市场

1. 客源地与目的地

旅游的客源地与目的地是一对相对应的概念。客源地是存在着国际旅游需求，并有客源产生的国家和地区。而目的地则是国际游客流向的国家和地区。各个国家地区因经济、文化、制度、人口等因素的不同，导致了出境人数的巨大差异。东亚地区主要的客源地有区外的北美、西欧、澳洲及区内的日本、中国、韩国、中国香港、中国台湾及东盟的主要国家新加坡、马来西亚、泰国等。而客源的流入则与旅游资源、交通条件、基础设施、开放程度及国家对旅游业的重视程度有关。东亚地区主要的旅游目的地有中国、中国香港、新加坡、泰国、马来西亚等。

2. 客源地与旅游市场

目前东亚地区的旅游市场主要是以近距离旅游市场（东亚区域内的旅游市场）为主，同时商务旅游呈现上升趋势。中国香港、新加坡、日本、韩国等都把目光瞄准了会议旅游市场。

3. 目标市场

对旅游市场进行细分以后，可以确定一个或几个合适的细分市场为目标市场。目标市场是目的地，针对客源地而选择的并且准备进入的一个或多个细分市场。目标市场与客源地呈相互交叉的关系，一个目标市场可以针对于多个客源地，而一个客源地也往往包含了多个目标市场。如中国香港把购物旅游市场确定为目标市场，其促销的范围包括日本、韩国、中国内地、东南亚乃至欧美国家，而东亚地区又把日本的新婚市场、青年市场、商务市场等确定为它们的目标市场。

20世纪80年代以来，东亚地区各国的目标市场定位呈现两大发展趋势：一种趋势是，会议及奖励旅游市场越来越受到重视。香港在旅游协会下成立了一个特别部门——香港会议局专门负责促进香港的会议和展览活动，并编印了一系列刊物，详尽介绍如何在香港筹办活动。韩国也锐意要发展成为一个举办国际性贸易洽谈会、展览会的国家。它一方面加强场馆建设，一所全世界最先进、全亚洲最大的展览会场——汉城会议及展览中心于1999年年底落成；另一方面，在韩国观光公社下成立了会议办公署——会议国际关系事务部，专门协助举办各类会议事务。此外新加坡、日本、菲律宾等国也加强了会议旅游方面的促销。另一种趋势是，东亚各国越来越重视中国大陆的旅游市场。中国政府已批准香港、泰国、马来西亚、新加坡、韩国、菲律宾、新西兰、日本等为中国公民境外旅游目的地，为此以上几国和地区均对中国大陆进行大量的促销活动，并准备采取一些切实的措施。如为了进一步开拓中国市场，泰国旅游局准备在上海开设分局，并计划撤去设在芝加哥的分局，把资金转入上海。泰国政府也正在考虑给予中国游客入境30天免签证的政策。

（二）东亚地区内客源国（地区）

1. 中国

中国出境旅游正呈现迅速上升的趋势，1995～2000年间，出境人数已从452万上升为1 000万，2000年出境游客总开支达106亿美元。2001年中国有1 210万人次出国旅游，人均至少消费2 000美元。中国人口基数大，经济增长快，人民生活水平有了很大提高，目前上海等一些发达地区的人均国内生产总值已经超过了3 000美元。按照国外经验，当一个地区的人均国内生产总值超过3 000美元时，会出现邻国旅游的热潮。2003年，中国出境旅游人数达到2 020万人次，中国出境旅游人数首次超过日本，成为亚洲出境人数最多的国家。根据总部设在马德里的世界旅游组织的预计，到2010年中国出境旅游人数将达5 000万。亚太旅游组织预计到2020年，中国的出境旅游人数将达到1亿人次，是目前亚洲各国旅游人数的总和，届时中国将成为世界最主要的客源国之一。

2. 中国台港澳地区

1997年中国台湾出外旅游者首次突破600万大关，达616万人次。2001年台湾地区出外旅游者达到718.93万人次。目前台湾地区出游人数前8名的目的地为：中国香港、日本、美国、新加坡、泰国、祖国大陆、马来西亚、中国澳门。

港澳地区出游人次的绝对量也非常高。2002年离开香港进行各种旅行活动的香港人达6 454万人次，其中有86.2%的人是赴内地旅行。港澳地区居民出行的主要目的地为中国内地。2002年中国内地入境总数为9 791万人次，其中来自港澳地区的为8 080.82万人次，占82.53%。澳门居民的主要旅游目的地也是中国内地和香港地区。

3. 日本

日本是东亚区内最重要的客源国。1986年日元大幅升值。1987年日本政府制定了旨在5年内使日本年出国旅游人数翻一番的《一千万计划》。1986～1997年的11年中，日本的出境旅游人数增长了26%，呈现出良好的势头。但进入1997年，这一增长势头明显放慢。尽管如此，日本出境旅游的绝对数仍然相当高，到2000年出境旅游人数已达1 800万人次。2002年，日本旅游者到访的国家（地区），前五名依次为美国、中国、韩国、中国香港、泰国。

表4 日本1990～2003年出境旅游人次数 （百万人次）

年份	1990	1995	2000	2001	2002	2003
人次数	11.0	15.0	17.8	16.2	16.5	13.3

资料来源 《中国旅游年鉴》；http://www.tourism.jp/eng/statistics/outbound/。

4. 韩国

在亚洲金融危机爆发之前，韩国的出境旅游增长迅速，2002 年韩国出境旅游为7 123 407人次，比 2001 年增长 17.1%。中国已成韩国旅游者到访的第一大旅游目的地国，且持续增长。韩国旅游者出境旅游的前五大目的国家依次为：中国、日本、美国、泰国、菲律宾。

5. 东南亚国家

自 20 世纪 70 年代起，东南亚国家的经济得到了迅猛发展。伴随着经济增长，东南亚国家公民出境旅游，特别是邻国旅游极其活跃。2003 年，新加坡出境旅游达1 050万人次，比 1996 年增长 218%；马来西亚出境旅游者达2 870万人次（包括去新加坡的游客）；泰国、菲律宾、印尼出境旅游也有增长的趋势。东南亚国家相互之间都是重要的客源市场。据统计，马来西亚的客源市场中，新加坡游客占了 56%；泰国的客源市场中，马来西亚和新加坡的客源占了近 20%。

（三）东亚地区外客源地

西欧、美国、加拿大和澳大利亚等西方发达国家国民生活水平高，旅游意识强，出游率高，是东亚地区外的主要客源地。

美国

2000 年出境旅游达5 231万人次，其中到北美区外旅行的有2 029万人次。美国也是东亚地区重要的客源国，2000 年到东亚地区旅游人数为 420 万人次，旅游消费达 66 亿美元。美国是菲律宾的第一大客源国，2000 年访问菲律宾的美国游客为 42.74 万人次，占全部抵菲海外游客 14.5%。

西欧

是世界上最大的出境旅游市场。但西欧国家远离东亚地区，所以前往该区旅游的西欧旅客所占的比例不是很高。2000 年，到东亚地区旅游人数为 320.51 万人次，旅游消费达 42 亿美元。德国 1996 年出境旅游6 480万人次，居世界第一位，前往东亚地区的主要是泰国、中国香港、新加坡、印尼和马来西亚。法国 2003 年出境旅游的为1 615万人次，最喜欢前往的东亚地区为泰国和中国香港。意大利和法国情况相似。

澳大利亚、新西兰

澳大利亚、新西兰与东亚同属亚太地区，目前赴东亚地区旅游的人数增加较快。2002 年，澳大利亚出境旅游者为 346.1 万人次，其中，到东亚地区旅游人数为 100.7 万人次，旅游消费达 22 亿美元。赴印尼的旅游者为 24.17 万人次，赴中国香港的 14.05 万人次。印尼受到澳大利亚旅游者青睐的原因是两国地理位置近、交通费用低，又有美丽的热带风光和独特文化。

第三节　旅游经营管理及政策法规

一　旅游经营管理

（一）经营程序

1. 旅游发展模式

在世界各国旅游业发展中，由于经济发达程度、地理位置、资源条件、文化背景、国土大小、社会制度等多方面的差异，形成了多样化的旅游发展模式，主要有五种模式：美国模式、西班牙模式、以色列—土耳其模式、印度模式以及以国际旅游业作为经济支柱的小国旅游发展模式。

（1）日本的旅游业发展属于美国模式

这一模式的主要特点是：旅游业的发达程度与国民经济发达程度基本同步，旅游业经历了国内旅游→区域（邻国）旅游→国际旅游这样一个层次递进的自然常规发展过程。同时日本还更加重视旅游业在政治文化方面的意义，把发展旅游特别是出国旅游作为改善日本在国际社会中的形象，以及改善国际经济关系、减少过量外贸顺差的手段。

日本还率先实行旅游业适度超前发展战略。这一战略的含义是：在发展速度上，旅游业将适当快于国民经济及工农业的发展速度，但必须与交通运输等相关产业的发展相协调，不能盲目超前，也就是说，超前应是适度的。在发展水平上，旅游业的经济效益、人员素质、旅游产品质量总体水平高于国民经济的总体水平，在国际上树立一国旅游的良好形象。如日本著名历史文化名城奈良，原来经济不太发达，通过大力发展旅游业使经济迅速发展，该市还制定了优先发展旅游业的规划，以借此振兴地方经济。

（2）泰国、新加坡属于西班牙模式

它们是经济中等发达而旅游业特别发达的国家，在一定的经济发展基础上，旅游业成为国民经济的支柱产业，得到政府的特别重视，其中国际旅游收入是最重要的外汇收入来源。

（3）中国香港属于发展中经济体旅游模式

香港的旅游发展体现了发展中国家旅游发展过程的特色，即超前发展国际旅游，以满足经济发展过程中的外汇急需，然后随经济社会的逐步发展而发展出境旅游。

2. 旅游发展计划

在不同的发展阶段，针对不同的主题，各国都相应地制定旅游发展计划，以确定旅游业所要达到的目标并给予指导。

（1）日本

1987年制定了《一千万计划》（也称《出国观光旅游五年倍增计划》），旨在5年内使日本年出国旅游人数翻一番，即从1986年的550万增至1991年的1 000万。该计划的出发点不仅在于适应当时日本国内高涨的海外旅行需求这一形势变化，同时也在于增进国际友好交流，缓和国际间的贸易摩擦，受到了那些希望更多日本游客入境国家的普遍欢迎，1 000万的目标于1990年提前实现。

1988年制定《90年代旅游活动》计划。内容是举办一系列中央和地方各级旅游促进会议，提出促进旅游发展的必要的具体措施，并为实现这些措施寻求各方面的密切合作。

《新景区开发计划》旨在协助来日旅游的海外散客解决可能遇到的问题，同时促进各地加快“国际化”。交通省指定34个县中的36个试点区作为“国际旅游典范区”，典范区内规划的基础工作由地方政府协助日本国家旅游机构完成。另外，交通省还指定了6个“国际文化村”，作为海外游客欣赏当地自然、文化和历史传统的核心设施，为游客提供体验当地传统生活方式和与当地居民交流的机会。

《国际会议城》计划。交通省指定了34个城市为“国际会议城”以举办各类聚会、会议、交易会和展览会活动，旨在增强社会性和经济的活力。

《传统节庆计划》。日本政府制定了《通过传统节庆活动推动旅游业和区域产业法》。将具有独特历史和文化的地区建成旅游区，相应制定出一套与地方政府、广告社及交通部门密切合作共同推出一批节庆活动的计划。

1991年发布《21世纪双向旅游》计划，内容包括入境旅游和出境旅游两方面，旨在增进国际间的相互理解和文化交流。但由于缺乏有力的营销策略，该计划并不是很成功。

运输省于1996年4月发布《21世纪迎宾》计划，旨在制定相应独立的政策以刺激入境旅游。计划的目标是使访日游客增加1倍，到2005年达到700万。该计划于1997年4月开始实施。内容是两项特殊的方案：一是组成反映日本文化、历史和艺术等方面的主题地区和路线，目的不仅是吸引游客来日本，而且吸引他们到一些不知名或有较少游人去的地方；另一方案是向外国游客发送迎宾卡，使游客能享受许多优惠和折价。该卡在滋贺县长滨试运行成功后正在研究逐步推广。

（2）中国香港

为了使香港的旅游业再创高峰，1999年，香港旅游协会将与政府部门合作推出一项认识香港的宣传计划，使香港市民认识新的景点、体验新的旅游特色，进而可向朋友及旅客介绍香港，增强市民对香港的归属感。

（3）新加坡

新加坡旅游促进局制定了《旅游都会21世纪远景》，旨在通过六大策略即旅游业的新定义、提升旅游设施、开发旅游企业、扩大旅游空间、寻求合作伙伴和推崇旅游业来实现旅游业的21世纪远景规划。

（4）泰国

从第五个国民经济和社会发展计划起，泰国政府把旅游业正式列入计划项目，对旅游业的发展目标和各项增长指标都作了具体规定。

（5）菲律宾

1991年起草了旅游主计划，制定了到2010年的发展计划。1995年引入了区域性旅游主计划，要求各区域都提议一个优先发展旅游的地区。现在这种地区旅游主计划已从10个发展到25个。旅游主计划的基本前提是将旅游资源及其管理从中央政府分权到当地政府，同时鼓励发展以社区为基础的旅游项目，从而为群岛不发达地区创造就业机会和促进经济增长。

3. 旅游市场开发

旅游业市场的开发，既是旅游主管部门的工作重点，也是企业关心的焦点所在。这一点上需要政府和企业共同努力，即不仅需要政府的宏观管理，也需要旅游企业如旅行社、饭店、航空公司、海关等的鼎力合作。从宏观的角度，东亚国家和地区旅游业的市场开发具有以下主要特点。

(1) 政府普遍重视

采取各种措施在政策上给予指导，在财政上给予支持，为旅游业的发展奠定了坚实的基础。

泰国举国上下对旅游业都非常重视，并提出了“旅游立国”的口号，政府总理亲自参加旅游业发展规划的制定，并制定了短期、中期、长期的旅游业发展策略。同时泰国政府还把发展旅游业作为地区经济实现新的增长以及实现区域可持续发展的一个重要手段来看待。其次，政府在资金上对旅游业的发展给予充分的保证，在“六五”计划（1988～1991）中，投资150万铢用于服务和旅游景点的建设和保护。“七五”计划期间（1992～1996），泰国旅游局投资810万铢发展旅游管理、服务、培训等项目。除政府投资外，泰国还制定了各种优惠政策，鼓励国外投资者向旅游业投资。政府规定：投资旅游饭店者，从建成之日起，可免征5年所得税，所需进口设备及建筑材料免征关税，外国人所赚的钱可用外汇汇出。

印度尼西亚则从第二个五年计划开始把促进旅游业的发展正式列入国家的经济发展计划。此后政府制定的几个五年经济与社会发展计划，都对旅游的各项发展指标作了具体的规定，而且每年拨出大量资金发展旅游业。1992年政府对旅游部门的投资为13亿美元，1993年为5.52亿美元，1994年为4.05亿美元。并且从中央到地方都注重吸引外资投资旅游业，特别是投资旅馆业。1988～1991年，国内外对旅游业的投资已达25.1亿美元。近年来，政府还鼓励私人投资旅游业，加速旅游设施的建设。

(2) 对外加强宣传促销

举办大型的旅游年、推出内容丰富的旅游活动，并根据时代的不同更换旅游主题，它是旅游市场开发和运作的有力手段。

香港旅游协会为了推广香港为旅游目的地，而非只是短暂逗留的购物中心，1993年将旅游主题定为：“香港——吸引您多留一天”。1995年面临香港回归，香港旅游协会则改变旅游主题，定为“魅力香港，万象之都”。并在香港及18个地区和国家宣传1997年以后的香港将是精彩非凡的中国特别行政区，将继续创造奇迹。1997年香港回归以后，旅游主题则选用“我们香港”（“WE ARE HONG KONG”）。另外香港针对不同的客源市场采取不同的策略，如向欧美旅客推广“长者游”、向日本及台湾地区市场推广“亲子游”和以办公室为主的旅游项目，对于中国内地游客则将举办“新婚蜜月游”。2003年“非典”过后，香港旅游发展局投入1.4亿港元促进旅游业复苏，旨在推广“香港乐在此一爱在此”的一系列主题旅游产品。

泰国总的旅游预算资金中有约65%用于市场促销，以在世界各地开展大规模的宣传活动。1991～1995年，海外宣传预算每年都在4 000万美元以上，1991年达到4 700万美元，而且有逐年增加的趋势。每年除了出版、散发几十万册印制精致的英文和泰文版本的旅游手册外，还印制上百万张的招贴画广告，摄制和发行大量的电影、录像带和幻灯片，并通过报纸、杂志等进行广泛的宣传。在旅游客源丰富、经济宽裕的国家和地区的重要城市专门设立旅游办事处。这些驻外机构除了散发宣传品外，还利用当地的电视台、报纸介绍泰国的自然风光、名胜古迹、风土人情和民间艺术等，为泰国的旅游业招徕大批游客。举办旅游年活动和不断推出丰富多彩的旅游节目是泰国市场促销的主要形式之一。1987年利用国王的60诞辰举办了“泰国旅游年”活动，1988年举办了“泰国手工艺年”，1990年举办“泰国遗产年”，1992年利用王后60诞辰之机举办“’92女士访泰旅游年”，1998年则举办“神奇泰国旅游年”。2001年政府大力倡导“泰国人游泰国”，在促进国内旅游的同时大大提高了旅游业创造的总价值。

韩国旅游产品的市场开发和促销通常是通过驻外办事处、促销团、广告、考察团以及与私营公司合作举办的展览会等方式进行的。它的旅游促进和开发基金主要由向旅游企业发售股金和本金投资中得到的利息组成，用于旅游设施，主要是饭店的维修；旅游度假区的建设；企业的流动资金以及由公共部门和观光公社建设、扩大的食宿和商业设施的建设等。1991年基金中有319亿韩元（4 000万美元）用于旅游企业投资。2002年，韩国总统金大中还亲自出任韩国旅游形象大使，为当年的韩国旅游年做出了不小的贡献。

菲律宾已开展了多年的“带回家一位朋友”的活动。这种活动成本很低，而且形式独特，它鼓励侨居外国的菲律宾人将自己的国家作为一个旅游目的地来宣传，而且如果他们鼓励海外朋友来菲律宾观光，则还有资格获得奖励。

(3) 简化口岸出入境手续，方便游客的观光旅游

泰国为方便游客来泰旅游或顺道观光而千方百计简化入境手续。明确规定：允许 75 个国家的游客可在泰国办理停留 7 天的落地签证，对来自 55 个国家和地区的旅游者不经签证可给予在泰国逗留 15 天的方便等。为了办好神奇泰国旅游年，泰国政府从海陆空交通、海关、边检等多方面加以配合，为旅游业提供方便快捷的服务。现有 50 多个国家可以免签证入泰 30 天，并有 4 个机场内部都设有落地签证的服务。

印度尼西亚为方便游客，1983 年，政府作出了关于东盟、欧洲共同体等 28 个国家和地区的游客逗留 2 个月以内的、进入印度尼西亚可免签证的决定。到 1998 年底，印度尼西亚政府已先后宣布对 48 个国家的游客免办签证。这些免办签证的游客占印度尼西亚接待外国游客总数的 90% 以上。但由于近来恐怖事件的频繁以及地区动荡，2003 年，印尼总统又签署总统令，取消在此之前给予 48 个国家的免签证便利，仅对泰国、马来西亚、新加坡、文莱、菲律宾、中国香港和澳门、智利、摩洛哥、土耳其、秘鲁等 11 个国家和地区实行短期访问免签。

韩国 1993 年在大田世界博览会期间，为吸引日本游客实行了免签，并在以后几年又延续执行，使赴韩日本游客逐年增加。2004 年，持香港特别行政区护照的旅游者可在韩国免签证停留 30 天；新加坡、马来西亚、泰国护照持有者可免签证在韩国停留 90 天。持有中国护照的游客可申请免签证进入韩国济州岛 30 天（对于申请人资格，韩国领事馆有具体规定，详情请咨询当地领事馆）。持有美国、加拿大及日本有效签证和出境机票的中国游客可免（韩国）签证，通过入境审查后可在韩国停留 15 天。

(4) 加强区域内的合作，开展联合促销

东亚国家和地区，尤其是东盟各国一直致力于加强彼此间的合作，推动相互的旅游交往，共同开展对外联合促销，以便能在发挥各国独特的旅游优势下，加强旅游资源的相互补充和利用。1990 年，在印度尼西亚召开的东盟旅游研讨会拉开了区域性旅游合作的序幕。1992 年举办了“东盟旅游年”，进行区域性旅游合作的尝试。1995 年初，东盟在泰国举办了隆重的旅游展览会，与会者达到7 000 多人。这次会议的宣传主题是“钱有所值”，向来自世界各国的旅游界人士充分展示东盟国家拥有丰富的旅游资源和优质服务，旅游者可以有多种选择，并得到“钱有所值”的享受。同时，宣传东盟各国具有许多体现地方特色的民间艺术品可供旅游者选购，是一个理想的购物天堂。1998 年举行的“东盟旅游论坛”期间，东盟旅游部长联名签署了一份旅游合作协议及行动纲领，其内容之一就是将东南亚地区作为单一的旅游目的地向市场推广。联手合作不仅提高了东南亚地区的旅游知名度，而且吸引了众多海外旅游者。

（二）旅游管理体系

各国的国家旅游组织体系、法律地位和权责，因其政治、经济体制及依赖旅游业发展的程度和重要性而定，因而不尽相同。1967 年在罗马召开的联合国国际会议上所作的一项决议为：为保障旅游业的顺利发展，重要一点就是让政府对旅游业掌有最终管理权。东亚国家和地区的旅游管理体系，就其承担的职责范围来看，一般分为两大类：政府性旅游组织和半官方—非官方旅游行业组织。它们的主要任务是制定国家旅游发展规划，与旅游业有关的各政府机构及其他机构之间进行协调，对各项旅游服务进行管理、规划并开展旅游宣传等等。

1. 政府管理机构

(1) 中国

中国国务院下属国家旅游局，是全国旅游行政管理机构，统一负责管理中国的国际国内旅游业。各省市、自治区均设有旅游局，是地方旅游行政管理机构，受地方政府和国家旅游局的双重领导，以地方政府管理为主，负责统一管理本地区的旅游工作。

国家旅游局的主要职能是：

① 研究拟定旅游业发展的方针、政策和规划，研究解决旅游经济运行中的重大问题，组织拟定旅游业的法规、规章及标准并监督实施。

② 协调各项旅游相关政策措施的落实，特别是假日旅游、旅游安全、旅游紧急救援及旅游保险等工作，保证旅游活动的正常运行。

③ 研究拟定国际旅游市场开发战略，组织国家旅游整体形象的对外宣传和推广活动，组织指导

重要旅游产品的开发工作。

④ 培育和完善国内旅游市场，研究拟定发展国内旅游的战略措施并指导实施，监督、检查旅游市场秩序和服务质量，受理旅游者投诉，维护旅游者合法权益。

⑤ 组织旅游资源的普查工作，指导重点旅游区域的规划开发建设，组织旅游统计工作。

⑥ 研究拟定旅游涉外政策，负责旅游对外交流合作，代表国家签订国际旅游协定，制定出境旅游、边境旅游办法并监督实施。

⑦ 组织指导旅游教育、培训工作，制定旅游从业人员的职业资格制度和等级制度并监督实施。

⑧ 指导地方旅游行政机关开展旅游工作。

⑨ 负责局机关及在京直属单位的党群工作，对直属单位实施领导和管理。

⑩ 承办国务院交办的其他事项。

国家旅游局内设有综合协调司、政策法规司、旅游促进与国际联络司、规划发展与财务司等 7 个部门。

国家旅游局还设有中国旅游协会、中国旅游报社、中国旅游出版社等 6 个直属单位。

国家旅游局在香港、汉城、新加坡、东京、大阪、伦敦、巴黎、法兰克福、莫斯科、悉尼、纽约、洛杉矶、多伦多等地，设立了 16 个旅游办事处。

(2) 日本

日本中央旅游管理机构分为内阁、运输省、观光部 3 个层次。最高一级为“内阁有关观光对策省厅联络会议”。此机构直接对内阁负责，为常设议事机构，受总理府直接领导，总理府总务长官任议长，由 21 个省厅组成，负责协调、联络内阁各省厅对旅游业的管理，审议旅行观光业的重要方针政策及发展规划，并答复总理大臣及各省大臣对旅游观光业的质询等。日常旅游行政管理机构是运输省，它也是日本旅行观光业的主管省，负责起草旅游政策及对旅行和旅游部门进行全面管理。下设运输政策局、航空局、物资流通局、国际运输观光局等。具体负责旅游业务的是运输省国际运输观光局的观光部，观光部下面分设了 3 个课：企划课、旅行业课、振兴课。此外，运输省还在日本的关西、关东、东北、九州、北海道等 9 个地区分设观光局，作为运输省的派出机构，协调所在地区的旅行管理业务。

另外，日本国家旅游组织是在运输省的主办和赞助下的一个半官方组织，它承担 3 项主要活动：负责海外促销；在运输省的指导下执行旅游政策；进行市场研究，并在司法省所提供的旅游数据基础上形成日本的旅游统计数字。

此外，日本还设有各种性质的旅游咨询机构：观光政策审议会，根据观光基本法，1963 年设于总理府，1984 年由运输省接管，负责调查、审议观光政策；自然环境保全审议会，根据文物保护法，1973 年设于环境厅，负责调查、审议文物的保存及活用等重要事项；历史风土审议会，根据保存古都历史风土的有关特别措施法，1966 年设于总理府，负责调查、审议历史风土的保存等重要问题。

(3) 中国香港

香港特区政府没有专门的官方旅游管理机构，而是由成立于 1957 年、半官方性质的香港旅游协会代司部分职能。香港旅游协会的主要任务是向海外宣传香港，协助政府有关部门和一些财团进行各种旅游基础建设，向政府提供有关旅游业的建议，促进旅游业的发展。

(4) 韩国

政府内设有旅游政策审议委员会，由政府有关部门组成，并由总理主持。政府旅游机构为交通部观光局，由 1 名交通部副部长主管旅游工作。

(5) 泰国

其旅游业的最高管理机构是总理府下设的旅游委员会。由各常务部长任委员会主席，吸取有关部门参加。旅游委员会下设旅游局，具体负责全国旅游业工作。旅游局在全国设立 10 个旅游办事处，管理周围几个府的旅游业。

(6) 马来西亚

其旅游政府机构是马来西亚文化、艺术及旅游部，下设旅游发展公司。为了加强旅游管理体制，政府还成立了旅游委员会，由一位副总理任主席，亲自分管旅游。

(7) 新加坡

1964 年成立了新加坡旅游促进局，属内阁工商部领导，其职责是执行政府制定的旅游法规，开展宣传促销、审批和颁发旅行社执照等。

(8) 印度尼西亚

其旅游管理机构是邮电、电讯与旅游部，下设专门负责旅游业的旅游局。

(9) 菲律宾

其旅游部于 1973 年成立。旅游部兼管两个政府机关和两个政府机构。菲律宾会议与观光局负责市场营销和促销；菲律宾旅游管理委员会负责提供和维护基础设施和设备；市政管理委员会（the Intramuros Administration）负责马尼拉旧城镇的房地产；国家公园发展委员会负责公园的有关事宜。

2. 旅游行业管理机构

旅游业是综合性强的外向型行业，涉及面非常广，经营风险也较高，要以大量的市场信息为基础。单个的企业难以获得有效的市场信息和抵御较大的风险，市场体系下由于政府不能直接干预企业经营，因而引导企业、发布信息、执行法规就需要中间组织来协调处理，有必要联合起来在各行业内部和行业之间形成各种性质的行业组织，以在一定程度上代表企业的共同利益。这些行业机构既是企业之间的联结点，又是政府与企业之间的桥梁。行业组织之间也体现出互相依存、协调发展的关系。目前东亚国家和地区旅游行业组织的主要形式是各种性质的协会，既有行业内部的如旅行社协会、饭店协会等，也有旅行社、饭店、旅游车船、导游、航空公司等在不同行业之间组成的协会。

中国旅游行业管理机构有：中国旅游协会、中国旅游发展协会、中国旅行社协会、中国旅游车船协会、中国旅游报刊协会和中国旅游协会城市分会。中国旅游协会（China Tourism Association CTA）是由中国旅游行业的有关社团组织和企事业单位，在平等自愿基础上组成的全国综合性旅游行业协会，具有独立的社团法人资格。它是 1986 年 1 月 30 日经国务院批准正式宣布成立的第一个旅游全行业组织，1999 年 3 月 24 日经民政部核准重新登记。协会接受国家旅游局的领导、民政部的业务指导和监督管理。其主要任务是：① 对旅游发展战略、旅游管理体制、国内外旅游市场的发展态势等进行调研，向国家旅游行政主管部门提出意见和建议。② 向业务主管部门反映会员的愿望和要求，向会员宣传政府的有关政策、法律、法规并协助贯彻执行。③ 组织会员订立行规行约并监督遵守，维护旅游市场秩序。④ 协助业务主管部门建立旅游信息网络，搞好质量管理工作，并接受委托，开展规划咨询、职工培训，组织技术交流，举办展览、抽样调查、安全检查，以及对旅游专业协会进行业务指导。⑤ 开展对外交流与合作。⑥ 编辑出版有关资料、刊物，传播旅游信息和研究成果。⑦ 承办业务主管部门委托的其他工作。

日本的旅游行业管理机构涉及旅游业的各个方面，其中民间旅游事业团体组织有：国际观光振兴会、全国旅行协会、日本观光协会、日本旅行业协会；还有根据不同业务分工如住宿、温泉旅游资源开发利用、翻译导游、旅游工艺品供应、自然公园、都市公园及环境绿化等方面成立的各种民间旅游事业团体组织。在日本众多的旅游行业组织中，大致可分为服务性、协调性、管理性、经营性、研究性和混合性六类。这些不同性质的行业组织在旅游体制中发挥着不同的功能。

韩国观光公社和韩国旅游协会是半官方组织，隶属交通部观光局领导，主要进行旅游市场营销、度假区建设、旅游从业人员教育培训和国家旅游促销等事务，并协调旅游行业内部关系。韩国观光公社还直接为旅游者提供各类旅游服务并承办韩国旅游业所有海外广告业务。

香港的旅游行业机构中有两个典型的组织：一是成立于 1978 年的香港旅游业议会，它是由 6 个旅行社组织联合而成，行使同政府、供应商与消费者联系、沟通和协商的职责，1988 年正式注册为旅游业的监管机构。另一个是香港旅游业联会，由香港旅游协会、香港旅游业议会、航空公司协会、香港酒店业商会和商店委员会组成，主要协调与旅游业有关的各行业之间的关系，促进旅游业的发展。

（三）旅游企业管理

1. 旅行社

日本的旅行社在实施新旅游法后分为 3 种旅行社和旅行社代理店。第一种旅行社可以开展入境和出境包价旅游，第二种旅行社只能开展国内包价旅游，第三种旅行社可以经营出入境及国内旅游但不实施包价旅游。这三种旅行社都可以经营策划代办旅游和普通代办旅游，这使旅行社一方面可以适应目前的旅游形式与旅游需求多样化与个性化发展趋势，另一方面又可以充分发挥旅行社特有的优势，从而提高竞争力。营业保证金是日本在旅行社管理方面的重要手段。它要求旅行社预先将自己财产的一部分寄存在国家，以备旅游者或运输、住宿部门等在与旅行社的交易中蒙受损失时得到保护。

韩国的旅行社分为3类：负责入境旅游和国内旅游业务的一般旅行社，负责出境旅游业务的海外旅行社和负责国内旅游业务的国内旅行社。对不同类别的旅行社，其注册资本的最低限额也有所不同。

2. 饭店

饭店企业是以密集资金投入形成的以建筑实体为主体，通过管理和服务的全方位运作，提供综合性服务产品的企业。饭店管理则是一门运用饭店市场营销的客观规律，融经济科学和技术科学两者为一体，涵盖生产加工、旅游服务和商品零售三种职能的综合性管理科学。从微观而言，一个饭店的管理主要包括前台管理和后台管理。所谓前台管理，狭义地讲是指饭店总服务台的管理，广义地讲是指在饭店第一线上直接与旅客相接触的工作部门的管理；饭店的后台管理是指饭店内不直接与旅客相接触的工作部门的管理，如饭店的劳动人事管理、饭店的工程维修管理、饭店的安全管理等等。在具体的实际发展中，饭店业最突出的特点是管理要素的市场化，以特有的管理模式为产品形态，实质是知识产权，承载的主体则是大规模的饭店集团或专业化的管理公司，运作方式是通过输出管理、特许权扩散等多种方式进行，并由此形成了饭店业的系统化管理和标准化服务。

3. 旅游交通

旅游交通是旅游业的要素行业之一，它承担着旅游者“进得来，出得去，散得开”的任务，是旅游者完成旅游活动的先决条件，因而从一定意义上说，发展旅游业，交通是先行。各国在制定旅游发展战略时，也都把旅游交通的建设视为头等大事和优先解决的重点。如印度尼西亚在旅游发展规划中，着重以巴厘岛为中心进行开发，形成一个辐射区域。菲律宾也强调交通建设，着重以吕宋岛为中心，并增加附近新区（如棉兰老岛）的投资开发。具有独特设计的旅游交通设施还能成为旅游资源，如象征香港繁荣的长2 200米的青马大桥，是世界上最长的铁路和行车线吊桥，连接大屿山、马湾和青元，成为香港的旅游吸引物。

东亚国家和地区的旅游交通已基本形成了航空、海港、铁路、公路等多层次的发展。但由于地理环境、经济结构等方面的不同，它们在各国的发展不尽相同。如菲律宾是个多山的岛国，游客大多乘坐飞机（2000年97%的游客乘坐飞机抵达菲律宾），而且由于地势起伏不平，延伸范围有限，妨碍了铁路的建设，故菲律宾的铁路不及公路发达。而马来西亚铁路网则覆盖了整个西马，且全部电气化，铁路线南可直通新加坡，北与泰国铁路系统连线。马来西亚的公路长度和质量还居东南亚之首，有南北、东西走向的二条主干高速公路。其优良的交通系统已被世界银行定为交通发达的A级国家。新加坡的交通在各方面都比较发达：新加坡港是世界上最繁忙的港口，每天都有700多艘轮船停泊在这个港口，樟宜机场从1987年以来一直蝉联太平洋亚洲旅行协会颁发的最佳机场奖。全球发行的《旅行人月刊》曾评出世界十佳航空公司，其中有新加坡航空公司和泰国航空公司。

4. 其他

餐饮、旅游商品等在旅游业的发展中也具有重要的地位和作用。尤其值得一提的是旅游商品的发展。旅游商品换汇率高于外贸出口产品的换汇率，它的销售是一国外汇收入的重要组成部分。中国香港和新加坡都享有“购物天堂”之誉，游客在这两地花费在旅游购物上的开支占据了全部开支的较大份额。1996年香港旅游业中49.5%的收入来自于旅游购物，预计香港2011年可实现购物旅游收入110亿美元。

二 旅游组织及政策、法规

（一）旅游组织

亚洲会议局协会（Asian Association of Convention and Visitors Bureaus，AACVB）：为了将亚洲地区国际会议的促销推广与服务提高至国际水准，1983年印度尼西亚、韩国、马来西亚、菲律宾、新加坡、泰国及中国香港联合创建了这一组织。该局址设在菲律宾的马尼拉。

另外，还有东亚旅行协会、东盟旅游协会、东盟旅行社联盟、东盟旅馆业协会等组织。

（二）旅游政策法规

1. 旅游基本法

它是一个国家发展旅游业的根本大法，以此来保证旅游业的发展方向，确立旅游业的发展宗旨和政策原则。日本1963年制定了《旅游基本法》，它在指导日本旅游业发展方面具有宪章的作用，为旅游政策提供法律依据。韩国在20世纪60年代制定了《旅游事业振兴法》，20世纪70年代随着旅游业的发展，需要有系统的政策予以保证，又制定了《旅游振兴开发基本法》、《旅游促进和开发基金法》、《旅游基本法》、《旅游事业法》等，对旅游业的发展起了重要作用。1981年制定了《自然保护基本法》、《自然保护宪章》等。印度尼西亚则在1990年颁布了《旅游法》。

2. 有关旅游企业及其从业人员的职、权、责等的法律、法规

如日本1952年制定的《旅行斡旋业法》，就是针对旅行社经营而制定的法律，是指导旅行社业务的根本大法，居日本六法中经济法编下属的运输行业法部类。该法经过多次修改后形成了日本的《新旅游法》，于1997年开始实施；另外，日本还制定有《翻译导游法》等等。韩国在1967年制定了《国际旅游会社法》、泰国制定了《旅游警察法》等。

3. 针对旅游者的权利、义务及保护的法律或法规

它既可以是单项的法规，也可以包括在旅游基本法中。

（三）旅游刊物

《亚太之旅》（Travel Asia Pacific）

是英国专为欧洲及英国旅行行业的专家发行的专业性杂志。双月刊。它反映了中国香港和澳门、日本、韩国、菲律宾、新加坡、马来西亚、斯里兰卡、泰国、澳大利亚、新西兰等国家和地区的旅游情况及当地的旅游政策、管理经验、新闻人物、广告及旅游设施和风土人情。

第四节 21世纪旅游经济前景展望

东亚地区地域辽阔，人口众多，拥有灿烂的历史文化和多姿多彩的旅游资源。1981年以后的20多年，是东亚地区经济社会发展普遍加快的时期，包括中国在内的许多国家的旅游业迅速崛起，使亚洲旅游业的总体发展速度开始领先于世界。就世界旅游组织把全球划分为六个旅游区来看（即欧洲地区、美洲地区、非洲地区、东亚及太平洋地区、南亚地区、中东地区），区域旅游发展情况是：欧美的份额在下降，东亚所处的东亚太地区的份额在增长。有数据显示，东亚太地区国际旅游接待量占世界的份额于1997年猛增到18.4%，2002年进一步发展，国际旅游接待量第一次超过美洲而跃居世界第二位。这一地区在世界旅游业中地位的大幅度提升，得益于本地区各国都普遍重视旅游业的发展。经过了90年代末期的金融危机，经历了2003年"非典"（SARS）风暴的洗礼，东亚各国和地区为了恢复本国和地区的旅游业的元气可谓各出高招，区域之间积极主动的旅游宣传和广泛的区域合作营销活动也屡见不鲜。

据世界旅游组织估计，到2015年，东亚地区旅游量将占全世界的50%，未来东亚的旅游产业将是明星产业中的明星。新西兰前总理希普利在"2003博鳌亚洲论坛"上指出，到2020年，预计全球将有25%的旅游者选择东亚地区，这意味着届时东亚每年将迎接3.97亿游客。据世界旅游组织预测，到2020年，中国将成为东亚地区最大的旅游目的地国，接下来是香港特别行政区，泰国，印尼，马来西亚。

在21世纪，东亚旅游业的优势将主要体现在以下几个方面：旅游产品、区域旅游的合作以及东亚各国之间紧密的经济联系。从旅游产品自身角度来说，"物有所值"（Value－for－money）是东亚各国对外营销的主要理念之一，也是东亚在世界旅游市场中占得先机的重要因素。东亚的自然、人文资源丰富，而总体消费水平又较低，因此对于很大一部分区域外的国际游客来说，"物有所值"是普遍感受。东亚各国也积极采取多样化的产品策略，最大限度地开发该地区地自然文化资源。例如在2002年，虽然区域内的宾馆入住率的增长短时期内出现缓慢形势，但是邮轮业作为一项结合了地方特色的新兴旅游产品方兴未艾。泰国则在金融危机后采取了准确的市场定位以及有效的市场营销，利用了该国的货币贬值所带来的价格优势，在1998年即实现了入境游客增长7.5%的目标。

从东亚旅游区域合作的角度来说，各国力求打破壁垒，加强联合，谋求地区旅游业的共赢。自1997年亚洲金融危机爆发以来，面对例如"非典"（SARS）等一系列突发事件的冲击，亚洲各国通过出席世界旅游组织大会、地区会议等，探讨携手应对危机的办法和举措，并产生了积极效果。在旅游安全保障、服务设施建设、人文旅游开发及科技应用等方面，东亚各国也在积极寻求区域间的合作，如2003年中国、日本、韩国三国元首在印度尼西亚巴厘岛举行会晤，发表《中日韩推进三方合作联合宣言》，强调区域间的旅游合作：发展旅游基础设施，吸收三国以外的、例如欧美国家的居民进行三国一揽子旅游等。同年，东盟（ASEAN）与中、日、韩三国旅游部长联合发表了《10+3振兴旅游业北京宣言》，着重就SARS对旅游业所带来的冲击，积极开展区域间的联合促销，建议各国政府采取一切可能的措施，在各国旅游部门之间及时交流信息，相互沟通，协作共事，交流经验，目的在于提高各国应对并解决危机事件的能力。东亚各国之间日益密切的经济联系也大大促进了区域内部的国际旅游的蓬勃发展。这一地区的经济合作越密切，跨国的经济合作行为越频繁，为旅游业带来的人流也将越大，区域内部的国际旅游也将日益繁荣。

当然，21世纪的东亚旅游业也是机遇和挑战并存的。首先，恐怖主义在这一地区的一度猖獗为一些国家的旅游业发展投下了一定时期内难以消弭的阴影（印度尼西亚的巴厘岛一度受恐怖事件影响，旅游业大伤元气），这为东亚各国和地区的一些非传统领域的安全合作提出了新的挑战。恐怖主义对于旅游业的冲击要求东亚各国和地区树立危机管理的观念，加强危机管理的能力，以不变应万变应对各种负面的突发事件。其次，由于近代史上大多数东亚国家都遭受过帝国主义、殖民主义的侵略或统治，经济社会发展曾长期在世界上处于落后状态，旅游业起步较晚，造成了东亚地区旅游产品形式较为单一的现状。就旅游资源的开发利用程度、旅游经济覆盖面和旅游业总体发展水平而言，东亚地区与欧美及大洋洲相比，差距仍然很大。由于其产品以观光旅游为主体，单一旅游产品在世界旅游市场上缺乏持久的吸引力。最后，东亚的区内经济一体化的程度相对欧盟和北美自由贸易区来说相对滞后，这为区内的各种交流活动以及由此带来的旅游活动来说是一种暂时性的障碍。令人鼓舞的是，展望前景，在东亚地区类似“中国东盟自由贸易区”、“中日韩经济合作”等区域性的经济合作组织与构想，将不断涌现。一旦这些区域性的经济贸易合作纳入轨道，将为未来的东亚经济共同体打下基础。届时，东亚有望成为继欧洲、北美之后的世界第三大区域性经济组织，它将为东亚“大旅游”提供可供其突飞猛进发展的平台，东亚旅游业将进入质的飞跃的新时期。

（孙厚琴　郑海英　翁瑾）

第八章　环境保护与可持续发展

第一节　概述

第二次世界大战结束以来，东亚地区在经济迅速发展的同时，也面临着环境污染与生态恶化的严峻挑战。各国政府陆续引起重视，通过立法、制定相应规划、政策，力求根治环境污染，减缓生态恶化的影响，期待逐步解决这些问题。

一　生态环境的严峻挑战

二战结束以来，东亚地区是世界上经济发展最迅猛的地区之一，几十年来经济的高速发展，能源消费量大增，急剧的工业化和城市人口集中，产生了众多的环境问题。由于忽视了对环境的保护，在经济高速发展的同时，造成了对自然资源的过度开采利用和大量废弃物的排放。

以能源消耗为例，目前，东亚是世界上最大的能源消费区之一，也是能源大量进口地区。根据BP能源统计，2003年，中国、日本、韩国石油消费量为6.30亿吨，占世界消费总量的18%。2003年，中国、韩国和日本的石油进口依存度分别为39%、99%和100%。大量化石燃料的使用必然带来环境问题。面向新世纪，环境与生态问题将构成对东亚地区人类和自然协调发展的严峻挑战。

（一）大气污染，酸雨严重

在东亚地区，半个世纪以来经济的快速增长，工业发展迅猛，能源需求的上升，一些以工业为主的城市，工业废气排放严重。低收入家庭和广大乡村地区使用劣质的固体燃料，造成室内空气污染。近期内以煤为主要能源资源的状况将不会有大的变化，更加剧了大气污染和酸雨问题的严重性。

20世纪90年代初期，由于机动车拥有量提高和工厂扩张，印度尼西亚、泰国和菲律宾的空气污染速度已经是经济增长率的2～3倍。大量燃煤和汽车尾气排放引起的污染使东亚地区许多大城市，如雅加达、曼谷、马尼拉、首尔（汉城）、北京等均存在严重的大气污染问题。在中国，工业生产和居民生活的主要能源是煤炭，大约占一次能源消费的75%。煤炭燃烧产生大量的二氧化硫和粉尘，形成了煤烟型大气污染。据1995年监测数，中国城市大气中总悬浮颗粒日均值浓度，北方城市平均为392微克/立方米，南方城市平均为242微克/立方米，远超过世界卫生组织确定的60～90微克/立方米的限值。

东亚地区部分国家森林面积的年平均变化率（1981～1990）

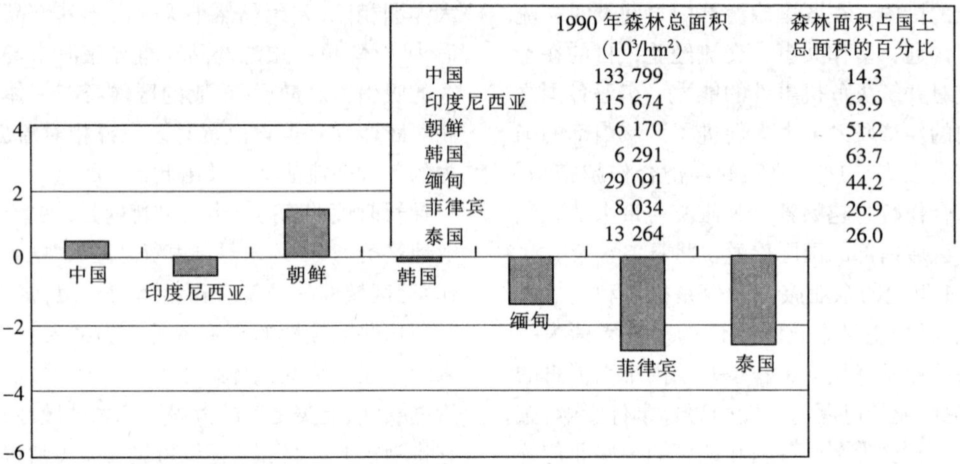
1990年森林总面积 ($10^3/hm^2$)
森林面积占国土总面积的百分比
中国 133 799 14.3
印度尼西亚 115 674 63.9
朝鲜 6 170 51.2
韩国 6 291 63.7
缅甸 29 091 44.2
菲律宾 8 034 26.9
泰国 13 264 26.0
4
2
0
−2
−4
−6
中国
印度尼西亚
朝鲜
韩国
缅甸
菲律宾
泰国

注 森林系指热带和温带发展中国家天然森林和种植面积的总和。

资料来源 联合国粮农组织《1990年森林资源评估：热带国家》，罗马，1993。

在泰国，全国汽车注册台数1/4以上集中在曼谷，由于汽车尾气的排放，造成曼谷的大气污染问题严重。一氧化碳、氮氧化物和含铅悬浮粉尘，成为大气的主要污染物质。特别是铅，对沿街居民的健康构成危害。

酸雨通常指pH低于5.6的降水，但现在泛指酸性物质以湿沉降或干沉降的形式从大气转移到地面上。酸雨中绝大部分是硫酸和硝酸，主要来源于排放的二氧化硫和氮氧化物。酸雨污染可以发生在其排放地500～2 000公里的范围内，酸雨的长距离传输会造成典型的越境污染问题。亚洲是二氧化硫排放量增长较快的地区，并主要集中在东亚，其中，中国南方是酸雨最严重的地区，成为世界上又一大酸雨区。

（二）土地退化，荒漠扩展

对森林乱砍滥伐，对农田灌溉和排水方式不当，农药和化肥的过度使用，使东亚地区各国的土壤都有不同程度的流失和退化。生态环境的恶化，造成水土流失加剧，沙尘暴频发，威胁国家的生态安全，直接影响到人口、资源、环境、区域经济和社会的全面、协调、可持续发展。

荒漠化是土地退化的集中体现，20世纪以来，由于气候变异和人为活动等因素，干旱、半干旱或亚湿润地区的土地退化加剧。亚洲总共有35%的生产用地受到荒漠化影响，东亚地区，遭受荒漠化影响最严重的国家是中国。中国荒漠化面积大、分布广，荒漠化约占国土面积的1/4。20世纪90年代，中国土地荒漠化面积每年以2 460平方公里的速率扩展，与此相应，每年强沙尘暴天气的发生次数也由50年代的5次发展到90年代的23次。

（三）水源短缺，水质污染

随着社会的发展，人类对水资源的需求不断增加，但可供人类直接使用的水资源却不断减少。水资源危机所带来的生态系统恶化、生物多样性遭破坏等一系列问题，严重地威胁人类的生存。

东亚地区的大多数国家似乎并不缺水。但东亚地区水资源分布不均，受季节、地理环境等影响大。此外，未经处理的生活污水和工业污水大量排放，许多河流都受到了不同程度的污染；一些地区地下水的过度开采，还造成地面下沉，淡水资源严重短缺。与此同时，气候变暖正在导致水资源供需矛盾突出，从而对社会经济产生严重影响。例如，预计到2030年，中国西部缺水量将达200亿立方米，中国种植业产量将减少5%～10%。

（四）物种消失，多样性破坏

东亚地区众多的山脉和林区存在着丰富的野生生物资源。但人口的增长，高产农业的发展，对环境的破坏，使这里的生物多样性受到威胁。森林是许多陆地生物多样性的大本营，但在20世纪，全世界约一半的原始森林已经消失，热带雨林损失尤为严重。20世纪以来，世界哺乳类动物灭绝速度更是呈几何级数激增。许多很有价值的宝贵遗传资源流失，外来物种入侵加剧。土地和森林退化，河流断流，湖泊萎缩，滩涂消失，天然湿地干涸，生态失衡十分突出。

东亚地区部分国家濒危物种数

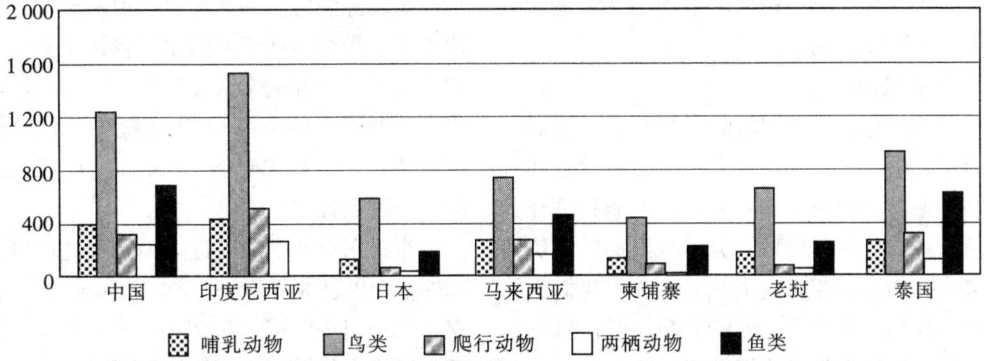

注　上述各国列出的濒危物种数包括由世界保护同盟分类的所有物种——濒危的、脆弱的、稀有的和不稳定的物种，但不包括引进的物种，状态无法知道的物种或已知灭绝的物种。

资料来源　世界自然保护联盟（IUCN），1993年资料。

表1　　东亚地区部分国家资源与环境问题相对重要性

国别	土地和土壤资源	农药和废料	森林乱砍滥伐	水资源	工业污染	酸雨	海洋与沿海退化	海平面上升	城市拥挤和污染	废物处理
中国	○	◎	●	○	●	●	○	◎	●	○
越南	◎	○	●	◎	◎		◎	○	◎	○
老挝	◎		●	◎			−	−		
柬埔寨	◎		●	○	○		◎		○	○
缅甸	◎	○	◎				◎	○		
泰国	◎	◎	●	●	◎	○	◎	◎	●	○
马来西亚	○	○	●	○	◎		◎	○	◎	
印度尼西亚	◎	◎	●	●	◎		◎	◎	●	○
菲律宾	●	◎	●	◎	◎		◎	◎	●	○

●最优先　◎中等优先　○低优先　－无此项内容

注　土地和土壤资源问题包括沙漠化、盐碱化、土壤流失和水涝。乱砍滥伐包括林业生产、燃木采集、流域退化和生物多样性损失。水资源问题包括缺水、地下水耗竭、洪涝和水污染。海洋和沿海退化包括流网捕鱼、珊瑚开采和沿海开发。废弃物处理包括工业和有毒废物。

资料来源　亚洲开发银行《环境方案：过去、现在和未来》，马尼拉，1994。

（五）灾害频仍，疾病蔓延

洪水、干旱、地震、海啸、飓风、山崩等自然灾害在东亚地区频繁出现。在这些自然灾害中，有些是由于地质构造的原因产生的，但有些灾害则是在人为影响下产生或变得严重的。山崩和泥石流在中国、泰国和菲律宾经常发生。除了地形这一原生原因外，人类活动，诸如使得已脆弱的斜坡不稳定的乱砍滥伐、耕种和建设等加剧了山崩和泥石流。

生态失衡与现代人类不良生活方式，导致艾滋病、“非典”及禽流感等致命性流行疾病的暴发。自1981年发现和报告艾滋病以来，短短20多年时间，全世界艾滋病病毒感染者累计高达6 900万人，其中已死亡2 700万人。当前，艾滋病成了现代历史上最严重的瘟疫。柬埔寨、缅甸和泰国15～49岁的人中艾滋病感染率超过1%。当前中国艾滋病疫情正处于由高危人群向普通人群大面积扩散的临界点。在中国台湾，据卫生疾病控制部门调查，艾滋病感染者有年轻化趋势，该地区平均每2.1天就有1名青少年感染艾滋病。

二 难得的机遇

生存环境的恶化，给我们敲响了警钟：自然界的承载能力是有限的。人类在追求物质财富增长的同时，必须考虑大自然的承载能力，决不能只顾经济的发展而忽视对环境的保护，更不能以牺牲环境为代价换取一时的经济繁荣。恩格斯说：“我们不要过分陶醉于我们人类对自然界的胜利。对于每一次这样的胜利，自然界都对我们进行报复。”

1972年斯德哥尔摩人类环境会议显示出了人类对环境问题的觉醒；1987年，世界环境与发展委员会发表的《我们共同的未来》报告中，将可持续发展定义为“既满足当代人的需求，又不危及后代人需求的发展”。可持续发展包括生态可持续、经济可持续和社会可持续三个方面，其中生态可持续是基础，经济可持续是保障，社会可持续是目的。可持续发展的理念在世界范围内得到了普遍共识，也为人类改变环境问题指明了方向。

在最初关注环境污染问题末端治理的基础上，“清洁生产”的提出是人类治理环境问题上的重要进步。1989年5月，联合国环境规划署提出了“清洁生产”的概念，其含义是通过排污审计、工艺筛选，实施防治污染措施等技术和管理手段，使自然资源得到合理利用，企业经济效益最大化，对人类健康和环境的危害最小化。工业污染物排放的30%～40%是生产工艺不合理造成的，“清洁生产”提出从优化生产工艺入手，最少的治理费用便可获得削减废物和污染物的明显效果。

随着人类在保护环境、治理环境方面理论与实践的进展，工业生态学于20世纪80年代末应运而生。工业生态学，是仿照自然界物质循环的方式规划工业生产系统的学问。它试图通过企业间的系统耦合，使工业具有生态链的性质，从而实现物质和能量的多级传递、高效产出和持续利用，实现人类社会的可持续发展。

当今，“循环经济”概念的提出与实践的探索，在一定程度上可以看做是工业生态学理论与实践的延伸与重要升华，它为人类社会实现可持续发展开辟一条重要通道。循环经济倡导的是一种与生态环境和谐的经济发展模式。它借助于减量化、再利用和再循环三个原则，实现三个层面的物质闭环流动。循环经济思想的萌芽可以追溯到20世纪60年代中期，美国经济学家鲍尔丁将污染称为未得到合理利用的“资源剩余”，即“只有放错地方的资源，没有绝对无用的垃圾”，进而提出要以“循环式经济”替代“单程式经济”，来解决环境污染和资源枯竭问题的设想。

当前东亚地区除已进入经济发达国家行列的日本外，中国已是一个初步小康和初步工业化的国家，“亚洲四小龙”和东盟的马来西亚、泰国等也已先后步入新兴工业经济体行列。这些国家和地区已经或逐步具备构建循环经济体系的技术水平，通过合作与引进，有能力做到将污染排放物作为原料进行加工，生产出下游产品，让物资循环利用，物尽其用。虽然这种循环利用目前因受技术经济水平和社会管理水平的限制，不能覆盖所有的生产和消费领域，但可以大大推动污染治理的积极性和深化污染治理的程度，使东亚地区走上可持续发展的道路。

而今，发达国家在建立循环经济方面，已先行了一步。目前，全世界钢、铜产量的一半左右来自循环使用；纸制品大约有1/3，在17个产业部类的生产中，水资源的消耗速率已达到“零”，有的还在下降。面向新世纪，为实现人类与自然的和谐共存、良性互动的可持续发展，人们完全可以借鉴发达国家的经验，立足于当前东亚地区发展中国家现有的技术条件，推进“循环经济”的建立。为此，可从以下一些方面入手：

（1）加强政府宏观调控，建立有利于循环经济发展的一套绿色保障制度。

（2）逐步完善推进循环经济建立的政策法规体系，尽快进行循环经济立法。

（3）发挥市场机制的作用，在循环经济的各个主体间，实现环境资源的有效配置。

(4) 建立全新的经济核算制度，完善对生态及环境有效利用与保护的经济指标体系。

第二节 可持续发展构想和参与

当代，面对人类发展进程中不断涌现出的种种挑战与机遇，可持续发展的理论与实践应运而生。

一 可持续发展理论的由来

人们对环境问题的重视首先是从环境“公害事件”开始的。自工业革命以来，在大量使用机器和能源，生产效率猛增的同时，也造成了环境污染日趋严重，资源枯竭、大气污染、水体污染等各种环境问题纷纷涌现。到 20 世纪中叶，各种环境问题已十分严重，它们不仅损害了人类的健康，还造成巨额经济损失，形成了一系列环境“公害事件”，阻碍了人类健康的生存和未来的发展。

当人们还在忙于处理局部地区出现的公害问题的时候，涉及范围更广的全球性环境问题也接踵而来，如臭氧层耗损、全球变暖、生物多样性的锐减、土地荒漠化等。环境问题是人类文明进程的伴生物，随着经济和社会的发展而出现和发展。在解决这些环境问题的过程中，人们逐步认识到，保护环境不仅仅是环境领域的问题，而是与经济发展、资源利用、社会进步等诸多方面相联系，与人类发展相关联。因此，环境问题不可能独立解决，除了依靠环保技术的改进，更重要的是改变人类不合理的生活和生产方式，建立经济、社会、环境相互协调的崭新的发展观。

长期以来，人类所持有的传统的发展观的核心是物质财富的增长，把追求物质财富的无限增长等同于社会进步。当各种环境问题越来越明显，以至于危及到人类自身的生存和经济发展的时候，人们开始反思，引起人们对人类发展问题进行更深入的研究和探讨，于是，可持续发展观逐步建立起来。

“可持续发展”一词，在 20 世纪 80 年代中期首先由西方发达国家提出。在 1989 年 5 月联合国环境署第十五届理事会期间通过声明的形式，就与可持续发展概念有关的子孙后代的需要、国家主权、国际公平、自然资源、生态问题、环境保护与发展结合等重要内容达成共识。1989 年联合国大会期间通过了联大 44/228 号决议，重申了上述共识，并作出了召开最高级别的“联合国环境与发展大会”，以促进全球“可持续发展”的决定。1992 年有 100 多个国家元首和政府首脑出席的联合国环境与发展大会，通过了《里约宣言》和《21 世纪行动议程》等重要文件，并且号召各成员国制定其本国的可持续发展战略和政策，通过加强国际合作，以推动《21 世纪行动议程》的落实。为此，还建立了“联合国可持续发展委员会”负责评审环发大会的后续行动。这标志着可持续发展作为人类发展的共同目标，得到了全球共识，可持续发展已跨越概念和理论的探索，走向具体行动。

二 可持续发展构想的内涵

可持续发展的构想是由西方生态学家首先提出的。生态学家们重视地球上生态系统的持续性，强调维护生态系统的状况和功能的健康。随着可持续发展的概念得到越来越多的人的关注，不同研究领域的学者从各自研究内容出发，提出了各种关于可持续发展的定义。

人们从不同的角度出发，给可持续发展下了不同的定义，但究其本质大体上是相同的。前挪威首相布伦特兰夫人为主席的联合国世界环境与发展委员会经过长期研究，于 1987 年在其《我们共同的未来》报告中对可持续发展所下的定义是：“既满足当代人的需求，又不危及后代人满足其需求的发展”。这个定义鲜明地表达了两个基本观点：一是人类要发展，尤其是穷人要发展；二是发展有限度，不能危及后代人的发展。1992 年联合国环境与发展大会通过的《里约宣言》中将上述定义进一步阐述为：“人类应享有以自然和谐方式过健康而富有生产成果的生活的权利，并公平地满足今世后代的发展与环境方面的需要”。

(一) 可持续发展构想的基本要素

可持续发展构想的内涵十分丰富，其内涵包括以下 3 个基本要素。

1. 经济持续性

即在保持自然资源的质量和其所提供服务的前提下，使经济发展的利益增加到最大限度。可持续发展强调发展，鼓励经济增长，因为经济增长是增强国家综合实力、增加社会总资产（包括生产资产、人力资产和自然资产）的重要途径。尤其是对于发展中国家，面对人口增长、贫困和生态退化所构成的恶性循环，经济发展是解决一系列问题的关键。但是，经济增长不能以过多消耗自然资源和肆意破坏环境为代价，应尽可能减少经济发展对环境造成的压力，建立可持续的生产和消费方式。

2. 生态持续性

即发展以自然保护为基础，不超越生态环境系统的更新能力。可持续发展承认自然环境对经济系统及生命支持系统是不可缺少的，越是高度发展的人类社会越是密切依赖自然资源和环境的支撑。当前，随着环境恶化和资源耗竭，其承载能力日益薄弱。生态可持续性要求遵循生态学高效、和谐和自我调节的三条基本原理，使经济和社会的发展满足生态系统承载力的要求，将生态系统的退化降至最小限度，使人类的生存环境得以持续。

3. 社会持续性

即发展以提高人类生活质量为目标，同社会进步相适应。社会持续性的核心是社会公平。可持续发展要求满足代内公平、代际公平和公平分配资源的原则。社会公平还意味着在享受资源利用效益与承担资源补偿和环境保护义务两者间的公平，它是权利和义务的统一。

（二）实现可持续发展构想的原则

1. 公平性原则

以往，在满足人类需求方面存在的诸多不公平因素，阻碍了全人类共同获得美好幸福生活的追求。可持续发展所追求的公平性原则包括代内公平、代际公平和公平分配有限资源三层含义。代内公平是指本代人之间的关系，可持续发展要求给世界以公平的分配和公平的发展权。代际公平是指本代和子孙后代的关系，要求给予世世代代公平利用自然资源的权利。公平分配有限资源是指不同社会集团间在利用地球上有限的资源方面的关系。

2. 持续性原则

可持续发展强调发展，但不是片面追求经济的增长。支持人类生存和发展的自然生态系统具有一定的承载能力，当人类为了满足其需求的发展对资源和环境的索取超越了这一极限，自然支持系统将遭到破坏，甚至会抵消经济增长的成果。可持续意义的发展，应力求减少对能源和原料的消耗，从粗放型向集约型转变；尽量减少废物的排放和实现废物无害化，减少单位经济活力造成的环境压力。

3. 共同性原则

可持续发展的公平性原则和持续性原则是整个人类社会发展的共同目标。鉴于世界各国历史、文化和发展水平的差异，各国拥有选择不同的可持续发展的具体目标、政策和实施步骤的权利。但是，可持续发展不可能在一国、一地单独实现，它是全球共同的发展目标，因此需要全球共同的联合行动，各国都负有促进国际合作的义务。

可持续发展要求建立崭新的人类发展观、价值观和道德观，以生态持续为基础，以经济持续为条件，以改善和提高人类的生活质量，以共创美好家园的社会持续为目的，追求经济、社会、环境三者持续、协调、健康发展。

三 可持续发展宏观构想与公众参与

可持续发展追求经济、社会和环境协调发展，在重视当代人利益的同时，也考虑后代人的权利，强调公平和发展。可持续发展战略是在全球范围内，使人类得以健康生存、经济持续发展、社会不断进步的新战略，它的实施必然会涉及到社会生活的方方面面，必然需要全社会共同的努力。反过来，社会生活的各个方面的发展和进步，也必须体现可持续发展的思想。

（一）可持续发展宏观构想

1. 自然资源的可持续利用

根据自然资源的可再生性，可以把自然资源分为可耗竭资源（不可再生资源）和可更新资源（可再生资源）两大类。自然资源是人类生存和发展的物质基础，人类通过从自然界获取自然资源来支撑自身的生存，人类的衣食住行都离不开自然资源。但是，自然资源并不是取之不尽，用之不竭的。随着人口的增长，人类生活水平的提高，自然界的资源被人类过度地取用，当超过自然界所能承载的速度和数量时，自然资源就会不断枯竭，以致无法支撑人类未来的生活需要。

例如，森林的采伐应不超过其可持续产量。全世界现有森林面积3 625万平方公里，1980～1990年间每年平均砍伐量为16.8万平方公里，相当于每年砍掉总量的0.5%。森林具有涵养水源、储存二氧化碳、栖息动植物群落、提供林产品、调节区域气候等功能。过度砍伐使森林和生物多样性面临毁灭的威胁，也使后代人无法享有与当代人平等的利用森林的权利。为了人类的生存和发展，考虑到代际公平，每一代人对自然资源的利用都应遵循可持续的思想，提倡自然资源的可持续利用。

能源是最重要的自然资源之一。能源的可持续利用是实施可持续发展战略的重要内容和手段。目前利用的能源资源除了煤、石油、天然气、铀等可耗竭的矿石能源以外，还包括太阳能、风能、水能、潮汐能等可再生能源。从长远看，人类最终将用可再生能源替代矿石能源。但目前社会、经济、科技的发展水平决定了矿石能源还将在相当长的时间内发挥主导能源的作用。我们面临的问题是：以何种速度开发和利用矿石能源，以及研究和开发可再生的新能源，才能使能源的供应能满足经济发展对能源不断增长的需要。

目前不可再生的矿石能源资源的产量和储量，决定了矿石能源所能为人类服务的年限并不久远，能源的可持续供应需要我们不断调整能源消费结构，提高能源利用效率，节约对矿石能源的使用；同时，大力研究、开发和利用可再生的新能源，使之逐步替代矿石能源，起到主导能源的作用。

表2　　世界、亚洲和中国
主要能源储量、产量及消费量

类　别	区　划	石油（亿吨）	天然气（万亿立方米）	煤炭（亿吨油当量）
探明储量	世界	1 421	150.19	9 842.11
	亚洲	60	10.33	2 923.45
	中国	33	1.37	1 145
	世界可采年限	39.9年	61.0年	227年
	亚洲可采年限	15.8年	38.9年	316年
	中国可采年限	20.2年	49.3年	116年
产量	世界	35.896	2.4223	21.374
	亚洲	3.805	0.2654	9.24
	中国	1.623	0.0277	4.98
消费量	世界	35.036	2.4046	21.86
	亚洲	9.689	0.2893	9.472
	中国	2.269	0.0248	4.801

资料来源　2001年英国石油公司(BP)世界能源统计。

2. 环境保护与可持续发展

可持续发展源于人们对环境问题的重视，源于人们对保护环境，改善生态的渴求。环境容量是有限的。通常所提到的环境问题的实质，是指人类经济活动索取资源的速度超过了资源自身及其替代品的再生速度，和向环境排放废弃物的数量超过了环境的自净能力。人类向环境排放的大量的废水、废气、废物，可以在地球上稳定存在上百年，因此，人类所排放的废弃物越多，对环境所造成的影响就越大，从而使全球环境状况发生显著的变化。

例如，迄今为止，大气中二氧化碳体积分数已由工业化前的 280×10^{-6} 升高到 353×10^{-6}，甲烷体积分数由 0.8×10^{-6} 上升至 1.72×10^{-6}，一氧化二氮体积分数由 285×10^{-6} 上升至 310×10^{-6}，这些温室气体的增多已经使地球表面温度在过去的100年中大约上升了0.3～0.6℃。此外，自然界提供的自然资源中，对不可再生的资源的过度取用将加速耗竭速率。即使是可再生的资源，其补给、再生和增殖也需要时间，一旦取用的速度超过了极限，将会对其造成难以恢复的，甚至是不可逆转的损害。多年来，环境损害所造成的损失是巨大的。

可持续发展强调经济发展与环境保护相互联系，二者不可分割。环境保护是发展进程中的重要组成部分，是衡量发展质量、发展水平和发展程度的客观标准之一。生态环境为发展提供物质基础，如果环境压力过大，造成土地、水域、大气、森林等的退化，必然会对经济前景产生影响。在东亚地区，经济增长，人口众多，人均耕地面积在不断减少。由于受酸雨等危害严重，使许多耕地受到污染，粮食减产。仅中国，受酸雨危害的耕地就达5.3万平方公里，受到不同程度污染的耕地达10万平方公里，仅农田污染每年就使粮食减产120亿公斤。因此，环境的保护和改善是发展的保证，改善人类的生存环境，使自然资源得到永续利用，使人类的生活水平得到提高。此外，环保产业被全世界看做是“朝阳工业”，加大对环保产业的投资，加大环保力度，不仅可以改善环境质量，还可以带来可观的收益和大量的就业机会。保护环境应是无悔的行动。

3. 建立可持续的消费方式

《21世纪议程》中明确指出，“全球环境不断恶化的主要原因是不可持续的消费和生产模式，尤其是工业化国家的这类模式”。传统的消费模式在追求经济增长的大目标下，把消费数量的提高片面地理解为消费水平和人们生活水平的提高，从而引起了对资源、能源的过度消耗，造成严重的环境污染和资源耗竭，这种消费模式是不可持续的。地球是一颗表面布满水的行星，但目前世界上却有80多个国家的约20亿人因缺水而处于干旱的边缘。

尽管全球淡水资源短缺，且受到工业和农业污染的威胁，但世界灌溉系统的运行效率仍低于40%，从而造成巨大的浪费。仅以水一例，就可以看出不可持续的生产和消费模式对环境和发展所造成的巨大危害。此外，其他的环境问题和发展障碍也与传统的消费模式有关。

可持续消费的观念正是在这种情况下提出的。联合国环境署在1994年于内罗毕发表的报告《可持续消费的政策因素》中对可持续消费所下的定义是："提供服务以及相关产品以满足人类的基本需要，提高生活质量，同时使自然资源和有毒材料的使用量最少，使服务或产品的生命周期中所产生的废物和污染物最少，从而不危及后代的需求。"该报告指出，可持续的消费并不是介于因贫困引起的消费不足和因富裕引起的过度消费之间的折衷，而是一种新的消费模式，它适用于全球各国各种收入水平的人们。可持续消费的概念涉及产品和服务的完全混合，这种混合遍及整个社会，包括产生该产品和服务的过程，以及对使用了上述产品或服务的附加的或独立的产品的消费和制造。

影响消费，并与之有内在联系的因素有三：一是技术因素（包括设备、材料、使用相应设备的工业实践），二是社会与心理因素，三是法律、经济和学术因素。技术在提高生活水平和减少经济增长对环境的影响方面起到很大的作用，在支持生产和消费模式向可持续发展转变的过程中应起到类似的作用。消费模式的改变还受到来自人类的心理、文化传统和价值观的挑战，那种把物质消费看做是个人经济成就和个人地位的象征，把成功等同于物质财富和消费的观念，将影响人类的需求欲望，从而影响消费。因此，必须改变人类自身的价值观念和对待消费的态度，才能实现真正的可持续的消费。此外，环境立法和管理系统可以影响和引导消费，价格也是引导消费与消费行为的有力手段，而国家的相关政策和宏观调控更是改变人们的消费模式，实现可持续消费的必要内容。

4. 清洁生产与工业生态学

1989年，联合国环境署首次提出了"清洁生产"的概念。清洁生产是指将综合预防的环境策略持续地应用于生产过程和产品中，以减少对人类和环境的风险性。清洁生产通过应用专门技术，改进工艺流程和改善管理来实现。对生产过程而言，清洁生产包括节约原材料和能源，淘汰有毒原材料并在全部排放物和废物离开生产过程之前就减少其数量和毒性。对产品而言，清洁生产策略旨在减少产品在整个生命周期过程（包括从原料提炼到产品的最终处理）中对人类和环境的影响。

传统的工业生产方式能源消耗高、资源浪费大、污染严重；而工业污染的"末端治理"方式投入高、费时费力、与企业的经济效益没有明显关系、经济代价昂贵。以往由于经济效益与环境治理脱钩，企业普遍缺乏治理污染的积极性，产生发展的不可持续性。清洁生产是一种将经济效益和环境效益有机结合的最优的生产方式，对环境的改善不仅限于"末端治理"，而是把环境工程贯穿在整个生产过程的各个环节，使污染防治工作成为全体员工的责任。清洁生产可以最大限度地减少原材料和能源的消耗，减少污染物的排放，降低成本，在节约资源、防治污染、提高经济效益等方面都符合可持续发展的思想。

5. 可持续发展指标体系

建立可持续发展的指标和指标体系的目的在于：寻求可操作的、定量化的方法以衡量与评价一个国家或地区可持续发展的水平和能力，它是连接可持续发展理论与实践的重要纽带。

衡量社会发展，与传统工业文明相对应的是人均国民生产总值指标折算成美元。为了克服汇率变动的影响，另一普遍采用的方法是购买力平价法。此外，为了能更多地反映社会发展的不同侧面，又发展了如生活质量指标（LQI）、人文发展指数（HDI）以及考虑了环境资源核算的"绿化"国民生产总值指标或"卫星账户"体系等各种指标或评价方法。对于评价可持续发展水平和能力的指标体系，就不仅需要反映社会发展状况，还要包括经济、生态、资源等更广泛的内容。因此，旧有的发展指标无法满足可持续发展评价的要求，需要建立能够全面反映经济、生态环境、社会三方面的可持续发展水平和能力的指标体系。这方面的研究成果很多：

利弗曼（D.M.Liveman）提出可持续发展指标的八项基本标准：时空特性、可预测性、价值性、可逆性（或可控性）、整合性、公平性、可获得性和可用性。

皮尔斯（W.Pearce）和阿特金森（G.D.Atkinson）定义弱持续性指标为人造资产、人力资产和自然资产组成的社会总资产随时间的变化率，持续性的必要条件是变化率大于等于零。

世界银行于1995年9月公布的衡量国家财富的新体制，继承了弱可持续性指标的思路，将实际财富分为自然资本、生产资本、人力资本和社会资本四要素。尽管社会资本的计算尚未完成，世界银行已根据计算出的全球90个国家和地区实际财富的时间序列，引入“储蓄率”表示一个国家或地区财富动态变化的特征，用以判断和分析其持续发展的能力。

荷兰国际城市环境研究所（IUE）提出评价城市可持续性的模型，包括的指标有：环境健康、绿地、资源使用效率、开放空间与可入性、经济和社会文化活力、社区参与、社会公平性、居民生活福利等。

联合国持续发展委员会（CSD）主持的“可持续发展指标体系”大型研究项目（1995～2000）最新提出了可持续发展指标菜单。该菜单分为社会、经济、资源环境和机构制度等方面，共包括147条指标，以“驱动力—状态—反应”框架表示，广泛覆盖了《21世纪行动议程》有关章节的内容，并准备分阶段地选择部分国家进行深入研究以检验和完善该指标体系。

有关可持续发展评价的指标体系还有很多，但由于学科领域不同，地域国度不同，各种看法和选择差异较大，至今还没有一个能真正全面、恰当地反映可持续发展状况和能力，并得到全球广泛接受的建立指标体系的原则和指标体系，还有待更多的学者和专家进一步研究和开发。

（二）可持续发展的公众参与

1. 可持续发展的公众参与

可持续发展意义下的公众参与，是指公众接受并宣传可持续发展的思想，参与可持续发展的战略。它要求公众积极参加实施可持续发展战略的有关行动或有关项目，要求人们改变自己的思想，建立可持续发展的世界观，进而用符合可持续发展的方法去改变自己的行动方式。

实施可持续发展的目标，是世界观、价值观、道德观的变革，是人类行为的变革，是人类对于环境、经济、社会三者关系处理方法的变革。公众是否认识、愿意接受并积极参与，是实施这些变革的必要条件。公众参与是可持续发展从概念到行动的关键，是人类不断地从认识到实践、再认识、再实践的过程。

可持续发展思想形成的过程，是人类对环境的认识不断进步的过程，也是公众参与可持续发展逐步深入的过程。当人类逐步接受了可持续发展观后，首先需要建立可持续发展的道德观和价值观，并要把可持续发展战略付诸行动。由于实施可持续发展战略是一项庞大的系统工程，涉及经济、社会发展和环境保护的各个领域。因此，需要全方位的公众参与。公众参与的积极性和效率将决定实施可持续发展战略的进程。

推动公众更好地参与环境保护和可持续发展，主要应从以下几个方面入手：教育，包括少年儿童的学龄前教育，小学、中学的基础教育和进入大学后的学历教育；培训，这是对已经完成基础教育和学历教育的人，在可持续发展方面的再教育；参与，指公众直接参与、宣传保护环境和可持续发展方面的活动；宣传，通过电视、报刊、广播等传播媒介，宣传、推广可持续发展的思想和意识。通过教育、培训、参与和宣传，实现公众对可持续发展战略实施的真正的参与。

2. 可持续发展的经济手段

长期以来，资源和环境在产品生产中所起到的作用没有在产品的交换和价格中得到体现，使资源和环境成本外部化，使人们忽视了资源和环境对人类生活生产的贡献，从而造成了对资源的浪费和环境的破坏，影响了资源的最优配置。于是，人们需要采取一定的政策和手段使外部成本内部化。但是，社会的结构、决策、政策，特别是价格机制等的不合理，常常使资源得不到最优化的配置，即产生所谓的制度失灵。制度失灵是环境退化、资源耗竭，进而是发展的不可持续性的重要原因。制度失灵包括市场失灵和政府失灵两方面内容。市场失灵是指市场无法引导经济过程走向社会最优化，主要表现是与污染、资源开发和生态系统破坏相关的外部性无法体现在市场的交换和价格中。政府失灵则主要是由于政府部门不恰当的干预，使制度体系内部本身出现不足。

实施可持续发展战略，一个重要的方式是通过经济手段体现环境成本。经济手段从影响成本和效益入手（使得价格反映全部社会成本），引导经济当事人进行行为选择，以便实现改善环境质量和持续利用自然资源的目标。更有效和更广泛地使用经济手段和其他面向市场的方法，将环境成本纳入到各种经济分析和决策过程中去，实现污染者付费的原则，以促进可持续发展。

经济手段的目标和作用在于纠正导致市场失灵的外部性问题，使得外部成本内部化，其所依据的基本原则就是"污染者支付原则"（polluter pay's principle，简称 PPP)，和把资源利用也纳入其中的"污染者和使用者支付原则"（pollute and user pay principle)。此外还包括预防与预警原则、经济效率或费用—有效性原则和其他的辅助原则。目前各国采用的经济手段可以划分为七类：（1）明晰产权；（2）建立市场；（3）税收手段；（4）收费制度；（5）财政和金融手段；（6）责任制度；（7）债券与押金—退款制度。这些经济手段主要应用或适用于：污染控制、自然保护、资源利用、流域、区域综合环境管理、国际和全球环境问题、生产和消费等领域。经济手段的选择还必须考虑以下几个原则：有效性，即通过此手段可以实现相应的政策目标；经济效率，即促进资源配置的最优和实施费用最小；公平性，即所选用的手段对不同的政策对象（团体和个人）应是公平的；监督管理的可行性以及相应的管理费用的合理；可接受性，即所要实施的经济手段必须得到政策目标群的接受。

当然，经济手段不是实施可持续发展战略唯一的手段，它通常需要与命令控制型手段以及基于自愿的方式的各种手段结合起来应用，尤其是对于经济转轨或发展中国家和地区，各种方法的综合使用更加重要。

3. 可持续发展的法制建设

可持续发展的实施需要有强有力的法制保障。法制建设和法律的稳定可以保障政府的政策的稳定和一定的经济发展速度；可持续发展的各个部门和领域间错综复杂的关系需要运用法律加以规范；有效维护开展可持续的公平竞争的经济秩序和社会秩序也需要加强法制建设；可持续发展的重要内容是国家的宏观调控，这也只有在法律规范的保障下，才能实现宏观调控的目标；此外，可持续发展的实施要打破旧有的不合理的政策或生活生产方式，为推行新政策也必须依靠法律的权威性。所以，法制建设是可持续发展战略实施的重要内容和保障。

保护环境是实施可持续发展的关键，环境立法是可持续发展的法制建设中最具重要性的跨部门的工作之一，涉及大多数同发展有关的部门。《21世纪行动议程》指出，目前，国家环境法的不足和无效性是达到可持续发展的有效管理的主要障碍之一。环境法制的能力建设包括：制定追求可持续发展目标的国家政策和战略，并在此基础上建立国家的立法和组织机构制度；制定、颁布和实施适合国情的、以可持续发展为目标的国家的环境管理立法和制度；各国积极参与有关可持续发展的国际法律文书的谈判和缔约，并予以有效实施。

传统的有关环境的法律主要是针对自然资源的分配和利用的，并不涉及资源的可持续利用和管理。在出现了重大的环境退化事件后，作为反应，这些法律中也包含了少量环境保护和资源保护的内容。1972 年在斯德哥尔摩召开的联合国人类环境会议，使人类的环境意识觉醒，出现了以资源保护为目标的立法和反污染法等法规，目的是实现自然资源的长期管理和可持续利用。但是，仅仅依靠以自然资源保护为目的的几项立法和反污染法的力量并不足以保护环境质量，于是，以哥伦比亚于 1974 年颁布的《可再生自然资源和环境保护法典》为开端的系统化立法的观点出现了。其目的在于囊括全部生态政策和环境管理计划，对环境进行综合的规划和管理。目前这一特点已经成为发展中国家环境立法的最重要的趋势。

可持续发展的法制建设不仅仅局限在环境立法方面，它还涉及到与经济、社会和环境有关的各类法制建设，需要对所有的法律法规、政策措施等以可持续发展为准则进行全面评价、修改和补充，同时国际配套立法也刻不容缓。在立法方面要强调各领域间的综合决策和协调发展。

第三节　东亚地区各国可持续发展政策与前景

一　东亚地区各国的环境保护政策

面对经济发展的需要和日益严重的环境问题，东亚各国纷纷提出了各自的可持续发展战略或保护环境的措施。东亚各国的环保行动主要是制定一系列的综合性的环境政策或伞形的环境立法，对土地退化、水体污染、大气污染、森林锐减、能源耗竭、自然灾害等各种环境问题进行协调治理。中国和马来西亚是很好的例证。马来西亚《环境质量法》(EQA) 是一种伞形环境立法，为控制大多数类型的污染，提高环境质量和管理水平勾勒了一个框架。马来西亚《环境保护法》之下的部门法包括:《水法》(针对河流污染的控制);《街道、排水和建筑物法》(针对排放到河流的污染物的控制);《地方政府法》(针对地方当局管理范围内的河流污染的控制);《空气污染控制方法指南以及机动车辆法》(针对烟气排放的控制)。1992 年新加坡的绿色计划旨在建立一个机制，在 2000 年以前建设成具有高标准公众健康、清洁空气、清洁水、清洁土地的城市。该计划还涉及到环境教育、环境技术、资源保护、清洁技术、自然保护和环境噪声等方面，并进一步要求减少二氧化碳的排放，提高能源效率、将人均日垃圾产生量控制在 1 公斤。

为减少土地退化，东亚地区实施了适当的政策和相应的计划、项目，包括流域管理、水土保持、沙丘固定、水淹地和盐渍地开垦、森林和牧场管理、使用绿肥和种植合适作物以恢复农田土壤肥力。中国在 1983 年开始实施土壤侵蚀控制计划以来，在控制某些地区土壤侵蚀方面取得了显著成效。经过 10 年努力之后，已有 200 万公顷土地的土壤侵蚀得到控制，相当于受影响总面积的 1/3。土地生产力的提高使得这些地区作物产量翻了一番。该计划的第二阶段 (1993～2002 年)，旨在提高作物质量和生产率。中国、印度尼西亚、马来西亚、缅甸、菲律宾、泰国都制定了法律以减少采矿对土地退化的影响，确保在对环境产生最小影响的情况下，适当地利用资源。

为了解决森林锐减问题，各国政府采取了诸如建立森林公园和野生生物保护区、再造林等措施来保护林地。1981～1990 年间，东盟地区每年平均植树 52.5 万公顷。到 1990 年，中国声势浩大的植树造林工程营造了将近3 200万公顷的森林。1973 年韩国启动的第一个 10 年森林开发计划制定了新植树造林 100 英亩 (折合 40.5 公顷) 的目标，该目标已提前实现。正在推行《第三个国家森林计划》(1988～1997)，其结果也相当成功。1977 年马来西亚颁布的“国家森林政策”是强化森林管理制度以及联邦和州政府之间相互协作方面取得的一个重大突破。印度尼西亚的森林政策主要是提高自然林的产量和再生能力，在滥伐和没有收益的林地种植工业林。缅甸的森林政策的基本特点是在不损害现存森林资源的前提下，实现林材生产的可持续性。尽管推行了许多保护森林的计划，然而人口的快速增长却使森林受到了破坏。人们为获得耕地，为获得柴薪、圆木和饲料而过度砍伐森林。按现在的采伐速率计算，亚洲现存的木柴储备将在 40 年内耗尽。所以，还须加强和严格实施森林保护政策，控制森林产品贸易，扩大造林计划以抵消受损的森林。在不牺牲林地的同时，提高农业生产率。

为了保护水质，满足对洁净安全水的不断增长的需求，各国所采取的措施有: 水的循环使用、海水脱盐、需求管理、流域间调水、防渗计划、差别支付率、立法、环境影响评价、建立污水排放标准、湿地保护，以及使用经济刺激手段等。此外还广泛实行了流域综合管理计划。日本、马来西亚、韩国、新加坡等国，根据污染者付费原则，利用减免税等经济刺激手段来激励企业减少对水的污染。在新加坡、中国香港特别行政区、印度尼西亚等国家和地区，均有河流清洁计划等治理措施。

新加坡政府 1977 年推出的“清洁河流”10 年计划，花费 2 亿新元，使新加坡河和 Kallang 流域又生机盎然。如今新加坡的河流溶解氧浓度为 2～4 毫克/升，又可满足水生生物生存需要了。政府的目标是进一步减少污染，力争到 2000 年将所有河流的溶解氧浓度控制在 4 毫克/升。1980 年，香港就颁布了《水污染控制法令》(WPCO)，为控制生活污水和工业废水的排放提供了法律基础。1988 年以来，香港一直在努力清洁河流，河流水质有了明显提高。80 年代早期，香港仅有 35% 的河流水质较好，到 1994 年该比重已上升到 75%。此外，对水资源加强需求管理，增加公众参与，在香港特别行政区，某些特定的家庭用水以海水代替淡水的比率越来越高。在印度尼西亚第二大城市苏腊八亚，称为 PROKASIH 的清洁河流运动给工业污染者施加了强大的公众和政治压力，迫使大多数企业采取了治理设施，而且使一些工业企业的污染物减少了 50%。

由于东亚地区受酸雨威胁严重，为缓解酸化的潜在影响，必须加强对大气污染的治理。机动车尾气排放是许多城市大气污染的重要原因之一。菲律宾、泰国等国的政府试图通过限制路上的机动车数量来缓解这一问题。1993 年起，一些马来西亚公司装配的新车都安上了催化转化器，以减少机动车尾气排放。菲律宾等几个国家推出无铅汽油，要求新车使用这种汽油。许多国家在进行以乙醇和电力为能源的新车的研究。日本则发明了一种可以消除液化气燃烧过程中排放的95%的 SO_2 和80%的 NO_x 的新方法。

印度尼西亚的环境影响管理局（BAPEDAL）（一个非政府部门组织），针对海洋和沿岸污染，提出相应的计划，包括海港和旅游海滩的污染控制，马来亚、望加锡、龙目海峡的油轮服务带区。1992年，新加坡推出的“绿色标志”制度，帮助消费者确认环境友好产品。这一制度为产品制造、分配、使用、处理提供了专门指导。如果产品符合标准，由私人、研究机构和制定标准的组织的代表组成的咨询委员会，就给产品颁发绿色标志的标符。泰国旅游活动环境促进董事会（BEPTAT）在1997年3月启动了一个绿叶项目，旨在提高饭店经营中的环境管理标准。环境署和泰国旅游当局与泰国饭店协会一起，都是董事会成员。

由于东亚地区是自然灾害多发地区，需要各国不断提高对备灾、防灾和减灾措施的重要性的认识。许多国家已经开始建立机构，制定规划、计划和法律来解决灾害问题。印度尼西亚建立了国家自然灾害防备与救济协调委员会；中国成立了各部委之间的协调委员会；缅甸社会福利部设立了救济与安置局；菲律宾组建了国家灾害协调委员会。此外，中国利用航空航天遥感和陆地感测技术，监测各种自然灾害，取得了卓越成效；韩国也有较完善的灾害预报和警报网络；泰国已经绘制了泰国南部地区洪水和滑坡风险图，建立了南部和东北部地区的洪水模型；马来西亚在洪水预报、警告、防备和救济等方面也做了大量工作；日本一直在对潜在地震、火山爆发、风暴、海啸、台风、水灾等自然灾害作观察、预测和发布警报。

二　东亚地区各国的可持续发展政策

可持续发展对中国的发展具有重大的意义，实施可持续发展战略关系到能否顺利实现中国国民经济和社会发展的总体目标。中国人口众多，人均资源短缺，随着近年来经济的发展，生态环境受到了严重的破坏。水污染严重，七大水系、部分湖泊和部分近岸海域受到不同程度的污染。城市大气污染日趋严重，酸雨覆盖面积约占国土面积的30%，交通噪音、“白色污染”问题突出，生物多样性减少，土地污染等环境问题受到了越来越多的重视。鉴于中国生态环境不断恶化，环境问题已经成为制约经济发展和影响人体健康的重要因素，中国政府对环境保护工作给予了高度的重视。

继联合国环境与发展大会之后，中国为履行大会提出的任务，改善环境以促进经济发展和人们的生活水平的提高，中国在世界银行和联合国开发署、环境署的支持下，先后完成了多项有关可持续发展的重大研究和方案。1992年8月，中共中央和国务院批准了指导中国环境与发展的纲领性文件《中国环境与发展十大对策》。1994年3月，国务院批准的《中国21世纪议程——中国21世纪人口、环境与发展白皮书》是全球第一部国家级的《21世纪行动议程》，它把可持续发展原则贯穿到各个领域，立足中国国情，广泛吸纳、集中了各部门正在组织或行将实施的各类计划，具有综合性、指导性和可操作性。

1996年3月5日，八届全国人大四次会议审议通过了《关于国民经济和社会发展“九五”计划和2010年远景目标纲要》，明确了要实行经济体制和经济增长方式的根本性转变，把科教兴国和可持续发展作为两项基本战略，并提出，“到2000年，力争使环境污染和生态破坏加剧的趋势得到基本控制，部分城市和地区的环境质量有所改善。到2010年，基本改变生态环境恶化的状况，城乡环境有比较明显的改善。”

在环境政策和法规的建立方面，中国制定了预防为主，防治结合、污染者付费（谁污染、谁治理）和强化环境管理的三大环境政策；颁布了《环境保护法》、《大气污染防治法》、《水污染防治法》、《固体废物污染环境防治法》、《噪声污染环境防治法》、《海洋环境保护法》等6部环境法律和9部相关资源法律；发布了28件环境法规和70余件环境规章，地方性环境法规达900余件；国家制定了375项环境标准，初步形成了符合国情的环境政策、法律、标准和管理体系。在2002年可持续发展世界首脑会议之前，中国公布了《中国可持续发展国家报告》，2003年7月，为积极响应约翰内斯堡世界首脑会议的有关倡议，中国政府又制定了《中国21世纪初可持续发展行动纲要》。

以控制污染趋势、促进经济增长方式转变为内容的《全国主要污染物排放总量控制计划》，和以改善流域、区域环境质量为目的的《中国跨世纪绿色工程规划》正在全面实施。污染物总量控制指标已经分解下达到各省；已有700多个绿色工程项目开始建设，落实资金868.9亿元，占总投资的46%。

此外，中国还努力促进区域和全球环境保护方面的国际协作，目前已经与23个国家签署了双边合作协定，协定内容涵盖环境规划与管理、全球环境问题、污染防治、森林和野生生物保护、海洋环境、气候变化、大气污染、酸雨和污水处理等方面。中国还是大多数国际公约和协定的签约国，签署和加入了《关于消耗臭氧层物质的蒙特利尔议定书》、《气候变化框架公约》等18项国际环境条约，制定了《中国21世纪议程》、《中国生物多样性》等10多项履约方案和规定。1992年还成立了中国环境与发展国际合作委员会。

为了21世纪地球免受气候变暖的威胁，1997年12月，世界144个国家和地区的代表在日本京都召开的《联合国气候变化框架公约》的缔约方第三次会议，通过了旨在限制发达国家温室气体排放量以抑制全球变暖的《京都议定书》。中国于1998年5月签署，并与2002年8月核准了该议定书。2005年2月16日《京都议定书》正式生效。

日本是东亚地区唯一的发达国家，在战后日本经济的恢复时期，由于急速地推进工业化，也饱尝了公害问题造成的恶果。20世纪60年代，由于与环境相关的法律和制度等不健全，可以说，日本经历了发达国家所经历的所有公害问题。从60年代后期开始，日本致力于环境保护。首先是完善环境保护的法律。在反对公害运动强烈的地方，采取了修改自治体的条例或制度，以促进环境保护的方法。在此基础上，1970年国会全面修改了《公害基本法》，并制定了有关环境保护的14项法律。此外，日本还完成了公害审判程序的制定工作，使审判的结果明显有利于原告一方。

但70年代的石油危机导致的经济不景气，和80年代的日元升值造成的增长率下降，使日本的环境政策出现倒退。尽管如此，日本在忽略了地球环境问题的治理的同时，对于解决公害问题在70年代却是卓有成效。日本是能源的进口大国和使用大国，鉴于此，日本十分重视节约能源和开发新能源。70年代实施了一项开发新能源的“阳光计划”，80年代又推行了节约能源的“月光计划”，一些公司相继开发出了许多有利于环境的产品。

90年代，随着可持续发展战略为世界各国所接受，日本政府于1994年出台了日本的21世纪议程行动计划。《日本21世纪议程》的重点是“从环境要求的角度对国民生活方式本身进行变革”。《议程》中提出六项重点工作基本上是围绕环境问题，如减轻对地球环境的压力、积极推动解决全球环境问题、促进环境技术的转移以及处理好贸易与可持续发展的关系等问题。日本提出的可持续发展的目标是：建立一个减轻环境负荷的可持续发展的社会。这一点以法律条款明确在《环境基本法》中。

随着东盟国家经济的发展，环境问题也成为东盟急需解决的至关重要的议题。从1981年以来的10多年中，东盟共制定了七个有关环境的宣言和决议，出台了三个地区环境合作计划；但目前东盟仍然面临着环境的挑战。

东盟国家从1977年开始开展地区环境合作，在联合国环境规划署的推动和支持下，制定了第一个东盟分区环境计划（ASEPⅠ），该计划包括6个优先领域和100多个环境项目，由东盟科技委员会下属的东盟环境专家组负责具体实施。随后，在1982－1987年和1988－1992年间，又先后制定并实施了第二和第三个东盟分区环境计划（ASEPⅡ、ASEPⅢ）。

1989年，东盟环境专家组升级为东盟环境高官组织。1993年7月在曼谷举行了第四次东盟环境高官会议，决定委托东盟秘书处负责起草新的东盟环境战略行动计划。经过充分协商，终于在1994年4月第五次东盟环境高官会议和第六次东盟环境高官会议上通过了“东盟环境战略行动计划”，并在第六次环境部长级会议上获得批准和采纳。

2002年，在东盟倡议下启动了东盟—中日韩（10+3）环境部长会议机制，为东亚地区的环境合作提供了一个良好的对话平台。在第一、二、三届10+3环境部长会议上，提出并持续支持10个优先领域的合作。目前，中国与东盟一些国家在澜沧江—湄公河国际开发项目、国际环境法规贯彻、东亚酸雨检测网等方面均存在着合作关系。

三 东亚地区可持续发展的前景

（一）坚持可持续发展

贫穷和人口众多是东亚地区生态环境破坏严重的原因之一。为了获得粮食，满足基本生活需要，利用初级产品换取外汇，一些国家不得不过度地消耗自然资源，忽视对环境的保护。缓解自然环境退化的状况，改变不断恶化的生态环境，必须通过促进可持续的经济发展和社会进步，增强国家的综合国力，提高人们的生活水平，从而提高环保意识，加强环境的保护。

只强调环境保护，片面追求降低能源和原料消耗，而忽视经济发展是因噎废食。经济发展的停滞，将最终导致生产衰退、经济萎缩、人均收入减少，使人类的生存过度依赖于对初级能源和产品的利用；经济落后，就没有能力对环境进行治理，从而对生态环境造成更大的破坏。1997年东南亚金融危机给这一地区各国环保产业带来的危害就是一例。由于金融危机对经济的影响和国际货币基金组织（IMF）对遭受危机的国家所采取的紧缩措施，使得印度尼西亚的清洁水方案和固体废物管理项目不得不推迟完成，而马来西亚的改造供水系统的计划也有同样遭遇。东亚地区的发展中国家，尤其应该抓住时机，在保持一定的环境治理水平的前提下，加快经济发展的步伐。

经济快速、稳定、健康的发展对环境保护是有促进作用的。经济发展促进商品能源的使用，可以改变居民，特别是农村居民低效率地利用生物质能源，提高能效的同时也清洁环境；环保产业的发展，需要大量的资金和技术投入，经济发展可以提高国家的综合国力，以便加大对环保产业的投资，同时可以扩大对环境保护科教工作的投入，促进环保技术的发展；人们生活水平的提高和社会的进步，使其环保意识得以增强，进而促进其向可持续的消费方式转变。可持续意义上的经济增长，是与资源合理使用、减少单位经济活动造成的环境压力相协调的经济增长。东亚国家应加快实现传统经济增长模式向可持续发展模式的转变，实现可持续意义上的经济增长。

（二）全面系统制定可持续发展战略

可持续发展战略的实施，涉及到人们生产和生活的方方面面，需要经济发展、社会进步与环境保护协调统一。

可持续发展战略是人类长远利益与现实利益的统一，是个人利益与社会利益的统一。这些目标单纯依靠个体的努力是不可能实现的，它必须依靠国家和政府的力量，在制定合理的可持续发展战略的前提下，通过宏观调控，使各行各业协调发展。可持续发展强调经济发展的同时，注重环境的保护，环境与经济发展间的矛盾是市场经济外部性的问题，而政府的宏观调控是从社会发展的全局出发，使经济发展与环境保护相协调的最有利的方式。

全面系统的可持续发展战略的实施必须依靠强有力的法制保障。可持续发展的思想是协调各方利益，促进均衡的发展，需要改变传统的发展观念和发展模式，它的实施必然会损害一部分人的既得利益，必然会受到传统势力的阻挠，因此，可持续发展的实现必须依靠法制的力量来规范人们的行为，促进协调的发展。此外，可持续发展还需要依靠经济手段、政府宏观命令型手段和基于自愿方式的各种综合手段来实现。

宏观调控、法制保障和经济手段是可持续发展战略实施中不可或缺的三个重要方面，尤其是对于东亚国家，应该建立合理适度的政府宏观调控下的发展政策，而不是制定如盲目扩大初级产品的出口以换取外汇等不合理的政策，为了短期利益而损害长远的发展；应该加强在快速发展过程中的法制监督和管理，使发展沿着正确的轨道进行；应该重视发挥经济手段的作用，体现公平性的原则。

（三）重视科教，促进科技进步和技术密集型产业发展

既要发展经济，又要保护环境，走出这种两难境地的根本方式是依靠科技进步。科学技术的进步带动经济的发展，这在产业革命以来已经成为不争的事实。机械化大生产、能源工业的发展、电子技术以及信息技术的进步，不断地促进着世界经济的发展。未来的经济发展，也必然要依靠科学技术的进步，提高劳动生产率，满足人们不断增长的物质和文化的需要。

20世纪80～90年代，实施“科教兴国”是东亚各地经济快速发展的重要动因。与经济发展相同，环境保护的实现也必须依靠科学技术进步。目前能源系统利用总效率只有10%～20%，在发展中国家这一数字更低。而科技水平的提高，可以加大优质能源载体的利用和高效率的终端用能装置的

使用，大大提高能源系统的利用效率。可再生的新能源利用技术的研究和开发，还可以从根本上解决能源供应短缺的问题。清洁生产技术的发展，开发了大量无废、少废工艺，对于减少生产和生活中的废弃物的排放量作用显著。对于已经污染了的自然生态环境，如土壤、水体、大气、海洋等的治理，同样需要先进的环保技术的利用。总之，在防治环境污染和破坏方面，科学技术将大显身手。

（四）加强国际合作

如上所述，东亚各国的发展，都或多或少地依靠了科技进步，未来东亚的发展，将不仅需要不断加强对科技的投入，促进科学研究和开发，而且需要加强区域内和国际间的科技交流与合作，尤其是发展中国家，利用“后发优势”，快速赶上。

环保科技的进步，清洁生产工艺的开发，是21世纪产业发展的重要保证。环保产业作为最有前途的产业之一，受到世界各国的重视。在这一方面，东亚地区的合作还有很大潜力。缓解大气污染、改善土质、清洁水源等是东亚各国所面临的共同课题。

东亚地区加强科技合作，应首先重视区域内的科技交流与合作，区域内各国也都表现了这方面的兴趣。日本作为东亚地区唯一的发达国家，战后几十年的发展使其具备了一定的科技水平。日本为了实现其21世纪高科技大国的目标，十分重视科技研究的国际化。韩国步日本的后尘，也把国际科技合作作为其科技工作的重点之一，科技发展卓有成效。东亚地区的科技合作在不同的层次上展开，区域内科技先进的国家可以带动后进国家，发展中国家也可以通过科技引进，促进技术密集型产业的发展，实现产业升级。东亚区域内各国在科技方面发展不同，互有优势，通过科技领域的共同开发与研究，可以使合作双方收益。

科技交流与合作是东亚地区各国间合作的重要方面，除此之外，加强国家间的贸易往来、金融方面的联系也十分重要。在当前世界经济全球化、区域化发展的趋势下，加强国家间的交流，可以促进优势互补。尤其是对于东亚地区国家，具有不同的发展水平，在资金、技术、资源及产业发展等方面互补性强，具有合作的优势。东亚地区国家间的贸易往来应更多地体现环境成本，有利于环境保护和生态环境的恢复，合作应以公平、公正为基础，使各方获益。

目前，日、美等国试图建立东亚空气污染监测网，开展联合监测，逐步在东亚建立区域性酸雨控制体系。

（邱　彤）

第五编

东亚地区内外经济与贸易关系

第一章 概况

第一节 东亚地区内外经贸关系的悠久历史和辉煌开创

涵盖广义的东亚地区各国之间和它与世界其他地区之间的商贸与经济关系，历史悠久，源远流长。

早在距今3 100多年前的商代，到距今2 220多年前的秦代，中国丝绸的生产技术已发展到很高的水平。那时，中国丝绸已经西北地区各民族之手少量辗转运到中亚及印度等地。

从汉代（前 206～公元 220）开始，中国就向中亚、南亚和西亚等地派出使节。如张骞（？～前114）等出使西域，逐步开辟了“丝绸之路”，与当地各国建立起政治和经济贸易联系，成为世界上最早跨国、跨洲进行经济贸易和文化交流的地区之一。后来数代又有进一步发展。

到 15 世纪，郑和（1371～1433）奉明朝皇帝之命，率大型船队 7 次出使亚非 30 多个国家和地区，发展相互政治、经贸与文化关系。其历次航行，随员均达 2.7 万多人，每次出使所乘巨船 100 余艘，其中第一次达 208 艘。船队主体由 62～63 艘大、中号宝船组成。大号宝船长 44.4 丈，宽 18 丈（分别折合 148 米和 60 米）；中号宝船长 37 丈，宽 15 丈（分别折合 123.33 米和 50 米）。这是当时世界上规模最大、时间最长、次数最多的跨国、跨洲进行和平访问与商贸交流的船队。这不仅增辟了“海上丝绸之路”，开创了大规模海上经贸文化交流，而且也成为世界历史上最早出现的规模最宏大的国际和平交往的盛事。

从中国唐代（618～907）盛世起，到 19 世纪中叶清王朝上半期，东亚地区各国之间的经贸文化交往更加增多。一方面，由于历史地理的因素，使华夏儿女早年移居东南亚，他们通过海陆途径，将中国的丝绸、陶瓷制品等运到东南亚，而后将那里的土特产品运回中国，其中有些人侨居当地成为华侨。这些华侨或同当地居民以及从中国去的商人从事商贸活动，或在当地从事农耕活动。另一方面，从唐代开始的中国历代王朝强盛时期，特别是公元 14 世纪下半期至清朝（1616～1911）的上半期，东南亚一些国家与中国王朝间开展的“朝贡贸易”，进一步扩大了中国与东南亚、南亚等国间的经贸关系与往来。

第二节 近现代东亚地区内外经贸关系的曲折变化

19 世纪中叶至 20 世纪上半叶，东亚地区许多国家饱受殖民主义—帝国主义入侵之害，相互之间以及对外的经贸交往受到严重的破坏。然而，由于地缘与历史的因素，使该地区各国人民间的经贸往来依然未有中断。

19 世纪中叶以后，西方殖民主义—帝国主义者进一步加快了对东亚地区侵略掠夺的步伐，到20世纪初，荷兰、英国、法国和美国相继控制了东南亚几乎所有的陆地和岛屿，只有暹罗（泰国）还保持有形式上的独立。当时处于殖民地地位的许多东亚国家人民，承受着本地统治者和殖民—帝国主义当局的双重剥削与掠夺。日本在1868年明治维新后，也走上对东亚地区国家的扩张侵略道路，尤其在20世纪上半叶逐步取代欧美帝国主义者，完全和部分占领了东亚大部分国家，实行殖民统治，使被占的殖民地半殖民地的外贸与对外经济关系受到严重的摧残。

由于帝国主义的侵略，殖民地半殖民地原有的经济结构和外贸体系遭到破坏，被迫成为西方列强的原料供应地，为列强提供锡和橡胶等工业原料以及为劳工生活提供必需的大米等食品。此时，由于西方企业集团集中关注的是对洲际贸易的控制与垄断，无暇顾及东亚区域内市场，东亚地区各国民族工商业者在十分困难的条件下经营，东亚地区华人将其商贸网络扩展至东亚各地，与东亚一些国家民族工商业者一道发展了部分外贸业务，成为活络东亚各地间经贸联系的重要力量。

第三节　当代东亚地区内外经贸关系的迅速发展

20世纪中叶，东亚地区各国先后获得独立。特别是冷战结束后，各国之间及与世界各地之间的经贸往来呈现空前迅速发展的趋势。

贸易方面，20世纪70年代开始，随着日美贸易不平衡的扩大，日美间的经济摩擦加剧，同期日本对欧共体的贸易顺差也迅速上升，与欧美的贸易摩擦促使日本日益重视对东亚地区内的贸易，中国、“亚洲四小龙”和东盟在日本进出口贸易中的比重大大提高。与此同时，东亚其他国家的区内贸易和对世界各国的贸易也陆续迅速增长。

20世纪70年代，尤其是70年代中期以后，随着越南战争结束，美国军事力量从亚洲收缩，以及中国同东南亚各国关系的改善，东亚地区内的经贸关系获得较大进展。以东盟为例，1973～1983年间，东盟国家间的贸易额占东盟对外贸易总额中的比重，从14%上升为21%；同期，东盟与工业发达国家贸易额占东盟对外贸易总额中的比重，则从63%降至54%。

20世纪80～90年代，随着中国改革开放进程加快，中国成为东亚地区内外经贸关系迅速扩张的重要动因。1980～2000年间，中日双边贸易额从89亿美元上升为832亿美元；1992～2002年间，中韩双边贸易额从50亿美元上升为440亿美元；1991～2001年间，中国与东盟间贸易额从80亿美元上升为416亿美元。

投资方面，20世纪80年代以后，日本随着劳动成本和币值上升以及国际竞争力下降，进一步加快了对外投资的步伐，使得日本在东亚地区资本流动中长期占据主导地位。进入90年代，韩国、新加坡、中国的台湾和香港这“亚洲四小龙”，在东亚地区直接投资的资金流入和流出方面，也开始扮演了重要角色。与此同时，东盟一些国家对越南等经济转型国家的直接投资也在增长，成为对这类国家的主要投资者。

在贸易与投资的推动下，二战结束后，特别是20世纪六七十年代以来，东亚地区通过结构调整与产业转移，日本已成为发达国家，“东亚四小”已向中等发达经济体水平迈进，东盟的泰国、马来西亚等也步入了准新兴工业国之列，它们之间形成了技术密集与高附加值产业—资本、技术密集产业—劳动密集产业的阶梯式产业分工体系。

然而，囿于垄断而不愿竞争的理念，严重地阻碍着日本的改革与调整的步伐，使得守旧的日本在当前信息革命的浪潮中落伍了。加之，日本自身的产业空心化，一些基础技术、中间技术甚而高技术领域的产业向海外转移，致使日本大而全式的产业结构难以为继，东亚地区日本一家独大的“领头雁”格局，终于开始被打破。

20世纪80年代以来，由于经济的稳定增长，中国成为东亚和世界主要的商品市场和资金聚集地，对世界和周边国家的经济发展产生着积极的影响，成为东亚经济发展的重要平衡石与动力机，加快了原先以日本为“领头雁”的东亚分工模式的式微进程。同时，随着经济发展，中国庞大市场规模的形成，使得原先产品最终市场基本定位于域外（欧美）的东亚市场不完整性渐趋消弭，进一步增强着东亚地区经济的自立性。

二战结束后，特别是近一二十年来区域合作的长足进展，也是东亚地区各国经贸往来加强的一个重要催化剂。以1993年亚太经合组织西雅图会议为契机，一方面，给亚太泛区域合作以新的推动；另一方面，也给东亚地区的次区域合作以有力的推进。20世纪末，东亚地区的次区域合作已从东南亚向东北亚扩展，诸如东盟向自由贸易区转型，逐步成型的“泛珠三角区域合作”和初露端倪的东北亚经济合作区等。2001年11月，中国与东盟达成10年内建立自由贸易区的协议，给东亚的区域合作以新的推动。瞻望前景，预期随着中国东盟“10+1”合作模式的进展，东盟与中日韩“10+3”的全区域合作，成为东亚地区合作的新趋势，并将发挥其在东亚地区经济合作中的中坚作用。

（郝继涛）

第二章 东亚地区内经贸关系

第一节 概述

一 态势

近20多年，特别是20世纪80年代末以来，世界投资与贸易增长普遍趋缓，而亚太特别是东亚地区的经济都在区域分工与投资增长的推动下，在经济成长、投资与贸易发展间形成了相互推动的态势。主要表现在：

（一）东亚地区内贸易增长速度超过其对世界其他地区贸易的增长速度

2005年博鳌亚洲论坛《亚洲一体化报告》指出，亚洲贸易发展的一个突出特点是区域贸易发展迅速。特别是在东亚地区，其区域内贸易的增长速度超过其对全球贸易增长的速度。

资料显示，1985～2001年期间，东亚地区内贸易在世界贸易总量中的比重增长了3倍，达到6.5%，区域内贸易在出口中所占的比重也增加到35%。

表1 东亚地区以及北美、欧盟地区 1980～2002年内部贸易比重 （%）

地 区	1980	1990	2000	2002
东亚地区	34.7	45.6	54.0	57.3
东亚发展中国家	21.6	36.4	43.4	47.5
新兴的工业化地区	7.7	14.3	16.4	17.1
东盟	18.0	18.9	25.7	24.4
北美自由贸易区	33.8	37.9	48.7	48.3
欧盟15国	52.4	58.6	62.2	62.4

资料来源 根据世界贸易组织《2003年国际贸易统计》资料编制。

（二）东亚地区内贸易的扩展中，中国与“亚洲四小龙”的区域内贸易增长尤为迅速，成为东亚地区内贸易扩张的主要动力与主体

1985～2001年期间，东亚地区外贸中有大约11%转向到区域内贸易，其中主要的推动者是中国、中国台湾、韩国、马来西亚和新加坡，大约80%的区域内贸易额集中在上述5个主要市场。

二 因素

近年来，东亚地区各经济实体间贸易的迅速扩展，主要是由如下一些因素促成的。

（一）区域内资本流动加速的带动

近一二十年，特别是20世纪80年代中期以来，在日本产业转移与对外投资的推动下，东亚地区的梯次动态分工体系逐渐形成，促使地区内资本流动规模迅速扩大。近几年受经济周期的影响，日本对外投资有较大减缩，中国台湾和韩国的对外投资也受影响，但一般估计这种趋势只是暂时的。《亚洲华尔街日报》调查显示，20世纪90年代上半期，日本对外投资即开始改变以北美为重点的态势，而主要转向亚洲特别是东亚地区。东亚地区各经济实体间资本流动规模的扩大，不仅一般地通过各地间分工发展与互补性加强，促进区内贸易的发展，而且还通过促进各地结构调整与产业升级，提高产品竞争力与改善外贸商品结构。从而大大加快区域内贸易的扩展速度，在这方面新兴工业经济体东盟和中国表现得尤为突出。

（二）居民收入水平提高促进区域消费市场的成长

经济迅速发展，居民收入与购买力水平的提高，是东亚地区消费品市场容量迅猛扩大的直接动因。近年来，西方经济发展滞缓，而东亚地区却欣欣向荣一枝独秀。居民收入水平迅速提高，该地区的日本与“亚洲四小龙”等地的总收入与西欧不相上下，消费力相当可观。英国《经济学家》杂志估计，亚洲已有10亿人口拥有购置耐用消费品的能力，即超过北美和欧共体的总和，而其中4亿人口则已达到目前富裕国家居民所拥有的可支配收入水平；目前法国奢侈品的40%，德国1/3的轿车销往亚洲。总之，当前亚洲至少是东亚已成为世界上一个不可忽视的消费品市场。

（三）基建投资规模扩大与地区资本货市场形成

服务于物质生产的社会基础设施建设，是提高国家经济竞争力的重要物质技术基础。近年来，东亚许多国家和地区随着经济的迅速发展，出现的交通拥塞、电力不足等基础设施的“瓶颈”，已成为经济持续成长的重要障碍。有鉴于此，许多国家和地区都拟定了庞大的能源和基础设施建投计划。

（四）“中国因素”作用提高对区域贸易扩展的乘数效应

当前，中国经济的蓬勃发展，日益成为亚太乃至世界商品与资金的重要聚集地。目前中国的国内生产总值不到世界的4%，但对世界经济增长的贡献率却达到了10%以上；对外贸易不到世界的6%，对世界贸易增长的贡献却达到了12%左右。2004年中国对外贸易额突破1万亿美元，为世界第三大贸易国；同年实际利用外资突破600亿美元，仅次于美国位居世界第二。中国对外经贸活动规模的迅速扩大，对周边国家和地区的经济发展产生着巨大的良性互动影响与连锁效应。其中，中国内地、台湾与香港不同经济实体间的两岸三地贸易的发展尤为迅速，1979～2004年两岸经港贸易额从1亿美元跃升为783亿美元。2004年中日双边贸易额达1 679亿美元，日本仍然是中国最大的进口来源地。2004年中国与东盟自由贸易区正式启动，贸易额首次突破了1 000亿美元，东盟成为仅次于欧美日的中国第四大贸易伙伴。1992年中韩建交时，双边贸易额只有50亿美元，2004年，中韩双边贸易已经突破900亿美元，是建交时的17倍；目前中国已经成为韩国最大的贸易伙伴、出口市场、投资对象国、旅游目的地以及第二大进口来源国。

（五）区域经济合作的推动作用

区域合作与区域贸易间存在着相辅相成互为因果的关系，区域内分工的发展、资本与商品流动规模扩大，是区域经济合作的重要物质经济基础。与此同时，区域合作的发展又进一步推动着区域内资本与商品的流动。近年来，随着区域内贸易与投资的扩展及各国间产业分工与转移的推进，东亚地区内合作的步伐大大加快，随着中国东盟“10＋1”合作模式和东盟与中日韩“10＋3”全区域合作的进展，成为东亚合作的新趋势，将对东亚地区贸易与投资的扩展，产生巨大的推动作用。

三　趋向

当前，东亚地区内贸易和投资的扩展与加速，已成为该地区经济发展与自主性增强的强大动力。《亚洲华尔街日报》曾指出：往日“美国、日本打喷嚏，亚洲就要感冒”，而今天“尽管美国、日本卧病在床，亚洲多数国家经济却依然健康成长”。究其缘由，主要是基于东亚自身经济活力的增强，它突出反映在近年来东亚发展中国家不仅对主要传统市场美国的依赖减弱，而且对日本的依赖也在下降，相反的日本对东亚国家的依赖却在加深。

东亚地区经济的发展与振兴，及随之而来的东亚地区经济崛起及其在世界政治经济格局中地位的提高，迫使世界主要国家和集团根据上述变化与自身经济政治发展的需要调整战略。将各自综合实力向该地区倾斜，以便在冷战后的世界政治与经济中巩固其战略地位。人们认为，当前美国“新太平洋共同体”主张的提出，欧洲各国“新亚洲政策”出台，都是亚太经济新时代到来的重要标志。

（宴　真）

第二节　中日经贸关系

一　概述

中华人民共和国成立后的很长一段时间，由于日本未与中国实现邦交正常化，虽经中国政府和两国友好人士共同努力，但是两国贸易处在低水平上艰难地徘徊。1949～1971年的20多年时间里，按中方统计（以下同），两国贸易额最高年份也未达到9亿美元。1972年中日恢复邦交以后，两国贸易获得突飞猛进的发展。特别是20世纪80年代以后，随着中国改革开放政策的不断深化，中日经济贸易关系进入了一个新的全面发展时期。因此，如果将中日邦交恢复前的中日经济贸易关系称之为简单的商品贸易时期，那么其后的中日经济贸易关系，则可称之为逐步走向包括贸易、投资、金融、技术等广泛领域全面经济合作的新时期。

根据中国海关统计　1972 年双边贸易额仅有 10.4 亿美元　2004 年上升到1 679亿美元　32 年中增长了 160 倍　年均增长 16.5%。20 世纪下半叶中日贸易发展的历史，我们可以划分为 4 个时期，即：50 年代的民间贸易时期，60 年代的“友好贸易”和“备忘录贸易”时期，70 年代的两国贸易快速发展时期和 80 年代以后的全面经济合作时期。

（一）20 世纪 50 年代的民间贸易时期

50 年代初期，日本还处在美国占领之下，日本对中国的贸易受到美国政府的控制。特别是朝鲜战争爆发以后，美国对华实施“封锁禁运”，使中日贸易几乎处于停顿状态。据统计，1950 年中日两国贸易额只有 0.47 亿美元，较 1949 年有所减少。

但是，日本国内希望与中国进行贸易的团体和人士很多，1952 年以后相继成立了一些民间性促进日中贸易团体，积极要求加强中日贸易关系，当年中国与日本有关贸易团体签订了第一个《中日贸易协议》。但这个协议由于受到美国和日本政府的阻挠，几乎没有得到执行。

1953 年以后，随着朝鲜停战和日本经济遇到巨大困难，日本政府对华贸易限制有所松动，日本经济界又开始注重中国市场。在这种形势下，日本各贸易团体与中国先后缔结了几个“贸易协议”，两国贸易开始缓慢恢复。

然而，1958 年在长崎发生“侮辱中国国旗”事件，中日贸易再度受挫，1959 年中日贸易完全停止，直至 1960 年。

在 20 世纪整个 50 年代的中日贸易中，多数年份为日方逆差。据统计，1950～1959 年的 10 年中，中国对日本出口 2.64 亿美元，从日本进口 2.46 亿美元，日方有近2 000万美元的逆差。日方产生逆差的主要原因是受“巴统”（巴黎统筹委员会）的限制造成的。所谓“巴统”是指 1949 年 11 月成立的禁止向社会主义国家出口“战略物资”和技术的组织，日本于 1952 年加入“巴统”。由此，日本对华出口也受到严格限制。

（二）20 世纪 60 年代的“友好贸易”和“备忘录贸易”时期

根据 20 世纪 50 年代末期中日关系状况，以及日本中小企业和商社要求中国在贸易上给予照顾的实际情况，1960 年 8 月，周恩来总理为恢复中日贸易提出了著名的“中日贸易三原则”，即政府协定、民间合同和个别照顾，实行“友好贸易”和“备忘录贸易”。

所谓“友好贸易”是民间性质的，是指根据中国国际贸易促进委员会与日本各友好贸易团体签订的协议进行的贸易。日本进行此项贸易的主要机构是中小友好商社。

所谓“备忘录贸易”是“半官半民”性质的，是由日本自民党国会议员高崎达之助与中国中日友好协会会长廖承志，分别代表中日双方签订的长期综合贸易协定（该协定 1968 年 3 月前也称之为 LT 贸易——即廖高贸易）。该协定规定，在 1963～1967 年期间，双方每年出口3 600万英镑的商品，中方主要出口煤炭、铁砂、大豆、玉米、杂豆、荞麦、盐和锡等；日方主要出口钢材、化工制品、农药、农业机械和成套设备等。

根据“中日贸易三原则”和日本朝野有识之士的推动，1960 年 10 月，日本经济界人士又来华洽谈贸易，中日贸易得到逐步恢复和发展。1961 年两国贸易额达3 600万美元，1963 年超过 1 亿美元，恢复到 20 世纪 50 年代的最高水平。特别是这一年经过中日双方的共同努力，完成了中日间的第一个技术贸易项目，即 30 万吨维尼龙设备的对中国出口。

20 世纪 60 年代，特别是 60 年代中期以后，中日贸易发展较快，1966 年双方贸易额超过 6 亿美元，1970 年又超过 8 亿美元。60 年代的中日贸易也改变了 50 年代日方逆差的局面。

这是在当时历史条件下“友好贸易”的成果，也是 1962～1973 年中日间缔结的“备忘录贸易”协定发挥了重要作用的结果。“备忘录贸易”促进了两国间在政治、经济、文化等方面的交流，使中日关系向正常化方向发展。备忘录项下的成套设备贸易虽然受到“吉田书简”的阻挠，只做了一笔交易，但是其他商品贸易却有不同程度的发展。当时虽然受到日本佐藤政府的干扰和中国“文化大革命”的冲击，但是，仍然可以说，“备忘录贸易”完成了它的历史任务。令人永远不会忘记当时为中日贸易发展做出巨大贡献的周恩来总理等中国老一辈革命家，以及松村谦三、高崎达之助、冈崎嘉平太先生等日本老一辈友好人士。是他们百折不挠地为中日友好和贸易发展而努力奋斗，并有力地促进了中日两国在 20 世纪 70 年代初期实现邦交正常化。

（三）20 世纪 70 年代两国贸易快速发展时期

由于中日两国人民的艰苦努力和当时两国领导人的果敢决断，1972 年中日两国恢复了邦交正常化。1974 年 1 月，中日两国正式缔结《贸易协定》，该协定规定双方相互提供最惠国待遇，并设立“贸易混合委员会”。1974 年 4 月、11 月和 1975 年 8 月，中日两国又先后签订了政府间《航空协定》、《海运协定》和《渔业协定》。为了实现中日贸易的长期稳定发展，1978 年 2 月，中日双方签订了《长期贸易协议》。这个《协议》规定，在 1978～1985 年期间，中日双方各出口 100 亿美元，中方的出口商品为原油和煤炭，日方出口技术设备和建设材料。1979 年 3 月，中日双方又一致同意将协议期限延长至 1990 年，并将原定目标金额增加 1～2 倍，即双方分别出口 200 亿～300 亿美元。特别是经过双方多次谈判，1978 年 8 月签订了《中日和平友好条约》。中日政治关系的正常化和一系列经济贸易协定的签订，为中日贸易的发展打下了坚实的基础。1972 年两国恢复邦交时，贸易额只有 10.4 亿美元，之后每年以 10 亿～20 亿美元的速度增长，到 1979 年，两国贸易额已达 67 亿多美元，增长了近 6 倍。

1970～1979 年间，中日贸易总额的年均增长率达 26.7%，明显高于同期日本进出口总额和中国进出口总额的年均增长水平。因此，中日贸易在中日双方对外贸易国别地区构成中的比重都有明显的提高。如在日本的对外贸易总额中所占的比重，由 1969 年的 2%，上升到 1979 年的 3.1%，在中国的对外贸易总额中占的比重，也从 1969 年的 14.4%上升到 1979 年的 22.9%。

当然，在 20 世纪整个 70 年代两国贸易的快速发展中，也存在着一些问题，主要是中方长期处于逆差地位。在整个 70 年代中，除了 1976 年中方略有顺差外，其余均为中方逆差，10 年中累计逆差额达 69 亿多美元。中方产生逆差的原因是，日本限制部分中国商品进口，如因检疫问题，日本长期禁止中国肉类进口；为了保护本国的蚕农，日本限制从中国进口丝绸；对中国某些农副产品的进口日本也有配额限制，在关税上对中国某些商品实施高税率政策等。

表 2　中日 1950～2006 年贸易统计（百万美元）

年 份	中方出口	中方进口	合 计
1950	21	26	47
1955	58	25	83
1960	–	0.1	0.1
1965	192	261	453
1970	223	582	805
1972	411	626	1 037
1975	1 403	2 403	3 806
1979	2 764	3 945	6 709
1980	3 993	4 915	8 908
1990	9 000	7 600	16 600
2000	41 650	41 520	83 170
2002	48 440	53 470	101 910
2004	73 520	94 370	168 400
2005	108 516	79 972	188 488
2006	91 700	115 700	207 400

资料来源　中国对外贸易部统计资料。

（四）20 世纪 80 年代以后的中日经济贸易合作全面发展时期

1978 年 12 月，中共十一届三中全会确立了改革开放的政策。20 世纪 80 年代以后，随着中国改革开放政策的不断深化，中日两国的经济贸易关系逐步从单纯的商品贸易发展到技术、资金等广泛领域的经济合作。这种商品贸易与经济合作的相互促进，使两国的贸易额不断扩大，从 1980 年的 89.1 亿美元增加到 1990 年的 166 亿美元，10 年时间增长了 1 倍。进入 90 年代以后，两国贸易发展更为迅猛，2000 年两国贸易额达 832 亿美元，是 1990 年的 5 倍多。

1. 20 世纪 80 年代中日贸易的主要特点

（1）两国贸易额呈波浪式增长态势

80 年代的前两年，两国贸易额增长均在 30% 左右，1982 年却比上年下降 26%，1983 年以后有所恢复，1985 年两国贸易额创 80 年代的最高水平，达 211 亿美元。1986 年以后又有所下降，之后虽然恢复一些，但是仍然未达到 200 亿美元水平。这一时期两国贸易额波动较大的主要原因是：受80年代初期，中国“洋冒进”的影响，从日本的进口急剧增加，后来不得已进行调整，又影响了从日本的进口；1985年以后，受日元升值的影响，中国部分商品对日本出口增加，所以对日本出口额有所增长；而后受石油等原材料商品价格下跌的影响，中国对日本出口增长幅度受到制约。

(2) 中国对日本出口商品结构发生变化，制成品比重上升

据日方统计，20世纪80年代中期以后，中国对日本出口制成品比重迅速上升，从1985年27%上升到1989年的51.5%。这一比重已超过当时日本全部进口中制成品所占的比率。

(3) 中国对日本贸易逆差不断扩大

整个80年代，除1982年中方略有顺差外，其他年份中方均为逆差。其中最高年份1985年，中方逆差额89亿美元，10年累计，中方逆差额达320亿美元。

2. 20世纪90年代以来中日贸易的特点

(1) 在中国经济持续高速发展和日本企业对中国投资较快增长的推动下，两国贸易额的增长速度加快

1990~2004年日中贸易和日美贸易占日本外贸份额 (%)

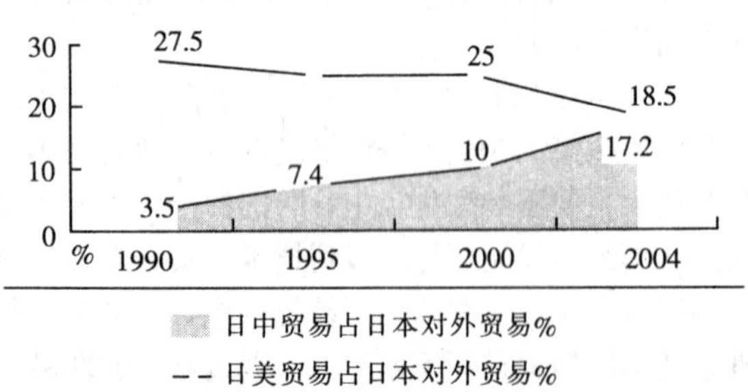

1990～2000年，两国贸易额年均增长15.5%，其中最高年份1993年，比上年增长53.7%，贸易额达391亿美元，比上年增加137亿美元。之后，每年都跨上一个新台阶，1994年478亿美元，1995年575亿美元，1996年首次突破600亿美元大关，达601亿美元。1997年以后受亚洲金融危机和日本经济不景气以及日元贬值等的影响，两国贸易增长速度有所下降，1997年只增长1.2%，1998年反而下降4.8%。1999～2000年由于两国经济恢复，双方贸易增长加速。2000年两国贸易额达831.7亿美元。2001年上升到877.2亿美元。2002年，中日双边贸易总额首次突破1 000亿美元大关，达到创纪录的1 019.1亿美元。2003年，中日贸易总额达到1 335.8亿美元，增长31.1%，日本连续11年成为中国最大的贸易伙伴。2004年中日双边贸易额达到1 684亿美元，连续6年创下新高，但日本长期保持的中国第一大贸易对象国的地位被欧盟所取代。

(2) 两国进出口商品结构继续优化，两国贸易关系已从“垂直分工”逐步向水平分工方向过渡

按日本统计，20世纪90年代中国对日本出口制成品的比重继续上升，从1989年51.5%上升为2000年82.6%，不仅高于日本总的制成品进口比率，也高于美国对日本制成品出口比率。

(3) 扭转了80年代中国对日贸易逆差的状况，而出现均衡发展态势

依据中国海关统计，20世纪90年代中期起，中国在中日双边贸易中已转变为顺差。1996、1997和1998年，中国对日贸易均出现顺差，3年顺差额分别为16.9亿美元、28.3亿美元和14亿多美元。1999年出现近14亿美元的逆差，但是2000年顺差又达1.4亿美元。2002和2003年，中国对日贸易逆差（=日本对华贸易顺差）分别达到50.3亿美元和147.3亿美元，2003年日方顺差竟比2002年增长了近2倍。然而按日方统计，从1994年以来，日本对中国贸易中，中国便已成为顺差国，而且在日本对外贸易顺差国中居于首位。2000年顺差额达到249亿美元。但顺差额在2001年达到270.1亿美元的高点后，也开始呈现减少之势，2002年为218.4亿美元，比上年减少了19.1%，2003年为179.5亿美元，比上年又减少了17.8%。

关于中日贸易，中方统计与日方统计之所以存有巨大差异，主要原因在于对经香港转口贸易的统计方法不同。日本经过香港转口进入中国内地的出口部分，中方统计记入了来自日本的进口项目，而日方统计却未记入对中国内地的出口项目。2003年中方统计的来自日本的进口为741.5亿美元，而日方统计的对华出口仅为572.4亿美元，但还有对港出口298.0亿美元，其中约有60%转口到了中国内地。若将日本经香港转口进入中国内地部分与直接对华出口加在一起，大致也应与中方统计相当。

表 3　中日 1985～2006 年贸易统计　（亿美元　%）

年　份	中方出口	增长率	中方进口	增长率	合　计	增　减
1985	61	12.7	150	77.0	211	51.8
1986	48	－21.3	124	－17.3	172	－18.5
1987	64	33.3	101	－18.51	165	－4.1
1988	79	23.4	110	8.9	189	14.5
1989	84	6.3	105	－4.6	189	0.0
1990	90	7.1	76	－27.6	166	－12.2
1991	103	14.4	100	31.6	203	22.3
1992	117	13.6	137	37.0	254	25.1
1993	158	35.0	233	70.0	391	53.9
1994	216	36.7	263	12.9	479	22.5
1995	285	31.9	290	10.3	575	20.0
1996	309	8.4	292	0.7	601	4.5
1997	318	2.9	290	－0.7	608	1.2
1998	297	－6.6	282	－2.8	579	－4.8
1999	324	9.1	338	19.9	662	14.3
2000	417	28.7	415	22.8	832	25.7
2001	449	7.7	428	3.1	877	5.4
2002	484	7.8	535	25.0	1 019	16.2
2003	594	22.7	741	38.5	1 335	31.0
2004	735	23.7	944	27.3	1 679	25.7
2005	840	14.3	1 004	6.5	1 844	9.8
2006	917	9.1	1 157	15.2	2 074	12.5

资料来源　中国《海关统计》。

从表 3 数字显示，在中日双边贸易中，1985～1995 年，除 1990、1991 年外，中国均处于逆差状态；从 1996 年至 21 世纪初，除 1999 年外，中国均为顺差。而 2002～2005 年间，中国又转为逆差。

近期，中日关系曾面临困难，各界多用“政冷经热”来描述。然而深入分析就会发现，由于“政冷”，中日经济关系也已显现趋冷迹象。如在 2002、2003、2004 和 2005 年，中国外贸分别增长 21.8%、37.1%、35.7% 和 23.9%，而对日贸易分别仅增 16.2%、31.1%、25.7% 和 9.8%，低于整体外贸增长水平。对日贸易占中国外贸的比重，由 2002 年的 16.4% 下降到 2005 年的 13.0%，这一比重在 1985 年曾高达 23.6%。到 2004 年，日本长期保持的中国第一大贸易对象国的地位已被欧盟所取代。

二　中日两国进出口商品结构的变化

20 世纪 80 年代中期以前，中日贸易是典型的“垂直分工”型贸易关系：中国对日本出口的商品主要以矿物性燃料、原材料商品为主，而从日本进口的则主要是工业制成品。但是其后，随着中国工业技术水平的提高、引进外资的增加、日元的不断升值和原材料性商品价格的下跌，中国对日本出口的工业制成品比重不断上升，两国的贸易关系也逐步从“垂直分工”型向某种程度的“水平分工”方向发展。当然，各个时期的进出口商品结构也有所不同，现以各个时期所占比重最大的五大类商品为例，加以说明。

（一）20 世纪 50～60 年代中日两国进出口商品结构

20 世纪 50～60 年代，中国对日本出口的五大类商品是煤炭、食品、大豆、化工品、纺织品。中国从日本进口的五大类商品是钢铁、机械、化工品、纺织品和药品。以 1955 和 1965 年为例，说明中日两国的进出口商品结构的变化。

（二）20 世纪 70～80 年代中日两国进出口商品结构

20 世纪 70 年代开始至 80 年代前半期，中国对日本出口的商品中矿物性燃料、原料和食品占比重较大，而从日本进口的则主要是钢铁、机械、金属制品和化工品等；1985 年从日本进口的机械比重超过钢铁比重。

表 4　中日 1955、1965 年进出口商品结构的变化　(%)

1955				1965			
出口品种	比重	进口品种	比重	出口品种	比重	进口品种	比重
矿物燃料	40.3	钢铁	31.5	矿物燃料	38.8	机械	37.8
原料品	23.7	机械	20.7	食品	36.2	钢铁	27.8
食品	2.7	化工品	15.6	原料品	10.8	化工品	19.0
化工品	2.4	纺织品	4.0	化工品	4.1	纺织品	11.3
机械	1.7	有色金属	2.9	机械	2.7	有色金属	0.1

资料来源　《日本 100 年》，1984 年中文版；日本《通商白书》1962、1967 年版。

表 5　中日 1975、1985 年进出口商品结构的变化　(%)

1975				1985			
出口品种	比重	进口品种	比重	出口品种	比重	进口品种	比重
矿物燃料	49.9	钢铁	35.2	矿物燃料	45.8	机械	57.0
原料品	15.9	机械	30.8	食品	14.4	钢铁	25.5
食品	13.2	化工品	20.1	原料品	12.7	化工品	5.7
化工品	2.6	纺织品	5.4	化工品	4.7	纺织品	3.8
机械	0.1	有色金属	0.1	机械	0.1	有色金属	0.7

资料来源　日本大藏省《通关统计》。

（三）20 世纪 90 年代中国对日本出口制成品的比重上升

1985 年 9 月以后，随着日元对美元的大幅度升值，日本的进口商品结构发生巨大变化，即制成品进口规模及其所占比重均达到空前水平。因此，中国对日本的制成品出口也有较快发展，中国对日本的出口商品结构也出现了新的变化。

按日本统计，中国对日本出口的制成品比重，从 1985 年的 27% 上升到 1989 年的 51.5%，这一比重已超过日本全部进口制成品所占的比重(50.3%)。这在中日两国的贸易史上是较大的变化。之后这一比重又逐步上升，1993 年达 69.0%，1995 年达 77.2%，1996 年为 77.9%，1999 年达到 81.7%，2000 年上升到 82.6%。这不仅高于日本总的制成品进口比率 62% 的水平，也高于美国对日本制成品出口比率。当然，中国对日本出口的制成品多是附加价值较低的商品，还有些属于半成品。

表 6　中国 1995～2000 年五大类商品对日出口构成　(%)

分　类	1995	1996	1997	1998	1999	2000
纺织及原料、制品	31.2	31.2	29.3	29.4	31.5	31.5
机电、音像设备及部件	13.3	15.6	17.3	20.3	20.6	21.1
矿产品	8.0	8.4	7.8	5.7	4.2	5.4
肉类及水产品	5.9	4.9	4.7	4.4	4.4	3.6
食品、饮料及烟草	5.9	5.8	5.3	5.4	5.6	5.4

资料来源　中国《海关统计》。

表 7　　中国 1995～2000 年从日本进口五大类商品状况　　(%)

分　类	1995	1996	1997	1998	1999	2000
机电、音像设备及部件	50.7	50.7	47.5	47.7	48.9	50.2
贱金属及制品	14.1	12.2	13.0	12.9	12.0	11.2
纺织原料及制品	10.7	11.2	11.1	9.7	8.7	8.4
塑料、橡胶及制品	6.5	7.4	8.5	8.2	7.9	7.1
光学、医疗仪器	6.2	6.4	6.7	6.8	6.4	6.8

资料来源　中国《海关统计》。

三　中日技术贸易的发展

中国与日本的技术贸易是两国经济贸易往来的重要内容。两国技术贸易的发展，特别是 20 世纪 70 年代以来的一些重大技术项目的成功合作，对于两国经济贸易的发展，都具有重要意义。

中国从日本进口技术设备最早是 1963 年，首次进口维尼龙成套设备。1972 年中日恢复邦交后，两国在技术贸易方面，尽管遇到一些困难和问题，但是总的来说，发展是快速的。

根据中国对外贸易经济合作部的统计，自 1972 年两国恢复邦交到 1996 年的 25 年间，中国从日本进口技术、成套设备合同金额达 182 亿美元，占这一时期中国从国外进口技术、成套设备合同总金额 813 亿美元的 22.4%，日本成为中国进口技术、成套设备最多的国家之一。1997 年以后，受亚洲金融危机影响，日本对中国的技术转让数量虽然有所增加，但是金额却有较大的下降，1998 年比上年减少 38.3%。

表 7 说明，自 1970 年以来，中国进口技术、成套设备状况每 5 年的变化。从中可以看出，在中国从国外进口的技术、成套设备合同中，日本所占的份额一直较高。1970～1975 年占 25%，居第一位；1976～1980 年占 56%，仍居首位；1981～1985 年所占份额下降到 25%，仅次于美国居第二位；1986～1990 年进一步下降至 13%，低于法国，与美国和意大利并列第二位；1991～1995 年所占份额恢复到 19%，远高于美国、德国和意大利的份额，重新返回第一位；1996～1998 年也处于前三位。

很明显，中国从日本进口技术所占的份额 70 年代后期最高，80 年代后期至 90 年下降到 13%，90 年代上半期又回升到占近 20%左右。

20 世纪 70 年代后期至 1980 年，中国从日本进口技术、成套设备所占比重较高的主要原因是，中国粉碎“四人帮”后，为加快经济发展，积极增加技术和成套设备进口。而这一时期，中国同日本先后缔结的《中日长期贸易协定》和《中日友好条约》，为扩大中国从日本进口技术和成套设备提供了良好的外部环境。另外，在这一时期，中国从欧美国家进口技术和成套设备很少，所以日本所占比重较大。

1980～1990 年，中国从日本进口技术和成套设备的比重则不断下降。其主要原因是，随着中国改革开放政策的不断深化，从欧美国家和东南亚地区进口技术和成套设备有所增加，这些国家和地区对向中国转让技术也比较积极。而日本受“巴统”的影响，不愿向中国出口技术。同时受日元升值的影响，日本的技术和成套设备出口的竞争能力下降。

20 世纪 90 年代以来，日本向中国出口技术的比重又有所上升，但是上升的速度并不很快。这是因为，随着日元对美元的急剧大幅度升值和中国经济快速增长，日本企业对中国直接投资增长加快，直接投资的增加带动了技术和设备对中国出口的增长。然而，受所谓“中国威胁论”的挑拨和其他原因的影响，日本对中国的技术出口仍然较为保守。

四　日本企业对中国的直接投资

（一）日本企业对中国投资的项目和金额

日本企业对中国的直接投资，开始于中国实施改革开放政策后的 1979 年。截至 2000 年底，中国共批准日本企业在华投资企业（包括独资、合资、合作经营）20 371项，合同金额 388.2 亿美元，实际使用金额 281.3 亿美元，分别占中国这一时期批准的外国投资项目总数、合同总金额和实际使用总金额的5.6%、5.7%和8.1%。日本企业对中国投资的实际使用金额在美国之后，居第二位。

根据中国外经贸部统计，2001年日本对华实际投资达到45.8亿美元 是1986年2.6亿美元的17.6倍，年均增长速度为21%。总体上看，日本对华直接投资受其国内、国际经济形势等因素影响，呈剧烈波动态势。截至2001年底，日本对华直接投资累计2.2万个项目，实际投资额312.5亿美元。

（二）日本企业对华投资的发展阶段

从日本企业对中国直接投资的发展过程看，大体可分为三个阶段，即1979～1992年的起步阶段，1993～1995年的高速增长阶段和1996年以来的调整阶段。

1.1979～1992年的起步阶段

1978年末，中共十一届三中全会提出改革开放政策后，中国开始引进外资。这一阶段日本企业对华投资较为谨慎，虽然个别年份有较大增长，但是总体看来，发展缓慢，尚属起步阶段。这13年，日本企业对华投资共3 444项，合同金额62.7亿美元，实际使用金额39.9亿美元，只占1979～2000年日本企业对华投资总项目的16.9%，合同金额的16.2%和实际使用金额的14.2%。

2.1993～1995年的高速增长阶段

1992年邓小平南方讲话发表之后，日本企业对中国投资增长迅猛，而且投资行业也出现多样化的趋势。

1990～1995年的6年中，日本企业对华投资项目达12 197个，年均增长86.7%；合同金额184.3亿美元，年均增长67.8%；实际使用金额82.5亿美元，年均增长45.6%。由此可见这一期间日本企业对华投资增长之快。这6年无论投资项目、合同金额，还是实际使用金额均高于起步阶段13年的总和。

3.1996年以来的调整阶段

1996年以来，由于中国调整了引进外资政策和1997年爆发了亚洲金融危机等原因，日本企业对中国投资进入调整时期。投资明显减少，特别是合同投资金额连续4年下降。但是，进入2000年以后，日本企业对中国的投资又有较大幅度的增加。

据中国商务部统计，2000～2005年，日本实际对华直接投资金额分别为29.2亿美元、43.5亿美元、41.9亿美元、50.5亿美元、54.5亿美元和65.3亿美元，占中国实际吸收外商直接投资金额的比重分别为7.2%、9.3%、7.9%、9.5%、9.0%和10.8%。截至2005年底，中国累计利用日资534亿美元，占中国实际吸收外资总额的8.6%，日本首次超过美国成为中国累计实际利用外资的第二大来源地，仅次于港、澳特别行政区。

（三）日本企业对华投资的特点主要是：

1.日本企业对中国投资有由北向南、由沿海向中西部地区扩展的趋势

20世纪80年代，日本对华投资主要集中在以大连为中心的北方地区，后来随着中国沿海地区的不断对外开放，特别是上海浦东地区的开发开放，吸引了很多日本企业到南方地区投资。此外，由于中国中西部地区资源丰富和劳动力成本比沿海地区低廉，加之中国在这些地区逐步扩大开放政策，实施了某些优惠政策，对日本投资者很有吸引力，今后日本对这一地区投资还可望增加。

2.日本企业对华项目规模有逐步扩大之势

20世纪90年代以来，日本企业对华投资项目规模不断扩大。如1993年对华投资时，平均每个项目只有84万美元，1994年增加到147万美元，2000～2005年间平均每个项目的金额从181万美元增加到200万美元。这足以说明，日本的大企业特别是一些跨国公司在中国投资增加。

3.在华的日资企业为中日两国的贸易发展做出了很大贡献

如1996年中日贸易中，在华的日资企业对日出口占当年中国对日本出口总额的48%，占从日本进口总额67%。所占比重之高是其他国家在华投资企业无法相比的，如当年所有在华的外资企业在中国的外贸总额中，出口只占40.7%，进口所占比重高一些，但也只有54.3%。

4.日本对华投资的企业类型，由加工出口型向以中国国内市场销售型方向转化

从20世纪80年代后半期开始至90年代初，日本在华投资企业主要是从国外进口原材料，在中国国内加工后再向国外出口产品，即所谓“两头在外”的海外市场依赖型投资。这期间，日资企业在以大连为中心的中国北方地区较多。当时到大连投资的日本企业，基本动机不是要在中国国内开拓市场，而是加工出口产品。但是，到1992年，邓小平南方讲话发表后，中国引进外资的范围已不再限于制造业，也允许向第三产业拓展。随着中国经济的发展，特别是沿海地区消费热的出现，日本企业的对华投资开始由对外出口转向在中国国内谋求销路。于是，原集中在沿海地区投资的企业渐渐地向中国内地分散。

5. 投资行业呈多样化趋势

1992年以前，来华投资的日本企业，非制造业占多数，而且以中小企业的投资居多。但是，1992年以后，日本制造业来华投资增加，在对华总投资中所占比重也越来越高，并且大企业的投资较多。目前在华投资的日资企业80%是制造业，非制造业只占20%左右。

6. 跨国公司带动的投资增长明显

如一家跨国公司在中国投资后，其相关企业也纷纷前来投资。三菱商事、三井物产、伊藤忠商事、丸红、住友商事等跨国公司带动在中国投资的日本企业已有上万家。

随着中国"十五"计划和西部大开发战略的实施，以及中国加入世贸组织等，中国的投资环境进一步改善。因此，日本企业对中国的投资将进一步增加。

表8　日本企业对华直接投资状况　（亿美元　%）

年份	项目数	增减率	合同金额	增减率	使用金额	增减率
1979～1990	1 414	—	33.5	—	29.9	—
1991	599	75.7	8.1	77.7	5.3	6.0
1992	1 805	201.3	21.7	167.9	7.1	34.0
1993	3 488	93.2	29.6	36.4	13.2	85.9
1994	3 018	-13.5	44.4	50.0	20.8	57.6
1995	2 946	-2.38	75.9	70.9	31.1	49.5
1996	1 742	-40.9	51.3	-32.4	36.8	18.3
1997	1 402	-19.5	34.0	-33.7	43.3	17.7
1998	1 188	-15.3	27.0	-20.6	31.6	-27.0
1999	1 167	-1.8	25.9	-4.1	29.7	-6.0
2000	1 602	37.3	36.8	42.1	36.5	22.9
2001	2 003	25.0	53.5	151.5	45.8	25.5
2002	2 745	37.0	53.0	-1.0	41.9	-18.5
2003	3 254	18.5	79.6	50.2	50.5	20.5
2004	3 454	6.1	91.6	15.1	54.5	7.9
截至2004年底	28 401	—	666.5	—	468.4	—

资料来源　中国商务部统计资料。

五　中国利用日本"政府开发援助"的实绩与特点

（一）概述

在日本政府的对外开发援助中，有偿资金合作部分的政府贷款是以日元贷出和偿还的，所以也称为日元贷款。它属于长期低息贷款，主要用于发展中国家完善经济基础设施建设、开发农林渔产业、工业项目和协助发展中国家加强环境保护以及进行经济结构调整等。

中国利用日元贷款的起始时间晚于其他国家和地区。1978年末，具有伟大历史意义的中共十一届三中全会提出了以经济建设为中心，实施改革开放的战略决策。1979年12月，当时的日本首相大平正芳访问中国时明确表示，对中国正在进行的现代化建设的努力将给予尽可能的协助，并承诺向中国提供日元贷款。此后，中国便开始利用日元贷款。

中国利用日本“政府开发援助”（ODA）资金，至今已有20多年。这种援助曾在中日关系发展中发挥过重要作用。截至2005年3月底，日本政府已累计向中国政府承诺提供日元贷款协议金额约31 330亿日元，用于232个项目的建设。但在2000年以后，日本对华的“政府开发援助”开始急剧减少，其中日元贷款已由2000年度的2 144亿日元削减到2004年度的859亿日元，减少了近60%。目前，中国在日本这类援助对象国中的排位已由第一位降至第三位。2005年初，日本政府提出了终止对华日元贷款的时间表，计划在2008年后停止向中国提供新的日元贷款。中国方面认为，日本政府的对华日元贷款是在一种特殊政治和历史背景下所做出的互利互惠的资金合作，中日两国应本着对两国关系大局负责任的态度妥善加以处理。

表9 中国利用日元贷款情况 （亿日元）

贷款方式	时间	承诺金额	项目数
5年一揽子方式	1979～1984	3 309(年均661.8)	7
5年一揽子方式	1985～1989	5 400(年均1080)	17
5年一揽子方式	1990～1995	8 100(年均1620)	52
3+2方式	1996～1998	5 800(年均2900)	51
	1999～2000	3 898(年均1949)	23
	2000	2 134	2
一年一定方式	2001	1 613	15
	2002	1 212	
	2003	966	
	2004	859	7

资料来源 中国商务部统计资料。

（二）中国利用日本政府开发援助资金的主要特点

1. 日元贷款所占比重最大

日本政府的对外开发援助中，日元贷款占有较大比重。同样在中国利用日本政府对外开发援助资金中，日元贷款也最多，占中国利用日本政府对外开发援助资金总额的90%多。

第一批日元贷款是1980～1984年，项目5个（2个港口项目、2个铁路项目，后来2个铁路项目未成，而将资金转为3个商品贷款项目，所以加起来是5个项目），总金额为3 309亿日元。这些项目已全部完成并投入使用。

第二批日元贷款是1985～1989年，最初为16个项目，金额为4 700亿日元，1988年又用“黑字还流”资金的700亿日元建一个出口生产基地项目。所以第二批日元贷款为17个项目，总金额5 400亿日元。

第三批日元贷款是1990～1995年，包括经济、社会基础设施等42个项目，8 100亿日元。

第四批日元贷款从1996年开始，这一次将原来每批贷款时间5～6年的长期方式，改为前3年和后2年方式，即1996～1998年，首先商定这3年的日元贷款内容和金额。后2年，即1999～2000年日元贷款另行磋商的所谓“3+2”方式。对于前3年的贷款内容和金额，1996年12月达成协议，总共42个项目，5 800亿日元。后两年的日元贷款，1998年11月，江泽民主席访问日本时，两国政府达成协议，即1999～2000年度28个项目，3 900亿日元。

2. 中国利用前3批日元贷款的主要特点

（1）日元贷款主要用于基础设施建设方面

在中国已利用的3批日元贷款中，多数用于完善中国经济基础设施方面。如在交通、通讯、电力、农林、水产项目中利用的最多，占总额的80%多。而商品贷款的项目和金额则很少，仅有5个项目，金额只占8.3%。

（2）日元贷款项目分布全国各地

日元贷款项目并非集中在中国某几个特定地方，而是分布全国各地。这样做虽然有其有利方面，可以为各地的经济发展发挥作用，各地均可受益。但是，这种遍地开花的做法对中国来说，是否达到了让有限的资金发挥更大的经济效益的目的，必须权衡利弊全面分析。

3. 20世纪80年代日元贷款对中国经济发展的促进

80年代中国资金不足的情况下，日元贷款在一段时间里对中国经济的发展曾起到了促进作用，80年代中期一度达到了中国国内投资总额的23%～24%。在80年代，日元贷款参与了中国的一些铁路、机场、港口、道路、通讯设施的修建。在中国已建设的总长13 000公里的电气化铁路中，约有4 600公里是利用日元贷款改建或正在建设之中。

4. 日本对中国提供的无偿援助较少并附带条件

日本为中国提供的无偿援助，主要集中在农业、医疗、环境保护和人才培训方面。总金额1 185亿多日元，只相当同一时期日元贷款金额的4.8%。在日本外务省发表的日本对外十大无偿援助国中，1995年以后中国均未列上名次。日本对中国的无偿援助不仅数量少，而且还不断地增加政治色彩。如1995年，以中国进行核试验为理由，冻结了对中国的无偿援助。

同时，提供日元贷款时往往附带一些条件。20多年来，不同的时期条件是不一样的，有时比较缓和，有时稍微苛刻一些。最常见的附带条件就是希望中国能用日元贷款购买日本企业的机械和原材料，从而会使部分资金回流到日本企业，并帮助日本企业打进中国市场。　（徐长文）

第三节　中韩经贸关系

第二次世界大战结束至1992年8月24日中韩两国建交前，受世界冷战格局的影响，两国基本处于隔绝状态。自中韩建立正式外交关系以来，两国关系发生了深刻的变化，取得了长足的发展。13年来，两国关系在政治、经济、科技、文化等各个领域取得了全面发展，建立起相互信任、平等互利、友好合作、共同发展的睦邻友好关系，尤其在经贸关系方面更取得长足进展。

一　概述

中韩两国是一衣带水的近邻，自古文化相通，民间往来频繁，经济联系密切。近百年来，中韩两国都遭受过帝国主义的侵略与压迫，有着共同的命运和传统的友谊。

近二三十年来，中韩两国经济都先后得到迅猛发展，韩国成为令人瞩目的“亚洲四小龙”之一，而中国则成为世界上最具发展活力的国家。

20世纪70年代末以来，随着亚太地区的地缘政治形势的变化和韩国的北方政策以及中国对外开放政策的实施，中韩两国间的关系日益密切。如果说有20世纪60～70年代韩国经济腾飞的“汉江奇迹”和20世纪70年代末开始的中华巨龙腾飞奇迹的话，那么随着两国经济发展，特别是1992年中韩两国正式建交后，不断得到巨大改善的双边经贸关系也堪称一大奇迹。它不仅得益于两国一衣带水的地理亲缘关系、相近的历史渊源和相似的文化背景，更来自于在相对安全稳定的地区环境下，两国政府和企业的良性互动与巨大努力。

1992年8月24日中韩两国正式建交，是两国经贸关系进一步良好发展的重要里程碑，两国建交13年以来，双边贸易和投资虽受到了像1997年亚洲金融危机和2001年美国发生的国际恐怖主义袭击的九一一事件的影响，但经过短暂的调整后，依然保持高速增长的势头。据中国海关统计显示，1992～2004年，双边贸易由50亿美元增加到901亿美元，几乎增长了18倍，2005年有望突破1 000亿美元大关。这一增长速度远远高于同期两国的对外贸易年均增长的速度。在经济合作方面，中国经济的快速发展和巨大的市场潜力日益引起韩国企业的关注。截至2004年底，韩国企业累计对华投资额约3万项以上，资金达260亿美元。近几年投资速度还在加快，仅2004年就有5 000项，投资额达到62.5亿美元。目前，韩国已成为中国的第三大贸易伙伴和第三大外资来源国，中国则是韩国的第二大贸易国和第一大投资对象国。

中韩经贸开始是在民间以间接贸易的形式出现的。随着规模扩大，由间接贸易逐步转为直接贸易，由民间贸易逐步转为官方贸易，并伴随着中国改革开放的时代进程不断发展。中韩两国经贸关系发展的进程，大致可以分为以下四个阶段。

（一）第一阶段，艰苦探索初级阶段（1979～1984）

这一阶段，由于种种政治和历史原因，双方主要通过香港进行间接贸易。1978年中共十一届三中全会以后，中国决定实行改革开放政策，为中韩两国的经贸关系发展吹响了前奏。这时，一些居住在香港的韩国侨民和驻港韩国商社的部分下层职员，利用中国对外开放的机会，开始进入中国内地，开展小规模的间接贸易。1978年两国贸易几乎一片空白，1979年达到1 900万美元，1980年增至1.8亿美元，1984年达到4.22亿美元。然而，由于起始贸易规模十分有限，到1984年底，韩中双方贸易占各自进出口总额的比重仍不到1%。

（二）第二阶段，间接到直接、民间到官方的转型阶段（1985～1991）

这一阶段，民间的间接贸易开始转为直接贸易，而官方的间接贸易则逐渐转向公开。20世纪

80年代中期，随着中国改革开放政策的深入，以及韩国“黄海经济圈”和“北方政策”的提出，中韩关系不断改善，贸易规模迅速扩大，双边贸易额年增长都在50%以上。在此期间，中韩之间开始进行的小规模直接贸易不断得到发展，1985～1989年，直接贸易占双边贸易的比重从1%左右上升到3.92%。1990年10月，中韩双方分别在北京、汉城互设贸易办事处。到1991年，中韩贸易中间接贸易的比重已下降到25%。与此同时，韩国也开始经由日本和香港对华进行小规模的间接投资。1990～1991年，投资项目达150个，间接投资额为1.41亿美元。1990年10月，韩国大韩贸易投资振兴公社与中国国际贸易促进会达成设立中韩贸易代表部的协议，继而签订了投资协定，而且贸易额已达到37亿美元，直接投资实现了零的突破。

（三）第三阶段，逐步走向成熟阶段（1992～2000）

这一阶段，两国关系实现正常化，经贸关系获得全面快速发展，并经历了1997～1998年亚洲金融危机考验。1992年2月2日《中韩民间贸易协定》开始生效，中国取消了对进口韩国商品征收的530%的“高税率”关税，中韩双方互相实施最惠国待遇和最低税率，从而为两国贸易的快速发展奠定基础。

1992年8月，中韩两国正式建交，实现关系正常化。1992年9月底，中韩两国政府正式签署了贸易、投资保护和科学技术合作等4个协定。从此，中韩两国之间的经贸关系跨入了一个全面快速增长阶段。1992～1997年间，中韩双方的进出口总额从50.3亿美元增至240.5亿美元，1998年由于受到亚洲金融危机的影响，双边贸易额降至212.6亿美元，1999年情况明显好转，双边贸易额达到了建交以来的最高水平250.4亿美元。与此同时，双方投资也日趋活跃，韩国对华投资项目趋于大型化，投资领域也在不断拓宽。但中韩间的投资呈现很强的单向性，中国对韩国投资项目少，数额小，据韩国有关部门统计，截至1999年3月底，中国企业对韩国投资项目仅有357个，投资额为4 770万美元。

（四）第四阶段，成熟发展的新阶段（2001年以后）

中国加入世贸组织后，中韩经贸关系进入了成熟发展的新阶段。进入新世纪，中国加入世贸组织和筹办2008年北京奥运会，以及中国西部大开发和振兴东北计划为世界特别是周边国家提供了重要经贸机遇。而韩国在开放国内市场、逐步消除对华巨额贸易顺差和提升两国经济技术合作的层次上，也将成为促进两国经贸关系顺利发展的有利条件。

二 中韩贸易关系的发展

中韩建交以来，双边贸易十分活跃，取得了惊人发展。尽管在亚洲金融危机期间曾经出现过波动，但是从20世纪90年代以来的总体发展趋势看，中韩双边贸易的增长始终高于两国对外贸易的平均增长水平。纵观近10多年来中韩双边贸易的发展，双边贸易呈现出迅速增长的态势，但自1993年以来，出现了中方对韩方的大幅逆差；双边贸易中不仅呈现出双方经济的互补性，也开始出现一定的竞争性；双边贸易的商品结构状况得到一定优化，但双方以垂直分工为主的特点仍没有改变。

表10 中国1992～2005年对韩国贸易基本统计 （亿美元）

类别	1992	1995	1996	1997	1998	1999	2000	2001	2002	2003	2004	2005
出口	24.1	66.9	75.0	91.3	62.5	78.1	112.9	125.2	155.0	201.0	278.2	351.1
进口	26.2	102.9	124.8	149.3	150.1	172.3	232.1	233.9	285.7	431.3	622.5	768.2
进出口	50.3	169.8	199.8	240.6	212.6	250.4	345.0	359.1	440.7	632.3	900.7	1 119.3
中方逆差	-2.1	-36.0	-49.8	-58.0	-87.6	-94.2	-119.2	-108.7	-130.7	-230.3	-344.3	-417.1

资料来源 《中国对外贸易统计年鉴》(2006)。

（一）贸易规模增长迅速，但中方存在大幅逆差

1992年中韩建交以来，双边贸易规模迅速增长，使中韩两国互为重要贸易伙伴，也成为直接推动两国对外贸易和经济发展的主要因素之一。1992

～2005年的14年中，双边贸易由50亿美元增加到1 119亿美元，增长了21倍多。这不仅远远高于同期两国国内生产总值的增长速度，也大大高于同期两国各自对外贸易年均增长速度的水平。据中国海关统计显示，1992～2002年，中韩双边贸易占各自外贸总额的比重亦分别由3%和3.2%提高到7.1%和13.1%。自2001年起，中国即取代日本成为韩国第二大出口市场。另据韩国产业资源部公布进出口统计显示，截至2003年9月20日，中国亦已取代美国跃升为韩国第一出口国。

但是，另一方面应该看到，在两国贸易中，中国存在着居高不下的贸易逆差，这已成为影响两国经贸关系健康发展的重要因素。建交前，1981～1992年，韩国对中国的贸易一直是呈逆差状态。但自1992年建交以来，中国对韩国一直存在不断增加的贸易逆差，2000～2002年，逆差突破100亿美元大关；2004年，中方逆差竟达到了344.3亿美元之巨。

（二）市场相互依赖度提高

从中国和韩国对外贸易的发展状况看（参见表2），一方面，在1980～1994年，中国与韩国各自对世界贸易额不相上下，但自1994年开始，中国开始大幅超过韩国。2004年，中国对外贸易总额达11 548亿美元，韩国对外贸易总额为4 487亿美元，中国为韩国的2.57倍。另一方面，中韩贸易在双方对外贸易中的地位不断提升。据中国海关统计，2005年中韩双边贸易规模达到1 119亿美元，是2000年的3.2倍，在中国外贸总额中的份额比2000年提高了0.6个百分点，达到7.9%。2000～2005年，中国对韩国出口年均增长25.5%，占中国出口总额的比重从4.5%提高到4.6%；中国自韩国进口年均增长27%，占中国进口总额的比重从10.3%提高到11.6%。2005年韩国成为中国第二大进口来源地，比上年跃升了3位（超过东盟、台湾地区和欧盟）。据韩国关税厅统计，2000～2005年，韩国对中国出口占韩国出口总额的比重从10.7%上升到21.8%，超过日本和美国成为韩国第一大出口市场。韩国自中国进口占韩国进口总额的比重从7.7%上升到14.8，中国超过美国成为韩国第二大进口来源国。从进出口规模来看，中国已经超过日本和美国成为韩国第一大贸易伙伴。

表11　　中国与韩国1980～2004年的贸易相互依存状况　　（亿美元）

类别＼年份	1980	1985	1990	1994	2000	2001	2002	2003	2004
韩国对中国出口（A）	1.10	6.83	15.50	73.00	232.07	233.9	258.7	431.3	622.5
韩国对世界出口（B）	150.6	347.1	650.2	960.1	1 722.9	1 504.4	1 628.2	1 938.2	2 542.1
A/B（%）	0.03	1.97	2.39	8.47	13.47	15.55	15.89	22.25	24.49
韩国对中国进口（C）	0.73	6.07	22.68	44.00	112.92	125.2	155	201	278.2
韩国对世界进口（D）	222.9	315.8	698.4	870.0	1 604.9	1 410.9	1 520.2	1 788.3	2 244.7
C/D（%）	0.33	1.92	3.25	6.21	7.04	8.87	10.20	11.24	12.39
韩中贸易总额（E）	1.83	12.90	38.18	117.00	344.99	359.1	440.7	632.3	900.7
韩国与世界贸易额（F）	353.9	663.0	1 348.6	1 830.1	3 327.8	2 915.4	3 148.4	3 726.5	4 786.8
中国与世界贸易额（G）	381.4	696.0	1 154.4	1 880.5	4 743.1	5 097.7	6 208	8 512.1	11 547.9
韩中贸易平衡	0.37	0.76	－7.18	－29.00	119.15	108.68	130.7	230.3	344.3

资料来源　2002～2003年数字引自中国《海关统计》；其余数据根据林辉基：《亚太地区国际关系概论》；《国际经济情势周报》第1395、1427、1435期等，转引自朴光姬：《中国与韩国贸易及存在问题》，载于《亚太蓝皮书2002年亚太地区发展报告》第95页。

显然，双边贸易额占两国对外贸易总额的比重逐年上升，表明双边贸易伙伴的相互依赖程度不断上升，而上升程度的不同表明韩国对中国出口市场的依赖度要远大于中国对韩国出口市场的依赖度。

韩国对中国市场依赖度最高的是原材料。如石油化学制品的中国依赖度从1992年的16.5%上升到2001年的39.8%，其中油类和钢铁产品的依赖度是20%，纤维产品是15%强。

韩国对中国的出口依赖度的上升，是以韩国对美国、日本等国的市场依赖度下降为代价的。例如，1992年，韩国对中国的出口依赖度还不过3%，而到2001年就已经超过了12%；而同期对美国市场的依赖度从23.6%下降到20.8%，对日本从15.1%下降到10.9%。

（三）中韩双边贸易商品结构优化

中国对韩国出口商品主要有纺织服装、煤炭、电子零部件、冷冻水产品、玉米、钢材等；自韩进口商品主要是石化产品、化工原料、电子产品、皮革、纸张、不锈钢材等。

随着利用外资步伐加快和产业结构的调整与升级，中国对韩国出口商品结构不断优化。20世纪90年代，中国对韩国出口的产品中，一直有相当大的比重是资源密集型和劳动密集型等低附加值产品，其中尤以原料型商品及其制品为主，如纺织原料及其制品、贱金属及制品、矿产品和农产品等。而从2000年开始，机电、音像设备及部件已经连续3年超过纺织原料及其制品成为中国对韩国出口的第一大商品；中国贱金属及制品对韩国出口由原来的第二位降到第三位。同期，矿产品、化工类产品和农产品基本徘徊在原有水平上（见表12）。

与此同时，韩国的出口产品结构亦得到改善：一方面，改变了多年贸易集中在少数产品的结构状况。1992年对中国出口种类中，钢铁产品占30%以上，十大产品的比重占83.2%；而到2001年，比重最高的产品占18%，呈大幅减少趋势。相反，电子产品的比重大幅增加，由2.6%上升为8.9%。另一方面，出口产品种类的数量也从1992年的750个增加到2001年的1 030个，增加了40%。

表12　中国对韩国1993年、2004年贸易主要商品结构　（%）

1993			2004		
主要商品	出口	进口	主要商品	出口	进口
植物产品	18.6	0.1	活动物及动物产品	3.2	8.4（塑料橡胶制品）
矿产品	18.3	6.4	矿产品	7.4	5.2
塑料和橡胶制品	1.0	11.4	化工及工业产品	5.4	9.6
纺织品	25.3	18.4	纺织品	14.8	14.9（光学医疗等仪器）
贱金属制品	6.5	23.4	贱金属制品	16.4	10.2
机电和音响设备	7.3	20.2	机电和音响设备	33.2	40.9

注　本表中1993年、2004年进出口结构变动比较大，主要进出口产品种类和进出口值都发生变化。

资料来源　中国《海关统计》。

（四）产业内贸易增长，水平分工程度提高

产业内贸易已构成当今国际贸易的重要组成部分，它是指一国同时进口和出口同一种产品分类目录中的商品时呈现的贸易活动，是反映当今世界生产与贸易方式复杂性的一种经济现象。从1993年开始，中国与韩国之间在机电和音像设备的贸易上出现了这种变化，即中国一方面继续大量从韩国进口，另一方面也在迅速增加对韩国出口该类产品。这种产业内贸易的扩大与韩国对华投资有密切的联系（参见表12）。

当前，中韩之间贸易从资源禀赋条件所决定的产业间贸易，已开始逐渐向基于产品多样化和产品质量的产业内贸易转变。但更应该注意到的是，依然存在较大技术差异的中韩之间产业内贸易和发达国家之间的产业内贸易还有较大差别，中韩之间产业内贸易的扩大更主要是跨国企业内贸易的扩大，而且多属加工贸易。

（五）外商投资企业在中韩贸易中的作用日益增强

实践显示，近年来中国作为韩国跨国企业采购和销售地的重要性不断增强，外商投资企业在中韩双边贸易中显然发挥着越来越重要的作用。中韩建交后，由于韩国对华直接投资的增长，韩国在华投资企业从韩国进口零部件也随之增加。如，1991～

1994年间，韩国对中国投资从239项增加到的1 222项，投资额从1.8亿美元上升为8.9亿美元，随后一直呈大幅增长趋势。这一趋势也是造成韩国对中国贸易大幅顺差主要原因。

以下数字则显示，1995～2001年间，外商投资企业占中国自韩进口的比重基本维持不变，约为59%～60%多；而占中国对韩国出口的比重则由24.7%上升到49.1%（表13）；2005年则进一步上升至69.8%。

表13　　外商投资企业在中国对韩国1995～2001年贸易中所占比重

项目／数据／年份	进口			出口		
	金额（亿美元）	增长速度（%）	外商投资企业所占比重（%）	金额（亿美元）	增长速度（%）	外商投资企业所占比重（%）
1995	61.56		59.8	16.51		24.7
1996	82.45	33.9	66.1	24.57	48.9	32.8
1997	95.63	16.0	64.1	31.39	27.8	34.4
1998	92.37	-3.4	61.4	25.55	-18.6	40.9
1999	99.80	8.0	57.8	34.56	35.3	44.3
2000	137.24	37.5	59.1	50.98	47.5	45.2
2001	139.63	1.7	59.7	61.52	20.7	49.1

资料来源　外经贸部《中国外资统计（2002)》。

三　中韩投资关系

投资关系可分为直接投资关系和间接投资关系。中韩之间的投资关系主要是直接投资关系，而且以韩国对中国的投资为主。1992年中韩建交以后，中韩投资关系发展呈现如下特点。

（一）韩国对中国投资规模快速增长

20世纪90年代初期以来，韩国对华直接投资快速发展，超过了外商对华投资的平均增长水平。1992～2004年，韩国对中国投资从2.6亿美元上升为260亿美元，增加了近100倍。其间，受亚洲金融危机影响，自1998年起，韩国对华直接投资连续几年出现下降，从2000年开始恢复。近几年投资速度进一步加快，仅2004年就有5 000项，投资额达到62.5亿美元。另据韩方统计，2002年韩国企业对华投资项目、申报及实际到位金额均超过韩国对美投资，中国首次成为韩国第一大海外投资对象国。据中国商务部统计，2005年韩国对中国实际投资51.7亿美元，略低于欧盟25国的对中国投资额（51.9亿美元）。截至2005年底，韩国累计对中国实际投资311亿美元，占中国吸收外资总额的5%。

另外，韩国对华投资单项金额开始大额化。原先韩国对华投资以中小企业为主，但近年来韩国大企业对华投资迅速增加，项目平均金额大幅增长，从2000年的58万美元上升到2005年的85万美元。

（二）投资领域以制造业为主，并开始趋向多样化

韩国对华投资领域，初期主要是中小企业在劳动密集型出口加工制造业领域的投资，主要涉及玩具、制鞋、皮革、纺织、服装、电子电器组装、石油化工等制造业和饮食等服务行业。近年来，技术和资本密集型项目所占比重迅速上升。

韩国一些大企业在建交初期是以在北京、上海、广州等大城市设贸易办事处的形式进入中国的，他们除做贸易之外，其中的一些企业在电子、化学领域投资设立工厂，向第三国出口，并以占领中国内需市场为目标。20世纪90年代后期，韩国大企业投资重点在轮胎、水泥、家电、半导体（组装)、钢铁等制造业。东亚金融危机期间，韩国对中国投资有所减少，但进入21世纪，韩国企业在IT行业、生物技术、通信、流通业、金融服务业等开始探索新的投资合作，使制造业投资项目数量的比重，从1992年的93.4%下降到2001年的

87%，投资行业开始趋于多样化。贸易、批发零售、饭店饮食、运输仓储、金融保险等服务行业的投资正在增加，但目前仍只占总投资额的10%强。

表 14　　韩国对中国投资项目截至2000年底的分布　　（%）

项　　目	中国全部外资	韩国对华投资
合计	100.0	100.0
农、林、牧、渔业	0.76	1.01
采掘业	1.34	0.35
制造业	58.60	83.19
电力、煤气、水生产供应业	3.61	0.10
建筑业	2.79	0.85
地质勘察业、水利管理业	0.03	0.03
交通运输、仓储、电信业	3.59	1.33
批发和零售贸易、餐饮	2.49	1.62
金融、保险业	0.34	0.00
房地产业	14.02	5.19
社会服务业	6.52	3.52
卫生、体育和社会福利业	0.24	0.03
教育、文化、广电业	0.08	0.01
科研、综合技术服务业	0.24	0.03
党政机关、社会团体	0.02	0.02
其他行业	5.20	2.69

资料来源　DRC数据库。

转引自赵晋平：《聚焦制造业——日韩对华直接投资特点及发展趋势》，载《国际贸易》2003年1月号。

21世纪初，韩国对中国投资已恢复到亚洲金融危机前的水平。韩国制造业凭借较强的国际竞争力，加大对中国制造业投资，根据国务院发展研究中心课题组对中国境内2 800家日韩在华投资企业的问卷调查，显示韩国在华投资企业和其母公司均以制造业为主，比重为78.6%。从投资金额来看，中国全部外资企业投资中制造业的投资所占的比例将近60%，韩国企业投资制造业的比例达83%（表5）。在制造业内部的投资结构开始从劳动密集型为主向技术、资本密集型为主转变，投资领域已由服装、食品等行业向电子、机械、汽车、建材等行业扩展。近年来机电产品之所以成为中国对韩国出口增长较快的主要产品，其中一个重要原因就是韩国企业对华投资结构发生变化，对机电等制造业投资比重明显上升。根据中方调查，电子和通讯设备制造业是韩国企业投资最为集中的制造业部门，2000年占其对制造业投资的19.2%，对两国贸易起到了拉动作用。

（三）投资地域的变化

韩国对中国的投资区域最初集中在地域邻近的山东省、天津市环渤海地区和东北地区，但近年有向上海、江苏、广东等其他东部沿海地区及四川、湖南等中西部内陆地区扩展的趋势。据1998年资料显示：韩国企业对环渤海湾地区的实际投资件数占其对中国投资总件数的48.0%、金额为50.1%，其中对山东的投资件数占投资总件数的29.1%，金额为27.9%；对东北地区的投资占投资总件数的36.1%，投资金额为17.2%。而从投资区域的变化上看，1992年对山东省和东北三省的投资占韩国对中国投资额的58%，2001年12月末降到44.8%。同期对华东（上海、江苏、浙江）地区和广东省的投资额比率则由14.1%上升到28.2%。而根据韩国投资振兴会社（KOTRA）2002年2月进行的“进入中国市场意向”的调查，韩国企业投资倾向的地区依次是上海、北京、山东、广东。

（四）集团式并进投资为主，独资倾向明显，积极推进当地化策略

外商投资策略主要涉及进入方式、投资项目、合作伙伴和投资地点等的选择问题，尤以进入方式和合作伙伴选择最为重要。在中国改革之初，市场发育尚不充分，市场机制尚不健全，进入中国市场需要冒较大风险。一般跨国企业通常采取分阶段，循序渐进，逐步发展的策略，而以三星、LG、现代为代表的韩国大企业集团采用的是一种集团并进的方式，在进入中国初始阶段这种集团并进方式发挥过很好的作用。但由于战线太长，致使韩国企业在1997年金融危机中经营困难，陷入困境。

目前一些韩国企业集团在华投资经营多采用当地化战略。例如，韩国企业一般都把在当地产生的收益全部用于当地的再投资；在当地建立研究开发和设计中心；把韩国人的生产设备大量转移至中国，以及在当地采购零部件和原材料等。近年来，三星每年派100名青年骨干到中国进修学习中文，使得这些人到中国工作时可以很快适应中国的人文地理环境，并在信息收集和决策过程中更有效地与中国当地员工合作，从而提高了工作效率。

几乎所有跨国公司在华合资企业在成立几年后，外方投资者增资扩股行为十分普遍，独资倾向日趋明显，而中韩合资企业在这方面表现亦十分明显。以天津三星电子有限公司为例，是属于韩资企业在天津开发区中最大的一个。该公司始建于1993年，初始阶段中韩双方各占50%股份。1996年由于录像机市场萎缩，中方于1997年撤掉了大部分资金。迄今，股权结构已发生重大变化，韩方出资额跃占91.5%，中方仅占8.5%。

（五）韩资企业十分倚重中国内需市场

韩国企业家和学者都认为中国持续扩大的内需市场，是最为吸引韩国企业投资贸易合作的地方，并认为随着中国加入世贸组织，投资领域将会进一步开放，内需市场更加多样化，会逐步增加在家电、通信设备、机械、汽车零部件等产业的投资，从过去的加工出口型转向内销型，规模由小变大，从低端产品转向高端产品。

当前，韩国大企业进军中国市场已出现了从传统产业向尖端核心产业的转变，投资形式也从过去单纯的加工生产转向生产、销售和流通当地化。随着大规模投资的事业成为主流，投资回收期也趋长。韩国企业对中国的投资，大规模合作投资模式将日趋增多。近来LG化学、LG电子、三星SDI、起亚汽车、新世界超市等企业，在合成树脂(ABS)、不锈钢、超薄膜胶卷、汽车生产及流通业等诸多领域，1 000万美元以上的大规模投资日益增多。

中国加入世贸组织后，韩国企业对中国的IT行业和通信服务市场、文化市场、金融保险市场等领域的关注也日益增强。截至2002年3月，韩国银行在北京、上海、天津、青岛等地共有9个支行，1个合作银行，3个事务所。在保险、证券领域方面，在北京、上海、沈阳等地设有7个保险公司事务所，3个证券公司事务所。

（六）中国对韩国投资总体规模不大，影响有限

相对于韩国对华直接投资增速加快，投资领域逐渐扩大，投资规模不断提高的态势，中国对韩国投资则刚刚起步，投资规模也不大，影响有限。据中国商务部统计显示，截至2003年3月底，中国共批准对韩国直接投资65项，协议金额6.25亿美元，中方投资额2.98亿美元。目前在韩国注册的中资机构约1 500余家，其中经中国有关部门批准的近60家，主要集中在汉城，涉及贸易、航运、金融和研修生等业务。截至2004年5月底，中韩共签订劳务和工程承包合同金额22.83亿美元，完成营业额16.62亿美元。

四 中韩经贸关系存在的主要问题与前景展望

近10多年来，中韩经贸往来不断扩大，取得了诸多积极成果，给两国带来了巨大的经济利益。但是也应看到，仍存在许多问题，摩擦和争端时有发生。诸如：中方持续巨额的贸易逆差、韩方不利于自由贸易的外贸政策以及韩国投资的总体规模偏小、技术水平较低等。研究中韩贸易中存在的矛盾，妥善解决摩擦和争端，已成为两国加强经贸合作必须认真解决的问题。

（一）中韩经贸合作中存在的主要问题

1. 中方持续增长的巨额贸易逆差

中韩建交以来，随着中韩两国贸易的增长，中韩贸易中中方逆差持续扩大。中方逆差额从1992年开始一路攀升，1998年以来，中方逆差连年超过当年中国对韩国的出口额。到2002年，中方逆差已高达130.7亿美元。截至2002年底，中国对韩国贸易逆差累计已超过800亿美元。原因主要在于：

首先，从贸易商品结构上看，巨额贸易逆差主要源于化工产品、机电音响设备及部件两大类商品进口。如2002年中方仅这两类商品的进口即达131亿美元，相当于当年中国对韩贸易全部逆差。

其次，加工贸易引起的顺差转移。随着韩国对华投资的不断扩大，许多韩国企业将生产和加工贸易转移到中国。其结果是从韩国进口的原材料和零部件加工后并非全部返销韩国，使得与第三国（如美国）的贸易顺差转移到中国。

第三，韩国政府在减少或消除贸易壁垒方面没有采取切实有效的行动。如削减保护性高关税、取消针对中国产品的歧视性措施、根据中国市场经济发展现实给予中国市场经济待遇等，致使中国对韩国的贸易逆差进一步扩大，贸易不平衡状态日益严重。

最后，香港作为中韩贸易中转港的作用下降，使原本由香港转口至中国的商品，直接输往中国内地，这一“显化”过程，加剧了中国对韩国的贸易逆差（见表15）。

表15 韩国对中国1992～2001年直接出口额和经香港对中国再出口额（亿美元）

类　别	1992	1994	1996	1999	2001
韩国对中国直接出口额	26.5	62.0	113.8	136.9	181.9
经香港对中国再出口额	18.5	27.9	37.9	39.8	42.3

资料来源 香港特别行政区政府统计处。

2. 不利于对等自由贸易的韩国外贸政策

随着中韩两国经贸交往的扩大，贸易摩擦和纠纷也有所增加。这些摩擦和纠纷往往是由韩国单方面的政策、法规和采取措施所致，严重影响了中国产品对韩正常出口，导致中方利益受损。

（1）对华主要进口的农副产品关税壁垒严重

在关税方面，主要有：

① 弹性关税制度，尤以对农副产品为重，可根据需要随时增减品种、调整期限。

② 采用“特别保护条款”，1994年8月，韩国政府决定修改《关税法》，对大麦、玉米、马铃薯、辣椒、大葱、蒜等190种农、林、畜、水产品加强保护，实施“特别保护条款”，最高保护关税率达986%。

③ 开征“特别紧急关税”，保护韩国市场。即在某种商品进口激增或国内市场价格下跌时，自动课征“特别紧急关税”。目前韩方规定对27种农产品和轻工产品征收高额进口调节关税，其中有17种系主要或基本上从中国进口。如韩国长期依赖从中国进口大蒜、蔬菜等农产品，受高关税的影响（大蒜关税30%），严重阻滞向韩国出口。

（2）非关税壁垒众多，使中国产品受到严重威胁

除采取关税措施外，韩国政府还频频启用非关税措施，如反倾销、技术性贸易壁垒（TBT）、检验检疫措施（SPS）以及其他一些歧视性做法，阻碍中国商品进入韩国市场。受韩国技术性贸易壁垒影响较大的商品包括：农产品、水产品、畜产品、食品及食品添加剂、医药及医药原料等。其中，如新鲜水果、猪和牛等蹄类肉产品、药品（特别是中成药）等均无法对韩国正常出口。韩国对以上产品进口限制措施主要以检验、检疫和安全标准为主要手段（如韩国对农药残留检验的指标高达上百项），并在进口检疫和检验上对中国产品采取歧视性政策。如对中国农产品按6%的比率进行抽检，而对来自美国等国家的同类产品抽检率仅为3%。此外，韩国于1991年开始对中国采用以“非市场经济”标准，裁量中国商品倾销，启用反倾销措施。截至2002年底，韩国对华反倾销案件数量累计达19件。韩国成为对华反倾销最多的国家之一。

3. 韩国企业对华投资总体仍处于规模小、技术水平较低，且存在保守倾向

尽管韩国企业有良好的投资意向和切实的行动，但从韩国企业对中国投资的现状看，主要还是中小企业居多，平均每个投资项目金额只有百万美元左右，多是中小型项目，技术含量不高。虽然近年来韩国现代、三星、SK、LG等大型跨国公司对华投资大型项目有所增加，但总体来看，韩资的平均技术水平和企业的投资规模小于其他外来投资，在中国市场上的竞争能力明显低于日本和欧美企业。

据国务院发展研究中心课题组（2003年）向中国境内2 800家日韩在华投资企业发出调查问卷显示，比较而言，日资企业投资规模大于韩资企业，中国吸收外国直接投资的项目规模平均水平为191万美元，日本对华直接投资项目的平均规模为193万美元，而韩国对华投资项目的平均规模仅为122万美元。

（二）前景展望

中韩建交以来的实践表明，积极推动双边经贸合作，不仅有利于两国的经济发展，也有助于两国周边环境的安定，符合双方的根本利益。中韩两国应顺应世界经济发展的大趋势，深入扩展两国经济交流与合作进程，使两国经贸合作领域和规模迅速扩大，开创两国经贸关系的新阶段。展望未来，在全球经济增长放缓，世界区域性合作不断深入发展的背景下，两国在经贸等领域的合作进一步拓展和深化，符合两国人民的根本利益，也必将推动亚洲和世界的和平与发展。

1. 中韩经贸合作面临重大机遇和挑战

进入21世纪，是中国发展的重要战略机遇期。中国有13亿人口，经济增长速度一直在7%以上，有望在2020年成为世界第二大市场。大规模的工

业化和城市化进程、产业结构调整以及农业发展与现代化，都需要同韩国在内的世界各国开展广泛深入的合作，具有广阔的发展前景。

中韩两国是亚太经济合作组织的成员国，也是世界贸易组织的成员国。从当前中韩两国的经济改革趋向看，两国在21世纪将会更加开放，经济与贸易自由化的程度也将进一步提高。中国的市场经济正在逐步发育成熟。同时，中、韩两国是近邻，随着朝鲜半岛陆上交通进一步开拓，必将为两国经贸合作提供更为有利的条件。

诚然，鉴于欧美市场趋于饱和，东南亚市场具有脆弱性，开拓和进入中国这一世界新兴大市场，也将面临美、日、欧强国的激烈竞争。

瞻望前景，面对机遇和挑战，中韩双方应在如下方面予以应有的关注。

2. 加强政府合作，促进政策协调

（1）加强双边磋商，完善对华贸易政策

当前，许多中韩贸易摩擦均与韩国实行的贸易保护主义做法有关，尤其是针对中国产品采取的若干歧视性措施。因此，双方应从中汲取经验和教训，加强双边磋商，慎重对待反倾销案件的设立，避免两败俱伤。因此，应从如下方面入手：

① 韩方应进一步减少调节关税品目，削减关税和非关税壁垒。

② 双方应及时沟通信息，对出现的摩擦和纠纷加强磋商，不要滥用反倾销和保障措施，更不要对中国产品实行歧视政策。

③ 韩方应客观公正地对待中国市场经济地位问题，尽早给予中国出口产品以公平待遇。

④ 韩国应取消中国商品若干歧视性措施，形成互动双赢的贸易格局。

⑤ 中国在增加进口的同时，也应积极开拓市场，生产适销对路的商品扩大对韩国的出口。同时，韩国也应发挥自己的优势，在中国积极开展农业（如水果、蔬菜、水产品等生产和深加工）等领域的合作，以推动韩方减少对进口农产品设置的重重技术性贸易壁垒，便利货物流动。

⑥ 加强在"曼谷协定"中的合作。与东盟、北美自由贸易区和欧盟相比，尽管曼谷协定行动迟缓，运作并不理想，但由于中韩两国均属曼谷协定成员，应充分利用这一机制，重视并加强在曼谷协定框架下的合作。

（2）缩小中方贸易逆差，推动双边贸易稳定、均衡发展

为缩小中方巨额贸易逆差，一方面，韩国在亚洲金融危机后，经济迅速恢复，外汇储备充裕，只有大幅增加从中国的进口，才能根本解决双边贸易中中方逆差长期居高不下的问题，为两国贸易提供更大的发展空间，形成双赢的结果。另一方面，中国应加快出口商品结构调整步伐，降低对韩国出口的资源密集型和劳动密集型产品的比重，大力发展中韩两国的技术贸易。

（3）拓宽中韩投资合作领域

首先，中国加入世贸组织后，为世界各国迅速扩大对华投资领域和规模，也为中韩投资提供了更大的合作空间和发展机遇。一方面，韩国在中国传统的投资产业如汽车、石化、钢材、机械设备、家电等的竞争力将进一步加强。另一方面，随着中国对电信、金融、农业、服务业市场的逐步开放，必将为韩国的通信、银行、保险等服务性企业带来巨大的合作空间。

其次，在中国推进振兴东北战略中，加强中韩两国的投资合作。东北老工业基地改造的基本思路是鼓励发展电子信息技术、生物技术、新能源、新材料等高新技术产业，用高新和适用技术改造传统产业，改善资本结构，建立现代企业制度，提高企业经营管理水平。因此，振兴东北老工业基地战略的提出，符合韩国资金的投向由劳动密集型向资本密集型和技术密集型层面拓展的要求，为中国东北地区与韩国的经济技术合作提供了难得的机遇。

第三，实施"走出去"战略，加快中国企业对韩国投资的步伐。2002年《中韩投资协定》的签署，不仅使中韩相互投资额继续增加，还带动商品和服务贸易的大幅增加。近年来中国民营企业寻求在韩国投资的积极性较高，政府部门及有关组织机构对此应加强指导和帮助。建立双边投资信息平台，内容包括投资环境、相关法律法规、产业发展及需求、技术标准、市场需求、中介机构等，通过网络、媒体、驻外官方机构可及时获得有关信息和资料。同时，与韩国跨国企业在中国的投资环境有较大幅度的改善和多数企业准备未来在华追加投资相比，中国企业在对韩国进行投资时，普遍感觉到存在很大障碍，如繁复而严格的审批制度等。因此，韩国应加强和完善投资促进政策，改善投资环境，使投资成为两国经济发展的有力推进器。

3. 以制度性合作推进中日韩自由贸易区的建立

新世纪，在中韩贸易投资关系取得进展的同时，中日韩之间的合作亦有着广阔的发展前景。基于三国的经济总量以及其在全球贸易和投资中的地位，东北亚区域市场的形成，将成为带动东亚地区经济发展的巨大推动力。然而，当前由于中日韩之间缺乏制度上的合作，区域内贸易和投资潜力远未发挥，难以形成统一的区域市场。三国政府应以更加积极合作的态度，整合竞争优势，促进三国间贸易和投资便利化，推动中日韩自由贸易区进程。

(1) 应加强三国政府间合作，实现贸易、投资便利化和自由化，为繁荣区域内贸易和投资创造更好的环境

例如，通过相互间让关税，拆除非关税壁垒，对相互商务人员的往来签证手续的简化，以及投资规制的实质性减少和基础设施的改善等，为加强中日韩三国之间制度性安排创造条件。

(2) 加强三国在投资促进方面的广泛合作

目前，中日韩三国首脑会议已经就在五大重点领域建立合作机制达成共识，这五大合作领域是：经济贸易、信息科技、环保、人力资源开发和文化合作。这些领域三国有着共同的利益，政府应大力支持其发展企业间的合作。

(3) 加强中日韩在服务业投资和贸易领域合作，改变以往投资偏重于制造业，而服务业投资比重偏少的局面

在这方面，日本和韩国企业加大服务业投资不仅可以扩大双边的服务贸易，也可提高对制造业企业的服务质量，改善经营环境。

(4) 促进中日韩之间相互投资，并鼓励那些存在贸易摩擦的商品上的投资

例如，在具有比较优势的中国投资建立农产品生产加工基地，这将不仅有利于缓解中日、中韩在农产品贸易上的纠纷，还可为两国农民带来利益。

(5) 在中日韩经济合作尚未达成共识之前，中韩之间首先应当积极推进双边政策协调

同时采取必要的过渡形式，将消除贸易和投资障碍、促进贸易与投资便利化作为切入点，抓紧签订中韩自由贸易协定，在新的框架下解决目前难以解决的争端和问题，并为建立中日韩经济合作机制奠定良好基础。 （何　强）

第四节　中国与东盟经贸关系

中国与东南亚各国之间的经贸关系，源远流长。历史上郑和下西洋就推动了中国与东南亚国家的经贸交流，郑和甚至在马六甲建立了贸易中心。19世纪末以来，大批华人到东南亚各国谋生、定居，为开发当地经济做出了卓越贡献，也加强了中国与当地的经贸联系。然而，当时的东南亚多数国家处于殖民地统治时期，经贸活动主要与宗主国进行。中国也处于闭关锁国的状态，双方经贸联系并不很多。新中国成立后，中国与东盟经贸关系有所发展。从20世纪80年代末起，中国与东盟经贸关系发展逐步进入快车道。90年代，中国与东盟各国实现了关系正常化后，经贸关系发展更为迅猛。1991年，中国与东盟开启对话进程以来，15年间中国与东盟关系经历了消除疑虑、开展对话、增进互信到最终建立战略伙伴关系不平凡的历程。21世纪初，中国东盟自由贸易区的正式启动，标志着中国东盟经贸关系新时期的开始。

一　中国与东盟经贸关系现状

（一）中国与东盟贸易快速发展

新中国成立后，中国与东南亚经贸关系有所发展。从20世纪80年代末起，中国与东盟双边贸易年均增长约20%。到20世纪90年代，中国与东盟各国实现了关系正常化后，经贸关系迅猛发展，双边贸易增长速度快于中国外贸总额的增长速度。1990～1995年，中国和东盟的双边贸易额年均增长20.39%，高于同期中国外贸总额年均增长16.59%的速度。1991年，中国与东盟六国及越南的贸易额是80亿美元，1997年发展到250.4亿美元。由于亚洲金融危机的影响，1998年，中国与东盟的贸易额有所下降。但2000年，中国与东盟之间的贸易额上升到创纪录的395.22亿美元，增幅高达45.3%。在2001年，全球经济发展减速的情况下，中国与东盟之间的投资和贸易仍保持了显著增长，双边贸易额达416.15亿美元，比上一年又增长5.3%。据商务部统计，中国与东盟双边贸易额已从1991年的79.6亿美元增至2002年的547.7亿美元，保持了年均21%的高速增长。2003年中国和东盟双边贸易额增长了40%，达782亿美元，创历史新高。其中，中国从东盟国家进口额为473亿美元，增长了约50%。2004年提前实现双

方贸易额突破1 000亿美元的目标，东盟已成为中国第四大贸易伙伴。2005年中国与东盟双边贸易额达1 303.7亿美元，增幅达23.19%。1991～2005年的15年间，中国与东盟双边贸易额增长15倍。

表16　　中国与东盟1991～2005年贸易统计　　(亿美元)

年份	进出口	出口	进口	比上年增长（%）		
				进出口	出口	进口
1991	79.6	41.4	38.2	19.6	10.6	29.3
1992	84.7	42.6	42.1	6.4	2.9	10.2
1993	106.8	46.8	60.0	26.1	9.9	42.5
1994	132.1	63.8	68.3	23.7	36.3	13.8
1995	184.4	90.4	94.0	39.6	41.7	37.6
1996	204.0	97.0	107.0	10.6	7.3	13.8
1997	243.6	120.3	123.3	19.4	24.0	15.2
1998	234.8	109.2	125.6	-3.6	-9.2	1.9
1999	270.4	121.7	148.7	15.2	11.4	18.4
2000	395.3	173.4	221.9	46.2	42.5	49.2
2001	416.2	183.9	232.3	5.3	6.0	4.7
2002	547.7	235.7	312.0	31.6	28.2	34.3
2003	782.0	309.0	473.0	42.8	31.1	50.0
2004	1 058.8	429.0	629.8	35.4	38.8	33.2
2005	1 303.7	553.7	750.0	23.1	29.1	19.1

*　1991～1995年为东盟6国，1996～1997年为7国，1998年为9国，1999～2004年为10国。

资料来源　根据历年中国《海关统计》整理。

（二）东盟是中国外资重要来源，中国对东盟投资迅速增加

东盟是中国吸引外资的重要地区之一。根据商务部统计，截至2004年9月底，东盟国家累计在中国投资项目23 684项，占中国吸引外资项目总额的4.76%，合同外资金额为698.97亿美元，占中国吸引外资总额的6.65%，实际利用金额348.38亿美元，占中国累计实际利用外资总额的6.33%。排在中国香港、日本、美国、中国台湾省等国家和地区以及欧盟之后。

东盟国家在华投资始于20世纪80年代，起初投资规模很小。1995年前的全部实际投资额仅为36亿美元，占其对外实际投资总额的比重仅为12.2%。1992年后中国加速对外开放，对外吸引力增强；同期东南亚国家开始放松华人访华限制，改善与中国关系，加上当时东盟五国（新加坡、马来西亚、泰国、印尼和菲律宾）自身经济处于高速发展时期，资金市场上盈余资本较多，对华投资显著增加，1995年对华合同投资额达到了110.41亿美元的最高纪录。实际投资也呈现出稳定增长，1997年金融危机以前，投资年增幅保持在7%～20%，1998年东盟对华实际投资最多，为42.23亿美元。1997年亚洲金融危机爆发后，东盟整体经济遭受了不同程度的打击，经济出现负增长，外汇市场和股市动荡，对外投资衰退，对华投资自然减少。1999和2000年相继下降到32.89亿美元和28.45美元；2001年虽有改善，但受在美国发生的国际恐怖主义袭击的九一一事件影响，仅提高到29.84亿美元。2002年则达到32.56亿美元，占当年中国实际吸收外资总额（527.43亿美元）的6.17%。截至2004年9月底，东盟国家在中国投资的累计实际利用金额为348.38亿美元，占中国累计实际利用外资总额的6.33%。2000～2005年，东盟在华实际投资均在30亿美元上下，2005年为

31亿美元。截至2005年底，东盟在华投资项目近3万个，金额近400亿美元。

20世纪90年代后期，随着中国经济的迅速发展，中国对东盟的投资也迅速增加。中国许多消费品如彩电、空调、冰箱等生产能力过剩，这些产品的生产企业到东盟投资也有很大优势。如中国的海尔集团，在马来西亚、菲律宾等地投资设厂，生产空调、冰箱等就取得了很好的效益。资料显示，截至2005年6月，中国企业累计在东盟投资达8.3亿美元，并有68家中资企业在新加坡上市。

东盟也是中国工程承包和劳务合作的重要市场。2005年中国企业在东盟国家承包工程营业额29亿美元，劳务合作营业额5亿美元，年底在东盟国家各类劳务人员总数11.1万人。新加坡是中国对外承包工程第五大目的地和对外劳务合作第二大市场。截至2005年，中国公司在东盟国家签订的承包工程和劳务合作合同总金额300多亿美元，营业额200多亿美元。

表17 东盟1991～2002年对中国直接投资变化情况 （亿美元 %）

年 份	东盟实际投资	中国实际利用外资	东盟所占比重
1991	0.9	47.5	2.1
1992	2.7	110.1	2.5
1993	10.0	275.1	3.6
1994	18.6	337.7	5.5
1995	26，2	375.2	7.0
1996	31.8	417.3	7.6
1997	34.2	452.6	7.6
1998	42.2	545.6	7.7
1999	32.9	403.6	8.2
2000	28.4	407.2	7.0
2001	29.8	468.8	6.3
2002	32.6	527.4	6.2

资料来源 中国对外贸易经济合作部资料。

（三）中国与东盟签订了各种经贸合作协定

新中国成立后，积极与东南亚各国发展经贸关系。东盟成立后，中国又陆续与各成员国之间签订了双边贸易协定、投资保护协定和其他行业性协定等贸易合作文件，为中国与这些国家经贸合作的开展提供了法律保障。

从20世纪90年代起，中国还与作为一个组织的东盟共同设立了经贸方面的各种委员会，如1995年设立的中国东盟经贸联合委员会、中国东盟科技联合委员会，1997年2月设立的中国东盟联合合作委员会及其下设的中国东盟商业委员会（设在贸促会）等。1997年12月，中国——东盟领导人非正式会晤提出建立面向21世纪的睦邻互信伙伴关系，此后，东盟与中日韩“10+3”和东盟与中国“10+1”领导人会议机制正式建立起来。

2000年11月的“10+1”领导人会议上，中国和东盟领导人决定成立经济合作专家组，探讨包括在中国和东盟间建立自由贸易区的可行性等问题，进一步加强中国东盟经济贸易关系。2001年11月6日，在文莱召开的第五次“10+1”领导人会议上，双方领导人根据专家组的建议，一致同意在10年内建成中国——东盟自由贸易区，以开展更密切的合作，促进共同繁荣和发展。

（四）双边贸易商品结构改善

20世纪90年代以来，中国与东盟的贸易商品结构有较大改善。90年代初期，中国从东盟进口的前五大类商品是石油和燃料、木材、植物油脂、计算机与机械、电器设备。这五类商品占东盟对中国出口总额的75.7%。到2001年，商品重要性的先后顺序发生改变，从资源类商品转向制造业产品。机械和电器设备占中国从东盟进口的比重从1993年的12.4%上升到2003年的53.8%（见表18）。

与中国从东盟进口相比，中国对东盟出口呈现着相对更明显的多样化。1993年，中国对东盟出口的前五类商品是机械及电器设备、纺织品和服装、蔬菜产品、贱金属及金属制品、矿产品；它们占中国向东盟出口总额的67.9%。到2003年，机械及电器设备继续位居第一，但它们的比重从1993年的20.8%上升到2003年的43.9%（见表19）。

表18和表19所显示的数据是东盟方面的统计，与中国方面的统计基本相符。2003年中国对东盟国家出口的机电产品达135.5亿美元，占对东盟出口总额的43.9%。与此同时，中国从东盟进口的机电产品达254.4亿美元，占自东盟进口总额的53.8%。总之，10多年来最强劲的增长来自制

造业产品的贸易，机械和电器设备的增长幅度最大。这些产品在中国和东盟贸易中既是主要的出口产品，也是主要的进口产品，显示出由于产品分工和规模经济带来的产业内贸易的重要性。

表 18　　中国 1993、1999 及 2003 年从东盟进口商品的结构　　（亿美元）

1993			1999			2003		
商品	进口额	比重%	商品	进口额	比重%	商品	进口额	比重%
矿产品	14.7	32.4	计算机及机械	19.4	20.3	机械及电器设备	254.4	53.8
木材及木制品	10.3	22.6	电器设备	17.1	17.9	矿产品	58.3	12.3
机械及电器设备	5.6	12.4	燃油	10.9	11.4	塑料	44.1	9.3
油脂	3.8	8.4	油脂	5.2	5.4	化工产品	28.2	5.9
贱金属及金属制品	2.4	5.3	木材	5.1	5.1	动植物油脂	16.1	3.4
合计	36.8	81.2	合计	57.7	60.3	合计	401.1	84.7

资料来源　东盟秘书处资料。

表 19　　中国 1993、1999 及 2003 年向东盟出口商品的结构　　（亿美元）

1993			1999			2003		
商品	进口额	比重%	产品	进口额	比重%	产品	进口额	比重%
机械及电器设备	9.0	20.8	电器设备	3.24	26.6	机械及电器设备	135.5	43.9
纺织品及服装	6.2	14.4	计算机及机械	2.44	20.0	纺织品及服装	36.3	11.7
蔬菜产品	5.0	11.6	谷物	0.52	4.3	贱金属及金属制品	18.9	6.1
贱金属及金属制品	4.6	10.6	燃油	0.43	3.6	化工产品	21.8	7.1
矿产品	4.6	10.5	船舶	0.30	2.5	矿产品	26.7	8.6
合计	29.4	67.9	合计	6.9	57.0	合计	239.2	77.4

资料来源　东盟秘书处资料。

2005 年，中国与东盟进出口商品结构继续优化。2005 年中国从东盟进口机电产品 472 亿美元，对东盟出口机电产品 305 亿美元，机电产品进出口值占当年双边贸易总额的比重达到 59.5%，比 2000 年提高了 12.7 个百分点。2005 年中国与东盟高新技术产品贸易额为 561 亿美元，占双边贸易额的 43%。中国从东盟进口的其他商品主要是原油、天然橡胶和初级形状的塑料等资源性产品。

（五）东盟是中国实现出口市场多元化战略的重要一环

长期以来，中国对外贸易高度集中于香港地区、美国和日本等市场（1998 年约占 57.9%），这种状况不利于中国对外贸易的平稳发展。外贸市场多元化势在必行。因此，中国正致力于外贸市场的多元化，努力开拓亚、非、拉等发展中国家的新兴市场。东盟作为距中国最近的一个区域经济集团，是中国大有希望的潜在市场。自 1989 年中国陆续与印尼、新加坡和文莱复交或建交，1991 年与越南关系正常化，中国与东盟经贸关系发展纳入正常轨道。面向 21 世纪，中国—东盟自由贸易区启动与建立，预示中国东盟经贸关系发展开始进入快车道，但迄今东盟在中国出口市场中所占的份额仍然不大，还有很大潜力。

二　中国东盟经贸关系中存在的主要问题

（一）经贸关系的发展处于十分不平衡状态

主要表现在，1993 年以来，中国与东盟的贸易长期保持逆差；中国与东盟各国贸易投资往来也不平衡，主要集中于少数几个国家，除马来西亚、新加坡和泰国外，中国与东盟其他国家的贸易投资往来规模都不大，与中国东盟双方的经济实力、外贸规模相比很不相称。

（二）对外贸易的竞争性问题

中国与东盟国家都是发展中国家，产品的技术水平、档次都相差不大，出口产品都是基本上以劳动密集型产品为主。产品的目标市场也基本都在欧美日等发达国家。中国与东盟国家的产品出口在上述市场上的竞争关系客观存在，甚至是此消彼长。无疑，这种贸易结构趋同的竞争性是中国东盟双边贸易未能取得长足进展的重要原因。

（三）贸易的便利性问题

虽然东盟各国经济经过几年到几十年的外向型发展，贸易的便利程度已有很大提高，但中国与东盟发展贸易仍受贸易便利滞后的制约。第一，除新加坡外，东盟国家普遍实行程度不同的进口限制。第二，绝大多数东盟国家海关手续繁琐，效率低下，已成为对东盟出口的障碍。第三，苛刻的卫生、安全和技术标准也阻碍了贸易的顺利发展。

（四）非贸易因素的影响

由于历史的原因，直到20世纪90年代初期中国才与东盟各国实现政治关系完全正常化。在此之前，由于中国与东盟部分成员国之间政治关系不正常，严重阻滞着双边贸易的发展。面向新世纪，中国与东盟政治关系揭开了新的一页，但双边关系中也还存在着诸如南海领土争端、华人问题等一些需双方政治家以高瞻远瞩正确处理的问题。

三 中国东盟经贸关系前景

（一）政治上的和谐关系为双边经贸合作奠定了良好的基础

在越南加入东盟之前，中国与东盟之间没有陆上的共同边界，现在东盟已有越南、缅甸、老挝与中国山水相连。由于东盟新成员国都与中国接壤，扩大后的东盟与中国已成为名副其实的邻居。上个世纪90年代初，中国与东盟所有国家都建立了外交关系。近年来中国与东盟国家的友好关系进一步发展，双方在政治、经济、贸易、科技、文化等领域的合作发展迅速。中国和东盟已形成了政治上相互尊重、经济上相互促进、安全上相互信任的良好态势。2003年10月，在印尼巴厘岛举行的第七次东盟与中日韩10+1领导人会议上，中国作为非东南亚国家首个正式加入了《东南亚友好合作条约》，并与东盟宣布建立面向和平与繁荣的战略伙伴关系，从而成为东盟第一个战略伙伴。它为中国与东盟之间经贸关系的迅速发展奠定了更为坚实的基础。中国与东盟的关系可以说已进入“天时、地利、人和”的阶段。中国与东盟经贸关系的发展前景光明。

（二）经济发展水平的提高必然带来双边经贸合作的发展

影响双边经贸关系的主要因素是双方的经济发展水平。双方经济发展水平高，有加强经贸合作的诚意，经贸关系就会发展。中国在与东盟各成员国关系的正常化以前，经贸关系长期处于一种低水平的状态。而中国与东盟政治关系正常化之后，经贸关系就有了长足的发展。1991～2005年，中国东盟间的双边贸易额从80亿美元猛增至1 304亿美元，年增幅达20%以上。

（三）双方的互补性正在加强

必须看到，中国和东盟经过多年外向型经济的发展，经济结构已发生了很大变化。中国和东盟主要成员国的经济结构，都处于从劳动密集型向技术密集型和资本密集型的转变过程中，在产业结构升级的努力中都取得了相当大的进展。产业结构升级后，产业覆盖面变大，产品的品种出现多样化，竞争空间会日趋增大，从而避免在低水平的狭小空间竞争的不利局面。

实践表明，即使在同一行业，中国和东盟也存在着广泛的互补性。以纺织服装为例，中国和东盟在纺织服装出口方面具有优势，在世界市场尤其是发达国家的市场上存在着明显的竞争关系，但中国与东盟各国在纺织品方面也有很大的互补性。

1. 东盟国家棉花资源不足，棉纺织业中70%的原料需要进口，中国却是产棉大国，棉花产量在世界名列前茅

东盟各国一直从中国进口大量棉花。现在世界各国流行自然面料，随着棉料服装免烫技术的发展，棉料服装目前大行其道，中国向东盟出口棉花前景依然看好。

2. 东盟国家纺织业的技术设备比较陈旧，而中国的纺织机械成套设备技术成熟，技术水平不仅比东盟国家高，而且部分已达到世界先进水平

中国的纺织机械不仅自给有余，而且还批量出口，从20世纪80年代开始，中国就开始向印尼、泰国等东盟国家出口纺织机械。

3. 中国与东盟纺织服装出口结构并不完全相同

中国的纺织服装是从自给自足的基础上发展起

来的。中国不仅棉花产量大，而且随着化学工业的发展，化纤面料产量也十分巨大。因此纺织面料在中国纺织服装出口中一直占有很大比重。而东盟各国纺织业的发展，是在“东亚四小”纺织业向东盟转移的基础上发展起来的，主要利用当地廉价劳动力来加工成衣。因此成衣在东盟纺织业出口中的比重大。中国向东盟出口纺织面料，进口东盟的成衣。这也是中国与东盟许多成员国之间的贸易中，纺织品一直占有很大比重的原因。

4. 中国与东盟不同成员国之间，也存在着发展贸易互补性的可能

东盟新旧成员国经济发展水平不同。东盟不仅拥有众多的人口，而且还形成了从新加坡、马来西亚这样高档商品的需求市场到越南、缅甸这样中低档商品需求市场的多层次需求体系。中国有完整的工业体系，可以为东盟提供从初级产品到高新技术产品的完整系列。尤其是某些中间产品如化工行业的半成品，对东盟的出口潜力很大。在当今的国际贸易中，中间产品、半成品所占的比重越来越大。中国应加强对东盟国家出口占优势的工业原料的出口，发挥中间产品规模大、成本低的优势，由东盟各国利用人力资源的优势进行小批量的组装，以适应当前国际贸易中小批量、多批次、个性化的趋势。同时还应看到，东盟各国的市场潜力还在飞速发展，拥有亮丽发展前景。

（四）中国与东盟新成员国经贸合作空间广阔

缅甸、老挝和柬埔寨加入东盟后，也将对中国与东盟的经贸关系带来一定影响。中国与缅甸、老挝及柬埔寨经贸关系密切，中国产品在它们的市场上占有一定的优势。但是，它们加入东盟后，东盟其他成员国利用关税减免的优势，势必挤占中国在这些市场上的份额。中国商品在这些市场上将会面临东盟原成员国更加强劲的竞争。但也应看到，东盟扩大后，市场也将扩大，而且新成员与中国经贸关系密切，中国东盟双边经贸合作也面临新的机会。因此中国应以东盟新成员国为桥头堡，扩大对整个东盟的贸易。这3个国家工业技术水平低，基础设施落后，是中国小型成套设备、日用品、劳务承包的希望市场。同时这些国家资源丰富，中国适当扩大从这些地区的进口，可弥补国内资源的不足。如今越南、缅甸等东盟国家，正致力于其支柱产业纺织业的技术更新，中国可以以出口设备、投资设厂、承包技术改造项目等各种方式，扩大与这些国家的经贸合作。这些国家还可以成为中国发展带料加工的重要对象。越南、柬埔寨和缅甸对东盟其他国家市场的出口关税将在2002年降至5%或零关税。中国在这些国家发展带料加工，就可避开东盟对外的关税，进入东盟其他国家的市场。另外，东盟的扩大，也会推动中国和东盟之间的泛亚铁路建设项目和澜沧江—湄公河流域开发项目的合作。缅甸、老挝和柬埔寨是这两项合作的重要国家，它们加入东盟必将使东盟更加积极地参与这两项合作。

（五）中国与东盟在国际经贸领域有广泛的合作前景

中国与东盟的合作不仅要求在双边，而且应在多边国际组织中加强经贸合作。现在，随着世界经济发展速度的放慢，新的贸易保护主义又有所抬头。同时还出现了一些新的趋势，主要是发达国家把诸如环境标准、劳工标准甚至人权等与国际贸易联系起来，推行新的贸易保护主义。这对实现外向型经济政策和正在致力于推进贸易自由化的中国与东盟国家非常不利，对东盟经济的恢复也是严峻的考验。发展中国家应该联合起来，反对新贸易保护主义倾向。在这些问题上，中国与东盟有着共同的语言、共同的立场，中国与东盟的合作，不仅要在具体的经贸问题上扩大，而且有必要也有条件加强在建立国际经济新秩序方面的合作。国际经济的发展也要求中国和东盟加强这种合作。

（六）中国与东盟之间共同开发项目和中国—东盟自由贸易区的建设，将把中国与东盟经贸合作关系推向一个新阶段

1. 大湄公河次区域合作开发计划（GMS）

现有的涉及中国与东盟的比较大的合作项目是，湄公河的开发和泛亚铁路网的建设，这也是首届亚欧首脑会议确定的两个先期项目。

大湄公河次区域合作开发计划（GMS）自1992年启动以来，在亚行的支持和有关各国的共同努力下，在许多领域经济合作均取得了实质性成果。目前，该开发计划已确定了交通、能源、电讯、环境、人力资源开发、投资、贸易、旅游、农业等9个合作领域，批准了11个骨干项目（Flagship Program），先后实施了约100个投资和技术援助项目。10多年来，在亚行的协调下，该开发计划合作机制共动员各类资金约20亿美元，其中亚行直接贷款8亿美元，联合融资2.5亿美元；亚行还联合其他各方提供了各类技术援助6 000万美元。这些项目的实施，积极促进了该开发计划各国经济和社会的发展。

同时，大湄公河次区域合作开发计划已被中国和东盟10国列为中国—东盟经贸合作的五大重点领域之一。中国政府高度重视该开发计划的合作，一贯认为该开发计划的合作有助于次区域各国的经济发展和社会进步，并致力于把这一合作构建为中国—东盟自由贸易区的先行示范区。为此，中国政府成立了以国家发展和改革委员会、财政部、外交部为主导，国家有关行业主管部门和云南省参加的工作机制。迄今为止，在该开发计划合作中，中方重点参与了昆明—曼谷公路项目和该计划人力资源培训计划，加入了该开发计划《便利跨境客货运输协定》和《政府间电力贸易协定》等。其中，在昆曼公路项目中，中国政府出资2.49亿元人民币（其中无偿援助5 000万元，无息贷款19 900万元）支援老挝境内1/3路段的建设。

2. 建设中国—东盟自由贸易区

为全面推进中国—东盟经济合作，2001年11月，在文莱举行的首届东盟和中国领导人会议上，双方一致同意于未来10年内建立中国—东盟自由贸易区，并提出将农业、信息产业、人力资源开发和湄公河流域开发等作为合作重点。

中国—东盟自由贸易区正式谈判始于2002年初。同年11月，双方签署了经济合作框架协议，决定逐步实现零关税的自由贸易。根据“早期收获”计划，以农产品为主的500多种商品实行降税，2006年将降低到零关税。到2010年中国—东盟自由贸易区建成，将形成一个拥有17亿消费者、2万亿美元国内生产总值、1.2万亿美元贸易总量的经济区。这将是世界上人口最多的自由贸易区，也是发展中国家组成的最大自由贸易区。目前双方贸易额在各自外贸总额中的比重都不到10%，自由贸易区建成后将使双方的出口增长50%。

自从中国—东盟自由贸易区框架下的“早期收获”计划于2004年1月启动以来，中国—东盟贸易得到了更快速的增长。中国与东盟10国的经贸合作关系正进入全面发展的新时期。2005年7月20日，中国—东盟自由贸易区建设全面启动，7 000多个税目开始减税，同时服务贸易和投资协议正在顺利推进，其他领域的合作交流进一步深化。这表明，由中国和东盟共同倡导的10+1自由贸易区计划已取得良好进展，呈现出勃勃生机。

展望前景，东盟自由贸易区（AFTA）和《东盟投资区框架协议》两个经济轮子，将推动东盟各国的经贸合作进一步深入发展。与此同时，中国—东盟自由贸易区的建立与发展，加强经贸合作已成为中国—东盟关系的主旋律，发展经济、共同繁荣的信念深入人心。中国与东盟将凭借经贸合作中已形成的天时、地利、人和的优势，抓住机遇，迎接挑战，在良性竞争和互利合作中共同繁荣，携手在21世纪共创新的成果。（石明礼）

第五节 日本与东盟经贸关系

一 概述

第二次世界大战期间，日本给东南亚地区人民造成了深重的灾难。二战结束后，根据波茨坦宣言，战败国日本必须对受其侵害国家进行战争赔偿。20世纪50年代初，一些取得独立的东南亚国家，强烈要求日本尽快进行战争赔偿。而日本则利用其战争赔偿，作为从经济上重返东南亚的跳板。日本政府经过与一些国家谈判商定，其赔偿主要是以提供劳务和以生产资料为主的物资形式支付。正是这种不用现金支付，而是通过提供劳务和物资，以及保证在一段时期内提供贷款的方式，使日本得以通过战争赔偿形式，直接占领了接受国的市场。日本赔偿给东南亚国家的生产资料形成生产能力后，进而扩大中间产品和零部件在东南亚的销售市场；日本承诺向东南亚国家提供的贷款，往往附加购买日本商品的条件，从而为开辟战后日本的海外市场打开通道。

随着日本经济实力的不断增强，日本以贸易、直接投资和官方援助等方式，与东南亚国家建立起密切的经济关系。与此同时，东南亚国家经济也逐步恢复和发展，从而使日本和东南亚国家经济关系进一步加强。

在贸易方面，1962年日本对印尼、泰国、马来西亚、菲律宾和新加坡5国的出口总额为5.32亿美元。1967年这5国建立东盟后，日本对其出口增至11.01亿美元。日本对这5国的出口额1974年达54.6亿美元，进口额为69.07亿美元；1987年的出口额为75.4亿美元，进口额为80.1亿美元；1997年的出口额达440.2亿美元，进口额达718.5亿美元。

日本与东盟双边贸易的迅速发展，主要是由于双方具有很强的经济互补性。日本是一个资源匮乏的国家，而东盟各国丰富的自然资源正是日本所渴求的。日本所需天然橡胶、锡和锡合金几乎全部来自东盟各国；东盟各国所出产的铁矾土、铜矿石、木材和麻等在日本进口这些资源的总量中占有很高比例。而20世纪60年代中期以前，东盟各国是以农业为主的国家，在60～70年代实现工业化过程中，需要从海外进口大量工业设备、中间产品，日本则成为东盟各国理想供货来源。

东盟国家也是日本重要的投资场所。20世纪60～70年代，日本对外投资的主要目的在于确保从海外获得资源并扩大海外市场，同时利用海外低廉的劳动力，获取高额利润。随着日本经济的发展，由于外汇储备不断增加，使日本扩大对外投资成为可能。东南亚国家所具有的丰富资源、低廉的劳动力以及东盟国家为吸引投资所采取的多种改善投资环境措施等，使其成为日本理想的投资对象。至1993年末，日本对外直接投资累计约3 336亿美元，其中对东盟五国的投资约为374亿美元，占其对外直接投资总额的11.2%。如果除去日本对美国的直接投资累计1 771亿美元，则日本对东盟五国的直接投资占其对外直接投资总额的23.9%。日本成为东盟五国最重要的投资国。

经过经济高速增长，日本在20世纪60年代跻身于全球最富裕国家之列。其后，实施对外开发援助成为日本对外关系的重要内容。日本的官方援助包括无偿协作赠款和低息协作贷款。1969年日本政府官方援助为3.9亿美元，到1971年增至14.24亿美元，其中大约45%用于东盟五国。日本对东盟的官方援助大部分用于援助建设基础设施、大型工程和人才培训。它对东盟国家基础设施的改善和工业的发展起到了积极促进作用，同时也为日本企业在东南亚进一步投资打下基础。

20世纪70年代以后，由于维护日本自身经济利益的需要，日美关系的变化以及美国在东南亚地区力量和影响的变化，使日本与东南亚国家的关系越来越具有政治色彩。

首先，日本经济规模的不断扩大，需从海外进口的资源和能源也越来越多。日本作为一个岛国，使其无论是从海外进口资源和能源，还是向其他国家出口商品，都必须依赖海上运输，东南亚马六甲海峡等海上通道更是控制日本海上运输的咽喉。马六甲海峡是日本通往欧洲、中东、非洲和南亚的必经之路，日本进口原油的80%、铜矿石的42%和铁矿石的17%等必须通过此海峡。因而，确保东南亚地区海上通道的安全与日本经济密切相关。

其次，美国如果在东南亚实行战略退却，必然希望日本不仅在经济上，而且在政治上在这一地区发挥更大的作用。

再者，1975年印度支那战争结束之后，东盟国家也迫切希望通过加强与日本的关系来增强自身的防御能力。

基于上述几种因素，20世纪70年代中期开始，日本与东盟国家的关系逐渐进入超越单纯经济往来的阶段。

1977年8月，东盟在吉隆坡召开第二次首脑会议。会后，日本首相福田与东盟五国的领导人举行会谈，双方发表联合声明。声明中表示将以“伙伴关系的精神发展日本与东盟之间特殊的、紧密的经济关系”，还承诺采取具体步骤，促进日本与东盟国家经济关系的进一步发展，包括支持东盟各国扩大对日本的出口，优先考虑东盟关于日本提供10亿美元支持东盟工业项目的要求等。与此同时，日本和东盟的双边贸易也有较大幅度的提高，20世纪80年代初在东盟国家的进出口贸易中，日本超过美国和欧洲共同体，进、出口各占1/4左右。

20世纪80年代中期以后，日本领导人频繁出访东南亚。过去新上任的首相第一次出访国是美国，但是，1987年12月上任一个多月的竹下登首相，却将东南亚地区作为其首次出访的地区。在访问期间，作为唯一的非东盟成员国的政府首脑，被邀请出席第三次东盟最高会议。更引人注目的是，1991年9月，日本明仁天皇对泰国、马来西亚和印尼进行了访问。这是日本天皇明仁继承皇位后的第一次出国访问，也是历史上日本天皇第一次访问亚洲国家，显示了日本对东盟的倚重。

二 日本与东盟国家的贸易关系

（一）东盟国家对日本经济发展的重要性

日本经济要保持其长期稳定的发展，海外市场是必不可少的。对于不断扩充世界市场来讲，蓬勃的发展中国家尤为引人注目。其中东盟国家具备了相对良好条件，显现出新兴市场的潜在能力。日本对东盟国家的出口比对其他发展中国家的出口增长率要高。在日本出口总额中对其他发展中国家出口的比率，1971～1980年期间仅增长0.5个百分点，而对东盟国家的出口则从8.8%上升到9.9%，上升1.1个百分点。1980～1997年，又上升了1.5个百分点，1997年达11.4%。就进口来讲，日本从东盟国家主要进口的是工业用原材料，尤其是对于日本经济发展必不可少的天然橡胶、锡等。因此，无论是出口还是进口，以及在前面已经涉及到的东盟国家所处的地理战略地位等因素，都是日本经济发展所不可或缺的重要因素。

（二）日本与东盟国家贸易发展概况

日本是东盟国家最重要的贸易伙伴国。尤其是印度尼西亚和文莱的出口，在相当程度上依赖于日本市场。1987年，印度尼西亚和文莱对日本有43.8%和60.4%的出口依赖。即使以前几乎从未向日本出口产品的马来西亚、菲律宾，也分别有19.8%、17.2%的份额。而泰国和新加坡向日本的出口，则分别为14.7%和9.1%。表1数字显示，对新加坡来说，美国和东盟地区内的市场更为重要。在东盟国家中，印度尼西亚从日本的进口比率最高，占进口总额的33.5%。而文莱从日本进口的比率最低，仅为3.5%。从整体上来讲，同年，日本与东盟国家的贸易超过其进出口总额的20%。1987年，东盟国家对日贸易出现3亿美元赤字，其中菲律宾、新加坡和泰国为逆差，马来西亚、印度尼西亚和文莱为顺差。

表20　　东盟5国1987、1997、2002年对日本进出口贸易额及占各国进出口贸易比重的变化

国　别	类　别	金　额（亿美元）		占总额的比重（%）		
		1987	1997	1987	1997	2002
泰国	总额	51	243.2	20.7	22.9	20.9
	出口	17	86.3	14.7	16.7	15.7
	进口	34	156.9	26.0	28.3	25.9
马来西亚	总额	63	271.2	20.4	16.8	15.8
	出口	35	98.8	19.5	12.5	12.5
	进口	28	172.4	21.7	20.9	19.7
新加坡	总额	93	321.2	15.2	12.5	12.3
	出口	26	88.4	9.1	7.1	7.4
	进口	67	232.8	20.5	17.6	17.3
印尼	总额	106	207.3	39.8	23.9	21.7
	出口	72	124.8	43.8	25.1	21.7
	进口	34	82.5	33.4	22.4	21.7
菲律宾	总额	21	115.8	16.9	18.8	17.8
	出口	10	41.9	17.2	16.6	14.6
	进口	11	73.9	16.6	20.3	21.0

资料来源　根据日本贸易振兴会《世界与日本的贸易》1998年白皮书贸易篇和中国国家统计局《国际经济统计》（2003年）资料制作。

经过10年发展，1997年东盟与日本的贸易总额较1987年增长近4倍，年均增长率30%以上。其中，贸易额增加最多的新加坡为228亿美元；最少的是菲律宾，为94.8亿美元。马来西亚也有较高幅度的增加（208.2亿美元）。到1997年，东盟国家对日本的贸易赤字高达278亿多美元。新加坡是个转口贸易国，情况比较特殊。新加坡从日本进口大量的中间产品和机器设备，再转口到近邻国家。1997年，新加坡对日本的贸易赤字高达144.4亿美元，对东盟及其他国家的贸易顺差为85亿多美元。它表明近年来新加坡由于国内高技术、高附加值及知识密集型生产活动的展开，从日本进口也大量增加。另外，泰国对日本的贸易逆差仍然居高，为70.6亿美元。从表2可以看到，日本占东盟五国对外贸易中的份额，1987～1997年日本的作用有所下降，日本在东盟5国出口中比重下降幅度高达8个百分点，而进口比重仍维持20%以上水平。其中印尼和马来西亚下降幅度最大，日本在印

尼出口中的比重下降了近20个百分点，新加坡、菲律宾进出口贸易中日本的比重下降幅度不大，而日本在泰国进出口贸易中的比重则有所上升。

2002年，日本在东盟五国进出口中的比重，与1997年比较变化不大。

表21　日本同东盟5国2001年贸易占日本外贸比重　（亿美元　%）

国　别	出　口		进　口	
	金额	%	金额	%
印度尼西亚	75.87	1.6	163.78	4.3
马来西亚	138.86	2.9	144.91	3.8
菲律宾	102.58	2.1	71.96	1.9
新加坡	208.25	4.3	64.36	1.7
泰国	136.33	2.8	105.96	2.8

资料来源　日本经济产业省2001年贸易数字。

（三）日本与东盟国家贸易关系中存在的问题

日本与东盟的贸易关系不断加深，但不能不看到一些阻碍其关系进一步发展的因素。

1．日本与东盟国家贸易关系不平衡

东盟各国相对于国内生产总值的出口比率比日本要高。表3表明，1970年日本的出口率（国民经济对出口的依存度）为9.5%，印尼为12%，马来西亚为42.5%，菲律宾为14.5%，新加坡为81.9%，泰国为10.9%。1986年，日本的出口率仍然只有10.8%，而印尼、新、马、泰、菲等分别上升为19.7%、128.4%、49.9%、21.4%、15.4%，都超过了日本。到1997年，日本的出口率为9.99%，印尼为23.2%，马来西亚为78.5%，菲律宾为30.7%，泰国为33.5%，新加坡为131.4%。以上数字充分表明，东盟国家的经济运行对其出口的依赖程度远远超过日本。1997年，东盟对日本的出口440.2亿美元，从日本的进口却高达718.5亿美元，存在巨额赤字。

表22　东盟5国及日本1970～2000年出口在国内生产总值中的比重　（%）

国　别	1970	1975	1980	1985	1986	1990	2000
印度尼西亚	12.0	23.3	30.2	21.8	19.7	26.5	38.5
马来西亚	42.5	41.2	52.9	49.4	49.9	74.5	125.7
菲律宾	14.5	14.5	16.3	14.0	15.4	27.5	56.3
新加坡	81.9	95.3	165.3	128.9	128.4	130.5	149.5
泰国	10.9	15.1	19.4	18.6	21.1	34.1	66.3
日本	9.5	11.2	12.3	13.4	10.8	10.4	10.8

资料来源　国际货币基金组织《国际金融统计·贸易统计副刊》（1988年），《世界经济统计》，经济科学出版社，2002年12月。

2．日本与东盟国家间垂直的贸易伙伴关系未尽如人意

在东盟国家中，只有新加坡已进入新兴工业国家行列，其工业产品出口稳步增长，但是其他东盟国家对日本的出口还很不够。事实上，东盟国家早在20世纪60年代就开始实施进口替代政策，70年代全力推行出口导向政策，至80年代，出口导向政策在东盟国家得以普遍推行。其主要原因在于东盟国家的工业由劳动密集型向资本密集型工业转变，即已经发展到更高阶段。亚洲新兴工业化国家和地区成功地推行出口导向政策而得以发展，是东盟国家的榜样。如果没有发生1997年金融危机，马来西亚和泰国在20世纪末完全能够跻身于新兴工业化国家行列。也就是说，东盟国家的工业产品出口，尤其是石油、化工产品，机械、运输机械，办公设备，仪器仪表、通讯器材，电子器械和发电机等出口都将有长足发展。

从东盟国家的全部产品、工业产品以及作为轻工业象征的纺织品和作为重工业象征的钢铁等，对日本及其他国家和地区的出口比率中可以看出以下特点：日本是东盟国家产品的主要出口地，日本从东盟的进口超过美国等其他国家和地区。但单纯从工业产品的进口来讲，日本所占比率要低于美国等其他国家和地区。而欧美国家，尤其是美国，是东盟国家工业产品的主要出口地。

三 日本对东盟国家的直接投资

（一）日本对亚洲国家直接投资的变迁

二战结束后，至20世纪60年代末，日本对外直接投资并没有大的发展。这首先是因为日本本身外汇有限，所以对外直接投资受到严格限制。其次，日本国内经济的蓬勃发展，机会良多，企业对海外投资没有积极性。再者，应该说当时日本多数企业不仅缺乏海外投资的经验，而且也不具备海外投资所需的诸如特种技术诀窍等企业经营的特殊资产。

20世纪60年代中期以前，日本的海外直接投资以南美和亚洲发展中国家为主。向发展中国家的投资主要集中在资源开发上，其主要目的在于为日本扩大工业生产提供稳定的燃料及原料资源，如在印度尼西亚的原油开采、马来西亚的铁矿石开发等。而对发展中国家制造业有限的直接投资，是为了获得所在国的国内市场。60年代中期至70年代初的石油危机前，日本扩大了以亚洲为中心的对外直接投资，被人们称为“第一次海外投资热”。这是由于：一方面，在日本国内，由于劳动力不足、工资飞涨和环境保护等问题，使企业难以保持其国际竞争力；同时，伴随着1971年“尼克松冲击”①，日元急剧升值，更使日本企业加剧了国际竞争力下降的担忧，从而加速了日本企业向海外转移生产的进程。多数日本企业选择了生产条件较好、人员素质较高的中国台湾、韩国等，作为其海外投资的场所。另一方面，这些接受直接投资的国家和地区，拥有劳动力充裕的优势，并积极推行对外来直接投资优惠的政策。这股海外投资热潮，随着1973年石油危机的冲击而结束。

20世纪70年代初，由于东盟各国的反日情绪高涨，对来自日本的直接投资进行限制，使日本对亚洲的投资一度陷于低迷。到70年代中后期，由于日元进一步升值，为降低成本，日本又开始了新一波向东亚地区投资的热潮。此后，1981年，以开发与自然资源相关项目为先导，对外投资急剧扩大，迎来了“第二次海外投资热”。到80年代中期，日本对外投资重又陷入停滞。这主要是由于日元贬值，通过出口可以获得高利润，从而失去对外直接投资的动力；其次，许多发展中国家经济发展缓慢或处于停滞，也使得以日本为首的一些国家的对外投资积极性下降。随后，经过一段政策调整，80年代后半期，东盟各国着手摈弃进口替代政策，开始了以自由化为中心的出口导向发展战略，实施通过建立出口加工区等积极引进海外直接投资的促进政策，从而扩大了日本及其他各国对东盟投资。

（二）日本向东盟国家直接投资的激增

1985年9月开始的日元急剧攀升，使1986年日本的海外直接投资较上一年增加82.7%，突破200亿美元。此后，1987～1989年增幅均在40%～50%之间，连续4年大幅度增长，至1989年已达675亿美元。其中，向亚洲的投资由1985年减少11.9%转为1986年增加62.2%，1987年增加3.1倍，1988年只增14.4%，1989年再度增加47.9%。日本对亚洲投资占其对世界直接投资的比率，由1985年的11.7%上升至1989年的12.2%。

日本对亚洲的直接投资中，93%是投向NIEs（新兴工业化经济体）和东盟，其中前者为49.0%，后者为43.7%。但是，对新兴工业经济体和东盟直接投资又显现出不同。

1. 增长率不同

日本对新兴工业化经济体的投资1986年增加2.1倍，1987年增加68.5%，1988年增26.5%，年增幅呈递减趋势；而对东盟的投资，1987年后增速大大加快，1987年猛增86.2%，1988年增加90.9%。1989年增速虽减缓却仍达41.7%。

2. 投资规模不同

日本对新兴工业化经济体投资的规模大，1989年对新兴工业化经济体和东盟的投资分别为49亿美元和28亿美元，到1989年底累计分别达199亿美元和175亿美元。

3. 向亚洲制造业的投资中，随着日元汇率的波动，其比率有所不同

20世纪80年代末对亚洲制造业投资累计占其总投资的36.4%，之后逐年下降。1985年，所占比率为

---

① 1971年，美国由于发动侵略越南战争，出现巨额贸易赤字，美元面临巨大的贬值压力。同年8月5日，当时的美国总统尼克松被迫宣布，中止美元与黄金的固定兑换比率，并加征10%进口税率。之后美元大幅贬值，日本政府在短暂抵制后，放开日元汇率。日元汇率从1971年的310多日元兑1美元升至1973年的280日元兑1美元左右，升幅达12%。上述进程被称为“尼克松冲击”。

19.6%。随着日元的再升值，日本对海外制造业投资中亚洲所占比率1987年一度升至31.7%，1988年又下降为17.2%，1989年略有上升为19.8%。

4. 向亚洲直接投资中，对东盟与新兴工业化经济体投资比率发生变化

1985～1988年间，在日本对亚洲制造业直接投资中，投向新兴工业化经济体的由35.2%下降到23.7%，而投向东盟则由28.0%急剧上升为69.2%。进入90年代以后，尽管由于日本经济自身的不景气，使对新兴工业化经济体和东盟的投资都有所放缓，但相对而言，投向东盟的比率则依然较新兴工业化经济体高一些。

20世纪80年代后期，日本的直接投资之所以有上述表现，主要原因在于1985年9月，发达国家采取的美元对日元汇率的调整，到1985年底，日元汇率由240日元兑换1美元，上升至120日元兑换1美元。而亚洲新兴工业国家和地区，由于和日本几乎相同的原因，稍迟于日本也以迅猛的势头，由接受投资国和地区转变为向外投资国和地区。而且，新兴工业化经济体向东盟国家的投资后来居上，超过日本。1985年以后，虽然日本及新兴工业化经济体向亚洲太平洋地区的直接投资急剧增加，但是，这些国家和地区，几乎都没有对当地的股票、国债、企业债券等进行间接投资，绝大部分为全额或部分股份所有权的对制造业的直接投资。1985年后，日本对亚洲规模巨大的投资，是继前两次海外投资热之后的第三次，是一次更为猛烈的海外投资热潮，具有鲜明的重新配置其本国的生产，将其生产厂的全部或部分向海外转移的特征。即通过向海外投资，形成自身的投入产出结构网络。

（三）东盟国家利用外资促进其经济发展

东盟国家在经济发展过程中，都不同程度的遇到资金短缺和技术力量不足的问题。而仅仅依靠本国力量解决这些难题，无论是时间上还是财力上都存在困难。因此，东盟各国把目光转向海外的资金和技术。

1. 引进外资的进程及有利环境

20世纪60年代中期到80年代初，由于实施吸引外资的优惠政策和措施，东盟国家吸收外资的数量逐年增加。1967年，东盟五国（新、马、泰、印尼、菲）吸收国外直接投资为21亿美元，占发展中国家吸收外资总额的6.3%；1978年增至126亿美元，其比率上升至14.3%；到1981年底，吸收的国外直接投资总额超过200亿美元。80年代上半期，由于主要发达国家经济不景气，以及东盟国家受国际市场影响，自身经济不振，影响国外投资者的信心，东盟国家吸收外资数量有所减少。

1985年开始，东盟各国政府纷纷采取措施扭转外资减少趋势。而此时国际经济形势也出现了有利于吸引外资的变化，东盟各国及时抓住机遇，拓展利用外资促进本国经济发展的新局面。以1985年9月发达国家采取的美元对日元汇率的调整为契机，日元、韩元和新台币等货币对美元汇率的大幅度上升；加之，发达国家贸易保护主义势头增强，日本等国家和地区内部工资大幅度提高等诸多因素，使日本、韩国等的一些企业纷纷寻求海外投资场所。此时，东盟国家也具备了大量吸收外国投资的条件，如：东盟五国稳定的政局，比较安定的社会秩序等。

1985年以后，东盟各国为吸引更多的外资，进一步完善了投资法令、法规，如：为了引导和鼓励外商与本地企业合资经营，外商出资率是根据其投资企业产品的出口比例多少及是否新兴产业而定；马来西亚、菲律宾和泰国规定，只有产品的出口比率分别达到50%、70%和100%时，才允许外商独资经营；关于外商用地、人员雇佣、资金的汇出和税收也都制定了一系列相关政策。总之，东盟国家利用对外资的优惠和对外资的引导投资有机结合，使外资有条不紊地服务于本国的经济发展。

20世纪80年代中期以后，东盟国家还致力于创造宽松的投资环境，以利于吸引更多的外来资本。除新加坡以外的其他东盟国家，根据原先政府行政干预较多，国有企业比重大，市场活力不足的状况，对经济管理体制进行了调整和改革，包括：将以前对金融、贸易、工资、物价等实行的行政性直接干预转为间接的市场调控；将部分国营企业私有化；进行金融改革、扩大国内资金市场等。调整和改革后宽松的经济环境，加强了市场机制的作用，促进了企业经营效率，方便了外商的投融资，受到海外投资者的欢迎。

2. 引进外资的部门和投资来源国及地区构成发生变化

从外国直接投资的行业来看，20世纪80年代中期以后，外资在制造业的投资有明显增长，这是由于一方面是东盟国家将外资积极引向制造出口产品的工业部门，另一方面，日本等投资国和地区与东盟国家的国际分工形式也发生了变化，投资者把愈来愈多的生产工序甚至整个工厂迁往东盟国家。在制造业中，又以国际市场容量大的化学纤维、电子电器等部门增长显著。投资者的主要目标，在于将这些国家作为其生产基地，产品则出口到以美国、欧洲为主的第三方市场或返销日本。

而从外资来源看，20 世纪 80 年代中期以后，美国和英国的投资比例减少，日本及亚洲新兴工业经济体的资金比例增长较快。1982 年以前，美国一直居新加坡外来投资的首位，1985 年以前，美国资本亦居菲律宾外资首位，英国资本在马来西亚占首位。但从 1985 年起，日本的投资迅猛增加。1986 年，日本对印尼和菲律宾的投资迅速增长，成为印（尼）、菲的最大投资国。1987 年，日本在新加坡外资中比率上升为 30%，从而取代美国（29%）成为新加坡的最大投资国，1988 年这一比率进一步上升至 41.6%。1989 年，日本在马来西亚的投资额为 23.35 亿美元，占马来西亚当年全部外资的 41.45%，成为马来西亚的第一大投资国；同年，日本对泰国的投资为 12.76 亿美元，也超过了美国、英国等国的对泰投资。

进入 20 世纪 90 年代以后，亚洲新兴工业化国家和地区对东盟国家的投资后来居上，超过了日本。但是，直至 90 年代末，日本对东盟的直接投资依然保持增长势头。

表 23　日本 1997～1999 年在东盟 4 国外来直接投资份额的变化　　(%)

国　别	1997	1998	1999
泰国	48.6	21.2	19.9
马来西亚	18.9	14.3	8.2
印尼	16.0	9.8	5.9
菲律宾	15.7	25.5	11.4

资料来源　日本贸易振兴会相关年份《贸易投资白书》。

随着 1997 年东亚金融危机对东盟的冲击，和国际资本向中国大陆转移，90 年代末以后，日本对东盟的投资规模与份额均处下降趋势。

表 24　日本 1985～2003 年对东盟 4 国及中国直接投资变动　（亿美元）

国　别	直接投资累计额（1985～2003）	直接投资批准额（年平均）		
		1990～1995	1996～1999	2000～2003
东盟 4 国	1 005.2	63.99	85.16	39.59
中　国	572.3	30.71	34.68	55.88

资料来源　日本贸易振兴会《2004 年贸易投资白书》第 52 页。

3. 外国直接投资对东盟经济增长的促进

东盟各国科学技术基础薄弱，用于开发和设备改造的费用远比不上发达国家，甚至较新兴工业化国家和地区也有很大的差距。因此，依靠外国直接投资取得技术进步和设备更新，成为东盟国家技术和设备升级的主要途径。外国直接投资作为一种高效率的资金，填补了东盟国家的资金需求与国内资金不足的差距，从而使东盟国家的经济得以维持较高的增速。同时，随着外国直接投资的进入，也给这些国家带来了生产技术、专业知识和管理经验等急需的生产“软件”。

还应当指出，东盟国家的经济增长，在很大程度上是由出口增长来带动的，而出口贸易高速增长，与大量外资投入到生产出口商品的部门密切相关。20 世纪 80 年代中后期外资对东盟国家的直接投资，使东盟国家出口大幅度增加，制成品在全部出口商品中所占比重增大，出口产品种类增加，并在国际市场上占有一定份额。例如，印尼出口的制成品种类，由 1983 年的 18 种增加到 1988 年的 388 种，其中纺织服装、鞋类成为除了石油和天然气以外创汇最多的商品。1989 年印尼成为美国纺织品和服装的第九大供应国，出口纺织品和成衣 16 亿美元。马来西亚电子电器产品的出口，占其工业制成品出口的一半以上，是世界第三大半导体元件和最大家用空调机出口国。另外，由于外资企业大部分为劳动密集型企业，而其除了从本国派遣少数高级管理和技术人员以外，绝大部分雇员从当地雇用，外国的直接投资为东盟国家提供了就业机会，为解决东盟各国的就业问题创造了有利条件。

四　日本对东盟国家的经济援助

发展中国家发展经济的资金来源，主要依靠国内储蓄和引进外资（外国企业的直接投资、经济援助、民间金融机构的贷款等）。在东盟国家中，新加坡不但具有中央公积金（Central Provident Fund CPF）这一强制性的储蓄制度，而且，还有可以充分使其得以流动的资本市场。应该说，新加坡是凭借引进外资和国内储蓄建立起国家资本和公有资本，从而实现其经济发展的。马来西亚也具有相对完备和发达的股票和债券市场。可是，其他东盟国家的情形则有所不同，它们为了保持较高的经济增长率，所需的大量资金，往往超过国内的储蓄率，存在资金不足的问题，必须通过引进外国资本来补充国内的资金需求。

引进外国资本，基本上就是直接投资和经济援助两种形式。亚洲各国是发达国家政府开发援助的主要对象。亚洲也是日本政府开发援助（ODA）的重点，尤其是地理位置、历史渊源以及现代政治经济意义上密不可分的东亚和东南亚，更是日本政府开发援助的核心部分。1980 年，亚洲占日本政府开发援助的 71%，此后逐年降低。到了 1990 年，日本政府开发援助有六成左右集中在亚洲，而在对亚洲开发援助中，东盟国家占有其很大份额。其中，东盟 4 国印度尼西亚、菲律宾、泰国和马来西亚占了日本政府开发援助的 1/3。

表 25　日本至 1998 年度末累计日元贷款最多的 20 个国家中东盟国家位次　（百万日元）

位次	国家	提供日元贷款金额	位次	国家	提供日元贷款金额
1	印度尼西亚	3 377 380	7	马来西亚	754 032
4	泰国	1 665 412	9	越南	520 234
5	菲律宾	1 626 506	13	缅甸	426 567

资料来源　日本外务省《ODA 白书》1999。

至 20 世纪末，日本政府开发援助仍居世界各援助国之首位，占世界各国政府援助总量的 1/4 左右。但是，同其他援助国相比，日本的政府开发援助还存在一些问题。

首先，在日本政府开发援助中，“无偿资金援助”比例偏低而增长缓慢。而“无偿援助资金”的多少，对于发达国家来讲，是检验其道义水准和援助质量优劣的重要标准。

其次，在日本的政府开发援助中，技术合作比重明显偏低，受到国际社会舆论的广泛批评。因此，进入 90 年代以后，日本政府加大了这方面的投入，局面有所改善。1994、1995 年分别达 30.2 亿美元和 34.62 亿美元，占世界各国政府援助总量的比重为 23.5% 和 32.8%。

第三，在日本政府开发援助中，赠予比率偏低。依照赠予比率、贷款比率、贷款期限以及还款宽限期等要素来计算的“综合赠予比率”，1990 年，日本较联合国“发展援助委员会（DAC）”的平均水平（91.6%）要低，为 77.6%；此后，虽然在国际舆论的督促下，逐渐改善援助条件，1996 年综合赠予比率提高到 82%，但仍然低于联合国发展援助委员会成员国的平均水平（92%）。

（朴光姬）

第三章　东亚地区与区域外经贸关系

第一节　概述

正如本编第一章中介绍的，东亚地区与世界其他地区的商贸与经济关系，也是历史悠久，源远流长。从2 000多年前的汉代（前 206～公元 220）早期开始，中国就向中亚、西亚等地派出使节，逐步开辟了“丝绸之路”，与各国建立起政治和经济贸易联系，成为世界上最早跨国、跨洲进行经济贸易和文化交流的国家之一。

到15世纪，郑和（1371～1433）奉明朝皇帝之命，率大型船队7次出使亚非30多个国家和地区，发展相互政治、经贸与文化关系。它不仅扩展了“海上丝绸之路”，开创了大规模海上跨国、跨洲经贸文化交流，而且也成为世界历史上最早出现的规模最宏大的国际和平交往的盛事。

东亚地区与大洋洲海水相连，友好交往由来已久。早在2 000多年前，中国古籍《山海经》和《淮南子》就有关于大洋洲袋鼠的记载。600年前，中国明朝的远洋船队曾到过大洋洲海岸，开启了双方文化交流和经贸往来的先河。至于东南亚的印尼和马来西亚与大洋洲间的往来，则更久远与频密。

东亚地区与欧洲关系源远流长。早在美国建国之前，欧洲人就参与了东亚地区的人文交往活动。从16世纪初葡萄牙殖民帝国建立到19世纪英国工业革命后的殖民扩张，东亚地区在曾遭到欧洲殖民者掠夺的同时，东亚与欧洲的民间经贸往来也在发展。

东亚地区与拉美的关系最早可以追溯到16世纪的“马尼拉大帆船”时期。后来，世人把这条从中国的东南沿海，经马尼拉港，到墨西哥阿卡普尔科港的这条航路也称为“海上丝绸之路”，即从中国经菲律宾至拉丁美洲的“海上丝绸之路”。中美贸易关系源远流长。1784年8月28日，美国商船“中国皇后”号满载西洋参、毛皮、棉花、铅、香料等商品驶达广州；到1918年，两国年贸易额逾1亿美元。

第二次世界大战后，随着各地民族经济的振兴，日本战后经济的恢复与发展，特别是20世纪80年代初中国的改革开放与经济崛起，引发的亚欧美三足鼎立世界经济格局的初步显现，东亚地区成为世界重要的生产基地、商品市场和投资场所。面向新世纪，东亚地区与南亚、大洋洲、欧洲、北美以及非洲、拉美间的经贸往来，进入了前所未有的迅猛发展时期。

第二节 中美经贸关系

一 历史回顾

中美贸易关系源远流长。1784年8月28日，美国商船“中国皇后”号满载西洋参、毛皮、棉花、铅、香料等商品驶达广州。在广州停泊4个月，出售了船上所有货物，买回了中国的土特产如红茶、绿茶、瓷器、丝绸、桂皮、黑胡椒等，以及漆器、牙雕、丝绸手帕等工艺品。中美两国间的贸易从此开始。到1918年，两国年贸易额逾1亿美元。第二次世界大战结束后，中国成了美国在亚洲的最大市场。1946年，中美年贸易额达4.2亿美元，占当年中国对外贸易总额的53%。其中，中国从美国进口为3.73亿美元，占美国当年对亚洲出口总额的35%。

1949年中华人民共和国诞生后，本着独立、自主和平等通商的原则，继续保持与美国的贸易往来。1950年，中美贸易额仍维持在2.38亿美元的较高水平，中国从美国进口1.43亿美元，出口0.95亿美元。朝鲜战争爆发后，美国政府对中国实行封锁禁运，中美贸易遂告中断。

20世纪六七十年代以来，随着世界形势的变化和中国的日益强大，美国政府逐步改变了对华经贸政策。1971年6月10日，尼克松总统宣布了开放对中国贸易的公告。1972年2月，尼克松总统访华，和周恩来总理签署了举世瞩目的《上海公报》，从而打开了中美两国关闭已久的大门，使中美关系开始了历史性的转折，中断了20多年的中美直接贸易得以恢复和发展。1972年春季，首批42名美国商人参加了广州商品交易会。

1979年1月1日，中美两国正式建立了外交关系。同年7月7日，两国政府签订了《中美贸易关系协定》，于1980年2月1日生效，相互给予最惠国待遇，成为两国经贸关系发展的基石。此后，双边经贸关系迅速发展，其间虽有波折，但经贸关系不断扩大。中美贸易从1978年几乎不到10亿美元起步，到2003年首次突破千亿美元，达到1 263亿美元。据美方统计，在1979～2003年，中美经贸增速超过了美国的平均贸易增速，中国已经成为美国第二大贸易伙伴。1979～2005年，中美双边贸易增长80多倍，年平均增幅达27.4%。2005年，中美双边贸易额达2 116亿美元，其中：中国对美出口达1 629亿美元，进口为487亿美元，贸易顺差达1 142亿美元。

二 中美经贸关系的发展现状

中美建交20多年来，两国经贸关系的迅速发展，已经把两国紧紧联系在一起。中国加入世贸组织，为加强中美经贸合作带来了新的机会。

中美两国，作为亚太地区最大发展中国家和最发达国家，经济互补性很强，发展经贸合作潜力巨大。中美两国经贸关系近年来保持了持续快速发展的势头，自1999年以来，美国已连续3年成为中国最大的外资来源国，并已多年保持着中国第二大贸易伙伴的地位，同时也是中国最大的出口市场。据中国海关统计，1979～2003年，中美双边贸易额累计近8 000多亿美元。2004年，中美之间的双边贸易总额达到1 696亿美元。

双方的贸易统计都表明，过去20多年来，两国贸易年均增长达18%以上。美国是中国出口增长最快的市场之一，中国也是美国出口增长最快的市场之一。1990～2000年，美国对华出口额，双方统计都是年均增长16%以上，大大高于同期美国出口增长速度，居美国对各国出口增长速度的前列。近年来，中国对美出口产品，在传统的鞋类、服装、玩具的基础上，不断增加自动数据处理设备、机械设备、电器电子产品等机电产品和高新技术产品。与此同时，美国的飞机、化肥、电站设备、电子、化工和机械设备等也大量出口中国。

20多年来，中国在美国对外贸易中的地位发生重要变化。按照美方的统计，1980年，中国是美国第二十四位贸易伙伴，1990年升至第十位，1994～1996年，则每年晋升一位，分别为第六位、第五位和第四位。如将出口和进口分别排列，则从1993年起，中国已是美国第十三大出口市场和第四大进口市场。另据中方统计，从1979年起，美国成为中国第三大贸易伙伴，1996年升至第二大贸易伙伴。2005年，美国继续保持中国的第一出口市场，第二大贸易伙伴的地位。

中国自美进口的主要商品是飞机、动力设备、机械设备、电子元器件、通讯设备、汽车、仪器、五金矿产品、石油化工品、轻工化工品、化肥、棉花、小麦、玉米和木材。目前，中国已是美国农产品的第六大出口市场。中国也是美国民用飞机最大的海外市场。据波音公司统计，到20世纪90年代后期，中国购买波音的客机就已达240架之多。中国对美出口的主要商品是机电产品、鞋类、服装、皮革制品、玩具、箱包、塑料制品和家具灯具。

表1　中美1979～2006年商品贸易基本统计　(亿美元)

年份	总额	中国进口	中国出口	贸易差额
1979	24.5	18.6	5.9	-12.7
1980	47.8	38.2	9.6	-28.6
1981	58.9	43.8	15.1	-28.7
1982	53.4	37.2	16.2	-21.0
1983	40.3	23.2	17.1	-6.1
1984	58.7	36.6	22.1	-14.5
1985	69.9	43.7	26.2	-17.5
1986	73.3	47.1	26.2	-20.9
1987	78.6	48.3	30.3	-18.0
1988	100.1	66.3	33.8	-32.5
1989	122.5	78.6	43.9	-34.7
1990	117.7	65.9	51.8	-14.1
1991	142.0	80.1	61.9	-18.2
1992	174.9	89.0	85.9	-3.1
1993	276.6	106.9	169.7	62.8
1994	354.3	139.7	214.6	74.9
1995	408.3	161.2	247.1	85.9
1996	428.4	161.5	266.9	105.4
1997	489.9	163.0	326.9	163.9
1998	549.4	169.6	379.8	210.2
1999	614.3	194.8	419.5	224.7
2000	744.6	223.6	521.0	297.4
2001	804.8	542.8	262.0	280.8
2002	971.8	272.3	699.5	427.2
2003	1 263.3	338.6	924.7	586.1
2004	1 696.3	446.8	1 249.5	802.7
2005	2 116	487	1 629	1 142
2006	2 627	592	2 035	1 443

资料来源　中国海关和外经贸部统计资料。

中美贸易数额迅速增长的同时，中美双方相互投资也迅速发展。美国对华投资始于20世纪80年代。1982～1992年的10年间，美国在华直接投资的实际金额不足5亿美元，其后美商对华投资开始大幅度上升。1999～2001年间，中国外资引进曾一度呈现放缓趋势，而美国对华投资仍继续保持加速增长势头。据中国外经贸部统计，目前美国500

家大企业中已有300多家在中国投资。截至2001年，美国已连续3年成为对华实际投资最多的国家。2002年，美国对华投资项目数、合同金额和实际投资额又有较大幅度增长。截至2005年底，美国对华投资项目已累计超过4.8万个，美方实际投资510亿美元。

美商在华投资项目分布于中国20多个省、市、自治区，投资领域包括机械、冶金、石油、电子、通讯、化工、纺织、能源、轻工、食品、农业、医药、旅游、饭店及房地产等行业。随着中国开放程度的不断深入，美国对华投资领域扩大到包括金融、保险、外贸、会计、货运代理等所有的试点行业。

与此同时，中国对美投资也不断扩大，但总的规模尚小。中国企业在美国投资办企业始于20世纪70年代末，截至1997年底，经批准的中国在美国投资举办的海外贸易型和非贸易型企业共计526家，协议投资总额约6.82亿美元，投资总额约4.71亿美元。其中1997年新批37家，协议金额1.03亿美元，中方实际投资3 427万美元。涉及的行业有：工业、科技、承包、服装、农业、餐馆、食品、旅游、金融、保险、运输等。中国在美国投资的各类企业积极利用当地资源，对补充国内资源、促进国内经济发展发挥了积极的作用。此外，在美国的中资企业、机构，在学习国外先进技术、管理经验和培养人才，带动国产设备。材料出口，以及为国内企业提供信息服务等方面都发挥了有益的作用。

三 中美经贸关系中存在的主要问题

冷战结束后，老布什政府为了适应冷战格局的变化和自身政治利益的需要，实行了既保持基本关系，又在个别领域施行强硬手段的“建设性参与”战略。克林顿政府上台后更是积极介入对外贸易，称对外贸易是“国家安全”的首要因素，在对华政策上反复强调把中国纳入国际体系。为了实现把中国纳入国际社会“一体化”的总目标，克林顿政府从1993年底开始致力于执行全面“参与”战略，把经济外交作为这个战略的基础，而加强与中国的经贸关系则被认为是最好的方式。

参与政策的主要内涵之一，是最大限度地参与中国市场，以使美国企业在激烈竞争中处于优势地位，为21世纪的经济大竞争提供基础。

美国政府既把中国看成一个巨大的市场，又把中国看成现实的竞争对手。既相互需求，又相互矛盾；既相互合作，又相互斗争；在矛盾中求发展，在发展中又充满新的矛盾。这使中美经贸关系呈现出前进与曲折、合作与斗争的增长曲线，依然是21世纪初中美经贸关系发展的主要特征。

毫无疑义，随着中国2001年底加入世贸组织，美国确立了对华永久性正常贸易关系，消除了长期以来阻挠中美关系改善和中美经贸发展的重大障碍，必将为中美经贸关系的健康发展创造条件。

然而，正如美国与老的世贸组织贸易伙伴之间的贸易摩擦并未消失一样，中国加入世贸组织后，美中之间的贸易摩擦也不会随之消失。在入世初期，由于两国贸易关系的规模和范围扩大，出现摩擦的可能性还会增加。这些摩擦主要反映在如下一些方面。

（一）关于贸易不平衡问题

自20世纪90年代以来，中美贸易不平衡问题，日益成为双边经济关系中的重要问题。据中方统计，美国对华贸易逆差始于1993年，为63亿美元；从2000年起，中国成为美国的最大逆差国；到2003年逆差为586亿美元。而据美方统计，其对华逆差始于1983年，为3亿美元；从1994年起，中国就已取代日本而成为美国的最大逆差国，2005年美方逆差为1 142亿美元。

客观现实是，根据中美双方统计，近年来美国对华贸易出现逆差是事实，但美国方面显然把逆差的程度严重地夸大了。

中美贸易差额统计相差巨大的主要原因是：

1. 美方的贸易统计中忽视了香港的转口贸易

也就是说美方的进口统计，因忽视香港转口和转口增加值而高估了从中国的进口；美方的出口统计，因忽视香港转口而低估了对中国的出口。

2. 外资企业将以往外贸顺差的产品转移到中国

香港和台湾地区、韩国、新加坡等来华投资，把过去劳动密集型日用消费品产业转移到了中国内地，因而也就将它们部分对美国贸易顺差的产品生产转移到了中国内地。

3. 在中国的美资企业产品返销美国

美国企业在中国投资设厂，部分产品返销美国市场，外汇是美国赚了，账却算做中国对美国的出口，记在中国对美国贸易顺差的账上。

4. 按原产地统计往往存在较大误差

随着世界经济全球化和贸易、投资自由化的发展，生产的国际化已成为普遍现象，跨国公司内部贸易在世界贸易中占有越来越重要的地位，这就增加了原产地判定上的混乱。一个国家加工贸易越发达，转口贸易越多，出现贸易统计扭曲的可能性也越大。

5. 由于美国设限而使出口中国产品减少

美国对华实行制裁、高新技术领域对华出口限制，以及没有给予美国企业以合理的支持，以致中国有意购买的许多设备无法买到。这些做法使美国的产品失掉了不少进入中国市场的机会，从而减少了中国市场上所占的份额。

中国商务部发言人指出，要客观认识中美贸易不平衡，双方应通过进一步发展经贸关系来解决经贸不平衡的问题．要以发展促平衡。我们清醒地认识到，由于目前美国政府对华出口管制政策没有放松的迹象，中美贸易不平衡问题，短期内仍有可能进一步发展。

（二）关于农产品贸易问题

农产品贸易在中美经贸关系中一直占有十分重要的地位，也是中美双边贸易摩擦的焦点之一。由于美国农业资源比较丰裕，农产品比较优势十分明显，美国是世界上最大的农产品出口国。长期以来，美国一直是中国农产品的最大进口国，占中国农产品进口总额的30%。中国从美国进口的农产品主要有粮食、大豆、棉花等。1999年4月，中美签订《农业合作协议》，解决了中国从美国进口柑橘、小麦及其检疫等问题，为中美农产品贸易拓宽了道路。随着中国正式加入世贸组织，美国预期对华农产品出口会大幅增加。据美国高盛公司估计，从中国加入世贸组织到2005年，将给美国带来130亿美元的额外出口；到2003年，中国市场将占美国农业出口增长的37%。为了保护国内农业和食品安全，中国有关方面根据世贸组织的有关条例，于2002年开始对进口的转基因大豆实施安全审查，招致美国不满。最终虽然经过谈判双方达成协议，推迟安检条例的执行，简化有关申报和审批手续，但由于双方在农产品贸易问题上仍然存在较大的认知差异，美国农业部长安·维纳曼对华首次访问没有取得实质性成果，中美农产品贸易争端仍将继续，并有可能上升为双边经贸摩擦的新焦点。

（三）关于纺织品贸易问题

纺织品贸易是中美贸易中的一个十分重要的领域，它占中国对美国出口的近1/4。为照顾双方利益，中美双方先后签订了5个关于纺织品贸易的协议。入世前虽然中方作出了巨大努力，认真执行了协议，但美国对中国的配额限制越来越严。

第一个中美纺织品协议（1980～1983），所限制的类别仅为6个。第二个中美纺织品协议（1984～1987），所限制的类别扩大到33个。第三个中美纺织品协议（1988～1991），所限制的类别进一步扩大到150多个，基本上除真丝外对中国所有纺织品都实行配额限制。第四个中美纺织品协议（1994～1996），美国第一次对中国出口的丝绸规定了进口配额。

然而，美国对中国纺织品的需求，远远超出了上述协定的限制水平，因此，两国以及第三国和地区的一些企业，卷入了纺织品非法转口行为。中国对此十分重视，在制止非法转口方面采取了许多措施。但是，美国总是在没有充分证据表明中国企业卷入非法转口，以及未按中美纺织品协议规定与中方充分磋商的情况下，单方面宣布扣减中方配额数量。美方单方面扣减中方配额，给中方造成巨大经济损失，同时也给美国进口商、零售商和消费者带来不利影响。

2001年底，中国加入世贸组织后，根据《纺织品和服装协议》，一些对美国出口纺织品服装类别的配额限制被取消。2002年头6个月，中国纺织品对美出口比2001年同期增加了119%。2002年11月间，美国纺织品生产商协会向美国政府提出申诉，要求对从中国进口的针织布料、胸罩、手套、袍服和纺织面料制造的行李箱等5种已经取消配额限制的产品重新设限。中美经贸界人士担心，这个口子一开，许多美国企业就有可能跟进，进而酿成贸易战。

据中国纺织品进出口商会有关人员介绍，2002年，中国纺织品对美出口数量确实有所增长，但美国这些商品的进口总量并没有增加，中国取代的是其他国家在美国市场的占有率，并没有直接对美国纺织业造成影响。中国是纺织品出口大国，占中国外贸出口额的二成左右。作为劳动密集型的产业，其对出口的依赖程度相对较高，一旦受到冲击，带来的失业问题将会很严重。

2005年春夏之交，美国仅凭三四个月的数据，就草率地对中国的纺织品设限，随着美国对中国部分纺织品出台“特保”和设限的政策，为了建立纺织品贸易新秩序，缓解贸易摩擦，中国政府主动作出了让步，在2005年1月1日加征涉及148个品种关税的基础上，又于5月20日公布从6月1日起对74种税号加征关税，部分纺织品的税率为原来的5倍。这对于抑制对欧美出口的增长将会是非常有效的。这同时也意味着，中国的纺织行业要为此做出巨大的牺牲。

就在上述情况下，美国仍不能理解中方做出的努力和表现出来的诚意，继续坚持变相延长配额制度的做法。之后，经过中美双方数月7轮艰苦谈判，本着互利互谅的精神共同做出了努力，最终就长期阻碍谈判取得进展的几个重要问题达成了妥协。2005年11月8日，在英国伦敦签署了中美两国《关于纺织品和服装贸易的谅解备忘录》。按照文件，中美两国在协议期内，对中国向美国出口的棉裤等21类产品实施数量管理。该协议将于2006年1月1日正式生效，于2008年12月31日终止。该协议的达成，为今后两国纺织品和服装贸易减少摩擦打下了较好的基础。

（四）关于对华高技术出口管制问题

美国科技实力强大，技术出口管制严格，经常动用技术出口管制作为制裁别国的工具，而中国一直是美国技术出口管制的重要对象之一。

为了管制尖端技术产品的出口，美国政府于1978年制定了一个带有歧视性的出口管制分组法，按世界各国划分为T、V、S、Q、W、Y、Z等7个组①，实行出口区别对待。20世纪80年代，美国对华高技术出口管制逐步有所放宽，但1989年以后即中止放宽对华技术出口，而且加强限制。

1989年6月之后，中美关系再次进入低潮。美国停止对放松中国出口管制政策的审议。90年代，由于美国国会在美对华出口管制问题上的压力加大，克林顿政府在对中国的技术转让问题上一直裹足不前。布什政府上台后，进一步恶意地实施对中国的技术出口限制。上述历程表明，美国对华技术出口管制政策完全是美方根据其国家利益单方制定的，“凡是对那些有助于增强共产党国家的经济和军事潜力而有损于美国国家安全的出口都予以拒绝”。

世纪之交，美国对华出口管制政策多次反复，美国对华出口管制不但没有放松的迹象，相反的，美国国内加强对华出口管制的呼声日益高涨。2002年1月17日，美国国会美中安全审议委员会就美对华出口管制问题专门举行了为期一天的听证会。此次听证会上，除产业界代表外，几乎所有的证人在作证时都认为，中国今后将成为美国家安全的威胁，也是武器扩散的重点关注对象，美应通过出口管制来遏制中国、控制中国，并保持领先中国两代人的距离。目前，美国政府又在敦促国会通过新的《出口管理法》，以便对包括中国在内的一些国家采取更为有效的出口管制方式，保护美国的“国家安全利益”。因此，从总体上看，今后美国将进一步加大对华高技术出口管制的力度，尤其是软件和高技术设备，并重点加强对中国核技术及导弹技术的监控等。

（五）美国对华“反倾销”

美国自1980年6月对中国提出第一例反倾销案以来，对中国商品的反倾销案件逐步增多，特别是20世纪90年代以来，随着中美双边贸易的不断发展，美国针对输美产品的反倾销案件日益频繁。美国对华反倾销，已成为阻碍中美经贸关系发展的一个十分消极因素。

中国是美国反倾销的10个主要国家之一，美国是对华反倾销调查的急先锋，中国是世界上反倾销和保障措施的最大受害国。在布什政府贸易保护主义不断加强的大背景下，中国虽已加入世贸组织，但美国对华反倾销调查指控的压力并没减轻。美国对中国的反倾销不仅给中国出口经济发展带来了一定影响，而且中国出口商品的非正常回流还冲击了国内市场。

面对美国对华反倾销调查指控越来越多的状

① 1949年，美国出于冷战的需要，制定了《出口管制条例》，以防止对社会主义国家出口能用于军事的产品与技术，并根据不同国家与美国的关系和实力等因素，按管制的严宽程度将世界上的国家分为7组，即：Z组、S组、Y组、W组、Q组、T组和V组，中国被列入Y组。朝鲜战争爆发以后，美国商务部将中国列入全面禁运的Z组。1979年，随着中美恢复外交关系以及前苏联入侵阿富汗，卡特政府开始放宽对华技术限制，并于1980年单独为中国建立一个P组，以示与前苏联有所区别。1983年，里根政府将中国的管制等级再次下调至V组，进入美国技术出口管制中限制最弱的一组，标志着美国第一次将中国作为“友好国家”看待。

况，中国开始反击美国的不公正调查。在美国对华反倾销调查时积极应诉，利用反倾销调查手段保护国内相关产业。中国对美企业展开反倾销调查已经成为中美经贸关系中的又一新特点，也将影响双边经贸关系的未来发展。

2001年11月，中国正式加入世贸组织，为中美解决经贸摩擦问题提供了法律上的框架；2002年3月，美国正式启动限制钢铁产品进口的“201条款”，对全球钢铁业造成严重的影响，中国钢铁业也深受其害。中国政府根据世贸组织保障措施的有关规定，向世贸组织提出就此问题与美国进行磋商。这是我国入世后，利用世贸组织的有关条款解决中美贸易争端的开始，也是今后一段时期解决双边贸易纠纷的新途径。

四　中美两国经济贸易合作的前景

美国是世界上最大的发达国家，中国是世界上最大的发展中国家，中美经贸关系的发展，对世界经济乃至政治形势都有重大影响。进一步发展中美双边贸易与经济技术合作的前景十分广阔。

中美双方都有发展经贸关系的内在需要。就美国而言，经济要持续发展，资金、技术和产品都需要市场。中国人口占世界人口的近1/4，中国经济的持续迅速发展使中国经济规模不断扩大，13亿人口的潜在市场正在变成一个现实的市场。美国经济进一步发展产生的自身经济结构方面的矛盾，可以通过同中国开展经贸交流，部分地加以解决或缓解。就中国而言，要加快现代化建设，扩大和深化改革开放，就需要引进先进技术和设备，引进外资，和扩大海外市场。美国不但是世界上最大的市场和高技术拥有国，而且也是最大的资金拥有国和输出国。无论从进口、出口还是从开展互利经济合作的角度来看，美国市场对中国来说是十分重要的。

中美双方都有发展双边经贸关系的实力。美国的技术、资金和在一些领域的管理方面的优势，同中国的人力和市场优势有效地结合，互利的经济合作前途是不可限量的。同时，中美两国的出口产品也具有很强的互补性，互通有无具有坚实的客观基础。中国发展的重点领域也正是美国的强项。例如，在能源方面，美国在石油、煤炭、电力等行业拥有很强的实力；在交通领域，美国在飞机、汽车制造、公路、铁路建设、港口、机场建设等方面都有优势；在通讯领域，美国在程控电话、光纤通讯、微波通讯方面处于世界领先地位，等等。美国产品总的技术水平较高，质量好，技术较开放，受到了用户的欢迎。而价廉物美的中国纺织品、服装、鞋类、玩具和家用电器等消费品，也深受美国消费者尤其是中低收入阶层的欢迎。中国经济的发展，将为世界贸易和投资提供广阔的市场，中国市场是日益开放的，同时也是竞争激烈的。美国企业在中国市场上有更多的竞争机会。

扩大中美经济贸易合作是中国方面真诚的愿望，也符合两国的利益。中美两国政府有责任为双边经济贸易的长期发展，提供一个良好、稳定的环境，切实改善双边经贸关系，为两国的经贸发展创造有利条件。我们欢迎美国工商企业界积极参与中国市场的平等竞争。同时希望美国政府和国会采取切实有力的政策措施，努力消除非贸易因素对经济贸易的干扰；改变动辄以制裁相威胁，对华施压的做法；放宽对华高技术出口；积极提供出口信贷，美国企业就会在参与中国有关项目的竞争时处于有利的地位，进一步促进中美经贸关系的良性发展。只有这样，美国企业才有可能在中国这个迅速增长的大市场上扩大份额，中美之间建立在相互信任基础上的互利合作才有可能进一步发展。

中国加入世贸组织，将使中国与国际社会紧密相连，给中国带来更多的就业和投资机会，并且由于法治在经济运作管理中进一步完善，带来更大的社会稳定。美国人民将从对中国的更多出口机会、更多就业机会和更多的海外投资选择中受益。美中两国人民的直接接触、观点交流和技术转移也将增加。

总的说来，中美经贸关系定将进一步发展。有时某些方面矛盾还可能激化，但发展的趋势不可逆转。

（叶其湘）

第三节　日美经贸关系

二战结束后，日本在美国的核保护伞下，充分利用美国提供的资金、技术和市场，集中力量发展经济。20世纪80年代以后，日本开始向美国大量输出商品和资本，从而由20世纪50年代初期的美国附庸，变为美国的“全球伙伴”。

20世纪50年代初期，美国为进行朝鲜战争而从日本大量订购军需物资，促使日本的对外贸易得到较快的发展。1950～1961年，日本向美国出口军需物资达66亿美元，占同期出口收汇总额的18.1%。20世纪五六十年代，日本对美进出口占日本进出口总额的30%以上。20世纪七八十年代，虽然所占比例有所下降，但日美贸易总量仍在不断增加。就出口而言，据美国商务部统计，1960年，日本对美出口只有11.5亿美元，到1965年，出口贸易额翻了一番，达24.14亿美元。此后到1985年，基本上也是每隔5年翻一番。1985年日本对美出口额达723.8亿美元，25年内翻了五番。之后虽不再每隔5年翻一番，但增幅仍不小。1990年比1985年增28.6%。但90年代以后，则处于徘徊状态，有时还处于下降状态。

一　日美经贸关系现状

长期以来，美国是日本的最大贸易伙伴。而日本则是美国仅次于加拿大的第二大贸易伙伴。据日本财务省统计，1990年日本对美国出口额为13.1万亿日元（1 267亿美元），占日本出口总额41.5万亿日元的31.6%；从美国进口额为7.6万亿日元（624亿美元），占日本进口总额33.9万亿日元的22.4%。2000年日本对美国出口额为15.4万亿日元（约合1 400亿美元），占日本出口总额51.7万亿日元的29.8%；从美国进口额为7.9万亿日元（约合732亿美元），占日本进口总额40.9万亿日元的19.3%。2004年日本对美国的出口额为13.7万亿日元（1 267亿美元），占日出口总额61.2万亿日元的22.4%；从美国进口额为6.8万亿日元（624亿美元），占日进口总额49.2万亿美元的13.8%。由此可见，90年代以来，由于日本对亚洲，特别是对中国的贸易急剧上升，美国在日本进出口贸易中的比重，一直呈下降趋势。

20世纪下半期，日本对美国的出口，从50年代的轻工产品和军需品（美国侵朝战争的军事订货），到60年代的纺织品、电子、钢铁产品，70年代的汽车、电视机，80年代的自动数据处理机、电子集成电路、无线电通话机等先进机械、仪器。对美国出口的商品品种越来越多，交易量也越来越大。90年代后期，日本电视机、摄像机、照相机、录像机等电子、电器产品以及汽车在美国占有很大市场份额。日本出口产品，全部是工业制成品，是与美国处于同一档次的技术密集型和资本密集型产品。而美国向日本出口的，却是不处于同一档次的农产品，主要是玉米、小麦、大豆、棉花、柑橘、牛肉和大米等。因而，有人把美国形容为日本的“种植园”。

表2　日美1990～2006年贸易基本统计　（万亿日元）

年份	日美贸易总额	日本对美出口	日本对美进口	贸易差额
1990	20.69	13.10	7.59	+5.51
1991	19.49	12.30	7.19	+5.11
1992	18.72	12.10	6.62	+5.48
1993	17.86	11.70	6.16	+5.54
1994	18.42	12.00	6.42	+5.58
1995	18.38	11.30	7.08	+4.22
1996	20.83	12.20	8.63	+3.57
1997	23.35	14.20	9.15	+5.05
1998	24.28	15.50	8.78	+6.72
1999	22.24	14.60	7.64	+6.96
2000	23.18	15.40	7.78	+7.62
2001	22.37	14.70	7.67	+7.03
2002	22.14	14.90	7.24	+7.66
2003	20.22	13.40	6.82	+6.58
2004	20.46	13.70	6.76	+6.94
2005	21.88	14.81	7.07	+7.74
2006	24.81	16.90	7.91	+8.99

资料来源　根据日本海关数据计算。

美国与日本的外贸逆差问题，是一个持续多年难以解决的问题。在1945至1965这20年中，美日贸易中出超的是美国。从1965年起，美对日贸易开始出现逆差，按美方统计，当年仅为3.3亿美元。之后一直是逆差，且基本上呈逐年扩大趋势，并出现一般国家间贸易摩擦所罕见的激烈、复杂、持久、深刻的特征。1970年，逆差为12.7亿美元，1979年增至105.9亿美元。进入80年代后，美对日贸易逆差迅速增长。1980年为121.8亿美元，1987年达到598.2亿美元。在1985年9月，纽约广场饭店紧急会议上，美、英、法、联邦德国一致协议，迫使日元大幅升值（1985年1美元兑288.54日元，1988年1美元兑128.15日元），致使美对日贸易逆差1988～1990年连续3年有所下降，但1994年又升至656.7亿美元。1995年出现

1990年来第一次下降，美国对日贸易逆差降为591.4亿美元，比1994年降10%。1996年再降至475.8亿美元，但仍占美国全部贸易逆差的25%。1997年美对日贸易逆差回增至556.9亿美元。2004年美对日贸易逆差增至643亿美元。此外，日本通过在亚洲"四小"、东盟国家和中国投资设厂，生产物美价廉的商品出口到美国市场。由于美国的进出口贸易统计方法是以商品产地为依据，美国海关将这些商品的进口额分别统计到亚洲"四小龙"、东盟国家和中国的名义下，而利润是被日资企业赚去。

表3　日美1990～2004年贸易占日本对外贸易比重的变化　(万亿日元)

年份	对外贸易总额（A）	日美贸易总额（B）	B/A（%）	对外出口额（C）	日对美出口额（D）	D/C（%）	对外进口总额（E）	日对美进口额（F）	F/E（%）
1990	75.32	20.69	27.5	41.46	13.10	31.6	33.86	7.59	22.4
1991	74.26	19.49	26.2	42.36	12.30	29.0	31.90	7.19	22.5
1992	72.54	18.72	25.8	43.01	12.10	28.1	29.53	6.62	22.4
1993	67.03	17.86	26.6	40.20	11.70	29.1	26.83	6.16	23.0
1994	68.60	18.42	26.9	40.50	12.00	29.6	28.10	6.42	22.8
1995	73.08	18.38	25.2	41.53	11.30	27.2	31.55	7.08	22.4
1996	82.73	20.83	25.2	44.73	12.20	27.3	38.00	8.63	22.7
1997	91.89	23.35	25.4	50.93	14.20	27.9	40.96	9.15	22.3
1998	86.92	24.28	27.9	50.65	15.50	30.6	36.27	8.78	24.2
1999	82.82	22.24	26.9	47.55	14.60	30.7	35.27	7.64	21.7
2000	92.59	23.18	25.0	51.65	15.40	29.8	40.94	7.78	19.0
2001	91.39	22.37	24.5	48.98	14.70	30.0	42.41	7.67	18.1
2002	94.34	22.14	23.5	52.11	14.90	28.6	42.23	7.24	17.1
2003	98.91	20.22	20.4	54.55	13.40	24.6	44.36	6.82	15.4
2004	110.39	20.46	18.5	61.17	13.70	22.4	49.22	6.76	13.7

资料来源　根据日本海关数据计算。

20世纪六七十年代，日本海外直接投资以向亚洲发展中国家和地区投资为主，兼有对美国、欧洲及拉美等地区的投资。80年代，日本海外直接投资的重点由亚洲转向北美，主要是美国。其主要原因是：(1) 80年代以来美国出现巨额财政赤字，实行高利率政策和优惠税收制度吸引外资。(2) 日本外汇储备增多，日元大幅升值，日本对外经济政策由发展出口贸易转向大量鼓励对外投资。(3) 70年代后期以来，美国不断加强贸易壁垒，如进口配额、要求对方出口自我限制等。为绕过这些贸易壁垒、减缓贸易摩擦，继续开拓和扩大美国市场，日本大量对美投资，就地设厂生产代替对美直接出口。

20世纪80年代，日本对美国商业、金融、保险等服务型投资，超过对资源开发和市场导向型的产业投资，并逐步发展到以雄厚的资本和高超的技术为背景的投资行业多样化。1984年以来，日本投资者在美国各地以高价购买土地、矿山、农场、工厂、企业、银行、旅馆、办公楼、商业中心、高尔夫球场以至电影制片厂等。至1990年，日本公司在美国开设有1 000多个工厂，日本在美国设厂生产的汽车，占美国全国汽车产量的21%。

1988年，日本在美国收购、兼并美国当地企业130多个，1989年增至174个，收购资金由127亿美元增至137亿美元。1989年9月，日本第一劝业银行用15亿美元收购美国商业信托公司。同年10月，日本三菱地产公司以14亿美元买下洛克菲勒集团在纽约曼哈顿的"洛克菲勒中心"80%的财权。1989年和1990年，日本索尼公司和松下电器公司又分别以34亿美元和63.3亿美元买下在美国家喻户晓的好莱坞哥伦比亚电影公司和环球公司的美国音乐公司。1990年日本还买下遍布美国各州的"7—Eleven"连锁店，使这个美国老幼都熟悉的从早上7时营业到晚上11时的方便店老板也换成了日本人。在夏威夷，80%的酒店和70%的高尔夫球场归日本人所有，使夏威夷几乎成了日本"殖民地"。

在那个时期里，日本猛然成为美国资本的最大买主。日本人对美国大量出口汽车、电器、电子等产品，而在美国大量购买土地、房产、工厂、企业、银行、债券甚至尖端科技和美国象征物等。当时曾使美国报业惊呼："美国购买日本货，日本购买美国的灵魂"。这使美国公众大为震动，越来越多的人感到不安，担心他们的经济命运会落入日本人的控制之中。但是，曾几何时，由于对所收购公司的领域不熟悉，管理不善，索尼公司于1994年11月宣布第三季度该影片公司亏损32亿美元，创下日本公司季度亏损额最高纪录，其后只好转手。三菱地产公司也披露它无力支持洛克菲勒中心的抵押贷款，后于1995年5月不得不申请给该中心以破产保护。松下公司在损失30亿美元后，只好把所持美国音乐公司股票全部转让出去。

20世纪90年代，日本对美国投资有较多下降。在美国，日本的对外直接投资主要向集成电话、生物技术、多媒体和软件等知识密集部门倾斜，而加州在这些方面居世界领先地位。在高技术部门的日本分公司中，加州占了50%以上，在半导体业中加州占65%，工业电子加州占60%，软件加州占85%。在某些美国生产率领先世界的低技术部门，加州也占50%以上，如食品和饮料占62%。90年代，加州在日本对美国的新投资中所占的份额，从1992年的28%上升到32%，远远超过其他州。

二 日美贸易摩擦

目前日本是美国最大的外贸逆差国。居高不下的日美贸易逆差，是日美贸易摩擦的主要根源。

日美贸易摩擦由来已久。在1945～1965年的20年中，日美贸易中出超的是美国。1965年开始，贸易形势发生逆转，由美国顺差转为日本顺差。从1965年到70年代初的这段时期，美日双方为纺织品问题多次发生争执，美国迫使日本一再让步，自动限制纺织品对美出口。从70年代初期到80年代中期，日向美大量出口钢铁、彩电、汽车等，导致美对日贸易逆差大幅增加。以小汽车为中心，在半导体、数控机床、通讯器材、超级电子计算机等尖端产业，日美相继发生摩擦。但美出于把日作为对苏战略的筹码考虑，未对日施加高压，日美贸易摩擦主要是通过日本自觉限制出口加以解决。日本从1981年5月开始，实行了对美国出口汽车的"自动限制"。从80年代中期以后，日美贸易摩擦时断时续，特别是在技术产品贸易方面，美国对日本压力不断。美国以强令方式压日本向美国产品开放市场，而日本有时公开对抗，甚至把争端提交到世界贸易组织裁决。可以预见，随着世界贸易日益全球化和多样化，日美贸易摩擦将持续。

20世纪90年代，日美两国在许多重要领域发生激烈贸易争执，从这些争执中可以看出美日经贸关系中摩擦与矛盾的一个侧面。

（一）汽车贸易争端

1992年6月28日，日美达成的《美日汽车零部件协议》，把固若金汤的日本汽车及汽车零配件市场打开了一个缺口，这是二战后美日经贸关系取得的一次重要突破。克林顿就美日达成这一协议时说，该协议不是一个简单的商贸协议，而是两国关系的一次相当重要的调整。1995年5月6日，美日在加拿大举行的汽车贸易谈判破裂。5月16日，美国宣布了一项有史以来最大的对日贸易制裁清单：对日本丰田、日产、本田、马自达及三菱等公司的13种出口美国的豪华轿车征收100%的关税，此举将使日本付出59亿美元的代价。经过一个多月的激烈较量，终于在美国即将实施对日制裁的最后关头6月28日达成协议。

（二）半导体贸易协议。

日美两国是世界半导体市场的两大重量级参与者。20世纪80年代中期，美日两国曾就曾爆发过一场半导体芯片战。当时日本半导体产品以低廉的价格潮水般地涌入美国市场，使得美国尚未发展壮大的半导体工业陷入了困境。为此，美国政府一方面宣布对日本产品征收40亿美元的惩罚性关税，一方面迫使日本于1986年签署了开放日本半导体市场的双边协议（为期5年）。1991年到期之后，在美国的坚持下，双方又把协议延长了5年。随后经过艰苦的谈判，于1996年8月2日，美日贸易代表在加拿大温哥华就半导体芯片贸易问题达成一项新协议。协议基本上反映了日本原先的立场，日本占了上风。

（三）开放保险业市场

日本拥有仅次于美国（年保险额近6 000亿美元）的世界第二大保险市场，年保险额达3 410亿美元，因而成为美国企业向外扩展的重点目标。

美日在开放日本保险市场问题上久有争执，美国政府认为这是两国间存在的最大贸易纠纷之一。

保险问题作为日美一揽子经济协议的优先协商领域，从1993年7月开始进行谈判，1994年10月，美日两国已达成一项保险市场备忘录。根据协议，日本开放了医疗等少数特种保险小市场，但保留了人寿保险和家庭个人财产保险这两大块市场。此后对这个“保险协议”的解释出现了分歧。1995年12月，日美两国又重新开始了谈判。

经过一年多的讨价还价，美日于1996年12月15日，在东京就被美称之为两国间“最大问题”的开放日本保险市场问题达成协议。协议的主要内容是：（1）美国公司自1998年起，进入原由日本公司垄断的人寿、汽车和伤亡等日本主要保险市场（占日保险业的95%）。（2）两年半后，日本公司也可进入目前主要由美国公司占据的事故、旅游、医护等日本专业保险市场（占5%）。（3）日本同意对保险业（尤其是非人寿保险业）采取一系列放松管制措施，允许多种价格、多种产品和行业交叉经营，逐步降低日本大公司对保险价格和产品的垄断程度。

三 日美经贸发展趋势

虽然，日美经济贸易摩擦不断，但是两国都表示要继续维持合作友好的经贸，这是因为彼此都有求于对方。对日本来说，首先，日本离不开美国市场，美国是日本最大的商品市场和资本投资市场。其次，美国是高新技术的来源地，日本依然需要引进美国的高新技术。对美国来说，一方面，美国发展本国经济需要借助日本的力量。日本拥有仅次于美国的经济实力，日对美的巨额投资包括直接投资、证券投资、债券认购等为美增加就业、缓解资金拮据起着积极作用。另一方面，日本国内市场对美国也是越来越重要，有些高新技术，美国还有赖于日本。

近年来，值得人们关注的是，除了日本因疯牛病问题，仍拒绝进口美国牛肉外，美日经贸关系基本趋于平缓。20世纪90年代，美国和日本的贸易战还是颇为引人关注的问题，特别是为汽车及其零部件的贸易纠纷，两家打得难解难分。然而，这一切现在看来好像已没了踪影，美日经贸关系发生了微妙变化。由于日本经济陷入长期萧条，对美构成的威胁减小，与其说是对日进行打压，还不如鼓励和促进日本经济尽快复苏，会给美国带来更大利益。更何况美日两国在政治和安全方面具有共同利益。从某种意义上说，美国政府态度的转变同美国企业的做法是一致的。在几年前，美国从政府到企业都在积极向日本施加压力，大力要求日本开放国内市场。然而现在，唇枪舌剑已经不复存在，取而代之的是美国各行业，特别是金融、保险以及服务业的美国公司，通过各种手段向日本企业和市场积极渗透。

美日经贸关系从高度紧张转向平缓的首要原因，是日本经济状况的改变。日本经济在二次世界大战后迅速恢复并转向腾飞，出口导向型的发展模式取得长足进展。日本的发展伴随着与美国贸易摩擦的不断增多，美国指责日本对美出口大增，导致了美国出现巨额贸易逆差。然而在上世纪90年代以后，日本经济开始走下坡路，10多年来连续处于低迷状态。日本经济的停滞与低迷，放慢了向国际市场与投资领域进攻的步伐，从而使得近年来日美间的经贸摩擦处于相对平缓态势。

总之，尽管日美之间在贸易领域一直存在斗争与摩擦，但两国经济上的相互渗透与依赖，政治、安全及其他领域存在共同利益。特别是由于美国经济存在着难以医治的财政和贸易这种“双胞胎赤字”，需要吸收日本的丰富资金来进行填充；而日本则更需要美国的消费市场来维持其巨大的供给能力。日本是美国远东战略和全球战略中的重要战略合作伙伴；而美国又是日本政治、外交、国家安全的保护伞。日美两国实际上已经成为不可分割的利益共同体，决不会因为经贸关系中的摩擦导致两国之间的根本冲突。因此可以得出结论：“在竞争中谋求总体关系的协调”仍将是今后日美两国经贸关系的基本走向。（叶其湘）

第四节 东亚地区与欧盟经贸关系

亚欧关系源远流长，早在美国建国之前，欧洲国家就与东亚地区有了经济、文化往来。随之在几个世纪中，欧洲国家极力在东亚地区进行扩张，建立殖民地和半殖民地。直至二战结束后，东亚国家陆续取得了独立，东亚国家在新的条件下发展与欧洲国家关系。20世纪七八十年代以来，欧洲面对东亚地区经济政治文化迅猛发展的局面，再一次“发现”了东亚。面向新世纪，以亚欧会议及其后续行动为契机，正在迎来平等、互利、合作的亚欧关系新时期。

一 东亚地区与欧盟经贸关系的重要发展

二战结束后，世界出现了美苏对峙的两极格局，美国采取了“两洋”战略，一条线是通过大西洋加强与西欧的联系，一条线是通过太平洋加强与东亚一些国家或地区的联系。冷战结束后，两极对峙格局瓦解，但美国传统的“两洋”战略大体保留下来。

二战后一段时期内，东亚地区与欧洲的联系是相对薄弱的。那时东亚地区在政治上获得了独立，经济上获得了发展，但是与欧洲关系在冷战时期仍具有不平等性质，欧共体与东亚地区一些发展中国家的关系是“援助国”与“受援国”的关系。直至90年代，东亚地区，特别是中国等国家经济持续高速发展，深为世人关注。欧洲也开始重视东亚地区，调整对亚洲的战略，寻求同亚洲建立新型伙伴关系。经过亚欧各国的共同努力，亚洲和欧洲在平等、互利的基础上着手构建起新的亚欧关系，亚欧之间的经贸合作也有了很大的发展。亚欧新关系的建立，是出于各自的内外需要，也符合双方的长远利益。

（一）发展历程

20世纪70年代以前，由于种种原因造成了欧洲与亚洲之间的隔阂和疏远。正如德国前总理科尔在第一届亚欧会议上所说，“多年来，这个地区一直被欧洲忽视”。亚洲许多国家，在很长时间里一直是欧洲列强的殖民地或半殖民地。从16世纪初欧洲殖民者闯入东南亚直到第二次世界大战，除日本外，亚洲大多数国家都成了西方列强的殖民地或半殖民地。

经过几个世纪的浩劫和艰难跋涉，东亚国家在赢得独立后，经济在20世纪后半叶奇迹般崛起。70年代后期，亚洲与欧洲的关系才有所发展。1976年6月，欧共体（欧盟前身）与东盟国家建立大使级对话程序。1978年11月，欧共体与东盟5国在布鲁塞尔举行第一次部长级会议，讨论发展双方贸易和合作问题。到了80年代，亚洲经济高速发展，贸易与投资市场迅速扩大。亚洲广阔的市场，吸引欧洲的投资者。同时亚洲国家也开始进入欧洲市场。

进入20世纪90年代，欧盟出于在全球化的世界经济体系中谋求大国的有利地位，和与美、日争夺亚洲市场的考虑，多次调整对亚洲的战略。1994年7月以来，欧盟制定了《走向亚洲新战略》和《与中国建立全面伙伴关系》等一系列纲领性文件，提出要更加有效地同亚洲国家进行合作，以便建立起一种建设性的稳定和平等的伙伴关系。

为了加强亚欧之间的政治对话和经济合作，1994年10月，新加坡总理吴作栋访问法国时和时任法国总统的密特朗提出召开亚欧会议的设想，得到东盟各国和欧盟国家的积极响应。1996年3月，东亚10个国家和欧盟15个成员国在泰国曼谷举行了第一次亚欧会议。中国、日本、韩国、东盟7国和欧盟15国领导人或他们的代表以及欧盟委员会主席出席了会议。亚欧会议的召开标志着，亚欧之间在平等的基础上开始建立新的伙伴关系，亚欧之间的经贸关系取得了很大的进展。

全面加强和扩大亚欧关系和经济合作，是欧盟全方位对外经贸战略的重点。在1996年首届亚欧会议召开之前，欧洲在亚洲的存在比较薄弱。亚欧贸易额只占整个欧洲贸易额的19.8%；欧洲对亚洲投资只占其对外直接投资的1%。到2002年第四届亚欧首脑会议召开时，亚洲已经成为欧盟的第三大地区贸易伙伴。欧盟对亚洲的出口占其出口总额的21%；超过其对地中海、中南美洲、非洲、加勒比和太平洋地区出口的总和。亚洲是欧盟对外直接投资的第四大地区，与此同时，一些亚洲国家也向欧盟国家进行投资。

在2002年11月5日召开的“欧盟亚洲投资交流年会”上，欧盟贸易委员的特别顾问、欧盟委员会工业贸易署前署长、中国入世谈判的欧盟代表团团长贝泽勒说，欧盟注重发展与亚洲国家的关系，十分关注双边贸易投资问题。在欧盟和亚洲国家的所有双边峰会、部长级会议或高层官员会晤中，尤其是与中国、日本和韩国的会谈中，贸易投资问题都是主要议题之一。

在对外贸易方面，据欧盟统计局的统计，1999～2002年，欧盟15国从亚洲16个国家和地区的贸易额不断增加。1999年，欧盟从亚洲进口2 450.50亿欧元（约合2 461.82亿美元），比上年增长10.2%，对亚洲的出口为1 410.06亿欧元（约合1 416.58亿美元），比上年增长5.7%，2002年，欧盟从亚洲的进出口分别达到2 921.41亿欧元（约合3 063.56亿美元）和1 859.18亿欧元（约合1 949.63亿美元）。在欧盟从亚洲的进口方面，中国是欧盟进口的第一大伙伴，日本是欧盟的第一出口伙伴。2002年，欧盟从中国进口8 190万欧元（约合7 190万美元），从日本进口6 860万欧元（约合8 588万美元）；对日本出口4 240万欧元（约合

4 446万美元)，对中国出口3 420万欧元（约合3 586万美元)。

在投资方面，据欧盟统计，过去几十年中，欧盟大部分直接投资流向了亚洲，对日本的投资不断增长。日本1998年吸引的欧盟投资不足10亿美元，而在1999年就增长到了90亿美元。1997年3月，欧洲企业在亚洲的资产总额（730亿欧元，约合639亿美元）已经占到欧盟总投资额的11%。1999年欧盟在亚洲的资产总额已经达到了940亿欧元（约合944亿美元)。

（二）东亚地区与欧盟经贸关系新发展的特点

自1996年第一届亚欧首脑会议以来，与会的东亚和欧洲各国在经贸技术合作、政治对话及文化交流等方面做了大量有益的工作，使亚欧关系出现了具有战略意义的积极变化。

1. 欧洲政要更加重视欧亚关系在其对外战略中的位置

欧盟委员会前主席桑特十分重视发展与加强欧亚政治经济关系，多次强调欧盟“已认识”到与亚洲“日益相互依存”的关系，应同亚洲建立新型伙伴关系，促进欧亚在各领域的合作。德国前总理科尔强调，“德国和中国是天然的合作伙伴”。法国总统希拉克多次指出，欧亚关系将成为世界欧、亚、美三角关系中的“重要一环”。

2. 亚欧之间的贸易不断扩大

1994年，欧盟国家同亚洲的贸易额为3 125亿美元（欧盟与美国的贸易额为2 350亿美元)，占欧盟外贸总额的23%。1996年，欧盟从东南亚国家的进口额为1 393亿美元，对这些国家出口额为1 230亿美元（超过了对美国的出口额)。1997年，欧盟从东亚和东南亚国家的进口增加到1 637亿美元，对这些国家的出口也上升为1 329亿美元。亚欧之间的贸易呈不断上升的趋势。2002年，亚洲已经成为欧盟的第三大地区贸易伙伴。欧盟对亚洲的出口占其出口总额的21%，超过其对地中海、中南美洲、非洲、加勒比和太平洋地区出口的总和。亚洲是欧盟对外直接投资的第四大地区，与此同时，一些亚洲国家也向欧盟国家进行投资。

3. 亚欧合作前景广阔

进一步发展亚欧贸易和经济合作，符合双方的长远利益。欧盟可以从扩大市场和利用原料、廉价劳动力中获得推动经济发展的动力，而亚洲可以从吸取资金和引进技术中推动经济发展。可以断定，亚欧两大洲加深和扩大合作和贸易，有利于优势互补，扩大市场，优化资源配置，加速科技进步，推动结构调整。亚欧合作具有广阔的发展前景。

（三）东亚地区与欧盟合作关系新发展的动因

东亚地区与欧盟之间经贸关系在20世纪90年代有了很大发展，这主要基于双方着眼于21世纪的长远战略目标考虑。双方普遍认为，21世纪将是多极的世界，欧洲和东亚地区都将是其重要的一极，加强亚欧合作不仅有利于双方，而且将有利于世界的和平稳定和迎接新世纪的挑战。主要动因有以下三点。

1. 东亚的崛起和亚欧经贸关系具有较强的互利互补性质

20世纪70年代开始，东亚经济迅速崛起。进入90年代，举世公认亚太地区为最富活力、增长最快的全球经济“亮点”。1989年11月，“亚太经济合作组织”(APEC）的成立和1993年11月在西雅图开始举行一年一度的该组织成员领导人非正式会议，使亚太经济合作的方向、目标和任务更为明确，全区域的经济合作与次区域的各种合作模式相互交织、补充，形成了20世纪90年代亚太舞台上经济合作多姿多彩的新局面。

当今，东亚已成为世界经济最具活力的地区。东亚所有国家和地区的总人口有20亿，占全世界人口的1/3。在全球经济中，东亚所占比例达25%强。这样一个地区，对未来世界格局无疑会产生重大影响。东亚的崛起使世界出现新的形势，正在形成北美、欧洲和东亚三大力量中心，引起全世界的重视，各国纷纷调整政策向该地区倾斜。

东亚的振兴为世界经济增添了活力，为国际贸易与投资开辟了巨大的市场，也为欧洲经济的复兴提供重要的机遇。在欧美日市场趋向饱和，竞争日烈的情况下，欧盟将目光投向亚洲。欧盟认为，21世纪东亚将是世界重要的一极，欧亚合作具有很大的互补性，欧盟需要东亚的市场、资源和劳力，而东亚则需要欧盟的资金、技术及管理经验，亚欧合作互补性强，前景广阔。而东亚许多国家和地区为摆脱对少数发达国家的依赖，推进贸易方向和资金来源多元化，积极拓展与欧洲各国的经贸往来。

基于上述背景，20世纪八九十年代，东盟、

"亚洲四小龙"和中国等东亚主要发展中国家和地区，同西欧各国的经贸关系取得了较大的进展。

2. 欧盟出于自身的考虑

冷战的结束和格局的转换，给西欧国家带来巨大的冲击和激烈的震荡，许多国家经济不振、贸易摩擦加剧、社会问题突出以及财政金融危机和结构性危机交织，迫使西欧国家要通过扩大出口和寻找新的投资热点来刺激经济、缓解矛盾。而美日通过调整对亚洲的战略，加紧在亚洲地区构筑其势力范围，争夺亚洲事务的主导权。可是亚欧关系与美亚关系相比，仍显得十分落后，需要重开独立联系渠道。随着世界经济多极化趋势的发展，北美、欧洲和东亚经济区域化的"新三角"逐步取代了美、欧、日"老三角"。欧盟认为，"新三角"均衡发展对世界经济的稳定有重要影响。欧盟凭借一体化的经验，试图在全球结构调整中发挥均衡影响，实现其通过经济相互依存的全球治理构想。欧洲调整对亚洲的政策，就是出于在全球化的世界经济体系中谋求大国的有利地位和与美日争夺亚洲市场的考虑。

3. 通过协商与磋商，亚欧关系中的一些障碍和矛盾将逐步得以克服和缓解

1998年2月和1999年3月，欧盟决定，欧盟在人权问题上将同中国"对话"，不再搞"对抗"。同时，欧盟还决定，同意在反倾销政策方面不再将中国和俄罗斯列入"非市场经济"国家名单。上述动向无疑将有助于亚欧关系的发展与加强。

（四）中国同欧盟各国经贸关系的发展

早在1975年5月，中国即同欧洲共同体（欧盟的前身）正式建立了外交关系。1985年，欧共体和中国签署了贸易合作协定。30年来，双方关系虽曾遇到一些曲折，但总体上在积极地向前发展。特别是20世纪90年代，中国和欧盟国家在政治、经济、科教等领域的交往日益密切，高层互访频繁，双边关系进入了全面发展的新阶段。中国领导人一再申明，中国与欧盟都是当今世界舞台上维护和平、促进发展的重要力量。全面发展同欧盟及其成员国长期稳定的互利合作关系，是中国外交政策的重要组成部分。

随着经济全球化、区域化和多极化进程加快，在以北美、欧盟和东亚为主的世界经济格局中，北美与东亚、北美与欧盟经贸合作都在加强，中国同俄罗斯和美国建立了不同形式的伙伴关系，而亚欧关系和中欧关系则显得相对滞后。

由于中国在亚洲地区以及对全球经济影响日趋重要，欧盟越来越重视中国的作用。自1996年第一届亚欧会议以来，亚欧关系在加快发展。与此相适应，欧盟采取了一系列改善和加强中欧关系的积极措施。1997年底，欧盟委员会正式向欧盟部长理事会建议，将中国从欧盟反倾销政策的"非市场经济"国家名单中排除；1998年1月，欧盟倡议4月初在伦敦第二届亚欧会议期间举行中国—欧盟领导人会晤，并建立双方定期会晤机制。2001年5月15日，欧盟委员会公布了一份对华关系的新文件——《欧盟对华战略：1998年文件的实施情况和提高政策效果的未来规划》。这份新的对华关系文件充分体现了欧盟在新世纪重视发展中欧关系的决心和信心。

中国同欧盟之间的经贸关系互补性很强，中国是世界上经济发展最快的国家之一，市场潜力巨大。欧洲拥有世界上先进的技术和比较雄厚的资金，需要良好的投资场所和商品市场。1979年中国刚开始经济改革时，中国是欧洲的第二十七个贸易伙伴。从1995年起，中国是继美国、日本、瑞士之后欧盟的第四大出口国和第四大供应国。1998年，欧盟继日本和美国之后，成为中国的第三大贸易伙伴。现在，中国是欧盟最大的供应商，也是欧盟最重要的市场之一。而今欧盟不仅是中国的重要贸易伙伴，也是中国吸引外国资金与技术的重要来源地。

改革开放后，中国同西欧经贸关系发展迅速。1992年，中国同欧共体的贸易额达174亿美元，是1975年的7倍；1997年达430亿美元，较1992年增长了1.5倍。1998年，中欧盟双边贸易额达到488.6亿美元。2001年，中欧双边贸易额达到766.3亿美元，比上年增长11%。2002年中欧双边贸易额达867.6亿美元，比上年增长13.2%。2003年中欧双边贸易额达1 252.2亿美元，比上年增长44.4%。据中国海关总署统计，2004年欧盟从15国扩大到25国后，欧盟跃居成为中国第一大贸易伙伴，中欧双边贸易额1 773亿美元，增长33.6%。美国和日本分列第二位和第三位。2005年，中欧双边贸易额又猛增22.6%，达2 173亿美元，欧盟继续稳居中国第一大贸易伙伴地位。

表4　中国与欧盟1975～2005年双边贸易的变化　（亿美元）

年份	双边进出口总额	年增长率（%）	中国从欧盟进口总额	年增长率（%）	中国向欧盟出口总额	年增长率（%）
1975	24.0	–	–	–	–	–
1985	83.6	–	61.1	–	22.5	–
1990	221.0	–	128.4	–	93.2	–
1995	403.4	27.9	212.5	25.4	190.9	30.9
2000	690.4	24.0	308.5	21.2	381.9	26.4
2001	766.3	11.0	357.2	15.8	409.0	7.1
2002	867.6	13.2	385.4	7.9	482.1	17.9
2003	1 252.2	44.4	530.6	37.7	721.5	49.7
2004	1 772.8	33.4	701.2	36.7	1 071.6	28.7
2005	2 173.0	22.6	735.9	4.9	1 437.1	34.1

资料来源　中国海关统计资料。

欧盟一直是中国引进外资与技术的重要地区，对华投资额大，项目数多，技术含量高。欧元流通后，将进一步减少欧洲投资者特别是中小企业投资者的投资风险。再加上目前中国持续稳定的经济增长发展态势和巨大的市场潜力，会吸引更多的欧元资本在中国进行直接投资，改善外商在中国投资的结构。

西欧企业对华投资平均规模大，技术含量高并在机械、汽车、化工、电子、电器等制造业显现出较强的竞争优势。北欧国家在中国移动通讯市场占据重要地位。欧盟对华投资的不断增加将会进一步推进中欧双边贸易的良好发展。另外，双方在科技、工农业、环保、海关、企业管理、金融、能源、人力资源开发、基础设施以及可持续发展等领域的合作与交往也不断扩大，并逐步形成多层次、多渠道、多领域、多形式的交流格局。

截至1997年，欧盟成员国及官方金融组织累计向中国提供政府贷款协议额128亿美元，约占外国政府和官方金融组织提供贷款总额的42%；到1998年底，欧盟累积在华直接投资9 330项，协议金额363.5亿美元，实际投资174.1亿美元。2000年，欧盟在华投资项目为1 130项，协议金额为88.56亿美元，实际投资44.79亿美元。2001年，欧盟在华投资项目为1 214项，协议金额为51.53亿美元，实际投资41.83亿美元。2002年，欧盟在华投资项目1 486项，协议金额45.07亿美元，实际投资37.1亿美元。2003年，欧盟在华投资项目又有所增加，达到2 074项，协议金额达58.54亿美元，实际投资39.3亿美元。

2005年全年，欧盟对华直接投资项目2 846个，合同外资金额115.3071亿美元，实际使用外资金额51.9378亿美元。截至2005年10月底，欧盟累计在华投资设立企业22 076家，合同外资金额847亿美元，实际投入467亿美元，是中国累计第四大实际投资方。

（五）“亚洲四小龙”同欧盟各国经贸关系的发展

20世纪60～70年代，东亚国家和地区先后实行出口导向型发展战略发展经济。进入80年代，“东亚四小”在美国市场的相对缩小，而日本市场又相对封闭的情况下，不得不加快市场多元化步伐，扩大在西欧市场的份额。80年代中期以后，“东亚四小”对欧洲各国的贸易有较大进展，1988～1996年间，“东亚四小”对经合组织欧洲成员国出口，由262.24亿欧元（约合229亿美元）上升为404.36亿欧元（约合354亿美元）。与此同时，欧洲一些国家的进口配额、进口许可证和“自愿”出口限制及“反倾销”等保护主义措施，则促使“东亚四小”为绕过贸易壁垒而加快到欧洲建立生产基地的进程。截至1995年，新加坡对欧盟的直接投资累计达15.06亿欧元（约合13.18亿美元），韩国对欧盟的直接投资累计达15.14亿欧元（约合13.25亿美元）。

1998～2002年，中国香港与台湾、韩国和新加坡这四个国家和地区与欧盟的贸易有大幅增长。1998年，欧盟从这4个国家和地区的进口为5 630万欧元（约合4 928万美元），出口4 940万欧元（约合4 324万美元）；2000年欧盟从这四个国家和地区的进口增加到7 910万欧元（约合7 358万美元），出口增加到6 670万欧元（约合6 206万美元）；2002年，欧盟从这四个国家和地区的进口为6 620万欧元（约合6 942万美元），出口为6 310万欧元（约合6 617万美元）。

表5 欧盟15国1994～1998年对"亚洲四小龙"的贸易进出口变化 （亿欧元）

分类	1994	1995	1996	1997	1998*
从"亚洲四小龙"进口	359.78	385.97	404.92	482.14	235.19
对"亚洲四小龙"出口	439.51	491.44	540.12	610.42	210.09

* 1998年数字截至1998年5月。

资料来源 《欧盟统计月报》1999年第1期。

表6 欧盟15国1998～2002年与"亚洲四小龙"的贸易基本统计 （百万欧元）

国家地区	1998		1999		2000		2001		2002		2002年排位
	金额	%	金额	%	金额	%	金额	%	金额	%	
欧盟15国	710.5	100	779.8	100	1033.4	100	1028.0	100	989.5	100	
进口											
中国台湾	18.1	2.5	20.0	2.6	26.7	2.6	24.2	2.4	21.1	2.1	12
中国香港	9.7	1.4	10.7	1.4	11.6	1.1	10.3	1.0	9.7	1.0	25
韩国	16.0	2.2	18.4	2.4	24.9	2.4	21.6	2.1	22.3	2.1	10
新加坡	12.5	1.8	12.8	1.6	15.9	1.5	13.9	1.4	13.1	1.3	18
出口											
中国台湾	12.1	1.6	11.8	1.6	14.9	1.6	13.3	1.3	11.7	1.2	23
中国香港	17.3	2.4	15.7	2.1	20.5	2.2	21.5	2.2	19.9	2.0	12
韩国	9.1	1.2	11.5	1.5	16.5	1.7	15.6	1.6	17.3	1.7	13
新加坡	10.9	1.5	11.8	1.6	14.8	1.6	14.6	1.5	14.2	1.4	19

注 欧盟15国的贸易是指欧元区15国以外的贸易，不包括欧元区内的贸易。

2002年排位情况是指各国和地区与欧盟的贸易额在欧盟15国区外贸易额中所占份额的位次。

资料来源 欧盟《欧盟统计月报》2003年第12期。

香港是世界重要的贸易、投资、信息和旅游中心。对欧盟国家来说，香港的经济繁荣既是奇迹，又充满诱惑力。几十年来，香港吸引了欧盟国家的大批投资、技术和人才，始终保持欧盟第十大经贸伙伴和欧亚商品最大集散地的地位，被欧盟投资者誉为"淘金乐园"。1990～1996年，欧盟向香港的货物出口年均增长16.4%，出口值从70亿欧元（约合61亿美元），猛增到173亿欧元（约合151亿美元）。同期，欧盟从香港的进口保持每年70亿欧元（约合61亿美元）的相对稳定的状态，年均增长1.5%。1997年，欧盟同香港的进出口总额达285.89亿欧元（约合250.28亿美元），占欧盟同第三国贸易额的2.1%。近年来，香港与欧盟的经贸关系非常密切。欧盟是仅次于中国内地和日本的香港第三大商品供应地，同时是仅次于中国内地和美国的香港第三大出口地，占香港总贸易额的10%以上。2002年，欧盟与香港的贸易总额为295亿欧元（约合309亿美元），占香港对外贸易总额的10.9%，是仅次于中国内地（41.8%）和美国（13.2%）之后香港的第三大贸易伙伴。

在海外直接投资方面，2000 年欧盟是香港第三大来源地，累计投资额达3 182亿港元，占香港海外投资总额的 9%。香港也是欧洲公司最多的亚洲城市，这些公司的经营范围包括贸易、制造业、金融服务业、电讯业和建筑业等。截至 2002 年，欧盟在香港的金融机构、房地产和保险公司超过 100 家，另有 250 多家欧盟跨国公司和企业，将其地区总部或办事机构设于香港。43%的欧盟企业与香港有贸易往来，115 家欧盟大型企业参与了香港新机场的建设，总值达 35 亿欧元（约合 36.7 亿美元），得到了 40%的工程合同。欧盟每年对香港加工工业的投资超过 6.5 亿欧元（约合 6.82 亿美元）。欧盟与香港的经济、贸易关系已经成为双方经济发展的重要组成部分。

（六）东盟同欧盟各国经贸关系的发展

东盟 10 国有 5 亿人口，国内生产总值超过 1 万亿美元，对外贸易7 000多亿美元。东盟 10 国资源丰富，经济发展有一定活力，加上东盟地理位置重要，政治上总体相对稳定，因此成为各大国关注的对象。各大国竞相与东盟发展自贸区，对推动东亚地区的合作与发展将起积极作用。

20 世纪八九十年代，东盟与欧盟双方利用各自的优势，在贸易、投资、科学技术、人力资源、能源、交通、环保等方面进行合作，取得了显著的成果。现在欧盟已成为仅次于日本和美国的东盟第三大贸易伙伴。东盟与欧盟的经济合作有较强的互补性，前景非常广阔。欧盟是世界上最大的贸易集团，其国民生产总值和外贸总额均超过美国。欧盟经济发达、资金雄厚、科技先进，但经济发展速度较慢，市场容量也有限。东盟国家则经济发展条件很好，自然资源和人力资源丰富，但资金较为短缺，科技水平相对落后。

表 7　　欧盟 15 国 1998～2002 年与东盟 4 国的贸易　　（百万欧元）

国家	1998		1999		2000		2001		2002		2002 年排位
	金额	%	金额	%	金额	%	金额	%	金额	%	
欧盟 15 国	710.5	100	779.8	100	1033.4	100	1028.0	100	989.5	100	
进口											
泰国	9.3	1.3	10.1	1.3	12.9	1.2	12.4	1.2	11.2	1.1	21
马来西亚	12.2	1.7	13.3	1.7	17.4	1.7	15.8	1.5	14.4	1.4	16
印度尼西亚	9.0	1.3	8.8	1.1	10.9	1.0	10.9	1.0	10.3	1.0	23
菲律宾	6.1	0.8	6.4	0.8	8.9	0.8	7.6	0.7	7.6	0.8	29
出口											
泰国	5.2	0.7	4.7	0.6	6.5	0.7	7.6	0.8	6.8	0.7	32
马来西亚	5.5	0.7	6.4	0.8	8.4	0.9	9.3	0.9	8.2	0.8	27
印度尼西亚	3.9	0.5	3.3	0.4	4.5	0.5	4.5	0.4	4.5	0.4	37
菲律宾	3.1	0.4	3.3	0.4	4.5	0.5	4.5	0.5	3.3	0.3	41

注　欧盟 15 国的贸易是指欧元区 15 国以外的贸易，不包括欧元区内的贸易。

资料来源　欧盟《欧盟统计月报》2003 年第 12 期。

东盟同欧洲的经济关系始于 20 世纪 70 年代后期。1977 年，东盟同欧盟建立大使级对话关系，从此，双方即建立了定期磋商制度。1980 年 3 月，双方签署了第一个为期 5 年的双边经贸合作协定，主要内容包括欧盟向东盟国家提供贸易优惠、发展援助和鼓励双方企业进行技术合作等。1985 年 10 月，欧盟和东盟举行了第一次经济部长会议，并发表声明，反对贸易保护主义，加强双方经济合作。同时，双方还签订了第二个 5 年双边经贸合作协定。1987 年，泰国在曼谷成立了东盟同欧盟国家的第一个“联合投资委员会”，东盟其他 5 个国家也陆续成立了同样的机构。此后，欧盟对东盟各国的财政援助迅速增长。1980～1990 年间，由 7280 万欧元（约合 6300 万美元）猛增至 3.68 亿欧元

(约合3.19亿美元)。截至1995年，欧盟对泰国、马来西亚、印尼、菲律宾的直接投资的累积分别为：20.59亿欧元（约合18.03亿美元）、41.77亿欧元（约合36.57亿美元）、14.69亿欧元（约合12.86亿美元）、17.94亿欧元（约合15.71亿美元)。东盟4国对欧盟的直接投资累积额分别为：泰国1.24亿欧元（约合1.09亿美元）、马来西亚1.49亿欧元（约合1.3亿美元）、印尼6.71亿欧元（约合5.87亿美元）、菲律宾0.49亿欧元（约合0.43亿美元)。

与此同时，双边贸易额也迅速增长，1988～1996年间，东盟4国（泰、马、印尼、菲）对欧盟的出口贸易由94.26亿欧元（约合82.5亿美元）上升为275.42亿欧元（约合241亿美元)，不到10年即增长了近2倍。根据欧盟统计局资料显示，1997年亚洲的金融危机后，欧盟仍然是东盟国家的重要市场，欧盟是仅次于美国的东盟第二大出口市场，是仅次于美国和日本的东盟第三大贸易伙伴。2001年欧盟对东盟出口422亿欧元（约合371亿美元)，从东盟进口657亿欧元（约合579亿美元)，双向贸易额达到1 079亿欧元（约合950亿美元)。

二 亚欧会议——东亚地区与欧盟关系的里程碑

（一）亚欧会议的产生

从殖民扩张时代到二战结束的历史长程，亚欧关系深深打上了不平等的烙印。那时的亚欧关系属殖民地半殖民地与宗主国关系的性质，亚洲在政治经济上不独立，备受西方列强的欺辱。二战后，随着民族解放运动的兴起，亚洲许多国家纷纷摆脱欧洲殖民统治，政治上获得独立，经济上取得发展。然而，亚欧关系在冷战时期仍具有不平等的性质，亚洲发展中国家与欧共体的关系，依然未摆脱“受援国”与“援助国”的框架。1994年欧盟通过“亚洲新战略”之后，新加坡提出应在亚洲和欧洲之间举行高层首脑会议。在这一提议下，于1996年3月在泰国首都曼谷召开了第一届亚欧首脑会议。这次会议的召开，标志着亚欧关系已开始从不平等向平等方向发展，标志着亚欧之间平等的伙伴关系开始起步。

（二）第一届亚欧会议

1. 会议主题和内容

基于上述背景，第一届亚欧会议于1996年3月1～2日在泰国首都曼谷市最大的会议中心——诗丽吉王后国家会议中心举行。参加这次会议的有：亚洲的东盟7国（文莱、印度尼西亚、马来西亚、新加坡、菲律宾、泰国和越南)、中国、日本、韩国和欧盟15个成员国（奥地利、丹麦、西班牙、芬兰、法国、比利时、德国、英国、希腊、爱尔兰、荷兰、瑞典、意大利、卢森堡和葡萄牙)，共25个国家。会议决定每两年举行一次，轮流在亚洲和欧洲国家举行。

会议的主题是“为促进发展建立亚欧新型伙伴关系”。会议最后通过的《亚欧会议主席声明》强调，亚欧国家在加强政治对话的同时，将促进经济和其他领域的合作。《亚欧会议主席声明》，主要内容有：

(1) 合作内容

开展经济、政治、安全、文化、科技交流及其他领域的合作，包括联合国改革和世界贸易组织的合作。

(2) 合作目标

亚欧合作的共同目标是“维护并加强和平与稳定，并创造有利于经济和社会发展的条件”。为达到这一目标，亚欧将致力于建立促进经济增长的新型伙伴关系。这种伙伴关系将推动亚欧之间的全面合作，从而促进世界的和平、稳定与繁荣。

(3) 合作基础

亚欧之间日益增强的经济联系是奠定双方伙伴关系的有利基础。亚欧新型伙伴关系，“应建立在对市场经济、开放性的多边贸易体制、非歧视性的自由化和开放性的地区主义作出共同承诺的基础上”。

会议就以下4个方面达成共识：

(1) 两大洲25个国家决定建立面向21世纪的“亚欧新型伙伴关系”，这种伙伴关系的建立具有里程碑意义。

(2) 开展包括经济、政治、安全、文化及科技交流等方面的全面合作，双方经济上强烈的互补性，使得经济合作成为建立亚欧新型伙伴关系的基础。

(3) 与会者同意，在求同存异的基础上加强政治安全多边对话，包括军控、裁军、防止核扩散及人权等问题。

(4) 初步建立亚欧两洲之间的建设性对话

机制。

2. 会议的深远影响

第一届亚欧会议的召开，是亚欧关系发展的里程碑，它对亚欧关系和世界经济政治格局的发展将产生深远影响。

（1）对亚欧经贸领域的互利合作产生积极影响

东亚发展中国家与欧盟之间具有发展经贸合作的巨大潜力和互补性。近年来，东亚发展中国家与欧盟之间经贸关系发展较快，但与美日相比仍有相当大的差距。目前，在东亚发展中国家进出口贸易中，欧盟所占的份额均落后于日美。在投资方面，东亚发展中国家与欧盟之间的相互投资也十分有限，在欧盟对外投资总额中，东盟只占1%～2%的份额。当前，一方面，东亚发展中国家在基础设施、能源开发及环境保护方面的建设，依然任重道远；另一方面，1997年以来的金融危机后，东亚在经济重新崛起中机遇和挑战多多。欧盟如能善加利用其雄厚资金和在能源开发与环境保护方面的技术优势，对东亚发展中国家加大投资力度，则将促使东亚发展中国家与欧盟之间的经贸联系更上一层楼。

（2）推动全球多边贸易和投资自由化，促进国际经济新秩序的形成

亚欧合作是继亚太经合组织之后又一推动南北合作的国际系统工程，正如《亚欧会议主席声明》指出的，亚欧新型伙伴关系“应建立在对市场经济开放性的多边贸易体制、非歧视性的自由化和开放性的地区主义作出共同承诺的基础上。会议强调，任何地区一体化和合作，都应与世贸组织一致，并向外看”。因此，亚欧合作不是排他性的贸易集团，而是促进全球多边贸易和投资自由化的积极力量。亚欧合作必将有利于建立新型的南北合作关系，从而为建立国际经济新秩序作出贡献。

（3）进一步理顺东亚与欧盟之间的政治沟通渠道

多年来，东亚与欧盟之间的政治歧见，一直是阻碍双方合作的重要因素。马来西亚与新加坡都同英国有过纠葛，中国与英法在香港和台湾问题上时有摩擦，印尼与葡萄牙在东帝汶问题上的抵牾则曾导致东盟与欧盟间一项合作协议流产。为此，亚欧双方都渴望建立某种对话机制，对亚欧关系中的政治歧见与矛盾进行协调与疏导。亚欧会议的召开及后续行动，则为这种协调与疏导创造了有利条件。欧盟为防止政治分歧影响经贸合作，已表示要考虑到双方不同的文化与社会背景，将对话的重点集中于可能进行的实际合作领域；而东亚各国也希望“淡化分歧”，通过政治沟通积极促进全面合作。

（4）有利于世界经济与政治格局的稳定与平衡

亚欧首脑会议的召开，意味着全球多极化格局中最薄弱的亚欧关系得到加强。随着亚欧关系的扩展与增强，有利于三大经济集团间的关系逐渐趋向平衡，促使“一超多强”的格局朝着有利于世界局势稳定与协调的方向发展。可以预期，随着美国在世界经济与国际关系中的主导地位相对削弱，其他大国与集团在国际事务中的发言权，将逐渐得到提高。

（三）第二届亚欧会议

1998年4月3～4日，亚欧25国以及欧盟委员会领导人聚首伦敦伊丽莎白二世会议中心，参加第二届亚欧会议。

此次会议的主题是“合作缓解亚洲区域性金融危机问题”。在为期两天的会议上，与会者就亚洲金融危机、经贸合作以及政治对话等一系列问题进行了建设性磋商，会议取得了显著成果。

为帮助亚洲国家解决面临的困难，会议提出了一系列具体措施，其中包括在世界银行设立亚欧信托基金，建立一个亚欧会议金融改革中心，为亚洲国家进行金融体制改革提供帮助，派遣高级经贸代表团前往亚洲，促进亚洲投资和贸易的发展。

会议通过了《亚欧会议主席声明》、《亚欧合作框架》、《投资促进行动计划》和《贸易便利行动计划》等文件，还就有关亚洲金融和经济形势单独发表了声明。

《亚欧会议主席声明》表明，世界的多极化趋势和国家间的依存关系是一种现实，也是一种历史方向。在经济日益全球化的背景下，解决一个国家或地区的经济危机，在相当程度上有赖于彼此的扶助和全球性的机制安排。而只有认清世界多极依存的现实和发展趋势，才有可能作出正确的机制安排。

第二届亚欧会议4月3日发表了关于亚洲金融与经济形势的声明，要求应研究向国际货币基金组织增加出资等问题。亚欧会议的这一举动对美国在世界金融格局上的主导地位是一次相当强烈的冲

击，同时也是促进世界金融形势稳定有序的补充。日本报纸称之为“划时代的成果”，因为“亚洲和欧洲国家作为既成事实，已经成功地对增加出资问题形成了多数意见”。

伦敦亚欧会议拓展了曼谷会议的“亚欧合作框架”，构筑了面向21世纪的亚欧新型伙伴关系，有助于推动世界多极化的发展。

（四）第三届亚欧会议

第三届亚欧会议于2000年10月20～21日在汉城召开，来自东盟、欧盟和中、日、韩25个国家和欧盟委员会的领导人，讨论通过《第三届亚欧会议主席声明》、《2000年亚欧合作框架》和《朝鲜半岛和平汉城宣言》等3个重要文件。

《第三届亚欧会议主席声明》主要概括了与会领导人就当前全球性问题进行讨论的情况，确定了21世纪头10年亚欧加强合作的指导性原则和目标。《2000年亚欧合作框架》是根据亚欧会议各成员提出的倡议，确定了合作的优先领域和具体项目。会议决定成立亚欧奖学金，会议还决定继续保留亚欧信托基金，支持遭受金融危机的亚洲国家复苏经济的努力。在《朝鲜半岛和平汉城宣言》中，与会领导人一致认为，朝鲜半岛的和平与稳定同亚太地区以及整个世界的和平与稳定关系密切。

（五）第四届亚欧会议

2002年9月19日，在哥本哈根举行第四届亚欧经济部长会议，为即将召开的亚欧首脑会议做准备。会议就加强亚欧两洲经济联系、世贸组织新一轮谈判、全球经济发展形势、亚欧区域经济合作等内容进行了讨论，并发表了《第四届亚欧经济部长会议主席声明》。声明表示，经过磋商，各国对世贸组织新一轮谈判的议程已达成一致。经过讨论，会议还通过了《2002～2004年亚欧贸易便利行动计划》，通过降低贸易成本，减少非关税壁垒，创造更多的贸易机会，促进两洲贸易的发展。会议决定，第五届亚欧经济部长会议将于2003年在中国举行。

第四届亚欧首脑会议于2002年9月23日～24日在丹麦哥本哈根举行。中国国务院总理朱镕基等亚欧国家及欧盟委员会的领导人或代表，在历时两天的会议上，就加强合作和反恐等一系列问题，进行了深入和富有成果的讨论，并在许多问题上达成了广泛的共识。

中国国务院总理朱镕基说，这次会议是亚欧会议进程中一个新的里程碑，在政治对话方面取得了很多共识，在经济合作方面进行了广泛的讨论，在文化和文明交流方面决定采取一系列后续行动。这些成果，是在相互尊重、平等互利、求同存异、扩大共识的原则基础上取得的。这也证明，亚欧会议具有无限的生机和活力。

朱镕基在这届会议上发表了《携手共创亚欧合作新局面》的讲话，就进一步加强亚欧合作提出六点主张：（1）加强政治对话和磋商，促进世界和平与发展。（2）深化和提升经贸关系，夯实亚欧合作基础。（3）增加环境与农业领域合作，促进可持续发展。（4）促进人才培养与交流，加强人力资源建设合作。（5）拓宽亚欧文明交流，推动共同进步。（6）扩大国际事务协调与合作，发挥亚欧会议重要影响。

这次亚欧会议通过了《第四届亚欧首脑会议主席声明》、会议通过了《亚欧会议哥本哈根反对国际恐怖主义政治合作宣言》和《亚欧会议哥本哈根反对国际恐怖主义合作计划》，并提议2003年在中国举行亚欧会议反恐怖研讨会。会议还通过了关于朝鲜半岛和平的政治宣言等文件。

《第四届亚欧首脑会议主席声明》指出，在九一一事件后，全球安全面临着新挑战，国际恐怖主义活动已成为对世界和平、经济发展和政治稳定的严重威胁。亚欧领导人一致同意加强亚欧政治对话，并表达了通过紧密合作以共同反对国际恐怖主义的决心。声明强调，反对国际恐怖主义的斗争应由联合国统一领导，并在联合国宪章的指导下进行。在声明的最后，领导人强调，亚欧会议进程已进入一个新阶段。在当前形势下，建立更加紧密的亚欧全面合作伙伴关系显得愈加重要。他们承诺，将进一步加强沟通与了解，扩大共识，推进合作。

与会各国领导人对地区问题进行了讨论，一致支持朝鲜半岛的和平进程，并对朝鲜和韩国之间正在进行的合作项目表示欢迎。领导人还讨论了伊拉克问题、欧盟东扩和欧元等问题。

第四届亚欧首脑会议还决定，下一届亚欧首脑会议定于2004年在越南首都河内举行。

（六）第五届亚欧会议

2004年10月8～9日，第五届亚欧首脑会议在越南河内举行，会议的主题是“进一步振兴、充实亚欧伙伴关系”。在为期两天的会议中，与会代表就政治对话、经济合作、文化交流和其他领域的合作交换意见。并通过了3个共同文件：《第五届亚欧首脑会议主席声明》《亚欧会议更紧密经济伙伴关系河内宣言》和《亚欧会议文化与文明对话宣言》。

《主席声明》指出，亚欧领导人认为，应当在相互理解、平等互利的基础上加强对话与合作，通过多边手段和集体行动解决面临的全球性挑战。他们重申，坚定支持有效的多边主义和建立以联合国为核心的公正、公平、以法制为基础的国际秩序。

《河内宣言》指出，要增进在重大贸易投资领域、能力建设、政策透明度和政策协调方面的对话；进一步探讨提出便利贸易和促进投资的新倡议；在货币和财政政策、金融市场、债务管理、结构改革、反洗钱等领域开展信息交流，以建立良好的金融体系；在能源合作领域，在自愿和商业化的基础上，探讨就共同关切的问题开展合作的可能性；支持多边贸易谈判和开放地区主义相结合；重视与工商界的交流，发挥亚欧工商论坛的桥梁作用。

《文化与文明对话宣言》指出，文化多样性是人类的共同遗产，它提倡包容、容忍、对话和合作，而不是相互排斥。亚欧会议涵盖东、西方文化与文明，亚欧之间便利的地缘条件和长期往来为进一步加强对话与文化交流奠定了有利基础。

第五届亚欧首脑会议成功地实现了首次亚欧会议成员扩大，亚洲的柬埔寨、老挝和缅甸3国及欧盟10个新成员（塞浦路斯、捷克、爱沙尼亚、匈牙利、拉脱维亚、立陶宛、马尔他、波兰、斯洛伐克、斯洛文尼亚）正式加入，使亚欧会议进入一个更富有实质、更有效的新的合作阶段。

中国温家宝总理出席了第五届亚欧首脑会议，同亚欧国家及欧盟委员会的领导人或代表，在会议上就加强亚欧政治对话、经济合作及文化与文明对话等一系列问题广泛地交换了意见，在许多问题上达成了共识。会议期间，温家宝总理发表了题为《加强对话合作，深化伙伴关系》的讲话，提出了坚持对话协商、加强经济交流、促进协调发展和维护文化多样性等四点主张。

（七）第六届亚欧会议

2006年9月10～11日，第六届亚欧首脑会议在芬兰首都赫尔辛基举行。温家宝总理和来自东盟10国、韩国、日本及欧盟成员国和欧盟委员会共39方代表出席会议，并共同庆祝亚欧首脑会议成立10周年。各国领导人积极评价了亚欧会议成立以来在政治对话、经贸合作、人文交流等领域取得的进展，强调在新的形势下，亚欧国家相互依存，互相需要，应充分利用亚欧会议这一平台，加强合作。在全体会议上，各国领导人围绕本次会议“共同应对全球挑战”这一主题开展了讨论。温家宝在首脑会议上发表了《加深亚欧合作 共同应对挑战》的讲话。会议通过了《主席声明》《亚欧会议未来发展宣言》和《关于气候变化的宣言》，并宣布保加利亚、罗马尼亚、印度、巴基斯坦、蒙古、东盟秘书处将加入亚欧会议机制。中国将于2008年10月在北京举办第七届亚欧首脑会议。

亚欧会议自成立以来，根据亚欧领导人的授权，亚欧双方在政治、经济、贸易、金融、科技、司法、环境、文化和教育等领域进行了广泛合作，合作领域不断拓展，机制逐渐成熟，取得不少成果，推动了亚欧新型全面伙伴关系的深入发展。亚欧会议进程取得的丰硕成果为亚欧进一步加强合作打下了坚实的基础。

三　欧元启动及对亚欧经济关系的影响

欧元的启动，是世纪之交世界经济发展进程中的一个重要历史事件，是欧洲政治经济一体化的重要里程碑，并将对世界与东亚的政治经济关系产生重大影响。1999年1月1日欧元启动后，3年内完全取代马克、法郎、里拉和比赛塔等欧洲货币，在2002年1月1日实现欧元正式流通。从总体看来，欧元的运行和运作基本是成功的。欧元汇率的运行轨迹与启动前多数人的预测基本一致，即先是走强，然后转弱，最终以一种较强的货币稳定下来。欧元正式流通后，将成为欧洲经济增长的促进因素，有助于改变长期以来欧洲经济不振的被动局面。欧洲货币联盟地区将成为世界第二强大的经济区。作为新货币，欧元必将在世界货币体系中发挥越来越重要的作用。

（一）欧盟跨世纪战略目标与国际地位展望

实行单一货币，启动东扩进程和实施全方位的对外战略，是欧盟跨世纪的战略目标。欧盟认为，要在未来世界格局中成为强有力的一极，不仅要增强自身的实力，而且要在国际事务和全球投资与贸易市场竞争中发挥重要作用。因此，欧盟在实施东扩计划的同时，积极推动“南下”中东北非、“重返”亚洲和“远征”拉美的全方位外交和对外经贸战略。全面加强和扩大亚欧关系与经济合作，是欧盟全方位外交和对外经贸战略的重点。面对美日争夺亚洲主导权斗争的加剧，欧盟于1994年制定了“走向亚洲新战略”，目标包括加强欧洲在亚洲的存在、促进亚洲的稳定、民主、法制和人权等。经济方面，新战略列出了发展经济关系的轻重缓急，废除了某些歧视性贸易与投资法规，设立了欧洲商业委员会、欧洲技术中心等，以便为欧盟企业提供有关经济投资信息和咨询服务。

在实现上述目标，特别是在欧元启动完成货币同盟进程后，欧盟作为世界经济一极的地位大大加强。欧盟现有人口3.74亿，1995年，15国的国内生产总值占世界总产值的27%，而美国为25%。1996年，欧盟的对外贸易总额占世界贸易总额的20%，而美国为18%。1997年，欧盟外国投资流入额（欧盟内部直接投资除外）为260亿欧元，占世界总额的11.4%，对外投资流出额为480亿欧元，占世界总额的21.3%。

欧盟是当今世界区域集团化水平最高的经贸集团。欧元的实施，对于欧洲经济的发展，欧元更是起到了“稳定器”的作用，具体表现在以下几个方面。第一，促进了欧洲内部贸易的大幅度增加，因为货币的统一大大减少了市场的风险。欧盟区内贸易过去一直占欧盟出口的60%以上，现在上升到了近80%，从而减少了欧盟对外部市场的依赖。第二，欧元在抑制通货膨胀、稳定物价方面起到了积极的作用。第三，货币的统一使欧元区内部价格的可比性更加透明，从而促进和加强了企业的兼并、收购和重组，这对提高企业的生产率和竞争力作出了贡献。第四，欧元问世前，各国单独面对投机商给它们货币造成的压力时，常常力不从心。现在在统一的货币下实行统一利率，使欧元区免受金融动荡之苦。对企业而言，实行单一货币意味着不必担心商品定价的不确定性，而以前汇率的波动能在几个小时内把利润幅度变为零。

（二）欧元启动对东亚国家经济的影响

1999年1月1日，酝酿多时的欧元在国际金融市场正式登场，2002年1月1日欧元正式流通。欧元启动对东亚地区发展中国家，特别是那些饱受金融危机重创的东南亚国家来说，既有利，也有弊。

1. 有利因素

（1）欧元作为一种交易货币和储备货币将为东亚发展中国家经济提供重大的发展机遇

世界各国对国际结算货币和储备货币的选择主要取决于该货币所赖以支持的经济体的相对规模及该经济体在世界贸易中所占份额的大小。在目前全球经济中，美元占世界外汇储备的60%以上，以美元结算的出口达48%。由于缺乏与美元抗衡的货币，国际储备和贸易结算都不得不主要依靠美元。在世界贸易总额中，欧盟（已剔除欧盟内部贸易）为1.9万亿美元，占34.3%，美国为1.7万亿美元，占18.3%，前者大大高于后者的比例。在欧元启动后，各国央行将进行外汇储备调整，有人预计经过一段时期，欧元储备会大大增加，大约会占40%，世界贸易也将有30%～40%以欧元结算。从这个角度上说，欧元将改变美元垄断全球外汇储备的局面，从而为东亚国家减少对美元的依赖，建立多元化的国际储备机制创造条件。

（2）欧元启动使东亚地区发展中国家获得又一个重要的资金筹措市场与投资市场

货币作为一国主权象征之一，作为国际投资货币，欧元启动使东亚各国获得又一个重要的资金筹措市场与投资市场。美国专家估计，随着欧元正式启动，将有5 000亿～10 000亿美元的金融资产从美元转成欧元，这样，全球以欧元为单位的金融资产将达30%～40%，美元金融资产将降为40%～50%。在证券投资方面，美元所占份额已由1981年的76%降为目前的40%，欧元则同期从13%上升至37%。

（3）为全球货币体系与世界金融制度改革提供了示范效应，从而为东亚地区发展中国家在建立国际经济新秩序方面提供了重要保证

欧元的启动将促使东南亚国家加快经济一体化的进程，推进各国货币的区域化强化的趋势，东亚各国将试行在贸易往来中的美元支付改由成员国货币支付，并考虑建立一个中央清算银行支付彼此欠款，以解决成员国货币转换问题，从而为地区货币同盟的最终建立创造条件。

2. 不利因素

（1）在欧元启动和调整时期，以及欧盟经济未完全步入稳定发展轨道的情况下，欧元汇率特别是

与美元汇率极大幅度的波动（不管是上升或下降），对于东亚各地的对外经济活动都将是挑战。

（2）欧元如果能够保持稳定，并促使欧洲国家下调利率，降低欧洲地区的生产成本，进一步改善欧洲的投资环境，那么，预计将有更多的欧洲及其他国家的公司，把资金从亚洲转移到投资条件更好的欧洲，这对急需外资的东南亚国家来说无异于釜底抽薪。

如何根据形势的变化对本国经济政策做出适当的调整，利用欧元的启动加快本国经济的发展，这是东亚国家面临的新课题。

（三）欧元启动对亚欧经济关系的影响

从长远看，在经济全球化的大趋势下，欧元的启动对东亚国家的影响、对亚欧经贸关系的影响是有利的，是利大于弊，但在短期内挑战大于机遇。

1. 欧元启动对亚欧经贸关系的不利影响

（1）在对外贸易方面的影响

欧元启动后，欧洲内部汇率风险消除和交易费用下降，欧洲内部的商品、劳动、资本流动将更自由，欧洲内部贸易将有所加强。据欧盟统计，在过去20年里，成员国间的贸易增长了7倍，而对欧盟外的贸易仅增长了2.5倍。欧洲新贸易保护主义和传统的价格战，这些都不利于包括中国在内的东亚国家的贸易出口。

（2）对吸引外资的影响

欧元启动后将会促进欧洲内部的直接投资，并在短期内减少对外投资。欧洲在极力推进一体化的过程中，采取了一系列有利于区域内投资行为的政策，比如对投资于欧盟内部不发达地区的企业提供补贴等。欧盟的东扩也不利于东亚国家吸收欧盟的直接投资。

（3）对金融的影响

欧元启动后，直接导致新型欧洲金融机构的产生，德国式的全能型银行制度将流行于欧元区内，全面提供银行、保险、证券服务的金融机构，大大增强欧盟成员国金融业的国际竞争力。这些都将对包括中国在内的东亚金融业进入欧盟内部和欧盟外部构成威胁。

（4）对在欧洲金融市场融资的挑战

从短期而言，以欧元为计价单位的欧洲统一债券市场，并不能快速缓解东亚国家的融资压力，因为出于风险因素的考虑，其借贷成本会比较高。此外，欧元启动之后，国际市场的竞争将更趋激烈，因此亚洲开发银行1998年底发表了一份报告认为，欧元启动后国际市场的竞争将更趋激烈。报告告诫亚洲国家和企业在冷静观察的同时，要全盘制定如何面对欧元的战略，包括规划新的外汇储备等等，应对欧元带来的巨大挑战。

2. 欧元启动对亚欧经贸关系的有利影响

（1）为东亚国家进一步进入欧洲市场拓展空间

欧元启动后，一方面，通过静态与动态效应增强了欧盟的内在活力，相应扩大其对外贸易，为亚欧经贸合作提供更为广阔的空间。欧元启动后，随着区内汇率风险的消除，内部贸易与投资不确定性减少，汇兑成本的降低，从而促进内部贸易的扩大；另一方面，则由于欧元启动所需国际储备的减少，为增加投资提供了可能，导致欧盟内在活力增强，为开展对外经济贸易与技术合作往来创造前提。再一方面，简化交易手续，节省结算成本，为东亚拓展欧洲市场开辟通道。欧元启动后，欧盟区内商品将逐渐以欧元标价，从而有助于简化东亚商品进入欧盟市场手续，避免原先必须分别不同国家拓展营销渠道和制定不同政策的状况，从而大大节省贸易结算费用与套头保值费用，以及节约交易手续和时间，为东亚进一步拓展欧洲市场开辟通道。

（2）推动亚欧投资关系的扩展

当前，欧盟对东亚的投资与其潜力尚有不小差距，欧盟实行单一货币，为其扩大对东亚投资规模创造有利条件，也为东亚各地更多地在欧洲资本市场上筹集资金提供可能。

① 有利于欧盟从长计议，扩大对外投资规模

欧元作为新生的货币，为了提高人们对其信心，扩展其在国际外汇市场、资本市场中的阵地和提高在国际结算和国际储备中的份额，必须保持较为稳定坚挺的汇率，这不仅使得欧盟投资者能以等量欧元购取更多的资本货物，而且还促使其更多地考虑长期投资计划，这恰巧与当前东亚各地平衡地区布局和调整产业结构的战略相吻合。

② 统一的欧洲金融大市场的出现，将降低欧洲金融市场的融资成本　这对于亚洲国家来说无疑是一个积极因素，为东亚各地对外投资提供更为广阔的空间。面向新世纪，随着经济发展与当地投资环境的变化，东亚各地对外投资规模也在逐渐扩大。经济发达、技术先进和市场广大的欧盟，自然

成为东亚对外投资的重要目标之一。而欧元的启动使原来由不同货币分割的欧盟资本市场趋向统一，同时欧洲中央银行的货币政策也会使利率在低水平上趋同和稳定，降低在欧洲资本市场上筹资的成本，从而为东亚各地今后更多地在欧洲资本市场上发行欧洲债券筹资提供可能。

③ 为东南亚国家在欧洲金融市场筹集资金提供机遇　据统计，随着 1999 年 1 月 1 日的到来，欧元区 11 国的债券市场，将合并为一个总市值约 7 万亿美元的欧元债券发行和交易市场，其规模仅次于价值约 10 万亿美元的美元债券市场。欧洲金融界普遍认为，由于亚洲地区的银行界为缓解经济危机，实行紧缩银根的政策，使得东亚面临不利的融资条件，但欧元债券市场将为那些寻求融资的公司在海外筹措资金和分散金融风险提供机会。

④ 东亚的经济振兴，特别是中国经济的持续发展，为欧元启动后的欧洲对外投资提供更大的市场　经过两年多金融危机的冲击，东亚各地已进入结构调整与经济的振兴时期，投资环境进一步趋向宽松，投资机遇多多。中国经济持续发展、结构调整与中西部开发，加之市场进一步开放，也为欧洲资本的进入开辟了通道。

⑤ 二三十年来，在东亚各国商品出口迅速增长同时，美国的对外贸易逆差也在扩大，近年来这一数额每年约为2 000亿美元　欧元的出现使美国吸收东亚地区出口的能力，在不太长的时间内将会受到较大限制，它将至少部分地替代具有世界储备货币性质的美元。因此，东亚各国和地区必须随之及时调整结构，以达到国内（或区内）经济增长目的。

四　欧盟东扩及对中国的影响

2004 年 5 月 1 日，欧盟接受了包括匈牙利、捷克、波兰、马尔他、塞浦路斯、斯洛伐克、斯洛文尼亚、爱沙尼亚、拉脱维亚、立陶宛 10 个新成员国，从而完成其成立以来的第五次也是最大的一次扩容。扩容后的欧盟将成为全世界最大的区域经济体，其成员国也由原来的 15 个扩大到 25 个。在此之前，保加利亚、立陶宛等 7 国已于 2004 年 3 月 29 日正式加入北大西洋公约组织。北约和欧盟这两个组织最近相继完成了各自历史上最大规模的扩大。北约和欧盟的双双扩大，不仅从根本上改变了欧洲的政治格局，而且将对大国关系的发展产生重大而深远的影响。

欧盟扩大后，整个区域经济总量增加至96 130亿欧元，贸易总量增加至18 461亿欧元，成为经济总量及贸易总量可与美国并驾齐驱。10 国入盟后，新欧盟的国内生产总值将增加 5%以上，其经济总量将超过美国。因此，欧盟东扩后，将会促使世界经济由美国经济主导、欧洲经济为辅、日本经济次之的格局，转为欧美主导世界经济、日本经济地位下降、俄罗斯经济缓慢复苏、中国经济迅速崛起的格局。

在贸易上，欧盟东扩后将巩固其世界第一大贸易集团的地位。2002 年，欧盟商品进出口贸易额分别为 2.39 万亿美元和 2.27 万亿美元，约占世界进出口总额的 39.5%和 36.7%，超过美国所占的 11.5%和 19.5%，日本的 6.9%和 5.5%。欧盟东扩后将便利内部贸易，增强其外贸实力，创造新的贸易效应。

在对外投资上，欧盟东扩后将进一步增强其作为世界最大投资者的实力。2002 年，欧盟对外直接投资额为3 942亿美元，占世界的 60.9%，而美国为1 197亿美元占 18.5%，日本为 315 亿美元仅占 4.9%。欧盟东扩后，使得新成员国更便利地利用原成员国的资金，从而促进该地区的经济融合与发展；与此同时，欧盟还将进一步扩大其整体对外直接投资的比重。

（一）对中欧贸易的影响

欧盟扩大之前，欧盟是中国第三大贸易伙伴，仅次于日本和美国。据中方统计，2004 年，根据中国海关统计，东扩后的欧盟已取代日本成为中国的第一大贸易伙伴，中欧双边贸易额1 773亿美元，增长 33.6%，而美国和日本则分别屈居第二位和第三位。

1. 机遇

从目前欧盟的经济形势来看，欧盟东扩对中欧经贸关系的影响有可能机遇大于挑战。

（1）新欧盟将给中国企业带来巨大的贸易市场

欧盟东扩后，中国的企业将面对一个更大、运作规则统一的欧洲市场，只要产品打入欧盟一个成员国，就可以进入其他成员国市场。中国企业在 10 个新入盟国家的业务相对较多，东扩为这些企业进入欧盟老成员国市场提供了机遇。

（2）有助于降低中国企业与新入盟 10 国的交

易成本

欧盟东扩后，欧盟共同关税的规定将适用于中东欧10国。目前，新入盟国家的工业制品关税普遍高于欧盟3.6%的平均水平。加入欧盟后，这些国家的关税会大幅调低，有助于降低中国企业与新入盟国家的交易成本。

(3) 有助于增加对中国产品的需求

新入盟的10国经济相对落后，加入欧盟后，这些国家经济的增长和居民收入会在短期内有较大提高，其购买力也会随之增加。欧盟专家估计，东扩可以使新入盟国家的年经济增长率提高1.3～2.1个百分点。从而为中国的产品进入欧洲市场，提供更为广阔的空间。

(4) 有助于中国企业更好地实施"走出去"战略

入盟后，中东欧10国生产的产品可以在欧盟范围内自由流通，加上这些国家会有一些比西欧国家更优惠的吸引投资的政策，中国企业"走出去"，扩大在这些国家的投资，产品可以进入整个欧盟国家，有利于进一步扩大中国产品的市场份额。

2. 挑战

挑战则包括随着新成员国的加入，欧盟内部将发生朝向新成员国的贸易转移。目前欧盟区域内贸易比重已高达60%，随着欧盟一体化进程的加快，欧盟区域内贸易比重很可能还会进一步上升。由于中国出口商品结构与中东欧国家比较接近，这必然会对中国向欧盟出口产生不利影响。

欧盟为使新入盟国家尽快赶上欧盟平均经济水平，将对新入盟国家提供较大的援助性财政拨款，欧盟一方面继续实施原有的对中东欧国家的经济援助项目（PHARE项目，每年拨款15亿欧元）、支持新入盟国家农业和农村发展特别项目（SAPARD计划，每年拨款10亿欧元）和政治结构改革项目（ISPA，每年拨款5亿欧元），另一方面从2002年开始的"入盟后财政支持拨款"，当年投入60亿欧元，此后逐年增加，到2006年将达到180亿欧元，这必然带来相应的投资转移，从而对中国从欧盟吸引投资乃至援助产生较大压力；更为重要的是由于新成员国竞争力相对较弱（比欧盟内部保护主义倾向较为严重的南部成员国更为落后），必然要求欧盟加强贸易保护措施，欧盟对华反倾销以及安全技术标准等会更为趋向严格，中国与欧盟国家的贸易摩擦有可能进一步增加。

欧盟扩大后，欧盟"共同贸易政策的适用范围将自动延伸到10个新成员国，这将造成中国部分出口产品关税升高，而欧盟正在实施的配额、反倾销、反补贴、保障措施、贸易技术壁垒（TBT）、动植物防疫（SPS）等措施也将自动适用于新入盟国家，这无疑将影响中国对这些国家的出口，有些甚至受到很大影响。欧盟方面如不按世贸组织有关规则做出相应调整，中国对新入盟10国的传统出口利益势必受到损害。

3. 需要解决的问题

目前要解决好双方贸易中存在着的一些问题和分歧：

(1) 关于中国动物源性产品进入欧盟问题

2002年初，欧盟宣布全面禁止进口中国动物源性产品，对中国有关产业造成了巨大损失，这一问题至今尚未完全解决，双方需进一步努力。

(2) 关于中国的市场经济地位问题

欧盟是对华实施反倾销措施最多的地区之一，而且中国绝大多数企业仍享受不到市场经济地位，对中国企业的反倾销调查存在歧视，具体操作缺乏透明度。我国领导人已明确要求欧委会客观评价中国的市场经济建设成就，尽早给予我国完全市场经济地位。

(3) 放松对华技术出口限制问题

尽管中欧技术合作的潜力很大，但由于欧盟在1989年形成的、已不合时宜的对华技术出口政策和一些先进技术对华技术出口限制，应尽快取消这种限制政策。

五　亚欧合作的前景——充分利用机遇和妥善应对挑战

欧洲经济一体化的继续推进与欧元的启动，将给亚欧经贸关系带来新的因素，同时也使亚欧经贸合作面临挑战。

亚欧会议的召开是亚欧合作的新起点，它确立了未来亚欧关系的基本框架。面向新世纪，亚欧各国更需要面向未来，深化合作：在政治上求同存异，加强对话；在经济上扩大合作，共同发展。加强亚欧经贸关系、建立一种与其地位相适应、符合双方经济互补性原则的合作机制，是这两个地区企业界和政府部门的重要任务，不仅要增强双方互利的经济关系，而且还要创建一种有助于更加稳定、更加开放的国际经济环境。因此，亚欧合作任重道远。

（一）进一步加强合作，需要克服与化解诸多的内部矛盾与外部障碍

1. 欧盟应取消贸易歧视，为亚洲发展中国家进入欧洲市场创造宽松环境

目前欧盟保护主义的倾向仍相当突出，对来自东亚发展中国家的产品实行配额限制，并不断采取反倾销措施。这既不利于亚洲发展中国家的经济发展，也有损于欧洲消费者的利益。亚欧合作应建立在非歧视性的自由化和开放性的地区主义的基础上，欧盟必须取消对亚洲发展中国家经贸领域的歧视性政策，为东亚产品进入欧洲市场创造宽松环境。

2. 改善欧盟的融资条件，扩展对亚洲发展中国家的投资规模

如上所述，目前欧洲对亚洲发展中国家的投资规模依然十分有限，而扩展外来资金与技术引进，则仍然是当前亚洲发展中国家经济发展的重要课题。为了亚欧经济的发展与振兴，欧洲有关国家政府与企业应采取更加灵活的措施和办法，拓宽融资渠道，充分利用政府的财政合作援助、优惠商业贷款、企业贴息贷款及特殊行业补贴等多种形式，为促进双方企业在重大项目方面的合作创造良好的融资条件，使亚欧之间的经贸联系，沿着更加健康稳固的轨道向前推进。

3. 欧洲各国应承认世界多样性，就政治、社会及安全等问题展开平等对话

目前，东亚发展中国家与欧盟在主权、人权、发展和体制等方面的认知上，仍存在不少差距，欧盟国家的偏见一时尚难消除，不时在人权、环保及劳动标准等方面做文章，将其与经贸合作问题挂钩。在这方面，欧盟无疑必须去除歧见，承认当今世界的客观现实，从欧亚合作的实际利益出发作出努力。

（二）必须进一步给予充分关注的项目

1. 适应新世纪结构调整与产业升级的需要，进一步扩大亚欧贸易与投资合作

新世纪要求亚欧合作有新的突破：一是，在发展高技术产业和应用高技术改造传统产业方面，欧洲成员应在技术转让和增加对外投资上迈出更大的步伐，发展合资和合作经营；二是，进一步加强金融领域的合作，在强化金融监管，加强对国际短期资本流动的监测，以及培训国际金融和管理人才方面，开展合作与交流；三是，双方应进一步开放市场，在扩大市场准入领域、减少数量限制和消除非关税壁垒方面，采取积极步骤，使双方进出口贸易有更大的发展。

2. 进一步加强科技领域的合作和人才的培养与交流

亚欧科技合作有着巨大的潜力，面向新世纪，为适应现代科技发展的新形势，双方应着重围绕研究和开发高技术，尤其是发展信息技术及其应用方面开展多种形式的合作与交流，促进政府行政管理、社会公共服务以及企业生产经营的信息化。与此同时，则应重视人才培养和教育领域的合作，双方可通过建立合作项目，加大对落后地区和人群的教育资助，加强高层次人才培养的合作，推动高等院校和研究机构的科研合作与交流，促进企业管理和技术创新人才的合作培训。

3. 着眼于可持续发展，推动环境保护和农业领域的合作

亚欧发达国家在环保技术研究和开发上具有优势，亚洲发展中国家对可持续发展日益重视，亚欧环境领域的合作前景广阔，亚欧环境部长会议的召开，将有利于促进亚欧会议框架下的环境合作进程。农业的可持续发展对亚欧合作有着多方面的意义，双方可在提高农业综合生产能力、农产品加工技术以及发展生态农业方面加强合作。

4. 加强对话与磋商，积极创造条件，拓展亚欧合作的新领域

亚欧双方应本着求同存异和循序渐进的原则，妥善解决彼此间的分歧。珍惜和发展业已形成的良好的对话气氛和势头，努力寻求和扩大共同利益和共同点，进一步拓展新的合作领域。双方在开展文化合作与交流，以及在打击跨国犯罪、禁毒等领域加强磋商与合作方面有许多事可做，应积极有序地加以拓展和推进。（龚　莉）

第五节　中国与俄罗斯、哈萨克斯坦经贸关系

一　概述

（一）中国与俄罗斯经贸关系

中俄两国早在17世纪初就已经开始了双边贸易往来，迄今为止已有300多年的历史。1689年

《尼布楚条约》的签订，正式宣告两国以条约为基础的经贸关系得以确立。300多年来，在世界历史版图风云变幻的总体背景下，中俄经贸关系同两国外交、政治和军事关系一样，历经风雨和沧桑。300多年来，中俄贸易的历程粗略可划分为三个时期，即：从1689年《尼布楚条约》签订到1917年以前为早期中俄贸易时期；1917～1991年为中苏贸易时期；1992年以来进入了中俄贸易的新时期。

1. 早期中俄经贸关系时期（1917年以前）

在1917年以前的早期中俄贸易时期，贸易的地点首先主要发生在涅尔琴斯克、额尔古纳河流域，贸易的方式主要是自发的互市贸易和边境贸易，俄国人用毛皮、钟表、黄金、金刚石等换取中国的丝绸、茶叶、棉布、羊毛、大黄和烟草。俄国农奴制解体后开始大力对外扩张，不但通过一系列不平等条约割占了大量中国领土，而且迫使中国开放了西起新疆、东到黑龙江北部地区的整个中俄边境和沿海通商口岸，贸易的地点逐渐扩展到了中国北方大部地区。这一时期的中俄贸易额虽然得到急剧扩大，但是明显带有严重的不平等性。

2. 中苏经贸关系时期（1917～1991）

（1）第一阶段（1917～1949）

在1917～1991年的中苏经贸关系时期的前一阶段，即1917～1949年新中国成立前，由于北洋军阀对苏实行经济封锁、苏俄发生国内战争、日本侵占中国东北，以及国民党政权奉行亲美政策等，中俄贸易受当时的时局影响起伏较大，没有得到实质性的发展。

（2）第二阶段（1949～1991）

新中国成立后，中苏两国建交，旋即开始了两国友好及大规模经济联系时期。1949～1991年这一时期，中苏两国经贸关系的发展历史虽然历经曲折，但总的来说，还是对两国的经济发展都起到了积极的推动作用。

从1949年10月至60年代初期，是新中国建立后中苏经济联系的第一个时期，也是第一个高潮时期。由于第二次世界大战结束后，帝国主义国家对社会主义阵营各国实行政治军事的包围与遏制，在经济贸易上搞封锁禁运。在这种国际大背景下，新中国的对外贸易与经济交流只能在与苏联及其他社会主义国家之间进行。中国对外贸易中对苏联的依赖程度高达56.9%（1955）。这一阶段，中苏两国的贸易发展迅速，从1950年的3.38亿美元，增长到1952年的10.6亿美元，到1959年则达到近21亿美元的高峰。此外，1951～1962年间，中国还向苏联派遣大量留学生、工程技术人员和实习生、工人，包括1.1万名中国大学生和研究生赴苏学习，8 000多名中国科技干部和熟练技术工人及1 500名中国工程师和学者。1950～1960年间苏联也向中国派遣了8 500多名高级专家，近1 500名教育、卫生和文化方面的专家。苏联援助中国的新建、改建、扩建企业、车间等项目共达400多项，其中限额以上的有156项，完成的项目共达250多个，包括军工企业，机械制造、电力电站设备制造、汽车、轻纺等部门，对我国的建设发挥了重要作用。50年代末60年代初，中苏两国关系恶化。1969年3月爆发珍宝岛战事，两国的贸易关系降至冰点。中苏双边贸易额从1960年16.6亿美元，降为1967年的1.11亿美元和1970年的0.472亿美元（50年两国贸易额的最低点）。此后10年间虽有缓慢回升，但升降波动较大。到1984年回升至11.83亿美元，也只有1959年的一半多一点。

1984年中苏恢复了边境贸易，两国关系也开始正常化，中苏贸易的发展步入第二个时期。到1985年18.81亿美元，1986年中苏贸易额达26.38亿美元，超过50年代最高水平。到1989年中苏贸易总额达39.96亿美元，1990年则升至54.25亿美元。

3. 中俄贸易新时期（1992年以来）

1991年12月25日苏联解体，政局剧变，中俄双方的经济联系并未因此受到影响。在经济全球化和地区经济一体化的趋势推动下，两国经贸关系以更快的速度向前迈进，中俄经贸进入了一个全面发展的新时期。从1992年至今，中俄经贸关系的发展大体上可以分为以下三个阶段。

（1）第一阶段（1992～1993）

1992～1993年，是中俄两国从苏联解体之后正式确立关系，推动两国经贸关系迅速发展的阶段。由于苏联解体后，俄罗斯经济处于调整重组阶段，国内商品十分短缺，而中国对易货贸易实行了一系列优惠政策，因此，这一阶段中俄经贸合作的主要特点是双边贸易关系迅速增长，俄罗斯同中国的贸易额大幅上升，其增长率分别达到74.4%和31%。1992年为58.6亿美元，1993年又升至76.8

亿美元，都超过了以往中苏贸易额的最高年水平。这两年中国成了俄罗斯第二大贸易伙伴，仅次于德国，而俄罗斯则成为中国的第七大贸易伙伴。

（2）第二阶段（1994～1998）

1994～1998年是中俄经贸大幅下跌的时期。1994年双边贸易额下降至50.7亿美元，比上年降幅达33.9%，但1995、1996两年贸易额连续回升（分别增长7.6%和25.2%）。由于贸易方式由易货贸易向现汇贸易过渡，双方企业均缺乏资金，且俄出口商品也逐渐失去其价格优势，这一时期的双边贸易额始终未能超过1993年的水平。到了1997和1998年，双边贸易额又持续下滑。1997年贸易额为61.2亿美元，下降10.5%，其中中国出口20.3亿美元，增长20.3%，进口40.9亿美元，下降20.7%；1998年贸易额为54.8亿美元，下降10.5%，其中出口18.4亿美元，下降9.7%，进口36.4亿美元，下降10.9%。但这一时期两国边境地方的贸易发展较快，1998年地方边境贸易额同比增长了20%以上，约占两国贸易总额的1/3。

（3）第三阶段（1999年以来）

1999年以来是中俄经贸快速提升的新阶段。经过前几年调整，这一阶段中俄经贸合作摆脱了徘徊不前的局面，出现了增长的趋势，不仅在双边贸易规模与领域上，而且在贸易总量上有所扩展与提升。2003年中俄贸易额达157.6亿美元，比上年增长32.1%。2004年中俄双边贸易额首次突破200亿美元，比上年增长34.7%，提前1年实现两国元首所提出的2005年实现200亿美元双边贸易额的目标。2005年中俄贸易额继续增长，达到291亿美元。目前，中国是俄罗斯第四大贸易伙伴，在俄罗斯对外贸易中占有重要位置。俄罗斯是中国第八大贸易伙伴，近年来，两国贸易增速迅猛，在中国对外贸易增速中名列前茅，已连续7年保持高速增长。

表8　中俄1990～2005年贸易情况一览表　（亿美元）

年份	进出口总额	进出口同比增幅%	中国对俄出口额	出口同比增幅%	中国自俄进口额	进口同比增幅%	进出口差额
1990	43.8	—	—	—	—	—	—
1991	39.04	-10.8	—	—	—	—	—
1992	58.62	50.3	23.4	28.6	35.2	69.2	-11.8
1993	76.79	30.9	26.9	15.0	49.8	41.5	-22.9
1994	50.75	-33.9	15.8	-41.3	35.0	-29.7	-19.2
1995	54.63	7.5	16.6	5.1	38	8.6	-21.4
1996	68.46	25.3	16.9	1.8	51.5	35.5	-34.6
1997	61.20	-10.5	20.3	20.1	40.9	20.6	-20.6
1998	54.8	-10.5	18.4	-9.4	36.4	-11.0	-18.0
1999	57.2	4.4	15.0	-18.6	42.2	16.0	-27.2
2000	80.0	39.9	22.3	48.7	57.7	36.7	-35.4
2001	106.7	33.3	27.1	21.4	79.6	21.4	-52.5
2002	119.3	11.8	35.2	29.9	84.1	5.6	-48.9
2003	157.6	33.0	60.3	71.4	97.3	15.7	-37
2004	212.3	34.7	90.0	51.0	121.3	24.7	-31.3
2005	291.0	37.1	132.1	45.2	158.9	31.0	-26.8
合计	1 532.19		520.3*	521.4	927.9*		-407.6*

* 不完全统计。

资料来源　《中国对外经济贸易年鉴》1993年版，第450页；1995年版，第472页；《中国统计年鉴》1996年版，第588页，1997年版，第596页；《中国海关统计》相关年份。

（二）中国与哈萨克斯坦经贸关系

哈萨克斯坦与中国山水相连，历史上曾有密切的往来，著名的丝绸之路曾经将两国紧紧连在一起。哈萨克斯坦并入沙俄之后以及后来的苏联时期，双方关系的发展曾一度受阻。1985 年中苏关系改善后，哈中往来逐渐增多。特别是 1991 年哈萨克斯坦独立后，两国关系发展迅速，进入了一个新的时期。

表 9　中国与哈萨克斯坦 1990～2005 年贸易一览表
（1990 和 1991 年为万卢布，
从 1992 年起为亿美元）

年份	外贸总额	中国对哈萨克斯坦出口	中国自哈萨克斯坦进口	同比增减，%
1990	3 516	217	3 299	
1991	17 203	1621	15 402	
1992	4.3	2.05	2.29	
1993	4.34	1.72	2.63	+0.09
1994	3.35	1.38	1.96	−22.7
1995	3.91	0.75	3.16	+28.6
1996	4.59	0.95	3.65	+17.6
1997	5.27	0.94	4.33	+14.6
1998	6.36	2.05	4.31	+20.5
1999	11.39	4.94	6.45	+79.8
2000	15.57	5.99	9.59	+36.7
2001	12.88	3.28	9.60	−17.3
2002	19.55	6.00	13.55	+51.7
2003	32.0	15.66	17.21	+68.1
2004	45.0	22.0	23.0	+36.6
2005	68.0	39.0	29.0	+34.5

资料来源　《中国海关统计》1990～2005 年。

当代中哈直接的贸易联系始于 1992 年。在 10 多年的时间里，在中哈两国政府部门和企业界人士共同努力下，中哈贸易从无到有，发展较快，在独联体国家中，哈萨克斯坦与中国的贸易额仅次于俄罗斯，居第二位。自建交以来，中哈两国共签署了 60 多个双边协议。到目前为止，中哈签订的政府间经贸协定有：《经济贸易合作协定》，《投资保护协定》，《成立经贸混委会协定》，《商检协定》，《银行合作协定》，《汽车运输协定》，《过境运输协定》，《利用连云港协定》，《石油领域合作协定》，《中哈石油管线协定》等。上述协定的签订为中哈经贸关系的发展奠定了较为坚实的法律基础。

哈萨克斯坦独立以来，中哈 10 多年贸易的主要特点有：中方连年逆差，自中哈开展直接贸易以来，中方逆差累计已达 29 亿美元；贸易地域结构有限，中国新疆对哈贸易占中哈贸易的 80%左右；商品结构单一，中国从哈进口的主要是原材料性商品，中国对哈出口的商品主要是日用消费品等。

目前，中哈贸易方式多样，不仅有国家贸易、地方贸易、边境贸易，还有边民互市贸易、旅游购物贸易等，其中地方贸易为主导贸易形式。我国新疆维吾尔自治区是中哈贸易的主要省区，中哈贸易的 80%是通过这一地区完成的。中哈贸易陆路口岸有 6 个，全部集中在新疆，其中霍尔果斯和阿拉山口是最重要的陆路贸易口岸。中哈交通运输主要由公路和铁路承担，欧亚第二大陆桥是两国过货的主要形式，空运只占一部分，双方河运尚未恢复。据统计，2004 年中哈两国双边贸易额 45 亿美元，与上年相比，增长 36.6%。2005 年创历史新高，达 68 亿美元。

二　中俄、中哈贸易商品结构

1992 年以来，中俄、中哈经贸，总体上，贸易的商品结构较为单一，高科技和高附加值产品所占比重不大，这也在一定程度上制约了双边贸易向更高层次和水平发展。

（一）中俄贸易商品结构

中国对俄出口的主要商品仍以服装、鞋类、食品等传统大宗商品为主，近年来机电产品所占比重逐步增加。中国自俄进口商品以原材料性商品和机电产品为主，主要品种有钢材、肥料、石油及成品油、化工品、原木、纸浆、冻鱼等，机电产品主要为各类机械设备和电子产品。

从 2004 年的情况看，中国对俄出口仍以纺织品和鞋类为主，两项金额达 31 亿美元，占出口的 51.5%。近年来，机电产品在中国对俄出口中比重虽然有所扩大，但与中国整体出口构成相比，其比重仍然偏低。从俄进口考察，由于受中国国内形势影响，原材料在中国从俄进口构成中的比重逐年上升，2003 年钢材、原油、原木、化肥、有色金属、纸浆超过 70%以上。其中部分原材料在中国进口总量中的比重相当大，如木材占全国进口总量的60%。2004年1～9月，中国自俄罗斯进口原油871万吨，成品油425万吨，占中国全国进口总量的10%以上。而以往的大宗进口产品，如机电产品比重则有所减少。

表10 中国1993～2003年自俄罗斯进口商品结构 (%)

分类 \ 年份	1993	1997	1998	1999	2000	2001	2002	2003
进口总计	100	100	100	100	100	100	100	100
矿物燃料，石油及石油制品	4.2	10.4	3.2	7.8	13.5	10.2	15.3	21.5
黑色金属	41.4	20.7	16.4	18.5	15.3	15.1	12.0	18.5
机器和设备	35.2	8.3	25.3	14.9	4.5	28.7	20.1	12.9
原木及其制品	0.9	2.3	3.7	6.7	6.8	7.5	12.6	10.8
化学产品	3.2	7.7	6.7	10.0	11.2	8.9	8.4	8.2
化肥	7.6	23.5	17.5	15.2	9.1	7.4	10.3	6.9
鱼、虾、软体动物	1.5	3.9	7.6	6.1	6.0	6.1	7.4	6.8
有色金属	2.8	6.5	7.2	10.3	16.0	5.5	4.4	6.5
纸浆	0.2	1.8	2.8	5.0	6.1	4.4	4.3	3.8
其他商品	3.0	14.9	9.6	5.5	11.5	6.3	5.2	4.1

资料来源 俄罗斯经济发展和贸易部报告《俄罗斯联邦与中华人民共和国的经贸关系》。

表11 中国1993～2003年向俄罗斯出口商品结构 (%)

分类 \ 年份	1993	1997	1998	1999	2000	2001	2002	2003
出口总计	100	100	100	100	100	100	100	100
机器和设备	7.1	6.6	5.2	7.2	8.2	11.0	15.8	17.6
皮革制品	5.5	24.4	23.9	20.5	20.3	18.8	14.4	15.8
纺织服装	17.4	11.9	12.6	13.0	16.0	16.6	12.7	13.1
鞋	6.2	10.1	8.9	11.9	15.4	14.1	13.7	9.0
针织服装	8.6	5.6	10.6	15.0	11.0	6.6	7.9	8.3
化学产品	2.2	2.9	3.1	5.0	4.8	4.9	4.9	4.9
玩具、体育器材	0.4	1.6	1.4	0.9	1.4	1.8	2.4	1.8
肉	1.4	7.4	9.1	1.4	0.2	1.6	3.7	1.9
其他商品	38.8	17.4	16.8	16.2	16.4	17.0	19.0	27.6

资料来源 俄罗斯经济发展和贸易部报告《俄罗斯联邦与中华人民共和国的经贸关系》。

（二）中哈贸易商品结构

与中俄贸易的商品结构一样，目前，中国从哈进口的主要商品基本上是原材料商品，如：原油、废钢、钢锭、化肥、铁矿砂、铜矿砂、铜、铝（包括铜材、铝材及废旧铜、铝等）、羊毛、牛皮等。中国对哈出口的商品以日用消费品为主，大多是劳动密集型产品，而高科技、高附加值产品则较少。主要是：矿肥、焦炭、食品、茶叶、餐具、服装、鞋类、日用品、家电等。

三 中俄、中哈相互投资关系

（一）中俄相互投资情况

近年来，中俄相互投资的步伐加快。2002年中方协议对俄投资额同比增长128%；2003年为3.39亿美元（其中大部分为莫斯科中国贸易中心备案的协议投资），同比增长8倍。但总体规模依然偏小，目前中方对俄协议投资总额仅占中国境外投资总额的近5%。根据商务部2004年8月公布的《2003年度中国对外直接投资统计公报》，截至

2003年底累计中国对俄直接投资净额（投资存量）为6 164万美元，居中国对外直接投资净额（存量）对象国排名的第十九位。中国在俄企业主要从事进出口贸易、微电子、通讯、服装加工、电器组装、餐饮、木材加工、农业等。

近年来，中国对俄投资增速加快。温家宝总理在2004年9月访俄期间指出，中方计划到2020年向俄投资120亿美元，其中基础设施建设、能源和资源开发、加工制造、高科技等是投资重点。2005年5月14日由中国企业投资13亿美元兴建的俄罗斯圣彼得堡市“波罗的海明珠”项目在上海顺利签约，成为迄今为止中国在俄最大的直接投资项目。位于俄罗斯圣彼得堡市西南部的“波罗的海明珠”项目，是一个大型多功能综合社区开发项目，项目以中高档住宅为主，还包括各种商业设施及公共设施。总占地面积约200公顷，总建筑面积达193万平方米，建设开发周期为6～8年。

俄对华投资总体规模不大。2002年在中国境内新建有俄资参与的企业116家，增长8.9%。俄罗斯投资的企业主要集中在核电、汽车和农机组装、化工、建筑等领域。俄资在这些项目上的合同金额为6.74亿美元，实际投资金额为3亿美元。据统计，截至2003年1月1日，在中国境内注册的有俄罗斯资本参与的企业共1 413家，俄罗斯在中国的累计投资额为3.032亿美元。截至2004年8月底，俄在华投资累计设立企业1 644个，占全国累计外商投资企业总数的0.5%；实际投资额4.14亿美元，占中国实际利用外资总额的0.08%。俄在华企业主要集中在核电、汽车及农机的组装与化工、建筑、医药等领域。

（二）中哈相互投资情况

据哈萨克斯坦投资委员会统计，1992年以来在哈注册的中资企业（含合资、独资企业，公司代表处）有1 500多家，但仍在经营的生产和贸易企业不足100家，另有公司代表处20余家。截至2003年3月，中国累计在哈完成投资8.3亿多美元，是哈第六大投资国。主要投资领域是石油天然气、食品加工、建材、汽车组装等。

应该看到，目前中国在哈投资行业分布不平衡，绝大部分项目平均规模较小，除石油和食品加工企业外，大部分中资企业均不十分景气。

中国在哈萨克斯坦较有影响的经贸合作项目有：中油集团经营阿克纠宾斯克油田项目、一汽集团在哈萨克斯坦组装卡车项目、中国亚联商贸城项目等。其中，中国购买哈萨克斯坦阿克纠宾斯克和新乌津油田开采股权和参与修建通往中国边境的输油管道项目总投资约75亿美元，是哈中两国经济合作中的大举措。目前，以石油合作为龙头的中哈经济合作发展迅速，我国一批石油、食品加工、汽车加工、金融等行业企业在哈开展经营合作，取得良好业绩。

目前中国的石油开发、建筑工程等行业公司在哈市场表现日趋活跃。中油集团一批二级企业以乙方单位的身份参与阿克纠宾油田的钻探、开采、油气处理工程等作业，部分单位还被哈当地公司和外国企业聘用，取得了良好的经济效益；中国地质工程集团公司承揽了一批世界银行在哈出资的城市给排水、农田整治和水坝项目，因保障工期，施工质量良好而受到业主好评。

中哈原油管道全长1 200多公里，西起哈萨克斯坦阿塔苏，经过中哈边界的阿拉山口口岸进入中国，最后到达中国石油独山子石化分公司，国外段全长962公里，国内段全长246公里，设计年输油能力1 000万吨。中哈管道建设和商业运营准备工作进展顺利。2004年9月28日管道正式开工建设，2005年12月15日竣工并投入使用。2006年7月11日，原油油头流过中哈边境阿拉山口计量站，进入阿独原油管道，2006年7月29日抵达阿独原油管道终点站——中国石油独山子石化分公司原油罐区，标志着中国首条跨国原油管道全线贯通，正式进入商业运营阶段。

近年来，中哈经济合作又上新台阶。2006年3月，中国国务院根据《中华人民共和国政府和哈萨克斯坦共和国政府关于建立霍尔果斯国际边境合作中心的框架协议》和《中华人民共和国政府和哈萨克斯坦共和国政府关于霍尔果斯国际边境合作中心活动管理的协定》，批复建立中哈霍尔果斯国际边境合作中心。该中心主要功能是贸易洽谈、商品展示和销售、仓储运输、宾馆饭店、商业网服务设施、金融服务等。与此同时，2006年9月1日，中国与哈萨克斯坦又新增22条国际运输线路。至此，目前中哈两国开通的直达国际道路运输线路达64条，哈萨克斯坦则成为中国在中亚地区开通国际道路运输线路最多的国家。

另一方面，目前哈萨克斯坦在华投资还不多。截至1999年底，哈在华投资项目39个，合同投资金额4 369万美元，实际投资金额248万美元。哈在我新疆开办企业15家，位居外商在新疆投资企业数的第四位，合作领域涉及皮革、建材、食品、汽车维修等。

四　近年来中俄经贸关系的总体特点

（一）中俄贸易的支付方式趋向日益多样化

1992年以前，中俄（苏）贸易以政府间的协定贸易为主。两国政府每年签订贸易议定书，确定双方进出商品清单及金额，由两国贸易公司具体执行，同时指定双方银行记账。1993～1995年间，中俄贸易以两国企业间的易货贸易为主，只有少量的现汇贸易。企业间签订易货合同，相互供货，进出自主平衡。到21世纪初，双边贸易则以现汇贸易为主，易货贸易所占比重已不足5%。

（二）中国对俄经贸的主体在发生变化

在双边贸易中，国有和民营企业的作用和功能已经发生变化：国有企业是从俄进口的主体，而民营企业则是对俄出口的主体；目前在中国对俄经贸中，民营企业的比重占53.7%，国有企业占46.3%。民营企业的开拓精神以及更加灵活的经营机制决定了其在未来对俄贸易中的地位将不断提高，与此同时，政府对民营企业在政策和管理方面的力度也将逐步加强。

（三）双边贸易不平衡的状况有所改善，中国贸易逆差在减少

中国在双边贸易中长期存在大量逆差，据中国海关统计，1992～2002年，中俄贸易总额为788.45亿美元，中方累计逆差312.5亿美元，占双方贸易总额的40%，进出口明显不平衡，俄罗斯成为继中国台湾地区、韩国、德国、日本之后中国的十大贸易逆差来源地之一。但从2002年开始，中国对俄出口增幅超过进口增幅一半以上，贸易逆差已连续3年减少。

（四）双边贸易摩擦增大

近年来，中俄贸易一直在摩擦和争议中发展：虽然贸易额在不但扩大，但贸易摩擦也从未停止。截至2004年9月，中国共对俄罗斯的97种商品提出反倾销，金额达6.5亿美元，占俄出口的10%左右。而俄罗斯也以整顿包机包税、清理灰色清关为由，多次查抄、没收在俄华商商品，甚至单方面提高中国对俄出口商品关税，欠佳的贸易环境给华商造成重大经济损失。

五　中俄经贸合作的制约因素与问题

（一）制约因素

中俄经贸合作受到多方面因素影响，归纳起来主要有：

1. 经济发展制约

在20世纪90年代中俄经贸合作的发展进程中，俄罗斯经济的停滞与衰退是主要制约因素。自苏联解体后直至1999年以前的近10年中，俄罗斯经济连续7年负增长，一直处于萎缩状态，国内生产总值累计下降近40%、工业下降46%、农业下降40%。资料显示，俄罗斯的贸易规模与苏联时期相比已大大下降，1992～1999年，俄罗斯外贸发展起伏不定，外贸额最低的年份为1992年的970亿美元，最高为1997年的1610亿美元。总之，俄罗斯经济总量的缩小对外贸的制约，是上世纪末中俄贸易规模上不去的重要原因。

2. 体制制约

中俄两国均属于经济转型国家，在各自的管理体制方面均存在许多不符合市场经济要求和国际惯例之处，贸易立法和管理体制的建设跟不上经贸合作发展的需要。至今未能形成有效的行业协调和管理机制，而这些机制是发达市场经济条件下维持正常经济秩序的基本条件。在缺少行业协调的情况下，两国国内的恶性竞争和低价竞销情况时有发生，而这种欠佳的贸易秩序又延伸到对方市场，在俄罗斯市场上中国纺织服装商家之间竞相削价，不仅扰乱了贸易秩序，而且损害了中国商家、甚至生产厂家的利益；而在中国市场上俄钢铁生产企业也相互压价，以致造成中国对俄钢铁企业的反倾销。

3. 经济实力制约

目前中俄在相互投资方面还缺少十分成功的范例。缺乏稳定、有实力、够规模、够档次、信誉好的企业群体作为开展中俄经贸合作的中坚和骨干。从中方来看，除俄罗斯的投资环境差外，重要的原因是中国企业自身的经济实力有限，资金不足，缺乏海外投资管理经验，加之中国政府对在俄罗斯投资的企业还缺乏应有的保护，在投资项目选择上亦未能完全按市场规律办事。

4. 互信度的制约

尽管中俄已经建立了战略协作伙伴关系，但双

方仍然存在进一步提高互信度的问题。在俄罗斯，“中俄力量对比失衡论”、“中国人口扩张论”等的所谓“中国威胁论”有着较大的消极影响和负面效应。这在油气合作方面表现得尤为突出，一直搁浅的中俄管道项目曾被媒体热炒为检测中俄关系的试金石。目前，俄罗斯对外贸易的重点在欧洲，与欧盟、独联体国家和中东欧国家的外贸比重占到80%以上，与亚太经合组织国家的外贸比重还不到20%。在欧盟东扩的背景下，中国在俄罗斯东亚经济战略中的地位将有所下降。同时，当前中国虽把俄罗斯作为市场多元化战略的重要一环，但在实践中也仍有相当多的企业对俄罗斯市场存在认识上的偏见，在合作伙伴的选择上更多倾向于西方发达国家。因而，上述问题的解决不是短期内所能奏效的，需要双方从大局出发，经历一个增信释疑的过程。

（二）存在问题

1. 经贸合作仍处于较低层次和水平，相互依存度不高

中俄两国在能源、能源设备、生物工程、通讯器材、建筑材料、轻纺、家电产品、农业及农产品加工、林业采伐及加工、航天及军工技术等多个领域具有许多潜在的经济互补性，经贸关系的总体水平还不是很高，经贸发展缺乏大项目做依托，货物贸易仍然是主要合作方式。

虽然目前双方都进入对方十大贸易伙伴国行列，但从经贸相互依存度看，所占比重都不高。2000～2003年间，在正式统计的双边贸易总额中，中俄贸易在中国外贸总额中的比重仅约占2%左右，而俄中贸易占俄外贸总额中的比重也只在5%～8%之间。2004年即使中俄贸易额超过200亿美元，在中国外贸破万亿美元的基数中仅占2%，在俄罗斯外贸破2 000亿美元的基数中也仅占10%。

从投资合作看，目前双方都不是对方的主要外资来源国。中国的十大贸易伙伴国中，除俄罗斯以外，其他九个也同时是主要的外资来源国，在与这些国家的合作中，投资是带动贸易增长的主要因素。而目前中俄相互投资额还很低，其投资规模和投资结构无论对双方各自的经济增长，还是对形成稳固的市场，拉动双边经贸关系的战略升级所起的作用都十分有限。倘若这种状况得不到改变，势必会对合作心态产生消极负面影响。

2. 相互间符合国际惯例的贸易制度和服务体系尚未建立

目前，中俄经贸还缺乏有效的贸易法律约束和可靠的安全保障机制，符合国际惯例的贸易制度和服务体系建设严重滞后。在中俄贸易中，直接结算的规模小，保险信贷水平低下，以至于一些不规范行为，诸如合同履约率低、债务拖欠、买空卖空、随意扣留货物资金等现象时有发生。

（1）银行结算

中俄贸易现汇结算主要有通过第三国银行转汇或转开信用证进行间接结算和中俄银行间直接通汇结算两种形式。这方面长期存在的问题是：苏联解体后，俄罗斯金融秩序遭到了很大破坏，其直接后果是中俄间原本顺畅的资金结算体系被迫中断。由于俄罗斯在转轨过程中形成的新的银行机制不成熟，运行不规范，信誉低下，中资商业银行普遍收缩了对俄业务，中国商人很难再通过正规渠道及时将收入汇回国内。同时由于中俄银行结算手段不足，结算渠道不畅，现汇结算一度演变成现钞结算。

（2）仲裁机制

目前，中俄之间缺乏一个公正、合理、有效、有权威性的仲裁机制，加之诉讼程序长，执行手续繁琐，使众多贸易纠纷长期得不到解决，目前就贸易纠纷提请两国法院审理并在判决后申请司法执行并成功执行的案例不多，这不仅损害了双方公司的合法利益，客观上也助长了违法和欺诈行为的发展。

（3）出口信用保险

长期以来，俄罗斯一直被有关国际机构列为贸易和投资的高风险地区。中国外贸公司和商人在对俄贸易过程中，要承担很大的政治和商业风险，而中国国内对俄出口又一直没有信用保险。由于缺乏有效的规避风险机制，使一些大企业特别是国有企业在开拓俄罗斯市场方面，往往心存疑虑和担心，裹足不前。

（4）质量监控标准

中俄两国检测标准不一致，中方在出口时一般都是按照外贸合同或本国的国家标准或行业标准，对入境的货物参考俄罗斯国家标准“GOST”检验。而俄方对进出口检验检疫一般都按俄罗斯国家标准，即“GOST”。由于俄方规范的许多进口商品质量标准高于中国规范的同类商品质量标准，从而影响了中国商品的出口。

(5) 通关制度

俄方海关程序存在的问题主要是：至今仍沿用传统报关办法，手续复杂，效率低下，延长了通关时间。海关估价方法也不符合国际规范，随意性大，海关工作人员腐败严重，在一些口岸，由于俄方检疫时间过长，影响了鲜活商品的及时过关。此外，对部分中国商品进行歧视性的检疫，实际上形成了对中国商品的技术壁垒。这些问题长期未得解决，成为影响中俄贸易健康发展的障碍。

3. 缺乏长远统一协调的战略目标和日常的运行机制

尽管目前中俄两国已建立了非常健全的独一无二的元首、政府总理定期会晤机制，但从该机制的运行效果看，并未完全达到预期目的。从实际情况看，该机制更多的是会前磋商机制，而日常解决最关切的问题的机制并没有真正确立。从而使得日常经贸运行机制的运转并不顺畅，效率还有待提高。

六 中俄经贸关系的发展前景

2004年9月，中俄总理进行了第九次定期会晤，审议了《〈中俄睦邻友好合作条约〉实施纲要(2005～2008年)》，提出了“使双边贸易额到2010年达到并超过600亿美元”的发展目标。为实现这一目标，中国商务部与俄经贸部成立了专门工作组，联合制定了《2006～2010年中俄经贸合作发展规划》，并于2005年11月初中俄总理第十次定期会晤期间签署。

(一) 合作机遇

1. 巨大的合作潜力

中俄在经济结构、产业结构、资源结构等方面具有较强的互补性，这是发展双边经贸合作的有利条件。从总体来看，中俄经济互补性的内涵和基础并没有改变，在能源、核电、航天和军事技术合作领域还得到了进一步的加强。与此同时，中俄双方均认为，两国经贸关系发展中还存在一系列未开发的领域和潜力，需要运用新的互利合作形式，进一步发展双边经贸关系。

2. 经济的快速增长提供新的契机

俄总统普京曾指出，俄中双边贸易能否实现迅速增长的目标，“取决于俄罗斯与中国的经济发展速度。”可以预期，面向21世纪，中俄两国经济的快速发展将为双边经贸合作带来巨大的发展机遇。经济的快速增长不仅为出口提供丰富的货源，也为进口提供广阔的市场，在两国经济保持快速增长的条件下，双边经贸额必将保持快速增长的态势。

3. 中俄长期合作的蓝图已经规划

从2000年11月中俄两国总理签署的《中华人民共和国和俄罗斯联邦政府2001～2005年贸易协定》等13个文件、中俄总理历次定期会晤所发表的联合公报看，中俄两国将在高科技、能源、自然资源开发、核能、金融、运输、航空航天、生态、通信和信息技术、银行等领域不断扩大和深化相互协作。双方还将努力健全涵盖贸易结算、信贷、货物运输以及经贸信息共享等多层面的贸易服务体系。文件提出的合作领域实际上已为21世纪初期两国的合作勾画出宏伟蓝图，规划中的大中型合作项目的全面启动，将开发出不少带动相互投资、合作生产的新项目，将从根本上改变中俄经贸关系落后于政治关系的状况，和大大加强两国关系发展的不可逆转性。

4. 俄罗斯入世后将提供新的机遇

普京上任后，俄罗斯入世谈判开始提速，目前已进入实质性阶段。中国于2002年6月与俄开始进行世贸组织双边市场准入谈判，经过八轮磋商，双方本着互谅互让的原则，就货物贸易和服务贸易取得广泛共识，于2004年9月结束了谈判，并相互承认完全市场经济地位。中俄经贸合作向国际规范贸易过渡已是大势所趋，俄入世后将使中俄双方能够在世贸组织多边规则框架下讨论解决现存的贸易壁垒和投资壁垒、贸易争端和各种无序贸易方式等问题，将有助于两国经贸合作进入规范和健康发展轨道，进一步提升两国贸易水平。

(二) 亟待解决的问题

1. 急需在大项目上（特别是在油气合作方面）取得进展

中俄油气合作具有巨大的潜力和广阔的前景，是提高两国经贸合作规模和质量的优先领域和突破口。石油作为一种特殊的商品，与国家安全和经济安全紧密相关。2001年美国发生国际恐怖主义袭击的九一一事件之后，国际能源格局的改变使围绕油气资源、油气运输管道的控制权和石油定价权的竞争日趋激烈。在这种背景下，中俄油气合作也发生了微妙的变化：尽管中国政府和企业作出了不懈的努力，但至今尚未取得实质性进展。应该说，中俄油气合作已不仅是经济问题，同时也是政治问题，解决中俄油气合作问题是对两国领导人政治智慧和战略艺术的考验。可以预期，中俄两国在相互合作中，只要能将对方看作平等的合作伙伴，遵循互利双赢的原则，就能找到双方利益最佳交汇点，使能源合作项目得以落实。

2. 进出口贸易结构亟待升级

目前，俄罗斯对中国出口以资源型产品为主，而中国对俄罗斯的出口则以轻纺产品、服装、鞋帽及食品等劳动密集型产品为主，这种贸易结构与实现提高双边经贸规模和水平的发展目标是不相适应的。中国对俄出口商品具有货量大、货值低，替代性强，俄罗斯对华出口商品具有批量大、金额高、替代性弱的特点，中俄贸易商品结构的特点和俄罗斯实行的扩大出口、限制进口的措施，是造成中方大量贸易逆差的重要原因，这种结构如不改变，势必使双方贸易进一步不平衡。这就要求中俄加快改善进出口商品结构步伐，由目前基于比较优势的产业间贸易模式向具有较大的发展潜力的产业内贸易模式转变，以形成真正的生产、贸易产业链。

3. 加强地区间合作

中俄两国幅员辽阔，国内各地区经济地理差异显著，每个地区都有自己的支柱产业和重点产业，经济发展水平不一，由两国地区经济结构的差异和产业发展阶段的不同而形成的互补性加大了两国区域合作的对接面。地区合作将包括几个层面的内容：边境毗邻地区、结对省州、姊妹城市，以及中国和俄罗斯正在积极参与的上海合作组织、东北亚区域经济合作、亚太经济合作组织、亚欧会议等多边区域合作组织及论坛，在上述经济合作组织框架下加强经济协作已被两国政府视为拓展双边合作领域的重要补充，参与多边经济合作将成为中俄经济合作深化的重要途径。随着中国加入世贸组织和俄罗斯"入世"进程的加快，中俄将在全球贸易体制中寻求更多的合作机遇。

总之，中俄经贸合作的框架已经具备，合作领域也基本铺开，所需要的是双方做更扎实的工作，以更务实的态度解决实际问题，推动合作不断深化。（冯育民）

第六节　中印经贸关系

中、印两国是近邻，不仅是世界上最大的两个发展中国家，也是世界上经济增长最快的两个国家。近些年来，随着两国元首、总理实现了互访，两国关系有了全面地提升。在经贸合作方面，双方一致同意根据各自的法律法规和承担的国际义务，采取必要措施消除贸易和投资方面存在的障碍，从而为发展中印经贸关系创造了有利条件。

一　中印两国经贸关系的历史回顾

中国和印度是两个相邻的具有悠久历史的文明古国，历史上，两国人民互相学习、交流，为人类和世界文明作出了重大贡献。

在漫长的历史交往中，中印两国民间互通有无的贸易早已存在。而两国官方正式的贸易往来则是始于1951年。1954年10月两国政府签订贸易协定。但由于双方都不是对方的主要贸易伙伴，而且两国经济落后，互补性十分有限，在很长一段时间内双方贸易规模很小，发展缓慢。1950～1962年的13年间，累计双边贸易额仅达2.6亿美元。此后由于边界战争，双方的贸易中断了14年，直至1976年中印恢复外交关系，两国间的贸易关系才得以恢复和发展。1977年中印两国贸易额仅为5 000万卢比。1984年8月，两国政府签订了新的贸易协定。1986年后，还先后签订了7个年度贸易议定书。90年代以后，两国在边界地区先后开放了几对边境贸易口岸，其中包括1992年在中国西藏的普兰和印北方邦的贡吉正式恢复边境贸易，1994年又在中国西藏的久巴和印度喜马偕尔邦的南加增开了一对边贸点。总的来看，迄至上世纪末，中印两国间贸易额都还很小，相互投资则刚刚起步，这与中印两个大国的国力与地位很不相称。

二　中印经贸关系的新阶段

从上个世纪80年代两国先后开始了经济改革。进入21世纪，特别是两国总理实现互访后，两国贸易有了迅猛的发展。2000年以来，中印两国贸易额增长加快，不断刷新纪录。2001双边贸易额为36亿美元，2002上升到49.4亿美元，2003年为78亿美元，而2004年达到136亿美元。2000～2004年的5年中，两国贸易额以年均46%的速度增长，这个增长速度不仅高于我国同一期间对外贸易年均增长26.7%的水平，也高于这一期间印度对外贸易的年均增长近14%的速度。

中印两国贸易急剧增长的原因是，两国高层互访不断，民间人员的来往也在迅速增加，友好往来的增多加强了相互了解和友谊，推动了两国经贸关系的不断深化；两国经济上互补性强，互有需要；同时，近年来两国经济增长快速，经济的快速增长不仅为各自的出口提供了丰富的货源，也为进口开辟了广阔的市场，促使双方贸易的扩大。

（一）贸易构成

1. 以垂直分工形式开展的产业间贸易发展迅速

比较两国的产业间贸易，在过去的五年中，中国对印度出口的初级产品从1999年的33.09%下降到2002年的17.49%，同期工业制成品的比例从66.91%上升到80.51%，其中机械及运输设备的出口目前已经占到工业制成品出口的35%。印度对华出口的初级产品比例也在持续下降，从1999年的54.97%下降到40.09%，工业制品的比例从1999年的44.74%上升到59.91%。由于两国制成品的出口结构相似，比较优势都集中在劳动密集型产品上。但是由于中国经济改革早、步子迈得大，经济增长水平明显高于印度，较印度更早地进入一些资本密集型行业，并在这些行业形成了生产的规模优势和劳动力的技能优势，使得印度产品难以打入中国市场；相反中国商品却能够在印度市场上顺畅通行，最明显的是电子产品制造业。

近年来随着中国经济高速增长以及为满足入世的需要而不断加快的开放步伐，中国的进口规模急速扩张。印度的出口商在中国的中间制成品市场上也开始看到了越来越大的商机，染料、初级塑料、钢铁、金属制品、纸浆等对中国的出口大幅上涨，其中钢铁的增幅最为明显，仅2003年1～7月中国从印度进口钢铁就是去年同期的10倍。在国际贸易标准分类（SITC）按原料分类的制成品贸易（第六类）中，印度已经连续5年对中国保持顺差，而且顺差额还在不断扩大，从1999年的不足1亿美元的顺差迅速增加到2003年1～7月的5亿多。现在该类产品已占印度对中国出口总值的41%。而中国对印度出口增幅较大的是机械及运输设备（第七类），从1999年占对印度出口总额的14%上升到2002年的29%。从目前形势看，中印两国产业间的垂直分工已经形成，并处于不断深化和扩展的过程中。

2. 水平分工带来的产业内贸易也已起步，并形成良好的发展势头

市场规模决定分工水平。即使是在人均可支配收入不高的条件下，以中印两国庞大的人口基数形成的市场规模仍不可低估。计划经济时代两国就都已经建立起了大而全的工业体系，在两国经济先后走向开放之后，一些领域甚至达到了国际领先水平，比如印度的软件产业、中国的电子产品制造业等。这些都为两国在水平分工的基础上开展贸易奠定了基础。印度总理瓦杰帕伊就曾指出，“中国的（硬件）产品和印度的（软件）解决方案具有互补性，这是中印两国合作的自然基础。”他认为，中印企业应抛开其他国家的中间人，直接携手合作。

在2002年中国的对印贸易中，产业内贸易指数在0到0.1之间、表明明显带有产业内贸易特征的商品类别从1995年的5类增加到7类。值得一提的是第7类中的陆路车辆，目前陆路车辆的两国产业内贸易指数是0.19，该指数还有继续下降的潜力。2002中国从印度进口陆路车辆价值为596万美元，出口价值为399万美元。而2003年的1到7月，中国对印度的陆路车辆进出口分别增长了355%和50.5%。虽然到目前为止，陆路车辆的进出口规模还不大，但是中国作为世界上增长最快的汽车市场，已为印度生产商所关注，印度汽车配件企业已开始进入中国市场。

表12　中国1999－2002年对印出口0～9类商品（SITC分类）占出口总额的百分比　（%）

商品类别 ＼ % ＼ 年份	1999	2000	2001	2002
（一）初级产品	33.09	33.53	27.85	17.49
0 食品及活动物	9.96	2.15	1.47	2.41
1 饮料及烟类	0.02	0.04	0.02	0.01
2 非食用原料	14.27	14.14	12.39	7.98
3 矿物燃料及有关原料	8.62	17.15	13.94	7.08
4 动植物油、脂及蜡	0.22	0.06	0.03	0.01
（二）工业制品	66.91	66.47	72.15	82.51
5 化学成品及有关产品	32.44	26.21	27.33	26.69
6 按原料分类的制成品	13.71	13.73	16.44	18.69
7 机械及运输设备	14.90	20.89	21.89	29.05
8 杂项制品	5.87	5.62	6.49	8.08
9 未分类制品	0.00	0.00	0.00	0.00
总计	100.00	100.00	100.00	100.00

资料来源　联合国贸易与发展组织《2003年国际贸易统计》。

表 13　中国 1999～2002 年从印度进口 0～9 类商品(SITC 分类)占进口总额的百分比　(%)

商品类别 ＼ % ＼ 年份	1999	2000	2001	2002
(一)初级产品	54.97	51.38	48.76	40.09
0 食品及活动物	7.78	9.23	6.26	2.47
1 饮料及烟类	0.00	0.00	0.00	0.00
2 非食用原料	41.59	37.99	40.06	36.21
3 矿物燃料及有关原料	0.01	2.09	2.19	1.23
4 动植物油、脂及蜡	3.42	2.06	0.25	0.18
(二)工业制品	44.74	48.62	51.24	59.91
5 化学成品及有关产品	12.10	17.15	20.22	24.03
6 按原料分类的制成品	29.85	25.65	24.57	28.72
7 机械及运输设备	2.79	3.69	3.97	5.20
8 杂项制品	2.47	2.12	2.47	1.79
9 未分类制品	0.00	0.00	0.01	0.17
总计	100.00	100.00	100.00	100.00

资料来源　联合国贸易与发展组织《2003 年国际贸易统计》。

(二) 贸易平衡

1998 年以来，两国贸易基本上呈均衡发展态势。虽然中国一直保持着顺差，但顺差额最高时也不过 4 亿美元（2002 年）。相对于中国3 000多亿的外汇储备和印度的 745 亿外汇储备而言，其所产生的影响很小。但是进入 2003 年，中印贸易收支形势发生了逆转，中国对印度的贸易逆差急剧扩大，2003 年贸易逆差额只有 9.1 亿美元，2004 年逆差达到 17.4 亿美元，增加近 1 倍，高于 2001 年中国从印度进口总额的水平。2005 年中印双边贸易额近 187 亿美元，中方逆差 8.4 亿美元。现在印度工商界人士不仅逐渐恢复了对本国制造业的信心，而且对中国经济威胁的恐惧也开始消退，并开始将中国的市场视为印度公司必不可少的选择。

2003 年后我方贸易赤字急速上升的重要原因是，一方面，作为世贸组织新加入的成员，中国的经济开放程度明显高于印度。2001～2004 年间，中国关税总水平已由 15.6%降为 10.3%左右，并撤销了许多非关税壁垒。同时，近年来为扩大两国经贸关系和国内的需求，中国增加了从印度的进口，如 2003 年从印度的进口比上年增加 87%，2004 年进口持续高速增长，达 80.6%。使我国从印度的进口占我国进口总额的比重由 2002 年的 0.7%，上升到 2004 年的 1.4%，一年多时间上升了近一个百分点。而另一方面，目前中国商品进入印度市场还有很多困难，对印度的出口增长赶不上进口的增长。近年来，印度虽然在不断调整关税税率，但是关税仍然居高不下，平均关税率仍达 27%，印度现在仍是世界上关税门槛最高的几个国家之一。

表 14　中印 1998～2005 年贸易统计　(亿美元)

年份	进出口总额	中国出口	中国进口	进出口差额
1998	19.2	10.2	9.1	-1.1
1999	19.9	11.6	8.3	-3.3
2000	29.1	15.6	13.5	-2.1
2001	36.0	19.0	17.0	-2.0
2002	49.4	26.7	22.7	-4.0
2003	75.9	33.4	42.5	-9.1
2004	136.0	59.3	76.7	-17.4
2005	187.0	89.3	97.7	-8.4

资料来源　《中国海关统计》。

(三) 投资分析

目前，中印的经贸合作已经从最初单纯的商品贸易逐步扩大到包括工程承包、技术贸易和相互投资在内的广泛经济技术合作。

1. 从中印两国各自的投资环境上看，中国吸引外资的能力大于印度

比较政策环境，在印度要开一个公司需要申请 10 项许可，在中国只需 6 项，在印度办理各项手续所需的平均时间是 90 天，中国只需要 30 天。一家外国公司要想进驻印度分别需要中央政府的 43 道和地方政府的 57 道审批手续，这些麻烦在中国就少得多了。比较基础设施，中国的状况更是好于印度。例如，印度的柏油马路仅占全部道路的 56%，而中国在 80%以上。由于电力缺乏，印度 69%的企业需要自备发动机，中国这样的企业还不到 30%。2002 年中国吸引的外国直接投资 550 多亿美元，首次超过美国居世界第一，而印度只有 40 多亿美元。

2. 从中印两国相互投资的规模上看，两国的相互投资规模还是很小

中国对印投资尚不足其对外投资的 1%，印度虽然这两年对中国的投资占其对外总投资的比例要高一些，基本维持在3%～6%之间。因此，来自双方的投资对东道国的影响还十分有限。

3. 从投资的产业分布上看，印度的投资主要流向技术构成的两端——高技术的知识密集型产业和低技术的劳力密集型制造业

在印度总理访华前，印度产业联合会公布了一个有关中印经贸关系为内容的调查报告，特别指出印度的软件业、制药业和生物技术产业将是在中国市场上颇具竞争力的行业。印度的信息技术产业是最早进入中国的行业，已经树立起成功的例子。现在印度四大软件出口企业中已有3家投资中国，它们是：塔塔咨询服务公司（Tata Consultancy Services）、信息系统技术公司（Infosys Technologies）以及萨特亚姆电脑公司（Satyam Computer Services）。进入中国的印度企业并不限于北京、上海等中心城市，而且也不限于高新技术产业，其中也包括印度的低附加值制造业。仅钻石企业来华投资的就有19家，分布在上海、山东、广州等地。目前印度在华的投资项目共71个，协议金额1.88亿美元，投资领域主要有信息技术、制药、耐火材料以及包装材料制造等。

资料显示，截至2002年底，中国在印度共成立合资企业15家，协议投资总额只有3 720万美元，投资领域分布在贸易、机械、家电等。印度公司来华投资不仅看中了这里巨大的市场容量，而且也是为了利用中国为产业发展所创造的便利环境，使印度公司通过在中国建立制造基地，为其在全球范围竞争创造有利条件；而中国公司到印度投资设厂，则是为了绕过印度高筑的贸易壁垒。因此，最早关注印度市场、也最积极去那里投资的就是中国的家电行业，其中就包括两大龙头企业海尔和TCL。但是它们的投资申请被印度政府搁置了一年半，至今还在等待审批。冗长的审批程序和对来自中国投资的“多疑”，削弱了中国企业对印投资的积极性。

表15　中印两国1998～2002年相互直接投资额（实际使用额）　（万美元）

投资流向 \ 年份	1998	1999	2000	2001	2002
中国对外总投资	263 400	177 500	91 600	688 400	285 000
中国对印投资	68	210.9	307.85	–	230
占中国对外总投资%	0.026	0.119	0.336	–	0.081
印度对外总投资	4 700	8 000	33 600	75 700	43 100
印度对华投资	557	49	1044	–	2600
占印度对外总投资%	11.851	0.613	3.107	–	6.032

资料来源　中国《对外贸易统计年鉴》2003年。

三　问题与对策

目前，从当初视中国为经济威胁到现在将其看做是难得的市场机遇，印度企业无论是与中国的贸易往来还是投资合作，都开始渐入佳境。相比之下，中国企业对印度市场的热情正在逐渐变冷。虽然过去几年中，出口增幅较大，但远未达到预期的水平。以彩电市场为例，中国同类型彩电的生产成本要比印度低20～40%，在世界范围很有竞争力。但在印度市场上，领先的却是韩国的LG和三星，而中国的彩电对印出口却一直徘徊不前。

（一）存在问题

1. 商品质量问题致使贸易纠纷增加

近几年来，在双方贸易急剧扩大中，商品质量上存在的问题日益突出。特别是从印度进口的铁矿石中含的水分和杂质明显超标。近来中国对印出口商品也有质量下降、数量不足、不按时交货等问题，引起印方的不满致使两国贸易纠纷增加。这些问题应引起双方有关部门重视，设法加以改进，否则将影响两国进出口贸易的持续扩大。

2. 印度的反倾销问题

几年前，印度对中国的反倾销案件很多，由于中国政府和企业的积极应对，印度对华的反倾销呈明显下降趋势。2002 年为 14 起，2003 降为 6 起，同比下降 57%，涉案金额下降了 55%。中国商品物美价廉，深受印度消费者欢迎，因而近年来中国商品进入印度市场有所增加。而印度官方为阻止中国商品的进入，却经常采用反倾销的办法。事实上，中国商品在印度市场的占有率并不多。据有关方面调查，在印度市场的份额尚不足 3%，不仅低于韩国、新加坡和泰国，更低于美国、欧盟在印度市场两位数的占有率。

3. 近年来，印度关税在不断调整，但仍居高不下，最高关税为 50%，平均关税仍达 27%

高关税阻止了包括中国在内的商品进入市场，致使走私猖獗。另外印度的非关税壁垒相当普遍，行政干预多。法律法规也不健全，而且透明度较低。办事程序繁琐、效率低，使人难以适应。

4. 对市场不了解匆忙进入

印度拥有 10 亿人口，经济也在持续发展，是潜在的大市场，但是由于印度开放步伐迟缓，不仅政策法规等软环境较差，基础设施等硬环境也不具备，使得目前印度市场潜力未能充分发挥。加之，印方还有些人为因素阻止中国的商品进入。中国企业不仅对这些不甚了了，对印度人的办事程序和方法也知之甚少。情况不甚了解便匆忙进入，必然困难多多，甚而吃亏上当。

（二）对策与前景

面向新世纪，为进一步发展中印经贸关系，应在如下方面予以关注。

1. 突出政府的指导与协调作用

包括与对方谈判，要求取消对中国产品、企业投资项目的歧视性政策；对开拓新市场的企业进行政策和资金扶持，提供必要的商贸资讯。2003 年 2 月中印两国代表团在京就相互适用《曼谷协定》达成双边协议，相互承诺在年底之前提供比最惠国税率更为优惠的关税待遇，从而进一步减少贸易障碍，促进双边贸易的增长。

2. 加强调研，开拓市场

鉴于目前中国商品进入印度市场时所产生的一些问题，中国企业在巩固传统商品市场的同时，要积极开拓新的商品出口，并且要有长远战略，不要在市场上相互削价竞销，给人以反倾销的口实。还要探讨新的经济合作形式，如发展服务和技术贸易、开展工程承包等方面的合作。在印度经商，了解当地的法律法规、办事程序及其经商习惯等是极为重要的。企业要致力于寻找可靠、有影响力的合作伙伴，进行深入的调查研究。

3. 规范立法，减少摩擦

中印贸易额迅速扩大，经济合作不断发展，产生的纠纷也自然多起来，这是正常的，关键是为经贸的健康发展创造好的条件。目前两国尚未缔结司法协定，使一些经贸纠纷的解决缺乏法律依据，所以两国应尽快缔结司法协定。另外，从目前各国扩大经贸的实践看，建立双方自由贸易区（FTA）是发展友好和扩大经贸关系的最好手段，所以中印两国也应尽早建立 FTA 关系，以便使两国关系进入一个新的发展阶段。

总之，随着两国关系的不断改善，双方相互了解的增多，今后双方的经贸合作也将获得更快的发展。预计在未来的 10 年内，中印两国经济将继续快速增长，不仅为出口提供更多的便利，同时也为扩大进口提供更广阔的市场。另外，中国成为世贸组织的新成员后，中国市场将进一步对外开放，更加有利于印度商品进入中国市场。如果印方也能为中国商品进入其市场提供便利，中国对印度的出口也将增加。随着贸易的扩大和今后企业相互投资的增加，预计在 2005 年双方贸易额可能达到 150 亿美元，2010 将再翻一番。　（刘小雪）

第七节　中国与澳大利亚经贸关系

一　历史回顾

中澳人民的友好交往由来已久。早在2 000多年前，中国古籍《山海经》和《淮南子》就有关于大洋洲袋鼠的记载。很久前，有许多中国人漂洋过海，陆续到达大洋洲，与当地人民和睦相处，为澳大利亚的发展作出了贡献。1972 年中澳建交，掀开了中澳友好合作的新篇章。

中澳贸易最早可追溯至 19 世纪末期，当时澳大利亚已经开始向中国出口铁矿砂。新中国成立后，尽管中澳两国长期没有外交关系，但民间贸易一直未中断，中国进口了大量的澳毛和小麦。20 世纪 60 年代初，中国已成为澳大利亚的出口贸易的重要伙伴，仅次于日、英、美、新（西兰），居第五位。1970 年中国从澳的进口额达 1.26 亿澳元，其中主要是中国购买澳大利亚的小麦，占贸易总额的94%，达1.18亿澳元，同年中国对澳大利亚的出口额达3 208万澳元，主要是纺织品、服装和针织品。

1972年12月21日中澳建交后，贸易额一直保持稳定的上升趋势。1973年7月双方修订了贸易协定，相互给予最惠国待遇，并成立了澳中联合贸易委员会。1978年澳方同意中国享受澳大利亚对发展中国家的普惠制待遇。所有这些均为促进双边贸易创造了良好条件，使得80年代成为两国建交后双边关系获得长足进展的时期。

20世纪90年代以来，两国的经济交流与合作进一步加强，双边经贸关系始终保持着良好发展势头，两国在农林牧业、能源、矿产、环保、交通、纺织、建材以及城市改造等领域开展了广泛的合作，取得了良好的效益，双边贸易保持持续增长势头。1972～1996年，双边贸易额从8 600万美元上升到51亿美元，24年中增加了近60倍。

目前，中澳两国的经贸合作已进入了一个新的发展阶段，合作范围从单一贸易往来扩大到包括贷款、经济援助、技术合作、双向投资等多种形式、多种渠道的全面经济合作。两国在经济上互补性很强，是长期的合作伙伴，中国加入世贸组织将为两国提供更多的合作机会。贸易方面，1970～2001年间，双方贸易额从1亿美元上升至将近90亿美元；90年代中期以来的10年间，双边贸易额年均增幅在10%以上。2005年双边贸易额达273亿美元，同比增长33.9%，比2001年增长了1倍多。2005年，中国已成为澳第三大贸易伙伴、第二大出口市场，澳大利亚是中国第九大贸易伙伴。投资方面，2001年澳大利亚对中国的投资第一次超过澳大利亚在美国的投资；截至2004年底，澳在华投资企业6 700多家，累计实际投资额41亿美元。中国在澳投资企业250多家，累计投资额5亿多美元。服务贸易方面，澳大利亚服务业发达，产值约占国内生产总值的80%。近年来，中国企业正逐步走向澳大利亚的银行、运输、房地产、旅游等市场。可以预计，双方在服务领域的合作将越走越宽。

表16　中澳20世纪80～90年代贸易的发展变化　（百万澳元　%）

项目 / 年份	向澳出口值	占中国总出口的比重	从澳进口值	占中国总进口的比重	与澳贸易占中国外贸的比重
1984	229.8	0.88	950	3.47	2.2
1985	187	0.68	1 130	2.67	1.89
1986	210	0.68	1 400	3.26	2.18
1987	297	0.75	1 320	3.05	1.96
1988	360	0.75	1 110	2.01	1.4
1989	420	0.80	1 470	2.49	1.7
1990	530	0.86	1 350	2.53	1.6
1991	554.2	0.77	1 557.6	2.44	1.6
1992	660.8	0.78	1 671.2	2.07	1.4
1993	1 061	1.12	1 949.5	1.88	1.5
1994	1 488	1.23	2 451.8	2.12	1.7
1995	1 626	1.09	2 584.6	1.95	1.5
1996	1 673	1.11	3 433.8	2.47	1.8

资料来源　《中国对外经济贸易年鉴》（1984～1997年）。

二　中澳经贸关系现状

（一）中澳双边贸易

自1996年中澳双边贸易额突破50亿美元后，历年来中澳双边贸易继续呈稳步增长。1999年则超过60亿美元，达到63.11亿美元，比1972年的0.86亿美元增长了73倍多。进入21世纪以后，两国贸易额每年均呈跳跃式增长，从2000年的84.5亿美元增长到2005年的273亿美元。

表 17　　中澳 1997～2002 年双边贸易情况　　（亿美元　%）

年　份 \ 类　别	1997	1998	1999	2000	2001	2002	2003	2004	2005
贸易额	53	50.3	63.11	84.53	89.97	104.36	135.6	203.9	273.0
比上年增长%	3.8	－5.2	25.0	33.9	8.0	16.0	30.0	50.3	33.9

资料来源　《中国海关统计》。

1. 澳大利亚对中国的出口

澳对中国出口的主要产品小麦、羊毛、糖、铁矿砂、铝、有色金属、油料产品、石油、有色金属、煤炭、天然气、水产品、裘皮革产品、染料制品等。

澳大利亚矿产、能源储量丰富，是世界上主要矿产、能源生产和出口国之一。中国经济的快速发展，为澳大利亚的矿产和能源出口带来了无限良机。中国是澳大利亚能源矿产品出口的重要市场。

澳大利亚是中国能源进口来源多元化的受益者。2002 年 5 月，霍华德总理来华进行工作访问。其后不久，两国签订了液化天然气协议，规定 2005 年后的 25 年内，澳大利亚将向中国输出总价值达 250 亿澳元（约合 140 亿美元）的液化天然气。这是澳大利亚有史以来拿到的最大订单，为两国的长期互利合作注入强大的动力。

2006 年 4 月，温家宝总理访澳期间，中澳总理在发展全面合作关系的框架下达成六点共识，其中包括：在和平利用核能的原则下，开展铀矿合作；建立长期、稳定、健康的能源矿产资源供求关系和公平合理的价格机制，并从贸易合作逐渐拓展到上游开采、新能源、可再生能源、清洁能源及相关技术的合作。两国政府签署了《中澳和平利用核能合作协定》和《核材料转让协定》，为澳大利亚向中国正在发展的核能工业提供金属铀铺平了道路。根据协议，从 2010 年开始，澳大利亚每年将向中国出口价值约 6 亿～7 亿澳元的铀矿。

与此同时，随着中国经济的发展，中国矿产需求的缺口将越来越大。因此通过投资和贸易在澳建立一批重要的能源和矿产品的生产和供应基地，已逐步成为中国政界和工商界的共识。目前，一批铁矿砂和煤矿投资项目正在谈判之中。中国是澳大利亚氧化铝和铜矿砂的重要出口市场。中国从澳大利亚进口的锌、铅、镍、铝等矿产在中国进口总量中分别居第一、第二、第三和第四位。2004 年，中国自澳进口了 7 813 万吨铁矿砂，占澳同类产品出口的 40.3%，首次超过日本成为澳铁矿砂最大的出口市场。

表 18　　澳大利亚 2001 年向中国出口及进口的主要商品价值及变化　　（百万澳元　%）

出口商品	2001 年	年增幅%	进口商品	2001 年	年增幅%
羊毛	1 277.76	15.99	服装	2 187.86	12.92
专项贸易	1 749.25	78.90	玩具和体育用品	687.17	10.55
铁矿砂	1 369.14	31.03	计算机	592.66	31.98
原油	300.73	57.35	鞋袜	530.37	7.17
生铁	134.59	1 070.37	电信设备	294.53	45.01
铜矿砂	306.86	57.35	其他塑料制品	287.19	5.84
铝	170.70	9.22	旅游产品及手提袋	280.26	6.00
生皮	180.45	32.71	家具	290.80	17.35
其他矿砂	147.47	99.09	家用设备	252.06	－10.79
涂料、油漆及清漆	124.67	31.69	其他电器	227.25	4.28

除能源矿产外，2004年，中澳农产品贸易增势迅猛。在全球羊毛市场低迷的背景下，中国从澳进口羊毛15.9万吨，占澳大利亚羊毛产量的40%。两国小麦贸易亦一改颓势。2003年中国进口澳大利亚小麦178.6万吨，占澳小麦产量的10%。澳大利亚的大麦和棉花对华出口也成倍增加。2004年，澳对华奶牛出口比2003年增长68.6%，接近7万头。

(1) 中国是澳大利亚奶牛和羊毛的主要出口国

2002年中国从澳大利亚进口奶牛近万头。中国是澳大利亚羊毛的最大出口市场，是世界最大的澳毛买主。中国每年进口澳毛约20万吨，占澳大利亚羊毛出口总量的40%。

(2) 谷物也是中澳双边贸易的重要项目

自1972年两国建交以来，中国即开始从澳大利亚大量进口小麦，并呈持续增长趋势，目前中国从澳大利亚进口小麦金额已超过美国，澳大利亚是仅次于加拿大的中国小麦重要进口来源国。

(3) 糖在中澳双边贸易中也占重要位置

澳大利亚与古巴同属中国糖类主要进口来源国。澳还向中国出口中国经济建设急需的铁矿砂、各种钢材、有色金属。近年来澳对中国制造业出口比重也在不断上升。

对华出口为澳大利亚带来巨大经济效益。据澳经济学家估算，2004年澳对华出口对其国内生产总值增长率的贡献高达30%。2004年1月，中澳两国自由贸易协议可行性研究开始启动，预计将于2005年3月提前半年结束。紧接着，两国可望进入自由贸易协议正式谈判阶段。可以相信，随着两国自由贸易协议谈判的进行，中澳经贸关系的发展必将迎来更加灿烂的未来。

2. 澳大利亚从中国的进口

澳自中国进口的主要产品有：服装服饰、电动机械、鞋、办公室机械及计算机、通信及录音设备、纺织品、机电产品、金属制品、旅行用品及箱包、普通机械产品等。

长期以来，中国是澳大利亚纺织品、服装和鞋类的主要进口国，这三项商品占中国对澳出口总额的50%。1994年中国向澳出口总额为14.9亿美元，比上年增长40.2%。其中纺织品和服装为6.2亿美元，占中国对澳大利亚出口总值的40%以上。近年来，中国机电产品对澳出口大幅增加，1994年为3.7亿美元，占中国对澳大利亚出口的23%。

(二) 中澳双向投资

20世纪80年代以来，随着中澳两国经贸关系的发展，两国之间相互投资活动也日趋活跃，中澳双向投资得到较快发展，两国已互为重要的投资伙伴。截至2004年底，澳在华投资企业6700多家，累计实际投资额41亿美元。中国在澳投资企业250多家，累计投资额5亿多美元。

1. 中国对澳大利亚投资

目前，澳大利亚已成为中国第四大对外直接投资目的地。据不完全统计，截至2004年，中国对澳投资累计超过20亿美元，领域涉及房地产开发、初级产品、农业、运输、贸易、旅游、法律、餐饮等，能源矿产是中国对澳投资最集中的领域，澳大利亚是中国在海外投资最多的国家之一。

中国目前在澳大利亚投资较大而又办得成功的项目主要有中冶进出口总公司投资的恰那铁矿（中方投资1.16亿澳元），中国国际信托投资公司投资的波特兰炼铝厂。中国冶金公司在西澳皮尔巴拉地区投资的恰那铁矿，可开采储量2亿多吨，1990年5月4日已经投产，产品全部销往中国。这项合作即为澳大利亚的铁矿砂找到了一个稳定的出口市场，又使中国钢铁企业找到了一个理想的铁矿砂来源。由中国国际信托投资公司在澳大利亚维多利亚州投资与该州政府、美国铝公司合作经营的波特兰炼铝厂是中国在海外最大的投资项目，技术也属世界一流。该公司总投资额为11.5亿澳元，中信澳大利亚分公司以合作经营方式持股10%。波特兰铝厂于1986年底投产，目前产量已达到30万吨的设计水平。除此之外，一大批中、小型生产性企业、地质开发、海洋、航空和金融等领域的合作公司也纷纷涌现。

2. 澳大利亚在华投资

澳大利亚在华投资项目主要分布在钢铁、交通、食品、环保、金融、法律咨询、建材、纺织、电子领域等领域。截至2004年年底，澳商在华实际投资逾40亿美元。澳中小矿业公司以其胆识和技术优势，迅速成为中国矿业界的一支有生力量，开创了外商在华投资矿业的成功先例。

近年来，澳金融机构加快了对华投资的步伐，大举进军中国金融和保险市场。继2003年澳新银行与上海农村信用合作联社结盟后，澳银行对华投资悄然兴起。澳联邦银行收购了中国十大城市商业银行之一的济南城市商业银行11%的股权。目前，麦觉理、安保等澳主要金融机构正在积极探索参与中国银行、保险和养老金业务。

澳大利亚许多大型企业如布罗肯希尔（BHP，亦译“断山”公司，是澳最大的跨国集团）公司、太平洋邓禄普集团、富士达啤酒公司在华均有投资。布罗肯希尔公司参与了中国南海和渤海石油天然气的勘探开发，它还在上海投资1 800万美元建立了布罗肯希尔建筑钢品有限公司，目前是澳在亚洲最大的投资企业，已于1995年5月开业。布罗肯希尔公司还计划分别在中国安徽、四川投资开办湿法炼铜厂和大型电厂，进一步加大对华投资规模。邓禄普集团在中国广东、天津、上海、北京等地的投资企业也都取得了良好的经济效益，被认为是澳在华投资成功的典范。

（三）中澳经济技术合作

早在1981年，两国政府签订了《中澳技术合作促进发展计划协定》。澳大利亚是第一个同中国协议进行广泛技术合作的国家。十几年来双方的技术合作成果显著，合作范围包括林牧业、能源采矿、建材、纺织、交通、城市改造、教育、卫生、审计等诸多领域。

林业领域的合作一直是两国经济技术合作的主要内容。1984年中澳两国林业部长签署了《中澳两国政府关于促进林业研究发展合作计划议定书》，同时成立了联合委员会。双方在完全自愿、平等、互利互惠的前提下一共确立了51个项目，其中大部分项目已经完成或正在实施。这些项目主要涉及育种、栽培、植物病虫害防治、动植物检疫、园艺、林业等领域的科技考察和情报交流工作，项目分布在中国各地。合作范围广，内容丰富。已经取得良好经济效益和社会效益的项目开始向社会推广。如利用线虫防治果树和竹林病虫害，以虫治虫方法的推广应用为林业生产带来了令人满意的经济效益。

中澳两国还在有色金属领域、纺织工业、地质开发和钢铁冶炼技术合作方面都取得圆满结果。1988年澳政府开始向中国提供优惠贷款，截至1996年底，中国利用澳政府混合货款已经生效的项目累计达70个，协议总金额5.49亿美元。主要用于邮电通讯、原材料、环保等国民经济优先发展部门。通过澳政府的援款贷款，中国陆续从澳大利亚引进了非氟利昂制冷、电讯、冶金和粮食储运等方面的先进技术与设备，促进了中国相关行业的发展与技术进步。对加强中国的基础设施建设、保护自然环境和改善贫困地区人民生活条件发挥了积极作用。如江西景德镇利用澳贷款引进了澳先进的无氟利昂冰箱生产技术，在国内率先生产无氟冰箱，产品出口国外取得了良好的经济效益，为当地的经济发展作出了贡献。再如利用澳贷款进行的电网改造项目在一度中断后得到了恢复，将使贫困地区约80万人用上电，50万人喝上自来水。另一方面，澳在提供贷款的同时也有力地推动了澳技术及设备对中国的出口，为澳增加了新就业机会，为澳公司和企业带来了可观的商业利益。据澳方估计，对华优惠贷款中每1澳元的投入最终可得到3个澳元的回报。

（四）中澳人员交流

中国是澳增长最快的服务出口市场。中国在澳留学人员常年保持在3万人以上，是目前澳最大的教育出口市场。中澳两国间人员流动规模逐年扩大。截至2001年底，中国和澳大利亚已建立了50多对友好省州和城市关系。截至2003年5月，共有3.5万名中国学生在澳就读，中国学生人数占在澳大利亚所有海外学生人数的第一位。根据澳大利亚国际教育开发署统计，到2004年第一学期，中国在澳留学生共计38 872人，为澳大利亚最大的留学生资源国。

1995～2004年间，中国访澳游客从4.26万人增至25万人。另据澳旅游局统计，2003～2004财年，中国赴澳短期商业考察人数达29.9万人次，位居世界各国之首；持旅游签证赴澳人数达16.3万人次，位居世界第五。

澳旅游局预计，未来10年内，中国游客将以每年15%～30%的速度增长，至2012年将达140万人次。届时，中国将成为澳海外游客的头号来源国。澳大利亚到中国旅游人数近年来增长也十分迅速。据中国国家旅游局统计，2004年到中国的澳大利亚游客达37.6万人，同比增长53.32%。2004年1月，中澳两国自由贸易协议可行性研究开始启动。2006年4月，温家宝总理访澳期间，还为中澳两国自由贸易区谈判带来突破。根据中澳“六点共识”，两国将全面推动经贸合作，加快推进自由贸易区谈判，争取在1～2年内取得实质性进展，为全面达成一个互利互惠、符合双方利益的协议奠定基础。

可以相信，随着两国自由贸易协议谈判的进行，中澳经贸关系的发展必将迎来更加灿烂的未来。

三 中澳经贸关系发展的趋向与对策

（一）趋向

1. 中国与澳大利亚之间的贸易增长迅速

尤其是近几年，双方的贸易额大幅上升。根据澳方提供的数据，中国从澳大利亚的进口由1959～1960年度占澳总出口值的2%上升至1979～1980年的4.5%。中澳两国贸易额达到50亿美元耗时24年，达到100亿美元用了6年。2002年中澳建交30周年后，两国经贸关系突飞猛进，仅用短短两年时间就实现了百亿美元翻番。2004年，中澳贸易额创下203.9亿美元的历史记录，其中中国对澳出口额88.4亿美元，同比增长41%；从澳进口额115.5亿美元，同比增长58.2%。

2. 中澳各自在对方经贸格局中地位有很大提升

根据澳方提供的资料，1986和1996年澳大利亚对中国的出口分别为15.87亿澳元和34.27亿澳元，分别排位澳大利亚当年出口目的地的第六和第九位。2004年，中国成为澳第三大贸易伙伴，澳大利亚则是中国第九大贸易伙伴。

3. 中澳之间的贸易结构处于转型进程中

从以往以中方出口纺织品及电子产品等劳动密集型制成品而澳方向中方出口初级资源产品的结构往双方均有复杂制成品向对方出口的结构转变。2004年，制成品约占中国对澳出口产品的九成，机电产品成为中国对澳第一大类出口商品，出口额逾42亿美元，约占中国对澳出口总额的56.3%。近年来，中国高科技产品对澳出口超越服装类产品。电脑及其配件、电视机等产品的对澳出口增幅均在60%以上。中国已成为澳最大的电脑来源国和第二大电信设备来源国。纺织品、服装、鞋类、家具等传统产品对澳出口的潜力也得到进一步挖掘。这表明中国经济的持续增长与技术水平层次的提高和经济实力的增强。

4. 中国在对澳贸易中多数年份为逆差，这种情形即便在可预见的将来也难以改变

这是因为中国近年来的发展，对矿产品和能源产品的需求量愈来愈大，而澳大利亚在中国发展战略中资源供应国的地位愈显重要。

5. 双方的合作方式发生深刻变化

以中澳资源能源合作为例，这种变化表现在以下几个方面：首先，现货贸易逐步被长期合同所取代。2004年，中澳签署了逾10亿吨铁矿砂和数量可观的镍、铜精矿的长期供货合同。其次，简单贸易逐渐让位于参股和共同开发。过去，中国钢铁企业与澳大利亚矿业公司签署长期合同的为数不多。1987年，中国冶金进出口总公司与力拓矿业集团下属的哈默斯利铁矿公司签订30年合资采矿合约；2002年，宝钢集团与哈默斯利铁矿公司签署20年合作协议。到了2004年，中国钢铁企业与澳大利亚矿业公司签署长期合约的势头猛增。武汉钢铁公司等与澳公司签署了20～25年期合资开采铁矿或供应铁矿石合约及备忘录等。另外，双方在资源领域的合作从铁矿砂、氧化铝为主的矿产延伸到液化天然气和煤炭等能源领域。2002年，中澳两国签署了为期25年、价值250亿澳元的液化天然气合同。2004年，中澳又就高庚液化天然气项目的合作举行了卓有成效的谈判。同时，中澳在煤矿领域的合作也方兴未艾。

（二）对策

中澳关系发展主流是友好合作，尤其在经贸领域发展前景十分广阔。如何构筑面向21世纪的中澳关系是中澳两国的重要课题。为了进一步推动中澳友好合作关系，双方在建交以后一直到现在都很注意在双边关系中处理好以下问题，这些问题也是双方在今后应当注意的问题。

1. 将建立稳定的友好合作关系作为长期战略目标

发展中澳关系符合两国人民的利益，也是维护和促进亚太地区和平、稳定和发展的需要。因此两国应尽力摆脱冷战后遗症的影响，还应尽量避免受国际大环境出现急剧变化带来的影响，真心把对方视为朋友。双方应加强交流与磋商，求同存异，消除不利于双方友好关系发展的因素，否则将极大地损害未来两国之间的经贸合作往来。

2. 敦促澳政府对中国进一步开放市场

目前尽管中澳双边贸易发展的层次有所提高，但相对而言还是停留在较低水平的资源互补阶段。澳对中国出口原料性产品，从中国进口劳动密集型产品，这些产品在澳市场上仅作为一种对日本、美国贸易关系的补充。双方贸易的量受到出口平衡的约束比较强。中方想多买澳方产品就必须多卖自己的产品。但澳对劳动密集型产品实行配额制和非关税壁垒，限制中国产品对澳的出口，反过来也使中国进口澳产品受外汇制约，长期中国一直处于贸易逆差地位。如果澳不向中国开放市场，将对双边贸易产生消极影响。

3. 加速中国对澳出口商品结构调整

中国对澳出口商品大部分属于中、低档次，仅适用于澳中、低层次的消费者。随着澳政府逐渐取消对纺织品、服装、轻工产品的进口配额，以及逐步降低这些产品的进口关税和非关税壁垒，中国商品将面临来自韩国、中国台湾、香港、印尼、越南等亚洲国家和地区的更大竞争，澳进口商品市场的竞争激烈程度将会加剧。如何巩固和发展中国商品在澳市场的份额，是中国有关部门需要考虑的问题。

四　中澳经贸关系发展前景

中澳经贸关系之所以能够稳步快速地发展，很重要的原因就是两国贸易的互补性很强。澳大利亚拥有丰富的自然资源，矿产品、能源产品、农产品可长期供应中国市场；中国有丰富的劳动力资源和广阔市场，既能向澳大利亚提供轻工、纺织、机电等劳动密集型产品，也能提供诸如卫星发射这样的高新技术服务。因此，两国经济取长补短、互利合作的潜力很大。

（一）两国经济的互补性，是双方经贸关系稳定发展的重要基础

中澳两国在贸易上具有很强的互补性，在产品市场以及发展战略上也互有需求。澳大利亚有丰富的资源性产品，是中国发展钢铁工业、轻纺工业所急需澳大利亚要使本国经济进一步发展，尤其是使资源性产品有稳定的销售市场，中国这个大市场对澳大利亚就显得尤为重要。

另一方面，中国的加工、制造工业经过57年以来的不断发展、改造，已具有一定的技术水平，加上中国是一个拥有13亿人口的世界人口大国，劳动力资源极为丰富，生产成本低，产品在国际市场上有较强的竞争力。在劳动密集型产品的生产方面拥有较大的优势。而澳大利亚仅有人口1 800多万，由于劳动力短缺劳动成本较高，劳动密集型产品一直需要从国外进口。

（二）中国对外开放和澳大利亚“面向亚洲”战略为经贸合作展示亮景

中国经过20多年的改革开放，与亚太地区的经济关系日益密切，中国已将澳视为实行市场多元化战略重点开拓的市场之一。20世纪90年代以来，中澳双边贸易每年平均以20%的速度增长，这种紧密的贸易关系将进一步促进两国关系的发展。同时中澳两国历代领导人始终重视发展中澳双边关系，亦为进一步加强两国经贸合作关系提供持续动力。

另一方面，长期以来澳大利亚对外贸易一直依附于英联邦，以欧洲为重点。20世纪80年代欧美经济一直不景气，对初级产品的需求量下降，这就使澳大利亚与欧美国家的贸易一直处于逆差中。与此同时，东亚经济则以惊人的速度发展，处于世界遥遥领先的地位。促使澳大利亚将其贸易重点转向东亚，推行“面向亚洲”战略。作为东亚经济增长发动机的中国，自然成为其在东亚地区开拓市场重要着力点。

（三）双方经贸合作巨大潜力有待进一步开发

中澳经贸合作的巨大潜力还主要表现在以下几方面。

1. 目前双边贸易仅占两国贸易总量的极小部分，双边贸易大有发展潜力

中澳都是世界贸易大国，但双方贸易额在各自总量中的份额都还很小，与双方在世界贸易中的地位很不相称，具有很大的发展潜力。

2. 中澳之间的贸易结构正在发生变化

过去中澳之间的贸易主要体现在一种天然互补性。如上所述，进入90年代后，双方的贸易结构开始发生变化。近年来，中国的彩电、机电产品已成为对澳出口的重要产品。可以预料，随着双边贸易范围将逐步由初级产品向制成品和高科技产品转化，中澳双边贸易的潜力将进一步发挥。

3. 中国市场的广阔和多层次性，为中澳经贸合作创造更多商机

中国具有广阔的国内市场，随着中国产业结构的逐步改进，人民生活水平的提高，高新技术、资金、消费品需求都十分旺盛。虽然中国目前年人均收入仅为1 000多美元，但是中国的沿海城市，通过20多年的改革开放，生产力得到很大的提高，

人民生活水平提高很快，人年均收入已达数千美元，拥有巨大商机。

4. 推进西部开发战略，拓展贸易与投资发展新空间

随着中国西部开发战略推进，澳大利亚对华的商业活动将从中国南部沿海扩大到中国中西部地区。以往澳对华大部分商业活动集中在中国南方沿海地区，中国推进西部开发战略，澳大利亚企业界在中国西部地区的贸易活动将不断增加，从而大大扩展其在中国市场贸易与投资的领域和空间。

（刘樊德）

第八节　中国与非洲经贸关系

中国与非洲虽远隔千山万水，但双方的友好往来却已有数千年的历史。早在公元9～10世纪的唐、宋时期，中国与非洲之间就有了贸易往来。15世纪，明朝郑和下西洋的船队曾三次到达非洲东海岸，索马里北部有一个名叫“郑和屯”的村落就是为了纪念郑和而命名的。新中国成立之初，中国就与非洲国家有了贸易往来。半个多世纪以来，中国与非洲的经贸往来受到了双方政府的高度重视，并取得了可喜的成果。中非贸易取得了长足发展：1950～2000年间，双边贸易额由1 000多万美元增至100亿多美元，贸易对象国由一两个国家增加到50多个国家，进、出口商品结构和贸易方式也日趋多元化。中国对非洲的直接投资、工程承包及劳务合作均有了较快的发展。进入21世纪以来，中非经贸合作的规模不断扩大，领域不断拓宽，多元化格局正在形成，双边经贸关系进入了全面发展的新时期。

一　中非贸易及经济合作关系的发展历程

（一）中非贸易关系发展历程

根据中国对非洲的贸易政策、双边贸易额、进出口商品结构以及贸易对象国变动等情况，中非贸易发展历程大致可分为建立、发展和飞跃三个时期。

1. 建立与初步发展时期（1949～1978）

20世纪50～70年代，中非贸易的发展比较顺利，从50年代初的民间贸易发展到较大规模的官方贸易，双边贸易额大幅度增长。中国对非洲的出口商品结构由以初级产品为主，逐步发展到以工业制成品为主；从非洲进口的产品种类也由单一品种增加到几十种。中国在非洲的主要贸易伙伴从北向南逐渐扩展：50年代集中在北非国家，60～70年代以北非为主，逐渐向撒哈拉以南非洲国家拓展，特别是向东非和中西非国家发展。中国与非洲国家的贸易支付方式由记账支付的方式逐渐转向现汇贸易。

50年代是中国与非洲国家贸易关系的起步阶段，双边贸易额很少，贸易伙伴国以及进出口商品结构都相对单一。1950年与中国有贸易往来的只有摩洛哥和埃及；阿尔及利亚、利比亚和突尼斯先后在1951年、1952年和1955年同中国发展了民间贸易往来；几内亚则通过摩洛哥转口贸易与中国有间接贸易来往。为了扩大中国在非洲的影响，中国政府实行贸易先行战略，在发展民间贸易的同时，注重建立与非洲国家间的贸易关系。埃及是第一个与中国签署国家间贸易协定的非洲国家，摩洛哥和突尼斯也于1958年同中国签订了政府间贸易协定。到1959年，中国已同19个非洲国家和地区建立了贸易关系。

1950年，中国与非洲的贸易额为1 214万美元，仅占中国对外贸易总额的1%。自1954年起，中非贸易额开始逐渐增长，到1959年已达9 000万美元，比1950年增长了7倍多。在1955～1960年间，中国对非洲出现较大数额的贸易逆差，这主要是因为中国政府分3年向埃及购买了价值1亿英镑的棉花。50年代初期，中国对非洲出口的主要商品是茶叶。到1959年，中国对非洲出口的商品结构呈现出多元化趋势，主要出口商品是茶叶、粮油食品（占56.2%）、轻工产品（占16.2%）、钢材（占11.7%）和机械产品（占3%）等。1956年以后，中国开始进口埃及的棉花，1957年进口摩洛哥的磷酸盐。

60年代中国对非洲的贸易额和贸易伙伴均有所增加，出口商品结构也得到一定调整。这一时期与中国建立贸易关系的非洲国家和地区增加了19个，其中有13个国家与中国签订了政府间贸易协定。到1969年，与中国有贸易关系的非洲国家和地区增至38个，中国与非洲的贸易额达到1.82亿美元，比1960年增长了1.65倍，比1950年增长了约15倍。这一阶段中国对非洲进出口贸易额基本平衡，中国对非洲的出口商品主要是纺织品和服装、轻工产品、粮油食品、机械产品、五金矿产品和化工品。

1969年，中国对非贸易的主要出口对象国是埃及（占14%）、利比亚（12.6%）、苏丹（12.4%），此外还有阿尔及利亚、摩洛哥、坦桑尼亚、几内亚和肯尼亚等国；中国对非贸易的主要进口来源国是苏丹（占22%）、摩洛哥（20%）、坦桑尼亚（18.6%），还有阿尔及利亚和埃及等国。

60年代，由于中国和非洲国家都存在外汇短缺、资金不足问题，中非贸易往来主要采用易货贸易方式，以记账支付结算。这一方式既促进了中国与非洲的贸易发展，又扩大了中国与非洲商品交换的品种。

70年代中国对非洲的双边贸易发展迅猛，进出口商品结构逐步优化，在非洲的贸易伙伴也有较大增加。随之，双边贸易额逐年增长，且增长幅度较大。1978年中非贸易额比1970年增长了4.3倍，其中中国对非洲出口额增长了4.2倍，从非洲进口额增长了4.5倍。

70年代中非贸易增长迅速的原因主要有以下两点：一是中非贸易额的基点低，增长空间大；二是中国恢复了在联合国的合法席位后，10年间共有25个非洲国家同中国建交，到1979年同中国建立贸易关系的国家和地区已达47个，与中国政府签署贸易协定的非洲国家也达到30个。在力所能及的情况下，根据平等互利原则和双方的需要，中国积极安排从非洲国家进口产品，如进口摩洛哥的磷酸盐，苏丹的阿拉伯胶，埃及、苏丹、坦桑尼亚和乌干达的棉花等。在此期间，中国还逐渐增加对非洲国家的援助，如援建坦赞铁路等。在向受援国提供物资和设备的同时，亦增加了中非贸易额。

表19　中国与非洲1950～1990年商品贸易一览表　（百万美元）

年份	贸易总额	出口额	进口额	贸易差额
1950	12.14	8.92	3.22	5.70
1955	34.74	7.06	27.68	−20.62
1960	110.57	33.84	76.73	−42.89
1965	246.73	124.49	122.24	2.25
1970	177.21	112.00	65.21	46.77
1975	671.00	447.00	224.00	223.00
1980	1 131.00	747.00	384.00	363.00
1985	628.00	419.00	209.00	210.00
1990	1 664.00	1 297.00	367.00	930.00

资料来源　根据中国海关历年统计资料编制。

表20　中国与非洲1995～2005年商品贸易一览表　（亿美元）

年份	贸易总额	中国出口额	中国进口额	贸易差额
1995	39.21	24.94	14.27	10.67
1996	40.31	25.66	14.65	11.01
1997	56.73	32.09	24.64	7.45
1998	55.32	40.56	14.76	25.80
1999	64.83	41.08	23.75	17.33
2000	105.97	50.42	55.55	−5.13
2001	107.99	60.06	47.93	12.13
2002	123.89	69.62	54.27	15.34
2003	185.45	101.84	83.61	18.23
2004	294.61	138.15	156.46	−18.31
2005	397.40	186.80	210.60	−23.80

资料来源　根据中国海关历年统计资料编制。

中非贸易的商品结构在这一时期更趋多样化。中国的主要出口商品是粮油食品、纺织品、轻工产品和机械产品；主要进口商品是棉花、磷酸盐、可可豆、咖啡豆、烟叶、原油以及少量工业制成品和半制成品。中国对非贸易的第一大出口伙伴国仍然是埃及，其次是苏丹、利比亚、摩洛哥、尼日利亚、阿尔及利亚、坦桑尼亚和利比里亚等国；主要进口来源国包括埃及、苏丹、阿尔及利亚、赞比亚、摩洛哥和坦桑尼亚。

随着非洲国家对中国日用品需求的日益增加，中国对非洲的进出口贸易不平衡问题日趋严重。加之由于出口需求高于进口需求，传统的易货贸易的记账支付方式也已满足不了双边贸易的发展。因此，中国与非洲的贸易往来逐渐改变了以往的记账支付方式，采用了现汇贸易，那些不愿改变记账贸易的国家则继续维持原有方式，或兼用现汇贸易。

2.调整与徘徊时期（1979～1989）

中国在改革开放的最初10年，对外贸体制进行了初步改革，外贸管理权下放到地方和部门，同时政府对对非贸易政策也进行了调整。这些因素无疑对中国与非洲贸易的发展构成了影响。整个80年代，中非贸易额比70年代稍有增长。1980年中非贸易额为11.3亿美元，其中出口额为7.47亿美元，进口额为3.84亿美元。1985年中非贸易额曾大幅下降（6.28亿美元）。但80年代其他年份中非贸易额均在8亿～12亿美元之间徘徊。这一时期，中国对非洲的出口不断增长，进口持续下降，对非洲的贸易顺差越来越大。

20世纪80年代，中国对非洲出口额较大的商品有茶叶和土畜产品（占17.1%）、轻工产品（占14.3%）、纺织品和服装（占13.4%）、机械产品（占5.4%）、粮油食品（占3.7%）。

另据中国海关统计资料，1980～1985年，中国对非贸易的主要出口对象国是：埃及、阿尔及利亚、利比亚、摩洛哥、苏丹、突尼斯、刚果（金）、塞内加尔和利比里亚等；主要进口来源国是：埃及、苏丹、摩洛哥、突尼斯和刚果（金）。1986～1989年间，中国对非贸易的主要出口对象国是：刚果（金）、埃及、摩洛哥、利比亚、阿尔及利亚、利比里亚、苏丹、肯尼亚、毛里塔尼亚、毛里求斯等；主要进口来源国是：摩洛哥、利比里亚、津巴布韦、苏丹、突尼斯等。

这一时期中国各地区和部门的公司在非洲设立了150多个贸易中心或办事处，200多个贸易公司及分拨中心，在非洲形成了销售网络，这些措施在一定程度上刺激了中非贸易的发展，但整个80年代中非贸易额的增幅并不大。造成这种状况的原因主要有如下几点：一是，中国当时正值改革开放之初，政府和企业都更加关注发展与美国、欧洲等西方发达国家的贸易关系；二是，这期间中国注重发展国内的经济建设，对非洲的援助有所收缩，影响了同援助项目扩大相关的与非洲国家的贸易往来；三是，80年代中国逐步淘汰了记账贸易的支付方式，转而采用现汇贸易的支付方式。由于非洲国家资金不足，外汇短缺，使得这种支付方式的变化在一定程度上影响了中非贸易的发展。

3．快速发展时期（1990年以来）

随着中国国务院1988年2月颁布《关于加快和深化对外贸易体制改革若干问题的规定》，在20世纪90年代后，中国对外贸易体制的改革逐步深化。进一步放宽了国家统制的对外贸易政策，实行外贸承包经营责任制，从而推动了对非洲贸易的迅速发展。

中国政府在此期间更加重视发展与非洲国家的经贸合作关系，不断充实和完善中国对非洲的贸易政策。1991年实行的“市场多元化”战略，1997年实行的“两种资源、两个市场”战略，都对这一时期中非贸易的发展起到了推动作用。中国政府特别鼓励中非双方企业间的合作，鼓励有一定实力的中国企业到非洲开展形式多样的互利合作，拓宽贸易渠道，增加从非洲的进口。2000年10月在北京召开的中非合作论坛，以及2003年12月在埃塞俄比亚召开的中非合作论坛第二届部长级会议，都对进一步发展中非经贸合作发挥着积极的推动作用。

20世纪90年代，在国家政策的支持下，中国与非洲贸易增长强劲，双边贸易进入了快速发展的新时期。到2005年底，中国与非洲53个国家和地区都建立了贸易关系，与其中的41个国家签订了双边贸易协定。

20世纪90年代以来，中非贸易关系有以下几个显著特点。

（1）贸易额增长速度较快

随着中国政府对非洲商品市场的逐渐关注，中非双边贸易额快速增长（除1991年有所下降之外，其余各年均有所递增）。1990年中国对非洲的进出口贸易总额为16.7亿美元，到2005年中国与非洲的进出口贸易总额已达到397.4亿美元，是1990年的23.9倍。其中，中国对非洲的出口贸易额逐年递增，到2005年达186.8亿美元，比1990年增长了13.4倍，呈现出良好的发展态势。90年代以来中国从非洲进口额的增长虽有所反复，但从整体上看则呈迅速上升趋势，到2005年进口额为210.6亿美元，比1990年增长了56.4倍。

（2）中国在中非贸易中继续保持顺差地位

除2000年外，中国每年均有顺差，其中1993年的顺差最低，为5.2亿美元；1998年的顺差最高，为25.8亿美元。2000年中国对非洲贸易出现的逆差，是自1964年以来首次出现的情况。造成逆差的主要原因是中国从非洲进口大量石油，并且适逢当年国际油价趋高。之后中国对非洲贸易又恢复了顺差，2001～2003年，中国对非洲贸易顺差分别为12.1亿美元、15.3亿美元和18.2亿美元。

（3）中国对非洲出口的商品结构有所改善

机电产品和高新技术产品的出口比重不断增加；中国从非洲进口的商品结构变动不大，仍然是以燃料和初级农矿产品为主。90年代中期以来，中国对非洲出口的最主要商品类别为机电产品和纺织品服装，其次是轻工产品及日用消费品等。1995年，中国出口的机电产品占中国对非洲出口总额的34.5%，纺织品和服装的出口占16.7%。1999年中国对非洲出口的机电产品，约占对非洲出口总额的36.1%；其次是纺织品和服装，约占出口总额的25%；其他还有轻工产品（占13.4%）、鞋类产品（占10.5%）等。2002年，中国机电产品和高新技术产品等两项附加值较高的产品占中国对非洲出口的45.2%；纺织品和服装、鞋类产品、箱包及塑料制品等，占对非出口总额的35%；而茶叶和摩托车两种商品对非洲的出口额则分别占当年中国同类产品全国出口总值的57.8%和20.8%，非洲已成为中国茶叶、摩托车出口的重要市场。

中国从非洲进口的商品大类为石油和农、林、矿初级产品等。1995年，中国从非洲国家进口的石油占进口总额的18.4%，矿产品占15.6%，棉花占10.2%，原木占6.3%，化肥占2.7%，其他进口产品还有可可、咖啡等。1999年，中国从非洲进口原油725万吨，金额为8.76亿美元，占中国从非洲进口总额的36.9%，比1998年增长了205.2%；其他大宗进口商品有：原木占13.09%，矿产品占8.88%，钻石占3.66%。2002年中国从非洲进口额超过1亿美元的商品共有7项，分别是：原油28.9亿美元、原木4.2亿美元、铁矿砂及其精矿2.41亿美元以及钻石、钢材、机电产品和液化石油气及其他烃类，这7类产品的进口总额为41亿美元，占中国从非洲进口总额的75.6%。

表21　　中国1990～2003年在非洲的主要贸易伙伴

年份	贸易额超过1亿美元的国家	占对非贸易额比重(%)	出口额超过1亿美元的国家	占对非出口额比重(%)	进口额超过1亿美元的国家	占从非洲进口额比重(%)
1990	苏丹	11.9	—	—	—	—
1994	南非 埃及 摩洛哥 多哥	55	南非 埃及 多哥	39.9	南非	60.3
1998	南非 埃及 尼日利亚 苏丹 摩洛哥 安哥拉 科特迪瓦 加蓬 贝宁 津巴布韦 突尼斯 加纳 肯尼亚　阿尔及利亚	80.4	南非 埃及 尼日利亚 苏丹 摩洛哥 贝宁 科特迪瓦 肯尼亚 阿尔及利亚 加纳 津巴布韦	75.7	南非 安哥拉 加蓬	67.2
2002	南非 苏丹 尼日利亚 安哥拉 埃及 摩洛哥 贝宁 阿尔及利亚 赤道几内亚 刚果(布) 加蓬 科特迪瓦 加纳 利比亚 多哥 喀麦隆 津巴布韦 肯尼亚 坦桑尼亚 埃塞俄比亚	92.0	南非 尼日利亚 埃及 摩洛哥 贝宁 苏丹 阿尔及利亚 科特迪瓦 加纳 肯尼亚 突尼斯 多哥 坦桑尼亚 利比亚	85.1	南非 苏丹 安哥拉 赤道几内亚 刚果(布) 加蓬 津巴布韦 摩洛哥 尼日利亚 喀麦隆	90.2
2003	南非 苏丹 尼日利亚 安哥拉 埃及 摩洛哥 贝宁 阿尔及利亚 赤道几内亚 刚果(布) 加蓬 科特迪瓦 加纳 利比亚 多哥 喀麦隆 津巴布韦 肯尼亚 坦桑尼亚 埃塞俄比亚 突尼斯 冈比亚 马达加斯加 毛里求斯	94.4	南非 尼日利亚 埃及 摩洛哥 贝宁 苏丹 阿尔及利亚 科特迪瓦 加纳 肯尼亚 突尼斯 多哥 坦桑尼亚 利比亚 安哥拉 埃塞俄比亚 冈比亚 马达加斯加 毛里求斯	91.2	南非 苏丹 安哥拉 赤道几内亚 刚果(布) 加蓬 津巴布韦 摩洛哥 喀麦隆 埃及	89.1

资料来源　根据中国海关历年统计资料编制。

4. 中国的主要贸易伙伴由少数几个国家扩展到20多个国家

1990年，中国对非洲贸易额超过1亿美元的国家仅有苏丹一个，到2003年，这一数字已增至24个，中国与这24个非洲国家的贸易额占中国对非洲贸易总额的94.4%。体现在具体的进出口额方面，1990年中国对非出口、从非洲进口超过1亿美元的国家还为空白；到2003年，中国对非出口额超过1亿美元的国家已达到19个，中国向这19国的出口占中国对非出口总额的91.2%，从非洲进口额超过1亿美元的国家有10个，中国从这10国的进口额占中国从非洲进口总额的89.1%。

（二）中国与非洲经济合作的发展历程

中国与非洲的经济合作主要有劳务合作、承包工程和直接投资。

1. 工程承包与劳务合作

早在20世纪50年代后期，伴随着中国对非洲的经济援助，中国就与一些非洲国家开展了劳务合作。1976年，中国政府应尼日利亚政府的要求，帮助建设由其自筹资金开荒造田和打井等3个项目，这是中国在非洲最早的工程承包项目。80年代初以前，中国对非洲的直接投资很少，仅限于企业为了执行特定政府项目而兴办的，如中坦航运合资公司。

从1983年开始，中国与非洲经贸合作的形式由单纯的商品贸易和向非洲国家提供援助，转向工程承包、劳务合作、咨询设计、合资、合营等多种形式的互利经济合作形式。这一转变为中国对非工程承包和劳务合作开创了新局面。1983～1985年间，中国共有33家公司在37个非洲国家共签订了516项合同，合同总金额12.5亿美元，是1982年之前合同总额的近9倍之多。截至1985年底，中国在非洲的劳务人员已达7 863人。1986～1994年间，中国在非洲的工程承包和劳务合作业务又有明显增长，合同总额达到了48.5亿美元，是1985年时累计合同总额的近4倍。

自1995年下半年开始，中国政府对援外方式进行了改革，中国与非洲国家合作的主体从政府转向企业，实行援外方式和资金的多样化，促进中非企业间的直接合作。中国积极推行政府贴息优惠贷款及援外项目合资合作方式，帮助受援国建立生产项目，将援外与直接投资、工程承包、劳务合作与外贸出口紧密结合起来。在新的援外方式的带动下，中国与非洲的经济合作取得了良好的成就。1995～1999年底，中国已与24个非洲国家签订了39笔优惠贷款框架协议；创办了46个合资合作项目。从2000年10月中非合作论坛结束到2001年底，中国已向43个非洲国家新提供各类援助共70余笔，在16个非洲国家承建了20多个成套项目。中国在非洲的工程承包和劳务合作事业也进入了一个快速增长的新时期。其突出表现是大型项目增长快，其中1亿美元以上的项目有14个，合同总额34.5亿美元，承包工程项目的技术含量增加。

表22　中国1996～2002年对非洲承包合同额在1亿美元以上的大项目　（万美元）

年份	项目名称	签订项目公司	合同额
1996	尼日利亚铁路修复项目	中国土木工程公司	52 870
1997	苏丹喀土穆炼油厂	中国石油工程建设公司	51 131
1998	苏丹穆格莱德盆地输油管道	中国石油工程建设（集团）公司	29 500
1998	苏丹穆格莱德油田生产设施	中国石油工程建设（集团）公司	16 267
1998	赞比亚谦比西铜矿	中国有色金属建设股份有限公司	11 000
2000	利比亚铁路工程	中国土木工程集团公司	47 762
2001	苏丹吉利工程	哈尔滨电站工程有限责任公司	14 900
2001	阿尔及利亚2万套住房	中国建筑工程总公司	31 161
2001	尼日利亚萨格巴马埃克若马路桥工程	山东华鲁集团有限公司	16 071
2002	利比亚西部陆上管线项目	中国石油工程建设（集团）公司	12 932
2002	阿尔及利亚10240套住宅	中国建筑工程总公司	14 920
2002	阿尔及利亚区块开发项目	胜利油田管理局	16 000
2002	尼日利亚OKITIPUPA电站B项目	山东电力建设第三工程公司	16 670
2002	埃塞俄比亚泰可则水电项目	中国水利水电工程总公司	13 888
合计	14个项目	14个公司	345 072

资料来源　根据商务部相关资料编制。

从1995年以来，中国在非洲的承包工程和劳务合作的领域进一步拓宽，由最初的修筑公路、铁路、桥梁、农田整治等技术含量较低的土木工程项目为主，到今天的涉及房屋建筑、石化、电力、交通运输、通讯、水利、冶金、铁路等国民经济各领域。在国家的大力支持下，非洲一直是仅次于亚洲的中国对外承包劳务的第二大市场，1995～2002年期间，中国企业在非洲承包劳务累计合同额为157.29亿美元，营业额为116.38亿美元，其中工程承包合同额144.40亿美元，营业额84.22亿美元；劳务合同额12.25亿美元，营业额11.49亿美元。截至2005年10月，中国在非洲承包工程和劳务合作，累计合同额389亿美元，完成营业额273亿美元，中国在非洲从事承包工程和劳务合作人员达7.8万人。

2. 直接投资

由于中国与非洲各国之间在经济结构上具有较强的互补性。非洲国家需要的机电设备和纺织品服装是中国具有比较优势的产品，而中国工业发展急需的能源、原材料等资源也正是非洲国家的比较优势所在。这种现实存在的互补性是中国对非洲国家进行商品贸易和海外投资的重要前提。因此，大力开拓非洲市场是中国企业拓展国际市场空间，缓解国内市场压力的现实选择，非洲市场也是中国实施“走出去”战略，开拓海外投资市场的重点地区之一。2002年，中国政府又提出加紧实施“走出去”战略，不失时机地大力推动国内具有竞争优势的企业以现有设备和成熟技术到非洲国家投资设厂。

1990年以前，中国对非的直接投资与贸易、援助相辅相成，成为带动工程设备、原材料以及其他中国产品出口到非洲的重要手段。1979～1990年底，中国在非洲共投资102个项目，投资总额5 119万美元，每个项目平均投资约50万美元，投资规模比较小。

中国政府自1995年起，相继在非洲国家设立了11个“投资开发贸易促进中心”，其目的是促进中非企业间的交流，为双边投资和贸易提供信息和服务，主要是提供保税仓储、经贸洽谈、商品展示以及法律和经贸咨询等服务。1998年，国家计划委员会（现发改委）确定对非洲投资规划方案，第一次就对非洲投资领域、规模及投资目标，进行量化分析，并提出了相关的指导意见。这标志着中国对非洲投资工作开始孕育面向新世纪的战略转变，即由贸易型投资逐渐向资源开发类投资转变。

20世纪90年代中期以来，随着去非洲设厂的中国企业数量的增加和投资规模的扩大，中国对非洲的投资初具规模。其主要特点是：

（1）中国对非洲的投资额除了在2000年有明显增多外，其余年份均没有超过1亿美元。2000年，由于受国家实施“走出去”投资战略的积极影响，中国在非洲新设立投资企业57家，双方协议投资金额2.51亿美元，中方实际投资额2.16亿美元，比1999年增长1倍多，约占中国当年对外投资总额的39.2%。2002年，中国在非洲新设立的企业有36家，协议总投资额为0.73亿美元，其中中方投资额为0.63亿美元。

到2005年10月，中国企业在非洲投资已达10.75亿美元，投资项目涉及贸易、生产加工、资源开发、交通运输、农业及农产品综合开发等领域。与此同时，中国企业对非洲投资的政策和法律环境日臻完善。目前，中国已同41个非洲国家签订了双边贸易协定，同28个非洲国家签订了双边鼓励和保障投资协定，与8个非洲国家签订了避免双重征税协定。

（2）投资项目分布由最初的以北部非洲的埃及和苏丹、南部非洲的南非和赞比亚为主导，扩展到整个非洲地区。截至2003年，中国在非洲的投资项目已遍布54个国家和地区。

（3）投资领域由以贸易类企业为主转变为由生产加工和资源开发企业为主。目前中国对非洲投资项目涉及贸易、生产加工、资源开发、交通运输、农业及农产品综合开发等多个领域。

（4）中方投资额在1 000万美元以上的大中型项目逐步增多。中国在非洲投资金额较大的项目有：石油天然气集团公司在苏丹的石油项目、中国有色金属建设集团公司在赞比亚建设的谦比西铜矿、中国钢铁工贸集团在南非投资的铬矿资源开发项目等。

表23　中国1996～2002年对非洲投资概况　（万美元）

年份	1996	1997	1998	1999	2000	2001	2002
投资总额	5 625	8 184	8 827	6 465	21 310	7 600	6 300

资料来源　商务部相关统计数据。

二 中非经贸关系存在的问题

近10年来，中非经济贸易往来虽然保持增长势头，但同时也存在制约中非经贸深入发展的诸多因素，其中有宏观层面的因素，也有微观层面的因素；有主观因素，也有客观因素。

（一）中国对非洲贸易长期保持顺差

自1965年以后，中国在中非贸易关系中一直保持贸易顺差地位，特别是在80年代，进出口贸易差距十分悬殊。以1987年为例，当年中国对非出口额为8.54亿美元，进口额仅为1.55亿美元，出口是进口的5.53倍。90年代，伴随中非贸易的快速增长，中国的贸易顺差也继续扩大。1990年，中国对非洲贸易顺差达到9亿多美元，1995年为10.67亿美元，1998年为25.8亿美元，2003为18.2亿美元，进出口不平衡状况依然严峻。

造成中国对非洲贸易顺差的主要原因是：虽然，一方面近年来中国对非洲出口商品结构日趋多元化；但是，非洲向中国出口的仍多为初级产品，如原油、原木、矿产品、咖啡、茶叶、可可、棉花、烟叶等，这些产品受国际市场价格波动影响很大，出口状况不稳定。长远来看，长期的贸易顺差不利于国际贸易的进一步发展。目前中国对非贸易的不平衡已经在某种程度上造成了中非双边贸易中的摩擦，制约了中非贸易的进一步发展。

（二）对非出口商品的质量及售后服务缺乏足够重视

目前，中国一些外贸公司销往非洲的机电产品存在明显的质量问题，或是零件尚未安装齐全，或是零件与整机不配套。有的公司为了争取客户，在样品报价时故意压低报价，而到交货时则以次充好。还有一些外贸公司则冒牌顶替，牟取暴利，使市场秩序混乱，以致造成一些非洲当地商人宁愿高价从欧洲公司或美国公司转口中国产品，也不愿从中国直接订货。

一般来说，在出口商品的品质相仿的条件下，服务则是交易成功的关键因素。目前，中国企业在完善对非出口商品售后服务体系方面，大多仍缺乏足够重视，从而影响对非出口增长。中国产品若想在非洲市场上占据一席之地，提高产品质量和完善售后服务体系无疑是当务之急。

（三）中国企业在非洲市场上的贸易支付方式不够灵活

在非洲，人们普遍采用寄售、T/T或现金等支付方式进行国际贸易的结算，对机电产品贸易主要采取公开招标的形式，一般要求远期付款或提供信贷，即期或远期信用证贸易的支付方式在非洲很少见。而中国出口企业大多只接受信用证付款，但由于开具信用证需要较高比例的押金，加上中国产品的交货期较长，影响进口商的资金周转，所以非洲进口商一般不愿采取信用证付款方式。有的非洲国家资源丰富但是外汇短缺，进口商提出用资源充当支付手段或是抵押凭据，或提出用实物支付货款，中国出口企业又一般不予考虑，致使许多大生意难以成交。如，安哥拉每年从中国的进口商品达17亿美元，但几乎都是从南非、纳米比亚、迪拜和香港转口，很少与中国进行直接贸易往来，主要原因就是由于不适应中国商人的支付方式。

（四）中国企业在非洲存在低价竞销、无序竞争的局面

目前中国对非洲的出口企业多是各自为战，分散经营、重复经营，为求得短期利益，纷纷采取低价竞销的手段来扩大自己产品在非洲的市场份额，致使对非洲出口的秩序出现混乱，影响了中国产品在非洲人民心目中的信誉。例如，目前中国对埃及的机电产品出口企业已达近千家，年出口额多的上百万，少的则仅几千美元，处于十分分散经营的状态。分散经营，过度追求企业眼前自身利益，企业之间相互压价等不合理的竞争时有发生，其结果是既损害了国家的整体利益，也损害了企业的个体形象。

在现代世界市场上，低价竞销已经成为落后的竞争方式，且易招致进口方的反倾销指控，目前中国出口到南非的产品受到的反倾销调查最多，南非已对中国28种产品进行了反倾销调查，涉及轻工、土畜、医保、五矿等各类产品。其中大多数是附加值低的轻纺产品，如毛巾、鞋类、平纹机织物、不锈钢餐具等。随着中非贸易的迅速发展，中国对非洲出口企业间的竞争将更加激烈，若不及时扭转，对中非贸易的健康发展将十分不利。

（五）中国进出口商会的协调与沟通作用不够

一般而言，目前在发达国家，进出口商会作为进出口的中介组织在企业和政府之间能起到了良好的协调作用，进出口商会通过及时全面地掌握有关进出口产品的信息，建立和健全信息反馈机制，在企业和政府之间迅速传递有关信息。使得商会在政

府有关部门的帮助下，一方面，对各行业的经营秩序实行管理，防止企业间出现低价竞销的行为，企业将通过分享市场份额，实现共同发展。另一方面，政府部门则根据商会本身的特点，促进商会、商检、海关和企业的沟通合作，发挥商会的协调作用。

然而，迄今中国进出口商会的发展仍滞后于对外贸易的发展，《商会法》尚未出台，商会缺乏应有的法律地位，行业自律决议也没有权威性。中国进出口商会的组织建设也滞后，在运行机制和组织体系方面存在缺陷，为企业提供的服务不充分，行业的凝聚力也不足。中国进出口商会的协调机制不健全，对违规企业缺乏权威性的管理手段，在协调企业和政府之间的关系以及信息沟通方面的作用不显著，从而使企业和政府之间信息沟通不畅以及中国企业间无序竞争等种种弊端，无法有效地加以克服。

（六）中国政府对非洲市场的管理和调控力度不够

目前，中国政府对企业在非洲的直接投资、开展劳务及承包工程没有统一的宏观规划，缺乏行业性的规范与管理，对不同的国家也没有采用与之相应的特定规范；对企业在非洲的投资也存在投资领域及目标市场的可行性论证不够深入，投资的产业导向、投资规模等方面的宏观调控不够等许多问题；在非洲的各中国企业间也缺少应有的支持与配合，中国对非洲的经贸合作迄今为止还没有实现贸易、投资、劳务承包及援助的有效结合。因此，加强政府对非洲市场的有效管理和调控，实现中国对非洲经贸关系的持续、健康发展，将是一项长期而艰巨的任务。

三　中非经贸关系的发展趋势

自从新中国成立以来，中国政府就十分重视发展与非洲国家的友好合作关系。中国自20世纪50年代末期就开始向非洲国家提供不附加任何政治条件的经济援助。1964年周恩来总理访问非洲时提出了著名的援外八项原则[①]，成为中国对非洲援助的指导方针。90年代中期以来，中国在不断加强与非洲国家在政治上的友好关系的同时，更加十分重视扩大与非洲的经贸合作关系。2000年中非贸易额首次突破100亿美元大关，随之连续4年保持增长态势。但至2003年，中非贸易额占中国外贸总额的比重仍仅有2.2%，进一步开拓非洲商品市场仍有很大空间。

2003年，在中非双方的共同努力下，中非合作论坛第二届部长级会议取得了很大的成功，成为新时期中非经贸合作的里程碑。会议审议通过的《中非合作论坛——亚的斯亚贝巴行动计划（2004～2006）》，为今后中国与非洲国家在政治、经贸合作和社会发展等各个领域的合作提出了诸多创新举措，为中国企业开拓非洲市场创造着更为宽松和便利的环境。

中国加入世贸组织以来，越来越多的中国企业希望尽快进入海外市场，参与到激烈的国际竞争。目前，欧盟、美国等市场经济发育成熟、市场规则比较健全的国家，国内市场都面临着大量外国投资者和商家的激烈角逐，加之这些国家都存在较严格的贸易壁垒限制，若不具备跨国公司的雄厚资金、先进技术和管理经验的支持，很难在哪里抢占市场先机，获取可观的经济利益。而当前在非洲的地区冲突逐渐减弱，政治局势整体趋向平稳，经济状况也持续好转，投资环境日渐改善。因而在国家政策倾斜下，必将有更多的中国企业通过直接投资或劳务承包等经济合作形式，将目标指向非洲的基础设施建设、轻工业、农业、能源开发、资源开发等领域。据世界银行和国际货币基金组织预测，目前非

---

① 周恩来总理1964年1月21日在马里首都巴马科首次宣布《中国对外援助的八项原则》："中国政府在对外提供经济技术援助的时候，严格遵守以下八项原则：（1）中国政府一贯根据平等互利的原则对外提供援助，从来不把这种援助看做是单方面的赐予，而认为援助是相互的。（2）中国政府在对外提供援助的时候，严格尊重受援国的主权，绝不附带任何条件，绝不要求任何特权。（3）中国政府以无息或低息贷款的方式提供经济援助，在需要的时候延长还款期限，以尽量减少受援国的负担。（4）中国政府对外提供援助的目的，不是造成受援国对中国的依赖，而是帮助受援国逐步走上自力更生、经济上独立发展的道路。（5）中国政府帮助受援国建设的项目，力求投资少、收效快，使受援国政府能够增加收入，积累资金。（6）中国政府提供自己所能生产的、质量最好的设备和物资，并且根据国际市场的价格议价。如果中国政府所提供的设备和物资不合乎商定的规格和质量，中国政府保证退换。（7）中国政府对外提供任何一种技术援助的时候，保证做到使受援国的人员充分掌握这种技术。（8）中国政府派到受援国帮助进行建设的专家，同受援国自己的专家享受同样的物质待遇，不容许有任何特殊要求和享受。"见《周恩来选集》，下卷，人民出版社，1984年，第429～430页。

洲投资潜力和市场增长机会主要集中在以下国家：南非、纳米比亚、安哥拉、阿尔及利亚、突尼斯、坦桑尼亚和莫桑比克。

依据当前世界经济、非洲经济和中国经济发展的态势，未来在中国与非洲在经贸合作中，如下方面必须予以足够的关注。

（一）中国与非洲的经贸合作面临激烈的国际竞争

近年来，西方国家相继加大调整对非洲地区的贸易及投资政策的力度，扩大与非洲的经贸往来。美国为了打破欧洲在非洲对外贸易中的主导地位，提出了以发展贸易往来代替单纯的经济援助的指导方针。2000 年 5 月，美国国会通过了《非洲发展与机会法案》，对符合美国标准的撒哈拉以南非洲国家给予贸易优惠政策，允许它们向美国免税出口服装。2002 年美国又对《非洲贸易与机会法案》进行了修改，进一步放宽对非洲国家的市场准入条件，使非洲国家今后对美出口的零关税纺织品配额增加了 1 倍。

欧洲国家作为非洲最大的贸易伙伴，也在进一步发展同非洲的合作伙伴关系，为非洲经济与社会的发展做出更大努力。欧盟支持非洲联盟发展非洲经济以及保障撒哈拉以南非洲地区和平与稳定的努力。欧盟将加强与中部非洲国家经济共同体以及中部非洲经济与货币共同体的合作。欧洲自由贸易联盟也在努力加快实现与非洲自由贸易的进程。2003 年 5 月 22 日，南部非洲关税同盟与欧洲自由贸易联盟在南非行政首都比勒陀利亚发表声明说，两个组织有望于 2004 年年底前就实现全面自由贸易达成一致。

西方国家长期以来都是非洲国家的主要贸易伙伴，2001 年，非洲向西方发达国家的出口额占当年非洲出口总额的 69.9%，从西方发达国家的进口额占非洲进口总额的 59.6%。这些国家对非洲经济政策的调整对非洲的商品贸易及直接投资的影响极为显著。西方国家对非洲实行越来越优惠的贸易和投资政策，将对中国与非洲发展经贸合作造成一定的冲击。

（二）发达国家日益苛刻的贸易壁垒将促使中国与非洲加强经贸合作

目前，发达国家制定的技术和环境标准门类齐全，其范围涉及到产品的质量、外观、安全性、包装和标志等。这些越来越复杂和苛刻的标准对中国扩大对发达国家的出口已经造成障碍。中国的许多农产品也由于受到发达国家技术标准的限制而无法进入当地市场。目前欧美部分国家强制推行了一种新兴标准体系——社会责任 SA8000 标准认证，这种认证主要约束条件是工人的劳动条件和环境，目前中国只有 42 家企业获得了 SA8000 认证，中国企业无法通过 SA8000 认证将使中国大部分劳动密集型产品被排斥在欧美市场之外。

当前非洲国家也同样受到来自发达国家的贸易壁垒限制而缩减出口。例如，发达国家所制定的反倾销政策，所征收的高关税以及所设置的非关税壁垒，已经使撒哈拉以南非洲国家每年的贸易损失达到 200 亿美元，这一数字大大超过它们每年从发达国家得到的经济援助。由于中国与非洲都面临发达国家贸易壁垒的制约，双边的经贸合作将更具长期的潜力。

为改变中国出口产品面临发达国家贸易壁垒限制的现状，中国企业应积极开拓海外市场，实现出口市场的多元化。非洲地区与中国同属发展中国家，在经济结构上具有互补性，而且当地市场对产品档次要求不是很高，没有欧美市场严格的产品技术规范和质量标准，也没有严格的当地质量和行业协会的认证要求，是中国未来发展对外经贸合作的重点地区。

（三）中国在非洲的贸易伙伴分布状况有待改善

从近 5 年的情况来看，中国在非洲的贸易伙伴分布不均衡，主要集中在排名前 10 位的国家中，这些国家与中国的贸易额占中国对非贸易总额的 75%以上。2003 年，中国与非洲双边贸易额超过 10 亿以上的国家是：南非（38.7 亿美元）、安哥拉（23.5 亿美元）、苏丹（19.2 亿美元）、尼日利亚（18.6 亿美元）和埃及（10.9 亿美元），这五国占中国对非洲贸易总额的 59.8%。

中国在非洲的十大贸易伙伴除赤道几内亚和刚果（布）属于中部非洲外，其他国家均集中于北部、西部和南部非洲，主要是因为这些地区的经济发展在非洲处于领先地位，石油和矿产资源储量丰富，采矿业和制造业相对发达。

贸易伙伴过于集中显然不利于中非贸易未来的全面发展。展望前景，中国在非洲进一步开拓市场，具有广阔的前景。这是由于，一方面，目前在非洲众多的穷国里中国际资本的进入依然较少，而这些国家商品市场的竞争程度低，中国的中、低档产品进入这些国家，面临的阻碍也相对会少些。另一方面，在人均国民生产总值比较低的非洲国家中，也有消费水平较高的阶层，这种客观存在的高消费阶层则为中国对非洲市场的开拓提供发展空间。

表 24　　中国 1999～2003 年在非洲的十大贸易伙伴

排序	1999	2000	2001	2002	2003
1	南非	南非	南非	南非	南非
2	埃及	安哥拉	苏丹	苏丹	安哥拉
3	尼日利亚	埃及	尼日利亚	尼日利亚	苏丹
4	安哥拉	苏丹	埃及	安哥拉	尼日利亚
5	摩洛哥	尼日利亚	安哥拉	埃及	埃及
6	加蓬	贝宁	贝宁	摩洛哥	刚果(布)
7	苏丹	刚果(布)	赤道几内亚	贝宁	摩洛哥
8	阿尔及利亚	加蓬	摩洛哥	阿尔及利亚	阿尔及利亚
9	科特迪瓦	摩洛哥	阿尔及利亚	赤道几内亚	贝宁
10	赤道几内亚	赤道几内亚	科特迪瓦	刚果(布)	赤道几内亚
中国与 10 国贸易额(万美元)	489 745	829 598	821 996	951 371	1 452 407
与 10 国贸易额占中非贸易额比重(%)	75.54	78.28	76.11	76.79	78.32

资料来源　根据中国海关相关年份统计资料编制。

(四) 对非出口商品结构有待优化

近年来中国对非出口商品结构已经有所改善，机电产品的出口比重在逐年增加并已成为对非出口的第一大类产品。但是，中国对非出口的机电产品结构还相对单一，仍以劳动、材料密集型附加值低的机电产品为主，而具有一定技术含量和附加价值较高的机电产品所占比重很低。目前，中国对非洲出口的机电产品中主要是金属制品、日用小五金等低技术、低附加值的机电小商品，精加工、深加工、采用新技术和新工艺生产的产品很少，没有形成一批技术含量高、附加值高的具有国际竞争力的机电产品出口群。

在现代市场经济条件下，结构单一的产品无法长期占据国际市场，各国企业均需以系列化产品作为提高国际竞争力的重要手段。为此，中国若想进一步拓展非洲的广阔市场，优化出口产品结构、实现出口产品多元化与高级化就势在必行。

(五) 机电产品将是中国对非贸易的重点

非洲国家普遍存在经济结构单一、工业基础薄弱等问题，工业制成品的需求比例很大，在工业制成品中，机电产品又是需求最大的产品。自 1995 年起，机电产品已经连续 9 年成为中国第一大类出口产品。近年来，中国的机电产品在非洲市场上已初具规模，机电产品也是中国对非洲出口的第一大类产品。

1. 农业机械

在非洲，尽管许多国家的农业在国民经济中占主导地位，但农业机械化还远未实现，农业机械的使用率不高，农产品加工水平很低。近 30 年来，非洲国家出口的初级农产品在国际市场上基本上呈逐年萎缩的状态，它们急需提高农业生产率，实现农产品的深加工，以提高农产品在国际市场上的竞争优势，这就是近年农业机械在非洲市场深受欢迎的重要原因。而农业机械是中国的一个比较成熟的产业，目前中国各类农业机械的出口遍布世界 6 大洲的 171 个国家和地区。在非洲，尼日利亚和坦桑尼亚是近年来中国农机产品出口增长较快的国家。近期内，南非和尼日利亚是对农业机械需求比较旺盛，可以作为中国对非洲出口农业机械的重点国家。

2. 摩托车

受消费水平和道路交通状况制约，摩托车是许多非洲国家最主要的交通工具，市场需求量很大。中国作为世界摩托车第一生产大国，约占世界总产量的 50%。从 2000 年开始，摩托车出口已成为中国机电产品出口的新增长点，其中对越南的出口占总量的 60% 以上。然而，近年越南的摩托车市场已渐趋饱和，中国摩托车出口企业有必要大力拓展非洲这个需求旺盛的市场。在非洲，对摩托车需求较大的国家是尼日利亚和贝宁，中国的摩托车在尼日利亚和贝宁市场上有着巨大的销售空间。

3. 家电产品

非洲国家的家电工业基础薄弱，产品无法自给，大部分设备、配套部件和原材料需要进口。近年来，非洲各国对家电产品的需求量更是以年均 5.5% 的速度增长。中国的家电工业自改革开放以来则已基本形成规模经济，进入产业升级阶段，并造就了许多如海尔、长虹家电等知名品牌，跨出国门走向世界。现阶段，中国的家电产品主要出口到欧盟，在非洲市场所占份额还很少。同时，近年来欧盟对于进口机电产品不断设置新的环保壁垒，已对中国家电产品的出口构成障碍，这就要求中国的家电企业必须拓展新的出口市场。

（六）电信业是中国企业未来投资非洲的热点领域

近年来，非洲电信业发展迅猛，电子通讯产品的普及率也逐年增加。在未来几年内，非洲电信业将成为一个新的投资热点。据预测，在今后的几年里，非洲将是电信业发展最快的大陆之一。在非洲，由于发展固定电话网络要铺设专门线路，建设周期很长，而发展公用移动电话网却可使用户很快受益，因此移动通信领域成为电信运营商进军的首选目标。

中国电信业十几年来的高速发展主要依赖于用户规模的迅速扩张。目前，中国的电话用户规模以及移动电话用户已经超过美国跃居世界第一。但中国电信业的高速发展已经超越了国内用户的消费水平，中国电话用户正面临着从高速增长到平稳增长的过渡。为适应这种转变，电信运营商必须走向世界，寻求新的业务增长点来实现长远的持续发展。

中国加入世界贸易组织后，国内的电信市场将逐步开放，中国电信企业应利用这一有利时机，在巩固国内市场的同时，利用资源优势跨出国门，增强电信产品在国际市场上的竞争优势，而非洲的电信市场无疑是一个极具发展潜力的市场。目前中国的中兴通讯已经进入了非洲市场，2000 年 11 月，中兴通讯在刚果首都金沙萨设立合资公司，为刚果提供移动和固定电话业务；2001 年 4 月，中兴通讯与赞比亚电信公司签订供销合同，为该国 16 个城市的电信网络建设提供交换设备和微波传输设备。（朴英姬）

第九节 东亚地区与拉美经贸关系

一 发展历程

东亚地区和拉美虽远隔重洋、相距遥远，但两个地区相互往来的历史十分悠久。东亚地区与拉美的关系早在 16 世纪的“马尼拉大帆船”时期就已闻名于世。当时，西班牙殖民者为了同中国进行贸易，将从拉美掠夺来的白银从墨西哥阿卡普尔港经其在亚洲的殖民地菲律宾运到中国，从中国购进丝绸、瓷器等产品，然后运回到阿卡普尔港高价出售，获取暴利。后来，世人把这条从中国的东南沿海，经马尼拉港，到阿卡普尔港的航路称为东亚—拉美的“海上丝绸之路”。

19 世纪后半期，东亚国家开始和拉美国家建立正式外交关系。当时拉美国家外交政策的重点国家是日本和中国。19 世纪末，美洲铁路的修建、矿产的开发掀起了一股由亚洲涌入的移民潮。这些移民在以墨西哥、巴西、智利、秘鲁和古巴为主的拉美国家落脚，大多数在铁路、矿山做苦力。直到 20 世纪 30 年代，这股移民潮才由于全球经济大萧条的影响而终止。

20 世纪 60 年代，随着东亚地区各国经济逐渐起飞和南南合作的兴起，东亚与拉美地区国家间的往来也趋向频密，但那时的东亚与拉美国家之间的关系大多数属于双边性质，拉美与东亚地区的关系重点主要集中在中国、日本与印度尼西亚。60年代日本经济的迅速崛起，导致拉美与日本间贸易和投资关系发展，日本直追美国，成为拉美第二大外国直接投资来源国。70年代中期开始，日资开始大举进军拉美的银行业。同当时日本的经贸关系发展相比，拉美国家同韩国、中国及其他东亚国家的经贸关系则处于十分次要的地位。

20世纪80年代，发展中国家陆续开始推进经济改革。开放的贸易环境、自由的投资政策、加上世界贸易组织的建立，有力地推动了全球贸易的发展。在此背景下，东亚国家在世界经济舞台上展现出耀眼的活力。这不仅表现在东亚国家在全球国内生产总值中比重的不断上升，而且也表现在东亚国家在全球货物与服务贸易中地位的提高。大多数东亚国家的经济都处于起飞时期。而绝大多数拉美国家在政治上经历着由专制政治向民主政治转化的阵痛，经济上经历着由进口替代向新自由主义模式转化的艰难进程，受债务危机、金融危机、贸易结构的影响，拉美国家在全球国内生产总值中的比重却在下降，在全球贸易与服务贸易中处于停滞状态。因而使得拉美失去了整整10年的机遇，使其与东亚国家原本就不十分密切的经贸关系也陷入停滞状态。

20世纪90年代，东亚与拉美的经贸关系进入了一个前所未有的新时期。相互间贸易往来、投资关系进一步密切。从拉美国家的角度来看，主要有两个原因，内因是拉美国家试图在经济高速增长的东亚地区寻求贸易与投资的机会，外因是以美国为首的北美自由贸易区板块和以西欧国家为首的欧盟国家板块的形成和发展，在拉美国家中普遍产生了一种被“孤立”感，为了抵消两大板块可能产生的负面影响，实现国际关系的多元化，积极寻求地区间的合作，成为拉美国家决策者的必然选择。从东亚国家的角度看，拉美国家资源丰富、改革后市场开放，拉美一体化为东亚国家的产品和技术提供了更为广阔的市场空间，同时东亚国家也试图通过与拉美的合作促进东亚国家的对外关系多元化和地区经济一体化。

在上述背景下，面向新世纪，东亚国家和拉美国家的政治经济合作呈现十分良好的局面。用新加坡前总理吴作栋的话来说，就是东亚与拉美正在找回曾经一度遗失的联系。阿根廷、秘鲁、智利和墨西哥对亚太经合组织的积极参与，东亚拉美论坛的正式建立，东亚、拉美国家高层领导人的频繁互访，东亚与拉美间贸易与投资关系的发展等是最好的印证。

二　20世纪90年代中期东亚与拉美贸易关系

到1995年，东亚地区有8个国家进入了全球货物进出口的前20名，5个国家进入了全球服务贸易的前20名。与此同时，在拉美国家中，尽管包括了诸如墨西哥、巴西、阿根廷和智利等经济规模大的国家，也只有2个国家进入了全球货物进出口前20名，而在全球服务进出口贸易前20个排名中竟找不到一个拉美国家的名字。另一方面，从最初实施出口导向战略的60～70年代到全球化如火如荼的90年代，东亚国家的外贸依存度从20%上升到了55%，拉美国家的外贸依存度虽然也有所上升，但幅度远远低于东亚国家，具体数字是从15%到25%。

总之，尽管20世纪90年代东亚国家与拉丁美洲国家的对外贸易都十分活跃，但总体来说东亚国家对外贸易、特别是出口势头强过了拉美。具体而言，这一时期东亚与拉美的贸易呈如下特点。

（一）东亚地区国家与拉美国家的双边贸易活跃，进出口均呈增长趋势

东亚对拉美国家进出口的增长速度，超过了拉美对东亚国家的进出口增长速度。联合国统计资料显示，1990～1995年间，拉美对东亚国家的出口增长了19.9%，而从东亚国家的进口则增长了25.5%。同期，拉美对东亚国家出口贸易的年平均增长率仅为10.7%，低于其同期对全球出口贸易的年平均增长率的12.6%。

（二）20世纪90年代，东亚地区和拉美国家对外贸易结构都出现向高附加值产品倾斜的趋势

东亚对拉美国家的出口中，技术密集型或者规模经济产品占主导地位，而拉美对东亚国家的出口中，自然资源密集型产品仍然占主导地位。详见表25、表26。

表25 拉美国家1990、1995年同其主要贸易伙伴的进口产品比例 (%)

产品	美国		欧盟国家		东亚地区发展中国家	
	1990	1995	1990	1995	1990	1995
食品	11.2	6.5	7.7	5.7	13.7	4.0
非食品农产品	3.8	2.6	1.3	1.0	8.0	3.7
金属和矿产品	3.0	2.2	1.3	1.3	2.9	1.1
燃料	4.9	2.8	1.1	1.9	9.1	3.7
制成品	77.2	85.9	88.6	90.1	68.4	88.7
全部进口贸易	100.0	100.0	100.0	100.0	100.0	100.0
食品	0.3	0.1	22.4	21.2	10.9	8.6
非食品农产品	0.3	0.2	5.0	3.7	3.1	2.5
金属和矿产品	0.7	0.4	8.5	6.0	3.4	2.6
燃料	0.8	0.5	15.2	12.0	12.0	5.9
制成品	97.9	98.8	48.8	57.1	70.6	80.5
全部进口贸易	100.0	100.0	100.0	100.0	100.0	100.0

资料来源 1996年联合国统计所对外贸易统计数据库。

表26 拉美国家1990、1995年对主要贸易伙伴主要出口产品的情况 (%)

产品	美国		欧盟		东亚地区发展中国家	
	1990	1995	1990	1995	1990	1995
食品	16.3	10.1	35.2	41.0	20.2	28.1
非食品农产品	1.9	2.1	5.0	7.3	8.4	10.2
金属和矿产品	5.6	3.7	20.2	17.3	18.4	22.2
燃料	40.1	18.8	16.4	7.9	5.9	3.2
制成品	36.1	65.3	23.2	26.5	47.0	36.3
全部进口贸易	100.00	100.00	100.00	100.00	100.00	100.00
产品	日本		拉美国家		其他国家	
	1990	1995	1990	1995	1990	1995
食品	17.0	27.7	22.7	20.0	23.5	20.9
非食品农产品	4.9	7.2	5.0	3.2	3.6	3.8
金属和矿产品	42.6	42.0	8.0	6.1	12.3	9.1
燃料	18.2	5.5	12.7	12.9	27.0	14.6
制成品	17.3	17.6	51.6	57.9	33.6	51.6
全部进口贸易	100.00	100.00	100.00	100.00	100.00	100.00

资料来源 1996年联合国统计所对外贸易统计数据库。

（三）日本对拉美贸易有所下降

根据联合国统计资料，1980～1990年间，日本在拉美对东亚国家进出口总额中的份额，从75%下降到了55%。1990～1995年间，日本对拉美的出口在拉美从东亚国家进口总额的比率由60%下降到44%。日本在拉美对东亚贸易中的地位有相当一部分转移到了韩国和中国等国家地区。

三　20世纪90年代以来，中国与拉美贸易发展迅速

自从中国改革开放、实施外贸“市场多元化”战略以来，中拉经贸关系发展势头强劲，双边贸易从1990年的18亿美元增至2003年的268亿美元，增加了近14倍。其中，2000～2003年翻了一番多。在2003年创纪录的268亿美元中拉贸易额中，中国出口118.8亿美元，进口149.2亿美元。巴西、墨西哥、智利、阿根廷和巴拿马是中国在拉美地区的前五位大贸易伙伴。2004年，中国与拉美地区的贸易保持高速增长，双边贸易额达400.2亿美元，较上年增长49.3%。2005年，中拉双边贸易额为504.5亿美元，增幅仍高达26.1%。总的趋势显示，21世纪初随着经济的持续稳定增长，中国与拉美国家的贸易将继续保持高速增长。

拉美国家长期保持对华贸易顺差。2003年，中国总的进口额增长了40%，而从拉美地区进口的增长幅度则高达79.1%，是中国对外贸易增幅最高的地区。联合国拉美经济委员会在一份报告中指出，中国经济近年来的强劲增长和从拉美进口的扩大，有力地刺激了拉美经济的复苏，中国已成为拉美第三大进口国和第四大出口市场。

四　尽管东亚地区和拉美的产业间贸易增幅显著，但是其规模有限，在其双边贸易中处于十分边缘的地位

东亚地区与拉美相互间直接投资的增多，特别是贸易导向的直接投资增多，促进了双边产业间贸易的发展。在东亚，基本上是“雁行模式”的结果。20世纪80～90年代间，日本和其他东亚国家间的产业间贸易长足发展，其他东亚国家、地区之间，例如菲律宾、印度尼西亚、马来西亚、韩国、新加坡、中国台湾、中国间的产业间贸易也迅速增长。而在拉美，产业间贸易最主要集中在南方市场(Mercosur)，特别是其主要成员国家巴西、阿根廷在化工产品、机械设备和交通工具产业间的贸易。据估算，1990～1996年，产业间贸易超过了两国间贸易总额的60%。这一方面是由于南方共同市场一体化程度的提高，另一方面是由于阿根廷、巴西稳定计划的实施、汇率的稳定使长期供货合同成为可能。

总之，东亚国家与拉美国家之间的贸易在80年代以来，特别是90年代出现了前所未有的增长势头，是东亚和拉美国家对外贸易伙伴多元化趋势的重要表现。但这种增长远远低于两个地区内国家同其传统上主要贸易伙伴贸易增长的速度，与各自在世界经济中的地位不相匹配。两个地区国家间的贸易当中，东亚国家对拉美国家的贸易更具有活力，这不仅表现在贸易额上，也表现在贸易结构上。由于地区一体化浪潮的重新抬头，区域内贸易比两个地区间的贸易更为活跃。此外，无论是同发达国家间的产业间贸易相比，还是与区域内产业间贸易相比，两个地区间的产业间贸易的发展十分薄弱。

五　东亚地区与拉美的直接投资关系

二战后，随着美国经济实力的逐步增长，其在拉美的投资逐步超过了曾经在拉美占主导地位的英国，成为拉美国家最大的外资来源国。由于对美国资本和市场的依赖，拉美国家逐渐成为美国的“后院”，使“后院模型”成为拉美国家利用外国投资的主导方式。与未遭战争蹂躏的拉美地区不同，战后的东亚国家，除了面临实现工业化的使命之外，同时还肩负着战后恢复的重任。得益于美国的支持和二战后“两极”对峙的政治环境，日本经济很快从战争的废墟中崛起，并一跃成为东亚国家最重要的外资来源国，遂使以日本为头雁的东亚“雁行模型”逐步形成。“后院模型”和“雁行模型”分别成为拉美和东亚地区的投资导向形式，因此，60年代之前，拉美与东亚各国之间没有建立起实质意义的投资关系。然而，进入60年代，美国在拉美最大投资国的地位受到了来自西欧和日本的有力挑战。到了70年代，继美国之后，日本成为拉美最大的投资来源国。

20世纪80年代初爆发的债务危机，使拉美“失去了10年的机遇”，大多数年份，国际资本处于净流出的状态，在拉美的外国直接投资也基本上处于停滞。除日本外，东亚与拉美的投资往来仍十分有限。90年代以来，随着拉美经济的好转和东

亚一些国家经济的持续发展，基于东亚与拉美地区国家间建立战略伙伴关系的需要，以及拉美投资政策趋向宽松，使得除了日本外，则有更多的东亚国家开始对拉美实施直接投资。

总的来说，整个 90 年代，东亚在拉美的直接投资呈现出如下特点。

（一）拉美在东亚地区的对外直接投资战略中的地位明显上升，但东亚地区对拉美的直接投资规模依然有限，没有成为拉美外国直接投资的主要来源

相关统计数字显示，东亚国家当中，日本作为拉美传统的直接投资来源国，在 20 世纪 90 年代对拉美直接投资有升有降，总体上较为稳定。目前，日本仍是东亚国家当中对拉美直接投资最多的国家。不仅如此，所有东亚国家当中，只有日本在对拉美直接投资总量前十名的国家当中榜上有名。截至 2003 年末，日本对拉美的直接投资累计额达 219.75 亿美元，占其对世界各地直接投资总额的 6.5%。

从 20 世纪 80 年代末开始，韩国对拉美的直接投资呈现出不断增长的趋势，1992～1996 年间，韩国在拉美直接投资的数额从 0.36 亿美元上升到 2.42 亿美元。同时，韩国对拉美直接投资的增长不仅体现在绝对数额上，而且体现在投资项目的增多和单一项目金额的增多上（详见表 27）。

此外，中国、中国台湾也是东亚对拉美直接投资较为活跃的国家和地区。例如，近年来中国对墨西哥制造业、委内瑞拉石油业以及巴西钢铁业、农林业的投资；1990～1995 年，在中国台湾对外直接投资总额中，对拉美的直接投资的比重达 30%。

表 27　　韩国 1992～1996 年对拉美直接投资情况一览表

类　别	1992	1993	1994	1995	1996	累计（1996）
直接投资项目数量（变量 A）	26	31	33	30	37	317
投资总金额（百万美元）（变量 B）	36	44	49	154	242	689
平均单一项目金额（百万美元）B/A	1.38	1.42	1.48	5.13	6.54	2.17

资料来源　韩国学者郑泽焕（Taik－Hwan Jyoung）1997 年 2 月 28 日在拉美和太平洋地区一体化大会上的讲话：《韩国在拉美的投资》，第 17 页。

众所周知，20 世纪 90 年代外国对拉美直接投资的迅速增长，很大程度上是基于拉美的私有化进程，特别是大型公共服务企业的私有化。然而与美国和欧盟国家相比，东亚国家参与企业并购活动的态度并不积极。因此，外国对拉美的直接投资形成了以欧盟国家为首、美国和其他拉美国家为主导的“三分天下”的格局。东亚国家在拉美外国直接投资中的地位与其在世界经济中的地位极不相称。

（二）东亚国家对拉美进行直接投资采取的战略各有不同，但是随着时间的推移，各种战略类型的界限逐渐模糊，出现了几种战略类型相结合的局面

拉美经委会按照外国直接投资的目的，把其战略分为四种类型：寻求资源型、寻求市场型、寻求效率、增强对第三国出口竞争力型和争夺资产型。东亚国家对拉美实施直接投资之初，基本上具有明确的目标导向，例如：韩国对拉美的直接投资一般是被拉美的某些比较优势吸引，到拉美投资主要是为了利用这些比较优势，达到增加对其他国家出口竞争力的目的；中国对拉美的直接投资基本上属于寻求资源型，投资到拉美的目的主要是保障经济发展对能源、矿产、原材料、农牧渔业产品的需求；中国台湾对拉美的直接投资属于寻求市场型，通过投资到服务行业，主要是金融服务行业，占领拉美国家乃至地区的服务市场。日本对拉美的直接投资历史较长，规模较大，因而其目的也较为复杂。

东亚对拉美的投资在行业分布上，除中国台湾外，东亚国家对拉美的直接投资基本上集中在制造业。1996 年，日本对拉美制造业的直接投资在其对拉美所有的直接投资中的份额达到 77.5%。韩国在不断增加对拉美直接投资的同时，其在制造业的直接投资在其全部直接投资中的份额也不断上升。同时，韩国在拉美制造业方面的直接投资中，对技术密集产业的投资超过了对传统的劳动力密集型产业的投资。拉美一直是中国台湾最主要的对外直接投资目的地。台湾的直接投资主要流向了银行、保险、运输等服务行业。

(三)无论是投资来源地和投资的目的地都出现“集中”的趋势

从东亚的投资来源地来说，日本、韩国、中国、中国台湾对拉美直接投资较为活跃；而东道国一般集中在巴西、墨西哥、阿根廷、智利、委内瑞拉等国。

(四)值得人们关注的是，20世纪90年代末以来，拉美对东亚国家的直接投资也有较大发展

以中国为例，截至2004年，拉美国家在华投资项目共11 846个，合同投资金额近800亿美元，实际投资366亿美元，大大超过了同期中国对拉美地区的投资。但总体上，拉美对东亚国家的直接投资依然十分有限。

中拉双向投资也快速发展。据统计，中国目前在拉美实业投资已近16亿美元，加上金融性投资，超过40亿美元。

总之，20世纪90年代是发展中国家吸引外国投资的高潮年代，东亚对拉美的直接投资也形成了前所未有的浪潮。但是，与欧盟国家和北美国家相比，东亚对拉美的直接投资不仅规模很小，而且投资战略选择谨慎，投资国和目的国也相对集中。加之，当前东亚与拉美间的直接投资大多属于横向式的跨国公司直接投资，产业间贸易的比率不高，使得这种投资方式对贸易增长的影响不十分明显。通过回顾东亚与拉美的贸易关系，可以发现它们之间贸易关系欠发达，在一定程度上是由于直接投资关系欠发达造成的。

六　东亚地区与拉美经贸关系前景

20世纪90年代国际大环境和共同利益的驱动，有力地促进了东亚和拉美经贸关系的发展。但是，无论是对于东亚还是拉美，在对方国家的贸易和投资中的比重和地位均依然十分有限。据统计，1960年东亚国家国内生产总值在全球中的份额为11.8%，拉美国内生产总值在全球中的份额为7.8%；到1995年，双方国内生产总值在全球中的份额分别上升到了28%和9%。但是，东亚和拉美国家之间的贸易额在全球贸易额中的比例却从1970年0.8%下降到1995年的0.6%。而东亚国家人口总量为全球人口总量的33%，拉美国家的人口总量为全球人口总量的9%；东亚国家在全球贸易额中的份额为25.5%（包括日本的10%），拉美国家在全球贸易额中的份额为4.8%。可见，东亚与拉美经贸关系的水平与它们各自在全球经济中的地位极不相称，有待发掘潜力，应对挑战，共同努力，提升双方之间的经贸水平。

(一)东亚地区与拉美经贸关系蕴藏巨大潜力

1.经贸领域各具优势

东亚与拉美在经贸关系的诸多领域均存在着较大的互补空间。在货物贸易方面，多数东亚国家普遍面临能源、矿产资源，特别是铁矿、铜矿等资源的短缺问题，而拉美国家地域辽阔，资源丰富；很多东亚国家每年需要进口大量的农牧渔业产品，而拉美国家农牧渔业出口资源丰富；东亚国家的电子电器、汽车和配件以及其他机械产品物美价廉，这对每年需要大量进口工业制成品的拉美国家来说，则具有较大的吸引力。

在服务贸易方面，其合作空间更为广阔。目前东亚和拉美的绝大多数国家都已成为世界贸易组织的成员，尽管两个地区间还没有任何实质意义上的自由贸易协议，但在世界贸易组织的框架内，各方都应当向对方开放服务贸易市场。当前在服务贸易方面，东亚和拉美最具发展空间的应属咨询、旅游、运输和金融服务行业。由于东亚和拉美的历史、文化、语言、风俗、习惯、宗教、价值观念的巨大差异，为推动相互间的经济贸易关系，大力发展专业化的咨询服务显得更为必要。

基于两地区人文习俗、历史积淀和自然环境的差异，通过谈判签署相互开放旅游市场的协议，是达致“双赢”的明智之举。2004年5月，墨西哥外长路易斯·德维斯访华期间，同中国政府签订了相互开放旅游市场协议；2004年9月智利旅游企业集团到北京开展对中国开展旅游促销活动。这充分说明，拉美国家已经意识到双方在旅游方面的合作蕴藏着巨大商机。

在现代化物流配送方面，合理安排和利用资源不仅可以抵消地理距离造成的高昂运输费用，而且还可以通过规模效应、节省时间来降低运输成本，东亚与拉美国家在运输合作方面进行合作的必要性不言而喻。巴西、墨西哥政府同中国政府关于开通直航航班的协议进一步证明了双方在运输领域合作的可能与现实。

此外，目前除日本和中国台湾外，涉足拉美银行业的东亚银行还十分有限，而贸易与投资的发展则必须以银行、金融服务的发展为后盾。毫无疑问，东亚和拉美在银行、金融服务方面也存在着很大的发展潜能。

2. 科技合作颇具潜力

在科技方面，尽管拉美国家整体上科技水平还不高，但在很多领域，例如，古巴的医学、阿根廷的生理学、智利的信息通讯、巴西的航天和农业生物技术等方面，在世界均处于领先地位，对于东亚国家来说均有着较大的借鉴意义。而东亚国家在科学技术，特别是在技术创新方面也有其独到之处。因此，东亚拉美发展技术合作不仅可能，而且必要。

3. 金融合作空间很大

1997年东亚金融危机的爆发，在学术界再次激发了研究发展中国家金融危机的热潮。研究结果表明：发展中国家金融危机的原因有相同之处，例如，银行监管、外资管理，特别是短期外资管理不力等。东亚与拉美国家在宏观经济政策、银行标准和监管方面进行理性的协调与合作具有充分的可能性。

4. 区域合作协调并进

区域经济一体化、世界多极化的趋势，将进一步促进东亚与拉美的经贸关系的发展。墨西哥、阿根廷、秘鲁和智利对亚太经合组织的积极参与，东亚拉美合作论坛的建立，以及中国、东南亚国家联盟与南方共同市场国家之间日益密切的对话就是这一客观现实的反映。

（二）针对东亚地区与拉美经贸关系面临的挑战应采取的方略

1. 加强交流建立互信

东亚与拉美国家之间的“心理距离”比地理距离更大。正如新加坡前总理吴作栋所说的：“（东亚与拉美之间）实际的障碍可能更深，更多可能是心理上的障碍。”的确，历史上双方关系的疏离，文化价值观的差距，使得东亚和拉美之间缺乏足够的了解。稳定而良好的商业关系是以“诚信”为基础的，没有了解，诚信自然无从谈起。因此，东亚拉美间不仅需要建立政府间的、专门的信息中心，向双方企业、个人及时提供对方国家的相关信息，为双方的人员交流、信息沟通提供便利，还应当鼓励提供顾问、培训、协调、联络等服务的私人咨询机构的发展，为促进两个地区间的了解、沟通架设桥梁。

2. 消除非关税壁垒障碍

贸易自由化虽然使双方的关税大幅降低，有些国家、地区的关税税率甚至超过了世界贸易组织的最低标准。但是，非关税措施仍大量存在。关税水平和结构、与贸易有关的投资措施、反倾销措施、政府补贴、技术标准、原产地规则、自由化与地区、次地区一体化规则等缺乏透明度，以及海关手续繁琐等仍旧是双方贸易的障碍。因此，在互通信息的基础上，通过双边、多边协议来规范海关程序与规则，促进技术检验、认证制度的统一化与标准化是十分必要的。

3. 加强物流领域的合作

如前所述，东亚拉美相距遥远，要“缩短”双方的地理距离，就需要通过合作研究开发海运、空运直航系统，改善和提高运输服务，促进人员、货物的流通，为促进东亚拉美经贸关系发展创造基础性条件。

4. 建立地区合作协调常设机构

随着经贸关系的扩展，涉及东亚拉美经济事务的论坛数量在不断增加。但是，迄今为止，还没有一个正式的、专门负责地区间、双边事务的常设机构。定期会晤的论坛固然可以在特定的时间内就双方共同关注的问题交换意见、达成共识，但考虑到有很多合作领域都具有长期性、战略性的特点（例如教育、人员培训、促进就业和社会发展等），要求双方对合作要富有远见和长远规划。因此，有必要设立一个处理双方经济、社会问题的常设机构。

5. 建立商会间的交流与合作

工商协会具有协调、指导、培训、规范和管理职能。促进东亚拉美商会间的交流与合作，乃至建立双边商会，对于促进双方企业的交流无疑是十分重要的。显然，如果建立中拉商会乃至东亚拉美商会的倡议被采纳并付诸实施，肯定会对中国及东亚各地企业进入拉美，发挥指导性作用。

6. 加强中小企业合作

无论是东亚还是拉美，中小企业数量大、规模小、技术水平较低，往往是“市场失灵”的牺牲品。但中小企业在安置就业方面，具有大型企业难以企及的作用。例如，智利的中小企业安置了50%的就业，如果加上微型企业，中小企业解决了智利90%左右的就业问题，在东亚地区也不乏其例。因此，东亚与拉美全面的经贸合作，离开双方中小企业的发展是无法实现的。因此，促进双方中小企业的接触与交流，或者通过对方国家相关产业大企业带动对方国家中小企业的方式促进双方的合作，不失为间接促进双方经贸关系发展的良策。

总之，东亚与拉美经贸关系潜力与挑战并存。如果双方能够正确、积极地应对挑战，合作的前景将更宽广与美好。（高　静）

第四章　资本流动、援助与外债

第一节　当代东亚地区国际资本流动

一　二战后至20世纪80年代国际资本流动

第二次世界大战结束以来，主要资本主义国家的资本流出呈现大幅度增长趋势。就美国来说，海外私人直接投资从1946年的72亿美元，增长到1987年的2 980亿美元，增长达40多倍。这是二战后国际金融领域的一个重要特点，也是促使这一时期资本主义经济有较大发展的一个重要因素。

二战后，西方发达国家之间资本流出和西方发达国家对发展中国家资本流出的不断增长，使世界各国和各地区之间的经济联系日益密切。主要资本主义国家资本流出的巨额增长，标志着垄断资本主义阶段金融资本日益向高度集中化和国际化的方向发展。

20世纪80年代，国际资本流动不论在规模、范围和作用等方面，都远远超过了国际贸易。国际资本流动突破了长期以来围绕着国际贸易运转的旧格局，一跃成为国际经济关系和世界经济发展最活跃的因素。80年代国际资本流动的主要特点是：

（一）国际资本流动向具有吸引力的良好投资环境的地区集中

因此，发达资本主义之间对向资本流动日益加强。

（二）美、日、欧决定着国际资本流动的基本状态和趋势

美国是最大的资本流入国。1990年底，美国的对外净债务高达4 121亿美元，这是美国国际资本流入的直接原因。日本不断扩张国际资本流出，1991年日本贸易顺差达到884亿美元，这是日本国际资本流出的巨大物质基础。近年来，欧共体在国际金融中的地位有所加强，欧共体内部国际资本流动将日益活跃。

（三）国际资本流动为适应区域性需要而采取“联合战略”

在世界经济区域化的影响下，北美自由贸易区、欧洲共同体统一大市场和亚太地区经济合作正逐步推进。为了突破区域化趋势中的“封闭性”和“排他性”，主要发达国家都纷纷通过各自的跨国公司，利用其国际经营的经验，采取以相互投资、收购股权、合资经营或企业兼并为主要内容的“联合战略（也称联姻战略）”。

二　20世纪90年代上半期东亚地区国际资本流动

（一）东亚地区国际资本流动特征

20世纪90年代初期，东亚经济持续高速增长，表现了巨大的经济活力。投资的高回报率和区内分工结构的优化，吸引了大量国际资本源源涌入：1990～1993年，累计流入东亚的净资本额达1 900亿美元，明显高于世界其他地区；1996年，流入东亚的净资本额高达1 087亿美元。20世纪90年代前半期东亚地区资本流动的主要特征是：

1．流入东亚地区的资本构成与性质

从前占据主导地位的商业银行贷款，被外国直接投资以及有价证券投资所代替。东亚地区资本流动数量的增加，在相当程度上缘于外国直接投资的增加。众所周知，与有价证券投资相比，外国直接投资更注重中期或长期获利，因此突然撤离的可能性要小得多。此外，对获资国来说，外国直接投资的流入还能对本国经济发展产生积极影响，以此为契机可以增加与国外市场的联系，扩大人力资本规模，提高劳动力素质，引进高新技术和先进管理经验。

20世纪90年代前半期，流入东亚地区的国际资本结构仍存在着种种有利因素。首先，流入东亚地区的外资近50%左右是直接投资。直接投资是生产、采购和销售一体化的结果，它的增加是结构性的而不是周期性的或是暂时性的。其次，在流入东亚的私人资本当中，商业银行贷款大约只占4%左右，资信较高的东亚国家在主要金融中心发行的债券则占到25%左右，对投资者来说其风险小于商业银行贷款。再次，东亚新兴市场在国际资本市场中所占比重还很低。出于分散风险的目的，发达国家机构投资者把资金投向新兴市场的余地是广阔的。最后，发达国家众多机构投资者的出现和发展使投资来源多样化，从而使资金流入突然中断的可能性降低。

不过，当时也有一些因素在起着相反的作用，特别是发达国家的低利率和经济不景气，影响世界经济大环境的变化。随着全球经济的复苏，国际上的利率可能升高，资本市场条件将吃紧。1994年美国开始执行的紧缩货币政策可能就是这种变化的先兆。而且，随着中东欧和俄罗斯政治、经济条件的变化，新的竞争者可能出现。这些发展变化都可能引起东亚地区资本的反向流动，尤其是在泡沫市场和那些短期资本流入的国家中。面对外国投资者对国内债券的甩卖，不同国家金融市场的流动性将受到严峻的考验。

2. 工业化国家的股票和证券向东亚地区转移

至20世纪90年代初期，东亚经济持续发展，使得在东亚已经形成证券市场的国家中，有价证券的总收益比美国及其他工业化国家高得多。在这种情况下，美国、日本和其他工业化国家的金融机构和私人投资者纷纷看好东亚国家的股票和债券，促进了东亚国家股票和债券融资的增加。投资者特别是金融机构投资者在东亚证券市场上直接购买有价证券，已经成为证券投资流入东亚新兴市场的最主要渠道。

3. 相当部分的流入资本转化成外汇储备

为避免大量资本流入引起名义汇率上升过速，东亚国家的货币管理当局采取了大量的冲销干预措施，导致官方储备的急剧增加。早在1993年底，亚洲地区的外汇储备就已经达到2 610亿美元，超过其他地区发展中国家外汇储备的总和。

（二）东亚地区国际资本流动趋势

与其他发展中国家一样，东亚国家普遍存在金融抑制（Financial Repression）问题。金融抑制主要表现为：官定利率严重偏离市场利率，造成储蓄与投资之间无法弥合的缺口；资金市场被金融寡头垄断，导致地下金融交易猖獗；金融体制扭曲与外贸、财税体制扭曲并存，形成政策扭曲的恶性循环。

为了吸引国际资本，20世纪70年代末期以来，东亚国家就开始力图改变长期存在的金融抑制局面，着力推行金融自由化、国际化战略，促使本国经济向着区域化、国际化的方向发展。90年代，受国际金融市场融资证券化浪潮的影响，东亚国家进一步放宽了对外国资本的限制，不断改善金融基础设施，通过多种渠道积极引入外资，外国短期贷款总额不断上升。80年代末至90年代初，东亚国家采取了一系列有力措施，推进本地区范围内的金融自由化，加速外部资本的流入：

1. 放宽银行业务限制，实现利率自由化

自20世纪70年代末始，东亚国家就相继颁布了一系列政策法规，放松对银行业务的限制，实现利率自由化。马来西亚于1978年，菲律宾于1980年放开了存贷款利率限制。1983年，印尼开始准许银行自由决定利率，废除信贷高限，减少中央银行干预，调整银行准备金比率，从15%降至2%。泰国的金融自由化进程起步较晚。1989年，泰国银行决定解除一年期以上储蓄存款利息的上限。1991年以后，泰国政府接受了全能银行的概念，开始打破金融机构之间的严格界限，允许商业银行从事金融公司的业务。1992年，泰国所有存款利率都实现了自由化。

2. 鼓励金融同业竞争，实现投资机构多元化

东亚国家投资机构多元化措施的主要目的在于，降低金融业的进入壁垒，允许非国有及非银行金融机构存在和发展。同时，在金融业中积极引入外资，提高外资银行的持股比例。例如，泰国于1977年颁布了《投资促进法》，准许外资机构自由汇出利润、股息和部分资本，非银行金融机构可以实行中央银行控制下的自由利率。1979年，泰国修改了《商业银行法》，实现了股权分散。根据泰国有关法律，外资在银行中可拥有高达25%的股份，在金融公司中外国资本则可以拥有高达49%的股份。

3. 开放境内金融市场，推动金融创新

东亚国家金融自由化过程的一个显著特点就是迅速提高证券市场的国际化程度，吸引大量外资入境，并借此推动金融创新。1984年新加坡开设了东南亚地区第一家金融期货交易所，开展外汇期货和股指期货交易。泰国也于1987年设立了意在吸引境外投资者的股票市场。1988年马来西亚开设了股票二级市场，1995年又开设了吉隆坡特许金融期货交易所。

4. 积极开拓离岸业务，实现金融国际化

1991年泰国推出金融改革方案，允许国内金融公司和证券公司在曼谷以外城市建立分支机构，开展存贷业务。1993年开放"离岸金融设施"，推出曼谷国际银行设施（BIBF），作为离岸金融中心专门负责泰国国内的海外筹资。曼谷国际银行设施规定，准许持有泰国离岸银行执照的外资银行在曼谷以外城市设立分支机构，借贷法定限额内的泰国货币。1995年泰国签约的441亿美元短期外债中，有237亿美元是通过曼谷国际银行设施筹措的。为巩固放款市场的占有率，泰国商业银行也纷纷利用曼谷国际银行设施筹措资金，与非银行金融机构竞争。截至1996年，泰国共有42家银行从事离岸金融业务。

5. 吸引多种外国投资，弥补国内储蓄缺口

虽然东亚国家国民储蓄率均在35%左右，但是，由于经济长期高速发展，东亚国家一直普遍存在大约5～7个百分点的储蓄缺口，需要吸纳大量外资作为补充。近年来，流入东亚地区的大量外资当中，外国直接投资占据主导地位。然而，需要注意的是，与此同时，西方商业银行的短期贷款也大举流入，导致东亚国家外债规模迅速扩大和外国短期贷款在外债总额中所占比例不断上升。以泰国为例，世界银行统计数据显示，1994年初泰国外债总额为460亿美元。1995年，外国净贷款总额占泰国外汇收入总额的18.3%。

资本流入，或者说是介入国际资本市场的程度，通常被看做是经济发展过程中至关重要的因素。工业化国家的历史经验表明，外部融资有助于促进投资和增长。东亚的经验也显示出：伴随着资本的流入，获资国的投资急剧增加，经济增长加速。与此同时，资本大量涌入则有可能使政策制定陷入两难境地。大量资本流入，通常会引起货币和信贷规模的急剧扩张、通货膨胀压力增加、实际汇率上升以及贸易条件恶化。此外，资本的大量流入也易于对股票市场、不动产市场和货币市场造成巨大的冲击，动摇这些市场乃至整个金融体系的稳定性。

第二节 外国直接投资

二战后，特别是20世纪80年代以来，在经济全球化大潮的推动下，外国直接投资已成为影响各国、各地区乃至全球经济的一个越来越重要的因素。联合国贸发会议专家指出，20世纪90年代外国直接投资在各国资本构成中的比重不断增加，发达国家已达到25%，发展中国家平均为13%，中国则达到了15%。同一时期，外国直接投资存量占国民生产总值的比例，发达国家为21%，发展中国家则高达31%。二战后，东亚地区发展中国家的外国直接投资的发展主要经历如下一些阶段

一 外国直接投资的兴起与发展时期（20世纪80年代以前）

在50～60年代期间，东亚多数发展中国家（或地区）尚未将其经济发展战略从面向国内市场型转向面向国外市场型。在这段时间内，它们得到的外国投资主要集中于资源开发与一些面向当地国内市场的制造工业部门，第一产业部门（主要为石油开发等采矿业部门）的外国投资比重较高，第二产业部门（主要为面向国内市场的进口替代工业部门）与第三产业部门（以商业与服务业为主）的外国投资比重均较低，而且投资规模不大，外国投资额增长速度不快。

60年代上半期，主要资本主义发达国家先后进行了战后第一次产业结构调整，它们将大批的劳动密集型产业基地转移到工资水平低廉的发展中国家与地区。在这样的形势下，东亚发展中国家（或地区）的经济发展战略先后从进口替代工业转向面向出口工业，从而迎来了二战后第一次外国投资的高潮。早在60年代上半期个别发展中国家（或地区）已开始实施了上述经济发展战略的转向，而东亚大部分发展中国家（或地区）则是在70年代期间实施这一转向。

70年代亚太发展中地区国家（或地区）的外国投资发展具有以下一些特点：

（一）外国投资的规模与增长速度明显比50～60年代加大、加快。

（二）第二产业尤其是劳动密集型出口工业部门的外国投资比重增大。

（三）70年代末期，东亚发展中地区国家（或

地区）的经济发展水平开始出现分化，部分发展中国家（或地区）进入新兴工业化国家（或地区）的行列，如“亚洲四小龙”的外国投资模式与其他发展中国家（或地区）明显出现差异，其制造工业部门外国投资已逐步转向资本技术密集型工业投资，第三产业部门的外国投资比重也开始逐步增大。

二 外国直接投资的调整与升级时期（1980～1997）

（一）20世纪80年代的调整

进入80年代，东亚发展中国家（或地区）的外国投资出现了与以往年代不同的新趋势。

1. 投资额增长速度在80年代上半期趋于下降，下半期趋向回升

东亚发展中国家（或地区）的外国投资在80年代下半期出现回升，其经济背景一方面是资本主义发达国家经济的复苏；另一方面，是80年代下半期东亚域内资本投资高潮的形成与发展，它对80年代下半期东亚发展中地区国家（或地区）外国投资的大幅度增长和投资产业部门结构的变化起着重要的作用。

这股亚太地区区域内资本投资高潮首先涌向泰国，1987年起泰国出现外资投资高潮；其后涌向马来西亚、印度尼西亚，它们自1986年底起大力采取措施放宽对外国投资的限制与扩大外国投资的优惠；1988年起这股资本投资高潮也涌向马来西亚与印尼；进入90年代以后，又涌向中国、越南、菲律宾与印度。

2. 投资来源中区域内投资占主导地位

由于1986年以后亚太地区区域内资本投资高潮的形成与发展，区域内资本投资来源在80年代下半期亚太发展中国家（或地区）外国投资总额中所占的比重不断趋于增大，并趋于占主导地位。但在这一总的发展趋势下，又呈现出以下两种相反的发展趋势。

（1）“亚洲四小龙”的外国投资来源结构变化趋势是，来自发达国家所占的投资比重趋于增大（其中日本成为首位的投资来源），来自发展中国家的投资比重趋于缩小。

（2）与此相反，东盟四国（泰国、马来西亚、印度尼西亚、菲律宾）和中国的变化发展趋势是，来自发达国家的相对比重趋于缩小，而来自发展中国家或地区（特别是来自“亚洲四小龙”）的相对比重趋于增大。中国的外来投资来自发展中国家和地区（主要是香港与台湾地区）的投资比重，从1982年的42%大幅度地增大到1987年的65%；1986年以后，在泰国、马来西亚、印度尼西亚的外来投资中，来自发展中国家和地区（主要是台湾地区、韩国、香港）的投资比重均占居主导地位。

3. 外国投资集中投向东亚新兴工业化国家和地区

联合国跨国公司中心的资料显示，20世纪80年代外国投资在东亚地区的投资主要集中于“亚洲四小龙”，约占50%左右；其次为东盟四国，约占26%，中国约占19%。

4. 外资在第二、三产业部门的投资比重趋于扩大

80年代期间，外国投资在东亚发展中国家和地区的投资产业部门分布的趋势是：

（1）第一产业部门的外资投资比重在70～80年代有所下降，除了天然资源丰富的少数几个国家（如印尼、马来西亚）之外，绝大部分国家地区第一产业部门的外国投资比重，均由于工业化的迅速进展而有较大幅度的下降。

（2）第二产业部门的外国投资比重趋于扩大，但不同国家地区又有所差别，即：“亚洲四小龙”的第二产业部门的外国投资比重在70年代已趋于增大，到了80年代其制造业部门的外国投资的重点已从劳动密集型产业转向资本技术密集型产业；而东盟地区的制造工业部门的外国投资比重的增大，则主要集中于劳动密集的出口加工业。至于中国的第三产业部门，其外国投资比重则呈增大趋势。

（二）20世纪90年代上半期的发展

90年代，从美国、欧洲、日本到发展中国家，国际资本为寻求安全、获利的场所，呈现出引人注目的新变化和新特点：世界上最大资本吸收国美国出现资本流入减缓的势头，急需资金的发展中国家，由于不合理的国际经济贸易体制，程度不等地出现资本从本国向发达国家“倒流”的现象。而中国风景这边独好，继续保持良好的引资势头。90年代，与大多数国家外国直接投资减少形成鲜明对比的是，对中国的外国直接投资长期保持了持续增长的势头。

进入90年代，东亚发展中国家和地区的外国投资增长幅度进一步提高，出现了一些新的趋势与特点：

1. 东亚地区外国投资增长速度在发展中国家中仍居首位

1990～1995 年期间，整个发展中国家的外来投资年平均增长率为 23.4%，而东亚发展中国家和地区为 27.5%，在发展中国家中仍居首位。东亚发展中国家和地区在整个发展中国家外资投资总额中所占的比重，从 1985 年的 34%提高到 1990 年的 52%和 1995 年的 62%。

2. 在东亚外来投资中，欧美国家的比重有所回升，但地区内资本投资比重仍居首位

进入 90 年代，在东亚地区内的投资来源中，日本仍是首位投资来源国，但此时日资企业对东亚的投资则具有一些与 80 年代下半期不同的特点：

（1）出口工业生产基地的转移向中国、越南等扩大

20 世纪 60～80 年代中期，日资企业主要以“亚洲四小龙”作为其转移投资的目的地，1986 年后转向东盟地区，而进入 90 年代后则转向中国、越南等劳工价格更加低廉的发展中国家。

（2）直接投资转向国（地区）内市场型地带

随着“亚洲四小龙”与东盟一些国家经济发展水平和工资水平的上升，日本企业在这些国家地区的直接投资已开始部分地从面向国际市场型投资转向面向国内（地区内）市场型投资。

（3）投资类型趋向多样化

日资企业依据东亚发展中地区国家地区不同的产业发展水平与工资水平，在不同的国家地区分别采取区内市场型、出口市场型、委托加工型等多种投资模式。

3. 投资对象地区与投资来源趋于多元化

进入 90 年代，欧美国家的资本主要转向中国、越南等。尤其是随着改革开放的进一步推进，中国成为西方跨国公司投资的主要追逐地。

从地区内投资来源地的变化趋势看，为了寻求低廉的劳动力来源，“亚洲四小龙”从 80 年代中期起开始便大量向东盟、中国进行生产基地的转移投资；进入 90 年代以后，东盟地区的泰国、马来西亚也开始向中国、印尼、菲律宾、越南、缅甸进行生产基地的转移投资，从而使东亚地区内的投资来源呈现出多元化的趋势。

三　金融危机冲击与新世纪振兴（1997～2005）

（一）金融危机的冲击

1997～1998 年间，东亚地区许多发展中国家在金融危机的冲击下，经济陷于停滞与衰退，1999 年以后才逐步走向复苏。

金融危机期间，东亚地区许多发展中国家的外国投资普遍出现衰减，其主要趋势与特点是：

1.1998 年后外国投资普遍大幅衰减

1997 年下半年已开始，东亚许多发展中国家和地区的外国投资趋向疲软，1998 年后普遍呈现大幅度衰减趋势。

2. 东亚发展中国家地区在整个发展中国家外资投资总额中所占的比重趋于下降

1985～1995 年间，东亚地区发展中国家地区在整个发展中国家外资投资中所占的比重不断趋于增大，从 34%攀升至 62%；但金融危机后便趋于下降，1997 年降至 42.5%，1998 年进一步降到 30.3%。

3. 来自区域内的资本投资亦大幅缩减

80～90 年代，东亚地区内资本投资主要来自日本、韩国和中国台湾等新兴工业化国家地区。1997～1998 年间，由于受到亚洲金融危机的影响，对外投资实力减弱。日本在 1998 年度对东亚地区（包括“东亚四小”、中国、东盟四国）的直接投资急剧下降，比 1997 年度剧减 44.5%。1998 年上半年，中国台湾对东南亚地区的直接投资的降幅更高达 95%。

4. 欧美跨国公司在东亚地区积极推进企业兼并

1997 年下半年起，欧美跨国公司开始对东亚地区一些陷入债务危机、资金严重短缺的当地企业进行收购与兼并。

5. 接受投资国（地区）进一步放宽引进外国投资政策

金融危机后，东亚许多发展中国家地区普遍采取了进一步放宽外国投资限制的政策和措施，以鼓励外资流入和推动经复苏。

（二）新世纪的振兴

1997 年亚洲金融危机爆发后，东亚地区在全球发展中国家引进外国直接投资中占据的主导地位让位于拉美。危机过后，在 1999～2000 年经济复苏期间，对全球各发展中区域的外国投资增长趋势进行比较，东亚地区外国投资的增长回升幅度最小，仍未摆脱负增长。就东亚地区内分区的外国投资增长趋势进行比较，1999 年“东亚四小”的外国投资增长已有大幅度回升，而东盟四国（印尼、

马来西亚、菲律宾、泰国）则仍未见回升。但进入2000年后，泰国、马来西亚和印尼等东盟国家的外国投资开始转向正增长。

2002年，在发展中国家的所有地区的外国直接投资流入量都在下降。然而，流入东亚地区的外国直接投资流量下降最少，这主要是得益于流入中国的外国直接投资的持续增长。随着加入世贸组织，中国因此继续推进改革和市场开放，对外资的吸引力进一步增加，2002年中国以创纪录的530亿美元外来投资流入量，首次超过美国，成为全球外来直接投资最多的国家。

2003年，全球发展中国家获得的外国直接投资仍有所下降，但东亚地区外国直接投资总额从2002年的950亿美元增至990亿美元。其中，中国的外来直接投资为570亿美元，高于2002年的520亿美元。

2004年，联合国贸易和发展会议资料显示，全球外来直接投资达6 120亿美元，高于2003年的5 800亿美元，终结了2001年以来外来直接投资的跌势。2004年全球新增的资金流量，大部分都流向东亚地区，东亚的外来直接投资上升55%，达1 660亿美元，其中，中国接收的外来直接投资额为620亿美元。

表1　　中国1989～2002年吸收海外直接投资一览表　　（亿美元）

类别＼年份	1989	1997	1998	1999	2000	2001	2002*
全球总额	2 000	4 000	6 440	8 650	13 000	7 350	5 340
中国吸收外资	34	453	455.8	400	410	468	500
中国占全球比重	1.7%	11.3%	7.1%	4.6%	3.2%	6.4%	9.4%

*　2002年为联合国贸发会议发布的预测数字。

资料来源　贸发会议2003年度《世界投资报告》。

第三节　官方援助、私人资本与外债

东亚地区发展中国家同世界其他地区一样，其外来资金流入也是包括援助与私人资本流入两大部分。在私人资本流入中，除了外商直接投资和证券融资外，私人商业贷款也是不可或缺的部分，同时东亚一些国家，如韩国、泰国、印尼和菲律宾等，在其外来私人资本流入中，私人商业贷款均占有相当大的份额，亦占外债的大部分。

一　官方援助

官方援助从地理分布考察，双边官方发展援助大多流向中等收入国家（地区），而多边官方发展援助则流向低收入国家（地区）。中等收入国家（地区）由于其借款大量来自私人，因而官方发展援助只占其资本流入总额的小部分。低收入国家（地区）由于私人资本流量小，官方发展援助则占据外来资本的大部。

东亚发展中国家（地区）获得的官方发展援助，主要来自联合国开发计划署、粮农组织、世界银行和亚洲开发银行。援助贷款主要用于解决受援国（地区）经济和社会发展中的“瓶颈”问题和加强薄弱环节，诸如基础设施、农业和自然资源管理、能源和城市发展等项目。援助国（地区）除提供项目贷款外，还安排各种技术援助项目，就受援国（地区）经济、社会的热点和难点问题开展研究，为政府部门提供咨询意见和建议。

进入20世纪90年代，虽然国际社会向贫困开战的承诺有所加强，但是官方发展援助却趋于萎缩，自1992年达到高点之后逐步减少。90年代，除拉美和加勒比外，包括东亚地区在内的发展中国家取得的官方发展援助额均在下降。

对援助成效的评价毁誉参半，原先人们预期援助将填补发展中国家发展中的资金缺口。然而，由于种种原因，这种预期并未完全得以实现。诚然，也不乏成功的例证。世界银行的调查显示，20世纪70年代以后，东亚地区在消除贫困方面成绩卓著，其间，在不同时期援助还是发挥着重要的作用。例如，60年代的援助为韩国出口导向型经济的成功创造了有利条件，使韩国从大量依赖外援走向自立，目前私人资本已成为其外来资金的重要组成部分。印度尼西亚也是成功的例子，1970～1987年期间，印尼是世界第七大受援国，获得外援超过129亿美元，由于较好地利用了农业、教育和计划生育方面的援助，使得其贫困人口调查指数从58%下降为17%。(世界银行《1990年世界发展报告》)。

联合国开发计划署侧重于区域性资源综合利用开发。1991年该署正式决定将图们江流域开发作为第五次联合国开发计划，预计在1991～2010年20年间将向该地区投入300亿美元。联合国粮农组织则努力在东亚地区积极推广粮食安全等农业发展项目。

世界银行是世界上最大的发展援助来源。从支持孟加拉国少女教育，到帮助自治后的东帝汶重建，以及帮助印度古吉拉特邦震后恢复生活，世界银行在亚洲的援助项目无所不在。1981～2005年，世界银行对中国贷款总额达到383.9274亿美元，其中硬贷款281.8580亿美元，软贷款102.0694亿美元，涉及交通、电信、工业改造、环保、扶贫、文教、卫生、社会保障、财政制度改革等几乎所有公共领域。世界银行条例规定仅可贷款给政府，但鼓励政府与当地社区、非政府组织和私有企业密切合作。

亚洲开发银行也是东亚援助贷款的主要来源。在过去的40年里已累计向亚太地区投放1 130多亿美元的资金。在东亚地区，亚洲开发银行在湄公河开发方面取得较为显著的成效。2002年12月，亚洲开发银行大湄公河次区域经济合作第十一次部长级会议决定，加快未来10年次区域的经济发展。会议同意在建立南北、东西和南部经济走廊、交通、能源、贸易投资、人力资源开发、环保、电讯、农业等10个骨干项目的基础上，将湄公河旅游发展列为第十一个骨干项目。

表2　　东亚10国（地区）接受援助、投资及所欠债务的比重

国家　地区	收到官方援助			外国直接投资占GDP%		债务本息偿还占货物与劳务出口%	
	金额（百万美元）	占GDP%					
		1990	2002	1990	2002	1990	2002
中国	1 475.8	0.6	0.1	1.0	3.9	11.7	8.2
中国香港	4.0	0.1			7.9		
韩国	−81.7	−1.7		0.3	0.4		
蒙古	208.5		18.6		7.0		6.7
越南	1 276.8	2.9	3.6	2.8	4.0		6.0
泰国	295.9	0.9	0.2	2.9	0.7	16.9	23.1
马来西亚	85.9	1.1	0.1	5.3	3.4	12.6	7.3
新加坡	7.4			15.1	7.0		
印尼	1 308.1	1.5	0.8	1.0	−0.9	33.3	24.8
菲律宾	559.7	2.9	0.7	1.2	1.4	27.0	20.2

*　2002年为联合国贸发会议发表的预测数字。

资料来源　联合国《2004年人类发展报告》。

亚洲开发银行2004年度报告显示，它在贷款和技术援助等方面的投资达55亿美元，分别用于64个公共和私人项目，平均贷款数额为6 600万美元。其中，接受贷款最多的发展中国家为中国和印度。贷款项目集中在交通和通讯建设方面，其次为能源、经济管理和公共政策方面。除了贷款之外，亚行还向一些成员提供技术援助款，用于项目准备、咨询、会议调查以及研究培训等项目，主要接受国为印度尼西亚、中国、巴基斯坦和阿富汗。

亚行也将大量精力投入了与疾病和灾难作斗争。2003年“非典”(SARS)疫情爆发时，亚行向发展中成员提供500万美元援助赠款，其中，80

万美元继续用于对抗在多个国家和地区流行的禽流感，包括国际专业技术力量、提供设备（比如防护服）以及对公共卫生的监察和监测等 3 个方面。2004 年底，部分东南亚国家发生大规模海啸后，亚洲开发银行于 2005 年 2 月 18 日宣布，它将设立总值 6 亿美元的亚洲海啸基金，以便为去年年底遭受印度洋海啸之灾的亚洲国家提供紧急资金援助。海啸基金的受益国家主要包括印度、印度尼西亚、马尔代夫、斯里兰卡和泰国。援助资金将用于受灾国家和地区的水、电以及通讯等公共服务领域，公路、铁路、港口码头等基础设施领域，以及教育、卫生服务、农业、房屋修复和重建等。

亚洲开发银行的援助也延伸到政治领域。2005 年 2 月，亚洲开发银行批准总额为 25 万美元的援助款项，以深化亚太地区国家之间以及与其他地区国家的反腐合作。

亚洲开发银行贷款没有局限于政府层面。2005 年 4 月，亚行首次投资中国民营企业，向中国最大的民营担保公司——中科智担保集团注资 1 000 万美元，意在帮助民营中小企业融资。

面向新世纪，根据东亚发展中国家和亚行各自的情况和发展战略，双方将在以下方面加强合作，拓宽信贷合作范围，从目前以基础设施建设为主扩大到受援国的农业、公共卫生、文化教育和环保等领域；加强双方在区域发展方面的合作，包括大湄公河次区域和东盟与中、日、韩的合作等，以及加强双方在发展中国家减少贫困和发展项目中的合作。

二　私人资本、外债与债务负担

（一）私人资本流入

按世界银行划分标准，净私人资本流量由私人债务和非债务流量构成。私人债务流量包括商业银行贷款、债券和其他私人信贷；私人非债务流量包括外国直接投资和有价证券组合股本投资。

20 世纪 90 年代，流入发展中国家资金总量中，私人资本的比重迅速上升，1990～1997 年期间，由 43%上升为 88%。但是，私人资本的流入，迄至 90 年代末仍主要集中于 15 个国家（占流入总额的 83%），其余人口总数达 17 亿的 140 个发展中国家地区分享余下的 17%。除印度和中国外的 61 个低收入国家几乎一无所获。

表 3　东亚地区 11 国 1980～2003 年净私人资本流量*　（亿美元）

国　别	1980	1990	1995	1999	2003
中国	17.32	81.07	443.39	582.95	594.55
韩国	–	10.56	–	132.15	150.00
蒙古	0.00	0.28	−0.04	0.27	1.31
越南	0.00	0.16	14.87	5.81	11.92
老挝	0.00	0.06	0.88	0.72	0.19
柬埔寨	0.00	0.00	1.64	1.26	0.87
缅甸	–	1.53	–	1.88	0.98
泰国	14.65	43.99	91.43	−13.85	11.55
马来西亚	19.13	7.69	119.24	32.28	22.07
印尼	8.40	32.35	46.05	−112.10	−36.85
菲律宾	7.31	6.39	5.72	24.59	13.50
小　计	66.81	184.08	723.18	655.96	770.09

*　净私人资本流量由私人债务和非债务流量构成。私人债务流量包括商业银行贷款、债券和其他私人信贷；私人非债务流量包括外国直接投资和有价证券组合股本投资。

资料来源　世界银行《世界发展报告》1997 年、2000 年和 2003 年。

（二）外债与债务负担

按世界银行标准，一国外债总额包括对非居民的应以外币、货物或服务偿还的债务。包括公共的、公共担保的和私人无担保的债务，国际货币基金组织信贷，以及短期债务之总和。短期债务包括，原偿还期为一年和一年以下的所有债务，以及长期债务的利息拖欠额。

东亚发展中国家外资流入方式可归纳为：以借贷资本流入为主和以直接投资流入为主两种类型。80 年代以前的韩国属于前者，而新加坡则属于后者。

以韩国为例，二战后相当长一段时间内，借贷资本是外来资金的重要组成部分。20 世纪 50 年代，韩国以接受美国经济援助为主。60 年代，韩国接受外资方式由无偿援助，转向公共借款、商业借款及外国直接投资。到 1969 年，商业借款已占引进外资总额的 70%。1965～1969 年间，是韩国举借商业借款的高峰期。70 年代以后，受国际利率水平波动影响，公共借款和外国直接投资的比重有所上升，而到 80 年代后半期，商业借款的比重又再次上升。

1962～1994 年间，韩国的外来资金中，外国借款额达 418 亿美元（其中，公共借款 208 亿美元，商业借款 210 亿美元），外国直接投资额为 125 亿美元（批准额）。

与韩国比较，新加坡的情况则有较大差异。二战后，新加坡早期经济的发展还是依赖外国借款，1965～1973 年间，1/3 以上的国内资本形成来自外国贷款。进入 70 年代以后，则主要依靠外国直接投资。到 80 年代中期，外资在新加坡工业企业资本支出和制造业增加值中的比重，均占 2/3 以上。1984～1994 年间，外国直接投资占资本形成总额的比率，新加坡为 30%，而韩国仅占 2%。到 1999 年，新加坡比率略为下降，亦达 25.1%；韩国的比率有较多上升，但仍仅为 8.5%。

应当指出，通过借贷资本引进外资发展经济，有其利于引资国弱化国际经济周期影响、更自如地调整经济结构积极的方面。但是沉重的债务负担和不合理的债务结构，往往是导致债务和金融危机爆发的导火线。

1997 年东亚金融危机爆发前，东亚许多国家均保持良好的偿债信誉，但不断累积的债务实际上蕴藏着危机。金融危机爆发前，1996 年印尼的外债累计额为1 200亿美元，泰国为 900 亿美元，菲律宾为 380 亿美元，分别占上述国家国内生产总值的 53%、61% 和 84%。同时，作为债务负担程度的重要指标偿债比率，印尼在危机爆发前连续 6 年接近或超过 30%，泰国在 1997 年亦达到 25% 的国际公认的风险警戒线。从债务结构考察，由于东亚国家银行的存贷利率明显高于国外的一般水平，促使商家到国外筹借“便宜”的贷款，致使私人外债猛增，而且私人外债中又以短期外债居多。1997 年金融危机爆发时，短期外债占外债总额比率，泰国和韩国高达 37%，印尼和菲律宾也在 25% 以上。短期外债周期短，不时面临还债难题，当本国货币贬值时，为及时还债和减轻债务负担，私人企业往往恐慌抛售本币抢购美元，导致本币的进一步贬值，从而引发和加重债务与金融危机。

表 4　　东亚国家 1980～1999 年外债总额、结构及偿还率

国　别	负债度	外债总额（亿美元）				债务偿还占货物与劳务出口%			短期债务占总债务%	
		1980	1990	2003		1980	1990	2003	1990	2003
				总额	占出口%					
中国	L	45.04	553.01	1 935.7	48	13.1	11.7	2.8	16.8	37.7
韩国	L	294.80	349.68	1 258.0	65	19.7	10.8	20.6	30.9	37.9
蒙古	M	–	–	14.72	149	0.0	–	33.4	–	19.4
越南	M	0.06	232.70	158.17	67	–	8.9	3.0	7.7	8.2
老挝	S	3.50	17.68	28.46	356	17.1	8.7	8.4	0.1	0.0
柬埔寨	M		18.54	31.39	112	–		0.4	2.3	7.1
缅甸	S	14.99	46.95	73.18	192	25.4	9.0	3.8	4.9	20.0
泰国	M	82.97	281.65	517.93	59	18.9	16.9	7.6	29.5	21.1
马来西亚	M	66.11	153.28	490.74	45	6.3	12.6	4.7	12.4	18.0
印尼	S	209.44	698.72	1 343.9	204	13.9	33.3	10.6	15.9	17.0
菲律宾	M	174.17	305.80	626.63	147	26.6	27.0	12.4	14.5	9.9
小　计		891.08	2 658.01	6 478.8						

资料来源　世界银行《2001 年世界发展指标》。

第四节　资本流动与金融危机防范

一　国际资本流动加速与潜在危机

20 世纪 80～90 年代，东亚地区金融自由化战略对地区经济增长起到了巨大的推动作用。但是，在金融自由化的过程中，由于未能执行一个有序的、渐进式的金融自由化战略，在宏观经济尚未实现稳定之前就急速着手实施金融自由化措施，在国

内金融体系尚未发育成熟之前就仓促开放本国金融市场，从而导致东亚，特别是东亚发展中国家（地区）金融体系缺乏稳健性。

（一）金融自由化失序，特别是资本账户开放过快引发的矛盾和问题

20世纪90年代以来，随着国际资本流动规模的扩大和速度的加快，东亚国家推行金融自由化的负面影响逐渐显露出来。由于东亚国家国内金融体系和金融市场长期处在政府保护之下，金融产品由官方统一定价，银行信贷受政府统一支配，国内缺乏竞争性金融市场，金融资产质量严重下降，金融机构风险意识淡薄。随着国际资本流入数量的逐年增加，东亚国家金融抑制局面逐步得到缓解。但是，与此同时，东亚国家不得不长期实施冲销干预、推行紧缩政策；大量短期国际资本的存在，使得东亚国家与美元挂钩的固定汇率制度随时面临遭受冲击的风险，从而严重危及宏观经济稳定。

（二）20世纪80年代以来实施了规模庞大的投资计划，投资过度导致了大量的贸易赤字，也造成了对外国资本流入，特别是短期国际债务的片面依赖

这一时期东亚国家基础设施建设所需资金大半来源于政府财政和外国投资。过度投资造成政府财政赤字不断增加，物价水平连年上升，通胀压力逐步增大，宏观经济运行严重偏离稳定。此外，不合理的引资格局迫使东亚许多国家，形成了对外国资本流入、国际金融市场和国际商品市场的严重依赖，在国内金融体系中产生了结构性障碍，其间隐藏着长期累积下来的大量潜在不稳定因素。泰国1995年外债余额为826亿美元，1997年骤增至900亿美元以上，占其当年国内生产总值的50%左右，大大超过国际通行的外债规模警戒标准。

（三）长期实行的钉住汇率制度，形成了一种依附性的连带关系

从钉住国即东亚国家货币的角度来说，存在一种“随波效应”。在国际外汇市场上，东亚国家货币汇率必须随美元等被钉住国货币汇率的变化而波动，使得东亚国家政策当局无法采用变动汇率的手段，来满足经济形势变化的需要。

1995年底以来，美国经济走出衰退，美元对西方国家主要币种汇率出现了逐渐升值的势头。1995年底，日美两国签订了关于加强美元地位的协定，日元对美元的汇率不断下跌。美元的升值带动了长期与美元挂钩的东亚国家货币的实际汇率一道升值，严重地损害了东亚国家产品的出口竞争能力，导致东亚国家1996年以来出口增长出现停滞不前的局面，经常账户收支状况持续恶化，货币逐渐由低估变为高估。

同时，美元不断升值的局面，促使国际投资者将大量美元资产撤回美国市场。由于流入东亚发展中国家的国际资本多为短期资本，为了确保资本账户的稳定，东亚发展中国家被迫不断提高国内利率水平，增大本币与外币之间的利差。在国内利率水平不断上升的情况下，东亚发展中国家国内资产的价格开始下跌，从而导致资本外流现象的发生，使得经常账户不平衡的问题更加突出，国际收支不平衡的问题愈发严重。

在上述情况下，东亚各国本应及时调整国内经济结构，稳定国内宏观经济环境，然后再继续推进金融自由化。然而，为了同亚洲其他国家和地区争夺区域性金融中心的地位，同时也为了吸引外资持续流入以支持出口导向战略，东亚国家依然继续推进金融自由化，期望通过实现金融自由化来缓解国内经济环境中业已存在的风险和压力。同时，20世纪90年代国际资本流动的构成方式和运动规律都发生了巨大的变化，国际金融市场中的风险因素进一步增多，不确定性不断增加。这种不利形势使得东亚国家的金融自由化充满了风险。

二 国际资本流动与金融危机

20世纪90年代后半期，受全球范围内国际资本流动趋势变化的影响，东亚地区的国际资本流动模式也发生了相应的变化，出现了若干新的趋向。这类变化在东南亚地区表现得最为明显，在某种程度上，成为20世纪90年代末东亚金融危机爆发的重要诱因。

（一）90年代后半期东亚国际资本流动的主要特征

1. 证券投资逐渐成为外资流入东亚国家的重要方式

20世纪90年代初期，西方发达国家经济增长乏力，世界范围内利率普遍下调，西方发达国家的大量证券资本开始向预期收益高的地区转移。由于东亚经济的高速成长，美国、日本以及其他西方国家的金融机构和私人投资者纷纷看好东亚发展中国家的新兴国际证券市场，使得东南亚等地区的有价证券投资明显增加。与此同时，较低的国际利率，降低了东亚国家还本付息的负担、引入外资的成本以及拖欠债务的风险，为东亚国家的国际证券融资提供了一个相对宽松的外部环境，进一步促进了东亚发展中国家股票和债券融资的增长态势。

2. 东亚地区的国际资本流动环境改善，各类金融创新措施的推出和较大利差的存在，吸引了大量的国际机构投资者

东亚国家的政治经济局势相对稳定，金融机构经营业绩良好，金融市场基础设施趋向完善，市场波动性降低，在一定程度上提高了东亚国家证券市场的评级，推动了东亚国家证券市场不断向着国际化方向发展。与此同时，西方主要债权国放松了对私人证券销售的管制，有效地促进了东亚国家的筹资者进入国际债券融资市场。东亚国家的私营企业发行了大量可以转换为股票的债券，更推动了东亚国家的股市行情走高，和债券销售的增加。

随着债券发行运作技巧的逐渐走向成熟，东亚国家普遍采用了提前偿付期权或进行股权转化的办法，减少初始发行收益率的差价。诸如此类的金融创新措施，有效地促进了东亚国家的债券发行。同时，90年代末金融危机爆发前，由于东亚国家的货币汇率相对稳定，而国内利率却与国际利率相差很大，所以对国际机构投资者来说，印尼、菲律宾等东亚发展中国家发行的以本币标价的金融证券颇具吸引力。

3. 冲销干预政策的连年实施，使官方外汇储备规模不断扩大，导致了大量短期资本流入东亚

90年代后半期，面对逐年增大的国际资本流入，东亚国家继续采取冲销措施加以干预，以限制国际资本流入引起的国内货币供给的增加和名义汇率上升过速问题。冲销政策的连年实施，导致官方外汇储备迅速增加。但是，另一方面，连年不断的冲销干预导致了国内利率水平的不断攀升，诱使短期国际资本流入逐年增加，从而加大了实施冲销干预的成本和代价，这是东亚国家政策当局早先所没有预见到的。

在资本市场高度开放的条件下，东亚国家对国际短期资本依赖性的增强，势必导致国际游资的冲击。20世纪90年代以来，东亚国家的消费过度和储蓄不足，导致了国内供求失衡和物价上涨。为抑制日益严重的通货膨胀，东亚国家政策当局选择了紧缩性货币政策。在本国货币与某种国际硬通货保持固定不变或变动极小的汇率的情况下，东亚国家利率高企，导致大量国际游资流入。这些国际游资对东亚国家的货币安全和宏观经济稳定构成了严重威胁，增加了经济运行中的不确定因素。在外汇市场上，大量国际游资不断抬高东亚发展中国家货币汇率，迫使东亚国家货币升值。而本币升值和国内居高不下的物价水平又严重地阻碍了东亚国家出口规模的扩大，恶化了贸易条件，也扼制了东亚各国出口导向型经济的发展。

从理论上讲，东亚国家政策当局本应及时放弃钉住汇率制，对本国货币实行官方贬值。由于钉住汇率制度具有内在刚性，东亚发展中国家不得不刻意维持业已高估的本币汇率。对东亚国家来说，在美元出现贬值的前提下，本币贬值是顺势而动，贬值比较容易实现。然而，在美元表现坚挺、稳中有升的情况下，本币贬值就是逆潮而动，只会在外国投资者中间造成心理恐慌，从而导致大量短期国际资本抽逃，诱发本国货币的恶性贬值。这种两难境况的存在，为国际游资进行大规模突发性货币投机提供了下手良机。

在别无选择的情况下，东亚发展中国家只得通过加速开放资本账户的做法进行国际收支调整，希望以资本账户的盈余来冲减经常账户的赤字，结果使汇率调整国际收支的机制彻底丧失了应有的作用。从一定意义上讲，机械地维持固定汇率或忽视对本币汇率的调整，实际上等于为国际游资的套利活动提供了风险保护屏障。这样，在国际短期资本活动冲击下，最终爆发了东亚金融危机。

（二）东亚金融危机因素分析

东亚金融危机，实质上是一场由于资本大规模流出区域金融市场而引发的区域性金融危机。东亚金融危机的根源在于：

1. 汇率制度缺乏弹性，国际收支严重失衡

在资本流动监管机制尚未健全的情况下，20世纪80年代初，东亚发展中国家便仓促转向了与美元挂钩的固定汇率制度。当时，东亚发展中国家政策当局普遍认为，维持与美元挂钩的固定汇率是宏观经济稳定的前提条件和主要标志。然而，在钉住美元的汇率制度下，东亚发展中国家货币的强弱，更多地取决于美元的实际表现。美国的经济政策和经济周期性变化，将对东亚发展中国家的宏观经济运行产生直接影响。在经济结构迥异、经济发展水平悬殊的情况下，东亚发展中国家利率的政策效能遭到明显削弱，主要充当国际收支调整的媒介。同时，钉住美元的汇率制度要求东亚发展中国家货币政策的制定和实施，必须以稳定汇率为主要目标，所以，东亚发展中国家货币政策的制定过程，难免要偏重于影响国际收支的各种因素。因此，在实现向固定汇率制度转换之后，东亚发展中国家的货币政策对国内经济的影响力明显下降，有时甚至会出现与国内经济需要相悖的现象。

东亚发展中国家历来主张保持本币汇率的稳定，即使本币汇率发生贬值，那也应当是轻微的、可预见的变动。稳定的汇率政策与国内价格稳定结合，起到吸引外国直接投资、扩大出口的作用。但是，这种一味求稳的汇率政策在实践中逐渐显露出重大弊端。汇率波幅过窄限制了汇率的伸缩性，使政策当局的干预空间变得相对狭窄。此外，汇率波幅过小降低了东南亚金融市场中的不确定性，无法起到抑制国际短期资本过度流入的作用。因为，在这种风险相对确定的有利环境中，国际短期资本可以毫无顾忌地进行套利活动。

在浮动汇率制成为主流的情况下，世界各主要币种间汇率变动的波幅不断加大，形成了长期性的汇率错位现象。1995年上半年，由于美元大幅度贬值，东亚发展中国家的外债负担陡然加重。虽然此后不久东亚发展中国家纷纷改变外汇储备的币种结构，不断增大日元在货币篮子中所占的比重，但是从本质上看，东亚发展中国家实行的依然是钉住以美元为主的一篮子货币的汇率制度。在这种汇率制度下，美元对日元汇率的变化会即时传导到东亚发展中国家经济当中。如果这种变化是单向性的、持续性的，东亚发展中国家的贸易和投资状况将会随之发生剧烈变化。

东亚发展中国家货币汇率普遍偏高，存在汇率高估的问题。汇率高估是汇率机制刚性造成的。以泰国为例，1984年以来该国一直坚守1美元兑25泰铢的固定汇率，致使货币政策的调节作用大大降低。在固定汇率制下，泰国中央银行需要被动地实施冲销干预，对基础货币的调节能力因此大打折扣。面对国内通胀高企的压力，政策当局只得实施紧缩性货币政策，依靠不断提高利率吸引外资来维持汇率的稳定。这种稳定意味着，泰国的利率水平必须与美元的实际利率保持一致，否则会导致短期资本套利活动的加剧。这种长期钉住美元的做法使泰国丧失了汇率政策的自主性，无法通过贬低泰铢汇率来促进出口、改善国际收支，结果形成汇率高估的问题。汇率高估的直接表现是国际收支的逐年恶化，国际收支的严重失衡。

2. 经常账户收支失衡，不良债权积累过多

1995年底日美签订加强美元地位协议之后，东亚发展中国家未能及时调整本币汇率，结果各国货币大幅升值，严重削弱了出口产品的竞争能力，直接影响了经济增长速度。以泰国为例，1991～1995年间，出口年平均增长率为18.7%，而到1996年该指标却降为0%。同时，经济增长率也从年均9%减至6.47%。印尼、马来西亚、菲律宾等国也存在同样的问题。出口增长缓慢导致东亚发展中国家经常账户赤字剧增。1996年，泰国经常项目逆差与GDP之比高达8%，印尼为4%，马来西亚为6%，菲律宾为1%，而墨西哥1994年爆发金融危机时相应数值为7.8%。随着贸易逆差的不断扩大，国际投资者对东亚发展中国家的货币稳定产生了怀疑，1996年下半年后，外资流入速度明显减缓，使得东亚发展中国家的金融机构陷入更深的困境。

经常账户不平衡矛盾的加剧，严重困扰着东亚发展中国家政府。为弥补经常项目赤字，东亚发展中国家放松了对外资流入的限制。1992年以来，泰国政府几度放开资本市场，借入大量短期外债，导致国内信贷环境放松。在这种融资环境下，泰国国内银行体系不断扩大境外低息筹资规模，从国外商业银行借入大量短期贷款，然后再抵押放款给国内企业，投资于房地产与股票交易，制造了大量经济泡沫。由于房地产需求并未像投资机构所预期的那样迅速增长，房地产市场价格出现了暴跌。1996年底，泰国金融机构投资于房地产的大量贷款都变成了不良债权。在这种情况下，投资者开始大举抛售不动产业的股票，造成股市惨跌，出现了严重的挤兑现象，许多金融公司濒临倒闭。1997年泰国泡沫经济破灭时，同1994年的最高点相比，股票价格下跌了65%，金融机构的不良债权与总资产之比已逾10%。同时，由于东南亚各国银行大多附设有金融公司。通过金融公司，大量贷款被注入到高风险部门，导致过度信贷和呆账上升等普遍问题。一旦经济增长放慢，房地产滞销、股市疲弱，银行风险管理不当，便会出现金融机构倒闭风潮，直接诱发金融危机。

3. 宏观经济政策长期失衡，不能及时适应外部环境变化

东亚发展中国家惯于实施冲销干预，抵消外资流入带来的不利影响。在外资流入的高峰期，东亚发展中国家的中央银行通常要实行冲销干预，买入大量外汇，同时发行大量国内债券以获取流动性，防止货币供应超速增长，缓解本币的升值压力。冲销干预为政策当局赢得了作出有关抉择的时间，但是，政策当局也为此付出了相应代价。经过冲销干预之后，政策当局获自外汇储备增加的收益尚不足以支付为国内债券发行所支付的利息。例如，在1992～1993 年，印尼为了对短期资本流入实施冲销，至少付出了 10 亿美元。此外，在固定汇率制下实施冲销，容易造成利率高企，从而影响着国内实际产出的增加。同时，中央银行长期持有作为冲销产物的大量外汇，无疑增大了央行自身所面临的外部风险。

冲销干预政策并非长久之计。20 世纪 90 年代国际货币基金组织的有关调查表明，在有外资大量流入的东亚发展中国家，外资流入的第一年里，约有半数外资可以通过冲销干预加以吸收。但是，随着其他政策措施的到位，东亚发展中国家逐渐适应了外资规模的迅速扩张的状况，冲销干预的政策力度也随之大打折扣。

在资本项目完全开放的情况下，东亚发展中国家依然坚守固定汇率制，造成其国内利率水平必须与国际市场的利率水平保持一致的状况，使得东亚发展中国家货币政策的实际效果明显受到影响，货币政策的独立性显著下降。因为，如果降低国内利率，对利率变化极其敏感的国际证券投资即刻就会发生变动，同时还会引起国内信贷规模扩张、实际汇率升值以及资产价格上涨，经济出现过热现象。这时，如果实施紧缩性货币政策，抽紧银根，那么就可以起到抑制投资规模、吸引证券资本流入的作用。与此同时，倘若国内企业能够通过相关融资渠道不断增加国外借款，国内企业事实上就等于突破了国内信贷数量的限制，使得政策执行过程中的不确定性进一步增加。更有甚者，假如国内企业把大量国外借款用于投机炒作，后果将更加令人担忧。上述事实说明，由于无法得到其他相关政策的协调配合，东亚发展中国家的货币政策实在难以发挥其预期效能。

东亚发展中国家近年来的政策经验表明，资本流入期间的财政政策越紧，本币实际汇率升值的势头也就越弱。财政紧缩政策是泰国和马来西亚危机前的重要政策举措之一。与那种意在应付大量资本流入的财政调整措施不同，财政紧缩的基本思路是采取削减非贸易品支出的手段降低国内总需求，同时起到缓解资本流入带来的通胀压力的作用。

政府支出的紧缩是较为敏感的问题。以削减政府支出为目的的紧缩政策从制定出台到具体实施颇费周章，其间必然会出现或长或短的政策时滞。以泰国为代表的东亚发展中国家的经验表明，资本过度流入造成的本币升值压力亟须采取紧缩政策加以解决。然而，由于政策时滞的存在，当政策当局意识到需要采取紧缩措施的时候，资本的过量流入却早已成为既成事实。也就是说，经验显示，倘若紧缩政策缺乏及时性，就不能适应金融市场瞬时变化的需要。

4. 汇率体系长期扭曲，掩盖了本币高估等固有问题

在实现金融自由化之前，东亚发展中国家普遍存在着本币币值高估的问题。随着币值高估倾向的日益加重，东亚发展中国家的外汇管制措施也变得愈加严格。在实行外汇管制的同时，东亚发展中国家普遍实行多重汇率，即经常账户交易大多以固定汇率结算，资本账户交易大多以浮动汇率结算，借以解决国际收支平衡问题。多重汇率和外汇管制的长期实施，导致东亚发展中国家货币的长期高估。在转向同美元挂钩的固定汇率制之后，东亚发展中国家汇率体系中的扭曲现象仍然未能得到消除。汇率高估的倾向一直被人为地维持下来。

20 世纪 80 年代之前，东亚发展中国家政府普遍认为，与采用货币贬值手段相比，使用多重汇率来改善贸易平衡所付出的代价要小得多。而且，在汇率机制转换之前的过渡期内，多重汇率仍能起到抵御国际短期资本流动冲击的缓冲作用，从而有效地隔绝了来自外部的冲击，有助于保护本国的幼稚产业免受国际资本流动的影响。另一方面，与固定汇率制相比，多重汇率更能增强中央银行对外汇储备的控制能力。在多重汇率制下，政策当局就没有必要再通过冲减外汇储备来弥补资本外流所造成的空缺。所以,在彻底转向钉住美元的固定汇率制度之前,多重汇率依然被东亚发展中国家广泛采用。

有关经验表明，虽然多重汇率确实可以减轻短期资本流动带来的冲击，但是却无法隔绝长期性大规模资本流动造成的影响。伴随着多重汇率的实施，东亚发展中国家国内经济中出现了诸如投机交易、市场渗漏、机制扭曲等有害现象，严重阻碍了国内资本市场的健康发展。到了 20 世纪 70 年代末以后，东亚发展中国家的多重汇率丧失了其存在的基础，面临着存废之间的抉择。一方面，多重汇率的实施导致了财政状况的连年恶化，政府预算赤字不断增加；另一方面，在多重汇率制下，外资流出多于外汇流入，资本外逃现象严重。在这种情况下，多重汇率制便更加难以为继，亟须新的汇率制度加以代替。

替代多重汇率，起到抑制国际投机资本流动的重要政策手段就是外汇管制，即对私人资本的流入流出实行数量限制。在实行外汇管制的情况下，外汇收入必须按照固定价格出售给中央银行或外汇管理机构，以换取本国货币；对外支出必须事先经过政府核准，发给结汇证明，持往指定银行以本国货币购买所需外汇，同时政府对外汇支付的种类与数额也有严格限制。政策当局通常将本币汇率固定于某一水准，这一固定水准远较市场自由决定的汇率水平为高。外汇交易集中于政策当局的授权机构，所有外汇收受人必须将其外汇按官价售予外汇管理机构。非经许可，不得擅自对外支付。在多数情况下，外汇管理机构实行外汇配给。

外汇管制的实施，在一定程度上起到了抑制国际投机资本的作用。但是，外汇管制也使得东亚发展中国家国内基础货币发行中的外汇占款部分不断增加，从而增大了国内通货膨胀压力。再者，外汇管制妨碍了国际贸易的扩张，同时也阻碍了外资规模的扩大。最后，由于实行外汇管制，东亚发展中国家居民很难拥有外国货币和外国有价证券，资产保值能力受到一定程度的束缚。

5. 一些国家金融危机的深层次原因在于，官制金融体制下大企业集团债务的过度膨胀导致大量不良资产的累积

例如，韩国在官制金融体制下，以银行为主导的韩国金融体系受到韩国政府的严格控制，银行等金融机构缺乏应有的独立性，听命于政府官员的意志，无限度地向大企业提供贷款，缓解大企业集团的投资饥渴。在银行贷款软约束的前提下，韩国大企业的融资比率达到了很高的程度，多数大企业的债务与股本金的比率（负债率）都在 500% 以上。韩国 30 家最大的企业集团的负债加在一起，占了韩国全国财富的 1/3，使企业经营面临着高度的风险。1997 年，韩国的 8 个大财团相继宣告破产，其中起亚集团的负债率高达 519%，韩宝集团负债率高达1 900%，汉拿集团负债率高达2 056%，真露集团的负债率高达3 075%。大企业集团的相继破产，导致贷方银行呆账和坏账的迅速增加。金融危机爆发前，韩国银行体系中不良资产占总资产的比例高达 14%，大量不良资产的存在，严重损害了韩国银行体系的稳健性。

大企业过高的投资需求使得韩国长期处于资金短缺状态。1997 年韩国的投资需求率达 38%,需要大量外债满足大企业日益膨胀的投资需求。1991 年韩国外债总额为 397 亿美元,1997 年 11 月底飙升至1 569亿美元,其中金融机构借贷1 115亿美元,企业借贷 434 亿美元,政府借贷 20 亿美元。金融机构借贷的大部分都再次转贷给大企业集团,用于大规模设备引进和海外投资。韩国外债期限结构呈畸形特征,其中短期外债占 58.8%,长期外债占 41.2%。

在大企业集团相继破产的情况下，韩国国内金融机构贷给本国企业的外债中的相当部分，都变成了金融机构的呆账和坏账。外国机构投资者对韩国银行体系中不良资产充斥的状况深感担忧，于是争相撤资，导致泰铢和韩元汇率的恶性贬值。韩国汇市陷入危机之后，企业负债率直线上升，破产率进一步提高，反过来进一步增加了银行体系中不良资产的累积数量。有关研究机构预计，在金融危机的顶峰阶段，韩国银行体系中不良资产比例超过 25%，占到国内生产总值的 34%。在这种情况下，韩元在国际市场上的信用已经急剧下降，韩国金融业已经难于依靠借新债来偿还旧债，亦难于展延外债还期，韩元汇市、股市风雨飘摇。无奈之下，韩国政府只好放弃部分经济主权，向国际货币基金组织求援。

6. 金融自由化进程过速，缺乏有效的监管机制抵御国际游资冲击

东亚发展中国家推进金融自由化、国际化的一个重要步骤就是放松乃至取消外汇管制，不断提高本国货币的可兑换程度。20世纪80年代以来，东亚发展中国家相继开始推行自由外汇制度。以泰国为例，该国对汇入国内用于证券投资的外汇并无法定限制，外币可以自由兑换成泰铢。从1986年起，泰国央行规定，只要投资能够得到泰国证交所会员证证券商的确认，外国投资者就可以随时把证券投资所得汇回国内。由于东南亚新兴股市与西方发达国家股市的连通程度较低，外国基金投资于东南亚股票市场，既可以分散投资风险，又能够获得较高的投资收益，于是大量国际游资竞相涌入东亚发展中国家股票市场。与此同时，东南亚各国金融市场相继对外资金融机构开放，外资金融机构获得了国民待遇，境外证券商和共同基金获准在东亚发展中国家开设分支机构。金融市场的过速开放在一定程度上助长了国际游资的涌入。

20世纪80年代末，随着金融自由化进程加快，东亚发展中国家进一步普遍放松了对外资流入的限制。泰国自1989年以来，先后5次放松了外汇管制，货币自由兑换程度不断提高，包括国际游资在内的各类外资均可自由进出。国内风险市场的放开使得大量游资趁机进入东南亚各国证券市场，其间孕育了巨大的潜在风险。20世纪80年代中期以后，菲律宾为了刺激经济增长，采取了税收优惠、允许外资利润自由汇出等大量引资措施。同时，该国实行高利率政策，其3个月期利率为9.9%，高出美国商业银行同种利率近一倍。流入菲律宾的外资中隐含着大量国际游资，入境后大都转向高风险、高收益的证券业。东南亚其他国家中也存在同样的问题。

在东南亚地区，国际游资冲击为什么会引发区域性金融危机？首先，泰国的不良债权和庞大的贸易逆差的存在，为国际游资的投机活动提供了大好机会。在国际投机家们看来，泰国金融体系早已不堪坏账过多的重负，泰国政府难以继续使用提高利率的办法维持泰铢汇率的稳定。1997年5月，为了挽救陷入困境的国内金融机构，泰国政策当局将利率下调了50～100个基本点。投机家们认为，如果此时发动对泰铢的攻击，泰国政策当局势必无法再用提高利率的办法来维护泰铢的固定汇率。机构投机家们在预料泰铢行将贬值之前，先从国际金融市场借入大量泰铢，然后在外汇市场上抛售泰铢、买入美元。待泰铢贬值之后，再用低价买入部分泰铢偿还借款，剩余美元即为投机收益。其次，机械地维持固定汇率制导致了泰国金融体系的脆弱性。国际游资正是看准了这种制度的脆弱性下手，并大获成功的。

需要指出的是，并非单纯由于固定汇率制而招来了国际游资的侵袭，泰铢贬值的根本原因在于固定汇率制下汇率政策选择失当。从实践上讲，没有哪种汇率制度能够单凭自身的制度力量，应对大量国际游资的猛烈冲击并保持完好无损。汇率制度只有在得到其他金融政策的有效辅助与配合的情况下，才能达到防御国际游资冲击的目的。

东亚国家普遍存在金融法规不健全、央行监管松弛的情况。从外部看，对金融机构的监管权力并不全部掌握在中央银行手中，财政部及其他部门插手银行监管的现象屡有发生。这使得央行的合规监管难以持续，风险监管则有名无实。从内部看，对金融机构资本充足率的要求极其松懈，资产分类和风险储备不清不楚，会计制度既混乱又不透明，审计制度的随意性更大。政府的过度担保、行政命令或裙带关系等因素限制了中央银行的活动能力，助长了商业银行的违规风气，内控制度受到投资倾向与扩张冲动的双重扰乱。

三　金融体制的调整与变革

经历了金融风暴浩劫之后，东亚国家已经清醒地认识到：金融自由化必须稳步推进，资本项目开放更要慎之又慎。引进外资的结构期限搭配必须合理化，同时要严格控制经常项目赤字规模，确保国际收支状况趋向平衡；要十分重视金融体制的内在稳健性，妥善解决长期积存下来的不良资产问题，确保宏观金融体制的正常运行。基于上述共识，东亚国家制定了一系列政策调整和体制变革措施，稳定金融形势，整顿金融秩序，摆脱危机的困扰；同时，通过国际协调与国际合作，加强对区域内部国际资本流动、金融市场以及金融机构的监管，建立并完善区域国际金融风险防御机制，确保区内宏观经济局势的稳定，为东亚经济的复兴创造制度条件。具体而言，东亚国家的调整变革措施主要表现如下。

（一）内部政策调整与体制变革

1. 宏观经济结构调整

经济结构失衡是东亚金融危机的重要动因。东亚国家在稳定宏观经济形势的同时，普遍采取了改善生产投资结构、推动企业重组、提高产品竞争力等政策措施，增进出口创汇能力，弥补贸易逆差，实现国际收支平衡。

1997年12月，泰国政府勒令56家资不抵债的投资银行停业整顿，同时举办多种形式的招商引资活动，通过资本的重新配置，引导企业进行结构调整。1999年8月，泰国财政部推出了若干振兴经济的新举措，通过调低关税、建立竞争性企业基金、向居民提供低息购房贷款等政策措施，从多个角度对经济结构进行调整。在宏观经济恢复稳定、投资者信心增强之后，泰国政府即对产业结构和出口结构进行调整，增强国际竞争能力。

2. 积极引进外部资本

金融风暴消退之后，东亚国家不断调整引资政策，改善投资环境，放宽外资准入领域，积极引进外来直接投资，并取得了明显的成效。马来西亚提高了电讯、保险和证券行业的外资持股比例，印尼取消了除金融业以外的外资持股限制，泰国也向外资开放了电讯、交通等部门。1998～1999年，泰国的外来直接投资引入均保持了增长势头。1999年，泰国外来直接投资引进数额，仅次于中国和新加坡，在东亚地区名列第三。

金融危机爆发前，东亚国家的金融业存在政府过度保护问题。为了摆脱金融危机的困境，东亚国家主动适应形势变化，向外资开放金融业。一方面，允许外资在本国设立银行等金融机构，加快外资金融机构进入本国市场；另一方面，放宽外资在金融业的股权限制，吸引外资银行和金融集团收购本国金融机构。这种政策取向，已经成为金融风暴后东亚国家的共同选择。1997～1998年，万国宝通银行收购了泰国第七大银行曼谷市立第一银行的控股权，荷兰银行收购了泰国第十一大银行亚洲银行的75%的股权，美林集团收购泰国帕特拉证券51%的股权。马来西亚也将外资在保险业和证券业的持股比例，分别放宽至51%和49%。

3. 金融体制的调整变革

长期以来，政府在东亚国家的经济运行中占据着主导地位。相应地，在政府的过多干预下，东亚国家的市场机制发育则不够健全完整。为了摆脱这种不利局面，金融危机过后，东亚国家竞相推出符合本国实际情况的金融改革方案，清理金融体系中积存的大量不良资产，增加本国金融部门的资本规模，化解金融体系所面临的巨大风险。

根据融资结构的具体变化情况，多数东亚国家逐渐建立了新的投资转化机制。在此基础上，东亚国家将提高金融体制的运行效率、培育市场机制、减少政府干预作为金融体制变革的核心内容，对金融体制与结构，不断实施战略性的改革与调整，合理界定政府在经济发展和金融运行中的作用，以适应经济全球化和金融国际化的形势需要。

1998年3月，泰国中央银行公布了国内商业银行新的贷款分类和存款准备金制度，要求国内15家商业银行在年内完成自有资本的增资，总额约1 720亿铢。同时，将商业银行的资本充足率提高到8.5%并重新制定债务级别。1998年下半年，泰国修订了中央银行法，加强了中央银行的监管职能。泰国政府提出了新的金融改革目标，在2000年前建立与国际惯例接轨的稳健的金融体系。

1997年底以来，马来西亚推出了一系列金融改革调整措施，推动金融机构的合并重组。1998年3月，马来西亚政府宣布金融公司全盘合并计划，将国内的39家金融公司缩减为8家，并要求国内金融公司资本金在2000年前必须达到6亿马元。同时，马来西亚国内的23家商业银行合并成5～6家，证券业和保险业的合并计划也在酝酿之中。1998年5月，马来西亚设立国有资产管理局，负责处理银行等金融机构的坏账和不良资产。

1998年10月，马来西亚政府宣布实施外汇管制，将林吉特与美元汇率固定在3.8：1的水平上。同时，停止林吉特的国外交易，并限期把林吉特汇回马来西亚。马来西亚实行外汇管制的目的有两个：一是迫使本币迅速回笼，稳定林吉特汇市，以促使国内其他金融市场趋向稳定；二是解决国内银行体系的资金匮乏问题，为放松银根，刺激经济增长创造条件。外汇管制实施一个月以后，总额大约为200亿林吉特的海外资金陆续回流到马来西亚，缓解了银行体系的流动资金不足问题。

菲律宾以限制房地产信贷规模、调整银行买卖外汇限额、提高银行最低资本限额、增加风险准备金比例等具体措施整顿国内金融秩序，清理不良金融资产。菲律宾中央银行规定，1998年底，上市银行的最低资本额必须达到55亿比索，商业银行要达到30亿比索。

1997年8月，新加坡成立了金融政策与措施检讨委员会，负责对国内金融业进行战略性调整，巩固完善国内金融体系，增强新加坡的国际金融中心地位。1998年6月，新加坡政府推出5项金融开放与改革措施，允许更多的外资银行在新加坡增设分支机构，降低银行最低现金结存，将银行披露准则与国际标准相统一，鼓励本国银行重组合并，强化政府对银行业的风险监管。

1997年12月，韩国政府宣布：到1998年1月底，全国30个非银行金融公司中将有14家停止营业。韩国金融部门的改革计划主要包括以下三项内容：一是对已经丧失清偿能力的银行按整顿计划进行审查，以决定关闭还是重组。冲减这些商业银行的账面价值，并由政府接管控制某些商业银行。二是加强对银行业的监督，要求所有商业银行在限期内达到国际清算银行的资本充足比例要求，对商业银行、商人银行和专业银行进行同一的审慎管理，以新的银行监督法规实施有效监管。三是对外资开放国内银行部门，推动银行业的结构性重组，提高行业的效率。取消对外国资本进入韩国银行业的限制，将商业银行中外资的持股份额提高到55%。

（二）国际协调与国际合作

金融危机对全球金融市场造成了不同程度的冲击，导致受冲击国家乃至世界经济基本面的恶化。在这种情况下，单独依靠东亚国家自身力量，难以走出金融危机造成的困境。东亚国家亟须国际机构提供金融援助以稳定金融局势，通过国际合作渡过金融危机后的难关。

在国际货币基金组织的协助和监督下，东亚国家采取了一系列配套措施：调整汇率政策，稳定本币汇率，抑制货币投机；整顿金融体系，清理不良贷款，推动金融机构重组。

1997年8月，泰国接受了国际货币基金组织提出的172亿美元的国际贷款方案。1998年中，泰国已获得国际货币基金组织提供的105.4亿美元贷款。印尼在1997年底向国际货币基金组织寻求金融援助，并表示愿意接受国际货币基金组织的监管。随后，国际货币基金组织向印尼提供了总额为230亿美元（后增至430亿美元）的附带50点经济改革计划的一揽子多边金融援助。1998年1月，印尼再次与该组织签订了50点改革配套协议。其后，由于印尼在采用联系汇率制问题上与国际货币基金组织意见相左，国际货币基金组织推迟了援助贷款计划的实施。4月，印尼重新与国际货币基金组织达成协议，表示愿意实施国际货币基金组织提出的改革计划。6月，印尼新政府与国际货币基金组织再度达成协议。国际货币基金组织承诺，在原先提供给印尼的金融援助基础上追加40亿～60亿美元贷款。7月，国际货币基金组织宣布恢复给予印尼经济援助，提供总额逾60亿美元的贷款。

金融危机爆发后，东亚国家和地区清楚地意识到，在实现金融国际化的过程中，必须着力加强对区域内部金融市场和金融机构的监管，建立和完善区域国际金融风险防御机制，以确保区域宏观经济形势的稳定。

基于这种认识，在改革国内金融体制，整顿国内金融秩序的同时，东亚国家不断加强国际合作，共同探讨建立区域性金融合作机制的有效途径。在金融危机过程中，东盟作为区域性国际组织并未发挥明显的作用，但各成员国仍多次积极探讨协商缓解金融危机的有关方案，采取相应的政策措施相互协作、共渡难关。1997年，泰国中央银行曾经与新加坡金融管理局实施联合干预，稳定泰铢汇率。此外，新加坡还向印尼提供了巨额双边援助贷款。为减轻金融危机影响、加强经济合作，东盟自由贸易区的若干成员国曾经提出以某个成员国的货币（例如新元）作为区内贸易的结算币种，采取易货贸易，建立多边或双边付款机制，以减少对稀缺的美元的需求。

在1997年底举行的亚太高级财政金融合作会议上，与会国家提出建立能够防御金融危机的区域性预警机制，弥补国际货币基金组织作用的不足，减少区域金融风险，防范金融危机的再度发生。同时，在有关国际金融机构的协助下改善区域内的财政结构，发展成熟化的债券市场，加强监督机构之间的沟通与合作。由国际货币基金组织出资建立特殊储备，设立合作融资安排，通过“个案处理”的原则，为发生危机的国家提供资金，以弥补援助资金的不足。

1997年9月，日本政府在国际货币基金组织和亚洲开发银行会议上提出了建立“亚洲货币基金”的构想，倡议组成一个由日本、中国、韩国和东盟参加的组织，筹集1000亿美元的资金，为遭受金融危机的国家提供援助，但遭到美国和国际货币基金组织反对而搁浅。1998年10月，日本又提出“新宫泽构想”，倡议建立总额为300亿美元的亚洲基金，其中150亿美元用于缓解遭受危机冲击国家的中长期资金需求，另外150亿美元用于满足其短期资金需求，得到遭受危机国家以及美国、国际货币基金组织的欢迎。2000年2月，依照“新宫泽构想”，基金为印度尼西亚、韩国、马来西亚和菲律宾提供了210亿美元资金，其中135亿美元为中长期贷款，75亿美元为短期贷款。1999年11月，在马尼拉举行的东盟国家加上中国、日本、韩国的峰会上通过了《东亚合作的共同声明》，同意加强金融、货币和财政政策的对话、协调与合作。根据这一精神，2000年5月东盟国家加上中、日、韩会议上，有关国家的财政部长在泰国清迈达成了《清迈协议》。根据该协议，东亚国家同意加强有关资本流动的数据及信息交换；建立区域救援网络；加强各国货币政策机构现有的合作框架。2000年8月，东盟加中、日、韩的中央银行又将多边货币互换计划的规模由2亿美元扩大到10亿美元。

东亚金融危机暴露了东亚产业结构雷同的深刻弊病。因而，为了推动地区产业结构调整升级，必须尽快在亚太经合组织框架内，建立区域科技合作网络，加强成员经济间的沟通联系。通过增进经济技术合作，解决产业结构升级问题，为东亚经济的恢复和发展创造条件。 （王子建 郝继涛）

第六编

人民生活与社会保障

第一章　概况

东亚地区人民生活与社会保障状况，与该地区各国政治体制的变迁和经济发展水平相一致，也经历了一个曲折的发展过程。

古代虽然总体上生产水平不高，但东亚地区，特别是中国在政治体制和经济发展方面曾长期居于世界前列，人民生活水平也相对较高。有些地区经济繁荣，文化发达，物产丰富，人民得以过上在当时可算是较好的物质和精神生活。一些古代开发资源加工制造的伟大创举（如筑驰道、开灵渠、修都江堰、铸造钟鼎、烧制陶瓷、养蚕缫丝、兴造纸张和活版印刷、开发丝绸之路等）和辉煌的文化艺术杰作（如敦煌、莫高窟、龙门石窟、举世闻名的众多典籍以及描述百业兴旺、居民生活状况的《清明上河图》等优美绘画和雕塑等）都反映了当时社会生活状况。

到了近现代，欧、美列强由于发现世界新航路和进行产业革命而走上了殖民主义和帝国主义对外扩张侵略的道路；日本也紧随其后，不断地对东亚地区进行扩张侵略战争，因此使得东亚地区多数国家沦为殖民地和半殖民地。虽然殖民主义和帝国主义国家在东亚地区建了工厂、种植园，但是东亚地区广大人民在其残酷统治之下，既无独立主权、人格尊严，经济上也十分落后，生活十分困苦。到20世纪上半叶，由于各帝国主义之间进行疯狂的争夺，东亚地区多数国家受到帝国主义国家的交替侵略与盘剥，人民生活状况更是处于水深火热之中。

第二次世界大战结束后，东亚地区多数国家陆续摆脱殖民地半殖民地的地位获得独立，陆续进入高速发展经济的时代。人民生活与社会保障状况逐步得到明显的改善，并展现了光明的发展前景。但少数国家的经济仍处于较低的发展水平，有些国家的经济发展也存在一些问题，对人民生活与社会保障水平的提高产生一定的影响。

第二章　人民生活

第一节　当代东亚地区人类发展指数与人均收入

第二次世界大战结束后，特别是20世纪七八十年代以来，随着经济高速增长和政府有效政策措施的推动，东亚地区人民生活的状况有了很大改善，其一般状况好于某些其他地区发展中国家。主要表现在：在人均收入高速增长的同时，收入分配和生活质量明显改善；居民生活方式出现了深刻变化，生活内容日渐丰富多彩；社会保障水平和医疗卫生条件得到了较大改善。但由于历史、政治、经济等多方面的原因，东亚地区国家之间、国家内的地区之间和城乡之间贫富差距仍然悬殊，甚至有不断扩大的趋势。

随着时代的发展，生活质量的概念也在不断扩展。传统的观念是把物质财富的增加作为社会发展和生活质量提高的唯一目标，而现代意义上的生活质量已演变为不仅包含福利的经济内涵，还包括人们生活的社会环境和自然环境等非经济要素；不仅包含了客观的生活条件，甚至还逐步纳入了主观感受方面的内容。因此，只有通过选取和比较各国人类发展指数、出生时预期寿命、恩格尔系数、就业率和基尼系数等一系列生活质量指标，深入反映该地区的人民收入和消费、贫困、收入差距、健康、教育和自然环境质量等客观方面的内容，才能全面地衡量东亚地区各国人民的生活状况。

一　人类发展指数明显提高

当今世界衡量人类生活质量的最新和最重要的综合指标是“人类发展指数”（Human Development Index HDI）。这一指标是由联合国开发计划署在其《1990 年人类发展报告》中首次提出的。根据该报告的思想，人的发展就是扩大人民选择的过程。无论在何种发展水平上，人们的选择包括三个基本方面：长寿和健康，获得知识，为提高生活水准而需要的资源。

“人类发展指数”就是对人类发展成就的总的衡量。它衡量一个国家在人类发展的三个基本方面的平均成就：

第一，健康长寿的生活，用出生时的预期寿命来表示。

第二，知识，用成人识字率以及小学、中学和大学综合毛入学率来表示（占 1/3 的权重）。

第三，体面的生活水平，用人均国内生产总值（GDP）、购买力平价（PPP）美元来表示（占 1/3 的权重）。

人类发展指数的计算分为两步：第一步，是先按一定规则分别计算出预期寿命指数、教育指数和国内生产总值（GDP）指数①。

第二步，按如下公式：HDI = 1/3（预期寿命指数）+ 1/3（教育指数）+ 1/3（GDP 指数）计算出人类发展指数。

迄今尽管人类发展指数不能把许多重要指标反映进去，也难以反映人类的主观感受，但它仍然是进行国家之间生活质量比较衡量的最重要的综合指标。

利用人类发展指数，可以辨别各国人类发展水平的差异。

联合国开发计划署在其历年人类发展报告中将国家分为三类：

高人类发展水平（HDI 值为 0.800 及以上）。

中人类发展水平（HDI 值为 0.500～0.799）

低人类发展水平（HDI 值为 0.500 以下）。

大多数东亚地区国家在 20 世纪 50 年代以前均属于低人类发展水平（0.500 以下）。

50 多年来，东亚地区国家人类发展水平不断提高。到 2000 年，除一个国家（老挝）仍处于低人类发展水平（0.485）外，其余国家则均已达到中人类发展水平和高人类发展水平（参见表 1）。

表 1 给出了 1975～2003 年东亚地区国家人类发展指数的变化趋势，反映了东亚地区各国生活水平提高的变化和相互之间的差异状况。在这一时期，所有东亚地区国家的人类发展指数都有所提高，并趋近于 1，意味着东亚地区国家人民生活状况日益改善，各国间人民生活状况差异逐步缩小。但东亚地区各国提高的程度也有差异，大多数国家仍处于人类发展水平世界 173 个国家排位中靠后的位置。

（一）日本

早在 20 世纪 50～60 年代日本就已实现了经济起飞。其人类发展指数从 1975 年的 0.854 提高到 2003 年的 0.943，一直表现为高位数值，在整个世界上也处于前列。2000 年日本人类发展指数在世

---

①　为了计算出预期寿命指数、教育指数和人均国内生产总值（GDP）指数，在每一个指标中设立了固定的最小值和最大值：出生时的预期寿命——25 岁和 85 岁；成人识字率（15 岁以上）——0% 和 100%；综合入学率——0% 和 100%；按购买力平价计算的人均国内生产总值——100 和40 000PPP 美元。人类发展指数每个指标的任何组成部分，都可以根据一般公式计算：指数 =（实际值 - 最小值）/（最大值 - 最小值）。根据以上公式将 3 个指标转化为 0～1 之间的数值后，再按以下公式算出人类发展指数：HDI = 1/3（预期寿命指数）+ 1/3（教育指数）+ 1/3（GDP 指数）。

界173个国家中排列第九位，2003年排列第十一位，表明日本的人类发展和居民生活处于高的水平。

（二）新加坡和韩国

新加坡和韩国的人类发展指数分别从1975年的0.722和0.691上升到2003年的0.907和0.901，在东亚地区紧随日本之后，在整个世界中分别达到第二十五和第二十八位，已处于较高人类发展水平。

（三）马来西亚、泰国、菲律宾、越南和印度尼西亚

这5个国家2003年的人类发展指数分别排在第六十一、七十三、八十四、一百零八和一百一十位，它们都实现了人类发展指数的较大增幅。其中，马来西亚、泰国、菲律宾2003年的人类发展指数分别为0.796、0.778和0.758，已接近高人类发展水平。越南从1985年的0.583提高到2003年的0.704。而印度尼西亚在1975～1980年间，人类发展指数由0.469上升为0.530，实现了从低人类发展水平到中人类发展水平的演变。

（四）中国

人类发展指数呈现出快速增长趋势，即从1975年的0.523提高到2003年0.755，在世界排列第八十五位，在所有东亚地区国家中增长幅度最大。

（五）蒙古、缅甸、柬埔寨和老挝

这几个国家的人类发展指数变化缓慢，其中蒙古、缅甸、柬埔寨虽已是中人类发展水平国家，但是2003年的人类发展指数分别排在世界第一百一十四，一百二十九和一百三十位，仍处于中人类发展水平国家的靠后位置。而老挝人类发展指数至2003年为0.545，在世界排序中列第一百三十三位，仍处于低人类发展水平。

表1　东亚地区13个国家1975～2003年人类发展指数变化趋势

国　家	1975	1980	1985	1990	1995	2000	2003	2003年在世界HDI*的位次
中国	0.523	0.554	0.591	0.625	0.681	0.726	0.755	85
日本	0.854	0.878	0.893	0.909	0.923	0.933	0.943	11
韩国	0.691	0.732	0.774	0.815	0.852	0.882	0.901	28
蒙古	–	–	0.650	0.657	0.636	0.655	0.679	114
越南	–	–	0.583	0.605	0.649	0.688	0.704	108
老挝	–	–	0.374	0.404	0.445	0.485	0.545	133
柬埔寨	–	–	–	0.501	0.531	0.543	0.571	130
缅甸	–	–	–	–	–	0.552	0.578	129
泰国	0.604	0.645	0.676	0.713	0.749	0.762	0.778	73
马来西亚	0.616	0.659	0.693	0.722	0.760	0.782	0.796	61
新加坡	0.722	0.755	0.782	0.818	0.857	0.885	0.907	25
印度尼西亚	0.469	0.530	0.582	0.623	0.664	0.684	0.697	110
菲律宾	0.652	0.684	0.688	0.716	0.733	0.754	0.758	84

*　人类发展指数

资料来源　联合国开发计划署《2002年人类发展报告》，第147～150页。《2005年人类发展报告》，第219～226页。由于难以收集到关于朝鲜的可靠数据，无法计算出其人类发展指数。

二　人均收入快速增长

人均收入是衡量一国居民生活质量的重要指标，一般使用人均国内生产总值（人均GDP）来衡量。东亚地区各国人民生活状况在20世纪下半叶以来的改善，很大程度上得益于人均收入的大幅提高。

（一）20世纪下半叶人均收入快速增长

在1500～1950年的4个半世纪中，当一些经过产业革命的欧美国家都在迅速进步的时候，构成亚洲经济增长核心的东亚地区却处于停滞状态。在1500年，以东亚地区为增长核心的亚洲的国内生产总值（GDP）曾占世界国内生产总值（GDP）的65%，而到了1950年却只占18.5%。但从1950年以来，东亚的重新崛起，使亚洲重又成为世界经济增长最快的地区。在此期间，亚洲在世界国内生产总值（GDP）中的份额增加了1倍。表2表明了主要由东亚地区构成的被称为“复兴的亚洲”国家〔包括中国（含香港地区和台湾地区）、韩国、马来西亚、新加坡、泰国、印度尼西亚、菲律宾、缅甸以及南亚的印度、巴基斯坦、孟加拉、斯里兰卡、尼泊尔〕的人均收入的增长实绩。日本在1950～1973年间，已经历了经济恢复和高速发展阶段，其人均收入增长每年超过8%，而“复兴的亚洲”中的其他国家增长最快时期是在1973～1999年间，人均收入增速超过了其在黄金时期（1950～1973）的速度，相当于其“旧自由秩序”时期速度的10倍以上，其增长率相当于日本的2倍。这些国家在不同程度上重复了日本在黄金时期所实现的经济跃进。到了20世纪90年代，它们的人均收入的增长速度相当于日本的4倍。这些低收入国家凭借“后发优势”，有效地动员和分配资源，并在吸收和采用适用技术、不断改进其人力和物质资本诸方面获得巨大成功，因此实现了更快的经济增长和生活水平的大幅提高，缩小了与世界先进水平的差距。

表2 “复兴的亚洲”等人均国内生产总值增长实绩*的变化及比较 （%）

地域 国别 \ 百分别 项目		人均国内生产总值平均复合增长率			占世界比重	
		1870～1913（旧自由秩序时期）	1950～1973（黄金时期）	1973～1998（新自由秩序时期）	1998世界GDP分布	1998世界人口分布
A组	西欧	1.32	4.08	1.78	20.6	6.6
	西方衍生国	1.81	2.44	1.94	25.1	5.5
	日本	1.48	8.05	2.34	7.7	2.1
	发达资本主义国家合计	1.56	3.72	1.98	53.4	14.2
	复兴的亚洲	0.38	2.61	4.18	25.2	50.9
	发达资本主义和复兴的亚洲	1.36	2.93	1.91	78.6	65.1
B组	40个其他亚洲国家	0.48	4.09	0.59	4.3	6.5
	44个拉美国家	1.79	2.52	0.99	8.7	8.6
	27个东欧和前苏联国家	1.15	3.49	-1.10	5.4	6.9
	57个非洲国家	0.64	2.07	0.01	3.1	12.9
	徘徊或衰退中的经济体（168个）	1.16	2.94	-0.21	21.4	34.9
世界		1.30	2.93	1.33	100.0	100.0

* 表2对资本主义时代最成功的三个发展时期世界不同部分的经验进行了比较，这三个发展时期是：（1）资本主义发展的旧自由秩序时期，即1870～1913年；（2）资本主义发展的黄金时期，即1950～1973年；（3）资本主义发展的新自由秩序时期，即1973～1998年。

资料来源 〔英〕安格斯·麦迪森（Angus Maddison）：《世界经济千年史》，中译本，北京大学出版社，2003年12月第1版第120页。

（二）不同收入水平国家分布

世界银行按人均国民收入高低，把各个国家和地区划分为不同组别。

按世界银行2000年的标准，分为三类国家：第一类，高收入国家（人均国民生产总值为9 266美元及以上）；第二类中等收入国家（756～9 265美元）；第三类低收入国家（756美元及以下）。东亚地区达到第一类的是日本、韩国和新加坡3个国家；达到第二类的是其余所有东亚地区国家。随时间的推移，各种情况的变化，各种类型国家收入区间也在不断调整。

在世界银行《2004年世界发展报告》中，把世界银行2000年标准中的中等收入国家又分为两个组别，这样就共有4个组，如表3所示，分别为：(1)高收入，9 076美元及以上；(2)上中等收入(UMC)2 936～9 075美元；(3)中下等收入(LMC)736～2 935美元；(4)低收入(LIC)735美元以下。

2002年东亚地区不同收入水平的国家分布见表3，其中：高收入的国家和地区包含两类：经济合作与发展组织（OECD）国家，有日本和韩国，其他高收入国家和地区，有新加坡、文莱、中国香港、中国澳门和中国台湾；上中等收入（UMC）国家有马来西亚；中下等收入（LMC）国家有中国、菲律宾和泰国；低收入（LIC）国家有蒙古、朝鲜、印度尼西亚、越南、老挝、柬埔寨和缅甸。

表3　东亚地区不同收入水平国家和地区分布（2002年人均国民收入）

国家类型	美元区间		东亚国家人均国民收入（美元）及其分布
高收入	9 076美元及以上	高收入OECD国家	日本（33 550） 韩国（9 930）
		其他高收入国家和地区	文莱、中国香港（24 750）、新加坡（20 690）、中国澳门（14 600）、中国台湾（2003年底，13 157美元）
上中等收入（UMC）	2 936～9 075美元		马来西亚（3 540）
中下等收入（LMC）	736～2 935美元		泰国（1 980）、菲律宾（1 020）、中国（940）
低收入（LIC）	735美元以下		印度尼西亚（710）、蒙古（440）、越南（430）、老挝（310）、柬埔寨（280）、朝鲜（—）、缅甸（—）

资料来源　世界银行《2004年世界发展报告——让服务惠及穷人》，第251、252页，中国财政经济出版社2004年4月第一版。朝鲜、缅甸无可靠数据。

第二节　当代东亚地区人民生活水平变化的历程

在第二次世界大战结束前，东亚地区绝大多数国家都饱受帝国主义的殖民统治，尤其遭到日本军国主义的侵略和奴役，经济结构、教育、社会制度受到严重破坏，人民生活处于水深火热之中。这里，日本是一个例外，这个国家的工业化进程、教育和科技水平在二战前就已达到了较高的程度，二战结束后，日本政府在促进经济发展、技术进步方面发挥了重要作用，1950～1973年日本人均国内生产总值（GDP）的年增长率高达8.1%。尽管20世纪90年代以来，日本经济一直处于低迷状态，但从综合角度——人类发展指数来衡量，日本人民生活水平在东亚地区仍然是最高的。

二战结束后，东亚地区许多国家的经济逐步摆脱了殖民地和半殖民地的经济属性，不断向现代化的市场经济迈进。虽然由于各国取得独立的时间有差异，独立后各国实行的具体经济和居民生活政策也不尽相同，但就其宏观发展历史而言，还是可以把东亚地区各国经济社会发展和人民生活变化阶段划分如下。

一　二战后初期（20世纪50年代初至60年代末）

这一时期是东亚地区国家前工业化或经济恢复阶段，大多数国家政治正逐步走向独立，但殖民地经济的烙印，使东亚地区各国经济结构带上双元特征，传统农业部门庞大而落后，而不发达的以出口为主的现代化部门集中在城市。不仅东亚地区国家居民整体处于贫困的状态，城乡之间差距也极为明显，同时也是世界上最穷的地区之一。

独立后，东亚地区经济上面临恢复和重建的艰巨任务，开始了发展民族经济的新进程。因此，各国（地区）开始制定新的以工业化建设为重点的经济发展战略，调整部门经济结构，进行土地改革以及资本国有化运动。上述政策措施为随后的经济发展和人民生活水平的提高奠定了基础。

二 经济起飞和高速增长时期（20 世纪 70 年代初至 90 年代末）

经过 20 世纪 50～60 年代的发展，东亚地区多数国家的经济建设取得了一定的成就。60 年代中后期开始，许多东亚国家把经济的多元化和快速增长作为它们的主要战略重点和实现战略目标的主要途径。在这一时期，各国基本实施了发展计划，通过发展战略的调整，逐步走过 60 年代末至 70 年代初经济起飞阶段。

如印度尼西亚苏哈托政府 1966 年执政后，经过 3 年的修复，从 1969 年开始进入有计划的经济建设时期。"一五"和"二五"计划期间，国民生产总值年平均增长达 8.6%和 7.2%，制造业的年平均增长率达到 70%；石油一度成为印尼国民经济的重要支柱和外汇收入的重要来源；农业产值分别达 4.8%和 3%，为 1984 年实现粮食自给自足提供了有力保障。在从 70 年代中期至 1997 年亚洲金融危机爆发前的高速增长阶段，尽管经济增长中出现了许多问题，但各国人民生活仍然有了很大的提高。

三 经济调整提高时期(20 世纪 90 年代末以来)

1997 年在东亚地区爆发了严重的金融危机，受到冲击的东亚一些国家和地区，经济发展停滞甚至倒退，人民生活水平出现了下降的现象。如韩国，在 1997 年发生金融危机之后，失业率大增，工资水平下降，人均收入大幅减少。1998 年，人均国民收入仅6 823美元，回落至 20 世纪 80 年代的水平。1998 年消费品物价上涨 7.5%，是 1991 年（9.3%）以来涨幅最大的年份。城市居民月平均收入为 213.3 万韩元，同比减少 6.7%，月平均名义收入首次出现负增长。家庭月平均支出为 153.6 万韩元，同比减少 8.4%，月平均消费支出也首次出现负增长。

危机过后，东亚地区各国政府采取积极有效的措施，通过多年的经济、金融改革和结构调整，遂使经济逐步摆脱危机、恢复景气并走向正轨，就业人数增加，失业率明显下降，人均收入增加，人民生活继续得以改善。

第三节 当代东亚地区各国人民生活状况的变化

20 世纪 60 年代中期以来，东亚地区各国人民生活状况得以持续改善，最重要的原因在于，整个东亚地区的经济增长速度高于世界其他地区。正如世界银行 1997 年发表的《东亚奇迹》报告所述："这种成绩主要归功于其中的 8 个经济实体近乎奇迹般的增长：日本、'亚洲四小龙'——中国香港、韩国、新加坡、中国台湾，以及东南亚的 3 个新兴工业化国家，即印度尼西亚、马来西亚和泰国。"这些国家在人均收入高速增长的同时，收入分配也得到了改善，并好于其他发展中国家，成为唯一实现了经济增长和收入分配不均现象递减，两者同步进行的一组经济体。尽管东亚地区各国间人民生活状况也有较大差异，但总体上，各国居民收入水平显著提高，生活质量明显改善，收入差距也有所缩小。

一 居民收入水平显著提高

50 多年来，东亚地区各国居民收入的显著提高，为居民生活消费质量、档次提高创造了重要的前提条件。

（一）中国

中华人民共和国建立之初，大部分人的生活都维持在最低的生存水平上。统计资料表明，1949 年人均年现金收入还不足 100 元。中国政府成功地在占全国农业人口总数 90%以上的地区完成了土地改革，3 亿农民分得了约4 700万公顷的土地。1953～1957 年实施的第一个五年计划取得巨大成就：建立起一批国家工业化所必需而过去没有的基础工业，国民收入年均增长率达 8.9%以上，人民生活得到了较快的改善。

1957～1966 年，是中国开展大规模社会主义建设时期。以 1966 年同 1956 年相比，国民收入按可比价格计算增长 58%；主要工业产品的产量都有几倍乃至十几倍的增长；农业基本建设和技术改造大规模展开。但由于种种历史和现实的原因，中国没有把全部精力投入到扎扎实实的经济建设中去。从"反右运动"、"大跃进"到 10 年"文化大革命"，使人民生活几起几落，在温饱线上徘徊 20

年之久。三年自然灾害，好比雪上加霜，各种食品和轻工业品严重短缺，不少居民靠吃野菜渡日，营养极度缺乏，人民生活陷入困境。“文化大革命”10年，又将政治斗争推向高峰，几乎把整个国民经济推至崩溃的边缘，人民生活受到很大影响，市场供应贫乏，消费品供应不足，绝大多数商品都需要凭票证购买。正是在这个时期，整个世界发生了突飞猛进的变化，相比之下，中国经济以及人民生活与世界发达国家的差距越拉越大。

到了十年动乱结束后的1978年，城镇居民人均可支配收入343元，比1957年增长35.4%，扣除物价上升因素，21年里城镇居民收入水平实际增长18.5%，平均每年递增仅0.8%。

1978年改革开放以前，中国人均国内生产总值增长缓慢。改革开放以后，呈现出高速增长的态势。统计数据显示，中国城镇居民人均可支配收入由1952年的人民币156元、1978年的343元提高到2005年的10 493元（折1 279美元）；农村居民家庭人均纯收入由1952年的57元、1978年的134元提高到2005年的3 255元（折397美元）。随着收入的大幅度增长，人民在正常消费之后的结余货币越来越多。到2003年人均储蓄4 735元，而1978年只有22元。同时，居民对股票、债券等金融资产的拥有量也迅速增加。

20多年的市场化取向的改革，就业观念更新，收入来源多元化。城镇居民一改单一工资性收入为主的局面，其他投资、经营收入比重大幅提高。1998年，国有、集体职工的工资性收入占城镇居民全部收入的比重，由1978年的92.6%降为66.9%；从事个体及其他劳动收入的比重为7%；财产和转移性收入比重达22.3%。农村居民收入呈现出以集体统一经营收入为主到以家庭经营收入为主、以粮食收入为主到以工副业收入为主的两个新变化。农村居民全年纯收入中的集体收入份额由1978年以前的66%以上降到1985年后的不足10%。农民从事第一产业所得收入占全部生产性纯收入的比重1998年为60.7%，比1978年的91.5%下降了30.8个百分点；而从事第二、三产业所得收入比重由1978年的不足10%提高到1998年的39.3%。

（二）日本

1950年，日本的人均收入只有欧洲的1/3强。1950～1973年间，是日本经济高速发展阶段，其年人均国内生产总值增长率达到8.1%，远快于西欧4%的增长速度。日本在1973年的人均收入水平相当于1950年的6倍。1975年人均国内生产总值就已达到11 349国际元（1990年国际元），比1950年增加了近5倍，从而在经济发展和人民生活上已超过大多数西方强国。但日本1973～1999年人均国内生产总值增长率只有2.3%，1990～1999年人均国内生产总值增长率仅有0.9%，经济发展进入停滞不前的状态。日本经济2005年下半年开始，摆脱多年低迷走向复苏。

（三）朝鲜和蒙古

朝鲜曾被日本帝国主义者占领和奴役了近40年，经济、文化十分落后。解放后，又经历了给朝鲜人民带来灾难与痛苦的朝鲜战争。停战后，朝鲜在苏联、东欧和中国大力的经济、技术援助下，工业化方面取得了较快的进展，迅速地恢复了惨遭破坏的经济，使工农业的产量超过了战前的水平。1958年8月，朝鲜完成了农业、手工业和资本主义工商业的社会主义改造，确立了社会主义生产关系的主体地位，人民生活有了基本保障。1958年以后，朝鲜工业基础基本建立起来，而随着工农业生产的发展，人民生活也得到了较大改善。但到80年代陷入停滞，80年代末90年代初，由于无偿援助中止，朝鲜经济出现了严重的困难。

朝鲜人民收入按劳分配，城镇人民收入差别不大。1957年开始实行粮食配给制，衣服也是实行配给制。购买衣服、布都要凭工业品购物券。但在教育、医疗、住房三大领域实行了免费。朝鲜实行11年免费义务教育制，并定期发放校服。有30%的大学升学率，大学生在校食、宿、学习等全部免费。1953年1月1日始，朝鲜对全体人民实行免费医疗制。朝鲜不允许有私人住宅，无论城乡，都是国家统一建设，按级别分配，只交很少水电费。

20世纪50年代开始，蒙古在苏联、东欧国家和中国大力支持下，发展农牧业机械化、部分工业、运输和文化教育事业。到1960年，蒙古已从畜牧业国家发展成为农牧业—工业国，工业产值已占社会总产值的24.5%。工业的迅速发展改变了其国民经济的部门结构，至1985年建立了较多门类的工业部门。蒙古国民经济得到较快发展，人民生活水平明显得到提高，很多经济指标都高于发展中国家的水平。自“三五”到“七五”计划，蒙古国民收入分别年平均递增 1.0%、4.1%、6.7%、4.5%和6.4%；1986～1988 年年均递增4.4%。至1989 年，蒙古社会总产值（按当年价）为 194.8 亿图格里克（约折合 65.15 亿美元），人均社会总产值达9 533图格里克（约折合3 180美元），国民收入（按可比价）为81.9 亿图格里克（约折合27.39 亿美元），人均国民收入达4 008图格里克（约折合1 340美元）。

但蒙古经济长期受前苏联的援助，缺乏独立性和自我发展能力，在对外经济贸易关系上也形成了只面向苏联或经互会成员国的畸形格局，变成了依赖型经济。国民经济体系很不完善，产业结构不尽合理，有的产业发展缓慢，甚至有的产业是空白，很多人民生活必需品长期依赖进口。

20 世纪 90 年代，由于自然灾害等原因，朝鲜和蒙古等少数国家的人均国内生产总值在较长的发展时期出现严重倒退现象。从 1990 年的人均国内生产总值的2 841（按 1990 年国际元计，详见表 4 注，以下同）降到 1995 年的1 520 和 1998 年的1 183。1990～1998 年人均国内生产总值增长率为 -10.4%，降幅高达 58.4%。蒙古由于社会经济转型等原因，从 1990 年的1 333，降到 1995 年的1 043，降幅达 21.8%，而到 1998 年也只恢复到1 094。

（四）韩国、新加坡、泰国和马来西亚

1950～1999 年间，韩国、新加坡、泰国和马来西亚人均国内生产总值一直保持着高速增长。

韩国经过 30 多年经济的快速发展，人民生活水平逐年提高。1996 年，韩国人均国民收入（GNI）达到11 380美元，创历史最高纪录，使韩国加入了经济合作与发展组织，生活水平跻身于世界中等发达国家行列。

新加坡这一时期快速实现了工业化和现代化，人民的生活水平日益提高。2000 年人均国内生产总值为23 356美元，世界排名第二十一位。

（五）菲律宾、印度尼西亚、缅甸、柬埔寨和老挝

1950～1999 年间，菲律宾、印度尼西亚、缅甸、柬埔寨和老挝等人均国内生产总值增速缓慢，如菲律宾、缅甸和印度尼西亚年增速仅为 1.6%、2.0%和 2.7%；柬埔寨和老挝长期增长更为缓慢，50 年间人均国内生产总值只增长了 1 倍。

表 4 东亚地区 14 个国家 1950～1999 年人均国内生产总值的变化 （1990 年国际元[1]）

国别	1950	1955	1960	1965	1970	1975	1980	1985	1990	1995	1999
中国	439	575	673	706	783	874	1 067	1 522	1 858	2 653	3 259
日本	1 926	2 772	3 988	5 934	9 715	11 349	13 429	15 332	18 789	19 857	20 431
朝鲜	770	1 054	1 105	1 295	1 954	2 841	2 841	2 841	2 841	1 520	1 183[2]
韩国	770	1 054	1 105	1 295	1 954	3 162	4 114	5 670	8 704	11 873	13 318
蒙古	435	505	585	679	787	912	1 058	1 282	1 333	1 043	1 094[2]
越南	658	750	799	877	735	710	758	929	1 040	1 403	1 677[2]
老挝	613	649	679	712	763	784	876	919	933	1 081	1 104[2]
柬埔寨	518	556	720	727	680	605	878	1 021	945	1 043	1 058[2]
缅甸	396	467	564	617	642	661	811	920	751	911	1 053
泰国	817	945	1 078	1 308	1 694	1 959	2 554	3 054	4 645	6 620	6 398
马来西亚	1 559	1 460	1 530	1 804	2 079	2 648	3 657	4 157	5 131	6 943	7 328
新加坡	2 219	2 357	2 310	2 667	4 438	6 429	9 058	10 896	14 258	20 164	23 582
印尼	840	986	1 019	990	1 194	1 505	1 870	1 972	2 516	3 329	3 031
菲律宾	1 070	1 357	1 475	1 631	1 761	2 028	2 369	1 964	2 199	2 185	2 291

① 沿用较久的译名是吉尔瑞—开米斯元（简称 G－K 元），是多边购买力平价比较中，将国家货币转换成统一货币或国际元的方法。最初由爱尔兰经济统计学家盖里（R.G.Geary）创立，随后由哈米斯（S.H.Khamis）发展。〔引自《世界经济千年史》（中译本），北京大学出版社，第 16 页〕

② 朝鲜、蒙古、越南、老挝和柬埔寨为 1998 年数值。

资料来源 摘自世界银行历年发展报告；〔英〕安格斯·麦迪森（Angus Maddison）：《世界经济千年史》，中译本，北京大学出版社，2003 年 12 月版，第 304 页，表 C3－C25；《东亚国家人均 GDP 的年度估计值》，1950～1999（1990 年国际元）。

表5 东亚11国（地区）1913～1999年人均国内（区内）生产总值增长差异（年平均复合增长率）

国别 地区	1913～1950	1950～1999	1950～1973	1973～1999	1973～1990	1990～1999
中国	-0.6	4.2	2.9	5.4	4.8	6.4
中国台湾	0.6	5.9	6.7	5.3	5.3	5.3
中国香港	-	4.6	5.2	4.1	5.4	1.7
日本	0.9	4.9	8.1	2.3	3.0	0.9
韩国	-0.4	6.0	5.8	6.1	6.8	4.8
缅甸	-1.5	2.0	2.0	2.0	1.1	3.8
泰国	-0.1	4.3	3.7	4.8	5.5	3.6
马来西亚	1.5	3.2	2.2	4.1	4.2	4.0
新加坡	1.5	4.9	4.4	5.4	5.3	5.7
印度尼西亚	-0.2	2.7	2.6	2.7	3.1	2.1
菲律宾	0.0	1.6	2.7	0.6	0.7	0.5

资料来源 〔英〕安格斯·麦迪森（Angus Maddison）：《世界经济千年史》，中译本，北京大学出版社，2003年12月第一版，第134页。

从表4～5还可以看出，在自1973年日本进入缓慢增长后，东亚地区，除菲律宾、缅甸的人均国内生产总值增长率低于日本的增长率，印度尼西亚人均国内生产总值增长率略高于日本的增长率外，最具活力的中国、中国香港、马来西亚、新加坡、韩国、中国台湾和泰国7个国家和地区的人均国内生产总值增长速度都远高于日本，而它们之间的增速也较为接近。这在一定程度上反映了在1973～1999年间，东亚多数国家地区的人均收入在共同提高中，其间的差距也在不断缩小。

二 人民生活质量明显改善

当前，在东亚地区吃、穿、用、住、行仍然是构成居民日常生活的主要内容，居民消费质量的改善也首先体现在这些方面。

（一）吃的方面

二战后，东亚地区各国经历了由吃饱到吃好、由追求数量品种的增加到讲究营养质量提高的过程。

1. 许多国家的温饱问题基本得到解决

50多年来，东亚地区各国人民人均每日卡路里供应量不断增加，如：在1980年，除柬埔寨、老挝和越南外，绝大多数国家人均每日卡路里供应量就已满足了人均每日卡路里需用量。到1986年，除柬埔寨无数据外，其他国家人均每日卡路里供应量都满足了人均每日卡路里需用量。菲律宾1994～1996年，人均每天食物热值2 366大卡，蛋白质含量55.8克，脂肪含量46.8克。如表6所示。

表6 东亚地区12个国家1965～1986年人均每日卡路里供应量*

国别	1965	1980	1986
中国	1 926（81）	2 539（107）	2 630（111）
日本	2 687（114）	2 921（124）	2 864（122）
韩国	2 256（98）	2 957（128）	2 907（126）
越南	-	1 977（90）	2 297（105）
老挝	1 956（104）	1 829（97）	2 391（127）
柬埔寨	2 276（92）	2 053（88）	-
缅甸	1 917（99）	2 174（113）	2 609（136）
泰国	2 101（95）	2 308（104）	2 331（105）
马来西亚	2 247（104）	2 625（121）	2 730（126）
新加坡	2 297（97）	3 158（134）	2 840（121）
印度尼西亚	1 800（86）	2 315（110）	2 579（123）
菲律宾	1 924（99）	2 275（116）	2 372（121）

* 括号内数字为人均每日卡路里供应量占需用量的百分比。人均每日卡路里需用量是指保持人们正常活动和健康水平所需的卡路里，并将年龄和性别分布、平均体重和所处环境的气温都考虑在内。人均每日卡路里供应量是将一国食物供应量的卡路里当量除以该国人口得出。

资料来源 世界银行《1990年世界发展报告》第232页，表28《医疗卫生与营养》；《1983年世界发展报告》第194－195页，表24《与医疗卫生有关的指标》。

2. 家庭总消费支出中食品消费比重下降

恩格尔系数是用来描述一个居民家庭用于食品的支出占家庭消费总支出比重的指标，其数值越小，在一定程度上反映出生活水平越高。如果家庭消费中用于食物这种缺乏弹性的低层次需要越少，家庭就会有更多的收入来改善和提高消费的多样性、高层次性和丰富性。

联合国根据恩格尔系数对当代世界各国的生活水平的标准做了划分。其中，恩格尔系数占60%以上的为赤贫，占50%～60%的为温饱，占40%～50%的为小康，占20%～30%的为富裕，占20%以下的为极富。

处于极富状态的主要是一些发达国家，如美国和日本为16%（分别为20世纪90年代和1985年数据），而东亚地区的新加坡为19%（1985年数据），表明该国很高的富裕水平。中等发达国家一般处于富裕状态，如东亚地区的韩国35%（1985年数据），泰国30%（1985年数据）。发展中国家则大致分布在宽裕、小康、温饱、赤贫的阶段上，如东亚地区的印度尼西亚为48%（1985年数据），菲律宾为57.3%（1993年数据），中国1978年为65.9%，2002年下降到45%。

50多年来，东亚地区居民恩格尔系数不断下降，反映人们生活质量的明显改善。如1970～1985年，日本、韩国和泰国恩格尔系数分别从30.4%、53.9%和55.2%下降到16%、35%和30%。但菲律宾恩格尔系数一直较高，1970年为58.9%，1993年为57.3%，20多年没有多大变化，家庭消费的近3/5用于食品消费。同时，城乡居民之间的消费结构存在较大差异，城市消费结构已接近中等收入国家水平，但农村居民消费结构还相当于低收入国家的水平。不过，近年来，食品占消费支出比重在不断下降，而用于人力资本投资的教育、文化、卫生、保健支出比重在上升，即恩格尔系数有所下降。

中国近60年来、特别是近20多年来，人民生活消费比较快地由以吃、穿等基本生存资料为主逐步向以用、住、行等发展和享受资料为主的转变。20世纪50年代初，中国家庭平均恩格尔系数在61%左右，处于赤贫阶段，当时贫困人口近2.5亿人。1984年中国粮食总产3 000亿公斤，人均超过250公斤，基本解决温饱问题。城镇居民人均粮食消费量由1957年的167.2公斤逐步下降到1998年的86.7公斤；农村居民人均粮食消费量自1978年以来基本稳定在250公斤左右的水平上。1996年以来，中国城镇居民家庭恩格尔系数下降速度明显加快，2001年与1996年相比，下降了10.7个百分点。2005年年末，中国农村的恩格尔系数平均是45.5%，城镇居民家庭的恩格尔系数下降到36.7%以下，处于标准的小康水平。

表7 联合国根据恩格尔系数对各国生活水平标准的划分

国家状态	赤贫	温饱	小康	宽裕	富裕	极富
恩格尔系数	60%以上	50%～60%	40%～50%	30%～40%	20%～30%	20%以下

资料来源 联合国粮农组织资料。

表8 东亚地区部分国家1980～1985年恩格尔系数

国家	恩格尔系数	国家	恩格尔系数
中国	61%	马来西亚	30%
日本	16%	新加坡	19%
韩国	35%	印度尼西亚	48%
泰国	30%	菲律宾	51%

资料来源 世界银行《1990年世界发展报告》第196页，表10《消费结构》。

3. 饮食结构发生很大变化

粮食消费结构中粗粮消费下降，精细粮消费上升，对肉类、家禽、鲜蛋、水产品、植物油等的消费量全面增加，膳食营养状况不断得到改善。如，中国在1978～1984年，城镇居民粗粮消费下降了28.4个百分点。1984年以后，粗细粮比例基本趋于稳定。1998年与1957年相比，城镇居民人均食用植物油消费量增长81%，人均猪肉消费量增长1.4倍，人均牛羊肉消费量增长1.8倍，人均家禽消费量增长5.6倍，人均鲜蛋消费量增长3.1倍。农村居民方面，人均主食支出占食品支出的比重由1978年的65.3%下降到1998年的35.5%，下降了29.8个百分点；人均副食支出占食品支出的比重由1978年的31.4%上升到1998年的42.9%。

（二）穿的方面

经历了一个由穿暖到穿好，由单调、低档到多样、中高档方向发展的过程。“衣不遮体”，是对二战后初期东亚地区广大贫苦大众悲惨生活的一种真实写照。50 多年来，人民穿着消费发生了深刻的变化，不仅衣着数量大幅度增加，而且穿着质量明显提高，求新、求美，讲究舒适、大方，追求个性化。具体而言，主要呈现出如下几个变化：一是衣着原料提高，对粗棉布的消费相对下降，对化纤布、绸缎、呢绒、毛料等的消费上升；二是成衣率提高，购买原布自己动手做衣服的数量减少，直接去市场选购成衣的数量增加，特别是对花色好、款式新的中高档服装的消费量增长较快。如中国 1998 年城镇居民人均购买服装 5.8 件，比 1957 年增长 7.3 倍，农村居民人均购买各种布料 1.97 米，比 1978 年减少 64.1%；人均购买成衣服装 1 件，比 1983 年增长 1.2 倍。

（三）用的方面

经历了从无到有、从少到多、普及程度迅速提高的过程。二战后初期东亚地区广大劳苦大众一贫如洗、家徒四壁，连桌、椅、碗、筷、盆等最基本需要的用品也十分欠缺。耐用消费品大量“飞入寻常百姓家”，是 50 多年来城乡居民生活水平显著提高的一个重要标志。

50 多年来，城镇居民的用品消费，呈现出以非耐用消费品为主向以耐用消费品为主，以日常生活用品等生存资料为主向彩电、冰箱、空调、微机等发展和享受资料为主，以功能单一、低档用品为主向高科技、多功能中高档用品为主转化的趋势。城镇居民家庭用品的更新速度明显加快。农村居民家庭用品的数量也有了大幅度增加，而且用品的品种逐步升级换代。如，新加坡平均每 2 人拥有一部电话机，每 2.6 人拥有一部电视机；超过 70%的家庭拥有录像机和洗衣机。菲律宾耐用消费品的拥有量增长也较快，收音机 1980 年每千人 124 台，1990 年为 142 台，1997 年达到 159 台；电视机 1980 年每千人有 22 台、1990 年 40 台，1998 年为 108 台。电脑 1990 年每千人有 3.5 台，1998 年为 22 台，每千人使用因特网的人数为 0.59 人。2000 年每千人拥有 45 辆汽车。

新中国成立后，特别是近 20 年来，城镇居民家庭用品的更新速度明显加快，经历了由原来的“老四件”（自行车、手表、缝纫机、收音机）、90 年代的“新六件”（电视机、洗衣机、录音机、电冰箱、电风扇、照相机），到近几年的以家用电脑、家用轿车、商品房等为主要代表的新的消费“热点”消费的升级换代过程。城镇居民家庭平均每百户彩电拥有量由 1981 年的 0.6 台增加到 2000 年的 116.6 台，洗衣机由 6.3 台增加到 90.5 台，电冰箱由 0.2 台增加到 80.1 台。近几年又开始转向以电话、家用电脑、商品房等为主要代表的新的消费“热点”。万元级、10 万元级的耐用消费品，在国家消费信贷等政策的扶持下，开始逐步进入普通居民家庭。2000～2004 年，中国每百户城镇居民拥有电脑、每百户城镇居民拥有彩电、每百人拥有手机，分别从 10 台、33 台、6.8 部，增加到 31 台、117 台、25.1 部。

（四）住的方面

城乡居民的居住面积和住房质量都有了较明显的提高。二战后初期，居民住房条件极差，城镇居民拥挤不堪，农村以土坯墙的草顶房甚至洞穴为主。50 多年来，城乡居民居住条件有了很大的改善。部分国家地区告别住房短缺时代，已达到小康水平的住房标准。

城镇居民住房，由缺房、拥挤逐步向比较宽敞、舒适方向发展。农村居民在温饱问题初步得到解决的基础上，普遍把改善居住条件作为首要的选择。农民住房支出占消费支出的比重迅速提高，人均住房面积中，砖木结构和钢筋混凝土结构的住房面积比重迅速提高。

如新加坡自 1964 年政府实施“居者有其屋”政策以来，经过多年的努力，新加坡人的居住状况得到了根本的改善，98%以上的人口较好地解决了住房问题，而且人均居住面积达到 21 平方米。新加坡最贫穷的家庭中，83%拥有自己的住房。

又如 1949 年新中国成立以来，居住条件得到明显改善。1956 年城镇居民人均居住面积仅 4.26 平方米，1998 年增加到 12.4 平方米，2001 年，突破 21 平方米，达到住房的小康标准。2002 年有 72.6%的城镇居民家庭住上了单元配套住房，74%的家庭居室内有厕所和浴室，许多家庭用上了煤气或液化石油气，41.1%的家庭有可取暖的空调或其他暖气设备，住房的质量和配套性不断提高。中国农民住房支出占消费支出的比重，由 1978 年的

10.3%，提高到1988年的20.2%。

农村居民人均住房面积由1978年末的8.1平方米增加到2004年末的28平方米，增长了2.5倍。2002年农村人均住房面积中，住宅砖木结构和钢筋混凝土结构的比例合计达到81%，已经超过“十五”计划80%的水平，比1981年的48.6%提高了32.4个百分点。

（五）行的方面

随着各种运输设施建设的快速发展，城市公共交通的不断改善，居民出行的方便程度大大提高。二战后初期，东亚地区交通运输状况十分落后，相当一部分内地特别是广大农村及边远地区基本处于与世隔绝的闭塞状态。二战后，东亚地区交通建设得到了很大的发展，许多国家基本形成了以铁路为骨干，公路、水运、民用航空组成的综合运输网。各地的城市公用交通事业取得了长足的发展，出租车和地铁建设发展迅速，这些都极大地方便了居民的出行，使居民的生活比过去更加快捷和舒适。

如中国，经过近50多年的建设，运输线路长度成倍增长。2003年末，中国各种运输线路总长度已达476万公里，比1949年增长24.6倍。其中，铁路营业里程7.2万公里，增长2倍；内河通航里程12.4万公里，增长1.58倍；公路里程181万公里，增长20.9倍；民用航空航线里程273万公里，增长239.8倍，其中国际航线长度已占民航线路总长度的1/3以上，通达32个国家的72个城市；管道运输从无到有，目前输油输气管道已达2.31万公里，90%的原油已通过管道输送。

表9 东亚地区14个国家1990～1999年交通运输状况变化

国家	机动车				轿车		双轮机动车		燃料价格	
	每千人拥有（辆）		每公里道路汽车拥有（辆）		每千人拥有（辆）		每千人拥有（辆）		汽油（升/美元）	柴油（升/美元）
	1990	1999	1990	1999	1990	1999	1990	1999		
中国	5	8	4	7	1	3	3	8	0.40	0.45
日本	469	560	52	61	283	395	146	115	1.06	0.76
朝鲜	–	–	–	–	–	–	–	–	0.73	0.41
韩国	79	238	60	120	48	167	32	59	0.92	0.66
蒙古	21	30	1	1	6	17	22	11	0.38	0.38
越南	–	–	–	–	–	–	45	45	0.38	0.27
老挝	9	4	3	1	6	3	18	49	0.41	0.32
柬埔寨	1	6	0	2	0	5	9	41	0.61	0.44
缅甸	–	2	–	2	–	1	–	–	–	–
泰国	46	106	36	97	14	28	86	174	0.39	0.35
马来西亚	124	200	26	69	101	170	167	224	0.28	0.16
新加坡	146	164	142	170	101	119	45	41	0.84	0.38
印度尼西亚	16	25	10	14	7	14	34	62	0.17	0.06
菲律宾	10	31	4	11	7	10	6	14	0.37	0.28

资料来源 世界银行《2001年世界发展指标》“交通与拥挤”第170～172页。

如表9所示，除老挝机动车总拥有量下降外，东亚地区其他各国的机动车总拥有量都有明显增加，日本、韩国、中国、泰国、菲律宾、马来西亚、柬埔寨、蒙古和印度尼西亚的机动车增加速度很快。其中增长速度最快的是韩国和柬埔寨，而新加坡的增长速度较慢。大多数国家的轿车每千人拥有量的增长率要快于双轮机动车每千人拥有量的增长率。从反映道路拥挤程度的指标“每公里道路汽车拥有量”来看，国土面积狭小、工业化高度发展的国家，如新加坡、日本和韩国的道路最拥挤，而泰国和马来西亚次之。从燃料价格来看，除中国以外，多数国家的汽油价格要高于柴油价格，日本、韩国和新加坡等高收入国家的两种油品价位要高于其他发展中国家；产油国，如印度尼西亚和马来西亚的两种油品价位更低。

三 居民生活方式深刻变化

随着东亚地区国家人均收入和生活质量的提高，居民生活方式也发生了深刻变化。主要表现在，大多数国家自给自足的小农经济逐渐消亡；农民自给性消费比重明显下降，整体居民的消费选择性明显增强；已基本消除了长期以来消费品供应短缺的现象，形成了“买方市场”，部分消费品还出现了过剩现象。从商品短缺到“买方市场”的形成，居民消费从限量供应的抑制型消费转为敞开供应的自主型消费，这是居民消费方式的根本性变化。

在农村，消费方式的变化还有另一方面的特点。随着农村改革不断深化，农产品商品率不断提高，农民消费也从自给、半自给方式逐渐向商品化、市场化方式转化。东亚地区农村居民的消费方式，从整体上讲，已开始进入由过去的自给性消费为主向以商品性消费为主转变的新时期。

如1978年以前，中国由于商品供应短缺，从基本生活必需品粮食、布、油等到自行车、电视机等一些日用品，大都实行凭票定量供应制度，凭票限量供应大大限制了居民消费选择的空间。中国城镇凭票供应制度早已退出历史舞台，实行改革开放政策以来，各种商品大量涌现，市场开始逐步放开，到1985年国家取消了农产品统购派购制度，丰富了“米袋子”、“菜篮子”。到80年代末期，在全国范围内基本结束了票证供应制度。从商品短缺到“买方市场”的形成，居民的消费选择自由度大大增加。

1949年以前，中国广大农民生活在“自给自足”的自然经济中。新中国成立以后，这种状况逐步改变，但进度缓慢。直到1978年，农民食品自给性消费仍高达78.6%，燃料自给性消费达69%。中共十一届三中全会以后，随着农村改革的深入，联产承包责任制的广泛推行，农产品商品率不断提高。1978～1998年，农民自给性消费比重由59%，急剧下降为29.3%，20年间下降了近30个百分点，中国农民已进入自主性消费时期。

四　居民生活内容丰富多彩

二战前，东亚地区广大贫苦劳动人民疲于为生活奔波，对精神文化等的消费几乎是一片空白，当时东亚人口多半是文盲。二战结束后，随着政治上的独立和经济上的迅速发展，东亚地区各种文化、教育、娱乐事业迅速发展，为丰富人民精神生活提供了十分有利的条件，居民整体文化素质明显提高。

表10　东亚14国（地区）
1999～2003年每千人拥有个人电脑数

国家（地区）	每千人拥有个人电脑数（1999年1月）	每千人拥有个人电脑数（2003年1月）
中国	6.0	27.6
中国香港	230.8	422.0
日本	202.4	382.2
韩国	150.7	558.0
蒙古	5.4	77.3
越南	4.6	9.8
老挝	1.1	3.5
柬埔寨	0.9	2.3
缅甸	—	5.6
泰国	19.8	39.8
马来西亚	46.1	166.9
新加坡	399.5	622.0
印度尼西亚	8.0	11.9
菲律宾	13.6	27.7

资料来源　世界银行《1999～2000年世界发展报告》；世界银行《2005年世界发展报告》。

（一）广播电视、文艺创作和互联网发展迅速

目前，东亚地区多数国家已形成了一个卫星、无线、有线等多形式、多层次的广播电视传输覆盖网。文艺创作也日趋繁荣，文艺作品大量涌现。如新中国成立50多年来，广播电视文化事业得到了前所未有的发展，全国80%以上的县（区）建立了图书馆。到1998年，全国拥有无线广播电台343座，广播人口覆盖率达88.21%，电视人口覆盖率达89.01%。文艺创作打破了“文化大革命”时的沉寂、荒芜局面，空前繁荣起来，一大批思想健康、人民群众喜爱的文艺作品以小说、影视、美术等形式展现在人们的眼前。东亚地区国家越来越多的居民家庭和个人开始接入国际互联网，通过网络与全球进行信息的沟通与互动，居民生活因网络而变得更加丰富多彩。自互联网开始普及以来，东亚地区各国因特网主机每万人拥有量迅猛增长。参阅表10。

（二）教育水平显著提高

1. 日本历来高度重视教育，为经济、科技发展和人民生活水平提高创造了有利条件

美国著名经济学家舒尔茨（Schultz）在谈到日本战后复兴时指出：二战后日本物质资本存量确实

几乎荡然无存，但其国家财富中的重要部分——具有知识水平的人，即“人力资本”还大量存在。因此，只要注入一定的初始投资，结合以技术含量很高的设备，日本这台高效率的产出机器就会源源不断地创造出物质财富来。确如所言，日本在二战后不到20年的时间，就实现了“经济起飞”，创造了震惊全球的经济高增长率。

二战后日本对教育的投入，在世界也是名列前茅的。1955～1975年，日本国民收入由72 985亿日元（合203亿美元）增加到1 240 386亿日元（合5 063亿美元），10年间增加了16.99倍。与此同时，教育经费也由4 373亿日元（合12亿美元）增加到96 113亿日元（合393亿美元），增加了21.97倍，增长幅度超过国民收入和国民生产总值的增长比例，其教育经费在发达国家中居于第二位，仅次于美国。

2. 东亚地区其他多数国家重视发展教育，促进了经济快速发展和人民生活水平提高

50多年来，东亚地区教育水平普遍得到提高，几乎所有的高速发展的东亚国家(或地区)教育和培训体制都发生了巨大的变化。学校教育、职业培训显著改善，儿童和妇女受教育的机会和质量也得到明显提高。教育不仅成为创造人力资本的重要手段，还为居民个人才智的发展创造了良好条件。今天，就中学生的认知技能水平而言，一些东亚地区国家(如日本、韩国等)甚至超过了欧美高收入国家。

表11　　东亚地区13个国家1980～2002年教育状况

类别/数据/国别	公共教育支出占GNP的百分比		净入学率占相关年龄组的百分比				读到五年级的学生占该年龄组人数的百分比				预期受教育年数			
			小学		中学		男性		女性		男性		女性	
	1980	2002	1980	2002	1980	2002	1980	2002	1980	2002	1980	2002	1980	2002
中国	2.5	2.3	84	95	63	70	–	100	–	100	–	–	–	–
日本	5.8	3.6	100	100	93	100	100	100	100	100	14	15	13	14
韩国	3.7	4.3	100	100	76	87	94	99	94	99	12	15	11	14
蒙古	–	9.0	100	79	89	77	–	–	–	–	–	10	–	12
越南	–	3.0	96	94	47	90	–	90	–	88	–	11	–	10
柬埔寨	–	1.8	100	93	15	18	–	60	–	62	–	10	–	8
缅甸	1.7	1.2	71	85	38	35	–	64	–	66	–	7	–	7
老挝	–	2.8	72	73	53	63	–	64	–	65	–	10	–	8
泰国	3.4	5.2	92	86	25	48	–	92	–	96	–	13	–	12
马来西亚	6.0	7.9	92	95	48	69	97	98	97	100	–	12	–	13
新加坡	2.8	3.0	100	91	66	76	100	–	100	–	–	–	–	–
印度尼西亚	1.7	1.3	89	92	42	56	–	87	–	92	–	11	–	11
菲律宾	1.7	3.2	95	93	72	56	68	76	73	83	11	12	11	12

资料来源　世界银行《2000～2001年世界发展报告》;世界银行《2005年世界发展指标》。

1965年，韩国、新加坡和中国香港等就已经普及了初等教育，即使在较为落后的印度尼西亚，小学入学率也在70%。到1987年，这些国家或地区开始普及中等教育，如韩国中等教育普及率，从1965年的35%上升到1987年的88%，印度尼西亚也达到了46%，这一数字远高于同等收入的其他国家。只有泰国为28%，低于按收入预期的36%。20世纪90年代初，泰国落后的教育导致缺乏熟练的工人，严重威胁到经济持续的高速增长。

中国改革开放以来，教育也得到迅猛发展，1998年城镇居民人均娱乐、教育、文化服务支出499元，占消费性支出的11.5%，比1978年提高了约6个百分点。1998年农村居民人均文化、教育、娱乐用品及服务支出159元，占生活消费支出比重由1978年的几乎为零提高到1998年的10%。这个比重，自1993年以来已高于农民用于衣着方面的支出比重。1998年，全国已有73%的地区普及了九年义务教育，小学学龄儿童入学率由1949年前的20%左右提高到99.3%，初中阶段毛入学率达到87.3%，超过发展中国家的同期平均水平。新中国成立50年共扫除文盲2.3亿，全国总人口文盲率由80%以上下降到14.5%，其中青壮年文盲率已下降到5.5%以下。1998年，普通高校和普通中等学校的在校生人数比1949年前的最高年份分别增长了21.99倍和40.11倍；全国受教育人口近3亿，在校正规学习的人口达到2.3亿。据统计，1949～1990年，普通高等学校培养研究生、本科和专科毕业生累计达760.82万人，是旧中国1912～1948年间毕业生总数的近40倍。

但是，迄今为止东亚地区仍有一些国家的教育发展缓慢，如越南、老挝、柬埔寨和缅甸能读到五年级的学生百分比和中学入学率都较低，严重制约了经济发展和人民生活的改善。

表12给出1980～1999年东亚地区各国成人文盲率变化情况。这一时期，各国的成人文盲率大幅减少，但由于柬埔寨、老挝、蒙古、中国和缅甸等国原来文盲率很高，扫盲任务依然严峻。

五　医疗卫生条件改善

二战前东亚地区医疗卫生条件极差，瘟疫、霍乱、结核、疟疾、麻疹、乙脑等多种流行性恶疾猖獗，缺医少药甚至无医无药的现象比较普遍，人民的生存受到了严重的威胁。50多年来，东亚地区医疗卫生事业发展迅速，卫生机构数、医院、卫生院床位数、专业卫生技术人员迅速增加。

当前，东亚地区许多国家大多形成了遍布城乡、比较健全的医疗卫生保障体系。历史上一些长期危害人民身体健康的疾病得到了有效地控制，有的已基本灭绝，一些目前尚未消灭和控制的疾病，其发病率和死亡率也都显著下降。东亚地区各国预期寿命大大增加，人口死亡率、婴儿死亡率有很大下降，居民的身体素质显著增强。城市、农村各年龄组人群的平均身高、体重也明显增加，人民在物质生活逐渐丰富的同时，开始享受健康快乐的人生。

表12　东亚地区11国1980～2002年成人文盲率

国　别	男性 占15岁及其以上 人口的百分比			女性 占15岁及其以上 人口的百分比		
	1980	1990	2002	1980	1990	2002
中国	22	14	4	48	33	4
韩国	3	2	1	11	7	4
越南	7	6	5	19	13	9
老挝	59	47	23	90	80	45
柬埔寨	61	49	42	92	86	46
缅甸	15	13	11	34	26	19
泰国	8	5	5	17	11	9
马来西亚	20	–	8	37	–	15
新加坡	9	6	3	26	17	11
印度尼西亚	21	13	8	40	27	17
菲律宾	10	7	7	12	8	7

资料来源　世界银行《2001年世界发展指标》、《2005年世界发展指标》。

表13　东亚地区13国1990～2004年
每千人医生数和病床数

国家地区	每千人口 医生数(人)		每千人口 病床数(张)	
	1990	2004	1990	1995～2002
中国	1.5	1.6	2.3	2.5
日本	1.7	2.0	16.0	16.5
韩国	0.8	1.8	3.1	6.1
蒙古	2.5	2.7	11.5	–
越南	0.4	0.5	3.8	1.7
老挝	0.2	0.6	2.6	–
柬埔寨	0.1	0.2	2.1	–
缅甸	0.1	0.3	0.6	–
泰国	0.2	0.4	1.6	2.0
马来西亚	0.4	0.7	2.1	2.0
新加坡	1.3	1.6	3.6	–
印度尼西亚	0.1	0.2	0.7	–
菲律宾	0.1	1.2	1.4	–

资料来源　世界银行　《2005年世界发展指标》。

表 14 东亚地区 1960～2003 年预期寿命变化

国 家	1960	1970～1975	1981	1985	1990	1995	2000	2003
中国	41	63	67	68	69	69	70	71
日本	68	73	77	78	79	80	81	82
朝鲜	54	–	66	–	66	–	–	63
韩国	54	63	66	69	70	72	73	74
蒙古	52	54	64	–	63	–	67	66
越南	43	50	63	–	65	–	69	70
老挝	40	40	43	–	50	–	54	55
柬埔寨	46	40	–	–	50	–	54	54
缅甸	44	49	54	–	55	–	56	57
泰国	52	60	63	66	69	69	69	69
马来西亚	53	63	65	69	71	72	73	73
新加坡	64	70	72	73	74	76	78	78*
印度尼西亚	41	49	54	59	62	64	66	67
菲律宾	53	58	63	63	66	68	69	70

* 2001 年数值。

资料来源 《东亚奇迹》，第 22 页；世界银行《2000～2001 年世界发展报告》；世界银行《1983 年世界发展报告》，世界银行《2002 年世界发展报告》；世界银行《2005 年世界发展报告》。

（一）中国

1949 年，全国平均每千人仅有病床 0.15 张，卫生技术人员 0.93 人，医生 0.67 人。新中国成立 50 多年来，中国医疗卫生事业发展迅速，卫生机构数由 1949 年的3 670个增加到 2004 年的 32.6 万个，医院、卫生院床位数从 8.5 万张增加到 367.8 万张，专业卫生技术人员由 50.5 万人增加到 520.8 万人。截至 2002 年，每万人有医院、卫生院床位数 25 张，每万人有医生数 16 人。1998 年，全国 73 万个行政村中设置医疗点 72.9 万个，全国乡村医生和卫生员达到 132.8 万人，基本形成了遍布城乡、比较健全的医疗卫生保障体系。目前中国已经消灭或基本消灭了鼠疫、霍乱、天花、回归热、黑热病等传染病，有效地控制了白喉、麻疹、脊髓灰质炎、流行性斑疹、伤寒、血吸虫病和布鲁氏菌病等多种传染病和寄生虫病的流行。中国人民的平均寿命已从 1949 年的 35 岁提高到 2004 年的 72 岁左右，人口死亡率从 1949 年的 33‰以上下降到 2004 年的 6.42‰，婴儿死亡率从 1949 年的约 200‰下降到 2003 年的 30‰。居民的身体素质大大增强。80 年代与 70 年代相比，中国 0～7 岁儿童各年龄组身高平均提高了 1.1 厘米，体重增加了 0.26 公斤。1995 年与 1979 年相比，7～18 岁各年龄组城市男性身高增加了 1～4 厘米，体重增加了 2～5 公斤；农村男性身高增加了 3～7 厘米，体重增加了 2～7 公斤。

（二）韩国

韩国在 20 世纪 80 年代初期已基本根除了霍乱和脑膜炎，传染病和其他疾病的传染率也逐渐下降。目前，韩国 4 岁以下儿童死亡率下降到 2‰，达到较先进国家水平。1998 年，韩国从事医疗行业的人员共计 20.74 万人，其中医生总数为 6.22 万名，医院总数为32 774所，其中现代化的大型综合医院为 271 所，病床总数为209 248张。1980～1999 年间，每千人拥有医生数由 0.6 人上升为 1.3 人，每千人拥有病床数由 1.7 张上升为 5.5 张。

由于生活水平的提高，家庭总开支中医疗费用所占比重逐年增加。从 20 世纪 70 年代后半期起，大多数人都可以享受到医疗保险和医疗援助。1989 年 7 月 1 日，医疗保险系统的范围扩大到了全国。从此，享受医疗保障的人数为总人口的 100%。到 1997 年 12 月，全国加入医疗保险制度的医疗机构共有55 429个。1998年，有95.3%的人受益于各种不同类型的保险，剩下的4.7%的人可以直接获得医疗援助。

韩国的医疗保健事业已经走上法制化的轨道。先后制定了《医疗法》、《医疗保险法》、《公务员与私立学校教职工医疗保险法》、《医疗技师法》、《农渔村保健医疗特别措施法》等。韩国于1963年制定《医疗保险法》，并从1977年7月开始在拥有500人以上员工的制造行业和建筑行业单位中实施医疗保险制度。1989年7月，实现了全民医疗保险。目前，韩国实行医疗保险和医疗补助形式的医疗保障制度。医疗保险的种类有4种，即公教人员的公教保险、文艺界与城市自由职业者的职业种类保险、农渔村居民的地区医疗保险、私有企业工人的工厂医疗保险等。保健社会部是韩国医疗保健事业的归口管理单位。另外在医疗保健界有影响的团体是大韩红十字会、大韩医学协会和大韩护理协会。

（三）越南

1996年政府对医疗卫生事业的财政投入仅占国内生产总值支出的1%。越南拥有医院和诊所1992年有1 743家，疗养院111家，1997年分别增加到1 931家和121家；医院病床数1992年为19.75万张，1997年为19.79万张；医生人数1992年为2.74万人，1997年达3.29万人；护士人数1992年6.8万人，1997年4.62万人。1997年全国有881所医院、11.78万张病床。每千居民有0.108所医院、1.57张病床、0.426名医生。2001年越南共有医院13 172所，医生41 000名，病床192 500张，平均每千人有0.52名医生、2.45张病床。

（四）老挝

长期以来，老挝流行疾病较多，主要有疟疾、痢疾、鼠疫、伤寒、霍乱、恙虫病和钩端病等。疾病是造成老挝人口稀少的主要原因。疾病严重影响老挝人口素质和劳动力的提高，也严重影响老挝社会和经济的发展。目前老挝缺医少药的局面已有所改变，居民的发病率特别是流行性传染病的发病率已大大降低，老挝人民的身体素质和劳动素质已大大提高。20世纪90年代老挝的医疗卫生条件、人民的居住条件和生活环境都有了明显改善，政府兴建了一批重点医院，省、市、县也建立了自己的医院，进口了大批医疗器械和药品。另一方面与外国合作开发老挝的动植药材，建立了一批药品厂。

（五）柬埔寨

柬埔寨的卫生保健条件是比较差的。每万人中才有1名医生。缺医少药的现象十分严重，全国共有乡一级诊所1 500个（每8 000人有一个诊所），每个诊所有2～5名初级护士和初级助产士；每个县1个医疗保健中心（一般有1名医士和一些中级护士和助产士）。目前，全国约有1.3万名医务人员，其中医生约800名，医士约1 000名，其余为中级护士、中级助产士和初级护士及初级助产士。落后的医疗卫生条件，使得婴儿死亡率十分惊人，1992年高达116‰。绝大多数婴儿死于腹泻和麻疹、破伤风、疟疾等疾病。

（六）泰国

二战后，泰国的医疗事业不断发展，全国600多个县中已有500多个县建立了县级医院或卫生所。卫生机构与设施的数量、规模、现代化程度较高。泰国医疗体系以公共医疗为主，全国70%以上的医院和卫生所由政府出资维持，2000～2001年度公共医疗支出占政府财政支出的7.6%。目前泰国公共医疗保障体系最重要的措施是“三十铢治百病”计划，即泰国公民只要支付30铢（约合人民币5～6元）就能获得医疗服务。泰国人均寿命已从1970～1975年的59.5岁上升到2001年的69.2岁。

（七）马来西亚

共有政府医院118家，病床35 665张。此外还有3 115家县乡级医务所。全国共有医生10 196人，护士14 614人，平均每1 455人有1名医生，12 756人有1名药剂师，11 552人有1名牙医。人均寿命男性为70.3岁，女性为75.2岁，婴儿死亡率8.8‰。

（八）新加坡

1996年新加坡医生对人口的比例为1:770，有20个综合诊所（包括配药处）。至1996年3月31日，有153.4万人参加了保健储蓄计划。1993年，新加坡5岁以下儿童死亡率为0.7%，初生婴儿的死亡率从1991年的0.05%下降为1995年的0.4%；估计平均寿命从1984年的70.9岁（男）和75.8（女）提高到1995年的74.2（男）和78.7（女）。

（九）印尼

印尼政府和私人投入了不少资金发展医疗卫生事业，使医疗卫生状况有了很大改善。1968年印尼有医院1 125家，1996年3月增至1 868家；同期，病床已从8.55万张增至13.25万张。此外，1968年印尼有公共保健中心（医疗保健单位）1 227个，1996年3月增至7 014个。印尼获得卫生设施的人口占总人口的比重大幅提高，已从1980年的23%提高到1995年的51%。1980年印尼获得安全饮用水的人口仅占总人口的32%，1995年提高到62%。因此，5岁以下儿童的死亡率显著降低，1980年为12.4%，1997年降至6%。人口出生时预期寿命明显提高。

（十）菲律宾

独立以后，菲律宾的社会保障和医疗服务有了长足进步。20世纪初，菲律宾人的寿命尚不足40岁，婴儿死亡率很高。霍乱、伤寒和麻风病等传染病非常普遍。20世纪60年代，成人和婴儿的死亡率开始大幅度降低，人口有了较快的增长。2001年，菲律宾人均寿命已经达到69岁，人口出生率为2.62%，死亡率为0.58%。今天，菲律宾的医疗保健状况有了进一步的改善。从医疗设施和医疗人力资源来看，1994年菲律宾每千人有医生0.1人，医院床位1.1个。2000年达到每千人约拥有1.23名医生，1.5张病床。

六　社会保障水平改善

二战前，东亚地区各国百业凋敝，居民失业现象十分严重。50多年来，各国通过大力发展经济、广开就业门路等途径，使城镇居民就业水平明显提高。在广大农村，通过各项农村政策，调整农村产业结构，在工业化进程中，不断使农村劳动力逐渐向非农产业转移。居民社会保障工作取得了实质性的进展，初步形成了以养老保险、医疗保险和失业保险为主的社会保险体系。到2000年，许多国家已建立了最低生活保障制度，许多城乡居民得到最低生活保障。

（一）中国

旧中国，百业凋敝，居民失业现象十分严重。1949年全国城镇就业人数为1 533万人，仅占当时城镇总人口的26.6%，平均每一就业者负担人数高达3.78人。新中国成立50多年来，城镇居民就业水平大幅提高。到1998年，全国城镇就业人数达2.07亿人，占城镇总人口的比重上升到54.5%，平均每一就业者负担人数减为1.85人。城镇居民失业率由1957年的5.9%降为1998年的3.1%。在广大农村，通过落实各项农村政策，调整农村产业结构，大力促进乡镇企业和城市第三产业的发展，使一部分农村剩余劳动力逐渐向非农产业转移。居民社会保障工作取得了实质性的进展，社会保险体系得以初步建立。到1998年全国参加基本养老保险的职工人数达8 476万人，参加离退休社会统筹的离退休人数达2 727万人，参加大病医疗统筹的职工达1 108万人。农村社会养老保险投保人数达8 025万人。到2000年，全国城乡已全部建立了最低生活保障制度，共有701万城乡居民得到最低生活保障。

表15　　东亚地区部分国家1980～2002年失业状况变化*

国　家	1980～1982	2000～2002
中国	4.9	4.0
日本	2.0	5.4
韩国	5.2	3.1
蒙古	–	3.4
泰国	0.8	2.6
马来西亚	–	3.8
新加坡	3.0	5.2
印度尼西亚	–	9.1
菲律宾	4.8	9.8

*　指总失业人口占总劳动力的百分比。

资料来源　世界银行《2005年世界发展指标》，“失业”第60～62页。

（二）韩国

韩国的社会保障制度分两类：一类是根据社会保障法制定的保险计划，包括医疗、歇业、失业、老年、工伤事故、家庭补贴、孕妇分娩和家属丧葬等补助。另一类是公共救济计划或免费赠予，向老年人、工伤致残者、精神错乱者、先天残疾者提供生活费、津贴和医疗费用。保险范围分为可以享受保险和可以享受公共救济两部分。根据政策实行各种福利制度，并逐步扩大和发展这些制度。

韩国社会保障计划的具体内容如下：在社会保险方面，有医疗保险、工伤事故赔偿保险、养恤金保险、海员保险、解雇金津贴制度等。另外，在公共救济和社会福利服务方面，对需要生活照顾的人由社会保健部向他们提供食品、燃料、教育、药品和丧葬费用。

1998年抚恤金制度的实施，扩大到一切工作场所和个体户。2000年2月，韩国出台《国民基本生活保障法》。根据这项新的法律，从2000年10月起，收入在韩国政府规定的最低生活标准线以下的所有家庭，都将得到政府提供的最低生活保障。新法律的核心是放宽政府救济对象的标准。预计新法律实施后，接受政府提供最低生活保障人数将从现在的50万人增加到153万人。实施这一法律是韩国迈向福利国家的重要一步。

（三）新加坡

新加坡是失业率较低的国家之一。但是1997年金融危机后，失业率有所提高。1999年失业率达到了4.6%，2001年又下降到3.4%。新加坡是高工资国家，1995年，新加坡人月平均收入高达2 280新元。金融、贸易和旅游业的收入要高于制造业，技术及管理人员与一般工人之间收入相差4倍。尽管政府中下层官员的收入比较高，但白领阶层上层收入要高于政府高级官员。为适应市场的变化，贯彻高薪养廉政策，从1994年1月1日起，新加坡大幅提高高级公务员的工资，平均增幅为7.1%。为把最优秀的人才吸引到政府部门工作，发布了《以竞争性薪金建立贤能廉洁政府——部长与高级公务员薪金标准》的白皮书，将各级公职人员与私人企业部门正式挂钩，使其工资接近市场的价格。

新加坡的社会保障分为以下三部分。

第一部分主要由政府出资设立的各种社会福利设施，包括：(1) 儿童津贴。(2) 老人和残疾人保障计划。(3) 医疗保健基金。(4) 教育储蓄基金。(5) 公共援助津贴。

第二部分由政府立法和管理，带有强制储蓄性质的社会福利设施，包括：医疗储蓄、工业灾害保障计划和中央公积金。中央公积金制度不仅对新加坡的社会福利做出了重大贡献，而且对新加坡的金融体系影响很大。在调控国民经济方面，还提供了经济高速发展的资本，并能起到抑制通货膨胀的作用。

第三部分是由各种社会团体和民间组织出资设立和进行管理的各种社会福利设施，新加坡有313个积极从事各种社会福利活动的社会团体和民间组织，成为整个社会保障制度的一个重要组成部分。

（四）马来西亚

马来西亚实行“储蓄型”社会保障制度，它以“个人账户积累”为原则，社会保障费用由劳资双方按比例交纳，以职工个人名义存入个人账户，在职工退休或有其他生活需要时，将该费用连本带息发给职工个人。1951年《员工准备金法》规定，受聘员工均须强制参加准备基金，至55岁时可获全额返还，所有雇主及员工均须按员工每月薪金的12%及10%分别交纳员工准备金。1969年颁布《员工社会安全法》。依此法，社会安全组织(SOCSO)实施《工作伤害保险计划》、《失能年金计划》等两项社会保障计划。包括工厂在内的所有企事业机构，凡聘雇月薪不超过2 000林吉特之员工者，均须依上述两项社会安全计划为其员工投保。工作伤害保险计划为员工提供因工作伤害而造成的任何伤残死亡保险，受益人将获得现金及医疗照顾。这项社会保险的费用完全由雇主支付，费率为员工月薪之1.25%。除此之外，大多数公司提供各项福利，如免费医疗、个人意外及人寿保险、免费交通或交通津贴、退休福利，以及增加对员工准备基金之准备金交纳。

（五）印度尼西亚

印尼政府重视国民的社会保障，如：关心国民的住房问题、就业问题，关注提高就业人员的工资，规定并逐年提高最低工资，关注退休人员的福利，关注建立医疗保险、人寿保险、事故保险。在职和退休的公务员、公共事业与国营企业人员的生活是有保障的。

20世纪60年代末至金融危机之前，印尼经济发展较快，居民生活不断改善，贫困人口大幅度减少。1976年贫困人口为5 420万人，1996年降至2 250万人。同期，贫困率已从40.1%降至11.3%。但金融危机引发经济危机，失业人口大幅度增长，加之粮食作物减产，贫困人口剧增。因此，政府通过提供生活必需品和生产工具等措施，救助因金融危机而陷入暂时贫困的家庭；同时采取扩大就业和能力建设等中长期措施，解决结构性贫困问题。此外，政府还成立专门工作小组，研究构筑全国社会保障体系。

（六）菲律宾

由于近年来经济发展缓慢，失业和就业不足现象严重，对人民生活带来了较大的影响。2002年，失业率达10.2%。在已就业人口中，服务部门占47.2%，人数最多；农业占37.4%；工业占15.4%。为了改善就业，政府出台了一些相关政策，如中小型企业发展计划、发展旅游业、加强海外劳工权益保护、呼吁民众自然节育等。但就业前景仍然不佳。首先，劳动市场供过于求的矛盾将长期存在。菲律宾人口年均增长率2.5%上下，每年新增人口180万，估计2010年人口将超过1亿。近20多年来，菲律宾经济增长率约3%～4%。由于技术进步、产业升级、结构调整等因素，其经济增长率尚不足以吸纳新增劳动力。从经济发展的内外部环境来看，治安不良、腐败低效、政局多变，也使经济很难在短期内脱胎换骨。

（七）柬埔寨

柬埔寨社会保障体系的建立目前正在探索之中。目前，包括年休、病休、解雇等在内的一些措施已陆续出台，正在试行中。关于年休，有关法律规定，职工每月可得1.5天年假，总计1年可获18天休假（星期天除外），工龄每延长3年，可多得1天公休假。关于病休，虽无具体规定，但规定企业必须向职工提供必要的医疗保健设施。职工被解雇，需由企业按工龄长短付给一定的解雇费，并必须预先通知。女职工工龄已满1年的，可获90天产假，假期可获半额工资等等。

（八）文莱

文莱有“壳牌福利国家”之称。巨额的石油收入使得政府有可能推行广泛的福利计划。文莱公民享有免费教育权利，还有权享受免费医疗、住房和汽车补贴贷款和殡丧补贴以及麦加朝觐补贴。

文莱人享有遍布全国的政府医院、健康中心和医疗诊所提供的免费医疗和保健，在遥远的水陆路交通难以到达之地，由空中医疗服务提供基本服务。在每个区除了4个政府医院外，另外还有2个私人医院。军队有自己的医院。恶性传染病如麻风病、霍乱和天花已在文莱根除。健康部定期执行免疫计划。

总之，二战后50多年来，东亚地区多数城乡居民的生活发生了历史性的巨大变化，居民的收入水平和生活质量明显提高，消费方式发生了深刻变革，精神文化生活大大丰富，生活环境显著改善。这为在进入21世纪后人民生活水平跃上更高的台阶打下了坚实的基础。

第四节 人民生活的发展前景

经过半个多世纪的努力，东亚地区各国在经济增长和提高人民生活方面已经取得了一定进展。但是，除了日本和已进入经济合作与发展组织(OECD)“富人俱乐部”的韩国外，东亚地区其余国家都属于发展中国家。在这些国家中，还有为数众多的人口处在收入不能满足基本生存需要的绝对贫困状态之中。据世界银行统计，目前全球60亿人口中，有28亿人——约占总人口的一半——每天生活在不足2美元中，有12亿人——占总人口的1/5——每天生活费用低于1美元。尽管在东亚地区，贫困人口在1987～1998年之间，由4.2亿人口减至2.8亿人，但仍占整个世界贫困人口总数的23.2%。在中国和东亚地区的许多新兴的工业化国家的发展历程中，经济增长带来了财富，但同时也出现了许多令人关注的问题，最重要的问题之一就是不仅东亚地区国家之间存在着巨大差别，而且在一个国家内部，不同的地域之间、城乡之间、阶层之间也出现了日益扩大的收入不平等问题。这两个问题给东亚国家的社会稳定、人民生活进步和经济的可持续发展带来了巨大挑战。因此，面向21世纪，对抗贫困、消除不平等，提高弱势群体的生活质量已成为东亚各发展中国家所面临的重大课题。

一 新世纪面临的挑战

（一）消除贫困任重道远

贫困不仅指物质的匮乏（以适当的收入和消费概念来测算），还包括低水平的教育和健康，以及面临风险时的脆弱性，和不能表达自身需求和缺乏影响力。衡量贫困程度的综合指标主要是人类贫困指数。发展中国家的人类贫困指数（HPI－1）关注的是人类发展指数（HDI）所反映的人类发展中三个方面被剥夺的情况：

1. 健康长寿的生活——在相对低龄时易死亡，用出生后不能活到40岁的概率来表示。

2. 知识——被排除在阅读和交流的世界之外，用成人文盲率来表示。

3. 体面的生活水平——不能全面享受到经济发展所带来的各种利益，用无法获得安全饮用水的百分比和五岁以下的儿童体重不足的百分比来表示。

人类贫困指数（HPI－1）的计算，比人类发展指数（HDI）的计算更简单。由于用来计算被剥夺情况的指标已经标准化在0到100之间（因为被表示成百分比），所以不用像计算人类发展指数（HDI）那样先产生成分项指数。

表16　　东亚地区12个国家2000年人类贫困指数*

人类发展指数（HDI）位次	国家	人类贫困指数（HPI－1）		自出生不能活到40岁的概率（占同群组人口的百分比）1995～2000	成人文盲率（占15岁以上人口的百分比）2000	不能使用改善水源的人口（%）2000	5岁以下体重不足的儿童（%）1995～2000	低于收入贫困线的人口（%）			HPI－1减去收入贫困位次**
		位次	数值（%）					每日1美元	每日2美元	国家贫困线	
96	中国	24	14.9	7.9	15.9	25	10	18.8	52.6	4.6	－7
27	韩国	–	–	4.0	2.2	8	–	<2	<2	–	–
113	蒙古	35	19.4	15.0	1.1	40	13	13.9	50.0	36.3	5
109	越南	43	27.1	12.8	6.6	44	33	–	–	50.9	–
143	老挝	64	39.1	30.5	51.3	10	40	26.3	73.2	46.1	6
130	柬埔寨	75	43.4	24.4	32.2	70	46	–	–	36.1	–
127	缅甸	44	27.2	26.0	15.3	32	36	–	–	–	–
70	泰国	21	14.0	9.0	4.5	20	19	<2	28.2	13.1	14
59	马来西亚	–	–	5.0	12.5	–	18	–	–	15.5	–
25	新加坡	5	6.5	2.3	7.7	0	14	–	–	–	–
110	印度尼西亚	33	18.8	12.8	13.1	57	26	7.7	55.3	27.1	10
77	菲律宾	23	14.6	8.9	4.7	13	28	–	–	36.8	–

*　人类贫困指数的位次指在88个发展中国家的排名。日本列入经济合作与发展组织（OECD）国家。

资料来源　联合国开发计划署《2002年人类发展报告》第151～155页。由于难以收集到关于朝鲜的可靠数据，无法计算出其人类贫困指数。

表17　　东亚地区11个国家基尼系数的变化

国　家	调查年份	基尼系数	调查年份	基尼系数	调查年份	基尼系数	调查年份	基尼系数
中国	–	–	1995	0.415	1998	0.403	2001	0.447
日本	1963	0.31	1993	0.248	–	–	2002	0.498
韩国	1970	0.36	1993	0.316	1998	0.316	–	–
蒙古	1995	0.332	–	–	1998	0.303	–	–
越南	1993	0.357	–	–	1998	0.361	2002	0.370
老挝	1992	0.304	–	–	1997	0.370	–	–
柬埔寨	–	–	–	–	1997	0.404	–	–
泰国	1962	0.50	1992	0.462	1998	0.414	2000	0.432
马来西亚	1957～1958	0.36	1989	0.484	1997	0.492	–	–
印度尼西亚	1995	0.342	1996	0.365	1999	0.317	2002	0.343
菲律宾	1965	0.50	1994	0.429	1997	0.462	2000	0.51

资料来源　世界银行《1998～1999年世界发展报告》第198页；《2000～2001年世界发展报告》第286页；〔美〕托达罗：《第三世界的经济发展》（上），第201页。

从表16可以看出，东亚地区的越南、缅甸、柬埔寨和老挝4个低收入国家，不仅人类发展指数在全世界排在后列，人类贫困指数也分别位于88个发展中国家中的第四十三、四十四、七十五和六十四位，处于全世界的后列，表明这些国家的贫困问题的严重程度。从前面的表4、表5，我们可以看到，东亚地区的几个问题型经济体像缅甸、柬埔寨、老挝和越南等国的经济增长，远没有东亚其他国家那样迅速；朝鲜和蒙古的人均国内生产总值（GDP）从1990年开始甚至出现严重倒退现象。经济发展的长期停滞和倒退，导致与世界的差距越来越大，使得这些国家的严重的贫困问题又成为经济发展的障碍。

（二）居民收入差距的扩大

用基尼系数可以较为方便的来衡量一国个人收入分配总的不平等的状况，它在0～1之间变化，0表示完全平等，1表示完全不平等，实际上具有高度不平等的收入分配国家，其基尼系数一般位于0.5～0.7之间；具有相对平等的收入分配的国家，其基尼系数一般位于0.2～0.35之间；而对于具有相对不平等的收入分配的国家来说，其基尼系数一般位于0.35～0.5之间。表18反映出部分东亚国家基尼系数在若干年份的变化。

日本、韩国、新加坡、印度尼西亚，马来西亚和泰国在1960～1980年之间都保持经济迅速而持续的增长，而且把迅速而持续的增长与高度公平的分配结合起来。但自20世纪90年代以来，一些国家收入不平等的趋势加剧了。

1. 日本基尼系数从1963年的0.31，降低到1993的0.248；韩国基尼系数从1970年的0.36，降低到1993的0.326；泰国基尼系数从1962年的0.50，降低到1993的0.414。这些都反映出经济增长的实绩越好，基尼系数下降趋势越明显。

2. 中国在改革开放后，经济的迅速增长，表18中显示中国的基尼系数从1995年的0.415，降低到1998年的0.403，只有小幅下降。

3. 马来西亚、越南和老挝随经济增长，基尼系数也呈上升趋势，表明其收入分配的不平等趋势日渐明显。

4. 菲律宾和印度尼西亚变化并不明显。菲律宾基尼系数从1965年的0.50，降低到1994的0.429，但1997年又上升到0.462；印度尼西亚基尼系数从1995年的0.342，上升到1996的0.365，但1999年又降低到0.317。

5. 按表18中各国的最新数据，具有相对平等的收入分配的国家（基尼系数0.2～0.35）有日本0.248（1993）、韩国0.316（1993）、印度尼西亚0.317（1999）。其余国家均属于具有相对不平等收入分配的国家（基尼系数一般位于0.35～0.5之间）。但应该注意到，马来西亚、菲律宾、泰国、中国和柬埔寨基尼系数都处于0.40以上的数值，甚至接近0.5高度不平等的边界，我们应该对这种不平等现象及其扩大保持高度警惕，采取有力措施努力减少不平等现象。

具体而言，如菲律宾人民的生活有了较大的改善，但贫富不均现象仍然严重。1994年，农村、城市和全国生活在国家贫困线以下人口分别占总人口的比例53.1%，28%和40.6%；1997年，全国有40.6%的人口的生活低于国家贫困线，其中：农村低于贫困线的人口为51.2%，城市为22.5%。菲律宾属于收入相对不平等国家之一，1997年菲律宾的基尼系数达到危险的0.462。收入最低的20%的人口的收入或消费的比重仅占5.4%，最高的20%的群体的收入和消费达52.3%。2000年基尼系数更是上升到0.51。最穷的10%的人的收入仅占总收入的1.8%，最富的10%的人口收入则达到总收入的39.7%。总之，菲律宾仍然是一个经济不发达的国家，减少贫困，救助社会弱势群体仍然是需要关注的重要问题。

二 消减贫困与不平等的战略措施

（一）联合国等国际机构减贫战略与扶贫措施

1. 联合国

（1）脱贫“千年发展目标”

在2000年的联合国大会上，各国国家元首和政府首脑为发展和脱贫确立了到2015年要达到的“千年发展目标”，并要求各国在教育、性别平等、医疗卫生以及扭转饥饿和环境恶化等方面取得较大改善。它主要包括以下8个具体目标：①消除极端贫困和饥馑；②实现普及初级教育；③实现性别平等和保障妇女权利；④减少儿童死亡率:；⑤改善孕产妇健康；⑥防治艾滋病、疟疾和其他疾病；⑦保障环境的可持续性；⑧建立旨在促进发展的全球伙伴关系。

(2) 针对中国贫困问题建议

联合国开发计划署《2003年度人类发展报告》特别提到中国在消除贫困方面取得的巨大成功，但报告认为，中国全国范围内发展并不均衡，有些地方存在贫困的死角。目前中国在消减贫困上面临城乡差距、社会经济差距（即经济发展和社会发展的不平衡）、性别差距和沿海内陆差距四大挑战。针对中国城乡经济发展不平衡的问题，建议：政府要注重提高农民收入，转移农业劳动力，扩大城市化，建立和完善农村社会保障网络、基础教育和公共医疗系统。报告认为，中国目前需要关注的3个问题是：艾滋病、产妇死亡率和农村的公共卫生问题，这3个问题主要体现在农村。

2. 世界银行

(1)《1980年世界发展报告》

认为仅有物质投资是不够的，至少医疗和教育也是重要的。并认为医疗和教育的重要性不仅在于它们本身的意义，而且可以促进增加穷人的收入。

(2)《1990年世界发展报告》

建议在减少贫困方面实施一项包括两部分内容的战略：通过经济开放和投资于基础设施促进劳动密集型增长，并向穷人提供基础医疗和教育服务。

(3)《2000～2001年世界发展报告——与贫困作斗争》

提出一项通过三个途径实现消除贫困的战略：创造机遇、促进赋权，加强社会保障。

① 创造机遇　通过刺激全面增长，以市场和非市场行为结合的方式来强化贫困人口自身的资本（诸如土地和受教育程度）进而提高这些资本的回报，来扩大穷人的经济机会。

② 促进赋权　使各国的机构和制度更为负责任，更及时迅捷地回应穷人的意见和建议，推动穷人参与政治程序和地方决策，消除有区分性别、民族、种族、地区和社会地位而造成的社会障碍。

③ 加强社会保障　减少穷人在遭遇以下情况时的脆弱性：疾病、经济打击、歉收、政策性混乱、自然灾害和暴力等；同时在发生上述情况时帮助他们应对所出现的负面冲击。这一工作的主要方面是确保以有效的安全保障体系来减轻个人和国家灾难所造成的影响。

上述三个方面的提高从根本上来说，是互为补充的。

(4)《2004年世界发展报告：让服务惠及穷人》

认为主要的服务往往不能满足贫困人口的需要，无论是从渠道、数量还是质量上皆如此。服务是能够惠及贫困人口的。报告阐述了三种改进服务的方式：

① 增加贫穷的服务对象对提供服务的选择和参与，这样他们就能监督和约束服务提供者。

② 加强贫困居民的发言权，通过投票以及广泛提供信息的方式。

③ 对向穷人提供有效服务的给予奖励，对无效服务给予惩罚。

报告说，尽管公共服务问题频出，但就此得出结论认为政府应该放弃而把一切交给私营部门是错误的。普遍适用的方式是没有的。采取什么样的服务提供机制，需要与服务的特点以及国家的实际情况相适应。报告认为，在服务提供安排方面仅有创新是不够的，还需要有扩大创新的影响或规模使其在全国普及的途径。报告强调了信息对实现这一目标的作用，信息可以激发公共行动，推动变革，并成为推动其他改革的要素。

(5) 2004年上海全球扶贫大会

强调大规模减贫行动的时机已经来临。世界银行行长沃尔芬森指出，国际社会显然已经拥有了实现减少贫困的“千年发展目标”和改善世界贫困人口生活的知识和资源，采取实现大规模减贫行动的时机已经来临。发达国家和发展中国家必须加大对反贫困事业的资金援助力度，大规模减贫取决于一些关键的因素，包括：

① 贫困人口作为推动变革的力量，必须寻找能够满足自身需要和符合本地情况的解决办法。

② 政府需要作出长期承诺和具有富有远见的领导。

③ 增强透明度和承担起反腐败的责任。

④ 围绕如何实现大规模减贫成效不断开展知识和实用观念的交流。

⑤ 坚持不断加强管理、创新和学习，保持适应变化的灵活性。

⑥ 在所有利益相关者之间建立合作伙伴关系。

3. 亚洲开发银行

(1) 关于减贫的战略目标

① 促进经济增长。

② 支持人类发展，包括人口计划。

③ 减贫。

④ 改善妇女地位。

⑤ 自然资源和环境的良好管理。

亚行意识到，要提高发展中成员国人民的生活水平和质量，经济增长是必要条件，但不是充分条件。人是发展的中心，发展是为了所有的人。亚行把业务运营与社会因素结合起来，从而实现亚行的战略性社会目标。

(2) 关于减贫的政策

在考虑上述社会因素时，亚行将努力做到：

① 为发展中成员国的穷人提供直接指定目标的援助，支持和提高他们在生产活动中的就业和收入；以及更多获得服务的机会，包括保健、供排水、计划生育、教育、社会保障和其他相关服务。

② 通过各种措施和政策，促进妇女开发潜能，提高生产力，并从发展的回报中获得更大的份额。

③ 通过人口保健、营养、教育、供排水和城乡发展等项目，重视对人类发展的投资。

④ 提供保障体系和补偿机制，特别是为那些易受项目建设的负面影响，无法承受其经济、社会和环境影响的脆弱人群（如儿童、土著居民、在经济和社会方面处于不利地位的人们、残疾人等）。

（二）东亚地区国家的战略措施

1. 减贫的重点放在农村

(1) 实施土地改革，发展农业生产

东亚地区贫困人口主要集中在农村地区，农业收入是他们的主要生活来源。无法获得土地和分配上存在不平等是造成农村人口大量贫困的一个主要原因。因此，将土地权利赋予农民，将有利于提高农业生产率、增加农民收入，进而减缓农村贫困问题。东亚地区的日本、韩国、1949～1985 的中国以及 50～60 年代的中国台湾正是实行这一战略措施取得成功的有力证据。如在 1978～1985 年间中国农村贫困人口急剧下降，农村贫困发生率从 33%下降到了 11%。国际农业发展基金在《2001 年农村贫困报告》中也明确指出，削减贫困政策的重点必须放在农村地区，而且必须在法律上保证农村贫困人口对资产和技术的权利、参与市场以及参与分散资源管理的机会。

(2) 促进农村非农部门的发展

大力发展非农部门，可以起到创造就业、增加农村人口收入和削减贫困方面的作用。由于土地缺乏，城市发展又不足以吸收日益增加的农村剩余劳动力，巨大的人口压力严重阻碍了农村贫困的减缓。一些研究表明，在农业发展和农村非农经济之间存在很强的关联性。据估计，农业附加值每增加 1 美元，非农部门的附加值就多增加 0.5 美元到 1 美元。发展农村非农部门，主要包括服务、加工和贸易等部门，一方面能够吸收农业剩余劳动力，另一方面又能够增加农业人口收入。因此，作为减缓贫困的一种手段，农村非农部门的重要性日益提高。

(3) 实施农村公共工程建设项目

一般而言，贫困地区的道路、水利等基础设施比较落后，阻碍了当地的生产和发展。同时由于农业生产的季节性和大量剩余劳动力的出现，在农闲季节实施农村公共工程建设项目，一方面可以改善贫困地区的基础设施和生产生活环境；另一方面也为农民提供了短期就业机会，增加收入。自 1984 年中国政府开始采取“以工代赈”的方式，帮助贫困地区修建道路、水利工程、人畜饮水工程和农业基础设施，取得了良好效果。

2. 教育与人力资源开发

增加人力资本投资，从根本上提高贫困人口的自我生存和发展能力

人力资本增长对经济增长和减缓贫困的作用在理论和实践上都已有证明。首先，文化程度与收入水平之间呈高度正相关。其次，一般而言，妇女的受教育程度越高，其生育的孩子就越少，家庭人口规模就越小，那么家庭陷入贫困的可能性也就越小。而且，受过教育的父母更倾向于增加对自身健康和孩子健康的投资，从而有助于儿童营养状况的改善。人力资本的投资可提高贫困人口的文化程度，发展贫困人口的自我生存和发展能力。东亚地区，经济高速增长的中国、日本、韩国和新加坡都是比较重视教育与人力资本开发的国家。在中国，由中国青少年发展基金会发起并组织实施了“希望工程”，中央政府实施“国家贫困地区义务教育工程”，对提高贫困人口的自我生存和发展能力都起到了很大作用。

3. 开展小额信贷——满足贫困人口的资金需求

许多穷人的脱贫过程中，无法从正规信贷获得必要的资金支持。小额信贷项目恰能满足这方面的需要。成功小额信贷项目有：孟加拉国的“乡村银

行”、印度尼西亚人民银行的农村信贷部、玻利维亚的“阳光银行”、泰国的农业合作银行，以及国际社区资助基金会、信贷联盟和众多非政府组织。小额信贷项目的总体目标是：在实现机构的持续发展情况下，为整个低收入阶层提供便利的金融服务。目标群体的总体特征是贫困、有生产经营能力但得不到所需的金融服务。项目的信贷运作包括：从小额贷款开始、发放的贷款额度低于大多数正式金融机构、可供选择的或灵活的抵押方式、简单的申请程序和表格、对申请做出快速的决定，以及灵活的贷款条件。

4. 消除性别歧视——提高妇女在社会改革和农业发展中的地位

东亚贫困人口更多地表现为妇女，一份对包括东亚国家在内的 14 个发展中国家的调查显示，贫困家庭中女性与男性的比例为 116:100。而且妇女的贫困深度指数很高，因此妇女贫困问题越来越受到人们的关注。妇女贫困状况的好坏在一定程度上影响着儿童死亡率、出生率和文盲率的高低，提高妇女地位一方面能够改善性别关系、重建社会和经济平等，另一方面也有利于贫困人口的减少和社会生活水平的提高。

5. 区域性减贫——针对东亚区域及各国的不同特点

地域差异和城乡差别同样是减贫应该关注的。贫困人口在地域上的差异主要是由于各个地区的家庭特性之间，或者各个地区的自身特性之间存在着差异。因此，实施区域性减贫措施不仅涉及到教育、医疗等家庭特性方面的投资，还涉及到道路、水利、农田基础设施等地区特性方面的投资。就一国范围而言，中国贫困人口的分布具有显著的区域性。目前绝大多数的贫困人口集中在自然条件差、交通不便的偏远地区，尤其是西部省区。1986 年以来，中国政府开始实施中国历史上规模最大的区域开发扶贫政策。区域开发扶贫政策即通过促进贫困人口集中区域自我发展能力的提高和推动区域经济的发展来实现稳定减缓和消除贫困。主要具有以下几个特点：

(1) 将贫困人口集中区域（即贫困县）作为扶贫的基本操作单位和工作对象。

(2) 强调通过实现贫困地区的经济增长来减缓贫困。

(3) 强调主要通过开发贫困地区的资源来实现区域经济的增长。

(4) 重视提高贫困人口的素质，改善基础设施和应用科学技术的作用。

(5) 在缺乏基本生存条件的地区实行人口迁移和劳务输出。

到 2002 年中国的农村贫困人口从 1985 年的 1.25 亿降至2 820万。此外，就东亚范围而言，柬老缅越是目前贫困发生率最高、贫困深度最强的地区，世界银行，亚洲开发银行也在这些地区实施了一些区域开发性项目。

三　前景展望

（一）经济增长是消除贫困的最根本、最有效的途径

它不仅会带来赤贫人口的减少，甚至完全可以消灭赤贫现象。但各国的实践也表明，在一定时期内，随着经济的发展，收入分配差距可能持续扩大，而贫困线却会持续上升，从而导致更多的人口沦落为贫困阶层。最近的调查显示，在过去的 30 年，实现经济高增长、贫困人口显著减少的几个东亚国家的收入不平等状况正在日益加剧。对一些国家的比较研究显示，增长越不平等，增长对削减贫困的作用就越小。也就是说，不平等程度越强，为实现同样的削减贫困目标所需的经济增长力度就越高。因此，经济发展并不意味着解决了贫困问题，而往往是原有的贫困问题解决了又会出现新的贫困问题，东亚地区各国政府应当对此给予警惕和重视。

（二）全球化和经济自由化增加了经济遭受外部冲击的脆弱性

当危机冲击经济部门时，经济低迷的负面影响通过减少就业、物价飞涨和削减公共开支三种途径传导给穷人。如：亚洲爆发的金融危机曾造成这些地区的经济严重下滑、减缓贫困的成果迅速消失。目前，经济的脆弱性已引起人们的关注，东亚国家应建立一系列广泛的安全网络项目，以保护穷人免受经济冲击。

（三）应更加重视短期贫困问题，建立穷人的基本生活保障体系

穷人经济基础薄弱，更容易遭受疾病和自然灾害等的袭击。持续几年或几个星期的疾病、家庭某一主要劳力的死亡等都会将一些家庭推向贫困。因

此，这是东亚地区国家继续推进和巩固减贫成果需要迫切解决的一个问题。

总之，由于贫困的成因不同，程度不同，东亚各国所面临的压力也是不同的。为了在东亚地区实现“千年发展目标”，富裕国家务必在降低贸易壁垒、增加对外援助方面做出不懈的努力；同时，贫困国家则应增加对其公民的卫生和教育投资，使东亚地区发展中国家的人均国内生产总值增长率维持在3.6%的水平。唯有如此，“千年发展目标”才有望实现，东亚地区人民生活也有望大幅提高。

（何 强）

第三章 医疗卫生保健

第一节 概述

近二三十年，东亚各地特别是中国、日本、韩国、新加坡、中国香港特区、中国台湾省和中国澳门特区都十分重视医疗卫生事业的发展。20世纪90年代初期，东亚国家和地区每千人拥有的医生人数为1名左右，其中：中国为1.5名，中国澳门特区为2名，韩国每767人拥有1名医生；东亚地区每千人拥有2名护士，2～3张病床，其中有些国家明显高于这一数字。东亚许多国家不仅有政府开办的医院，而且允许开办私营医院。一般来讲，政府开办的医院因有政府财政支持，所以各种医疗费用相对便宜，且政府对经济上有困难的病人给予适当的补贴。而私人医院医疗费用较高，服务态度和质量较好，较方便居民就医，私营医院在社区医疗服务中发挥着重要作用。随着医疗卫生事业的发展，一些国家除不断发展和完善大型医院和普通医院的服务水平和质量外，还陆续设立了不少专科医院和特殊医院，如精神病院、结核病医院、老年性疑难病诊所、戒毒医疗所等，使一些特殊病人和疑难病得到有效治疗。

长期以来，东亚大多数国家和地区的医疗卫生费用普遍由政府负担，每年的费用高达1 500亿美元。据专家估计，在今后的几年里，这方面的开支还将增加70%左右。尽管如此，依赖政府发展医疗卫生事业的传统做法存在着种种弊端，如由于公共事业项目繁多，政府给予卫生部门的拨款仍然有限，很多地方的医院依然设备陈旧，病房拥挤，甚至不少地方缺医少药。此外，看病求医需要政府大量补贴，政府财政负担沉重。

为了改变这种状况，近年来，不少东亚国家和地区开始探索发展医疗卫生事业的新路子。目前，一种由国家、集体、个人共同负担医疗费用的做法正在各国和地区进行大量推广。如：在新加坡，政府规定企业和事业单位的职工必须参与医疗储蓄计划，储蓄金占职工工资的6%～8%，由单位和职工各负担一半。在菲律宾，政府强制要求所有国营和私营企事业单位为职工办理社会医疗保险，根据职工的工资比例，单位和职工个人每月共同负担医疗保险金。据亚洲开发银行调查，泰国、蒙古、越南、印度尼西亚、马来西亚等国也都在实施或计划实施社会医疗保险制度。

东亚国家和地区近年来采取的另一个措施，是鼓励私营部门与政府共同发展医疗卫生事业。如：新加坡、马来西亚、菲律宾、印尼等国的私营公司、医学院校、慈善机构等兴办了不少民营医院，其中印尼正在鼓励私营部门投资兴办医院，马来西亚则将一些医疗保健机构转为民营。在泰国首都曼谷，民营的医疗保健医院已达140多家，大大缓解了市民看病难、住院难的问题。据估计，到2002年，民营医院在亚洲医疗保健市场上可占65%以上份额。

近几年，利用外资、外商发展医疗事业的做法在东亚国家也比较普遍。美国、加拿大、新加坡的一些医学院、医疗单位、房地产公司开始在印度尼西亚、马来西亚等国家合资或独资兴办医院。一些外国医疗专家还负责在合资医院做职工的技术培训工作。这种办法不仅帮助东亚国家政府解决了经费问题，而且引进了国外的先进医疗设备、技术和管理经验。由于亚洲国家已普遍向外国开放了医疗卫生服务业，不少外国公司都把亚洲视为一个巨大的潜在医疗保健市场。

一　医疗卫生支出

与发达国家相比，东亚国家和地区人均医疗卫生费用开支甚低，如：1990 年，发达国家人均医疗卫生开支达1 800～2 700美元，东亚国家和地区人均用于医疗卫生的开支为 61 美元（不包括中国），而中国仅为 11 美元。1990 年，全球用于药品方面的支出人均为 40 美元，其中日本为 412 美元，而菲律宾为 11 美元，中国为 7 美元，印尼仅为 5 美元。近年来，随着东亚国家和地区医疗卫生事业的不断发展，用于医疗卫生费用的开支也逐步增加，20 世纪 90 年代初期，中国、韩国、日本药费支出占全部医疗卫生支出的比重已高达 35%～50%，医疗卫生总支出占公共支出的份额，韩国为 45%，菲律宾为 30%。

在东亚国家和地区中，韩国在 20 世纪 80～90 年代医疗卫生经费开支急剧增长，远远超过了国家总体经济增长率，国民生产总值（GNP）中用于医疗卫生支出的比重已从 1980 年的 3.7% 提高到 1990 年的 6.6%，1990 年，韩国人均用于医疗卫生的开支相对于收入来讲，已经超出期望开支的 50%。在 1989～1991 年，韩国花在医疗设备及诊断制品方面的费用每年增长 20% 多，韩国人均拥有的新型医疗设备，如影像设备和用于治疗肾结石的碎石机等先进设备的数量，已经超过加拿大和德国。东亚主要国家和地区医疗卫生状况见表 1。

表 1　　东亚 15 个国家、地区 1990～2003 年主要医疗卫生指标

国家　地区	对医疗卫生的公共开支占 GDP 的%	获得卫生设施的人口占总人口的%		婴儿死亡率每千例活产		总和生育率每位妇女生育子女数		孕产妇死亡率每 10 万例分娩
	2002	1990	2002	1990	2003	1990	2003	1985～2003
中国	2.0	23	44	38	30	2.1	1.9	50
中国香港	2.3	–	–	6	4	1.3	1.0	7
日本	6.5	100	100	5	3	1.5	1.3	8
朝鲜	3.5	–	59	42	42	2.4	2.1	110
韩国	2.6	100	100	8	5	1.8	1.5	20
蒙古	4.6	–	59	74	56	4.0	2.4	110
越南	1.1	22	41	38	19	3.6	1.9	95
老挝	1.5	–	24	120	82	6.0	4.8	530
柬埔寨	2.1	–	16	80	97	5.6	3.9	430
缅甸	0.4	21	73	91	76	3.8	2.8	230
泰国	2.0	80	99	34	23	2.3	1.8	36
马来西亚	2.0	96	94	16	7	3.8	2.8	50
新加坡	1.5	85	100	7	3	1.9	1.4	6
印度尼西亚	1.2	46	52	60	31	3.1	2.4	310
菲律宾	1.1	54	73	45	27	4.1	3.2	170

资料来源　世界银行《2005 年世界发展指标》，中国财经出版社，2005 年 10 月中文版。

二　居民医疗卫生状况

居民的卫生状况与居民的收入水平密切相关。20 世纪 80 年代以来，东亚地区经济的迅速发展使居民人均收入水平不断得到提高。到 20 世纪 90 年代，东亚部分国家和地区人均收入基本达到了中等偏上的水平。居民生活水平的提高，使居民的营养状况得到了明显的改善，作为反映营养状况的指标人均卡路里供应量不断增加，20 世纪 90 年代以后，人均卡路里供应量已经达到了中上等水平。随着生活水平提高和当地有关机构医疗保健措施的推

进，近二三十年来，东亚各地的医疗卫生状况得到了较大程度的改善。

（一）增加公共医疗开支，提高医疗水平

由于收入水平的提高以及政府实施的有利于低收入阶层的政策，从20世纪70年代开始，马来西亚政府规定收入最低的居民阶层可以获得的公共医疗补贴份额要高于中产阶级和富有者。印尼从20世纪80年代起为较低级别的医疗设施进行大量投资，到1990年，已有12%的公共医疗卫生开支用于下层20%居民的医疗服务消费，从而使居民的医疗水平和质量不断提高，居民的身体素质和健康状况也得到很大的提高，疾病发病率减少。随着人们生活水平的提高，贫困人数逐渐下降，根据世界银行的统计，东亚国家和地区贫困人数指数均低于其他发展中国家和东欧国家，而人均收入的增长均高于其他发展中国家。

（二）出生预期寿命增加，婴儿死亡率下降

由于生活水平和医疗服务质量的提高，东亚国家和地区居民的出生预期寿命也随之提高。如：1960年，中国、印度尼西亚、韩国、马来西亚等国家出生预期寿命仅为50岁左右，到1992年上升到70岁或70岁以上。而人口死亡率在不断下降，如：韩国在20世纪40年代，死亡率在18.9%，到1990年死亡率下降到5.9%。新加坡用于医疗卫生的开支占国内生产总值（GDP）的比例长期以来一直维持在3%左右的水平，与美国的15%、加拿大的10%差距很大，然而，其婴儿死亡率、人均预期寿命等衡量健康的指标均与先进国家不相上下。

由于医疗设施和服务水平的提高，东亚国家和地区儿童死亡率也在逐年下降，在1980～1999年间，原先婴儿死亡率较低的韩国、新加坡和中国香港，每千例婴儿死亡人数均已从两位数降至一位数，达到经济较发达国家的水平。中国、马来西亚、泰国和菲律宾，每千例婴儿死亡人数亦从40～50降至30上下。至于原先婴儿的死亡率高的柬埔寨、老挝、缅甸和印尼，每千例婴儿死亡人数，也从100以上降至100以下。

（三）重视疾病预防，疾病传染率下降

东亚国家和地区传染病和其他疾病的传染率随医疗水平的提高正在逐渐下降，有些传染病在一些国家已经得到根除，如霍乱、脑膜炎等。对东亚国家和地区居民身体健康造成威胁的疾病主要来自吸烟、环境污染、艾滋病、癌症等疾病。1998年12月，在曼谷召开的国际卫生会议上，有专家指出，吸烟将成为发展中国家在今后20年内主要的死亡原因，而香烟的主要消费者在亚洲。发展中国家死于吸烟疾病者大多数来自亚洲。1990年，亚洲国家死于吸烟疾病者占死亡总人数的4%，到2020年，预计这一比例将升至7%，中国这方面的比例将从8%增至16%。

各国政府非常重视对这些疾病的预防，如新加坡规定一切公共场所，包括带空调设施的购物中心和商场、办公室、学校、私人俱乐部、出租车、公共汽车和公共厕所都被定为无烟区。在地下人行通道和任何有两个或两个人以上的人群中也禁止吸烟，如果向任何未满18岁的人出售烟草制品，初犯最高可被处以5 000新加坡元（合3 000美元）的罚款，重犯可被处以1万新加坡元的罚款。

面对艾滋病，泰国政府的预防工作已放在最优先的日程上，成立了以总理为主席的全国艾滋病预防和控制委员会。在1992年，内阁通过了建立艾滋病政策和计划协调部，这个多部门性质的机构对14个部之间有关艾滋病的活动计划、对提供基金的国际机构和其他资金来源进行协调，该部门还与私营企业及非政府组织之间建立了联系。1991年，泰国政府用于预防艾滋病的支出达2 800万美元，1992年增至4 500万美元。泰国还建立了世界上最全面的对艾滋病进行监督的系统，每年对全国各省的艾滋病流行情况提出两次报告。

在菲律宾，对乙型肝炎的免疫进行了有效性的研究，国家制定了研究计划。菲律宾、泰国等国家对肺结核病的化学疗法进行了有效性研究。

中国、韩国有90%以上的人获得了麻疹、白喉、百日咳和破伤风的免疫。

1998年2月，在新加坡召开了亚洲保健系统会议。会议指出，亚洲金融危机也在不同程度上殃及到公众的医疗保健，认为东南亚地区的医疗保健事业将受到一定的影响。由于居民收入的减少，失业的增加以及家庭破裂，有关的精神抑郁和其他精神病的发病率将会上升，与吸烟有关的发病率也会上升。此外，失业也会使一些人回到农村地区，给医疗服务设施不足的农村贫困地区造成更大的压力。随着结核病和艾滋病的预防与治疗费用越来越昂贵，这两种疾病造成的死亡人数将会逐步增加。

尽管亚洲被感染的人数只占世界艾滋病人数的10%，但是每年新感染的人数却高于非洲。

第二节　卫生保健

近二三十年来，东亚国家和地区日益重视卫生保健工作，一般在大型医院里设有专门的医疗保健部门，并向各种社区卫生服务扩展。

一　加强卫生保健

卫生保健工作内容包括居民身体健康定期检查，各种疾病的预防（如注射各种疫苗），特种疾病的治疗与预防（如肺结核、肝炎、精神病、戒毒等)。韩国、中国、新加坡、日本、中国澳门特区等医疗保健服务已经比较普及。

（一）中国

在中国，对肺结核病的预防和控制已经取得了明显的效果。在20世纪60～70年代，中国使用了标准的长期（12～18个月）抗菌素疗法，而且是基本免费的。但从20世纪80年代开始，由于治疗费不再是免费的，因此，肺结核发病率有所上升，死于肺结核病的人数大约增加到300多万人，其中大约有100万～150万肺结核病例是传染性的。为了改变这种状况，中国政府开始实施一项大规模的全国性控制肺结核计划。该计划为治疗提供补贴，为医疗人员制定适当的鼓励措施。这个政策实施的初步成果表明，治愈的患者人数已经大幅度增加。中国非常重视对儿童疾病的免疫工作，各省、市、自治区的城市及农村地区均有定期的各种疫苗注射，目前，中国已经基本消灭了小儿麻痹等症。

（二）中国台湾

台湾已于1994年3月1日实施了全民健康保险计划。台湾省“行政院”已于1998年7月23日将新修正的全民健康保险法草案送至“立法院”审议。修正草案中虽然保留了单一保险人的体制，亦即全民健康保险以“中央健康保险局”为唯一保险人，但由公营机构转为法人机构，同时删除了自付额条款。被保险人缴纳的保险费（含眷属保险费）和雇主及政府辅助的保险费总额分成两部分，一部分存入被保险个人的医疗储蓄账户，另一部分存入“中央健康保险局”的医疗保险账户，前者用来支付被保险本人及其眷属部分负担以外的一般门诊费用，后者则用来支付全体保险对象除了部分负担以外的住院费用、预防保健以及特定的高额门诊费用。所有的医疗费用，不论是属于个人账户支付的，还是“中央保健康保险局”统筹支付的，其申请手续、审查标准及核付方式都和现行制度完全相同。

（三）新加坡

在保健服务方面，新加坡已经积累了丰富的经验。新加坡于1984年开始实施保健储蓄计划，该计划是新加坡公积金制度中的一个主要环节。其财政资金来源于受雇者工资收入的6%～8%，由雇主和受雇者负担各半；私营者则缴其所得收入的6%，用以支付本人及家属（含父母、配偶、子女及新加坡籍的祖父母）的住院以及高额门诊费用，后者包括乙型肝炎预防注射、人工受孕、化学治疗、放射线治疗、洗肾、艾滋病药物治疗等。一般性的门诊费用则完全由病人自付现款。由于发生重大伤病时，保健储蓄的金额常不足以支付庞大的医疗费用，因此，新加坡在1990年另外实施以保险方式办理健保双全计划。此项计划类似民间商业保险，保险费的负担和年龄成正比，亦即年龄越大，保险费的负担越重，同时保险付费设有上线，并有自付额和定率部分负担的规定。1995年，为扩大保险给付，又增加了增值健保双全计划，该计划分为A、B两个方案，依保险给付的高低收取不同的保险费，使参加者有自由选择给付的权力。

二　老龄化与养老保险

（一）老龄化趋势

随着人们生活水平的提高，人口预期寿命在不断延长，许多国家，尤其是一部分大城市已经或将进入人口老龄化社会，65岁以上的人口持续增加。随着工业化和城市化的发展，已婚妇女就业的增加、与成年子女分居的增多、无子女夫妇和独身主义阶层的出现，对保护老年人的工作造成了困难，因此，老年人的医疗保健和康复问题已越来越严重。

根据韩国经济企化院的统计数字，1960年，韩国65岁以上的人口占总人口的比例为2.9%，到1990年增长到5%。据1990年对韩国汉城市的调查，老年人独身家庭占12%，老年夫妇单独生活的家庭占12.1%，而到2000年则有40%的老年人过着与子女分居的生活。

1980年，新加坡每100人当中只有5个年龄在65岁以上者，1997年上升至7个人。到2020年老年人将上升到12.9%。到2030年，每5名新加坡人之中将有1名是65岁或超过65岁的老年人。因此，新加坡政府极为重视对老年人的医疗护理及其他福利问题。

（二）养老保险

为了解决人口老龄化带来的社会问题，中国、新加坡、马来西亚、韩国等国家均实行了养老保健和保险计划。如新加坡于1997年8月专门设立了跨部门老年人医药委员会，专门负责老年人的医药保健要求。为了减轻照顾长期病重老年人的医药负担，新加坡卫生部还将与中央公积金局联合制定一个新的长期护理保险计划，这项计划可以帮助大多数人为老年人医药护理需求做好准备。为此，新加坡跨部门老年人委员会制定了老年人医药保健报告，该报告主要包括：促进老年人健康和疾病预防，为老年人提供保健护理服务，确保老年人高质量的保健护理服务，以及老年人保健护理服务的资助方式等。

马来西亚高龄老年人的人数在过去20年中几乎翻了一番，占全国人口总数的6%，预计到2020年这一比例有可能升至10%左右。过去，老年人大多由家族成员负责照顾，但是，由于城市化的迅速发展和小家庭的出现，老年人被留在村子里无人照顾的现象日渐增加。为解决老人社会化问题，马来西亚正在完善综合性的高龄者服务体制，如推进完善国营养老院的工作。1997年8月对8个养老院进行了调查，调查结果显示，收容总数可达2 450人的养老院，实际上仅收容了1 776人。马来西亚政府将参考国外的经验，借助民间和非政府组织的力量加快养老院的建设，并对现有的养老院加以不断改进和完善。

第三节　计划生育与医疗保险

一　家庭计划生育计划与服务

东亚地区的计划生育服务工作在不同国家地区处于不同的发展阶段。各国政府极为重视该项工作。为搞好计划生育服务工作，一般来讲，政府机构组织与非政府组织进行合作和协调，政府机构对非政府组织的服务给予补贴或赠款，把某些区域内的主要任务或服务分给非政府组织去负责。例如在印度尼西亚，政府的计划生育服务计划主要放在农村地区，而大部分城市地区则让那些非政府组织来提供服务。东亚许多国家和地区家庭生育服务计划开展得很好，已经深入到了农村地区。

东亚大多数国家和地区为家庭生育计划提供了多项服务，包括经济和社会服务。如：对采取避孕措施者提供避孕药物和药具，并负责把愿意放置宫内节育器的妇女介绍到医院。有些国家还为控制生育者提供农业生产销售和技术上的帮助，如可以低价购买化肥、种子，用低价加工服装、理发和付医疗费。韩国对供国内生产避孕药具用的原料免税40%，对供应避孕药具的商业供应点，政府给予积极的赞助，对缺乏计划生育方法常识的私人药剂师和医生进行培训。韩国还对独生子女家庭给予奖励，例如：降低学费和医疗费，或优先照顾入学，对有两个孩子的家庭，如果男女一方做了绝育手术，就给予免费医疗和教育补贴。

中国、新加坡和韩国为促使少生孩子而实行全国性奖励制度。中国花在家庭生育计划方面的开支人均近1美元，韩国用于家庭生育计划的开支每人全年约花0.4美元，总支出为1 500万美元。中国澳门特区对妇女怀孕的检查、护理、妊娠、待产和生产、产后咨询、婴儿保健均予以免费。

由于东亚国家和地区较好地实施了计划生育服务工作，其人口出生率明显下降，在中国香港特区、韩国、泰国和新加坡人口出生率下降了30%以上，在印度尼西亚和其他东亚地区下降了20%～30%。

中国经过20世纪50年代经济发展和人口增长的实践，1962年，中共中央、国务院发出《关于认真提倡计划生育的指示》强调："在城市和人口稠密的农村提倡节制生育，适当控制人口自然增长率，使生育问题由毫无计划的状态逐步走向有计划的状态。"这是制定中国计划生育政策的一个里程碑式的文件。1972年，中国政府提出了"实行计划生育，使人口增长与国民经济发展相适应"的战略思想。1982年9月中共十二大确定"实行计划生育，是我国的一项基本国策。"数据显示，1982～2002年实行计划生育基本国策20年间，中国少出生近3亿人口。

与此同时，经过多年实践和面对老龄化趋势的挑战，也显示人口政策应是全面的、多元化的，即包括计划生育与人口发展两个层面。实际上，20世纪80年代初期开始，中国实行的计划生育政策，就是一个多元化的政策。目前全中国的总和生育率是1.8，这就意味着长时间以来，实际上在大多数的地区实行的并不是一孩的政策。面向新世纪，为实现以人为本和经济增长，2002年9月1日，中国开始正式实施《中华人民共和国人口与计划生育法》。2003年，国家计划生育委员会更名为国家人口和计划生育委员会，其更名的重要意义在于，把计划生育工作延伸到一个更广泛的范围和领域，就是人口发展。而人口发展，就不仅仅是指一个人口数量的限制，而应该是包括经济、社会、文化的一个综合发展过程。

二 医疗保险

东亚大多数国家和地区均实施了比较完善的医疗保险制度，虽然采取的医疗保险方式和措施各国有所不同，但其宗旨都是为了使国民生病时能够得到起码的医疗，但又不致使患者的经济负担过重。20世纪90年代以来，东亚大多数国家和地区加快了医疗卫生事业的调整和改革，因而使医疗保险事业得到了迅速发展，并逐步趋向合理、完善和服务水平的不断提高。

（一）日本的医疗保险制度

1. 日本全民医疗保险的两大系统

一是以政府和工会掌管的健康保险；二是以个体经营者和农民等当地居民为对象的国民健康保险。只有投保者才能享受保险待遇。医疗保险费的来源为投保者全月收入的8.5%（单位和投保者各负担一半），国家负担的部分占这种保险财源的16.4%。

2. 医疗费用的五种支付形式

（1）按规定，在国家及地方政府级别的企事业单位的被保障者，一般由社会保障机构支付本人医疗费用的90%，个人负担10%。

（2）农民及个体经营者，由社会保障机构支付其医疗费用的70%，个人负担30%。

（3）被保障者的亲属，门诊看病时，由社会机构支付其医疗费用的70%，住院时支付80%，余下由个人负担；农民及个体经营者的家属，无论门诊、住院都由社会保障机构支付其医疗费用的70%，个人负担30%。

（4）70岁以上的老年人及65～70岁之间生活不能自理的老年人，实行由社会保障机构100%负担其医疗费用的方法。

（5）儿童除享受被保障者亲属的被保权利之外，在部分地区还实行两岁以内婴儿免费医疗制度。另外，对患白血病、慢性肾功能不全、支气管哮喘、再生障碍性贫血、小儿糖尿病等十几种慢性、难治疾病的儿童，实行住院免费医疗制度。

3. 医疗保险范围和制度

日本的全民医疗保险制度不仅包括疾病治疗、病后休息、妇女生育，而且还包括疾病预防、健康管理、更生疗法、患者重返社会等在内的综合医疗。投保者可以依据保险证去医院治疗，初诊时固定工交200日元，临时工交50日元；住院时，固定工一个月内每天交60日元。此外，一切费用由保险机构负责。固定工和临时工的家属病伤治疗时，保险机构支付药费的70%，本人自付30%。

日本现行医疗保险部门主要有以下几种制度，即：健康保险制度、临时员工健康保险制度、船员保险制度、国家公务员共济组合制度、地方公务员等共济组合制度、公共企业体职员等共济组合制度、私立学校教职工共济组合制度和国民健康保险制度。

（二）韩国的医疗保险制度

韩国已经逐渐建立起一套完整的医疗保险制度，并以立法的形式确立下来。全国人口4 400多万基本上人人享有医疗保险或医疗补助。

1. 负责医疗保险的机构

参加医疗保险计划的医疗机构遍布全国各地，保健社会部是韩国医疗保健事业的管理单位。其权力相当于中国的部，设长官、次官，下设企划管理处和保健局、卫生局、医政局、药政局、社会局、医疗保险局、国民年金局、家庭福利局等8个局；还设有国立保健安全研究院、国立社会福利研究院、国立望医动产研究院等研究机构；设有国立保健院、国立医疗院、国立精神病院、国立结核病医院以及13个国立检疫所等。在医疗保健界有相当影响的团体是大韩红十字会、大韩医学协会和大韩护理学会。其中包括总医院、一般医院、牙科医院、一般诊所、产科诊所、药店、中医院等。全国划分成8个大的医疗服务区域，在每个大区域内，又分成若干个小的医疗区域，每个小的区域内都设有药店、医疗站、诊所、一般医院、专科医院、总医院等。一般来说，病人应在本小区内就医，如果直接去总医院，须持医疗站或诊所开的介绍信。病人如果想到本小区外的总医院就医，必须持有医生出具的介绍信和医疗保险协会或医疗保险管理公司的证明，危急病人、妇女临产等不在此列。

2. 医疗保险种类及资金来源

韩国医疗保险分为3种：(1)对企业(包括私营)职工的保险。(2)对国家公务员和私立学校教职工及军人家属的保险。(3)对个体经营者的保险。

韩国医疗保险费用由个人、单位和政府承担。企业职工医疗保险由雇主和雇员各缴纳一半，政府不予以补贴；公务员医疗保险费用一半由个人负担，另一半由政府提供；私立学校教职工医疗保险，个人承担50%，校方提供30%，政府出资20%；职业军人家属医疗保险，自己负担一半，政府提供另一半；城乡个体经营者的医疗保险，本人承担50%，政府补贴50%。企业职工、公务员以及教职工个人缴纳的那一部分医疗保险费数额不等，平均占每人月标准工资的5.8%（不包括奖金和其他收入）。城乡个体经营者以户为单位每月支付的医疗保险费依其收入、财产和家庭人口多少而定。同时，政府还向退休的公务员和私立学校教职工提供50%的医疗费和一定的医疗补贴。

3. 医疗照顾计划

韩国政府还制定了医疗照顾计划，即国家负担没有经济来源者的全部医疗费。对于低收入者，国家提供病人的全部门诊费和住院费的一半，另一半由病人自己承担；甚至病人负担的50%都可以从医疗补助基金中支付，分期偿还。按照该计划，在全国各省及汉城、大田、釜山、大邱、光州等6个主要城市设立了医疗补助基金。

4. 制定医疗保险的相关法规

韩国的医疗保健事业已经走上了法制化的道路，先后制定了《医疗法》、《医疗保险法》、《公务员与私立学校教职工医疗保险法》、《医疗技师法》、《农渔村保健医疗特别措施法》等等。

（三）新加坡的医疗保险制度

新加坡的医疗保险制度是以个人负责为基础，政府分担一部分费用，病人必须付部分医疗费用；接受服务的水平越高，付费也就越高，即使在政府负担费用较高的病房，这个原则也同样适用。

医疗保险经费来源：

1. 医疗储蓄

这是一种义务性的储蓄，旨在帮助个人储存和支付医疗费用。在新加坡，每一个有工作的人，包括个体经营者都要依法参加医疗储蓄。参加医疗储蓄的人每人在银行都有一个独立的账户，但医疗储蓄账户上的钱只能用于缴纳本人或直系亲属的住院费用。

政府对医疗储蓄金免税，但储蓄金也根据平均利率增长利息，法律规定最低年利率为2.5%，对医疗储蓄金的缴纳也有一定的限额，其目的在于避免费用积压造成不必要的支出和负担。对医疗储蓄金的使用也规定限额，目的是防止过早用光储蓄金。为此设立了日住院费用和不同手术的提取限额。

储户的所有者年龄超过55岁时，可以提取账户中的部分储蓄金为他用。账户所有者去世后，储蓄金将以现金的形式支付给其家属。

到1992年，新加坡参加医疗储蓄者已超过210万人，包括95%的工作人员和约10万个个体业主。1993年80%以上的住院病人用储蓄金支付住院费。

2. 医疗保护

这是一种大病保险制度，于1990年开始实施，其实质是一个风险分担的保险计划。它的设立是为了帮助参加支付大病或慢性疾病的医疗费用。作为一个大病保险方案，只有在医疗账单超过一定数目以后（称为报销起限），才能享受医疗保护的福利。超过部分医疗保护将支付30%，入保者必须支付余下的20%，称之为共保险。投保者可以用医疗储蓄金支付“报销起限”和“共保险”，然而门诊的肾透析、化疗和放射治疗没有报销起限。根据病房级别规定了报销起限，分别为500新元和1 000新元。医疗保护费用的缴纳，30岁以下的人每人每月缴纳1元，66～77岁者每人每月缴纳11新元，均从医疗储蓄金中扣除。

3. 医疗基金

这是一种健康捐赠，用于贫困者身上。由于实行了支付分担、医疗储蓄、医疗保护和医疗基金，从而保证了新加坡每个公民都能获得基本的医疗服务。

（四）菲律宾的医疗保险制度

1. 国家强制执行的社会保障体系

菲律宾的医疗保险包括在国家强制执行的社会保障体系之内。医疗保险分为疾病津贴、医疗护理津贴和产科津贴。

疾病津贴于1954年立法建立并执行，1990年重新修订。

医疗护理津贴于 1969 年立法建立并执行，1993 年重新修订。

产科津贴于 1977 年立法并执行，1992 年重新修订。

2. 医疗保险对象

疾病保险对象包括菲律宾籍海员、海外零工、合格的非专一雇主工作的人员、家佣计划其他家庭工人。医疗护理保险对象包括具有某种收入水平的公务员、非籍海员和非为专一雇主工作的人员。产科保险对象为除家庭工人之外的、在私营部门工作的所有雇员。

3. 医疗保险资金来源

保险资金由雇员、雇主和政府三方提供，雇主负担部分占 60%，雇员个人负担 40%。雇员负担部分每月从其工资中扣除。其中一般投保者按 13 周工资收入总额的 1.25% 缴纳；非为专一雇主工作的人员按 13 周工资收入总额的 2.5% 缴纳；雇主按 13 周工资发放总额的 1.25% 缴纳医疗保险金，按 23 周发放总额的 0.4% 缴纳产科保险金。雇员按规定领取保险金时，不足部分由政府补齐。

雇员有病时须在指定医院就诊，转院须经有关部门批准。在缴纳的保险费中，虽然每个人缴纳的费用不算多，但是在加入保险系统后的收益极为广泛，不仅成员个人在多方面受益，而且成员的配偶和未成年子女一旦有难，也能得到经济补偿或援助。由于菲律宾的社会保险资金由单位和职工、雇主和雇员共同负担，每月或每季度支付，双方的压力都不大，均能承受。工资最低的职工每月缴纳的保险金总额只有 15 比索，工资最高的职工每月的保险金总额也只有 900 多比索。

此外，原在私营企事业单位工作的职工失业之后，只要缴纳的保险金满两年以上，职工本人和家属仍然可以享受医疗保险。在平时，参加保险的在职国家工作人员能够得到医疗补偿、病假补偿、致残补偿、家属医疗补偿等；参加社会保障系统的成员在享受社会福利或补偿方面基本同国家工作人员相同，包括退休金、医疗保险、病假补偿等。

印度尼西亚、马来西亚、泰国均实行了疾病和产科保险，并以立法的形式进行调整和实行。其共同特点是：保险费用由政府、单位和个人共同承担；雇员享受住院费、药物费、急救费、恢复费以及其他必须的费用；其家属和未成年子女均有享受同等标准的医疗保险。中国香港特区过去对劳工不实行医疗保险，但近年来，由于港府在政策上的支持和鼓励，已有上万家企业开始实施公积金计划，劳工受雇期间的医疗费用由雇主承担，公立医院提供低价收费服务。（刘秀莲）

第四章　社会保障

第一节　概述

一　社会保障的范畴

社会保障是国家通过立法，强制征集专门资金，用于保障劳动者在丧失劳动能力或者劳动机会时基本生活需求的一种物质帮助制度，是国家对处于丧失劳动能力或劳动机会的劳动者给予的物质帮助。社会保障的一般内容主要包括疾病和医疗保险、养老保险、失业保险、工伤保险和生育保险五项。

（一）疾病保险

疾病保险又称健康保险。是国家对劳动者由于患病而暂时丧失劳动能力时给予物质帮助的一种社会保险制度，主要包括病假、病假工资和提供医疗服务。医疗保险是劳动者因患病、负伤或生育暂时丧失劳动能力需要治疗时，由国家或企业向其提供必要的医疗服务的一种保险制度。

（二）养老保险

国家对劳动者因年老丧失劳动能力而退出劳动岗位后给予物质帮助的一种社会保险制度。养老保险直接关系到职工年老后的基本生活，关系到社会安定，也关系到国家未来经济的发展。因此，养老保险是一种与劳动者和国家密不可分的大事，是一种基本的社会保险制度，东亚地区各国在养老保险上的投入十分巨大。

（三）失业保险

国家为保障因失业而失去劳动机会的劳动者基

本生活而给予物质帮助的一种社会保险制度。失业保险的规定各国差别较大。在中国，根据有关法律的规定，享受失业保险待遇的职工是指下列国有企业的职工：1. 依法宣告破产的企业职工；2. 濒临破产的企业在法定整顿期间被精简的职工；3. 按照国家有关规定被撤销、解散企业的职工；4. 按照国家有关规定停产整顿企业被精简的职工；5. 终止或解除劳动合同的职工；6. 企业辞退、除名或者开除的职工；7. 依照法律、法规规定或者按照省、自治区、直辖市人民政府规定，享受待业保险的其他职工。

（四）工伤保险

国家对因工作负伤、致残、死亡而暂时或永久丧失劳动能力的劳动者及其供养直系亲属提供物质帮助的一种社会保险制度。工伤保险的范围各国不同，中国工伤保险的范围主要包括工伤事故造成的伤亡和职业病造成的死亡两个方面。

（五）生育保险

国家对女职工由于生育分娩而暂时中断劳动时给予物质帮助的一种社会保险制度。其主要内容是在女职工分娩及其前后，提供医疗服务和产假、工资或生活补助等，使其不至于因为生育而失去基本生活保障。如中国，女职工生育保险制度主要由产假、假期工资和医疗服务 3 部分组成。

二 社会保障的作用

完善的社会保障体系能“未雨绸缪”，它正如同一个“安全阀门”，在关键时刻能对稳定社会起到重要的作用。相反，没有完善的社会保险制度，则可能要付出较大代价。这方面，东亚地区几个国家的教训就很值得总结。以失业保险为例。在金融危机爆发前，有些东亚国家在社会保障方面未能做到“未雨绸缪”，结果只好在付出沉重的代价之后“亡羊补牢”。据国际劳工组织统计，1997 年 7 月东南亚金融危机爆发以后，受冲击的东亚国家中有1 000万人失去了工作。但是，除韩国外，其他国家都没有建立失业保险制度，失业人员只能靠企业的一点津贴或政府的一点救济度日。失业人员激增给社会增加了许多不安定因素。

实际上，有关东亚国家完全有条件在危机爆发之前建立一套行之有效的社会保障体系。过去 10 多年里，这些国家经济蓬勃发展，人民生活水平迅速提高。然而，有些东亚国家缺乏“风险意识”，没有建立失业保险、养老保险或医疗保险等有效的社会保障制度。有些国家即使建立了一些社会保障制度，也因覆盖面很小，实际效果不佳。据说有的国家曾试图建立失业保险制度，最终却因一些人不愿缴纳占工资额不到 1% 的保险费而告吹。

没有完善的社会保障体系，后果难以想象。金融危机爆发之后，这些东亚国家通货膨胀严重，失业率急剧上升，贫困人口增加，对社会稳定造成了巨大冲击。有关国家政府采取了许多应急措施，但在缺乏有效社会保障体系的情况下，再大的努力仍不过是杯水车薪。根据国际劳工组织的统计数字，1997 年 11 月到 1998 年 7 月期间，韩国每 20 个工人中就有 1 个失业。韩国本来已经于 1994 年 12 月不再是世界银行提供贷款援助的国家，但是由于危机是在社会安全网完全建立之前发生的，为了帮助减轻危机的影响，世界银行又恢复了对韩国的贷款。1997 年下半年以后，泰国的失业率上升了 50% 多。1996 年印尼已有 450 万失业人口，1999 年又有1 000万人面临失业的危险。这1 000万人中有许多人最终只好接受城市里的低薪工作和农村的非正规工作，而不能恢复充分就业。这就强调了寻找长期解决办法的必要性。世界银行东亚地区社会政策局局长凯瑟琳·马歇尔（Katherine Marshall）指出：“这场危机是巨大的，但全世界伸出援手的愿望更大，我们所需要的就是有一个信息的检索中心来汇总大家的资料、工作和经验。”

国际劳工组织最近公布的一份研究报告表明，如果东亚这些国家的政府和个人在危机之前建立起一套有效的社会保障制度，那么在这次金融危机中，国家和企业可减少许多麻烦，个人也可大大受益。因此，当前东亚国家建立和健全社会保障制度是一项十分迫切的任务。

第二节 中国社会保障体系

中国内地及台湾省、香港特别行政区和澳门特别行政区都十分重视社会保障体系的建立，但具体发展进程不同，做法也各具特点。

一 中国内地社会保障体系

1998 年以来，中国社会保障体系建设步伐明显加快，目前已初步建立起包括养老、医疗、失业、工伤和生育保险在内的社会保障体系，为加快国有企业改革与发展提供了有利条件。

（一）法制建设取得突破性进展

目前中国已颁布实施了《失业保险条例》和《社会保险费征缴暂行条例》。《中华人民共和国社会保险法》和《基本养老保险条例》正在起草中，其他一些保险条例的论证、起草工作也将展开。这些法规法律的制定和颁布，将为中国社会保障体系的建立和健全提供法律保障，为国企改革创造有利条件。

（二）社会保障的覆盖面逐步扩大

社会保障的覆盖面，也就是生活安全网的覆盖面。它要保障每个公民在生老病死、伤残、丧失劳动能力或因各种灾害面临生活困难时生活无忧，有安全感。它是反映生活于社会保障网络之内，有安全感的人数占社会劳动者的比例数。例如，中国的基本养老保险最初只覆盖国有企业和城镇集体企业。1999 年，中国把基本养老保险的覆盖范围扩大到外商投资企业、城镇私营企业和其他城镇企业。省、自治区、直辖市根据当地实际情况，可以规定将城镇个体工商户纳入基本养老保险。2002 年，中国把基本养老保险覆盖范围扩大到城镇灵活就业人员。

（三）基本养老保险制度

基本养老保险制度已在全国范围内统一实行，覆盖了国有企业、城镇集体企业、外商投资企业、城镇私营企业和个体工商户。截至 2003 年底，全国基本养老保险参保人数达15 506万人，其中参保职工11 646万人。

（四）失业保险制度

失业保险制度日益健全。1998 年以来，中国政府建立了以国有企业下岗职工基本生活保障、失业保险和城市居民最低生活保障为内容的“三条保障线”制度。下岗职工领取基本生活费的期限最长为 3 年；期满后未实现再就业的，可以按规定享受失业保险待遇。自 20 世纪 80 年代中期中国建立失业保险制度以来，实施范围不断扩大，制度逐步完善。1999 年初，中国颁布《失业保险条例》，将城镇各类企业和事业单位职工依法纳入失业保险覆盖范围。2003 年底，全国参加失业保险人数达10 373万人，全年共为 742 万失业人员提供了不同期限的失业保险待遇。在保障失业人员基本生活的同时，国家积极探索失业保险对促进再就业的有效办法。广泛开展技能培训，增强失业人员的再就业能力。

（五）医疗、工伤及生育保险

在先行试点的基础上，中国政府于 1998 年颁布《关于建立城镇职工基本医疗保险制度的决定》，在全国推进城镇职工基本医疗保险制度改革。2003 年底，全国参加基本医疗保险人数达10 902万人，其中参保职工7 975万人，退休人员2 927万人。

1999 年全国有1 700多个县市实行工伤社会保险统筹，企业按工资总额的 1%缴纳工伤保险费，参保职工达到 3781 万人。2004 年 1 月，国家颁布的《工伤保险条例》实施后，工伤保险的覆盖范围迅速扩大，截至 2004 年 6 月底，参加工伤保险的职工人数达4 996万人。

国家于 1988 年开始在部分地区推行生育保险制度改革。2003 年底，全国参加生育保险的职工有3 655万人；全年共有 36 万名职工享受生育保险待遇。

（六）社会救助

1. 城市居民最低生活保障

截至 2003 年底，全国领取城市居民最低生活保障金的人数为2 247万人，月人均领取 58 元；当年全国各级政府财政支出最低生活保障资金 156 亿元，其中，中央政府对中西部困难地区补助 92 亿元。

2. 灾害救助

2003 年，各级政府共安排用于受灾群众生活方面的救灾资金 53.1 亿元，其中中央政府安排 40.5 亿元。

3. 流浪乞讨人员救助

2003 年 8 月 1 日，国家正式实施《城市生活无着的流浪乞讨人员救助管理办法》。截至 2003 年底，全国共建有救助管理站 909 个，当年救助生活无着的流浪乞讨人员 21 万多人。

4. 社会互助

1996～2003 年，累计接受社会各界捐款捐物折合人民币 230 多亿元，衣被 9.6 亿件，得到援助的灾民、贫困群众达 4 亿多人次。

（七）住房保障

1. 住房公积金制度

截至 2003 年底，全国建立住房公积金职工人数达6 045万人，累计归集公积金5 563亿元，职工因购建住房和退休等支取1 743亿元，累计发放个人住房贷款2 343亿元，支持 327 万户职工家庭购建住房，为改善居民家庭住房条件发挥了重要作用。

2. 经济适用住房制度

1998 年，中国确定发展经济适用住房。1998～2003 年，经济适用住房竣工面积达 4.7 亿平方米。

3. 廉租住房制度

1998 年以来，中国政府积极推进廉租住房制度建设。2003 年，全国已有 35 个大中城市全面建立了最低收入家庭廉租住房制度。

（八）农村社会保障

1. 探索建立农村养老保险制度

2003 年底，全国有1 870个县（市、区）不同程度地开展了农村社会养老保险工作，5 428万人参保，积累基金 259 亿元，198 万农民领取养老金。

2. 建立新型农村合作医疗制度

中国政府于 2002 年开始建立以大病统筹为主的新型农村合作医疗制度，目前正在 30 个省、自治区、直辖市的 310 个县（市）进行试点。截至 2004 年 6 月，覆盖9 504万农业人口，实际参加人数6 899万人，共筹集资金 30.2 亿元。

3. 实行农村社会救助

20 世纪 50 年代，中国开始建立“五保供养制度”。[①] 1994 年国务院颁发《农村五保供养工作条例》。2003 年底，全国实际五保供养人数为 254.5 万人，敬老院 2.4 万所，集中供养五保对象 50.3 万人。

中国农村建立特困户基本生活救助制度，同时对患病的农村困难群体实行医疗救助。截至 2003 年底，全国享受最低生活保障和特困户生活救助的农村特困人数为1 257万人。

经过多年的探索和实践，中国特色的社会保障体系框架初步形成。当前及今后一个时期，中国发展社会保障事业的任务依然艰巨。人口老龄化将进一步加大养老金和医疗费用支付压力，城镇化水平的提高将使建立健全城乡衔接的社会保障制度更为迫切，就业形式多样化将使更多的非公有制经济从业人员和灵活就业人员被纳入社会保障覆盖范围，等等，这些都对中国社会保障制度的平稳运行和建立社会保障事业可持续发展的长效机制提出新的要求。

加快完善社会保障体系，是中国政府全面推进小康社会建设的一项重要任务。中国国民经济保持持续、快速、协调、健康发展和科学发展观的贯彻落实，使国家综合经济实力增强。经过多年探索建立起的适合中国国情的社会保障体系，将为中国社会保障事业持续发展提供各种有利条件。在未来的岁月里，中国人民将进一步从国家的发展进步中获益，必将享有更丰厚的物质文明成果。

二 中国台湾社会保障体系

中国台湾省社会保障制度的建立与发展，以医疗保障制度为先。1987 年 10 月，台湾成立“公劳保医疗院所协会”，开办劳工、公务员及眷属、私立学校教职员和农民 4 种健康保险。1995 年台实施《全民健康保险法》，将医疗保险的对象扩大到所有民众。到 1997 年底，台湾总计纳保人数达 2049 万人，纳保率已达 96.27%，六成以上为老年和儿童。同年全民健康的特约医事服务机构范围进一步扩大；到年底，包括西医与中医医院，西医、中医、牙医诊所等特约医事服务机构，共计有 1.6 万家加入全民健保特约行列；另有特药局3 000多家，指定医事检验机构 200 多家、居家照护 148 家、特约助产所 28 家、特药精神科社区复健机构 16 家加入，大大增加了民众就医的便利性。全民健康保健除提供员工劳保给付项目外，并开办了预防保健服务，扩大了重大伤病及慢性病的给付。20 世纪 90 年代末，使用重大伤病证明卡的民众约有 36 万余人，其中癌症患者最多。

20 世纪 90 年代，台湾的社会福利呈快速成长的趋势，由各项重要的社会立法的通过，及正在规划的国民年金制度、失业保险制度以及劳工退休制度等发展方向看来，在可以预见的未来，台湾的社会福利体系将更趋于完备。然而，回顾过去的发展经历，有一些议题值得讨论，例如：社会福利资源

---

① 《1956～1967 年全国农业发展纲要》规定：“农业合作社对于社内缺乏劳动力、生活没有依靠的鳏寡孤独的社员，应当统一筹划……在生活上给予适当照顾，做到保吃、保穿、保烧（燃料）、保教（儿童和少年）、保葬，使他们生养死葬都有指靠。”从此，人们便将吃、穿、烧、教、葬，这五项保证简称“五保”，将享受“五保”的家庭称为“五保户”，形成了独具中国特色的农村五保供养制度的雏形。

是否分配公平，各项社会福利法规是否赶上时代潮流，各种社会福利方案是否有效被执行，各类人口群是否有效得到照顾等。此外，随着台湾社会经济、政治的变迁，人口老化加速，家庭功能萎缩，民众权利意识觉醒，以及社会价值观的改变，使得社会福利体制也面临种种挑战。到底政府应该承担多少社会福利角色，民间部门应如何纳入社会福利提供的分工中，而家庭又将如何被看待等。这些都是值得深思的问题。

三 中国香港社会保障体系

“低税制、低福利、高发展”，是香港经济发展的基本特色。按照香港的经济发展水平，支持一种全民社会福利体制是完全有能力的，而且许多社团为此也曾提出过强烈要求，希望香港社会走上西方福利模式之路。但香港社会保障体制从香港社会实际出发，至今仍保持低福利的特点。因而，香港的社会保障只面对收入较低的市民，并非保障全体成员。

中国香港没有照搬西方社会福利模式的另一个重要原因，是因为受中国传统文化影响。在香港人的意识中，普遍存在自强、自立、不依赖社会的观念。许多香港人，甚至一些老人，只要有一线自力求生的希望，也不愿申请综合援助金。他们追求自立，努力实现自我价值，这与缺乏现代社会保障意识完全是两回事。香港政府在保障社会成员基本生活需要方面，态度是积极的；香港市民也懂得现代社会应该承担起保障社会成员的义务。但是，绝大多数香港人并不盲目依赖福利制度，“反对综合援助金养懒人”的观念，已形成强大的社会舆论，日益深入人心。

中国香港是一个以华人为主的社会，传统的家庭观念促使香港社会非常重视家庭在社会中的地位。在《香港社会福利发展五年计划一九九五年检讨》书中，把家庭福利服务的整体目标确定为，“保存家庭作为一个单位并加以巩固，发展人与人之间的融洽关系，使每个人和他的家人可以避免发生个人或家庭的问题，或当问题发生时可以应付，并解决家庭本身不能满足的需要”。为此还规定了提供家庭经济资助、住屋、职业、医疗、照顾老人、教育儿童等14项服务内容，并且在综合援助金中专门设立了家庭津贴项目，政府每年为支持家庭所投入的经费在社会保障总支出中高达60%左右。长期以来，家庭保障成为香港社会保障的重要基础。以养老为例，在20世纪90年代中期，近90万60岁以上的老人中，仍在家庭养老的占86%，独居者占11%。入住安老院者不到3%。在支持家庭的政策鼓励下，几代同堂的主干型家庭，日益成为香港家庭结构的主体。

在香港政府还未介入社会福利事务之前，民间的福利工作是由一些热心公益的人士、社团或宗教团体本着慈善为怀的精神，出钱出力组成志愿机构，担当救灾济贫的道义责任。政府介入后，在社会保障计划的实施中，民间团体、热心人士继续发挥着积极的作用。与此同时，香港还专门培养出了一支由数千人组成的“社工”队伍，他们普遍接受过高等教育的专业训练，持证上岗，带领“义工”活跃在考察、咨询、落实社会保障方案的第一线。可以说，香港社会保障的成功，其中有一半功劳应该记在忠于职守、默默奉献的“社工”身上。

四 中国澳门社会保障体系

澳门由政府和民间福利机构向居民提供的社会福利，主要包括：社会保障服务、幼儿及家庭服务、儿童及青少年服务、安老服务、康复服务、医务社会工作服务、预防及戒毒服务、为罪犯及释囚提供的服务、社区服务等9个方面。

（一）政府福利措施

澳门居民享受的主要福利均由政府提供，包括：养老金、残疾金、社会救济金、失业津贴、疾病津贴、丧葬津贴，以及医疗保险、社会房屋、经济房屋及免费教育等。政府负责上述社会福利的工作机构主要包括社会工作司、房屋司、教育司、卫生司。社会福利开支全由政府财政负责。此外，还有社会保障基金提供部分社会福利。社会保障基金的来源有三：政府每年拨款不少于政府当年财政预算的1%；雇主和本地雇员的供款（雇员每月供款15元；雇主为每名雇员供款30元）；基金本身投资的收益。

享受社会福利待遇，须符合法定的资格。如有关领取社会救济金的法律规定是：凡年满65岁及65岁以上，无权享受养老金或残疾金并无从事有薪酬工作人士，每月可领取社会救济金800元。为享受有些福利款项，申请者须事前向社会保障基金供款一定的期间，如有关领取养老金的法律规定是，凡年满65岁及65岁以上，在澳门居住最少7

年，向社会保障基金供款最少60个月者，每月可领取养老金1 200元。

免费医疗的享受主体为：（1）10岁以下及所有中小学校学生；（2）妇女在怀孕期、分娩及产后检查；（3）接受家庭计划辅导者；（4）所有政府公务员及其家属；（5）持有政府部门发的贫民证的人员；（6）被刑事拘留者；（7）怀疑患有传染性疾病及带菌者、吸毒者、癌症及精神病患者；（8）各类疫苗注射。

房屋补贴方面，从1984年起，政府逐年拨款兴建了6000个社会房屋单位，以低租金租给无房屋的贫困家庭居住。与此同时，政府还与房屋发展商合作，以政府向发展商提供免费批地和豁免多种税收的办法，由房屋发展商斥资兴建了近2万个经济房屋单位，按政府与发展商商订合约的价格，出售给低收入的居民居住。

免费教育方面，20世纪90年代后期，澳门除在政府办的中、小学校、幼稚园实行免费教育外，在私立学校也实行了从小学学前预备班至初中三年班的10年免费教育。居民子女在加入免费教育网的私立学校就读，可享受10年免费教育；在未加入教育网的私立小学就读，也可享受政府一定数额的补贴。在澳门上大学可免40%的学费，还可以申领助学金。

（二）民间福利机构

据不完全统计，20世纪90年代后期，澳门民间福利机构有140多个。这些机构有的主要向贫困居民提供直接物质与资金援助，如同善堂、仁慈堂、澳门日报读者公益基金会等，有的则以提供多元化社区服务，组织各类文体康乐活动，提供各类辅导和协助为主，如工联、街坊会等。民间福利机构的活动经费主要来自社会筹募和热心人士的捐助，政府也在某些服务方面给予一些民间机构一定的资助。目前，由民间机构创办的老人院（舍）、儿童院、青少年院20多间，另有老人中心、青年中心和社区中心40多间。

澳门主要有以下几个历史悠久或规模庞大的民间慈善机构：

1. 镜湖医院慈善会

成立于1971年，过去以赠医施药、安置病残、停寄棺柩、修路、救灾、施茶、施棺、殓葬、兴教育才等慈善工作为主。由该会兴办的镜湖学校及镜湖护士助产学校，均为澳门培养了不少人才。由其创建的镜湖医院是澳门唯一的民办大型医院。

2. 同善堂

创办于1892年。最初是赠医施药、派米施粥及发放冬衣棉被予贫苦大众，现设有中西医诊所、药局、学校和托儿所。福利服务范围包括医疗、施药、派进棉被、毛衣、白米、施棺、殡葬费等，遇到水、火、风灾或意外伤亡，亦会作出一些紧急援助。

3. 澳门日报读者公益基金会

成立于1984年6月。作为澳门的大型民间公益慈善机构，十多年来本着“人人为我，我为人人”的精神，有计划、有系统地收集各界人士的捐款，取诸社会，用诸社会，善款善用，办公经费概由50多名会董负担，捐款涓滴归公。主要进行紧急救援及发放助学金。每年举办的“公益金百万行”均吸引2万多富民积极参与。

4. 仁慈堂

是澳门早期由葡籍人士创办的民间慈善机构，已逾400年历史。章程规定该堂活动限于帮助本地区的家庭、老人、失去工作能力者。目前约有会员130人，主要是葡人。提供的慈善服务包括医疗、老人服务等。

5. 澳门红十字会

原是葡国红十字会在澳门的分会，成立于1927年7月，1988年脱离葡国红十字会，正式命名为澳门红十字会，以中立、独立、平等、世界性等为其宗旨，举办义务性及慈善活动。

第三节 日本社会保障制度

一 日本社会保障制度的运营机制

日本现行的社会保障制度，主要由养老金保险制度、医疗保险制度、失业保险制度和工伤事故保险制度等四种基本制度构成。养老金保险制度在日本社会保险制度中居于重要地位，且伴随人口高龄化进程的加速，其重要性亦日显突出。养老金保险制度又包括国民年金、厚生年金和各种年金基金3部分。迄今参加各类养老保险者已达7 000万人，其中参加国民年金保险和厚生年金保险者分别为3 000多万人和近3 300万人。医疗保险制度主要包括健康保险、国民健康保险、老人保健和各类共济组织设置的医疗保险等几种具体制度。其中参加国民健康保险者人数最多，为4 300万人。其次为健康保险，参加者约为3 500多万人，两者合计占到医疗保险总参加人数的93%强。失业保险又称雇佣保险，依据1947年11月颁布的《失业保险法》创设实施。20世纪90年代开始，由于失业率的攀升，该险种越来越受到重视，参加失业保险者3 400万人。工伤事故保险，主要有劳动者灾害补偿保险等几种，参加人数约5 000余万人。

日本社会保障现行的管理体制，是依据社会保障相关法律来运营的。由于社会保障的种类繁多，先后制定的相关法律亦很多。其中在养老金保险方面主要有《厚生养老金保险法》、《国民养老金法》、《农业从业人员养老金基金法》、《国会议员互助养老金法》等法律。在其他社会保险领域亦如此。日本现行社会保障管理机构由公共法人组织承担。如普通雇员保险主要归厚生省保险局和养老金局主管，实际执行机构则是都道府县的民生主管部门及其下设的社会保险事务所和健康保险工会、国民健康保险工会之类公共法人组织。

依据1962年颁布的《行政不服审查法》，日本对社会保障事业的有关主管部门和执行机构实行严格的审查制度，以避免和减轻因其违法或失职对国民利益带来的损害。负责社会保障审查职责的，在中央一级为厚生省的社会保障审查会，其委员需经国会审议，总理大臣任命；在都道府县一级，也有厚生大臣任命的社会保障审议官。只要有关被保险人提出申请，审议官即会予以审查并作出裁决。若当事者不服裁决，还可投诉法院。

日本对社会保障相关费用采取政府、企业（雇主）与个人（被保险者）三方共同负担的原则，三方各在其中所占的比重，也因不同的社会保险项目而存在很大区别。如健康保险经费就由政府、雇主和雇员三方负担。而在普通雇员失业保险费中政府则负担25%，其余通过雇员和雇主筹集。各类社会保险的保险金发放也采取多种方式，且计算方法颇为复杂。二战后，尤其是20世纪60年代以来，日本社会保障费用一直呈现迅速增长之势。

二　社会保障在日本经济运行中的基本功能

保障国民生活是社会保障制度最基本、最主要的功能。当国民因疾病、失业和年老而在生活上遇到仅靠自身和家庭的力量无法克服的困难时，通过各类社会保障予以基本保障，使其免受贫困和疾病的困扰，对于国民生活乃至社会稳定，有着不可或缺的重要作用。而社会环境的相对稳定，又是经济顺利运行与高速增长的必要条件。二战后从总体上看，日本的社会环境一直是比较稳定的，这从其政局相对稳定，失业率、犯罪率和离婚率一直比其他发达资本主义国家为低等现象中均可得到充分证明。而社会保障事业对保证国民生活和社会环境的稳定也发挥了重要作用。

第二个基本功能是缩小贫富差距。在西方主要资本主义国家中，日本社会的贫富差距是最小的。在日本，既无可与美国比肩的超级巨富，也少有美国街头的“无家可归者”。造成日本社会各阶层贫富差距相对较小的原因颇多。而社会保障制度无疑也发挥了重要作用。一方面，从社会保障费用的筹措中不难看出，无论其中是来自国家或地方财政负担的部分，还是来自雇主支付的部分，都间接起到了相对降低高收入阶层收入水平的作用。另一方面，从社会保障费用的发放中又可以看到，享受社会保险相对较多的，还是各类低收入家庭。如社会保障收入在日本收入最低的1/5家庭经常收入中占到48%，而在收入最高的1/5家庭中仅占19%。这意味着社会保障制度实际上起到了一定的分配与再分配国民收入，从而缩小贫富差距的作用。

强化宏观调控是社会保障的另一个功能。二战后日本之所以能获得比欧美发达国家更为优异的经济发展业绩，与其更为有效的宏观经济调控机制有着重要的因果关系。而在强化国家对市场经济运行的宏观调控方面，社会保障制度也发挥了多种重要功能。例如，通过扩大或缩小财政支出规模以刺激或抑制社会有效需求，是国家实行宏观经济调控的重要手段。社会保障支出又在国家财政支出中占有很大比重。因而增加或减少社会保障支出，即成为国家强化宏观经济调控的有效手段之一。如在1985、1990和1995年3个财政年度，社会保障费在日本中央财政一般会计支出中所占的比重分别高达20.7%、18.4%和21.9%。

减缓周期波动。日本社会保障制度的这种功能，主要是通过两种渠道来实现的。其一是社会保障费收入逆景气波动而增减，即当经济周期处于高涨阶段时，社会保险机构从各级财政和企业取得的收入也相对较多，从而相应减少了政府和企业的实际支付能力，这无疑会对社会需求从而对经济高涨产生一定的抑制作用。而当经济周期处于危机或萧条阶段时，社会保障机构从财政和企业取得的收入也相应减少，从而会相应减少政府和企业的社会保障负担，增加其社会支付能力，这无疑又会对社会有效需求起一定的刺激作用，以致对经济复苏产生积极影响。其二是在社会保障支出方面，如当经济周期萧条或危机时，社会失业势必增加，社会保障机构必然要支付更多的失业保险金，失业者利用这部分资金购买必要的生活用品，即形成对社会需求的有效扩大。而在经济高涨时期，社会保险机构支付的失业保险金则相对较少，从而其对市场有效需求的扩张作用也相对较小。

三　日本社会保障制度面临的主要问题

经济增长失速。20世纪60年代至70年代初，日本社会保障制度的迅速扩充和不断完善，在很大程度上得益于当时的经济高速增长。经济高速增长一是带来国家财政收入与企业经营收入的迅速增加，为社会保障制度的扩充与完善提供了充足财源。二是带来劳动力需求急剧扩大，失业问题大为缓解，从而相对减轻了社会失业或雇佣保险方面的压力与负担。然而到20世纪70年代中期以后，日本经济却呈现出明显的减速与停滞之势，即使是在80年代景气时期，其增长速度也远未达到70年代中期以前的水平。而在步入90年代后，长期萧条与回升乏力，更成为日本经济发展的基本态势。20世纪70年代中期以来日本经济增长的长期失速，已成为日本社会保障制度面临的重要问题，它也至少从两大方面对日本社会保障制度形成严重的不利影响。其一是经济增长失速导致国家财政收入与企业经营收入相对减少，从而导致社会保障制度财源日显不足。在财政收入相对减少的条件下，其中用于社会保障费用的支出也不得不相应缩减。1965～1975年，日本中央财政预算一般会计中的社会保险费支出年平均增长达263%，而到1975～1995年却剧降至66%，下降近20个百分点！其二是经济增长失速导致劳动力需求相对减少，失业问题日趋严重，从而加重了社会保障在失业与雇佣方面的负担。战后至1973年，日本的完全失业者极少超过100万人，而在1975年达到100万人以后，长期居高不下，尤其是在90年代，其数目更是迅速增加，连续几年都在200万人以上。

人口老龄化加快。20世纪70年代以前，日本社会保障制度迅速扩充与完善的一个重要条件是人口年龄结构较为有利，尚未像欧美发达国家那样遇到沉重的人口老龄化压力，老年人口带来的社会保险负担较轻。直到1970年，日本的老年人口系数即65岁以上的老年人口占总人口的比例尚只有7.1%，而同年西德、英国、法国和美国已依次高达13.2%、12.9%、10.7%和9.9%，瑞典、瑞士等北欧国家则更高。然而，由于出生率和死亡率迅速下降、平均寿命大幅度延长等原因，日本人口的老龄化进程在步入70年代后迅速加快。到1980年，其老年人口系数已上升至9.1%，1990年再上升至12.1%，1994年更达14.1%。据日本厚生省人口问题研究所推算，到2000年将达到16.9%，2010年为21.1%。这意味着日本已成为世界人口老龄化程度最高的国家。再就65岁以上老年人口的绝对数看，在1970年尚只有743.1万人，1980年已增至1 065.2万人，1990年再增至1 569.8万人，2000年更增至近1 800万人，相当于1970年的3倍。人口老龄化进程的空前加快对社会保障制度带来的最大问题是达到法定年龄领取各种养老金的人数急剧增加，所领取的养老金数额随之日趋庞大，其在各种社会保障支出总额中所占据的比重也大幅度提高，以致成为目前日本社会保障制度所面临的又一重大问题。1970～1993年，日本各类社会保险金实际支付总额增长了17.0倍，而同期社会养老金实际支付则增长达110.7倍。这个数字现在仍有增无减。此外，由于人口老龄化的空前加快，还会因老龄人口所需医疗费用远远高于其他年龄人口等原因，还将通过增加医疗保险费用等途径加重了日本社会保险的费用负担。

雇佣制度与家庭结构的变化。伴随雇佣制度与家庭结构的急剧变化，企业和家庭在生活和健康等多方面的保险功能日趋弱化，原由企业或家庭承担的许多保险事务越来越转由社会承担，从而大大加重了社会保障的负担。二战后日本企业尤其是大企业所通行的雇佣制度，是所谓终身雇佣制。这一终身雇佣制一是大大缓解了失业方面的负担，二是在终身雇佣条件下，企业往往会把雇员视与其共生存的“家庭成员”，为鼓励其为企业献身并减少其后顾之忧，大都建立了生活、保健、技术培训等方面的企业内保障项目和设施，从而替代和减轻了社会保障的负担。然而在步入20世纪70年代中期以后，日本的终身雇佣制也开始呈解体之势，越来越多的企业更倾向于采用短期雇佣、临时雇佣方式，劳动力在企业间的流动日益加速。这种变化一方面加剧了失业问题，另一方面又降低了企业建立企业内生活、保健等项目的积极性，而把大量的保障负担推向了社会。

当前日本的家庭结构也处在迅速变化之中。其主要趋向核心家庭化、老龄家庭化、独身家庭化、小家庭化和家庭主妇就业化。当前日本家庭结构的这种变化趋向，会从多方面把由家庭承担的保障项目推向社会，加重社会保障制度的负担和压力。如在家庭成员中60岁以上的老年人口迅速增加的同时，核心家庭化又使子女与其年迈双亲的同居率大大降低；小家庭化和单身家庭化则大大降低了传统家庭的相互扶助的赡养能力；而家庭主妇外出就业又把其本属家庭事务的照顾年老双亲的责任推向社会，这无疑都大大加重了社会保障的负担。

第四节　新加坡的社会保障制度

新加坡的社会保障制度建立于1955年，经过50年的发展与不断完善，已成为社会保障制度比较完善的国家之一。新加坡的社会保障制度，主要是中央公积金制度，它包括以下主要内容。

一　中央公积金的资金来源和适用对象

1955年7月，新加坡政府成立了中央公积金局，对全国的社会保障事业进行管理与调节。新加坡中央公积金的会员已经由最初的20万名增加到200多万名，增加了近10倍；公积金局的存款总数额，也由1955年的900万新加坡元增加到4 000多亿新加坡元。

中央公积金的适用对象，包括依靠工资为生活来源的企业资方雇员以及政府雇员，而不依靠工资为生的企业资方雇员和其他非雇员，比如医生、会计师等则不参加中央公积金计划。中央公积金制度，通常采用会员制，自愿参加，但它具有很强的吸引力，而且提供优惠待遇。例如，政府对不少项目的财政补贴，都是以公积金会员为条件，会员在职工总数中的比例非常高，差不多所有具备稳定收入的职工都是公积金会员。同西方国家所不同的是，新加坡的公积金，全部由雇员缴纳的会费和雇主缴纳的经费构成。政府不承担任何经费义务。

公积金会员都有一个账户，每月由雇员和雇主分别按各自的比例向这个账户缴纳一定金额。随着社会经济发展以及雇员工资收入水平的变化而不断变更。公积金会员缴纳的储蓄金分别被存入普通账户和医疗保健账户之中，各有各的用途，不能混用。当会员永远离开了新加坡，或者终身残废，或者达到60岁退休年龄时，那么他就可能提走全部公积金存款。存款利息同市场利率挂钩。

二　公积金的支出用项

在中央公积金建立初期，新加坡政府曾经颁布法令，规定公积金专门用于养老而不可挪作他用，以后，对公积金的用途放宽了限制。1987年开始实行公积金最低存款计划，也就是，会员到55岁领取公积金存款时，必须把一部分资金留在账户之中，作为最低存款。对这部分存款，会员可以有3种选择：第一种继续留在公积金局内；第二种把款转移到一家特别准许的银行中去；第三种到一家特别准许的保险公司去购买一份年金保险。以上任何一种选择都会保证从60岁起他能够在每个月取得一笔固定收入，且数额将会逐步调高。之所以如此，主要在于在基本生活费日益上涨的情况下，保证会员在其退休后的一些年内仍然保持一定的生活水平。

当然，并不是每个会员都需要把现金存入银行作为最低存款，如果会员在新加坡有房地产，那么他便可以用房地产来替代最低现金存款，这在法律上是准许的。

近年来，随着形势变化，新加坡政府对公积金的内容不断加以完善和补充，使其会员从公积金中得到的好处越出了只限于养老保险的范围。其一，会员可以动用公积金购买政府房屋。其二，推出家庭保险计划，促使会员购买保险，以备会员一旦死亡或者发生伤残之用，也还可应用公积金购置住房的贷款。其三，推出医疗保险计划，保健储蓄户上的存款，应付个人或直系亲属的医疗费以及购买医疗保险。其四，用于多项目标。为扩大公积金的使用范围，1987年政府作出规定，可以用公积金储蓄购买股票、债券等，所获得的利润，一并计入会员个人账户。1989年，新加坡政府开始准许会员借出公积金存款用来支付个人或者子女在新加坡本土接受大专教育的学费。

三　政府对公积金的有效管理

中央公积金局自1955年成立以来，已经积累了40多年的经验，建立了一个高效率的执法系统，能够有成效地查清迟交的公积金款项，并处理调查委员会的投诉。对那些逃避缴纳公积金的雇主，也能采取有力措施进行查处。从1985年起，中央公积金局每发现雇主未缴纳公积金时，就及时通知有关的会员。雇主若迟交公积金，必须另外付清迟交利息罚款。这笔罚款除了用来负担执法的手续费以外，也将存入会员的公积金账户，以偿还会员因为雇主迟交公积金所损失的利息。公积金局的各个办事处和相关服务组织，如会员们的医院保健账户、办理投资的有关银行，都有电脑联系；公积金局注重的另外一项服务，就是鼓励会员们在他们生前指定存款受益人。在会员不幸死亡时，公积金局能够根据其遗嘱，把存款交给其受益亲属。　　（俞家栋）

第七编

教育　科技　文化

第一章　教育

第一节　发展历程回顾

东亚地区历史悠久，教育的发展亦源远流长，但在漫长的历史中却经历了曲折的发展过程。古代中国、日本、朝鲜、越南等国教育有较大的发展，其他国家也有早期发展。近现代，东亚地区多数国家由于遭受帝国主义侵略，成为殖民地和半殖民地，教育处于落后状态。当代随着经济高速发展，其教育事业也取得迅速发展。然而，由于经济发展水平不同和国家体制的变迁，又呈现出多种特点。

一　古代教育

(一) 中国

中国是一个历史悠久的国家。早在远古时期，就出现了早期的教育。如当时的中国先民已注意总结生产和生活各方面的经验，通过教育，代代相传。古代传说中的燧人氏钻木取火，教民熟食，炎帝时神农尝百草，教民医药和农业，黄帝时教民筑屋宇避寒暑，养蚕织丝，以制衣装。4 000多年前，部落领袖舜就已设立了“庠”（类似学校的场所），从事教育工作。在距今4 076～2 777年的夏、商、西周三代，又有了“序”、“学”和“校”等名称，对青少年进行宗教、伦理、文化和军事等教育。尤其是西周，政府主办的官学已有“国学”和“乡学”之分，教学内容为以礼、乐为中心的文武兼备的礼、乐、射、御、书、数，号称“六艺”。到了春秋战国时期（公元前 770～前 221），贵族官学日益没落，私人办学（私学）兴起。孔子（公元前 551～前 479）倡导“有教无类”，不分贵族与平民，都可入学。他有学生三千，内有贤人七十二，多数为平民出身。教学内容为儒家六部经典（“六经”，亦称“六艺”）。孔子曾说：“六艺于治一也，《礼》以节人，《乐》以发和，《书》以道事，《诗》以达意，《易》以神化，《春秋》以道义。”后来孟子（约前 372～前 289)、荀子（约前 313～前 238）等也都办过私学，统称为儒家学派。另有墨家、道家、法家也各成学派，互相辩论，形成百家争鸣的局面。特别是儒家学派，总结了教育思想和经验，先后撰写了《学记》《大学》和《中庸》等著作，成为世界上最早的自成体系的论述教育的著作。秦代设“太学博士”，汉代“学校如林”，隋唐实行科举，选拔人才，在中央政府设立了专门的教育领导机构——国子监，宋、元、明、清（1840 年前）教育事业都得到发展。总之，在漫长的奴隶制和封建制社会，教育事业一直在发展。

(二) 日本

日本在绳文（纹）文化时代（约 1 万年前～约公元前 3 世纪）和弥生文化时代（约公元前 3 世纪～公元 1 世纪），随着陶、木、竹、骨器和渔、猎、耕、织业的发展，也推动了教育的发展。大约在公元 5 世纪时，中国的儒学传入日本。汉学传入日本后，日本的皇族首先在宫廷里开办学问所，学习中国的经典。日本的奈良时代，即公元7世纪后期到8世纪的80年代，是日本集中吸收中国文化的时期。这时，日本的贵族学校教育制度渐趋完善。封建政府模仿中国唐朝制度，设立了专门的教育机构。在中央设大学寮，在地方设国学。平安时代（794～1185）是日本文化教育发展的一个重要阶段。这个时期，除了汉学之外，佛教教育有了很大发展。各省按照规定设立僧寺、尼庵，经费由政府开支。这些寺庵成为以佛学为主导的佛教学校。在平安时代的初期和中期，文化教育的发展进入繁荣时期。平安时代后期，武士阶层生成，文化教育的发展受到极大影响，大学和国学逐渐衰败。镰仓时代，先前的学校已不存在，这时的重要教育形式是以武士教育为主的家庭和寺院教育。这时的教育重武轻文，但接受教育的人口范围显然比以前扩大了许多。武家子弟开始读书习字。到了德川幕府时代（1603～1867），文化教育开始出现复兴的趋势。16世纪末17世纪初，西方的经济和宗教文化开始传入日本，兰学得到发展。在江户时代的日本，儒学、和学和兰学等各种流派并存。这个时期的教育机构主要有幕府直辖学校、藩学和“民众”教育所三等。藩学以教育武士为主；“民众”教育所包括乡学、私塾、寺子屋、心学与实学讲习所等各种类型的学校。在封建社会末期，日本对西学发生了兴趣，创办了各种学校，为明治维新以后的近代教育打下了基础。

总之，日本的古代教育从无形到有形，从贵族教育到武士教育和寺院教育，再到最后形成了为不同阶级和阶层服务的独立的各种教育机构。

（三）朝鲜和越南

中国古代的科举考试制度对朝鲜和越南等国也都曾发生过较大的影响。公元788年，朝鲜开始仿唐制实行以儒学为标准的科举考试制度。高丽王朝的太祖在位时，开城和平壤便有了学校，公元992年成宗设立了国子监。11世纪后半期，文宗统治时期，开始有了私学。

越南的古代教育大致形成于公元11世纪。公元1076年李仁宗开始设立国子监，这是越南最早的大学。1259年，国子监扩大，改名为国学院。当时使用的教材主要是四书、五经，教学使用的文字也都是汉文字。1918年停止使用汉字和儒学考试。

科考制度对当时东亚地区许多国家的教育也产生了重要影响。

二　近现代教育

16世纪～20世纪上半叶，东亚地区大部分国家先后沦为殖民地或半殖民地。随着政治体制和经济发展的变化，教育事业也发生了本质的变化。一方面，由于受到殖民主义—帝国主义交替侵略的影响，出现了殖民地和半殖民地的教育，各国的民族教育受到严重排斥而得不到发展，普通民众的识字率极低，绝大多数人是文盲；另一方面，各国先后接触到了产业革命后一些西方国家的文明。

（一）中国

1840年鸦片战争后，帝国主义不断侵略瓜分中国，使中国沦为半殖民地半封建社会，教育也因此受到极大影响。自清末开始，中国有了近代教育。中国的教育在历经了辛亥革命后的教育改革和“五四”新文化运动对教育的影响后，到20世纪30年代，形成现代教育的基本形态。在国民党统治时期，西方的教育制度被引进。但从1931年九一八事变起，日本逐步扩大侵华战争，战火烧到大半个中国，遂使中国教育事业遭到严重破坏。

1927～1949年间，当时的中国政府虽曾数次提出普及基础教育，1944年还颁布了《国民教育法》，提出对6～12岁学龄儿童实行普及教育，但由于外有帝国主义侵略，内有封建主义和官僚资本主义的压迫，社会处于战争和动乱状态，财政枯竭，致使教育长期处于十分落后状态。当时适龄儿童的入学率只有20%，文盲率高达80%以上。

（二）日本

由于近现代日本成为殖民—帝国主义国家，与东亚地区其他多数国家走上了不同的教育道路。日本的近代化过程，与西方其他国家也有不同的特点。西方主要资本主义国家的近代化进程是工业革命在先，因工业革命的需要而产生了近代教育。而日本是先从西方引进了近代教育，然后才有近代工业生产。因此我们可以说，日本的教育对日本经济近代化的推动作用显得更为直接和显著。

明治维新时期，为了“富国强兵”，日本朝野提出了“振兴产业”、“普及文化”和“启迪民智”的口号。日本以西方的学制为样板，在全国建立初级国民教育体系。1872年颁布《学制》，实行强迫小学教育。但由于当时生产力低下，适龄儿童的入学率只达到35%左右。19世纪末20世纪初，日本进入了帝国主义阶段，并开始实行军国主义教育。1900年，日本政府废除征收小学学费的制度，实施四年的免费初等义务教育，成为亚洲第一个实行义务教育的国家。由于实行免费义务教育，日本的小学入学率迅速提高。1907年又将义务教育年限延长为6年，开始实施六年制免费义务教育，适龄儿童入学率达到97%。

到1912年，日本学龄儿童的入学率已经达到98.2%，完成了初等教育普及。日本初等教育的普及，是由于19世纪末到20世纪初日本的经济实力迅速增强，国民生活水平有较大提高，而且国家确立了义务教育费国库补助制度，全民对教育的重要性有了明确认识。

在这一时期，日本除了大力加强普通义务教育外，还进一步发展中等职业教育和实业教育，重点改革和发展高等教育，重视理工科的教育，使中等教育适应经济发展和培养军事工业所需要的熟练工人和军事科技人才。

19世纪末，日本开始形成不同于普通中等教育机构的高等学校。这些学校只保留工、理、农、文、法科，在制度和实践上都成为大学预科。这时的高等学校成为升入帝国大学的必经之路。到1918年，共有高等学校8所，它们成为著名的国立高等教育机构，是帝国大学的预备学校。1897年前，日本只有一所国立的帝国大学。此后，由于需要，不断增设，到明治后期，日本共有4所帝国大学。日本大正时期，大学教育进一步得到发展。大学形式多样化，除了国立大学外，还有公立大学和私立大学。国立大学的教育经费由国库开支；公立大学由地方开支；私立大学由财团法人支付。这一时期，日本还积极发展各种专科和职业技术学校。到20世纪初，日本已经建立了较为完善的教育体系。

（三）朝鲜—韩国

朝鲜—韩国在历史上是统一的国家，于1910年8月被日本吞并后，正式成为日本的殖民地。其后，日本极力在朝鲜半岛推行彻底的殖民地教育政策。1911年，制定了第一个《朝鲜教育令》。该法令的目的是造就“忠良的国民”。法令规定朝鲜的教育只限定于普通教育、实业教育和专科教育方面。在学制方面，朝鲜的小学被规定为四或五年，而日本的小学则是六年；朝鲜中学学制被规定为四年和女子中学三年制，而日本的中学却是五年。在教育内容方面，小学阶段学习朝鲜语和汉文的课时被规定为每周5～6学时，而日语则达每周10学时；中学阶段朝鲜语和汉文的课时每周为3学时，日语则为7学时。各级教育机构还需设置“修身课”，学习日本的“皇国观念”。1911年，日本当局还颁布《公立普通学校费用令》，没收了过去乡校的财产收入作为公立普通学校的维持费，剥夺了长期以来儒生传统势力的基础。但日本当局控制的公立学校发展非常缓慢，适龄儿童就学率很低。1916年公立学校仅有小学447所，中学3所，简易实业学校74所，专门学校4所。但朝鲜人民历来都是重视教育的，因此，朝鲜人自办的私立学校和书堂在这一时期仍旧很多。1918年，全国私立学校和书堂达到24 294所。

（四）蒙古

1921年蒙古人民革命政府成立。当年的8月25日蒙古政府就制定了蒙古第一部小学教育大纲，并在内务部设立了学校事务处，负责筹建学校。1921年底在乌兰巴托市建立了拥有40名学生、2名教师的第一所小学。1923年，学校发展到12所，并建立了一所七年制中学。1924年成立了教育部。1925年在部分省、县办起16所小学。新的学校教育内容摒弃宗教文化，培养学生掌握科学文化知识，并向青少年传播新思想。学校教学密切结合劳动群众的扫盲运动和新政权的巩固，对劳动人民子女不分性别、民族进行免费教育成为这一时期教育的特点。1938年开始在小学和不完全中学的基础上建立了完全中学，初步形成了初、中等普通教育体系。

（五）越南

从19世纪中期起，法国殖民者开始入侵越南，1884年越南彻底沦为法国殖民地。在法国侵占时期，法国殖民者采取愚民政策，因此到1945年的八月革命以前，95%的越南普通民众都是文盲。1940年越南沦为日本的殖民地，使教育完全控制在日本侵略者的手中，民族教育受到严重摧残，文盲占绝对多数。

（六）泰国

泰国与东亚地区多数国家不同。自古以来，泰国的教育都是在寺院中进行的。到了19世纪初，泰国在西方国家枪炮逼迫下签订了不平等条约，闭关锁国的政策被打破。虽然泰国是东南亚唯一没有沦为殖民地的国家，但外国资本主义势力的入侵，使泰国的政治经济形势发生很大变化。19世纪20～30年代，美国的传教士来到泰国，在传播宗教的同时，开办西式学校，开创了泰国的近代教育。拉玛五世时期，泰国国王朱拉隆功认为，泰国必须实现教育的西方化，使泰国拥有一批政府精英，才能抵抗殖民势力，使泰国保持独立。为此，1887年成立了教育部。1895年制定了第一个教育计划。1898年，国王颁布了《地方教育组织法》，将传统的寺院教育纳入国家的教育计划中，要求寺院学校按照政府的规定教授课程，包括泰语、算术和自然。1913年，瓦吉拉沃德国王宣布实施三年义务教育。1921年，泰国通过《义务教育法》。泰国是继日本之后，亚洲第二个引入义务教育观念的国家。

（七）马来西亚

从16世纪起，马来西亚先后沦为葡萄牙、荷兰、英国和日本等国的殖民地，教育十分落后。1816年英国传教士创办了第一所学校。随后一批教会学校相继出现。19世纪70年代殖民当局开始对英文学校加强管理和监督。但民族教育却因得不到政府的支持和资助而发展缓慢。各种语言的学校相互之间没有交流，不同民族间的教育发展水平不平衡，因而无法形成一个各民族相互融合的教育体系。第二次世界大战期间，马来西亚被日本占领，二次大战结束后，英国恢复了在马来西亚的统治，殖民当局一直控制着教育体系。

（八）新加坡

1819年当英国殖民主义者在新加坡登陆时，岛上只有大约100多名居民。后来逐渐成为一个港口，移民大量增加。早期的民族教育主要是华人的私塾和马来人的宗教学校——古兰经塾。19世纪上半叶，一些英国的传教士在这里创办了几所教会学校。当时近代意义上的学校几乎都是教会学校，民族教育得不到发展。1870年英国殖民当局发表了《殖民地教育状况报告书》，开始干预当地的教育。1920年实施管理学校的法令，对民族学校进行管理和监督。二战期间日本占领新加坡，实行殖民主义教育政策。二战后，英国殖民当局试图建立更为完整的殖民地教育体系。

1949年，新加坡民治政府制定了教育的《十年计划》。按照《十年计划》的规定，小学阶段的适龄儿童可享受免费教育。1950年又补充了教育发展的《五年计划》。1959年，新加坡人民行动党掌握政权，开始进行教育改革。政府为了兑现教育机会均等的诺言，开办了更多的学校，同时鼓励私人办学并提供援助。政府为了避免种族骚乱和抵御外来思想文化的影响，在中小学推行双语教学，将3种民族语言，即华语、泰米尔语、马来语，放在与英语同等重要的位置上。

（九）印度尼西亚

印度尼西亚从17世纪初到20世纪上半叶，先后成为荷兰、日本的殖民地。荷兰殖民当局曾在19世纪中期，对教育政策进行了一些修改，向印尼土著人进行启蒙教育，为平民创办了一些三年制的小学，用方言教学，教授语文和算术。同时，还为印尼的贵族子弟开办了另外的小学，教授语文、算术、地理、历史、物理等课程。但在20世纪40年代初，印尼人口的90%仍是文盲。1942～1945年，日本占领了印尼。日本占领军强迫印尼人学习日语，推行日本的殖民教育政策。1945年日本战败投降，荷兰又卷土重来，恢复了荷兰的殖民教育，并使教育依然处于十分落后的状态。

（十）菲律宾

菲律宾从16世纪至20世纪前半叶，先后遭受西班牙长达300多年和美国近半个世纪的殖民统治。在1863年，西班牙殖民当局为了殖民统治的需要，开始推行殖民教育，菲律宾的民族语言被排斥在教学语言之外。西班牙殖民者在菲律宾建立了公立初等教育体系，但这些学校学生主要是殖民统治者和当地有钱人的子弟。课程除了宗教内容外，还有一些世俗性的科目，如读、写、算。1898年菲律宾推翻西班牙的殖民统治，建立了共和国。当时制定的马洛洛宪法宣布实施教育世俗化，实行义务和免费小学教育。但不久，美国便侵占了菲律宾。美国殖民当局于1901年颁布教育法令，规定在学校教育中使用英语作教学语言，同时使用美国课本。1942年，日本侵占菲律宾。在随后的3年时间里，日本占领军推行奴化教育，要求各级学校都必须把日语作为必修课。

三　当代教育

（一）中国

1.1949 年中华人民共和国成立后教育发展的 3 个时期

（1）新中国成立后的 17 年时期（1949～1965）

这个时期以改造旧中国的教育体系，清除半殖民地、半封建的教育，发展为新民主主义—社会主义的教育作为主要任务。

新中国坚持的是民族的、科学的、大众的文化教育。这个时期的教育事业就总体而言，取得了举世瞩目的成就，逐步形成了比较完整的国民教育体系，学前教育、大中小学及成人教育初具规模，全日制教育、业余教育和半工（农）半读教育共同发展。

到 1965 年底，与 1949 年前最高的 1947 年相比，全国全日制高等学校达到 434 所，增长 1.1 倍，在校生 67.4 万人，增长 3.3 倍。中等学校在校学生与 1946 年相比，增长了 6.9 倍，达到1 432 万人。小学在校生11 626.9万人，比 1946 年增长 3.9 倍。学龄儿童入学率达到 85%。成人高等学校学生达到 41 万人，成人中等学校学生达到 854 万人，成人初等学校（包括扫盲班）学生达到2 960 万人。这一时期，全日制高等学校为国家培养了 1.6 万名研究生，155 万名大学毕业生；中等专业学校培养了 295 万名毕业生；业余、函授教育培养了 20 万名大专毕业生，200 多万名中专毕业生；农业、职业中学和普通中学共培养了2 000多万劳动后备力量。还向国外派出大批留学人员。培养造就了一大批国家经济建设的新生骨干力量。

（2）“文化大革命”时期（1966～1976）

“文化大革命”十年浩劫期间，教育事业遭到极其严重的破坏，学校长期停课，秩序十分混乱。各条战线专门人才短缺，整个民族文化素质大大下降，中国与世界发展的距离被拉大了。

（3）改革开放以来的新时期（1979 年以后）

1978 年 12 月中共十一届三中全会以后，中国实行改革开放政策。随着教育受到重视和全方位改革，中国各级各类教育跨上了新台阶，教育事业有了极大的发展。

根据 2000 年第五次人口普查资料，祖国大陆 31 个省、自治区、直辖市和现役军人的人口中，具有大学（指大专以上）学历的有4 571万人；具有高中（含中专）学历的有14 109万人；具有初中学历的有42 989万人；具有小学学历的45 191万人（以上各种受教育程度的人包括各类学校的毕业生、肄业生和在校生）。

同 1990 年第四次全国人口普查相比，每 10 万人中拥有各种受教育程度的人数有如下变化：具有大学程度的由1 422人上升为3 611人；具有高中程度的由8 039人上升为11 146人；具有初中程度的由23 344人上升为33 961人；具有小学文化程度的由37 057人下降为35 701人。同期人口中，文盲人口（15 岁及 15 岁以上不识字或识字很少的人）为8 507万人，同 1990 年第四次全国人口普查相比，文盲率由 15.88%下降为 6.72%，下降了 9.16 个百分点。

2. 初步形成社会主义现代化教育体系

中华人民共和国成立 56 年来，教育事业不断发展，一个具有相当规模的基本适应社会主义现代化建设需要的教育体系已初步建立起来。

到 2002 年，我国有各级各类学校共 117 万所，学生总数达 31 879 万人；小学净入学率达到 98.58%，小学毕业生升学率达到 97%。每 10 万人口中，各级学校平均在校生数：在高等学校（包括普通高等学校和成人高等学校）为1 146人；在高中阶段（包括普通高中、职业高中、普通中专、技工学校、成人中专和成人高中）为2 283人；初中阶段（包括普通初中和职业初中）为5 240人；小学为9 525人；幼儿园1 595人。普通高校和普通中等学校在校生数比 1949 年前最高年份分别增长了 21.99 倍和 40.11 倍。50 多年来，共为国家建设输送了约6 000万高、中等专业人才和近 4 亿具有初、高中文化水平的劳动者，极大地提高了全民族的科学文化水平，为国家社会主义现代化建设做出了卓越的贡献，为中华民族的全面复兴奠定了坚实的基础。

（二）日本

第二次世界大战期间，日本不仅在本国，而且在其占领的东亚地区各国推行法西斯奴化教育。二战结束后，日本作为战败国，被美国占领。美国占领军对日本的教育提出了全面改革的要求。改革的目的是清除军国主义教育的影响。这就使日本的教育改革在很大程度上是在美国及同盟国的要求和压力下进行的，而东亚地区其他国家的教育改革，则是在独立后为肃清殖民主义统治在教育领域中的影响和促进经济发展而自主进行的。

1946年，美国向日本派出教育使节团，该使节团向美国占领军总司令部提交了一份《美国教育使节团报告书》。报告书认为，再建日本教育的基本原则应是自由化和民主化，日本文部省根据教育使节团的建议，于同年成立了教育刷新委员会。教育刷新委员会对教育体制先后提出数十项改革建议。

1947年，日本颁布《教育基本法》和《学校教育法》。《教育基本法》依据日本新宪法的精神，将教育的基本目的规定为培养和平国家和社会的缔造者。《学校教育法》则对办学条件、办学标准等问题做出了具体的规定。1963年，日本经济审议会明确将“人力开发”作为发展经济的根本政策。到20世纪末，日本的国民教育水平在资本主义世界中已居于前列。

为促进教育事业的发展，日本各级政府大幅度地增加教育投资。根据联合国教科文组织统计数字，2000～2001年，日本公共教育支出占国内生产总值的3.5%，占政府总支出的10.5%。

据日本文部省数据，2003年，日本有各级各类学校总数达62 085所，其中：幼儿园14 174所，初等教育学校23 633所，初级中等教育学校11 134所，高级中等教育学校5 450所，特殊教育学校995所，技术学院63所，初级学院525所，大学702所，专业培训学院3 439所。在校总人数达20 734 350人，其中：幼儿园为1 760 494人；小学校为7 226 910人；初级中学3 748 319人；高级中学3 809 827人；特殊教育学校96 473人；技术学院57 875人；初级学院250 062人；大学生2 803 980人。

（三）朝鲜

1948年朝鲜民主主义人民共和国建立后，十分重视教育事业。从1956年开始普及初等义务教育，1958年起普及七年制中等义务教育，1959年4月开始实行免费教育制度，1967年起普及九年制技术义务教育。

1975年开始普及包括一年学前义务教育和十年学校义务教育在内的11年制免费义务教育。朝鲜青少年的教育从学前教育开始。学前教育机构是以4～5岁儿童为对象的二年制幼儿园。儿童在幼儿园大班接受一年学前教育，6岁进四年制小学。中等教育机构是六年制高等中学。学生从高等中学毕业后，可以升入二至三年制专科大学或四至六年制大学本科。

学生从小学到大学全部免费上学，大学生和专科学校学生都享受国家发给的助学金。

目前，朝鲜有大专院校260多所，中专570多所。著名高等院校有金日成综合大学、金亨稷师范大学、金策综合工业大学和人民经济大学等。近年来，朝鲜学生从14岁开始把英语作为第二语言必修课来学习。

（四）韩国

韩国政府十分重视教育事业。1948年，韩国成立后制定了《宪法》和《教育法》，确定六年义务教育制度，并着手实行《六年义务教育计划》。后来由于朝鲜战争的爆发，计划中断。1953年停战后，韩国文教部又一次实施《六年义务教育计划》。到1960年，适龄儿童入学率已经达到95%。

为实施六年义务教育和发展中学教育，韩国政府对教育体制和课程安排均进行了改革。1953年成立了教育课程审议会。1954年文教部颁布了《各级学校教育课程时间安排基准令》。1955年颁布小学、中学、高中和师范学校的教育课程，同时教材得到全面改编。从20世纪50年代开始，韩国着手建立教育自治体制，最终形成了分级管理的教育体制。1969年开始废除初级中学入学考试，学生按所在区域抽签分配学校。1974年，又对高中入学制度加以修订，会考合格的学生按区域抽签决定就读学校。

从1993年起，韩国开始普及三年初中义务教育。韩国的学校系统包括：小学6年，初中3年，高中3年和学制不同的高等教育。

目前，韩国小学毕业后升入初中的比率几乎为百分之百。

从20世纪90年代起，韩国制定了《国家信息化促进基本计划》。在教育领域，韩国政府积极推进教育信息化的开展。其目标是：在基础教育课程中大幅度地增加信息技术教育内容；扩大对教师的培训，使全体教师应用信息技术的能力进一步提高；开发幼儿教育、特殊教育和英才教育对信息教育所需的内容；对学生家长开展基本的信息技术培训。到2000年底，韩国已完成了教育信息化综合计划的第一阶段任务，即完成了所有中小学计算机的普及、互联网链接方面的物理设施建设以及教师培训。所有的中学都建立了校园网，并在5年内免除网费。对低收入家庭的学生，政府给予物质补助。

从2002年3月1日起，韩国开始实施《英才教育振兴法》。该法规定，国家应制定英才教育的各种有关综合计划；规定英才教育内容；规范英才教育的管理；支持英才教育所需的费用。英才教育的对象选拔自全国高中以下各级学校的在校生。该法对英才的解释是："具有非凡的才能，为了开发其潜力需要特殊教育的个人。"

2003年韩国共有各级各类学校总数达19 258所，其中：幼儿园8 292所；初等教育机构5 464所；中等学校2 865所；高级中等学校2 095所；特殊教育学校137所；初级学院162所；大学218所以及大学后教育机构25所。在校学生共有11 951 298人，其中：小学生4 175 731人；初中生1 859 265人；高中生1 787 541人；特殊教育学生24 119人；初级学院学生927 889人；大学生2 357 881人；大学后教育机构在校生272 331人。

韩国教育预算占政府预算的20%，占国民生产总值的5%。高等教育机构的80%为私立。

（五）蒙古

蒙古从1921年建国后到1972年间，政府在教育结构、体制、内容等方面进行了多次改革。其间学制变动6次，教学内容修改过11次。在历次改革中，以1963年和1972年的改革影响最大。1963年的改革摒弃传统教学观，倡导教育面向社会，教学与生产劳动相结合，注意提高学生的基础知识和生产实践能力，并培养他们从小养成热爱劳动的品德。1972年，普通教育迎来了第二次较大的思想变革，强调教育同生产相联系，逐步推行职业定向教育和职业选择能力的综合技术教育。

1982年蒙古颁布了第一部《教育法》，初等教育实行免费制度，国家担负学生学习期间的全部费用。

2001年政府教育经费拨款为910亿图格里克，占国家预算的19.3%。2003年，蒙古政府在资金紧缺的情况下，拨款6.17亿图格里克（约为54万美元）用于校舍维修、扩建和学校运动场的改造，这一数字是2002年的2.7倍。除了增加财政拨款外，蒙古政府还将外国政府和国际组织的援助用于发展教育。2003年，大约800多万美元的国际援助用于新建和扩建学校，改善教学设备，推展计算机化和远程教学，发展农村牧区的基础教育。为发展农村教育，政府还在农村牧区新建了一批文化中心。2002～2003学年，蒙古共有全日制普通教育学校约700所，在校学生53.44万人；高等院校142所，其中国立高校67所、私立高校75所，在校学生9.84万人。

（六）俄罗斯西伯利亚及远东地区

俄罗斯西伯利亚与远东地区具有较完善的教育和文化基础设施，各州和城市内建有约110多所各类高等院校和专科学校，大部分院校都设有科研机构。

在这一地区，科学院系统、高等院校系统和企业系统的科研机构已经形成了完整的科研网络和体系。新西伯利亚科学城建有各类综合大学和专业技术学校，以及艺术、师范、医学、建筑等院校。

其中，新西伯利亚国立技术大学，建校有50年的历史，在全俄高校排名第七位。该校是以工科为主的综合大学，在无线电、计算机、数学、原子物理学、航空仪表等专业具有较强的实力。远东国立技术大学有100多年的历史，为俄罗斯重要的研究中心，特别是研究俄罗斯政治、经济在太平洋地区的影响；在焊接、采矿、海洋工程方面的研究历史悠久，尤其是水下机器人的研究水平非常先进。该校在汉学、日本学、朝鲜学、越南学以及印度学的教学与研究方面，很受俄罗斯学生的欢迎。学校在法律、经济学基础学科方面的实力著称，在俄罗斯200多所高校中排名第十三位，在基础学科方面排名第七位。该校教授素质高，教学质量一流。

（七）越南

1945年，越南独立后开始发动扫盲运动。到1959年，越南北方平原和半山区地区中93%的12～50岁的民众扫除了文盲。1976年越南南北方统一时，南方有150万12～50岁的人是文盲，到1978年时，这个年龄段的识字率达到了94.15%。

越南政府在积极扫盲的同时，大力推进教育的发展。在经济面临严重困难的情况下，经过几十年的艰苦努力，现在越南已经形成了一个完整的国民教育体系。这个体系包括幼儿教育、普通教育、专业教育、大学教育以及成人教育。

1986年12月，越南共产党六大提出改革的路线。在教育领域，越南政府提出“教育培训是头等国策”，教育不仅要适应国营经济和国家编制的需要，还要适应其他多种经济成分的需要；教育要适应技能培训和普及需要。同时，越南政府还提出，要努力实现教育培训社会化，教育民主化，过程灵活化，内容现代化的目标。要求促进学校和社会的合作，加强教育同科学技术研究、生产劳动之间的结合，扩大教育的国际交流与合作，争取各国及国际组织的援助。

越南共产党中央1996年12月通过了《工业化、现代化时期教育—培训发展战略定向和至2000年任务》的决议。这个决议确定了未来20多年教育和培训事业所要实现的目标：全面提高小学教育质量；到2010年完成初中教育普及；到2020年完成高中教育普及；发展少数民族地区和贫困地区教育；发展大学、专科教育；扩大熟练工人的培训等。

到2000年，越南宣布已基本实现普及小学义务教育目标，2001年开始普及九年义务教育。目前越南乡乡有小学，大部分乡有初级中学，县县有高级中学，大部分县有数所中学。2000～2001年越南有普通教育学校25 220所，在校学生人数为17 897 604人。高等教育学校148所，在校学生人数为452 396人。

（八）老挝

老挝的学校主要有小学、初中、高中、职业学校和大学。1998年，农村已经基本普及了小学，乡村适龄儿童入学率为70%，城市为85%。老挝的初等中级教育普及到县和乡镇（原老挝设乡，1998年已取消），原乡政府所在地一般都有初中，大约1/3的小学生可升初中。高中1998年普及到县，基本是每县一所高中，初中毕业生的1/3左右可升入高中。老挝的职业学校和大学是20世纪90年代才逐步发展起来的。初等技校1991年仅6所，1998年为27所，在校生为2 600人。中等技校1991年仅6所，1998年为51所，在校生为7 400人。高等技校（大专）1991年仅7所，1998年为12所，在校生为3 500人。大学1991年仅1所，1998年为3所，在校生为4 300人，教师1991年仅86人，1998年为500人。除正规学校教育外，老挝的佛寺也是重要的教育场所。老挝有2 000多所佛寺，这些佛寺同时就是学校。佛寺里的比丘和僧侣同时也是教师，教授内容有识字、算术、礼仪、佛经、医学和外语等。

（九）柬埔寨

20世纪60年代起，柬埔寨开始发展民族教育事业。但由于70～80年代的战乱，教育出现了大倒退。80年代末期开始，教育有较大的恢复和发展。

柬埔寨的学制为小学五年，初中三年，高中三年。1997－1998学年，柬埔寨有初等教育机构5 026所，初级中等教育机构350所，高级中等教育机构125所。小学在校学生约130万人，初中在校学生约30万人，高中在校学生约3.8万人。全国中小学教师约6万人。五年制的初等教育机构中有50%为不完全小学。许多儿童由于家庭距离完全小学太远而失学。要完成九年的基础教育还是非常艰难的一个挑战。城乡教育的差距依旧很大。目前全国大约有25所中专，金边有7所大学，此外还有一些英语、汉语速成班。全国有华文学校十几所。国民识字率为63%，在东南亚国家中是最低的。

（十）泰国

泰国政府在第二次世界大战结束后，把教育作为国家发展战略的重要一环。因此，泰国政府分别于1951年、1960年和1977年先后制定了3个《全国教育纲要》。纲要的基本目标是实现教育机会均等，并为社会经济发展服务。除此之外，泰国政府在每一次制定国家经济发展计划时，都将教育发展纳入其中。

除了正规的学校教育之外，泰国的远程教育是具有特色的另外一种教育方式。泰国国家教育部非正规教育司在20世纪50年代初就开始了远程教育。最初是通过广播函授节目向没有完成中小学学业的学生提供接受教育的机会。1966年，非正规教育司通过泰国电信卫星基金会建立了非正规教育体制，教育电视台在全国范围内向各类接受非正规教育者播放教育节目。目前，泰国有7个机构从事开放远程教育：在初等和中等教育方面，有非正规教育司和克雷克拉瓦卫星教育工程；在高等教育领域，有国立开放大学、苏可泰开放大学、苏拉娜丽理工大学、大湄公河分区虚拟大学以及国立开放大学。

泰国的远程教育已经得到了广泛发展，这种教育被认为是为那些在学龄阶段因种种原因未能进入传统的面授教育机构进行证书或学位课程学习的人们，提供了另一种教育机会。随着信息通信技术的出现与推进，开放远程教育成为整个教育体系，包括高等教育和中小学教育中必不可少的组成部分。每年新建的开放远程教育机构有上百家，而且大多数学校采用电子网络学习或数字与仿真技术相结合的传授方式。

（十一）马来西亚

马来西亚于1957年独立后，把教育作为统一多元文化国家的重要手段，致力于建立相对统一的教育体制。

1961年制定《教育法》，规定国语马来语为主要教学语言。1963年，马来西亚制定《国家语言法》，规定马来语为唯一的国家语言。随后，政府开始将英语学校改造成马来语学校。1969年，马来西亚各民族之间发生严重骚乱。因此，政府1970年决定以“国家理想”和“新经济政策”为治国方针。为实现大一统的观念和文化这一目标，马来西亚政府将教育作为重要手段。1979年，内阁委员会发表报告，提出教育发展目标，即：实现多种族社会的国家统一，培养国家建设所需人才，扩大教育民主化，实现城乡教育的平衡发展，提高民族道德水平。

随着教育的发展，人口的教育水平不断提高，成人识字率已达到发展中国家的中上水平。20世纪70年代以后推行的“新经济政策”，为马来人在高等教育、职业技术教育等方面留有政策性优越地位。而各级教育中对马来语的偏重，使理工方面的教育受到一定限制，特别是在将世界新的经济、技术引进教学内容时受到语言的限制。同时，大学中许多马来族学生凭借其语言和政策优势选修文科，更使理科教育备受冷遇。90年代中期以来，在教育界的呼吁下，政府开始重视对理工科学生的培养，允许扩大理科重要课程用英语讲课的范围。这样不仅可以使学生直接接受国外先进科学技术，而且也有利于学生提高英语水平，以适应今后对经济全球化的需要。

（十二）新加坡

新加坡的教育是一种精英教育。

1965年独立后，新加坡政府宣布，平等对待各民族语言教学，建立民族教育体系。1969年进一步改革教育，在普及小学教育的基础上，加强中等学校的职业技术教育，建立起普通教育和职业教育相结合的教育体制。

1979年新加坡政府提出了适应“第二次工业革命”的观点，要求迅速发展先进科技工业。教育部门再次对中小学教育进行改革，并调整和扩充高等院校，使教育事业适应国民经济的战略转变。

2003年新学年起，新加坡开始实施义务基础教育制。6～10岁儿童如果不接受义务教育，其家长将受到法律制裁。事实上，新加坡早在20世纪末就已经完成了初等教育的普及。新加坡的教育体系比较复杂。小学教育分为两段，1～4年级为基础教育阶段，四年级末进行分流考试，分为三个档次，学生按照成绩进入不同的学校学习不同进度的课程。小学六年级末学生需参加离校考试，根据成绩进入不同的中学，选修不同的课程。中学课程共分为4种，学习年限4～5年不等。中学毕业后，半数以上的学生进入理工学院，这其中的5%日后可进入大学；有10%的学生进入初级学院，其中大多数日后进入大学。

2001年新加坡6～11岁初等教育净入学率为94%，12～15岁中等教育净入学率为93%。2001年中等教育毛入学率为100%；初级学院毛入学率为48%；高等教育毛入学率为45%。全国人口平均在校学习时间为12.6年。2003年新加坡共有各级各类学校355所，其中：初等教育机构175所，中等教育机构162所，初级学院15所。2003年新加坡初等教育在校注册人数为28.8万；中等教育注册人数为17.8万；初级学院注册人数为2.2万。

（十三）印度尼西亚

印度尼西亚于1945年8月宣布独立后，颁布了新宪法。宪法规定，每个公民均享有接受教育的权利；国家将实施国民教育，尽快扫除文盲；国家将实施小学义务教育。

在1945～1965年的苏加诺执政时期，印尼政府颁布了一系列的教育法令和相关的教育政策。同时着手对教育进行改革，将学制为七年的荷印（尼）小学和学制为三年的农村小学统一为六年的学制。还制定新的教学大纲，以印尼语为教学语言。1966年开始，苏哈托政府也对教育进行了整顿和改革。

印尼从 1984 年开始实行六年义务教育计划，从1994 年 5 月起在全国实行九年义务教育计划。因此，教育事业发展较快。在校小学生 1968 年为1 230万人，2000～2001 年度增至2 161 万人；同期，在校初中及技校生从 115 万人增至 760 万人；在校高中及技校生从 48.2 万人增至 420 万人；在校大学生从 15.6 万人增至 291 万人。2000 年小学入学率为 95.5%，初中入学率为 78.7%，高中入学率为 49.1%，高中以上学历占 10 岁以上公民的 18.32%。1999 年文盲率为 10.21%（农村 13.46%，城市 5.36%）。

印尼政府重视发展教育事业，每年都给教育部门大量拨款，2002 年文教青体预算开支 11.6 万亿盾，占国家发展支出 24.5%。

（十四）菲律宾

1946 年 7 月 4 日菲律宾宣布独立。随后，菲律宾政府宣布以他加禄语为基础的菲律宾语为国语，并在学校中使用菲律宾语为教学语言，以逐步肃清殖民教育所带来的影响。

为了推动民族教育的发展，菲律宾政府对教育制度进行了一系列的改革。20 世纪 50 年代末，全面推行义务初等教育，规定小学阶段必须学习菲律宾国语。在 60 年代后期，菲律宾政府把国民教育放在重要的位置上。

1972 年，菲律宾政府颁布的《教育发展法令》明确指出，教育要为经济的发展和社会的进步服务。随后，又对教育进行了一系列改革，使之适应国民经济发展的需要。

20 世纪整个 70 年代，是菲律宾教育改革的一个重要时期。初等和中等教育以政府办学为主；高等教育主要为私人办学机构。为鼓励私人办学，政府向私立学校提供长期低息贷款，并免征财产税。

2003 年，菲律宾全国共有小学41 288所，其中：公立学校36 759所，私立学校4 529所；在校学生12 979 628人，小学生入学率 97%。全国共有中学7 890 所，其中：公立学校 4 629 所，私立学校 3 261所；在校学生6 077 851人，中学入学率 65%。高等教育机构1 403所，在校学生 200 多万人，年毕业生约 50 万人。2002 年菲律宾的教育预算为 1 053亿比索，占政府预算开支的 13.48%。

表 1 为东亚地区 10 国 2000～2001 年度公共教育支出状况。

表 1　　东亚地区 10 个国家
2000～2001 年度公共教育支出的比重

国　别	公共教育支出占国民总收入(GNP/GNI)%	公共教育支出占国内生产总值(GDP)%	公共教育支出占政府总支出%
中国	2.2①	2.2①	13.01①
日本	3.5	3.5	10.5
韩国	3.8	3.8	17.4
老挝	2.4	2.3	8.8
柬埔寨	1.9	1.9	10.1
泰国	5.5	5.4	31.0
马来西亚	6.8	6.2	25.22②
新加坡	3.5	3.7	23.63③
印度尼西亚	1.6	1.5	9.6
菲律宾	3.4	3.5	20.6

①　为 1998～1999 年数字；

②　为 1999～2000 年数字；

③　为联合国教科文组织统计局估计数字。

资料来源　根据联合国教科文组织统计局（UNESCO Institute for Statistics）《全球教育摘要 2004》（Global Education Digest 2004）整理。

第二节　初等教育与中等教育

初等教育即小学教育，或称基础教育，通常指一个国家学制中第一阶段的教育，对象一般为 6～12 岁儿童。

目前，世界上的大多数国家将初等教育规定为义务教育，并有将义务教育阶段扩大到中等教育的趋势。中等教育是在初等教育基础上继续实施的教育，这一阶段的教育在整个学校教育体系中起着承上启下的作用。所谓义务教育，指的是国家用法律形式规定的、一定年龄段内所有儿童和青少年都必须接受的一定年限和程度的学校教育，国家、社会、学校和家庭必须保证使他们得到这种教育。普及义务教育是提高人口素质、开发人力资源的基础，因而义务教育的普及程度是衡量一个国家教育水准高低的重要标准之一。

东亚地区各国的义务教育多为六年至九年制。在东亚地区各国中，最先完成六年义务教育普及的是日本。1912 年日本实现了初等教育普及。新加坡在 20 世纪 60 年代末实现了初等教育普及。1976 年韩国政府宣布完成了初等教育普及。2000 年越南宣布已基本实现普及小学义务教育，并于2001年开始普及九年义务教育。2000年日本和新加坡的平均在校年数已经达到9.5年和8.6年。2001年，中国宣布已实现基本普及九年义务教育。

2000年，东亚地区其他国家初等教育净入学率分别为：马来西亚98%，柬埔寨95%，越南95%，中国93%，菲律宾93%，印度尼西亚92%，蒙古89%，泰国85%，老挝81%。

一 初等教育

(一) 中国

中国初等教育的发展同中国政治、经济建设的步伐有着密切的关系。

1949年12月，在开国大典后仅两个月就召开了全国第一次教育工作会议，明确了基础教育发展政策。

20世纪50年代初期，为扫除文盲，兴起了以识字运动为中心的工农业余初等教育高潮。

新中国的第一个小学教育普及计划是在1951年教育部召开的第一次全国初等教育会议与全国师范教育会议上提出的。1956年，全国人民代表大会通过《1956～1967年全国农业发展纲要》，其中包括了第二个初等教育普及计划。纲要提出，从1956年开始，“分别在5年或7年内基本扫除文盲”，“分别在7年或者12年内普及小学义务教育”。但由于1958年“大跃进”和1966年开始的“文化大革命”，这一发展纲要没能实现。

1978年，中共十一届三中全会的召开，标志着中国社会主义建设新时期的开始。中共中央和国务院分别于1980年和1983年做出有关普及初等教育的政策性决定。1985年，《中共中央关于教育体制改革的决定》公布，《决定》建议制定《义务教育法》。1986年，全国人大六届四次会议通过《义务教育法》，自1986年7月1日起执行。《义务教育法》规定：“国家、社会、学校和家庭依法保障适龄儿童、少年接受义务教育的权利”，“凡年满6周岁的儿童，不分性别、民族、种族，应当入学接受规定年限的义务教育。条件不具备的地区，可以推迟到7周岁入学”，“国家实行九年制义务教育”，“学校应当推广使用全国的普通话”，“招收少数民族学生为主的学校，可以用少数民族通用的语言文字教学”。自此，中国的基础教育开始进入稳定发展的时期。

1986年《义务教育法》颁布以来，特别是20世纪90年代以来，中国教育工作取得的最大成绩之一就是实现了基本普及九年义务教育和基本扫除青壮年文盲的“两基”目标。到2002年底，实现“两基”验收的县（市、区）总数达到2 598个（含其他县级行政区划单位169个），比上年增加24个县（市、区）；12个省（直辖市）已按要求实现“两基”。实现“两基”的人口覆盖率达90%以上。“两基”的成绩主要表现在：

1. 义务教育普及程度大大提高

从1985年到2000年，全国小学学龄儿童入学率由96%上升到99.11%，小学毕业生升学率由68.4%上升到94.89%。15年来，九年义务教育总规模从17 384.4万人增加到19 307.3万人，增长11.06%。青壮年文盲率下降至5%以下。

2. 农村中小学办学条件明显改善

农村中小学校舍建设有了较大的发展，2000年校舍总面积5.86亿平方米，比1989年增加了1.27亿平方米。实现“普及九年制义务教育”的学校仪器设备配备达到国家和省规定的一、二类标准。

3. 教师队伍素质明显提高

与1985年相比，2000年小学教师合格率由60%上升到96%，提高了36个百分点。

4. 办学效益明显提高

与1985年相比，2000年全国小学校均规模由160人增加到235人，增长约46%。

据不完全统计，1981～1991年的11年间，中国多渠道筹措用于改善中小学办学条件的经费达1 071亿元，其中国家财政拨款为357亿元，社会集资、捐资等各种渠道筹措教育经费700多亿元，共修缮、新建、改建中小学校舍总面积6.72亿平方米，使全国中小学危房占校舍面积的比例由1981年的15.91%下降到1991年的1.6%，其中有13个省（区）降到1%以下。全国还添置课桌凳1.16亿套，教学仪器设备总值48.7亿元，图书资料总值11.98亿元。

2001年1月1日，国家主席江泽民向全世界宣布：中国如期完成了向世界的庄严承诺，实现了基本普及九年义务教育和基本扫除青壮年文盲的战略目标。

但由于中国经济发展的不平衡，人口基数大，尽管基本实现了两个普及，但还是存在着一定数量的没有完成义务教育的学龄人口。因此，2001 年 6 月 11～12 日，全国基础教育工作会议在北京召开，这是改革开放以来第一次以国务院名义召开的关于基础教育的工作会议。这次会议的召开和《国务院关于基础教育改革和发展的决定》的颁布，进一步确立了作为教育工作“重中之重”的基础教育在国计民生中的重要地位，明确了基础教育在“十五”期间的任务，并提出了解决农村义务教育发展的治本之策。全国基础教育工作会议，以全面实施素质教育为核心，以调整农村义务教育管理体制为重点，为进一步加快基础教育的改革与发展，努力提高基础教育的质量和水平，为改革开放和现代化建设提供强大的人才储备和智力支持开创了划时代的意义。

2002 年中国的义务教育完成率仍比较低，全国平均只有 76%，这是因为农村经济不发达地区的教育发展程度低下造成的。每年大约有 500 多万少年儿童没有完成义务教育就离开了学校。造成这一现象的主要原因是政府的义务教育经费投入不足，中国每年投入的财政预算内义务教育经费缺口接近 750 亿元。《国务院关于基础教育改革与发展的决定》明确提出，“加强农村义务教育是涉及农村经济社会发展全局的一项战略任务，各级人民政府要牢固树立实施科教兴国战略必须首先落实到义务教育上来的思想，完善管理体制，保障经费投入，推进农村义务教育持续健康发展。”

近年来，中国政府财政对教育投入的力度不断加大。2002 年，义务教育财政预算内教育拨款为 1 695.38亿元，比 2000 年增长了 56.25%，财政预算内教育拨款中义务教育所占的比例从 2000 年的 52%增加到 2002 年的 54.44%，增加了 2.44 个百分点。同时，义务教育政府财政投入经费占国内生产总值比例也逐年有所提高。2000 年政府投入义务教育经费占国内生产总值的比例为 1.58%，2002 年提高到 1.87%。两年提高了 0.29 个百分点。

2002 年全国共有小学 45.69 万所；招生 1 952.80万人；在校生12 156.71万人；小学学龄儿童入学率达到 98.58%，其中男女童入学率分别为 98.62%和 98.53%，男女入学性别差为 0.09%。小学五年巩固率为 98.80%。小学毕业生升学率为 97.02%。全国小学教职工 634.02 万人；其中专任教师 577.89 万人。小学专任教师学历合格率 97.39%，小学生师比 21.04:1。

（二）日本

日本于 1912 年实现了初等教育普及后，1947 年开始实施免费九年义务教育。日本小学学制为六年、初中为三年，这两个阶段属于义务教育时期，入学率几乎达 100%。由于小学和初中实行强制性义务教育，因而学生既没有跳级，也没有留级。作为培育国民的基础，日本的小学教育受到高度重视。

日本义务教育的教学大纲、教科书等必须由政府的文部省（2001 年 1 月 6 日起改为文部科学省）进行审定，小学教员的任免和待遇等均在受文部省监督和指导的教育委员会的规定下实施。日本把培养儿童的“国民意识”和集体主义意识作为义务教育阶段的重要目标之一。日本的小学制定了很多其他国家所没有的独特的学校惯例活动，并规定全体师生都必须参加。这些活动包括各种各样的校会、运动会、远足，其中隆重的入学典礼和毕业典礼等都是经过精心筹备的。同时，日本社会的现代化发展，也使日本的小学在教学体系上进行着各种新的尝试，例如在小学实行正规的外语教学，以及让学生们利用电脑浏览英特网或是制作自己的数据库等。

（三）朝鲜

朝鲜从 1950 年开始实施义务教育制，初等教育阶段免除学费。由于朝鲜战争爆发，教育计划被迫中断，1956 年重新开始实施初等教育免费义务制。到 1958 年，又开始实施中等义务教育制。1975 年起，实施 11 年的免费义务教育，其中包括 1 年学前教育、4 年小学教育和 6 年高等中学教育。

2001 年，朝鲜通过了第一部《教育法》。在这之前，教育的纲领性文件是金日成在 1977 年发表的《关于社会主义教育的提纲》。在新颁布的《教育法》中，明确规定了国家实行全面的免费义务教育制。同时，《教育法》阐明的基本方针还包括：教育与实践相结合、学校教育和社会教育是教育的基本形态、实施英才教育是社会主义教育的重要要求等。

朝鲜的初等教育机构被称作人民小学。年满 6 周岁的儿童在接受了 1 年的学前义务教育之后，在人民小学接受4年的初级教育。初级教育之后是划分为中等班4年和高等班2年的高等中学教育。目前，朝鲜共有幼儿园约1.7万所，在园幼儿约73万人；人民小学约5 000所，在校学生160万人。此外还有各种青少年课外教育活动基地约1 460个。

（四）韩国

韩国1945年独立时，适龄儿童入学率为64%。朝鲜战争结束后，韩国政府为大力推动初等教育，第二次实施《义务教育六年计划》，要在1954～1959年的6年时间里，完成义务教育的普及。到计划完成年度的1959年，适龄儿童的入学率达到了96.4%。20世纪60年代，由于韩国人口的急剧增长，师资和教育设施严重不足。因此韩国政府先后制定了两个义务教育设施扩充计划，并鼓励私人办学。进入70年代，韩国为适应经济发展的需要，制定了1972～1976年的第三个义务教育发展五年计划。其目的是提高义务教育质量和扩大免费教育范围。经过多年的努力之后，1976年韩国政府宣布全面普及了六年制的初等教育。

1978年底，韩国政府公布了长期综合教育计划，计划到1993年全面普及九年制义务教育。韩国初等教育的基础课程由8个主要科目组成：伦理学、国语、社会学、算术、科学、体育、音乐、美术和实用美术。从三年级起增设英语和实用美术。政府规定，小学教师必须是四年制的师范院校的毕业生。

（五）蒙古

蒙古的学制实行初等教育和中等教育合为一体的普通教育学制。1929年，小学学制为三年，1934年改为四年制。20世纪50年代初，改为小学四年，不完全中学七年，完全中学十年制。1963年将学制变为小学四年，不完全中学八年，完全中学十一年制。1972年又改为小学三年、不完全中学八年、完全中学十年的学制。到1985年，蒙古普通教育仍然实行1972年制定的学制。

从蒙古普通教育的结构看，不完全中学居多数。1985年，不完全中学占普通教育学校总数的57.7%，小学占17.7%，完全中学占24.7%。近年来，随着完全中学的普及，独立小学和不完全中学数量逐年减少，完全中学得到显著发展。

蒙古普通教育的特点是乡村学校已经基本上实现了完全寄宿制。蒙古政府在初等教育方面采取“一个都不能少”的政策。在义务教育阶段，政府为偏远地区和贫困家庭的孩子免费提供课本和学习用具。对有4个以上接受初等教育孩子的家庭，政府承担其中一个孩子的所有学杂费和学习用具。2003年新学年开始时，蒙古政府为6.4万个贫困家庭的孩子提供了学习用品，为此政府的支出约80万美元。目前蒙古共有688所10年制学校，在校学生53.4万人。

（六）越南

越南的初等教育和中等教育合为一体，称为普通教育。普通教育的学制为十二年。可以分为三级：一级为五年，相当于小学文化程度；二级为四年，相当于初中；三级为三年，相当于高中。目前，越南每个乡都有小学和初中，每个县都有高中。

2000年越南政府宣布，已基本实现普及小学义务教育目标。2001年开始普及9年义务教育。2001～2002学年，全国共有2.58万所三级普通学校，有教师72.35万名，学生1 770万人。

（七）老挝

1975年人民民主共和国成立后，实行优先发展教育方针，在全国开展扫盲运动，并同时抓幼儿教育、普通教育和高等教育，文化教育事业获得长足进展。到1998年，农村已普遍设立小学，乡村适龄儿童入学率为70%，城市为85%。全国小学1975年仅4 444所，1990年增至6 316所，1995年增至7 591所，2001年为8 184所。在校学生人数1975年为32万人，1990年增至58万人，1995年增至72万人，2001年为93万人。

（八）柬埔寨

1953年独立后，现代教育开始起步。西哈努克时期采取一系列措施促进教育事业发展，1954～1969年间，小学从2 731所增加到5 857所，在校小学生从30万人增加到102万人。自70年代后，因长期战乱，文教事业遭受严重破坏。1993年柬埔寨联合政府成立后，政局相对稳定，教育迅速恢复，兴建了一些学校，规定6岁儿童开始上小学，学制五年。2002年全柬共有1 813所幼儿园，9.05万名入园儿童；有5 757所小学，学生人数270万人。1999年成人文盲率为61%，在东南亚国家中，柬埔寨的识字率是最低的。

（九）缅甸

政府重视发展教育和扫盲工作，维护传统民族文化。教育分学前教育、基础教育和高等教育。学前教育包括日托幼儿园和学前学校，招收3－5岁儿童；基础教育学制为十年：一至四年级为小学，五至八年级为普通初级中学，九至十年级为高级中学。现行教育方针是：人人享有基础教育的权利，实行小学义务教育制度，加强全民扫盲工作，努力让所有学龄儿童都能上学，并使80%学生读到小学毕业。2001～2002学年，全国共有小学3.6万所，小学教师14.6万人，小学学生709万人。为振兴民族文化，缅甸政府于1992年10月1日，决定在全国范围内恢复寺庙教育。1997年，全国有寺庙小学1 556所，学生8.8万人。

（十）泰国

泰国政府认为，教育的发展，尤其是农村教育的发展，是社会经济发展的先决条件。为此，一方面，泰国政府在1977年制定了第三个《全国教育纲要》，《纲要》的主要目标是要实现教育机会均等，使普及义务教育成为可能。《纲要》将七年制的小学改为六年，同时要求各级政府积极扩大农村地区尤其是偏远地区的小学适龄儿童的入学机会。另一方面，政府还加大对教育的投资。教育经费占泰国政府财政预算支出，在20世纪60年代为15%～17%，到80年代增至20%左右。1981年教育经费约占国民生产总值的3.6%。1985年，用于初等教育的经费占教育经费总数的56.3%。

目前，泰国实行九年义务教育。义务教育阶段不收学费，只收杂费（包括交通、餐费、空调、游泳等项费用），对30%的贫困学生实行全部费用免收政策。对于全国的义务教育发展，国家统一按学生人头拨给教育经费。泰国中央政府根据地方经济的发展水平对贫困地区给予补助性投入。政府同时还鼓励私人办学，对私立学校、寺院学校按照学生人数给以公立学校一样的补助。由于政府的鼓励，近年来泰国的私立教育发展较快。私立学校广泛参与各层次的教育活动。

泰国政府近年来提出校本管理的指导思想，在简化和下放教育管理权的同时，积极扶持地方中小学利用地方资源、为地方经济和社会发展服务。泰国教育部门认为，在普及义务教育时，一定要与职业教育、地方经济和社会文化结合起来。在基础教育阶段的教材方面，国家不强求统一，因此有多种教材可供学校选用。这些教材各有特色，以符合国家基本课程为标准。学校对教材的选用由学校管理机构、教师和家长组织一起商议决定。

（十一）马来西亚

马来西亚政府为发展乡村教育，在20世纪70年代提出的“消除贫困”、“重组社会”的新经济政策中，把发展教育作为解决贫困的重要措施之一。政府大力发展乡村学校，并向贫困学生提供奖学金。1975年政府实行课本借用计划，向贫困学生提供课本。1976年在乡村的部分地区向小学生提供免费早餐，实行营养计划。

马来西亚的教育开支在独立后迅速增加。随着国民生产总值的增长，教育开支在国民生产总值中所占比重也逐步提高。公共教育开支在1985年已经占到国民生产总值的7.9%，其中，基础教育占国民生产总值的5.9%。

马来西亚实行九年制义务教育，规定所有适龄儿童都必须接受九年制义务教育。初等教育从6岁开始，学制为六年，称为标准学制。由于实行九年制义务教育，小学毕业后不必经过全国会考可直接升入中学。但在小学五年级时，学生必须经过一次考试，以评估学习成绩。

马来西亚各类学校一般都实行马来语、英语双语教学。小学通常有两类：一是以标准马来语为教学语言的国立小学；一是以英语、华语、泰米尔语为教学语言的国立模范小学。独立以来，马来语和英语在所有的小学强制推行，小学都能进行英语、马来语双语教学；有些学校甚至能进行马来语、英语、华语或泰米尔语三语教学。小学其他课程通常有算术、历史、地理、公民学、艺术、生理卫生、体育等。

（十二）新加坡

1965年新加坡共和国成立后，高度重视教育事业的发展。

到20世纪的60年代末，新加坡完成了六年制的初等教育普及。此后，新加坡政府多次对教育制度中不合理的部分进行改革。

1977年，新加坡小学阶段的自动升级制度被废除，改为在每个年级都实行留级的办法，目的在于提高基础教育质量。

1979年，开始实行小学教育分流制度。在小学三年级后，根据学生考试成绩将学生分别编入3种不同的班级，即普通双语班、延长双语班和单语班。1979年实行的小学教育制度，规定小学阶段的前3年时间里，学习的重点是打好语言基础，以便日后继续学习其他课程。

在课程设置方面，新加坡课程发展署采取逐步更新教学内容，适当压缩教材分量的办法，使教材更富于实践性。

1987年，新加坡的所有中小学都已经实行了双语制。小学课程有4门主课，英语、数学、母语（包括华文、马来文和泰米尔文）以及三年级开始的科学课。其他课程还有音乐、美术、公民教育、健康教育和体育等。

（十三）印度尼西亚

印度尼西亚从1984年开始实行六年义务教育计划，从1994年5月起在全国实行九年义务教育计划。

初等教育机构除了教育部的学校外，还有由宗教部管理的宗教学校——玛多拉萨。印尼人90%信仰伊斯兰教，因此有些小学生上午到小学校学习，下午到玛多拉萨。

1998年经济危机以来，政府推行《社会安全网计划》，除保证贫困人口的生活外，在教育方面是向贫困学生提供助学金，向贫困地区的学校提供一次性拨款。

1999年政府颁布法令，决定教育管理体制实行地方分权，目的是给地方政府更多的自治权。

在印尼政府制定的《2000～2005年教育发展计划》中，有关基础教育的主要内容是：通过教育结构、办学形式多样化，向私立学校提供补贴来实现教育的扩展；促进教师专业化；开发以能力为宗旨的课程；提供教育设施设备，提高教育质量和针对性；通过逐步实施分权和校本管理提高管理水平。

目前印尼教育预算占国内生产总值的不到5%。2000年小学入学率为95.5%。1999年文盲率为10.21%。目前小学在校生为21 614 836人，有小学校150 612所。

（十四）菲律宾

建国初期，菲律宾小学采用六年制教育，课程体系基本沿用美国统治时期的体系；但随后不久，菲律宾政府认识到应建立一套适合国情的课程体系。1955年，菲律宾全国教育委员会制定了教育基本目标，其中包括道德精神、爱国主义等方面的内容。1957年，菲律宾教育部重新修订小学课程计划，规定小学一二年级以民族语言为教学用语。这一时期小学课程体系的突出特点是菲律宾语和英语的学习时间相对较多，从三年级起劳动教育课程的比重加大。这是考虑到当时许多小学毕业生毕业后不再升学，需要就业的实际情况而制定的。

20世纪60年代后期，菲律宾大力发展制造业，积极鼓励外国投资，引进技术和机器设备。为使教育适应经济发展，1972年，菲律宾国家教育文化部颁布了《初等教育改革法令》。为实现法令中明确提出的教育目标，教育文化部于1973年和1977年对小学课程进行了改革，在小学阶段加强劳动教育、实用工艺和职业教育，目的是使小学生无论在哪一个年级辍学后都具有从事某种职业的技能。

1982年，菲律宾教育文化部又推行新的小学课程，主要表现在：增加读、写、算基本知识和技能的学习时间；强调发展学生的智力技能；在中、高年级中增加历史、地理和公民修养课的课时。

菲律宾国家教育计划规定，初等教育和中等教育阶段为义务教育。初等教育年限为六年，实行免费义务教育制。学生结束初等教育后，经考试升入中学。在义务初等教育阶段，除了文化课之外，菲律宾还十分重视道德课程和具有职业教育性质的劳动课程。2000年，菲律宾小学净入学率为93%。

（十五）文莱

文莱的教育制度主要依照英国模式建立，并依照英国的教学大纲进行教学。学制为小学六年，初级中学三年，中级中学二年，高级中学或大学预科二年。只有顺利完成13年学业的青年，才有资格进入高等学校继续深造。文莱政府规定，对文莱公民实行中小学免费教育，并向那些居住地较远（离学校5公里以上）的学生提供免费寄宿宿舍、免费交通或生活补贴。

（十六）东帝汶

共有小学700所。全国文盲率为48%，其中农村文盲率达80%左右。

阻碍初等教育普及的一个很大因素，是与城乡经济发展不平衡相伴生的教育发展不平衡。农村教育的落后是普及基础教育的难点。因而菲律宾、马来西亚、印度尼西亚和泰国等国政府都把发展农村教育作为重点。

东亚地区各国在发展教育的过程中，首先强调的是基础教育。在这些国家的教育财政支出中，初等教育经费的比例比其他方面的教育经费要高得多，因此使低收入家庭的子女成为其教育投入的受益对象。由此才使得这些国家的国民素质得以提高，能够迅速而持久地积累起丰富的人力资源。

由于东亚地区各国注重基础教育的投入，因而大部分国家的基础教育质量都比同级收入水平的国家要高。而且这些国家亦注重缩小男女儿童享受初等教育方面的差距。在实现了普及初等教育的目标之后，东亚的这些国家又致力于迅速扩大中等教育，为实现现代化大工业生产提供充足的人力资源。

表2　东亚地区14国2002～2003年初等教育状况　(%)

国　别	初等教育学龄儿童失学率	学前教育入学率	初等教育净入学率	初等教育完成率	成人识字率(15+)(2000～2004)
中国	—	36	97①	100	90.9
日本	0	85	100	—	—
韩国	0	83	100	97	—
蒙古	18	34	79	97	97.8
越南	6	45	101②	98	90.3
老挝	15	8	85	73	68.7
柬埔寨	17	7	93	67	73.6
泰国	—	87	86	86③	92.6
马来西亚	7	99	93	95	88.7
新加坡	0	—	96	—	92.5
印度尼西亚	3	97	92	97	87.9
菲律宾	6	39	94	98	92.6
文莱	8	76	90	94	98.2
东帝汶	—	—	142④	—	—

①　中国初等教育净入学率为1990～1991年数字。

②　越南初等教育入学率为毛入学率。

③　泰国初等教育完成率为1998～1999年数字。

④　东帝汶初等教育入学率为2000～2001年的毛入学率。

资料来源　根据联合国教科文组织统计数据整理。

二　中等教育

中等教育是在初等教育基础上继续实施的教育，这一阶段的教育在整个学校教育体系中起着承上启下的作用。

中等教育大体上可以分为普通中等教育和职业技术教育。普通中等教育的基本任务是为高等教育培养合格的人选，而职业技术教育的主要任务则是培养社会经济所需要的中等技术人才。

在取得了普及初等教育的成果之后，迅速扩大中等教育规模，尤其是大力发展职业技术教育，是东亚地区国家快速积累人力资源的重要途径。东亚地区的多数国家同世界各国一样，为适应当代日新月异的科技进步和经济发展，在扩大发展中等教育规模的同时，对中等教育结构进行了调整和改革。

东亚地区的中等教育和职业技术教育的发展，是同东亚地区各国经济发展水平大体同步的。除日本外，东亚地区大部分国家在获得独立和解放时，其经济大体上以农业和手工业为主，因而初等和中等教育都达不到普及程度。由于经济处于滞后状态，各国政府对职业技术教育并不重视。20世纪60～70年代，随着各国经济的发展和经济战略的改变，一些国家开始发展外向型经济。尤其是进入70年代，这些国家实施出口型经济开发战略和发展高技术产业的战略，现代化产业对科技人才的需求日益增加。在这种形势下，这些国家开始进入职业技术教育蓬勃发展时期，其中韩国、新加坡等率先普及和扩大中等教育，并大力加强职业技术教育。

东亚地区各国在初级中等教育领域没有太大的差别，但在职业技术教育领域中，各个国家之间的发展先后和教育体制方面却有些不同。

(一) 中国

新中国建立以来，中等教育和职业技术教育得到很大发展。

中国中等教育的发展走过一段弯路。1953年，中共中央政治局决定办重点中学。其目的是与高一级学校形成“小宝塔”。这类学校的数量和规模要与高一级学校的招生保持适当比例。重点中学大部分集中在城镇，当时没有考虑如何建立适合中国农村的高质量的中学。在1957～1965年的这一段时期内，中国的中学教学计划显得很不稳定，时常有变化。

在1966～1976年的“文化大革命”时期，由于对前17年教育事业的全面否定，导致中国的教育行政管理失控，教育工作和各级各类学校处于无政府状态。中国的教育事业在这一时期遭到巨大损失。虽然在1966～1977年间，中国的普通中学由55 010所增至261 268所，但中等专业学校（包括中等师范学校）的在校生由1965年的54.74万人，降至1969年的3.85万人。职业教育几乎完全取消。中等教育结构严重失调。

中共十一届三中全会确立了全国工作重点转移到以经济建设为中心的社会主义现代化建设上来。科学是第一生产力的论断深入人心。1978年4月，教育部在全国教育工作会议上正式提出了调整中等教育结构，大力发展职业教育成为一项基本国策和长远的战略方针。中国的中等教育从单纯面向升学转变为同时培养大批合格的劳动后备军，建立普通中等教育与职业教育并行的中等教育体系。

1980年，国务院批转了教育部与国家劳动总局拟订的《关于中等教育结构改革的报告》。由此，在全国范围内开始了中等教育改革的工作。开办职业高中是中等教育改革的重要步骤。大部分的职业高中是利用原来的普通中学的校舍设施等改办的。其类型主要有：单一的职业高中、普通初中加职业高中和在普通高中里设置职业高中班。职业高中设置的专业以第三产业类专业、紧缺专业和新的专业为主。如办公室自动化、旅游服务、外事服务等。

除了职业高中，中国的中等专业学校在改革开放以后也有了较大的发展。1980年以后，出现了许多招收高中毕业生、学制两年或三年的中等专业学校。这些学校的性质曾一度使人迷惑。1985年教育部明确规定，中等专业学校的招生对象主要是初中毕业生。招收初中毕业生的学校，学制一般为四年。招收高中毕业生的学习年限一般为两年。其毕业后的待遇与招收初中毕业生的学校的待遇相同。

此外，中国培养技术工人的中等教育机构还有技工学校。1961年劳动部颁发的《技工学校通则》中规定，技工学校是培养中级技术水平和中等文化程度的技术工人的学校。到1986年，劳动部和国家教委联合颁发了《关于技工学校毕业学生学历问题的通知》。随着改革开放的深入，技工学校的办学层次、形式和专业范围在不断地扩大。从过去的由工业部门主办技工学校，培训技术工人，发展到农、林、牧、副、渔业、商业、服务行业都有计划地开办技工学校。技工学校不但在培养正规的中级技术工人方面是主力军，而且还利用本身的优势，对在职工人进行培训，举办各种训练班、转岗培训班、技术学习班等。

进入20世纪90年代，中国的中等教育结构已经趋于合理，为中国的经济建设培养和提供了大批的人才。2002年，全国共有初中学校6.56万所，在校生达到6 687.43万人，其中：职业初中984所，职业初中在校生83.37万人；初中毛入学率达到90%，初中毕业生升学率为58.3%。2002年，全国高中阶段教育（包括普通高中、职业高中、普通中等专业学校、技工学校、成人高中、成人中等专业学校）共有学校3.32万所，招生人数1 176.92万人，在校学生2 913.85万人；高中阶段毛入学率42.8%。其中：普通高中1.54万所，招生人数676.70万人，在校生1 683.81万人，毕业生383.76万人，专任教师94.6万人，生师比为17.80:1，专任教师学历合格率72.87%；中等职业教育（包括职业高中、普通中专、成人中专和技工学校）共有学校1.63万所，招生469.73万人，在校生1 196.52万人，招生数和在校生数，分别占整个高中阶段教育招生数和在校生数的39.91%和41.06%，专任教师中具有大学本科以上学历的教师比例达到75.3%；中等教育自学考试报名3 000人次，取得中专毕业证书1 000万人。

（二）日本

1. 日本是东亚地区最早实现中等教育普及并开始注重职业教育的国家

1955年之后，日本经济进入迅速发展时期。但由于当时日本中等教育形式单一，普通高中过多，职业高中较少，无法满足企业界对熟练工人和技术人员的需求。因此，从20世纪50年代末开始，日本文部省一方面着手调整普通高中、职业高中的比例，扩大职业高中规模，另一方面在普通中学增设职业课程，以加强职业教育。同时，文部省还调整了职业教育的内部结构，以适应经济发展过程中对劳动人员的需求。社会上同时亦出现了各种职业学校。在20世纪60～70年代，日本进一步扩大和调整了中等教育，使其更加职业技术化和多样化。经过一段时间的努力，到1978年，日本的高中入学率已经达到93.5%，基本上完成了普及高中教育。

2. 日本的高中实行分科制

根据所设学科的性质，分为普通高中、职业高中和综合高中三种类型。普通高中只设普通科，以普通教育为主。职业高中只设职业科，以职业教育为主，职业高中的专业设置包括工业、商业、水产、家政、医护等若干类。此外，职业高中又分为工业高中、农业高中等。综合高中既设有普通科，又设有职业科。根据授课形式的不同，高中又分为全日制、定时制和函授制。

3. 日本的高中教育不属于义务教育阶段

但由于目前日本高中阶段的教育已经实现大众化、多样化并基本上得到普及，因此，有人提出延长义务教育年限，要求高中教育义务化。原来高中课程设置的目的是为进一步接受高等教育作准备，但由于日本高中教育的普及化，人们对高中阶段教育的要求发生了变化，结果促使对高中课程的设置进行改革。从20世纪70年代后期起，日本的高中课程开始多样化，开设了大量的选修课，加强职业教育。1991年，日本中央教育审议会向文部大臣提出改革高中教育。改革的主要内容是要建立跨学科的新型高中，扩大专业领域，设置普通科和职业学科相互融合的综合新学科，使职业学科多样化。

4. 在日本的技术教育体系中，学校教育机构占有重要地位

这类教育机构主要包括属于高级中等教育阶段的职业科、高等专门学校、专修学校以及各种私立职业培训学校。日本的职业学校类型多种多样，大体可以分为这样几种类型：

（1）学制3～5年的专业学校　相当于普通中专或大专学校。

（2）专修学校　是一种中等职业学校。

（3）综合高中　除了文化基础课程和专业基础课程外，增设专业选修课，使学生同时具有适应产业结构变化和升学与就业需要的能力。

（4）其他各种学校　这是指国家教育法令未详尽规定的各种职业学校的总称。这类学校2003年有1 955所。

（三）朝鲜

朝鲜《教育法》规定，公民在达到工作年龄之前，应接受中等普通义务教育。中等教育阶段为6年的高等中学教育，区分为中等班4年、高等班2年，但在学校组织管理上，不分中等班和高等班。目前全国有高等中学约4 800所，在校生217万人。

高等中学毕业生可报考专业技术学校或各类高等院校。专业技术学校学制一般为2～3年，按工业、农业、林业等部门分别办学。

（四）韩国

20世纪50年代初期，韩国就着手初等教育的普及。60年代末期，韩国初等教育进入迅速发展时期，1976年完成了初等教育的普及。目前韩国初等教育的就学率和升学率均超出了世界发展的平均水平。20世纪末，韩国已普及了九年制义务教育。政府的目标是实现普及高中义务教育。

韩国中等教育所取得的成就，与韩国国民极高的教育热情以及相应的政府政策和措施有关。20世纪50～60年代开始，韩国政府顺应国民的教育热情，大力发展中等教育。在这一过程中，韩国政府逐步强化职业教育，大量培养中等技术人才和熟练工人。1978年，韩国教育开发院受韩国文教部的委托，制定了《1978～1991年长期教育计划》。该计划认为，韩国的产业现代化需要大量的技术人才和熟练工人，为此，在1978～1991年间，必须培养出417万人的这类人才。为实现这一目标，教育发展计划要求在13年的时间里，新设674所高中，其中职业高中为610所，并将普通高中与职业高中的比例从原来的6∶4改为4∶6。

韩国初级中学教育课程包括11门基本的或必修的科目，若干选修科目，以及多种多样的课外活动。技术及职业课程包括在选修科目之内，以便使那些毕业后准备谋职的学生有一技之长。高级中学可大致分为两类，普通高中和职业高中。

为促进职业技术教育，韩国文教部采取了四项措施：

1. 强化职业教育制度，改变长期以来教育界普遍轻视职业教育的倾向，倡导各级各类学校大力培养各种技术人才。

2. 优先发展工业高中，使工业企业内部的知识结构得到优化。

3. 大力培养出国技能工，积极占领国际市场。

4. 确立技术技能资格考核制度，保障技术技能水平的稳步提高。

韩国职业技术教育是由各类职业技术学校和普通学校中设置的职业科目实施的。大体上分为正规和非正规的职业技术学校两种：正规的职业学校包括技术学校和高等技术学校；非正规的职业学校包括各级政府、各财团所属的技术训练院和企业的技术训练所。为使没考上大学的人文高中毕业生也能够就业，普通人文高中也设置了职业科目。

韩国的职业技术教育经多年的发展，目前已经形成了完整的体系，并独具特色。其体系有两大特点：一是教育层次多，专业分工细，无论初中、高中或大学，都有正规的和非正规的职业学校，不但层次丰富而且专业设置精细。二是学校与企业的联系密切，教育直接为生产服务。此外，韩国政府根据经济发展的情况，不断调整职业技术教育结构，使之适应经济增长的需求。

2000年，韩国共有技术职业高中780所，在校学生864 556人，占全体高中在校学生的33.1%，其中：农业高中24所，技术高中204所，商业高中240所，航海渔业高中7所，教授职业课程及学术课程的联合职业高中70所，综合职业高中235所。

（五）蒙古

蒙古的中等学校教育主要在两种中学中进行，一种是普通教育中的中学部分，即不完全小学中的初中部分，另一种是完全中学。蒙古政府在加强劳动教育和基本职业教育的同时，调整教学内容和学制，压缩了普通教育中小学教育的年限，从四年级开始进行科学知识的系统教育，并要求教材能够反映现代科学技术的最新动向。教育内容加强了小学、初中、高中之间的衔接，将基础知识的掌握重点放到初中阶段。

为使广大牧区的牧民子女都能接受教育，国家采取各种措施，使乡村学校在向完全寄宿学校发展。1985年，牧民子女的82.8%成为寄宿生。

属于中等教育阶段的还有各种中等专科学校。1985年，蒙古有中等专科学校28所，1990年发展到31所。在校学生数量1985年为22 978人，1990年为18 500人。这31所中等专科学校设有采矿、地质勘探、电力、食品和轻工业、建筑、运输、邮电、农牧业、经济、法律、文化教育、卫生等学科共100多种专业。中等专业教育实行助学金和奖学金制度。为成绩特别优异的学生增设了“苏赫巴特尔”奖学金，并在毕业后保送高等院校学习。

蒙古的职业教育有自己的特色。其职业技术教育开始于1964年，任务是培养各种熟练技术工人和服务人员。职业技术学校要求学生掌握本专业的一种生产技能，毕业后胜任专职工作。1975年前，蒙古职业技术学校以单纯专业技术教育为主。1975年后，随着不完全普通教育的发展和社会文化教育水平的普遍提高，开始实施普通教育和技术教育相结合的中等专业技术教育。1985年，47.5%的职业技术学校开始实施这种教育方针。目前，蒙古职业技术教育有以下几种形式：（1）招收普通教育学校8年级毕业生，实行职业定向教育的二年制职业技术学校。（2）招收普通教育学校8年级毕业生，实行完全普通教育和职业技术教育相结合的三年制职业技术学校。（3）招收普通教育学校十年级毕业生，实行职业定向教育。（4）招收青年工人，学制为半年至一年半，实行不脱产的职业技术夜校和函授学校。（5）依附有条件的工厂、农牧业社生产基地建立职业技术学校系、专业。

1985年，蒙古有职业技术学校40所，在校生2.77万人，平均每万人中的在校生为147人。蒙古职业技术学校有教师和技工1 842人。

（六）越南

越南的中等教育分为普通中等教育和专业教育，普通中等教育的初中和高中属普通教育阶段。专业教育包括各种中等专业学校和技术学校。截至1996年，越南的53个行政省和直辖市都有自己的师范、医学、农业专业的中等专业学校。

（七）泰国

泰国的中等教育的培养目标分为两个部分，即为高等教育输送生员和为社会培养技术人才。1974年6月，泰国政府成立了“教育机构改革筹备委员会”，随后制定了《1977年全国教育计划》。从1978年开始，逐步调整了中等教育的结构和课程设置。在农村，着重发展初中教育和初、中等农业学校，开设农业、畜牧和园艺等职业课程。在城市，则注重发展高中阶段的职业教育，在普通中学进行课外职业教育，内容包括建筑、木工、簿记、缝纫、厨师、理发、汽车修理、家用电器修理等。

（八）马来西亚

马来西亚的中等教育从年限上分为初中3年，高中4年。学生初中毕业后，开始分流，一部分升入高中，一部分则进入中等职业与技术学校，为毕业后的就业进行训练。高中阶段也进行分流，读完高中二年级后学生可以得到学历证书，一部分学生升入各类专业技术学院，一部分学生则升入高中三年级（中学六年级）。高中三年级分初等、高等两个阶段，读完高中三年级需要2年时间。读完高中全部课程学生可得到高中文凭，然后升入各类综合性大学。教育部规定，只有国立初级中学的毕业生才能进入农业学校和各类职业学校；而国立模范初级中学的学生则只能升入高中。一部分国立模范小学的学生为了将来能够进入农业学校和各类职业学校以及更高一个层次的工艺专科学校，便转入国立初级中学。这些国立模范小学毕业的学生进入国立初级中学后，必须接受为期1年的马来语训练，以适应国立初级中学以马来语为教学语言的教学方式。另外，以华语为教学语言的华文中学转为私立性质，不再接受政府的资助；以泰米尔语为教学语言的学校到中学阶段便不复存在。

（九）新加坡

新加坡的中等教育体系，包括初中、高中和大学预科。职业技术教育是新加坡中等教育体系中一个重要组成部分。其体系是为适应经济发展的需要而逐步形成的。

新加坡的中学分为自主中学、自治中学和政府中学三种。自治中学和政府中学的学费由教育部统一规定。自主中学可以自定学费，学费高昂，但教育质量相对较好。从1992年起，新加坡政府每年根据各学校学生考试成绩发布中学排行榜。

新加坡中等教育年限为四年或五年。在中学二年级末，根据学生的考试成绩、志愿以及学校的课程设置，学生选择不同的课程。学生在中学学习的不同教育课程将决定他们是否进入初级学院和其他理工学院。除此之外，新加坡教育部还在中学内开展了特别教育计划。主要内容有：天才教育计划；人文学科奖；科学研究计划；音乐选择课程；艺术选择课程和语言选择课程。

新加坡政府认为，人力资源的开发，重点是要全面提高劳动力素质，因此，必须大力发展中等教育，其中包括职业技术教育。到20世纪末，新加坡已经建立起多样化的职业技术教育体系。为适应经济发展的需要，新加坡政府于1969年和1981年先后两次对中等教育进行改革，强调普通中学要加强职业教育，而职业技术学校要加强普通教育。

（十）印度尼西亚

印度尼西亚独立后，为使教育有效地为经济建设服务，对中等教育的整体结构进行了改革，积极发展职业高中，突出中等职业教育的地位，把教育总投入的40%用于职业教育。由于农业在印度尼西亚国民经济中占有十分重要的地位，印尼政府尤其重视发展高中阶段的农业技术教育，在中等教育阶段的课程设置上给农业以足够的重视。为改变过去普通民众和教育界只重视学术教育，忽视职业技术教育的状况，20世纪五六十年代职业初中和初中职业科有较大发展。到70年代，职业高中和高中的职业课程又有了明显的增加。在1974～1978年的第二个五年计划期间，印尼将职业高中发展到2 000多所。到1978年，职业高中的在校人数比例终于超过了普通高中人数，达到了52.8%。其中，私立高中学校的发展快于国立高中的发展。随着经济的进一步发展，由于社会对劳动者科学文化素质的要求越来越高，又由于重学术轻职业的传统观念仍促使人们选择普通高中，因而，职业初中的在校人数到80年代初开始大幅度下降，印尼政府被迫整顿职业初中，将其融入普通初级中等学校中去。

表3为东亚地区一些国家2000～2001年度中等教育基本状况。

表3　东亚地区12个国家2000～2001年度中等教育基本状况　（%）

国别	总入学率			净入学率		
	合计	男	女	合计	男	女
中国	68	77	58	—	—	—
日本	102	102	103	100	—	—
韩国	94	94	94	91	91	91
蒙古	70	63	77	64	58	70
越南	67	70	64	62	—	—
老挝	38	44	31	30	33	27
柬埔寨	19	24	13	17	21	12
泰国	82	84	80	—	—	—
马来西亚	70	67	74	70	67	74
新加坡	74	74	74	—	—	—
印度尼西亚	57	58	56	—	—	—
菲律宾	77	74	81	53	48	57

资料来源　根据联合国教科文组织统计局（UNESCO Institute for Statistics）《全球教育摘要2004》（Global Education Digest 2004）整理。

第三节　高等教育

一　中国

中国高等教育的发展历程同初等和中等教育大致相同。中华人民共和国成立之初，除了台港澳地区，共有高等院校200余所，主要集中在大城市里。

从1951年起，中国政府对高等院校院系进行调整。当时确立的教育思想是培养“专才”而非“通才”，目标是重点培养工业建设干部和师资，发展专门学院和专科学校，并对综合大学进行整顿和加强。为适应经济建设的需要，当时决定逐步创办函授学校和夜大学，将工农速成中学有计划地改属各高等学校，以便使大量的工农成分的学生在经过预备班学习之后可以进入高等学校学习。

从1955年开始，进一步对高等院校的布局进行调整，将沿海一些院校的专业、系迁到内地创办新校或加强原有院校。中国的高等院校经过这次调整之后，高等教育发展迅速，基本上保证了当时中国要建立独立的工业体系和发展经济这一根本目标所需的专门人才和师资。但这次院系的调整也产生了一些问题，主要是对“通才”教育思想的全盘否定，导致对原有的综合性大学调整幅度过大，同时工科院校内部比例也不十分合理。这些问题后来没有及时解决，造成中国高等教育结构长期存在不合理的成分。

1957～1965年，中国开始进入社会主义建设时期，高等教育走的是曲折发展的道路。在1958年“大跃进”时期，教育也同经济建设一样出现了问题。当年，中共中央、国务院发布《关于教育工作的指示》，提出教育工作“今后的方向是学校办工厂和农场，工厂和农场合作社办学校”；“将以15年左右的时间来普及高等教育，然后再以15年左右的时间来从事提高工作”等。在这种形势下，从1958年开始，全国掀起了群众性的教学改革活动。同时全国各省、市、自治区、企业、人民公社也在“大跃进”的鼓舞下，大办高等学校。各种形式的高等学校，如全日制、半工（农）半读、业余高等学校纷纷建立。高等学校由1957年的200余所猛增到1960年的1 289所，使高等教育出现了混乱局面。面对这种形势，根据中央“调整、巩固、充实、提高”的方针，1961年开始进行全面的调整。经过调整，到1963年，全国的高等院校压缩到407所，本科招生人数从32.3万人压缩到16万人。

在1966～1976年“文化大革命”期间，教育首当其冲，蒙受巨大的损失。

1976年10月，“四人帮”被粉碎，教育事业开始恢复。1977年8月8日，邓小平在科学和教育工作座谈会上讲话指出：“今年就要下决心恢复从高中毕业生中直接招考学生，不要再搞群众推荐”。10月12日，国务院批转教育部的《关于1977年高等学校招生工作的意见》。文件规定凡是工人、农民、上山下乡和回乡知识青年、复员军人、干部和应届毕业生，只要符合条件都可报考。恢复高考的决定，在全国引起强烈的反响。当年全国高等学校共招收新生27.3万人。

1984年10月，中共十二届三中全会通过《关于经济体制改革的决定》，提出了体制改革中的一系列重大理论和实践问题。根据这个决定，成立了科技、教育体制改革文件起草小组。在经过广泛调查研究之后，由中央政治局通过，在1985年5月27日公布了《中共中央关于教育体制改革的决定》。《决定》指出，要在20世纪末，建成科类齐全，层次、比例合理的高等教育体系，使高级专门人才的培养基本上立足于国内，能自主地进行科学技术的开发。《决定》还指出：要“改变政府对高等学校统得过多的管理体制，在国家统一的教育方针和计划的指导下，扩大高等学校的办学自主权，加强高等学校同生产、科研和社会其他各方面的联系，使高等学校具有主动适应经济和社会发展需要的积极性和能力”。从1986年起，国家教委根据《决定》对高等教育结构进行调整，改变过去的科类比例不合理的状况，加快财经、政法、管理等类薄弱系科和专业的发展，扶持新兴、边缘学科的成长。

为了提高教学质量，1978年恢复了从20世纪50年代开始实施的建立重点高校的方针。同时为了提高学科建设水平，承担一些国家重点科研任务和科研项目，还有计划地在各高校建设了一批重点学科。1983年，教育部在《科技规划汇报提纲》中提出建立国家试验室。当年国家计委决定创建10个国家重点试验室。到1990年，设在高校的国家重点试验室约有40个。

1987年，中国国家教委在《关于改革高等学校科学技术工作的意见》中指出，高等学校应逐步形成一批与产业界联系密切、以综合性技术开发和试验为主的工程研究中心。这项工作将使高等教育与生产实践更紧密地联系在一起。

中国的高等教育机构是中国科学研究的一支重要力量。高等学校拥有约3 700多所研究机构。高校的教师除了进行教学工作之外，也从事一定时间的科研工作。此外，在校的博士生、硕士生和高年级学生也参加一定的科研工作。他们为中国的科学研究做出了很大贡献。

第八个五年计划期间，特别是1993年中共中央、国务院发布《中国教育改革和发展纲要》和1994年全国教育工作会议以后，中国的教育事业更取得了明显的成绩。1995年全国高等学校本、专科在校生达到550万人。每10万人口中的大学生数达到460人。

1995年，国家计委、教委和财政部经国务院批准，联合发布了《“211工程”总体建设规划》。“211工程”是中国政府面向21世纪，重点建设100所左右的高等学校和重点学科的工程。其内容主要包括学校整体条件、重点学科和高等教育公共服务体系建设三大部分。该工程建设的基础和核心是重点学科的建设。到20世纪末，“211工程”建设已转入具体实施阶段。经国家教委的审核，已有300个重点学科被确认，纳入“211工程”建设的计划。

1996年，中国对高等教育学校的管理体制进行改革。其主要内容有：实行高校共建；将原部委所属高校转由省市管理；采取多种形式合作办学；企业和科研单位参与办学以及实行高校合并。目前企业和科研单位参与办学的单位已经超过了1 700多家。

中国高等教育的改革还包括其他一些内容，如实施面向21世纪的教学内容和课程体系改革计划。改革的总目标是转变教育思想，更新教育观念，改革人才培养模式。实现教学内容、课程体系、教学方法和手段的现代化，进一步提高教学质量。高教改革还包括在高校建设工科基础课程教学基地和理科基础科学人才培养基地，到20世纪末，已在39所高校中建立了83个“基地”专业点。此外，为鼓励基础科学人才的培养，还设立了基础科学人才培养基金。

到21世纪初，中国高等教育已经取得了很大成就。2002年，全国共有高等学校2 003所，其中，普通高校1 396所，成人高校607所。培养研究生的单位728个，其中高等学校408个，科研机构320个。高等教育总规模达1 600万人，高等教育毛入学率达15%。研究生教育近年来发展较快，2002年高等学校和研究机构共招收研究生20.26万人。在校研究生达50.10万人。与此同时，办学效益有了一定程度的提高，初步形成了多种层次、多种形式、学科门类基本齐全的高等教育体系。改革开放以来，中国共培养研究生和本专科毕业生1 801.15万人，其中博士生3.6万人，硕士生39.46万人。发展高等职业教育的思路正在逐步理顺。以面向21世纪重点建设一批大学和学科为宗旨的“211工程”进展顺利。高校已经成为中国科技事业的生力军，全国高校已经建立100个国家重点实验室，27个国家工程（技术）中心，250所高校进入“中国教育科研计算机网”，并同国际互联网连接，开展各级各类科研课题43万项，科技成果转化取得显著的经济和社会效益。特别是涌现了一批以北大方正为代表的新型校办企业，发挥高校在高新技术产业开发方面的智力优势，进一步密切了教育与经济、科技的关系。

二　日本

第二次世界大战结束后，日本及时地确立了大力发展教育、开发人力资源，实行“科技立国”的战略。在高等教育的发展过程中，十分重视教育促进经济发展的功能。经过多年的发展，日本现在的高等教育体现出层次齐全、结构完善的特点，在世界上位于先进行列。

为保证教育目标的顺利实现，二战后，日本政府颁布了一系列有关高等教育的法规，其中主要有：1947年的《学校教育法》、1956年的《大学设置标准》、1961年颁布的《高等专科学校设置标准》、1974年颁布的《研究生院设置标准》、1975年颁布的《短期大学设置标准》、1976年的《专修学校设置标准》和1981年的《大学函授教育设置标准》等。

日本高等教育在二战后的发展，主要以私立学校的迅速发展为主。这些学校依据政府颁布的有关高等教育的法规，在各大城市纷纷成立。新的高等教育机构在大城市中的迅速增加，使当时的日本高等教育机构布局呈现出失衡状态。60.4%的大学和71.5%的大学生集中在城市中。为了有计划地发展高等教育，日本政府采取了一系列措施来纠正高等教育盲目发展。如在20世纪70年代先后设立了高等教育恳谈会和大学设置审议会，并提出了有关高等教育的发展计划。

进入20世纪80年代之后，大学设置审议会提出《关于1986年度以后有计划地整建高等教育》的报告，该报告明确提出，要使高等教育机构更加开放化、个性化、国际化。国际化是日本经济社会发展的一个重要目标，也是高等教育改革的主要方针。日本的经济和技术水平处于世界领先地位，但在科学研究领域里，其所做出的成就和贡献与其经济实力相比较则显得相对滞后。这种状况促使其注重在教育、科研等方面积极开展国际交流与合作。

日本20世纪80年代教育改革的指导思想，是对以前的价值观进行反思。日本教育界针对现代化社会所需要的教育进行思考和分析之后，认为培养适应社会发展、具有完美个性的人才是教育的根本宗旨。由于科学技术的飞速发展，人们需要在完成正规的学校教育走出校门之后继续学习新的知识，以便不断地适应社会的需要。因此日本教育界认为，高等教育不能在人还年轻的时候就终止，而应该实现“终生教育”。高等教育的概念因此由通常意义的“大学教育”转变成更加宽泛的“中等后教育”，这种教育就是终生教育。人们逐渐认识到，为实现终生教育就必须将学校办成开放型的高等教育机构，为社会服务。在日本的各级教育机构中，尤其是中等和高等教育机构，培养学生具有终生学习的能力，是学校教育的一个方面。开展终生教育的主要方法是将高等教育机构和各类教育设施向社会开放。其具体措施主要有：设置夜间学部，招收成人入学，使成人能够学习大学内设置的正规课程；开办函授教育；设置专门科和特别科，招收大学毕业生和具有同等学力者；招收旁听生、进修生；举办各种公开讲座等。此外，各种教育机构和民间团体也开展终生教育活动。

日本的高等教育主要有4个层次，即大学、短期大学、高等专科学院和专修学校，其中大学教育包含研究生教育。日本的高等教育管理体制是由中央和地方权力相结合而形成。中央的立法机构制定出有关教育的相关法规，文部省负责组织实施。地方设立教育委员会，负责执行具体的教育事务。日本的高等教育机构不但数量众多，而且呈现出多样性的特点。除了如东京大学、京都大学这样的名牌大学之外，还有数量极多的功能不同、性质各异、特点突出的各种高等教育机构。日本的私立大学多于国立、公立大学，占日本大学总数的73.4%。私立大学仍由文部省领导。由于私立大学投资少，招生多，效益好，因此成为日本高等教育中极其重要的组成部分。20世纪90年代末，日本每2个高中毕业生中就有1个进入高等教育机构继续学习，这表明日本的高等教育已经实现大众化。

在实现高等教育大众化之后，日本的高等教育有进一步扩充研究生教育的趋势。日本政府扩充研究生教育的主要措施是：促进研究生教育的多样性和加强研究生院制度上的“灵活性”。研究生教育的多样化，指的是在研究生的培养目标、研究生院的类型和研究生的课程设置方面所体现出的多样性。到20世纪末，日本研究生的培养目标已经不再是培养单纯的“研究者”或是“高级职业人才”。为适应综合科学和边缘科学发展的需要，培养一专多能的综合型人才，成为研究生院培养人才的主要目标。为使更多的人能够接受研究生教育，1989年，日本文部省提出了发展研究生教育的新设想，包括建立以研究生教育为主体的独立的研究生院，以同一系统的多个大学、学院组成的专攻博士课程的联合研究生院，以及培养特定专门研究方向的专门研究生院，使得研究生院的类型多样化。同时，研究生院在课程的设置上也实行多样化。研究生院设置的课程大体有4种：硕士课程、博士课程、五年一贯制的博士课程和累积方式的博士课程（2年硕士加3年博士课程）。为使研究生院的制度趋于灵活化，日本政府还不断修改研究生的入学资格、修业年限、毕业条件和增加学位种类等。

三　朝鲜

朝鲜的学生在完成高等中学阶段的学习并毕业后,可以升入二至三年制专科大学或四至六年制大学本科院校继续学习。学生从小学到大学全部免费上学,大学生和专科学校学生都享受国家发给的助学金。

朝鲜的大学是为政治、经济、文化等领域培养技术人员和专家的高等教育机关。大学主要招收高等中学毕业生，学制在四至七年之间，主要有综合大学和各部门办的技术大学。

朝鲜现有大专院校260多所。著名高等院校有金日成综合大学、金亨稷师范大学、金策综合工业大学和人民经济大学等。

四 韩国

（一）发展阶段

1945年光复后，韩国高等教育的发展大致可分为三个阶段。

1945年光复至1960年为第一阶段——膨胀期。这一时期，韩国的高等教育处于一种自由放任的“膨胀”状态。大学总数迅速增加，高等教育人口增加了几十倍。但由于师资、设施、财政等方面存在着严重不足，导致教育质量下降。

1961～1971年为第二阶段——整顿期。这一时期政府逐渐加强对大学的控制，高等教育质量有了一定的提高。

1971年至20世纪末为第三阶段——改革期。1971年9月，文教部成立了教育政策审议会和高等教育分科委员会，随后推出了《长期综合教育计划（1972～1986年）》。1973年开始兴办“实验大学”，1974年起推行“大学特性化”，1979年推出《学术振兴法》，并开始注重研究生教育。到20世纪80年代初，又改革了大学招生办法并施行大学毕业定员制。此后，韩国的高等教育进入第三次发展高潮。私立大学急速发展，随着大学生人数迅速增长，韩国接受高等教育的人口比例甚至超过了一些发达国家。但这种急剧膨胀同时给韩国高等教育的发展也带来了一些问题，主要是教育质量不能得到很好的保证。

由于韩国高等院校注册人数受到严格限制，招生人数与报考人数之间存在差异，因此大学入学竞争十分激烈。2002年开始，韩国实行新的高考制度。改革后的高考制度主要体现在高考成绩不再计算总分，而是对各科目的考试成绩分别记分，然后根据考生分数所处分数段划分等级。等级共分9等。各高等院校根据学生特点，综合考虑学生的各科等级、学生手册、面试成绩和特长等录取学生。这种办法摈弃了过去以总分录取学生的一些弊端，可以促使学生培养和发挥自己的特长。

（二）发展特点

1. 国家指导

1978年，韩国教育开发院制定了《1978～1991年的长期教育计划》。该计划认为，韩国到1991年将需要各类科技人才500万名，其中55万名大学生，5万名硕士和博士。根据该计划，满足经济发展对科技人才的需求就成为韩国高等教育的目标。为此，韩国政府重点投资于地方大学，用于进一步发展专科大学，使专科大学的学生约占大学生总数的1/3。

韩国高中毕业生和具有同等学力的人可以进入初级学院学习。初级职业学院以培养中等水平的技师为目的。由于韩国多年来强调初级学院的职业教育要适应工业的需求，因此其毕业生的就业比例不断提高。2003年韩国共有各类初级学院162所，各类高等院校218所。

2. 产学结合

从20世纪60年代中期起，韩国开始引进外国的资金、设备和技术，大力发展加工贸易。由于引进的新技术和设备的科技含量高，韩国当时面临着人才短缺的困境。因此，韩国政府着手改革高等教育，大力扩充高等教育机构，同时大力倡导产学结合，鼓励企业办学，以满足社会和经济对人才的需要。产学结合、企业办学、大力发展成人高等教育和职业高等教育是韩国高等教育的特点。

3. 企业办学

韩国的企业办学，主要是在职业高等教育方面。进入20世纪70年代以后，由于韩国经济发展的需要和产业结构的变化，企业对技术人才的需求急剧增加，为了保证高级科学技术人才的获得，在政府的鼓励下，企业办学成为时尚。韩国企业办学主要有3种类型：私立大学、高等在职培训和“产学合作大学”。韩国企业经营的私立大学其所有权归企业，企业给予学校资金等方面的资助，但经营权归学校，企业不得对学校的行政和教学事务进行干涉。学校面向社会招生，学校的毕业生企业优先录用。韩国的企业高等在职培训实际上是一种终生教育形式，在职培训在韩国的企业中已经成为制度。“产学合作大学”是韩国教育与生产实践紧密结合，快速培养技术人员的重要途径。同时，韩国的大型企业集团同大学和科研机构有着紧密的联系。企业中的技术人员和专家根据协议在学校担任兼职教师，学校的教师在企业中兼任研究顾问等职。这种经常性、制度性的交流，可以使企业与学校保持紧密关系，使教学适应生产的需要。

（三）未来方向

韩国政府认识到，21 世纪将是尖端科学技术成为国家经济发展的主要力量，因此发展研究生教育将是十分重要的。韩国政府认为，将教育质量较高的大学改编成以研究生院为主的大学，让其发挥培养高级人才和发展尖端科学的先导作用是必要的。为达此目的，韩国政府采取一系列措施，提高大学附设的基础科学研究所的研究灵活性，合并职能类似的研究所，增加研究所的科研经费，使重点研究所能够集中力量进行专门领域的研究。同时，韩国政府还加强和进一步改善理工科大学和研究生院的研究条件，增加设备和提高研究经费。为了吸引优秀的学生报考理工科研究生院，不但扩大研究生招生数量，而且增加奖学金数量。

五 蒙古

1940 年 10 月，蒙古人民革命党第十次代表大会决定建立蒙古的高等教育。1942 年 1 月 5 日，蒙古第一所高等学校——国立大学（当时称乔巴山大学）正式成立。1951 年，在国立大学师范系基础上成立了 3 年制的师范学院，1957 年进行扩建，成为现在的国立师范学院。1969 年，在联合国教科文组织的援助下，在原国立大学经济系的基础上建立了综合技术学院，培养工业、地质、水电等专业人才。1979 年又在国立大学附设了俄语学院。1982 年 10 月 5 日，蒙古人民革命党中央和部长会议作出决定，把综合技术学院和俄语学院从国立大学分离出来。1990 年初，俄语学院改为外国语学院。此外还有医学院和农牧学院。1979 年，在科布多省建立了科布多师范学院，成为蒙古设在地方上唯一的一所高等学校。

除上述 7 所院校外，蒙古在统计高等院校时把 1980 年成立的一所干部管理学院也计入其中。此外，蒙古还设有军事大学一所。

1985 年蒙古高等院校有教师 1 500 人，其中博士副博士（副教授）以上的占 20%。1990 年，蒙古高等院校在校学生 1.7 万人。

六 越南

越南的高等教育包括 3 年制的大专——在越南被称为高等学校，以及 4 年至 6 年的大学。此外还有大学后教育。目前全国共有 148 所高等院校。2001 年高校录取新生 20 万人。著名高校有河内国家大学、胡志明市国家大学、顺化大学、太原大学、岘港大学等。

七 泰国

泰国于 1977 年开始实施第四个国民教育发展计划，该计划把中等后教育统统定义为高等教育。泰国的高等教育在管理体制上与普通初等和中等教育分开，是一个单独的体系。其经费主要来源于政府的财政拨款。

20 世纪 60 年代以前，泰国的高等教育机构大多集中在首都曼谷周围，导致其他地区的高等教育发展落后。20 世纪 60 年代初，泰国政府对高等教育进行改革，将高等教育纳入国家发展计划。为改变高等教育发展不平衡的状况，泰国政府将高等院校的管理由过去的分散管理改变为集中统一管理，并先后在全国各地区建立了一批高等院校，改变过去院校布局不合理的局面。第五个国民教育发展计划（1982～1986）强调高等教育要为国家经济建设培养急需的高级人才。当时被列为重点发展的学科主要有医学、农学和工程等。为发展地区大学，泰国教育当局采取了一些具体措施，主要有：以曼谷周围实力雄厚的原有高等教育机构为依托，与新建的地区大学进行教师交换和各种学术交流，以提高教师的水平；以特殊待遇聘请高水平的教师到地区大学任教或兼职；结合各地区不同的经济社会情况进行科研，并在大学中开设具有地方特色的学科和课程；大力宣传地区高等教育的重要性，争取广泛的支持和捐助；利用一切可以利用的优势，包括地理环境和自然风光，吸引人才到地区高等教育机构工作。在泰国的第六个五年国民教育发展计划中，为高等教育制定的方针是依靠大学本身的力量来进一步发展高等教育，各大学都在依照各自的具体情况来增加自己的经费。筹集资金的途径通常有：依靠捐献、家长协会资助，向社会提供学术服务，开发学校各方面的资源等。由于目前泰国的每 1 名在校大学生所支付的学费仅占其实际学习费用的 5%～6%，因此通过提高大学生的学费来充实经费是发展趋势。

为适应国家经济发展的需要，泰国教育当局于 1971 年创办了第一所开放远程教育大学，国立开放大学。该校的招生没有名额限制，采取严格的考试制度，大量淘汰不合格的学生。1978 年又建立了苏可泰开放大学。这两所大学培养的是具有学位证书的高等教育毕业生，与一般的职工大学或业余大学不同，其毕业生在社会上具有较强的竞争力。到了20世纪末期，由于大量招生而产生的一些问题已经开始暴露，主要有教学质量下降、专业设置不合理等。尽管如此，这两所开放大学在一定程度上还是满足了高中毕业生寻求接受高等教育机会的需求。

作为政府办的开放远程教育机构，国立开放大学、苏可泰开放大学和苏拉娜丽理工大学与任何其他国有教育机构一样，具有相似的体制结构，这些大学受大学事务部管辖，该事务部在2003年中期解散合并到新改组的教育部之中。国立开放大学与苏可泰开放大学在规章制度方面受国民服务委员会管辖，苏拉娜丽理工大学则是一所自治的民办大学。国立开放大学、苏可泰开放大学和其他泰国的大学一样，必须完成大学事务部确立的、所有公办和私立大学都得遵循的四个目标：提供和促进大学层次的学术和专业教育，帮助民众提高教育水准，为社会需求服务；加强学术研究以获得新的知识并运用于国家发展；为民众提供服务，这可以通过传播知识，帮助人们提高个人的素质和职业能力，保护和发扬国家的艺术、传统和文化遗产。苏可泰开放大学与国立开放大学的最高领导机构是大学校务委员会，由校长及其领导班子来管理，管理过程与其他学术机构基本相似。

八 马来西亚

马来西亚建国后，高等教育事业开始有了较快发展，先后创建或改建了9所国立综合大学以及其他一批高等院校。这9所大学是：国立马来西亚大学、马来西亚理工大学、马来西亚农业大学、马来亚大学、马来西亚理科大学、国际伊斯兰大学、马来西亚北方大学、马来西亚沙捞越大学、马来西亚沙巴大学。

除办好国内教育外，政府还积极鼓励学生到西方国家深造。近年来，一些马来西亚高等学校还和西方一些高等学校开展合作，在马来西亚办国外著名大学的分校，既培养人才，又可使大量外汇留在国内。

教育为经济发展提供了有一定素质的劳动力，这主要是依靠大量的职业和技术学校。但同时由于高等教育力量不足，使马来西亚在20世纪90年代面临高级经济管理人才、高级工程技术人员的严重短缺，为此政府也在努力扩大大学教育规模，1998年在校大学生人数已相当于1990年人数的4倍。

九 新加坡

为发展高等教育，新加坡政府采取的主要措施有：增加经费，扩展高等院校，扩大招生，扩大师资；推进科技教育，建立培训体系；大力发展工科类实用学科，支持国家的产业改组运动。同时改变领导体制，充分发挥教育机构的积极性。

新加坡的高等教育从20世纪六七十年代开始进入调整更新阶段。到了80年代，新加坡把国家教育的中心任务转移到发展高等教育上来，使高等教育实现现代化，为经济发展服务。因此，新加坡在发展本国的高等教育方面十分注重从经济建设的实际需要出发。高等教育在促进其社会经济的发展中起到十分重要的作用。

独立后，新加坡政府首先对高等教育体制进行了调整，重点清理独立前遗留问题。随后，通过对原有院校的调整，重点发展高等职业技术教育，使高等教育结构发生了很大变化。进入20世纪70年代以后，新加坡国民经济的重点转移到发展现代化工业上，因而培养高级工程技术人才，就成为新加坡高等教育的主要目标。新加坡政府为此制定了高等教育发展的政策。其主要方针是强调高等教育的发展必须符合国家经济建设总体规划的根本目标，按照发展经济所需人才的预测类型和数量来培养高级专门人才。新加坡政府强调，高等教育的首要任务是满足国家经济建设的需要，片面追求纯学术的发展方向是不利于经济发展的。为此，新加坡政府多次组织人力规划委员会，制定具体的高等教育发展目标，并根据该发展目标大力投资于高等教育，使高等教育成为促进经济建设和社会发展的重要途径。

新加坡高等教育的首要任务是满足国家经济建设需要，为切实地实施这样一个总体目标，新加坡政府致力于使高等教育改变过去的脱离社会实际、重文轻理以及与社会生产部门的需要相脱节的状况，大力发展实用学科，使教学同生产直接联系来促进经济腾飞。

新加坡有3所大学，包括新加坡国立大学、南洋技术大学和新加坡管理大学。除了医学、法学等专业外，一般3年即可获得学位。

十 印度尼西亚

印尼政府的教育发展计划提出，发展高等教育的重点是：加强机构自治和自我评估，完善管理体制；提高教师专业化水平；提供教育设施和实验室；优化课程，改善教育质量，提高教育针对性；加强大学间的合作，实现科学信息共享，促进研究事业的发展。

1997～1998年度，印度尼西亚有国立大学77所，私立大学1 314所，大学教师18.15万人，大学生205.1万人，著名大学有雅加达的印度尼西亚大学、日惹的加查马达大学、泗水的艾尔朗卡大学、万隆的班查查兰大学等。

十一　菲律宾

20世纪70年代，菲律宾政府开始实施“新经济政策”，其主要内容是进行土地改革，稳定物价，降低失业率以及提高社会福利。由于采取了一系列的发展民族经济的措施，菲律宾的国民经济有了较快的发展。经济的发展必然导致人才需求的旺盛。1973年菲律宾政府颁布“教育发展法令”，把高等教育的目标规定为：促进国家的统一，振兴文化和道德；培养具有领导能力的人才；发展研究工作，利用新知识改善人类生活；培养国家经济发展所需人才。为此，菲律宾政府开始大力发展各级各类职业技术学校，同时，大力倡导各种高等教育机构在农村地区建立分校。由于经济发展的需要，工程技术类学科成为高等教育发展的重点。高等教育在这一时期得到飞速发展，尤其是私立院校的大量增加，满足了人们对接受高等教育的需求。但由于各种因素的影响，尤其是私立院校的急剧膨胀，导致高等教育教学质量的明显下降。于是，菲律宾政府不得不采取一些措施对高等教育进行整顿，开始实施高等学校入学统一考试制度，关闭少数教学质量太差的学校，暂停建立新院校。经过多年的努力，尽管存在着各种问题，菲律宾的高等教育发展水平在发展中国家里仍是令人瞩目的。1980年菲律宾每1万人口中大学生数超过200人。1982年每1万人口中大学生数达260人。

表4为东亚地区一些国家2000～2001年度高等教育基本状况。

表4　　东亚地区12个国家2000～2001年度高等教育基本状况

国　家	总入学率%			注册人数	
	合计	男	女	合计	女
中国	10	12*	6*	12 143 723	—
日本	48	51	44	3 972 468	1 781 996
韩国	78	97	57	3 003 498	1 070 021
蒙古	33	24	42	84 970	53 690
越南	11	17	5	749 914	315 267
老挝	3	4	2	16 621	6 094
柬埔寨	3	4	2	25 416	6 950
泰国	35	33	37	2 095 694	1 102 962
马来西亚	28	27	29	549 205	280 078
新加坡	39	39	39	—	—
印度尼西亚	15	16	13	3 017 887	1 293 089
菲律宾	29	26	33	2 432 002	—

注　中国数字为1999～2000年度数字；菲律宾和越南的数字为1998～1999年度数字。*为联合国教科文组织统计局估计数字。

资料来源　根据联合国教科文组织统计局（UNESCO Institute for Statistics）《全球教育摘要2004》（Global Education Digest 2004）整理。

第四节　成人教育与特殊教育

一　成人教育

这里所说的成人教育是指除学校正规教育之外的一切对成人进行的教育，其教育形式多种多样。

（一）中国成人教育

中国的成人教育在新中国建立初期主要以扫除工人农民中的文盲为主要内容。由于中华人民共和国成立之前，人民的文化水平低，文盲众多，因此，这一时期的成人教育主要以扫除文盲为重点。到1958年，扫盲工作达到高潮。1960年，国务院决定成立业余教育委员会，指导全国的业余教育的发展工作。在城镇，职工业余教育的机构是职工业余小学、业余初中和业余高中以及职业中专和职工业余大学。在农村，农民的业余教育在扫除文盲的基础上，以普及业余初等教育为重点。主要的业余教育机构为业余小学和中学。1960 年中国成立第一所电视大学——北京电视大学。1962 年，中国国务院批准建立了北京函授学院。函大、电大这种远距离教学是当时中国成人高等教育的重要补充形式之一。经过十年动乱，1977 年，中国进入全面恢复和改革开放的时期。这一时期，中国的成人教育有了进一步的发展，并获得很大成绩。成人教育的工作重点从先前的扫除文盲和文化补习开始转向以职业教育和职业培训为主的阶段。1986 年，中国政府有关各部委联合召开了全国成人教育工作会议，通过了《关于改革与发展成人教育的决定》。决定提出了成人教育的任务；指出成人教育工作的重点是开展岗位培训；改革成人学校教育，提高教学质量和效益；扩大企事业单位成人教育办学自主权；同时提出积极开展大学后的继续教育问题。在农村，以继续扫除文盲和开展农民的职业技术教育为成人教育的工作重点。对农民进行成人教育的主要机构有：1980 年成立的中央农业广播学校、1985 年由中国科学技术学会开创并主办的“中国农村致富技术函授大学”以及各地县、乡、村开办的农民成人职业教育机构，如县农民中专、县农民技术培训中心、乡农民文化技术学校等。

中国的成人教育在改革开放之后表现出形式多样的特点，教育的对象包括全社会各年龄段群体。1983 年，中国第一所老年人大学山东省红十字会老年人大学创立。到 20 世纪末，全国已有老年人大学2 000多所。1986 年，《中国教育电视》开播，每天播出 17 小时的节目。中国已经建立起一个覆盖全国的由广播、电视和函授组成的教育网络。

中国以岗位培训和继续教育为重点的成人教育已经取得了显著成绩。全国已有 80%以上的乡镇和 40%以上的行政村建立了成人文化技术学校，初步形成了县、乡、村三级农村成人教育培训网络。“八五”以来，有 1.8 亿职工和近 3 亿农民接受了各种形式的岗位培训和文化技术教育，同时，全国参加高等教育自学考试的人数累计达2 000多万。20 年来，成人高等学历教育为国家培养本、专科专门人才 850 万人。

中国成人各类培训教育及扫盲教育蓬勃发展。2002 年，全国各类学校举办的各种形式的成人非学历教育结业人数达8 989万人次，其中，高等学校举办的各类成人非学历教育结业人数（证书教育、岗位培训和进修培训）427.39 万人次。全国成人技术培训学校有 38.95 万所，其中职工技术培训学校 1.04 万所；农民技术培训学校 37.91 万所。成人技术培训学校共培训结业8 118.81万人次。其中培训结业职工 437 万人次，培训结业农民7 681.81万人次。在校学习6 041.44万人，其中职工288.87 万人，农民5 752.57万人。目前各类成人技术培训规模较大，但其质量和水平还需进一步提高。2002 年，中国还有成人初等学校 3.61 万所，招生 286.15 万人，毕业生 314.88 万人，在校生 290.44 万人。2002 年全国共扫除文盲 174.45 万人，仍有 177.39 万人正在参加扫盲学习。

（二）日本成人教育

1988 年，日本文部省设立终身学习局，1990 年，国会通过了《终身学习振兴法》。日本在都道府县政府都设立了专司终身学习的行政机构。日本通产省也设立了促进终身学习体系发展的机构。终身教育的基本概念就是，每一个人都能自由地选择学习机会进行学习。在终身教育领域中，高等教育机构向社会开放，起到了重要的作用。高等教育机构在对没有受过高中教育的人进行大学入学资格鉴定之后，给予其入学资格，使其能够接受教育。1998 年，就有 319 所大学在正常招生之外，招收了 5243 名社会人员进入大学学习。此外，还有 112 所大学和短期大学设置了夜间部，在学人员达 13.3 万人。日本的电视大学也是成人教育的一个组成部分，共分为“生活科学”、“产业、社会”和“人文、自然”三大类，课程种类达到 320 门，1999 年约有 7.3 万人就读其课程，学员年龄涵盖了从 18 岁到 90 岁的各个年龄段。

在日本，人们把除家庭教育和学校教育之外的一切教育形式称为社会教育。社会教育学家认为，社会教育应该和学校教育一样是有组织的。日本的社会教育法要求社会教育工作者按照组织化的原则来开展社会教育。日本社会教育主要是通过各类社会教育设施进行的，如公民馆、博物馆、公共图书馆、青年之家、妇女教育会馆等。各种正规的学校也对社会开放，以方便周围的居民。日本的公民馆是最具日本特色的主要社会教育综合设施。公民馆的主要活动内容有：对青年进行的文化补习；定期举行各种内容的讲座；组织开展各种讨论会、演讲会；组织开展各类文体活动等。由于日本的各级各类教育机构齐全，人们接受正规学校教育的机会很多，因此对学校之外的教育提出了更高的要求，社会教育就是在终生教育的具体化过程中不断得到发展的。

（三）朝鲜成人教育

朝鲜现行教育体制除了正规学校教育之外，还包括边工作边学习教育体系和社会教育体系。属于边工作边学习教育体系的主要有：工厂大学、农场大学、渔场大学、工厂专业学校、广播电视大学以及各大学的函授及夜大教育网。这些教育机构主要是为了满足劳动者适应现有工作岗位的需要，为他们提供接受继续教育的机会。

（四）韩国成人教育

为切实实现韩国已经确立了的科技立国的发展战略，韩国政府在教育领域进行了有目的的调整，强化终生教育体制。1980 年 10 月修改的宪法规定，发展终生教育是国家的义务。

韩国的成人教育可分为社会教育和在职培训。

社会教育机构包括公民学校和商业学校等。公民学校分两种，一种是普通公民学校，一种是高级公民学校。这些学校提供 1～3 年不等的相当于正规小学和初中的课程，为那些希望提高教育水平的人提供帮助。

广播函授大学是韩国社会教育的另一条重要渠道，主要为在职青年和成人提供高中后的 4 年课程教育。完成函授大学的课程，并获得所要求的学分的学生，可以获得与正规高等院校毕业生同等的学位。

此外，韩国的社区教育活动十分多样，也是成人教育方面的重要补充力量。各个街道和乡村经常开展读书活动；公园、文化馆等场所举行各种讲座；在乡村地区还组织各种青年班和妇女班学习各种知识。这种社区教育的学习课程范围非常广泛，从特殊职业技能到各种工艺技术，内容丰富多彩。

1976 年，韩国颁布了《企业员工培训法案》，该法案规定：任何一个超过 150 名员工的企业，每年必须对其 20% 的员工进行不少于 3 个月的脱产技术培训。事实上，韩国一些大中型企业集团，都有独资办企业院校甚至办研究生院的文化传统。

（五）蒙古成人教育

蒙古的成人教育是其国民教育体系中的重要一环。其形式主要有居民学校、临时学校、季节学校和夜校。居民学校是设在居民点中的扫除 16～49 岁青壮年文盲的学校；临时学校是负责培养国营农场职工和农牧业社社员，使其达到小学文化水平。季节学校是培养成人达到不完全中学程度。夜校主要教授的是完全和不完全中学的课程。夜校的 8 年级毕业生可获得不完全中学的毕业证书，而 10 年级的毕业生可以领取完全中学的毕业证书，因而可以报考高等院校。

（六）新加坡在职培训

为提高劳工的素质，深度开发人力资源，新加坡政府十分注重已就业人员的在职培训和继续教育。为此，新加坡经济委员会制定了人力发展计划，其主要目标是使青年人在参加工作前可以得到最大限度的教育和训练机会；并通过培训提高当前劳工的素质，使劳工具有创造性的技能。1972 年新加坡成立生产力局，主要负责培训企业员工。1979 年，教育部属下又成立了职业和工业训练局，下设 15 个训练学院和 27 所培训中心。主要负责组织就业前的职业技术教育和在职职工的培训等。此外还有公务员培训中心，其任务是训练政府的公职人员。这些培训的费用均由政府拨款。除此之外，新加坡政府还积极发挥民间力量，倡导行业和社区培训。目前，新加坡各类职业训练学校共有 80 所，其中，职业学校 26 所，培训中心 39 所，训练机构 15 所。1979 年，新加坡成立了技能发展基金，目的在于提高在职人员的技能并对富余人员进行再训练。基金会通过向企业集资的形式积蓄资金。1986 年，新加坡政府又开始实施技能训练组合课程计划。目的是为劳工提供受教育的机会。受训学员在接受训练时不影响工作。该计划共提供 19 项技能的训练课程。学员在受训 6 个月后可获得技能证书。由于新加坡政府在工资等级上采取激励机制，实行按文凭确定第一次工资等级，以后的工资随能力和贡献而确定的方式，因此青年人参加培训的积极性很高。

二 特殊教育

这里所说的特殊教育是指对身心有缺陷的适龄

少年儿童所进行的狭义的特殊教育。由于经济发展程度的不同，东亚各国特殊教育的发展水平表现出较大的差距。日本的特殊教育在东亚各国中居领先地位。

(一) 中国

中国的特殊教育主要有四个系统：教育系统、民政系统、卫生系统和中国残疾人联合会系统。此外还有民办的教育机构。这里主要介绍的是教育系统中的特殊教育机构。特殊教育与普通教育一样，大体上可以分为学前教育、基础教育、中等专业教育和高等教育等层次。特殊教育学校主要招收视觉、听觉和智力有障碍的少年儿童，按照国家的计划、教学大纲对他们进行教学。这些学校由各级行政部门领导。在这些儿童完成了基础教育之后，可以继续接受更高层次的教育，包括中专、中技、职业高中。在高等教育层次中，设有专门的特殊教育学院或在普通高等院校中设有残疾人的系或专业，也可以随班就读。此外还有各种形式的成人教育也为残疾人提供了教育机会。

20世纪年90代末，中国的残疾教育已经初步形成了学前教育、义务教育、中等教育和高等成人教育的残疾人特殊教育体系。1997年，为残疾儿童兴办的特殊教育学校有1140所，特殊学校的在校生达到34.1万人。盲、聋、弱智儿童入学率在1998年已经达到64.3%。此外，残疾人的职业教育也发展很快，在最近的十年中，有150万残疾人得到了职业技能的培训。残疾人的中高等教育也有了相应的发展。如先后成立了长春大学特殊教育学院、滨州医学院、天津理工学院聋人工学院等专门招收残疾人学生的高等学院。同时，1999年1月1日开始实施的《高等教育法》规定，高等学校必须招收符合国家规定的录取标准的残疾学生入学，不得因其残疾而拒绝招收。到20世纪90年代后期，残疾考生的高考录取率一直保持在90%以上。

中国的特殊教育在20世纪80年代之前，主要类型为盲童和聋童教育。其他类型的特殊教育比较薄弱。改革开放以后，随着各项工作的全面开展，中国的特殊教育也进入迅速发展阶段。1982年至1992年的10年时间里，中国政府相继颁布了一系列有关特殊教育的法规和文件，如《关于残疾人事业五年工作纲要》《关于发展特殊教育若干意见》和《中国残疾人事业“八五”计划纲要（1991～1995）》等。其中，1991年12月由国家计委和有关部门制定的《中国残疾人事业“八五”计划纲要（1991～1995）》对八五计划期间特殊教育提出了具体的要求。紧接着，国家教委和中国残联制定了相配套的《全国残疾儿童少年义务教育工作“八五”实施方案》。在这10年中，中国的特殊教育立法速度是空前的。这表明中国政府对特殊教育的高度重视。

1987年中国残疾人抽样调查结果显示，6～14岁的残疾儿童在特殊学校学习的占残疾儿童总数的1%，在普通学校学习的占54%。残疾儿童的总入学率为55%。为进一步发展特殊教育，《中国残疾人事业“九五”计划纲要（1996～2000）》提出的指标是：今后的几年中，要使可以接受普通教育的残疾儿童少年入学率达到与当地其他儿童少年的同等入学率水平；到2000年，视力、听力言语和智力残疾儿童少年的入学率全国分别达到80%左右；在普及小学五、六年级的地区，到2000年底以前，视力、听力言语和智力残疾儿童的入学率要分别达到60%左右。为此制定的主要措施是：地方各级政府要将残疾儿童的教育纳入普及义务教育的总体规划中，统筹安排，制定措施。残疾儿童入学率未达到国家的验收指标的地区，不得宣布实现“普及九年义务教育”；要普遍开展随班就读，基本形成以随班就读和特殊教育班为主体、特殊教育学校为骨干的残疾儿童义务教育体系；积极开展学前教育；加强师资队伍的建设；要将残疾儿童义务教育事业费等列入各级政府的财政预算，逐年增加，保障经费的来源。

目前，中国的特殊教育主要针对的是有视力障碍、听觉障碍和智力障碍的儿童少年。其他类型的特殊教育与发达国家相比还存在较大差距。中国特殊教育发展的方向将是扩展特殊教育对象，采取多种办学形式，加强早期教育和职业技术教育，进一步完善特殊教育体系。

2002年全国共有特殊教育学校1 540所，比上年增加9所；招收残疾儿童5.29万人，比上年减少0.31万人；在校残疾儿童37.45万人，比上年减少1.19万人。其中在盲人学校就读的学生3.74万人，在聋人学校就读的学生10.86万人，在弱智学校及辅读班就读的学生22.85万人。在普通学校随班就读和附设特教班就读的残疾儿童招生数和在校生数分别占特殊教育招生总数和在校生总数的

65.10%和68.29%。残疾儿童毕业人数4.42万人，比上年减少0.21万人。

（二）日本

由于日本十分重视特殊教育，目前在全国范围内已经形成一个包括各类专门学校的特殊教育网。日本的特殊教育学校主要有盲人学校、养护学校两大类。其中养护学校招收的主要是重度弱智者和重度肢体残障者。而有轻度缺陷的儿童则在普通学校里的特殊班级接受教育。除了由文部省管辖的特殊教育学校、特殊班级外，日本的儿童社会福利机关对残障儿童的教育也作出很大贡献。日本的社会福利设施根据《儿童福利法》的规定，为身心有障碍的儿童设立了各种专门的教育机构。这些教育机构不但照顾儿童的起居生活，而且对他们进行一定的教育，使之可以学到一些独立生活所需的知识和技能。日本文部省对特殊教育十分重视，为特殊教育规定了基本的指导目标。如对精神有缺陷的儿童，其教育的基本目标是使学生的身心得到协调发展，培养其基本的生活习惯和参加社会活动的能力，掌握基本的语文和数量知识，使其具有良好的工作态度，为日后参加社会生产和生活做准备。

日本的特殊教育也实行义务教育制度。日本特殊教育目前的重点课题主要是义务教育阶段之后的高中和高中后的特殊教育。

表5为东亚地区一些国家2001年文盲率及相关情况。

表5　　东亚地区12个国家2001年文盲率及相关情况　　（%）

国　别	成人文盲率%（15岁及以上）		青年文盲率%（15～24岁）		预期就读年限（2000年）		初等教育完成率%①（2000～2001年度至2003～2004年度）
	男性	女性	男性	女性	男性	女性	
中国	7	21	1	3	—	—	98
日本	—	—	—	—	14	14	101②
韩国	1	3	0	0	16	14	97
蒙古	1	2	1	1	9	11	108
越南	5	9	5	4	—	—	95
老挝	23	46	15	28	9	7	74
柬埔寨	20	42	16	25	8	7	81
泰国	3	6	1	2	11	11	86
马来西亚	8	16	2	2	12	12	92
新加坡	4	11	0	0	—	—	—
印度尼西亚	8	17	2	3	—	—	95
菲律宾	5	5	1	1	11	12	95

①　初等教育完成率，指相关年龄组完成初等教育最后一年学生的百分比。

②　为1988、1998、1993、1994年度数据。

资料来源　根据世界银行《2003年世界发展指标》和《2005年世界发展指标》整理。

（三）韩国

韩国教育法规定，每个道和广域市必须为残疾儿童建立1所以上特殊教育学校。近年来提供小学及中等教育的特殊教育学校数目在不断增加。截至2002年，韩国共有136所专门为残疾人建立的特殊教育学校，在校学生总数达23 453人。这些学校包括12所盲人学校、20所聋哑学校、18所肢体残疾人学校、86所弱智学校。除了普通教育之外，这些学校也提供技术培训，以便为残疾学生就业做好准备。教育部负责学生的就业安排，并举办特殊技能竞赛。除了特殊教育学校外，一些普通学校也在学校内开课，为残疾学生提供多学科综合教育。为提高特殊教育的质量，韩国政府于1994年特别设立了国立特殊教育研究机构，负责特殊教育的发展和培训教师。

（四）新加坡

新加坡的特殊教育是由各种志愿福利组织具体实施的，教育部按志愿组织开办的学校所招收的实际学生人数给以补助费和各种必要的资助。这些学校中的能力较好的残障儿童接受普通学校的基础教育课程，在初等教育完成之后，如果考试成绩好，可进入中学继续学习。学习能力较差的学生，主要学习一些基本的语文和数学课程、生活知识和社会交际知识。毕业后多数进入由志愿组织开办的职业训练中心接受培训。重度残障和弱智儿童的教育主要由新加坡特殊部门开办的特殊学校进行。

第五节　存在的问题和发展方向

一　存在的问题

由于东亚各国教育发展的不平衡，因此目前存在的问题也不尽相同。但总体上来看，还是存在一些共同的问题。

（一）初等教育没有完全普及

在初等教育阶段，一些国家存在的问题主要是义务教育还没有完全普及，适龄儿童辍学率高。这主要发生在东亚地区的发展中国家（如老挝、柬埔寨）。这些国家因为边远地区和贫困地区的经济欠发达，导致教育发展不平衡。贫困和传统观念是辍学的主要原因。

（二）中等教育内部结构不够合理

在中等教育阶段，一些国家，尤其是东亚的发展中国家，因为经济发展水平所限，中等教育的内部结构不够合理，职业技术教育水平低，不能很好地适应经济发展的需要。由于传统观念的影响，社会对中等职业技术教育的重视程度还远远不够。

（三）高等教育发展过快和内部结构比例失调

高等教育发展过快是东亚部分国家存在的较严重的问题。如韩国。韩国在 20 世纪 50 年代和 60 年代，高等教育的发展处于近乎失控的状态。20 世纪 70 年代，韩国政府为控制高等学校的过度膨胀，采取措施，对各类院校采取重点学科扶持，对一般学科加以适当控制的措施。实行大学毕业定员制、改革招生办法和调整大学文理科招生比例。但到了 20 世纪 80 年代，韩国大学生的增长速度仍然空前。菲律宾也存在同样的问题。由于菲律宾政府在 20 世纪 70 年代以前鼓励私人办学，而同时对私立学校又没有相应的严格的规章制度，导致很多私立院校为了赚钱而盲目招生，但又不保证教学质量，引起强烈的社会谴责。菲律宾政府虽然采取措施，对私立院校进行考核和整顿，控制其发展，但促使教学质量提高的效果并不十分明显。

高等教育结构比例失调，是除了新加坡之外的东南亚国家普遍存在的又一问题。人文学科和社会科学学科比例偏大，专业职业技术教育，尤其是自然科学学科比例偏低是较普遍的现象。这种现象的存在与这些国家经济发展阶段和教育发展水平相关联。这些国家的私立院校在设置学科时，由于经费和师资等原因，往往倾向于不需要太多设备和图书资料的人文和社会科学学科。如泰国的高等教育结构，过于偏重财经、政法等学科，而理工科系不齐全。其结果导致理工科人才，尤其是重工业和尖端科技人才短缺。高等教育结构的不合理，使泰国经济建设和社会发展因人才不足而受到一定的限制，而社会科学和人文学科的毕业生，又出现结构性失业。菲律宾高等教育机构的专业设置在结构方面也不够合理。原因主要是学生在选修专业时，考虑的是就业机会和学费的多少。在菲律宾，学习商业管理方面专业的学生多年来保持在学生总数的 1/3。虽然政府致力于加强高等职业技术教育，但由于多种原因，自然科学学科十分薄弱，不利于科学技术的发展。印度尼西亚政府近年来虽然十分注重发展理工科、医科和农科等方面的学科建设，但由于多种原因，目前在高等院校中，社会科学学科的学生人数仍比自然科学学科人数多。

（四）学历主义对教育产生消极影响

大多数东亚国家的国民对教育充满热情，都希望子女能够考上名牌学校，并在日后能够凭着名牌学校的学历在社会上谋得好的工作，并受到人们的尊重。在这些国家中存在着严重的学历主义。尤其是在日本、韩国和新加坡等国。这些国家基本上都是学历社会。一个人的学历常常决定其在社会上的地位。为此，学生的家长想尽办法使自己的子女进入名牌学校。在日本，各种各样的课外补习班应有尽有。学生家长陪着子女从小学开始就为日后能考上名牌大学而拼命努力。在韩国，学生的家长亦同样望子成龙，希望子女能考上名牌学校。学历主义带来的显著的消极作用是严重的考试竞争。这也是东亚各国教育发展中普遍存在的严重问题。在高等教育阶段，为避免教育质量的下降和学生数量的过度膨胀，各国普遍采取严格的入学选拔制度，这就不可避免地形成了考试竞争。学历社会里的风气使学校忽视真正意义上的教育，只为学生做升学考试方面的准备。教育质量和考试制度成了一对尖锐的矛盾。学历主义还导致“精英倾向”，对教育产生消极影响。如在新加坡，学生从小学三年级起就开始了分流，分别进入不同的班级，学习进度和强度开始有了差别。这种分流虽然可以使每一个学生在适合自己进度的班级中学习，但在学生心理方面和日后升学方面的副作用是显而易见的。

（五）职业技术教育培养目标的确定

如何发展职业技术教育，培养适应21世纪经济飞速发展和变化的人才，是东亚国家必须认真研究的又一重要课题。韩国在如何发展职业技术教育方面一直存在着争论。一种观点认为，把培养目标限定为某特定职业工种，将无法使学生适应现代产业结构变化迅速的特点，因而主张职业技术教育应是使学生在将来能够适应职业技术多变性的基础教育。另一种观点则认为，如果只对学生进行基础教育，而不是有针对性地进行产业化的特定职业技能训练，那么毕业生就无法在实际工作中发挥应有的作用。这种争论尚没有一个令人信服的结论。

二　发展趋势

（一）改革考试制度

亚洲传统的教育观点是强调基本技能的掌握和知识的获得，不重视培养学生的创新性思维。在回顾20世纪的教育发展历程后，人们普遍认为亚洲学生承受着过大的考试竞争的压力。过多过重的考试压力不利于学生的成长，不能培养出真正有能力的人才，尤其是创新型的人才。为适应21世纪信息化、高科技的激烈竞争，各国政府都在考虑如何深入进行教育改革。如韩国政府提出在2002年废除大学入学考试。但目前韩国社会对此反应不一。马来西亚的教育改革者认为应该给予学生自主权，由学生自己来决定自己的学习进度。新加坡政府的领导人也认为，培养学生的独立思考能力和创新能力是至关重要的。日本政府针对学生因考试压力过大等原因造成的逃学和校园暴力、自杀等问题，开始探索不以考试为目的的“自由学校”。中国政府亦在1999年6月13日发布的《关于深化教育改革全面推进素质教育的决定》中明确提出，要加快招生考试和评价制度的改革，改变“一次考试定终身”的状况。

（二）继续加大对教育的投入

东亚国家对教育的投入长期保持稳步增长的趋势。如韩国总的教育投资规模占国民总收入的比重，1983年为6.9%，到2001年增长到7.1%。韩国政府为减轻学生家长负担和扩大公共投资规模，将政府承担的教育投资规模从1983年占国民总收入的3.8%提高到2001年的4.6%。中国政府在《关于深化教育改革全面推进素质教育的决定》中提出，要切实加大教育的投入，逐步实现国家财政性教育经费支出占国民总产值4%的目标。要在1998～2002年的5年中，提高中央本级财政支出中教育经费所占的比例，每年提高一个百分点。同时各省、自治区、直辖市人民政府也要相应增加支出。义务教育经费要专款专用。还要实行教育经费的多渠道筹集。表6为东亚地区一些国家2000年度教育投入情况。

表6　东亚地区12个国家2000年度教育投入情况

项目 国别	人均公共开支占人均GDP%			公共教育开支占政府总支出%	初等教育生师比
	初等教育	中等教育	高等教育		
中国	6.1	12.1	85.8	—	22
日本	21.3	—	—	9.3	20
韩国	18.3	16.8	8.0	17.4	32
蒙古	—	40.6	26.8	2.2	32
越南	—	—	—	—	28
老挝	6.5	8.7	145.3	8.8	30
柬埔寨	3.2	15.0	48.6	10.1	53
泰国	12.5	12.8	38.2	31.0	21
马来西亚	11.2	19.9	86.1	26.7	18
新加坡	—	—	—	23.6	—
印度尼西亚	3.2	8.7	—	—	22
菲律宾	14.3	12.5	23.2	20.6	35

资料来源　根据世界银行《2003世界发展指标》。

（三）调整教育结构

为了适应21世纪的科技发展，调整教育结构，培养更多的适用人才，是各国教育界的共识。韩国政府采取的措施和制定的目标是，调整基础科学领域的课程内容、扩大理工科大学规模、兴办多种形式多种内容的实业高中等。中国政府认为，大力发展高等职业教育，培养一大批具有必要的理论知识和较强实践能力的专门人才是必要的。尤其是要重视生产、建设、管理和服务等一线和农村急需的专门人才的培养。现有的职业大学、独立设置的成人高等学校和部分高等专科学校要通过改革、改组和改制，逐步调整为职业技术学院或职业学院。

（四）发展终生教育成为趋势

在21世纪，仅仅接受正规的学校教育已经不能满足人们对教育的需求。人们已经认识到，学校里的教育只是人们在生命初期接受的教育，只是接受教育的开始。随着科学技术的不断进步，每一个人都在不断地学习。终生教育已经成为世界教育发展的大趋势。东亚部分国家已经明确地提出了发展终生教育的口号。如日本政府已经把终生教育作为当前教育改革的基点和未来教育的发展方向。1990年，日本国会通过了有关推进和振兴终生教育学习的法律，根据法律文部省设立了终身学习局和终身学习审议会。各种各样的教育机构向公民开放。广播电视大学、各种函授学校、夜大学等教育机构积极为民众提供各种层次和类别的教育。

（五）进一步实现教育机会均等

如何实现教育机会均等是东亚发展中国家的一个重要课题。由于各国家内部地区经济发展的不平衡，社会的发展呈不均衡状态。这种不均衡状态，导致越来越大的教育差距。教育机会不均等的问题由此产生。东亚发展中国家为此作出了长期的努力。如重视基础教育，保持对义务教育的重点投资。采取措施缩小城乡和地区间的教育差距。重视女童教育，也是东亚国家为实现教育机会均等采取的步骤。1995年，中国儿童少年基金会发起的“春蕾计划”，其目标就是使全国所有因贫困而失学的女童都重返校园。在1994年与1995年两年的时间里，“春蕾计划”已经使10万女童重返校园。在中国家喻户晓的“希望工程”，也是在中国政府的支持下，由中国青年发展基金会发起实施的旨在向贫困儿童提供均等教育机会的重要措施。东亚的发展中国家将进一步为实现教育机会均等而努力。

表7　东亚地区12个国家2000年教育参与率　（%）

项目 / 数据 / 国别	毛入学率（相关年龄组）				净入学率（相关年龄组）	
	学龄前	初等教育	中等教育	高等教育	初等教育	中等教育
中国	40	106	63	7	93	—
日本	84	101	102	48	101	101
韩国	80	101	94	78	99	91
蒙古	29	99	61	33	89	58
越南	43	106	67	10	95	62
老挝	8	113	38	3	81	30
柬埔寨	7	110	19	3	95	17
泰国	83	95	82	35	85	—
马来西亚	—	99	70	28	98	70
新加坡	—	95	100	45	94	93
印度尼西亚	19	110	57	15	92	48
菲律宾	—	113	77	31	93	53

资料来源　根据世界银行《2003年世界发展指标》数据整理。

可以预见，21世纪东亚的教育将会面临更严峻的挑战与考验。教育必须进一步改革，以适应社会经济的发展，已经成为共识。未来的经济是知识经济，如何在信息时代的知识经济中立于不败之地，是检验东亚国家教育政策是否正确的试金石。

（王晓丹）

第二章　科学技术

第一节　发展历程

一　古近现代科技发展

从古代到现代，东亚地区在世界科技发展中都做出了重要的贡献。

(一) 中国

英国著名学者李约瑟（Joseph Needham　1900～1995）在其《中国科学技术史》序言中指出，中国“在许多重要方面有一些科学技术发明，走在那些创造出著名的‘希腊奇迹’的传奇式人物的前面，和拥有古代西方世界全部文化财富的阿拉伯人并驾齐驱，并在公元3世纪到13世纪之间保持一个西方所望尘莫及的科学知识水平”。〔（英）李约瑟：《中国科学技术史》第1卷总论，第1分册第3页，科学出版社1975年1月第一版。〕

作为历史悠久的文明古国，从春秋战国直到唐宋明时代，中国的科学技术一直居于世界的领先地位。春秋战国时期天文历法的形成，汉代的天文观测和地动检测技术，魏晋南北朝时期的圆周率计算，唐朝的农耕技术，宋明代的纺织技术，都为人类文明的发展做出了极其重要的贡献，并成为东亚地区科技文明发展的源泉。

明代以后，中国同西方国家之间也曾开展一定程度的科技交流。这种交流不仅将中国的科技成就介绍到了西方，也将西方的一些科技成果带到了中国，为中国古老的科技文化注入了新的活力，涌现出一批学贯中西的科学家以及高水平的学术著作，如《同文算指》《天工开物》《本草纲目》等。

总之，正如400多年前16世纪西方伟大的哲学家弗朗西斯·培根（Francis Bacon　1561～1626）指出的：中国的印刷术、火药和指南针，“这三种东西曾改变了整个世界事物的面貌和状态。第一种在文学上，第二种在战争上，第三种在航海上，由此又产生了无数的变化。这种变化是这样的大，以致没有一个帝国，没有一个教派，没有一个赫赫有名的人物，能比这三种机械发明在人类的事业中产生更大的力量和影响。”

从17世纪开始，英国率先推行工业革命，科学技术迅猛发展，并逐渐向全球传播开来。然而，从18世纪20年代起，由于中国的封建王朝实行闭关锁国政策，使中国的科学技术日益落伍。当时的清朝政府以泱泱大国自居，拒绝引进外来文化和科学技术，从乾隆（1736～1795）中期到鸦片战争（1840）爆发的七八十年中，几乎断绝了同外国的联系。而日本却在1868年经过明治维新而开始推行“殖产兴业”、“富国强兵”政策，启动了工业化的进程。

(二) 日本

日本早在古代就通过来自中国的移民吸取了中国秦汉时期（公元前221～公元220）的先进技术与文化。自公元600年起，日本直接向中国派遣使节（史称“遣隋使”）通好，还派遣留学生、留学僧随行，以引进中国先进的生产技术和文化。645年实行大化革新后，日本更加积极地引进中国文明，不仅注意学习借鉴儒家经典、制度文化，而且十分注重学习吸收中国的历法、天文、医学、算术、水利灌溉等实用技术，培养了大批技术人才和管理人才。到了16世纪40年代，随着洋枪和基督教传入日本，日本开始学习“蛮学”和西方科学技术。但是，从17世纪初开始，日本实施锁国政策达200年之久。

在1868年明治维新以后，日本在学习和消化源于西欧的现代科学技术的过程中，取得了相当可观的成就，特别是工业技术的发展，更有引人注目之处。不过，相比较而言，日本取得的成就多是在已有成果基础上所作的提高和深入，独创性的发现和发明少。

1. 第二次世界大战前，日本在技术方面有所谓的“十大发明”

即：

(1) 丰田佐吉(1867～1930)　发明的动力织布机。

(2) 御木本幸吉(1858～1945)　发明的人工珍珠养殖法。

(3) 高峰让吉(1854～1922) 研究开发成功高淀粉糖化酶和分离出肾上腺素(激素之一种)晶体。

(4) 池田菊苗(1864～1936) 发现香味之源谷氨酸钠,研究开发了味精制造技术。

(5) 铃木梅太郎(1874～1943) 发现脚气病的原因是缺乏维生素(B_1),并从米糠中提取成功。

(6) 杉本京太(1882～1912) 发明日文打字机。

(7) 本多光太郎(1870～1954) 发明KS永磁钢和保磁性能更强的新KS永磁钢。

(8) 八木秀次(1886～1976) 发明"八木天线"。

(9) 丹羽保次郎(1893～1975) 发明NE式照片传真技术。

(10) 三岛德七(1893～1975) 发明MK永磁钢(沉淀硬化型铸造永磁钢)。

2. 在基础科学领域里，日本在二战前取得的主要成就

(1) 汤川秀树（1907～1981） 发现基本粒子——介子，因而获得诺贝尔奖。

(2) 北里柴三郎（1856～1931） 凭培养破伤风菌获得成功，进而发现了白喉和破伤风菌的抗毒血清，确立了血清免疫疗法。

(3) 高木贞治（1875～1960） 确立了"相对阿贝尔域理论"。

(4) 木原均（1893～1986） 发现高等植物的性染色体。

(5) 外山龟太郎（1867～1918） 证实孟德尔遗传定律在动物界同样成立。

(6) 北尾次郎（1853～1907） 发表《大气的运动及台风的理论》，当时被称为"理论气象学的最新进展"。

二 当代科技发展

20世纪上半叶，东亚地区在科技发展方面远远落在欧美之后。但是，第二次世界大战结束以后，战败国日本走上了和平发展的道路。经过多年的努力，日本在科技发展的有些方面甚至超过了欧美，进而在20世纪80年代被冠以"世界工厂"的称号。虽经过90年代经济长期低迷，日本的科技竞争力仍仅次于美国居世界第二位。其后是韩国、中国台湾、中国香港及新加坡等新兴工业国家和地区、中国和东盟国家相继开始了科技和工业现代化过程。其中特别是韩国、中国台湾、新加坡在汽车、电子等产业技术领域取得了长足的进步和巨大的发展，从而在东亚地区内部的不同国家和地区之间形成了交替起飞和迅速发展的过程。

(一) 日本

以1945年二战结束为界线，比较日本科学技术的发展成就，可以发现，二战结束后60年间所取得的成就远远超过了二战前的大约80年，在世界科技水平排列的位次上也大大提前。

1. 二战结束以来，日本也有"十大革新技术"即：

(1) 原仓敷人造丝公司的维尼纶（聚乙烯醇缩醛纤维）。

(2) 丰田汽车公司的传票卡生产方式。

(3) 索尼公司的半导体收音机。

(4) 日清食品公司的方便面。

(5) 原国有铁路公社的新干线（高速铁路）。

(6) 超高层建筑（东京霞关大厦）。

(7) 东丽公司的碳纤维生产技术。

(8) 本田公司的CVCC发动机（复合涡流调速燃烧装置）。

(9) 东芝公司的日语文字处理器。

(10) 任天堂公司的家庭游戏机。

2. 在基础科学领域，日本在二战结束后取得较前更为显著的成就

(1) 在物理学领域 朝永振一郎（1906～1979）就量子电磁力学提出了"重整化理论"，江崎玲於奈（1925～ ）发现了半导体的"隧道效应"，并在此基础上发明"隧道二极管"；两人都因其独创性的发现和发明而荣获诺贝尔物理学奖。西泽润一提出研制光二极管、半导体激光和光导纤维的理论，被称为日本的"光导通信之父"。

(2) 在化学领域 福井谦一（1918～1998）把量子力学理论引入有机化学领域，确立了关于化学反应的"前沿电子轨道理论"，于1981年获得诺贝尔奖。吉田善一（1925～ ）确立了关于发生荧光的"吉田定律"，并预言了碳60（C_{60}）的存在。

(3) 在医学和生理学领域 利根川进（1939～ ）因发表《产生抗体多样性的遗传原理》而获得1987年度诺贝尔医学和生理学奖。

(4) 在生命科学和生物技术领域 木村资生（1924～ ）发表"分子进化中立说"，被认为是自达尔文以来关于生命进化论的最大业绩。早石修（1920～　）发现生物体内新陈代谢过程与燃烧现象一样，是从外部吸收氧气，氧气添加酶在发挥着这一功能，推翻了一直在世界上占统治地位的“脱氢酶论”。冈田善雄（1928～　）发现了细胞融合现象，开拓了细胞融合技术。掘越弘毅（1932～　）发现碱性环境中存在多种微生物，推翻了自巴斯德以来一直认为微生物只生存于中性或弱酸性环境中的定论。多田富雄（1924～　）发现生物体内有促进抗体产生的“协助者T细胞”和抑制抗体产生的“抑制者T细胞”。

（5）在数学方面　广中平佑（1931～　）解决了19世纪以来代数几何学上的难题之一——“消除奇（异）点”的问题，于1970年荣获菲尔兹奖。

（二）中国

1949年中华人民共和国成立以来，在科技方面取得了重要成就，尤其在高技术和基础科学研究方面，取得了一系列令世界震惊的重大成果。

1964年10月，中国成功地爆炸了第一颗原子弹，表明中国自行制造的各种材料、燃料、仪器、设备都达到了较高水平。1965年9月，中国人工合成牛胰岛素成功，这是世界上第一个人工合成的蛋白质。1966年，中国导弹核武器试验成功。“文化大革命”期间，在极端困难的条件下，中国科技工作者怀着高度的爱国激情和民族责任感，仍然利用一切可能的机会开展科学研究，并且取得了人造地球卫星发射、氢弹爆炸试验、籼型杂交水稻选育、哥德巴赫猜想证明等具有世界先进水平的重大成果。

1978年改革开放以来，中国科技改革与发展事业蒸蒸日上，科技实力不断增强，对整个国民经济和社会发展的影响日趋广泛和深入。20多年间，在生命科学、信息技术和航空航天科技方面取得突出的成绩。

1978年3月，全国科学大会在北京隆重开幕。这次大会，是中国科学技术事业的一座不朽丰碑，它标志着中国科学技术事业由乱到治、由衰到兴，开始进入一个崭新的发展阶段，科技硕果累累。

基础科学研究和应用科学研究均得到迅速发展。中国自行研制的“神舟”号载人飞船的成功发射，标志着中国航空航天技术取得了新的突破。水稻基因图谱的绘制、体细胞克隆羊的诞生、转基因试管牛的问世等，标志着中国生物技术总体水平正在接近发达国家。高清晰度电视、“神威”计算机、12英寸（30.48厘米）单晶硅材料、皮肤干细胞再生技术、纳米技术等重大成就的取得，使中国在相应的领域内进入世界先进行列。

抽样分析表明，截至21世纪初，中国已有11%的高新技术成果达到或保持国际领先水平。例如：转基因羊、牛的培育成功和转基因抗虫棉的成功，标志着中国转基因动植物技术已进入国际先进行列；全面参加并承担人类基因组计划工作，显示了中国生物技术领域的研究水平和能力；高性能计算机关键技术的突破，使中国在竞争激烈的世界计算机领域，占有了一席之地；水下无人深潜技术获得重大成就，研制成功6 000米水下机器人，使中国成为少数几个拥有这种技术的国家之一。

在高新技术产业方面。20世纪90年代，在国家《火炬计划》这面旗帜的带动下，经过社会各方面的共同努力，中国高新技术产业已经步入发展的快车道。1991～2001年，中国高新技术产业的工业产值从3 000亿元左右增加到1.8万亿元左右，年均增长20%以上，超过同期工业年均增长速度10多个百分点，成为中国经济发展中最有活力的部分。高新技术产业在国民经济构成中所占比例显著提高，由10年前的1%左右提高到2001年的近15%。高新技术产业的不断壮大，提高了中国产品的国际竞争力。

2003年，中国生产的集成电路产品达124.1亿只，成为基于半导体技术的电子产品的全球生产基地。目前，中国信息产业规模仅次于美国、日本，位居世界第三，中国已成为全球半导体产品消费国和生产国之一。与此同时，半导体产业的能级和自主研发水准迅速提升，初显从“中国制造”迈向“中国创造”的端倪。中国国内企业和研发机构日益重视从“中国制造”到“中国创造”的角色转变。内地集成电路设计企业已从原先的100家迅速增加到近500家，IT设计人才从2000年不足5 000人增长到2万多人，而且从单一设计领域向投资、贸易、管理等产业全领域发展。

在航空航天科技方面。2003年10月15日9时，“神舟”五号载人飞船搭载宇航员杨利伟升空，绕地球飞行14圈后，于10月16日6时23分在内蒙古中部主着陆场安然降落，安全返回地面，标志着中国载人航天工程历史性突破，中国成为世界上第三个能够独立开展载人航天活动的国家。这表明载人航天工程第一步的标志性工作完成，开展载人航天工程第二步任务的条件已经成熟。神舟六号于2005年10月12日发射，实现了多人多天飞行。两名宇航员费俊龙、聂海胜于10月17日成功返回地球，为中国的宇航事业创造了多项新纪录。未来“神七”、“神八”的飞行任务是，中国航天员将进行太空行走和飞船进行交会对接，“神七”有望在2007年前升空。

与此同时，中国探月“嫦娥”工程，是在2020年或稍后一个时期，以无人探测为主，按“绕、落、回”三步走，即：分三个阶段实施，分别实现绕月探测、月面软着陆探测和月面巡视勘察、采样返回。按计划，2007年4月18日左右，中国将发射首颗月球探测卫星“嫦娥一号”，实现绕月探测。

（三）韩国、新加坡

韩国、新加坡等国尽管在包括基础科学在内的整个科技产业方面还没有追上日本的水平，但在生产技术已成熟化和标准化的条件下，最终产品的大量生产成为可能，则使得其价格竞争力和技术水平已经接近日本的水平。从而使得东亚部分国家和地区在一部分成熟产业、产品领域追上日本的可能性增大。

由于在科技方面同欧美之间的差距以及本地区内部不同国家之间的差距的存在，重视引进国外先进技术、导入直接投资成为东亚各国在不同时期推进科技发展的一个重要途径。随着全球化生产网络与技术合作的发展，随着技术转移的多极化与全方位化，东亚各国和地区获得先进技术的机会空前扩大。

与此同时，正当日本以外的东亚各国至今仍在努力推进工业化的时候，一场信息通信革命的潮流迅猛地席卷整个世界，从而使仍处在工业化途中的东亚各国面临着工业化与信息化的双重任务：一方面以信息化促进和改造工业化；另一方面又以工业化促进和支持信息化，成为多数东亚国家采取的发展战略。

随着东亚各国和地区依靠引进技术和外资来推进的工业化取得进展，其工业品的生产与出口迅速扩大，比如，除日本以外的东亚各国和地区所生产的家电产品和个人电脑周边产品的产值占世界市场的一半或更多，造船和钢铁占世界市场的30%上下，半导体和液晶显示装置占世界市场的10%上下。这说明东亚地区日益发挥出作为世界“生产中心”的功能和作用。

然而，除日本以外的东亚多数国家的自主科技研究与开发，特别是民间企业的研究开发活动仍相对滞后，科技研究开发机构与民间企业缺乏联系甚至相互脱节。不过，新兴工业国家和地区在这方面的表现好于东亚其他国家。至于基础研究则更为薄弱，即使是日本在基础研究的多数领域也落后于美欧。

面向新世纪，尽管东亚各国和地区已经走出亚洲金融危机的阴影，但仍面临着艰巨的体制改革和结构改革的重任。今后，东亚地区只有大力发展科学技术，将经济增长真正转移到依靠科学技术的轨道上来，大力提高生产率，才能实现持续、全面、健康的经济社会发展。

第二节 各国和地区科技实力比较

从科技实力的国际比较（见表1）可以看到，作为发达国家的日本在东亚地区是科技实力最强的国家。

21世纪头一二十年，考虑到欧洲联合的加强，而亚洲各国一时尚难以完全实现联合，世界科技格局依然呈现出美、欧、日三极鼎立的态势。

表1 世界一些国家和地区
1994～1998年科技实力名次表

国家地区	1998年分数	名次				
		1998	1997	1996	1995	1994
美国	100.00	1	1	1	1	1
日本	89.30	2	2	2	2	2
德国	72.12	3	3	3	3	3
法国	69.35	4	4	5	5	6
中国台湾	65.40	7	10	17	12	20
中国	58.57	13	20	28	27	23
英国	57.66	17	14	16	10	10
中国香港	51.84	25	18	20	19	19
韩国	50.57	28	22	25	24	24
印度	49.82	29	30	33	34	34

资料来源 瑞士洛桑国际管理发展研究所《世界竞争力年鉴，1998年》。

在新兴工业国家或地区当中，中国台湾和韩国的科技实力比较突出；在发展国家当中，中国的科技实力比较突出，但是，1999年中国科技竞争力的国际排名却出现下降（见表2）。

表2 中国科技竞争力基本指标1996～1999年排名变化情况

序号	指标内容	指标性质	1996	1997	1998	1999
1	研究开发经费支出总额	统计	19	17（+2）	17（0）	13（+4）
2	人均研究开发经费支出总额	统计	—	—	41	—
3	研究开发经费占GDP比重	统计	34	33（+1）	34（-1）	33（+1）
4	企业研究开发经费支出总额	统计	17	16（+1）	15（+1）	16（-1）
5	人均企业研究开发经费支出总额	统计	—	—	—	39
6	研究开发人员总数	统计	2	1（+1）	1（0）	4（-3）
7	人均研究开发人员总数	统计	—	—	—	33
8	企业研究开发人员总数	统计	4	4（0）	4（0）	4（0）
9	人均企业研究开发人员总数	统计	—	—	—	31
10	合格工程师可获得程度	调查	44	45（-1）	36（+9）	47（-11）
11	合格信息技术人员可获得程度	调查	—	—	—	46
12	企业间技术合作充分程度	调查	35	34（+1）	19（+15）	25（-6）
13	企业与大学间技术转移的充分程度	调查	26	25（+1）	17（+8）	23（-6）
14	技术开发资金充足程度	调查	45	42（+3）	34（+8）	33（+1）
15	法律环境支持技术开发与应用程度	调查	—	15	20（-5）	22（-2）
16	研究开发设施重新配置影响未来经济发展程度	调查	—	2	5（-3）	10（-5）
17	基础研究支持长期经济、技术发展程度	调查	26	12（+14）	10（+2）	12（-2）
18	义务教育阶段科技教育程度	调查	39	34（+5）	25（+9）	30（-5）
19	青年人对科学技术的兴趣	调查	—	37	20（+17）	12（+8）
20	年平均本国居民获本国专利数量	统计	11	13（-2）	13（0）	12（+1）
21	中国居民获本国专利数量增长率	统计	7	18（-11）	19（-1）	25（-6）
22	中国居民获外国专利数量	统计	37	29（+8）	29（0）	29（0）
23	每10万中国居民拥有的有效专利数量	统计	—	—	36	38（-2）
24	知识产权保护程度	调查	32	30（+2）	33（-3）	17（+16）

注 （1）括号内为相对前一年位次变动情况；（2）1997年起增加15、16和21三项指标，1998年增加2，1999年度增加5、7、9、11和18五项指标。

资料来源 瑞士洛桑国际管理发展研究所《世界竞争力年鉴，1999年》。

一 科研经费投入的比较

东亚各国和地区的科研经费投入彼此相差甚大。

（一）日本

日本无论在科研经费总额方面还是在科研经费占国内生产总值的比例方面均远远超出东亚其他国家或地区，而且在世界上名列前茅（见表3）。在1971～1995年的25年间，日本的研究开发经费对国内生产总值（GDP）之比平均为2.5%，在1991～1995年的5年间平均为3%弱，达到世界最高水平。1997年日本在经济严重衰退的情况下，其科学技术研究开发经费不但没有减少，反而继续增加，达15.7万亿日元，占国内生产总值的3.12%，连续3年创下历史最高纪录。

日本全国科研经费投入水平在国际上的地位是：科研经费总额仅次于美国占世界第二位，近达美国的一半，超过欧洲3个主要国家——德、法、英3国的总和（为其总和的1.01倍）；科研经费占国内生产总值之比居世界首位，达3.12%（1996～2002年平均）。

表3　日本研究开发人员及投入与其他国家的比较

项　目	日本	美国	德国	法国	英国	中国
每万人口研究人员数（人,1996～2002年平均）	51	45	32	31	27	6
研究开发费与GDP之比(%,1996～2002年平均)	3.12	2.66	2.53	2.26	1.88	1.23
制成品出口中高技术产品比重(%,2003年)	24	31	16	19	26	27
专利申请文件数(万, 2002年)						
其中：居民	37.15	18.34	8.06	2.19	25.12	4.03
非居民	11.54	18.17	23.00	16.00	5.14	14.09

资料来源　世界银行《2005世界发展指标》，第314～316页。

表4　一些国家1996年的研究开发经费情况

国家	国内研究开发经费（亿美元）	世界位次	国内研究开发经费占国内生产总值的比例（%）
美国	1 846.65	1	2.55
日本	1 531.81	2	2.78*
德国	536.28	3	2.26
法国	356.17	4	2.34*
英国	225.99	5	2.05*
意大利	136.01	6	1.13
韩国	135.22	7	2.68*
中国	39.33	17	0.5

*　为1995年数据。

资料来源　瑞士洛桑国际管理发展研究所《世界竞争力年鉴，1998年》；中国科技部《1997年中国科技统计数据》。

日本政府支出的研究开发经费额仅次于美国占世界第二位，为美国的1/3.4，分别为德、法、英的1.29、1.54、2.61倍。迄今日本政府的科研支出在全国科研经费中所占比重只有21%，远低于美、德、法国的36%、37%、46%；日本国防科研经费远远少于美国，也少于法、英、德3国，为美国的1/40.8，分别为法、英、德的1/4.03、1/3.44，1/1.36；国防科研经费占全国科研经费总和的比例只有1.16%，远远低于美国的20.4%，法、英的13.99%和15.67%，也低于德国的3.26%。不包括国防科研经费的政府科研经费支出占全国科研经费总额的比例反而比美国高出4.8个百分点，与英国相近，但仍比德、法分别低15.0和13.9个百分点。

长期以来，日本巨额的国民储蓄一方面被用于企业的设备投资，另一方面被用于大规模的公共投资。从国际比较上看，日本的公共投资规模之大是非常突出的。传统的公共投资对于建设必要的社会资本来说已经相当充分，而且这种传统投资对于生产力的提高已经很难继续产生直接的效果。而增加技术存量却可能带来近100%的收益率，因此，今后的公共投资很可能会向增加技术存量的科技研究开发倾斜。根据《科学技术基本计划》，在1996～2000年5年间，政府投入研究经费总额达17万亿日元，2000年以后日本的研究开发经费对国内生产总值（GDP）之比将提高到3.75%。

增加科研经费投入对今后日本经济增长将带来重要的影响。据日本经济研究中心预测，如果2000年以后科研经费对国内生产总值之比保持在2.75%，那么，在1995～2005年、2006～2015年、2016～2025年，每10年平均实际经济增长率分别为1.1%、-0.1%、-0.2%；如果2000年以后科研经费对国内生产总值之比保持在3.75%，那么，上述3个10年的平均实际经济增长率将为1.3%、0.4%、0.4%。科研经费对国内生产总值（GDP）之比增加1个百分点，将可使2025年日本实际国内生产总值的规模扩大14%。

（二）中国

20世纪90年代以来中国的科研经费支出逐年递增。按可比价格计算，1991～1997年中国研究开发经费年平均增长速度为10.1%；同一时期，美国、日本、德国等发达国家的研究开发经费年平均增长速度不超过2%。但是，90年代以来，中国科研经费占国内生产总值的比重仍一直维持在0.65%左右的水平。

（三）韩国、泰国、马来西亚、新加坡

直到1979年，韩国的科研经费仅占国民生产总值的0.68%。进入80年代以后，韩国科研经费年均增长达15%，在1981～1992年的11年间增加了12.5倍，科研经费对国内生产总值的比例也提高到2.17%，接近科学技术先进国的行列。特别是进入90年代以来，韩国高科技方面的科研经费迅速增加，即或是1997～1998年金融危机期间，国家研发预算依然增长了1倍，从20亿美元增加到40多亿美元。2002年，韩国研发总支出占国内生产总值比率已达2.96%，高于经合发展组织2.24%的平均值。1997～2002年间，研发公共开支年增率在15%以上，预计2002～2007年间，国家预算中研发开支的比重将从4.5%提高到7%。

泰国的科研经费投入水平很低。1991年以前，科研经费约占国内生产总值的0.2%，自1991年后，科研经费投入又逐年下降，1995年仅为52亿泰铢，约占国内生产总值的0.13%。1997年，由于政府对科研经费再度削减，使得研究开发活动的开展受到严重制约。

马来西亚的科研经费投入水平也不高，但马来西亚政府提出，在"七五"（1996～2000）计划期间，政府科研经费预算支出将比"六五"期间增加50%，科研经费占国民收入总值的比重将从1992年的0.4%提高到2000年的0.8%。

科研经费充足一直是新加坡科技发展的一个特点。新加坡科技局在制定1996～2000年的五年框架计划时确定，今后5年的科研经费预算还将比上一个五年计划增加1倍。研究院一般研究项目经费达30万～100万新元，年人均预算也有18万～20万新元。因科研经费充裕，仪器设备等科研条件较好。与此同时，民间企业也重视对科研的投入，其科研经费占全国科研经费的比例达60%以上。

二 科技人才培养的比较

从科研人员总数看，中国、日本在东亚地区比较突出；从按人口平均的科研人员数来看，日本、韩国、新加坡比较突出；从生产现场的科技人员的素质看，日本远远超出其他东亚国家或地区。

表5 一些国家的研究开发科学家和工程师人数

国　别	研究开发科学家与工程师（全时型，万人　年）	每万名劳动者中的研究开发科学家与工程师数（人）
美国（1993）	96.27	74.3
欧盟15国（1993）	77.81	46
中国（1996）	55.9	6.8
日本（1996）	55.20	81.4
韩国（1995）	10.05	48

资料来源　经合组织"主要数据库"；中国科技部《1997年中国科技统计数据》。

（一）中国

1949年中华人民共和国成立后，经过多年努力，在高层次专业技术人才队伍建设方面已取得长足发展，初步形成了一支专业技术能力强，在科研、生产、教育、文化、卫生等社会主义现代化建设各个领域的关键专业技术岗位上发挥骨干作用，做出突出业绩的高层次专业技术人才队伍。截至2003年，我国已有两院院士1 304人，有突出贡献中青年专家5 206人，享受政府特殊津贴专家14.5万人，全国国有企事业单位具有高级专业技术职务人员192万人。高层次专业技术人才队伍和后备队伍已覆盖了经济社会发展的各个领域、各个方面。

1997年中国的科学家与工程师为58.9万人年，比日本的54.1万人年略多一些，是仅次于美国（96.3万人年）的研究开发人力资源投入的第二大国。

但是，每1万名劳动力当中从事研究开发活动的科学家与工程师，中国只有8.4名（1997年数字），而在日本达到81.4名（居世界首位），韩国为69.4名，新加坡为56名，一般发达国家和新兴工业化国家均达到50名。

当前，中国高层次专业技术人才队伍对推进高新技术产业化和理论创新、制度创新、科技创新、文化创新及其他领域创新发挥了重要作用，取得了载人航天、三峡工程、杂交水稻、正负电子对撞机等一批具有世界先进水平的重大科研成果，涌现出了一批以袁隆平、吴文俊、王选、黄昆、金怡廉、刘东升、王永志等为代表的高级专家群体，成为国家科技进步和经济社会发展的栋梁之材。为加快培养中青年学术技术带头人，中国人事部等部门组织实施了“百千万人才工程”，发展完善了博士后制度。目前，列入“百千万人才工程”的国家级人选已达2 116人，省部级人选已近2万人；全国已设立博士后科研流动站、工作站2 392个，累计进站博士后研究人员2.4万多人。

（二）日本

第二次世界大战结束后，日本培养了大批能够扎根于国内、扎根于生产现场、平均素质较高的工业化人才。虽然按每千人口的科研人员数计算，日本为美国的1.48倍，为德、法、英各国的2倍或2倍以上。但是，日本科研人员的创新开拓精神较差，高层次人才严重不足。1991年日本取得理科博士学位的只有600人，不及美国9 700人的一个零头，在产业界工作的博士学位获得者只有7 000人，只及美国14万人的1/20。

从作为科技投入的两大方面——经费与人才来看，今后日本面临的主要困难不在于经费而在于人才。而为了解决人才的数量和质量（创造性）不足，确立有利于培养开拓型创造型人才的教育体系，形成有利于鼓励开拓与创造的社会风气与环境，日本尚需作出长期艰苦的努力。由于日本几乎是一个单民族国家，在人口方面的“开放度”远远低于美欧，很难像美国那样从全世界大量引进优秀人才。据调查，在日本进行科技研究工作的条件对于欧美国家的人才尚缺乏吸引力，但日本的条件对于亚洲发展中国家的人才仍有一定的吸引力，而且日本从亚洲发展中国家引进科技人才的趋势已经出现。

为了更好地发挥科研人员的作用，日本正在推进有关人才的制度改革以建立富有创造性的研究开发体系，包括导入任期制以提高研究人员的流动性和活跃研究开发活动；实现万人博士后计划和增加研究辅助、支援人员的人数；推进国立大学与民间企业的共同研究并放宽对研究兼业的限制（在一定条件下允许研究公务员兼职）以活跃产学官交流；对科研成果实施科学的严格的评价；在增加政府科研投入的同时重点扩充竞争性研究资金、用于研究人员培养和交流的资金以及研究开发基础资金。

（三）东亚地区其他国家

培养和吸引科技人才也是东亚地区其他国家面临的紧迫课题。

1. 韩国

韩国狠抓科研队伍建设，加强对博士后的支持和资助。20世纪80年代以来的20多年间，科研人数已从不足2万人增加到近20万人。为了实现人才培养从“重数量”到“重质量”的转变，韩国正在努力将韩国科学技术院建成为名列世界前十位以内的、以研究为主的大学，把光州科学技术院发展成研究尖端科技的国际大学。

2. 泰国

科技人才数量短缺、质量不高，是制约泰国科技发展的一个主要因素。目前泰国全国科研人员只有约2.5万人，其中全时当量科研人员不足8 000人，每年全国普通高校培养的理工科学士以上（含理工科学生）毕业生不到2万人，远远不能满足经济社会发展对科技人才的需求。据官方估计，2001年泰国缺少1.16万名工程师，6 500名科学家和3.52万名技术人员。影响科技人力资源开发的一个重要原因是，年轻人被诸如金融、房地产、广告、公关等一些报酬丰厚、更具挑战性的工作所吸引，使理工学科受到冷落。针对上述问题，泰国采取了联合办学（例如1997年科技发展署、大学部和其他几所高等院校联合发起建立“泰国科技研究生院”的计划）、加强培养理科师资（1997年政府推出一项“理科师资培养”计划）等措施外，还大力加强留学生外派工作，批准了一项为期10年（1998～2007）科技留学生外派计划，以便为今后的发展储备人才。

3. 马来西亚

马来西亚正致力于创办“东方的哈佛”，把吉隆坡建成为优秀的教育中心。马来西亚政府认为，一名在英国学习的马来西亚大学生一年要花费2.4万美元，而在本国就读只需要花费4 000美元，因此大力提倡“不出国的留学”。

4. 新加坡

新加坡国土狭小、几乎没有自然资源，“人力资源是新加坡唯一的经济资源”。尤其是新加坡十分重视在世界范围内招聘科技人才，吸引海外人才参加新加坡经济社会发展事业。经济发展局从20世纪80年代起，就制定并实施专门吸收海外人才的计划，根据发展需要在世界范围内招聘所需要的专业和技术人才，并创造条件使有用人才长留本地。其主要做法是：当海外人才表现出工作才干和科研能力，而且有意长期工作下去，便会在较短时间（最短3.6个月）里取得长期居住身份；为来自邻国读大学的学生提供资助，他们毕业后将按合同规定在新加坡工作3～6年不等；研究院确定一项科研题目后，可在世界范围内招聘所需研究人员，其年薪在4万～10万新元，这个待遇及新加坡的生活条件即使在欧美也是有吸引力的。近期人才政策的重点是吸收海外技术员工、高级科技人员、高级管理人才、学术带头人。不同层次的人才需求，反映了新加坡面向未来的三种基本发展需要，即：跨国公司在本地发展业务的需要；形成区域科技中心的需要；促进本地企业成长为新兴国际企业的需要。现在，一大批海外科技人才来到新加坡，其中多数已成为大学和研究院的教学与科研骨干，新加坡几家主要科研机构负责人都是聘请在国际上有学术成就的专家学者担任。

由于多年来重视培养和招聘人才，目前新加坡每1万劳动人口中的科学家和工程师达56人，超过英国1995年的水平，接近德国1993年的水平。又据美国一家咨询机构1996年对世界各国劳动力质量进行的调查，根据对劳动者技术本领、法律知识、生产率和工作态度等的综合评价，新加坡得81分（满分为100分），名列世界第一。尽管以上述标准来衡量的新加坡劳动力质量较高，新加坡工人的平均教育水准仍不够高，低于中等教育水平的人数占工人总数的比例为43%（日本为23%，美国为16%）。

三　科技产出的比较

（一）日本科技产出居东亚地区首位

从各国的“科学的生产”（主要以该国研究者发表的科学论文的数量和质量来表示）的“产出”或成果来看，在1996年世界主要科学刊物上发表的近67万篇论文中，日本所占的比例为9.9%，仅次于美国（34.6%）占第二位。论文的被引用次数是衡量研究成果质量的一个指标。1996年各国发表论文的被引用次数所占比例仍以美国最高，为51.6%，日本占第四位，居美、英、德之后，为7.8%。这从一个侧面反映了日本的基础研究水平仍然落后于欧美，特别是落后于美国，但在东亚地区仍居首位。

从各国“技术的生产”（主要以该国研究者申请、授权的技术专利的数量和质量来表示）的“产出”或成果来看，1996年日本的专利申请件数为38.9万件，不仅居世界第一位，而且遥遥领先于第二位以下的国家（美国为23.5万件）。日本是占全世界专利申请件数约30%的“专利大国”。与此同时，日本人在美国申请、获授权的专利占美国专利总数的比例，一直远远高于除美国以外的国家。例如，1996年日本人在美国登记的专利占美国专利的比例为21%，而德、英、法国人在美国申请的专利所占的比例分别只有2.5%、2.2%、2%。这从一个侧面反映了日本的实用研究水平高于欧美，特别是高于欧洲（参见表6）。

表6　在美国1982～1996年所授专利的国家和地区分布

发明国（地区）	在美国授权专利数	占在美国授权专利的比例（%）
总数	1 276 351	100
美国	694 796	54
日本	257 627	20
德国	103 801	8.1
英国	37 301	2.9
中国台湾	10 836	0.85
韩国	5 899	0.46
中国香港	725	0.32
中国	533	0.04

资料来源　美国商务部《新的创新者》，1998年。

需要指出的是，日本虽然号称“专利大国”，但日本企业的专利战略存在着“追求数量”的倾向。日本企业在同美国企业的专利纷争中经常败北，说明日本企业在“基本专利”或专利“质”的方面仍不如美国。当然，为了推出某种新产品，支持该产品的细小专利、技术改良专利（它们是构成专利“数量”的“主力”）是不可缺少的，但是，更重要的是形成该产品的“骨骼”的基本专利。

（二）东亚其他国家地区科技产出状况

东亚地区其他国家的“科学的生产”的产出则远远落后于日本。2000年，韩国发表科学论文，名列《科学引文索引》的世界排行榜第十六位。近年来，中国“科学的生产”的产出增长迅速，2002年，中国被国际颇具影响的3个检索系统《科学引文索引》、《工程索引》、《科学技术会议录索引》收录的国际论文共77 395篇，占世界论文总数的

5.37%，是继2001年超过意大利和加拿大后，2002年又超过法国，排在美国、日本、英国和德国之后，居世界第五位。

东亚地区其他国家的“技术的生产”的产出也远远落后于日本。例如中国在国内申请的专利不到8万件，1995年中国全国的企业（其中大中型企业就有6.8万家）申请专利数不及日本的日立制作所一家企业的申请专利数；中国发明专利授权量仅为日本和美国的1/30，韩国的1/3。在美国获授权的专利中，中国的专利仅占0.1%。

从技术开发成果（技术出口额及在外国登记的专利件数）的国际比较来看，如果以美国为100，则日本为129.43，中国台湾地区为2.85，韩国为2.00，日本的技术开发成果超过美国，相当于中国台湾地区、韩国的几十倍。这表明日本的技术开发活动是十分富有成果的。然而，这种成果大多是通过改良型、连续型的技术开发活动（这种技术开发活动比较容易出成果）所取得的，而在原理发掘型或技术突破型的技术开发（这种技术开发活动出成果较难）方面，日本的水平明显不如美国。

四 东亚地区各国与日本间的科技差距

（一）概述

进入20世纪90年代以来，除日本外的东亚各国或地区的科学技术水平有了迅速的提高，但比起日本等发达国家的水平仍存在着很大的差距，其中只有韩国、中国台湾、新加坡等少数国家或地区在研究开发经费占国（地区）内生产总值的比例和自主技术发展方面表现较佳，但比起日本等发达国家也仍然是落后的。

然而，东亚各国或地区通过实行全方位的开放政策，通过经济全球化的生产合作和技术转移，扩大从外界获得先进技术的机会，特别是在生产水平方面，依靠引进技术和生产成本优势，不断提高工业产品的国际竞争力。其中韩国、中国台湾、新加坡等国家或地区虽然在整个产业技术（包括技术基础在内）水平方面还没有追上日本的水平，但在最近的将来，它们在一些成熟产业（产品）领域追上日本的可能性则大大增强。

在日本以外的东亚各国或地区相互之间，技术水平的差距不仅存在而且还在扩大，其关键原因在于各国或地区吸收国外先进技术的条件不同，特别是作为吸收国外先进技术主体的民间企业发展情况不同。在这些方面，韩国、中国台湾、新加坡的状况好于其他东亚国家或地区。在这3个国家或地区，民间企业对科技开发的重视已经成为产业竞争力的主要源泉。

例如韩国的民间企业的科研经费占全国科研经费的比例达到74%，中国台湾的比例为54%。那里的企业经营者和政府对获得新技术和开展技术革新的积极性很高，追赶日本的决心很强。民间企业不仅积极引进技术，开展自主开发，而且利用不断积累的资金能力，到发达国家购买企业和设置研究机构，以便确立获取先进技术的渠道，构筑技术人才的国际网络，进一步加强对先进技术的吸收的能力。

其中，韩国、中国台湾及新加坡的发展又各有特色。韩国的特点是，以财阀等大企业为中心的民间企业与政府相互支援，开展活跃的研究开发活动。中国台湾的特点是，中小企业群在产品和生产工程方面开展积极的革新，对经济形势变化表现出迅速的反应能力，同时存在着以“工业技术院”为中心的强有力的支援体制（具有较强的商品化能力的中小企业接受“工业技术院”的研究开发成果加以商品化）。新加坡则注重建设开放的、能提供优质服务的投资环境和研究环境，提高对国内外资金、技术和智力的利用能力。

韩国和中国台湾在某些特定产业、产品方面已经同日本形成了竞争关系，比如韩国在半导体、电子、造船、汽车、钢铁等方面与日本形成竞争关系；中国台湾在个人电脑、电子、石油化学、钢铁等面向大量生产的产品领域与日本形成竞争关系。

除去韩国、中国台湾、新加坡以外的东亚各国，尚未形成民间企业积极追求技术进步的机制，民间企业的科研经费占全国科研经费的比例较低。同时，除去马来西亚立足于天然资源的比较优势产业（例如橡胶、椰子油产业）与新加坡的金融服务功能等极为有限的特定领域，在东盟几乎不存在同日本形成竞争关系的产业。但是，在中国的华南、上海等东部沿海地区，由于积极导入外国企业特别是跨国公司的直接投资，使当地的技术水平日益提高，特别是在电机、电子产业领域的最终组装工程能力迅速增强。同时，正在崛起一批研究开发热情高涨的民营高科技公司，一部分国营大企业集团的研究开发热情也有所提高。然而，全国的产业技术水平仍远远落后于发达国家水平。

（二）评析

从产业技术的角度看，东亚其他国家、地区同日本等发达国家的差距可分为“表层”、“中层”、“底层”3个层次。在“表层”即有关“产品”的技术（与消费者直接见面的技术）方面，比如在耐用消费品的生产技术方面，韩国、中国台湾等新兴工业国家或地区已经接近日本的水平，而其他国家同日本的技术差距大致在3～5年。但是，在“中层”即有关“产品的制造”和“生产的基础条件”方面，比如机械设备的开发、基础设施的建设等等（隐藏在产品背后、支持产品制造的技术及条件），新兴工业国或地区与东亚其他国家的技术水平分别比日本落后一二十年和二三十年。至于在“底层”即从事产品制造的“人”的工业化素质方面，与明治以来拥有100多年工业化历史的日本相比，新兴工业国或地区与东亚其他国家要培养真正具有工业化素质的劳动力队伍，将分别需要1～2代乃至3代人以上的努力。

东亚其他国家、地区同日本的科技能力的对比关系，并非是日本“等着”其他东亚国家追赶的“静态关系”。因为日本的科技还在继续发展，因此，可以说东亚其他国家、地区同日本的科技对比关系是其他国家、地区的追赶与日本的“科技优势再生产”之间的“比赛”。鉴于日本的科研经费、科研经费占国内生产总值（GDP）的比例、研究者人数、研究者人数占人口的比例等指标均比东亚其他国家、地区高得多，这意味着日本相对东亚其他国家、地区的“技术优势再生产”的能力是很强的；东亚其他国家、地区对日本科技水平的追赶将是十分艰巨、漫长的过程。

1. 从历史原因看

东亚其他国家、地区与二战后日本不仅在科技发展的出发点方面有很大区别，而且它们的科技发展所走过的道路也很不相同。从日本方面来看，二战前日本已基本上实现了工业化，二战时的对外隔绝与战争的破坏虽然加大了日本与欧美之间的科技差距，但是二战前的工业化人才和相当部分的工业设施却保存下来，在二战后得以发挥很大的作用。与之对照，大部分东亚其他国家、地区在二战后初期尚未走上工业化道路，有关现代产业技术的研究几乎没有开展。在如此不同的出发点之上，这几十年来东亚各国的科技发展又经历了十分不同的道路（体现于技术来源、技术引进、科技体制、科技路线等等）。

2. 从技术来源看

二战后日本与走在世界科技发展最前列的美国结成了同盟关系，同时也与科技先进的西欧诸国保持着密切的交流关系，特别是日本在二战后很长时期得以吸取美国为对抗苏联而开发的最尖端的军事技术，将其产业化、商品化，转用于民用生产领域；而东亚其他国家（或地区）显然没有日本那样的条件，有的国家还遭受了西方国家的技术封锁和禁运。

3. 在技术引进方面

日本从二战后初期就重视技术引进，并采取以引进专利许可证为主的方式，对机械设备的引进占全部引进的比重很低；而东亚其他国家（或地区）的技术引进开始较晚，对机械设备的引进在整个引进中占有很大比重，一部分东亚国家长期存在着盲目、重复引进的问题，这意味着东亚其他国家（或地区）为引进技术所花费的代价比日本高得多。

与日本对引进技术能够很好地进行消化、改良、提高相比，不少东亚国家对引进技术的消化、改良、提高则做得不够，以致与日本技术引进的公式“一号机引进，二号机国产，三号机出口”相对照，不少东亚国家、地区的技术引进长期不能摆脱“一号机引进，二号机引进，三号机仍然引进”的被动状态。

从推进技术进步的主力来看，实行市场经济体制的日本形成了民间企业主导型的研究开发体制，民间企业的研究开发支出占全国研究开发经费的66%；与之对照，一部分东亚国家的民间企业缺乏追求技术进步的动力，未能成为推动技术进步的主力。

日本的产业技术的“精华”在很大程度上存在于千千万万家各怀一技之长的中小企业之中，以致中小企业成为日本制造业的“一大法宝”，对日本的高技术产业赢得世界竞争发挥了极为重要的作用。然而，多数东亚其他国家、地区的制造业却缺乏能热心钻研与献身于专门技术的广大中小企业的支撑，周边产业、中小企业的发展落后，即使是在有竞争力的产品方面，其生产设备以及操作技术、核心零部件、原材料在很大程度上要依靠进口。

4. 在科技发展路线方面

二战后，日本的科技是以民生技术为中心而发展起来的；而一部分东亚其他国家、地区采取了军事优先的科技发展路线，或者对民生技术的发展重视不够。

在研究开发与生产的关系方面，日本的民间企业成为研究开发与生产紧密结合的场所，对生产现场十分重视；而一部分东亚国家、地区却形成了研究开发与生产实践相脱节的科技体制，对生产现场不够重视，近些年来又在改革这种科技体制的过程中出现了混乱状况。

在现代化大生产方面，与彻底地追求高效率大生产和规模效益的日本相比，一部分东亚国家、地区的一些重要产业部门的生产集中度较低，规模效益得不到充分发挥，不少部门仍需要进行现代化大生产“补课”。

总之，东亚其他国家、地区的科技发展，同日本科技发展之所以形成很大的差距。这是两者工业化的起点（日本的明治维新与战后东亚的工业化）的长达近 100 年的“时间差”，与二战后日本与东亚其他国家、地区的科技发展的“性格差”复合作用的结果。日本既在 19 世纪五六十年代抓住了产业革命的机遇，又在 20 世纪五六十年代抓住了二战后技术革命的机遇，而东亚其他国家、地区却由于各自的历史原因把这两次机遇都失掉了。这是当今东亚其他国家、地区在科技方面明显落后于日本的根本原因。

正是因为在东亚地区存在着科技发展水平很不相同的国家或地区，因此，从提高整个东亚地区科技实力的角度着眼，如何加强不同国家或地区之间，特别是日本与东亚其他国家或地区之间的科技交流与合作，就成为十分重要的课题。比如，日本向作为农业国的泰国提供生物技术领域的尖端研究成果并在泰国实现产业化；日本与马来西亚开展利用生物技术的医药品、医学科学领域的共同研究。日本在中国等东亚国家或地区、在当地国产化较落后的零部件、中间产品领域加快技术转移，推进与中国等东亚国家或地区的国际分工的高度化。

第三节 先进技术引进与技术开发

一 国外先进技术引进

在东亚地区，日本作为追赶美欧科技的先行者，提供了利用引进技术推动本国技术迅速发展的成功范例。20 世纪 50 年代中期，日本的科技水平大约比美欧落后了二三十年，日本针对这个差距大力实行“吸收型战略”，依靠引进模仿美欧先进技术而取得了技术开发的高效率与经济增长的高速度。与此同时，在冷战时代同美国结盟还使日本在引进技术方面获得了特殊有利的条件，使日本得以较容易地从美国获得尖端技术，可以说日本将美国为军事目的所开发的各种尖端技术（如晶体管、集成电路等）转用于开发民生产业，构成二战后技术引进的特别重要的组成部分。

二战后日本的经济与科技迅速发展的事实，生动地证明了：对经济技术后进国家来说，与先进国家之间的差距可以说是一种宝贵的资源。后进国家如果能立足于本国的具体国情，正确地实施技术引进战略来追赶先进，充分享受所谓“后进国利益”，完全可能大大减少技术开发的成本，大大缩短追赶先进的时间，从而加速经济、科技、社会的全面发展。

但是，任何追赶过程的前提，是要有差距，有目标；而随着追赶过程的推移，其速度将不可避免地逐渐减慢，最终走向自身的“反面”，即失去差距和目标。日本当然也无法回避这种后果。进入 20 世纪 70 年代以后，随着日本同美欧之间技术差距的不断缩小，加上世界上没有再出现划时代的大型技术革新，结果导致引进机会不断减少，“追赶效果”不断减弱，工业进步率随之明显下降。如果不相应地加强自主开发，整个技术发展速度就会下降。

因此，日本在 1980 年提出了“技术立国”战略，强调要从“模仿”走向“独创”，特别是到了八九十年代，日本在科技上已经成为走在世界前列的国家，不得不抛弃“追赶战略”而转向“独创战略”，必须亲自开展成功率可能只有 5% 甚至只有 1% 的基础性、开拓性的科技研究。这意味着为了使科技发展继续对经济增长起到有力推动作用，日本就要付出比过去大得多的代价。同时，随着冷战时代的结束，美国大力加强了对知识产权的保护，大大缩小了由于特殊的战略需要向日本提供尖端技术的渠道。

对于日本来说，利用技术引进战略追赶美欧的时代已经过去，同时，随着本国技术水平的提高，技术出口不断增加。例如，1995 年日本的技术出口额为 64.6 亿美元，仅次于美国（299.7 亿美元）

居世界第二位。1996年日本技术贸易收支比为1.59（技术出口额是技术进口额的近1.6倍），高于上年的1.43，说明技术贸易的出超仍在扩大。日本技术出口的主要对象是亚洲，技术进口的主要来源是美国，对亚洲国家的技术出口占其全部技术出口的50%，从美国的技术进口占其全部技术进口的73%。

与日本一样，东亚其他国家和地区也把技术引进作为推动经济发展和科技进步的重要手段。例如韩国在1963～1992年的30年间，以70亿美元引进了8 000多项国外先进技术，并利用外国的贷款和援助来引进国外先进技术和发展支柱产业。中国也十分重视技术引进，但在技术引进的具体方式和效果方面同日本有所不同：与日本以引进专利许可证为主相对照，中国主要以引进机械设备为主，直到1997年中国进口成套设备和关键设备的合同金额（136.8亿美元）占当年技术进口合同总金额的比例仍高达85.9%，从发达国家引进的技术和设备的金额占全国技术进口合同总金额的67.0%（1997年），当然，现在中国也出口技术（主要是向发展中国家出口机械设备），但技术出口额不及进口额的1/3。

但是，在中国、东南亚国家也存在着技术引进盲目性较大，对引进技术的吸收、消化和利用效率较低等问题。事实证明过于依靠利用“后进国利益”也是有局限性的，缺少自主开发能力的“依赖型”的技术引进。尽管有节省时间、减少开发成本的效用，却无法满足持续的经济技术发展的需要。

20世纪80年代以来，引进国外企业的直接投资日益成为东亚各国和地区对外经济关系的重要内容。对于大多数东亚国家或地区来说，要改变其科技发展的落后现状，重点需要解决以下几个问题：(1) 尽量紧密地同世界上的先进技术的源泉挂上钩；(2) 促进研究开发与生产的结合并尽快对现代化大生产技术进行“补课”；(3) 尽快地促使企业通过改革经营机制而成为技术进步的主体。导入外国直接投资，特别是导入跨国大企业的直接投资，具有综合解决以上三个问题的重要意义。首先，外资直接或间接地来自技术先进的发达国家，而发达国家的企业为了在东亚的市场上展开竞争，包括同其他发达国家企业的竞争，不得不把一部分包括最终产品、中间产品及有关生产、流通过程的各种先进的或比较先进的现代化大生产技术转移到投资对象国来，从而对解决前两个问题发挥了重要作用。与此同时，导入外国直接投资，同外资联手结成合资企业，不仅可以导入先进技术，而且还可通过促进企业经营机制的改革，增强企业追求技术进步的动力，从而获得将技术问题与改革问题一举解决的“双重效果”。

总之，随着导入外国直接投资的实践的发展，人们日益认识到，导入外国直接投资正是一种新的“技术引进”方式；通过导入外国直接投资，不仅是引进了资金，引进了机械设备、专利许可证等“专门技术”（这正是一般所说的“技术引进”的内容），而且同时引进了先进的生产管理方法与经验，引进了为在当地开展生产所必需的关联产品与技术（零部件），引进了与关联企业的联系方式（企业之间的组织），乃至有关物流、销售的方法与渠道，因而可以说，导入外国直接投资是综合的、广义的、一揽子的技术引进，是缩小同发达国家之间的科技差距的有效手段。

因此，对于发展中国家来说，能否成功地导入外国直接投资，并利用同外资的合作，学习先进技术和管理，成为影响经济、技术发展的一个重要的因素。可以说，东亚地区的发展中国家在积极引进外资、将国外的生产力转移到国内，以推进本国的工业化和经济增长方面做得比较成功，并通过地区内贸易与投资相互促进的良性循环，而加深了地区内的国际分工和市场统合。在流入东亚发展中国家的外国直接投资中，日本的直接投资和其他跨国公司的直接投资都占有十分重要的地位。以新加坡为例，到20世纪90年代中期，进入新加坡的跨国公司达5 000余家，包括晶片制造、计算机元器件、自动控制系统元器件、化工等多种行业领域，跨国公司的进入不仅增强了新加坡的高附加值产业的实力，也促使很多本地企业从作为跨国公司的外围或服务型组织，成长为拥有制造能力的新兴国际企业。对于东亚发展中国家来说，日本企业的直接投资的特点是，重视生产现场的技术转移，与大企业有承包交易关系的中小企业积极开展技术转移，这对于当地企业增强技术能力和经营管理能力作出了贡献。

但是，同样是引进技术和外国直接投资，在不同国家或地区所产生的效果却并不一样，而造成这种区别的主要因素是：作为外国技术的接受主体的民间企业的成长水平不同；民间企业经营者对新技术的关心程度和自主开展技术革新的努力程度不同；围绕技术的竞争市场的发育程度不同；为了发展本国产业技术而对外资企业的经营战略加以利用的环境不同（特别是有关政策、法律等“软环境”）；根据世界技术发展状况和本国国情进行正确的技术选择的能力不同；适应产业界需要的教育制度与人才培养的水平不同等。

此外，外资企业的大量进入也带来一些负面影响，如增加了在技术、机械设备、零部件、中间产品等方面的进口依赖程度，不仅使国际收支恶化，而且妨碍了本国产业结构的多样化发展和产业组织的形成，特别是在较多依赖来自日本的直接投资的一部分国家或地区，发生了同日本之间的贸易摩擦和技术摩擦问题。

二 中小企业技术开发

在东亚地区，只有日本经过100多年的工业化过程和科技发展过程，已建立起全面配套的工业化基础和科技基础，而其他发展中国家多数还处在加速实现工业化的过程中，没有掀起过真正的、以民间企业为主体的技术革新浪潮，所以整个产业发展的技术基础还比较薄弱，很不健全。

随着国际竞争日趋激烈、劳动力成本上升、自然资源消耗及环境污染问题的加重，一部分东亚地区发展中国家，正在逐步失去依靠廉价劳动力、通过发展劳动密集型、资源消耗型产业来进行国际竞争的优势。因此，如何充实产业发展的技术基础，增加产业发展的技术含量，发展真正能够“自立”的、有竞争力的制造业，进而加快发展技术密集的高附加值产业，成为这些国家产业技术发展的重要课题。

（一）东亚地区中小企业的发展

一个国家产业发展的技术基础在很大程度上寓于中小企业之中。因此，大力促进中小企业的技术开发，培育一大批拥有技术专长的制造零部件、原材料、机械设备等中间产品的中小企业，是奠定整个产业发展技术基础的一个重要方面。现在，除日本外的东亚各国或地区虽然工业化有了很大进展，工业品出口不断扩大，然而周边产业、中小企业的技术水平仍然相当落后，即使是具有竞争力的出口产品（多为零部件点数多的家电、汽车关联产品）方面，为制造出口产品所需要的核心零部件、重要原材料、机械设备乃至操作技术在很大程度上仍需依靠进口。因此随着出口的增加，其进口也相应增加，而且进口品多是高附加值产品，这些国家或地区的贸易收支总也得不到改善。

东亚各国或地区未能很好培育起拥有制造技术专长的中小企业的主要原因是：

第一，进入东亚各国或地区的拥有技术专长的日本企业太少，例如日本的模具制作主要是由小企业进行的，这些企业因为规模较小，在资金、人才等方面都难以适应开展对外直接投资的需要；又如铸造技术需要大型设备，即使是规模较大的铸造企业也难以向海外转移。

第二，模具、铸造等基础技术在很大程度上有赖于工人的技能水平，而技能的培养需要依靠长期的生产实践经验的积累。因而为实现这类技术转移费时较多，这意味着缺乏这类技术的东亚国家、地区，很难在短短几年时间实现技术上的追赶。东亚各国、地区的劳动者为了追求更好的就业条件而经常更换工作场所，而在日本，由于劳动者往往终身工作在同一企业，边工作边培训，逐渐提高其技术、技能水平，才使模具、铸造这样的技术能够扎下根来。

在日本，当工厂的机器出现故障，在现场工作的操作人员就会自己动手修理，尽快使之恢复正常。但是，在东亚其他国家或地区，工人往往认为“自己是操作机器的，不是修理机器的”，遇到故障就坐等修理工到来。其实，自己亲自动手摸摸机器，就可以了解机器的结构和原理，从而有利于在生产中积累经验与诀窍。缺乏这一点，正是各种高精度的零部件制作技术不能在东亚国家或地区扎根的原因。

东亚各国为了实现“制造业的自立化”，就需要把培育、加强零部件制作技术作为最重要课题，大力培育本国的、以中小企业为主体的零部件、原材料、机械设备等的制造产业，全面提高本国的制造技术水平。为了实现这个目的，一些东亚国家或地区正在采取各种措施，鼓励制造零部件、原材料等的中小企业的发展（例如东盟4国提出的特别投资奖励业种当中，近半数是零部件制造业）；加强对中小企业技术开发的资金支持（例如韩国规定政府有关部门及科研机构要拿出部分研究开发预算支持中小企业）；加强对中小企业的技术支撑（例如韩国政府提供研究经费的50%作为匹配资金，鼓励国家科研机构接受企业委托研究，向中小企业提供技术和经营指导，无偿转让技术成果）；加快生产技术装备的更新（包括设备更新、国外专家咨询、职工培训、开展技术推广项目等）；孵化和培养地方与农村地区的中小企业，并帮助大型企业和中小企业建立合同承包关系；通过加强技术培训来普遍提高劳动者的技能水平；推广ISO9000和ISO14000，加强质量管理；建立产品设计中心，加强产品的设计与开发；大力开展有关清洁生产的咨询和培训等等。

（二）中小企业的技术扩散与转移

建设和改善使外国的中小企业也容易进入的投资环境，吸引外国的制造零部件、原材料、机械设备等有技术专长的中小企业，到本国或地区来投资，也是一个有效的政策。例如，马来西亚在马哈蒂尔当政时，设立了促进日本的具有高度技术力的中小企业，与当地企业开展合资合作的机构，实施旨在确立政府主导下的大企业与中小企业的合作关系（发挥承包制度的长处）的《Bender扶植计划》，由马来西亚商工部、大企业与金融机构三位一体，扶植作为零部件、原材料及机械设备的供应者的当地企业。具体的做法是：

1. 作为订货方的大企业选定当地资本占70%以上的零部件企业，优先购入该企业的零部件，并从技术、经营方面对该企业进行指导。

2. 金融机构对该零部件企业给予低息融资。

总之，东亚各国或地区如果在当地生产其所需的零部件、原材料和机械设备，不仅可使贸易收支得到改善，而且可通过增加国内生产和扩大就业，对整个经济发展带来积极的影响。

在向东亚各国或地区转移产业基础技术方面，日本占有十分重要的地位。战后日本的制造业乃至整个产业结构发展成为“全面配套主义”的结构，形成了门类齐全、“万事不求人”的技术体系，其中起到重要作用的就是由模具、铸造、金属轧制等零部件制作技术组成的产业技术的“共通基础”。随着东亚工业化的发展和日、亚国际分工的深化，日本的“全面配套”的产业技术基础日渐向整个东亚地区转移、扩散。以金属轧制、模具、铸造、热处理为例，这种技术转移呈现出如下特点：

第一，一部分技术领域被东亚国家所取代。例如金属轧制技术是以大量生产为前提的技术，技术本身并不要求高度的熟练程度，是注重高生产率的技术。为此，以价格为轴心，竞争不断扩大，可以说是已经在整个东亚推广开来的技术。

第二，一部分技术领域的设备集约程度和技术水平较高，因此企业规模较大，较注重效率。例如金属轧制技术的某些部分就属于这种领域。由于重视数量（大量生产），其制造方法容易标准化，但由于对技术水平的要求比较高，向东亚国家转移的难度较大。

第三，一部分技术领域今后仍有待小规模的中小企业起核心作用。如“单品生产型”的模具、少量生产的铸造物、热处理就是这类技术。在这些领域中小企业存在的理由有两个，其一是这些产品以“单品生产”、少量生产为特征，要求多种多样的功能和性质。为此，这些技术依赖于人手和工人熟练度的程度较高，机械化程度较低，大企业难以亲自承担，当前也很难期待由东亚国家来取代，或者说东亚各国要追赶上来还需花费相当长的时间。其二是与各种零部件制作技术的“集聚性”彼此联系很强，与国内很多行业（业种）的交易对象形成频繁的订货或接受订货关系，个别企业很难“单枪匹马”地向国外转移。

这样的技术转移特征显然不仅仅限于上述3种技术领域，其他零部件制作技术领域虽然多少有所差别，但基本上也表现出上述特征。例如，属于铸造领域的压铸（模铸）是利用模具的大量生产，因此适于第一种选择、即与东亚进行分工的可能性大。很多塑料成型（也使用模具）技术的企业也已经进入东亚。另一方面，单品生产、对熟练技术依赖程度高的钣金技术等，向东亚转移的难度大一些，主要仍由日本国内的中小企业承担。正是由于这个原因，日本国内一些小规模的金属轧制企业在向国外转移金属轧制技术后转向搞钣金加工。电镀、热处理与其他零部件制作技术关联性、集聚性强，今后也仍将由日本国内的中小企业发挥主要作用。

这样，零部件制作技术根据各种技术的个性而在国际分工中做出各种不同的对应。在此过程中，面临与海外企业的激烈竞争，失去成本优势的金属轧制等大量生产型技术，在日本国内的规模将不可避免地趋于缩小，但这并不是说就会从日本国内消失。从模具与金属轧制的关系也可以看出，各种零部件制作技术之间存在着相互依存性关联性，只要存在这种相互依存关系，一种技术就不会从某个国家完全消失。

在上述变化中，中小企业所承担的零部件制作技术的“共通基础”从整体看会有所缩小，但从整个产业来看，为信息等高新技术产业服务的产业技术“共通基础”将会扩大。

第四节 高新技术发展与信息技术革命

一 高新技术的发展及产业化

东亚各国和地区十分重视发展高新技术和促进高新技术的产业化。高新技术产业是研究开发投资多、其产品制造过程需要使用高新技术的产业。因此，一国的高新技术产业的出口额等反映了该国利用科学技术的产业的国际竞争力的一个侧面。日本高新技术产业的出口额仅次于美国，占世界第二位，德国、英国和法国次之；日本高新技术产业的出口额对进口额之比为3.06，美、德、英、法分别为0.86、1.07、0.95、1.08（以上为1994年数据），这反映了日本在推进高新技术产业化方面具有突出的实力。中国在过去几十年里独立自主地发展高新技术产业，在航空航天、核能、电子、通信等行业建立起一大批具有雄厚物质基础和高新技术开发能力的大中型企业和研究机构，形成中国高技术产业的中坚力量。近年来又促使国防科技成果应用到民用领域，对国民经济发展发挥了重要的作用。韩国也在加大对高新技术产业的开发力度，计划把高新技术产业产值在制造业总产值中所占比例由1992年的9.8%提高到28.2%，出口比例由22.8%提高到50%，韩国通产部协同中小企业振兴厅、中小企业协同组合中央会等有关部门，建立高新技术综合服务体系，对高新技术企业从创业、人才培养、技术开发直至产品销售的全过程提供全方位服务。

（一）制定和实施高新技术研究开发及产业化计划

制定和实施高新技术研究开发及产业化计划是东亚各国和地区促进高新技术及其产业发展的重要手段。

1986年3月中国制定并开始实施《863计划》，从世界高技术发展趋势和中国的实际需要与可能出发，选择了信息技术、生物技术、航天技术、激光技术、自动化技术、能源技术和新材料系统领域17个主题，作为我国高新技术研究和开发的重点。10多年来，中国为《863计划》投资几十亿元，取得了1 998项高新技术成果，缩小了中国在高新技术方面与国际先进水平的差距。目前该计划又增设了海洋高新技术领域，同时仍然将信息和生物技术置于研究投资的优先地位。为了有重点地推动高新技术的产业化，国家又制定并实施《火炬计划》等。

20世纪90年代以来，韩国实施的高新技术研究开发计划有《G7计划》、《国策性研究开发计划》、《大型科学技术开发计划》等。《G7计划》即《先导技术开发计划》（1992～2001），包括新产品技术开发和基础技术开发两大类，内容涉及到新医药和农药、宽带综合信息网、下一代汽车、新能源、高速铁路、环境工学、军民两用技术、半导体等共16个领域。随后，即着手制定2001年结束后的后续计划《POST－G7计划》。《国策性研究开发计划》主要研究开发提高国家产业竞争力所需的尖端产业技术、国家未来发展所需大型科学技术及公共福利技术。此外韩国还在实施《宇宙开发中长期计划》（1996年颁布实施）、《海洋开发基本计划》（1996～2005）、《开创性研究开发振兴计划》（1997年出台）、《软件产业技术开发计划》（1997～2001）等。

（二）支持和培育高科技风险企业

风险企业是高新技术发展及其产业化的一支重要的生力军，为此，东亚各国和地区采取各种措施支持风险企业的发展。中国政府于1998年拨款10亿元建立“科技型中小企业基金”，探索建立风险投资机制，支持科技成果转化，支持科技人员创办科技型企业，使一批科技含量高、有自主知识产权、有市场前景的重要企业快速发展，成为国民经济的新增长点。韩国从1997年开始实施“促进风险企业创业五年计划”，内容包括在理工大学集中的地方建风险企业创业基地，增加对风险企业长期稳定的资金援助等，同年又颁布实施了《风险企业特别措施法》，规定了风险企业的定义、投资对象及减免税收待遇等。计划到2005年将风险企业由现在的3 000多家增至4.3万家；此外，韩国还从1996年年底起实施“技术担保贷款制度”和“技术保险制度”，通过信用调查和信用保证审查，选定优良技术企业、技术开发示范企业和尖端技术中小企业，以提供信用担保方式支持企业从新技术创业公司或其他金融机构获取贷款，用于创业以及实现新技术商品化。为扶持私营企业开展研究开发活动，泰国科技发展署已和银行系统签署了5项向私人企业研究开发项目提供低息贷款的协议。

（三）设立高新技术开发区

设立高新技术开发区，是东亚各国促进高新技术发展及其产业化的又一项有效措施。1990年以来，中国先后在一些智力资源相对密集的大中城市建立了53个国家高新技术产业开发区。到2001年，53个高新区实现技工贸总收入11 928亿元、工业总产值10 117亿元、实现利税1 285亿元、出口创汇226.6亿美元，分别是1991年初创时的100倍左右，10年平均增长速度超过60%。有不少高新区已经成为拉动所在城市经济增长的骨干力量，高新区已经成为中国经济发展中充满活力的增长点。韩国已决定在首都汉城附近建设类似美国硅谷的高技术园区，吸引高新技术产业投资；韩国还在全国各著名大学和研究所内增设“新技术培育中心”即高新技术孵化器，从具体项目入手，在资金、设备、人才方面支持掌握高附加值新技术的教授、研究员停职创业。近年泰国政府正在兴建占地5万平方米的软件园区，2001年建成，主要设施将包括信息技术服务中心、软件研究与开发中心、测试中心和技术培训中心等，凡进驻软件园区、从事软件开发的国内外厂商均可享受政府制定的有关优惠政策。兴建软件园区的目的是向从事研究与开发的国内外软件公司或机构提供一个良好的工作环境，并将软件园区作为培养软件研究与开发人才的一个重要基地，以促进本国软件工业发展。

（四）克服基础研究薄弱的现状

1. 东亚地区在基础研究方面与欧美的差距

基础研究比较落后成为东亚地区科技发展的共性问题。即使是本地区科技发展水平最高的日本，在基础研究方面同欧美之间也存在着很大的差距。

按科研经费计算，基础研究在日本的整个科研中所占的比重为14.5%，韩国为8.2%，中国为5.7%，美国为17.3%。

日本的科学论文指数只有81，不仅远远低于以色列的376、西欧的295、美国的144，而且比世界平均指数低19%。

日本至今仅有5名科学家获诺贝尔奖（见表7），其中2名还是以其在国外的研究成果获奖的，而美、英、德国的诺贝尔奖获得者分别为175名、66名、61名，相当于日本的35倍和12～13倍。

表7 日本科学家获诺贝尔奖的情况

获奖者	研究成果	成果发表时间及当时的年龄	获奖时间及当时的年龄
汤川秀树	中子理论	1935年 28岁	1949年 42岁
朝永振一郎	重正化理论	1946年 40岁	1965年 59岁
江琦玲於奈	发现半导体隧道效应	1957年 32岁	1973年 48岁
福井谦一	新前沿电子理论	1952年 34岁	1981年 63岁
利根川进	以分子生物学解明免疫机理	1976年 37岁	1987年 48岁

对基础研究的日美比较的一项调查结果表明，日本在所调查的4个领域——生命科学、物质材料、信息电子、海洋地球领域均落后于美国。对基础研究的日欧比较的一项调查结果表明，日本在信息电子领域领先于欧洲，在物质材料领域与欧洲相当，在生命科学、海洋地球领域则落后于欧洲。(以上根据日本《尖端科学技术研究者调查》)

2. 东亚地区为缩小基础科学研究差距采取的措施

为了缩小在基础研究方面同欧美的差距，近年来日本正在增加基础研究经费和对从事基础研究的年轻研究人员的资助，制定了《战略性基础研究推进事业》、《创造科学技术推进制度》、《前沿研究制度》等计划。采取了推进独创性的先驱性研究、确保与培育年轻研究人员、促进萌芽期研究、充实国际共同研究、促进研究成果公开、形成优秀研究中心、确定重点推进的领域等措施。例如1997年重点推进的基础研究领域有：天文学研究、加速器科学、宇宙科学、核聚变研究等。

世纪之交，为加强基础研究，中国制定了《国家重点基础研究发展规划》(1997),实施《基础研究重大项目计划》(攀登计划),针对国民经济和社会发展的共性问题,开展探索性研究,推动国家基础研究乃至整个科技事业的全面发展。1997年,中国政府设立了"国家基础科学人才培养基金",在基础科学研究设施和基本建设方面也取得了重大进展。进入21世纪,2002年11月8日,江泽民在中共十六大报告中指出,要大力发展教育和科学事业,"制定科学和技术的长远发展规划"。制定中的中国国家中长期科学和技术发展规划,期限为2006~2020年,将对未来15年中国科技发展战略和重点进行新的重大部署。

韩国也在大力改变基础研究的落后现状,决心在21世纪初将本国的基础科学水平提高到世界前10名以内;决定将基础科研经费在全国科研经费中所占比重由1997年的8.2%提高到12%,基础研究预算在政府研究开发预算中所占比重由1997年的14.8%提高到2002年的20%;大力建设科学研究中心、工学研究中心及地区合作中心等优秀研究中心;为理工大学的基础研究提供研究经费保障,支持大学教授开展"核心专门研究"和"特定基础研究"并增加课题经费;在重点实施国家级基础研究课题的同时,鼓励大学接受企业委托的课题研究,或者在对需求进行广泛调查的基础上找出共性课题,以学产结合的方式进行联合开发,将研究成果反馈给企业,从而把基础科研也推向市场。

二 以半导体等电子技术为重点的高新技术产业发展

在东亚地区,总的来说日本的半导体技术实力仍是最强的,其半导体产业占世界市场的份额曾一度(1986~1993)超过美国,目前正企图通过开发"系统芯片"再度与美国争雄。但是,八九十年代以来,东亚其他国家和地区在半导体及其他电子器件方面对日本的追赶也很猛。例如,韩国、中国台湾从美国、日本引进半导体技术,在64K、256K、1M和4MDRAM存储芯片的生产技术水平上已接近日本,韩国一部分产品甚至超过了日本。目前,韩国已成为半导体存储器的主力产品——DRAM的主要供给国,韩国的最大半导体企业三星电子在存储器的主力产品DRAM的产量上已经名列世界第一。1994年8月,韩国半导体企业在世界上率先开发出256M DRAM集成电路,在10亿位DRAM的开发方面也与日本的几家大企业并驾齐驱。但是,韩国半导体产业偏重存储芯片,在下下代存储器、非存储器(特别是微处理器等具有高附加值的专用产品)方面与美日的差距仍很大,尚未形成能确保下下代半导体技术竞争力的基础研究体制。韩国的周边产业不发达,生产存储芯片的材料和设备的国产化率也较低,几乎完全依赖从日本或美国引进半导体生产所不可缺少的硅晶片及制造装置。中国台湾,对制造装置、材料进口的依赖程度也很高,在4MDRAM以上、非存储器领域与日本的差距相当大。韩国和中国台湾均缺少确保下一代半导体技术的基础研究体制。东盟的半导体产业则以"后部工程"为中心,在组装技术方面有一定的积累,但是自动化比例较低。

为进一步加强半导体技术实力,韩国政府在1998年决定设立由企业、大学和政府共同组成的半导体研究机构,开发设计0.1微米以下的下下代半导体存储器,并开发微处理器和特定用途的集成电路及化合物型半导体。但是,在存储器等芯片的生产方面,韩国21世纪初很可能被中国台湾赶上。近年来在中国台湾的新竹科学工业园区等地,装备8英寸生产线的新公司、新工厂如雨后春笋般地诞生,其总投资将超过7万亿日元。连资金雄厚的韩国也相形失色,这些工厂一旦运转起来,可制造比日本便宜1成的芯片,利润对销售额的比例可望达到20%左右,其原因是中国台湾地价比较便宜,人工费较低,研究开发费投入对销售额之比只有7%~8%(约为日本的这个比例的一半)。

在东亚地区,中国与日本是最早从20世纪50年代末开始研制集成电路的两个国家,但是,由于两国发展集成电路的路线不同(中国以军用为主,而日本以民用为主),引进先进技术的条件和效率也不同,致使中国的半导体集成电路技术远远落在日本的后面。改革开放以来,中国的半导体集成电路产业有了长足的发展,1995~2003年芯片(集成电路)产量从3.1亿块上升为创纪录的134亿块。尽管中国芯片业发展迅速,但产能不足、技术水平低仍是突出的问题。2003年,中国已成为世界上第三大芯片市场,但中国芯片仅能满足国内市场需求的17%,其余大量的芯片依靠进口,80%以上被进口芯片所占领。同时,国内的芯片生产线大部分都是8英寸(约合20厘米)和6英寸(约合15厘米）生产线，属于国外已经开始淘汰的技术，生产的芯片绝大部分也属于中低端产品——玩具、遥控器等简单消费品；用于电脑中央处理器、手机等的高端芯片几乎没有。中国芯片设计企业与国际水平的差距更大，大量设计都是低水平的重复。从整体上看，与美国、日本、韩国和中国台湾地区的芯片巨头相比，中国内地企业无论在资金上还是在技术上仍处于劣势。

东盟国家的半导体集成电路产业的特色是，以欧美日外资企业的后部工程生产为主要内容，在组装技术方面有一定的积累，但是自动化程度较低，其生产据点先是以新加坡为中心，逐渐向马来西亚、泰国、印尼、菲律宾扩大，同时正在向包括前后部工程的、设备密集型的一贯生产体制过渡。

在20世纪90年代，韩国、东盟各国逐渐成为电子影像设备的主要生产国。韩国在以中型以下的彩电、普通录像机为中心的电子产品，占世界市场的份额日益扩大，占世界市场达20%～80%；在CRT等产品领域，韩国在中型以下CRT的开发、生产技术方面已接近日本的水平，在大型HDTV使用的CPT、大型CDT的开发、生产技术方面仍比日本落后3～5年。总的来说韩国的电子业仍未完全摆脱组装业的局面，许多核心零部件（集成电路等）仍然依靠从日本进口，但是，随着产品技术标准化的进展和生产成本的上升，韩国的最终电子消费品的生产逐渐向东盟、中国展开。与之对照，中国台湾集中力量发展CDT，其技术已达到较高水平，但在废品率等方面与日本存在较大差距。今后伴随产品技术标准化的进展和生产成本的上升，韩国、中国台湾的音像产品生产将向东盟、中国等地展开，韩国、中国台湾自身的电子业则向附加值高、成长性高的信息设备领域转移。在韩国，电子大企业努力扩大通信设备、个人电脑、办公室设备的生产，但由于缺乏核心技术、周边支援产业，还不能够确保国际竞争力。中国台湾在个人计算机及其外围设备的生产方面达到世界领先水平，以致有“电脑岛”之称，在电脑关联（外围）设备、零部件方面，中国台湾在母板、监视器、键盘、鼠标、扫描器、电源等产品方面占世界市场的50%以上（1995）。

东盟国家马来西亚、新加坡和泰国，通过利用来自日本等国家的直接投资而实现了中小普及型的彩电、录像机等技术成熟的影像产品的批量化生产，用于这类产品的器件国产化率也明显提高，1995年东盟三国生产的彩电、录像机分别占世界市场的大约20%和35%，从而成为这类电子产品的重要的生产基地，但是生产的自动化水平较低，主要是为了更多地利用劳动力。现在，即使在这些国家也遇到生产成本上升、影像产品生产过盛、必须向高附加值产业转移的问题，为此，不得不将最终产品的组装工序和低档产品的生产转移到印度尼西亚、中国、越南等地，而这些国家本身则利用组装生产技术的积累，扩大信息通信设备（无绳电话、HDD、FDD）等附加值较高产品的生产，其生产的主体是欧美、中国台湾、日本等国家和地区的外资企业。其中新加坡已成为hdd的最大生产国。

东亚各国已成为世界上最重要的电子设备、零部件的生产地区，是日美电子产业开展国际分工的重要对象地区。从生产金额来看，除日本外的东亚各国或地区所制造的部分电子设备、零部件占世界市场的份额已超过日本。在一般电子零部件方面，韩国主要生产民用电子设备组装所需的通用电子器件，核心器件仍需依靠日本供应。从整体看尚不具备国际竞争能力。中国台湾与韩国不同，专门性强、技术水平高的中小电子器件企业成长较快，同时产业用器件占整个电子器件的生产的比重升高，通用器件的比重则相对下降，大企业正在增加生产核心器件的比重。目前中国台湾的电子工业产值大于中国香港，相当日本的1/10，也不及韩国、新加坡，生产过程的自动化程度也比日本低。

从日本方面看，随着向东亚各国或地区转移电子产品的生产，其国内的电子产业则向高档化、高附加值化的方向发展。而日本国内电子产业越是向高附加值化、高档化发展，就越可能将现有的技术拿出来向东亚各国或地区转移，从而使东亚作为核心器件的生产基地的地位逐渐增强。但是，就目前来说，东亚各国或地区作为日本等外资企业转移最终组装生产的接受国（地区），所产生的技术转移效果不够大，对核心器件、原材料的进口依赖程度较高，成品率、自动化程度较低。

三　信息技术革命发展及前景

1993年2月，美国总统克林顿提出建设信息基础的基本方针，同年9月，美国发表了建设国家信息基础设施（NII）的行动计划以后，在世界各地引起了很大反响，东亚当然也不例外。

（一）东亚地区各国的《国家信息基础设施（NII）计划》

在东亚，首先提出《国家信息基础设施（NII）计划》的是新加坡国家电脑局。该局于1992年4月，即比美国的《NII计划》早10个月提出《IT2000国家计划》。该计划不仅为韩国、中国香港、马来西亚、印度尼西亚等国家或地区制定《NII计划》提供了具有重要参考价值的样板，而且连美国克林顿总统和戈尔副总统在提出美国的《NII计划》时，也从中受到了启发。新加坡的《IT2000国家计划》以：（1）电通信网络，（2）共通的网络服务，（3）技术标准，（4）政策与规制框架，（5）国家推进的应用计划为5个支柱。整个计划的目标是要在2001年实现世界最先进的信息化社会，将新加坡建成世界上第一个“智慧岛”，建成为世界一大信息通信据点。届时新加坡所有的家庭都能使用个人电脑，通过“信息高速公路”获得范围广泛的信息。同任何人相联系，举行电视会议，在家上班或购物，向电视台或广播台点播节目，向图书馆查阅资料等。一项调查表明，到2002年，新加坡的信息技术实力将仅次于美国而居全球第二。

日本的《NII计划》，是由首相挂帅的日本政府“高度信息通信社会推进本部”于1995年2月发表的“基本方针”，该方针认为国家信息基础设施是由：（1）以光纤、卫星通信为主干的网络基础设施；（2）系统设备与软件；（3）储存于数据库的信息资源（CONTENTS）；（4）技术人才与用户；（5）与上述诸方面相关的各种制度组成的“多层结构”。该“基本方针”被称为“日本版”的《信息高速公路计划》。在该“基本方针”发表之前，通产省于1994年5月发表了《高度信息化计划》，又在同年11月提出《高度产业信息化计划（草案）》。前者主张以行政、教育、研究、医疗福利、图书馆这5个公共领域的信息化，作为建设信息化社会的关键领域，积极加以推进；后者描绘了未来产业的信息系统的蓝图，并提出实现高度产业信息网络的关键是：（1）数字化；（2）公开化；（3）信息的“共有化”。1994年5月，邮政省也发表了《走向21世纪的知识社会的改革（信息通信基础整备计划）》，提出要在2000年以前完成全国的学校、图书馆、医院、公民馆、福利设施的光纤网的铺设，2010年以前建成遍及全国的光纤网络，形成多媒体时代的信息通信基础。

2000年2月，日本“电子通信信息技术审议会”公布了《未来通信信息技术科研计划大纲》。该计划大纲将未来的科研课题分为短期、中期和长期三个阶段。《五年短期计划》的研究重点是政府部门办公的电子化和网络化，同时还拟建立新一代通信信息系统，该系统可向家庭传送现场感极强的图像信息，以便个人身居家中即可选择观看各种现场信息。

《2006～2010年的中期计划》期间，日本将在全国建成连接到家庭的光纤通信网，并实现家庭事务网络化。人们利用一台掌上电脑即可调控电视机、电冰箱、微波炉、音响以及浴池水温和电话的接挂等。此外，鉴于未来老龄化社会的发展，日本还将研究家庭网上就医信息系统，向老人提供远距离网上治疗服务。

作为《长期计划》，日本将在21世纪后半叶研究成功宇宙信息技术。届时这项技术可用于人类向月球表面的工厂和生活基地传送信息，发出指令，并可以进行双向交流。该《计划》认为，信息时代更为重要的是与人相关的信息技术，其课题包括将人脑记忆机能载入信息通信系统中，或研究具有触觉、味觉、嗅觉的感官信息技术。

韩国于1993年8月制定了《构筑超高速信息通信网络基本计划》，并于1994年4月为推进该计划而设立了“超高速信息通信网建设推进委员会”。计划将投入560亿美元用于建设贯通全国80个城市、连接3万家政府机构、大学、研究所、医院及主要民间大企业的可传输声音、数据和图像的高速通信网络。在2010年建成“超高速国家信息通信网”，在2015年建成“超高速公众信息通信网”。整个建设期间划分为：（1）基本建设（1994～1997年）；（2）扩散（1998～2002年）；（3）完成（2003～2010年）等3个阶段。计划的具体目标是：（1）在2015年以前建成能传送声音、数据、影像等多媒体形态的多样信息的信息高速公路；（2）在全国建设超高速、大容量的“超高速信息通信网”，确立高度信息化社会的基础；（3）培育最有希望的产业——多媒体信息产业，创造新的就业机会和增强产业的国际竞争力。

其他东亚发展中国家也纷纷制定本国的信息化

发展计划。由于世界信息化潮流的发展变化相当之快（比如英特网的迅速推广普及就是一例），因此东亚各国或地区在制定本国（地区）的信息化计划以后，又根据信息技术进展的新情况而修改各自的计划或制定有关领域的新计划。处于工业化途中的东亚发展中国家积极紧跟世界信息化潮流，意味着一种工业化与信息化互相结合、互相促进的新发展模式正在形成。

进入21世纪，随着无所不在的计算技术（ubiquitous computing）及移动通信技术的发展成熟，人们开始考虑用“u”（ubiquitous，意指“无所不在的”）来取代原先的“e”（Email），描述21世纪“无所不在的”信息社会。

“无所不在的网络”（Ubiquitous Network）是一个IT应用环境，它是网络、信息装备、平台、内容和解决方案的融合体。一般而言，应从如下方面推进无所不在的网络社会的实现，即：一方面，应当建立、形成一个全新的网络系统。在这个网络体系构架下，无论使用者是在电脑前、厨房里，还是在便利店购物，或是在火车站候车，他都能通过便利的方式连入网络。另一方面，除了建立一个无所不在的基础网络，还需要其他辅助设施的支撑，包括终端和平台。

在前两方面的基础上，人们就可以进入无所不在的网络应用了。无所不在网络的应用将提高生产效率，提升生活品质，为现有的数字化内容开拓更加广阔的传播空间；并创造出一系列新的数字服务领域，从而满足人们对诸如医疗保健、教育、娱乐、家政服务等方面的更高要求。

2004年，日本和韩国都推出了新的国家信息化战略，分别称作u-Japan和u-Korea。日本政府的《u-Japan计划》着力发展“无所不在网络”和相关产业，希望由此催生新一代信息科技革命，在2010年实现“无所不在的日本”（ubiquitous Japan）。而韩国的信息和通信部（MIC）则专门制定了详尽的“IT 839战略”，重点支持“无所不在网络”。卢武铉总统是《u-Korea计划》的积极倡导者，他期望通过政府与科技和产业界的紧密合作和艰苦实践，在自己第二届任期届满时（2007年）使韩国能够达到u-Korea的目标。

在韩国信通部2004年发布的《数字时代的人本主义：IT839战略》报告中指出，无所不在网络社会将是由智能网络、最先进的计算技术，以及其他领先的数字技术基础设施武装而成的技术社会形态。在无所不在的网络社会中，所有人可以在任何地点、任何时刻享受现代信息技术带来的便利。

诚然，要使u计划的美好愿景变为现实，信息产业企业的作用至关重要。韩国政府一直以来都不遗余力地给予企业政策支持，倡导鼓励企业间的质量竞争，希望通过有效的竞争培育出本国具有世界级水平的新技术和新产品。事实上，这种战略在IT业界已经收到了丰硕的成果。在《财富》杂志评选出的2005年全球最受赞赏的公司中，日本的索尼（SONY）公司和韩国的三星（SAMSUNG）公司都榜上有名，韩国三星电子公司是首次登上全明星榜，而且它还是此次评选中唯一进入世界前40强的韩国公司。

毋庸置疑，充满活力的技术进步，必将带来经济上的良好收益。韩国在信通部的《IT839计划》中指出，如果IT839战略推进成功，韩国的信息服务市场容量将从2003年的43.3万亿韩元（约合400亿美元）升至2007年的53.3万亿韩元（约合500亿美元），而整个信息产业也将从2003年的209万亿韩元（约合2 000亿美元）上升至2007年的380万亿韩元（约合3 500亿美元）。与之相应，韩国信息产业出口将从2004年的700亿美元提升到2007年的1 100亿美元。

（二）电脑与英特网的普及情况

1998年亚洲已有大约1 100万英特网用户，预计到2001年亚洲英特网用户的数量将猛增到4 200万，2004年将进一步增至17 300万。

新加坡的计算机普及率排在世界第四位（仅次于美国、瑞典、芬兰，根据美国国际数据公司《1998年信息社会索引》）。1996年9月新加坡政府又宣布，将建立一个新的高技术“互联网络中心”，把新加坡所有的主要信息网络连成一体，至1998年，新加坡310万人口中已有60万英特网用户家庭，成为全球第一个实现全面联网的国家。“互联网络中心”将是政府、商业和其他数据网络的汇集点，它能够高速处理大量的声音、图像和文字信息，并采用全国统一标准。

根据1997年的数字，日本的个人电脑普及率远低于美国，个人电脑拥有台数仅为美国的大约1/7；特别是电脑联网率更低，与互联网连接的电脑台数仅为美国的大约1/30。然而，1999年1月，日本英特网主机数量达170万台，相当于5年前的40倍。1999年底，日本的英特网用户已接近2 000万人，约占日本人口1.25亿的1/6（日本《通信白书》1999年版）。这表明日本的英特网普及虽然落在美国之后，但追赶速度很快。据计算，电话、个人电脑、英特网在日本达到10%的家庭普及率所需时间分别为76年、13年和5年。这说明英特网的普及速度大大超过电话、个人电脑的普及速度。

据中国英特网信息中心的统计，1998年底中国约有210万英特网用户，而到2006年6月中国英特网用户则达到1.23亿，仅次于美国，居全球第二。摩根斯坦利公司最新中国英特网报告近日公布的结论是，在5年内中国英特网用户将跃居世界首位。

据中国香港信息技术和广播技术局的统计，香港约有64万英特网用户，超过香港人口600万的1/10，香港人也豪情满怀地提出要将香港建设成亚洲的一个信息中心。

韩国在1998年约有300万英特网用户，预计到2002年将增加到1 000万。根据韩国政府的“21世纪的电脑韩国”计划，韩国个人电脑拥有率将从1998年的14%增长到2002年的32%。

国际数据公司的统计表明，1998年菲律宾约有22万英特网用户，经常使用英特网的人数占菲律宾人口的6%，估计这个比例在2002年将提高到30%。马来西亚约有100万英特网用户，不到其人口总数2 200万的5%，估计到2001年将有400万英特网用户。越南的7 700万人口中，仅有50万台电脑和2.2万英特网用户。1997年印尼英特网用户约为12.8万。1997年泰国英特网用户有7万多，网络服务提供者有16家。

（三）信息通信技术及产业的发展

总的来说，日本在信息通信技术及产业方面领先于其他东亚国家或地区，但某些东亚国家或地区在局部领域表现突出，甚至超过日本。

日本信息通信产业的产值已超过国内生产总值的10%，成为最大产业。但是，日本的软件技术能力较弱，成为信息化发展的“瓶颈”。比如，作为电脑的“头脑部分”的微处理器及其操作系统几乎都是在美国开发出来的。目前，除游戏软件以外，日本对美国软件的进口额相当于出口额的大约20倍。由于软件技术弱等原因，日本技术引进的件数中，每年占据首位的是计算机软件。比如1995年尖端技术引进件数3 901件当中，有关计算机的有1 688件，超过半数，其中软件为1 634件，硬件37件，软件占有关计算机的技术引进件数的97%。因此，日本被称为“软件弱小国”。

在韩国，财阀大企业扩大通信设备领域、个人电脑、办公室设备的生产。但是由于缺乏核心技术、周边支援产业，还不能够确保国际竞争力。韩国的个人电脑产业，在不需要高度组装技术的桌上个人电脑生产技术方面接近日本水平，笔记本电脑的组装技术不如日本，关键在于软件设计能力不足。

中国台湾在个人电脑及周边设备方面占有世界最高的份额（例如台湾的DESK TOP型个人电脑占世界市场的约1/10，笔记本型电脑占世界市场的1/3），台湾长于设计技术，但与韩国一样，对核心零部件的进口依赖程度较高。

泰国信息产业也取得了迅速的发展。1997年3月，泰国正式宣布加入世界贸易组织信息技术协定，承诺到2005年将所有信息技术产品的进口关税降低为零。面对信息通信革命的机遇和挑战，泰国政府采取了降低电子零件和原材料进口关税、减免所得税和建立软件园等手段，来促进本国信息技术产业发展，提高本国信息技术产品的市场竞争力。

1997年，泰国电信业也从垄断走向开放，逐步私有化，以迎接贸易全球化的挑战。在政府公布的66家国营企业私有化名单中，泰国电信局和泰国电话局榜上有名。1998年这两个机构已完成私有化进程，届时将有部分外国企业以合资方式参与电信业的经营，2001年泰国电信业将全面开放。

（四）数字电视的发展

新加坡电视机构总裁指出，数字电视以及宽频因特网技术将引发变革，给观众带来更多的频道和更多的选择。新加坡当局已经决定数字电视采用的技术规范。

新加坡迈向数字时代的急进步伐，吸引各国广告公司在那里设立亚洲总部，节目制作日趋国际化。这将促使电视广播也更多采用当地制作的节目，更好地发挥当地从业人员的创造力，使新加坡的节目在亚洲地区更富竞争力。

中国台湾安排于2001年开始正式试行数字电视广播。据中国台湾“经济部”预计，到2006年中国台湾的数字电视改造网将完成85%，届时当局将收回目前使用的模拟频道。由于中国台湾将成为首先使用中文进行数字电视广播的地区，官方的数字电视委员会与美国先进电视系统委员会已建立合作关系，以便确定数字电视广播的中文规范，并帮助建立数字电视广播的国际规范。这意味着在南北美、亚洲及欧洲各国和地区中，中国台湾与韩国率先选择美国先进电子系统委员会的规范。

为尽快改变中国内地在开发研究数字电视技术方面的落后状况，中国银行已向康佳集团提供42亿人民币（折合约5亿美元）资金，帮助这家排名第二的电视机制造商开发中国专利的数字电视技术。中国香港电信集团5年前已开始扩充其线路的宽频容量，以便适应英特网及数字电视发展的需要，这意味着香港180万户家庭中的3/4已经具备接收数字电视等新服务的条件。数字革命将使人们的日常生活更加丰富多彩，刺激新的消费需求，因此带来巨大的商机并成为经济增长的新动力。实际上，各国电子产品制造商早就为这次新浪潮做好了准备。

中国台湾的一些制造商指出，目前数字电视机售价高，主要原因是晶片供应不足，以及显像管等关键部件价格太高，今后随着数字电视普及，售价可望减到1 000～2 000美元之间。美国民用电子产品制造商协会等预测，5年后数字电视机价格会下降至三四百美元。

韩国三星公司于1998年12月推出面向美国市场的“家庭影院”，包括55英寸（139.7厘米）的数字电视机、数字录像机及个人电脑等，使用者可通过同一个遥控器进行控制。该公司为美国国际民用电子产品展览生产的65英寸（165.1厘米）数字电视机，预计将在可达4 000亿美元规模的全球市场上捷足先登。韩国LG电子公司于1998年12月已抢先在英国推出数字电视机，预计到1999年1月底可售出2 000台，1999年还将在美国市场推出数字电视机，售价6 000美元。该公司预测，几年内50%的美国人会成为数字电视的观众。

日本电子大企业松下电器公司于2000年在欧美推出采用java技术的数字电视。该公司预计，未来10年中日本的数字电视销售额可达40万亿日元（约合3 500亿美元）。

中国台湾“交通部”预测，发展数字电视将为有关产业带来2 000亿新台币（约合60亿美元）的产值，相关技术成熟后的出口，可在全球市场占30%的份额。台湾家电制造商在拥有多项数字技术创新的美国公司鼓励下，正在为抓住全球向数字广播转变的商机进行准备，它们一般将采用下列生产步骤：初期从日本和美国进口生产数字电视机的晶片及其他主要部件，在岛内生产标准化型号，稍后则转换为到海外生产基地以来料加工形式生产零部件，然后运送到全球主要市场中装配销售。早在1995年前就开始研究开发数字电视技术的家电制造商“声宝”公司，自1999年首季开始大规模生产数字电视机，初期年产10万台。

马来西亚有限公司最近推出一款个人电脑，集收音机、电视机及英特网功能于一身，售价3 000～10 000林吉特（约合780～2 600美元），在当地与新加坡引起轰动。这种外表色泽鲜艳（共有12种颜色）的无线电电脑具备很强的提升功能。该公司发言人表示，马来西亚国家电视台已经与他们签署了价值4亿林吉特的合同，合作研究开发在2000年进行数字电视广播的发射系统。国家电视台完成数字化改造后，这款个人电脑就可以提升功能为接收机，消费者不必再花很多钱购买新电视机。当然，对消费者而言，除去需要考虑价格以外，还需要学习不少新的使用知识。经过变革的电视台可播出数字信号，普通电视机和收音机也能接收，虽然图像和声音质量不及数字接收机，但比起模拟系统会大有改善。因此，不管设置数字接收机与否，数字可为人们带来新的感观和享受。

总之，加强信息基础设施的建设，不仅可加速推进面向21世纪的高度信息通信社会的建设，而且可扩大与信息通信相关联的各种产业的市场规模，加强其作为主导产业的作用，进而创造出众多的新兴行业。

（五）电子商务的发展

据“国际数据公司”预测，亚洲电子商务活动的年收入将从1998年的大约5亿美元飙升到2001年的300亿美元。电子商业无须为营销花费额外的资金，从而使缺乏组织能力和资金能力的企业过去不能做的事现在也能做了。预计到2010年，虚拟商店购物将占整个购物活动的40%，将出现现实商业交易与虚拟商业交易的双重商业交易结构。

为了推进电子商务的发展，东亚各国十分重视有关电子商务的法制建设。如新加坡在1998年7月制定了《电子交易法》；韩国在1998年12月制定了《电子交易基本法》和《数字署名法》；马来西亚在1997年6月制定了《数字署名法》等。

日本的电子商务发展较快，2000年的日本可以说“正处于电子商务大发展的前夕”，电子商务将大规模展开，估计包括“B to B”（企业对企业）与“B to C”（企业对消费者）在内的、利用英特网的电子商务交易的规模，在2003年将达到72万亿日元，届时约占日本的国民生产总值的1/10以上。但是，同美国相比，日本的电子商务交易的发展仍有较大差距（见表8）。

今后，日本乃至东亚地区电子商务发展的主要技术课题是：增强安全性（如完善电子签名、认证法制等）；提高通信速度（如开发下一代英特网等）；降低与电子商务有关的各种收费（如努力降低通信费用等）。

表8 日美1998、2003年电子商务交易的市场规模 （亿日元）

项目	日本		美国	
	1998	2003	1998	2003
企业对消费者交易	650	3.1 600万	2.2 5万	约21.3万
企业对企业交易	约8.6万	约68.4万	约19.5万	约165.3万

资料来源 日本通产省调查资料。

（六）促进行政信息化

东亚各国在推进行政信息化方面取得了不同程度的进展。其中，特别是日本在1994～1995年期间，在首先制定《行政信息化推进计划编制要领》的基础上，由各省厅制定了以1995年度为初年度的《五年计划》，包括《基本计划》、《共通实施计划》及各省厅计划。其中，《基本计划》是作为政府全体的行政信息化方针，由日本内阁会议于1994年12月提出，其主要内容是：(1) 行政信息的电子化及其高度利用（省厅内的局域网的建设等）；(2) 行政信息流通的协调（包括建设霞关大街WAN）；(3) 信息提供服务的高度化；(4) 信息手续的快捷化等。与《基本计划》在同月发表的《共通实施计划》是为了落实《基本计划》规定的共通实施事项等而制定的。其后，各省厅又根据《基本计划》制定了各自的《信息化计划》。

在以上发展的基础上，日本政府在2000年春季开始实施建立“电子政府”的计划，按照该计划，凡国税申报、进出口审批手续及向政府采购的投标等活动，全都可在英特网上完成。其中，通产省、运输省将在2003年实现所有行政手续的电子化。

东亚其他国家的行政信息化情况可举泰国为例。1997年4月，泰国政府同时批准了建立《政府信息网络》和《泰国学术研究网络》两项计划，以提高政府部门的工作效率和促进泰国科研活动的开展。与此同时，政府的一些主要部门也都在加强本部门信息网络的建设，如教育部建设电子图书馆系统，卫生部建设远程电视门诊系统，泰国银行建设银行电子数据交换系统等等。

（七）国民生活基础设施的信息化

1. 住宅信息化

在住宅信息化方面，仍是日本走在了东亚各国的前头。1995年6月，日本建设省同日本电信电话公司等民间企业合作，开始在全国建设大约6 000户适应多媒体时代的样板住宅。具体来说，是在现有的住宅中安装电脑和可视电话等最新型设备，进行老龄人员的护理和在家上班等试验。参加试验的家庭住宅将可免费安装个人用电脑和可视电话等设备，试验内容包括6个方面（每个方面最多需要1 000个家庭参加试验），它们是：(1) 在家护理高龄人员；(2) 技术人员等在家上班；(3) 成家的儿女与远方的父母联系；(4) 联结住宅之间的防灾系统；(5) 地区之间的家庭进行交流；(6) 培养在家负责电脑咨询的工作人员。

在韩国，通过政策消除资讯鸿沟，采取低廉资费，实现良性循环。韩国政府通过国内融资维持低廉的通讯资费，扩大通讯需求，增加通讯公司的收益，从而形成产业发展的良性循环。现在韩国59%的家庭（850万户）已经使用宽带，但每个家庭负担的宽带费用不到30美元，低廉的服务资费给通讯商和消费者带来了双赢的局面。

在新加坡，最具特色的要数“电子公民中心(e－Citizen Center)”，这一虚拟型的网络服务中心，主要是向公民提供方便、快捷的网上服务。“电子公民中心”将一个人“从摇篮到坟墓”的人生过程划分为诸多阶段，在每一个阶段里，你都可以得到相应的政府服务，政府部门就是你人生旅途中的一个个“驿站”。每一个“驿站”都有一组相互关联的服务包，目前“电子公民”网站里共有9个驿站，涵盖范围包括商业贸易、国防、教育、就业、家庭、医疗健康、住房、法律法规和交通运输，这些驿站把不同政府部门的不同服务职能巧妙的联系在一起。例如，在“家庭”驿站里，“老人护理”服务包来自卫生部，而“结婚”服务包则来自于社区发展部。

2. 医疗信息化

在国民生活现代化方面还需提到电子医院的发展。鉴于日本人口日趋高龄化，对获得方便可靠的医疗服务的需求日益增长。为适应这种社会需要，不少地方已经开始实施利用多媒体信息网络的“家庭医生”、“家庭病床”服务。如淡路岛的一个小城镇，已有1/4以上的老年人加入了“在家保健医疗中心”，可坐在家里通过双向有线电视，直接与医生对话，按照医生的指示量体温、服药。该中心还把当地居民的病历存入数据库，以便医生随时调用。岩手县的一家医院与当地的有线电视台合作，实施对慢性病患者的“在家健康诊断”，可使患者不出家门即可每天接受细致的健康检查。上述这些做法可免去病人频繁上医院的麻烦，也使医院得以减少不必要的病人来院，以便医生更集中精力于医治真正需要来院诊治的病人。

3. 交通信息化

1996年7月日本警察厅、运输省、邮政省、建设省等向“高度信息通信社会推进本部”提出“关于高度道路交通系统（ITS）的整体构想”，该构想表明，为早日使高速公路的自动收费、自动运转系统实用化，选择了21个重点研究开发领域，并制定了具体的导入时期和技术目标：首先实现交通堵塞等有关交通的信息、目的地信息的提供；利用信号控制、途径诱导以达到交通流的最佳化；公共交通的运行、混杂状况与利用信息的提供等等。在2000年以前，实现高速公路的自动收费以及通过携带终端向行人提供途径指南。在2010年以前，实现利用无限探测器和电子控制技术的完全自动运行和紧急车辆诱导等。

新加坡能做到城市交通畅通有序，得益于其世界一流的智能交通管理。在新加坡通往市区的各条道路上，经常可以看见显示着“ERP”的闸门，这就是新加坡独创的电子道路收费系统。只要车辆在高峰期进入中央商务区，经过闸门时就会被自动收费，从而限制了车流量。除了ERP，新加坡的智能交通管理还有高速公路监察与资讯系统(EMAS)、绿色信号带协调系统（GLIDE）等。EMAS将新加坡的高速公路完全置于探测摄影机的监控之下，只要发生塞车和交通事故，监控人员会立刻派出救援小组到现场进行援助和清除障碍，同时通过高速公路沿途以及入口处的电子信息公告牌，将当前的交通状况公布于众，提醒驾车人士调整行程路线。

由马来西亚道路工程联合会（REAM）在1999年制定《马来西亚智能交通系统》（ITS）框架。框架指出，马来西亚要整合ITS的功能，应用在以美国硅谷为蓝本的多媒体超级走廊（MSC），覆盖区域狭长，从位于吉隆坡88层高的国油双峰塔开始，向南延伸至雪邦新国际机场，达750平方公里。MSC计划的目标是利用兆位光纤网络，把多媒体资讯城、国际机场、新联邦首都等大型基建设施连接起来，提供世界一流的软硬基础设施，可以给区域和世界市场提供多媒体产品和服务。MSC只是马来西亚向知识经济转型的一个开端，政府最终目标是到2020年使整个马来西亚转型为一个多媒体超级走廊（MSC）。在这个目标下，马来西亚届时将拥有12个智能城市，而且将与全球的信息高速公路连接。政府的中期计划是在2000～2010年之间，陆续将多媒体超级走廊（MSC）与国内外的其他智能城市连接。

4. 教育信息化

日本、韩国等东亚国家正在进行通过信息高速公路将大城市的学校与农村及偏远地区的学校连接起来的远距离教学试验，以缩小城乡学校教学水平的差距。同时，日、韩两国的许多地方的中小学校，已经可以通过互联网与外国的学校进行电子信函的交换，甚至在互联网上与外国学校的学生展开专题讨论。在教育方面运用信息网络最为积极的是在日本十分盛行的各种补习学校（大约有2/3的中小学生在课外要到补习学校“充电”），而利用信息网络对于补习学校来说是“一本万利”的事。比如，某“升学预备学校”利用通信卫星扩充分校，只要设置一台卫星天线和若干台电视机，就可以在不增加讲师的情况下立即开设新校，结果，该校在近一两年将其分校从600多个增加到1 200多个。在这里市场机制发挥了促进作用。此外，多媒体网络还被用于成人教育和残疾人教育。这意味着信息高速公路的普及正在起到把整个社会变成大学校那样的作用。

事实表明，尽管信息技术只有专家才能掌握，但是，在国民生活的各个领域开拓信息技术的各种用途的智慧和想象力，却深厚地蕴藏在广大民众之中。因此，建设信息化社会不仅需要依靠国家自上而下地推动，而且需要依靠地方和基层自下而上地促进。任何新社会的创造都离不开人民群众的生气勃勃的创造力，在这一点上，信息化社会也不例外。

第五节 科技规划、立法与体制改革

当代，东亚地区多数国家日益重视发展科学技术事业，将其列为促进国家发展的核心地位。为了迅速发展科技事业，它们十分重视制定科技发展战略。其中，日本曾提出“科学技术立国”的战略，中国提出“科教兴国”的战略，都在促进国家科技发展中起到了显著的作用。同时，也重视制定科技发展规划和计划，进行科技立法和采取相应的科技政策，推进科技体制改革。

一 制定科技发展规划和计划

（一）日本

日本是东亚地区最先实现工业现代化的国家，也是东亚地区较早重视科技作用和制定科技发展战略与科技发展计划的国家。这也是日本成为当代世界经济发展速度快，达到世界第二大经济强国的重要原因之一。

早在19世纪中叶，日本明治维新时期制定的《五条誓约》中就明确提出：“求知识于世界，大振皇基”。其后，日本一直以科技与教育为国家发展的重点。

第二次世界大战结束后，随着国家和平发展的进程，日本科技事业在国家发展战略中居于更突出的地位。1956年度日本《经济白皮书》首先提出：技术革新是经济发展的原动力，它“具有广泛的经济影响，将促进经济的现代化”。到了20世纪80年代，日本在《科学技术白皮书》中进一步明确提出了“科学技术立国”的战略。这一战略既是日本和平时期高速发展经验的高度概括，也是其后日本继续发展的重要依据。

日本在当代发展的各个时期，制定了包含科技内容的发展计划，也有十分具体的分类科技计划。如，20世纪70年代，为克服能源危机，日本制定了两项大型长期计划，一是开发利用新能源技术的《阳光计划》，二是开发节能新技术的《月光计划》。80年代先后制定了《关于防灾科学技术的研究开发基本计划》、《关于生命科学领域中基础性和先导性技术的研究开发基本计划》、《关于物质材料科学技术研究开发基本计划》、《关于信息和电子科学技术研究开发基本计划》和《关于地球科学技术研究开发基本计划》等。90年代制定了《科学技术基本计划》（1996～2000），正在积极推进能适应社会经济发展需要的研究开发并大力振兴基础研究。

2005年6月16日，日本综合科学技术会议就2006年开始的第三期科学技术基本计划的基本方针提出中期报告，制定了六大发展目标，包括：环境和经济两全，安全值得骄傲的国家，飞跃式知识的发现与发明，科学技术界限的突破，树立革新等日本形象，终生生气勃勃的生活等。基本政策专门调查会将成立工作小组，使培养人才等各项政策具体化。2005年9月，工作小组将提交具体方案，调查会开始对具体方案进行审议。

（二）中国

中华人民共和国成立以来，先后7次制定科技发展规划，其中，《1956～1967年科学技术发展远景规划》（简称《12年科技规划》）和《1986～2000年科技发展规划》的制定，动员的人力最多，其实施产生的影响最为深远。尤其是《12年科技规划》，是中国科技界公认的中国科技史上的重要里程碑。正是在这一规划指导下，当时的中国迈开了向科学进军的坚定步伐，谱写了科技事业灿烂辉煌的历史篇章。

1978年3月，全国科学大会在北京隆重开幕。这次大会后，中国科学技术事业开始进入一个崭新的发展阶段。从此中国科技事业开始围绕“科学技术面向经济建设、经济建设依靠科学技术”这一主题全面展开。1985年发布的《中共中央关于科学技术体制改革的决定》，揭开了全面改革科技体制的序幕。1993年，中国全国人大常委会审议通过了《中华人民共和国科学技术进步法》，随后制定了一系列相关法律以及行政法规，初步建立了较完整的科技法律体系，推动科技事业逐步走上法治的轨道。

面向21世纪，中国政府制定了“科教兴国”这一关系中华民族前途和命运的伟大战略。1995年5月，中共中央、国务院发布《关于加速科学技术进步的决定》，动员全党全社会实施科教兴国战略，加速全社会科技进步，奠定了中国科技事业发展新的里程碑。2002年11月8日，江泽民在中共十六大报告中指出，要大力发展教育和科学事业，“制定科学和技术的长远发展规划”。2003年3月22日，在新一届国务院组成后举行的第一次全体会议上，决定着手研究制定国家中长期科学和技术发展规划。这一关系国家、民族长远利益的重大战略决策，正式列入新一届政府的工作日程。2003年6月6日，国务院决定成立国家中长期科学和技术发展规划领导小组，并确定了规划制定工作的三个阶段：第一阶段是战略研究，第二阶段是起草规划纲要，第三阶段是审定《2006～2020年国家科学和技术发展纲要》，并制定“十一五”科技发展计划。

2006年1月，全国科学技术大会召开。胡锦涛主席在大会上发表了《坚持走中国特色自主创新道路，为建设创新型国家而努力奋斗》的重要讲话，指出：为了动员全党全社会积极行动起来，认真贯彻实施《2006～2020年国家科学和技术发展规划纲要》，党中央、国务院将专门作出关于实施科技规划纲要、增强自主创新能力的决定。

（三）韩国、新加坡、泰国、马来西亚、越南

韩国科技发展的目标正如它所推进的《G7计划》所表明的那样：到2002年使韩国的综合科技实力达到西方七个发达国家的水平（1995年在世界上列第十一位），基础科技水平进入世界前十位（现列十九位），实现在21世纪初进入发达国家行列的目标。韩国于1997年颁布《科学技术创新特别法》，并在同年制定和开始实施《科学技术创新五年计划》(1997～2002)，决心充实以知识为基础的产业，加强竞争力，将科学技术水平提高到发达国家的水平。

新加坡力求把本国建设成为东盟乃至东亚地区的研究开发中心。从1991年起，政府开始实施科技发展第一个五年计划（1991～1995)，并取得了重大的成果。政府增加了对科技的投入，不仅扩大了原有的4个研究中心的规模，还新成立了9个研究中心，并与本国企业界合作开展了800多项科研计划，开发了120多项新产品及生产方法。同时，政府积极鼓励私人企业界开展研究工作，5年间共展开了123项私人工业科技计划，并成立了67个私人企业研究中心。1996年9月，政府公布了科技发展第二个五年计划（1996～2000)，重点放在增强本地科研发展能力，支持私人企业的研究与发展工作和加强培养科技人才上。为了保持新加坡在21世纪的制造业、制造服务业与贸易性服务业等产业仍占有优势地位，新加坡政府提出了“产业21计划”。为此，政府制定了一系列经济科技发展战略，主要包括高科技战略、中国战略和扩大腹地战略。

泰国科技发展起步较晚，但发展较快。1982年，政府开始有计划地开展科技活动，并首次将科技发展计划列入国民经济和社会发展计划。面向新世纪，泰国制定并实施《国家科学技术发展10年计划》(1997～2006)，该计划把提高生产率和国际竞争力、有效利用自然资源、促进经济社会持续发展和提高人民生活质量以及增强科技产业发展实力作为总体目标，在人力资源开发、技术推广应用、研究与开发、科技基础设施建设等四个方面提出了具体任务和措施。

马来西亚政府在1990～1995年的第六个五年计划中，将科技的发展列入重要地位，确定了一批重点发展的产业部门或技术领域，它们包括：航空和合成材料、微电子与自动化、生物技术、信息技术等。随后的第七个五年计划中，在大力发展教育的同时，仍把振兴科学技术作为国家“七五”计划的主要内容。将重点发展的高技术产业确定为：自动化制造技术、先进材料、生物技术、电子技术、信息技术。

越南在20世纪80年代中期开始正式向市场化经济过渡，越共六大决定实施刷新政策，强调了科学技术革命的必要性，决心积极引进外国的技术，利用科技革命的成果，促进外国企业的技术转移，为了提高技术吸收能力而大力培养人才。

二　完善科技立法与调整科技政策

(一) 日本

日本是东亚地区较早开始重视科学技术立法和制定发展科技方针政策的国家。

作为实际上科学技术政策的最高决策机构——日本科学技术会议，20世纪60年代初制定了《关于以10年后为目标振兴科学技术的综合基本方案》，提出了五项方针原则：

(1) 开发新的科学技术。

(2) 推进富于创造性的研究开发活动。

(3) 培养优秀人才，充分发挥他们的才智。

(4) 培养国民尊重独创性和合理性的意识，重视专门技能和科学技术知识的普及。

(5) 开展国际交流与合作。

20世纪60年代末，日本科学技术会议还制定了《关于科学技术信息流通的基本方案》，80年代制定了《关于科学技术信息流通的基本方案》，80年代又制定了《适应新的形势变化，立足长期展望振兴科学技术综合基本方案》。

20世纪80年代，日本内阁会议通过《科学技术政策大纲》，成为日本在新的时期发展科学技术的指导性纲领。随之，又发布了《关于运用促进产研学及同外国研究交流的各项制度的基本方针》。

日本科技厅1986年制定了《促进研究交流法》。日本于1995年颁布《科学技术基本法》。

日本科技政策的重点是：增加政府的科技投入，特别是对基础研究的投入，以便对经济和产业发展提供雄厚的基础和不竭的动力；努力为解决人类面临的共同课题如地球生态环境、能源等问题发挥日本科学研究、技术开发的主导作用；加强产学研合作，活跃研究交流，增加竞争性研究资金，以活跃研究开发环境，促使研究成果充分反映到产业发展上；促进和加强省厅间的联系，制定跨省厅的研究计划，排除重复，突出重点(参照表7、表8)。

表9　日本国民期待科技发挥作用的领域　(%)

领　域	百分比
保护地球环境	65.1
开发能源	63.0
再生	59.0
废弃物处理	56.8
信息通信	44.3
防灾与安全对策	44.1
高龄者的生活补助	38.4
保持和增进健康	37.9

资料来源　日本《科学技术白书》1999年版。

表10　日本1998年度科学技术预算在各省厅间的分配

省　厅	金额（亿日元）	比例（%）
文部省	13 111	43.2
科学技术厅	7 401	24.2
通商产业省	4 928	16.1
防卫厅	1 442	4.7
农林水产省	1 042	3.3
厚生省	951	3.1
其他	1 704	5.6
合计	30 579	

资料来源　据日本科学技术厅调查。

(二) 中国

中国制定了有关促进科技事业面向经济建设、培育研究机构、加强高技术领域和促进高新技术产业化、促使基础研究机构的结构和配置合理化、加强公共研究机构的开放型管理和面向社会的服务等政策措施。先后制定了《促进科技成果转化法》，积极建设高新技术开发区，制定并实施《二十一世纪议程》，制定并推进攀登计划、《高技术研究发展计划》（即《863计划》）、《火炬计划》、《星火计划》等国家科技计划，将竞争机制引入科技活动的运行及管理（如采取公开招标制等）。

(三) 韩国、中国台湾、新加坡

正在大力发展技术、资本密集型产业的韩国、中国台湾、新加坡等国家或地区的科学技术政策，其共同特点是：以产业的高技术化和增强竞争力为主要目的，努力增强民间企业的技术革新能力。

为此，韩国政府采取的主要政策措施是通过资金方面的支援来加强民间企业的技术开发体制，充实科技发展的基础设施，重视开发军民两用技术，集中力量支援重点研究开发事业。

中国台湾则重视以公共研究机构来直接承担民间企业的一部分重要的研究开发活动。

韩国、中国台湾注意加强基础科学研究，并确立和扩充以提高人民生活为目的的公共福利技术等新科技领域。

新加坡目前已形成一个以2所大学和15所科研院所和技术中心为主体，通过国际网络与世界各国沟通的高效率的研究体制。该国十分重视充分利用当地的服务功能和开放的研究环境，努力提高对国内外技术、人才的吸收和利用能力（特别是广泛招聘海外人才，补充高素质的人才资源），力求早日实现产业高技术化，同时加速国家信息基础设施建设。

（四）东南亚其他国家

其他东南亚国家科技政策的重点是：大力培养人才（例如马来西亚计划使每万人口研究人员数达到10名）；增加研究经费（例如泰国计划使研究开发经费对国民生产总值的比例提高到0.2%～0.75%）；制定国家科研计划（例如泰国1997～2001年实施的第五个国家科研发展计划，是泰国首次制定的一个较为系统的国家科研发展计划）；建立重点和热点技术的专门科研机构；促进科研成果的迅速转化和推广应用；完善科技研究的基础条件（例如印度尼西亚建设研究学园都市）；通过银行低息贷款、减免税收、科研设备折旧和奖励等手段，鼓励民间机构参与科研活动；扩大对外资和技术的引进，特别是重视吸引跨国公司的直接投资；加强国内外教育机构和研究机构之间的合作等。

三　科技发展中存在的主要问题

尽管从20世纪80年代后半期开始，东亚各国和地区为了加强国家的竞争力、提高民间企业的技术革新和科技开发能力，越来越关心和重视发展科学技术，努力制定和确立有效的科技政策和合理的科技体制，积极推动产业结构的高度化和培育高技术产业，但是，当前的科学技术政策能在多大程度上解决这个课题仍是一个未知数。

现在所进行的一项努力就是，在对民间企业的研究开发提供“直接支援”（财政支援等）的同时，加强在诸如培养科技人才、努力提高国民的科学技术意识等方面为民间企业提供“间接支援”。

与此同时，多数发展中国家的科技政策仍存在着不容忽视的不足之处，迫切需要加以修正、充实和完善。最主要的问题是：

（一）产业政策与科技政策的联系不明确，未能采取符合各产业部门需要的科技发展政策，以致可以说科技政策对于产业发展没有做出像样的贡献。

（二）政府的科技推进系统往往是在同民间企业脱节的状况下构筑起来的，与民间企业缺乏联系。

（三）民间企业的技术开发活动仍停留在较低的水平，对外国企业、技术的依赖程度较高。

（四）研究开发人才不足，素质较差。

（五）科技发展政策的制定和实施缺乏连贯性，政策规划的制定机构和具体执行机构之间缺乏有机的协调，使科技发展政策的落实受到很大影响。

（六）社会上远未形成尊重科技、热爱科技的气氛，广大国民的科学技术意识较差；特别是与本地区的新兴工业国家或地区相比，其他国家的民间企业的技术开发活动不够活跃，几乎完全依靠外国企业和国营企业。

加强对知识产权的保护也是东亚各国或地区科技政策的一个重要动向。例如日本科技厅等修改了职务发明规定，建立了专利个人归属制度，对共同研究单位和接受委托研究单位给予专利优先实施权。日本还决定通过修改《专利法》，加重对侵犯专利行为的惩罚，不仅提高罚款金额，而且将最高刑罚从5年提高到通常的盗窃罪最高刑罚水平——10年，以便更有效地消除“侵权者得利”的现象。为了解决专利厅审查专利的时间过长（约需2年时间，美国为16个月）问题，日本专利厅采取各种措施力争在2000年将专利审查时间缩短至1年。泰国于1997年12月正式成立了知识产权国际贸易法院，专门受理知识产权和国际贸易纠纷案件。为了提高受理专利申请的效率，泰国正在建设本国的专利检索中心，建成后的专利检索系统的文献总量将达1 600万件，检索光盘将来自美国、日本、澳大利亚、新西兰等国家。

四　科技体制改革与政府指导

东亚各国或地区大都面临着继续改革科技体制的任务，而且在改革全国科技领导体制方面，各国或地区也相继出台了一些组织措施。

中国的科技体制改革在20世纪80年代中期全面展开，1985年发布的《中共中央关于科学技术体制改革的决定》，揭开了全面改革科技体制的序幕，其目的就是为了解放科技生产力，实现科技与经济的密切结合。1998年6月，中共中央决定成立“国家科技教育领导小组”，由国务院总理朱镕基任组长，其主要职责是：研究、审议国家科技教育发展战略和重大政策，讨论、审议重大科技和教育任务与项目；协调全国各部门与地方之间涉及科技和教育的重大关系。

韩国为实施“科技兴国”的发展战略，由政府领导人直接抓科技工作，设立了科学技术长官会议，对《科学技术革新五年计划》进行审议，并设立了国家科学技术咨询会议（1991年）。泰国成立了专门的国家科技发展委员会，委员会主席由科技与管理部长担任，委员由各有关部委次长和副次长组成。委员会下设6个分委会，分别是：人力资源开发分委会，研究与开发促进分委会、基础设施建设分委会、技术推广分委会、科技指标统计分委会以及政策实施监督和评估分委会等。分委会的主要职责是根据科技发展的总体计划，并结合国家经济和社会发展五年计划，制定出各自分管领域的阶段性行动计划，并提交委员会和内阁批准后实施。

东亚各国或地区推进科技体制改革的一个重要课题是如何促使民间企业成为科技研究开发的主力。在这方面，日本做得较突出，新兴工业国或地区也有很大进步，其他东亚国家或地区则有待改进。日本等主要发达国家以及新兴工业国或地区的研究开发活动主要集中在民间企业，企业的研究开发经费在国家研究开发经费中约占七成；其次是高等学校，约占二成，而政府研究机构大约只占一成。比如，在美国全国研究开发经费中，企业占72.7%，高等学校占15.1%，政府研究机构占9.0%；在日本，企业占65.2%，高等学校占20.7%，研究开发机构占9.6%；在韩国，企业占73.7%，高等学校占8.2%，政府研究机构占17.0%。

韩国和中国台湾在促进民间企业的研究开发方面主要做法是：一方面积极利用外国投资和技术，另一方面大力展开政府主导下的产业发展进程。在此过程中根据民间企业的发展状况，使产业技术的主要推进角色逐渐从政府转向民间，促使民间的技术实力日益积累。为此，韩国和中国台湾的研究开发活动从一开始就与产业活动靠得比较近。

与上述国家和地区相比，中国的情况有较大不同，企业至今未成为研究开发的主力。最新的统计表明，在全国的研究开发经费中，企业占42.9%，高等学校占2.1%，政府研究机构占42.9%。至于东亚地区其他发展中国家，情况比中国更差，例如在泰国全国研究开发经费中，企业仅占10%，这反映了企业对研究开发活动热情不高。

东亚地区一些国家的企业不能积极致力于研究开发的一个重要原因是，这些国家采取了以国营企业和外国企业为主体的产业发展的方针，未能大力促进民间企业的成长。国营企业部门由于竞争机制不起作用，缺乏追求技术进步的动力；而外资企业对研究开发也不重视，许多外资企业以转移利用标准技术的大量组装生产为目的，技术转移的效果也不很明显。有鉴于此，目前这些国家（如新加坡、马来西亚）正在努力促使已经进入本国的外资企业扎下根来，并采取有效的政策来促进外资企业开展研究开发活动，以扩大技术转移的效果，同时大力培养人才以充实吸收国外技术的基础条件。

如何加强产（企业）学（大学）官（政府研究机构）的合作，是东亚各国或地区进行科技体制改革的又一个重要课题。日本推进产学官合作已有50年以上的历史。为了进一步促进国立大学与民间企业共同研究、委托研究，日本文部省又在1997年投入55亿日元支持产学共同研究，投入419亿日元支持委托研究。为促进大学的研究成果在民间企业获有效利用，加速新产业的形成，通产省与文部省于1998年在国会共同提出《产学技术转移促进法》，该法案提出设立技术转让机构、为大学的研究人员办理专利申请、收取专利使用费等项工作。

韩国和中国台湾也模仿日本的做法，推进政府、大学、民间企业三者统合的科技体制，并结合本国或本地区的实际状况加以改进。尽管韩国和中国台湾很重视利用外国企业的直接投资、技术，但政府或当局对产业发展的进程发挥了主导作用，并注意根据民间企业的发展状况，使产业技术的主要推进角色逐渐转向民间，促使民间的技术实力日益积累。为此，韩国和中国台湾的研究开发活动与产业活动靠得比较近，这可以说是产业基础发展的一个关键。

深化政府研究机构的体制改革、提高其研究效率，是东亚各国或地区进行科技体制改革的一个重要方面。韩国为了提高政府研究机构的效率，正在继续补充、完善课题管理制，由科技带头人全面掌管课题选定、执行、管理、经费申请使用、课题人员构成，并在政府所属科研院所全面推广这种制度。从1998年起，韩国通过公开招聘，从包括外国人在内的优秀科研人员中选聘政府研究机构负责人。此外，韩国设立了“推荐研究员”制度，即对成果显著的科研人员给予为期3年的稳定支持。为了及时奖励拿出优秀研究成果的科技人员，韩国还新设“本月科技奖”，支持科技人员创业以促进新技术成果的商品化。

长期以来，泰国存在着政府科研机构设置重叠、功能重复，科技发展缺乏长远规划，科技政策制定缺乏系统的协调，科技法规尚不健全等诸多问题。近年来，为了提高科研机构的效率，泰国致力于改进科技评价的标准和体系，通过采用由第三者进行外部评价、实施开放式评价等方式，力求使评价结果反映到对研究资源的分配上。

（冯昭奎）

第三章　文化

第一节　东亚地区文化源流及特点

一　东亚地区文化源流

古代东亚地区文化的源流，除当地原生文化外，主要是中国文化、印度文化和以两河流域文明为起点、以伊斯兰教文化为代表的闪族文化。这三大文化所覆盖的区域亦被称为“中国文化圈”、“印度文化圈”和“闪族文化圈”。

（一）中国文化

中国是世界四大文明古国之一，也是东亚地区面积最大、人口最多和历史最悠久的国家。中国人民创造了以汉文化为主流的中华古代文明，为人类的文明进步做出了卓越的贡献。

中华文明向周围延伸，影响了周边的国家和民族，形成了一个巨大的中国文化区域。可以说，中国文化的影响遍及整个东亚地区，其中受影响较大的是蒙古、朝鲜、韩国、日本、越南、新加坡和马来西亚等国。又有学者认为，朝鲜、韩国、日本、越南等国属于“汉文化圈”。所谓“汉文化圈”，是以汉字为载体、以汉族文化为主体、以汉朝为标志的，也是很有道理的。因为这些国家在历史上都曾使用过汉字，大量接受过汉文化的影响。即使今天，像日本这样经济发达的国家，也还是使用汉字，并没有感到不方便。在信息时代到来的时候，汉字依然以其独有的特点和长处光芒四射。

（二）印度文化

印度是南亚国家，以其古老的文明而享誉世界。印度与东亚地区紧密相连，因此东亚诸国受印度文化的影响也很大，其中包括中国。印度古代文化主要以宗教为载体向四方传播，有印度教文化（早期被称为吠陀文化和婆罗门教文化）、佛教文化、锡克教文化等，都对其周围国家产生了巨大影响。所以学者们把印度和受印度文化影响的周围地区称为“印度文化圈”。东亚地区自然应当也在这个“文化圈”当中，因为东亚没有哪个国家的文化没受到过印度文化直接或间接的影响。

（三）闪族文化

由于历史的变迁，“闪族文化圈”的情况要相对复杂一些。在西亚，古老的两河流域文明首先发达起来，成为人类早期四大文明之一。此后，波斯文化、希伯来文化、阿拉伯文化、突厥文化等相继在亚洲兴起，并通过古代的陆上和海上丝绸之路向东亚传播。尤其8世纪后，伊斯兰教在亚洲西部形成，并很快发展壮大，先传遍西亚、北非和中亚，然后扩展到南亚，进而传向东亚，并于13～14世纪风靡南洋群岛。中国是东亚受伊斯兰教影响较早的国家之一。

总之，古代的东亚地区已经形成三大文化鼎立并存、交相覆盖的局面，三大文化已经融入东亚地区各国各民族的文化血脉之中。近现代由于西方列强的入侵，使东亚地区多数国家沦为殖民地和半殖民地，使该地区的文化受到影响；但上述三大文化源流及各国传统文化仍在发展。

二 东亚地区文化特点

在东亚地区这片土地上,自古以来孕育了许多民族。各民族在长期的发展过程中创造了自己灿烂的文明。但从总体看东亚地区的文化,则有其独特的魅力与风格,体现了东亚地区各民族的个性和智慧,体现了他们勤劳勇敢、顽强进取、善于学习和对真理的苦苦求索精神。东亚文化主要有三个特点。

（一）多样性

东亚的众多民族具有很强的创造力，各民族都创造了自己的文化，而这些文化又各具特色。中国文化以博大精深见长，蒙古文化带有草原人民粗犷和豪放的特点，朝鲜文化表现出一种自强不息的精神，日本文化体现大和民族的进取意志，越南文化贯串着坚韧不拔的民族性格，泰国文化则显示出宽容大度的民族性格，等等。这一切使东亚文化在世界文化的大花园中各展异彩。

（二）兼容性

东亚民族是智慧的民族，是善于学习的民族，具有很强的适应能力。在对待外来文化上，善于吸收，善于改造，使之为本民族所用。不管是在古代还是在近现代，东亚民族都能够以博大的胸怀接受外来文化，用以改造和丰富自己的文化，这是民族文化的生命所在、活力所在。

（三）连续性

在数千年的历史长河中，东亚民族经历了无数的动荡和变迁，但人们没有丢掉自己民族的文化，只要民族不灭亡，民族文化就始终存在。东亚民族有祖先崇拜的历史传统，有尊重传统文化的习惯，所以，不管遇到什么情况，总能饮水思源，使自己的文化传统绵绵不绝地延续下去，这也是东亚文化的生命力所在。

近代以来，由于西方列强的入侵和西方文化的东渐，东亚地区绝大多数国家沦为殖民地和半殖民地，其文化也受到很大影响。但上述三大文化特点仍在保持和发展。

三 当代东亚文化的新特点新动向

第二次世界大战结束以后,东亚地区大多数国家先后摆脱了殖民地半殖民地统治而获得独立。这时,东亚各国都面临如何选择自己道路的问题。一部分国家选择了社会主义,而另一部分国家选择了资本主义。但不管怎样,本国的文化都受到了西方文化的强大冲击,各国都需要重新审视和革新自己的传统文化,使之适应时代潮流。东亚地区的文化在这一时期发生了巨大变化,融合进许多西方文化。20世纪六七十年代后,东亚地区经济发展速度加快,先是中国的台湾、香港和韩国、新加坡4个新兴工业化国家和地区(俗称“亚洲四小龙”)崛起,接着是泰国、马来西亚、印度尼西亚等国振兴,继而又是中国的突飞猛进。随着经济全球化进程的加快,东亚地区的文化也出现了以下新特点和新动向。

第一，世界经济全球化大大加速了东亚地区文化的交流，这中间既包括东亚地区文化与西方文化的交流，也包括东亚地区各国各民族文化间的交流。在这一交流中，东亚地区的价值观和生活方式发生了巨大的变化，中国的情况就是很有代表性的例子。在中国，过去不敢想和想不到的事情现在变成了现实，人们的物质生活水平提高了，精神生活也丰富了，要求了解外部的世界，主动接触和了解其他民族的文化。一些旧的传统被打破，新的观念逐步形成，人们提高了法制观念、民主观念、人权观念等，树立了科学意识、现代意识以及市场意识、商品意识等。

第二，由于经济全球化加强了西方强势文化的地位，因此给东亚地区各民族的文化带来了相应的刺激，促使东亚地区民族主义兴起，东亚人民要求保持自己文化传统的呼声空前高涨。在经济全球化过程中，由于以美国为代表的西方世界占有经济上的优势和科技上的制高点，以美国为代表的西方文化在其原有的强势地位上更加强劲，并在电脑网络的配合下向东方大量传播，给东亚地区各民族的传统文化以巨大冲击。这使东亚地区发展中国家感到压抑，感到担忧。一方面，东亚地区绝大多数国家的经济发展还很脆弱，经不起大的风浪，民族利益受到威胁；另一方面，东亚地区发展中国家的文化正在变化当中，科技力量不足以使它们迅速挤上信息高速公路，弄不好就有丧失民族个性的可能。这些都需要东亚国家和民族保持清醒的头脑，从本国的利益出发去研究和正确对待传统与现代的关系、东西方文化的关系。在这种情况下，不少东亚国家的领导人和思想家都认识到问题的严重性，提出要对民族文化实行保护措施。

第三，经济全球化给东亚人带来了新思考，产生了一些新思潮，出现了一次次的思想大讨论。如东西方文化大讨论、传统与现代文化大讨论、“文明冲突”大讨论、“亚洲价值”大讨论、亚洲发展趋势大讨论等，都在东亚思想界形成热点，东亚人的思想变得异常活跃。

20世纪70年代以来，东亚的经济发展迅速，成为世界经济的热点和最具发展活力的地区。于是，世界注视东亚，东亚人也在反思，到底为什么会出现“东亚奇迹”和“东亚模式”？儒家文化在其中起到多少作用？东亚的未来会怎样？亚洲是否有一个统一的价值准则？21世纪是否是亚洲世纪？当然，这些讨论很难形成一个公认的结论，但思想的活跃、认识的加深，无疑对东亚文化今后的发展有利。当东亚金融危机爆发以后，人们又开始怀疑甚至否定东亚文化的价值，以为东亚文化的落后性必然要拖现代化的后腿，从而忽视了东亚文化自身所具备的吸收和包容能力，忽视了东亚民族的顽强个性。但东亚文化是不会泯灭的，东亚人既然创造过奇迹，今后也必将再创辉煌。

第二节　哲学

一　古代哲学

在思想哲学领域，东亚地区有着很好的传统。以中国为例，在公元前的几个世纪就出现了孔子（前551～前479）、老子（约前580～前500）、庄子（约前369～前286）、孟子（约前372～前289）等世界闻名的思想家。中国的儒家学说在汉代形成了一个强大的思想体系，一直发展和延续下来，并对东亚地区邻近国家产生了重要影响。

公元前2世纪，汉武帝灭掉卫满朝鲜，设立4郡。100年后，高句丽部落的首领朱蒙于公元3年建立高句丽国，以汉代儒学治国。朝鲜的三国刚建立的时候，没有自己的文字，便以汉字为通用文字，并学习儒家经典，儒学在朝鲜半岛非常普及。三国时期，新罗真兴王创立花郎教，以儒家和佛教的教义为主要内容。在经过了一段时间的儒佛之争后，到李朝时期，儒教占据上风，成为李朝的国教，儒家学说得到进一步发展，成为朝鲜半岛上的正统和主流思想。14世纪，中国的程朱理学传入朝鲜半岛，至李朝时期而发展到高峰。20世纪初期，日本占领朝鲜半岛，儒学的权威地位丧失。从那时到现在，儒学的权威地位虽然丧失，但作为传统文化的有机组成部分，仍然在社会道德和价值观等方面起着作用。

儒家学说不晚于3世纪便首先由朝鲜传入日本，此后，儒家学说在日本逐渐形成一大流派，并对日本的政治和社会改革产生重大影响。公元604年，日本圣德太子以儒家经典为主要依据，制定了《十七条宪法》以确立中央集权。公元645年，日本模仿中国隋唐制度进行了著名的大化革新，将儒家思想运用于国家法令。此后，儒家学说在日本没有得到发展，直到镰仓时代中期，中国宋代的新儒学传入，日本又开始了对宋学的研究。17世纪以后，日本统治者和思想界很推崇朱子的理论，朱子学在日本风行一时，出现了不少学派，如京师朱子学派、海南朱子学派、海西朱子学派、大阪朱子学派和水户学派等。日本儒学中还有一个古学派，与朱子学派对立，强调学习儒家古典，直接师从孔孟。这一派下面又分为崛川学派（即古义学派）和护园学派（即古文辞学派）。中国的明代，思想家王阳明的学术观点可能已经在日本人中产生了影响，但到17世纪中期，日本才开创了阳明学派。这一学派对日本社会改革更为关注，起到了积极的推动作用。江户时代后期，新的学说从日本儒学中产生并发展起来，适应了日本向资本主义过渡的潮流。千百年来，儒家学说已经融入日本的传统哲学思想，当近代以来西方思想进入日本以后，日本的传统哲学思想便与西方哲学相结合，形成了各种新思潮，影响着人们的思想和行为。

公元前214年，秦始皇平定岭南，在今广西、广东和越南北部建立南海、桂林和象郡。7年后，赵佗建立南越国，汉文化开始在今越南北方地区推行。公元前111年，汉武帝平南越国，从此，汉字正式成为越南文字，儒家思想也得到普及。隋唐时期，越南作为中国的郡县，儒学得到进一步推广。公元1010年越南李朝建立，定都升龙（今河内）。1070年，升龙建立文庙，塑孔子、周公及七十二贤人像。6年后建立国子监，以儒家典籍作为教育内容。1206年陈朝建立，实行科举制，弘扬儒学，越南出现了一大批儒学家。14世纪末，越南限制佛教，独尊儒术。1400年，胡朝建立，儒家学说和礼仪制度占据统治地位。此时，程朱理学备受重视。15世纪，越南儒学大发展，处于独尊地位，出现了不少儒学思想家。此后，直到19世纪，越南儒学已成为其传统文化的一部分。19世纪末，法国入侵越南，西方思想文化也进入越南，并对其传统文化形成猛烈冲击，儒学在越南逐步衰落。

此外，随着华人在东亚移民，儒学在一些有华人的国家流传，如新加坡、印度尼西亚等国，而这些华人对当地的民族和社会都有影响，于是儒家文化成为东亚文化的有机组成部分，成为影响东亚民族价值观的重要因素。

佛教文化在东亚也广泛传播，在所传播的国家和地区，其教义已经深入人心。例如，在大乘佛教流传的国家，如中国、蒙古、朝鲜、韩国、日本和越南等国，佛教的一些基本观念早已融入传统，成为这些国家的固有文化。在人民的思维方式、生活方式、价值观念中都时时有所反映。而在东南亚的一些佛教盛行的国家，佛教更成为一种世界观、一种人生理念、一种道德规范和行动准则。同样，在伊斯兰教所流行的国家和地区，伊斯兰教文化也得到充分的表现，成为人们观察世界、实践人生和改造社会的指导思想。

二 近现代哲学

近代以来，西方文化传入东亚，东亚出现了许多思想家和宗教改革家，东西方文化的撞击和融合改变了东方世界的思想面貌。

在日本的明治维新前后，出现了一批著名的启蒙思想家，如西周、福泽谕吉、加藤弘之、中江兆民、西田几多郎等。他们在更新人们观念、推进社会改革、促进现代化进程方面起到很大作用，使日本成为东亚的强国。

同一时期，中国出现了康有为、梁启超、谭嗣同等改良派思想家，他们发起的戊戌变法虽然失败，但毕竟给国人上了一课。

同期的朝鲜出现了金玉均这样的思想家，他以改革为己任，提出了一整套资产阶级民主主义纲领。

而在越南出现了以潘佩珠和潘周桢为代表的维新派思想家，他们把儒家学说和西方的平等博爱思想结合起来，努力宣扬改良维新。

俄国十月社会主义革命到第二次世界大战时期，马克思列宁主义在东亚地区迅速传播，成为民族独立和解放运动的有力思想武器。

三 当代哲学

第二次世界大战结束以后，东亚地区多数国家陆续摆脱殖民地和半殖民地的地位，先后取得独立并进入高速发展经济、科技和文化的时代。这个时代，东亚地区各国家的思想界异常活跃，新思潮不断涌现。一方面，马克思列宁主义哲学继续在东亚发展，并与一些国家的实际情况相结合，成为这些国家政治变革和经济建设的指导思想。中国、朝鲜、越南和蒙古等国就是其中最突出的例子。另一方面，作为引导"亚洲四小龙"和东盟崛起的民族主义思潮的发展是这一时期思想界活跃的一个重要标志。其中最具代表性的是，1994年新加坡国父李光耀、当时韩国在野党领袖金大中、马来西亚总理马哈蒂尔等，都提出和参与了"亚洲价值"说的大讨论。这一讨论在全世界思想界引起震动，有许多西方知名思想家也参与其中。

若论亚洲之大、民族之多、文化之复杂多样，在世界上首屈一指。因此，很难说亚洲人有一个统一的观念、统一的个性、统一的价值标准。但不管怎样，"亚洲价值"的提出并不是一时心血来潮。一方面，这是亚洲新兴的民族主义的产物，是与西方文化相区别相抗衡的宣言书。它说明在东亚经济的发展中，思想文化不可避免地要发挥作用。亚洲人要走自己的路，要抵御西方的冲击，要保护民族利益。另一方面，在西方工业化以后，当人们因诸多社会问题而困惑和苦恼的时候，便试图从东方古老文化传统中去开掘出解决人际关系和人与自然关系的新途径。东方文化传统中也的确存在着许多这方面的思想精华，如中国的"天人合一"思想、印度的"梵我同一"思想等。因此，从长远来看，东亚文化的传统在经过不断转型和革新后，其前途一定是光明的。

第三节 文学

东亚地区各国人民在长期的生产实践和社会实践中创造了优美的文学，体现了他们的智慧、才能和对真善美的追求。它是东亚文化的重要组成部分。由于其起源早，内容丰富，形式多样，因而在世界文学中具有重要地位和影响。

一 中国文学

（一）古代文学

中国文学在东亚地区有着特殊的地位，原因是它非常古老、丰富多彩和影响深远。

中国的文学创作开始很早，可以追溯到公元前7世纪以前。中国最早的诗歌总集《诗经》记录了上古人的生活、劳动、爱情等真实场景。《诗经》为中国诗歌的优秀传统奠定了牢固的基础，它和后来的楚辞、汉赋、魏晋南北朝古诗、唐诗、宋词、元曲等等一起，形成了一条连绵不断、绚丽多彩的诗歌长河。屈原（约前340～前278）是中国早期最伟大的诗人，他的代表作《离骚》《九歌》《九章》和《天问》等是楚辞中最瑰丽的篇章。从《诗经》开始，其间经上千年的创作和积累，中国诗歌终于在唐代形成了一个巍然耸立的高峰。站在这个高峰上的是李白（701～762）、杜甫（712～770）、白居易（772～646）等一大批诗歌巨匠。与宋词和元曲联系在一起的中国文学大师有苏轼（1036～1101）、辛弃疾（1140～1207）、关汉卿（约1220～约1300）等一大批文苑明星。

中国小说产生的时间相对要迟一些，但仍然是历史悠久的。从古代的神话到南北朝的志人和志怪小说，再到唐宋传奇、明清长篇小说，也是一条丰富多彩、引人入胜的艺术长廊。到唐代，中国的文人开始有意识地从事小说创作，成就斐然。到明清时代，中国的优秀长篇小说陆续出现，最著名的是举世闻名的“四大名著”《水浒传》《三国演义》《西游记》和《红楼梦》。

同样，中国的散文、戏剧文学也历史悠久、硕果累累。在散文方面，最值得称道是古典散文的典范“唐宋八大家”的作品；在戏剧方面，最值得称道的是元明清三代的大戏剧家关汉卿、王实甫（13世纪）、汤显祖（1550～1617）和孔尚任（1648～1718）及其代表作《窦娥冤》《西厢记》《临川四梦》和《桃花扇》。

（二）现当代文学

进入20世纪以后，特别是五四运动前后，以鲁迅（1881～1936）为代表的中国先进知识分子掀起了声势浩大的“新文学运动”，中国文学的面貌也为之焕然一新。到中华人民共和国建立之前，出现了一批重要作家和作品，如鲁迅的小说《狂人日记》《呐喊》及杂文，郭沫若（1892～1978）的诗歌《女神》和剧本《屈原》，茅盾（1896～1981）的小说《子夜》《春蚕》，老舍（1899～1966）的小说《骆驼祥子》《四世同堂》，巴金（1904～2005）的小说《家》《春》《秋》，丁玲（1904～1986）的小说《太阳照在桑干河上》，赵树理（1906～1970）的小说《小二黑结婚》，周立波（1908～1979）的小说《暴风骤雨》，曹禺（1910～1996）的剧本《雷雨》和《日出》。

新中国成立以后，除鲁迅去世以外，上述老作家继续写作，成果颇丰。同时还在不同时期涌现出一批又一批新作家和新作品。

中国文学在东亚地区的影响很大，在汉文化圈中的影响尤其巨大。在朝鲜、韩国、日本、越南等国，早就传入了中国的文学作品，而且还出现了许多能用汉文写作的文学家。

二 日本文学

（一）古代文学

日本上古文学以口头的形式流传，主要是神话传说、歌谣和祝词等。汉文化传入日本以后，日本有了文字，古代的文学得以保存和记录。编于712年和720年的《古事记》和《日本书记》保存了上古的文学。《万叶集》被称为“日本诗经”，成书于760年前后，收有5～8世纪中叶的诗歌约4 500首。7世纪时日本贵族提倡汉诗，至751年，一部收有120篇汉诗的《怀风藻》编成。日本的平安时代初期，汉诗的创作达到高潮，编出了若干部汉诗集。公元9世纪，另一部汉诗集编成，即《古今和歌集》，全书共20卷，收有诗歌约1100首。受中国小说的影响，9～10世纪的文人开始创作小说，开始出现“物语文学”，主要有《竹取物语》《宇津保物语》《伊势物语》《大和物语》等。著名的《源氏物语》成书于1108年前后，是日本古典文学的优秀代表作，作者紫式部。全书分54帖，由三部分内容组成，描写了贵族社会生活及其精神世界，是世界文学宝库中的珍品。此外，平安时代还有所谓“日记文学”、“随笔文学”、“历史物语”和“神话物语”等种类和流派，表现了日本在接受汉文化以后本土文学的高速发展和日本民族的创造性。

日本的中世纪文学开始于12世纪末，持续到17世纪初，历时400年。这一时期，武士阶层的崛起和汉文化的影响成为日本文学发展的重要因素。武士阶层崛起，平民力量上升，促成了日本“战记物语”（如《平家物语》）和“大众小说”（如《御伽草子》）的产生；中国文化的影响则直接促进了日本佛教僧侣的文学创作，产生了“五山文学”

（如《济北集》）和“隐士随笔文学”（如《方丈记》）。这一时期还编定了《新古今和歌集》，产生了日本特色的戏剧“能”。

日本的近古文学起自17世纪初年，终于1868年。这一时期日本文学的特点是表现庶民生活。小说的代表有《假名草子》《浮世草子》等，戏剧文学有《净琉璃》。同时，日本的歌舞伎发展到成熟阶段，俳谐也由俗至雅。

（二）近现代文学

日本文学的近现代时期，起自明治初年（1868），迄于二战结束（1945）。这一时期，日本国力迅速膨胀，成为东方唯一强国，社会剧变，文学也随之发生剧变。在这短短的77年间，新的文学思潮和文学流派如雨后春笋，文学新人风起云涌，新作品大量涌现，还出现了一批文学大家，呈现出空前热闹的局面。西方文化的传播首先刺激出翻译文学和政治小说，然后是新文学改良主义运动的兴起。二叶亭四迷（1846～1935）的代表作小说《浮云》是改良运动中写实主义的先驱。同期的浪漫主义文学先驱是森鸥外（1862～1922），小说《舞姬》《青年》《雁》等是他的代表作。夏目漱石（1867～1916）被认为是日本近代文学中杰出的批判现实主义作家。他只活了49岁，却完成了15部中、长篇小说，7部短篇小说集，两部文学理论著作和许多诗歌、散文等。早期发表的《我是猫》《哥儿》《旅宿》《虞美人草》等，以反映男女青年爱情而著名，中期发表有《三四郎》《从此以后》和《门》三部曲，晚期则有《春分之后》《使者》和《心》三部曲。其中《心》的艺术价值最高，运用心理描写，突出道德主题，引人入胜，发人深省。志贺直哉（1883～1971）和武者小路实笃（1885～1976）于1910年共同创办《白桦》杂志，因而成为“白桦派”代表作家。芥川龙之介（1892～1927）是日本近代新现实主义文学家的代表，他和志贺直哉被认为是日本大正时期最有影响的作家。志贺直哉的主要著作有《清兵卫和葫芦》《和解》和《小僧之神》等，芥川龙之介的主要作品有《罗生门》《鼻》《芋粥》《戏作三昧》等。川端康成（1899～1972）是新感觉派的代表人物。他的初期代表作是《伊豆的舞女》，此后发表的主要作品有《浅草红团》《抒情歌》《禽兽》《雪国》等。1968年，他以《雪国》和后来创作的《千羽鹤》《古都》三部作品获得诺贝尔文学奖。《雪国》讲述的是一名艺伎的爱情悲剧故事，塑造出女主人公的多重性格；《千羽鹤》表现的是爱情与道德的冲突；《古都》则反映了人们对美好生活的向往。这一时期，无产阶级文学也因十月革命的影响而兴起，其主要代表作家为小林多喜二（1903～1933）。他的代表作是反映工人生活和斗争的《蟹工船》。另外，德永直的《没有太阳的街》、中野重治的《阿铁的话》、叶山嘉树的《生活在海上的人们》都是日本无产阶级文学运动中出现的名作。

（三）当代文学

二战结束以后，日本文学经历了现实主义、现代主义和后现代主义三个阶段。文学界的宿将，如志贺直哉、川端康成等，重操旧业，雄风不减。而无产阶级作家，如宫本百合子、中野重治、德永直等也十分活跃。同时又涌现出一批“战后派”文学家，而“战后派”文学家又按时间顺序分为三批：第一批以椎名麟三、野间宏为代表，第二批以大冈升平、三岛由纪夫等为代表，第三批以安冈章太郎、吉行淳之等为代表。在他们之后，是二战后出生并成长起来的作家群，他们离战争时代已经久远，而对日本现代化更具有亲身体验，所以更多表现的是现代主义和后现代主义。

三 朝鲜、韩国文学

（一）古代文学

上古朝鲜的文学作品以口头形式流传，保留至今的主要有古歌谣和神话传说，如《龟旨歌》《檀君》《东明王》《解慕漱》和《箜篌引》等。有些传说和歌谣是在中国的古代典籍中保存下来的。

公元前1世纪～公元7世纪，朝鲜半岛先后出现了高句丽、百济和新罗三个国家，史称“三国时期”。这一时期的文学作品主要是些历史传说和故事，收在后来的史书中，如《朱蒙》《乙支文德》和《都弥的妻子》等。三国时期有汉诗和乡歌两种，著名的汉文诗歌有《黄鸟歌》《孤石》和《太平颂》等，著名的乡歌有《彗星歌》等。

新罗统一三国以后，朝鲜的乡歌和汉诗继续发展，著名的乡歌有《祭亡妹歌》和《献花歌》等。而这一时期由于受中国唐诗的影响，新罗朝的汉诗也很发达，涌现出一批大诗人，其中最著名的是崔致远。崔致远生于857年，12岁便留学唐朝，17岁中举，任溧水县尉，24岁任淮南节度使高骈的从事，28 岁回国。他在中国写作的诗文很多，诗文集《桂苑笔耕集》20 卷被收入《四库全书》，诗歌被收入《全唐诗》。其代表诗作有《江南女》《秋夜雨中》等，回国后的代表诗作有《古意》和《寓兴》等。他的诗歌既表现出强烈的爱国热情，又带有浓厚的现实主义色彩，被朝鲜人奉为汉文诗歌的典范。

10～14 世纪的高丽王朝时期，朝鲜产生了一批在民间文学基础上形成的国语诗歌，被称为高丽歌谣。其主要代表作有《墨册谣》《阿也歌》《沙里花》和《西京别曲》等。高丽时期也有一批汉诗作者，其中最著名的是李奎报（1169～1241）。李奎报曾任宰相，又屡受贬谪和流放。《东国李相国集》收有诗作约2 000首。代表作《孀妪叹》《代农夫吟》等表现了他对劳苦人民的同情，《闻达旦入江南》和《东明王篇》等表现了他对祖国的热爱和对侵略者的憎恨。李齐贤（1288～1367）与崔致远和李奎报并称为朝鲜古代三大诗人。他不仅擅长汉诗，还擅长作词，这在朝鲜诗人中是绝无仅有的。他曾在中国元朝生活了 27 年，结交了诸多中国文学名流。他的代表诗作有《题长安逆旅》《古风七首》等，其代表词作有《江城子·七夕冒雨到酒店》和《菩萨蛮·舟中夜泊》等。这一时期的散文体著作有金富轼编的《三国史记》和僧一然编的《三国遗事》。它们既是史书又是文学作品。

朝鲜李朝建立于 1392 年。在此后的几个世纪，李朝文学有了很大发展，出现了不少文学家和著名作品。李朝前期的小说家以金时习（1435～1493）为代表，他的作品有《梅月堂集》17 卷和小说集《金鳌新话》。后者显然模仿了中国明代瞿佑的《剪灯新话》。郑澈（1537～1594）则有国语诗集《松江歌辞》1 卷和文集《松江集》7 卷。李朝中期，无名氏的《壬辰录》是一部歌颂爱国名将李舜臣抗倭的精彩小说。朴仁志（1561～1642）著有诗文集《芦溪集》8 卷，包括歌词、汉诗和散文等数百篇。许筠（1596～1618）曾经到过中国，研究过中国文学，他的小说《洪吉童传》描写了农民起义领袖的形象。金万重（1637～1692）酷爱文学，并对中国文学研究颇深，著有文集《西浦集》、评论集《西浦漫笔》和长篇小说《谢氏南征记》《九云梦》等。李朝后期，朝鲜出现了三大国语诗集《青丘咏言》《海东歌谣》和《歌曲源流》，同时也出现了朝鲜古典小说的三大名著《春香传》《沈清传》和《兴甫传》。这些都出自市民之手。其中《春香传》最为有名，艺术成就最高，屡屡被搬上舞台和银幕。李朝后期还出现了实学派文学，其代表作家有两位：朴趾源（1737～1805）和丁若镛（1762～1836）。朴趾源的小说代表作是《两班传》和《许生传》。丁若镛写有2 400余首诗歌，代表作有《奉旨廉察到积城村舍作》《饥民诗》《龙山吏》《哀绝阳》和《夏日对酒》等。李朝后期最著名的小说是南永鲁（1810～1858）的《玉楼梦》。这部小说情节起伏曲折，背景辽阔，人物众多，艺术技巧成熟，被认为是当时朝鲜小说的集大成之作。

（二）近现当代文学

近代朝鲜半岛被日本占领前后，随着思想界启蒙运动的开展，半岛文坛上出现了新小说，其代表者为李海潮（1869～1927）和李人植（1826～1916）。此后，开始了朝鲜文学的现代时期。20 世纪 20 年代以后，朝鲜的无产阶级文学组织出现，并出现了一大批无产阶级作家。这一时期的代表作家有赵明熙(1892～1942)、李箕永(1895～1984)、崔曙海(1901～1932)、韩雪野(1900～　)等。李箕永是朝鲜现代文学的杰出代表，无产阶级文学的奠基人之一。他于 1924 年首次发表小说，1925 年与同道创立“朝鲜无产阶级艺术同盟”（简称“卡普”），1931 年和 1934 年两次被捕，但他从未停止写作。1933～1940 年，他发表的中、长篇小说有《鼠火》《故乡》《人间课堂》和《春》。1949 年发表著名长篇小说《土地》。20 世纪 50 年代则出版了中篇小说《江岸村》和长篇三部曲《图们江》。韩雪野也是朝鲜现代文学的杰出代表。他于 1924 年开始发表小说，1925 年参与创立“卡普”，1934 年曾被日本人逮捕。20 世纪二三十年代，他创作了大量短篇小说，同期的长篇小说《黄昏》和《青春期》在朝鲜现代文学史上具有很高地位。20 世纪 50 年代创作的长篇小说有《大同江》（第一部）和《历史》，以及中篇小说《道路只有一条》。

韩国成立后，其文学从 20 世纪 50 年代开始。当时韩国文坛出现了“战后文学派”，代表人物有吴永寿（1914～1979）、张龙鹤（1921～1999）、孙昌涉（1922～　）、徐基源（1930～　）、河瑾灿（1931～　）等。他们以传统的手法着重表现战争时期和战后的社会生活。20 世纪 60 年代韩国出现了“新感觉派”文学，其代表作家为金承钰（1941～　）。他擅长写小说，也写电影剧本。长篇小说《我偷走的夏天》和《雾律纪行》被认为是他的代表作。该派擅长心理描写，反映工业化时期人们的苦闷心情。20世纪70年代，韩国经济发展势头很好，现代化给人民的精神世界也带来了困惑。这一时期的作家很活跃，纷纷探索文学创作的新路子和新视角。著名作家和作品有：黄皙英（1943年生）及其长篇小说《客地》（1971）、巨型长篇小说《张吉山》（已出版7卷），赵世熙（1942年生）及其12篇系列小说《矮子射向空中的小球》等，此外尚有韩觉洙的《根子》、宋基元的《月行》、尹兴吉的《彩虹何时架当空》、朴景利的《土地》、朴渊禧的《霞村一家》、辛相雄的《徘徊》等，着重表现现代化进程中的经济繁荣给传统文化和思想观念带来的冲击。

四　蒙古文学

长期以来，蒙古民族的文学是口头文学，有长篇英雄史诗《江格尔》、《格斯尔传》，以及神话传说、民间故事、民间谚语和格言等。蒙古民族的书面文学产生较晚。13世纪写成的《蒙古秘史》是一部史书，同时也是一部文学性很强的著作。这部书以韵散相间的形式描述了成吉思汗的事迹，以艺术语言塑造了一个历史人物形象。近代，蒙古作家创作了一批长篇小说，其中最具代表性的是旺·尹湛纳希（1837～1892）的《青史演义》。

1921年，蒙古革命胜利，1924年蒙古人民共和国成立，从此开始了蒙古文学的现代时期。索·博音尼木和（1902～1937）是蒙古人民共和国成立初期的文学家，创作有诗歌、散文和剧本。其10多部剧本中，创作于1932年的《黑暗的政治》是其代表作。策·达木丁苏伦（1908～1986）是蒙古现代文学的奠基人之一，他的代表作是创作于1934年的长诗《我的白发母亲》和创作于1929年的中篇小说《受歧视的姑娘》。

蒙古人民共和国现代文学的另一位奠基人是达·纳楚克道尔基，他生于1906年，卒于1937年。据不完全统计，在短短的一生中，他创作的各类文学作品达170多篇（部），有诗歌、短篇小说、剧本、散文和译作。从字数看，他的作品数量并不大，但从审美的角度看，他作品的语言、文体、结构、想象力等，都是一流的。因此，他是蒙古人民共和国最受推崇的一位作家，他的作品成为后世作家学习的典范。其代表作有1933年创作的长诗《我的祖国》和1934年发表的剧本《三座山》。前者是一篇充满激情、感召力极强的祖国颂歌，后者是根据民间说唱改编并深受蒙古人民喜爱的歌剧。此外，他1930年发表的短篇小说《旧时代的儿子》、《喇嘛师父的眼泪》和1932年发表的短篇小说《正月泪》等，都是脍炙人口的佳作。

第二次世界大战以后，蒙古涌现出一批反映战争与和平主题的作品：达·僧格（1916～1959）的诗歌《和平鸽》发表于1951年，中篇小说《阿尤希》发表于1948年；额·奥云（1918年生）的剧本《手足兄弟》发表于1946年。同一时期，蒙古作家还创作了一批回顾草原人民生活的作品，如鲁·巴达尔契（1916～1960）的短篇小说《香火》、乔·拉哈姆苏伦（1917～1979）的长篇叙事诗《栗色骏马》等。同期的剧作家代表人物有：拉·旺干（1920～1968），其代表作是发表于1949年的《医生》；乔·奥伊道布（1917～1963），其代表作是发表于1946年的《路》。1949年，契·洛道伊丹巴（1917～1970）的长篇小说《在阿尔泰山》出版，这是蒙古人民共和国的第一部长篇小说。此后，1951～1955年间，勃·仁钦的巨著《曙光》三部曲陆续出版。这部小说描绘了19世纪晚期到20世纪初期半个多世纪草原人民的生活画面，小说主人公传奇的一生在当时很有典型意义。

20世纪60年代以后，蒙古文坛上出现了空前活跃的局面，一批老作家宝刀不老，新作家更是不断涌现，各种题材和体裁的作品层出不穷。老作家敦·纳姆达克（1911～1984）从20世纪30年代开始写作，他的长篇小说《动荡的岁月》发表于1960年，小说人物形象生动，故事情节感人。老作家契·洛道伊丹巴笔耕不断，分别于1961年和1967年发表了他的长篇小说《清澈的塔米尔河》上下部。这部小说反映了蒙古革命前后牧民的生活，主要人物形象丰满真实，社会背景广阔，时间跨度大。老诗人别·雅沃胡朗（1929～1982）在20世纪50年代就有多部诗集出版，到这一时期仍然新作不断。1959年，他的代表作抒情长诗《我生于何方》发表，受到文学界的一致好评。登·普尔布道尔基出生于1933年，在20世纪60年代名震文坛，他的代表作长诗《蓝布袍》和《女牧驼人的信》都发表于1969年。德·米雅格玛尔出生于1933年，20世纪60年代连续发表了《磨面人》等几部中篇小说，受到广大读者的欢迎。

五 东南亚文学

越南文学

越南早期流传的口头文学在中国古代文献中也有少量记载。越南古代使用汉字，汉语文学发达。到10世纪中，越南建立自己的国家，汉字仍然通用，汉语文学创作一直延续下来，直到当代的越南领导人胡志明还用汉语写诗。越南古代著名的汉语作家和作品很多，最著名的有：阮荐（1380～1442）及其《军中词命集》、《抑斋诗集》等，黎圣宗（1442～1479）及其《南天余暇集》，阮屿及其《传奇漫录》，邓陈琨及其《征夫吟曲》，黎贵惇（1726～1784）及其《桂堂诗集》、《联珠诗集》、《全越诗录》、《皇越文海》等。

喃字是在汉字基础上创造的越南民族文字，13世纪开始应用于文学创作。初期的优秀文学作品有阮诠的《飞砂集》、陈光启的《卖炭翁》、阮士固的《国音诗集》、无名氏的《王嫱传》等。18世纪，喃字被定为全国通用文字，所以18世纪、19世纪出现了一批名著，有阮嘉韶（1742～1789）的《宫怨吟曲》、阮攸的《金云翘传》、阮廷炤（1822～1888）的《蓼云仙传》、女诗人胡春香的《春香诗集》等最为著名。尤其是《金云翘传》，在越南至今家喻户晓。

法国占领越南后，著名文学家和作品有阮春温的汉文《玉堂诗集》和《玉堂文集》，阮光碧的汉文诗《渔峰诗集》，潘佩珠（1876～1940）的汉文诗文《越南亡国史》和《海外血书》、越文诗文《巢南文集》和《潘巢南国音诗集》等，这一时期越南文学以爱国主义为主。

1930年以后，越南文学进入现代时期。著名的作家和作品有素友（1920～ ）及其诗集《从那时起》，阮公欢（1903～1977）及其长篇小说《最后的道路》，吴必素（1894～1954）及其长篇小说《熄灯》等。1945年越南民主共和国成立，出现了一批文学新秀和优秀作品，如武辉心（1926～ ）的《矿区》，阮庭诗（1924～ ）的《冲击》和《决堤》，原玉（1932～ ）的《祖国站起来了》，苏怀（1920～ ）的《西北的故事》，阮辉想（1912～1960）的《阿陆哥传》，元鸿（1918～1982）的《怒潮》，友梅（1926～ ）的《领空》和《金星》，潘思（1930～ ）的《阿敏和我》，朱文（1922～ ）的《海上风暴》等。这一时期的越南文学作品以反映越南人民的社会生活为主。

老挝文学

13世纪以前，老挝从属于柬埔寨，文学状况大体与柬埔寨相似，印度文化流行。14世纪以后，上座部佛教传入，佛经故事广泛传播，民间传说也被打上佛教烙印，但印度的史诗《罗摩衍那》在民间影响很大，被加工改编成本地故事，并被编成戏剧。16世纪，老挝的史诗《坤博隆》《陶洪》等编定。17世纪，澜沧王国的文学繁荣起来，出现了大批文学作品，其中诗人庞坎4 000多行的长篇叙事诗《信赛》最为有名，并奉为后世的典范。

19世纪末法国入侵，爱国知识分子开始整理民族文学作品。20世纪中期，老挝进步文学产生，出现了一批新诗和散文，著名进步作家有富米·冯维希、西沙纳·西山、乌达玛·朱拉玛尼、坎马·彭贡、宋西·德沙坎布等。其中，西沙纳·西山创作有《爱老挝》，乌达玛·朱拉玛尼创作有《占芭花之歌》（1945），都深受读者喜爱。20世纪六七十年代，较著名的作品主要有：坎连·奔舍那的小说《西奈》、占梯·敦沙万的回忆录《革命的光芒》和中篇小说《生活的道路》（1970）、女作家维昂亨的小说《离别西潘顿》、万赛·蓬占的小说《万象街头》、苏万吞的多卷长篇小说《第二营》、塔努赛的小说《不朽的西通》等。20世纪80年代的重要作品主要有坎连·奔舍那的长篇小说《爱情》（1981），反映少数民族生活的《山雨》《新生活》和妇女题材的小说《三好妇女娘玛》等。

柬埔寨文学

古代柬埔寨文学有口头（民间）和书面（宫廷）两种。公元1～7世纪，柬埔寨的扶南王朝和真腊王朝初期，婆罗门教和大乘佛教流行，人们在兽皮上写字，也在石碑上刻字（用梵文），这是柬埔寨书面文学的开始时期。9～15世纪为吴哥王朝时期，书面文学仍然使用梵文，保存下来的仍然是一些为国王们歌功颂德的碑铭。印度史诗《罗摩衍那》此时已经被加工改编而广泛流传。15世纪中叶以后，直到19世纪末，吴哥王朝已经衰落，上座部佛教传入柬埔寨并广泛流行，巴利文代替了梵文的地位。这一时期的民间文学主要有《特明吉的故事》《阿勒沃的故事》和《金环蛇的故事》等。宫廷里出现了一些作家，如高萨特巴蒂·高，代表作是《格龙苏密》；翁萨具·侬，代表作是《少年波格》；国王安东，代表作是《佳姬王妃》（完成于1815年）；桑多沃哈·毛克，代表作是长篇叙事诗《东姆和狄欧》（1859年完成）。

20世纪前半叶，著名诗人有：索丹波雷杰·恩（1859～1942），作品44部，代表作为《告别吴哥》；努·冈（1874～?），有作品8部，代表作是《狄欧》；班·德恩（1882～1950），有作品5部；色特（?～?），女作家，写诗也写小说，代表作是《真诚的心》。著名小说家有：林根（1911～1959），代表作是《苏帕特》；涅·泰姆（1903～?），代表作是《珠山玫瑰》。

1953年柬埔寨独立以后，文学有了长足发展，尤其是中、长篇小说发展较快，特点是贴近和反映现实生活。比较著名的有苏恩·索林的长篇小说《新太阳照在旧土地上》，梅帕特的长篇小说《汽车司机孙姆》《乡村女教师》和《苦力》，恩·琼的长篇小说《兰娜》，郑璜的中篇小说《何罪之有》等。

缅甸文学

缅甸最初的文学是口头文学，具体情况已不可考。婆罗门教和佛教传入缅甸后，对其文学发生了深刻影响。到12世纪，缅甸已有了自己的文字，文学作品则见于保存至今的碑文。1287～1532年是缅甸的阿瓦时期。这一时期的上座部佛教流行，文学得到明显发展，绝大部分作品都与佛教关系密切，要么抄袭佛经，要么改编佛经故事。1531～1752年间，世俗文学得到发展，但佛教文学仍占主导地位，现今保存下来的文学中只有很少篇什反映平民生活。当时的著名诗人有劳加通当木、卑谬纳瓦德基、信丹柯、那信囊（1578～1613）、巴德塔亚扎（1684～1754）等。

1753～1885年为缅甸贡榜王朝时期。这一时期缅甸出现了一位伟大的诗人和剧作家吴邦雅（1812～1866）。他的著作主要有叙事诗《珍宝河志》《战胜暹罗记》《吴邦雅密达萨》《吴邦雅讲道故事诗集》和剧作《巴东马》《卖水郎》《维萨耶》《高德拉》《维丹达亚》《固达》《瓦杜德瓦》等。其中有相当一部分作品揭露了社会的阴暗面，表达了对劳动群众的深切同情。他于1963年被列为世界文化名人。

进入20世纪，受西方文学影响，缅甸文学又有了新的发展。1904年，詹姆斯拉觉（1866～1919）受《基度山伯爵》的启发，写出了缅甸第一部现代小说《貌迎貌玛梅玛》，拉开缅甸现代文学的序幕。爱国反帝诗人德钦哥都迈（1872～1964）用一种韵散相间的文体写出了《洋大人注》《孔雀注》和《猴子注》等向殖民主义者开火。20世纪20年代末期，缅甸文坛掀起实验文学运动，参加者颇夥，其最主要的代表人物是佐基（1908～1990），他的代表诗篇《我们的国家》《当你死去的时候》《金色的缅桂花》和小说《他的妻子》等都很著名。此后，一部分左派青年开始学习共产主义理论，著名作家吴登佩敏（1914～1978）写的《摩登和尚》便是这一时期的代表。吴登佩敏后来还有许多作品问世，最著名的是发表于1958年反映民族独立斗争的长篇小说《旭日冉冉》。二战以后，缅甸涌现出一批好作品，女作家加尼觉玛玛礼的长篇小说《不是恨》（1955），写的是一个女青年在东西方文化的冲突中成为牺牲品；吴拉的《监牢与人》（1858）、《笼中小鸟》（1958）、《战争、爱情与监狱》（1960）揭示了不合理社会制度。此外，还有那加山貌基辛的《山区盛开平原花》（1964）、纳内的《缅甸北部》(1966)、南达的《誓死保卫伊洛瓦底》（1969）、貌达耶的《站在路上哭》（1969）、觉昂的《关键时刻团结起来》（1970）、敏觉的《无可比拟的美》（1971）、妙丹丁的《狡黠世界》（1975）和德格多妙盛的《艺台新秀》（1978）等。

泰国文学

泰国的早期历史不太清楚，其文学状况也不清楚。13世纪后期，有了泰文，并有碑铭可考。1360年编著并经后世整理的《三界经》中有佛教的创世神话。阿逾陀王朝的早期，宫廷文学作品多从婆罗门教和佛教经典中吸收内容加以改编，此外尚有长篇叙事诗《阮国之败》和《帕罗传》等。17世纪为阿逾陀王朝的中期，最著名的宫廷诗人西巴拉写出了《悲歌》等优秀诗作。18世纪中叶为阿逾陀后期，有两位公主根据爪哇民间故事创作出诗体剧本《大伊瑙》和《小伊瑙》。印度史诗《罗摩衍那》早已传入泰国，此时则被改编为剧本《拉玛坚》。顺通蒲（1786～1855）为泰国古典文学史上最优秀的宫廷诗人，他的代表作是长篇传奇叙事诗《帕阿派玛尼》。1806年，中国的《三国演义》被译成泰文，从此，模仿者不断，家喻户晓。《昆昌昆平》在泰国古典文学中享有盛名，是在民间故事的基础上由拉玛二世国王与顺通蒲等诗人编写的，1917年经再次整理后出版。

近代，泰国王拉玛五世（1868～1910）和拉玛六世（1880～1925）都是文学爱好者，都有文学著作传世。拉玛六世的文学成就更高，产量更丰富，其代表作有译著《那罗传》《沙恭达罗》《威尼斯商人》《罗密欧与朱丽叶》和剧本《玫瑰的传说》《战士的心》等。其时，丹隆亲王是著名学者兼文学家，有著作700余部，文学代表作为《德达班剧集》。

泰国现代文学开始于1932年实行君主立宪前后。主要作家和作品有：西巫拉帕（1905～1974）及其小说《降伏》《男子汉》《生活的战争》《后会有期》和《童年》等，阿卡丹庚（1905～1932）及其长篇小说《生活的戏剧》《黄种人与白种人》等，女作家多麦索（1905～1963）及其长篇小说《她的敌人》《第一个错误》，杜尼·绍瓦蓬及其《魔鬼》，克立·巴莫及其《四朝代》，西拉·沙塔巴纳瓦及其《这块土地属于谁》，格莎娜·阿速信的《人类之舟》《夕阳西下》，索婉妮·素坤塔及其《甘医生》，康喷·汶他威及其《东北之子》，等等。其中，西巫拉帕被认为是泰国新文学的开拓者和奠基人，其代表作小说《向前看》塑造了工人、农民等社会底层人物的形象。

马来西亚文学

马来人的口头文学产生很早，有神话传说、寓言等。公元初年印度文化传入马来半岛，印度史诗《罗摩衍那》和《摩诃婆罗多》被译成古爪哇文。15世纪以后，马六甲王国一度是伊斯兰教文化的传播中心，马来半岛流传着伊斯兰教的传说。16～19世纪，马来半岛先后出现了三部重要作品：《马来纪年》《杭·杜阿传》和《阿卜杜拉传》。

19世纪后期和20世纪前期，民族主义运动兴起，马来西亚的现代文学也随之兴起。这一时期的代表作家和作品有：赛义德·谢赫（1867～1934）及其长篇小说《法丽达·哈努姆》，哈仑·阿米努拉希德（1907～　）及其长篇小说《吉隆波的茉莉花》《阿旺司令》，伊萨克·穆罕默德（1910～　）及其《疯子马特》。当代马来西亚的著名马来人作家和作品有：克里斯·马斯（1922～　）及其著名爱情小说《种植园里发生的故事》，沙农·艾哈迈德（1933～　）及其揭露社会丑恶现象的长篇小说《荆棘满途》，萨马德·赛义德（1935～　）及其表现日本侵略时期妇女命运的长篇小说《莎丽娜》。

马来西亚华人文学传统无疑可以追溯到中国。19世纪末期，《三国演义》《水浒传》《西游记》和《聊斋志异》等名著被翻译成马来文，对马来西亚文学产生了影响。二战以前，华人已经用白话文创作诗歌、散文、小说等。二战以后，涌现出一批有名的作家和作品：韦晕（原名区文庄，1913～　）及其小说《乌鸦港上的黄昏》《荆棘丛》《浅滩》等，方北方（原名方作斌，1919～　）及其小说《风云三部曲》《槟城七十二小时》等，原上草（原名古德贤，1922～　）及其小说《房客》《迷途》等，吴天才（1936～　）及其诗集《流水行云之梦》《星光闪烁红涛涌》等，吴岸（原名丘立基，1937～　）及其长诗《石龙门》等，年红（原名张发，1939～　）及其小说《舞会》《夜医生》等。这些作品大多表现了作者的民族民主意识。

新加坡文学

二战结束以前，新加坡的文学主要是华语文学，内容以反封建和抗日为主。著名长篇小说有李西浪的《蛮花苦果》、邱志伟的《长恨的玉钗》、曾华丁的《五兄弟墓》、拓哥的《赤道上的呐喊》等，中篇小说有张一倩的《一个日本女间谍》、铁抗的《试炼时代》等。二战以后到独立前，华语文学仍占主流，主要作品有中篇小说如姚紫的《秀子姑娘》(1945)、韩萌的《杀妻》(1950)、苗秀的《新加坡屋顶下》(1951)、李过的《大港》(1959）等，长篇小说如苗秀的《火浪》(1960)、赵戎的《在马六甲海峡》(1961)、李过的《浮动地狱》(1961）和李汝琳的《旋涡》(1962）等，诗集有周粲的《孩子的梦》(1953)、杜红的《五月》(1955）等，剧本有杜边的《明天的太阳》(1946)、岳阳的《风雨牛车火》和《风雨三条石》(1948)、林晨的《陋巷里》(1959)、李星可的《快艇》(1960)、朱绪的《谁之咎》(1963）等。此时新加坡的马来文作家写出了不少好作品。

1965年新加坡独立以后，文学日益繁荣。据统计，1965～1979年出版的汉文散文集182部、小说136部、诗集112部、剧本25部、评介40部、丛刊58部。优秀散文集有李炯才的《印尼——神话与现实》、周颖南的《迎春夜话》和黄叔麟的《青灯黄卷》。优秀长篇小说有苗秀的《残夜行》、田流的《沧海桑田》和《金兰姐妹》等。这些作家和作品涉及的题材很广泛，但以表现新加坡社会的精神面貌为主。

1965～1974年，共出版英语诗集15部、长篇小说5部、短篇小说集4部、剧本3部、文艺刊物11种，马来语文学书籍29部、泰米尔语文学书籍12部。著名英语长篇小说有吴宝星的《长梦悠悠》、林天寿的《哑巴舞女》和陈国盛的《新加坡之子》等。著名马来语长篇小说主要有玛斯的《马伊尔要结婚》和苏莱第·西班的《大炮与爱情》等。

印度尼西亚文学

印度尼西亚的主体民族是马来人，马来人的早期文学状况同马来西亚马来人的一样：先是有口头文学，后来受印度文化的深刻影响，再后来受伊斯兰文化影响，并于16～19世纪出现了《马来纪年》《杭·杜阿传》和《阿卜杜拉传》三部重要文学作品。

进入20世纪以后，早期的著名作家和作品有：马斯·马尔戈的小说《疯狂》(1915)、《香料诗篇》(1918)、《自由的激情》(1924)等，麦拉里·西雷格乐的小说《多灾多难》(1920)，司马温的小说《卡迪仑传》(1922)，马拉·鲁斯里的小说《西蒂·努尔巴雅》(1922)，鲁斯丹·埃芬迪的诗集《沉思集》(1925)、诗剧《贝巴莎丽》(1928)，达提尔的长篇小说《扬帆》(1937)等。1945年印尼独立以后，出现了一批作家，其中著名的有普·阿·杜尔、阿·卡·末哈扎、鲁基娅、巴尔法斯、德·苏马佐、莫·鲁比斯、罗·安瓦尔等。1965年以后，重要作家和作品有伊万·西马杜邦及其小说《祭奠》、莫·鲁比斯的小说《虎！虎!》、蒂妮的小说《启程》、阿·多哈里的小说《爪哇舞伎》、布杜·威查雅的小说《夜阑更深》、莫廷戈·布歇的小说《梦幻中的女子》、玛尔卡·戴的小说《卡尔米拉》等。而印尼当代最负盛名的作家是普拉姆迪亚·阿南达·杜尔（1925～ ）。他早期的代表作是长篇小说《游击队之家》(1950)、《贪污》(1954)等。1965年，他因“九三〇”事件被捕入狱，又被流放多年。在此期间，他完成了四部曲巨著《人世间》《万国之子》《足迹》和《玻璃屋》及其他作品10余部。1980年，他的四部曲之一《人世间》发表，在国内外引起轰动效应，并很快被译为荷兰、中、英、法、日、德等多种文字。这部小说描写了在荷兰人统治时期一个下层妇女的传奇命运。

印尼的土生华人为印尼文学的发展作出了巨大贡献，他们不仅将中国的文学作品介绍给印尼读者，还用马来语创作了大批文学作品。

菲律宾文学

菲律宾文学源远流长，早期的神话传说、英雄史诗、歌谣等都以口头形式流传，也难以确知其年代。在10世纪以前，菲律宾受到印度文化的影响，印度语言文字和史诗在其文学中留下深刻影响。14世纪开始，伊斯兰教进入，又出现了穆斯林文学，有史诗、故事等。著名的史诗有伊富高人的《阿里古荣》、伊洛干诺人的《拉姆昂》、米沙乌人的《希尼拉沃得》和马拉瑙人的《达兰甘》等。

西班牙人于16世纪中期进入菲律宾以后，大力推行天主教。17世纪开始出现菲律宾人创作的宗教诗歌和宗教戏，如《受难诗》和《受难剧》。

菲律宾于1901年被美国占领，直到1946年独立。这期间菲律宾产生了英语文学。从20年代起，英语文学兴盛起来。1921年，菲律宾第一部英语长篇小说出版，即迦朗的《忧伤之子》。后来他写了20多部小说。此外，当时著名的作家和作品有卡劳和他的《菲律宾起义者》、拉亚及其《他的故土》、佩罗兹及其《觉醒》。据统计，1926～1940年，共有111名作家写了264篇短篇英语小说。著名的短篇小说家和短篇小说集有阿拉贵及其《利昂兄如何携妻而归》、布洛山及其《我父亲的笑声》、维利亚及其《青春的脚步》、潘加尼班及其《心爱的人》、罗托尔及其《创伤和伤痕》等。这些作品大多以爱情为主题，有浓厚的乡土气息。这一时期的英语诗歌也得到发展，前后出现70多名诗人。著名诗人和诗集有：女诗人马尔奎斯及其《茉莉花》和《大海》、帕勒德斯及其《回忆》、索里顿及其《没关系》和《爱情与浪漫传奇》、康塞普祥及其《白荷》和《竹笛》。这些作品主要表现诗人们的爱国激情、对人生和大自然的感受以及对民主自由的追求等。这一时期仍有17位西班牙语诗人，巴尔莫里有4部诗集，代表作是《我的茅屋》，表现菲律宾人的淳朴生活与崇高理想；卡诺的诗集

《从麦坦岛到蒂拉纳》则描写了民族英雄拉普拉普的英勇事迹。用他加禄语写作的作家有60多位，其中，洛佩·桑托斯的长篇小说《光芒和日出》表现的是阶级斗争和社会正义，阿基拉尔的长篇小说《幸运的奴隶》揭露了社会黑暗。赫苏斯的诗集《金色的叶》表达了对外国统治者的不满，雷耶斯的剧作《菲律宾之魂》表现了作者的爱国热忱。

菲律宾独立以后，以他加禄语为基础的菲律宾语和英语文学创作都取得很大进步和发展。菲律宾语作家作品中，赫尔南德斯（1903～1970）的诗集《咫尺天空》《自由的国家》和长篇小说《鳄鱼的泪》《野马》，阿巴迪拉（1905～1969）的诗集《我即是世界》《阿巴迪拉诗集》，阿马里奥(1944～ ）的诗集《创造者》和《吼声》，杜莫尔（1951～ ）的剧本《白鸟》等很著名。英语作家和作品中，华奎因（1917～ ）与他的剧本《菲律宾艺术家的自画像》、长篇小说《有双脐的女人》，女作家图拉微(1925～ ）及其长篇小说《敌人的手》，何塞(1924～ ）的长篇小说《伪装者》《假面具》等都很著名。这一时期的作品仍以表现爱国主义和民族主义为主。

第四节 艺术

东亚艺术是由东亚各民族创造的，虽说各民族的艺术都有自己的风格特点，但根据“三大文化圈”的理论，东亚艺术在发展过程中也普遍受到三大文化的影响，所以东亚艺术在呈现出千姿百态的同时有一些共同的特点。

近代以来，西方文化不断冲击东方艺术，东亚艺术也在不断发展变化，不断丰富和繁荣。例如摄影艺术、电影艺术和电视艺术等，本来由西方国家首先发起，但很快就传到东方，经过与各国本土文化的结合，已成为现代东亚国家不可缺少的生活内容和娱乐形式。这些新的艺术门类与科学技术关系极其紧密，同时也与其他艺术门类密切相关，尤其是电影艺术，更是各种艺术的综合。东亚国家的电影艺术在现代获得高速发展，而其中又以日本的电影艺术起步最早，中国次之。到20世纪八九十年代，东亚大多数国家都已有自己的电影制片厂，生产出许多带有东方特色的影片。

总之，东亚民族在发扬传统的同时，吸收东方三大文化和西方文化的某些特点，充分发挥想象力和创造力，使东亚艺术具有了自己的丰富内涵，同时也具有自己的个性和魅力。

一 中国艺术

中国的绘画艺术，是中国所特有的。使用的工具和颜料可以很简单，甚至可以排除其他颜料，有墨就行。中国古代的艺术家具有“墨分五色”技巧，不用其他颜料也能画出五光十色的山川林莽、云水花鸟，也能表现人物复杂的内心世界。当然，中国画也不排除颜料的使用。印度古代绘画随着佛教传入中国，丰富了中国的绘画，以致在中国古代，绝大部分著名的画家都与佛教有关系，都画过佛教人物画，有的则本人就是佛教徒。中国画对东亚一些国家的影响也是很明显的，如日本的古代绘画，在手法上、构图上都带有唐宋遗风。中国的书法艺术在世界上别具一格，这是和中国汉字、汉文化的特点分不开的。所以，欣赏中国的书法一定要认识汉字，同时还要有一定的汉文化修养，在这方面，日本人、韩国人由于受汉文化影响很深，并使用汉字，所以能够欣赏，也能够把它当做一门艺术。

中国的音乐舞蹈历史悠久，起源于上古社会，从西安半坡遗址出土的彩陶上已经可以看到舞蹈的图案。从《诗经》可以看出，先秦时期各地民歌和宫廷音乐都非常发达。汉代以后，西域乐舞也传入中原地区，到隋唐时代达到鼎盛。后经历代发展演变，不断吸收外来影响，形成了中国的传统风格。近代以来，西洋乐器、乐曲和舞蹈的传入，使中国的乐舞出现了多元化的局面。

中国的雕刻艺术亦起源甚早，在出土的原始社会墓葬中，可以看到精美的玉石雕刻品。汉代霍去病墓前的石雕代表着中国早期大型石头雕刻的水平。此后，随着佛教雕刻艺术的东传，中国的佛像雕刻和雕塑发展起来。两晋南北朝以后的大量石窟造像艺术成为中华文化的瑰宝。中国近现代的雕塑雕刻艺术也融合进西方世界的影响，呈现出丰富多彩的格局。

中国的戏剧艺术可以追溯到汉代的“参军戏”，但其真正的发展期在唐宋以后，元代杂剧的兴起代表着中国戏剧艺术的成熟。此后，各种地方戏曲也逐渐走向成熟，尤其是京剧发展起来，成为中国的一项国粹。近代，西洋歌剧、话剧、芭蕾舞剧等也逐渐在中国舞台上活跃起来，成为中国现代戏剧艺术的重要组成部分。

中国的电影从1905年拍摄完成第一部影片《定军山》算起，至今走过了整整100年的路程，涌现出一大批优秀的影片和电影人，有许多影片在国际重要的电影节上获奖。

在建筑方面，中国古代的建筑以土木结构为主，形式上以大屋檐为显著特征，这种建筑样式在东亚不少国家都能看到，尤其是在朝鲜、韩国和日本。又如中国的牌坊，也是很有民族特点的建筑样式，以至于成为美国唐人街上的建筑象征，它对东亚的一些国家也有影响，在日本和韩国等地都能看到类似的建筑。当印度的佛教传入中国以后，佛教的寺庙在中国传统建筑风格的基础上形成了中国佛教特有的建筑艺术样式，而这种建筑艺术又影响到朝鲜、韩国、日本和越南，同时在东南亚华人居住地区也普遍存在其影响。塔这种建筑也不是中国固有的传统建筑样式，它是佛教僧侣用以埋藏舍利（骨灰）的纪念性建筑，是一种特殊的坟墓。它虽然是印度传来的，但它在中国发生了很大的变化。印度现在能见到的佛教古塔已经不多，其最初的形式主要是"覆钵式"的，但到了中国以后，与中国的建筑风格相结合，经中国艺术家和工匠们的发挥，变得瘦削挺拔，而且有棱有角，尤其是那种"密檐式"的塔，更是表现出中国传统建筑的大屋檐的特点。中国的塔也是千姿百态，形成了一道道特殊的建筑景观。中国塔的建筑风格也影响到东亚的一些国家，以至于在日本和韩国等地也能看到与中国塔很相似的建筑物。

二　朝鲜、韩国艺术

上古朝鲜人举行祭祀时使用音乐和舞蹈，后来这些乐舞逐渐发展变化为民间乐舞，即所谓的"乡乐"、"农乐"一直流传下来。三国时期，中国的玄琴被改造为朝鲜乐器，伽耶国的伽耶琴也传到新罗。公元664年，新罗王派28人专门学习唐乐；10世纪后期，高丽光宗王也曾派遣使者求取唐乐（其时已至五代宋初）；1116年，高丽睿宗王遣使到宋都学习雅乐，宋徽宗赠以《大晟雅乐》及乐器、衣冠等。自此，唐宋音乐影响了朝鲜音乐，成为宫廷音乐。朝鲜民族能歌善舞，舞蹈独具特色。古代则有民间舞、宫廷舞（呈才）和僧侣舞（梵舞）等多种流派。作为中国的近邻，韩国的传统音乐在很大程度上受到中国音乐的影响。到了现代，韩国音乐又受到西方音乐的巨大冲击，流行音乐在青年人中十分普及。但是，韩国的传统音乐仍然具有自己的特色，既区别于中国音乐，又不同于西方音乐。首先，韩国音乐以无伴音的五声音阶为主，以三声音阶和四声音阶为辅，而不用中国的七声音阶；第二，韩国音乐不用和声，不像西方音乐那样大量使用和声；第三，韩国乐器的演奏有自己的特长，以"弄弦"表现丰富的装饰音是其最基本的技法。

流传下来的朝鲜早期绘画为古墓壁画，多见于4～7世纪的墓葬。高丽时期，很多画家到中国学习山水画。15世纪到16世纪中叶，画师多模仿中国绘画。16世纪中叶到17世纪末，开始出现朝鲜画风。18世纪，朝鲜画风确立。古代最著名的画家有率居（新罗时代人）、安坚（15世纪人），前者以《老松图》《观音像》和《维摩居士像》著名，后者的代表作有《青山白云图》《仪仗图》和《梦游桃源图》等。

朝鲜建筑中的宫殿、寺庙、佛塔等受中国建筑艺术影响较大。庆尚北道庆州市的佛国寺初建于515年，重建于751年，规模宏大，为朝鲜早期佛寺建筑的代表作。到新罗时期，佛教兴盛，佛教寺庙建筑多而艺术水平高。朝鲜王朝时期，建筑样式有所变化，其前期的代表作为汉城南大门。庆州石窟岩修建于8世纪，学习了唐代雕刻风格，释迦牟尼的雕像、罗汉、菩萨和各种花纹的浮雕等，都体现出朝鲜古代工匠的高超技艺，使之成为新罗时代雕刻艺术的代表作。

三　日本艺术

日本古代绳纹时代人们居住在半地下的建筑物中，后来逐渐向地上发展。随着中国文化的传入，日本建筑受到影响，出现了一大批具有代表意义的佛教建筑。如古都奈良的法隆寺、唐招提寺、药师寺东塔、东大寺等，都是公元7～8世纪的优美建筑。除了佛教塔寺，日本的神社也能够反映日本建筑的风格特点，著名的有出云大社、春日大社、住吉神社、伊势神社等。后来的日本建筑大体都在中国的影响下发展日本自己的民族特色，直到明治维新引进西方建筑为止。

日本的绳纹时代已经有了土偶雕塑，古坟时代有了石雕人马等陪葬品。佛教传入日本后，佛像的雕塑成为艺术创作的主要内容之一。7世纪奈良兴福寺的一个药师如来头像被公认为当时的艺术杰作。此外各大寺院都雕造了一些佛教人物像，均受到中国唐宋时代雕塑风格的影响。明治维新以后，西方雕刻艺术传到日本，日本的雕塑艺术发生了革命性变化。

日本的绘画也是随着佛教的传入而兴盛起来的。现存最早的佛教绘画（7世纪中期）带有中国南北朝时期的风格特点，稍后，如法隆寺和高松冢古墓的壁画则效法唐初的样式。日本保存至今的8世纪绘画已经很稀有，如奈良药师寺的《吉祥天像》《绘因果经》《圣德太子像》和正仓院藏《树下美人图》等，也都模仿了六朝到唐的画风。15世纪高僧雪舟是著名水墨画大师，他到中国学习过，所以他的画法受到宋元绘画的影响，但他也给日本的水墨画以新的精神面貌。其代表作有《四季山水图》《秋冬山水图》《天桥立图》等。16世纪的著名画家是狩野永德，他的代表作是《花鸟图》《唐狮子图》等。江户时代兴起的民间风俗画“浮世绘”深受民众欢迎，著名画师有铃木春信、鸟居清长、喜多川歌麿、葛饰北斋、歌川广重等。19世纪后半到20世纪前半期，日本的传统绘画被称为“大和绘”，其著名画家有东山魁夷、平山郁夫等。西洋画的著名画家有小系源太郎、梅原龙三郎等。二战以后，日本绘画界各种流派风起云涌，主要有新古典主义（日展）、传统装饰主义（院展）和现代主义（创画展）三大流派。

日本的书法（书道）源于中国，分为汉字书法和假名书法两种。日本古代的书法界有所谓“三笔”和“三迹”之说。“三笔”指擅长汉字书法的三位名家：空海、嵯峨天皇和桔逸势。其中以空海成就最高，影响最大。“三迹”是指擅长假名书法的三位名家：小野道风、藤原佐理和藤原行成。迄今，日本的书法仍然兴盛，爱好者有3 000万之众。

日本音乐和舞蹈的源头可以追溯到上古的歌谣和神乐等，但已经失传。《古事记》和《日本书记》中有关于上古歌舞的记载。6世纪，佛教音乐正式由朝鲜半岛传入日本，此后，日本派遣大批使者和留学生到中国来学习，中国音乐、舞蹈也传到了日本。当时，日本既有民间俗乐，也有从中国传来的雅乐，形成了多种流派并存的局面。“田乐”是古代庆丰收的音乐，平安时代发展成舞蹈音乐，镰仓时代则发展为歌舞剧。经过数百年的发展，日本的音乐、舞蹈逐渐丰富并更加民族化，形成了自己的乐舞传统。日本的传统舞蹈统称为“邦舞”，是与西洋舞蹈相区别而言。日本的戏剧产生在乐舞的基础上，有“能”、“狂言”、“木偶净琉璃”、“江户歌舞伎”等。明治以后，西洋音乐、舞蹈和戏剧传入，通过引进、吸收和改造，日本的文化更加丰富多彩。

四　东南亚艺术

印度教文化传播到东南亚的许多国家，使这些国家的艺术受到了影响。如缅甸、柬埔寨、老挝、泰国的雕刻、舞蹈和戏剧等，从内容到形式，从古代到现代，都保留着印度教影响的痕迹。一部史诗《罗摩衍那》在这些国家广泛流传，成为古代雕刻的题材，同时也成为这些国家舞蹈和戏剧的表现内容。这些国家还受到佛教的影响，佛教的建筑遍布这些国家，佛像的雕刻延续了千百年。伊斯兰教传播到东亚以后，也给东亚艺术增添了新的样式和风格。由于伊斯兰教不膜拜偶像，所以那种人像的雕塑并不发达，但在建筑上，包括建筑雕刻，却有其独特之处。

越南

越南音乐可分为宫廷和民间两大类。早期越南大部区域在中国封建王朝控制下，中国古代音乐影响着越南音乐。陈朝时期，由中国传去元曲，在宫廷影响很大。黎朝引进明代音乐，阮朝引进清代音乐。越南的民间音乐很发达，南北各地都有自己的特色和流行曲调，如北方有名的“官贺调”，是一种民间青年对歌曲调。越南最著名的民族乐器是独弦琴（葫芦琴）。舞蹈则分为原始、民间、宫廷和宗教几种。原始舞蹈今天只能通过出土文物了解一二；民间舞蹈则广泛流行，如竹竿舞、斗笠舞等；宫廷舞如宫廷音乐一样受中国影响；宗教舞则在宗教仪式上表演。在古代舞蹈的基础上，现代越南舞蹈形式多样，如《伞舞》《芦笙舞》《红叶舞》等。

上古越南的民居为船形或龟背形高脚屋。但宫殿、寺庙才是越南古代建筑艺术的代表。越南人建筑宫殿的历史可以追溯到公元前的几个世纪。公元1～9世纪受中国统治，建筑样式受中国建筑艺术影响，此时已经开始了佛教寺庙的修建。10世纪独立后，直到19世纪，越南建筑始终吸收中国建筑的风格。如19世纪初越南迁都修建的皇城，就仿照了北京故宫的布局。法国统治时期，出现了西方式的教堂、剧院和洋房。越南古代建筑的代表被认为是独柱寺、普明塔、平山塔、西藤亭、周绢亭、缪寺、笔塔寺、榜村亭、西方寺、金莲寺、占婆古塔等11处。

越南的美术起源于民间工艺。至今，越南民间绘画和磨漆画仍然盛行。此外，在佛教寺院，佛像的雕造和佛寺壁画成为古代雕塑和绘画的主要内容，现在能见到的古代美术品也大多是寺院中的作品。

柬埔寨

柬埔寨的扶南王国建立于公元初年。其时，扶南的建筑和雕刻艺术深受印度影响。从现在保留下来的文物看，扶南时期雕刻有大量的佛像和婆罗门教大神毗湿奴像。其艺术风格既承袭了印度雕刻风格，同时也有扶南工匠艺人自己的发展。

吴哥古迹最能代表柬埔寨古代建筑和雕刻艺术的水平，为人类艺术宝库中的珍品。吴哥古迹分两大建筑群，吴哥通和吴哥窟。吴哥古迹主要建筑于9～15世纪，当时那里是吴哥王朝的都城。巴肯寺是9世纪末建造的，砖石结构，是早期吴哥建筑的代表。10世纪建的女王宫以精美的神话故事浮雕而著称。11世纪上半叶完成的“空中宫殿”高悬于12米高的台基之上，有凌空欲飞的动感。其南侧的巴普昂寺约同时兴建，置于一个24米高台上，围廊上有印度史诗中的神话故事浮雕。吴哥寺建于12世纪，规模宏大，布局严谨，全部建筑物以砂石构筑，浮雕内容丰富，技法精湛。吴哥通即吴哥王城，扩建于12世纪后期，现存有石墙、石桥、石塔及各种精美石雕。吴哥王城中心的巴云寺中雕刻有巨大的佛像、观音像等，回廊壁上的浮雕一部分属佛教故事题材，另一部分属于生活题材。

柬埔寨音乐受有印度影响，但自成体系，且从3世纪开始就有乐人到中国来，中国隋唐时期的宫廷音乐中就有一部扶南乐，直到元代还有真腊乐工来华。至今，柬埔寨的舞蹈伴乐“宾柏乐”和喜庆音乐“高棉乐”最为流行。柬埔寨有民间舞蹈和古典舞蹈两大类。民间舞蹈起源于上古人的祭祀和生产劳动，古代著名的民间舞有“木杵舞”、“昌扬舞”、“孔雀舞”等，现代民间舞蹈有“德洛舞”、“牛角舞”、“竹竿舞”等。印度古典舞蹈传入以后，柬埔寨的宫廷舞蹈直接受其影响，但又带有本民族的特点。直到柬埔寨独立以后，宫廷中还有一支庞大的舞蹈队。

老挝

由于老挝文化深受婆罗门教和佛教的影响，所以其艺术在古代也主要是为宗教服务的。老挝的建筑艺术主要体现在佛教塔寺上。老挝的佛教寺庙很多，而其中常常有婆罗门教大神的浮雕，如毗湿奴雕像、吉祥天女的雕像。另外，在不少寺庙中还能够看到中国、泰国以及柬埔寨的影响痕迹。澜沧王朝建于万象东郊的塔銮被视为老挝民族的象征，也是老挝古代建筑艺术的杰出代表。这是一座佛教建筑，砖石结构，三层塔基象征三界，塔体峻拔。

老挝的民歌很发达，不同地区各有特色。人们喜闻乐见的曲调有两种：一种为“卡”，一种为“喃”，加在地名前面表示出其流行的地区，如“卡桑怒”、“卡琅勃拉邦”、“卡丰沙里”、“喃达”、“喃兑”、“喃朗抗”等。各种曲调均可即兴填词，多以对歌的形式演唱。

老挝有古典舞蹈和民间舞蹈两种。古典舞蹈源于印度，后经柬埔寨传入。以手势、身段、表情和眼神的丰富表现力见长，题材以印度史诗故事为主，其中以脱胎于印度史诗《罗摩衍那》的《娘西达》最为著名。民间舞多表现人民的生活和生产劳动，如“射箭舞”、“捕鱼舞”、“孔雀舞”、“打谷舞”、“镰刀舞”、“赏月舞”、“共伞舞”等。“占巴花灯舞”是大型民间舞蹈，用于大型的喜庆活动。“南旺舞”是老挝最流行的民间舞，它是受泰国影响出现的舞蹈，在民间流行极广，并形成若干流派。

缅甸

缅甸素有“佛塔之国”的美称，其建筑艺术以佛塔为代表。11世纪，蒲甘王朝建立，缅甸兴起了建塔之风，在短短的二三百年间蒲甘城便成为“万塔之城”，成为佛教文化的中心。目前，蒲甘尚有佛塔2217座，其中保存较好和规模宏大的有上百座，而最著名的是瑞喜宫塔。它和仰光的瑞达光大金塔、勃固的瑞穆陶塔、卑谬的瑞珊陶塔并称为缅甸四大佛教圣迹。仰光的大金塔是缅甸古代建筑艺术的杰出代表，除了基座以外，主塔塔身的高度为112米，周身贴满金箔，为人类建筑艺术宝库中的佳作。

缅甸的早期绘画可以从出土的5世纪陶片上略见端倪。佛教兴起以后，壁画艺术得到发展，从蒲甘早期寺庙中还可以看到一些遗迹。其所表现的内容也是与佛教有关的。其南达明尼亚寺有一幅女神画像，神态优雅，笑容可掬，是那个时期人物画的代表作。纸张传入缅甸以后，对缅甸绘画有很大推动，出现了折页画。不过，古代绘画主要是为宗教和宫廷服务，较少反映平民生活的画面。19世纪后期，西方绘画技法传入缅甸，缅甸画家开始绘制油画、水彩画等，题材也变得广泛。现代著名画家有吴巴佐、吴巴年、吴巴基、吴内概等。

缅甸的音乐有悠久历史，早在802年，当时的骠国王子舒难陀就曾带领35名乐工到中国的长安来演出，“骠国乐”一时间成为唐代的著名乐派。18世纪中叶，缅甸攻打暹罗，俘虏了一批艺人回国，丰富了缅甸的音乐、舞蹈和戏剧。缅甸的音乐有古典和民间两大流派。古典音乐的曲调有弦乐曲、颂曲、鼓曲、暹罗曲和盂曲6种，民间音乐则有插秧歌、大鼓曲、腰鼓歌、长鼓歌等。现代西方音乐传入缅甸后，流行歌曲也传播开来。如今，缅甸音乐在东西结合中发展。

缅甸舞蹈与音乐相联系，早就发展起来。缅甸舞蹈可分为两大类：一类是以鼓为主要伴奏乐器的舞蹈，如大鼓舞、腰鼓舞、象脚鼓舞、背鼓舞、神舞等；另一类是带有故事情节的戏剧式舞蹈，如傀儡舞、拜神舞、宫女舞、隐士舞、油灯舞等。在戏剧式的舞蹈中，“阿迎”很著名。阿迎最初在宫廷中演出，后来流传到民间，成为大众喜闻乐见的娱乐形式。

缅甸的古代戏剧是从泰国传去的，主要是罗摩戏和伊瑙。近代缅甸艺术家实行戏剧改革，把从前一演就是45天的长戏改为只演一夜的短剧。

泰国

从出土文物可知，远古时代泰国人即创造了古代文明。从公元7世纪到13世纪，泰国受印度婆罗门教和佛教的影响，出现了佛教艺术。这一时期的建筑物保存下来的有佛塔、青铜雕和石雕等。13～15世纪的素可泰王朝时期，由锡兰传来的上座部佛教成为国教，佛教艺术也受到来自锡兰方面的影响。在建筑方面，这一时期的佛寺有3种风格，即纯素可泰式、锡兰式和西维猜式。佛像的雕塑也出现了4种样式，典型的有青铜镀金的清拉佛像和云石寺走廊上行走姿势的青铜佛像。还出现了不少塔寺石壁浮雕，表现的是佛本生故事。舞蹈有古典和民间两种。古典舞有固定的服装、动作、配乐。“洛坤”剧已经出现，表演的剧目是《玛诺拉》。

15～18世纪的泰国艺术被称为“阿逾陀艺术”。这一时期的建筑艺术以佛塔为代表，多数为高棉式的巴壤塔，如大城朴素萨旺寺和猜瓦他那寺的巴壤塔等。后期兴起了12角或20角的塔，成为泰国特色的佛塔。这一时期兴起了装饰华丽的青铜佛陀立像，佛像头戴宝冠，耳轮下有耳坠。其后期佛寺中的壁画以色彩丰富和贴金多而著名，成为泰国壁画的一大特色。内容多描绘佛经故事。皮影戏已由印度、印度尼西亚传入泰国，成为宫廷娱乐，剧目有《拉玛坚》、《伊瑙》、《五十故事》等。洛坤剧此时有3个流派：差德里洛坤，全由男演员扮演，公开演出，剧目取材于《五十故事》；外洛坤，由差德里洛坤发展而来，有女演员参加，于宫廷内演出；内洛坤，由外洛坤发展而来，在宫廷演出，全由宫女担任角色，有4个剧目，《拉玛坚》、《乌纳洛》、《伊瑙》和《达朗》。此时还出现了“孔剧”，即一种戴面具的哑剧，只有一个剧目《拉玛坚》。

1782年，拉玛一世建立曼谷王朝。此后的泰国艺术有了很大发展。在建筑方面，曼谷王朝的时期的大王宫、玉佛寺等，具有强烈的民族色彩，是泰国古典建筑的代表。此时的佛像雕塑出现了世俗化的倾向，如1982年建于佛统府佛教城的行走姿势的金属佛像，形体与面部已经如同凡人。拉玛四世时，受西方影响，泰国绘画走向现代时期，形成了传统派、写实派和抽象派。戏剧进一步发展，孔剧划分出若干流派，如广场孔剧、剧场孔剧、幕前孔剧、宫廷孔剧、布景孔剧等；洛坤剧也划分出混杂洛坤和歌舞洛坤两大类，在西方文化影响下，又有唱剧洛坤、禅帕洛坤和话剧洛坤等。拉玛五世时一度流行中国式的木偶戏，内容为《说岳》等中国古代小说中的故事。现代旅游业的开展还促进了泰国民间舞蹈的复兴和发展。全国流行的民间舞蹈为南旺舞，此外北部还有笙舞、竹竿舞、饭篮舞、捕鱼舞、长甲舞、蜡烛舞、玛拉舞、兰达舞、丰收舞、诺拉舞等等。

马来西亚

马来西亚的音乐舞蹈受到印度、阿拉伯和中国的影响，又以印度的影响为最深远。在音乐上，其节奏与旋律比较接近印度和阿拉伯音乐。舞蹈则与印度舞蹈相似，突出特点为以手势表达复杂的舞蹈语汇。马来西亚的民间舞蹈很多，著名的有马来隆梗舞、西拉舞、阿西伊克舞、沙捞越扎宾舞，以及华人的龙舞、狮子舞和印度人的盘舞等。

马来西亚有一种歌舞剧，叫做“玛永”，已经有数百年的历史了，通常用于重大典礼。其皮影戏也很有特色，上演前有一套古老的宗教性仪式，摆上各色香料祭品，祷告神灵保佑演出成功。其内容大多是印度两大史诗中的故事，也有表现现代人生活的皮影戏。

印度尼西亚

13世纪以前，南洋群岛流行印度教和佛教。大约4～5世纪，爪哇和东加里曼丹已经建立了印度教王国，稍后，爪哇国王皈依佛教。因此，这一时期南洋群岛的建筑艺术深受印度文化影响。8世纪，夏连特拉王朝建立，大力弘扬佛教，佛教建筑遍于国中。举世闻名的婆罗浮屠就建造于夏连特拉王朝时期。婆罗浮屠是世界上最大的佛塔，也是世界建筑史上的奇迹。它建筑在广阔的地基上，分10层，自下而上面积递减，顶端是一高达42米的尖塔。它占地面积1.5公顷，用了100多万块石材，计5.5万立方米。婆罗浮屠的雕刻艺术造诣高深，总共有1460块浮雕，432个佛龛，32只石狮，100多个喷水石兽头，件件都是精美的艺术品。伊斯兰教传入以后，印尼各地又掀起建造清真寺的热潮，苏门答腊一带的清真寺带有阿拉伯风格，而爪哇一带的清真寺又是佛塔建筑艺术与中国建筑艺术相结合的结果。

近代以来，在西方绘画和雕刻艺术影响下，印尼的雕刻艺术也进入现代阶段。在木雕方面，巴厘岛上的工艺木雕闻名世界，为众多旅游者所喜爱。绘画方面，近代出现了拉登·沙勒这样的现代绘画先驱。进入20世纪，画家辈出，印尼现代美术迅速发展，出现了苏勃鲁托·阿卜杜拉和巴苏基·阿卜杜拉父子两代大师。20世纪40年代，阿樊迪、苏佐约诺等民族主义画家用他们的画笔为反对日本帝国主义和捍卫民族独立作出了贡献。20世纪50年代开始，西方的绘画派别在印尼影响很大，推动了印尼绘画艺术蓬勃发展。主要画家有阿樊迪、李曼峰、依达·哈加尔、依尔沙姆、黄丰、阿进·迪斯那、阿第·苏达莫、WT·郑、苏纳什托等。

印尼人民酷爱音乐，民间音乐以打击乐为主，各部族都有自己独特的音乐，大多是5个音阶。爪哇和巴厘乐器加美兰享有盛名。印尼经过加工整理的著名民间歌曲有《宝贝》《拉藤歌》《回安汶》《哎约妈妈》和《星星索》等。20世纪以来，受西方影响，现代音乐发展起来。著名作曲家苏勃拉特曼是印尼国歌《大印度尼西亚》的作曲者，西曼戎达的主要作品有《奋勇前进》《祖国》等，格桑的主要作品有《梭罗河》《手帕》等，伊斯干达的主要作品有《赞歌》《沉没》等，布迪曼的主要作品有《潘查希拉轰响》《仅此一个》等，恩恩的主要作品有《划舢板》《巴厘岛》等。据统计，目前印尼全国的著名的民族舞蹈至少有64种，分7大类：交谊舞14种、迎宾舞15种、宗教舞13种、英雄舞9种、宫廷舞5种、欢乐舞3种和其他5种。皮影戏在印尼有悠久历史，主要表演印度史诗中的故事及民间传说等。印尼的“列农戏”表现的是民间流传的英雄故事，音乐受到中国音乐的影响。

菲律宾

菲律宾是个多民族国家，每个民族都有自己的音乐和舞蹈。西班牙人进入以后，菲律宾乐舞受到西班牙音乐舞蹈的影响，美国占领以后又受到美国的影响。菲律宾独立以后，致力于发扬民族文化，民族音乐和舞蹈得到恢复。1973年以后，每年都在民间艺术剧院举办“菲律宾民间艺术节”。

菲律宾绘画自近代以来便受到西班牙、美国等西方国家绘画的影响，如今已形成了若干个派别，如路斯抽象派、贺雅抽象表现主义、写实主义和新写实主义等。在现代50多位画家中，最著名的有维森特、费尔南多、阿西斯和洛伦佐。

（薛克翘）

第五节 媒体

东亚地区古代的新闻传播活动历史悠久，形式多样，并有明确的记载，在世界新闻史上有其独特的地位。

近代的东亚，日本通过明治维新，成为唯一进入西方强国之列的国家。日本的新闻传播事业虽然起步较晚，但在当今世界，其媒体的规模、科技水平和对社会的影响等都已经不亚于西方发达国家。

东亚地区的大部分国家近代遭到西方帝国主义国家的不断侵略和奴役，逐渐沦为殖民地或者半殖民地。这些国家的近代新闻传播事业同西方国家差距很大。很多国家的早期近代报刊，大部分是由西方的传教士或者殖民者创办的，他们在对东亚国家进行资本主义思想渗透、经济掠夺和政治统治的同时，也把近代报刊带到这里。此后，各国出现本地人办的报刊，形成本民族的近代新闻事业。随着反封建、反殖民主义斗争的兴起，民族、民主报刊又在民族革命运动中起了不可低估的重大作用。民族解放运动胜利以后，各国采取各种措施，兴办本民族的新闻传播媒体，使本国新闻传媒不断发展，其结构也有了很大变化。进入20世纪以后，以马克思列宁主义思想为指导的无产阶级新闻事业在东亚地区占有了重要的地位。

东亚各国的通讯社大部分是进入20世纪以后产生的，不少国家通讯社在独立以后才建立起来。大部分东亚国家基本上以一家较强的通讯社为主，作为官方或半官方传媒向国内外播发新闻。

东亚各国广播、电视的出现，落后于西方很多年。但是，这种新的新闻传播手段，同样影响到东亚地区社会的各个角落，对各国人民生活、思想起到了潜移默化的作用。

网络媒体是20世纪90年代以后传到东亚的新产品，在新闻传播业大家庭中得到快速发展，获得用户欢迎，发挥出其他传统媒体不可替代的作用。

造纸、印刷术是中国人值得骄傲的古代重大发明，经过几百年才传到西方欧美各国，成为西方出版业发展的基础。但是，近代东亚许多国家的出版业却落后了。而日本在进入资本主义发展阶段以后，出版业有着长足的进展，现在已位居出版业发达国家之列。第二次世界大战后，东亚其他国家在取得民族独立后，出版业也有了较大的发展。

一　报纸与期刊

报纸是人类社会最早出现的新闻传播媒体。它的基本职能是传播新闻、宣传观点、引导舆论、传授知识、提供娱乐。报业是新闻传播事业的一个重要分支。报业人员通过采写、编辑、印刷、出版、发行，以报纸、期刊形式分发到群众手中。报纸、期刊的消息、文章来自人类社会，它又服务于社会，对于人类经济的发展和推动社会进步产生重大的影响。

（一）悠久的东方新闻传播事业

远古时代，东亚地区同世界其他人类早期地区一样，用语言、手势、符号、击鼓、烽火等，作为口头信息交流和新闻传播的方式。

公元前1700年以后的商周时代，中国人用最早的文字——甲骨文，即在龟甲、兽骨上刻下的人们占卜记录符号，透露出他们的军事活动、狩猎、耕耘等信息。此后的钟鼎铭文，更详细地记载了当时的祭祀、征伐、契约等重大事件。《春秋》、《尚书》、《左传》等中国上古文献的编年史，有当时许多重大新闻事实记载。

中国的新闻事业具有1200年以上的历史。中国是最早出现原始性报纸的国家。唐玄宗开元年间（公元713～742年）发行的“开元杂报”，是后人对它的称呼，由首都官员手抄向地方传发，无固定刊期和报头，被认为是中国最早的报纸。现存英国伦敦不列颠图书馆的“敦煌进奏院状”，发行于唐僖宗光启三年（公元887），也无报头名称，是目前能够看到的中国最古老的报纸。中国古代的报纸，主要是被称为“邸报”的官报和被称为“小报”的民间报纸。到明、清时代流行于社会的主要报纸是民间报房出版的《京报》。但是，中国封建时期的原始报纸，由于它的性质特殊，受官方控制，发行范围有限，印制技术落后，所以虽然延续存在了一二千年，却始终未能转化成为现代化的报纸，与封建王朝几乎同时告终。

朝鲜半岛的新闻事业也有长远的历史。早在692年新罗神文王时，就有一种被称为“寄别纸”的单页纸传送供别人阅读的消息。这在古籍《三国史记》薛聪传和燃藜记述的《国朝编年》中都有记载。这种将中央官方消息传到地方的“寄别纸”，经过高丽王朝，到朝鲜王朝时更加发达。1392年9月，朝鲜太祖李成桂设“艺文春秋馆”，让史官把官吏任免、政界动向、朝廷决策事项和见闻录等记载下来，散发给中央和地方大小衙门，这就是朝鲜半岛最早的原始性报纸——《朝报》。后来，《朝报》由“承政院”负责。《朝鲜王朝实录》中有关于1520年史官将写好的《朝报》分送给商工有关者和增加承政院记录员等记载。《朝报》的内容不断增加，有诏敕、奏章、朝廷议决事项、叙任辞令和地方官的状启等，发送范围为吏、户、礼、兵、刑、工曹等六曹判书。寄别书吏另抄别纸，送回各自地方官衙。这种编写、发送《朝报》制度一直持续至1894年11月21日承政院被废除为止。1577年，当时民间儒生根据朝廷发行的《朝报》，用活字翻印成民间《朝报》，出售给各阶层读者，从而具有最早的民间报纸性质。然而，这种民间《朝报》只发行了数月，于1578年1月被当局禁止，其编印者也受到严刑处理。

在日本，17世纪出现了最早的原始性报纸《瓦版》。《瓦版》是用黏土制成版印制的单页印刷品，不定期发行，其内容是介绍社会上发生的各种事件，如地震、火灾、战争、殉情、仇杀等，也有怪胎、神童等奇闻怪事，除文字外，还配图画。这种报纸的发行方式是常在街头叫卖，所以又称《读卖瓦版》。日本现在保存的最早的《瓦版》是记载1615年在大阪发生的一场战争“大阪安部合战之图”，估计这份印刷品为1690年以前在京都发行的。《瓦版》在17世纪八九十年代有很大发展，18世纪80年代以后在江户（今日东京）风靡一时。当时有人在街头用三弦伴唱叫卖《瓦版》。现在日本有些戏剧表演中还有插入这种叫卖《瓦版》的场景。《瓦版》在民间出版，无制作者、发行者的姓名，是非法的印刷品。当时执政的日本幕府当局对刊有讽刺、抨击、危及诸侯及其家人名誉等消息的《瓦版》常会发出禁令，加以取缔，而对刊登一般社会消息的《瓦版》不加追究。《瓦版》在日本断断续续存在了200年，直至19世纪60年代明治维新前后，现代报纸问世以后才自行退出历史舞台。

（二）近代报业的出现

东亚最早的现代化报刊，大部分是由西方殖民者或者在东亚各国的西方传教士创办的外文报刊。

印度尼西亚曾经长期沦为荷兰的殖民地。荷兰当局于1615年在巴达维亚（今日雅加达）出版了荷兰文的报纸《新闻纪要》。这份又称《巴达维亚政治评论》的报纸，是印尼的第一张报纸，也是东方最早的近代报纸。

在马来西亚和新加坡，最早的报纸是英国人在1805年创办的英文报纸《威尔士王子岛报》，随后在1823、1824、1845年又创办了英文的《世界报》、《新加坡纪事报》、《海峡时报》。

菲律宾的第一张报纸是西班牙殖民总督于1811年主编的《总督报》，这张西文报纸只刊登海外消息，其宗旨是为其殖民统治服务。1898年美国占领菲律宾后，又创办了英文的《马尼拉时报》。

缅甸最早的报纸是由英国驻毛淡棉官员布隆代尔于1836年5月创办的英文报纸《毛淡棉纪事报》。

泰国的第一张近代报纸是美国传教士布拉德利于1844年创办的英文半月刊《曼谷纪事报》。

以中国人为主要发行对象的近代中外文报刊，最早出现在东南亚国家，随后出现在中国广州、澳门等地，鸦片战争后又扩大到香港、上海、福州、宁波、汉口等地，最后进入北京等中国北方地区。现在公认的第一家中文近代报刊是1815年8月由英国传教士罗伯特·马礼逊、威廉·米怜创办于马来西亚马六甲的线装书本式月刊《察世俗每月统记传》。中国境内出版的近代第一份中文报刊是由普鲁士传教士查尔斯·郭士立于1833年8月在广州创刊和主编的线装书本式月刊《东西洋考每月统记传》。此后创办的较著名的英文报刊有香港的《德臣报》、《孖剌报》及上海的《字林西报》等，中文报刊有香港的《中外新报》、上海的《万国公报》、《申报》、《新闻报》等。

中国的台湾、香港、澳门曾处于日本、英国、葡萄牙侵略者的统治之下。这三个地区的报业是中国整个报业的组成部分，但在历史发展过程中，其报业既与中国其他地区新闻界有密切联系，又有其自身的特点。台湾在1884年以前没有报社，读者主要看大陆报纸，其中最有影响的是在广州出版的《述报》，该报当时在基隆、台北、台南、高雄等地设办事处代销报纸。1885年由英国传教士、长老教会牧师托马斯·巴塞莱创办的民办月刊《台湾府教会报》，是台湾本土出版报纸的开始。当时官方报纸有台湾巡抚刘铭传根据北京出版的《京报》翻印的《邸抄》。香港早期新闻事业开始于英国人创办的英文报刊。最早在香港出版的报纸是由约翰·马礼逊1841年5月1日创办的英文半月刊《香港公报》。香港中文报刊的鼻祖是1853年8月创刊的《遐迩贯珍》月刊，此刊宗教色彩较浓，但也刊出大量科学、地理、政治、天文、历史、医学、商务等方面文章和时事新闻报道。1857年11月3日在香港出版的《香港船头货价纸》是中国最早以单张报纸形式发行、两面印刷的近代化中文报纸，也是中国第一家商业报纸。随后出版的重要中文报纸有1858年11月创刊的《中外新报》、1872年4月创刊的《华字日报》、1874年1月创刊的《循环日报》。在葡萄牙侵略者占据近4个半世纪的澳门，报业有近170年的历史，在中国报业史上有一定的历史地位。创刊于1822年9月12日的《蜜蜂华报》，是由澳门土著立宪派葡萄牙人创办的葡文周报，是中国境内出版发行最早的近代外文报纸。1827年，中、英文合印的杂志《依泾杂说》创刊。1834年，有一定影响的葡文《澳门钞报》创刊。1839年原在广州出版的《广东纪录报》等英文报刊迁至澳门，使澳门成为当时外国人在中国办报的基地。1893年7月，孙中山参与筹划的周报《镜海丛报》在澳门创刊。1897年2月，康有为、梁启超等人在澳门创刊宣传变法维新的报纸《知新报》，直至1901年12月才停刊。

日本近代报业开始于19世纪60年代。第一家报纸是留居日本的英国人阿·汉萨特于1861年6月创办的英文商业报《长崎船舶新闻》。日本自办的最早的日文报纸是1862年1月由幕府官办的翻译机构“洋书调所”将驻巴达维亚的荷兰总督府机关报内容翻译过来的《官版·巴达维亚新闻》。美籍日本人滨田彦藏于1864年在横滨创办的《海外新闻》，是日本第一家民办民看、非官方的日文报纸。上述各报是日本早期代表性报纸，但它们都以海外新闻为主，抄译外国报纸的消息，极少报道日本国内消息，用木版印刷或者手抄，规模小，发行不定期，发行量最多只有几百份。因此严格地说它们还算不上真正的日本近代报纸。

朝鲜半岛近代史上的第一份报纸是由封建王朝统理衙门博文局于1883年10月创办的《汉城旬报》。这份报纸全部用汉字编稿、印刷，是每期24页的书本式旬刊，专供高级官员阅读，内容有国内记事、物价变动、各国近讯和介绍西方各国知识等，1884年12月在“甲申政变”时因报馆被捣毁而被迫停刊。1886年1月《汉城旬报》改名为《汉城周报》继续出版，但发行不到两年半，随着博文局在1888年7月被撤销而停刊。

越南近代的第一份越文报纸是创刊于1865年4月的《嘉定报》，这是一份在越南南部出版的小型公报周刊。

（三）民族报刊的崛起

19世纪下半期至20世纪初期，随着东亚国家人民的觉醒和反对帝国主义、殖民主义斗争的展开，各国人民自己创办的本国语文报刊日益增多，成为东亚革命先驱者争取民族独立斗争的有力武器。

1858年3月，泰国国王谕示出版泰国第一份官方泰文期刊《政务公报》，主要报道王室和政府活动，维护国家稳定和政治制度。

菲律宾争取民族独立人士于1889年2月在西班牙巴塞罗那出版双周刊《团结报》，对菲律宾人民进行政治启蒙，揭露西班牙的殖民压迫，要求在菲律宾赋予言论、出版、结社等个人自由。

朝鲜半岛民族主义者自1896年4月创办《独立新闻》以后，在1898年又相继创办《每日新闻》、《帝国新闻》、《皇城新闻》等本民族文字的民办报纸，同日本殖民主义者的报纸展开激烈论战，主张培养人民的爱国热情。

印度尼西亚梭罗地方在1855年出版了当地文字报纸《布罗马梯尼》，1856年在苏腊巴亚出版马来文报纸《马来新闻》，进入20世纪以后，又出版了传播民族、民主思想的马来文报《泗水新闻》、《商报》、《新报》、华文报《泗滨日报》、《苏门答腊民报》等。

由爱国青年组成的缅甸佛教青年会于1911年创办的《太阳报》，以宣传爱国、反英为根本宗旨，促进了整个民族的觉醒。

中国人自办宣传变革的近代报刊开始于19世纪70年代。最早出现在中国境内的自办中文报纸是1873年创办于汉口的《昭文新报》，具有重要影响的报纸是王韬1874年1月在香港创办并主编的《循环日报》。1894年甲午战争后，中国出现一大批维新派报纸，主要有康有为、梁启超、严复、唐才常等人创办、主编的《中外纪闻》《强学报》《时务报》《知新报》《国闻报》《湘报》等。中国近代资产阶级革命派创办的报刊开始于20世纪初。最早的一种是由孙中山领导、筹办、1900年1月在香港创办的革命团体——兴中会的机关报《中国日报》。随后，革命党人在海内外纷纷办报，有《国民报》《苏报》《警钟日报》《民报》《复报》《神州日报》《时事新报》《民呼日报》《民立报》《大江报》等。以1915年9月创办的《新青年》杂志为起点，中国报刊进入现代发展阶段。在国外新思潮迅速传播到国内的过程中，以马克思列宁主义思想为指导的《共产党》月刊和《劳动界》等第一批工人报刊的出现，宣告中国诞生了无产阶级报刊。

日本近代真正的本国报刊开始于明治维新以

后，由原幕府外国事务局大译官子安峻创办的《横滨每日新闻》，于1871年1月问世。随后，《东京日日新闻》在一些政府官员支持下在1872年3月发刊，该报后来成为明治政府的喉舌。接着，由政府邮政长官指定专人创办的《邮便报纸新闻》出版，成为凭借邮政系统广泛发行的一家报纸。《每日新闻》《读卖新闻》《朝日新闻》等报也在1872、1874、1879年相继创刊，并发展成为实力雄厚的商业大众化报纸，奠定了日本现代报业的基础。到1910年，日本有报社250家。随着日本资本主义的发展和日本帝国主义者的对外扩张侵略，日本新闻事业受到政府严格控制，包括报业在内的新闻传播媒体成为日本侵略战争的宣传工具。

（四）第二次世界大战中的东亚报界

第二次世界大战期间，东亚大部分国家被日本帝国主义侵略者占领，各国的许多报社被接管、查封。但是，在各国不同形式的反抗日本侵略者的斗争中，爱国的新闻工作者利用新闻媒体做出了突出贡献。

中国抗日战争时期，在民主革命根据地延安有中国共产党中央机关报《解放日报》等重要报刊，在国民党统治区重庆既有国民党中央机关报《中央日报》，又有中国共产党在全国公开发行的《新华日报》，还有各种倾向的《扫荡报》《大公报》等报刊。中国共产党的报刊和许多抗日进步报刊在动员人民抗日的斗争中起到了重要的作用。在日伪政权统治地区，出现了《新民报》等亲日报刊，也有爱国新闻工作者出版的《高仲明纪事》等抗日报刊。

1895年甲午战争后，日本当局在台湾设立总督府，出现《台湾新报》《台湾日报》等日文报纸。1900年日本驻台湾总督颁布《台湾新闻纸条例》，进一步加强对报业的控制。但是，旅日的台湾留学生和进步文化团体在1923年创办中文半月刊《台湾民报》、1920年创办月刊《台湾青年》的公开发行，打破了日本总督府垄断报业的局面。1937年抗日战争爆发后，日本当局又加强了对台湾新闻事业的严格控制，到1944年4月以后，台湾报业只存下单独出版的《台湾新报》一家。

19世纪80年代以后，香港成了革命、保皇两派争夺中国舆论阵地的场所。辛亥革命以后，香港报业在原来的基础上继续发展，出现一批纯商业性质的报刊。抗日战争以前，随着日本侵略者占领中国东北地区和侵华战争日益扩大，内地一些报刊纷纷南迁和在香港创办香港版报刊，促使香港报业进一步发展，出现《华侨日报》《工商日报》《星岛日报》《成报》《大公报》《华商报》《大众生活》等一批著名报刊。1941年12月日军占领香港以后，对新闻界实行严厉管制，香港只存下《香港日报》《南华日报》等亲日伪报纸。澳门进入20世纪以后，报业又有所发展，出版发行报刊达到20余种。1913年6月创刊的中文报《澳门通报》，首创刊出“赌经”广告。不久，《澳门时报》《平民报》《民生报》等澳门其他中文报纸也相继刊出“赌经”广告，成了各报一项重要的经济收入。20世纪40年代澳门也出现过《西南日报》《民报》等为日伪宣传的汉奸报纸。

自1910年起沦为日本侵略者殖民地的朝鲜半岛，1920年至1940年期间出现《东亚日报》《朝鲜日报》《时代日报》等民间民族报刊。这些报刊进行过启发民众觉悟等各种形式的反抗斗争。到1940年8月，在日本当局的压制下，民族报刊全部被迫停刊、撤销，朝鲜半岛只剩下日本总督府机关报《每日新报》等御用报刊。

日本当局侵占马来西亚、新加坡期间，出版英文报《昭南新闻》、华文报《昭南日报》，鼓吹侵略扩张和建立“大东亚共荣圈”。日军占领印度尼西亚后，也在查封印尼大部分报刊的基础上创办了宣传“大东亚共荣圈”的报刊。

随着第二次世界大战结束和日本军国主义者无条件投降，日本本土和东方各国的日本侵略传媒立即土崩瓦解，成为历史的陈迹，东亚报业开始走上各自蓬勃发展的新生道路。

（五）东亚报业的现状及其趋势

第二次世界大战结束以后，东亚地区出现了中国、朝鲜、越南等社会主义国家，菲律宾、缅甸、印度尼西亚、柬埔寨等国也相继宣告独立。日本初期处于美军占领之下，其后通过颁布实施新宪法，成为资产阶级议会内阁制国家。

社会主义国家的报刊基本上都由政党、政府、社会团体等经办，主要用来进行宣传教育，传播信息，引导舆论，丰富群众生活。20世纪八九十年代以后，随着世界形势的发展和各国政局的变动与政策的调整，社会主义国家的报刊又有了较大的变化。

1. 中国

1949年中华人民共和国成立以后，中国的新闻事业进入新的历史时期。经过对旧中国新闻机构的改造和建立各种新的新闻传播媒体，逐渐形成以中国共产党的机关报刊、国家通讯社和国家广播电视台为主体的中国当代新闻机构体系。当然，其中还有各民主党派、各人民团体主办的报刊，各种专业报刊和产业报、晚报等。1957年中国大陆有报纸364种，到1965年发展至413种。在“文化大革命”的浩劫中，1978年全国报纸下降至186种。改革开放后，1983年增至773种，1990年进一步增至1 442种。2002年，共出版报纸2 137种，平均期印数18 721万余份，总印数367亿余份。其中，全国性报纸212种，总印数近60亿份；省级报纸771种，总印数180亿份。全国性和省级报纸中，有综合性报纸334种，专业报纸649种。全部报纸中，有日报491种，周三以下的1 130种。2002年，全国出版期刊9 029种，平均期印数20 406万册，总印数29亿余册。其中，综合类547种，哲学、社会科学类2 318种，自然科学、技术类4 457种，文化、教育类957种，文学、艺术类539种。全部期刊中，有月刊3 094种，双月刊2 790种，季刊2 378种。目前中国的主要报刊有：1949年8月创刊的中国共产党中央委员会机关报《人民日报》，1988年7月创刊的中共中央理论刊物《求是》（半月刊，原名《红旗》，1950年创刊），新华社主办的《新华每日电讯》《参考消息》，综合性报纸《光明日报》《文汇报》，专向性报纸《工人日报》《农民日报》《中国青年报》《解放军报》《中国妇女报》《经济日报》《科技日报》；综合性刊物《新华文摘》《瞭望》《世界知识》《半月谈》；文学类刊物《人民文学》《收获》等。1996年1月广州日报组建了报业集团，到2002年底全国已有39家报业集团。这些报业集团以省级党委机关报为主，以东部地区报社为主，几乎囊括了全国的强势报纸。其中，中央级报纸两家、省级报纸24家、省会城市报纸10家、计划单列城市报纸3家。中国报业集团是在中国报业推进集约化、产业化进程中的产物。目前，中国报业集团的试点工作正在继续扩大，其发展已由最初的集合成立阶段转向资源优化配置阶段。

中国台湾在1945年8月光复以后，日本总督府喉舌《台湾新报》由国民党政府接管，改名为《台湾新生报》，同时出现一批新的报刊。1949年12月国民党当局迁至台北前后，国民党中央机关报《中央日报》等报刊、报人，包括编采、管理人员以至印厂工人，全都迁至台湾。这对当时原来乡土色彩较浓的台湾报界产生了重大的影响。1951年6月，国民党当局宣布实行“报禁”，规定对新申请创办报刊“从严控制登记”。结果，从1952年至1987年12月解除“报禁”以前，台湾一直只有31家报社，版面限于3大张之内。台湾当局正式宣布从1988年1月1日起解除“报禁”，开放报纸登记，废除戒严时期对出版品的管制，并放宽了对大陆新闻的限制。截至1998年底，台湾批准登记的报纸有360家，其中，中文报358家，英文报2家。许多报纸调整篇幅，将版面增至6～13大张。进入20世纪90年代以后，台湾报社之间争夺市场竞争激烈，新闻版刊载大量内地新闻。两岸媒体人员不顾台湾当局的蓄意阻碍和破坏，双向交流不断增加，最后获准在台北、北京等地驻点采访。2002年，中国台湾共有报纸474种。台湾的期刊自1991年的4 282种到2002年增至8 140种，但在书店公开陈列的只有600余种，其余的因经营困难而发行较少。台湾目前的主要报刊有：1928年2月1日在上海创刊的国民党中央机关报《中央日报》(2006年6月，因经营亏损停刊)，1950年2月创办于台北、属于余纪忠所有的私营报纸《中国时报》，1951年9月16日合并、属于王惕吾独有的私营报纸《联合报》，以及《台湾新生报》《中华日报》《台湾时报》《工商时报》《经济日报》《民众日报》《青年日报》《电子时报》《中外杂志》《经济前瞻》《新新闻周刊》《今周刊》等。

中国香港现在的报刊均为私营，政治倾向和编辑方针各异。进入20世纪90年代以后，各报社的股权时有变动，倾向中立、客观的报道增多，篇幅不断扩大。各综合性日报的共同特点是：注意迅速、详细地报道香港本地新闻，重视有关股票、房地产市场等经济商业报道，突出有关内地的政治、经济新闻和评论。1997年香港回归祖国前，有台湾背景的《香港联合报》和《中国时报周刊》于1995年停刊，自此台湾报纸退出香港。1997年7月《新晚报》停刊，从此结束了香港晚报的历史。中国香港的大众传播事业极为发达，截至2002年2月，香港注册的报刊共有763种，其中：报纸51种，包括中文日报27种、英文日报2种，定期出版的中文报纸2种、英文报纸7种，双语报5种，其他语种报6种。报纸总发行量超过200万份，平均每千人阅读380份。香港有期刊712种，其中：中文期刊462种、英文期刊127种、双语期刊105种、其他语种期刊18种。规模较大的著名报刊，远销至东南亚、北美、欧洲等中国香港以外的华人地区。在香港的报纸中，有的以报道香港和世界新闻为主，有的集中报道经济新闻，有的专门报道娱乐新闻，刊载影视消息。主要报刊有：1902年在天津创刊的《大公报》，1938年在上海创刊的《文汇报》，1959年5月由查良镛等创刊的《明报》，1969年1月由马惜珍创刊的《东方日报》，1938年8月由胡文虎创办的《星岛日报》，1903年11月创刊的《南华早报》，以及《香港商报》《香港经济日报》《亚洲华尔街日报》《国际先驱论坛报》《远东经济评论》《读者文摘》《成报》《新报》《信报》《苹果日报》《太阳报》《镜报》《经济导报》《广角镜》《壹周刊》《紫荆》等。

中国澳门各报目前大部分采取面向本地读者的办报方针，首先注意本地新闻，尤其是本地的社会新闻；其次是内地的政治、经济消息和香港新闻以及珠江三角洲、潮汕等广东省消息；再次是影视娱乐新闻、马经、狗经等消闲性文章。2002年澳门有中文日报8家、周报5家，葡文日报3家、周刊1家。主要报刊是：1958年8月创刊的《澳门日报》，1937年11月创刊的《华侨报》，以及《大众报》《市民日报》《背后华澳报》《时事新闻报》《句号报》《澳门论坛日报》等。

2. 日本

日本在第二次世界大战结束后的美军占领初期，新闻事业得到全面整顿。以麦克阿瑟为总司令的盟军总部解散了日本内阁情报局、同盟通讯社等以管制言论为目的、为侵略战争服务的机构，接连发布《新闻守则》《报纸脱离政府备忘录》《关于报纸和言论自由的追加措施》等文件，废除日本战前和战时实行的《报纸法》《新闻事业令》等限制新闻自由的13项法律、法规，初步确立起美英式的西方资产阶级新闻自由。日本商业报社、广播电台成立了新闻协会，通过《新闻伦理纲领》，提出新闻自由、报道规范、评论原则等新闻界人员必须遵守的准则。到20世纪50年代，日本政府撤销对报纸、出版等行业用纸和价格的限制，为报业自由竞争创造了条件。第二次世界大战后50多年来，日本进入了世界报业大国的行列：各种媒体传播大量信息，在社会各个领域起着重要的作用，报社和民营广播电台、电视台形式上独立于政府或者政党之外。报纸的种类和发行量达到日本新闻事业史的新高峰。现在，日本报业的骨干是：有全国性影响的大报5家——《朝日新闻》《读卖新闻》《每日新闻》《日本经济新闻》《产经新闻》，在全国发行的地区报3家——《中日新闻》《北海道新闻》《西日本新闻》，还有主要地方报纸121家。大报社各自形成将报纸、广播电台、电视台及各种期刊集于一身的综合性的新闻垄断集团。2000年，日本的日刊报纸每天发行7 190万份，全国平均每千人有报纸570份，全国有期刊3 433种，其中月刊3 336种。年发行29.6亿册，周刊97种、年发行16.5亿册。日本较有影响的期刊有：《中央公论》《东洋经济》《文艺春秋》《世界周报》《经济学家》《世界》《钻石》等。

3. 朝鲜

朝鲜现有报刊几十种，能够公开订阅的有限，内部发行较多。主要报刊有：1945年11月创刊的朝鲜劳动党中央委员会机关报《劳动新闻》，发行150万份。1946年10月创刊的朝鲜劳动党中央机关刊物《勤劳者》（月刊），发行30万份。此外，还有1946年6月创刊的政府机关报《民主朝鲜》，英文和法文的《平壤时报》（周报），《朝鲜人民军》《青年前卫》《平壤新闻》等日报，用多种外文出版的综合性刊物《今日朝鲜》（月刊）、《朝鲜》画刊（月刊）等。

4. 韩国

韩国是东亚新闻事业比较发达的国家之一。截至2003年3月，韩国有报社、通讯社、互联网报社、无线广播公司和有线电视、卫星广播公司等新闻机构390家，从业人员40 513名。其中，报社64家，包括中央综合日报11家、经济报社5家、英文报社3家、体育报社5家、地方综合日报38家、特种日报2家。《朝鲜日报》《中央日报》《东亚日报》《韩同胞新闻》《大韩每日》（前《汉城新闻》）、《韩国日报》为有全国性影响的六大韩文报纸。除《大韩每日》外，其余5家报纸均为私营。2000年12月，韩国有报刊6 468种，其中日刊117种、周刊2 222种、月刊2 486种。据国家统计厅公布，报纸总发行量为全国千人日均报纸394份。主要期刊有《新东亚》(月刊)、《周刊韩国》《联合年鉴》《经济学家》(双月刊)等。

5．蒙古

蒙古随着政局的演变，新闻界也从过去的由蒙古人民革命党一党控制办报变成政治观点各异的政党、社会团体乃至私人创办的报刊大量涌现，形成多元化状态。1996年全国公开发行的报刊约588种，其中私营报刊占70%。1998年报纸发行量为570万份。主要报刊有：1920年11月创刊的人民革命党机关报《真理报》，发行量约为8000份。1996年9月创刊的，《今日报》，发行量约为11000份。此外，还有发行量为14000份的《日报》，发行量为1万份的《世纪新闻报》，军报《索音博报》以及《蒙古新闻报》《蒙古消息报》(中文)、《明报》《民主报》等。

蒙古主要刊物有：蒙古人民党机关刊物《党的生活》，蒙古国防部刊物《战略研究》；蒙古科学院刊物：《国际研究》《今日中国》，以及《人民生活》和《黑纛》等。

6．越南

越南全国有报刊500余种。越南新闻出版法规定报纸由国家控制。中央及地方新闻单位共450家，其中报社约150家。主要报刊有：1951年3月创刊的越南共产党中央委员会机关报《人民报》，在国外设有3个分支机构，1998年5月开设电子版。1956年创刊的越共中央政治理论刊物《共产主义》(月刊)，2001年开设电子版。1941年创刊的《人民军队报》，是越南人民军总政治局机关报。此外还有祖国战线中央机关报《大团结报》、越共胡志明市委机关报《西贡解放报》，专向性刊物《宣传》(半月刊)、《全民国防》(月刊)等。

7．老挝

老挝全国有报刊20种左右。主要报刊有：1950年8月创刊的老挝人民革命党中央委员会机关报《人民报》，法文的《每日新闻》，老挝文的《巴特寮新闻》《新万象报》《人民军报》《老挝青年报》等。

8．柬埔寨

柬埔寨发行较多的柬文报纸有创刊于1985年的人民党机关报《人民报》，还有《柬埔寨之光报》《和平岛报》《柬埔寨日报》等。英文报有《金边邮报》《柬埔寨时报》，华文报有《华商日报》《柬华日报》等。近年来私人办报纸较多，2002年有360家注册报刊，但多数已停业或不定期发行，发行量不是很大。

9．缅甸

缅甸的报纸均为官办。缅文报《缅甸之光》、英文报《缅甸新光》、1992年9月复刊的缅文报《镜报》为全国发行的3种报纸，发行量分别为17.5万份、2.3万份和18万份。地方性报纸也有3种：仰光出版的《首都报》、曼德勒出版的《曼德勒报》《雅德那崩报》。全国约有140种期刊，较著名的有《视野》《财富》《妙瓦底》《秀玛瓦》《威达意》等。1998年11月创刊的《缅甸华报》，是缅甸唯一允许公开发行的华文报纸。

10．泰国

泰国新闻较发达，报刊较多。主要泰文报有创刊于1948年1月的泰国最大的民营综合性报纸《泰叻报》，还有《民意报》《每日新闻》《国家报》《沙炎叻报》，英文报有《曼谷邮报》《民族报》，华文报有《新中原报》《中华日报》《星暹日报》《京华中原日报》等。主要刊物有《经济新闻》《媒介新闻》《泰国商业》《今日泰国》等。

11．马来西亚

马来西亚全国有50多家报纸、140多种期刊，用8种文字出版，日发行300多万份。主要马来文报有1939年5月创刊的综合性日报《马来西亚使者报》《每日新闻》《祖国报》，英文报有《新海峡时报》《星报》《马来邮报》，华文报有《南洋商报》《星洲日报》《光华日报》等，主要刊物有《马来西亚商业》《萨里纳》(月刊)、《亚洲防务杂志》《工商世界》《商海》等。

12．新加坡

新加坡的新闻事业发达，全国千人日均报纸280余份，主要报纸由新加坡报业控股有限公司管辖。主要英文报有创刊于1845年7月的《海峡时报》，还有《商业时报》《新报》，华文报有《联合早报》《联合晚报》《新明日报》，马来文报有《每日新闻》、泰米尔文报有《泰米尔日报》。主要刊物有《新加坡经济评论》《新加坡商业》《每月统计辑要》等。

13．印度尼西亚

印度尼西亚1999年全国有各类报刊1 687种。

主要印尼文报有创刊于1971年的专业集团机关报《专业集团之声》，还有《罗盘报》《印尼媒体报》《共和国报》《革新之声报》《印尼商报》。英文报有《雅加达邮报》《印尼观察家报》等。华文报有《印度尼西亚日报》《华文邮报》《千岛日报》等。主要刊物有《论坛》《分析》《英迪沙里》《印尼经济与财政》等。

14. 菲律宾

菲律宾的新闻事业也比较发达，全国有100多种报刊。现在主要英文报有创刊于1900年2月的民营大报《马尼拉公报》，还有《菲律宾星报》《菲律宾询问日报》《自由报》《马尼拉时报》《马尼拉纪事报》。菲文报有《新闻报》《菲律宾快报》。华文报有《世界日报》《商报》《菲华日报》《联合日报》《环球日报》等，主要刊物有《商业杂志》《亚洲研究》《马尼拉周报》《黎明》等。

15. 文莱

文莱全国新闻报刊较少。主要报刊有创刊于1953年的全国性唯一日报《婆罗洲公报》，日发行量为7万份。马来文周报《文莱灯塔》，发行4.5万份。此外，还有《萨拉姆》（周刊）、《佩丽达周报》《政府新闻公报》《政府文摘》等。

16. 东帝汶

东帝汶独立后有两份报纸。2002年11月开始发行的东帝汶第一份葡萄牙语报纸《帝汶邮报》，是独立报纸，发行量约2 000份。另一份报纸《东帝汶之声》用德顿语、印尼语、葡萄牙语出版发行，日发行量约2 000份。

随着人类社会走入信息革命的时代，东亚不少国家的新闻传播事业已有同过去截然不同的面貌。日本等国的新闻媒体普遍利用人造地球卫星、光纤通信和电脑网络进行稿件传送、接收、编辑和印制、发行，几乎可以同时将了解的全国和全世界主要地区发生的各种情况，迅速介绍给读者、听众、视众和用户。一直是印刷体媒体的报刊，有的开始发行电子版，出现了不用纸张印刷的电子报刊，通过国际网络送至个人用户的电子计算机屏幕。现在，包括东亚在内的世界各国正在研究多媒体技术，即融合计算机、通信、大众传播为一体处理、传输、管理文本、图形、图像、声音等多种媒体信息的综合性技术，作为新的传播手段进行传播。这将会产生新的传播媒介，可能又会给人类社会带来改变传播现状的新的时代。

（六）亚洲新闻基金会

1967年8月成立的亚洲新闻基金会，是亚洲地区的地区性新闻组织。总部设在马尼拉，在香港、东京、曼谷、吉隆坡设分部。会员包括日本、印度尼西亚、马来西亚、韩国、菲律宾、泰国及中国香港等10余个国家、地区的约300家新闻机构。

亚洲新闻基金会总部有研究、编辑人员70余人，其资料室收集有亚洲国家、地区的大量报刊。

亚洲新闻基金会进行亚洲各国、各地区的政治、经济、科学、文教等各方面情况的研究和宣传，出版公开周刊《深度报道》、《决策资料》和半月刊《亚洲财政》等，经常举办新闻学讲座、编辑与记者业务培训班和广告、发行、经理业务经验交流等活动。中国新闻工作者参加过该组织发起的人口、环境等专题讨论会。

亚洲新闻基金会与美国的福特基金会和英国的汤姆森基金会有密切关系，获得联合国人口基金会、联合国教科文组织、联合国粮农组织的支持和合作，也得到总部设在马尼拉的亚洲开发银行、国际水稻研究所等积极支持。

二　通讯社

新闻通讯事业是随着多家大众化报社对廉价新闻的需要而产生和发展起来的。最早的通讯社出现在19世纪30年代的欧洲，东亚的新闻通讯事业比欧洲约晚半个多世纪。

（一）各国通讯社的发展

在东亚各国现存的通讯社中，大致可以分为三类：一是在全世界布满自己新闻采访网和提供全球新闻的世界性通讯社，如中国的新华通讯社；二是由国家建立或者官方支持的收集、发布本国新闻为主的国家性通讯社，或者说官方、半官方通讯社，东亚各国大部分主要通讯社都属于这一类；三是采访、发布特定消息和为一定用户服务的专业性通讯社，这类通讯社在东亚各国数量有限并且规模也较小。

1. 中国

在中国，最早的通讯机构是由外国人设立的。英国路透社1872年在上海建立远东分社，收集新闻发回伦敦，享有在中国的独家发稿权。这家通讯社1912年开始向中国报社供稿，当时有18家订户。1914年日本在上海设立东方通讯社，1927年年法国哈瓦斯通讯社、1929年美国合众通讯社也在上海设立了分社。

中国自办的最早的民营通讯社，是1904年由骆侠梃在广州创办的中兴通讯社，主要向广州、香港等地报社供稿。中国人在国外创办的最早的通讯社是1909年由李盛铎、王慕陶等在比利时布鲁塞尔创办的远东通讯社。远东通讯社在国内大城市聘有通讯员，向欧洲各国提供中国通讯，也将欧洲重要消息向国内报社供稿。民国初期和北洋军阀统治时期，在北京、上海、广州、武汉和日本东京等地出现过20余家通讯社，主要有新闻编译社等。1926年全国有通讯社155家，大部分是小通讯社。南京国民政府成立以后，积极组建以中央通讯社（简称中央社，CNA）为中心的新闻通讯网。中央社于1924年4月1日创办于广州，1927年迁往武汉，1928年又迁至南京，随后在全国设立数十处分社和通讯站，成为全国最大的官方通讯社。抗日战争时期，中国既有国民党统治区的各种通讯社，又有日伪统治区的通讯社。

中国共产党于1931年11月7日在瑞金创办了红色中华通讯社（简称红中社），宣告人民通讯事业的诞生。红中社于1937年1月经中共中央决定在延安改名为新华通讯社（简称新华社），在全国各地陆续建立分社，成为中国共产党领导的重要新闻机构；中华人民共和国成立以后即成为国家通讯社，现在已经进入世界性通讯社的行列。

（1）中国新华通讯社

新华通讯社是总部设在北京的中华人民共和国的国家通讯社。它担负着代表国家发布中国新闻的职责，是中国权威的消息总汇，在全世界广泛采集和发布新闻，是世界最重要的新闻、信息来源之一。

新华社已经在世界范围内建立起一个完整的新闻信息采集、发布网络，形成24小时向国内外发稿体制，进行以中国新闻、发展中国家新闻、世界热点难点新闻为重点的多语种、多渠道新闻信息发布活动，拥有以北京为中心，以香港、开罗、内罗毕、纽约、巴黎为转发中心，覆盖全国各地和全世界100多个国家和地区的新闻通信网络，利用以卫星通信、电子计算机等高科技手段为主干的通讯技术网络，形成为国内外各种媒体和用户服务的现代化供稿体系。

新华通讯社全社从事新闻报道、经营管理、技术保障和行政管理的职工近万人。新华社的新闻信息采集和处理系统由总社、国内分社、国外分社三部分组成。总社总编辑室代表社长和总编辑组织、指挥全社新闻报道工作。总社的新闻信息采编部门有国内、国际、对外、参考、摄影、体育、音像、网络新闻编辑部和新闻信息中心。在国内，新华社在中国31个省、自治区、直辖市和中国香港、澳门两个特别行政区设有分社，在50多个重要城市、特色地区设有支社或记者站，在中国台湾省派有驻点记者，在中国人民解放军设有分社，在中国人民武装警察部队设有支社。在境外，新华社在105个国家和地区设有分社，在中国香港、纽约、墨西哥城、内罗毕、开罗、巴黎、莫斯科、里约热内卢设有亚太、欧美、拉美、非洲、中东、法语地区、俄语地区、葡萄牙语地区8个直接对外发稿的总分社或编辑部。

新华社采用文字、图片、图表、音像、网络等报道方式，通过卫星通信、无线通信、互联网和各类专线构筑的现代化通信网，每天24小时不间断地发布新闻信息。对内通过专用通讯网、电脑发稿网、卫星数据直播网有供中央报、省报、地市报、电台、电视台、晚报、国际专稿、产业报等7条专线，日均播发中文电讯稿40多万字，对外用中、英、法、俄、西班牙、葡萄牙、阿拉伯文等7种文字向世界各地播发中、外文电讯稿，每天新闻总字数达200多万字，其中英文通讯稿新闻日均310条。同时，根据国内外用户需求，提供大量多种文字的专稿、特稿。在摄影报道方面，编发各类照片通稿、专稿，每天播发新闻照片120底。新华社向约300家电视台提供各类音像制品。新华网是中国最大、具有全球影响力的新闻网站，用中、英、法、日、等8种文字发布全球新闻，每日发布的最新新闻信息超过130万字。2002年，新华社全年发稿情况如下：对内中文发稿312 349条，对外中文发稿78 833条，对外外文发稿361 638条；图片213 114底，日均585底；新华网中文新闻440 014条，英文新闻68 000条，图片图表110 000幅；音像新闻39 120分钟。2002年，对各条线路的国内公开报道稿件，共播发97 763篇，刊发各类内容稿件7 700篇。新华社也是中国最大的经济信息采集和发布机构，每天用中、英文向国内外发布各类经济信息约30万字。其中，财经实时信息每天滚动播发全国各大期货交易所、证券交易所的市场行情和大量文字信息。新华社每天收外国通讯社稿件约530万字。

新华社是许多国际新闻组织的成员，目前已同世界110多个国家的通讯社或其他新闻机构签署了新闻交换、人员交流和技术合作等方面的合作协议。截至2002年11月底，新华社的新闻信息用户达到16 969户，其中国内11 873户、海外5 096户。国内地市以上媒体市场占有率达到81%，其中报纸、电视台、广播电台市场占有率分别为91%、43%、62%。新华社的经济信息现有国内用户20多万家，并已进入欧美及亚太20多个国家和地区的信息市场。新华网新闻信息日均页面浏览量达到650万人次，最高峰时超过1 300万人次。根据中国政府授权，1996年以后，新华社有专门机构，负责对外国通讯社及其所属信息机构在中国境内发布的经济信息进行归口管理。

新华社还编辑出版《新华每日电讯》《参考消息》《半月谈》《瞭望》《经济参考报》《中国证券报》《中国记者》和《中华人民共和国年鉴》等35种报刊，拥有新闻研究所、新华出版社等下属机构和中国新闻发展公司、中国图片社、新华社印刷厂、中国环球公共关系公司等直属企业。《半月谈》是全国发行量最大的时事政治性杂志，《参考消息》是对全国各阶层都有影响的日报。新华出版社每年出版以新闻和时事政治为主的各类图书400余种。

(2) 中国新闻社

中国的中国新闻社（简称中新社）是为满足海外华侨、华人了解新中国的需要而于1952年9月在北京成立的。中新社在中国内地有32个分社、支社、或记者站，在中国香港、东京、悉尼、华盛顿、巴黎等地设有分社，在北京－中国香港－美国之间建立电脑数据传输网络，并利用此网络向世界各地传稿。这家通讯社向海外170余家华文报刊、广播电台、电视台提供新闻电讯稿、专稿、专刊以及新闻照片、彩色图片和展览图片等，历年来向海外提供100余部电影纪录片和电视片。

(3) 中国台湾地区新闻通讯事业

中国台湾地区的新闻通讯事业开始于1915年，当时创办的台湾通讯社是在台北最早出现的通讯社，但不久因经费困难而停办。1920年10月后，日本的通讯社在台北设立分支机构，垄断了台湾的通讯事业，直至1945年日本军国主义者投降。台湾地区光复后，先后出现几家新创办的通讯社。20世纪40年代末国民党政府迁台前后，台湾地区有了更多的迁移和新创办的通讯社。1949年12月，中央通讯社从南京经广州、重庆、成都迁至台北，1973年4月改组为股份有限公司，实际上仍为国民党中央党部所掌握。中央社除在台湾地区设有15个分支机构外，在东京、香港、华盛顿等地设8个分社，在巴黎、罗马、新加坡等地设21个办事处，同美联社、路透社、法新社、共同社、南非通讯社等订有互换新闻合同，用中、英、日、西班牙文发稿，共有20余种新闻发布系统及咨询网，向台湾地区67家文字订户供中文稿、专稿，向36家图片订户发彩色底片，另以“中华社”名义向海外157家传播媒体发中文稿件。2002年，中国台湾地区的通讯社从1987年的37家增至273家。其中，绝大部分规模较小，一半以上设在台北，其余在高雄、台中、新竹、基隆等地。它们多数以发布地方新闻和某方面专业新闻为主，分别从事不同领域的报道，如着重政治、党务新闻的台湾通讯社、民权通讯社、时事新闻社、每日新闻通讯社，着重军事新闻的军事新闻通讯社，着重大陆情况报道的大道新闻通讯社，着重文教、青年新闻的幼狮通讯社，着重工商经济新闻的中国经济通讯社、工商征信通讯社，着重提供图片的中国新闻摄影社、万里新闻社、新闻资料供应社等。这些通讯社中几家规模较大的通讯社由台湾官方出资创办，如国民党台湾省党部办的台湾通讯社等，其他通讯社经费大部分依靠当局补助，多数与官方有联系。

(4) 中国香港新闻通讯事业

中国香港是国际新闻传播中心之一，但本地只有几家小规模的通讯社，向传媒机构提供新闻。香港中国通讯社1956年成立，1970年底中止发稿，1980年恢复业务，主要向港澳地区传媒和美国、法国、泰国、菲律宾等海外华文报刊供稿，以报道内地新闻为主，也报道港澳和台湾地区新闻。路透社、美联社、法新社、共同社等世界各国大通讯社都在香港设分支机构。路透社在香港设立的是亚太地区总部。新华社在香港设亚太总分社，在澳门设分社。中国新闻社在香港设分社，在澳门有常驻记者。

2. 日本

最早的东亚通讯社出现在19世纪末的日本，但规模很小，存在的时间也不长。日本最早的通讯社是1887年由六角政太郎在东京创立的东京急报社，业务为传递商情，但它规模小，以至于日本新闻史著作都对它忽略不计。从规模、影响等方面考虑，日本新闻史界公认的日本第一家通讯社是1888年1月成立的时事通讯社。这家通讯社的言论为政府服务，有时直接播发政府文件和政治消息，1892年与新闻用达会社（新闻供应公司）合并，改名为帝国通讯社。帝国通讯社对业务进行改革，同英、美等国通讯社签订互换新闻协定，向报社专栏提供通讯，成为19世纪末日本最大的通讯社。进入20世纪，日本又出现两家有影响的通讯社——1901年7月成立的电报通讯社和1914年成立的国际通讯社。这两家通讯社同帝国通讯社形成三强并立的局面。帝国通讯社于1929年破产，国际通讯社于1926年改称为联合通讯社。日本军国主义者上台以后，为了控制舆论，发布统一消息，解散了所有小通讯社，于1936年将最大的两家——电报通讯社和联合通讯社合并为同盟通讯社，成为受官方控制的御用工具。同盟通讯社一直存在到第二次世界大战日本投降以后，于1945年9月被美军占领当局解散。

在新闻事业发达的日本，有多家通讯社，但是没有国家通讯社。其中具有一定影响的两大通讯社是设在东京的共同通讯社（简称共同社）和时事通讯社（简称时事社），均成立于1945年11月1日，前身都是在第二次世界大战后被解散的同盟通讯社。共同社是日本最大的通讯社，为公立性质通讯社。其组织形式为社团法人，有63家新闻机构正式加入该社，还有“准社员”和建立合同关系的用户。在国内除东京总社外，还设有5个总分社和47个支局，在国内37个城市设有支局。职工约1 900人。该社同新华社等国外58个通讯社、报社建立业务联系。每天发稿60多万字，其中对内发稿28万字、发传真照片170张，对外发英文广播约20万字、日文广播约12万字，抄收国外消息60多万字。除播发新闻稿外，还有为各媒体和企事业单位服务的经济专线，向国内广播电台、电视台提供录音、录像新闻，向在公海航行的日本商船、渔船广播日语新闻，编印《世界年鉴》和《共同消息》等定期刊物及《记者手册》等小册子，以及外文宣传刊物。时事社是日本第二大通讯社，是由该社成员持股的股份公司，属于商业性通讯社，同全国140家报社、广播公司订有合同，与官方关系密切。在国内除东京总社外，还设有6个总分社、4个总局和70个支局，在国外29个城市设有支局。职工1 350人。该社同新华社等19家外国通讯社、新闻机构有业务合作关系。每天播发国内、国际新闻40多万字。除播发国内外新闻外，还提供各种经济、金融、证券情报以及文化、艺术、家庭问题等特稿和讲解，在国外发行日文国内新闻速报，向外国驻日本机构提供英、中、西班牙文的日本国内新闻，编印《时事年鉴》《周刊时事》等定期刊物和各种专题速报、通信。

日本东京的无线电通讯社成立于1945年12月，专门抄收世界各国的短波广播，主要是中国、俄罗斯、朝鲜、越南的广播，向日本外务省、防卫厅等政府机关、报社、通讯社和各国驻日本使馆提供它根据抄录的广播编写的重要新闻和资料。

3. 东亚其他国家

东亚其他社会主义国家的通讯社，都是在工人阶级政党的领导下，在争取祖国独立战争或者解放以后创建的，建国后即成为全国唯一提供综合性报道的国家新闻机构，对外宣传本国政府、政党的方针、政策，对内提供国内外重大新闻，并编印各种刊物，驻外记者较少。

东亚各个发展中国家在第二次世界大战以前，新闻市场一直受到西方通讯社控制，有本国通讯社的国家很少，大部分通讯社是在二战后创建的，有的不设通讯社，如新加坡、东帝汶等。各通讯社的规模较小，设备不够先进，大部分力量只采写国内新闻，面向国内用户，国外新闻大量转用西方通讯社的电讯，同一些国家新闻传媒有互换新闻关系。

东亚大部分国家的主要通讯社，都是官方或者半官方通讯社。许多国家只有一家通讯社，成为当地唯一提供官方新闻的国家通讯社。

东亚社会主义国家，除中国外，其他各国都只有一家国家通讯社。

（1）朝鲜中央通讯社

朝鲜民主主义人民共和国的朝鲜中央通讯社（简称朝中社，KCNA）成立于1946年12月5日，当时称“北朝鲜通讯社”，1948年10月12日改为现名。该社现在对外用英、法文播发新闻，同新华社、俄通社—塔斯社有直通电传线路，对内提供新闻稿，编印《朝鲜中央通讯》、《参考通讯》、《参考新闻》、《朝鲜中央年鉴》等朝、外文刊物。在各道和特别市设有分社。在北京、莫斯科、哈瓦那等亚洲、欧洲、拉丁美洲八九个点派有常驻记者，但国际新闻绝大部分由总社在平壤据外电外报编写。

（2）韩国新闻通讯社

韩国是在1945年8月从日本军国主义者统治下光复后才出现第一家民办通讯社——解放通讯社。此后又出现多家民营通讯社，经过合并、衰落和新生，从20世纪40年代至80年代初韩国主要存在两三家大通讯社和几家专业通讯社。韩国现在唯一的综合性大型通讯社——联合通讯社，是在全斗焕集团执政以后，解散合同通讯社、东洋通讯社的基础上，合并时事通讯社、经济通讯社、产业通讯社，于1980年12月19日成立的，属于半官方通讯社，组织形式为全国40个新闻媒体为股东的股份公司。2001年4月联合通讯社有资金13亿韩元，职工640名，在国内设44个采访网点，在国外设17个支社、支局，同42个国家、地区的49个通讯社、新闻媒体建立互换新闻关系。通过电传线路平均每天对外播发英文新闻55万字，对内播发韩文新闻50万字，并发传真照片。国内用户有500家，海外用户有110家，对海外用户通过卫星每天传送英文新闻5 000字。编印《联合年鉴》《北韩年鉴》《Korea Annual（韩国年鉴）》《联合照片杂志》（月刊）和《故国消息》（月刊）等定期刊物。

韩国汉城的内外通讯社成立于1974年1月13日，专门向韩国媒体提供同朝鲜民主主义人民共和国有关或者朝鲜半岛南北关系的消息和综合性资料，发行韩文新闻稿日刊、周刊、英文月刊、综合季刊等，1999年1月1日合并到联合通讯社。

（3）蒙古通讯社

蒙古国的蒙古通讯社（简称蒙通社）成立于1921年，1957年10月改为国家通讯社。该社对外用俄、英文播发蒙古政经新闻，对内提供国际新闻和外国通讯社电讯，出版《蒙古新闻》《蒙古消息报》和《内部参考消息》等蒙、外文报刊，接收路透社、新华社、俄塔社等通讯社发布的新闻，在北京、莫斯科、波恩派有常驻记者。蒙古政局变化以后，根据1991年通过的政党法规定，蒙通社由政府直接领导，不属于任何党派，编辑、记者等职工必须同包括蒙古人民革命党在内的所有政党脱离关系。

（4）越南通讯社

越南社会主义共和国的越南通讯社（简称越通社，VNA）成立于1945年9月，对外用英、法、西班牙文播发新闻，对内用有线电传发稿，编印新闻稿和《特别参考快讯》《世界与越南参考消息》等多种资料，在国内各省市均设有分社地，在中、俄、法等16处派有常驻记者。

（5）老挝巴特寮通讯社

老挝人民民主共和国的巴特寮通讯社（KPL）成立于1968年1月6日，对内播发老挝文新闻，对外用英、法文发稿，出版老挝文《巴特寮》日报和英、法文《每日消息》。

（6）缅甸通讯社

简称缅通社（MNA），是缅甸全国唯一的国家通讯社。成立于1963年7月26日，由1947年成立的缅甸新闻社改组而成。该社在政府宣传部属下的新闻和期刊公司领导下工作。下设国内部、国际部，这两个部各有编辑、记者20人左右，在曼德勒设分社，无驻外记者。每天播发缅文国内外新闻稿，抄收新华社、美联社、路透社、俄通社—塔斯社的消息并转播。

（7）泰国通讯社

简称泰通社（TNA），成立于1977年4月9日，当时称“国家通讯社”，同年10月改为现名。泰通社有职工约200人，其中记者80余人，每天对国内外播发泰文、英文新闻稿，同东盟国家的新闻机构有互换新闻关系。

（8）马来西亚国家通讯社

简称马通社，筹办于1965年，1968年5月开始发稿。马通社为官方通讯社，直属政府新闻部管辖，在国内13个州设分社或办事处，在伦敦、东京等地设有32家分社。每天对国内外播发马来文、英文新闻稿，还提供特稿、新闻照片、市场股票信息、大屏幕电视新闻、外国通讯社电讯等。

（9）印尼安塔拉通讯社

由印度尼西亚资本家创建于1937年12月13日。在1942～1945年印尼被日本帝国主义者占领期间，曾成为日本同盟通讯社的一部分。1949年12月和1950年2月先后被印尼国会、政府承认为国家通讯社。在国内设26个分社，在国外的北京、东京、纽约、堪培拉等地设5个分社，每天电传播发印尼文新闻和英文新闻，提供新闻照片服务。编印《安塔拉新闻稿》《经济与金融》等刊物，还同路透社合作，通过电脑终端向各家银行、企业、公司等提供查找财经新闻和资料服务。印度尼西亚另有一家印尼民族通讯社，1967年成立，私营。

（10）菲律宾通讯社

简称菲通社（PNA），成立于1973年3月1日。其前身为马尼拉几家英文报社合办的民营性质的菲律宾新闻社。现为官方通讯社，在吕宋、米沙鄢、棉兰老的主要城市设记者站，没有驻海外记者。与中国、马来西亚、印尼、泰国、巴基斯坦、日本等15个国家、地区的通讯社建立新闻交换关系，与美联社、路透社有工作关系。每天电传播发以国内新闻为主的英文稿约15万字，提供英文、他加禄文特稿，不经营新闻照片供稿业务。

（二）亚太通讯社组织

由东亚各国主要通讯社组成的唯一的区域性国际合作组织——亚洲太平洋地区通讯社组织（OANA），简称“亚通组织”。其前身是1961年12月22日成立的“亚洲通讯社组织”，1981年11月改为现名。

亚通组织的宗旨是：促进和加强亚太地区新闻和信息的自由流通；建立新闻交换网，以促进新闻的传播；积极参与纠正和改进发达国家和发展中国家之间的信息不平衡状况和新闻流向；致力于各民族之间的和平与了解，反对各种形式的种族歧视和殖民主义等。截至2004年6月，包括新华社在内的亚太地区31个国家、地区的38家通讯社加入了该组织。

亚通组织的最高权力机构是全体大会，一般每3年召开一次，选举1名主席、3名副主席，主席一般由该届大会东道国通讯社社长担任；大会决议的执行机构为执行委员会，由大会选举的9名成员组成，每年召开一次，回顾亚通组织的新闻交换情况，设法解决新闻交换和其他新闻合作方面的问题；秘书处负责日常工作，随主席流动，无固定工作人员。1994年9月在北京举行的亚通组织第9届大会上，新华社社长郭超人当选为亚通组织主席。现任亚通组织主席是2004年6月在第12届大会上当选的马来西亚国家通讯社社长赛义德·贾米勒·赛义德·加法尔。

1981年11月，亚通组织大会决定建立亚洲—太平洋地区新闻交换网（简称亚新网），各成员通讯社通过转发稿件中心每天相互收发新闻。亚新网自1982年1月1日起正式运转，不定期开会协调新闻交换中的问题。所有亚通组织成员均为亚新网成员。目前，亚新网每天播发50－60条新闻，2万多字。新华社每天向亚新网发稿，并抄收亚新网的稿件。2001年2月，亚通组织执行委员会和阿拉伯通讯社联盟秘书处在科威特举行联席会议，会议同意将两个组织的因特网网站连接起来，决定举办两个联合培训班，以加强两个组织之间新闻交流和专业人员的培训。亚通组织还不定期举办新闻写作、摄影、通信技术等培训班，出版英文的不定期刊物《新闻通讯》、季刊《亚通组织新闻通讯》、新闻摄影的补充教科书《亚通组织新闻图片》等。

随着亚太地区经济的蓬勃发展，经济合作与信息交流日趋重要，各国通讯社的作用越来越重要，亚太通讯社组织的作用也日益受到各国重视。

三　广播电视

广播、电视是现代科技发展的产物，是继报刊之后能够迅速、广泛传播各种新闻信息的第二、第三种媒体，具有多种功能，现在已经成为当代社会新闻媒体中不可或缺的组成部分。

（一）广播电视事业的发展

迄今为止，包括东亚各国在内的世界广播电视事业的发展，大致可以分为3个时期。

第一个时期是从20世纪20年代至60年代，这是广播事业蓬勃发展的时期。在这一时期，各种国际广播组织纷纷建立，吸引各国广播机构参加，其中包括东亚各国主要广播机构基本上都参加的亚洲—太平洋广播联盟也宣告成立。

第二个时期是20世纪70年代，电视获得迅速发展和繁荣。在这一时期，大部分发展中国家建立起完整的国内电视网，电视机得到普及，收视率迅速提高，电视成为人们获得新闻信息、娱乐和教育的重要渠道，成了与报刊、广播两大新闻传播媒体平分秋色的第三种传媒。

第三个时期是20世纪80年代至今，多种电子媒体得到发展和繁荣，卫星电视信息在世界各国获得普及。在这一时期，电视与报刊、广播继续共同占领新闻媒体市场，同时又受到录像机、有线电视、信息网络、卫星电视等新媒体的冲击，这些新兴媒体逐步进入电子产业发达的国家、地区的普通人家庭。人造卫星通信不再属于少数几个国家专有，许多国家、地区都有了覆盖本国、本地区的通信卫星专用频道，通过通信卫星进行的跨国广播、卫星直播电视进入了人们的家庭。

然而，东亚各国家和地区由于各自的政治制度、文化历史、社会背景和国家实情不尽相同，所以各个国家和地区的广播电视机构的组织体制和经营方式呈现出多种多样的形态。

（二）以国家（地区）经营为主的广播电视

东亚不少国家(地区)的广播电视事业,主要经营方式和组织体制以国家(地方当局)独家经营为主,如:实行广播、电视企业国营的国家,有中国、朝鲜、越南、老挝等社会主义国家和缅甸等;中国台湾、香港和澳门地方当局经营当地主要广播电视。

1. 中国

中国早期的广播电台出现于20世纪20年代初的上海，均为外国人所办。1923年1月，美国人奥斯邦在上海创办的中国无线电公司所属的广播电台开始播放新闻和音乐，这是中国境内的第一座广播电台。中国人自办的广播电台于1926年10月在哈尔滨建立。最早的商业广播电台是在1927年3月开办的上海新新公司广播电台。南京国民党政府成立以后，于1928年8月开办的中央广播电台，成为官方机构。1937年6月，国民党统治地区有官办、民营广播电台78座。

中国共产党领导的人民广播事业开始于抗日战争时期，第一次播出是1940年12月在延安的新华广播电台的播音。中华人民共和国成立以后，通过接收国民党办的各类广播电台、改造30多座私营广播电台和新建一大批人民广播电台，使广播事业完全由国家经营，建立起一个中央和地方、无线和有线、调幅和调频相结合的广播宣传网和由收音站、广播站组成的全国收听网。截至2002年底，除中国台湾省和中国香港、澳门地区外，全国共有广播电台303座，电视台358座，广播电视台37座，县级广播电视台（转播）1 375座；广播电视开播节目套数分别为1 882套和2 080套，平均每日播出广播节目21 378小时，电视节目22 260小时。中短波发射台758座，调频发射台和转播台17 817座，电视发射台和转播台53 632座，微波站2 531座，卫星地球站34座，卫星收转站52万座，使用4颗卫星29个转发器转播126套广播节目和74套电视节目。国家广播电视光缆干线网3.8万公里，省级干线网10万公里，地市、县分配网近300万公里，联通近1亿户家庭。全国城乡有收音机5亿台，电视机3.7亿台，广播听众近12.02亿，电视观众12.17亿。全国广播人口综合覆盖率达93.21%，电视人口综合覆盖率达94.54%。基本形成了无线、有线、卫星等多技术层次混合覆盖的、现代化的世界上覆盖人口最多的广播电视覆盖网。中国国际广播电台广播节目和中央电视台卫星传输信号都已经基本实现全球覆盖，海外听众来信数量突破百万封。全国广播电视系统在职职工，目前有50余万人。迄至2001年，作为中国国家电台的中央人民广播电台，播出8套节目，包括新闻综合节目、经济生活服务节目、音乐节目、城市生活等节目，还有对中国台湾广播，对港澳、华南地区广播，为少数民族广播等。作为对世界各地广播机构的中国国际广播电台（CRI），使用英、日、俄、中等43种语言广播，到2002年底每天海外落地节目总时数达到63小时，落地节目呈现出点多面广、播出语种多、持续时间长、重点地区突出等特点。

中国第一座电视台——北京电视台（中央电视台前身），是在1958年5月1日建成并试播黑白节目的。到1979年10月，全国各省、自治区、直辖市都建立了电视台，并全部采用彩色电视播出。2002年11月，在中国共产党第十六次全国代表大会期间，作为国家电视台的中央电视台（CCTV），进行了中国电视史上值得铭记的一次重大报道。中央电视台对中共十六大的两场重要直播的做法是：将全台12套节目并机，让全国1 047个电视频道同时转播，全世界73个国家、地区的219家电视机构全部或部分转播，使十六大的宣传报道达到了高潮。中央电视台同80多个国家、地区的电视机构建立了业务联系，在发布新闻、传播知识、文化娱乐、提供服务等方面起着重要作用，成为中国最有影响的传播媒体之一。

（1）中国台湾地区

广播事业开始于日本侵占的20世纪20年代。1925年，日伪总督府在台北曾建立播音室，进行试验性广播，不久即终止。1928年，由日本人主办的台湾广播电台在台北开始用日语播音。到1945年第二次世界大战结束前，有日本人在台北、台中、台南、嘉义、花莲5个城市设立的私营广播电台5家，是日本总督府推行殖民宣传的工具。二战后，国民党政府接管了这些电台，后来将它们并入官办的中国广播公司。随后，从大陆陆续迁去军方广播电台、国民党当局的“中央广播电台”和上海民本、凤鸣、南京益世等几家私营广播电台。当时，台湾共有5家11座广播电台。此后，台湾地区的广播事业也逐步发展，1968年开办调频广播。

电视事业开始于1962年2月14日教育电视实验台的开播，当时日播22小时，随后出现电视公司，1969年播出的节目画面由黑白变为彩色。

近年来，广播电视业保持强劲的发展势头，无线广播、无线电视、有线电视、卫星电视和广播电视节目制作公司多样化协调发展。1993年以前，仅有33家广播公司，到2001年12月已经增至142家。2001年底，为媒体提供广播电视节目的影视制作公司达11 580家。

“中国广播公司”，简称“中广”（BBC），是台湾地区最大的官方广播机构。其前身是1928年8月成立于南京的中央广播电台，后又改名为中央广播事业管理处，1949年11月迁至台北改组后正式成立。这家公司在1968年设调频台，1987年开始立体声广播，2001年10月完成架设台湾地区数位单频网。总部设在台北，另有9个地方台和农业、交通两个专业台，同海外11个国家、地区交换联播节目，提供流行音乐、新闻、宗教节目等广播。1998年1月，“中广”所属的国际广播电台同原属台湾地区“国防部”的“中央广播电台”合并，成为新的“中央广播电台”，用汉语普通话、广东话、闽南话、客家语、藏语、蒙语等对大陆广播，以“亚洲之声”呼号用英语、汉语、泰语、印尼语等对亚洲周边地区广播。广播的主要内容是宣传台湾当局政策，也有商业、旅游服务等内容。台湾地区官方的广播电台设备新、功率大，总功率是民营电台的20余倍。台湾地区的汉声广播电台、飞碟联播网、新闻98台、台北国际社会广播电台等民营广播电台遍布各个市县，通常使用普通话、闽南语播音，也有用英语播出的，以新闻、音乐、戏曲和各种服务性的节目为主。

2001年底，台湾地区有5家无线电视公司，即1962年创办的“台湾电视公司”，简称“台视”（TTV）；1968年建立的中国电视公司，简称“中视”（CTV）；1971年开播的“中华电视公司”，简称“华视”（CTS）；1997年6月开播的民间全民电视公司，简称“民视”；1998年7月成立的公共电视台，简称“公视”。“台视”、“中视”、“华视”都是官商合办的传播媒介，基本上受台湾地方当局控制，各有10座、6座、8座电视台，用普通话、闽南语播音，节目以新闻、电影、戏曲、音乐、体育、家庭、儿童、气象、农情、教育等方面的内容为主。国际新闻通过同富士电视台、日本电视广播公司、香港电视广播有限公司等机构交换获得，每天从早上7点播放至晚上12点，节目覆盖台、澎、金、马地区。民视是以民进党为背景成立的。公视接受官方赞助，宣称维护公众自由意志，推出介绍各国、各地区风土民情等节目，也有社会历史知识、新闻、电影、科技、经济等方面的节目。2001年底，台湾地区有有线电视台11家，有65家公司提供有线电视服务，用户一般可接收70多个频道，内容有资讯、电影、卡通、宗教、体育、音乐及各种娱乐等，还有专门的演讲、家庭服务的频道。2001年底，台湾有60家岛内公司和16家海外公司提供卫星电视节目，频道多达125个，其中有大量的日本、美国节目。

（2）中国香港

中国香港广播事业开始于1923年，由无线电爱好者组成广播社，试播社会新闻。1928年6月，港英政府资助建立的香港广播电台开始播音，不久，港英当局宣布该台为政府电台。1957年香港开办有线电视台，1967年开办无线电视台，1971年开始播出彩色电视节目，1991年全面采用数码式立体多声道电视广播。香港现有广播公司3家，共办13套节目；有电视公司19家，其中无线电视2家、有线电视1家、收费电视4家、卫星电视12家。香港广播电视台简称“港台”（RTNK），是香港特别行政区唯一的公营广播机构，1928年6月用英语开始广播，1935年设广东语节目，1970年设电视部，1976年改用现名，现有7套节目，分别用中、英语每天24小时播音。1959年8月开播的香港商业广播有限公司简称“商台”（CR），现有中文节目两套、英文节目一套，采用娱乐与咨询并重的方针。1990年12月成立的新城广播电台又称“第二商业电台”，现办有两套中文节目、一套英文节目，以财经、音乐、新闻节目为主。

香港电视广播有限公司简称“港视”或者“无线电视”(TBV),1967年11月开始播放黑白电视节目,1971年开办彩色电视节目。设有广东话节目的翡翠台和英语的明珠台各1座,年播出节目1.4万小时。亚洲电视有限公司简称“亚视”(ATV),其前身是1957年5月建立的丽的电视台,是香港最早开办的黑白电视台,1973年12月改为彩色电视台,设广东话的本港台(前称“黄金台”)和英语的国际台(前称“钻石台”)各1座,年自制节目超过3 000小时,电视剧300多小时。香港有线电视有限公司于1993年10月正式开播,用光纤网络取代微波传送电视节目,共有62个频道,每年自制节目超过1万小时,其中播出电视剧1 000小时,2002年底有收视户达60.5万户。美亚电视等4家收费电视公司虽然都已经港府批准,但是有的仅开始商业试播,有的还要求延后推出收费电视服务。香港现有下属凤凰卫视的星空卫视等12家卫星电视公司,共经营59个频道,有的为香港财团创办,有的为美国、中国台湾等地的公司所有。

(3)中国澳门

中国澳门的广播事业开始于1933年8月,由无线电爱好者办的业余广播电台播出,而电视到1984年才开办。澳门广播电台于1948年由澳葡政府创办,当时只播放音乐、粤曲、儿童故事等节目,因经费不足而停办;1962年恢复,节目仍较简单;20世纪80年代后扩充文娱节目,加入新闻报道,属于澳门广播电视有限公司管理。澳门广播电台现在有2个频道,分别用广东话和葡萄牙语每天24小时广播,开设新闻、资讯、娱乐、教育、少儿、广播剧、文化体育等节目,除采用自制的新闻外,还选用新华社、中新社、路透社、法新社、葡新社的消息。创办于1950年的澳门绿村广播电台,是私营商业台,90年代停播5年多,到2000年3月才恢复广播,现在全日24小时播放赛狗、赛马、新闻、音乐、体育、科技、生活、资讯、天气预报等节目。

澳门电视台成立于1984年5月,开播之初日播5小时左右,以中、葡语合播,配以字幕,后来分别成为中语频道和葡语频道,又称中文台、葡文台。现在中文台以广东话为主,也有普通话新闻,葡文台主要播送葡萄牙电视剧、纪录片、综艺和体育节目。两台都是全天24小时播出,开设新闻、专题节目。澳门电视台也归澳门广播电视有限公司管辖。澳门广播电视有限公司(TDM)是澳葡政府出资在1982年1月成立的,1988年8月与私人财团签署协议将注册资本49.5%的股份出售,变成政府、私人合资的公司,延续至今。澳门有线电视有限公司自2000年7月开始运营,现在以转播形式播送40个国家、地区的电视节目频道,播出内容包括新闻、资讯、经济、教育、电影、电视剧等,节目以广东话、普通话、英语为主,也有葡萄牙语、德语、意大利语等,没有自制节目。

私营的澳门卫星电视有限公司成立于1996年1月,1999年12月正式开播卫视旅游频道,人们习惯称其为澳门卫视旅游台,是以新闻、娱乐、旅游资讯及其他社会、经济、文化为特色的综合性服务商业媒体,传送的节目已实现对亚太地区50多个国家、地区的覆盖。澳门卫视公司目前开播的还有东亚频道、卡通频道、五星频道、澳亚频道等。2002年10月,澳门首家中英文双语电视台莲花卫视开播。莲花卫视又称澳门卫视国际商务台,每天以中英文节目传播亚太地区商务资讯,节目在澳门传送,24小时滚动播放,信号通过亚洲二号卫星覆盖以亚太地区为主的全球53个国家、地区。

2. 朝鲜

朝鲜的广播、电视机构均为国营企业,广播电视事业由属于政务院的中央广播电视委员会统一管理。广播、电视播出的内容,主要是新闻、专题、文艺节目三部分,其中新闻节目占14%、专题节目占40%、文艺节目占46%。专题节目的主要内容是进行朝鲜政治、经济、文艺成就的宣传,揭露韩国、美国、日本当局敌视朝鲜的政策,报道资本主义国家人民反政府斗争等。文艺节目的主要内容是用多种形式的文艺作品歌颂领袖、热爱朝鲜劳动党、要把革命进行到底等。作为国家广播电台的朝鲜中央广播电台,开办于1945年10月14日,现在用朝语对内播出两套节目,每天各22小时,对外以“平壤广播电台”名称用中、俄、英语等9种语言广播,日播共约51.3小时。作为国家电视台的朝鲜中央电视台开办于1963年,1970年播出彩色电视节目,现有3套节目,第一、第二套节目各日播11小时,第三套节目日播9小时。开城电视台,成立于1971年4月,播放的节目覆盖韩国部分地区。万寿台电视台开办于1983年12月，覆盖平壤地区，一般只在星期六、星期日晚上播放，除新闻节目转播中央电视台外，大部分为文艺节目。

3．蒙古

蒙古国家广播电台于1934年9月1日首次播音。蒙古国家电视台创建于1967年9月27日，1981年起播出彩色节目，1995年8月开播有线电视节目。现在，广播、电视机构仍受政府控制，由部长会议新闻广播电视委员会负责。国家广播电台现在对内用喀尔喀蒙古语播出两套节目，日播共约26小时，对外用中、蒙、日、俄、英语5种语言播音，日播8小时。在5个省会有转播台，覆盖全境90%以上。蒙古国家电视台现在播放本国节目，日播10小时。蒙古自1991年1月起转播美国世界新闻网的电视节目，1995年4月起转播日本广播协会电视节目，此外还转播法国、德国、俄罗斯电视台的节目和中国中央电视台、内蒙古电视台的节目。蒙古近年来还出现蒙外合资的电视台和由社团组织或者个人创办的私营电视台、广播电台，这些电视台或广播电台多以赢利为目的，基本上属于商业台。蒙俄合资的“太空电视公司”1994年12月在蒙开播俄罗斯电视节目。蒙美合资的私营“鹰”电视台于1996年4月建台，只在乌兰巴托市范围内播放节目约9小时，其中30%～40%为蒙古节目，其余转播美国有线电视新闻网（CNN）节目。在乌兰巴托，目前还有：“大蒙古”、“幸运”、“欣欣向荣的蒙古”等有线电视台。

4．越南

越南的广播电视事业由属于政府的文化和通讯部管理。作为国家广播电台的“越南之声”广播电台创建于1945年9月，现在对内有4套节目，用越南语和少数民族语言播出，越语综合节目合计播音50多小时，对外用中、俄、法语等12种语言广播，日播共约35个小时。另外，为海外的越南侨民办有一套特别越语节目，1990年为北部山区开办了芒语广播，为南部湄公河三角洲地区开办了高棉语广播。1989年起实行新的广播时间表，播出节目40多个，其中音乐节目约占日播总时间的40%。全国收听率约为人口的40%。越南南部的电视台开办于1966年，北部的电视台于1970年开始播出，现已形成全国性电视网。越南中央电视台有4套节目，其中一套对河内及其附近播放，一套对红河三角洲地区播放，日播约21小时。各省电视台主要转播中央节目。胡志明市电视台约有70%节目为自己制作。

5．老挝

老挝国家广播电台创建于1960年3月18日，现在对内用老挝语、苗语广播，日播22.5小时，对外用英、法、泰、越、柬埔寨语5种语言广播，日播共7.5小时。另外还有老挝人民军广播电台和12个省级广播电台。老挝国家电视台创建于1983年12月，现在有早、晚两套节目，早上播放新闻，晚上播放新闻外，还有故事影片、电视剧和文娱节目等，日播老挝语节目5小时左右。另有一个商业电视台，于1988年5月开播。

6．缅甸

缅甸广播事业开始于1937年，由缅甸政府邮政无线电报局经营，用一台500瓦发射机进行广播。1942年日本当局占领缅甸以后，广播节目的内容大部分是为日本侵略战争服务的。1945年抗日战争胜利后，盟军建立了“仰光广播台”，1946年2月15日改名为“缅甸之声”。1948年缅甸独立后，“缅甸之声”成为政府的官方广播台。1963年3月，缅甸联邦革命委员会将该电台改组为革命委员会的官方电台。现在，缅甸广播电台（RM）播出3套节目，一套用缅语广播，日播10.5小时；一套用英语广播，日播2.5小时；再一套用8种缅甸少数民族语言播音，每天每种语言各播半小时。缅甸电视台（TVM）也是官方机构，于1980年6月3日建成，试播彩色节目，11月1日正式开播，现在日播2小时，周六、日增为各播放4小时。国内制作的电视节目约占56%，进口节目来自美、日、英、德等国。军方创办的妙瓦底电视台于1995年3月27日开播，庆祝缅军建军50周年。目前，缅甸全国各地有电视转播站109个。由中国工程技术人员帮助建造的电视卫星转播中心使缅甸177个城市居民自1990年5月起都能收到缅甸电视台播出的节目。

7．文莱和东帝汶

文莱广播电台创建于1957年，电视台建立于1975年，播出彩色节目。1984年1月文莱独立后，接办了过去政府的广播电视台。现在文莱广播电视台有两套广播节目，一套电视节目；广播节目一套用马来语和方言播出，另一套用英语、华语、廓尔喀语播出，日播超过 30 小时。电视节目用马来语、英语播放，日播 7 小时。电视的娱乐节目，来自美、英、澳大利亚、新加坡等外国节目占 50%～55%。

东帝汶国家广播电台用葡萄牙语和德顿语播出，节目覆盖率为 90%。东帝汶民族解放军电台“希望之声”，用德顿语和葡语广播。东帝汶电视台用葡语和德顿语播出，节目覆盖率为 30%。

（三）公共事业和商业企业并存国家的广播电视

东亚相当一部分国家的广播电视事业的组织体制和经营方式，实行国营与私营并存、公共事业和商业企业同时存在的形式。重要的广播电台、电视台是官方或者半官方的，同时允许民营的商业广播电台、电视台播放各种节目，如日本、韩国、印尼、泰国、马来西亚等国。

1. 日本

日本的广播事业开始于 1925 年 3 月。当年 3 月至 6 月建立起来的东京、大阪、名古屋 3 座民营广播电台，先后独立播放节目。不久，日本政府决定由政府负责兴办和发展广播事业。1926 年政府指示这 3 家广播电台自行解散，在此基础上组成社团法人日本广播协会，受邮政省监督。这样，政府控制下的日本广播协会垄断了日本的广播事业。第二次世界大战后，进驻日本的美国占领当局，指令日本广播协会改组，更换领导机构，改革节目内容。1950 年 5 月日本政府公布国会通过的《电波法》《广播法》《电波管理委员会设置法》，确立了日本广播事业自主经营、广播自由等原则和公营、私营广播电台并存的体制。1950 年 6 月，原社团法人日本广播协会被解散，特殊法人日本广播协会成立。1951 年 4 月，第一批私营电台获得批准营业，随后组成了由各民间广播电台参加的日本民间广播联盟。1953 年 2 月，日本第一家电视台——日本广播团体会东京电视台开播；同年 8 月，日本第一家民间商业电视台——日本电视台开播。1960 年 9 月，日本广播协会等电视台正式播放彩色节目。1963 年 11 月，日本和美国首次进行卫星传送电视节目成功。现在，半官方性质的日本广播协会（NHK），总部设在东京，在国内大阪、名古屋等城市设有 7 个总局，在国外北京、纽约、巴黎等地设有 27 个支局。作为非赢利的公共广播电视事业机构，日本广播协会对内以 3 个广播频道和 5 个电视频道播送新闻、教育、文化、娱乐等节目，1983 年 10 月开始图文电视广播，1984 年 5 月开始卫星电视广播，1996 年 3 月播送调频文字多声道广播，迎来了发展新闻传播媒体的时代。到 20 世纪末，日本私营广播电台、电视台总数达到 140 多家，原则上以某一地区为其广播范围，但是实际上已形成节目广播网，少数属于地方报社或者社团所有，大部分依附于 4 家大广播电视公司。这 4 家大公司又分属 4 大报系，即：属于《每日新闻》系统的东京广播公司，属于《读卖新闻》系统的日本电视广播公司，属于《朝日新闻》系统的全国朝日广播公司，属于《产经新闻》系统的富士电视公司。另有一家较小的公司是属于《日本经济新闻》报系的东京电视台。近年来，日本的商业电视台有一县多台的发展趋势。此外，2002 年日本还有 10 家民营卫星电视台和若干民营有线电视台。日本的对外广播开办于 1935 年，现在由日本广播协会进行，每天用中、日、英、俄等 22 种语言广播，共约 59 小时，有环球广播和地区性广播。日本的广播电视事业目前正在为发展电缆电视、卫星直播电视、高清晰度电视等包含最新高科技的新传播媒体而努力。

2. 韩国

朝鲜半岛的无线电台广播开始于 1927 年 2 月 16 日，这是现在的韩国广播公司的前身——京城广播局开始首次播音日期。到 1945 年，汉城无线电台在朝鲜半岛有 17 个地方转播台。1945 年 9 月，美军驻韩国当局接管京城广播局，后改组为公报处广播局。20 世纪 50 年代，韩国出现私营的、商业的广播电台，到 80 年代、90 年代，韩国广播事业出现接管、合并、创建广播公司等结构性的变化和调整。韩国的电视事业开始于 1961 年 12 月 31 日，这是韩广播公司开始向全国进行电视广播的日期。随后，1980 年 12 月开始彩色电视广播，1986 年 1 月开始电视调频立体声广播。2003 年 3 月，韩国有无线广播公司 66 家，有线电视、卫星广播公司 170 家。无线广播公司中，包括韩国广播公司和地方局 26 家、文化广播公司系列社 20 家、民营广播公司 11 家和教育、宗教、交通等特殊广播公司 8 家。有线电视、卫星广播公司中，包括使用广播频道公司 72 家、综合有线广播公司 97 家、卫星广播公司1家。韩国的广播、电视媒体，有公共事业性质的官方机构，也有私营企业和财团法人。官方的韩国广播公司（KBS）是韩国的主要广播电视机构，其前身为日本帝国主义者当局创建的京城广播局，1973年3月根据新广播法改组而成。韩国广播公司资金全部由政府投资，理事会理事和社长由总统任命，下设25个地方台，广播和电视节目覆盖韩国全境。对内广播有5套节目，日播共约104小时，对外以“韩国广播电台”称号，用中、韩、英、日等12种语言广播，日播52.5小时。该公司1961年底开播电视，1980年12月1日播放彩色电视节目，1996年7月开通卫星电视节目，主要以数字信号播放。现在播出3套节目，日播32小时。2003年3月，全公司有职工5 357名。文化广播公司（MBC）是韩国最大的商业广播电视企业，创办于1961年2月，1969年8月开播电视，1980年12月22日播放彩色节目，1990年10月开设图文电视。现在下设19个地方台，各有无线电调幅、调频、电视三套节目，日播调频、调幅广播各24小时、电视15小时，覆盖韩国全境。2003年3月，总台和地方台的职工为3 710名。私营的汉城广播公司（SBS）成立于1990年11月；1991年3月开始广播，同年12月播放电视节目，现在是韩国三大广播电视机构之一，职工800余人。基督教广播电台、极东广播电台、亚洲广播电台、和平广播电台、佛教广播电台、圆音广播电台都是宗教电台，用调幅、调频无线电电波向基督教徒、天主教徒、佛教徒广播，日均广播20小时至24小时不等。2002年，韩国共有39个电视台，其中20个是商业电视台。电视台平日播放10个半小时，节假日播放18个小时。韩国自1995年开放有线电视后，发展迅速，2002年加入有线电视台收视的家庭达到140多万户。

3．泰国

泰国最早的广播电台开办于1931年。2002年全国有广播电台230余家，其中由政府民众联络厅掌管的59家，大部分是私营商业台。军队、政府机关、大学都办有广播电台，各有自己的系统。泰国国家广播电台属于总理府民众联络厅，下设60个地方台，对内有3套节目，日播总时数为45小时，对外用中、泰、英、法等10种语言广播，日播共10小时45分钟。

2002年，泰国有无线电视台6家，都设在曼谷，大部分电视节目通过卫星转播。各地有有线电视公司86家，电视网覆盖全国。泰国电视台于1955年6月24日开播，在全国设5个地方台，其中55%股票为总理府民众联络厅所有，其余股份为国有企业所有。在曼谷的陆军电视台、曼谷广播电视公司、曼谷娱乐公司、泰国大众传播组织等私营电视台，由民间企业参股进行商业电视经营。

4．马来西亚

马来西亚最早的广播电台为设立于1935年的不列颠马来亚广播公司，1937年3月1日正式播音。1946年4月1日成立了总部设在新加坡的马来亚广播电台，1959年迁往吉隆坡。1963年9月16日马来西亚联邦成立，广播机构改为国营。马来西亚的主要广播电台、电视台均为国营，由政府新闻部领导。马来西亚广播电台对内播出6套节目，用马来语、英语、华语、泰米尔语播出；节目通过下设的21个转播站传送，各套日播8～24小时不等。对外广播的“马来西亚之声”电台，用马来语、英语、阿拉伯语等8种语言播音，日播25.5小时。马来西亚电视台建于1963年，1978年12月28日开播彩色节目，1995年9月开始有线电视播出。现在用马来语、英语、华语、泰米尔语播放2套节目，节目通过卫星传送，覆盖全国。

在东马来西亚的沙巴、沙捞越另有广播电台、电视台。1994年起出现私营广播电台，并兴办3家公私合营的电视台。1995年政府和私人企业合资创办了有线电视卫星新闻台，有3个频道，主要转播国外的新闻、体育、娱乐节目。吉隆坡的丽的呼声有线广播电台、第三电视台等均为私营的商业台。

5．印度尼西亚

印度尼西亚广播电台成立于1945年9月，是印尼全国性广播机构，现在对内有1套全国性节目、3套地区性节目，日播约60小时，对外使用“印度尼西亚之声”呼号，用中、印尼、英、法等10种语言广播，日播共约12小时，现有职工8500人。印尼电视台是国家电视台，创建于1962年，1977年11月开播彩色电视节目，办有一套全国性节目，日播7小时。1976年起使用通信卫星对全国播放节目，同马来西亚、泰国等东盟国家电视台交换新闻节目。印尼政府新闻部对全国700余个业余和商业广播电台发放执照，这些电台大部分是由地方政府、事业团体和大学等机构经营的。1989年以后印尼政府允许建立私营电视台，现在私营电视台有鹰记电视台、太阳电视台、教育电视台等。2000年10月开办的美都电视台，是印尼首家新闻电视台，播放中有华语节目。

（四）以私营为主的国家的广播电视

菲律宾最早的广播电台是在1930年开播的。第一家电视台开办于1953年。菲律宾是东南亚唯一采用美国广播电视体制的国家。2002年，全国有广播电台629家、电视台137家。其中，菲律宾广播公司和菲律宾电视台属官方性质，由公共新闻部领导，其余为私人所有。不少广播电视台由商业广播电视公司、宗教团体、大学等各种性质的机构经营。菲律宾广播公司（PBS）对外广播用“菲律宾之声”呼号，用英语、他加禄语两种语言，日播3小时。菲律宾电视台（PTV）使用的主要语言为英语、他加禄语、华语，从1989年1月起使用卫星向全国播放节目，实现全国主要城市可以同步收看。

（五）实行公共事业体制国家的广播电视

新加坡是东亚广播电视事业经营中唯一实行以公共事业体制为主的国家。全国广播电视事业原来主要由国家经营，即由政府文化部长任命的最高机构决策的新加坡广播公司进行无线电广播和电视广播，到20世纪90年代后期才出现多样化的公司，但数量有限。

新加坡的第一座广播电台于1935年建成，1936年6月1日正式开播。1946年4月1日成立总部设在新加坡的马来亚广播电台。1959年2月1日马来亚广播电台总部迁走后改建新加坡广播电台，1963年2月15日开办电视，1966年8月9日成立新加坡广播电视台，1974年8月1日开播彩色电视节目，1980年2月1日新加坡广播电视台改称新加坡广播公司，1983年8月1日试播图文电视广播。

2002年，新加坡有4家广播公司、1家国际传媒通讯公司、2家电视公司、1家有线电视公司。新加坡广播公司（RCS）现办有11套节目，分别用华语、英语、马来语、泰米尔语播出。其中华语3套，日播68小时，内容有新闻、时政、音乐、娱乐、服务等；英语5套，日播88小时；马来语2套，日播41小时；泰米尔语1套，日播21小时。新加坡电视公司（TCS）是新加坡最大的电视台，有2套节目，一套播华语，一套播英语，每天24小时连续播放，收视率占全国的80%。私人经营的新加坡12频道公司（TV12），有2个电视频道，一个播放马来语、印地语、泰米尔语等多种语言节目，主要为马来人、印度人服务，另一个用英语播放体育、文艺节目。新加坡有线电视台1992年4月开播新闻频道，后来增加电影频道、娱乐频道。1995年开通卫星电视节目，用户可以接收10余个国家、地区30多个频道的电视节目。

（六）亚太广播联盟

亚洲、太平洋地区各个国家、地区的主要广播机构于1964年7月1日组成一个区域性国际广播电视合作组织——亚洲—太平洋广播联盟（ABU），简称“亚广联”。其原名是“亚洲广播联盟”，1976年改为现名。

亚广联的宗旨是：在一切适当的领域维护会员的利益；促进和协调有关广播电视各种问题的研究和情况交流；推广各种有利于广播事业发展的措施，尤其是在广播电视用于教育和国家发展方面；努力通过广播电视为促进国际间的友好和亲善作出贡献。截至1997年10月，亚广联有来自50个国家、地区的会员99个。其中正式会员44个，来自34个国家、地区，附加正式会员28个，来自12个国家、地区，准会员27个，来自19个国家、地区。亚广联总部设在马来西亚吉隆坡。

亚广联最高机构为全体大会，每年举行一次，负责修改章程，选举主席、副主席、理事会成员，任命秘书长，批准各委员会的建议及其他重要事项。执行机构为由13名理事组成的理事会。常设机构有秘书处，节目、技术委员会，体育、卫星广播、发射技术等工作组和新闻、知识产权、培训等研究组。

亚广联的主要活动有：交换电视新闻，集体购买重大国际体育比赛的电视报道权，进行广播和电视节目交换、联合制作，进行每年一度的广播和电视节目评奖比赛，举行技术咨询、技术研讨会，以及经常性的人员培训等。亚广联自1984年1月起开设了亚太电视新闻交换网，每天通过卫星在各会员之间交换电视新闻，并与欧洲广播联盟的电视新闻交换网交换节目。

2001 年 6 月，第二十九届亚太广播联盟新闻工作组会议在北京召开。会议通过《“亚广联”电视新闻交换工作守则》，对所有亚广联电视新闻交换工作提出了更高要求。亚广联电视新闻交换为谋求与“欧广联”、“阿广联”等其他地区性广播电视新闻交换网开展实质性合作，正在进入新的发展阶段。

亚广联与世界其他地区广播联盟和国际通信卫星组织等国际机构保持密切联系。秘书处出版《亚广联新闻》、《亚广联技术评论》两本英文双月刊。

四　网络媒体

网络媒体是人类在前所未有的信息现代化革命中的新产品，是继传统的报纸、广播、电视之后新登场的新闻传播媒介。它通过计算机网络将新闻消息、各类知识等信息传播出去，是在先进的计算机技术、发达的远距离通信手段和多样化的信息来源的支持下，将文字、数据、图表、声音、景色、画面、照片等多种因素全面地传输到社会的各个角落，使接受者能够立即获悉世界上多种崭新的信息。1998 年 5 月，联合国新闻委员会年会正式承认互联网为人类的“第四媒体”。起源于西方的网络媒体，传到东亚以后，各国网络媒体的发展程度各不相同。这同东亚各国的经济、科技、文化发展的差异和传统新闻媒体的发达程度有着密切的关系。

（一）世界网络媒体的诞生与东移

目前，世界各国的网络媒体基本上是通过国际互联网（又称英特网 Internet）连接起来的。互联网是当前世界上最大的国际性联系网络。是一个网上网，连接着世界上大大小小几万个网络。互联网的雏形是 1969 年诞生于美国的阿帕网（ARPA-net），它是美国国防部高级计划研究署的实验性网，最初只连接 4 台计算机。从 20 世纪 60 年代到 80 年代，阿帕网连接的计算机和用户不断增多，并有了互联网络，1983 年这种网际互联的网被称为“互联网”。随后，西方发达国家相继建网，并相互联网，最终形成今日风靡全球的互联网。到 1994 年底，互联网连接了 150 个国家、地区、包括了 3 万多个子网、320 多万台计算机主机，直接用户超过3 500万，成为世界上最大的计算机网络。

世界上最早上网的报纸，是美国加利福尼亚州的《圣何塞信使报》。1987 年，这家报纸首先将该报内容搬上互联网并发行。但是，当时网上信息的发送和接收技术较差，因此上网的新闻媒体不多。1994 年底美国上网的报纸不过几十家，全世界不超过 100 家。随着 1994 年 11 月互联网浏览器的改进，使人们在网上搜索和浏览十分方便，激起用户上网兴趣大增，也使各国报纸纷纷上网宣传自己和推销。1996 年初，全球上网报纸为 900 家左右，而到 1998 年底全球已有近5 000家报纸和相同数量杂志涉足网络，美国有 60％报刊上网。

互联网最早传至东亚的国家是日本。日本政府积极支持互联网的建设。1992 年，日本科学信息中心利用文部省资金兴建科学信息（SINET），这是日本政府出资兴建的第一个网络。1993 年 6 月，日本政府宣布建设“研究信息流通新干线网”，利用光缆将全国的研究机构联成网，从而使日本成为信息传递先进的国家。

中国在 1994 年 4 月 20 日正式连接国际互联网，5 月 21 日完成中国最高域名 CN 主服务器的设置。中国政府在互联网进入国内以后，一方面大力建设骨干网，另一方面进行国家宏观调控，推进制定相关法规，加强法制管理。中国在不到 10 年的短暂时间内，在加快信息工程建设、规范利用计算机网络的准则、促使互联网媒体健康发展方面取得了巨大成就，现在正与世界其他网络发达国家一样，向着全国网络化的现代文明社会大步前进。

（二）中国网络媒体的发展

中国正式接入国际互联网以后，1995 年 5 月 17 日，邮电部宣布向公众开放互联网服务。20 世纪 90 年代中期，中国科技网等 4 个骨干网建立，到 20 世纪末又建立起中国联通公用计算机互联网等 6 个骨干网，通过政府上网、企业上网、家庭上网工程，有力地推动了互联网在中国的普及与应用。1996 年底，中国互联网用户仅 10 万左右，到 2002 年底，中国网络用户达到6 000万。网络用户群体的扩大，为网络新闻媒体的产生与发展创造了良好的条件。

世界上第一份中文网络报刊，是 1991 年 4 月在美国创办的《华夏文摘》。这是一份综合性文摘周刊，是由分布在 6 个国家、20 多个城市的中国留学生或访问学者通过计算机通信网编辑的。它将中国和海外各大中文杂志中的精彩作品选摘下来，在每个周末通过互联网传送给海外的中国留学生、学者和华人社区，每期平均约 1.5 万字，设有“遥望神州”、“社会纪实”、“广角镜”等栏目，也发表留学生作品，还举办过征文。发稿后，全部文本长期存放在几个公共电脑资料库，通过互联网可以随时提取。《华夏文摘》称，该刊“坚持与任何政治团体无涉和恪守新闻自由、真实、中立的原则及传统”，并“弘扬中华文化”，国此获得读者支持，订户不断增加，1992 年初为4 000户，到 1995 年初达到近 3 万户。

中国国内的第一家网络新闻媒体，是 1995 年 1 月 12 日创刊的杂志《神州学人》。它是一份由国家教育委员会主办的文摘性新闻周刊，内容为从国内几十种报刊中选摘的中国国内最重要的政经、文化信息，通过国际互联网传送给全球出国留学生和海外华人。这份刊物还随时接收电子邮件，提供问答服务。因此，《神州学人》极大地满足了读者了解祖国情况的愿望，一年后直接订户达到了3 000，不定期阅读者在 15 万人以上。1995 年 10 月，《中国贸易报》开辟国内报纸上网的先声，在互联网发行电子版。同年 12 月，英文的《中国日报》建立了自己的网站。1996 年 12 月，广东人民广播电台、中央电视台先后在互联网建立网站，标志着中国广播电视媒体在网络领域也迈开了可贵的第一步。

20 世纪 90 年代中期以后到现在，中国网络新闻传播事业有了很大的发展。上网媒体的数量，上网媒体的种类，信息传播的方式，以至商业运作的做法，都发生巨大变化。不到 10 年期间，中国的网络新闻业从无到有，从简单的模仿到各种各样的创新，不断突破现状，优化自己。如今，报刊、广播、电视、通讯社都在互联网全面开发，发挥自己特长的网络新闻传播和相关信息服务的各种功能，形成了中国网络新闻传播媒体的群体组合。

中国网络新闻媒体自诞生至今的发展，大致可以分为初创、发展、成熟这样三个阶段。

在 1995 年 1 月至 1996 年 12 月的初创阶段，中国上网的新闻媒体，在外部条件上受到对网络技术比较陌生、专业人员缺乏、设备限制等束缚，在内涵意识中又对网络信息传播的规律、作用、意义等的认识严重不足，因而造成发展速度迟缓、运作水平较低。具体表现为上网的媒体数量少，一般无独立的域名，上网内容仅限于单一的文字信息，不会定时更新原有的信息，缺乏即时交流，没有网上查询，也没有法规管理。

1997 年 1 月到 1999 年 12 月的发展阶段，以 1997 年 1 月人民日报社开通网站为标志，表明中国主流媒体开始进军网络新闻传播领域。在这一阶段，中国新闻媒体上网的数量急剧增加，报刊、广播、电视、通讯社等各种媒体在互联网开始开发各种功能。上网的报纸在 1998 年为 127 家，而到 1999 年底达到 700 家，上网的广播电台、电视台在 1997 年初才 2 家，而到 1999 年底已经超过 100 家。上网的新闻媒体广泛采用独立域名，1999 年底有独立域名的网上报纸占网上报纸总数的 42.6%。主流新闻网站开辟中文以外的其他语种网页，建立镜像站点，在网上发布文字、图片等静态平面信息外，还播发声音、图像信息，进行多媒体传播。网络媒体对网上新闻不仅定时更新，而且加快更新时间，有的还开发了网络动态数据查询功能。主流新闻网站开始使用国际通用的网络运行状况即时统计系统，对网站运行情况进行监测和分析，了解受众状况，开发网络互交功能，加强与受众的联系。

2000 年 1 月到 2002 年 12 月的成熟阶段，中国网络媒体朝着规模化、专业化经营方向发展，力争做大做强，形成群体组合，努力突出具有自己的特色。这一时期，中国网络媒体的结构布局、服务功能、经营方式和传播影响力都有新的表现。2000 年 1 月，中国共产党中央宣传部和国务院新闻办公室联合召开中国首次互联网新闻工作会议，对中国网络新闻传播业的发展作出重要的宏观战略部署，提出具体的发展策略。2000 年 4 月，国务院新闻办公室网络新闻管理局成立，随后各地相继成立相应机构，在体制上完善了对网络新闻传播的管理。2000 年 5 月到 2002 年 6 月，《国际互联网新闻宣传事业发展纲要（2000～2002 年）》《互联网站从事登载新闻业务管理暂行规定》《互联网电子公告服务管理规定》《关于进一步加强互联网新闻宣传和信息内容安全管理工作的意见》和《互联网出版管理暂行规定》等重要文件相继颁布、实行，使中国网络新闻传播事业有了明确的指导原则和据以遵循的法规。

2000 年 5 月，中宣部、中央外宣办下发的文件中确定了首批国家重点新闻宣传网站：中国互联网新闻中心（中国网）、人民日报（人民网）、新华社（新华网）、中国国际广播电台（国际在线）、中国日报（China Daily 中国日报网）。中国网等五大重点网站的规模迅速扩大，专业队伍、技术设施、信息容量、服务功能快速发展，到 2002 年已经成为中国网络新闻传播的骨干渠道。与此同时，一批实力雄厚的国家级综合新闻网站也很快成长起来，如中央电视台的“央视国际”、中央人民广播电台的“中国广播网”，中国新闻社的“中国新闻网”、“中国新闻图片网”等。各省市整合所属地区的新闻资源，建设起综合性的地方新闻报刊群体信息门户网站，如北京的千龙新闻网、上海的东方网、广东的南方网、天津的北方网等。国家各部门主管的专业新闻媒体网站，改变过去只进行单一的专业领域新闻传播面貌，联合有关机构网站发展成为该专业领域的综合性信息门户平台，如中国普法网、中国信息产业网、华声龙脉网、中电新闻网、中国台湾网、中国西藏信息中心网、中国人权网等。新浪网、搜狐网等一批商业门户网，经国务院新闻办公室批准，获得登载新闻许可证，也加入到网络新闻媒体队伍中。网络新闻媒体群体组合形成以后，加强了网络新闻宣传工作，发挥了正确引导网上舆论的作用。

网络媒体在国内外发生突发重大事件时进行的新闻报道，有着不同于其他传统新闻媒体的良好表现：时效快、内容丰富，进一步提升了它的地位。人民网、新华网等网络媒体对重大事件的追踪报道、调查监督和专家评论，在社会上产生了很大影响。网络媒体对重大新闻事件的现场直播已成为常见的报道方式。在 2001 年的全国人大、政协“两会”期间，人民网、新华网的工作平台架设在人民大会堂内，实施对“两会”动态的即时报道。2002 年的三峡截流、布什访华，中共十六大等重大新闻事件发生时，网络媒体都进行了现场直播。

2000 年以后，中国网络媒体运用各种网络新技术和自身的特有资源，加强网站服务功能，以增强网站对网民的吸引力。人民网推出个人化电子报纸订阅、在线调查等 8 种服务功能，提供新闻信息、政策信息等咨询服务。新华网形成新闻区、专业频道区、访谈区、政务区等五大特色专区，为全球网民提供多元化服务。东方网推出免费邮件、投诉咨询、网上订票等多种网上服务，深受网民好评，拥有稳定用户群。2002 年 12 月重点新闻网站网页访问量如下：中国网 370 万，最高1 350万，人民网1 000万，最高2 450万，新华网1 000万，最高2 800万，国际在线 110 万，最高 130 万，中国日报网 385 万，最高 500 万。

中国网络媒体已经告别初期单一发布新闻的阶段，努力将网站建设成为一个高技术、多功能的网络信息传播的系统集成。网络新闻媒体在逐渐纳入现代商业经济运营框架，实行公司化经营。2000 年 5 月，中国青年报网络版改版为“中青在线”，网站接受商业机构投资，由北京中青在线网络信息技术公司经营。新华网、东方网、中国江苏网、中国网、中国新闻网等许多中央、地方网络媒体都建立起公司运营机制。2000 年以后，中国网络新闻传播的学术研究活动日趋活跃，取得不少成果。近两年来，网络新闻传播教育事业迅速发展，各大新闻院系开设网络新闻领域的课程，建立专门教研机构。2001 年以后，中国出现了数量可观的有关网络新闻传播的专著。上述种种新的变化表明，中国网络媒体已经迈入可以与世界大多数网络发达国家媒体同步前进的成熟发展阶段。

截至 2002 年底，中国内地的上网计算机总数达到2 083万台，是 1997 年 10 月第一次调查结果 29.9 万台的 69.7 倍。2003 年上网用户总人数为7 850万人，是 1997 年 10 月调查结果 62.9 万人的 124.8 倍。摩根斯坦利公司最新关于中国互联网的报告显示，2003 年中国互联网用户已超越日本，仅次于美国，居全球第二，5 年内将跃居世界首位。但是，迄今中国网民在全国将近 13 亿的人口中仍仅占 6%。因此，中国实现网络化的现代文明社会的课题，依然任重道远，是一个长期、宏伟、艰辛的过程，还有许多事情要做。

（三）台港澳网络媒体现状

1. 中国台湾

互联网络起步于 20 世纪 80 年代，是以学校之间网络为中心逐渐发展起来的。1987 年学术网络连接上国际学术网。1996 年底，互联网用户为 50 万，到 2002 年底上网人数达到 859 万人，普及率为人口的 38%。1993 年，出现第一个互联网网站，到 2003 年 6 月，网站以中、英文注册的域名数也达到225 177个。

第一家上网的媒体是著名的《中国时报》。《中国时报》在1995年9月建立“中国时报系全球信息网”网站，1997年改名为“中时电子报”。1996年4月，“中央通讯社”把每日采发的即时新闻稿件，包括中文、英文、西班牙文消息和新闻照片摆上互联网，建立正式上网运作的新闻网站。1997年1月、3月，“中华电视公司”、民间全民电视公司分别开通“华视全球信息网”、“民视全球信息网”，在互联网上进行网络实时视频播放。到90年代末，几乎所有重要新闻媒体都建立了网站，而且从最初的“网络版”、“电子版”形态发展成为综合性的新闻媒体网站。但是，2001年，随着世界经济恶化和网络发展的冷风劲吹，台湾的网络媒体也难逃厄运，有的倒闭，有的裁员。网络媒体业界积极寻求适合网络发展的经营模式，有的开发无线业务，有的推出短信服务，更多的开通新的收费渠道，终于重新走上稳步发展的道路。

目前，台湾的互联网市场开放，外资可以按照相应政策、法规自由进入，已经形成相当规模的互联网产业。台湾在信息和互联网产品制造领域处于领先地位，是全球重要的生产供应基地。然而，台湾网络业的发展，是与全球互联网业和台湾自身经济发展密切相关，由于岛内网络媒体市场空间狭小，竞争异常剧烈。

台湾目前主要的网络媒体有3家：中时电子报，联合新闻网，东森新闻报。中时电子报作为台湾第一家专业新闻网站，以《中国时报》为后盾，在1998年10月、2000年6月、2003年6月三次改版，在内容、服务、技术、经营等方面不断向前推进。联合新闻网是台湾另一家重要报纸《联合报》于1999年9月建立的网络媒体。这家报社当时确定了一个重要原则：网站要成为互联网中的媒体，而不仅仅是报纸的网络版。联合新闻网不断进行系统升级和多次改版，强化新闻分类，方便网民阅读，还推出“联合知识库”，知识库中有联合报系自办报以来的所有新闻资料，可以全文检索查询，付费服务。东森新闻报是台湾东森媒体科技集团于2000年设立的。这家集团原来是有线电视频道跑带商，1995年开始进军有线电视市场，正式经营两个卫星电视频道，两年后发展成为拥有14家大型电视台、95万收视户的台湾最大的有线电视经营者。在全球传播业、信息业、电信业大调整的趋势下，这家集团迅速从有线电视经营者转变成为跨媒体经营者，现在已经成为覆盖广播、电视、平面印刷媒体、网络媒体“四合一”的超媒体集团。东森新闻报除了有新闻频道、互动社区、各种服务信息等以外，还有特色新闻互动特区，并设投票区、讨论区、留言板等，借网络的互动来吸引网民。

在台湾涌现的众多网络媒体中，不能令人忘记的是在台湾上网热潮中诞生又在网络泡沫破灭时关闭的《明日报》。《明日报》是在《网络家庭》、《新新闻周刊》等新闻媒体主导下设立，在2000年2月25日正式上网的，有包括传统新闻媒体优秀记者编导在内的286名职工，是台湾岛内第一家大规模的纯网络综合媒体，免费发行。它的分版结构、报道方式、分层写作、新闻连接、搜寻、加值处理等作法，都依照网络传播特点进行，有8大新闻中心、17个分版，每天提供1 000条新闻，从上午9点至晚上9点整点更新新闻。《明日报》创刊后不久调查表明，这一网络媒体的网民阅读仅次于中时电子版，在台湾岛内居第二位，每天网页浏览约有180万人次，最高时达到240万人次。但是好景不长，网络的市场环境变化使这家网络媒体仅维持一年就告别受众，于2001年2月20日宣告停办。《明日报》关闭的主要原因是它无“母体”作靠山来提供新闻，网络媒体的新题目和新服务需要必要的人力、物力和财力，经营中的免费机制又造成无收入来源，结果一年内亏损新台币3亿元（约合900万美元）。这家网络媒体退出历史舞台给台湾新闻界留下了深刻的教训。

世界网络传到东亚以后，中国内地、台湾、香港、澳门两岸四地的网络管理机构合作良好，解决了网络发展中面临的不少问题。近几年来，台湾与内地网络媒体之间的互访、研讨活动不断进行。2000年11月，在台北举行的研讨会上，两岸四地的72位新闻工作者和新闻学者研讨了“网络时代对新闻传播的冲击”。现在，台湾的网络媒体通过获得授权等合作方式，转发内地新闻媒体网络的内容。2000年8月，上海《新民晚报》借用《明日报》的平台发行了简、繁体电子版。2002年11月，东方网等6家内地网络媒体报人应台湾联合报系邀请首次组团赴台参观访问。2003年2月，人民网等10家新闻工作者应中国时报系的邀请再次赴台湾参访。

2. 中国香港和澳门

中国香港在20世纪90年代初期，互联网的应用仍局限于大学及研究机构，以学术交流为主。1994年底，香港上网的家庭不到1%。在香港政府修订有关法规，推进互联网普及以后，进行互联网服务的公司剧增。2001年底，香港有互联网服务供应商259家，拨号上网的注册账户228万多个，占香港人数的33%。2002年底，香港常住居民中有网民275万，上网计算机总数为126万台。

香港最早上网的传统媒体是1994年10月建立网站的公营香港广播电视台。1995年8月，《星岛日报》推出香港首份电子报纸，用来发行报纸。同年，《明报》建立网站，成为最早的香港报纸的网络媒体。2000年，香港有3份英文日报、6份中文日报、6份中英文双语报分别利用互联网出版。2000年年中以后，香港互联网的经营形势恶化，网络媒体出现关闭、减薪、裁员风潮。短短半年时间，香港有10多家与传媒有关的网站相继停业，1 035名从业人员失业。香港网络媒体纷纷寻找各种方法以求生存下去。随着互联网业经营逐渐复苏，香港网络媒体也进入平稳时期，各网站调整发展规划，开展网上业务。目前，香港大部分综合性报纸和广播电台、电视台都设有网页，内容每天更新，并增设即时新闻和互动等功能，一般上网浏览免费，专项服务收费。香港网络媒体的读者，半数以上住于外地或海外。

香港网络媒体的发展思路各不相同。《明报》、香港广播电视台、凤凰卫视的凤凰网是走门户型网站的道路，要作为全面、综合性咨询与服务的提供者。《明报》上网后，开设即时新闻、求职增值、网上书店等12个主题频道，开设电子卡服务，到2002年11月网站的每天浏览量达到400万人次。香港广播电视台上网后，利用同步直播新技术在1997年6月30日12时至7月2日12时进行“1997年香港政权接交网上48小时实时直播”，将香港电台、无线电视、有线电视和亚洲电视联合摄制的节目在网上直播，在1998年国际互联网广播会议中被评为给予“最佳网上数码影音直播大奖”。凤凰网设置的新闻、财经、综艺、时尚生活等多个频道，很好地实现了网络与电视节目的补充与互动。《南华早报》网站是走专业型门户网的道路，力图充当专业咨询的提供者。有线宽频网站是走跨媒体的道路，既经营电信网络，又经营电视节目，还提供收费电视服务。香港大部分报刊的网站，甘愿充当“母体”的辅助者和推销员，走辅助型网站的道路。

香港网络媒体普遍重视自身发布的信息有效地到达受众。他们采用下拉式菜单，使受众可以自行选择感兴趣的新闻。大多数网站设置中文简繁体转换或者繁体字库下载功能，以吸引更多的港外用户。香港网络媒体之间横向联系较少，几乎没有相互转载新闻的现象。

中国澳门连接互联网是在1994年初，由澳门大学设立专线，向大学师生提供互联网服务。此后，澳门电讯有限公司开辟互联网业，在1995年正式向公众提供互联网连接服务。到1999年12月，澳门的互联网用户约为2.5万，占人口的比例为5.8%。

2003年，中文的《澳门日报》《华侨报》《市民日报》《新华澳报》《讯报》和《体育周报》等6家报刊建有自己的网站。《澳门日报》在当地记者最多，社会影响力最大，是在1997年8月上网的澳门首家网络媒体。但是，《澳门日报》网站主页每天仅刊登前一天该报的重要新闻、言论和照片，网上提供的新闻量只有印刷版的内容一半左右，10多个副刊中只有1个上网，没有与受众互动版块。澳门其他报刊网站，同《澳门日报》一样，基本上处于从属地位，栏目较少，网页设计粗糙，有的内容不是每日更新。澳门广播电台、澳门电视台同属澳门广播电视公司，在2000年建立一个网站，在互联网提供音频、视频节目。澳门广播电视公司网站内容丰富，更新快、及时，在利用互联网特长方面走在报刊网站的前面。

（四）日本和东亚其他国家的网络媒体

日本的新闻事业发达，在世界各国中位居前列。全国有影响的媒体早在20世纪90年代建立网站，并且不断更新页面，增加服务功能。日本《朝日新闻》网络版是有重要影响力的网络媒体。它在1995年8月上网后，第1周浏览人次就达到100万，一年后的1996年9月累积访问人次达到3亿，到1997年1月累积访问人次达到5亿。2000年平均每天访问人次都在300万以上，因此，《朝日新闻》网络版已经成为国际互联网的一个重要信息源。这家网络媒体首页报道的内容，通常由三部分组成：头条新闻大标题及提要、数条新闻速报标题和一幅新闻照片。受者可以通过《新闻标题》《今日朝刊》《新闻速报》《特集》等10栏目进入下一层信息检索。网络版每天的信息总量为500网页。受者普遍认为《朝日新闻》网络版的最大优点是信息更新频繁和免费阅读。日本的国际广播电台在2000年3月开办网站，使用22种语言进行24小时网上广播，并通过卫星以及英国世界广播网的数字卫星直播系统传播。

东亚发展中国家的国际广播电台打造综合型多媒体大平台的趋势也很明显。许多发展中国家都利用卫星电视、国际互联网来加强本国的国际传播。韩国、缅甸、新加坡等国都投入大量资金，开始采用多媒体方式开展对外广播电视传播。

韩国的国际互联网普及率高，2002年底上网人数达到2 627万名，占全国人口的55.1%。全国有影响的新闻媒体都在20世纪90年代进入互联网，提供网上服务，最后大部分都建立网站，另设有刊名的网络媒体。2003年3月，韩国还有专职的互联网报8家，从业人员260名。《东亚日报》的网络媒体“东亚达肯”，建立于1996年10月，2000年1月进入报社媒体中心，2001年4月有职工282名，进行互联网信息处理。“迪奇特尔朝鲜日报”是《朝鲜日报》的网络媒体，早在1995年10月建立。它开始时进行联机电子版数据服务，随后设立地球卫星局、数据库工作室，经营互联网方便服务，实施日本语、中文版消息服务，2001年3月开播互联网广播电视和进行证券广播服务，网上功能呈现多元化局面。这家网络媒体2001年4月有职工225名，其中妇女71名。《京乡新闻》《大韩每日》《韩同胞新闻》《韩国经济新闻》《体育汉城》等报社都在1999、2000年建立自己的网络媒体。“米迪阿肯”、“大韩每日肯泰”、“因特耐韩格来”、“韩经达肯”、“韩国斯泊莰情报”，从事国际互联网事业。韩国联合通讯社早在1996年11月进入互联网，发展多种平台。1998年11月创立网站，2000年1月在互联网提供英文消息服务。韩国两家最大的广播电视媒体韩国广播公司、文化广播公司也分别在1999年11月、2000年3月设立网站，进行互联网广播服务。文化广播公司早在1995年10月就开始在网上服务，后来还进行过互联网电视节目直播，进行视频咨询服务。

新加坡《联合早报》、马来西亚《星洲日报》和菲律宾《商报》等东南亚著名报社，建社历史悠久，在当地都有一定地位。互联网传到东亚以后，这些报社都较早地建立网站，进一步扩大了自己的影响。

新加坡《联合早报》是东南亚很有影响的报纸，不仅在新加坡发行，而且推销到马来西亚、中国香港、中国台湾和欧美国家。这家报社在1995年8月创办电子版，进入互联网。它在内容和形式上不断满足受者的需要，访问量快速增长，一举成为有国际影响的华文报纸。该报电子版上网后，当月浏览者访问次数为25万，以后稳步发展，月平均浏览人数达到350万人次。1997年5月，《联合早报》电子版进行改版，新版具有图文并茂、简洁明快、信息量大等特点，深受读者欢迎。改版当月，读者浏览量即达到417万，4个月后突破1 000万，1998年3月达到2 456万人次。这家报社在2000年1月推出联合早报网，并组建亚洲网网络公司，企图用可行的商业模式将一个一揽子综合服务门户网站建设成为一家成功的网络企业。联合早报网遵循网上出版社的基本原则：内容至上、速度是关键，在页面上使用中文简体字和国际码，避免使用过分复杂的新技术，尽量减少读者阅读时间。网页有十多个栏目，并开辟特别专栏。受读者欢迎的栏目有：中港台新闻，评论，论坛，科技，娱乐和体育等。联合早报网的读者遍布世界各地。据调查，海外读者占总数的90%左右，其中在美国的占50.34%，在中国的占11.18%，在新加坡的占8.98%，在加拿大、日本、马来西亚、英国、印尼、法国、澳大利亚的分别占5.58%至1.52%。因此，《联合早报》超脱了印刷报纸发行量只有20多万份的地区性报纸的范围，借用网络传播的威力，跨越时间和空间的制约，发挥出更大的国际性影响。

《星洲日报》是马来西亚第一家进入国际互联网的华文报纸。这家媒体在1995年10月建立“星洲互动”平台，使星系报业集团的8家报刊都可通过这一平台上网，其中包括《星洲日报》《光明日报》《沙捞越星洲日报》和《柬埔寨星洲日报》等。在马来西亚销量最多的《南洋商报》在1996年1月正式进入国际互联网，截至当年6月，网上用户接近200万人次，平均每月超过35万人次。

五 出版业

东亚地区的出版事业具有悠久的历史，这是同中国古代的重大发明——造纸术、印刷术密切相关的。然而，由于封建思想的制约，再加上闭关自守，造成东亚出版业长期停滞不前。在近现代，又由于帝国主义的侵略，东亚地区出版业十分落后。只有日本在向资本主义发展过程中，保持着出版业在世界领先的地位。第二次世界大战结束后，特别是大多数国家获得独立后，东亚地区出版业得到了不同程度的发展。

（一）东亚发展中国家出版业的现状

东亚发展中国家在第二次世界大战以后，在世界政治格局中成为一支重要的力量，经济实力增长，文化水平提高，出版业也取得不同程度的发展。但是，同西方发达的资本主义国家相比，仍有相当大的差距。在读者方面，由于教育落后，文盲率高，因而造成图书市场有限；在出版物生产方面，由于出版基础薄弱，专业人员奇缺，印制设备落后、不足，从而使印刷品难以大量面世。再加上作者水平、图书编辑能力和纸张油墨供应等问题，多方面因素造成东亚大部分国家出版业的发展缓慢，只有少数国家步入出版强国的行列。

（二）中国造纸印刷术的传播和出版业现状

中国人早在公元105年就已经发明了造纸术，到公元600年左右则把造纸术传到朝鲜半岛和日本。这一技术在8世纪中期才开始向西方传播。公元751年阿拉伯人俘虏一些中国造纸工匠，强迫他们泄露造纸秘密，并在撒马尔罕建立起第一个造纸作坊。造纸术从中亚经过巴格达、大马士革、开罗传到摩洛哥，最后在11～12世纪经西班牙、意大利西西里岛传至中欧。到13～15世纪，原料丰富和制作成本低廉的纸张逐渐替代了羊皮纸，成为法国、德国等欧洲人制作书籍的主要材料，为欧洲出版业的发展创造了物质条件。

公元636年（唐太宗贞观十年），中国发明了雕版印刷术。雕版刻本很快传到朝鲜半岛。中国的雕版印刷术自朝鲜半岛传入日本是在8世纪。越南的陈朝、黎朝在13世纪和15世纪用中国雕版印刷术出版了佛经等书籍。当时，东方国家的出版业处于世界领先地位。1292年，意大利人马可·波罗自中国回国时，将中国的雕版印刷术传到西方。14世纪末，欧洲才开始出现用雕版印刷术印制的圣像和纸牌。

11世纪上半叶，1041～1049年间，宋代平民毕昇（？～约1051）发明了泥活字印刷术，是活字印刷的首创。当时，毕昇也曾试用过木活字，由于发现木质纹理疏密不同，排出版来高低不平，遂又改用泥制活字。迄至1295年，元代农学家王祯于用梨枣木雕刻成功创制了木活字技术，还创制大量轮转排字架，印制了多种书籍。14世纪，中国木活字技术传到朝鲜、日本，聪慧的朝鲜人民在中国的木活字技术基础上，创制了铜活字技术，成为世界上最先用金属铸活字的国家。1450年，德国古登堡发明铅合金活字印刷术，并于1456年印成著名的《四十二行圣经》，但比朝鲜的金属活字技术晚了200年。

到明代中期（1490年），中国也采用铜活字印刷书籍，无锡华燧是中国铜活字印书第一人。19世纪中期，西方先进机械化印刷技术传到中国后，铅活字印刷术代替了各类印刷术，成为近代中国印刷术的主流。

中国古代发明造纸术和雕版印刷术，为世界出版业做出了重大贡献，也曾有过书籍出版的繁荣，影响东方邻国。但在漫长的封建社会里，造纸与印刷仍停留在手工业阶段。19世纪中叶以后，西方现代印刷术传到中国，印刷业发生重大变化。到20世纪初期，机械化印刷术成为中国印刷技术的主流，改变了1 000多年手工印刷书籍的状况。1840年鸦片战争以后，由于中国逐渐沦为列强分割的半殖民地、半封建社会，印刷出版业远远落后于西方发达国家。国民党统治下的旧中国，全国仅有很少的私营出版社和书店。

中华人民共和国成立以后，中央人民政府没收国民党官僚买办资本，废除反动法令法规，使出版印刷业走上繁荣发展的新时期。解放初期，全国（不包括台湾、香港、澳门地区，下同）建立起国营的中央和地方出版社、印刷厂和书店，随后对私营出版社进行社会主义改造，又创办许多综合性、专业性的出版社，建立起较完善的出版工作制度。中国共产党的十一届三中全会以后，全国图书出版业迅速发展，基本形成了全国出版业系统。2002年底，全国共有出版社568家（包括副牌社36家），其中中央级出版社219家（包括副牌社15家），地方出版社349家（包括副牌社21家）。改革发行体制初见成效，现在已经初步形成一个以国有书店为主体、多种流通渠道的发行格局。2002年，全国共出版图书170 962种（总印数68.7亿册，总印张456.45亿印张），其中新版图书100 693种，重版、重印图书70 269种。从1995年开始，中国的出书品种超过10万种，位居世界第一。改革开放以后的20年中，中国出版了大量精品书、特色书，像《中国大百科全书》《汉语大词典》《中国美术全集》等巨著在国内外产生了重大影响。2002年，全国共有音像出版单位292家，其中音像出版社208家，图书出版社音像部84家。中央级音像出版单位125家，地方音像出版单位167家。2002年全国共出版录音制品12 296种、2.26亿盒，录像制品13 576种、2.18亿盒，电子出版物4 713种、9 681.35万张。

中国著名的出版社很多。1950年12月创建的人民出版社，主要出版马列主义经典著作、党和国家领导人的言论著作、党和国家的重要文献和有权威性的学术著作。1951年3月成立的人民文学出版社，出版《鲁迅全集》《红楼梦》《莎士比亚全集》等中外古今文学书籍7 500余种，印发5亿多册。1978年11月成立的中国大百科全书出版社，出版了《中国大百科全书》(74卷)、《简明不列颠百科全书》(10卷)、《世界经济百科全书》等。创办于1897年2月的商务印书馆，100多年来共出书3万余种，现在成为以翻译出版社会科学学术著作和编纂出版中外文工具书为主的专业出版社。生活·读书·新知三联书店的前身，为创办于20世纪20年代和30年代的生活书店、读书出版社、新知书店，现在是综合性出版机构，以出版人文科学著译见长。此外，具有一定特色的出版社还有：中国社会科学出版社，科学出版社，中国青年出版社，中国少年儿童出版社，民族出版社，新华出版社，世界知识出版社，国防工业出版社，解放军出版社，解放军文艺出版社，外文出版社，外语教学与研究出版社，中国地图出版社，科学普及出版社，人民美术出版社，人民音乐出版社，作家出版社，北京出版社，上海辞书出版社，汉语大词典出版社等。

中国台湾地区

在日本侵占时期，出版业相当落后。1949年，国民党当局撤到台湾时，全省仅有出版社100余家。后来，出版业发展较快。2002年，出版社有7 810家，出版图书38 953种。年平均出书100种以上的大型出版社只有台湾商务印书馆等几家，年平均出书50种以上的中等出版社有20余家，绝大部分为小出版社，时办时停。著名的台湾商务印书馆，1948年成立，1950年改为现名，至今重印国内出版的书籍约8 000种、2 000余万册，编印《四库全书珍本》《中正科技大辞典》《云五社会科学大辞典》等，另出“人人文库”千余种，平均年出书100种以上。台湾中华书局，年出书数十种，重要的有《四部备要》《中华新版常识百科全书》《中华民国当代名人录》等。正中书局，1940年创办，1949年迁台，由国民党中央党部经营，主要编印大专院校教科书及各种参考书，出版了《正中文库》、各类丛书及工具书等。世界书局，侧重编印中外学术论著及工具书，出版的主要图书有《永乐大典》《英汉四用辞典》《莎士比亚戏剧全集》等。幼狮文化事业股份有限公司，1958年10月创办，以出版学生用的各类工具书为主，如《数学大辞典》《英汉大辞典》《三民主义大辞典》等。皇冠出版社，1964年6月成立，主要出版文艺书籍和社会科学作品，年平均出书100种以上，中国台湾女作家琼瑶的许多小说由该出版社出版，出版“皇冠丛书”数百种。国际地图出版社，1979年6月成立，主要业务是出版世界地图集、中国地图集、台湾地图集、旅游交通地图等。1975年成立的知音出版社，主要出版中医药图书。此外，台湾较著名的出版社还有：联经出版事业公司、麦田出版公司、常民文化事业公司、南天书局公司、东大图书公司、艺术图书公司、光复书局企业公司等。

1998年底，有声出版公司有1 939家，经常性发行唱片的公司约50家。唱片市场每年本省唱片的发行量约500种，代理进口或授权发行的约1 500种。本省唱片公司多属中小型，大型唱片公司仍以国际公司为主。主要有声出版公司有：滚石国际音乐公司，丰华唱片公司，巨石音乐公司，国纶企业公司，飞碟企业公司，家威影音公司，金革唱片公司，风潮有声出版公司，望龙文化事业公司等。

中国香港

最早的近代出版社是1882年创办的凯利和沃尔什出版社。截至1996年底，香港出版社超过200家，发行机构1 000余家。出版社中很多是海外出版公司在香港开设的办事处或地区总部，本地出版社多数是类似书店的小型出版社。20世纪80年代以来，香港图书市场每年经销新书约15 000宗，包括内地版、台湾版和香港版。中国香港每年出版图书8 000余种，其中60%为英文书籍，40%为中文书籍，前者大部分是出口的。香港著名的商务印书馆（香港）有限公司，1914年成立，70年代以后开展出版业务，主要出版工具书、教科书和大型画册。中华书局（香港）有限公司，1927年成立于香港，20世纪80年代改为现名，主要出版文史哲读物。三联书店（香港）有限公司，1948年10月成立于香港，1988年改为现名，主要出版文艺书籍，出版物以系列化为主要特点，已经出版《中国历代诗人选集》《中国现代作家选集》和《海外文丛》等。上海书局，1946年成立于香港，主要出版教科书和儿童读物。香港大学出版社，1956年成立，主要出版学术著作、参考书和教科书，绝大部分为英文版，在澳大利亚、日本、新加坡、美、英等国有其书刊发行网。万里机构出版有限公司，1959年成立，现在为综合性出版机构，由得利书局、明华出版公司、明天出版社、饮食天地出版社等机构组成，主要出版实用性图书，年出书100种左右。联合出版集团有限公司，1988年9月成立，以图书、杂志出版、发行、零售、印刷为其主要业务，同时经营唱片、录音磁带、文物、邮票等。现在它是香港最大的出版集团，下有20余家企业，分支联营机构遍布香港、澳门、广州、深圳、上海、新加坡、马来西亚、美国、加拿大、英国等地。三联书店、中华书局、商务印书馆、万里机构出版有限公司等都是该集团的成员。该集团内部成员自主经营，但各有分工，分别出版不同门类的书籍。

中国澳门

书刊出版史较为悠久，但发展缓慢。直至20世纪80年代初，澳葡当局、报社和社团兴起出版书刊热以后，澳门才出现一批保存至今的出版社，但较大规模的出版社不多。90年代以后，随着澳门社会经济的发展和各项文化活动的展开，澳门出版业出现良好的发展势头。澳门印刷署作为澳门特区政府的官方出版机构，负责印刷出版澳门特区《政府公报》及有关刊物。澳门基金会、原文化司署出版部近几年出版大量书刊，内容涉及政治、法律、哲学、语言、文学、历史文化、宗教艺术等多种门类。澳门基金会出版的中、葡、英文图书中，有不少丛书、工具书，如《澳门丛书》《澳门论丛》《濠海丛刊》《澳门法律丛书》《澳门百科全书》《管理丛书》《政府丛书》《工商管理杂志》等。澳门民间出版机构近年来在澳门出版市场上更加活跃，如星光出版社、澳门日报出版社、澳门出版社、五月诗社、澳门国际名家出版社、东方文粹出版社等。澳门的主要出版社是星光出版社、澳门出版社和澳门日报出版社。星光出版社成立于1986年8月，为《澳门日报》社的附属机构，主要出版澳门学者、作家的著作，先后出版的书籍有：《澳门旅游》《澳门古今》《澳门史钩沉》《中山的传说》《南欧风情》和《望洋小品》等。澳门出版社成立于1988年6月，创办的宗旨是积累澳门的文化艺术创作成果，出版了《澳门百年诗选》《澳门小说选》《关山月传》和《珠海内联》等书籍和中英文画册《广东乡镇企业》。澳门日报出版社也是《澳门日报》社的附属机构，着重出版各种学术问题的探讨性著作，已经出版《转型中的澳门经济》《澳门文学论集》和《广州方言选释》等书。

（三）日朝韩蒙出版业的发展与现状

1. 日本

在东亚，最早出现近代出版业的国家是日本。16世纪末至17世纪初，日本用从朝鲜半岛传入的铜活字印刷术制成的日文木活字印书盛行一时。

1591年，意大利传教士巴利尼亚诺在随日本遣欧洲使者归国时，将西方机械印刷机、铅字等设备带到日本，在长崎附近设厂印刷基督教书籍。在17世纪中期，小规模生产印刷品的日本出版业开始形成，到18世纪以后，将书籍当做商品的买卖活动兴盛起来。19世纪中期明治维新以后，西方活字印刷术在日本流行，日本出现了翻译、出版西方书籍的高潮。1887年东京书籍出版营业者公会成立，从此以出版社、代销公司、零售书店为核心的出版业务体制逐渐完善、定型。

20世纪上半叶，日本的图书出版业总的来看属于中小规模，资本与从业人员多属私营，家族色彩浓厚。50年代以后，以大出版社为核心的日本出版业出现了走向现代化企业的萌芽，60年代以后日本的图书出版业迈入世界出版大国行列。

2001年3月底，日本全国有出版社4 424家，其中3 461家集中在东京，占全部出版社的78.2%，其次为大阪、京都，分别为202家和139家，占4.6%和3.1%。大部分印刷、装订厂也集中在东京及其周围地区，而销售书籍的书店、超市分散在全国各地。因此，日本的图书流通特点呈现出由东京向全国各地分散的现象。

2000年，日本出版图书67 522种、发行13.26亿册，其中：社会科学类最多，达到13 965种，占20.7%；其次是文学类，为11 731种，占17.4%；再次是艺术、工业、自然科学、历史地理、教科书、儿童书等。

日本主要出版社之一的讲谈社，创业于1909年，以出版综合性图书为主，年出新书约1700余种，是日本出书较多的出版社。1922年创办的小学馆，主要出版学生学习杂志、百科全书、辞典等书籍。1913年创办的岩波书店，是综合性出版社，出版了著名的《岩波文库》《岩波新书》等系列图书。1914年创办的平凡社，出版了60卷本《现代大众文学全集》、36卷本《世界美术全集》、32卷本《世界大百科事典》等书。1881年创立的三省堂，是日本辞书出版界的元老，出版《广辞林》《新明解国语辞典》等数百种辞书，还出版各种外语辞典及初高中教科书。新潮社创立于1896年，是日本著名的文艺出版社之一，出版过《资本论》和《尼采全集》等有影响的巨著，出版日本文学名作杂志《新潮》。1923年创立的文艺春秋社，也是日本著名文艺出版社之一，创立多项在日本有威望的文学奖，出版《文艺春秋》《周刊之春》和《诸君》等有特色的杂志。创办于1954年的德间书店，经营范围广泛，不仅出版传统书刊，也制作和电子出版物，如发行唱片、磁带、录像带、电子计算机软片以及电视、电影片等。

2. 朝鲜、韩国

朝鲜半岛具有悠久的木刻印刷、金属活字印刷的出版传统，现收藏于韩国庆尚南道海印寺中的13世纪木刻本《高丽大藏经》经板被列为联合国教科文组织的世界文化遗产之一。但是，近代在封建王朝实行锁国政策的影响下，朝鲜半岛的出版业同其他各业一样逐渐落后于世界先进国家。在被日本帝国主义者进行殖民统治以后，民族出版印刷事业处于奄奄一息状态。

1945年8月光复以后，朝鲜半岛南北两部分分别建国，发展了各自的出版业。

朝鲜民主主义人民共和国建立起社会主义制度，出版社归属于政党、政府或者社会团体经营，是国有或者集体所有企业。1946年6月成立的国家出版指导局和以后在政府内设立的出版总局，负责领导出版物的出版与发行工作。主要的出版社有：朝鲜劳动党出版社，外交综合出版社，金星青年出版社，工业出版社，科学百科词典出版社，勤劳团体出版社，文艺出版社，农业出版社，教育部门出版社等。1945年10月成立的朝鲜劳动党出版社，主要出版朝鲜劳动党文献和金日成著作，已出版《金日成著作集》和《与世纪同行》等书。1949年成立的外文综合出版社，主要翻译出版金日成著作和社会政治类图书，还出版画册、年历等。

韩国在20世纪70年代以前，出版事业比较落后，全国虽有几百家私营出版社，但规模小，资金不足，出书少，发行量更少。20世纪四五十年代平均年出书约1 300种，20世纪60年代平均年出书约3 000种。随着韩国经济的发展，出版印刷事业也迈向现代化规模，成为发展中国家的出版大国。20世纪80年代以后，韩国年出书2万余种，发行量达到5 000余万册，出版社增至2 000余家。

1987年10月，韩国加入国际版权公约；1990年开始，韩国采用国际标准图书编码，步入国际图书出版行列。2002年，韩国的注册出版社达到19 135家，出版图书36 186种、11 750万册。

韩国著名的出版社有：1945年12月成立的乙酉文化社，是综合性出版社，出版了《大词典》(6卷)、《韩国史》(7卷)、《韩国文化丛书》(20册)、《世界文学全集》(60卷)等。成立于1953年9月的一潮阁，主要出版社会科学、自然科学、专业技术类书刊，出版了许多教育图书和学术著作。成立于1965年10月的金星出版社，以出版政治经济、哲学、历史、财政、金融、文艺、儿童读物等图书和教学参考书为主要业务。成立于1948年5月的高丽书林，是出版人文科学图书为主的综合性出版社。成立于1979年2月的麒麟苑，主要出版宗教类、哲学类、社科类、文学类图书。此外，各有特色的出版社还有启蒙社、博英社、东亚出版社、甲寅出版社、国际文化出版公司等。

3. 蒙古

创建于1991年5月的蒙古印刷公司，是蒙古全国最大的印刷企业。该公司隶属于政府贸易工业部，主要任务是对全国五大出版社、25家印刷厂和各地书店的经营活动进行协调和指导，帮助它们更新工艺和培养干部。公司实行自负盈亏原则，不干预下属单位的经营活动。公司所属企业每年生产2亿多印张的印刷品，约1 000多种书籍、大量报纸和50多种期刊。

（四）东南亚各国出版业现状

1. 越南

越南2002年的主要出版社有：政治出版社、文化出版社、文学出版社、科技出版社、教育出版社、世界出版社、外文出版社等。政治出版社的前身为1945年12月在河内成立的真理出版社，是越南共产党中央委员会政治理论出版机构，是越南独立后最早建立和全国最大的政治书籍出版社，出版了《马克思恩格斯选集》（6卷）、《列宁全集》（55卷）、《胡志明全集》（10卷）、《有中国特色的社会主义》和《世界历史知识辞典》等书。

2. 老挝

老挝出版社是老挝全国最大的一家出版社，社长由国家出版局局长兼任，除出版老挝文图书和刊物外，还出版越南文、法文、俄文、英文书刊，在行政上直属国家出版局领导。

3. 缅甸

缅甸在1816年后开始使用印刷机和缅文铅字。最早的缅文铅印书《阿比汉和载维子孙们》，是由美国传教士于1817年在仰光印刷出版的。1817～1912年缅甸出版的书籍有1 300余种，其中有关佛教的书600余种，基督教的书50种。

在缅甸争取民族独立斗争中，出版界发挥了一定的作用。在第二次世界大战日本侵占缅甸时期，缅甸文化事业遭到摧残，出版业很不景气，1945年出版的图书只有32种。

缅甸独立后，出版业得到复苏和发展，1962年出版书籍1 388种，1970年增至2 100种。缅甸著名的出版社有：1937年11月成立的红龙书社，提出“引导人民早日实现民族独立”等宗旨，出版了《缅甸政治史》《社会主义》《独立斗争》《新缅甸》等书，在20世纪40年代因书社大部分领导人被英国殖民当局逮捕而被迫关闭。1947年8月成立的文学宫，原名缅甸翻译协会，主要翻译介绍外国优秀作品，发掘、整理、出版缅甸文化古籍，1963年8月后成为政府的文化出版机构，出版了《缅甸百科全书》（15卷）、《群众科学》（13卷）、《1900～1950五十年丛书》（8卷）等书。

4. 泰国

泰国的出版业不很发达，全国的出版社不到100家，其中只有20家左右有固定职工10～20人。大部分是作家、翻译家、教师或者大学生开办，通常自己兼职印刷商和书商。泰国年出书5 000种左右，每种书印数只有两三千册。正规的出版社大部分以出版教科书为主。如库鲁萨帕商业公司是泰国最大的教科书出版企业，印制全国65%的教科书，属泰国教育部领导，拥有4家印刷厂、5家书店。瓦他那帕尼出版社是泰国最大的私营出版社。总部设在暖武里的娱乐圈图书出版公司，主要出版各种趣味性图书和初级读物。

5. 马来西亚

马来西亚在1957年8月独立以前，全国的出版社不超过15家，其中本土出版社只有6家。大、中、小学使用的教科书大部分依靠进口。马来西亚政府于1968年在教育部下面设立图书发展中心，对于发展出版印刷事业具有重要意义。

现在马来西亚有400家出版社，大部分出版社用马来文或英文出书，8家只出版中文书，5家只出版泰米尔文书。70%的出版社雇员不到20人，只有几家大出版社雇员超过50人。马来西亚1976年出版图书2 509种，1986年出书8 483种，55%的出版物是教科书和儿童读物。20世纪80年代以后，政府鼓励出版社多出版儿童读物，1986年出版的儿童读物达到1 123种，还翻译了英国10卷本的《儿童百科全书》等。

主要出版社有：语文局作为政府出版机构，垄断小学一年级至四年级教科书的出版，占马来西亚文教类书出版量的40%。新闻出版公司主要出版报刊、儿童图书和学校用书。马来亚大学有限公司以出版学术性书刊著名，主要出版文学著作、社会科学著作和医学著作；吉沙出版公司出版历史、教育类图书和参考工具书。朗曼马来西亚出版公司主要出版工具书、学术性著作和一般阅读图书。

6. 新加坡

新加坡自1965年建国以来，经济发展较快，图书出版业也取得较大成就。1975年全国出版图书577种，平均每百万人251种，高于亚洲每百万人 62 种的平均水平，也高于世界每百万人 182 种的平均水平。

1986 年出版图书2 500种，以后仍以较快速度发展。出版的书籍中，社会科学类最多；其次是文学、应用科学、科学、宗教类等；教科书约占整个图书的 80%，翻译作品较少。全国约有 30 家主要出版社，不少欧美出版公司在新加坡设立分公司。主要出版机构有：1984 年成立的新加坡报业控股有限公司，是新加坡最大的现代化出版机构，由华文报集团、时报集团和印务集团组成，共出版 10 种华文、英文、马来文报纸和 7 种期刊，承印多种外国报刊，并进行咨询科技投资，是新加坡第六大上市股票挂牌公司。该公司 50% 以上的股份由政府控制，所以公司的执行主席和业务总裁都由政府委任。创办于 1983 年的哈波科林斯亚洲出版股份有限公司，主要业务是出版计算机科学、政治、艺术、文化、经济、商业贸易等方面的图书和大专院校教材。海天文化企业有限公司作为新加坡的一家出版公司对多家出版社和社会团体进行代理。

7. 印度尼西亚

印度尼西亚图书出版业的发展比较迅速，在 20 世纪六七十年代全国年出书1 500种左右，80 年代达到年出书5 000余种。出版机构有官方的和私营的两种。国家图书出版局和宣传部、卫生部、司法部、林业部等部属的出版社为政府出版机构，印尼大学等著名大学也有出版社。国家图书出版局的前身是成立于 1908 年的土著学校及普通读物编辑委员会，现在是印尼主要的教育书籍出版机构，负责编辑出版教科书。私营出版商主要出版各种少儿读物、专业性著作、翻译作品和宗教作品。1971 年创办的大世界图书出版社，是印尼的主要出版社之一，出版小说、宗教作品、诗歌、戏剧、评论、儿童作品等。1945 年在泗水创办的大龄出版社，主要出版宗教、哲学、伦理道德等方面作品。1952 年创办的厄兰加出版社，主要出版中学、大学课本。1952 年创办的安塔拉出版社，主要出版教材和政治、儿童、伊斯兰教读物。1981 年创办的希望之光出版社，主要出版科技读物、小说、连环漫画等。

8. 菲律宾

菲律宾的出版业历史悠久，但迄今仍不很发达。在 16 世纪西班牙人统治时期，菲律宾就有了印刷出版的书籍。1593～1800 年的 200 余年中，菲律宾约印了 500 种书。2002 年，菲律宾全国有 257 家出版机构，其中有属于工商业、教育、宗教、研究机构的兼营出版社，年出版新书约 800 种。新书中，70% 是教科书和参考书，23% 是学术专著、小册子和索引、年鉴、地图集等。大部分出版社是由一个家庭或者一个家族经营的。教科书和教学参考书实行由出版商向学校、图书馆订销方式推销。

（五）出版业的发展趋势

20 世纪后期出现的电子出版与电子发行，给传统的书刊印刷事业带来了巨大的冲击。东亚的印刷出版业同样面临着跨世纪的飞跃要求。日本等现代科学技术发达的国家部分地区人群已经不再重视印刷的书报和广播、电视，而更加依赖通过国际互联网络在个人家庭电脑屏幕上显示的新闻信息。

一项专门调查表明：80% 的互联网用户相信，网络媒体将发展成为主要的新闻、信息来源；互联网用户中，有 46% 减少了读报时间，23% 减少了读杂志时间，21% 减少了看电视时间。

当今世界，有的出版商向读者提供的图书，已经不是印刷的纸质品，而是电子版图书，文字、声、像、光、色、动、静俱全，只要一按鼠标，所需要的材料即刻展现在个人电脑附属品上。20 世纪90 年代以来，电子出版物的主要品种已经有 9 种：计算机可读磁带，软磁盘，录像带，激光视盘，只读光盘，交互光盘，微型光盘，数字书，多媒体光盘。这些电子出版物正在继续得到研究、改进和完善，以便不断满足人类现时代的需求。

当前，人类的出版业逐步跨入电子出版时代，纸介质出版品还不会立即消失，但是对于同电子出版品有关的问题，无论是书报出版的理论研究，还是出版发行工作的具体实践，都会提出一系列与过去模式不同的全新的课题。（郑保勤）

第六节 体育

一 古近现代体育发展史的回顾

东亚地区既是人类文明主要发祥地之一，也是世界体育运动的始发地之一。早在原始社会后期——新石器时代（约1万年前～4 000年前），在中华文明萌动地域的一些生产比较发达的部落里，就出现了体育运动的萌芽，如击壤、石球游戏、舞蹈和武术等。在远古时期，舞蹈既是一种艺术，又是医疗与体育方法相结合的一种文化形式，如导引（又称道引）。

进入奴隶社会的夏—商—西周时期（约公元前2020～前771），又有新的体育活动内容。起源于夏—商时期（约前22世纪～约前11世纪），并在西周（约前11世纪～前771）的学校教育内容中就已包括礼、乐、射、御、书、数等六艺，其中，射（射箭）、御（驾车），既是军事训练内容，也是“体育”的课程。春秋战国时期（前770～前221）以后，体育有了更广泛的发展，如拳斗、相搏、奔走、窬高、投石、超距、赛马、田猎、游泳、钩强、射箭、举鼎、剑术、投壶、导引、蹴鞠、弄丸、秋千、围棋、象棋等许多项目。同时，当时已有体育比赛和给予优胜者赏赐的活动。

随着封建社会经济文化的发展，体育也达到了更为兴盛的时期。湖南长沙马王堆出土的西汉（前206～公元25）帛画《导引图》，绘出了44个导引武术动作图画，这是迄今发现的最早最完备的古代体操图样。东汉（公元25～220）的蹴鞠石雕，反映了当时人们进行蹴鞠体育活动的生动场面。这是世界历史上最早的足球运动的写照。国际奥委会2003年已认定，中国为世界上最早出现足球运动的国家，并已正式颁发证牌。东汉时期还出现了击鞠（近似现代马球运动）。在百戏中也包含了丰富的体育活动，如：绳技、缘竿、杠鼎、转石、冲狭、燕濯、骑术、弄丸剑、角抵等。其中有的项目还与外国进行了交流。到了隋唐、宋辽、金元及明清（鸦片战争前）时期，古代体育又有了进一步的发展。

至于东亚地区其他国家，古代体育也都取得了不同程度和各具特点的发展。

东亚地区大多数国家近现代处于殖民地半殖民地社会，经济凋敝、科学文化落后，体育也随之衰落。只有日本随着资本主义的发展，开展了近现代体育，并举办了国际体育活动。

二　当代体育发展

第二次世界大战结束后，东亚地区大多数国家陆续获得独立，在经济、政治、科技、文化领域取得迅速发展的同时，体育事业也进入了全新发展的时代。

东亚各国普遍重视竞技体育和全民体育，取得了优异的成绩。在2002年第十四届亚洲运动会上，东亚地区国家获金牌351枚，银牌329枚和铜牌372枚，分别占总数的66.6%、78.1%和72.6%。2004年于雅典举行的第二十八届国际奥运会上，东亚地区国家获金牌63枚，银牌47枚和铜牌44枚，分别占总数的20.9%、16.1%和13.6%；在同期举行的雅典残奥会上，东亚地区国家获金牌105枚，银牌87枚和铜牌67枚，分别占总数的20.5%、17.1%和12.7%。当代东亚地区随着各国人民参加体育活动的比例不断增大，体质不断增强，预期寿命已从20世纪中叶的63岁，增为2000年的69岁，其中男子由61岁增至68岁，女子由65岁增至71岁。

东亚地区是亚洲一个重要的区域，集中了亚洲的主要体育强国，其中中国、日本、韩国的成绩尤为卓著。中国有很多优势体育项目，韩国的射箭、跆拳道，日本的游泳、柔道等都具有世界先进水平。

自20世纪80年代以来，中韩健儿的先后崛起，打破了亚洲体坛前30年日本独霸天下的局面，逐渐形成东亚体育三强鼎立的格局。尽管形势不断发生变化，但从总体形势看，在可预见的未来，东亚体坛的这个格局不会有大的改变，中国、日本、韩国会稳居第一集团的位置。一般认为，中国稍稍占先，韩日两国都有夺第二的实力。

当前，中国体育表现优异，依靠的主要是田径、游泳两大基础项目实力雄厚，加上传统优势项目的全面开花。历届亚运会，中国田径、游泳两大项夺取的金牌大约占代表团的金牌1/3左右；体操、举重、射击、乒乓球、羽毛球等项目和船艇水上项目，也是中国强项。日本和韩国体育在亚洲都有不少强项，但他们较难全面超过中国，主要原因在于三个金牌大项——田径、游泳、射击不占明显优势。游泳可能成为日本选手的亮点，但田径雄风不再。韩国的田径、游泳更是很长时间未能翻身，拖了他们整个竞技体育的后腿。就韩国和日本相比较，韩国在田径、游泳项目上比日本要弱，但在跆拳道、软式网球和拳击等项目上，韩国比日本明显高出一筹。

表 1　　第二十八届雅典奥运会上东亚地区奖牌榜

国别　地区	金牌	银牌	铜牌	合计
中国	32	17	14	63
中国台北	2	2	1	5
中国香港	0	1	0	1
日本	16	9	12	37
朝鲜	0	4	1	5
韩国	9	12	9	30
蒙古	0	0	1	1
泰国	3	1	4	8
印尼	1	1	2	4
东亚小计（占世界总数百分比）	63（20.9%）	47（16.1%）	44（13.6%）	154（16.8）
世界合计	301	291	323	915

表 2　　2004 年雅典残奥会上东亚地区奖牌榜

国别　地区	金牌	银牌	铜牌	合计
中国	63	46	32	141
中国台北	2	2	2	6
中国香港	10	7	1	18
日本	17	15	20	52
韩国	10	11	6	27
泰国	3	6	6	15
东亚小计（占世界总数百分比）	105（20.47%）	87（17.09%）	67（12.74%）	259（16.73%）
世界总计	513	509	526	1548

值得一提的是，东亚部分体育项目的独特的地域特征。武术是东亚强项，但客观上说，武术还没有走向世界。武术要走向世界，还有大量的工作要做，如武术比赛和评判要更加科学化、规范化、准确化等，使武术变得更为人理解和掌握。跆拳道、柔道这两个项目，若不追根溯源，单从现代体育项目的历史看，韩国人和日本人无疑是这两项运动的先导。为把它们推进奥运会，韩、日两国也付出了很多努力。时至今日，作为象征吉祥富裕的舞狮已发展成为一项竞技性很强的体育运动，并向加盟奥运大家庭大踏步迈进。总部设在香港的国际舞龙舞狮联合会透露，联合会有信心在今后几年内向国际奥委会申请批准让舞狮运动成为奥运会的表演项目。国际舞龙舞狮联合会创立于 1992 年，目前已有巴西、文莱、中国、中国香港、印尼、日本、马来西亚、毛里求斯、菲律宾、中国台湾等 11 个国家和地区成为它的会员。虽然包括美国、法国、瑞典、澳大地亚、英国在内的西方国家也对加盟舞狮表现出极大的兴趣，都希望在南非、欧洲各地进一步发展舞狮运动，但真正的流行区域是东亚。据统计，目前中国内地登记在册的大小舞狮协会多达 1 000余个，香港、马来西亚分别有 500 个和近 2 000个舞龙、舞狮组织，印尼也先后成立了多支专业舞狮队。其中，马来西亚国家舞狮队曾在亚洲及世界大赛中多次夺魁。

2006 年 12 月 1～15 日，第十五届亚运会在卡塔尔首都多哈举行，来自 45 个国家的 1 万余名运动员参加比赛。其中，东亚 16 个国家（地区）代表队获金牌或银、铜牌。中国以获金牌 165 枚、总奖牌数 316 枚的优异成绩位居榜首；韩国、日本分别位于第二和第三位。参见表 4。2010 年第十六届亚运会将在中国广州举行。

东亚国家（地区）参加第十四、十五届亚洲运动会获奖牌情况见表 3、表 4。

表 3　　东亚地区在 2002 年第十四届亚运会上获奖牌情况

国家　地区	金牌	银牌	铜牌	总计
中国	150	84	74	308
中国台北	10	17	25	52
中国香港	4	6	11	21
中国澳门	0	2	2	4
日本	44	73	72	189
朝鲜	9	11	13	33
韩国	96	80	84	260
蒙古	1	1	12	14
越南	4	7	7	18
老挝	0	0	2	2
缅甸	1	5	6	12
泰国	14	19	10	43
马来西亚	6	8	16	30
新加坡	5	2	10	17
印度尼西亚	4	7	12	23
菲律宾	3	7	16	26
东亚小计（占亚洲总数的百分比）	351（66.6%）	329（78.1%）	372（72.6%）	1 052（77.35%）
亚洲总计	527	421	512	1 360

表 4　　东亚地区在 2006 年第十五届亚运会上获奖牌情况

国家　地区	金牌	银牌	铜牌	总计
中国	165	88	63	316
中国台北	9	10	27	46
中国香港	6	12	10	28
中国澳门	0	1	6	7
日本	50	71	77	198
朝鲜	6	9	16	31
韩国	58	53	82	193
蒙古	2	5	8	15
越南	3	13	7	23
老挝	0	1	0	1
缅甸	0	4	7	11
泰国	13	15	26	54
马来西亚	8	17	17	42
新加坡	8	7	12	27
印度尼西亚	2	3	15	20
菲律宾	4	6	9	19
东亚小计（占亚洲总数的百分比）	334（78.0%）	315（74.5%）	382（70.5%）	1 031（73.95%）
亚洲总计	428	423	542	1 394

三　东亚运动会

尽管东亚是整个亚洲体育运动水平最高的地区，但在 1993 年以前，却没有一个区域性的综合运动会。1991 年 9 月，在日本举行了东亚地区奥委会第一次协调会议，10 月在北京举行了第二次协调会议，与会各国代表一致赞成举办两年一届的东亚运动会，并决定首届比赛在中国进行，由上海承办此次东亚运动会。

东亚运动会是东亚地区 20 亿人民共同的体育盛会，象征着他们的和睦，表现他们不断进取的决心。它尽管是一个区域性的体育大赛，却担负着推动整个亚洲体育发展的重要使命。虽然东亚运动会的规模远远小于亚运会，但在项目设置上与亚运会基本相同，其竞赛水平也基本上代表了整个亚洲的体育运动最高水平，并且东亚运动会所设的项目也都是亚洲在世界上占领先地位或有一席之地的项目。况且亚洲3个体育强国中、日、韩都来参赛，因而其重要性不可小视，竞争也较为激烈。

第一届东亚运动会于1993年5月9～18日在中国上海市举行。参加第一届东亚运动会有中国、日本、朝鲜、韩国、蒙古、中国台北、中国香港、中国澳门及关岛（特邀）等国家和地区的9个代表团2 500多名运动员。比赛共设12个项目，分别为田径、游泳（含跳水）、足球（男）、篮球、羽毛球、体操、举重（男）、柔道、赛艇、拳击、保龄球和武术。在第一届东亚运动会上，中国队以105金、74银、34铜列奖牌榜第一；日本队以25金、37银、55铜列第二；韩国队以23金、28银、40铜列第三。

第二届东亚运动会于1997年5月10～20日在韩国汉城举行。来自中国、韩国、日本、中国台北、蒙古、中国澳门、中国香港、哈萨克斯坦、和关岛的9个国家和地区约2 200名运动员和官员参加了这届运动会。比赛共设田径、游泳、羽毛球、篮球、拳击、足球、体操、柔道、跆拳道、举重、摔跤和武术等比赛项目，总共187枚金牌。本届运动会共打破5项世界纪录、平2项世界纪录、破6项亚洲纪录。其中，中国队在这届运动会举重比赛中，一举打破5项举重世界纪录。

表5　第二届东亚运动会前五名奖牌榜
（1997年5月10～20日）

国别　地区	金牌	银牌	铜牌	总计
中国	62	59	64	185
日本	47	53	53	153
韩国	45	38	51	134
哈萨克斯坦	24	12	22	58
中国台北	8	22	19	49

在第二届东亚运动会上，所有体育代表团都没有空手而归，像中国澳门、关岛等均拿到了奖牌，这说明整个东亚地区体育运动水平正得到普遍的提高。在金牌分布上，中国的优势主要集中在田径、举重、体操、武术等项目上，日本的强项则体现于游泳、田径等，韩国的拿手戏乃是跆拳道、拳击等。值得一提的是，哈萨克斯坦位居金牌榜第四，给人以四面出击的感觉，在田径、举重、拳击、体操等很多项目上对中、日、韩形成威胁。

第三届东亚运动会于2001年5月19～27日在日本大阪举行。运动会设游泳（跳水）、田径、篮球、保龄球、拳击、足球、体操、手球、柔道、软式网球、跆拳道、排球、举重、摔跤和武术等15个正式比赛项目，另有曲棍球和赛艇两个表演项目。中国、中国台北、中国香港、中国澳门、日本、韩国、蒙古、哈萨克斯坦、关岛等体育代表团参加了为期9天的争夺，运动员及官员约3 000人。澳大利亚队首次派团参加东亚运动会，但只是参加比赛，不计名次。中国体育代表团最终以85枚金牌的战绩，蝉联东亚运动会金牌第一。日本队和韩国队分别以61和34枚金牌列第二和第三位。

表6　第三届东亚运动会奖牌榜
（2001年5月19～27日）

国家　地区	金牌	银牌	铜牌	总计
中国	85	48	58	191
日本	61	65	65	191
韩国	34	46	32	112
哈萨克斯坦	13	18	26	57
中国台北	6	16	31	53
中国香港	3	1	3	7
蒙古	1	2	7	10
澳门	1	0	3	4
关岛	0	0	1	1
总计	204	196	226	626

2005年10月29日～11月6日，第四届东亚运动会在中国澳门举行。来自9个国家和地区的近2 000名运动员参加了本届东亚运动会。中国代表团总共夺得127枚金牌、63枚银牌和33枚铜牌，中国队金牌总数遥遥领先于日本和韩国队。日本队以46枚金牌列第二位；韩国队以32枚金牌列第三；中国台北队获12枚金牌，列第四位；东道主中国澳门队则历史性地夺得了11枚金牌，列金牌榜第五位；朝鲜（6金）、中国香港（2金）、蒙古

(1金) 分列第六、第七和第八位；关岛队也获得了1枚铜牌。

表7 第四届东亚运动会奖牌榜
(2005年10月29日～11月6日)

国家 地区	金牌	银牌	铜牌	总计
1 中国	127	63	33	223
2 日本	46	56	77	179
3 韩国	32	48	65	145
4 中国台北	12	34	26	72
5 中国澳门	11	16	17	44
6 朝鲜	6	10	20	36
7 中国香港	2	2	9	13
8 蒙古	1	1	6	8
9 关岛	0	0	1	1

中国香港已于2003年11月，取得2009年第五届东亚运动会主办权。

四 中国体育事业

(一) 概述

中华人民共和国成立50多年来，体育事业发生了翻天覆地的变化，经过几代体育工作者的奋斗，实现了从“东亚病夫”到全面登上世界体育舞台的历史跨越。按照中国奥委会主席伍绍祖的说法：“新中国体育事业的50年是不断坚持发展体育运动、增强人民体质的50年，是不断攀登世界体育高峰、塑造中华体育精神的50年，也是不断服务经济建设、促进社会发展的50年。新中国体育事业取得的光辉成就，为国人敬仰，世人瞩目。”

50多年来，中国共产党和中国政府对中国的体育事业给予了巨大的关怀和高度重视。特别是改革开放以来，中国的体育工作以发展体育运动、增强人民体质为基本任务，以群众体育与竞技体育的协调发展为基本方针，以《体育法》为基本依据，为增强国民身体素质、提高综合国力、推进社会精神文明、政治文明和物质文明建设做出了积极、巨大的贡献。

早在20世纪50年代初，中国即开始在广大青少年中推行“劳卫制”和《国家体育锻炼标准》，推行初期每年不到10万人达标，迄今每年已有1亿多人次达标。举办全国工人、农民、大学生、中学生、少数民族、伤残人等运动会形成体系。1995年，国务院颁发实施的《全民健身计划纲要》，给群众体育注入新的活力，各式各样的群众性健身活动多起来了，城乡健美、健身等休闲娱乐中心和俱乐部等纷纷涌现。据统计，由国家体育总局评选的“全国体育先进县”已有555个，先进社区158个。全国城乡活跃着约10万人的社会体育指导员。

群众体育变化最大的是人们健身观念的转变。随着物质文明和精神文明程度的提高，“花钱买健康”、自觉地参加健身活动逐渐成为社会新时尚。目前中国体育场馆超过62万个，总面积8亿平方米，人均0.65平方米。与1949年以前相比，数量增加了近150倍，人均面积增加了65倍。

据初步统计，从1959年3月乒乓球运动员容国团在世界乒乓球锦标赛中获得中国体育史上第一个世界冠军起，截至2002年10月中旬，中国运动员获得世界冠军的总数已突破1 500个，创造或超过世界纪录1 070次以上。

1989年中共十三届四中全会以来，我国竞技体育有了突飞猛进的发展。10多年来，我国体育健儿共参加了4届夏季奥运会。在1992年巴塞罗那第二十五届奥运会和1996年亚特兰大第二十六届奥运会上，中国体育代表团均以16枚金牌位居金牌榜第四位。2000年，在悉尼举行的第二十七届奥运会上，中国体育代表团一举夺得28枚金牌、16枚银牌和15枚铜牌，首次跃居奥运会金牌榜和奖牌榜第三位。2004年，在雅典举行的第二十八届奥运会上以32枚金牌、17枚银牌和14枚铜牌跃居金牌榜和奖牌榜第二位。2002年第十四届亚运会上，中国体育健儿睥睨亚洲体坛，以150枚金牌连续第六次位居亚运会金牌榜之首。

中国体坛上群星熠熠，英雄辈出：容国团一句“人生能有几回搏”至今仍激励着国人；中国乒乓球队心怀为国争光的信念40年长盛不衰；中国女排“顽强拼搏”的精神成为一个时代的象征；“铿锵玫瑰”中国女足为世界华人深感自豪；男子110米跨栏飞人刘翔为亚洲人争了光……这些举世瞩目的成就不仅成为鼓舞全国人民的精神财富，也展现出中华民族的精神风貌，更让世界看到了一个正在崛起的东方体育大国的风采。

中国竞技体育的辉煌成就得益于日渐完善的竞技体育训练体系。该体系以青少年业余体校和基层体育俱乐部为基础，以省区市运动队为骨干，以国家运动队为最高层次，使全国优秀运动队常年保持在2万人左右，成为攀登世界体育高峰的主力军。1993年，长期“吃皇粮”的中国体育界提出要以转变运动项目管理体制为重点，深化体育改革。现在，体育社会化、产业化已成为中国体育改革的方向。由国家办体育的单一形式，正逐步形成国家、社会共同办的多种形式。体育竞赛、体育娱乐、体育用品以及冠名权、电视转播权等具有巨大的市场开发潜力。与此同时，中国竞技体育开始采用国际化的管理模式，进一步加快了竞技水平的提高。

中国与国际体育界的交流也不断扩大。新中国成立后，尤其是1978年以来，中国与国际体育界的交往不断扩大，体育越来越多地发挥着重要的作用。如被誉为“小球推动大球”的“乒乓外交”是体育外交的杰出典范。1979年中国在国际奥委会的合法席位得到恢复。随着中国改革开放的进程，对外体育交往不断扩大。截至2002年6月，中国已经是110个国际体育组织、128个亚洲及远东、泛太平洋体育组织的成员。

2001年中国北京申办2008年奥运会成功，是中国体育事业发展的重要标志，并将给中国及东亚和世界体育事业的发展以新的推动。

（二）中国的群众体育活动

1978年以前的30年，中国群众体育处于开展的第一个时期，物质条件尚有很大局限性。1951年，政务院颁布了第一套广播体操，1952年6月10日，毛泽东发表了“发展体育运动、增强人民体质”的题词，各界群众立刻以一种很大的热情投入到体育锻炼当中去。然而，60年代初的自然灾害和后来的10年“文化大革命”，使刚刚起步的群众体育运动陷入一种近乎停顿的状态。

1978年以后，中国政府推行改革开放政策，中国群众体育发生了质变。生活日益富足的普通百姓更深切地感受到有一个好身体的重要性，很多人把锻炼好身体当做提高生活质量的一项重要内容。群众体育的内涵也发生了深刻的变革。

1995年6月《全民健身计划纲要》的出台，将群众自发开展的各种健身活动纳入了集中管理和开发的轨道。国家投入巨额资金兴建大批“全民健身工程”，部分缓解了群众锻炼积极性日趋高涨与体育场馆数量发展相对滞后这对矛盾。统计数字表明，新中国成立50多年来，全国性群众体育协会发展到了30个，而基层职工体育协会则有4万之多。正是这些民间组织，在组织开展群体活动中扮演着举足轻重的角色。

（三）中国体育科技

中国体育发展的历程，也是中国体育科技人员用理性、智慧和勤劳呕心沥血锻铸体育科技这把竞技利剑的艰苦历程。没有科技便没有现代体育，没有高科技便没有高质量的金牌，已成为现代体育界的共识。新中国体育奇迹般的崛起，体育科技的大力辅佐功不可没。

中国的体育科研事业，是与共和国同步成长的。1958年成立了北京体育科研所（现为国家体育总局科研所）。但由于当时体育基础极其薄弱，国内教练素质偏低，缺乏科学意识；而体育科研人员实力有限，很少能拿出有说服力的研究成果，于是造成了体育界不愿和难以接纳科技成果的局面。当时运动队秉承一种师徒关系的定式，运动员训练和比赛全凭教练的经验和感觉来安排，没有任何科学的量化指标作为依据。10年“文化大革命”中，中国体育科研陷于停滞，只有少数有识之士艰难呵护着中国体育科研的星星之火。

20世纪70年代末，中国重返国际奥委会大家庭。中国体育科研人员在运动员拼搏精神的感召下，刻苦探索，很快就在运动生物力学、心理学、营养学、医学及疲劳恢复等领域取得了成果。80年代初，中国女排“三连冠”，中国代表团在印度新德里亚运会上首次成为亚洲第一体育强国，在洛杉矶奥运会上金牌榜名列第四，实现了奥运金牌“零的突破”。获得的一些金牌已具有了一定的科技含量。新一代中国体育教练也具有了科技创新意识。他们注重科研与训练结合，为中国的体育事业增加了科技含量。中国竞技体育从1990年亚运会以来，其中的科技含量明显增高。在1996年奥运会上，仅国家体育总局科研所参与的科技攻关和科技服务项目中，中国选手就夺得了9枚金牌，占代表团所获16枚金牌的56%。

（四）中国台湾地区体育

中国台湾地区的“教育部”是体育行政决策和管理部门。体育团体，主要有“台湾体育运动总会”（曾进入国际奥委会）、“中国台北奥林匹克委员会”、“台湾省体育会”，分别管理台湾省内和海外的体育活动。学校体育是台湾地区体育的主体，有较完善的体育法规和充裕的经费保证。随着台湾地区经济生活水平的提高，社会运动蓬勃发展。除比较普及的篮球、排球、垒球、溜冰等传统项目之外，还将跳绳、扯铃、踢毽等民间体育列入竞赛项目中。“人人运动、时时运动、处处运动”，成为台湾地区民众参与社会体育活动的口号。

中国台湾地区自第二届(1954年,马尼拉)开始一直参加亚运会,处于中上游水平。在中国奥委会与国际奥委会断绝关系前后,中国台湾地区的运动员先后参加了1956～1972年5届夏季奥运会。1960年,在意大利罗马举行的第十七届奥运会上,杨传广获得十项全能银牌,这是中国运动员在奥运史上的第一枚奖牌。1968年,在墨西哥的墨西哥城举行的第十九届奥运会上,纪政获得女子80米栏铜牌,这是中国女运动员在奥运会上首次获得奖牌。

1984年2月，第十四届冬季奥运会，海峡两岸的运动员首次在冬季奥运会上相遇，但都没有取得名次。1984年7～8月，第二十三届奥运会在美国洛杉矶举行。中国台北体育代表团也参加了这届夏季奥运会，两岸中华儿女同场竞技。台湾地区运动员共获得两枚铜牌。在60公斤级举重比赛中，大陆运动员陈伟强获得金牌，台湾地区运动员蔡温义获得铜牌，双双同登领奖台，共祝中国人的胜利。1992年7～8月，在西班牙巴塞罗那举行的第二十五届奥运会上，两岸奥林匹克代表团组成了中国在奥运史上派出的规模最大的体育代表团。中国台北棒球队夺得银牌。前中国国手陈静代表台湾获得1996年亚特兰大奥运会上女子乒乓球单打亚军、2000年悉尼奥运会女子单打季军。两岸体育交流日益紧密。在2004年雅典奥运会上，中国台北取得了2金2银1铜，列奖牌榜第三十一位的历史最好成绩，实现了金牌“零的突破”。

此外，1997年5月第二届东亚运动会上，台湾地区代表队夺得8金22银19铜，奖牌榜上名列第五。2001年5月第三届东亚运动会上，台湾地区代表队夺得6金16银31铜，奖牌榜上名列第五。

（五）中国香港体育

受英国的影响，香港体育事业的发展主要由香港业余体育协会暨奥林匹克委员会等民间体育社团组织管理。回归祖国之前，学校体育教育非常缺乏，20世纪80年代才开始在学校开展体育运动。1991年首次举行中学体育会考。

香港回归给香港体育带来新的机遇，也是一个新的开端，香港体育发展前景更加光明。回归之后，香港与内地体育界进行更广泛的交流、更密切的合作，学习内地传统优势项目的先进技术，可使香港有些体育项目如体操、跳水、举重等进步更快。一年一度的“省港杯”、“沪港杯”足球赛，以及“香港—北京汽车拉力赛”等，都是香港地区与大陆双向体育交流的结晶。中国支持香港体育组织依据《基本法》的有关规定，继续保留在亚洲和国际体育组织中的席位，继续以独立的身份参加国际体育活动，对香港体育事业发展创造了有利条件。

在竞技体育方面，1954年开始参加第二届亚洲运动会，总体上居中下游水平。香港地区体育代表团在1986年汉城亚运会上获1枚金牌（保龄球）、1枚银牌、3枚铜牌；1990年北京亚运会上获2枚银牌、5枚铜牌；1994年广岛亚运会上获5枚银牌、7枚铜牌；1991年首届世界武术锦标赛，香港地区武术队夺得1枚金牌、5枚银牌、8枚铜牌；1993年东亚运动会上，香港地区体育代表团取得突破性胜利，共获得1枚金牌、2枚银牌和8枚铜牌，是历来参加大型运动会的最好成绩。香港地区运动员从1952年起参加了除1980年以外的历届奥运会，迄至1996年以前均未能取得名次。1996年亚特兰大奥运会，著名选手李丽珊在女子帆板比赛中为中国香港夺取了第一块奥运金牌。2001年5月第三届东亚运动会上，香港夺得3金1银3铜，奖牌版上名列第六。2004年雅典奥运会，高礼泽和李静在乒乓球男双项目上夺取了一块银牌。这个成绩是中国香港代表团在奥运乒乓球男双项目上的一个重大突破。1997年7月6日香港武术联合会等5个体育组织联合举行3 000人武术大汇演，这是香港武术史上最大的一次表演活动。

香港优势项目是保龄球、赛艇。该项目有时是东亚运动会的正式项目，但有时是表演项目。香港队在武术等项目上也有好成绩。2008年北京奥运会，香港将承办马术比赛区。此外，香港已于2003年11月，取得2009年第五届东亚运动会主办权。

（六）中国澳门体育

澳门政府的体育管理机构是“体育总署”，成立于1987年。1987年，澳门奥委会成立。1989年

12月，被亚洲奥委会接纳为第39名成员。为促进澳门体育事业的发展，澳门政府于1994年颁布11/94/M号法令，设立体育发展基金，资助各体育总会运作。体育总会致力于推动发展澳门的体育事业，制定计划安排各项培训计划。澳门盛行的体育项目有：足球、篮球、排球、乒乓球、田径、游泳、羽毛球、武术、象棋、自行车、柔道、空手道和曲棍球等。体育运动的总体水平不高，但在个别项目上仍有骄人的成绩。

如在1990年北京第十一届亚运会上，黄东阳勇夺男拳铜牌，为澳门实现了亚运会上零的突破。1991年10月，李文钦获得第一届世界武术锦标赛男子太极拳亚军。1995年第三届世界武术锦标赛上，黄光临获得枪术冠军、长拳季军。1997年第二届东亚运动会上，吴华雷获得男子三项全能铜牌；同年第四届世界武术锦标赛上，黄光临、吴华雷分别获得枪术和刀术亚军。曲棍球、雪屐曲棍球是澳门的另一优势项目，在连续参加的第四届雪屐曲棍球比赛中，共获得两次冠军。女子方面，李菲在1994年第12届亚运会上，夺得女子南拳银牌，在次年举行的第三届世界武术锦标赛上，又取得一金一银的好成绩。1998年12月第12届亚运会上，李菲再次夺得女子南拳银牌。

五 日本、韩国和朝鲜体育事业

在东亚体坛上，日本和韩国的实力不相上下，与中国形成东亚体坛“三足鼎立”之势。

（一）日本

20世纪80年代以来，日本竞技运动成绩出现滑坡，这一现象引起了日本政府的重视，加速运动职业化进程是日本政府振兴竞技运动的举措之一。日本职业运动从传统的大相扑和棒球等少数几个项目扩展到包括相扑、棒球、男子高尔夫、女子高尔夫、拳击、泰式拳击、保龄球、新日本职业摔跤、全日本职业摔跤、足球、中央赛马、地主赛马、自行车、赛艇和赛车等在内的许多运动领域。其他一些项目，如排球和冰球等也在逐步走向职业化。现在职业运动项目已发展到近20项，从业的职业运动员也达到1.6万人。

日本职业运动完全以市场原则来运营。通过为消费者（观众和视听观众）提供娱乐商品，运动队的所有者、比赛的主办者从中获得经济利益，运动员则获得报酬。

从职业运动的观众数量、门票价格以及选手人数的状况来看，日本职业运动中，赌博性运动很受欢迎，如赛艇、自行车、地方赛马、中央赛马以及赛车等。棒球作为日本国球，一直受到欢迎。近年来，由于受日本足球联赛的影响，棒球经营出现危机，但同过去相比观众还是有所增长。观众人数较少的是相扑和高尔夫运动，这主要是由于受场地限制以及天气和举办地的影响。

相扑，是一项日本传统的体育比赛项目，日本职业相扑协会虽然成立只有70年，然而职业相扑这一传统形式却有了1 350年的历史。相扑是一种力量的角逐，是一种需要斗智斗勇的艺术。职业相扑比赛不分重量级别，一个体重较轻如100公斤的选手常常能够征服一个两倍于其体重的对手。在当今的日本社会，只有职业相扑选手们才梳着象征其特殊身份的顶鬓。所以，置身于职业相扑手的世界常常会使人产生时光倒逝的感觉。直到今天，从事相扑职业的青年男子们仍在延续着封建社会的生活方式。许多人在同一师傅的指导下集体训练，集体生活。对于师傅的教导，选手们必须绝对服从，并且需经过一段时间的培训才能学成出徒。现在，相扑大师们虽在努力地保持其传统的组织结构和审美观念。但无论如何，相扑的确已逐渐成长为一种大众性体育运动形式。今天的日本，职业相扑和业余相扑并存。职业相扑由日本职业相扑协会组织领导。该协会每年主办6次职业相扑锦标赛，每次比赛历时15天。另外，该协会还依据选手们的最新成绩给每位选手做出评价，确定其等级。

日本足球进步很快。1873年9月英国海员将足球介绍到日本。40多年后，日本才举办了第一次国际比赛。1917年日本成功地举办第一次国际足球赛事——远东运动会。1922年。首届日本足球锦标赛开赛，4个大学队参加了比赛。1927年，日本第一次取得了国际比赛的胜利。但在1936年，日本队在首次参加柏林奥运会时，以2：3败给瑞典队。由于战争，日本在长达20年的时间里没有参加五届奥运会。1956年重返墨尔本第十六届奥运会。1960年起，德国人德特马尔·格雷默被邀请到日本任技术顾问。1964年，日本国家队打入东京第18届奥运会前八名。1968年，日本队获得墨西哥第十九届奥运会第3名，这是日本足球队在世界大型比赛中取得的最好成绩。

格雷默在20世纪60年代使日本足球水平得到飞速提高。90年代初，日本足球队在荷兰籍教练马里厄斯·奥夫特的指导下，首次获得1992年广岛亚运会冠军。1998年，日本队终于首次入围世界杯决赛圈，但是他们一场未胜便打道回府。

20世纪90年代末，经过职业联赛的洗礼，日本足球有了长足的进步。一批以技术足球为底蕴的新生代球员脱颖而出，并在2000年获得了亚洲杯赛冠军。并在一系列比赛中，成为亚洲一支能够与世界一流球队抗衡的球队。2002年，日本与韩国合办的第十七届世界杯赛中，作为东道主之一自动获得进入世界杯决赛圈资格，并历史性地进入了十六强。为此，日本首相专门为日本足球队以及教练员特鲁西埃颁发了内阁总理大臣感谢奖状和银制相架纪念品。这是日本首相有史以来首次向体育界人士颁发感谢奖状。

（二）韩国

韩国围棋之所以迅猛发展，首要原因是发扬了创新精神。从韩国围棋中能够感觉到一种生命力，一种无拘无束、自由奔放和永远求新的创意性。韩国围棋以打破传统和形式的创意性为武器，拒绝任何固定的框架。围棋的生命力在于创新，韩国围棋正是在不断创新和发展的基础上，才独占鳌头的。第二个原因是韩国棋手的钻研风气甚浓，各种研究会不计其数，李昌镐和曹薰铉等高手都是这些研究会的常客。韩国围棋的飞速发展也吸引了企业的大力赞助，而韩国企业出资的国际大赛，又为更多的年轻棋手创造锻炼机会。第三个原因是对人才的早期培养。韩国棋院从30多年前就开始实行研究生制度，致力于人才培养，大约有40%的研究生能够入段，李昌镐和刘昌赫等许多职业高手都是经过攻读研究生而入段的。拥有“四大天王”的韩国围棋占据世界棋坛的主导地位，也带动了韩国的围棋热潮，加强了围棋的群众基础。韩国总人口的1/4会下围棋，并开办了一个专门的围棋电视频道。

韩国除围棋外，另一个则是足球。韩国足球协会成立于1933年，1948年加入国际足联。至2002年，韩国足球队共6次入围世界杯决赛圈。（1954、1986、1990、1994、1998、2002），除2002年外，每次均在第一轮小组赛中遭淘汰，且一场未胜。韩国曾多次获亚洲足球赛冠军、亚军。在2002年韩国与日本合办了第十七届世界杯足球赛。在该次世界杯赛上，韩国队在主教练居斯·希丁克率领下，第一次杀进四强，这也是亚洲人第一次历史性地杀进四强。除主教练外，韩国足球进步也存在着许多深层原因，比如韩国的联赛，足协的领导和协调，球迷和媒体的有效支持，韩国人特有的拼命精神和韩国文化、社会、伦理方面的特色，等等。

（三）朝鲜

朝鲜主管国家体育运动的原是国家体委，后改为内阁体育省。朝鲜体育较强的项目是田径、足球、垒球、手球、乒乓球、柔道、举重、摔跤、拳击、射击、跳水、体操、高尔夫球等。在乒乓球、拳击、摔跤等项目上，朝鲜在亚洲乃至全世界亦堪称一强。1990年北京亚运会上夺得金牌总数第四名后，朝鲜逐渐减少了参加国际比赛的次数。由于长时间没有参加国际赛事，朝鲜原有的一批具有国际一流水平的选手均因岁数偏大而难以继续参赛，所以现在朝鲜竞技体育界以新人为主组成。参赛的主要目的是为了着眼于今后朝鲜体育事业的振兴和发展，是为了锻炼队伍，使朝鲜一批体育新秀得到国际比赛的实战考验而尽快成长起来。

六　东亚地区其他国家体育事业

（一）泰国

泰国人热爱的运动有足球、拳击、羽毛球、藤球。从项目来看，泰国田径、自行车、射击、拳击、藤球运动水平较高，是历届亚运会的主要得分项目，帆船、网球、羽毛球和保龄球均具有相当实力。特别是拳击，曾为泰国获得11枚金牌，备受国人称赞。

在泰国，绝大多数从事竞技体育的运动员并不以此为职业，参加运动会包括亚运会的选手主要来自公司职员、保安人员、学生等。他们只能利用业余时间训练，其竞技实力当然有限。逢有重大赛事，选手们通过层层筛选进入代表队，经过短期集训上阵，成绩也就可想而知。

泰国重视体育场馆的建设。为承办1966年亚运会，兴建了一批大型体育设施。最近20年，体育运动的物质基础又有增强，仅1972～1974年，就建了2个大型体育场、1个室内田径馆、3个游泳池，以及体操、球类和其他中小型场馆。现在其体育设施基本已配套，具备了举办国际综合性运动会的条件。亚运会50多年历史上，泰国称得上是亚洲奥林匹克运动的积极分子，每届都派出颇具规模的代表团，但总成绩平平。泰国已举办过4届亚运会（1966、1970、1978、1996），是举办亚运会次数最多的国家，另外还举办过4届东南亚运动会。泰国参加了1951年第一届至1994年第十二届亚洲运动会，开始两届成绩不佳，未取得名次，从1958年第三届开始夺得奖牌，在20多个参赛国家和地区中名列第十二位，居中下水平。20世纪60年代末70年代初，泰国选手连续两次本土作战，收获颇丰，金牌总数进入了前三名，尤其是1966年12月泰国首次举办第五届亚运会，各项运动水平明显提高，共夺得金牌12枚，银牌14枚，铜牌11枚，名次跃居第三。2002年十四届亚运会上夺得14块金牌19块银牌和10块铜牌，在东亚国家地区中紧随中韩日之后名列第四。

（二）印尼

印度尼西亚主管体育的是全国体育委员会。在亚洲金融危机的冲击下，印度尼西亚企业境况不佳，再也无力向参加运动会的印尼运动员许诺丰厚的奖金。在这种情况下，全国体育委员会工作的难度增加，在很大程度上现在要靠自身的实力，而不能依赖大笔奖金来激励斗志。印尼由于缺乏赞助，全国体委备战1998年亚运会，从零花钱到组队参加国外比赛等各个方面都精打细算，节省一切可能的经费。拳击和排球等项目还要自筹经费来组建集训队。举重队取消了到国外热身的计划。游泳运动员自费到国外训练。射击运动是一个很费钱的项目，为了节约经费，运动员增加了无弹训练等内容。印尼体委的指导思想很明确，那就是只派遣那些有希望夺取奖牌的运动员去参加运动会。印尼在亚洲夺取金牌的体育项目主要是羽毛球、网球和拳击。在历届亚运会上，印尼夺得的金牌主要来自这三个项目，1994年亚运会，印尼夺得的3枚金牌，全是羽毛球运动员的功劳。

（三）越南和缅甸

越南政府主管体育的部门原来叫国家体育总局，后来改称国家体委。越南对体育运动的投资不多，政府拿不出多少钱，寻求商业赞助也不容易。虽然越南有开展职业或半职业比赛的打算，但要看条件，要寻找赞助商。现在，越南体育也正在寻求走社会化的路子。

在越南，足球是最受喜爱的项目之一，足协主席由国家体委副主任兼任。体委下拨的经费中，足球占有最大比例。但是，足球管理体制仍与中国足球改革前的模式一样，是专业队，经费来源的1/3是社会赞助。越南全国有14支甲级队和16支乙级队，每年进行跨年度联赛，球队的实力不同，待遇差别很大。比如在河内公安队踢球，月收入大约是100万越南盾，约合80美元，比一个官员的收入高，但只及胡志明市队球员收入的一半。最麻烦的还是管理体制问题，体委与足协的关系理不顺。地方不设运动项目的二级协会，因为协会没钱，与其向体委要钱，不如干脆由体委直接办事。

越南体育从来没有提过“冲出”和“走向”，只希望在区域竞争中提高位置。1989年，战后的越南首次实现统一组队参加东南亚运动会，拿了两块金牌。1997年第十九届东南亚运动会，越南代表团在雅加达取得35枚金牌，列金牌榜第五位。为了迎接2003年东南亚运动会，河内市将兴建一个体育中心，包括一座4万人的主体育场和游泳馆、综合体育馆等。

缅甸体育项目中的强项主要是女子举重、女子跆拳道、射箭、划船和藤球等5个项目。在这5个项目中，又以女子举重为最强，在东亚体坛上，在部分级别具有夺冠的实力。（俞家栋）

第八编

军　　事

本书作为涵盖广义的“东亚地区”概念，包括通常地理概念的东亚、北亚和东南亚3个部分。这一地区分布着16个国家（中国、日本、朝鲜、韩国、蒙古、越南、老挝、柬埔寨、缅甸、泰国、马来西亚、新加坡、印度尼西亚、菲律宾、文莱和东帝汶）及1个地区（俄罗斯西伯利亚与远东地区）。它的总面积约2 902.58万平方公里，人口约21亿多。东亚地区具有极其重要的战略地位；近现代以来，军事格局多次发生演变；目前仍存在若干军事热点问题；有关国家军事战略、国防体制和军事实力及部署也不断有所调整。

第一章　东亚地区的战略地位

第一节　东亚地区军事地理和战略地位

一　地理位置与战略地位

东亚地区位于东半球东北部和亚欧大陆的东部。北濒北冰洋；东据西太平洋岛链；向西楔入欧亚大陆心脏地带；南据亚洲大陆和大洋洲大陆之间的群岛，扼太平洋与印度洋之间的交通要冲，其中马六甲海峡是亚洲东部沿海到南亚、非洲和欧洲海上交通的主要通道，在航运上和战略上均具有十分重要的地位。

东亚地区不仅占据亚洲大陆的主体，而且拥有大量的边缘海、半岛、岛屿和海峡，战略地位极其重要。

二　军事地理环境

（一）山地高原为主　地势复杂多样

东亚地区的军事地理环境十分复杂，地形以山地和高原为主。平均海拔950米，是除南极洲（覆盖的冰层厚度平均为2 000米）外世界上海拔最高的地区。

东亚西部有一条西北—东南走向的山脉，即由喀拉昆仑山脉、喜马拉雅山脉及高黎贡山、怒山和中南半岛西部山地构成的山脉。其中的喜马拉雅山脉是世界最年轻、最高大的山系，有30多座海拔7 300米以上的高峰，世界最高的珠穆朗玛峰（海拔8 844.43米）就位于此山系中。喜马拉雅山脉以北的青藏高原面积230万平方公里，平均海拔4 500米以上，有“世界屋脊”之称。

东亚地区东部有一条由千岛群岛、日本群岛、琉球群岛、中国台湾岛、马来群岛等构成的西太平洋第一岛屿链。此岛屿链是东亚地区的战略前沿地带，有许多战略地位十分重要的海峡、海湾和港口。马来群岛是世界上最大的岛群，散布在太平洋和印度洋之间的广阔海域，包括大巽他、小巽他、马鲁古和吕宋等群岛，共有岛屿2万多个，面积243万平方公里。

东亚地区大陆多山地、高原、荒漠和半荒漠地带，对军事行动不利；只有约1/4的面积为平原和低地，便于进行大规模军事行动。

（二）多样性气候

东亚地区地跨寒、温、热三带，气候具有多样性、大陆性、季风性三大特点。最北部是寒带气候，终年寒冷，降水稀少，部队行动、供水和工程作业等都很困难。中部是温带大陆性气候，降水较少，冬夏昼夜温差变化较大。南部是热带季风气候，旱、雨季节明显。东亚地区对部队行动破坏性最大的灾害性气候有北部的暴风雪、东部的寒潮、东南部的台风和暴雨等。

（三）河流湖泊较多

东亚地区的河流多达数万条；在东亚地区大陆上的河流多源于西部的山地、高原。北部在俄罗斯西伯利亚远东地区流入北冰洋较大的河流有鄂毕河、叶尼塞河和勒拿河等，水量较大。冬季结冰期长达6～8个月，冰厚及底，冰上利于通行。中部的中俄界河黑龙江和中国的黄河、长江以及南部的伊洛瓦底江、湄南河、湄公河等，夏季流量大，冬春季流量小，大部分可以通航。上述河流中，长江为世界第三大河，全长6 397公里，流域面积180万平方公里；湄公河是东南亚最重要的国际河流，源于中国（称澜沧江），流经缅甸、老挝、泰国、柬埔寨、越南，注入南海，全长4 500多公里，流域面积81万平方公里。

东亚地区有数万个湖泊，分为淡水湖和咸水湖。仅中国就有湖泊2.4万个，总面积达7.6万平方公里，总储水量为7 510亿立方米；500平方公里以上的湖泊有28个。其中，最大的淡水湖是鄱阳湖，面积为3 585平方公里；最大的咸水湖是青海湖，面积为4 583平方公里。位于俄罗斯西伯利亚的贝加尔湖，是东亚地区最大的湖（31 500平方公里），也是世界蓄水量最大（2.3万立方公里，约占地表淡水总量的1/5）和最深（平均深730米，中部最深达1 620米）的淡水湖。

第二节　东亚地区的战略交通和海峡

一　战略交通

东亚地区的海、陆、空交通都比较发达。

（一）海洋交通

东亚地区有3条海上航线通向南北美洲。

第一条是北太平洋航线。这是中、日、朝、韩、蒙及俄东部地区经太平洋北部通往美国和加拿大西海岸的航线。航路集中在北纬40°以北至阿留申群岛附近，是横渡太平洋最短的一条航线，航程约4 200～8 000海里。

第二条是太平洋中航线。这是东亚各国经关岛、夏威夷群岛到美国及南美洲西海岸的航线，航路集中在北纬20°～25°之间，航程约6 000～8 000海里。

第三条是南太平洋航线。这是东南亚各国经澳大利亚等到南美洲西海岸的航线，航程约1万海里。

东亚地区还有出马六甲海峡，经印度洋，过苏伊士运河到欧洲和北非的航线；出巽他海峡，经印度洋到南部非洲的航线；出白令海峡到北冰洋的航线。

东亚地区有许多著名的港口，如：日本的千叶、东京、横滨、名古屋、大阪、神户、北九州，中国的大连、秦皇岛、天津新港、上海、广州、香港、高雄，韩国的釜山、仁川，菲律宾的马尼拉，印尼的泗水，新加坡等。同时还有不少重要的海军基地，如日本的横须贺、佐世堡、吴港、舞鹤、大凑、那霸、中城湾等，其中：横须贺、佐世堡海军基地和那霸、中城湾等军港，常驻美军的航空母舰、核潜艇等作战舰只；俄罗斯的符拉迪沃斯托克（海参崴）海军基地是俄太平洋舰队驻地；越南的金兰湾海军基地曾先后驻过美国和前苏联的舰只；菲律宾的苏比克海军基地曾经长期是美军在西太平洋的重要海军基地。

（二）陆上交通

俄罗斯西伯利亚大铁路是从俄东部通往俄罗斯欧洲部分及其他欧洲大陆国家的重要线路；从中国连云港等地经过乌鲁木齐至哈萨克斯坦阿拉木图以至中亚其他国家再到欧洲的又一座亚欧大陆桥也已建成。

西伯利亚大铁路西起车里雅宾斯克，经鄂木斯克、新西伯利亚、伊尔库茨克、赤塔、哈巴罗夫斯克（伯力），东至符拉迪沃斯托克（海参崴），全长7 416公里。始建于1891年，分段筑成，1916年全线通车。20世纪30年代完成全部复线工程。此铁路具有隐蔽性能好、生存能力强等特点，便于战时机动迂回。

东亚大陆各国均有铁路或公路连接。目前东南亚国家尚没有通往南亚国家的铁路和高等级公路。

（三）空中交通

东亚地区各航空中心与欧洲、北美洲、大洋洲和非洲的各航空中心及重要国际机场均有空中航线连接。东亚地区最主要的航空中心有：日本的东京国际机场（羽田机场）、新东京国际机场（成田机场）、大阪国际机场，中国的首都机场、香港新机场，新加坡樟宜国际机场。

美国在东亚有不少重要的军用机场：在日本有

专用机场4个（横田机场、嘉手纳机场、普天间机场、座间机场），与日军共用的机场1个（三泽机场），美军有使用权的日军机场4个（小松机场、百里机场、新田原机场、筑城机场）。在韩国有2个机场驻有美空军飞机：乌山机场和群山机场。此外，菲律宾的克拉克空军基地和泰国乌塔堡空军基地都曾是美军的重要军事基地。

二　海峡

西太平洋第一岛屿链各岛屿之间及岛屿链与东亚大陆之间有许多海峡，其中战略地位比较重要的有如下几个。

（一）白令海峡

位于亚洲大陆东北端和北美大陆西北端之间，是连接太平洋和北冰洋的重要海峡。最狭处宽86公里，深30～50米，10月至次年4月结冰，夏季多雾，航行困难。海峡附近重要港口有俄罗斯的普罗维杰尼亚港和美国阿拉斯加州的诺姆港。

（二）鞑靼海峡

俄罗斯萨哈林岛（库页岛）同亚洲大陆之间的海峡，连接鄂霍次克海和日本海。长633公里，北部宽40公里，南部宽达342公里，最狭处涅维尔海峡仅7.3公里。水深7.2～230米，冬季结冰。黑龙江注入该海峡。主要港口有俄罗斯的苏维埃港和尼古拉耶夫斯克（庙街）等。

（三）宗谷海峡（又称拉彼鲁兹海峡）

位于日本的北海道岛和俄罗斯的萨哈林岛（库页岛）之间，扼鄂霍次克海和日本海航线要冲，是日本海通向太平洋的北方出口，战略地位重要。海峡最狭处宽45公里，一般水深50米，中部最深为67米 。夏季常有海雾，冬季多流冰。

（四）津轻海峡

位于日本本州岛与北海道岛之间，是日本海与太平洋间的重要通道。东西长约100公里，南北宽20～50公里。一般水深200米，最深处449米，两侧较浅。对马暖流一部分由此通过，海峡全年不封冻，是日本北部唯一不冻海峡。从本州岛青森港至北海道岛函馆的海底隧道全长53.85公里，1988年3月建成。

（五）朝鲜海峡

位于朝鲜半岛东南部与日本九州岛北侧之间。东北通日本海，西南接黄海、东海。长390公里，宽180～200公里，水深210米左右。海峡被日本的对马岛分为东、西两条水道，东水道称对马海峡，西水道为狭义的朝鲜海峡。该海峡地处东北亚海上交通要冲，是连接日本海、东海和黄海的唯一通道，战略地位十分重要，是美国确定的战时要控制的世界16个海上咽喉航道之一。

（六）台湾海峡

位于中国福建和台湾两省之间。自东北向西南长约300公里，宽约150公里，最狭处为130公里。当东海—南海航运要冲，战略地位十分重要。

（七）巴士海峡

位于中国台湾岛与菲律宾巴坦岛之间，是南海与太平洋之间的重要通道。平均宽约185公里，最狭处为95.4公里，水深2 000～5 000米，最深处5 126米。高温多雨，雷暴频繁。7～11月多台风，影响通航。

（八）望加锡海峡

印尼加里曼丹岛与苏拉威西岛之间的海峡。北连苏拉威西海，南接爪哇海和弗洛勒斯海。长约800公里，宽约250公里，平均水深967米。这是东亚与欧洲、澳洲、非洲、南亚和西亚之间的常用航道，也是东南亚区际间航线的捷径。它与龙目海峡相连，成为连接太平洋西部和印度洋东北部的战略通道。在马六甲海峡因故不能通航时，该海峡是最理想的替代航路。它是美国确定的战时要控制的世界16个海上咽喉航道之一。

（九）巽他海峡

位于印尼苏门答腊岛与爪哇岛之间。北通爪哇海，南接印度洋，是沟通太平洋和印度洋的重要海峡。长约150公里，宽22～110公里，水深50～80米。此海峡也是美国确定的战时要控制的世界16个海上咽喉航道之一。

（十）马六甲海峡

位于亚洲东南部马来半岛和苏门答腊岛之间，连接南海和安达曼海。西北－东南走向，长约1 080公里，连同新加坡海峡，共长1 185公里。海峡呈漏斗状，西北口宽370公里，东南口最窄处37公里。水深25～113米。该海峡紧扼太平洋和印度洋的咽喉，是沟通欧、亚、非三洲的海运交通要道，有两洋“战略走廊”之称，是世界通航量最大的海道之一。是东亚各国和印度洋之间最短的海路。1971年11月，马来西亚、新加坡和印尼联合宣告，马六甲海峡不属于公海，反对把海峡“国际化”，由三国共同管理。此海峡也是美国确定为战时要控制的世界16个海上咽喉航道之一。

第三节 东亚地区的地缘战略特点

一 东亚地区是欧亚大陆地缘战略区与海洋战略区的结合部

地缘战略学的“陆权派”创始人之一、英国的麦金德在《历史的地理枢纽》中，将东亚地区划为靠近欧亚大陆地缘战略区的“内新月地带”。“边缘地带派”学者、美国国际关系理论家斯派克曼在《和平的地理学》中将东亚划为处于欧亚大陆“心脏区”与海洋之间的“边缘地带”，并认为欧亚大陆边缘地带是世界权力之争的要害地带，“谁控制了边缘地带，谁就能控制欧亚大陆；谁控制了欧亚大陆，谁就能控制世界。”美国的地缘战略学家索尔·科恩把世界划分为两大地缘战略区：一个是欧亚大陆地缘战略区，包括中国、俄罗斯、日本和欧盟；另一个是海洋地缘战略区，包括南北美洲、欧洲濒海部分、大洋洲、非洲的马格里布地区、亚洲近海部分和撒哈拉以南非洲部分。根据上述学者的分析，可以说，东亚位于欧亚大陆地缘战略区和海洋战略区的结合部，起着连接这两大地缘战略区的重要作用。

二 东亚地区是美日中俄四大国战略利益的交汇区

美国原本是大西洋国家，通过1846～1848年的美墨战争攫取了墨西哥北部领土后才濒临太平洋。1898年美国通过与西班牙的军事较量将菲律宾纳为其殖民地，从此深深地卷入东亚事务。美国在20世纪初就有防止在亚洲特别是东亚出现一个具有力量优势国家的战略考虑。冷战结束后，美国为了维护其在东亚的独霸地位，更是竭力扩大其在该地区的政治、经济和军事上的影响，使美国在东亚扮演一个永远不可替代的角色。

日本是一个面积不大的东亚岛国，内陆任何地方距离海岸很少超过100公里，是个“无纵深可守的国家”。日本资源缺乏，原材料和制成品两头在外，需要大进大出。冷战结束后，日本企图以日美关系为基轴，以东亚的南北两部分（东南亚和通称的东北亚）为区域重点，通过卓有成效的外交，营造一个有利于日本生存和发展的环境，为其成为亚太区域性乃至世界性政治和军事大国打下基础。

俄罗斯的战略重心虽在欧洲，但在东亚地区具有重要的战略利益。苏联解体后，使俄罗斯失去了波罗的海、黑海沿岸大部港口，这对其经济和军事的发展极为不利。在此情况下，处于太平洋沿岸的港口就成为对俄具有重要意义的出海通道。另外，其西伯利亚地区资源丰富，但地广人稀、资金不足，需加强与中、日、韩等东亚国家的合作，才能促进其东部地区的经济振兴。

中国是东亚地区大国，近代中国同东亚大多数国家一样，都有饱受帝国主义侵略和压迫的历史遭遇，现在又面临着反对霸权主义、维护世界和平、发展民族经济、建设自己国家的共同任务。中国需要一个长期稳定的周边和国际环境，以便集中精力一心一意搞现代化建设，增强综合国力。

三 东亚地区是当今世界经济最具活力的地区

东亚地区经济崛起于20世纪60年代，日本是最先起步的国家。二次大战后，日本利用冷战、朝鲜战争和越南战争等机遇实现了经济第二次起飞。1955年日本的国内生产总值（GDP）仅为美国的6%，联邦德国的56%。到1968年，日本的国内生产总值已超过联邦德国，在西方世界仅次于美国而居第二位。世界银行资料显示，到2000年，日本的国民生产总值（GNP）达43 373亿美元，相当于美国同年国民生产总值（GNP）的45%；人均国民生产总值（GNP）达34 210美元，与美国（34 260美元）相近。紧随日本踏上经济腾飞的是“亚洲四小龙”——新加坡、韩国、中国台湾和香港。它们仅用不到30年时间就从落后和贫穷的国家和地区发展成为新兴工业化的国家和地区。20世纪70年代以来，世界经济增长速度明显放慢，但中国和东盟一些国家经济增长速度开始加快，东亚经济继续保持强劲的增长势头。特别是中国改革开放20多年来，其经济以年平均接近10%的速度持续快速增长，增长速度居世界首位。东亚地区除经济持续高速增长外，外贸规模不断扩大，吸引外资数额迅速增加，金融实力大大增强，东亚地区将成为21世纪世界经济最具活力的地区。

东亚地区经济的飞速发展，一方面，加快了地区经济一体化进程，深化了地区经济相互依赖，从而扩大了地区国家维持和平稳定的共同利益基础，促进了地区安全。但另一方面，它加剧了区内有关国家间经济竞争以及在此基础上的经济利益冲突，加剧了大国对地区经济、政治、安全事务主导权的争夺，从而也引发许多影响和制约地区安全的经济问题。

第二章　东亚地区军事格局的演变

第一节　近现代东亚地区的军事格局

由于具有重要的战略地位和地缘经济价值，几个世纪以来，东亚地区一直是西方列强进行激烈角逐的场所。

一　近代列强侵略东亚地区的军事格局

15世纪末叶，葡萄牙人绕道非洲好望角首先到达东南亚，占领了马六甲，随后又占领了苏门答腊、爪哇、加里曼丹等岛屿，攫取了向往已久的"香料之国"；16世纪初占领帝汶岛。1519年，西班牙国王派遣麦哲伦沿着非洲和南美洲南岸航行到达菲律宾群岛，1565年，菲律宾成为西班牙的殖民地。1595年，荷兰开始入侵东南亚，排挤葡、西势力，垄断了香料贸易。到19世纪后期，印尼沦为荷兰的殖民地。1819年，英国派舰队强行在新加坡登陆，其后采取软硬兼施的手法，于1824年逼迫柔佛苏丹同意将新加坡连同附近的海域、海峡割让给英国，从此新加坡沦为英国殖民地。1824～1885年，英国发动3次侵缅战争后占领缅甸，1886年将缅甸划为英属印度的一个省。1855年，英国强迫暹罗（今泰国）签订不平等条约，暹罗同意英国获得进出口货物的特惠权，允许英国军舰进入湄南河口并可在北榄要塞停泊。1858年，法国发动了侵略越南的战争，至1885年，整个越南沦为法国的殖民地，柬埔寨为法国的"保护国"。随后法国又侵占老挝，并把越、老、柬合称印度支那联邦。1893年，法国军舰沿湄南河溯流而上，驶向曼谷，强迫暹罗签订割地赔款条约。暹罗实际上已沦为英法两国的半殖民地。1896年，英法两国签订条约，规定暹罗为英属缅甸和法属印度支那之间的缓冲国。暹罗成为东南亚唯一没有沦为殖民地的国家。1898年，美国通过对西班牙战争的胜利，取代西班牙获得了菲律宾的宗主权。到20世纪初，东南亚各国已被西方列强瓜分完毕。

19世纪中期以后，列强争夺的重点是围绕着中国进行的。

在鸦片战争之前，葡萄牙人于1533年贿赂明朝官吏而入踞澳门。荷兰人于1624年侵入台湾建立殖民点，后被中国民族英雄郑成功赶跑。

1840年英国发动侵略中国的鸦片战争，用武力打开了中国的大门。随后，列强多次发动侵略战争，如1857年的英法联军战争，1884年的中法战争，1894年的中日甲午战争，1900年的八国联军战争。帝国主义列强强迫中国订立许多不平等条约，不但占领了中国周围的许多原由中国保护的国家，而且抢去或"租借"了中国一部分领土，并索取巨额的赔款。从19世纪末起，侵略中国的各帝国主义国家，按照它们各自在中国的经济和军事的势力，将中国某些地区划为自己的势力范围，中国一步一步地变成了半殖民地和半封建国家。当列强在华划分势力范围的时候，美国正与西班牙进行战争，无暇顾及中国。美西战争结束后，美国立即于1899年9月提出了所谓的"门户开放"政策。这一政策不仅避免了美国在华利益从其他国家的"势力范围"内被排挤出去的危险，而且使美国的触角伸入到别国势力范围之内。"门户开放"政策实质上是列强争夺在华利益的妥协方案，反映了列强在政治上共管中国的野心。

总之，从16世纪初到19世纪末，殖民主义者逐步把东亚地区大多数国家变成了殖民地或半殖民地。殖民主义者对东亚地区的侵略，成了东亚大多数国家贫困落后的重要根源，给这些国家的发展造成了严重的障碍。

二　现代以日本为主的帝国主义侵略东亚地区的军事格局

日本是后起的帝国主义国家。在经过1868年明治维新后，国势日渐强盛，走上了疯狂对外侵略的道路，开始与先期侵略东亚地区的欧美帝国主义争夺殖民地。

1894年，日本挑起甲午战争打败清朝政府，侵占中国的台湾，接着又占领朝鲜半岛。1900年，日本作为八国联军的主力之一入侵中国北京等地，强迫清政府签订《辛丑条约》。1904年日俄战争后，日本又侵占中国东北的辽东半岛等地。1914年第一次世界大战爆发后，日本以对德宣战为名，趁火打劫，夺取德国在中国山东省的权益。

经过第一次世界大战，日本提高了垄断资本的实力，国内日益法西斯化，对外扩张的野心也越来越大。它不仅跻身于帝国主义强国之列，且以“东洋霸主”的姿态出现在世界政治舞台上。

1927年,以田中义一为首的日本内阁确定了以武力侵占中国东北的方针。1931年,日本制造了“九一八”事变,侵占了中国东北。1937年7月7日,发动了全面的侵华战争。1940年8月,日本的近卫内阁抛出另外一份《基本国策纲要》,妄图建立一个由日本称霸的,囊括中国、朝鲜和整个东南亚地区的殖民大帝国,即所谓“大东亚共荣圈”。日本军国主义者的侵略计划,不仅引起东亚地区各国的广泛强烈反对,而且触犯了英、美、法、荷、葡等帝国主义国家的既得利益,日本与这些国家发生了尖锐的矛盾。

1940年9月,日本与德国、意大利结成法西斯轴心国。它们划分了势力范围,把欧洲划归德、意,把“大东亚”划归日本。日本为实现其独霸亚洲太平洋地区的野心,1941年12月7日偷袭美国在夏威夷群岛的主要海空军基地珍珠港,发动了太平洋战争。日本在扩大侵略中国同时,又侵占了印度支那半岛,随之侵占了菲律宾、文莱、东帝汶、泰国、马来亚、新加坡、缅甸、印尼、香港以及太平洋上的许多岛屿。日本的侵略活动涉及纵横数千公里,方圆2万多公里范围,侵占了13个国家领土700万平方公里,人口达4.5亿,并把侵略矛头直指美国、印度和大洋洲。

在中国人民抗日战争的沉重打击和各盟国的坚决抗击下，日本在各条战线上节节败退。苏联红军在欧洲战场的胜利，促使美、英加强它们在太平洋战场的军事实力，开始了对日军的反攻。从1942年起，美国在中途岛等海战中对日本海、空军主力给予致命性的打击，使日军一蹶不振。1945年8月，中国人民抗日武装对日本侵略者发动了全面大反攻。同月6日和9日，美国在日本的广岛和长崎投下了两枚原子弹，8日苏联对日宣战，15日日本接受《波茨坦公告》，宣布无条件投降。

第二节 当代冷战时期东亚地区军事格局

从1945年8月二战结束后不久，到1991年12月苏联解体，是美苏在全球进行冷战时期。

在这个时期，东亚地区军事格局具有与世界其他地区不同的明显特点，即：爆发了多场由美、苏等发动或支持的大规模战争或战争威胁。

美国在东亚地区先后支持或发动了三次大规模战争；美、英、法、荷、葡等强行重占前殖民地；苏联在苏中边境和蒙古陈兵百万制造了长时间威胁中国安全的紧张局势，并支持越南发动了侵略柬埔寨战争，但均遭到失败。

一 美国在东亚地区支持或发动的三次较大规模战争遭到失败

第二次世界大战结束后,美国为了称霸世界,竭力推行反苏反共的冷战政策。为了遏制共产主义在东亚地区的发展,美国自二次大战结束到20世纪70年代,先后在东亚地区支持或发动了三次较大规模的战争。

（一）美国支持蒋介石集团发动妄图消灭人民革命力量的中国内战

1945年8月抗日战争胜利后，蒋介石集团在美国的支持下，于1946年6月悍然发动了对中国共产党领导的解放区的全面进攻。这场为期3年的中国内战，实质上是美国出钱出枪，蒋介石出人，替美国打仗屠杀中国人，妄图把中国变为美国殖民地的战争。美国虽然大力支持蒋介石打内战，但未能挽救蒋介石集团失败的命运。

1949年蒋介石集团被歼灭上千万武装力量后，其残余部分逃到台湾，美国又采取支持蒋介石“反攻大陆”的战略。1950年6月朝鲜战争爆发后，美国总统杜鲁门随即命令美第七舰队进驻台湾海峡，以阻止中国人民解放台湾。1954年美国还与蒋介石集团签订《共同防御条约》，次年在台设立“协防司令部”，帮助蒋介石集团盘踞台湾。

20世纪70年代，随着中美建交，美国与台湾当局断交，废除与台湾当局的《共同防御条约》，从台湾地区撤走武装力量；但又制定了《与台湾关系法》，并继续向台湾地方当局大量出售武器。

（二）美国发动侵略朝鲜战争

1950年6月25日朝鲜内战爆发。美国以此为借口，6月27日出兵干涉朝鲜内政，发动侵略朝鲜战争，并派第七舰队到中国沿海，阻挠中国人民解放台湾。同时纠集英、法、土耳其、澳大利亚、新西兰、加拿大、泰国、菲律宾、比利时、卢森堡、希腊、荷兰、哥伦比亚、南非和埃塞俄比亚等15国，组成以美军为主、由美国指挥，披着"联合国军"外衣的军队(多数国家只派了象征性军队)参战。9月15日，美军在仁川登陆，开始向朝鲜北部进犯，并不顾中国的一再严正警告，越过三八线，逼近中朝边境，不断轰炸扫射中国东北地区。10月15日，美国总统杜鲁门与美远东军总司令兼"联合国军"总司令麦克阿瑟将军在威克岛会谈。他们"坚信，在南北朝鲜的抵抗都会在感恩节(当年为11月23日)前结束"，因此，"能够在圣诞节把美第八集团军撤回日本"。美国扩大侵朝战争的行动，不仅使朝鲜处于非常危急的局面，而且严重威胁中国的安全。应朝鲜劳动党和政府出兵援助的请求，中国人民志愿军于10月19日跨过鸭绿江与朝鲜人民并肩作战。到11～12月，中朝人民军队进行第二次战役时，麦克阿瑟就"一下子从乐观的顶点堕入了沮丧的深渊"。他认为中国人民志愿军的兵力已"增加到50万"，将使"联合国军"面临"最后全军覆没"的危险。中朝两国部队经过五次战役，把美军等从鸭绿江附近赶回到三八线附近，迫使美国于1951年7月接受停战谈判。在谈判期间，美国先后发动多次攻势，均被朝中人民军队粉碎。1953年5月，朝中部队发动夏季攻势，取得胜利，迫使美国于同年7月27日在板门店签订《停战协定》。3年朝鲜战争中，交战双方投入兵力最多时达到300多万(朝中方面180多万，美军等方面120多万)；朝中人民军队共歼敌109万多，其中美军39万多。这次战争使美国遭受了有史以来最重大的失败。美国前总统胡佛(Herbert Clark Hoover)1950年12月20日曾沮丧地说，以美国为首的"联合国军"在朝鲜战争中"被打败了"，"现在世界上没有任何军队足以击退中国人"。时任美国参谋长联席会议主席布雷德利(Omar Nelson Bradley)将军说："如果把战争扩大到中国去，那将是在错误的时间，错误的地点，同错误的敌人进行一场错误的战争。"

中朝人民为取得抗美战争的胜利作出了很大的牺牲。中国人民在抗美援朝战争中付出了伤亡36万余人，开支战费62亿元和消耗物资560万吨的代价。

(三)美国发动以侵略越南战争为主的侵略印度支那战争

1954年日内瓦会议后，美国取代法国在印度支那的地位，从1955年起分别在南越、老挝扶持亲美政权和极右势力。1961年5月在越南南方发动了由美军顾问指挥、南越伪军作战的"特种战争"。1964年4月，美国破坏1962年关于老挝问题的日内瓦协议，策动老挝右派势力再次颠覆民族联合政府，随即开始轰炸老挝解放区。

1964年8月，美国制造"北部湾事件"，开始轰炸越南民主共和国。1965年，美国派遣海军陆战队在越南南方岘港登陆，随后又先后派出50多万军队直接参战，在越南南方发动"局部战争"，同时对越南北方进行大规模连续轰炸。

1970年3月18日，美国策动柬埔寨朗诺集团发动政变，接着美军和南越伪军入侵柬埔寨。

越南人民经过10多年艰苦斗争，迫使美国同意就结束战争在巴黎进行谈判。1973年1月，美越在巴黎签订了《关于在越南结束战争、恢复和平的协定》，美军被迫从越南全部撤走。1975年越南南方全部解放，越南抗美救国战争取得胜利。柬埔寨人民于1975年8月解放金边，取得民族解放战争的胜利。老挝人民也于1975年取得了全国胜利。

第二次世界大战结束后，美国在东亚地区支持和发动的3次较大规模战争，均以失败告终。通过战争，美国损失的不仅是大量人力、物力和财力，更重要的是其对东亚地区事务的影响力比二战后初期大大降低。中国派出志愿军参加抗美援朝，并大力支持印度支那人民，特别是越南人民的抗法、抗美战争，大大提高了国际威望。1971年中国在联合国的合法地位得到恢复，标志着中国在国际舞台上取得了大国的地位。日本在美国的扶持下大力发展经济，特别是在朝鲜战争和越南战争中发了财，逐渐成为经济大国，从而在一定程度上恢复了对东亚地区事务的影响力。苏联借美国战略"收缩"之机，推行"积极进攻"战略，对东亚事务影响力有所增强。20世纪60年代中期，东南亚国家联盟成立，东南亚发展中国家日益形成一支在东亚地区国际关系中有影响的力量。到20世纪70年代，在东亚地区，形成美、中、苏、日、东盟五种力量并立的局面，从而使东亚地区国际关系格局向多极化发展。

二　美、英、法、荷、葡强行重占前殖民地遭到失败

第二次世界大战期间，日本取代美、英、法、荷、葡等国，侵占这些国家在东亚地区广大范围的殖民地和半殖民地。这些殖民地国家人民投入抗日战争，力量不断壮大。其中，缅甸抗日武装于1945年3月配合盟军光复了缅甸；越南、印尼曾于1945年8月发动起义，宣布独立。

但是，美、英、法、荷、葡不甘心退出殖民地，利用日本战败投降之机又重新强占前殖民地。

其中，法国为恢复对越南、老挝、柬埔寨的殖民统治，于1945～1954年发动了印度支那战争遭到失败；1954年7月，《日内瓦协议》签订，法国保证尊重越、老、柬的主权、独立、统一和领土完整，撤出印度支那。

1945年8月17日印尼宣布独立后，9月英军在印尼登陆，荷兰卷土重入印尼。为镇压印尼人民，使印尼再次沦为殖民地，荷兰先后于1947年7月和1948年12月两次发动殖民战争。经过印尼人民的斗争，1950年8月15日，正式宣布成立统一的印尼共和国。

经过斗争，东南亚其他前殖民地国家菲律宾（1946年7月）、缅甸（1948年1月）、马来西亚（1957年8月）、东帝汶（1975年11月）和文莱（1984年1月）也先后宣告独立。

东亚地区前殖民地半殖民地国家获得独立，是一件具有划时代意义的大事。这些国家有共同的历史遭遇，也有共同的愿望，即维护世界和地区的和平，保障本国的独立和主权，大力发展经济和科技文化事业，改善人民生活。因此，它们奉行和平外交政策，主张加强地区内外的合作关系，对倡导和平共处五项原则、促进亚非会议召开、不结盟运动的形成和东南亚国家联盟的成立，发挥了重要作用。它们形成了东亚地区重要的维护和平的力量。

三 苏联以重兵威胁中国安全和支持越南发动侵略柬埔寨战争遭到失败

20世纪50年代后期，中苏两党意识形态的分歧逐步发展成两国国家关系的恶化。1964年勃列日涅夫上台执政后，大国沙文主义恶性膨胀，不断增强其在远东地区的军事力量。1969年3月，苏边防军入侵中国黑龙江的珍宝岛，打死打伤中国边防战士多名；同年又在新疆铁列克提地区边境上制造武装挑衅的流血事件，严重破坏了中苏关系。20世纪60年代末至80年代末，苏联在苏中边境和蒙古地区陈兵百万，对中国安全构成巨大威胁。

1974年美国被迫从印度支那撤出后，苏联取得了越南金兰湾的使用权，与越南签订具有军事同盟性质的条约，支持越南于1978年12月出动24万军队入侵柬埔寨，并支持越南当局不断在中越边境进行军事挑衅。为了打击苏联支持越南当局恶性膨胀的扩张欲望和支援柬埔寨人民的反侵略斗争，中国于1979年2～3月间进行了一次对越自卫还击作战；此后又多次进行拔除越军在中越边境线上所建据点的作战，沉重地打击了越南当局的嚣张气焰。与此同时，中国积极支持柬埔寨人民的抗越斗争，与国际力量一起迫使越军于1991年全部撤出柬埔寨。

20世纪60年代末～90年代在东亚地区发生的苏联在苏中边境和蒙古陈兵百万威胁中国安全及支持越南侵略柬埔寨，是苏联在东亚地区推行霸权主义政策造成的。苏联的霸权行径遭到了东亚地区大多数国家的强烈反对，因此不可避免的遭到了失败。苏联在1969年提出的“亚洲集体安全体系”的构想也被东亚地区国家抵制。苏联处境更加被动和孤立，加之连年扩军备战导致国内经济严重困难，苏联终于在1985年后调整对外政策，逐步改善与中国的关系，实现中苏关系正常化。到20世纪80年代末，苏联不得不从东亚地区收缩部署：驻远东前沿和苏中边境的苏军部分部队撤回苏联内地，驻蒙苏军和驻金兰湾的舰机也相继撤回苏联。到1991年苏联解体前，乌拉尔以东的苏军被裁减20%，其中远东地区裁减12万人，包括陆军12个师、11个航空团和太平洋舰队16艘战舰。

20世纪80年代，美国在从越南撤军后逐渐摆脱了战略被动局面，里根政府推行“重整军备”的“推回”战略和实施“星球大战”计划，在削弱苏联综合国力方面起了很大作用。苏联推行的积极进攻战略则遭受重大挫折，导致其国内外处境急剧恶化，为苏联解体、美苏冷战结束准备了条件。

第三节 当代冷战结束后东亚地区军事格局

20世纪80年代末90年代初，由于东欧剧变、苏联解体，世界的两极战略格局不复存在，多极特征逐步显现，东亚地区的战略格局也处于新的调整和变动中。

冷战结束后，美国以其超强的经济与军事实力，成为全球唯一超级大国，极力图谋实现其扩展全球霸权、构筑“单极世界”的战略目标。亚太地区尤其是东亚在美国全球战略中的地位日益上升。美国重组和加强在东亚地区的军事存在，强化与日、韩等国的军事同盟关系，大力推进战区弹道导弹防御系统建设，防止出现任何与其对抗的敌性大国，企图建立以美国为主导的多边安全机制。

日本为了适应美国亚太安全战略的需要，利用国际战略格局转变的时机，调整军事安全政策，加紧推动修宪进程，突破“专守防御”战略原则，由防卫型转为进攻型，由内向型转向外向型。加快构建弹道导弹防御系统，加速武器装备现代化建设，提高应付多种事态的力度。不断强化日美同盟关系，妄图倚重美国实现其政治大国和军事大国的目标。

中国通过20多年的改革开放，国民经济持续快速发展，综合国力不断增强，国际影响显著扩大。中国坚持走和平发展的道路，坚定不移地奉行积极防御的国防政策、独立自主的和平外交政策和“与邻为善、以邻为伴”的周边外交方针，致力于营造和平稳定的地区安全环境。中国日益成为维护和促进世界和本地区和平稳定的重要力量。

东盟国家地处太平洋和印度洋之间，具有重要的地缘战略地位。冷战结束后，东盟因应地区形势变化，实现了其创立之初的构想，发展成为容纳了东南亚地区10个国家的区域性合作组织。东盟不断深化成员国相互间政治、经济、安全等领域的合作，同时还建立了东盟与中国（10+1）、东盟与中日韩（10+3）等多边合作机制，促进了区域经济发展和政治、安全互动。东盟坚持和平、中立和不结盟的政策，正发展成为东亚地区具有特殊影响的一支重要力量。

冷战结束后，作为苏联继承者的俄罗斯，失去了超级大国地位，其在亚太地区的作用虽然减弱，但不可轻视。俄罗斯在其远东地区仍部署有相当数量的武装力量，并进一步优化军队结构，加快武装更新步伐，建设一支效率高、战斗力强的军队。俄罗斯与中国建立睦邻友好、互助合作的战略协作伙伴关系，重视发挥上海合作组织的作用，加强与东亚地区其他国家的双边合作，积极参加双边、多边的安全对话。随着俄经济实力增长以及与东亚地区国家经济合作程度的加深，尤其是俄通往中朝韩日油气管道投入使用后，俄对东亚地区事务的关注和影响力将大幅度增长。

当前，东亚地区安全形势基本稳定。绝大多数国家以发展为主要政策取向，东亚成为当今世界上最具经济活力与发展潜力的地区。大国之间关系保持改善和发展势头，和平协商成为解决争端的主要途径，不同形式的安全对话与合作日趋活跃。亚太经济合作组织在促进共同发展方面发挥着重要作用。上海合作组织的机制建设基本完成，在促进地区和平、稳定、发展方面的作用进一步显现。东盟地区论坛作为亚太地区最重要的官方多边安全对话渠道，对促进地区安全合作发挥了积极作用。

然而，本地区原有热点问题依然存在，恐怖主义威胁上升，走私、贩毒、海盗、洗钱等跨国犯罪活动猖獗，传统与非传统领域安全问题相互交织。因此，东亚地区仍存在诸多不稳定因素，安全形势仍面临巨大挑战。

第三章　东亚地区热点问题分析

第一节　影响东亚地区安全的因素

东亚地区的热点问题也就是东亚地区矛盾和冲突比较尖锐的问题。这些问题的解决非一日之功，甚至在一定的条件下会引发军事冲突和战争，是东亚地区安全的隐患。形成东亚地区矛盾和冲突的原因很多，从根本上来说是经济利益、政治利益、安全利益等方面的分歧和对立造成的，具体地表现在以下几个方面。

一　美国在东亚地区的战略扩张

美国在东亚地区的战略扩张，既是东亚地区矛盾和冲突的历史根源，也是现实根源。美国自从将其侵略扩张的触角伸到东亚地区之后，就利用和制造东亚国家间或东亚国家内部的矛盾，使之相互制约，以便美国从中操纵渔利。在1904～1905年日俄战争之前，美国利用日本等国遏制俄罗斯；日俄战争后至第二次世界大战，又利用中国、俄国（苏联）等国遏制日本；二战结束后，它扶植日本遏制中、苏等社会主义国家，加强控制发展中国家。

朝鲜半岛问题是美国争夺世界霸权的产物；台湾问题迟迟得不到解决，主要是由于美国从中作梗；钓鱼岛也是因美国将其“归还”给日本而成为“问题”的。

总之，历史上美国在东亚地区制造了许多矛盾和冲突，而现在又在继续利用这些矛盾以实现美国的战略目标。

二 西方殖民主义遗留的矛盾

当今东亚地区许多边界、领土及民族纠纷都与西方殖民主义遗留下的祸根有关。如泰、老关于边界和湄公河航运及水资源的争议；泰、越关于泰国湾的划界问题；马、新关于百礁岛主权的争端；马、菲关于沙巴州领土问题；马、印尼关于加里曼丹东北部分岛屿之争以及东帝汶问题等。

这些纠纷是西方殖民主义遗留下来的问题造成的，很容易诱发冲突，酿成地区紧张局势，且解决起来难度也比较大。

三 民族和宗教的矛盾

东亚地区民族和宗教众多，历史上遗留下的一些民族间的积怨甚深，宗教及教派之争十分复杂。

冷战结束后，世界性民族分离主义浪潮对东亚地区也造成了消极影响，印尼、菲律宾等国的民族分离主义活动猖獗，造成这些国家政局动荡，影响经济发展和社会安定。

在冷战期间长期受压抑的蒙古喇嘛教等在复苏，原教旨主义也在一些信奉伊斯兰教国家应时而起，反映各社会集团利益的新宗教乃至邪教不断出现，宗教政治化的倾向日益明显。历史表明，民族和宗教问题最容易导致大规模动乱和流血冲突甚至战争。

四 边界、领土、岛屿和海洋权益的矛盾

东亚地区各国在边界、领土、岛屿和海洋权益的矛盾和冲突，一方面是由于西方殖民主义遗留问题造成的；另一方面也与东亚地区各国竞相发展经济增强综合国力有关。东亚地区国家间的边界、领土、海洋权益争端，有的已经得到解决，如中俄边界线走向问题、中越陆地边界和北部湾海域划界问题等。有的还在僵持之中，解决难度很大，如日俄北方四岛问题、中日钓鱼岛问题等。有的则处于尖锐对立之中，时常发生冲突，如日韩之间独（竹）岛问题等。

第二节 东亚地区主要的热点问题

一 日俄四岛领土争端

日俄四岛争端，是指位于日本北海道和俄罗斯千岛群岛之间的择捉、国后、齿舞、色丹4个岛屿的归属问题。

这4个岛屿西濒鄂霍次克海，东临太平洋，总面积5 045.71平方公里。最早的岛上居民为阿伊努族，与日本北海道的民族为同一系统。岛上森林茂密，矿产资源丰富，国后、择捉一带是世界三大渔场之一。二战结束前四岛一直由日本管辖，是日本的领土。二战结束后，根据《雅尔塔协定》四岛被苏联占领，从而引发了日俄之间四岛的领土争端。

冷战期间，苏联对日本关于“北方四岛”的领土要求不予置理。冷战结束后，由于俄罗斯处于转型期困难重重和日本的重新崛起，“北方四岛”归属问题的解决出现转机。1990年，俄总统叶利钦提出解决“北方四岛”问题的“五阶段”方案：先搁置主权争议，承认存在领土主权问题；在四岛建立自由经济区；四岛非军事化；共同管理开发四岛；15～20年后谈判主权问题，由下一代人解决归还问题。日本政府虽然仍坚持“政经不可分”的立场，但也表现出一定的灵活性，提出只要俄承认日本对四岛的主权，归还方式和日期可以灵活处理，即先归还齿舞、色丹两岛，俄继续在国后、择捉两岛行使政权，经共同开发和谈判将来再归还；日方“以经济方式”最大限度地满足四岛上俄国居民的权益。

俄罗斯国内反对将四岛归还日本的势力占压倒优势。首先是俄军方坚决反对交出四岛。其主要担心是将四岛交还日本后，俄罗斯远东地区的战略利益将受到严重损害，因为那将会失去牵制日本和美国的战略要点，并失去俄所剩无几的海洋通道；同时还担心在领土问题上作出让步后会引起连锁反应。其次，议会、广大民众和地方政府也强烈反对在四岛问题上作出让步。1992年8月，俄国家杜马通过决议重申：未经全民公决不能对俄罗斯联邦的领土、边界作任何改变。目前“北方四岛”多数居民为俄罗斯人，俄军设有军事基地，归还问题在一个较长时期内不会有实质性进展。日俄在领土问

题上的争端还会持续下去，但一般不会使矛盾激化到两国兵戎相见的地步。

二 朝鲜半岛问题

朝鲜半岛问题是冷战期间美苏对抗的直接产物，并成为冷战后遗症之一。1950年6月25日，朝鲜内战爆发。美国以此为借口，6月27日派兵干涉朝鲜内政，同时派第七舰队封锁台湾海峡，还纠集英、法等15国武装力量（多数国家仅派了象征性军队），披上联合国外衣扩大侵朝战争，以加强对中、苏的遏制。由于美军等在仁川登陆后，不顾中国一再警告，向北推进至中朝边境附近，并轰炸中国东北，不仅使朝鲜处于非常危险境地，而且严重威胁中国安全。1950年10月19日，中国应朝鲜劳动党和政府出兵援助的请求，派出人民志愿军入朝参加抗美援朝战争，并与朝鲜人民军一道把美军等推回到三八线附近。1953年7月，交战双方签订《停战协定》。此后，朝鲜与韩国就大体以三八线附近的一条军事停战线为界，处于分隔状态。停战协定签字后，中国人民志愿军于1958年10月全部撤出朝鲜，但美军一直留驻韩国，并把其作为美在东亚的重要军事基地；朝鲜半岛分裂局面一直延续下来。

在冷战的大背景下，朝鲜南北双方由于社会制度、经济模式、生活方式等的巨大差别与对立，长期处于隔绝与对峙的状态。20世纪70年代之后，国际形势发生了较大的变化，美苏关系出现了缓和，中美关系得到了改善，这为朝鲜半岛紧张局势趋向缓和、恢复对话提供了有利的国际环境。

1971年4月，朝鲜政府提出和平统一祖国的八点方案。1972年5月，金日成又提出朝鲜统一“三原则”，即自主、和平统一、民族大团结。随后，朝鲜南北双方代表举行会谈，发表联合声明，正式确认按照上述三原则实现南北统一。1991年12月，双方总理在汉城签署《关于北南和解、互不侵犯和合作交流的协议书》，标志着朝鲜半岛的民族和解进入一个新阶段。本拟于1994年7月进行的朝鲜半岛南北首脑会晤，由于金日成突然病逝而未实现，使正在改善中的南北关系受到巨大冲击。

1998年上任的韩国新总统金大中，提出与北方全面接触的“阳光政策”，希望以1991年南北基本协议为基础，重开南北对话。2000年6月14日，韩国总统金大中访问平壤，与朝鲜最高领导人金正日举行了南北关系史上第一次首脑会晤。会晤的成功大大促进了朝韩关系的改善，标志着半岛形势及朝韩关系开始发生转折性变化。其后，双方并就建立军事信任、成立联合经济咨询机构、离散家属互访、建造跨越停战分界线的铁路和公路等问题达成了一致意见。金正日原定于2001年春季回访汉城，但由于美国新上台的布什政府的政策改变而未能成行。

朝鲜半岛南北双方严重的军事对峙，是双方关系中不稳定的重要因素。南北双方在三八线两侧，仅22万平方公里面积上竟部署了近180万军队，是当今世界上兵力部署最集中的地区。朝鲜拥有正规军110万人，还有工农赤卫队、红色青年近卫军等准军事部队368万人，每年将国民生产总值的20%～25%用于军费开支。自20世纪70年代起着手发展中远程导弹等威慑性武器，装备有“飞毛腿”系列导弹500多枚。韩国拥有正规军68.7万人，还有乡土预备军、学生护国团等准军事部队350万人。韩国每年的军费高于朝鲜6倍多，21世纪初国防预算仍将保持10%左右的速度增长，计划购置大批先进武器装备。

朝鲜半岛双方关系现已进入缓和期，爆发战争的可能性进一步减少，但实现统一尚需时日。这是因为：首先，驻韩美军是影响朝鲜半岛局势发展最棘手的问题（目前，驻韩美军有3.45万人，作战飞机90多架）。美国从其全球战略利益考虑不愿从韩国撤军，而韩国也希望美军继续留驻，朝鲜则坚决要求美军从半岛撤出。在美国仍在韩国驻军的情况下，要实现南北统一极为困难。其次，朝韩双方仍存在着根本的体制对抗和军事对峙，战争和长期的对抗导致互不信任是根深蒂固的。韩国之所以希望美军留驻也是因为它怀疑朝鲜未放弃“赤化统一”的企图，且有强大的军事力量。双方建立信任关系需要相当长的时间。再次，日本在朝鲜半岛问题上基本是追随美国的政策。

随着朝核问题的朝、美、韩、中、俄、日六方会谈的进展，一般预期，朝鲜半岛双方的对话将继续进行。对话可能逐步涉及一些核心问题，双方的经济合作将会发展，文化交流将会加强，但突发性的军事摩擦仍难以避免。

三 日韩独（竹）岛主权之争

独（竹）岛位于日本海西南部，西北距韩国郁陵岛46海里，东南距日本的隐岐群岛79.5海里。它包括东西两个小岛及其周围随潮汐涨落而隐显的32块小岩礁，散落在1.3万平方公里的海面上，岛屿总面积为0.186平方公里。日韩两国均根据历史材料，声称对该岛拥有主权。在韩国的版图上，该岛被称为独岛，归庆尚北道郁陵郡南面里管辖；在日本的版图上，该岛被称为竹岛，归根县管辖。目前，该岛在韩国的实际控制之下。岛上建有导航灯塔、灯标和比较完善的生活设施，驻有20多名配备轻重武器的警备人员。作为主权的象征，岛上竖有挂着韩国国旗"太极旗"的旗杆，岛上的水泥平台也用油漆画上了"太极旗"。

独（竹）岛主权争端由来已久。韩国认为，独岛早在公元6世纪初就是韩国的领土，在19世纪前日本的有关史料中也有明确记载。1952年，韩国发表海洋主权宣言，划定"李承晚线"，把独岛划入韩国领海，日本对此提出抗议。1956年，韩日两国建交时，规定废除"李承晚线"，但未对该岛问题进行处理。1974年，日韩谈判划分对马海峡大陆架时，回避了该岛的归属问题，将界线暂划在该岛西南71.3海里处。1978年，日韩又因该岛领海权问题发生摩擦。1996年，日本政府通过了设立200海里专属经济区的基本方针并准备交国会讨论通过。根据此方针，日本将包括该岛及附近海域划入了日本专属经济区。韩国政府得悉后立即向日本提出严重抗议，并决定和着手在该岛修建一座能停靠500吨级船舶的码头。日本也对此提出抗议，并派遣海上警备艇到该岛附近巡游，还组织渔船去该岛附近示威。1999年12月，日本又允许一些居民以该岛作为户籍登记地，遭到韩国政府的强烈谴责。

独（竹）岛的归属问题，对日韩双方都很重要。对日本来说，该岛具有多方面的重大意义：首先，它的地理位置很重要，拥有它对控制俄罗斯和朝鲜半岛的军事活动有战略意义；其次，拥有该岛可使朝鲜半岛东部海域内海化，且该岛海域渔业及矿产资源丰富，有重要经济价值；再次，日本与其他国家还有岛屿主权争端，因而担心在独（竹）岛问题上让步会引起连锁反应，对其不利。对韩国来说，该岛的归属问题不仅关系到它的重大政治、经济利益，而且关系到本国的民族感情问题。在近代史上，韩国饱受日本侵略之苦，民众反对日本军国主义情绪强烈；该岛归属涉及到领土主权，民众对此更是群情激奋，因此韩国政府不会在此问题上对日本作出让步。

随着海洋开发的重要性日益突显，日韩独（竹）岛主权争端将会不时迸发出冲突的火花，争端将是旷日持久的，但一般不会激化至武装冲突的地步。

四 中日钓鱼岛群岛和东海海洋权益争端

钓鱼岛群岛位于台湾东北约120海里，西距中国大陆和东距日本冲绳各约200海里，处于中国东海大陆架东部边缘，与日本冲绳群岛之间隔着一条水深1 000～2 000米的海沟——冲绳海沟。钓鱼岛群岛由钓鱼岛、黄尾屿、赤尾屿、南小岛、北小岛等5个无人居住的小岛和3个岩礁组成，岛屿附近水深100～150米，整个群岛面积为6.3平方公里，其中钓鱼岛面积最大，为4.5平方公里。中国台湾、香港及海外华人把这些岛屿统称为钓鱼台群岛或钓鱼台列屿；日本则称这些岛屿为"尖阁群岛"。

钓鱼岛群岛位于东海海路交通要道上，战略地位十分重要。岛上盛产山茶、棕榈、海芙蓉等名贵药材，附近海域渔业资源丰富，海底蕴藏着大量石油，储量约在737亿～1 574亿桶之间。

从历史、地理和国际法角度都充分证明，钓鱼岛群岛是中国领土的一部分。由于日本军国主义的侵略扩张和二战后美国的冷战政策，才使得这个毋庸置疑的事实变成了争议的问题。1972年3月，美国根据1971年的日美归还冲绳协定，把琉球群岛和钓鱼岛等岛屿一并"归还"给了日本。1972年9月，中日两国政府在建交谈判中为促成中日邦交正常化，均同意暂时搁置钓鱼岛问题。但"日本青年社"等日本右翼势力在钓鱼岛问题上不断制造事端：到钓鱼岛周围海域进行实地勘测，在岛上设立"气象观测站"和"永久性灯塔"等，企图制造已实际占领的既成事实，以欺骗世界舆论浑水摸鱼；日本海上警备艇有时也去钓鱼岛海域游弋。香港、台湾的民间人士和海外华人多次发起"保钓"活动，中国政府也多次对日本右翼势力及军方侵犯钓鱼岛主权的行为向日本政府提出抗议和交涉。1992年2月25日，中国全国人大通过了《领海及毗邻区法》，其中写明："台湾及其包括钓鱼岛在内的附属各岛"均为中国领土。日方要求中国在此法中删去有关钓鱼岛的条文，理所当然地被中国拒绝。

中日钓鱼岛群岛争端涉及到两方面的内容：一是岛屿主权归属问题，二是与之相关的东海海洋权益问题。这后一个问题还包括关于大陆架定义的分歧，关于大陆架划界原则及具体划分上的分歧，关于岛屿海洋权益的分歧等。这些问题由于存在着一系列国际法、自然地理、资源开发等因素，解决起来都十分困难。加上日本右翼势力的严重干扰破坏，钓鱼岛的争端随时有激化的可能，但因此而导致中日双方兵戎相见的可能性很小。

五 台湾问题

所谓"台湾问题"包括两个方面的内容：一是台湾与大陆的统一问题，另一是外部势力特别是美国的干涉问题。

台湾自古以来就是中国领土。在远古时代，台湾和祖国大陆本来连在一起，后因地壳运动，中间相连的陆地沉为海峡，台湾等遂成为海岛。据考古发掘，台湾古人类渊源于祖国大陆。秦（前221～前206）、汉（前206～公元220）以后有关台湾的记载已很具体。古文献记载，三国时代（220～280）已有大陆军民赴台湾垦殖。宋（960～1279）、元（1206～1368）时期，中国正式设官建制，管辖台湾和澎湖。

1624年起，台湾被荷兰殖民主义者占领。1662年中国民族英雄郑成功在岛上居民协助下收复台湾。

19世纪末日本发动侵略中国的甲午战争，迫使清政府签订《马关条约》，割让台湾。

二战结束后，台湾在法律上和事实上已归还中国。中国人民解放战争后期，蒋介石集团退踞台湾。逃到台湾的蒋介石父子虽然顽固坚持反共立场，但同时也坚持"一个中国"的原则，反对台湾独立。

1988年，李登辉主政台湾地方当局，随着其羽翼逐渐丰满，开始撕下伪装，一步步走上背离"一个中国"原则的歧途。1999年7月，李登辉更公然抛出"两国论"，宣称大陆和台湾是所谓"特殊的国与国关系"，两岸关系骤然紧张。在"台独"思潮泛滥，国民党统治腐败，李登辉幕后操纵，以及外部势力施加影响等诸多因素的作用下，民进党2000年3月赢得选举开始执政。陈水扁上台后，刻意模糊"一个中国"的立场，在"台独"策略上做了某些调整，将追求"公开独立"调整为谋求"事实独立"，将"急独"调整为"缓独"，"明独"调整为"暗独"。

外部势力特别是美国的介入，是台湾问题至今得不到解决的重要原因。1950年6月朝鲜战争爆发后，美国政府命令第七舰队部署台湾海峡，阻止中国解放台湾。1954年，美台订立《共同防御条约》，台湾成为美国遏制中国大陆的弧形岛链中的一环，成为支持美国亚太战略的"不沉的航空母舰"。

在中美两国实现关系正常化过程中，美国与中国签署3个联合公报，但与此同时，美国又以国内立法的形式通过与中美3个联合公报相对立的《与台湾关系法》，在中国统一问题上采取两面政策，实质上是要两岸长期保持对立的局面。

冷战末期特别是冷战结束后，美国对中国的战略需求锐减，美中矛盾和分歧上升。美国视台湾为其抑制"潜在战略对手"中国崛起的一张王牌，台湾在美战略布局中再度升值。美国反华势力不断鼓吹增加台湾防卫力量，为"台独"势力撑腰。据统计，仅冷战结束后10年间，美国就向台湾地方当局出售价值约300亿美元的武器装备。美售台武器不仅数量多，质量也不断提高。美国还力图以某种形式将台湾纳入其战区导弹防御系统（TMD），并通过加强美日防卫合作，寻求两国联手干预台湾问题的机制。1999年5月，日本正式通过"周边事态"相关法案，完成了美日防卫合作的法律程序。今后，一旦台湾海峡"有事"，美国的军事干预行动将能获得日本更多的后勤支持和勤务支援，美日甚至可能联合采取行动。

按照"和平统一、一国两制"方针，早日解决台湾问题，完成祖国统一大业，是中国政府的既定政策。与此同时，中国政府始终表明，以何种方式解决台湾问题是中国的内政，并无义务承诺放弃使用武力。这决不是针对台湾同胞的，而是针对制造"台湾独立"的图谋和干涉中国统一的外国势力。中国政府尽一切可能争取和平统一，但如果出现台湾以任何名义从中国分裂出去的重大事变，如果出现外国占领台湾，如果台湾当局无限期地拒绝通过谈判和平解决两岸统一问题，中国政府只能被迫采取一切可能的断然措施，包括使用武力，来维持中国的主权和领土完整，实现祖国的统一大业。中国政府和全国各族人民在关系到主权和领土完整这一根本问题上不会让步、不会妥协，决不允许台湾从中国领土上分裂出去。

2005年3月14日，十届全国人大三次会议通过《反分裂国家法》，明确指出：世界上只有一个中国，大陆和台湾同属一个中国，中国的主权和领土完整不容分割。维护国家主权和领土完整是包括台湾同胞在内的全中国人民的共同义务。台湾是中国的一部分。国家绝不允许"台独"分裂势力以任何名义、任何方式把台湾从中国分裂出去。解决台湾问题，实现祖国统一，是中国的内部事务，不受任何外国势力的干涉。"国家以最大的诚意，尽最大的努力，实现和平统一。""国家和平统一后，台湾可以实行不同于大陆的制度，高度自治"。并决定采取一系列措施，维护台湾海峡地区和平稳定，发展两岸关系。

该法规定："'台独'分裂势力以任何名义、任何方式造成台湾从中国分裂出去的事实，或者发生将会导致台湾从中国分裂出去的重大事变，或者和平统一的可能性完全丧失，国家得采取非和平方式及其他必要措施，捍卫国家主权和领土完整。"

六 南沙群岛争端

南沙群岛位于中国南海最南端，是南海诸岛中岛礁最多、分布最广的群岛。南北长500多海里、东西宽400多海里，水域面积70多万平方公里。共有200多个岛礁或沙洲，其中露出水面的岛屿25个。最大的岛是太平岛，面积0.432平方公里。南沙群岛地处热带，周围海域辽阔，渔业和海底资源丰富。据估计，蕴藏的油气资源达300多亿吨。南沙群岛扼太平洋和印度洋海上航线的要冲，是重要的国际海洋战略通道，战略地位极为重要。

南沙群岛自古以来就是中国的领土，中国对其拥有无可争辩的主权。据史籍记载，早在公元前2世纪的汉武帝时代，中国人通过航海活动发现了南沙群岛。唐宋以来，中国人已在南沙群岛生活和从事渔业捕捞等生产活动。明清时代，中国政府明确将南沙群岛划归广东省琼州府（今海南省）管辖。19世纪以后，美、英、德、法、日等国垂涎南沙群岛，多次派舰调查勘测，企图攫为己有，但均未得逞。1933年，南沙群岛被当时统治越南的法国殖民当局侵占，并非法划归巴地省管辖。二战期间，日军于1939年3月侵占南沙群岛并宣布将其归台湾高雄管辖。1945年日本投降后，当时中国政府派高级官员接收了南沙群岛并立碑纪念和派兵驻守。中华人民共和国成立后，中国政府和人民继续对南沙群岛进行管辖和经营建设。1987年下半年，受联合国教科文组织的委托，中国在南沙永暑礁上修建海洋观测站。同时，中国人民解放军海军陆战队官兵先后进驻华阳、赤瓜、南熏、东门、渚碧、美济等岛礁，以表明中国主权的存在。

从20世纪60年代开始，在南沙海域发现油气资源后，沿海有关国家纷纷提出对南海诸岛的主权要求。越南（包括原南越政权）、菲律宾、马来西亚声称对南沙群岛拥有"主权"，并派兵对一些岛屿实施占领；印尼和文莱也宣布将南沙海区一部分海域划为其专属经济区。1973年"石油危机"前后，在南沙及其附近海域又掀起了一股瓜分岛屿、开发油气的狂潮。至1997年底，除中国控制的7个岛礁和台湾控制的太平岛外，其他40多个岛礁分别被越南、菲律宾和马来西亚占据。与此同时，美国不断加强与南海周边国家的军事合作关系，经常与一些东南亚国家举行联合军事演习，频繁出动飞机赴南海侦察巡逻，将南海问题纳入其防范与制约中国的战略企图之中。日本等国也追随美国，以所谓"确保海上航行自由"、"反对使用武力"为借口，不同程度地涉足南沙事务。

南沙争端涉及到两个核心问题：一是岛屿归属问题，一是领海、大陆架、专属经济区划界问题。争端涉及到南沙群岛海域沿岸的"六国七方"，即中国、越南、菲律宾、马来西亚、印尼、文莱和中国台湾。这一问题已经成为影响东亚地区乃至整个亚太地区安全稳定的敏感而棘手的问题。中国政府对于南沙争端的政策是：平等协商，求同存异，搁置争议，共同开发。这一政策的实质是用谈判协商的办法解决争端，避免使用武力，有关各方共同开发南沙海域的资源。在1997年12月于吉隆坡发表的中国与东盟国家首脑会晤联合声明中，有关各方同意根据1982年《联合国海洋法公约》等公认的国际法，通过友好协商和谈判方式解决南沙群岛主权纠纷问题，不诉诸武力或以武力相威胁。这使东盟作为一个整体，就其部分成员与中国存在的南沙群岛主权争端问题，同中国达成了和平解决争端的原则性一致，并为今后对这一争端的和平与合理解决打下了政治基础。但是，一些争端当事国仍不时制造冲突事件，美、日等国也有意染指这一重要战略海域，企图将南沙问题多边化、国际化，因此南沙群岛争端问题仍然存在不少隐忧。

七 东帝汶问题

东帝汶位于太平洋和印度洋之间的努沙登加拉群岛的东端，由帝汶岛东部、欧库西地区及附近的阿陶罗岛组成，西部与印尼的西帝汶相接，面积约1.9万平方公里，人口80余万。

1566年，葡萄牙殖民主义者入侵帝汶岛。1613年，荷兰入侵者将葡萄牙势力排挤到帝汶岛东部。1859年，荷、葡签订条约，将帝汶岛西部划归荷属东印度（即现在的印尼），将东部及欧库西地区划归葡萄牙。

二次大战时日本占领了东帝汶；二战后葡萄牙又恢复了对东帝汶的殖民统治。

1975年葡宣布东帝汶实行自决并撤出东帝汶。随后东帝汶陷入内战。各派政治势力相继组成三大政党：东帝汶独立革命阵线、帝汶民主联盟和帝汶人民民主协会。同年8月，帝汶民主联盟宣布成立“独立政府”，并大肆抓捕东帝汶独立革命阵线成员；11月，东帝汶独立革命阵线击败帝汶民主联盟，并宣布东帝汶独立；12月，苏哈托领导的印尼政府出兵占领了东帝汶。1976年7月，苏哈托签署《特别法案》，宣布将东帝汶“并入”印尼。随后，联合国安理会通过决议，反对印尼并吞东帝汶，要求印尼立即从东帝汶撤军。

印尼吞并东帝汶后，东帝汶独立阵线立即展开反抗印尼统治的武装斗争；联合国大会也于1982年通过决议，支持东帝汶实行民族自决；澳大利亚等国多次敦促印尼就东帝汶独立还是自治问题举行全民公决。

在各方压力下，印尼与东帝汶原宗主国葡萄牙经过多次谈判于1999年5月达成协议，决定在东帝汶就是否独立问题举行全民公决。在联合国派出人员的组织和主持下，东帝汶于1999年8月30日举行全民公决，结果有78.5%的投票者支持独立；印尼政府和国会表示承认公决结果，尊重东帝汶人民的选择。

东帝汶全民公决结果公布后，亲印尼的东帝汶民兵组织不断开展大规模的暴力活动，大批商店、银行被洗劫，数百人被打死，20多万人流离失所，部分国际组织和国家驻东帝汶机构被毁。因此，国际社会强烈要求印尼设法解决东帝汶暴乱问题。联合国安理会于1999年9月作出在东帝汶部署多国维和部队的决议，随后由8 000人组成的维和部队陆续开进东帝汶；印尼的军队也于10月31日全部撤出东帝汶，结束了对东帝汶长达23年的军事占领。

根据东帝汶独立革命阵线领导人古斯芒的建议，联合国安理会于1999年10月通过一项决议，决定设立“联合国东帝汶过渡行政当局”，全权监管东帝汶事务，并领导东帝汶在2～3年内成为独立的共和国。

东帝汶独立以来，局势总体稳定。东政府加强行政、司法和警务建设，致力于推进经济重建和社会发展。2004年，东颁布了《政党法》，一批涉及行政、司法、商业、投资的法案提交议会讨论；地方政权建设基本完成，政府管理深入到基层。但是，由于经济基础薄弱，政府缺乏执政经验，失业和贫困问题较为突出，民众不满情绪时有浮现。2006年初以来，600名被开除的士兵闹事，引发大规模社会骚乱，以致30多人死亡，60多人受伤，20多万人逃亡。6月27日，东总理阿尔卡蒂里辞职，独立人士、前国务兼外长与合作部长（外长）、前国防部长奥尔塔接任政府总理。新政府于2006年7月14日成立，任期至2007年大选前。

第四章 东亚地区主要势力军事战略的调整

东亚地区主要势力指对该地区军事安全有重大影响的国家和国家集团，具体指美国、日本、俄罗斯、中国和东盟。美国虽不是东亚国家，但其在该地区军事战略的任何重要调整都会对该地区的军事安全形势及东亚主要国家（国家集团）的军事战略产生影响。因此，要了解东亚地区主要国家（国家集团）的军事战略调整，必须首先研究美国的军事战略调整。

第一节 美国

冷战结束后，美国成为世界上在政治、经济、军事等方面都具有全球影响的唯一超级大国，其全球战略目标更加咄咄逼人。美国总统布什2002年5月首次提出“先发制人”的战略指导思想，充分反映出美国新军事战略的进攻性、冒险性、单边主义和霸权主义的特点。

2001年美国发生国际恐怖主义袭击的九一一事件后，美国军事防卫的重点由境外转变为境外与境内两头并重。军事战略的现实目标转向恐怖主义以及拥有大规模杀伤性武器和支持恐怖主义的国家。建军模式明确为“1－4－2－1”型。“1”是保护美国本土；“4”是在海外4个地区（欧洲、东北亚、东南亚沿海区和中东～西南亚）威慑敌对行动；“2”是在同时发生的2场战争中迅速击败敌人；“1”是至少在其中1场战争中取得决定性胜利。

在欧洲形势相对稳定，亚太地区不稳定因素增多的背景下，美国对亚太地区的关注大大增强，近期美军全球部署调整的重点，也体现出向亚太地区倾斜的明显迹象。

一 保持前沿军事存在

在亚太地区的军事存在，是美国亚太军事战略的重要后盾。

冷战结束之初，老布什政府在1990、1992年先后发表的《东亚及太平洋地区战略框架》报告中，曾提出在10年内分三个阶段裁减美国在亚太地区驻军数量的计划。克林顿政府上台后，根据亚太地区的局势和美国的根本利益，从1994年开始，停止执行老布什政府的亚太裁军计划，做出了今后10年内继续在亚洲保持10万兵力的“前沿部署”的决定。

2004年8月，美总统布什宣布将对美全球军事部署进行调整。西太平洋地区美军事部署调整的指导构想是：压缩规模，固北扩南，增加指挥机构，重塑基地体系，加强要害地区军事存在，提高机动和快速反应能力。根据计划，驻韩、驻日美军部署均作较大调整，驻关岛美军的装备实力将大为增强。调整完成后，驻西太平洋美军兵力为7万人，规模首次超过驻欧美军。美军控制朝鲜半岛、台湾海峡、南海“潜在纷争区”及东南亚的能力大为提升。一旦需要，美军就可以把作战反应时间从以往的几个月缩短到几天甚至几小时，大大提高了其军事介入能力。

二 巩固和加强双边军事同盟

日本、韩国、菲律宾、泰国是美国在东亚地区的几个盟国。冷战期间，美国先后与这几个国家订立军事同盟条约，使之成为美国在东亚遏制“共产主义扩张”的基石和军事部署的桥头堡。

冷战结束后，美国仍不断采取措施加强与这些盟国的关系。1996年4月，克林顿访日，与日本共同发表了《美日安全保障联合宣言》，强调美日同盟的重要性。1997年，美日正式发表《美日防卫合作指针》，确定了美日进行防卫合作的基本形式和内容。美日同盟关系针对的对象从前苏联转为朝鲜和中国；美日双方军事合作范围从远东扩展到日本周边，将台湾海峡和中国南海包含其中；日本的军事作用有所提高，可在出现紧急情况时采取多种方式在军事上援助美国。

美日加强军事合作，既是对付中国的，也是对付俄罗斯和朝鲜的。

美韩关系方面，近年来，美国高级军事官员多次访韩，一再强调美韩关系的重要性。1998年1月，美国防部长科恩访韩时，双方协调了援韩方案、战备规则等问题。美韩之间的联合军事演习也频繁进行。

与此同时，美国与菲律宾、新加坡、泰国、印尼等东盟国家在军事合作问题上也取得一些成果。美菲签署《军事地位协定》，两国将恢复联合军事演习、联合训练和舰队访问。美国和新加坡达成协议，自2000年起美航母、潜艇和其他战舰将免费使用届时竣工的新海军基地。美泰确定继续举行“金色眼镜蛇”联合军事演习，并邀请印尼派观察员参加。

三 大力推进战区弹道导弹防御体系

近年来，美国积极在东亚地区发展战区导弹防御系统（TMD），认为该系统在维护美国的东亚军事战略中起重要作用。这个系统由陆基、舰载、机载的拦截武器组成，主要用于对来袭导弹助推阶段的拦截，目前尚处于试验阶段。美国谋求把日本、韩国和中国的台湾纳入战区导弹防御系统（TMD），这将严重破坏东亚地区的战略平衡。

四 企图建立以美国为主导的多边安全机制

美国针对冷战结束后亚洲政治力量与安全环境

变化的现实，提出建立多边安全保障体制的主张，并以此作为美国与亚洲盟国双边关系的补充。1993年3月，美国负责亚太事务的助理国务卿洛德在美国会作证时，提出了美建立亚太安全协商机制的目标。从1994年起，美积极参加东盟地区论坛，力求通过主导论坛发展方向，建立以美国为核心的亚太多边安全机制。1995年11月，美国防部长佩里公开建议把亚太经合组织扩大成为一个可以讨论安全问题的多边论坛，但美国这个主张未获得亚太国家的支持。1998年1月，美国防部长科恩访问亚洲7国，重申美国希望"就地区安全保障问题构筑更加广泛的多国间关系"，推进多边对话与合作，并提出在亚太各国的国防部长一级通过非正式会议讨论亚太安全问题。

第二节　日本

经过二战后几十年来的发展，日本已成为世界第二经济大国。冷战结束后，日本利用国际格局转变的时机，正在设法摆脱"和平宪法"的限制，不断强化日美军事同盟，建立高效的防卫力量，谋求实现政治大国和军事大国的战略目标。

一　突破"专守防卫"方针

按照日本宪法规定，日本在战略上实行"专守防卫"的方针。所谓"专守防卫"，是指被动的、防御的战略态势，即：只有在遭到武装进攻时才能行使军事力量；行使军事力量控制在为了自卫的必要的最低程度；国家所拥有的军事力量也应控制在为了自卫的必要的最低程度。随着日本经济实力的膨胀，刺激了日本想充当世界政治大国和军事大国的野心。突破"专守防卫"方针，是日本为实现其政治大国和军事大国目标的重大战略步骤。早在20世纪80年代初期，日本实际上就已突破了"专守防卫"的方针，进入90年代以来，日本更是以积极主动的战略方针逐步改变"专守防卫"的性质和内涵。主要表现如下。

（一）在防卫力量的基本任务和职能上，强调军事力量的职能范围由内向型向内外结合型过渡，防卫任务由以本土为重点转向以周边为重点，并逐步向全球发展

日本军事力量已经由过去单一的"对付有限的小规模侵略事态"扩大为"保卫日本安全"、"应付大规模自然灾害等各种事态"、"为建立更稳定的安全保障环境作贡献"等三大职能。

（二）在作战指导思想上，扩大解释行使自卫权的地理范围，提出"海洋歼敌"、"洋上防空"的原则，强调在距日本本土尽可能远的地方歼灭敌人，改变了在日本本土、领海、领空抗击敌人进攻的原则

新《日美防卫合作指针》把日美防卫的区域由以日本为中心的200海里的小范围扩大到整个亚太地区的"大范围"，使日美共同防卫和联合作战的范围进一步扩大。

（三）在武器装备的发展上，向大型化、远程化、大威力和高技术化的方向发展

陆上自卫队逐步更新火炮、坦克、直升机和防空导弹；海上自卫队逐步更新驱逐舰、潜艇、反潜直升机等；航空自卫队对F－15歼击机进行了现代化改装，将装备新型F－12支援战斗机，并购进了大量"爱国者"防空导弹。此外，日本还积极与美国共同研制开发战区导弹防御系统（TMD）、引进空中加油机、扩充多用途直升机等，其军事力量已大大超过了自卫所需"最小限度"。

二　强调多元威胁，注重多方位防御

冷战时期，日本一直以苏联为其主要威胁和主要作战对象，因此一直把北海道作为重点战略防御方向。苏联解体后，日本认为来自北方的威胁已明显减弱，而来自西南方向的威胁日益上升。1996年发表的日本防卫白皮书，认为"北朝鲜研制核武器和使其弹道导弹远射程化的倾向，对包括日本在内的东亚地区安全来说，是一个重大的不稳定因素"。2001年发表的日本防卫白皮书，又声称中国的军事现代化目标"超出了防卫必要的范围"，并表示"强烈的忧虑和警惕"。根据上述判断，日本将其战略防御方针和兵力部署作了调整：将过去以北海道为防御和抗击苏（俄）入侵的主要方向，逐步调整为在继续重视北海道方向防御部署的同时，加强西部方向的兵力部署，增加西部地区部队的武器装备，同时加强以对付来自西部方向威胁为背景的军事演习。

三　维持和加强日美军事同盟

冷战结束后，日本继续把维持和加强日美军事同盟作为其军事战略的最重要支柱之一，但也根据形势变化对之作出调整，充分利用日美安全保障体制谋求自身实力的扩展，在亚太安全战略中发挥更

为独立自主的作用。1997年9月，日美两国批准经过修改的《日美防卫合作指针》。与修改前的“指针”相比，新“指针”有以下两个值得注意的特点。

（一）日美军事合作的范围大幅度扩大

原《指针》规定，当“日本遭到武力进攻时”，由美国提供军事援助；而新《指针》则规定，“日本周边地区发生紧急事态时”，日美双方将采取联合行动。虽然日美双方刻意模糊“周边地区”的含义，但实际上是指包括中国的台湾、南沙在内的整个太平洋地区。2001年美国发生国际恐怖主义袭击的九一一事件后，日本抓住时机，一举通过了《反恐怖特别措施法》等三项法案，以支援美国反恐为名，向印度洋和伊拉克派出武装部队，在海外派兵方面迈出了实质性的一步。

（二）日本在日美军事同盟中的作用明显增强

在以往的日美安全保障体制中，当美国在亚太地区行使武力时，日本只向美军提供军事基地和设施，而不能提供任何人力和物力支援。新“指针”大大突破这一限制，规定当日本“有事”时，将以日本为主，日美实施联合作战；当日本周边有事时，日美将实施“联合作战计划”。日本将向美军提供诸如补给、运输、维修和医疗等方面的后方支援，还将配合美军进行公海扫雷和船只检查行动等等，从而使日本的军事作用大幅度增大。日本在日美军事同盟中的地位将由“被保护者”升格为“合作伙伴”。

四 坚持质量建军的原则

日本把建设“适度规模”的高质量自卫队作为建军的基本原则，把“合理、高效、精干”作为自卫队建设的目标，并为此采取了以下一系列重大措施。

（一）进行较为彻底的体制、编制调整，根据部队配置的地域、任务，编成各种不同类型的师和旅。

（二）实行“快速反应预备役”制度，使其部队的编成多样化，增强兵力运用的灵活性，提高对各类突发事件或紧急事态作出快速反应的能力。

（三）凭借领先的科技水平，加大经费投入，大力发展高技术武器装备。

（四）重视加强三军联合作战能力，提高情报、指挥、通信能力及运输等后勤保障能力。

第三节 俄罗斯

冷战时期，苏联的战略重心在欧洲，无论在经济、政治和军事上，亚太地区都是居第二位的。冷战结束后的一段时间里，俄罗斯奉行的是亲西方的政策，忽视了与亚太国家之间的关系，但这种“一边倒”的政策并没有得到应有的回报，加上亚太地区在国际战略格局中的地位越来越重要，使俄罗斯对亚太地区的关注不断增强。当时俄罗斯总统叶利钦声称，俄罗斯奉行“双头鹰”外交，“既要奉行西方政策，也要奉行东方政策”。俄罗斯新的亚太军事战略主要包括以下内容。

一 继续保持在亚太的军事存在

由于受历史原因的影响，俄在亚太地区的影响力相对较小。为了实现在欧亚两个地区保持平衡的战略，俄认为继续保持在亚太的军事存在具有重要意义：一是可以保持其与亚太其他大国的军事均势，遏制可能出现的针对俄罗斯的局部战争和武装冲突；二是可以为俄在与北约的对抗中营造一个稳定的战略后方，间接增强俄与北约抗衡的主导权。因此，俄罗斯在远东地区的部队除开始几年裁军中有所减少之外，1995年以后没有大的变化。2004年有陆军21个师；海军水面作战舰艇38艘、潜艇11艘，空军作战飞机545架。俄远东部队在经费十分困难的情况下，每年仍举行几次实兵演习以保持和增强战斗力。

二 加强与东亚国家的双边军事合作

继1992年12月叶利钦访华时与中国签署了《关于在边境地区相互减少军事力量和加强军事信任问题谅解备忘录》后，中国、俄罗斯、哈萨克斯坦、塔吉克斯坦、吉尔吉斯斯坦5国又于1996年4月签订了在边界地区加强军事信任的协定，其后发展成为“上海合作组织”。中俄睦邻友好、互利合作的战略协作伙伴关系有了很大的发展。俄韩军事合作方面，双方于1992、1995和1996年先后签订了《俄韩军事交流备忘录》《军事秘密协定》和《俄韩军事合作备忘录》。1993年8月，俄曾派出观察员参加了美韩“协作精神”军事演习。俄还向韩国出售了上亿美元的武器装备。俄日之间的军事交流和信任也有一些进展，1997年5月，俄国防部长访日，双方签订了《两国军事合作备忘录》。同年6月，俄太平洋舰队率大型反潜舰访日，这是近百年来俄军舰首次访问日本。1998年1月，俄日首次举行海上联合军事演习。俄同越南和朝鲜的关系也逐步修复。1994年6月越南总理访俄，双方签署了《俄越友好关系基础条约》，俄罗斯还向越南出售了大量先进的武器装备。

三　积极参加亚太地区多边安全对话

1992年以来，俄、美、日已多次召开半官方的“北太平洋安全保障三极论坛”会议。俄还于1994年10月参加了“东北亚安全对话会议”。1997年7月，俄作为18方之一参加了“东盟地区论坛”。对于亚太地区特别是东北亚地区安全机制的建立，俄也积极参加。1997年10月，叶利钦访韩时，首次提出建立“东北亚磋商机制”的设想。1995年8月，俄外长在“东盟地区论坛”第二次会议上又提出了一项《亚太地区安全与稳定原则》，建议加强相互信任，保障军事活动透明度，建立预防性外交和维护和平机制等方面采取综合的集体措施，并认为目前东盟地区论坛可以成为就安全与稳定问题进行对话和作出决定的最合适的机制。

第四节　中国

中华人民共和国为抵御外敌侵略，保卫国家的独立和安全，维护世界和平，始终奉行积极防御的战略。20世纪80年代中期，中央军委根据邓小平关于“在较长时间内不发生大规模的世界战争是有可能的”这一具有深远意义的战略判断，作出了国防与军队建设指导思想实行战略性转变的重大决策，即：由时刻准备早打、大打、打核战争的临战状态真正转到和平时期建设的轨道上来。战争准备的基点由应付全面战争调整为应付局部战争和军事冲突，并首次将经略海洋、维护国家海洋权益确定为军事战略的重要任务。90年代，中央军委根据国际形势新变化和现代战争的特点，重新制定了新时期积极防御的军事战略方针，确定把军事斗争的基点放在打赢现代技术特别是高技术条件下的局部战争上。强调战争准备由应付一般条件下的局部战争向打赢现代技术特别是高技术条件下的局部战争转变，军队建设由数量规模型向质量效能型、人力密集型向科技密集型转变。

中国的积极防御战略，主要包括以下内容。

一　保卫国家主权和领土完整

中华人民共和国的成立，使中国永远摆脱了半殖民地的地位，帝国主义任意宰割、掠夺和支配中国的时代从此一去不复返了。中国的事情只能由中国人办，别国不得干涉。中国的领土主权不可分割，解决台湾问题是中国的内政，绝对不允许任何外国势力干涉。中国政府努力谋求以和平方式实现祖国的统一，但不承诺放弃使用武力。

二　维护周边稳定与世界和平

中国积极倡导树立以互信互利、平等、合作为核心的新型安全观，在和平共处五项原则的基础上，发展同周边国家的睦邻友好关系，坚持以和平方式处理和解决与周边国家存在着的领土和海洋权益争议。中国反对霸权主义和强权政治，反对扩张行为，反对扩大军事集团和强化军事同盟，不搞军备竞赛和核扩散，支持亚太各国采取的有利于维护地区和平、安全、稳定的一切活动。

三　独立自主地建设和巩固国防

中国立足于依靠自己的力量来保障国防的安全，坚持独立自主地进行决策和制定战略，坚持主要依靠自己的力量建设国防科技工业和发展武器装备，坚持独立自主地处理一切对外军事事务，坚持不与大国结盟和不参加任何军事集团。

四　坚持积极防御的军事战略方针

中国奉行防御性的国防政策和积极防御的军事战略方针，在战略上实行防御自卫和后发制人的原则，不主动挑起事端。但是，这种防御不是消极的，“人不犯我，我不犯人，人若犯我，我必犯人”。中国国防现代化建设完全是为了自卫，是保障国家现代化建设和安全的需要。中国永远不称霸，即使将来强大了，也决不走对外侵略扩张的道路。

五　提高打赢高技术条件下局部战争的能力

强化“打赢”意识，是当前乃至今后一个时期内战争准备和军队建设的基本任务。近年来，中国人民解放军以打赢高技术条件下局部战争为目标，积极开展科技练兵，大力推进训练的基地化、模拟化、网络化。在装备建设方面，致力于尽快实现武器装备由半机械化、机械化向自动化、信息化、一体化的转变，重点提高中远程精确打击的能力、海上攻防作战能力、综合防空能力、自卫核反击能力，应急机动能力、综合电子信息能力、战场综合保障能力。

六　国防建设服从和服务于国家经济建设大局

努力把经济实力、国防实力搞上去，这是中国在世界上立于不败之地的根本保证。在国家的总体发展战略中，要长期坚持国防建设服从和服务于国家经济建设大局，国防建设与经济建设协调发展的基本方针。

第五节　东盟

东盟是促进地区经济与文化发展和维护地区和平与稳定的组织。在冷战结束后，东盟各国面临着大体相同的安全环境，都有维护东南亚地区和平稳定的共同追求。因此，它们的军事战略调整的目的也基本相同，即：在增强自身防务能力的同时，提升东盟在亚太地区安全格局的地位。东盟各国军事战略调整的内容也有许多相同之处，主要有以下几个方面。

一　在注意“安内”的同时更注意“御外”

东盟各国存在着诸多问题，如党派斗争、民族矛盾、教派冲突，特别是反政府武装活动等。所以在二战结束后很长一段时间内，它们的军事战略一直把“安内”放在十分突出的位置。但近些年来，除印尼国内动乱或分立活动时有发生、菲律宾的恐怖主义组织阿布沙耶夫武装时常制造绑架人质等事端外，缅甸、柬埔寨、泰国、马来西亚等国的反政府武装的问题已经解决，各种冲突相继平息，局势趋于稳定，内部安全环境得到根本性好转。因此，东盟一些国家的军事战略逐步由内向性转向外向性，这种趋向随着海洋资源的争夺、边界摩擦、领土纠纷等问题的进一步突出而更加明显。

二　军事防务的重点由陆地转向海洋

东盟国家除老挝外都是沿海国家或海岛国家。它们为了发展经济以及在未来的海洋权益斗争中取得有利地位，都把战略重点由陆地转向海洋，确立以海、空军建设为重点的质量建军思想，加速建设快速反应部队。

20世纪90年代中期以来，东南亚地区形成了一股扩充军备的强劲势头。东盟各国军费年均增长率达10%～15%，新增军费主要用于购买先进的作战飞机和军舰，扩充海、空军力量。

马来西亚自第六个五年计划起推进军队现代化进程，主要是更新海、空军装备，其中计划耗资20亿美元建造27艘大型巡洋舰艇。

印度尼西亚也在更新海、空军武器装备，仅1996年就从德国购进了39艘战舰，包括16艘护卫舰、14艘坦克登陆舰和9艘扫雷舰。2003～2004年，印尼空军从俄罗斯购买了苏－30、苏－27和米－35直升机，组成一支俄式战斗机飞行中队。

菲律宾1995年制定的为期15年的军队现代化计划，使用军费总额约合132亿美元，其中80%用于海、空军建设。

泰国2003年将国防开支中采购军火和信息装备的预算增加了30%，约240亿泰铢。

经过近10年的努力，东盟国家海、空军装备水平和战斗力已大有提高。东盟各国还相继制定了海洋战略，加紧向海洋进军，扩大其战略纵深，屏护其狭小的陆上国土，并控制海上运输线，以获取更多的资源。

东盟各国不同程度地调整了防卫方针，把抵御外来威胁的战场准备，由陆上为主转向以海洋为主，力争在200海里专属经济区以远阻止来犯之敌。

三　加强区内、区外防务合作

东盟国家在处理外部防务时，区域内的防务合作有所加强。越南、菲律宾、马来西亚、文莱等国，重点加强南海方向的防卫，并加强防务磋商，力求用“一个声音”和“一致行动”来“抗衡大国”。缅甸、泰国、印尼等国，重点加强了安达曼海方向的防卫，随时准备抗御印度由海上发起的向东推进的行动。东盟国家在加强本国防务及区域内国家防务合作的同时，还各自有侧重地开展与区域外国家的防务合作。如泰国、菲律宾、新加坡、印尼与美国的防务合作；新加坡、马来西亚与英国、澳大利亚、新西兰的“五国联防”；越南与俄罗斯的防务合作等。近年来，东盟与中国（10+1）、东盟与中日韩（10+3）框架下的非传统安全领域合作也逐步展开。

第五章　东亚地区各国的国防体制及军事实力

第一节　国防体制

东亚地区国家的国防体制主要有以下三种类型。

一　国家元首领导下的国防体制

实行这种体制的国家有：菲律宾、韩国、蒙古、缅甸和印尼。这些国家均以总统为武装部队最高统帅，但其具体领导方式也存在一定差异。菲律宾以由总统任主席的国家安全委员会为国防安全的最高决策机构，国防部是最高军事行政机关，武装部队司令部是最高军事指挥机构，总统通过国防部和武装部队司令部对全国武装力量实施领导和指挥。韩国以由总统为主席的国家安全保障会议为最高国防决策机构，国防部是总统统率武装力量的最高行政机构，国防部下辖参谋长联席会议，国防部长的军令权通过参谋长联席会议实施。缅甸“国家和平与发展委员会”主席（相当于总统）兼任国防部长和三军总司令，通过国防部和总参谋部对全国武装力量实施领导和指挥。印尼实行国防与内卫合一的武装体制，总统通过国防安全部和武装部队总司令部对全国武装力量实施领导和指挥。

二　总理领导下的国防体制

实行这种体制的国家有：泰国、马来西亚、新加坡和日本。泰国国王、马来西亚国家元首和新加坡总统名义上是武装力量统帅，实际上国防事务均由政府总理负责。日本内阁总理大臣是自卫队的最高统帅，代表内阁对自卫队行使最高指挥监督权。内阁会议是国防问题的最高决策机构；安全保障会议是国防问题的最高审议机构；防卫厅是在内阁总理大臣领导下处理国防事务的行政机关；参谋长联席会议是辅佐防卫厅长官的合议体参谋机构，主要任务是统一和协调陆、海、空自卫队的运用。

三　执政党领导下的国防体制

东亚地区的社会主义国家都坚持由执政党对军队实行绝对领导的原则。根据《中华人民共和国宪法》规定，中华人民共和国设立中央军事委员会，领导全国武装力量，中央军委实行主席负责制。中共中央规定，在国家的中央军委成立以后，党的中央军事委员会仍然作为党中央的军事领导机构。党的中央军委和国家的中央军委实际上是一个机构，组成人员和对军队的领导职能完全一致。国务院设国防部，国防部工作实际上也是在中央军委的直接领导下进行。需要由国防部处理的事宜，由总参谋部、总政治部、总后勤部和总装备部分别办理。

朝鲜劳动党中央委员会总书记、党中央军事委员会委员长兼国防委员会委员长，为武装力量最高统帅。劳动党中央设有军事部，共和国政府设有人民武装力量省，常设军事领导机关为总参谋部和总政治局。

越南《宪法》规定，越南国家主席兼任国防与安宁会议主席，统率全国武装力量；实际上越共中央军事党委是最高军事决策机构，越共中央总书记兼任军委书记，通过国防部对全国武装力量实行统一的领导和指挥。国防部既是越共中央军委的办事机构，又是越军最高军事行政机关，下辖总参谋部、总政治局、总后勤局、总技术局、国防工业总局和情报总局。

柬埔寨的情况比较特殊。柬《宪法》规定：“国王是军队的最高司令，但不指挥军队。”最高军事决策机构为柬王国武装部队（又称柬埔寨国民军）总司令部。国防部既是总司令部的办事机构，又是最高行政机关，下辖总参谋部。总参谋部负责全军的作战指挥、后勤供应和技术保障。

文莱的情况更加特殊。名义上文莱国家元首（苏丹）为武装力量统帅，国家元首通过内阁国防大臣对武装力量实施领导和指挥。但实际上，根据文莱与英国签订的防务协定，英国对文莱军队拥有作战指挥权。文莱皇家马来军团司令和参谋长仍由英籍军官担任。

第二节　军事实力及编成

一　军事实力

东亚地区一直是军事实力比较多的地区之一。冷战期间，除中国外，朝鲜和越南的军队员额都曾在100万以上。

冷战结束后，东亚地区有些国家裁减了军队员额，其中：中国先后3次裁军170万；越南从20世纪70～80年代的120万，到2003年减至48.4万，裁减了60%。其他裁军10万左右的国家有柬埔寨、朝鲜等。有些国家基本保持军队员额不变，如日本、菲律宾等。有的国家军队员额则有所增加，如缅甸由1992年的28.6万人增至1999年的34.5万人，韩国由1992年的63.3万人增至1999年的67.2万人。其他增加军队员额1万人以上的国家有泰国、新加坡、印尼等。

东亚地区各国军事实力情况详见表1。

表1　东亚地区15个国家1992、2004年军事实力统计表　(万人)

国别	年份	总兵力	陆军	海军	空军	备注
中国	2004	222.5	153	22.5	40	另第二炮兵10万人
日本	1992	24.02	15.13	4.35	4.54	
	2004	25.8581	16.3784	4.5812	4.7266	
朝鲜	1992	113.2	100	4	9.2	
	2004	110.6	95	4.6	11	
韩国	1992	63.3	52	6	5.3	
	2004	68.7	56	6.3	6.47	
蒙古	1992	1.55	1.4	—	0.15	
	2004	0.86	0.75	—	0.08	
越南	1992	75.7	70	4.2	1.5	
	2004	48.4	41.2	4.2	3	
老挝	1992	3.7	3.35	—	0.35	
	2004	2.91	2.56	0.06	0.35	
柬埔寨	1992	21.7	21.2	0.4	0.1	其他4.5
	2004	12.4	7.5	0.28	0.15	
缅甸	1992	28.6	26.5	1.2	0.9	
	2004	37.8	35	1.3	1.5	
泰国	1992	28.3	19	5	4.3	
	2004	30.66	19	7.06	4.6	
马来西亚	1992	12.75	10.5	1.05	1.2	
	2004	11	8	1.5	1.5	
新加坡	1992	5.55	4.5	0.45	0.6	
	2004	7.25	5	0.9	1.35	
印尼	1992	28.3	21.5	4.4	2.4	
	2004	30.2	23.3	4.5	2.4	
菲律宾	1992	10.65	6.8	2.3	1.55	
	2004	10.6	6.6	2.4	1.6	
文莱	1992	0.445	0.36	0.055	0.03	
	2004	0.7	0.49	0.1	0.11	
总计	2004	约610	469.7784	60.2812	78.8366	

资料来源　根据解放军出版社1993～1994年版和2005年版《世界军事年鉴》等资料整理。

二　兵力编成

东亚地区各国的正规军，除中国有第二炮兵部队、蒙古和老挝没有海军之外，一般均有陆、海、空三个军种。但各国的兵力编成情况不同。

（一）陆军兵力编成

除朝鲜、韩国、蒙古、新加坡、文莱之外，其他国家均编制有“军区”。军区是总部派出的指挥机构，负责统一指挥所辖战区的各军兵种及其他军事力量。泰国的“部域军”实际上就是军区。除中国外，只有韩国编有“集团军”。编有“军”的国家有朝鲜、韩国、越南、泰国和马来西亚；泰国的“小军”实际上就是军。除蒙古和文莱（最大编制单位分别为“旅”和“营”）之外，其他国家的最大编制单位为“师”。一般按兵种编成，有的也混合编成。例如日本的陆上自卫队就有步兵师（旅）、装甲师、空降旅、炮兵旅、工兵旅和混合旅。泰国编有“经济开发师”，越南编有“经济建设师”。

（二）海军兵力编成

朝鲜、韩国、日本、泰国和印尼编有“舰队司令部”；其他国家没有舰队编制，但有“沿海区”或“海军区”或“海军指挥部”的编制。韩国、日本、泰国、马来西亚和印尼编有海军航空兵；韩国、柬埔寨、泰国、缅甸和印尼编有海军陆战队。

（三）空军兵力编成

朝鲜和越南空军最大编制为“航空师”。日本编有“航空总队”、“航空方面队”。韩国、柬埔寨空军最大编制为“飞行团”。其他国家空军均只编有“飞行中队”。韩国、日本编有“防空导弹群”。越南编有“防空师”、“防空团”，柬埔寨编有“防空团”。

东亚地区各国的兵力编成情况见附表2。

第三节　准军事部队

除日本外，东亚地区国家均有准军事部队，但各国准军事部队情况不尽相同，有以下3种情况。

一　不脱产的准军事部队

越南、老挝、柬埔寨就是这种情况。它们的准军事部队成员各有自己的职业，以村或社区为单位组织起来，定期进行训练、演习或参加维护当地安全的活动。情况紧急或战时集合起来，在军方的统一指挥下，根据各自的分工，遂行相关的任务。例如，老挝的民兵自卫队分为普通、机动、防空3种。普通民兵自卫队每村编1～2个班，每班7～9人；机动民兵自卫队编成排或连，每连75～85人，辖2～3个排，每排23～29人；防空民兵自卫队每个县城编有1个连，由县军事指挥部直接指挥。

二　脱产的准军事部队

蒙古、泰国、菲律宾、文莱就是这样的情况。它们的准军事部队是职业部队，有健全的体制编制，也有规定的职责任务，平时一起执勤，战时参加作战，与正规军区别不大。20世纪60年代，泰国的“猎勇”部队曾进入老挝配合老挝右派部队与老挝爱国武装部队作战；泰国的“国土保卫志愿队”曾参加“清剿”泰共武装的活动。

三　脱产、不脱产兼有的准军事部队

朝鲜、韩国、缅甸、马来西亚、新加坡、印尼就是这样的情况。朝鲜的安全与边防部队、韩国的海岸警卫队、缅甸的民警和渔业部门武装人员、马来西亚的警察和边境侦察部队、新加坡的警察、印尼的国家警察和海上警察，都是脱产的。朝鲜的工农赤卫军，韩国的民防部队，缅甸、新加坡、印尼的民兵，马来西亚的人民志愿团，都是不脱产的。这些国家的准军事部队有以下三个特点。

（一）二战结束后又经过战乱的国家，准军事部队员额多、组织比较严密

朝鲜、韩国、越南、老挝、柬埔寨就是这种情况。因为这些国家经过战乱，不仅政府当局深刻认识到组织准军事部队是达成军事战略目标的重要措施，而且民众也认识到了准军事部队的重要性，因而能够积极参加准军事的活动。所以这些国家均保持了大量的准军事部队，特别是韩国，民防部队员额一直保持350万人，占全国人口的7.4%。近年来，印尼准军事部队脱产员额大增，这是因为印尼国内分裂主义势力活动猖獗、当局为弥补兵力不足而采取的措施之一。

（二）不少国家把警察纳入准军事部队的范畴

除朝、韩、越、老、柬之外，其他国家均把警察列为准军事部队。有的国家的某些警察在业务上受军方指挥，如泰国的边防巡逻警察；但大多数国家的警察是受内阁的内政或治安部门领导和指挥的。

（三）准军事部队的实力、构成等情况相对稳定

特别是不脱产的准军事部队，其体制、编制、实力及构成等近年来很少有变化，只是菲律宾将其保安军和国民自卫军改称国家警察和国民防卫军，且总实力有所减少。

东亚地区国家准军事部队实力及构成情况见表3。

表 2 东亚地区 13 个国家 2004 年兵力编成表 (万人)

国别	总兵力	军种	军种兵力	编成
日本	25.8581	陆上自卫队	16.3784	5个军区、10个师、6个旅、8个防空导弹群
		海上自卫队	4.5812	1个联合舰队、5个地方队
		航空自卫队	4.7266	1个航空总队、3个航空集团（支援、教育、开发实验）
朝鲜	110.6	陆军	95	21个军、27个师、103个旅
		海军	4.6	2个舰队司令部、岸防部队
		空军	11	6个航空师
韩国	68.7	陆军	56	3个集团军、11个军、50个师、21个旅、陆军航空兵
		海军	6.3	3个舰队司令部、陆战队2个师另1个旅、海军航空兵
		空军	6.47	13个飞行团、1个防空管制团、1个防空司令部
蒙古	0.86	陆军	0.75	7个团
		防空军	0.08	2个中队
越南	48.4	陆军	41.2	8个军区、14个军部、69个师、40个旅、15个团
		海军	4.2	4个沿海区
		空军	3	3个航空师、10个旅、14个团
老挝	2.91	陆军	2.56	4个军区、5个师、10个团、内河水兵部队
		海军	0.06	4个大队
		空军	0.35	
柬埔寨	12.4	陆军	7.5	6个军区、12个师、4个旅、17个团
		海军	0.28	内河巡逻队、沿海防御部队、8个陆战队团
		空军	0.15	1个飞行团、1个防空团
缅甸	37.8	陆军	35	12个军区、10个师
		海军	1.3	6个海军基地、1个陆战营
		空军	1.5	12个中队
泰国	30.66	陆军	19	4个部域军、2个小军、17个师
		海军	7.06	3个作战舰队、1个航空联队、海军航空兵、陆战队1个师、3个团
		空军	4.6	4个航空师、19个中队
马来西亚	11	陆军	8	2个军区、1个军、4个师、13个旅、1个团、1个陆航直升机中队
		海军	1.5	1个海上司令部、2个海军区、海军航空兵
		空军	1.5	4个航空师、12个中队
新加坡	7.25	陆军	5	4个师、1个旅
		海军	0.90	3个司令部
		空军	1.35	27个中队
印尼	30.2	陆军	23.3	1个战略后备部队司令部（下辖2个师、6个旅、3个团）、11个军区司令部（下辖2个旅、104个营）、特种部队5个大队
		海军	4.5	2个舰队司令部、1个海运司令部、海军航空兵、陆战队（2个旅、1个团、1个营）
		空军	2.4	2个作战司令部、11个中队
文莱	0.7	陆军	0.49	3个营、3个连（中队）
		海军	0.1	2个分队
		空军	0.11	2个中队

资料来源 根据解放军出版社2005年版《世界军事年鉴》等资料整理。

表 3　东亚地区 12 个国家 1992、2004 年准军事部队实力及构成情况表　（万人）

国　别	年　份	总实力	构成（实力）
朝　鲜	1992	391.5	安全与边防部队（11.5）、工农赤卫队（380）
	2004	368.5	安全与边防部队（18.9）、工农赤卫队（350）
韩　国	1992	350.35	民防部队（350）、海岸警卫队（0.35）
	2004	350.45	民防部队（350）、海岸警卫队（0.45）
蒙　古	1992	1	边防和内卫部队（1）
	2004	0.72	边防部队（0.6）、内卫部队（0.12）
越　南	1992	200	民兵自卫队（200）
	2004	100	民兵自卫队（100）
柬埔寨	1992	30	民兵（30）
	2004	6.7	民兵（6.7）
缅　甸	1992	8.525	民警（5）、民兵（3.5）、渔业部门武装人员（1.8）
	2004	10.7	民警（7.2）、民兵（3.5）、渔业部门武装人员（0.025）
泰　国	1992	14.17	猎勇部队（1.85）、国土保卫志愿队（4.3）、海上警察（0.22） 航空警察（0.05）、地方警察（5）、边防巡警（2.8）
	2004	15.87	猎勇部队（2）、国土保卫志愿队（4.5）、海上警察（0.22） 航空警察（0.05）、地方警察（5）、边防巡警（4.1）
马来西亚	1992	22.48	人民志愿团（20）、警察（1.8）、地方治安警察（0.35） 海上警察（0.21）、边境侦察部队（0.12）
	2004	26.48	人民志愿团（24）、警察（1.8）、地方治安警察（0.35） 海上警察（0.21）、边境侦察部队（0.12）
新加坡	1992	11.16	警察（1.16）、民兵（10）
	2004	9.63	警察（1.2）、民兵（8.43）
印　尼	1992	48	警察（18）、民兵（30）
	2004	69.2	国家警察（28）、海上警察（1.2）、民兵（40）
菲律宾	1992	13.5	保安军（9）、国民自卫军（4.5）
	2004	8.75	国民警察（4.4）、国民防卫军（4）、海岸警卫队（0.35）
文　莱	1992	0.265	警察（0.175）、廓尔喀后备队（0.09）
	2004	0.375	—

注　日本没有准军事部队；老挝的准军事部队称“民兵自卫队”，因实力不详，表中未列。

资料来源　根据解放军出版社 1993～1994 年版和 2005 年版《世界军事年鉴》等资料整理。

第四节　兵役制度

东亚地区各国的兵役制度各不相同，主要有以下 3 种类型。

一　义务兵役制

义务兵役制又称征兵制。东亚地区实行义务兵役制的国家有朝鲜、越南、老挝、柬埔寨、泰国、新加坡和文莱。这些国家实行义务兵役制的背景和情况各不相同。如朝鲜、越南等国，在战争时期实行的是志愿兵役制，因为当时作战频繁、环境艰苦、敌强我弱，采取自愿的原则招集、补充兵员是切实可行的，它保障了朝、越等国充分发动群众，不断壮大军队，实行人民战争，取得对敌斗争胜利。进入和平建设时期，为了减轻国家财政负担，节省人力物力，保持军队的年轻化，积蓄兵员，满足战时动员的需要，遂改志愿兵役制为义务兵役制。但朝、越等国关于义务兵役制的具体规定也不相同。如朝鲜规定，义务兵服役期陆军为 6～8 年、海军 5～10 年、空军 3～4 年；义务兵可服役到 40 岁。越南在 1991 年对兵役法作了修改，缩短了士兵服役年限（由 3～4 年减为 2～3 年），降低了最高服役年龄（预备役士兵由最高 50 岁减至 45 岁），提高了士兵和家属的待遇，延长了军官服役年限（延长 3～4 年）。

新加坡和文莱实行义务兵役制度主要因为国小、人口少、经济发达、人民富裕，实行募兵制（志愿兵役制）难以保障兵源充足；同时因为实行义务兵役制可以提高全民国防意识，可以保障兵力来源，可以增强国防后备力量。

二 志愿兵役制

志愿兵役制又称募兵制。东亚地区实行志愿兵役制的国家有日本、缅甸、马来西亚和菲律宾。这些国家实行志愿兵役制的背景和情况也各不相同。日本从明治维新开始至第二次世界大战结束，一直实行征兵制。二战结束后，日本被解除武装，旧的兵役法令也随之被废除。1947 年日本颁布新《宪法》，规定日本“永远放弃以国家权力发动的战争、武力威胁或使用武力作为解决国际争端的手段”，“不保持陆海空军及其他战争力量，不承认国家的交战权”。1954 年，美国为了扶植日本作为“反共产主义”同盟军，支持日本重新武装。日本遂根据 1954 年制定的《自卫队法》建立了“自卫队”。日本自卫队实行的是志愿兵役制，有 3 个主要特点：一是适龄青年在自愿的基础上自由应募，任何人不得强迫其应募；二是所有自愿入伍者都称“自卫队员”，其身份为特别职国家公务员，其待遇参照国家公务员标准适当增加；三是兵实行任期制，军士和自卫官实行退休制。军士以上职业自卫队占自卫队总人数的 70%。缅甸和马来西亚和菲律宾是继承或延续英、美统治时期遗留下的募兵制，但都根据形势发展作了不同程度的调整。

三 义务兵役制与志愿兵役制相结合的兵役制

实行这种制度的有俄罗斯、蒙古、韩国、印尼和中国，但各国兵役制度的具体情况也不一样。下面介绍中国的兵役制度。

中华人民共和国成立后相当长一段时间实行的是义务兵役制。根据 1998 年 12 月全国人大新颁布的《中华人民共和国兵役法》规定：中华人民共和国实行义务兵与志愿兵相结合、民兵与预备役相结合的兵役制度。现役士兵按兵役性质分为义务兵役制士兵和志愿兵役制士兵。义务兵役制士兵称义务兵，义务兵服现役的期限为 2 年。志愿兵役制士兵称士官。士官从服现役期满的义务兵中选取，根据军队的需要也可以从非军事部门具有专业技能的公民中招收。士官服现役年限，从改为士官之日起，至少 3 年，一般不超过 30 年，年龄不超过 55 岁。由于中国的士官主要从服现役期满的义务兵中选取，这就保证了士官的军政素质都比较高，且与义务兵的关系比较融洽。（华 珊）

第九编

外　交

第一章　东亚地区古代外交

东亚地区外交源远流长，是世界最早开展外交活动的地区之一。

早在古代，东亚地区内、外国家之间的外交活动已陆续开展起来，并具有人类早期外交的鲜明特色：既非常重视推动经济、政治与文化的交流，又有错综复杂的纵横捭阖。

第一节　2 000多年前张骞等两次出使西域的中亚、西亚、南亚等国家与“丝绸之路”的建立

在2 000多年前，中国汉武帝（约公元前156～前87）时，曾派博望侯张骞（？～前114）两次出使西域：第一次是公元前139年出使大月氏（位于今中亚阿姆河上游地区），相约夹击匈奴（古族名，亦称胡，秦汉之际统辖大漠南北广大地区，汉初不断南下攻扰），经过大宛、康居等国，历时13年。第二次是公元前119年出使乌孙国（位于今中亚伊犁河和伊塞克湖一带），并派副使出使大宛（位于今中亚费尔干纳盆地）、康居（约位于今巴尔喀什湖和咸海之间，南及今阿姆河北）、大月氏、大夏（位于今中亚阿姆河上游两岸地区及阿富汗北部）、安息（即西亚古国帕蒂亚王国，公元前2世纪领有整个伊朗高原和两河流域）、身毒（即印度）等国，主要目的是开展与各国的友好交往。乌孙遣使送张骞归汉，并献马报谢；张骞归汉后逝世。乌孙后来终于与汉通婚，并共同击破匈奴。

这两次出使发展了汉朝与中亚、西亚和南亚等各国的友好关系，促进了经济、贸易及文化交流。以此为始，并经沿途各国人民长期共同努力，逐步建立起中国通往西方的洲际经济、政治、贸易和文化交流的大通道——“丝绸之路”。这是世界外交史和经济贸易史上的宏伟创举。它为沿途各国相互交往开辟了广阔的天地。

此外，公元前100年，汉武帝还派中郎将苏武（前140～前60）（副使为张胜）出使匈奴，滞留匈奴境内19年，历经艰苦磨难，但他始终杖汉节，尽忠职守。东汉西域都护班超（公元32～102）曾遣甘英出使大秦（罗马帝国），至条支的西海（今波斯湾），为海所阻，乃还。

第二节　2 000多年前开始的中日之间密切的外交交往　“汉委奴国王”金印的授予和日本使臣向隋炀帝递交《国书》

公元前1世纪至公元起始年间，日本九州北部地区，就有奴国、伊都国、吉野里国和末卢国等，它们与中国有密切的关系。在奴国原址（今日本福冈市及周边地区）发现了大量中国西汉的铜镜、铜剑和铜矛等，尤其是出土了“汉委奴国王”金印。这是汉光武帝刘秀（公元前6～公元57）于公元57年（后汉光武帝中元二年）授予倭奴国派遣到中国

的使者带回的。它表明了东汉（25～220）与奴国之间的册封关系。

隋唐时期（581～907），日本与中国交往更加密切，频繁互派使节。607年（隋炀帝大业三年），日本圣德太子派出遣隋使小野妹子到中国，呈递《国书》称："日出处天子致日没处天子。"608年，他随隋使裴世清等返日；同年乘裴世清归国之际，又与8名留学生再度使隋。此次呈递《国书》称："东天皇敬白西皇帝"。这是日本到中国使臣首次使用"天皇"名称。次年东归。

日本曾派出16次遣唐使，每次连同随行人员有200～300人。717年，日本第八次遣唐使与遣唐留学生阿倍仲麿、吉备真备、方昉等到中国。753年，日本遣唐大使藤原清河与阿倍仲麿拜会多次赴日但尚未如愿的鉴真和尚（688～763），邀请其赴日传授戒律。同年冬，鉴真和尚搭日本遣唐使团的船只东渡，次年抵达日本。

隋唐时期中日之间的密切交往，使当时处于较高水平的中国文化在日本产生了广泛影响，在佛教、儒学、建筑、文学、艺术等方面的影响尤深，甚至直接推动了日本的政治变革。在日本著名的大化革新（始于646年，即日本大化二年）中，一批曾留唐的学生发挥了重要作用，改革的内容也借鉴了隋唐的有关制度。这些对推动日本社会发展产生的积极影响，与中日频繁的外交往来有很大关系。

第三节 古代印度、罗马帝国等与中国的交往 郑和七下西洋出使亚非等30多国

古代印度与中国的交往很早就已开始。发端于印度的佛教在公元前2年（西汉哀帝元寿元年）传入中国内地；公元76年，天竺（印度）僧人传播佛教入中国。佛教逐渐流行全国，后来成为中国的主要宗教之一，对中国的社会文化和中国人的精神生活产生了重大影响。

公元166年，大秦国（罗马帝国）商人以罗马皇帝安敦尼使者的名义，向中国东汉桓帝（147～167年在位）献礼。从629年起，唐朝僧人玄奘（602～664）不畏艰险，只身西行，先后经过今中国新疆、中亚和南亚，到达印度，目的是求取佛经，学习和切磋佛学，往返共历时16年（一说19年）。回国后，他致力于佛经的整理、翻译和传播，对佛教在中国的播扬起了很大的推动作用。

在玄奘访印后，印度戒日王朝（又称羯若鞠羯国或称曷利沙帝国）国王戒日王（590～647）在唐太宗贞观十五年（641）致书唐廷，随后多次遣使到中国。643～661年，唐朝3～4次派遣王玄策出使印度，形成了两国外交往来十分密切的局面。

在中国宋代和明代时期，东亚地区各国间的外交活动也很活跃。位于今文莱一带的古国渤泥于977年（宋太平兴国二年）和1082年（宋元丰五年）两次遣使到中国。1405年（明永乐三年），渤泥国王麻那惹加携家眷、陪臣等到中国访问，3年后病逝于中国，明朝将他厚葬于南京安德门外。

中国明朝（1368～1644）永乐元年（1403），明成祖朱棣（1360～1424）即曾派宦官马彬出使爪哇诸国。其后，永乐三年（1405）至宣德五年（1430），出生于回教世家并受戒佛门的郑和（1371～1435）曾先后受成祖朱棣和宣宗朱瞻基的派遣，率船队七次出使南洋和西洋30多国，曾到达非洲东岸等地。先后访问了今东南亚越南、文莱、印尼、泰国、新加坡、柬埔寨，南亚斯里兰卡、印度、孟加拉国、马尔代夫，西亚伊朗、土耳其、阿拉伯半岛诸国及非洲东岸诸国等30多个国家，与之陆续建立了友好交往和朝贡贸易的关系。每次航海访问归来，几乎都会有一些到访国家使节随船来中国访问，少则几位，多则十几位。这些互访增进了彼此之间官方与民间的友好交往。其交往规模之大，涉及国家之多，影响之深远，为世界古代外交史上所罕见。

在中国明朝永乐十五年（1417），菲律宾群岛上的苏禄国国王巴都葛叭答剌（今译巴杜卡·巴塔拉）在访问明朝的归国途中，病逝于山东德州。永乐皇帝决定为其举行国葬，并在当地予以安葬。对其随员、亲属等也进行了妥善安置。

第二章 东亚地区近现代外交

第一节 概述

16世纪以后，随着新航路的发现，西方殖民主义者开始向东方侵略扩张，使正常的邦交关系遭到了破坏。

在近现代400多年中，东亚地区许多国家经历了屈辱外交到完全丧失或相当部分丧失外交权力的悲惨历程。只有日本由被西方列强欺负的国家发展为帝国主义国家，走上了与其他列强一起对外扩张侵略的道路。

随着东亚地区进入殖民主义扩张和被压迫民族反抗的时代，各国的外交地位和外交关系格局发生根本改变。东亚地区外交进入了强权外交肆虐和弱国丧权辱国的时期。

最早东来侵略扩张的是葡萄牙和西班牙，不久荷兰、英国、法国和美国等也接踵而至。经过4个多世纪的侵略，西方列强把东亚地区大部分国家变成了它们的殖民地和半殖民地（其中，中国和泰国是半殖民地）。日本则通过明治维新，实现了富国强兵，它没有成为西方列强的殖民地，却成了帝国主义阵营中的一员，走上了对外扩张侵略的道路。至20世纪上半叶，日本把朝鲜变成了它的殖民地，侵占了大半个中国和整个东南亚，成为第二次世界大战东方战场的策源地，最后以在二战中战败投降而告终。

西方列强在把东亚地区大多数国家变成殖民地和半殖民地的过程中，采取了种种破坏正常外交关系的手段：有时是先以开展贸易、设立商埠为借口，逐步蚕食以至全部占领一个国家；有时以武力威胁或赤裸裸的武装进攻，并伴以签订不平等条约，占领吞并一个国家；有时则是列强采取相互争夺、联合出兵瓜分或交替入侵等形式占领一个国家或其部分领土。

东亚地区被侵略的国家遭受了殖民主义和帝国主义国家残酷的政治压迫、经济掠夺和文化摧残，在外交上则是丧权辱国，任人摆布，饱受欺凌。殖民主义和帝国主义的侵略行径，激起了东亚地区各国人民强烈的反抗，他们进行了不屈不挠的长期斗争，捍卫自己生存与发展的权力，争取国家的主权和外交权。直至第二次世界大战结束后，随着东亚地区国家陆续获得民族独立，它们的主权和外交权力才得以恢复。

第二节 东亚地区近代外交

16世纪至19世纪末期，西方列强对东亚地区实行殖民主义政策，先后将东亚地区大部分国家变成了殖民地或半殖民地。这从根本上改变了东亚地区各国的外交地位和外交关系格局。

西方列强所进行的侵略活动，大体上可分为以下两个时期。

一 第一个时期（16世纪至19世纪初期）——欧美列强抢先侵占东南亚岛国、海上交通要地和以武力威胁迫使日本开港通商时期

（一）葡萄牙、西班牙、荷兰和英国对马六甲、新加坡、帝汶及印尼的争夺

1511年8月，当葡萄牙提出在马六甲建立商业基地和城堡被拒绝后，便以武力攻占了马六甲。1520年葡萄牙登陆帝汶岛，逐渐建立起殖民统治。1613年荷兰入侵并于1618年在西帝汶建立基地，将葡萄牙排挤至东部。18世纪英国曾短暂控制西帝汶，1816年荷兰恢复对帝汶岛的殖民统治。1859年，葡、荷签订条约，东帝汶及欧库西归葡；西帝汶并入荷属东印度。

1641年1月，荷兰为垄断东南亚贸易，从葡萄牙手中夺取了马六甲。而英国在1786年8月侵占槟榔屿，1819年占领新加坡；1824年英国与荷兰签订《伦敦条约》，英国将苏门答腊划归荷兰，使荷兰放弃了马六甲及其属地；1826年英国将槟榔屿（包括威斯利）、马六甲和新加坡合并管理，建立了“海峡殖民地”。

16世纪20年代，葡萄牙与西班牙陆续入侵印度尼西亚马鲁古群岛，并进行激烈争夺；1524年西班牙战败被迫撤出。荷兰于1596年抵印尼西爪哇的商港万丹，设立贸易办事处；1602年成立了

“东印度公司”，它拥有武装力量，可代表荷兰对外宣战、缔结条约；随后，荷兰派大批战船到印尼进行征服活动。它首先把葡萄牙势力赶出马鲁古群岛，于1605年占领马鲁古群岛的主要岛屿，1610年设立总督进行统治，1619年完全占领雅加达。1800年1月1日，荷兰在印尼正式成立殖民政府，东印度公司解散。1811年8月，英国在爪哇登陆，占领雅加达；9月18日荷兰向英国投降，至1816年印尼属英国统治。拿破仑战争后，英国将印尼统治权归还荷兰。

（二）葡萄牙蚕食中国澳门，西班牙侵占菲律宾，英国等入侵文莱

葡萄牙从16世纪起蚕食中国澳门。1553年，葡萄牙人以曝晒水浸货物为由在澳门上岸居住。1557年起在澳门建房定居。

1565年4月，西班牙派舰队入侵菲律宾，占领宿务岛，开始建立永久性壮民地；1571年5月占领马尼拉，设立总督。1762年10月，英军占领马尼拉；1764年英法签订《巴黎条约》后，英军撤出马尼拉。

16世纪中期起，葡萄牙、西班牙、荷兰和英国相继入侵文莱。

（三）美、俄、英、法、荷迫使日本开港通商

18世纪末至19世纪初叶，俄、美、英等使臣、军官率军舰、船只到日本，要求建立通商关系，但因日本德川幕府实行闭关锁国政策而未果。在1858年7月日美签订《友好通商条约》后，俄、英、法、荷等也与日本签订了相同条约。

二 第二个时期（19世纪中期至末期）——欧、美、日列强对以中国为主的东亚地区大陆国家发动侵略时期

19世纪中期至末期，中国处于道光（1821～1850年在位）、咸丰（1851～1861年在位）和慈禧太后（1862～1908年垂帘听政或以强势专权）执掌朝政的清朝晚期，经济显著滞后，政治加剧腐败，国力日趋衰落，对外妥协投降，以致欧、美、日列强不断扩大对中国的侵略和掠夺，使中国陷入半殖民地半封建社会的灾难之中。

（一）欧、美列强对中国的侵略，《南京条约》等一系列不平等条约签订

1840年6月，英国以清政府两广总督林则徐（1785～1850）禁止输入鸦片为借口，发动了对中国的侵略战争，武力迫使清政府于1842年8月29日同英国签订了不平等的《南京条约》（亦称《江宁条约》），割让香港。1843年，英国又强迫中国与其签订《五口通商章程》和《虎门条约》，作为《南京条约》的补充；依约英国取得了协定关税、领事裁判、片面最惠国待遇等特权。西方其他列强也乘机而入，先后同清政府签订了中美《望厦条约》，中法《黄埔条约》。从此中国门户洞开，开始了沦为半殖民地的悲惨历程。

1856～1860年，英法等国为进一步扩大在华权益，以修改《南京条约》为借口，发动了第二次鸦片战争。1856年10月英舰闯入珠江内河，挑起战争。1857年英法联军攻陷广州后，其舰队于1858年北上攻陷大沽口，直扑天津，6月迫使清政府签订了不平等的《天津条约》。1860年10月，英法联军再次寻衅，攻进北京，抢劫并烧毁了圆明园，并迫使清政府签订中英、中法不平等的《北京条约》，割让九龙司（九龙半岛南端界限街以南地区）给英国。

沙皇俄国则趁火打劫，大规模掠夺中国领土：1858年，强迫清政府订立不平等的《中俄瑷珲条约》，侵占中国东北60多万平方公里土地；1860年，强迫清政府签订了《中俄北京条约》，把乌苏里江以东约40万平方公里的土地占为己有；1864年，通过《中俄勘分西北界约记》，割走中国西北44万多平方公里领土；1881年，通过中俄《伊犁条约》等几个边界议定书，又割走中国领土7万多平方公里。沙俄近代从中国东北和西北共侵占了150多万平方公里的土地。但沙俄还不满足，后来又同清政府签订了《中俄密约》，取得了在中国东北修建铁路的特权，并通过《旅大租地条约》和《续订旅大租地条约》，强占了中国的旅顺口、大连湾及附近水域。

在中国东南沿海，鸦片战争后，葡萄牙趁机扩大其在澳门侵占的地盘，于1851年和1864年相继侵占澳门南面的氹仔岛和路环岛；1887年葡萄牙政府迫使清政府先后签订《中葡会议草约》和《中葡北京条约》，塞进了“永驻管理澳门”的条款，并长期占领澳门。

在中国西部边疆，英国从印度向西藏和新疆扩张。

在中国西南，1884～1885年法国对中国发动侵略战争，即中法战争。中国虽然取得了军事上的胜利，但由于清政府昏愦无能，却与法国签订《中法新约》屈辱议和。

（二）日本先出兵进犯台湾，又发动甲午战争，强迫清政府签订《马关条约》，割让台湾、澎湖等地

日本1868年明治维新后，走上了资本主义发展道路。1871～1873年，日本派出以外务卿岩仓具视为首，包括木户孝允、大久保利通、伊藤博文、山口尚芳等在内的近50人的大型使团，访问欧美国家，决心效法欧美。使团认为“尤可取者，以普鲁士为第一”。

1874年，日本在美国的支持下出兵进犯台湾，迫使清政府与日本签订《北京条约》；随后又于1879年吞并了琉球。

1894年，中国腐败的清朝正在挪用海军建设等经费，倾全力为慈禧太后筹办60寿辰。日本乘机于当年7月25日，即日英条约签订后9天，不宣而战，发动了侵略朝鲜和中国的“甲午战争”。1895年，日本强迫清政府签订了严重丧权辱国的《马关条约》。根据条约，割让台湾、澎湖列岛和辽东半岛给日本，并向日本赔款2亿两白银；朝鲜实际上变成了日本的殖民地。

割让辽东半岛，使日本与妄图独占中国东北的沙俄发生了利害冲突，沙俄联合德、法两国进行干涉，日本被迫将辽东半岛暂时归还中国，但强迫清政府又付出了3 000万两白银的代价。

（三）欧、美、日列强对中南半岛各国的侵略，《英暹条约》等不平等条约签订

1824～1885年，英国发动了3次侵缅战争，将缅甸变成了英属印度的一个省。1855年，在英国的威胁下，泰国（当时称暹罗）与英国驻香港总督鲍林签署了《英暹条约》（又称《鲍林条约》），规定英国在泰国有治外法权，英国享有贸易的特惠权，打开了泰国的国门。此后，美、法、荷、日、俄等也分别与泰国签订了类似的条约。1858年法国炮击越南岘港，开始侵略越南；1882年攻占河内和顺化，1884年越南沦为法国的“保护国”。1863年法国以武力迫使柬埔寨签订《法柬条约》，1887年10月柬被并入法属印度支那版图，柬沦为法国殖民地。1893年法国占领老挝，将老挝并入了法属印度支那联邦，由法国总督控制老挝国王。

（四）欧、美、日列强对东亚地区其他国家的侵略，《英国文莱条约》和《日朝条约》等签订

1842年、1881年文莱被迫将沙捞越和沙巴割让给英国。1889年9月文莱被迫签订《英国文莱条约》，规定英国享有文莱苏丹王位继承的决定权和外交权。1876年日本迫使朝鲜签订《日朝条约》，开放朝鲜主要港口，随后美、英、德、俄、法也签订了类似条约，朝鲜被迫向列强开放门户。

第三节　东亚地区现代外交

一　概述

19世纪末期至20世纪初期，日本、美国和欧洲一些主要资本主义国家完成了向垄断资本主义即帝国主义的过渡。世界进入了帝国主义争霸与无产阶级、被压迫民族和人民革命的时代。

在19世纪末期至20世纪中期，帝国主义的扩张侵略活动更加猖狂，并发动了两次世界大战。后起的日本帝国主义不仅伙同欧美帝国主义在东亚地区进行扩张、掠夺和瓜分，而且一度取代欧美帝国主义，侵占了东亚地区绝大多数国家，给这些国家造成了空前的劫难。

在第一次世界大战期间，发生了俄国十月社会主义革命。取得胜利的俄罗斯苏维埃政权宣布，废除沙俄时期与殖民地半殖民地国家订立的一切不平等条约。这一重大决策和外交举措，激励和引导了东亚地区的反帝争取民族解放运动向新的时代发展。以无产阶级政党和民族民主主义政党等进步势力领导的民族解放运动不断发展壮大，在第二次世界大战的抗日战争中取得节节胜利。这不仅为战胜日本帝国主义作出了重大贡献，而且为二战后东亚地区各国取得独立，开展东亚地区内外新型外交活动奠定了基础。

二　帝国主义国家组成八国联军，对中国发动空前规模的侵略，《辛丑条约》签订

19世纪末20世纪初，中国清朝晚期慈禧通过垂帘听政或以强势专权执掌朝政，更趋腐败，对外妥协投降伴随昏庸盲动，以致欧、美、日列强更加猖狂地扩大了对中国的侵略和瓜分的活动。

1900年，英、德、日、俄、美、法、意、奥等帝国主义国家组成八国联军，以镇压义和团运动为借口而发动了大规模的侵华战争。其总兵力陆续达到10万人，其中，日军2.5万人，德军2万人，

构成了八国联军的主力。

八国联军的入侵以北京为重点，南至正定，北至张家口，东至山海关，西至娘子关的广大地区。其所到之处烧杀抢掠，罪行累累，造成了极为惨重的恶果。

与此同时，沙俄另外单独出兵17万占据了中国东北的重要城市，并提出了企图全面剥夺中国东北主权的条款，拒不撤兵，受到了包括海外侨胞在内的中国人民的强烈反对。

1901年，八国联军强迫清朝政府签订使中国进一步丧失主权的《辛丑条约》，内容包括中国向各国赔偿白银4.5亿两，分39年还清，连利息在内共达9.82亿两；拆除大沽炮台；除在外国使馆区驻兵外，还在北京至山海关铁路沿线12处驻兵等。这个条约大大强化了帝国主义对中国的控制，使清政府成了帝国主义统治中国的傀儡。中国陷入了空前的民族危机之中。

三　中国代表在"巴黎和会"上对帝国主义的外交抗争，中国爆发五四运动

1914～1918年的第一次世界大战，是帝国主义国家之间为重新瓜分殖民地和势力范围、争夺世界霸权而进行的一场战争。参战一方是以德、奥为主的协约国，另一方是英、法、俄为主的同盟国。日本宣布参战，却出兵进攻中国青岛，企图夺取德国侵华的权益；日本还与英、法、俄订立秘密条约，获得了由日本承袭德国原侵华权益的许诺。

一战结束，战胜国1919年在巴黎举行和会。中国作为战胜国参加会议。中国代表团成员顾维钧（1888～1985）、王正廷（1882～1961）等深受国内要求恢复中国主权舆论的影响，主导中国代表团在会上提出要求：废除外国在华势力范围，撤退外国驻华军队，归还租借地和租界，废除领事裁判权，取消二十一条等。

日本竟在会上提出无条件获得德国在中国山东一切权利和财产的要求。在日本代表的强词威胁下，主导会议的美、英、法、意4国同意将日本的要求列入对德和约。

消息传回中国，激起了中国人民的强烈愤慨，引发了五四运动和全国范围要求维护国家主权的运动。在国内人民的支持下，中国代表团拒绝出席巴黎和会签字会议，未在凡尔赛和约上签字。这一正义行动使帝国主义国家在会议上再次侵犯中国主权的图谋未能得逞。

四　日本不断扩大侵略，占领了中国约1/3领土和整个东南亚，成为第二次世界大战东方战场的战争策源地

1868年明治维新后，特别是19世纪末完成向帝国主义过渡后，日本进行了大规模、持续的对外侵略扩张活动。从参与帝国主义的相互争夺和瓜分，到独霸东亚地区，给这一地区各国人民造成极其深重的灾难。

为了准备对中国和朝鲜的侵略，日本需要英美的支持，而英美则力图利用日本抗衡俄国在中国的势力。1894年，日本与英国签订条约，宣布5年后废除幕府时期英国与日本签订的不平等条约；随后美国和其他欧洲国家也与日本签订了类似的条约。日本因此成为亚洲第一个摆脱了不平等条约束缚的国家，并随之在东亚和太平洋地区扩大侵略与扩张活动。

（一）日本成为侵华八国联军主力，并发动日俄战争，《辛丑条约》和《朴次茅斯和约》签订

1900年，日本借口镇压义和团运动，作为八国联军的主力之一，派出2.5万军队入侵中国。在迫使清朝政府签订的《辛丑条约》中获得了3 500万两白银巨额赔款。

1904年2月，日本舰队突袭旅顺口的俄国太平洋舰队，日俄战争爆发。日本陆军自朝鲜北上，先后攻克旅顺口和沈阳，日本海军则在对马海峡全歼远道而来的俄国波罗的海舰队，不久日军占领库页岛，日俄战争以日本胜利告终。1905年9月，日俄在美国的朴次茅斯签订和约，依约日本取得了对中国辽东半岛、俄国库页岛南部及朝鲜的独占权。至此，经过中日、日俄这两场战争，连同已割占的中国台湾省，日本夺取了相当于其本土面积76%的殖民地，并将中国东北的南部纳入其势力范围。日俄战争后，日本加紧侵略中国东北，1905年底，日本强迫清政府承认根据《朴次茅斯和约》俄国"转让"给日本的在中国东北南部的各项特权，还迫使清政府开放吉林、哈尔滨、满洲里等为商埠。

（二）日本以武力强迫朝鲜签订《合并条约》，吞并朝鲜

1910年6月3日，日本内阁决定吞并朝鲜。8月22日，日军包围朝鲜王宫，逼迫朝鲜国王签订

所谓《合并条约》，正式将朝鲜变为日本殖民地，由日本设总督进行统治。

（三）日本从发动侵略中国的“九一八事变”、“七七事变”到突袭美国珍珠港和侵占东南亚

20世纪三四十年代，日本不断扩大在东亚地区和太平洋地区的侵略战争。日本是第二次世界大战东方战场的战争策源地。

1931年，日本发动“九一八事变”，占领中国东北。中国虽就此向国际联盟提出申诉，但因日本拒绝国联决议和退出国联而未果。1937年，日本挑起“七七事变”，发动全面侵华战争，逐渐侵占了中国东部濒海经济较发展的约1/3领土。

1940年，日本与纳粹德国、意大利签订《三国同盟条约》及《联合作战协定》，结成法西斯“轴心国”。其后，按它们划分的势力范围，分别在东亚太平洋地区和欧洲扩大第二次世界大战的战火，妄图称霸世界。1941年12月8日，日本在保持与美国进行外交谈判的掩护下，突然发动了对珍珠港的偷袭，对美国不宣而战，给美国造成重创，促使美国对日宣战。随之，日本在东南亚迅速扩大侵略战争，取美、英、法、荷、葡而代之，占领了东南亚。到20世纪40年代前半期，经过长期的侵略扩张，日本共侵占了东亚地区13个国家、拥有4亿多人口、700多万平方公里的广大地区，把它们变成了日本独占的殖民地和半殖民地。日本在该地区实施法西斯统治，直至1945年8月战败投降为止。

五　二战期间与东亚地区相关的重大外交活动

第二次世界大战期间，以下重大外交活动，与东亚地区国家紧密相关。

（一）美、英政府首脑会议及《大西洋宪章》发表

1941年8月14日，美英政府首脑罗斯福与丘吉尔在纽芬兰阿根夏的军舰上举行会谈，发表《大西洋宪章》（又称《罗斯福丘吉尔联合宣言》），主要内容包括：两国并不追求领土或其他方面的扩张；凡未经有关民族自由意志所同意的领土改变，两国不愿其实现；各民族中的主权和自治权有横遭剥夺者，两国俱欲设法予以恢复。

（二）中国首倡并加强与苏、美、英等国合作抗击德、意、日侵略，《联合国家宣言》发表

二战爆发后，中国逐步加强了与苏联、美国和英国等国的关系，苏联、美国对中国的抗日战争给予援助，并分别派出“志愿飞行队”、“飞虎队”来华参加对日作战。

1941年7月，中国最早提出，中、苏、美、英合作抗击德、意、日法西斯侵略。1942年1月1日，中、美、苏、英、澳大利亚、加拿大、印度、新西兰等26国在华盛顿发表了《联合国家宣言》（又称《联合国家共同宣言》）。签字国政府表示赞同《大西洋宪章》的宗旨和原则，并庄严宣告：每一政府各自保证运用其军事与经济的全部资源，对抗与之作战的法西斯轴心国。世界反法西斯统一阵线正式形成。其后，法国、菲律宾、埃及、沙特阿拉伯、伊拉克、土耳其、黎巴嫩、利比亚、巴西等21国陆续加入该宣言签字国。

（三）中、苏、美、英外长（代表）会议及《中苏美英四国关于普遍安全宣言》发表

1943年10月30日，苏、美、英3国外长和中国代表在莫斯科共同签署该宣言，其主要内容是：（1）为维持和平与安全，战时的联合行动将于战后继续下去。（2）对共同敌人的投降及解除武装等一切事项，将采取共同行动。（3）对敌人所规定的行动，应采取措施防止其破坏。（4）尽快建立一个以国家主权平等原则为基础的普遍性的国际组织。（5）在普遍安全制度未建立前，将彼此磋商采取共同行动。（6）战后除共同目的外，4国不在别国境内使用军队。（7）将彼此并与其他联合国家协商，以便对战后时期军备的调节获得普遍的协议。

（四）中、美、英三国首脑举行关于对日作战的开罗会议，《开罗宣言》发表

1943年11月22～26日，中、美、英三国首脑蒋介石、罗斯福和丘吉尔在埃及开罗举行会议，12月1日发表《开罗宣言》。宣言称，中美英三大盟国此次进行战争的目的，在于制止及惩罚日本的侵略；三国的宗旨是：剥夺日本自1914年第一次世界大战开始以后在太平洋所夺得或占领的一切岛屿，并使日本所窃取于中国之领土，如满洲（即中国东北）、台湾、澎湖列岛等归还中国；还决定在相当期间，使朝鲜自由独立。

（五）苏、美、英三国的三次首脑会议及相关外交文件签署

1. 德黑兰会议发表《德黑兰宣言》，秘密签署《德黑兰总协定》

1943年11月28日～12月1日，苏、美、英三国首脑斯大林、罗斯福和丘吉尔在伊朗首都德黑兰举行会议，就三国协同作战，早日消灭德、日法西斯及战后和平问题交换意见，并达成协议。斯大林还表示，打败德国之后，苏联将参加对日作战。会议发表了《苏美英三国德黑兰宣言》等文件，签订了秘密的《苏美英三国德黑兰总协定》。

2. 雅尔塔会议达成涉及二战后损害中国权益的秘密协议

1945年2月4～11日，苏、美、英三国首脑斯大林、罗斯福、丘吉尔第二次会议在苏联雅尔塔举行。在中国没有参加的情况下，会议达成了涉及二战后损害中国权益的秘密协议，即：苏联在战胜纳粹德国后两三个月内参加盟军的对日作战，其条件是：维护外蒙古（蒙古人民共和国）的现状；恢复1904年日俄战争爆发前的俄国权益，包括大连港国际化，保证苏联在大连港的优越权益，苏联恢复租用旅顺港为海军基地；中东铁路和南满铁路设立苏中合办公司共同经营，苏联的优越权益须予保证，而中国保持在东北的全部主权等。

这些内容是违反中、苏、美、英等26国1942年1月发表《联合国家宣言》时坚持的原则的。中国政府在得知这一情况后，表示不同意上述协议中涉及中国的一些内容。但美国新任总统杜鲁门等却坚持要中国执行这些协议。

3. 波茨坦会议发表促令日本投降的《波茨坦公告》

1945年7月17日～8月2日，苏、美、英首脑斯大林、杜鲁门和丘吉尔（后为艾德礼）第三次会议在柏林附近的波茨坦举行。会议期间讨论了对日作战问题，因中国事前已表示同意，遂以中、美、英三国宣言形式，于7月26日发表中美英三国促令日本投降的《波茨坦公告》（后来苏联也参加）。《公告》重申“开罗宣言之条件必须实施”。

（六）联合国会议制定《联合国宪章》

1945年4月25日至6月26日，由中、美、苏、英4国邀请召开的联合国会议在美国旧金山举行，51国代表出席。会上通过了《联合国宪章》。在《联合国宪章》上签字的中国代表团中有中共代表董必武。这一宪章的通过，为联合国的成立奠定了基础。

（七）中苏签订《友好同盟条约》

1945年8月6日和9日，美国先后在日本广岛和长崎投掷原子弹；8月8日，苏联对日宣战，8月9日百万苏联红军进入中国东北，并向朝鲜北部和库页岛进军。美军向朝鲜南部进军。8月10日，蒙古对日宣战，并出兵中国东北。

1945年8月14日，《中苏友好同盟条约》在莫斯科签订，同时签订的还有关于中国长春铁路、关于大连、关于旅顺、关于中苏此次共同对日作战苏军进入中国东北后苏军总司令与中国行政当局关系的4个协定及2个附属议定书。

（八）日本宣告战败投降向反法西斯盟国签署投降书

1945年8月15日，日本天皇裕仁发布《终战诏书》，宣布日本战败无条件投降。9月2日，日本政府代表重光葵和军部代表梅津美治郎在停泊于东京湾的美国军舰“密苏里号”上，正式签署向美、中、苏、英等盟国的投降书。美军开始占领日本。

第二次世界大战以发动战争的法西斯德国、意大利和日本战败，以中、苏、美、英、法等反法西斯同盟国的胜利而宣告结束。

第三章 东亚地区当代冷战时期外交

第一节 冷战格局的形成及东亚地区国际关系特点

经历第二次世界大战，作为发动战争的德国、意大利和日本3国，因逆历史潮流而动，沦为战败国。在取得胜利的同盟国中，英、法等国因战争的破坏而受到削弱；中国和前殖民地半殖民地国家面临争取独立和发展经济的繁重任务；苏联虽受到战火洗礼，国力尤其是军事力量却得到很大增强，而且在其支援下，东欧出现了一系列陆续与其结盟的社会主义国家；美国则因本土未受到战火破坏，在参战前和参战后，使本国国力得到了极大的增强。

由此，形成了美、苏两个超级大国。

二战结束后，美、苏两个超级大国因战略目标发生分歧而从同盟走向对立。美国依靠其强大经济和军事实力，积极向外扩张，企图建立自己在世界上的统治地位。美国的这种战略目标与苏联力图维护和扩大其影响的战略目标发生矛盾，摩擦不断，以致逐步形成尖锐对峙和互相争霸的局面。

1946 年 3 月 5 日，英国前首相丘吉尔在美国总统杜鲁门陪同下，在美国密苏里州富尔敦发表攻击社会主义国家为“铁幕”的演说，揭开了冷战的序幕。1947 年 3 月 12 日，杜鲁门发表关于援助希腊和土耳其的咨文中，提出“遏制”共产主义的方针，标志冷战全面开始。同年 4 月 16 日，美国参议员纳德·巴鲁克在一次讲话中首先使用“冷战”一词。随后，美国专栏作家李普曼发表一系列有关冷战的文章，把冷战归结为：美、苏根深蒂固的敌意、它们之间产生的冲突及不战不和的局面。

美、苏之间的冷战主要集中在战争以外的意识形态领域的互相攻击、地缘政治优势的争夺、军备竞赛、经济封锁、贸易禁运等一切敌对活动中。冷战持续了 45 年多，到 1991 年 12 月苏联解体时结束。

冷战时期，东亚地区内外的国际关系与世界其他多数地区比较，具有以下不同的特点。

（一）二战结束后，美、苏在东亚地区不仅长期进行冷战，而且为实现其各自战略目标，美国曾多次幕后支持或直接出面，在第三世界国家策动了几场大规模热战（中国内战、侵略朝鲜战争和以侵略越南为主的印度支那战争）；苏联也在幕后支持了越南侵略柬埔寨战争和在苏中边境与蒙古陈兵百万，制造了持续 20 年之久、以武力威胁中国安全的紧张局势。美、苏这些行动都引起了有关国家的强烈反抗，严重恶化了东亚地区内外的国际关系；但都遭到了巨大的失败。

（二）二战结束后不久，美国基于其战略利益，选择日本为其新的盟国，加紧扶持，片面媾和，并签订《美日安全保障条约》。日本成为美国发动侵略朝鲜战争和侵略越南战争的后方供应基地。同时，日本大力发展经济，成为世界经济大国，还冀图成为世界政治、军事大国。

（三）美、英、法、荷、葡等国在二战结束后重返其东南亚前殖民地，遭到强烈反抗，导致失败，被迫陆续撤走。

（四）中华人民共和国成立和东亚地区前殖民地半殖民地国家独立后，重视采取独立自主的和平外交政策，相继开展反对美、苏争霸及加强地区内外合作的广泛外交活动，在东亚地区形成了发展中国家力量，为打破美、苏两极争霸的冷战格局和开创多极化格局作出了重大贡献。

第二节　美国支持蒋介石集团发动中国内战遭到严重失败　《美国与中国关系》白皮书发表

1945 年 8 月抗日战争胜利，中国人民企盼国家从此走上独立与和平发展的道路。

当时，国民党蒋介石集团执掌国家行政权，且拥有兵力 400 余万，其主力集中在西南和西北大后方地区；共产党领导若干抗日根据地，其武装力量仅有 120 多万，分布在华东、华中、华南、华北及东北抗日战争前线地区。蒋介石集团在抗日战争期间，已经多次发动反共摩擦事件，预谋消灭共产党及其领导的人民武装力量。

为了促进抗日战争胜利后中国走上和平发展道路，中国共产党领导人毛泽东、周恩来等由延安赴重庆，与国民党领导人蒋介石等举行会谈。双方签署了《会谈纪要》，即《双十协定》；其后按此协定，召开了政治协商会议，国共双方还签订了《关于停止国内军事冲突的协定》。

但是，蒋介石集团为谋求独裁专制政体，不甘心国内实现和平民主政治。特别是美国出于其完全控制中国的战略目标的考虑，对中国采取了扶蒋反共政策：一方面假意居中“调停”，另一方面给蒋介石集团大量军事援助，并协助将其军队从大后方运至内战前线。在 1946 年 3 月美英等国揭开冷战序幕不久，美国就支持蒋介石集团于 1946 年 6 月发动了全面内战。美国国务卿艾奇逊 1949 年承认，美国对蒋介集团的物质援助占国民党政府“货币支出的 50％以上”，美国还供应国民党军队大量军需品。美国妄图通过蒋介石之手消灭中国共产党及其领导的人民武装力量，把中国变成美国控制的殖民地。

经过 3 年多中国内战，由美国武装和支持的 807 万（据近年中国人民解放军原各野战军史统计资料为1 065.8 万）国民党军队被人民解放军歼灭，蒋介石集团残余力量不得不逃往台湾等几个岛屿踞守。这引起美国内各派的激烈争论。1949年七八月间，美国务院发表《美国与中国关系》白皮书和国务卿艾奇逊致杜鲁门总统的信，无可奈何地承认美国扶蒋反共政策遭到失败。艾奇逊在信中说："中国内战不祥的结局超出美国政府控制的能力，这是不幸的事，却也是无可避免的。……这是中国内部各种力量的产物，我国曾经设法去左右这些力量，但是没有效果。"1949年底，艾奇逊再次承认："我们必须面对的现实是，在中国不存在抵制共产主义的基础。"（美国务院编《美国外交文件集》，1949年第9卷）

第三节 美国选择日本作为亚洲新的盟国 积极策动签订片面《对日和约》和《美日安全保障条约》

1945年8月，日本在其参与发动的第二次世界大战中战败投降，中、美、苏、英、法等盟国赢得反法西斯战争的胜利。本来应由盟国共同占领日本，实行对日本的管制，但在日本投降前夕，美国决定单独占领日本。美国总统杜鲁门并宣称，"坚持对日本和太平洋的完全控制"，是美国对远东和日本的基本方针。

美国从其全球战略需要出发，在1945年9月22日发表《占领初期美国对日本政策基本原则》中表明，美国对日本的最终目的是，在日本建立的政府，应支持"美国的目标"。在美国等西方国家自1946年3月开始对苏联等社会主义国家展开冷战后不久，1947年7月，美国国务卿马歇尔就曾单方面宣布，8月15日在华盛顿召开对日媾和会议，但因遭到苏、英等国的反对而未得逞。

1948年1月，美国陆军部长罗亚尔宣布，美国对日本新的方针是：要培植强有力的日本政府，使其成为美国在远东的"屏障"。美国国务院则表示，美国对日本政策的根本目的，是使日本"成为追随美国政策的值得信赖的盟国"；缔结和约的性质亦非惩罚性的，而且不必有苏联和中国参加。这些内容成为美国杜鲁门政府采取的对日方针和签订《对日和约》的基本国策。

1950年10月24日，美国总统杜鲁门单方面宣布了杜勒斯起草的《对日媾和七项原则》。虽然遭到苏、中、印等国反对，但美国仍于1951年9月4日在旧金山召开了片面对日和会，美、英、法等国9月8日签订了《对日和约》，随之美日签订了《安全保障条约》。由于中、苏、印、缅等国或被排除在会外，或拒绝与会及在和约上签字，代表对日作战人口70%的国家，与日本的战争状态仍未结束，上述《和约》成为片面《对日和约》。《美日安全保障条约》则规定，美国继续在日本驻军并使用大量军事基地；驻日美军有义务镇压"在日本引起的大规模暴动和骚乱"；未经美国事先同意，日本不得将任何基地及基地有关之权利，或陆海空军驻扎、演习或过境之权利给予第三国。日本首相吉田茂在复照美国国务卿艾奇逊时还表示，同意为参加联合国行动的军队给予支援和便利。其后，在美国发动的朝鲜战争和越南战争中，日本提供了作为后方基地的大量的支持与帮助。日本一直采取追随美国的外交路线，不仅是美国进行冷战的盟友，而且是美国发动热战的后方保障伙伴。

日本在二战结束后逐步恢复和发展经济，尤其是在20世纪60年代进入经济高速发展时期，国民生产总值先后超过法国、英国、联邦德国，成为仅次于美国的世界经济大国。到1990年，日本国内生产总值达到29 429亿美元，人均国内生产总值为25 430美元。日本加入了联合国等国际组织，与中国等实现了邦交正常化，但与俄罗斯迄今尚未签订和平条约。其后，日本又冀图实现成为世界政治、军事大国之目标。

第四节 美国发动侵略朝鲜战争遭重大失败 《朝鲜停战协定》签订

1945年8月，第二次世界大战结束。在东亚地区点燃这场大战战火，并已侵占朝鲜达40年之久的日本战败投降；美国和苏联的军队按二战即将结束时的决定，分别进驻朝鲜北纬38°线南、北两部分，接受日军投降。1948年8月和9月，朝鲜南北两部分分别建立大韩民国和朝鲜民主主义人民共和国。苏、美两国军队于同年撤出朝鲜半岛，美国在韩国保留了军事顾问团。

由于历史上朝鲜半岛是统一的国家，南北两部分人民都渴望实现祖国统一。但由于上述原因，一时无法实现统一。南北两部分实行了不同的社会制度，思想意识存在严重分歧，双方当局不断发生摩擦，遂于1950年6月25日发生内战。

美国总统杜鲁门以朝鲜发生内战为借口，于

1950年6月27日命令美国海、空军投入侵略朝鲜战争，干涉朝鲜内政；同时派美第七舰队到中国沿海，以阻止中国人民解放台湾；还决定加强美国在菲律宾的军队，以加速对侵略印度支那法军的援助。同日，美国在没有苏联和中华人民共和国代表出席会议的情况下，操纵联合国安理会通过违反《联合国宪章》关于不得授权干涉在本质上属于任何国家内部事务原则的非法提案，"号召"联合国成员国出兵参加朝鲜战争。6月30日，杜鲁门命令美陆军参加朝鲜战争。7月7日，在美国策动下，安理会非法作出决议，授权美国组织"联合国军"司令部，由美远东军总司令麦克阿瑟将军出任"联合国军"总司令，统率英、法、土耳其、澳大利亚、新西兰、加拿大、泰国、菲律宾、比利时、卢森堡、希腊、荷兰、哥伦比亚、南非和埃塞俄比亚等15国军队（多数国家只是象征性地派出了部队），披着"联合国军"外衣参加朝鲜战争。

为配合在朝鲜发动的战争，1950年7月31日，美远东军总司令麦克阿瑟到台湾活动。8月1日他声称，执行杜鲁门关于由美国武力控制台湾的政策，是他的"责任与坚决的目的"；同日，美台签订《防卫协定》。8月25日，麦克阿瑟竟声称，将台湾包括在美国的"太平洋防线"之内。这一切都表明，美国借发动朝鲜战争之机，已经把侵略活动扩大到了中国领土台湾。

1950年9月15日，美军在朝鲜西海岸仁川登陆，截断了朝鲜南进部队的后路，直逼朝鲜北方。9月30日，周恩来总理郑重宣布："中国人民热爱和平，但是为了保卫和平，从不也永不害怕反抗侵略战争。中国人民决不能容忍外国的侵略，也不能听任帝国主义者对自己的邻人肆行侵略而置之不理。"10月3日凌晨，周恩来总理又紧急约见印度驻华大使潘尼迦，请他转告美国：朝鲜事件应该和平解决，朝鲜战争必须即刻停止。如果美军企图越过"三八线"，扩大战争，"我们不能坐视不顾，我们要管"，中国将出兵援助朝鲜民主主义人民共和国；若只是南朝鲜部队越过"三八线"，中国将不采取这一行动。当天，印度政府将此警告转达给了美国政府。

但是，美国不接受中国的一再严正警告。10月7日，美国一方面操纵联合国大会通过其实质是授权美国占领整个朝鲜的提案；另一方面美军悍然越过"三八线"，大举进犯朝鲜北方，迅速逼近中朝边境，并对中国东北地区的城市和乡村进行狂轰滥炸。美国扩大侵朝战争的行动，不仅使朝鲜处于非常危险的境地，而且严重威胁中国安全。在这种形势下，中国应朝鲜劳动党和政府提出的出兵援助请求，10月19日派出中国人民志愿军赴朝参加抗美援朝战争。美国慑于中国人民志愿军的威力，11月间一方面策划扩大军事行动，另一方面通过瑞典、英国向中国试探，图谋以所谓"保护中国利益"为诱饵，换取中国坐视其侵占整个朝鲜。但是，中国不受这种欺骗诱惑，而是以实际行动粉碎了美国的阴谋，与朝鲜人民军一起，经过五次战役将美军等推回到"三八线"附近。

在国际国内要求和平解决朝鲜问题的压力下，美国被迫于1951年7月接受朝鲜停战谈判。经过两年曲折的谈判，1953年7月27日交战双方签订了《朝鲜停战协定》，大体以北纬38°线划定军事分界线，并设立非军事区，实行停战。1958年10月26日，中国人民志愿军撤离朝鲜返回祖国；美军继续驻扎韩国。

朝鲜战争期间，美国将其陆军的1/3、空军的1/5和海军的近半数投入朝鲜战场，消耗各种作战物资7 300多万吨，开支战费830余亿美元，被歼灭武装部队39.7万多人，连同其他国家和韩国军队共被歼灭109万余人。朝鲜战争造成数百万军民伤亡〔据美国编辑出版的《简明不列颠百科全书》(Concise Encyclopædia Britannica）记载，在朝鲜战争期间，约有500万军民丧生；而美国学者约翰·托兰（John Toland）在《漫长的战斗——美国人眼中的朝鲜战争》一书中披露，朝鲜战争期间"400万生灵命归黄泉"；美国学者贝文·亚历山大(Bevin Alexander）在《朝鲜：我们第一次战败——美国人的反思》一书中则认为，朝鲜战争吞噬了150万个生命，并伤残了250万人〕。但是，美国在这场战争中还是遭到了重大失败。时任美国远东军总司令和"联合国军"总司令的克拉克将军，后来在回忆录中写道："我获得了一个不值得羡慕的名声：我是美国历史上第一个在没有取得胜利的《停战协定》上签字的司令官。"

第五节 美、英、法、荷、葡等重返前殖民地遭失败 两次《日内瓦协议》等外交文件签署

第二次世界大战期间，美、英、法、荷、葡所

属殖民地菲律宾、马来亚、新加坡、文莱、缅甸、越南、老挝、柬埔寨、印度尼西亚和东帝汶均被日本侵占，变成日本殖民地。这些国家人民奋起广泛开展抗日武装斗争，为争取独立、战败日本侵略者作出了重要贡献。1945 年 8 月，越南、印尼等国人民发动“八月起义”或“八月革命”，并宣告独立。但由于美、英、法、荷、葡帝国主义不甘心退出殖民历史舞台，乘日本战败投降之机，卷土重返，再次入侵其前殖民地国家，甚至交替发动侵略战争，引起这些国家强烈反抗。经过长期曲折的斗争过程，美、英、法、荷、葡帝国主义遭到失败，其前殖民地国家陆续获得完全独立。

一 越、老、柬人民战胜法、美帝国主义交替入侵，赢得完全独立

1945 年 8 月，印度支那共产党领导人民发动“八月起义”，越南于 9 月 2 日宣告独立，成立越南民主共和国，胡志明主席发表《独立宣言》。老挝于 10 月 2 日宣告独立。但法国侵略者随之重新武装入侵印度支那，遭到了强烈反抗。经过印度支那人民 8 年抗法战争，法国遭到重大失败。1954 年 7 月 21 日，在越、柬、老、中、苏、美、英、法及南越当局参加的日内瓦会议上，签署包括《日内瓦会议最后宣言》等在内的恢复印度支那和平的《日内瓦协议》，规定：与会国尊重越南、老挝、柬埔寨的主权、独立、统一和领土完整，不干涉它们的内政；上述 3 国不参加任何军事同盟，不容许外国在它们的领土上建立军事基地；法国从印度支那撤军；越南以北纬 17°线为南北双方军事分界线，两年后进行南北统一选举等。美国没有在《最后宣言》上签字，但声明将不使用威胁或武力妨碍协议的实施。但后来美国背弃诺言，使协议遭到破坏。

由于美国支持老挝叛乱集团发动内战，应老挝政府的要求，1961 年 5 月 16 日至 1962 年 7 月 23 日举行 14 国和南越当局参加的扩大的日内瓦会议，签署了《关于老挝中立宣言》及其《议定书》等文件，也称为关于老挝问题的《日内瓦协议》。协议确认了尊重老挝的主权、独立、统一、领土完整和不干涉其内政的原则；老挝不承认任何军事同盟或联盟，包括东南亚条约组织对它的“保护”；与会国不使用武力或武力威胁或采取任何其他可能损害老挝和平的措施。

1945～1953 年，高棉民族统一阵线领导的武装斗争，给二战结束后卷土重返的法国殖民者以沉重打击。1953 年 11 月 9 日，柬埔寨王国宣告独立。1970 年 3 月 18 日，美国支持朗诺—施里马达集团发动政变，推翻王国政府，成立“高棉共和国”。但在西哈努克国王和柬埔寨各界人士共同努力和中国等友好国家支援下，1975 年取得了抗美救国战争的胜利。

二 菲律宾、缅甸、马来亚、新加坡、文莱、印尼和东帝汶分别与美、英、荷、葡斗争胜利赢得独立

第二次世界大战期间，菲律宾人民展开武装斗争抗击日本侵略者，1945 年与美军一起，把日军赶出菲律宾。二战结束后，菲律宾人民要求独立的呼声更加强烈，美国于 1946 年 7 月 4 日被迫同意菲律宾独立。但是，美国又迫使菲律宾签订了一系列不平等条约，对其实施控制。经过菲律宾多年斗争，才摆脱了美国的控制。

二战期间，缅甸爱国武装展开抗日战争。在反法西斯盟军于东南亚战场转向全面反攻形势下，1945 年 3 月 27 日，缅甸“国民军”发动抗日武装赵义，5 月 1 日光复仰光。但英军随之侵占缅甸，企图把缅甸再次变为英国殖民地。缅甸人民经过反复激烈斗争，1948 年 1 月 4 日赢得独立。

1945 年 8 月日本投降后，英国卷土重返马来亚和文莱。其中：马来亚 1957 年 8 月 31 日宣布独立，成立了马来亚联合邦，但它仅包括西马地区，而不包括仍为英国殖民地的新加坡和东马地区。1963 年 7 月签订协议，沙巴、沙捞越、新加坡均以州的名义和马来亚联合邦组成一个新的联邦，称为马来西亚；同年 9 月 16 日，马来西亚联邦正式成立。1965 年 8 月新加坡脱离马来西亚宣布独立，建立了新加坡共和国。英国于日本战败投降后重返文莱，文莱成为英国的“保护国”。经过多年努力，文莱于 1984 年 1 月 1 日宣布独立。文莱苏丹博尔基亚宣布，文莱“永远是一个主权、民主和独立的马来穆斯林君主国”。

1945 年 8 月日本战败投降之际，印尼爱国者发动“八月革命”，8 月 17 日宣布印尼独立，苏加诺和哈达被选为正副总统，颁布了《印度尼西亚共和国宪法》。但随后英军在印尼登陆，荷兰殖民者卷土重返，1947 年和 1948 年两次发动殖民战争，攻陷印尼临时首都日惹，苏加诺、哈达等国家领导人被俘。经过反复斗争，1950 年 8 月 15 日，苏加诺正式宣布成立统一的印尼共和国，颁布《印尼共和国临时宪法》。

1959年7月5日恢复1945年《宪法》。1963年5月1日收复西伊里安,印尼实现了领土完整。

日本战败投降后，葡萄牙恢复对东帝汶的殖民统治。经过长时间斗争，东帝汶独立革命阵线于1975年11月28日单方面宣布东帝汶独立，成立东帝汶民主共和国。印尼一度出兵东帝汶，联合国安理会曾决议组建多国部队进驻东帝汶。2002年5月20日，东帝汶正式独立。

第六节　美国发动以侵略越南为主的侵略印度支那战争遭惨重失败　《巴黎协定》和《关于越南问题国际会议决议书》签署

美国继法国之后，自1955年起在南越扶植亲美政权；1961年在南越发动由美国顾问指挥、南越伪军作战的特种战争，镇压越南南方民族解放力量；1964年8月制造美海军舰只在越南北部湾遭袭击的“北部湾事件”，开始大规模轰炸越南北方；1965年3月起，美国出兵越南南方。此后，美向南越大量增兵，同年底侵越美军增至18.4万人，1966年底增至38.9万人，1969年达到高峰54.55万人。美国还纠集韩国、泰国、澳大利亚、新西兰、菲律宾等5国出兵7万多人参战，把侵越战争逐步扩大为侵略印度支那的局部战争，美军深入柬埔寨和老挝境内作战；但均遭到失败。

随着战争旷日持久，美国日益陷入内外交困的窘境。美国政府开始考虑使战争降级，并实行收缩战略。尼克松政府为摆脱泥足深陷局面，不得不调整其全球战略，从越南脱身，打算分期分批撤出驻南越美军，把地面作战任务交给南越西贡傀儡当局军队。1969年3月制定了使越南战争“越南化”计划。为了实施这一计划，美国采取两手策略，战和并用，边撤边谈。1969年撤走6.5万人，1970年撤走9万人，到1972年夏，驻南越美军只剩下5万人。为从越南脱身，美国力图通过谈判和平解决越南问题。越南民主共和国、美国、越南南方共和临时政府、南越西贡傀儡当局四方进行的谈判，前后历时4年零8个月，于1973年1月27日签署《关于在越南结束战争、恢复和平的协定》，又称《巴黎协定》。其主要内容是：美国等尊重1954年关于越南问题的日内瓦协议所承认的越南的独立、主权、统一和领土完整；美国承担义务，在协定签字后60天内从越南南方撤出全部美国及其同盟者的军队和军事人员，不继续其对越南南方的军事卷入，不干涉越南南方内政，保证尊重越南南方人民的自决权；越南南方人民将通过普选决定越南南方的政治前途；越南的统一将通过和平方法逐步实施。根据签署该协定各方的建议，关于越南问题的国际会议于1973年2月26日至3月2日在巴黎举行。参加会议的有：越南民主共和国、越南南方共和临时革命政府、中国、美国、苏联、英国、法国、匈牙利、波兰、印尼、加拿大和南越西贡傀儡当局代表；联合国秘书长瓦尔德海姆也参加了会议。会议签署了《关于越南问题国际会议的决议书》，确认、赞成、支持和彻底尊重《关于在越南结束战争、恢复和平的协定》和有关的4项《议定书》，“郑重承认并彻底尊重越南人民的基本民族权利，即越南的独立、主权、统一和领土完整以及越南南方人民的自决权。”美军及其盟军于同年3月从南越全部撤出。越南战争至此结束。越南人民经过了14年的抗美救国战争，1975年5月越南军民解放了整个南方，越南实现了统一。越南人民的抗美救国斗争得到中苏等社会主义国家的大力支持。

与以往的经历比较，越南战争是美国历时最长、耗费最大、失败最惨重的一次侵略战争。这次战争使美国军事开支达1 360亿美元，美军死亡5.6万人（一说4.6万人），伤残30余万人。同时也造成300多万越南人死亡，使越南许多城镇乡村化为焦土。战争削弱了美国力量，并给美国人民心理造成严重创伤，也给美国社会带来严重后遗症。

第七节　苏联制造长期以武力威胁中国安全的紧张局势和支持越南侵略柬埔寨　遭到失败后被迫改变扩张霸权政策

20世纪60～70年代，美国在发动的侵越战争中泥足深陷，处境困难。苏联力量膨胀，加紧与美国争霸，乘机在东亚等地采取主动进攻战略，对中国等发展中国家以武力施压和进行扩张活动。

一　苏联在苏中边境和蒙古陈兵百万，以武力威胁中国安全遭到强烈反对，苏军解除武力威胁后苏中关系正常化，中苏《联合公报》发表

早在1956年2月苏共举行二十大以后,苏中两党之间的意识形态分歧逐渐公开化。1958年下半年起,由于苏联无视中国主权,试图控制中国,导致

两国关系恶化。1960年以后,苏联又不断在苏中边境地区挑起冲突。1964年苏军进驻蒙古,在苏中边境和蒙古增调大量军队,造成边境地区紧张局势。在中国一再建议下,1964年2～8月,双方举行了中苏边界第一次会谈。由于苏联拒不承认沙俄时期与中国签订的边界条约是不平等的,并坚持要中国承认它违约侵占和企图侵占的中国领土都是苏联的,使谈判没有结果。1969年3月和6月,苏联在黑龙江珍宝岛和新疆铁列克提地区侵入中国领土,制造边境武装冲突事件。为了缓和紧张局势,同年9月周恩来总理与柯西金部长会议主席在北京机场会晤。双方一致同意边界问题应通过谈判解决,在解决之前维持边界现状,避免武装冲突,双方武装力量在争议地区脱离接触。10月,苏中恢复边界谈判,但苏方缺乏解决问题的诚意,否认两国总理达成的谅解,继续强化在苏中边境和蒙古的军事部署,陈兵百万,严重威胁中国的安全。因此,20世纪70年代,苏中两国处于对峙状态,高层往来完全停止。

1978年11月，苏联同越南签订具有军事同盟性质的《友好合作条约》，支持越南出兵占领柬埔寨，并在中越边境制造武装冲突事件，中国边境部队曾进行自卫还击作战。1979年4月，中国决定不延长中苏友好同盟互助条约的有效期，同时建议中苏就国家关系进行谈判。9月，举行副外长级国家关系谈判，第一轮未达成任何协议。

12月，苏军入侵阿富汗，对中国西部边境构成新的威胁。中国建议，中苏就国家关系进行的副外长级第二轮谈判延期举行。两国关系再次冻结。

进入20世纪80年代，中国逐步调整外交政策，不同任何大国结盟或建立战略关系，也不支持它们中任何一方反对另一方。1982年3月，勃列日涅夫在塔什干发表讲话，在攻击中国的同时表示愿改善同中国的关系。8月，中方向苏方转达了邓小平的口信：中国领导人关心中苏关系的改善，现在是到双方应该认真做些实际事情的时候了。同年9月，中共十二大政治报告指出，如苏联确有诚意改善关系并采取实际步骤解除对中国安全的威胁，两国关系就有走向正常化的可能。经协商，双方决定立即举行两国副外长级特使磋商，讨论消除两国关系正常化的障碍问题。10月，第一轮磋商开始。中国提出消除三大障碍，即：苏军撤出阿富汗；苏军撤出蒙古和把中苏边境驻军减少到1964年以前的水平；苏联劝说越南军队撤出柬埔寨。苏联以谈判不得涉及第三国为由予以拒绝，谈判进展缓慢。但是，两国经济、科技合作开始有所发展。1984年12月，双方签订有关经济合作和科技合作的协定，并成立经济、贸易、科技合作委员会。

1985年3月，戈尔巴乔夫担任苏联最高领导人之后，中苏关系改善的步伐加快。10月，邓小平请正在访华的罗马尼亚领导人齐奥塞斯库向戈尔巴乔夫传话：如果苏联同中国达成谅解并做到使越南从柬埔寨撤军，他愿跟戈尔巴乔夫会见。1986年7月，戈尔巴乔夫在海参崴发表讲话，表示可以按主航道划分中苏界河上的边界线，愿同中国讨论建立睦邻关系问题。9月，邓小平对此表示“谨慎的欢迎”。此后经两国商定，1987年2月再次恢复中苏边界谈判。1988年2月，戈尔巴乔夫宣布苏军从5月1日起开始撤出阿富汗，10个月内撤完。12月，钱其琛外长访苏，双方加深了在政治解决柬埔寨问题上的相互了解。1989年3月，苏联宣布从蒙古国撤出3/4的军队。中苏关系正常化的三大障碍至此已程度不同地消除。

苏联采取以武力威胁迫使中国改变政策的战略，不仅遭到强烈反抗，而且使苏联自身力量受到很大削弱，它在国际上的战略地位也大大不利。据当时苏联外交部长谢瓦尔德纳泽在苏共二十八大上的报告承认，苏联为了同中国进行对抗，曾耗资2 000亿卢布（约合3 200亿美元）。

1989年5月，戈尔巴乔夫访华，邓小平同他本着“结束过去，开辟未来”的精神举行高级会晤。会晤后发表的《联合公报》强调，双方一致认为，中苏两国高级会晤标志着中苏两国国家关系正常化；中苏将在和平共处五项原则基础上发展相互关系；中苏两党将在独立自主、完全平等、互相尊重、互不干涉内部事务四项原则的基础上恢复关系。此后，两国政治、经贸、科技、文教交往开始全面恢复和发展。1991年5月，江泽民总书记访苏，同戈尔巴乔夫会谈并发表公报，两国外长签订中苏边界东段协定。两国这种正常关系一直继续到1991年12月苏联解体。

二　苏联支持越南入侵柬埔寨遭到失败，越南撤军后柬埔寨实现国内和解，《柬埔寨冲突全面政治解决协定》等外交文件签署

20世纪70年代，美国被迫从印度支那撤出侵略军队。苏联乘机而入，扩大它的势力范围，加强对印度支那的控制。1978年11月3日，苏联与越南签订了具有军事同盟性质的《友好合作条约》。在苏联支持下，越南于同年12月发动侵略柬埔寨战争。越南先后动用兵力达23个师，12个独立团，共22万人，占领了柬埔寨大部分领土，妄图实现其建立"印度支那联邦"的目的。但这种行径遭到了东亚地区各国、世界有关国家和联合国等国际组织的强烈反对，一致要求越南撤出侵柬部队，实现柬埔寨国内和解。中国曾一再提出，实现中苏关系正常化，必须消除"三大障碍"，其中之一就是苏联要使越南的侵柬军队撤走。在国际长期压力下，1989年9月下旬，越南单方面宣布，已从柬撤军。但1989年11月联合国大会拒绝承认越南已从柬埔寨全部撤军，并通过决议要求越南在联合国监督下，真正撤出柬埔寨，成立以西哈努克亲王为首的四方临时联合政府，全面政治解决柬埔寨问题。

经过柬国内四方和国际上各方多次谈判，1991年10月23日和平解决柬埔寨问题的巴黎国际会议召开，参加会议的有：中国、苏联、美国、英国、法国、澳大利亚、加拿大、日本、印度、印度尼西亚、马来西亚、泰国、菲律宾、新加坡、文莱、老挝、南斯拉夫、越南18国外长，以西哈努克亲王为首的柬埔寨全国最高委员会全体成员及联合国秘书长德奎利亚尔；上届不结盟运动主席津巴布韦以观察员身份出席会议。18国外长和柬全国最高委员会成员及其他与会代表在《柬埔寨冲突全面政治解决协定》《关于柬埔寨主权、独立、领土完整及不可侵犯、中立和国家统一的协定》《柬埔寨恢复与重建宣言》、5个附件及《巴黎会议最后文件》上签字。由此实现了柬埔寨的和平。

第八节　中国与东亚地区其他发展中国家共同努力　打破美、苏争霸格局开创多极化新格局

第二次世界大战结束后，东亚地区前殖民地半殖民地国家陆续独立；1949年10月1日，中华人民共和国诞生。这些国家曾经历了百年以上被帝国主义侵略的历史，有共同的历史遭遇，也有共同的愿望，就是希望有一个和平的国际环境，维护主权独立，迅速发展经济。因此，它们独立后奉行积极的和平外交政策，并增进地区内外的政治、经济与文化交流合作。

经过长期的共同努力，中国和东亚地区新独立国家，发展成为一支比较强大的政治、经济和军事力量。它们不仅赢得反对侵略战争和军事威胁的胜利，而且以自己的外交理念和行动，为打破美、苏两极称霸格局和开创多极化新格局作出了重要贡献。

一　倡导和平共处五项原则，成为开创多极化新格局的宣言书和外交纲领，进而提出反对霸权主义的主张，更加丰富了建立新型国际关系的准则

第二次世界大战结束后，东亚地区新独立国家在制定《宪法》或发表《独立宣言》时，都确定要执行和平外交政策，并在对外关系中遵循这些政策。这些国家还反对美、苏争霸以及由此而引发的战争和紧张局势。

1954年，由中印、中缅共同倡导，提出处理国家间关系要"坚持互相尊重主权和领土完整、互不侵犯、互不干涉内政、平等互利、和平共处的五项原则"。随后，它被东亚地区内外许多国家、重要国际会议所接受，并列入中美、中日建交公报、声明，《中日和平友好条约》和中苏关系正常化《联合公报》和《中俄睦邻友好合作条约》之中。和平共处五项原则成为建立新型国际关系的宣言书，它宣告了东亚地区美、苏争霸格局开始被打破，多极化新格局正在诞生。同时，它也成为建立新型国际关系的基本准则和创建新的多极化国际格局的外交纲领。

20世纪70年代，中国首先提出把反对霸权主义作为处理国际关系的一项准则，并在对外政策声明中多次重申，中国在任何情况下都不称霸。其后，在中美《上海公报》（1972年2月28日）、《中美建交联合公报》（1979年1月1日）、《中日建交联合声明》（1972年9月29日）和《中日和平友好条约》（1978年8月12日）等文件中，都载入：两国任何一方都不应在亚洲和太平洋地区谋求霸权，每一方都反对任何其他国家或国家集团建立这种霸权的努力。这些重要内容列入一系列重要外交文献，更加丰富了建立新型国际关系的准则。

二　从亚非会议、不结盟运动到东盟的建立，多极化力量的形成与三个世界理论的提出

二战结束后陆续获得独立的国家，其经济水平

尚处于不发达阶段，是发展中国家，但在国际格局中逐渐形成为一支前所未有的新兴力量。这些国家期望加强相互之间的交流与合作，大力发展经济，迅速集聚自身的力量，打破美、苏称霸格局，以维护世界和地区的和平。

（一）亚非会议召开

由印度尼西亚首倡，并经印度尼西亚、印度、缅甸、巴基斯坦和锡兰（今斯里兰卡）5国作为发起国提出建议后，1955年4月18～24日在印尼万隆召开了亚非会议（又被称为万隆会议）。参加会议的有亚非29个国家，其中有中国、印尼、缅甸、越南、老挝、柬埔寨、菲律宾和日本等8个东亚地区国家。这是取得独立的亚非国家，第一次自主召开的共同讨论有关亚非人民切身利益的大规模国际会议。会议讨论了民族主权、反殖民主义、世界和平及与会国经济文化合作等广泛的国际问题。在中国和与会国的努力下，会议一致通过了《亚非会议最后公报》，倡议以和平共处十项原则作为国与国和平共处、友好合作的基础。这十项原则的内容是：1.尊重基本人权、尊重《联合国宪章》的宗旨和原则。2.尊重一切国家的主权和领土完整。3.承认一切种族的平等，承认一切大小国家的平等。4.不干预或干涉他国内政。5.尊重每一国家按照《联合国宪章》单独地或集体地进行自卫的权利。6.不使用集体防御的安排来为任何一个大国的特殊利益服务；任何国家不对其他国家施加压力。7.不以侵略行为或侵略威胁或使用武力来侵犯任何国家的领土完整或政治独立。8.按照《联合国宪章》，通过如谈判、调停、仲裁或司法解决等和平方法以及有关方面自己选择的任何其他和平方法，来解决一切国际争端。9.促进相互的利益和合作。10.尊重正义和国际义务。这十项原则是和平共处五项原则内容的体现和延伸。亚非会议的召开第一次向世界昭示了发展中国家日益强大的力量及其在多极化国际关系格局中十分重要的地位。

（二）不结盟运动展开

为摆脱美、苏超级大国的控制，1956年7月20日，南斯拉夫总统铁托、埃及总统纳赛尔和印度总理尼赫鲁在南斯拉夫布里俄尼会谈后发表联合声明，首次提出不结盟的主张。1960年，铁托、纳赛尔、尼赫鲁、苏加诺和恩克鲁玛会晤，对不结盟运动起了重要推动作用。1961年6月，在开罗召开有20个国家参加的首次不结盟国家外长会议，确定了参加不结盟运动国家的条件是：1.实行和平共处和不结盟基础上的独立政策，至少采取符合这种政策的态度。2.支持民族解放运动。3.不是任何会使卷入大国冲突的集体军事联盟的成员国。4.不是同一个大国签订双边联盟的成员国。5.国家领土不应当有在其同意下建立的外国军事基地。

1961年9月1～6日，第一次不结盟国家元首和政府首脑会议在贝尔格莱德举行，有25个国家参加，通过了会议宣言和关于《战争的危险和呼吁和平》的声明。声明要求美、苏首脑立即举行会谈，以防止战争爆发和停止军备竞赛。至此，不结盟运动正式形成。

到1990年，不结盟运动有成员国102个，地跨亚非拉欧和大洋洲，占第三世界国家的2/3，共计约17亿多人口。其中有东亚地区的印尼、马来西亚、新加坡、朝鲜、越南、老挝、柬埔寨等7国。不结盟运动的形成，进一步壮大了第三世界的力量，对于形成多极化国际关系格局起了重要作用。

（三）东南亚国家联盟成立

1967年8月，印尼、马来西亚、泰国、菲律宾和新加坡5国外长在泰国曼谷开会，发表《东南亚国家联盟成立宣言》，宣告东盟成立。其宗旨与目标包括：以平等与协作精神，共同努力促进本地区的经济增长、社会进步和文化发展；遵循正义、国家关系准则和《联合国宪章》，促进本地区的和平与稳定；同具有相似宗旨和目标的国际和地区组织保持紧密和互利的合作，探寻与其更紧密的合作途径等。1971年11月，东盟外长特别会议发表《东南亚中立化宣言》，表示要使东南亚"成为一个不受外部强国的任何形式或方式干涉的和平、自由和中立的地区。"1976年2月，东盟第一次首脑会议在印尼巴厘岛举行，签署了《东南亚友好合作条约》和《东南亚国家联盟协调一致宣言》。东盟在1990年有6个成员国，1个观察员国，面积达305万平方公里，人口达3.2亿，而且成员不断增加，影响不断扩大。这是冷战时期东亚地区由发展中国家建立起来的地区组织，对于开创地区多极化国际关系格局具有重大意义。

（四）划分三个世界理论的提出

1974年2月22日，中国毛泽东主席在会见赞比亚总统卡翁达时说："我看美国、苏联是第一世界；中间派，日本、欧洲、加拿大，是第二世界；咱们是第三世界。""第三世界人口很多，亚洲除了日本都是第三世界；整个非洲是第三世界；拉丁美洲是第三世界。"毛主席关于划分三个世界的战略思想，反映了冷战时期国际关系中出现了多种力量的新的特点，而且成为当时中国制定对外方针政策的重要依据。

三　东亚地区发展中国家坚决抗击美、苏等策动的侵略战争和军事威胁取得重大胜利，实力地位不断增强

冷战时期，东亚地区由美、苏等策动的战争比世界其他地区次数多，规模大，造成的损失严重，但先后都遭到了失败。其中：美国支持蒋介石集团在1946～1949年发动中国内战遭到失败，蒋介石集团残余困守台湾等岛屿。1950～1953年，美国发动侵朝战争，纠集15国披着联合国外衣作战，交战双方先后出动兵力数百万，美国及其纠集参战部队被歼灭109万，美国遭到失败，签订了《停战协定》。1961～1973年，美国发动以侵略越南为主的侵略印度支那战争，纠集5国参战，战火扩大到老挝、柬埔寨，以伤亡官兵数十万遭到惨败，被迫撤出印度支那。美国支持朗诺集团发动政变颠覆柬埔寨合法政府遭到失败。美、英、法、荷、葡等国利用二战结束重返前殖民地也遭到失败而不得不同意东亚地区10余国取得独立。苏联于20世纪60～70年代在苏中边境和蒙古陈兵百万威胁中国，遭到中国和其他国家强烈反对，不得不撤除这种威胁，与中国实现关系正常化。苏联支持越南出兵20余万侵略柬埔寨，也因遭到国际普遍强烈反对而失败。

东亚地区发展中国家在冷战时期面临美、苏策动的战争或武力威胁时，发扬了近现代反抗帝国主义侵略的光荣传统，坚决进行抗击，赢得了重大胜利，并不断增强了自己的实力地位。

四　中国恢复在联合国一切合法权利；美国从长期敌视中国转为与中国建交，中美签署《上海公报》《建交公报》和《八一七公报》，但美国总统又批准了干涉中国内政的《与台湾关系法》

在联合国绝大多数成员国的支持下，1971年10月25日，第二十六届联合国大会通过了恢复中国在联合国一切合法权利和立即把蒋介石集团代表从联合国一切机构中驱逐出去的提案。其后，中国在联合国中与一切爱好和平国家一起，为维护各国的民族独立和国家主权，为维护世界和地区和平，促进人类进步作出了重要贡献。

冷战时期，美国曾长期执行敌视中国的政策，政治上遏制中国，不承认中国，却继续支持盘踞在台湾等岛屿上的蒋介石集团，经济上封锁中国。但中国国力日益增强，国际威望不断提高，在国际事务中影响越来越大。20世纪70年代，美国深陷越战争泥沼，并面临苏联实施南下战略的巨大压力。美国希望改善同中国的关系，以缓解来自其他方面、特别是苏联的压力。

1972年2月27日，美国总统尼克松访华期间，中美发表《上海公报》。公报指出：中美两国社会制度和对外政策有着本质的区别，但双方同意各国不论社会制度如何，都应根据尊重各国主权和领土完整、不侵犯别国、不干涉别国内政、平等互利、和平共处的原则来处理国与国之间的关系；国际争端应在此基础上予以解决，而不诉诸武力和武力威胁。双方声明：中美两国关系走向正常化是符合所有国家利益的；双方都希望减少国际军事冲突的危险；任何一方都不应该在亚洲—太平洋地区谋求霸权，每一方都反对任何其他国家或国家集团建立这种霸权的努力。双方都认为，任何大国与另一大国进行勾结反对其他国家，或者大国在世界上划分利益范围，那都是违背世界各国人民利益的。双方回顾了中美两国之间长期存在的严重争端，中国方面重申中国政府对台湾问题的一贯立场：台湾问题是阻碍中美两国关系正常化的关键问题；中华人民共和国政府是中国的唯一合法政府；台湾是中国的一个省，早已归还祖国；解放台湾是中国内政，别国无权干涉；全部美国武装力量和军事设施必须从台湾撤走。中国政府坚决反对任何旨在制造"一中一台"、"一个中国、两个政府"、"两个中国"、"台湾独立"和鼓吹"台湾地位未定"的活动。美国方面声明，美国认识到，在台湾海峡两边的所有中国人都认为只有一个中国，台湾是中国的一部分。美国政府对这一立场不提出异议。它重申它对由中国人自己和平解决台湾问题的关心，并确认从台湾撤出全部美国武装力量和军事设施的最终目标。

1978年12月16日，中美发表《建交公报》，宣布两国自1979年1月1日起互相承认，并建立外交关系。公报宣布，美国承认中华人民共和国政府是中国唯一合法政府。公报重申《中美上海公报》中双方一致同意的各项原则，并特别强调：美国政府承认中国的立场，即只有一个中国，台湾是中国的一部分。

1979年4月10日，美国总统卡特却违背国际关系准则和美国在中美《上海公报》及《建交公报》中所承诺遵循的原则，批准了干涉中国内政的《与台湾关系法》。该法竟声称，"美国作出同中华人民共和国建立外交关系的决定，是以台湾的前途将以和平方式决定这种期望为基础的"；美国"认为以非和平方式包括抵制或禁运来决定台湾前途的任何努力，都将会威胁西太平洋地区的和平与安全，并为美国所严重关切。"该法还提出要"向台湾提供防御性武器"，"使台湾保持抵御会危及台湾人民的安全或社会、经济制度的任何诉诸武力的行为或其他强制形成的能力。"美国制定该法及其后采取的相应措施和做法都是不利于中美关系发展的。

1982年8月17日，中美发表《八一七公报》。美国政府在该公报中声明，它不寻求执行一项长期向台湾出售武器的政策，它向台湾出售的武器在性能和数量上将不超过中美建交后近几年供应的水平，它准备逐步减少对台湾的武器出售，并经过一段时间导致最后的解决。在作这样的声明时，美国承认中国关于彻底解决这一问题的一贯立场。

五 东亚地区发展中国家大力发展经济，成为世界经济实力增长最快的地区

冷战时期，东亚地区发展中国家，一面应对美、苏两个超级大国之间的冷战和多次发动的热战及军事威胁；一面积极发展经济。在赢得热战的胜利和粉碎军事威胁的同时，经济实力也得到了很大的提升。20世纪60～70年代，东亚地区出现了4个"新兴的工业化国家和地区"（即通称的"亚洲四小龙"）——韩国、新加坡、中国的台湾和香港，经济得到高速发展。到1990年，其国（区）内生产总值分别达到2 364亿美元、346亿美元、1 570亿美元、597亿美元，人均国内生产总值分别达到5 400美元、11 160美元、7 954美元、11 490美元。随之，东盟的印尼、泰国、马来西亚、菲律宾也进入经济迅速发展时期，1990年国内生产总值分别达到1 073亿美元、802亿美元、424亿美元、439亿美元；人均国内生产总值分别达到570美元、1 420美元、2 320美元、730美元。1978年中国开始实行改革开放政策，经济进入快速发展时期。1987年，中共十三大确定了三步走的经济发展战略，即：第一步，实现国民生产总值比1980年翻一番，解决人民的温饱问题；第二步，到20世纪末，使国民生产总值再增长1倍，人民生活达到小康水平；第三步，到21世纪中叶，人均国民生产总值达到中等发达国家水平，人民生活比较富裕，基本实现现代化。1990年，中国国内生产总值达3 649亿美元，人均国内生产总值为370美元。同1978年相比，国民生产总值增长1.74倍（1980～1990年间，平均每年增长9%，是同期世界经济平均增长速度的3倍）；工业总产值增长2.89倍，农业总产值增长1.3倍；全国人民的温饱问题已基本解决，城乡人民的生活普遍改善。这些成就标志中国综合国力得到了明显的提高。东亚地区成为世界经济实力增长最快的地区，形成了不容忽视的发展力量。

东亚地区经过冷战时期的发展，打破了美、苏两个超级大国争霸的格局，实际上形成了美国、苏联、日本、中国和东盟等发展中国家的五种力量并存局面，也就是日益形成多极化的国际关系格局。这一发展趋势，与世界逐渐形成多极化格局的发展趋势是相一致的，而且对全球形势的发展具有十分重要和积极的推动意义。

第四章 东亚地区当代冷战后的外交

1991年12月，建立近70年的苏联解体，历时45年的美苏冷战时期随之宣告结束。

冷战时期开始发育起来的多极化力量，特别是东亚地区发展中国家力量，在冷战结束后进一步得到了发展。其中，中国和东盟积极开展和平外交和加速发展经济的势头日益强劲，影响越来越扩大。俄罗斯也逐步调整外交政策，开始实行欧亚兼顾的和平外交政策。但是，美国欲建立独霸世界的外交理念，与发展中国家等所主张的由各国平等发展的多极化外交理念，存在很明显的矛盾，互相时有碰撞。15年来，东亚地区虽然没有发生战争，所遇到的矛盾摩擦，有关方面通过现有国际机制，尽力设法通过谈判协商求得解决；但仍存在一些延续时间较久，涉及重大原则利益和深层次的矛盾尚未解决，对于未来外交关系发展将产生重要影响。

第一节　中美、中俄及中日关系

一　中美关系的发展及存在的问题

冷战结束后，中、美关系经历了一个曲折的发展过程。

1989年春夏之交，美国借口中国北京发生政治风波，单方面对中国实行包括取消高层领导人互访、中止国际金融机构对华贷款和武器及其制造技术转让等两轮制裁，导致中美关系降至建交后的最低点。

1990年下半年，由于双方的共同努力，僵局逐步打开，两国关系开始走出谷底并呈回升之势。特别是同年11月底，钱其琛外长应贝克国务卿的邀请访问美国，并安排同布什总统会谈，表明美方有取消高层互访禁令的意向，成为恢复中、美关系的一个转折点。随着1991年11月美国国务卿贝克访华，中美关系有了明显改善。

（一）克林顿总统执政时期

1. 第一任时期

1993年1月克林顿出任美国总统，同年5月28日，克林顿以行政命令方式宣布延长中国最惠国待遇一年，同时规定1994年度的延长附加7项人权条件。与布什政府相比，首次把人权问题同最惠国待遇挂钩，突显其强硬立场的一面。此后，美国又采取一系列恶化两国关系的举动，如借口中国向巴基斯坦出售导弹部件，对中国实行贸易制裁；诬称中国货船装有化学武器原料载体，制造耸人听闻的“银河号”事件；反对中国申办2000年奥运会，向国际奥委会施加压力。上述举动严重恶化了中美关系，使本已处于不稳定的中美关系再度趋于紧张。

在此期间，江泽民主席等中国领导人多次在不同场合表示，中美都是世界上有影响的大国，两国关系的好坏直接关系到两国人民的切身利益，并对亚太地区及至全球的和平与稳定都有重大影响；强调中国政府一向重视中美关系，中国希望同美国增加信任、减少麻烦、发展合作、不搞对抗。

1993年11月19日，江泽民主席在西雅图参加亚太经济合作组织领导人非正式会议期间，同克林顿总统举行会晤。双方一致认为，中美关系非常重要，它不仅仅是双边关系的问题，而且应该把它放在世界范围内来看，应该着眼于未来，着眼于21世纪。1994年5月26日，克林顿总统宣布延长对中国的贸易最惠国待遇，并表示把人权问题同每年延长中国最惠国待遇问题脱钩。

但是，1995年5月22日，美国国务院宣布美国决定同意李登辉以“私人身份”访美，打破了中美建交16年来一直实行的禁止台“高层领导人”访美的禁令，是美国在对华政策上采取的又一个十分严重的步骤，从而导致中美关系急转直下。自1995年6月李登辉访美后，台湾当局有恃无恐，肆无忌惮地推行“一中一台”或“两个中国”政策。为遏制“台独”，反对分裂，1996年3月，中国人民解放军在东海、南海进行导弹发射训练和军事演习。3月10日，美国宣布派“独立号”航空母舰特混舰队进入台湾附近水域。中美关系再次陷入低潮。

2. 第二任期间

1999年5月8日凌晨5时45分（南斯拉夫时间5月7日晚11时45分），作为北约军队的美军悍然从不同方向发射5枚导弹（其中4枚导弹当场爆炸）袭击中国驻南斯拉夫联盟共和国大使馆，造成新华社驻贝尔格莱德女记者邵云环、光明日报驻南联盟记者许杏虎和夫人朱颖3人牺牲、多人重伤和使馆馆舍严重毁坏。5月14日，应克林顿总统的要求，江泽民主席与克林顿总统通了电话。克林顿说：“我愿对发生在贝尔格莱德的悲剧表示由衷的道歉，尤其是向受伤人员和遇难者的家属表示我个人的道歉。”

1999年6月3日，克林顿总统发表一项声明，宣布美国行政当局决定继续延长同中国的“正常贸易关系”（即原来的“最惠国待遇”）。

9月11日，江泽民主席和克林顿总统在新西兰出席亚太经合组织会议时，举行了正式会晤。关于中美关系，江泽民指出，中美应该本着相互尊重、平等相待、求同存异的原则，积极寻求共同利益的汇合点，扩大合作，缩小分歧。克林顿表示，他十分希望促使美中关系在一系列广泛领域里回到正常的轨道上来。双方表示，中美两国将继续致力于建立面向21世纪的建设性战略伙伴关系。

（二）布什总统执政时期

2001年1月20日，乔治·布什政府上台后，对华政策显示出强硬的一面。随着美国加大对亚洲的军事投入，中美之间的摩擦和矛盾增多。

2001年4月，美军用侦察机在中国海南岛附近上空撞毁中国军用飞机，并非法进入中国境内机场。经激烈斗争，美方向中方递交致歉信，中方同意美机组人员返美，允许美机拆运回国。同月，美政府决定向中国台湾地方当局出售价值约60亿美元的大批先进武器装备。7月，美国务卿鲍威尔访华。9月11日，美国遭受国际恐怖主义袭击，江泽民主席致电布什总统，就此袭击造成平民和财产重大损失，向美国政府和人民表示深切慰问；布什对此表示感谢。10月，江主席和布什总统在上海出席亚太经合组织会议期间举行会晤，一致同意共同致力于发展中美建设性合作关系。

2002年2月，布什总统访华，中美元首就充实两国建设性合作关系达成多项重要共识。4月，胡锦涛副主席应邀访美。10月，江泽民主席对美国进行工作访问。访美期间，江泽民主席同布什总统举行会晤，就进一步发展中美关系以及双方共同关心的国际和地区问题深入交换意见，并达成重要共识。两国领导人认为，保持两国高层战略对话和交往十分重要。双方同意在双向、互利的基础上加强反恐交流与合作。

2003年6月1日，胡锦涛主席出席在法国埃维昂举行的南北领导人非正式对话会议期间，会见美国总统布什。布什高度赞赏中国为防治非典型肺炎所作出的积极努力和取得的显著成果。胡锦涛重申了中国在台湾问题上的原则立场。在谈到朝核问题时，两国领导人表示，双方将致力于维护朝鲜半岛的和平稳定，支持半岛无核化，通过对话和平解决问题并就此保持沟通与合作。10月19日，胡锦涛主席在泰国首都曼谷出席亚太经合组织第十一次领导人非正式会议前夕会见布什总统，双方就中美关系及共同关心的国际和地区问题深入交换了意见。布什说，良好的美中关系对美国很重要，他将继续致力于进一步发展两国关系。胡锦涛说，中方赞赏美方多次重申坚持一个中国政策、遵守中美三个联合公报和反对“台独”的立场，希望美方切实履行这些承诺。

2004年11月20日，胡锦涛主席在智利首都圣地亚哥出席亚太经合组织领导人非正式会议期间会见布什总统，双方就中美关系及共同关心的国际和地区问题深入交换意见，肯定了过去4年中两国发展建设性合作关系取得的积极进展，并表示将继续加强合作以及在重大国际和地区问题上的磋商与协调。

2005年7月7日，胡锦涛主席在英国苏格兰鹰谷出席八国集团与中国、印度、巴西、南非、墨西哥五国领导人对话会议期间，会见美国总统布什。双方就中美关系和共同关心的国际和地区问题交换意见。9月13日，胡锦涛主席在纽约出席联合国成立60周年首脑会议时同布什总统举行会晤。双方就双边关系和共同关心的重大国际和地区问题深入交换看法，并表示将增进互信，加强合作，共同致力于发展中、美建设性合作关系，促进世界的和平、稳定与发展。10月18～20日，美国防部长拉姆斯菲尔德访问中国，他参观了中国人民解放军二炮司令部，成为过去39年来首位获准参观中国战略导弹部队神经中枢的外国高级官员。访问期间，拉姆斯菲尔德表示，两国深化交往、在重大国际问题上加强互利合作非常重要。11月19～21日，布什总统访华，与胡锦涛主席会谈，就中美关系和重大国际及地区问题深入交换意见，达成了广泛而重要的共识。双方特别强调，中美关系已远远超出双边范畴，越来越具有全球意义。同一期间，美国前总统老布什在第二届中、美关系研讨会上指出，中、美关系已成为当今世界上“最重要的一对双边关系”。

另一方面，中美之间存在的主要问题涉及台湾问题及经贸、不扩散大规模杀伤性武器和人权等领域。

1. 台湾问题

是中美关系中最重要和最敏感的问题，也是中美三个联合公报的核心问题。

美方多次违反三个联合公报和有关“三不”（不支持“两个中国”、“一中一台”；不支持“台湾独立”；不支持台湾参加必须是主权国家参加的国际组织）承诺，允许台湾官方人士访美或“过境”，与台湾发展变相官方或半官方关系，继续售台先进武器、装备和技术，这是美中关系健康、稳定发展的最大障碍。

2. 经贸领域问题

美国国会长期以来每年都就对华最惠国待遇问题进行审议，使美中经贸关系难以正常、稳定地发展。直到中国加入世贸组织后，美国才给予中国永久性最惠国待遇。但美仍经常借口知识产权、纺织品、市场准入和贸易逆差等问题向中方施压。

3. 不扩散大规模杀伤性武器问题

这方面也存在分歧。特别是美国一面寻求中国的合作，一面却向中国的台湾省大量扩散先进武器，干涉中国内政。

4. 人权问题

1990～1997年，美国政府每年都提出攻击和诬蔑中国的所谓人权报告，并前后10多次带头在联合国人权会议上搞反华提案；美国国会还多次通过关于中国人权、西藏和香港以及宗教自由、法轮功等问题的决议、法案，严重侵犯中国主权，干涉中国内政。

中、美两国之间虽然存在分歧和悬而未决的问题，但是更重要的是双方有着广泛的共同利益。这种共同利益在冷战后的新形势下，不是在减少，而是在增加。总之，中、美关系的全面发展符合两国人民的根本利益，也有利于世界和平与发展。

二　中俄战略协作伙伴关系的建立和发展

中俄关系是苏联解体后，在全新的历史条件下建立起来的。它既继承了中苏后期双方达成的一些符合两国利益和时代要求的原则和协议，又深刻吸取了过去中苏关系中把意识形态差异与国家关系疏近相等同的历史教训。尽管两国选择的政治制度和振兴国家的道路有所不同，但是两国人民和领导人都愿意本着和平共处五项原则和国际法准则，求同存异，平等互利，积极推动两国关系的发展，使之成为新形势下不同制度、不同文化、不同国情的两个大国相处和合作的典范。建交以来，中俄关系的发展连续上了3个台阶。

（一）中俄关系的平稳过渡（1991～1993）

从1991年底到1993年，中俄两国比较顺利地实现了由中苏关系到中俄关系的平稳过渡，确定了新形势下相互关系的基本原则，双方都视对方为“友好国家”并决定按照和平共处五项原则发展睦邻友好和互利合作关系。

1991年12月27日，中俄在莫斯科签署《会谈纪要》，正式建立两国关系。

1992年1月31日，出席联合国安理会首脑会议的李鹏总理会见俄总统叶利钦，双方强调加强两国合作和交往。3月15～17日，俄外长科济列夫访问中国。11月24～26日，国务委员兼外长钱其琛访问俄罗斯。12月17～19日，俄罗斯总统叶利钦首次对中国进行正式访问，江泽民主席与叶利钦总统发表《关于中华人民共和国和俄罗斯联邦相互关系基础的联合声明》。同时，两国代表签署俄中政府间在裁军问题上的相互谅解和加强边境地区军事领域信任的备忘录，以及经贸、科技和文化等领域合作的24项文件。双方确定两国“相互视为友好国家”，两国关系从此走上睦邻友好和互利合作轨道。

1993年1月12～19日，俄罗斯最高苏维埃代表团访问中国。6月23日～7月5日，中央军委副主席刘华清率中国政府代表团访俄。11月8～11日，俄国防部长格拉乔夫访华。

（二）中俄关系取得进展（1994～1995）

1994～1995年，随着俄罗斯对外政策的不断调整，中俄关系在俄罗斯整个对外政策中的地位和重要性明显提高，双方决定发展“面向21世纪的建设性伙伴关系”，两国的双边关系和在国际领域的合作都取得了重大进展。

1994年1月27～29日，俄外长科济列夫访华。5月14～18日，俄国家杜马（议会下院）主席雷布金访华。5月25～29日，俄总理切尔诺梅尔金对中国进行正式访问。6月27～29日，国务院副总理兼外长钱其琛访俄。7月11～16日，国防部长迟浩田访俄。9月2～6日，江泽民主席对俄罗斯进行正式访问，江泽民主席与叶利钦总统举行会谈。双方宣布，中俄两国在和平共处五项原则基础上建立面向21世纪的完全平等的睦邻友好和互利合作关系，即建设性伙伴关系，既不结盟，也不针对第三国。双方表示严格遵守中俄国界协定，愿进一步努力把两国边界建成和平、安宁和共同发展的边界。两国元首签署《中俄联合声明》和《中俄关于互不首先使用核武器和互不将战略核武器瞄准对方的联合声明》，以及中俄国界西段协定等重要文件。

1995年5月8日，江泽民主席在莫斯科出席纪念反法西斯战争胜利50周年庆典活动期间，与叶利钦总统举行会晤。江泽民说，苏联人民在抗击法西斯战争中，立下了不可磨灭的功勋；在东方，中国人民进行了长达8年的抗日战争，是反抗日本法西斯的主力军。中苏两国和两国人民为争取二战的胜利做出了巨大的民族牺牲和历史贡献。二战历史表明，一个国家，一个民族，不论大小，都是不可征服的。叶利钦表示非常感谢江泽民主席参加莫斯科庆典活动；近年来，中俄关系发展顺利，俄罗斯希望与中国建立真正的伙伴关系，并进一步提高两国关系的水平。双方一致同意，为发展两国之间长期稳定的睦邻友好、互利合作的新型关系而继续共同努力。5月15日，俄国防部长格拉乔夫大将率军事代表团访问中国。5月16日，莫斯科市长卢日科夫访问北京，北京市与莫斯科市结为友好城市。5月底，俄罗斯内务部长叶林访问中国。6月12～14日，国务院副总理李岚清访问俄罗斯。6月25～28日，李鹏总理访问俄罗斯。9月21～22日，国务院副总理兼外交部长钱其琛访问俄罗斯。10月，俄罗斯空军总司令彼·斯·杰伊涅金上将访华。12月2～9日，中央军委副主席刘华清上将访问俄罗斯。

（三）中俄战略协作伙伴关系的建立和发展（1996年至今）

从1996年年初开始，俄罗斯进一步调整对华政策，加大了全方位外交的力度，并把中国放在全方位外交的优先位置。当年4月25日，中俄发表《联合声明》，两国开始建立和发展“平等信任的、面向21世纪的战略协作伙伴关系”。1997年，中俄首脑互访，并发表了关于建立多极世界的声明。1998年11月，江泽民主席访俄，双方就推动世界多极化进程等问题协调立场，并发表了具有深远意义的《世纪之交的中俄关系》的联合声明。

2001年6月14～15日，江泽民主席和俄罗斯、哈萨克斯坦、吉尔吉斯斯坦、塔吉克斯坦和乌兹别克斯坦总统在上海签署《上海合作组织成立宣言》，宣告6国间地区合作组织正式成立，标志着各成员国合作进程开始迈入了一个崭新的阶段。7月15～18日，江泽民主席对俄罗斯进行国事访问。16日，江泽民主席与普京总统签署《中俄元首莫斯科联合声明》和《中俄睦邻友好合作条约》，把两国关系用条约的形式固定下来，为中俄关系的进一步发展奠定了法律基础。

2004年10月14～16日，俄罗斯总统普京访华，与胡锦涛主席签署了《中俄联合声明》，这标志着中俄战略协作伙伴关系进入新的发展阶段。两国元首共同批准了《〈中俄睦邻友好合作条约〉实施纲要》，对两国各领域的合作作出总体规划，提出2010年双边贸易额达到600亿～800亿美元，2020年前中方向俄罗斯投资120亿美元等重要目标。

2005年5月8～9日，胡锦涛主席应普京总统的邀请，出席了俄罗斯纪念卫国战争胜利60周年的隆重庆典，两国元首就双边关系和当前紧迫的国际和地区问题深入交换了意见，达成广泛共识。6月30日至7月2日，胡锦涛主席对俄罗斯进行国事访问，与普京总统就双边关系和共同关心的重大国际和地区问题深入交换意见，达成广泛共识。双方共同签署了《中俄关于21世纪国际秩序的联合声明》。同年8月，中俄双方在中国举行了“和平使命—2005”联合军事演习。11月3日，两国总理在北京举行第十次定期会晤，就双边经贸、科技、文化等领域的广泛合作签署一系列协议。此外，继2004年举办了“中俄青年友谊年”之后，两国确定，2006年在中国举办“俄罗斯年”，2007年在俄罗斯举办“中国年”，进一步推动两国人民的相互了解和传统友谊。

三 中日关系的发展及存在的问题

中日两国1972年9月29日在北京发表联合声明，实现了邦交正常化。双方于1978年8月12日在北京签署《中日和平友好条约》，同年10月23日在东京互换条约批准书，条约正式生效。从那时起到90年代中期，中日关系发展基本顺利。

然而，美苏两极对抗终结后，日本对中国的战略需求下降，日本政治右倾化与中日关系的内在矛盾显露。一方面，日本出于成为联合国安理会常任理事国之需，要得到中国的支持；另一方面日本对中国的担心已从中国是否动乱并引发难民潮，转向中国经济崛起是否对日本构成挑战，以及中国增强军事力量是否对日本构成威胁。

1992年4月7～10日，中共中央总书记江泽民访问日本。同年10月23～28日，日本国天皇明仁及皇后美智子对中国进行正式访问。中日两国实现了最高级别的互访，这在中日关系史上还是第一次，意义深远。江泽民总书记对来访的日本天皇表示，“中日友好一要以史为鉴，二要向前看，三要世世代代友好下去。”日本天皇对此表示赞同。

1993年3月26日，日本政府向中国提供8 400

万日元无偿文化援助协定在北京签字。5月2～5日，日本众议院议长樱内义雄访华。5月3日，日本内阁副总理兼法务大臣后藤田率法务代表团访华。5月29日～6月1日，钱其琛外长访问日本。7月30日，1993年日本政府无偿援助中国政府4个项目的换文在北京签署。

1994年中日高层互访不断，1月初日本副总理兼外长羽田孜访华。2月23日～3月3日，朱镕基副总理访问日本。3月19～21日，日本首相细川护熙访问中国。11月，荣毅仁副主席访日。

1995年5月2～6日，日本首相村山富市对中国进行友好访问。访问期间，村山首相参观了卢沟桥抗日战争纪念馆。

1996年3月31日，中国国务院副总理兼外长钱其琛访日。7月29日，桥本龙太郎以首相身份参拜了靖国神社。9月20日，中国外交部就日本右翼分子再登钓鱼岛表示强烈抗议。11月24日，江泽民主席和桥本龙太郎首相在出席亚太经合组织首脑非正式会议前举行了会谈。

1997年9月4～8日，桥本龙太郎首相对中国进行正式友好访问。访问期间参观了沈阳"九一八事变"纪念馆。11月11～16日，李鹏总理对日本进行为期6天的正式访问。

1998年11月25～30日，江泽民主席对日本进行为期6天的正式访问。这是中国国家元首首次访问日本。26日，江泽民主席与明仁天皇、小渊惠三首相举行了会谈。两国发表了《关于建立致力于和平与发展的友好合作伙伴关系的联合宣言》。两国政府还签署了《中日关于进一步发展青少年交流的框架合作计划》《中日面向21世纪的环境合作的联合公报》以及《中日关于在科学与产业技术领域开展交流与合作的协定》。

1999年7月8～10日，小渊惠三首相对中国进行正式访问。2000年10月13～17日，朱镕基总理对日本进行正式访问。

然而，自从2001年小泉纯一郎上台后，由于其不顾中国政府和人民强烈抗议和反对，顽固坚持参拜祭祀东条英机等甲级战犯的靖国神社，严重伤害中国人民的民族感情，破坏了维系中日关系的政治基础，导致两国领导人互访中断，两国关系一路下滑，使两国关系出现1972年邦交正常化以来最坏局面。

2001年4月20日，日本政府不顾中国政府的严正交涉，以所谓"人道"和"不搞政治活动、限定医疗目的"为借口，决定发给李登辉访日签证。8月13日下午，小泉纯一郎首相参拜靖国神社。因此，中国驻日本大使武大伟紧急约见日本外务省事务次官野上义二，提出严正交涉。同日，中国外交部副部长王毅紧急约见日本驻华大使阿南惟茂，就小泉纯一郎首相参拜靖国神社奉命向日方提出严正交涉。

近年来，小泉内阁在钓鱼岛、东海石油开发等一系列问题上对中国采取针锋相对的强硬立场；军事上把中国视为"潜在假想敌"，在台湾问题上公然干涉中国内政，将所谓"和平解决"台海问题列入日美"共同战略目标"，为未来同美国联手干涉台海事务埋下伏笔，从而对中国构成威胁。

中日邦交正常化以来，两国关系得到全面发展，但也存在一些障碍。主要有：

（一）历史问题

日本政府虽承认对中国及其他邻国有过侵略和殖民统治，但其国内一直存在否认和美化侵略历史的政治势力和社会土壤。右翼势力不时出面否认、美化侵略历史，日本官方则借口言论自由等，采取暧昧和纵容态度。在历史问题上，日本国内曾多次发生伤害中国人民及其他受害国人民感情的事件，主要有：

1. 日本首相参拜靖国神社问题

1985和1996年，日本首相参拜祭祀着东条英机等甲级战犯的靖国神社；2001、2002、2003、2004、2005和2006年，日本首相小泉纯一郎连续6次参拜。

2. 日本篡改历史教科书问题

1982和1986年日本文部省审定教科书时，篡改日本军国主义侵略中国的历史；2001和2005年日本政府又审定通过了否认、美化侵略历史的右翼历史教科书。

3. 日本国会通过删除关于侵略历史内容的决议

2005年8月，日本国会发表了删除侵略表述的《战后60周年决议》。

此外，还有日本侵华战争造成的历史遗留问题，如日本遗弃在华化学武器、慰安妇、强征劳工等。中国政府一直要求日方认真对待，妥善处理。

（二）台湾问题

中日邦交正常化时，曾达成日方与台湾当局只能维持民间和地方性往来的谅解。但1980年以来，日方有悖《中日联合声明》《中日和平友好条约》及对中国承诺的情况时有发生：台湾驻日机构规模和职能扩大；涉及中国国家财产的“光华寮案件”久拖未了；1994年台湾“行政院副院长”徐立德出席广岛亚运会；近年来日本在涉台问题上消极举动明显增多，特别是在日美安全合作是否涵盖台湾的问题上闪烁其词，企图伙同美国对中国实施“模糊威慑”；2002年以来日台政要往来趋于频繁，官方接触级别有所提升，酝酿签订自由贸易协定等。2005年2月，日美两国举行安保会谈，竟然首次将“台湾问题”列为共同战略目标，并写进了会谈纪要。

（三）钓鱼岛问题

钓鱼岛自古以来就是中国的领土。自1972年两国邦交正常化以来，中国与日本在钓鱼岛及其相关领土、领海的归属问题一直没有解决。在20世纪90年代，随着海洋权益在各国发展中重要性的上升，两国在此问题上的摩擦升温。1996年7月，日本宣布对周边200海里经济区享有主权的决定，加剧了局势的紧张。1997年后，两国都采取克制、合作的态度，使钓鱼岛问题上的矛盾有所缓和。如2000年中日新渔业协定生效、为解决海洋调查船在争议海域作业问题两国决定建立“通报制度”，等等。

然而，近年来小泉内阁在钓鱼岛问题上对中国采取强硬立场，2005年2月，中国春节的大年初一，日本又向中国发难，由内阁官房长官细田博之召开记者招待会，宣布日本政府接管钓鱼岛上的灯塔，把长久以来在钓鱼岛问题上的民间对立演变成了政府行为，无疑是对中国领土主权的严重挑衅和侵犯。

（四）东海经济专属区划分的争端

根据《联合国海洋法公约》规定，依海岸基准线向外延伸200海里的海域为该国的经济专属区。而东海最宽处仅360海里，从而产生了至少40海里宽的大片争议海域。长时间以来，日本方面认为，东海划界应该采取“中间线原则”，一国一半的解决办法。对此，中方明确表示反对，认为在中日之间海域经济专属区不应依照这样的原则，因为中国的大陆架一直自然延伸到冲绳海槽中线，因而所谓的“共享大陆架”根本就不存在。这种情况持续到2004年。这一年，中国的“春晓”天然气井采掘成功。虽然春晓气田距离日方所谓的“中间线”还有5公里，但是日方又抛出了所谓“吸管效应”问题。

2005年以来，日本更声称中国正在东海勘探的3个天然气田中，有2个处于日本拥有的专属经济海域，日本声言要派军舰去驱逐中国的勘探队伍，并要求中国停止所有气田开发活动和尽快向日方提供天然气田资料，还表明已决定授权日本民间企业前往与中国有经济专属权纠纷的东海海域，勘探石油和天然气。中国为了顾全中日关系大局，避免事态进一步恶化，曾向日本提出“搁置争议，共同开发”的提议，并同意就资源数据等问题保持接触，但这些包容性建议却遭到日本的拒绝。

当前，中日关系出现了“经热政冷”的局面，日本国内右翼势力的影响增大，中日关系正经历着困难的转折调整时期。然而，展望前景，中日两国世世代代和平友好，符合双方的根本利益。只要坚持“以史为鉴、面向未来”，在充满希望的21世纪里，中日两国应更好地和睦相处，为构建世界和东亚的美好家园作贡献。

第二节 日美及日俄关系

一 新日美安全条约及宣言

冷战结束后，日本外交更加追随美国的外交路线，日美之间互相的需求更为强烈，合作也更为紧密。

加强美日关系，是美国东亚政策的基石。目前美国对日本政策的基本意图是：视美日关系为美国在东亚地区最重要的双边关系，把日本作为一个战略基地，使美国的东亚战略首先建立在同日本合作的基础上；将安全合作放在第一位，进一步加强军事同盟关系；把政治合作放在更重要的位置，加强两国在重大问题上的磋商；强调经济问题也必须得到解决，但不妨碍安全合作，美国要设法打入日本市场，减少贸易逆差。

日本则抓住这一机会，利用冷战结束后多极化趋势增强、美国更需要日本支持的有利形势，加快向政治大国、军事强国的目标迈进的步伐。同时，日本把日美安全联盟和两国的军事合作放在第一位，以提高日本在东亚地区乃至全世界的作用和地位。于是日美重新强化了其同盟关系。

1996年《日美安全保障联合宣言》的签署和1997年《日美防卫合作指针》的出台，使日美军事合作更突出了应付日本“周边”发生的不测事件，把双方联合军事行动的地理范围扩大到整个西太平洋地区，为日本借助于美国的军事合作来参与地区安全问题的解决提供了条件。

1998年2月，日本政府正式决定，从1999年度开始同美国合作研究开发战区导弹防御系统（英文简称TMD）。日本政府1999年度的财政预算已经为此项目拨款800万美元，并计划在5～6年的研究过程中投资2.6亿美元。

1999年4月27日和5月24日，日本众、参两院分别通过了新日美防卫合作指针相关法案；同年8月，日美两国政府就战区导弹防御系统进行换文和签署谅解备忘录。这表明，日本将承担该系统4个项目的研究开发工作。双方达成的换文和备忘录确定日美两国将联合研制、开发由舰艇发射的海上配备型反导弹系统，并制定了系统设计前3年的研究内容以及日本所承担的研究项目，同时还确定日美两国分摊研究费用。根据双方达成的换文和备忘录，日本承担的4个研究项目为：（1）弹道导弹识别和追踪装置；（2）避免弹道导弹识别和追踪装置在飞行中与空气摩擦导致故障的热保护罩；（3）拦截弹道导弹并将其破坏的弹头；（4）三级火箭中的第二级火箭发动机。美国则负责整体和控制系统的设计研究。

2001年美国发生国际恐怖主义袭击的九一一事件后，日本全力支持美国的反恐行动。2001年10月29日，日本国会通过《反恐怖特别措施法》和《海上保安厅法修正案》，并派自卫队舰艇赴印度洋，为美反恐战争实施后勤支援。美国发动伊拉克战争后，日本于2004年1月向伊拉克派遣了陆上自卫队先遣部队和航空自卫队部队；下半年派出陆上自卫参加驻伊多国部队。

近年来，又进一步采取措施强化日美同盟，提升日美军事关系。尤为令人关注的是，2004年12月10日，日本安全保障会议和内阁会议通过、批准了第三版《防卫计划大纲》。这是日本在二战后首次以官方文件的形式，将所谓“国际和平合作活动”确定为自卫队的“固有职能”。2005年2月19日，日美国防部长和外交部长“2+2会议”发表《共同战略目标》声明，把日美同盟关系提高到了一个新高度。该声明的主要内容包括：将日美军事合作的地理范围扩大到全球；将朝鲜核问题、台海问题和中国提高军事透明度问题公开列入两国的共同“地区战略目标”。

冷战结束后，日美两国关系也出现了尖锐的矛盾。其摩擦与竞争主要是在经济领域。美国对日本的贸易逆差越来越大，成为矛盾的焦点，1994年创历史最高纪录达到660亿美元。克林顿政府不断施加压力，而日本则敢于对美国说“不”，两国的经济摩擦达到白热化。日本民间的反美情绪也呈上升趋势，1994年发生日本留美学生被杀事件和1995年发生冲绳美国驻军强奸日本少女事件，激起了日本居民强烈的反美情绪。但是，日美双方都考虑到各自战略的需要，及时对两国关系做出调整。1995年2月，美国国防部发表《东亚战略报告》，强调日美两国关系应着眼于长远，而不能因经济摩擦而损害大局。这个报告成为重新界定两国关系的基础。

二　日俄关系的发展及存在的问题

在东亚大国的双边关系中，日本与俄罗斯关系最为冷淡。其主要原因就是双方存在领土争端，日本称为“北方四岛”、俄罗斯称为“南千岛群岛”问题。

“北方四岛”（南千岛群岛），是指俄罗斯千岛群岛和日本北海道之间的国后、择捉、齿舞、色丹4个岛屿。长期以来，俄罗斯（包括原苏联时期）和日本在四岛归属问题上一直存在着分歧。

20世纪50年代以后，日苏之间举行了多次谈判，几乎每次日方都向对方重申坚决收回四岛的立场和决心。到1991年为止，日本国会已通过了15次决议要求收回“北方四岛”。日本政府还于1981年1月宣布每年的2月7日为“北方领土日”。

冷战期间，苏联不承认苏日两国间存在领土问题，而日本则奉行政治与经济不可分离原则。日本认为，只要日本在岛屿之争上没有得到重大让步，它就不会同苏联进行大规模的经贸合作。

1990年1月，时任俄罗斯联邦最高苏维埃主席的叶利钦访问东京，他提出了解决苏日领土问题的“五阶段设想”，即：苏联首先承认存在领土问题；然后将四岛宣布为“自由企业区”；再次实行四岛非军事化；再次缔结日苏和平条约；最后把四岛归还日本。叶利钦说，最后阶段的任务将由下一代日苏（俄）领导人在15～20年内彻底完成。

苏联解体后，俄罗斯联邦作为原苏联在国际事务上的继承国，曾表示要解决四岛问题，并与日本发展关系。日方也设计了一个新方案：如果俄罗斯承认日本对四岛拥有主权，日本可以考虑允许俄罗斯对“北方四岛”拥有一定时间的“施政权”，逐步达成最终解决。

1993年10月，俄罗斯总统叶利钦访问日本，与细川护熙首相签署《东京宣言》和关于两国经济、贸易关系的《经济宣言》。《东京宣言》指出，两国要解决领土问题，应从历史和法律的事实出发，在现有的双边文件、法律原则和公正的基础之上，必须继续谈判，早日解决领土问题，以推动两国和平条约的尽快达成，从而实现两国关系的完全正常化。

1997年11月1～2日，桥本龙太郎首相与叶利钦总统在俄罗斯远东城市克拉斯诺亚尔斯克的“松树”官邸举行非正式会晤，双方决定搁置领土争议，发展经济合作；通过日本在6个方面支持俄罗斯改革的《叶利钦—桥本计划》；达成一项协议，决定在1993年10月签署的《东京宣言》基础上，为在2000年以前缔结日俄和平条约尽一切努力。这次会晤促进双方成立了起草和约的外长级新机构——两国缔结和平条约联合委员会，由两国外长领导。在委员会副外长级分会会议上，两国不断协调立场。1999年1月起又成立了两个分会：划界委员会和南千岛群岛经济开发联合委员会。

1998年4月18～19日，叶利钦总统与桥本龙太郎首相在日本静冈县伊东市的旅游胜地川奈举行第二次非正式会晤。叶利钦提出在存有争议的领土上开展经济合作的建议；桥本重申日本政府以解决领土问题为前提开展经济合作的立场，并向叶利钦建议，日俄分界线应划在有争议岛屿的北部。同年11月11～13日，小渊惠三首相对俄罗斯进行正式访问。这是25年来日俄首脑在克里姆林宫举行的第一次最高级会晤。叶利钦对1998年4月桥本向他提出的建议作出回答，其实质内容是，在不损害两国法律地位的前提下，为南千岛群岛的共同经营及其他活动营造良好的气氛。俄方提出在签署俄日和平友好与合作条约之后，就领土问题单独签订一项协定。11月13日，叶利钦和小渊惠三签署《关于俄罗斯联邦和日本建立建设性伙伴关系的莫斯科宣言》指出：俄罗斯总统和日本首相认为，俄日关系在两国各自的对外政策中占重要地位，两国的首要任务是在信任、互利和加强经济合作原则基础上，建立长期的建设性伙伴关系；在俄罗斯对日本提出的关于“北方四岛”主权问题建议作出答复之后，两国领导人责成两国政府在《东京宣言》、两国首脑在克拉斯诺亚尔斯克和川奈非正式会晤期间达成协议的基础上，加紧缔结和平条约的谈判，争取在2000年前签署日俄和平条约。为此，双方决定，在日俄缔结和平条约委员会范围内成立划定边界分委会；日俄决定扩大和加深两国在安全和国防领域的交流与合作，认为这种交流与合作将加强两国的信任和理解；两国商定就地区问题进行合作，尤其是加强在亚太地区的合作，为在亚太地区建立信任、确保这一地区的和平与安全作出努力；俄罗斯支持日本谋求联合国安理会常任理事国席位的设想，将同日方就联合国以及安理会的改革等国际问题继续对话。

2000年4月28～30日，森喜朗首相非正式访问俄罗斯，这是他出任首相后访问的第一个国家。森喜朗与俄代总统普京在圣彼得堡举行会谈，没有涉及领土问题；双方还参观了俄日合资企业——“NEC涅瓦”，这是两国在高科技领域的第一个合作项目。9月1日，俄罗斯副总理赫里斯坚科与日本外相河野洋平在东京举行日俄贸易经济政府间委员会会议，双方就有关日俄间新经济合作框架的7个文件达成协议，其中包括提出开发西伯利亚、远东地区能源和促进双边贸易等内容的《深化贸易经济领域合作的计划》（森—普京计划）。双方还就扩大安全保障领域的交流、加强打击北方海域非法捕鱼者和促进治安司法方面的合作达成一致，签署15个相关文件。9月3～5日，普京总统正式访问日本，与森喜朗首相签署了一项关于两国缔结和平条约问题的声明。声明说，日俄两国领导人从构筑符合两国战略和地缘政治利益的创造性伙伴关系的愿望出发，于4日和5日在就包括缔结和平条约问题在内的两国关系进行了详细会谈；双方回顾了1997年克拉斯诺亚尔斯克日俄首脑会谈以来所做的工作；一致认为，要缔结和平条约，继续为落实克拉斯诺亚尔斯克协议作出努力，最大限度地扩大和巩固已取得的成果；双方同意根据迄今两国达成的协议，继续就解决“北方四岛”归属和拟定和平条约等问题进行谈判。

2001年3月25日，普京总统与森喜朗首相在俄罗斯西伯利亚的伊尔库茨克举行非正式会晤，发表《伊尔库茨克声明》。声明说，两国领导人一致同意，在过去签订的文件基础上，就缔结和平条约继续进行谈判，并强调应以苏日1956年《联合宣言》作为谈判的基础性法律文件。

近几年来，双方领导人的互访并没有中断，两国间的经济贸易往来等也有所拓展，但在领土争端问题上的矛盾实际上却没有缓和。2005年11月，一拖再拖的普京访日终于成行，但由于双方在领土争端问题上互不相让，以致没有签署《宣言》或《联合声明》之类的重要文件。由此可见，迄今为止，领土争端依然是横亘在日俄两国关系发展道路上难以逾越的障碍。

第三节 朝鲜半岛局势与朝核六方会谈

一 冷战结束后朝鲜半岛局势的变化

冷战结束后，朝鲜半岛一度出现缓和迹象。1991年9月，朝鲜与韩国同时加入联合国，由互不承认的对抗关系发展为相容共存。1991年底，双方签署了《南北和解、互不侵犯与合作交流协议书》以及《朝鲜半岛无核化宣言》。1994年6月，朝韩在美国前总统卡特斡旋下达成协议，同意于当年7月27日举行首脑会谈。但是，7月8日金日成主席突然病逝，此后形势急转直下，双方敌对情绪有所上升。

1995年朝鲜遭受百年不遇的特大水灾，粮食严重短缺。韩国抓住这一缓和对北关系的机遇，公开表示愿不附加任何条件地对朝鲜提供粮食援助。对此，朝鲜也采取了现实的合作态度，双方于1995年5月在北京举行双边会谈。

与此同时，朝鲜半岛无核化进程也取得进展。1991年9月27日，美国总统乔治·布什宣布，美国决定撤走在韩部署的核武器；12月18日，韩国宣布部署在本国的核武器已全部撤完。朝韩在当年底发表的《无核化宣言》中明确表示，将“不实验、不制造、不生产、不接收、不保有、不储存、不部署、不使用核武器”，这一宣言成为朝鲜半岛实现无核化的法律依据之一。朝美继1994年10月达成核框架协议后，次年6月又在马来西亚吉隆坡就轻水反应堆供货范围达成协议。从1995年8月至1996年7月，朝鲜半岛能源开发组织的美、日、韩专家6次访朝，在朝鲜新浦市就建设轻水反应堆一事进行了详尽的实地考察。

在有关各方努力下，这几年朝鲜半岛紧张局势逐渐有所缓解。金大中当选韩国总统后，积极推行“阳光政策”，南北之间在经贸合作、人员和文化交流方面都取得了明显进展。朝鲜则积极推行全方位外交战略，先后与意大利、澳大利亚、加拿大、英国、荷兰等10多个国家建立或恢复了外交关系。

1999年9月，美国对奉行了50多年的对朝鲜遏制政策进行了调整，开始推行以对话为主、遏制为辅的新政策。10月5日，日本新任外相河野洋平在朝美关系改善的背景下也表明了希望与朝鲜改善关系的愿望。12月14日，日本内阁官房长官青木干雄宣布，日本全面解除对朝鲜的制裁。

2000年2月9日，朝鲜和俄罗斯在平壤签订了《朝俄友好睦邻合作条约》。5月29～31日，应中共中央总书记、国家主席江泽民邀请，朝鲜劳动党总书记、国防委员会委员长金正日对中国进行了非正式访问。6月13日，朝鲜国防委员会委员长金正日和韩国总统金大中在平壤举行会晤，6月15日双方发表《共同宣言》。这一历史性的会晤，极大地缓和了朝鲜半岛的紧张局势。7月19～20日，俄罗斯总统普京对朝鲜进行正式访问，双方还发表了《朝俄共同宣言》。

2001年1月，朝鲜劳动党总书记、国防委员会委员长金正日再次对中国进行非正式访问。9月3～5日，中共中央总书记、国家主席江泽民应邀对朝鲜进行正式访问。8月4日，金正日在莫斯科与普京会谈，俄朝签署《莫斯科宣言》。

二 朝鲜核问题再起波澜

2001年1月，小布什就任美国总统。5月16日，朝鲜政府发表一份公报，谴责美国拖延轻水反应堆建设工程，要求美国补偿因这项工程延迟所造成的损失。

2002年1月29日，美国总统布什在发表国情咨文时，将朝鲜等国列为“邪恶轴心”。10月3～5日，布什总统的特使、负责东亚及太平洋地区事务的助理国务卿詹姆斯·凯利访问朝鲜。这是两年来第一位美国政府官员访问朝鲜。在平壤访问期间，凯利向朝鲜方面阐明了美国政府的对朝政策及其对恢复朝美对话的立场。朝美双方就共同关心的问题交换了意见。11月2日,朝鲜劳动党中央机关报《劳动新闻》发表评论强调,朝鲜希望与美国签订互不侵犯条约,以消除两国间的敌对关系,并解决核问题。11月13日,美国总统布什在同国家安全顾问举行的会议上决定,停止向朝鲜继续运送作为燃料用的重油。11月14日,朝鲜半岛能源开发组织执行理事会在纽约举行会议并决定,从12月起中止向朝鲜输送燃料重油。12月12日,朝鲜政府宣布,由于美国当月起停止向朝鲜提供重油,朝鲜决定解除对核计划的冻结,重新启动用于电力生产的核设施。

2003年1月6日，国际原子能机构特别理事会通过了朝鲜核问题决议，重申：按照《不扩散核武器条约》，原子能机构与朝鲜签订的保障监督协议继续有约束力和有效，双方有义务进行合作，促使协议规定的监督保障得以执行。决议呼吁朝鲜立即与该机构全面合作，允许该机构在其核设施重新安置封条与监视设备，以及随时采取各种必要手段进行监督保障，包括监察人员重返朝鲜。决议还要求朝方能让国际原子能机构核实其所有核材料均已申报并置于保障监督之下。作为第一步，国际原子能机构特别理事会要求朝方立即同该机构官员会晤。1月10日，朝鲜政府发表声明指出，国际原子能机构已成为美国对朝鲜政策的工具，企图借条约之约束，解除朝鲜的武装。为守卫国家的主权、生存权和尊严，朝鲜宣布正式退出《不扩散核武器条约》，11日起生效。声明同时表示，朝鲜无意开发核武器。这是朝鲜自1985年加入《不扩散核武器条约》以后第二次宣布退出该条约。

三　朝核问题六方会谈

为朝核问题的和平解决，中国政府曾多方进行斡旋，最终促成朝鲜、韩国、中国、美国、俄罗斯、日本六国同意就政治解决朝核问题举行会谈。

2003年8月27～29日,第一轮六方会谈在北京举行。会谈中,朝鲜提出了美国与朝鲜缔结互不侵犯条约,建立外交关系,朝鲜则做到不制造核武器并允许核查,最终废除核设施等解决核问题的一揽子方案。美国在会谈中要求以"全面的、可核查的、不可逆转的方式",消除朝鲜的核武器计划。同时强调,美国无意威胁、入侵或进攻朝鲜,也无意推翻朝鲜政权。这次会谈与会各方最终达成重要共识,确认了朝核问题应通过谈判和平解决的原则。

2004年2月25日,第二轮六方会谈在北京举行。这次会谈重点讨论了解决核问题的目标和解决核问题第一阶段的措施问题。朝方进一步明确了弃核意愿,表示只要美国放弃对朝鲜敌视政策,朝鲜愿意放弃核武器开发计划。朝方主动提出作为弃核进程的第一步,愿意冻结核活动,同时希望其他国家采取相应措施。美国重申,在关切的问题解决后,美最终愿与朝鲜实现关系正常化。在弃核目标上,美方再次重申"全面、可核查、不可逆转地放弃核计划"概念。中国、韩国和俄罗斯承诺在一定条件下,向朝鲜提供能源援助。美国和日本承认朝鲜有能源需求,并对此表示理解。日本表示将在日朝关系正常化后,对朝鲜提供大规模经济援助。与会六方最终以《主席声明》的形式阐明了各方共识。

2004年6月23～26日，第三轮六方会谈在北京举行，朝鲜进一步明确弃核意愿，首次表示可以透明地放弃一切核武器及相关计划，并表示核冻结是走向弃核的第一步。美国提出了一项包括朝鲜弃核，同时也涵盖了朝方的安全关切、能源需求以及取消封锁要求等内容的"转变性方案"。但双方在弃核的范围和方式，以及关于核冻结的范围和相应的措施等方面存在分歧。最终，与会各方达成"以循序渐进的方式，按照口头对口头、行动对行动"的原则寻求和平解决朝核问题的共识。

2005年7月26日,在中断13个月后第四轮六方会谈在北京重启。六方进行了两个阶段共20天的艰苦谈判,时间超过以往三轮会谈时间的总和。9月19日结束时,各方以《共同声明》的形式通过了六方会谈启动以来首份共同文件,为一揽子解决朝鲜半岛核问题确立了框架。在《共同声明》中,朝鲜承诺放弃所有核武器和核计划,早日重返《不扩散核武器条约》,并接受国际原子能机构的监督。美国确认,美国在朝鲜半岛没有核武器,无意以核武器或常规武器攻击或入侵朝鲜。除此之外,共同声明还就朝美、朝日关系正常化,对朝能源援助和经济合作,建立朝鲜半岛永久和平机制等问题做出承诺。

2005年11月9～11日，第五轮六方会谈第一阶段会议举行。各方在会议通过的《主席声明》中重申，将根据"承诺对承诺、行动对行动"原则全面履行共同声明，早日可核查地实现朝鲜半岛无核化目标，维护朝鲜半岛及东北亚地区的持久和平与稳定。各方强调，愿在增信释疑的基础上，整体落实共同声明，分类实施各项承诺，自始至终及时行动、协调一致，实现利益均衡，达到合作共赢。各方同意，本着上述精神制定落实共同声明的具体方案、措施与步骤。各方商定尽快举行第五轮会谈第二阶段会议。2006年12月18～22日，第五轮六方会谈第二阶段会议在北京举行。22日后休会。2007年2月8～13日，第五轮六方会谈第三阶段会议在北京举行，2月13日通过共同文件《落实共同声明起步行动》。六方就落实2005年9月19日《共同声明》起步阶段各方应采取的行动进行了认真和富有成效的讨论。根据《落实共同声明起步行动》文件，第六轮六方会谈于2007年3月19～22日在北京举行。3月22日，各方同意暂时休会，尽快复会。

第四节　东盟的扩大与东亚峰会

冷战结束后，东南亚国家联盟成员国进一步扩大，合作伙伴进一步增加，而且积极倡议和促进召开了东亚峰会。

一　东盟成员扩大，对话国增加和新的合作区域的形成

20世纪90年代，又有越南（1995）、老挝（1997）、缅甸（1997）和柬埔寨（1999）4国先后加入东盟，使该组织由此前的6个成员国发展到10个成员国。这10国的面积达450万平方公里，人口近5亿。

东盟还积极加强同非东盟国家特别是西方国家的对话与合作。1974年起，先后同欧共体、美国、日本、澳大利亚、新西兰、加拿大、韩国、印度、中国、俄罗斯进行对话，并建立“东盟—欧共体合作委员会”、“东盟—美国经济协调委员会”、“东盟—日本协议会”、“东盟—澳大利亚论坛”等合作机制。日本、美国、欧盟已成为东盟主要投资国和贸易伙伴。东盟同中国的经济、政治联系也不断加强。

随着经济实力和政治影响的不断加强，东盟在地区事务中发挥着越来越重要的作用。20世纪90年代初，东盟率先发起东亚区域合作进程，逐步形成了以东盟为中心的一系列区域合作机制。其中，东盟与中日韩（10+3）、东盟分别与中日韩（10+1）合作机制已经发展成为东亚地区合作的主要渠道。此外，东盟还与美国、日本、澳大利亚、新西兰、加拿大、欧盟、韩国、中国、俄罗斯和印度10个国家形成对话伙伴关系。2003年，中国与东盟的关系发展到战略协作伙伴关系，中国成为非东盟成员第一个加入《东南亚友好合作条约》的国家。

继2004年11月万象10+3领导人会议将东亚共同体确定为10+3合作的长期目标，从而指明了东亚合作的前进方向；2005年12月，第九次10+3领导人会议在马来西亚吉隆坡举行，共商东亚合作大计，并发表了《吉隆坡宣言》。温家宝总理代表中国政府与会，并发表题为《巩固深化合作，共创美好未来》的讲话，提出了“10+3合作即将迎来10周年，中方支持在2007年10+3领导人会议时发表第二份《东亚合作联合声明》，总结经验，规划未来”以及“继续深化10+3及东亚经贸合作”等6项建议。

二　东亚峰会

2001年，参加“10+3”会议的东亚13国26位专家组成的“东亚展望小组”提出了建立“东亚共同体”报告，为东亚地区合作提出了发展蓝图。

2004年11月29日在老挝首都万象举行的第十届东盟首脑会议上，东盟与中日韩领导人决定，2005年在吉隆坡召开首届东亚峰会。

2005年4月，东盟10国在菲律宾宿务举行外长会议，就东亚峰会的日程、形式和参与国等问题进行了讨论，一致赞同东盟应在东亚峰会中发挥核心和主要驱动作用。东盟还提出了参加东亚峰会的条件：与东盟有实质性的政治和经济关系；是东盟的对话伙伴；已加入《东南亚友好合作条约》。7月，在万象举行的第三十八届东盟外长会议建议：东亚峰会定期在东盟成员国举行，由东盟轮值主席国主办。

2005年12月14日，首届东亚峰会在马来西亚吉隆坡会议中心举行。“东亚峰会”的召开，为亚太地区构建了一个新的区域合作对话框架。温家宝总理代表中国政府出席会议，并在东亚峰会领袖对话会议上发表了题为《中国的和平发展与东亚的机遇》的演讲。与会东盟10国及中国、日本、韩国、印度、澳大利亚和新西兰等国的国家元首或政府首脑签署了《东亚峰会吉隆坡宣言》，讨论通过了关于防控和应对禽流感的宣言，就加强合作、相互依存、共谋发展达成广泛共识。会议确定了东亚峰会的发展方向及模式，东盟将在东亚峰会及东亚合作进程中发挥主导作用。

第五节 博鳌亚洲论坛

博鳌亚洲论坛的建立为亚洲各国进行对话合作提供了一个新的平台。

1998年9月，菲律宾前总统拉莫斯、澳大利亚前总理霍克、日本前首相细川护熙共同倡议召开博鳌亚洲论坛。2001年2月27日，26个发起国的代表聚会中国海南博鳌，宣告成立非官方、开放型的博鳌亚洲论坛，并通过了《博鳌亚洲论坛宣言》。江泽民主席出席会议并致辞。

2002年4月11日，博鳌亚洲论坛理事会经选举产生。菲律宾前总统拉莫斯当选为理事长，中国对外贸易经济合作部前副部长张祥担任秘书长。4月12～13日，博鳌亚洲论坛在博鳌举行首届年会，主题是“新世纪、新挑战、新亚洲——亚洲经济合作与发展”。48个国家和地区的1 900多名代表参加会议。中国国务院总理朱镕基出席会议并发表讲话。

2003年1月20日，博鳌亚洲论坛理事会东京会议，选举中国对外贸易经济合作部副部长龙永图为新任秘书长。11月1日，博鳌亚洲论坛在中国海南博鳌举行会员大会。会议通过了博鳌亚洲论坛成立以来的第一个正式章程和有关文件。11月2～3日，博鳌亚洲论坛2003年年会在海南博鳌举行，主题是“亚洲寻求共赢：合作促进发展”。来自30多个国家和地区的1 200多名代表参加了会议。中国国务院总理温家宝在大会上作题为《把握机遇，迎接挑战，实现共赢》的演讲。

2004年4月24～25日，博鳌亚洲论坛2004年年会在海南博鳌举行，主题是“亚洲寻求共赢：一个向世界开放的亚洲”。来自35个国家和地区的1 000多名政界、工商界人士和专家学者参加会议。中国国家主席胡锦涛出席并发表了题为《中国的发展，亚洲的机遇》的主旨演讲。

2005年4月23～24日，博鳌亚洲论坛年会在博鳌举行。年会的主题是“关于亚洲一体化的问题”。来自40多个国家和地区的1 200多名政界、工商界人士和专家学者出席了会议。与会者认为，亚洲要实现经济增长，必须解决四大问题，即：能源问题、贸易壁垒问题、货币问题，并加快建立亚洲自由贸易区进程，才能在世界经济中拥有更大的发言权，占有更为重要的地位。在此次年会上，马来西亚总理阿布杜拉·巴达维强调，东亚国家应共同努力，建立一个和睦、共赢的东亚共同体。

第六节 亚欧合作关系的发展

1994年10月，新加坡总理吴作栋访问法国时，提出召开亚欧会议的构想，得到有关国家积极响应。

1996年3月，首届亚欧首脑会议在泰国首都曼谷召开。这是亚欧国家领导人第一次共商亚欧合作大计。亚洲的10国——泰国、马来西亚、菲律宾、印度尼西亚、文莱、新加坡、越南（以上7国是东盟成员国）、中国、日本和韩国，欧盟15个成员国以及欧盟委员会共26个成员参加会议。会议通过的《主席声明》确定，亚欧会议的目标是：在亚欧两洲之间建立旨在促进增长的新型全面伙伴关系，加强相互间的对话、了解与合作，为经济和社会发展创造有利条件，维护世界和平与稳定。

根据亚欧领导人达成的共识，亚欧会议的活动以非机制化方式多层次进行，主要有：首脑会议，外长会议，经济、财政和科技等部长会议，高官会议及其他后续行动。亚欧首脑会议每两年轮流在亚洲和欧洲国家举行一次。

2004年10月8～9日，第五届亚欧首脑会议在越南首都河内举行，接纳亚洲的老挝、柬埔寨、缅甸和当年5月加入欧盟的10个成员国作为新成员。目前，亚欧会议共有39个成员，包括13个亚洲国家（东盟10个成员国加上中国、日本、韩国）、25个欧盟成员国和欧盟委员会。

亚欧会议成立以来，已召开多次首脑、外长、经济部长、财政部长、科技部长、环境部长和移民管理部长级会议，通过了《2000年亚欧合作框架》《亚欧贸易便利行动计划》及《亚欧投资促进行动计划》，成立了亚欧基金、亚欧会议信托基金、亚欧经济合作专家小组等。

亚欧会议还开展了包括政治、经济、金融、科技、环境、司法、文化、教育等领域的一系列后续行动，使得亚欧间对话和交流不断深入。

（周荣国）

第十编

安　全

概　述

第二次世界大战结束后至1991年底，东亚地区前殖民地半殖民地国家先后获得了独立，并大力发展经济。但是，由于当时处于美、苏两个超级大国进行激烈争霸的冷战时期，东亚地区的传统安全形势仍然陷于严重恶化状态；非传统安全的形势也很严峻。

在这45年当中，东亚地区发生了由美国支持和发动，双方投入兵力达数百万至上千万，持续3～14年的大规模战争3次（中国内战、朝鲜战争、以越南战争为主的印度支那战争）；由法国发动，双方投入兵力数十万，持续8年的印度支那战争；由苏联支持，双方投入兵力数十万，持续10多年的越南侵略柬埔寨战争，以及由苏联制造，在苏中边境和蒙古陈兵百万，持续达20年之久威胁中国安全的紧张局势。但是，这些战争和军事威胁都遭到了失败。

中国和东亚地区发展中国家坚持和平外交政策，抗击侵略战争和军事威胁，同时大力发展经济，力量不断壮大。因此，逐渐打破了美、苏两极争霸格局，东亚地区出现了五种力量——美国、日本、俄罗斯、中国和东盟并存的局面。东亚地区多极化格局日益形成。东亚地区传统安全状况也有了明显改善。

20世纪40年代中期至90年代初，东亚地区还发生了能源危机、环境污染及大地震等重大自然灾害的多种非传统安全事件。

冷战结束后，随着全球和地区形势的发展变化，美、日、俄、中、东盟纷纷调整各自的战略和防务政策，以图影响地区政治和战略新格局的形成，谋求各自的国家利益，使自身在未来新格局中处于有利地位，从而导致本地区安全环境和安全形势发生变化。这些变化既有积极的一面，也包含着诸多隐忧。

中国和东亚地区发展中国家继续奉行积极的和平外交政策，多方利用各种国际机制，大力促进地区内外的和平合作与共同发展。俄罗斯也调整对东亚地区各国政策，加强和平合作。这都为东亚地区和平发展创造了十分有利的条件。10多年来，东亚地区传统安全方面处于相对好转的发展趋势。但是，由于美国为实现其独霸世界的战略目标，不断加强与日本等军事同盟关系，进一步增强现代化军事实力，实施单边主义的先发制人战略，为东亚地区的和平发展带来了一些不利和不确定的因素。作为传统安全意义上的军事因素对东亚地区战略格局与各国安全影响仍在上升。

在2001年美国发生国际恐怖主义袭击的九一一事件后，东亚地区在非传统安全方面又增加了新的不利因素。恐怖主义、分裂主义、极端主义以及海盗活动、贩毒走私、信息安全、环境安全等非传统安全问题也日益突显。

总之，面向新世纪，同世界各地区一样，东亚在维持本地区和平与稳定方面，也面临一系列新的挑战。

第一章 东亚地区安全形势

第一节 冷战结束后东亚地区安全形势发生变化

冷战结束后，尽管东亚地区仍遗留冷战时期尚未解决的问题，有些矛盾和冲突的根基也未铲除，但该地区的主流趋势则是对话取代对抗，和平取代战争。这些变化是深刻的，使人们看到了维护本地区持久和平的希望。

一 东亚地区进入相对和平稳定时期

大体看来，在可预见的未来，东亚地区爆发大规模军事冲突的可能性不大。这里所说的大规模军事冲突，是指世界大战以及类似朝鲜战争、以越南战争为主的印度支那战争那样的多国卷入的局部战争。总之，在冷战结束后，东亚地区有可能进入一个较长时间的和平发展新时期。

（一）从全球范围看，新的世界大战在可预见的时期内打不起来，也不会出现波及整个东亚地区的大规模战争

关于打世界大战问题，邓小平同志 1985 年 3 月 4 日在《和平和发展是当代世界的两大问题》一文中曾指出："霸权主义是战争的根源"；"打世界大战只有两个超级大国有资格，别人没有资格，中国没有资格，欧洲也没有资格"。1987 年 5 月 12 日在《改革开放使中国真正活跃起来》一文中又指出："对于总的国际局势，我的看法是，争取比较长期的和平是可能的，战争是可以避免的。"20 世纪 80 年代以来的史实完全证明了邓小平同志这些论断的正确性。

冷战结束后，美国成为世界上唯一的超级大国，其经济、技术实力遥遥领先于其他任何国家；它拥有强大的军事实力，在欧洲和亚洲部署重兵；在未来一个相当长时期内，没有哪一个国家能够对其军事优势地位提出挑战。因此美国认为，不论从经济还是军事实力来看，它都有足够力量"威慑对手"，取得它在世界和地区的霸主地位以及经济和政治利益。此外，冷战时期它在东亚地区支持或发动了 3 场大规模战争——中国内战、朝鲜战争和以越南战争为主的印度支那战争，都遭到了惨败。基于以往的教训，它可能不会轻易再次在东亚地区挑起大规模军事冲突。

日本虽然是当今仅次于美国的世界第二经济大国，但其军事、外交上处处依附于美国。由于种种内外条件制约，它在短期内难以摆脱对美国的从属地位，发展成为独立的军事大国。因此，未来一个相当长时期内，它也"没有资格"单独打大规模战争。

以上情况表明，冷战结束后，由于本地区大国力量的消长变化，使战争因素减少，和平因素增加，因此爆发大规模军事冲突的可能性大为减少。

（二）中国的崛起与发展成为维护东亚地区和平与稳定的重要因素

在苏联解体和东欧剧变后，西方也有人曾幻想中国会步前苏联和东欧的后尘，出现分裂和崩溃的局面。但中国不仅没有像某些西方人士所幻想的那样"垮台"，相反，中国人民却把东欧剧变和苏联解体作为反面教材，努力从事社会主义现代化建设，坚持改革开放政策，从而使中国出现了前所未有的稳定和繁荣局面，综合国力不断增长。邓小平同志 1985 年 3 月 4 日在《和平和发展是当代世界的两大问题》一文中说过："中国现在是维护世界和平和稳定的力量，不是破坏力量。中国发展得越强大，世界和平越靠得住。"

改革开放以来，中国把独立自主和求和平谋发展定为外交政策的总目标，高举和平发展的旗帜，实行"与邻为善，以邻为伴"和"睦邻、安邻、富邻"的睦邻友好和平外交政策，积极谋求同周边国家解决一系列历史遗留的问题，构建区域安全协调机制和经济发展新格局，赢得了周边各国的信任，从而对维护世界和本地区的和平与稳定作出了巨大贡献。江泽民同志指出："在新的世纪里，中国共产党和中国政府愿同全世界一切爱好和平、渴望发展、向往进步的国家和人民携起手来，争取实现一个长时期的国际和平环境，共同推进历史的车轮向着光明的目标前进。”（《在中国共产党成立80周年大会上的讲话》）

（三）冷战结束以来，东亚地区各国为致力于发展经济，都希望本地区能够长期维持和平稳定的局面

基于这一共同愿望，东亚地区各国纷纷提出倡议，积极探索，力求建立一种不是针对特定国家，而能谋求共同安全的地区安全对话与合作机制。近几年在有关各国的共同努力下，相互间安全对话广泛开展，出现了多层次、多形式、多渠道的安全对话机制。尤其是有24个成员参加的多边安全对话机制——东盟地区论坛的成立和运作，对那种企图通过加强军事同盟和军事实力主导地区安全事务的冷战思维是一个有力的牵制。中国倡导的对话、协商、合作为指导原则的新安全观，也为越来越多的国家所接受。同时，上述多边安全对话机制的广泛展开，有助于消除误解，增进互相理解和信任，有力地促进了本地区的和平与稳定。

二　各国安全观念的变化为维护地区和平创造了有利条件

随着冷战的结束，世界大战和大规模局部战争爆发的可能性更为减少，许多国家的安全观念也随之发生变化。普遍的看法是，未来国家安全将不再限于军事防务，而更多地表现为包括经济、政治、外交、科技和军事等在内的综合国力较量，以及如何在国际经济合作中保护国家利益，争取优势地位。这种安全观念的变化，为维持地区和世界和平与稳定创造了有利条件。

（一）东亚地区绝大多数国家把发展自身经济置于国家政策的首位，纷纷制定长远计划，集中力量从事经济建设，而把扩大军事实力放在相对从属的地位

在东亚地区，自20世纪70年代以来，先是“亚洲四小龙”，继而东盟和中国进入经济高速增长时期，实现了经济腾飞。

冷战结束后，随着国际安全环境的变化，这些国家和地区进一步采取措施，再次加快经济发展的步伐。与此同时，本地区各国纷纷致力于双边和多边安全对话，谋求地区的和平与稳定。虽然东盟一些国家随着经济实力的增长，相应采购了一些现代化军事装备，但总体来看，这些大多属于装备更新的范围，没有突破经济发展所允许的限度，更不是展开军备竞赛。

（二）冷战结束后，国际经济一体化取得很大进展，东亚地区各国扩大了经济合作与交流，加深了相互依赖程度，有助于巩固本地区的和平和稳定

冷战时期，由于国际环境的制约和本国经济条件的限制，国与国之间交往偏重于政治和军事内容，而将经济合作和交流置于次要地位。随着冷战结束，美苏对抗的消失，消除了各国之间交往中的人为限制，国际经济交流范围日益扩大，经济一体化取得了很大进展。

在这种国际大背景下，东亚地区内的经济交流十分活跃。双边和多边经济合作的加强，促进了地区内贸易和投资的发展。目前，在东亚地区的出口总额中，约有50％是对本地区的出口；在本地区引进的外国直接投资中，来自区域内的占62.5％。

这种经济上相互依赖程度的加深，对维护和巩固本地区的和平与稳定具有重要作用。由于各国间相互关系日益密切，相互依赖程度不断加深，出现了“你中有我，我中有你”的经济利益交叉，从而促使相互间在处理彼此矛盾和冲突时避免采取过激行动。否则，不仅自身的经济利益直接受损，政治上还会遭到国际社会的谴责和制裁。

（三）随着东亚地区经济发展和繁荣，美欧等西方国家纷纷调整亚洲政策，以图通过加强和扩大相互经济合作振兴本国经济

这种情况对维持本地区和平与稳定已经并将继续产生积极影响。冷战结束以来，美国一直重视发展同东亚地区的经贸关系。1995年2月，美国国防部发表的《东亚战略报告》宣称：“亚洲地区的繁荣和稳定，对美国经济的健康发展和世界安全，具有生命攸关的重要性”。同年，美国确定了未来重点发展经贸合作的世界“十大新兴市场”，其中包括中国在内的东亚地区共有4个。目前美国同亚洲的贸易超过美国同欧洲贸易的50％以上，占美国对世界贸易总额的36％，其中主要是同东亚地区进行的。

自上世纪90年代中期以来，欧洲各国也纷纷把目光转向东亚。1995年7月，欧盟在总结了各成员国调整对亚洲政策的经验后，发表了《走向亚洲的新战略》；翌年又发表了《欧洲—中国关系长期政策》，力图发展和加强包括中国在内的东亚国家关系，"维护欧盟在世界经济中的领导作用"。

从以上美欧国家发表的有关文件看，尽管美欧国家参与亚洲经济合作的目的不同，做法有别，但它们发展和加强同东亚各国的经济合作和交流，加深相互依赖关系，则有助于维护本地区的和平与稳定。

三　从两极争霸格局向多极竞争共处格局发展

冷战时期，处于美、苏以军事对峙和政治对抗为主要内容的两极争霸的国际格局。冷战结束后，东亚地区处于美、日、俄、中、东盟五种力量并存的局面。这种新格局的突出特点是：摆脱了美、苏对抗的模式，国家间形成了既合作又竞争、既协调又摩擦、既斗争又妥协的关系。在这里，包括美国在内的任何一个国家都不可能不考虑其他国家的利益和态度而单独主导和处理地区事务；任何一方单方面采取重大外交和军事行动，都会引起其他国家关注与彼此关系的互动。这是一种多极格局的雏形。未来东亚地区和平与稳定的局面，在很大程度上取决于这五种力量各自的动向以及相互关系的组合和演变。

目前，东亚地区的五种力量是不平衡的，它们在本地区的战略地位和影响力也不相同。在今后一个相当长时期内，虽然没有哪一个国家能够对美国作为世界唯一超级大国的优势地位构成严重挑战；但是，在地区多元格局面前，美国则难以独断专行，对别国发号施令。

俄罗斯，作为前苏联的主要继承者，虽然已从前苏联的超级大国地位滑落，成为一个地区大国，失去了同美国争霸的资格和条件；但是，它仍拥有较为雄厚的经济技术实力，保持着庞大的核和常规兵力，其发展潜力不容忽视。在经过几年的发展之后，它正在以新的姿态，开展灵活的外交，力图作为一个大国在国际上发挥作用。尤其是20世纪90年代后期以来，它重返亚洲，大力发展和改善同中国、印度和日本等国的关系，参加亚太多边合作，表明其在本地区的作用和影响日益恢复和增强。

中国自改革开放以来，经济快速增长，综合国力明显增强，在世界和地区的国际事务中发挥越来越大的作用。近几年，国际社会对中国的崛起十分关注，认为中国已成为对国际事务产生重要影响的大国。中国正在努力实现到本世纪中叶达到中等发达国家水平的战略目标。

日本的未来走向，是国际社会，尤其是二战期间遭受日本军国主义铁蹄蹂躏的亚洲各国关注的焦点。它是当今仅次于美国的世界第二经济大国，经济上已成为世界一极。尽管如此，由于政治和军事上受制于美国，政治上算不上一极。然而，近10余年来其国内政治形势已经发生一系列重大变化。自2001年小泉纯一郎上台以来，日本正在采取修改"和平宪法"、利用美国在"反恐"名义下入侵阿富汗和伊拉克之机实现海外派兵、积极谋求安理会常任理事国席位、加紧修改防卫政策实现日美军事"一体化"，以及为侵略历史翻案等一系列实际步骤，为争当政治大国乃至军事大国做出多方努力。其未来的发展走向值得关注。

东盟作为东南亚国家组织，在冷战结束后的作用日益突出。它已发展成为囊括东南亚的"十国集团"，用一个声音对外讲话。同时，东盟外长对话国会议和东盟地区论坛的定期举行，表明它在东亚地区以致地区外政治与安全领域，已发展成为一支不容无视的力量。其政治影响力将进一步扩大，从而成为影响东亚地区战略格局和大国关系的重要因素。

上述东亚地区五种力量的发展演变，为有关国家开展外交活动提供了广阔的空间，有利于各国纵横捭阖，相互制约，保持地区形势稳定，谋求自身政治和战略利益。

冷战结束后，美日关系的走向特别引人注目。1996年4月美国总统克林顿访问日本，同日本首相桥本龙太郎发表《日美安全保障联合宣言》，以及1997年9月根据该宣言制定的新《日美防务合作指针》与1999年5月日本国会通过的《周边事态法》等相关法案，在很大程度上是针对中国的（也有针对朝鲜的一面）。尤其值得关注的是，2005年2月19日，美日安全保障协议委员会会议（美日双方国防部长、外交部长参加，即所谓2+2会议）发表的关于确立"共同战略目标"的声明，公然把中国以及台湾海峡形势列为两国"共同战略目标"，要求"中国在军事领域提高透明度"和"在台湾海峡问题上通过对话和平解决"，表明美日同盟在失去了共同针对苏联这一战略基础之后，又在共同防范中国这一新的战略基础上重新定位和加强。中美日关系的这种新特点无疑将成为影响未来东亚地区战略格局和政治经济新秩序形成的重要因素。

第二节　东亚地区热点问题

冷战结束以来，东亚地区的安全形势基本稳定，这一地区成为全球最具经济活力的地区。绝大多数国家把发展经济作为主要政策取向，致力于发展本国经济和相互经贸往来。有关大国间基本保持着改善和发展关系的势头，不同形式的安全对话与合作日趋活跃。以东盟与中、日、韩（10+3）为主要渠道的东亚地区合作更加务实和发展，中国与东盟就10年内建立自由贸易区达成协议并开始付诸实施，推动了本地区经济合作的发展。亚太经济合作组织也向更加紧密的合作方向迈进。

总之，加强对话合作，维护地区稳定，促进共同发展，已成为本地区有关各国政策的主流。然而，也须看到，这里仍然存在一些影响本地区和平与发展的不稳定因素。其中，作为地区热点问题，朝鲜半岛形势，台湾问题，以及南海争端等一直为世人所关注。

一　朝鲜半岛的安全形势

自1953年朝鲜战争停战以来，由于尚未实现南北和平统一，美军长期驻扎韩国，朝鲜半岛问题一直是严重影响东亚乃至整个亚太地区和平与稳定的一个重要因素。

20世纪80年代后期，戈尔巴乔夫上台后，调整朝鲜半岛政策，着手改善苏韩关系。1990年6月实现两国首脑会谈，9月两国宣布建交。这一动向对东亚冷战结构造成巨大冲击。在韩苏建交影响和各有关国家推动下，1991年9月朝鲜民主主义人民共和国和大韩民国同时加入联合国。朝鲜南北双方在经过8轮高级会谈后，于1991年12月签署了《南北和解、互不侵犯和合作与交流协议书》和《关于朝鲜半岛无核化共同宣言》。

冷战结束后，朝鲜半岛形势也随之发生相应变化。中国和韩国于1992年8月顺利建立了外交关系。上述和解行动，大大缓和了朝鲜半岛持续数十年的紧张局势，使南北双方关系开始由紧张与对立逐渐转向缓和与对话。

（一）各有关大国不断调整朝鲜半岛政策，有助于推动南北形势缓和

东北亚是美、日、中、俄四大国利益交汇的地区。朝鲜半岛位于东北亚中心。因此那里的任何形势发展变化都会关系到上述四国的切身利益，因而深受有关各国关注。

1. 美国

鉴于二战结束后历史渊源，美国在解决和处理朝鲜半岛问题上处于关键地位。自朝鲜战争结束以来，美国一直采取敌视和遏制朝鲜的政策，政治外交上企图通过不断加强美韩和美日同盟体制，强化其在韩国和日本的军事实力，以武力相威胁，遏制朝鲜。

冷战结束后，随着国际战略格局与半岛内外的形势变化，美国对朝鲜政策有所调整。第一次朝核危机时，美国曾采取强硬政策。然而危机过后，克林顿政府却将其对朝鲜一味施压和制裁的“遏制”政策，调整为“软着陆”政策，以图缓和半岛紧张局势。因此，1999年7～9月，美朝双方在柏林举行会谈，就朝方暂时冻结远程导弹试验和美国承诺部分解除对朝经济制裁达成协议。接着，2000年10月美国国务卿奥尔布赖特应邀访朝，使美朝关系改善达到了一个高潮。

然而，小布什上台以来，虽然维持了和朝鲜对话以解决朝核问题的政策路线，但其将朝鲜与伊朗和萨达姆时代的伊拉克并称为“邪恶轴心”，企图通过“推翻金正日政权”，改变朝鲜社会性质，以求彻底解决朝鲜问题。在对朝鲜进行对话的策略运用上，推行以施压为主，以对话为辅的方针，力图使朝鲜在停止核开发问题上就范。

由于种种条件的制约，自2002年发生第二次朝核危机之后，布什政府不得不通过六方会谈谋求问题的解决。

2. 日本

冷战时期，日本追随美国，采取对韩“一边倒”政策，对朝鲜则采取敌视与遏制政策。冷战结束后，日本开始逐步调整对朝政策。但由于种种条件的制约和内外形势的变化，在其调整对朝关系的道路上缓慢而曲折。

自1991年两国开始建交谈判以来，双方关系改善时起时落。1991年1月到1992年11月，双方进行8轮会谈，后因日方提出绑架问题而破裂。1995年3月，日本执政三党派遣联合代表团访问平壤，就日朝恢复建交谈判达成协议。然而，此次协议因遭韩国反对而搁浅。

1997年8月两国举行副外长级会谈，就双方尽快恢复建交谈判等问题再次达成协议，进一步推动两国关系改善。但当1998年8月31日发生朝鲜发射人造卫星飞越日本上空问题时，又导致双方关系改善的步伐全面停滞。该事件在日本朝野引起强烈反应。因此，日本政府对朝实行“制裁”，宣布立即冻结建交谈判，使两国关系一度又趋紧张。

1999年以后，随着美朝关系的改善，日本又试图恢复对朝建交谈判。因此，当年双方在北京举行预备性会谈，就重新恢复建交谈判达成协议。与此同时，两国红十字会代表就解决一直悬而未决的“绑架日本人”等所谓“人道主义问题”达成谅解，使日朝关系重新走上改善的道路。

小泉上台后，对朝推行“首脑外交”，先后于2002年9月和2004年5月两次访朝，同金正日委员长进行首脑会谈，企图通过首脑直接会谈，推动相互关系改善。当前，两国关系改善在“绑架”和朝鲜“核开发”问题上陷于僵局。日本对朝采取“对话与施压”相结合的两手策略，试图在同美韩两国保持政策协调一致的基础上，通过双边和六方会谈，和平解决“绑架”和第二次朝核危机问题。

3. 中国

中国同朝鲜在长期革命斗争中结下了鲜血凝成的友谊。在此基础上，50多年来中朝两国关系保持稳定和发展。同时，由于自1992年同韩国建交以来，中韩两国关系在经济、政治、外交、文化等各个领域取得了全面发展，从而使得中国同南北双方同时保持着睦邻友好关系。

4. 俄罗斯

俄罗斯对朝鲜半岛政策一度出现曲折。20世纪80年代末期，尤其是俄罗斯独立后，曾出现接近韩国疏远朝鲜的现象。90年代中期以来，随着金大中总统推行“阳光政策”，以及中、美、韩、朝四方会谈的举行，俄罗斯相机调整政策，将独立初期偏重韩国疏远朝鲜的政策，改为与南北双方同时保持和发展关系的平衡政策。

以上情况说明，尽管中、俄、美、日四国在改善和发展同朝鲜南北双方关系方面态度及具体进程不尽相同，但各方都程度不同地希望保持朝鲜半岛和平与稳定，这对今后半岛形势的发展有着重要影响。

（二）朝鲜半岛南北关系明显改善

朝鲜南北双方改善关系的进程始于20世纪80年代末。1988年7月7日，当时的总统卢泰愚发表《争取民族自尊和统一繁荣特别宣言》（即《七七宣言》），提出北方政策。其目标一是改善同中国、苏联，以及其他社会主义国家的关系，确保韩国安全；二是改善南北关系，促进半岛和平统一。

《七七宣言》发表后，作为具体建议，卢泰愚又就南北关系提出“韩民族共同体统一方案”，主张“靠民族自己的力量”，“用和平的方法，而不是征服和合并对方”的方法，实现南北统一。同期，朝鲜方面提出举行双方高级会谈的建议，获得韩方同意。

双方经过两年多会谈，于1991年12月签署了《南北和解、互不侵犯和合作与交流协议书》和《关于朝鲜半岛无核化共同宣言》，使南北关系改善达到一个高潮。

后来由于发生第一次核危机、金日成主席逝世，以及金泳三总统对朝鲜政策摇摆不定等原因，导致双方关系改善出现较长时间的停滞。

然而，1998年2月金大中总统上任后，对北方实行“阳光政策”，着力改善南北关系，又使韩国对朝鲜政策出现新的转机。当年6月金大中总统访美时，要求美国缓和对北方的经济制裁；同年在对待北方潜艇入侵韩国领海等事件中，采取“不容忍武力挑衅，不吸收北方，推进和解与合作”三项原则进行低调处理；同时积极支持南北进行经济交流与合作，鼓励现代集团会长郑周永访问朝鲜等，从而大大缓和和改善了南北关系。2000年6月，金大中总统应邀访问平壤，与金正日委员长举行首脑会谈，并发表了《南北共同宣言》，使南北关系进入一个新的历史阶段。2003年2月，卢武铉总统上任后，在继承金大中总统的“阳光政策”基础上提出“和平繁荣政策”，继续推动南北关系改善，并取得明显进展。两年多来，不仅南北部长级与副部长级会谈，离散家属会面，以及韩国向朝鲜提供粮食、肥料等交往和交流活动继续进行，北方还向韩国开放开城工业区和金刚山旅游区，允许韩国企业和民众前往投资和乘南方观光车直接去景区旅游。

此外，双方在采取军事信任措施上也取得明显进展。从2004年5月开始的南北将官级会谈，已经举行两次，双方就停止非武装中立区宣传活动和在黄海防止军事冲突办法达成协议。2002年动工修建的南北间铁路和公路连接工程也已竣工，进入可随时进行试运行阶段。总之，近年来尽管双方有时发生一些小摩擦，但总的形势则呈现前所未有的缓和局面。

（三）多边对话取得进展

过去由于北方执意撇开韩国直接同美国对话，对包括韩国在内的多边对话一直持拒绝态度。第一次朝核危机时的“核框架协议”，是在撇开韩国的情况下，由朝美双方经过3轮直接会谈后达成的。在韩国看来，美国这样做有“越顶外交”之嫌，因而表示不满。因此，1996年4月克林顿总统访问韩国时，同金泳三总统共同倡议举行美、中、韩、朝“四方会谈”，以显示韩国为朝鲜半岛问题的当事国之一。此后，经过有关各方共同努力，使这一多边会议得以实现，并举行了数次会议。“四方会谈”的主要议题是以和平协定取代1953年的停战协定。然而，会谈进行两年多后，因美朝双方在撤出驻韩美军等一系列问题上分歧严重而使会谈无果而终。

2003年以来，朝核“六方会谈”则取得了明显进展。在第二次朝核危机爆发后，朝美对峙升级。朝方多次宣称，已经拥有核武器，对此美国一再表示“决不容忍”，双方对立日益严重。因此，美国曾打算将其提交联合国安理会讨论，使安理会通过谴责和制裁决议，对朝鲜实行全面封锁和打击。但此举因遭中、俄两国反对而作罢。2003年3月美国发动伊拉克战争后，无暇顾及朝核问题，转而同意通过和平谈判解决。朝鲜则不再坚持只同美国会谈的主张，转而表示“不拘泥于会谈形式”。中国积极从中斡旋，继当年4月举行中、朝、美三方会谈后，于8月促成了有朝、韩、中、美、俄、日参加的“六方会谈”。迄今，“六方会谈”已举行五次。经过两年多的会谈，取得了阶段性成果。在2005年9月19日发表的《共同声明》中，朝鲜承诺“放弃一切核武器及现有核计划”，美国则确认对朝鲜“没有用核武器和常规武器进攻或侵略的意图”，从而为以后的会谈奠定了基础。

以上情况表明，当前朝鲜半岛依然存在着严重的军事对峙，美朝、日朝以及韩朝之间互不信任情绪仍然十分强烈，解决朝鲜问题还有很长的路要走。但是，可以预料，随着大国关系的调整和相互制约，以及南北关系改善，未来半岛形势总的发展趋势是日益走向缓和，爆发大规模军事冲突的几率很小。

二　台湾地区安全形势

第二次世界大战以后，台湾不仅在法律上而且在实际上已经归还中国。迄今，世界上先后有160多个国家同中国建立了外交关系。它们都承认只有一个中国，中华人民共和国政府是中国唯一的合法政府，台湾是中国的一部分。

所以出现台湾问题，与国民党当局发动内战失败后1949年败退台湾有关，也与朝鲜战争爆发后美国出兵台湾海峡阻挠中国人民解放台湾有关。目前，海峡两岸仍然处于人为的分离状态，但这并未改变台湾和大陆同属于中国的事实。胡锦涛主席在2005年3月4日讲话中指出：“1949年以来，尽管两岸尚未统一，但大陆和台湾同属一个中国的事实从未改变。这就是两岸关系的现状。”同年3月14日全国人大通过的《反分裂国家法》也以法律的形式对一个中国原则和台湾的地位、台湾问题的性质做出了明确规定，即：“台湾是中国的一部分”；“世界上只有一个中国，大陆和台湾同属一个中国，中国的主权和领土完整不容分割”；“台湾问题是中国内战的遗留问题。解决台湾问题，实现国家统一，是中国的内部事务，不受任何外国势力的干涉。”

1979年开始，中国政府本着尊重历史、尊重现实、实事求是、照顾各方利益的原则，提出了“和平统一、一国两制”的方针。1987年，迫于民意压力，在两岸隔绝近30年后，台湾当局开放台湾民众到大陆探亲、旅游。截至2005年，到大陆探亲、旅游、经商、投资的台湾同胞累计超过3 000多万人次，到过大陆的同胞超过500万人。大陆赴台进行经济文化交流和旅游的人数也不断增加，累计达60多万人次。两岸贸易总额超过4 000多亿美元，台商在大陆投资项目接近7万项，合同金额800多亿美元，实际使用投资金额400多亿美元。此外，在通邮和海上空中通航方面也取得很大进展。总之，近10余年来，两岸在经济、文化、新闻、卫生、体育、科技等领域的交流蓬勃发展。通过以上交流和来往，大大密切了两岸同胞之间的联系，加深了相互理解，加强了两岸的经济和文化关系。

自1992年台湾“海基会”和大陆“海协”在香港就“海峡两岸均坚持一个中国原则”达成“九二共识”后，两岸接触与商谈取得很大进展。1993

年4月在新加坡举行“汪辜会谈”签署了《汪辜会谈共同协议》等4项协议；1998年10月台湾“海基会”董事长辜振甫应海协邀请来访，又达成了包括政治、经济等方面对话的4项共识，为两岸关系改善展现了良好前景。

但是，近10余年来，李登辉和陈水扁为代表的“台独”分裂势力利用执政地位，疯狂进行“台独”分裂活动，人为制造两岸交流障碍，给两岸关系改善和发展造成了严重困扰。

李登辉多次发表“台独”言论推动实质性“台独”。1995年6月李登辉访美，在康乃尔大学发表“中华民国在台湾”的讲演，鼓吹“一中一台”和“两个中国”谬论，将其分裂祖国活动推向高峰。1999年7月他又抛出“两国论”，造成两岸两会接触与商谈被迫中断，海协会长汪道涵的台湾之行变得不可能。

2000年陈水扁上台后，在“台独”的道路上越走越远。他顽固坚持“台湾是主权独立国家”的分裂立场，拒不接受一个中国原则，不承认“九二共识”，阻挠在一个中国原则基础上恢复两岸谈判；千方百计地限制两岸经济交流，阻挠两岸“三通”；继续推行“务实外交”，妄图参加联合国和只有主权国家参加的国际组织；加紧对美采购军火，妄图以武拒统，谋求“台湾独立”；继2002年8月发表“一边一国”的谬论之后，他又推动所谓“防御性公投”，并公开提出2006年“公投催生新宪法”、2008年予以实施的“台独时间表”，妄图通过“公投制宪”实现“台湾法理独立”。

不仅如此，陈水扁民进党当局还和李登辉“台联党”等激进“台独”势力相互勾结，沆瀣一气，利用岛内选举操弄民粹，不断推行所谓“台湾正名”和“去中国化”等活动，“台独”分裂气焰极为嚣张。陈水扁上台5年来变本加厉地推行“台独”路线，不断地向一个中国原则挑衅，将两岸关系引向危险的边缘。陈水扁、李登辉等“台独”分裂势力顽固坚持“台独”立场，疯狂推动“台独”分裂活动，是两岸政治僵局难以打破、两岸关系持续紧张的根本原因。

需要指出的是，近10余年来，台湾岛内少数“台独”势力之所以如此猖獗，是与美国和日本某些政治势力纵容、支持“台独”分裂主张，极力为“台独”势力撑腰打气，妄图阻挠中国和平统一进程分不开的。自1979年中美建交以来，美国在台湾问题上一直玩弄两面策略，一方面表示遵循“三个公报”的原则，发展同中国的正常外交关系；另一方面，又按照所谓《与台湾关系法》，插手台湾问题，干涉中国内政。1995年克林顿政府不顾中国政府的严正交涉和对中国所作的“承诺”，悍然批准李登辉访美，并公开为李登辉露骨地鼓吹“台独”言论提供舞台。在中国政府进行大规模反“台独”、反分裂军事斗争时，美国又派两艘航空母舰编队到台湾近海，为“台独”分裂势力撑腰打气。美国此举助长了岛内“台独”势力的嚣张气焰。但是，中国政府和中国人民反对“台独”分裂势力决不妥协的坚定立场，使美国政府认识到台湾问题具有敏感性和危险性。因此，美国出于利益需要，被迫调整对台政策，1998年克林顿访华时公开表示：美国不支持“两个中国”、“一中一台”；不支持“台湾独立”；不支持台湾参加必须是主权国参加的国际组织。美国对台立场的转变，大大促进了中美关系的改善。

然而，2001年小布什上台后，美国政府对台政策又出现了严重倒退。其主要表现是：提升官方和军方沟通层级，放宽陈水扁等台湾高层人员过境与双方接触的限制；大幅增加对台军事装备销售数量，出售潜艇等先进进攻性武器；加强军事合作，派遣现役军官赴台考察指导台湾军事演习，并为台培训军事人员；支持台湾参加世界卫生组织等只有主权国家才能参加的国际组织等。

与此同时，近几年来，日本也出现了调整对台政策的动向：（1）扩大官方来往，允许内阁副大臣一级官员访台。（2）变相互派“武官”，即日本令少将级现役军官提前退休后赴“日本交流协会台北事务所”任职；同时接纳台湾中将级现役军官到东京“台北经济文化代表处”任职，以加强相互军事沟通与军事情报交换。（3）通过“日华关系议员恳谈会”以及民间和地方议会中的亲台组织等多种形式，加强与陈水扁、李登辉、台湾当局、民进党、台联党等台独势力的联系与沟通，以各种不同方式表示支持他们的“台独”路线。（4）与美国联手支持台湾加入“世卫”等国际组织。尤其值得注意的是，2005年2月19日举行的日美共同防务会议即“2+2会议”上，日本竟然同美国联手，将台湾问题纳入日美“共同的战略目标”之内，公开干涉中国内政。美国和日本的上述一系列做法，大大鼓舞了岛内“台独”势力，增加了台湾问题的复杂性。

中国政府对台政策历来十分明确：一是坚决反对“两个中国，一中一台”和其他任何形式的“台湾独立”；二是坚持按“和平统一、一国两制”的基本方针解决台湾问题，完成祖国统一大业；三是鉴于“台独”分裂势力可能制造分裂国家的重大事变和外部势力干涉的危险，因而不放弃用非和平手段解决台湾问题。长期以来，尤其是上世纪90年代中期以来，中国一方面加强力度，打击李登辉和陈水扁等“台独”分裂势力的分裂活动，反对外国反华势力在台湾问题上干涉中国内政；另一方面，一再呼吁两岸进行对话和谈判，尽快实现祖国和平统一。1979年元旦，全国人民代表大会常委会发表《告台湾同胞书》，呼吁双方结束军事对峙，实现“三通”。据此，双方停止了在福建沿海与金门等岛屿之间持续20年的相互炮击，缓和了两岸形势。1981年9月30日，全国人大常委会委员长叶剑英发表讲话，全面、系统地阐述了中国和平统一的九条具体方针政策。1983年9月1日国务院台湾事务办公室和新闻办公室联合发表《台湾问题与中国统一的白皮书》，全面阐述了台湾问题的由来，中国政府解决台湾问题的基本方针与政策，同时指明了海峡两岸关系发展的方向与阻力等。这是中国政府第一次对外系统阐述两岸统一问题的纲领性文件，深受广泛关注。1993年4月实现“汪辜会谈”后，两岸关系出现新局面。对此，江泽民主席于1995年元月提出了现阶段发展两岸关系、推进祖国和平统一进程的八项主张，获得海峡两岸与海外华侨、华人的广泛响应与支持。

2004年5月17日，面对近年来陈水扁抛出“台独时间表”，加紧推行“台独”路线的严峻形势，中共中央台办、国务院台办受权发表声明，将反对和遏制“台独”作为当前对台工作的“最紧迫任务”。同年底，全国人大启动《反分裂国家法》的立法程序，以法律手段反“独”遏“独”。2005年3月4日，胡锦涛主席发表关于发展两岸关系的重要讲话；3月14日第十届全国人民代表大会第三次会议高票通过《反分裂国家法》。

尤其是，胡锦涛总书记以大格局、大气魄邀请中国国民党主席连战、亲民党主席宋楚瑜等相继来访，以及随后出台的包括开放台湾水果零关税进入大陆，方便台湾民众到大陆经商、投资、就业、就学，以及赠送台湾同胞一对大熊猫等重大举措，极大地缓和了两岸的紧张气氛，打破了岛内政党与大陆交流的政治禁忌，两岸旧有的政治格局取得了实质性的突破。同时，有效地压制了“台独”分裂势力的嚣张气焰，对岛内政治格局的变化产生了重要影响。2005年12月，在台湾举行的“三合一”地方选举中，国民党大获全胜，民进党遭到惨败，这表明台湾民众求和平、求稳定、求发展的主流民意没有改变，广大台湾同胞希望社会安定、经济发展、两岸关系和平与稳定，而陈水扁、李登辉之流所推行的“台独”路线不得人心。

但是，陈水扁当局并未放弃顽固的“台独”立场。2006年元旦，陈水扁发表措辞强硬的讲话，公开宣称要推动“新宪公投”，“在2008年为台湾催生一部合时、合身、合用的新宪法”。这表明，当前两岸关系虽然出现了一些有利于遏制“台独”分裂活动的新的积极因素，台海紧张局势出现了某些缓和的迹象，但反对“台独”分裂势力及其活动的斗争仍然严峻、复杂。陈水扁当局不断逼近“台湾法理独立”的底线，是危害两岸关系发展和台海地区和平稳定的最大威胁。两岸关系紧张的根源没有消除，“台独”与反“台独”斗争的形势依然严峻。

三 南海争端

南沙群岛同西沙、中沙、东沙一样历来是中国的领土。无论从历史的角度还是从法律的角度考察，都有充分的证据证明中国对南沙群岛拥有无可争议的主权。二次大战期间，南沙群岛一度被日本侵占。二战后，中国收回了这些被侵占的岛屿。

直至20世纪70年代中期，中国对南沙群岛拥有的主权均得到国际社会的承认，毗邻国家也未提出异议。

然而，自从60年代末期在南海海域发现蕴藏有丰富的石油和天然气资源后，情况开始发生变化。从70年代中期起，一些毗邻国家开始采取措施抢占部分岛屿和岛礁。根据现有资料，到目前为止，南沙群岛共有44个岛礁被他国侵占。

出于地区稳定的考虑，中国一直十分谨慎地处理由他国引起的这场争端，提出“搁置争议，共同开发”的原则，希望通过对话和平解决问题，并为此做出了不懈外交努力。

在中越之间，1994年11月20日发表《中越联合公报》重申了1991年以来两国历次高层会晤所达成的如下协议："坚持通过谈判和平解决两国间存在的边界领土问题。在问题解决前，双方均不采取使争端复杂化和扩大化的行动，不诉诸武力或武力相威胁"。

中国同菲律宾之间在"美济礁事件"后，也进行了卓有成效的对话。

1997年12月在中国与东盟首脑会晤发表的联合声明中确认："有关各方同意根据公认的国际法，包括1982年《联合国海洋法公约》，通过友好协商和谈判解决南海争端"。

进入21世纪以来，随着《南海各方行为宣言》的签署与中菲越决定携手勘探南海油气资源，南海地区形势开始稳定下来。

制定《南海各方行为宣言》，是1999年在东盟与中国事务级协商中首次提出的。经过3年多的磋商后，于2002年11月在东盟与中国举行的"10+1"首脑会议上，由有关各方正式签署。该《宣言》就解决南海问题作出一系列原则规定。其中，第五条的规定是："各方承诺保持自我克制，不采取使争议复杂化、扩大化和影响和平与稳定的行动，包括不在现无人居住的岛、礁、滩、沙或其他自然构造上采取居住的行动，并以建设性的方式处理他们的分歧"。自《宣言》签署以来，各方基本履行了在《宣言》中所作的有关承诺。中菲越携手勘探南海油气资源是2005年3月正式决定的。3月14日，三国的国有石油公司在菲律宾首都马尼拉签署《在南中国海协议区三方联合海洋地震工作协议》，一致同意用地震测定法勘探南海海底石油和天然气，计划用3年时间对大约14.3万平方公里的海域进行勘探。此次三国携手勘探南海油气资源具有多重战略意义。其中，主要意义在于通过联合开发，为在这一有争议地区落实"搁置争议，共同开发"设想开启大门，为未来解决南海问题找到突破口。然而，这里需要指出的是，迄今有关各方在南海海域的主权主张上依然严重对立；《南海各方行为宣言》只是一篇政治宣言，在国际法上并不具有约束力；同时，20世纪90年代中期，美国和日本曾就南沙群岛问题发表声明和谈话，对解决南海问题表示"关注"，其干涉有关事务的可能性没有完全消除。因此，该地区依然存在发生冲突的潜在危险，值得密切关注。

第二章　东亚地区主要国家安全战略的调整

第一节　美国亚太战略的调整与演变

冷战时期，美国的亚太战略是以苏联为主要"假想敌"，以爆发世界大战时美军在远东同苏军作战为前提进行部署的。随着冷战的结束，美国开始逐步对其亚太战略进行调整。

20世纪80年代末90年代初，老布什执政时期，将其战略目标由冷战前期主要对付苏联，调整为"对付地区冲突"和充当亚太地区的"平衡轮"。当时美国认为，在前苏联威胁下降和消失之后，亚太地区开始"向多极化格局的方向发展"，存在诸多不稳定和不确定因素，需要美国在各大力量之间发挥平衡和稳定作用。

克林顿总统上台后，根据形势发展，进一步对其亚太战略进行了调整。1995年2月美国国防部发表《东亚战略报告》，确定美国亚太战略的主要目标是：防止和遏制这一地区爆发武力冲突；防止"竞争对手、敌对势力和势力集团在政治上、经济上支配亚太地区"；保障本地区发展中国家致力于发展本国经济，扩大美国的出口市场。克林顿政府确立上述战略目标的实质，是继续维持其在亚太地区的霸主地位，确保美国在亚太地区的政治、安全和经济利益。

小布什上台后，尤其是2001年美国发生国际恐怖主义袭击的九一一事件后，再次对美国战略目标进行重大调整。布什政府通过对世界战略形势分析认为，未来美国面临四大威胁：恐怖主义、大规模杀伤武器扩散、"失败国家"动向和中国的动向。在美国看来，上述威胁主要集中于从中东、海湾、南亚、东南亚到东北亚的所谓"不稳定弧形地区"。

其中，在东北亚，朝鲜半岛和台湾海峡战火一触即发，“中国的内部发展仍然不确定。……可能朝着错误的方向转变”（美国国务卿赖斯2005年3月访日时的讲演），对美国构成直接威胁。基于上述判断，美国将全球军事战略重点向亚太地区倾斜。其中，重中之重是包括中国、朝鲜半岛和台湾海峡在内的东北亚。其基本战略构想是，对中国采取既接触又防范的软硬两手策略，在同中国进行反恐和防止大规模杀伤武器扩散方面合作的同时，针对中国的迅速崛起，在中国周边地区编织“战略网”，以便未来出现中国对美国的霸权地位“采取挑衅行为”时，“转而（对中国）实行‘遏制’”。其具体措施和步骤如下。

一 美国重新调整和加强在西太平洋军事部署

自20世纪70年代末越战结束以来，美国在西太平洋地区大体保持10万驻军，并实行“三线配置”。最前沿的一线由日本、韩国直到印度洋的迪戈加西亚岛的“岛屿锁链”构成。这是一条美国军队紧靠亚洲大陆的“前沿部署”的重点。它控制着本地区战略地位十分重要的海上航道、海峡和海域。二线以关岛为中心，由周边诸岛以及在澳大利亚和新西兰的基地组成，为一线支援基地。三线是由以夏威夷为中心至中途岛及阿拉斯加等地的基地组成，构成纵深配置。其中，夏威夷为太平洋驻军指挥中心。

基于新的全球和亚太战略构想，2004年8月16日，布什总统宣布，对美国全球军事部署进行大规模调整，决定2005年后10年自海外调6万～7万军队回国；同时宣布“将把部分部队和能力转移到新地点，以便迅速集结，应对突发性威胁”。根据该计划，在西太平洋地区，美国决定从韩国撤走12 500人驻军。此外，应日本要求，在2005年10月29日发表的“2+2会议中间报告”中承诺，在今后6年内，分阶段将驻冲绳的7 000名海军陆战队后勤人员转移到关岛。

尽管如此，它在这一地区的军事部署不仅没有削弱，反而在进一步大力加强。资料显示，在第一线，美国决定将驻美国本土的陆军第一军司令部迁移于美国在日本的座间基地；海军计划2008年在日本配备威力强大的“尼米兹”核动力航空母舰，取代现驻日本的“小鹰”号常规航空母舰，同时计划在西太平洋部署第二艘航空母舰，以加强第七舰队；空军继续保持驻日本横田基地的第五空军司令部职能。其中，陆军第一军的防区范围远及印度洋和波斯湾，美军将在日本任命陆军四星上将（海空军司令均为三星级上将）负责协调驻日陆海空军指挥。日本报刊指出，美国这样做的目的是，将亚太美军指挥权集中到日本，以便“牵制军事现代化的中国，并为防止台湾海峡危机做准备。同时保持对北朝鲜的遏制力，以期完成对台湾海峡和北朝鲜这两个正面的作战战略”。与此同时，在第二线，着重加强关岛的海空军战略兵力，力图把该岛建成一个“力量投送中心”。迄今已在该地部署30架B—52、B—1和4架B—2战略轰炸机，海军部署3艘“俄亥俄”级攻击型核潜艇（每艘配备24枚“三叉戟”导弹，每枚导弹携带8个核弹头）。据称，其目的在于“威慑”对手，并在需要时对对方实行战略性打击。

二 美国“重建联盟体系”，强化美日、美澳军事同盟

冷战时期，美国同日本、韩国、澳大利亚和新西兰、泰国、菲律宾签订了双边和多边军事同盟条约。经过几十年的变迁，这些双边和多边条约（美澳新条约）发生很大变化。

越南战争结束后，美国自泰国撤出所有部队。1991年，新西兰因不满美国核潜艇不经新政府允许驶进新西兰而退出美澳新条约。同年，菲律宾参议院投票否决美国提出的旨在延长美国租用菲律宾基地和驻军期限的《美菲友好合作与安全条约》后，美军被迫从菲律宾的苏比克和克拉克基地全部撤出，两国军事关系陷入低谷。

然而，10余年来，美国又采取一系列措施，加强同日本、澳大利亚的军事同盟关系。20世纪90年代中期，当时的美国国防部长佩里曾把美日同盟和美澳同盟比作美国亚太战略的“北方之锚”和“南方之锚”。

（一）美国大力加强同日本的同盟关系

鉴于日本具有优越的战略地位和高度发达的经济与高科技水平，美国始终把加强美日同盟关系作为强化其亚太战略的重点和在亚洲编织“战略网”的“支柱”与“核心”。出于调整亚太战略的需要，1996年克林顿总统访问日本，同桥本发表《美日安全保障联合宣言》。后来，据此双方签署新《美日防卫合作指针》、日本国会通过《周边事态法》

等，从而加强了相互军事合作。

2001年小布什上台后，又采取一系列措施强化美日同盟，进一步提升日美军事关系，力图使日本“变成东半球的英国”（见2000年10月美国副国务卿阿米蒂奇向美国当选总统提交的建议报告：《阿米蒂奇报告》），以便在东西两翼利用与日本、英国的军事合作及支持，维持其全球霸主地位。2005年年初，赖斯在参议院任命其为国务卿的听证会上再次宣称：日本、韩国和澳大利亚是美国“对抗共同威胁，促进世界经济发展的关键合作伙伴”。

2005年2月19日，美日“2+2会议”发表《共同战略目标》声明，把美日同盟关系提高到了一个新高度。该声明的主要内容是：

1. 将美日军事合作的地理范围扩大到全球

声明称，“以美日安保体制为核心的美日同盟关系……在提高地区与世界和平与稳定上正在发挥生死攸关的重要作用，双方确认要扩大这种合作关系”。双方表示，两国将在国际社会推进基本人权、民主与法制等基本价值观；在国际和平合作活动和对外开发援助方面，双方进一步加强合作；采取措施共同防止大规模杀伤武器及其运载手段扩散，铲除国际恐怖主义等。

2. 将朝鲜核问题、台海问题和中国提高军事透明度问题公开列入两国的共同“地区战略目标”

声明称：“支持朝鲜半岛和平统一”，在朝鲜核、弹道导弹与绑架日本人等悬案问题上“谋求和平解决”；“欢迎中国在地区与世界发挥负责任的建设性作用，发展与中国的合作关系”，同时要“促进台湾海峡问题通过对话和平解决”，“敦促中国在军事领域提高透明度”。

3. 进一步研究美、日有效应对多种课题的能力

声明称，为了谋求实现上述共同战略目标，双方将“确保，并加强有效的安全与防卫合作”，“继续研究自卫队与美军有效对付多种课题的作用、任务、能力”，“提高自卫队与美军的相互运用程度”。

（二）美日军事合作的未来发展方向

从以上内容可以看出，未来美日军事合作方向是：

1. 鉴于双方表示今后两国将“在世界范围内加强美日同盟”，这就意味着日本的军事力量今后便可在加强美日军事合作的名义下走向世界，从而使日本得以据此在全球范围内发挥其梦寐以求的军事作用，为其充当世界政治大国创造条件。

2. 声明表面上说要“敦促中国提高军事透明度”、“和平解决台湾问题”，以及要求“和平解决”朝鲜核开发与绑架等，实质上其意图是要限制中国军事力量发展，阻挠台湾海峡两岸和平统一，阻止朝鲜开发核武器。也就是说它们已公开把中国与朝鲜列为未来“潜在假想敌”。

3. 为了实现上述全球和地区目标，今后双方将重新研究确定两国军事分工与合作，进一步加强军事合作，谋求“自卫队与美军一体化”（日本防卫厅长官大野功统语），以便双方联手，共同对付其面临的所谓“军事威胁”。

需要指出的是，自2005年2月19日的美日“2+2会议”声明发表后，为落实有关协议，两国事务当局经过8个月磋商，于10月29日发表《中间报告》，就加强双方军事合作，实现两国“军事一体化”，作出了一系列具体安排，并计划在2006年3月最终达成协议。据称，一旦最终协议落实，将导致美日同盟体制发生“1960年修订《日美安全条约》以来最根本、也是影响最深远”的变化。届时，军事上双方将“从高级伙伴与低级伙伴的关系变成在政策与战略上几乎平等的伙伴关系”。

（三）美国加强与澳大利亚军事合作

近年来，美国同澳大利亚的军事合作也取得很大进展。2004年　　月，霍华德政府公开宣布，澳大利亚“将发挥美国副安保官的作用”。同年7月，澳大利亚决定参加美国的导弹防御体系。另有消息透露，未来澳大利亚可能允许美军在其北部的达尔文郊外设立军事据点。以上情况表明，美澳同盟作为美国在亚太战略中的“南方之锚”，其地位正在日益巩固和加强。

（四）建立美日澳战略对话机制

美国作为“重建亚太联盟体系”的另一个重要步骤是，建立美日澳“三方战略对话”机制。2005年5月，美国国务卿赖斯宣布，美国同澳大利亚和日本商定，三国外长在进一步强化美日、美澳同盟的基础上，将定期举行会晤，“集中讨论（亚太）安全问题，特别是中国国力日益增强的问题”。这种对话机制未来有可能逐步演变为针对中国和亚洲地区安全事务的一种“三国军事同盟”，从而改变本地区的政治与战略格局，为本地区安全带来种种不稳定和不确定因素。

三　美国加快"重返东南亚"的步伐

近年来，作为调整亚太战略的重要组成部分，美国大大加快了军事上"重返东南亚"的步伐。

（一）重要措施之一是着重加强同新加坡的军事合作关系

新加坡位于马来半岛南端，扼马六甲海峡南部出口，且可控制南海，西进印度洋，战略地位十分重要。因此，美国自从被迫撤出菲律宾的苏比克和克拉克基地之后，即开始把目光转向新加坡。经过一系列磋商，2000年4月，美新签署一项协议。根据协议，新方允许美军使用新加坡樟宜海军基地，并决定2003年6月前在樟宜为美军建设一个可容纳包括航空母舰等在内的大型舰艇进泊的深水码头。目前，美第七舰队的后勤司令部进驻该地。2005年7月中旬，新加坡总理李显龙访美，同美国签署了双方进行"安保和军事合作的基本文件"——《战略框架协议》，从而进一步巩固和加强了两国军事合作关系。

（二）重新加强美菲军事合作

在菲律宾，自1992年美军从菲律宾撤离后，两国虽然一再重申共同防御条约是它们之间安全关系的支撑点，但相互军事合作几近中断。1998年2月，出于各自的战略需要，双方签署《美菲访问部队协定》，重新开始加强军事联系。2001年在美国发生国际恐怖主义袭击的九一一事件后，双方又签署为期5年的《后勤互助协议》，使相互军事关系进一步增强。《后勤互助协议》规定，当一方或双方决定参加菲律宾领土范围内或范围外的合作行动时，一方应为另一方提供军事后勤服务和物资援助。美国同菲律宾签署该协议的主要目的，是要菲律宾为美军在菲律宾国内外采取军事行动时提供后勤支援。根据以上两个协定，美菲军事联系逐年增强，联合军事演习日趋频繁。

（三）美国恢复与泰国、印尼、马来西亚军事联系，并谋求与越南建立等军事联系

美国同泰国、印尼、马来西亚的军事来往也在恢复和加强。近年来，美国还积极接近越南，谋求与越南加强军事联系。2005年6月，越南总理潘文凯访美期间，同美方达成一系列协议。其中包括双方加强情报合作和美军为越南军官参与美国国际军事教育和训练提供合作。

四　美国拉拢印度和进军中亚地区

（一）美国积极与印度发展战略伙伴关系

与印度建立"战略伙伴关系"是当前美国重组亚太战略的重要组成部分。

冷战时期，在美苏争霸的国际背景下，印度采取近苏疏美的对外政策，导致印美两国关系十分冷淡。

冷战结束后，随着国际战略格局的变化，印美两国关系开始有所改善。1995年双方签署防务合作备忘录，表示要在军事技术开发方面进行合作。

然而，时隔3年，1998年印度进行核试验后，美国对印度实行制裁，使两国关系再次趋于冷淡。

2001年美国发生国际恐怖主义袭击的"九一一"事件后，出于反恐战争的需要，美国采取主动，解除对印度制裁，使两国关系重新升温。近年来，随着美国全球和亚太战略的调整，印度在其战略构想中的地位大为突出。2005年3月，美国国务卿赖斯访问印度期间，亲自对印度总理说，美国最新的外交政策目标是："帮助印度在21世纪成为一个世界强国"。这反映了今后美国将大力加强美印"战略伙伴关系"的强烈愿望。

在此背景下，2005年以来，美印两国全面改善关系的同时，在军事领域的合作取得突破性进展。2005年6月底，印度国防部长普拉纳布·慕克吉访美，同美国国防部长拉姆斯菲尔德签署了一项为期10年的军事协定——《美国—印度防务关系新框架》。该协定涉及面十分广泛，包括加强两国军事实力，联合生产新式武器装备，加强军事技术与情报交流，反恐与防止核扩散等内容。同时，美国还表示，准备向印度出售"爱国者"导弹防御系统、P-3C反潜巡逻机、F-16战斗机等先进军事装备。

2005年7月18～22日，紧接着慕克吉访美之后，印度总理辛格访美期间，双方签署了10余个文件，使两国关系达到了前所未有的新高度。布什在会谈中再次提出，两国要建立广泛的经济和安全合作伙伴关系。在后来发表的联合声明中，布什彻底改变1998年印度核试验后对印度实行的制裁措施，表示美国"将致力于与印度进行全面的民用核能合作"。有评论针对美国决定向印度提供民用核技术指出："美国正在为同中国展开大规模冲突作准备，并在着手构建反华联盟。如果出现这种（中美冲突）局面，印度作为核国家要比作为非核国家更有价值"。

(二) 美国积极进军中亚地区

中亚战略地位十分重要。它向东可监视和牵制中国，向北可遏制俄罗斯，向南可控制印巴，向西可挟制伊朗。

美国对中亚地区的地缘政治和经济利益垂涎已久，它以反恐之名开始进驻中亚地区。

九一一事件后，美国借军事打击阿富汗塔里班政权之机，在乌兹别克斯坦、吉尔吉斯斯坦和塔吉克斯坦租用了6个机场，部署了上百架运输机、战斗机和空中加油机，驻军达6 000人。此外，在土库曼斯坦也驻有一定数量提供支援的美军人员。从此，美国在中亚地区的军事存在进入了一个新阶段。

美国国务卿赖斯和国防部长拉姆斯菲尔德相继访问中亚有关各国，以提供经济援助为诱饵，力图保住上述基地，足见上述基地在美国新亚太战略中的地位和作用十分重要。但与此同时，美国在中亚国家以推行民主为名进行"颜色革命"，逐渐遭到中亚国家反对。2005年7月，上海合作组织各国领导人呼吁美国确定日期从中亚撤军，遭到美国拒绝。2005年9月，乌兹别克斯坦政府决定并通知美国在180天之内撤军，美方不得不表示接受。

五 美国对亚太多边安全对话态度趋于冷淡

冷战结束后，东亚地区在有关各国的共同努力下，多边安全对话取得很大进展，出现了多层次、多方式、多渠道的安全对话机制。然而，美国对待亚太多边安全对话的态度却经历了一个消极—积极—消极的过程。老布什执政时期对此态度较为消极。1993年，克林顿上台后，为适应亚太安全形势发展变化，改变了布什时期的消极态度，开始"积极参加和支持地区多边安全对话"。1993年7月克林顿访问韩国时，曾倡导建立"新太平洋共同体"。作为这一设想的重要组成部分，他表示"美国将积极参加和支持地区安全对话"，认为"这种对话可防止由于冷战结束会引起的地区对立、对抗和军备竞赛"。基于上述态度的变化，在克林顿执政期间，美国一方面积极参与"东盟地区论坛"等多边安全对话，推动建立亚太经济合作组织非正式首脑会议，同时推动建立有中、俄、日、美、韩、朝参加的东北亚地区多边安全对话机制。然而，小布什上台后，尤其是九一一事件后，面对从中东、南亚、东南亚到东北亚的所谓"不稳定弧形地区"，美国将其军事战略重点由欧洲转向亚洲，悉心在中国周边地区编织针对中国的"战略同盟"网络，而不重视亚太多边安全对话。2005年7月，东盟地区论坛外长会议在老挝举行，美国国务卿赖斯以"时间安排不过来"为由，决定不参加会议。这是美国国务卿自东盟地区论坛成立以来首次缺席。国际舆论认为，这说明美国对亚太多边安全对话的态度趋于冷淡。

第二节 日本防卫政策的调整方向

冷战结束后，日本的防卫政策调整是从1994年开始的。10余年来，作为指导扩军备战的基本文件，日本先后制定了两个《防卫计划大纲》。前一个《防卫计划大纲》是1995年制定的。当时的日本首相细川护熙于1994年2月成立首相私人咨询机构"防卫问题恳谈会"，就冷战后日本的安全环境和未来的防卫政策进行研究。同年8月，该恳谈会向后任首相村山内阁提出题为《日本的安全与防卫力量——对21世纪的展望》的咨询报告，对日本未来的防卫政策提出全面的政策建议。此后，日本有关当局以该建议为基础，经过一年多的研究和讨论，于1995年11月由内阁会议审议通过了该《防卫计划大纲》。新《防卫计划大纲》如法炮制。2004年4月，小泉首相成立私人咨询机构"安全与防卫力量恳谈会"，就制定新计划大纲进行研究。该恳谈会于同年10月初提出咨询报告。在此基础上，同年12月10日内阁会议审议通过了新《防卫计划大纲》。颇为令人关注的是，这两个计划大纲都与紧接着制定的强化日美同盟体制的文件密切相关。前一个《防卫计划大纲》制定后不到半年，即于1996年4月，双方发表了旨在加强日美军事合作奠定基础的《日美安全保障联合宣言》。而2004年新《防卫计划大纲》制定两个月后，双方则于2005年2月19日发表进一步强化日美同盟体制的"2+2会议"声明。以上4个文件，尤其是后两个文件的发表，已经并将继续导致日本防卫政策的重大变化。

一 建立、健全"海外派兵"与应对地区军事冲突的法律框架

回顾冷战结束以来日本扩军历程，可以看到，

自前一个计划大纲发表以来的10年时间里，日本扩军备战基本上是围绕落实日本在1996年的《日美安全保障联合宣言》与1997年签署的新《日美防务合作指针》中对美国所作的承诺展开的。新《日美防务合作指针》的核心内容是：一旦“日本周边地区爆发对日本和平与安全产生重要影响事态”（在日本简称“周边事态”），美国出兵作战时，日本要向作战中的美军提供后勤支援。为了履行上述承诺，日本在不到10年的时间里，先后制定了10余个有关法案，建立起了支援美军作战和应对因日本参战导致战争波及日本的法律框架。

上述法律框架包括以下三方面内容。

（一）《周边事态法》（1999年5月国会通过）

这是一部全面落实新《日美防务合作指针》的法律。它具体规定了日本周边地区爆发军事冲突时，日本向美军提供的后勤支援项目、法律程序、具体措施以及政府机关、地方自治体和民间机构提供合作的要领等。

（二）针对地区军事冲突可能波及日本，建立国内应战体制的法案

这些法案共10个，在日本统称为“有事法制”，实际上是一系列战争动员法。主要内容是，在日本遭受外来武装进攻或可能遭受外来武装进攻情况下，首相、内阁、地方自治当局应对战争的职能、权限及指挥程序，以及保障自卫队与美军优先使用机场、港湾、道路、电波，和向在日本行动的美军提供物资、劳务、弹药、民有土地等。

（三）《反恐对策特别措施法》（2001年制定）和《支援伊拉克重建特别措施法》（2003年制定）

这两个法律是美国发动阿富汗战争和伊拉克战争后，日本为派兵支援美军在阿富汗和伊拉克作战而制定的临时性法律。原规定有效期限为一年，后来多次延长，现仍在实施中。日本当局计划在以上两个法案的基础上制定一部有关向海外派兵的永久性法律。其出台（或即将出台）的意义在于突破了“周边事态法”中有关“周边地区”概念的界线，使日本自卫队得以在东亚以外的世界任何地区采取支援美军作战的军事行动。上述法律框架的建立，为日本自卫队今后以后勤支援的名义走出国门，在海外协助美军作战，以及当日本因参加战争导致战争波及日本时，为日本进行防御作战奠定了法律基础。由于这些法律的确立，如日本媒体所说，日本便可据此由现行《宪法》规定不能进行战争的国家，变成能够进行战争的国家。

二　进一步强化日美军事同盟，实现与美国“军事一体化”

（一）日美军事合作范围扩大到全世界

自20世纪90年代后期以来，日本不仅为落实在《日美安全保障联合宣言》和新《日美防务合作指针》中对美国所作的军事承诺，建立前述有关法律框架，而且还采取一系列实际步骤推进同美国的具体军事合作。

在2005年2月19日“2+2会议”发表的“共同战略目标”中，日美双方就“确保，并加强有效的安全与防卫合作”，“研究自卫队与美军有效对付多种课题的作用、任务、能力”，以及“提高自卫队与美军的相互运用程度”达成协议。这标志双方把军事合作提高到了一个新高度——实现日美“军事一体化”。

同时，从2005年10月29日“2+2会议”发表的《中间报告》看，双方的这种“军事一体化”，不仅包括日本本土防御和对付“周边事态”时的“军事一体化”，还包括双方在“国际和平合作活动”方面的“军事一体化”。这里所说的“国际和平合作活动”，显然是把日本未来参加美国领导下的多国部队考虑在内的。因此可以说，日本已决定突破“本土防御”和“周边事态”的限制，把同美国军事合作的范围扩大到全世界。

（二）关于日美军事合作的具体规定

“中间报告”进而分别就落实上述3个方面的军事合作作出了一系列具体规定。归纳起来，其主要内容是：

1. 双方军事合作的领域，不仅包括前面提到的新《日美防卫合作指针》所确定的三大类40个合作项目，还包括防空、弹道导弹防御、反恐、国际维和活动、国际人道救援和支援别国复兴活动，以及“其他未明确列举的活动领域”等。也就是说，日美军事合作的领域无所不包。

2.《中间报告》特别强调日美两军司令部之间建立联系的重要性。宣称：提高（军队）司令部之间的联系，提高相互之间的“相互运用性”（指作战指挥）对两国来说，具有“核心的、决定性的重要性”。因此，双方就加强两军司令部之间的合作做出如下规定：

(1) 驻日美军司令部在美军横田基地设立"联合统一运用调整所"(即日美联合作战指挥中心),以确保自卫队与美军之间的联系与共同作战指挥。

(2) 美国将驻美国本土的陆军第一军司令部迁移到美军在日本神奈川县的座间营地,并对原驻扎在该营地的驻日美军陆军司令部进行改组,使之成为可随时展开、遂行综合作战任务的"陆军作战司令部"。与此同时,日本将定于2006年组建的快速反应部队"中央应急集团"司令部设在美军座间营地内,以便与改组后的驻日美军"陆军作战司令部"实行统一作战指挥。有媒体指出,一旦该计划实现,"从理论上说,日美在全球开展联合军事行动将成为可能"。

(3) 日本将负责导弹防御和防空作战指挥的航空总队司令部,由现在的驻地——府中基地迁往驻日美军司令部与第五空军司令部所在地——横田基地,以便同驻日美国空军共享情报,共同对付敌方的导弹袭击。

3.《中间报告》规定,两国政府将在不同层次就各种军事有关问题(从部队战术到国家战略问题),进行"密切的、持续不断的政策和作战指挥方面的协调";同时研究制定《联合作战计划》与《相互合作计划》;加强情报合作与情报共享;进行两军联合训练演习;共同使用日本自卫队与美军的基地与设施等,以便需要时顺利及时采取联合军事行动。

(三)对日本防卫政策带来的重大变化

从《中间报告》所列举日美"军事一体化"的内容来看,日美同盟体制强化的结果,给日本的防卫政策带来如下重大变化:

1.日本自卫队在日美军事分工中,由日美安全条约所规定的在美国支援下保卫"日本管理下的领域"、新《日美防卫合作指针》规定的在"周边事态"中向美军提供"后勤支援",扩大到在全球范围内协助和支援美军作战。

2.放弃过去一贯标榜的"专守防御"战略指导思想,转而实行"海外派兵",在国际上发挥军事作用。

3.日美防务合作的形式,由过去日本单方面依赖美军以求自保,转向日本以对等方式向美军提供"后方支援",提高了日本在日美军事合作中的地位。

三 加紧推进修改现行《宪法》的进程,扫除扩军和"海外派兵"的障碍

日本现行《宪法》第九条规定:日本"永远放弃以国家权力发动的战争、武力威胁和行使武力作为解决国际争端的手段","不保持陆海空军及其他战力,不承认国家之交战权"。从20世纪50年代日本重整军备以来,尽管这些规定一再遭到突破,但它的存在仍然制约了日本扩军和对外采取军事行动。因此,从50年代初重整军备开始,日本一部分政治势力就一直主张修改《宪法》,大力开展修宪行动。近几年来,在日美当局的大力推动下,围绕修宪的日本国内政治环境已经发生很大变化,为修改宪法创造了有利条件。

一是2000年初,在执政的自民党主导和部分在野党支持下,日本国会众参两院成立了"宪法调查会",就1947年前后现行《宪法》制定过程、存在的问题,以及民众对修改《宪法》的意见和态度等进行"调查",从而启动了修改《宪法》的进程。

二是小布什上台以来,美国为了强化日美军事同盟,使日本分担更大军事责任,当时的美国国务卿鲍威尔和副国务卿阿米蒂奇相继发表谈话,一再敦促日本修改《宪法》,取消对行使集体自卫权的限制,从而对日本国内推动修改《宪法》运动产生了重要影响。

三是小泉纯一郎上台以来,一再发表谈话,主张修改《宪法》。近年来,在小泉等日本右翼政治势力与部分右翼媒体煽动和蛊惑下,日本民众对修改《宪法》的态度也发生变化。舆论调查表明,有超过60%的人支持修改《宪法》。

在上述背景下,2005年10月28日,自民党提出"新宪法草案",并在11月举行的纪念自民党建党50周年大会上获得通过。该草案删除了第九条中有关"不保持陆海空军及其他战力,不承认国家之交战权"的条款,改为:"为了确保我国的和平与独立以及国家与国民的安全,保持以内阁总理大臣为最高指挥官的自卫军";同时增加"自卫军"能够参加"确保国际和平与安全的行动"等条款。公明党和民主党等也相继表示,计划提出各自的《宪法》修改草案,以表明对修改《宪法》的意见和态度。

以上情况表明,日本修改《宪法》已呈蓄势待发之势,剩下的只是时间问题。不难想象,未来

《宪法》第九条一旦做出如上修改，日本不仅可名正言顺地将自卫队改称“自卫军”，拥有正式的国家武装力量，还可以“行使”过去被认为《宪法》禁止的“集体自卫权”，从而为日本派兵同美军在世界各地实施联合作战或参加国际多国部队创造条件，从而成为一个“与欧美一样的普通国家”。

四 将自卫队建成外向型军队

二战结束后日本组建的自卫队，从其前身警察预备队算起，成立已经50多年了，现已成为亚洲乃至世界上一支不可忽视的重要军事力量。其实力已达到和超过英、法、德、意等西方发达国家的常规兵力水平。其总兵力约24万人，超过英国、意大利，接近德国和法国；海上自卫队舰艇42.6万吨，超过法国、德国、意大利，居世界第五位；航空自卫队作战飞机约480架，超过德国、意大利，和英国相当。日本军事实力所以发展到今天，是50多年来美国出于其战略需要一再敦促、大力扶植，以及日本本身不断突破《宪法》及其他种种制约充实和加强的结果。

目前，日本自卫队发展正面临新的转折。一方面，20世纪90年代以来，日本在追求政治大国的道路上面临两大政策课题，需要进一步充实和扩大其防卫力量，即：1. 积极谋求作为“普通国家”，实现“海外派兵”，在世界舞台上发挥军事作用；2. 针对中国崛起和“日益增强的军事实力”采取相应军事和安全措施，防范中国强大后威胁其在亚洲的政治地位与自身安全。另一方面，九一一事件后，美国出于调整全球战略的需要，在亚洲采取“强化日本”政策，进一步提升日美军事关系，鼓励日本扩充军备，力图使日本“变成东半球的英国”，以便在东西两翼利用与日本及英国的军事合作和支持，维持其全球霸主地位。

在上述背景下，2004年12月，日本内阁会议通过新《防卫计划大纲》，为自卫队确定了新的发展方向——将其建成一支遂行支援美军作战任务和在国际上发挥军事作用的外向型军队。因此，新《防卫计划大纲》首先把中国和朝鲜视为“潜在假想敌”，强调中国“推进核导弹与海空军现代化”，“谋求扩大海洋活动范围”，对日本构成威胁；指责朝鲜是“保障地区安全方面的最大不稳定因素”，从而将其扩军备战的目标指向中国与朝鲜。其次，是把自卫队参加“国际和平合作活动”，“改善国际安全环境”提升为与其保卫日本、防止外来入侵同等重要的“本职任务”，以便为“海外派兵”提供法律依据。第三，是强调同美国制定共同的战略目标，企图通过日美情报、装备技术交流，加强导弹防御与包括周边事态在内的各种“运用（作战）合作”，以“强化日美安保体制”。

在以上扩军备战方针指引下，日本当局决定改变过去重视北方的军事部署，重点加强日本西部和冲绳地区的军事实力；同时决定削减部分陆海空自卫队的武器装备，增加采购空中加油机、远程运输机和建造大型运输舰等，以提高和加强自卫队的对外远程投放和作战能力。最近日本以提高运输能力为由计划建造“高速运输舰”。这是一种可起降直升机和侦察机的大型舰艇。其吨位大大超过现有13 500吨级补给舰，略加改造即可成为轻型航空母舰。情况表明，日本正在借强化日美同盟之机，谋求建设一支强大的外向型军队，以便在支持美军在全球作战的名义下，干预地区和全球安全事务，成为世界政治乃至军事大国。

第三节 俄罗斯重新确立东亚战略

苏联解体、俄罗斯立国已经15多年了。

苏联作为冷战时期唯一能同美国争雄的世界超级大国，1991年底分裂为15个大小不等的独立国家。俄罗斯虽然继承了苏联约77%的国土、51%的人口、60%的国民生产总值及其主要军事力量，却丧失了前苏联的超级大国地位。这种国际地位和自身实力的变化，使得俄罗斯内外政策发生一系列重大变化。它不得不随着世界和地区形势的演变，不断调整外交、国防政策，确立相应的战略目标，以维护本国国家利益。

俄罗斯立国之初，叶利钦总统推行了一条亲西方“一边倒”的外交路线，曾指望通过依靠西方，尤其是美国的经济援助，完成向市场经济和议会民主制度的过渡，最终融入西方社会，成为西方“文明社会”的一员。在这种外交路线指引下，俄罗斯把同西方，尤其是同美国的关系放在了最优先地位，而“忽略”了东亚地区在其外交和国家战略中的地位。然而，推行这种外交路线的结果，不仅没有得到它所期望的西方慷慨援助，相反，却导致国内经济危机日深，政治斗争加剧，同西方，尤其是同美国的矛盾与分歧也日益明显。

在这种背景下，从1992年下半年起，俄罗斯开始调整外交政策，将其由全面推行亲西方的外交路线，逐步调整为既重视西方又重视东方的“全方位”政策，企图在同西方各国发展关系的同时，从发展和加强同亚太各国的关系中寻求出路。从国家安全角度来看，同前苏联一样，俄罗斯的战略重点在西部，但东部也面临诸多政治和安全问题：同中国有数千公里的共同边界，在边界两侧曾进行过严重军事对峙；同日本存在领土争端，关系一直不睦；朝鲜半岛形势不稳定等等。如何解决和处理这些问题，是俄罗斯战略上无法回避的问题。在上述诸因素的作用下，俄罗斯决定改善和加强同东亚各国尤其是同中国、日本的关系，参与亚太地区的多边经济合作和安全对话，重新调整其在远东的军事部署等，以适应冷战后东亚安全形势的新变化，谋求自身经济、政治和安全等方面的利益。

普京总统上台后，基本延续了叶利钦总统时期的外交路线，在欧亚并重、东西兼顾的方针指导下，继续保持和加强其亚太外交的势头。

一 着重改善和加强同中国及日本的关系

自20世纪90年代初期实施“全方位”外交政策以来，在东方，俄罗斯一直十分重视发展同中国的关系，把改善和加强同中国的关系放在其东方政策的优先地位。

1992年以后，叶利钦总统在原有中苏关系改善的基础上，开始了新的改善两国关系的进程。当年12月叶利钦总统访华，同中国发表了《相互关系基础的联合宣言》。在两国关系史上，这是一篇十分重要的外交文件。在宣言中，双方确定两国为“友好国家关系”，同时宣布：双方将以和平方式解决两国间的一切争端；公平合理地解决历史遗留的边界问题；在边界地区采取信任措施，裁减武装力量；双方不参加任何针对对方的军事政治集团；不同第三国缔结任何损害另一方国家主权和安全利益的协定；双方都不在亚洲和太平洋地区及世界其他地区谋求霸权，也反对任何形式的霸权主义和强权政治。

此次《联合宣言》的发表，为后来两国关系发展确立了基本框架，奠定了坚实基础。其后，两国领导人互访频繁，相继解决一系列双边问题，使相互关系不断升级。尤其是1996年4月叶利钦总统访华期间，根据叶利钦总统的倡议，两国宣布建立“面向21世纪的战略协作伙伴关系”，使两国关系进入一个全新阶段 。自此，双方不断做出共同努力，充实和加强“战略协作伙伴关系”的内涵和外延，使两国政治、经济、外交、安全、文化等领域的双边关系全面发展，出现了冷战结束以后两国关系史上前所未有的最好局面。

自推行“全方位”政策以后，俄罗斯也十分重视改善同日本的关系。俄罗斯认为，改善俄日关系是俄在世界和地区“取得有分量的地位”和争取外援、振兴本国经济的重要条件之一。

冷战结束后，从1992年前后起，俄罗斯采取从“北方四岛”撤走战斗机和减少驻军等措施，开始着手缓和俄日关系。此后，叶利钦总统在两度推迟访日后，于1993年10月正式访问日本。访问期间，俄罗斯在领土问题上采取灵活态度，在同日本发表的《东京宣言》中，承认两国存在“北方四岛”领土争端，并表示要本着“法律和正义”的原则加以解决，从而使两国关系出现转机。

然而，此后两国关系的发展并不顺利。叶利钦总统访问后，由于日本坚持把解决领土问题与经济合作挂钩的“扩大均衡”方针，在对俄提供经济合作方面裹足不前，引起俄方不满。同时，俄罗斯国内在解决领土问题上也存在种种制约因素，从而导致两国关系改善的势头受阻。

1996年后，日本采取主动，将过去执行的“扩大均衡”方针调整为通过全面改善关系解决领土问题的“多层次接触”方针。同时，通过桥本龙太郎首相利用1996年4月出席莫斯科核安全首脑会议和1997年6月出席“八国首脑会议”之机，两度会晤叶利钦总统，推动日俄关系改善。在此基础上，1997年11月初，两国在俄远东城市克拉斯诺亚尔斯克实现非正式首脑会谈。此次会谈涉及经济合作、领土问题、军事交流与安全对话等广泛领域。会谈中，日本本着“多层次接触”方针，通过许诺提供经济合作换取了俄罗斯承诺“在1993东京宣言的基础上，竭尽全力在2000年前签订日俄和平条约”。有鉴于此，日本力图“乘胜追击”，在1998年4月叶利钦总统非正式访日时，提出划定北方领土边界、缔结和平条约的方案。接着，在同年11月小渊惠三首相访俄时又同俄方发表《莫斯科宣言》，决定成立“边境划定委员会”和“共同经济活动委员会”，企图使解决北方领土问题同进行经济合作齐头并进，最终解决领土归还问题。

然而，普京就任总统5年来，由于撤销了前述“2000年前签订日俄和平条约”的承诺，同时在领土问题上坚持按1956年《日苏联合宣言》的规定，只归还齿舞、色丹两个小岛，拒绝接受日本提出的一揽子归还“北方四岛”的要求，从而使两国关系再次陷入低潮。由于在领土问题上存在严重分歧，2005年11月普京总统相隔5年访日时，破例未发表任何联合声明之类文件，双方只签署十几个象征性的经济合作文件。尽管两国关系起伏不定，但双方在安全对话和军事交流方面却取得明显进展。根据双方达成的协议，自20世纪90年代中期以来，两国防务和军事首脑，以及海军舰艇等多次进行互访和军事交流，从而加强了相互安全关系。

二 积极参加亚太多边经济和安全对话，推动建立亚太新安全机制

前苏联曾经是倡导建立亚太安全机制最早和最积极的国家。早在20世纪60年代，勃列日涅夫就提出过建立“亚洲集体安全体系”的倡议，并积极谋求有关各国的支持。1985年戈尔巴乔夫上台后，又于翌年在海参崴发表讲演，倡议召开“全亚洲会议”，研究建立以“欧安会”为蓝本的“亚洲太平洋安全体系”。但在冷战时期，这些倡议均因其意图受怀疑而遭各国拒绝。

苏联解体后，俄罗斯继续积极倡导建立亚太安全新机制。1992年11月，叶利钦总统访问韩国时曾就此提出三项建议：1. 立即着手建立有关全亚太地区和次地区的多边安全谈判机制，作为其第一步由专家就加强东北亚地区安全问题进行多边磋商。2. 建立危机协调系统，由有关各国建立“地区冲突调解中心”，以防止亚太地区出现军事紧张局势。3. 建立“地区战略研究中心”，对本地区各国军事预算、军事理论、兵力部署等进行分析。当时的俄罗斯外长科济列夫本着叶利钦总统的倡议精神，又在不同场合提倡在亚太建立多层次、多渠道的安全磋商机制。

2000年普京总统上任以来，俄罗斯在这方面的活动更趋积极，所涉及的面进一步扩大。一是，俄罗斯作为亚太经合组织和东盟地区论坛成员，积极参加两个组织每年定期举行的各项活动。并在此基础上，于2004年签署《东南亚友好合作条约》，进一步密切了与东盟各国的关系。二是，在国际联合反恐方面，倡议在亚太经合组织范围内建立亚太联合反恐机制，以断绝恐怖组织的资金补给、确保贸易运输干线安全、建立信息互通系统。三是，利用俄罗斯的能源优势地位，推动在亚太地区建立新能源供应结构，表示俄愿意为消除亚太地区经济顺利发展所面临的严峻能源威胁做出实际贡献。与此同时，俄罗斯除积极参加、推动建立新的亚太地区多边合作对话机制之外，还积极参加有关朝核问题的六方会谈，推动建立包括俄、中、美、日和韩国、朝鲜在内的东北亚安全对话机制。

俄罗斯上述举措的主要政治和战略考虑是：1. 通过参加亚太多边合作对话机制活动，发挥其作为地区大国的作用，恢复和扩大在本地区的政治影响。2. 在其远东兵力大幅度削减的情况下，通过建立亚太和东北亚多边安全机制，维持亚太以及东北亚地区的和平与稳定，确保其远东地区的安全。3. 通过参加多边对话机制，进一步改善和发展同有关各国的关系，以利于加深相互经贸合作，引进外来资金和技术，开发西伯利亚和远东的自然资源，发展其远东地区经济。

三 缩减远东驻军规模，调整军事部署，加强部队统一指挥

冷战时期的东北亚，是美苏全球军事对峙的重点地区之一，苏联一直十分重视加强其远东军事部署。20世纪70年代中后期，随着中苏对立加剧、中美关系改善和中日邦交正常化，苏联在面对中美日加强战略协调的形势下，不断扩大和加强其远东驻军部署规模，到80年代末期达到顶峰。1989年的兵力规模曾达到：陆军43个师（39万人），海军主要作战舰艇240艘（其中核潜艇75艘），空军作战飞机2 430架。

苏联解体后，俄罗斯战略指导思想发生重大变化，外交上推行亲西方政策，军事上“不再把任何国家视为敌人”。在这种战略思想指导下，同时为了减轻沉重的军费负担，俄罗斯在军队建设上采取精兵政策，对其远东驻军进行大幅度的裁减，并相应调整战略部署。目前，其远东陆军兵力已降至15个师（约9万人），海军主要水面舰艇和潜艇各约20艘（其中核潜艇约15艘），海空军作战飞机共约630架。与1989年的最高兵力相比，分别减少75%到80以上。与此相适应，1998年俄决定成立“远东战区司令部”，计划战时将现有后贝加尔军区、西伯利亚军区、远东军区，以及太平洋舰队划归该司令部领导，以加强一元化指挥，提高部队作战能力。尽管目前其远东驻军大为减少，加上军队纪律涣散，装备维修差，训练水平下降，严重影响了远东驻军的作战能力和战备水平；但是，俄在远东依然保持着一支强大的核兵力，其作战潜力不容忽视。

第四节 东盟新地区安全战略构想

东南亚国家联盟是1967年由印尼、泰国、马来西亚、菲律宾和新加坡等5个创始国成立的。现有10个成员。其地理面积覆盖整个东南亚，已成为亚太国际舞台上的一支重要力量，其动向深受世界各国瞩目。

一 东盟已形成为涵盖东南亚10国的地区组织，并推动召开了“东亚峰会”

将东盟扩大为东南亚10国参加的地区组织，建立“大东盟”，是20世纪90年代初冷战结束、柬埔寨问题和平解决后，东盟所确立的首要战略目标。1992年7月，第二十五届东盟外长会议就推行“大东盟计划”做出正式决定。此后，经过近两年筹备，1994年5月东盟在马尼拉举行“东南亚10国非正式会议”，一致决定建立“东南亚10国共同体”。随后，越南、老挝和缅甸相继正式入盟。柬埔寨亦于1999年4月30日加入，有10国参加的“大东盟”遂告成立。

东盟推行“大东盟计划”，既有经济上的打算，也有政治和安全上的考虑。在政治和安全上，扩大后的东盟，对外进行政策协调，在有关地区的重大问题上用一个声音说话，将大大提高国际发言权和影响力，有助于利用大国矛盾，平衡外来压力，遏制地区冲突，以确保地区安全和维护各成员国的国家利益。

东盟扩大后，在推动组织内部和东亚地区经济和政治合作方面，正在发挥越来越重要的作用。在东盟内部，2003年10月举行的第九次东盟首脑会议签署了建立“东盟共同体”宣言，决定2020年前建成“东盟经济共同体”、“东盟安全共同体”和“东盟社会与文化共同体”，以实现东盟一体化。对外，积极推动东亚地区经济合作。自从1997年形成“10+3”（东盟10国+中日韩3国）以及“10+1”（东盟10国+中国，或+日本、+韩国）机制后，取得明显进展。2002年10月，东盟最先和中国缔结了建立自由贸易区的框架协议，决定于2010年建成“东盟—中国自由贸易区”。接着，东盟又先后同日本、印度缔结了建立自由贸易区的框架协议，分别预定2017年和2016年建成“东盟—日本自由贸易区”和“东盟—印度自由贸易区”。继之，2005年12月中旬，东盟10国与中、日、韩、澳、新、印6国首脑，在马来西亚首都吉隆坡举行“东亚峰会”，就建立“东亚共同体”进行磋商，共同推进东亚地区经济一体化进程。

二 建立“东盟地区论坛”，主导地区安全事务

“东盟地区论坛”是当前东亚地区一个重要的就地区安全问题进行多边磋商的官方机构，成立于1994年7月。成立之初包括欧盟在内，共有18个成员。1996年后，先后吸收柬埔寨、缅甸、印度、蒙古和朝鲜加入，包括欧盟在内，现共有24个成员。

论坛首次会议于1994年7月在泰国曼谷举行。会后发表的主席声明宣布，论坛争取在建立信任措施和预防性外交方面作出贡献。

1995年第二次东盟地区论坛会议规定，论坛以《东南亚友好合作条约》精神为宗旨，本着“平等协商、求同存异、循序渐进、协商一致”的原则进行对话与合作。

东盟主导成立东盟地区论坛，其主要目的与战略考虑，一是通过论坛逐步构建冷战后亚太地区新秩序和安全合作新框架，以便建立符合东盟利益的良好安全环境，保障东盟各国的繁荣与发展。二是把美、日、中、俄等大国吸收到同一个机制之中，共同讨论地区安全问题，以加强东盟与各大国以及大国之间的安全对话与合作，防止本地区出现紧张局势。三是通过相互安全对话与大国之间的相互制约，使各大国对保障地区安全作出具体承诺，确保地区的和平与稳定。

中国从该论坛首次会议起就积极参加了论坛活动。根据1996年7月论坛第三次会议的决定，1997年3月，中国同菲律宾在北京联合举办了一次有关建立信任措施的成员国会议，受到许多成员国的好评。在2003年6月举行的东盟地区论坛部长级会议上，中国外长李肇星建议论坛设立由外交当局和国防部副部长级官员参加的常设机构“东盟地

区论坛安全政策会议”，讨论地区安全问题。这是中国第一次就亚太地区多边安全对话机制提出倡议，亦受到各国重视。

当前，“东盟地区论坛”面临两大课题：一个是论坛将来能否作为地区安全机构制度化，另一个是论坛作为多边安全协商机制如何处理同现存双边同盟体制的关系。在第一个问题上，澳大利亚、加拿大、新西兰等曾主张论坛“机构化”，即建立各成员共同参与的办事或委员会等机构，以便使之成为实质性的地区安全框架。东盟各国因担心这种“机构化”会加强美欧等国家的主导权而表示反对。随着论坛作为多边安全磋商机构的发展，如何处理其同现存美国主导的双边同盟体制的关系也提上了论坛议事日程。美国在这个问题上的基本政策是，以同盟体制为主，多边安全对话只能作为双边同盟体制的“补充”发挥作用。日本等美国的盟国也持有相同立场。东盟虽然赞成美国在本地区的军事存在，但不赞成以美国为核心的双边同盟体制主导地区安全事务，削弱论坛在本地区安全事务方面的作用和影响。

三　各成员加强国防建设，制定《安全共同体构想》

东盟在推行“大东盟计划”和主导“东盟地区论坛”的同时，各成员国还根据各自的需要不断加强自身国防建设，提高国家防御能力。

20 世纪 90 年代中前期，东盟各国曾一度掀起采购武器装备、实现军事现代化的高潮。进入 21 世纪以后，随着经济的恢复和发展，一些国家又出现采购武器装备、谋求实现军事现代化的倾向。尤其是 2002 年以来，这种倾向更趋明显。

冷战结束后，各国军队的作用由国内转向国外，因此需要充实和加强海空兵力。联合国海洋法生效后，包括经济专属区在内各国海域扩大，需要充实海空兵力进行防卫。80 年代以后，各国经济发展速度加快、实力增强，具备了投入更多经费购买军事装备的经济实力。

东盟各国在加强各自军事力量建设的同时，相互间军事联系与合作也有所加强。

为了实现 2020 年建成“东盟安全共同体”的计划，印尼于 2003 年 6 月在金边举行的第三十六次东盟外长会议上首次提出了《东盟安全共同体构想》，并于同年 10 月举行的第九次首脑会议上获得各国首脑原则赞同。《构想》内容主要包括：设置恐怖活动对策中心，对参加维和活动的部队进行训练，设置对付非传统威胁合作中心，以及定期举行东盟治安与国防部长会议等。目前，该《构想》已作为“东盟共同体”的重要组成部分，列入 2004 年 11 月在老挝首都万象举行的第十次东盟首脑会议决定的《万象行动计划》之中，计划 2020 年前实现。

第五节　中国安全环境变化与国防政策

冷战结束 10 余年来，中国面对冷战结束后出现的一系列新情况，不断做出多方努力，改善同周边国家的关系，为实现建成全面小康社会的宏伟目标创造和平稳定的国际环境。

一　中国同俄罗斯、中亚及东南亚各国关系的发展

（一）中俄睦邻友好合作关系和战略协作伙伴关系不断发展

自冷战结束以来，在中俄两国共同努力下，双方关系取得了长足进展，现已处于历史最好时期。在政治上，1990 年 4 月双方达成边境地区削减兵力协议，接着发表了不将战略核武器瞄准对方的《联合宣言》；1992 年 12 月两国宣布互视对方为友好国家；1994 年 9 月两国建立建设性伙伴关系，1996 年 4 月进而提升为“战略协作伙伴关系”。特别是，2001 年 7 月江泽民主席访俄，同叶利钦总统共同签署了为期 20 年的《中俄睦邻友好合作条约》，把中俄“世代友好、永不为敌”的目标用法律的形式固定下来，为中俄建立世代友好关系奠定了良好基础。与此同时，双方积极进行边界谈判，先后于 1991 年 5 月、1994 年 9 月和 2004 年 10 月签署了《中苏国界东段协定》《中俄国界西段协定》和《中俄国界东段补充协定》，将长达4 300公里的中俄边界线走向全部确定，从而彻底解决了历史遗留的边界问题，使中俄“战略协作伙伴关系”得到进一步巩固和加强。近年来，两国在政治、经贸、科技等领域相互关系全面发展的基础上，军事合作关系也在不断深化。2005 年 8 月，中俄两国军队在中国山东半岛举行大规模联合军事演习，使两国军队的合作和交往达到一个新水平。两国在国际问题上也不断加强磋商与合作，共同推动世界朝多极化方向发展。

（二）中国与中亚国家的关系取得重大进展

1996年中国同俄罗斯、哈萨克斯坦、吉尔吉斯斯坦、塔吉克斯坦签署了《关于边境地区加强军事领域信任协定》。1997年4月，中、俄、哈、吉、塔五国元首又签署了《关于在边境地区相互裁减军事力量的协定》，规定了双方边境地区裁减军队的具体目标以及军事力量互不进攻、互通军事演习和军事活动信息等一系列措施，使中国同上述4个邻国的边境由过去相互实行军事对峙的边境变成了和平友好的边境。在此基础上，2001年6月，由中俄共同推动，建立了包括中国、俄罗斯、哈萨克斯坦、吉尔吉斯斯坦、塔吉克斯坦和乌兹别克斯坦在内的上海合作组织。2005年7月，上海合作组织在哈萨克斯坦首都阿斯塔纳举行第五次峰会，就进一步发展成员国之间的多边合作、打击恐怖主义、分裂主义和极端主义等三股政治势力，以及建立世界与地区新秩序等问题发表《成员国元首宣言》，标志着上海合作组织成员国之间的多边合作的影响日益扩大。

以上情况表明，在北面，中国已同俄罗斯及中亚有关国家建立起稳定的睦邻友好关系。

（三）中国与东南亚友好合作关系迅速发展

在东南亚，自1991年7月中国外长应邀出席东盟外长会议以来，在“与邻为善、以邻为伴”的外交方针和“睦邻、安邻、富邻”外交政策指引下，中国同东盟的睦邻友好合作关系日益深入发展。1994年7月，中国成为由东盟发起成立的地区安全合作机制“东盟地区论坛”的创始成员。1996年，东盟将中国由“磋商伙伴”升格为“对话伙伴”。1997年12月江泽民主席出席东盟与中日韩非正式首脑会晤，同东盟发表《中华人民共和国与东盟国家首脑会晤联合声明》，确定中国同东盟“建立面向21世纪的睦邻互信伙伴关系”，同时启动“10＋1”对话机制，为发展相互关系奠定了坚实基础。此后，每年中国都与东盟各国首脑定期举行最高级别对话会议，就经济、政治，以及安全合作等问题进行磋商。2002年，中国与东盟签署《南海各方行为宣言》，接着，中国于2003年10月加入《东南亚友好合作条约》。这两项举措的实施，为中国与东盟加强以经济为中心的全面合作提供了有力的政治保障。在此基础上，中国与东盟将先前的“睦邻互信伙伴关系”升格为“面向和平与繁荣的战略伙伴关系”。其间，特别是2002年11月，中国与东盟领导人在金边签署《中国—东盟全面经济合作框架协议》，决定在2010～2015年前后逐步建成“中国—东盟自由贸易区”，使中国与东盟的友好关系进入一个新阶段。

中越关系是中国与东南亚友好邻邦关系的重要方面。进入20世纪90年代，随着冷战结束和柬埔寨问题的和平解决，中越两国关系开始逐步改善。1991年11月，越共总书记杜梅和部长会议主席武文杰率越南党政代表团访华，两国领导人举行了高级会晤，签订了《贸易协定》和《关于处理两国边境事务的临时协定》。在随后发表的联合公报中，双方宣布两国关系正常化，决定通过谈判解决困扰两国关系的陆地边界争端和南沙问题。此后，双方领导人互访频繁，关系进一步加深。1999年2月越共总书记黎可漂访华，同江泽民总书记会晤，决定建立“长期稳定、面向未来、睦邻友好、全面合作”的睦邻友好合作关系，使两党两国关系进入一个新的发展阶段。经过多年谈判，同年12月，两国正式签署了《中越陆地边界条约》，成功地解决了这一历史遗留问题，为两国建立持久的和平友好关系奠定了基础。2005年11月，胡锦涛主席访问越南，在随后发表的联合声明中，双方进一步表示两党两国将在“长期稳定、面向未来、睦邻友好、全面合作”十六字方针指引下，永做好邻居、好朋友、好同志、好伙伴。力争提前实现2010年双边贸易额达到100亿美元的目标，以及在2008年前完成陆地边界全线勘界立碑工作，进一步落实北部湾划界协定和渔业合作协定，尽早开始湾口外海域的划界谈判、商谈该海域的共同开发问题等。因而又将中越两党两国睦邻友好与全面合作关系提高到了一个新的发展水平。总之，自20世纪90年代以来，尽管两国之间有时在海上边界上出现一些小摩擦，但总的趋势是，两国睦邻友好合作关系不断深入发展。这不仅造福于两国人民，也有助于推动区域合作，促进地区乃至世界的和平、稳定与繁荣。

二　中国同美、日关系在曲折中发展

冷战结束以来，中国周边安全环境得到很大改善，但仍存在诸多不稳定和不确定因素，中国的安全环境依然面临一系列严峻挑战。其中主要是，在苏联解体、美苏对峙结束后，美日的战略对手苏联不存在了，由此导致中美和中日关系发生新的变化。尤其是近年来，随着中国经济高速增长、综合国力日益增强，美国加强与日本等国的军事同盟，企图控制中国的发展，对中国形成威胁。

（一）中美关系

10多年来，中美关系在曲折中发展变化。1989年“六四”后，美国宣布对华进行制裁，导致两国关系恶化。在克林顿总统第一个任期内，美国在人权、民主、知识产权、贸易逆差以及核扩散等问题上一再对中国施压，企图迫使中国就范。与此同时，美国则调整对台政策，提升美台关系，1995年不顾中国严正外交交涉及其对中国所作的不同意李登辉访美的庄严承诺，悍然批准李登辉访美，导致中美关系严重倒退和两岸关系紧张。

从克林顿第二个任期起，美国开始调整对华政策。1996年11月，克林顿在出席马尼拉亚太经合组织非正式首脑会议前夕表示，他下一个任期的政策目标之一是“加强与中国的接触，使中国成为美国和其他国家的真诚伙伴，共同向前发展，而不是遏制中国”。在此期间，中国从维护世界和地区和平与繁荣以及两国人民根本利益出发，本着“增加信任，减少麻烦，发展合作，不搞对抗”的原则，为改善中美关系、同美国建立长期稳定的友好关系做出了不懈努力。1997年10月底到11月初，江泽民主席对美国进行了国事访问，双方就建立“面向21世纪的建设性战略伙伴关系”达成协议。1998年6月，克林顿总统访问中国，双方在肯定中美建立“面向21世纪的建设性战略伙伴关系”的基础上，又就包括台湾问题在内的双边关系和国际问题举行了富有成果的会谈。此后，两国加快了改善关系的势头，促进了双边关系的发展。

然而，小布什上台后，两国关系又现曲折。在竞选总统期间，小布什对克林顿总统第二个任期的对华政策大加指责，强调中国不是美国的“战略伙伴”，而是“战略竞争对手”。小布什上台后，尤其是2001年4月发生美机在海南岛附近撞毁中国飞机事件后，美国在人权、宗教、西藏、台湾问题上摆出强硬姿态，小布什甚至扬言，美国将不惜一切代价全力帮助台湾“自卫”，一度使中美关系处于十分紧张状态。

2001年美国发生国际恐怖主义袭击的九一一事件后，出于反恐和防止核扩散的需要，美国缓和了对华政策，在朝核等一些重要战略问题上进行相互协调与合作，出现了美国前国务卿鲍威尔所说的“中美关系最好时期”。

然而，近年来，随着美国全球战略的调整，以及中国经济快速发展和国际影响日益扩大，布什政府在与中国保持“对话”与“接触”的同时，出现了企图控制中国发展的趋势。如美日“2+2会议”制定了新的“共同战略目标”，将美日军事合作地理范围扩大到全球；将朝核问题、台湾问题和中国提高军事透明度问题公开列入美日两国“共同战略目标”，对中国安全构成严重威胁。这里需要指出的是，美国政府政策的根本出发点都是为了维护美国自身的国家利益和全球霸主地位，防止中国强大起来对美国自身国家利益与地区乃至世界霸权构成有力挑战。

（二）中日关系

冷战结束10余年来，中日关系同样在曲折中发展。20世纪90年代，两国关系虽然曾出现一些风波，但总的看主流是好的，双方在政治往来、经济交流等方面都取得较大进展，相互关系有所加深。人们还记得，1991年在西方对中国实施“制裁”的形势下，日本首相海部俊树访华，推动了两国关系的改善，为全面恢复两国正常来往迈出了重要一步。接着，1992年，为纪念中日邦交正常化20周年，江泽民总书记应邀访日，同年，日本明仁天皇与美智子皇后应邀访华，使两国关系发展到一个新高潮。1993年后，虽然由于日本政局动荡，内阁更迭频繁，加上其间连续发生日本右翼团体成员和政客登上钓鱼岛，首相参拜靖国神社，以及日本内阁成员相继发表否定侵略历史、美化侵略战争的言论等，导致中日关系出现三四年的低迷期，但是经过双方共同努力，1997年以后重新恢复发展势头。1997年9、11月，李鹏总理和桥本首相实现互访，接着，江泽民主席作为中国国家元首于1998年11月首次访日，并同日方发表《关于建立致力于和平与发展的友好合作伙伴关系的联合宣言》，从而把中日关系推向新的历史阶段。此后，双方关系继续保持良好的发展势头。1999～2000年，根据江泽民主席访日期间达成的两国领导人每年交替互访的协议，又实现小渊惠三首相和朱镕基总理互访。在此期间，尽管1993～1996年两国政治关系一度低迷，但经济合作一直良好。90年代日本先后向中国提供两批日元贷款，日本对华投资和双边贸易也均有较大幅度增长。此外，中日安全对话和交流也日趋活跃。中国国防部长迟浩田于1998年2月访问日本，扩大了中日交流的范围。

然而，自从2001年小泉纯一郎上台后，由于其不顾中国政府和人民强烈抗议和反对，顽固坚持参拜祭祀东条英机等甲级战犯的靖国神社，严重伤害中国人民的民族感情，破坏了维系中日关系的政治基础，导致两国领导人互访中断，两国关系一路下滑，使两国关系出现1972年邦交正常化以来最坏局面。近年来，小泉内阁在钓鱼岛、东海石油开发等一系列问题上对中国采取强硬立场；军事上把中国视为“潜在假想敌”；在台湾问题上公然干涉中国内政，将所谓“和平解决”台海问题列入日美“共同战略目标”，为未来同美国联手干涉台海事务埋下伏笔，从而对中国的国家利益和安全环境构成严重威胁。

三 中国奉行防御性的国防政策

1998～2004年，中国先后4次发表《国防白皮书》，全面阐述了中国国防政策、军队建设、国际安全合作以及其他有关方面的问题，充分表达了中国人民热爱和平的真诚愿望与坚持走和平发展道路的坚定信念。

中国的国防政策完全是防御性的，基本任务和目标是：巩固国防，防备和抵抗外敌侵略，捍卫国家主权、领土完整和海洋权益；制止国家分裂，促进祖国统一；维护国家发展利益，促进经济社会全面、协调、可持续发展，不断增强综合国力；坚持国防建设与经济建设协调发展、国防建设服从和服务于国家经济建设的方针；严厉打击各种犯罪活动，保持正常社会秩序和社会稳定；贯彻独立自主的和平外交政策，不同别国缔结反对第三国的条约和协定，不在国外建立军事基地和派驻军队，不谋求世界和地区霸权。在以上前提下，坚持走有中国特色的精兵之路，致力于建设一支革命化、现代化、正规化的人民军队；奉行积极防御的军事战略，继续坚持人民战争思想，发展人民战争的战略战术；突出加强武器装备建设，联合作战能力建设和战场建设，将中国人民解放军建成一支能打赢信息化条件下局部战争的武装力量。

从国际军备水平来看，目前中国人民解放军的装备仍然十分落后，因此近若干年来投入一定的力量进行武器装备更新。但这完全是出于防御的需要，而不是针对任何别的国家，不对任何国家构成威胁。国际上有人渲染“中国威胁论”是完全没有任何根据的。

为了消除误解，增加信任，中国一面奉行“与邻为善、以邻为伴”的外交方针和“睦邻、安邻、富邻”外交政策，力求通过经济合作，政治交往，同周边国家发展和加强睦邻友好关系，同时积极开展各种形式的双边和多边安全对话和军事交流，以便同美国、日本以及其他有关国家在消除误解、增进互信的基础上，建立较为稳定的安全关系。中国将继续做出不懈的努力，争取较为稳定的互信互利的军事安全环境，保障中国社会主义建设顺利进行，到2020年实现建成小康社会的宏伟目标。

第三章 新安全观与安全对话机制

第一节 新安全观与非传统安全

冷战结束后，国际政治安全格局发生重大转折。美、苏两极对抗消失，其他矛盾的影响力相对抬升，对冷战时期多年形成的安全模式和安全理念构成冲击。在新的形势下，国际社会力求探讨建立有别于传统安全构架与理论的新的安全观念与机制。

一 非传统安全的凸显与新安全观的产生

早在20世纪70年代，人们已经开始意识到，在传统安全因素之外，一系列非传统安全因素的影响力正在增强。有鉴于此，国际社会开始逐渐认识到，仅靠传统安全领域的努力，难以在当今世界中获得可靠的安全保障。因此，西方学术界开始对国家与国家集团的“综合安全保障”问题进行研究，并首次将应对诸如战争、破坏、颠覆、封锁等传统意义上的安全威胁，与政治、经济、军事、外交、文化以及资源、生态等多方面的问题和条件联系起来进行综合考察。

1987年第四十二届联合国大会通过挪威首相

布伦特兰夫人的报告《我们共同的未来》。报告在提出可持续发展这一重要概念的同时，还重点强调了必须扩大关于安全的定义，使国家安全与国际安全广泛关联的理念被更多的人所接受。

冷战结束后，原先处于非支配地位的诸如民族矛盾、宗教冲突、恐怖主义、有组织犯罪等问题对各国稳定和国际安全的威胁程度明显上升，进一步强烈地冲击着人们固有的安全观念和安全理论，遂使涵盖非传统安全因素的综合安全意识，普遍为人们认可。

（一）非传统安全对世界和平与稳定的危害不可低估

2001年美国发生国际恐怖主义袭击的九一一事件夺走了近3 000人的生命，超过了美国在珍珠港事件中阵亡的人数。另据不完全统计，仅2004年全球发生的较大规模的恐怖事件就导致2 900余人死亡、8 200余人受伤。

1974～2003年的30年里，全球发生的重大自然灾害造成至少200万人死亡，1.8亿人流离失所。

当前，每年全球死于艾滋病的人高达250万～350万。2003年二季度发生的非典（SARS）疫情，使新加坡、中国香港和台湾的经济受到沉重打击。世界银行东亚区首席经济学家赫米·卡拉斯（Homi Kharas）估计，当年爆发非典疫情对整个东亚造成数百亿美元的损失，中国与香港受到的影响最大。从行业来看，东南亚各国的旅游收入大幅度下降。

2004年12月印度洋大海啸导致近30万人丧生，给印尼、泰国、斯里兰卡等国造成的经济损失十分严重，仅斯里兰卡一国就达到13亿～15亿美元，占其经济总量的6.5%。2005年南亚印巴交界的喜马拉雅板块发生强震，导致巴控克什米尔地区9万人死亡和需要数十亿美元重建费用。

2005年10月24日，亚洲开发银行表示，倘若禽流感疫情严重爆发，亚洲地区在短期内就将蒙受2 500亿～2 900亿美元的经济损失；即使是相对较轻的疫情，消费、投资及贸易也会受到打击，损失估计将会高达900亿～1 100亿美元。

（二）非传统安全产生的原因

当今，非传统安全威胁之所以由潜在、局部的问题，演变成全球性的现实威胁，究其历史背景和成因，主要是：

1. 旧的不公正国际政治经济秩序长期存在，引发诸多的矛盾和危机

长期以来形成的国际旧秩序，存在严重的不公正问题，成为诱发恐怖主义等非传统安全威胁的重要原因。近现代殖民主义、帝国主义对发展中国家的压迫和剥削，至今仍遗留着许多历史问题，造成国家、种族和宗教纷争，导致冲突和动荡，成为恐怖主义滋生的温床。当今，美国在国际事务中推行霸权主义，在反恐斗争中奉行双重标准，为一己之私，无视他国权益，引发一些弱势群体采取极端手段进行抗争。

2. 世界经济发展不平衡，贫富差距悬殊甚而扩大，导致矛盾和冲突

据有关资料显示，近40年间，世界各国间的贫富差距增加了1倍，全球不发达国家已从1971年的25个增加到目前的49个。世界经济发展失衡导致部分国家的极端贫穷和落后，催生了相关国家部分民众的绝望心理和铤而走险的心态，为恐怖主义的滋生和蔓延提供了土壤。这也促使一些发展中国家内部矛盾不断加剧，削弱了其应对危机，抵御自然灾害和严重传染性疾病及跨国犯罪等威胁的能力，并导致难民和非法移民数量急剧增加。

3. 人类发展与自然环境长期失谐，滋生更多的环境安全问题

有关数字显示，近半个世纪以来，由于人们在发展的同时忽视对自然与环境的保护，自然灾害的发生频率明显提高，强度明显增加。20世纪60年代时，全球每年发生自然灾害100次左右，现在则达到每年500次以上，增加了4倍。人与自然关系的失谐，已经威胁到人类整体的安全。

4. 防范危机机制建设严重滞后，导致非传统安全威胁难以得到及时遏制

近二三十年来来，经济全球化发展加速，各国相互依存日益加深，在促进经济快速发展的同时，也导致了经济和金融风险，跨国犯罪猖獗，疾病传播范围和速度增大。尽管为消除这些负面影响，国际社会也做出努力，但迄今尚未形成完整、系统的国际防范机制。一旦在某个国家、地区发生危机，往往出现“多米诺”式效应，导致更大范围甚至世界性危机发生。

（三）东亚地区最早出现的新安全观

当前，基于国家安全理论上的创新和国际关系实践的深入，综合安全意识已经逐渐被各国所接受，并且依据不同地区和国家的具体情况进行了有益的尝试。在东亚地区，东盟较早地把共同促进本地区的经济增长、社会进步和文化发展确定为自己的宗旨和目标。尤其是1997年东南亚金融危机的爆发，使各国政府均认识到保证国家安全需要政治、军事、经济、外交等多方面的综合条件保障。中国一向从综合的角度对待安全问题，早在1996年即正式提出了“新安全观”，其所涉及的主要内容即综合安全的问题。

二 传统国家安全观与非传统安全观

(一) 传统安全观

全球化进程从工业革命开始到目前为止，可以分为前全球化和现全球化两个时期。在这两个时期，国家安全和国家安全观的内涵与外延都发生了较大的变化。

传统国家安全观是与前全球化时期相对应的一种安全理论，其内容充分体现和适应了前全球化时期国家安全的发展要求。在前全球化时期，随着近代民族国家的产生和现代意义上的国际体系的形成，围绕着维护国家生存与发展，逐步形成了一系列以民族国家为主体，以军事安全和政治安全为主要内容的安全主张，即以确保国家生存为基本宗旨的传统的国家安全观。

传统国家安全观具有以下明显特点。

1. 安全主体比较单一

一切安全问题都要围绕国家这个中心，是传统国家安全观鲜明的特征。至于其他安全主体，如个人、集体、地区、全球等则受到忽视甚至排斥。

2. 安全要素的内涵较小

传统国家安全观的内容主要包括军事安全、政治安全、领土安全，即拘泥于国土、国民的保护和政治主权的独立完整，相当程度上忽视经济、科技、环境、教育、文化等安全要素的重要性。

3. 安全手段比较简单，在相当程度上具有唯武力论色彩

大多数国家为增强自身的安全，倾向于扩大和加强它们的军事能力，把强化军事力量当作维护国家安全的有效手段。

4. 安全的共性不强

具有互相猜忌、自私性、对抗性、挑衅性等特点。追求单边安全而非大家共有的安全，追求单赢而非双赢或多赢，从而不可避免地导致安全困境。

总之，传统国家安全观强调民族国家是安全主体，国家利益、权力是安全的目标，武力则是安全的重要手段。

(二) 非传统安全观

第二次世界大战结束以来，日新月异的科技进步、世界经济一体化趋向以及日益加深的全球相互依存等因素，对传统安全观提出了挑战。非传统国家安全观的影响和作用由此开始显现，并在冷战结束后，逐渐受到各国理论界及政界的广泛关注。

冷战结束后，世界面临着一系列多元、复杂而又不为人们熟悉的安全议题，从种族冲突到大规模毁灭性武器的扩散、从人口激增到艾滋病的蔓延、从全球贫困到地球生态系统的破坏。凡此种种，无不威胁到人类的生存和发展，这些问题难以用传统国家安全观来释疑和解决。这些安全议题的出现，客观上需要人们以全新的视角和方法来认识和对待它们，这种新的认识就是非传统国家安全观。因而，一般情况下，学术界把不同于侧重军事、政治安全的新的安全问题称为非传统安全问题。

非传统与传统国家安全观的比较，可作如下分析。

1. 总体考察

传统国家安全观与前全球化时期相对应，非传统国家安全观与现全球化时期相对应，两种安全观有着不同的内容。

传统国家安全观认为，国家是国际政治中最重要的角色，是安全的最基本的主体；国家的最终目的，是最大限度地谋求权力或安全最大化；军事手段是维护国家安全最基本、最重要的手段。

非传统国家安全观认为，在现全球化时期，影响国家安全的因素不断增多，安全领域在不断扩展，国家安全不再仅仅局限于军事、政治领域，而逐渐扩展到经济、科技、信息、文化、生态等诸多领域。非传统国家安全观强调，世界各国的共荣共存，即安全的共性和关联性，而不是单个国家的安全，合作是实现安全的重要手段。

2. 非传统安全特点

综合起来，当前人们探讨的非传统安全大致包括：经济安全、金融安全、生态环境安全、信息安全、文化安全、资源安全，应对恐怖主义、民族冲突、宗教矛盾、武器扩散、疾病传播、跨国犯罪、走私贩毒、非法移民、海上武装劫掠、黑市洗钱等方面。其主要特点是：

(1) 非传统安全威胁因素的发生载体往往是跨国性的

在经济全球化的进程中，各类非传统安全威胁因素跨国传播与蔓延进一步加速。同时，当今受作用于非传统安全威胁因素影响的安全主体，往往不是某一个特定的国家、集团或个人，而是具有相当的广泛性和不确定性的群体、阶层，甚至是整个国际社会。这是由于：

① 许多非传统安全本身就属于“全球性问题”

如臭氧层的破坏、生物多样性的丧失、严重传染性疾病的传播等，都不是针对某个国家或某个国家集团的安全威胁，而是关系到全人类的整体利益。

② 许多非传统安全具有明显的扩散效应

如在东亚、拉美先后爆发过的金融危机，始于一个国家，而最终波及整个地区，而且随着其不断扩散，其危害性也逐渐积聚、递增，以致酿成更大危机。地震、海啸等自然灾害，非典（SARS）、艾滋病和禽流感的传播，亦具有类似状况。

③ 许多非传统安全威胁的行为主体呈“网络化”分散于各国

如以“基地”为核心的国际恐怖组织就分散在全球160多个国家，其结构呈网络状，彼此并无隶属关系，但联系紧密、行动灵活。

(2) 非传统安全超越军事领域，具有明显的多样性

① 大部非传统安全属于非军事领域

如能源危机、资源短缺、金融危机、非法洗钱等主要与经济领域相关；有组织犯罪、贩运毒品、传染性疾病等主要与公共安全领域相关；环境污染、自然灾害等主要与自然领域相关。这些都不是传统安全所关注的领域。

② 某些非传统安全威胁虽具有暴力特征，却不属于单纯的军事问题

如恐怖主义、海盗活动、武装走私等虽然也属于暴力行为，并可能需要采取军事手段应对，但它们与传统安全意义上的战争、武装冲突则有很大不同。单凭军事手段也不能从根本上加以解决。

(3) 非传统安全具有强烈的突发性

传统安全威胁从酝酿、萌芽、发展到激化导致武装冲突，往往会通过一个矛盾不断积聚、性质逐渐演变的渐进过程，往往会表现出许多征兆，人们可据此而采取相应的防范措施。然而，许多非传统安全威胁却经常会以突如其来的形式迅速爆发。这是由于，非传统安全威胁因素普遍存在于各国社会和国际关系领域的各个层面中，对其可能产生能量和威胁程度的安全界限平时很难确定。而促使这些非传统安全因素达到足够威胁国际政治主体水平的条件又极其复杂，几乎存在于现代社会政治、经济、文化等所有方面。从而导致由非传统安全威胁因素引发的冲突、骚乱、动荡，常常具有突发性的特点。

① 不少非传统安全威胁缺少明显的征兆

诸如，近一二十年来全球爆发的影响重大的恐怖事件，以及近年来突如其来的“非典”（SARS）、禽流感疾病蔓延，都是在人们毫无防范的情况下发生的，当人们意识到其严重性时，已经造成很大危害。

② 人类对某些自然灾害认识水平的局限

如地震、海啸、飓风等自然灾害，其发生前并非全无征兆，但由于人类在探索自然方面还有许多未解之谜，同时世界科技发展的不平衡以及为预防而投入的不足，也导致许多后进国家缺乏对灾害的早期预警能力。

(4) 非传统安全与传统安全间具有明显的互动性

当今，在非传统安全威胁因素与传统安全威胁因素之间，往往很难划出一条明晰的界线，两者自身及其产生的影响作用通常可以相互转换。在冷战结束后，美国为利用苏联东欧体系的崩溃，建立自己的全球霸主地位，极力打击异己势力，人为地将不同民族、不同宗教为主要载体的不同文明对立起来，更使国际安全对非传统因素的承受力大大降低。正是在这样一个大背景下，由传统安全威胁向非传统安全威胁的转化变得异常容易。

① 许多非传统安全问题是传统安全问题直接引发的后果

如战争造成的难民问题、环境破坏与污染问题等。

② 一些传统安全问题可能演变为非传统安全问题

如恐怖主义的形成，就与霸权主义所引发的抗

争心态，领土、主权问题导致的冲突和动荡，民族、宗教矛盾形成的历史积怨等传统安全问题有着密切关联。

③ 一些非传统安全问题也可能诱发传统安全领域的矛盾和冲突

如恐怖组织谋求获取核、生、化等高技术手段，就会涉及到大规模杀伤性武器扩散问题。

三 应对挑战

如何应对非传统安全威胁的挑战，切实维护世界和平、促进共同发展，为人类营造一个稳定和谐的世界，是各国必须认真思考和切实解决的重大课题。

从20世纪90年代中期开始，东亚地区各国在双边安全对话和多边良性接触的推动下，努力使一些增进互信的实际步骤获得明显的实效，并竭力使其通过某种机制化的方式成为地区国际关系的主流。

（一）通观全局，树立新的安全观

新旧安全观在应对形势变化的范围、目标和手段上都有着明显差别。历史和现实反复证明，武力不能缔造和平，强权不能确保安全。只有树立全新的安全观念，才能应对日益增多的非传统安全威胁。近年来，中国领导人多次在各种场合谈到“非传统安全威胁”，并明确提出“传统安全威胁和非传统安全威胁的因素相互交织”是当前人类社会面临的挑战之一。中国倡导的以“互信、互利、平等、协作”为核心的新安全观，不仅适用于应对传统安全威胁，也完全适用于应对非传统安全威胁。总之，只有树立综合安全、共同安全、合作安全等新的安全观念，才能妥善应对各种非传统安全威胁。

（二）携手共进，加强安全合作

面对各种非传统安全威胁，单个国家的行动往往难以奏效，国际合作才是必要和有效的手段。近年来，国际社会在加强多边安全对话与合作、共同应对非传统安全领域的挑战方面取得不少成果。

1996年成立的“上海五国”机制，由解决中国与前苏联相关国家间冷战时期遗留下来的军事对峙状态开始，到建立防范恐怖主义、极端主义、分裂主义安全合作和经济、文化等多领域协调机构，实际上是一个合作安全机制逐步完善的过程。上海合作组织于2004年1月正式启动地区反恐机构。

1994年7月在泰国曼谷成立的东盟地区论坛（ARF），对亚太合作安全潮流的形成发挥了重要作用。亚太国家以及欧盟等国家建立的这一政治安全对话机制，在10多年的运作中，在涉及地区安全的广泛领域里，对许多共同关注的问题达成了共识：一是多数国家把综合安全理念共同作为论坛的基本原则；二是将论坛的发展规划为促进建立互信措施、开展预防性外交和探讨应对冲突途径为一个渐进的过程；三是确立了地区论坛参加国必须是“对地区的和平与安全产生积极影响”的“主权国家”；四是建立高层次国防接触、培训军事人员、交流军事演习信息、赈灾救援等具体措施。

中国与东盟先后签署了关于非传统安全领域合作的《联合宣言》和《谅解备忘录》，并于2002年5月在东盟地区论坛上提交了《关于加强非传统安全领域合作的中方立场文件》。中日韩与东盟于2004年1月同意建立打击跨国犯罪的合作机制等。

今后，国际社会将会继续加强不同领域、不同层级的多边对话与合作，并进一步加强在金融风险防范、卫生防疫、防灾减灾方面的机制建设，建立起更为完善的早期预警机制和危机管理机制，最大程度地减少各类灾难所造成的危害和损失。

（三）标本兼治，共建和谐世界

世界多极化和经济全球化趋势继续深入发展，人类在迎来难得发展机遇的同时，也遇到了越来越多、越来越尖锐的全球性非传统安全挑战。消除非传统安全威胁，既要着眼于当前，又要标本兼治。

当前，经济全球化正迅速向前推进。在推动世界经济发展、带来丰硕成果的同时，其所隐含的优胜劣汰规律进一步加剧了发展的不平衡，不少发展中国家面临着被进一步边缘化的危险。实践显示，没有普遍发展和共同繁荣，世界难享太平。贫困、难民、流行疫病问题，既是地区动乱和冲突的重要根源，也是滋生恐怖主义的温床。只有建立公正合理的国际政治经济新秩序，彻底消除贫困和落后，才能最终铲除以恐怖主义为代表的非传统安全威胁滋生繁衍的土壤。

中国在自身尚不富裕、国民收入不高的情况下，以高度负责的态度、满腔的热情，承担了一个大国应尽的责任。例如，为了帮助其他发展中国家摆脱贫困，中国已向30多个最不发达国家提供了优惠关税待遇，减免了有关国家的债务。2005年5月，中国国际扶贫中心在北京正式成立。9月，中国还提出了加强对最不发达国家经济援助的五项新措施。又如，在印度洋海啸和南亚大地震国际救援行动中，中国感同身受，不仅向受灾国提供了巨额无偿援助，还在第一时间派出救援队和医疗队奔赴灾区。

与此同时，经济全球化的深入，进一步加重了环境问题全球化的色彩。过度开发使不少物种濒临灭绝，过度排放污染江河湖海，乱砍滥伐使大量森林不复存在，荒漠化问题日益严重。同时，多种社会、经济和环境因素引发的艾滋病、禽流感等恶性疾病蔓延和突发性自然灾害爆发。这一切都促使人们同心协力积极应对。

而今，实现可持续发展，应对环境领域非传统安全挑战，已成为世界各国多边外交场合的重要议题。2005年1月，150多个国家和地区在日本举行世界减灾会议，描绘未来10年减灾前景。同月，在达沃斯世界经济论坛上，灾难处理、抗击艾滋病和疟疾、防止气候变暖等公益问题成为讨论焦点。为了遏制艾滋病蔓延的势头，世界银行决定在无息贷款、无偿援助等方面为贫穷和中等收入国家提供帮助，全球抗艾滋病资金由1996年的3亿美元增至约80亿美元。当前，禽流感一发生，就受到国际社会的高度重视。在世界卫生组织等国际机构的指导下，各国努力建立联合行动机制，密切监控疫情，加紧研制疫苗，对可能出现的新疫情做好应对准备。亚太经济合作组织和世界卫生组织先后召开亚太地区和国际禽流感会议，并承诺向有关国家提供资金援助。2005年12月召开的首届东亚领导人峰会，亦为东亚地区共同应对禽流感通过决议。

展望未来，面对挑战与机遇，东亚地区将继续以实际行动，同世界各国携手合作，努力既消除传统安全威胁又消除非传染安全威胁，为建设一个持久和平、共同繁荣的和谐世界而不懈努力。

第二节 地区安全对话与安全机制

冷战结束后，由于世界大战和大规模局部战争爆发的可能性日趋减少，人们的安全观念发生变化。目前各国都把发展经济和促进经济合作与交流置于国家政策的首位，因此迫切期望于长期维持地区的和平稳定局面。基于这一共同愿望，各国纷纷倡议，积极探索，以谋求建立一种能够确保共同安全的地区安全对话与合作机制。近年来，东亚地区在各国共同努力下，相互间多边与双边安全对话已广泛展开，为建立符合地区特点和各国共同利益的安全机制创造了条件。

一 多边与双边安全对话的进展

（一）多边安全对话

1. 东盟地区论坛与亚太安全合作理事会（CSCAP）

1995年8月1日，东盟地区论坛第二次会议结束后发表的《主席声明》称：“东盟地区论坛将沿着两条轨道前进。第一条轨道是东盟地区论坛，各国政府进行活动。第二条轨道是由战略研究所和有关的非政府组织进行活动，东盟地区论坛的所有与会者都有资格参加这些战略研究所和非政府组织”。这个声明阐明了东盟主导下的两个地区安全对话组织——东盟地区论坛和亚太安全合作理事会所具有的不同组织形式和性质。

（1）东盟地区论坛

是当前东亚地区唯一的政府间专门就地区安全进行多边对话的机制，包括欧盟在内，现有24个成员。在本地区国家中，除东盟10国外，包括中国、日本、韩国、朝鲜和蒙古等所有15个国家均为该论坛成员。它虽然名为“东盟地区论坛”，由东盟主导，但其所讨论的问题远远超出东南亚地区范围，而涉及东亚地区的各种安全事务，如东北亚安全以及朝鲜半岛问题等。因此，它实际上是一个涵盖东亚地区、乃至整个亚太地区的地区安全对话机制。

（2）亚太安全合作理事会（CSCAP）

成立于1993年6月。是一个由有关各国战略和国际问题研究机构定期举行会议，探讨亚太地区安全问题的非政府组织。创始成员有东盟战略和国际问题研究所联合体、美国太平洋论坛、澳大利亚战略和防务研究中心、韩国汉城国际问题论坛、加拿大亚太联合研究中心，以及日本国际问题研究所等。

该组织的理事会于1994年1月在马来西亚首都吉隆坡正式成立，并通过了《理事会章程》和《吉隆坡宣言》。其成立的宗旨是:“参照太平洋经济合作会议（PECC）结合亚太经合组织（APEC）的经验，充分发挥非官方对话的作用，推动和配合东盟地区论坛的安全对话”。按《章程》规定，理事会要求每个成员国成立全国委员会，有关政府官员和学者可以私人身份参加。

1994年6月在吉隆坡举行的一次会议上，当时的两主席之一印尼战略与国际研究中心主任约瑟夫·瓦南迪提出了亚太安全合作理事会三个阶段的任务，即：第一阶段扮演的角色是一个制定建立信任措施的地区性“预防外交”机构；第二阶段是成为一个积极促进武器控制和核不扩散的地区机构；第三阶段是纳入全球集体安全体系。鉴于该理事会的参加者基本上是各国的安全智囊机构，对各国制定东盟地区论坛和亚太安全政策起着先导作用，同时与会者又以个人身份就亚太地区广泛的安全问题发表意见，提出建议，因此，避免了正式官方身份发言可能引起的麻烦，可更好地在有关各国之间就共同关心的问题进行交流和沟通。

该理事会自成立以来，先后吸收朝鲜、俄罗斯、新西兰和越南为正式成员，欧盟和印度为联系成员。中国于1996年参加理事会活动。1997年6月在澳大利亚堪培拉举行的第六次“指导委员会”会议上，一致同意接收中国为正式成员。据此，中国于当年成立亚太安全合作理事会中国委员会，并积极参加了理事会的各项活动。

2. 东北亚合作与对话论坛

1993年，中、日、美、俄、韩五国外交和防务官员以个人身份和一些民间研究机构的研究人员一起，建立了东北亚合作与对话论坛。

这是一个与会人员就东北亚地区安全和相互信任措施等进行自由交换意见的场所。该论坛每年轮流在有关各国举行，迄今已举行了13次会议。中国有关人员积极参加了历次会议，并先后在北京主办了3次全体会议。

日本首相私人咨询机构“防卫问题恳谈会”，1994年8月在其咨询报告中也提及建立“东北亚、西北太平洋多边安全对话”机制问题。1995年2月美国国防部发表的《东亚战略报告》称：“在历史上，东北亚是各强国利益交叉最为激烈的地区。美国面临的东北亚安全问题的挑战将长期存在。因此，认为建立东北亚次区域性安全对话的场所是十分需要的”。该报告还表示：要同日本、韩国密切合作予以推进。此外，俄罗斯和韩国也提出过类似的建议。

（二）双边安全对话

除上述多边安全对话机制外，当前有关各国，尤其是中、美、俄、日等大国之间，十分重视开展双边安全对话与合作，认为这是增进相互理解和彼此信任、走向安全合作的有效途径。

在双边安全对话方面，中俄之间一直保持着良好的发展势头。两军高层交往十分活跃，双边军事关系发展顺利。

中美之间军事交往在1989年后中断多年，90年代中期开始恢复。当时美国曾提议进行高级官员互访，开展业务往来，进行例行的军事互访和建立相互信任措施，参加多国安全论坛和军转民活动等。中国对此均持积极态度。经双方磋商后，1997年中国海军舰艇首度访问美国。1998年1月，双方签署《关于建立加强海上军事安全磋商机制协定》，使中美军事交流取得新进展。1999年5月，美国为首的北约集团轰炸中国驻南斯拉夫大使馆后，两国军事来往一度推迟，2000年又重新恢复。当年1月两国国防部进行了副部长级防务磋商；同年7月美国国防部长访问了中国。小布什上台后，由于2001年4月发生美国军用飞机在海南岛附近撞毁中国军用飞机事件，两军交往又一度中断。2001年9月，在关岛举行中美海上军事安全磋商机制专门会议，使一度中断的两国军事关系再次恢复。2003年10月，中国国防部长曹刚川再度访美；2005年10月，美国国防部长拉姆斯菲尔德首度访华，实现了两国国防部长的互访。另外，两国副部长级防务磋商以及其他方面的军事交流也已展开。

中日之间的安全对话也取得一定进展。上世纪90年代后期，根据1997年桥本首相访华期间双方就加强安全对话和交流达成的协议，中国国防部长迟浩田于1998年2月访问日本。作为回访，日本防卫厅长官久间章生也于同年5月访华。进入本世纪以来，石破茂作为日本防卫厅长官相隔5年后再次访华，同中国国防部长曹刚川举行会谈。以此为契机，从2004年开始，两国恢复了中断3年的副部长级防务磋商。此外，截至2004年，两国之间外交和防务当局事务级安全对话也已举行多次。

除上述中俄、中美、中日之间安全对话和军事交流外，中国同韩国、越南、菲律宾、泰国等周边国家的安全对话也在积极进行。事实证明，积极开展国与国之间的双边安全对话和军事交流，不仅会增进相互间的理解和信任，也为建立和加强地区多边安全对话机制奠定基础。

二 建立地区安全机制的几种模式

毋庸置疑，当前已经建立的地区安全对话机

制，如东盟地区论坛尚不健全和完善，能否建立次地区安全对话机制还存在许多不确定因素。

由于有关各国所处的地位不同，所追求的战略目标和国家利益不同，因而关于建立地区多边安全机制的设想也不一致。

当前包括已经实施的在内，人们议论最多的有如下几种模式：第一种是欧安会模式。第二种是美国当前正在推行的以其在亚太地区的联盟为主、多边安全对话机制为辅的地区安全机制。第三种方案是以现有东盟地区论坛为基础，本着先易后难、求同存异的精神，分阶段开展地区安全对话，逐步建立适合地区特点的安全机制。

（一）关于欧安会模式

1990年7月，澳大利亚外长伊文思在出席东盟外长对话国会议时，曾建议按欧安会模式建立"亚洲安全与合作会议"，来讨论亚太地区安全事务。

这里所说的欧安会全称是"欧洲安全与合作会议"，成立于1975年。当年7月31日至8月1日，包括北约与华约集团成员国在内的35个国家（阿尔巴尼亚除外），根据1972年5月美苏双方达成的协议，经过多年的酝酿和筹备，于赫尔辛基举行了首脑会议，讨论欧洲安全、经济合作、人员与文化交流以及续会等四个方面的问题。在此次会议上，35国首脑签署了《最后文件》，宣告"欧洲安全与合作会议"正式启动。

自20世纪90年代初期澳大利亚倡议召开欧安会式的"亚洲安全与合作会议"起，东亚地区许多国家对此进行了认真考虑，普遍认为欧安会模式不符合本地区的特点，在东亚地区建立多边安全与合作对话机制不能照搬欧安会模式。本地区的情况与欧洲有很大不同。这里不仅社会制度不同，历史传统、文化背景、宗教信仰也不一样，经济发展水平差距更大。尤其是，由于各国安全上所面临的挑战不同，对"威胁"的认识和看法差异很大，难以达成共识。另外欧安会成立20多年来，虽然经常聚会，但它在欧洲安全问题上发挥的作用是极其有限的，欧洲各国人民对此深表失望。有鉴于此，自90年代中期以来，东亚地区已无人再提出此种主张。

（二）关于美国的安全模式

主要是指以军事联盟和军事存在为主、多边安全对话机制为辅的安全模式。

这种模式的实质是使美国的亚洲联盟体制"北约化"，强化美国在亚太地区的霸主地位。从建立亚太地区多边安全合作来看，它的主要问题在于：

首先，这种模式只把多边安全机制作为其联盟体制的"补充"，实际上主要是依靠冷战时期建立的军事同盟体系，按照自己的国家利益和战略需要来对付自己所认为的"不稳定事态"，因此它是为其自身利益及其盟友利益服务的。

其次，军事同盟是冷战时期基于美苏对抗的需要产生的，其本身充满着对抗意识，即为了维持军事同盟，而需要寻找一个共同对付的对象。其结果必然使被树为对象的国家和同盟外的其他国家产生不安全感或对抗意识，从而可能导致"新冷战"的产生，不利于建立相互信任关系。

再次，这种模式是以其强大的军事实力为后盾实施的，即用强制手段推行其战略和政策，因而必然导致霸权主义和强权政治。亚太地区各国所追求的面向21世纪的地区多边安全合作机制，其目标是谋求地区的所有国家参加的非对抗性共同安全，而以军事同盟为主的对话机制与这一目标背道而驰。

（三）关于以东盟地区论坛为基础，逐步建立适合本地区特点的安全机制方案

这是一种比较理想的方案。实践显示，东盟地区论坛是在东盟主导下，通过有关各国共同努力建立起来的。论坛在协调和谅解的气氛中运作，成员之间的对话日益深入，共识逐步增多。论坛在促进彼此了解、增进相互信任、维护地区和平与稳定方面发挥着重要作用，正在成为亚太地区多边安全对话和合作的重要渠道。

中国一贯高度重视东盟地区论坛的作用，并积极致力于论坛的健康发展。在2004年举行的第十一届论坛外长会议上，中方就论坛未来发展提出如下建议：继续坚持论坛性质，坚持协商一致、循序渐进、照顾各方舒适度等基本原则，充分调动全体成员的主动性和积极性；继续巩固和加强建立信任措施活动，同时积极探讨预防性外交问题，逐步探索出适合本地区特点和现实需要的预防性外交合作方式与途径；逐步扩大国防官员的参与，促进各国军方交流与合作，发挥各国军方在增进相互信任方面的重要作用；重点在反恐和打击跨国犯罪等非传统安全领域加强合作。

只要各国共同努力，充分考虑论坛的性质和议事方式，采取协商一致，求同存异，循序渐进原则，共同维护各成员国的利益和需要，就有可能使其逐渐发展成为本地区维持和平和稳定的一体化多边安全合作机构。

三 建立多边安全机制

建立多边安全机制是本地区进行安全合作的一种新尝试，需要摆脱冷战思维，按新安全观来进行。

中国是新安全观的积极倡导者和身体力行的实践者。关于新安全观问题，2002 年 7 月 31 日，中国政府向东盟地区论坛提交的《中国关于新安全观的文件》指出：所谓新安全观，其“核心应是互信、互利、平等、协作”。2005 年 9 月 15 日，胡锦涛主席在联合国成立 60 周年首脑会议上，发表题为《努力建设持久和平、共同繁荣的和谐世界》的讲话，呼吁树立全球新安全观。他指出：在当今世界上，“无论对于小国弱国还是大国强国，战争和冲突都是灾难。因此，各国应该携起手来，共同应对全球安全威胁。我们要摈弃冷战思维，树立互信、互利、平等、协作的新安全观，建立公平、有效的集体安全机制，共同防止冲突和战争，维护世界和平和安全”。因此，新安全观应包括如下一些内容。

（一）要尊重亚太地区的多样性

亚太地区与欧洲不同，各国之间存在种种差异。这些差异既表现在历史传统、文化背景、宗教信仰的不同，也表现在经济发展水平参差不齐，更有社会制度和意识形态的差别。社会制度和意识形态的不同，对建立多边安全对话与合作机制影响最大。以某些国家人士所渲染的“中国威胁论”为例，其中意识形态的因素起着重要作用。在共建公正合理的国际关系时，要尊重互信与平等原则，各国不仅要珍视本国的政治经济制度，也要尊重别国的社会制度和发展模式，不能强加于人。

（二）必须把和平共处五项原则作为推行多边安全机制、建立国与国之间关系的准则

关于这一点，邓小平曾指出：“处理国与国之间的关系，和平共处五项原则是最好的方式。其他方式如‘大家庭’方式，‘集团政治’方式，‘势力范围’方式，都会带来矛盾，激化国际局势”，“最具有强大生命力的就是和平共处五项原则”。当前亚太国家之间，不仅存在前述种种差异，而且各国大小、强弱、贫富也不一样，只有按照“相互尊重主权和领土完整，互不侵犯，互不干涉内政，平等互利，和平共处”这五项原则才能处理好相互之间关系。

（三）要采取协商一致的原则，防止冷战思维渗透到多边安全对话和合作中来

冷战思维是冷战时期美苏实行对抗争霸的产物，其基本特征是一方企图通过实力压倒对方来谋求自身利益和安全。这种思维方式是与建立多边安全对话与合作机制的指导思想格格不入的。建立多边安全对话与合作机制的主要目标，是谋求区域内所有国家的共同安全。因此，要通过多边安全对话与合作来提高军事透明度，建立相互信任措施，开展预防性外交，以便沟通情况，化解矛盾，防止发生突发事件和军事冲突。要做到这一点，贯彻协商一致和求同存异的原则特别重要，这也是实现多边安全对话与合作的关键步骤。

（四）要通过加强经济合作，谋求区域内各国经济共同发展与繁荣，促进地区和平稳定

冷战结束后，国际经济一体化取得很大进展，东亚各国（地区）之间扩大了经济交流与合作，加深了相互依赖程度，对维护和巩固地区和平与稳定正在发挥重要作用。加深各国和地区间的经济合作和交流，已成为维持地区和平与稳定的重要经济基础。今后有关各国需进一步加强互利合作，相互开放，消除经贸来往的不平等和歧视政策，进行公平贸易，谋求共同繁荣和发展，为维护和发展地区和平与稳定作出贡献。

（赵阶琦）

第十一编

东亚地区及相关区域的国际组织与会议

第一章　东亚地区内的国际组织与会议

第一节　东亚地区合作发展的动力、进程和前景

一　概述

涵盖广义的东亚地区，有16个国家（包括通常地理概念中的“东亚”五国——中国、日本、朝鲜、韩国、蒙古和“东南亚”十一国——越南、老挝、柬埔寨、缅甸、泰国、马来西亚、新加坡、印尼、菲律宾、文莱、东帝汶）和1个地区（“北亚”的俄罗斯西伯利亚与远东地区），面积为2 902.5万平方公里，人口约21亿多。它在世界政治、经济格局中均居于极其重要的地位。

这些国家中的多数国家，在近现代遭到欧美殖民主义—帝国主义的侵略，沦为殖民地或半殖民地。19世纪末20世纪初，日本进入帝国主义时期后，曾长期以称霸东亚地区为其战略目标。它曾以“大东亚共荣圈”为幌子，发动“大东亚战争”，侵略了东亚地区多数国家，给东亚地区各国造成深重灾难，最后以失败而告终。

由于东亚地区多数国家的处境长期十分相同，愿望一致，这些国家的人民彼此同情，互相支援。一些国家民族民主革命的先行者，如中国的孙中山（1866～1925）等，曾经提出以东亚的合作来抵御西方列强的殖民统治，把中国从列强瓜分的灾难中解救出来。

在第二次世界大战期间，东亚地区各国人民在共同抗击日本侵略中增进了相互的联系与合作。二战结束后，各国陆续获得独立和发展民族经济中，更感到加强合作的重要性。一些国家不仅很快建交，开展经济贸易，确立了发展友好合作关系的原则，而且共同出席亚非会议，以及成立次区域合作组织——东南亚国家联盟，为实现东亚地区国家合作奠定了良好基础。

到了20世纪90年代初，马来西亚总理马哈蒂尔提出了有关建立“东亚经济集团”的倡议（后改为“东亚经济核心论坛”）。马哈蒂尔认为，面对欧洲一体化的进展和美国的经济霸权，东亚地区应该联合起来，争得自己的利益。1996年，由东盟、中日韩和欧盟国家参加的亚欧首脑会议的召开，也促进了东亚地区各国合作的发展。

东亚地区合作的正式进程，开始于1997年12月东盟与中日韩三国领导人首次就东亚地区开展合作在吉隆坡举行的会议。会议讨论了如何防止金融危机，推动地区经济发展，以及建立新型的合作关系。此后，领导人会议每年召开，又逐步增添了多个部长会议，发展了包括金融、次区域开发在内的合作项目。首次东亚峰会于2005年12月在马来西亚首都吉隆坡举行。

由于有关各国发展水平差异较大，有的国家之间还存在历史遗留的问题，东亚地区合作进程可能

不会是一帆风顺的，但是，作为一种潮流和趋势，将会继续得到发展。

二 东亚地区合作的驱动力

东亚地区合作的驱动力来自东亚地区本身利益的需求。从总的来说，这个地区的经济贸易关系不断加强，一体化程度加深。目前，东亚地区内贸易和投资比例占到一半以上，对有些国家来说，比例更高。因此，在世界经济区域化发展的形势下，东亚地区有必要加强本地区的合作，进一步开发和利用地区市场的潜力和优势，推动本地区经济的发展。

尽管整个东亚地区的合作开展较晚，但是，在次区域范围内，有些方面已经取得显著成效。东盟由最初5国扩展到10国，涵盖了几乎所有东南亚国家，并且以加快的步伐建设东盟内部的自由贸易区。不过，由于东南亚主要国家的经济外向型程度高，仅仅其内部建立自由贸易区是远远不够的。有必要把合作的范围扩大到东亚其他地区，首先是中日韩三国，以建立涵盖整个东亚地区的合作机制。

真正推动东亚地区合作加快步伐的是亚洲金融危机。1997年7月发生的危机起始于泰国，但很快扩散到东亚地区其他国家，并且深化，以致很快发展成为地区性严重金融危机和经济危机。

与当年墨西哥发生金融危机时形成鲜明对照的是，美国当时立即采取挽救措施，而面对亚洲金融危机，却迟迟不伸出援助之手，只是在一个多月之后才派人进行调查；到韩国陷入严重危机之后，才开始提供援救资金。同时，国际货币基金组织（IMF）的措施不能对症下药，过度的“紧缩”措施甚至加剧了遭受危机国家的困难程度。作为亚太地区主要合作机制的亚太经济合作组织（APEC）在当时也没有采取有力的步骤缓解金融危机。1997年11月在温哥华召开的亚太经济合作组织领导人会议没有把金融危机作为主要议题来加以讨论，以致决定1998年的主要任务是“亚太经合组织（APEC）的部门提前实行自由化（EVSL）”。可以设想，如果当时亚太经合组织领导人会议把金融危机作为主要议题，向市场发出解决危机的强有力政治承诺，市场信心就会得到恢复，至少不会进一步恶化。

显然，东亚地区的危机提出了一个紧迫的和重要的问题，这就是：东亚地区各国之间需要加强合作，尽快推动地区合作机制的建设。

三 东亚地区合作的进程

（一）东亚地区领导人（当时是9加3）第一次会议

1997年12月15日在马来西亚首都吉隆坡举行。会议的主要议题是：21世纪东亚的发展前景，亚欧合作，亚洲金融危机，深化地区经济联系，以及在国际经济问题上进行协调与合作。会议就这些议题达成了许多共识，领导人对加强东亚地区的合作发出了明确的政治信号，此后，每年召开领导人会议。并逐步增添了多个部长会议，发展了包括金融、次区域开发在内的合作项目。

（二）东亚地区领导人第二次会议

1998年12月16日在越南首都河内举行。这次会议取得了具体的成果，把东亚地区合作推向务实的方向。会议的主要议题是：加强地区合作，克服金融危机，恢复地区经济增长和促进地区的安全与稳定。与会的中国领导人、国家副主席胡锦涛就加强东亚地区合作提出具体建议，提议举行东亚地区副财长和央行副行长会议，研究国际金融改革及监控短期资本流动的问题。与会东亚地区领导人一致同意中国的建议，这使得东亚地区第一次有了高层政府职能部门之间的对话与协商，并就地区重大的经济问题寻求建立合作机制。

（三）东亚地区领导人第三次会议

1999年11月28日在菲律宾首都马尼拉举行。这次会议的主要议题是如何推动东亚地区合作。这次会议是东亚地区合作的一个重要转折点和新起点。因为这次会议就推动东亚地区合作的原则、方向和重点领域达成了共识，首次发表了《东亚合作联合声明》。声明强调，决心“在各个领域实现东亚合作”，领导人“对进一步深化和扩大东亚地区合作表示了更大的决心，朝着注重实效、切实提高东亚地区人民的生活质量，促进本地区新世纪朝稳定的方向努力”。声明列出了在经济和社会领域，在政治和其他领域的合作重点。

（四）东亚地区领导人第四次会议

2000年11月24日在新加坡举行。这次会议就落实1999年领导人声明的合作重点提出了具体措施，肯定了2000年5月财长会议就货币合作达成的《清迈协议》，同时就金融培训，人力资源开发进一步落实了行动计划，并就加快湄公河流域的基础设施建设提出了具体行动计划。这次领导人会议所表现出来的务实作风和面向未来的积极姿态，无疑为21世纪东亚地区的进一步深入合作打下了一个良好的基础。

（五）东亚地区领导人第五次会议

2001年11月5日在文莱举行。这次会议的一个突出成果是中国与东盟就建立自由贸易区达成共识。同时，中日韩领导人决定启动三国间的经济部长会议，就宏观经济形势进行讨论和加强经济合作。东亚地区领导人还就非传统安全和合作发表声明。

（六）东亚地区领导人第六次会议

2002年11月4日在柬埔寨金边举行。会议期间，中国与东盟签署关于建立自由贸易区和开展全面经济合作的框架文件、农业合作文件以及《南海行为守则宣言》。日本与东盟签署经济合作伙伴关系文件。

（七）东亚地区领导人第七次会议

2003年10月7日在印尼巴厘岛举行。应印尼总统梅加瓦蒂邀请，温家宝总理出席了这次会议。此次会议的历史意义在于：（1）签署建立“东盟经济共同体”、“东盟安全共同体”和“东盟社会和文化共同体”等文件，旨在把东盟建设成类似于欧盟早期的联盟体。（2）东盟第三次修订《东南亚友好合作条约》，使其成为向非东盟国家开放的区域性组织，中国成为该条约首个非东盟签约国。（3）首次举行东盟与印度领导人会晤，印度也将成为东盟合作条约的签约国。

（八）东亚地区领导人第八次会议

2004年11月29日在老挝首都万象举行。16个国家的元首或政府首脑参加了这次会议或相关会议，共商发展和合作大计，共通过和签署了30多个重要文件。会上，东盟同韩国和俄罗斯分别签署了关于加入《东南亚友好合作条约》的文件。东盟除了同中国、日本、韩国、印度举行了10+1领导人会议外，还同澳大利亚和新西兰举行了领导人会议。会上还讨论了建立“东亚首脑会议”机制和建设“东亚自由贸易区”的可能性。会议决定首次“东亚峰会”将由马来西亚于2005年主办。

（九）东亚地区领导人第九次会议与首届东亚峰会

2005年12月12日，在马来西亚首都吉隆坡举行第九次东盟与中日韩领导人（10+3）会议。温家宝总理出席会议，并发表题为《中国的和平发展与东亚的机遇》的重要演讲。

首届东亚峰会 根据东盟10+3外长会议2005年7月28日的决定，首届东亚峰会于2005年12月14日在马来西亚吉隆坡国际会议中心隆重举行。来自东盟10国、中国、日本、韩国、印度、澳大利亚和新西兰等16个国家元首或政府首脑与会。与会各国领导人签署了东亚峰会《吉隆坡宣言》，并讨论通过了关于预防、控制和应对禽流感的《东亚峰会宣言》。会议确定了东亚峰会的发展方向及模式，东盟将在东亚峰会及东亚合作进程中发挥主导作用。

（十）东亚地区领导人第十次会议与第二届东亚峰会

2007年1月14日，第十次东盟与中日韩领导人会议（“10+3”）在菲律宾宿务举行。温家宝总理出席会议，在会上发表《共建和平、繁荣与和谐东亚》的讲话。

第二届东亚峰会 2007年1月15日在菲律宾中部城市宿务举行。东盟10国、中国、日本、韩国、印度、澳大利亚、新西兰的国家元首或政府首脑出席会议，共商合作大计。温家宝总理15日在会上发表《合作共赢，携手并进》的讲话，就东亚合作方向提出三点主张，指出东亚合作要坚持开放性，中国支持东盟在东亚合作中继续发挥主导作用。

第二届东亚峰会把能源安全、金融、教育、防治禽流感、减灾等本地区人民最为关心的大事作为主要议题。与会的国家元首或政府首脑签署了《东亚能源安全宿务宣言》，提出了东亚地区能源合作的具体目标和措施。宣言强调，可靠、充足和可承受的能源供应是本地区国家的基本需求，对保持地区经济强劲和可持续发展，以及增强竞争力至关重要。

四 东亚地区合作取得的初步成果

虽然整个东亚地区的合作开展较晚，但是，在次区域范围内，有些方面已经取得显著成效。

（一）东盟由最初5国扩展到10国，涵盖了几乎所有东南亚国家，并且以加快的步伐建设东盟内部的自由贸易区

由于东南亚主要国家的经济外向型程度高，仅仅其内部建立自由贸易区是远远不够的。有必要把合作的范围扩大到东盟以外的地区，首先是中日韩三国，以建立涵盖整个东亚地区的合作机制。尽管“10 + 3”还是一个以经济合作为主题的地区对话机制，但是，在这个机制框架内取得了许多实质性的合作成效。

（二）在金融合作方面，通过《清迈倡议》建立了地区货币合作机制

《清迈倡议》的基础是双边货币互助互换，即通过签订双边协定，在缔约一方出现资金困难或受到资本冲击的时候，由另一方提供援助。《清迈倡议》的重要意义在于为未来东亚地区发展更高层次的地区金融合作机制奠定了基础。

（三）在贸易和投资方面，尽管涵盖整个广义东亚地区的自由贸易区计划尚未开始，但是，在地区合作框架内一些重要发展还是很有意义的

首先是中国—东盟自由贸易区的建设。2001年11月中国和东盟领导人就建立紧密经济合作关系达成共识，宣布用10年的时间建成自由贸易区。目前，“早期收获”计划（先期开放农产品市场）正在落实，有关自由贸易区的货物贸易协议已经签订并开始实施，有关投资和服务的谈判正在进行。与此同时，日本与东盟之间、日韩之间、中韩之间、中日韩之间也都在为实现自由贸易安排、紧密经济合作安排而进行努力。同时，在“10 + 3”框架内，还就湄公河地区的开发达成共识，把推动次区域发展作为东亚合作的一个重要议程。

（四）“10 + 3”机制所推动的并不仅仅是一个地区经济合作进程，它具有很强的政治含义

首先，它有利于东亚地区各国之间政治关系的改善。由于多方面的原因，广义东亚地区各国之间存在着许多历史的和现实的矛盾，“10 + 3”机制提供了一个平台，使各国可以通过对话加深了解和理解，进而改善关系，增加合作。比如，中日韩三国领导人的对话就是在“10 + 3”这个机制下发展起来的，2003年三国领导人发表了《经济合作宣言》；中国—东盟之间在深化经济合作的基础上，进一步确立了战略合作伙伴关系。同时，从发展角度看，这些努力将会进一步推动东亚地区建立更加稳定、更加紧密的政治合作关系框架。

（五）东亚地区合作已经建立起来一个行动框架

它由下列机制组成：（1）领导人会议，一年一次。（2）部长会议，目前已经有财长会议，外交部长会议，经济部长会议。（3）高官会议。此外，还有非官方机构，如东亚合作展望小组，产业—商业论坛，以及中日韩研究机构合作等。随着合作进程的发展，其他机制还会相继建立，比如，领导人已经同意建立的“东亚经济委员会”，“金融合作委员会”，还有地区安全对话机制等。值得提及的是，设立常设秘书处必要性也会很快提到议事日程。

五 东亚地区合作现实运作的特点

东亚地区合作可以说还是刚刚起步，或者说是处于初创阶段。目前它的进程是四个轮子一起转动：第一个轮子是10加3，即整个东亚地区范围的合作；第二个轮子是10加1，即东盟分别与中日韩之间的合作，这方面的领导人会议与10加3同步进行；第三个轮子是“10”，即东盟；第四个轮子是“3”，即中日韩之间的合作。东盟内部的合作已经取得显著成效，而中日韩之间的合作刚刚开始规划。中日韩三国之间的合作具有特殊的意义。四个轮子一起转动符合东亚地区当前的实际，因为，东盟的合作开始的早，已经先行一步，东亚地区合作不能拖东盟的后腿；同时，在东亚地区合作的起步阶段，需要建立和推动多重机制的发展。中日韩合作还是一个新生事物，如果这个地区的合作迈开步伐，走向正轨，那么，将会对整个东亚地区的合作起到助推器的作用。

六 东亚地区合作发展中存在的问题和困难

东亚地区合作就目前而言仍缺少一个明确的政治目标，在很大程度上讲，也没有一个统一的共识。作为一个进程，它从实际需要开始，在行进中不断增加合作的内容，逐步建立和完善合作机制。经济合作是东亚区域主义形成及发展的基础。但是，东亚地区各国经济发展上的巨大差别决定了东亚经济一体化只能是渐进的，至于形成一个统一的东亚大市场还需要很长时间。

尽管东亚合作已经建立起了一个大的框架，但是，真正具有实质性内容的还是经济合作，而在经济合作中，推动市场的开放和其他方面的经济合作是最重要的内容。目前，东亚地区自由贸易区的建设是多个进程并进，即：有东盟自身的自由贸易区，有中国—东盟自由贸易区，有日本与东盟国家、日本与韩国的自由贸易区（已经启动谈判和正在准备）。那么，如何使这些分散的进程统合起来呢？这里有几种选择：

一是通过东盟的扩大，即其他国家加入东盟，最后实现东亚范围的一体化，在体制和方式上，沿袭现在的东盟自由贸易区。不过，由于中日韩，特别是中国和日本的经济规模太大，分别加入东盟会出现很多问题，东盟自身也会难以承受。

二是“10”和“3”分别发展，在成熟的基础上实现两者的联合，最后变为东亚地区的合作组织。这里，关键是中日韩等国能否建立起真正的自由贸易区。在这方面，困难是很多的。特别是考虑到中日韩之间经济发展的差距和政治上的障碍，发展真正的一体化组织难度很大。同时，分别建立自贸区也会使刚刚起步的东亚合作受到制约，甚至导致分裂。

三是中日韩分别推动与东盟的制度化安排，并且同时寻求把三个进程合并的方法，有条件的可以先走一步，比如现在的中国—东盟自由贸易区计划。

四是在进行多层推进的同时，尽早推动和全面规划整个东亚地区合作的框架和组织结构，把各个分散的合作发展纳入整个东亚合作的框架和组织机制之中，建立东亚自由贸易区。现在，有关东亚自由贸易区的可行性研究已经开始，相信会找出一个可行的方案。建立东亚自由贸易区符合东亚各国的利益，存在进一步推动的积极性，不过，考虑到地区内部的巨大差别，只能缓步走。

推动整个东亚地区合作机制的建设当然要考虑到东亚现在已有的合作机制的存在和作用，因此，目前并不是要立即解散东盟或停止其他多重机制的作用。相反，在近期应该鼓励多种形式的合作，比如中国与东盟之间的自由贸易区建设可以先行，如果中国和东盟能够在推动合作上先走一步，或者说步伐更快些，这对推动整个东亚的合作可能会有积极作用。目前，东亚的对话合作进程是几个轮子一起转动（东盟自身和3个“10+1”）。当然，这里重要的是要把东亚地区的各种合作机制纳入东亚长远合作发展的框架和组织体系之中，以便有利于东亚合作的长远目标的实现，而不是产生新的分割。

应该承认，推动东亚合作的确存在许多困难。东亚没有平等参与地区合作的历史，区域合作的理念和认知都很弱，因此，对于合作的目标很难在短期内达成共识。从总体来说，东亚合作主要存在以下几个方面的困难：

其一，地区差别很大，这里既有作为世界第二大经济体的日本，也有作为世界人口最多的中国，还有世界最不发达的老挝、柬埔寨、缅甸。在这样一个差别如此巨大的地区推动合作，困难可想而知。比如建立自由贸易区，既要考虑到不同的利益和安排上的差别，又要考虑到把开放市场与整体经济发展结合起来。

其二，东亚地区内已经有东盟自由贸易区，并且正在处于进程中，如何协调与统合地区分散的组织安排是一个比较复杂的过程。同时，如何发展东亚区域主义的综合合作内涵，在经济合作发展的同时，增强政治与安全合作，这也需要智慧。

其三，大国间主要是中日之间存在发展、战略、安全以及历史认知上的巨大差别，很难从一开始就取得统一，中日之间当前政治关系上的不顺畅，必然影响地区合作的进程。

尽管如此，也要看到东亚合作中的区域主义意识和行动都在发展。从认识上来说，一个重大的进步是各国对“东亚共同体”（East Asian Community）概念与定位的认同。同时，从实际进程发展来说，各国已经同意召开具有区域主义概念的“东亚高峰会议”，这是东亚区域主义组织的雏形，是一个重要发展。

目前发展中的东亚区域主义具有新的特征，因此，可以称之为“新东亚区域主义”。归纳起来，有以下几点：

其一，以保证各国的主权和利益为基础，不搞“主权让渡”，进行平等参与和协商，同时，合作内容从务实需要开始，循序渐进。因此，合作进程更多地体现为一种“功能主义建构”特征。在很大程度上说，东亚区域主义的组织基础来自于这种功能性机制的发展。

其二，以局部区域合作为基础，东盟地区的合作是东亚地区合作的基础和驱动器。东南亚地区本来是一个分裂的、不发达的地区，大多数国家为中小规模，这样，一个联合起来的地区与中日这样的大国对话合作就可以体现出很大的平衡，避免为大国垄断控制。东盟最宝贵的经验是，通过建立地区合作机制把各个不同的国家纳入到一个地区合作框架之中，从而实现国家关系的改善与地区的稳定与和平，东盟的这个经验延伸到东亚地区具有重要意义。

其三，不采取“东亚至上”的内向方略，而是承认利益差别，鼓励多层努力，实行“开放的合作主义”，即在东亚地区各国进行合作努力的同时，允许和鼓励各国同时与区外国家进行合作。因此，区域合作不带有封闭性和对抗性。在经济上，表现为多层的自由贸易区协定；在安全上，承认和保持了现有的双边合作或结盟关系。

其四，合作的目的主要是为了本地区的发展、稳定与和平，重在功能性发展，区域组织建设相对缓慢。从经济上说，东亚发展起了市场导向的区域联系与利益机制，但是，缺乏稳定的区域制度化安排；从国际关系角度来说，东亚国家还没有完全从历史的与现实的分割中摆脱出来，需要通过发展新的区域主义学会如何和平共处。因此，新的东亚区域主义不把反西方作为地区合作的出发点与动力机制，而是寻求自己内在的逻辑。

东亚区域合作的这些特征究竟是区域主义的初级阶段表现还是自己的内在特征还有待探讨，不过，这些特征至少保证了区域合作发展的顺利起步。

七 东亚地区合作的前景

（一）为了促进东亚地区合作进程，1998 年韩国总统金大中在第二次“10 + 3”领导人会议上提议成立“东亚展望小组”，由东亚各国的各界知名人士参与研究如何加强东亚国家在经济、政治、安全、文化等方面进行中长期合作的问题，即为未来的东亚合作设计长远规划蓝图。2001 年展望小组向领导人提交了研究报告。展望小组提出把建立“东亚共同体”作为东亚合作的长期目标。现在人们基本上已经接受了这个概念。但是，它的内涵是什么？如何推进？这都还需要进一步探讨。

（二）欧洲联盟的建设为世界提供了一个启示，即在一个地区建立起高度一体化组织是可行的。欧洲联合最宝贵的经验是：

其一，通过联合实现了地区关系的改善与融洽，尤其是实现了法德的和解与战争造成的区域分裂，进而实现了地区的长久和平。

其二，地区联合的稳定与深入发展是建立在渐进的制度化建设上的。制度化保证了合作进程的法理性与有效性。

当然，欧洲超国家的区域制度化经验不能照搬到东亚，但必要的区域合作机制是应该逐步发展起来的。有一点是清楚的，即便东亚合作的长期目标是建立区域共同体，但这个共同体也只能符合本地区的实际，有自己的特色。

（三）过早地确定某个明确目标或某种模式，对东亚地区合作进程来说没有多大意义，真正有意义的是进程的内容和所要发挥的功能。

第一，东亚区域合作的一个重要功能是推进区域的“法规建设”，为地区各国之间的经济政治关系建立合理的、平衡的与稳固的地区关系。不要小看各国之间建立的各种双边的和次区域间的协定、协议。它们的作用有二：一是确立法制框架（以往没有）；二是提升法制水平（与国际接轨）。构建东亚国家之间以法律与国际规范、标准为基础的关系是一件意义长久的大事。

第二，通过区域合作化解国家间的敌对与冲突，有助于解决悬而未决的遗留问题和现实问题。欧洲联合的初衷是通过合作制止战争，实现和平，使以往敌对的国家在合作中成为友邦。东亚的合作进程会有助于弥合地区的历史与现实分裂，缩小乃至化解国家间，尤其是像中日这两个大国之间的许多矛盾，因为地区合作为各个国家提供了一个共同参与共享利益的统一框架。传统的大国战略是争夺领导权和独占利益，在区域合作机制中，不仅这种战略行不通，而且也会得到修正，使其走向协同。这是“东亚共同体”存在及发展的前提和基础。

第三，区域利益有其特殊性和它存在的必要性。即使东亚实行“开放的合作主义”，也有其区别于其他的区域利益。在全球化时代，区域利益往往体现为向区域所在国家提供保障与扩大利益的“公共产品”，因此，区域合作往往体现为一种“集体的力量”，一方面推动全球化中的利益平衡，另一方面为本地区争得相应的利益。东亚的区域性认同无论在内部还是外部都已经是既定事实，其合作进程正是要通过利益与制度发展来确立这种认同。试想一下，如果有一个东亚区域实体存在，那么，无论是世界经济，还是国际关系，都会变得更加均衡与合理。比如亚太地区，如果能够建立起“东亚－北美”关系构架，那将是一种结构比较均衡的“太平洋关系框架”，大国之间也将不再仅仅表现为双边的结盟或对抗。具有区域主义性质的东亚合作进程不会是一帆风顺的，会遇到各种困难和挫折。

欧洲实现统一的梦想用了半个世纪的时间，东亚建成共同体也许需要更长的时间。　（张蕴岭）

第二节　东南亚国家联盟

一　成立的简要经过

东南亚国家联盟（简称东盟，Association of Southeast Asian Nations　ASEAN），是20世纪60年代中期，为促进地区经济增长、促进该地区和平与稳定及各领域合作而成立的地区国际组织。

东南亚国家联盟的前身，是1961年7月31日在曼谷成立的，由泰国、马来亚(现马来西亚)和菲律宾组成的东南亚联盟。1967年8月8日，印度尼西亚、马来西亚、菲律宾、新加坡和泰国等5个东南亚国家发表《东南亚国家联盟成立宣言》(又称《曼谷宣言》)，宣布东盟的成立。同月28～29日，马、泰、菲三国在吉隆坡举行部长级会议，决定由东南亚国家联盟取代东南亚联盟。

1984～1999年又有5国加入东盟，即：文莱（1984）、越南（1995）老挝（1997）、缅甸(1997)、柬埔寨（1999）。至此，东盟成员发展为10国。

二　东盟的宗旨和目标

（一）以平等与协作精神，共同努力促进本地区的经济增长、社会进步和文化发展。

（二）遵循正义、国家关系准则和《联合国宪章》，促进本地区的和平与稳定。

（三）促进经济、社会、文化、技术和科学等问题的合作与相互支援。

（四）在教育、职业和技术及行政训练和研究设施方面互相支援。

（五）在充分利用农业和工业、扩大贸易、改善交通运输、提高人民生活水平方面进行更有成效的合作。

（六）促进对东南亚问题的研究。

（七）同具有相似宗旨和目标的国际和地区组织保持紧密和互利的合作，探寻与其更紧密的合作途径。

三　东盟发展的三个阶段

（一）第一阶段（1967～1975），东盟的主要精力用于协调内部关系以及东盟与其他国家的关系

东盟成立之初，美国侵略越南战争爆发，外部环境面临挑战。当时东盟成员国之间的冲突时有发生。1968年马来西亚和菲律宾之间因沙巴主权归属问题的重提和科雷吉多尔等事件关系恶化；印尼和新加坡之间、马来西亚和泰国之间也有过纠纷。为了加强团结，一致对外，东盟这一阶段的主要目标是减少东盟各国间的摩擦，促进谅解。这一阶段的政治经济成就不大，主要是建立相互信任。1971年东盟会议发表《和平、自由和中立化宣言》。

（二）第二阶段（1976～1989），东盟处于加强政治协调和经济合作的阶段

1975年印度支那战争结束以后，面对苏联、越南的扩张和1973～1975年的世界经济危机的影响，东盟各国深感急需加强成员国之间在政治和经济方面的合作。1976年2月，东盟五国领导人在印尼巴厘举行了东盟成立8年后的首次首脑会议，会议正式同意把政治合作作为东盟的一项目标，同时就经济合作制定了具体原则。巴厘会议产生了3个重要文件：《东南亚友好合作条约》、《东盟协调一致宣言》和《建立东盟秘书处的协定》。巴厘会议是东盟发展史上的里程碑，开创了东盟切实加强政治协调和经济合作的新局面。这一阶段，东盟实质性的经济合作成就依然不大。1978年底越南入侵柬埔寨，直接威胁到东盟的安全，东盟各国积极协调立场，在争取柬埔寨问题的政治解决上发挥了重要作用。

（三）第三阶段（1990年以来），东盟走向政治经济合作和扩大的新阶段

随着东西方冷战的结束，东南亚一些热点问题开始降温，加之世界经济全球化和集团化的发展，东盟积极调整自己的内外政策。1992年1月27～28日，第四届东盟首脑会议在新加坡举行，会议形成了4个文件：《1992年新加坡宣言》、《东盟加强经济合作框架协定》和《共同有效优惠关税协定》（CEPT）和《关于15年内建立东盟自由贸易区协定》（后缩短为10年），构成了东盟以后处理内外关系的基本思路，标志着东盟进入政治经济合作的新阶段。此次会议后，东盟加速了安全机制建立的进程，发起建立东盟地区论坛；加强经贸合作，东盟跨国经济合作区得到很大发展。

1994年5月，东南亚10国举行非正式会议，决定加快东南亚一体化进程，在不远的将来把东盟扩大为包括东南亚所有10个国家在内的“大东盟”。

2003年10月7～8日第九次东盟首脑会议、第七次东盟与中国（10+1）领导人会晤、东盟与中日韩（10+3）首脑会晤、第五次中日韩领导人会晤以及首届东盟与印度首脑会晤，在印尼巴里岛举行。应印尼总统梅加瓦蒂邀请，温家宝总理出席了这次峰会。此次峰会的历史意义在于：（1）签署建立“东盟经济共同体”、“东盟安全共同体”和“东盟社会和文化共同体”等文件，旨在把东盟建设成类似于欧盟早期的联盟体。（2）东盟第三次修订《东南亚友好合作条约》，使其成为向非东盟国家开放的区域性组织，中国成为该条约首个非东盟签约国。(3) 首次举行东盟与印度领导人会晤，印度也将成为东盟合作条约的签约国。

2004年11月29～30日第十次东盟首脑会议在老挝首都万象举行。16个国家的元首或政府首脑参加了这次会议或相关会议，共商发展和合作大计，共通过和签署了30多个重要文件。会议于29日通过了《万象行动纲领》，强调要缩小东盟10个成员国之间的发展差距，扩大与伙伴的合作关系。与会领导人同意努力谋求东盟的全面一体化，以在2020年实现建成一个对外开放、充满活力的东盟共同体。会上，东盟同韩国和俄罗斯分别签署了关于加入《东南亚友好合作条约》的文件。东盟除了同中国、日本、韩国、印度举行了10+1领导人会议外，还同澳大利亚和新西兰举行了领导人会议。会上还讨论了建立“东亚首脑会议”机制和建设“东亚自由贸易区”的可能性。会议决定首次“东亚峰会”将由马来西亚于2005年主办。

四 东盟的组织原则和组织机构

（一）东盟的组织原则

东盟是一个相对松散的组织，其运作的特点是多样性。其决策原则强调，成员国无论大小和强弱，地位绝对平等，即所谓的“亚洲方式”。这种方式在组织结构，特别是决策机制上，呈现出联结松散、缺乏核心的特点，兼顾了各成员国的利益，从制度上确保了每个成员国的绝对平等地位。

东盟决策的基本原则有3个：

一是全体一致原则，即任何议案只有在全体成员都没有反对意见时，才能够被通过而成为东盟的决议，并且只能依靠相互协商和寻求共同点来消除反对意见。

二是“6－1”及“6－x”原则，意指如果1个或少数几个成员国表示将暂不参加某议案所规定的集体行动，却又并不反对该议案，而其他成员国都表示不仅支持，而且愿意参加该议案所规定的集体行动，则该议案可以作为东盟决议通过。越南加入以及缅甸、老挝、柬埔寨加入后，这一原则相应地改变为“7－x”和“10－x”原则。在以往东盟的合作实践中，在政治合作方面很少使用这一原则，多数情况下应用于东盟经济合作方面的决策过程。

三是在主要涉及同组织外国家或国家集团关系的重大问题上，各成员国通常向在该问题上利害关系最大的那个成员国所持的观点靠拢。

（二）东盟的组织机构

1. 政府首脑会议

东盟的最高决策机构。东盟成立后，正式的首脑会议开得并不多，会议不定期召开。在1976和1977年召开了第一和第二届首脑会议之后，直到10年后的1987年才召开第三届首脑会议，1992年是第四届，1995年是第五届，1998年是第六届。

1992年第四届新加坡东盟首脑会议决定，首脑会议每3年正式举行一次，其间至少举行一次非正式会议，来制定东盟的政策和方针。这标志着东盟首脑会议的制度化，首脑会议的实际决策作用得以突出。1995年第五届东盟首脑曼谷会议决定，在每3年一次的正式首脑会晤之间，每年举行一次非正式首脑会议。1996年12月和1997年12月，两次非正式首脑会议分别在雅加达和吉隆坡举行。第六届东盟首脑会议于1998年12月在河内举行。

2. 东盟部长会议（AMM 也称外长年会）

每年举行一次，由东盟各国外交部长参加。东盟部长会议根据1967年《曼谷宣言》建立，主要负责制定东盟的政策方针和协调各项活动。由东盟各成员国轮流主办，会议地点为各成员国首都或东道国决定的其他地点。在1977年吉隆坡首脑会议上商定，根据需要，东盟部长会议可以包括其他相关部长。另外，东盟还根据需要，不定期地召集各国外长特别会议。从1991年起，除成员国外长出席外，还邀请中国和俄罗斯外长出席。在东盟首脑会议期间，东盟外长会议和东盟经济部长会议共同向东盟政府首脑汇报工作。

3. 东盟经济部长会议（AEM）

在1977年吉隆坡首脑会议上形成制度化，每年会晤两次。东盟经济部长可以举行正式或非正式会晤来指导东盟的经济合作。主要讨论东盟经济合作的政策和方针，审查东盟各个领域合作的进展情况，研究各东盟委员会的报告和建议。根据第四届首脑会议决定成立的东盟自由贸易区理事会，负责监督、协调及审议东盟自由贸易区的《共同有效优惠关税协定》方案。在东盟首脑会议期间，东盟部长会议和东盟经济部长共同向东盟政府首脑汇报工作。过去部长会议实际上只有外长会议一种形式，后设的东盟经济部长会议的权威性足以与外长会议相抗衡。下设工作委员会，包括财经、食品、农林、贸易、旅游、工业、矿产、能源、运输、通讯等。后改为由东盟高级经济官员委员会来统一负责原来由这些委员会分别负责的事务，向东盟经济部长会议负责，其成员为各成员国的高级经济官员。

4. 部门部长会议

根据需要，特定的经济合作部门的部长可以进行会晤，对东盟的经济合作给予指导。这些部长会议包括：能源部长会议、农林部长会议、旅游部长会议及交通部长会议。部门经济部长对东盟经济部长负责。东盟财政部长已同意定期会晤。

5. 东盟其他非经济部长会议

东盟其他领域的部长会议，如卫生、环境、劳工、农村发展、减缓贫困、社会福利、教育、科技、信息、法律及跨国犯罪等领域的部长会议，都定期举行。在东盟其他部长会议和东盟部长会议之间存在协调，每次部长会议都直接对政府首脑会议负责。

6. 联合部长会议（JMM）

根据1987年马尼拉首脑会议的决定成立，根据需要进行会晤，来进行跨部门协调及对东盟活动进行协商。包括东盟各国外交部长和经济部长，由两会的联合主席领导。此联合会议既可以由外交部长也可以由经济部长发起。通常定于首脑会晤之前。

7. 东盟秘书长

由部长会议推荐，由东盟首脑任命。秘书长的地位相当于部长，有权发起、建议、协调及执行东盟的活动。据1992年7月22日在马尼拉签署的《关于建立东盟秘书处协议的修订文件》规定，秘书长对政府首脑会议负责，并对东盟部长会议以及东盟常务委员会负责。他也代表常务委员会主席（第一和最后主席除外）主持各种东盟常务委员会的会议。

8. 东盟常务委员会（ASC）

是东盟的政策执行机构以及东盟部长会议间的协调机构，直接对部长会议负责。常务委员会成员包括主持东盟部长会议的东道国外交部长（作为委员会主席）、东盟秘书长以及东盟国家秘书处总监。作为常务委员会的咨询机构，常务委员会审议委员会的工作，以执行由部长会议设定的政策方针。

9. 高官会议（SOM）

在1987年马尼拉首脑会议上，高官会议被正式制度化，成为东盟机制的一部分。负责东盟的政治合作，根据需要召开会议，并直接对东盟部长会议负责。由东盟各国外交部的首脑组成。

10. 高级经济官员会议（SEOM）

建立于1978年的马尼拉首脑会议，由东盟成员国贸易、工业、金融和商业的首脑组成。第四届东盟首脑会议商定，解散东盟5个经济委员会，即金融和银行业委员会（COFAB）、食品、农业和林业委员会（COFAF）、工业、矿产和能源委员会（COIME）、交通和通讯委员会（COTAC）以及贸易和旅游委员会（COTT），由高级经济官员会议来解决东盟各方面的经济合作。定期举行会议，并直接对东盟经济部长会议负责。

11. 其他东盟高官会议

其他的东盟高官会议包括：东盟环境高官会议（ASOEM）、东盟毒品高官会议（ASOD）、东盟社会发展委员会（COSD）、科学技术委员会（COST）、东盟行政机构事务会议（ACCSM）以及文化和信息委员会（COCI）。这些实体对东盟常务委员会或相关的部长会议负责。

12. 联合顾问会议（JCM）

成立于1987年的马尼拉会议，包括东盟秘书长、高官会议、高级经济官员会议以及东盟总监。主要为了促进东盟部门间官方的协调。秘书长直接将会议结果向部长会议和经济部长会议汇报。

13. 东盟国家秘书处

每个东盟国家在其外交部都有一个国家秘书处，组织和执行与东盟有关的国家级活动。在每一个国家秘书处，有一个总监。

14. 东盟在第三国的委员会

东盟在其对话伙伴国建立了委员会来处理东盟

同这些国家及国际组织的关系。这些委员会由东盟成员国在东道国外交使团的首脑构成，同东道国政府举办协商会议。目前，东盟在第三国有15个委员会，分别设在北京、波恩、布鲁塞尔、堪培拉、日内瓦、伊斯兰堡、伦敦、莫斯科、新德里、渥太华、巴黎、汉城、东京、华盛顿和威灵顿。东盟第三国委员会主席向东盟常务委员会提呈关于委员会活动的报告，并在需要时向其寻求指导。

15. 东盟秘书处

1976年东盟首脑巴厘会议期间，东盟各国外交部长签订一项协定，决定成立东盟秘书处，以促进东盟政策、项目、不同实体活动的协调和执行。设在印度尼西亚首都雅加达。秘书长为大使级，由各成员国大使轮流担任。对秘书处官员的任命采用轮换制，由外长会议根据2年一换的原则任命，后改为3年一换。秘书处工作人员从各成员国招聘。设立东盟秘书处的目的在于更好地协调东盟国家秘书处工作。随着东盟秘书处的建立，各国东盟国家秘书处的秘书长改称总监。

1992年东盟首脑新加坡会议决定加强东盟秘书处，以便使其更有效地支持首脑会议的倡议。在1992年马尼拉部长会议上签订的《关于建立东盟秘书处协议的修订文件》为东盟秘书处的发展提供了一个新的结构。东盟秘书处在发起、建议、协调和执行东盟活动时，作用和责任都有所扩大。1997年5月的吉隆坡东盟外长特别会议决定，东盟秘书处的副秘书长另外增加两位。一位副秘书长在东盟自由贸易区和经济合作上协助秘书长，另一位在社会合作、东盟合作及对话关系及管理、金融和人员上协助秘书长。副秘书长由东盟各成员国政府任命。秘书处成员组成已从原来的国家任命改为公开招聘，已招聘到35位专业人员，比重组前的专业人员多1倍。

16. 东盟设有4个局

分别为：东盟自由贸易区局、经济合作局、功能合作局（指社会文化方面）及东盟合作和对话关系局。

（1）东盟自由贸易区局 主要负责东盟自由贸易区（AFTA）的执行和监管及相关事宜

（2）经济合作局 主要处理诸如投资、服务、财政、银行、知识产权、食品、农业、交通和能源，也负责与工业合作有关的非东盟自由贸易区事务，其中包括私营部门。

（3）功能合作局 主要负责制定和协调科技、环境、文化和信息、社会发展及毒品控制行动纲领的制定，倡导建立东盟大学网及纲领。

（4）东盟合作及对话关系局 主要负责由东盟常务委员会采取的项目评估体系的操作。

五 东盟的政治和安全合作

东盟的政治和安全合作始于东盟成立初期，一些重要的协议包括：1971年的《和平、自由及中立区协议》（ZOPFAN）、1976年的《东南亚友好合作条约》（TAC）、《东盟协调一致宣言》以及1995年的《东南亚无核区条约》（SEANFZ）。《和平、自由及中立区协议》的发表，表明了东盟的和平意向以及致力于使本地区免受任何外部大国的干涉。《东南亚友好合作条约》代表维护此地区国家间和平关系的国际行动的准则。《东南亚协调一致宣言》为东盟国家在政治、安全、经济和社会文化领域进行合作提供了原则和框架。《东南亚无核区条约》表明东盟致力于普遍的和完全的核裁军。

（一）东盟新安全观

东南亚地处印度洋和太平洋的结合部以及东西方海上交通的要冲，战略位置十分重要。近代以来，东南亚地区一直是大国角逐的前沿地带。东盟重视运用大国平衡战略和外交手段来维护国家和地区安全。

1. 冷战结束后，东盟的传统安全环境发生巨大变化

这主要表现在：

（1）美苏在东南亚的对峙和争夺终结

20世纪70年代末期至80年代末期，美苏争夺以及对峙构成了东南亚安全形势的主要特点。随着苏联解体，苏军从东南亚全部撤出，美军从苏比克湾撤离，东南亚地区形势出现缓和，并在二战后首次处于大国竞争之外，出现了所谓的“力量真空”。

（2）东盟与印度支那国家由对抗走向合作，从而开始了东南亚一体化进程

20世纪70年代末，由于越南出兵柬埔寨，东盟与印支两个区域集团的对抗达到顶点。到20世纪80年代末，随着越南从柬埔寨撤军，东盟与印支各国的关系逐步实现正常化。苏联解体后，印支三国迅速向东盟靠近，东南亚一体化提上日程。越南于1995年、老挝和缅甸于1997年被接纳为东盟成员国，柬埔寨于1999年加入东盟，“大东盟”最

终建成。

(3) 新安全问题的出现

随着冷战结束和意识形态的淡化，领土领海纠纷、环境问题、投资和贸易问题以及民族问题成为东南亚地区各国间的主要问题。另外，东盟国家担心，其他地区大国中、日、印度可能会乘虚而入，而东盟本身脆弱的国防无法应付新的国际形势的变化及安全威胁。

2. 东盟新安全观的主要特点

正是在上述新的背景下，东盟提出了自己新的安全观。

由于东盟各国境遇相似，因此在地区安全上能够形成协调一致，新安全观可以说是东盟各成员国国家安全观的概括和总结，是东盟各成员国国家利益的集中体现。

东盟的新安全观有三个显著特点：

(1) 强调综合安全

东盟各国认为，在新的形势下，威胁一国的主要危险不再是传统的军事侵略，还包括经济落后、贸易争端、人口流动、环境污染、人权问题、恐怖主义及毒品走私等多方面因素。许多东盟国家都把冷战后国家安全的重点放在发展经济上。

(2) 通过加强安全合作来促进地区安全

东盟各国都认识到，作为中小国家，综合国力比较弱，单凭本身的力量难以保证国家安全，区域合作能够加大国家安全的系数。因此，各国除进行高投入加强国防建设外，还积极展开地区安全合作。

(3) 东盟各国认为，地区安全的危害来自区域外大国

二战结束后的相当时期内，东盟有些国家将国内的共产党游击队和各种叛乱活动当作危害国家安全的主要威胁。冷战结束后，由于越南加入东盟以及东盟国内政治经济趋于稳定，东盟将安全重点放在外部威胁上。

(二) 东盟安全战略的调整

东盟安全战略的基本思想是，试图在肯定《东南亚友好合作条约》的意义和作用的基础上，建立更高层次的区域安全机制，即致力于东盟内部政治安全领域的协商和合作；吸收印支三国和缅甸加入东盟；在“东盟主导，大国均衡”的原则下，以东盟为中心，增进与区域外各大国的对话和协商，在遵守联合国宪章精神的前提下，初步建立起多边、多层次的“论坛式”的协商制度，以对话形式保障地区的安全与稳定。

在这一基本思路的指导下，东盟在20世纪90年代调整了其安全战略：

1. 调整与大国的关系，推进大国平衡外交

(1) 在强调东盟各国独立发挥作用的同时，力图让美国继续对东南亚承担军事义务

美国军队从东南亚撤出后，新、泰、文、马、印尼、菲等国仍为美军提供军事、后勤或商业性的服务。东盟试图让美国在东南亚保持有限的存在，来牵制其他地区大国，使美军可以随时重返东南亚。

(2) 对日本的政治和军事大国保持警惕的同时，继续密切与日本的经济关系

东盟国家对日本的亚洲集体安全设想及日本向海外派遣自卫队怀有警惕和不安，但希望日本能够在本地区起更重要的建设性的作用，以平衡美国和中国在此地区的影响。

(3) 虽然一些东盟国家与中国在南沙群岛问题上有分歧，但仍重视中国在维护亚太地区和平与稳定中的作用，希望通过和平方式解决争端

1992年7月，第二十五届东盟外长会议通过《东盟关于南中国海宣言》。1999年11月，东盟成员国达成《关于在南中国海存在主权之争的海域的行为准则的协议》，即冻结现状。2005年3月14日，来自中国、菲律宾和越南的3家石油公司在马尼拉签署《在南中国海协议区三方联合海洋地震工作协议》。三方将通过这项合作，实践各自国家政府做出的使南海地区变为“和平、稳定、合作与发展地区”的承诺。

东盟国家近年来与中国关系发展很快，目前所有的东盟国家都已经与中国建交或复交，并积极开展与中国对话。

2. 致力于建立一个以东盟为主的地区安全框架，谋求在地区安全上发挥更大作用

自1967年成立以来，东盟基本上把精力集中在经济和政治问题上，竭力掩盖安全合作，避免给人以军事组织的印象。然而，在1992年7月举行的东盟外长会议及其扩大会议上，东盟首次将地区安全问题列入议题。这次会议决定，今后将搁置11年的东南亚和平、自由及中立区设想作为该地

区安全合作的方向，并把《东南亚友好合作条约》作为区域合作的共同框架。这次会议通过的《南中国海宣言》是东盟首次作为整体对一个具有安全性质的问题阐述共同立场。这表明东盟国家在冷战后的东南亚新格局下，在安全问题上正在采取越来越主动的态度，以图发挥更大作用。

3. 推行大东盟战略

20世纪90年代初开始，利用柬埔寨问题解决的有利契机，加强与印支国家和缅甸的合作，并吸收其加入东盟推行大东盟战略，为东盟扩大及东盟国家的经济繁荣和安全保障创造条件。

4. 加速军事现代化及军事合作

东盟国家的防务政策已由原来的防低强度的国内暴动及有限的保卫国家安全，转变为打一场现代化的常规战争；由诱敌深入转变为先发制人，将威胁消灭在本土之外。东盟国家近年来积极扩充军备，加速国防现代化建设。与此同时，东盟国家还进一步推进双边和多边防务合作，包括举行有针对性的军事演习、加强情报、人员交流以及加强国防工业的合作。

（三）东盟地区论坛

1. 建立经过与组成成员

最初由东盟战略与国际关系研究所（ASEAN ISIS）于1991年提出，1993年7月在新加坡召开的第二十六届东盟外长会议决定，在东盟及其对话国的基础上，建立“东盟地区论坛（ARF）”。

1994年7月25日，第一届东盟地区论坛会议在泰国首都曼谷举行，与会国有东盟6国、澳大利亚、加拿大、欧盟、日本、新西兰、韩国、美国、中国、俄罗斯、越南、老挝、巴布亚新几内亚等18个国家和国家集团。柬埔寨作为观察员与会。后来又先后吸收了柬埔寨（1995）、印度（1996）及蒙古（1998）为成员，使成员总数达22个。

2. 性质与宗旨

东盟地区论坛是亚太地区唯一的官方多边安全对话与合作的机制。这种性质有其局限性，使得一些需要细致研究的具体问题、敏感问题和地区安全政策和战略等大问题不宜纳入论坛之中。因此，东盟积极促成非官方的多边安全对话机制，将其作为“第二轨道”以补充论坛这条“第一轨道”的不足。目前，已有多种“第二轨道”机制在运作之中。其中最有影响的是1994年初成立的“亚太安全合作理事会”（CSCAP），它由东盟及亚太共16个国家的学者和官员（以个人身份参加）组成，仿效太平洋经济合作会议（PECC）及配合亚太经合组织（APEC）的经验，发挥非官方不受约束进行对话的特点，提出建议供“第一轨道”决策参考。亚太安全合作理事会成立后，已为该论坛提供了许多主意和研究成果，为其发展起了重要的参谋作用。东盟是亚太安全合作理事会的主席国，起主导作用。除亚太安全合作理事会外，由东盟主导的“第二轨道”还有亚太圆桌会议。它成立于1987年，主要由学者、专家和官员（以个人身份）参加。东盟战略与国际研究所是该会议的组织者，每年举办一次，讨论的议题更为广泛，涵盖整个亚太地区。

作为一个多国协商论坛，该论坛旨在促进亚太国家间建立预防性外交和建立信任。东盟地区论坛会议高官会议（ARF－SOM）已经制度化，为论坛的活动提供支持和后继活动。

3. 开展三个阶段的合作

东盟地区论坛已同意进行以下三个阶段的合作：第一阶段是建立信任措施，旨在消除大国威胁；第二阶段是开展预防性外交；第三阶段是将“论坛”机制化，使之成为解决地区冲突的场所。

“论坛”成立至今已开过5届年会，已从开展安全多边对话转移到建立信任措施的具体工作上。对于是否马上进入“预防性外交”阶段，各方仍有分歧。

4. 东盟地区论坛的特点

（1）由东盟倡导，以东盟组织为中心。

（2）采取协商对话形式进行，不是一个制度化的地区安全组织，也不是一个多边军事同盟。

（3）采取大国平衡战略，让地区大国对地区安全作出承诺，以避免被某一大国所控制。东盟地区论坛的成功召开，大大提高了东盟的国际影响力。但是，由于亚太地区存在复杂的多样性，使得论坛很难作出一个各方面都能接受的决议。

另外，论坛不具备对成员的约束力，其提倡的原则和精神能否得到贯彻落实，将充分取决于成员国的自愿合作。因此，论坛可能说得多做得少，甚至于流于形式。

（四）东盟国家间的防务和军事合作

冷战时期东盟的主要威胁来自美国苏联在这一地区的扩张与争夺。冷战结束后，美俄在该地区的战略收缩使东盟国家面临加速国防现代化的课题。为此，东盟国家一方面注重外交防御、寻求安全机制来创造安全环境，同时注重协调和加强本地区国家间的防务和军事合作，提高集体防御能力。

首先，东盟国家展开全方位外交，大力宣传“和平、自由、中立和无核区”的主张，树立独立自主的形象，摆脱美、英等西方势力的影响，积极参与地区事务，力求更多地把握影响未来东南亚发展进程的主动权。

其次，扩大战略联盟，加强地区联合防御。一是调整和扩大东盟内部的合作范围，不仅对地区安全问题进行广泛协商，而且要采取加强和扩大防务合作、军事磋商和举行不同规模的演习等实际行动，提高地区防御能力。二是扩大战略联盟力量，加速东南亚一体化进程，吸收越南、缅甸和老挝入盟。

再次，东盟国家通过外长会议、国防部长互访、信息交流、军事人员交流、联合军事演习、海上联合巡逻、合作发展军事技术、相互培养军事人员等加强防务和军事合作。

（五）相关机构

1. 特别高官会议

在东盟内部，东盟发起召开东盟高官特别会议，它包括东盟成员国外交部和国防部的官员。特别高官会议讨论正在进行的以及其他可能领域的合作，包括建立信任措施、安全合作项目、促进东盟安全观、紧急事件减缓合作以及协调东盟在与安全有关的国际组织中的立场。同时，东盟国家间以及东盟国家和非东盟国家可以继续进行各种形式不同水平的双边安全和政治合作。

2. 东盟战略和国际问题研究所（ASEAN－ISIS）

东盟国家定期交流关于促进持久的地区和平、稳定和繁荣的措施，既可以在政府框架内进行，也可以在“第二轨道”进行。第二轨道的进行主要通过各个东盟国家的非政府的东盟战略和国际问题研究所进行协商。每隔一段时间，东盟高官与这些研究所的代表进行协商。

六 东盟的经济发展和经济合作

（一）东盟国家的经济发展概述

东南亚是自然资源和人力资源十分丰富的地区，极具发展潜力。但由于近现代沦为殖民地半殖民地，加之二战后冷战时期造成的政治动荡和局部战争，东南亚一度成为世界上经济发展滞缓的地区，尤其是印度支那已成为全球最贫困的地区之一。

新加坡在20世纪六七十年代即已成为亚洲新兴工业化国家和地区（通称“亚洲四小龙”）之一。自20世纪80年代中期以来，由于东盟国家扩大对外开放，引进外资，积极发展出口导向工业，经济得以迅速起飞。其中泰国、马来西亚、印尼三国增长速度突出，已被世界银行列为“新一代新兴工业化国家”，成为继“亚洲四小龙”之后出现的“东南亚三小虎”。

在中南半岛，随着和平的出现，经济发展也十分迅速。越南自20世纪80年代后期实行改革开放和体制转轨之后，经济持续高速度增长，外资不断涌入，发展势头引人注目。老挝也开始改革与开放，经济好转，增长较快。柬埔寨在国际社会的帮助下，重建家园，经济得到较快的发展。长期孤立和闭关自守的缅甸，在东南亚开放浪潮的冲击下，也逐渐打开国门，融合到国际社会中来，经济颇见起色。引人注目的是，20世纪90年代初出现了全球性的经济衰退，西方发达国家经济停滞，而原苏联东欧国家的经济则大幅下滑；但东南亚地区却蓬勃发展，以平均7%的速度增长，已名列世界前茅。

1997年的金融危机使东盟国家受到重创。当年7～9月，从泰国货币贬值开始，东盟其他成员的货币也一路大跌，3个月之内，东盟4国（泰国、印尼、马来西亚、菲律宾）的货币对美元的汇率大幅度下降；到1997年10月，这4国货币币值大致下降了20%～30%，其他多种亚洲货币也相应下降。从货币危机开始，东盟地区资本大量外流，主要股市大跌，市场急剧萎缩，经济增长率急剧下降，东盟国家的经济遭受重创。经济危机核心国家印尼经济几近崩溃，印尼和马来西亚等国政局不稳，甚至出现社会动乱。另外，东盟内部分歧增多，凝聚力减弱，大大影响了东盟国际作用的发挥。东盟经济进入重要调整与转折时期。

（二）东盟的经济合作

在20世纪60年代，东盟的经济合作仅限于有限的经济活动。进入20世纪90年代，东盟的经济合作得以加深和扩大。总的来说，经济合作的进展同政治合作相比显得步履维艰。经济合作包括贸易自由化措施、贸易促进措施、非边境措施和投资促进措施，新领域合作诸如服务和知识产权的合作正在执行中。东盟已决定，根据当前东盟的工业需要和经济条件，通过一项新计划来加强东盟的工业合作。在私营部门发展、中小企业、基础设施开发和促进地区投资措施等方面也取得了相当大的进步。

20世纪90年代东盟的经济合作包括：充分执行东盟自由贸易区；把此地区发展成一个制造高附加值和高技术产品的基地；基于市场和资源共享原则，通过互补优势，提高此地区的工业优势；携手促进基础设施工业发展，创造一个更有效的商业环境；确保丰富的资源（矿产、能源、森林及其他）得到有效开采。

1. 工业合作

工业合作是东盟经济合作的基石，旨在提高此地区的工业竞争力。工业合作计划包括：

（1）东盟工业项目（AIP）

1976年开始实施，旨在建立大规模的地区工业项目，以满足此地区的基本需要和保证该地区资源的更有效利用。在此项目下，建立了东盟－亚齐以及东盟－宾图努化肥厂。

（2）东盟工业互补计划和品牌互补计划

建于1981年。品牌对品牌（BBC）互补计划建于1988年。这两个计划都面向汽车部门，旨在促进此地区公司间的工业互补。品牌互补计划主要涉及汽车零件的生产和交换，旨在促进该地区这些产品生产的横向专业化。

① 东盟工业联合企业（AIJV）计划 1983制定，修订于1987年，旨在促进对该地区的投资，通过资源和市场分享提高工业生产。

② 东盟工业合作（AICO）计划 考虑到本地区的工业发展，东盟成员国在1995年商定，废除现有的品牌互补以及工业联合企业计划，代之以逐步实现《共同有效优惠关税协定》关税自由化的工业合作计划。1997年4月27日签订东盟工业合作（AICO）计划，同年11月实施。该计划旨在促进东盟公司间的联合制造活动，其中产品被给予0%～5%的优惠关税，实际上等同于CEPT的最后关税和当地含量鉴定。此计划的形成得到私营部门的积极参与和合作。

2. 金融和银行合作

1997年3月1日在泰国普吉举行的首次东盟财政部长会议使东盟的金融合作进一步加强。会议决定对东盟领导人倡导的计划如东盟自由贸易区、东盟工业合作计划以及东盟投资区（AIA）提供强有力的支持。在此次会议上签订了两个重要协定，分别为《金融合作部长协定（MU）》及《东盟关税协定》。前者为加强金融合作奠定了基础，特别是为提高以下几个领域的合作提供了框架，包括银行业、金融和资本市场发展、关税事务、保险事务、关税及公共金融事务、货币政策合作以及金融领域的人力资源开发。关税协定的签订将促进东盟关税活动的合作，以及促进东盟自由贸易区早期实现（因其包括促进区内贸易和投资流动的条款）。关税协定也规定，采取联合行动反对走私及关税控制活动、相互技术援助、关税现代化以及提高关税操作以满足当前和未来需要。

由于金融活动和合作水平的提高，东盟金融部长（AFM）决定建立东盟高级金融官员会议（AS-FOM）来协助前者的工作。东盟高级金融官员会议将定期会晤来管理和执行地区金融合作活动。

3. 投资合作

自从1995年12月曼谷第五届东盟首脑会议以来，东盟在投资领域的合作取得了很大进展。其中一个大的进展是东盟投资区的建立，该投资区的建立旨在帮助东盟吸引外国直接投资流入本地区。由高级官员投资会议协助的东盟投资机构（AHIA）首脑定期会晤来讨论、倡导和执行地区投资合作事宜。

东盟投资合作的形式和范围源于1995年12月曼谷东盟投资机构首脑会议。自此以后，在一些重要领域取得了重要成果，主要包括：

（1）促进外国直接投资及东盟区内投资和合作行动计划。

（2）促进外国直接投资及合作工作计划。

（3）促进1987年东盟关于促进和保护投资协定协议书。

（4）面向东盟投资政策制定对官员的每年一次的联合培训班。

（5）对促进外国直接投资的综合调查。

（6）为制定促进东盟外国直接投资和合作战略计划的高级圆桌会议。

（7）关于促进在东盟投资区的外国直接投资的专家研讨会。

4. 食品、农业和林业的合作

东盟采取各种措施来促进农业和林业的生产合作。东盟关于食品、农业和林业的部长协议为这些领域的部门合作提供了一个框架。《东盟合作及农林产品促进计划联合方法协议备忘录》旨在提高东盟农林产品的竞争力。东盟将审议《东盟食品安全储存协议》，以形成一个更为有效的食品安全协定，来促进东盟区内贸易，以及在比较优势原则下促进食品生产。

5. 矿业合作

第五届东盟首脑会议通过矿业合作行动方案，以促进工业矿物的贸易和投资。成员国采取措施来交换在政策、法规和立法方面的信息以吸引投资者。为了进一步加强东盟在此部门的合作，成员国同意建立一个东盟工业矿物信息体系（AIMIS）以及一个该地区的研究和发展以及培训中心名录。

6. 能源合作

由于东盟在世纪之交有望成为一个石油净进口地区，东盟的集体行动包括通过能源的多样化、发展和储存来有效地利用能源，广泛使用不损害环境的技术，进一步保证能源供给的更大安全以及可持续性。除 1986 年的《东盟能源合作协定》以外，东盟能源合作中期行动计划得到电力、油气、煤、新的和可再生资源、能源有效储存、能源和环境、能源政策和计划部门的支持。《东盟紧急石油分享计划》也已成型。合作行动集中在通过实施东盟电力网和横穿东盟天然气管道计划来实现电力和天然气的连接。东盟－欧盟能源管理研究和培训中心（AEEMTRC）将最终成为东盟能源中心。

7. 交通及通讯合作

交通和通讯部门是东盟经济一体化的后勤和服务支持部门。东盟成员国通过一体化执行计划来执行东盟交通和通讯行动计划，一体化计划包括以下领域的 45 个项目和活动：多项交通、通讯互连、道路交通法协调、规则和法规、空间管理、海上安全和污染、人力资源以及空中服务自由化。新加坡－昆明铁路联系项目的可行性研究以及促进东盟货品流通的框架协议也将进行。未来的改善基础设施和通讯集体行动将面向开发一体化的和协调的跨东盟交通网络，以及利用通讯和信息技术。重点将放在连接计划中的信息高速公路/东盟多媒体走廊、促进开放天空政策、开发多项交通、促进货品流通、形成地区运输政策以及通讯网络的进一步一体化。

8. 旅游合作

东盟的旅游业有很大潜力，对地区经济贡献很大。东盟旅游合作旨在发展和促进东盟作为一个有着世界一流的景色、标准和设施旅游目的地，促进东盟区内旅游以及旅游服务的自由贸易，促进旅游业的可持续发展。成员国的联合努力应在以下领域取得协调：投资政策、旅游发展计划、人力资源、环境和文化保护。旅游部长举行正式会议，为制定东盟旅游发展和合作及协调具体战略铺平道路。

9. 服务合作

东盟成员国同意加强在新的经济领域的合作，实现服务贸易自由化。《东盟服务贸易框架协议》于 1995 年 12 月在东盟第五届首脑曼谷会议期间签署，在以下 7 个服务领域从成员国获得增加市场准入和国民待遇的承诺：航空运输、商业服务、建筑、金融服务、海上交通、通讯和旅游。并成立一个服务业协调委员会（CCS），下设 7 个工作小组。成员国交换关于服务贸易一般协定（GATS）承诺和服务体制的信息。首期一揽子承诺计划在 1997 年 10 月不迟于 1998 年 3 月完成。

10. 知识产权合作

为了保持经济高速发展，东盟国家需要提高技术竞争力，因此非常有必要加强知识产权的立法、管理和执行。在东盟第五届首脑会议期间，成员国签订了《东盟关于知识产权合作框架协定》，并且采取了执行框架协议的《1996～1998 行动计划》。行动计划包括加强知识产权的执行、保护、管理、立法的措施以及灌输公共（IP）意识。

11. 私营部门合作

私营部门被看作经济增长的发动机，因此，通过各种渠道在经济高级官员和东盟工商会代表建立定期协商。每年举行高级私营部门代表与东盟经济部长的协商。在雅加达建立了一个长期秘书处，以促进政策制定机构与私营部门的有效交流与联系。

（三）东盟自由贸易区

东盟自由贸易区是东盟发展历程中最重要的区域经济合作计划。1992 年第四届东盟首脑会议决定，在 2008 年前建立东盟自由贸易区。1994 年 9 月，东盟成员国商定，将第一阶段时间框架从 15 年削减为 10 年，加速东盟自由贸易区的建立。东盟自由贸易区主要目的是提高东盟作为服务全球市场的生产基地的竞争力。东盟将通过扩大内部贸易、提高专业化程度、扩大经济规模，以及通过东盟单一市场来吸引更多的外国直接投资，以推动东盟自由贸易区的实现。

1. 东盟自由贸易区的建立

冷战结束后，世界经济区域集团化的发展步伐加快。西欧经济一体化加深，北美自由贸易区形成，第三世界也开始了建立地区经济合作组织的尝试，国际形势的新发展对东盟提出了新的挑战。为了更有效地配置区域内资源，促进东南亚地区经济合作及经济发展，东盟提出建立东盟自由贸易区的设想。另外，东盟战后的经济发展及成员国经济合作的尝试，也为东盟自由贸易区的形成奠定了重要的物质基础。

1992年在新加坡召开的第四届东盟首脑会议上，东盟国家签署了《共同有效优惠关税协定》(CEPT)，确立了东盟自由贸易区的基本目标，即在15年内将东盟内部贸易的平均关税税率降到0%～5%，从1993年1月1日正式开始实施。该协定是实现东盟自由贸易区的主要机制，它包括制成品和农产品，其所涉及产品领域是东盟贸易协定中最为广泛的，占东盟全部关税的90%，占东盟内部贸易价值的81%。该协定要求削减在包括清单上的所有产品的关税，消除数量限制以及非关税壁垒。在2003年以前，在包括清单上所有产品的关税不高于5%，削减关税从1994年开始。

为保证东盟自由贸易区尽快实现，东盟还实施其他的贸易促进措施，其中包括协调关税事务（关税术语、关税评估体系、关税程序以及建立绿色通道体系来加速《共同有效优惠关税协定》产品的清算）。东盟还努力统一产品标准，来促进东盟内部贸易，并确定了20个优先产品组，其中包括一些主要的耐用消费品。

2. 东盟自由贸易区计划的主要内容

（1）削减关税方面

首先将东盟内部贸易商品的工业制成品分为两大部分，对它们规划了不同的削减关税时间表。其中15大类工业制成品（包括植物油、水泥、药品、肥料、塑料、化工产品、橡胶制品、皮革制品、纸浆、纺织品、陶瓷与玻璃制品、珠宝、铜电极、电子产品、藤木家具）被列为快速降税部分。具体要求是在1993年关税低于20%的产品将在2000年前将关税降到0%～5%，关税高于20%的产品将在2003年将关税降到0%～5%。其他工业制成品为常速部分，其中在1993年关税低于20%的产品将于2003年将关税降到0%～5%，关税高于20%的产品在2001年将关税降至20%以下，2008年降到0%～5%。同时，协定规定了“例外商品”，即无论常速减税商品或是快速减税商品，只要成员国认为降低其进口关税会对自身经济造成严重损害，它就可以将该商品列为“例外商品”。“例外商品”可以在2000年以前保持其进口关税税率，2000年时重新审定是否要继续对其实施保护。

（2）非关税方面

东盟各成员应在2008年以前消除所有非关税壁垒，届时取消所有进口限制和限额，并取消进口许可证制度。能够得到优惠待遇的产品必须是“东盟产品”，即该产品价值中40%以上源于东盟国家，其中出口国价值应占25%以上。

3. 东盟自由贸易区的进展情况

（1）东盟决定提前实现自由贸易区计划

由于全球贸易增长减缓，欧美经济不景气以及日本经济疲软的影响，东盟自由贸易区初期进展并不顺利。一些成员国屈服于国内产业集团的压力继续采取贸易保护主义措施，一些成员国因发展程度相对落后于其他成员而对东盟自由贸易区的实施比较消极。但是世界经济形势又迫使东盟加速内部经济合作。

1993年11月在美国西雅图召开的由美国发起的第一次亚太经济合作组织（APEC）成员首脑非正式会议上，由美国等发达工业化成员积极推动，亚太经济合作组织各成员基本同意在亚太经济合作组织范围内加快贸易与投资自由化进程。同年12月关贸总协定乌拉圭回合的谈判取得突破性进展，对世界范围的贸易自由化起到了巨大推动作用。

东盟在世界贸易与投资自由化趋势的压力下，在1994年9月召开的第二十六届东盟经济部长会议上，决定将原定15年实现东盟自由贸易区目标的期限缩短至10年，即在2003年1月1日前对东盟内部贸易征收的关税必须减到5%以下，从2008年提前到2003年完成。会议还决定把未列入东盟自由贸易区计划的未加工农产品也列入计划，各国暂保留的农产品将按20%的比例逐年减少，到2000年1月1日，所有未加工农产品都将被列入东盟自由贸易区计划。

《共同有效优惠关税协定》(CEPT)开始实施后，东盟成员不断增加，增添了越南、老挝、缅甸和柬埔寨。新成员的入盟使东盟内各成员间的发展差距迅速扩大，为尽量减少经济水平相对较低的新成员在参与东盟自由贸易区时所受到的压力和可能的损失，东盟允许它们推延达到东盟自由贸易区目标的最后期限：越南为2006年，老挝和缅甸为2008年，即它们入盟后的10年之内达到东盟自由贸易区目标。

(2)东盟加强与世界其他自由贸易地区的联系

为了同开放的地区主义原则相一致，东盟致力于与其他的地区贸易组织发展联系。东盟自由贸易区与澳新自由贸易区联络是首次尝试，内容包括创立关税概要、包括在ISO-14000协同工作的标准和一致的信息交换，以及贸易和投资数据库的联系。其他的活动包括与北美自由贸易区、南方共同市场(MERCOSUR)、欧盟以及南非发展共同体(SADC)发展关系。

4. 东盟自由贸易区的影响

(1)东盟自由贸易区的发展促进了区内贸易

在1993~1995年，东盟内部贸易出口从427.7亿美元增加到688.3亿美元，平均年增长率为30.46%，大大高于东盟总出口20%的平均值。东盟内部贸易在1995年占总出口的22%。1995年，59%的东盟内部贸易出口产品由机械和电器产品组成，其他进行交易的部门包括矿产品(石油)、贱金属、化学及塑制品。

(2)东盟自由贸易区的形成有利于东盟吸引外资

东盟自由贸易区致力于发展区域统一大市场，有利于增加外国资本的吸引力。东盟经济的迅速发展使其外资逐步从降低生产成本向开发当地市场转移，而东盟内部市场的统一将降低东盟内市场开发成本，相对扩大市场容量，外资在一国投资所生产的产品可直接进入其他东盟国家市场，从而有利于引进规模较大的外资项目，推动东盟自由投资区的建立与发展。

(3)东盟自由贸易区可间接刺激东盟工业的发展，但有可能降低区内市场的竞争力度

《共同有效优惠关税协定》使东盟形成内外不同的关税税率，即存在税差。东盟企业可利用它抵御国外产品的直接竞争，扩大部分进口替代型产品的发展规模。

(4)东盟自由贸易区将逐渐与亚太经济合作组织融合

东盟是亚太经济合作组织的重要成员，在亚太经济合作组织加速其区内投资与贸易自由化进程的大环境中，东盟已承诺在2020年以前实现亚太经济合作组织区域内的投资与贸易自由化。这样，东盟自由贸易区的进展与目标，实际上就成了东盟走向全面的投资与贸易自由化的第一阶段，也可以说是一次全面的预演。

5. 东盟自由贸易区的发展评估

(1)东盟自由贸易区是高于一般贸易安排的贸易合作形式，它表明东盟的贸易合作正在逐步走向规范化和机制化

东盟以《共同有效优惠关税协定》替代《特惠贸易安排协定》，表明东盟在经济合作上前进了一步。在《特惠贸易安排协定》中，关税的削减与贸易项目衔接，使实际区内贸易项目与“贸易安排”项目有脱节的可能，从而实际上难以达到削减关税的目的。而《共同有效优惠关税协定》要求在协定规定时期内关税的削减与实际贸易额衔接，各成员可以根据协定的要求进行相互之间的监督，使削减关税有可能落到实处。

(2)东盟自由贸易区的基本发展方向是建立东盟区内的统一市场

东盟自由贸易区的主要实现措施是《共同有效优惠关税协定》。这个协定的主要内容是东盟内工业制成品贸易逐步减税，最终达到近于0%的关税，从而在东盟内形成一个工业制成品可自由流动的统一市场。而对原料和农林产品，特别是未加工的农林产品，则一直是各主要成员国重点保护的领域。尽管1995年《共同有效优惠关税协定》加速方案中已要求将原料用农林产品列入该协定，但从刚结束的第六届东盟首脑会议通过的东盟行动计划中看，各国对农业、特别是对粮食十分重视，将其作为国家安全的重要保证，表示要以提高生产率、促进贸易、加大投入来提高竞争力，因此农产品、特别是粮食的贸易仍要受到不同程度的保护。这样以开放促进工业品提高竞争力、以扶持促进农产品提高竞争力，从而形成工业品自由贸易、农产品优惠贸易的区内贸易基本格局。

(3) 东盟自由贸易区有保护区内贸易的作用或倾向

东盟自由贸易区是非开放性的关税优惠协定，东盟外的贸易伙伴不能从中获得减税优惠，因而相对区内贸易商处于不利地位，而东盟内的贸易则相应可以借机扩大。据研究，在东盟自由贸易区实施5年后，东盟对世界其他地区的贸易每年可因之增加24亿美元，东盟区内贸易则可增长29亿美元；但如果东盟自由贸易区成为一个真正的对外开放的自由贸易区，东盟对区外贸易每年可因之增长91亿美元，东盟区内贸易可年增17亿美元。这样，如果东盟完全对外开放，它的区内贸易增长量将远低于区外贸易增量，结果将导致东盟区内贸易占其贸易总额的比重相对下降。

(4) 东盟自由贸易区的实现面临一些现实的障碍

东盟各国经济发展水平不同，对建立东盟自由贸易区的期望和动机不同，付出的努力不同，在利益分配上容易产生矛盾。另外，东盟自由贸易区靠平等协商和协调来决策，使政策难以执行。再者，东盟各国之间经济互补性较差，除新加坡外，均为初级产品出口国，使东盟各国难以协调出口，从而影响经济合作。

七　东盟社会文化合作

东盟在社会文化等功能性领域的合作，包括科学和技术、环境、文化和信息、社会发展、毒品控制及行政机构的合作。1967年8月8日的《曼谷宣言》为此领域的合作奠定了基础。

（一）目的和宗旨

加速该地区的经济增长、社会进步和文化发展；在经济、社会、文化、技术、科学和管理领域有共同利益的事务上促进协作和相互帮助；在教育、职业、技术和管理领域，以训练和研究设施的方式提供相互帮助；促进东南亚研究。东盟的五届首脑会议都强调并推动此领域的合作。

（二）科学和技术合作

东盟的科技合作始于1970年。1978年东盟科学和技术委员会（COST）成立，以促进科技和人力资源的发展，并促进技术从更发达国家向东盟成员国转让。自1983年以来，该委员会在东盟科学和技术行动纲领指导下，开展了多种项目的活动。其下设有7个分委员会，分别为：食品科技、生物技术、微电子和信息技术、材料科技、非传统能源研究、海洋科学、气象和地球物理学、科技基础设施及资源发展。

东盟科技委员会的主要活动项目包括：东盟科学技术奖学金与人力资源发展项目、发展技术审查机制、东盟科技周、东盟科技信息网以及东盟食品会议。活动资金主要来源于东盟的对话伙伴，即澳、加、欧盟、日、新、韩、美、联合国开发计划署以及印度。

（三）环境合作

始于1977年的东盟次区域环境项目（ASEP），1978年12月在雅加达召开首次东盟环境专家小组会议（AEGE）。1989年，专家小组的规格提升为东盟环境高级官员（ASOEN），下设有6个工作小组，分别为：东盟海洋和海环境、环境经济、自然保护、环境管理、越境污染以及环境信息、公众意识和教育。1994年4月在斯里巴加湾市召开第六届东盟环境部长会议，通过了东盟环境战略行动计划。1995年6月在吉隆坡举办东盟越境污染管理会议，通过了东盟越境污染合作计划，主要解决以下3个方面的问题：越境空气污染、有害废物越境流动、越境船载污染。东盟首次环境报告声明于1997年发表。报告总结了东盟面临可持续发展的挑战，提出了需要解决的问题，并希望在环境保护和经济增长间取得平衡。

（四）文化和信息合作

1976年东盟首届首脑会议在巴厘通过的《东盟协调一致宣言》为东盟文化和信息合作提供了框架。它支持东盟学者、作者、艺术家及大众媒体代表，使其能够在培养地区认同意识上发挥积极作用。东盟文化和信息委员会（COCI）建立于1978年，旨在促进文化和信息领域的有效合作，增进东盟人民间相互理解及地区发展。东盟文化基金于1978年成立，每年基金大约有200万美元。文化和信息委员会有4个工作组，分别为：文学和东盟研究工作组，视觉和表演艺术工作组，收音机、电视和电影、录像工作组，印刷和人际媒体工作组。

（五）社会发展合作

社会发展委员会建立于1978年，下设以下领域的分委员会：东盟教育分委员会（ASCOE）、东盟人口计划（APP）、东盟健康和营养分委员会（ASCHN）、东盟青年分委员会（ASY）、东盟妇女计划（AWP）、东盟劳工事务分委员会（ASCLA）以及东盟灾难管理专家小组（AEGDM）。1995年曼谷东盟首脑会议号召：通过投资建立教育训练和研究机构来提高人力资源；加强人力资源发展机构的联系；通过保障社会正义、提高社会服务的质量及减少贫困，进一步努力提高人民生活；承诺根除文盲；通过发展跨学科的教育合作和培养一个坚强、悉心和富凝聚力的社会，迈向一个教育良好的社会；致力于使妇女平等有效地参与社会各领域和各层次的活动；在保护儿童和青年发展上加强地区合作；加强应对艾滋病提出的问题和挑战的集体反应。社会发展委员会的行动和工作计划包括：东盟社会发展行动计划（1994）、东盟儿童行动计划（1993）、东盟大学网工作计划、东盟地区艾滋病预防和控制计划（1995～2000）、东盟职业安全和健康网络四年行动计划（1997～2000）。

（六）毒品控制合作

东盟反毒品滥用和走私的行动可分为4个领域：预防教育和信息、法律执行、治疗和康复及研究。在预防教育和信息方面，为教师、课程设计者和预防教育的比较研究者举办各式研讨班，活动强调毒品预防和控制的心理和社会因素。在执法领域，合作活动包括法官和执法人员交换、举办由国际机构如科伦坡计划局协助训练项目以及信息共享。至于治疗和康复领域，有为个人提供的早期检测实验室设备，以及通过重返社会治疗中心将毒品使用者重新融入社会，并有经常性的从事治疗和康复的人员交流。东盟国家执行这些计划的训练中心有：曼谷的东盟毒品执法培训中心、马尼拉的东盟预防毒品教育培训中心、吉隆坡的东盟治疗和康复培训中心、新加坡的东盟体液毒品探测培训中心。1995年东盟曼谷首脑会议要求进一步努力打击毒品滥用和非法走私，强调信息交流和传播，将东盟建立成一个无毒区。

（七）行政机构事务合作

这是1967年东盟创立时通过的《曼谷宣言》确定的目标之一。1987年建立了东盟行政机构事务会议（ACCSM），由东盟成员国公共行政部门的首脑及技术级人员构成。每两年举行一次，在成员国轮流进行，由东道国行政机构首脑担任主席。在1995年第八届行政机构事务会议上，通过了《在东盟地区建立一个生机勃勃和敏感的21世纪行政机构的行动计划》以及《建立更好的官僚机构的东盟盟约》。

（八）法律事务合作

1983年启动。包括东盟司法部长、东盟高级法律官员、东盟议会间组织及东盟检察长。合作集中在法律教育和训练、法律信息、材料和研究的交流。随着跨国问题如毒品和经济犯罪的猖獗，包括洗钱、非法移民、银行欺诈、盗版及产品伪造，一些实体如东盟高级毒品官员会议及东盟国家警察局长在执行法律合作上起到重要作用。其合作包括毒品走私和其他犯罪的情报共享、罪犯问题和调查的相互帮助、人员交流、相互训练项目以及建立地区警察资料系统。

八　东盟的合作及对话关系

（一）东盟致力于发展对外关系

东盟最初发展对外关系的国家主要是东盟的贸易伙伴。1976年东盟正式与澳大利亚、日本、新西兰和联合国开发计划署（UNDP）建立了全面对话关系，1977年与美国、1980年与欧盟、1981年与加拿大、1991年与韩国建立了对话关系。自1993年以来印度是东盟的部门对话伙伴，1995年提升为对话伙伴。中国和俄罗斯于1991年与东盟开始协商关系，1996年被给予对话国地位。巴基斯坦于1997年与东盟建立了部门对话关系。

东盟的对话关系促进了贸易和投资，加速了技术转让，有助于东盟产品进入对话国市场。它也为东盟与世界重要国家在地区和全球问题上进行对话以及获得发展和技术援助提供了场所。

（二）经济合作是东盟及其对话伙伴合作的最重要领域（尤其是贸易和投资）

近年来，东盟与对话伙伴的经济合作还延伸至工业发展、技术转让、能源、通讯、交通和旅游。东盟与对话伙伴的发展合作日益与双方的经济利益相连，现在许多发展合作项目旨在促进这一目的。

另外，随着强调伙伴关系以及共同主题项目而不是项目特别融资，发展合作的性质也发生了变化。发展合作的主要领域在科学和技术、人力资源发展、环境、社会和文化发展以及毒品控制。

东盟的发展合作源于东盟国家集体的合作以及对话国的援助。鉴于意识到谨慎管理援助款项以使对外援助的利益最大化的重要性，第二十二届东盟部长会议（AMM）决定成立东盟合作部，负责项目评估和资金管理的所有方面，与对话国密切合作。

（三）与对话国以外国家和地区组织加强合作

除了现有的对话伙伴的对话关系外，1992 年第四届东盟首脑会议商定，作为一个日益相互依赖的世界的一部分，东盟也意识到应该“同有兴趣的非对话国和国际组织加强合作关系”。第五届东盟首脑会议号召“在全球相互依赖的世界眼光向外，深化与伙伴的对外关系”。东盟还与其他的次地区集团建立了联系，如南太平洋论坛、经济合作组织、海湾合作委员会、南亚地区合作联盟、南非发展合作组织、南方共同市场以及中南美洲的组织。

（四）东盟—中国

1993 年 9 月，东盟秘书长率领代表团访华，与中国高官探讨发展双边关系。1994 年 7 月第二十七届曼谷东盟部长会议期间，双方建立了经济和贸易合作联合委员会以及科学和技术合作联合委员会。1995 年 4 月，东盟和中国在杭州举行首次高官级协商会议，第二次和第三次协商会议分别于 1996 年 6 月在印尼的武吉丁宜以及 1997 年 4 月在中国的黄山举行。

在 1996 年第二十九届雅加达东盟部长会议上，中国副总理和外交部长首次作为对话伙伴参加了东盟部长级会议和东盟外长扩大会议（AMM/PMC）。1997 年 2 月，东盟和中国在北京举行首次联合合作委员会会议。在此会议上，双方商定，所有现存机制，包括两个联合委员会以及高官政治协商，将成为东盟—中国对话的有机部分，东盟—中国合作基金中国出资 70 万美元。东盟驻北京大使已在北京组成委员会，东盟—中国合作基金及中国驻东盟各国大使已组成东盟—中国联合商务委员会。

1997 年 12 月，中国—东盟领导人非正式会晤，并提出建立面向 21 世纪的睦邻互信伙伴关系；此后，“10＋3”和“10＋1”领导人会议机制正式建立起来。

2000 年 11 月的“10＋1”领导人会议上，中国和东盟领导人决定成立经济合作专家组，探讨包括在中国和东盟间建立自由贸易区的可行性等问题，进一步加强中国东盟经济贸易关系。2001 年 11 月，在文莱举行的首届东盟和中国领导人会议上，双方一致同意于未来 10 年内建立中国—东盟自由贸易区，并提出将农业、信息产业、人力资源开发和湄公河流域开发等作为合作重点。

中国—东盟自由贸易区正式谈判始于 2002 年初。同年 11 月，双方签署了经济合作框架协议，决定逐步实现零关税的自由贸易。根据《中国—东盟全面经济合作框架协定货物贸易协议》，从 2005 年 7 月 20 日开始，中国与东盟六国（文莱、印尼、马来西亚、菲律宾、新加坡和泰国）正常类税目中四成产品的关税，将削减到零至 5%。根据“早期收获”计划，以农产品为主的 500 多种商品的关税，2006 年将降低到零。到 2010 年中国—东盟自由贸易区建成，将形成一个拥有 17 亿消费者、2 万亿美元国内生产总值、1.2 万亿美元贸易总量的经济区。这将是世界上人口最多的自由贸易区，也是发展中国家组成的最大自由贸易区。

（五）东盟—日本

东盟—日本的关系始于 1973 年，并于 1977 年制度化。通过东盟—日本论坛这个机制，双方讨论一系列双边感兴趣的问题，包括贸易、商品、投资、技术转让、文化合作及发展合作。日本为建立文化合作基金（到 1997 年增至 4 000 万美元）、日本－东盟合作计划以及东盟内部技术交流计划提供资金。东盟欢迎日本首相桥本倡导的“拓宽和深化伙伴关系”。在 1997 年 5 月第十五届论坛会议上，双方商定加强论坛会议以促进对话。双方还商定，成立一个由东盟各国和日本专家组成的多国文化使团为未来的文化交流与合作提出建议。东京的东盟促进中心为促进私营部门在贸易、投资和旅游上的合作发挥了重要作用。

1997 年东亚金融危机后，日本进一步加强了同东盟的关系。2002 年年初，日本首相小泉访问东盟 5 国重申福田主义，提出加强双方经济合作的一揽子计划，试图维持其在东南亚经济外交主导地位。2002 年 11 月，日本与东盟签署了《全面经济合作伙伴联合宣言》。2003 年 10 月，东盟 10 个成员国的领导人和日本首相小泉纯一郎签署了《东盟与日本全面经济伙伴关系框架协议》。根据协议，从 2004 年起东盟和日本开始就商品贸易、服务贸易以及投资自由化问题进行磋商。尚未同日本订立双边经济伙伴协议的东盟成员国将进行双边优惠谈判。然而，日本的农业保护主义政策，则是与东盟农产品出口国达成自由贸易协议的严重障碍。

（六）东盟—韩国

1991 年 7 月韩国成为东盟的对话国。双方的合作包括贸易、投资、旅游、科技、人力资源发展及发展合作。未来的合作领域将包括青年、媒体和文化。双方建立了东盟－韩国特别基金来为技术和发展合作提供融资。1997 年发起东盟－韩国 21 世纪论坛，以为双方发展 21 世纪关系提供建议。

（七）东盟—印度

1993 年，东盟和印度在贸易、投资、旅游、科学和技术领域开始了部门对话，并建立了东盟－印度基金来为合作研究及其他合作活动提供融资。到 1997 年，印度对基金的出资超过 66 万美元。在 1995 年 12 月曼谷第五届东盟首脑会议上，东盟决定给予印度完全对话伙伴地位。东盟和印度建立了联合合作委员会，并于 1996 年在新德里召开首次联合合作委员会会议。双方同意扩大人力资源合作及人员交往。双方已同意开始高官级政治对话。

（八）东盟—巴基斯坦

1997 年 6 月双方正式建立了部门对话，包括贸易、投资、工业、科技、旅游、毒品及人力资源发展。

（九）东盟—澳大利亚

《东盟－澳大利亚经济合作计划》（AAECP）于 1974 年建立，是双方关系的基石。双方致力于扩大贸易和投资机会，科技和人力资源发展是该计划的两个主旨。与此同时，东盟和澳大利亚私营部门的联系也得到发展。

（十）东盟—新西兰

东盟—新西兰的合作始于 1975 年。双方的经济合作以《东盟－新西兰经济合作计划》（ANZECP）为先导，包括机构间联系计划（主要着重人员接触）、以材料科学和生物技术为中心的科技合作、强调可持续的商业和经济联系的贸易和投资促进计划、能源开发计划等。

（十一）东盟—欧盟

欧盟是东盟最老的对话伙伴。与欧盟的非正式关系始于 1972 年，1980 年通过《东盟—欧盟合作协定》将关系正式化。东盟—欧盟关系包括广泛的领域，如贸易、商业和投资、标准和一致、知识产权、科学和技术、环境、人力资源发展、毒品控制和制度联系。促进东盟—欧盟合作措施包括促进贸易和资本流动、工业互补、欧盟金融机构更多卷入东盟项目以及获得欧盟的知识和技术。东盟和欧盟的外交部长和高官定期会晤，来确定双边关系的方向和速度，并监督各领域的合作。双边关系的一个分支机构是亚欧会议，1996 年 3 月首次首脑会议于曼谷举行，1997 年 2 月首次外交部长会议于新加坡举行。

（十二）东盟—美国

始于 1977 年，双边对话促进私营部门参与合作。通过东盟私人投资和贸易机会（PIWTO）项目，加强了发展合作、贸易和投资合作。美国也对技术转让、人力资源发展、环境、科技和毒品控制提供帮助。对话会议也是一个讨论国际和地区政治和安全的论坛。

（十三）东盟—加拿大

1977 年已有对话关系，1981 年东盟—加拿大联合合作委员会（JCC）正式建立。1994 年建立联合计划和监督委员会（JPMC），在计划和执行水平上来监督各种项目。加拿大已给东盟在科技、人力资源、信息和文化及妇女发展等项目上提供技术，尤其是在科技方面。

（十四）东盟—俄罗斯

1996 年 7 月，俄罗斯成为东盟的全面对话伙伴。1991 年，俄罗斯开始作为一个协商伙伴参加东盟部长级会议和东盟外长扩大会议（AMM/PMC）。1996 年 10 月 3 日，莫斯科东盟委员会由东盟在莫斯科的使团首脑组成。1997 年 1 月，双方达成《东盟－俄国联合合作委员会（JCC）程序规则》以及《东盟—俄国联合科学技术委员会（JSYV）参考条目》。1997 年 6 月联合合作委员会在莫斯科举行首次会议。

（十五）东盟—联合国开发计划署

东盟和联合国开发计划署（UNDP）保持的长期合作关系，可以追溯到 1967 年东盟成立之时。在 20 世纪 70 年代初期，东盟合作向实质性方向进展，联合国开发计划署发起了由 41 位国际专家参加的一项旨在帮助东盟实现其最初的经济合作构想的深度研究项目（持续两年）。这一研究最后形成了《坎苏报告》（1972），该报告为东盟后来在产业发展、农林业、运输、财政、金融和保险服务等方面合作提供了主要依据。此后，联合国开发计划署成了东盟最大的单个多边援助机构以及唯一的非政府对话伙伴。《东盟—联合国开发计划署第五轮次地区计划》（1992～1996，又称 ASP－5），在 5 个次项目领域提供援助：

1. 人力发展

包括社会经济发展及对人的影响、对处于弱势的社会集团的公正分配、对以社区为基础的毒品和艾滋病的干预活动以及对东盟大学的资助。

2. 能力建设

包括帮助提高东盟的制度安排、管理体制以及东盟合作项目的程序。

3. 贸易和投资自由化

包括帮助东盟内部贸易标准化和简化、提高执行（CEPT）的效率、制定计划促进投资。

4. 贸易和环境

使其熟悉贸易和环境问题的联系及环境研究。

5. 科学和技术

第五轮计划总耗资580万美元，已为第六轮计划采取了准备措施。（张兴利）

第三节 东亚地区内经济开发组织机构

一 湄公河开发机构——“大湄公河次区域经济合作”

“大湄公河次区域经济合作”（Greater Mekong Subregion GMS）成立于1992年，其宗旨是：通过加强各成员国间的经济联系，促进次区域的经济和社会发展。它的成员包括湄公河流经的6个国家：中国、缅甸、泰国、老挝、越南和柬埔寨。中国与该区域国家接壤的是云南省和广西壮族自治区。

（一）背景

全长4 880公里的澜沧江—湄公河是亚洲唯一的流经6国的国际河流，被称为“东方的多瑙河”。它发源于中国青藏高原唐古拉山，从云南省西双版纳南部出境后称为湄公河。湄公河流经缅甸、老挝、泰国、柬埔寨、越南五国，汇入南中国海。

早在1957～1969年，湄公河流域就有过开发建设的“兴旺时期”。但上世纪60～70年代的越南战争和印支半岛形势的恶化使湄公河开发陷入僵局，导致1978～1989年的湄公河流域开发处于停滞阶段。

进入20世纪90年代，随着东南亚经济的快速发展与国际环境的缓和，以及中国和东南亚国家关系的正常化，湄公河流域的共同开发和综合利用再次成为热点。但1997年的东亚金融危机又使湄公河流域开发陷入低潮。面向新世纪，随着各国逐渐走出金融危机的阴影，尤其中国经济迅速增长，大湄公河次区域的开发则重现生机。

（二）成立与发展

由上述6国组成的“大湄公河次区域合作组织”是由亚洲开发银行负责协调的综合开发机制。该机制是亚行于1992年发起建立的。这是亚行开展最早的项目，也是至今为止最成功的项目。大湄公河次区域经济合作建立在平等、互信、互利的基础上，是一个发展中国家互利合作、联合自强的机制，也是一个通过加强经济联系，促进次区域经济社会发展的务实机制。

2002年9月25日在金边召开亚洲开发银行大湄公河次区域经济合作第十一次部长级会议，会议决定加快未来10年次区域的经济发展。会议回顾了过去10年大湄公河次区域国家在各个领域及骨干项目的合作进展情况。会议同意在建立南北、东西和南部经济走廊、交通、能源、贸易投资、人力资源开发、环保、电讯、农业等10个骨干项目的基础上，将湄公河旅游发展列为第11个骨干项目。

2002年11月，柬埔寨首相洪森利用本国担任东盟轮值主席国的身份，建议召开首次大湄公河次区域领导人会议，获得各方赞同。其主要战略考虑是：第一，确立大湄公河次区域机制为主流开发机制，并以3年召开一次领导人会议的形式将其固定化、明确化、主流化。第二，亚行既是主要的投资方，又是各方都能接受的利益协调人。第三，只有与政治稳定、经济腾飞、与邻为伴的中国“捆绑”在一起，才能实现自身经济的发展。11月3日，中国总理朱镕基出席了在柬埔寨召开的大湄公河次区域首次领导人会议。

从1992年亚洲开发银行启动大湄公河次区域合作以来，次区域六国的经济一体化水平已经获得长足进展。在亚行的推动和大湄公河次区域各国的共同努力下，大湄公河次区域的开发从无序到有序，从无规则到有规则，到2002年领导人会议上终于达到了提出“建设大家庭”的成熟度。自次区域合作机制启动以来，成员国加强在交通、能源、电信、贸易、投资、旅游、环境、人力资源、农业等领域合作，卓有成效地实施了100多个合作项目，建成了一批标志性工程，促进了各国经济和社会发展，使成千上万的人口特别是贫困人口从中受益，也对维护地区和世界和平做出了积极贡献。

2005年7月4～5日，大湄公河次区域经济合作第二次领导人会议在云南昆明隆重召开，取得了丰硕成果。会议通过《领导人宣言》并签署有关次区域合作成果文件，规划未来合作方向和重点合作措施。会上签署的《大湄公河次区域便利客货跨境运输协定》的附件和议定书，将促进成员国人员和商品的自由流动，打破阻碍跨境流动的无形壁垒；《大湄公河次区域贸易投资便利化战略行动框架》将为次区域贸易投资活动提供更多便捷条件；电力贸易运营协议的实施导则将加强成员间在合理开发和利用电力资源领域的合作。

澜湄地区合作开发得到了国际金融机构的参与、介入和支持。联合国开发计划署、联合国工业发展组织以及亚洲开发银行、世界银行都积极介入和参与这一地区的合作开发事务，特别是亚洲开发银行已成为该地区合作开发的主要召集人。自1992年10月至2004年末，已先后在亚行总部菲律宾首都马尼拉召开了8次会议，形成了多个合作开发协议和文件。国际机构的介入，不仅起到了很好的协调促进作用，而且帮助解决了制约合作开发的资金问题。自大湄公河区域计划于1992年实施以来，亚洲开发银行一直是其核心伙伴。亚行和它的伙伴们已经给10多个主要基础项目提供了资金。该计划的投资总额接近20亿美元，其中亚行贷款为7.72亿美元。

10多年来，大湄公河次区域经济合作不仅取得了丰硕成果，而且形成了许多成功的做法和经验。主要是：

1. 相互尊重，平等协商

大湄公河次区域国家大小不同，发展水平各异，但都是平等的成员。要彼此信任、真诚相待、求同存异、互惠互利，使各成员的不同意见得到反映，不同要求得到照顾，共同利益得到维护。

2. 加强合作，注重实效

根据不同国家及地区的发展需要，确定合作项目，充分合理使用合作资金，最大限度地扩大受益面。

3. 突出重点，循序渐进

选择对经济发展带动性强的项目开展重点合作，集中力量办好事、办实事。同时，分阶段、有步骤地开展其他领域的合作。

4. 统筹兼顾，协调推进

在开展经济合作的同时，积极开展人力资源开发、环境保护和其他方面的合作。在加强基础设施建设的同时，通过体制创新和政策调整，改善次区域贸易投资环境。

（三）发展前景

今后大湄公河次区域合作组织将从5方面加强合作。

1. 加强基础设施建设

改善基础设施条件，是促进次区域经济社会发展的重要基础。需继续落实在交通、能源和电信等领域的合作项目，加快建设“南北经济走廊”、“东西经济走廊”和“南部经济走廊”，加强航运开发和信息高速公路建设，推进次区域电力联网和电力贸易，为区域经贸合作搭桥铺路。

2. 推进贸易投资便利化

进一步加强次区域经济合作，必须有公平、开放、透明的政策体制环境和政府的积极引导。应加快《大湄公河次区域便利客货跨境运输协定》附件和议定书谈判工作，认真执行《贸易投资便利化战略行动框架》，促进次区域贸易投资便利化与中国－东盟自贸区建设的互动，为商品的流通和人员的交往创造良好的环境，推进双方贸易与投资合作在未来几年内取得较大的发展。中国决定自2006年1月1日起，单方面向柬埔寨、老挝和缅甸三国扩大特惠关税产品范围，以提高区域贸易合作水平。

3. 深化农业发展合作

大湄公河次区域国家农村人口多，农民收入低，农业发展水平不高，促进农业和农村发展意义重大。需大力拓展在农业技术和农业信息领域的交流与合作，加快农业信息网站建设。尽早签署次区域农业合作谅解备忘录，适时召开次区域农业部长会议，共同探讨发展现代农业的途径。

4. 重视保护资源与环境

大湄公河次区域资源丰富，但生态环境相对脆弱。各成员国都应科学规划，合理开发资源，加强生态建设和环境保护，走可持续发展之路。应加强保护资源和环境的信息交流与执法合作，积极实施生物多样性保护走廊计划。

5. 探索多元化筹集发展资金

大湄公河次区域合作的深入发展需要持续稳定的资金投入。中国将继续为次区域合作发展提供力所能及的资金支持，并欢迎亚洲开发银行予以长期支持。也需要各发展伙伴立足长远，为次区域合作的发展提供更多援助；鼓励、支持企业界参与合作开发。

展望大湄公河次区域合作的未来，为了完善整个次区域的经济社会发展进程，须将重点关注“三C问题”。即：加强连通性（Connectivity），从基础设施建设着手形成次区域公路、电网、通信等网络；提高竞争力（Competitiveness），加强整个次区域形成可持续的活力；增强共同体意识（Community），构筑次区域合作的坚实基础。正是上述三个“C”构成了2005年7月4日在中国昆明举行的“大湄公河次区域经济合作”第二次领导人会议的主题：加强连通性，提高竞争力，建设大家庭。

二 图们江开发机构

（一）成立背景、成员国及宗旨

1991年7月，联合国开发计划署（UNDP）在乌兰巴托召开了“支持东北亚1992～1996年技术合作项目”参与国讨论会，中、朝、韩、蒙四国一致同意将图们江地区开发项目作为首选项目，并为联合国开发计划署所接受。

1991年10月，联合国开发计划署在平壤召开图们江开发会议，与会国家包括中国、俄罗斯、韩国、朝鲜和蒙古。会议对共同开发图们江三角地区取得共识，正式确立“图们江地区开发项目”（Tumen River Area Development Program TRADP），并且成立了旨在进行政府级磋商的项目管理委员会（Program Management Committee PMC）。成员国有中国、俄罗斯、朝鲜、韩国、蒙古。

成立图们江地区开发项目管理委员会的宗旨，是通过发展基础设施、产业和贸易，开展双边和多边合作来提高图们江经济开发区（TREDA）以及其他东北亚地区人民的生活。

（二）主要活动

自1991年7月图们江地区开发项目成为中、朝、韩、蒙四国合作的首选项目以后，围绕这些问题，1991～1994年，联合国开发计划署主持召开了4次项目管理委员会（PMC）会议及10余次专家会议。东北亚各有关国家政府官员及专家就图们江地区的开发模式、产业结构、基础设施和交通通讯系统建设、土地、法律、金融机构、环境、人才培养等问题广泛交换了意见。

1994年10月，项目办公室由纽约迁往北京，联合国开发计划署对图们江地区开发项目进行了重大调整。原小三角（TREZ）计划取消，而倾向于成立图们江经济开发区（TREDA）。各国立足于自己的边境自由贸易区，进行双边和多边的经济合作。

1995年在北京结束的项目管理委员会（PMC）第五次会议，讨论并签署了两个协定及一份备忘录，即：中、俄、朝三国《关于成立“图们江地区开发协调委员会”的协议》，中、俄、朝、韩、蒙五国《关于成立“图们江经济开发区和东北亚开发咨询委员会”的协议》以及《图们江经济区及东北亚环境准则谅解备忘录》。会议还就未来机构设置和项目未来发展采取的行动进行了磋商。

（三）联合国开发计划署作用

联合国开发计划署（UNDP）在图们江次区域经济合作过程中，充当了发起人的重要角色。1991年10月24日联合国开发计划署在纽约向全世界宣布了“在图们江口地区建设一个国际城市和自由港，并使其成为东北亚的经济中心和欧亚大陆桥东端的桥头堡”的计划，从而掀起了图们江地区的开发热潮。联合国开发计划署图们江秘书处的工作采取务实态度，着手解决实际问题，在1996年围绕促进口岸过境、边境运输和转口贸易设立了图们江信托基金。1997年，又重点在环保，旅游和技术援助项目方面，进行融资、招商引资、人员培训和开展合作。

2005年7月25日，联合国开发计划署宣布，为了更好地促进图们江区内外贸易，由该机构筹备建立的图们江区域合作开发项目将扩大实施范围，即扩及至韩国的部分地区、中国东北三省以及俄罗斯的滨海边疆区和哈巴罗夫斯克边疆区，其目的在于使参与方获得新的运输通道，并兴建新的基础设施使贸易和能源运输便利化。

三 东南亚的几个经济增长三角

（一）“新柔廖增长三角”

1. 成立背景及成员

1989年12月，时任新加坡第一副总理的吴作栋提议，将新加坡、马来西亚的柔佛州和印度尼西亚廖内群岛中的巴淡岛组成一个经济合作区，三方共同建设，实现共同繁荣与发展。1990年1月，新加坡和印度尼西亚签署了联合开发巴淡岛的谅解备忘录。同年新加坡和马来西亚商定联合修建第二条跨柔佛海峡的通道。"新柔廖增长三角"正式启动。

成员包括：新加坡、马来西亚柔佛州、印度尼西亚廖内群岛中的巴淡、加朗、雷姆庞、布兰、宾坦、卡里蒙、新极等岛屿。

2. 主要活动

1991年起，每年都轮流在印尼和新加坡举行促进廖内省经济发展部长级联合委员会会议，共同商讨开发廖内岛问题。

1992年1月11日，新加坡科技工业集团公司和裕廊环境工种公司与印尼的三林集团和比曼塔拉集团签署了联合开发巴淡岛协议。

1992年11月24日，新加坡和马来西亚柔佛州签订了新的供水协定。柔佛州政府还允许新加坡在柔佛河上游修建水坝及水库。

1993年12月，时任新加坡副总理的李显龙访问印尼时，与印尼方面签署了联合开发廖内省大片土地的协议，其中包括开发巴淡岛和宾坦岛的部分土地。

"新柔廖增长三角"正式启动后，投资合作成效显著。新加坡是马来西亚柔佛州主要外资来源地，柔佛州成为马来西亚工业和旅游业发展最快地区之一。1994年，印尼巴淡岛累计投资达42亿美元，马来西亚柔佛州累计投资达69亿美元。

（二）东盟北部增长三角

1. 成立背景及成员

1993年7月，印度尼西亚、马来西亚和泰国举行首次部长级会议，决定建立"东盟北部增长三角"。

成员包括：印度尼西亚的北苏门答腊省和亚齐特区，马来西亚北部的吉打、霹雳、槟榔屿和玻璃市4州，泰国南部的沙敦、宋卡、亚塔拉、那拉特越（陶公）和北大年5府。

2. 主要活动

1994年1月，三国召开部长级会议，批准了"东盟北部增长三角"的有关合作计划。同年5月，三国的官员和商界人士在印尼的棉兰举行会议，讨论了在本地区联合促进旅游业的发展问题，并提出在该地区建立海、陆、空交通联系，方便人们旅游或进行商业活动。7月，三国负责经济事务的和专家在马尼拉举行会议，就联合开发13项与农业有关的计划达成共识。12月，三国政府高级官员和工商界人士在马来西亚的槟城举行会议，三方达成多项协议，其中包括通讯、电力供应、农业、渔业、贸易及建设工业园区等。

（三）东盟东部经济增长区

1. 成立背景及成员

1994年3月，文莱、印度尼西亚、马来西亚和菲律宾4国的经济部长，在菲律宾棉兰老岛的达沃签署了协议备忘录，宣告"东盟东部经济增长区"正式成立。其宗旨是：推动增长区内贸易、投资、旅游、农业、渔业、能源、交通运输、通讯以及工业基础设施的发展，促进区域一体化。

成员包括：文莱，印度尼西亚的北苏拉威西省、东加里曼丹省和西加里曼丹省，马来西亚的沙巴州、沙捞越州和纳闽岛，菲律宾的棉兰老岛。

2. 主要活动

1994年11月，四国主管经济的官员、知名企业家以及美国、日本、澳大利亚等国家和地区的工商界代表1 000多人在菲律宾的棉兰老岛召开会议，讨论如何促进四国各自落后地区的经济发展与合作问题。四国代表签署了成立《东盟东部经济增长区共同市场协定》。

（四）环北部湾经济合作论坛

1. 环北部湾经济合作的重大意义

北部湾是中国与东盟国家的结合部，也是通常地理概念东亚与东南亚的结合部。环北部湾地区一海连七国，不仅限于北部湾海域，而是延伸到中国、越南、马来西亚、印尼、文莱和菲律宾等国。该地区不仅是海洋石油天然气的富集区，有丰富的海洋生物资源、旅游资源和矿产资源，而且海岸线漫长，港口条件十分优越，是一片富有潜力、充满希望的开发带，发展潜力不可限量。随着中国—东盟战略伙伴关系的建立与快速发展，环北部湾地区作为中国与东盟跨海联结的纽带，以其独特的地理位置、丰富的自然资源、良好的合作基础，展现了广阔的开发前景。

《中国与东盟全面经济合作框架协议》的签署，特别是自由贸易区建设进程的加快，《南海各方行为宣言》的逐步落实，《中越北部湾划界协定》的顺利实施，为这一区域的合作与发展创造了良好的宏观环境。定址在广西南宁的中国—东盟博览会成功地搭起了深化中国与东盟经贸关系的平台。2004年5月中越两国总理会商提出建设"两廊一圈"的设想，其中的"一圈"，就是环北部湾经济圈，使得这一重大战略构想日益得到地区有关各方的认同。

环北部湾经济合作，更深层次的意义在于构建东亚地区一个区域合作的新格局。这个新格局就是，由环北部湾经济合作区、大湄公河次区域两个板块和南宁—新加坡经济走廊一个中轴组成，形成形似英文字母“M”的一轴两翼大格局。从内容上看，有海上经济合作、陆上经济合作及湄公河流域合作。

2. 环北部湾经济合作的内容

(1) 构建环北部湾经济合作区，将环北部湾经济合作延伸到隔海相邻的马来西亚、新加坡、印尼、菲律宾和文莱

环北部湾经济合作应超越单纯的地理概念，使之涵盖海上东盟国家。马来西亚、新加坡、印尼、菲律宾、文莱是东盟中临近北部湾的国家。海洋是中国与这些国家联系的重要通道，具有进一步开展合作的优势和便利。中国与环北部湾东盟国家经济互补性强，合作潜力巨大，具备进一步深化合作与开发的良好基础。今后，环北部湾经济合作应更加充分发挥海上通道的作用，加强港口物流合作，加快产业对接与分工，促进相互贸易与投资，大力发展临海工业，联合开发海上资源，加快临海城市发展，形成一批互补互利、相互促进、各具特色的港口群、产业群和城市群。

(2) 构建南宁—新加坡经济走廊，促进中国泛珠地区与中南半岛国家陆路通道建设和通道经济发展

中国与中南半岛山水相连，东盟有7个国家在中南半岛。建设公路、铁路网络，打通联结中国与中南半岛的陆路主通道，加快建设沿线经济走廊，必将推进本地区的交流与合作。联合国亚太经社委员会已通过《泛亚铁路政府间协议》和《亚洲公路网政府间协议》。其中，南宁到新加坡的铁路和公路，是联结中国泛珠地区与中南半岛最为便捷、综合效益最好的干线通道。今后，要加快建设和完善南宁—河内—金边—曼谷—吉隆坡—新加坡的铁路和高等级公路，以沿线重点城市和跨境合作为依托，吸引产业、物流、专业市场的集聚，以点带面，发展通道经济，逐步形成贯通中南半岛的南宁至新加坡的经济走廊。

3. 首届环北部湾经济合作论坛

2006年7月20～21日，首届环北部湾经济合作论坛在广西南宁召开。这次论坛由中国国务院西部地区开发领导小组办公室、财政部、中国人民银行、国务院发展研究中心、人民日报社、亚洲开发银行和广西壮族自治区人民政府7家机构共同主办，广西壮族自治区北部湾（广西）经济区规划建设管理委员会办公室、国家发改委宏观经济研究院、商务部国际贸易经济合作研究院等中方7家机构联合承办，论坛协办方包括新加坡、马来西亚、越南、菲律宾、印尼、文莱6国的重要研究机构及中国广东省政府发展研究中心、中国（海南）改革发展研究院（CIRD）。

(1) 论坛的主题和重心

来自中国、文莱、印度尼西亚、马来西亚、菲律宾、新加坡、越南、日本及韩国的160余名政府官员、专家学者和海内外部分著名企业代表共聚一堂，围绕“共建中国—东盟新增长极”的主题，从理论到实践层面深入探讨环北部湾区域合作问题。

这次论坛研讨的重心是，站在中国—东盟区域经济合作的全局，放眼有利于资源整合的更广范围和更宽领域，积极推动在国家及省区政府层面形成中国—东盟自由贸易区框架下的次区域合作机制，为中国—东盟自由贸易区建设注入新的元素。与会嘉宾不仅从理论层面深入研讨环北部湾地区区域合作的总体方向、合作重点和机制保障等事关该地区未来发展的全局性问题，还从实践和操作层面积极探讨从重大基础设施建设、产业布局、能源开发、物流、旅游、金融服务、贸易便利等领域先行开展交流与合作的可能性与现实性。

(2)《论坛主席声明》

2006年7月21日，首届环北部湾经济合作论坛在广西南宁闭幕，会议发表的《环北部湾经济合作论坛主席声明》指出，独特的地理位置、丰富的自然资源、良好的合作基础和广阔的开发前景，对环北部湾区域进行进一步的开发与合作，可以实现互利共赢，应该成为相关国家发展战略的重心所在。与会代表认为，包括中国和越南、新加坡、菲律宾、文莱等东盟6国的环北部湾经济圈的发展与合作，将加速推进中国—东盟自由贸易区进程。

《声明》指出，环北部湾经济合作可先从贸易与投资入手，以沿海和陆路交通基础设施建设、能源开发、物流、旅游、金融服务和贸易便利等方面

合作为主要内容开始启动并实施。有关国家积极推动泛北部湾经济合作提升为中国与东盟之间一个新的次区域经济合作项目，纳入中国与东盟区域合作的总体框架，推动建立区域内政府间经常性多边和双边磋商机制，研究区域合作的重大问题。

《声明》还决定，主办各方同意环北部湾经济合作论坛每年举办一次，中国举办地常设在广西。论坛决定，第二届论坛将于 2007 年在广西举办。今后，泛北部湾经济合作的其他国家也可以申办，从而形成平等参与、共同推进的局面。同时，邀请亚洲开发银行等国际金融机构参与环北部湾区域合作，为本区域的合作与发展提供有力的金融支持和政策咨询。

(3) 推进北部湾经济合作的步骤

首届环北部湾经济合作论坛专家们建议，推进环北部湾经济圈的开发与合作，应分以下四步进行。

第一步：研讨、交流、对话。对环北部湾经济圈要进行认真调查，并广泛进行探讨交流。

第二步：吸引商家、民间机构、民间组织到环北部湾经济圈贸易、洽谈，使中外客商看到发展商机。

第三步：进行政府之间的对话，形成探讨、合作机制。

第四步：成立环北部湾经济圈的合作委员会。制定一定的框架，进行统一的合作开发，以不断推动各方合作。

可以预期，通过举办一年一度的论坛，搭建一个长期性、开放式的研究、交流与沟通平台，对于深化本地区的次区域合作，积极推进本地区经济一体化进程，促进环北部湾区域各国的互利发展；对于进一步密切中国—东盟的经贸合作，加速中国—东盟自由贸易的推进，实现中国和东盟国家的共同繁荣；对于提升东盟国家的经济实力，提高东盟国家的国际地位必将产生积极而深远的影响。

第二章　与东亚地区相关的跨洲（地区）国际组织与会议

第一节　亚太经济合作组织

亚太经济合作组织（Asia Pacific Economic Cooperation APEC），成立于 1989 年，它是随着亚太地区经济的快速成长，特别是东亚地区经济的崛起，为加强区域经济合作而诞生的一个具有论坛性质的组织机构。该组织成立以来，已召开了多届部长级会议和多次领导人会议，在亚太地区经济合作事务中发挥着越来越重要的作用。截至 2000 年，该组织已有 21 个成员，它们是：澳大利亚、文莱、加拿大、智利、中国、中国香港、印尼、日本、韩国、马来西亚、墨西哥、新西兰、新加坡、巴布亚新几内亚、菲律宾、秘鲁、俄罗斯、中国台北、泰国、越南、美国。其中，亚洲 12 个，北美洲 3 个，南美洲 2 个，大洋洲 3 个，欧洲 1 个。

一　亚太经合组织成立背景及发展过程

(一) 历史背景

亚太经合组织是二战结束后世界经济区域集团化发展在亚太地区的表现，是亚太地区经济在较长时期快速、稳定增长的基础上，适应相互需要进一步扩大合作关系的产物。

1. 世界经济区域集团化趋势的挑战

20 世纪 80 年代世界经济区域集团化趋势日益明显，其主要原因是世界政治经济向多极化发展的趋势产生的影响。具体表现为：

(1) 美国霸权地位削弱、日本在经济上崛起、欧共体一体化程度提高及苏联解体，世界开始进入政治、经济多极化时代

相伴随的就是在世界各地区组成一个个以经济和政治实力雄厚的国家为核心的区域经济集团。

(2) 经济国际化进一步发展

各国在经济上相互依赖加深，促使各国要求建立成员相对固定的国际经济一体化组织。

(3) 进入 20 世纪 80 年代，国际贸易增长明显放慢，贸易摩擦加剧，保护主义上升

各国为摆脱困境而谋求区域经济联合，经济和政治实力较强的国家纷纷组建区域性组织，以提高区内对区外的竞争力。

2. 区域内各经济实体间相互依存关系深化的产物

20世纪50～90年代中期，亚太地区经济快速增长，加之冷战结束后该地区国际关系和各国国内政局相对稳定，亚太地区经济合作获得了迅速发展。其主要表现是：

（1）一是区域内贸易的迅速增长

1980～1991年期间，亚太地区内贸易的年平均增长率高达9.51%，高于同期世界贸易平均5.61%的增长速度。1991年美、加、日的出口贸易有57.6%、86.6%和67.3%输往亚太地区，进口贸易有65%、78.9%和63.3%来自亚太地区；“四小龙”的区内进出口分别占其外贸总额的76.7%和70.9%，东盟四国（印尼、马来西亚、菲律宾、泰国）的区内进出口分别占其外贸总额的69.4%和78.2%。亚洲区内的相互贸易额在20世纪80年代翻了一番，占亚洲地区对外贸易的比重由80年代初的大约30%上升到80年代末的40%以上。

（2）区内相互投资增长迅速

到1992年，美国在亚太地区的累计投资额已占其海外直接投资的1/3以上，亚洲区内的相互投资在20世纪80年代翻了两番。1985～1991年亚洲地区的外国直接投资以年均25%的速度增长，而外资中有50%来自亚洲本地区，其中东亚地区吸收的外国直接投资有60%来自东亚本身。其他如以投资、贸易、技术转让、劳务输出等方式进行的各种双边和多边合作也都有了很大发展。

总之，亚太地区经济增长迅速、经济繁荣使得经济体之间的经济相互依赖程度不断加深，从而催使区域内各经济实体间进一步扩大经济合作。

3. 构建亚太经合组织的设想不断涌现

20世纪60年代后，构建亚太地区经济合作的各种设想和组织机构的涌现，为亚太经组织最后产生提供了思想和组织条件。

以往人们提出过各种各样的有关组建亚太区域合作的建议和机构，但这些机构和建议都存在这样或那样的缺陷，要么构想或建议不符合亚太地区的实际需要，要么参与者（基本上是学者、产业界人士、官方人士仅以个人身份参加）不是权威组织的代表，很难对亚太区域合作有实质性的推动。为进一步适应亚太地区经济发展的需要，组建由代表政府的高级官方人士参加的政府间的协商机构，将亚太地区的经济合作组织向高层次推进就非常必要。1989年在澳大利亚前总理霍克（Robert James Lee Hawk）的积极推动下，在堪培拉召开了第一届亚太经合组织部长级会议，由此标志亚太地区官方经济合作组织正式成立。

（二）发展阶段

从成立起至今，亚太经合组织大致经历了4个主要发展阶段。

1. 初创阶段（1989～1990）

这一阶段的主要成果首先是亚太地区官方经济合作组织正式成立，其次是提出了一些重要的目标和规则，成为亚太经合组织今后发展的宗旨和主要任务，如不把亚太经合组织搞成封闭的贸易集团，而是加强开放的多边贸易体制；只讨论经济合作问题，不谈政治和安全；推进本地区贸易自由化；以平等、协商、渐进的方式推进地区经济合作。

2. 扩大与发展阶段（1991～1993）

在这一阶段，亚太经合组织取得的主要进展有：首先是1991年《汉城宣言》对亚太经合组织的原则、目标和含义做出了清晰的说明；其次是1993年西雅图会议将亚太经合组织提高到一个新的决策高度，即召开了第一次领导人非正式会议，使亚太经合组织组织结构发生了变化；第三是吸收了中国、中国香港和中国台湾加入，扩大了亚太经合组织的影响。

3. 深化阶段（1994～1997）

在这一阶段，无论是在贸易投资自由化方面，还是在经济技术合作方面，亚太经合组织都取得了较快的进展，加深了亚太地区经济合作的进程。在贸易投资自由化方面，1994年提出了实现贸易投资自由化的时间表，1995年制定了落实时间表的行动计划，1996年进入到实施阶段，1997年为进一步加快贸易投资自由化步伐，通过了9个部门自愿提前自由化的决定；在经济技术合作方面，1996年第一次通过关于经济技术合作的文件，并鼓励私人部门参与经济技术合作的活动，1998年在科技与人力资源开发方面提出具体规划。

4. 金融危机后（1998～ ）

1998年以后，亚太经合组织出现了两种趋势：一是贸易投资自由化进程放慢了步伐，作为推进自由化的一个重要举措——部门提前自由化，因成员间存在着较严重的分歧，没能执行1997年领导人会议作出的决定，只是规定由各成员在自愿基础上做出部门减税安排计划；二是一些成员在遭到了金融危机的严重打击后，更加意识到了经济技术合作的重要性，故而使经济技术合作进程有所加快。

二　历次主要会议及成果

亚太经合组织每年都要召开级别不等的会议，其中主要的会议是从其成立当年就召开的部长级会议和从1993年开始召开的领导人非正式会议。迄至2004年11月已召开了16届部长级会议和12次领导人非正式会议。

（一）堪培拉会议（1989）

1989年11月6～7日在澳大利亚首都堪培拉召开了首届部长级会议，与会的有澳大利亚、文莱、加拿大、印尼、日本、韩国、马来西亚、新西兰、新加坡、菲律宾、泰国和美国，共12个发起国，出席会议的代表均为各国的外交部长和外贸部长。会议主要讨论了世界经济和亚太地区经济发展的形势、亚太地区在全球贸易自由化进程中的地位和作用、发展亚太区域经济合作的具体领域和途径。会议达成了以下几点共识：（1）关于自由贸易原则，支持多边贸易体制下乌拉圭回合谈判。（2）关于推进区内经济合作的原则，应采取协商一致原则。（3）优先考虑在经济形势分析及预测研究、贸易自由化、投资和技术转让及人才培养等4个领域实行经济合作。（4）吸收新成员问题，主要讨论吸收中国、中国香港和中国台北参加的问题。

此次会议有其重要的历史性作用和意义：（1）它标志着亚太区域经济合作已由民间倡导转为政府官方共同促进阶段，这样在会上达成的谅解或共识就和非官方进行的一般性质的讨论有着某种实质性的区别。（2）协商一致原则的通过标志着各成员开始摆脱因强弱大小不同而具有的不平等地位的状况，能够彼此间对问题进行共同讨论。（3）标志着亚太地区经济合作有组织地进行迈出了第一步。

（二）新加坡会议（1990）

1990年7月29～31日在新加坡召开了第二届部长级会议，出席的成员仍为12个。会议进行了有关自由贸易的乌拉圭贸易谈判，发表了《亚太经合组织关于“乌拉圭回合”谈判的宣言》；草拟了7项合作计划，涉及调查有关相互贸易和投资的信息情况、促进贸易发展、扩大地区内投资、加强区内人才培养、区域能源合作、海洋保护、发展通讯合作，并在每一个领域设一个工作组；正式界定亚太经合组织为亚太地区经济体高层代表的“非正式论坛”。

（三）汉城会议（1991）

1991年11月13～14日在韩国首都汉城召开了第三届部长级会议，会议新增3个成员：中国、中国香港和中国台北，出席的成员为15个。此次会议的主要成果是发表了《亚太经合组织汉城宣言》，对亚太经合组织的宗旨、活动的指针及一些重要原则作了说明。《宣言》提出亚太经合组织的基本原则是“开放性”和“伙伴精神”；目的是保持地区经济成长、鼓励贸易、资本和技术流动、加强多边贸易体制、实现贸易投资自由化；活动范围包括减少贸易投资障碍、促进技术人才流动、加强如能源、环境等领域的合作；活动方式实行互利、对话和协商一致的原则；加入渔业、交通和旅游合作项目，并设专门的工作组。

（四）曼谷会议（1992）

1992年9月10～11日在泰国首都曼谷召开了第四届部长级会议。会议成立了专门小组以研究贸易与投资自由化问题，并在新加坡设立亚太经合组织秘书处，发表了《亚太经合组织关于‘乌拉圭回合’谈判的声明》，会议强调了亚太经合组织和次区域组织都应与关贸总协定的原则相一致，鼓励由私人部门参与亚太经合组织活动的重要性。

（五）西雅图会议（1993）

1993年11月20日由美国倡议在其西海岸城市西雅图召开了第一次领导人非正式会议。会议主要成果有：形成高官会议—部长级会议—首脑会议三个层次的决策机制；发表了《亚太经合组织关于关贸总协定“乌拉圭回合”的宣言》和参加谈判的亚太经合组织成员的《声明》；发表了《亚太经合组织关于贸易投资自由化的框架宣言》，设立了“贸易投资委员会”和行政预算委员会，将亚太经合组织目标集中在贸易投资自由化上，同时吸收墨西哥和巴布亚新几内亚两个新成员；领导人会议后发表了《亚太经合组织领导人关于经济展望的声明》，强调要在亚太地区培育一种大家庭精神。

（六）茂物会议（1994）

1994年11月15日在印度尼西亚首都雅加达召开了第二次领导人非正式会议。会后发表了《亚太经济合作组织经济领导人共同决心宣言》，简称《茂物宣言》。会议取得了如下几个方面的突出成果，使得这次会议在亚太经合组织发展史上具有更加突出的意义。首先，在贸易投资自由化方面提出了两个时间表，即：发达成员不迟于2010年、发展中成员不迟于2020年实现贸易和投资自由化目标，使得自由化目标有了具体的时间规定。其次把经济技术合作提到了与贸易投资自由化和便利化同等的重要位置上，列为亚太经合组织的两个轮子、三个支柱之一，强调了合作的模式为发展合作，领域包括扩大人力资源开发、发展亚太经合组织研究中心、科技合作、促进中小企业发展、改善基础设施、改善环境等，成立经济委员会，通过亚太经合组织不具约束力的投资原则。

（七）大阪会议（1995）

1995年11月19日在日本城市大阪召开了第七届部长级会议和第三次领导人非正式会议。会议中心议题是讨论协商落实《茂物宣言》提出的贸易投资自由化的期限目标，会后领导人发表了《大阪宣言》和部长级会议通过的为实现贸易投资自由化期限目标的《行动议程》。会议的主要成果有，通过了《大阪行动议程》，确定了推进贸易投资自由化的单边行动和集体行动机制，同时各成员还提交了各自推进贸易和投资自由化的具体行动计划。由于《大阪行动议程》是亚太经合组织发展过程中的一个重要文件，这里简要介绍其主要内容：首先，关于贸易投资自由化和便利化问题，规定了实施贸易投资自由化和便利化的包括全面性、和世界贸易组织的一致性等9个一般性原则。对贸易投资自由化和便利化进行了安排，各成员制定单边行动计划，包括中、短期措施和详细的时间表，并从1997年1月开始实施。规定了关税、非关税措施、服务、投资等15个行动领域。其次，关于经济技术合作问题，应采取包括发展前进中的伙伴关系（PEP）等多种手段，在人力资源开发等13个领域促进经济技术合作，日本提供了100亿日元用于经济技术合作。

（八）苏比克会议（1996）

1996年11月25日在菲律宾苏比克召开了第四次领导人非正式会议。会议讨论了以下主要内容：一是各成员在自愿的基础上提交了各自的单边行动计划；二是对经济技术合作提出了较为具体的内容，如推动经济技术合作的指导性原则、鼓励民间企业参与合作和为促进合作而提出的6个优先发展领域；三是关于信息技术问题，由于存在有关免除信息产品关税的两种对立看法，会议原则上表示支持达成信息技术协议；四是鼓励企业参与经济技术合作。会后通过了两个重要文件，《马尼拉行动计划》和《亚太经合组织经济技术合作原则框架宣言》。此次会议具有两个重要意义，一是将亚太经合组织贸易投资自由化由构想阶段转入具体实施阶段，二是在经济技术合作方面有了实施的框架。

（九）温哥华会议（1997）

1997年11月25日在加拿大温哥华召开了第五次领导人非正式会议。会议通过了环保、能源、玩具等9个部门自愿提前自由化的方案和食品、汽车等6个部门准备提前自由化的议案，决定成立高官会经济技术合作分委员会，统筹协调经济技术合作，并对亚洲金融危机问题表示了极大的关注，还决定从1998年起吸收秘鲁、俄罗斯、越南个国家为新成员。

（十）吉隆坡会议（1998）

1998年11月18日在马来西亚首都吉隆坡召开了第六次领导人非正式会议。商讨解决日益严重的亚洲金融危机问题的对策，是此次会议的重中之重。领导人认为要从两方面着手：一方面要加快成员内部改革，包括金融体系、企业调整、贸易融资、宏观政策等方面的改革；另一方面领导人也认识到摆脱危机需要成员间真诚合作，因而提出一项“合作发展战略”，日本为解决危机向亚洲成员提供了300亿美元的援助。受金融危机的影响，成员普遍认识到加强经济技术合作的迫切性，会议通过了《走向21世纪的亚太经合组织科技产业合作议程》和《吉隆坡技能开发行动计划》等有关经济技术合作方面的文件，中国决定出资1 000万美元用于启动科技产业合作项目；通过了9个部门由成员自愿作出减税的安排；决定成立亚太经合组织电子商务专题工作组，以就电子商务问题进行政策对话和信息交流。

（十一）惠灵顿会议（1999）

1999年9月13日在新西兰奥克兰召开了第七次领导人非正式会议，会议主要讨论了市场力量的作用、参与多边贸易体制以及扩大各阶层人员参与共同繁荣。领导人认为在面临全球化、新经济的今天，特别是经受危机洗礼后，各成员应该加强市场在经济生活中的作用，通过推进更加开放的市场来促进共同繁荣，通过了《亚太经合组织加强竞争和管理体制改革的原则》；各成员应积极参与多边贸易投资，同时应吸引各阶层如妇女等参与到亚太经合组织来。会后通过了《部长联合声明》和《领导人宣言》。

（十二）斯里巴加湾会议（2000）

2000 年 11 月 16 日在文莱首都斯里巴加湾召开第八次领导人非正式会议，主要讨论贸易投资便利化、能力建设、中小企业和人力资源等议题。会议认为，应重点加强能力建设和人力资源开发方面的经济技术合作，以有助于亚太成员迎接新经济和全球化挑战；应继续致力于推动世贸组织新一轮贸易谈判尽早启动；讨论了国际石油价格问题。会后通过了《部长联合声明》和《领导人宣言》，领导人承诺到 2010 年使大多数人享有英特网提供的信息和服务，使更多的人从“新经济”中受益；通过了新经济“行动议程”，内容包括电子商务、无纸交易以及与电子商务有关的人力资源建设等；尽早制定并完成一个平衡、全面和体现所有世贸组织成员意愿的议程；制定非约束性贸易便利化原则，推动世贸组织贸易便利化进程。

（十三）上海会议（2001）

2001 年 10 月 21 日在中国上海召开了第九次领导人非正式会议。在友好、协商、求实的气氛中，与会成员的部长和领导人围绕“新世纪、新挑战：参与、合作、促进共同繁荣”的主题，就当前世界经济形势、人力资源能力建设和亚太经合组织未来发展方向问题深入交换意见；就加强多边贸易体制，推动亚太地区贸易投资自由化和经济技术合作等问题阐述了各自的观点，形成了广泛的共识，发表了《领导人宣言》及相关的《上海共识》等文件。与会领导人还与工商界代表进行了对话，听取了有关促进地区经济增长的建议。

（十四）洛斯卡沃斯会议（2002）

2002 年 10 月 26 日，亚太经合组织第十次领导人非正式会议在墨西哥美丽的新兴旅游城市洛斯卡沃斯举行。会议是在全球经济增长缓慢、世界贸易组织新一轮谈判停滞不前、反恐斗争形势更加严峻的形势下举行的。会议重点讨论了促进全球和地区经济复苏与增长、推动全球贸易体制发展、深化反恐合作等问题。在 27 日的会议上，江泽民主席发表了重要讲话。他就当前形势下亚太经合组织如何顺应时代潮流，发挥自身优势，开展广泛合作的问题发表了看法，提出了实现全球和地区经济的稳定增长、支持建设开放的全球多边贸易体制和加强反恐合作等三点主张，对亚太经合组织的发展经验作了进一步总结。本次会议再次强调，亚太经合组织应全面落实“上海共识”，向“茂物目标”迈进，重点加强在能力建设和人力资源开发、金融等领域的经济技术合作，以应对挑战，把握机遇，为亚太地区的共同繁荣作出贡献。

（十五）曼谷会议（2003）

2003 年 10 月 20 日亚太经合组织（APEC）第十一次领导人非正式会议在泰国曼谷举行。会议围绕“在充满多样性的世界，为未来建立伙伴关系”主题，就世贸组织多边贸易谈判进程、加强亚太地区经济技术合作、促进贸易和投资自由化以及反恐合作等重要议题进行讨论。中国国家主席胡锦涛首次与会，并就亚太经合组织合作发表重要讲话。他提出“加强相互信任、保持亚太地区稳定”、“采取有效措施、促进经济社会协调发展”、“推动相互开放市场、健全多边贸易体制”三项具体合作主张。

（十六）圣地亚哥会议（2004）

亚太经合组织第十二次领导人非正式会议 2004 年 11 月 20～21 日在智利首都圣地亚哥举行。围绕会议主题“一个大家庭，我们的未来”，与会领导人回顾了多年来 21 个成员所作的努力，讨论了紧迫问题，达成了多项共识，确定了亚太经合组织密切合作的方向，勾画出亚太经济和全球贸易发展的蓝图。会议发表了《圣地亚哥宣言》，强调通过贸易投资自由化促进发展的重要性，鼓励“加强人类安全，确保经济增长”，呼吁推动“良政”和知识社会建设，为实现可持续和均衡增长、缩小经济差距、给亚太地区人民“谋福利”创造条件。中国国家主席胡锦涛与会，并就亚太经合组织合作发表重要讲话。

（十七）釜山会议（2005）

亚太经合组织第十三次领导人非正式会议 2005 年 11 月 18～19 日在韩国釜山举行，并发表《釜山宣言》。在为期两天的峰会上，主要讨论了贸易自由和加强经济技术合作等问题，审议了关于亚太经合组织茂物目标进展的中期报告，强调扩展各成员围绕经济安全的合作领域，敦促世贸组织多哈贸易谈判取得进展。《釜山宣言》重申了茂物会议所提出目标的重要性，决定通过《亚太经合组织釜山路线图》继续向茂物会议所提出目标前进。会议肯定了亚太经合组织在贸易投资自由化和便利化方面取得的巨大成就，决心为实现区域稳定、安全和繁荣的共同目标，不断做出努力。会议认为，世贸组织多哈发展议程谈判对加强多边贸易体制、促进全球经济增长，尤其是对改善发展中国家经济发展机遇具有不可替代的作用，完成谈判是全球共同努力实现千年发展目标的关键环节。

（十八）河内会议（2006）

亚太经合组织第十四次领导人非正式会议2006年11月18～19日在越南首都河内举行。会议围绕“走向充满活力的大家庭，实现可持续发展和繁荣”这一主题，深入讨论支持多哈回合谈判、实现茂物目标、区域贸易安排、经济技术合作、亚太经合组织改革等议题。会议上，胡锦涛主席发表了《推动共同发展，谋求和谐共赢》的重要讲话。讲话提出的构建和谐亚太的主张得到广泛赞同，并被作为亚太大家庭成员共同努力追求的目标，写入会议的主要文件——《河内宣言》之中。

会议取得的主要成果是：(1)发表了《关于世界贸易组织多哈发展议程的声明》，表示出支持全球贸易体制的强烈决心。(2)批准了旨在推动亚太地区贸易和投资自由化进程的《河内行动计划》，该计划是为贯彻2005年亚太经合组织会议提出的“釜山路线图”而量身定做的。该计划对“釜山路线图”的主要内容进行了细化，使之具有更强的可操作性，以推动“茂物目标”的实施。(3)发表了《河内宣言》，呼吁成员稳步实施《河内行动计划》，通过具体措施和能力建设实现茂物目标。亚太经合组织决定采取如下措施：到2010年，将贸易交易成本在现有基础上减少5%；与相关国际组织合作，进一步促进投资自由化和便利化；重视知识产权保护对亚太地区经济增长的重要性，防止侵权行为；简化程序，提高中小企业的竞争力和创新能力。

三 亚太经合组织活动的基本原则和组织机构

（一）基本原则

亚太地区社会、经济制度各异，文化背景不一，民族、宗教多样，经济发展水平相距悬殊，在这样错综复杂的条件下推进贸易投资自由化，其难度可想而知。为了保证这一目标的顺利实现，有必要建立一套符合亚太地区特点的行事原则，其基本的行事原则是：

1. 相互尊重和平等

在尊重亚太地区多样性的共识下，成员间无论是规模大小、经济力量强弱，在合作和协商进程中都是平等的、相互尊重的。具体表现为：在合作中要相互理解和谅解，应通过协商一致来推行自由化，不应以强凌弱。

2. 互利互惠

作为亚太经合组织的两大目标，无论是实施贸易投资自由化，还是开展经济技术合作，都应是互利互惠的。前者的实施能促使本地区经济贸易活动顺利开展，降低成本，提高效益和使各成员受益；后者则利用发达成员和发展中成员存在的经济互补关系，使本地区各种资源、技术知识、管理经验得到合理的、更有效的利用，实现各成员，从而也是整个地区的共同发展。尽管各成员的收益不可能平均，但获得的利益应该相当、均衡，这是亚太经合发展的前提和基础，是其保持发展活力的关键。

3. 协商一致和自愿

亚太经合组织的生命力在于如何在发展中保持协商一致、自愿参加的论坛性质以及各成员认真落实作出的承诺。协商一致与自愿参加并不对立，只要能在重要的进程上达到协商一致，就可以避免“21－X”的局面，而只要做到平等协商，互利互惠，一致是可以达到的。通过高官会、部长会及首脑会3个层次的协商，逐步达成共识，从而不断推动亚太经合组织前进。从根本上来说，APEC不是一个机制化的机构，它做出的任何协商的结果都不具有法律性质；是非约束性的，但由于是首脑的承诺，且都公布于共同声明之中，因此，也就具有很强的道义责任和信誉上的约束力。在一般情况下，所做的承诺会得到落实，这也正是人们对亚太经合组织寄予希望和具有信心的原因。

4. 坚持“开放的地区主义”

亚太经合组织在成立之初便提出不搞封闭的贸易集团。各成员已就奉行“开放的区域主义”原则达成共识。所谓“开放的区域主义”有两层意思：一是指亚太经合组织内部的贸易投资自由化成果原则上也适用于外部的非成员；二是指亚太经合组织要为推动全球贸易自由化作出贡献，即不仅要减少亚太经合组织区域内的贸易投资障碍，而且要为减少区域外部的障碍而努力。这一原则表明，亚太经合组织的发展不是通过多边协定将自身变为内向的，排他的自由贸易区，而是通过市场力量的驱动来促进本地区的贸易和投资自由化，加强亚太经合组织地区和整个世界市场的联系。

5. 以渐进的方式实施目标

考虑到成员间的经济发展水平差距悬殊及自由化起始水平不一致，《茂物宣言》所提出的贸易和投资自由化时间表长达15～25年，使各成员，特别是自由化程度较低的发展中经济成员有充分的时间来实施自由化目标，并自主确定其重点和顺序。从整个亚太经合组织自由化过程来看，这一过程也是渐进的，1996年兑现大阪会议上的"首次投入"方案，1997年开始执行马尼拉会议的"单边行动计划"，然后是分阶段地逐步向目标推进。实践显示，渐进方式赋予成员经济体在进程阶段先后和快慢方面自主安排的灵活性，符合亚太地区经济发展水平和结构多样性的特点。

尽管上述的行事原则还会在发展过程中不断地加以修订和完善，但它们能够赋予亚太经合组织以活力，使许多看来难以逾越的困难得到克服。

（二）组织机构

目前，亚太经合组织已形成多层次的组织机构。

1. 最高层是领导人非正式会议

自1993年以来，每年都在举办国召开会议，已形成年度例会。领导人会议主要就地区重大问题进行原则性商讨，对部长级会议提交的议题和方案进行审定，并对当前地区内发生的热点问题表示关注。领导人会议提高了亚太经合组织的决策层次，加强了成员间的交流和沟通，为亚太经合组织开创了发展新路和增添了新的活力。

2. 次一级是部长级会议

每年举行一次，出席会议的主要是各成员的外交部长和外贸部长，他们代表各自的政府或行政当局，就共同关心的区域经济合作，提出议案，发表意见，对能够决策的问题就以共同声明的形式发表出来，对难以决定的重要问题，则提交给领导人会议。

部长级会议下设有高级官员会议和工商咨询理事会。

（1）高级官员会议（简称高官会）

由各成员委派高级官员出席，经常不定期地在不同成员中召开，其主要任务是执行部长级会议决议并为下届部长级会议做准备，通常的做法是提出议题，相互交换意见，协调看法，归纳集中，然后提交给部长会议讨论，高级官员在各自的部长指导下并经部长批准后，负责监督和协调各委员会和各工作组的预算和工作计划。

（2）工商咨询理事会（ABAC）

成立于1995年，其前身为"太平洋商业论坛（PBF）"，是个临时机构，在大阪会议期间，升格为常设机构，它由各成员派代表组成（每个成员代表不得超过3人），目的是为亚太经合组织活动出谋划策，起咨询提建议的作用。

高级官员会议下设有秘书处、行政和预算委员会、贸易和投资委员会、经济技术合作委员会、经济委员会及13个工作组。13个工作组分别是：贸易和投资数据工作组、贸易促进工作组、产业科技工作组、人力资源开发工作组、地区能源合作工作组、海洋资源保护工作组、渔业工作组、旅游工作组、电讯工作组、交通运输工作组、农业技术合作专家组、中小企业特设政策小组、电子商务专题工作组。

① 秘书处　1993年在新加坡成立，采取了"规模小、机构从简"的原则，其职员由各成员委派，加上新加坡当地人员，共25人组成，财政预算总额为200万美元，由亚太经合组织成员出资缴纳，在高官会指导下负责一些行政、财务及工作组活动等日常事务性工作。

② 行政和预算委员会　1992年经部长级会议决定成立的，其前身是原10个工作组的代表构成的牵头人小组，对高官会负责，每年定期举行两次会议，就行政、预算和管理问题提出建议，其职责是：起草亚太经合组织的年度预算，并对预算结构进行评估，讨论常设机构提出的预算申请及检查有关预算的问题，同时监督和评估各工作组的工作进展情况，并就进一步提高预算使用效率提出建议。

③ 贸易和投资委员会　成立于1993年，是在过去的地区贸易自由化非正式小组的基础上成立的一个常设机构，主要对高官会负责，职责有：对亚太经合组织在贸易投资方面的发展前景提出看法，并协调亚太经合组织贸易投资自由化和便利化的全

部工作。其下设有6个专家组是：投资专家组、标准与合格认证分委会、海关手续分委会、政府采购专家组、知识产权专家组、争端调解专家组。

④ 经济技术合作委员会　1997年在温哥华会议上决定成立的，主要职责是统筹协调经济技术合作。

⑤ 经济委员会　1994年经部长会议的同意，在经济趋势和问题特别小组的基础上成立的，主要对亚太地区经济产生重大影响的问题进行研究，如贸易投资自由化对经济的影响、涉及经济技术合作领域的问题研究等等。

高官会议属下的工作组是对部长级会议和高官会商讨的全局性问题进行具体讨论，相互交换意见和协调做法。目前设有13个工作组，由不同成员代表作为召集人，每年度不定期在不同地点召开会议。

四　亚太经合组织活动的主要目标及内容

亚太经合组织主要有三大目标，即：实现贸易投资自由化、贸易投资便利化和经济技术合作。

（一）贸易投资自由化

1. 对贸易和投资自由化目标的解释

1994年《茂物宣言》中提出发达成员不迟于2010年和发展中成员不迟于2020年实现贸易投资自由化，它给各成员规定了一个实现贸易投资自由化的明确期限，具体内容是：

第一，从地理范围看，它是在亚太经合组织现有的21个成员之间进行的。由于亚太经合组织不搞封闭的自由贸易区，因此，其贸易自由化与本地区的开放同时挂钩，实行“自由的开放的贸易”，这是亚太经合组织的一大特色。

第二，亚太经合组织范围内的贸易和投资自由化，其基本含义是《茂物宣言》所说的“消除贸易和投资障碍，促进商品、服务、资本在亚太经合组织各成员之间的自由流动”。在这里，“自由化”可视为“障碍”或“壁垒”等词的反义词。从理论上讲，自由化就是无管制、无障碍、无壁垒。但是，从实际情况看，自由化都是相对的，绝对的无障碍是不可能的，亚太经合组织的自由化也是如此。

第三，亚太经合组织贸易与投资自由化的蓝图是世界贸易组织的原则。历届会议都强调要按世贸组织的原则来实施亚太经合组织的自由化。世贸组织的主要目标是通过多边贸易谈判，大幅度消减关税和其他贸易障碍，取消国际贸易中的歧视待遇。但另一方面亚太经合组织也提出了某些超出世贸组织的自由化目标，如政府采购，竞争政策等。

第四，贸易和投资自由化作为亚太经合组织的目标，是一个实施过程，它与亚太经合组织本身的进程是一致的，需要较长的时间来完成。由于亚太经合组织在成员构成上具有多样性的特点，在实施自由化问题上，不可能整齐划一，需要照顾成员之间的巨大差别，方式要特别灵活，这也是亚太经合组织进程中所表现出来的一个重要特征。

综上所述，亚太经合组织贸易和投资自由化的基本含义可以概括为：亚太经合组织各成员通过协商和协调一致的方法，根据世界贸易组织的基本原则逐步消除亚太经合组织区域内的贸易和投资障碍，使得货物、服务、资本能在区内自由流动，以极大地促进本地区的经济增长。同时必须充分注意成员间经济水平的差异，采取合理的方式来实现贸易和投资自由化。总之，亚太经合组织实现贸易和投资自由化将大大降低本地区商品、服务贸易的成本，促进国际资本的流入，加快本地区经济的发展，也将对全球的贸易和投资自由化起到有力的推动作用。

2. 亚太经合组织贸易和投资自由化的范围

大阪《行动议程》中列出了15个亚太经合组织贸易和投资自由化的领域，即：关税、非关税措施、服务、投资、标准和统一化、海关程序、知识产权、竞争政策、政府采购、取消管制、原产地规则、争端调解服务、商业人员流动、乌拉圭回合结果的执行、信息收集与分析。

以下将根据国际经济交易的3个主要领域即货物、服务和资本，来进一步分析亚太经合组织贸易投资自由化的范围。

（1）货物贸易自由化

真正意义上的贸易自由化，应该是对进口货物实行零关税和取消一切数量限制，但就亚太经合组织的实际情况而言，要求各成员都做到这一点是很困难的。一般认为平均关税降到5%以下就可看做是实现贸易自由化目标。目前，参加世界贸易组织的发达国家工业品的平均关税已经降到5%左右，有的已降到4%或以下，估计到2010年将更低；而亚太经合组织发展中国家还有20多年时间可安排，应该是可行的。由于各成员都有一些效率最低的部门及其产品难以在《茂物宣言》规定的期限内最大限度地开放，因而允许各成员在安排上有灵活性，但在原则上应包括货物以及服务的所有部门和产品，即在部门上不允许有例外。在非关税限制方面，除了数量限制外，其他如许可证、出口补贴等措施也应逐步取消。

（2）服务贸易自由化

亚太经合组织提出的自由和开放的服务贸易，与货物贸易一样，原则上应包括各成员的所有重要部门，即所有的服务提供者，到2010年或2020年，都能够在各成员的一切服务部门中获得完全的开业权利和国民待遇。按照“开放的地区主义”原则，非亚太经合组织成员，只要作出对应的承诺，也可同等对待。对于一些难度较大的部门自由化如金融业、航运业（海运与空运）、基础电讯业等，考虑到发展中国家与发达国家之间的差距，可鼓励各成员在近期内选择其中一个部门的开放进行多边协商，取得经验后再扩展到其他部门。

（3）投资自由化

其基本含义是允许国际资本（直接投资）在各国生产和服务部门中自由流动，核心问题是给予外国投资者以非歧视的开业权利和国民待遇。此外要求投资政策、法规有高度透明性和稳定性。由于亚太经合组织各成员对外资的开放程度差别很大，亚太经合组织投资自由化是分阶段进行的，允许各成员自主决定本国部门的开放次序。一般说是先易后难，国民待遇的问题应与提供开放政策同步进行。只要绝大多数部门开放了，就应当认为投资自由化的目标已经达到。在这方面，亚太经合组织已通过了《亚太经济合作组织非约束性投资原则》，来促进各成员的投资政策逐渐趋同，减少亚太经合组织成员的投资风险和不确定性，对于一些禁止对外国投资者开放的敏感性部门（主要是服务业），各成员可以逐步达成共识。

3. 贸易投资自由化的实施原则

为实现自由、开放的贸易与投资目标，亚太经合组织制定了自由化的一般原则：

（1）全面性

自由化进程是全面性的，涉及实现自由和开放的贸易与投资长远目标的所有障碍。

（2）与世界贸易组织协定的一致性

亚太经合组织采取的推进贸易投资自由化措施的行动，将和世界贸易组织所贯彻的原则保持一致。

（3）可比性

努力确保各成员采取的自由化措施，在总体上具有可比性。

（4）非歧视性

亚太经合组织经济体之间实施或努力实施非歧视原则。

（5）透明度

各经济体应确保其法规和行政程序的透明度，以建立和维持一个开放的、可预测的贸易投资环境。

（6）维持现状

尽量不使用那些可能使保护主义升级的措施。

（7）同时启动

各成员应不拖延地同时启动推进贸易投资自由化的进程。

（8）灵活性

考虑到亚太经合组织经济体之间的不同发展水平和每一个经济体的不同情况，在自由化进程中允许有灵活性。

（9）合作

积极寻求经济技术合作对自由化的贡献。

上述这些原则归纳起来主要有三点，即：开放性、灵活性和渐进性。

4. 贸易投资自由化的实施机制

如上所述，亚太地区的诸多特点决定了亚太经合组织独特的行事原则，也决定了亚太经合组织必须采取一套独特的机制来实施贸易和投资自由化目标。与世界贸易组织及任何现有的区域自由贸易协定不同，亚太经合组织不具备任何具有法律约束意义的规定、条款、协定等机制，而是靠协商、承诺、自愿和评审等一整套机制来实施贸易和投资自由化目标的。这就是通常所说的“亚太经合组织方式”，这种方式是指在协商一致的共同目标下，由成员自主自愿采取单边行动和集体行动，通过协商来推进自由化进程，即自愿与协调相结合的方式。具体说，有以下3种机制：

（1）协调的单边主义（concertedunilateralism）

这是最主要的机制，即由各成员按照领导人会议已承诺的时间表要求，自行制订实施自由化的行动计划，如降税幅度、速度、部门开放的次序和程度等，然后，高官会对各成员的单边行动计划加以比较和协调，使之大体上保持一致，以保障贸易和投资自由化进程能如期发展。

（2）集体行动（collectiveactions）

只有成员的单边行动而没有监督机制，是不利于自由化目标的实现，因此亚太经合组织要求成员的集体行动。一方面集体行动对单边行动可以进行监督，同时也给予单边行动一种压力，另一方面某些自由化和便利化措施，必须配以集体行动，定时定量完成，如海关数据库的建立、商业法规的协调、竞争政策的协调等等。

（3）评审（revie）

评审机制就是每隔一定时期，要对各成员执行自由化计划的进度和措施进行一次审查。这种评审将先在每个相关领域中展开，然后再由高官会对整个进行评审，但评审的结果是以磋商（而非强制）的方式反馈给各成员的，各成员自觉根据评审结果来调整和修改下一步行动计划。

5. 贸易投资自由化的具体行动——部门自愿提前自由化

为加快亚太经合组织贸易投资自由化的进程，1997年温哥华会议上，通过了环保技术和服务、能源、医疗器械、玩具、珠宝首饰、化工产品、林产品、渔业、电讯等9个部门实行自愿提前自由化的方案，及食品、天然橡胶和合成橡胶、化肥、汽车、民用飞机、油籽及其产品等6个部门准备提前自由化的议案，并定于1998年开始实施。受金融危机的影响，一些成员开始放慢了自由化的步伐，在1998年吉隆坡会议上，因一些成员在个别部门上拒绝实施自由化，使整个部门自由化进程受到影响，但会议也做出了决定，即9个部门由成员自愿作出减税计划的安排。

（二）贸易投资便利化

贸易投资便利化与贸易投资自由化两者密切相关，共同构成亚太经合组织实现自由和开放的贸易投资这一长远目标的基础。

1. 贸易投资便利化的含义

迄今为止，对贸易投资便利尚无一个统一的、明确的概念和权威的解释。但是，就贸易和投资便利的本质和内涵而言，至少应包括两层含义：一是这里所说的贸易和投资系指国家（地区）间的贸易和投资活动；二是相互提供贸易投资的方便条件和环境，以有利于进入市场，从事有关交易活动。因此，贸易投资便利化可基本定义为：减少贸易和投资的程序，为国家（地区）间在国际经济交往中以单边、双边或多边方式为贸易和投资的顺利进行提供所有方便。因此，便利化是自由化不可或缺的一个部分。

2. 亚太经合组织贸易投资便利化的内容和原则

便利化的内容大致可分为技术设施、标准化和政策3类。为加速贸易投资自由化，便利化的主要内容应包括：

（1）改善和加快海关程序

在完成亚太经合组织各成员海关电子数据库的基础上，建立亚太经合组织海关数据信息联网交换系统，加快规范化，简化通关手续和程序，制定亚太经合组织通关规则，提高商品过关效率，减少障碍，降低成本。从目前情况看，这方面的进展较快，这是在便利措施方面最有成效的领域。

（2）促进商品技术标准和规定的协调一致

亚太经合组织在减少标准化障碍上可以分两步走：第一，在积极推行国际标准的同时，推动相互承认制度，以便减少重复检验和以标准设置贸易障碍的现象。第二，积极制定标准化规范，制定可行的、与国际接轨的标准，以力求标准上的最大限度协调和统一。

（3）协调商业法规

应积极鼓励亚太经合组织各成员采用某些相关的国际条约，或使本国的法规向国际法规靠拢，如联合国贸易法委员会批准的一些国际条约——国际电子交易法等等。此外，还可以通过技术合用及交流各成员的法规原文等途径来进行协调。

（4）协调竞争政策

竞争政策涉及范围不确定，许多问题颇有争议。从公平竞争的角度看，应加强协调，其中最重要的包括：管理规定、政策待遇、市场法规等。当前，最引人注目的是反倾销问题。由于滥用反倾销，导致不公平竞争，阻碍商品、服务和资本流通。协调竞争政策主要从以下几个方面进行：第一，使管理政策具有透明度，纠正不合理、不规范的管理规定。第二，减少和最终消除对外来商品、服务和资本流入的限制，实行国民待遇。第三，制定“禁止滥用反倾销措施原则”。

（5）国际旅行及其他便利措施

对于亚太经合组织内的国际旅行，可以采取两

种主要的便利措施：一是对国际旅客采用“智能卡”护照和电子程序，以大大缩短出入境时间；二是逐步实行免签证制度，

3. 亚太经合组织贸易投资便利化的实施原则

亚太经合组织贸易投资自由化的实施原则同样适用于便利化。

（三）经济技术合作

以亚太经合组织，贸易投资自由化、便利化和经济技术合作为三大目标，然而，由于便利化与自由化紧密相关，可看作自由化不可或缺的部分。因而，就问题本质而言，人们都认为，经济技术合作与贸易投资自由化是亚太经合组织的两只轮子，缺少其中任何一只轮子，亚太经合组织的进程就会失衡。不通过开展经济技术合作，仅仅靠开放市场，发达成员与发展中成员经济发展之间的差距很难缩小，从而也就实现不了亚太经合组织关于共同发展的宗旨。

1. 经济技术合作的目标

亚太经合组织经济技术合作的目标有4个：一是在亚太地区谋求可持续增长与均衡的发展；二是缩小各成员之间经济发展的差距；三是改善人们的经济和社会福利；四是增强亚太地区大家庭精神。在这4个目标中，最主要的是第二个。因为亚太经合组织成员中，发达成员与发展中成员在经济发展方面的差距相当大。要谋求亚太经合组织地区的均衡发展和可持续增长，就必须缩小各成员之间的差距，而差距缩小的结果便是人们生活福利的普遍提高。可见，缩小差距，提高发展中成员的经济发展水平应是开展经济技术合作的主要目标。

2. 经济技术合作的原则

经济技术合作的基本原则有4点：一是相互平等、相互尊重。主要是尊重亚太地区的多样性及各成员的不同情况。二是互助互利。亚太经合组织的合作是一种互利互惠的合作，各成员为实现亚太地区的均衡和可持续发展，应根据各自的能力作出相应的贡献。三是建设性的真诚的伙伴关系。要在发达成员与发展中成员之间建立这样一种伙伴关系，以促成成员间的经济合作。四是协商一致。这是亚太经合组织的一项基本的行事原则。开展经济技术合作同样要实行这项原则。

3. 经济技术合作的方式

二战结束后的半个世纪中，发达国家与发展中国家之间的经济合作经历了三种不同的模式：第一种模式是以援助国为主来确定合作的内容，受援国被动接受；第二种模式是以受援国为主，开出需要援助的项目单子，由援助国出钱去做；第三种模式是目前正在形成的新的合作模式，即由援助方和受援方共同投入资源，进行互利互惠的合作。亚太经合组织的经济技术合作是在新形势下采取上述的第三种模式，它不再是由发达成员向发展中成员提供资金、设备、技术等援助的“资源单向流动”的旧方式，而是由双方“共同投入资源”（pullingre-sources）的一种新方式。在这种新模式中，资源的流动是双向的，利益由双方共同分享。这些资源不但包括资本、技术、设备、人员等有形资源，也包括经验、专门知识、信息等无形资源。通过资源的双向流动、相互交流，使合作双方均能从中受益，有助于提高双方开展合作的兴趣。

4. 经济技术合作的机制

亚太经合组织是一个官方论坛性质的组织，本身的财力与能力都很有限，它在经济技术合作中只能起协调和促进的作用，难以构成合作的主体。所以，亚太经合组织的经济技术合作势必要吸引私营部门参与，由市场机制来驱动。而政府部门的职能只是直接或间接地为私人部门发挥主动性创造环境。要吸引私营部门参与，必须借助市场机制，用利润动机来刺激其兴趣。

5. 经济技术合作的领域

亚太经合组织开展经济技术合作的领域十分广泛，1995年《大阪行动议程》中列出如下13个领域，即：人力资源开发，产业科技，中小企业，经济基础设施，能源，交通运输，电信，旅游，贸易和投资数据，贸易促进，海洋资源保护，渔业和农业技术。

在1996年马尼拉会议上，经过讨论，又把合作重点放在以下6个优先领域上，即：人力资源开发，资本市场，经济基础设施，技术开发，环境和中小企业。

在1998年的吉隆坡会议上，又将亚太经合组织经济技术合作的重点确定在人力资源开发与产业科技合作这两个领域上，并通过了相关的文件。

6. 经济技术合作的现状

目前亚太经合组织已设立了320个合作项目（含151个附属项目）。合作项目由各成员政府在自

愿基础上提出并开展，合作基金主要由项目发起成员提供，部分来自亚太经合组织中央基金（APEC Central Funds）。

在经济技术合作领域仍存在一些问题需要解决。

第一，对经济技术合作取得共识的时间较长，即使达成共识，实际内容也较少。目前只有人力资源和科技合作这两个方面，许多领域尚未涉及，这些都不免影响经济技术合作的实质性进展。

第二，许多经济技术合作活动“说得多，做得少”。目前亚太经合组织经济技术合作活动多属于准备性工作，如信息收集、研究或讨论等。这类活动虽然有助于改善经济活动环境，却不能直接产生经济效果。

第三，合作项目缺乏足够的资金启动。由于各成员政府出资规模很有限，加上亚太经合组织自身筹集的资金规模也很小，不能不影响亚太经合组织合作项目的开展。

第四、合作还缺乏具体实施和成功的事例，在已进行的技术合作中，项目多属小型，成员共同需要发展的大型、紧迫性项目还很少。

五 主要成员的立场与政策

（一）美国对亚太经合组织的立场与政策

美国是亚太经合组织成员中第一大强国，也是市场开放程度较高的成员之一，作为亚太经合组织的创始成员之一，它在亚太经合组织的发展过程中一直起着主导作用。尽管在亚太经合组织不同的发展阶段，美国的政策有所变化，但总的来说，美国对亚太经合组织采取的方针是利用这一组织实现其在亚太地区政治安全和经济战略，通过亚太经合组织实现亚太地区的贸易投资自由化，为美国谋取最大的利益。

1. 美国对亚太经合组织的立场与目标

冷战结束后，对政治和军事霸权地位的争夺已让位于对经济利益的争夺。为了带动国内经济的复苏和增长，给美国的产品、劳务和投资寻求更大、更有利的市场，美国对其贸易政策做了调整。经济上迅速崛起的亚太地区自然成为美国不可忽视的重点地区，特别是东亚地区潜在的巨大的贸易和投资市场对美国企业具有极大的吸引力，如 1990～1995 年美国对亚洲的出口增长了 60%，截至 1995 年，美国对东亚（含日本）的总投资规模已接近 1 000亿美元。这样大的贸易和投资市场促使美国必须制定新的亚太战略，即加快亚太地区的贸易投资自由化进程，为美国创造出更大的贸易和投资机会。这就需要美国进一步消除亚洲地区存在的较严重的贸易和非贸易壁垒障碍，特别是加强除日本之外的国家和地区的接触和渗透，而亚太经合组织恰好为美国实现上述目标提供了理想的载体，同时还可以为美国与欧盟进行讨价还价增加一个新的筹码。以上看来，美国加入亚太经合组织的目的就是，利用亚太经合组织这个囊括亚太主要国家和地区的组织，在其中发挥主导作用，使该组织朝着促进亚太地区的贸易和投资自由化的方向发展，帮助美国企业以更低的成本开拓更大的市场，同时对亚太地区全局性和某些双边性的非经济问题进行对话和协商。为此目的，美国对亚太经合组织采取的立场是积极推进该组织由松散的论坛向机构化、制度化发展，其主要目标是侧重于以“美国方式”实现贸易投资自由化及服务于该目的的贸易投资便利化。

2. 美国对亚太经合组织政策

美国对亚太经合组织政策主要是围绕如何实现贸易投资自由化目标来进行的，为此，它提出了一系列符合自身利益的原则：一是主张建立亚太自由贸易区，因为自由贸易区的运作方式更能同美国国内现有的法律配套。二是在全面性自由化和“例外部门”问题上，坚持亚太经合组织的自由化应是全方位的，任何部门都不能例外。三是在歧视性和非歧视性问题上，美国坚持亚太经合组织内部的贸易自由化政策需要一定的区别对待，对非成员则应当以互惠为原则，以避免搭便车现象。四是在单边行动与协调行动方式的选择上，美国认为单边行动缺乏约束力，集体行动应当是最终的行动方式。五是在贸易投资自由化和经济技术合作的态度上，美国“重贸易投资自由化、轻经济技术合作”。

美国在亚太经合组织发展进程中采取的主要行动有：一是促进了亚太经合组织实现贸易投资自由化时间表的制定，使亚太地区贸易投资自由化有了一个明确的期限。二是为落实时间表，提出一个全面的、可信的实现贸易投资自由化目标的具体行动蓝图，包括自由化、便利化和合作所要采取的具体步骤。三是在促进贸易的措施方面达成一些具体的协议或谅解。四是为加快自由化进程，提出在一些部门中实施自愿、提前自由化的方案。

然而，亚太经合组织成立至今，美国在推行其贸易投资自由化目标进程中也并不是一帆风顺的。如强制按“美国方式”推行自由化，就遭到了包括日本在内的亚洲成员的反对，使美国也不得不承认单边、自主的行动方式；再有美国目前提出的部门提前自由化的方案，因日本坚决不开放本国的林业和渔业部门，而使美国这一提案没有得到彻底的实施。但是美国在亚太经合组织中的地位却是其他任何成员取代不了的，特别是在促进亚太地区形成一个开放的、有活力的市场上，美国的作用更是不可被取消或替代。

（二）日本对亚太经合组织的立场与政策

日本是最早倡议要在亚太地区发展太平洋经济合作的国家，从经济上说，它又是亚太地区仅次于美国的第二大经济强国。为给本国企业谋取最大的经济利益，日本在亚太合作中一直起着积极的推动作用。

1. 日本对亚太经合组织的立场与作用

在对待亚太经合组织问题上，日本希望按照“亚洲方式”来推进市场开放，在没有外来压力或没有美国强制的环境下，达到它与各成员相互开放市场的目的。这样既可以为自己的企业打开市场，又可以灵活地推进自己的市场开放步伐。同时，借助亚太经合组织可以抵制来自美国的贸易压力，缓解与美国的贸易摩擦，因而日本就把亚太经合组织看做是实现地区经济自由化的重要手段，通过合作达到彼此开放市场的目的。

日本希望在亚太经合组织中能够起如下三方面的作用：一是中介作用。亚太经合组织是“东方与西方、发达与不发达”国家和地区的合作组织，而日本既是发达国家，又地处于亚洲，自认为可以成为两者之间的桥梁和纽带。二是领导作用。日本认为它在经济实力上仅次于美国，是亚洲第一大国，应该而且可以起领导作用。三是推动作用。通过加快自身的市场开放步伐和出资推进经济技术合作项目的开展，来推动其他成员采取行动。

2. 日本对亚太经合组织政策

日本希望亚太经合组织能发展成为一个开放、灵活和务实的合作机构。日本特别强调以下几条基本原则：

（1）亚太经合组织应成为开放的区域经济联合组织，不搞实体性组织

这是因为，日本历来就是一个市场保护程度非常高的国家，如果参加一个实体组织，特别是一个被美国主导的具有权威的组织，日本就会受到直接的压力。同时，进入20世纪90年代以来，日本经济体制处在全面调整时期，出于国内政治的压力，在一些特殊部门上需要灵活安排和机动时间。如在对待部门提前自由化的安排上，日本坚决不开放渔业和林业两个部门。建立一个比较松散的开放经济联合组织，能为日本提供运筹和安排上的灵活性。

（2）坚持非歧视性原则，所有成果也向非成员开放

日本在经济上是一个高度依赖世界市场的国家，如果亚太经合组织搞内部优惠，对非成员歧视，则日本可能会受到对等报复的影响。因此，希望通过向非成员提供非歧视待遇，来换取对方给予的好处。

（3）坚持单边自主原则

日本认为采取一致的、单边的、自愿的原则实施自由化，是一种富有创造性的发展。因为这项原则是根据亚太地区的多样性情况作出的，可以促使亚洲国家不必通过强制性的约定，实现亚洲国家经济自由化。该原则不同于关税联盟和自由贸易协定或关贸总协定（GATT）多边协定，是经济自由化的第三种方式，可避免亚太经合组织向机制化方向发展。为促使这种原则的实施，日本利用亚太经合组织年度会议在大阪召开的时机，综合了美国坚持要制定“全面的，带有强制性的”规定和大多数发展中国家坚持“自主和灵活安排”的做法，在为大阪会议准备的行动议程方案中，创造了独特的“亚太方式”。最后通过的行动议程承认各成员的发展水平不同、肯定了自由化的进程可以具有灵活性的原则，这样，使日本等成员在农业的开放上，取得了安排和处理上的自主权。

（4）坚持经济技术合作原则

日本特别希望亚太经合组织对亚洲国家经济的发展起到积极的作用，这可以使日本从中获得更多的好处。如确立自己在亚洲国家中的政治大国地位，在亚洲事务中起领导作用。同时，通过合作，可以为日本企业收集到更多的信息，有利于日本企业对亚洲市场的占领。

概括地说，日本亚太经合组织政策的主要内容

如下：一是坚持关贸总协定（GATT）体制下的普遍的、非歧视性原则，反对亚太经合组织向歧视非成员的、地区性经济化的方向发展。二是坚持市场机制，而不是使亚太经合组织向具有国际性的地区机构发展。三是尽可能利用亚太经合组织这一论坛，遏制或改进美国单边措施，与亚洲其他国家合作。四是制定必要的亚太经合组织经济合作政策，使之与以前的官方发展援助（ODA）经济合作政策相衔接。五是在亚太经合组织体系内，把经济合作政策和经济自由化政策结合起来，特别是将寻求一种积极的合作机制，以便于解决或缩小经济差异，处理诸如地区性环境和能源等问题。六是为配合亚太经合组织战略的实施，日本将放松经济管制，或进行结构改革。

（三）东盟对亚太经合组织的立场与政策

从20世纪80年代后期起，东盟国家的经济发展迅速，成为引人注目的高速增长地区。然而，由于经济脆弱性依存，加上全球化浪潮的冲击，使其在20世纪90年代末成为受金融危机打击的重灾区。因而，20世纪末的20年间，东盟对亚太经合组织政策也发生了较大变化，大致分为三个阶段：

1. 茂物会议前

茂物会议前，东盟是用“古晋共识”来统一对亚太经合组织的立场。对东盟来说，亚太经合组织不但是其在亚太地区发挥作用、施展影响的重要舞台，也是较之任何其他多边国际舞台具有更多、更直接的利益。从经济上看，亚太经合组织是东盟的重要贸易投资伙伴；从政治上看，可以使东盟借助亚太经合组织介入地区事务，用“一个声音”发表意见，以扩大自身对外的影响。不过，东盟对亚太经合组织也存在疑虑和担心，就是怕亚太经合组织的发展会冲淡东盟在亚太地区中的特殊作用，担心亚太经合组织发展使地区主义取代全球主义，不利于东盟参与国际竞争。因而，东盟不希望亚太经合组织走向正式的区域化、一体化或取代全球主义的地区性组织，而是长期保持其松散性、协商性、非机构化和非正式一体化及“开放主义”等特点。

为此，东盟曾于1990年通过一个“古晋共识”来统一它对亚太经合组织的立场。“古晋共识”的核心内容是：亚太经合组织不能冲淡东盟的地位和作用；亚太经合组织应当是一个协商论坛，而不是贸易谈判场所；亚太经合组织不应制度化。为巩固在亚太经合组织中的地位，东盟还着手做了两件事：一是建立东盟自由贸易区（AFTA），二是倡议成立东亚经济核心论坛（EAEC）。在处理东盟自由贸易区和亚太经合组织的关系上，东盟始终把东盟自由贸易区放在首位，而作为东盟另一项政策，成立东亚经济核心论坛的倡议却没能实现。以后随着形势的变化，东盟各国对亚太经合组织的政策也有所改变。

2. 茂物会议期间

茂物会议期间，东盟成员之一印尼对亚太经合组织的立场首先发生了变化，提出了两个时间表，并以坚定不移的姿态，促使东盟原则上接受了这个时间表。茂物会议后，东盟各国对亚太经合组织的立场总的说是比以前积极了，但在贸易投资自由化的范围、期限和实施方式等问题上调子却并不一致。新加坡最积极，其次是文莱和印尼，泰国和菲律宾则有所保留，唱反调的则是马来西亚。为协调各国的亚太经合组织政策，发挥东盟在亚太经合组织中的“核心成员”的作用，其协调后的政策内容是：东盟将按关贸总协定乌拉圭回合规定的期限和措施，而不是亚太经合组织的时间表来开放市场；亚太经合组织自由化进程不应超过其成员的经济发展水平，自由化的范围不应超越世界贸易组织的条款范围；东盟将根据自身条件，先货物贸易、后服务贸易和投资的程序来安排自由化进程。此后，东盟对亚太经合组织采取了更为合作的姿态，如在自由化问题上，东盟不再拘泥于过去所主张的协调原则，而是采取了折衷的态度，原则上赞同全面性，不搞明确的部门例外，同时也加快了单方面的贸易开放政策；在经济技术合作方面，强调要开展经济技术合作，要求发达成员应尽更多的义务与责任，从经济技术合作的模式到框架，再到具体的科技和人力资源行动等等，反映发展中成员的呼声。但是，东盟仍坚持独立性政策，反对大国操纵亚太经合组织进程，以确保东盟利益不受损失。

3. 金融危机后

金融危机发生后，东盟内部开始呈现更为复杂的局面，东盟今后的发展趋势决定了它的亚太经合组织政策。总的说来，东盟目前仍在加快自身的市场开放的步伐，今后东盟对亚太经合组织的政策原则上坚持过去的主张，在具体问题上则由东盟各成员灵活处理。

（四）澳大利亚对亚太经合组织的立场与政策

澳大利亚是亚太经合组织的直接发起成员，由于有了澳大利亚的倡议，亚太经合组织才得以于1989年宣告成立。澳大利亚之所以要提出创建亚太经合组织，主要原因是它与亚太地区的经济依赖关系日益加深的结果，如1963～1993年，澳大利亚对东亚地区的出口占其出口总额的比重由26%上升到62%，而同期对欧、美的出口占其出口总额的比重却由46%降到13%；到1994年底，澳大利亚的资本流入流出中的1/2与东亚地区有关。但是在东亚地区，却缺乏一个类似经济合作与发展组织（OECD）那样的保证机制，以确保澳大利亚的经济利益不受损害。20世纪80年代末，世界经济区域化、集团化的迅速发展使得亚太地区的经济体都明显地感到了压力，保障其在亚太地区的利益，谋求建立一种正式机制成为澳大利亚的当务之急。

亚太经合组织成立之初，澳大利亚对亚太经合组织基本上抱着任其发展的态度。进入20世纪90年代，由于澳大利亚与亚太地区国家的关系已从一般的国家关系发展为在双边和地区事务中密切合作的伙伴关系，将亚太经合组织与东盟并列为其推行融入亚洲的外交战略两大工具。这样，澳大利亚就可以将发育最为成熟的小自由贸易区即《澳新经济紧密协定》（CER）与东盟自由贸易区连接起来，然后通过它们的发展来推进亚太经合组织的进程，最后推动世贸组织在世界范围内的实现。

在组建与推进亚太经合组织发展的进程中，澳大利亚对该组织的基本立场与亚太经合组织中的发达成员基本一致，同时协调发达成员和发展中成员间的矛盾，力求将亚太经合组织的进程纳入其设想的框架之内。澳大利亚既想确保美国在亚太经合组织中的领头作用，又要敦促发展中成员特别是东亚地区的成员积极而有建设性的参与。其基本政策如下：

第一，主张亚太经济合作的目标应是建立在最惠国待遇的基础上开放的合作体制，且与世贸组织的非歧视性的宗旨一致。认为亚太经合组织应发展成为一个非歧视性的组织，而不是封闭性集团，反对多边主义之外的任何体制，主张进行可对多方用规则来规范的国际贸易，以非歧视性、透明性及协商一致为基础。

第二，主张亚太经合组织应成为一个制度化、组织化的经济贸易集团，一个具有实际立法和管理职能的区域组织，其所作决定应具有约束力。

第三，坚持无例外的全面性原则，并制定出贸易自由化的全面而又确定的时间表，在贸易投资自由化问题上应齐步走，自由化方式要有可比性，应率先选择一些部门加快自由化步伐，即那些成员间相互贸易最大的部门，先期开放。

第四，主张开展经济技术合作。认为在亚太地区开展经济合作是有利于成员间加快市场开放的进程。为推进建立新型的亚太地区经济技术合作的模式，澳大利亚起草了《发展合作的亚太模式》报告，提出了“共同投入”的合作方式，这些都被吸收进1996年马尼拉会议通过的《框架宣言》中。

（五）韩国对亚太经合组织的立场与政策

随着韩国与亚太经合组织成员的经济关系越来越密切，亚太地区经济的发展对韩国具有极大的利益，因而韩国参加亚太经合组织的主要目的是想进一步扩大其经济利益，并有利于国内产业结构调整，在参与亚太经合组织过程中，韩国特别坚持以下几个原则：

1. 坚持“开放的地区主义”原则

在经济全球化发展的今天，地区主义集团也在快速地发展着，贸易集团的存在可能导致贸易的非公平竞争，包括对非成员国采取歧视性关税等，这对不属于任何贸易集团的韩国（韩国于1996年加入经济合作与发展组织）来说，地区主义势必阻碍韩国对这些国家或地区的贸易，因此，积极推动以“开放的地区主义”为原则的亚太经合组织，将有利于维护和巩固以贸易立国的韩国的出口国地位。

2. 坚持亚太经合组织多边发展原则

多年来，在与美国、日本、欧盟等贸易强国进行贸易谈判过程中，能够取得对韩国有利的结果往往是很难的，所以韩国特别希望在亚太经合组织中，建立起多边协商的、独立的调解争端的机构，少采取双边的贸易协商方式。

3. 坚持灵活性原则

采取自愿、灵活的贸易投资自由化方式，既有利于国内产业结构，特别是像农业这样薄弱产业的调整，也可以避免国际上对其“搭便车”的指责。因此，韩国主张根据各成员的情况，灵活实施贸易和投资自由化，如在1995年的大阪会议上，韩国极力支持日本将农业等部门排除在外的建议。

4. 坚持与世界贸易组织体制一致性原则

随着韩国与东盟各国及中国间经济上的相互依存度不断上升，相互开放市场有利于贸易机会的增大，因而韩国主张利用亚太经合组织的作用和机制，推进世界自由贸易体制，使韩国从中获得更大利益。

5. 坚持单边、自主性原则

韩国希望自己安排亚太经合组织贸易和投资自由化的进程。比如，韩国加入经济合作与发展组织之后，必须承担与其经济实力相当的国际责任，但在某些领域仍然难以做到，如经济合作与发展组织认为，投资自由化应包括合并和吸收在内，而韩国对外资的投入比例仍限制在10%以下，而且合并和吸收韩国企业仍是不可能的。但是在亚太经合组织框架内，实现投资自由化就有相当大的余地，韩国可以采取自主、自愿安排这一进程。

6. 坚持开展经济技术合作

韩国与亚太经合组织成员本来就存在着广泛而又深刻的经济互补关系，合作更有利于深化韩国与这些成员之间的关系。因此，韩国积极主张亚太经合组织开展经济技术合作，特别是在人力资源、中小企业和科技方面的合作。认为，通过这些方面的活动开展，使一些成功的经验能够得到迅速传播，有助于各成员的经济增长，从而促使亚太地区成为世界最大和最富有活力的贸易地区。

（六）拉美国家对亚太经合组织的立场与政策

拉美国家不是亚太经合组织的创始国，但对亚太经合组织却是持欢迎的态度，并愿意加入到这一组织中来，其原因主要是为了发展与亚太地区的关系。长期以来，拉美国家都是与美国保持较为密切的关系，但另一方面拉美国家不愿意过分依赖美国，而是希望实现对外经济关系的多样化。20世纪80年代亚太地区，特别是东亚地区经济的高速成长，为拉美国家提供了贸易、投资和技术转让的机会，因而拉美国家愿意与东亚地区发展经济和合作关系；亚太经合组织的成立恰好为拉美国家提供了机遇，墨西哥、智利和秘鲁先后被亚太经合组织所接纳，标志着拉美国家与亚太地区经济合作关系的日益加强。

拉美国家对亚太经合组织政策内容，主要体现在它对亚太经合组织“开放的地区主义”的看法上。1994年3月，拉美经委会在其设在智利首都圣地亚哥的总部发表了题为《拉丁美洲和加勒比的开放地区主义：经济一体化对改变生产模式和实现社会公正的贡献》的专题报告，论述了拉美国家对“开放的地区主义”的看法。

拉美经委会认为，开放的地区主义的含义是：在开放、自由和全球化的前提下，以投资、市场力量和优惠条约为动力，不断增强经济上的相互依存性。拉美经委会还认为，开放地区主义应该具备以下9个条件：

1. 在商品和服务部门提供广泛的市场自由化，但这种自由化并不排除在某些部门中实施逐步的过渡性调整。

2. 所有国家都应实现广泛的市场自由化，即鼓励新成员（尤其是重要的贸易伙伴）进入一体化组织。

3. 采纳稳定而透明的规则，并使之与世界贸易组织和其他一些国际协定相吻合。

4. 加入一体化组织的国家应努力使其经济实现稳定化，并要强化区域性机制在弥补国际收支赤字和避免宏观经济失衡方面的作用。

5. 对第三方竞争者采取适度的保护，鼓励使用共同对外关税；如有必要，可分阶段实施之。

6. 为了将国与国之间的交换成本降低到最低限度，应取消或统一体制性安排（如条例和规则），加快货币的可兑换进程或制定完整的支付协议，并为此建立必要的基础设施。

7. 制定并实施灵活而开放的部门协定，以加快国际性技术转移。

8. 为使相对欠发达的国家和地区进行调整，应采取特殊的措施，其中包括逐渐降低保护水平以及为吸引区域内投资而提供刺激性财政优惠。

9. 采取灵活的制度安排，鼓励不同的社会部门广泛参与一体化进程。

这9个条件有利于实现规模经济效益和专业化，能为本国投资和外国投资创造出有利的条件，能减少行政开支和浪费，能防止出现“第三国化”（即通过第三国进口那些应受反倾销税限制的产品）和走私活动，并能排除制定严格的原产地规则的必要性，能彻底杜绝贸易转移，有利于技术转移，避免一体化组织出现“空心化”和发扬民主精神。

从拉美国家的“开放的地区主义”概念来看，其基本精神与亚太经合组织是相一致的。拉美国家在对亚太经合组织的政策上，一是坚持强调实施市场自由化时要有渐进性，使相对后进的国家有时间进行过渡性调整；二是对一些困难较大的部门采取灵活政策；三是坚持按世界贸易组织规则行事，如对待亚太经合组织部门提前自由化的问题上，表示不参与亚太经合组织这一提议，认为这一问题应在世界贸易组织中去讨论等等。

（七）中国对亚太经合组织的立场与政策

中国自 1991 年加入亚太经合组织后，一直以积极、负责、务实和合作的态度参与亚太经合组织的活动。

1. 中国的基本立场

中国对亚太经合组织持积极支持和参与的基本立场，主要出于如下几点考虑：一是亚太地区是中国对外经济关系中主要的利益所在，目前中国对外贸易的 80%、引进外资的 90%都集中在亚太地区；二是亚太经合组织的活动原则和方式基本上符合中国的客观实际；三是通过亚太经合组织这种机制有助于解决中国与美国等其他国家的贸易争端；四是加深与亚太地区各成员的了解和信任，为中国营造一个有利的国际环境。

2. 中国对亚太经合组织政策

（1）坚持自愿参加、协商一致和自主安排行动的原则

中国认为亚太经合组织应是一个协商与合作机构，不应搞机制化，不具有指令职能，不进行讨价还价的谈判。亚太经合组织的成员包括亚太地区的发达成员和发展中成员，利益差别巨大，如果使亚太经合组织高度机制化，难免不会出现以强凌弱的情况，那将有损于发展中成员的利益。在 1993 年西雅图会议上，中国就明确提出亚太经合组织是“磋商机构”，不搞“封闭的机制化的经济集团”，以保持亚太经合组织“自愿、协商一致、自主性”。当然，自愿和自主并不是放任自流或自行其是，需要有协调和义务。因此，中国支持“协调的单边主义”和“共同承担义务”的原则。

（2）坚持灵活性原则

鉴于亚太经合组织成员之间经济发展水平和各自情况差别很大，尽管在贸易和投资自由化的进程上区分了 2010 年（发达成员）和 2020 年（发展中成员）两个时间表，但是，在具体时间和部门安排选择上还需要灵活性。灵活性的前提是亚太经合组织成员承担和完成承诺与义务，而灵活性的原则是在时间表的范围内各成员可以根据自己的实际情况按照轻重和易难灵活安排。

（3）实行非歧视性原则

这个原则应该包括两个含义：一是对所有成员非歧视，即无条件地向每个成员提供“最惠国待遇”；二是亚太经合组织内的开放成果向非成员开放。在亚太地区，美国越来越多地使用双边关系中的单方制裁或限制。中国希望通过亚太经合组织非歧视性原则来制止这种不公平的做法，保持东亚地区的“开放的地区主义”。

（4）重视经济技术合作

中国作为一个发展中国家，历来重视各国间的经济技术合作，认为经济技术合作是“缩小成员差距、实现共同繁荣”的重要途径，也是保持亚太经合组织长久活力的根本保证，亚太经合组织应坚持“两条腿”走路，即把贸易和投资自由化与经济技术合作放在同等重要的地位，取得平等发展，发达成员有义务帮助发展中成员提高经济技术水平。中国政府一直为推动经济技术合作作出不懈的努力，主要的努力有：1994 年提出要召开科技部长级会议的建议，1996 年提出建立科技工业园区网络，1997 年温哥华会议上推出成立“走向 21 世纪的科技产业合作议程”倡议，1998 年出资1 000万美元的“中国亚太经合组织科技产业合作基金”，启动科技活动的开展，同时成立“中国亚太经合组织企业联席会议”。

（5）不能改变亚太经合组织的性质

亚太经合组织的使命是消除亚太地区的贸易投资障碍，加强成员间的经济技术合作，促进亚太地区的经济繁荣。作为一个国际经济合作组织，不应包括政治和安全方面的内容，更不能将其变成由某个大国操纵的政治工具。

六　亚太经合组织的发展趋势

亚太经合组织诞生于亚太地区经济快速发展时期，迄今为止，它已经走过了 16 个年头。受东亚金融危机的影响，人们对于亚太经合组织的发展前景也作了颇多的议论，肯定、否定莫衷一是。一般估计，亚太经合组织今后发展前景可能有以下几种。

一种可能是，向机制化方向发展。

如果亚太经合组织要想取得成效，机制化发展

是必然。从实际看，亚太经合组织也正在向机制化方向迈进。到目前，亚太经合组织已经建立起了一套运转机制，它包括：一是有明确的目标作为推动力。亚太经合组织已有了明确的实现地区贸易和投资自由化的目标，目标本身就成为亚太经合组织不断前进的一个动力机制。二是已有一套制度化的议事和决策机制，如定期召开高官会议、部长会议和年度非正式首脑会议。三是已有一套功能性机构，除秘书处外，已成立各种委员会和工作组。亚太经合组织上述这些机构和议程内容也在不断发展变化，比如部长会议，除外长和贸易部长会议外，现在扩大到了教育、环境、人力资源、科技以及财政部长会议，讨论的议题范围大大增加。同时亚太经合组织还增加了修订和评估机制，以推进亚太经合组织自由化进程。很明显亚太经合组织机制化趋势在不断加强。但是亚太经合组织真正成为一个机制化的机构，还需要一个漫长而又艰难的过程。这是因为这一组织的成员构成过于复杂，使得亚太经合组织在向实体性组织迈进的道路上困难重重。从实际来看，亚太经合组织要想在某一问题上真正有所作为，非采用带有约束性手段不可，否则就要付出高额的协商成本，而这一成本主要表现在时间上。如部门提前自由化问题，就因条件不够成熟而难以在亚太经合组织成员中实施下去

另一种可能是，在一个相当长的时期继续保持现状。

在今后一个时期，亚太经合组织还不会发展成一个正式的、具有实际管理职能的地区组织，将继续维持其以协商合作为基础的地区论坛性质。这种议事结构和形式可以为亚太经合组织成员政府官员和首脑就地区经济发展问题进行协商，并为达成共识提供必要的和经常性机制，同时也是亚太地区各经济体在发展水平和利益存在巨大差别的情况下开展合作的一种独特方式。它具有“软硬兼施”的功能，“软”即灵活性，是亚太经合组织的一个基本原则。事实上，灵活性不仅是指在进程安排上要考虑到各成员间的差别和能力，而且也包括在议程安排和方式上的多样性和可调节性。“硬”即制约力，是亚太经合组织议程得以落实的一个基本保证，任何议程一旦达成共识，形成议程和进行承诺，就有了“隐形压力”，必须完成。

再一种可能是，名存实亡。

亚太经合组织推动经济合作不是靠谈判或规则，而是靠倡导和协商，从原则上来说，采取“自主参与，集体协商，共同承诺”的方式。可以说是在没有协议，没有规则的情况下进行的。这样在一些重大问题上，亚太经合组织往往表现得无能为力，被人认为是个什么也做不成的“自由俱乐部”。特别是在那些触动成员根本利益问题上，部门提前自由化问题被移交到世界贸易组织中去解决就是个例子。再有在金融危机发生后，亚太经合组织什么也不能做，也被人们认为亚太经合组织只是个谈天说地的俱乐部。实际上，如果亚太经合组织不能进一步发展其职能，提高其效力，它就会失去人们对其信任和信心。世界上先后成立的各种形式的地区组织不少，大多数已销声匿迹或名存实亡。究其原因，主要是没有发挥实际职能，协议或规划流于形式。这也正是人们对亚太经合组织未来前景的一个主要担心。

从目前看来，保持现状并向机制化方向有所迈进，可能是亚太经合组织发展的主要趋势。

然而，亚太经合组织的失败危险也不是不存在的，一种是由于美国及其他发达国家过快推动自由化，不能照顾到发展中成员的情况和利益，从而导致内部分歧增大，导致分裂；另一种是，由于过分扩大，过于松散，不能取得实际成效，导致多数成员兴趣丧失。　　（赵江林）

第二节　上海合作组织

上海合作组织（The Shanghai Cooperation Organization　SCO）是一个多边的、区域性的和政府间的国际组织，于2001年6月15日在中国上海宣告成立。是日，中国、俄罗斯、哈萨克斯坦、吉尔吉斯斯坦、塔吉克斯坦和乌兹别克斯坦六国元首在上海签署《上海合作组织成立宣言》和《打击恐怖主义、分裂主义和极端主义上海公约》，共同宣布成立“上海合作组织”。这标志着亚欧大陆一个崭新的地区合作组织正式诞生。这也是第一个以中国地名命名的国际合作组织。

一　上海合作组织的成立背景和发展历程

（一）成立的背景

上海合作组织的前身是“上海五国”机制。该机制是中国、俄罗斯、哈萨克斯坦、吉尔吉斯斯坦、塔吉克斯坦五国为了加强边境地区的信任和裁军而

逐渐发展起来的。由于五国元首的首次会晤在上海举行，因此这一机制被称为“上海五国”机制。

“上海五国”的出现不是偶然事件，它有着深刻的国际背景，是各种外部因素和内部因素共同决定的。

从外部因素看，冷战结束后，国际形势总体上趋于缓和，世界格局多极化成为时代进步的要求。虽然世界大战的危险在降低，但局部冲突有增无减，对世界和平和地区稳定构成新的威胁，特别是以“新干涉主义”为集中表现的霸权主义和强权政治仍严重威胁着世界和平。因此，建立冷战后地区安全新秩序和新结构成为许多国家关注的焦点。欧亚大陆是国际政治的中心舞台，而哈吉塔三国又是位于欧亚大陆中心地带的国家，战略地位十分重要。尤其是苏联解体后，这一地区出现了军事、政治真空，其地缘政治作用日显突出，成为国际上各种势力争夺的焦点之一。

从内部因素看，中亚各国独立后，其国家防御能力很弱，保证边境地区的安全与稳定就成为这些国家首先需要解决的问题。同时，中俄两大国从保持良好的周边环境出发，也迫切需要解决各自周边安全问题。五国在经济建设中都渴望能拥有一个长期稳定的地区和国家环境，但各种干扰和破坏时时迸发，这进一步增强了五国合作的必要性。因此，五国需要齐心协力，化解各种不利因素，共同创建和平稳定的周边环境，建立起地区安全新秩序。

1996～2000年间，“上海五国”机制有关国家元首先后举行了5次元首会晤。这些会晤为上海合作组织的建立与发展，奠定了坚实的政治基础和组织基础。

1. 上海会晤

1996年4月26日，中、俄、哈、吉、塔五国元首在上海举行第一次会晤，签署了《关于在边境地区加强军事领域信任的协定》。协定包括：中国与俄、哈、吉、塔双方部署在边境地区的军事力量互不进攻；双方不进行针对对方的军事演习；限制军事演习的规模、范围和次数；通报边境100公里纵深地区的重大军事活动情况；相互邀请观察实兵演习；预防危险军事活动；加强双方边境地区军事力量和边防部队之间的友好交往等。

2. 莫斯科会晤

1997年4月24日，五国元首在莫斯科举行第二次会晤，签署了《关于在边境地区相互裁减军事力量的协定》。协定的主要内容是：中国与俄、哈、吉、塔双方将边境地区的军事力量裁减到与睦邻友好相适应的最低水平，使其只有防御性；互不使用武力或以武力相威胁，不谋求单方面军事优势；双方部署在边境地区的军事力量互不进攻；裁减和限制部署在边界两侧各100公里纵深的陆军、空军、防空军航空兵、边防部队的人员和主要种类的武器数量；交换边境地区军事力量的有关资料等。协定有效期到2020年12月31日，经双方同意可以延长。

3. 阿拉木图会晤

1998年7月3日，五国元首在哈萨克斯坦原首都阿拉木图举行第三次会晤，主要探讨了地区安全、经济合作等问题，并发表《阿拉木图声明》。声明表达了这样的共识：坚持相互尊重主权和领土完整、平等、互不干涉内政等国际关系准则；坚持通过友好协商解决国家间的争端和分歧；共同打击各种形式的民族分裂和宗教极端势力、恐怖活动、偷运武器及走私和贩毒等本地区公害；本着互利互惠、讲求实效的原则进一步密切五国间的经济联系；与国际社会共同努力制止南亚核军备竞赛，维护国际核不扩散机制等。这次会晤由前两次以中国为一方，俄、哈、吉、塔为另一方的双边会晤转变为五国间的多边会晤。

4. 比什凯克会晤

1999年8月24日～26日，五国元首在吉尔吉斯斯坦首都比什凯克举行第四次会晤，并发表了《比什凯克声明》。声明表示，坚决反对民族分裂主义和宗教极端主义，共同打击国际恐怖主义、走私贩毒及其他跨国犯罪行为。

5. 杜尚别会晤

2000年7月5日，五国元首在塔吉克斯坦首都杜尚别举行第五次会晤，从世纪之交的高度回顾总结了“五国”的发展历程，规划了五国合作面向21世纪的发展前景，并发表了《杜尚别声明》。声明表示：五国决心深化在政治、外交、经贸、军事和其他领域的合作，以巩固地区的安全与稳定。乌兹别克斯坦总统卡里莫夫以观察员身份首次出席了会议。

（二）发展历程

2001年6月，上海合作组织正式成立后，每年举行一次成员国元首峰会，共商发展合作大计，并形成了一系列重要文献；还成立了常设机构——秘书处。

主要发展历程如下。

1. 成员国元首第一次峰会（上海）

2001年6月14～15日，中国、俄罗斯、哈萨克斯坦、吉尔吉斯斯坦、塔吉克斯坦和乌兹别克斯坦六国元首在上海举行会议，共同签署了吸收乌兹别克斯坦加入“上海五国”的联合声明。15日六国元首发表了《上海合作组织成立宣言》，宣告“上海合作组织”正式成立。

2. 成员国元首第二次峰会（圣彼得堡）

2002年6月18日上海合作组织成员国元首在圣彼得堡举行第二次峰会，签署《上海合作组织宪章》、《关于地区反恐怖机构的协定》、《上海合作组织成员国元首宣言》三个政治、法律文件。《上海合作组织宪章》对上海合作组织宗旨、组织结构、运作形式、合作方向及对外交往等原则作了明确阐述，标志着该组织从国际法意义上得以真正建立。

3. 成员国元首第三次峰会（莫斯科）

2003年5月29日上海合作组织六国国家元首在莫斯科举行第三次峰会，六国元首批准了规范包括常设机构——北京秘书处和比什凯克地区反恐怖机构在内的本组织各机构活动的法律文件，以及本组织徽标方案。讨论了在新形势下如何抓住机遇、应对挑战、加强协调、扩大合作，促进地区和平与发展等重大问题，并达成广泛共识，签署了《上海合作组织成员国元首宣言》。中国驻俄罗斯大使张德广被任命为该组织秘书长。

4. 上海合作组织秘书处成立

2004年1月15日，上海合作组织秘书处在北京宣布成立。这是该组织发展进程中的一件大事，上海合作组织秘书处的成立，标志着该组织正式步入新的全面发展阶段，该组织已成为完全意义上的地区合作组织。

5. 成员国元首第四次峰会（塔什干）

2004年6月17日上海合作组织哈中吉俄塔乌六国国家元首在乌兹别克斯坦首都塔什干举行第四次峰会，就外交、安全、经济、交通、人文等领域的务实合作问题广泛交换了看法，并达成了共识。六国元首签署了《塔什干宣言》、《上海合作组织成员国合作打击麻醉品、精神药物及其前体的合作协定》，批准了《上海合作组织观察员条例》等文件。蒙古外长作为蒙古总统的特使也参加了本次峰会，并代表蒙古总统提出了申请加入上海合作组织观察员的请求。各国元首接受了这一请求，同意蒙古成为上海合作组织的观察员。塔什干峰会标志着成立3年的上海合作组织正式结束初创阶段、进入了全面发展的新时期。

6. 成员国元首第五次峰会（阿斯塔纳）

2005年7月5日哈中吉俄塔乌六国国家元首在哈萨克斯坦首都阿斯塔纳举行上海合作组织第五次元首峰会。六个成员国元首深入交换意见，具体探讨上海合作组织的行动方略。六国元首这次签署的文件数目居历次峰会之首。会议达成的《元首宣言》等文件具体而务实：凸显了上海合作组织在合作打击恐怖主义、分裂主义、极端主义“三股势力”，在加强反恐机构建设方面的明确部署；强调了成员国在对外经贸、交通、环保、紧急救灾、文化、教育领域务实合作的具体方向；肯定了该组织在对外开放方面的新成就，包括获得联合国大会观察员地位，与东盟和独联体签署合作文件，给予巴基斯坦、伊朗、印度三国观察员地位，等等。

7. 成员国元首第六次峰会（上海）

2006年6月15日，上海合作组织成员国元首理事会第六次会议在上海举行。参加这次会议的有中国、哈萨克斯坦、吉尔吉斯斯坦、俄罗斯、塔吉克斯坦、乌兹别克斯坦6个成员国的元首，以及印度、伊朗、蒙古、巴基斯坦4个观察员国和与上海合作组织建立了合作关系国家的元首或代表，以及有关国际组织的领导人。联合国秘书长安南专门给峰会发来贺电。

峰会期间，胡锦涛主席同其他成员国元首围绕弘扬“上海精神”、深化务实合作、促进和平发展的主题，提出了上海合作组织发展的远景规划，签署了《上海合作组织五周年宣言》等重要文件。本次峰会的一个重要政治成果，就是各国元首一致确认，上海合作组织将继续致力于建立互信、互利、平等、协作的新型全球安全架构，主张基于公认的国际法准则，在互谅基础上通过谈判解决争端，尊重各国维护国家统一和保障民族利益的权利，尊重各国独立自主选择发展道路和制定内外政策的权利，尊重各国平等参与国际事务的权利，尊重和保护世界文明及发展道路的多样性。

二 上海合作组织的宗旨及关注的内容

《上海合作组织成立宣言》明确指出，上海合作组织的宗旨是：加强各成员国之间的相互信任与睦邻友好；鼓励各成员国在政治、经贸、科技、文化、教育、能源、交通、环保及其他领域的有效合作；共同致力于维护和保障地区的和平、安全与稳定；建立民主、公正、合理的国际政治经济新秩序。

宣言还指出，各成员国将严格遵循睦邻友好、平等互利、友好协作、共同发展的原则，坚持不结盟、不针对其他国家和地区以及对外开放，要同世界上其他地区和国际组织保持友好联系和合作。

建立和发展上海合作组织的根本目的，是确保成员国的持久和平和共同发展。上海合作组织正式成立后，在实现上述目的的道路上迈出了坚实的步伐，建立起了较完善的机构体系和法律基础，顺利启动了安全、经济等领域的合作，在国际上树立了和平、合作、开放的良好形象。上海合作组织正发展成为加强成员国睦邻互信和务实合作的重要纽带，成为促进地区安全、稳定和发展的有效机制，成为国际和地区事务中的建设性力量。上海合作组织成立后，各成员国的合作方向和内容主要有以下几方面。

（一）深化安全领域的合作

这是上海合作组织的首要任务，因为随着地区形势的发展变化和各种国际势力的相继涌入，加之欧亚地区特殊的民族、文化等地缘条件，棘手的地区安全问题一直困扰着该地区各国政府。苏联解体后，长期处于蛰伏状态的民族、宗教等地区性因素，开始在新独立的俄罗斯及中亚各国政治和经济生活中产生重要影响。车臣非法武装不断制造的恐怖事件、阿富汗长年战乱对周边中亚国家的影响、西亚原教旨主义的渗透、毒品和武器走私的泛滥，尤其是中亚地区内恐怖主义、分裂主义和极端主义势力的猖獗活动，使新独立各国的主权巩固乃至整个地区的政治稳定面临共同威胁。

“上海五国”升级为“上海合作组织”后，安全领域的合作仍将是所有工作的重心、保障和基本出发点。同时，随着地区各国间广泛合作的规范化和机制化，“上海合作组织”框架下的安全合作也将由原来的磋商性方式向制度化、法规化、多层化的方向发展，上海合作组织将成为地区安全的可靠保障。

上海合作组织成立后，签署了《打击恐怖主义、分裂主义和极端主义上海公约》和《上海合作组织成员国关于地区反恐怖机构的协定》，反毒合作协定文本的协商工作正在积极进行，举行了多边反恐军事演习，地区反恐怖机构也已于2004年1月在乌兹别克斯坦首都塔什干正式启动。近些年来，在各成员国共同努力下，“三股势力”受到了震慑和打击，地区和平与安全得到维护和加强。

“上海五国”共同维护地区稳定、打击极端势力的斗争，越来越广泛地得到国际社会的理解和支持。联合国安理会多次发表声明，反对各种形式的恐怖活动；联合国秘书长安南对俄罗斯打击恐怖主义表示理解；国际刑警大会通过了反恐怖宣言……这些不仅说明“上海五国”打击邪恶势力联合行动的正义性已经得到世界上多数国家的认同，也标志着“上海五国”在安全领域中的合作日渐规范和成熟。

（二）密切经贸领域的往来

“上海合作组织”关注的另一个重要内容是加强双边和多边经贸合作。开展多方位、多层次的经贸合作是该组织稳定发展的基石，也是各国团结协作的主要内容之一。

上海合作组织的成员地跨欧亚两大洲，覆盖的面积约为欧亚大陆的3/5，人口约为全球的1/4，其辽阔的地域、丰富的资源和极为重要的地缘经济战略地位为相互间的经济合作提供了理论上的可能，而成员间经济结构的较强互补性又为这种经济合作提供了现实的可能。

上海合作组织成立以来，做了大量的工作，2003年上海合作组织成员国总理会晤通过的《上海合作组织成员国多边经贸合作纲要》，本着平等互利、市场经济、相互开放、多边与双边相结合等原则，充分发挥成员国经济互补性强和资源丰富等优势，推动开展各种形式的合作，促进成员国经济共同发展。为了在20年里实现成员国间商品、资本、技术和服务的自由流通，并力促区域经济一体化，上海合作组织成立了多个工作组，以解决海关合作、跨国运输等问题，并制定了120多个具体项目。据上海合作组织秘书长张德广介绍，上海合作组织正加速讨论建立上海合作组织基金和银行联合体，以便为合作项目提供资金，并正在筹办上海合作组织企业家委员会，为企业参与地区经济合作搭建重要平台。

近年来，中俄哈吉塔五国经济合作在多个层次上迅速发展，双边贸易额不断增长，合作领域不断扩大。统计显示，1992年中国与中亚五国国家贸易总额仅为4.65亿美元，2003年达到40.5亿美元，相当于1992年的9倍。近些年来，中俄经贸合作取得长足发展，双边贸易额连续五年大幅增长，2004年首次突破200亿美元，比上年增长30%以上，为1999年3.7倍，是连续第五年创历史新高。2004年中哈两国双边贸易额达45亿美元，比2003年增长36.6%，亦创历史新高。

（三）拓展其他领域的合作

上海合作组织将在政治、外交、科技、文化、教育、能源、交通及环保等领域开展卓有成效的合作。

加强在国际事务中的磋商和协调行动是六国合作的一个重要方面。在当前国际形势下，六国将相互支持，密切合作，维护全球战略平衡与稳定。“上海合作组织”成员国将在地区和一些重大的国际问题上继续协调立场，加强合作。他们主张维护和遵守作为战略稳定基石和裁减战略进攻性武器基础的1972年《反导条约》，反对在亚太地区部署集团型的封闭的战区导弹防御系统，支持关于建立中亚无核区的倡议，支持联合国在解决阿富汗冲突等国际问题方面所作的努力及其主导作用等等。

文化合作是上海合作组织新近开辟的一个合作领域。中亚及其毗邻地区多种文明交汇。这里集中了华夏文化、伊斯兰文化、斯拉夫文化和印度文化。由于文化的差异产生碰撞、冲突和战争的事件屡见不鲜。因此，只有加强文化交流与合作，才能缩小不同文化之间的思想距离，培育不同文化人民之间的友好情谊。

此外，六国合作的领域还在不断拓宽。中亚及其毗邻地区是灾害的频发区，开展救灾方面的合作，是上海合作组织的又一个新的合作领域。

三 上海合作组织的特点

上海合作组织是建立区域性预防冲突机制，打击恐怖主义、分裂主义和极端主义等危害区域安全行为的重要尝试。它开创了以大小国家共同倡导、安全先行、互利协作为特征的新型区域合作模式。因此，上海合作组织具有区别于其他国际组织的特点。这些特点是“上海五国”在解决彼此间遗留的历史问题和加强合作的过程中不断探索和形成的。

（一）“上海五国”形成了一整套行之有效的解决和处理相互关系问题的行为准则，即“上海精神”

其核心内容是互利、互信、平等、协商、尊重多样文明、谋求共同发展。本着这一精神，各国之间可以通过平等协商，和平地解决彼此间的分歧和可能出现的各种问题；本着这一精神，可以在相互尊重独立、主权和领土完整、互不干涉内政、互不使用或威胁使用武力的基础上建立睦邻友好的关系；本着这一精神，可以在平等互利的基础上发展双边和多边经济合作，促进共同发展。

（二）上海合作组织的性质是不结盟、不针对其他国家和地区组织以及对外开放

所谓不结盟，就是成员国之间结伴而不结盟；所谓不针对其他国家和地区组织，就是不视其他国家和地区组织为对手和敌人，争取同他们发展良好的关系；所谓对外开放，就是这一组织敞开大门。首先，在条件成熟和协商一致的基础上吸收认同本组织宗旨和原则的有关国家为新成员；其次，积极稳妥地与其他国家及有关国际和地区组织开展各种形式的对话、交流与合作。

（三）上海合作组织是一个以安全为先行的全方位地区合作组织

该组织的这一特点是由本地区的现实情况所决定的。“上海五国”解决了边境地区军事信任和裁军问题后，“三股势力”便成为各国关注的首要问题。因此，五国必须团结起来，加强合作，着力应对，以便消除安全威胁，为其他领域的合作创造前提。

四 上海合作组织的意义及发展前景

（一）上海合作组织成立的意义

上海合作组织的成立不是一个普通的事件，它为成员国在安全领域的合作奠定了坚实的法律基础和全面的合作机制，有利于成员国合作打击分裂主义、恐怖主义和极端主义等“三股势力”，并在共同的利益和目标下，防止外来势力渗透和插手各国内部事务，共同维护地区的安全和稳定。“上海五国”以及上海合作组织的诞生和发展，代表了和平与发展的时代潮流，代表了多极化发展的历史趋势，反映了多数国家的利益和愿望。正如乌兹别克斯坦总统卡里莫夫在上海合作组织成立仪式上所说的，它是“一件具有重大历史意义的事件”。具体表现在：

1. 上海合作组织将加深中、俄、哈、吉、塔、乌六国之间的互信和友谊，巩固地区安全与稳定，促进地区经济繁荣，把各成员国之间的合作提升到一个新的发展阶段。

2. 上海合作组织成员国之间在经贸领域互利合作的潜力和机遇巨大而广泛，因而成员国在互利合作下经济将持续繁荣，综合国力也将不断提升。这不仅惠及六国，而且也有利于世界的和平与发展。

3. 上海合作组织丰富了当代外交和区域合作的实践经验，对维护地区安全与稳定发挥了重要作用，也有利于推进世界多极化进程和建立公正合理的国际政治经济新秩序。

4. 互信、互利、平等、协商、尊重多样文明、谋求共同发展的“上海精神”，充分体现了和平与发展的时代潮流，为国与国之间解决争端、发展合作，提供了一种新思路和新模式。它昭示着一种新型安全观，一种新型国家关系和区域合作模式，具有理论创新意义。

5. “上海合作组织”的成立，不仅具有重大的国际政治意义，而且具有特殊的经济意义。它意味着中国在具有实质意义的国际性组织中，展现出自己的主动性和主导性，它的成立也表明中国经济实力已达到相当水准，对其他国家具备较强的吸引力。

6. 中亚地区正处于国际合作组织重组的过渡阶段，地区安全合作体系尚未彻底形成。新的上海合作组织的成立将使中亚地区的力量对比关系出现变化，它将对未来中亚地区的安全格局产生重大的积极影响。

上海合作组织成立以来，从消除各国边境地区军事对峙、实现军事互信、解决边境遗留问题，到共同防范跨国犯罪活动、遏制毒品和武器走私、联合打击国际邪恶势力，各国间的安全合作为维护地区的稳定与发展发挥了重大作用，并因此而成为“上海五国”机制存在与巩固的生命力和凝聚力之所在。边防、海关、安全、执法部门负责人和国防部长等相关职能部门负责人的会晤，已是上海合作组织多层磋商合作机制中最频繁、最富有成效的活动之一。在各国领导人的共同努力和各国相关职能部门的高效配合下，上海合作组织框架内的安全合作逐渐具体化、机制化，多渠道、多层面的合作已经成为维护地区安全与稳定的重要保障。而吸收乌兹别克斯坦加入合作组织，使原有的边境安全合作实现了向地区安全合作的跃升。

（二）上海合作组织发展前景

上海合作组织这一新型地区安全合作组织有着极为广阔的发展空间，因为它的发展存在许多有利的条件，其中主要有：

1. “上海合作组织”成员国之间在维护地区安全和发展经济方面利益一致，在重大的国际问题上立场一致或相近，不存在重大的历史遗留问题，中国同俄哈吉塔之间的边界已经全部或基本解决，各成员国已成为好邻居、好朋友、好伙伴。

2. “上海五国”已为“上海合作组织”开创了良好的局面。

3. 在合作实践中形成的“上海精神”作为处理国家关系的基本准则将继续得到贯彻并发扬光大。

4. 中国和俄哈吉塔已经成功地解决了边境地区加强军事信任和裁军问题。上海合作组织各成员国之间在安全及其他方面开始了卓有成效的合作，各国之间已经积累了解决和处理分歧、开展合作的丰富经验，建立了相互信任、平等合作的关系。

5. 上海合作组织的建立符合各成员国维护地区安全与稳定、促进经济发展的根本利益、顺应当代人类要求和平与发展的历史潮流，具有巨大的发展潜力。

6. 上海合作组织的成立，是各成员国相互信任、相互支持、相互帮助、团结合作的结果。在“上海合作组织”的面前摆着维护安全，促进发展，扩大全面合作的繁重任务。只要各成员国本着互信互利、平等协商的精神，携手共进，就能克服前进中可能出现的各种困难险阻，共创美好未来。

7. 上海合作组织相继与独联体和东盟建立了合作关系，积极谋求与周边其他国际组织一道促进地区的和平和发展。随着印度、巴基斯坦和伊朗成为观察员，上海合作组织得以在地理位置上覆盖了东亚、中亚、西亚和南亚等地区的一些主要国家，这也使该组织在整个亚洲地区具有了更广泛的代表性，同时也消除了外界对上海合作组织“空心化”、

“边缘化”的猜疑。

世界经济全球化、政治多极化、区域一体化、文明多元共生的趋势是上海合作组织的“天时”，地缘便利性、经济互补性是它的“地利”，各国对和平、稳定、发展的内在共同需求是它的“人和”。可以预期，如能乘时利便，推动人和，只要各成员国本着互信互利、平等协商的精神，携手共进，未来整个亚洲在逐步向区域经济一体化迈进的进程当中，上海合作组织作为该地区的重大安定因素，将在维护地区安全以及促进经贸联系方面发挥更积极的作用。（肖　民）

第三节　亚欧会议

一　亚欧会议的产生

从殖民扩张时代到二战结束的几个世纪里，亚欧关系深深打上了不平等的烙印。那时的亚欧关系属于殖民地半殖民地与宗主国关系的性质，亚洲绝大多数国家受到欧洲等帝国主义的侵略、失去了独立地位，备受西方列强的欺凌。

二战结束后，随着民族解放运动的兴起，亚洲许多国家纷纷摆脱殖民统治，政治上获得独立，经济上取得发展。然而，亚欧关系在冷战时期仍具有不平等的性质，亚洲发展中国家与欧共体的关系，依然未摆脱“受援国”与“援助国”的框架。这种不合理的关系格局，使亚洲一些国家仍处于国际从属地位，也使欧洲轻视亚洲的心态变化不大。正如马来西亚总理马哈蒂尔指出的，亚欧之间“只有经过心理认识上的革命之后，才可能建立起平等伙伴关系的基础”。

1994年欧盟通过“亚洲新战略”之后，新加坡提出应在亚洲和欧洲之间举行高层首脑会议。在这一提议下，于1996年3月在泰国首都曼谷召开了第一届亚欧首脑会议。这次会议使亚洲10个国家、欧盟15个成员国的政府首脑以及欧洲委员会主席会聚一堂，会议取得圆满成功。这次会议的召开，标志着亚欧关系已开始从不平等向平等方向发展，标志着亚欧之间平等的伙伴关系开始起步。正如一些国际传媒指出的：“欧盟所有国家的最高领导人前往曼谷朝拜，表明老殖民主义终于认真对待世界上这个最具活力的地区。”

当今，亚欧新型伙伴关系的建立符合亚欧各国的战略利益。长期以来，欧盟致力于自身建设的同时，重视发展同美国及其他发达国家的关系，其对外关系的重点在北美，这与近年来东亚崛起的现实形成鲜明反差；同时，就东亚而言，欧洲感到政治和经济明显落后于美国的现实，也与世界经济多极化的趋势不相适应。为了改变上述与现实相悖的格局，政治上要求与美国平起平坐的欧洲和国际上力争寻找平衡美国力量的东亚，不约而同地将目光投向对方，制定其在新形势下的平等合作战略。

具体而言，冷战后亚欧关系的发展和走向平等新格局的趋势，是由如下一些方面的因素促成的。就亚洲而言，东盟积极行动并得到中国等东亚国家的支持，是20世纪90年代后期亚欧关系迅速发展的重要动因。近年来，东盟的经济实力有所增强，但尚未成为全球性的重要力量，必须采取“平衡大国”的策略，以促使亚太格局向有利于自身的方向发展。也就是说，一方面，近年来，美日在亚太争夺主导权的态势，使东盟的戒心和危机感倍增；另一方面，随着经济发展和实力增强，东盟及东亚各国在促使欧洲重返亚洲时，特别是与前宗主国发展关系时，则强烈要求建立“平等的伙伴关系”。

就欧洲而言，鉴于东亚的崛起和冷战后世界格局新调整，从自身发展与新的形势考虑，必须把东亚作为其对外政策新的关注点。多年来，欧盟将其主要精力集中于内部一体化的进程，而其对亚洲发展中国家关系的发展严重滞后。亚太经合组织的进展，特别是亚太经合组织西雅图会议的召开，使欧洲为之震动。德国、英国以及法国等西欧大国和欧盟委员会相继制定政策，采取措施，加速重返亚洲的步伐。一方面，欧洲希图借助东亚经济发展的推力，拓展新兴市场，推动自身经济调整与发展；另一方面，欧洲则力图通过进一步加强同亚洲的经贸关系，改变全球政治、经济的不平衡格局。当前，在世界经济多极化的格局中，亚美关系与欧美关系都比较密切，而亚欧关系则相对薄弱，使得美国在世界经济角逐中处于优势：与欧盟谈判时，以亚太经合组织为后盾；与东亚谈判时以北美自由贸易区作王牌，左右逢源，动辄对欧盟和东亚施加压力或制裁。为改变这一不利态势，欧洲迫切希望通过“亚欧首脑会议”，在欧洲与东亚之间建立高层次的对话与合作机制，形成与亚太经合组织制衡的力量，增强欧盟与东亚双方的“经济抗力”，削弱美国在世界经济中的强权地位。

1994年10月，在新加坡举行的世界经济论坛“欧洲－东亚经济会议”上，新加坡提出举行亚欧会议，建立亚欧之间高层次非正式对话机制的建议，以加强亚、欧两大洲之间的政治对话和经济合作。这次会议，就亚欧之间在贸易、金融、投资、技术、企业等方面的交流，以及开展政治对话，提出了酝酿两年之久的多项倡议。新加坡总理吴作栋表示，“由于国家小，对任何人不构成威胁，我们提出超越本国利益的新构想”。同年，吴作栋总理在访法时重申了这一建议，并得到了亚欧国家的积极响应。在法国的推动下，欧盟部长理事会于1995年3月通过决议，支持建立欧亚加强联系的这一新渠道。泰国在被确定为首次会议东道国后，积极与欧盟协商有关事宜。欧盟副主席布里坦为此专程访问了泰国。东盟与欧盟于1995年5月举行高级官员会议，确定了会议议题，并邀请中、日、韩三国与会，三国均给予积极支持。经过一年多的筹备，1996年1月16日，欧盟发表了关于亚欧首脑会议战略目标的文件，强调举行亚欧首脑会议将具有重大历史意义。1996年2月1～2日，参加亚欧首脑会议的亚洲10国外长，在泰国南部的普吉岛举行了2天的非正式会议。会议就亚欧会议的各项准备工作，包括最后文件及亚欧会议的未来进程等问题进行了探讨，并在许多问题上达成了共识。1996～2004年，已先后举行5届亚欧会议，在促进亚欧合作方面发挥了十分重要的作用。

二　历届会议及成果

（一）第一届亚欧会议

1. 会议主题和内容

1996年3月1～2日在泰国首都曼谷市最大的会议中心——诗丽吉王后国家会议中心举行，参加这次会议的共25个国家，其中有：亚洲的东盟7国（文莱、印度尼西亚、马来西亚、新加坡、菲律宾、泰国和越南）和中国、日本、韩国，欧盟15个成员国（奥地利、丹麦、西班牙、芬兰、法国、比利时、德国、英国、希腊、爱尔兰、荷兰、瑞典、意大利、卢森堡和葡萄牙）。

会议的主题是：“为促进发展建立亚欧新型伙伴关系”。会议最后通过的《亚欧会议主席声明》强调，亚欧国家在加强政治对话的同时，将促进经济和其他领域的合作。会议的主要内容有：

（1）合作内容

开展经济、政治、安全、文化、科技交流及其他领域的合作，包括联合国改革和世界贸易组织的合作。

（2）合作目标

亚欧合作的共同目标是“维护并加强和平与稳定，并创造有利于经济和社会发展的条件”。为达到这一目标，亚欧将致力于建立促进经济增长的新型伙伴关系。这种伙伴关系将推动亚欧之间的全面合作，从而促进世界的和平、稳定与繁荣。

（3）合作基础

亚欧之间日益增强的经济联系是奠定双方伙伴关系的有利基础。亚欧新型伙伴关系，“应建立在对市场经济、开放性的多边贸易体制、非歧视性的自由化和开放性的地区主义作出共同承诺的基础上”。

（4）会议达成的共识

① 两大洲25个国家决定建立面向21世纪的“亚欧新型伙伴关系”，这种伙伴关系的建立具有里程碑意义。② 开展包括经济、政治、安全、文化及科技交流等方面的全面合作，双方经济上强烈的互补性，使得经济合作成为建立亚欧新型伙伴关系的基础。③ 与会者同意，在求同存异的基础上加强政治安全多边对话，包括军控、裁军、防止核扩散及人权等问题。④ 初步建立亚欧两洲之间的建设性对话机制。同时决定，亚欧会议每两年举行一次，轮流在亚洲和欧洲国家举行。

2. 会议的深远影响

第一届亚欧会议的召开，是亚欧关系发展的里程碑，它对亚欧关系和世界经济政治格局的发展产生深远影响。

（1）对亚欧经贸领域的互利合作产生积极影响

东亚发展中国家与欧盟之间具有发展经贸合作的巨大潜力和互补性。近年来，东亚发展中国家与欧盟之间经贸关系发展较快，但与美日相比仍有相当大的差距。目前，在东亚发展中国家进出口贸易中，欧盟所占的份额均落后于日美。在投资方面，东亚发展中国家与欧盟之间的相互投资也十分有限，在欧盟对外投资总额中，东盟只占1%～2%的份额。一方面，东亚发展中国家在基础设施、能源开发及环境保护方面的建设，依然任重道远；另一方面，1997年以来的金融危机后，东亚在经济重新崛起中机遇和挑战很多。欧盟如能善加利用其雄厚资金和在能源开发与环境保护方面的技术优势，对东亚发展中国家加大投资力度，则将促使东亚发展中国家与欧盟之间的经贸联系更上一层楼。

(2) 推动全球多边贸易和投资自由化，促使国际经济新秩序的形成

亚欧合作是继亚太经合组织之后又一推动南北合作的国际系统工程，正如《亚欧会议主席声明》指出的，亚欧新型伙伴关系“应建立在对市场经济开放性的多边贸易体制、非歧视性的自由化和开放性的地区主义作出共同承诺的基础上。会议强调，任何地区一体化和合作，都应与世贸组织一致，并向外看”。因此，亚欧合作不是排他性的贸易集团，而是促进全球多边贸易和投资自由化的积极力量。亚欧合作必将有利于建立新型的南北合作关系，从而为建立国际经济新秩序作出贡献。

(3) 进一步理顺东亚与欧盟之间的政治沟通渠道

多年来，东亚与欧盟之间的政治歧见，一直是阻碍双方合作的重要因素。马来西亚与新加坡都同英国有过纠葛，中国与英法在香港和售台军舰等问题上也出现过摩擦，印尼与葡萄牙在东帝汶问题上的抵牾则曾导致东盟与欧盟间一项合作协议流产。因此，亚欧双方都渴望建立某种对话机制，对亚欧关系中的政治歧见与矛盾进行协调与疏导。亚欧会议的召开及后续行动，则为这种协调与疏导创造了有利条件。欧盟为防止政治分歧影响经贸合作，已表示要考虑到双方不同的文化与社会背景，将对话的重点集中于可能进行的实际合作领域；而东亚各国也希望“淡化分歧”，通过政治沟通积极促进全面合作。

(4) 有利于世界经济与政治格局的稳定与平衡

亚欧首脑会议的召开，意味着全球多极化格局中最薄弱的亚欧关系得到加强。随着亚欧关系的扩展与增强，有利于东亚、西欧和北美三大经济集团间的关系逐渐趋向平衡，促使“一超多强”的格局朝着有利于世界局势稳定与协调的方向发展。可以预期，随着美国在世界经济与国际关系中的主导地位相对削弱，其他大国与集团在国际事务中的发言权，将逐渐得到提高。

3. 会议后的主要活动

1996 年

7 月 24～25 日，亚欧会议高级官员会议在布鲁塞尔举行，会议讨论了如何加强两地区间的贸易和投资合作等问题。

12 月 20 日，亚欧会议高级官员会议在德国首都柏林举行。会议讨论了亚欧会议各项后续行动的进展情况，并决定 1997 年 2 月在新加坡召开亚欧外长会议时，正式启动亚欧基金。

1997 年

2 月 15 日，亚欧外长会议在泰国曼谷举行。中国、日本、韩国以及东盟 7 国和欧盟 15 国外长出席了本次会议。会后发表的一项主席声明强调，亚欧两大洲将加强经济合作和开展政治对话。

4 月 24 日，亚欧技术合作专家会议在北京举行。来自亚欧会议 25 个成员的约 100 名负责国际科技合作的官员和有关方面的专家出席了会议。

7 月 8～10 日，首届亚欧商务会议在雅加达举行。来自亚欧会议成员国的 400 名企业家以及一些政府官员出席了会议。与会者讨论了中小企业的发展、促进投资和发展基础设施建设、亚欧伙伴关系的发展方向等问题。

9 月 19 日，首届亚欧财长会议在曼谷举行。10 个亚洲国家、15 个欧洲国家的财政部长和欧洲联盟的代表出席了会议。会议就宏观经济形势及展望、外汇市场的发展以及欧洲货币联盟的建立等交换了意见。会议讨论了金融部门的发展与合作，反洗钱以及海关合作等问题。

9 月 27～28 日，首届亚欧经济部长会议在日本千叶县举行。来自亚洲、欧洲 25 个国家主管经济和贸易的部长和欧盟委员会负责人参加了会议。会议集中讨论了亚欧总体经济关系、工商交流、贸易与投资、基础建设和可持续增长等议题。会议还讨论了与世界贸易组织有关的问题，批准了《促进投资行动计划》和《贸易便利行动计划》，并规划了此后的行动方针。中国对外贸易经济合作部部长吴仪在会议上发表讲话，阐述了中国在亚欧贸易和投资合作问题上的原则和立场。

是年亚欧会议在新加坡成立了科技基金。

（二）第二届亚欧会议

1998 年 4 月 3～4 日，亚欧 25 国以及欧盟委员会领导人聚首伦敦伊丽莎白二世会议中心，参加第二届亚欧会议。

1. 会议主题和内容

此次会议的主题是：合作缓解亚洲区域性金融

危机问题。在会议上，与会者就亚洲金融危机、经贸合作以及政治对话等一系列问题进行了建设性磋商，会议取得了显著成果。为帮助亚洲国家解决面临的困难，会议提出了一系列具体措施，其中包括在世界银行设立亚欧信托基金，建立一个亚欧会议金融改革中心，为亚洲国家进行金融体制改革提供帮助，派遣高级经贸代表团前往亚洲，促进亚洲投资和贸易的发展。

会议通过了《亚欧会议主席声明》，还通过了《亚欧合作框架》、《投资促进行动计划》和《贸易便利行动计划》等文件，并就有关亚洲金融和经济形势单独发表了声明。

《亚欧会议主席声明》表明，世界的多极化趋势和国家间的依存关系是一种现实，也是一种历史方向。在经济日益全球化的背景下，解决一个国家或地区的经济危机，在相当程度上有赖于彼此的扶助和全球性的机制安排。而只有认清世界多极依存的现实和发展趋势，才有可能作出正确的机制安排。

第二届亚欧会议 4 月 3 日发表了关于亚洲金融与经济形势的声明，要求应研究向国际货币基金组织增加出资等问题。亚欧会议的这一举动对美国在世界金融格局上的主导地位是一次相当强烈的冲击，同时也是促进世界金融形势稳定有序的补充。日本报纸称之为“划时代的成果”，因为“亚洲和欧洲国家作为既成事实，已经成功地对增加出资问题形成了多数意见”。

伦敦亚欧会议拓展了曼谷会议的“亚欧合作框架”，构筑了面向 21 世纪的亚欧新型伙伴关系，有助于推动世界多极化的发展。

2．会议后的后续行动

1999 年

1 月 16 日，亚欧财长会议第三次会议在德国法兰克福召开。中国在会上呼吁建立全球金融管理体制。

3 月 29 日，第二届亚欧外长会议在德国首都柏林召开。亚欧 25 国外交部长出席了会议。欧盟轮值国主席德国外长菲舍尔在开幕词中说，1998 年的事实表明，欧洲和亚洲即使在困难时期也是重要伙伴，亚洲并未因危机而减少其对欧洲的意义。亚洲通过进行必要的改革将会成为经济增长强劲的地区。中国在会上提出了亚欧合作的四点设想。

10月，在北京召开了第一届亚欧科技部长会议，确定了新世纪科技合作的目标和优先领域。

（三）第三届亚欧会议

2000 年 10 月 20～21 日，亚欧 25 个国家和欧盟委员会领导人参加的第三届亚欧会议在汉城（今称首尔）召开。

1．会议的主要内容

会议讨论通过《第三届亚欧会议主席声明》、《2000 年亚欧合作框架》和《朝鲜半岛和平汉城宣言》等三个重要文件。

《第三届亚欧会议主席声明》主要概括了与会领导人就当前全球性问题进行讨论的情况，确定了 21 世纪头 10 年亚欧加强合作的指导性原则和目标。《2000 年亚欧合作框架》是根据亚欧会议各成员提出的倡议，确定了合作的优先领域和具体项目。会议决定成立亚欧奖学金，会议还决定继续保留亚欧信托基金，支持遭受金融危机的亚洲国家复苏经济的努力。在《朝鲜半岛和平汉城宣言》中，与会领导人一致认为，朝鲜半岛的和平与稳定同亚太地区以及整个世界的和平与稳定关系密切。

2．会议后的后续行动

2001 年 5 月在北京召开第三届亚欧外长会议，是 2000 年 10 月第三届亚欧会议后的重要后续行动，是新世纪亚欧合作进程中的一件大事。与会外长们围绕“加强新世纪的亚欧伙伴关系”这一会议主题，进行了深入和富有成果的讨论。会议通过的《主席声明》，集中反映了与会成员在政治对话、经贸、金融、科技、环境、教育和司法等领域加强合作达成的共识，整个会议充满平等、友好、对话、合作的气氛。会上中国总理朱镕基，就进一步扩大亚欧经贸科技等领域的合作，发表了重要的讲话。会议决定从 2001 年开始，亚欧外长会议由每两年召开一次改为每年举办一次。

（四）第四届亚欧会议

2002 年 9 月 23～24 日，第四届亚欧首脑会议在丹麦哥本哈根举行。

1．会议主题和内容

中国国务院总理朱镕基等亚欧国家及欧盟委员会的领导人或代表，在会议上，就加强合作和反恐等一系列问题，进行了深入和富有成果的讨论，并在许多问题上达成了广泛的共识。

朱镕基总理说，这次会议是亚欧会议进程中一个新的里程碑，在政治对话方面取得了很多共识，在经济合作方面进行了广泛的讨论，在文化和文明交流方面决定采取一系列后续行动。这些成果，是在相互尊重、平等互利、求同存异、扩大共识的原则基础上取得的。这也证明，亚欧会议具有无限的生机和活力。

朱镕基总理在这届会议上发表了《携手共创亚欧合作新局面》的讲话，就进一步加强亚欧合作提出六点主张：(1) 加强政治对话和磋商，促进世界和平与发展。(2) 深化和提升经贸关系，夯实亚欧合作基础。(3) 增加环境与农业领域合作，促进可持续发展。(4) 促进人才培养与交流，加强人力资源建设合作。(5) 拓宽亚欧文明交流，推动共同进步。(6) 扩大国际事务协调与合作，发挥亚欧会议重要影响。

这次亚欧会议通过了《第四届亚欧首脑会议主席声明》《亚欧会议哥本哈根反对国际恐怖主义政治合作宣言》和《亚欧会议哥本哈根反对国际恐怖主义合作计划》，并提议 2003 年在中国举行亚欧会议反恐怖研讨会。会议还通过了关于朝鲜半岛和平的政治宣言等文件。

《第四届亚欧首脑会议主席声明》指出，在九一一事件后，全球安全面临着新挑战，国际恐怖主义活动已成为对世界和平、经济发展和政治稳定的严重威胁。亚欧领导人一致同意加强亚欧政治对话，并表达了通过紧密合作以共同反对国际恐怖主义的决心。声明强调，反对国际恐怖主义的斗争应由联合国统一领导，并在联合国宪章的指导下进行。在声明的最后，领导人强调，亚欧会议进程已进入一个新阶段。在当前形势下，建立更加紧密的亚欧全面合作伙伴关系显得愈加重要。他们承诺，将进一步加强沟通与了解，扩大共识，推进合作。

与会各国领导人对地区问题进行了讨论，一致支持朝鲜半岛的和平进程，并对朝鲜和韩国之间正在进行的合作项目表示欢迎。领导人还讨论了伊拉克问题、欧盟东扩和欧元等问题。

第四届亚欧首脑会议还决定，下一届亚欧首脑会议定于 2004 年在越南河内举行。

为了筹备这次首脑会议，2002 年 9 月 19 日，在哥本哈根举行第四届亚欧经济部长会议。会议就加强亚欧两洲经济联系、世贸组织新一轮谈判、全球经济发展形势、亚欧区域经济合作等内容进行了讨论，并发表了《第四届亚欧经济部长会议主席声明》。声明表示，经过磋商，各国对世贸组织新一轮谈判的议程已达成一致。经过讨论，会议还通过了《2002～2004 年亚欧贸易便利行动计划》，通过降低贸易成本，减少非关税壁垒，创造更多的贸易机会，促进两洲贸易的发展。会议决定，第五届亚欧经济部长会议将于 2003 年在中国举行。

2. 会议后的后续行动

2003 年

7 月 23～25 日，来自亚欧会议 26 方的经济部长参加了在中国召开的第五届亚欧经济部长会议。会议就世贸组织新一轮谈判、亚欧合作等问题进行了深入的讨论，并达成了一系列的共识。与会部长们一致认为，加强亚欧成员国之间的合作变得比以往更为重要。亚欧各国应共同为振兴亚欧经济、推动世界经济发展作出努力。

7 月 23 - 24 日，第五届亚欧外长会议在印尼巴厘岛举行。中国外长李肇星在会上说，在当前形势下，应加强亚欧政治对话，密切双方在重大国际问题上的协调与合作；充实经贸合作内容，继续推动亚欧合作取得实质性进展；开展文明对话，促进相互理解和交流；妥善处理好亚欧会议本身的有关问题，继续坚持平等相待、求同存异的原则，推动亚欧合作进程不断取得新的进展。

（五）第五届亚欧会议

2004 年 10 月 8～9 日，第五届亚欧首脑会议在越南河内举行。

会议的主题和内容是“进一步振兴、充实亚欧伙伴关系”。在会议中，与会代表就政治对话、经济合作、文化交流和其他领域的合作交换意见，并通过了 3 个共同文件：《第五届亚欧首脑会议主席声明》(以下简称《主席声明》)、《亚欧会议更紧密经济伙伴关系河内宣言》和《亚欧会议文化与文明对话宣言》。

《主席声明》指出，亚欧领导人认为，应当在相互理解、平等互利的基础上加强对话与合作，通过多边手段和集体行动解决面临的全球性挑战。他们重申坚定支持有效的多边主义和建立以联合国为核心的公正、公平、以法制为基础的国际秩序。

《亚欧会议更紧密经济伙伴关系河内宣言》指出，要增进在重大贸易投资领域、能力建设、政策透明度和政策协调方面的对话，进一步探讨提出便利贸易和促进投资的新倡议；在货币和财政政策、金融市场、债务管理、结构改革、反洗钱等领域开展信息交流，以建立良好的金融体系；在能源合作领域，在自愿和商业化的基础上，探讨就共同关切的问题开展合作的可能性；支持多边贸易谈判和开放地区主义相结合；重视与工商界的交流，发挥亚欧工商论坛的桥梁作用。

《亚欧会议文化与文明对话宣言》指出，文化多样性是人类的共同遗产，它提倡包容、容忍、对话和合作，而不是相互排斥。亚欧会议涵盖东、西方文化与文明。亚欧之间便利的地缘条件和长期往来为进一步加强对话与文化交流奠定了有利基础。

这届亚欧首脑会议成功地实现了首次亚欧会议成员扩大，亚洲的柬埔寨、老挝和缅甸3国及欧盟10个新成员国（塞浦路斯、捷克、爱沙尼亚、匈牙利、拉脱维亚、立陶宛、马尔他、波兰、斯洛伐克、斯洛文尼亚）正式加入，使亚欧会议成员增加到38个国家。

中国国务院总理温家宝出席了第五届亚欧首脑会议，同亚欧国家及欧盟委员会的领导人或代表在会议上就加强亚欧政治对话、经济合作及文化与文明对话等一系列问题广泛地交换了意见，在许多问题上达成了共识。会议期间，温家宝总理发表了题为《加强对话合作，深化伙伴关系》的讲话，提出了坚持对话协商、加强经济交流、促进协调发展和维护文化多样性等4点主张。

（六）第六届亚欧会议

2006年9月10～11日，第六届亚欧首脑会议在芬兰首都赫尔辛基举行。中国国务院总理温家宝和来自东盟10国、韩国、日本及欧盟成员国和欧盟委员会共39方代表出席会议，并共同庆祝亚欧首脑会议成立10周年。各国领导人积极评价了亚欧会议成立以来在政治对话、经贸合作、人文交流等领域取得的进展，强调在新的形势下，亚欧国家相互依存，互相需要，应充分利用亚欧会议这一平台，加强合作。在全体会议上，各国领导人围绕本次会议“共同应对全球挑战”这一主题开展了讨论。温家宝总理在首脑会议上发表了《加深亚欧合作，共同应对挑战》的讲话。闭幕会议通过了《主席声明》《亚欧会议未来发展宣言》和《关于气候变化的宣言》，并宣布保加利亚、罗马尼亚、印度、巴基斯坦、蒙古、东盟秘书处将加入亚欧会议机制。中国将于2008年10月在北京举办第七届亚欧首脑会议。

亚欧会议自成立以来，根据亚欧领导人的授权，亚欧双方在政治、经济、贸易、金融、科技、司法、环境、文化和教育等领域进行了广泛合作，合作领域不断拓展，机制逐渐成熟，取得不少成果，推动了亚欧新型全面伙伴关系的深入发展。亚欧会议进程取得的丰硕成果为亚欧进一步加强合作打下了坚实的基础。　　（龚　莉）

第四节　博鳌亚洲论坛

博鳌亚洲论坛（Boao Forum for Asia　BFA）成立于2001年2月27日，它是第一个总部设在中国的国际会议组织。博鳌亚洲论坛是在经济全球化进程加快和亚洲区域经济合作迅速发展的背景下成立的。1998年，菲律宾前总统拉莫斯、澳大利亚前总理霍克和日本前首相细川护熙提出建立“亚洲论坛”的构想。在中国政府的大力支持下，26个发起国的代表于2001年2月27日聚会中国海南省的博鳌，宣告成立博鳌亚洲论坛，并通过《博鳌亚洲论坛宣言》。江泽民主席出席成立大会，向世界庄严承诺：作为东道国，中国政府将继续为论坛的健康发展提供支持。

一　论坛的性质、宗旨和组织结构

博鳌亚洲论坛是一个非官方、非盈利性、定期、定址的开放性国际组织，其宗旨是：立足亚洲，促进和深化亚洲各国间的交流、协调与合作；增强亚洲与世界其他地区的对话与经济联系；为政府、企业及专家学者等提供一个共商经济与社会等诸多方面问题的高层对话平台；通过论坛与政界、商界及学术界建立的工作网络为会员与会员之间、会员与非会员之间日益扩大的经济合作提供服务。

论坛设正式会员和非正式会员。发起会员、荣誉会员和基础会员为正式会员；普通会员为非正式会员。发起会员是26个发起国按照各国所分配的名额（每个国家2名）派出的；荣誉会员指为论坛的创建和发展做出实质性贡献的个人、企业和组织；基础会员指参加论坛所有活动且其申请已经被批准的个人、企业和组织；普通会员是以出席、观摩论坛年会以及其他活动为目的且其申请已被批准的个人、企业和组织。

论坛的主要组织机构有论坛会员大会、理事会、秘书处、研究培训院、咨询委员会。会员大会是论坛的最高权力机构，每年举行一次；会员大会主席由理事长担任。理事会是会员大会的最高执行机构，论坛理事会由 11 名理事组成，7 名理事从发起会员和基础会员中产生，2 名理事从荣誉会员中产生，论坛秘书长和来自东道地的代表为理事会当然理事，但不得有 4 位以上理事来自同一国家或经济体。秘书处是论坛常设执行机构，秘书长为论坛的首席执行官并领导秘书处。研究培训院是论坛重要的智力支持机构。咨询委员会由 26 个发起国的代表组成；其成员由论坛从有一定知名度的前政要、企业界和学术界人士中选出。

二　论坛的主要发展历程

（一）2001 年博鳌亚洲论坛正式成立

2001 年 2 月 27 日，博鳌亚洲论坛在中国海南省博鳌举行。与会嘉宾有：尼泊尔国王比兰德拉、马来西亚总理马哈蒂尔、越南副总理阮孟琴、菲律宾前总统拉莫斯、澳大利亚前总理霍克、巴基斯坦前总统莱加里、蒙古前总统彭·奥其尔巴特、塔吉克斯坦前总理哈约耶夫、哈萨克斯坦前总理捷列先科、韩国前总理李寿成等。

论坛通过了《博鳌亚洲论坛宣言》。宣言表明论坛将努力为亚洲各国政府、商业领袖和专家学者提供一个高层对话平台，以增进和深化贸易和投资联系，推动建立伙伴关系，在应对不断出现的全球性经济挑战方面，阐明亚洲的观点；增进亚洲跨文化间的相互理解，增强本地区私营团体的社会责任感；创造一个良好的环境，强化商业团体在寻求增长和进步过程中的和谐共生关系，以实现本地区经济的可持续发展；培育和增进区域内网络机制和地区战略联盟的概念，以增加全球化过程中，亚洲内部、亚洲与世界其他地区之间的贸易和投资机会等。

（二）2002 年论坛年会的主题是“新世纪、新挑战、新亚洲——亚洲经济合作与发展”

2002 年论坛年会于 4 月 12～13 日举行。与会嘉宾有：中国国务院总理朱镕基、日本首相小泉纯一郎、泰国总理塔信、韩国总理李汉东、越南副总理阮孟琴等一批政要率领包括官员和企业家在内的代表团。香港和澳门特区行政长官董建华、何厚铧也率团参加会议。出席此次年会的还有菲律宾前总统拉莫斯、澳大利亚前总理霍克、日本前首相中曾根康弘、韩国前总理李寿成以及蒙古、巴基斯坦、尼泊尔、哈萨克斯坦等国的前政要。

此次论坛是在如下背景下召开的：在经济全球化进程中，区域经济合作越来越受到重视，如北美自由贸易区、欧盟自由贸易区、非洲自由贸易区，这种区域经济合作方式被证明非常有助于经济的共同发展。在亚洲尽管已有亚太经合组织、东盟等区域经济合作组织，但是区域合作程度仍然有限，需要有更多的力量推动贸易自由化的进程。

2002 年论坛的主要议题有：世界经济走势对亚洲经济影响；亚洲经济复苏对策与亚洲经济合作；中国加入世贸组织与亚洲经济发展；财政金融合作与区域经济发展；亚洲次区域合作；中国经济增长与亚洲共同发展；中国对外开放与亚洲共同发展；亚洲制造业和出口竞争力；能源；国际投资；环境和可持续发展；面向未来的亚洲金融；数字亚洲；媒体的全球化和产业化以及数字资源的开发和建设。

论坛宣布东盟与中国自由贸易对话机制于当年 5 月正式启动。

博鳌亚洲论坛会员大会的最高执行机构理事会正式成立，菲律宾前总统拉莫斯当选理事会主席，张祥博士当选为博鳌亚洲论坛秘书长。

亚洲战略论坛主席 N. 冒瑞塔（N. Morita）在讨论会上表示，大国和小国资源各不相同，相互合作是构筑共同发展道路的有效途径。过去 20 年的成功经验表明，区域和次区域合作给亚洲各国的经济发展带来了巨大的变化。

（三）2003 年论坛年会的主题是“亚洲寻求共赢，合作促进发展”

2003 年论坛于 11 月 2～3 日举行。与会嘉宾有：中国国务院总理温家宝、新加坡总理吴作栋、土库曼斯坦副总理古尔班穆拉多夫、越南副总理武宽、老挝副总理通伦、韩国副总理金振杓，香港及澳门特别行政区行政长官董建华、何厚铧等。一些国家的前政要：菲律宾前总统拉莫斯、澳大利亚前总理霍克、哈萨克斯坦前总理捷列先科、巴基斯坦前总统莱加利、蒙古前总统奥其尔巴特、新西兰前总理珍妮·希普莉、韩国前总理、韩国国际贸易协会名誉主席南德佑、尼泊尔前首相比斯塔、中国全国政协前副主席陈锦华、马来西亚前副总理穆萨、泰国前副总理和财长威拉篷以及以前多位亚洲论坛会员及嘉宾。

此次论坛主要议题有：亚洲经济的发展前景；亚洲区域经济和贸易合作回顾与展望；亚洲区内的金融安全与金融合作；亚洲发展之路——经济发展和社会发展的平衡。分议题：经济全球化和产业分工；区域自由贸易安排和更紧密的亚洲经济合作；寻求亚洲金融合作的新突破；推进亚洲债券市场——倡议与措施；清迈倡议和亚洲金融合作新机会；亚洲 IT 产业的后发优势与合作；媒体的变革之力——角色与责任的平衡；中美贸易关系——挑战与合作；能源；环境与可持续发展；亚洲制造——亚洲制造业双赢模式；国际金融形势和国家货币政策；亚洲旅游合作。

此次论坛通过第一个正式《章程》，《章程》包括 8 章 39 条，具体规定了论坛的性质、宗旨、秘书长和会员的权利、职责，以及论坛资产管理等。

（四）2004 年论坛年会的主题是“亚洲寻求共赢——一个向世界开放的亚洲”

2004 年论坛于 4 月 24～25 日在博鳌举行。

来自 35 个国家和地区的 1 000 多名政界、工商界人士和专家学者，围绕坎昆会议后的多边贸易谈判和亚洲经济一体化进程、中国和平崛起和经济全球化、能源挑战和合作、亚洲金融合作、亚洲文化交流与合作等议题充分交换了意见。胡锦涛主席在开幕式上发表了《中国的发展　亚洲的机遇》的主旨演讲。

博鳌亚洲论坛理事长拉莫斯指出，随着亚洲经济力量的日益壮大，特别是中国的和平崛起，21 世纪的亚洲不仅会发展到更高的水平，还将为世界经济的稳定发展提供有力支持。马来西亚前总理马哈蒂尔指出，随着中国市场的不断扩大，亚洲区域合作将展现出更加广阔的发展前景。巴基斯坦总理贾迈利认为，博鳌亚洲论坛体现了中国对亚洲国家合作的重视，中国的发展不仅对中国人民有利，也有利于亚洲和世界的和平与发展。远道来参加会议的美国前总统布什指出，30 年来中国发生了巨大变化，中国的发展对亚洲的面貌非常重要。墨西哥前总统塞迪略说，中国的发展是世界经济发展的机遇和动力。

（五）2005 年论坛年会的主题是“关于有关亚洲一体化的问题”

2005 年论坛于 4 月 23～24 日举行。来自 40 多个国家和地区的 1 200 多名政界、工商界人士和专家学者出席了会议。与会者认为，亚洲要实现经济增长，必须解决四大问题，即：能源问题，贸易壁垒问题，货币问题及加快建立亚洲自由贸易区进程。这样才能在世界经济中拥有更大的发言权，占有更为重要的地位。在此次年会上，马来西亚总理阿布杜拉·巴达维说，东亚国家应共同努力，建立一个和睦、共赢的东亚共同体。巴达维表示，他所倡导的东亚共同体必须建立在“共赢”的基础之上，即各国从共同的利益出发，建立一个稳固的联合体，从而带来该地区的整体和平和繁荣。

（六）2006 年论坛年会的主题是“亚洲寻求共赢：亚洲的新机会”

2006 年 4 月 22～23 日，博鳌亚洲论坛 2006 年年会在海南博鳌举行。密克罗尼西亚总统乌鲁塞马尔，斯洛文尼亚总统德尔诺夫舍克，斯里兰卡总理维克勒马纳亚克，印度尼西亚副总统优素福，博鳌亚洲论坛理事长、菲律宾前总统拉莫斯，中国全国政协副主席廖晖，以及香港特别行政区行政长官曾荫权，澳门特别行政区行政长官何厚铧等出席会议。与会人士围绕国际能源市场的走势、世贸组织新一轮谈判、创新和 IT 产业下一次革命、亚洲企业的竞争力、国企如何走上创新成长之路、中国银行业的改革和开放进程等议题，进行深入讨论。

中国国家副主席曾庆红出席开幕式，并发表题为《把握亚洲新的机会，共创世界美好未来》的主旨演讲。他指出，寻求亚洲的共赢、把握发展的机会，需要亚洲各国的政府和人民作出不懈的努力。为此，他提出三项建议：第一，继续深化互利合作。亚洲各国经济互补性强，在金融、能源、交通、农业、中小企业、文化产业以及信息技术、公共卫生等领域，都有广泛的合作空间。第二，坚持和谐相处，尊重和维护地区多样性。我们主张以和为贵、和而不同，主张不同文明的相互交流、相互借鉴，主张不同信仰的人们相互尊重、相互宽容。只有这样，才能不断促进各国和地区取长补短、和谐和睦。第三，坚持开放包容，面向整个世界。在加强地区内合作的同时，还要进一步面向世界开放，面向全球合作。

在 2006 年年会 4 月 21 日下午举行的首次新闻发布会上，论坛秘书长龙永图宣布，以色列和新西兰已获论坛理事会和大会批准，成为博鳌亚洲论坛的成员国。至此，博鳌亚洲论坛成员国增加到

28个。 （赵江林）

第五节 亚非峰会

1955年，举世瞩目的亚非会议在印度尼西亚万隆召开，亦称“万隆会议”。近30个新兴的亚非国家领导人进行了历史性聚会，讨论了亚非国家以至世界所面临的和平与发展等一系列重大课题。会议所倡导的团结、友谊、和平、合作的万隆精神，推动了亚非国家的联合自强。50年后，为纪念这一重要的会议，2005年亚非峰会在印度尼西亚首都雅加达举行。中国国家主席胡锦涛同亚非国家领导人在这里相聚，缅怀历史，展望未来，携手绘制共同发展的蓝图。

一 1955年亚非会议

1955年4月18～24日，亚非会议在印度尼西亚万隆召开。亚非29个国家及地区的304名代表出席会议。由于它是第一次由亚非国家自行发起召开，讨论与本身相关重大问题的国际会议，意义十分深远。亚非会议在没有西方殖民国家参加和国际环境危机四伏之中召开。中国周恩来总理在会上阐述和平共处五项原则，并提出本着“求同存异”的精神处理会议中的分歧，为会议取得成功和促进亚非国家团结作出了重要贡献。

参加会议的有阿富汗、缅甸、柬埔寨、中华人民共和国、埃及、埃塞俄比亚、黄金海岸（今加纳）、印度、印度尼西亚、伊朗、伊拉克、日本、约旦、老挝、黎巴嫩、利比里亚、利比亚、尼泊尔、巴基斯坦、菲律宾、沙特阿拉伯、锡兰（今斯里兰卡）、苏丹、叙利亚、泰国、土耳其、越南民主共和国、南越和也门。发起国为印度、印尼、缅甸、锡兰（今斯里兰卡）和巴基斯坦。

会议发表的最后公报共有七项内容，包括经济合作、文化合作、人权和自决、附属地人民问题、其他问题、促进世界和平和合作等内容。

最后公报还提出了与和平共处五项原则的精神相一致的、促进世界和平和合作的十项国际关系原则。这十项原则是：（1）尊重基本人权、尊重《联合国宪章》的宗旨和原则。（2）尊重一切国家的主权和领土完整。（3）承认一切种族的平等、承认一切大小国家的平等。（4）不干预或干涉他国内政。（5）尊重每一个国家按照《联合国宪章》单独地或集体地进行自卫的权利。（6）不使用集体防御的安排来为任何一个大国的特殊利益服务；任何国家不对其他国家施加压力。（7）不以侵略行为或侵略威胁或使用武力来侵犯任何国家的领土完整或政治独立。（8）按照《联合国宪章》，通过如谈判、调停、仲裁或司法解决等和平方法以及有关方面自己选择的任何其他和平方法来解决一切国际争端。（9）促进相互的利益和合作。（10）尊重正义和国际义务。

几十年来，十项原则经受了国际风云变幻的考验，一直为妥善处理国与国之间关系发挥着积极的影响。如今，万隆精神对指导当今世界国与国之间的关系、解决国际争端、维护世界和平仍然具有重要的现实意义。

二 2005年亚非峰会

2005年4月22～23日，在印尼雅加达再次召开亚非国家峰会，106个亚非国家领导人与会，联合国秘书长安南亦应邀出席。

从万隆会议到亚非峰会，国际形势发生了深刻变化：和平、发展、合作成为时代潮流，多极化和经济全球化曲折发展，南北差距不断扩大，发展问题日益突出。亚非国家既面临发展机遇，又面临严峻挑战。如何在新形势下继承和发扬万隆精神，促进建立公正合理的国际政治经济新秩序，维护地区的和平与稳定，已成为亚非国家共同关心和需要解决的问题。

亚非两大洲的人口总和占全球的70%，面积占全球的一半，在联合国中也超过其会员国总数的一半。广大的亚非国家在国际事务中发挥越来越大的作用，在经济发展方面亦卓有成就，虽然面对不少的困难，但亚非国家的壮大，走向发展与繁荣是无可置疑的。

当年万隆会议的召开，也启发了亚非拉发展中国家形成一个“第三世界”的概念，并延伸至“发展中国家”的阵营，共同致力于向发达国家争取更公平的地位，谋求建立更平等与正义的国际新秩序。

2005年4月召开的亚非峰会是由印尼和南非共同发起，除了纪念万隆会议之外，也旨在探讨在新的国际形势下促进亚非团结与合作的方向、领域与规模。会议的主题是恢复万隆精神的活力，致力于建立亚非新型的战略伙伴关系。

中华人民共和国胡锦涛主席参加了会议，并就构筑长期稳定、内涵丰富、与时俱进的亚非新型战略伙伴关系，提出了中国的意见和主张：政治上，亚非国家要成为相互尊重、相互支持的合作伙伴；经济上，亚非国家要成为优势互补、互利共赢的合作伙伴；文化上，亚非国家要成为相互借鉴、取长补短的合作伙伴；安全上，亚非国家要成为平等互信、对话协作的合作伙伴。胡主席提出的这些意见和主张，深刻、全面、具体，在峰会上引起了广泛的反响，并纳入到会议宣言中。

亚非峰会时间虽短，但是成果丰硕。峰会的主要成果——《亚非新型战略伙伴关系宣言》指出，亚非国家领导人来到雅加达出席亚非峰会，以恢复1955年《亚非会议最后公报》所体现的万隆精神的活力，并以亚非新型战略伙伴关系为方向，规划两大洲未来的合作。领导人在宣言中说："我们向人民保证，一定会采取能给人民谋取福利、带来繁荣的具体行动，将亚非新型战略伙伴关系变成现实，这是我们共同的决心和承诺。同时亦将就打击恐怖主义、跨国犯罪、灾难救援、防治艾滋病等课题进行讨论。"

50年后亚非领导人再度聚首，以"万隆精神"为指引，此次亚非会议可以为两大洲提供一个新的契机，提升合作与加强团结关系，以增加发展中国家在国际社会的发言权。值得指出的，万隆会议的反霸权精神，不能容忍任何国家的助纣为虐，推行其所谓的单边主义，或以先发制人为借口，侵犯其他国家的主权。亚非峰会将成为两大洲合作的新起点，将作为亚非关系史上又一个划时代的重大事件载入史册。（赵江林）

第六节　跨洲（地区）国际经济合作组织

一　太平洋盆地经济理事会

（一）成立背景及成员

由澳大利亚、新西兰、美国、加拿大和日本五国企业家发起，1967年5月在日本召开会议，宣告由太平洋盆地国家和地区的企业家组成的论坛式非官方经济组织——太平洋盆地经济理事会（Pacific Basin Economic Council　PBEC）成立。1968年5月在澳大利亚悉尼召开首次国际大会。

其宗旨是：主张开放市场，提倡减少贸易与投资壁垒，扩大贸易与投资，鼓励共同利益基础上的区域经济合作，就影响亚太地区经济发展的主要问题为政府提出建议和意见，并与世界贸易组织等国际组织合作，解决亚太地区乃至全球经济发展的问题，以加强太平洋盆地的经济关系，促进该地区经济和社会的进步。

成员称为"成员委员会"（Member Committee）。该理事会现有包括中国、美国、日本、俄罗斯、澳大利亚、新西兰、墨西哥、智利、中国香港、中国台北在内的20个成员委员会和1 000多家公司会员，公司会员的年营业额超过5万亿美元。1994年中国贸促会代表中国加入该理事会，该理事会中国成员委员会现有130家会员企业。2003年10月，该理事会将其总部（国际秘书处）从美国夏威夷迁至香港。

（二）主要活动

最主要的活动就是每年举行一次国际大会（International General Meeting　IGM）。从1967年成立至今，举行了34次国际大会，对本地区的贸易与投资、保护主义、高科技发展、地区合作等专题进行了讨论，并发表了一系列相关的报告与决议。目前该经济理事会已经成为亚太地区主要的商务聚会，它的决议成为本地区的政府领导、企业经理以及国际媒体关注的焦点。同时，它的建议还常常被世贸组织和亚太经合组织等国际组织采纳，为本地区的企业开展公平竞争创造了良好的外部环境，并提供信息、服务和组织论坛，为成员之间不断创造出商业机会。

2001年4月6～10日，该理事会第三十四届国际大会在东京举行，会议的主题是"21世纪的地区活力"。

2004年6月25～29日，太平洋盆地经济理事会第三十七届国际大会在北京举行，这是该组织成立以来第一次在中国内地召开国际大会。本届大会主题为"推动变化：亚太商界的新角色"，议题包括："拯救世界贸易组织"、"建立稳定的金融体系"、"增强多边经济合作框架"等。与会者还将就涉及中国的话题展开专题讨论。中国国务院副总理吴仪出席开幕式，发表了题为《互利合作　共创繁荣》的主旨演讲，并会见了出席会议的太平洋盆地成员经济体部分商界代表。来自太平洋盆地各经济体300多家企业的代表参加了会议。

2005年6月11～14日，太平洋盆地经济理事会第三十八届国际大会在香港举行。大会的主题是"太平洋盆地：引领全球经济"。围绕世界贸易与全球经济，能源与环境，全球财政状况，企业的社会责任，战争、灾难及疾病等议题进行探讨。中国国务院副总理吴仪、世界贸易组织总干事索帕猜、马来西亚总理巴达维、美国前国务卿鲍威尔、香港特区署理行政长官唐英年，以及前美国贸易代表巴尔舍夫斯基大使、美国服务业联盟主席诺曼·索罗森、汇丰控股主席庞约翰爵士、该理事会主席艾尔敦等先后在会上发表演讲。中国国务院副总理吴仪应邀出席开幕午餐会，并作了题为《合作共赢 和谐发展》的主旨演讲。她强调，亚太地区要引领全球经济发展，必须融入世界经济发展总体进程，共谋发展，共创繁荣。中国愿进一步扩大同亚太地区和世界各国的经贸往来与合作，加强对话和交流平等互利，相互尊重，和睦相处，和谐发展。

二 太平洋贸易和发展会议

（一）成立背景及成员

1968年1月，日本政府组织召开了首届“太平洋贸易和发展会议”（Pacific Trade And Development Conference PAFTAD）。它是一个由地区学术界人士组成的松散的民间机构组织。其宗旨是：通过学术会议就环太平洋地区的经济合作与经济发展进行讨论分析，为政府机构决策提供咨询服务。

成员包括：澳大利亚、新西兰、加拿大、美国、日本、韩国、中国、中国香港、中国台北、俄罗斯、印度尼西亚、马来西亚、菲律宾、新加坡、泰国、文莱、越南、缅甸、老挝、柬埔寨。

（二）主要活动

1998年5月22～24日，第二十四届年会在泰国清迈举行，主题是“亚太地区金融改革与金融创新”。本届年会主要讨论了金融监管、地区金融一体化、企业监管模式、金融自由化等问题。

1999年6月16～18日，第二十五届年会在日本大阪举行，主题是“亚太经合组织：21世纪的挑战与任务”。与会者对亚太经合组织的进程及前景、贸易投资自由化及便利化、宏观经济政策、与世贸组织、欧盟及次区域贸易安排的关系等问题进行了探讨。

三 太平洋经济合作理事会

（一）成立背景及成员

1980年1月，日本首相大平正芳在访问澳大利亚时，与澳总理弗雷泽商量推动太平洋经济合作，双方对太平洋合作和组织某种形式的机构达成共识。

1980年9月15～18日，太平洋经济合作理事会（Pacific Economic Cooperation Council PECC）在堪培拉举行了第一次会议，太平洋经济合作理事会正式成立。当时称为太平洋经济合作会议（Pacific Economic Cooperation Conference），它是由工商企业界、政府和学术界三方人士组成的论坛性非政府间国际组织。1992年改为现名。

其宗旨是：在自由和开放的经济交流基础上，本着伙伴关系、公平和相互尊重的原则，通过经济领域的研讨及政策协调，促进环太平洋经济体之间的合作，充分发挥太平洋盆地的潜力，为地区的稳定、繁荣和进步作出贡献。

成员有25个，其中正式成员23个：澳大利亚、文莱、加拿大、智利、中国、哥伦比亚、中国香港、印度尼西亚、日本、韩国、马来西亚、墨西哥、厄瓜多尔、新西兰、太平洋岛国、秘鲁、菲律宾、俄罗斯、新加坡、中国台北、泰国、美国和越南。准成员2个：法国（太平洋属地）和蒙古。此外，该理事会还包括了太平洋盆地经济理事会和太平洋贸易和发展会议两个机构成员。

（二）组织机构

1. 大会

太平洋经济合作理事会的主要论坛，一般每一年半召开一次，1995年10月后改为每两年召开一次。各个成员委员会和一些相关国际组织的代表参加，此外还邀请一些国家和国际组织的代表以观察员或来宾身份出席。

2. 成员委员会

各国（地区）的成员委员会由各国（地区）工商企业界、政府和学术界三方人士组成。

3. 常务委员会

由各成员委员会的代表组成。常委会指导太平洋经济合作理事会发展进程，制定太平洋经济合作理事会声明和主张以及该理事会各机构的工作程序，接纳新成员。

4. 协调组

由专题组的负责人、各成员委员会代表和专家组成，指导日常的资料收集和研究工作，检查、总结各专题组工作，并向常委会提出行动建议。

5. 专题组

由成员委员会代表和对有关专题有兴趣的机构

和个人组成。个人参加专题会议需经东道国成员委员会邀请，并报常委会。专题组是太平洋经济合作理事会活动的基层机构，现有13个，即：渔业开发与合作专题组、食品与农业论坛、贸易政策论坛、矿产论坛、能源论坛、太平洋经济展望专题组、太平洋岛国专题组、运输业论坛、电信论坛、科技专题组、人力资源开发专题组、金融和资本市场专题项目、旅游专题组。

（三）主要活动

太平洋经济合作理事会是太平洋地区经济合作发历程中的一个重要环节，起到了承上启下的作用。

1999年10月21～23日，太平洋经济合作理事会第十三届大会在菲律宾马尼拉召开。大会讨论了新的全球经济结构、世界贸易与世贸组织、金融结构、亚太经合组织前景、信息技术、能源和可持续发展的城市等议题。

2001年香港大会，太平洋经济合作理事会常委会同意改组为三大论坛，其下设相关任务小组，分别是：

1. 贸易论坛（Trade Forum）

（1）区域贸易协议（Regional Trading Arrangements），；（2）亚太经合组织与世贸组织的贸易与投资议题（Trade and Investment Issues in APEC and WTO）。

2. 金融论坛（Finance Forum）

（1）金融机构发展（Finance Institutions Development）；（2）金融货币合作（Financial Monetary Cooperation），

3. 社区建构论坛（Community Building Forum）

（1）永续城市（Sustainable Cities）；（2）太平洋岛屿国—信息科技（PIN－IT）；（3）人力资源发展（Human Resource Development）　（肖　民）

第七节　跨洲（地区）国际传媒组织

一　亚洲太平洋通讯社组织

（一）成立背景、宗旨及成员

1961年12月22日在曼谷成立，当时称为亚洲通讯社组织。为了扩大活动范围，发展太平洋地区的通讯社作为自己的成员，1981年11月在吉隆坡举行的第五次大会通过决议改为亚洲太平洋通讯社组织（Organization of Asia－Pacific Nes Agencies OANA），简称亚通组织。

根据亚通组织第七届大会通过的章程，该组织的宗旨是：促进和加强亚洲和太平洋地区新闻和信息的自由流通；鼓励消除政府对从事新闻传播的通讯社所采取的歧视行动和不必要的限制；建立新闻交换网，以促进新闻的传播；积极参与纠正和改进发达国家和发展中国家之间信息不平衡状况和新闻流向；关心本组织各国、所在地区和区域在战胜贫穷、饥饿、失业和疾病与实现现代化方面所做的努力；致力于各民族之间的和平与了解，反对各种形式的种族歧视和殖民主义与新殖民主义；加强本地区之间以及它们与世界其他地区通讯社之间为共同利益而开展的合作关系；共同学习，共同工作，并在必要时采取联合行动以加强编辑、培训、通讯和技术等方面的措施。

成员包括：阿富汗、孟加拉国、中国、印度、印度尼西亚、伊朗、日本、朝鲜、韩国、老挝、马来西亚、蒙古、尼泊尔、巴基斯坦、菲律宾、斯里兰卡、中国台北、泰国、土耳其、越南和俄罗斯，共37个成员。

（二）主要活动

2001年2月16～18日亚太通讯社组织执行委员会和阿拉伯通讯社联盟秘书处举行联席会议。会议就加强两个组织间的新闻交流和专业人员的培训等问题达成了一致意见。会议发表的最后声明说，亚通组织和阿通联同意将两个组织的英特网网站链接起来，以方便用户浏览两个组织的成员发布的新闻。会议决定成立一个技术委员会负责两个网站的链接工作。此外，该委员会还将就建立亚通组织和阿通联联合网站提出一项计划。

关于人员培训，会议决定举办两个分别由具有一定实践经验的编辑人员和工程技术人员参加的联合培训班，为亚太地区和阿拉伯地区的通讯社培养高水平的专业人才。

此外，这次会议还就扩大新闻和信息发布范围、提高新闻质量以及改造技术设备等问题达成了共识。

二　亚洲太平洋广播联盟

（一）成立背景、宗旨及成员

亚洲太平洋地区各个国家、地区的主要广播机构于1964年7月1日组成一个区域性国际广播电视合作组织——亚洲广播联盟，1976年改为亚洲太平洋广播联盟（Asian－Pacifie Broadcasting Union

ABU)。

其宗旨是：在一切适当的领域维护会员的利益；促进和协调有关广播电视各种问题的研究和情况交流；推广各种有利于广播事业发展的措施，尤其是在广播电视用于教育和国家发展方面；努力通过广播电视为促进国际间的友好和亲善作出贡献。

截至1997年10月，亚广联有来自50个国家、地区的会员99个，其中正式会员44个来自34个国家，附加正式会员28个来自12个国家、地区，准会员27个来自19个国家、地区。

亚广联最高机构为全体大会，每年举行一次，负责修改章程，选举主席、副主席、理事会成员，任命秘书长，批准各委员会的建议及其他重要事项。执行机构为由13名理事组成的理事会。常设机构有秘书处，节目、技术委员会，体育、卫星广播、发射技术等工作组和新闻、知识产权、培训等研究组。亚广联总部设在马来西亚吉隆坡。

（三）主要活动

交换电视新闻，集体购买重大国际体育比赛的电视报道权，进行广播和电视节目交换、联合制作，进行每年一度的广播和电视节目评奖比赛，举行技术咨询、技术研讨会，以及经常性的人员培训等。亚广联自1984年1月起开设了亚太电视新闻交换网，每天通过卫星在各会员之间交换电视新闻，并与欧洲广播联盟的电视新闻交换网交换节目。亚广联与世界其他地区广播联盟和国际通信卫星组织等国际机构保持密切联系，积极谋求与“欧广联”、“阿广联”等其他地区性广播电视新闻交换网开展实质性合作。

2001年6月，第二十九届亚太广播联盟新闻工作组会议在北京召开。会议通过《“亚广联”电视新闻交换工作守则》，对所有亚广联电视新闻交换工作提出了更高要求。亚广联秘书处出版《亚广联新闻》、《亚广联技术评论》两本英文双月刊。

（肖　民）

简明国际百科全书　名誉主编　李铁映　主编　滕　藤

简明东亚百科全书

（下卷）

主编　张蕴岭　魏燕慎

副主编　韩镇涉　高连福　孙叔林　刘　颖

中国社会科学出版社

目　　录

（下卷）

第二部分　国别

第一编　中国

第二编 日本

第三编 朝鲜 韩国 蒙古 俄罗斯 西伯利亚与远东地区

第六编 印度尼西亚 菲律宾 文莱 东帝汶

第三部分　重要文献及基本统计资料

第一编　重要文献

第二编　基本统计资料

下卷封面图片

下卷封底图片

东亚地区是多种宗教文化汇聚的地区，主要宗教文化有：

20 佛教（佛教传入中国后兴建的第一座寺院，相传建于公元68年的河南洛阳白马寺，上右）

21 道教（道教全真派十大丛林之一，始建于公元739年的北京白云观，下左）

22 天主教（始建于公元1581年的菲律宾罗马式天主教堂“马尼拉大教堂”，下中）

23 伊斯兰教（东南亚最大的清真寺，始建于1957年的马来西亚“国家清真寺”，下右）

第二部分　国别

第一编

中　　国

第一章　概况

国名　中华人民共和国(The People's Republic of China)。

领土面积　约960万平方公里。

人口　约13.3亿(2005年1月6日)。

民族　多民族国家。有56个民族:汉族约占总人口的92%。55个少数民族是:蒙古族、回族、藏族、维吾尔族、苗族、彝族、壮族、布依族、朝鲜族、满族、侗族、瑶族、白族、土家族、哈尼族、哈萨克族、傣族、黎族、傈僳族、佤族、畲族、高山族、拉祜族、水族、东乡族、纳西族、景颇族、柯尔克孜族、土族、达斡尔族、仫佬族、羌族、布朗族、撒拉族、毛南族、仡佬族、锡伯族、阿昌族、塔吉克族、普米族、怒族、乌孜别克族、俄罗斯族、鄂温克族、德昂族、保安族、裕固族、京族、塔塔尔族、独龙族、鄂伦春族、赫哲族、门巴族、珞巴族和基诺族。

宗教　拥有多种宗教国家。主要宗教有:道教、佛教、喇嘛教(也称"藏传佛教")、小乘佛教、伊斯兰教、天主教和基督教等。回、维吾尔、哈萨克、柯尔克孜、塔塔尔、乌孜别克、塔吉克、东乡、撒拉、保安等10个民族中多信仰伊斯兰教。藏、蒙古、珞巴、门巴、土、裕固族中多信仰喇嘛教。傣、布朗、德昂族中多信仰小乘佛教。苗、瑶、彝等民族中有相当一部分人信仰天主教或基督教。基督教、天主教、道教、佛教主要为部分汉族人信仰。俄罗斯族多信仰东正教。

语言文字　国家通用语言文字,是普通话和规范汉字。普通话和汉字也是国际上的通用语言文字之一。中国绝大多数民族有自己的语言,有些民族还有自己的文字。壮族、回族和满族也使用汉语。其余52个少数民族都有本民族的语言,23个民族有自己的文字。

首都　北京(Bei Jing),面积1.68万平方公里,人口约1 524.4万(2005年1月6日)。

国家元首　中华人民共和国主席胡锦涛,2003年3月15日经全国人民代表大会第十届第一次全体会议选举就任,任期5年。

第二章 自然地理与人文地理

第一节 自然地理

一 地理位置

中华人民共和国位于北半球，亚洲东部，太平洋西岸。领土北起黑龙江省漠河附近的黑龙江江心，南至南沙群岛的曾母暗沙，东达黑龙江省抚远县黑龙江与乌苏里江汇合处，西抵新疆维吾尔自治区乌恰县以西的帕米尔高原。处于东经 73°40′～135°05′与北纬 4°～53°30′左右之间，东西宽5 200多公里，南北长5 500多公里。

国土陆域面积约 960 万平方公里，海域面积 300 万平方公里。中国海岸线长 1.8 万公里，岛屿岸线长 1.4 万公里，共有5 400个岛屿。陆域疆界长 2 万多公里，陆上与 14 个国家接壤：北面和西北面是俄罗斯、蒙古、哈萨克斯坦、吉尔吉斯斯坦、塔吉克斯坦 5 国；南面是越南、老挝、缅甸 3 国；西面和西南面是阿富汗、巴基斯坦、印度、尼泊尔、不丹 5 国；东北是朝鲜。与日本、韩国、菲律宾、马来西亚、文莱、印度尼西亚及新加坡等国家隔海相望。

二 地形与河流湖泊

（一）地形

中国的地形复杂多样。在陆地上有高原、山地、丘陵、盆地、平原五种类型，以及一些临海的半岛。其中高原、山地面积广大，约占陆地总面积的 59%，丘陵、盆地面积约占 29%，平原面积较少，只占 12%。中国的地貌总格局是西高东低，呈阶梯分布：

第一个阶梯是有“世界屋脊”之称的青藏高原，由极高山、高山和大高原组成。喜马拉雅山脉是最高大的山系，有 38 座海拔7 000米以上的高峰；世界最高的珠穆朗玛峰位于中尼边界上，高达8 844.43米。

第二个阶梯自青藏高原外缘到大兴安岭—太行山—巫山—雪峰山一线，主要由高原、盆地组成。

第三个阶梯在第二阶梯以东，以平原、丘陵为主，中国最主要的大平原均分布于此，这里是中国自然条件较好、开发历史悠久、经济文化水平较高的地区。

在海上有台湾岛、海南岛等众多岛屿。

（二）河流湖泊

中国河流与湖泊众多。流域面积在 100 平方公里以上的河流有 5 万多条，1 000平方公里以上的河流有1 600多条，1 万平方公里以上的河流有 79 条。其中，长江是全国最大的河流，也是世界第三大河流，全长6 300公里，流域面积 181 万平方公里；黄河是全国第二大河流，世界第五大河流，全长5 464公里，流域面积 75.24 万平方公里。

全国河川径流总量为 2.7 万亿立方米，占亚洲径流总量 13.5 万亿立方米的近 1/5。

中国的河流流域分为外流河和内流河，内外流域的分界线为大兴安岭西麓—内蒙古高原南缘—阴山山脉—贺兰山—祁连山—日月山—巴颜喀拉山—念青唐古拉山—冈底斯山—西端国境，此线以东为外流流域，以西为内流流域。

中国的外流流域为太平洋流域、印度洋流域和北冰洋流域，面积共 611 万平方公里，占陆域总面积的 64%。其中，太平洋流域是全国最大的外流流域，占外流流域总面积的 89%。

中国的内流流域主要分布在内蒙古、新疆干旱地区和青藏高原，总面积 344 万平方公里，占陆域总面积的 36%。

中国共有湖泊 2.4 万多个，总面积为 7.6 万平方公里，总贮水量为7 510亿立方米。面积在 1 平方公里以上的湖泊有2 800多个，500 平方公里以上的有 28 个，最大的淡水湖是鄱阳湖，面积3 583平方公里；最大的咸水湖是青海湖，面积4 583平方公里。

三 气候

中国的气候类型也比较复杂，共有三种基本气候类型：东部为季风气候，西北内陆为干旱气候，青藏高原为高寒气候。中国大部分地区为季风气候，四季相对比较分明。

由于中国地域辽阔、地形多样，因此各地区气温、降水的情况存在着较大的差别。从气温上说，秦岭—淮河为1月平均气温0℃线，也是全国温带和亚热带、热带地区的分界线，以北为温带地区，以南为亚热带和热带地区。

全国自北向南可以分为5个温度带，即：寒温带、中温带、暖温带、亚热带和热带，大部分国土为温带和亚热带地区。

全国各地区气温的差别，冬季较大、夏季较少。夏季全国普遍高温多雨。

从气温的年度变化看，总的情况是气温年较差（即年度变化程度）随纬度的增高而加大，如：黑龙江大部分地区、内蒙古东北部、天山北部，年内气温变化幅度在40℃以上；黄河流域、塔里木盆地、柴达木盆地在30℃左右；长江中下游和青藏高原部分地区为22～26℃；珠江流域及其以南地区在15℃以下。

中国的降水变化也比较明显，空间上表现为南多北少、东多西少，时间上表现为年内及年际变化大。以400毫米等降水量线为界，以东为湿润地区，以西为干旱地区。从降水的时间分布上看，6～8月为降水集中的时期，11月～次年2月为降水最少的时期，从南到北雨季逐渐缩短，降水则逐渐集中。从降水的年际变化看，总体表现为降水量多的地方降水变率小，降水量少的地方降水变率大，即北方降水变率高于南方，如北纬30°以南地区，年降水变率为10%～15%，而以北地区则在30%～35%左右。

四　自然资源

（一）水资源

中国水资源总量巨大，有2.8万亿立方米，但人均水资源占有量却相对很少，只有世界平均水平的1/4。水资源的时空分布也十分不均匀，主要表现为南多北少、东多西少，夏季水多，冬季水少，且水资源的年度变化大。这种水资源分布情况与降水量的分布是一致的，这与中国河流以降水为主的补给方式密切相关。因此，为旱涝灾害的防治和跨流域的调水工程提出了要求。

（二）土地资源

中国土地资源总量很大，但人均土地占有量少，而且土地资源质量相对较低。在中国目前的土地资源中，耕地面积为13 004万公顷，人均只有0.10公顷；林地面积为15 894万公顷，人均只有0.12公顷；草地面积为4亿公顷，人均只有0.32公顷，分别只有世界平均水平的2/5、1/6和1/3。

（三）农业资源

由于中国地形和气候资源多种多样，使得它具备种植众多种类作物的优越条件，并呈现出比较明显的地域分布差异。北方的主要作物是小麦、玉米、高粱、大豆、薯类、棉花以及花生、芝麻等油料作物和温带蔬菜、水果；而南方则以水稻、玉米等杂粮以及茶叶和亚热带、热带蔬菜、水果为主。

（四）矿产资源

矿产资源种类众多，矿产资源储量总值占世界的1/7，居世界第三位。目前中国已有矿产种类160多种，有130多种已探明储量，钒、钛、锌、钨、锑、稀土、萤石、石膏、煤、铁、锰等资源在世界占有较重要的地位，其中：铁矿保有储量为458.9亿吨，磷矿保有储量为152亿吨，钾盐保有储量为4.6亿吨，盐保有储量4 048.2亿吨。在能源资源中，水力资源蕴藏量为6.76亿千瓦，其中可开发量为3.79亿千瓦；煤炭保有储量为10 071亿吨，石油资源总量为1 221亿吨，天然气资源总量为47万亿立方米，均已得到不同程度的开发。

（五）海洋资源

中国海域面积辽阔，海洋资源丰富。中国的大陆架是世界最宽的大陆架之一。中国属于大陆架和专属经济区的海域面积约300万平方公里，近达陆地面积的1/3。

中国也是世界上海洋化学、海洋生物、海底矿产、海洋能源最丰富的国家之一，其中有鱼类5 000多种，是世界上水产最多的国家之一；海滨矿砂储量约15亿吨；海底石油和天然气储量约为90亿～180亿吨；海洋能源理论蕴藏量为6.3亿千瓦。

第二节　人文地理

一　人口状况

（一）人口总数

根据截至2000年11月1日全国第五次人口普查数和相关区域统计数据，中国共有129 533万人，占世界人口的1/5。其中：祖国大陆31个省、自治区、直辖市（不包括原属福建省的金门、马祖等岛屿）和现役军人的人口共有126 583万人；台湾省和原属福建省的金门、马祖等岛屿人口为2 228万人；香港特别行政区人口为678万人；澳门特别行政区人口为44万人。

截至2005年1月6日，中国大陆人口为13亿，加上台湾省和香港特区、澳门特区，全中国人口总数约达13.3亿。

改革开放以来，由于祖国大陆大力推行计划生育政策，祖国大陆31个省、自治区、直辖市人口增长率有所下降：1953～1978年，人口增长率为22.3‰，而1979～1999年下降为12.9‰。2000年11月1日第五次全国人口普查同1990年7月1日第四次全国人口普查的113 368万人相比，10年零4个月共增加了13 215万人，增长11.66%，平均每年增加1 279万人，年平均增长率为10.07‰。2003年的人口出生率和自然增长率分别下降到12.41‰和6.01‰。

（二）性别与年龄结构

根据2000年11月1日全国第五次人口普查的资料，祖国大陆人口共126 583万人，其中：男性人口为65 355万人，女性人口为61 228万人，男女性别比例为51.63∶48.37。

人口的年龄分布是，15～64岁年龄组人口占总人口的70.15%，0～14岁年龄组人口占总人口的22.89%，65岁以上年龄组人口只占总人口的6.96%。

2003年，中国60岁以上老年人口达到1.34亿，占总人口的10%以上；65岁以上人口超过9 400万，占总人口的7%以上。中国老年人口增长速度快，从1980年到1999年，在不到20年的时间里，人口年龄结构就基本完成了从成年型向老年型的转变；而英国完成这一过程大约用了80年，瑞典用了40年。按照国际通行标准，中国人口年龄结构已经开始进入老年型。在今后较长时期内，我国60岁以上人口还将继续以年均约3.2%的较快速度增长。

（三）地区与产业分布

从人口的地区分布看，全国人口最多的地区是河南省，达9 256万人；全国人口最少的地区是西藏，只有262万人。全国平均人口密度为135人/平方公里，人口密度最大的地区是上海市，为2 640人/平方公里；人口密度最小的地区是西藏，只有2人/平方公里。

从人口的城乡分布看，居住在城镇的人口为45 594万人，占总人口的36.09%；居住在乡村的人口80 739万人，占63.91%。

1999年，全国共有从业人员70 586万人，其中第一产业有35 364万人，第二产业有16 235万人，第三产业有18 987万人，分别占总从业人口的50.1%、23.0%和26.9%。

中国各省市区人口见表2。

二　民族分布

据2000年11月1日全国第五次人口普查数据，全国汉族人口为115 940万人，少数民族人口为10 643万人，分别占全国人口的91.6%和8.4%。

根据1990年全国第四次全国人口普查数据，少数民族人口最多的是壮族，有1 555.6万人，其次是满族，有984.7万人，第三大少数民族是回族，有861.2万人。人口最少的是珞巴族，只有2 322人，其次是高山族和赫哲族，分别只有2 877人和4 254人。1999年，全国少数民族自治地区人口最多的是广西壮族自治区，有1 789.2万人；省级行政区划少数民族最少的是浙江省，只有1.7万人。

在全国少数民族中，人口数超过1 000万的民族只有一个——壮族，是中国人口数最多的少数民族，1990年为1 555.6万人。

1 000万人以下、100万人以上的民族有17个，分别是满族（9 846 776人）、回族（8 612 001人）、苗族（7 383 622人）、维吾尔族（7 207 024人）、彝族（6 578 524人）、土家族（5 725 049人）、蒙古族（4 802 407人）、藏族（4 593 072人）、布依族（2 548 294人）、侗族（2 508 624人）、瑶族（2 137 033人）、朝鲜族（1 923 361人）、白族（1 598 052人）、哈尼族（1 254 800人）、黎族（1 112 498人）、哈萨克族（1 110 758人）、傣族（1 025 402人）。

100万人以下、50万人以上的民族有两个：畲族（634 700人）和傈僳族（574 589人）。

50万人以下、10万人以上的民族有13个：仡佬族（438 192人）、拉祜族（411 545人）、东乡族（373 669人）、佤族（351 980人）、水族（347 116人）、纳西族（277 750人）、羌族（198 303人）、土族（192 568人）、锡伯族（172 932人）、仫佬族（160 648人）、柯尔克孜族（143 537人）、达斡尔族（121 463人）、景颇族（119 276人）。

10万人以下、1万人以上的民族有15个：撒拉族（87 546人）、布朗族（82 398人）、毛南族（72 370人）、塔吉克族（33 223人）、普米族（29 721人）、阿昌族（27 718人）、怒族（27 190人）、鄂温克族（26 379人）、京族（18 749人）、基诺族（18 022人）、德昂族（15 461人）、乌孜别克族（14 763人）、俄罗斯族（13 500人）、裕固族（12 293人）、保安族（11 683人）。

1万人以下的民族有7个：门巴族（7 498人）、鄂伦春族（7 004人）、独龙族（5 825人）、塔塔尔族（5 064人）、赫哲族（4 254人）、高山族（2 877人，台湾地区未计算在内）、珞巴族（2 322人）。

此外，云南、西藏等地还有未识别民族人口752 347人。

少数民族人口虽然只占全国总人口的8.4%，但居住面积却占全国总面积的60%左右。少数民族地区的一般特点是：(1) 面积辽阔，人口稀少；(2) 地大物博，资源丰富；(3) 多在边疆，交通不便。中国少数民族主要分布地区见表1。

表1　中国少数民族主要分布地区

民族名称	主要分布地区	民族名称	主要分布地区
蒙古族	内蒙古、辽宁、新疆、黑龙江、吉林、青海、河北、河南等地	柯尔克孜族	新疆
回族	宁夏、甘肃、河南、新疆、青海、云南、河北、山东、安徽、辽宁、北京、内蒙古、天津、黑龙江、陕西、吉林、江苏、贵州等地	土族	青海
藏族	西藏及四川、青海、甘肃、云南等地	达斡尔族	内蒙古、黑龙江等地
维吾尔族	新疆	仫佬族	广西
苗族	贵州、云南、湖南、四川、广西、湖北等地	羌族	四川
彝族	云南、四川、贵州等地	布朗族	云南
壮族	广西及云南、广东、贵州、湖南等地	撒拉族	青海、甘肃等地
布依族	贵州	毛南族	广西
朝鲜族	吉林、黑龙江、辽宁等地	仡佬族	贵州
满族	辽宁及黑龙江、吉林、河北、内蒙古、北京等地	锡伯族	辽宁、新疆、黑龙江等地
侗族	贵州、湖南、广西等地	阿昌族	云南
瑶族	广西、湖南、云南、广东、贵州等地	塔吉克族	新疆
白族	云南	普米族	云南
土家族	湖北、湖南、四川等地	怒族	云南
哈尼族	云南	乌孜别克族	新疆
俄罗斯族	新疆		
哈萨克族	新疆	鄂温克族	内蒙古、黑龙江
傣族	云南	德昂族	云南
黎族	广东	保安族	甘肃
傈僳族	云南	裕固族	甘肃
佤族	云南	京族	广西
畲族	福建、浙江等地	塔塔尔族	新疆
高山族	台湾及福建	独龙族	云南
拉祜族	云南	鄂伦春族	内蒙古、黑龙江
水族	贵州	赫哲族	黑龙江
东乡族	甘肃	门巴族	西藏
纳西族	云南	珞巴族	西藏
景颇族	云南	基诺族	云南

三 行政区划

中国宪法规定，中国行政区划分为四级：第一级为省、自治区、直辖市；第二级为地区、盟、自治州、地级市；第三级为县、自治县、旗、自治旗、县级市；第四级为乡、民族乡、镇。省级以下为地级，地级以下为县级，县以下为乡、镇。自治区、自治州、自治县是少数民族聚居地区的民族自治地方。除此以外，国家根据需要还可设立特别行政区。《中华人民共和国地方各级人民代表大会和地方各级人民政府组织法》规定：省、自治区的人民政府在必要的时候，经国务院批准，可以设立若干行政公署，作为它的派出机构。县、自治县的人民政府在必要的时候，经省、自治区、直辖市人民政府的批准，可以设立若干区公所，作为它的派出机构。市辖区、不设区的市的人民政府，经上一级人民政府批准，可以设立若干街道办事处，作为它的派出机构。中国现行行政区划，属于第一级的共有34个行政单位，即4个直辖市、23个省、5个自治区、2个特别行政区。台湾是中国领土不可分割的一部分，历史上很长时间一直是一个省的建制，尚待和平统一，这是历史发展的必然，也是人心所向，大势所趋。

中国各省市区行政区划具体情况参见表2。

表2　中国各省级行政区划情况一览表

省级行政区划单位名称	简称	面积（万平方公里）	人口（万人）	管辖地、县、乡级行政区划单位数量	省会、首府
北京市	京	约1.7	1 524.4*	市辖区16　县2　乡级314	
天津市	津	1.2	938	市辖区15　县3　乡级241	
河北省	冀	约19	6 822	地级市11　县级172（市辖区36、县级市22、县108、自治县6）　乡级2 205	石家庄市
山西省	晋	约16	3 294	地级市11　县级119（市辖区23、县级市11、县85）　乡级1 389	太原市
内蒙古自治区	内蒙古	约118	2 360	地级12（地级市9　盟3）　县级101（市辖区21、县级市11、县17、旗49、自治旗3）　乡级1 112	呼和浩特市
辽宁省	辽	约15	4 173	地级市14　县级100（市辖区56、县级市17、县19、自治县8）　乡级1 528	沈阳市
吉林省	吉	约19	2 662	地级9（地级市8、自治州1）　县级60（市辖区19　县级市20　县18　自治县3）　乡级878	长春市
黑龙江省	黑	约46	3 761	地级13（地级市12、地区1）　县级130（市辖区65、县级市19、县45　自治县1）　乡级1 273	哈尔滨市
上海市	沪	约0.6 340	1 352	县级19（市辖区18　县1）　乡级214	
江苏省	苏	约10	7 206	地级市13　县级106（市辖区54、县级市27、县25）　乡级1 410	南京市
浙江省	浙	约10	4 577	地级市11　县级90（市辖区32、县级市22、县35、自治县1）　乡级1 525	杭州市
安徽省	皖	约14	6 461	地级市17　县级105（市辖区44、县级市5、县56）　乡级1 696	合肥市
福建省（未含金门、马祖等岛屿）	闽	约12	3 367	地级市9　县级85（市辖区26、县级市14、县45）　乡级1 101	福州市
江西省	赣	约17	4 363	地级市11　县级99（市辖区19、县级市10、县70）　乡级1 550	南昌市
山东省	鲁	约16	9 163	地级市17　县级140（市辖区49、县级市31、县60）　乡级1 931	济南市
河南省	豫	约17	9 888	地级市17　县级159（市辖区50、县级市21、县88）　乡级2 299	郑州市

（续表）

省级行政区划单位名称		简称	面积（万平方公里）	人口（万人）	管辖地、县、乡级行政区划单位数量	省会、首府
湖北省		鄂	约19	6 001	地级13（地级市12、自治州1） 县级102（市辖区38、县级市24、县37、自治县2、林区1） 乡级1 220	武汉市
湖南省		湘	约21	6 642	地级14（地级市13、自治州1） 县级122（市辖区34、县级市16、县65、自治县7） 乡级2 409	长沙市
广东省		粤	约18	7 805	地级市21 县级121（市辖区54、县级市23、县41、自治县3） 乡级1 585	广州市
广西壮族自治区		桂	约24	4 883	地级市14 县级109（市辖区34、县级市7、县56、自治县12） 乡级1 232	南宁市
海南省		琼	约3.4	806	县级40（市辖区15、县级市4、县17、自治县4） 乡级1 081	海口市
重庆市		渝	约8.2	3 144	市辖区15 县级市4 县17 自治县4 乡级1 150	
四川省		川、蜀	约49	8 595	地级21（地级市18、自治州3） 县级181（市辖区43、县级市14、县120、自治县4） 乡级4 782	成都市
贵州省		黔、贵	约18	3 831	地级9（地级市4、地区2、自治州3） 县级88（市辖区10、县级市9、县56、自治县11、特区2） 乡级1 543	贵阳市
云南省		滇、云	约39	4 230	地级16（地级市8、自治州8） 县级129（市辖区12 县级市9 县79 自治县29） 乡级1 455	昆明市
西藏自治区		藏	约123	263	地级7（地级市1、地区6） 县级73（市辖区1、县级市1、县71） 乡级692	拉萨市
陕西省		陕、秦	约21	3 674	地级市10 县级107（市辖区24、县级市3、县80） 乡级1 745	西安市
甘肃省		甘、陇	约43	2 593	地级14（地级市12、自治州2） 县级86（市辖区17、县级市4、县58、自治县7） 乡级1 348	兰州市
青海省		青	约72	499	地级8（地级市1、地区1、自治州6） 县级43（市辖区4、县级市2、县30、自治县7） 乡级422	西宁市
宁夏回族自治区		宁	约6.6	590	地级市5 县级21（市辖区8、县级市2、县11） 乡级229	银川市
新疆维吾尔自治区		新	约166	1 926	地级14（地级市2、地区7、自治州5） 县级99（市辖区11、县级市20、县62、自治县6） 乡级1 009	乌鲁木齐市
台湾省（含福建省的金门、马祖等岛屿）		台	3.6	2 260		
香港特别行政区		港	0.1 102	684.1	（非政权性地区组织——18个区）	
澳门特别行政区		澳	0.00273	46.5		
中国人民解放军现役军人				225.5		
总计	34个省级行政区划单位，包括：4个直辖市、23个省、5个自治区、2个特别行政区		约960	约133 000	333个地级行政区划单位，包括：283个地级市、17个地区、30个自治州、3个盟。2 862个县级行政区划单位，包括：852个市辖区、374个县级市、1 464个县、117个自治县、49个旗、3个自治旗、2个特区、1个林区。43 275个乡级行政区划单位，包括：20个区公所、19 892个镇、16 130个乡、277个苏木、1 126个民族乡、1个民族苏木、5 829个街道。	

资料来源　根据《世界知识年鉴2005～2006》、民政部《中华人民共和国行政区划简册2006》及《人民日报》2005年1月7日、新华社2006年1月9日电讯等资料编制。

（李　青）

第三章 历史

中国是人类的主要发祥地之一。根据考古发现,远在170万年前,远古直立人已在中国这块土地上繁衍生息。这些直立人的活动拉开了中国历史的帷幕。

中国又是与埃及、印度和巴比伦齐名的世界四大文明古国之一。距今四五千年前至公元19世纪初叶,中国创造了辉煌的古代文明,对人类文明发展作出了伟大贡献。

19世纪中叶至20世纪中叶的近现代,由于清朝晚期的腐败和后来的军伐混战,以及国民党执政时期先后两次发动反共内战,以致帝国主义国家交替侵略,使中国沦为半殖民地半封建的落后国家。中国人民进行了百年前赴后继地反帝反封建斗争,终于在20世纪中叶取得了民族民主革命的伟大胜利。

1949年10月1日,在中国共产党的领导下建立了中华人民共和国。57年来,中国人民奋力进行社会主义现代化建设,尤其是经过最近28年的改革开放,已初步建成小康社会,成为当代世界上综合国力发展最迅速、对于亚洲和世界和平发挥着重要和积极影响的国家之一。

中国经历了以下各个历史发展时期。

第一节 远古时期

一 原始人类

(一)直立人时期

早在距今170万~50万年前,中国境内的许多地区已经生活着世界上最早的人类群体的一部分,他们是元谋人、蓝田人和北京人。元谋人的化石是1965年在云南省元谋县发现的,他们生活的年代距今约170万年。蓝田人化石是1963年和1964年分别在陕西省蓝田县的陈家窝村和公王岭发现的,他们生活的年代距今约100万年。北京人遗骨化石是1927~1929年及中华人民共和国成立后在北京西南房山周口店龙骨山发现的,他们生活的年代距今约50万年。北京人的身体与现代人相似,但身高稍矮。他们已能制造和使用简单的劳动工具,并懂得使用天然火和保存火种。他们应处于古史传说中的燧人氏时代,大约是几十个人生活在一起,过着共同劳动、共同享受劳动成果的群居生活,尚处于杂交乱婚的阶段。比已知的年代更久远的人类遗址,目前在中国还处在不断地考古发掘中。

(二)古人时期

古人又称智人,是介于直立人和今人之间的原始人群。他们生活在距今约20万~10万年前的年代。在中国属于古人时期的主要人类有:陕西地区大荔人、广东地区马坝人、湖北地区长阳人、山西地区许家窑人和丁村人。他们属于早期智人,打制石器的技术提高,种类增多,出现了专门狩猎工具,是传说中的伏羲时代。丁村遗址是这个时期具有代表性的文化遗存。丁村人大约生活在距今10万年前,属于旧石器中期。在遗址中发现有2 000多件石器和许多动物化石,石器的打制技术和类型已比北京人进步。婚姻关系大约也只限于在同辈人中杂交。

二 母系氏族和父系氏族

大约从距今四五万年前至五六千年前,中国进入了氏族公社时期,这是原始社会的第二阶段,其特点是人们已经以血缘关系作为共同生活的纽带,结成了相当稳定和持久的集团。氏族公社先后经历母系氏族和父系氏族两个时期。

(一)母系氏族

母系氏族也叫母权制社会,是氏族公社的第一阶段,氏族长由妇女担任,实行族外群婚制。这一时期属于旧石器晚期,从人类体质形态划分已进入新人时期。

这一时期的文化遗址有北京地区的山顶洞人、广西地区的柳江人(蒙古人种的一种早期类型)、麒麟山人、四川地区的资阳人(晚期智人的蒙古人种)和河套地区的河套人等。其中以山顶洞人为代表。山顶洞人是1933年在北京人的故乡周口店龙骨山的一个山顶洞穴中发现的,他们生活的年代距今约1.8万年。遗址中有骨针,证明他们已会缝制衣服。在山顶洞里发现了经过撞击的燧石,表明他们已掌握人工取火的技术，这在人类发展史上具有重大意义。

在河南渑池仰韶村发现的距今六七千年前的文化遗址，系新石器早期文化，称为仰韶文化。1973年，在浙江余姚河姆渡村发现了与仰韶文化同一时期的中国南方的新石器早期文化，被称为河姆渡文化。遗存中发现了稻谷和农作工具骨耜，说明中国是世界上最早栽培水稻的国家之一。淮河上游稻作农业与渔业、畜牧业并重。这是传说中的神农时代。同种文化在陕西、甘肃一带都有发现，以陕西西安附近半坡村遗址最为典型。这一时期的人类已会构筑房屋，这是继人工取火之后，人类适应大自然的又一重要标志。从遗存中还可以知道中国是世界上最早种植粟和蔬菜的国家，并且有了原始手工业。这时已能烧制彩色陶器，所以称为"彩陶文化"。同时期在甲、骨、陶、石上出现有契刻符号，可能与文字的雏形有关；还出现了七音骨笛。

（二）父系氏族

父系氏族公社时期距今五六千年前。这一时期主要有在山东章丘龙山镇发现的龙山文化，它分布在河南、河北、江苏、湖北及辽东半岛等地。其特点是：石器种类多，畜牧业已成为重要生产事业，猪、狗、牛、羊、马、鸡等六畜齐全；陶器制作以黑陶为主；特别是已有金属制品铜刀、铜锥、铜凿发现。与龙山文化同一时期的还有在山东泰安大汶口村发现的大汶口文化。其特点是：出现了玉器和象牙雕刻等工艺；已有一男一女或一男二女的合葬墓，而且随葬品的多少差别很大，证明已有贫富分化；男耕女织的分工已很明显；人们已开始饮酒。

龙山文化和大汶口文化表明，男子已成为生产劳动的主要承担者，社会已由母权制进入父权制时代；以氏族为生产单位开始被以家庭为生产单位所代替，表现在一夫一妻或一夫多妻制的出现。

三　远古的传说

大约在距今四五千年前，黄河流域出现了许多氏族、部落和部落联盟，黄帝部落和炎帝部落在黄河中上游；太昊部落和少昊部落在黄河下游，还有颛顼部落和帝喾部落等；在东南还有以蚩尤为酋长的九黎部落。各部落经常发生冲突。后来蚩尤作乱，于是黄帝联络炎帝及黄河流域各部落战胜了蚩尤，遂长期定居于黄河流域。于是，以华夏民族为主干的中华民族开始形成，炎黄子孙的渊源就在于此。

黄帝之后，中国相继出现了尧、舜、禹等几位杰出的部落联盟领袖。这一时期，经常洪水泛滥，舜让禹治水，禹疏通三江五河，注入东海，终于战胜了洪水。于是舜将帝位禅让给了禹。禹本是夏部落首领。禹死后，其子启自立为帝，于是禅让制被破坏了，"公天下"为"家天下"所代替。后人把启的即位作为夏王朝的开始，也是原始社会的结束。

第二节　夏、商、西周、春秋时期

夏、商、西周、春秋时期，是中国奴隶制社会时期。它从公元前21世纪到前5世纪，长达约1 600年。夏朝是奴隶制建立阶段，商、西周是奴隶制巩固和发展阶段，到春秋时期，奴隶制逐渐解体和衰亡。有的学者主张西周时已是封建制社会。

一　夏朝

夏朝从公元前2 070年起，至前1 600年止。古代经典《尚书·召诰》中称："我不可不鉴于有夏，亦不可不鉴于有殷。"按《竹书纪年》载，夏朝共传17世，历时471年。

夏族是中国最早的氏族部落之一，由12个姒姓的氏族组成，其发祥地在崇山（今河南嵩山）和伊水、洛水一带，先后在阳城（今河南登封）、帝丘（今河南濮阳）和安邑（今山西夏县）等地建都。传说由于禹治水有功，他被推举为诸夏族部落联盟的领袖。在河南偃师发现的"二里头文化"，属于夏代文化，其特点是除石器外，已有青铜用具和工具。

夏朝已有了一套官僚机构，并开始有了刑法、监狱和军队，还建立起税收和贡赋制度。这表明奴隶制国家已随着夏王朝的建立而出现了。

夏朝王位传到桀，因暴虐无道而灭亡，代之而起的是另一个奴隶制王朝——商朝。

二　商朝

商朝从公元前1 600年起，至前1 046年止。

汤灭夏后，回师亳邑（今河南商丘），正式建立了商王朝。其统治范围比夏朝更大，东抵海滨，西达陕西，南到长江流域，北接燕山地区，甚至连地处西陲的氐族和羌族也臣服于商。商自公元前16世纪建国至前11世纪中期亡，历时600年，计传17代31王。商朝传到盘庚迁都于殷（今河南安阳小屯），此后270多年间，都城一直在殷。所以，商又称殷或殷商。

商王朝是中国奴隶制的发展时期，国家机器更为完善。首先进一步提高了国王的权力，确立了嫡长子继承制；又建立了较为完整的中央和地方官僚机构；还有一支庞大的军队，出兵人数经常有三五千人，有时多达 1.3 万人；并且实行残酷的刑罚。此外，还利用宗教迷信加强统治，把国王说成是天帝的儿子——“天子”，使王权和神权结合起来。

商朝由于大规模使用奴隶劳动，劳动分工也有进一步发展，所以在经济上获得了巨大进步。农业是商朝社会生产的主要部门，生产工具有石器、蚌器和骨器，特别是还有青铜制的农具。畜牧业也占有重要地位。在甲骨文中，已有狩猎的记载。祭祀用的牲畜有时多达千头。商朝手工业具有部门多、分工细和制作精美的特点。此时已有漆器、玉器、皮革和青铜的制造业。随着工农业生产的发展，商业在夏代的基础上普遍发展起来。在甲骨文中，有不少关于货币的记载。它不仅是交换的媒介，而且成了财富的象征。

商朝奴隶和奴隶主之间的阶级矛盾十分尖锐，从商王墓的发掘和甲骨文的记载看，用奴隶殉葬相当普遍而且数量庞大，最高的数字一次竟达2 656人。商纣王荒淫奢侈、专横残暴。后来，居住在今陕西的周部落首领姬发联合各部族共同伐纣，克商建立周朝。

三 西周

周朝是中国奴隶制进一步发展的时期，它从公元前1 046年起至前256 年止，近800 年。以前770 年平王东迁洛邑为界限，周王朝分为西周、东周两个阶段。西周传 11 代 12 王，亡于前 771 年，共 275 年时间。

西周是中国奴隶制极盛时期。它形成了一套完整的政治统治制度。首先是确立分封制度和宗法制度。分封制就是在周王室整个统治范围内封邦建国，各诸侯王“受民受疆土”，借以实现“以藩屏周”的目的。西周初期，建立的诸侯国就有 71 个，大小诸侯在自己的封土内享有政治、经济、军事的全部权力。所谓宗法制，是在同一血缘关系的奴隶主贵族中间，按嫡庶、长幼、亲疏的不同，确定尊卑、贵贱、大小、上下的等级名分。其基本原则是从周天子到诸侯、再到卿大夫和士，都实行嫡长子继承制。周天子是天下的大宗，其余均为小宗，但相对他的下一层次来说又是大宗。西周的国家统治机构为：周天子之下设立“三公”，总管百官，协助天子治理天下；建立了比较严密的居住制度和户籍制度；军旅的建制更为完备，周天子有权调动诸侯国的军队。周朝还运用礼乐与刑罚软硬两手来巩固自己的统治。

西周时期的土地名义上是国有的，实质上是周天子所有的，所谓“溥天之下，莫非王土，率土之滨，莫非王臣”。西周土地分配是以“井田”形式进行的，后来随着私田发展，井田制瓦解了。

西周的农业生产有了进一步的发展，并开始重视灌溉、施肥和除草；在农作物品种方面，除粮谷之外，各种瓜果也开始培育了。在官府的手工作坊中，有众多的具有专门技艺的工匠。在手工业发展中，青铜制造业是一个重要部门。清代出土的大盂鼎（重 153.5 公斤）和大克鼎（重 210.5 公斤）就是西周的产品。陶器制造业的突出表现就是瓦的发明；由于有了瓦，建筑业和各种建筑形式获得了大发展。随着农业和手工业的发展，原来只作为军事政治中心的城堡开始出现了市场，并有了专门管理市场的官吏——质人。

四 春秋

自公元前 770 年周平王东迁洛邑，史称东周，到前 256 年，东周为秦所灭，前后存在 514 年。周平王东迁以后，中国历史进入春秋（前 770～前 476）、战国（前 475～前 221）时期。春秋、战国之交是中国历史发生重大变革的时期。从战国开始，中国进入封建社会。战国结束于公元前 221 年，比东周灭亡时间晚 35 年。

春秋始于周平王东迁洛邑的公元前 770 年，至东周敬王与元王交替的前 476 年为止，历史间隔为 294 年。

春秋时期，王权进一步削弱，周天子已丧失了独尊的地位。在春秋时期的 170 多个诸侯国中，齐、鲁、晋、楚、秦、宋、郑、卫、陈、燕、吴、越等比较强大。这些诸侯国一方面不断吞并邻近小国，同时企图通过改革与其他大国抗衡。当时，周天子虽然实权已经很小，但名义上还是天下的大宗，因此各主要诸侯国都想通过拥戴王室之名，行“挟天子以令诸侯”之实，以期独霸天下，于是揭开了中国历史上大国争霸的一页。

春秋时期，先后出现过“五霸”争雄的局面。大国争霸的结果，使王权衰落，各国之间相互征战，连年不断。据《春秋》一书所记 242 年的编年史中，各国之间的战争共 483 次，弑君 56 人，亡国 22 个，可谓中国历史上的一个乱世。争霸战争在给小国和广大人民带来沉重灾难的同时，加速了奴隶制的瓦解和封建制的产生，特别是加速了中国统一的步伐和促进了民族大融合的进程。

春秋时期的社会生产力有明显发展，在农业上的突出表现是开始采用铁制工具和推广牛耕。手工业除冶铁业外，还有青铜业、制瓷业、煮盐业、纺织业和漆器制造业等，比西周时期有明显进步。这一时期商业发展的特点是大商人的出现和金属货币的普遍使用。各大国的都城已同时成为经济、贸易中心。齐国的国都临淄当时就是十分繁华的工商业城市。

奴隶制已成为社会生产力发展的桎梏，奴隶的暴动和反抗此起彼伏。不仅奴隶起义，还有国人反对奴隶主的斗争，加速了奴隶主阶级内部分化，为新贵族夺取政权奠定基础。“三桓治鲁”、“田氏代齐”和公元前403年的“三家分晋”，标志着新兴地主阶级的崛起和农民阶级的形成，并以“三家分晋”结束了春秋时期。

五　夏、商、西周、春秋时期的文化

夏、商、西周、春秋时期（公元前2 070～前476）约1 600年间，是中国奴隶制时期。在矛盾重重的社会背景下，文化发展取得了一系列重大成就，对人类历史的发展作出了重要贡献。

在商代，由于占卜的需要，创制了甲骨文，这已经是一种比较成熟的文字，从1898年开始出土，至今已获10万片以上，成为研究当时社会情况和哲学思想的依据。

老子（约前580～前500）姓李名耳，字聃，楚人。他的《道德经》中，含有丰富的辩证法思想。与老子同时或稍晚，春秋时期又出现了一位名垂千古的大思想家孔子（前551～前479），名丘，字仲尼，鲁人。他的思想和主张主要记载在由他的弟子们记录整理下来的《论语》一书中。在哲学方面，他坚持“天命思想”，在政治思想方面，孔子强调“仁”。他还在《礼记・礼运篇》中，提出过一个“大道之行也，天下为公”的理想社会。孔子学说中的“仁”和“大同”思想，是中华民族一项宝贵的精神遗产。孔子在世界文化思想上享有崇高地位。他在中国历史上开创了私人办学的先河，有弟子三千，是个伟大的教育家。孔子曾搜集《礼》《乐》《书》《诗》《易》《春秋》等书，合称“六经”(亦称“六艺”)，中国古文化精华汇集其中。

这一时期，在自然科学和技术方面，也取得了巨大成就。中国曾测得公元前1 580年的一次流星雨，为世界最早的记录。前776年9月6日的日食，是中国最早的一次日食记录。西周时期，中国的测影台已能测出夏至、冬至、春分和秋分的具体日期。前720年2月22日发生日全食的记录，要比西方的记录早135年。在前613年初秋哈雷彗星的记录，比欧洲的记载早670多年。在历法方面，从前655年起，中国已采用更为精确的19年7闰的方法，而欧洲于前433年才发现这一周期。在数学方面，西周和春秋时期学校里已开设数学课，并有九九乘法表。在建筑业方面，鲁国的公输班创造了攻城的云梯和多种土木工具，还发明了碾磨，并能建造宫室台榭。在医学方面特别是诊断学方面也有过许多成功案例。

第三节　战国、秦、汉时期

战国、秦、汉时期（公元前475～公元220），是中国封建社会形成、建立和开始发展的历史时期。这一时期共约700年，其政治经济文化的发展，对中国以后的历史产生了重要影响。

一　战国

战国自公元前475年东周元王开始，至公元前221年秦始皇统一中国为止，历254年。

战国时期，周王室已名存实亡，当时主要有秦、齐、楚、燕、韩、赵、魏7个强国，历史上称为“战国七雄”。战国时期由于土地私有制的产生和发展，引起了阶级关系的重大变化，加上国与国之间连年战争，各国竞相实行变法，进行改革，主要有魏国李悝（前455～前395）变法、楚国吴起（？～前381）变法、秦国商鞅（约前390～前338）变法等。

战国时期，新兴的地主阶级已成为统治阶级中最强大的势力，农民阶级已是发展社会生产的主要力量。地主阶级与农民阶级之间的矛盾已逐渐上升为主要矛盾。此外，还有工商业奴隶主阶级和个体手工业和小商贩。由于生产关系的变化，劳动人民的生产积极性提高了，农业生产得到了显著发展。铁制工具已广泛使用并开始用粪肥田，水利事业有较大发展，著名的都江堰水利工程就是这一时期兴建的。手工业以及商业和城市都有较大发展。

战国时期，各国征战不已，由于秦国变法收效

较大，国力较强，秦王嬴政（前259～前210）经过10年大规模的统一战争，先后消灭了六国，终于在前221年统一中国，建立了秦朝。

二 秦朝

秦朝自秦始皇统一中国的公元前221年起，至前206年止，历15年。秦朝是中国历史上第一个多民族的统一的封建专制主义中央集权国家。自秦朝设立“皇帝”称号，皇权至高无上；为了巩固皇权，又建立三公九卿制。

秦统一全国后，废除了“封建制”即“封诸侯、建藩卫”的制度，开始实行“郡县制”，先后分天下为40郡。

秦代创制小篆，统一全国文字，又创制便于书写的隶书，对祖国历史文化发展具有重要意义。

秦王朝以统治残暴闻名于后世，秦始皇曾制造了骇人听闻的“焚书坑儒”事件；还加重赋税，强迫农民交纳的收获物高达收获量2/3以上；并有严酷的刑律。这一切使社会矛盾日益尖锐，终于爆发了以陈胜（？～前208）、吴广（？～前208）为领袖的中国历史上第一次农民大起义，动摇了秦王朝的统治。秦朝仅存15年，于公元前206年灭亡。

三 汉朝

代秦而起的汉王朝，是中国历史上第一个历时较长的封建王朝。它从公元前206年汉高祖刘邦（公元前256～前195）灭秦算起，至公元220年东汉灭亡为止，前后历400余年。汉王朝又分西汉（公元前206～公元25）和东汉（公元25～220）两朝。

西汉初期，实行“与民休息”政策，对恢复和发展社会生产发挥了一定作用。这一政策在汉文帝和汉景帝时得到进一步贯彻，史称“文景之治”。在政治上，西汉时期通过削弱各诸侯王的势力，巩固了中央集权制。在经济上，西汉改革币制、实行盐铁官营，又实行“均输”（辗转运销送往京师的物品）、“平准”（官方利用均输所储货物的吞吐来平抑物价）、“算缗”（向大商人征收财产税）、“告缗”（惩处呈报财产不实者）等办法，来调节经济和打击大商人。在军事上，建立了侍从军和禁卫军。在思想上，“罢黜百家，独尊儒术”。儒家董仲舒（前179～前104）还提出“天人合一”和“君权神授”的思想，使皇权神圣无比。上述各方面都使专制主义的中央集权制得到了进一步巩固和加强。

西汉时期，在农业上，牛耕更加普遍，铁制工具的推广更为迅速。在手工业方面，冶铁业、纺织业和漆器业等相当发达。当时已开始用煤炼铁，比欧洲要早1 600年；在冶炼技术方面，还出现了彻底柔化处理的黑心可锻铸铁，比欧洲早一千八九百年。由于商业的繁荣，城市已具相当规模，今天的西安、洛阳、南阳、临淄、苏州、广州、北京等，在西汉时已成为全国的或地区性的大城市。

由于张骞（？～前114）通西域、昭君出塞（前33）等，使境内各民族同西汉王朝的关系进一步加强。“丝绸之路”形成，发展了中外经济贸易关系。

西汉末年，王莽托古改制，违反历史潮流，终归失败。绿林、赤眉农民起义，推翻了王莽的反动统治，但革命胜利果实为封建地主阶级窃夺。不久，刘秀迁都洛阳，重建汉室，史称东汉。

东汉（公元25～220）时期的重要特点是，豪强大族的势力迅速膨胀，大地主田庄纷纷建立，伴随而来的是统一国家日趋瓦解。由于实行解放奴婢、组织军士屯田、全面“度田”（清丈土地和检查全国人口等改革）经济虽然得到进一步发展，但不像西汉时期封建帝国那样统一和强大，国家贫弱和封建割据局面逐渐形成。

东汉时，匈奴发兵南犯。后来匈奴分裂为南北两部分，南匈奴向东汉称臣，逐渐汉化，北匈奴被击败北徙、西移。到公元4～5世纪，西移的匈奴便迁徙到东欧的匈牙利平原。

公元73～102年，班超（公元32～102）出使西域，加强了中原与西域地区的政治、经济联系，增进了汉族与西域各族人民的友谊和团结，立下了丰功伟绩。与此同时，汉王朝同朝鲜、日本、越南的关系进一步密切。公元76年，天竺（印度）僧人把佛教传入中国。公元166年，大秦国（罗马帝国）商人以罗马皇帝安敦尼使者的名义向中国皇帝（桓帝）献礼。

东汉中后期，外戚与宦官轮番操纵朝政，其中官僚集团曾因反对宦官集团而遭禁锢，是为“党锢”之祸。朝廷的动荡也加剧封建地主阶级和农民阶级的矛盾，终于爆发了中国封建社会第三次伟大的农民起义——黄巾大起义。在这次农民大起义的冲击下，东汉王朝基本被摧垮，原来为贵族、官僚、地主占有的土地，大量转移到农民手中。

四　战国、秦、汉时期的文化

这一时期在学术上处于由“百家争鸣”到“独尊儒术”的转变时期。在战国时出现了道家庄子（约前369～前286），他和春秋时期的老子（约前580～前500）共同把“道”作为世界的本源，史称“老庄哲学”；墨家的代表人物墨子（约前468～前376）提出人与人之间应该“兼相爱，交相利”，要“使饥者得食，寒者得衣，劳者得息”。儒家“亚圣”孟子（约前372～前289），提出“仁政”思想，主张省刑罚和轻赋敛，反对兼并战争。儒家的革新派荀子（约前313～前238）反对天命论和“生而知之”，主张“礼”、“法”兼蓄。兵家的代表人物在春秋末年有孙武（？～？约与孔子同时），在战国时有孙膑（？～？）。孙武在其《孙子兵法》中提出“攻其不备，出其不意”，“知己知彼，百战不殆”等著名军事思想。《孙子兵法》是世界公认的军事学名著。《孙膑兵法》认为寡可胜众，弱可胜强，体现了一种积极进取精神。

汉代董仲舒（前179～前104）建议“独尊儒术”，提出“天人感应”、“君权神授”等维护封建君主统治的理论，又提出“三纲”、“五常”的伦理规范。他认为“天不变，道亦不变”。西汉王充提出“气”是万物之源的唯物主义哲学思想。到了东汉初年，佛教传入中国。

战国秦汉时期在文学、史学和科学技术方面的成就也颇显著。战国时屈原（前340～前278）的《楚辞》，西汉时期的“乐府”和“汉赋”，都是不朽的文学著作。西汉时司马迁（约前135～前93）的《史记》和东汉时班固（公元32～92）的《汉书》是研究中国古代史的重要依据。战国时甘德和石申的《甘石星经》是世界上最早的天文学著作。公元前43年，中国已有太阳黑子的记载，比欧洲关于太阳黑子的记载早900多年。东汉时张衡（78～139）制作了浑天仪，他所制作的测地震用的地动仪比欧洲的第一台地动仪要早1 700多年。战国时的《周髀算经》已提出“商高定理”即勾股定理。西汉时张苍（？～前152）、耿寿昌等人编写的《九章算术》，形成中国古代完整的数学体系，居于世界领先地位。

战国时的扁鹊，汉末的张仲景、华佗（？～208）等都是古代杰出的医学家。湖南长沙马王堆女尸和江陵男尸的发现，证明在2 000多年前，中国的防腐技术已取得了惊人成就。战国时制作的司南是世界上最早的指南仪器，是中国四大发明之一。纸的发明创制，至迟不会晚于西汉前期，也是中国的四大发明之一。

第四节　三国、晋、南北朝时期

三国、晋、南北朝时期，从公元220年至589年，前后历369年，是中国封建社会介于秦汉和隋唐两次长期大统一之间的一个动荡时期。这一时期的主要特点有：第一，战争连绵不断，朝代更迭频繁，经常是多种政权并存，分裂多于统一。第二，作为封建大地主的世家大族占据统治地位，形成了这一时期特有的门阀专制统治。第三，儒家学说失去了独尊的地位，玄学成为主要的哲学思潮，佛教和道教得到了充分的发展，出现了中国历史上第二次“百家争鸣”的蓬勃景象。第四，出现了民族大融合的高潮。

这一时期发端于三国。三国是指东汉末年封建军阀长期混战中出现的魏（公元220～265）、蜀汉（公元221～263）、吴（公元222～280）三个地方割据政权。公元200年官渡之战，曹操（155～220）大败袁绍，统一了北方，并开始把进攻目标转向长江流域，企图统一天下。公元208年，赤壁之战，曹操的20多万大军被孙权（182～252）、刘备（161～223）的联军大败，于是三国鼎立的局面开始形成。公元220年，曹操病死，其子曹丕（187～226）废汉献帝，自立为帝，国号魏，都洛阳。次年，刘备自立为帝，国号汉，都成都。公元229年，吴王孙权亦称帝，国号吴，都武昌（今鄂州），后迁都建业（建康，即今南京）。史家把公元220年献帝被废作为三国的开始。

三国时期，曹魏在许昌一带实行屯田，促进了农业生产的恢复和发展。诸葛亮（181～234）辅佐刘备，任人唯贤，抑制豪强，科教严明，赏罚必信，风化肃然，千古传颂。公元230年吴国孙权曾派大将卫温、诸葛直率甲士万人，渡海到台湾。这是中原大陆人大规模到台湾的最早记录，也是汉族以先进的生产技术和文化知识开发台湾的开始，自此台湾成为中国神圣领土不可分割的一部分。

自公元249年，曹魏政权实际上为司马懿所掌握。至公元265年，司马炎（236～290）废魏主曹奂，自立为帝，国号晋，都洛阳，史称西晋，亡于公元316年，前后共52年。它结束了长期割据状态，统一了全国，对社会经济发展是有利的。但由于统治阶级内部发生了长达16年之久的“八王之乱”，加以各少数民族统治者乘机起兵，使西晋迅速崩溃。

西晋灭亡次年，司马懿曾孙司马睿（276～323）称帝，定都于建康（今南京），史称东晋（公元317～420）。这一时期疆域较西晋时大为缩小，政治上形成了南北世家大族把持下的门阀专制。虽然东晋统治集团取得了淝水之战的胜利，但不久就爆发了孙恩、卢循为首的农民起义，导致东晋灭亡。

在西晋时期，中国北方地区先后存在过16个地方政权，是为十六国。这些地方政权大多为少数民族所建，故称“五胡十六国”。除后汉、前赵、后赵等十六国外，还有冉魏、代和西燕等国同时存在。这些地方性政权存在的时期前后共120多年。这一时期北方经济经历了破坏、恢复、再破坏、再恢复的过程。十六国的交替与战争，加速了民族的封建化和各民族的融合。

从公元420年东晋灭亡至589年隋统一的170年间，在中国南方相继出现宋、齐、梁、陈4个王朝。这些王朝均定都建康（今南京），与北方的北朝相对峙，史称南朝。这一时期朝代更迭频繁，都以宫廷政变方式进行；世家大族开始衰落，寒人集团开始抬头；南方社会经济得到显著发展，国家的经济重点逐渐南移。

从拓跋珪于公元386年建立北魏至581年杨坚建立隋朝近200年间，在北方存在过北魏、东魏、西魏、北齐、北周5个王朝，它们与南朝相对峙而称为北朝。北魏孝文帝的改革，对于经济发展和社会进步具有重要意义。北魏末各族人民大起义，对民族融合产生了极为深远的影响，有利于中华民族的进一步形成。

在三国、晋、南北朝时期，文化有较大发展。南朝齐梁时人范缜（约450～约510），不信鬼神，著《神灭论》，反驳佛教宣扬的精神可以脱离形体而独立存在的灵魂不灭的唯心主义观点。大书法家王羲之也出生于东晋这一时期。特别是南朝宋齐时期的祖冲之（429～500），在算术方面获得重大成就，精确地算出圆周率在3.1415926和3.1415927之间，是世界第一个把圆周率的准确值算到小数点后七位数字的人。直到公元1427年，即祖冲之后900多年，阿拉伯的数学家阿尔卡西才打破这一记录。这一时期的石窟艺术也留下了光辉的一页，敦煌千佛洞、大同云岗石窟、洛阳龙门石窟成为中国三大艺术宝库。

第五节　隋唐时期

隋唐是中国封建经济向上发展的统一国家重建与兴盛时期，在中国历史上占有重要地位。从公元581年到907年，前后326年。这一时期的特点有：第一，经济上空前繁荣，长安已成为国际性大城市。第二，专制主义的中央集权制有了进一步发展，奠定了后代政府建制的基础。第三，唐王朝实行比较平等的民族政策，大大改善了各民族之间的关系，国家的版图得到了开拓和巩固。第四，在文化上取得了辉煌成就，科学技术的许多方面在世界上遥遥领先。

一　隋朝

隋朝（581～618）是经过三国、晋南北朝长期分裂对峙以后出现的统一全国的王朝。隋朝虽然短暂，但这时期的专制主义中央集权制度，却在中国产生了深刻的影响。长2 500公里的南北大运河的修通，是一项举世闻名的伟大工程。由于隋炀帝(569～618)的残暴，特别是曾先后三次侵犯高丽(今朝鲜)，导致兵败民困，于是在农民起义军的打击下，隋王朝被推翻了。

二　唐朝

代隋而起的唐王朝（618～907）是中国历史上继汉以后出现的又一个强盛的王朝。以发生在公元755年的“安史之乱”为界标，唐朝可分为前后两期。前期出现了“贞观之治”和“开元之治”，经济文化繁荣，国力日强；后期则陷于宦官专权、朋党之争和藩镇割据的局面中。最后，在黄巢领导的农民起义军的冲击下终于瓦解。

唐代初年，在中央机构方面，在隋代三省的基础上扩大了宰相名额，以分割宰相权力，将权力集中于皇帝；并设立政事堂，为宰相议政之所。在地方机构方面，设有州、县两级制，州设刺史，县设县令，均由中央任免。在法制方面，编定《唐律》五百条，加上解释，通称《唐律疏议》，是中国现存最完整的封建法典。它不仅是中国以后各代立法的依据，而且对日本、朝鲜、越南等国刑法的形成也产生了重大影响。在军事制度方面，推行西魏以来的府兵制，并与均田制相结合，实行“兵农合一”。在选拔人才方面，继续推行科举制，以儒家经典为教材。科举制度为庶族地主出身的知识分子步入仕宦扩大了途径，有利于巩固封建中央集权制的阶级基础。

唐高祖李渊（566～635）颁布了均田令和租庸调法，是安定社会秩序和保证国家税收的重要手段。唐太宗李世民（599～649）除了推行均田制和租庸调制以及强化中央集权制以外，能够任人唯贤、鼓励臣谏和轻徭薄赋、使民以时；并且重视吏治、精简机构等，对于稳定社会秩序、缓和阶级矛盾和发展经济发挥了明显作用，史称“贞观之治”。唐玄宗李隆基（685～762）励精图治，削减宗室诸王的政治权势，重视宦吏人选，勒令僧尼还俗务农，提倡节俭之风，并关心发展农业，出现了政通人和、经济繁荣的景象，史称“开元之治”。

经过“贞观之治”和“开元之治”，唐代农业、手工业、商业、城市和交通方面都有很大的发展，出现了中国有史以来空前的繁荣。

唐朝与边疆各族关系大大改善，中外经济文化交流也有了空前的发展，“丝绸之路”又出现了热闹景象。中朝、中印，特别是中日之间的经济文化交流十分频繁。日本自公元630年（贞观四年）开始的200年中，派出19批“遣唐使”前来中国，最多的一次达594人，少的也不下200人。来华的主要是留学生和学问僧，还有医生、药师、画工、玉工、锻铸工等各种技术人员。

三 隋唐文化

唐代是中国历史上诗歌创作的繁荣时代，流传至今的唐诗尚有48 900多首，作者达2 300多人。李白（701～762）、杜甫（712～770）和白居易（772～846）都是享誉中外、名传千古的大诗人。唐代在书法、绘画、雕塑和石窟艺术等方面都创造出很高的成就。

唐代在科学技术的许多方面居于世界领先地位。一行和尚（原名张遂）从公元724年开始在世界首次实地测量子午线。唐初医学家孙思邈（581～682）所编著的《千金方》和《千金翼方》，记载药方6 500多个，被人尊称为“药王”。他的医学著作对日本也发挥了积极影响。更值得提出的是在孙思邈的《丹经内伏硫黄法》中，已有配制火药的记载。到了唐朝末年，人们开始把火药用在军事上。中国制造火药至少比西方早500年以上。火药是中国的四大发明之一。雕版印刷技术至迟在唐朝中期已经出现，在公元824年的文献中已提到雕版印刷。中国现存有公元868年的雕版印刷品。

第六节 五代、辽、宋、夏、金、元时期

这一时期起自公元907年朱温建梁，止于1368年元朝灭亡，共462年，是中国封建经济持续发展和各民族联系进一步加强的历史时期。其特点是：第一，自然经济仍然居于重要地位，但商品经济（特别是在南方）发展较快，全国经济的重心已由北方转移到南方。第二，除元朝外，南北方长期处于分裂对峙状态，大统一的局面尚未形成。第三，民族矛盾和民族压迫是这一时期的主要内容，但由于各民族的接触和交往频繁，也加速了民族融合。第四，农民革命发展到了一个新阶段，平均主义的革命思想已成为向封建制度进行斗争的基本内容。第五，社会科学和自然科学都取得了巨大成就，特别是中国的火药、印刷术和指南针三大发明的西传，对世界文明的发展做出了不可估量的贡献。

一 五代十国

从公元907年唐王朝灭亡到960年宋王朝建立的54年间，黄河流域相继出现了后梁、后唐、后晋、后汉、后周5个王朝，史称“五代”。与此大体同时（891～979），南方各地和山西地区，先后建立了前蜀、吴、吴越、闽、楚、南平（荆南）、南汉、南唐、后蜀和北汉等10个割据政权，史称“十国”。可以说，五代十国是唐朝后期藩镇割据的产物。由于南北对峙和各国之间相互征战，社会动荡不安，人民生活困苦，农民起义和军队哗变交织在一起，是这一时期社会政治的基本特征。在五代十国时期，北方人民为逃避战乱，大批迁往南方，这给南方经济发展增添了新因素，加以南方各国实行奖励农耕桑织的政策，使南方经济发展水平超越了北方。后周时期，周世宗柴荣安顿流民，开垦荒地，颁布“均田阁”，废掉寺院30 336所，强令僧民还俗61 200人；并进行了统一全国的战争，虽未完成，却为北宋统一奠定了基础。

二 北宋

从公元960年至1279年，是宋王朝统治时期。

宋又分北宋和南宋。北宋起自960年，止于公元1127年，共168年。北宋统一中国，有利于社会经济的发展和封建中央集权制的加强，但由于辽、西夏和金国的犯扰，民族矛盾始终贯穿整个北宋王朝。各少数民族建立的地方政权，不仅对边疆地区的开发作出了贡献，也推动了社会的进步。

北宋建立后，为了防止握有军政大权的大臣夺位，采用了“杯酒释兵权”等办法加强了中央集权，但由于过分削弱了地方权力，而使整个国力柔弱。在北宋，南北统一，社会相对安定，经济有了进一步发展。在农业方面，新的生产工具得到推行；在手工业方面，铁产量由唐中期的年产200万斤发展到宋中期的年产800万斤；在流通方面，开封出现了“夜市”和天亮前的“鬼市”，四川还出现了作为交换手段的“交子”，这是世界上最早发行的纸币。经济的发展并不能解决当时的各种社会危机，于是出现了王安石（1021～1086）变法。

王安石的变法是全面的，改革的根本目的是缓和阶级矛盾，巩固北宋王朝的封建统治。也正由于改革在一定程度上限制和剥夺了大地主、大官僚、大商人的利益，所以遭到了以司马光为代表的保守势力的激烈反对。1085年，宋神宗死，新法被全部废除。

北宋与辽、夏、金的关系颇为复杂。

辽国是由契丹族首领耶律阿保机（872～926）在916年正式建立的，以临潢府（今辽宁巴林左旗附近）为都城，他被称为辽太祖。他掌权期间，一面建立起各项典章制度，创制契丹文字，一面扩展统治区域。辽国东北达黑龙江流域，北至蒙古大沙漠南北，西至新疆阿尔泰山，南据山西、河北南部。在这广阔的土地上，生活着契丹、汉、女真、回鹘等各族人民，成为宋朝北部一个多民族的地区政权。在汉文化的影响下，辽国不但拥有较发达的古代畜牧业，而且农业的比重也逐步增加。辽国不断南犯，宋辽之间时有争战。1004年，澶州（今河南濮阳）之战，宋胜，但宋真宗急于议和反与辽订立了不利于宋的“澶渊之盟”。

西夏是由党项族首领李元昊在1038年正式称帝建立的，以兴庆府（今宁夏银川）为国都，史称西夏。党项族又名党项羌，是羌族的一支。西夏受汉文化的影响，水利事业、煮盐业和冶铁业等都得到迅速发展。西夏逐渐形成为东接黄河、西至玉门关、南临萧关（今宁夏同心南）、北达大漠的强大的地区政权。宋夏之间也时有争战。1044年，双方签订了宋夏和议。此后，双方经济文化交流增加，有利于民族融合和西北地区社会经济的进一步发展。

金国是由女真族首领完颜阿骨打于1115年建立的，都会宁府（今黑龙江肇源西），史称金太祖。宋与金曾经联合击辽。1125年金灭辽后旋即攻宋，宋徽宗及其继承人宋钦宗软弱无能，无视主战派和广大人民抗金的决心，以致1127年北宋为金所灭。宋徽宗、钦宗被俘。

三 南宋

南宋王朝从1127年宋高宗赵构称帝起，到1279年陆秀夫背小皇帝赵昺投海死为止，共153年。南宋比北宋疆域更小，民族矛盾始终是主要矛盾，出现了岳飞（1103～1142）、文天祥（1236～1283）这样的抗金抗元英雄。另一方面，南宋经济在人民的辛勤开发下发展较快，全国经济中心已由北方转移到南方。当时棉花生产已由两广和福建扩展到长江流域，甘蔗生产也由两广和福建扩展到浙江和四川。南宋的造船技术和火器制造技术在当时的世界上是遥遥领先的，在广州、明州、泉州等沿海地区，设有专门制造远航商船的造船厂。公元1132年，陈规发明了用竹筒装火药的“火枪”；公元1259年，又有人发明了管内装子弹的“火枪”。

商业、城市和对外贸易在南宋时期都有较大发展。杭州当时已是“百十万口”人的大城市。南宋时不仅作为纸币的“交子”已遍布长江、淮河流域和陕南，而且还出现了具有汇票性质的“关子”。当时，广州、泉州已是对外贸易的中心，设有提举市舶司，专门负责中外贸易事宜。近至南洋诸国、中亚诸国，远达非洲东海岸诸国均与南宋有贸易往来，以大食（阿拉伯）、阇婆（爪哇）、三佛齐（在苏门答腊）为重要对象。出口以丝织品、瓷器、漆器、茶叶、铜镜和印本书籍等为主；进口的有宝石、香料、药材以及各地特产。

南宋后期，政治腐败，阶级矛盾加剧，农民起义迭起。与此同时，经过成吉思汗（1162～1227）和他的后继者的几十年扩张，一个地跨欧亚大陆的蒙古大帝国建立起来了，并于1234年与南宋联合消灭了统治长达120年的金国。蒙古灭金后开始南下侵宋，并于1271年废除蒙古国号，定国号为大元，是为中国元朝的开始。南宋于1279年彻底被灭。

四　元

元王朝从1271年元世祖忽必烈（1215～1294）改“蒙古”为“元”起，到1368年朱元璋（1328～1398）北伐、元顺帝逃跑为止，共98年。元朝的中央政府机构大都仿宋，地方最高机构为行中书省，简称“行省”或“省”。当时设置了岭北、辽阳、河南、陕西等11个行省。省域大小有变，省制一直沿用至今。对于边远地区，元政府也十分重视行使管辖权力。在西藏地区设立了3个路，各路均设置宣慰司都元帅府，并尊奉当地佛教领袖八思巴(1235～1280)为“国师”，实行政教合一制度。这表明西藏在元朝时已成为中国行政区划的一部分。云南在宋时是大理国，政治上保持一定的独立性，又将从西方来的许多回族人移居这里。澎湖在南宋时已归福建晋江县管辖，元政府在澎湖设立了巡检司，治理范围包括台湾，隶属福建省泉州同安县(今厦门)。这再一次表明台湾、澎湖早已是中国领土不可分割的一部分。对于新疆地区、黑龙江南北和南海地区，元政府也通过征税或贡赋等途径加强控制。这样，元朝的版图，要比汉唐盛世时大得多。

在元代，水利事业有一定发展，当时曾修运河3条。棉花种植已遍及全国广大地区。丝织业在苏州、杭州、湖州等地很发达。湖州有专门收购丝织品的绢庄和牙行，杭州出现了有织机四五架和雇工20余人的丝织作坊。有的学者认为，这已是资本主义生产关系的萌芽。青花瓷的出现是元代制瓷业的重大成就。在对外贸易方面，元政府在杭州、泉州、温州、广州等均设有市舶司，负责与东南亚和非洲数十国的贸易。意大利人马可·波罗（1254～1324）在中国居住17年，于1292年回国。由其口述出版了《东方闻见录》一书，俗称《马可·波罗行记》，对于欧洲人了解中国发挥了重大作用。

元末以朱元璋（1328～1398）为首的农民大起义，不仅结束了元朝在中原地区的统治，而且为蒙古贵族统治下的亚洲和东欧地区的人民树立了革命斗争的榜样，因而具有重大世界历史意义。

五　五代、辽、宋、夏、金、元文化

这一时期哲学上出现了理学和反理学的斗争。理学是中国封建社会后期的官方哲学。理学的创始人是北宋时的周敦颐（1017～1073），奠基人是程颢（1032～1085）、程颐（1033～1107）二兄弟。他们的基本理论表现在“道”与“器”的关系上，认定作为物质的“器”是从作为精神的“道”派生出来的。他们还提出“存天理、灭人欲”的维护封建统治秩序的道德哲学命题。南宋时的朱熹（1130～1200）把理学发展成为具有完整体系的官方哲学。他把道器关系发展为理气关系，强调“理在先，气在后”。君臣父子之理，决定了君臣父子的关系。他著有《四书集注》，成为官方解释儒家学说的范本。北宋时，张载、王安石等人已经展开了反理学的斗争；南宋时，以陈亮、叶适为代表的唯物论者进一步展开了对理学的批判。他们坚持世界是物质的，提出“物之所在，道则在焉”。

这一时期,史学上的突出成就是司马光(1019～1086)主编的《资治通鉴》。在文学上形成了韩愈(768～824)、柳宗元(773～819)、欧阳修(1007～1072)、苏轼(1037～1101)等有名的“唐宋八大家”。宋代的词和元代的曲成为可以与唐代的诗齐名的主要文学形式。

在自然科学和技术方面，北宋平民毕昇（？～约1051）发明了活字印刷。中国劳动人民在很早以前就发现磁石指南的特性，在战国时已利用磁性制成司南。到了北宋时，已发明了人造磁针并用于航海。北宋时，人们已能计算出磁偏角约为5度。这些磁学知识，意大利人哥伦布在1492年才发现，比中国晚400多年。两宋时，火药已广泛应用于军事。970年，冯义升、岳义方等成功地进行了火箭试验。1000年，唐福制成了杀伤力很大的火球、大蒺藜。这是最早的炮弹和炸弹。

除造纸术早已西传外，印刷术、指南针、火药都是在宋元时期传入西方的，对人类文化的发展做出了不可磨灭的贡献。

北宋杰出的科学家沈括（约1033～1097）著《梦溪笔谈》共30卷，是一部百科全书式的科学著作，在国际上也有重要影响。元代王祯的《农书》是继贾思勰的《齐民要术》之后的又一部有重大影响的农业科学著作。元代另一位科学家郭守敬(1231～1316）于1280年编订成《授时历》，确定一年为365.2425天，比一年周期的实际时间只差26秒，与世界现行的公历《格里历》相同，但早了302年。

第七节　明清(鸦片战争以前)时期

明清(鸦片战争以前)时期是中国封建经济高度

发展、多民族封建国家进一步巩固和开始走向衰落的历史时期。它从1368年明王朝建立起到1840年鸦片战争爆发前止,共473年。这一时期有以下特征:第一,农业、手工业的生产水平都超过了前代,到明代中后期开始出现资本主义萌芽。第二,在清康熙、雍正、乾隆时期,随着国内各民族联系的加强,统一的多民族国家得到进一步巩固。第三,欧洲一些国家,开始对中国进行野蛮的侵略和掠夺,因此反对外国侵略者的斗争开始提上日程。

一　明

明王朝统治时期,从1368年起到1644年止,共277年。明初,为加强对北方和东北地区的统治,抵御蒙古族南下,决定将都城由南京迁往北京。经过十几年的营造,终于在1421年正式迁都北京。今天北京城的基本框架,仍以明代的北京为基础。明成祖(1360～1424)还在东北地区建立了奴儿干都指挥司的军事机构,以管辖东起苦夷(库页岛)、西至鄂嫩河、南濒日本海、北抵外兴安岭的广大地区。

明初,农业生产得到较大的恢复和发展,耕地扩大、粮食增产、水利兴修、经济作物大推广。但地主阶级对农民的奴役也在加强,农民起义此起彼伏。曾担任内阁首辅的张居正为了挽救明王朝的封建统治,进行了一系列的改革,在税制方面推行"一条鞭法"(即将田赋、杂税和差徭合并后统一按银两征收),产生了较大的影响。

明朝积极发展对外关系,郑和(1371～1433)下西洋就是一个突出事例。郑和奉明成祖之命,在1405～1433年,28年中7次下西洋,到达亚、非等30多个国家,曾到非洲东海岸的麻林(今索马里)等地,大大扩大了对外的经济文化交流。

随后,西方殖民主义者开始侵扰中国。1553年,葡萄牙人借口商船遇风暴,需要晾晒货物而逐步窃据中国的澳门。

明朝末年,社会矛盾加剧,各地农民纷纷起义,其中以李自成(1606～1645)领导的农民起义军势力最大。他提出"均田免粮"的革命纲领,表明中国农民运动的斗争锋芒已经直指封建制度的基础,即地主土地所有制,成为中国封建社会农民战争的最高峰,对后来的农民战争特别是太平天国革命影响很大。1644年,李自成率百万大军向明王朝发起总攻,3月19日攻陷北京,推翻了明王朝,建立了大顺政权;但由于起义军贪图享乐和领导集团内部矛盾,已经到手的政权旋即为雄踞山海关外的满洲贵族夺走。

二　清(鸦片战争以前)

清王朝从1644年进入北京到1911年辛亥革命推翻清朝为止,共268年。由于1840年鸦片战争后中国沦为半殖民地半封建社会,社会性质有了本质的变化,所以清王朝在1644到1840年的197年处于中国封建社会的晚期阶段。在这段时间里,资本主义萌芽有了缓慢的增长,统一的多民族国家得到了进一步巩固和发展,专制主义中央集权统治大大加强。作为清朝统治者的满族贵族为了维护自己的统治,导致民族矛盾和民族斗争成为社会矛盾的主要内容。

清朝由于实行奖励垦荒和兴修水利的政策,使耕地面积大大增加。据统计,1651年为290多万公顷,至1761年增加到740多万公顷。康熙时又改革税制,实行"摊丁入亩制",这是对明代"一条鞭法"的继续和发展,是一项具有进步意义的改革。摊丁入亩制的推行,使无地少地的人民减轻了负担,也废除了行之2 000多年的人头税,从而也消除了隐匿户口的现象,使人口统计数字大量增加。1711年,全国人口只有2 460多万,到1819年,已增加到3.6亿以上。当然,这也是社会经济发展的一个标志。

反抗清朝统治的郑成功(1624～1662),于1661年收复了被荷兰殖民主义者霸占了38年之久的台湾。1683年,清政府统一了台湾,在台设立一府三县,驻兵1万。1689年,中俄签订了《尼布楚条约》。这是一个平等的条约,它从法律上确定了中俄两国东段边界,肯定了黑龙江和乌苏里江流域直至库页岛的全部地区都是中国的领土。此后,清政府平定了蒙古、青海、新疆地区贵族的叛乱,并加强了对西藏的统治,又继续在西南地区推行"改土归流",使清朝的疆域和多民族国家进一步巩固。到清朝前期,国家的版图西跨葱岭,西北到巴尔喀什湖北岸,北接西伯利亚,东北至黑龙江以北的外兴安岭和库页岛,东临太平洋,东南到台湾及其附属岛屿钓鱼岛、赤尾屿等,南到东沙、西沙、中沙、南沙四大群岛和黄岩岛等。中国已经成为当时世界上历史悠久、幅员最辽阔和发展程度较高的国家。

三　明清(鸦片战争以前)文化

明代主观唯心主义哲学流行,其主要代表人物是王守仁。他继承和发挥了南宋理学家陆九渊"宇宙便是吾心,吾心即是宇宙"的思想,提倡所谓"心学",认为

"心外无物",强调人们只有"去私欲,存天理",才能"致良知",即要求劳动人民从思想上接受封建等级制度。明代李贽(1527～1602)极力反对宋明理学,认为"吃饭穿衣服即是人伦物理",反对以孔子的是非为是非,提倡男女平等,赞成寡妇改嫁。明末清初还出现了三位杰出的反理学并具有某些近代民主思想的学者黄宗羲(1610～1695)、顾炎武(1613～1682)、王夫之(1619～1692)。

小说是明清时期的主要文学形式和文学成就。元末明初罗贯中(约1330～约1400)著《三国演义》、施耐庵著《水浒传》,明代吴承恩(约1500～约1582)著《西游记》,特别是清代曹雪芹〔约1715～1763(1764)〕著《红楼梦》,都是享誉中外的文学名著。

明代卓越的医药学者李时珍(1518～1593)编撰的《本草纲目》是一部世界药物学巨著。他的药物分类法在国外100多年后才达到他的水平。《本草纲目》已经被译为英文、拉丁文、日文、德文、俄文、法文等多种文字,流传于全世界。明朝思想家和科学家宋应星(1587～?)编著的《天工开物》,是世界科学技术发展史中的一部百科全书式的文献,它已经被译成日文、德文、英文、法文等文字,被誉为"中国17世纪的工艺百科全书"。明末科学家徐光启(1562～1633)编著的《农政全书》,是农业方面的百科全书。徐光启还和意大利传教士利玛窦合作,将欧基里德的《几何原本》译成中文。

第八节 晚清（鸦片战争后）与民国时期

19世纪中期至20世纪初，中国处于清朝晚期，先后由道光（1821～1850年在位）、咸丰（1851～1861年在位）和慈禧太后（1862～1908年垂帘听政或以强势专权）执掌朝政。经济显著滞后，政治加剧腐败，国力日趋衰落，对外妥协投降或昏庸盲动，以致欧、美、日列强不断扩大对中国的侵略和掠夺，使中国一再丧权辱国，由一个封建社会沦为半殖民地半封建社会。

中华民族与帝国主义的矛盾,人民大众与官僚资本主义、封建主义之间的矛盾成为中国社会的主要矛盾。正是在这种社会基本矛盾尖锐发展的基础上,爆发了中国人民争取国家独立和民族解放的反帝反封建的民主革命。所以，近现代中国的历史，就是一部中国人民摆脱帝国主义侵略和官僚资本与封建地主阶级剥削压迫、争取民族解放和民主自由的历史。

一 从鸦片战争到辛亥革命前

1840～1842年，英国以清政府钦差大臣林则徐禁止外国向中国输出鸦片为借口，发动了对中国的鸦片战争。其后，欧、美、日列强多次发动对中国的侵略战争，频繁地割地，索取赔款，剥夺中国的主权，使中国陷入严重灾难之中。

鸦片战争后，英国强迫清朝政府签订《南京条约》。条约规定，中国赔款2 100万银元，割让香港，开放五港通商，中国进出口税率由中英"共同议定"。1856～1860年英、法联军又发动了第二次鸦片战争，迫使清政府签订《中英北京条约》和《中法北京条约》。前者规定，割让九龙司地方一区给英国，而《中英天津条约》所规定的赔款额增至800万两，等等。后者规定,《中法天津条约》规定的赔款额也增至800万两，等等。沙俄乘机迫使清政府签订《中俄北京条约》，规定将乌苏里江以东约40万平方公里的中国领土强行划归俄国，等等。

其后，1862～1908年近半个世纪，是慈禧太后实际担任清朝最高统治者期间，也是导致中国所遭受内忧外患最严重的时期之一。1883～1885年中法战争中，清军多次大败法军，法国内阁因此而倒台，但清政府却与法国议和，签订屈辱的《中法新约》。1894年，腐败的清朝正在挪用海军建设等经费，倾力为慈禧筹办60寿辰，日本乘机发动甲午战争，迫使清政府签订严重丧权辱国的《马关条约》。根据该约，日本侵占了台湾、澎湖和辽东半岛；取得了2亿两白银的赔款和在中国设立工厂的权利。后因沙俄联合德、法进行干涉，日本被迫将辽东半岛归还中国，但又强迫清朝付出了3 000万两白银的代价。1900年在八国联军以镇压义和团运动为借口大规模入侵的情况下,清政府内部自相矛盾,昏庸盲动,遭到失败,被迫签订更加丧权辱国的《辛丑条约》。依据条约,清政府赔款白银4.5亿两(本息折合9.8亿两);将北京东交民巷划为使馆区,由各国驻兵管理;拆毁大沽炮台及北京至海岸通道的各炮台;外国军队驻扎在北京和从北京至山海关沿线的12个重要地区,等等。沙俄也加紧对中国的侵略和掠夺。1864年通过《中俄勘分西北界约记》,割走中国西北44万平方公里领土。1881年通过中俄《伊犁条约》等几个边界议定书,又割走中国领土7万多平方公里。连同此前1858年《中俄瑷珲条约》和1860年《中俄北京条约》的规定，沙俄从中国东北和西北共侵占了150多万平方公里的土地。

中国受到一次又一次地割地、赔款、丧权之辱，外国帝国主义势力迅速侵入中国。因此使中国在政治上丧失了独立自主的地位，在经济上由国际资本主义控制了经济命脉，但封建剥削制度依然存在，于是中国社会就陷入了半殖民地半封建境地。帝国主义和中华民族的矛盾已上升为中国社会的主要矛盾，它和官僚资本主义、封建主义与人民大众的矛盾，构成了近现代中国社会的两大矛盾。

在这一阶段，中国社会阶级结构发生了重大变化。除了封建地主阶级、农民阶级包括小手工业者之外，随着民族资本主义的发展，又产生了民族资产阶级和工人阶级。这是中国社会新兴的力量。

在外国侵略势力勾结中国封建势力把中国变成半殖民地半封建社会的同时，中国人民就已在不同程度上开始了变革这个社会的斗争。在这个阶段，1851～1864年爆发了洪秀全(1814～1864)领导的太平天国农民革命战争，它沉重打击了清朝的封建专制统治，并英勇地抗击了外国侵略势力，显示了中国农民将是反帝反封建的民主革命的主力军。1898年发生了中国资产阶级改良派所发动的戊戌变法，这是用自上而下的办法进行改革，以图挽救民族危亡的一场爱国政治运动。

19世纪60～90年代，中国兴起了洋务运动，这是清朝政府在受到西方列强的严重打击，又受到农民革命严重威胁的形势下，一部分官僚以"中学为体，西学为用"为宗旨，以"自强"、"求富"为口号，企图学习西方列强的"船坚炮利"，而开展的一场以建军工厂为主的工业运动。当时，采取官办、官商合办、官督民办等办法共建军工企业19个，民用厂矿20多个。到1894年前，中国还自筑铁路近400公里。几乎与此同时，中国民族资本的近代工业也开始兴起，1872～1894年，民族资本共创办了大小136个企业，大部分集中于轻纺工业。

二 从辛亥革命到五四运动前

在这一阶段（1911～1919），以孙中山（1866～1925）为代表的资产阶级革命派登上了历史舞台，担负起中国革命领导的历史责任，从而正式开始了中国反帝反封建的资产阶级民主革命。为了实现这一目标，以孙中山为代表的资产阶级革命派，1905年7月建立了中国第一个具有比较完备形态的资产阶级政党——同盟会；在思想理论上制定了代表中国资产阶级政治理想和主张的三民主义纲领；在政治实践上则于1911年发动了推翻清朝封建专制政权的辛亥革命，1912年建立中华民国，孙中山被推举为临时大总统。

辛亥革命结束了自秦以后2 000多年的封建帝制，建立了中国历史上第一个资产阶级共和国，是中国资产阶级民主革命的重大胜利。但由于外部帝国主义的压力和内部封建官僚买办势力的反扑，加以革命党人自身的涣散、妥协，辛亥革命的胜利成果不到100天就被封建军阀头子袁世凯（1859～1916）所攫取。此后，革命党人在孙中山的领导下虽然进行了反袁斗争和护法斗争，但终究未能完成反帝反封建的革命任务。历史证明，中国资产阶级固有的软弱性使它无力领导中国革命取得彻底胜利。

三 从五四运动到中华人民共和国成立

这一阶段(1919～1949)是无产阶级逐步成为革命的领导阶级，并夺取新民主主义革命胜利的阶段。

以1919年的五四运动为开端，从1921年中国共产党成立后正式开始的，以建立无产阶级领导的人民共和国为目标，以走向社会主义为前景的新民主主义革命，使中国革命的面目为之一新。以倡导民主和科学为核心的五四新文化运动，发挥了解放思想的巨大作用；俄国1917年十月社会主义革命对中国这段历史产生了重大影响。

在新民主主义革命的进程中，共产党与国民党两次合作，对中国的民族民主革命都起到了十分有力的推动作用。但是，代表封建官僚买办阶级利益的蒋介石集团，1927年4月背叛革命，发动十年反共内战，残酷镇压革命力量和屠杀广大人民。在中国共产党领导下，中国工农红军粉碎了国民党的4次"围剿"，由于党内"左"倾错误的影响，第五次反"围剿"失利；后来红军经过长征于1935年到达陕北。在中共促进和平解决"西安事变"后，实现了第二次国共合作，共同开始全面抗日战争。

1931～1945年，日本帝国主义者发动了长期的侵略中国战争，先后侵占中国东部经济较发展的约1/3领土，军事侵略活动波及半个中国。中国在和国际反法西斯同盟国共同努力下，1945年取得抗日战争的伟大胜利。在抗日战争期间，中国军民共毙伤俘日军155万余人，伪军118万余人，接受投降日军128万余人。日军在侵华战争期间，给中国造成巨大劫难，使中国军民伤亡人数达3 500万人(仅在南京的屠杀即达30万人)；按1937年比值折算，给中国造成直接经济损失1 000亿美元；间接损失5 000亿美元。

1945年抗日战争胜利后，蒋介石集团在美国大力支持下，1946年再次发动反共内战。美国对蒋介石集团的物质援助占国民党政府"货币支出的50%以上"，美国还供应国民党军队大量军需品。美国妄图通过蒋介石之手消灭中国人民武装力量,把中国变成美国控制的殖民地。但是,在中国共产党领导下,中国人民取得了第三次国内革命战争,即解放战争的胜利。经过3年多的战争,中国人民解放军歼灭了由美国武装和支持的807万(据近年原各野战军史统计资料为1 065.8万)国民党军队。1949年底,蒋介石集团在遭到惨重失败后,率残部退踞台湾地区。

中国共产党领导中国人民经过28年的艰苦奋斗,终于推翻了帝国主义、封建主义和官僚资本主义在中国的统治,结束了中国半殖民地半封建的社会状态,取得了新民主主义革命的伟大胜利。1949年10月建立了中华人民共和国,选举了以毛泽东为主席的中央人民政府。这为进一步走向社会主义奠定了基础。

1840～1949年的百年中国近现代史,短暂而丰富,悲壮而激昂。前后经历了旧民主主义和新民主主义两个革命阶段,既推翻了清代封建王朝,又推翻了代表帝国主义、封建主义和官僚资产阶级利益的国民党反动统治。无数革命先烈和志士仁人前赴后继,曾经为革命胜利和社会进步作出了重大贡献。在此期间,曾经出现过农民革命家洪秀全、杨秀清,也出现过资产阶级改良派康有为(1858～1927)、梁启超(1873～1929),更出现了伟大的资产阶级民主革命家孙中山(1866～1925)和伟大的无产阶级革命家毛泽东(1893～1976)。近现代中国的革命和斗争为当代中国的建设和腾飞奠定了基础。 (李成勋)

第九节 中华人民共和国时期

1949年9月21～30日,中国人民政治协商会议第一届会议在北京召开,通过了具有临时宪法性质的《共同纲领》,选举毛泽东为中央人民政府主席。10月1日,北京30万人民群众齐集天安门广场举行开国大典。毛泽东主席庄严宣告中华人民共和国成立。从此,中国进入了社会主义革命和建设时期。1954年9月召开了第一次全国人民代表大会,制定了中华人民共和国宪法。

中华人民共和国成立后,经过1950～1952年的国民经济恢复时期和1953～1956年对农业、手工业和资本主义工商业的社会主义改造,确立了生产资料公有制在国民经济中的主导地位,实现了从新民主主义向社会主义的过渡。1957～1966年是中国大规模的社会主义建设时期。在这10年中,从整体看,国民经济取得较大发展。以1966年同1956年相比,全国工业固定资产按原价计算,增长了3倍,国民收入按可比价格计算增长58%;钢、原煤、原油、发电量、金属切削机床等主要工业产品的产量,都有几倍乃至十几倍的增长,电子工业、石油化学工业等一批新兴工业部门建立起来;许多新兴科学技术,如原子能、喷气技术、计算机、半导体、自动控制等也有了较快发展。但是,其间:1957年全党开展整风运动中进行的"反右派斗争"被严重地扩大化了。到1958年,55万知识分子、爱国人士和党内干部被错划为"右派分子"。随后,在经济建设中曾出现过严重失误。主要由于"大跃进"和"反右倾"的错误,加上当时的自然灾害和苏联政府背信弃义撕毁合同,中国经济和人民生活在1959～1961年发生了严重困难,国家和人民遭受了重大损失。据中共中央党史研究室原副主任廖盖隆在2000年第3期《炎黄春秋》著文称,这期间非正常死亡的人数达到4 000万人。在1959年中共中央政治局庐山会议后期,错误地发动了对彭德怀的批判,进而在全党开展了错误的"反右倾"斗争,以致被重点批判和划为"右倾机会主义分子"的干部和党员有三百几十万人之多。

1966年5月至1976年10月是"文化大革命"动乱的10年,给党、国家和各族人民造成严重的灾难和损失。国民经济濒临崩溃的边缘;科学、教育和文化事业受到严重摧残;民主和法制被肆意践踏,大批干部和群众遭到残酷迫害。仅国家干部被立案审查的就占当时国家干部人数的17.5%,特别是省、部级以上高级干部被立案审查的约占75%。许多干部无辜被加上种种"罪名"受到迫害,甚至被迫害致死,并且株连到他们的家属、亲友或同志。很多无辜的群众也遭到迫害,甚至被迫害致死。

中国共产党依靠广大人民群众的支持,继1971年粉碎林彪反革命集团之后,1976年10月,又粉碎了江青反革命集团,结束了"文化大革命"这场灾难,中国进入新的历史发展时期。1978年底,中国共产党在召开十一届三中全会之后,全面纠正"文化大革命"及其以前的"左"倾错误,把工作重点转移到以经济为中心的现代化建设上来,实行改革开放政策,逐步确立了一条具有中国特色的社会主义现代化建设道路。

1987年召开了中共第十三次全国代表大会。这次大会比较系统地论述了中国社会主义初级阶段的理论,明确概括和全面阐发了党的"领导和团结全国各族人民,以经济建设为中心,坚持四项基本原则,坚持改革开放,自力更生,艰苦创业,为把我国建设成为富强、民主、文明的社会主义现代化国家而奋斗"的建设有中国特色社会主义的基本路线;确认了邓小平(1904～1997)提出的三步走的经济发展战略:第一步,实现国民生产总值比1980年翻一番,解决人民的温饱问题;第二步,到20世纪末,使国民生产总值再增长1倍,人民生活达到小康水平;第三步,到21世纪中叶,人均国民生产总值达到中等发达国家水平,人民生活比较富裕,基本实现现代化。然后,在这个基础上继续前进。

1992年初,邓小平视察南方发表重要谈话。1992年10月,中共第十四次代表大会召开。以邓小平南方谈话和十四大为标志,中国的改革开放和现代化建设进入建设社会主义市场经济体制的新阶段,实现了国民经济持续、快速、健康发展,提前达到了邓小平提出的"三步走"发展战略中的第二步战略目标,经济和社会发展取得了重大新成就。

1996年3月举行的八届全国人大四次会议,审议批准了国务院根据《中共中央关于制定国民经济和社会发展"九五"计划和2010年远景目标的建议》制定的《国民经济和社会发展"九五"计划和2010年远景目标纲要》。《纲要》提出了未来15年的主要奋斗目标。

1997年7月1日,中国政府实现了对香港恢复行使主权。香港回归祖国,标志着"一国两制"构想的巨大成功,标志着中国人民在完成祖国统一大业的道路上迈出了重要一步。1999年12月20日,澳门回归祖国。香港、澳门的回归,开创了用和平方式解决历史遗留问题的范例,是中国人民为人类进步事业作出的重要贡献。

2000年,中共十五届五中全会审议通过了《关于制定国民经济和社会发展第十个五年计划的建议》。2001年11月10日,在卡塔尔首都多哈举行的世界贸易组织第四届部长级会议上,中国被接纳为世贸组织成员。12月11日,中国加入世贸组织议定书生效,中国成为世贸组织的正式成员。中国将走向一个更加开放的时代。

2002年11月8～15日,中共十六大在北京举行。江泽民作《全面建设小康社会,开创中国特色社会主义事业新局面》的报告。提出了本世纪头20年我国全面建设小康社会的奋斗目标,即:根据十五大提出的到2010年、建党100年和新中国成立100年的发展目标,我们要在本世纪头20年,集中力量,全面建设惠及十几亿人口的更高水平的小康社会。

2003年3月第十届全国人民代表大会一次会议召开,为全面贯彻落实中共十六大提出的全面建设小康社会的奋斗目标,提出了具体建议;会议选举胡锦涛为中华人民共和国主席、温家宝为国务院总理。

2004年9月中共十六届四中全会,通过关于同意江泽民同志辞去中共中央军事委员会主席职务的决定,通过关于调整充实中共中央军事委员会组成人员的决定,决定胡锦涛任中共中央军事委员会主席。

2005年10月8～11日,中共十六届五中全会,通过了《中共中央关于制定国民经济和社会发展第十一个五年规划的建议》,并提出"十一五"时期经济社会发展的一系列主要目标,如:实现2010年人均国内生产总值比2000年翻一番;社会主义市场经济体制比较完善,民主法制建设和精神文明建设取得新进展,构建和谐社会取得新进步。

2006年10月8～11日,中共十六届六中全会在北京举行。全会提出,到2020年,构建社会主义和谐社会的目标和主要任务是:社会主义民主法制更加完善,依法治国基本方略得到全面落实,人民的权益得到切实尊重和保障;城乡、区域发展差距扩大的趋势逐步扭转,合理有序的收入分配格局基本形成,家庭财产普遍增加,人民过上更加富足的生活;社会就业比较充分,覆盖城乡居民的社会保障体系基本建立;基本公共服务体系更加完备,政府管理和服务水平有较大提高;全民族的思想道德素质、科学文化素质和健康素质明显提高,良好道德风尚、和谐人际关系进一步形成;全社会创造活力显著增强,创新型国家基本建成;社会管理体系更加完善,社会秩序良好;资源利用效率显著提高,生态环境明显好转;实现全面建设惠及十几亿人口的更高水平的小康社会的目标,努力形成全体人民各尽其能、各得其所而又和谐相处的局面。

(郝继涛)

第四章 政治体制与法律制度

第一节 发展历程回顾

中国的政治体制,在历史上曾长期植根于分散的小农经济基础上,为稳定、巩固小农经济的生产方式服务。因而古代政治制度是奴隶制和封建制。至近现代以后,由于帝国主义的侵略,使这种制度发生改变，中国经历了半殖民地半封建的制度。在中国共产党领导下，中国人民于20世纪中叶，推翻了半殖民地半封建制度，逐步建立了社会主义政治制度。

一　奴隶制度

中国自4 000多年前的夏朝已产生了奴隶制政治制度，以君主为核心的王权专制制度、王权神授的思想基础以及分封制度、宗法制度、礼制、刑制、中央和地方的官员制度、军事制度都已形成，并且为中国2 000多年的封建社会政治制度打下了基础。

二　封建制度

在漫长的封建社会，专制主义中央集权的政体，始终是中国古代、甚至近代基本的政治制度。儒家经典始终是君主专制制度的理论基础、国家制定各项政策的依据。皇权为中心，高于一切。行政、立法、司法合一，君权不容分割。皇帝不仅是国家元首，也是行政、司法和军事的决策者。皇权深受宗法影响，借助父权来巩固君权；借助礼制来调整伦理关系与等级秩序；借助神权来提高皇权；借助刑法来镇压被压迫、被剥削者。形成中国古代政治以君主为中心的重人治、轻法治；单向性、单线性；人为性、强制性、调适性等诸多特征，对其后各个历史时期都产生着深远的影响。

清朝中叶，在中国延续了2 000多年的封建政治由盛转衰。清政府奉行的压抑工商、闭关锁国的内政外交，使财政拮据，经济日益落后。但是封建政治的本质并没有因统治的衰落而改变。随着西方列强的入侵，直至1840年鸦片战争以后，中国一步步变成了半殖民地半封建社会。

三　半殖民地半封建制度

1840年鸦片战争后，外国商品和资本的大量输入，破坏了自给自足的自然经济结构；西方列强通过武装入侵和一系列不平等条约，破坏了中国领土完整和主权的独立；尤其是日本在19世纪末至20世纪上半叶，陆续侵占了中国约一半领土；而为外国侵略者服务的买办阶级与地主阶级联合执政，并在很大程度上代表了西方侵略者的利益。因此，使中国长期处于半殖民地半封建的制度中。

1898年，由资产阶级改良派发起的戊戌变法，提出了君主立宪制的设想，颁布了一系列变法革新措施，但进行到103天旋即为顽固派扑灭。1901年，清政府被迫进行自救，先后推行“新政”和“预备立宪”，出现了资政院、咨议局、责任内阁及其他一些新规定。

1911年，辛亥革命推翻了封建王朝。1912年元旦正式成立的南京临时政府是第一个、也是唯一一个在中国试图推行资产阶级政治的政府，具有鲜明的资产阶级民主共和性质。以资产阶级为主体，确立了三权分立原则，制定了中国历史上第一部资产阶级宪法性文件《临时约法》，采取权力突出的总统制。但短短3个月后，北洋军阀就窃取了革命的胜利果实。

1912～1928年的军阀统治时期，是中国历史上政治最黑暗的时期。其政权以封建地主、官僚买办阶级为主要社会基础，以帝国主义列强为后台靠山，由反动的政治军事集团实行军事专制和独裁，造成了严重的地方割据和政党派系纷争。由此导致丧权辱国，政局动荡，民不聊生，给国家和人民带来了深重的灾难。

1927年4月，以蒋介石为首的南京国民政府成立，次年在全国范围内获得了形式上的统一和统治地位。南京国民政府以民主共和制为外壳，以封建主义为内核。对外投靠帝国主义，对内推行法西斯统治。在经济上，由蒋、宋、孔、陈四大家族为代表的官僚买办资本垄断财政经济；在思想文化上，以传统的封建专制主义和法西斯主义钳制束缚人们的思想。这个专制独裁政权在本质上具有官僚买办资产阶级和封建地主豪绅阶级联合专政的鲜明特征，也是半殖民地半封建社会的必然产物。它延续到1949年，被中国共产党领导的中国人民革命运动所推翻。

四　社会主义制度

中国人民在中国共产党的领导下，经过28年的坚苦卓绝的斗争，在1949年10月1日，推翻了南京国民政府的反动统治，建立了中华人民共和国，开始了社会主义民主政治的建设。

中国当代实行的政治制度和法律制度，包括两个部分，即：第一部分在中国大陆实行的社会主义政治制度、法律制度；第二部分在中华人民共和国香港特别行政区、澳门特别行政区实行的政治制度和法律制度，以及在中华人民共和国台湾省实行的政治制度和法律制度。本章第二至五节所述“中国政治和法律制度”，是指上述第一部分即中国大陆实行的社会主义民主政治制度和法律制度。关于在台、港、澳实行的政治体制及法律制度，则在本编第十四、十

五和十六章中阐述。 （郝继涛）

第二节 宪法

宪法是国家最高权力机关制定和颁布的国家根本法。

1949年9月，为筹建中华人民共和国，经中国人民政治协商会议讨论通过了起临时宪法作用的《共同纲领》；1954、1975、1978和1982年，经全国人民代表大会制定了4部《中华人民共和国宪法》。2004年3月14日第十届全国人民代表大会第二次会议又对1982年《宪法》进行了补充和修订，成为现行《宪法》。

现行《宪法》的主要内容如下。

一 我国所处社会发展阶段、国家根本任务和指导思想

《宪法》序言中阐明："我国将长期处于社会主义初级阶段。国家的根本任务是，沿着中国特色社会主义道路，集中力量进行社会主义现代化建设。中国各族人民将继续在中国共产党领导下，在马克思列宁主义、毛泽东思想、邓小平理论和'三个代表'重要思想指引下，坚持人民民主专政，坚持社会主义道路，坚持改革开放，不断完善社会主义的各项制度，发展社会主义市场经济，发展社会主义民主，健全社会主义法制，自力更生，艰苦奋斗，逐步实现工业、农业、国防和科学技术的现代化，推动物质文明、政治文明和精神文明协调发展，把我国建设成为富强、民主、文明的社会主义国家。"

二 国家的性质和根本制度

《宪法》第一章总纲第一条规定："中华人民共和国是工人阶级领导的、以工农联盟为基础的人民民主专政的社会主义国家。""社会主义制度是中华人民共和国的根本制度。禁止任何组织或者个人破坏社会主义制度。"第五条规定："中华人民共和国实行依法治国，建设社会主义法治国家。"

三 一切权力属于人民

《宪法》第一章总纲第二条规定："中华人民共和国的一切权力属于人民。""人民行使国家权力的机关是全国人民代表大会和地方各级人民代表大会。"

《宪法》第二章规定了公民的基本权利和义务：

"公民在法律面前一律平等"，公民"有选举权和被选举权"，"有言论、出版、集会、结社、游行、示威的自由"，"有宗教信仰自由"，"人身自由不受侵犯"，"人格尊严不受侵犯"，"住宅不受侵犯"，"通信自由和通信秘密受法律的保护"，"对于任何国家机关和国家工作人员有提出批评和建议的权利"，"有劳动的权利和义务"，"有休息的权利"，有受教育的权利和义务，有进行科学研究、文学艺术创作和其他文化活动的自由；"妇女在政治的、经济的、文化的、社会的和家庭的生活等各方面享有与男子平等的权利"，国家"保护华侨的正当权利和利益，保护归侨和侨眷的合法的权利和利益"，等等。

宪法还规定，公民在享有宪法规定权利的同时，必须履行宪法规定的义务。这些义务包括：维护国家统一和全国各民族团结的义务，维护祖国的安全、荣誉和利益的义务，服兵役、参加民兵组织的义务，依照法律纳税的义务，夫妻双方实行计划生育的义务，等等。公民在行使自由和权利的时候，不得损害国家的、社会的、集体的利益和其他公民的合法的自由和权利。

四 各民族一律平等

《宪法》第一章总纲第四条规定："中华人民共和国各民族一律平等。国家保障各少数民族的合法的权利和利益，维护和发展各民族的平等、团结、互助关系。禁止对任何民族的歧视和压迫，禁止破坏民族团结和制造民族分裂的行为。"

五 坚持公有制为主体、多种所有制经济共同发展的基本制度

《宪法》第一章总纲第六条规定："中华人民共和国的社会主义经济制度的基础是生产资料的社会主义公有制，即全民所有制和劳动群众集体所有制。社会主义公有制消灭人剥削人的制度，实行各尽所能、按劳分配的原则。""国家在社会主义初级阶段，坚持公有制为主体、多种所有制经济共同发展的基本经济制度，坚持按劳分配为主体、多种分配方式并存的分配制度。"第十五条规定："国家实行社会主义市场经济。"

六 武装力量属于人民

《宪法》第一章总纲第二十九条规定："中华人民共和国的武装力量属于人民。它的任务是巩固国防，抵抗侵略，保卫祖国，保卫人民的和平劳动，参加国家建设事业，努力为人民服务。"

七 对外关系的方针政策

《宪法》序言指出："中国革命和建设的成就是同世界人民的支持分不开的。中国的前途是同世界的前途紧密地联系在一起的。中国坚持独立自主的

对外政策，坚持互相尊重主权和领土完整、互不侵犯、互不干涉内政、平等互利、和平共处的五项原则，发展同各国的外交关系和经济、文化的交流；坚持反对帝国主义、霸权主义、殖民主义，加强同世界各国人民的团结，支持被压迫民族和发展中国家争取和维护民族独立、发展民族经济的正义斗争，为维护世界和平和促进人类进步事业而努力。”

八　宪法的解释、修改和监督实施制度

宪法的解释权属于全国人民代表大会常务委员会。全国人大拥有宪法修改权。宪法的修改，由全国人大常委会或者1/5以上的全国人大代表提议，并由全国人大以全体代表的2/3以上的多数通过。全国人大履行监督宪法实施的职权；全国人大常务委员行使解释宪法、监督宪法实施的职权。　（郝继涛）

第三节　政治体制

中国现行政治制度是社会主义民主政治制度。其体制上的特征是人民代表大会制。全国人民代表大会是国家最高权力机关；各级人民代表大会是地方国家权力机关，享有包括立法权在内的国家权力；其他国家机关如行政和司法机关均由人民代表大会选举产生，对人民代表大会负责，受人民代表大会监督；而人民代表大会则是由选民直接或者间接选举产生的。见下图：

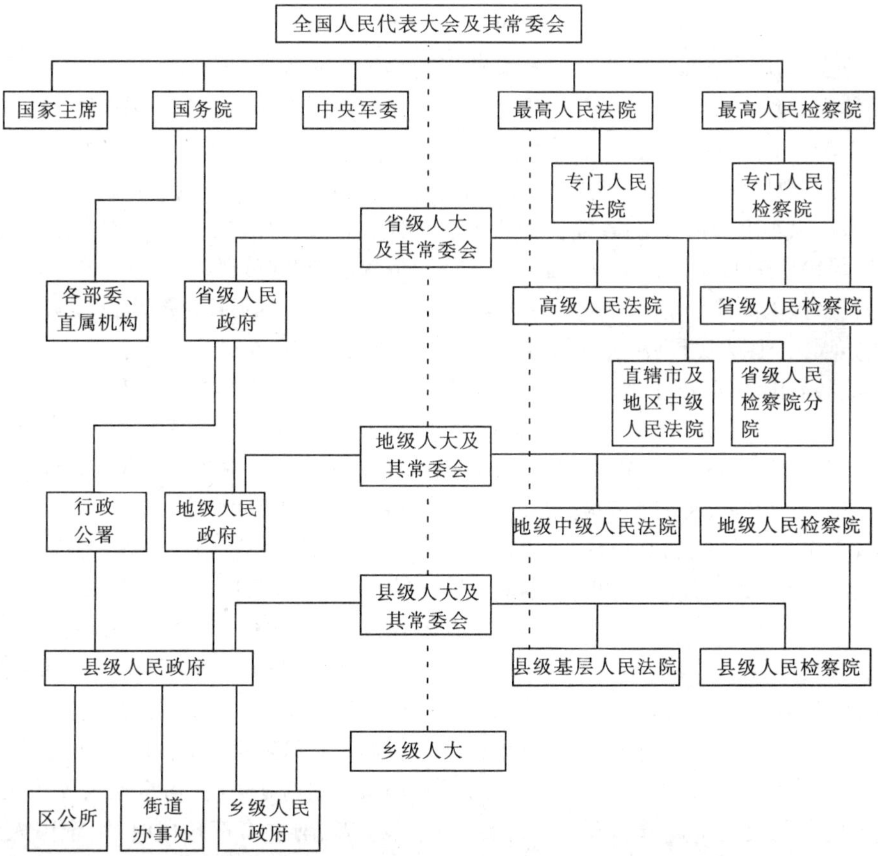

说明：1．省级包括省、自治区、直辖市；地级包括地级市、地区、自治州、盟；县级包括县、县级市、市辖区、自治县；乡级包括乡、民族乡、街道、镇。

2．行政公署是省、自治区人民政府的派出机关；区公所是县、自治县人民政府的派出机关；街道办事处是不设区的市、市辖区人民政府的派出机关。

3．特别行政区的政权机构没有在此图中表示。

4．实线表示上下级领导关系，虚线表示上下级为指导或监督关系。

一 人民代表大会

全国人民代表大会是最高国家权力机关，它享有国家立法权，行使的职权包括：修改宪法，监督宪法的实施，制定和修改刑事、民事、国家机构的和其他的基本法律，选举中华人民共和国主席、副主席，根据中华人民共和国主席的提名，决定国务院总理的人选，根据国务院总理的提名，决定国务院副总理、国务委员、各部部长、各委员会主任、审计长、秘书长的人选，选举中央军事委员会主席，根据中央军事委员会主席提名，决定中央军事委员会其他组成人员的人选，选举最高人民法院院长、最高人民检察院检察长，审查和批准国民经济和社会发展计划和计划执行情况的报告，审查和批准国家的预算和预算执行情况的报告，改变或者撤销全国人民代表大会常务委员会不适当的决定，批准省、自治区和直辖市的建置，决定特别行政区的设立及其制度，决定战争和和平的问题，应当由最高国家权力机关行使的其他职权。它除了有权监督行政机关即国务院的工作以外，还有监督中央军事委员会工作、监督最高人民法院和最高人民检察院工作的权力。后面这一部分职权，与其他许多国家的议会是不同的。

根据《宪法》规定，全国人民代表大会有权罢免下列人员：中华人民共和国主席、副主席，国务院总理、副总理、国务委员、各部部长、各委员会主任、审计长、秘书长，中央军事委员会主席和中央军委其他组成人员，最高人民法院院长，最高人民检察院检察长。

全国人民代表大会的常设机构是全国人民代表大会常务委员会，在全国人民代表大会闭会期间行使它的部分职权。

全国人民代表大会每届任期 5 年。

2003 年 3 月，全国人大第十届一次会议选举吴邦国任委员长，王兆国等 15 人为副委员长，盛华仁兼任秘书长。

地方各级人民代表大会是地方国家权力机关，行使以下职权：在本行政区域内保证宪法、法律、行政法规的遵守和执行；依照法律规定的权限，通过和发布决议，省、直辖市、自治区的人民代表大会可以制定地方性法规；审查和决定地方的经济建设、文化建设和公共事业建设的计划，县级以上地方各级人民代表大会有权审查和批准本行政区域内的国民经济和社会发展计划、预算以及它们的执行情况的报告；选举和罢免本级人民政府的首长如省长和副省长、市长和副市长、县长和副县长、区长和副区长、乡长和副乡长、镇长和副镇长；监督本级人民政府的工作；县级以上地方各级人民代表大会有权选举和罢免本级人民法院院长和人民检察院检察长，监督本级人民法院和人民检察院的工作。

县级以上地方各级人民代表大会也都设常务委员会，在本级人民代表大会闭会期间行使人民代表大会的部分职权。

全国人民代表大会，省、自治区、直辖市人民代表大会，设区的市（一般称为“地级市”）人民代表大会，是由间接选举产生的，它们的代表由下一级人民代表大会选举和罢免。县人民代表大会，县级市（也称不设区的市）人民代表大会，设区的市的区、乡、镇人民代表大会，是由直接选举产生的，它们的代表由选民直接选举产生。

二 中华人民共和国主席

中华人民共和国主席、副主席由全国人民代表大会选举产生。国家主席的职权是：根据全国人民代表大会及其常务委员会的决定，公布法律，任免国务院总理、副总理、国务委员、各部部长、各委员会主任、审计长、秘书长，授予国家的勋章和荣誉称号，发布特赦令，宣布进入紧张状态，宣布战争状态，发布动员令；代表中华人民共和国，进行国事活动，接受外国使节，根据全国人民代表大会常务委员会的决定，派遣和召回驻外全权代表，批准和废除同外国缔结的条约和重要协定。

《宪法》规定，有选举权和被选举权的年满 45 周岁的中华人民共和国公民可以被选为中华人民共和国主席、副主席。国家主席、副主席每届任期为 5 年，连续任职不得超过两届。中华人民共和国副主席协助主席工作，并受主席委托，可以代行主席的部分职权。国家主席缺位时，由副主席继任主席职位。国家副主席缺位时，由全国人民代表大会补选。国家主席、副主席都缺位时，由全国人民代表大会补选；在补选以前，由全国人民代表大会常务委员会委员长暂时代理主席职位。全国人民代表大会有权罢免国家主席、副主席。

2003 年 3 月 15 日，全国人大第十届一次会议选举胡锦涛任国家主席，曾庆红为副主席。

三 国务院

中华人民共和国中央人民政府，最高国家权力机关的执行机关，最高国家行政机关。

国务院由总理、副总理若干人、国务委员若干人、各部部长、各委员会主任、审计长、秘书长组成。总理人选由国家主席提名，全国人大决定；副总理、国务委员、各部部长、各委员会主任、审计长、秘书长人选，由总理提名，全国人大决定。

国务院实行总理负责制，各部、各委员会实行部长、主任负责制。国务院每届任期5年，总理、副总理、国务委员连续任职不得超过两届。

国务院的主要职权是：根据宪法和法律，规定行政措施，制定行政法规，发布决定和命令，向全国人大或其常委会提出议案，统一领导各部和各委员会工作，统一领导全国地方各级国家行政机关的工作，领导和管理经济、教育、科学、文化、卫生、体育、民政、公安、司法、监察、外交、国防、民族事务、华侨事务等工作，依法律规定决定省、自治区、直辖市部分地区进入紧急状态。

本届国务院于2003年3月17日组成，温家宝任总理，黄菊、吴仪(女)、曾培炎、回良玉(回族)任副总理，周永康、曹刚川、唐家璇、华建敏、陈至立(女)任国务委员。

四　中央军事委员会

中央军事委员会领导全国武装力量。中央军委由主席、副主席若干人、委员若干人组成，并实行主席负责制。每届任期5年。中央军委主席对全国人大及其常委会负责。现任中央军委主席胡锦涛，副主席郭伯雄、曹刚川。

五　地方各级人民代表大会和地方各级人民政府

省、直辖市、县、市、市辖区、乡、镇设立人民代表大会和人民政府。自治区、自治州、自治县设立自治机关。各级人民政府是同级人民代表大会的执行机构。

地方各级人民代表大会在本行政区域内，保证宪法、法律、行政法规的遵守和执行；依照法律规定的权限，通过和发布决议，审查和决定地方的经济建设、文化建设和公共事业建设的计划。

地方各级人民政府是地方各级国家权力机关的执行机关，是地方各级国家行政机关。

在地方各级，人民代表大会选举并且有权罢免同级人民政府负责人，如省长、副省长，市长、副市长，县长、副县长，区长、副区长，乡长、副乡长，镇长、副镇长等。同时，每一级地方人民政府的工作又要服从上一级人民政府的领导，如乡人民政府服从县人民政府，县人民政府服从省或管辖它的市人民政府的领导；相应的，地方人民政府的各部门的工作要服从上一级人民政府相关工作部门的领导，比如县人民政府教育局的工作要服从省人民政府教育厅的领导，省人民政府教育厅的工作要服从中华人民共和国教育部的领导；上级人民政府有权改变或者撤销所属工作部门和下级人民政府的不适当的决定。

六　政治协商会议

中国人民政治协商会议(简称政协)是中国人民爱国统一战线的组织，是中国共产党领导的多党合作和政治协商的重要机构，由中国共产党、各民主党派、无党派民主人士、人民团体、各民族和各界的代表，台湾同胞、港澳同胞和归国侨胞的代表以及特别邀请的人士组成。

1949年6月在北平(今北京)召开筹备会，同年9月召开第一届全体会议，代行全国人大的职权，制定了起临时宪法作用的《中国人民政治协商会议共同纲领》，选举了中央人民政府，宣告中华人民共和国成立。1954年9月第一届全国人大一次会议召开后，政协在全国政治生活和社会生活以及对外友好活动中作出了重要贡献。1982年12月，五届五次政协会议通过了新的《中国人民政治协商会议章程》，1994年3月又进行了修订。

(一) 职能

政治协商会议主要职能是政治协商和民主监督，组织参加政协的各党派、团体和各族各界人士参政议政。

1. 政治协商的主要内容和形式

政治协商的主要内容包括：国家在社会主义物质文明建设、政治文明建设和精神文明建设及改革开放中的重要方针政策及重要部署、政府工作、国家财政预算、经济与社会发展规划、国家政治生活方面的重大事项、国家重要法律草案、中共中央提出的领导人人选、国家省级行政区划的变动、外交方面的重要方针政策、关于实现祖国统一的重要方针政策、群众生活的重大问题、各党派之间的共同性事务、政协内部重要事务，以及有关爱国统一战线的其他重要问题。

政治协商的主要形式有：政协全国委员会的全体委员会议，常务委员会议，主席会议，常务委员专题座谈会，各专门委员会会议，根据需要召开的各党派、无党派民主人士、人民团体、少数民族人士和各界爱国人士的代表参加的协商座谈会，地方各级人民政治协商会议的各种活动等。

2. 民主监督的主要内容和形式

民主监督的主要内容包括:国家宪法、法律与法规的实施情况,中共中央与国家领导机关制定的重要方针政策的贯彻执行情况,国民经济和社会发展计划及财政预算执行情况,国家机关及其工作人员履行职责、遵守法纪、为政清廉等方面情况,参加政协的各单位和个人遵守政协章程和执行政协决议的情况。

民主监督的主要形式有:政协全国委员会的全体委员会议、常务委员会议或主席会议向中共中央、国务院提出建议案;各专门委员会提出建议和有关报告;委员视察、委员提案、委员举报或以其他形式提出批评和建议;参加中共中央、国务院有关部门组织的调查和检查活动,地方各级人民政治协商会议的各种活动等。

3. 参政议政的主要内容

包括选择人民群众关心、党政部门重视、政协有条件做的课题,组织调查和研究,积极主动地向党政领导机关提出建设性的意见;通过多种形式,广开言路,广开才路,充分发挥委员的专长和作用,为改革开放和社会主义现代化建设献计献策等。

(二) 中国人民政治协商会议的组织原则

凡赞成中国人民政治协商会议章程的党派和团体,经政协全国委员会或地方委员会的常务委员会协商同意,得参加全国委员会或地方委员会。个人经政协全国委员会或地方委员会的常务委员会协商邀请,亦得参加全国委员会或地方委员会。全国委员会对地方委员会的关系和上级地方委员会对下级地方委员会的关系是指导关系。地方委员会对全国委员会的全国性决议,下级地方委员会对上级地方委员会的全地区性决议,有遵守和履行的义务。参加中国人民政治协商会议的单位和个人,都有通过政协的各种会议、组织和活动,参加政治协商、民主监督和参政议政的权利。全国委员会和地方委员会的全体会议、常务委员会的议案,应分别经全体委员或全体常务委员过半数通过。各参加单位和个人对会议的决议,有遵守和履行的义务。如有不同意见,在坚决执行的前提下可以声明保留。各参加单位和个人如果严重违反政协章程或全体会议和常务委员会的决议,由全国委员会或地方委员会的常务委员会分别依据情节给予警告处分,或撤销其参加政协的资格。

(三) 全国委员会

全国委员会的参加单位、委员名额和人选,由上届全国委员会常务委员会协商决定。在每届任期内,有必要增加或变更参加单位、委员名额和决定人选时,由本届常务委员会协商决定。现任的第十届全国委员会由 34 个单位组成,即:中国共产党,中国国民党革命委员会,中国民主同盟,中国民主建国会,中国民主促进会,中国农工民主党,中国致公党,九三学社,台湾民主自治同盟,无党派民主人士,中国共产主义青年团,中华全国总工会,中华全国妇女联合会,中华全国青年联合会,中华全国工商业联合会,中国科学技术协会,中华全国台湾同胞联谊会,中华全国归国华侨联合会,文化艺术界,科学技术界,社会科学界,经济界,农业界,教育界,体育界,新闻出版界,医药卫生界,对外友好界,社会福利界,少数民族界,宗教界,特邀香港人士,特邀澳门人士,特别邀请人士。委员共2 238人,常务委员2 909人。

全国委员会每届任期 5 年,每年举行一次全体会议。

全国委员会设主席 1 人、副主席若干人,秘书长 1 人,并设立常务委员会主持会务。

常务委员会由全国委员会主席、副主席、秘书长和常务委员组成,其候选人由参加政协全国委员会的各党派、团体、各民族和各界人士协商提名,经全国委员会全体会议选举产生。全国委员会主席主持常务委员会的工作,副主席、秘书长协助主席工作。

主席、副主席、秘书长组成主席会议,处理常务委员会的重要日常工作。

2003 年 3 月全国政协第十届一次会议选举贾庆林任主席,王忠禹等 24 人任副主席,郑万通任秘书长。

(四) 地方委员会

省、自治区、直辖市,自治州、设区的市、县、自治县、不设区的市和市辖区,凡有条件设中国人民政治协商会议的地方,均设立人民政协组织。目前各级地方委员会3 000多个,委员 50 余万人。人民政协各级地方委员会每届任期 5 年。各级地方委员会及其常务委员会的组成、产生办法、职责、主要工作机构的设置等,与全国委员会相似。

七　社会团体

中国有许多在中国共产党领导之下、代表某一个方面的公民、合法参与社会政治生活的社会团体。如青年组织中国共青团,妇女组织全国妇联,职工组织工会,学生组织全国学联,等等。这些社会团体均有全国和地方性组织机构。

（张明澍　郝继涛）

第四节　法律制度

中国是一个有中国特色的社会主义国家，因此它的法律制度的各个方面都带有社会主义性质和中国特色，这一点从内容上将中国的法律制度与其他国家的法律制度区别开来。中国有一个独立的人民检察院系统，专门负责法律监督工作，在刑事诉讼中它也充当国家公诉人的角色，这是中国法律制度与西方国家以及许多引进西方国家法律制度的国家的不同之处。

一　立法和法律体系

在中国的法律体系中，宪法处于最高位置，只有全国人民代表大会有权力制定和修改宪法，全国人民代表大会监督宪法的实施。全国人民代表大会常务委员会有权解释宪法和监督宪法的实施。任何其他法律、法规均不得违反宪法。中国现行宪法于1982年制定，1988年、1993年、1999年和2004年进行过4次修改。

《宪法》之下是普通法律，也称为部门法，是规范某一领域内的社会关系和行为的法律。按照宪法的区分，普通法律又可以分为“基本法律”和“其他法律”。所谓基本法律，是指必须由全国人民代表大会制定和修改的刑事、民事、国家机构的和其他的法律。属于这一类的法律有：《中华人民共和国刑法》《中华人民共和国民法通则》《中华人民共和国刑事诉讼法》《中华人民共和国民事诉讼法》《中华人民共和国婚姻法》《中华人民共和国经济合同法》《中华人民共和国个人所得税法》《中华人民共和国继承法》，等等。

所谓“其他法律”，是指可以由全国人民代表大会常务委员会制定和修改的法律。属于这一类的法律有：《中华人民共和国公司法》、《中华人民共和国商业银行法》、《中华人民共和国保险法》、《中华人民共和国票据法》、《中华人民共和国反不正当竞争法》、《中华人民共和国证券法》，等等。

20世纪90年代以来，全国人民代表大会常务委员会加强了制定社会主义市场经济法律体系的工作，一个与现代国际社会接轨的规范社会主义市场经济的法律体系，在20世纪末已经基本形成。

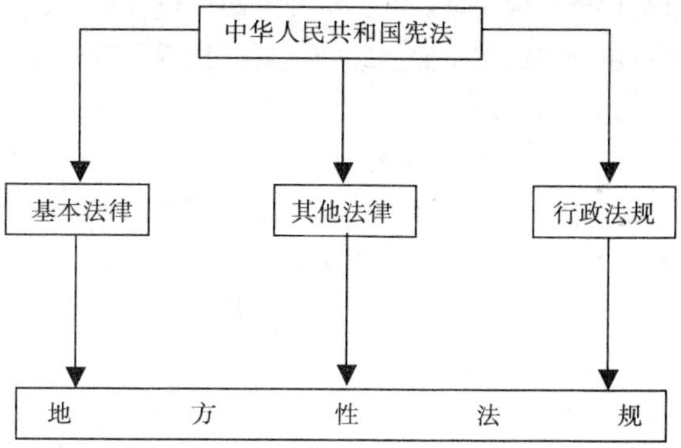

按照《宪法》的规定，国务院可以根据《宪法》和法律，规定行政措施，制定行政法规，发布决定和命令。国务院制定的行政法规，发布的决定和命令，对于它管辖的对象，同样具有强制性约束力。全国人民代表大会常务委员会有权撤销国务院制定的行政法规和发布的决定和命令。

除了全国人民代表大会及其常务委员会制定和修改的法律之外，省、自治区、直辖市人民代表大会及其常务委员会可以制定地方性法规。地方性法规必须报全国人民代表大会常务委员会备案，不得与《宪法》、法律和行政法规相抵触，否则全国人民代表大会常务委员会有权将其撤销。

二　司法制度

人民法院和人民检察院在中国统称司法机关，准确地说，人民法院是国家审判机关，人民检察院是国家的法律监督机关。

（一）人民法院

人民法院是行使国家审判权的司法机关，审判权只能由人民法院行使。中国的人民法院采取“四级两审”制。所谓“四级”，是指：

1. 最高人民法院

是中国的最高审判机关。它管辖的是全国性的重大民事和刑事案件的第一审，以及不服高级人民法院第一审判决而提起的上诉或抗诉案件。最高人民法院做出的第一审或第二审判决或裁定，都是终审的判决或裁定。最高人民法院对一切下级人民法院做出的已经发生法律效力的判决和裁定，如果发现确有错误，有权按照审判监督程序将案件提审或指令下级人民法院再审。

2. 高级人民法院

即省、自治区、直辖市高级人民法院。它管辖的是在全省、全自治区、全直辖市有重大影响的民事和刑事案件的第一审，以及不服中级人民法院的第一审判决或裁定而提起的上诉或抗诉案件。

3. 中级人民法院

包括省或自治区按地区设立的中级人民法院(称地区中级人民法院)、直辖市中级人民法院、省或自治区辖市中级人民法院。中级人民法院负责审理法律规定由它管辖的第一审案件，以及不服基层人民法院第一审判决或裁定而提起的上诉或抗诉案件。

4. 基层人民法院

包括县人民法院或县级市人民法院、市辖区人民法院。基层人民法院负责对除法律规定由上级人民法院管辖以外的一切民事和刑事案件进行第一审。

各级人民法院均设立刑事审判庭、民事审判庭、经济审判庭，并可根据需要设立如行政审判庭、知识产权审判庭等其他审判庭。

(二) 人民检察院

人民检察院是负责行使国家检察权的法律监督机关。人民检察院所担负的法律监督工作包括：对刑事案件提起公诉，支持公诉；对同级人民法院的尚未生效的第一审判决或裁定，如果认为确有错误，可以在上诉期限内向上一级人民法院提起抗诉；对国家机关工作人员的职务犯罪立案侦查，决定是否提起公诉；对刑事判决、裁定的执行和监管工作进行监督。

人民检察院包括最高人民检察院和地方各级人民检察院。地方各级人民检察院分为：省、自治区、直辖市人民检察院，省、自治区、直辖市人民检察院分院，设区的市的人民检察院，县、县级市和市辖区人民检察院。　　(张明澍)

第五节　政党

一　政党制度

中国的政党制度称为“中国共产党领导的多党合作制”，这是一种有中国特色的社会主义的政党制度。《中华人民共和国宪法》“序言”指出：“社会主义的建设事业必须依靠工人、农民和知识分子，团结一切可以团结的力量。在长期的革命和建设过程中，已经结成由中国共产党领导的，有各民主党派和各人民团体参加的，包括全体社会主义劳动者、社会主义事业的建设者、拥护社会主义的爱国者和拥护国家统一的爱国者的广泛的爱国统一战线，这个统一战线将继续巩固和发展。中国人民政治协商会议是有广泛代表性的统一战线组织，过去发挥了重要的历史作用，今后在国家政治生活、社会生活和对外友好活动中，在进行社会主义现代化建设、维护国家的统一和团结的斗争中，将进一步发挥它的重要作用。中国共产党领导的多党合作和政治协商制度将长期存在和发展。”

(一) 多党合作的基本特征

第一，除了共产党以外，中国还有8个其他政党，通称为“民主党派”。在所有政党中，中国共产党处于领导地位，8个民主党派都在自己章程中明确规定拥护共产党领导。

第二，各民主党派同共产党都以国家在不同历史时期的总任务作为共同政治纲领，共同致力于社会主义事业。

第三，各民主党派同共产党一道参加国家大政方针和人民生活中重大问题的协商、决定；民主党派的代表人物参加国家政权的工作，担任领导职务。

第四，各民主党派和共产党都以宪法为根本活动准则，在宪法范围内活动，受宪法保护，并且根据宪法实行互相监督。

(二) 多党合作制度的主要表现形式

1. 中共中央主要领导人邀请各民主党派主要领导人和无党派的代表人士举行民主协商会，就中共中央将要提出的大政方针问题进行协商。定期召开民主党派、无党派人士座谈会，通报或交流重要情况，传达重要文件，听取意见和建议。

2. 民主党派和无党派人士依照选举法和有关法律，当选为人民代表大会及其常委会、专门委员会组成人员，并占有一定比例。他们以人民代表的身份，依照宪法和有关法律开展活动，行使职权。

3. 举荐民主党派和无党派人士在各级政府及司法机关担任领导职务。据1998年初公布的资料，全国担任地方县级以上人民政府及司法机关处级以上领导职务的民主党派及无党派的干部共计7 300多人，其中担任部级、副部级领导的24人，地方省级领导的有25人。还有许多民主党派和无党派人士受聘为国家的和各地的特约检察员、特约监察员、特约审计员。

4. 各民主党派积极履行参政党的职能，围绕党和国家的工作大局，深入调研，提出建议，参政议政，在国家政治经济生活中发挥着重要的作用。

二　政党

（一）中国共产党

1. 党的性质、最终目标和指导思想

中国共产党是中国工人阶级的先锋队，是中国各族人民利益的忠实代表，是中国社会主义事业的领导核心。中国共产党的最终目标，是实现共产主义的社会制度。中国共产党以马克思列宁主义、毛泽东思想、邓小平理论和“三个代表”重要思想作为行动指南。

2. 党的奋斗历程和基本经验

中国共产党成立于1921年7月1日。从成立之日起，中共领导各族人民，经过长期的反对帝国主义、封建主义、官僚资本主义的革命斗争，取得了新民主主义革命的胜利，建立了人民民主专政的中华人民共和国，并且在建国后进行了社会主义改造，完成了从新民主主义到社会主义的过渡，确立了社会主义制度，发展了社会主义的经济、政治和文化。

1978年中共十一届三中全会以来，以邓小平为主要代表的中国共产党人总结新中国成立以来的经验教训，解放思想，实事求是，实现了全党工作中心向经济建设的转移，实行改革开放，开辟了社会主义事业发展的新时期，逐步形成了建设有中国特色的社会主义的路线、方针、政策，阐明了在中国建设社会主义、巩固和发展社会主义的基本问题。

中国共产党认为，中国目前处于社会主义的初级阶段。这是在经济文化落后的中国建设社会主义现代化不可逾越的历史阶段，需要上百年的时间。中国的社会主义建设，必须从中国的国情出发，走有中国特色的社会主义道路。在现阶段，中国社会的主要矛盾是人民日益增长的物质文化需要同落后的社会生产力之间的矛盾。由于国内的因素和国际的影响，阶级斗争还在一定范围内长期存在，在某种条件下还有可能激化，但已经不是主要矛盾。中国社会主义建设的根本任务，是进一步解放生产力，发展生产力，逐步实现社会主义现代化，并且为此而改革生产关系和上层建筑中不适应生产力发展的方面和环节。

中国共产党在社会主义初级阶段的基本路线是：领导和团结全国各族人民，以经济建设为中心，坚持四项基本原则，坚持改革开放，自力更生，艰苦创业，为把中国建设成为富强、民主、文明的社会主义现代化中国而奋斗。

江泽民同志2001年7月1日在纪念中国共产党成立80周年大会上的讲话指出，80年的实践启示我们：(1) 必须始终坚持马克思主义基本原理同中国具体实际相结合，坚持科学理论的指导，坚定不移地走自己的路。(2) 必须始终紧紧依靠人民群众，诚心诚意为人民谋利益，从人民群众中汲取前进的不竭力量。(3) 必须始终自觉地加强和改进党的建设，不断增强党的创造力、凝聚力和战斗力，永葆党的生机和活力。

江泽民同志还强调指出：“总结80年的奋斗历程和基本经验，展望新世纪的艰巨任务和光明前途，我们党要继续站在时代前列，带领人民胜利前进，归结起来，就是必须始终代表中国先进生产力的发展要求，代表中国先进文化的前进方向，代表中国最广大人民的根本利益。”“‘三个代表’要求，是我们党的立党之本、执政之基、力量之源。”

2002年11月，江泽民同志在中共十六大报告中又指出，13年来党领导人民建设中国特色社会主义，积累了十分宝贵的经验，这就是：(1) 坚持以邓小平理论为指导，不断推进理论创新。(2) 坚持以经济建设为中心，用发展的办法解决前进中的问题。(3) 坚持改革开放，不断完善社会主义市场经济体制。(4) 坚持四项基本原则，发展社会主义民主政治。(5) 坚持物质文明和精神文明两手抓，实行依法治国和以德治国相结合。(6) 坚持稳定压倒一切的方针，正确处理改革发展稳定的关系。(7) 坚持党对军队的绝对领导，走中国特色的精兵之路。(8) 坚持团结一切可以团结的力量，不断增强中华民族的凝聚力。(9) 坚持独立自主的和平外交政策，维护世界和平与促进共同发展。(10) 坚持加强和改善党的领导，全国推进党的建设新的伟大工程。“这些经验，联系党成立以来的历史经验，归结起来就是，我们党必须始终代表中国先进生产力的发展要求，代表中国先进文化的前进方向，代表中国最广大人民的根本利益。这是坚持和发展社会主义的必然要求，是我们党艰辛探索和伟大实践的必然结论。”

3. 党的建设的基本要求

《中国共产党章程》规定，党的建设必须坚决

实现以下四项基本要求：

第一，坚持党的基本路线。全党要用邓小平理论、“三个代表”重要思想和党的基本路线统一思想，统一行动，并且毫不动摇地长期坚持下去。必须把改革开放同四项基本原则统一起来，全面落实党的基本路线，全面执行党在社会主义初级阶段的基本纲领，反对一切“左”的和右的错误倾向，要警惕右，但主要是防止“左”。加强各级领导班子建设，选拔使用在改革开放和社会主义现代化建设中政绩突出、群众信任的干部、培养和造就千百万社会主义事业接班人，从组织上保证党的基本路线和基本纲领的贯彻落实。

第二，坚持解放思想，实事求是，与时俱进。党的思想路线是一切从实际出发，理论联系实际，实事求是，在实践中检验真理和发展真理。全党必须坚持这条思想路线，积极探索，大胆试验，开拓创新，创造性地开展工作，不断研究新情况，总结新经验，解决新问题，在实践中丰富和发展马克思主义。

第三，坚持全心全意为人民服务。党除了工人阶级和最广大人民群众的利益，没有自己特殊的利益。党在任何时候都把群众利益放在第一位，同群众同甘共苦，保持最密切的联系，不允许任何党员脱离群众，凌驾于群众之上。党在自己的工作中实行群众路线，一切为了群众，一切依靠群众，从群众中来，到群众中去，把党的正确主张变为群众的自觉行动。我们党的最大政治优势是密切联系群众，党执政后的最大危险是脱离群众。党风问题、党同人民群众联系问题是关系党生死存亡的问题。党坚持不懈地反对腐败，加强党风建设和廉政建设。

第四，坚持民主集中制。民主集中制是民主基础上的集中和集中指导下的民主相结合。它既是党的根本组织原则，也是群众路线在党的生活中的运用。必须充分发扬党内民主，发挥各级党组织和广大党员的积极性创造性。必须实行正确的集中，保证全党行动的一致，保证党的决定得到迅速有效的贯彻执行。加强组织性纪律性，在党的纪律面前人人平等。加强对党的领导机关和党员领导干部的监督，不断完善党内监督制度。党在自己的政治生活中正确地开展批评和自我批评，在原则问题上进行思想斗争，坚持真理，修正错误。努力造成又有集中又有民主，又有纪律又有自由，又有统一意志又有个人心情舒畅的生动活泼的政治局面。

4. 党的组织机构

中国共产党的组织机构分为中央、地方和基层组织。

中央组织包括：中央委员会、中央政治局、中央政治局常务委员会、中央军事委员会和中央纪律检查委员会。

中央政治局和它的常务委员会在中央委员会全体会议闭会期间，行使中央委员会的职权。中央委员会总书记从中央政治局常务委员会委员中产生。中央政治局下设立中央书记处，中央书记处是中央政治局和它的常务委员会的办事机构。

党的地方组织，省、自治区、直辖市一级设委员会、纪律检查委员会，县、不设区的市和市辖区设委员会和纪律检查委员会。党的基层组织包括党的基层委员会、总支部委员会和支部委员会。凡有党员 3 人以上的地方，都要成立党的基层组织。

党的中央委员会每届任期 5 年，党的省一级委员会每届任期 5 年；党的基层委员会每届任期 2 年或者 3 年。

5. 党的十六大

2002 年 11 月 8～15 日，中国共产党第十六次全国代表大会在北京举行。大会通过的党章修正案，把“三个代表”重要思想同马克思列宁主义、毛泽东思想和邓小平理论一起确立为中共的指导思想。同时，十六大为开创中国特色社会主义事业新局面指明方向，提出了本世纪头 20 年我国全面建设小康社会的奋斗目标。十六大选举了新一届中央委员会，中共中央领导集体顺利实现新老交替。中共十六届一中全会选举胡锦涛为总书记，中央政治局常务委员会委员为胡锦涛、吴邦国、温家宝、贾庆林、曾庆红、黄菊、吴官正、李长春、罗干。

2004 年 9 月中共十六届四中全会，通过关于同意江泽民同志辞去中共中央军事委员会主席职务的决定，通过关于调整充实中共中央军事委员会组成人员的决定，决定胡锦涛任中共中央军事委员会主席。

2005 年 10 月 8～11 日，中共十六届五中全会通过了《关于制定国民经济和社会发展第十一个五年规划的建议》。

2006 年 10 月 8～11 日，中共十六届六中全会提出了到2020年构建社会主义和谐社会的目标和主要任务。全会强调，构建社会主义和谐社会，要遵循以下原则：必须坚持以人为本，必须坚持科学发展观，必须坚持改革开放，必须坚持民主法治，必须坚持正确处理改革发展稳定的关系，必须坚持在党的领导下全社会共同建设。

截至2005年末,中国共产党党员人数为7 080万人。中共中央机关报是《人民日报》(1949年8月发行);机关刊物为《求是》(原名《红旗》,1958年6月创办,1987年改为现名)。

（二）中国国民党革命委员会

由中国国民党民主派和其他爱国民主分子创建，具有政治联盟特点，拥护中国共产党领导，为社会主义服务的政党。简称“民革”。成立于1948年1月1日。

民革现阶段的纲领是：在社会主义初级阶段基本路线指引下，发扬孙中山爱国、革命和不断进步的精神，领导全体党员，团结国内外一切拥护祖国统一的爱国者，为统一祖国、振兴中华而奋斗。

民革的最高领导机关是全国代表大会和由代表大会产生的中央委员会。全国代表大会每五年举行一次，必要时可提前或延期举行。中央委员会下设组织部、宣传部和政策研究委员会、祖国统一委员会、妇女委员会等工作部门。1987年设立中央监察委员会，是中央的荣誉机构，任期和中央委员会相同。民革地方组织的领导机关是地方各级代表大会和由代表大会产生的委员会。民革的基层组织是它的支部。民革的党员，主要是同中国国民党有关系的人士、同台湾各界有关系的人士、致力于祖国统一的人士以及其他有关人士。民革的中央机关报是《团结报》（1956年创办，每周两期）。据2002年公布的资料，全国（除台湾和西藏）各省、自治区、直辖市均建立了民革组织，党员6万余人。

（三）中国民主同盟

以中上层知识分子为主，具有政治联盟特点，拥护中国共产党领导，为社会主义服务的政党。简称“民盟”，最早成立于1939年11月，1944年9月正式改称中国民主同盟。

民盟的政治主张是在社会主义、爱国主义旗帜下，推进民主政治、改革开放，为建设有中国特色的社会主义而奋斗。

民盟的最高领导机构是全国代表大会和由代表大会产生的中央委员会。全国代表大会每五年召开一次，必要时可提前或延期。中央委员会选举产生常务委员会主持中央日常工作。中央委员会下设组织部、宣传部、社会服务部、政策研究室以及文教委员会、科技委员会、经济委员会等工作部门。民盟于1987年设立中央参议委员会，它是民盟的荣誉机构，也是中央委员会的咨询和参议机构。中央参议委员会的任期与中央委员会相同。民盟地方组织的领导机构是它的地方各级代表大会和由代表大会产生的委员会。民盟的基层组织是支部。民盟中央的机关刊物是月刊《群言》。据2004年公布的资料，民盟有盟员15万余人，省级组织30个，市和县级组织384个。民盟盟员有近1.4万人担任各级人民代表大会代表和政治协商会议委员会委员。

（四）中国民主建国会

以经济界人士以及有关专家学者为主、具有政治联盟特点、拥护中国共产党领导、为社会主义服务的政党。简称“民建”。成立于1945年12月16日。

民建的政治纲领是，以建设有中国特色的社会主义的基本路线为指南，组织、团结会员和所联系的群众，发挥从事经济工作的特长，参加国事管理，进行政治协商和民主监督，开展社会服务活动，为把中国建设成为富强、民主、文明的社会主义现代化强国而奋斗。

民建的最高领导机构是全国代表大会和由代表大会产生的中央委员会，全国代表大会每五年举行一次，必要时可提前或延期举行。中央委员会选举产生中央常务委员会，并设执行局，在中央常务委员会领导下处理中央日常工作。民建中央委员会下设有组织部、宣传部和联络部等工作部门。民建还同中华全国工商业联合会共同设置咨询培训、妇女等工作机构。民建于1987年设立中央咨议委员会，作为中央委员会的咨询和参议机构。中央咨议委员会的任期与中央委员会相同。民建地方组织的领导机构是地方各级代表大会和由代表大会产生的委员会。民建的基层组织是它的支部。根据2001年公布的资料，民建在全国的30个省、自治区、直辖市以及下属的市和市辖区建立了组织。民建有会员8.5万余人。其中有2 100余人在各级人民代表大会担任代表，1.1万人担任各级政治协商会议委员会委员。

（五）中国民主促进会

由从事教育、文化、出版、科学和其他工作的知识分子组成的，具有政治联盟特点，拥护中国共产党领导，为社会主义服务的政党。简称“民进”，成立于1945年12月30日。

民进的宗旨是，以中国社会主义初级阶段基本路线为指导，促进和完善社会主义民主，健全社会主义法制，提高中华民族素质，发展社会生产力，为把中国建设成为富强、民主、文明的社会主义现代化国家而奋斗。

民进的最高领导机构是全国代表大会和由代表大会产生的中央委员会。全国代表大会每五年召开一次，必要时可提前或延期举行。中央委员会选举产生常务委员会，并设执行局处理中央日常工作。中央委员会下设组织部、宣传部、教育委员会、文化艺术委员会、出版委员会、妇女委员会等工作部门。民进于1987年设立中央参议委员会，作为民进中央的荣誉和顾问机构，在中央委员会领导下进行工作。民进地方组织的领导机构是地方各级代表大会和由代表大会产生的委员会。民进的基层组织是支部。民进在全国的29个省、自治区、直辖市建立了组织。2004年，会员有近9.4万人。民进有1万余名会员担任各级人民代表大会代表、政治协商会议委员会委员和政府领导职务。

（六）中国农工民主党

由医药卫生和科学技术、文化教育界的中、高级知识分子组成的，具有政治联盟特点，拥护中国共产党领导，为社会主义服务的政党。简称“农工党”。成立于1930年8月。原名“中国国民党临时行动委员会”，后多次更名，1947年改为现名。

农工党的政治主张是，以中华人民共和国宪法为活动准则，高举爱国主义和社会主义两面旗帜，以社会主义初级阶段的基本路线为指导，努力促进社会生产力的发展，为把中国建设成为富强、民主、文明的社会主义现代化强国而奋斗。

农工党的最高领导机构是全国代表大会和由代表大会产生的中央委员会。全国代表大会每五年召开一次，必要时可提前或延期举行。中央委员会选举产生中央常务委员会，并设执行局处理中央日常工作。中央委员会下设组织部、宣传部、咨询服务工作部和妇女工作委员会、医药卫生工作委员会、科技文教工作委员会等工作部门。农工党于1987年设立中央咨监委员会，在中央委员会领导下起顾问、咨询和监督作用。中央咨监委员会的任期与中央委员会相同。这一机构于1993年11月经该党12大决定撤销。农工党地方组织的领导机构是地方各级成员大会或代表大会以及由代表大会产生的委员会。农工党的基层组织是支部。农工党在全国的30个省、自治区、直辖市都建立组织。2004年农工党成员有8万余人。

（七）中国致公党

由归侨、侨眷和与海外有联系的代表性人士、专家学者组成，具有政治联盟特点，拥护中国共产党领导，为社会主义服务的政党。简称“致公党”。1925年10月由华侨社团美洲旧金山致公总堂发起成立。

致公党的政治纲领是，高举爱国主义和社会主义两面旗帜，团结全体党员以及所联系的归侨、侨眷和海内外亲友，发扬爱国爱乡的光荣传统，共同为实现统一祖国、振兴中华的宏伟大业而奋斗。

致公党的最高领导机构是全国代表大会和由代表大会产生的中央委员会。全国代表大会每五年召开一次，必要时可提前或延期举行。中央委员会选举产生常务委员会主持中央日常工作。中央委员会下设组织部、宣传部、联络部和华侨工作委员会、妇女工作委员会等工作部门。致公党地方组织的领导机构是地方各级代表大会和由代表大会产生的委员会。致公党的基层组织是支部。据2004年公布的资料，致公党在归侨和侨眷比较集中的17个省、自治区、直辖市建立了组织，致公党成员有1.8万余人。

（八）九三学社

由科学技术和文化教育，医药卫生界高、中级知识分子组成的，具有政治联盟特点，拥护中国共产党领导，为社会主义服务的政党。前身是民主科学座谈会，正式成立于1946年5月。取名九三学社，是为纪念1945年9月3日抗日战争和国际反法西斯战争胜利。

九三学社的任务是，在爱国主义和社会主义的旗帜下，广泛团结知识界人士，坚持民主和科学，致力于改革开放，为使中国成为富强、民主、文明的现代化国家而奋斗。

九三学社的最高领导机构是全国代表大会、由代表大会产生的中央委员会，以及由中央委员会产生的中央常务委员会。全国代表大会每五年召开一次，必要时可提前或延期举行。中央委员会下设执行局、组织部、宣传部、联络部、文教工作委员会、科技咨询服务中心等工作部门。九三学社于1987年设立中央参议委员会，它是九三学社中央的荣誉机构，同时起顾问和咨询作用。中央参议委员会的任期与中央委员会相同。九三学社的地方组织是各级地方代表大会和由代表大会产生的委员会。九三学社的基层组织是它的支社。据2004年公布的资料九三学社在全国30个省、自治区、直辖市都建立了组织，会员8.8万余人。九三学社的成员中有3 000余人担任各级人民代表大会代表、政治协商会议委员会委员，以及各级政府的领导职务。九三学社的机关刊物是双月刊《民主与科学》(1989年12月创刊)。

（九）台湾民主自治同盟

建立于1947年11月12日。简称“台盟”。由台湾省籍人士组成，具有政治联盟特点。拥护中国共产党领导，早期反对国民党反动统治。改革开放以来，主张以“一个国家，两种制度”为原则，争取用和平方式实现台湾和大陆的统一；在爱国主义旗帜下，广泛联系台湾岛内外各界人士和各方面政治力量，沟通往来，共商国是；促进通邮、通商、通航、探亲旅游、科学技术和文化体育交流；促进和平谈判的实现；支持台湾人民争取民主、维护切身利益、为共同完成祖国统一大业而努力。

台盟的最高权力机构是全盟代表大会和由代表大会产生的中央委员会。全盟代表大会每五年召开一次，必要时可提前或延期举行。中央委员会由常务委员会主持盟务，常务委员会设主席团处理日常工作。主席团任期一年，连选可以连任。台盟中央下设组织部、宣传部、联络部和办公厅等工作部门。1987年台盟设立中央评议委员会。评议委员会的主要工作是研究国家大事和台湾问题，向盟中央提出意见和建议；对本盟重大方针的制定和调整提出批评和建议等。台盟的地方组织是地方各级盟员代表大会和由代表大会产生的委员会。台盟的基层组织是支部或者小组。据2002年公布的资料，台盟在台湾同胞较集中的13省、直辖市建立了组织。　(张明澍)

第六节　主要政治人物

胡锦涛（1942～　）　中国共产党中央委员会总书记、中华人民共和国主席、中央军事委员会主席。1942年12月21日生，安徽绩溪人。大学学历，工程师。1959～1964年在清华大学水利工程系河川枢纽电站专业学习，并任政治辅导员。1964年4月加入中国共产党。1965～1968年在清华大学水利工程系参加科研工作，并任政治辅导员（“文化大革命”开始后终止)。1968～1969年在水电部刘家峡工程局房建队劳动。1969～1974年在水电部第四工程局八一三分局历任技术员、秘书、机关党总支副书记。1974～1975年任甘肃省建委秘书。1975～1980年任甘肃省建委设计管理处副处长。1980～1982年任甘肃省建委副主任，共青团甘肃省委书记（1982年9～12月)。1982～1984年任共青团中央书记处书记，全国青联主席，其间，1983年6月当选为政协第六届全国委员会常务委员。1984～1985年任共青团中央书记处第一书记。1985～1988年任中共贵州省委书记，贵州省军区党委第一书记。1988～1992年任中共西藏自治区委书记，西藏军区党委第一书记。1992～2002年任中共中央政治局常委、中共中央书记处书记；1993～2002年兼任中共中央党校校长；1998～2002年任中华人民共和国副主席。1999～2002年任中央军事委员会副主席。2002～2003年3月任中共中央总书记、中央军委副主席、中央党校校长（2002年12月不再兼任)。2003年至2004年9月任中共中央总书记，中共中央军委副主席，中华人民共和国主席，中华人民共和国中央军委副主席。2004年9月起任中共中央总书记，中华人民共和国主席，中共中央军委主席；2005年3月13日起任中华人民共和国中央军委主席。

吴邦国（1941～　）　中共中央政治局常委，全国人大常委会委员长。1941年7月生，安徽肥东人。大学学历，工程师。1960～1967年清华大学无线电电子学系电真空器件专业学习。1964年4月加入中国共产党。1966年9月参加工作。1967～1976年为上海电子管三厂工人、技术员，技术科副科长、科长。1976～1978年任上海电子管三厂党委副书记、革委会副主任、副厂长，厂长。1978～1979年任上海市电子元件工业公司副经理。1979～1981年任上海市电真空器件公司副经理。1981～1983年任上海市仪表电讯工业局党委副书记。1983～1985年任中共上海市委常委兼市委科技工作党委书记。1985～1991年任中共上海市委副书记。1991～1992年任中共上海市委书记。1992～1994年任中共中央政治局委员，中共上海市委书记。1994～1995年任中共中央政治局委员、中央书记处书记。1995～1997年任中共中央政治局委员、中央书记处书记，国务院副总理。1997～1998年任中共中央政治局委员，国务院副总理。1998～2002年任中共中央政治局委员，国务院副总理，中共中央大型企业工委书记。2002～2003年3月任中共中央政治局常委，国务院副总理、党组成员，中共中央企业工委书记。2003年3月起任中共中央政治局常委，第十届全国人大常委会委员长、党组书记。

温家宝（1942～ ） 中共中央政治局常委，国务院总理。1942年9月生，天津市人。北京地质学院地质构造专业毕业，研究生学历，工程师。1960～1965年北京地质学院地质矿产一系地质测量及找矿专业学习。1965～1968年北京地质学院地质构造专业研究生。1965年4月加入中国共产党，1967年9月参加工作。1968～1978年任甘肃省地质局地质力学队技术员、政治干事、队政治处负责人。1978～1979年任甘肃省地质局地质力学队党委常委、副队长。1979～1981年任甘肃省地质局副处长、工程师。1981～1982年任甘肃省地质局副局长。1982～1983年任地质矿产部政策法规研究室主任、党组成员。1983～1985年任地质矿产部副部长、党组成员、党组副书记兼政治部主任。1985～1986年任中共中央办公厅副主任。1986～1987年任中共中央办公厅主任。1987～1992年任中共中央书记处候补书记兼中央办公厅主任，中央直属机关工委书记。1992～1993年任中共中央政治局候补委员、中央书记处书记，中央办公厅主任，中央直属机关工委书记。1993～1997年任中共中央政治局候补委员、中央书记处书记。1997～1998年中共中央政治局委员、中央书记处书记。1998～2002年任中共中央政治局委员、中央书记处书记，国务院副总理、党组成员，中央金融工委书记。2002～2003年3月任中共中央政治局常委，国务院副总理、党组成员，中央金融工委书记。2003年3月起任中共中央政治局常委、国务院总理、党组书记。

贾庆林（1940～ ） 中共中央政治局常委，全国政协主席。1940年3月生，河北泊头人。电机电器设计与制造专业毕业，大学学历，高级工程师。1956～1958年石家庄工业管理学校工业企业计划专业学习。1958～1962年河北工学院电力系电机电器设计与制造专业学习。1959年12月加入中国共产党，1962年10月参加工作。1962～1969年任一机部设备成套总局技术员、团委副书记。1969～1971年下放一机部江西奉新“五七”干校劳动。1971～1973年任一机部办公厅政策研究室技术员。1973～1978年任一机部产品管理局负责人。1978～1983年任中国机械设备进出口总公司总经理。1983～1985年任山西太原重型机器厂厂长、党委书记。1985～1986年任中共福建省委常委、副书记。1986～1988年任中共福建省委副书记兼省委组织部部长。1988～1990年任中共福建省委副书记兼省委党校校长、省直机关工委书记。1990～1991年任中共福建省委副书记、副省长、代省长。1991～1993年任中共福建省委副书记、省长。1993～1994年任中共福建省委书记、省长。1994～1996年任中共福建省委书记、省人大常委会主任。1996～1997年任中共北京市委副书记、副市长、代市长、市长。1997～1999年任中共中央政治局委员，北京市委书记、市长。1999年2月至2002年10月任中共中央政治局委员，北京市委书记。2002年11月至2003年3月任中共中央政治局常委。2003年3月起任中共中央政治局常委、政协十届全国委员会主席。

曾庆红（1939～ ） 中共中央政治局常委、中央书记处书记，中华人民共和国副主席。1939年7月生，江西吉安人。自动控制系毕业，大学学历，工程师。1958～1963年北京工业学院自动控制系学习。1960年4月加入中国共产党，1963年7月参加工作。1963～1965年解放军743部队技术员。1965～1969年任七机部二院二部六室技术员。1969～1970年下放到广州部队赤坎基地、湖南西湖生产基地劳动。1970～1973年任七机部二院二部技术员。1973～1979年任北京市国防工办生产处、科技处技术员。1979～1981年任国家计委办公厅秘书。1981～1982年任国家能源委员会办公厅副处长。1982～1983年在石油部外事局联络部工作。1983～1984年任中国海洋石油总公司联络部副经理、石油部外事局副局长、南黄海石油公司党委书记。1984～1986年任中共上海市委组织部副部长、部长、市委常委、市委秘书长。1986～1989年任中共上海市委副书记。1989～1993年任中共中央办公厅副主任。1993～1997年任中共中央办公厅主任，中央直属机关工委书记。1997～1999年任中共中央政治局候补委员、中央书记处书记，中央办公厅主任，中央直属机关工委书记。1999～2002年任中共中央政治局候补委员、中央书记处书记，中央组织部部长。2002年11月至2003年3月任中共中央政治局常委、中央书记处书记，中央党校校长（2002年12月起兼任）。2003年3月起任中共中央政治局常委、中共中央书记处书记，中华人民共和国副主席，中共中央党校校长。

第五章　经济

第一节　经济发展历程回顾

中国经济发展的历程是中国悠久的文明历史的重要组成部分。早在远古时期就开始有人类生息在中国这块土地上，先后经历了原始社会、奴隶社会、封建社会和半殖民地半封建社会，20世纪中叶进入社会主义社会。

一　古代经济

在春秋(公元前770～前476)、战国(公元前475～前221)时期，封建制经济逐渐取代奴隶制经济，成为中国2 000余年历史占主导地位的经济形式。但当时生产力的发展水平有限，铁制农具、牛耕、水力都处于初步使用阶段，生产在不同程度上还依赖于原始手工劳动和奴隶劳动。

到了秦(公元前221～前206)汉(公元前206～220)时期，铁制农具、牛耕逐步推广到中原以外的很多地区。同时开凿了许多渠道，形成一个水利灌溉网，也便利了漕运。官府和私营手工业都有了一定发展，主要产品是铁器、铜器、丝织品、漆器、盐、陶器、车船、酒等。经济的发展带动了贸易的拓展，西汉中期以后，自河西走廊经塔里木盆地南北边缘通向中亚、西亚以及更远地区的道路，已经畅通。沿着这条道路，运入各种毛织物和其他奢侈品，运出大宗丝织物，这就是著名的“丝绸之路”。

魏晋南北朝隋唐(220～907)时期，是中国封建社会走向繁荣的重要历史时期。从魏晋到隋唐，生产工具不断改进和普及，选种、精耕细作等农业生产技术有显著进步。北魏开始改革土地制度，均田制在一定程度上解放了生产力，赋役制度由租调力役制逐步向租庸调制、两税法过渡，自耕农土地所有制得到发展，租佃关系走向契约化，地主经济有了新的活力。因此到了唐朝，出现了封建经济的繁荣局面。

宋元(960～1368)时期是封建经济发展中的一个十分重要的历史时期。农业生产工具的改革取得新成果，如南方在水稻生产和稻麦轮作制的推广中，犁的起土装制改进得多样化，也轻便了；秧马、耘具的出现和改进，梯田建设，圩田建设普遍发展；经济作物发展较快，棉花栽培地区扩大到长江流域。总之，农业生产的广度和深度比以前任何历史时期都发展了。手工业领域新技术得到应用，如胆水浸铜法推广迅速提高了铜产量，煤用于冶铁铸造业提高了钢铁生产能力。中国古代的四大发明在宋代获得广泛应用：印刷术大大提高了书籍印刷出版能力；火药推动了军火生产；指南针促进了海运、造船业的繁荣。宋元时期成为中国历史上科学比较发达的时期。商品经济发展较快，城市商业地位提高，商业城镇兴起，商品种类丰富。白银逐渐代替硬币，银本位成为货币本位，北宋部分地区发行纸币。生产力的发展推动着生产关系进一步发生变革。宋朝“田制不立”，土地占有关系较多地通过买卖、开垦方式进行调整。货币地租出现，佃权可以转让、买卖和继承。税钱、税银的方式比较普遍，雇役成为普遍现象，这些现象表明农民对国家和地主的人身依附关系有所缓和。

明清(1368～1911)时期，江南地区经济发展迅速，农业耕作注意提高经济效益，在犁田、施肥、密植、复种等环节上，讲求质量，应用新技术，单位面积产量显著提高。高产粮食作物(番薯、玉米)普遍种植。棉花、蚕桑、甘蔗、烟草、蓝靛等重要的经济作物种植有了进一步发展。商品经济的发展使面向市场的雇工生产普遍发展。官营手工业逐步衰落,民营手工业则取得前所未有的繁荣。矿业、盐业、纺织等民营手工业工场,启用工人,为市场生产,农民家庭手工业,也逐步脱离自然经济的轨道,转向商品生产。生产关系方面,国有土地转化为农民土地,加速小农经济的发展。地主土地所有制继续在发展,土地集中现象严重,但地权的分割更细了。地权分裂为田底、田面权,即所有权、使用权,都可以买卖转让。使用雇工的经营地主大量出现。农民阶级在分化,雇工、佃农阶层在扩大。货币地租有较大的发展。

直至踏入19世纪中叶的近代之前,古代中国在经济实力的各方面都处于世界的前列,是世界上最强盛的国家。但是,长期以自然经济为基础的分散的小农经济和重农抑商的政策趋向,也阻碍了经济尤其是商品经济的进一步发展。尤其是明清两代以后,由于科学技术发展的滞后、政治制度不适应经济发展的要求,以及帝国主义的侵略等,使中国的发展进程大为减缓,中国在世界上的地位也大为降低。

二 近现代经济

1840年鸦片战争后,中国处于帝国主义的侵略、压迫、掠夺和蚕食下,经济社会陷入深重的灾难之中。1911年孙中山领导的辛亥革命推翻了在中国持续2 000余年的封建帝制,建立了中华民国。但是由于军阀割据、帝国主义侵略、战乱不断、政治腐败等,使中国无法在一个和平统一的环境下发展各项建设事业,长期处于十分贫穷落后的境地。尤其是在19世纪末叶至20世纪上半叶,日本长期不断扩大对中国的侵略,占领了中国约一半领土,给中国的经济发展造成了极大的破坏,直至日本在二战中战败投降。其后由于国民党反动派在美国支持下挑起内战,使中国经济再次经历磨难。

三 当代经济

(一)发展历程

1949年中华人民共和国宣告成立,56年来,经济发展大体经历了以下6个时期。

1. 国民经济恢复时期(1949年10月~1952年12月)

在经济非常衰败的基础上,经过3年的努力,迅速恢复了在旧中国遭到严重破坏的国民经济。1952年底,全国工农业生产已经达到历史的最高水平。国家财政收支平衡,结构改善,职工、农民收入增加,文教卫生事业得到相应发展。

2. 第一个五年计划时期(1953年1月~1957年12月)

"一五"计划期间,中国依靠自己的努力,加上前苏联和其他友好国家的支援,经济发展比较快,经济效益比较好,重要经济部门之间的比例关系比较协调。市场繁荣,物价稳定,人民生活水平显著提高。特别是"一五"期间工业生产所取得的成就,超过了旧中国一个世纪的发展。同世界其他国家工业起飞时期的增长速度相比,也是名列前茅。

3. "大跃进"和国民经济第一次调整时期(1958年1月~1966年5月)

从1958年到1966年,经历了从提出到抛弃"大跃进"计划,并对国民经济实施调整,最终使国民经济得到恢复和发展的过程。"二五"前3年,提出并实施"大跃进"计划,使国民经济的发展和人民生活产生了严重的困难。"二五"的后两年(1961~1962),实行国民经济调整。然后是3年继续调整(1963~1965)。经过5年调整,经济得到比较快的恢复和发展,取得了明显成效。

4. "文化大革命"时期(1966年5月~1976年10月)

在"文化大革命"期间,国民经济濒临崩溃的边缘,在某些方面也取得了一些进展。粮食生产保持了一定的增长,工业交通、基本建设和科学技术等方面取得一批新成就。

5. 在徘徊中前进的时期(1976年10月~1978年12月)

从1976年12月到1977年上半年,中共中央、国务院先后召开一系列会议,强调进行企业整顿、恢复和发展经济。经过整顿,经济秩序得到改善。一批企业的混乱状况有所好转,工业生产回升较快。整个国民经济初步摆脱了急剧滑坡的危险局面,得到恢复,某些方面有所发展。但因"两个凡是"思想的影响,经济发展仍处于徘徊阶段。

总的说来,1949~1978年是中国社会主义制度建立、发展和以高度集中的计划经济体制为主的时期。国家致力于国民经济的恢复与重要经济部门的强化、调整和新建,促进内地经济发展,采取了优先发展重工业、高积累的经济发展策略,经济发展取得了明显成绩。国内生产总值由1952年的679.0亿元,增加到1978年的3 624.1亿元,增长了4.34倍，年均增长速度为6.15%。在改革开放前的30年中，国家实行高度集中的计划经济体制，国家掌握调动与配置各种资源的权力，国民经济的发展均在国家统一计划之下运行。虽然这种高度集中的计划经济体制出现了平均主义、低效率等问题，但是也促进了整个国民经济发生了结构上的重大变化。1952～1978年，全国第一、二、三产业结构由50.5∶20.9∶28.6的一、三、二序列改变为28.1∶48.2∶23.7的二、一、三序列，工业化水平明显提升，全国人民的生活状况有了不同程度的改善。

6. 改革开放以来国民经济持续快速发展时期(1978年12月以来)

1978年12月召开的中共十一届三中全会，作出了把工作重点转移到社会主义现代化建设上来的战略决策，提出要注意解决好国民经济重大比例严重失调的问题，加快发展农业。从此，中国国民经济进入了持续快速健康发展的新时期。这近30年大体可分为以下5个阶段。

(1) 改革之初的农业大发展

通过推行以家庭联产承包为主，统分结合、双层经营的改革，解决了中国农村体制的重大问题，同时基本取消农产品的统购派购，提高农副产品价格，发展农村副业和多种经营，极大地调动了农民的积极性，使农业生产摆脱了长期停滞的困境，有力地促进了粮食产量的提高和农业的迅速发展。

(2) 20世纪80年代轻纺工业快速发展

1979年4月召开的中央工作会议，提出了对整个国民经济实行“调整、改革、整顿、提高”的方针，提出经济建设必须适合中国国情，讲求实效，使生产的发展同人民生活的改善密切结合等。在这些方针的指导下，加快了轻工业的发展，工业内部结构朝着合理协调的方向调整。到1988年，消费品长期短缺的局面得到初步缓解，家电工业生产规模迅速扩大，主要产品产量跃居世界前列，质量不断提高，改变了严重依赖进口的状况，出口创汇不断增加，成为带动整个国民经济快速发展的重要力量。

在此期间，中国共产党对社会主义经济的认识逐渐取得突破。1982年9月，中国共产党十二大提出“计划经济为主，市场调节为辅”的原则。1984年10月，中国共产党十二届三中全会作出关于经济体制改革的决定，指出中国实行的是有计划的商品经济。1987年10月，中国共产党十三大指出新的经济运行机制，总体上来说应当是“国家调节市场，市场引导企业”的机制。

(3) 治理经济环境和整顿经济秩序

从1984年到1988年，中国经济经历了一个加速发展的飞跃时期，展现了农业和工业、农村和城市、改革和发展相互促进的局面。但同时经济出现了过热的现象，国家开始治理经济环境和整顿经济秩序。到1992年，治理整顿的主要任务已经基本完成，为以后的发展打下了良好的基础。1992年10月，中国共产党十四大明确宣布：中国经济体制改革的目标是建立社会主义市场经济体制。这是一个带有全局性的重大突破，标志着中国共产党对社会主义经济发展规律的认识有了一个新的突破和飞跃，标志着中国的经济体制改革进入了一个新的阶段。

(4) 20世纪90年代以来的经济持续快速增长

以邓小平1992年初南方讲话和中国共产党十四大为标志，中国改革开放和现代化建设进入了深化发展时期。1993年11月，中国共产党十四届三中全会作出了《中共中央关于建立社会主义市场经济体制若干问题的决定》，勾画了社会主义市场经济体制的基本框架，描绘了继续深化改革的总体蓝图。中国的经济体制改革从此进入了全局性整体推进的新阶段。针对经济发展中出现的过热问题和经济秩序混乱问题，中共中央果断作出了加强和改善宏观调控的重大决策。自1993年6月开始，从多方面采取措施，把抑制通货膨胀作为加强和改善宏观调控的首要任务。经过3年多的努力，在保持经济持续快速增长的同时，有效地抑制了通货膨胀，中国经济成功地实现了“软着陆”，国民经济发展出现了“高增长、低通胀”的良好势头。面对亚洲金融危机的冲击和国际经济环境的变化，中央果断采取扩大国内需求的措施，综合运用财税、货币和投资等宏观调控手段，促进经济增长。

(5) 21世纪建立完善的社会主义市场经济体制的新征程

2002年10月，中国共产党十六大提出了全面建设小康社会的奋斗目标和建成完善的社会主义市场经济体制的战略部署。2003年10月，中国共产党十六届三中全会审议通过了《中共中央关于完善社会主义市场经济体制若干问题的决定》，明确提出完善社会主义市场经济体制的目标、任务、指导思想和原则，把新世纪新阶段的我国经济体制改革又进一步向前推进。

2005年10月8～11日，中共十六届五中全会通过了《中共中央关于制定国民经济和社会发展第十一个五年规划的建议》，并提出“十一五”时期经济社会发展的一系列主要目标，如：在优化结构、提高效益和降低消耗的基础上，实现2010年人均国内生产总值比2000年翻一番；资源利用效率显著提高，单位国内生产总值能源消耗比“十五”期末降低20%左右；社会主义市场经济体制比较完善，开放型经济达到新水平，国际收支基本平衡；普及和巩固九年义务教育；城乡居民收入水平和生活质量普遍提高，居住、交通、教育、文化、卫生和环境等方面的条件有较大改善；民主法制建设和精神文明建设取得新进展、社会治安和安全生产状况进一步好转，构建和谐社会取得新进步。

2006年是“十一五”规划期间的良好开局年，经济工作从“又快又好”迈向“又好又快”。2006年中国经济增长达10.7%，物价上涨在1.5%左右。继2003年中国经济增长达10%后，将实现连续4年两位数增长，而物价依然保持低位运行。伴随着经济持续平稳增长，中国经济的国际地位和影响力不断上升：经济总量在全球位次已上升为第四，对外贸易总量全球第三，中国经济对世界经济增长的贡献率已达15%。商务部预测，2006年全年中国进出口额达1.76万亿美元，增长23.8%。中国，成为推动世界经济增长的重要力量。

1978～2006的27年中，社会主义市场经济体制初步建立，公有制为主体、多种所有制经济共同发展的基本经济制度已经确立，全方位、宽领域、多层次的对外开放格局基本形成。在经济总量上，中国进入世界“重量级”阵容，创造了世界经济发展史上的新奇迹，人均国内生产总值达1 703美元，进入全面建设小康社会、加快推进社会主义现代化的新的发展阶段。

总的来说，1978年至今是中国进行改革开放、建立和完善社会主义市场经济体制的时期，是社会主义现代化建设的新时期。在这27年里，中国的经济体制发生了深刻的变化：

首先，由农业与农村改革开始，废除了兴起于1958年的人民公社制度，在农村广泛推行了家庭联产承包责任制，大大调动了农民的生产积极性，迅速提高了农业的劳动生产率，绝大多数农民已经摆脱了贫困。

第二，在农村改革顺利进行的基础上，经济改革又推进到了城市。继进行了以建立产权明晰、责权明确、政企分开、管理科学为特征的现代企业制度为目标的国有企业改革之后，又在财政、税收、金融、外贸、投资、价格等宏观经济方面，推进了深层次的改革。整个经济由计划经济体制逐渐转向市场经济体制，并以最终建立完善的社会主义市场经济体制为目标。

第三，由原来比较封闭、内向的经济转向开放的经济，并努力融入世界经济潮流中去。在27年来，国家建立了经济特区、沿海开放城市、沿海开放地带，并逐渐形成向内地和沿边地区延伸的全方位、多层次的对外开放格局，出现了由沿海地区带动全国经济快速增长的局面。

第四，为了缩小内地与沿海的经济差距，加快内地经济发展，促进区域经济协调发展，国家又自2000年起实施西部大开发战略，自2003年开始加快东北地区等老工业基地调整改造。东西互动，促进地区协调发展，已经成为中国经济发展的两大战略性任务。至2003年，西部大开发进展顺利，西气东输、青藏铁路、西电东送等重点工程全面开工。2000～2002年，西部地区固定资产投资年均增长18.8%，比全国平均水平高出近6个百分点。1999～2003年间，西部地区消费需求与全国基本保持同步增长，全社会消费品零售总额从5 492.3亿元增至7 757.2亿元，年均增长9%；对外贸易亦保持较快增长，进出口从137.2亿美元增至279.3亿美元，年均增长19.4%，比前5年增幅高16.8个百分点。

表1　　中国2000～2006年国内生产总值变化及增长速度

年份 / 类别	2000	2001	2002	2003	2004	2005	2006
GDP绝对值（亿元）	99 215	109 655	120 333	135 823	159 878	183 868	209 407
较上年增%	8.4	8.3	9.1	10.0	10.1	10.4	10.7

改革开放以来，中国经济发展显著，成为全世界经济增长速度最快的国家之一。2006年1月9日，据经济普查数据对国内生产总值历史数据修订的结果，1979～2004年中国国内生产总值年平均增长率为9.6%。据中国国家统计局2006年国民经济统计公报数字显示，2003～2005年间的经济增长率分别为10%、10.1%和10.4%。2006年全年国内生产总值为209 407亿元，比上年增长10.7%。

与此同时，全国各地区进入了一个加速工业化的时期，第一、二、三产业结构由28.1∶48.2∶23.7提升为12.6∶47.5∶39.9。冶金、化学、机械、建筑建材、纺织、食品等产业得到了很大提高，电子、金融、保险等新兴产业取得了明显发展，重要基础设施的建设也取得了巨大成绩。

中华人民共和国成立50多年来，特别是改革开放近30年来，中国经济发展成就令人瞩目，2002年中国的国内生产总值已位居世界第六位。虽然如此，中国仍然是一个中等偏低收入的发展中国家，其经济发展水平距世界先进国家还有很大差距。根据经济普查的调整，我国人均国内生产总值上调为1 490美元；但在世界排位是第107位；2004年是世界人均国内生产总值的1/5。因此，改革有待深化，开放还须扩大，进一步发展的任务仍然十分艰巨。

（二）50多年来经济建设的巨大成就

1. 国民经济迅速发展，综合国力显著增强

中华人民共和国成立以来，特别是改革开放以来，国民经济实现了持续快速增长。从1978年到2005年，中国国内生产总值从1 473亿美元增长到2.2 257万亿美元，连续27年年均增长9.6%；大大快于1953年至改革开放前26年的年均6.1%的增长速度；人均国内生产总值由225美元提升到1 707美元；国家外汇储备从1.67亿美元增加到8 189亿美元（2006年达1万亿美元）。国民经济结构进一步完善，2005年第一产业在国内生产总值中所占比重已下降到12.6%左右，第三产业的比重上升到39.9%。对外经济贸易发展迅速，2004年成为世界第三大贸易国，1978～2005年，进出口总额从206亿美元增长到1.4 221万亿美元，年均增长超过16%。截至2005年底，连续13年吸引外资居发展中国家之首，中国实际利用外商直接投资额累计达到6 200亿美元，批准外商投资企业53万多家。科技、教育、文化、国防事业发展迅速。2003年10月“神舟”载人宇宙飞船上天。中国综合国力大大增强。

中国2000~2006年国内生产总值增长情况

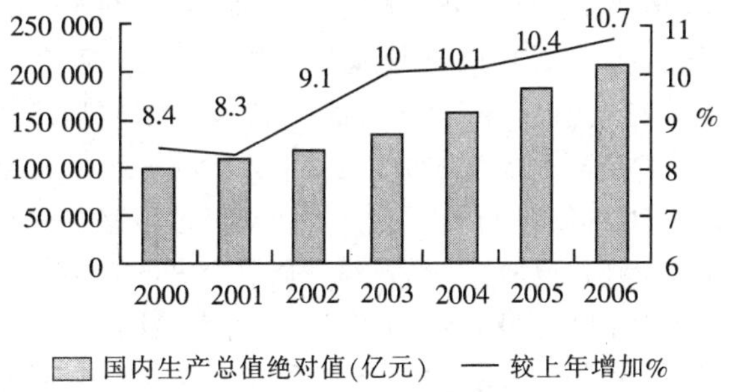

2. 经济体制和运行机制发生根本变化，社会主义市场经济体制逐步建立

中华人民共和国成立初期建立的高度集中的计划经济体制，对于国民经济的恢复和发展起到过积极作用。但随着经济发展水平的提高，传统计划经济体制的弊端逐渐暴露。经过27年的改革开放，中国逐步建立起社会主义市场经济体制。目前，我国市场体系基本形成，市场在资源配置中明显地发挥基础性作用。截至2003年末，我国95%以上的商品价格都由市场来配置，国家定价的商品不足5%。农产品生产的指令性计划已全部取消，工业品生产的指令性计划只局限于木材、黄金、卷烟、食盐和天然气5种，其中木材、天然气和黄金只是在某些环节或部分产品实行指令性计划。目前，市场调节价在社会商品零售总额、农副产品收购总额和生产资料销售总额中所占的比例，分别达到95.8%、92.5%和87.4%。

3. 实现了由单一公有制经济向以公有制为主、发展多种所有制经济的转变

改革以前，中国的经济成分基本上是单一的公有制经济。中共中央十一届三中全会以后，从中国社会主义初级阶段的基本国情出发，坚持公有制为主体，多种所有制经济共同发展的方针，鼓励发展个体、私营等非公有制经济，积极探索公有制的实现形式，使所有制结构发生了重要变化。非公有制经济成为经济发展中增长速度最快的经济成分，促进了市场竞争，增强了经济增长的活力。目前已形成了由国有、集体、个体、私营、外商等不同经济成分在市场竞争中共同发展的局面。

4. 城乡人民生活水平迅速提高，短缺经济悄然而逝

随着经济建设的快速发展和综合国力的显著增强，人民生活发生了历史性的巨大变化。农民家庭人均纯收入，从1952年的57元提高到2005年的3 255元。城镇居民家庭人均可支配收入，从1957年的235元提高到2005年的10 493元。城乡居民储蓄存款余额大幅度增加，从1952年的8.6亿元提高到2005年的14.7万亿元。改革开放以来，由于收入持续快速增长，我国城镇居民家庭的恩格尔系数呈现下降趋势，与1978年的57.5%相比，2003年我国城镇居民家庭恩格尔系数为37.1%，下降20.4个百分点。1995年以来，中国城镇居民家庭恩格尔系数下降速度明显加快，2003年与1995年相比，下降了13个百分点，年均下降1.62个百分点。中国人民不但解决了温饱问题，而且在整体上初步达到了小康生活水平。

（三）50多年来经济迅速发展的主要原因

1. 坚持党的领导是现代化建设不断取得成就的根本保证

中国是一个发展中大国，人口多、底子薄，生产力不发达，经济市场化程度低，科技教育文化落后，地区发展不平衡，人民生活水平较低。在这样条件下进行社会主义经济建设，必须有一个坚强的领导核心。中共十一届三中全会以后，在邓小平同志为核心的党的第二代领导集体和以江泽民同志为核心的第三代领导集体的领导下，有秩序、有步骤地进行改革开放，使社会主义现代化建设步伐大大加快。由于中国共产党重新确立了马克思主义的正确路线，把工作重心转移到现代化建设上来，从此开创了现代化建设的新时期。历史证明，没有中国共产党的领导就没有新中国经济建设的伟大成就，也不可能有新中国目前享有的国际声誉。只有中国共产党才能领导中国人民取得民族独立、人民解放和社会主义的胜利，才能开拓建设有中国特色社会主义的道路，实现民族振兴、国家富强和人民幸福。

2. 坚持解放思想、实事求是的思想路线

回顾50多年峥嵘岁月，中华人民共和国每前进一步，都是破除迷信，解放思想，摆脱落后的传统观念和体制束缚的结果。每一次大的突破都伴随着思想的大解放或者以思想解放为先导。而一旦思想僵化，从本本出发，脱离丰富多彩的实践生活，就会遇到挫折，给国民经济和人民生活带来不可挽回的严重损失。

改革开放的历程，就是思想不断解放的历程。1992年邓小平在南方讲话中曾指出："改革开放迈不开步子，不敢闯，说来说去就是怕资本主义的东西多了，走了资本主义道路。要害是姓'资'还是姓'社'的问题。判断的标准，应该主要看是否有利于发展社会主义社会的生产力，是否有利于增强社会主义国家的综合国力，是否有利于提高人民的生活水平。"（《邓小平文选》第3卷第372页）在这一思想指导下，中共十四大作出了加快改革开放和现代化建设步伐的决定，提出了建立社会主义市场经济体制的改革目标；中共十五大进一步提出要全面认识公有制经济的含义，强调一切反映社会生产规律的经营方式和组织形式都可以大胆利用，非公有制经济是社会主义市场经济的重要组成部分，要继续调整和完善所有制结构。这项重大决策，不仅为加快国有企业改革扫清了一些思想障碍，也为整个经济发展注入了新的活力。

3. 坚持市场取向的改革，加强和改善宏观调控

改革开放以来的实践充分证明，在充分发挥市场配置资源的基础性作用的同时，搞好宏观调控，不断解决经济生活中新的问题，是实现经济持续快速健康发展的重要保证。如1998年初，面对亚洲金融危机的冲击，中共中央、国务院作出了扩大内需、加强基础建设的重大决策。下半年，为适应局势的变化，中央又决定实施积极的财政政策，增加对基础建设的投入，对保持经济快速增长的势头发挥了极其重要的作用。

4. 坚持和完善社会主义公有制为主体、多种所有制经济共同发展的基本经济制度

社会主义的性质和初级阶段的国情，决定了公有制为主体、多种所有制经济共同发展是中国的一项基本经济制度。一切符合"三个有利于"的所有制形式都可以而且应该用来为社会主义经济建设服务。九届全国人大二次会议通过的宪法修正案，进一步明确了个体经济、私营经济等非公有制经济的地位和作用，大大促进个体经济、私营经济等非公有制经济的发展，并为经济增长提供了新的活力。

5. 发展开放型经济，积极参与国际经济合作和竞争

长期坚持对外开放政策，是中国取得经济成就的又一重大举措。实践证明，只有积极稳妥地扩大开放，才能弥补国内资源不足，为经济的快速增长拓展空间，促进技术、管理水平的提高和企业经营机制的转换，推进产业结构升级，增强经济的国际竞争力。

6. 坚持按劳分配为主体，完善分配结构和分配方式

坚持按劳分配为主体、多种分配方式并存，是中国实施改革后采取的基本分配制度。把按劳分配和按生产要素分配结合起来，坚持效率优先，兼顾公平，是促进经济发展、保持社会稳定的重要条件。实践证明，按劳分配为主体、多种分配方式并存的分配制度适应社会主义初级阶段的实际，必须长期坚持。要继续完善分配结构和分配方式，规范收入分配，使收入差距趋向合理，努力实现全体居民的共同富裕。

7. 正确处理积累与消费的关系，不断改善人民生活

改革开放以来，在经济发展指导思想上，明确了社会主义生产的根本目的是为了不断满足人民群众日益增长的物质文化需要，使经济发展有了正确的方向。在经济工作中，重视发挥消费对生产的导向和促进作用，改变了前 30 年积累比例过高、为生产而生产的局面，使积累与消费、生产与生活比例关系逐步趋于协调，城乡居民收入大幅度增加，消费水平迅速提高，人民生活显著改善，生产和消费步入良性循环的轨道。

第二节　农业

中华民族很早就创造了当时世界上最发达的农业。作为一个农业古国，中国在许多农作物的培育、选种和耕作技术方面长期领先于世界。秦汉时期，中国便开始种植茶树，汉唐时期蚕桑业已十分发达。公元 5 世纪，中国的茶叶传入朝鲜、日本等国，17 世纪销往欧洲，饮茶之风盛行全球。中华人民共和国成立以来，特别是改革开放以来，农业生产条件显著改善，农业经济全面发展，为保障市场有效供给，支持国民经济发展和保持社会稳定，改善人民生活发挥了重要作用。

一　当代农业发展概述

（一）确立了以家庭承包经营为基础，统分结合的双层经营体制

中华人民共和国成立以后，农业经营制度发生了三次变革：第一次是土地改革运动（20 世纪 40 年代末期至 50 年代初）；第二次是农业合作化、人民公社化运动（20 世纪 50 年代初期至末期）；第三次是实行家庭联产承包责任制（20 世纪 70 年代末期以后）。中共十五届三中全会全面地、科学地阐述了农村改革形成的经营体制是：以家庭承包经营为基础、统分结合的双层经营体制；家庭承包经营是双层经营体制的基础；必须长期稳定、不断完善双层经营体制，其关键是稳定完善土地承包关系。1999 年 3 月召开的九届人大二次会议，把双层经营体制写进了修改后的《中华人民共和国宪法》。

（二）农业综合生产能力得到极大提高

中国自然灾害多，生态环境差。突出的问题：一是缺水，二是少林。为改变农业生产条件，中共中央、国务院先后作出治理淮河、黄河、海河、长江等重大部署，经过几十年艰苦奋斗，主要江河中下游发生几率较多的中小洪水基本得到控制，水灾情况有较大程度减轻。在整治主要江河的同时，大力发展农田灌溉事业。50 多年来，以国家投入为主，共兴建万亩以上灌区5 579个，总面积33 743万亩，全国水浇地面积由新中国成立之初的 2.3 亿亩增加到 7.84 亿亩，机电排灌总动力由 7 万千瓦发展到7 269万千瓦。由于治理水土流失成效显著，农业综合开发崭露成效。

近十几年来，中国创造了农业综合生产能力大跨越的世界奇迹：1988 年粮食总产量不到 4 亿吨，1993 年超过 4.5 亿吨，1996 年突破 5 亿吨大关，粮食总产量实现了举世瞩目的“三级跳”。大多数主要农产品产量跃居世界首位，人均占有量达到或超过世界平均水平。1994～1998 年，中国连续 5 年丰收，粮食产量连续攀升，1998 年达到 5.4 亿吨。但是，自 2000 年始，粮食产量连年下降，2003 年跌到 4.31 亿吨。导致中国粮食减产的因素有很多，其中之一就是相对于城市人口，农村人口的收入增长太少，严重地影响了中国农业的发展。

面对严峻形势，中共中央和国务院迅速做出决策。根据 2004 年中央“一号文件”，国家对 13 个粮食主产区的农民进行直补，平均每公顷补贴300元。另外，自2004年起，各省市逐步免征农业税，2006年后将在全国范围内全部实现农业税免征。上述措施产生了立竿见影效果。2004年，中国粮食生产出现恢复性增长，一举扭转了自2000年以来连续4年减产的局面。2004年粮食产量达4.69亿吨，比2003年增加3 877万吨，超额实现预定的4.55亿吨全年粮食产量目标。2005年粮食产量达4.84亿吨。

粮食总产量的稳定增长得益于粮食单位面积产量大幅度提高：1988年亩产478斤，到2001年亩产达到568斤，增长19%。这使得近年来中国人均粮食占有量稳定在800斤左右，粮食储备量保持在历史最高水平。中国粮食供给由长期短缺实现了供求基本平衡、丰年有余的历史性转变。

2003年，中国农作物总播种面积达到15 241.5万公顷，有效灌溉面积为54 014万公顷，农业机械总动力60 386.5万千瓦，农产品产量达到43 069.5万吨。1990～2001年粮食平均年产量93 777亿斤，比20世纪80年代平均年产量增加1 838亿斤，成功地用占世界7%的耕地基本解决了占世界22%人口的吃饭问题，令世界为之瞩目。不过，农业生产在国民经济中仍占有比较大的比重：2003年，农业增加值占国内生产总值的比重达14.6%；2000年居住在农村的人口占全部人口的比例仍高达63.8%（第五次人口普查资料）；2003年农业从业人员占全部从业人员的比重达49.1%，远高于西方发达国家和其他发展中国家的比例。

（三）农业结构出现“三优化”和“一提高”

一是种植业结构优化，开始形成粮食作物、经济作物和饲料作物协调发展的格局，主要农产品生产向优势产区集中；二是农产品结构优化，全国主要农作物良种覆盖率已超过95%；三是农村产业结构优化，在农林牧渔业总产值中，牧、渔业所占比重提高；四是农产品加工水平和效益不断提高。

“公司加农户”、订单农业等经营形式不断发展，涌现出一大批农产品加工的骨干龙头企业和专业乡、专业村，有效地提高了初级产品的附加值，延长了农业产业链，增加了农民收入，提高了农业的整体效益。

（四）农业科技取得历史性进步

从1989年中国共产党十三届四中全会至2002年的13年中，中国农业科技实力不断增强，农业装备水平不断提高，农业技术与生产条件得到了明显改善。特别是以现代科技广泛应用为标志的现代农业快速发展，使农业科技水平稳步提高，部分领域已经跃居世界先进行列。

这13年，全国共取得各类获奖农业科技成果2万多项，其中国家科技奖励成果773项。特别是基础研究和高新技术研究发展迅速，植物细胞和组织培养、单倍体育种及其应用研究等方面都有重大突破；航天育种、杂交水稻和油菜的研究与利用，动物疫病、基因疫苗、动植物的营养与代谢、生物反应器等方面的研究，都达到或接近国际先进水平。

此外，中国从20世纪90年代中期开始实施“种子工程”，共推广新品种1 200多个，其中优质高产多抗品种411个，主要农作物良种覆盖率超过95%，有力地促进了农业增效和农民增收。

（五）农业对外开放取得丰硕成果

2001年，中国农产品进出口贸易总额278亿美元，是1988年的1.7倍；外商直接投资农业金额17.6亿美元，是1988年的8倍。农产品贸易品种已从13年前以粮食为主，拓展到粮食、蔬菜、水果、花卉、肉类、水产品和部分农产品加工品。中国正从一个单项、区域农业贸易国家向多领域、全方位农业贸易国家转变。

二　种植业

中华人民共和国成立以来，种植业生产大体上经历了迅速恢复和发展、徘徊和缓慢发展、持续稳定发展三个阶段。

（一）迅速恢复和发展阶段（1949～1957）

在三年恢复和第一个五年计划期间，种植业生产获得了迅速恢复和发展，主要农作物都顺利完成了第一个五年计划的任务。

（二）徘徊和缓慢发展阶段（1958～1978）

这一阶段，自然灾害、农村经济体制的桎梏，加上“文化大革命”经济动荡，农业处于徘徊和缓慢发展状态。

（三）持续稳定增长阶段（1979年以来）

改革开放后，从中央到地方高度重视、切实加强农业，出台了一系列支持、保护和促进农业生产发展的经济政策，实行“米袋子”省长负责制、“菜篮子”市长负责制，促进了种植业生产的持续稳定增长。

表 2　　中国 1978～2005 年主要农产品产量　　（万吨）

年份	粮食	油料	棉花	麻类	甘蔗	甜菜	烟叶	茶叶	水果
1978	30 477.0	521.8	216.7	135.1	2 111.6	270.2	124.2	26.8	657.0
1990	44 624.0	1 613.2	450.8	109.7	5 762.0	1 452.5	262.7	54.0	1 874.4
2000	46 217.5	2 954.8	441.7	52.9	6 828.0	807.3	255.2	68.3	6 225.1
2001	45 263.7	2 864.9	532.4	68.1	7 566.3	1 088.9	235.0	70.2	6 658.0
2002	45 705.8	2 897.2	491.6	96.4	9 010.7	1 282.0	244.7	74.5	6 952.0
2003	43 069.5	2 811.0	486.0	85.3	9 023.5	618.2	225.7	76.8	14 517.4
2004	46 947.0	3 057.0	632.0	—	8 948.0	580.0	214.0	84.0	15 243.0
2005	49 401.0	3 078.0	576.0	—	8 760.0	791.0	241.0	92.0	16 076.0

资料来源　中国国家统计局《中国统计年鉴》2004 年，2004、2005 年经济社会统计公报。

表 3　　中国 1949～2003 年主要农产品产量居世界位次

类别	1949	1978	1990	1995	2000	2002	2003
谷物	2	2	1	1	1	1	1
肉类	3	3	1	1	1	1	1
棉花	4	3	1	1	1	1	1
大豆	2	3	3	3	4	4	4
花生	2	2	2	1	1	1	1
油菜子	2	2	1	1	1	1	1
甘蔗	9	9	4	3	3	3	3
茶叶	3	2	2	2	2	2	2
水果			4	1	1	1	1

资料来源　中国国家统计局《中国统计年鉴》2004 年。

1998 年全国粮食总产量达到 5 亿吨以上。1996～1998 年国内粮食人均年产量连续达到和超过 400 公斤的世界平均水平，国家粮食储备量达到历史最高水平。稻谷、小麦、玉米三大作物和经济作物生产快速增长，既满足了城乡居民的细粮需求，又促进了饲料业、畜牧业的高速发展，基本结束了小麦长期依赖进口的历史。20 世纪 80 年代以来，中国设施园艺发展迅速，1998 年栽培面积达到 93.3 万公顷，有力地促进了蔬菜、花卉生产发展。1998 年全国人均设施栽培蔬菜占有量达到 33 公斤。旱育秧、抛秧具有省工、省力、高产、高效等特点，1998 年全国旱育秧技术推广面积1 200万公顷，平均每公顷增产 750 公斤。90 年代以来，全国水稻抛秧技术累计推广面积1 066.7万公顷，合计增产稻谷 480 万吨。2004 年，中国棉花产量列世界第一位，人均棉花产量达到 4.9 公斤；茶叶产量列世界第二位，人均产量 0.54 公斤；水果产量列世界第一位，人均产量 49.76 公斤；花生、油菜子产量均为世界第一，人均油料产量为 23.7 公斤；甘蔗产量列世界第三位，人均糖料达到 75.3 公斤。

三　林业

（一）造林绿化成效显著，林业生态体系建设初具规模

为加快中国生态环境建设步伐，中国先后实施了以改善生态环境、扩大森林资源为主要目标的重点林业生态工程建设。1978 年，首先在生态环境脆弱的“三北”地区规划建设防护林体系，随后相继上马了沿海防护林体系工程、平原绿化工程、长江中上游防护林体系工程、太行山绿化工程、防沙治沙工程、淮河太湖流域综合治理防护林体系工程、珠江流域综合治理防护林体系工程、辽河流域综合治理防护林体系工程和黄河中游防护林体系工程。这十大林业生态工程规划区总面积 705.6 万平方公里，占领土面积 960 万平方公里的 73%。截至 1998 年，全国十大林业生态工程共完成营造林 3 771万公顷。2003 年全国森林覆盖率由 20 世纪 50 年代初的 8.6%提高到 18.21%。先后有广东、福建等 12 个省区实现了基本消灭宜林荒山。截至 2003 年，森林蓄积量已经达到 124.56 亿立方米。

（二）林业为中国国民经济的恢复、发展和振兴作出了巨大贡献

到 1998 年，全国木材年产量已由 50 年代初的 500 万立方米提高到6 000万立方米，累计向社会提供木材 22 亿立方米，竹材近 73 亿根，以及大量的茶油、桐油、生漆、核桃、板栗、笋干、香菇、木耳、中药材等林副产品，各种人造板产量达到 1 056万立方米，松香、栲胶、紫胶等林产化工产品产量大幅度增加。森林旅游、花卉、森林食品、森林药材、经济林、竹产业等一大批新兴产业异军

突起，蓬勃发展。到1998年，全国经济林面积达到2 330万公顷，各类经济林产品产量达到5 000多万吨，比1978年的700万吨增加6倍多，居世界第一。到1998年，全国共建立森林公园810处，森林公园年旅游人数超过5 000万人次；到2 000年森林公园数目已达1 050个。全国共营造薪炭林428.9万公顷，年产薪材2 000万吨，大大缓解了农村燃料短缺的问题。1997年花卉种植面积达4.3万公顷，居世界首位。

（三）森林和野生动植物资源保护的力度不断加大

1950年制定了“普遍护林，重点造林”的方针，并采取一系列措施，不断加大保护森林资源力度。特别是《森林法》（1984年9月）、《野生动物保护法》（1988年11月）颁布实施以来，森林和野生动植物资源保护工作成效显著。野生动植物保护工作进入国际先进行列。从1956年起逐步开展了自然保护区的建设工作，到2003年各级林业部门建立和管理的自然保护区达2 194处，总面积14 823多万公顷，其中，243处被确定为国家级自然保护区。进入20世纪80年代，国家还实施了包括大熊猫保护工程在内等“七大拯救工程”，并已取得明显成效。60多种珍稀野生动物人工繁殖成功，国家第一批重点保护的珍稀濒危植物有80%被迁地保护。

（四）林业法制建设不断加强和完善

截至1998年底，全国人大先后颁布了《森林法》《野生动物保护法》；国务院颁布实施了《森林防火条例》《森林病虫害防治条例》《植物检疫条例》《森林采伐更新管理办法》《森林和野生动物类型自然保护区管理办法》《种子管理条例》《野生植物保护条例》等11部林业行政法规；林业部及国家林业局先后制定或者与国务院有关部门联合制定部门规章60多件，形成了中国依法治林的法律体系。

20世纪90年代以来，中国林业基本上保持了一个比较稳定的增长态势。2004年，橡胶产量57.5万吨，是1990年的2.17倍；松脂产量67.3万吨，是1990年的1.25倍；生漆产量4 577吨，是1990年的1.71倍；油桐子产量38.1万吨，是1990年的1.08倍；核桃43.7万吨，是1990年的2.92倍。

四　畜牧业

畜牧业的发展主要经历以下几个时期：（1）恢复时期（1949～1952）。（2）起步发展时期（1953～1957）。（3）曲折发展时期（1958～1978）。这一时期，畜牧业生产或迅速下滑，或时起时落，受挫严重。（4）改革开放时期（1979年以来）。由于新时期执行了一系列改革开放的政策和措施，特别是进行了畜牧业经济体制的改革，极大地推动了畜牧业生产的快速发展。

1997年，全国肉、蛋、奶产量分别是1978年的6倍、9倍和8倍。1985年和1990年肉类和禽蛋产量跃居世界第一位。2004年人均畜产品占有水平为：肉类57.0公斤，超过世界平均水平；蛋21.4公斤，超过发达国家平均水平。

1998年，牧业总产值达到7 000.7亿元，是1978年的33.4倍，畜牧业产值占农、牧、渔、林业总产值比重从1978年的14.98%上升到1998年的28.6%，增加了13.6个百分点。从地区分布看，中国东南部为农区畜牧业，以农业饲料为主，所养牲畜主要是马、牛、羊、猪、鸡、鸭、鹅；西北部地区为放牧畜牧业，以天然草场饲养为主，所养牲畜主要是马、羊、骆驼和牛。1998年肉类产量为5 723.8万吨，2004年为7 245.3万吨在世界排名第一。1998年奶类产量为744.5万吨，2004年为2 368万吨。2004年绵羊毛37万吨，山羊毛3.8万吨，羊绒1.45万吨，1998年禽蛋产量2 018.5万吨，2004年为2 724万吨。

五　渔业

2004年水产品总产量达到4 901万吨，是世界上最大的渔业生产国，人均水产品占有量亦超过世界人均占有水平。50多年来，中国渔业生产迅速发展。1998年与1950年相比，水产品总产量增长了38倍，海洋捕捞产量增长了24.2倍，海水养殖产量增长了490倍，淡水养殖产量增长了199倍。从1990年起，水产品总产量达到中国肉类（肉禽、水产品）食物生产量的1/3。渔业从业人员不断增加，渔民收入也显著提高。1998年，全国渔业从业人员近2 000万人，渔业人均收入达到4 323元，高于全国农业人均收入近1倍。

（一）内陆养殖业

在“以养为主，养殖、捕捞、加工并举，因地制宜，各有侧重”的渔业发展方针指导下，内陆养殖面积和养殖产量迅速增加。1998年，全国内陆养殖面积达到508万公顷，养殖产量达到1 322万吨。同时渔业结构大大改善，内陆养殖已打破以往以四大家鱼为主的养殖格局，鳗鲡、河蟹、鳖、鳜鱼、罗氏沼虾等淡水名优水产品的生产已形成规模。池塘养殖是中国内陆水产养殖的主要形式，养殖产量占中国内陆养殖产量72%。2003年内陆养殖面积557万公顷，产量达1 774万吨。其中，池塘养殖面积为240万公顷。

（二）内陆捕捞业

到2003年，中国内陆捕捞产量达到246万吨，创历史最高纪录。

（三）海洋捕捞业

海洋捕捞业一直是中国渔业经济建设的主体。1998年海洋捕捞产量达到1 496.7万吨，从业劳动力超过100万人。2003年海洋捕捞量达14 323吨。

（四）海水养殖业

到20世纪80年代初，对虾养殖获得突破，形成以对虾为龙头、鱼虾贝藻全面发展的格局后，海水养殖才全面启动。2003年海水养殖产量达1 253万吨。

（五）水产加工业

56年来,水产加工业的发展大体经历了三个阶段。第一个阶段是20世纪50年代中期,水产加工业初具规模。第二个阶段是50年代后期至60年代末,水产品产量徘徊不前。第三个阶段是70年代以后,国家增加了对沿海渔区的投资,冷库和加工设施建设速度加快,保鲜加工被列为调整水产工作的三个重点之一,使水产品的保鲜加工有了较快的发展。

2003，中国水产品总产量达到4 704.6万吨，其中海水产品2 685.8万吨，淡水产品2 018.8万吨，所占比重分别为57.1%和42.9%。在海水产品中，天然生产产量占53.3%，人工养殖占46.7%；在淡水产品中，天然生产占12.2%，人工养殖占87.8%，与海水产品的内部结构存在着明显差异。

六 乡镇企业

（一）发展历程

中国乡镇企业的发展始于20世纪50年代，50多年来大体经历了以下6个阶段。

1. 探索徘徊阶段（1949～1978）

到1978年，社队两级共有企业152万人，安置农业剩余劳动力2 826万人，产值515亿元。

2. 全面启动阶段（1979～1983）

在国家对社队企业在经营范围、经营方式、计划、供销、贷款、税收等方面作出的一系列重要决策后，社队企业获得较大发展。到1983年，社队企业职工人数达到3 235万人，总产值1 019亿元，利税总额177亿元，分别比1978年增长14.4%、97.9%和60.9%。

3. 高速增长阶段（1984～1988）

由于政策的支持，乡镇企业出现超常规发展。农民办的个体企业和联办企业，在乡镇企业总产值中的比重大幅度上升；经济联合与协作大量出现。1988年，乡镇企业从业人员达到9 545万人，总产值7 018亿元，实现利税892亿元，分别比1978年增长237.6%、1 262.7%和710.9%。

4. 整顿提高阶段（1989～1991）

在治理整顿中，乡镇企业不断适应外部条件的变化，苦练内功，调整结构，依靠科技，强化管理，大力引进国外资金、技术、设备和先进管理经验，并到国外寻找市场。乡镇企业在增长速度下降的情况下，外向型经济取得长足进展，外向型发展战略初步确立。1991年，乡镇企业完成出口交货值789亿元，比1988年增长了近200%，占全国出口商品总值的比重由15.2%提高到29.7%。

5. 全面改革与发展阶段（1992～1996）

这个阶段，乡镇企业在社会主义市场经济的大潮中又一次跃上浪尖。1996年，乡镇企业从业人员达1.3亿人，增加值近1.8万亿元，实现出口交货值6 008亿元，利税总额达6 253亿元。其中从业人员和利税总额分别是1978年的4.6倍和56.8倍。

6. 调整创新阶段（1997年以后）

八届全国人大常委会第二十二次会议讨论通过了《中华人民共和国乡镇企业法》，于1997年1月1日正式公布实施。《乡镇企业法》的出台，为乡镇企业的改革、发展和提高奠定了法律基础。1998年，乡镇企业增加值比1997年增长17.3%，实现销售收入增长17.8%，支付职工工资增长9.2%，利润总额增长10.1%，上缴国家税金增长7.3%。

进入1998年，外部经济环境恶化，亚洲金融危机滞后影响，通过多种渠道和方式将压力和影响向中国经济传递和渗透。乡镇企业顶着前所未有的压力，健康成长。2001年，乡镇企业中个体私营企业数为2 048.7万个，从业人员7 707.9万人，总产值超过5.3万亿元，分别比1998年增长18%、109%和37倍。截止到2002年，中国第一产业私营企业已达3.73万户，农民专业合作经济组织已达14万个，连接400多万农户；农村专业大户、农村经纪人队伍不断壮大，开始成为活跃农村市场、发展农村经济的重要带动力量。

（二）深刻变化

20世纪与21世纪之交，中国的乡镇企业出现了五个方面的深刻变化。

一是乡村集体企业不断深化以产权制度为重点的改革，基本上形成了投资主体和产权结构的多元化。

二是实行外贸、外资和外经“三外”一齐上，外向型经济已经成为乡镇企业的重要拉动力量。

三是积极调整企业结构和发展规模经济，大中型乡镇企业迅速崛起，成为乡镇企业发展的支撑力量，为整个乡镇企业发展发挥了十分重要的带动和支撑作用。

四是在结构和布局调整上与农业产业化和小城镇建设的联系越来越紧密。截至1998年，全国已有100多万个乡镇企业聚集在各类工业小区和小城镇里，小区和小城镇成为发展乡镇企业的一个重要载体。乡镇企业的快速发展，带动了小城镇的发展。2002年，中国建制镇达2万多个，城镇化率达到37.7%。

五是农村个体私营经济发展迅速，并开始走向联合与合作，逐步改善了乡镇企业的所有制结构。为适应激烈的市场竞争和社会化大生产的要求，这些企业根据自愿互利的原则，以合伙制、股份合作制、股份制等方式联合起来，上规模、上档次、上水平，增强了抵御市场风险的能力。

第三节　工业

中国工业发展历史久远。早在汉唐时期，丝织品通过丝绸之路源源不断地输往中亚、西亚和欧洲，深受各国人民喜爱。古罗马人称中国为Seres，即丝的转音。唐宋以后，中国的瓷器远销海外，至今英文瓷器也称作china。明末和清中叶以来，纺织业、矿冶业出现了面向市场的雇工生产，成为工场手工业的开端。近代机器工业在中国的产生，最早是19世纪40、50年代外国侵略者经营的。中国自己经营的近代工业，开始于19世纪60年代初期，由官办的近代军事工业到官督商办的民用工业。而民族资本经营的近代工业则在19世纪70年代以后才开始产生。但是，民族工业始终是在封建主义和官僚资本主义的压迫下产生和发展起来的，尤其是帝国主义对中国的侵略，使中国民族工业的发展受到了严重的桎梏。

在国民党统治时期（1927～1949），蒋、宋、孔、陈四大家族官僚资本集体通过对工业的垄断，任意控制价格，攫取巨额财富，极大地破坏了生产力。

1949年中华人民共和国建立后，受前苏联计划经济的影响，国家采取优先发展重工业的战略，在短期内建立起完整的工业体系，中国工业的发展掀开了新的篇章。

一　当代工业发展概述

中华人民共和国成立以后，特别是改革开放以来，工业经济快速增长。工业增加值由1952年的119.8亿元增加至2005年的76 190亿元，扣除价格因素，平均每年增长10%以上。随着工业基础建设的加强，生产能力的不断扩大，主要工业产品产量快速增长。2005年与1949年相比，纱产量由32.7万吨增加到1 440万吨，增长了43倍；布由18.9亿米增加到470亿米，增长了24倍；糖由20万吨增加到470万吨，增长了44倍；原煤由3 200万吨增长到21.9亿吨，增长了67倍。电视机、电冰箱、照相机、洗衣机、计算机、空调器等一大批新兴电子产品产量更呈现迅猛扩张之势：电视机由1958年的200台左右（黑白）增加到2005年的8 283万台（彩色），电冰箱由1957年的1 600台增加到2005年的2 986万台；房间空调器由1978年的200万台增加到2005年的6 765万台。

通过引进、消化、吸收，一大批代表当今工业发展水平的高新技术产业，如微电子工业、通讯设备制造业、新型材料制造业、汽车制造业等，在中国得以迅速发展，已初具规模。

进入20世纪90年代以来，中国工业已摆脱了长期以来产品品种单一、技术水平低下的落后状况。主要工业产品产量大幅度增长，录像机、组合音响等产品则从无到有，仅几年的时间产量已分别达到568.65万部和2 194.52万部（1999年）。一批高新技术产品更是以几何级数的增长幅度迅速发展，程控交换机、大规模集成电路、微型电子计算机等产品产量大幅增长，轿车产量也随着家庭拥有量的不断提高大幅度增加。中国已成为一个工业生产大国，一些主要工业产品的生产能力和年生产量都位居世界前列，其中，煤、水泥、棉布、电视机等产量居世界第一。

与此同时，工业经济多元化格局已基本形成。非国有经济迅速成长，成为推动中国经济增长的重要力量，这在工业领域表现得尤为明显。工业经济领域已出现了多种经济成分并存、共同发展的格局。

但是，工业结构仍不尽合理，结构调整任务很重。一方面工业生产能力大量闲置，据第三次工业普查资料显示，中国工业设备利用率很低；另一方面低水平的重复建设依然大量存在。另外，产业组织分散，工业集中度较低。这样的行业结构和组织结构对未来中国工业的增长有一定的制约。

二 能源工业

目前，中国的能源消费仍然以煤炭为主。2003年，中国能源生产和消费结构中原煤的比重分别为74.2%和67.1%。与此同时，石油、天然气、电力的比重在逐步上升。

（一）煤炭

中国煤炭工业的发展变化主要体现在：

1. 产量持续增长

自1989年突破10亿吨以来，连续10多年居世界首位，2004年原煤产量达到19.6亿吨。

2. 推进煤炭科技进步

近年来，中国煤矿通过技术进步和发展洁净煤技术，提高煤炭产品的科技含量，搞好煤炭的综合利用，拉长产业链，增强市场竞争能力。例如，目前煤炭地下气化已成为世界煤炭开发的主攻方向，全世界只有为数极少的几个国家掌握这一技术。2001年，山东新汶矿业集团煤炭地下气化产业化工程，已通过煤炭科技专家鉴定。它是中国首次实现煤炭地下气化技术的产业化开发应用，该项技术的普及将有力推动煤炭资源的深度开发与清洁利用。

3. 安全状况好转

国有重点煤矿百万吨死亡率由1978年的6.94人，下降到1998年的1.02人。国有地方矿和乡镇煤矿安全状况也有所改善。2004年，位居全国煤炭产量第三的山东省狠抓“科技兴安”，百万吨死亡率仅为0.42人，已达到世界中等发达国家煤炭安全生产水平。

4. 对外开放成就斐然

20多年来累计利用外资约41.78亿元，建设规模10 065万吨。平朔安太堡露天矿，准格尔露天一期等项目，都是利用外资建成的。煤炭出口大幅度增长。2005年煤炭出口7 168万吨，比1978年增长20多倍。

（二）石油

中国自从20世纪60年代摘掉贫油帽子之后，石油工业迅速发展。探明储量不断增长，发现油田个数不断增加。截至2003年，中国总资源量中，原油达到1 221亿吨，最终可采量原油为140亿～160亿吨。2004年，生产原油1.75亿吨，居世界的第五位，原油勘探、新建产油能力取得新的进展。20世纪80年代，中国是石油净出口国，是出口创汇的主要来源。但1993年以后，中国成为石油的净进口国。2005年进口原油1.27亿吨，进口成品油3 143万吨。随着经济的迅速发展，对石油的需求量将会进一步增大。

表4 中国1980～2002年石油平衡表 （万吨）

类别 \ 数量 \ 年份	1980	1985	1990	1995	2002
可供量	8 794.5	9 193.7	11 435.0	16 072.7	24 925.1
生产量	10 594.6	12 489.5	13 830.6	15 005.0	16 700.0
进口量	82.7	90.0	755.6	3 673.2	10 269.3
出口量	1 806.2	3 630.4	3 110.4	2 454.5	2 139.2
年初年末库存差额	−76.6	244.6	−40.8	−151.0	94.9
消费量	8 757.4	9 168.8	11 485.6	16 064.9	24 779.8
平衡差额	37.1	24.9	−50.6	7.8	145.3

资料来源 国家统计局《中国统计年鉴》2004年，第277页。

（三）天然气

中国的天然气总资源量达47万亿立方米。在最终可采量上，天然气为10万亿～15万亿立方米，煤层气为30万亿立方米，仅次于独联体。按美国《油气杂志》估计，与总资源量相比，中国天然气勘探程度很低。2005年中国天然气产量为500亿立方米。

至2006年7月，中国在南海珠江口盆地实施的LW3－1－1♯勘探获得天然气重大发现。初步估算，天然气资源超过1 000亿立方米，有望成为中国海域最大的天然气发现。

（四）电力

50多年来，伴随着新中国前进的步伐，中国电力工业从1949年的185万千瓦发电装机容量、43亿千瓦小时发电量起步，1995年发电量达到10 070.3亿千瓦小时，开始居世界第二位。自1978年起到1998年底，中国发电装机容量每年平均增加1 000万千瓦以上，平均年增长率达到7.68%；年发电量平均增长率为7.48%。到2002年底，中国发电总装机容量达到3.5亿千瓦，年发电量达16 540亿千瓦小时，均位居世界第二。2005年，发电总装机容量突破5亿千瓦，发电量达24 747亿千瓦小时。中国电力工业已形成了东北、华北、华东、华中、西北5个区域性电网，南方4省互联电网，以及山东、福建、重庆、四川等独立的省级电网，实行中央、区域、省、市、县的五级调度。中国电力工业自20世纪80年代开始进入高参数、大机组、高电压、大电网阶段，到2000年后，已经逐步进入了跨大区电网互联、推进全国联网，统一电网、联合电网、统一调度，实现更大范围的资源优化配置的新阶段。

三 机械工业

中国机械工业已发展成为综合实力雄厚的一个大的产业部门，在国民经济中的支柱产业地位日趋明显。1998年全国机械工业完成的产值比1949年增长2 800多倍，比1978年增长了11倍；50年来平均年增长17.2%，高于同期全国工业的增长速度。在全国工业中的比重，20世纪50年代初期不到5%，改革开放前为17%，90年代后期已超过25%。全国机械工业增加值与国内生产总值（GDP）的比重为5.2%。

（一）建成了门类比较齐全，具有较大规模的机械制造体系

按国家标准分类，在工业39个行业中，机械工业有金属制品业、专用设备制造业、普通机械制造业、交通运输设备制造业、电器机械及器材制造业、仪器仪表及文化与办公用机械制造业等6个行业，含271个小行业，门类已经齐全。机械工业拥有一批实力强大的机械制造企业。不少大型企业已经达到或者接近国际上知名大型企业的规模和水平。

（二）经过布局调整，建成了一批新的制造业基地

20世纪50年代初期，为数不多的机械制造企业主要集中在沿海地区几个大城市。经过第一个五年计划期间开始的重点建设以及其后大规模的“三线”建设，不仅华东、东北、华北地区的机械工业有很大发展，而且形成了西南、西北、中南的汽车、发电和输变电设备、石油机械、精密机床及仪器仪表等一批各具特色的新的制造业基地。

（三）发展速度很快，在世界机械工业生产中的比重不断提高

由20世纪50年代初期的微不足道，到1985年提高到3%左右，1990年已达4%左右。在国际上的位次，50年代初期为二三十位以后，90年代后期仅次于美国、日本、德国、法国而与英国基本持平，居第五位左右。不少重要产品已跃居世界前列。如发电设备年产量已居世界第四位，机床居世界第六位。2005年中国船舶工业年生产量首次突破1 000万载重吨，达到1 200万载重吨，占到世界船舶市场18%的份额，造船产量连续10年列世界第三位。中国汽车生产从无到有，2005年，中国以570.8万辆的汽车产量，排名全球第四，较德国（575.7万辆）已相差无几。

（四）技术水平不断提高，为国民经济建设提供了大量装备

50多年来，机械工业累计生产了矿山设备950万吨，发电设备2.5亿千瓦，金属切削机床600万台，汽车1 600万辆，各种拖拉机2 300万台，电冰箱1.3亿台，等等。综合起来看，基础工业部门80%以上的能力由国内装备提供；在轻纺工业中比重更高；农业装备基本上由国内提供；日用机械、日用电器等耐用消费品已完全立足国内。

（五）全方位、多层次的对外开放的总体格局基本形成

机械产品对外贸易已成为中国贸易出口的支柱产品。中国机械产品出口起始于1956年的援外成套项目，正式对外商出口贸易在60年代才起步。1998年出口创汇396亿美元，为1978年2.1亿美元的188倍。机械产品出口额在全国外贸出口总额的比重，1978年为2.2%，1998年达到21.5%，仅次于纺织业，居全国第二位。利用外资、引进技术，取得积极成效，外商直接投资企业已达2万个，来自全球55个国家和地区。

四 原材料工业

中国改革开放以来，以钢铁工业、有色金属工业、化学工业和建材工业为主要产业部门的原材料工业，取得了令人瞩目的成就。主要产品产量持续增长，品种结构逐步改善，质量水平有所提高，原材料工业总体上正在朝着健康的方向发展，基本上保证了国民经济和社会发展的需要。

（一）有色金属工业

经过50多年的发展，中国有色金属工业的面貌发生了深刻的变化，无论是生产规模，还是技术装备水平均达到了一个新高度，取得了长足的发展。中国有色金属工业的产量规模不断扩大。到20世纪90年代中期，中国已成为世界上第二大有色金属生产国。有色金属工业总产值从1949年的2.27亿元，增加到2003年的3 023亿元（按1990年不变价计算）。从业人员显著增加，从1949年的4.90万人，增加到1998年的189万人；进出口贸易额也从1950年的2.87亿美元，增加到1998年的79.10亿美元。

2005年，中国铜、铝、锌、镍、锡、锑、汞、镁、钛10种常用有色金属的产量已达1 635万吨，已连续3年位居世界首位。有色金属产品的质量也逐渐提高，到20世纪90年代末，中国已有9个品牌的重熔铝锭、1个品牌的阳极铜、5个企业8个品牌的精铅和锌锭在世界著名的伦敦金属交易所注册，成为国际畅销产品。到2004年，除铜的生产尚不能满足国内市场需求外，铝、镍供需基本平衡，铅、锌、锡、锑、镁等常用有色金属已大量进入国际市场。目前中国铅、锌、锡、锑、钨、镁等有色金属的出口量位居世界前列，并对国际有色金属市场走势发挥着相当重要的影响。

与此同时，20世纪90年代以来，中国有色金属消费量逐渐上升。1998年铜消费量已接近200万吨，居世界第二位；铝消费量突破300万吨，居世界第三位。中国已成为世界上主要有色金属消费国之一。同时，近年的统计数据表明，国内有色金属矿山的实际保障能力在下降，2003年国内生产的有色金属矿产品占总消耗量的53%，我国铜产量的60%以上、铝产量的48%、铅产量的30%是靠进口原料生产的。

（二）钢铁工业

20世纪90年代以来，钢铁工业把调整产品结构，增加短线产品的生产，提高产品质量，增加市场有效供给作为发展的重点，在生产、建设等方面取得了较大成绩。

1. 主要产品产量稳步增长，品种结构和产品质量有所改善

钢产量由1952年135万吨增加到2005年的35 239万吨，成品钢材由1952年106万吨增加到2005年的39 692万吨。2005年，中国钢、钢材、生铁的生产能力均已超过3亿吨，成为世界钢铁生产大国。产品质量方面，达到国际先进质量水平的钢材品种由1991年的19个增加到1995年的115个，产量由100万吨提高到1 200万吨。

2. 投资结构得到调整，对行业发展具有重要影响的一批关键项目建成

1991～1995年期间建设投资向国有大中型企业和国家重点项目倾斜，重点建设了宝钢二期、宝钢三期、天津大无缝等一批大中型骨干项目。建成了一批高水平的热连轧机、冷连轧机、无缝钢管轧机、中厚板轧机、高速线材轧机、小型连轧机等，炼钢炉处理（精炼）能力显著提高。这些项目的建设，带动了钢铁工业整体工艺装备水平的提高，对改善品种结构、提高产品质量，增强中国钢铁工业发展后劲起到了十分重要的作用。同时，也带动了企业向规模化经营方向发展。

3. 科技进步取得成效，主要技术经济指标明显改善

连铸比由1990年的22.3%提高到1995年47%；精炼比由2.1%提高到13%，小型材连轧比由19.1%提高到32%，高炉喷煤总量和转炉复吹比也有大幅度提高。全行业吨钢综合能耗由1990年的1.61吨标准煤下降到1995年的1.52吨标准煤，5年累计节能738万吨标准煤；综合成材率由1990年的78%提高到1995年的83.8%；全员实物劳动生产率由1990年22吨钢/人/年提高到1995年的30吨钢/人/年。1991～1995年期间，全国钢铁企业累计实现利税1 800亿元；上缴国家利税1 235亿元，比1986～1990年期间的599亿元增长了1.06倍。

（三）化学工业

到1980年，全国化工系统有县以上化工企业6 300多个，其中大中型企业342个，能生产3万多个产品规格，拥有石油化工、有机原料、化工新型材料等19个行业。

化肥、农药等支农化工产品得到极大发展。用于支农化工产品的投资约占全部化工投资的50%。2005年，生产化肥5 220万吨，居世界第一位，化肥已有尿素、硫铵、硝铵等10多种，在支援农业生产中起了重要的作用。

化学工业产品中的纯碱，全国每年总产量约有35%用于玻璃、搪瓷制品和洗衣粉的生产。烧碱，约有70%的产量用于造纸、人造纤维、印染工艺和洗涤剂的生产。染料，过去纺织印染所需染料主要依靠进口。1949年后，改造发展了大连、青岛、上海、天津等地的老厂，重点建设了吉林染料厂，染料的品种和产量不断增加。纺织工业所用的染料自给率有了很大的提高。

1949年以来，化学工业恢复和发展了基础较好的老化学工业基地，有计划地新建了一批大中型化工骨干企业，各地利用自己的资源优势，也建设了一批化工厂，化学工业的布局已经展开。从第一个五年计划开始，以发展化学肥料和基本化工原料为重点，建设了吉林、兰州、太原三个化工基地和华北制药厂。这一时期，还建设了广东英德硫铁矿、桦林橡胶厂等一批重要化工企业。20世纪70年代以来，随着石油工业的发展，建成了北京燕山、湖南岳阳等石油化工联合企业。

化工产品进出口贸易不断扩大，出口创汇大幅增加。化工产品进出口贸易从1978年的16.4亿美元增加到1998年的350亿美元，增长了20倍。其中出口额由2.8亿美元增加到141.2亿美元，增长了近50倍。有300多家化工企事业单位获得了进出口经营权，出口产品1 000多种。对外工程承包和劳务合作迈出新的步伐，一批化工专用技术和机械设备已走向国际市场，纯碱、烧碱、气体变压吸附等20余项技术已向国外输出。吉林化学工业公司等许多大型化工企业加快了外向型经济发展的步伐，在国外建立机构并开展经贸业务，大大加快了化学工业走向世界的进程。

化工产品产量大幅增加。如化学纤维由1980年的45.03万吨，上升到2005年的1 618万吨；硫酸从1980年的264万吨，上升到2005年的4 529万吨；农用氮、磷、钾化肥1980年为1 232.1万吨，到2005年达到5 220万吨。

（四）建材工业

主要产品产量大幅度增加，产品品种明显增多。水泥产量由1952年、1990年的286万吨和2.1亿吨猛增到2005年的10.6亿吨，居世界第一。建筑卫生陶瓷、非金属矿及制品等其他建材产品都有较大幅度增长，在数量上基本满足了国民经济快速发展的需求。

生产技术工艺装备有了很大进步。在大中型水泥厂建设中，结束了以湿法窑为代表的时代。日产2 000吨熟料的窑外分解技术装备的国产化率达85%左右，其主要技术经济指标达到了国际20世纪80年代初的先进水平。玻璃工业日熔化500吨级浮法玻璃生产线的技术装备基本自给。中国日产2 000吨级水泥窑外分解成套设备和日熔化500吨级浮法玻璃技术及设备已开始向国外出口。建筑、卫生陶瓷工业工艺技术和装备水平有了很大提高。年产70万平方米彩釉墙地砖生产线成套装置基本实现了国产化。无机非金属材料的生产技术也有了新的提高。主要技术经济指标有明显改善。通过采用先进技术以及实施综合节能工程，建材工业万元产值综合能耗大幅下降。新型建材发展较快。

五 电子工业

中华人民共和国成立初期，电子工业基本上还是空白。电子工业大规模重点建设是从“一五”计划开始的。这期间，国家加大了对电子工业的投资，在156个重点项目中开工8个电子项目，完成5个。同时还建立了一批包括有电子元器件、电子测量仪器、电子设备制造、无线有线通信设备制造等电子工厂和科研院所，初步奠定了电子工业发展的基础。1955年中国自行研制出第一台P波段远程警戒雷达；1956年研制出中国第一只锗合金晶体管；1958年研制出中国第一台“北京牌”黑白电视机；1958、1959年为保证核试验需要研制出中国第一台电子管小型和大型电子计算机；1959年研制出250瓦单边带通讯机、第一台1 000瓦中波广播发射机。

从20世纪60年代开始，电子工业进入全面建设时期，已能生产2 000千瓦中波发射机、电子计算机、黑白电视中心设备、电视接收机、半导体收音机、电话交换机等。半导体工业发展迅速，到1965年底，半导体器件的产量已超过了电子管的产量，半导体收音机的产量也超过了电子管收音机的产量，标志着中国半导体工业化已初步形成。另外，在1965年12月，研制出了代表当时最新技术水平的第一块集成电路。到1972年，基本完成了半导体工业化过程，在导弹配套、卫星测控、导弹预警系统、通信系统等方面，都有很大突破。从70年代初开始对卫星通信技术展开研究，1976年自行研制成功了卫星地面站。

表5　中国1949～2002年主要工业产品产量居世界位次

类别＼位次＼年份	1949	1978	1990	2000	2002
钢	26	5	4	1	1
煤	9	3	1	1	1
原油	27	8	5	5	5
发电量	25	7	4	2	2
水泥		4	1	1	1
化肥		3	3	1	1
化学纤维		7	2	2	2
棉布		1	1	2	1
糖		8	6	4	3
电视机		8	1	1	1

资料来源　《中国统计年鉴》2004年。

进入20世纪90年代，电子工业逐步形成了以公有制为主体、多种经济成分并存的所有制格局，而且外资、“三资”和民营经济已成为电子工业发展的生力军。近年来，电子信息技术产业发展迅速，正日益成为国民经济的支柱产业。2003年，中国电子信息产业实现销售收入达2 200多亿美元，同比增长34%。经过20世纪90年代10多年的发展，中国已成为世界电子信息产品制造业大国，电子信息产业销售收入超过日本，仅排在美国之后，使其产业规模由1989年的世界第九位上升到第二位。

六　航空航天工业

中华人民共和国航空航天工业创建于1951年，至今已逐步形成了军民结合，科研、生产、经营、教育结合，技工贸结合，专业比较齐全，具有相当规模的工业体系，成为中国国民经济中技术密集、基础雄厚的高科技产业之一。同时，大力发展民用产品和外贸出口，取得了巨大的成就。截至1998年，航空工业累计生产60多个型号1.3万多架军用飞机、1 500多架民用飞机，各种航空发动机5.4万多台、战术导弹1.6万余枚和各种航空机载设备。到20世纪末，我军航空武器装备的90%以上都是由中国航空工业生产的。

航天事业起步于20世纪50年代中期。根据国防建设的需要，中共中央、国务院决定发展中国的导弹事业。1956年10月8日，新中国第一个导弹研究机构——国防部第五研究院成立，1960年，中国第一枚近程导弹发射成功；1964年，中国第一个自行设计的中近程火箭发射试验成功；翌年10月，在中国本土进行了导弹和原子弹结合试验获得成功。60年代中期，中国探空火箭从试验阶段进入应用阶段，成为人造卫星上天前进行高空探测的重要工具。1963年12月，中国第一枚液体燃料气象火箭发射成功。

1970年4月24日，中国第一颗人造地球卫星“东方红一号”由“长征一号”火箭发射成功，宣告了中华人民共和国进入航天时代。1975年11月26日，中国发射返回式遥感卫星成功，使中国成为世界上第三个掌握卫星回收技术的国家。1980年5月18日，由中国本土向南太平洋发射的远程火箭，准确地溅落于预定海域。这标志着中国大型液体火箭技术达到了国际水平。1981年9月20日，“一箭三星”发射成功，中国成为世界上少数几个掌握一箭多星技术的国家之一。同年6月，第一枚两级固体燃料火箭首次发射成功，打开了中国固体燃料火箭研制工作的新局面。紧接着，1982年，中国首次进行潜艇水下发射固体燃料火箭成功；1984年4月16日，中国第一颗试验通信卫星“东方红二号”成功定点于东经125°赤道上空。中国已经成为世界上少数几个能独立发射同步定点卫星的国家之一，成为掌握先进的低温火箭技术的国家。1986年2月成功地发射了第一颗实用通信广播卫星。同年6月，又兴建了中国第一个地球资源遥控地面站，发展了对土地资源清查、水文调查、地震预报、海洋及林业环境监测等空间物理、生活环境研究，标志中国包括卫星本体、运载火箭、试验发射场、地面测控和卫星通信站五大系统的航天工业已形成较为完整配套的体系。到80年代末，中国的航天测控技术已达到国际先进水平，建成了可综合利用的测控网及数据通信网、计算机网。

进入20世纪90年代，中国长征系列运载火箭进入国际商业卫星发射服务市场，取得令人瞩目的成绩。1990年4月7日，"长征三号"火箭首次发射美国休斯公司制造的"亚洲一号"卫星获得成功。之后，1992年8月和12月，中国"长征二号E"捆绑式运载火箭两次把美国研制的澳大利亚"澳赛特B1"通信卫星送入预定轨道。1998年3月和5月，中国"长二丙"运载火箭又两次以"一箭双星"的方式将四颗卫星送入预定轨道。1998年7月，中国"长征三号乙"火箭又成功发射欧洲"鑫诺一号"通讯卫星，这是中国发射的第一颗欧洲制造的通讯卫星。

中国"长征"运载火箭自1970年4月24日首次发射卫星至2004年11月，共进行了82次飞行，发射成功率在90%以上。特别是1996年10月以来，中国航天领域全面加强质量建设，连续40次发射，共将45颗国内外卫星、5艘"神舟"号飞船送上了太空，创造了中国航天发射史上的辉煌纪录。

1992年，中国载人航天工程正式启动。飞天，这个千百年来遥不可及的目标，第一次被写进国家科技发展的战略中。载人航天，是中华民族攀登现代科技新高峰的标志性工程，是新中国建设成就的重要象征。1999年11月20日，中国第一艘宇宙飞船——"神舟"号在酒泉卫星发射中心由新型长征运载火箭发射升空，次日在内蒙古自治区中部地区成功着陆。"神舟"二号飞船于2001年1月10日在酒泉卫星发射中心发射升空，在轨运行7天后成功返回地面。2002年3月25日，酒泉卫星发射中心成功发射"神舟"三号飞船。飞船搭载了人体代谢模拟装置、拟人生理信号设备以及形体假人。"神舟"三号轨道舱在太空运行了180多天，环绕地球飞行2 821圈。"神舟"四号飞船于2002年12月30日在酒泉载人航天发射场由长征二号F运载火箭发射升空。飞船按照预定轨道在太空飞行6天零18小时，环绕地球108圈。"神舟"四号的意义是里程碑式的——对中国全面掌握和突破载人航天技术具有重要意义，为实施载人航天飞行，把中国的航天员送上太空奠定了坚实的基础。

2003年10月15日9时，"神舟"五号载人飞船升空，圆了中国人千年飞天梦，标志着中国载人航天工程实现了历史性突破。中国成为继俄、美之后世界上第三个能够独立开展载人航天活动的国家。中国第一个登上太空的宇航员杨利伟，乘"神舟"五号绕地球飞行14圈后，于10月16日6时23分在内蒙古中部主着陆场安然降落，返回地面。在"神舟"五号升空时，中共中央总书记、国家主席、中央军委副主席胡锦涛等党和国家领导人亲自到酒泉卫星发射中心为我国第一次载人飞向太空壮行；中央军委主席江泽民祝贺我国首次载人"神舟"五号航天飞行圆满成功；温家宝总理通过电话向我国第一位"神舟"五号航天飞行宇航员祝贺，并宣读党中央、国务院、中央军委贺电。中国第一次载人航天飞行成功赢得了国内外高度评价和热情赞誉。

神舟六号于2005年10月发射，实现多人多天飞行。未来"神七"、"神八"的飞行任务是，中国航天员将进行太空行走，和飞船进行交会对接，"神七"有望在2010年前升空。

中国探月"嫦娥"工程，将以无人探测为主，按"绕、落、回""三步走"，即：分三个阶段实施，分别实现绕月探测、月面软着陆探测和月面巡视勘察、采样返回。按计划，将实现四项目标：一是获取月球表面高精度的三维立体影像；二是勘查月球表面有开发利用价值的14种元素，其中9种是我国首次进行探测；三是利用微波辐射技术测定月球表面的温度，探测月壤特征与厚度；四是探测地月空间环境。"嫦娥一号"月球卫星将于2007年9月发射升空，进行绕月探测。"嫦娥"二期工程力争在2012年发射首颗着月探测器，携月球车一起登陆月球，进行月面巡视勘察。三期工程则设想在2017年发射首颗返回探测器，在月球采样并顺利返航。整个工程力争在2020年左右建立比较健全的月球探测系统，为深空领域探测积累经验。中国还积极参加美、俄、澳、法等14国合作项目，争取在2015年把人类重新送上月球，实现三项目标：一是在月球建立空间站，作为人类登陆火星和其他星体的中转站；二是在月球上开展一系列基础研究，探讨宇宙起源、地球在宇宙中的位置等问题；三是研究采取何种方式才能在月球创造适宜人类永久居住的环境。中国还筹划在2012年开始实施《夸父计划》，由3颗“夸父”卫星组成有机系统，将观测新的日地物理现象，进一步揭示日地空间风景机理，监测行星际扰动传播，为灾害性空间环境预报提供观测数据，推动中国航天深空探测技术的发展。德国、法国、加拿大等10多位著名的空间科学家也将参与上述计划。2006年10月发表的《2006年中国的航天》白皮书显示，未来5年及今后一段时间，中国将激活并继续实施五大航天科技工程，包括载人航天工程、探月工程、高分辨率对地观测系统、北斗卫星导航系统及大推力运载火箭。

第四节　建筑与交通运输业

一　建筑业

中国是建筑古国。中国古建筑在世界古代建筑史上形成了独特的建筑体系，占据着重要的地位，是世界建筑艺术宝库中一颗璀璨的明珠，它与欧洲建筑、伊斯兰建筑并称世界三大建筑体系。战国时期（前475～前221）的鲁班是建筑业的祖师，他发明了亭、塔等建筑形式。自春秋战国时期开始修筑的万里长城，是人类建筑史上的奇迹。建于隋代的河北赵县的安济桥，体现了科学技术与艺术的完美结合，走在世界桥梁建筑的前列。山西应县高达67.1米的佛宫寺木塔，是世界现存最高的木结构建筑。北京明、清两代的故宫，则是世界上现存规模最大、建筑精美、保存完整的大规模宫殿建筑群。中国古典园林，融自然景观与民族风俗于一体，具有独特的艺术风格。

当代建筑业已发展成为国民经济的支柱产业之一，20世纪90年代以来，建筑业增加值占国内生产总值的比重基本呈稳中有升态势。随着居民生活水平的提高、基础设施投资和市政建设力度的加大，建筑业发展前景看好。

“九五”期间，从总体上看，中国固定资产投资规模仍然保持了持续扩大的势头，从而保证了建筑业生产规模的稳定增长。1996年以后，中国全社会固定资产投资增幅逐步减缓。1998年，为抵御亚洲金融危机对中国经济的影响，中国政府采取了增加固定资产投资，刺激经济增长的措施，固定资产投资规模增长速度回升，为建筑业产业规模的保持和扩大奠定了基础。“九五”期间，建筑业的产业规模继续扩大，总产值及净产值都在持续增长，但增幅明显降低。在国内生产总值构成中，建筑业所占比例逐步增加，稳定在6%以上。建筑业发展的特点与趋势：(1) 大型建筑企业的市场份额不断提高。(2) 小型企业将向小而精、小而专、小而活的专业化、小型化方向发展。(3) 装饰装修业发展前景诱人。(4) 建筑业经营呈现多元化格局。

住宅业将成为未来中国经济的增长点，这在国内已达成共识。1997年为把住宅产业培育成为新的经济增长点，国家在引导住房消费、促进住房商品化方面加大了力度，取得了阶段性成果。1998年，中国人民银行又正式出台了个人购房抵押贷款政策，以推进住房体制改革。各地区为了盘活房地产投资的存量，也结合房改制定了一系列措施。一系列措施的出台，为建筑业特别是住宅业的发展创造了良好的环境。由于目前中国居民人均住房面积还很低，居民潜在住房需求很大，因此建筑业增加值增长在未来若干年将会保持一个较高的发展速度，成为推动经济增长的重要力量。

二　交通运输业

（一）概述

中国交通的发展具有悠久历史。根据考古发现，中国早在7 000年前已开始使用船只，4 600多年前已有了车，4 500年前也曾设过掌管道路的“司空”官职。进入奴隶社会后，交通多依靠水道，开始用木板造船。夏、商、周时长江、黄河与淮河都已通船。在陆路交通方面，车辆的种类也逐渐增多，出现有马车和牛车。周代还造出了战车、田车和乘车等不同用途的车辆。

春秋战国时期，中原一带开辟了不少交通大道。南方仍主要发展水运，先后开凿邗沟、鸿沟等运河，形成有黄、淮、江三大水系相互连接的水运交通网。

秦朝制定“车同轨”法令，按统一标准修建全国道路。汉代张骞（？～前114）通西域，开拓了通往中亚等地的交通线。到3世纪初，中国便出现了滦、海、黄、淮、江、珠六大水系相连通的伟大水运壮举。此时,航船已利用舵来操纵航向,并出现了一些著名港口。同邻国的海上往来逐渐开辟和增多。

隋代开凿的京(涿郡)杭(余杭)大运河贯通南北,长达2 700余公里,是航运史上的伟大工程之一。通往中亚、欧洲的陆上“丝绸之路”,在隋唐时达到了空前的规模,它自长安西行,越过陇山,经河西走廊,出玉门关、阳关,经天山和昆仑山,逾葱岭,进入中亚、至大秦(罗马)等地,成为连接欧亚大陆的主要交通大道。

宋元明清,中国交通运输业又有了十分显著的进步与发展。指南针的发明和海图的出现为远洋国际航行提供了更加有利的条件。明代郑和(1371~1433)率领庞大船队七下西洋,远及非洲东海岸的索马里和肯尼亚等地,遍访了30多个国家和地区,大大促进了中国的国际交流,在世界航海史上具有重大意义。2005年7月11日,在北京举行了郑和下西洋600周年纪念大会;国家决定把每年7月11日定为中国“航海日”。

现代交通运输在中国的兴起以1872年招商局购置第一艘蒸汽机船为标志,由于内乱外患,时间上比西方落后65年。此后,1876年中国修建了第一条铁路,1902年进口了第一辆汽车,1906年修建了第一条公路,1929年中国航空事业开始起步。但在清政府、北洋军阀和国民党政府统治期间,帝国主义相继掀起三次掠夺中国路权的高潮,造成了中国交通的混乱和落后局面。

中华人民共和国的成立,揭开了交通运输业发展历史的新篇章。中国政府以恢复国民经济、改善人民生活和巩固国防的需要为导向,有计划、有重点地进行交通运输建设。经过近30年的发展,形成了初具规模的综合运输体系。改革开放后,20多年发展的规模和速度大大超过了前30年,综合运输体系的建设有了实质性的进展,交通运输对国民经济发展的制约状况得到了明显改善。50多年来,我国交通运输发生了翻天覆地的变化,取得了举世瞩目的成就。

(二)铁路运输

1950年6月,中国颁布和实施了统一的《铁路技术管理规程》,从此彻底改变了旧中国铁路管理分散、各自为政的状况。1950年6月开工,1952年6月通车,1953年7月交付运营的成渝铁路自四川成都至重庆,是新中国成立后建成的第一条干线铁路,全长505公里。1953~1978年中国是有计划地开展铁路建设,铁路网骨架基本形成的时期。1953~1980年共新建干、支线100多条。同时在长江、黄河等大江大河上修建了不少铁路桥梁,连接了各条干线,从而基本上形成了全国铁路网的骨架。到1980年底铁路营业里程达49 940公里,全国铁路网骨架基本形成,客货换算周转量达7 087亿吨公里。1978年中共十一届三中全会以后,为满足国民经济迅速增长的需要,铁路运输的主要任务是营业铁路的技术改造。内燃机率由1970年的3.2%提高到1999年63.6%,电气化率由1970年的0.7%提高到1999年的24.2%;铁路机车中内燃机车和电力机车已占机车总数的93%,而在50~80年代一直作为主要车种的蒸汽机车已下降到7%。到2004年末,中国铁路总营业里程已达7.3万公里,位居世界第三,其中,复线铁路2.3万公里,电气化铁路1.7万公里,均居亚洲第一。中国铁路在1997~2000年的4年间实施全面提速,提速铁路目前已达1.3万公里,特快列车最高速度从每小时120公里提高到每小时160~200公里,客车平均运行速度提高了25%。提速网络基本覆盖全国主要地区。2006年10月,中国铁路将实现第六次大提速,届时电气化改造完成后的旅客列车的运行时速将达200公里。

(三)公路、水路运输

中华人民共和国成立后,公路建设进入了快速发展的时期。20世纪50年代初期中国公路通车里程仅8万公里,其中有路面的3万公里。到2003年底,全国公路总里程达到180.98万公里。其中,高速公路建设成为经济建设中一个耀眼的亮点。1999年10月,中国高速公路总里程突破1万公里,位居世界第四位;经过10多年的建设,2004年已突破3万公里,位居世界第二。

50多年来,建设桥梁21万多座,总延长7 450公里。同时,桥梁建设水平上了一个新台阶。先后在长江、黄河、珠江、松花江等大江大河和跨海岛建成一批深水基础、大跨径的公路桥梁。目前,初步形成了布局合理、机械化水平达到中等发达国家水平的港口装卸体系。内河航道重点建设了“一纵两横两网”(京杭运河、长江水系和珠江水系三个主通道,以及长江三角洲江南航道网和珠江三角洲航道网）航道工程。

20世纪50年代初，公路、水运的客货运力非常小。改革开放以来，运输结构不断调整，发生了很大变化，公路、水运周转量所占比重迅速上升。建造了大型海洋船舶，装备运输企业，港口机械和筑路机械已能批量生产，大部分做到了自给自足。培养了大批高中级专用人才，基本满足了公路水运交通事业发展的需要。通过自力开发和扩大与国外的科技交流合作，取得了不少的科研成果，共获得了国家奖励132项。建立了设施比较完善、技术装备越来越先进的水上安全监督、救助打捞和通信导航系统，为国轮和外轮提供了各种有效的服务。在国际海事组织第19届大会上，中国以最高票当选为一类理事国，成为世界航运大国。2003年，全国内河航道通航里程123 964公里。全国港口拥有生产码头泊位34 289个，万吨级泊位达到899个。2004年，沿海主要港口全年吞吐量5 660万标准箱，蝉联世界第一。

为了加强沿海、沿江、沿边对外开放和加强各大经济区域间的联系，“九五”后，国道主干的建设重点是两纵（同江—三亚，北京—珠海）两横（连云港—霍尔果斯，上海—成都）和三条重要公路（北京—沈阳，北京—上海，重庆—海口）。“十五”和2010年前，建设“五纵（同江—三亚，北京—福州，北京—珠海，二连浩特—河口，重庆—湛江）七横（连云港—霍尔果斯，上海—成都，上海—瑞丽，绥芬河—满洲里，丹东—拉萨，青岛—银川，衡阳—昆明）”国道主干线系统。水运主通道按照中国生产力布局和水资源分布的特点，重点建设贯通东南沿海经济发达地区的海上运输大通道和主要通航河流的内河航道。全国水运主通道总体布局规划是设置“两纵三横”（沿海南北主通道，京杭运河淮河主通道；长江及其主要支流主通道，西江及其主要支流主通道，黑龙江、松花江主通道）共五条水运主通道。在统一规划下，以提高航道等级、改善通航条件为重点，各环节同步建设，以形成综合运输能力。港站主枢纽重点建设在水运主通道、公路主骨架以及和航空干线交汇处的港口、站口。这些港口、站口是多种运输方式相衔接的客货集散中心和综合运输制造组织服务中心。随着公路主骨架、水运主通道和港站主枢纽规划建设任务的完成，中国公路、水路运输将基本达到畅通、安全、高效的目标。

（四）民用航空

中华人民共和国的民航事业创建于1949年11月2日。经过50多年的不懈努力，中国民航业快速发展，取得了举世瞩目的成就。中国民用航空运输量平均增长速度高出世界平均水平2倍多。中国航空运输总周转量在国际民航组织缔约国中的排位，由1978年的第三十七位上升至2003年的第五位，2004年将上升到第四位。90年代以来，民航运输进入了前所未有的快速发展时期。到2003年末，全国民用运输机场达126个，其中能起降波音747机型的机场25个。截至2003年底，定期航班航线达到115条，通航里程237.25万公里。国际航线194条，国外通航32个国家的72个城市。民航旅客运输量从1989年的1 283万人增加到1997年的5 630万人和2003年的8 759万人。2003年，民航运输货物周转量达57.9亿吨公里。

（五）管道运输

中国管道建设是从1957年修建的由克拉玛依至独山子炼油厂的137公里6英寸（15.24厘米）原油管道开始的，该管道1958年投产。1961年修建了从四川綦江县9号井到重庆钢厂的第一条输气管道。随着石油工业的发展，中国1970年开始建设大口径长距离的原油管道。30多年来，经过不懈努力，中国长输管道从无到有，已发展到2万多公里，成为继公路、铁路、水运、航空后的又一大运输方式。30多年来累计输油16.4亿多吨，输气63.3亿多立方米，截至1999年底向国家上缴利税148.925亿元，为中国石油工业发展和国民经济建设作出了重要贡献。其他介质的长输管道建设也被提到了议事日程上来，如输煤浆管道等等。而且在输送多介质的管道建设和管理方面，已经积累了相当的经验。2002年7月，中国实施西部大开发战略的标志性项目——西气东输管道工程正式动工兴建。西气东输管道长4 000公里，连接西北部的新疆至东部的上海市。途经8个地区及省份，以及中国两条最大的河流黄河与长江。西气东输项目的总成本估计达180亿～200亿美元，是中国仅次于总成本达250亿美元的长江三峡工程的最大的基建工程。西气东输项目2000年2月启动，2002年7月4日正式开工建设。2004年1月1日正式向上海商业供气。投产以来已向沪、浙、苏、皖、豫、地区全面供气，在2005年1月1日全线实现商业供气的目标，最终每年输气量将达120亿立方米。

第五节 信息产业

信息产业包括通信业和电子信息产品制造业，在中国是白手起家的新兴产业。20世纪50年代初期，通信设备、通信方式和通信手段十分落后，全国电信传输仅有7.6万杆公里的明线，电话交换总容量仅31万门。1958年建成的北京电报大楼，装备全部是国产设备；1964年60路对称电缆载波系统和微波中继系统使中国有了自己研制的电缆和微波设备；1970年电信职工穿越沙漠戈壁，保障了中国第一颗人造地球卫星的发射升空；1976年中国自行研制的第一条大容量传输系统1 800路中同轴电缆载波系统在京、沪、杭建成投产。截至1978年中国电话的普及率仅达到0.38%，较一些发达国家相差几十倍、近百倍，甚至还不如一些不发达的非洲国家。

改革开放以来，通信业由制约改革开放和经济建设的“瓶颈”，发展成为增长最快、综合效益最好的行业之一。从1978年开始，中国通信业一直保持两位数增长，比国内生产总值增长速度高出十几到三十几个百分点。1980年实现了邮电全行业扭亏为盈。从1984年开始，发展速度连续15年超过国民经济增长速度，成为近十几年来国民经济中发展最快、综合效益最好的行业之一。近几年来，中国电话交换机每年扩容都在2 000万门左右。中国电话网规模在世界的排名，从1985年的第十七位升为1997年的第二位，一跃而进入世界前列。2000年，全国电话普及率达到20.1部/100人；互联网用户达900万户（不含科技和教育网），而在1989年则是零，1997年也仅62万户。截至2006年7月末，中国电话用户总数达到8.05亿户。其中固定电话用户3.68亿户，移动电话用户4.37亿户。截至2006年6月末，中国互联网用户总数达到1.23亿,仅次于美国的1.52亿，居世界第二；其中宽带上网人数为7 700万，接近网民总数的2/3。

1999年中国实现了邮电分营。在邮政独立运行之初，全国邮政亏损179亿元。3年来，邮政部门坚定不移地以加快发展为主题，抓住机遇，深化改革，拓展业务，改善服务，实现了3年扭亏的目标，到2001年底，全行业实现盈利6 000多万元。

中国电信业对国民经济和社会发展的贡献率显著提高，1998年，电信业新增加值占新增国内生产总值的比重上升到4.9%。2001年，中国信息产业增加值占国内生产总值的比重达到4.2%，通信业务收入和电子信息产品制造业实现销售收入达到1.26万亿元。

经过多年的努力，中国电信基础设施得到很大改善，通信网的规模容量、技术层次、服务水平，都发生了质的飞跃。全国已建成包括光纤、数字微波、卫星、程控交换、移动通信、数据通信等各种先进手段覆盖全国、通达世界的公用电信网。1998年，长途业务电路达到163万路，分别是1949年和1978年的590倍和87倍；长途自动交换机容量达到483万路端，是1978年的2 590多倍；局用交换机容量达到1.35亿门，分别是1949年和1978年的435倍和33倍。1998年8月12日，在海拔5 231米的唐古拉山口耸立的高大纪念碑，标志着经过“七五”末期和“八五”、“九五”期间大规模的长途干线建设，已建成了“八纵八横”格状型国家光缆骨干网，全国光缆总长度达到100万公里。到2001年年底，全国铺设光缆总长度已达149.5万公里。中国已建成开通中日、中韩、亚欧等多条国际陆地、海底光缆。中国联通、吉通公司以及教育科研部门的网络也得到了较快的发展。

中国电信事业的整体发展，有效缓解了国民经济对通信的迫切需求，成为国民经济的基础性先导性行业。仅仅20年的时间，中国通信走完了发达国家几十年甚至上百年的路程，从引进第一套万门程控交换机到1992年具有自主知识产权的万门程控交换机投放市场，用了10年时间；从引进第一套全球移动通信（GSM）设备到推出自主研制开发全球移动通信设备，仅用了4年时间；而在研制开发2.5Gb/s高速光通信设备和异步传输模式(Asynchronous Transfer Mode）宽带交换设备等方面，中国仅比国际先进水平晚1～2年。目前，国内通信设备制造业在程控交换、光纤通信等重要领域，已取得群体突破，占有大部分市场份额。1998年，新增局用电话交换机中，国内生产设备占98%；新增光传输设备中，国内生产的超过50%。全国局用交换机程控化比重达到99.8%，长途传输数字化比重达到99.6%；长途电话自动业务比重达到99.1%，国际电话自动接续业务比重达到96%。先进的数字移动通信技术、SDH（Synchronous Digital Hierarchy 是一种新的数字传输体制，主要采用光纤作为传输媒介，还可采用微波及卫星来传输）光通信系统技术、密集波分复用技术得到广泛采用，宽带综合业务数字网、ATM宽带交换系统等高新技术正在网上试验。目前，中国网络传输全部实现了数码化、交换实现了程控化，网络技术层次进入世界先进行列。截至2002年10月，中国光缆总长度达到209万公里，其中长途光缆44.4万公里；互联网骨干网间带宽达到100兆以上，国际出入口带宽超过1万兆。2000年，中国提出的第三代移动通信技术标准TD－SCDMA，被国际电联确定为国际标准之一，这说明了中国通信业的发展和国际地位的提高。

进入20世纪90年代，面对全球信息化浪潮，中国通信的数据通信、信息服务得到大力发展。公用数字数据网和分组交换网已覆盖到县以上城市和部分发达乡镇。电子商务、电子邮件逐步在中国开展，金融、财税、海关、证券、贸易、科教等部门和单位利用公用电信网组成各种计算机信息网络和实时交易网络。近10年来，中国信息化推进工作取得明显进展，为经济发展、社会进步和人民生活提供了优质高效的服务。信息产业部门配合有关部委先后组织实施了金卡、金关、金税等信息化重大工程，为国家宏观调控、经济运行和经济安全提供了先进的作业手段和网络技术保障，产生了明显的经济效益和社会效益。信息产业部门进一步加强信息资源的开发和利用，在全社会推广、普及和提高计算机和网络的应用，建立和完善电子商务认证体系，推动电子商务深入开展，还与有关部门合作，积极务实地推进政府上网、企业上网、家庭上网三大工程，充分利用现有资源，形成各方合力，加快了信息化建设的步伐。

电子信息产品制造业成为国民经济重要的支柱产业，为经济增长、社会进步和国防现代化建设做出了突出贡献。中国电子信息产品制造业从1989年到2001年，全行业工业总产值、销售收入、利润和出口额年均增长分别为29%、27%、24%和30%，始终保持高速发展态势。主要电子产品的产量大幅度增长，电子信息产品制造业上缴国家税金，实现利润等指标均位居各工业部门前列。从1995年开始，电子信息产品进出口贸易总额连续9年实现顺差，为国家外汇储备的扩大做出了积极贡献。经过10多年的发展，中国已成为世界电子信息产品制造业大国。2004年中国电子信息产品出口达2 075亿美元，同比增长46%，占全国外贸出口额的35%。电子信息产品对全国外贸出口的贡献率达到42.2%。电视机、激光视盘机（VCD机、DVD机）等消费类电子产品规模不断扩大，产量居世界前列。比如彩电，2002年产量达到5 155万台，是1989年的1.7倍多，是1978年的100倍。而在1978年还是零，1989年才刚刚起步的通信和计算机类产品发展势头更是强劲。比如程控交换机，从全部依赖进口到国产设备占主导甚至大量出口，就是1989年以后13年间的事。再如微型计算机，1989年以前也几乎全部靠进口，而2005年产量已达到8 084万台，现在一天的产量大大超过1989年全年的产量。

中国不仅上述产品已经开始步入世界生产大国的行列，而且代表信息产业领域核心技术的集成电路、软件等产品，这些年也有了长足进步。2005年，中国生产集成电路266亿块，是1989年的100多倍。软件产品销售收入迅速增长，成为电子信息产品中增幅最快的产品。特别是中国在信息技术科研开发方面取得丰硕成果，自主创新能力显著增强，全面进入自主创新阶段，重大成果不断涌现。中国集成电路直追世界先进水平，已具备0.25微米芯片设计开发和0.18微米芯片规模生产能力，以“方舟”、“龙芯”为代表的高性能CPU芯片开发成功，标志着中国已掌握产业发展的部分重大核心技术。许多软件技术已接近或达到国际先进水平。计算机开发生产水平也已进入国际前列。

第六节 国内贸易及旅游

一 国内贸易

（一）发展历程概述

中国国内贸易有着悠久的历史。据史料记载，远古时代，炎帝、黄帝都亲自提倡和发展商业交换。商代部落先祖就有经商的传统。到了春秋战国时代，商业已进入了全面繁荣。一些著名的知识分子如子贡、范蠡、白圭都是大商人的代表，并对经商的经验进行了总结。《史记·货殖列传》专门记述了秦汉商业活动的状况。汉初，政府采取歧视商人的政策，对贸易活动实行种种限制，汉武帝时期实施了打击商人的“算缗”、“告缗”（即揭发商人财产）措施。三国、两晋、南北朝和隋朝将近400年的战争与动乱时期，国内贸易活动受到了严重抑制。同时，封闭的、自给自足的地主庄园经济进一步发展导致民间商品经济的衰落。唐代长治久安，商人活动的“市”与居民活动的“坊”之间的隔阂——坊市制度打破，行会制度在唐代出现。唐代是从古代型的贩运贸易开始向行商贩运与店铺销售相结合的近代型商业转变的过渡期。这意味着，居民日常消费成为贸易活动中的重要内容。

宋代延续着唐代的商业化进程，市民化的消费更趋繁荣。随着经济重心南移，南方经济的发展，其在主要手工业领域的生产和交换中的份额大大增加，也促进了南方经济作物的种植和贸易的迅速扩展。当时，由于主要商业城市多在南方，城市中贸易活动逐渐减少了空间和时间限制，都市商业随之兴起。

明代中叶和清代康熙、乾隆时期，工商业空前繁荣，商品交换的关系及其相关的商业意识渗透到社会生活的各个领域，大批手工业品和农产品进入广阔的市场。随着若干工商业都市兴起，以地域为根基的商帮走向国内市场，开展了大规模的长距离贩运和短距离的集散贸易。

1840年鸦片战争后，自然经济逐渐被侵蚀，商品流通范围进一步扩大。但是，在外国商品的倾销下，民族商业贸易成长艰难。民国时期，蒋、宋、孔、陈四大家族对国内贸易进行独占式的经济统治，同时在日本帝国主义的侵略下，国内贸易畸形发展。

1949年中华人民共和国成立后，50年代国营商业和合作社商业在全国范围内建立和发展，对私人商业进行了社会主义改造。“文化大革命”时期，贸易活动处于混乱和凋敝状态。70年代末改革开放后，党和政府对商品经济的认识逐渐深入，带动了国内贸易向全新的高度发展。

（二）消费品市场

1. 消费品买方市场特征明显

改革开放20多年来，中国消费品市场发生了两个根本性变化：一是从卖方市场转变为买方市场；二是从国内国际相互隔绝的市场转变为国内国际一体化的市场。各个企业的产品市场占有率在竞争中发生了结构性变化，市场份额逐渐向名牌企业集中。

2. 商业竞争趋于激烈

随着经济的发展，商业企业竞争不断加剧。流通行业的竞争更加激烈，不仅存在着国内不同企业、不同所有制、不同业态之间的竞争，还有来自境外实力雄厚的商业集团的竞争。随着商业体制改革的进一步深化，商品流通领域的竞争将更趋激烈，零售业群雄并起的局面将更加明显，竞争的手段和方式将更加新颖化和多样化。

3. 商品旺销与疲滞并存

消费需求趋向名牌、中高档商品，随着各地区、各部门、各行业、各阶层收入水平的差距越来越明显，居民消费层次的差别也越来越大，对各类消费品需求档次的差别必然越来越清晰。从消费品市场销售情况来看，两极分化特征十分明显。主要表现为名优商品十分畅销，一般商品平销，而一些非名牌商品则严重滞销。

4. 流通形式趋于多元化

近几年受众多因素的影响，商品流通领域不同业态发展变化较快，百货商店、连锁店、便民店、超市、专卖店、仓储商店等不同商业形态以各自不同的特色吸引广大消费者，挤占市场份额。随着商业体制改革的深化与对外开放，商品流通领域的竞争将更趋激烈。

（三）生产资料市场

1996～2000年是中国生产资料市场发生深刻变化的时期。主要表现在：

1. 短缺与过剩并存

经济增长对于传统物质资源的依赖性降低，生产资料需求的结构调整加快。改革开放后，生产资料管理体制已逐步、平稳地实现了向市场为主体的资源配置方式的转变。与此同时，供需关系急剧发生变化，到1997年已经形成全局性的生产资料买方市场，其标志是继机电设备和原材料之后，能源也出现供大于求，煤矿开始被迫限产，电厂也感到负荷不足。市场配置资源的突出好处是明显提高了资源利用的效率。但2003年后，随着经济增幅的提高，能源类产品又出现短缺现象。

2. 初步形成多层次的市场体系

国内外市场基本接轨。生产资料摆脱计划分配的模式以后，市场体系的建设发展非常迅速。目前据不完全统计，有一定规模的生产资料批发市场已经超过1 000家，其中前十家年销售额均超过50亿元。还有以上海金属交易所为代表的期货市场，已经开始对世界市场产生举足轻重的影响。

3. 现代流通方式的大发展

市场机制引入生产资料流通以后，明显促进了技术进步和制度创新，促进了各类现代流通方式的探索实践，其中突出的是连锁经营、物资配送、销售代理以及在发达国家开始兴起的所谓“第三方物流”的现代综合服务。特别引人注目的是以“供应链管理”为代表的第三方物流的出现，它采用现代信息技术，提供市场销售、库存管理、售后服务、财务管理、信息咨询等全方位服务，对中间商进行了彻底的变革。目前这些现代流通方式还是“星星之火”，但是代表了生产资料流通的发展方向，是最有生机的一部分。

4. 流通企业多元化

国有独资企业改革不断深化。“九五”期间计划体制遗留下来的国营物资系统逐步瓦解，企业面临前所未有的生存危机。一大批国有独资的物资企业逐步退出市场竞争。一些有实力有基础的国有物资流通企业正按照现代企业制度的要求模式进行资产重组和改制，有的组建新的大型企业集团，开拓新的业务，获得新生。与此同时，集体、个体、股份制等多种所有制流通企业发展很快，特别是在农村市场，可以说已经占领了农村的大半江山。

表6 中国1985～2004年各种物价水平（同上年比较） （%）

类别 \ 年份	1985	1988	1989	1990	1994	1995	1997	1999	2000	2001	2002	2003	2004
商品零售价格指数	8.8	18.5	17.8	2.1	21.7	14.8	0.8	-3.0	-1.5	-0.8	-1.3	-0.1	2.8
居民消费价格指数	9.3	18.8	18.0	3.1	24.1	17.1	2.8	-1.4	0.4	0.7	-0.8	1.2	3.9
城市居民	11.9	20.7	16.3	1.3	25.0	16.8	3.1	-1.3	0.8	0.7	-1.0	0.9	3.3
农村居民	7.6	17.5	19.3	4.5	23.4	17.5	2.5	-1.5	-0.1	0.8	-0.4	1.6	4.8
工业品出厂价格指数	8.7	15.0	18.6	4.1	19.5	14.9	-0.3	-2.4	2.8	-1.3	-2.2	2.3	6.1

资料来源 中国国家统计局《中国统计年鉴》，2005年。

（四）物价

改革开放以来，中国的物价指数可以概括为四个小周期，每个周期的峰值分别为1980年的6%（指商品零售价格指数），1985年的8.8%、1988年的18.5%和1994年的21.7%。其中，前两次物价高峰主要是由于改革开放初期，出于补偿性质，居民收入增幅较高，加上当时投资增长超过了实际承受能力。1988年物价高涨幅则主要是与当时的抢购风潮有关，是消费品物价大幅上升引发的，1994年的物价大幅上涨原因是1993～1994年出现了房地产热、开发区热，致使投资品的价格指数迅速攀高，从而引发社会商品零售物价的上涨。但其中一个很显著的特点就是在物价上涨幅度较高的年份（特别是1994年），往往是粮食生产情况不佳的时候，说明粮食生产如何对中国物价上涨有着重要的作用。随着买方市场取代卖方市场成为市场主流，中国物价水平迅速回落。迄至21世纪初，通货紧缩取代通货膨胀成为经济生活的主要问题。从2003年10月起，中国消费价格指数结束了连续20多个月的负增长，由负转正，表明中国开始出现摆脱通货紧缩的迹象。2004年，推动价格上升的压力开始增大，价格保持了一定的上升。

二 旅游业

（一）概述

中国旅游源远流长，古代根据旅游主体的阶层，大体可以分为帝王巡游、官吏宦游、出使旅游、商贾旅游、文人旅游、宗教旅游、节庆旅游等。其中，帝王巡游、官吏宦游、出使旅游、商贾旅游都起到增进经济文化交流、开辟交通路线的作用。古代文人以“读万卷书、行万里路”的精神，在游历中讴歌祖国的大好河山，留下了不朽的篇章。文人旅游中又以出于考察目的的旅游最为突出。汉代司马迁〔约前145（135）～?〕从20岁开始漫游天下，足迹遍及全国。他通过详细的考察，掌握了丰富材料，写出了著名的《史记》；北魏郦道元（约470～527）考察江河而编《水经注》；明代徐霞客（1587～1641）30多年如一日地游历祖国的名山大川，按日记载，写成了富有地理学价值和文学价值的《徐霞客游记》；明代李时珍（1518～1593）踏遍青山原野而著《本草纲目》等，都体现了古代文人重视实践、重视探索与研究的游历精神。宗教旅游的代表人物有：晋代高僧法显（约337～约422）从长安出发，经河西走廊，历经30多个国家，写成在文学和地理上具有重要意义的杰作《佛国记》；唐代佛学家玄奘（602～664）长途跋涉17年，游历许多国家和地区，以后由门徒辑录成著名的著作《大唐西域记》；唐代高僧鉴真（688～763）经6次东渡终于在第六次搭乘日本遣唐使的船只到达日本，成为日本律宗的创始人，并把中国的建筑、雕塑、文学、医药、书法、绘画、刺绣等介绍给日本，在中日文化交流史上占有突出地位。在中国各族人民悠久的生活习俗和节日喜庆中，春节庙会、元宵灯市、清明踏青、端午竞舟、中秋赏月、重阳登高等都是较为流行的游览方式。

中华人民共和国建立后，为旅游业发展创造了有利的社会经济条件。从50年代初期至1978年中共十一届三中全会之前的20多年间，中国旅游业一直属于民间友好往来的范畴，对于宣传中国的建设成就、加强国际友好往来，起到了重要的作用。1954年4月15日成立了新中国经营国际旅游业务的第一家全国性旅行社——中国国际旅行社，负责接待访华外宾的食、住、行、游等事务。1957年4月24日成立了中国华侨旅行服务总社，统一领导和协调全国华侨、港、澳同胞探亲旅游接待服务。为了加强对全国旅游业的统一领导，1964年决定成立中国旅行游览事业管理局，并明确了发展旅游事业的方针政策是“扩大对外政治影响”、“为国家吸取自由外汇”，标志着中国旅游事业迈开了坚定步伐。1965年，全国接待外国旅游者达12 877人次，创历史最高纪录。然而，1966年开始的“文化大革命”，使正在成长中的中国旅游业受到了严重的干扰和破坏，接待人数急剧下降。20世纪70年代初期，在周恩来总理的直接关心和领导下，旅游事业逐步恢复。1976年全国接待外国旅游者近5万人。粉碎“四人帮”后，旅游业有所发展。1978年，来华旅游入境人数180.9万人次，其中外国人23万人次，旅游创汇2.63亿美元，位居世界第四十一位。改革开放后，随着经济发展与对外开放，旅游业迅速崛起，成为经济创汇型的产业。

（二）中国拥有十分丰富的旅游资源

中国的自然旅游资源和人文旅游资源在国际市场上都有着许多独特的优势，其突出特点是：历史悠久，旅游资源特别古老而丰富；国土辽阔，旅游资源特别齐全；文化灿烂，旅游资源特别珍贵；山河壮丽，旅游资源特别秀美；民族众多，旅游资源特别奇特。丰富的旅游资源是中国旅游业大发展的客观基础和重要前提。

（三）旅游业成为新兴产业与创汇来源

20世纪70年代末至80年代以来，中国旅游业挟带其巨大的资源优势和国际市场积蓄多年的需求存量，领改革开放之先，受改革开放之惠，借改革开放之力，实行了在较低基点上的迅猛腾飞。20多年来始终以近两位数的年均增长率快速发展，已成为中国国民经济中的重要产业和国际旅游大舞台上异常活跃、极富生命力的新生力量。特别是近几年来，旅游业更是成绩卓著，功能显赫，旅游大国的地位从多个领域、从国内外得到空前的巩固和提高。

旅游外汇收入已成为国家外汇收入的重要来源。2002年中国旅游业业绩最辉煌，入境旅游人数9 791万人次，旅游创汇204亿美元。受“非典”影响，旅游业2003年出现低迷。2004年，中国入境旅游全面恢复振兴，并实现新的突破性大发展，全年入境旅游人数达1.09亿人次，比2003年增长18.96%，比2002年增长11.37%；旅游外汇收入为257.39亿美元，比2003年增长47.87%，比2002年增长26.26%。

2005年，全年旅游入境人数达1.2亿人次，较上年增长10.3%；国际旅游外汇收入293亿美元，较上年增长13.8%。

到2004年，中国共有672家出境游组团社，经营者的规模为2002年的10倍。2004年全国出境旅游业务营业收入为184.03亿元人民币，已超过入境游，位列旅行社主营收入的第二位，增长速度居入境接待、国内旅游和出境旅游三大市场之首。

预计到“十一五”计划末期，中国旅游业入境旅游人数将达2亿人次，外汇收入在580亿美元左右；国内旅游人数达19亿人次，旅游收入达8 900亿元。世界旅游组织预测，至2020年，中国将成为全球最大旅游目的地，世界第四大旅游客源地。

（四）产业基础有了实质性提高

中国旅游业不断扩大产业规模、提高产业素质。到1998年底，中国共有旅游涉外饭店5 782座，客房76.48万间，较1980年203座涉外饭店、3.2万间客房，分别增长27.5倍和23倍。2003年星级饭店总量达到9751座；共有旅行社13 361家，比1988年的1 573家增长了7倍多，其中：国际社1 364家，国内社11 997家。旅游交通条件有了根本性好转，基本形成了网络辐射面广、便民设施较全、以熨平需求季节波动为目标的游客运量统筹与流向调配能力增强的旅游交通服务系统，在旅游目的地可进入性、各旅游景区（点）联点成片、大景区内串点成线等方面不断取得进展。特别是旅游交通的总运量科学预警和调配，地区流向布局趋向合理，民航客运能力持续增长，国际国内航线大幅增加，机场建设步伐加快，铁路、公路和水运均有明显改观。餐饮、旅游娱乐、旅游购物环境改善，质量进一步提高，不仅满足了旅游的基本需要和高层次需要，旅游活动的精神内涵和文化品位也在一定程度上得到体现。

（五）旅游产品结构和市场结构逐渐完善

中国旅游产品不断丰富种类、优化结构、完善功能。传统的观光型旅游产品进一步丰富优化，形式不断翻新，内容日渐完善，北京、西安、上海、广东、广西等地一批传统旅游产品国际市场上名牌和拳头地位继续得到巩固和充实。各具特色的观光、度假、休闲、科考、探险、体育、健身等生态旅游和专项旅游产品基本健全，特别是以12个国家级旅游度假区为龙头、以省级市级度假区为重要补充的旅游度假产品，做到了规划与国际接轨、地域分布科学、市场结合紧密；一批生态旅游产品的开发建设，顺应了世界潮流，遵循了可持续发展原则；主题公园在旅游产品适应市场需求与国际接轨方面也取得了突出成绩。以“92中国友好观光年”为发端的每年系列主题产品声势浩大，效果突出，1997年举办了“97中国旅游年”，1999年举办了“99昆明世界园艺博览会”，把中国旅游业推向新的高潮。2000年，由于假日经济的兴起，旅游业更显火爆。

（六）中国成为世界重要的旅游市场与客源地

改革开放以来，中国旅游业逐步实现了由入境旅游单点支撑到入境旅游、国内旅游和出境旅游相互融合、互补互促。2000年来华旅游人次达8 344万人次，居世界前列，是1978年的46.12倍；国际旅游（外汇）收入162亿美元，世界排名从1978年的第四十一位跃居到第七位。

据世界旅游组织统计，目前中国已跻身全球出境旅游消费前十位。1994～2002年，中国累计出境近1亿人次，年均增长13.87%。中国已成为全球增长最快的新兴客源输出国。1995～2003年间，出境人数从452万上升为2 020万。2005年，中国出境旅游人数达到3 103万人次，中国是亚洲出境人数最多的国家。根据世界旅游组织的预计，到2010年，中国出境旅游人数将达5 000万，到2020年，中国的出境旅游人数将达到1亿人次，是目前亚洲各国旅游人数的总和，届时中国将成为世界最主要的客源国之一。

第七节 财政金融

一 财政

（一）古代财政发展概述

中国古代财政经济在长期的发展历程中形成了自身的特色。税收政策是国家调节经济的重要杠杆。春秋前期，齐国实行“相地衰征”政策，按照土地肥瘠分等征税。战国时商鞅等法家利用税收调节农业和商业人口比例，为“农战”服务。为了满足统治者的穷奢极欲、穷兵黩武，汉代桑弘羊（前152～前80）、宋朝王安石（1021～1086）等理财家在税收之外，大规模地运用专卖、均输、平准等途径，增加财政收入。这些政策对国家掌握战略资源，平抑物价具有重要作用。唐宋时期，由于受商品经济较大发展的冲击，专卖、平准等政策措施的作用日渐减少，税收的作用再次被封建改革家所重视。唐代中期理财家杨炎（722～781）主持废除租庸调制，改行两税法，以资产多少为征税标准。宋代王安石推行“方田均税法”，体现了均平税负的进步性。明清时期，商品经济进一步发展，地租货币化倾向加强，明张居正（1525～1582）“一条鞭法"，清雍正时期"摊丁入地"，废除了维持2 000多年的人头税，土地成为收税的唯一依据。

（二）当代财政

1. 取得的主要成就

中华人民共和国建立56年来，随着国民经济和社会各项事业的不断发展，财政工作取得了辉煌成就。

第一，建立并不断完善社会主义国家财政体系，国家财力日益壮大。1950年，中国财政收入只有62.17亿元，到2004年，国家财政收入已超过2.6万亿元，增长了近410倍，年均递增10%以上。

第二，国家财政通过财力的分配和各项财政税收政策的运用，支持和促进了按劳分配制度的实现。

第三，国家财政通过对经济建设的投资，促进了国民经济的发展，为使中国初步建立独立的、比较完整的工业体系和国民经济体系提供了有力的财力支持。

第四，国家财政支持了文化、教育、科学的发展，促进了人民物质文化生活水平的普遍提高。

第五，国家财政根据财力情况，安排了必要的资金和物资用于援外支出，推动了中国外交、外经、外贸事业的发展。

第六，财政税收体制在改革发展中不断得到完善，建立健全了财政法规和财政管理制度，促进了国民经济和社会各项事业的发展。

2. 社会主义税收制度建立

中华人民共和国建立后，社会主义税收制度逐步建立和完善。50多年来，中国税收工作取得了重大成就，主要表现在：

（1）为国家积累了巨额建设资金。1950年，全国各项税收收入只有48.98亿元，2004年税收收入增加到25 718亿元，增长了520多倍，年均递增10%以上。

（2）通过税收政策的运用和调整，同时配合国家的各项经济政策，实现了调节经济的职能作用，促进了经济的顺利发展。

在中国新的历史时期，随着国家税收制度的改革并不断完善，税收的职能作用日益重要。

3. 财政体制改革

改革开放20多年来，中国财税体制经历了从计划经济到市场经济的变革过程。1978年中共十一届三中全会以后，中央进行了财政体制改革。

1994年，实行分税制财政体制。分税制财政体制的特征是：

第一，在合理界定中央与地方事权范围的基础上，按税种划分中央与地方财政收入。

第二，中央与地方分设税务机构，分别收税。

第三，实行中央对地方的税收返还和转移支付制度。同时，建立了以增值税为主体、消费税和营业税为补充的流转税制度，建立和完善了所得税制度。

在实行分税制的财政体制下，各级财政的支出范围按照中央与地方政府的事权划分，中央财政主要承担国家安全、外资和中央国家机关所需经费，调整国民经济结构、协调地区发展、筹措宏观调控所需的支出以及由中央直接管理的事业发展支出。地方财政主要承担本地区政权机关运转所需支出，本地区经济、社会事业发展所需支出。根据事权与财权相结合的原则，将税种统一划分为中央税、地方税和中央与地方共享税。将维护国家权益、实施宏观调控所必需的税种划为中央税；将同经济发展直接相关的主要税种划为中央与地方共享税；将适合地方征管的税种划为地方税。分设国家与地方两套税务机构，中央税和共享税由国家税务机构负责征收，地方税由地方税务机构负责征收。中央财政根据各地方增值税和消费税的增长情况向地方返还部分税收。中央财政每年通过转移支付方式向经济最困难地区和民族省区、非民族省区的民族自治州提供资金帮助。国家预算由中央政府预算和地方预算组成。预算年度为公历1月1日至12月31日。按照《中华人民共和国预算法》，中央和地方的预算草案、预算执行情况，必须经过全国人大和地方各级人大审查和批准；中央和地方的预算调整方案及决算，必须经过全国人大常委会和地方各级人大常委会审查和批准。财政部和地方各级政府财政部门具体编制中央和地方本级预算、决算草案；具体组织预算的执行；具体编制预算调整方案。中央预算和地方各级政府预算按照复式预算编制。

表 7　　中国 20 世纪 90 年代财政收支状况　　(亿元)

年份 \ 类别	财政收入	增长%	债务收入	增长%	财政支出	增长%	债务支出	增长%
1991	3 149.5	7.2	461.4	22.9	3 386.6	9.8	246.8	29.6
1992	3 483.4	10.6	669.7	45.2	3 742.2	10.5	438.6	77.7
1993	4 349	24.8	739.2	10.4	4 642.3	24.1	336.2	−23.3
1994	5 218.1	20	1 175.3	59.0	5 792.6	24.8	499.4	48.5
1995	6 242.2	19.6	1 549.8	31.9	6 823.7	17.8	878.4	75.9
1996	7 408	18.7	1 967.3	26.9	7 937.6	16.3	1 311.9	49.4
1997	8 651	16.8	2 476.8	25.9	9 233.6	16.3	1 918.4	46.2
1998	9 876	14.2	3 310.9	33.7	10 798	16.9	2 352.9	22.6
1999	11 444	15.9	3 715.0	12.2	13 188	22.1	1 923.4	−18.3

资料来源　中国国家统计局《中国统计年鉴》2000 年。

4. 财政政策与宏观调控

(1) 1998 年起实施积极的财政政策

为应对亚洲金融危机、经济结构调整以及历史罕见的洪涝灾害的挑战，中国政府自 1998 年起，开始实施积极的财政政策，决定加大实施积极财政政策的力度，通过增发国债来增加财政支出。政策目标包括拉动经济增长、缩小地区差距、保持社会安定、增强人民信心、提高出口竞争力等。

自 1998 年起，我国开始实施的积极财政政策，6 年多增发长期建设国债 9 100 亿元，有力拉动了内需，促进了国民经济健康平稳运行。积极财政政策的主要特点，是用高国债、高财政赤字的方法，拉动国内经济。但如果财政赤字长期高位不下，加上一些地方隐性财政风险，就容易诱发财政风险。自 2002 年起，财政赤字跃居 3 000 亿元以上。从 2000 年起连续 3 年，中国赤字率（财政赤字占国内生产总值的比重）都逼近了国际上公认的警戒线——3%。

(2) 2005 年起实施稳健的财政政策

2004 年 12 月 1 日中共中央政治局召开会议指出，“根据我国宏观经济形势的发展变化和巩固宏观调控成果的要求，2005 年要实行稳健的财政政策和货币政策”。稳健的财政政策于 2005 年全新登场。实施已近 7 年的积极财政政策即将退出，取而代之的是“稳健的财政政策”。

财政政策是国家调控经济运行的最重要政策工具之一。当经济处于收缩阶段时，政府通过扩张性财政支出刺激需求，促进经济增长；而当经济启动后，政府财政支出就应相应减少。实施积极的财政政策是特定条件下采取的特定政策，从中、长期来说，应当坚持财政收支基本平衡的原则，并逐步缩小财政赤字。当前，中国的财政政策从“积极”转向“稳健”，正是顺应了这一变化。

财政政策由“积极”转向“稳健”，取决于国家经济运行的实际情况。近两年来，中国社会投资明显增快，尤其从 2003 年开始，固定资产投资持续高速增长。财政收入也持续攀升，国家财力充沛。这一变化，给积极财政政策的退出创造了合适条件。

(3) 稳健的财政政策的主要内容

稳健（中性）财政政策的主要内容，概括起来就是四句话，十六个字：控制赤字、推进改革、调整结构、增收节支。

① 控制赤字

就是适当减少中央财政赤字，但又不明显缩小，松紧适度，重在传递调控导向信号，既防止通货膨胀苗头的继续扩大，又防止通货紧缩趋势的重新出现，体现加强和改善宏观调控、巩固和发展宏观调控成果的要求。

② 推进改革

就是转变主要依靠国债项目资金拉动经济增长的方式，按照既立足当前，又着眼长远的原则，在继续安排部分国债项目投资，整合预算内基本建设投资，保证一定中央财政投资规模的基础上，适当调减国债项目资金规模，腾出更多财力，用于支持体制改革和制度创新，为市场主体和经济发展创造一个良好、公平和相对宽松的财税环境，建立有利于经济自主增长和健康发展的长效机制，体现转变经济增长方式的要求。

③ 调整结构

就是在对总量不做大的调整和压缩的基础上，进一步按照科学发展观和公共财政的要求，调整财政支出结构和国债项目资金投向结构，区别对待、有保有压、有促有控，对与经济过热有关的、直接用于一般竞争性领域等“越位”的投入，要退出来、压下来；对属于公共财政范畴的，涉及到财政“缺位或不到位”的，如需要加强的农业、就业和社会保障、环境和生态建设、公共卫生、教育、科技等经济社会发展的薄弱环节，不仅要保，还要加大投入和支持的力度。

④ 增收节支

一方面，在总体不增税负或略减税负的基础上，通过严格依法征税，堵塞各种漏洞，把该收的收上来，确保财政收入稳定增长。另一方面，严格按预算控制支出特别是控制一般性支出的增长，在切实提高财政资金的使用效益上花大力气，下大功夫，体现配合宏观调控和建立节约型社会的要求。

表 8　　中国 2000～2005 年财政支出、赤字变化情况

类别 年份	GDP 增长率（%）	财政支出 增长率（%）	赤字 增长率（%）	财政支出占 GDP 比重（%）	赤字占 GDP 比重（%）
2000	8.4	20.5	42.9	17.8	2.78
2001	8.3	19.0	1.01	19.4	2.56
2002	9.1	16.7	25.2	21.0	2.99
2003	10.0	11.8	−6.8	21.0	2.50
2004	10.1	19.6	−28.8	17.8	1.31
2005	9.9	18.3	−0.5	18.5	1.14

资料来源　中国国家统计局《中国统计年鉴》2005 年。

二　金融

（一）古代金融发展概述

中国的借贷信用出现甚早。据《周礼》记载，早在西周时期，就设立了管理贷款的官府机构——“泉府”。非生产性贷款主要是用于统治阶级上层人物的活动，生产性贷款针对生产者资金的临时周转。战国时代，有人主张以国家信贷取代高利贷来对社会经济进行调节。对于贫苦农民，国家则采取实物信贷的方式，贷给他们诸如种子、口袋、筐、竹器、绳索等器械，以便他们能按时生产。宋代王安石（1021～1086）推行“青苗法”、“农田水利法”就是针对农民的耕作、水利等活动提供货币信贷。

古代民间金融以当铺和钱庄为主要形式。典当业是中国最古老的信用形式，有明确史料记载的是南朝时期的佛寺质贷。到唐宋时期已发展成为商业活动不可缺少的组成部分。元代以当铺为主的高利贷活动十分猖獗，政府无法遏制。明代当铺遍及城镇乡村，又以徽商为主。在发达的商业活动的促进下，唐朝元和初年出现了“飞钱”（汇票），是中国票据清算制度的起点。宋代借鉴“飞钱”，官府设“便钱”进行与商人间的票据兑付。明清时期出现了“会票”，由富商承担兑付。山西账局与钱铺于18 世纪中后期在北方地区迅速蔓延，标志着高利贷资本向工商业借贷资本转化，其服务对象由平民大众转向工商业商人与企业。账局经营资本融通业务，钱庄的业务主要有存款、放款、汇兑、发行等。19 世纪后期，经营汇兑存放业务的山西票号迅速崛起，票号是具有商业银行性质的民间金融机构。

1840 年鸦片战争后，西方列强在中国开设银行，是现代金融的开始。但当时中国的财政金融大都处于帝国主义的控制之下。

（二）当代中国金融的发展

中华人民共和国成立，特别是 20 世纪 70 年代末改革开放，为中国当代金融制度的建立和发展创

造了有利条件。

1. 建立现代金融机构体系，金融业务取得长足发展

1979年中国农业银行、中国银行恢复设立，1984年中国工商银行从中国人民银行分出，中国初步形成了中央银行与商业银行分设的二级银行体制。其间，其他商业银行和非银行金融机构也获得较快发展。

1994年，在四家专业银行政策性金融业务基础上，成立了国家开发银行、中国进出口银行和中国农业发展银行三大政策性银行，四大专业银行开始向商业银行转变。至此，中国建立了以中国人民银行为领导，国有独资商业银行为主体，包括政策性银行、其他商业银行、城乡信用社、非银行金融机构和外资金融机构在内的种类齐全、功能互补的现代金融机构体系。

据中国银监会初步统计，截至2004年末，中国银行业金融机构境内本外币资产总额达到31.49万亿元，比上年同期增长13.6%。分机构看，国有商业银行资产总额16.92万亿元；股份制商业银行资产总额4.70万亿元；城市商业银行资产总额1.71万亿元；其他类金融机构资产总额8.17万亿元。2004年末，城乡居民储蓄存款余额为11.9万亿元，国家外汇储备为6 099亿美元，分别是1978年末的566倍和3 652倍。

伴随现代金融机构体系的建立，有序竞争、统一开放的货币市场也稳步发展起来。1984年，中国人民银行明确鼓励金融机构之间资金余缺的横向调剂，允许金融机构进行同业拆借，中国货币市场开始起步。1985年，中国工商银行和中国农业银行各自发行20亿元1年期金融债券，债券市场开始启动。经历1993年同业拆借市场的整顿和1995年债券回购市场的清理，中国货币市场逐步规范。1996年1月，中国人民银行建立了全国统一的银行间同业拆借市场，同年4月，放开了对同业拆借利率的管制。1997年6月，又建立了银行间债券市场，初步形成了全国货币市场的格局。1998年，银行间货币市场运行良好，年末市场交易成员达117家，市场交易的广泛性大大提高。

2. 以间接调控为主的金融宏观调控机制基本确立

金融监管由单纯行政管理向系统化风险管理转变。中国人民银行专门行使中央银行职能以前，金融宏观调控隐含于信贷政策之中，按计划实现银行存放款的指标控制，按市场变化控制现金投放。1984年中国人民银行专门行使中央银行职能后，中国中央银行体制及其宏观调控机制经历了两个阶段的改革和发展。

第一阶段是1984～1993年。1984年1月1日，中国人民银行开始专门行使中央银行职能，其承担的工商信贷和储蓄业务分离出去，集中力量研究和实行金融宏观决策，在改进行政计划调控手段的同时，逐步启用存款准备金率制度和中央银行贷款制度，适时调整利率水平，加强信贷总量控制和资金调节，以实现经济发展和货币币值的稳定。

第二阶段是1993年至今，现代中央银行体制逐步走向成熟和完善，以间接调控为主的金融宏观调控基本确立。

(1) 中央银行职能进一步明确，职能转换已基本到位

1995年，《中华人民共和国人民银行法》颁布实施，首次以国家立法形式确立了中国人民银行作为中央银行的地位，并明确其基本职责。

(2) 以间接调控为主的宏观金融调控体系基本形成

在货币政策工具方面，中国人民银行1994年11月开办再贴现业务；1996年1月正式进行公开市场操作；从1996年5月1日起，连续多次调整利率；1998年1月1日，取消国有商业银行贷款规模控制，对金融机构实行资产负债比例管理和风险管理；1998年，合并准备金存款和备付金存款账户，下调金融机构的准备金率。综合运用这些调控手段，增强了中央银行灵活调节经济的能力。在宏观调控的中介目标上，由贷款规模开始向货币供应量转化。从1994年第三季度起，中国人民银行推出货币供应量统计监测指标体系，定期向社会公布。在货币政策的最终目标上，《中华人民共和国人民银行法》明确为：稳定币值，并以此促进经济增长。中国人民银行灵活运用利率、存款准备金、再贴现、公开市场业务等货币政策工具，密切监测和适时调整货币供应量，既成功实现了一度过热经济的"软着陆"，又确保了适度的经济增长，以间接调控为主的宏观金融调控体系基本确立。

(3) 金融监管职能进一步调整，分业监管体系

初步形成

1993年，证券市场的监管从人民银行分离出来，移交给新成立的中国证券监督管理委员会。1998年6月，对证券机构的监管也转给中国证券监督管理委员会。1998年11月，中国保险监督管理委员会成立，专门进行保险业监管，对保险业务、保险机构和保险市场的监管从人民银行独立出去。至此，中国的银行业、保险业和证券业实现了分业监管。中国人民银行金融管理职能的这种调整，分业监管体系的确立，有利于中央银行有效地防范和化解金融风险，提高金融监管水平。

（4）按经济区域设置分行，建立中央银行新的管理体系框架

中国人民银行从成立之时起一直按行政区划设立分支机构，这在较长时期内发挥了一定的积极作用。为进一步加强中央银行的独立性，完善金融宏观调控，强化金融监管，1998年底，中国人民银行撤销了31省级分行，在9个中心城市设立分行，在北京和重庆设立营业管理部，在不设分行的省会城市设立金融监管办事处，中国人民银行新的管理体制框架基本确立。

3. 金融法制体系基本形成

中国金融业步入法制化、规范化的轨道。中国的金融法制建设始于新中国成立前夕，在改革开放中获得了巨大的发展。50多年来，在总结历史经验，借鉴国外金融监管先进成果的基础上，中国已经初步建立了以《中华人民共和国人民银行法》为核心，《中华人民共和国商业银行法》《中华人民共和国票据法》《中华人民共和国保险法》等金融法律、行政法规和规章为主体，多层次、全方位的金融法律体系框架；形成了一套既适应中国国情又逐步与国际惯例接轨的金融法律制度；中央银行依法加强了金融监管，金融机构树立了依法经营的观念，金融秩序稳定，中国金融业在改革中稳定健康地发展；全社会的金融法制意识有所提高，社会公众的金融风险意识已经形成。

4. 金融服务与支持体系逐步建立

这主要体现在以下五个方面。

（1）经理国库业务的迅速发展

截至1998年底，全国各级国库机构已达2 390个，兑付国债本息累计8 000亿元。

（2）会计支付清算体系的现代化改革

截至1998年末，人民银行已在近300个城市建立了电子同城清算系统，全国电子汇兑系统覆盖6 800多个通汇经办行，全国电子联行系统（EIS）拥有1 000多个收发报行，连接商业银行1.4万多个通汇网点。

（3）调查统计体系的完善

中国人民银行调查统计体系从无到有，从小到大，由简单的金融统计发展为一套完善的统计、调查（包括工业景气调查、居民储蓄调查和物价调查）、分析和预测体系，由编制报表发展成为中央银行货币政策与非现场监管两大职能的支点。

（4）金融电子化建设飞速发展

中国金融电子化装备初具规模，电子化营业网点迅速发展；中国金融数据通讯网络基本建立，金融地面骨干网、人民银行金融卫星通信网和国有商业银行通信网这三大网络覆盖全国所有的地市和主要经济发达县；银行资金清算初步实现自动化；中国现代化支付系统（CNAPS）稳妥起步，信息系统初见端倪；银行卡业务飞速发展，现在全国发卡银行20多家，发卡量突破1 000万张，1998年交易额达100多亿元。

（5）人事管理和教育培训制度进一步完善

中国人民银行一直在干部的选拔、任免和培训方面进行探索和改善，积极培养和造就高素质的金融管理人才，为履行中央银行职能奠定了人才基础。

5. 进一步扩大金融对外开放

1981年7月，香港南洋商业银行深圳分行的设立，标志着外资金融机构开始进入中国金融市场。经过20多年的金融对外开放，外资金融机构已成为中国金融体系的重要组成部分，获得了长足的发展。

（1）在华外资金融机构数量逐年增加

截至2005年10月末，已有40个国家和地区的173家银行，在中国23个城市开设了238个代表处，有20个国家和地区的71个外国银行在中国23个城市设立了238个营业性机构。在中国外资银行资产总额为845亿美元，占中国银行业金融机构资产总额的2%左右，其中外汇贷款额占中国外汇贷款总额的20%。截至2005年10月末，已有22家境外投资者入股17家中资银行，外资投资金额已超过165亿美元，占国内银行总资本的15%左右。

(2) 在华外资金融机构种类齐全

有银行类机构，也有非银行金融机构；有分支机构，也有独立法人；有来自港澳台机构，也有来自欧美、日本和韩国的机构。

(3) 外资金融机构设立地域不断扩大

先由5个经济特区扩大到23个大中城市，目前则完全取消了设立外资金融机构的地域限制。

(4) 在华外资金融机构资产规模逐年增加

截至2004年7月底，在华外资银行的资产总额为643亿美元，资产中各项贷款为301亿美元。外资银行的资产质量一直较好，不良资产率只有1.73%。

(5) 在华外资金融机构逐步开展人民币业务

1997年，上海9家外资银行首先开办人民币业务。截至2004年7月底，已有13个城市允许外资银行经营人民币业务。在华外资银行的人民币资产总额为857亿元人民币。到2006年底，外资银行在中国发展业务将不再有任何地域限制，并同时获准经营中国居民个人的人民币业务。外资金融机构的发展壮大，中国金融对外开放的逐步扩大，引进了外资和先进的技术管理经验，加快了中国金融业国际化步伐，促进了中国经济金融的发展。

6. 进一步推动金融体制改革

进入新世纪中国银行金融体制改革开放又有了新的进展，主要包括以下几个方面：

(1) 商业银行改革加快了步伐

先后对交通银行、中国银行和中国建设银行进行改造。中国银行和中国建设银行已基本完成财务重组并转变为股份制公司，交通银行引进了战略投资者，深化股份制改革取得重大突破。具备条件时，将启动对中国工商银行的财务重组。银行体系资产质量改善，资本充足率提高，抗风险能力增强，为汇率机制的改革打下了微观机制方面的基础。

(2) 放宽资本项目中的一些管制

对境内机构到境外投资的管理不断放宽，社保基金和保险公司外汇资金境外证券投资试点已于2004年2月获国务院原则批准，管理暂行办法已于2004年8月17日公布。放宽国内企业赴境外直接投资的有关规定，2003年以来，简化了境外投资外汇管理审批手续，取消了汇回利润保证金要求，放宽了企业购汇对外投资的限制。2003年11月起，22个试点省市的企业向境外汇出项目前期资金由审批制改为核准制。研究放宽移民、非居民继承国内资产兑换汇出的操作办法。

(3) 资本市场对外开放稳步扩大

境外机构投资国内证券市场业务不断扩大，自2002年11月起，外汇局、证监会已批准了21家境外机构的合格境外机构投资者（QFII）资格。允许外商直接投资企业到国内资本市场上市融资。允许部分国际金融机构在国内发行人民币债券的工作已进入实施方案论证阶段。

(4) 经常项目可兑换进一步放宽限额

2003年10月1日起，提高了个人出国换汇的指导性限额标准，扩大了供汇范围。2003年9月1日起，提高了个人自由携带外币现钞出境的限额。简化了非贸易售付汇的审批手续。2004年8月1日开始，允许跨国公司及其境内关联公司购汇向境外支付特定非贸易费用。2004年5月1日起，放宽经常项目下各类企业开立外汇账户的限额管理，简化了企业购汇支付手续。

(5) 放宽金融机构的市场准入及其业务限制

统一中外资银行外债管理政策，实施国民待遇，鼓励公平竞争。按向世贸组织承诺的时间表，将批准符合条件的外资银行进入货币市场，开展人民币同业拆借业务。已在13个城市对外资银行开放人民币业务，还将在部分城市提前开放上述业务。2003年10月发布《汽车金融公司管理办法》，已批准上汽通用、丰田、大众和福特四家汽车金融公司筹建。2004年8月，核准上汽通用汽车金融公司和大众汽车金融公司开业。

表9 中国1985～2006的外汇储备 (亿美元)

1985	1990	1995	2000	2005	2006
21.98	110.93	735.97	1 656	8 189	10 663

资料来源 中国国家统计局《中国统计年鉴》2004、2005、2006年经济社会统计公报。

7. 金融市场基础建设为外汇体制改革奠定基础

中国外汇交易中心已着手准备在银行间外汇市场推出美元对其他主要货币的买卖业务，为金融机构提供外币与外币之间的交易和清算便利。推广远期结售汇业务，中行、建行、工行和农行等商业银行均已开办远期结售汇业务。政府还将考虑批准有条件的其他商业银行开展远期结售汇业务，进一步方便企业规避汇率风险。按照国民待遇原则，逐步对外资经纪公司开放外汇、货币和债券市场。近期拟设立合资货币经纪公司，相关管理办法也将于近期出台。准备在银行间外汇市场引入做市商制度，目前正在进行技术准备和系统测试。中国外汇交易中心与芝加哥商品交易所已就在中国引进外汇衍生产品展开实质性合作，并将在产品设计、系统开发、市场推广、组织创新和人员培训等方面开展合作，2003年12月双方签署了合作意向书，2004年6月签署了合作备忘录。

8. 证券市场

改革开放后，证券市场获得了较大发展。1981年恢复国库券发行，1984年上海、北京、深圳等地的少数企业开始发行股票和企业债券，证券发行市场重新启动。1988年国债流通市场的建立和80年代中后期股票柜台交易的起步，标志着证券流通市场开始形成。1990年底，上海和深圳成立了证券交易所，标志中国证券市场正式形成。以后成立了国务院证券委员会和中国证监会，对全国证券市场实行统一管理。随着市场规模不断扩大，技术手段日臻完善，监管体制和监管制度改革不断深入，市场运行的规范化水平进一步提高，并且在调整经济结构、优化资源配置、促进国有企业转变经营机制和筹集建设资金等方面发挥了日益重要的作用。

(1) 股票市场

股票市场的再发展起于20世纪80年代初。1983年7月，深圳宝安县联合投资公司公布招股公告书，筹集资金1 300万元。其后，北京天桥百货公司也发行定期三年的股票。1984年11月，上海飞乐音响公司首次采用规范方式向社会公开发行股票。中国的股份制企业进入萌芽阶段。此后，各地股份制企业纷纷涌现。到1990年底，有100多家企业进行了股份制试点，累计发行股票45.9亿元。以后证券市场获得了较快的发展，从上海和深圳两地的区域性市场，逐步发展成为全国性的证券市场。1991年底，沪、深两地上市公司仅为14家，市价总值只有109.19亿元，成交金额43.37亿元。到1998年底，上市公司数达到851家，遍布全国各个省、自治区和直辖市，市价总值达到1.95万亿元，成交金额达到2.35万亿元。截至2005年底，沪深两个市场共拥有上市公司1 381家，市值规模达到3.24万亿元，跃居亚洲第三，仅次于日本和中国香港。在开辟境内B股市场的同时，有43家企业到香港、纽约、伦敦、新加坡上市，累计筹集资金100亿美元。

① 中介机构和投资者队伍迅速壮大

截至2003年，中国证券市场已经走过了13年的风雨历程，取得了巨大成绩，已经成为国民经济的重要组成部分。据中国证监会统计数据显示，到2003年底，我国境内证券公司共133家，总资产约5 618亿元，营业网点约3 000个；基金管理公司34家，证券投资基金95只，基金规模1 650.09亿份，基金总净值为1 744.31亿元。1991年底，沪、深两个证券交易所的开户数为40万户。到2004年2月底投资者开户数已达7 076.36万户。

② 逐步建立了技术比较先进的证券市场基础设施

证券市场从柜台交易转入集中竞价交易，两个证券交易所采用现代化的电子通讯技术，不断改进与完善市场设施，建立了各项业务规则。全国股票和基金全部实现了无纸化发行和交易。无纸化国债的规模逐步扩大，全国统一的国债中央登记托管系统开始运转。证券市场在技术手段上已经达到世界同行业先进水平。

③ 初步形成了以《证券法》为核心的证券市场法律法规体系

证券法规从无到有，逐步形成体系。截至1998年底，相继颁布实施的法律、法规、规章及规范性文件250余件，包括《股票发行与交易管理暂行条例》、《证券交易所管理办法》、《禁止证券欺诈行为暂行办法》、《证券投资基金管理暂行办法》等。1998年底《证券法》经全国人大审议通过，并于1999年7月1日正式实施，一个以《证券法》为核心的证券法律法规体系初步形成。

④ 集中统一的证券监管体系初步形成

1992年成立国务院证券委员会（简称国务院证券委）和其监管执行机构——中国证券监督管理委员会（简称中国证监会），行使监管证券市场的职责。此后，各地设立了相应的证券监管部门，并由中国证监会授予一定的监管职责。1998年，国务院决定撤销国务院证券委，其原有职能并入中国证监会，中国证监会对地方证管部门实行垂直领导，并按照银行、证券和保险分业管理的原则，由中国证监会对证券经营机构实行全面管理，从而形成了集中统一的监管体系。

⑤ 证券业的对外开放也在有条不紊地进行

中国对世界贸易组织的关于证券服务业开放的三方面承诺：B股交易方式和席位方面、允许建立合资的证券公司、允许建立合资的基金管理公司，正在有步骤地实施。2002年6月，中国证监会发布了《外资参股基金管理公司设立规则》和《外资参股证券公司设立规则》，目前相关申报审批程序也开始启动。这不仅有利于吸收海外的先进管理和产品，而且有利于提升证券市场竞争的层次。1990～2002年，证券市场通过海外上市和发行B股，共筹集外资235.58亿美元。2002年11月，中国证监会等部门相继推出了《关于向外商转让上市公司国有股权和法人股有关问题的通知》和《合格境外机构投资者境内证券投资管理暂行办法》两个规定，这意味着A股市场的非流通股市场和流通股市场均已向外资开放。

1998年底，中国股票市价总值与中国国内生产总值的比率达到24.5%，2001年中国证券市场总市值占国内生产总值的比例为45%，证券市场对国民经济的影响能力逐步提高。

(2) 国债市场

① 发展进程

新中国成立后，为稳定物价和加快经济建设，政府先后发行了几期人民胜利折实公债和国家经济建设公债。这些公债都没有上市流通，到1968年初全部偿清。从1959年到1980年，中国没有发行国债。1981年财政部恢复国债发行。在1994年以前，国债发行规模相对较小。1994年后，国债发行规模日趋庞大，国债收入占同期财政支出的比重也逐年上升。

1990年前，中国国债的发行基本上是靠行政分配的办法进行。进入90年代后，中国经济、金融环境改善，市场体系日趋健全，特别是1988年建立了国债流通市场，为国债发行市场化奠定了基础。在此背景下，逐步探索了市场化的国债发行机制，包括不同渠道和不同层次的承购包销、柜台代销等形式；同时还借鉴西方国家的做法，于1993年建立了国债一级自营商制度，制定了《国债一级自营商暂行管理办法》。1996年国债发行全部采取招标方式。

为了改变国债期限结构缺乏合理均衡分布的现象，1994年第一次发行了半年期的短期国债；1996年新增发了3个月、7年和10年3个品种的基准国债，初步实现了期限品种的多样化。

② 国债交易与回购

从1981年恢复发行国债到1988年，国债没有交易市场。从1988年开始，国家首先允许7个城市进行国债流通转让的试点工作，允许1985年和1986年发行的国库券上市，并在试点地区设立证券公司参与流通转让工作。同年6月，又批准了54个大中城市进行国债转让的试点。1991年初，财政部决定扩大国债市场的开放范围，允许国债在全国400个地市一级以上的城市进行流通转让。目前，办理国债流通转让业务的中介机构网点已遍布全国。改革开放以来，中国的国债占国内生产总值(GDP)的比率出现了较快的增长趋势。1980年还仅为1%，1990年为4.8%，1995年为5.6%，到1998年已上升到8.2%，增长的势头迅猛。根据中央国债登记与结算公司数据，截至2003年12月底，国债余额为17 490亿。

随着上海、深圳两个证券交易所开业，国债交易规模不断扩大，其中国债回购成交金额所占比重较大。国债回购是在国债现货基础上发展起来的一种衍生金融工具，指国债持有者在卖出一笔国债券的同时，与买方签订协议，约定一定期限和价格，买回同一笔国债券的融资行为，是金融机构之间用国债券作抵押的短期融资。中国国债回购在90年代初期开展起来，从1993年起，随着证券市场规模的扩大，国债现货市场的活跃以及证券金融机构盘活资产的要求，国债回购交易开始加快发展。目前，国债回购业务主要集中在上海证券交易所。国债回购成为中央银行吞吐基础货币，调节银行流动性的一个重要的操作工具。

(3) 企业债券市场

1984年，随着经济体制改革的发展，中国沿海地区企业发行了一些企业债券。由于缺乏相应政策法规的约束和扶持，发展非常缓慢，至1986年底，大约发行了100亿元的债券，发行方式极不规范，期限上以短期融资债券为主。

为了加强对企业债券的管理，引导资金的合理流动，有效利用社会闲散资金，保证国家重点建设，保护各方合法权益，1987年3月27日，经国务院批准，中国人民银行发布了《企业债券管理暂行条例》。随后，各管理部门也出台了相应的法律、法规，企业债券得到较快发展。这期间发行的债券以短期债券为主。但在1993年后暴露出来的法律法规体系不够完善、发债审批制度不严、企业到期难以兑付等问题，使企业债券的声誉受到了影响，企业债券进入一个比较低迷的阶段。

1995年以来，企业债券市场逐步恢复。1993年8月，国务院对《企业债券管理暂行条例》进行了修改，颁布了新的《企业债券管理条例》，同年年底全国人大颁布实施《公司法》，1995年10月开始实施《担保法》，债券市场法规体系初步建立。同时，随着1993年出台的多项治理整顿措施取得成效，企业债券市场逐步复苏。企业债券在发行和交易方面不断有新的进展和改善，发行品种增多，发行方式也有所进步。1997年，几家企业债券开始在深、沪证券交易所上市流通。

同时，一种介于股票和债券之间的投资工具——可转换债券逐渐成为一个潜在的市场热点。可转换债券是一种可以在特定时间、按特定条件转换为普通股股票的特殊企业债券。由于可转换债券兼具债券和股票双重特点，较受投资者欢迎。1998年《可转换公司债券管理暂行办法》出台。

为规范企业债券发行与转让行为，防范金融风险，保护债权人合法权益，1998年4月，中国人民银行发布了《企业债券发行与转让管理办法》。新《办法》对企业债券的发行、承销人及承销方式、担保、登记与托管、转让过户、信息披露、处罚等都作了详尽的规定。1999年7月1日正式实施的《证券法》又进一步确认了企业债券在证券市场的法律地位，为企业债券市场发展提供法律保障。 （胡少维）

第六章 外贸与对外经济关系

第一节 概述

中国古代对外经贸关系具有历史悠久、地域广阔的特点。

有2 000多年历史的古丝绸之路是条横贯亚洲、连接亚欧大陆的著名陆上商贸通道。西汉时期，张骞（？～前114）通西域后，中国的丝绸、冶铸等技术远播中亚、西亚、罗马和欧洲地区。东汉时期，中国的铸铜和制漆工艺已传到朝鲜和日本，朝鲜的名马、特产也运到中国。

唐代中朝贸易往来频繁，朝鲜的牛、马、麻、人参等输入，唐朝的丝绸、茶叶、瓷器、药材、书籍输入朝鲜。中亚、波斯的商人把胡椒、波斯枣、药材、香料、珠宝等输入中国，中国的丝绸、瓷器、纸张等也源源不断运往波斯，并从那里运销西方。大食商人也到中国经商，中国的造纸、纺织技术传到大食，又通过大食传到非洲和欧洲。

宋元时期中国对外贸易东达朝鲜、日本，西至非洲一些国家。元朝时大都是闻名世界的商业大都市，泉州是最大的对外贸易港口。明朝郑和七下西洋，中国的丝绸和瓷器受到各国欢迎，郑和从西亚购得珠宝、香料和药材等土特产品。

中国人在汉、唐、宋、元时期就有远航的记录。如，现存美国国会图书馆的忽必烈航海图就是例证。中国与美洲大陆间的往来年代也很久远。

清代实行闭关锁国政策，阻碍了中外经济文化的交流，中国落在世界潮流的后面。外贸由“公行”（也称洋行）包办，在公行贸易期间，中国进口商品以棉花、布类、羊毛织物、鸦片、香料等为大宗，出口商品以茶、绸缎、丝、土布、砂糖等为大宗。中国对外贸易经常处于出超的有利地位。

1840年鸦片战争后，帝国主义侵略者相继和清政府签订了不平等条约，开放通商口岸，协定关税，清政府逐渐失去了对外经济的控制权。在日本侵华战争时期，日本在统治区建立了殖民地经济和掠夺性贸易。抗日战争胜利后，国民党政府和美国签订了出卖中国主权的不平等条约，为帝国主义控制中国市场提供了极为有利的条件。

1949年中华人民共和国成立后，走上了在平等互利的基础上自主发展对外经贸关系的道路。1949～1978年，中国的对外经济关系主要集中在外贸、接受外援和对外援助方面。改革开放后，中国对外经济关系进入了全面、迅猛发展的历史新时期。依靠对外贸易、对外援助、利用外资、创办经济特区等方式，中国全方位的对外开放的格局初步形成。中国对外开放是从沿海开始，逐步向内地推进的。随着对外开放的不断发展，中国对外经济关系开始向内容丰富、形式多样、各种对外经济交往互相融合、互相促进的新格局发展，向广度和深度推进。对外贸易总额迅速增加，市场不断扩大，经营方式日趋灵活多样；利用外资、对外承包工程与劳务合作、对外多边经济合作、对外投资等从无到有、从小到大不断发展。

第二节 当代外贸

一 概述

20世纪50年代，由于西方资本主义国家对中国采取敌视、封锁政策，中国对外贸易的主要国际市场是前苏联和东欧社会主义国家。随着中苏关系的变化，中国对前苏联和东欧国家的贸易急剧下降，中国的对外贸易遭遇了第一次较大的曲折。在这一形势下，中国对外贸易的主要对象开始转向资本主义国家和地区。到1965年，中国对西方国家贸易额占全国对外贸易总额的比重由1957年的17.9%上升到52.8%。70年代，随着中国对外贸易的国际环境明显改善，对外贸易额迅速增长。1950年，中国对外贸易总额11.35亿美元，其中出口5.52亿美元，进口5.83亿美元。到1978年，中国对外贸易总额发展到206.38亿美元，其中出口97.45亿美元，进口108.93亿美元。2005年中国对外贸易总额高达14 221亿美元，增长23.2%。其中出口7 620亿美元，增长28.4%；进口6 601亿美元，增长17.6%，全年实现贸易顺差1 019亿美元。中华人民共和国成立初期，出口商品的80%以上是初级产品；到70年代，初级产品出口占中国出口总额的比重仍在50%以上。随着改革开放的发展，90年代末才实现了由主要出口初级产品向主要出口制成品的历史性转变；到2004年，工业制成品出口已占外贸出口总额的91.2%。

据海关统计，2006年中国与主要贸易伙伴双边贸易继续快速增长，与欧盟、美国和日本前三大贸易伙伴贸易额均超过2 000亿美元。2006年欧盟继续为中国第一大贸易伙伴。中欧双边贸易总额2 723亿美元，增长25.3%。美国为中国第二大贸易伙伴，中美双边贸易总值达2 626.8亿美元，增长24.2%。日本为中国第三大贸易伙伴，中日双边贸易总值2 073.6亿美元，增长12.5%。随后依次是香港特别行政区、东盟、韩国和台湾省。

中国加入世界贸易组织5年来，中国对外贸易驶进高速发展的轨道。入世第一年对外贸易增长1 000亿美元，第二年增长2 000亿美元，之后的三年每年增长3 000亿美元；5年年均增长达到了29%；2004年，中国对外贸易世界排名已从加入之初的世界第七位攀升到世界第三。2001年中国进出口贸易总额为5 000亿美元，至2005年已经猛增到1.4万亿美元；2001年中国出口产品占世界的份额是3.9%，到2005年，已经占据7.5%份额。

二 当代外贸成就

（一）外贸迅速发展与结构优化

1. 发展迅速

1950年，中国进出口总值仅为11.35亿美元，到1978年，中国进出口总值发展为206亿美元。

改革开放20多年来，我国对外贸易工作抓住机遇，实施市场多元化战略、以质取胜战略、大经贸战略和科技兴贸战略，其发展经历了以下三个阶段。

表1 中国1952～2006年对外贸易额（亿美元）

类别 / 年份	进出口总额	出口总额	进口总额
1952	19.4	8.2	11.2
1957	31.0	16.0	15.0
1962	26.6	14.9	11.7
1965	42.5	22.3	20.2
1970	45.9	22.6	23.3
1975	147.5	72.6	74.9
1978	206.4	97.5	108.9
1980	381.4	181.2	200.2
1985	696.0	273.5	422.5
1990	1 154.4	620.9	533.5
1995	2 808.6	1 487.8	1 320.8
1999	3 606.3	1 949.3	1 657.0
2000	4 743.0	2 492.0	2 251.0
2001	5 096.5	2 661.0	2 436.0
2002	6 207.8	3 256.0	2 951.7
2003	8 509.9	4 382.3	4 127.6
2004	11 548.0	5 934.0	5 614.0
2005	14 221.0	7 620.0	6 601.0
2006	17 606.9	9 690.8	7 916.1

注 1979年以前为外贸业务统计数，1980年以后为海关进出口统计数。

资料来源 《外贸统计年鉴》《中国统计年鉴》2004年及《中华人民共和国2005年国民经济和社会发展统计公报》等。

第一个阶段是20世纪80年代。我国抓住国际上以轻纺产品为代表的劳动密集型产业转移的机遇，大力发展轻纺产品加工贸易，10年进出口总额累计7 115亿美元，相当于改革开放前28年总和的4.8倍。

第二个阶段是20世纪90年代。我国抓住国际产业结构调整的机遇，大力促进机电产业发展和产品出口，10年进出口总额累计24 295亿美元。机电产品占新增出口额的50%，上升为第一大类出口商品。

第三个阶段始于20～21世纪之交。我国抓住以信息技术产业为代表的制造业转移的机遇，以高新技术产品和机电产品拉动整体进出口增长。加入世贸组织3年来，进出口规模翻了一番，高新技术产品进出口增长了3倍。2004年对外贸易年增幅35.7%，总额突破11 500亿美元。中国的对外贸易在世界贸易中的地位大大提高，1978年中国进出口贸易在世界贸易中的排位是第三十二位，1989年提高到第十五位，1998年升至世界第十一位，到2004年则跃居世界第三位。

2. 结构明显优化

20世纪50年代初，中国的出口商品结构以农副产品为主，约占出口总额的70%左右，随着工业生产的发展，在出口商品构成中工业制成品的比重不断上升。1978年，工业制成品出口占出口总额的45.2%。改革开放20多年来，中国外贸经历了从轻工纺织品到机电产品，再到高新技术产品为主要支撑和新增长点的三个阶段，成功地驾驭着出口产品结构逐步升级的过程。统计显示，中国出口主打产品20多年来完成了三次转型。1980～1990年代，中国出口增加额的61%依靠纺织品和轻工产品实现；1990～2000年代，出口增加额的50%由传统机电产品创造，这使得目前中国出口总额中机电产品比重已占54%左右，成为出口主导力量。2004年，工业制成品占出口总额比重已达91.2%。

2001年来，以信息技术为代表的高新技术产品越来越显示出活跃的生命力，正成为推动中国进出口高速增长的新亮点。技术含量和附加值较高的机电产品出口迅速增长，2003年机电产品已连续9年超过纺织品，成为中国最大的出口商品类别。2004年高新技术产品的出口增长达到52%，高于总出口增速17个百分点，占全部出口的比重达27.4%，对出口产品结构的影响日益加深。其中，笔记本电脑、移动通信设备、集成电路等产品的出口增速甚至达到70%～90%，高新技术产品直接拉动外贸出口增长13个百分点。

（二）增强综合国力与国际竞争力

1. 增强综合国力

中华人民共和国成立以来，外贸的规模成倍扩大，与世界经济的交换量也成倍增加，有力地促进了中国综合国力的提高。特别是改革开放以来，对外经济贸易在提高中国综合国力上发挥着尤其明显的作用。1978～2003年，中国对外贸易年均增长16%，比国民经济增长快7个百分点；外贸依存度从1978年的10%提高到2003年的60%。吸引外资作为对外经济贸易的重要内容，20多年来有效地弥补了中国建设资金的不足，引进了先进的技术、设备与管理经验，促进了中国经济的市场化进程，对综合国力的提高也发挥了积极的推动作用。

2. 促进经济持续稳定增长

据国家统计局数据分析显示，对外经济贸易的扩大，不仅带动了中国国内生产，使国内众多产品通过出口在国际市场实现了价值，获得了比较利益，而且引进了国内经济建设需要的资金、技术、原材料和管理经验，创造了更多的就业机会，增加了国家税收和外汇收入，带动了相关产业的发展，从而在外延和内涵两个方面促进了国民经济的持续稳定增长。

3. 增强国际竞争能力

目前，中国经济发展已进入由规模扩张为主向质量效益为主转变的时期。中国对外经济贸易作为连接国内经济和国际经济的桥梁与纽带，对国民经济结构调整发挥了积极、能动的导向作用。对外经济贸易的迅速发展，及时获取国际商品市场发展变化的最新信息，为中国商品结构的调整起导向作用，进而促进中国产业结构的调整和优化。同时，还通过进口和引进国外先进适用的技术和设备，为国内产品升级换代和产业结构升级提供保证，增强中国产品和产业的国际竞争力，促进国民经济的市场化和经济结构的合理化。

（三）加强国际合作实现互利共赢

到21世纪初，中国的贸易伙伴由1978年的几十个发展到227个国家和地区，与传统市场的经济贸易关系稳步推进，与新开拓市场的经济贸易关系不断增强，从而达到与世界各国互利共赢。

首先，中国对全球贸易增长作出了贡献。2004年，中国的国内生产总值（GDP）不到世界的4%，但对世界经济增长的贡献率却达到了10%以上；对外贸易不到世界的6%，对世界贸易增长的贡献却达到了12%左右，居世界第一位。

其次，中国的出口是适应国际市场的需求而发展的，为各国、各地区消费者带来了实惠。

第三，中国的进口对世界经济的拉动作用日益明显。1990～2004年，中国进口额累计达2.8万亿美元，年均增速超过世界进口平均增速10多个百分点。目前，中国是世界第三大进口国，进口量占亚洲进口总量的1/5，已成为许多国家和地区的重要出口市场。2004年，中国从美国进口增长31.9%；从日本进口增长27.3%；从韩国进口增长44.3%；从欧盟进口增长28.8%；从东盟进口增长33.1%。联合国贸发会议公布的《2004年世界投资报告》认为，中国已成为当前世界经济增长的发动机之一。

（四）中国加入世界贸易组织

1986年7月10日，中国正式向关贸总协定总干事提出了中国政府的复关申请。从此，中国一直致力于恢复关贸总协定缔约国和加入世贸组织（WTO）的谈判。艰苦的复关谈判历时十几年，在坚持发展中国家地位和权利与义务平衡原则的前提下，积极推进中国加入世贸组织谈判的进程，取得了重要进展；中国参与了乌拉圭回合谈判并签署了最后文件；中国积极参与亚太经合组织会议和亚欧会议，为推进亚太地区贸易与投资自由化和亚太、亚欧地区经济技术合作，发挥了重要作用。1999年11月15日，中美就中国加入世贸组织达成协议。至此，中国加入世贸组织已迈出关键一步。加入世贸组织最大的障碍扫除后，继之与有关国家集团完成双边谈判，2001年11月10日，在卡塔尔的多哈，参加世贸组织第四届部长级会议的135个世贸组织成员投票全体一致通过的方式审议并通过了《关于中国加入世界贸易组织的决定》；11日，中国对外贸易经济合作部部长在多哈签署了中国加入世贸组织的议定书，并向世贸组织总干事穆尔递交了中国国家主席江泽民签署的《中国加入世贸组织批准书》。30日后，即12月11日，中国正式成为世贸组织第143个成员，标志着中国的对外开放进入了一个新阶段。

加入世贸组织以来，中国政府在货物贸易的关税减让、非关税壁垒减少、服务贸易的市场开放以及与贸易有关的知识产权保护方面的承诺基本兑现。3年里，中国加快制定和完善与世贸组织规则相适应的法律和贸易政策体系，逐步降低关税和取消非关税贸易措施，部分放开服务贸易领域的市场准入，在认真履行“入世”承诺方面取得了阶段性成果，受到国际社会的普遍认可。

几年来，中国国内的企业经受住了市场开放的考验，一些行业曾经被认为可能遭受的波折并未出现，市场开放的积极效果也开始显现。3年间外贸增长年均30%以上，2004年的贸易规模更首次突破万亿美元，上升为世界第三位；利用外资亦连年增长，2004年突破600亿美元大关。实践证明，加入世贸组织是中国坚持对外开放、在更高层次上积极参与经济全球化进程的正确选择。

2004～2006年，中国将进入入世后的关税和市场准入门槛大幅降低的后过渡期。

进入入世后的后过渡期，一方面市场开放将提速，另一方面市场环境亦将发生变化。与前过渡期相比，后过渡期的最突出特征就是：主要的一些敏感领域结束保护，市场开放的压力增加。按照承诺，在后过渡期的市场开放力度和范围将明显超过前三年。然而，经过三年入世后的过渡期阶段，国内的部分领域仍处于一定的保护之下，诸如地区经济差距扩大、国有企业经营困难、金融体系改革滞后、过剩劳动力大量存在等许多重大问题尚未得到根本解决。在这种背景下，后过渡期将面临诸多挑战。

从2005年起，政府原有的一些管理手段将逐步放开或取消，部分敏感产业将面临进口产品和服务更激烈的竞争，国内外市场环境更趋复杂，加入世贸组织后我国经济面临的一些深层次影响也将逐渐显现。

与此同时，后过渡期较之前过渡期，外部市场的冲击力度明显加大，而一些约束性条款仍发生作用。在后过渡期，其他世贸组织（WTO）成员与我国的贸易摩擦将有增无减，来自国外的反倾销、反补贴和保障措施将成为国内出口产品在后过渡期承受的主要风险，再加上一些国家频繁使用质量、技术、卫生、环保标准等非关税壁垒，会给我国贸易环境带来更多的不利因素和可变性。

因此，在后过渡期内，中国应继续认真履行“入世”承诺，在建立适合国际规则要求的市场经济体制和市场开放方面采取更多积极措施。这些措施包括对外对内两个方面：对外应当积极参与全球多边谈判和区域经济一体化进程，深化与周边各国（地区）的经济关系，在推动贸易和投资自由化中发挥重要作用；对内则应进一步完善我国法律法规体系，加快政府职能转变，营造良好的开放环境，为中国在更大范围和更高层次上融入世界经济奠定基础。总之，中国只要能适应形势的变化，制定合适的产业调整与市场策略，就能在激烈的国际经济角逐中，不断提高其国际竞争优势，加快与国际接轨的进程。

中国加入世界贸易组织5年来，中国对外贸易驶进高速发展的轨道。入世第一年对外贸易增长1 000亿美元，第二年增长2 000亿美元，之后的3年每年增长3 000亿美元；5年年均增长达到了29%。2004年，中国对外贸易世界排名已从加入之初的世界第七位攀升到世界第三。2001年中国进出口贸易总额为5 000亿美元，2005年猛增至1.4万亿美元，据预测，2006年将增至1.7万亿美元。2001年中国出口产品占世界的份额是3.9%，到2005年，已经占据7.5%份额。

第三节　对外经济关系

一　对外经济技术援助

新中国成立后开始对外援助。截至2003年底，接受中国援助的国家已达146个。50多年来，中国帮助其他发展中国家建成了1 740个项目，涉及农业、水利、纺织、造纸、化工等多种领域，累计派出援外工程技术人员约55万人次。除上述成套项目援助外，中国还在援款项下，向广大发展中国家提供了大量的物资援助和各类技术援助。

（一）1949～1978年间对外援助

中华人民共和国成立后，政府一直把对外提供经济技术援助作为履行国际主义义务的重要内容。中国的对外援助是与中国对外关系的发展和国内经济状况密切相关的。

大体说来，1978年以前中国的对外援助可分为三个阶段：1949～1963年为初始阶段，1964～1970年为发展阶段，1971～1978年为急剧增长阶段。

援助的内容是向受援国提供贷款或无偿援助。那时，中国提供的贷款一般都是无息贷款。对外援助的方式包括成套项目援助、技术援助、物资援助及现汇援助等。1949～1978年，中国共向66个国家提供了援助，帮助其中38个国家建成880个成套项目。

1964年2月18日，周恩来总理访问亚非14国期间提出了对外援助八项原则，主要内容是：中国政府一贯根据平等互利的原则对外提供援助；严格尊重受援国的主权，绝不附带任何条件和要求任何特权；以无息或低息贷款的方式提供经济援助，在需要时可减轻受援国的负担；提供援助目的不是造成受援国对中国的依赖，而是帮助受援国逐步走上自力更生、经济上独立发展的道路；所援建的项目，力求投资少、收效快，使受援国能够增加收入，积累资金；中国提供自己所能生产的、质量最好的设备和物资，并据国际市场价格议价，如有不合乎商定的规格和质量者，中国保证退换；所提供的任何一种技术援助，保证受援国人员充分掌握这种技术；中国所派出的专家，同受援国自己的专家享受同样的物质待遇，不容许有任何特殊要求和享受。

中国对外援助创立了国际经济关系中真诚合作的典范，博得了受援国政府和人民的广泛赞扬和高度评价。

（二）1979年以来的对外援助

中国实施改革开放政策以来，对外援助在调整与改革中稳步推进。

1979～1990年，中国对援外方式进行了一些探索性的调整：通过统筹安排，扩大了援助面，使受援国由1978年底的66个增加到1990年的93个；将中国援助同联合国多边援助、受援国自筹部分资金、国际金融组织或第三国援助等相结合，在投入较少援款的情况下推动互利经贸业务，促进援外与互利合作相结合；因地制宜地对不同项目采取技术合作、管理合作、代管经营、租赁经营、合资经营等方式，改善和提高了援助效益。

1995年以来，中国对援外工作进行了全面改革。中国在继续遵循援外“八项原则”的基础上，对外援助主要采用以下方式。

1. 积极推行优惠贷款

由中国政府向受援国提供具有援助性质的优惠

贷款，国家用援外经费贴息，以扩大对外援助的规模，提高援外资金的使用效益，推动双方企业的投资合作，带动中国设备、材料和技术出口。

2. 积极推动援外项目合资合作

以利于政府援外资金与企业资金相结合，扩大资金来源和项目规模，巩固项目成果，提高援助效益。

自1983年以来，中国向100多个国家和10多个国际及区域组织提供了技术援助。共举办各类技术培训班264多期，培训技术人员6 500多人，涉及农业、畜牧业、渔业、小水电、机械、能源、医疗卫生、环保、气象、沙漠治理、粮食加工等几十个专业。此外，自1998年至2003年底，中国政府还为发展中国家举办“经济管理官员研修班”35期，共有来自106个国家的751名经济管理官员参加研修活动。

二 对外承包与劳务合作

近20多年来，对外承包工程和劳务合作快速发展。由改革开放之初仅几家企业从事这项业务，发展为一支由近700家企业组成的门类比较齐全、具有较强国际竞争力的队伍，业务范围向技术性较强的领域不断扩展，项目越做越大，经济效益和社会效益明显提高，对外承包与劳务合作成为中国对外经济关系的重要组成部分。20多年来，中国对外承包与劳务合作大体经历了1978～1982年的起步阶段、1983～1989年的逐步发展阶段和1990年以来的稳步发展这三个阶段。

（一）起步阶段（1978～1982）

中国共批准了29家企业从事对外工程承包和劳务合作业务。中国的对外承包劳务队伍第一次走向国际舞台，主要市场集中在西亚、北非。经过创业之初的艰难开拓，中国的对外经济合作取得了初步发展，4年中共与45个国家和地区签订了承包劳务合同755项，总金额11.96亿美元。

（二）逐步发展阶段（1983～1989）

中国的对外经济合作在国际承包劳务市场萎缩、条件苛刻的困难条件下，经过奋力开拓，取得了持续发展。在此期间，中国的对外经济合作队伍不断壮大，1990年底达到113家，初步形成了一支活跃在国际承包劳务市场上的骨干队伍；业务量不断增加，8年间共签订承包劳务合同138.64亿美元，在国际承包劳务市场上占有了一席之地；市场逐步扩大，为90年代对外经济合作的发展奠定了坚实的基础。

（三）稳步发展阶段（1990年至今）

中国对外经济合作迎来了健康、稳定、快速发展的新时期。经营对外经济合作业务的企业由流通领域的窗口型公司为主逐步转向生产领域的实体公司为主，企业的经营水平不断提高，在外承揽的业务规模不断扩大，档次不断提高，市场多元化战略初见成效，取得了良好经济效益和社会效益。

据商务部统计，2005年，中国对外承包工程完成营业额218亿美元，同比增长24.6%。截至2005年底，中国对外承包工程累计完成营业额1 358亿美元，合同额1 859亿美元。2005年，中国对外劳务合作完成营业额48亿美元。截至2005年底，中国对外劳务合作累计完成营业额348亿美元，合同额401亿美元，累计派出各类劳务人员345万人。

三 对外投资

对外投资保持发展势头。中国对外投资虽起步较晚，但近年来呈现出逐步发展势头。“走出去”战略初见成效，推动了开放型经济的发展。据中国商务部统计，截至2005年底，经商务部批准的我国非金融类海外企业累计投资额达到572亿美元，遍布163个国家地区，占全球国家地区的71.2%。其中，单项投资规模越来越大：截至2002年底，平均每家企业投资134.20万美元；2002年当年，平均每家投资280.86万美元；2003年，平均投资额达到409.21万美元。亚洲是中国最大的海外投资目的地，其次是北美、非洲和南美，最后是欧洲。投资领域除制造业和贸易外，还包括资源开发、加工装配、交通运输、医疗卫生、旅游及餐饮业等。多双边经贸合作成就令人瞩目。50多年来，中国按照平等互利的原则，积极开展与世界各国（地区）的贸易往来和经济技术合作，密切了中国与世界各国（地区）的经贸关系。

国家还采取了一系列扶持政策，鼓励国内企业在境外开展加工贸易，以现有设备、成熟技术、零部件和原材料等实物投入方式到境外投资建厂，开拓海外市场。一批有实力的中国企业走出了国门，成功地实现了跨国经营。

四 利用外资

改革开放以来，中国利用外资迅速发展。从

1979年颁布《中华人民共和国中外合资经营企业法》、1980年批准第一批3家外商投资企业以来，中国吸收外商直接投资经过1979～1986年的起步阶段、1987～1991年的持续发展阶段和1992年以来的高速发展阶段，逐渐成为中国对外经济关系的重要内容之一。

（一）起步阶段

中国先后对经济特区、沿海开放城市和沿海经济开放区内吸收外资，举办“三资企业”实行一些特殊政策，采取措施扩大地方外商投资的审批权限，并逐步完善立法，初步改善了中国的投资环境，发挥了各地利用外资的积极性，吸收外资的规模不断增加。这一阶段，中国吸收的外商投资主要来自港澳地区，以劳动密集型的加工项目和宾馆、服务设施等第三产业项目居多，并主要集中在广东、福建和其他沿海省市。

（二）持续发展阶段

由于1986年10月国务院颁布的《关于鼓励外商投资的规定》，对外商投资举办产品出口企业和先进技术企业给予更为优惠的待遇，改善了外商投资企业的生产经营条件。同时，随着中国对外开放的不断扩大，吸收外资的环境得到进一步改善，外商投资发展较快。这一阶段，中国吸收外商投资的结构有较大改善，生产性项目及产品出口企业大幅增加，宾馆、旅游服务项目的比重大大降低，外商投资的区域和行业有所扩大，台湾地区厂商的投资开始进入，并迅速增加。

（三）高速发展阶段

随着中国全方位对外开放格局的初步形成，中国的投资环境得到更大改善，吸收外资在广度和深度上都有了新的大发展。1995年6月，国务院批准发布《指导外商投资方向暂行规定》和《外商投资产业指导目录》；1998年，中共中央又针对新的形势提出了进一步扩大对外开放、提高利用外资水平的若干意见。对外开放的领域进一步扩大，外商投资保持了较大的规模，外资的来源国家和地区持续增加，越来越多的西方大跨国公司进入中国，资金、技术密集的大型项目和基础设施项目增加较多，平均单项外商投资规模不断提高，在沿海地区外商投资迅速增长的同时，中西部地区吸收外资有了较快发展；招商引资方式不断改进，从1997年起每年在厦门举办一届中国投资贸易洽谈会，为外商增强对中国的全面了解，寻求发展对华投资合作提供了良好机会。此外，改革开放20多年来，中国利用外国政府和国际金融机构的贷款，以及国际证券投资等也获得很大发展。

经过20多年的发展，利用外资已成为中国国民经济乃至社会生活中不可分割的重要组成部分，开创了利用外资的新局面，推进了全方位、多层次、宽领域对外开放格局的形成。特别是1992年以来，中国吸纳外资的领域不断扩大，规模不断增加，水平不断提高，成就举世瞩目。2002年超过美国成为世界吸引外资最多的国家，2002年实际利用外资550.11亿美元。1993～2005年，中国连续13年成为利用外资最多的发展中国家。2005年全国新批准设立外商投资项目44 001个，实际使用外资金额603亿美元。截至2006年6月底，全国累计实际使用外资金额达6 508亿美元，来华投资的国家和地区近200个，世界500强企业约470家在华投资，外商投资设立的各类研发机构超过750个。2006年实际使用外商直接投资金额630亿美元，比上年增长4.5%。

表2　　中国1979～2005年利用外国直接投资情况　　（亿美元）

年份＼类别	项目数	合同金额	实际使用金额	年份＼类别	项目数	合同金额	实际使用金额
1979～1982	920	49.58	17.69	2000	22 347	623.80	407.15
1983	638	19.17	9.16	2001	26 140	691.95	468.78
1985	3 073	63.33	19.56	2002	34 171	827.68	527.43
1990	7 273	65.96	34.87	2003	41 081	1150.70	535.05
1995	37 011	912.82	375.21	2004	43 664	1 535.00	606.00
				2005	44 001	1 673.12	603.00

资料来源　《中国对外经济贸易年鉴2002年》及商务部资料。

在利用外资规模不断扩大的同时,中国利用外资的环境也不断改善,各项涉外法规日益健全,利用外资的质量有所提高、结构不断优化;资金和技术密集型项目明显增加,国家鼓励投资类项目增加较多,限制类项目减少,基础产业和基础设施项目成为外商投资的热点;中西部地区对外商的吸引力增强;大跨国公司来华投资增多,世界前500家大跨国公司中有近400家来华投资,其他大跨国公司也在加强对中国市场的分析与研究,积极筹备来华投资;大项目继续增加,平均单项外商投资规模不断提高。

外经贸法制建设取得重大进展。1979年，中国出台了第一部涉外经济法律——《中外合资经营企业法》。1986和1988年，先后制定颁布了《外资企业法》和《中外合作经营企业法》，从而形成了中国吸收外资的三项基本法律。1994年，中国又颁布出台了《对外贸易法》。在上述对外经济贸易基本法律的基础上，中国还陆续颁布实施了一系列相应的实施条例和实施细则，形成了以各项对外经济贸易基本法律为基础，以相关部门经济法和民商法为配套，以行政法规、部门规章和地方立法为补充，符合国际经济通行规则，有中国特色的完备的外经贸法律体系，使中国对外经济贸易的管理和经营走上了法制化的发展道路。

五　经济特区与经济技术开发区

(一) 经济特区

1980年8月26日，全国人大常委会第十五次会议批准国务院提出的《广东省经济特区条例》，规定：为发展对外经济合作和技术交流，促进社会主义现代化建设，在广东省深圳、珠海、汕头三市分别划出327.5平方公里、6.7平方公里、1.67平方公里区域，设置经济特区。12月10日，国务院又正式批准成立厦门经济特区，面积为2.5平方公里。从1979～1985年，可以说是经济特区的初创阶段。1986～1990年，是经济特区以工业为主的外向型经济建设阶段。1979年7月，党中央、国务院决定对广东、福建两省的对外经济活动实行特殊政策和优惠措施。1980年5月，决定在深圳、珠海、汕头、厦门设置经济特区。1984年5月，开放大连、秦皇岛、天津等14个沿海港口城市。1985年2月，决定分两步开放长江三角洲、珠江三角洲、闽南厦漳泉三角地区和辽东半岛、胶东半岛。1988年4月，七届人大一次会议刚刚宣布建立海南省，国务院就发出通知，将海南省建为全国最大的经济特区，其他几个经济特区的面积也相继扩大，经济特区的实力有了进一步的发展。

表3　中国20世纪90年代经济特区的经济发展情况

类别 年份	年底人口数（万人）		国内生产总值（亿元）		实际利用外资（亿美元）	
	含辖县	不含辖县	含辖县	不含辖县	含辖县	不含辖县
1990		222.1		217.9		8.56
1995	685.0	302.1	1 507.1	1328.8	49.3	43.9
1997	714.6	381.6	2 110.5	1 900.6	45.9	36.8
1998	728.6	393.2	2 393.8	2 144.9	50.9	47.8
1999	769.2	407.2	2 636.0	2 359.0	45.4	43.0

资料来源　《中国对外经济贸易年鉴2000年》。

1990年以来，是经济特区外向型经济持续发展的调整和提高阶段。经济特区的改革开放和经济发展不断地迈上新的台阶，在对外贸易、引进外资等各方面都取得了较大的成绩。1990年4月18日，中共中央、国务院同意上海市在浦东实行经济技术开发区和某些经济特区的政策，其后上海市宣布了开发开放浦东新区的9项政策规定。1991年3月6日，国务院发出《关于批准国家高新技术开发区和有关政策规定的通知》，决定再批准21个国家高新技术产业开发区。1992年国务院又批准海南省开发建设洋浦经济开放区，以后还批准建设了苏州工业园区。1992年8月，国务院还决定以上海浦东为龙头，开放重庆、岳阳、武汉、九江、芜湖等5个沿江城市，同时开放哈尔滨、长春、呼和浩特、石家庄等4个边境、沿海地区的省会城市以及太原、合肥、南昌、郑州、长沙、成都、贵阳、西安、兰州、西宁、银川等11个内陆省会城市。以后几年，又陆续开放了一大批符合条件的内陆市县，从而极大地促进了各地外向型经济的发展。此外，全国大陆所有地区都对外开放旅游城市，甚至西藏拉萨也对外国记者和普通旅客开放。现在，中国的对外开放地域已从经济特区到沿海开放城市，进而扩大到沿边、沿江地带直至内陆省会城市、地区，形成了由沿海到内地，从东部到中部、西部的全方位、多层次、宽领域的对外开放格局。

新世纪，在对外开放向更深层次推进的情况下，中国经济特区则面临新的挑战。一是中国入世后，经济特区在某些方面与世贸组织机制显得不相适应；二是中国全方位开放和市场公平竞争格局正在形成，经济特区“特殊体制”似已无存在必要，中央政府不可能再为特区制定大量优惠政策。因而，中国经济特区正处于新的转型期，应在更高战略要求下进行新功能定位，履行新职责。

瞻望前景，中国经济特区未来有五种发展取向：一是继续肩负改革试验和制度创新任务；二是按照世贸组织要求“境内关外”模式规范运作；三是成为实施国家战略性贸易政策和产业政策区域；四是作为国家区域性联盟的战略基地；五是创建世界级经济特区。

（二）经济技术开发区

经过多年的艰苦创业和积极探索，国家级经济技术开发区像经济特区一样在中国扩大开放、发展外向型经济、调整产业结构等方面起到了窗口、辐射、示范和带动的作用，其发展特点如下：

1. 高速的发展

自1984年大连等10个国家级开发区建立后，20年来经过艰难创业期（1984～1991）、高速增长期（1992～1998）、稳定发展期（1999年以来）3个阶段，中国现已有49个国家级开发区，加上苏州工业园以及上海金桥、厦门海沧、宁波大榭、海南洋浦等5个享受国家级开发区政策的园区，共计54个。

2005年，54个国家级开发区实现工业产加值5 981.4亿元，占全国工业增加值的7.9%；税收1 219.3亿元，同比增长30.7%，高于全国增幅10.7个百分点；出口1 138亿美元，占全国出口总额的14.9%；外商实际投资130.2亿美元，占全国外商实际投资的21.6%。截至2005年底，全国54个国家级经济技术开发区累计实际使用外资999.3亿美元，平均每平方公里外商实际投资金额为1.2亿美元，占全国累计使用外资金额的16%。开发区设立外资企业19 966家，其中世界500强企业1 308家，占6.6%。

2. 开拓发展新路

国家级开发区几经摸索，终于在“四窗口”（即技术、管理、知识和对外政策的窗口）基础上，确立了更务实更科学的“三为主、一致力”，即：以发展工业为主、利用外资为主、出口创汇为主，致力于发展高新技术产业。这一方针，成为开发区的立区之本。

3.“借船出海”扩大开放

从开放程度看，相对于国内其他经济区，国家级开发区的外向型经济发展得最快。2004年，实际利用外资和出口额分别占全国的22.4%和13.5%，是大跨国公司在华投资首选地，跨国公司新设的研发中心大多落户区内。开发区通过“借船出海”，参与国际分工，机电产品、高新技术产品分别占其出口额的65%和56%。

4. 开放中实现新型工业化

据不完全统计，2003年国家级开发区轿车、移动电话产量均占全国半壁江山。同时，各开发区形成了特色不同的产业集群，如广州开发区的化工产业集群，天津、北京开发区的电子信息产业集群，长春、武汉、重庆开发区的汽车产业集群，青岛开发区的家电产业集群等。

5. 体制创新的试验田

20年来，国家级开发区充分汲取国内外经济特区建设的经验，创造性地构建了一整套中国特色的开发区管理模式和制度，包括政府管理、土地开发、投融资、社会保障、工会组织、精神文明建设等，其实质是对旧体制的改革，因而被广为引用、移植，有力带动和推进了国内经济体制改革。

面向新世纪，国家级经济技术开发区将努力建设成为促进国内发展和扩大对外开放的结合体；成为跨国公司转移高科技高附加值加工制造环节、研发中心和其服务外包业务的重要承接基地；成为高新技术产业、现代服务业和高素质人才的聚集区；成为促进经济结构调整和区域经济协调发展的重要支撑点；成为推进所在地区城市化和新型工业化进程的重要力量；成为体制改革、科技创新、发展循环经济的排头兵。 （胡少维 郝继涛）

第七章 人民生活和社会保障

由于漫长的封建社会的制约，特别是19世纪中叶至20世纪上半叶的百年中，遭遇多个帝国主义者交替入侵，使中国受到半殖民地半封建社会的桎梏，经济政治长期处于滞后状态，广大人民生活十分艰难困苦。

中华人民共和国成立57年来，特别是改革开放28年来，人民生活水平和生活质量不断提高，城乡居民生活发生了巨大而深刻的变化，成为中国历史上人民生活水平提高最快、城乡居民得到实惠最多的时期。

第一节 当代中国人民进入小康生活

一 两次历史性跨越

中华人民共和国成立以来，特别是改革开放以来，随着中国社会主义现代化建设的推进，国家第一步、第二步战略目标的实现，人民生活经历了两次历史性的巨大跨越。

（一）第一次是从贫困到温饱的跨越

中华人民共和国成立以后的一个时期里，由于对建设社会主义缺乏经验，以及受“左”倾思想的干扰，虽然人民生活逐步有所提高，但是温饱问题尚未得到解决。20世纪70年代末掀起的改革开放，极大地解放了社会生产力，国民经济实现了快速增长，人民生活得到了迅速提高。到20世纪80年代末期，在城镇，居民消费结构和质量发生了明显变化，用于吃饭穿衣的支出所占比重大幅度缩小，用于住、用的支出以及文化服务方面的支出所占比重相应扩大，标志着城镇居民在实现温饱的基础上开始走向小康；在农村，贫困人口大幅度减少，全国农民也基本上解决了温饱问题。

（二）第二次是从温饱到初步实现小康的跨越

在实现温饱的基础上，经过20世纪90年代改革开放的进一步深化和经济建设的快速发展，中国居民生活水平又上了一个新的台阶。

从恩格尔系数（居民食品支出占生活消费支出的比重）来看，联合国粮农组织用这个主要指标制定生活发展阶段的一般标准为：60%以上为贫困，50%～60%为温饱，40%～50%为小康，40%以下为富裕。

2004年中国的恩格尔系数，城镇居民为37.7%，农村居民为47.2%，已达到联合国粮农组织提出的小康标准。

二 人民生活达到发展中国家平均水平，有的方面达到世界平均水平

再从其他指标来看，中国目前许多反映居民生活水平和生活质量的指标已达到发展中国家的平均水平，有的已达到和超过世界平均水平。

（一）日常生活方面

据联合国粮农组织资料，1992～1994年中国居民每人每天食物热值为2 727大卡，已超过世界平均水平（2 718大卡）。同期与中国饮食结构比较相近的亚洲中等收入国家泰国、马来西亚、印度尼西亚，人均每天食物热值分别为2 365、2 782和2 609大卡。中国人均每天食物蛋白质含量69.7克，接近世界平均水平（70.8克），高于同期泰国（52.7克）、马来西亚（64.1克）和印度尼西亚（60.3克）的水平。中国人均每天食物脂肪含量58.1克，低于世界平均水平（68.7克），与泰国（43.9克）、印度尼西亚（50.8克）大体相近。所以，从总体上看，中国居民吃的营养水平已基本达到与中国饮食结构比较相近的亚洲中等收入国家的水平。同时，随着中国家电行业的迅猛发展和居民家庭普及率的大幅度提高，城乡居民家庭每百户电视机拥有量已高于世界平均水平；人均居住面积总体上相当于发展中国家的平均水平。

（二）医疗保健方面

总体上已取得较大进步。2004年中国平均每千人口拥有医生数为1.6人，优于多数发展中国家。2003年中国婴儿死亡率为30‰，低于世界57‰的平均水平和发展中国家59‰的平均水平。随着生活的改善，中国人口平均预期寿命不断提高，2003年为71岁，高于世界平均67岁的水平。

综合以上各项指标可以看出，到21世纪初中国居民生活已初步达到小康水平。中国居民生活由

温饱向小康的第二次跨越，使人民生活整体上由量的满足逐步转向质的提高，由以生存资料消费为主逐步转向以发展和享受资料消费为主，由单一实物消费逐步转向包括精神文化、服务等在内的多样化消费，生活资料比较充裕，生活内容丰富多彩，生活环境逐步改善。

第二节　人民生活的变化

中华人民共和国成立56年来，中国人民生活从收入水平到生活质量、从生活内容到生活方式、从生活环境到生活保障都发生了历史性的巨大变化。

一　城乡居民收入水平显著提高

50多年来中国城乡居民收入的显著提高，为居民生活消费上质量、上档次创造了重要的前提条件。统计数据显示，城镇居民人均可支配收入由1952年的156元、1978年的343元提高到2005年的10 493元；农村居民家庭人均纯收入由1952年的57元、1978年的134元提高到2005年的3 255元。随着收入的大幅度增长，人民在正常消费之后的结余货币越来越多。到2005年底，城乡居民储蓄存款余额已达14.7万亿元（包括外币）。同时，居民对股票、债券等金融资产的拥有量也迅速增加。

随着所有制结构的调整，非国有经济的迅猛发展，人民就业观念的更新，居民的收入来源渠道也大大拓宽，收入构成呈现出多元化的格局。城镇居民改变了长期以来单一的以工资收入为主的状况，呈现出工资性收入比重下降，个体经营收入、从事第二职业收入和股票债券收入比重提高的新格局。1998年，国有、集体职工的工资性收入占城镇居民全部收入的比重，由1978年的92.6%降为66.9%，下降了25.7个百分点；从事个体及其他劳动收入的比重为7%；财产和转移性收入比重达22.3%。农村居民收入呈现出以集体统一经营收入为主到以家庭经营收入为主、以粮食收入为主到以工副业收入为主的两个新变化。农村居民全年纯收入中的集体收入份额由1978年以前的66%以上降到1985年后的不足10%。农民从事第一产业所得收入占全部生产性纯收入的比重1998年为60.7%，比1978年的91.5%下降了30.8个百分点；而从事第二、三产业所得收入比重由1978年的不足10%提高到1998年的39.3%。

表1　中国1978～2005年城乡居民收入及储蓄存款

类别 / 年份	农民家庭人均收入（元）	城镇家庭人均可支配收入（元）	城乡居民人民币储蓄（亿元）
1978	133.6	343.4	210.6
1985	397.6	739.1	1 622.6
1990	686.3	1 510.2	7 119.8
1995	1 577.7	4 283.0	29 662.3
2000	2 253.4	6 280.0	64 332.4
2005	3 255.0	10 493.0	141 051.0

资料来源　国家统计局《中国统计年鉴》2005；2005年《经济社会统计公报》。

二　人民生活质量明显改善

吃、穿、用、住、行构成了居民日常生活的主要内容，居民消费质量的改善首先应该体现在这些方面。50多年来特别是近20多年来，在党和政府的高度重视和关怀下，人民生活比较快地由以吃、穿等基本生存资料为主逐步向以用、住、行等发展和享受资料为主的转变。1995年以来，中国城镇居民家庭恩格尔系数下降速度明显加快，2005年与1995年相比，下降了13.4个百分点，年均下降1.34个百分点。

表2　中国城乡居民1978～2005年家庭恩格尔系数变化

恩格尔系数 / 年份	农民家庭恩格尔系数（%）	城镇家庭恩格尔系数（%）
1978	67.7	57.5
1985	57.8	53.3
1990	58.8	54.2
1995	58.6	50.1
2000	49.1	39.4
2005	45.5	36.7

资料来源　国家统计局《中国统计年鉴》2004；2005年《经济社会统计公报》。

从各方面变化情况看，主要呈现如下特点。

（一）在吃的方面

经历了由吃饱到吃好，由追求数量、品种的增加到讲究营养质量提高的过程。这一变化过程，首先表现在粮食消费比重下降。城镇居民人均粮食消费量由1957年的167.2公斤逐步下降到1998年的86.7公斤，下降48.1%；农村居民人均粮食消费量自1978年以来基本稳定在250公斤左右的水平上。粮食是人民最基本的生存资料，粮食消费量的稳定和下降，表明人民从此不再为吃饱而发愁。

其次，在粮食消费内部构成中，对玉米、高粱、红薯等粗粮消费明显下降，而对大米、小麦等精细粮消费上升。1998年与1978年相比，农村居民人均粗粮消费由125公斤减少到40.5公斤，减少了67.6%，而细粮消费数量由123公斤增加到209公斤，农民粗、细粮的消费比例由1978年的各约50%变为1998年的16.1∶83.9。从时间跨度上看，粗细粮比例变动最快的是1978～1984年，6年间，粗粮消费比重下降了28.4个百分点。1984年以后，粗细粮比例基本趋于稳定。

再次，在主食消费比重下降的同时，副食特别是动物性食品消费的比重明显提高。50多年来，居民传统的以粮食、蔬菜为主的饮食结构发生了很大的变化，对肉类、家禽、鲜蛋、水产品、植物油等的消费量全面增加，膳食营养状况不断得到改善。1998年与1957年相比，城镇居民人均食用植物油消费量增长81%，人均猪肉消费量增长1.4倍，人均牛羊肉消费量增长1.8倍，人均家禽消费量增长5.6倍，人均鲜蛋消费量增长3.1倍。农村居民方面，人均主食支出占食品支出的比重由1978年的65.3%下降到1998年的35.5%，下降了29.8个百分点；人均副食支出占食品支出的比重由1978年的31.4%上升到1998年的42.9%。此外，人民吃的方面的变化还表现在对原粮消费的相对下降，对加工食品特别是风味、疗效、方便食品消费的上升。

（二）穿的方面

经历了一个由穿暖到穿好，由单调、低档到多样、中高档方向发展的过程。“衣不遮体”，是对旧中国广大贫苦大众悲惨生活的一种真实写照。中华人民共和国成立50多年来，人民穿着消费发生了深刻的变化，不仅衣着数量大幅度增加，而且穿着质量明显提高，求新、求美，讲究舒适、大方，追求个性化。具体而言，主要呈现出如下几个变化：一是衣着原料提高，对粗棉布的消费相对下降，对化纤布、绸缎、呢绒、毛料等的消费上升；二是成衣率提高，购买原布自己动手做衣服的数量减少，直接去市场选购成衣的数量增加，特别是对花色好、款式新的中高档服装的消费量增长较快。

（三）用的方面

经历了从无到有、从少到多、普及程度迅速提高的过程。在旧中国，广大劳苦大众一贫如洗、家徒四壁，连桌、椅、碗、筷、盆等最基本需要的用品也十分欠缺。中华人民共和国成立后特别是近20年来，城乡居民对耐用消费品的拥有量迅猛增加。

城镇居民的用品消费，呈现出以非耐用消费品为主向以耐用消费品为主，以日常生活用品等生存资料为主向彩电、冰箱、空调、微机等发展和享受资料为主，以功能单一、低档用品为主向高科技、多功能中高档用品为主转化的趋势。

城镇居民家庭用品的更迭速度明显加快，经历了由“老四件”（自行车、手表、缝纫机、收音机）向“新六件”（电视机、洗衣机、录音机、电冰箱、电风扇、照相机）的转换过程。“老四件”进入20世纪90年代以来在城镇已处于衰退期，需求量明显减少；“新六件”经过80年代后期和90年代前期的迅速扩张，目前在多数城镇居民家庭中已接近饱和。城镇居民家庭平均每百户彩电拥有量由1981年的0.6台增加到2000年的116.6台，洗衣机由6.3台增加到90.5台，电冰箱由0.2台增加到80.1台。近几年又开始转向以电话、家用电脑、商品房等为主要代表的新的消费“热点”。万元级、10万元级的耐用消费品，在国家消费信贷等政策的扶持下，开始逐步进入普通居民家庭。2000～2004年，中国每百户城镇居民拥有电脑、每百户城镇居民拥有彩电、每百人拥有手机，分别从10台、33台、6.8部，增加到31台、117台、25.1部。

表3 中国1998、2002年在世界商品消费中所占比率的变化 (%)

项目 \ 年份	1998	2002
手机用户	7.5	21.1
电脑	3.3	6.1
电视机	23.6	23.2
微波炉	7.9	12.1
洗衣机	10.6	18.0

资料来源 美国《财富》双周刊2004年10月4日。

近20多年来，农村居民家庭用品的数量也有了大幅度增加，而且用品的品种逐步升级换代。目前，农村居民对“老四件”的拥有量已经饱和，目前正处于加速普及“新六件”阶段。1998年农村居民家庭平均每百户拥有电视机96台，其中彩色电视机33台，收录机32台，电风扇112台，洗衣机23台，录像机、照相机、电冰箱甚至空调、电脑也已进入部分富裕农户家庭。耐用消费品大量“飞入寻常百姓家”，是50多年来城乡居民生活水平显著提高的一个重要标志。

（四）住的方面

城乡居民的居住面积和住房质量都有了较明显的提高。1949年以前中国居民住房条件极差，城镇居民拥挤不堪，每间瓦房或土房住3人的家庭占总户数的70%以上，农村以土坯墙的草顶房为主。中华人民共和国成立后特别是近10年来，城乡居民居住条件有了很大的改善。2001年，中国人均居住建筑面积突破21平方米，它宣告中国告别了住房短缺时代。

城镇居民住房，由缺房、拥挤逐步向比较宽敞、比较舒适方向发展。1956年城镇居民人均居住面积仅4.26平方米，2005年增加到26.11平方米，增长了5.1倍。人均居住面积8平方米以上的家庭，1982年仅占总户数的10.2%，1998年扩大到76.8%；而无房户、人均4平方米以下的拥挤户和大儿大女合居一室的不方便户，1982年占总户数的33.6%，1998年只占0.9%。住房的质量和配套性也不断提高。截至1998年末，有68.3%的城镇居民家庭住上了单元配套住房，比1997年提高了0.8个百分点；74%的家庭居室内有厕所和浴室，72.6%的家庭用上了煤气或液化石油气，41.1%的家庭有可取暖的空调或其他暖气设备。安居才能乐业。住上单元配套住房，一直是中国城镇居民的一种生活追求。现在，70%左右家庭的这种追求变成了现实，从一个侧面反映出中国城镇居民的生活水平和生活质量确实上了一个新台阶。近年来房地产市场的飞速发展，更是大大提高了居民住房水平和质量。

农村居民在温饱问题初步得到解决的基础上，普遍把改善居住条件作为首要的选择。农民住房支出占消费支出的比重，由1978年为10.3%，1981～1984年提高到15.3%～17.3%，1985～1988年进一步提高到18.2%～20.2%。农村居民人均住房面积由1978年末的8.1平方米增加到2004年末的28平方米，增长了2.5倍。2002年农村人均住房面积中，住宅砖木结构和钢筋混凝土结构的比例合计达到81%，已经超过“十五”计划80%的水平，比1981年的48.6%提高了32.4个百分点。

（五）行的方面

随着各种运输设施建设的快速发展，城市公共交通的不断改善，居民出行的方便程度大大提高。

旧中国交通运输状况十分落后，相当一部分内地特别是农村及广大边远地区，基本处于与世隔绝的闭塞状态。

中华人民共和国成立后，中国交通建设得到了很大的发展，基本形成以铁路为骨干，公路、水运、民用航空组成的综合运输网。

铁路营运里程，2003达到7.3万公里。2004年6月22日，青藏铁路首次在西藏境内铺轨，并于10月9日铺轨到达了藏北重镇——那曲镇；到2005年10月铁路已通达拉萨，从而结束了西藏无铁路的历史。

全国公路通车里程也由1949年的8万公里提高到2003年的180.98万公里。各地的城市公用交通事业取得了长足的发展，平均每万人拥有公共汽车由1952年的0.8辆提高到1998年的8.6辆。

到2003年6月，中国私人汽车保有量突破1 000万辆，平均120多人就拥有1辆私人汽车，全新的“汽车社会”正在形成。这些都极大地方便了居民的出行条件，使居民的生活比过去舒适多了，快捷多了。

在城市轨道交通方面，目前中国有百万人口以上的城市数十座，地铁、轻轨等大容量快速交通设施不多，只零星分布在北京、上海、天津、广州等地。今后将有大的发展，在全国人口过百万的34个城市中，有20个超大城市和特大城市正在建设和筹建自己的轨道交通。其中，北京、上海、广州在续建地铁，深圳、南京已在动工兴建地铁，西安、沈阳、成都、大连、青岛、哈尔滨、郑州、长春、重庆、武汉等城市也已在拟建地铁及轻轨交通。中国建设部地铁与轻轨研究中心信息显示，2006年前中国城市轨道交通将迅速扩展，建成总长度450公里左右的城市轨道交通线路。

三 居民生活方式发生深刻变化

20世纪50～80年代实行的城镇生活用品等凭票供应制度，已退出历史舞台，农民自给性消费比重明显下降，居民的消费选择性明显增强。

1978年中共十一届三中全会以前，由于商品供应短缺，对基本生活必需品大都实行凭票定量供应制度，从粮食、布、油等生活必需品到自行车、电视机等一些日用品，都实行严格按指令计划凭票定量配售的方式。70年代，全国性凭票供应的商品达77种之多，加上地方性票证，多的地方达到近百种。凭票限量供应大大限制了居民消费选择的空间。

实行改革开放政策以来，随着经济的持续快速发展，消费品供应的不断丰富，国家逐步缩小了消费品定量配给的范围。到1983年，由国家统一限量供应的主要消费品只有粮食和食用植物油两种。1985年国家又取消了长达30多年的农产品统购派购制度，丰富了居民的"米袋子"、"菜篮子"。到80年代末期，在全国范围内基本结束了票证供应制度。现在，随着国民经济的快速增长，已基本消除了长期以来消费品供应短缺的现象，形成了"买方市场"，部分消费品还出现了过剩现象。从商品短缺到"买方市场"的形成，居民消费从限量供应的抑制型消费转为敞开供应的自主型消费，这是中国居民消费方式的根本性变化。

在农村，消费方式的变化还有另一方面特点。旧中国，广大农民生活在狭窄的自给自足的小圈子内，处在生产什么就消费什么的自然经济状态中。中华人民共和国成立以后，这种状况逐步改变，但进度缓慢。直到1978年，农民食品自给性消费仍高达78.6%，燃料自给性消费达69%。随着农村经济体制改革的不断深化，农产品商品率的不断提高，农民消费也从自给、半自给方式逐渐向商品化、市场化方式转化。1978年农民自给性消费比重达59%，到1998年急剧下降为29.3%，20年间下降了近30个百分点。这一巨大变化表明，目前中国农村居民的消费方式，从整体上讲，已开始进入由过去的自给性消费为主向以商品性消费为主转变的新阶段。

四 居民生活内容丰富多彩

旧中国，广大贫苦劳动人民疲于为生活奔波，对精神文化等的消费几乎是一片空白，全国人口中80%以上是文盲。中华人民共和国成立50多年来，文化教育事业得到了前所未有的发展，全国80%以上的县（区）建立了图书馆。到1998年，全国拥有无线广播电台343座，形成了一个卫星、无线、有线等多形式、多层次的广播电视传输覆盖网。广播人口覆盖率达88.21%，电视人口覆盖率达89.01%。文艺创作打破了"文化大革命"时的沉寂局面，空前繁荣起来，一大批思想健康、人民群众喜爱的文艺作品以小说、影视、美术等形式展现在人民的眼前。

各种文化、教育、娱乐事业的迅猛发展，为丰富人民精神生活提供了十分有利的条件。1998年城镇居民人均娱乐、教育、文化服务支出499元，占消费性支出的11.5%，比1978年提高了约6个百分点。1998年农村居民人均文化、教育、娱乐用品及服务支出159元，占生活消费支出比重由1978年的几乎为零提高到1998年的10%。这个比重，自1993年以来已高于农民用于衣着方面的支出比重。适龄儿童入学率由1952年的49.2%提高到1999年的99.1%；每万人口中在校大学生数由3.3人提高到32.8人。进入21世纪以来，大学生数更是急剧增加，2005年全国高等学校在校生超过2 300万，高等教育毛入学率达到21%。居民整体文化素质明显提高。

五 居民医疗卫生条件大为改善

旧中国的医疗卫生条件极差，瘟疫、霍乱、结核、疟疾、麻疹、乙脑等多种流行性恶疾猖獗，缺医少药甚至无医无药的现象比较普遍，人民的生存受到了严重的威胁。中华人民共和国成立56年来，医疗卫生事业发展迅速。卫生机构数由1949年的3 670个增加到2004年的32.6万个，医院、卫生院床位数从8.5万张增加到367.8万张，专业卫生技术人员由50.5万人增加到520.8万人。

2004年，全国共有333个县（市）开展了新型农村合作医疗试点工作，约覆盖1.07亿农村人口，基本形成了遍布城乡、比较健全的医疗卫生保障体系。历史上一些长期危害人民身体健康的疾病得到了有效地控制，有的已基本灭绝。目前中国已经消灭或基本消灭了鼠疫、霍乱、天花、回归热、黑热病等传染病，有效地控制了白喉、麻疹、脊髓灰质炎、流行性斑疹、伤寒、血吸虫病和布鲁氏菌病等多种传染病和寄生虫病的流行，一些目前尚未消灭和控制的疾病，其发病率和死亡率也都显著下降。

人民的平均寿命已从1949年的35岁提高到2004年的72岁左右；人口死亡率从1949年的33‰以上下降到2004年的6.42‰；婴儿死亡率从1949年的约200‰下降到2002年的30‰。居民的身体素质大大增强。20世纪80年代与70年代相比，中国0～7岁儿童各年龄组身高平均提高了1.1厘米，体重增加了0.26公斤。1995年与1979年相比，7～18岁各年龄组城市男性身高增加了1～4厘米，体重增加了2～5公斤；农村男性身高增加了3～7厘米，体重增加了2～7公斤。人民在物质生活逐渐丰富的同时，开始享受健康快乐的人生。

六 社会保障水平明显提高

旧中国，百业凋敝，居民失业现象十分严重。1949年全国城镇就业人数为1 533万人，仅占当时城镇总人口的26.6%，平均每一就业者负担赡养或照顾人数高达3.78人。中华人民共和国成立50多年来，国家通过大力发展经济、广开就业门路等途径，使城镇居民就业水平明显提高。到1998年，全国城镇就业人数达2.07亿人，占城镇总人口的比重上升到54.5%，平均每一就业者负担人赡养或照顾数减为1.85人。城镇居民失业率由1957年的5.9%降为1998年的3.1%。在广大农村，通过落实党的各项农村政策，调整农村产业结构，大力促进乡镇企业和城市第三产业的发展，使一部分农村剩余劳动力逐渐向非农产业转移。居民社会保障工作取得了实质性的进展，初步形成了以养老保险、医疗保险和失业保险为主的社会保险体系。到2004年，全国参加基本养老保险人数达16 342万人，全国参加失业保险人数达10 584万人，全国参加医疗保险人数达12 386万人。到2004年，全国共有2 201万城镇居民得到政府最低生活保障。

截至2003年底，全国城镇共有403万残疾人实现就业，农村共有1 685万残疾人从事生产劳动；259万贫困残疾人得到生活保障；44.2万残疾人在各类福利院、养老院享受集中供养、五保供养（参见本书上卷第六编人民生活与社会保障第480页注①）；246万残疾人得到临时救济、定期补助和专项补助；累计扶持701万贫困残疾人解决基本温饱。

同时，全国领取城市居民最低生活保障金的人数为2 247万人，月人均领取58元；当年全国各级政府财政支出最低生活保障资金156亿元，其中中央政府对中西部困难地区补助92亿元。

随着经济发展，全国各地不断提高城镇居民生活保障线标准。例如，“十五”期间，北京市5次提高了城市居民最低生活保障、职工最低工资、失业保险金、企业退休人员基本养老金的标准，切实保障低收入群体的基本生活。与“九五”期末相比，企业退休人员月人均基本养老金由705元提高到1 086元，职工月最低工资由412元提高到580元，失业保险金由300～385元提高到382～491元，城市居民最低生活保障标准由280元提高到300元。

总之，中华人民共和国成立50多年来，城乡居民的生活发生了历史性的巨大变化，基本实现了两大跨越，居民的收入水平和生活质量明显提高，消费方式发生了深刻变革，精神文化生活大大丰富，生活环境显著改善。这为21世纪人民生活水平跃上更高的台阶打下了坚实的基础。 （胡少维）

第八章 教育 科技 文化

第一节 教育

一 概述

中国是一个历史悠久的国家，早在远古时期，就出现了早期的教育。当时的中国先民已注意总结生产和生活方面的经验，并通过教育使之代代相传。到了4 000多年前，部落领袖舜就已设立了“庠”（类似学校的场所），从事教育工作。尤其是西周（公元前1046～前256），政府主办的官学已有“国学”和“乡学”之分，教学内容为以礼、乐为中心的、文武兼备的礼、乐、射、御、书、数，号称六艺。到了春秋战国时期（公元前770～前221），贵族官学日益没落，私人办学（私学）兴起。孔子（公元前551～前479）倡导“有教无类”，不分贵族与平民，都可入学。他有学生三千，内有贤人七十二，多数为平民出身。后来孟子（约前392～前289）、荀子（约前313～前238）等都办过私学，统称为儒家学派。另有墨家、道家、法家也各成学派，互相辩论，形成百家争鸣的局面。特别是儒家学派，总结了教育思想和经验，先后撰写了《礼记》、《大学》和《中庸》等著作，成为世界上最早的自成体系的教育著作。秦代设“太学博士”，汉代“学校如林”，隋唐实行科举，选拔人才，在中央政府设立了专门的教育领导机构——国子监，宋、元、明、清（1840年前）教育事业都得到发展。总之，在漫长的奴隶制和封建制社会，中国的教育事业一直在发展。

进入近现代，由于帝国主义侵略，中国沦为半殖民地半封建社会。虽然先进人士提出教育图强、教育救国思想，也引进了一些新的教育内容和措施，进行了一些变革；但因帝国主义、封建主义和官僚资本主义三座大山的压迫，教育事业长期处于困境，发展滞后，文盲人口比率很高。

1949年中华人民共和国成立后，尤其是改革开放以来，教育事业得到了迅猛的发展。

二 当代教育的发展

中华人民共和国成立56年来，教育事业不断发展，一个具有相当规模的基本适应社会主义现代化建设需要的教育体系已初步建立起来。到2000年，学龄儿童入学率由新中国成立前的20%左右增加到99.3%；全国总人口文盲率由1949年前的80%以上降到6.72%。50多年来，共为中国社会主义建设输送了约6 000万以上高、中等专业人才和近4亿具有初高中文化水平的劳动者，极大地提高了全民族的科学文化水平，为国家社会主义现代化建设做出了卓越的贡献，为中华民族的全面复兴奠定了坚实的基础。

（一）新中国成立后头17年的教育

新中国成立后的头17年，尽管教育事业的发展受到政治、经济等因素的影响，甚至受到“左”的思潮及政治运动的冲击，但就总体而言，教育工作取得了举世瞩目的成就。教育事业有了较大发展，逐步形成了比较完整的国民教育体系，学前教育、大中小学及成人教育初具规模，全日制教育、业余教育和半工（农）半读教育共同发展。到1965年底，全国全日制高等学校达到434所，比1949年前最高的1947年增长1.1倍，在校生67.4万人，比1947年增长3.3倍。中等学校在校学生达到1 432万人，比1949年前最多的1946年增长了6.9倍。小学在校生11 626.9万人，比1946年增长3.9倍。学龄儿童入学率达到85%。成人高等学校学生达到41万人，成人中等学校学生达到854万人，成人初等学校（包括扫盲班）学生达到2 960万人，还向国外派出大批留学人员。培养造就了一大批国家经济建设的新生骨干力量。新中国成立后的17年，全日制高等学校为国家培养了1.6万名研究生，155万名大学毕业生；中等专业学校培养了295万名毕业生；业余、函授教育培养了20万名大专毕业生，200多万名中专毕业生；农业、职业中学和普通中学共培养了2 000多万劳动后备力量。

（二）“文化大革命”期间的教育

1966～1976年，中国经历了“文化大革命”十年浩劫，教育事业遭到严重破坏。学校教学秩序混乱，长期处于停课状态，各方面专门人才短缺，社会文化素质下降，中国与世界发展的距离被拉大了。

（三）改革开放以来的教育

1978年底实行改革开放以来，随着教育的全方位改革，中国各级各类教育发展迅速，跨上了新台阶。

1. 基本普及九年义务教育和基本扫除青壮年文盲（简称“两基”）

在国家“积极进取，实事求是，分片规划，分类指导，分步实施”的方针指导下，1998年通过“两基”验收的县（市、区）总数达到2 242个，人口覆盖率达到73%。全国小学学龄儿童入学率达到98.93%，初中阶段毛入学率达到87.3%，超过了同期发展中国家的平均水平。中国青壮年文盲率由1978年的18.5%下降到1999年的3%以下。“国家贫困地区义务教育工程（1995～2000年）”，中央财政专款加上地方政府配套资金，投入总量超过100亿元，成为中华人民共和国建立以来，中央级专项资金投入最多、规模最大的义务教育扶贫工程。

2. 中等职业教育发展迅速，高中教育调整了结构

中等职业教育在校生占高中阶段在校生总数的

比例，已由1978年的7.6%提高到1998年的60%。20多年来中等职业教育为国家培养了2 770多万中等实用型人才。高中阶段职业教育发展和普通教育结构进一步优化，2000年普通高中在校生达到1 201万人，中等专业学校和职业中学在校生达到990多万人，高中阶段教育得到了快速持续发展。

3. 成人教育成绩显著

全国已有80%以上的乡镇和40%以上的行政村建立了成人文化技术学校，初步形成了县、乡、村三级农村成人教育培训网络。“八五”以来，有1.8亿职工和近3亿农民接受了各种形式的岗位培训和文化技术教育。同时，全国参加高等教育自学考试的人数累计达2 000多万。20多年来，成人高等学历教育为国家培养本、专科专门人才850万人。

4. 高等教育发展迅速，结构改善

经过连续几年高等院校扩大招生的努力，2005年在校大学生人数达2 300万。1990～2005年间，全国在校研究生由9.3万增加到98万。与此同时，办学效益有了一定程度的提高，初步形成了多种层次、多种形式、学科门类基本齐全的高等教育体系。

改革开放以来，中国共培养研究生和本专科毕业生1 801.15万人。自1978年恢复研究生教育以来，到2003年底，我国累计培养研究生93万名，其中82万名硕士，11万名博士。以面向21世纪重点建设一批大学和学科为宗旨的“211工程”进展顺利。高校已经成为中国科技事业的生力军，全国高校已经建立100个国家重点实验室，27个国家工程（技术）中心，250所高校进入“中国教育科研计算机网”，并同国际互联网连接，开展各级各类科研课题43万项，科技成果转化取得显著的经济和社会效益。特别是涌现了一批以北大方正为代表的新型校办企业，发挥高校在高新技术产业开发方面的智力优势，进一步密切了教育与经济、科技的关系。

5. 学前教育、特殊教育发展迅速

2004年，全国幼儿园在园（班）幼儿2 084.4万人，全国学前三年入园（班）率达40%左右。多种形式的特殊教育正在不断扩大，2004年全国特殊教育学校招生5.1万、在校生37.2万人。

6. 少数民族教育空前发展

迄至1998年，各级各类普通学校中少数民族在校生1 853.22万人。各级政府正在逐步增加少数民族的教育经费，对有特殊困难的少数民族地区采取倾斜政策和措施。教育为加速民族地区经济和社会发展作出了重要贡献。

7. 师范教育得到加强和提高

1995年国务院颁布了《教师资格条例》，实行教师资格证书制度。教师学历合格率逐年提高，小学、初中和高中的教师学历合格率分别由1992年的83%、56%、49%提高到1998年的94.6%、83.4%、63.49%。同时，推行了“百万校长培训计划”，进一步改善学校管理水平。各级党委和政府积极为教师办实事，依法实行教师比照公务员工薪待遇的制度，健全教师内部奖励机制，加强解决民办教师问题的力度。启动“安居工程”，落实教职工住房优先和优惠的政策，为稳定教师队伍创造了条件。1998年，全国城镇教职工平均居住面积达到8.74平方米，比1992年增加了2.5平方米，超过了城镇居民平均住房面积水平。

8. 教育的国际合作与交流不断扩大

近20多年来，中国已经与154个国家和地区建立了教育交流和合作关系，向103个国家和地区派遣了近30万名留学人员。截至2003年底，共有近17.28万名改革开放以后出国的留学人员回国发展。改革开放以来，大批海外留学人员秉承留学报国的光荣传统，潜心苦读，学成归国。目前，留学人员占中国科学院院士的81%，占中国工程院院士的54%，众多大学和科研机构的主要负责人都是留学归国人员。中共十四大以来，留学人员回国总数以每年13%的速度递增，特别是全面实行国家公费出国留学制度改革后，每年国家公派留学归国人数已超过当年派出数。

1978～2003年，中国共接受了62万名外国来华留学生。特别是近10年来，来华留学工作取得前所未有的大发展，来华留学生数量大幅度增加，年均增长速度超过30%，留学生层次也明显提高。2005年，中国出现留学“逆差”，即世界各地来中国留学的外国留学生超过14万，较当年出国留学的中国留学生12万，还多2万人。

第二节 科技

一 概述

作为历史悠久的文明古国，中国有着辉煌的科技发展史。中国古代最著名的造纸术、火药、指南针和印刷术四大发明都是对世界文明的杰出贡献。

春秋（公元前770～前476）战国（公元前475～前221）时期天文历法的形成，战国时期指南工具——“司南”的制成，汉代（前206～公元220）的造纸、天文观测和地动检测技术，三国、晋、南北朝（220～589）时期的圆周率计算，唐朝（618～907）的农耕技术和源于炼丹术的火药的制作，宋代（960～1279）雕版和活字印刷术的出现，宋至明时期（960～1644）的纺织技术，都为人类文明的发展起到了积极的推动作用，并成为东亚地区科技文明发展的源泉。直到唐宋时代中国的科学技术一直居于当时世界的领先地位。

明代以后，中国同西方国家之间也曾开展了一定程度的科技交流，这种交流不仅将中国的科技成就介绍到了西方，也将西方的一些科技成果带到了中国，为中国古老的科技文化注入了新的活力。涌现出一批学贯中西的科学家以及高水平的学术著作，如《同文算指》《天工开物》《本草纲目》等。

从17世纪开始，英国率先推行工业革命，西方科学技术迅猛发展，并逐渐向全球传播开来。然而当时的中国，从18世纪20年代起，由于封建王朝实行闭关锁国政策，清王朝以泱泱大国自居，拒绝引进外来文化和科学技术，从乾隆中期到鸦片战争爆发的七八十年中，几乎断绝了同海外的科技交流，使得中国的科学技术日益落伍。

近现代由于帝国主义的侵略，中国沦为半殖民地半封建社会。虽然西方现代科技传入，但因政治经济体制的桎梏，科技事业的发展处于困境，发展滞后。

1949年中华人民共和国成立以后，尤其是改革开放27年来，中国的科技事业得到迅猛发展。在许多重大科技项目上再次居于世界的前列。

二 当代科技发展历程

（一）新中国成立后17年的发展

1949年，中华人民共和国刚成立时，现代科学技术水平很低，专门研究机构仅有30多个，科学技术人员不超过5万人，其中专门从事自然科学研究的人员不超过500人。随着经济的恢复和发展，国家建设对科技事业发展提出了迫切要求。中国共产党和人民政府对科技事业高度关注，充分发挥社会主义制度集中力量办大事的优势，制订了一系列科学技术发展规划，全面部署中国的科技发展。

1956年，中国制定了《1956～1967年全国科学技术发展规划》。这是中国科学技术史上的一件大事。它使中国得以迅速建立和发展了原子能、电子学、半导体、自动化、计算技术、喷气和火箭技术等新兴学科领域。到“文化大革命”前的1965年，中国科技事业已经取得显著进步，与发达国家间的差距正在逐步缩小。

在较短的时期里，中国初步建立起了由中国科学院、高等院校、产业部门、地方科研机构等4个方面组成的科技体系。1965年，全国科学研究机构已达到1 700多个。中科院1949年建院的时候，只有20个研究所、300多名研究人员；到1956年发展到44个研究所、2 500多名研究人员；到1965年发展到106个研究所、2.4万多名研究人员，基本上形成了学科比较齐全的自然科学综合研究中心。

新中国的成立，使侨居海外的科学家和留学生群情激奋，他们强烈希望报效祖国，为新中国的建设事业贡献自己的一份力量。到1957年春，归国人数达到3 000人左右，约占新中国成立前在外留学生、学者总数的50%以上。他们为发展新中国的科学、技术、教育、文化、经济和国防建设等事业做出了重大的贡献，成为中国尖端科技领域和薄弱空白学科的开拓者。

同时，中央人民政府把培养科学技术人才作为文化教育战线头等重要的任务，努力改变教育事业落后、科技人才严重匮乏的状况。如开办工农速成中学、发展业余教育、挑选干部进入高等院校深造、选派学生出国留学等等，取得了巨大效果。到1965年底，全国自然科学技术人员已达245万人，专门从事科学研究的人员达到12万人。

中国人民自力更生，勇攀科技高峰。农业方面，初步完成了全国耕地土壤普查，选育和推广了大量稻、麦、棉、玉米等主要作物的优良新品种，掌握了主要病、虫、疫的发生规律及控制防治方法，使农业生产得以较快恢复和发展。工业方面，初步掌握了冶金、纺织、石油、化工、机械制造、水利水电、交通运输等主要产业的生产和建设技术，能够依靠自己的力量设计建设某些大型工厂，甚至开始出口一些技术或成套设备；医药卫生方面，控制和消灭了多种恶性流行病，具备了生产常用合成药物的技术能力，在断肢再植、烧伤治疗等领域达到国际水平，人民群众的健康得到了有效保障。

在高技术和基础研究方面，取得了一系列令世界震惊的重大成果。1964年10月，中国成功地爆炸了第一颗原子弹，表明中国自行制造的各种材料、燃料、仪器、设备都达到了较高水平；1965年9月，中国人工合成牛胰岛素成功，这是世界上第一个人工合成的蛋白质；1966年，中国导弹核武器试验成功。

（二）"文化大革命"期间科技事业受到挫折

正当中国科学技术事业发展突飞猛进的时候，1966年"文化大革命"劫难开始，科技战线更是首当其冲成为"重灾区"。在极端困难的条件下，科技工作者怀着高度的爱国激情和民族责任心，仍然利用一切可能的机会开展科学研究，并且取得了人造地球卫星发射、氢弹爆炸试验、籼型杂交水稻选育、哥德巴赫猜想证明等具有世界先进水平的重大成果，但整体科技实力呈不断下降局面。

（三）改革开放以来科技事业取得迅猛发展

1978年3月，全国科学大会在北京隆重举行。这次大会，是中国科学技术事业的一座不朽丰碑，它标志着中国科学技术事业由乱到治、由衰到兴，开始进入一个崭新的发展阶段。

1978年底，中共十一届三中全会召开，标志中国改革开放的新的历史时期开始，政治、经济、科技等各方面呈现新局面。20多年来，先进科技成果硕果累累，基础科学研究和应用科学研究均得到迅速发展。

中国自行研制的"神舟"号载人飞船的成功发射，标志着中国航空航天技术取得了新的突破。水稻基因图谱的绘制、体细胞克隆羊的诞生、转基因试管牛的问世等标志着中国生物技术总体水平正在接近发达国家。高清晰度电视、"神威"计算机、6 000米自制水下机器人的研制成功、皮肤干细胞再生技术、纳米技术等重大成就的取得，使中国在相应的领域内进入世界先进行列。

1978～2005年的27年间，中国科技改革与发展事业蒸蒸日上，科技实力不断增强，对整个国民经济和社会发展的影响日趋广泛和深入，为实施"科教兴国"战略、迎接新世纪的严峻挑战奠定了坚实的理论和物质基础。

2006年1月9～10日，新世纪首次全国科技大会在北京举行。这次会议的中心议题，是加强自主创新、建设创新型国家，为经济和社会的发展提供强有力的科技支撑。胡锦涛主席在会上发表重要讲话指出："建设创新型国家，核心就是把增强自主创新能力作为发展科学技术的战略基点，走出中国特色自主创新道路，推动科学技术的跨越式发展；就是把增强自主创新能力作为调整产业结构、转变增长方式的中心环节，建设资源节约型、环境良好型社会，推动国民经济又快又好发展；就是把增强自主创新能力作为国家战略，贯穿到现代化建设各个方面，激发全民族创新精神，培养高水平创新人才，形成有利于自主创新的体制机制，大力推进理论创新、制度创新、科技创新，不断巩固和发展中国特色社会主义伟大事业。"

三 科技能力全面增强

（一）科技人力资源方面

到21世纪初，我国已有科学院、工程院两院院士1 304人，有突出贡献中青年专家5 206人，享受政府特殊津贴专家14.5万人，全国国有企事业单位具有高级专业技术职务人员192万人。高层次专业技术人才队伍和后备队伍已覆盖了经济社会发展的各个领域、各个方面。

（二）科技机构建设方面

1997年底全国自然科学和技术领域的研究开发机构达5 110家。高等学校成为科技事业的一支重要力量，1997年全国各类高校投入（研究与开发活动R&D）活动的人员达14万人/年。工矿企业的科技实力明显增强，1997年大中型工业企业的技术开发人员达到147万人。为提高科技实力和水平，国家陆续组建了一批工程技术中心和重点实验室，大大改善了基础研究、高技术研究的环境和条件。

（三）科技投入总量方面

1978年全国财政科技投入仅为52.89亿元，到1997年这一数额已增加到408亿元，全社会科技经费投入总量达到1 063亿元，年增幅都在10%以上。近年来，中国在研发上的支出以每年10%～15%的速度增加。经济合作发展组织（OECD）统计数据显示，2001年中国用于研发的支出高居全球第三，仅次于美国和日本，超过德国。近年来，中国在研发上的支出以每年10%～20%的速率增长。1978年全国财政科技投入仅为52.89亿元。2004年国家财政科技投入达1 095.3亿元，比上年增长16%，占国家财政支出的比重为3.8%。2005年国家财政科技投入达1 334.9亿元，比上年增长21.9%，占国家财政支出的比重为3.9%。2004年全社会科学研究与发展（R&D）经费总支出为1 966.3亿元，比上年增长27.7%，与当年国内生产总值之比为1.23%。2005年该项经费总支出为2 450亿元，比上年增长24.6%；与当年国内生产总值之比为1.34%。

（四）科研成就方面

改革开放27年来共取得重大科技成果40多万项，是改革前30年总和的20多倍，创造经济效益达4 000亿元。建成了正负电子对撞机、同步辐射加速器、重离子加速器、卫星遥感地面站等多项大型基础研究设施。以《863计划》为代表的第二次高科技战役再创辉煌，共取得研究成果近千项。基础研究在国际上产生一定影响。在一些特定的研究领域，我们再一次接近或达到了世界先进水平。

四 为国民经济发展提供了关键性支撑

在面向经济建设主战场中，科技战线做出了重大贡献，提供了一大批关键技术。

（一）在农业和农村经济方面

杂交水稻、紧凑型玉米、地膜覆盖、小麦精播、水稻旱育稀植、配方施肥、ABT植物调节剂、节水灌溉等一大批先进实用技术的研究开发和推广应用，使农业生产能力发生了质的飞跃。农业科技贡献率由1978年前的不到20%提高到40%以上。1986年开始实施的《星火计划》，推动大批科技人员走向农村，引导广大农民进入市场，累计实现产值3 000多亿元，探索了一条科技与经济结合的成功之路，为发展农村经济作出了重要贡献。

（二）在工业方面

通过连续组织“六五”、“七五”、“八五”科技攻关，解决了一大批关键、重大技术难题，结合国外先进技术的引进、消化、吸收、创新，整体工业技术水平有了显著的提高，与世界先进水平的差距逐步缩小。在大多数工业产品中，大宗机械、电子产品中，具有国际先进水平的占到30%，大部分工艺、装备得到更新改造。在出口产品中，工业制成品，特别是成套机械和电子产品及其他高新技术产品的比重逐年增加。千万吨级大型露天矿、大型火电、宝钢二期工程及大秦重载铁路等重大成套设备研制成功，标志着中国重大技术装备国产化工作取得突出进展。中国工业拉开了依靠科技进步实现跨越发展的序幕。在国家《火炬计划》这面旗帜的带动下，经过社会各方面的共同努力，中国高新技术产业已经步入发展的快车道。

1991～2003年，中国高新技术产业的工业产值从3 000亿元左右增加到2.75万亿元左右，超过同期工业年均增长速度，成为中国经济发展中最有活力的部分。高新技术产业在国民经济构成中所占比例显著提高，高新技术产业产值占工业总产值的比重已提高到21.4%，高新技术产业促进我国产业结构调整的作用日益凸现。高新技术产业的不断壮大，提高了中国产品的国际竞争力。1991年中国高新技术产品出口额不到30亿美元。2005年，高新技术产品出口提高到2 183亿美元，为1991年的73倍。2005年，高新技术产品出口占外留出口总额的比重达到28.6%的历史新高。高新技术产业成为推动国家和区域经济发展最富有活力的增长点，并对传统产业的改造起到了良好的示范与带动作用。

（三）“科教兴国”战略的新成就

面对新的国际国内发展趋势，中共中央高瞻远瞩，制定了“科教兴国”这一面向21世纪、关系中华民族前途和命运的伟大战略。1995年5月，中共中央、国务院发布《关于加速科学技术进步的决定》，动员全党全社会实施科教兴国战略，加速全社会科技进步。在1995年5月中共中央、国务院召开的全国科学技术大会上，江泽民同志明确提出，要全面落实科学技术是第一生产力的思想，向全党、全国人民发出了实施科教兴国战略的号召，奠定了中国科技事业发展新的里程碑。

几年来，科教兴国战略的实施对于中国经济和社会发展产生了极其广泛而深刻的影响。全社会科技意识进一步增强，科技投入普遍增加，知识分子地位得到提高，以科技为支柱的新兴产业相继崛起。广大农民对科学技术表现出强烈的渴求，目前科技进步对中国农业增长的贡献率已达到40%以上。计算机辅助设计（CAD）、计算机集成制造系统（CIMS）等先进技术的开发与推广应用，使中国机械、制造、电子、服装等传统产业焕发了生机与活力。0.8微米集成电路芯片、6 000米水下机器人、两系法杂交水稻等一系列重大科研成果，标志着中国科学技术水平新的发展和提高。

2006年6月，美国出版的《亚洲数学期刊》以专刊的方式，刊载了广东中山大学朱熹平教授和旅美数学家曹怀东的题为《庞加莱猜想暨几何化猜想的完全证明：汉密尔顿—佩雷尔曼理论的应用》的论文。论文是在美、俄等国科学家工作的基础上，完成了国际数学界关注上百年的重大难题——庞加莱猜想的破解。著名数学家丘成桐指出，这一证明意义重大，将有助于人类更好地研究三维空间，对物理学和工程学都将产生深远的影响。（庞加莱猜想即指：任何一个封闭的三维空间，只要它里面所有封闭曲线都可以收缩成一点，这个空间就一定是一个三维圆球。它是法国数学家庞加莱于1904年提出的。庞加莱猜想和黎曼假设、霍奇猜想、杨米尔理论等一样，被并列为七大数学世纪难题之一。）

五　科技体制改革成效显著

1978年以来，中国科技事业是围绕“科学技术面向经济建设、经济建设依靠科学技术”这一改革主题而展开的。

经过几年的探索和试点阶段后，影响广泛的科技体制改革在20世纪80年代中期全面展开。1985年发布的《中共中央关于科学技术体制改革的决定》，揭开了全面改革科技体制的序幕，其目的就是为了解放科技生产力，实现科技与经济的密切结合。主要内容包括：在运行机制方面改革拨款制度，开拓技术市场，运用经济杠杆和市场调节功能，促进科研机构形成自我发展能力和为经济建设服务的活力；在组织结构方面加强企业技术应用与开发能力，促进产学研的协作与联合；在人事制度方面鼓励人才合理流动，等等。

科技体制改革开创了科技作为第一生产力大发展的新局面。其主要成效表现为：

（一）市场机制在科技资源配置和科技运行中发挥出基础性作用

技术市场成为重要的生产要素市场，1997年全国技术市场成交额达350多亿元，比1988年增长了5倍多，年平均增长9%以上。技术开发类机构和科技服务机构来自市场的研究开发课题比例达80%，市场收入占其总收入的比例超过90%。

（二）大批科研机构和科技人员致力于科技成果转化和高新技术产业化

全国1 000多万科技人员中，有500多万进入经济建设主战场。数十万科技人员利用业余时间从事兼职活动。主要由科技人员按照自筹资金、自愿结合、自主经营、自负盈亏原则创办的非全民所有制民办科技机构，1997年已发展到6万多家，从业人员达300多万人，全年总产值5 000多亿元，在扩散技术成果、加速技术成果商品化和推进高新技术产业发展等方面发挥了重要作用。

（三）科技系统结构调整、人才分流工作取得进展

全国有500多家技术开发类科研机构进入企业或企业集团。科研机构与企业结成的科技生产经营联合体1万多个。科研机构创办的独资、合资技术经济实体发展到4 000多个。建立了促进科技成果工程化、配套化的工程（技术）研究中心1 500多个，为中小企业服务的生产力促进中心110多个。企业科技力量显著增强，1997年企业科技活动人员已达到178万人，占全国科技活动人员比例超过62%。

（四）科研机构微观运行机制全面改观

全国科研机构普遍实行了院所长负责制，全员合同制，初步形成了“开发、流动、竞争、协作”的新机制。一批国家和部门重点科研机构进一步推行了岗位聘任制，按需设岗，竞争上岗。分配制度改革破除了平均主义和“大锅饭”，绝大部分科研机构实行了收入与绩效挂钩和多元化的分配方式，拉开分配档次，在努力提高科技人员总体水平的同时，向业务骨干人员重点倾斜。

六　科技法律、法规体系不断完善

1993年，全国人大常委会审议通过了《中华人民共和国科学技术进步法》。以《科技进步法》为核心，中国先后制定了《专利法》、《技术合同法》、《促进科技成果转化法》、《农业技术推广法》、《防震减灾法》等一系列法律以及行政法规和部门规章。在国家立法的推动下，地方科技立法工作也取得了很大进展，到1997年有立法权的地方人大已制定了150多部科技法规，初步建立了完整的科技法律体系，推动科技事业逐步走上法治的轨道。

第三节　文化

中国是世界四大文明古国之一。中国创造了以汉文化为主流、多民族文化交相辉映的灿烂文化，为人类的文明进步作出了卓越的贡献。

一　中国的思想文化

中国的思想文化具有历史悠久和内容丰富的特点。从远古时候起，人们就在思考人与宇宙的关系，即所谓“究天人之际”，从而逐渐总结出“天人合一”的思想，辨证地表述了人与自然的关系。先秦出现的百花齐放、百家争鸣，是中国思想发展史上的重要里程碑。

汉代以后，儒家的思想占统治地位，一整套的治国理念和伦理道德思想由此逐渐完善，成为中国封建社会的主导思想。佛教自两汉之交传入中国，改变了中国思想界的状况，丰富了中国思想宝库。唐代，形成儒、佛、道并存的局面，而以儒家思想为主体，以佛、道思想为两翼。此后，许多帝王实际上尊奉着“以儒治国，以佛道治心”的原则，增强了统治力度，也在客观上起到增加中华民族凝聚力的作用。

中国历史上思想家辈出，从孔夫子到孙中山，无数思想家为中国思想文化的丰富和提高做出了不可磨灭的贡献。中国古代的思想文化对世界，尤其对东亚地区产生了深刻影响。

清代晚期，中国的仁人志士开始接受西方的思想。以1919年“五四运动”为标志的中国新文化运动使中国人接受了马克思主义。从此，中国思想文化发生了巨大变化，毛泽东思想、邓小平理论、“三个代表”重要思想相继诞生。

二　中国的制度文化

中国古代的制度文化自成体系，独具特色。从商周以后，中国开始步入封建社会，最初实行“分封制”，到秦始皇开始实行“郡县制”，为中国封建社会的中央集权制奠定了基础。从汉代以后，中国封建社会的政治制度逐渐完善。与中央集权的政治制度相一致，中国古代还有完整的法律制度、礼仪典章制度、教育制度、人才选拔任用制度等。其中，以“科举制”闻名于世界的人才培养和选拔制度尤其严密精细，为世界所惊奇和赞叹。

1949年以后，中国实行社会主义制度，特别是1979年中国实行改革开放以后，中国走上了具有中国特色的社会主义道路，民主与法制建设不断完善。

三　中国的民族民俗文化

中国自古民族众多。特别是经过魏晋南北朝、五代十国、元、清等几次大规模的民族整合以后，奠定了中国文化多元统一的格局。在这一格局下，中国的民族民俗文化得到保持和发扬。无论在婚丧嫁娶、生老病死等人生礼仪层面，还是在衣食住行、岁时节日等日常生活层面，以及民间信仰、民间文艺等精神层面，中国各民族都有各具特色的民俗创造，形成了各自的悠久传统。

1949年中华人民共和国成立以后，由于各级政府注重民族民俗文化的发掘、整理和保护，中国的民族民俗文化得到进一步的发扬。改革开放以后，由于世界经济全球化的影响，西方文化和市场经济的不断冲击，以及现实生活的不断改变和提高，传统与现代的矛盾日益突出。在社会进步的同时，如何保持民族民俗文化的传统，使之适应现代化的进程是中国民族民俗文化面临的重大课题。

四　中国的文学艺术

中国的文学艺术有着悠久的历史和非凡的成就。远古的生民在生产劳动之余不断追求美的享受，发挥着无限的想象力和创造力。

中华民族是酷爱文学的民族。远古时期就创造了文字，此后经过不断的发展和创新，成为独特的汉字，也成为文学创作的优美载体。文字文学和口头文学并驾齐驱，促成了中国文学的优良传统。最早的诗歌总集《诗经》开启了中国诗歌创作的先河，从此，中国的诗歌创作从未间断，唐代出现高峰。中国的散文从先秦开始，至唐宋时期形成高潮。中国的小说和戏剧创作起步虽晚，但也都在元明清三代形成高峰。中华人民共和国成立以后，中国文学继续发展，不断推陈出新。

中国的文学创作开始很早，可以追溯到公元前7世纪以前。中国最早的诗歌总集《诗经》记录了上古人的生活、劳动、爱情等真实场景。《诗经》为中国诗歌的优秀传统奠定了牢固的基础，它和后来的楚辞、汉赋、魏晋南北朝古诗、唐诗、宋词、元曲等等一起，形成了一条连绵不断、绚丽多彩的诗歌长河。

屈原（约前340～前278）是中国早期最伟大的诗人，他的代表作《离骚》《九歌》《九章》和《天问》等是楚辞中最瑰丽的篇章。中国诗歌在唐代形成了一个巍然耸立的高峰，站在这个高峰上的有李白（701～762）、杜甫（712～770）、白居易（772～846）等一大批诗歌巨匠。与宋词和元曲联系在一起的中国文学大师有苏轼（1036～1101）、辛弃疾（1140～1207）、关汉卿（约1220～约1300）等一大批文苑明星。

中国小说产生的时间相对要迟一些，但历史仍然是悠久的。到明清时代，中国的优秀长篇小说陆续出现，举世闻名的有“四大名著”：《水浒传》《三国演义》《西游记》和《红楼梦》。

中国的散文、戏剧文学历史也很悠久。在散文方面，最值得称道的是古典散文的典范“唐宋八大家”的作品；在戏剧方面，最值得称道的是元明清三代的大戏剧家关汉卿、王实甫（13世纪）、汤显祖（1550～1617）和孔尚任（1648～1718）及其代表作《窦娥冤》《西厢记》《临川四梦》和《桃花扇》。

从19世纪末开始，直到1949年中华人民共和国建立，出现了一批重要作家和作品，如鲁迅的小说《狂人日记》《呐喊》及杂文，郭沫若（1892～1978）的诗歌《女神》和剧本《屈原》，茅盾（1896～1981）的小说《子夜》 《春蚕》，老舍（1899～1966）的小说《骆驼祥子》《四世同堂》，巴金（1904～2005）的小说《家》《春》《秋》，丁玲（1904～1986）的小说《太阳照在桑干河上》，赵树理（1906～1970）的小说《小二黑结婚》，周立波（1908～1979）的小说《暴风骤雨》，曹禺（1910～1996）的剧本《雷雨》和《日出》。

新中国成立以后，除在世老作家继续写作，成果颇丰外，还在不同时期涌现出一批又一批新作家和新作品。

中国艺术的源头也可以追溯到远古时代。无论是岩画还是陶器等，都体现了中国先民的审美追求。中国古代的建筑、雕刻、绘画、音乐、舞蹈等，都取得了令世人瞩目的成就。同时对东亚地区各国的艺术产生了巨大影响。中华人民共和国成立后，艺术更得到长足的发展。如今，中国艺术在发扬传统的同时，也融会世界各民族艺术的精华，在世界艺坛占有重要的一席之地。

新中国成立后的17年里，文化艺术工作者以澎湃的激情拥抱新中国文化、以丰富的想象力去创造新中国文化。诗歌、长篇小说、其他文学体裁如短篇小说、散文等，佳作名篇琳琅满目，电影创作生机勃勃。从1958年第一部电视剧《一口菜饼子》问世，电视剧创作也开始起步，17年里共播出电视剧74部集。话剧也进入了它的黄金时期。

随着新中国大规模经济建设的开展，艺术院团、艺术院校的团址、校址及排演场、影剧院等一大批文化设施在全国各地纷然涌起。17年里，农村文化设施建设发展迅速，到1965年，全国已有县级文化馆2 598个，城乡影剧院2 943个，县以上公共图书馆562个，群众艺术馆62个，乡镇文化站2125个。群众文化和少数民族文化活动蓬勃开展，乌兰牧骑迄今仍是文艺为农牧民服务的旗帜与象征。艺术教育、图书馆、文物保护以及新闻出版等工作都取得了令世人瞩目的成就。

1966～1976年“文化大革命”中，文化艺术事业受到重创。

“十年动乱”结束，文化事业春回大地。特别是中共十一届三中全会召开，文化事业不仅得以复苏，而且在“文化大革命”前17年的基础上又有重大开拓，走上改革、发展、繁荣之路。

艺术舞台重现生机，大放光彩。话剧始终挺立在时代潮头。从1987年开始，先后成功地举办了五届“中国艺术节”，集中展示舞台艺术成果，鼓励广大群众参与，从而成为艺术的盛会，人民的节日。美术创作以现实主义为主流，并探索其他流派的创作道路，国画、油画、雕塑等方面均有显著的成就。文学在新时期仍是敏锐而且充满激情的歌手。从90年代开始，长篇小说创作层出不穷，中短篇小说更加丰富，呈现出题材广泛、风格多样的态势。电影优秀作品也是云蒸霞蔚，在内容与形式上有很大的突破。电视剧后来居上，蔚为大观。1998年共生产电视剧650部、9 327集。电视文艺精彩纷呈，尤其是每年的春节电视晚会，是全国老百姓的“文化年饭”。中国现有音像出版单位300多家，每年发行音像制品近2亿盘。

一大批图书精品相继推出，74卷《中国大百科全书》，60卷《中国美术全集》，重印大型佛教典籍《中华大藏经》，323卷《世界文学名著》，由中国学者撰著、中英合作出版的英文版《中国概况·关于新中国的全面的权威的工具书》（INFORMATION CHINA The Comprehensive and Authoritative Reference Source of New China 中文版书名为《简明中国百科全书》）和150卷的《当代中国丛书》等浩大的出版工程宣告竣工，标志着中国出版的新水平。电子出版物作为后起之秀，已经崭露头角。中国现拥有公开发行的报纸2 000多种，公开发行的期刊近8 000种，出版社500多家，每年出书10余万种。

群众文化生活质量普遍提高。到1998年，全国群众文化事业机构总数达45 834个，其中群众艺术馆有386个，文化馆2 901个，文化站有4.3万个。覆盖全国的群众文化网络、星罗棋布的文化阵地，为群众广泛参与文化活动提供了广阔的舞台。各种行业文化、社区文化形式，如集镇文化、企业文化、军营文化、校园文化、广场文化、家庭文化、节庆文化等，极大地丰富了群众的文化生活。

少数民族文化事业成绩斐然。到1998年，少数民族地方拥有专业艺术表演团体534个，剧场、剧院194个，图书馆661个，群众艺术馆、文化馆761个，文化站7 318个，博物馆155所。

少儿文化获得飞跃发展。由文化部等8部委自1992年起实施的《蒲公英计划》，第一周期即前4年，就生产少儿故事片50部，美术片76部，广播剧285部，电视动画片67部，图书15万种，报刊250种。前6年共建成示范性农村儿童文化园41座。全国现有儿童业余文化场所1 319座，儿童业余艺术团1 624个，少儿图书馆202座，其他种类儿童阅览室7 530个。100个少儿艺术团走出国门，成为新中国的文化小使者。

20世纪50年代初，全国公共图书馆仅55所。经过50多年建设，特别是改革开放后的迅速发展，截至1998年，全国县以上公共图书馆有2 731所，分别是1949年和1978年的近50倍和2.2倍。馆舍总面积493万平方米，总藏书量3.85亿册(件)。仅1998年就为读者举办各种活动37 067次，总流通量1.71亿人次，外借书刊1.57亿册次。全国80%以上的县（区）建立了图书馆。

中华民族优秀文化遗产保护成效显著。新中国成立以来，文物考古、博物馆、古建维修和科技保护等工作得到党和政府的高度重视，人民群众保护文物的意识普遍增强。1982年，中国第一部文化法律《文物保护法》颁布。90年代，党中央、国务院先后制定了“保护为主，抢救第一”的方针和“有效保护，合理利用，加强管理”的原则。1949年全国只有博物馆21所，1978年增至349所。改革开放后，博物馆事业发展迅速，至1998年末，全国博物馆达近2 000所，每年举办展览5 000个以上，观众达1亿多人次。

对外文化交流日益活跃。20多年里共派出政府文化代表团和文化官员代表团230余起，接待来自世界各国的政府文化代表团和文化官员代表团400余起。与中国签订文化合作协定的国家达140个。在政府文化合作协定基础上，中国与外国签订的文化交流执行计划420多个。中国现与160个国家和地区有不同形式的文化往来，与数千个外国和国际组织保持着各种联系。1998年，经文化部办理的文艺类交流项目达2 152起，20 791人次。

五　语言文字

(一) 汉语

汉语是世界是最古老、最为丰富发达的语言之一，使用人数最多。有的语言学家推测，汉语至少有1万年以上的历史。汉语是中国各民族的通用语言，也是世界五大通用语言（汉、英、法、西、俄）之一。

在语言谱系上，汉语属汉藏语系。由于使用人口众多，分布地域辽阔，方言差异较大，有些方言之间难以交流。主要方言有北方话、吴语、湘语、赣语、客家话、闽北话、闽南话和粤语。现代汉民族的共同语是以北京语音为标准音、以北方话为基础方言、以典范的现代白话文著作为语法规范的普通话。

汉文源远流长，早在新石器仰韶文化时代，已出现一些刻画在陶器上的符号。学术界普遍认为，陶器上的刻画符号，可以肯定地说就是中国文字的起源。仰韶文化距今6 000多年，则汉字至少也有6 000年的历史。

从文字的形体和类型来看，汉文属音节文字和表意文字，与西方民族的拼音文字不同。汉字读音古今有所不同，但意义一样，因而用汉字写文章可以通古今，通四方，这是拼音文字所不能代替的。

(二) 少数民族语言文字

1. 语言

在当代中国55个少数民族中，除回族没有自己的语言外，其余54个民族历史上都有自己的民族语言。全国各少数民族语言分属5个语系：汉藏语系、阿尔泰语系、南亚语系、印欧语系和南岛语系。属汉藏语系的民族语言有：壮语、布依语、傣语、侗语、仫佬语、水语、毛南语、拉珈语、黎语、藏语、嘉戎语、门巴语、彝语、傈僳语、纳西语、哈尼语、拉祜语、基诺语、白语、景颇语、独龙语、羌语、普米语、珞巴语、怒语、阿昌语、载佤语、苗语、畲语、瑶语、布努语、土家语和仡佬语等。属阿尔泰语系的民族语言有：维吾尔语、哈萨克语、柯尔克孜语、塔塔尔语、乌孜别克语、裕固语、撒拉语、蒙古语、图瓦语、土族语、东乡语、达斡尔语、保安语、满语、锡伯语、赫哲语、鄂伦春语和鄂温克语。属南亚语系的民族语言有：佤语、德昂语和布朗语。属南岛语系的有高山族语言。属印欧语系的民族语言有：塔吉克语和俄语。朝鲜语和京语的系属未定。

有些民族虽然历史上有过自己的语言，由于与汉民族杂居或受主体民族的影响，普遍使用汉语，如满族、畲族、土家族等。大多数民族除了使用本民族语言外，还使用汉语作为共同交际的语言。另有一些民族由于杂居于各少数民族之间，因而掌握多种语言，例如，新疆的锡伯族，除了掌握自己的母语外，一般都通维吾尔语、哈萨克语和汉语。新疆北部的操图瓦语的蒙古族，由于与哈萨克和操蒙古语的人接触频繁，所以他们还熟练掌握蒙古语和哈萨克语。

2. 文字

在当代中国56个民族中，只有部分民族有自己的文字，不少民族没有自己的文字，而有些民族往往同时使用两种或两种以上的文字。例如，蒙古族使用两种蒙文，傣族各地区分别使用4种傣文。20世纪50年代前流传的少数民族文字有21个民族的28种文字：藏文、维吾尔文、蒙古文（2种）、傣文（4种）、朝鲜文、满文、彝文（2种）、哈萨克文、锡伯文、景颇文、苗族的伯格理文（用于传教）、纳西族的东巴文和哥巴文（多用于宗教）、老傈僳文（用于宗教）、拉祜文、柯尔克孜文、塔塔尔文、乌孜别克文、俄罗斯文、方块壮字、方块白文和水族的水书。其中沿用至今的有藏文、蒙古文（2种）、维吾尔文、哈萨克文、柯尔克孜文、朝鲜文、锡伯文、彝文（2种）、傣文（4种）、景颇文、拉祜文、俄罗斯文共12个民族的17种文字。老傈僳文、苗族的伯格理文和方块壮字仅在局部地区使用。回族、满族等一般通用汉文。

根据文字的形体和字母类型等，中国少数民族的文字可分为象形文字、音节文字和拼音文字三类。象形文字主要有纳西族的东巴文和水族的水书；音节文字主要有彝文、纳西族的哥巴文、方块壮字、方块白文；拼音文字可分为古印度字母（藏文、傣文4种）、回鹘字母（蒙古文、锡伯文、满文）、阿拉伯字母（维吾尔文、哈萨克文、柯尔克孜文、乌孜别克文、塔塔尔文）、拉丁字母（景颇文、拉祜文、傈僳文）、朝鲜文字母（朝鲜文）、斯拉夫字母（俄罗斯文）、独创字母（伯格理苗文）

（胡少维）

第九章 哲学社会科学

第一节 古代、近代和现代哲学社会科学发展

一 哲学

中华民族是一个富于哲学思维的民族，在上下五千年的历史长河中，创造了丰富灿烂的文化，形成了人类文明史上独具特色的哲学思维，为人类文明的发展和历史的进步做出了巨大的贡献。

早在殷周时期，中国就出现了理论思维的萌芽。春秋战国时期，哲学领域出现了百家争鸣的局面。当时哲学争论的中心是天道观问题，受上古宗教迷信思想的影响，唯心主义者把天作为自然和人类的主宰，认为天是像人那样的神灵。与此相对立，也有不少学者用“气”来解释天，否认天有神秘的超自然的作用。《老子》把道作为天地万物的起源，否认了有意志的人格天的存在。孔子的“天”构成了从有意志的人格天向自然之天过渡的一个环节。墨子否认天命，却仍然承认天有意志。《管子》以“气”为天地万物的本原。孟子主张天人合一，荀子则强调天人之分，认为天人具有不同的职能，并提出了“制天命而用之”和“形具而神生”的光辉命题，对先秦哲学进行了总结。

两汉时期，天人关系问题进一步演化为宇宙论问题。董仲舒提出了“天人感应”和“君权神授”的说法，认为人世间的一切都是由上天安排的。王

充则认为，天只是由元气构成的物质实体，“天道自然”没有意志，任何事物的形成和发展都是自然而然的现象。这一时期，黄老道家和《淮南子》也提出了不少合理的思想，在汉初得到统治者的采纳，对于形成汉初稳定和繁荣的局面起了很大的作用。

魏晋南北朝时期的哲学主要围绕着“有”、“无”、“本”、“末”和“神灭”与“神不灭”问题进行争论。何晏、王弼扬弃了两汉时期粗陋的神秘主义神学论，通过对《老子》《庄子》和《周易》的解释，提出了“本”、“末”、“有”、“无”等范畴，探讨宇宙万物的本体论问题。王弼提出“贵无”的理论，认为“无”比“有”更为根本，“无”是宇宙万物的本体，裴頠则提出了“崇有”的观点，认为“有”只能从“有”中产生纯粹的“无”不能产生任何东西。郭象综合两家的观点，提出了“独化”的理论。

佛教从汉代开始传入中国，魏晋时期经过短暂的与玄学相结合的格义阶段，开始走向独立发展的道路，形成了六家不同的流派。佛教宣扬灵魂不灭、生死轮回和因果报应等观点，当时受到了无神论者的批判，范缜提出了形神相须、形质神用的观点，指出精神只是作用，不是实体，比较彻底地批判了佛教的神不灭论。

隋唐时期，佛教进入鼎盛阶段，出现了天台、唯识、华严等不同宗派，形成了中国化的佛教派别。儒道佛三教鼎立，相互斗争。儒学在对佛教的斗争中，出现了韩愈、李翱的道统论哲学，力图恢复儒家哲学在意识形态中的统治地位。柳宗元、刘禹锡又与韩愈在天人关系上展开了论战。韩愈提倡天命论。柳宗元和刘禹锡都恢复了天的自然性质，强调天、人的区别。刘禹锡提出了“天人交相胜、还相用”的命题，标志着中国哲学对于天人关系的认识达到了新的阶段。韩愈、李翱的道统说和关于“性”的理论，开启了宋明道学的先河；佛教精致的思维形式和提出的问题，极其深刻地影响了宋明道学，促进了中华民族思维水平的提高。

宋明时期，中国哲学围绕“理”、“气”、“心”、“性”等范畴进行论辩，形成了理学、心学、气学和象数学等不同的学派。理学派肇始于程颢、程颐二兄弟，形成于朱熹。二程兄弟首先提出了“天理”的概念。他们所说的“理”，既是宇宙的规律，也指具体事物的规律、本质规定性等；同时，“理”的最重要内涵，是指封建社会的伦理道德规范。朱熹继承了这些思想，主张理在气先，没有理，就没有客观世界；在社会道德规范方面，则提出了“存天理，灭人欲”的口号。这个口号的流弊是它束缚了人们正常的物质欲望的满足，阻碍了社会发展的步伐。陆九渊、王阳明继承了孟子；程颢思想中心即是天、心即是理和存心养性等思想，形成了心学思想体系。陆九渊提出“吾心即宇宙．宇宙即吾心”；王阳明则提出“心外无物，心外无理，心外无事”，主张人心之理就是宇宙万事万物之理，只要发明本心，就能明白宇宙万物之理。王阳明还进一步提出了“致良知”的主张，认为良知是天赋的本心，也是宇宙万物之理，致良知一方面是要发明本心，恢复人所固有的良知；一方面也是根据良知的原则去应对事物，使事物达到合理的状态。

与上述思想对立的是以张载、罗钦顺、王廷相等为代表的气学派。他们认为事物都是由“气”构成的，气在他们的哲学体系中具有本体的地位，也是物质世界的本原。所谓理，只是气的性质、规律等，并不能脱离气而存在。张载明确地指出，“理不在人，皆在物”，王廷相也指出，“元气之上无物、无道、无理”等。除了上述学派外，宋明时期还存在邵雍的象数学，陈亮、叶适的功利主义哲学体系等。

明清之际，由于明朝灭亡和清朝建立所引起的巨大社会震荡，知识分子开始对宋明理学进行反思。在本体论方面，理本论和心本论思想都受到了批判，唯物主义的气本论原则则重新得到了确立；在人性问题上，“存天理，灭人欲”的理欲观受到了批判，人的“气质之性”即物质欲望的合理性得到了肯定。这个时期，对于封建制度的批判也达到了高潮。这些思想的变动反映了当时社会经济发展的进步，具有一定的启蒙意义。

鸦片战争之后，中国沦为半殖民地半封建社会，帝国主义和中华民族的矛盾上升为主要矛盾。这一现实反映到哲学上，就是变革与保守、中学与西学、新学与旧学的斗争。严复、康有为、谭嗣同、章炳麟、孙中山都不同程度地受到达尔文进化论和西方近代资产阶级政治学说的影响，主张进行社会变革。以康有为为代表的资产阶级改良派与封建制度进行了妥协，主张君主立宪制遭到失败；以孙中山为首的资产阶级革命派推翻了长达两千年的封建君主制度，建立了共和国。在思想上，康有为、谭嗣同等以“仁”为宇宙的本原，孙中山则以“生元”为构成生命的物质性基本单位，思想上倾向于或属于唯物主义。

二 史学

中国历史源远流长，是世界上唯一具有连续性的文明。中华民族史学意识浓厚，很早就开始了神话的历史化。传说黄帝时就有专门的史官。国家设置史官，大约始于夏朝。商和西周发展了这一制度。史官们向国王提出各种建议，并负责记录国王及统治者的言行。由此形成了以记录统治者的活动为核心的历史撰述传统，产生了大量的史学著作，有着丰富的史学资源和有特色的史学理论。这些在世界历史上都是有着特殊地位和影响的。

商代已有典册，惜乎不传。今存甲骨文和青铜器铭文可谓是正式史著的源头。现存最早的历史典籍是《尚书》，它是商周历史文献的汇编。至春秋时，孔子编订《春秋》，开私人修史之风。《春秋》是最早的编年体史书。孔子记事有“书法”，行文有成例，确立了中国史书寓褒贬善恶于笔端的撰述传统。

西汉司马迁编撰《史记》，首创纪传体，以“究天人之际，通古今之变”为目标，标示着中国史学乃至于中国文化的终极追求在于天人关系。它是历史和文学的完美结合，鲁迅誉其为“史家之绝唱，无韵之《离骚》”。它是“正史”之祖。历代封建统治者都重视修史，由此形成了以“二十四部正史”为主体的官修史书，其中以《史记》《汉书》《后汉书》《三国志》等前四史为代表。

魏晋南北朝时期，随着“文的自觉”，史学也逐渐走向自觉。南朝刘宋时建立史学馆，标志着史学的独立。唐初确立了史馆修史的制度，嗣君时期编撰先帝实录也成为封建社会的惯例。

在编写体例上，中国史书形成了编年体、纪传体、纪事本末体、典志体、纲目体等体例。此外，还有史注、史评等多种史著形式。宋代司马光主编的《资治通鉴》是编年体史书的杰作，充分体现了中国史学经世致用的传统。

随着历史撰述的增多，史学开始了对自身的反省。唐代刘知几所著《史通》，是对前代史学系统总结的史评专著，标志着中国史学达到高度的自觉。他提出史家需具备“三长”即才、学、识。清代章学诚著《文史通义》，提出史家还应具备史德。他还提出“六经皆史”，提高了史学的地位，拓宽了史学的范围。

清代乾嘉学派开始了对于史著的系统辨疑、考证的工作，并有着丰硕的成果。这种疑古、考证的风气沿袭至20世纪初，出现了以顾颉刚为代表的“古史辨派”。随着考古学的发展，传统史学研究范围不断扩大和深入。西方史学的传入也影响了中国人的历史观。傅斯年推崇兰克学派，提出“上穷碧落下黄泉，动手动脚找东西”，由此形成“史料派”或曰实证史学派。梁启超《新史学》的问世为标志着中国史界革命的开端。王国维、陈寅恪都是新旧史学过渡时期的代表。

唯物史观随着马克思主义传入中国而日渐流传。李大钊、郭沫若、范文澜等自觉运用唯物史观研究中国历史，开创了马克思主义史学派。新的历史观、方法论在探索中逐渐形成，完成了传统史学向近代史学的转化。

三 文学

中国文学在东亚地区有着特殊的地位，原因是它最古老、最丰富和影响最大。

中国的文学创作开始最早，可以追溯到公元前7世纪以前。中国最早的诗歌总集《诗经》记录了上古人的生活、劳动、爱情等真实场景。《诗经》分风、雅、颂三个部分，现存305篇，为中国诗歌的优秀传统奠定了牢固的基础，它和后来的楚辞、汉赋、魏晋南北朝古诗、唐诗、宋词、元曲等等一起，形成了一条连绵不断、绚丽多彩的诗歌长河。屈原（约前340～前278）是中国早期最伟大的诗人，他的代表作《离骚》《九歌》《九章》和《天问》等是楚辞中最瑰丽的篇章。

从《诗经》开始，中经上千年的创作和积累，中国诗歌终于在唐代形成了一个巍然耸立的高峰，站在这个高峰上的是李白（701～762）、杜甫（712～770）、白居易（772～846）等一大批诗歌巨匠。李白是著名的浪漫主义诗人，其诗歌风格以豪放和富于想象而著称。杜甫是伟大的现实主义诗人，《三吏》和《三别》是其代表作。与宋词和元曲联系在一起的中国文学大师有苏轼（1036～1101）、辛弃疾（1140～1207）、关汉卿（约1220

～约 1300）等一大批文苑明星。

中国小说产生的时间相对要迟一些，但仍然是历史悠久的。从古代的神话到南北朝的志人和志怪小说，再到唐宋传奇、明清长篇小说，也是一条丰富多彩、引人入胜的艺术长廊。到唐代，中国的文人开始有意识地从事小说创作，成就斐然。到明清时代，中国的优秀长篇小说陆续出现，最著名的是所谓“四大名著”：施耐庵（约 1296～约 1370）的《水浒传》、罗贯中（约 1330～约 1400）的《三国演义》、吴承恩（约 1510～1581）的《西游记》和曹雪芹（约 1715～约 1764）的《红楼梦》。《水浒传》以北宋末年的农民起义为背景，讲述的是宋江等农民起义领袖的传奇故事。该书为后世武侠小说的产生奠定了基础。《三国演义》是以三国时期历史事实为依据的历史小说，讲述的是魏蜀吴三国争霸的故事，成为后世历史小说的典范。《西游记》以唐代高僧玄奘去印度取经的故事为背景，在充分发挥想象的基础上创作的神魔小说。该书成为中国神魔小说的优秀代表。《红楼梦》则更为优秀，故事以清代贵族大家庭的兴衰为背景，以贾宝玉和林黛玉的爱情悲剧为主线，反映了中国封建社会的兴衰史，被誉为“中国封建社会的百科全书”。

同样，中国的散文、戏剧文学也历史悠久、硕果累累。在散文方面，最值得称道的是古典散文的典范“唐宋八大家”的作品。在戏剧方面，最值得称道的是元明清三代的大戏剧家关汉卿（约 1230～1300）、王实甫（13 世纪）、汤显祖（1550～1617）和孔尚任（1648～1718）及其代表作《窦娥冤》《西厢记》《临川四梦》和《桃花扇》。

进入 20 世纪以后，特别是“五四运动”前后，以鲁迅（1881～1936）为代表的中国先进知识分子掀起了声势浩大的“新文学运动”，中国文学的面貌也为之焕然一新。

中国文学在东亚地区的影响很大，在汉文化区域中的影响尤其巨大。在朝鲜、韩国、日本、越南等国，早就传入了中国的文学作品，而且还出现了许多能用汉文写作的文学家。中国的古典长篇小说在东南亚广为流传，如《三国演义》在泰国几乎到了家喻户晓的程度。

四 法学

1949 年前，中国法制经历了三个主要的发展阶段，即：中国奴隶制社会法制、中国封建制社会法制和中国半殖民地半封建社会的各种类型的法律制度。

中国奴隶制法律制度正式产生于夏朝，发展于商朝，瓦解于春秋时代。在夏朝，伴随着原始社会的解体和奴隶制家族国家形态的产生，最早产生了《禹刑》表明了中国法制的源头是“刑法”；商、周时期建立起来的完备的“礼刑结合”法律体系，则表明奴隶制法律制度的成熟；春秋时期的礼、法之争和成文法的公布，则宣告了礼刑结合的奴隶制法律体系的解体，并孕育着封建法律制度的产生。这一时期的代表人物主要有：周公，西周时期奴隶主阶级的一位杰出的政治家、思想家，其“明德慎罚”的思想对后世有深远的影响。孔子（前 551～前 479），中国历史上一位伟大的教育家和杰出的思想家，他提出的以伦理为核心，“礼治”、“德治”、“人治”相结合的主张，他提倡的“为国以礼”、“为政以德”、“德主刑辅”、“宽猛相济”等思想，经孟子、荀子、董仲舒等人加工、改造，与封建纲常礼教融为一体，从西汉起，就被封建统治者奉为正统，长期影响着封建社会的立法和司法活动。管仲（？～前 645 年），春秋时期著名改革家，其奖励耕织、富国强兵和重法的思想为后世法家所继承，因此后人一般称他为中国古代法家的先驱。

中国封建法制形成于战国时期，发展于秦汉魏晋南北朝，成熟并定型于隋唐时代，至明清而达到顶峰，最后解体于近代的清末。战国时期在法家的“法治主义”精神指导下的各国法制建设，代表了新兴地主阶级运用法制维护本阶级政治、经济利益的强烈愿望。这一时期的主要代表人物有商鞅（约前 390～前 338 年），孟子（约前 372～前 289 年）、荀子（约前 313～前 238 年）、韩非（约前 280～前 233 年）等。秦律、汉律在战国法律基础上的重要发展，则初步奠定了中华法系的基础。其主要代表人物为董仲舒（约前 179～前 104 年）等。董仲舒提出“天人合一”理论，为君权神授说提供理论依据。他还以阴阳学说为根据，提出治国的基本方针，即实行“德主刑辅”。董仲舒的法律思想以儒学为理论基础，杂以阴阳学家、法家以及黄老学派的观点。他强调法制应当以理论思想的统一为基础。他说：“罢黜百家，独尊儒术”，就能使“统纪可一而法度可明”。董仲舒的法律思想奠定了我国封建正统思想的理论基础。自此，中国封建社会法律开始了“儒家化”的历史过程。这一过程到魏晋南北朝时期完成，形成了中华法系“德主刑辅”的法律精神与特色。隋、唐时代封建政治、经济的繁荣，也使中华法系在新的基础上达到了成熟。唐朝的《永徽律》以它完备的体系、丰富的内容、准确的法律术语确认了封建社会关系，也标志着中华法系的最后形成。宋元明清时代随着专制主义中央集权制度的强化，法律制度也随着政治上的专制强化而突出地表现出服务于专制政体的特色。中华法系在围绕专制制度的发展过程中．也就预示着它要走向灭亡。

半殖民地半封建时代的中国社会，是政治、经济激烈动荡的时代，在尖锐的阶级矛盾和民族矛盾的交织作用下，中国人民的革命斗争汹涌澎湃，各个阶级先后登上政治舞台，建立了各种性质的政权，也产生了各种类型的法律制度，在这一时期，西方法律文化的输入，冲击着以农业文明为基础的中华法系的解体、瓦解。清末预备立宪骗局和修订法律之失败，使传统的中华法系随着清王朝的灭亡而退出历史舞台。

孙中山领导的辛亥革命时期的资产阶级法制建设，具有反帝反封建的民主革命精神，是中国近代史上的光辉一页。而北洋军阀、蒋介石南京国民党政府的法律制度则代表了封建地主阶级、买办阶级和帝国主义的利益，具有浓厚的封建性、买办性、法西斯性和反动性。

五　经济学

中国古代没有发展出成体系的经济学。个别政治家和思想家有关经济问题、经济现象的论述，即构成中国古代的经济思想。

春秋战国是中国古代经济思想发展的黄金时代，关于经济问题的广泛讨论成为当时思想界百家争鸣的一部分重要内容。儒家、墨家、道家、法家等学派都较为完整地提出了自己对经济问题的见解，有些还形成了初步的学说体系。其中儒家的思想最为系统，为后世的统治者所接受。孔丘是中国古代影响最大的思想家，是儒家学派的创始人。他生活在奴隶制解体，新兴地主封建经济迅速上升的社会大变革时期，推崇西周时期的制度和道德准则，因而具有一定保守主义倾向。孔丘肯定人有追求财富的欲望，但求富必须合乎“道”。义主利从论是孔丘关于利益与道德关系的核心思想，包括见利思义，义以生利，君子喻于义、小人喻于利，因民之所利而利之等内容。孟轲发展了孔丘的义利观、赋税思想、分工思想。他在先秦诸子中最先把土地问题作为封建制度的根本问题提出，认为民无恒产，则无恒心，不利于统治，并提出了一种井地方案，成为后代思想家讨论井田模式的蓝本。

法家的代表人物、变法运动的始作俑者商鞅（约前390～前338）在人性自利论的基础上提出了农战理论，把重视农业生产和对外战争结合起来视为基本国策，对秦国统一天下创造了坚实的基础。韩非是先秦法家的集大成者，重本抑末的思想发展到韩非，开始定型。他脱离了战争角度，而专从经济角度考虑本末关系，把“重本”等同于“贵粟”，“抑末”等同于“抑工商”。韩非的观点为封建社会把重本抑末视为基本经济政策和普遍流行的经济思想起到了重要的思想准备作用。

西汉时期，假托管仲之名汇编成书的《管子》详细表述了当时流行的轻重论经济思想，体现了汉初统治思想从无为到有为的转变。“轻重”是中国古代经济思想中特有的经济范畴，先秦时代，轻重只用来说明货币价值大小，西汉时使用轻重来揭示货币与商品的比价关系，进而引申为国家对工商业和整个经济领域的控制。

魏晋时期，社会动荡，人际关系混乱，集中出现了一些有异端倾向的经济思想。鲁褒《钱神论》讽刺了社会上盛行的货币拜物教思想。魏晋人所作伪书《列子》设想的“终北之国”和“列姑射山”，陶渊明描写的“桃花源”，都包含了一些乌托邦思想，与世隔绝、不竞不争的乐土类似于原始社会。这些构想完全依赖自然的恩赐，否定经济基础。鲍敬言《无君论》甚至把“无君”的“曩古之世”作为理想的社会。

被称为古代第一流理财能手的唐代政治家刘宴（718～780），在漕运、榷盐、荒政、平准等政策中充分利用经济规律和私人商业的作用，使因安史之乱后恶化的财政状况在扭转的同时，又不增加民间的负担，保持了私有经济的繁荣。

北宋李觏（1009～1059）是熙宁变法的思想先导，他旗帜鲜明地反对贵义贱利，为理财正名。他的平土论主张通过抑末、限田、鼓励开荒等措施来抑制土地兼并，实现土地与劳动力结合。他的人口理论主张驱使工商业者、僧道、滥官、术士、声伎等末民和冗民回归到农业中来。

明代张居正（1525～1582）为了限制兼并，提出了均平赋役的思想，并对全国土地进行了清丈，在此基础上，推行“一条鞭”法，把徭役与田赋合并，“皆计亩征银”。占田多的大地主多纳税，少地农民少纳税，使赋役以土地为基础实现均平。

明清之际的启蒙思想家相继提出了反传统的经济思想。李贽（1527～1602）对义利关系的论述一反儒家的传统，提出义由利生、利即是义的观点，肯定了私人的求利行为，也肯定了理财对治国的重要性。黄宗羲（1610～1695）把封建专制看做违反人性的制度，是“天下之大害”。他从人生而自私的人性论出发，认为土地私有制不可侵犯，提出了一种利用国有土地对农民进行授田的方案，但在理论和实践上都不够成熟。

中国近代经济思想是在外来经济思想与中国传统经济思想的矛盾冲突中创建和发展的。两次鸦片战争使中国陷入半殖民地深渊的同时，也使越来越多的中国人清醒地认识到中西方发展差距，逐渐形成了一股学习西方、重振中华的社会潮流。特别是辛亥革命之后，实业救国、科学救国、教育救国等思潮逐渐传播开来，中国出现了前所未有的学习、传播西方先进科学文化的热潮，经济学也随之在中国得以扩散开来。

“五四”运动前夕，经济学在中国的普及速度是比较快的，但基本上是外文著作的翻译整理，没有什么创新，仍然处于引进阶段。“五四”运动之后直到20世纪50年代，中国经济学科的发展有两条线索。许多留学欧美的学者，接受了系统的西方经济学训练，回国后积极传播欧美的西方经济学理论；另一方面，旧中国尖锐的阶级矛盾和阶级斗争也使马克思主义经济理论迅速地在中国传播。

承继“五四”运动之前已有之势，国内逐渐开始真正系统、全面地掌握现代西方经济学理论。国内学者围绕基本经济学理论、部门经济学以及经济史等所撰写的著作大量出版。著名经济学家马寅初1914年获哥伦比亚大学经济学博士学位，1915年回国执教于北京大学。1923年马寅初和刘大钧一道发起成立“中国经济学社”，并长期担任社长。他撰写了许多经济学著作，其《经济学概论》是新中国成立前流行的经济学原理著作。

1917年俄国十月革命之后，马克思主义经济学在中国广泛传播。李大钊是最早向国内系统介绍马克思主义的思想家，也是以马克思主义为指导分析中国现实问题的理论家。沈志远（1902～1965）的《新经济学大纲》，是传播最广的一部，社会影响巨大。王亚南（1901～1969）是这一时期马克思主义经济学家中著作最丰富的一位，《中国经济原论》是其代表作。

第二节 当代哲学社会科学发展

一 概述

（一）哲学社会科学研究机构的建立

中华人民共和国成立以来，哲学社会科学研究工作在马列主义和毛泽东思想的指导下，得到了迅速发展，出了很多成果。20世纪50年代中国科学院在社会科学方面陆续建立了考古、语言、近代史、历史、经济、哲学、文学、民族、少数民族语言、法学等10多个研究所和学术情报研究室。60年代又陆续成立了隶属于哲学社会科学部的世界经济、世界历史、世界宗教、外国文学等研究所。1977年在哲学社会科学部的基础上建立了中国社会科学院，由胡乔木出任院长，研究机构又有所增加，学科构成也有了重大发展，经济研究所分化和发展为农业经济发展所、工业经济所、财贸经济所，新建立了马列主义毛泽东思想研究所、政治学所、新闻学所、人口学研究所、社会学所、少数民族文学所、世界经济与政治所、美国所、日本所、西欧所（今为欧洲所）、拉丁美洲所、苏联东欧所（今为俄罗斯东欧中亚所）、西亚非洲所、南亚东南亚所（后改为亚太所）等，并成立了文献信息中心、人口研究中心、边疆史地研究中心等，使中国社会科学院成为人文社会科学学科门类较为齐全的国家社会科学研究中心。

20世纪50年代末和60年代初，中国各省区和直辖市也先后建立了社会科学院、所，各地社会科学研究也有了长足发展，除社会科学院系统外，高校系统、党校系统、军事院校系统、中央各部委和各地实际工作部门也都成立了规模不等的社会科学方面的研究机构，在中国范围内形成了一支数以万计的社会科学研究队伍。

（二）哲学社会科学研究发展的三个时期

1. 从新中国成立到1966年时期

这一时期，一批老一辈的马克思主义学者，

如：郭沫若、范文澜、艾思奇、翦伯赞、李达、侯外庐、王亚南、何其芳、孙冶方等，他们学术根底深厚，并自觉运用马克思主义的观点和方法，对社会科学进行深入研究，成绩斐然，贡献卓著，对中国社会科学研究的开拓和发展，起到了重要的奠基作用。综观这一时期的中国社会科学研究具有以下几个特点：(1) 马克思主义基本原理、方法在研究中得到普遍运用。(2) 研究视野逐步开阔，加强了对学科发展总体布局的研究。(3) 积极贯彻了“百花齐放，百家争鸣”的方针。但这一时期，教条主义和僵化模式及“左”的错误思想对社会科学的发展也起到了许多不良的影响，出现了研究中的简单化、概念化、公式化的倾向，并在学术争鸣中混淆了政治和学术的界限，往往用政治批判代替学术争鸣。

2.“文化大革命”时期（1966～1976）

这一时期哲学社会科学遭到肆意践踏，陷于停滞甚至倒退境地。

3. 改革开放的新的历史时期（1978年以来）

1978年12月中国共产党十一届三中全会召开，决定拨乱反正，在全国实行改革开放政策。这一时期，迎来了中国哲学社会科学蓬勃发展的大好春天。

二　当代中国哲学社会科学的蓬勃发展

新时期的中国哲学社会科学经过揭批“四人帮”及拨乱反正，开展“实践是检验真理的唯一标准”大讨论，排除“左”的错误思想的干扰，恢复中国共产党的实事求是的优良传统，广大哲学社会科学工作者思想大解放，突破许多长期以来被视为“禁区”的领域，是哲学社会科学研究空前大发展的时期。它表现在研究机构的增加、科研队伍的壮大、学术交流的空前活跃，还表现在各种学术论著成倍的增加，大批学术著作纷纷问世，如：《马克思恩格斯全集》50卷中文版、《二十四史》及《资治通鉴》点校本、74卷本的《中国大百科全书》、10卷本中文版的《简明不列颠百科全书》和由中国学者撰著、中英合作出版的英文版《中国概况·关于新中国的全面的权威的工具书》（INFORMATION CHINA The Comprehensive and Authoritative Reference Source of New China　中文版书名为《简明中国百科全书》）、150卷本《当代中国丛书》以及按年出版的数以千计的各种《年鉴》。

随着国际、国内学术交流的加强、各种学术团体纷纷建立，许多中国学者因其学术著作在国际上产生了巨大影响，被许多国家权威学术机构选为院士、名誉院士、通讯院士，如：考古学家夏鼐被英国学术院、瑞典皇家文学历史考古科学院等5个国家的学术机构授予院士、通讯院士称号；历史学家胡绳被授予欧洲科学院院士称号；经济学家刘国光分别被俄罗斯科学院和波兰科学院授予院士称号等。许多知名学者成为国际社会科学团体重要成员，有些学者还被选担任国际学会的重要职务，如：哲学家汝信担任国际哲学与人文学理事会的副主席；政治学家赵宝煦任国际政治科学协会（IPSA）执行局委员等。中国社会科学界还在国际获得许多荣誉奖，如：文学家、诗人冯至从20世纪80年代起先后获得民主德国和联邦德国的“歌德奖章”、“格林兄弟奖章”、“大十字勋章”、“国际奖”（1万马克）；社会学家费孝通获得“国际性应用人类学会”、“英国皇家人类学会”的“马凌诺斯基名誉奖”和“赫胥黎奖章”；意大利文学研究学者吕同六获意大利“蒙德罗国际文学奖”等。

新时期，中国哲学社会科学研究取得了令世人瞩目的成绩，对推动中国的社会主义物质文明、精神文明和政治文明建设起到了重要作用。现按哲学社会科学主要学科所取得的重要成果分述如下。

（一）马克思主义、科学社会主义

马克思主义、科学社会主义研究是新时期哲学社会科学繁荣的一个重要学科。科学社会主义作为一门独立学科的建立是在粉碎“四人帮”以后，中国共产党领导中国社会主义建设的实践为科学社会主义提供了新课题、新领域、新内容。科学社会主义理论工作者在正确思想指导下，发表了数以万计的学术论文，理论界在不断探索和研究的基础上，还撰写了一大批有较高质量的教材，其中供高等院校和党校系统选用的教材就有40多种，专题性研究著作有70多种。各种文集、辞典工具书100多种。由中国国际共运史学会发起组织、多家单位参加编译的《国际共产主义运动史文献》计划出版60卷，已出版23卷，是一项跨世纪的巨大工程。

邓小平建设有中国特色社会主义理论研究是近几年的研究热点和重点。围绕邓小平理论关于建设有中国特色社会主义理论的历史地位及其理论的形成和发展、关于社会主义的本质和“三个有利于”

的标准、中国社会主义分三步走的发展战略、科学技术是第一生产力、社会主义市场经济、政治体制改革、建党思想、新时期军队和国防建设、关于时代、国际战略和外交、关于改革、发展和稳定的关系等，形成了邓小平理论"研究热"。

（二）哲学

1. 马克思哲学原理研究

中国共产党十一届三中全会以来，马克思主义哲学原理的研究出现了新的局面。广大哲学研究工作者积极运用马克思主义的哲学原理，分析解决新时期改革开放出现的一系列重大理论问题和实践问题，有力地促进了党和国家工作重心的转移和人们思维方式的变革。针对哲学研究百花齐放的局面，马克思哲学的研究走出教条化的误区，对经典作家的原始文献进行梳理，抓住其着眼于社会的整体进步与人类的全面发展的核心，回归马克思主义的本真，把握其时代特征。

2. 其他分支学科研究

哲学领域在对马克思主义哲学史、中国哲学史、东方哲学史、西方哲学史、现代外国哲学、科学技术哲学（自然辩证法）及逻辑学、伦理学的研究也都取得了丰硕的成果。中国传统哲学研究的热潮兴起于80年代中期，东亚经济的崛起引起了研究者对传统儒学主客一体、天人合一思想的探讨。20年来，西方哲学研究者不遗余力地翻译名著、介绍人物和派别，引进了人文主义、科学主义、阐释学、文化哲学、后现代主义等各种思潮，极大丰富了哲学研究的内涵，开拓了视阈。

（三）文学

1. 中国文学

新时期，中国文学研究在文学理论、文艺美学、文学批评、比较文学、中国古代文学史、中国现代文学史、中国文学文体研究、中国儿童文学、中国民间文学、中国少数民族文学方面的研究都取得了巨大的进展。在此期间，中国文学的研究必须以马克思主义为指导的认识得到了加强。此外，对文学从属于政治的研究模式进行了改革，实现了文学研究的转型。转型的过程积极引进国外最新研究成果，推动比较文学的研究，同时继承和发扬了传统研究方法，如作家、作品的实证研究。在一些具体领域取得了突破性进展，如中国古代文学与现代文学中的俗文学研究，现当代文学中的港台文学研究等。

2. 外国文学

在外国文学研究中，外国文学理论、历史和现状的研究不断向广度和深度开掘，突破了许多"禁区"，对许多文学思潮、流派、作家作品进行了实事求是的探讨和再评价，填补了不少研究空白。这时期的理论研究几乎涵盖了从亚里士多德诗学到古典主义、浪漫主义、现实主义、象征主义、表现主义、超现实主义、荒诞派、意识派、法兰克福学派、新历史主义等所有外国古今文学思潮和理论。

新时期，中国对世界各大语种文学研究建立了比较齐全的体系，原来基础较好的英美文学、法语文学、俄苏文学研究进一步得到提高和发展；原来基础较差，而在世界文学中占有重要地位的德国文学、意大利文学、阿拉伯文学、西、葡、拉美文学有了迅速发展；对希伯来文学和韩国文学等的研究也由空白到开始起步。

（四）史学

新时期，历史研究更加贴近现实，显示出自己的生命力，如对传统文化的研究注意与现代化的关系，对城市史的研究、对移民和流民的研究、对专制主义中央集权及古代官僚体制的研究以及儒学与近代化、近代文化思潮变迁的研究、中西文化关系的研究等，都体现着强烈的时代现实感。

史学中的热点、重点和难点研究形成了史学研究中的诸多亮点，如对文明起源研究、传统文化研究、家庭和家族史研究、敦煌吐鲁番学研究、近代史基本线索研究、中国近代化问题研究、抗日战争史研究、人物研究等，这些热点和重点问题，均反映了史学研究的深入和发展。

新时期，对世界古代史、中古史、现代史、近代史、地区史、国别史、专史及外国史学理论等的研究，也都结出了丰硕的果实。

（五）法学

中国共产党十一届三中全会以来的改革开放政策，"加强社会主义民主，健全社会主义法制"的决定，启动了当代中国法学研究繁荣与辉煌的发展历程。照搬前苏联法律教科书的模式完全打破，在引进西方法学思潮时也注重结合中国实践，开展有中国特色的法学研究。注释法学的单一研究模式也被打破，学科自身理论问题的探讨与实践法律实践齐头并进。原有的法学分支学科，如法理学、法律史学、宪法学、刑法学、民法学、刑事诉讼法学、民事诉讼法学、国际法学、国际私法学等得到恢复并向新的广度和深度发展。新的法学分支学科，如行政法学、经济法学、环境法学、军事法学、国际经济法学、物证技术学等不断产生。中国法学体系日益完善和成熟。一批对学科建设有重要学术价值的理论问题有了新的突破，一些与建设有中国特色社会主义实践密切相关的决策研究、应用研究取得了显著成绩。

中国法学界通过参与立法司法实践的讨论，使理论成果在中国法制建设实践中发挥了作用，为国家立法、司法实践和法律普及工作作出了重要贡献。法学研究成果累累，仅以刑法学一个学科为例，自刑法典颁布以来，中国出版的各类刑法著作即达650余部，发表的刑法论文达1.2万余篇。

（六）经济学

中国共产党十一届三中全会以来，随着党的工作重心的转移和经济建设的迅速发展，经济学研究也取得长足进展，其研究领域之宽广、科研成果之丰硕和研究内容之丰富，皆领先于其他学科。传统经济学中的政治经济学、世界经济学、中国经济思想史、中外经济史和国民经济学等研究有了突破性发展；而经济学中的新兴学科，如比较经济学、发展经济学，生产力经济学和消费经济学等，则已成为经济学研究中的重要学科，西方经济学也受到了中国学者的重视。

马克思主义经济学与中国的经济改革、发展的实践相结合进行理论创新，并吸收了现代西方经济学的合理因素，在计划经济与市场调节的关系、社会主义商品经济理论、社会主义市场经济理论以及国有企业改革理论等领域取得了突破性的进展。新时期中国对经济学研究的热点集中在改革开放以来，在经济建设中提出的一系列理论和实践问题，如围绕着国有企业的计划管理、承包制、股份制、国有民营、市场导向、现代企业制度、社会主义市场调节与政府宏观调控的关系、社会主义个人收入分配及差距等诸多问题展开讨论。数量经济学在编制国民经济计划与规划、制定地区社会经济发展战略方面都做出了显著的贡献。

随着中国由计划经济向市场经济转轨的进行，社会主义市场经济的逐渐规范，财政赤字、通货膨胀、产业结构调整、农业劳动力转移、失业、非国有经济的成长、要素市场尤其是金融证券市场的产生和发育等经济现象与当代市场经济国家发生的经济现象趋同，越来越需要马克思主义经济学与现代西方经济学相互交融来进行解释和调整。经济改革的深入使对经济现象的讨论成为社会上的热门话题，经济学在某种程度上成为大众化的学问，另一方面成为科学丛林中的显学。在研究方法上，实证研究逐渐取代规范分析成为主流。经济学界空前活跃，研究成果呈爆炸式增长。随着国际经济研究交往的加强，当代经济学流派的引进更为迅速，80年代下半期至90年代初经济增长理论、发展经济学、国民经济管理的主流地位逐渐被90年代后期以来的产权理论、新制度经济学、博弈论等前沿成果所取代，中国经济学的发展正在逐步缩短与世界的距离。同时，由于中国经济迅猛的发展势头，中国经济研究吸引了更多的世界目光，在国际上形成了中国经济的研究热潮。

除上述介绍的哲学社会科学几个主要学科外，哲学社会科学其他学科如：政治学、社会学、人口学、考古学、宗教学、语言学、民族问题研究、国际问题研究、教育学、新闻学、图书馆学、情报与文献学、艺术学等学科亦成绩卓著。

新时期中国哲学社会科学虽取得了很大成就，但同社会进步和时代发展的要求相比，同社会科学所应发挥的巨大的社会功能需要相比，中国哲学社会科学研究还存在一些问题和不足，尚需不断改进与提高。（薛豪 威震）

第十章 体育

中国体育有悠久的历史。早在远古时代，就有击壤、石球游戏、舞蹈和武术等。随着社会的发展，体育项目不断增多，参加的人员也更为广泛。

中华人民共和国成立以来，体育事业取得了巨大的成就：在竞技体育方面，中国优秀的体育健儿如雨后春笋般不断涌现，不仅在奥运会上实现了金牌零的突破，而且在诸多项目上保持领先水平，并在世界比赛上屡创佳绩，使中国跃居世界竞技体育先进国家；在社会体育方面，群众性体育运动蓬勃发展，健身意识开始深入人心。

体育事业“遍地开花”，运动队伍不断扩大，竞技体育成绩显著。自从1979年11月国际奥委会通过名古屋决议恢复了中国在国际奥委会的合法席位，中国的竞技体育开始全面走向世界体育舞台。在1992年巴塞罗那第二十五届奥运会和1996年亚特兰大第二十六届奥运会上，中国体育代表团均以16枚金牌位居金牌榜第四位。2000年，在悉尼举行的第二十七届奥运会上，中国体育代表团一举夺得28枚金牌、16枚银牌和15枚铜牌，首次跃居奥运会金牌榜和奖牌榜第三位。

在2004年二十八届奥运会上，中国体育代表团勇夺32枚金牌、17枚银牌、14枚铜牌，位列金牌榜第二位，奖牌榜第三位。在雅典奥运会上，刘翔创造了一个神话——110米栏取得12秒91的成绩。这个成绩打破了奥运会纪录，并且平了英国人科林·杰克逊保持了11年的世界纪录。刘翔创造了中国乃至亚洲的田径赛历史，成为第二个获得奥运田径短跑项目世界冠军的黄种人。继之，在2004年第十二届雅典残奥会上，中国残疾人体育代表团最终以63金、46银、32铜的辉煌成绩登上奖牌榜首位，取得了历史性突破。此前中国选手在残奥会上取得的最好成绩是上届的第六位。从1984年我国体育代表团在洛杉矶奥运会上首次实现金牌零的突破，到二十八届雅典奥运会我国体育代表团跃居金牌榜第二位，我国竞技体育年年都有进步。到2004年二十八届奥运会结束为止，我国体育健儿在夏季奥运会上，共夺取112枚金牌。中国体育健儿在奥运会上的精彩表现，勾画出一条中国体育腾飞的历史轨迹。

中国足球队经过44年的努力，于2001年首次打入2002年韩日世界杯决赛圈，令人们欢欣鼓舞。同年，北京成功获得了2008年奥运会的主办权。

2006年中国体育捷报频传。刘翔7月12日在洛桑举行的田径超级大奖赛男子110米栏比赛中，以12秒88的成绩夺冠，并一举打破英国名将科林·杰克逊保持13年之久的12秒91的世界纪录。7月，中国跳水队在第十五届世界杯跳水赛上包揽全部13枚金牌，并使在世界杯赛上的金牌总数达到106枚。7月9日，郑洁、晏紫首次捧起温布尔登网球锦标赛女双冠军；7月16日，中国女子网球队首次进入联合会杯世界八强。2006年12月1～15日第十五届亚运会在卡塔尔首都多哈举行，中国以获金牌165枚、银牌88枚、铜牌63枚，总奖牌316枚的优异成绩位居榜首。

改革开放后，体育的对外交往日益增多，在国际体坛的地位不断提高。到1998年底，中国已是81个国际体育组织和42个亚洲体育组织的成员，有41人在国际体育组织和42人在亚洲体育组织中任职。陆续向93个国家派出了25个项目的援外教练1 777人次。截至2002年6月，中国已经是110个国际体育组织、128个亚洲及远东、泛太平洋体育组织的成员。 （郝继涛）

第十一章 民族与宗教

第一节 中华民族

一 族称

中华民族是当代中国各民族的总称，包含56个民族，即：汉族、蒙古族、回族、藏族、维吾尔族、苗族、彝族、壮族、布依族、朝鲜族、满族、侗族、瑶族、白族、土家族、哈尼族、哈萨克族、傣族、黎族、傈僳族、佤族、畲族、高山族、拉祜族、水族、东乡族、纳西族、景颇族、柯尔克孜族、土族、达斡尔族、仫佬族、羌族、布朗族、撒拉族、毛南族、仡佬族、锡伯族、阿昌族、塔吉克族、普米族、怒族、乌孜别克族、俄罗斯族、鄂温克族、德昂族、保安族、裕固族、京族、塔塔尔族、独龙族、鄂伦春族、赫哲族、门巴族、珞巴族和基诺族。据2005年人口统计，共有约13.3亿人，约占世界总人口的1/5。

“中华”作为一个专用名词，始见于南朝宋人裴松之注《三国志·蜀·诸葛亮传》云：“若使游步中华，骋其龙光，岂夫多士所能沈翳哉。”（中华书局标点本，912 页）其后北齐人魏收所撰《魏书·宕昌羌传》亦有“其地东接中华，西通西域”一语。唐朝之后，“中华”一语使用较为普遍。

“中华”为“中”与“华”的合成词，“中”即中央、中心，“华”古与“花”通，转意为光彩、光辉、精华等，合而言之，即“中央文化发达之地”或“中央文明之地”。古代华夏族兴起于黄河流域一带，居四方之中，历史悠久，文化发达，故称其地为“中华”。后“中华”与“中原”、“中国”相通，并成为“中国”的代称。唐永徽四年（653）颁布的《唐律疏义》对“中华”一词有较为详细的解释：“中华者，中国也。亲被王教，自属中国，衣冠威仪，习俗孝悌，居身礼仪，故谓之中华。”近代著名学者章太炎认为：“中国云者，以中外分地域之远近也。中华云者，以华夷别文化之高下也。”（《章太炎文录初编·别录卷一·中华民国解》）

至近代，“中华”与“民族”合成为“中华民族”，并逐渐成为包括汉族和少数民族在内的中国各民族的名称。近代著名学者梁启超曾解释“中华民族”说：“凡遇一他族而立刻有‘我中国人’之一观念浮于其脑际者，此人即中华民族一员也。”（《饮冰室合集》卷四十一《历史上中国民族之研究》）孙中山在《中华民国临时大总统宣言书》中提出：“今汉、满、蒙、回、藏诸族为一人，是曰民族之统一。”

二 族源

从历史文献和有关传说来看，中华民族的先民自古以来生活在中国辽阔的土地上。早在新石器时代，炎帝和黄帝两族系活动于黄河流域；太昊和少昊两族同属东夷族系，居住于中国东部地区；戎狄族系居住于中国西北地区；苗蛮族系和百越族系则居住于长江流域和中国南方广大地区。这些族系都是中华民族的族源。经过数千年的融合、分化，大部分远古族系融合而成为汉族，有些原居住在边疆地区的族系，其后裔则成为今天的少数民族。另有一些民族，如俄罗斯族等，其族源并不在中国，而是近代从国外迁入的，成为中华民族大家庭中的一员。

关于中华民族的来源，近代以来有多种说法，有的主本土说，有的则主外来说，此外还有一元说与多元说。以往各种假说，受作者所处时代流行的理论和方法的影响，有的还受特殊政治目的影响，同时也由于当时古人类学、考古学发展水平的限制。近几十年来，古人类学和考古学的资料证明，中华大地是人类起源地之一。中华大地发现的远古人类，其体质特征与蒙古人种相联系，从而说明中华大地是蒙古人种的故乡。结合历史文献和有关传说，可以认为，中华民族虽然在长期的历史发展过程中，吸收了一些外来的成分，但从整体而言，中华民族的远古祖先，是起源于中华大地。至于各种“外来说”，是没有科学依据的。

第二节 汉族

一 人口与分布

汉族是中国的主体民族，也是世界上人数最多的民族。据 20 世纪 50 年代以来的历次人口统计，1953 年为 542 824 056 人，占全国总人口的 94.11%；1964 年为 651 296 368 人，占总人口 94.23%；1982 年为 936 674 944 人，占总人口 93.38%；1990 年为1 039 187 548人，占总人口的 91.99%；2000 年为 115 940 万人，占总人口的 91.59%。2005 年为 118 295 万人，占总人口的 90.56%。

先秦时代，汉族先民主要居住在中原地区。魏晋南北朝之后，北方少数民族大量南迁，并大多融入汉族。随着中原王朝疆域的扩大和汉民族的南迁，南方的少数民族也有不少融入汉族。汉族之所以人口众多，与大量吸收、融化少数民族是分不开的。同样，边疆少数民族也融合了不少汉族成分。从秦汉到清朝，历代都有不少汉人通过屯垦、移民、流亡等方式移居边疆各地。2 000多年间，移居边疆的汉族有不少融入当地少数民族之中。此外，在长期的历史发展中，汉族有相当数量的人口移居海外，成为当地的华裔；有的则保留中国国籍，成为散布在世界各地的华侨。

现代汉族分布于全国各地，聚居于黄河、长江、淮河、珠江等大河流域及松辽平原等地农业发达地区及大中城市。从省、自治区的人口来看，河南省最多，其次是山东、四川、江苏、广东、湖南等省区，西藏自治区最少。

二 族称与族源

“汉族”是近代以来的民族名称，历史上曾有多种异称。先秦文献称汉族先民为“夏”、“诸夏”、“华”、“诸华”、“华夏”等。秦汉之后则有“秦人”、“汉人”、“唐人”及“中华”等称。汉族这一族称直接源于“汉人”一名，而“汉人”之称则渊源于汉朝。汉朝以“汉”为国号，是因为开国皇帝刘邦曾被封为汉王，管辖巴、蜀、汉中等地。而古汉国之称又源自长江最长的支流——汉水（汉江）。一些学者认为，“汉人”真正赋予“汉民族”之义是在魏晋南北朝时期，并且初为他称。五胡乱华后，北方少数民族入主中原，他们称中原居民为“汉人”或“汉儿”，后来由他称演变为自称。

关于汉民族的起源，历来众说纷纭。20世纪50年代前，“外来说”在西方颇为盛行。在“外来说”中，一些人主张“西来说”，另有一些人主张“南来说”。在主张“西来说”的学者中，有的认为汉族来源于埃及、巴比伦，有的则认为来源于中亚；主张“南来说”的学者则认为汉族源自越南、印度。但这些观点没有充分的证据，没有得到学术界的公认。汉民族属蒙古人种，国内外古人类学家经过长期研究表明，人种起源是多元的，各大人种的形成与该地区的猿人有直接的关系。一般认为，蒙古人种起源于东亚，其祖先系170多万年前的元谋猿人和40万～50万年前的北京猿人及中国其他地区的古猿人。也就是说，汉民族及其他属蒙古人种的少数民族均起源于中国本土。

史学界一般认为，新石器时代的炎帝和黄帝两大族系及东夷族系是汉族的主要先民。至夏代，炎、黄族系、东夷族系和苗蛮族系经过不断的融合和分化，汉族的雏形——华夏族形成。华夏族可说是汉族最主要的族源。有的学者认为，汉族的主要族源有两支，一支是炎黄两大族系，二是东夷族系。其支源则有三支：一是苗蛮族系，二是百越族系，三是戎狄族系。汉族是在两支主要族源的基础上，融合相当数量的支源而形成的。在数千年的历史发展中，汉族先民先后融合大量的少数民族，可以说，汉族是世界上族源最为复杂、混血程度最高的民族之一。

第三节　少数民族

一　人口及居住特点

中国现有56个民族，据2000年人口普查统计，全国总人口129 533万人中，少数民族合计10 643万人，占全国总人口的8.4%。各少数民族人口数不等，有1 000万人以上的民族，也有人口仅数千人的民族。据2005年11月1日零时全国1%人口抽样调查推算，2005年全国少数民族人口为12 333万，占总人口的9.44%。

少数民族居住的主要特点有聚居、杂居和散居。

（一）聚居

聚居的少数民族，是主要居住在一个地区或几个地区，人口相对集中的民族。如：

维吾尔族、柯尔克孜族、塔吉克族约99%居住在新疆。

哈萨克族约99%居住在新疆，另有一小部分居住在甘肃。

藏族主要居住在青藏高原，约46%居住在西藏，约23%居住在四川省境内，约20%居住在青海，约8%居住在甘肃境内。

裕固族、保安族约91%居住在甘肃。

撒拉族约88%居住在青海，另有一部分居住在甘肃和新疆。

土族约85%居住在青海，另有约11%居住在甘肃。

鄂温克族约89%居住在内蒙古，约9.8%居住在黑龙江省。

鄂伦春族约52%居住在黑龙江省，约45%居住在内蒙古。

赫哲族约88%居住在黑龙江省，另有一小部分散居于吉林等省区。

纳西族约96%、傣族约99%、哈尼族约99%、傈僳族约97%、佤族约99%、拉祜族约99%、景颇族约99%、布朗族约99%、普米族约99%、怒族约98%、独龙族约95%居住在云南。

壮族约91%居住在广西，约6.5%居住在云南，另有一小部分居住在广东。

仫佬族、毛南族约98%居住在广西，另有一小部分居住在贵州。

布依族97.4%聚居于贵州，其余居住在云南、广西、四川等地。

在湘鄂川黔毗连的崇山峻岭中，聚居着570多万土家族，其中约31.46%居住在湖南，约30.99%居住在湖北，约18.86%居住在重庆市和四川省，约18.03%居住在贵州。

（二）杂居

杂居的少数民族，是由于历史原因，离开自己原来的聚居区，迁移到其他民族聚居区内，形成交错杂居状况的少数民族。

杂居情况最突出的是回族、满族、朝鲜族、瑶族和畲族。

回族约18%聚居于宁夏回族自治区，其余大部分杂居于全国各地，甘肃约有13%、河南约有10%、新疆约有7.9%、青海约有7.4%、云南约有6.1%、河北约有5.7%、山东约有5.3%、安徽约有3.5%、辽宁约有3.1%、北京约有2.4%、内蒙古约有2.2%、天津约有1.9%，此外，黑龙江、陕西、贵州、吉林、江苏、四川等省区亦有不少回族，与汉族或其他少数民族杂居。

满族约50%居住在辽宁，另有50%居住在其他省区，其中河北约有17.6%，黑龙江约有12%，吉林约有10.7%，内蒙古约有4.6%，新疆约有1.9%，山东约有2%，北京、宁夏、甘肃、贵州分别约有1.7%，成都、西安、广州等大、中城市也有不少。

朝鲜族约62%居住在吉林省，约24%居住在黑龙江，约12%居住在辽宁，约1.2%居住在内蒙古自治区，河北、山东等省区也有部分人居住。

瑶族约62%居住在广西，约21.5%居住在湖南，约8.1%居住在云南，约6.3%居住在广东，约1.5%居住在贵州等省区，海南等地亦有少数人居住。

畲族分布于福建（54.9%）、浙江（27.4%）、江西（12.2%）、广东（4.20%）四省区，与汉族等民族杂居。

此外，蒙古、彝、苗、锡伯族等民族，也有相当一部分人口是杂居的。蒙古族主要居住在内蒙古自治区（70.22%），另有约30%的人居住在辽宁（12.2%）、吉林（3.26%）、河北（2.98%）、黑龙江（2.92%）、新疆（2.87%）、青海（1.49%）和河南（1.37%）等省区，与其他民族杂居，四川、贵州、云南、甘肃、北京等地亦有部分人居住。

彝族约有61.7%居住在云南，约有27.15%居住在四川，约有10.76%居住在贵州。

苗族有49.84%居住在贵州，约12.12%居住在云南，约21.04%居住在湖南，约5.75%居住在广西，约7.24%居住在四川，约2.71%居住在湖北，0.7%居住在海南。

锡伯族约有69.48%分布在辽宁各县市，19.14%居住在新疆，与其他民族杂居，另有少数居住在黑龙江、吉林。

此外，云南、贵州等省区的许多少数民族中的一部分，没有居住在自己的聚居区，而是与其他民族交错杂居。

（三）散居

散居少数民族，是没有自己较大、较为集中的聚居区，散居于各民族地域之内的民族。如俄罗斯族，大部分散居于新疆维吾尔自治区的伊宁、塔城、阿勒泰、乌鲁木齐等城市，一部分散居于农村。另有一部分散居于内蒙古自治区和黑龙江省等地。

乌孜别克族也没有自己的聚居区，大部分散居在新疆各城镇，其中居住在伊宁、塔城、喀什、乌鲁木齐、莎车、叶城等地的较多，少数散居在农村。

塔塔尔族也没有自己的聚居区，他们中的一部分散居于城市，主要生活在新疆维吾尔自治区的乌鲁木齐、伊宁、塔城、阿勒泰等城市，与维吾尔、哈萨克、乌孜别克、俄罗斯、回族和汉族杂居共处，从事教育、文化、商业等事业；一部分散居于牧区，主要分布在伊犁、塔城、阿勒泰地区各县和昌吉回族自治州的奇台、吉木萨尔县的牧区，与哈萨克、乌孜别克牧民杂居交融，从事畜牧业和养蜂业。居住在云南的德昂族也没有自己的聚居区，散居于云南德宏傣族景颇族自治州五县一镇及保山、临沧、思茅地区所辖各县。

仡佬族也散居在贵州省西部的织金、黔西、六枝、关岭等20多个县，还有少数分布在广西壮族自治区隆林各族自治县和云南省文山壮族苗族自治州的广南、文山、富宁、马关等县，居住非常分散，与其他民族交错杂居。

二 民族区域自治

民族区域自治，是中国共产党解决国内民族问题的基本政策，也是中华人民共和国的一项重要政治制度。它对于巩固国家的统一和民族团结，对于保障少数民族的政治权利和平等权利，对于各民族的共同发展繁荣，起着十分重要的作用。

（一）民族自治地方行政区划

从1947年建立内蒙古自治区起，至1997年末，全国共建立省级自治区5个：内蒙古自治区、西藏自治区、新疆维吾尔自治区、广西壮族自治区和宁夏回族自治区；地级行政单位60个，其中有22个地区，30个自治州，8个盟；县级行政单位570个，其中401个县，49个旗，117个自治县，3个自治旗；市91个，其中18个地级市，73个县级市；市辖区63个。

全国有19个省区内有自治地方，其中：河北省有6个自治县；内蒙古自治区有8个盟、69个县级行政单位（17个县、49个旗、3个自治旗）、20个市（4个地级市、16个县级市）、16个市辖区；辽宁省有8个自治县；吉林省有1个自治州、5个县级行政单位（2个县、3个自治县），黑龙江省有1个自治县；浙江省有1个自治县；湖北省有1个自治州、8个县级行政单位（6个县、2个自治县）、2个市（县级市）；湖南省有1个自治州、14个县级行政单位（7个县、7个自治县）、1个市（县级市）；广东省有3个自治县；广西壮族自治区有6个地区、71个县行政单位（59个县、12个自治县）、19个市（9个地级市、10个县级市）、29个市辖区；海南省有6个自治县；重庆市有5个自治县；四川省有3个自治州、49个县级行政单位（46个县、3个自治县）、1个市（县级市）；贵州省有3个自治州、42个县级行政单位（31个县、11个自治县）、4个市（县级市）；云南省有8个自治州、71个县级行政单位（42个县、29个自治县）、8个市（县级市）；西藏自治区有6个地区、76个县级行政单位（县）、2个市（1个地级市、1个县级市）、1个市辖区；甘肃省有2个自治州、19个县级行政单位（12个县、7个自治县）、2个市（县级市）；青海省有6个自治州、33个县级行政单位（26个县、7个自治县）、2个市（县级市）；宁夏回族自治区有2个地区、15个县级行政单位（县）、5个市（2个地级市、3个县级市）、6个市辖区；新疆维吾尔自治区有13个地级行政单位（8个地区、5个自治州）、68个县级行政单位（62个县、6个自治县）、19个市（2个地级市、17个县级市）、11个市辖区。

（二）民族区域自治制度的性质

中国的民族区域自治，是在单一制的国家内各少数民族聚居的地方，在国家的统一领导下，遵照宪法和法律的规定，依据民族自治和区域自治相结合的原则，设立自治机关，行使相应一级地方国家政权和自治权，管理本地区的国家事务和本民族内部事务的一种政治制度。即每一个民族自治地方都是中国的行政区域的一部分，同其他行政区域一样，是国家统一领导下的一级地方政权。各民族自治地方的自治机关必须在上一级国家机关、全国人民代表大会、国务院的领导和监督下行使宪法和法律规定的职权。宪法是国家的根本大法，具有最高的法律效力，各民族自治地方都必须遵循。

三　民族区域自治制度的特点

中国在推行民族区域自治的实践中，根据国情和民情，正确处理民族关系、自治权限和政治与经济的结合等复杂问题，逐步形成自己的特点。其特点主要表现在以下4个方面：

1. 中国共产党把马列主义解决民族问题的高度原则性和从实际出发的灵活性正确地结合起来

马列主义解决民族问题的根本原则，就是反对一切形式的民族压迫，坚持所有民族一律平等。中国的民族区域自治，就是这一原则性和灵活性相结合的体现。根据中国各民族交错杂居的特点，一个民族可以在其聚居的几个地方分别建立自治地方，还可以由几个聚居在一个地方的民族联合建立自治地方。自治地方的行政地位，则根据少数民族聚居区域的大小，分为相当于省一级的自治区，相当于设区、县的市一级的自治州，相当于县一级的自治县。而相当于设区、县的市一级的自治州，被作为一级地方国家政权，则是宪法为适应民族区域自治的需要，在国家行政体制上作出的特殊规定。

2. 民族区域自治地方具有多层次、多类型的特点

由于中国各民族间交错杂居，与之相适应，形成了四种类型的民族区域自治地方：

（1）以一个少数民族聚居区为基础建立的，如西藏自治区、宁夏回族自治区、吉林延边朝鲜族自治州、新疆察布查尔锡伯族自治县等。

（2）以两个或两个以上少数民族聚居区为基础联合建立的，如贵州省黔东南苗族侗族自治州、云南红河哈尼族彝族自治州、甘肃省积石山保安族东乡族撒拉族自治县、云南省镇沅彝族哈尼族拉祜族自治县等。

（3）以一个大的少数民族聚居区为基础，并包括其他人口较少的少数民族聚居区而建立的，如新疆维吾尔自治区内分别建立有哈萨克、蒙古、柯尔克孜、锡伯、塔吉克等民族的自治州和自治县，云南省红河哈尼族彝族自治州内分别建立有瑶族、苗族自治县等，云南怒江傈僳族自治州内分别建立贡山怒族独龙族自治县和兰坪白族普米族自治县。

（4）一个民族在其主要聚居区建立有自治地方，同时在该民族的其他聚居区也分别建立有自治地方。如蒙古族、回族、藏族、壮族、彝族、苗族、土家族、布依族、朝鲜族、傣族、白族等，都有这类情况。这种多类型、多层次的民族区域自治是中国独具的特点。

3. 中国民族区域自治把民族自治和区域自治相结合

实行自治的民族，在其自治地方内，既行使管理与其地位相适应的地方国家事务，又享有当家作主、管理本民族内部事务的权利。实行自治的民族，如果离开了一定的聚居区，民族自治权利就无法实现。同样，如果民族自治地方内不由实行自治的民族当家作主，只行使一般地方的行政权，也不是民族自治。

4. 经济因素与政治因素相结合

中国实行的民族区域自治，不是为了自治而自治，而是着眼于使这一制度有利于国家和各民族共同繁荣。为此目的，在划定民族自治地方的区域时，一般都重视把经济因素和政治因素紧密地结合起来，即在确定民族区域自治地方时，既考虑自治民族人口在该地区的比例，又考虑该地区有较好的经济条件，使民族自治地方内各民族能够团结合作、互补互济，有利于加快民族自治地方的全面发展。

第四节 宗教信仰

一 汉族宗教信仰

汉族在历史上曾信仰过原始宗教、儒教、道教和佛教等，有部分人还信仰基督教、天主教等。

原始宗教或称早期宗教，是人类社会早期的宗教信仰形式。它产生于原始时代，以崇拜自然物和自然现象、动植物和祖先等为主要内容。汉族在先秦和史前时代主要信仰原始宗教，其残余形式一直保留至20世纪，至今仍有不少人相信万物有灵。

儒教是由儒家学说演化而来的，其思想体系具有宗教的性质。儒家学说是春秋时代的思想家孔子创立的，主要经典有十三经：《尚书》《周易》《诗经》《礼记》《仪礼》《周礼》《论语》《左传》《公羊》《谷梁》《孝经》《尔雅》和《孟子》。其思想核心是“仁”和“礼”。

道教是中国本土宗教之一，是在原始宗教信仰的基础上发展起来的。东汉时，张陵倡导的五斗米道，奉老子为教主，以《老子五千文》为主要经典，于是道教逐渐形成。魏晋南北朝后，道教得到进一步发展。至宋代，道教最为兴盛。清代，道教逐渐式微。基本信仰和教义是“道”，认为“道”是“虚无之系，造化之根，神明之本，天地之元”。“万象以之生，五行以之成”。宇宙、阴阳、万物都是由它化生的。崇拜的最高尊神是由“道”人格化的三清尊神，其中道德天尊为老子。

佛教也是历史上中国普遍信仰的宗教之一。佛教起源于印度，相传为公元前6～前5世纪释迦牟尼所创。从公元前3世纪开始，佛教向古印度境外不断传播，发展为世界性的宗教。传入中国大部地区和朝鲜、日本、越南等国的，以大乘佛教为主，称为北传佛教，其经典主要属汉文系统；而传入中国西藏、蒙古、西伯利亚等地的，为北传佛教中的藏传佛教，俗称喇嘛教，其经典属藏文系统。一般认为，佛教于西汉末传入中国内地，魏晋南北朝时得到发展，至于隋唐达到鼎盛。

汉族并不像西方人那样只信仰一种宗教，相当多的人没有固定的宗教信仰，没有明确的宗教观，有不少人不论是道教、佛教还是基督教等，见神就拜，见佛就求。路过道观、佛寺、教堂或其他寺庙，都要进去烧香、跪拜或祈祷。

二 少数民族宗教信仰

（一）基本情况

在中国少数民族中，有多种宗教信仰形式，主要有原始宗教（早期宗教）、萨满教、道教、佛教、伊斯兰教、基督教、天主教和东正教等。

在20世纪50年代前，不少民族仍信仰原始宗教，在鄂伦春族、基诺族、佤族、傈僳族、独龙族、怒族、纳西族、阿昌族、景颇族、彝族、羌族、珞巴族、苗族、瑶族、水族、仡佬族、侗族、畲族、黎族、高山族等民族中，保留较多的原始宗教形式。

萨满教主要是北方民族原始社会晚期形成的一种宗教形式，大多数北方民族都曾信奉过这一宗教形式。至20世纪50年代前，东北的赫哲族、鄂温克族、达斡尔族、满族仍保留较多的萨满教信仰及其仪式，西北部分游牧的哈萨克和柯尔克孜等民族也保留部分萨满教习俗。

道教是汉族的传统宗教之一，也为部分少数民族所信奉。南方的壮族、布依族、土家族、侗族、黎族、苗族、仫佬族和毛南族等民族居住的地区，都有道教的传播和影响。

佛教在少数民族地区占有较重要的地位，主要有两支：一支是藏传佛教，另一支是小乘佛教。佛教于4世纪传入西藏后，与当地的本教相结合形成了藏传佛教（俗称喇嘛教）。在长期的发展过程中，藏传佛教先后形成宁玛（俗称红教）、萨迦（俗称花教）、噶举（俗称白教）、格鲁（俗称黄教）等教派。13世纪之后，藏传佛教得到较大的发展，除了藏族信奉之外，还逐渐为蒙古族、土族、裕固族、门巴族、羌族、普米族等民族及部分纳西族、怒族、锡伯族、鄂温克族、达斡尔族等民族所信奉。小乘佛教于公元前1世纪由东南亚传入云南，为傣族、阿昌族、德昂族等民族和部分布朗族、佤族等民族所崇奉。

伊斯兰教于7世纪中叶传入中国，主要为回族、维吾尔族、哈萨克族、柯尔克孜族、东乡族、撒拉族、塔吉克族、乌孜别克族、保安族、塔塔尔族等10个民族所信奉。中国的伊斯兰教教派主要有两支，一是什叶派中的伊斯玛仪派，为塔吉克族所信仰；二是逊尼派，为其余9个民族所信奉。

基督教和天主教主要是近代传入少数民族地区的，在云南和贵州的一些少数民族中有较大的影响。曾为傈僳族、怒族、独龙族、苗族、彝族、哈尼族、白族、佤族、拉祜族、景颇族、京族、朝鲜族、高山族等民族所信仰。

东正教是伴随着俄罗斯族迁入中国而传入的，主要为俄罗斯族所信仰。在蒙古族和鄂温克族中，也有少数人信奉。

（二）特点

中国少数民族的宗教信仰有自己的特点，它主要表现在以下3个方面。

1. 兼容性

不少民族同时信仰多种宗教信仰，多种宗教相互兼容。中国大多数民族（包括汉族）都不像西方民族那样，只信仰一种宗教，或是基督教，或是天主教，或是伊斯兰教，而是多种宗教信仰相互兼容。不少少数民族信仰一种宗教为主，但同时也不排斥其他宗教。如纳西族20世纪50年代前，普遍信奉本民族传统的东巴教，但一部分人同时信奉藏传佛教，而另有一部分人则兼奉汉族佛教和道教。白族大部分地区信奉本民族固有的传统信仰——本主崇拜，但对外来的宗教信仰兼容并蓄，如佛教为白族所普遍信奉，道教在白族地区也流传较广，20世纪50年代前还有少数人信奉天主教和基督教。普米族20世纪50年代前同时信仰本民族的传统信仰——丁巴教（又称韩规教）和从藏族传入的喇嘛教，此外还崇奉自然神灵。新疆的哈萨克族和柯尔克孜族以崇奉伊斯兰教为主，兼奉本民族原有的宗教信仰——萨满教。虽然伊斯兰教在近几个世纪以来在这些民族地区占据统治地位，但传统的萨满教并未退出历史舞台。城市和农区的哈萨克族和柯尔克孜族因受维吾尔等民族的影响，伊斯兰教占主要地位，萨满教居次要地位；而在牧区，尽管伊斯兰教是全民公认的宗教，但萨满教的巴克思（巫师）仍然很活跃，驱鬼治病、祭祀神灵都少不了巴克思。一些地区在进行宗教活动时，往往既请毛拉念经，又请巴克思跳神。

2. 政治性

在20世纪50年代以前，有的少数民族的宗教信仰与政治制度结合在一起，形成“政教合一”的制度，宗教领袖同时也是政治首领。例如，原西藏地方政府是由藏传佛教的格鲁派首领达赖喇嘛领导下的上层喇嘛和上层贵族所组成的，其所属各级政府机关，也由僧官和俗官共同主持。在信仰小乘教的云南西双版纳傣族地区，封建领主政权的首领“召片领”，同时享有小乘佛教领袖的权力和“松领帕丙召”（意即“至尊佛主”）的宗教首领称号。在西北一些信仰伊斯兰教的地区，虽然没有实行“政教合一”制度，但宗教首领享有很高的地位，对当地政权影响极大。例如西北一些回族地区，伊斯兰教四大门宦中的教主，不仅对该派群众有绝对权威，而且还左右当地政权。信仰伊斯兰教的维吾尔等族地区，过去曾设有宗教法庭，以伊斯兰教法为依据，处理民事和刑事案件。

3. 全民性

在一些少数民族中，在20世纪50年代前，宗教信仰往往是全民的，人们没有不信教的自由，每一个人都必须履行宗教义务，参加各种宗教仪式，交纳各种宗教税负，遵守各种宗教法律和禁忌。否则，将会受到各种制裁。例如，藏传佛教是藏族全民信仰的宗教，伊斯兰教是维吾尔族全民信仰的宗教。在这些民族中，无论高官显贵或平民百姓，也无论男女老幼，都负有各种宗教职责。

4. 渗透性

少数民族的宗教信仰具有极强的渗透性，它渗透到社会文化生活的每一个角落，使民族文化与宗教信仰融为一体。例如，维吾尔族自崇奉伊斯兰教之后，社会生活和民族文化逐步伊斯兰化，从衣食住行、生老病死、婚丧嫁娶，到法律制度、伦理道德、文化教育、文学艺术、社会规范和节日活动等，都具有浓厚的伊斯兰教色彩。藏族也一样，藏传佛教文化在藏族文化中占有绝对的优势。

（三）宗教信仰自由政策

中华人民共和国成立之后，中国共产党和中央政府十分尊重各民族的宗教信仰，制定了保护宗教信仰自由的法律和政策。《中华人民共和国宪法》规定：中华人民共和国公民有宗教信仰自由；国家机关、社会团体和个人不得强制公民信仰宗教或不信仰宗教，不得歧视信仰宗教的公民和不信仰宗教的公民；国家保护正常的宗教活动。任何人不得利用宗教进行破坏社会秩序、损害公民身体健康、妨碍国家教育制度的活动。也就是说，每个公民既有信仰宗教的自由，也有不信仰宗教的自由；有信仰这种宗教的自由，也有信仰那种宗教的自由；在同一宗教中，有信仰这个教派的自由，也有信仰那个教派的自由；过去不信教现在信教有自由，过去信教现在不信教也有自由。为了使宗教信仰自由得以真正实现，使宗教信仰逐步成为个人的纯粹的精神信仰，实行宗教与民族分开、宗教信仰与宗教制度分开、宗教与行政分开、宗教与教育分开的原则。

（何星亮）

第十二章 军事

第一节 概述

中国人民解放军是中国共产党在中华民族生死存亡的历史关头缔造和领导，在毛泽东军事思想哺育下成长壮大，与广大人民群众有着血肉联系，与时俱进、不断改革和创新的革命武装力量。

中国人民解放军先后经历了中国工农红军、八路军和新四军、中国人民解放军三个历史阶段。1927年“八一南昌起义”标志着中国工农红军诞生，开始了坚苦卓绝的反对帝国主义、封建主义和军阀的斗争。抗日战争爆发后，中国共产党以民族大义为重，将中国工农红军整编为八路军和新四军，全力参加抗日斗争，并逐步成为抗日的中坚力量。1945年，抗日战争胜利后，国民党撕毁国共双方签署的停战协定，发动内战，中国人民解放军被迫应战，经过三年解放战争，取得辽沈、淮海、平津三大战役的胜利，将国民党军队赶到台湾，实现了中国大陆的解放。

中华人民共和国成立以来，中国人民解放军不断成长壮大，国防与军队现代化建设取得了丰硕成果，军队的革命化、现代化和正规化建设不断向前推进，战斗力有了很大提高，为维护国家的主权统一、领土完整和安全，保障国家现代化建设，促进世界和平做出了重大贡献。

新中国成立以来，中国国防与军队现代化建设大体经历了以下四个阶段。

第一阶段，从新中国成立到20世纪60年代初期

新中国成立后，百废待兴。中国期望有一个和平的国际环境，加强国内经济建设。但是其后不到1年的时间，就面临美国借口朝鲜发生内战而发动的侵朝战争，以及美国派第七舰队到中国沿海对中国构成了直接威胁。中国应朝鲜劳动党和政府派兵援助的请求，派出了中国人民志愿军赴朝鲜，与朝鲜人民并肩作战，打败了以美国为首的侵朝军队，取得了朝鲜战争的胜利，双方签订了《停战协定》。然而中国仍然面临着台湾国民党集团和美国的严重威胁。在这一时期，中国还进行了解放一江山岛渡海登陆作战、炮击金门等军事行动，平息了西藏上层反动集团发动的武装叛乱。

基于新中国成立初期严峻的国内外形势，中国确定了加强陆海空军建设、巩固国防、保卫社会主义建设的顺利进行、时刻准备解放台湾等国防目标。因此，中共中央提出了“一手抓经济，一手抓国防”的方针，1956 年 3 月，中央军委制定了积极防御的战略方针，以应付帝国主义可能对中国发动的大规模战争。这一时期，国防和军队建设的重大举措有：一是对军队进行精简整编。经过 1955 年和 1958 年两次大规模裁军，军队员额由 430 多万减少到 240 多万。同时，组建新的军兵种，实现了由陆军单一军种向诸军兵种合成军队的转变。二是建立健全了国防领导体制，明确了各部门的分工。三是颁布了第一部《兵役法》，改志愿兵制为义务兵制。四是建立国防科技和国防工业体系，为国家常规武器的发展和尖端武器的突破奠定了基础。

第二阶段，从 20 世纪 60 年代初期到 80 年代初期

20 世纪 60 年代，美国继续推行干涉、颠覆和侵略政策，从南面威胁中国；苏联则在中苏边境和蒙古屯驻重兵，从北面威胁中国，中国安全环境急剧恶化。特别是进入 70 年代后，苏联从北、南、西三面包围中国，中国国防政策和重点是防御苏联的大规模入侵。

这一时期，中国军队进一步调整了编制和结构，技术军兵种的比例得到提高。“文化大革命”期间，军队规模一度膨胀到 600 余万，军队建设受到干扰。与此同时，民兵队伍建设则得到规范，但数量过多，质量不高。国防工业布局采取“三线”建设原则，将一大批重要的国防工业企业从沿海城市迁到内陆纵深地区，形成了日后的“山、散、洞”的局面。中国集全国之力，独立自主地先后研制成功了原子弹、导弹、氢弹和人造卫星，奠定了中国大国地位的基础。在此期间，中国胜利地进行了东南沿海的军事斗争，中印边境、珍宝岛、西沙群岛、中越边境等自卫反击作战和援越抗美、援老抗美军事行动。

第三阶段，从 20 世纪 80 年代中期到 90 年代初

在科学分析时代特征的基础上，邓小平作出了具有深远意义的战略判断，“在较长时间内不发生大规模的世界战争是有可能的”，国防和军队建设指导思想由准备早打、大打、打核战争的临战状态转变到和平建设轨道上来，战争准备的基点由应付全面战争调整为重点应付局部战争和军事冲突。

与此相适应，中央军委制定了国防和军队建设要服从服务于国家经济建设大局的方针，确定了义务兵与志愿兵、民兵与预备役相结合的兵役制度，确立了解放军、武警和民兵三结合的武装力量体制；作出了裁军 100 万的重大决策，按照“精兵、合成、高效”的原则全面调整了军队体制编制，组建了陆军集团军，调整了防御部署，将教育训练提高到战略地位，并对军事训练进行了全面改革；按照“军民结合、平战结合、军品优先、以民养军”的方针对国防科技工业进行了改造；逐步完善军事法规建设。

第四阶段，从 20 世纪 90 年代初期至今

以信息技术为核心的高新技术迅速发展并广泛运用于军事领域，深刻改变了现代战争面貌。中国周边安全环境处在新中国成立以来较好的时期，外敌发动大规模军事入侵的危险基本排除，但仍面临着一些潜在威胁，特别是台湾问题日益紧迫和严重。

1993 年，中央军委确定把军事斗争准备的基点放在打赢现代技术特别是高技术条件下的局部战争上，实现军事战略的重大转变。为此，军队建设由数量规模型向质量效能型、人力密集型向科技密集型转变；按照政治合格、军事过硬、作风优良、纪律严明、保障有力的总要求全面加强军队建设；在集中力量加快经济发展的基础上，进一步增强国防实力；先后裁军 50 万和 20 万，进一步优化结构、调整编制、理顺关系；深化科技练兵，提高部队快速反应和应急机动作战能力；组建总装备部，加大武器装备建设力度，加快信息化建设步伐；加强人才队伍建设，培养和造就一大批高素质的新型军事人才；大力加强军事理论创新，积极推进中国特色的军事变革；进一步完善国防法制。

第二节　国防政策与军事战略

一　国防政策

中国始终不渝地奉行防御性的国防政策，《中华人民共和国宪法》明确规定，中华人民共和国武装力量的任务是巩固国防，抵抗侵略，保卫祖国，保卫人民的和平劳动，参加国家建设事业，努力为人民服务。

中国以国家利益为根本依据，以新安全观和国家安全战略为指导来制定国防政策。其主要内容如下。

（一）巩固国防，防备和抵抗侵略

中国根据新形势下国家防卫的需要，坚持独立自主和全民自卫的原则，实行积极防御军事战略，加强武装力量建设和边防、海防和空防建设，以保卫国家安全，维护海洋权益，有效慑止外敌侵略。一旦国家遭受侵略，将集以武装力量为主的全国力量坚决进行抵抗。中国的国防现代化建设完全是为了自卫，是保障国家安全、建设和发展的需要。

（二）制止武装颠覆，保卫国家的主权、统一、领土完整和安全

根据中国法律，禁止任何组织或个人组织、策划、实施武装叛乱或暴乱，颠覆国家政权，推翻社会主义制度。根据《宪法》和法律的规定，中国武装力量的重要职责是，维护社会秩序和社会稳定，严厉打击各种恐怖活动，打击敌对势力的渗透和破坏活动，促进社会的安定团结，保障国家的安全和发展利益，为中国的和平崛起提供强大的保障。

（三）加强国防建设，不断推进国防和军队现代化

在新的历史时期，中国军队以建设一支有中国特色的革命化、现代化、正规化的人民军队为目标，努力提高武器装备现代化建设的水平，改进部队的训练和院校教育的内容与方法，改革和完善军队的体制编制，减少数量，提高质量，走有中国特色的精兵之路。为适应世界新军事变革加速发展的形势，加快推进军队的各项改革和建设，中国军队将最大限度地发挥后发优势，集中力量研究以信息技术为核心的高新技术，坚持以信息化带动机械化，以机械化促进信息化，实现机械化、信息化建设的复合式发展，完成机械化、信息化建设的双重历史任务，实现军队建设的跨越式发展，力争在本世纪中叶完成信息化建设的战略任务。

（四）维护世界和平，反对侵略扩张行为

中国坚持和平共处五项原则，独立自主地处理对外军事关系，积极开展对外军事交流与合作，不搞霸权主义，不搞军事集团，不进行军事扩张，不在国外驻军或建立军事基地。中国反对军备竞赛，主张根据公正、合理、全面、均衡的原则，实行有效的军备控制和裁军。中国支持国际社会采取的有利于维护世界和地区和平、安全、稳定的活动，支持国际社会为公正合理地解决国际争端、军备控制和裁军问题所做的努力，反对侵略扩张行为。积极参与国际反恐怖合作。

（五）贯彻积极防御的军事战略方针

中国在战略上实行防御、自卫和后发制人的原则，坚持“人不犯我，我不犯人，人若犯我，我必犯人”。中国始终奉行不首先使用核武器政策，不参加核军备竞赛，不在外国部署核武器，但保持有限的核反击力量，以遏制他国可能对中国的核攻击。中国坚持全民自卫原则和人民战争的战略思想，增强全民国防观念，完善国防动员体制，加强国防后备力量建设；立足现有武器装备，继承和发扬优良传统；适应世界军事领域的深刻变革，做好信息化高技术条件下的防卫作战准备。

中国国防政策的特征可概括为“六性”：

1. 自卫性

中国周边安全环境复杂，漫长的陆海防线存在着诸多安全隐患，分裂主义、恐怖主义和极端主义以及各种跨国犯罪活动日益猖獗，尤其是至今尚未实现祖国的完全统一，使中国的国防任务重、压力大。为了保卫国家主权、统一、领土完整和安全，抵御外来侵略，防止和避免战争，中国依据《宪法》、《国防法》和相关国际关系准则，强调国防要处于有效的自卫和管理状态。中国强调以和止战以及后发制人，反对霸权主义，不谋求势力范围，即使将来强大了，也绝不称霸。

2. 自主性

中国坚持独立自主、自力更生地建设和保卫国防，反对依靠军事同盟或军事集团来解决自身安全问题。根据国家战略和军队建设的现实需要，中国自主制定国防政策和军事战略方针。在国防工业发展方面，坚持以我为主，自主创新，同时，也不排斥与其他一些国家进行以和平为目的的友好合作和技术交流。中国坚持积极防御政策，拥有核武器而不滥用核武器，并承诺不首先使用核武器，积极推动核裁军。

3. 时代性

国防建设必须与时俱进。为了适应世界新军事变革以及当代科技发展的趋势，中国提出科技强军、质量建军的政策。信息时代，军队的数量规模已不再是制胜的关键因素，而军队的质量效能特别是高技术含量，对战争胜负起着越来越大的主导作用。目前世界各国正处于军队转型的关键时期，中国努力迎接世界新军事变革的挑战，乘势而上，保持国防的科学性和先进性。

4. 协调性

发展经济是中国国家战略的首要目标和中心任务，国防建设必须长期服从并服务于这一战略。但是，经济的长远发展又有赖于稳定的安全环境，而这需要相应的国防力量来支撑。为了确保防卫的有效性和军队的战斗力，应在发展经济的基础上，推进国防和军队现代化，适当增加国防投入，形成经济国防相互促进、相互依托的局面。同时，根据军事变革以及现实军事斗争需要，协调各军兵种比例、官兵比例、指挥机关与作战部队的比例以及战斗人员与非战斗人员的比例，确保生成合成、高效的战斗力。

5. 人民性

人民是战争制胜的根本，是和平最强大、最稳定的基础和后盾，也是国防建设重要的资源依托和精神动力。中国实行军民结合，平战结合，全民国防，整体防卫的方针。坚持现代条件下的人民战争思想，寓兵于民，加强预备役和民兵建设，实行精干的常备军与强大的国防后备力量相结合的武装力量体制，强化人民在国防中的重要作用。

6. 正义性

新中国既没有对外征伐的记录，也没有对外扩张的野心；既不与其他军事大国搞军备竞赛，也不曾在国外驻军或建立军事基地。中国以负责任的大国形象，积极协调地区矛盾和争端，主张通过和平和政治手段解决问题，反对恃强凌弱，以大压小。中国是维护地区稳定和世界和平的一支建设性力量，中国的发展不会对任何人构成威胁。

二　军事战略

中华人民共和国建立以来，在军事战略上始终坚持奉行积极防御的战略方针，但没有止步不前，而是适时根据形势的变化和军事斗争的需要，不断丰富积极防御的内涵，充实新的内容，从而使其始终保持理论上的正确性和先进性，牢牢地把握了军事斗争的主动权。依据对战争与和平形势发展的认识和判断，人民解放军历史上曾进行过几次较大的战略调整。

新中国成立伊始，军队便根据革命战争已经取得决定性胜利，全国将迎来经济、文化建设高潮的形势，开始大规模裁减军队。军队在继续完成解放战争遗留任务的同时，不失时机地转入现代化、正规化建设，提出了建设一支强大的、诸军兵种兼有的现代化军队的奋斗目标。但由于朝鲜战争的爆发，军队建设由战时向平时的转变受到影响。抗美援朝战争结束后，在美国等帝国主义国家和蒋介石集团依然对我威胁严重的情况下，开始了大规模的工业化建设和生产资料所有制的社会主义改造，提出了建设一支优良的现代化革命军队的总方针和总任务，加速发展国防科技工业，积极进行战争准备。随后，人民解放军开始调整体制编制、改革军事制度、改善武器装备、加强正规的军事训练等，全面展开了现代化正规化建设。1956 年 3 月，在中共中央和毛泽东领导下，彭德怀主持召开了中央军委扩大会议，制定了保卫祖国的积极防御的战略方针。强调尽力做好推迟、延缓战争爆发的工作，重点加强沿海地区战备，防止敌人发动突然袭击。在上述战略指导下，中国顺利实施了收复沿海岛屿、炮击金门、平息西藏叛乱、粉碎蒋军窜犯大陆、中印边境自卫还击、打击入侵美机的作战，从而使国家的安全形势有了根本的改观。

进入 20 世纪 60 年代后，随着中苏关系的恶化，国家面临来自帝国主义和社会帝国主义的公开的或潜在的侵略威胁、战争挑衅和军事压力。中国共产党分析了当时国家所面临的战争危险和敌强我弱的客观实际，在战略指导上强调坚持诱敌深入思想，利用依托本土作战、人熟地熟情况熟的优势，将敌人放进来打，陷敌于人民战争的汪洋大海之中。也正是在这些思想的指导下，按照“山、散、洞”的要求，中国进行了大规模的“三线”建设等战争准备。与此同时，国内连遭三年自然灾害，经济困难，又经历“文化大革命”十年动乱。面对这种形势，毛泽东提出要加强战备，要“备战、备荒、为人民”，“要准备打仗”，要准备敌人“早打、大打、打核战争”。从这时起，国家加强了战备建设，军队大力加强战备工作，军队建设也处于立足于准备“早打、大打、打核战争”的临战状态。在此期间，中国赢得了珍宝岛自卫反击战和西沙群岛自卫反击战的胜利。

20世纪70年代后期，为了防止敌人突然袭击，中央军委于1977年12月提出了“积极防御，诱敌深入”的战略方针。其基本精神是把敌人放进来，打人民战争，主要战略措施是重点设防，重点守备。1980年秋，中央军委针对未来反侵略战争的特点，研究了全面贯彻积极防御战略方针的问题，提出了坚持后发制人，坚持打人民战争，坚持持久作战，立足于以劣势装备战胜敌人，立足于最复杂的情况下作战的战略指导思想，规定了战争初期的战略任务和作战原则。在此期间我们取得了对越自卫还击作战的胜利。

中共十一届三中全会以后，全党、全国的工作着重点转移到经济建设上来，军队工作的重心也转移到以现代化建设为中心的全面建设上来，提出了建设强大的现代化正规化革命军队的总目标。20世纪80年代初，随着国际形势的变化及党和国家工作重点的转移，人民解放军的工作重心也开始转移到以现代化建设为中心的全面建设上来。在此情况下，粟裕、宋时轮等经过严肃论证，建议从军队作战指导思想中去掉“诱敌深入”4个字。尔后，海军的战略指导由“近岸防御”发展为“近海防御”，夺取制空、制天、制电磁权的斗争也纳入了军事战略指导的轨道。在这些思想的指导下，军队加快了现代化建设的步伐，海军、空军、第二炮兵建设得到加强，作战力量使用的空间得到了拓展，中国的国防实力显著提高。

20世纪80年代中期，以邓小平为核心的党中央、中央军委根据国际形势的变化，作出了较长时期内世界大战可能打不起来的战略判断，中国国防和军队现代化建设实现由临战状态向和平建设的重大转变，战争准备由全面战争向局部战争和军事冲突的转变。1985年中央军委扩大会议作出了军队建设指导思想实行战略性转变的重大决策，决定军队建设由准备“早打、大打、打核战争”的临战准备状态转变到和平时期建设轨道上来，即：充分利用较长时间内大仗打不起来的和平环境，在服从国家经济建设大局的前提下，抓紧时间，有计划、有步骤地加强以现代化为中心的军队建设，提高军队现代战争条件下的防卫作战能力，为赢得未来反侵略战争的胜利做好长期准备。这是中国军队历史上又一次重大的战略转变，对人民解放军建设有深远的影响。

20世纪80年代后期，世界进入了新旧战略格局交替转换的过渡时期，国际形势发生了深刻变化。90年代初，中央军委根据国际战略形势的变化和世界高新技术的发展形势，果断、及时地提出了军队战略方针的又一次重大转变。1993年，以江泽民为核心的党中央、中央军委依据现代科学技术的发展和战争形态的变化，及时为积极防御的战略方针赋予了新的含义，强调把未来军事斗争准备的基点放在打赢现代技术特别是高技术条件下的局部战争上来。为了贯彻这一方针，又于1995年提出了军队建设要实行“两个转变”的战略思想，即在军事斗争准备上，由打赢一般条件下局部战争向准备打赢现代技术特别是高技术条件下局部战争转变；在军队建设上逐步由数量规模型向质量效能型、由人力密集型向科技密集型转变。这是把我军建设推向新的发展阶段的重大战略举措。近年来，人民解放军正是在这一方针的指引下，坚持科技强军，加强质量建设，使“打得赢”的能力有了明显提高。

进入新世纪后，中央军委根据世界军事变革加速发展的形势，决定实施科技强军战略，加强军队质量建设，调整军队体制编制，加快国防科研和高技术武器装备发展步伐，培养和造就一大批高素质的新型军事人才，深化科技练兵，积极推进中国特色的军事变革，推动人民解放军由机械化半机械化向信息化转型，力争到本世纪中叶完成机械化和信息化建设的双重历史任务，实现军队建设的跨越式发展。根据新的形势和任务，充实和完善新时期军事战略方针，达到建设信息化军队，打赢核威胁条件下信息化局部战争的目标。

此外，中国军队还积极参加地方经济建设，支持国家抗震救灾，参加联合国维和行动和国际安全合作。

第三节 国防体制与武装力量

一 国防体制

中国由国家对国防活动实行统一领导。全国人民代表大会是最高国家权力机关，决定战争与和平的问题，并行使《宪法》规定的国防方面的其他职权。全国人民代表大会常务委员会决定战争状态的宣布，决定全国总动员或者局部动员，并行使《宪法》规定的国防方面的其他职权。国家主席根据全国人民代表大会及其常务委员会的决定，宣布战争状态，发布动员令，并行使宪法规定的国防方面的其他职权。国务院负责领导和管理国防建设事业，下设国防部，作为国务院领导和管理国防建设事业的部门。国防部的具体工作由中国人民解放军四总部分别办理。中华人民共和国中央军事委员会领导并统一指挥全国武装力量。

动员准备和动员实施工作由国务院和中央军事委员会共同领导。在和平时期，国家进行动员准备工作，将人民武装动员、国民经济动员、人民防空、国防交通等方面的动员准备纳入国家总体发展规划和计划，逐步完善动员体制，建立战略物资储备制度。同时，开展全民国防教育，并将国防教育纳入国民经济和社会发展计划。

国防科研生产由国务院负责领导和管理，同时管理国防经费和国防资产。中央军事委员会批准武装力量的武器装备体制和武器装备发展规划、计划，协同国务院领导和管理国防科研生产，会同国务院管理国防经费和国防资产。根据国防发展需要，确定财政拨款的国防经费数额，订购和采购武器装备和其他军用物资，并根据国防建设和经济建设的需要，确定国防资产的规模、结构和布局，调整和处分国防资产。

中央军事委员会是中国人民解放军的最高领导机关，下设总参谋部、总政治部、总后勤部、总装备部四大职能部门，具体领导军队的建设和作战。

总部 中国人民解放军的总部由中央军事委员会领导下的总参谋部、总政治部、总后勤部、总装备部构成。中央军委通过四总部对各军区、各军兵种实施领导指挥。总参谋部是全国武装力量军事工作的领导机关，负责组织领导全国武装力量的军事建设，组织指挥全国武装力量的军事行动，下设作战、情报、训练、军务、动员等业务部门。总政治部是全军政治工作的领导机关，负责管理全军党的工作，组织进行政治工作，设有组织、干部、宣传、保卫等部门。总后勤部负责组织领导全军的后勤建设和后勤保障工作，下设财务、军需、卫生、军事交通运输、物资油料、基建营房、审计等部门。总装备部负责组织领导全军的武器装备建设工作，设有综合计划、军兵种装备、陆军装备科研订购、通用装备保障、电子信息基础、装备技术合作等部门。

军兵种 从军兵种组成上看，中国人民解放军由陆军、海军、空军三个军种和第二炮兵组成。其中陆军由步兵、炮兵、装甲兵、工程兵、通信兵、防化兵、陆军航空兵等兵种和专业部队组成。海军由水面舰艇部队、潜艇部队、航空兵、岸防兵、陆战队等兵种和专业部队组成。空军由航空兵、地空导弹与高射炮兵、雷达兵、空降兵等兵种和专业部队组成。第二炮兵由战略导弹部队、常规导弹部队以及专业部队组成。

军区 中国人民解放军的军区（战区）是根据国家的行政区划、地理位置和战略战役方向、作战任务等设置的军事组织，下辖若干陆军集团军、各兵种部队、后勤保障部队和省军区（卫戍区、警备区）。其主要职能是组织协调本区内陆军、海军、空军部队的联合作战行动和演习；直接领导所属陆军部队的组织建设、军事训练、行政管理、政治工作、后勤和装备保障等；领导本区的民兵、兵役、动员、人民防空和战场建设等工作。目前，中国人民解放军设有沈阳、北京、兰州、济南、南京、广州、成都7个军区。

此外,军事科学院、国防大学、国防科学技术大学直属中央军委领导。军事科学院是全军最高军事科学研究机关,是全军军事科学研究的中心。国防大学和国防科学技术大学是中央军事委员会直属院校。国防大学主要负责培训高级指挥人员、高级参谋人员和高级理论研究人员。国防科学技术大学主要负责培养高级科学和工程技术人才与专业指挥人才。

二 武装力量

中华人民共和国的武装力量由中国人民解放军现役部队和预备役部队、中国人民武装警察部队、民兵组成。其中现役部队是国家的常备军,由陆、海、空军和第二炮兵组成,在全国范围内设立7个军区,主要担负防卫作战任务,必要时可以依照法律规定协助维护社会秩序。20世纪80年代以来,经过3次裁减员额170万,到2005年,总实力为230万。

陆军兵力153万人。主要担负地面作战任务，它由步兵、装甲兵、炮兵、防空兵、陆军航空兵、工程兵、防化兵、通信兵、电子对抗兵、侦察兵和测绘兵等兵种组成。按照其担负的任务，陆军又划分为野战机动部队、海防部队、边防部队、警卫警备部队等。野战机动部队一般编为集团军、师(旅)、团、营、连、排、班。

海军兵力22.5万人。的主要任务是独立或协同陆军、空军防御敌人从海上入侵，保卫领海主权，维护海洋权益。它由潜艇部队、水面舰艇部队、航空兵、岸防兵和陆战队等组成。海军下辖北海、东海、南海 3 个舰队，舰队下辖基地、水警区、舰艇支队、舰艇大队等。

空军兵力 40 万人。实行空防合一的体制，其主要任务是组织国土防空，保卫国家领空和重要目标的空中安全，组织独立的空中作战，协同陆、海军和第二炮兵抗击敌人的空中入侵，从空中对敌实施打击。空军由航空兵、地空导弹兵、高射炮兵、空降兵及通信、雷达、电子对抗、防化、技术侦察等专业部（分）队组成。空军下辖 7 个军区空军，并设有基地。航空兵由歼击、强击、轰炸、侦察、运输航空兵及保障部（分）队组成。地空导弹兵和高射炮兵通常按师（旅）、团、营、连编成。空降兵按军、师、团、营、连编成。

第二炮兵兵力 10 万人。由地对地战略核导弹部队、战役战术常规导弹部队及相应的保障部（分）队组成。战略核导弹部队装备地对地战略核导弹武器系统，主要用来遏制敌人对我使用核武器，并在必要时独立或联合其他军兵种的战略核部队对敌实施有效自卫反击。战役战术常规导弹部队装备常规战役战术导弹武器系统，主要任务是进行常规导弹火力突击。

预备役部队 80 万人，以少数现役军人为骨干、预备役人员为基础组成的部队。预备役部队列入中国人民解放军序列，平时归省军区（卫戍区、警备区）建制领导，战时动员后归指定的现役部队指挥或单独遂行任务。平时按照规定进行训练，必要时可以依照法律规定协助维护社会秩序，战时根据国家发布的动员令转为现役部队。

中国人民武装警察部队 150 万人，属于国务院编制序列，是担负国家赋予的安全保卫任务、维护社会秩序的部队；受国务院、中央军事委员会双重领导，设有总部、总队（师）、支队（团）三级领导机关。由内卫部队、黄金、森林、水电、交通部队组成。其中，内卫部队是主要部队，由各总队和机动师组成。

民兵是中国共产党领导下的不脱离生产的群众武装，是中华人民共和国武装力量的组成部分，是中国人民解放军的助手和后备力量。民兵可担负战备勤务、防卫作战任务，协助维护社会秩序。凡 18～35 岁符合服兵役条件的男性公民，除应征服现役外，均应编入民兵组织服预备役。1987 年后组建了民兵应急分队，是一支应付突发事件、维护社会稳定的“拳头”力量。总参谋部主管全国的民兵工作，各军区负责本区域的民兵工作，省军区是本地区的民兵领导指挥机关。

第四节　武器装备与科研体系

一　武器装备建设

武器装备是军队战斗力的物质基础，其质量高低直接影响部队战斗力的高低。中国军队始终把武器装备建设放在突出地位，努力实现武器装备的现代化和信息化，不断提高军队整体防卫作战能力。

中华人民共和国成立以来，坚持以自力更生为主、积极借鉴国外先进军事技术的方针，武器装备现代化建设取得了巨大成就，为适应世界军事的发展和现代战争的要求，保卫国家的主权与安全，建设一支现代化的军队，确保完成国家赋予军队的神圣使命，提供了有力保障。特别是近年来，随着国家经济、科技的发展进步，军队的武器装备建设步伐加快，适应现代战争的高技术武器系统建设令人瞩目。当前和今后一段时期，中国军队将致力于科技强军战略，重点加强高技术武器装备的研制，尽快实现军队武器装备由半机械化、机械化向自动化、信息化的转变，为推进中国特色的军事变革，打赢未来信息化局部战争打下坚实的基础。

经过多年的努力，到目前为止，陆军及通用武器装备基本实现了制式化、系列化，火力压制、地面突击、战场机动、战场情报侦察、作战指挥和防护能力得到了提高，满足了多兵种联合作战的要求。海军在导弹化、立体化、信息化建设方面取得了很大进步，已具备了近海防御作战能力。空军具备了一定的全天候、全天时、全空域作战能力，一批高技术武器装备正在陆续装备部队。第二炮兵已拥有近程、中程、远程和洲际导弹武器系统，并具备快速反应和机动作战能力。各兵种的装备建设水平也有了很大提高。

为适应社会主义市场经济和军队建设发展的要求，中国军队从 1998 年起，逐步建立了新的武器装备管理体系。例如，坚持科技强军战略，依靠科技创新加快新型武器装备研制步伐，推动武器装备发展；重视发挥市场机制的作用，鼓励适度竞争，逐步完善军事装备订货制度，建立健全科研、订购合同制；逐步实行武器装备全系统、全寿命管理，提高高技术武器装备的质量，控制高技术武器装备的全寿命费用，增强武器装备建设的整体效益；进一步加强武器装备管理法规和装备工作制度的建设，使武器装备建设适应新的管理体系，走上协调有序、高效运行的轨道。

二　国防科技工业

完善、高水平的国防科技工业是实现国防现代化的主要前提之一。对于中国这样一个大国，光靠引进是买不来强大的现代化国防的，而必须有自己的独立、完善、先进的国防科技工业体系。只有这样，才能保障军事装备的生产和供应，满足国防建设的需要，提高国防现代化水平。

中华人民共和国成立以来，坚持独立自主、自力更生的方针，在较短的时间里，以较少的投入，建成了一个比较完整的国防科技工业体系，基本满足了人民解放军从单一陆军向陆军、海军、空军、第二炮兵诸军兵种合成军队发展的需要。尤其是在十分困难的情况下，集中全国的人力、物力和财力，实现了尖端技术的突破，研制成功原子弹、导弹和人造地球卫星，使中国成为世界上少数几个独立掌握核武器及空间技术的国家。在常规武器装备方面，中国已经实现了由仿制到自行研制的根本转变，有力地提高了军队武器装备现代化水平。2003年10月，中国成功地实现了载人飞船试验，成为世界上第三个掌握载人航天技术的国家，标志着中国空间技术获得了新的重大突破。

为适应社会主义市场经济发展需要，建立精干高效的国防科技工业新体系，中国对国防科技工业体制进行了重大改革。1998年3月，在国务院成立了新的国防科学技术工业委员会，主管国防科技工业，对国防科技工业实施政策、法规、规划、标准、监督等方面的行业管理。1999年7月，对核、航天、航空、船舶、兵器工业总公司等五个军工总公司进行改组，成立了中国核工业集团、中国核工业建设集团、中国航天科技集团、中国航天机电集团、中国航空工业第一集团、中国航空工业第二集团、中国船舶工业集团、中国船舶重工集团、中国兵器工业集团和中国兵器装备集团等十大集团公司。通过这一系列改革，在国防科技工业中引入了市场竞争机制，结构得到了优化、布局得到了改善，军工队伍精干化，平战转化能力增强，开放式的新军工体系初步形成。

中国坚持军民结合、寓军于民的方针，积极推进国防科技工业改革、调整和发展，提高自主创新能力。中国国防科技工业以国家科技力量为依托发展军工科研生产，并积极加强与世界各国国防科技工业的合作与交流，促进高新技术武器装备研制，加速科研成果转化步伐，努力为军队提供性能先进、质量可靠、配套完善的武器装备。同时，中国国防科技工业大力推进和平利用军工技术，充分发挥军工行业的优势，优先发展民用核电、航天、航空和船舶等产业，实现军民相互促进的良性循环，从而使国防科技工业成为国民经济建设的重要力量。

第五节　教育与训练

对任何一支军队来讲，教育与训练都是和平时期提高部队战斗力的最重要途径。中国军队始终强调军事训练的战略地位，从实战需要出发，从难、从严训练部队，努力成为一支能够在高技术条件下战胜任何敌人的部队。经过数十年的发展建设和不断改革，中国军队在继承优良传统的基础上，形成了具有自身特色的、比较完善的部队训练和院校教育体系。

从20世纪90年代开始，中国军队为适应世界军事领域的深刻变革，以打赢高技术条件下局部战争为目标，积极开展科技练兵，大力加强军事训练改革；发展创新军事理论，深入研究高技术局部战争的新情况、新特点；加强军事训练学科建设，不断完善作战训练理论特别是联合作战训练理论，修订并颁布了新一代《战役纲要》、《战斗条令》；改革训练内容，突出新知识、新技能、新装备、新战法的学习和训练，加大训练难度和强度，形成了新的训练内容体系；改进训练方法和手段，积极推进基地化、模拟化、网络化训练，建成了适应不同作战训练要求的合同战术训练基地体系，基本完成了战役、战术模型与武器系统模拟器的连接和各军兵种、各专业模型的互联，推广了分布交互式作战指挥模拟系统、新型装备操作训练模拟器材和计算机辅助训练系统，形成了覆盖全军各大单位和院校的军事训练信息网络；完善训练管理机制，严格执行《中国人民解放军军事训练条例》等训练法规，实施正规化训练，并适应国家、军队改革调整出现的新形势，加强和改进了训练的组织领导与管理。近年来，周密组织实施了兰州、济南、南京、广州等战区诸军兵种联合军事演习，全面提高了官兵综合素质和高技术条件下部队的整体作战能力。

院校是培养军事人才的基地，军队院校的建设关系到能否培养出适应未来战争需要的新型军事人才的大问题，在国防和军队建设中占有重要地位。中国军队院校坚持把培养高素质的新型军事人才作为根本目标，着眼21世纪国防和军队现代化建设的需要，建立具有中国特色的军队院校教育体制。1999年军队院校进行体制编制调整改革，撤销、合并、改建了部分院校，将原来培养指挥军官和技术军官的两大类院校，调整为培养生长军官和在职军官的两大类院校，并新组建了国防科学技术、信息工程、理工、海军工程和空军工程5所综合大学。在军官培训体制方面，除军队自己培养一部分外，逐步加大依托国民教育培养的力度，逐年扩大研究生教育规模，力争到2010年使生长军官基本接受高等教育。在军官组训方式方面，部分生长军官先在综合院校完成本科学历教育和军事基础训练，再根据即将担任的职务在专业院校完成专业训练；将技术性较强的指挥专业与相应技术专业融合成新专业，对部分军官实行指挥与技术合训；对中级指挥军官实行军政合训，指挥员与参谋人员同校培训，医务和机关政治军官全军统一归口培训。通过调整改革，军队院校的总数减少了约1/3，院校体制趋向规模化和综合化，军事人才培训层次、质量和效益得到明显提高。2003年中央军委决定再次裁减军队员额20万，进一步优化军队编制体制，逐步建立适应信息化战争需要的体制、规模和结构。军队院校是这次精简调整的重要一环，本着减少数量、提高质量、规模集成的原则，根据几年来新情况，进一步改革、撤销、合并部分院校，将军队院校建设成为高素质新型军事人才辈出的基地。

第六节 兵役制度

一 兵役工作领导管理体制

中国的兵役工作，在国务院、中央军事委员会领导下，由国防部负责。各军区按照国防部赋予的任务，负责办理本区域的兵役工作。省军区（卫戍区、警备区）、军分区（警备区）和县、自治县、市、市辖区的人民武装部，兼任各该级人民政府的兵役机关，在上级军事机关和同级人民政府领导下，负责办理本区域的兵役工作。

机关、团体、企业事业单位和乡、民族乡、镇的人民政府，依法完成兵役工作任务。在设有人民武装部的单位，由人民武装部办理；不设人民武装部的单位，确定一个部门办理。

二 现役

中国实行义务兵与志愿兵相结合、民兵与预备役相结合的兵役制度。凡中华人民共和国公民，不分民族、种族、职业、家庭出身、宗教信仰和教育程度，都有依法服兵役的义务。

现役士兵 按兵役性质分为义务兵役制士兵和志愿兵役制士兵。义务兵役制士兵称义务兵。义务兵服现役的期限为2年。志愿兵役制士兵称士官。士官从服现役期满的义务兵中选取，根据军队需要，也可以从非军事部门具有专业技能的公民中招收。士官实行分期服现役制度，其服役年限为：第一期、第二期各3年，第三期、第四期各4年，第五期5年，第六期9年以上。士官服现役的期限一般不超过30年，年龄不超过55岁。

现役军官是被任命为排级以上职务或者初级以上专业技术职务，并被授予相应军衔的现役军人。军官按职务性质分为军事军官、政治军官、后勤军官、装备军官和专业技术军官。坚持院校培训提拔军官的制度。

现役军官由下列人员补充：军事院校毕业的学员；经考核适合担任军官职务的优秀士兵；高等院校、中等专业学校毕业的适合担任军官职务的学生；军队的文职干部和个别接收的非军事部门的专业技术人员。在战时，现役军官还由下列人员补充：可以直接任命为军官的士兵；征召的预备役军官和适合服现役的非军事部门的干部。

三 预备役

按照规定经过兵役登记的应征公民，未被征集服现役的，服士兵预备役。士兵预备役的年龄，为18岁至35岁。士兵预备役分为第一类和第二类。

第一类士兵预备役包括下列人员：经过登记服士兵预备役的35岁以下的退出现役的士兵；经过登记服士兵预备役的35岁以下的地方与军事专业对口的技术人员；其他编入预备役部队和预编到现役部队的28岁以下的预备役士兵。第二类士兵预备役包括下列人员：除服第一类士兵预备役的人员外，编入民兵组织的人员；其他经过登记服士兵预备役的35岁以下的男性公民。

预备役军官包括下列人员：退出现役转入预备役的军官；确定服军官预备役的退出现役的士兵；确定服军官预备役的高等院校毕业学生；确定服军官预备役的专职人民武装干部和民兵干部；确定服军官预备役的非军事部门的干部和专业技术人员。

适合担任军官职务的专职人民武装干部、民兵干部、非军事部门的干部和专业技术人员，由县、自治县、市、市辖区的兵役机关进行登记，报请上级军事机关批准，服军官预备役。

预备役军官按照规定服预备役已满最高年龄的，退出预备役。

民兵是不脱离生产的群众武装组织，是中国人民解放军的助手和后备力量。乡、民族乡、镇和企业事业单位建立民兵组织。凡18岁至35岁符合服兵役条件的男性公民，除应征服现役的以外，编入民兵组织服预备役。

四　文职干部

中国人民解放军根据需要配备文职干部。文职干部是军队编制额内不授予军衔的干部，是军队建设的重要力量，是国家干部队伍的组成部分。由现役军官改任的文职干部保留军籍。

文职干部实行任命和聘任相结合的制度，按编制员额和编制职务等级配备。

文职干部主要来源于军队院校毕业学员，地方高等学校、中等专业学校毕业生，现役军官和地方专业技术干部。

文职干部的待遇、转业安置办法、补助费标准和转业后的工资待遇，比照现役军官执行。

五　现役军人的优待和退出现役的安置

现役军人，革命残废军人，退出现役的军人，革命烈士家属，牺牲、病故军人家属，现役军人家属，应当受到社会的尊重，受到国家和人民群众的优待。现役军人牺牲、病故，由国家发给其家属一次性抚恤金和定期抚恤金。

军官达到服现役的最高年龄、因伤病残不能坚持正常工作或因受军队编制员额限制不能调整使用的，应当退出现役作转业、退休、离休安置。军官退出现役后，由国家妥善安置。

义务兵服现役期间，其家属由当地人民政府给予优待，优待的标准不低于当地平均生活水平。

义务兵服现役期满未被选取为士官的，以及士官服役满本期规定年限未被批准进入下一期继续服现役的和符合退休条件的一律退出现役。义务兵退出现役后，按照从哪里来、回哪里去的原则，由原征集的县、自治县、市、市辖区的人民政府接收安置。国家对在服现役期间患精神病、慢性病复发的义务兵退出现役后给予治疗和补助。

士官退役安置，视情分别实行复员、转业、退休制度。

民兵因参战执勤牺牲、残废的，预备役人员和学生因参加军事训练牺牲、残废的，由当地人民政府按照民兵抚恤优待条例给予抚恤优待。

六　平时征集

根据国务院和中央军事委员会的命令，确定全国每年征集服现役的人数、要求和时间。主要征集对象是每年12月31日以前年满18岁的男性公民。当年未被征集的，在22岁以前，仍可以被征集服现役。根据军队需要，可以按照以上规定征集女性公民服现役。根据军队需要和自愿的原则，可以征集当年12月31日以前未满18岁的男女公民服现役。

每年12月31日以前年满18岁的男性公民，都应当在当年9月30日以前，按照县、自治县、市、市辖区的兵役机关的安排，进行兵役登记。经兵役登记和初步审查合格的，称应征公民。

应征公民是维持家庭生活的唯一劳动力或者是正在全日制学校就学的学生，可以缓征。不征集被羁押正在受侦查、起诉、审判的或者被判处徒刑、拘役、管制正在服刑的应征公民。

七　战时兵员动员

在国家发布动员令以后，各级人民政府、各级军事机关，必须迅速实施动员：现役军人停止退出现役，休假、探亲的军人必须立即归队，预备役人员随时准备应召服现役，在接到通知后，必须准时到指定的地点报到，机关、团体、企业事业单位和乡、民族乡、镇的人民政府负责人，必须组织本单位被征召的预备役人员，按照规定的时间、地点报到；交通运输部门要优先运送应召的预备役人员和返回部队的现役军人。

战时遇有特殊情况，国务院和中央军事委员会可以决定征召36岁至45岁的男性公民服现役。战争结束后，需要复员的现役军人，根据国务院和中央军事委员会的复员命令，分期分批地退出现役，由各级人民政府妥善安置。　（熊玉祥）

第十三章 外交

第一节 外交基本原则

中华人民共和国以马列主义、毛泽东思想、邓小平理论和“三个代表”重要思想作为分析国际形势、制定对外政策的指南，并从中国人民和世界人民的根本利益和长远利益出发，把反对霸权主义和强权政治、维护世界和平、发展各国友好合作和促进共同经济繁荣，作为外交工作的根本目标，并据此形成了独立自主的和平外交方针。

中国处理对外关系所遵循的基本原则贯穿在中国《宪法》对外交政策的规定中。1949 年起临时宪法作用的《共同纲领》和历次修订的《宪法》对外交方针都作出明确规定。现行《宪法》在序言中对中国外交的基本原则作了更完整的表述：“中国坚持独立自主的对外政策，坚持互相尊重主权和领土完整、互不侵犯、互不干涉内政、平等互利、和平共处的五项原则，发展同各国的外交关系和经济、文化的交流；坚持反对帝国主义、霸权主义、殖民主义，加强同世界各国人民的团结，支持被压迫民族和发展中国家争取和维护民族独立、发展民族经济的正义斗争，为维护世界和平和促进人类进步事业而努力。”

2002 年 11 月，中共十六大报告高度概括了中国的外交原则，并对新时期外交方针政策作了如下规定：

“我们主张顺应历史潮流，维护全人类的共同利益。我们愿与国际社会共同努力，积极促进世界多极化，推动多种力量和谐并存，保持国际社会的稳定；积极促进经济全球化朝着有利于实现共同繁荣的方向发展，趋利避害，使各国特别是发展中国家都从中受益。”

“我们主张建立公正合理的国际政治经济新秩序。各国政治上应相互尊重，共同协商，而不应把自己的意志强加于人；经济上应相互促进，共同发展，而不应造成贫富悬殊；文化上应相互借鉴，共同繁荣，而不应排斥其他民族的文化；安全上应相互信任，共同维护，树立互信、互利、平等和协作的新安全观，通过对话和合作解决争端，而不应诉诸武力或以武力相威胁。反对各种形式的霸权主义和强权政治。中国永远不称霸，永远不搞扩张。”

“我们主张维护世界多样性，提倡国际关系民主化和发展模式多样化。世界是丰富多彩的。世界上的各种文明、不同的社会制度和发展道路应彼此尊重，在竞争比较中取长补短，在求同存异中共同发展。各国的事情应由各国人民自己决定，世界上的事情应由各国平等协商。”

“我们主张反对一切形式的恐怖主义。要加强国际合作，标本兼治，防范和打击恐怖活动，努力消除产生恐怖主义的根源。”

“我们将继续改善和发展同发达国家的关系，以各国人民的根本利益为重，不计较社会制度和意识形态的差别，在和平共处五项原则的基础上，扩大共同利益的汇合点，妥善解决分歧。”

“我们将继续加强睦邻友好，坚持与邻为善、以邻为伴，加强区域合作，把同周边国家的交流和合作推向新水平。”

“我们将继续增强同第三世界的团结和合作，增进相互理解和信任，加强相互帮助和支持，拓宽合作领域，提高合作效果。”

“我们将继续积极参与多边外交活动，在联合国和其他国际及区域性组织中发挥作用，支持发展中国家维护自身的正当权益。”

“我们将继续坚持独立自主、完全平等、互相尊重、互不干涉内部事务的原则，同各国各地区政党和政治组织发展交流和合作。”

“我们将继续广泛开展民间外交，扩大对外文化交流，增进人民之间的友谊，推动国家关系的发展。”

第二节 外交活动

中华人民共和国的外交既有一贯坚持的基本原则，又有不同时期根据当时的国际形势而制定的具体方针政策。反映在外交活动中，则表现为根据国际形势的变化，以及新中国外交实践经验的不断总结，中国的具体对外政策特别是在对一些大国关系上，不同时期曾做出相应的调整，大致经历了五个阶段。

第一阶段，在美苏对峙的20世纪50年代，中国面临美国的敌视和威胁，与美国关系恶化；与苏联则因苏大国沙文主义发展而由友好走向分歧严重；中国积极倡导和平共处五项原则，大力加强与亚非国家友好合作。

1949年10月中华人民共和国成立时，起临时宪法作用的《共同纲领》规定："中华人民共和国外交政策的原则，为保障本国独立、自由和领土主权的完整，拥护国际的持久和平和各国人民间的友好合作，反对帝国主义的侵略政策和战争政策。"

新中国成立后，由于美国继续执行扶蒋反共政策，并发动侵朝战争，派第七舰队封锁台湾海峡，严重威胁中国安全，使中美关系较长时期处于对立状态。针对美国对中国的遏制和威胁，经过同美国在朝鲜、印度支那和台湾地区三条战线的较量，挫败了美国对新中国的政治孤立、经济封锁和军事威胁，继而通过朝鲜停战谈判和日内瓦会议，稳定了南北边陲的局势。

新中国成立伊始，同苏联等社会主义国家和其他一些友好国家建立了外交关系。中国同苏联缔结了《友好同盟互助条约》，进行了密切的互助合作。但对苏联的大国沙文主义进行了批评和斗争，树立了不畏强暴、伸张正义、坚持原则、说话算数的形象。

中国同印度、缅甸共同倡导了举世闻名的和平共处五项原则，促进睦邻友好关系，着手同邻国解决历史遗留的边界问题和双重国籍问题。参加了具有重大历史意义的亚非会议，发扬了团结反帝、求同存异的精神，大力加强与亚非国家的友好合作。

第二阶段，在大动荡、大分裂、大改组的20世纪60年代，中国外交既反对美帝国主义的侵略，又反对苏联霸权主义，并大力支持亚非拉民族解放运动。

由于苏联大国霸权主义的干扰，中苏两轮边界会谈陷入僵局，苏联还入侵中国珍宝岛。在中国的坚决反击下，苏联控制中国的企图有所收敛。中国反对美国侵略，援助越南进行抗美战争。参加第二次日内瓦会议，支持柬埔寨和平中立政策，形成了第二次建交高潮，一大批非洲国家和阿拉伯国家同中国建立了外交关系；同拉美国家积极开展民间往来；实行睦邻政策，通过和平协商、互谅互让，实事求是地同大多数邻国签订了边界条约并解决了双重国籍问题。中国对20世纪60年代出现的民族独立运动高潮，给予了力所能及的支援，周恩来总理提出了中国同非洲国家和阿拉伯国家相互关系的五项原则①和中国对外援助的八项原则（见本书上卷第417页注①）。中国对发展同西欧和加拿大、澳大利亚、新西兰等国关系，采取民间开道、逐步前进的方针。1964年中法建交影响深远。中日关系有所进展，进入"半民间半官方"阶段。20世纪60年代后期，排除"文化大革命"对外交工作的干扰，中国外交在这一时期经受住了严峻的考验。

第三阶段，20世纪70年代，面对苏联对中国安全的严重威胁，中国提出了三个世界划分的战略思想，在国际舞台上取得了突破性进展；调整对美政策，推动了中美关系正常化的进程。

由于苏联扩张主义的发展，20世纪70年代苏联在中苏边境和蒙古陈兵百万进行威胁，实行南下战略，加紧与美国争霸。毛泽东主席提出三个世界划分的战略思想，认为美苏是第一世界，日本、欧洲和加拿大是第二世界，亚非拉广大地区是第三世界。中国反对苏联武力威胁中国和抢占战略据点的侵略行径，支持柬埔寨和阿富汗两国人民分别抗击越南、苏联入侵的斗争，挫败苏联的全球战略部署；终止了《中苏友好同盟互助条约》。中国恢复了在联合国的合法席位，努力建立反对霸权主义的国际统一战线，大力开展同第二世界国家的友好合作关系。积极开展多边外交，实现了中日邦交正常化，双方缔结了《中日和平友好条约》。

以美国总统尼克松访华为契机，1972年2月28日，中美发表了《上海公报》，互设联络处，并于1978年发表建交公报，实现了关系正常化。中国同东欧、第三世界国家交往加深，出现了北美、澳洲、西欧国家、第三世界国家同中国新的建交高潮，同中国建交

① 1963年12月13日至1964年3月1日，周恩来总理、陈毅副总理访问亚、非、欧14国。访问非洲期间，周总理提出了中国同非洲和阿拉伯国家相互关系的五项原则。1964年4月，周总理在人大常委会和国务院全体会议上，作了关于访问14国的报告，重申了这五项原则，即：(1)支持非洲和阿拉伯各国人民反对帝国主义和新老殖民主义、争取和维护民族独立的斗争。(2)支持非洲和阿拉伯各国政府奉行和平中立的不结盟政策。(3)支持非洲和阿拉伯各国人民用自己选择的方式实现团结和统一的愿望。(4)支持非洲和阿拉伯各国通过和平协商解决彼此之间的争端。(5)主张非洲和阿拉伯各国的主权应当得到所有其他国家的尊重，反对来自任何方面的侵略和干涉。

的国家从1970年的55个增加到1980年的124个，其中包括所有的西方大国，中国的国际地位得到了进一步提高。

第四阶段，20世纪80年代，面对新的形势，中国重新估计了战争与和平问题，确立了和平与发展是当代主题的认识，不再以对某一国的态度来画线和决定亲疏；赋予独立自主以不结盟的新含义，坚持在和平共处五项原则的基础上扩大对外经贸、科技和文化方面的交流与合作。

基于对国际形势发展的科学论断，邓小平同志提出“在较长时间内不发生大规模的世界战争是有可能的”，和平与发展是当代世界主题的战略思想。中国开展和平外交的活动取得明显进展。

中美关系有新的发展，双方高层领导人频繁互访，在经济、贸易和科技领域的友好合作关系也取得了长足进步；但双方在台湾问题和人权、贸易壁垒等问题上仍存在较大分歧。中日关系继续发展，双方领导人频繁互访，经济往来增多，但日本在承认侵华战争方面态度暧昧，80年代接连发生了日本教科书事件、日本首相参拜靖国神社事件、光华寮事件等，为两国关系带来了不良影响。中国同苏联实现了两国关系正常化，经贸关系有所发展。多边外交成效显著，同欧共体及其各成员国关系得到全面发展，与澳洲、亚非拉关系进一步深化。加入亚洲开发银行，积极推进世界裁军进程的进展。

1989年“六四”事件之后，以美国为首的西方国家对中国进行“制裁”，中国外交面临着反对“和平演变”和打破西方制裁的双重任务。

第五阶段，进入20世纪90年代以来，面对两极格局崩溃后的新形势，中国在努力加快改革开放步伐、增强综合国力、反对强权政治的同时，积极主张并切实促进公平、合理的国际政治、经济新秩序的建立；警惕并反对针对中国的“和平演变”；根据国际形势的变化，中国积极参与世界经济竞争，加强中外经贸往来、科技交流明显增多。

20世纪90年代前半期，中国着重发展睦邻友好关系，积极参加亚洲太平洋事务。同发展中国家的团结与合作不断加强。超越意识形态，保持和发展同原苏联、东欧国家关系。打破西方“制裁”取得突破性进展，中日关系全面恢复与发展，中国与欧洲在各个领域的关系得到明显改善。中美关系有所恢复。积极开展多边外交，与东盟关系全面发展，中越关系正常化，与以色列、韩国及新独立的原苏联各加盟共和国建交。中国积极参加联合国在解决地区冲突、经济、裁军、环境保护、国际人权事务等领域的活动。

1996年，中美、中日之间出现了一系列问题，但在中方的努力下，及时有效地控制住了中美、中日关系下滑的趋势，为进一步改善双方关系打下了基础。中国继续加强对欧盟国家的外交，双方高层交往密切，政治、经济、科技等方面的合作均有新的发展。中国领导人出席首届亚欧会议，提出建立跨世纪的亚欧新型伙伴关系，对中欧关系给予有力的推动。中俄关系取得突破性进展，在1996年叶利钦总统访华期间，两国决定建立面向21世纪的战略协作伙伴关系，使双方的交往、协作机制化。

周边外交活跃，取得引人注目的成果。北疆通过与俄罗斯等国的边界协定获得安定，中朝、中国与东盟关系稳步发展。南中国海保持了相对平静。与南亚国家关系获得发展与改善。与亚非拉发展中国家关系得到全面发展，高层互访频繁，经贸往来大大增强。与东欧及大洋洲的一些发展中国家的外交关系也得到新的加强。在联合国多边外交中，中国积极参加并签署了全面禁止核试验条约。

香港、澳门先后回归祖国，洗雪了中华民族百年的耻辱，将国家统一大业大大向前推进了一步。在日内瓦联合国人权会议上，中国逐次挫败了西方反华提案，而且首次打破了西方集团在人权问题上的反华统一战线。有力打击了台湾当局在多边和双边领域搞“两个中国”、“一中一台”、分裂祖国的图谋。

20世纪90年代，继1996年与俄罗斯建立“战略协作伙伴关系”后，中国与法国建立了“全面伙伴关系”，与美国确立了建立“建设性战略伙伴关系”的目标，与日本确认双方努力构筑“面向21世纪的睦邻互信伙伴关系”，与非洲国家建立“面向21世纪，长期友好、全面合作关系”，与加拿大、墨西哥建立“跨世纪的全面合作伙伴关系”，中国努力构筑的“面向21世纪新型伙伴关系”框架结构已经出现。

21世纪初，中国立足亚太，稳定周边的外交方针进一步推向深入。按照“10+1”和“10+3”的机制巩固与发展同东盟及其他国家友好合作关系。2001年6月15日，中国、俄罗斯、哈萨克斯坦、吉尔吉斯斯坦、塔吉克斯坦和乌兹别克斯坦六国元首在上海签署《上海合作组织成立宣言》，将中国与俄、哈、塔、吉、乌的睦邻友好关系推向新的阶段。2001 年 7 月 16 日于莫斯科签订的《中俄睦邻友好合作条约》将两国“世代友好、永不为敌”的和平思想用法律形式确定下来，成为指导新世纪中俄关系发展的纲领性文件。2001 年 10 月布什总统出席在上海举行的亚太经合组织领导人第九次非正式会晤时表示：“美国愿意同中国一起发展建设性合作关系”，为新世纪中美建设性关系的稳定发展创造条件。在 21 世纪，中国还将一如既往的积极参与朝鲜半岛问题的解决，为朝鲜半岛的和平与稳定作出新的贡献。

新世纪伊始，中共十六大的召开，为中国开创新世纪外交新局面展现出良好前景。江泽民同志在十六大报告中指出：“不管国际风云如何变幻，我们始终不渝地奉行独立自主的和平外交政策。中国外交政策的宗旨，是维护世界和平，促进共同发展。我们愿同各国人民一道，共同推进世界和平与发展的崇高事业。”

在纷繁复杂的国际形势中，中国新一届政府沉着应对，开拓进取，采取了一系列重大外交行动。2003 年 5 月底胡锦涛主席访问俄罗斯，进一步深化了两国的战略协作伙伴关系。2003 年 6 月，印度总理瓦杰帕伊访华期间，两国签署了《中印关系原则和全面合作的宣言》这一纲领性文件，不仅确立了中印关系的目标和指导原则，也是中印关系进入新阶段的重要标志。2003 年 10 月在印尼巴厘岛召开的东亚系列首脑会议期间，中国作为第一个非东南亚大国正式加入《东南亚友好合作条约》，这是中国与东盟增强政治互信的一个重要举措。2003 年 10 月初，中日韩三国领导人发表《中日韩推进三方合作联合宣言》。中日韩三国的携手，预示着东北亚合作进程即将启动，将对促进该地区共同发展与共同繁荣产生积极和深远的影响。

新世纪初，国际敏感问题和突发事件骤然增多，诸如，伊拉克战争的爆发、朝核问题的激化……为中国的和平发展带来风险。对此，中国政府妥善应对，积极化挑战为机遇，在伊拉克问题上，一方面看到斗争的实质是单极和多极之争，另一方面也考虑到当前国际力量对比严重失衡的现实和中国外交全局的需要，坚持原则，讲究策略。朝核问题再次激化后，中国领导人认真分析形势，从维护朝鲜半岛和平与稳定、维护国家发展战略环境的大局出发，主动牵头，积极斡旋，努力推动和平解决。2003 年经中国努力，朝核问题三方会谈和第一轮六方会谈先后于 4 月下旬和 8 月末在北京举行。继之，于 2004 年 2 月和 6 月，又继续在北京举行了第二轮和第三轮朝核问题六方会谈。朝核第四轮六方会谈第一阶段会议于 2005 年 7 月 26 日～8 月 7 日在北京举行，六方围绕实现朝鲜半岛无核化目标，进行了认真务实深入的讨论和磋商。第二阶段会议于 9 月 13～19 日举行，发表了《共同声明》，为一揽子解决朝核问题确立了框架。2005 年 11 月 9～11 日，第五轮六方会谈第一阶段会议通过了《主席声明》，重申将根据“承诺对承诺、行动对行动”原则，全面履行共同声明。2006 年 10 月 9 日，朝鲜宣布成功地进行了地下核试验。联合国安理会 14 日通过第 1718 号决议，对朝鲜核试验表示谴责，要求朝鲜放弃核武器和核计划，立即无条件重返六方会谈。经过中国积极斡旋，11 月 18～22 日第五轮六方会谈第二阶段会议在北京举行。22 日后休会。2007 年 2 月 8～13 日，第五轮六方会谈第三阶段会议在北京举行，2 月 13 日通过共同文件《落实共同声明起步行动》。六方就落实 2005 年 9 月 19 日共同声明起步阶段各方应采取的行动进行了认真和富有成效的讨论。3 月 19～22 日，根据 2 月 13 日的文件，第六轮六方会谈在北京举行。3 月 22 日，各方同意暂时休会，尽快复会。

2005 年 9 月 15 日，胡锦涛主席在联合国成立 60 周年首脑会议上发表题为《努力建设持久和平、共同繁荣的和谐世界》的重要讲话，并提出四点意见：(1)坚持多边主义，实现共同安全；(2)坚持互利合作，实现共同繁荣；(3)坚持包容精神，共建和谐世界；(4)坚持积极稳妥方针，推进联合国改革。同日，胡主席在联合国成立 60 周年首脑会议圆桌会议上，就联合国改革问题提出四点看法：(1)要着眼大局，坚持原则；(2)要发扬民主，广泛协商；(3)要积极稳妥，循序渐进；(4)要把握重点，全面推进。

2006 年 4 月 18～21 日，胡锦涛主席访问美国。4 月 20 日，胡锦涛主席与布什总统进行了务实、建设性的会谈，就中美关系和共同关心的重大国际和地区问题深入交换了意见，达成重要共识。胡主席指出，中美关系已超越双方关系的范畴，越来越具有全球影响和战略意义。中美在维护世界和平、促进共同发展方面拥有广泛而重要的共同战略利益，肩负着共同责任。中美双方不仅是利益攸关方，而且更应该是建设性合作者，双方应共同努力，全面推进中美建设性合作关系。布什总统赞同胡主席对双边关系的评价。他说，中美合作领域日益宽广。中国是伟大的国家，国际地位显著提升，中国是维护世界和平的关键伙伴，对世界和平发挥着日益重要的影响。双方一致认为，在当前国际形势下，中美拥有广泛而重要的共同战略利益，互利合作前景广阔；良好的中美关系对维护和促进亚太地区和世界的和平、稳定、繁荣具有战略意义。双方同意从战略高度和长远角度看待和处理两国关系，全面推进21世纪中美建设性合作关系，更好地造福两国人民和世界各国人民。

2006年6月15日上海合作组织成员国元首理事会第六次会议在上海圆满结束。峰会期间，胡锦涛主席同其他成员国元首围绕弘扬“上海精神”、深化务实合作、促进和平发展的主题，提出了上海合作组织发展的远景规划，签署了《上海合作组织五周年宣言》等重要文件，为上海合作组织的下一步发展确定了方向和任务。

2006年6月17～24日温家宝总理对埃及、加纳、刚果（布）、安哥拉、南非、坦桑尼亚和乌干达7国进行了正式访问，访问达到了“加深友谊、增进互信、拓展合作、共同发展”的目的，对新时期中非关系的发展产生深远影响。

2006年7月17日胡锦涛主席出席了在俄罗斯圣彼得堡召开的八国集团同发展中国家领导人会议。在16日抵达圣彼得堡当天，胡锦涛同出席对话会议的印度、巴西、南非、墨西哥和刚果（布）5个发展中国家领导人举行了集体会晤，胡锦涛在会晤中阐述了中国政府对加强南南合作和国际发展合作的主张。八国集团同发展中国家领导人会议期间，胡锦涛参加了中国、俄罗斯、印度三国领导人会晤，会见了有关国家领导人，就双边关系及共同关心的国际问题交换意见。

2006年9月9～16日，温家宝总理访问了芬兰、英国、德国和塔吉克斯坦，并出席了在赫尔辛基举行的第九次中欧领导人会晤、第六届亚欧首脑会议和在杜尚别举行的上海合作组织成员国总理第五次会议。9月10日，在芬兰首都赫尔辛基召开的第六届亚欧首脑会议上，温家宝和来自东盟10国、韩国、日本及欧盟成员国和欧盟委员会代表共同庆祝亚欧首脑会议成立10周年。温家宝在首脑会议上发表了《加深亚欧合作，共同应对挑战》的讲话。

2006年10月13日，胡锦涛主席与来华进行工作访问的韩国总统卢武铉举行会谈。双方一致同意，不断深化中韩全面合作伙伴关系，为维护和促进朝鲜半岛及东北亚和平、稳定与发展而共同努力。

面向21世纪，中国将依照中共十六大提出的外交原则，坚持独立自主的和平外交政策，在国际上高举和平、发展、合作的旗帜，树立公正、民主、进步的形象，开展中国特色的大国外交，与世界各国友好相处，发展互利合作，不断推动建立公正合理的国际政治经济新秩序。

第三节　外交成就

中华人民共和国成立50多年来，在外交战线上取得了显著成就。尽管国际风云变幻，中国始终坚持和平、独立、友好、发展的宗旨，不断调整、充实、完善对外政策，经受住了各种考验，赢得了众多的国际好友和崇高的国际地位，为振兴中华、统一祖国大业，为世界和平与发展，作出了应有的贡献。

（一）彻底改变了旧中国100多年来的屈辱外交，维护了国家主权和利益，实现了真正的独立自主。

（二）倡导和奉行和平共处五项原则，为新型国际关系的建立和国际经济政治新秩序的形成作出了重要贡献。

（三）把爱国主义和国际主义结合起来，对世界人民反帝反殖反霸、争取独立和平发展的进步事业，给予了大力支援。

（四）为祖国和平统一大业做出了杰出贡献。

（五）对外开放全面展开，积极参与世界经济竞争；推动世界裁军进程取得阶段性成就。

（六）发展睦邻友好关系，为改革开放和现代化建设事业创造了和平安定的周边环境。

（七）国际影响不断扩大，国际地位不断提高。

（八）民间外交活跃，成效显著。

（九）随着客观形势的演变和主观认识的深化，经过多次调整，逐步形成了一套具有中国特色的外交政策和外交风格。其主要特点是：独立自主、捍卫主权、维护和平、反对霸权、和平共处、友好合作、平等互利、共同发展，不畏强暴，主持公道，坚持原则、求同存异，实事求是、说话算数，不卑不亢、以理服人。

中国外交的这些独特风格在国际上树立了新中国的庄严形象，争取了朋友，赢得了信誉。（马文增）

第十四章　台湾省

第一节　概述

台湾自古以来就是中国领土不可分割的一部分。它曾长期属于中国一个省的建制。但在20世纪90年代，台湾地区行政当局实行“精省”工作，对台湾省长、省议员选举予以“冻结”，“虚化”台湾省政府的功能。由于历史形成的原因，现在的台湾地区行政当局所管辖的不仅有台湾本岛、绿岛、兰屿、琉球屿、龟山屿、彭佳屿、钓鱼岛、黄尾屿等22个附属岛屿及澎湖列岛64个岛屿，还有原来福建省所属的金门、马祖等多个岛屿。

据考古确定，在远古时代，台湾和祖国大陆相连，后因地壳运动，相连部分的陆地沉为海峡，台湾、澎湖等地遂成为海岛。

据考古发掘，台湾古人类渊源于祖国大陆。秦(公元前221～前206)、汉(公元前206～公元220)以后有关台湾的记载已很具体。历史上，曾称台湾为“岱员”、“岛夷”等。汉朝时称为“东鳀”；东汉(公元25～220)、三国(220～280)时称为“夷洲”。公元230年(三国孙吴黄龙二年)，吴王孙权(182～252)曾派卫温、诸葛直二将军率兵万人渡海至台湾，进行垦拓、经营和守卫。隋朝(581～618)时称流求，一直沿用到宋(960～1279)、元(1206～1368)。亦称“琉求”、“留求”、“瑠求”、“琉球”。隋朝时多次派人前去，大业六年(610)陈稜、张镇周率兵万余自义安(今广东潮州市)渡海至流求。南宋(1127～1279)时，澎湖隶属福建路晋江县；元、明(1368～1644)设巡检司于澎湖，管辖澎湖、台湾民政。明朝时对其称谓最多，除称“小琉球”外，又称“台员”、“大湾”、“大园”、“北港”、“东番”、“鸡笼”等，明万历年间始称“台湾”，并在官方文件上正式使用。

1624、1626年，荷兰和西班牙殖民者分别从南、北两面入侵台湾；1642年荷兰殖民主义者占领台湾。1661～1662年，民族英雄郑成功(1624～1662)在台湾民众的协助下，从荷兰殖民者手中收复了台湾。1683年，郑成功之孙郑克塽(1670～?)归顺清朝，清政府正式管辖台湾，1684年在台设“分巡台厦兵备道”及台湾府，隶属福建省。1727年，清政府正式定“台湾”为官方统一名称。1885年，清政府决定将闽、台分别管理，在台湾正式建省，直接受中央政府管辖，台湾成为当时中国的第20个行省。

1840年鸦片战争后，美、英、法、日等殖民主义国家都曾入侵过台湾。1894年，清政府在中日甲午战争中失败。1895年，日本迫使清政府签订《马关条约》，侵占台湾、澎湖。

第二次世界大战期间，1943年11月中、美、英三国首脑发表的《开罗宣言》和1945年7月中、美、英(后来苏联加入)发表的《波茨坦公告》等文件都明确规定，台湾、澎湖列岛等归还中国。

1945年抗日战争胜利后，台湾归还中国，仍设省的建制管理。1949年10月1日中华人民共和国成立时所制定的起临时宪法作用的《共同纲领》规定，国家保障本国独立、自由和领土主权完整。

1982年，全国人民代表大会通过的《宪法》规定：“台湾是中华人民共和国的神圣领土的一部分。完成统一祖国的大业是包括台湾同胞在内的全中国人民的神圣职责。”

我国20世纪70年代末进入社会主义现代化建设新的历史时期以来，中国共产党和中央政府提出了采取“一国两制”的和平统一的方针，以实现祖国统一大业。香港、澳门的回归为“一国两制”的实行树立了好的范例。台湾问题也须在“一国两制”方针下实现和平解决，这是法理所在，人心所向，大势所趋，众望所归。

2005年3月14日，第十届全国人民代表大会第三次会议通过《反分裂国家法》。《反分裂国家法》指出：“世界上只有一个中国，大陆和台湾同属一个中国，中国的主权和领土完整不容分割。维护国家主权和领土完整是包括台湾同胞在内的全中国人民的共同义务。”“台湾是中国的一部分。国家绝不允许‘台独’分裂势力以任何名义、任何方式把台湾从中国分裂出去。”“解决台湾问题，实现祖国统一，是中国的内部事务，不受任何外国势力的干涉。”“坚持一个中国原则，是实现祖国和平统一的基础。以和平方式实现祖国统一,最符合台湾海峡两岸同胞的根本利益。国家以最大的诚意,尽最大的努力,实现和平统一。国家和平统一后,台湾可以实行不同于大陆的制度,高度自治。”

台湾地区面积约36 000平方公里,其中:台湾本岛面积为35 798平方公里,约占该地区总面积的97%以上;澎湖列岛由众多大小岛屿和礁滩组成,总面积127平方公里,澎湖岛最大,为64平方公里;其他岛屿面积较小。截至2005年3月,台湾地区人口约2 270万。

第二节　自然地理与人文地理

一　自然地理

(一)地理位置

台湾地区位于祖国大陆架的东南缘,西隔台湾海峡与福建省相望;北临东海;东北隔海与日本琉球群岛为邻;东临太平洋;南隔巴士海峡与菲律宾为邻。地处东经119°18′3″(澎湖县望安乡花屿西端)～124°34′9″(宜兰县赤尾屿东端)与北纬21°42′25″(屏东县恒春镇七星岩南端)～25°56′21″(宜兰县黄尾屿北端)之间。

台湾海峡呈东北—西南走向,北通东海,南接南海,长约200海里,宽约70～221海里,平均宽度约108海里,是中国海上重要交通要道,也是国际海上交通要道。中国东海和南海之间往返的船只从这里通过。从欧洲、非洲、南亚和大洋洲到中国东部沿海的船只也从这里通过。从大西洋、地中海、波斯湾和印度洋到日本海的船只一般也经过这里。

台湾岛南北纵长394公里,东西最宽处约144公里。环台湾岛海岸线1 239公里,是我国第一大岛。台湾省扼西太平洋航道的中心,是中国与太平洋地区各国海上联系的重要交通枢纽,战略位置极为重要。

(二)形状及地貌

台湾岛呈芭蕉叶形,也似纺锤形,是一个多山的海岛,高山和丘陵面积占全部面积的2/3以上。台湾山系是经由强烈的褶皱作用而形成的弧状山系,其走向与祖国大陆东南沿海的诸多山脉走向一致,也与台湾本岛的走向平行,即有规律地呈东北—西南走向排列于偏东位置。台湾岛整个地形呈东部多山脉、中部多丘陵、西部多平原的特征。岛内山脉自东向西依次为台东山脉(亦称海岸山脉)、中央山脉、雪山山脉、玉山山脉和阿里山山脉。台东山脉在花莲—台东之间,南高可达1 500米,北低仅500米左右。东临太平洋,海崖可拔立海面数百至上千米以上。中央山脉北起苏澳附近,南至鹅銮鼻,大部分海拔3 000～3 500米。雪山—玉山在中央山脉西侧,全省7座海拔3 800米以上的山峰中有5座分布在这里。其中主山峰玉山海拔3 997米,是台湾岛也是我国东部的最高峰。

丘陵自北而南有飞凤、竹东、竹南、苗栗、斗六、嘉义、新化、恒春等。

主要平原包括宜兰平原、嘉南平原、屏东平原和台东纵谷平原。

盆地有台北盆地、台中盆地和埔里盆地群。

台湾岛位于环太平洋地震带和火山带上,地壳不稳,是我国火山、温泉分布较多,地震活动最为频繁的地区。台湾岛的北部有著名的大屯火山群,台南和高雄之间有数十座火山;比较著名的温泉有北投温泉、苏澳冷泉、知本温泉和四重溪温泉等。全省每年平均发生地震达1 400次以上,其中有感地震就达300次左右。

(三)河流与湖泊

充沛的雨量给岛上的河流发育创造了良好的条件。台湾的河流大多起源于中央山脉,向四面散流,注入大海。独流入海的大小河川多达608条,其中长度超过100公里的河流有6条,即:浊水溪(186.4公里)、高屏溪(170.9公里)、淡水河(158.7公里)、大甲溪(140.3公里)、曾文溪(138.5公里)、乌溪(116.8公里)。台湾河流受地域限制,虽流域面积不大,但其水势湍急,多瀑布,水力资源极为丰富。据估测,全省可建水电站共约170多处,水能蕴藏量可达530万千瓦,平均每平方公里有1 479千瓦。到1999年,全省已建成水电站39座,占全省发电设备总容量的15.5%,估算还有72%以上的水力资源可供利用。

台湾岛内的湖泊较少,且多已进行过人工改造,成为人工湖即水库。湖泊的分布受水系的影响,呈西多东少的特点。全省较大的湖泊约90个,分布在东部的只有花莲县境内的鲤鱼潭、光复湖,台东县的大埤池以及宜兰县的龙潭湖、梅花湖等9个,其余均分布在西部。中部的日月潭,又名龙湖,为本省最大的天然湖泊,面积5.5平方公里。经筑坝蓄水,湖面扩大至7.7平方公里。湖区风光优美,早在清代即被列入台湾“八景”之一,为台湾著名风景区和避暑胜地。

（四）气候

台湾地区跨温带与热带之间，气候冬季温暖，夏季炎热，雨量充沛。北回归线穿过台湾岛中部，北部为亚热带气候，南部属热带气候，年平均气温（高山除外）为22℃。4～11月为夏季，最热的7月，平均气温为28℃左右。从12月至翌年的3月为冬季，与长江下游的秋季相当，最冷的2月份，全岛气温最低的台北市平均气温也在15℃左右，而此时南端的恒春平均气温仍在20℃以上。一般地区终年不见霜雪，雪线仅位于海拔3 000米以上地带。台湾岛是中国多雨湿润地区之一，除西部部分临海地区和澎湖列岛外，大部分地区年降水量多在2 000毫米以上，基隆附近的火烧寮年均降雨量达6 558毫米，为我国降雨量最大的地方。台湾岛也是我国受台风侵袭最严重的地区，每年的4月下旬至11月上旬为台风侵袭期间，尤以7、8两月发生频率最高。

（五）自然资源

台湾地区水力、林业、渔业、硫黄、钛、宝石和地热资源十分丰富。

台湾地区自然环境极宜林木生长，加上山岭重叠，林木种类繁多。台湾本岛森林面积约为2 102 400公顷，占全地区土地总面积的58.5%。台北的太平山、台中的八仙山和嘉义的阿里山是著名的三大林区，木材储量多达3.26亿立方米。树木种类近4 000种，其中尤以台湾杉、红桧、樟、楠等名贵木材闻名于世，樟树提取物更居世界之冠，樟脑和樟油产量约占世界总量的70%。

台湾岛四面环海，海岸线总长达1 600余公里。因地处寒暖流交界，渔业资源丰富。东部沿海岸峻水深，是鲔、旗、鲣、鲭、皮刀鱼等南北洄游性鱼类必经途径，渔期终年不绝；西部海底为大陆架的延伸，较为平坦，底栖鱼类、中上层洄游鱼类和贝类丰富。

台湾岛北端大屯山一带是我国天然硫黄最丰富的地区之一，据估计总储藏量达200多万吨。产于东部山区的钛矿蕴藏量有60万吨以上，超过全球已知蕴藏量的一半。台湾盛产宝石、玉等，其翠玉年产量超过世界总产量的一半以上。台湾地处火山带，地热能源十分丰富，尤以宜兰县最为有名。而其他矿产资源有限，现已探明的各种矿藏虽有200多种，但多数产量不大或开采效益较差。其他金属矿如金、银、铜、铁等蕴藏量也较少，主要储藏于北部火山岩地区及中央山脉。

二　人文地理

（一）人口状况

据台湾地区有关资料统计，截至2002年底，台湾地区人口达22 520 776人，较上一年总数增加11.52万余人。人口主要集中在西部平原，东部人口仅占全部人口的4%。据2005年台湾地区出版的统计资料，2003年底台湾地区人口密度为每平方公里624.64人，其中高雄市最高，为每平方公里9 826.96人，台北市以每平方公里9 665.71人次之。至2003年底，女性人口仍呈现缓慢增加的现象，男性则多于女性，比率大致为1.04:1。

台湾地区人口增长幅度自20世纪70年代工业化以后，就呈逐年下降的趋势。近年来，随着台湾地方当局积极推行人口政策，妇女生育率持续降低，2003年台湾15～49岁妇女总生育率为1 235‰，约为1961年5 585‰的22.1%。目前台湾地区已形成了完整有效的生育调节服务体系，有偶妇女的避孕实行率逐年提升，已达到发达国家水平。就自然出生率而言，2003年为10.06‰，而整个台湾地区死亡率为5.80‰，人口自然增加率为4.27‰。预计至2038年，出生人数等于死亡人数，人口达到零成长后开始下降。

台湾地区人口的年龄结构也正在发生快速变化，从20世纪50～60年代的年轻型转化为70～80年代的青壮年型，现正开始向老年型转化。人口平均寿命，每年都在增长，据1997年统计，台湾地区平均寿命男性为71.91岁，女性为77.79岁，台湾已步入老年化社会。2001年底，台湾地区65岁以上的人口为197万余人，15～65岁人口中每百人需扶养的65岁以上老人人数比率达12.5人。农村人口也在逐步走向高龄化，1997年，在农户人口中65岁以上的人口比率已上升到11%，较1991年的7.93%大幅增加。以地区而论，1999年除台北县、台中市和高雄市外，其他县市均超过联合国所定高龄人口比率7%的水准，其中尤以澎湖、嘉义、云林及台东4个农业县人口老化程度最高。

人口教育结构也有了较大的变化。具大学及以上程度者占6岁以上人口的比率为4.94%；不识字者所占比重逐年下降，已由1988年的7.41%降为1996年的5.32%。初中教育程度的人口，男女性人数相当。在大专院校，仍然男性多于女性。

（二）民族状况

台湾地区居民大部分为汉族人。汉族人数约占全地区总人口的98%，祖籍以福建的漳州、泉州和广东的梅县、潮州为最多。

少数民族称高山族，占总人口数的2%。高山族是台湾的先住民，他们大多居住在中央山脉东西两侧和东南部的兰屿岛上。台湾地方当局按其居住地的情况将他们分为“平地原住民”和“山地原住民”。前者久居平原地区，风俗和语言受汉族影响较大，和汉族已很难区分，现又称为“平埔族”；后者则仍然保持着本民族的风俗和语言。根据语言、风俗的不同，高山族分为10族，截至2002年9月总人数达429 378人，按人口多寡依序为：阿美族、泰雅族、排湾族、布农族、卑南族、鲁凯族、邹族（原称曹族，1998年10月28日经台湾地方当局重新核定名称为邹族）、雅美族、赛夏族和邵族（2001年8月8日命名）。此外，居住在台北、高雄两市的各族原住民计有18 234人，其中台北市9 978人，高雄市8 256人；居住在金门、连江两县的各族原住民计有156人。

（三）宗教信仰

台湾地区是一个有多种宗教信仰的地区，其许多宗教源自祖国大陆，也有从欧美、日本传入的。1945年台湾光复后，随着台湾地方当局采取宗教信仰自由及鼓励政策，各种宗教如雨后春笋般风行起来。据台湾地区有关部门统计，截至2003年底，台湾地区寺庙教堂数达14 354所，神职人员数6 465人，信徒人数1 517 000人。目前在台湾地区正式依法登记、有组织活动的宗教主要有：佛教、道教、天主教、基督教、回教、轩辕教、巴哈伊教、天理教、理教、天帝教、一贯道、天德教、真光教团、儒教、弥勒大道和华圣教。此外，未登记的宗教也很多，主要有白莲教、救世教、夏教、摩门教、真空教、望教、存在教等。

（四）行政区划

台湾地区早在宋、元时即已有祖国大陆的行政建制归属，但正式设置郡县始于明末郑成功收复台湾以后。1684年，清政府在台湾设置一府三县，并明谕隶属福建省管辖；1885年，清政府正式建立台湾行省。日本殖民统治时期，在台湾设有5州3厅、11州辖市。1945年抗日战争胜利台湾光复后，中国政府成立了台湾省行政长官公署，并开始筹办地方自治，将行政设置更改为8个县、9个省辖市和2个县辖市。国民党当局在败退台湾后，1950年9月对台湾地区的行政区划进行了一次大调整，改为16个县、5个省辖市、1个局。1967年7月，台湾地方当局将台北市改为“行政院院辖市”，1979年又将高雄市定为“行政院院辖市”。至此，台湾本岛地区除台湾省外，尚有两个级别平行的“直辖市”。

台湾地区1997年进行第四次“修宪”。在李登辉的强势主导和民进党的紧密配合下，通过11条“宪法增修条文”，决定“冻结省长、省议员选举”。为落实“修宪”后的“精省”工作，1998年10月，国民党、民进党联手在“立法院”通过《台湾省政府功能业务与组织调整暂行条例》。据此，“台湾省政府”成为“行政院派出机构”，台湾省由地方自治团体公法人变为非地方自治团体，台湾省议会改为省咨议会。“精省案”通过后，台湾省作为地方制度的一级已形同虚设，原“宪法”中规定的包括省在内的四级行政架构名存实亡。

表1　台湾地区行政区划一览表

市县名称	面积（平方公里）	人口（人）
台北市	271.80	2 627 138
台南市	175.65	749 628
台中市	163.43	1 009 387
高雄市	153.60	1 509 350
基隆市	132.76	392 242
新竹市	104.10	382 897
嘉义市	60.03	269 594
台北县	2 052.57	3 676 533
宜兰县	2 143.63	463 285
桃园县	1 220.95	1 822 075
新竹县	1 427.59	459 287
苗栗县	1 820.31	560 903
台中县	2 051.47	1 520 376
彰化县	1 074.40	1 316 443
南投县	4 106.44	540 397
云林县	1 290.84	740 501
嘉义县	1 901.67	560 410
台南县	2 016.01	1 106 833
高雄县	2 792.66	1 237 469
屏东县	2 775.60	903 772
台东县	3 515.25	242 842
花莲县	4 628.57	351 146
澎湖县	126.86	92 253
金门县	153.06	60 983
连江县	28.80	8 806

1998年"台湾省精简"后,虽在法律上仍为地方制度中的一个层级,辖基隆、新竹、台中、嘉义、台南5个省辖市和台北、宜兰、桃园、新竹、苗栗、台中、彰化、南投、云林、嘉义、台南、高雄、屏东、台东、花莲、澎湖16个县,但其实际功能已被"虚化"。此外,台湾地方当局还设有所谓"福建省政府",辖金门、连江(马祖地区)两个县(见表1)。

第三节 历史

一 古代史

台湾地区是中国的一部分,历史十分悠久。

早在远古时代,台湾与祖国大陆相连。后因地壳的不断运动,相连的大部分陆地沉入海中成为海峡,台湾遂成为海岛,小部分未沉没的就形成了澎湖列岛等岛屿。据考古发现,台湾地区古人类渊源于祖国大陆。台湾先住民高山族即系古越人的一支。

自秦、汉以后,有关台湾的记载就已很具体。公元前,台湾被称为"岱员",战国时称"岛夷",汉时称"东鳀",三国时称"夷洲"。公元230年,三国时期吴王孙权曾派1万官兵到达"夷洲"(即今台湾),吴人沈莹的《临海水土志》曾详细地记载了台湾先住民的生产和生活形态,留下了世界上对台湾最早的记述。隋时称台湾为"流求",沿用至宋、元时期。隋王朝曾三次出师台湾。610年(隋大业六年)汉族人民开始迁徙至澎湖地区。到宋元时期(960~1368),移居澎湖地区的大陆汉族人民已有相当数量。汉人开拓澎湖以后,开始向台湾发展。公元12世纪中叶,南宋王朝将澎湖划归福建路晋江县管辖,并派兵戍守。元朝也曾派兵前往台湾。1335年,元朝政府正式在澎湖设置行政管理机构"巡检司",管辖澎湖、台湾民政,隶属福建泉州同安县(今厦门)。

16世纪中后期,明朝政府又恢复了一度废止的"澎湖巡检司",并增兵澎湖防御外敌侵犯。明代虽曾一度沿袭了"流球"的称呼,但也有将台湾叫做"台员"、"大湾"、"大园"等。明万历年间,采谐音称为"台湾",并在正式的公文上予以使用。进入17世纪之后,汉人在台湾开拓的规模越来越大。

16世纪时,西班牙、荷兰等西方殖民势力迅速发展,开始将触角伸向东方。1624年(明天启四年),荷兰殖民者侵占台湾南部。两年后,西班牙殖民者入侵台湾北部,后于1642年被荷兰人赶走,台湾沦为荷兰的殖民地。

海峡两岸人民为反对外国殖民者侵占台湾进行了包括武装起义在内的各种方式的斗争。1661年农历四月,民族英雄郑成功(1624~1662)率众进军台湾,并于次年驱逐了荷兰侵略者,台湾重回祖国怀抱。到郑氏政权末期,迁徙台湾的大陆居民已达12万人。

郑氏政权末期与清政府处于军事对峙状态。1683年7月8日,清政府派福建水师提督施琅(1621~1696)率水陆官兵2万余人、战船200余艘,从铜山向台湾、澎湖进发,攻占了台湾,郑成功之孙郑克塽归顺清朝。1684年(康熙二十三年),清政府设置"分巡台厦兵备道"及"台湾府",下设"台湾"(今台南)、"凤山"(今高雄)、"诸罗"(今嘉义)3县,隶属福建省。1727年(雍正五年),改"分巡台厦道"为"分巡台湾道"(后又改为"分巡台湾兵备道"),增"澎湖厅",定"台湾"为官方统一的名称。

二 近现代史

1840年鸦片战争后,中国开始沦为半殖民地半封建社会。日本侵略者乘机加紧了对中国的侵略活动,并开始入侵台湾。1874年10月,日本强迫清政府签订《北京专条》,但《北京专条》仍表明中国对整个台湾行使主权。此后,清朝官员提出台湾设省的建议。1875年(清光绪元年),清政府为进一步经营和治理台湾,增设了"台北府"及"淡水"、"新竹"、"宜兰"3县和"基隆厅"。1885年(清光绪十一年),清政府正式划台湾为单一行省,台湾成为中国第20个行省。

1894年日本发动甲午战争,清政府战败,于翌年4月17日被迫签订丧权辱国的《马关条约》,把台湾和澎湖列岛割让给日本,台湾从而沦为日本的殖民地。台湾割让的消息传出后,举国哗然,人人"痛心疾首",反对割台;台湾全省"哭声震天",台北市民鸣锣罢市。协理台湾军务的清军将领刘永福等率军民反抗日本的侵占,坚持了5个多月的战斗,使日本侵略者付出了惨重的代价。从此,台湾经历了50年之久的日本殖民统治时期。

日本侵占台湾后,在台北设有"总督府",实行总督专制的统治体制,实行严密的警察制度,控制台湾社会,并且利用保甲制度作为警察政治的辅助工具。在经济上,实行"农业台湾、工业日本"的政策。但台湾同胞从未屈服日本的殖民统治。在日本侵占初期，以农民为主体的抗日武装进行了长达20年的斗争。台湾同胞组织义军，进行武装游击战前后达7年之久。1937年7月日本制造“七七事变”，发动全面侵华战争，中国人民开始了全民族的抗日战争。及至1945年日本战败投降，台湾同胞反抗日本殖民统治的群众运动和各种民族斗争波澜壮阔，席卷全岛南北，60余万台湾同胞为此付出了宝贵生命。

1941年12月9日，中国政府发出《中国对日宣战布告》，明确昭告中外：“所有一切条约、协定、合同，有涉及中日之间关系者，一律废止。”1943年12月1日，中、美、英三国首脑签署《开罗宣言》，规定：“日本所窃取于中国之领土，例如满洲、台湾、澎湖列岛等，归还中国”。1945年7月26日，中、美、英（后来又有苏联加入）政府又签署了敦促日本投降的《波茨坦公告》，重申：“开罗宣言之条件必将实施。”1945年8月15日，日本宣布接受《波茨坦公告》无条件投降。中国人民经过长期英勇的抗日战争，终于收复了台湾。台湾同胞欢天喜地，庆祝回归祖国。10月25日，同盟国中国战区台湾省受降仪式在台北举行，受降主官代表中国政府宣告：自即日起，台湾及澎湖列岛已正式重入中国版图，所有一切土地、人民、政事皆已置于中国主权之下。至此，台湾、澎湖重归中国主权管辖之下。

三 当代史

1945年台湾回归祖国以来大体经历了以下几个时期。

（一）国民党当局在台湾重建统治时期（1945～1950年代末期）

1945年台湾回归祖国后，由于国民党政府接收大员贪污腐败，军警横行，加上当时粮食恐慌、物价飞涨、失业严重，引起了台湾人民的强烈不满。1947年2月，台湾爆发了震惊全国的反对国民党政权、要求民主自治的“二二八起义”。国民党当局以“企图颠覆政府，夺取政权，背叛国家”的罪名，进行了残酷镇压。据台湾报纸2004年2月3日刊载，台湾“行政院”二二八基金会统计，“二二八事件”受难民众人数，全台死亡及失踪合计800多人。

随着国民党统治集团发动内战遭到失败，蒋介石率部分国民党军政人员退据台湾，并于1949年5月19日通过其台湾省警备总司令颁布《戒严令》，宣布台湾地区处于“战时动员状态”，随即相继制定和颁布了与《戒严令》《动员戡乱时期临时条款》和《国家总动员法》等相关的一系列法律法规达30余种。限制出入境，进行军事管制，并封锁大陆消息。

1949年10月1日，中华人民共和国成立后，国民党当局为偏安台湾、站稳脚跟，加紧进行了“改造”。1950年7月，国民党中常会临时会议通过了《中国国民党改造案》，将一些党政元老、军事将领、派系首领排斥出决策圈；全面更换旧有的党政系统；整肃党内旧有的派系，黄埔、中统、CC、政学系等皆被清除。同时，国民党着手党务组织整顿，进行党员登记，在本地人中大量发展新党员，培植起一批拥护蒋氏父子的新实力派，建立了蒋氏父子对国民党的绝对控制权。经济上，为了避免经济混乱局面，国民党进行了财政整顿，改革币制，稳定物价，同时通过“三七五减租”等土地制度改革，恢复与发展了农业生产。

这一时期通过国民党“改造”，强力实行“戒严体制”以及稳定经济的措施，国民党败退台湾时的混乱局面有所缓和，蒋介石在台湾的集权统治大为加强，在一定程度上使其在岛内站稳了脚跟。

（二）国民党治台相对稳定时期（20世纪50年代末至60年代）

随着国际形势的发展，台湾地方当局日渐认识到“反攻大陆”的希望渺茫。1958年，蒋介石提出“建设台湾，反共复国”的方针。在美日等外国垄断资本的支持下，台湾当局采取一些有利于经济发展的政策、措施，并借助美国数十亿美元的经济军事援助和从大陆撤退时运去的黄金、美钞等外汇以及从大陆赴台的人才，使台湾经济在60年代开始进入了快速发展的时期。

国民党力图在戒严体制下巩固与强化专制统治。1960年，蒋介石通过“国民大会”修订了《动员戡乱时期临时条款》，获得连任而成为终身“总统”。同时，蒋介石在人事和组织安排上进一步为传子进行部署，国民党的最高权力开始向蒋经国过渡。在白色恐怖统治下，蒋氏父子对党政军各界实行严格的控制，对于各种反对势力则采取严厉打击的高压政策。其中，最为突出的是“《自由中国》事件”，即1960年9月《自由中国》杂志的创办人雷震因筹组中国民主党而被国民党当局以“涉嫌叛乱”的罪名逮捕。但这些代表性事件对台湾接下来的民主运动产生了深刻的影响。

（三）开始向标榜实行西方式的政治制度过渡时期（20世纪70年代至80年代中后期）

从20世纪70年代开始，台湾政局再度趋向动荡，国民党政权面临外挫内困的局面。对外，联合国第二十六届大会于1971年10月通过第2758号决议，恢复了中华人民共和国在联合国的合法席位，驱逐了台湾当局的代表。之后，陆续有20多个国家与台“断交”。1972年2月美国总统尼克松访华，中美关系开始走向正常化。同年9月，中国政府与日本实现关系正常化，日台“断交”。台湾当局在国际上日益陷于孤立。在岛内，经济的发展、教育的普及带动了阶级关系发生重大的变化，新兴的地方财团势力及中产阶级要求打破外省籍官僚长期垄断上层权力的局面，希望分享政治权力，省籍矛盾日渐突出。70年代初期，台湾青年学生和知识分子掀起了声势浩大的“保钓运动”。与此同时，以《大学》杂志社为主导，一批学术界和工商界青年提倡政治革新，提出“扩大政治参与”、“废除政治特权”、“改选中央民意代表”等主张。党外势力开始活跃并得到发展，要求“解除戒严令”、“开放党禁、报禁”。

1972年3月，蒋经国出任“行政院长”，在内外各种危机交迫下，开始在政治上做出一些调整，推出了一系列“革新保台”、“在台生根”的措施，包括举行“中央民代”增额选举、开展“弹性实质外交”等等，并开始推行“本土化政策”，有意识地提高台湾省籍人士在政权内的地位，力图通过笼络台省籍政、经人才来巩固统治。经过这一系列措施，蒋经国的政治权力与地位得到了加强。1975年4月5日蒋介石去世。6日，严家淦继任“总统”。4月28日，蒋经国任国民党主席。1978年3月，蒋经国当选第八任“总统”。蒋经国的改革措施使党外运动在70年代后期再度有所发展。1979年，颇具影响的《美丽岛》杂志社聚集了一大批党外人士，意图组织反对党。由于这股势力与台湾当局矛盾激化，同年12月10日，爆发了“高雄事件”。

1979年1月，中国共产党和中国政府宣布了和平统一的方针，对国民党当局形成新的压力。1986年2月，菲律宾马科斯政权被推翻，给长期实行军事戒严的国民党当局造成极大震撼。美国也敦促国民党当局解除戒严，开放党禁，实行政党政治。此时岛内党外运动有所发展。面对这种情况，1986年3月国民党召开的十二届三中全会上，蒋经国提出“政治革新”的主张，相继采取了一系列措施，调整内外政策，包括解除戒严、开放党禁报禁、“调整中央民意机构”等等。1986年9月，党外人士即不顾台湾当局的禁令，宣布成立民主进步党（简称“民进党”）。

国民党当局在1986年开始的所谓“政治革新”，目的是在新形势下以变求存，虽仍没有突破“动员戡乱体制”的范围，但解除“戒严”、开放“党禁”却是40多年来台湾地区政治中的一个重大变革，台湾地区的政治体制由此发生了重大变化，开始由军事戒严和一党专制向标榜实行西方政治制度的方向过渡。

（四）李登辉逐步推行“两个中国”分裂政策时期（20世纪80年代末至2000年初）

1988年1月13日，蒋经国去世，随之李登辉执掌党政大权。李登辉在1990年5月宣布开始“宪政改革”。1990～2000年，台湾当局进行了六次“修宪”，包括终止“动员戡乱时期”，废除《临时条款》；“总统”由台湾人民直接选举产生；冻结台湾“省长”、“省议会”选举，虚化“台湾省政府”的功能、“国民大会虚级化”等等。台湾地区的政治格局、国民党内部的权力结构以及台湾地方当局的大陆政策和对外政策都发生了重大变化。国民党政权迅速“本土化”，1949年以前在大陆产生的“中央民意代表”全部退职，“国民大会”、“立法院”等机构的所有代表相继在台湾地区选举产生，“总统”也直接由台湾地区人民选举产生。台湾地方当局在岛内逐步推行西方民主制度，民进党、新党先后成立并不断发展，不断给国民党执政造成严峻的挑战。“国民大会”、“立法院”等机构中，国民党“一党独大”的局面已经结束。随着“国民大会的虚级化”，“五权宪法”的政治体制出现了根本性的变化。

与此同时，李登辉谋求“两个中国”的政策日益明朗化，逐步以“两个对等政治实体”和“两个中国”作为处理两岸关系及对外关系的基点；在两岸关系上，鼓吹“两个对等政治实体”、“两岸分裂分治”，并且阻挠两岸关系的发展，拖延统一进程；在国际上，则千方百计推行“务实外交”，鼓噪“参与联合国”，制造“两个中国”、“一中一台”。1999年以后，李登辉作为台湾分裂势力的总代表，其分裂政策更加具体化。当年5月，他出版《台湾的主张》一书，妄言要把中国分成七块各自享有“充分自主权”的区域。同年7月9日，他公然将两岸关系歪曲为“国家与国家，至少是特殊的国与国关系”，彻底背离了一个中国原则。“两国论”的提出，是企图从根本上改变台湾是中国一部分的地位，破坏两岸政治对话的基础，是对两岸同胞和国际社会的严重挑衅。

李登辉的种种分裂行径不仅加剧了两岸的紧张关系，更导致岛内“台独”势力快速膨胀，“台独”势力的社会基础不断加强。尤其是李登辉为打击异己，制造党内纷争，直接导致国民党退台后的三次大分裂，使国民党高层离心离德、形象破毁，元气大伤，为“台独”势力上台提供了条件。2000年3月，台湾地方领导人变更选举结束，民进党候选人陈水扁获胜，结束了国民党对台湾长达50余年的统治，台湾政治又出现了重大的新的结构性变化。而选举中败选的前省长宋楚瑜以460余万票的声威组成亲民党，台湾政坛形成了民进党、国民党、亲民党三足鼎立的格局。

（五）“台独”活动“合法化”与民进党执政时期（2000年以来）

主张“台湾独立”分子在1945年日本战败投降、台湾重归中国版图后即已开始活动。“台独”思潮与活动的产生有其复杂的历史、社会、政治原因，也是美国、日本反华势力支持的产物。蒋介石父子统治时期，台湾当局采取打击“台独”活动的措施，使“台独”势力在岛内难以生存，不得不移到海外。

“台独”势力活动的日益猖獗利用了台湾推行所谓民主化的过程。20世纪70年代后期，台湾岛内“反蒋民主”运动兴起，“台独”分子即披着“争民主、争人权”的外衣大肆进行活动。80年代中期蒋经国开始推行“政治革新”后，1986年9月民进党成立。民进党成立之初，只是各种反国民党势力的复杂组合，但领导权基本上被“台独”分子把持，“台独”思潮在党内泛滥。该党一大通过的党纲即主张“台湾前途由台湾全体住民决定”。之后，该党又陆续通过一些决议，宣称“台湾人民有主张台湾独立的自由”、“台湾国际主权独立”。1988年以后，在台湾当局的姑息与纵容下，海外公开的“台独”组织加强向岛内渗透，在美国最大的“台独”组织“台独联盟”迁回台湾，随后还集体加入了民进党。1991年10月，民进党召开五大，公然将“建立主权独立自主的台湾共和国暨制定新宪法，应交由台湾人以公民投票方式选择决定”列入党纲。1992年5月，“立法院”修改“刑法”，废除“刑法”第100条和“国家安全法”，使鼓吹和从事非暴力的“台独”活动合法化。从此，台湾当局实际上已不禁止“台独”活动。一些“台独”分子通过选举，有的进入了“国民大会”、“立法院”和省、市、县议会，有的掌握了一些县、市政权。在台湾当局的纵容下，“台独”组织进行了名目繁多的分裂活动，主要有谋划推出“台湾共和国宪法草案”、“新国旗”、“新国歌”和鼓噪推行所谓“公民投票运动”，并积极鼓吹以台湾名义“加入联合国”。

在1995年6月至1996年3月，中国人民的反分裂、反“台独”斗争，沉重地打击了“台独”势力，迫使民进党不得不淡化“台独”色彩。但是，该党并未放弃追求“台湾独立”的目标。一些极端的“台独”分子于1996年10月组织了“建国党”。1998年底台湾地区“立委”和台北、高雄市长及市“议员”选举中，激进“台独”势力发展再次受到压缩，“建国党”得票率相当低，民进党上升气势也因其“台独”主张给民众带来疑虑受到重挫。1999年民进党不得不因应形势通过《台湾前途决议文》，公开承认并接受“中华民国”，进一步淡化其“台独”主张。2000年3月，民进党候选人陈水扁击败国民党候选人连战和自行参选的宋楚瑜，当选台湾地区领导人。“台独”势力从体制外走向执政，使台湾政局和两岸关系形势发生了重大变化。

具有浓厚“台独”意识的陈水扁上台后，本想落实“台独”党纲，实现“台湾独立建国”的梦想。但是，由于面临祖国大陆等多方面的压力，加上自身实力不足，他被迫放下身段，抛出“四不一没有”（即“在任内不会宣布台湾独立、不会推动两国论入宪、不会更改国号、不会推动改变现状的统独公投”，“也没有废除国统纲领或国统会的问题”)，但他并未放弃其顽固的“台独”立场，而是延续李登辉的分裂路线，推行只做不说的“两国论”。陈水扁上台以来，坚持“台湾是一个主权独立国家”的分裂立场，以模糊、回避、拖延等手段拒绝接受一个中国原则，否认“九二共识”。而且，随着其权位的逐渐稳固，“台独”立场日趋强硬，2002年8月3日，他公然提出“一边一国论”，彻底暴露其“台独”的真面目。2003年后，为了寻求连任，陈水扁更以“族群”意识为策略，抛出“公投制宪”和“台独时间表”，使两岸关系濒于危险的边缘。不仅如此，他还利用执政地位和资源，纵容和支持“台独”势力在岛内活动，使“台独”活动在岛内完全合法化、公开化；大肆购买武器，谋求“以武拒统”、“以武护独”；调整“外交”策略，竭力谋求与美、日等大国的“实质关系”，并利用美国对华政策的调整和变化，加紧“倚美拒统”；继续限制两岸交流交往。尤其是，他不断地在政治、思想、文化、教育与意识形态等各个领域推行“去中国化”的“渐进式台独”路线，企图在思想文化领域弱化台湾民众特别是青少年一代对中国和中华民族与文化的认同，培植分裂主义的土壤。正是由于陈水扁当局的“台独”路线，两岸正常的接触、协商和沟通至今无法恢复，两岸政治僵局难以打破，而且两岸关系一直处于紧张状态，危机四伏。

2004年3月陈水扁凭借所谓“三一九”枪击案的不正当手段获得连任后，为达到全面执政，其“台独”立场更加露骨，公开推动“正名”活动，在“国号”问题上大做文章。特别是在“双十讲话”中，陈水扁公然鼓吹“中华民国的主权属于2 300万台湾人民，中华民国就是台湾，台湾就是中华民国”，第一次公开将“中华民国领土”范围限缩于台澎金马，等等。但是，由于民进党当局和陈水扁错估了形势，12月11日台湾地区第六届“立法委员”选举结果揭晓，在总共225个席位中，国民党、亲民党、新党三党获得114个席位，席位过半，继续主导“立法院”；而民进党和“台湾团结联盟”仅获得101席，受到挫败。舆论认为，今后民进党的“台独”动作会受到一定的牵制。

民进党在“立委”选举失利后，处于内外交困的境地。为摆脱执政困境，2005年2月24日，陈水扁与亲民党领导人宋楚瑜签署了《十点共识》。但陈水扁在中国全国人大2005年3月14日高票通过《反分裂国家法》后，又故伎重演，利用执政资源煽动群众参加反对《反分裂国家法》的“三二六游行”。

但是，推进两岸交流与协商，求和平、求安定、求发展已成为台湾地区民意的潮流，正是在这种民意趋势的带动下，两岸出现了推动沟通、协商与交流的良好气氛。“台独”“三二六游行”前夕，奇美集团创办人许文龙表示：台湾、大陆同属一个中国；台湾的经济发展离不开大陆，搞“台独”只会把台湾引向战争。继之，3月31日台湾宏碁电脑前董事长施振荣表示，“不再续任‘国策顾问’”。他说，他的政治立场一向中立，但现在的“国策顾问”群，“非绿色”人士都被排除，他若继续担任，恐遭外界误解。

与此同时，2005年3月28日至4月1日，中国国民党副主席江丙坤率领中国国民党参访团，访问了广州、南京和北京。在北京期间，中共中央政治局常委、全国政协主席贾庆林和国务委员唐家璇分别会见了参访团全体成员。贾庆林表示，国民党主席连战已表达来大陆访问的意愿，我们欢迎并邀请连战主席在他认为合适的时候访问大陆。中共中央台湾工作办公室和有关部门的代表与参访团一行，就加强两岸经贸等领域的交流与合作举行了会谈，在两岸同胞关心的12项议题方面广泛交换看法，取得了共识。江丙坤一行的“缅怀之旅、经贸之旅”是一次成功之旅，对促进两岸经济交流与合作、推动两岸关系和平稳定地发展，产生了积极的作用与影响。

2005年4月26日至5月3日，国民党主席连战应中共中央总书记胡锦涛的邀请参访大陆，先后访问了南京、北京、西安、上海4个城市。在北京期间，连战主席与胡锦涛总书记举行正式会谈并发表了两党会谈《新闻公报》，双方确认坚持“九二共识”，反对“台独”，谋求台海和平与稳定等立场；将在此基础上共同促进尽速恢复两岸谈判，共谋两岸人民福祉；促进终止敌对状态，达成和平协议；促进两岸经济全面交流，建立两岸经济合作机制；促进协商台湾民众关心的参与国际活动的问题以及建立党对党定期沟通平台。连战率团访大陆是国共两党关系史上的大事，是继1993年“汪辜会谈”之后海峡两岸关系史上的大事。胡锦涛和连战的会见和正式会谈，实现了60年来中国共产党和中国国民党主要领导人的历史性会晤，对推动和促进两岸关系发展，具有重大的现实和历史意义。

2005年5月3～13日，亲民党主席宋楚瑜应中共中央总书记胡锦涛邀请，率领亲民党代表团先后访问了祖国大陆西安、南京、上海、长沙、北京等城市。胡锦涛总书记与宋楚瑜主席进行正式会谈并发表了两党《会谈公报》，就坚持“九二共识”，坚持反对“台独”等问题达成了六项共识，就加强两岸经贸交流，建立两岸经贸合作机制提出了九项具体内容。两党还将共同推动“两岸民间菁英论坛”及台商服务机制。亲民党代表团的来访是两岸关系发展史上的又一件大事，也是中国共产党与亲民党两个政党间交流的里程碑。亲民党代表团大陆行进一步拉近了两岸同胞之间的心理联系，对两岸关系的发展具有重大的意义。

2005年7月6～13日，新党主席郁慕明率领新党纪念抗战胜利60周年大陆访问团，先后访问广州、南京、大连和北京，表达台湾同胞维护国家主权和领土完整、反对“台独”分裂、促进两岸关系和平稳定发展的愿望和态度，具有重要意义。

2006年以来，台湾民进党执政当局领导人为了一己之私，逆潮流而动，执意推行激进“台独”路线。它加紧进行“台独”分裂活动，阻碍两岸合作与交流，蓄意在台湾内部和两岸之间挑起新的对抗和冲突，直至公然背信弃诺，强行终止“国统会”和“国统纲领”。对于这种倒行逆施活动，两岸同胞同声谴责，国际社会普遍反对与质疑。

2006年8～10月，陈水扁家族涉及台开、SOGO和“国务机要费”多起重大弊案，民进党政权陷入重重危机，台湾各界“反贪倒扁”声浪此起彼伏。9月9日，台北凯达格兰大道上数十万台湾人民发出了“阿扁下台”的怒吼。台湾社会上，短短10天内，就有百万人自发邮款“反贪倒扁”，又先后进行了长达40天的街头抗议，令台湾社会已经形成陈水扁不下台不足以平民愤的局面。

10月10日，由“倒扁总部”发起的“天下围攻”行动在台北举行，来自岛内各地的“倒扁”民众高呼“倒扁”口号，汇成红色的海洋，以游行方式包围陈水扁办公场所区域。来自“倒扁总部”的消息称，参与“天下围攻”行动的民众高达150万人。10月12日，“反贪倒扁总部”宣布“红潮”暂停。

台湾高检署查黑中心检察官陈瑞仁经数月调查，于11月3日宣布对陈水扁及其夫人吴淑珍等贪渎案侦结，陈等假借“国务机要费”核销，从2002年7月至2006年3月，连续诈取新台币约1 480万元；因此，决定起诉吴淑珍及涉案的陈水扁亲信马永成、陈镇慧、林德训等；陈水扁因享有刑事豁免权，将于其卸任后追诉。这项决定发表后，国民党、亲民党立即决定在“立法院”第三次提出弹劾罢免陈水扁案；“倒扁总部”也决定号召“倒扁”群众再次到陈水扁办公地附近及台北火车站广场，展开新一轮“倒扁”活动。

早在2005年4月，中国国民党主席连战率团访问大陆时，国共双方即达成五项共同愿景，并决定举办两岸经贸论坛。论坛原计划于2005年12月在台北举行，由于台湾地区当局的阻挠，致使两岸经贸论坛未能在台北举行。后经国共两党双方商定，论坛于2006年4月14～15日在北京举行。

2006年4月15日，两岸经贸论坛通过了《共同建议》。中共中央台办、国务院台办主任陈云林受权宣布和通报了大陆方面采取的进一步促进两岸交流合作、惠及台湾同胞的15项政策措施，充分体现了大陆的善意和诚意。4月16日，胡锦涛总书记会见了前来出席两岸经贸论坛的中国国民党荣誉主席连战及台湾各界人士，发表了重要讲话。胡锦涛总书记强调指出，坚持“九二共识”，是实现两岸和平发展的重要基础。并提出推动两岸关系和平发展的四点建议，得到广泛赞誉。

第四节 政治体制与法律制度

一 政治体制

台湾的现行“政治体制”，基本上沿袭了国民党当局在1949年前在大陆执政时期的“政治体制”，以所谓“五权宪法”为架构，由“国民大会”行使政权，“行政院”、“立法院”、“司法院”、“考试院”和“监察院”行使治权。但是，在国民党当局1949年退据台湾后，经过1991、1992、1994、1997、1999和2000年6次对“五权宪法”进行修订后，台湾当局最高层权力结构及其功能、职掌又有了很大的变化。

（一）“国民大会”

所谓“政权机关”，由台澎金马地区各法定区域原住民直接选举，以及按政党比例选出的侨居海外“国民”、不分区的“国民大会”代表组成。“国民大会”的职权，根据“宪法”及其增修条文的规定，包括：决议“变更领土”；补选“副总统”；提出“总统”、“副总统”罢免案；议决“监察院”提出的“总统、副总统”弹劾案；修改“宪法”；复决“立法院”所提的“宪法修正案”；对“总统”提名的“司法院正、副院长”、“大法官”、“考试院正、副院长”、“考试委员”、“监察院正、副院长”等行使同意权。“国大代表”总数334人，任期4年，“国民大会”设“正、副议长”各1人，由“国大代表”选举。2000年4月“国民大会”通过“国大虚级化”的“修宪”案后，“国民大会”作为“政权机关”的定位已改变，随着其职权与组织的调整，“国民大会”事实上已名存实亡。

（二）“行政院”

所谓最高“行政”机关，设“院长”、“副院长”各1人，各“部会首长”和“政务委员”若干人。“院长”由“总统”任命，“副院长”、各“部会首长”及“政务委员”，由“院长”提请“总统”任命。“行政院”设“行政院会议”，由“正、副院长”、各“部会首长”和“政务委员”组成，议决应向“立法院”提出的“法律”案、“预算”案、“戒严”案、“大赦”案、“宣战”案、“媾和”案、“条约”案及其他重要事项，或涉及各“部会”共同关系的事项。“行政院”组织包括8部2会，“政务委员”7人。依“行政院组织法”规定，其内部设正、副秘书长各1人，为列席“行政院会议”成员，承“院长”之命处理该院事务；院内设秘书处、参事单位、诉愿审议委员会等幕僚单位；此外还设有“中央银行”、“主计处”、“人事行政局”、“新闻局”、“卫生署”、“环境保护署”以及各种特设委员会等。现任“院长”苏贞昌，“副院长”吴荣义。

（三）“立法院”

所谓“最高立法机关”，由“立法委员”225人组成。根据“宪法及其增修条文”的规定，“立法院”有议决“法律”案、“预算”案、“戒严”案、“大赦”案、“宣战”案、“媾和”案、“条约”案及其他重要事务的权力，对“行政院长”提不信任案的权力。“立法院”设“正、副院长”各1人，由“立法委员”选举。“立法院”会议每年2次，每次4个月，必要时得延长；遇有“总统”咨请或“立委”总数的1/4以上请求，得开临时会议。现任“正、副院长”分别为国民党“立法委员”王金平和亲民党“立法委员”钟荣吉。

（四）“司法院”

所谓“最高司法机关”，掌理民事、刑事、行政诉讼的审判以及公务员的惩戒。“司法院”设大法官15人，其中“正、副院长”各1人，并设有“大法官会议”，由大法官若干人组成，均由“总统”提名，“国民大会”同意后任命。“大法官会议”以“院长”为主席，行使解释“宪法”及统一解释法律、命令之权。大法官任期8年，不分届次，个别计算，并不得连任，但同时为“正、副院长”者则不受任期的保障。“司法院”设“最高法院”、“高等法院”及其分院、地方法院及其分院、“行政法院”及“公务员惩戒委员会”。现任“院长”为翁岳生、“副院长”为城仲模。

（五）“考试院”

所谓“最高考试机关”，掌理考试和公务员的任用、铨叙、考绩、级俸、升迁、保险、褒奖、抚恤、退休、养老等事项。设“正、副院长”各1人，“考试委员”若干人，由“总统”提名、“国民大会”同意后任命。“院长”综理院务，并为“考试院会议”主席，“考试院”下设考选、铨叙两部，分别掌理“全国”考选行政及文职公务员的铨叙，以及各机关人事机构的管理事项。另设有公务人员保障暨培训委员会和退休抚恤基金监理委员会。现任“院长”为老牌“台独”分子姚嘉文、“副院长”为吴容明。

（六）“监察院”

所谓“最高监察机关”。行使弹劾、纠举和审计权。“监察院”设“监察委员”29人，其中“正、副院长”各1人，任期6年，由“总统”提名、“国民大会”同意后任命。“院长”综理院务，并担任“监察院会议主席”，另设有“审计长”。“监察院”根据“行政院各部、会”的工作分别设有各种委员会。“监察院院长”为钱复，“副院长”陈孟铃（任期至2004年底）

二 法律制度

台湾现行的法律制度是在承袭国民党统治大陆时期所形成法律体系基础上发展起来的，具有典型的大陆法系传统。国民党政权的“六法全书”在台湾地区继续施行。总体来说，台湾目前的法律制度包括了“宪法”、“民法”、“民事诉讼法”、“刑法”、“刑事诉讼法”和“行政法”等6个法律部门，它们以“基本法典”(除“行政法”外)为核心，连同其一系列相关的法律法规，共同构成了台湾现今的法律体系。

（一）台湾地区现行“宪法”

为1946年12月在南京召开的“制宪国民大会”非法通过而后施行的“中华民国宪法”。它分总纲、人民之权利义务、“国民大会”、“总统”、“行政”、“立法”、“司法”、“考试”、“监察”、“中央”与地方权限等14章，共计175条。经过1991、1992、1994、1997年4次修订后，原“宪法”的“五权宪政体制”发生了大幅度变化，“总统”职权扩大，“行政院”、“立法院”权力缩减，“监察院”、“考试院”的地位削弱。整个“宪政”架构正逐步向“总统制”靠拢，而且随着“国民大会”权能的缩减和选举制度的变革，象征“中华民国法统”的“五权宪法”已基本解体。

（二）台湾现行“民法”

源自国民党政府先后颁布的“民法”5篇和各自的“施行法”以及主要的“民事判决法”，分总则、债、物权、亲属和继承5编，共1 225条。

（三）现行“民事诉讼法”

沿用了原国民党政府时期1931年颁布施行的《民事诉讼法》，该法已历经多次修订，目前共9编640个条文。

（四）现行“刑法”

为国民党政府时期1935年1月1日颁布的“刑法”。现行“刑事诉讼法”为国民党政府于1935年颁布施行，共分9编512个条文。

（五）现行“行政法”

现在并没有一部统一的法典，而是由各种专门性的“行政法律法规”构成。各种“行政法律法规”计有300余件，还在逐年增订。

三　主要政党

至2002年10月止，台湾地区正式登记宣布成立的政党共有99个，全地区性的各种政治性团体有40个。其中具有较大影响的政党主要有以下几个。

（一）中国国民党

成立于1894年。其前身为“中国同盟会”，由伟大革命先行者孙中山创立。1911年发动辛亥革命后成为中国的执政党。从20世纪20年代初起，两次实行国共合作，赢得北伐战争前期和抗日战争的胜利。后来因发动内战失败，国民党及其政权的残余力量1949年10月退踞台湾。经历50多年，在李登辉任党首期间，使党内发生分裂，内斗不止，离心离德。政党实力自20世纪90年代后逐渐下降，对政局的控制力不断削弱，执政地位面临着严峻挑战。2000年3月的台湾地方领导人选举中，由于内部分裂，国民党候选人落败，从而结束了其在台湾50余年的统治，沦为在野党。随后，国民党进行了退台后的第二次改造，力图东山再起。

2005年4月26日至5月3日，应中共中央总书记胡锦涛邀请，连战主席率国民党代表团先后访问南京、北京、西安和上海。胡锦涛与连战在北京会谈并发表公报。双方确认坚持“九二共识”，反对“台独”，谋求两岸之间的和平与合作。

2000～2001年国民党进行了退台以来最大规模的一次党员登记，党员人数约95万余人，其中台籍党员超过70%。

迁台以后国民党组织系统经过多次调整，目前基本状况为：全体党员代表大会每4年举行一次会议；中央委员会每年举行一次会议；中央常务委员会名义上是党内最高决策机关。中央委员会设党主席1名，2000年6月改由党员直选产生。2006年选举主席马英九，副主席4名为吴伯雄、林澄枝、江丙坤、关中。名誉主席为连战。2007年2月，马英九因“特支费案”辞去主席职务，3月7日吴伯雄被补选为主席。

设秘书处、政策委员会、组织发展委员会、文化传播委员会、考核纪律委员会、行政管理委员会、“国家发展研究院”（原“革命实践研究院”）等机构。

（二）民主进步党

简称民进党，为岛内第二大政党。成立于1986年9月28日。它是当时由台湾地区“党外”主流派势力自行宣布成立的第一个反对党。其主要社会基础是以台湾原籍人士为主的新兴中产阶级。该党在组织上实行合议制。组织决议以多数同意决定。其组织架构分中央、县市、乡镇三级，每级均设立党员代表大会、党部执行委员会和评议委员会，中央还另设妇女、青年、产业或其他直属特种党部。此外，民进党在美国东、西部和加拿大设有支部。1996年七大后，中央党部作了调整，目前除设主席、正副秘书长外，下设秘书处、财务委员会、政策委员会、组织推广部、文化宣传部、“国际事务部”（原“外交部”）、社会发展部、妇女发展部、青年发展部、“中国事务部”（原“中国事务委员会”）、族群事务部、民意调查中心以及专责的教育训练机构。该党党员人数在20世纪90年代后期已发展至约20万人左右，2000年陈水扁当选台湾地区领导人后则获得突破性进展，目前已达40余万人。现任党主席游锡堃，不设副主席。

民进党成立以来一直顽固坚持“台独”立场，其党纲明确主张“台湾前途应由台湾全体住民，以自由、民主、普遍、公正而平等的方式共同决定”。1991年该党又将“台独”条款纳入党纲，宣称“基于国民主权原理，建立主权自主的‘台湾共和国’暨制定“新宪法”，应交由台湾人民以公民投票方式选择决定”，由此蜕变为“台独党”。尽管近年来出于选举需要，该党策略时有变换，但其主张两岸“一边一国”、“台湾主权独立”的立场并没有丝毫改变。

（三）亲民党

英文名称为People First Party。2000年3月31日成立。该党主要建立在前省长宋楚瑜个人魅力基础之上，核心骨干来自国民党中的亲宋、反李登辉势力，宋任台湾省长时的“省府团队”干部及2000年台湾地方领导人选举中支持宋楚瑜的一些“立委”等。该党标榜“柔性民主政党”，即凡满16岁、认同党纲，愿意服从党章规定者均可自由入党或退党。该党组织分中央、县市（包括直辖市、省辖市）及乡镇市区三级架构。中央设“全国委员会”及中央执行委员会，各级地方组织以委员会为最高决策机关。中央设主席、副主席，主席由党员直选产生，另设秘书长、政策研究室、文宣部等机构，现任党主席为宋楚瑜、副主席张昭雄。

该党主张“中华民国为主权独立自主的国家”，主张两岸应以“九二共识”为基础展开平等互惠的谈判，谋求永久的和平，在处理两岸关系问题时要“尊重历史、承认现状、共创和平”。2005年5月5～13日，应中共中央总书记胡锦涛邀请，宋楚瑜主席率该党代表团来访西安、南京、上海、长沙和北京。胡锦涛与宋楚瑜会谈并发表公报，双方确认“九二共识”，反对“台独”，谋求两岸和平与合作。

目前，该党党员估计达30万人左右。

（四）新党

1993年8月10日从国民党分裂出来而成立。该党组织架构分“全国”、地方二级，以民选公职人员为决策与组织运作的核心。其中，中央与地方分设“全国竞选暨发展委员会”（称“全委会”）和各地竞选暨发展委员会。“全委会”则下设政策研究、财务、劳工、国际事务等8个委员会。此外，中央还设有与“全委会”平行的“廉政勤政委员会”、“立法院委员会”和“国民大会委员会”。由于内斗频繁，该党成员减少，仅有1席县长和1席“立委”，登记党员人数已不足万人。现任党主席为郁慕明。应中共中央总书记胡锦涛的邀请，郁慕明主席2005年7月6～13日，访问北京等地，胡锦涛与郁慕明就促进两岸关系改善等进行会谈，并发表公报。

（五）“建国党”

成立于1996年10月6日。它是由一些从民进党中分裂出来的极端“台独”分子结合其他“台独”势力所组成的“台独”政党，其正式名称为“建国党”（英文名称为Taiwan Independence Party　TAIP）。该党以建立“独立的台湾共和国”为目标。其组织架构分中央与地方两级，中央设立以党主席为召集人、采合议制的决策委员会为最高决策机构，副主席、秘书长为当然成员。党的总部还设有总部办公室（下辖8个部组，其主任由决策委员兼任）以及纪律、推展、提名、政策委员会。分部为决策委员会同意或指定的各地办公室。随着民进党上台执政，特别是台联党成立后，该党已基本丧失了影响力，并成为民进党的附庸。现任党主席黄千明。

（六）“台湾团结联盟”

成立于2001年8月12日，简称“台联党”。它是在李登辉直接操纵与主使下成立的第一个冠以“台湾”名称的“台独”政党。台联党成立的宗旨是“稳定政局、振兴经济、巩固民主、壮大台湾”。该党党纲明确主张以“台湾”作为“国家定位”，宣称要推动“台湾正名”和“公投立法”。该党最高决策机构为党员大会，每年召开一次，必要时由党主席或全体党员的1/4以上提议，可以召开临时会议；党中央设置常设机构“中央执行委员会”，每周召开一次会议，设委员7人，候补委员3人，党主席与秘书长为当然委员，委员均由党员大会直选产生，任期3年，可连选连任；党主席由全体党员直接选举产生，任期3年，秘书长由党主席提名任命。目前，中央党部辖政策会、文化宣传部、组织部、妇女部、青年部、国际事务部、社会部和民调中心等机构。此外，中央还设置监察委员会，“立法院”还设有党团。

台联党的基层支持者主要来自民进党和“建国党”。经过2001年底的“立委”选举和2002年初的基层选举，该党现拥有“立委”13人，县市议员7席，基层实力较弱。该党因鲜明的“台独”立场和短时间内展现的政治实力，迅速取代“建国党”成为激进“台独”势力的代表。曾担任主席的是李登辉的亲信、前“内政部长”黄主文。现任主席是黄昆辉。

四　主要政治人物

陈水扁（1951～　）　台湾地区当局现任领导人。生于1951年2月18日，台湾省台南县人。台湾大学法律系毕业。曾任海商法律师。1979年“高雄事件”中担任“党外受刑人”辩护律师而走上政坛。1981年当选台北市议员。1983年起，先后担任“党外”杂志《钟鼓锣》《政治家》《自由时代》和《蓬莱岛》社长。1986年因犯诽谤罪而被判入狱8个月。1987年2月28日公开宣誓加入民进党。1989年12月当选增额“立法委员”；1992年当选第二届“立法委员”，其间曾任“立法院”民进党党团干事长。1992年筹组民进党派系“正义连线”，任会长。1994年底当选首届“民选”台北市长。1998年底连任失败，同年投入第二届“民选”台湾地区领导人选举。2000年3月以39%得票率的微弱多数代表民进党当选台湾地区领导人。上台后，从“台独”的鼓吹者变成了推动者，开始利用手中的权力不遗余力地推进“台独”和分裂活动。他纵容“台独”势力，使岛内“台独”活动急剧升温，“台独”势力不断膨胀。在各个领域采取具体措施推动“渐进式台独”，全面“去中国化”，在国际上大搞“两个中国”、“一中一台”的分裂活动，并竭力推动“台湾问题国际化”。2004年5月连任后仍坚持“台独”立场。

2002年7月兼任民进党主席。2004年11月“立委”选举失利后，辞去民进党主席职务。

2006年贪腐案曝光，引起岛内广泛反对，“倒扁”风潮此伏彼起。11月3日，台湾高检当局侦结，认为陈水扁及其夫人吴淑珍等亲信涉嫌贪污、伪造文书等案，对吴淑珍等4人予以起诉，陈水扁须卸职后追诉。

马英九（1950～　）　中国国民党主席。1950年7月13日出生于香港，原籍湖南省衡山县。台湾大学法律系毕业，美国纽约大学法学硕士，哈佛大学法学博士。曾任蒋经国英文翻译，1984～1988年任国民党中央副秘书长。曾多次出任行政职务。1998年12月当选为台北市长，2002年连任。2003年3月，当选为中国国民党副主席。2005年7月16日，在国民党党员直接投票选举中，以72.36%的得票率当选国民党主席。同年8月19日正式就任。主要施政主张：坚持“九二共识”、反对“台独”；以国民党前主席连战和中国共产党中央总书记胡锦涛会谈的愿景为基础，推动两岸关系；依法处理党产，和“黑金”划清界限；积极推动泛蓝整合，争取2008年国民党重新夺取执政权。2007年2月因“特支费案”辞去主席职务，但表示将参加2008年台湾地区领导人竞选。

夫人周美青，有两女。

连战(1936～　)　中国国民党名誉主席。字永平。台湾省台南市人。1936年8月27日生于西安，1945年举家自大陆返台。台湾大学法学院政治系毕业,美国芝加哥大学国际公法与外交学硕士、政治学博士。曾执教于美国威斯康星大学、康涅狄格大学。1969年由美返回台湾,曾任台湾大学政治系教授兼系主任、政治研究所所长,代理法学院院长等。1969年派任台湾“驻联合国代表团”顾问。1975年出任台湾驻萨尔瓦多“大使”。1976年调任国民党中央青年工作会主任委员。1979年初任国民党中央委员会副秘书长,同年7月改任“行政院青年辅导委员会”主任委员。1981年底任“交通部”部长。1989年出任“行政院”副院长,1988年7月出任“外交部”部长。1990年任“官派台湾省主席”。1993年任“行政院长”。同年8月当选中国国民党副主席。1996年3月当选首届“民选副总统”,同年6月兼任“行政院长”。2000年3月,代表国民党角逐台湾地区领导人失利,随后当选国民党首任直选党主席。2005年4月26日至5月3日,应中共中央总书记胡锦涛邀请,率国民党代表团访问南京、北京、西安、上海。在北京访问期间,胡锦涛总书记与连战主席举行会谈,并发表公报,双方确认坚持“九二共识”,反对“台独”,谋求台湾和平与稳定等立场。2005年8月当选国民党名誉主席。

2006年4月中旬，他出席在北京举行的两岸经贸论坛，在4月16日举行的记者会上表示，刚刚闭幕的首届两岸经贸论坛取得的成果超出预期，中国国民党未来将会全力推动、落实共识。4月17日抵达福州，开始为期5天的“福建祖地行”行程，主要是回闽祭祖，完成其祖父连横先生的生前夙愿。4月21日，赴杭州参访，23日到苏州访问，看到了台湾企业在苏州优异的表现，并欣赏苏州各种著名文化遗产。

2006年10月4日，他访问云南时表示，希望加强滇台两地农业等领域的合作与交流。10月12日到广州访问，拜谒了黄花岗七十二烈士陵园和中山纪念堂。连战说，中山先生临终前表示要“和平奋斗救中国”，这是我们的共同志愿、共同责任，也是我们的承诺。

2006年10月17日，两岸农业合作论坛在海南博鳌召开。他与中共中央政治局常委贾庆林出席论坛开幕式，并发表演讲。在闭幕式上，宣读了国共两党提出的促进两岸农业交流与合作，实现双赢的《两岸农业合作论坛共同建议》。随后，10月19日海峡两岸农业合作成果展览暨项目推介会在厦门开幕，他出席开幕式并参观了展览。

宋楚瑜（1942～　）　亲民党主席。1942年3月15日生于湖南湘潭。1964年政治大学外交系学士，美国加利福尼亚大学柏克莱分校政治学硕士、天主教大学图书管理学硕士、乔治城大学政治系哲学博士。1974年出任“行政院”简任秘书，兼台湾大学、师范大学副教授、政治大学国际关系中心研究员。后受人引荐出任蒋经国的英文翻译、秘书，追随蒋经国多年。1977年出任“行政院新闻局”副局长，1979年升任局长。1981年当选为国民党第十二届中央委员暨中央常务委员。1984年任国民党文化工作会主任。1987年任国民党中央委员会副秘书长，1989年升任秘书长。1993年出任台当局“官派省主席”。1994年底，以绝对优势当选首任“民选台湾省长”。1999年7月，以独立参选人身份参选台湾地区领导人；同年11月，遭国民党开除党籍。2000年3月台地方领导人选举中，以466万张选票、36%的得票率落败。同年筹组亲民党，任首任党主席。2002年6月，当选首任直选党主席。2005年5月5～13日，应中共中央总书记胡锦涛邀请，率亲民党访问团访问西安、南京、上海、长沙和北京。在北京访问期间，胡锦涛总书记与宋楚瑜主席就促进两岸关系改善与发展等重大问题及两岸交往事宜举行正式会谈，并发表公报。

李登辉（1923～　）　台湾地区当局前领导人，“台独”分裂势力的总代表。1923年1月15日生于台湾省台北县三芝乡。早年曾留学日本京都大学农业经济系。1945年回台，1948年毕业于台湾大学农业经济系，是台湾光复后的首届台大毕业生。1952年赴美国艾奥瓦大学，次年获硕士学位后返台，先后任台湾大学讲师、副教授，台湾省农林厅经济分析股股长，合作金库研究员等职。1957年进入“行政院中国农村复兴委员会”农业经济组任技正。1965年再度赴美，3年后获康奈尔大学农业经济学博士学位。返台后，继续在“农复会”工作，担任农业经济组组长。1972年蒋经国出掌“行政院”，他被聘为“行政院”最年轻的“政务委员”。1978年出任台北市市长。1979年当选为中国国民党中央常务委员。1985年12月出任台湾省主席。1984年5月由蒋经国提名当选为“副总统”。1988年蒋经国病逝后，他继任“总统”；1996年3月当选首任“民选总统”。2000年3月因国民党败选而被迫辞去党主席职务。2001年9月因操纵成立“台联党”，并为该党候选人站台辅选，被国民党撤销党籍。现为台联党精神领袖，“群策会”召集人。

他有强烈的“台独”意识。1994年3月底与日本右翼作家司马辽太郎对话时，大谈所谓“台湾人的悲哀”，质疑“中国”的概念，说两岸的统一是“奇怪的梦”；认为两岸自1949年起即已分裂为“两个对等的政治实体”，主张“中华民国是主权独立国家”。1999年7月他提出所谓的“两国论”。当时，他大谈所谓国民党是“外来政权”。2000年被国民党支持者赶下台后，他不断地放话分化破坏国民党。他具有极浓的亲日情结，称其22岁前是“日本人”。

黄昆辉（1936～　）　现任“台湾团结联盟”（简称台联党）主席。1936年11月8日出生于台湾省云林县。台湾师范大学教育学系毕业，师大教育研究所硕士，美国北科罗拉多州立大学教育学博士。曾任台北市万华女子中学教师，后执教师范大学。1972年任师范大学教育研究所教授、所长暨教育系主任。1978年转入政界，出任台湾省政府委员。1979年后曾任台北市教育局长、台湾省教育厅长。1983年因学校事故引咎辞职，返回师范大学任教。同年出任国民党中央文工会副主任。1984年任“行政院”青年辅导委员会副主任委员。1987年任国民党中央青工会主任。1988年任“行政院政务委员”兼“三民主义统一中国大同盟”秘书长。1990年被聘为“国家统一委员会”委员，次年任“行政院陆委会”主委。1994年任“内政部长”。1996年8月出任“总统府”秘书长。1999年11月出任国民党中央秘书长。

1986年起当选为国民党第十二至十五届中央委员，第十四、第十五届中央常务委员，第六届中央评议委员会主席团主席。2007年1月向国民党提出退党申请。

他曾是台籍“青年才俊”，1979年追随李登辉并因此成为李的嫡系。蒋经国去世后，黄昆辉的“台独”思想日渐暴露，公开主张“两岸分裂分治”、“中华民国在台湾是独立主权国家，一个统一的中国是在遥远不可知的未来”。1997年受李登辉指示，黄昆辉等人组成的专案小组提出应以“国家与国家”定位两岸关系，为后来李登辉抛出“两国论”提供论述依据。

2000年5月，政党轮替后被陈水扁聘为“总统府”资政，次年获续聘。2001年夏，以赴美担任访问学者为名辞去“中国广播”公司董事长；不久，返台出任李登辉主导的“群策会”副会长。2004年3月，台湾“大选”进入倒计时，公开表态支持陈水扁；同年9月曾获陈水扁推荐接任“监察院长”之职，但被黄婉拒。2007年1月接任台联党主席职务。此前为台湾财团法人“群策会”副董事长兼秘书长、“李连教育基金会”董事长。

他接任台联党主席后表示，上任后的首要任务就是党的再造，未来台联党将以照顾中产阶级和弱势团体为诉求，并配合修改党纲、党名，“突破外界对台联党的刻板印象”。

著有《教育行政与教育问题》和《教育投资理论与实际》等。

第五节 经济

一 当代经济发展的历程

1949年以来，台湾地区经济发展大致经历了4个时期。

（一）经济恢复时期（1949～1952）

1949年，国民党政权在大陆败局已定，其残余势力近150万人相继逃往台湾，导致台湾地区人口剧增。而当时台湾地区的经济还未从第二次世界大战的废墟中重建起来，物资匮乏，工农业生产几乎停顿，民众生活困难。因此，台湾地方当局采取了一系列稳定社会和恢复经济的政策与措施：进行土地改革、推行“三七五减租”，改革币制、实行严格的外汇贸易管制，优先发展电力、肥料及纺织工业等。此外，从1950年下半年起，美国开始对台湾地区实行经济援助，帮助其恢复经济。到1952年，台湾地区经济基本恢复到二战前的最高水平。

（二）以农养工发展时期（1952～1960）

20世纪50年代初，台湾地区经济基本上以农业为主，劳动力过剩，对外贸易和国际收支逆差严重，外汇极度短缺，民众无力消费进口工业品。台湾地方当局以稳定中求发展为指导思想，确定了以农业培养工业，以工业发展农业的方针。土地改革促进了农业劳动生产率的提高，农产品及其加工品在总出口中的比重非常高，1957年高达71.5%，成为创汇主力。台湾地方当局又通过肥料换谷、强制收购等不等价交换的方式获取利润，把它转移到工业部门。在工业方面，重心放在资金需求量不大、技术要求不高、建厂周期短的民生工业上，以岛内生产替代进口，以适应岛内的消费水准，并节省外汇开支，创造就业机会，减轻就业压力，形成了糖、茶、菠萝及香茅油等农副产品加工业，以及水泥、玻璃、木制品、造纸、化肥、纺织、塑胶原料及制品、人造纤维、自行车和家用电器等进口替代工业。

（三）出口导向经济发展时期（1960～1986）

20世纪60年代以后，台湾地区进口替代工业的产品市场在岛内已趋饱和，若继续发展将导致经济后劲乏力。台湾地区抓住当时国际分工变化的机遇，利用低廉工资的国际比较利益，大力发展加工出口工业，并陆续修订或制定促进出口的政策与措施；进行外汇贸易的改革，实施“奖励投资条例”，鼓励民间储蓄；对外销厂商实行税收和融资的优惠、设立出口加工区和保税仓库等。利用外资，民间企业从进口替代转向出口产业，成为经济成长的主力，台湾地区工业得到了高速发展。1963～1973年，工业年均增长率高达18.3%,工业产值在地区生产总值中的比重由1960年的26.9%提高到1973年的43.8%;出口贸易额中工业制品的比重由1960年的32.3%增至1973年的84.6%。至此,台湾地区工业建立起了一个以出口加工区为依托,以轻纺、家电等加工工业为核心的产业支柱。这一时期,台湾地区加工出口工业不断扩张,从而带动了其经济的快速成长,并带来"国民收入"水平的持续上升,从而创造了台湾地区经济发展的黄金时期。

表2　台湾地区1960～1986年生产总值及人均生产总值一览表

年份	地区国民生产总值（亿美元）	人均地区国民生产总值（美元）
1960	17	154
1965	28	217
1970	57	389
1972	79	522
1973	107	695
1974	145	920
1975	154	964
1976	185	1 132
1977	217	1 301
1978	268	1 577
1979	332	1 920
1980	414	2 344
1981	480	2 699
1982	486	2 653
1983	525	2 823
1984	598	3 167
1985	631	3 297
1986	773	3 993

（四）经济转型时期（1986年以来）

20世纪80年代以来，因台湾地区内外经济环境的变化，"新台币"兑美元汇率大幅升值，工资也大幅上涨，劳动力短缺，劳动密集型加工出口工业逐渐丧失比较利益和比较优势，导致民间投资意愿低落，经济发展陷入困境。因此，台湾地方当局于1986年提出了实行自由化、国际化、制度化的经济转型，进一步健全和完善市场经济机制，并以产业升级和拓展美国以外的外贸市场作为重大调整内容，确定以通讯、信息、电子、半导体、精密器械与自动化、航天、高级材料、特用化学及制药、医疗保健及污染防治等十大新兴产业为支柱产业。经过近10年的经济转型，台湾地区经济在自由化、国际化方面取得了一定进展，产业升级亦初现成效，资本和技术密集型工业占制造业的比重达61.5%，其中信息产业发展尤为突出，其产值名列世界前茅。台湾地区对外出口市场的重心逐渐从欧美转向亚洲，出口产品的结构也发生了很大变化，电子、信息机械、电机和运输工具产品已占总出口的50%以上。对外投资大幅度增长，开始成为净资本输出地区，同时台湾地区与祖国大陆及香港的经济联系也日见密切。

1998年后,台湾地区经济进入新的转型期,在亚洲金融危机的猛烈冲击下,1998年经济增长率由上年的6.68%下降至4.57%,为1985年以来的最低纪录。1999～2000年分别反弹为5.42%和5.98%。2001年,在美国经济发展放缓和国际电子产品市场衰退的冲击下,出现负增长。2002年,在外需扩张拉动下经济缓慢复苏,全年经济增长率达3.54%,但民间消费和投资仍然低迷,经济形势并未出现根本好转。2003年,民间消费增幅低于1%,创40年来新低;固定投资连续3年负增长,投资率亦是40多年来最低,内需持续低迷仍是经济复苏的重要障碍。2003年维持3.24%的低幅增长,主要仰赖于外需扩张,特别是对祖国大陆出口的高增长。台湾地区"中华经济研究院"的数字显示,随着世界经济复苏、两岸贸易活络和岛内需求扩大,2004年台湾地区经济增长率为6.17%。截至2005年12月底,台湾地区外汇储备达2 533亿美元。

表3　台湾地区1980～2005年主要经济指标

主要经济指标 \ 年份	1980	1985	1990	1995	2000	2003	2005
地区生产总值（现价10亿新台币）	1 491	2 474	4 307	7 018	9 663	9 847	11 337
地区生产总值实际增长率（%）	24.7	5.59	9.35	8.58	4.02	3.24	3.8
人均地区生产总值（美元）	–	3 243	7 918	12 488	14 188	13 157	15 215
人口（万）	1 781	1 926	2 035	2 136	2 228	2 260	2 270

资料来源　台湾地区《统计年鉴》《统计月报》《国民经济统计季报》。

二　工矿业与营造业

50多年来，台湾地区从“以农业培养工业”着手，在稳固农业发展的基础上，其工业已从轻工业为主转向发展重化工业为主，从劳动密集型产业转向发展资本、技术密集型产业，并从出口替代、出口导向发展到内需与外需并重，实现了工业化的过程。目前，台湾地区工业产品出口的比重已上升到绝对重要的位置，达90%以上。2003年，台工业部门生产总产值为29 936亿元新台币，占全部经济总产值的30.4%。

（一）矿业

因资源贫乏，产量小，矿业在整体工业中的地位很低。具有经济开采价值的矿产品主要有煤、石油、天然气、金、大理石、石灰石、白云石、盐及矿砂等9种。目前，石矿或工业原料矿为台湾地区矿业的两大主力。到1992年底，台湾地区共有805个矿区（包括5个海域油气矿区），其中申报开采的矿场共699个，占全部矿区的86.8%。2000年，矿业生产毛额约为101.28亿元台币，约占整个工业生产总值的1.34%。为增加有限的矿产资源，台湾地区除积极加强在岛内的勘探调查外，主要在外国投资矿产与开发。

（二）能源工业

台湾地区能源工业包括煤炭、石油、天然气、电力工业及其他新能源的开发与利用。1997年，台能源业的总产值约为1 950亿元新台币，占工业生产总值的比重为6.90%。台湾地区的自产能源主要是煤炭、石油与天然气、水力三种。

20世纪60年代中期以前，台湾地区以自产煤为主要能源，到1998年，自产煤只有7.9万吨，仅占其能源总供给的0.06%。石油和天然气的自产能力也不大，原油供应的99.7%依赖进口，2001年自产石油与天然气分别只占台湾地区能源供给量的0.04%和0.77%。而水力受气候变化影响明显呈不稳定状态。

电力工业是能源业的主力，由“官营”的台湾地区电力公司经营。20世纪70年代后台湾地区电力工业结构发生了重要变化，由原来的水力与火力双重结构发展为水力、火力与核能三元电力结构，各自在电力工业中的地位与比重也在不断地变化与调整。2000年底，共有各类发电厂72座，总装机容量为2 963.4万千瓦。其中，水力电站39座，总装机容量为442.2万千瓦，发电量占总发电量的14.9%，主要分布在台湾中部与南部地区；火力发电厂30座，总装机容量2 006.9万千瓦，占总发电量的67.7%，主要集中在台北县和高雄县市；核电厂3座，总装机容量514.4万千瓦，占17.4%。核能发电量正在继续增加，目前台湾地方当局准备兴建核四厂，但因民进党及其他反核团体阻挠，至今仍未完成。

（三）制造业

制造业是台湾地区工矿业的主体，其生产净值（生产毛额）一直占整个工业生产净值的65%以上，上世纪90年代末更达90%以上。2000年，台制造业生产净值占整个工业净值的比重为81.35%。

台湾地区制造业涵盖的范围非常广泛，它包括从食品加工到钢铁冶炼，从竹器编制到精密仪器生产共约20余类，近百种具体行业。其中主要的有电子、资讯、纺织、食品、钢铁、造船、石化、机械、汽车等工业。

1. 轻工业

目前台湾地区轻工业主要包括食品制造业，纸浆及纸制品制造业，印刷及有关事业，皮革、毛皮及其制品制造业，木竹制品制造业，家具及装饰品制造业，纺织业、成衣及服饰品制造业，杂项制品（如玩具等）制造业9类，计100多个小项。其中较主要的有：

（1）纺织业　曾是台湾地区最大规模的产业，是台湾经济起家的工业之一。20世纪80年代中期始，纺织业在工业中的地位逐渐下降，产值与出口值的冠军宝座均让位于信息电子产业，但直至90年代末，纺织品与成衣出口仍是台湾地区外销的主力之一。纺织业包括棉纺、毛纺、丝纺、人造纤维、染整和成衣等10余个部门。目前，人造纤维业已成为纺织业的支柱，为仅次于美国和中国大陆的世界第三大人造纤维生产地。其中，聚酯纤维及加工丝的产量与产能都高居世界第一位。

（2）食品工业　为台湾地区开发较早的起家工业之一。在20世纪50年代初至60年代中期，食品工业一直位居制造业之首，后被纺织业取代而退居第二位。70年代末以来，食品工业成为重要的内销产业。1997年1～11月份，食品业占整个制造业的比重为5.09%。食品业主要包括面粉业、食用油脂业、屠宰业、饲料业、乳品业、饮料业、制糖业和制茶业等21类。

（3）烟酒业　包括烟草业和制酒业，属于台湾地方当局专营专卖事业。自从1987年台当局开放洋烟酒自由进口以来，其烟酒业（特别是台产烟）已受到明显冲击。

（4）制鞋业　曾是仅次于电子、纺织业的第三大外销产业。1988年外销金额高达36.9亿美元，被称为“世界制鞋王国”，但此后出口量和销售量一路下跌，已沦为“夕阳工业”。目前制鞋业已大举转向岛外发展，成为最大的对外投资产业。

（5）玩具业　于1972年开始正式外销。1997年，台湾地区外销玩具总金额降到历史最低点，外销市场以美国为最大市场，日本居次，再次香港。

2. 重化工业

包括化学及化学制品、石油及炼制品、非金属矿业制品、基本金属、金属制品、机械、电机电气器具及电料、运输工业等九大类。其中较重要的有：

（1）钢铁工业　20世纪70年代以前，台湾地区钢铁工业始终处于初级生产阶段。此后，被台当局列为“十大建设”项目，现已发展成为台湾地区制造业的支柱。整体而言，台湾地区钢铁工业发展不平衡，公营的“中国钢铁公司”占有绝对优势，其他多属中小企业。而且，铁矿砂、废钢和燃料等需要大量进口，严重制约了钢铁业的稳定发展。

（2）石化工业　已形成了较为完整的上、中、下游生产体系，在经济中占有重要地位。1998年台石化业大企业（资本总额在2亿元新台币以上）有45家，年产值3 800亿元新台币。

（3）机械工业　是当今台湾地区最重要的工业部门。1998年机械工业总产值达26 571.4亿元新台币，占制造业总产值的40.9%。

一般机械制造业　主要包括工具机、产业机械、整厂设备、原动机、流体机械、机械原件等。

电机电子器材制造业　为机械工业中最大的行业，包括发电输配电机械设备、通信机械器材、家用电器、照明电器、电线电缆等九大类。2000年，电机电子器材业产值为31 190.2亿元新台币，占制造业产值的36.7%。

交通运输制造业　是指各种车辆、船舶的建造、修配及其零配件的生产等。具体包括造船工业、摩托车与自行车工业（汽车工业除外）。造船业大致分为商船、渔船、游艇及其他用途船舶等四大类。摩托车产量曾居世界前四位，有“摩托车王国”之称。自行车业在1969年开始外销并得到较大发展，从1980年起连续16年保持世界“出口第一”的荣冠。20世纪90年代以来又发展起了电动自行车业。

精密机械制造业　主要包括科学量度及控制设备业、光学食品材料业、工业校准工具业、钟表制造业、医疗器械设备业等。

（4）汽车工业　发展于20世纪50年代，主要通过与日本、美国及欧洲各大汽车厂商合作或合资，取得相关技术。但到目前为止，汽车工业的关键零组件如引擎、传动系统、设计、基本数据与测试等仍受制于外国，整体发展水平不高。到20世纪90年代末，台湾已有333家汽车制造企业，11家整车生产制造企业，年产能力69.9万辆。

（四）新兴科技产业

即高新科技工业。据台湾地方当局“经济部”1998年公告，它大致包括通讯工业、信息工业、消费性电子工业、半导体工业、精密器械与自动化工业、航太工业（即航天航空工业）、高级材料工业、特用化学品与制药工业等10类。

1. 信息工业

亦称资讯工业。发展始于20世纪80年代建立的新竹科学工业园区，以硬体开发与生产为主，现已成为台湾地区新兴支柱产业。据统计，1991～1997年，该产业产值年平均增长19.6%，目前已占十大新兴工业产值比例的1/3以上，成为高科技工业的主体。截至2001年10月统计数字显示，目前全球24.5%的台式电脑，52.5%的笔记本电脑，53.7%的监视器，70.2%的主板，92.5%的显示器，62%的芯片组，都出自台湾地区。当前，台湾地区信息产业从配件到整机，从芯片到主板，从鼠标到手机，已成为世界重要的制造基地。

2. 半导体工业

是指集成电路（IC）、分离式元件与光电元件等设计、生产与制造。始于20世纪60年代，到90年代末获得了较大的发展。1991～1997年，该工业产值年平均增长32.5%，产业规模占全球的3%。2000年，半导体业总产值达8 075亿元新台币，较1991年增长9倍。其中，IC业居半导体工业的主导地位，占半导体业的比重从80年代中期的30%上升到90年代中后期后的70%以上。2000年在全球芯片制造市场中，台湾地区拥有1/5以上的份额。2002年台湾地区有望超过日本，成为全球第二大半导体设备生产地。12英寸（约合30.5厘米，下同）晶圆厂的发达程度将成为半导体产业竞争力的关键标志。2002年台积电、联电、茂德、力晶等高科技企业的12英寸晶圆厂已开始或即将进入规模化生产，从而使台湾地区成为全球最大的12英寸晶圆厂群落。然而，毋庸置疑，迄今台半导体业虽有较大发展，但其生产方式仍以代工为主，生产技术层次依然偏低。

3. 通讯工业

20世纪70年代初以前，台湾地区通讯设备与技术完全依赖日本，但此后有了较大发展。进入90年代后，发展更为迅速，通讯工业产值年平均增长10%。通讯业以有线用户终端设备为主，占总产值的54%，主要产品包括数据机、电话机、传真机；其次为网络产品（网络卡、集线器），无线电通讯设备（呼叫器、全球定位系统），局用交换机。通信器材产品包括有线与无线通信两大类，其中又以有线类电话机与交换机为主要产品。

4. 航空航天工业

台湾称为"航太"工业，是台当局规划的重要新兴科技产业。该产业在20世纪90年代后获得了较快发展。1991～1997年，航太工业产值从66亿元新台币增至360亿元新台币，年平均增长28.4%，厂商家数从7家增至239家。到1999年底已获国际验证的企业有91家，认证项目达537项。该工业基本上以航空工业为主。其中，军用飞机制造及维修占72%，民航机维修占25%，零组件占3%，几乎全部供应岛内市场。其军事航天领域的发展有一定的基础与实力。自20世纪80年代以来，已自行研制和发射了如"天弓"、"天剑"、"雄风"等多种型号的导弹。目前，台当局正推行《红影计划》，发展新一代短程空对空导弹。民用航天领域在90年代有所进展。台当局20世纪80年代末、90年代初相继提出了《十五年太空科技长程发展计划》和《卫星通信长期发展计划》。前者主要是发展科学实验、遥测资源等"中华"卫星系列；后者是发展"中新"系列通信卫星，现已取得初步成效。"中新一号"和"中华一号"卫星分别于1998年8月和1999年初发射升空。自2001年始，将再发射3颗"中华"系列卫星。

5. 生物科技产业

发展始于20世纪80年代，它主要涉及食品加工、特用种苗、生物性农用制剂、动物疫苗、特用化学品、医用检验试剂、生物感测器、原料药及制剂材料等。目前，基本上将生物技术医药制品业、畜用疫苗产业、花卉产业、农业生物技术业与生物农药产业等列为重要发展方向。经过近20年的发展，其生物科技产业获得一定成绩，未来前景看好。1998年该产业厂商84家，以食品及农业生物技术产业为主，产品外销量不大，外销量约占生产总量的36%。

（五）营造业

台湾地区营造业包括房屋建筑、铁公路、隧道、管道、桥梁、堤坝、港埠、机场、发电厂等工程的兴建、管理及维护等，为其工业部门中仅次于制造业的第二大产业。当前，营造业厂商中，规模大、实力雄厚的仍属公营的"荣工处"、"中华工程公司"和"唐荣营建部"等机构，它们承揽了几乎大部分的大型土木工程业务。近年来民营的建筑商也开始参与重大工程的投标与建设。房屋建筑业是营造业的主要组成部分。

三 农业

1945年以后，台湾地区农业的发展大致经历了"恢复—发展—停滞—蜕变"4个阶段。与此相适应，农业在经济结构中的地位则分为两个阶段：

20世纪60年代中期以前，台湾地区经济为以农业为主的时期。农业为工业提供所需的原料、资金与劳动力，在国民经济中占据极其重要的地位。1952年农业生产总值达55.6亿元新台币，占地区内生产总值的34.5%。

60年代末期以后，随着工业及整个经济的迅速发展，农业在整个经济中的地位逐渐被工业所取代，农业也由"支持经济发展"的部门转为"维持自身发展"的部门，地位逐渐下降。

从农业生产总值看，60年代中期以前，农业在地区生产总值中所占比重一直大于工业，此后工业逐渐超过农业。1980年农业生产总值为1 145.6亿元新台币，其比重开始不足10%。2000年，农业生产总值占地区生产总值的比重为2.1%，农产品及其加工出口值占地区产品出口总值的比重仅为1.4%。目前农业生产总值占地区生产总值的比重已不足2%。

台湾地区农业包括种植业、畜牧业、渔业和林业四大部门。目前，农业的生产结构已由以种植业为主的单一传统农业，逐渐转变为农林牧渔综合发展的多元化农业与商业性农业，种植业的比重下降，渔业和畜牧业快速发展。

（一）种植业

台湾地区种植业分为粮食作物（农艺作物）、经济作物和园艺作物三大类别。50多年来，粮食作物产值在农业中的比重不断下降。1952～1995年上述三大类别在种植业中的比重，分别从72%、20%和8%，转变为32%、9.1%和58.9%，园艺业成为种植业中最大的项目。

粮食作物主要包括谷类、豆类与薯类3类。其中以稻米为最重要，目前占粮食总产的85%以上。水稻种植面积在20世纪80年代以后开始下降，产量也随之下降，1998年产量仅为189万吨。除稻米外，玉米等杂粮的种植面积不大。目前，台湾地区主要粮食作物除稻米、甘薯、马铃薯自给有余外，其他杂粮包括豆类皆依赖进口。

经济作物主要有甘蔗、茶叶、烟草、亚麻、油菜、棉花、黄麻、剑麻等。其中，甘蔗和茶叶最为重要。台湾地区是我国历史上甘蔗种植面积最大与产糖最多的地区之一，甘蔗也是仅次于水稻的第二大农作物。甘蔗年产量一般均在600万～900万吨之间。90年代以来，甘蔗生产进一步萎缩，1999年降为326万吨。茶叶是仅次于甘蔗的第二大类经济作物，产量基本维持在2万～2.4万吨左右。茶叶为主要出口产品，出口地主要是日本、北非、美国、英国和东南亚。

园艺作物包括水果、蔬菜与花卉等。台湾地区园艺作物在种植业中的比重上升很快，已从50年代初的不足10%上升到90年代中期的近60%。台湾地区水果异常丰富，产量约111万吨。蔬菜也是重要的园艺作物，蔬菜及其制品出口在农业产品出口中占有重要地位。花卉也是主要出口园艺作物。

（二）畜牧业

畜牧业在台湾地区农业中一直具有重要地位。20世纪60年代中期以前，畜牧业以家庭饲养为主，规模小。其后，因畜产品出口增加以及地区内对肉、蛋、乳品需求增多，台湾当局遂采取措施发展畜牧业。目前畜牧业已逐渐向专业化、工厂化经营方向发展。

台湾地区畜牧业分为家畜与家禽饲养两大类。其中养猪业最为重要，肉猪产值一般占畜牧总产值的1/2以上，占农业总产值的1/4。目前，养猪业已从分散的家庭副业逐渐转变为专业化、企业化、集中化经营。养牛业是另一重要的家畜饲养业。20世纪50年代后，乳牛业迅速发展，乳牛头数1997年达65 292头。随着农业机械的大量使用，耕牛已大幅减少。为适应本地区牛肉消费的增长，自80年代开始发展肉牛事业，但因进口牛肉的倾销，肉牛生产有限，不能满足本地区市场，仍需依靠进口。

家禽饲养以鸡、鸭、火鸡、鹅的饲养及蛋品事业为主。其中，养鸡业最为重要，目前已发展成为以现代化大规模企业经营为主、农家副业饲养为辅的形态。鸡的产值仅次于肉猪产值，在畜牧业产值中的比重接近30%；各种蛋类产值次于猪、鸡生产之后，居畜牧业第三位。

（三）渔业

渔业是台湾地区农业中的一个重要部门。渔业产值占农业部门产值的比重，在20世纪90年代中期以前呈上升趋势，90年代鱼产量大致保持在120万～140万吨之间。鱼产品是台湾地区主要外销农产品之一，居农产品外销金额的首位。1999年鱼产品出口约45.57万吨，主要外销市场为日本、泰国、西欧、美国与南非等。

台湾地区渔业按作业类型划分为远洋渔业、近海渔业、沿岸渔业与养殖渔业四大类。远洋渔业开始于1967年，在四大类渔业中居首位。1999年，远洋渔业产量达85万吨，占渔业总产值的50%以上。近海渔业在1990年后产量趋于下降，低于养殖渔业，居渔业生产的第三位。沿岸渔业原是台湾地区最早的捕渔业，虽一度受生产工具、沿岸及河流污染等因素影响，年产量有所下降，居渔业生产的第四位。养殖渔业主要包括咸水鱼养殖、淡水鱼养殖、海埔地养殖与稻田养殖等，尤以淡水养殖最为重要。20世纪70年代以来，养殖渔业的单位面积产量与总产量不断提高。80年代末开始，超过近海渔业的生产，跃居渔业的第二位。

（四）林业

林业在台湾地区农业生产中的比重较小。产值最高的1958年只占农业总产值的7.1%，1981年后都在1%以下，1999年为0.2%。1951～1971年，台湾地区林业生产逐年有所增长，1971年林业生产指数创历史最高峰。1972年以后，林业生产开始减产，特别是1985年台当局修正公布“森林法”后，不再以砍伐木材为财源收入，限制采伐量，林业生产指数剧降。

20世纪50年代末，特别是70年代中期以后，台湾地区林业发展从过去的木材生产逐步转向森林保护、水土保持与森林旅游开发等综合利用，造林面积远大于伐林量。在水土保持方面，1960～1990年间，台湾地区兴建完成3 774件治山防洪工程。1965年起，又实施10年两期治山防洪计划，提出“护山保林”与“水土保持”等原则，积极维护森林资源，限量砍伐。同时，开始建设森林游乐区与自然环境保护区。目前台湾地区已先后建成阿里山、太平山、垦丁、合欢山等40多处森林游乐区，出云山、拉拉山、八通关等10多个自然保护区及阳明山、雪坝、玉山、垦丁及太鲁阁5座“国家公园”。

四 交通运输

台湾地区现有交通运输网由陆、海、空三大系统组成。

（一）陆运系统

台湾地区陆运包括公路和铁路两部分。在20世纪60年代以前，铁路一直居陆上运输的主导地位。60年代以后，随着加工出口经济的扩大，短途客货运输量迅速增加，公路运输不论客运量还是货运量都相继超过了铁路，占陆运量的80%以上，成为陆上运输的主力。

1. 公路

公路运输是台湾地区陆上最重要的交通运输方式。经50多年的建设，公路总长已达2万多公里，平均每万人拥有10公里。它包括“国道”、省道、县道、乡道与专用道6种公路系统，依运输功能又分为高速公路、快速道路、主要干道、次要干道、街廓道路等五大系统。重要的公路网络包括：

一是高速公路。“中山高”是第一条南北高速公路，全长381.8公里，贯通西部14个县市，并连接基隆、台中、高雄三个国际海港和桃园、高雄两个国际机场。为疏解运输压力，除拓宽改善中山高速公路外，还建成了“北二高”和“南二高”线。加上正在规划与兴建中的南横线和苏澳至花莲、花莲至台东线，全部完成通车后，高速公路长度将达1 072公里。

二是环岛公路，全程1 031公里。

三是横贯公路，总长932.1公里。

四是纵贯公路，全长962公里。

五是滨海公路共887.4公里，东、西、北三部分首尾互不衔接，须借助环岛公路贯通。

六是联络公路，为各干线公路之间的支线，总里程3 116.9公里，是各类公路中线路最多、里程最长的一种。

2. 铁路

分为东部干线和西部干线及其支线两大部分。随着公路与空运的发展，铁路运输地位有所下降，但其在交通运输中仍然发挥着重要作用。1997年底，铁路总长2 264公里，其中营业线里程1 192公里，专业线里程1 072公里。目前，铁路运输主要用于大宗货物，如糖、盐、米、杂粮等和长途客运。主要铁路有：西部纵贯铁路，全长408.5公里（不含复线），1979年实现全线电气化；东部干线全长为465.6公里，为单线铁路，行驶内燃机车。目前，台当局正以BOT（即政府主导指标招标，民间建设经营，一定时间再收归公有）方式兴建全长344公里的南北高速铁路，预计2005年10月通车。

（二）海运系统

海运在台湾地区运输中占有极为重要的地位，其进出口货物99%依靠海运完成。2000年，台湾地区200吨以上的“国轮”船舶260艘，总吨位531万吨。海运航线包括环岛、沿海、近海和远洋线。前3种均为定期航线，远洋线则有定期与不定期之分，定期远洋航线有10条。

优良的港口设施是台湾地区对外经贸活动的基地。经过历年扩建，高雄、基隆、台中、花莲、苏澳已成为国际贸易港口。1997年五大港货物总吞吐量为19 376万吨，装卸量为48 340万计费吨，转口量为9 963万计费吨。该年度各港集装箱装卸量达852万个标准箱（TEU）。

高雄港是台湾地区最大的海运中心，位于台湾岛西南部，有2个港区，水域面积1 276万平方米，航道水深12～17米，可容10万吨级船舶进出。有码头95座，其中营业码头77座，港区停泊能量可达109艘，年吞吐量7 947万吨。1983年开始发展转口集装箱业务，目前有4个现代化的集装箱码头，第五集装箱中心也已基本完成。2000年装卸集装箱743万个标准箱，位居世界第三大集装箱港。2003年排名已降为第六名，全年的集装箱装卸量为884万个标准箱。

基隆港地处台湾岛北中央，为台湾第二大商港，它由内港、外港和渔港三部分组成。整个港区水域面积有379万平方米，主航道水深10～26米，万吨级轮船可自由进出。有码头58座，其中营业码头39座，港区停泊能量68艘，并有集装箱码头2座，年吞吐量为2 615万吨。2000年集装箱装卸量达195万个标准箱。

台中港居西部海岸中点，是于1976年投入使用的新型国际港。港区水域面积487万平方米，航道水深12～13米，可容5万吨级船舶出入，10万吨级船舶可俟涨潮时出入。有码头31座，其中营业码头29座，集装箱码头2座，可停泊船只32艘，年吞吐量2 610万吨。2000年，集装箱装卸量达88万个标准箱。

花莲港是台湾东部的唯一商港，为日据时期开辟的战时补给港扩建而成的贸易港。港区水域面积358万平方米，航道水深10～18米，可容1.5万吨级船舶出入。有码头20座，港区停泊能量为19艘，年吞吐量为603万吨。1996年开始集装箱业务，之后集装箱装卸量极不稳定，到2000年已无集装箱运输。

苏澳港位于台湾岛东北部的宜兰县境内，由北方澳（军港）、苏澳（商港）和南方澳（渔港）三部分组成。港区水域面积约284万平方米，航道水深24米，可容8万吨级船舶进出。有码头13座，停泊能量为16艘，年吞吐量465万吨。进出港货物主要是进口煤炭和出口水泥，为基隆港的辅助港。

除上述五大港外，台湾地区还有台东、淡水、绿岛、兰屿、东港、安平、鹿港、枫港、马公等中小型港口，承担全地区内的部分客运和货运业务。

（三）空运系统

台湾地区航空运输分为客运和货运两大类，以客运为主。随着对外交往的增加和地区内经济活动的频繁，航空运输业有了长足的发展。据台有关部门统计，1997年，台湾地区航空公司有52家，其中台籍航空公司17家，适航飞机178架；其余是依据双边协定在台湾设立分公司或办事处经营定期国际客货运业务的外籍航空公司，共有34家。1999年，航空公司减为13家，飞行航机184架，外籍航空公司达30家。

台湾航线包括18条地区内航线和149条国际航线。

台湾全地区可供民航机起降的机场有17处，直升机场有2处，包括桃园、高雄2个国际机场；台北（松山）、花莲、马公、金门等9处地区内机场。其中，桃园、台北、高雄、花莲机场规模最大，担负岛内外主要的航空客货运业务。

桃园国际机场建成于1979年，位于桃园县大园乡，现有3条跑道，可供包括波音747等在内的大型客货机起降，每小时最大容量55架次。该机场营运十分繁忙，2000年飞行11.6万架次，进出港旅客达1 671万人次，货运量139万吨。目前包括第二座航站大厦等第二期扩建工程已于20世纪90年代后期完成，现正推动第三期工程。高雄机场位于高雄市小港区，1965年由军用机场改为民用机场后扩建而成。现有2条跑道，可供宽体客机起降。该机场利用率已呈饱和，目前正进行拓建。

五　邮政与电信

台湾地区邮政和电信均为公用事业，是1949年国民党当局在大陆溃败后带入的，隶属于“交通部”。1980年9月1日起，台湾地方当局“邮政总局”根据邮政业务的发展情况和加强管理的需要，将其邮区划分为以台北、台中、高雄为中心的三个区，并分设邮政管理局，下设市、县邮政局及支局所等。

台湾地区邮政机构主要分为自办和委办两种。自办机构系指邮政部门所设立的邮局；委办机构是指各邮局视业务或地区需要委托民间商店或住户主人代办指定的邮政业务。2001年，因组织精简，全地区共有邮政机构11 216处，邮路里程总计190.2万公里，绝大部分为委办机构。邮政部门还委托1 000余家24小时营业的便利商店在全世界办理部分邮政业务。主要邮政业务为信函、包裹的收寄与投递等。邮政还开展储金、汇兑与简易人寿保险业务。

台湾地方当局“电信总局”负责电信规划、设计等任务，组织机构除直属机关外，下设台湾北区、中区、南区三个电信管理局、国际电信管理局、长途电信管理局、电信研究所、电信训练所及数据通信所等。三个区电信管理局所辖各地的电信服务，又依据业务之繁简分别设置各等级电信局。

台湾地区电信业务主要包括电报、电话、数据通信和移动通信。其电报业务自1949年后逐渐增长，1976年为最高峰，此后受市内电话的普及和长话的开通开始逐年递减。1991年9月10日，地区内电报业务正式停止。国际电报业务近年来亦呈下降趋势，特别是数据通信兴起后更是急剧衰退。电话业务包括市内电话与长途电话。国际电话自1978年6月用户直拨开办以来，通话量增长明显。数据通信于1971年始开办，分为出租数据电路、分封交换式数据通信、网际网络和数位式（DSL）通信。1999～2003年间国际互联网用户，从287万户猛增至782万户。移动通信有无线寻呼业务和移动电话两种，1976年底开办的无线寻呼业务，1998年后用户量大幅下降；而1989年7月正式开办的移动电话用户迅速增加，2003年用户数已达2 509万户。

六 财政金融

（一）财政体制与收支状况

台湾地区现行财政体制分为三级，即“中央”、省、直辖市及县市。乡镇财政虽分编单位预算，但不单独视为一级，而是划入县市财政之内。在三级财政收支中，历年来以“中央”所占比重最大，一般要占三级财政的60%左右，是典型的“中央”集权的财政体制。

1. 财政收入

台湾地区财政收入在“美援”停止后，按其收入来源的性质主要分为以下三大类。

（1）强制性收入

主要是指税捐收入。税收是财政收入的最主要来源，2002年会计年度占财政总收入的比重达72.57%。其中，前3位为所得税、营业税和货物税。

（2）自由性收入

是指来自台湾地区官营资本的赢利。目前，其官营事业包括由“总统府”主管的，如“中央银行”、“中央造币厂”、“中央印刷厂”和各“部、署”主管的官营事业单位。2001年度台官营企业赢余及事业收入为新台币3 358.6亿元，占当年财政收入的18.4%。

（3）中间性收入

主要有：①专卖利益，是台当局独家经营的专卖物品的收入，主要为烟酒；②规费，主要包括民、刑事诉讼费和护照费、药商许可证费、警政费和学费等行政收费。

发行公债是维持财政平衡的一种方式。2001年台公债收入占财政收入总额的比重为1.54%。台湾地区当局自1949年首次发行公债以来，先后发行过“爱国公债”、短期公债、年度公债和建设公债等4种。

2. 财政支出

台湾地区财政支出分“中央”财政支出和地方财政支出两种。

（1）“中央”财政支出

主要内容有“国防”及一般政务支出、教育科学文化支出和经济发展支出等。“中央”财政支出占整个财政支出的比重一直在60%上下。其中，“国防”及一般政务支出在20世纪60年代中期以前一直平均占80%，80年代以后下降到50%以下，1999年占12.85%。教育文化支出直到1990年才开始多于军事开支，1999年该项开支占当年财政收入的19.17%，居于首位。经济发展支出占16.91%。

（2）地方财政支出

包括省财政支出、县市财政支出和乡镇财政支出。地方政府支出比重在台财政支出中比重已上升至近五成。

近年来，台湾地区财政状况一直不佳，税基萎缩，赋税收入年增长率从1992年的19.7%一路下滑到1996年的−2.8%。2000年民进党上台后采取扩张性的财政政策，财政形势迅速恶化，年内财政赤字达1 800亿元新台币。2003年财政赤字，进一步上升为3 750亿元新台币。

（二）金融

台湾地区的金融体系，是由台湾省原有金融机构经过改组和后来随国民党政权败退而迁到台湾的官僚金融机构混合而逐渐发展起来的。目前，台湾地区金融体系基本上由两大部分组成：一是有组织的金融体系，它由台湾当局“财政部”和“中央银行”管理。二是无组织的民间借贷活动，包括融资性分期付款、融资性租赁、民间互助会、远期支付信贷、质押借贷、信用借贷等形式。

有组织的金融体系可分为金融机构和金融市场两部分，其中金融机构又分为货币机构和其他金融机构两大类。货币机构指创造通货及存款之银行，包括“中央银行”、本地一般银行、外国银行在台分行、中小企业银行、信用合作社及农渔会信用部等；其他金融机构是指不能创造货币的金融机构，包括邮政储蓄汇业局、信托投资公司、人寿保险公司、产物保险公司等。

金融市场则包括货币市场、证券市场和外汇市场3种。

1. 货币市场

是提供一年以下短期资金交易的市场，主要功能是聚集短期资金，作为储蓄与投资者的中介。台湾地区正式开展货币市场的营运始于20世纪70年代。1973年台"央行"首次发行国库券，台湾银行并于1975年开办远期信用状，各种短期工具开始流通。目前，台湾地区共有3家票券金融公司，至1992年共设立分支机构21家。货币市场流通的信用工具有"国库券"、商业本票、承兑汇票、可转让定期存单及一年内到期的金融债券、公司债券、政府债券等5类。

2. 证券市场

又称资本市场。台湾地区证券交易始于20世纪50年代的店头交易，1962年起随着台证券交易所成立和"证券交易法"的公布实施，证券市场才正式走上法制轨道。台证券市场由"财政部"证券管理委员会主管，交易工具包括一年期以上的政府公债、公司与金融债券及公开发行的公司股票等。

3. 外汇市场

1979年2月以前，台湾地区实施固定汇率制度。其后，台成立外汇市场，初期由5家外汇指定银行组成外汇交易中心，负责外汇买卖定价与银行间交易中介业务。汇率由"中央银行"与外汇交易中心5家银行共同小组拟定中心汇率。1980年3月，"央行"退出汇率拟定小组；1989年台又废除了中心汇率制度；1990年取消了小额议定汇率，交易汇率完全由银行自由确定。目前，因外汇经纪商等从事银行间外汇交易中介业务，台汇率变动几乎完全自由化。

七 海峡两岸经济关系

（一）两岸贸易与投资

1949～1978年的30年间，由于海峡两岸处于激烈的军事冲突与对峙状态，两岸经济往来基本中断。1979年两岸贸易额仅有0.77亿美元。1979年元旦全国人大常委会发表《告台湾同胞书》，宣布了和平统一与推动两岸"三通"的大政方针，两岸经第三地的转口贸易开始逐步恢复与发展。1981年9月，叶剑英委员长提出和平统一祖国九条方针，建议双方共同为两岸通邮、通商、通航、探亲、旅游等提供方便；欢迎台湾工商界人士回祖国大陆投资。国务院有关部门也相应采取了一系列推动两岸经济关系发展的措施，两岸经贸往来日益密切。到1987年，两岸间接贸易总额已达55.44亿美元，台胞在祖国大陆投资437个项目，协议台资金额6亿美元。

面对两岸经贸交流日益发展的形势，为了进一步鼓励台商到大陆进行投资与贸易等商务活动，1988年国务院颁布了《关于鼓励台湾同胞投资的规定》（通称"二十二条"），对台商投资的合法权益提供保障，并予以较大的优惠与便利。在此推动下，两岸经济关系发展迅速，双方经济交往也已由贸易为主转向贸易与投资并重。1994年3月5日，为切实保护台商投资的合法权益，八届全国人大常委会审议通过了《中华人民共和国台湾同胞投资保护法》，以专门法律的形式规范对台湾同胞投资的保护。1992～1995年，经香港的两岸间接贸易额达560多亿美元，台商投资项目28 000余项，协议台资金额260亿美元，增长幅度均高于以往各个时期，是两岸经贸关系迅速发展的时期。

在祖国大陆仍一如既往地推动两岸经济关系发展的同时，台湾地方当局却在政治上继续推行其"分裂分治"、"两个中国"的政策，并在经济上千方百计地阻挠两岸经济关系的发展。1996年9月开始，台当局对与大陆经贸往来实行"戒急用忍"政策，限制台商赴祖国大陆投资，使随后两年两岸经贸关系发展趋缓。

1999年后，两岸经贸关系发展进入新的活跃期。据中国海关统计，1999～2004年间，两岸贸易额增长了2.3倍，除2001年外，年增幅均达双位数。2005年，两岸贸易额达912.3亿美元，同比增长16.5%，其中：台湾地区向大陆出口746.8亿美元，同比增长37.7%；大陆对台湾地区出口165.5亿美元，同比增长22.1%，台湾地区顺差581.3亿美元。2006年两岸间接贸易总额首次突破1 000亿美元大关，达到1 078.5亿美元，同比增长18.2%。其中，大陆对台湾地区出口207.4亿美元，同比增长25.3%，大陆从台湾地区进口871.1亿美元，同比增长16.6%。两岸贸易的大幅增长主要由台商投资特别是IT产业的投资所带动。台湾地区是大陆第五大贸易伙伴（韩国上升为第四），第二大进口市场；大陆是台湾地区第一大出口市场和最大贸易顺差来源地，1978～2005年间，在两岸贸易中，台湾地区累计顺差达3 300多亿美元。

随着两岸加入世贸组织（WTO）及台湾岛内政局、经济投资环境的变化，近年来，台商不顾台当局的无理限制，纷纷西进祖国大陆，再度出现台商赴祖国大陆投资的新高潮。据中国商务部统计，2000～2004年间，当年台商投资合同金额由40.4亿美元，上升为93.0亿美元；当年实际使用台商投资金额由22.9亿美元上升为31.2亿美元。截至2005年底，大陆累计批准台资项目6.81万个，合同台资897亿美元，实际使用台资417.6亿美元（未含台商经第三地的转投资）。2006年两岸投资贸易继续保持发展势头，据商务部门统计，2006年大陆共批准台资项目3 752项，合同资金113.4亿美元，实际利用台资21.4亿美元。截至2006年6月，大陆累计批准台商投资项目70 276项，合同台资金额958亿美元，台商实际投资428亿美元。

另一方面，台湾地方当局"经济部"投审会统计显示，2000～2004年这5年内，台商对大陆投资金额快速增长，占其整体对外投资比重迅速攀升。2000年台商对大陆投资占其海外投资比重33.93%，2001年上升为38.8%，2002年首度突破五成，达53.38%；2003年上升到53.66%；2004年已超过2/3，达到67.24%。

此外，台商在大陆融资与两岸金融保险业合作出现了新进展。在祖国大陆银行资金宽松与地方积极吸引和支持台商投资的情况下，台商在大陆融资贷款情况得到明显改善，并出现了一些新的融资方式。2000年12月初，祖国大陆上海银行通过香港上海银行作为中转行，成功地向台湾上海储蓄银行开出第一笔信用证，首次实现了台港沪三地银行业务联系。台湾地方当局也加快了开放岛内银行与保险业赴祖国大陆设立据点事宜。2002年，大陆的商业银行与台湾地区银行的海外业务分行（OBU）正式开办通汇及信用证相关业务。2003年，大陆的商业银行与台湾地区的外汇指定银行（DBU）也开通了通汇及信用证相关业务。截至2003年10月，大陆方面已批准设立2家台资银行、7家台湾地区银行的代表处、9家台湾地区保险公司和1家台湾地区保险经纪人公司的12个代表处、12家台湾地区证券公司的17个代表处。

表4　台湾地区1980～2005年对祖国大陆出口依存的变化　（亿美元）

项目＼年份	1980	1985	1990	1995	2000	2005
总出口	198.1	307.3	672.1	1 116.6	1 483.2	1 975.6
对大陆出口	2.35	9.85	43.95	194.3	261.6	746.8
对大陆出口占总出口比重（%）	1.2	3.2	6.5	17.4	17.6	37.8

资料来源　台湾地区《统计年鉴》《统计月报》。

（二）两岸通邮与通航

1978年底，中国共产党和中央政府确立以和平方式实现两岸统一的大政方针时，即提出在祖国和平统一之前，先实现两岸通邮、通航、通商的政策。1979年元旦，全国人大常委会发表的《告台湾同胞书》中倡议，尽快实现两岸通邮、通航。1981年叶剑英委员长发表九条对台方针、政策时指出，"我们建议双方共同为通邮、通航、通商、探亲、旅游以及开展学术、文化、体育交流提供方便，达成有关协议"。1995年1月30日，江泽民主席发表八项主张时又强调："两岸直接通邮、通航、通商，是两岸经济发展和各方面交往的客观需要，也是两岸同胞利益之所在，完全应当采取实际步骤加速实现直接三通。"可以看出，实现两岸"直接三通"是中国共产党和中央政府一以贯之的政策。但是台湾地方当局一直拒绝两岸直接"三通"，将拒绝"三通"当做与祖国大陆对抗的筹码。然而，"三通"毕竟符合两岸人民的利益，因此也得到了两岸同胞的拥护与支持。近20多年来，两岸在"三通"方面取得了局部性的进展。

1. 两岸通邮、通电

1979年2月，祖国大陆邮电部门率先经第三地向台湾地区开办了邮政和电信业务。1988年3月，台湾当局宣布台湾民众可以经过台湾红十字会组织向大陆寄送信件。从1989年6月起，台湾邮局开始直接收寄往来大陆的信件，台湾电信可通过第三地对大陆开通直拨电话业务。1993年4月，海峡两岸关系协会与台海峡两岸交流基金会签署了《两岸挂号函件查询、补偿事宜协议》。两岸邮政部门已相互封发航空和水陆路函件总包，开办了平常信函、挂号信函、明信片、航空邮简等邮政业务。在电信方面，两岸通信电路已从美国、澳大利亚等地经转，改为经日本、香港海底光缆连接。至1988年底，祖国大陆寄往台湾地区的邮件量与打到台湾地区的电话量均已占发往境外业务量的第二位，仅次于香港；台湾地区对祖国大陆的电信业务量已占其对外业务的第一位。1996年，两岸电信部门还就建立直达电路问题达成共识，并完成了卫星电路的测试工作。1998年8月，台湾地区与新加坡合作的“中新一号”通信卫星发射成功，台有关部门认定“中新一号”为两岸以外的地区，并开放中华电信公司通过该卫星经营两岸卫星通信直播业务，为两岸电信业进入实质直通阶段创造了条件。2003年初，两岸电信企业合作开通了海峡两岸会议电视业务“新视通”。

2. 两岸海上通航

1979年8月，大陆各大港口便开始接待台湾地区船舶，并为台湾地区渔民提供便利条件。1996年8月20日，中国交通部公布了《台湾海峡两岸间航运管理办法》；次日，外经贸部公布了《关于台湾海峡两岸间货物运输代理业管理办法》。这两部法规体现了祖国大陆方面促进两岸直接“三通”的诚意以及“一个中国、双向直航、互惠互利”的原则，受到台工商界的普遍欢迎。1997年初，两岸有关团体又就两岸试点海上直航进行商谈并达成共识，同年4月始两岸顺利实现了福州港、厦门港与台湾高雄港间的局部试点直航。1998年2月，两岸航运部门就两岸航运与交流合作达成“双向同步、互动互惠”的共识；3月8日，台湾地区方面核准的祖国大陆上海锦江航运公司的“通顺轮”经石垣岛抵达基隆，实现了两岸班轮经第三地湾靠即可原船载货往返台湾地区和祖国大陆港口的航行；8月底，祖国大陆中远集团海外子公司中国远洋企业公司申请经营台湾—新西兰定期航线获准；同年9月中国交通部核准台湾地区长荣、阳明与南泰3家航运公司经营包括香港在内的两岸港口延伸定期航线，其中阳明海运公司的“祥明轮”于10月20日驶抵上海，在装载货物后起航前往香港，再装载货物后抵高雄，成为台第一家经营上海港对外远洋定期航线的轮船公司。2000年，在岛内各界压力下，台当局通过自2001年开始实施金门—厦门、马祖—福州的客货直航和开放两地间的货物贸易等措施，即所谓“小三通”。

3. 两岸航空运输

1981年10月，中国民航总局作出了两岸空中通航的决定，并采取积极措施推动早日实现两岸空中直航。1990年两岸航空业者开始接触与交往。1995年8月，两岸航空公司作出了台湾旅客赴大陆时仍在第三地经转，但行李直挂和一票到底的安排，并建立了票务结算关系。同月，澳门航空公司与台湾地区有关方面达成通航协议，台方同意澳航班机经澳门换航班号、不换班机、一机到底的方式飞行两岸。1996年8月起，港龙航空公司飞行两岸也可采此一办法。1998年，海峡两岸经香港与澳门的“行李直挂，一机两岸，一票到底”的空运方式有了进一步的发展。2003年1月，两岸“春节包机”正式启动，台湾航空公司民航飞机到上海接运台商，成为54年来台湾民航客机首次航行两岸，开启了两岸空中通航的新篇章。2003年内，由澳门航空公司负责经营的由台北经澳门到郑州、宁波、三亚与海口等“一机两岸，一票到底”的航线先后开通，到2003年底前已有北京、厦门、南京、重庆、郑州、上海、福州、宁波、武汉、三亚与海口等11个城市实现了台湾—澳门—祖国大陆的空中“准直航”。2005年台商春节包机在两岸民航业者的共同努力下，以“共同参与、多点开放、直接对飞、双向载客”方式，实现了55年来首次双向定点直飞。

2006年两岸春节包机与2005年相比，扩大搭载对象，增加航点，增加班次。2006年春节包机的主要安排为，包机时间：自2006年1月20日至2月13日，共25天。搭乘对象：除台商及其眷属外，扩大至其他往返两岸持合法有效证件的台湾居民。飞航地点：大陆方面在原有北京、上海、广州三点基础上，增加厦门一点；台湾方面仍维持台北、高雄两点。

2006年6月14日，海峡两岸航空运输交流委员会与台北市航空运输商业同业公会，就两岸客运包机节日化和开办专案包机的技术性、业务性问题达成了共识，做出了框架性安排。经双方业务主管部门认可，这个安排自即日起实施。两岸客运包机将从原来的春节包机扩大到清明、端午、中秋、春节4个主要民族传统节日期间的两岸包机。飞行航点是北京、上海、广州、厦门与台北、高雄；搭载对象是所有持合法、有效证件往来两岸的台湾地区居民及台商眷属。

第六节 外贸与对外经济关系

一 对外贸易

对外贸易是台湾地区经济的重要组成部分。1949年，国民党当局败退台湾后，外贸成为台湾当局巩固统治台湾地区的重要经济手段。50多年来，台湾地区的外贸经过“停滞发展期”、“进口替代”、“出口扩张”、“第二次进口替代”及“自由贸易”等几个阶段，已基本形成了“进口—加工—出口”的运行模式。对外贸易在台经济中的地位与作用迅速上升，并成为带动整个经济增长的“火车头”，被视为台湾地区经济的“生命线”。但由于岛内经济内需市场狭小，自然资源较少，使得台湾经济对海外市场和技术的依赖程度较高。

表5 台湾地区1988～2005年进出口贸易变化 (亿美元)

进出口	1988	1990	1995	2000	2001	2002	2003	2004	2005
总额	1 100	1 220	2 150	2 880	2 300	2 431	2 714	3 419	3 810
出口	610	670	1 120	1 480	1 230	1 306	1 442	1 740	1 984
进口	500	550	1 040	1 400	1 070	1 125	1 272	1 679	1 826
平衡	110	120	80	80	160	181	170	61	158

资料来源 中国国家统计局《中国统计年鉴》2005年；2005年为台湾“经济部”统计数字。

2000年，对外贸易有较好业绩。全年贸易额达到2 883.8亿美元，其中出口值1 483.7亿美元，进口值1 400.1亿美元，分别比上年大幅增长22%及26.5%，为1989年以来最高增幅。但是，由于受股汇市冲击及国际不利因素的影响，全年外贸顺差额下降为83.6亿美元，较上年减少25.4亿美元。2001年，在美国经济放缓和国际电子产品市场衰退冲击下，台湾地区的进出口则分别为-15.2%和-9.5%。2003年，随着国际贸易与两岸贸易的扩张，外贸总额较上年增长11.64%，达2 714亿美元，其中：出口增幅为10.41%，进口增幅为13.06%。2004年台湾地方当局“经济部”统计显示，在两岸贸易持续发展的推动下，台湾地区的对外贸易总额达到3 419亿美元，比上年增加26%，进出口额均创新高。2005年，台湾地区对外贸易总额达3 810亿美元，较上年增长8.5%。

（一）进出口商品结构

1. 出口商品结构

台湾地区将出口商品划分为农产品、农产加工品（含渔畜产品）和工业品三大类。50多年来，其出口商品结构出现了两次根本的转变。

（1）第一次转变

20世纪50年代，台湾地区在推行出口外向发展战略以前，农产品及农产加工品出口占出口总额中的比重，几乎都在85%左右。60年代以后，工业产品出口迅速增加，在出口中所占的比重也逐渐增加。1966年，工业产品出口比重首次超过农产品，出口贸易结构出现了第一次质变。此后，工业品稳定地取代了农产品及农产加工品的地位，成为主要出口商品，而且所占比重持续上升。进入20世纪90年代，台湾地区出口产品已几乎完全以工业品为主。2001年，工业产品出口1 209.06亿美元，占出口总额的98.4%；而农产品及农产加工品出口额分别为2.97亿美元和16.6亿美元，在出口总额中所占的比重分别为0.2%和1.3%。

（2）第二次转变

台湾地区出口商品结构的第二次重大转变，是在20世纪80年代中期。最初是通过价格低廉的劳动密集型产品，如纺织品及其他日用杂品等打入国际市场的。因此，在20世纪60年代起的较长一段时间内，纺织品及其制品一直是出口的最大项。但

20世纪80年代后，由于台湾当局鼓励和扶植资本、技术密集型产业的发展，使得这类产业产品出口迅速增加。1984年，电子、电器产品取代了纺织品独占10多年的鳌头，成为出口额最大的产品。20世纪80年代中期以后，重化工业产品在出口中所占的比重也开始迅速提升。台湾地区出口商品结构由传统的密集型产品向资本、技术含量较高的产品的质变，也标志着它的产业结构出现了重大变化。2001年度，出口额最大的三类产品依次为机械及电机设备、电子产品和资讯与通讯产品，在其带动下，重化工业产品占出口总额的比率继续上升，占出口总额的比重提高至72%。

2. 进口商品结构

台湾地区资源匮乏，用于工业生产的绝大部分原材料、能源都需进口。其进口商品大致分为农工原料、资本设备和消费品三大类。50多年来，进口商品结构的变化呈现为如下几个特点。

第一，农工原料在进口额中始终占据较大比重。无论是当初经济发展起步阶段，还是后来的经济转型时期，农工原料在进口总额中所占比重大致为65%～75%之间。

第二，资本设备进口呈现出由低到高、再由高到低的变化过程。

第三，消费品在进口总额中所占比重长期在5%～8%的较低水准上。20世纪90年代以来，因欲加入世贸组织（WTO），消费品进口有了较快的增长，2001年占进口总额的比重为9.22%。

（二）外贸地区结构

台湾地区的贸易伙伴虽很多，但贸易市场相对集中。20世纪80年代中期以前，美国和日本一直是台最主要的贸易对象；80年代中期以后，受对美贸易的限制与改变外贸地区过于集中这一弊端的考虑，台开始开拓和分散对外贸易市场，因而对亚洲地区特别是香港的贸易明显增加。目前台最主要的贸易伙伴为美国、日本和香港地区。

2003年，台湾地区对外贸易的地区结构是：

1. 美国和香港仍为两大出口市场，也是出超的主要来源地。对港出超高达266亿美元，远超过对美91亿美元的出超。

2. 欧盟国家跃居为第二大贸易伙伴和第二大进口地区。

3. 对亚洲地区出口比重在40%以上。

表6　　台湾地区1980～2004年对外经济活动主要指标　　（亿美元）

主要指标	1980	1985	1990	1995	2000	2004
出口	198.1	307.3	672.1	1 116.6	1 483.2	1 740.0
进口	197.3	201	547.2	1 035.5	1 400.1	1 679.0
贸易平衡	0.77	106.3	124.9	81.1	83.1	61.0
外汇储备（年末）	22	225.6	724.4	903.1	1 067.4	2 417
汇率（新台币:美元）	36.01	39.85	27.11	27.27	32.99	33.96

资料来源　台湾地区《统计年鉴》《统计月报》。

二　对外投资与引进外资

台湾地区对外经济关系除对外贸易外，还包括对外投资与引资，以及接受外援、对外援助，甚至以外援为名扩展对外政治关系。

（一）对外投资与援助

台湾地区对外投资，伴随着岛内经济发展而出现、扩大，并逐渐成为对外经济关系中的重要方面。目前，台已发展成为世界上重要的资本输出地区之一。

台对外投资，经历了一个较长的过程。20世纪70年代以前，台经济尚处于“起飞”阶段，在对外投资政策上基本以限制为主。70年代后，因经济规模扩大，资金相对宽裕，以及当局政策的放宽，对外投资逐渐开展，投资金额明显增加。但在年均500万美元的政策限制下，仍十分有限。进入20世纪90年代以后，对外投资步伐进一步加快，2001年核准对外投资额达43.9亿多美元。

从投资产业的种类上看，对外投资以制造业为主。20世纪80年代末以来，台海外投资金融保险业和服务业的金融及案件均迅速增加。2000年，由于岛内投资环境恶化，企业纷纷出走，岛内资金加速外流。从对外投资的地区来看，台对外投资主要集中在亚洲、美洲、大洋洲和欧洲。2001年，对外投资最多的是美洲地区，其次是亚洲，再次是大洋洲，而对非洲等地区的投资则十分有限。在对外投资的国家上，美国是台对外投资额最多的国家，其次是马来西亚、泰国。1999年以来，在台当局大力推动下，台对欧洲的投资有了较快的发展。

（二）引进外资

引进外来资本是推动台湾地区经济成长的一支重要力量。可以说，台湾地区现代化的发展与外来资本的引进是紧密联系在一起的。它引进的外来资本主要分为两大类：间接投资资本和直接投资资本。前者包括早期的"美援"、外国政府和银行借款等；后者主要是指外国人和华侨商人在台湾地区的投资设厂，也简称为"侨外投资"。

20世纪50年代初，台湾地区经济进入恢复时期，经济运转主要依赖美国的经济援助，而吸引侨外直接投资则不甚理想，1952～1965年，美国注入台湾的各类经济援助（包括一般援助和开发援助）共计14.4亿美元，约占同期台湾地区引进外来资本的70%；来自外国政府，主要是美国政府1972年的低息借款4.76亿美元，约占外资的23%，侨外直接投资有限，仅1.35亿美元，占外资总额的7%。

自20世纪60年代起，美国对台经济援助开始逐步减少，而且随着台湾地区经济逐步走上外向型发展道路，其吸引外资开始从依靠美援为主转向以吸引外国政府和银行借款为主。1966～1972年，台湾地区吸引外资累计达16.82亿美元，其中外国政府和银行借款达9.3亿美元，占外资总额的55.3%；侨外直接投资为7.14亿美元，占42.2%；美援只剩下3 800万美元，仅占2.3%。

进入70年代后，随着台湾地区各项重大经济项目大规模地展开，对资金的需求量剧增。它在不断改善投资环境的同时，引进外资也卓有成效，无论是外国银行贷款，还是侨外直接投资，均大幅扩张。在1973～1980年间，台湾地区累计引进外资为62.2亿美元（平均每年约7.8亿美元），其中：外国银行贷款43.5亿美元，占同期引进外资的70%；侨外直接投资18.7亿美元，占外资的30%。外国银行贷款是70年代中后期台湾地区吸引外资的主流。

20世纪80～90年代，是台湾地区侨外直接投资快速增长并逐步主导外来投资的时期。80年代起，随着岛内投资环境的持续改善，美、日等国进一步加强与台湾地区的经济关系，这些因素都促进了台湾地区侨外投资的快速增长。美、日等发达国家的跨国公司资本对台湾地区的投资：1981年为3.96亿美元，到1986年即达到7.7亿美元，6年共投入31亿美元。同期外国银行贷款仍保持平均每年约5亿美元的规模，6年共计30亿美元，占外资的49%。80年代后期，侨外投资在出现短暂的徘徊增长后，1989年又出现新的高潮，投资项目达547项，金额为24.18亿美元，其中：外商投资477项，22.41亿美元；侨商投资102项，1.77亿美元。

进入90年代，随着台湾地区经济逐步迈入后工业化阶段，侨外资本在台的直接投资，无论是规模、投资领域或投资形式都出现了较大变化。90年代初，由于工资高、地价上涨和外商投资门槛提高等投资环境的变化，加上岛内经济结构开始进入调整时期，台湾地区吸引侨外直接投资大幅减少，输入资本从1991年的23.02亿美元跌至1993年的12.13亿美元，减少近一半。其中，外商投资从20.82亿美元跌至10.90亿美元，侨商投资从2.20亿美元跌至1.24亿美元。但随着以电子信息为代表的技术密集型产业的发展，90年代中期侨外直接投资又进入快速上升之势，输入资本额从1994年的23.02亿美元增至1997年的42.67亿美元，增加了1.62倍，其中外商投资从15.24亿美元增至38.79亿美元，侨商投资从1.07亿美元增至3.87亿美元。90年代后期，台湾地区侨外直接投资在经过小幅调整后，又转呈快速增长趋势，至世纪之交达到最高潮，输入额从1998年的37.39亿美元增至2000年的76.08亿美元，其中外商投资从35.54亿美元增至75.57亿美元，而侨商投资却从1.85亿美元跌至5 000万美元。

世纪之交，台湾地区引进外资呈现出以下明显特点：从投资数量看，侨外直接投资主要是外国资本。至2002年底，外国直接投资累计12 046项，占引进侨外资总数81.2%；外国直接投资金额达490.65亿美元，占引进侨外资总额92.6%。而引进华侨资本数量较小，至2002年底，累计为2 793

项，占引进侨外资总数18.8%；引进华侨资本金额达39.02亿美元，占引进侨外资总额7.4%。引进外国直接投资的主要来源地是美、日、欧地区，合占引进外国直接投资总额的59%；引进华侨资本主要来自菲律宾、香港和日本等地，占引进华侨资本总额的59.8%。从投资的部门结构看，外国直接投资主要集中在电子及电器产品制造业、化工产品制造业等技术层次较高的产业，华侨资本主要集中于第三产业和传统产业。

截至2001年之前，侨资外资进入台湾地区，总体上还是保持了一个相对稳定的净流入态势。民进党上台后，台湾地区经济形势逆转，一个重要表现是侨外商投资下滑，企业加快外移。依台湾地方当局“经济部”统计，2001年外商对台投资为50.8亿美元，同比下降32.8%；2002年，进一步降为32.3亿美元，较上年再下降36.4%。2003～2005年间有所回升，但迄至2005年亦仅达42.3亿美元，为2001年76亿美元高峰的1/2强。

第七节　人民生活与社会保障

一　人民生活

国民党政权败退台湾后，经过总结在大陆遭到严重失败的教训，开始重视经济工作。台湾地区经济不仅得到迅速恢复，并在此基础上取得了巨大发展。到20世纪80～90年代，与韩国、香港、新加坡一起并称为“亚洲四小龙”。与此相适应的是，人民的生活水平也不断提升。1973年，人均地区内生产总值达到695美元，1976年突破1 000美元大关，1980年突破2 000美元，到1985年达到3 297美元，居发展中国家和地区前列。此后，台湾地区人民生活水平进入急剧增长期，1993年一举跃至10 612美元。20世纪90年代下半期，岛内人均地区生产总值始终处于较高水准，1997年达到13 556美元，人民生活水平进入中等发达国家和地区行列。

2000年民进党上台，陈水扁当局以意识形态挂帅，顽固坚持“台独”路线，岛内政争频繁、两岸关系持续僵持，导致经济决策变调、施政困难，民众和投资者对台湾前途的不确定感增加，直接影响了台湾地区经济的发展。2001年，台湾地区经济出现了近50年来的首次负增长，人均地区生产总值也从2000年的14 114美元剧降至12 798美元。受岛内政治纷争的拖累，台湾地区经济自2001年以来陷入衰退后，经济状况一直欲振无力，2003年人均地区生产总值达13 139美元，成为民进党执政以来的最高值；2004年，在经济有所复苏下，据台有关部门估计，人均地区生产总值有望达到14 000美元。

20世纪90年代以前，在岛内经济快速增长期间，台湾地区劳动力人口的参与率不断提高。失业率一直相对较低，对经济的发展和社会安定也未造成影响。但进入90年代后，劳动参与率下降，失业率逐渐升高。1996年失业率突破2%，达2.6%，2000年为2.99%，接近3%，2001年一举攀升至4.57%，2002年达到5.17%，至目前徘徊于5%左右。2004年，在上半年经济景气加快复苏带动下，全年台湾地区失业率略有下降，为4.44%，但总体看台湾地区结构性失业问题并未解决，而岛内低收入阶层也有增无减。

台湾地区人民生活的总体素质比较高。该地区虽已进入老年化社会，但社会整体死亡率一直较为稳定，介于5‰～6‰之间。家庭消费能力较强，其居前列的最主要消费项目，包括食品、娱乐消遣、教育及文化服务、运输交通及通讯等。至2002年底，台湾地区民间消费平均每人支出达7 940美元。2004年，平均每百人固定电话用户数为59.6户、移动电话94.9户。

二　医疗卫生

40多年来，台湾当局致力于健全医疗服务体制，逐步形成了一套完善的医疗网，医疗卫生事业有了较快的发展。目前，台湾地区医疗卫生机构体系由“中央”、省（市）、县（市区）及乡镇等四级卫生单位组成。其中，“行政院卫生署”为最高卫生行政机关，负责指导、监督、协调台湾地区各级卫生机构的行政业务。此外，还设有台湾省政府卫生处，台北市和高雄市卫生局，台湾省21个县市也分别设有卫生局。

医疗机构的建立、设施的增加、人员的配备是医疗卫生事业发展的重要标志。到2002年底，台湾地区医疗院所及病床数分别为18 228家和133 398张病床，且每万人拥有病床数为59.23张。各种从业医务人员175 444人，平均每万人拥有从业医务人员77.90人。

除积极发展医疗设备、培养医疗人才、设立高水准的公立医院外，台湾地区还大力普及基层医疗保健机构，在乡镇普遍设置卫生所、保健站等，基本形成了一个健全的乡镇医疗网。同时，台还大力开办医疗保险制度。1987年10月，台成立“公劳保医疗院所协会”，开办劳工、公务员及眷属、私立学校教职员和农民4种健康保险。1995年台实施“全民健康保险法”，将医疗保险的对象扩大至所有民众。到2000年底，台湾地区总计纳保人数达2 140万人，纳保率已达96.16%，六成以上为老年和儿童。同年，全民健保的特约医事服务机构范围进一步扩大。到年底，包括西医与中医医院、西医、中医、牙医诊所等特约医事服务机构共计有19 983家加入全民健保特约行列。另有特约药局3 061家、指定医事检验机构、居家照护、特约助产所及特药精神科社区复健机构共计590家，大大增加了民众就医便利性。全民健保除提供原公、劳保给付项目外，并开办了预防保健服务，扩大了重大伤病及慢性病的给付。目前使用重大伤病证明卡的民众约有36万余人，其中癌症患者最多。

三 社会保障体系

与医疗事业的发展相适应，台湾地区在社会福利保障方面也有了一定的发展。目前，台湾地区的主要社会保障体系包括劳工基本权益保障与就业辅导、失业保险、医疗健康保险和职业性社会保险。

劳工基本权益保障方面，1984年台湾当局公布施行《劳动基准法》，就劳工工资、工作时间、不同性别劳工权益照顾与保护等作出了详细的规定，从法律上确认了劳工社会保障制度。

就业辅导与失业保险方面，1956年前台湾地区就业辅导工作仅限于职业所，且以私人职业介绍所为主，对社会保障体系无法发挥作用。1963年台湾省社会处制定“台湾省国民就业辅导试行要点”，初步统一了台湾省就业辅导行政业务。此后，台湾当局逐步成立了“行政院退除役官兵辅导委员会”、“行政院青年辅导委员会”及省市和各区县的“就业辅导中心”等，基本建立了全岛性就业辅导体系。台湾地区的就业辅导和职业训练分开进行。1981年台“内政部”增设了“职业训练局”，后改隶“劳委会”。1983年制定《职业训练法》，1992年制定《就业服务法》，就业辅导和职业训练体系进一步完善。到1998年7月开始发放就业促进津贴，1999年1月建立劳工失业给付制度，初步建立起失业保险制度，就业辅导工作进入了一个新的阶段。

职业性社会保险包括劳、农、军及公教人员的保险制度。台湾当局对军公教人员除长年给予减免所得税外，并为其建立了以普遍保险为核心的基本保障体系，企图通过对其本人及配偶、眷属生、老、病、死等全方位的保障，达到稳定军公教队伍，巩固政权的目的。而劳工保险涉及就业辅导，牵涉范围复杂，至今尚无体系；农民健康保险则开办的历史较短，政治意味浓厚，与其他现成保险制度相同。

目前，台湾当局正在规划实施“国民年金”制度，成为岛内的第四大保障体系。“国民年金”初步规划包括老人年金、身心障碍年金、遗属年金、丧葬津贴、福利津贴等。现有的公、劳、农、军保障体系均将配合做出调整。截至2001年，劳工保险人数777.9万人，投保单位39.93万个；参加农民保险的176.7万人，投保单位289个，老年农民福利津贴核付人数达65.6万人；公教人员保险的62.9万人，退休人员保险的计906万人。

第八节 教育 科技 文化

一 教育

（一）教育体系与初、中等教育的普及

台湾地区现行的教育分为正规教育和技术职业教育两大体系，其中：正规教育分为“国民教育”、高级中等教育和高等教育3个阶段；技术职业教育包括初等技术职业教育和高等技术职业教育两个阶段。此外，还有幼稚教育和多种形式如夜校、函授等社会教育。

总的来看，台湾地区教育事业的发展较快。1950年共有各级学校3 132所，在校学生103万余人，到2001学年，各级各类学校总数已达8 158所，在校学生数535.4万余人，教师数约27.2万人。2003年，初等教育的粗入学率为99.5%，中等教育的粗入学率为99%，高等教育的粗入学率为90.2%，基本做到了初等、中等教育的普及。教育事业的发展，推动了人口文化素质的大幅度提高。

（二）“国民教育”

所谓“国民教育”，即中小学教育，是对6～14岁的儿童开办的教育，包括小学六年、中学（即初级中学）三年。1968年，台湾当局公布《九

年国民教育实施条例》，实行九年制义务教育，规定适龄儿童必须入学。2001 学年，台湾地区共有中学 708 所，小学2 611所，其中：中小学教师约分别达 4.9 万人和 10.4 万人，在校中小学生分别为 93.57 万人和 192.5 万人，小学普及率和升中学率达 99%以上。

（三）高级中等教育

高级中等教育，包括高级中学、高级职业学校两类，学制均为三年，学生在学年龄为 15～17 岁。1968 年实施九年“国民义务教育”后，初级中小学改为国民中小学，划入“国民教育”范围。原来的职业学校逐渐发展为高级职业学校，在此基础上形成了高级中等教育体系。

重视技术职业教育是台湾地区教育的一个鲜明特点。目前，已形成了由职业学校—专科学校—技术学院所组成的技术职业教育体系。据 1994 年统计，职业学校在校学生为 52.3 万余人，专科学校在校学生 36 万余人。至 2001 年，台湾地区共有高级中学 295 所，在校学生约 37.1 万人，而高级职业学校达 178 所，在校生约 37.8 万人。

1996 年，台开始试办综合高中，同时设置学术课程与职业课程，全年计有 18 所学校开办，在校学生有6 586人。

（四）高等教育

高等教育分为专科学校、独立学院、大学以及院校研究所。

专科学校以教授应用科学与技术、培养实用专业人才（技士）为目标，修业年限依入学资格不同，分三年制（招收高考落榜生）、二年制（招收职业学校毕业生）与五年制（招收初中毕业生）不等，毕业可取得相当于大专学历证书。

技术学院则以培养高级实用专业技术人才（技师）为主，主要招收工业职校或工业专科学校的毕业生。

高等院校主要招收高中毕业生或具有同等学历经入学考试及格者。凡设有 3 个学院以上者称大学，不合以上条件者称独立学院。

大学或独立学院各学系管理完善、成绩优良者，得设研究所。正规高等院校的学制一般为四年，但师范院校、法律、建筑专业等为五年，医学专业为六至七年。高等教育分为“国立”、省（市）立与私立三大类，一般都设有“日间部”与“夜间部”。2001 学年，大专院校计有 154 所（大学 57 所、独立学院 78 所、专科学校 19 所）及附设研究所1 668所，在校生约有 119 万人。

二　科技

（一）发展历程回顾

发展科学技术，促进经济开发，是台湾当局所制定政策的重要组成部分。20 世纪 50 年代以来，科技发展大体经历了以下三个时期。

1. 奠基时期（1959～1968）

20 世纪 50 年代，台湾当局在经历了恶性通货膨胀后，稳定经济成为主要目标，无暇顾及科技的发展，科技水平基本处于“自然成长阶段”。20 世纪 50 年代末至 60 年代初，台湾地区经济开始由对内封闭转向对外开放，引进技术、推动“出口扩张”成为其经济发展的主要策略。台湾地区依靠美援组建了“中央研究院”。1959 年，台湾当局颁布了《长期发展科技计划纲领》，主要目标在于充实科技发展的基础。同年，由“教育部”和“中央研究院”合作组建了“长期科学发展委员会”（简称“长科会”），以推动长期科学研究。在这一时期，科技研究发展方向以基础科学为主，并通过各种辅助措施，培养研究人才，还谈不上研究开发。

2. 初步发展时期（1969～1980）

20 世纪 60 年代末～70 年代，台湾地区工业的发展重点由轻工业转向重化工业，提高了对产业技术的要求。因此，1968 年台湾当局颁布“十二年国家科学长期发展计划”，在扩大研究基础、改进科学教育的同时，明确提出以开发实用型应用技术为科技发展的目标，进一步加强应用科学的研究，先后成立了工业技术研究院和“行政院”应用技术研究发展小组，并注重促进企业投资科技研究工作。

3. 全面推动科技发展时期（1980 年以来）

20 世纪 80 年代中期以后，台湾地区经济进入转型期，科技水平较低的状况已成为推动产业升级和社会发展的主要障碍之一。因此，台湾当局开始加大科技经费和人员的投入，制定一系列相应计划和发展战略，以实现将台湾建成“科技岛”的长期目标。

1978 年，台湾当局首次召开由产、官、学界参加的科学技术会议，随后相继制定和修订了《科学技术发展方案》和《培养和延揽高级科技人才方案》等，作为科技发展的最高指导方针。

此后，科技会议每4年召开一次，以制定和修订新的发展政策与计划。1980年设立“新竹科学工业园区”，1986年起陆续执行《科技发展十年计划》《科技发展四年计划》和《重点方案》；确定科技发展的主攻目标是“兼顾短程的需要和制度的改进”。1997年发布了第一部《科技白皮书》。以此为依据，1998年通过了“科技化国家推动方案”。1999年台湾当局正式实施《科学技术基本法》，为科技发展提供了法律依据。在上述一系列政策法律措施的推动下，台湾地区科技发展进一步加速。

（二）科技管理体系与科技发展水平

1. 科技管理体系

台湾地区现行的科技行政体系，依职能划分为以下两大部分。

（1）官方最高决策层的科技咨询机构

如：“国家安全会议”之下的“科学发展指导委员会”、“行政院”下辖的“科技顾问组”等。

（2）具体政策制定与咨询机构

如：“行政院国家科学委员会”是策划、推动台湾科技发展的专职机构，另外“行政院”各“部”、“会”、“署”也大都设有科技顾问室，负责本部门的科技发展与推动工作。

由于台湾地区经济规模较小、中小企业占绝大多数，民间科技研究发展先天不足，其科技行政部门长期在科技发展过程中居于主导地位。科技经费的总投入，在20世纪80年代官方投入仍占60%以上，90年代民间科技投入相对增加，但官方与民间仍各占约一半左右。

目前，台湾地区的科技研究体系主要由官方科技行政部门及各“部”、“会”、“署”所属研究机构、公营企业所属的研究机构、研究专案委托的财团法人研究机构、各大学及民间企业所属的研究机构组成。最高学术研究机构为“中央研究院”。

2. 科技投入与科技发展水平

20世纪80年代以来，台湾地区对科技发展的投入有了较快的增长。1991～2002年间，科研经费占本地生产总值的比例由1.7%提高到2.3%；科技人员数由8.24万上升为15.02万。

从科技研究发展成果来看，台湾地区SCI论文发表数的国际排名，由1989年的第二十八位提高到2001年的第十七位。在发展技术密集型产业方面，相继成立了新竹和台南科学工业园区，推动了高科技产业的发展。目前，台湾地区信息产业和半导体产业产值已分别跃居世界第三位和第四位，半导体集成电路生产技术已接近和达到世界先进水平。从科技研究的分工看，基础研究主要由“中央研究院”及各高等院校承担，应用科技研究主要由工业技术研究院及各科技行政部门所属的研究机构承担，军事科技由中山科学研究院负责，科技成果的商品化和市场化则由企业承担。

尽管20世纪80年代以来台湾地区科技发展取得较快进步，但受限于经济规模、企业结构及人才等因素，在总体上与发达国家相比仍然有很大差距，甚至也落后于同等经济发展水平的韩国等国家。

（三）科学工业园区的建设

台湾地区在发展高科技时采取的一个重要举措就是兴建科学工业园区。1976年提出设置科学工业园区的构想。20世纪80年代初，台湾地区建成新竹科学工业园区，并迅速发展成为台湾高科技产业的摇篮。90年代初始，提出兴建第二个科学工业园区，即台南科学工业园区，以实现南北科技产业平衡发展。2003年第三个科学园区——中部科学园区动工兴建，第一期开发定于2005年8月完成。第二期将于2006年12月完成。届时这些科学工业园区将在台湾北部—中部—南部连成网线发挥重大作用。

1. 新竹科学工业园区

新竹科学工业园区于1977年12月动工，1980年12月15日正式成立园区管理委员会。该园区位于台湾西北部的新竹市，面积2 000公顷，其中可供开发利用的土地约800公顷。整个园区由工业区、教育研究区、商业区、住宅区和园林区等组成。

新竹科学园区位置优越，交通便利，岛内南北电气化铁路和高速公路贯通其间。新竹市及其周边有台湾“清华大学”、交通大学、“中央大学”和中正理工学院等高等院校；有中山科学研究院、工业技术研究院、食品工业技术研究所、“交通部”电讯研究所、“国科会”精密仪器发展中心等科研机构，技术基础雄厚，科技人力资源充足。

新竹科学工业园区创立20多年来，已取得显著的成效。这里集中了台湾地区几乎所有的高科技产业，主要包括集成电路、电脑及周边设备、通讯、光电、精密机械与生物技术等。截至2000年底，新竹园区营业额已占全台湾地区制造业生产总值一成左右，电子资讯产值比重则约占台湾地区电子资讯产业的三成。园区高科技厂商共有289家，就业人数超过10万人，集成电路为园区第一大产业，居世界前四位。2000年营业额高达9 293亿元新台币，比1999年的6 500多亿元新台币产值增长43%。

2001年新竹园区受到全球经济不景气及美国发生国际恐怖主义袭击的九一一事件双重冲击，全年营业额仅6 625亿元新台币，跌幅高达29%；园区厂商雇用人数也跌破10万人。随着全球景气回温，2002年全年营业额达7 055亿元新台币。2003年预估全年营业额为8 515亿元新台币，增幅达12%。

园区吸引了大量高科技人才。至1997年底，从业人员较1985年的3 543人增长了5倍。其中，博士为839人，占总人数的1.2%；硕士8 488人，占12.4%；本科生12 950人，占19%；专科生17 409人，占25.4%；其他28 724人，占42%。此外，为配合园区人力资源的需求，提高从业人员素质，园区管理委员会与台工业研究院、“清华大学”、交通大学等学术研究机构合作，办理园区从业人员在职进修及专业技术人才训练。

2. 台南科技工业园区

在新竹科学工业园区成功发展的基础上，1990年台湾当局开始筹划兴建第二个科学工业园区。1992年，台当局正式核定兴建第二个科学工业园区，1995年定名为“台南科学工业园区”，次年动工兴建，1997年7月成立台南科学工业园区开发筹备处，正式挂牌运作。

该园区位于大台南地区，交通便利，有一定的工业基础；附近有成功大学等大专院校及研究机构，技术人力充足。

该园区最初面积为1 928公顷。到1997年底，台南科学工业园区受理厂商投资申请计45家，其中属新竹区厂商扩建者27家，新设公司18家，投资额约17 268亿元新台币。目前，园区基地规划为“微电子精密机械”、半导体与农业生物技术等三个主要产业区。1999年5月，台湾当局计划扩大台南科学工业园区，开发面积将扩大为3 299公顷。

预计到2010年进驻厂商可达200多家，每年产值可达新台币9 000亿元，大体相当于1996年新竹园区3 000亿元产值的3倍。

3. 台湾中部科学园区

根据2002年秋台湾“行政院”经建会提报的《中部科学园区台中基地及云林基地》计划，台湾中部科学园区总面积为400多公顷，开发总金额为306亿元新台币，估计可创造5万个就业机会。园区将以纳米精密机械、纳米材料、生物科技、航太（航空航天）、通讯及光电产业为发展重点。在核定计划后，于2002年底前，完成委托规划实质计划，包括测量钻探、开发计划、环境评估、水土保持等，并在2003年秋完成审查作业和公共工程规划设计。

台湾中部科学园区2003年7月在台中开始动工兴建，首家进入园区的企业——友达光电中部科学园区厂也同时动工。这家生产液晶电视面板的工厂计划投资总额超过2 000亿元新台币，预计年产量96万片，将成为全球最大的液晶电视面板厂。台湾中部科学园区的台中基地土地面积为333公顷，第一期开发将于2005年8月完成，第二期于2006年12月完成。目前已有300多家厂商申请进驻园区。估计整个园区开发完成后，将带动9 000亿新台币的投资，提供高科技产业发展用地，带动中部产业升级，以促成产业聚落效应，将岛内已有的新竹科学工业园区和台南科技工业园区连成网线，逐步推动台湾成为科技岛的建设。

三　文化

（一）概述

台湾自古以来是中国的一部分，海峡两岸血脉相连，文化同根。台湾文化无论从根源、内涵、特征，还是从表现形式上，都属于中华文化，是中华文化的重要组成部分。尽管台湾在历史上曾数度遭受外来殖民主义—帝国主义的侵略，1949年后，台湾与祖国大陆又长期处于隔绝状态，但都无法改变海峡两岸血浓于水的文化渊源。

台湾居民主要讲“国语”（普通话）和闽南语、客家话等汉族方言，用汉字书写。台湾的民俗，无论是节庆婚丧，还是饮食习惯等无不与祖国大陆闽粤地区一致。台湾民间奉祀的神祇如妈祖等大多是在明清时期随福建、广东移民带入台湾的，数百万台湾民众信仰的佛、道二教更是直接传承于祖国大陆。台湾同胞继承了中国的传统哲学思想，并主张用中华民族传统的伦理道德观念来规范思想和言行。同时，出现了回归中华民族精神和回归乡土的热潮，在思想和政治领域表现为要求“政治革新”，在文学领域出现了“新诗论争”和“乡土文学论战”，乡土文学再度兴起；在艺术领域则是民间艺术开始活跃。随着经济、政治的转型和两岸交流的日趋密切，社会发展出现多元化，导致社会意识和文化发展多元化，文化认同错综复杂，大众文化蓬勃发展。

（二）丰富多彩的文学、艺术和文化设施

文学　是中华文化宝库中的一块瑰宝。1949年以来，台湾文坛上大体存在着传统的现实主义文学及乡土文学、现代派文学和流行文学三大流派。钟理和、钟肇政是现实主义文学的代表人物。前者的自传体小说《黑山农场》为其代表作；后者的代表作是被称为“一部台湾史诗”的《台湾人三部曲》。乡土文学主张面向自己生长的这块土地上的人民，用通俗易懂、大众化的语言来描写现实，反映社会人生。其代表作家有陈映真、王祯和、黄春明、王拓、李乔等。其中，陈映真被称为“乡土文学的一面旗帜”，代表作有《夜行货车》等。黄春明被誉为“标准乡土作家”，代表作有《儿子的大玩偶》等。现代派文学主张文学是反映时代精神，抛弃传统，向西方学习，以描写人性、探索心灵为主，寻找自我。其代表人物主要有白先勇（代表作有《台北人》等），陈若曦（代表作包括《客自故乡来》、《向着太平洋彼岸》等），王文兴、聂华苓等。流行文学指通俗易懂、情节引人入胜，具有休闲性、消遣性的文学作品，代表人物为琼瑶、古龙、卧龙生等。

戏剧　大致可分为大戏、囝仔戏和仔戏3种。大戏主要有京戏，闽南的乱弹、歌仔戏和高甲戏，以及新剧（话剧）、歌舞剧、播音剧等。囝仔戏由儿童演出，20世纪初由福建泉州传入。仔戏又称偶人戏，由大陆传入台湾，包括北方的皮影戏、闽南的布袋戏和傀儡戏等。这些剧种随着时代的变迁而兴衰，现在只剩下话剧、京剧、歌仔戏、布袋戏和高甲戏等数种，除话剧外，观赏者多以老人为主。歌仔戏是台湾最主要的地方戏曲，也是中国地方戏曲中唯一诞生于台湾的剧种。台湾话剧的代表人物主要有李曼瑰、姚一苇。

电影　在20世纪60～70年代取得了长足的进步，摄制水平提高，影片市场扩大，影片题材广泛，国际获奖影片增多。这一时期被称为台湾电影的“黄金时代”，其较有影响的电影有《汪洋中的一条船》《八百壮士》《养鸭人家》《侠女》《龙门客栈》《扬子江风云》等。其中，李翰祥1961年执导的《杨贵妃》，胡金铨1975年执导的《侠女》分别获得当年戛纳电影节的最佳室内摄影奖和高等技术委员会奖。

80年代，台湾出现了以“小成本、新导演”为制片特色的新浪潮电影和文学电影热。最具代表性的导演为侯孝贤，其执导的《童年往事》获1986年柏林电影节“国际影评联盟特别奖”；而《悲情城市》更获1989年威尼斯电影节“金狮奖”。但90年代后，随着电视、录像带、MTV、KTV等的出现，特别是美国等西方电影的冲击下，使台湾电影逐步走向商业化，文化特色消退，粗制滥造增多，内外市场相继萎缩。

电视、广播、新闻与出版业　台湾地区电视过去一直由“台湾电视公司”、“中华电视台”和“中国电视公司”3家所控制。20世纪80年代后期，台湾地区解除“党禁”、“报禁”后，电视、广播迅速发展，新闻出版事业也呈现急速发展的局面。截至2001年底，台湾地区有报纸454种，杂志7 236种，出版社7 810家，有声出版业2 606家，通讯社267家，公共图书馆506家；广播电台175家，无线电视台7家，有线电视系统60余家、逾100多个频道，有线电视普及率超过70%，电影院178家。此外，台湾地区美术、音乐、工艺雕刻等艺术创作也取得了相当大的进步。

第九节　军事

一　军事战略

自国民党蒋介石集团1949年因发动内战失败退踞台湾等岛屿以来，随着国际形势与岛内局势的不断变化，台湾地区的军事战略进行了三次大的调整。大致经历了“攻势作战”、“攻守一体”和“守势防卫”三个时期。2000年民进党陈水扁上台后，对台湾地区战略思想又作了调整。

（一）“攻势战略”时期（1949年末至1969年）

基本点是“依美求存，伺机反攻”。20世纪50年代，国民党当局以“反攻大陆”为基本建军方针，在“军事第一、反攻第一”的口号下，积极进行反攻大陆的战略准备。一是与美国“结盟”，签订“共同防御条约”；二是维持50多万人的作战部队，将台湾每年的总预算90%左右用于军事开支；三是加强对军队的思想控制，台湾当局在军队中成立“总政治作战部”，各军、兵种从司令部到基层连队都建立有“政工组织”系列，以向官兵灌输反共思想，进行“效忠”教育。

(二)“攻守一体战略时期”(1969～1979)

基本点是“攻守结合，立足自保”。这一时期也是其军事战略转折的时期，以军事反攻大陆的意识越来越淡化，而代之以军事保护所谓“复兴基地”，逐步朝精兵、机动、具有第二次打击力的全面守卫战略发展。因反攻大陆的军事计划受挫和大陆去台军、士官大量退伍的结构性变化，台湾当局被迫实施“精兵政策”，但仍维持50万军队的规模。1967年7月成立以发展核武器为目的的中山科学研究院，发展进攻性战略武器，幻想以军事为“最基本的后盾”，以“心理战、政治战、外交战”手法和通过加强在大陆的“策反”活动来达到“反共复国”的目的。

(三)“守势战略”时期(1979年以来)

基本点是“积极防御，独立固守”。1979年中美建交尤其是中美签署《八一七公报》后，台湾当局支撑军事战略的武器采购面临困难。而且，祖国大陆改革开放后，综合国力不断增强，国际地位显著提高，使台湾当局感到已难于推行原来的军事战略。在反攻大陆绝望的客观形势下，台湾当局公开提出了守势防卫的战略。20世纪90年代以来，“守势战略”的内涵发生了很大变化。1996、1998年台湾当局两度发表的“国防报告书”都提出了“防卫固守，有效吓阻”的战略方针，以“不挑衅、不回避”的态度强调“坚守”，重视岛上防御。2000年初，台湾当局将此战略调整为“有效吓阻，防卫固守”。

陈水扁上台后，台湾的战略思想又作了新的调整。2000年6月16日，陈水扁在主持台陆军官校校庆典礼上提出了“决战境外”的作战指导思想，强调要将“守势防御”调整为“攻势防御”，“将防卫纵深前推至敌人领土上”等等。台军方称，“决战境外”是指决战要在“作战地境之外”，也就是“积极防御，守势决战”，实现“吓阻”与“固守”的战略构想。据此，台湾当局在2002年7月21日公布的“国防报告书”中，首次将台军长期坚持的军事战略由“制空、制海、反登陆”调整为“制空、制海、地面防卫”。

自2003年初开始，台“国防部”正积极推动“军事事务革新”，其内容包括：防卫战略、战略指导、兵力结构、组织调整；预计至2011年使台军全面转型为“联合部队”编组形态；未来的军事战略将调整为“资电先导，遏制超限，联合制空制海，地面防卫”。同时，将陆军导弹指挥部扩编成“导弹司令部”，采取攻势作战，主张“阻敌彼岸，滞敌攻势”。而且首次提出“防卫国土”的战略构想。

二　军事体制

2000年以前，台湾地区军事体制基本沿袭了国民党当局在大陆时期的军事体制，即“总统”为军队最高统帅，通过军政和军令两大系统领导全军。在军政系统上，“总统”通过“国防部长”对军队行使统帅权；在军令系统上，“总统”通过参谋总长对军队行使指挥权。“国防部”隶属于“行政院”，主管有关军队人事安排、组织编制、军费预算、武器研制与采购等“国防”行政事务。参谋总部为最高军事指挥机构，参谋总长为“总统”的军事幕僚长，但同时在军政系统上为“国防部长”的幕僚长。参谋总部下辖陆军、海军、空军、联勤、宪兵、海岸巡防及军管区司令部。此外，台军还设有总政治作战部，在军队各级单位设有相应机构，主管对官兵的思想教育和部队内部的控制。

李登辉主政后，台军事体制逐渐由军政、军令二元化向一元化过渡。1998年5月21日，台湾“行政院”通过了“国防法”草案及“国防部组织法”修正草案。2000年1月29日，“国防法”、“国防部组织法”正式公布，并由“国防部”组成“国防组织规划委员会”，在规定的3年时间内，推动军事体制的改革。2000年底，与之配套的“参谋本部组织条例”又通过立法。2002年3月1日，“国防二法”正式实行，新的“军政、军令、军备”三大系统一元化的军事体制至此完全确立。

新的体制架构，实行军政、军令一元化，即“国防部长”由文人担任，为“总统”的军事幕僚长，“总统”通过“国防部长”行使统帅权指挥三军。而“参谋总长”为“国防部长”的军事幕僚长，“参谋本部”为“国防部长”的军事幕僚及三军联合作战指挥机构；“参谋本部”改称“国防部参谋本部”；原隶属“参谋本部”的各军兵种司令部等改为直接隶属于“国防部”，必须在陆、海、空军总司令部和联合后勤司令部、后备司令部、宪兵司令部前加上“国防部”3个字。“总统”对军队行使统帅权时，将直接下令“国防部长”，由“国防部长”责成“参谋总长”指挥军队。

依据新的军事体制，“国防部”下辖军政、军令、军备三个体系，分别由军政、军备副部长、参谋总长督导。军政体系即“国防部”，编设6个司、6个室和2个委员会。军令系统即“参谋本部”和联战指挥机构。参谋本部下设7个室。军备体系即“国防部”军备局。

三 军事编制、兵力与装备

（一）陆、海、空三军编制和兵力

1949年以来，台湾地区军队的情况发生了很大的变化。其总兵力，20世纪50年代为66万余人，到90年代初为50万人左右，2004年初为38.5万余人。从2004年开始实施兵力精减，预计每年裁减1.5万人，到2006年完成，总兵力约达34万人。现有实力33万人，其中：陆军20万人，海军和空军各为6.2万和6.8万人。2006年以后还将继续精简，到2013年降到30万人左右。同时，部队的编组、武器装备等，也都依据新的需求有了很大的变化。

1. 陆军

台湾地区的陆军总司令部设在桃园县龙潭乡。现有兵力20万人。下设3个军团司令部，即陆军第六、第八、第十军团司令部和金门、马祖、澎湖、花东3个防卫司令部，以及后勤司令部、防空导弹指挥部等。另外，陆军空降特战司令部改编为航空特战司令部，陆军作战发展委员会改编为督察长室与陆军教育训练暨准则发展委员会。1998年6月30日，台军实施“精实案”后，将师级逐次改编为“装步旅”、“空骑旅”、“摩步旅”、“装甲旅”及“特战旅”等5种“联合兵种旅”，总共有39个“联兵旅”。为适应现代战争的需要，还组建了电子战营。

台军推行“精实案”后，台陆军对“防卫战略”和兵力编制进行了调整。特别是陈水扁提出“决战境外”的构想后，台军确立了“以空海战力为优先的三军联合作战”的军事战略，将陆军从过去主战军种的“主导角色”调整为协助作战军种的“支援角色”，其具体任务亦转变为：“深远作战、维护基地安全、负责地面防空、负责岛内绥靖作战”等。

目前，台陆军兵力80%部署在台湾岛内，其中第六军团部署在台湾北部地区，第十军团部署在台湾中部地区，第八军团部署在台湾南部地区。金门、马祖、澎湖部署兵力约5万人。台军认为，澎湖列岛将是解放军武力进攻台湾最有可能先登陆取胜的战略要地，因此，将澎湖的战略地位提升为台澎防卫作战中的最前哨。为强化澎湖地区的防卫能力，在澎湖部署了装步旅和炮兵旅，并将澎湖陆军装甲旅改编为装甲503旅及守备168旅。

2. 海军

海军总司令部是台湾地区海军的最高统帅机关，设在台北。其主要任务是通过海军作战指挥系统、教育训练系统及后勤支援系统管理海军部队。现有兵力6.2万人。海军总司令部下设舰队司令部、陆战队司令部、两栖部队司令部（以上均设在左营）、后勤司令部和3个负责指挥海军基地的军区等。编有驱逐舰队、巡防舰队、潜舰战队、水雷舰队、勤务舰队、两棲舰队、导弹快艇部队、海军航空部队、岸置导弹部队、观通系统指挥部、基地指挥部、海军陆战旅、海测局等。

军区是台湾海军的主要陆上机构。台湾海军依据台湾海区地理状况和作战任务，划分为第一、第二、第三军区和中正基地指挥部，直属海军总司令部。军区司令部在辖区内为海军最高行政机构。军区司令对本辖区内的海区、海军基地的防务负责，还负责保障部署在辖区内的舰队兵力、岸防部队、机关和其他军事设施的活动。军区辖区范围内的海军其他陆上机构均受军区司令部督导监察和行政管理。军区以下划分为若干军分区，并设有相应的陆地机构，即基地指挥部。在乌丘、东沙及南沙设有3个守备区。

台湾海军陆战队占台海军总人数的1/2。为因应“精实案”兵力调整，将海军陆战师整编为陆战旅。台湾海军陆战队是参谋本部的战略预备队，直接受参谋本部指挥，以“永远忠诚”为队训，自诩为“参谋本部的两只铁拳”。在陆战队的营地中，一部分运兵车上永远装有武器、弹药、粮食，只要几分钟，上万部队就可以立即出动。为了跟上世界水准，海军陆战队主要聘请美国教官进行训练。

3. 空军

空军总司令部是台湾地区空军部队的最高统帅机关，设在台北。其主要任务是依据台湾军队的建军方针、原则和军事战略，拟制空军建设规划并组

织实施；制定防空作战计划，指挥空军部队的战斗行动；组织各种技术、勤务保障；制定训练大纲，组织部队训练。台湾空军现在兵力6.8万人，由飞行部队、地面技术勤务保障部队和防空炮兵部队组成。地空导弹部队归陆军建制。

飞行联队是空军的主体。原有8个联队,实施“精实案”后撤销了第八飞行联队,整编为7个作战飞行联队,其中战斗机联队6个,反潜运输机联队1个。飞行大队是台湾空军的基本战术分队,战斗机中队编制飞机18～22架,反潜运输机中队编制飞机16架。台湾空军的各飞行联队分别驻在桃园、清泉岗、马公、新竹、台中、嘉义、台南、花莲、台东、高雄及屏东等基地,空军基地设有指挥部。

地面联队是台湾空军的技术、勤务保障部队，包括通信航管联队、战术管制联队、气象联队和电讯监测中心等，主要任务是实施技术勤务保障。松山、金门、马公和花东所设的4个指挥部，为空军驻该地区的辅助指挥、管理机构。花东指挥部（东指部）成立于1992年，第八飞行联队撤销后，其所属的第八飞行大队隶属“东指部”。1998年7月，桃园基地成立“桃园指挥部”，第八飞行大队移驻桃园基地，隶属于桃园指挥部。

防空炮兵部队主要担负台湾机场、港口、雷达阵地、导弹连和指挥机关的防空警卫任务。台湾空军设有防空炮兵警卫司令部，下设北部、中部、南部、东部4个警卫指挥部、8个防炮团，下辖14个防炮营和11个警卫营，共109个连。其中40毫米防炮营下辖4～5个高炮连，每连装备40毫米双管自行高炮8门和“麻雀”导弹发射架4部等武器装备，组成“天兵”防空系统。

近年来，台军以大陆为假想敌，加紧研究“电子战”，成立了相应的机构，组建了相应的部队。2000年初，台空军第二十电子战大队正式成立，由预警机中队和电子反制中队组成，主要装备E－2T预警机、EC－130H电子干扰机，基地在屏东。

（二）陆、海、空三军装备

进入21世纪初，台湾地区军队新一代兵力的发展方向，是依据三军联合作战的构想和“制空、制海、地面防卫”的军事战略，加强兵力整备，竭力争取先进武器装备，以达成军事现代化的目标。同时，借由持续进行指挥管制系统的统合工作，有效控管陆、海、空三军的先进武器装备，发挥强大的火力优势，强化台海安全的系数。

1. 陆军

早期以步兵为主，配有少量的美式M4、M5及M24、M41型坦克等。20世纪70年代后，开始陆续购进M48型坦克、各式履轮装甲车及M109、M110等型的自动炮车等。自80年代起，自制的CM11和CM12型坦克500辆开始装备部队，之后又分批购进美制的M60A3型主战坦克，M48H勇虎型主战坦克等，共拥有各型主战坦克1 600辆，各型装甲车1 000多辆，大型火炮2 000多门，武装直升机100余架。

台陆军还编设50多个防空导弹连,拥有各种型号的导弹约6 000枚,其中包括“天弓”型导弹约1 000枚,“鹰”式防空导弹约160枚,“爱国者”2型导弹约200枚,“小槲树”改良型导弹1 100多枚,“地狱火”2型反坦克导弹约6 000枚,“陶2B”型反装甲导弹约290枚,DMS野战防空导弹约700枚,“毒刺”地对空导弹约1 300枚等。近期,还准备购买美国的“爱国者”3型导弹和远程雷达等。

台陆军还拥有最先进的AH－1W攻击直升机，OH－58D侦察直升机等。

2. 海军

台湾地区海军拥有拉斐特、成功、诺克斯等较为先进的主力战舰及自行建造的“锦江”级巡防舰等30余艘；还有第二次世界大战末期美国建造的驱逐舰（台称“阳”字号）10余艘、新一代导弹快艇30艘，以及潜水艇4艘，其他船及登陆舰40余艘，并准备自制新型导弹快艇30艘；各型直升机、定翼机40多架，以及“标准”、“海丛树”、雄二、鱼叉等各型导弹及兵器。美国总统布什上台后，又决定向台湾出售4艘“基德”级导弹驱逐舰，预计2005年前编组成军。美国同时决定向台出售8艘柴油动力潜艇（2010年开始交货）及12架P－3C反潜巡逻机。

3. 空军

台湾地区空军拥有作战飞机440架，支援军机150架，其中包括：F－16战机146架，幻影2000－5战机58架，经国号（1DF）130架及目前已退居二线的F－5E/F战机部分等。支援飞机有4架E－2T空中预警管制机，并与一架C－130HE组合一个独立的电战机部队，还配有EAT－3型电子战飞机24架，AT－3电子干扰机18架，RF－5E侦察机9架，以及TH-67直升机30架、C-130H运输机及各型教练机20架等。

第十节 对外关系

一 对外关系的发展演变

国民党政权败退台湾后，50多年间台对外关系大致经历了以下几个时期。

（一）求存时期（20世纪50年代至60年代末）

这一时期，台湾当局在美国等国际反华势力的庇护与扶持下，极力阻止各国同中华人民共和国建交，并窃据联合国席位及其附属机构，还与69个国家维持着“外交关系”。

（二）崩溃时期（1971～1979）

20世纪70年代始，美国在国际形势发生重大变化，自身实力不断下降的情况下，其台海两岸政策开始调整。1971年第二十六届联合国大会恢复了中华人民共和国在联合国的一切合法权利，台湾当局被逐出联合国及其所属机构。随后，美国总统尼克松于1972年访华并发表《上海公报》，1979年中美两国正式建交，实现关系正常化，台湾当局对外关系遭受严重挫折，国际地位每况愈下，正式“外交”不易推行，“国际空间”日渐萎缩。从联大驱蒋到美台“断交”短短7年间，台湾地方当局不仅被驱逐出联合国等最主要的政府间国际组织，还先后有40多个国家宣布与台“断交”，台湾当局的“建交国”锐减至23个，并仅能依靠美国的支持维持在世界银行等12个经济性国际组织的会籍。台湾地区对外关系进入“大崩溃的黑暗期”，台当局“外交部”也因此被讥为“断交部”。

（三）弹性求变时期（1980～1988）

为摆脱孤立处境，早在20世纪70年代中期，蒋经国正式提出“外交政策三原则”，声称“要运用各种力量向多方面发展来建立务实关系”。1984年5月，迫于内外压力，蒋经国进一步提出了将本着“有所为，有所不为”、“有所变，有所不变”，推行具有弹性和灵活性的对内、对外政策，这就是所谓的“实质外交”。其目的就是，通过经济、贸易、科技、文化及体育等交流渠道，运用“经济利益结合政治利益之谋略”，采取非传统、非官方、非正式的“外交”方式，稳定与“邦交国”的关系，同时发展和提升与“无邦交国”的实质关系。

（四）“务实外交”时期（1988年以来）

1988年1月，李登辉上台后，台湾地方当局逐步调整了其对外政策，强调要以“新观念、新做法”，用“更灵活、更富弹性的态度”处理对外关系，“绝不划地自限”，在国际上“全面出击，重点突破”，正式提出了“务实外交”的路线。所谓“务实外交”，就是在正常外交或官方外交不能运作时，在对外关系与事务上所采取的一种权宜措施与弹性作法。1989年，李登辉即宣称今后“外交”上要“重利轻名”、“舍名求实”、“要里子不要面子”，要突破一个中国的架构，在国际上与大陆“和平竞争，平等共处”。以此为指导，台湾当局不仅在双边关系中谋求“双重承认”，尽一切可能手段增加“邦交国”数目，提升与美、日等大国的实质关系；同时，提出“台湾与大陆均有权参与国际社会”，主张“双重代表制”。1993年正式将“重返联合国”作为“外交”工作的重点，1995年李登辉在美国提出要“向不可能的事物挑战”。1997年又将参与世界卫生组织作为“外交”目标。与此同时，李登辉逐步背离一个中国原则，先后抛出“分裂分治”、“两个对等政治实体”、“中华民国在台湾”、“一个分治的中国”等等谬论，企图分割中国主权，使两岸分离局面固定化、合法化、永久化。1999年7月，李登辉又抛出“两国论”，在分裂国家的道路上越走越远。

2000年3月，主张“台独”的民进党陈水扁上台后，台湾当局在对外政策上承袭了李登辉的分裂路线，继续巩固与“邦交国”关系、增进与“无邦交国”实质关系和积极参与国际组织的“三大面向”不变。陈水扁的“务实外交”是更加不择手段的“金钱外交”。

陈水扁上台后，中美洲、加勒比地区是台湾地区政要出访最频繁、经援投资最多的地区。2000和2001年，陈水扁两次出访中南美洲，总计提供了3亿多美元的援助以及近9 000万美元的捐赠财物。2003年陈水扁访问巴拿马时，除去1 100万美元的援建费用外，还承诺将巴拿马与台湾的关税减免优惠提前了1个月。近几年来，台湾地方当局还陆续投入2.4亿美元设立“中美洲经济发展基金”、1亿美元设立“中美洲合作基金”，企图以此为跳板加入“中美洲一体化银行”、“中美洲议会”等区域性组织。台湾地方当局还通过承诺认股、投资

2 600万美元的手段谋求以“中华民国”名义挤入“西非开发银行”。据台湾媒体披露，自 2001 年以来，台湾当局通过南太平洋论坛向斐济提供了多项贷款及援助，并向该国政界人士提供竞选经费。2003 年，台湾地方当局为实现与其“建交”，在现任总统阿诺特·汤当选之前，就向汤及其政党累计支持了约 100 万美元的现金，以支持其竞选，同时还秘密赠送汤本人 10 万美元。汤当选后，台湾当局又承诺“建交”后，在 2004～2007 年台将每年向斐济国提供1 000万澳大利亚元的无偿资助，以支付斐济国相关活动费用。

二　对外关系的现状

（一）与“邦交国”关系

所谓“邦交国”是台湾当局在国际上谋求“独立政治实体”地位的重要“资本”，更是其妄图“参与联合国”或其他国际组织的主要依靠对象。巩固与扩大“邦交国”是台湾当局拓展对外关系的重要目标之一。20 世纪 90 年代以后，台湾当局大肆开展“金钱外交”，其“邦交国”一度由 22 个增加到 31 个。近年来，随着中华人民共和国国际地位及影响力的提高，台湾“邦交国”数目又趋减少。2004 年 10 月 30 日多米尼加与台湾断“交”后，国际上与台维持所谓“邦交”关系的国家仅剩 25 个，其中非洲 6 个，大洋洲 6 个，欧洲 1 个，拉丁美洲 12 个。在台“邦交国”中，大多数为小国或岛国，其中面积不满1 000平方公里的国家有 8 个，人口不超过 15 万的有 9 个，且均系经济贫困的发展中国家，有的还不是联合国成员国，在国际事务中的影响极其有限。

（二）与“非邦交国”关系

尽管“外交”阵地大大缩小，但台湾地方当局并不甘心，千方百计谋求在与我建交国设立机构或提升机构规格。据不完全统计，目前，台湾地方当局在与我有外交关系的 60 多个国家中设有 90 多个经济文化办事机构，其机构称谓一般为驻××国台北“代表处”、“办事处”或“商务处”等。

美国历来是台湾地方当局对外关系的“重中之重”。台当局对美关系把握两大原则：一是“府会并重”，加强与国会疏通管道的同时，积极打通与行政部门的关系，利用深具美国背景的高层要员，借助“第二轨道”与美政府重要智囊广泛接触，以提升美台实质关系。二是“安全关系与实质关系并进”，不放松突破与美实质关系的努力，但更注重增进与美安全关系。近年来，中美建设性关系虽有所增强，但在台湾地方当局的游说下，美不仅放宽了对台政要赴美活动的限制，提高对台军售水平，加强美台军事交流与合作，而且支持台湾地方当局加入世界卫生组织等功能性国际组织。

对日工作是台湾地方当局亚太工作中最重要的一环。台湾地方当局对日工作重点是促日政府对台政策向美国靠拢，提升日台实质关系，建立安保对话机制，加强区域合作。近年来台日关系续有发展，双方人员、经贸、文化、体育等各项交流频繁，日多名议员访台。

台湾地方当局还将亚太地区确立为新世纪“外交经营的战略重心”，试图以亚太经合组织和世界贸易组织为依托，通过深化经贸关系，提升与东盟国家的实质关系。目前，台与东盟各国在经贸、投资、劳务、观光、文化及教育等领域的交流密切，台在东盟各国的经贸投资均高居所在国外资中的前几名，彼此签有经贸合作协定。

欧洲则是台湾地方当局“务实外交”的新着力点。台湾地方当局利用发展经贸、文化、科技合作及人权问题等拓展与欧盟各国的实质关系，把欧盟和欧洲议会作为其对欧工作的突破口。在台大力拉拢下，台欧高层官员互访增加，级别升高；经贸人员往来频繁，欧台贸易逐步上升；西欧国家驻台机构普遍升格，欧盟在台正式设立了代表处。欧洲议会及德、法、英、意、奥、希等国议会先后成立了“对台友好小组”，要求取消禁止台湾高层领导人访欧的限制性决定，支持台当局加入国际组织。

（三）国际组织

截至 2002 年底止，台湾地方当局参与了约1 060个非政府间国际组织，加入了 17 个政府间国际组织，以“观察员”身份参与 7 个政府间国际组织的活动。

台湾当局在国际上推行“务实外交”，对中华人民共和国总体外交带来一定干扰。但总的看，国际社会继续坚持一个中国立场的大框架没有改变，大多数国家重视对华关系，坚持一个中国的政策没有改变，台湾当局的“务实外交”没有而且也不可能从根本上使其摆脱在国际上的孤立处境。实践已经证明，任何企图在国际上制造“两个中国”、“一中一台”和台湾“独立”的图谋都是不可能得逞的。

（刘佳雁）

第十五章 香港特别行政区

第一节 概述

香港地区自古以来就是中国领土不可分割的一部分，原属广东省番禺县。它包括香港岛、九龙半岛和新界三个部分以及其他大小岛屿230多个。古代因该地区盛产香木而得名香港。

在19世纪40年代至20世纪90年代，香港经历英国150年的侵略占领。经过香港和全中国人民长期斗争和努力，于1997年7月1日香港回归祖国，实行“一国两制”，建立了中华人民共和国香港特别行政区（Hong Kong Special Administrative Region of The People 's Republic of China），掀开了历史发展崭新的一页。

香港地区面积为1 102.15平方公里。其中，香港岛面积80.4平方公里，九龙面积46.93平方公里，新界及离岛面积974.82平方公里（2003年年中）。

截至2004年中，香港地区人口为684.1万人，其中常住居民665.5万人，流动居民18.6万人。中国人约占95%，外籍人口主要有菲律宾人、印度尼西亚人、英国人、印度人、泰国人、日本人、尼泊尔人和巴基斯坦人。

2002年，香港地区的地区生产总值为1 630亿美元，在世界排名第二十四位。人均地区生产总值为24 000美元，在世界排名第二十位。在香港地区法定流通货币是港元，2002年汇率为7.798港元=1美元。

第二节 自然地理与人文地理

一 地理位置、地形和气候

香港位于广东省珠江口东侧，与广东省毗邻。在北纬22°9′～22°37′与东经113°52′～114°30′之间。

香港地区丘陵起伏，山丘大多从东北向南延伸，与中国福建省、广东省部分丘陵排列方向相同。在新界有几条河流，如深圳河、城门河、锦田河、元朗河、屏山河、林村河等。其中，深圳河最长，发源于广东省宝安县，由东北向西流入深圳湾（后海湾）。

香港属于热带，但四季气候变化分明。春季阴雨较多，沿岸有雾，有时十分潮湿，日常气温变化很大，但整体气温显著回升。夏季属于热带气候，天气炎热潮湿，间有骤雨或雷雨。最热时气温常达32℃。秋季除了偶尔受热带气旋或冷空气吹袭外，通常阳光普照，气候干燥。冬季受大陆性反气旋的影响，气候干燥而寒冷。在1～2月份时，最低气温常低于10℃。

香港各地区的年平均雨量差别很大，如横澜岛约为1 200毫米/年，大帽山附近则超过3 000毫米/年。5～9月份的雨量集中，约占全年的80%。6月份平均雨量为431.8毫米/月。12月份雨量最少，平均仅有25.3毫米/月。1995年全年总雨量为2 754.4毫米，平均相对湿度为77%。

二 自然资源

香港地处南海，由于历史上几经地壳的变动，沿着很长的海岸线形成许多大小岛屿和深水港湾，不仅形成了发达的海上运输网，也使得渔产成为香港的重要资源。香港的渔产不仅可供内部需求，还有部分加工出口。香港有10个捕鱼区，港岛的香港仔是著名的渔港之一。

香港岛屿众多，西边岛屿较多也较富庶，东边岛屿较少也较荒凉。西部的大屿山（又称大濠岛）是香港地区最大的岛屿，面积144平方公里。该岛的经济活动中心大澳历史上盛产鱼、盐。

香港的自然矿产资源贫乏。原有少量铁、铅、银、钨、绿柱石、石墨等矿，也被日军在第二次世界大战占领香港期间掠夺去大部分，剩下的少量矿物已不会对香港经济发展起很大作用。

香港淡水资源缺乏。香港没有大的河流和湖泊，地下水资源也不多。新界的几条河流都非常短小，仅以供灌溉之用。香港历史上曾以建大大小小的水塘来缓解缺水的困难，但直到1960年，经协商由中国内地从深圳引东江水供给香港，才使得香港的淡水供应有可靠的保证。

香港境内山多地少，耕地面积仅占全部土地的

11.8%，主要种植的作物有蔬菜、水果和花卉，为了扩大可利用的土地面积，香港采取填海造地的方式向海洋争得土地。（何　强）

三　人口状况

1841年，香港的人口约有2 000人，几乎全由箕箕湾、香港仔和赤柱的渔民所构成。1947年底，估计人口已增加到180万人。20世纪50年代以后，香港人口获得了较快的增长，其中大多属于中国内地沿海一些因各种原因迁移到香港的人口。过去10年，香港人口的每年增长率平均为1.5%。

1997年中香港人口的年龄结构为0～14岁的占19%，15～64岁的占71%，65岁以上的占10%。1997年年中男女人口比例为1 013∶1 000，1998年第二季的家庭住户平均人数为3.3人。

人口出生率由1992年的12.3‰下降为1997年的9.1‰。1997年的死亡率为4.9‰，主要的死亡原因是肿瘤、循环系统疾病和呼吸系统疾病。香港人的平均寿命为78.71岁。结婚率下降，1997年千名人口中，男女结婚率分别为11.2和11.4。

香港的中国汉族人占到95%，属于欧、美、印尼等其他民族占5%。1997年中在港的外籍人口有496 100人，人数最多的外国籍人口依次为：菲律宾146 400人、美国40 900人、印度尼西亚34 300人。1997年大约有30 900人移居国外。香港人移居最多的4个国家是：加拿大、美国、澳大利亚和新西兰。

1997年全港人口密度为每平方公里6 160人，是世界上人口最稠密的地方之一。根据香港政府于2001年公布的人口普查资料，香港各区的人口密度，以观塘区的人口密度最高，每平方公里有5.5万居民。深水埗区的人口密度本来是回归前最高的，但由于西九龙大量填海，使深水埗区的人口比例大大降低。1900年人口密度最低的是离岛区，每平方公里只有470人。

四　宗教

香港居民中有不同的宗教信仰。佛教、道教、孔教、基督教、天主教、回教、印度教、锡克教和犹太教，都拥有不少信众。很多宗教团体除了弘扬教义之外，还兴办学校和提供卫生福利服务。宗教自由是香港居民享有的基本权利之一，受《基本法》和有关法律保障。

1. 佛教和道教

佛教和道教是中国的传统宗教，在香港拥有大批信众，有华人庙宇**600**多所。佛、道两教的神明往往会在庙内同时供奉。市民信奉的神明，以佛陀、观世音菩萨和道教的始祖为主。著名的庙宇有九龙黄大仙区的黄大仙祠，志莲净苑，大屿山的宝莲寺，新界沙田的车公庙和港岛荷李活道的文武庙。

2. 孔教

孔教教义以孔子的教诲为基础。孔教的主要节日是农历八月二十七日的孔子诞辰。香港的孔教徒为了弘扬孔子的信念，热心教育工作，在香港兴办多所学校。

3. 基督教

香港现在约有30万基督徒。其在香港的历史，可追溯至1841年。基督教有宗派逾50个，独立教会多个，会堂逾1 300间。最大的宗派为浸信会，其次是信义会。这些宗派十分关注青少年工作，会众以青少年为主。各宗派营办多所学校、医院等福利机构，并提供多种社会服务。香港有两个基督教团体，分别是香港华人基督教联会和香港基督教协进会。

4. 罗马天主教

香港约有天主教徒229 700人，约占全港人口4%。全港共有57个堂区和32个弥撒中心。香港教区设有本身的行政组织，与教宗及各地教区一直保持联系。亚洲主教团协会副秘书长的办事处设于香港。香港有天主教开办的学校、医疗等社会服务机构。香港明爱是统筹天主教会各项社会福利服务的组织，服务对象是全港市民。

5. 回教

香港约有回教徒8万人，其中半数以上为华人，其余是本港出生的非华裔人士，以及来自巴基斯坦、印度、马来西亚、印尼、中东和非洲各国的教徒。回教徒日常祷告的清真寺主要有4间。中华回教博爱社是代表香港华人回教徒的主要团体。香港的回教事务，均由香港回教信托基金总会统筹。回教组织除负责管理宗教事宜，并提供以回教徒为对象的慈善服务。

6. 印度教

香港有约1.5万名印度教徒，他们的宗教及社交活动，集中在跑马地的印度庙。该庙由香港印度教协会管理，印度教的重要节日庆典，有亮光节、镇邪节和泼水节等。

7. 锡克教

锡克教徒是19世纪时,从印度北部旁遮普随加入英军服役来到香港。港岛湾仔的锡克庙,是他们的宗教和文化活动中心。锡克庙每逢星期日早上举行崇拜仪式。锡克庙为印度裔儿童提供一些教育服务。

8. 犹太教

犹太教教徒来自世界各地。其在香港的历史,可追溯至19世纪40年代。本港的犹太教会堂主要有3间,分别为莉亚堂、香港联合犹太会和Chabad Lubavitch。香港的犹太教信徒们通过会堂聚会参与宗教、文化和社交生活。香港有多个犹太慈善组织和文化团体,开办多所学校(Carmel School)和主日学。

五 行政区划

香港特区分为18个行政区域。市区最初分为10个行政区:中西区、湾仔、东区、南区(以上4个在香港岛),九龙城、观塘、旺角、深水、黄大仙、油麻地(以上6个在九龙半岛)。后来油麻地(油尖)与旺角于1994年合并为油尖旺,因此市区仅辖有9个行政区。在新界最初有8个行政区:离岛、北区、西贡、沙田、大埔、荃湾、屯门、元朗。后来荃湾于1985年分出葵青,成为9个行政区。

现今香港特区仍沿袭原港英政府行政区划体系,由两个第二级的市政局各辖9个第三级的行政区,合计18个行政区。在各行政区之下,还有属于基层组织的分区,这一级设有分区委员会,不属于正式的地方行政区,但其区划及组织是由香港政府主持的,在香港政府的行政区划地图上亦划有分区的区界。每个行政区下辖2~8个分区,全香港共有超过70个分区。

18个行政区域的行政机构是地区管理委员会(原名政务处),职责在协调各部门在该行政区的工作事宜。政权机构(香港称为民意咨询机构)则是区议会,新界则尚有同级平行的27个乡议委员会,其主席为区议会的当然议员。第三级政权机构——区议会的设立要早于区域市政局,新界地区首先于1982年3月4日选举,市区则于同年9月23日选出。区议会任期为3年,但首届市区的区议会任期被缩减为两年半,以便第二届选举能同时举行。

第三节 历史

一 古代史

香港与祖国大陆一体,历史十分悠久。据科学家测定,在公元前6 000年时,香港的海平面在现在海平面以下大约11米。由于地壳的变动,有些山体沉降海底,而海水的入侵,出现了海峡,即后来命名的"维多利亚海峡",形成港岛,并隔海峡与大陆相望。

20世纪20年代至今,历次的考古发掘证明,香港的史前文化,虽与黄河流域的仰韶文化和龙山文化有差别,但与广东沿海以至东南沿海考古发现有密切联系。早在三四千年前的新石器时代,中国先民已在香港休养生息,繁衍子孙。从近几十年考古发现考察,香港地区的南丫岛和大屿山岛,均有新石器遗址。香港附近民族是从中原迁移而来,青铜时代遗址出土的文物也与广东内地和长江以南的青铜文化相同。这反映出南方的文化与不断流入的北方文化逐步融合,进一步证明香港地区古代的文化与广东内地的文化有着密切的联系。

远在秦、汉、三国及东晋初年(公元前214~公元331)共545年时间内,香港地区属南海郡番禺县管辖;东晋咸和六年至唐朝至德元年(331~756)约425年间,香港地区属东莞郡宝安县管辖;后来宝安县更名为东莞县,此后经历五代、宋、元,至明朝隆庆六年(756~1573),大约816年间,香港地区一直属广州郡东莞县管辖。从明万历元年至清道光二十二年(1573~1841),约264年间,香港地区属广州府新安县管辖。元朝初年,中央政府在香港地区开始设置巡检司,一直到清末。在鸦片战争以前,明清两朝中央政府在香港均设海防,保护中国南部海疆。香港地区与内地实行相同的保甲制和土地制度,与闽、粤沿海一带拥有相同的宗教文化信仰。

二 近现代史

(一)英国侵占香港地区

早在17世纪,随着英国资本主义的发展及其向海外不断扩张,英国就开始图谋中国沿海岛屿。1635年12月,英王查理一世授权海军上校约翰·威德尔(John Weddell)率武装商船4艘赴中国贸易,并指示,凡属"新发现"土地,可以占领。完成赴中国武装贸易回国后,威德尔建议,为了开展对华贸易,应占领海南岛。此后100多年间,英国为了实现其占领中国沿海岛屿,以东印度公司为经济后盾,不断派出使团赴中国,虽然都遭到失败,但不甘罢休,特别是东印度公司表现更为积极。从

1806 年起，东印度公司的水文地理学家杰姆斯·霍斯伯格（James Horsburgh）连续 10 多年在华南沿海进行水域调查，发现香港拥有天然深水港。因此，英国以香港代替舟山群岛成为其主要占领目标。1833 年 8 月，为了满足英国新兴工业资本家的利益，英国议会取消了东印度公司对华贸易的垄断权，并委任律劳卑（Lord Napier）为首任驻华商务总监，代替原来东印度公司驻广州的大班。律劳卑 1834 年 7 月到达广州，8 月就建议英国占领香港岛。与此同时，律劳卑指挥两艘英国军舰炮击虎门，进行挑衅。在英国军舰侵犯广州之时，大批英国鸦片船早已侵入香港水面，并肆无忌惮地向中国走私鸦片，掠夺钱财，残害人民健康。1837 年中国政府多次告诫英国商务总监义律，要求他服从中国法律，制止英国对华的鸦片走私。但义律置若罔闻，继续支持英国商人在香港贩毒。1838 年末，清政府派林则徐（1785～1850）为钦差大臣，到广州禁烟。1839 年虎门销烟把禁烟活动推向高潮。至此，英国殖民者不仅不加收敛，反而不断挑起事端，并于 1840 年发动了鸦片战争。

1841 年 1 月 25 日上午 8 时，英国侵略者登陆香港岛。1842 年 8 月 29 日，在南京江面英舰“康沃利斯”（Cornwallis）号上，英国迫使清政府签订了第一个不平等条约《南京条约》，割让香港岛，开放广州、福州、厦门、宁波、上海五口通商，勒索2 100万银元赔款等。英国为了稳固香港基地，实现全面对华侵略，占领香港后又不断制造事端，并于 1856 年 11 月纠集法国组成联军发动了第二次鸦片战争，再次迫使清政府于 1860 年 10 月 24 日签订《北京条约》，再割去九龙半岛界限街以南的中国领土。1894 年，清政府在中日甲午战争中失败，各帝国主义列强加紧瓜分中国。港英当局认为有机可乘，于同年 11 月香港总督威廉·罗宾逊（William Robinson ）以香港“防务安全”为由，向殖民部建议将香港界址展拓到大鹏湾、深圳湾一线，并将隐石岛、横澜、南丫岛和所有距香港 3 英里（4.83 公里）以内的海岛割让给英国。1898 年 6 月 9 日，英国又一次强迫清政府签订《展拓香港界址专条》，“租借”深圳河以南、九龙半岛界限街以北以及周围 235 个岛屿的中国领土，即所谓“新界”，为期 99 年。至此，通过 3 个不平等条约，英国殖民者占领了整个香港地区。

（二）英国侵占香港后的政治体制

英国侵占香港期间，政治体制完全由英国殖民地的基本模式发展而来。英皇是香港的最高统治者，香港总督是英皇的全权代表。除有关防务和外交事务由英国政府负责外，港督总揽香港的行政、立法大权，并兼任名义上的驻港英军总司令。港督由英皇根据外交及联邦事务大臣的提名任命，一般任期为 5 年。从 1843 年璞鼎查（Henry Pottinger）任第一任港督开始到 1997 年 6 月底彭定康（Chris Francis Patten）结束其使命，150 多年英皇共任命了 28 任港督。港督之下设立 4 个系统，构成港英统治政权：

1. 咨询性质的行政局和立法局。
2. 以布政司为首的行政机构。
3. 以首席按察司为首的司法机构。
4. 受命于英国国防部的驻港英军。

此外，还设立一个总督特派廉政专员公署。

（三）二战期间日本侵占香港

1941 年，日本发动太平洋战争后，随即侵占了香港地区，并实行残酷的法西斯统治，直至 1945 年 8 月日本战败投降。日本投降以后，英国又重新占领香港，直至 1997 年 7 月 1 日香港回归祖国。

三　香港回归祖国

自从英国开始入侵到完全占领香港，香港同胞和全中国人民为赶走英国侵略者，进行了各种形式的不屈不挠的英勇斗争。但终因当时中国国力较弱，即使在第二次世界大战结束后，中国作为战胜国的有利条件下，也未能收回香港。

1949 年中华人民共和国成立后，人民政府坚决维护中国主权和领土完整，主张在条件成熟时用和平的方式解决香港问题。

1982 年以后，中国政府进一步阐明了解决香港问题的基本方针，即 1997 年要收回香港主权，在收回香港后，对香港实行“一国两制”的政策。1982 年 9 月，英国首相撒切尔夫人访华。从此中英就香港问题开始了长达两年的 22 轮谈判。在谈判期间，英国以各种伎俩，如“以主权换治权”等，企图继续管制香港，但最后都遭到失败。

1984 年 9 月，中英双方达成协议，12 月 19 日下午《中英关于香港问题联合声明》签字仪式在北京人民大会堂举行。1985 年 5 月 27 日，中英两国政府在北京交换批准书，《联合声明》正式生效，香港从此进入了过渡期。

在过渡期中，中英双方就解决香港过渡问题开始全面工作。1990 年 4 月 4 日，中国全国人民代表大会通过《中华人民共和国香港特别行政区基本法》，该法于 1997 年 7 月 1 日起全面实施。1996 年 11 月 15 日，香港特区第一届政府推选委员会正式成立。12 月 11 日，400 名推委会委员在推委会第三次会议上以无记名投票的方式，选举董建华为香港特别行政区首任行政长官。12 月 16 日，国务院任命董建华为中华人民共和国香港特别行政区首任行政长官。

1997 年 6 月 30 日午夜至 7 月 1 日凌晨，中英两国政府香港政权接交仪式在香港举行。7 月 1 日零时，中华人民共和国国旗五星红旗和香港特别行政区区旗紫荆花旗在香港高高飘扬，香港重归祖国怀抱，雪洗了中华民族 150 年的耻辱。

1997 年 7 月 1 日，董建华作为中华人民共和国香港特别行政区首任行政长官正式就职。

第四节　政治体制与法律制度

一　香港回归祖国后的政治体制及发展

1997 年 7 月 1 日，香港回归中国，成为中华人民共和国的一个享有高度自治权的特别行政区，直辖于中央人民政府。根据《中华人民共和国香港特别行政区基本法》和“一国两制”的基本原则，香港回归后，其基本政治制度不变。香港特区政府享有行政管理权、立法权和独立的司法权、终审权。中央人民政府负责管理与香港特别行政区有关的外交事务和香港的防务。

香港回归后，原来政治架构中的行政局、立法局不复存在，为新的行政会议和立法会所代替。

（一）行政会议

香港回归后行政会议代替行政局，组成人员有变动，但其咨询的职能未变。香港特区行政会议是协助行政长官决策的机构。行政会议的组成人员由行政长官从行政机关的主要官员、立法会议员和社会人士中委任。其任免由行政长官决定。行政会议成员的任期应不超过委任他的行政长官的任期。1997 年 1 月 24 日，董建华委任 15 名特区第一届行政会议员。行政长官主持行政会议，在作出重要决策、向立法会提交法案、制定附属法规和解散立法会前，须征询行政会议的意见。

（二）立法会

香港特区政府的立法机关。由在外国无居留权的香港特别行政区永久性居民中的中国公民组成。立法会主席由立法会议员互选产生，主席主持立法会议。立法会议员除第一届任期为 2 年外，每届任期为 4 年。立法会依据《基本法》行使制定、修改和废除法律，审核、通过财政预算，批准税收和公共支出，对政府的工作提出质询等 10 项权力。香港特区行政长官有权解散立法会，但须在 3 个月内依据《基本法》重新选举立法会。由于港英当局在香港回归前夕，坚持“三违反”的政改方案，破坏了立法局的“直通车”，1996 年 12 月 21 日推委会选举产生香港临时立法会 60 名议员，1997 年 1 月 25 日，临时立法会选举范徐丽泰为临时立法会主席。同年 12 月 21 日，推委会选出 60 名临时立法会议员。1998 年 5 月香港特区第一届立法会通过选举产生，范徐丽泰为立法会主席。

2004 年 9 月举行第三届立法会选举，与上届最大的区别是通过地区直选产生的议员由 24 人增至 30 人，占立法会全部议席的一半，这是香港政制发展的一个重要的里程碑。第三届立法会选举结果最引人注目的是，民建联成为立法会第一大党，共取得 12 个议席，较预定目标多 2 席；第二是自由党，共取得 10 席；民建联、自由党和其他爱国爱港人士所取得的议席总数过半，超过了“民主派”的议席。民主党取得 9 席，较预期少，退居第三位，加上其盟友，“民主派”共取得 20 多席。

香港回归祖国以来，香港特别行政区立法会，按照《基本法》的有关条文履行立法机关的职责，通过主体法律 270 多条、附属法律1 300多条和具有法律效力的决议案 260 多个。特区立法工作体现了“一国两制”的原则。立法都是以普通法为基础的，特区所制定的法律绝不能同《基本法》相抵触。只要符合《基本法》，就可以在香港特区实施。根据《基本法》的规定，香港特区立法会所通过的法律需要送到全国人大常委会备案，但不影响该法律的生效。如果全国人大常委会认为这个法律不符合《基本法》，可以发回重议，但是不会提出任何修正。立法会按照《基本法》的条文来运作，大部分的议事规则沿用以往的做法，但是有些条文作了改变。在立法会的职责上，比从前的立法局多了两项职责，就是终审法院法官、高等法院首席法官的任免，由行政长官提名，立法会通过。另外，立法会有弹劾行政长官的权利，这在回归以前是不可能有的。

（三）香港回归后，原来的布政司署改为政务司

二　法律制度

香港回归祖国后，香港特别行政区政府享有立法权、独立的司法权和终审权。《基本法》是香港的立法依据。特区可以按《基本法》的规定自行立法，原有的法律只要不与《基本法》相抵触或不被特区立法机关修改，均可继续实行。原在香港实行的司法体制，除因设立香港特别行政区终审法院而发生变化外，均予保留。香港继续实行原来的陪审制度，终审权属于特区政府终审法院。香港特区的法官，由当地法官、法律界和其他方面知名人士组成的独立委员会推荐，行政长官任命。1997 年 5 月 20 日，董建华委任李国能为终审法院首席法官。

国家主席胡锦涛于 2003 年 12 月 3 日在北京会见到京述职的香港特别行政区行政长官董建华时表示，中央政府将继续坚定不移地贯彻“一国两制”、“港人治港”、高度自治的基本方针，全力支持特别行政区政府依法施政，保持香港的长期繁荣稳定。

在听取董建华关于香港社会近期对“政制检讨”问题的意见后，胡锦涛主席表示，中央对香港政治体制的发展高度关注，香港特别行政区的政治体制“必须按照《基本法》的规定”，从香港的实际情况出发，循序渐进地发展，并相信香港社会对此能够形成广泛共识。《基本法》全面体现、贯彻了“一国两制”，是“一国两制”的法律保障，香港特别行政区政治体制是香港《基本法》的主要组成部分之一。根据《基本法》第十二条的规定，香港是中国的一个“地方行政区域，直辖于中央人民政府”。也只有政治体制处理妥当，才有利于维护《基本法》确定的中央与特区的相互关系和保持香港社会的稳定和经济发展。政治体制的处理还应当兼顾香港各阶层的利益，香港各阶层都应当有机会参与香港的民主政治。《基本法》附件一规定，2007 年以后行政长官的产生办法如需修改，须经立法会全体议员 2/3 多数通过，行政长官同意，并报全国人民代表大会常务委员会批准；立法会的产生办法如要修改，应报全国人大常委会备案。香港《基本法》对此的规定非常清楚。在起草《基本法》时，对香港的历史和现状进行了深入调查，确定香港的政治民主发展，要根据香港的实际情况和循序渐进的原则进行，最终达到普选产生的目标。所以在这个重大问题上要严格按照《基本法》办事，维护《基本法》和“一国两制”的权威。

三　香港特区政府

香港特别行政区是中华人民共和国的一个享有高度自主权的地方行政区，直辖于中央人民政府。它享有行政管理权、立法权、独立的司法权和终审权。香港特别行政区行政长官是香港特别行政区的首长，代表香港特别行政区。董建华为香港特区第一任行政长官，是于 1996 年 12 月 11 日由推委会选举产生的，最后由中央人民政府任命。行政长官任期为 5 年，可以连任一次。2002 年 7 月，董建华连选连任。由于健康原因，2005 年 3 月董建华辞去行政长官职务。2005 年 6 月 21 日，中国国务院决定任命曾荫权为香港特别行政区行政长官，任期至 2007 年 6 月 30 日。依据《基本法》，行政长官行使领导香港特区政府、负责执行《基本法》和有关法律、签署立法会通过的方案和公布法律、决定政府政策和发布命令、提名并报请中央人民政府任命各司司长（署长、廉政专员）和副司长等主要官员、任命公务人员等 13 项职权。行政长官虽有权解散立法会，但在其一任任期内，只能解散一次，如要第二次解散立法会，行政长官就须辞职。行政长官短期不能履行职务时，由政务司长、财政司长、律政司长依次临时代理。

香港特别行政区政府是香港的行政机关，特区政府的首长是特区行政长官。香港特别行政区政府设政务司、财政司、律政司和各局、处、署。香港特区政府第一任政务司司长为陈方安生，财政司司长为曾荫权，律政司司长为梁爱诗。香港特区设立廉政公署和审计署，分别独立工作，并对行政长官负责。香港特区政府行使制定并执行政策、管理各项行政事务、办理《基本法》规定的中央人民政府授权的对外事务、编制并提出财政预算和决算、拟定并提出法案、议案和附属法规、委派官员列席立法会并代表政府发言等共 6 项职权。

四　党派团体

过去香港在英国长期侵占期间，既无执政党，更无其他在野党。进入 20 世纪 90 年代，随着香港回归的临近，并受港英当局推出的所谓“民主政治”改革的影响，香港才相继成立了一些政党。前两年，香港通常说法有立法会八大党，即：民建联、港进联、民主党、自由党、前线、民协、民权党、支联会等。2005 年 2 月 16 日，港进联与民建联合并，现有七大政党。虽说是政党，但它们都是依照社团法登记的。

民主建港协进联盟（简称民建联）

香港爱国爱港政党。立足香港基层市民，主张建设香港特区，保持繁荣。成立于 1992 年 7 月 10 日，原全称为“民主建港联盟”，1998 年有党员约 1 400余人。党主席曾钰成是全国政协委员，副主席程乔南是香港房屋委员会委员，秘书长马力是全国人民代表大会代表。2005 年 2 月 16 日，香港民建联与另一大工商政党香港协进联盟（港进联）正式宣布合并，改称“民主建港协进联盟”，简称“民建联”。民建联与港进联建立了多年紧密合作关系，2004 年底开始讨论合并，双方认为，合并有利优势互补，令组织更具代表性，以及更有效吸纳和培养人才。民建联已向特区公司注册处申请更改该党名称及修改会章，修章包括把中委会人数由原来上限 40 人增至 50 人，常委人数上限由 15 人增至 20 人。该党还将新增监察委员会，人数上限为 40 人。

民主党

成立于 1994 年 10 月 2 日。1998 年有党员 573 人。主席李柱铭，副主席张炳良、杨森。在香港回归前夕，民主党反对成立香港临时立法会。在近两次全港大规模的区议会和立法会的议员选举中，民建联等爱国爱港的政党受市民拥护程度提升，获票率逼近包括民主党等在内的“民主派”，在某些选区甚至大大超过“民主派”。而民主党内部，随着权力分配不均和政治诉求的日渐分歧，分裂迹象加大。在过去民主党骨干成员曾建成（又称阿牛）等人相继出走后，又有民主党少壮派、前汇点成员张炳良、黄成智等人另立山头，更有民主党成员准备外流。虽然流失部分仍不离“民主派”阵营，但民主党本身的招牌正日益失去吸引力。

自由党

又被称为工商党，是由启联资源中心改组而来的。成立于 1993 年 6 月 26 日。自由党以工商专业人士为主，以经济为主导，关心民生、教育及香港的国际性地位。党主席是前临时立法会议员李鹏飞，副主席是夏佳理。

前线

成立于 1996 年 8 月 29 日，1998 年有党员 90 余人。另有前线之友 17 人。

民权党

成立于 1997 年 5 月 4 日，1998 年党员 40 人左右，主席是陆恭蕙。

香港民主民生协进会（简称民协）

1998 年有党员 100 余人，党主席冯检基。

一二三民主联盟

是在港的台湾方面有关人士成立的政党组织。

五　主要政治人物

曾荫权（1944～　）香港特别行政区行政长官。生于 1944 年 10 月 7 日，祖籍广东省佛山市。1964 年，预科毕业被香港大学建筑系录取。1967 年 1 月考入港英政府工作。他靠勤勉刻苦在公务员队伍中得以快速升迁。两年后升任二级行政官，4 年后成功转职政务官。1981 年，他被送到哈佛大学攻读公共行政硕士学位，以 9A 的成绩出色毕业。学成归来，很快成为当时布政司的左右手。之后他在港英政府长期负责财经事务，1993 年 5 月任库务司长，两年后成为港英政府首位华人财政司长。

香港回归后，他在特区政府继续执掌财政大权，2001年 2 月被国务院任命为香港特区第一届政府政务司司长。2002 年 6 月起任香港特区第二届政府政务司司长。2005 年 3 月 12 日，温家宝总理签署国务院令，批准董建华辞去香港特区行政长官职务。按照香港《基本法》规定，时任政务司长的曾荫权担任署理行政长官职务。2005 年 6 月 16 日，香港特区行政长官选举提名结束，曾荫权共获 796 位选举委员中 674 位的提名，是唯一获得有效提名的候选人，并自动当选新的行政长官。2005 年 6 月 21 日，国务院总理温家宝主持召开国务院全体会议，决定任命曾荫权为中华人民共和国香港特别行政区行政长官，同日起就职，任期至 2007 年 6 月 30 日。

他为人谨慎，做事踏实，作风果断。他最为人熟知的，是香港回归之初面对亚洲金融风暴冲击，力主特区政府入市阻击“大鳄”。1998 年 9 月底，他前往欧洲和美国访问，利用出席世界银行、国际货币基金组织年会的机会，详细解释了香港特区政府入市干预的原因。他以扎实的金融功底和经济学素养所作出的阐述，赢得了国际社会的认同和支持。2002年他因“多年来竭诚服务香港，成绩超卓”荣获大紫荆勋章。

董建华（1937～　）中国人民政治协商会议副主席，香港特别行政区前任行政长官。1937年5月29日出生于上海，祖籍浙江定海，是航运商界名人董浩云的长子。1947年定居香港，在香港中学毕业后，到英国留学。1960年获利物浦大学海事工程理学士学位。之后旅居美国，先后在美国通用有限公司及家族公司任职。1969年返港，负责掌理家族集团事业。

1995～1997年，他曾出任香港特别行政区筹备委员会副主任、国务院港澳事务办公室和新华社香港分社香港事务顾问和香港特别行政区基本法起草委员会咨询委员会委员，以及中国人民政治协商会议第八届全国委员会委员（特邀）。

1996年12月11日，参加中华人民共和国香港特别行政区首任行政长官竞选，获得大比数的选票，当选行政长官。同年12月16日，他获中央人民政府正式委任为香港特别行政区行政长官，并于1997年7月1日就职，成为香港特别行政区首位行政长官，任期5年，2002年7月连选连任。2005年3月，因健康原因辞去香港特区行政长官职务，在中国人民政协十届三次会议上当选为中国人民政治协商会议副主席。

范徐丽泰（1945～　）香港特别行政区第三届立法会主席，第十届全国人民代表大会香港区代表，香港各界妇女联合协进会名誉顾问及香港各界庆祝回归委员会慈善信托基金信托人。1945年9月20日生于上海，1964年香港圣士提反女校毕业，1967年获香港大学理科学士，1971年获香港大学人事管理文凭，1973年获香港大学社会科学硕士。1998年7月当选为香港特区第一届立法会主席。2000年10月当选为香港特区第二届立法会主席。2004年10月6日，在香港特别行政区第三届立法会举行的首次会议上，她当选为第三届立法会主席。

积极参与多项公益事务的活动，包括医疗健康、环保、青少年、社区和妇女。她曾为多个医疗机构、环保团体、青少年组织和社区及妇女组织担任主礼嘉宾。另外，也曾多次与各国政要会晤。

霍英东（1923～2006）全国政协副主席。1923年5月10日生，广东番禺人。1953年创办霍兴业堂置业有限公司及有荣有限公司，任董事长，先后担任香港地产建设商会会长，香港中华总商会会长、永远名誉会长，香港足球总会会长、永远名誉会长，国际足联执委，世界羽毛球联合会名誉主席，香港特别行政区基本法起草委员会委员，香港特别行政区筹委会预备工作委员会副主任，香港特别行政区筹备工作委员会副主任，香港特别行政区推选委员会副主任等职。他先后当选第五届、第六届全国政协常务委员，第八届、第九届、第十届全国政协副主席，第七届全国人大常务委员会委员。2006年10月28日病逝。

曾宪梓（1934～　）全国人大常委会委员，香港金利来（远东）有限公司董事局主席。1934年2月2日出生于祖籍广东梅县。幼年丧父，家境贫寒，但从小喜欢读书，1961年毕业于广州中山大学生物系。1963年底移居香港，后到泰国。当时他下定决心：出国后，一定要努力创造财富，不沾染任何不良习气，然后尽最大的努力来回报祖国。这个誓言一直鞭策着他。1968年返香港开办金狮领带公司，这是他人生的转折点。刚到香港时，一家6口人一无所有。他对自己说，一定要放下大学生的架子，不管是做苦工还是帮人家带孩子，什么都可以做。开始创业靠的仅有6 000元，他自己挑着担子到处推销领带，创立了享誉世界的“金利来”名牌，享有“领带大王”之美誉。

历年来，他积极支持祖国大陆文化、教育、体育等公益性事业的发展，捐款已逾4.5亿元。在公益事业中，他对教育投入最多。1992年他设立了“曾宪梓教育基金”，每年资助1 000名内地大学生。2003年开始，还在清华、北大等35所大学中每校挑选50名贫困学生，一共是1 750人，资助他们每人一年3 600元的生活费。他希望受资助的这些大学生将来也尽力回报祖国。这是他年轻时的梦想，也是他一生的抱负。

他曾当选广东省政协委员和第七、八、九届全国人大代表，后来当选为全国人大常委。他做事认真，无私努力工作；他常做出表率，教育青年人要干大事，先学做人，永远不要只是为了赚钱而奋斗。

六 香港知名人物

李嘉诚（1928～ ）长江实业集团主席。1928年7月28日生于广东潮州城内的一个书香之家。自幼聪颖超脱，学习勤奋。1939年，正值日本侵略中国，他便随父母辗转流落香港，饱尝战乱、贫穷、饥馑之苦，培养了吃苦耐劳、奋发图强的精神。1950年22岁时，创办了“长江塑胶厂”。他的公司生产的塑料花因物美价廉，很快打入国际市场。20世纪50年代后期，他乘香港出现经济发展之机，从1958年开始投资房地产，创办了长江实业（集团）有限公司。1972年长江实业上市。70年代中，“长江实业”在竞争中取胜，奠定了“地产大王”的位置。经过数十年的努力，1988年他已拥有“长实”、“和黄”、“港灯”、“长建”等大公司，100多家附属公司和50多家联营公司，形成资金雄厚、实力强大的经济发展集团。2004年他在全球富豪排名榜也由2003年的第二十八位跃升至第十九位，仍是亚洲首富。

李嘉诚性格谦逊、平和。虽已是世界上屈指可数的巨富，但坚持以俭养德、养廉、养身，淡泊宁静、朴实无华。功成名就，仍不忘祖国。他热心支持内地及香港的教育与医疗事业，多年来各项捐款达38亿港元。他于1981年创办汕头大学，捐资逾12亿港元，该综合性大学设有医学院及4所附属医院。

2000年6月，他获得了2000年国际杰出企业家大奖，是获此殊荣的第一位华人企业家。他还获得英国剑桥大学、北京大学、香港大学、香港科技大学、香港中文大学、香港城市大学、香港公开大学及加拿大卡加里大学颁授的名誉博士学位。

李嘉诚的两位儿子，长子李泽钜，现任长江实业（集团）有限公司主席、和记黄埔有限公司副主席及长江基建集团有限公司主席。次子李泽楷，现任盈科拓展集团主席，兼行政总裁及和记黄埔有限公司副主席。

陈冯富珍（1947～ ） 香港卫生署原署长，新任世界卫生组织总干事。1947年生于香港，拥有医学博士、理学博士学位，是加拿大西安大略省大学医学士，新加坡国立大学公共卫生科硕士，以及英国皇家内科医学院院士。

1978年任香港卫生署医生，1989年任助理卫生署长，1992年任香港卫生署副署长，1994年任香港卫生署署长，成为香港第一位女性卫生署署长。在1994～2003年任香港卫生署长期间，她参与公共卫生政策的制定和新倡议的实施，对倡导和促进卫生事宜有着浓厚的兴趣，并致力推广免费或可负担的初级医疗服务。她不仅为香港社区服务，还积极致力于国际公共卫生工作和世卫组织工作。定期参加区域和国际会议，以进一步加强香港和其他世卫组织会员国，特别是西太区各国家的公共卫生合作。1992年她组织了西太区第四十三届区域委员会会议。1998年当选为世卫组织西太区第四十九届区域委员会主席。1999年当选为世卫组织烟草控制框架公约工作小组副主席。2002年负责组织了由中国在香港主办的世卫组织国际药品管理机构会议。

她在公共卫生领域的工作获得了国际认可和赞赏。1997年获英女皇伊丽莎白二世颁授官佐勋章。同年由于她的杰出贡献，被授予英国皇家内科医学院公共卫生医学院院士。1999年，泰国国王普密蓬·阿杜德向她颁发了玛希顿亲王公共卫生奖，以表扬她控制香港禽流感爆发的杰出表现。同年，鉴于她对公共卫生的贡献，母校加拿大西安大略大学向她授予理学博士荣誉学位。

2003年8月，她接受世卫组织的邀请，出任世卫组织保护人类环境总监，成为首位出任世卫组织高层职位的香港人。尔后出任负责传染病事务的助理总干事。3年来，在世卫环境卫生方面的工作，特别是近两年在传染病防控事务方面，她负责全世界的统筹工作，积极鼓励各国制定防范流感大流行应变策略，推动疫苗开发。

2006年11月9日，世界卫生组织举行大会，在各成员国代表闭门会上审议并投票批准了中国推荐的陈冯富珍女士出任新一任世卫组织总干事的提名。这是中国人第一次在世界性国际组织中担任最高层主要负责人职位。任期5年半。她已在2007年1月4日上任，任期将延续到2012年6月30日。

第五节 经济

一 概述

香港地区19世纪40年代被英国侵占前，与中国内地经济同属一个类型，处于封建的自然经济状态。其后，英国将香港列入殖民地政治经济体系进行统治。起初，英国人占领香港，主要以香港为基地发展对华转口贸易，其中包括大量的非法贸易（诸如鸦片贸易、贩卖华工等）。1941～1945年日本侵占香港，进行更为严重的法西斯统治。日本战败投降后，英国再次侵占香港。其后，香港经济经过4个发展阶段，即：转口贸易、制造中心、工业多元化和服务型经济。目前已经发展成为东亚地区国际金融中心、航运中心、贸易中心、旅游中心、购物中心和电信中心等服务中心。

二战结束后，香港的转口贸易开始迅速恢复。20世纪50年代初，以美国为首的西方国家对新生的中华人民共和国实行经济封锁。这使香港的转口贸易受到严重的打击。面对这种严峻的现实，香港企业界在从上海转移来的纺织品制造业基础之上，努力开拓国际市场，发展“两头在外”劳动密集型制造业。在10多年的时间里，使香港发展成为东亚地区的以纺织、服装和塑料制品生产为主的制造业中心。

在20世纪70年代，随着中美、中日关系缓和，香港的经贸环境改善，香港的制造业向多元化发展。除传统的纺织、服装制造外，电子、玩具、钟表和塑料制品的制造获得了迅速发展；同时，香港的转口贸易也得到较大的发展。

70年代末80年代初，中国内地开始实行改革开放政策。由于香港制造业生产经营成本上升，为了提高产品的国际竞争力，香港的制造业开始向珠江三角洲地区转移。与此同时，借着东南亚经济的迅速发展和内地改革开放政策实施之机，香港的服务业，特别是香港的金融业、贸易、航运和旅游等获得了较大的发展。

1966～1986年的20年间，香港经历了经济高速腾飞的发展时期，地区生产总值的年平均增速在8%左右，人均生产总值从677美元上升为6 134美元，在亚洲仅次于发达国家日本，在世界则接近欧洲发达国家中等发展水平，成为亚洲新兴工业化国家和地区（又称“亚洲四小龙”）之一。

进入20世纪90年代，像其他发达国家和地区一样，香港经济走进了低增长（4%～5%）、高通胀（10%左右）的阶段。在1995年，同时出现了高失业率的现象。这种经济状况是香港经济从以劳动密集型为基础的工业多元化向以专业技术为基础的服务型经济转变过程中的必然结果。面对“九七”回归的临近，1996年后半年，香港经济开始回升，1997年上半年，经济增长达到高潮。

1997年7月1日回归祖国以来，香港经历了诸多的风暴与挑战。亚洲金融危机后，全球经济放缓，香港经济备受外部疲弱与内部调整困扰，加上房地产泡沫破灭，使得除2000年一度反弹外，其经济一直陷于通缩衰退泥潭。1998年末至2003年中，香港的消费物价连续下跌57个月。

2003年8月，香港特区政府振兴经济小组公布了一份《重整香港经济》的文件，为提高香港竞争力和经济增长，制定了三个方面的策略：一是加速香港向以知识为基础和高增值经济转型；二是加强与内地的经济联系；三是重视人才的竞争。相应提出了短、中、长期措施，以促进香港和内地间的人流、货流、资金流、讯息流和服务流，通过减缩公共开支和活跃经济，创造收入，解决财政赤字问题。

为进一步加强香港与内地的经贸关系，2003年6月签署了《内地与香港关于建立更紧密经贸关系的安排》协议（CEPA），协议于2004年1月1日起正式实施。随着该协议的实施，以及开放内地居民以个人身份赴港旅游，香港与珠江三角洲合作迈入新的阶段，为香港经济发展带来了新的机遇。据2003年调查显示，香港市民消费信心指数、对本地经济表现信心指数都呈乐观形势。香港整体消费物价指数回升，失业率回落；零售业销售趋涨，外贸表现持续向好；港股成交额持续增加，香港恒生指数连创新高。种种迹象显示，香港经济已开始走向全面复苏。

2003年下半年开始，随着世界经济转好和内地与香港“建立更紧密经贸关系”协议的实施，香港经济复苏步伐加快，消费物价下跌幅度迅速收窄，至2004年7月，持续近6年的通缩期终于结束。香港经济经过数年的调整后，摆脱金融风暴以来的低迷局面，重回升轨，2004年全年经济增长达8.1%，是4年来最高的增幅。

香港经济继2004年强劲增长后，2005年继续快速扩张7.3%。

2005年香港的整体货物出口大幅增长11.4%，访港旅客创下2 336万人次的历史新高，带来逾千亿元的旅游收入，消费开支仍保持坚稳，增长3.7%。投资需求方面，2005年第四季明显加快，升幅达

24.2%。名义本地生产总值已超越1997年的高峰，创下13 822亿港元的新高，而人均本地生产总值已达199 300元，合25 600美元。失业率由2003年中的8.6%高位，回落至2006年二季度的4.9%，是近52个月来的最低点；长期失业人数也从高峰时的9.3万人，下降至2005年末的5.7万人。

总之，回归祖国近10年来，香港成功地实践了"一国两制"、"港人治港"和"高度自治"的方针。在克服金融风暴猛烈冲击、全球经济不景气和2003年上半年"非典"(SARS)疫情影响后，经济正在重组和迈向发展之路。香港与祖国内地联系日益紧密，作为国际金融贸易航运中心的地位得以保持，它正以一个充满活力的国际大都市的形象向前迈进。

表1　香港1990～2006年生产总值

年份	生产总值		人均生产总值(现价、美元)
	现价、亿美元	较上年实际增长%	
1990	754	3.7	13 225
1991	872	5.6	15 151
1992	1 022	6.6	17 623
1993	1 180	6.3	19 996
1994	1 333	5.5	22 078
1995	1 417	3.9	23 019
1996	1 566	4.3	24 329
1997	1 737	5.1	26 762
1998	1 652	-5.0	25 253
1999	1 606	3.4	24 313
2000	1 688	10.0	25 323
2001	1 667	0.6	24 193
2002	1 639	1.8	24 148
2003	1 583	3.1	23 268
2004	1 657	8.2	24 075
2005	1 782	7.3	25 600
2006	1 888	6.8	28 000

资料来源　《中国统计年鉴》2004年；香港特区统计处2005年8月26日资料；2005、2006年中国商务部台港澳司资料。

二　香港的各部门经济

(一) 制造业

1. 制造业发展历程

制造业大致经历了以下几个发展阶段：20世纪50年代的萌芽阶段，60～70年代成长阶段，80年代繁荣阶段，90年代衰落阶段。

自从香港开埠以来，香港经济就依赖于与内地直接关联的转口贸易。20世纪50年代初，以美国为首的资本主义国家成立了"巴黎统筹委员会"，对新生的中华人民共和国实行物资禁运，直接打击了香港的转口贸易。在这样的国际环境里，香港以1949年前从上海转移来的纺织工业为基础，开始被迫发展以制衣业为龙头的"两头在外"的制造业。在60～70年代，伴随美国、日本经济的迅速成长和日本制造技术的转移，香港制造业迅猛增长，成为带动香港经济成长的龙头。香港也因此与新加坡、韩国、中国台湾一起被誉为亚洲"四小龙"。到80年代初，香港发展成为亚洲地区的一个主要国际制造业中心。在1980年香港制造业已占到本地生产总值的24%。

进入20世纪80年代以后，随着中国内地实行经济改革开放政策，加之香港制造业生产经营成本的上升，香港制造业开始逐步向内地转移。近20多年来，香港80%以上的制造业已转移到内地。1992～2002年间，香港制造业占本地生产总值的比重，已从13.5%减至4.6%；服务业占本地生产总值的比重则从78.8%上升至87.4%。特区政府统计处的《工业生产按年统计调查》资料显示，1991～2001年间，香港制造业就业人数已从65.1万人大幅减至19.8万人。

2. 发展特点

香港制造业最突出的三大特点是：部门比较集中；企业规模小；原料来源和产品出售两头在外。

虽然制造业包括有食品加工、金属加工、制鞋、箱包、电子和电脑、印刷业、纸品业等20多个部门，但是制衣业、纺织制造业、钟表制造业、电子制造业和塑料玩具制造业是制造业的核心和支柱。从工业产值、雇工人数和出口收益来看，从20世纪50年代末以来，制衣业在制造业中一直居首位。1975年是制衣业发展的高峰期，占本地生产总值的44.6%；进入80年代以后，在本地生产总值中的份额虽有下降，但在1996年仍占32%。香港的制衣业可以分为裁剪车缝成衣和织片成衣两类；此外还有制衣、皮衣、手套、袜子和服装配件等。

近年来，随着香港大量的制衣业转移到中国内地，滞留在香港的制衣业逐渐向高档市场发展，生产高增值的产品。很多由世界著名服装设计师设计的时装都在香港生产制造。香港自己的服装设计师在创意和手工素质方面都享有国际声誉。香港除了是世界主要的服装出口地之外，还是亚太区内著名的成衣购买中心。

电子业始于20世纪50年代末期。开始只是几家小规模的厂商依赖从日本进口的零件，发展收音机装配业务。随着微电子的发展，电子业发展迅速，特别是近10多年来，每年增长率达24%。至1996年底，电子业已成为第二大出口工业，出口额占香港工业出口总值的1/4。目前，电子出口额以美国和中国内地为最大，其次为新加坡、德国、英国和荷兰。1996年亚洲地区绝大多数国家和地区的电子产品出口急剧下降，香港也不例外。当年香港电子产品总值仅为550.7亿港元，比上年减少14%。在1996年，香港电子业中属于高科技的产品占35%，主要有卫星通讯仪器、电脑、语言产品、光纤产品、传真机等。随着特区政府将香港发展成为"数码港"战略措施的逐步落实，电子业无论在规模和科技水平方面都会有较大的发展。

钟表制造是制造业中又一大行业。就数量而言，香港已是全球第二大钟表出口地，就价值看，香港名列全球第三。

制造业主要由大批小型企业承担。随着制造业的自动化发展和劳动密集型工艺向内地的转移，香港企业雇员的人数急剧减少。到1996年底，每座工厂平均雇佣的人数已经从1980年的20人下降为12人。在1996年，全港27 412家工厂中，雇工少于20人的已占88.9%，雇工少于50人的占96.2%。香港本地市场狭窄，制造业的原料来源和所生产产品的出售市场主要依赖于香港以外。原料来源主要是中国内地和东南亚国家。在1996年香港制造业所生产的产品75%用于出口，出口的主要市场为中国内地、美国和德国。

3. 面临的问题

随着香港制造业向中国内地大规模转移，香港经济向以服务为主迅速转变。

由于过去港英政府长期不重视香港制造业技术开发和研究，使技术含量低和产业结构升级落后成为制造业进一步发展的主要障碍。对香港经济发展的影响，近期主要表现为经济结构转型所带来的失业率上升和通货膨胀率高涨。近几年来，对于香港是否要发展制造业和如何发展制造业的问题，已经受到港内外各个方面的关注。香港回归后，特区政府已经认识到发展高技术制造业，推进香港制造业产业结构升级，在香港未来经济发展中的重要性。因此，近一年多来，特区政府推出了发展高科技工业村计划，推出一些政策以吸引高科技人才来港工作，并加强香港与内地在科技方面的合作。

（二）建筑业

自20世纪70年代以来，建筑业获得了迅猛的发展，已经成为香港经济中一个重要的部门。1996年香港建筑业完成的工程总值为1 160亿港元，在本地生产总值中占到9.4%，在该行业就业的工人数为81 676人。

在香港，与建筑业紧密相关的有3个方面的行业：建筑工程公司、地产发展商和建筑师行。建筑工程公司主要承担工程建设；地产发展商主要进行土地买卖、土地发展和物业推销；建筑师行主要负责建筑图纸设计、测量和监理。

（三）渔农业

1996年本地生产的产品中，除鲜活海鱼、鲜花占市场消耗量的50%以上外，其他产品如新鲜蔬菜、活家禽、生猪和淡水鱼分别仅占到市场消耗量的12%、18%、22%和10%。而香港市场所需的米、面、蔬菜、水果、肉和禽等大多依赖进口，其中由内地的进口约占40%。

1. 渔业

2003年海鱼捕获量和养殖鱼量共约16.12万吨，批发值为16亿港元。海鱼是香港主要的原产品，按重量计算，捕获的海鱼占总产量的96%。2003年香港共有1.9万渔民在渔船上作业，有渔船4 630艘。2003年底有1 157名海鱼养殖人士获渔农自然护理署签发牌照，在26个指定海鱼养殖区作业。

为促进渔业持续发展和保护香港水域的渔业资源，渔农自然护理署继续实行多项渔业管理和保护措施，并打击破坏性捕鱼活动。于1996年展开的放置人工鱼礁计划，已于2003年完成。

2. 农业

香港的耕地极少，仅占全港土地面积的3.1%，而且主要分布在市区边陲地带。随着工商业、金融业急促发展，现存农业所占比重极小。绝大部分农产品依靠进口及来自内地。稻田消失，畜养业难于经营。菜地很小。

香港的耕地稀少，使香港的农业走向精耕细作方式。蔬菜种植业是在20世纪60～70年代开始发展起来的。主要分布在元朗、锦田、上水等交通便利、接近市区市镇的一带。花卉种植业是近10多年迅速发展起来的。目前，香港常见的农作物主要为叶菜和高档鲜花。

捕鱼业仍继续运作，海产养殖受环境污染影响，面临重大困难。由于农业萎缩，其主管机构“渔农处”，亦改为“渔农自然护理署”。

（四）交通运输业

1. 概述

香港公共交通方式有专利巴士、公共小型巴士、的士、地下铁路、九广铁路、轻便铁路、电车、缆车、渡轮等9种。20世纪90年代末资料显示，香港的公共服务每天载客超过1 000万人次。香港有5家专利巴士公司，经营554条线路。公共小型巴士载客量16人/车；绿色专线小巴经营287条线路。红色专线小巴无固定线路。香港的士遍布市区、新界、大屿山和赤腊角。

2. 公路

公路系统由3个主要公路网络组成，第一个是港岛，第二个是连接九龙半岛和观塘、将军澳新市镇，第三个是连接新界各市镇。目前主要有8条行车隧道，855条行车天桥及桥梁、793条人行天桥及人行隧道。平均每平方公里道路有272辆汽车行驶，是全球行车密度最高的地区之一。道路总里程1 849公里（1998年7月）；领有牌照的汽车502 267辆。

3. 铁路

共有5个铁路系统，即：地下铁路、郊区铁路、轻便铁路、传统电车和山顶缆车。前3个铁路系统为公共经营，后两个铁路系统为私人经营。香港地铁是全球最繁忙的地铁之一，由3条行车路线组成，全长83.2公里，共有44个车站。该系统分别于1979年10月～1980年8月分期投入使用。2000年日均载客230万人次。地铁第四支线——东涌线每日接载市民往返市区和大屿山之间。九广铁路于1910年通车，全长34公里，铁路沿线设有13个火车站，主要为新界东北部的新市镇提供列车服务，除此之外，还供客货运列车来往于香港和内地之间服务；80年代初期铺设双轨，推动电气化服务。1982年铁路局由九广铁路公司接管。2000年每日平均载客79.1万人次。轻便铁路为新界西北部服务，该系统1988年投入使用，现全长32公里，共有8条线路、57个车站。轻便铁路及接驳巴士和辅助巴士，每日载客32.3万人次(2000年)。机场快线全长34公里，连接赤腊角香港国际机场及市区。电车只在港岛行走，于1904年投入服务。整个车队共有164辆电车，包括两辆开顶古典电车，供游人使用。这支车队是世界上唯一全由双层电车组成的车队。2000年电车载客量日均23.5万人次。缆车是香港另一条电车线，由山顶缆车有限公司于1988年开始经营，来往于中环和海拔373米的山顶之间。缆车线全长1.4公里，途经的地点有的斜度达1∶2。山顶缆车主要供游人观光使用，2000年载客量日均9 503人次。

4. 民航

在国际上，香港已是最重要的航空枢纽之一，航线往来全球主要大城市及商贸中心。香港现今施行的是非常开放及有效的航空政策，目前共有70家航空公司在香港开办定期航班，飞行航点多达140个。香港机场是全球货运量最大的机场，1997年处理货运量为178万吨；全球客运量第五大机场，1997年旅客总数达2 831万人次。启德机场已于1998年7月6日关闭。位于大屿山赤腊角的新机场，于1998年7月6日启用。新机场有两条跑道，初期设施包括第一条跑道。启用后，每年可为3 500万名旅客服务，并可处理300万吨的空运货物。新机场设施全面启用后，每年可为8 700万名旅客服务，并可处理900万吨货物。2003年的总货运量达250万吨，超越东京的成田机场。

5. 轮渡

香港有两家轮渡公司：香港油麻地小轮和天星小轮。香港轮渡来往于港岛和九龙半岛，也为新界西北部和离岛的居民提供服务。天星小轮的船队有渡轮12艘，来往于港九之间。年满65岁的市民免费搭乘各天星小轮航线。油麻地小轮有83艘渡轮，经营24条渡轮航线，包括每日的载客、汽车渡轮及包船服务。此外，还有8家领有牌照经营轮渡航线的公司，共经营18条航线。

2002年6月，香港国际机场码头服务有限公司与香港机场管理局签署协议，动工改建大屿山赤腊角码头。信德中旅及珠江客运组成的香港国际机场码头服务有限公司，获得承办跨境客运码头项目。从2003年6月起开通来往澳门的客运航线。客运航线开通后，将辐射至珠江三角洲地区的其他港口。信德中旅与珠江客运共拥有高速客船70艘，预计每年运载往来香港、澳门、珠江三角地区的旅客近1 500万人次。

6. 港口

香港成为集装箱港已超过30年历史。这里毗邻珠江三角洲，得天独厚，拥有风平浪静的深水港，使其成为世界一流的集装箱。自1992年以来，除个别年份外都保持处理集装箱量全球第一。1998年曾一度落后于新加坡，1999年后重又夺得全球第一的桂冠。过去12年间，香港有10年位居全球最繁忙港口。2004年香港共处理2 193万个标准箱的集装箱，连续6年蝉联全球最繁忙港口。香港是全球供应链上的主要枢纽港，现有约80家国际航运公司，每周提供超过400班集装箱船班次，往返全球500多个目的地。每年访港的货运和客运远洋船舶和内河船只共约22万艘。目前，香港共有20个集装箱码头。其中9号集装箱码头2个泊位于2003年下半年陆续启用后，更大大提高了香港港口的集装箱处理量和竞争力，使香港继续保持国际贸易中心的风采。

香港航运业发达，是亚太地区重要的航运中心。目前香港与世界各国和地区500多个港口保持着航运联系，并已建立1 120多条航线，前往欧美的航线占香港航运的70%。截至2003年1月1日，按1 000总注册吨及以上的船舶计算的10个最重要国家和地区中，香港以船舶数量569艘排名第九，而以载重吨位3 773万吨计则排名第七。根据香港海事处的船舶注册资料显示，截至2003年底，在港注册处注册的船舶共有879艘，比2002年增加121艘，总注册吨位为2 068.8万吨，增加了445.8万吨。

（五）商业

1. 概述

香港商业经济十分发达，长期以来被誉为“购物天堂”、“购物中心”。商业经营活动覆盖面广，包括批发、零售、饮食业、酒店及旅舍业。从产品类别分，商业经营又可分为果菜、食用油、烟酒、海味、肉类、药材、茶叶、汽车、建筑材料、家具、眼镜等10多类。到1996年底，以上各类商号共184 075家，雇员1 056 136人，占香港所有行业就业人数的44.5%，一直是香港经济活动的重要组成部分。

香港的商业贸易活动采取的是进出口总代理—批发和分销—零售三级销售渠道。

香港的零售业中，超级市场和百货业经营比较活跃。超级市场是20世纪70年代后期进入香港的。目前香港的超级市场分为三级：一级为拥有211家分店的惠康和拥有170家分店的百佳，占绝大部分市场；二级为拥有47家分店的华润和拥有34家分店的广南；三级为其余约60家的小型超级市场（1996年资料）。

除此之外，1981年怡和集团开设的“7～11”便利店在香港发展很快，1996年已有330家分店。

1996年香港的百货公司有401家，从业人员为17 944人。香港规模较大的百货公司有华润、裕华、中艺、中侨、华丰、马莎、崇光等10多家。

经营大型财团包括华资、日资、英资和美资。日资是80年代开始大规模进入香港，目前在香港的百货业中占据较大的份额。香港的零售业与其经济活动息息相关，1994～1995年商业经营困难，随着香港回归的临近，商业开始活跃。但是1997～1998年爆发的亚洲金融危机对香港经济猛烈冲击，及随之而来的结构调整，则使香港商业发展进入低潮。

2. 价格形态及价格管理

港府除对一些公共事业价格进行管理外，其他商品价格的制定和运作完全按照市场经济原则进行，表现方式多样化。表现最灵活的价格属于商品零售价格。完全按照市场需求、人们的购物心理、消费者所处的社会阶层等市场细分化原则确定。如季节价格、心理价格、整数价格、尾数价格、配送价格等。

除了完全按照市场竞争原则制定的灵活、多样的零售价格形式外，香港还有几种行会价格。许多行业都有自己的行业协会，为了维护本行业的共同利益，各个行会都制定了自己经营产品的行会价格。香港一般有3种行会价格：垄断性行会价格、控制性行会价格和指导性行会价格。

香港根据大多数公共事业由私人经营的特点，已经形成了一套对公共事业价格进行管理的机制。根据定价主体，其价格管理可分为3种：一是由政府有关部门直接定价，如自来水供应的价格由水务署定价；二是由私营公用企业自行定价，如煤气、天然气供应、港口码头收费由私营公司确定；三是受特别法例约束或受专营权协议约束的私营公用事业收费，则受到严格管制，如公共交通收费就属此类，其调价征询交通咨询委员会的意见。

3. 价格指数

自20世纪70年代以来，消费物价指数的编制有过多次变动。在1973年以前，政府统计处采用一般消费物价指数，考察对象为每月开支在100～999港元的家庭。1973年后编制了甲类消费物价指数和乙类消费物价指数，考察对象分别为每月开支在400～1 499港元的家庭和每月开支在1 500～2 999港元的家庭。基期为1973年7月1日至1974年6月30日。恒生银行则匹配编制恒生消费物价指数，其考察对象为每月开支在3 000～9 999港元的家庭，基期与前两种指数相同。随着人们消费水平的提高，1981年3月，港府和恒生银行再次对消费物价指数的编制进行调整。甲类、乙类和恒生消费物价指数的考察对象分别为每月支出在1 000～2 499港元、2 500～6 499港元、6 500～19 999港元3种家庭组别。基期为1979年10月至1980年9月。其中甲类家庭占50%，乙类家庭占30%，恒生类家庭占10%。为了保证这种比例，1991年和1996年分别再次调整3种指数的编制。最新一次调整所考察的家庭分别为每月开支在4 000～15 999港元、16 000～29 999港元、30 000～59 999港元。基期为1994年10月至1995年9月。为了考察通货膨胀，政府还计算综合物价指数和区内生产总值平减价格指数。

（六）旅游及博彩业

1. 旅游业

香港旅游协会于1957年设立，负责发展香港旅游业，吸引各国游客来港；致力于改进旅游设施、在海外宣传香港名胜，并就旅游业的有关事宜向政府提供意见。1997年底旅游协会的会员机构达1 871家，包括航空公司、酒店、旅游代理商、旅行团经营商、会议与展览筹办商、零售商、饮食机构和其他旅游服务机构。旅游协会设有咨询及礼品中心，分别位于中环怡和大厦地库和九天星码头，又在香港国际机场设有两个咨询处。

香港地处中国南大门，是全球许多国家或地区旅游或经商人士进入东南亚或中国内地的必经之地；又是祖国大陆和台湾两地人员、经贸交往的方便之地；还是一个美丽的港口城市，气候宜人，进出境方便，实行低税收，航运、通讯、金融和贸易等服务业发达。近30年来，香港已被誉为“东方之珠”、“购物天堂”和“美食之都”。因此，近几年来，来港经商旅游的人数达1 000万人次。旅游业已经成为香港服务业中的重要部门。2000年在所有服务业中，旅游业为香港创汇最多，达615亿港元。

香港丰富的旅游资源吸引了数百万无论何种原因来港的人士，延长其在港逗留时间。在香港，除了几个郊野公园属于纯自然景观外，大多旅游资源都是聪明的香港人在这小小的地方，利用山水风光开发出来的。如拥有世界最大的水族馆和海洋动物表演的香港海洋公园，反映中国古建筑的集古村，集香港文化中心、香港太空馆、亚洲规模最大的购物中心与海港城为一体，以及能观看香港岛城市海岸线的尖沙咀旅游区等，都属于现代景观。还有许多与宗教文化有关的名胜古迹，如黄大仙、万佛寺、山顶大佛和山顶缆车、有轨电车、文化娱乐节目和许多商品街、商业城，如女人街、男人街、太古广场、时代广场和铜锣湾等，都是到港人士必去之地。

前几年由于受亚洲金融危机的影响，自1997年5月份开始，旅游业收益下降。尽管如此，香港仍然是亚洲地区最受欢迎的旅游地点。在2000年，访港游客达1 300万人次，中国内地是香港最大的旅客来源地，旅客人数达380万人次，占访港旅客总数的29%；来自中国台湾省的旅客人数居第二位，来自东南亚其他地区的旅客居第三位。

随着内地与香港《关于建立更紧密经贸关系的安排》（CEPA）的实施，内地更多城市开放居民以个人身份赴港旅游，内地作为香港最大的旅游客源市场，为香港旅游业的恢复和增长提供了动力。2003年受“非典”疫情影响，访港旅客1 554万人次，同比下降6.2%，但内地赴港旅客达到846.7万人次，比上年增长24.1%。2004年访港游客突破2 000万人次，创下2 181万人次的历史新高。其中，全年内地访港旅客超过1 200万，占游客整体的六成以上，成了香港旅游业的支柱。

2005年9月12日，香港迪斯尼乐园已落成启用，这是香港旅游业发展的一大盛事。位于香港大屿山竹篙湾的香港迪斯尼乐园的启用，将令大屿山成为世界级的旅游胜地，并促进香港商贸和旅游业的发展。该项目包括每年游客达560万的迪斯尼乐园式主题乐园、两家酒店及购物、饮食、娱乐设施。乐园第一期完工后，可创造1.8万个直接与间接就业机会，并带来190亿美元的经济效益。乐园建成开放后，第一年接待的游客将超过500万人次，大陆游客、香港游客及其他国家和地区游客将各占1/3。

2. 博彩业

博彩业是香港社会的一大特色。根据香港法律，博彩业有合法与非法之分。到香港赛马会设立的投注站投注马匹或投六合彩，在持有牌照的酒楼内以麻将牌或天九牌为工具进行赌博，都属于合法。香港赛马会是1884年成立的无股东有限公司，其收入全部来自赛马及投注业务。赛马是香港参加人数最多、投注金额最大、缴纳税款和捐赠最多的博彩业。香港赛马会现役马匹的数目已经超过1 100匹，有练马师26人。1995～1996年度香港赛马会的投注金额达806.7亿港元。

（七）邮电业

1. 电讯业

香港是全世界首个采用全面数码化电话网络及已实施可携性固网电话号码的主要城市。电话线路普及率为56%，在亚洲区居第一位。直通国际电话服务遍及232个国家。在1997年，每人平均打出及接听560分钟海外电话。香港拥有超过35.1万条图文传真线路，是全球图文传真商用服务最高地区之一，每100条商业电话线路便有22.8条图文传真线路。全港人口中，大约有1/8（即77万人）是传呼服务的用户。流动无线电话服务的用户总数超过241.1万名，普及率在世界上名列前茅。香港共有126个互联网络服务商。

2. 邮政

香港邮政以合理的价格，提供可靠的高效率的服务在全球数一数二。邮政署于1995年8月1日起转以营运基金的方式运作，使其在资源管理方面更具较大的灵活性。1997年处理的邮件数量较1996年增加8.3%。客户所投寄的文件、样本或商品，如必须及早送达，邮政署可提供逐户上门收件或送递服务。与香港互换邮件的主要国家和地区包括中国内地、中国台湾省、日本和美国。

（八）房地产业

1. 土地管理制度和批租制度

房地产业包括房产和地产两个紧密联系的经营部门。香港的土地稀缺，除了极少数农用地和矿藏用地外，很少的土地主要用于建筑；而且土地的来源主要依靠填海获得。因此，围绕土地经营使用的房地产业已经成为香港一个重要的经济部门，楼市已经与股市并驾齐驱被誉为香港经济的“晴雨表”。香港土地实行官有，即政府是土地的最终所有者和土地的最初供应者。香港回归后，香港土地实行国有、特区政府管理的制度，但原来的土地管理制度没有变化。每年政府根据经济情况定期按照严格的程序批出一定数量的土地，规划、批出土地的经营发展完全依据市场原则由私人自由经营。所以，香港有两个土地市场：官方出售土地市场和私人土地经营市场。其价格决定于官方出售土地量和私人需求量。政府出售的仅仅是一定期限内土地的使用权，因此“政府出售土地”在香港被称为“批租”。对于批出的土地，政府除了向承租者收取一次性地价外，每年还要收取一定的租金。在使用期限内，承租者可以依据土地契约出售、抵押或赠与土地，但在新土地契约中必须明确土地用途。若有违背，政府将收回土地。政府批出土地采取拍卖、招标、协议和无偿划拨4种方式。一般对于社会公用事业用地，采取协议或无偿划拨的方式批出。土地的批出期限在香港各地有所不同。在港英政府时期，香港、九龙批出的土地有7年、21年、75年、99年，最长的达999年。新界批出的土地期限一般是由1898年7月1日起，为期99年减去3天。契约规定的使用期限届满后，承租者应当连同土地上的建筑物一并交给政府。在获得政府的同意后，承租者可以续租土地，但需缴纳一部分地价。

2. 房地产市场的发展

房地产业是在第二次世界大战后才开始发展的，经过1953年政府公共房屋建设和20世纪60年代的香港经济起飞，在70年代初，香港的房地产业已经有了较大的发展。虽然香港回归问题和1987年股灾，甚至北京“六四”政治风波曾引起香港房地产市场较大的波动，但是由于东南亚经济和中国内地经济高速增长，使香港房地产市场从这一次又一次的衰退中走出。在90年代初期，房地产业已经成为香港经济一个重要支柱。1997年亚洲金融危机和随后的结构调整，房地产业市场泡沫破灭，给香港经济带来沉重打击。

自1997年第四季房地产市场泡沫破灭后，各类物业价格持续大幅下滑。"非典"（SARS）疫情对楼市进一步加压，据差饷物业估价署统计，至2003年中，整体住宅价格较1997年高峰大跌67%，写字楼跌76%，工业大厦跌63%，各类物业均出现大量负资产，对本地投资及消费构成相当大负面影响。

随着《内地与香港关于建立更紧密经贸关系的安排》签署，加上特区政府新的稳定楼市的措施，2003年秋各类楼价回升，交易活跃，房地产市场开始呈现复苏。2003年第三季后，从一手新楼到二手房屋，从楼宇价格到房贷按揭，香港房市无论私人住宅，还是商铺、写字楼、豪宅等各方面的表现，都反映出了《安排》的强烈激励效应。最能反映市民置业信心和能力的私人住宅，一直保持持续升温的态势。一手楼市第三季度的成交量和成交额双双创出5个季度以来的新高，历来被港人称为经济盛衰"寒暑表"的商铺行市，2003年下半年也表现出强劲的上升潜力。据香港房地产公司美联物业提供的统计，2003年头10个月香港达成商铺买卖2 036宗，创6年来新高。同时，香港房地产公司利嘉阁地产的资料还显示，截至2003年12月19日，香港市场价值千万港元以上的豪宅的成交量比2002年全年上升30.6%，成交金额比2002年增加63.7%。

在这50多年曲折的发展过程中，香港房地产二级市场主体构成不断发生变化。在发展初期，凭借垄断地位，英资的置地公司、太古公司控制着香港的房地产市场。在60年代，以李嘉诚的长江实业公司为代表的一批华资财团，凭借灵活的经营策略在房地产市场经营中逐渐成长起来。到80年代，这些华资公司在房地产经营中已经与英资集团分庭抗礼。在内地经济改革开放的刺激下，美国、日本和东南亚其他国家地区的资金也加入了香港的房地产市场。在香港的房地产二级市场中，有三个层次的市场主体。第一为主宰香港房地产市场的大型财团，如长江实业、新鸿基地产、恒基兆业、置地、太古等；第二为中型地产发展商，既从事住宅开发，也经营买卖，是市场的追随者；第三为小型地产代理公司，主要从事炒楼花的投机交易，在房地产市场的衰退期，它们往往是牺牲品。

3. 房地产市场的投机制度

政府允许炒楼花投机制度的存在是房地产市场繁荣的一个重要方面。楼花是地产发展商在公布其地产发展规划，并开始施工时，为了降低风险，加快资金周转，利用建筑期和使用期之间的时间差，率先向市场推出期楼。一般地，购期楼者只需预付楼价的20%左右，有时甚至只有10%，其余可以向财务公司做抵押按一定的按揭率获得贷款。如果楼价看涨，购楼花者及时出售便可以极少的资金获得巨额利润，所以炒楼花极受投机者欢迎。按揭是香港房地产市场的专业术语，其实就是以房地产做抵押获得贷款。按揭率是指获得贷款的抵押率。如按揭率为八成，是指投机者凭楼花可以获得首期二成贷款。这种投机交易把房地产市场与金融（银行）紧密地联系在一起，使二者的兴衰同步，资金利率成为二者的振荡器。

4. 房地产市场的价格

房地产市场价格有4种：官地价格、商用楼价（租金）、住宅楼价（租金）和工业楼价（租金）。官地价格是房地产的基础价格或原始价格。政府根据市场状况确定土地底价，以此为底价进行公开招标，在景气时成交价往往高出底价15%～55%。香港是以服务为中心的经济，商业中心如湾仔铜锣湾、中环等地段的价格就是"地王"，已经成为每个时期地价水平的重要特征。进入90年代，香港商业中心的写字楼和店铺的租金都居世界首位。住宅楼价（租金）分为官价和市场价两种。由于免除地皮费，住宅官价低于市场价1/3左右。

涉及房地产市场的机构有房屋局、规划署、田土注册处、建筑署、拓展署、房屋委员会及其下属房屋署等。

（九）公用事业

1. 电力供应

香港电力由中华电力有限公司和香港电灯有限公司所属的7家火力发电厂供应。中华电力公司成立于1901年，是一家英资公司，现为上市公司，英资嘉道理家族持有33.1%的股权。香港电灯公司成立于1889年，是香港供电范围最大和经营规模最大的电力公司，现为上市公司，最初也为英资企业，后被华资公司收购，大股东为李嘉诚家族，持股为35%。

2. 自来水供应

自来水是许多公共事业中唯一由港府直接经营的部门，负责这项工作的是政府水务署。香港淡水资源缺乏，一部分靠天然水区收集雨水，大部分靠内地供应，1996年向香港供水达7.2亿立方米，占全港耗水量的77.6%。此外，为了有效地节约淡水资源，香港当局兴建了海水独立供水系统，1991～1992年度供应海水量1.23亿立方米，目前全港75%用户用海水冲厕，港府免费提供海水。

广东东江—深圳供水工程自1965年建成以来，历经3次扩建，对香港累计供水达140亿立方米，为香港的繁荣、稳定作出了贡献。1998年10月，为实现清污分流，保证供水水质，增强供水能力，广东省政府决定对工程进行全线改造。改造工程自2000年8月28日动工，历时近3年，比原计划提前2个月，于2003年6月28日香港回归6周年之际全线完工向港供水。

3. 煤气供应

香港煤气由中华煤气公司供应。该公司最初由伦敦商人经营，后由香港英资财团控制，20世纪60年代被华资财团收购。现为上市公司，李兆基家族为大股东，持有32.6%的股权。香港使用煤气已有近130年的历史，最初为街道照明之用，现主要为香港居民炊事之用。

（十）财政

1. 理财哲学原则

财政政策的最大特点就是“积极不干预政策”和量入为出预算原则。香港长期依赖自由港而生存，实行完全自由的市场制度，政府对经济活动的干预极少。20世纪70年代夏鼎基任香港财政司长时，提出了“积极不干预主义”理论。这种理论指导了整个80年代香港经济政策的制定，而且已经成为香港自由经济的一个特点。夏鼎基认为，“积极不干预主义”是一种看法，一个政府如果试图计划分配私营部门的可用资源和强行打击市场力量的运作，对一个经济体系的增长率，特别是一个以对外贸易为主的经济体系，通常都是徒劳无功而有害的。积极不干预并不等于不干预，而是在必要时施行恰当的干预。进入90年代，港府开始就加强市场监管，促进经济增长，改善劳工就业等方面，参与市场经济活动，特别是1998年8月港府为了捍卫联系汇率制度，积极入市打击国际金融投机商。因此，学术界已有不少人士认为，“积极不干预主义”在香港已经死亡。如果对照夏鼎基对积极不干预主义的解释，这些人士的看法不免有些偏颇。可以说连续多年被国际有关机构评为全球最自由的经济体的香港，积极不干预主义仍然是其制定经济政策的重要理念。

2. 财政预算制度

香港基本上实行一级财政，行政和立法两会在财政上有权统一制定和审议全港预算收支和政策，管理、分配全港的财政资金。香港的财政年度是从本年的4月1日到来年的3月31日，财政预算的编制时间为每年的9月至10月，于翌年送立法会审议，三读通过后即具法律效力，并于4月1日起执行。香港编制预算的原则是“量入为出，平衡预算，争取盈余”，与西方凯恩斯主义的赤字财政政策相比，可谓保守的财政预算政策。在编制预算时往往是高估支出，低估收入。有时在编制预算中出现了赤字，但执行结果却往往相反，因此，几十年来，香港很少出现财政赤字。为了实现谨慎的财政预算政策，多年来，已经形成了以下几种预算原则：（1）公营部门开支增长率不能高于本地生产总值增长率；（2）公共开支必须反映施政方针的缓急次序；（3）直接税和间接税、经常收入和经常支出必须保持适当的比率；（4）财政储备要维持其价值。

3. 税收制度

香港以简单税制和低税率著称，香港只对源自香港的收益征税，而且香港没有增值税或销售税，没有资本利息税和股息税。香港的税制依传统分类为直接税和间接税。在直接税的经常税收中有利得税、薪俸税、利息税、物业税、个人入息课税和遗产税。在间接税的经常税收中有印花税、博彩税、娱乐税、酒店房间税、专利税、特权税、汽车登记税、关税、差饷、的士牌税、飞机离境税和海底隧道税。关税只对碳轻油类、烟酒类和化妆品征收。70年代香港的直接税与间接税的比率为54:45，进入90年代，二者比率为60:40。近几年，在所有税收总额中，利得税占到32%，薪俸税占到24%，关税占到10%，其他各种税收比例都低于10%。香港直接税的标准税率为15%，这一直应用于薪俸税。多年来，利得税的税率界于16%～17%之间。在1998～1999年财政预算案中，规定香港的公司利得税率为16.5%，而非法团公司的利得税率为15%。

4. 政府的收入和开支

预算收入包括经常收入和非经常（资本账户）收入。经常收入包括所得税、利得税、关税、差饷、本地税和其他收入。非经常收入包括遗产税、小汽车牌照税、土地出售、偿还贷款、捐款和其他收入。香港的政府支出在概念上包括政府开支与公共开支两部分。政府开支是指所有由政府一般收入账目支付，并计入收支预算内“经常账”下任何一个分目的开支，另加其他非经常开支的总和，又称综合账目开支。港府的收支账目分为一般收支账目和基金账目。一般收支账目是负责港府收支活动的主要账目。该账目的累积盈余为财政储备。基金账目中有外汇基金、土地基金、建设工程储备基金、发展贷款基金、资本投资基金、奖券基金、集体运输基金和学生贷款基金。其中，外汇基金和土地基金余额最大。外汇基金是1935年12月6日设立的，目的是支持港币的发行。如今外汇基金仍然是稳定港币的重要基础。土地基金是根据《中英联合声明》附件三设立的，为处理香港回归过渡期土地交易收入提供方便。1996年底外汇基金总资产为5 345亿港元，累积盈余为1 728亿港元。土地基金资产净值为1 112亿港元，累积盈余为255亿港元。

1997年以来香港财政支出方面，由于其政策向福利社会倾斜、失业率上升以及人口老龄化趋势，导致社会保障援助金的需求日增；而在收入方面，则面临着地产泡沫破灭后，收入不稳定、与此相关收益大幅下降的困局。从而构成了依赖非经常性收入来维持经常性开支的增长的香港财政收支的结构性问题。从1996～1997年度开始，香港7个财政年度中有半数出现财政赤字。其中，2001～2002年度财政赤字达到600亿港元。2002～2003年度，财政赤字为617亿港元，财政储备3 114亿港元。

预计2003～2004年度，香港财政赤字将达780亿港元。2004年3月31日的财政储备下降至2 664亿元，相等于13个月的政府开支。香港财政司预计2004～2005年度，香港政府支出总额为2 529亿元，收入有2 039亿元，赤字为490亿元，较上年的财政赤字大幅减少，财政赤字相当于香港生产总值的4%。

5. 外汇储备

香港无外债，也无对外援助。对资金的出入境无任何管制，完全采用自由经济政策。香港外汇储备一直处于持续增加之中。香港金融管理局公布的数字显示，截至2004年11月底香港官方外汇储备资产为1 215亿美元。

表2　　香港1995～2006年外汇储备和外汇汇率

项目 \ 年份	1995	1996	1997	1998	1999	2000	2001	2002	2003	2004	2005	2006
汇率(港元/美元)	7.736	7.734	7.742	7.746	7.771	7.796	7.797	7.798	7.798	7.798	7.798	7.798
外汇储备*(亿美元)	554	638	928	896	963	1 076	1 112	1 119	1 184	1 236	1 243	1 332

* 外汇储备包括土地基金。

资料来源　香港特区政府统计处，2006年中国商务部台港澳司资料。

（十一）金融

1. 国际金融中心和金融管理局

经过多年的发展，香港已经成为主要国际金融中心之一。

国际金融中心是国际资金的集散中心，云集了众多的金融机构和各类金融市场，进行各类金融活动，能够保证资金在国际范围内迅速、顺畅、安全地流通。

目前世界上的国际金融中心还有伦敦、纽约、法兰克福、东京、新加坡、巴林、巴哈马群岛、开曼群岛等。但是，它们的性质各不相同。一般地，根据国际金融活动的实质，可将国际金融中心分为“功能性”金融中心和“名义性”金融中心。前者从事实质性的金融交易活动，并创造就业机会。后者属于避税乐园，仅为国际性银行和其他金融机构提供注册与记账的场所，而实质性的金融交易活动并不在此进行。除此而外，根据国际金融中心的辐射范围，可以分为全球性和区域性国际金融中心。

就香港的情况而言，香港国际金融中心具有以下基本特点：功能性国际金融中心、集成性国际金融中心、区域性国际金融中心。

金融业和其他3个行业（物流、旅游和工商支援）是香港经济的四大支柱行业。目前香港金融业，包括银行、证券、保险、基金管理及相关行业，共提供16万多个职位，约占就业人数的5%，对香港本地生产总值的贡献达12%，金融业已经成为香港经济的一个主要组成部分，已经与香港人的经济生活息息相关。

迄至2003年10月，香港作为国际金融中心，是亚洲第三大银行中心；全球第七大、亚洲第二大股票市场；全球第四大、亚洲最大的黄金市场；全球第七大、亚洲第三大外汇交易市场。此外，香港又是亚洲新兴的债券市场。

香港能够迅速发展成为亚洲地区主要国际金融中心，主要有以下几个方面的因素：近二三十年来，东亚地区经济的持续高速增长；香港处于欧洲和美国之间的特殊地理位置，填补了国际金融交易的时差空缺；中国内地的改革开放；全球金融全球化和自由化的发展；香港政治稳定和经济繁荣；香港拥有健全的法律制度；香港一直实行自由的经济制度；香港拥有现代化的基础服务设施和优秀的金融人才；英语一直是社会交往的主要语言，便于国际交往。当然，香港国际金融中心的持续发展还面临着不少的内外压力。如周边地区主要城市金融业发展所带来的竞争压力，特别是新加坡，在金融业发展方面与香港一直存在着较强的竞争态势。在内部，香港国际金融中心的发展又面临着香港经济结构调整所引起经济回落而产生的压力。在1997年亚洲金融危机爆发后，这两种压力愈显突出。

1993年4月1日在外汇基金管理局和银行业监理处的基础上成立了香港金融管理局，其主要职责是保持香港金融业的稳定发展。香港金融管理局是香港金融业的管理当局，但它不同于其他国家或地区的中央银行，因为金融管理局不发行货币，不是商业银行的最后贷款者。虽然如此，但是自从金融管理局成立之后，金融管理局在金融市场基础设施建设方面和金融管理制度方面，做了许多类似加强中央银行的管理。如1996年12月6日，开通即时全额交易系统，1995年开始发行外汇基金票据，启动香港债券市场。1998年8月，为了捍卫香港联系汇率制度，金融管理局代表政府入市操作。

2. 银行业

自从20世纪60年代以来，为了保持银行体系的稳健，香港对银行业的管理就采取三级银行制度。经过几次大的银行危机，1990年港府对过去的银行三级制度进行了改革，即目前的持牌银行、有限持牌银行和接受存款公司三级制度。三级银行各自的权利义务有所不同。持牌银行最低实交资本为1.5亿港元，可以接受任何种类的活期、定期储蓄存款，对存款最低期限和数量无任何限制；最低流动资产比率规定为25%；最低资本充足率为8%；但银行专员可以将其提高为12%；存款利率受银行公会利率协议限制。与持牌银行相比，有限持牌银行和接受存款公司的接受存款利率不受银行公会利率协议限制，但接受存款的范围要受到限制。如接受存款公司只能接受不少于3个月及10万港元的定期存款，有限持牌银行只能接受不少于50万港元的任何期限定期存款。在最低流动资本比率和资本充足率的要求方面，对有限持牌银行和接受存款公司的要求更严格，即虽两项标准都为25%和8%，但是银行专员根据情况可以将有限持牌银行和接受存款公司的最低资本充足率增加到16%。

作为全球最大的银行中心之一，截至2005年末，在香港开设分支机构的世界各国银行有近190家，其中有71家属于世界100家最大银行。2003年，尽管历经“非典”疫情以及持续数年的通货紧缩，香港的金融业运行仍然很稳健，整个银行体系的不良资产率保持在5%以内。在香港银行业中，中国银行、汇丰银行和渣打银行兼为发钞银行。

2003年11月18日，香港金融管理局与中国人民银行正式签署《关于在香港试行人民币业务的合作备忘录》，2004年起香港银行可经营人民币业务。香港人民币清算银行中银香港从2004年2月25日起，为本地39家参加办理个人人民币业务的银行提供存款、兑换和汇款清算业务。中银香港还在当日向零售客户推出人民币业务服务。香港银行开办人民币业务，标志着两地经济的融合进入一个新的阶段，它将有助于香港经济的进一步复苏，增强香港作为国际金融中心的地位。

3. 流动资金调节机制和香港债券市场

1992年5月28日，香港外汇基金管理局宣布，从6月8日起实行流动资金调节机制。其核心是持牌银行在每日票据交换结算前，可得到外汇基金的协助，对其流动资金状况进行调整。具体操作是，每个香港银行公会会员银行，如发现头寸不足，需要隔夜协助时，可同外汇基金管理局签订出售与重购协议。银行将其所持有的外汇基金票据和政府债券出售给外汇基金，次日再购回。出售或购买的差价代表外汇基金的贷款利率或贴现率。相反，银行若有剩余隔夜资金，也可贷给外汇基金，利率按拆入利率计算。这相当于一般中央银行的贴现窗功能。香港债券市场是香港金融业中的新秀，是80年代才开始出现的。1984年只有可转让存款证和商业票据市场，规模为1 038 700万港元。1987年开始发行债券和票据，规模为12.15亿港元。1990年外汇基金开始发行152.66亿港元的3个月外汇基金票据债券。

近年来香港债务市场发展迅速，已成为亚洲区内流通量最高的市场。到2001年底，未偿还的票据及债券数额超过1 130亿港元，而此类票据及债券的日平均成交额达211亿港元。近几年香港外汇基金陆续发行2年期、3年期、5年期、7年期和10年期外汇基金票据债券，丰富了香港的债券市场。但与欧美发达国家的债券市场相比，香港的债券市场还处于起步阶段，市场规模占本地生产总值的比例还不到5%。

4. 证券业

成立于1989年5月的香港证券及期货事务监察委员会，是香港证券业的管理机关，虽不属公务员系列，但仍属香港特区政府架构之内。该委员会下辖4个职能部门：市场监察部、企业融资部、中介团体投资部和法规执行部。证监会主要职责是执行香港证券业的有关法规。证监会对行政长官负责，并透过财经事务局就香港的股票市场、期货市场和杠杆外汇市场的发展向财政司提供意见。现任主席为梁振邦。

香港股票市场在19世纪末就已经出现，但只是在20世纪70年代以后才迅速发展。一度从1家商品交易所发展到4家。在80年代，港府开始整顿香港股票市场，将4家商品交易所合并为1家——香港联合商品交易所。1986年4月1日，香港联合商品交易所开业。

备受海内外投资者关注的香港股票市场，2002年上市公司达755家，资本市值总额达3.8万亿港元，为全球七大股市之一。配合资讯科技的发展，香港交易所近年来不断进行技术更新，目前已实现自动对盘交易，投资者、经纪和交易所联网，大大提高了市场效率。目前，香港交易所正在与伦敦等国际主要交易所磋商，为实现24小时环球股票交易创造条件。

恒生指数反映香港股票市场状况，是以1964年7月31日为基期，选取33种有代表性的股票编制而成。1969年香港恒生指数正式发表，1985年开始编制分类指数，主要包括公共事业、地产、工商业、金融4类。进入90年代，随着内地企业在香港上市H股的增加，香港开始编制中国企业指数。香港恒生指数在1997年8月达到16 000点，创历史最高纪录，但由于受亚洲金融危机的严重影响，恒生指数在当年年底跌破7 000点。1998年11月，随着国际金融市场的稳定，恒生指数恢复到10 000点。

2003年初，受美伊战争与“非典”(SARS)疫情的冲击，香港股市持续低迷，恒生指数跌至8 000点左右的低点。5月底开始，香港股市在美国与周边地区股市普遍上扬的大势下，开始走出低谷，6月18日冲破万点大关。随后，中央政府出台多项支持香港经济的政策，除签署《内地与香港关于建立更紧密经贸关系的安排》外，放宽香港与内地之间的人流、物流与资金流等限制，外资开始大举进入香港，港股再度上扬。香港恒生指数从2002年12月31日收盘的9 321点上涨到2003年12月30日的12 526点，全年劲升34%。按股票市值总额排名，香港证券市场从2002年的全球第十升至第八。从市场的筹资额看，2003年通过香港交易所集资的金额为2 062亿港元，较2002年上升86%。2004年，香港股市尽管仍会有起伏，但随着经济基本面好转，企业盈利增加，预计将呈现波动中上升趋势，高点在14 000左右。

期货交易所早期为香港商品交易所，1976年正式开业，1985年为配合金融期货买卖而改为现名。交易所先后推出数十种期货合约，但现存的期货合约都不是商品期货，而全为商品指数期货。如已超过10年的恒生指数期货合约及4种分类指数期货合约。1993年3月推出恒生指数期权合约；1995年3月推出股票期货合约；同年11月推出外汇期货合约“日转期权”；1996年7月推出长期恒生指数期权。港元利率期货和4种分类指数期货一直未引起投资者的兴趣，因此与其他品种期货交易相比，显得清淡。截至1997年3月，香港期货交易所的会员为134个，其中出市经纪5个、期货委托商129个。近两年，香港期货交易所加强了与国际交易所的合作，1996年3月，宣布与纽约商品交易所成立联网，使纽约商品交易所贵金属及能源期货合约可以在香港期货交易所会员的办事处，通过电子交易系统进行买卖。1996年9月，香港商品交易所加强了与纽约商品交易所的电子网络，使香港商品交易所的会员可以通过电子网络直接买卖纽约商品交易所的产品，包括原油、黄金、白银、铜、燃油、汽油、天然气、丙烷和电力。1996年期货交易所的总成交量为5 945 320张合约，比1995年增长了13.9%，恒生指数期货合约全年成交量为4 656 084张合约，比1995年增长了2.4%，1996年恒生指数期货日平均成交量为18 918张合约。

5. 保险业

保险业是香港金融业的一个重要组成部分。伴随香港转口贸易的发展，保险业在香港就诞生了。第二次世界大战后，随着香港经济的起飞，香港的保险业发展更为迅速，险种大大增加。截至1997年年底，获准在香港经营保险业务的公司达215家，其中151家经营一般业务，45家经营长期业务，19家经营综合业务。香港有22家再保险公司，其中18家公司比较活跃。在215家保险公司中，大约有100多家保险公司在海外注册，分属于28个国家和地区。最多的是英国为28家，美国为21家。全球十大资产最高的保险公司中有多家在香港开业。因此，香港保险业的国际化程度较高。香港一般保险市场已经饱和，近两年来，香港保险公司经营比较艰难，保险公司的数量已经从1995年的229家，下降到1997年的215家。在20世纪70～80年代，一般营业人员的基本薪金在3 000港元，根据销售保单的状况，数个月或半年薪金可达1万港元。虽然1997年毛保费比1996年增加了6%，达到464亿港元，但仅占香港本地生产总值的3.9%，低于1996年的4%。自1996财政年度，财政司在预算案中提出要推动香港保险业的多元化，把香港培养成亚太地区的再保险中心。为此，财政司在香港推行专属自保计划，成立专业研究小组研究有关事项。专属自保是指一家机构自行成立保险公司，以承保该机构有关需要的地方，不至于使该机构的保费外流。香港背靠内地，今后香港保险业可望向内地发展。保险监理处属于香港保险业的监管机关；保险监管委员会属于自律机构，保险监理专员为黄志光。

6. 外汇市场和联系汇率制度

香港作为自由港，对资金的出入无任何限制，全球的所有投资者都可以在香港从事各种外汇交易。2004年9月，香港金融管理局公布国际结算银行（BIS）3年一度的外汇市场成交额调查结果，香港在全球的排名晋升一级，成为全球第六大外汇市场。与3年前比较，外汇交易的每日成交净额在2004年大幅增长52.9%，增至1 022亿美元。

香港目前所采取的汇率制度是联系汇率制度，也称为货币发行局制度。在采用联系汇率制度之前，香港曾采取过自由浮动汇率、盯住英镑汇率和盯住美元汇率。在1983年9月的港币危机中，为了迅速稳定港币、稳定香港经济政治形势，于当年10月17日香港采取了联系汇率制度。香港的联系汇率制度是一种盯住美元的汇率制度，但又不同于盯住美元的固定汇率制度。主要特点包括两方面：一是联系汇率制度内涵了竞争和套戥机制；二是联系汇率制度是一种货币发行制度，内涵官方固定汇率和市场自由浮动汇率。发钞银行发行港币时，需按1美元＝7.8港元的比率向外汇基金缴纳实足的美元，以换取负债证明书。发钞银行也可以按同样的固定汇率用负债证明书换回美元。发钞银行和其他非发钞银行之间的美元同港币的汇率属于浮动汇率，完全由市场供求关系决定。当市场汇率高于7.8，如1美元＝7.9港元时，发钞银行认为，这与固定汇率7.8有偏差，有利可图，便会从市场中购买港元，然后再用外汇基金换回美元，吸纳市场中的港币。相反，若1美元＝7.7港元时，同样的汇率偏差，便使发钞银行从事与上面相反的操作，以扩大发行港币量。这种吸纳与吐出的货币发行回收机制就是套戥机制。由于在市场外汇交换中，所有的银行都可以从事外汇买卖，竞争机制和套戥机制使得市场汇率与官方汇率的偏差不会扩大，而会逐渐趋于一致。

联系汇率自实行以来，确实为稳定香港的金融体系做出了较大的贡献，但对其存废也一直存在较大的争议。批评者认为，联系汇率制度把香港经济与美国经济紧紧地拴在一起，使香港经济失去了执行独立货币政策的机会，特别是香港不能使用利率调节香港经济，所以在20世纪80年代末和90年代初香港出现了通货膨胀。联系汇率制度也使香港的港币高估，是投机者冲击香港金融的根本原因。这些批评之辞，只看到了问题的一个方面，而没有全面地认识联系汇率制度。无论是自联系汇率制度实行以来多次香港金融危机的经验，还是1997年始发于泰国，持续时间最长和蔓延地区最大的亚洲金融危机的实践，都证明了联系汇率制度对稳定香港金融和经济的重要性。

三　香港与内地经贸关系的发展

（一）概述

20余年来，香港为内地的改革开放作出了巨大贡献，内地也为香港经济的发展提供了广阔天地。目前，香港是内地第三大贸易伙伴、第二大出口市场、最大的境外投资来源地和最大的境外投资目的地。香港回归后，两地经贸交流与合作的领域不断扩大，层次不断提升，往来更为密切，渠道更为畅通。

1997～2003年，两地贸易额增长了72%，年均增速9.5%。2005年，内地与香港的贸易总额达1 367亿美元，比2003年又增长了56%；内地通过香港转口的货值1 700亿美元，占香港出口贸易的58%。随着两地贸易尤其是转口贸易迅速发展，香港在世界贸易中的排名已从第二十三位上升为第十一位。

1997～2003年，内地年实际吸收香港直接投资均保持在150亿美元以上。到2003年底，内地实际使用港资2 231亿美元，占吸收境外投资总额的45%。2005年，内地吸收香港直接投资合同金额632亿美元，较2003年又增长了55.3%。2003～2005年间，内地在香港承包工程、劳务合作及设计咨询合同数共计2 987份，合同金额61.7亿美元，完成营业额75.9亿美元，2005年底在港劳务人数达2.1万人。截至2005年初，经有关部门批准的香港中资企业已达2 000多家，资产总规模大约22 000亿港元（约合2 800多亿美元）。

香港回归后，在内地投资地区由华南特别是广东沿海地区向全国扩展；投资领域不再囿于加工制造业，房地产、商业、能源、交通运输等也成为投资热门。尤其在中国加入世贸组织（WTO）后，港资对内地服务业投资力度加大，投资形式日趋更新；项目规模越来越大，“含金量”在提高；经营方式从以“三来一补”为主转为合资、合作和独资为主等，港商参与内地国企改革和中西部开发等方面也表现踊跃。

回归后，香港仍实行与内地不同的经贸管理体制和政策，两地经贸关系属于中国国家主体同其单独关税区（香港）之间的经贸关系，两地经贸往来基本上遵循国际经贸活动的规则和惯例。1999年11月，两地商贸联委会成立，正式启动了内地与香港特区经贸部门高层次交流与联络机制。尤其是2003年6月《内地与香港关于建立更紧密经贸关系的安排》（CEPA）的签署和实施，为克服香港暂时的经济困难、保持香港的繁荣稳定、增强两地的经贸交流和共同发展注入了新的活力。

（二）《内地与香港关于建立更紧密经贸关系的安排》的签署

2003年6月29日，国家商务部与香港特区政府签署了《内地与香港关于建立更紧密经贸关系的安排》（CEPA）。该《安排》旨在实现两地贸易投资自由化和便利化，它符合世贸组织有关规则，是高标准的自由贸易协议，将为两地服务业以及高增值制造业的发展提供难得契机和宽广空间。该《安排》的签署，是两地本已十分密切的经贸关系迈向更高台阶的必然要求，也是两地应对全球区域经济一体化迅猛发展的有利选择，更是“一国两制”在经贸领域的成功实践。

上述《安排》于2004年1月1日起正式实施。该项安排主要涉及了货物贸易、服务贸易与贸易投资便利化三个方面。在货物贸易方面，2004年1月1日起，内地对273项香港原产地产品实行零关税，2006年1月1日起对所有原产香港的进口货物实行零关税，而且内地不对香港的进口货物实行关税配额，双方无法不对另一方面的进口货物采取反倾销和反补贴措施；在服务贸易方面，优先开放法律服务、银行服务、证券服务、保险服务、管理咨询、会议及展览、广告、会计、房地产、建筑、医疗、牙医、分销、物流、货物运输代理、仓储、旅游、视听服务与电讯服务等 18 项香港服务业赴内地拓展业务，放宽限制，加强合作；在贸易投资便利化方面，主要是在通关便利、商品检验检疫、食品安全、质量标准、电子商务、法律透明度、中小企业与中医药产业等 7 个领域开展贸易投资便利化合作，通过设立相关机制进行协调。

上述《安排》的实施效应已经初显，香港与内地的经济合作将得以加速和升级，有助于香港的经济复苏，有助于强化香港的经济实力。在服务贸易方面，《安排》为香港公司进入内地市场降低了门槛。香港证券业和保险业等行业的专业人员正依据相关程序，在内地申请从业资格；香港电讯业已开始申请进入内地市场，开辟新的服务领域。

上述《安排》及附件的签署，使香港中小企业节省了生产成本，从而提高了销往内地的香港本地产品的价格竞争力。香港钟表行业有关人士估计，香港在内地投资企业将有两成的工序回流香港生产，并在进入内地市场时享受零关税优惠，预料初期约有 200 家公司将工序迁回香港，约为本地创造 1 000～2 000个就业机会。

部分城市居民赴港“个人游”的启动，使香港旅游市场升温，酒店入住率迅速回升。“个人游”已对香港相关行业产生快速而积极的效果，扩大内地赴港旅游促进了香港经济复苏和腾飞。预计未来 2～3 年，内地赴港游客人数和消费均可成倍上升。

（三）“泛珠三角”合作的开展与推进

为扩展香港与内地经贸合作，20 世纪 90 年代形成的“大珠江三角”关系（包括港澳与广东省）；21 世纪初则逐步向“泛珠江三角”关系扩展，简称“9+2”，即：广东、福建、江西、广西、海南、湖南、四川、云南、贵州等 9 个省（区），再加上香港和澳门形成的广泛经济合作区域。内地 9 省区的区域面积为全国的1/5，人口占1/3，经济总量占1/3；加上香港和澳门两个特区，“泛珠三角”在全国的地位十分突出。

“泛珠三角”是“大珠三角”概念的延展，把区域合作推向一个更高的层次。当前，香港与内地经贸合作发展的重要标志就是“泛珠三角”（9+2）合作的迅速开展与推进。发展泛珠三角区域合作，符合区域经济发展的规律，也是泛珠三角区域各方抓住本世纪头 20 年战略机遇期的现实选择。

为了落实与加强“泛珠三角”经贸合作，2004 年 6 月 1 日，内地九省区政府和香港、澳门特别行政区政府首脑，与国家有关部委的领导相聚香港会展中心，隆重举办首届“泛珠三角区域合作与发展论坛”，谋划合作发展、共创未来的大计。会议期间，九省区与港澳方面共同签署了《泛珠三角区域合作框架协议》，合作领域包括基础设施、产业与投资、商务与贸易、旅游、农业、劳务、科教文化、信息化建设及环境保护等 10 个方面。随之，2004 年 7 月 14 日在广州举行的首届泛珠三角区域经贸合作洽谈会上，国家相关部委、泛珠区域 9 个内地省区和香港、澳门特区的有关部门、企业分别签署了 472 个合作项目和经贸合作合同，总成交额为2 412亿元人民币。

现实表明，“泛珠三角”九省区与港澳经贸合作极具地缘和区位优势。据统计，2003 年九省区与港澳的贸易额达到了 651 亿美元，占内地与港澳贸易总额的 72%。同期九省区共计实际吸收港澳直接投资 78 亿美元，占内地吸收港澳直接投资总额的 43%。这些数字有力地说明，当前“泛珠三角”区域内九省区与港澳的经贸交流，已经形成了相当稳定的规模，具备了进一步加强合作的坚实基础。这一区域所建立起来的共生共赢型经济体系，将成为中国未来经济发展的高速增长极。

瞻望前景，董建华于 2004 年 6 月的首届“泛珠三角区域合作与发展论坛”演讲中，即指出了今后推动“泛珠三角”区域合作的三个重要方向：（1）要在“一国两制”的原则下，着力构建一个统一的市场体系。（2）要进一步提升对外开放水平，使区内企业更好地参与国际竞争和合作。（3）要促进区域经济协调发展，形成互利多赢格局。

总之，香港将借助其高度开放和国际化的优势，引领“泛珠三角”走向世界，成为对外经济合作的中介和平台，在未来“泛珠三角”的开放发展中，担当积极推动的角色。

第六节　外贸和对外经济关系

一　概述

香港作为自由贸易地区，长期以来，对外贸易一直是香港经济最主要的支柱产业之一。香港对外贸易在世界贸易中占有十分重要的地位。随着生产及贸易能力不断增强，香港的贸易地位已从 1978 年的全球排名第二十三位跃升到 2002 年的第九位。过去 20 多年，出口贸易一直带动香港生产总值的增长。香港对外经济关系很广泛，引进外资和对外投资比重都较大，在经济发展中也居于重要地位。

香港是世界贸易组织成员，作为单独关税地区，香港在处理对外贸易方面享有高度的自主权。香港积极参与世界贸易组织关于货物贸易和服务贸易自由化进程的工作。对香港来说，希望世界贸易组织在乌拉圭回合谈判中有关贸易自由化的承诺能够得到落实，特别是有关纺织品及成衣贸易自由化协议能够切实执行。香港也是亚太经济合作组织和太平洋经济合作会议的成员，积极参与这两个组织的重要事务。除此而外，香港是经济合作与发展组织属下贸易委员会的观察员。香港除了参与该组织贸易委员会的会议外，还参加该组织其他会员涉及贸易问题的会议。

二 外贸

香港贸易发展局 2003 年出版的一份研究报告显示，2002 年香港的进出口贸易总额达31 799亿港元（合 4 178 亿美元），这表明香港的对外贸易总额在过去 23 年（1980～2002）之内上升了 15 倍。在 23 年中，香港的出口只有 3 年下跌；除了 1982 和 2001 年之外，出口的表现均优于本地生产总值的表现。2000～2002 年，对外贸易远胜其他行业，对香港本地生产总值增长的实质贡献最大，达到 70.2%。

表 3　香港 1996～2006 年进出口贸易平衡　（亿美元）

项目＼年份	1996	1997	1998	1999	2000	2001	2002	2003	2004	2005	2006
出口	1 807.0	1 878.8	1 738.9	1 741.6	2 016.3	1 900.7	2 001.2	2 234.5	2 621.0	2 920.0	3 155.0
进口	1 984.9	2 084.2	1 844.0	1 796.1	2 125.6	2 016.7	2 076.7	2 315.7	2 728.0	3 010.0	3 333.0
平衡	−177.9	−205.4	−105.1	−54.5	−109.3	−116.0	−75.5	−81.2	−107.0	−90.0	−178.0

资料来源　香港特区政府统计处，2006 年中国商务部台港澳司资料。

2004 年 1 月 29 日，香港政府统计处发表的对外商品贸易数字显示，2003 年香港的商品整体出口货值较 2002 年增长 11.7%。而同期的商品进口货值也上升 11.5%。统计数据显示，在整体出口当中，2003 年香港转口贸易货值升 13.4%，而港产品出口货值则下跌 7.1%。2003 年香港对外贸易逆差 633 亿元，相当于商品进口货值的 3.5%。

2004 年香港对外贸易表现持续强劲，头 11 个月香港整体贸易额达37 600多亿港元（约合4 820亿美元），比 2003 年同期增加 16.9%，其中港产品出口比上年同期上升 4%，扭转了此前 3 年持续下跌的局面。2004 年，全年货物总出口及离岸贸易均增长 15%。

三 引进外资与对外投资

（一）引进外资

外资分制造业外资和非制造业外资。在制造业的外来投资中，大约有 60% 以上集中投资于电子、电气产品、化学制品和饮食制造。在过去 10 多年中，制造业的外来投资总值稳步增加。截至 1996 年底，按原来成本计算的外来直接投资存量总值为 479.7 亿港元（合 61.5 亿美元）。在制造业外来投资中，日本投资量最大，为 181 亿港元（合 23.2 亿美元），占制造业外来投资的 37.8%；其次为美国和中国内地。香港制造业中有 403 家涉及外资的公司，由海外公司以全资或港外合资方式拥有，雇佣工人占本港制造业雇员总数的 19%。香港统计处的调查显示，截至 2003 年 6 月 2 日，在港设立地区总部的公司共有 966 家，比 2002 年同期增加 18 家。驻港的地区办事处有2 241家，比 2002 年同期增加 70 家。

截至 1996 年底，在香港的非制造业外来投资存量总额达5 613亿港元（合 730 亿美元），比 1995 年年底增长 15%。英国是香港非制造业的最大投资者，直接投资存量达1 663亿港元（合 215 亿美元），占总额的 30%；其次为中国内地和美国。香港能够成为外资投资的理想场所，主要基于以下几方面因素：低税率、自由公平的市场竞争、健全的法律和金融体系、高效率的交通和通讯网络。

表 4　　按母公司注册国家划分 1997～2004 年在香港地区总部公司数

母公司注册国家	1997	1998	1999	2000	2001	2002	2003	2004
总计	914	829	848	855	944	948	966	1 098
其中:美国	219	194	203	212	221	233	242	256
日本	119	109	114	127	160	159	168	198
英国	84	95	82	81	90	80	86	105
中国(内地)	113	70	69	69	70	96	84	106
德国	51	59	55	50	56	52	56	67
荷兰	25	27	32	31	48	39	38	46

资料来源　《中国统计年鉴》2005。

（二）对外投资

香港是东亚地区重要的对外投资来源地。20 世纪 90 年代后，香港对外投资规模迅速扩大。联合国贸易与发展组织的《1998 年世界投资报告》显示，1997 年香港已成为世界第四大对外直接投资输出地区（前三位是美国、英国和德国），总额达 260 亿美元。中国内地和东盟是香港对外投资的两大重点地区。

1. 对东盟的投资

从东盟国家角度看，来自香港的资本是它们吸收外资的重要组成部分。而香港也将对外融资、投资作为其经济发展的动力之一。基于这种双方互有所求的基本关系，双方政府都采取了一系列措施与政策鼓励资本流动，使香港与东盟的投资关系发展比较顺利。

香港与东盟的投资关系基本上是香港向东盟地区投资，东盟则采取优惠政策吸引港资。港资在东盟外来投资中占有较重要地位，尤其是在泰国、马来西亚和印尼。从总的发展趋势考察，20 世纪 90 年代初以前增长较快，90 年代中期以后开始减缓。由于香港政府不公布其对外投资的基本资料，因此难以做出香港对东盟投资的全面而准确的判断；只能从东盟一些接受投资国家的资料反映香港对东盟投资的大致情况。

（1）对泰国投资

香港是泰国外资直接投资的重要来源之一。根据泰国中央银行的统计，香港对泰国的投资在 20 世纪 80 年代末和 90 年代初期，曾一直位居第一或第二位。1997 年香港对泰国直接投资 123.6 亿泰铢（近达 5 亿美元），在日本、美国之后列第三位。

（2）对印度尼西亚投资

香港对印度尼西亚的直接投资状况与其对马来西亚制造业的投资类似，都在 20 世纪 90 年代初期占较为重要地位，但 90 年代中期后开始明显下降。香港对印度尼西亚投资的特点是规模较大，1967～1997 年间，香港对印尼投资的项目平均规模为 3 813万美元。在截至 1997 年的 30 年间印尼引进外资总额中，除美国外，香港在日本、英国、新加坡之后列第四位。

（3）对马来西亚投资

20 世纪 80 年代后期至 90 年代初，香港是马来西亚制造业重要的外资来源之一。其间正值香港向外转移其劳动密集型产业之时，香港在马来西亚制造业外资中占据一定的地位。然而随着香港向外转移以劳动密集制造业的进程的式微，除 1994 年香港在马来西亚有个别大项目投资外，香港在马来西亚制造业外资的地位也逐步下降。

（4）对越南投资

越南在 20 世纪 80 年代后期加快经济对外开放的步伐，制定了一系列吸引外资的优惠政策，越南的外国直接投资迅速增长。1988～1997 年越南外资总额中，新加坡位居第一，其后是中国台湾省、香港、日本、韩国和法国。90 年代以来，香港对越南投资增长较快，但在 90 年代中期以后，有减速的趋向。

（5）对菲律宾投资

20 世纪 80～90 年代初，菲律宾处于经济低速增长时期，外资流入有限。90 年代菲律宾经济发展加快，投资者对菲律宾经济前景的信心增强，其后香港对菲律宾投资也在相应增长。

（6）对新加坡投资

根据新加坡统计局的统计，新加坡制造业和服务业的外国直接投资中，90％来自美国、日本和欧洲等发达国家的投资，香港的投资十分有限。

表5　　香港1990～1997年在东盟一些国家引进外资总额中比重的变化　　(%)

国家	1990	1991	1992	1993	1994	1995	1996	1997
泰国	10.86	22.51	27.06	10.57	24.08	13.44	7.22	10.95
马来西亚	2.13	3.53	0.44	1.50	7.68	1.91	0.08	0.20
印尼	11.35	3.17	9.89	4.72	22.09	4.41	3.70	0.74
菲律宾			4.46	1.53	12.13	2.04	28.87	0.31
越南	10.35	15.78	11.37	15.37	14.70	1.59	9.22	5.53

资料来源　引自各国官方机构有关年份公布资料。

2. 对祖国内地的投资

20多年来，与祖国内地改革开放及香港劳动密集产业向内地移动同步，香港与内地之间资本流动加速，相互投资规模迅速扩大。目前，香港是祖国内地最大的境外投资来源地和最大的境外投资目的地，内地年实际吸收香港直接投资均保持在150亿美元以上。截至2005年12月底，内地吸收香港直接投资的企业累计25.41万个，合同港资金额累计5 278.86亿美元，实际使用金额累计2 595.22亿美元，占全国累计总数比重分别为45.95%、41.06%和41.70%。香港投入内地的巨额资金及带来的生产技术、管理经验、经济信息和市场网络，对祖国改革开放及经济现代化起着重要作用。回归后，香港在内地投资地区由华南北上并逐步向中西部扩展；投资领域亦从原先三来一补加工业扩展至包括工业、贸易、金融、房地产开发以至基础设施建设各领域。尤其在国家加入世贸组织后，港资对内地服务业投资力度加大；项目规模日益增大，"含金量"在提高；经营方式转向以合资、合作和独资为主等。

表6　　香港1986～2005年在中国内地的投资　　(亿美元)

年份	项目数量	占境外投资%	合同金额	占境外投资%	使用金额	占境外投资%
1986	1 155	77.10	17.73	53.24	13.29	29.2
1987	1 721	77.07	19.47	52.49	15.88	68.63
1988	4 562	76.74	34.67	65.45	20.68	64.75
1989	4 072	70.46	31.60	56.43	20.37	60.64
1990	4 751	65.23	38.33	58.11	18.80	53.91
1991	8 502	65.51	72.15	60.24	24.05	55.08
1992	30 781	63.12	400.44	68.89	75.07	68.20
1993	49 134	58.89	739.39	66.35	172.25	62.78
1994	24 622	51.78	469.71	56.81	196.65	58.24
1995	17 186	46.43	409.96	44.91	200.60	53.46
1996	10 397	42.34	280.02	38.21	206.77	49.55
1997	8 405	40.42	182.22	35.73	206.32	45.59
1998	7 805	39.42	176.13	33.80	185.08	40.71
1999	5 902	34.89	133.29	32.33	163.63	40.58
2000	7 199	32.21	169.61	27.19	155.00	38.07
2001	8 008	30.24	206.86	29.90	167.17	35.66
2002	10 845	31.74	252.02	30.45	178.61	33.86
2003	13 633	48.3	407.1	45.4	177.0	—
2004	14 719	47.0	501.3	43.0	190.0	—
2005	14 831	45.95	632.3	41.06	179.7	41.70

注　2003、2004、2005年香港在中国内地占境外投资%是至当年年末累计数。

资料来源　中国商务部资料。

第七节　人民生活与社会保障

一　概述

二战结束后，特别是20世纪60年代以来，香港经济发展迅速，人均生产总值迅速提高，2005年达2.56万美元，与美国比较已由1∶5上升为3∶5，是“亚洲四小龙”佼佼者。随着人均收入水平提高，人民的医疗卫生健康水平和社会福利也得到很大改善。

二　劳工就业

劳动人口大约300万人。近10多年来，由于经济结构的调整，就业结构发生了较大变化，制造业的就业人口大幅度下降，服务业的就业人口增加。香港政府统计处的最新资料显示，过去10年，香港就业人数持续从制造业转往经销贸易业、金融、保险、地产及商用服务业，以及社区、社会及个人服务业。1991～2001年间，制造业就业人数已从65.1万大幅减至19.8万。目前，服务业在就业人口中的比重高达87.4%。

自1997年后半年开始，由于受亚洲金融危机的影响和香港经济进入调整期，香港的失业率不断攀升。2003年第2季度，香港失业率一度上升到8.7%，超过30万人失业。2003年下半年，“非典”疫情后香港经济快速反弹，再加上《内地与香港关于建立更紧密经贸关系的安排》的签署和中央政府的政策支持，使香港消费市场明显好转，失业情况有所缓解。随着经济复苏，失业率则从2003年年中8.7%的高位，逐渐回落至2005年年初的6.4%，是3年以来的最低点。总就业人数大幅上升至334万人，创历史新高，比2003年的低谷回升约15.4万人。

三　工资

工资有3种形式：职务工资制、计时工资制和计价工资制。工资制度有3个特点：多种工资计算形式并存；无最低工资；除基本工资外，大多都有其他报酬。工资水平主要受劳动力供求关系决定，也受经济情况影响。香港工资包括以下8个基本部分：基本工资—薪金；佣金及小费；轮班津贴；生活津贴；膳食津贴及福利；勤工奖；固定发放的年终花红；其他固定发放的花红或津贴。1996年9月，以运输服务业的工资最高为平均每月12 077港元，最低为个人服务业，平均每月仅为6 609港元，制造业为8 851港元。

四　卫生保健

近年来,香港特区政府为适应社会经济发展,缓和舆论压力,日益重视改善居民的医疗卫生服务,积极扩充各种类型医疗保健机构的数量和注意提高医疗质量,增添设备,发展医学教育事业,使香港医疗卫生事业逐步走向现代化。目前香港的各种现代化医疗设备、住院病床、医生配备及基层卫生保健服务的医疗技术水平和各种工业职业病、精神病防治等,在亚洲各地中均属水平较高的地区之一。

香港医院分官办、官方补助和私人开办3种，1987年香港特区政府决定，将官方医院及辅助医院实行一体化管理，统一由法定的医院管理局管辖，1991年12月1日起正式接管所有公立医院。2000年，香港拥有医生10 130人、护士40 188人，每千名人口医生为1.3名。医疗机构102家，病床数为35 100张，每千人5.2张。婴儿死亡率为0.3%。目前香港医生主要来自香港大学和香港中文大学医学院的毕业生，以西医为主，中医、中药事业较发达，是东南亚地区中药材重要集散地。

表7　　香港1997～2004年医疗卫生条件

医护人员与机构	1997	1998	1999	2000	2001	2002	2003	2004
医生（人）	9 289	9 527	9 818	10 130	10 412	10 731	11 016	11 242
护士（人）	37 880	39 250	38 960	40 188	42 032	43 383	43 782	44 402
每千人口医生数	1.4	1.4	1.5	1.5	1.5	1.6	1.6	1.6
医疗机构（个）	96	102	105	102	99	98	97	98
病床（张）	30 800	32 836	34 286	35 100	34 852	35 159	35 526	34 400
每千人口病床数	4.7	5.0	5.2	5.2	5.2	5.2	5.2	5.0

资料来源　《中国统计年鉴》2005。

五 社会福利

香港社会福利主要包括两大部分：一是由公共财政支持的福利开支；二是在政府鼓励支持下，私人机构开展的多种公益金筹款举办的社会福利事业。由政府公共开支支持的“社会保障制度”，20世纪70年代初开始逐步推行，主要分公共援助制、社会保险制和企业劳资强行储蓄制。目前由社会福利署提供的社会保障计划，主要有：《公共援助计划》《特别需要津贴计划》《暴力及执法伤亡赔偿计划》《交通意外伤亡援助计划》及《紧急救济计划》。除了实施政府公布的《社会保障计划》外，还有300多家民间慈善福利团体，也积极参与各项社会福利事业，资金来源主要是各种大型筹款的积累，1990～1991年度的公益金超过1亿港元，主要是固定或临时用于医疗老人服务，伤残病人士、戒毒及防治艾滋病等特别资助。

第八节 教育 科技 文化

一 教育

从整体智力教育结构看，香港教育大致由公共教育、工业教育与训练及大专教育3个系统组成，教育的发展重点逐步从数量增长转向质量提高。香港教育水准同工业发达国家相比并不算高，但是20世纪70年代以来，为适应经济发展和国际市场竞争角逐中的领先地位，教育日益成为推动经济发展的重要因素，教育事业日趋现代化与多样化。进入20世纪80年代，一个以九年义务教育为基础，大力推广工业教育、职业教育和发展高等教育的全面教育体系逐步形成。

在1998～1999学年，香港有744所幼儿园、829所小学、471所中学、74所特殊学校、7所工业学院、2所科技学院、24所训练中心、1所认可中专学院和10所高等教育院校。1998～1999学年度教育开支约为532亿港元（约合68亿美元），占总公共开支的18.4%。

1978年9月开始，香港实施九年免费强迫普及教育，规定从1980年9月开始，年龄在6岁以上，15岁以下或未完成中三（初中）课程的学童，均须接受全日制初中教育。1981年全港中小学生占同龄儿童的87.49%，基本普及了小学及初中三年义务教育。在此基础上进一步加强工业教育与训练，培养具有大专程度的专业人才。1998～1999学年度公立中小学共提供了约68.3万个小一至中三免费学额，及20万个中四至中七资助学额。为有关年龄组别的约18%的学生提供14 500个第一年学士学位课程学额；另外6%的学生可修读第一年副学位课程。学生不会因为经济困难而失去受教育的机会。1998～1999学年度开始，大部分公立中学已采取以中文为教学语言，同时政府加强对学校的支援，提高学生的英语能力。

高等院校有1911年成立的香港大学、1956年成立的香港浸会大学、1963年成立的香港中文大学、1967年成立的岭南学院、1972年成立的香港理工大学、1984年成立的香港城市大学、1991年成立的香港科技大学和1994年成立的香港教育学院。进入20世纪90年代，为进一步发展大专教育，形成了以香港大学、香港中文大学、香港理工学院和香港科技大学为主导，其他大专学校为辅的高等教育体系，一个教育普及、机会均等的“学历社会”已逐步形成。

工业教育与职业训练在香港也有很大发展，而且有不断加强的趋势。香港的中小学及大专学校分别由教育署、大学及理工教育资助委员会负责财政拨款，但有关各项教育事宜由教育统筹委员会统一策划。香港的工业教育则在该教委的指导下，由官方资助的半官方机构职工训练局具体策划及管理，目前该局属下的工业学院（相当内地的高级技术专科学校），为青年人提供政府资助的工业教育，对象为中学五年毕业学生，分技工和技术员课程，其特点是理论学习与实际操作并重。雇员再培训局于1992年成立，为本地雇员再提供技术训练，以应付香港的经济结构转型。雇员再培训局是由政府、雇主和雇员三方代表所组成的管理组织。

另外，政府还开设学徒训练计划，凡是14～18岁的学徒，如在42个指定行业中任职而又接受过完整学徒训练者，均需订学徒合约，并需参加3～4年学徒训练，这种多层次、多种形式的工业教育与职工训练体制，无疑对促进人力资源的开发，提供了必要条件。

二 科技

（一）香港的科技发展现状

多年来，香港经济高速发展，已成为国际公认的金融、商业、贸易、航运、信息中心，也是世界主要的工业制成品生产出口地区之一。但长期以来，香港科技发展滞后于经济发展。它的科技水平，不但低于工业发达国家，而且与亚洲其他“三小龙”相比，也存在较大的差距。香港的科研力量不足，科技经费投入、产出都较少，但有信息资源丰富的优势。

1. 科研力量及科研机构

虽然香港重视教育和人才培养，香港市民的教育程度普遍较高，但香港科研人才比例甚至比一些发展中国家及地区还相对落后，每1万个工作人口中，不到10位科研人员。香港科技机构约有170个科学与技术团体，主要包括香港生产力促进局、香港贸易发展局、香港工业科技中心、香港工程师学会和香港科技大学等。

2. 科技经费投入

据美国国家科学基金会1995年报告，1989年香港的研究开发费用约达3亿美元，占本地生产总值的0.4%。研发经费比例较低，对科技开发及科技创新活动产生一定影响。但由于香港的本地生产总值较高，科研经费的绝对值仍较高，有很大的优势。

3. 科技产出

科技产出包括成果、专利、论文、科技著作、技术转让及技术贸易等。一些资料显示，其科技成果少，表现在高新技术产业的发展滞后现象以及技术交易额度、专利受权数量方面都很小。

4. 信息资源

香港的通信事业发达，香港有16个地面卫星通讯站，通过卫星与73个国家直接联系。有6个直接接驳的海底电缆系统。发达的通信设备使香港成为国际信息中心和亚太地区一个重要的新闻传播中心和国际会议中心。至1995年底，香港每百人便有电话68台、53条电话线，成为全球电话密度最高的地区之一。

（二）着力打造科技“数码港”

科技水平，尤其是高新技术水平不高，已成为香港经济发展过程中的一个重要困扰，香港社会普遍感到发展后劲不足，这已受到香港各界的高度关注。自香港制造业大部分向内地转移后，港府未能着力支持制造业的换代升级，发展高新技术产业，致使香港工业逐渐萎缩，导致出口率连年下降。经过金融危机的洗礼，人们痛感到，香港作为一个国际金融中心和经济上相对独立的特别行政区，不能没有一个实在的和高增值的制造业。世纪之交，香港开始启动第三次经济转型，即由成本竞争为主的劳动密集型转向高科技、高增值的制造业和服务业。因此，也必将迈向创新科技。香港特首董建华在1998年施政报告中，提出了加强香港资讯科技的发展，使“香港跻身于资讯科技发展的前列”，成为“世界一流的电讯中心”等一系列目标。在1999～2000年新的财政预算案中，财政司宣布了发展数码港的计划，将拨款50亿港元，成立科技发展基金，协助发展科技产业。数码港将成为香港推动科技产业发展的中心点，未来将以数码港为中心点，将科技创新扩散到一般产业。1999年3月，香港资讯科技基地——“数码港”的构想付诸实施，处于调整中的传统产业愈加感到新科技浪潮的压力，纷纷推出有关投资计划，采取合资合作、独资收购重组等不同策略，介入电讯互联网电子商务等资讯科技领域。目前全球20多家资讯科技公司已同意租用数码港发展业务。以此为起点，不少世界著名的电脑资讯公司纷纷派员到港考察，科技股乘势而起。蓬勃的投资活动刺激着香港资讯科技产业的发展，有力地推动着香港经济转型和产业结构的调整，其中传统产业的科技创新，带来的经营和管理方式的转换，则成为香港新经济崛起进程中的新景观。

三 文化

香港在社会生活方式、思想文化、伦理道德以及经济价值观念诸方面，都具有东西方融合的特征。不过，从社会学观念考察，由于年龄层次、职业、阶层、教育及个人所得方面的差异，人们的文化倾向则不尽相同。

香港虽然在历史上曾经蒙受了帝国主义100多年的侵占，长期与祖国大陆社会生活脱节，然而，血浓于水，加上地缘相接，使得港人的文化根茎依然是在中华大地。这样，就使得香港人的一般文化观念形态，一方面在社会和物质观念上接近西方开放社会；而在伦理道德、文化观念、社会习俗等方面，则更与内地，特别是粤闽地区一脉相承。与此同时，随着经济发展，香港的传播媒介与文化艺术事业发展较快，而且日益具有国际化的特征。

香港拥有45家报纸和693家注册定期刊物。报纸之中有29份中文、9份英文、1份双语及6份其他语文印行。定期刊物中有412家中文刊物、

154 家英文刊物和 113 家双语刊物，其他语文印行刊物有 14 家。这些期刊题材广泛，涉及时事、政治新闻、专门知识、娱乐消息等内容。《中英联合声明》和《香港基本法》确保香港享有言论、新闻、出版的自由。这些将保证促进香港传媒机构的发展和吸引海外同业在港开设办事处。新闻传媒在香港的自由市场经济发展中起到十分重要的作用。

香港有商营电视、卫星电视、收费电视和自选影像节目服务。香港有两个商营电视广播持牌机构，即电视广播有限公司和亚洲电视有限公司，各设一个中文台和一个英文台。两个电视台每周平均播送超过 550 小时节目，收看观众接近 600 万人或 190 万个家庭。香港星电视有限公司（Hutchvision Hong Kong Limited）是首间以香港为基地的卫星电视广播持牌机构，于 1991 年开办 STAR TV 网络，提供卫星电视广播服务。STAR TV 以 8 种语言播出，提供逾 30 个节目频道，包括收费及免费电视服务，观众超过 2.6 亿人，范围遍及亚太区内 53 个国家或地区。STAR TV 有 4 条免费播放频道可供香港收看。此外，另有超过 10 间国际卫星广播机构，以香港作为发射广播讯号的基地，这些机构包括有线国际新闻网络、TNT—卡通网络、路透社（亚洲）有限公司及传讯电视网络有限公司等。

目前，大约有 53 万多个香港家庭可利用卫星电视公共天线系统收看免费的卫星电视节目。市政局在现行政制体制下，既是政制的一个组成部分，又充当行政管理角色，并得到一些由专家组成的机构协助，这包括香港艺术发展局、古物咨询委员会、香港康体发展局和香港体育学院。除了负责为数万市民提供各种康乐文体活动设施外，还负责管理全港公共图书馆、博物馆、科学馆、艺术馆和文化中心。

香港有许多规模大小不同的表演场地，最大的是香港大球场，可容纳 4 万个观众，其次为香港体育馆，可容纳12 500人；一般的文娱中心，可容纳 1 400人。位于尖沙咀的香港文化中心，于 1989 年 11 月开幕，这里除建筑风格别致、地处海边、风景优美外，室内设有2 100个座位的音乐厅，两个分别容纳1 700个座位和 500 个座位的剧场。香港每年举办多种类型的文化和康体活动，主要有香港艺术节、香港艺穗节、香港国际电影节、亚洲艺术节、国际综艺合家欢、香港文学节、以中国文化为主题的节日活动、国际儿童艺术节、工商机构运动会、先进运动会、花卉展览和传统节日庆祝活动。在香港举行的多项国际体育竞赛中，主要有世界杯游泳赛香港站、世界狮艺邀请赛、七人橄榄球赛、六人木球赛、龙舟邀请赛、网球、壁球、高尔夫球、田径和草地滚球赛。

第九节 军事和涉外关系

一 香港作为中华人民共和国的特别行政区，国防处理权在中央人民政府，中华人民共和国在香港派驻海陆空部队，担任该地区的国防任务

中国人民解放军驻港部队从 1997 年 6 月 30 日晚上 9 时开始进驻香港，完成与英军防务交接。从 1997 年 7 月 1 日凌晨开始，中国人民解放军驻港部队承担起香港特区的防务职责。其后，驻港部队有效地担负起了对香港特别行政区的防务职责，圆满完成了各项任务，部队建设有了新的进步和发展。

驻港部队进驻香港以来，坚定地遵循“一国两制”方针和以《基本法》与《驻军法》指导实践。以不断提高香港驻军的防务能力为目标；坚持依法驻军、依法治军；尊重香港的社会制度、香港特区政府、香港市民的生活方式和风俗习惯。驻港部队依据《基本法》和《驻军法》的规定，在相互尊重、相互信任、相互支持的基础上与香港特别行政区政府、香港社会建立了融洽、和谐的关系，部队的防务能力在实践中不断得到提高。驻港部队还设立对外新闻发言人，及时向香港社会公布驻军重大的公开活动。截至2003 年，驻港部队共举行了 100 多次新闻发布活动；开通了面向香港市民、社会的热线电话和传真；每年组织军营对外开放，6 年累计接待香港市民 9 万多人次；每年参加香港的义务植树，先后共派出官兵2 000多人次；每年为香港社会无偿献血，共捐献鲜血 70 多万毫升。特别行政区政府认真贯彻《驻军法》的有关规定，对驻港部队的工作非常支持。驻港部队交流轮换，港内的军事训练，军事设施的保护等方面的工作都得到了特区政府的大力支持。特区行政长官董建华多次到军营看望官兵。香港市民也通过各种方式表达对驻港部队官兵的关心和厚爱。

二 《香港基本法》中有关香港对外事务的主要规定

《香港基本法》第十三条 中央人民政府负责

管理与香港特别行政区有关的外交事务。中华人民共和国外交部在香港设立机构处理外交事务。中央人民政府授权香港特别行政区依照本法自行处理有关的对外事务。

第九十六条　在中央人民政府协助或授权下，香港特别行政区政府可与外国就司法互助关系作出适当安排。

第一百一十六条　香港特别行政区可以“中国香港”的名义参加《关税和贸易总协定》、关于国际纺织品贸易安排等有关国际组织和国际贸易协定，包括优惠贸易安排。香港特别行政区所取得的和以前取得仍继续有效的出口配额、关税优惠和达成的其他类似安排，全由香港特别行政区享有。

第一百二十六条　除外国军用船只进入香港特别行政区须经中央人民政府特别许可外，其他船舶可根据香港特别行政区法律进出其港口。

第一百二十九条　外国国家航空器进入香港特别行政区须经中央人民政府特别许可。

第一百三十三条　香港特别行政区政府经中央人民政府具体授权可：

（一）续签或修改原有的民用航空运输协定和协议；

（二）谈判签订新的民用航空运输协定，为在香港特别行政区注册并以香港为主要营业地的航空公司提供航线，以及过境和技术停降权利；

（三）同没有签订民用航空运输协定的外国或地区谈判签订临时协议。不涉及往返、经停中国内地而只往返、经停香港的定期航班，均由本条所指的民用航空运输协定或临时协议予以规定。

第一百五十条　香港特别行政区政府的代表，可作为中华人民共和国政府代表团的成员，参加由中央人民政府进行的同香港特别行政区直接有关的外交谈判。

第一百五十一条　香港特别行政区可在经济、贸易、金融、航运、通讯、旅游、文化、体育等领域以“中国香港”的名义，单独地同世界各国、各地区及有关国际组织保持和发展关系，签订和履行有关协议。

第一百五十二条　对以国家为单位参加的、同香港特别行政区有关的、适当领域的国际组织和国际会议，香港特别行政区政府可派遣代表作为中华人民共和国代表团的成员或以中央人民政府和上述有关国际组织或国际会议允许的身份参加，并以“中国香港”的名义发表意见。

香港特别行政区可以“中国香港”的名义参加不以国家为单位参加的国际组织和国际会议。对中华人民共和国已参加而香港也以某种形式参加了的国际组织，中央人民政府将采取必要措施使香港特别行政区以适当形式继续保持在这些组织中的地位。

对中华人民共和国尚未参加而香港已以某种形式参加的国际组织，中央人民政府将根据需要使香港特别行政区以适当形式继续参加这些组织。

第一百五十三条　中华人民共和国缔结的国际协议，中央人民政府可根据香港特别行政区的情况和需要，在征询香港特别行政区政府的意见后，决定是否适用于香港特别行政区。

中华人民共和国尚未参加但已适用于香港的国际协议仍可继续适用。中央人民政府根据需要授权或协助香港特别行政区政府作出适当安排，使其他有关国际协议适用于香港特别行政区。

第一百五十四条　中央人民政府授权香港特别行政区政府依照法律给持有香港特别行政区永久性居民身份证的中国公民签发中华人民共和国香港特别行政区护照，给在香港特别行政区的其他合法居留者签发中华人民共和国香港特别行政区的其他旅行证件。上述护照和证件，前往各国和各地区有效，并载明持有人有返回香港特别行政区的权利。

对世界各国或各地区的人入境、逗留和离境，香港特别行政区政府可实行出入境管制。

第一百五十五条　中央人民政府协助或授权香港特别行政区政府与各国或各地区缔结互免签证协议。

第一百五十六条　香港特别行政区可根据需要在外国设立官方或半官方的经济和贸易机构，报中央人民政府备案。

第一百五十七条　外国在香港特别行政区设立领事机构和其他官方、半官方机构，须经中央人民政府批准。

已同中华人民共和国建立正式外交关系的国家在香港设立的领事机构和其他官方机构，可予保留。

尚未同中华人民共和国建立正式外交关系的国家在香港设立的领事机构和其他官方机构，可根据情况允许保留或改为半官方机构。

尚未为中华人民共和国承认的国家，只能在香港特别行政区设立民间机构。

三　外交部驻香港特区特派员公署与特区政府之间的关系

1997年7月1日，外交部驻香港特区特派员公署在香港回归的日子正式成立。根据香港特区《基本法》设立的外交部驻港特派员公署，是处理涉港外交事务的一个机构。它既不同于我国驻外使领馆，也有别于内地省市的外事办公室。特派员和行政长官之间不存在隶属关系。在中央人民政府和外交部领导下，外交部驻香港特区特派员公署与特区政府建立了良好的合作关系和有效的工作机制，这种“相互尊重、相互信任、相互支持、密切合作”的关系定位符合《基本法》，受到特区政府和广大港人的欢迎，坚定了他们“港人治港”的信心，充分发挥了他们的积极性。特派员公署建立以来，严格执行《基本法》，认真落实“一国两制”的方针，处理了大量涉及香港的外交事务，包括香港特区与有关国际组织、国际公约的关系，香港特区政府与外国谈判签署双边协定，外国军舰和国家航空器来港申请，涉港重大领事事务和大量涉及香港同胞利益的领事案件等许多工作。以实际工作维护了国家主权和利益，保护了香港同胞的合法权益，为促进香港特区的长期繁荣稳定发挥了应有的积极作用。香港特区《基本法》授权公署处理由中央人民政府负责管理的涉港外交事务，同时也授权香港特区在许多领域依法自行处理有关的对外事务。在处理好涉港外交事务的同时，对属于特区政府依法管辖范围的事务，公署既不发表意见，更不干预。凡香港特区政府可依法自行处理的事，公署均给予积极配合和热情支持。中央人民政府决定，对特区行政长官应邀出国访问和外国领导人正式访问香港，均由特区政府自行决定；行政长官出访时，我驻外使节迎送并为其举行欢迎酒会，但不参加他与往访国官员的会谈和其他正式活动。这一决定使特区政府在对外交往中享有相当大的自主权，同时也使特区政府官员感受到中央政府的信任和支持。根据《基本法》规定，特区政府官员可作为中央政府代表团成员出席有关国际会议，但对于此类官员的国籍并无具体规定。在香港，有不少外籍官员担任政府重要职务。中央人民政府打破常规，同意有关的特区外籍官员参加中国代表团出席会议并以“中国香港”名义发言。这项特殊安排开创了共和国外交史的一个先例，也使许多外国与会代表感到惊异。这一安排使特区政府外籍官员感受到中央政府的信任，也符合香港特区的整体利益，受到香港特区和国际社会的广泛欢迎。

香港回归后，为海外的香港同胞提供领事保护和服务，是我国驻外使领馆和公署的一项重要工作。　（成小洲）

第十六章　澳门特别行政区

第一节　概述

澳门自古就是中国领土不可分割的一部分。澳门又称香山澳、镜澳、濠江、镜海、莲岛、妈阁等。原属广东省香山县（今中山市）。它包括澳门半岛、氹仔岛和路环岛。

葡萄牙自16世纪中叶起逐步侵犯中国在澳门的权益；1840年鸦片战争后，又乘机扩大其在澳门侵占的地盘，先后侵占了氹仔岛和路环岛；1887年则迫使清政府签订《中葡会议草约》和《北京条约》，塞进了“永驻管理澳门”的条款。其后，葡萄牙一直占领澳门并把它划为葡萄牙领土。经澳门和全国人民的长期斗争和努力，特别是中华人民共和国成立后，与葡萄牙政府会谈，两国达成协议，于1999年12月20日澳门回归祖国，建立了“中华人民共和国澳门特别行政区”，掀开了澳门发展的崭新一页。

澳门的土地面积由于不断填海造地，1995年扩大至20平方公里，1997年为23.5平方公里，2002年达到25.8平方公里。2003年达27.3平方公里。半岛与氹仔岛之间由两条长2 570米和3 900米的跨海大桥相连接。氹仔岛与路环岛由一条约2 225米长的填海公路——路氹连贯公路贯通；该路经跨海大桥——莲花大桥与广东省珠海市湾仔镇相连。人口46.5万（2005年初）。

澳门半岛是澳门的政治、经济、旅游活动中心，主要的建筑与居民集中于此。

第二节　自然地理与人文地理

一　地理位置和地形

澳门位于广东省南部，珠江口西侧，北与广东省珠海市拱北区接壤，西部与广东省珠海市湾仔镇一衣带水，东部隔珠江口与香港相望，相距42海里（78公里），南部濒临南海，在北纬22°06′40″～22°13′01″与东经113°34′47″～113°35′20″之间。它地处亚太地区中心，是东亚通往东南亚等地航路的交汇点，具有重要的地理位置。

澳门半岛80%以上的面积为平地，丘陵占10%。氹仔岛和路环岛的丘陵面积比较大，分别为45%和80%左右。

二　气候

澳门地区属亚热带性气候，年平均温度22.5摄氏度（1952～1990）。每日温差约5℃。最热是7月份，日平均气温28.6摄氏度，最冷是1月份，月平均气温14.6摄氏度。雨量相当充沛，多年平均年总降水量为1 974.5毫米，是华南沿海多雨地区之一。10～12月是到澳门旅游的理想季节，气候温和，湿度低。1～3月虽然较寒冷，但仍有阳光普照；进入4月份温度逐渐上升，5～9月天气炎热，有时候有台风吹袭。

三　自然资源

澳门地域狭小，且丘陵分布甚广，平原很少。既无较大河流，也无兴建大型水库的地形，水资源亦很缺乏。澳门属花岗岩地区，石料资源比较丰富，据1983年勘探，估计在路环岛西北部的石矿场，其蕴藏量有60万吨。除石料之外，没有其他矿产资源。澳门地处亚热带，又靠近热带北缘，有热带种类的植物分布。旅游资源是澳门的一大特色，虽然没有名川大山，却有不少优美的自然风光和闻名遐迩的名胜古迹。其中，妈阁庙在西洋望山麓，已有500年历史，是澳门最古庙宇。

四　人口状况

近20年，澳门人口快速增长，每年以近4%的幅度增加。2005年初，澳门人口共有46.5万人，人口增长率3.7%。平均每平方公里有2万人，人口密度高居世界榜首。其中有96%分布在澳门半岛，只有2%和0.9%分布于氹仔岛和路环岛，另外还有0.8%是水上居民。在常住人口中，具有大学或大学专科学历的只占4.3%，高中学历也只有8%，初中学历的占21.4%，小学学历的占26%，小学未毕业的占21.4%，无任何学历的占18.9%。澳门因旅游博彩业发达，吸引着众多游客。尤其近20年来，由于经济发展迅速，来往从事经贸活动的商务旅客也不少，因此，澳门的流动人口也很多。

五　民族状况

澳门人口中96%以上是中国汉族，也有些持有葡萄牙或英国护照的华人。其余以葡萄牙人居多，葡萄牙人中约有1.1万人是澳门“土生葡人”。“土生葡人”是指在澳门出生、具有葡萄牙人血统的葡籍居民，包括葡人与华人或其他种族人结合所生的混血儿，以及长期或几代在澳门定居的葡人及其后代。“土生葡人”在澳门人口中是较为特殊的，他们在澳门出生，在葡萄牙基本上没有任何亲属，他们已将澳门视为永久的归宿地和故土家园。

六　宗教信仰

澳门的天主教信徒众多，教区社会工作颇有成绩。信仰佛教的人约占总人口的76%，其次为信仰天主教（7.4%）、基督教（1.3%）。澳门有庙宇40多座，其中妈阁庙、观音堂、莲蜂庙三大古刹的历史都有四五百年的历史。从20世纪50年代起，澳门教区开始致力于发展中小学教育事业，目前，天主教教会学校已成为澳门中小学教育的重要支柱之一。澳门教区除教育外，也致力于文化、社会福利等工作。信奉基督教的人也有不少。目前在澳门的基督教会约有40多家，致力开展社会服务及教育工作。每年圣诞节十分热闹。此外，还有道教、回教等等。

七　行政区划

澳门半岛的澳门市区，是澳门地区行政、经济、交通和文化的中心，绝大部分的人口和工商业都集中在这里。澳门半岛分为5个区，即：北部的花地玛堂区、西部的圣安多尼堂区、中东部的望德堂区、东南部的大堂区和丰顺堂区。相对于澳门半岛，氹仔和路环两岛属于澳门的郊区。

第三节　历史

一　古代史

澳门与祖国大陆一体，历史十分悠久。早在新石器时代，中华民族的祖先已经在澳门一带劳动、生息。

在公元前3世纪，中国从秦代（公元前221～前206）第一次实现统一开始，澳门及邻近地区就已经正式纳入中国版图，成了南海郡番禺县属的一部分。此后，从晋代（265～420）开始属东莞郡；在隋代（581～618）属南海县；在唐代（618～907）属东莞县。到南宋时期（1127～1279），中原居民纷纷南进，促使经济得到进一步发展。1152年，南宋政府拆东莞县境，并割南海番禺、新会三县的滨海地带，建立香山县，澳门划入香山县辖。明代（1368～1644）嘉靖时期《香山县志》中有此记载。南宋末年，这一带地区成为南宋海上作最后抗争的阵地之一，由澳门、路环、横琴等构成的十字门古海道，曾成为南宋居民与元兵对垒的古战场。

二　近现代史

（一）葡萄牙对澳门的侵占

1535年（明嘉靖十四年），葡萄牙人通过贿赂广东地方官吏，取得在澳门码头停靠船舶和进行贸易的权利。1553年（嘉靖三十二年），葡萄牙人以曝晒水浸货物为由上岸居住。

从1553年始，葡萄牙对澳门由蚕食到全部侵占的400多年间，葡萄牙侵略澳门的历史大致可分为3个阶段：

从明嘉靖三十二年（1553）到明隆庆五年（1571）为据入阶段。葡萄牙人利用贿赂明代官员而入据濠境。

从明隆庆五年（1571）殷正茂任两广总督起，至清道光二十九年（1849）为盘踞阶段。

道光二十九年以后，则是逐步占据阶段。

在前两个阶段近300年间，葡人虽然入据、盘踞澳门，但中国对澳门一向拥有完整的主权，依法充分地行使国家主权，澳门的主权仍属于中国。

1840年鸦片战争爆发后，澳葡当局尾随西方列强决定加紧侵略扩张，企图在澳门及附近地区实现葡萄牙殖民地的野心。1844年（清道光二十四年），澳葡当局擅自在氹仔岛的黑沙建造炮台，几年后又将该炮台进一步巩固，自称将管辖区扩展到氹仔岛。1845年11月20日，葡萄牙女王玛丽亚二世擅自宣布澳门为自由港，允许所有外国商船赴澳门自由贸易，并任命亚马留为澳门总督。亚马留上任后推行一系列殖民政策，其暴行引起民愤。1851年和1864年，葡萄牙又先后侵占了氹仔岛和路环岛。1887年葡萄牙迫使清政府签订《中葡会议草约》和《北京条约》后，一直占领澳门。

1910年（清宣统二年），中葡因澳门划界问题在香港进行谈判，双方争执不下，最后拟定澳门原界作为本境，以龙田、望厦为属地，氹仔、路环允许葡人停留，但不做属地，其余大小横琴及内河外海仍属中国。此后，居澳葡人曾多次侵犯中国主权。1922年发生了“五二九”屠杀华工事件，澳门人罢工罢市，震惊中外。

在维新运动、辛亥革命期间，康有为、孙中山等常在澳门进行活动。

二战期间，由于葡萄牙是中立国，澳门未受战火波及，成为内地和香港的避难所。抗战胜利后，避居澳门的人纷纷返回原地。

1945年（民国三十四年），中国政府曾提出收回澳门。

1952年7月发生“关闸事件”。1966年12月，澳门发生“一二·三事件”，在连续两天内，杀死澳门同胞8人，伤107人，全澳罢工、罢市，最后，澳葡当局接受了澳门同胞的要求。1967年，葡萄牙将澳门列为其8个“海外省”之一，归殖民部管辖。

（二）葡萄牙侵占澳门时期政治体制

从1822年葡萄牙开始将澳门纳入殖民帝国至1976年承认澳门为葡萄牙管中国领土，其间先后制定了5个内部管理章程，政治行政机构及组织发生了不同程度的变化。

1917年《澳门省组织规章》中规定，澳门设两个机构——总督和政务委员会。章程中除列明了总督的立法权限外，政务委员会也首次被赋予了立法动议权。根据1964年1月1日的《澳门省政治行政章程》规定，政务委员会首次享有立法权。到1973年，政务委员会由咨询局取代，其功能和组成更接近目前的咨询会。立法委员会享有批准总督进行财政收支和贷款，批准澳门经济发展大纲，对《澳门省政治行政章程》发表意见等。立法权限与1976年《澳门组织章程》规定的立法会的权限较为接近，但仍由总督主持，具有明显的殖民色彩。《澳门组织章程》是澳门走向真正自治的章程。政治行政组织为总督和立法会两个机构。

由于历史的原因，在1999年12月20日回归之前，澳门暂由葡萄牙进行管理。这种主权和治权的完全分离，决定了澳门的特殊法律地位和政治体制的特征。1979年2月8日中葡建交时，两国政府对澳门这一特殊政治法律地位达成谅解，同意在适当时候通过友好协商解决澳门的问题。直至1987年4月13日签署《中葡联合声明》，进一步确认和加强了澳门高度自治的政治地位。根据《中葡联合声明》，中国于1999年12月20日在澳门设立特别行政区，恢复行使主权。

回归前夕，澳门作为葡萄牙管中国领土，它仅是一个公权法人，在不抵触《葡萄牙宪法》和《澳门组织章程》的原则及其所规定的各项权力、自由及保障的情况下，享有行政、经济、财政及立法自治权。澳门内部政治行政组织、运作及经济财政制度、公务员制度等，则由《澳门组织章程》制定和规范。

澳门公共行政组织划分为中央行政（总督）和地方行政（市政厅）。中央行政又分为直接和间接行政和公共社团。直接行政是指隶属于总督的机构。间接行政是指具有法人资格的自治机构。政务司是指公共行政当局，即总督辖下的行政组织，为总督助手，其本身没有权利。总督是澳门的政治权利中心，在澳门代表葡萄牙法院以外的所有其他机构。总督拥有全部行政和立法权。

1. 咨询会

咨询会由总督或其代替人主持，有10名委员，其中5名由选举产生，5名由总督在社会上被公认为有功绩和有声誉的市民中任命。咨询会委员任期4年，享有立法议员同等的特权和权利。咨询会有权对总督权限内或一般行政事务发表意见。

2. 立法会

根据1976年颁布的《澳门组织章程》，于当年成立了第一届立法会。1990年4月修改《澳门组织章程》，将议员名额由17人增至23人，其16人由直接和间接选举产生，其他7位则由总督委任，但葡总统委任总督时，一定要听取立法会的意见。每届立法会为期4年。

3. 司法机构

1990年8月，葡萄牙国会通过了《澳门司法组织纲要法》。《纲要法》既照顾到澳门现行的司法制度，又参照遵守《中葡联合声明》附件一制定的基本原则和规范，如审判权属特别行政区法院；终审权由特别行政区终审法院行使；法院具有独立性，不受任何干涉；法官享有适当的豁免权；检察机关独立行使法律赋予的检察职能，不受任何干涉等等。《纲要法》阐述了澳门司法自治、审判职能、法院的独立性和司法年度等一般原则，对法院组织、种类、审计、运作和职权以及司法官的章程等均作了规定。

高等法院　为第二审和复审法院，也是澳门法院组织中等级最高的法院，实际上是澳门的终审法院。

审计法院　为第二审法院。审计法院对澳门地区所属的各部门、公共法人、公共社团、市政机关，以及法律规定的其他公共实体，享有财政控制权和审判权。

第一审法院　有两类：一般审判权法院和行政税务及海关审判权法院。一般审判权由普通管辖法院和刑事预审法院行使，需要时，可设执行刑罚法院、警察法院、轻微案件法院等专门法院。行政、税务和海关审判权则由行政法院行使。行政法院负责审理旨在解决在行政、税务和海关等法律关系中产生争议的诉讼和争讼上诉。

检察院　是代表本地区提起刑事诉讼、维护法律规定的利益的自治机关，以法律和客观性为准则，独立履行法律赋予的职能，不受任何干涉。

司法官团　由法官和检察院司法官组成。法官仅依据法律审判而无需遵守任何指示。检察院司法官可以拒绝执行不合理和严重违法意识的指示。除法律规定的情形外，司法官不得被调任、更改职级、停职、勒令退休或撤职。

司法委员会　根据《澳门司法组织纲要法》，同时设立司法委员会和司法高等委员会。其职能主要是对司法官工作和纪律进行管理。

反贪污高级专员公署　澳门立法委员会1990年7月通过一项法律，设立反贪高级专员公署。根据法律，该机构享有完全的独立性，不受任何指示或命令的约束，依法行事。该机构负责对总督、立法委主席、议员、政务司、咨询委员会、各地方当局以及具有法人地位的公共实体、公营企业、公共服务企业和信用机构等的负责人和人员的贪污罪以及欺诈罪，依刑事诉讼法律对其行为进行预审。

市政议会主要是对市政执行委员会提交的市政

活动计划、市政预算及补充预算、市活动报告及管理账目、各部人员编制及其修订等方面的申请做出决议。

（三）回归前澳门与葡萄牙关系

回归前，澳门是葡国管制下的中国领土，中华人民共和国是主权国。因此，澳门同外部的政治关系主要涉及中华人民共和国和葡萄牙共和国。有关涉及澳门主权问题的事务，澳门的管制机构必须事先同中国磋商并征得中国的同意方能进行。中国政府亦向澳门派驻代表机构以便进行沟通。

澳门回归前，新华社澳门分社是中国派驻澳门的代表机构，于1987年9月成立。在此之前，有关事务由澳门南光公司主管。中央负责港澳事务的是国务院港澳办公室。根据《中葡联合声明》规定，在澳门设立了中葡联合联络小组中方代表办事处和中葡土地小组中方办事处。根据中葡两国政府1991年2月20日签署的有关协议，于1991年12月11日正式在澳门开设了中华人民共和国外交部驻澳门登记处，它的主要职能是颁发外国人到中国大陆的签证；为中国公民换发、补发护照或颁发旅行证件。

回归前，澳门同葡萄牙的政治关系是被管制与管制的关系。葡萄牙为了管制澳门，通过《宪法》授予其总统管辖澳门事务的权力。葡国总统则通过委任总督作为葡国主权机构的代表，按照葡萄牙国会制定的《澳门组织章程》来管制澳门。为确保澳门总督同葡萄牙政府的联系与沟通，澳门在葡萄牙首都里斯本设立澳门办事处。

三 当代史

（一）回归谈判的历程

1949年10月建立的中华人民共和国对葡萄牙迫使清政府签订的不平等条约一直不予承认。中央人民政府明确宣布，废除过去所有外国强加在中国人民身上的不平等条约。对于一些历史遗留下来悬而未决的问题，一贯主张在条件成熟的时候，经过谈判和平解决，在未解决之前维持现状。

1972年3月8日，中国常驻联合国代表在致联合国非殖民化特别委员会主席的信中指出："香港、澳门属于历史遗留下来的帝国主义强加于中国的一系列不平等条约的结果，香港和澳门是被英国和葡萄牙当局占领的中国领土的一部分，解决香港、澳门问题完全是属于中国主权范围内的问题，根本不属于通常的所谓殖民地范畴。我国政府主张，在条件成熟时，用适当的方式和平解决港澳问题，在未解决以前维持现状。"联合国非殖民化特别委员会于同年6月15日通过决议，向联大建议从殖民地名单中删去香港和澳门，第二十七届联大11月8日批准了该项建议。同时，为了维护澳门的安定与社会现状，中国政府从国家和澳门居民的利益着想，在政治上执行维护澳门安定的政策，在经济上，对澳门实行扶助的政策，以优惠的价格长期供给澳门生活用品和生产资料，支援澳门经济的繁荣和发展。

1974年4月25日，葡萄牙政府更迭，新政府宣布澳门不是殖民地，而是葡萄牙管理的中国领土。1976年，葡政府颁布《澳门组织章程》，根据该章程成立澳门立法会。1978年以后，中国实行对外开放政策，将澳门视为对中国实现现代化和国家统一能起重要作用的"窗口"和桥梁，进一步促进了澳门社会的稳定和经济的发展。1979年2月8日，中葡建交，双方重申澳门是中国领土，目前由葡国管理，中葡两国将在适当时期通过友好和协商来解决澳门问题。

1984年，中英两国政府签署了关于香港问题的《联合声明》，这对澳门问题的解决产生了重大影响。1985年5月20日，《中葡新闻公报》宣告：中华人民共和国政府和葡萄牙共和国政府经过友好磋商，决定于1986年6月最后一周在北京开始就解决历史遗留下来的澳门问题进行会谈。由于中葡的友好与合作及对澳门问题的目标一致，双方于1986年6月30日至7月1日在北京举行第一轮会谈。1987年3月18日至23日，中葡第四轮会谈在北京举行。双方审议了协议文本草案，就协议文本草案的内容取得了一致意见，并于3月26日在北京，由中葡两国政府代表团团长草签了两国政府关于澳门问题的《联合声明》及两个附件：附件一，中华人民共和国政府对澳门政策的具体说明；附件二，过渡时期的安排。此外，还决定在正式签署协议时，就部分澳门居民旅行证件登记问题互致备忘录。

1987年4月13日，中葡两国在北京正式签署关于澳门问题的《中葡联合声明》，宣布中国将于1999年12月20日对澳门恢复行使主权。1988年1月15日，《中葡联合声明》正式生效，标志着澳门进入过渡期。

1993 年 3 月 31 日，中国第八届全国人大一次会议通过了《澳门基本法》，将自 1999 年 12 月 20 日起实施。会议也通过了澳门特别行政区区旗和区徽，标志澳门进入了后过渡期。1998 年 9 月 19 日，中华人民共和国正式对外宣布，于接管澳门后将派遣军队驻守澳门。1999 年 5 月 6 日，澳门特区筹委会第八次全体会议在珠海举行，会议通过了《全国人民代表大会澳门特别行政区筹备委员会关于报请国务院任命澳门特别行政区第一任行政长官的报告》。

（二）澳门回归祖国的交接情况

1999 年 12 月 19 日 17 时，葡萄牙国旗在前澳门总督府永久地降下。

1999 年 12 月 20 日，中国驻澳门特区部队进入澳门。

1999 年 12 月 20 日零时，中华人民共和国国家主席江泽民宣布：中国政府对澳门恢复行使主权。伴随着中华人民共和国国歌奏响，国旗与澳门特别行政区区旗在交接仪式场地（澳门文化中心花园馆）升起。澳门特别行政区政府成立暨澳门特区政府宣誓就职仪式在澳门综艺馆隆重举行。中华人民共和国主席江泽民率中央政府代表团出席。20 日 1 时 45 分，江泽民宣布澳门特别行政区政府成立。在中华人民共和国国务院总理朱镕基的监誓下，何厚铧宣誓就任中华人民共和国澳门特区首任行政长官。宣誓结束后，国务院总理朱镕基和澳门特别行政区首任行政长官何厚铧分别致辞。全国政协副主席叶选平、霍英东、马万祺，中央代表团其他成员、香港特别行政区行政长官董建华等也出席了仪式。2 500名中外政要、来宾和3 500多名中外记者出席了交接仪式。

2004 年 8 月 29 日，何厚铧在澳门特区第二届行政长官选举中以 296 票高票当选。9 月 1 日，温家宝总理主持召开国务院全体会议，并签署国务院第 414 号令，任命何厚铧为中华人民共和国澳门特别行政区第二任行政长官，于 2004 年 12 月 20 日就职。

四 重要历史人物

何贤（1908～1983） 澳门著名爱国人士，生前曾任全国人大常务委员、澳门中华总商会会长、中国国际信托投资有限公司董事、暨南大学董事会副董事长、澳门大丰银行董事长兼总经理、澳门镜湖医院慈善会主席、澳门东亚大学董事会主席、澳门立法会副主席等职。澳门特区行政长官何厚铧之父。1908 年 12 月 1 日生于广东番禺石楼镇岳溪村。

数十年来积极支援国家建设，尤其热心支持家乡建设，慷慨解囊，不遗余力，并且团结、带动乡亲关心资助故乡的经济建设。早在 20 世纪 50 年代就捐赠化肥、汽车、拖拉机、发电机组等物资支援家乡发展生产，并在番禺开办华侨中学。80 年代又先后捐资兴建石楼影剧院、番禺宾馆、大石大桥、洛溪大桥、人民医院住院大楼、妇幼保健院（即现在的何贤纪念医院），重修莲花塔，捐资金额达人民币2 300多万元。他的善举大大促进了番禺交通、文化教育、医疗卫生等事业的发展，且在旅外乡亲中产生了巨大的影响，深得家乡人民的爱戴。

1983 年 8 月，由番禺市人民政府提名，经市人大第十二届常委会第三次会议决定，特授予何贤先生“番禺市荣誉市民”称号。1983 年 12 月 6 日病故。

第四节 政治体制与法律制度

一 澳门回归前过渡时期

根据 1987 年《中葡联合声明》的规定，1999 年 12 月 20 日中国政府在澳门行使主权，建立中华人民共和国澳门特别行政区，执行“一国两制”的方针和政策，实行澳人治澳高度自治，维持原来的资本主义制度和生活方式 50 年不变。这是一次历史性的大转折。同时，实行“一国两制”也是史无前例的。因此，就需要一个过渡期。

从 1988 年 1 月 15 日《中葡联合声明》正式生效开始至 1999 年 12 月 19 日止，是澳门回归中国的过渡时期。

在过渡时期内，首先要协调各方面的利益，以适应社会面对的转折，保证澳门继续安定繁荣，社会平稳过渡。中国在恢复行使主权时，要根据《中葡联合声明》的规定，按照《中华人民共和国澳门特别行政区基本法》的规定来建立澳门特别行政区。因此，必须在规定时期内做好管制权交接以及建立特别行政区前的所有工作。其中包括制定《澳门基本法》，按照《澳门基本法》的规定实现中文成为正式官方语言以及公务员本地化和法律本地化等任务，还要创造其他必要条件。例如，培养治澳人才，参加国际组织等等，使包括政权在内的社会各个环节都能同《澳门基本法》顺利衔接。中葡联合联络小组和中葡土地小组便是中葡两国政府为保证《中葡联合声明》的有效实施，并为澳门政权的交接创造妥善的条件，在过渡时期内继续举行友好合作而成立的两个机构。

过渡时期的三大问题，即：中文成为官方语言、公务员本地化和法律本地化。这是澳门在过渡时期内成立澳门特别行政区，实行澳人治澳、高度自治的大前提。

《中葡联合声明》和《澳门基本法》规定，澳门特别行政区政府机构、立法机构和法院，除使用中文外，还可使用葡文，此规定除对葡文的法定地位予以肯定外，更为重要的是明确中文作为主要官方语言的法律地位，从而提出了规定时期内要解决中文成为官方语言的任务。1991 年 2 月，中葡两国外长在里斯本举行的会议达成协议：中文开始即时作为官方语言。1991 年 12 月 31 日，葡国部长会议通过并颁布中文在澳门的官方地位的第 455/91 号法令，1992 年 2 月在澳门《政府公报》上刊登生效。公务员本地化，就是根据《中葡联合声明》和《澳门基本法》关于澳门公务员由永久性居民担任的规定，逐步改变现职公务员尤其是高级公务员由非澳门永久性居民出任的情况，并使澳门居民中的中国公民成为公务员的主力。1992 年，中葡联合联络小组全体会议曾将公务员本地化作为一项重要议程讨论，澳门政府行政、教育暨青年事务政务司黎祖智在会上详细介绍了公务员本地化总规则和时间表，明确规定在其后 6 个月如何消减外聘公务员和增加本地人，使政府结构内的中高层职员逐步由本地人担任。1993 年 2 月，澳督韦奇立向政务司发出关于《行政当局之本地化问题》的文件，就过渡期后半期的行政人员“本地化”问题作了较为明确的指示。法律本地化，按照《中葡联合声明》规定，澳门特别行政区成立后，“其现行的社会经济制度不变，生活方式不变，法律基本不变”，即澳门原有的法律、法令、行政法规和其他规范性文件，除与《基本法》相抵触或澳门特别行政区立法机构做出修改者外，予以保留。如何保留原有法律，这就提出了法律本地化的任务。

二 《中华人民共和国澳门特别行政区基本法》

这是中国全国人民代表大会根据“一国两制”的方针，对澳门特别行政区执行的基本政策法律化的具体形式。在特别行政区的整个法律体系中，它处于基础和主导的地位，特别行政区一切本地法律都以《基本法》作为最高准则。

在特别行政区内，《基本法》具有最高权威，主要表现在：

第一，《基本法》与澳门特别行政区其他法律的制定有所不同，《基本法》是由全国人大根据中华人民共和国宪法第三十一条的规定制定和通过的。《基本法》的解释与修改权均属于全国人民代表大会，并有严格的程序。

第二，《基本法》是澳门特别行政区甄别和取舍澳门原有法律的准则和依据。

第三，《基本法》是特别行政区成立后创制新法律的基础和依据。《中葡联合声明》规定，“澳门特别行政区立法机关可根据《基本法》的规定并依照法定程序制定法律，澳门特别行政区立法机关制定的法律凡符合《基本法》和法定程序者，均属有效”。《基本法》在特别行政区具有最高法律效力。

第四，根据中华人民共和国宪法第三十一条，澳门特别行政区内的一切制度和政策，包括社会、经济制度，有关保障居民的基本权力和自由的制度，行政管理、立法和司法方面的制度以及有关政策，都必须以《基本法》的规定为依据。任何法律、法令、行政法规和其他规范性文件均不能同《基本法》相抵触。

《基本法》的作用主要有以下几点：(1)《基本法》是国家“一国两制”的方针和基本政策的具体化和法律化，用以保证澳门特别行政区成立后 50 年内不实行社会主义制度和政策，维持原有的资本主义制度和生活方式不变。(2)《基本法》是澳门私有财产和自由经济秩序的法律保证，《基本法》的制定和实施将进一步保障澳门地区的长期稳定和发展。(3)《基本法》对于维护澳门居民广泛的政治、经济、人身、社会权利起着重要作用，是澳门特别行政区居民权力最重要的法律保障。

三 澳门特别行政区筹备委员会

澳门特别行政区筹备委员会由内地委员和不少于 50% 的澳门委员组成，主任委员和委员由全国人民代表大会常务委员会委任。它的职责，是根据全国人民代表大会《关于澳门特别行政区第一届政府、立法会和司法机关产生办法的决定》，规定第一届政府、立法会和司法机关的具体产生办法，负责筹备成立澳门特别行政区的有关事宜。第一届澳门特别行政区政府、立法会和司法机关根据体现国家主权、平稳过渡的原则产生。1998年4月26日，九届全国人民代表大会常委会第二次会议审议澳门特别行政区筹备委员会组成人员名单草案。1998年5月5日，澳门特区筹备委员会正式成立，负责筹组特区政府、立法会和司法机关。筹委会已通过了《澳门特区第一届政府推选委员会具体产生办法》，推选会有200人组成，将负责选出澳门特区第一届行政长官。

第一任行政长官的产生　行政长官是澳门特别行政区的首长，代表澳门特别行政区。第一任行政长官的产生分两个步骤：第一步，由澳门特别行政区筹备委员会负责筹组澳门特别行政区第一届政府推选委员会。推选委员会全部由澳门永久性居民组成。第二步，由推选委员会在澳门当地通过协商或协商后提名选举的方式，产生第一任行政长官的人选，报中央人民政府任命。

第一届政府的产生　依照第八届全国人民代表大会1993年3月31日的决定，第一届澳门特别行政区政府由澳门特别行政区行政长官依照《澳门基本法》负责筹组。澳门特别行政区政府由司局厅、处组成。其中各司长、廉政专员、审计长、警察部门主要负责人和海关主要负责人等主要官员，由行政长官提名，报请中央人民政府任命。

第一届立法会的产生　第一届立法会由23人组成，包括直接选举产生议员8人，间接选举产生议员8人，行政长官委任议员7人。第一届立法会议员的任职期至2000年10月15日。

司法机关的产生　按照《基本法》的有关规定，澳门特别行政区的司法机关主要涉及到法院和检察院，其中法院是司法机关中的主要组成部分。第八届全国人民代表大会第一次会议决定，由澳门特别行政区筹备委员会依照《基本法》的规定，负责筹组澳门特别行政区法院。此外，澳门特别行政区设立行政法院。各级法院的法官，根据当地法官、律师和知名人士组成的独立委员会的推荐，由行政长官任命。终审法院法官的免职由行政长官根据特别行政区立法会议员组成的审议委员会的建议决定。终审法院法官的任命和免职须报全国人民代表大会常务委员会备案。各级法院的院长由行政长官从法官中选任。终审法院院长的任命和免职报全国人民代表大会备案。终审法院院长是由澳门永久性居民中的中国公民担任。澳门特别行政区检察长由澳门行政区永久性居民中的中国公民担任，由行政长官提名，报中央人民政府任命，检察官经检察长提名，由行政长官任命。

四　澳门特区政府、立法会和司法机关

澳门特区政府　它是澳门特别行政区的行政机关，特区政府的首长是行政长官。

依照全国人大常委会的决定，澳门特区第一届特区政府由行政长官依照《澳门基本法》的规定负责筹组，特区政府设司、局、厅、处，主要官员由行政长官提名，报中央人民政府任命。1999年8月11日，根据何厚铧的提名，国务院任命了澳门第一届政府7名主要官员，他们是：行政政务司司长陈丽敏、经济财政司司长谭伯源、保安司司长张国华、社会文化司司长崔世安、运输公务司司长欧文龙、廉正公署廉正专员张欲、审计署署长蔡美莉。1999年9月17日，行政长官办公室公布了初步拟定的特区政府架构的职能划分。行政长官及各司司长分别管辖的部门共51个。1999年9月25日，何厚铧宣布，委任10名人士组成协助行政长官决策的行政会。澳门特别行政区成立后，通过了《行政长官及司长办公室通则》和《检察长办公室组织与运作》两个行政法规。《行政长官及司长办公室通则》规定了行政长官及各司长办公室的人员配置、人员待遇及职责范畴。《检察长办公室组织与运作》规定，检察长办公室为直接由检察长领导的独立司法机构，下设司法组织、律政和人事财政3个厅，每个厅都规定了相应的职责范畴，人员编制共为138人。

澳门特区立法会　它是澳门特区的立法机关。依照全国人大的规定，特区第一届立法会由23人组成，包括直接选举产生的议员8人，间接选举产生的议员8人，行政长官委任的议员7人。原澳门最后一届立法会中的选任议员如果符合条件，经澳门特区筹委会确认资格后，即可成为特区第一届立法会议员。1999年10月12日，澳门特区首届立法会召开第一次会议，选举曹其真、刘焯华为立法会正、副主席。1999年10月13日，特区立法会通过了《澳门特别行政区立法会临时议事规则》。

澳门特区司法机关　它包括法院和检察院。按照《澳门基本法》的有关规定，澳门特区设初级法院、中级法院、终审法院，以及管辖行政诉讼和税务诉讼的行政法院。各级法院的院长由行政长官从法官中选任，中央人民政府任命；法官由法官和社会知名人士组成的独立委员会推荐，由行政长官任命。检察长由行政长官提名，中央人民政府任命；检察官由检察长提名，行政长官任命。1999年8月11日，根据何厚铧的提名，中央人民政府任命何超明为特区检察院院长。1999年10月29日，何厚铧宣布了特区检察院23名检察官员名单。至此，澳门的司法机构组织完成。

五　主要政治人物

何厚铧（1955～　）澳门特别行政区行政长官。1955年3月生于澳门，广东番禺人。在澳门完成小学教育后，1969年去加拿大留学，1978年获多伦多约克大学工商管理学士学位，1981年获加拿大注册会计师和特许核数师专业资格，1982年从多伦多的会计师行调到香港工作，1983年返澳门工作，任大丰银行常务董事兼总经理。1988年开始担任澳门立法会副主席职务。

他的业务覆盖会计、金融、保险、交通运输、传媒、科技、土地发展和公用事业等范畴，曾任澳门新福利公共汽车有限公司董事长、澳门联丰亨保险有限公司董事长、澳门国际机场服务公司董事会主席、澳门生产力暨科技转移中心股东大会主席、澳门广播电视有限公司董事局副主席、联生发展有限公司副主席等。任内推动部分投资企业的改革，由传统经济管理方式朝现代化方向过渡。他是澳门多个工商、金融、教育、慈善、体育组织和团体的负责人。自澳门银行公会1985年成立以来，他一直担任理事会主席，又是澳门中华总商会副会长、中华全国工商业联合会副主席、澳门政府经济委员会副主席、暨南大学副董事长、澳门奥林匹克委员会执行委员会主席。他从1986年开始参与国家事务，在全国政协第六届常务委员会第十一次会议上增补为全国政协委员，是第七届全国人大代表，在第八届和第九届全国人民代表大会上，均当选为常务委员。在中葡两国签署关于澳门问题的联合声明生效起的11年过渡期中，一直投入澳门回归祖国的准备工作。1988年，出任澳门特别行政区基本法起草委员会副主任委员；翌年，出任澳门特别行政区基本法咨询委员会副主任委员；1998年，出任澳门特别行政区筹备委员会副主任委员。他也是中华人民共和国澳门特别行政区土地基金投资委员会的召集人。

1999年5月15日，在澳门特别行政区第一届政府推选委员会进行的行政长官选举中，以高票当选。同年5月24日获国务院总理朱镕基颁发任命令，成为中华人民共和国澳门特别行政区第一任行政长官，并于1999年12月20日就职。

2004年8月29日，何厚铧在澳门特区第二届行政长官选举中以296票高票当选。9月1日，温家宝总理主持召开国务院全体会议，并签署国务院第414号令，任命何厚铧为中华人民共和国澳门特别行政区第二任行政长官，于2004年12月20日就职。

第五节　经济

一　概述

澳门地域狭小，发展空间有限，且资源缺乏，严重制约着经济的发展。但是，由于从20世纪60年代开始实施比较开放的经济政策，为60～90年代的经济增长创造了有利条件。特别是70年代末期以来，有利于澳门经济发展的因素进一步增多，如祖国大陆推行经济开放政策，澳门因此受益；西欧和美国等国家纺织品进口特惠制度的推行，使澳门工业品出口有了广阔的国际市场；亚洲"四小龙"经济的持续高速发展以及全球经济、贸易、金融、旅游等领域的广泛交流与合作，使澳门受惠多。1988年1月15日《中葡联合声明》正式生效后，澳门开始进入回归祖国的过渡时期，澳门经济在原有基础上也得到了进一步发展。按当年市价计算，1990年，澳门本地生产总值为32.6亿美元，1995年增长到69.5亿美元，2000年为62亿美元。人均产值1990年为9 740美元，1995年增长到16 970美元，1997年逾1.7万美元，居亚洲第五位。1991～1996年间，年平均经济增长率为5.2%。1996～1999年间，受东亚金融危机和当地经济结构调整影响，经济连续多年出现负增长。

21世纪初，随着本地结构转型逐步走上轨道，及与祖国内地经济联系日益活跃，结束了多年停滞徘徊局面。本地生产总值由回归前连续4年的负增长转为回归后连续多年的双位数正增长。

表1　　澳门1990～2005年本地生产总值增长情况（以现价计算）

年份	本地生产总值（亿美元）	与上年比较增长率%	人均本地生产总值（美元）
1990	32.6	8.0	9 740
1991	37.9	3.7	10 775
1992	49.6	13.3	13 365
1993	56.7	5.2	14 772
1994	63.0	4.3	15 867
1995	69.5	3.3	16 970
1996	69.4	−0.4	16 721
1997	70.1	−0.3	16 769
1998	65.0	−4.6	15 403
1999	61.3	−3.0	14 351
2000	62.0	4.6	14 394
2001	62.1	2.2	14 298
2002	67.6	10.0	15 418
2003	79.0	15.6	17 782
2004	103.0	30.4	22 615
2005	105.0	11.7	24 274

资料来源　《中国统计年鉴》（2004）第967页；2004、2005年中国商务部台港澳司资料。

2001年澳门经济实质增长只有2.9%，当年的失业率平均为6.4%，通缩率为2.0%。其后情况有较大转变，其中：2002年经济增长10.1%，2003年增14.2%，2004年增28.0%，2005年本地生产总值（GDP）实际增长率为6.7%。

二　经济结构的主要特点

澳门的经济属于小型化的经济结构，而且又是以旅游博彩业、出口加工业、房地产业和银行保险业为特色的经济所构成。经济结构具有如下特点。

（一）经济规模小，产业结构单一

首先从生产规模看，主要以中小企业为主，投资规模比较小。1990年，在2 000多家企业中几乎全是中小企业，平均每家企业不到40人，80%以上的企业固定资产不到100万澳门元（约合12.5万美元）。其次，产业结构单一，生产技术水平低。产业结构单一，支柱产业发展迅速，主导作用非常明显，各产业发展极不平衡。农业因受土地限制并随着城市化的发展而萎缩，所占比重微不足道。建筑业发展相对较快，轻工业发展占有绝对优势，但技术水平比较低，主要生产低附加值的消费品，重工业发展始终处于空白。旅游、金融、房地产业等行业在第三产业中已占到65%以上。

（二）对外依赖程度高，极易受外部环境影响

澳门经济对外依赖程度极高，特别是旅游博彩业和出口加工业显得更为突出。出口加工业95%以上的产品外销，虽然对外销售市场不断扩大，但仍然过分集中，其中输往美国和欧共体的产品占出口总额近七成。

（三）产业门类不完整和行业分布不均衡

澳门工业中有轻无重，即只有加工业没有基础工业。加工业中也只有纺织制衣业和玩具业等少数几个行业，而纺织制衣行业中主要集中在后加工工序上，没有纺织染前等加工工序，出口加工业高度集中在纺织制衣业。玩具业则主要依赖西方国家的普惠制优惠政策。

三　部门经济发展状况

（一）旅游博彩业

澳门旅游业主要由旅游运输业、酒店业、博彩业、饮食业、娱乐业等组成。400多年中西文化交汇的历史留下了许多名胜古迹，加上博彩业，使澳门成为一个多姿多彩的旅游胜地。特别是2005年7月，联合国在南非举行的世界遗产大会审议通过把“澳门历史建筑群”列入世界遗产名录，重新命名为“澳门历史城区”，并成为中国第31处世界遗产。此举突显澳门是一个开埠已有400多年历史的文化名城，进一步增强旅游业的吸引力。

旅游博彩业作为澳门的传统产业，在其经济中始终占有重要地位。到20世纪80年代末，旅游博彩业在澳门经济中的比重已超过出口加工业，成为第一大产业。20世纪90年代，澳门政府收入的一半来自旅游博彩业，旅游业收入约占本地生产总值的1/3。

从2003年7月下旬开始，内地多个城市的居民可以个人游方式到港澳旅游，使澳门总入境旅客从2002年的1 153万人次增至2003年的1 189万人次，2004年为1 667万人次，2005年头10个月为1 544万人次，比上年同期增加12.7%。其中，内

地游客增长尤为突出，从2002年的424万人次激增至2004年的953万人次。随着游客大幅增加，酒店房间数目从2002年的8 360个增加至2005年10月的10 128个，增幅为21.1%；其中三至五星级酒店房间从7 592个增至9 289个，增长22.4%。

近年来，澳门的旅游博彩业设施也有所改善。2004年5月金沙娱乐场正式开业，结束了澳门旅游娱乐有限公司独家经营40年的历史。该赌场总投资2.4亿美元，设备华丽，创造了4 000个就业机会，吸引了不少游客。其后，新的赌场陆续开业，旧的赌场亦重新装修以增强竞争力。2005年底，筹备逾5年、投资额达19亿澳门元（约合2.4亿美元）、位于澳门外港新填海区、占地超过9.3万平方米，集娱乐、购物、饮食、酒店、游艇码头及会展设施于一身的渔人码头开业，使澳门旅游业更具吸引力。

澳门的博彩业历史悠久，是继美国拉斯维加斯、摩纳哥蒙地卡罗之后的世界第三大博彩之城，素有“东方蒙地卡罗”之称。博彩加观光为澳门旅游业的一大特色。澳门约有30%的人直接或间接地在旅游博彩业中谋生。大致可分为三大类：幸运博彩（赌场），相互博彩（赛马、赛狗等）和碰运气博彩（即彩票）。在旅游博彩业中博彩业所占比重极大，20世纪90年代后半期，政府征收的博彩业税在40亿～60亿澳门元（合5亿～7.5亿美元）之间，博彩业税收在本地生产总值中的比重持续上升。2001年向政府交纳的博彩税收创历史新纪录，达59.90亿澳门元（合7.5亿美元），比2000年上升13.7%。

2002年3月28日，澳门特区政府同澳门博彩股份有限公司（简称“澳博”）签署《娱乐场幸运博彩经营批给合约》，标志着澳门博彩业60多年独家专营局面的结束。此后，澳门博彩业绩持续向好。由于经济大幅反弹，加上博彩业收入增加，使得近年澳门的财政状况平稳发展。在2002年，公共财政收入中赌博专营权的直接税收为76.4亿澳门元。2005年，公共财政收入中批给赌博专营权的直接税收为154.6亿澳门元（约合19亿美元），比2002年增加102.4%。在开放赌权前数年，博彩税收约在42亿～59亿澳门元之间。

（二）农业与渔业

20世纪40～60年代初是澳门农业发展的昌盛时期。农业经营多数是自耕自给，以种植业为主，其次为饲养业。种植业中又以蔬菜、花卉为主。20世纪60年代中期，澳门的菜地多达1 000余亩，日产蔬菜大约可占全澳蔬菜市场供应量的一半，蔬菜品种达30余种。20世纪70年代初，全澳耕地使用面积有600～700亩，其中包括500亩菜地和大约180亩稻田。到20世纪80年代以后，随着澳门城市现代化的发展，农业发展明显萎缩，目前蔬菜供应全部依靠进口。过去澳门有10多个花圃场，80年代末期仅剩下4～5个，均以种植年花如桃花、金橘等和培育盆栽为主，主要鲜花是从台湾或珠海、湾仔等地运来。饲养业同样受到都市现代化发展的制约而面临困境，20世纪80年代末期以后，饲养业在澳门已成为历史陈迹，食用禽畜全部靠内地供应。广东省是现今澳门鲜活商品的主要供应基地。澳门农业受土地限制，随城市现代化发展而萎缩，所占比重微不足道，目前只剩下有限的渔业。鱼虾是澳门居民食品中的一个重要组成部分，由于受多种因素的影响，渔业发展呈下降趋势，目前渔业仅占本地生产总值的0.5%。

（三）加工业

澳门的加工业具有如下特点。

第一，以轻纺工业为主体，所占比重很大，重工业很少，如电厂、水泥厂和采石厂总共仅有几家。澳门不存在发展重工业的物质基础条件，采石场是因为澳门离岛有资源，而且建筑业发展亦需要建筑用碎石；发电厂是为经济发展和城市照明之需要建立的；水泥厂是20世纪80年代因建筑业的需求兴建的。

第二，以中小型工厂为主，规模小，分散经营，大型工厂少。

第三，劳动密集性强，生产设备和技术水平比较落后，产值较低。

第四，产品以纺织品为主体，全部或大部分外销，以欧盟和美国市场为主。

第五，对外依赖性极大，澳门因地方狭小，资源奇缺，工业所需原材料，以及各种生产设备几乎全部从外部进口。

具体而言，澳门的工业主要是以劳动密集型的出口加工业为主。在出口加工业中又以制衣和纺织品为主，占整个工业的70%。其他出口工业产品有：玩具、手袋、人造花、家具、彩瓷、鞋类、皮革、帽类、手套、光学仪器、电子产品、灯饰、骑具、露天帐篷、钢琴、药品等等。从20世纪80年代末期起，出口加工业出现蓬勃发展势头，成衣出口呈上升趋势。1987年，成衣出口增长率曾达到37.21%。制衣业的生产规模不断扩大，技术水平不断提高，基本上接近香港的技术水平。纺织品及成衣出口在其出口贸易中占很大比例，1982～1996年的15年间，除1985年和1992年两年占总出口额的69%以外，其余均占70%以上，出口地主要集中在美国与欧盟，约占70%以上。

从20世纪80年代末期起，因以劳动密集型为主的工业处于成本上升、劳动力短缺和高通货膨胀、低增长压力而失去竞争力，许多工厂和投资外移，工厂倒闭。1995年共有174家工厂倒闭，工业处于衰退状态，导致产品出口下降，使得除纺织品因有出口配额制保护仍保持略有增长外，其他产品的出口，如玩具出口增长率1995年为－20%，1996年为－54.40%，电子产品出口增长率1995年为－30%，1996年为57.4%。鞋类出口增长率1995年为20%，1996年为－7.6%。

（四）建筑及房地产业

澳门建筑房地产业已有很长的历史，但过去发展比较缓慢。20世纪70年代中期以后，建筑业开始出现转机，1978～1979年建筑房地产业进入快速发展时期，部分地产价格在一两个月可以上涨50%～60%，当时的地价约400～1 560澳元1平方尺（合每平方米3 600～14 000澳门元）。在地产日益紧缺的情况下，大多数楼宇均向高空发展，1979年建成楼宇206座，创建筑业历史新纪录。在此情况下，建筑商大多趋向地产业方面发展，地产交易公司便纷纷宣告成立，建筑房地产业呈现迅速增长态势。但到80年代上半期，由于多种因素的影响，建筑地产业出现下滑趋势。

1985年5月，中葡发表联合公报后，双方同意通过谈判解决澳门的回归问题。由于中英会谈已经圆满解决了香港问题，澳门人对中葡谈判有了信心，因而增加了投资者信心。特别是1987年《中葡联合声明》正式签署，更加坚定了投资者信心，大量外资纷纷流入。此外，澳门政府宣布将有多项大型基础设施建设工程实施，如国际机场、深水港码头等大型工程的开工，直接推动澳门建筑业的蓬勃发展达到历史高峰。1989年，受内地经济调整及各种因素的影响，建筑房地产业步入低潮。经过一段时间的调整，从1991年开始，建筑房地产业再次进入高潮，地价和楼市交易急剧上升，其中地价升幅达五成至一倍，楼市急升三至六成。房地产的火爆吸引了大量外资，如港资、台资、韩国、日本、新加坡以及内地的资金大量流入房地产业。据资料统计，1991～1993年，新建楼宇达4万多套，平均增长17%。房地产业的迅速扩张导致楼价大幅上升，已严重脱离广大市民的购买力，房地产盲目发展带来的问题暴露出来，房地产市场处于胶着状态，酒店入住率不足，部分酒楼停业。

从1993年下半年起，澳门房地产市场一蹶不振，楼宇供求严重失衡，资金大量积压。1990年，该行业在澳门本地生产总值中占10%以上，但到1995年下降到5%左右。建筑房地产业面临的困难严重影响着澳门整体经济的发展。因此，澳门政府除修改《投资居留法》，将投资金融额减至50万澳门元以及吸引外来投资者置业外，还公布了多项扶持楼市的措施。其中，有新的《租务法》，鼓励购房自住，贴补4厘利息制度，实施楼宇分层登记法，加快做契手续，逾期溢价金减息，把经济房屋与社会房屋分配纳入公开有序的政策轨道等。

据统计，澳门地产建筑业在20世纪90年代初期全盛时期，在澳门本地生产总值中所占比重曾一度高达12%左右。然而，随着地产建筑业的不景气，1999年这一比例已经下降到8%左右。

2001年滞销多年的房地产又趋活跃起来，其原因主要有：第一，由于特区政府采取了一系列优惠政策，如推行了4厘利息补贴计划等，促使住宅楼宇交易量较为活跃。2001年新落成的楼宇数量不多，但质量提高，价格适当，是新楼宇平均销售率达到九成的重要原因。第二，2001年澳门申请投资移民的人数增多，2001年1～10月，澳门贸易投资促进局共批准1 000多个投资移民，引进资金达10亿澳门元（合1.25亿美元）。据澳门统计局资料显示，2001年住宅楼宇交易单位数目约为3 000个。

从2002年开始，澳门特区政府根据当前和未来发展的实际需要，陆续上马了一批大型公共基础建设项目。眼下，举目四望，无论是澳门半岛，还是隔海相望的氹仔岛、路环岛两个岛上，都有大型建设工程在兴建。为了迎接2005年在澳门举行东亚运动会，澳门从2002年开始动工兴建和扩建5

个较大型的体育基建工程项目，总投资高达 8.5 亿澳门元（合 1.1 亿美元）。

（五）交通运输及邮电

从 20 世纪 60 年代开始，在香港经济迅速崛起的影响之下，澳门当局加快了对外开放步伐。为吸引外资，加快了交通运输的发展，在改善对外交通的同时，澳门市区交通亦适当地发展起来。20 世纪 80 年代以后，对外交通和通讯设施现代化步伐明显加快，使运输系统、通讯联系与金融系统连接在一起，成为有利于澳门经济发展的日益完善的运作系统。

澳门于 20 世纪 80 年代初提出改善交通系统的 4 项计划，即：重建内港码头和改善同广州的交通联系；九澳深水港（路环岛九澳附近海面）第一期工程于 1990 年 6 月竣工；九澳深水港二期工程正在兴建，该码头水深 7～9 米，可停泊万吨以上货轮，每年可处理 8 万个集装箱，除集装箱码头外，还设有燃油和储油罐等货运设施；国际机场于 1995 年 11 月投入运营以来业务发展迅速。澳门航运公司的业务近年来均以 30% 的速度增长，该公司还将增加更多的远洋航线。

1997 年，澳门计划进行多项大型交通运输设施建设，总投资为 160 亿澳门元（合 20 亿美元），其中有：（1）港澳大桥。该项计划较伶仃洋大桥更能兼顾澳门、珠海及香港三地的利益，大桥长度 30 公里。（2）国际新港。位于澳门路环岛东南部海域外 8～10 米水深的深水港，主要装运集装箱和石油制品，计划投资 40 亿澳门元（合 5 亿美元）。（3）路环—横琴大桥。投资额约为 2 亿澳门元，该大桥的兴建使澳门与广东珠海高速公路相连接。（4）会展中心。（5）澳门海洋世界公园，耗资 12 亿澳门元。

澳门目前共有机动车 6.65 万辆，汽车密度居世界之首。澳门平均不到 10 人就有 1 辆私人汽车，人均数堪称世界之最。海上运输是澳门经济的生命线。在澳门的对外交通运输中，水运有着重要地位。其中货运占澳门全部进出口货运量的 75% 左右，占出口货运量的 90% 以上；客运占出入境旅客人数的 80% 以上。经出入境关卡处理的货物出入口和转口许可证，由港口处理的占 80% 以上。海上客运有世界上最先进的喷射（气垫）客轮，最新型的快速双体客轮和全球通用的 HM5 新型飞翔船。澳门与内地的航线已从 1985 年的 24 条增至 1990 年的 40 多条，除广东省外，还有广西的梧州和北海、福建的龙溪和泉州、山东的青岛和上海市。

进入 20 世纪 90 年代，澳门电讯事业持续发展，1990 年电话线总数增至 9.6 万条，2003 年增至 17.5 万条。国际电话发展也很快，1982 年只能直拨香港，1990 年达到 165 个地区，直拨电话遍及世界。澳门国际直拨电话已占国际长途电话服务的 98% 以上，图文传真以及手提无线电话相当普及。按全澳门人口计算，1990 年平均每人每年打长途电话 126.74 分钟。每千名居民拥有电话数目，1992 年 350 个，比 1984 年增加 3.5 倍，比 1990 年增加 23.24%。为配合澳门 90 年代的经济发展，澳门电讯公司制定了《1992～1995 年发展计划》，总投资超过 15 亿澳门元，其中有高 16 层的电讯公司总部大楼，用作电讯公司的办公楼 11 层，电讯技术中心 5 层。到 1996 年，电话装机容量增至 20 万条，平均每 4 人有 1 部电话，电话线采用先进的光纤电缆，并安装了数字式电话交换机。1992 年，在路环岛兴建了更先进的地面卫星接收站。目前，澳门的通讯设施和服务水平已接近甚至超过西方发达国家的水平。1992 年 9 月澳门成立了“欧共体资讯中心”，该中心同欧洲其他 210 个资讯中心形成电脑网络，该网络具有双向服务功能，可以迅速向对方提供有关发展计划、政策、法律、贷款、贸易、科技、信息、统计资料以及有关企业活动的其他信息。现在，澳门可以同 170 多个采用国际卫星组织服务的国家直接建立电话、电脑、图文传真等双向信息交流。1995 年澳门电讯开始国际联网服务，把世界各地的电脑网络联成一体，成为全球重要的咨询网络之一。

（六）金融保险业

澳门现有银行 23 家，120 多家分行，为世界各国和地区中银行密度最高的地区之一。其中，澳门大丰银行、诚兴银行、澳门商业银行、国际银行和永亨银行位居亚洲 500 强银行之列。银行存贷款额大幅飙升。1984～1996 年，存款额从 80.66 亿澳门元（合 10 亿美元）升至 886 亿澳门元（合 110 亿美元），增长 10.98 倍，年平均增长 61.95 亿澳门元（合 7.74 亿美元）；贷款额从 62.05 亿澳门元（合 7.76 亿美元）升至 499 亿澳门元（合 62.37 亿美元），增长 8.04 倍，年平均增长 33.61 亿澳门元

（合4.2亿美元）。

澳门现有21家保险公司，1996年底收受保险费7.4亿澳门元（合0.92亿美元），比1995年增加6 274万澳门元（合784万美元），其中：人寿保险3.3亿澳门元（合0.41亿美元），增长19.6%；非人寿保险4.1亿澳门元（合0.51亿美元），增长1.6%。1995年10月16日，中国银行成功参与发行澳门元钞票，这是澳门过渡时期的一件大事。

20世纪80年代中期以来，澳门的金融保险业呈上升发展趋势。新的金融结构的建立扩大了业务范围。

1985年成立了澳门银行同业公会和澳门外汇同业联合会，1987年外汇同业联合会加入了国际组织。此外，外资银行纷纷开设。到90年代初，澳门金融保险业在澳门本地生产总值中的比重已超过8%。1988年，金融体系总资产为468.65亿澳门元（合58.6亿美元），1996年增加到1 585.55亿澳门元（合198.2亿美元），成为澳门四大经济支柱之一。1993年澳门经济发展财务公司和澳门票据交换所成立，促进了澳门银行信用机构的票据交换业务。

自20世纪90年代以来，澳门银行业已步入服务品种多样化，经营多元化、国际化，管理现代化的发展阶段。过渡时期保险业也得到了稳步发展，1988年保险费收入仅为1.98亿澳门元（合0.25亿美元），1995年达到6.83亿澳门元（合0.85亿美元），比1995年增加了3倍多，保险费年增长率在15%以上；1997年又增加到7.4亿澳门元（合0.92亿美元），其中人寿保险费占整个保险费收入的40%。在保险公司中有16家海外公司在澳门设立的分公司，保险公司资本来源于祖国内地资本（简称“中资”）、当地华人资本（简称“华资”）、葡资、美资、英资、法资等十几个国家和地区。

四　与祖国内地及香港、台湾的经济贸易关系

（一）与祖国内地的经济贸易关系

1. 澳门与祖国内地的经济贸易关系极为密切

澳门经济发展所需的原材料、劳动力、农副产品供应均来自内地，以内地为澳门的供应基地；而澳门作为中国对外开放仅次于香港的第二个重要窗口，为内地引进了大量的资金、技术、信息。内地向澳门出口的产品为纺织品原料和半成品、农副产品和矿产品。澳门对内地的出口产品主要有纺织品、机械设备及皮革制品。1980年，祖国内地与澳门贸易总额为2.6亿美元，1997年升至7.65亿美元，年均增长6.8%；其中祖国内地对澳门出口年均增幅为5.8%，自澳门进口平均增长率达14.1%。澳门与广东省建立了相互依赖的经济关系，这种关系随着经济发展日益加深。澳门为广东提供了信息、资金、技术和市场，而广东成为澳门的大后方，除供给鲜活商品、主副食品、原料以外，还通过澳门资本在内地设厂，为澳门厂家提供了廉价的劳动力和厂房，使澳门商品能在世界市场上更具竞争力。近年来，两地在政治、经济、文化等方面的联系更加紧密，如在建设广珠铁路和广珠高速公路延伸到澳门等合作方案进行磋商方面取得了积极进展。广东发展银行在澳门设立了分行，广东省旅游局与澳门旅游司签订了《旅游合作协定书》，有利于广东省引进外资，拓展广东在海外的金融市场，促进两地旅游事业的快速发展。

2. 祖国内地资本是支持澳门经济发展的重要支柱

祖国内地资金活跃在澳门经济的各个领域，为澳门经济繁荣作出了贡献。到1993年10月，在澳门的内地资本企业已达200多家，已成为澳门的第一大投资者，总资产超过400亿澳门元（合50亿美元）。主要投资在澳门的工业、贸易、金融、旅游、建筑、交通运输和保险等行业，其中在金融业占50%，在贸易中占45%，在旅游业中占25%，建筑地产业中占40%。截至1998年10月，澳门在祖国内地投资项目达6 129个，合同投资金额为88.02亿美元，实际投资金额为33.26亿美元。

3. 祖国内地与澳门进一步密切经贸关系的安排

2003年10月18日，中央政府与澳门特区签署了《内地与澳门关于建立更紧密经贸关系的安排》（CEPA）和6个附件。该《安排》的主要内容包括货物贸易、服务贸易和贸易投资便利化3个领域。附件则明确了总则涉及的内容，其中包括：零关税产品清单、享受零关税的澳门制产品的定义、原产地证书的签发和核查程序、开放服务贸易领域的具体内容、服务贸易领域中澳门公司的定义，以及贸易投资便利化的具体内容。在货物贸易方面，从2004年1月1日起，将有273项内地2001年税则编列的澳门原产地产品，可享受零关税进入内地市

场。这些零关税产品包括食品及饮料、化学制品、药物、化妆品、塑料制品、纸制品、纺织成衣、首饰、电机及电子产品、光学仪器及钟表和乐器以及其他商品等共11类。准许进入内地的澳门服务贸易有18项，包括：法律、会计、建筑设计、医疗及牙医、房地产、广告、管理咨询、会议展览、增值电信、视听服务、建筑工程、分销服务、保险、银行、旅游服务、运输、物流。关于贸易投资便利化；有7项措施简化澳门与内地之间的贸易程序，其中包括：贸易投资促进、通关便利化、商品检验、动植物检验检疫、食品安全、卫生检疫、认证认可及标准化管理、电子商务、法律法规透明度、中小企业合作及产业合作等。

以“一国两制”方针和世贸组织多边规则为法律依据的上述内地与澳门建立更紧密经贸关系的《安排》，是地区自由贸易安排的主要形式之一，也是一个主权国家内两个独立关税区在加强制度性经济合作方面的重要尝试。它既满足了世贸组织的基本规则和要求，又为澳门特区新形势下的持续发展开拓了一条新的道路。

（二）与香港的经济贸易关系

澳门与香港两地区在政治、经济制度上基本相同，文化习俗、人口组成等相似，地理邻近，两地形成了紧密的合作关系。从经济上来讲，澳门对香港依赖性较大，两地的贸易关系十分紧密。香港是澳门最大的贸易伙伴之一，香港在澳门的进口中占第一位，在金融方面对香港也有很大的依赖性。澳门币与港币挂钩，港币在澳门具有相当突出的地位，港币在澳门可以自由流通。在旅游方面，香港游客在澳门旅游业中同样占有突出地位，香港游客占澳门游客总数的80%以上。在投资方面，除祖国内地投资外，港人在澳门的投资居多，近几年来，香港对澳门的投资趋向多元化，并向高层次化方向发展。

（三）与台湾的经济贸易关系

澳门和台湾地区不但工业结构和生产技术的互补性强，而且台湾地区还可以充分利用澳门的自由港和毗邻祖国内地的地缘优势。澳门于1999年12月回归祖国后，特别是在21世纪初祖国内地和台湾地区加入世贸组织以后，由于祖国内地进一步降低关税和开放市场，澳门与内地的经贸关系更加紧密，澳门的投资环境也因穗珠澳高速公路和直通铁路的建成而得到根本改善，而澳门政府和业者也迫切需要引进台湾地区企业特别是高科技企业到澳门投资。因而使台湾地区厂商在澳门从事加工制造业投资具有相当良好的发展前景。

第六节 外贸与对外经济关系

一 概述

历史上，澳门一直是东西方贸易的一个重要转口港，转口贸易在澳门经济发展中曾经起到十分重要的作用。到19世纪40年代，远洋运输由木筏木帆船时代过渡到轮船时代。水浅港窄的澳门，虽然一直是“自由贸易港”，却已经无法与水深港阔的香港竞争，澳门转口港地位从此一去不返。随着转口港地位的衰落，澳门的外贸主要依赖本地制成品的出口。伴随加工业的变迁发展而成长。由于出口加工业在20世纪60～80年代迅速发展，澳门的对外贸易在这一时期也出现了快速增长。1981～1994年间，出口值每年增长13.6%，进口值年均增加14.4%。进入20世纪90年代中后期，由于出口增长的放缓，澳门已经连续多年出现贸易逆差。进入2000年以后，澳门的进出口贸易开始好转，出口额增长15%，进口额增长11%。2001年进出口总值为376.4亿澳门元（合47亿美元），比2000年下降2.2%。2002年进出口总值为392.5亿澳门元（合49亿美元），比2001年上升4.3%。2003年进出口总值为428亿澳门元（合53.5亿美元），比2002年上升9.04%，贸易逆差14亿澳门元（合1.75亿美元）。

二 对外贸易的特点

（一）高外贸倾向

澳门生活所需大部分产品依赖进口。

（二）出口市场集中

九成以上产品依赖外销。其中，输往美国、欧共体约占70%以上。在2001年，出口高度集中于美国和欧盟，共占总出口货值的72.6%。

（三）出口产品以纺织品及成衣为主

在2003年出口货值中，纺织品及成衣类占总出口的80%以上。

（四）进口来源地集中

澳门的进口市场集中于亚洲地区（中国内地和香港特区，2003年共占澳门总进口的55.5%），其他重要的进口来源包括欧盟等。

(五)依赖配额和普及特惠制

出口的工业产品绝大部分是依赖美国和欧共体所给予的配额。此外,澳门还享有发达国家的普及特惠制的关税优惠。

与此同时,随着祖国内地的对外开放,不少澳门厂家为降低工资和租金等生产成本,把生产工序迁移至珠江三角洲地区,从而带动澳门转口贸易在20世纪80年代开始出现快速上升势头。

三 吸引外资和对外投资

2002年,澳门吸纳外资和投资境外资金均出现大幅增长。

外来直接投资比2001年增加30.7亿澳门元(合3.84亿美元)。新增投资主要来自香港特区、美国及中国内地,分别为16.1亿澳门元(合2亿美元)、3.7亿澳门元(合0.46亿美元)和2.7亿澳门元(合0.34亿美元)。吸纳外来直接投资总额为272.3亿澳门元(合34亿美元),其中:文娱博彩及其他服务业共吸纳了154.6亿澳门元(合19.3亿美元),高居首位;其次是金融及工业,分别较2001年增加17.4亿澳门元(合2.17亿美元)、4.7亿澳门元(合0.59亿美元)和4.7亿澳门元(0.59亿美元)和1 300万澳门元(合162万美元)。若按资金来源地划分,居头三位的是香港、中国内地和葡萄牙,分别为193.4亿澳门元(合24.17亿美元)、30.7亿澳门元(合3.83亿美元)和26.4亿澳门元(合3.3亿美元),较2001年增加25.3亿澳门元(合3.16亿美元)、7 300万澳门元(合912万美元)和2 700万澳门元(合337万美元)。

同时,澳门企业在特区外直接投资总额为37.4亿澳门元(合4.7亿美元),投资以香港、中国内地和葡萄牙为主,分别为15.4亿澳门元(合1.92亿美元)、10.7亿澳门元(合1.33亿美元)和5.9亿澳门元(合0.74亿美元)。

四 对外经贸关系

(一)同欧盟经济贸易关系

由于葡萄牙是欧盟成员国,澳门得以在欧盟取得各项贸易优惠政策,所以,欧盟国家成为澳门的主要贸易伙伴之一。1992年,澳门对欧盟的出口占澳门全年出口贸易的34.57%。澳门是欧盟各国打开中国市场和中国一些产品进入欧盟市场的重要桥梁。1992年6月15日,澳门与欧共体签署了《澳门与欧共体之间贸易及合作协定》,按照协议内容,双方保证在贸易上给予对方最惠国待遇,同时双方允许在经济、技术、资讯、培训人才等各个方面进行广泛合作。1992年,澳门与欧共体合作在澳门设立了欧洲资讯中心,通过该中心,澳门和亚洲其他国家和地区的投资者可以得到欧共体在法律、贸易、市场、投资等方面的信息。

(二)同美国经济贸易关系

美国是澳门最大的出口市场,澳门对美国的出口贸易举足轻重。美国和澳门签有纺织品协议。在整个对美国出口中,纺织品占出口总值的70%。澳门各类纺织品输往美国带有配额可享受免税优惠。美国在澳门的投资十分有限。

表2 澳门1990～2003年商品进出口方向变化 (百万澳元 %)

进出口方向	1990	1997	2000	2003
进口(原产地)	12 343	16 603	18 098	22 100
中国内地	17.8	28.5	41.0	42.9
中国香港	42.2	25.1	15.2	12.6
欧盟	8.4	12.3	9.6	11.9
日本	11.5	8.5	6.3	9.0
中国台湾	7.1	9.2	9.5	5.8
美国	5.7	6.3	4.5	3.9
出口(目的地)	13 638	17 129	20 380	20 700
美国	36.7	45.22	48.3	49.8
欧盟	34.3	32.9	28.4	22.8
中国内地	4.5	6.5	10.2	13.7
中国香港	13.0	7.7	6.5	6.6

资料来源 根据《中国统计年鉴》(2004)有关资料计算。

第七节　人民生活与社会保障

一　人民生活

(一)20 世纪 90 年代以来人民生活水平明显提高

澳门从 20 世纪 90 年代以来,经济生活和文化生活比 70～80 年代提高了很多。主要表现在:服饰紧跟世界潮流;吃的东西日益丰富,讲究营养;近些年来,有不少居民以低息贷款方式入住新楼房,实现了“居者有其屋”的计划,生活环境有了较大的改善;出门以车代步已经成了澳门人的一种生活方式;澳门人的文化娱乐生活日渐丰富多彩。

根据澳门现实的收入水平与消费水平计算，将澳门 90%以上的人划分为 3 个层次：中等生活水平者占澳门总人口的 15%；小康生活水平者占 35%；小康生活以下及贫困者，占 45%。最后一部分人几乎占澳门总人口的一半。较高生活水平者只有 5%左右。

（二）澳门居民生活存在的主要问题

1. 澳门人的劳动收入水平偏低

1981 年以前，传统工业工人的工资月薪比较低，仅有 600～700 澳门元左右；技术人员和管理人员及个别技工的月薪也只有 800～900 澳门元；超过千元的很少。1983 年以后，在出口的带动下，澳门工业向多元化方向发展，新行业、新企业逐渐增多，工人的收入水平也有所提高，一般工人每月 800～1 000澳门元左右。20 世纪 80 年代中期后，随着建筑业、服务业、商业银行业和旅游业的发展，居民收入水平有所增加，其中：建筑工人月收入在2 000～2 200澳门元左右；商业、服务业、银行业、旅游业人员的月工资大约在1 000～1 500澳门元左右。中小学教师工资过去也很低，自 20 世纪 80 年代中期以后，由于得到政府的津贴，收入水平才比一般工人高一些，大约为2 000～3 000澳门元。

2. 居民生活消费水平较低

与香港相比，澳门居民的生活水平有较大差异。其中一个主要问题是，广大的市民在生活上仍处在较低的水准上。

3. 住房条件有待改善

拥有自己房产的市民家庭约占人口总数的 1/4 左右，多数市民是租房居住，不仅租金昂贵，而且居住环境普遍不太理想。

二　医疗卫生

澳门地区医疗卫生组织机构有两种，一种是官方即公立医疗卫生机构，二是非官方即私立医疗卫生机构。澳门政府在增加公立医疗卫生机构设施及人员配备的投资，改善公立医疗卫生机构服务水平的同时，对一些非公立医疗卫生机构进行资助，以便使它们能够更好地为居民提供服务。

表 3　　澳门 1998～2004 年卫生事业发展概况　　(人)

医护人员与机构		1998	1999	2000	2001	2002	2003	2004
医护人员	医生数	869	880	895	891	921	1 009	1 024
	护士数	895	897	943	960	980	1 010	1 063
	诊断治疗助理员	181	212	208	235	240	239	–
	卫生服务助理员	356	360	381	378	388	412	–
	每千人口医生数	2.0	2.1	2.1	2.0	2.1	2.2	2.2
机构	医院(所)	2	2	2	2	2	2	2
	病床数(张)	978	955	990	980	995	1 004	984
	每千人口病床数(张)	2.3	2.2	2.3	2.2	2.3	2.2	2.1

资料来源　《中国统计年鉴》(2005),第 881 页。

1986 年，根据世界卫生组织的要求，实施了新的公共卫生政策，其主要目标是监察和控制对社会有重大影响的病患，疾病预防和保健，健康教育工作，对医务人员进行培训，药物生产、质量和进口的管理等等。卫生司负责全澳医疗卫生事业的发展、管理和监督。澳门所有的公立和非公立医疗机构、中西医生、中西药房、药行登记及有关公共卫生措施，均由卫生司执行管理和监督。

20世纪90年代以来，澳门已被世界卫生组织列为健康人口地区之一，婴儿死亡率低，占出生率的8%，母亲分娩死亡率接近零，人口平均寿命接近最先进的国家。

澳门当局规定，从1986年起，凡卫生司属下的各卫生中心提供下述各项免费服务：（1）妇女保健；（2）婴儿保健；（3）疫苗接种；（4）家庭计划，即所需子女的数目及生育计划；（5）学校保健；（6）成人保健。

澳门各卫生中心的设备相当完善，基本上是按照联合国卫生部门的要求设置的。在卫生中心派驻医生、护士、提供多项免费服务，以预防、治疗各种疾病及流行病，并开展各项保健工作。

三　公共福利事业

澳门的公用事业门类齐全，除了最基本的电、水、电讯、邮政、公共汽车、城市清洁、出租车、公用停车位等项外，随着澳门经济的发展，社会需求的增加，新增的还有机场、垃圾焚化、污水处理、港口管理、油库管理和屠场等。

澳门的公用事业除了邮电仍属政府部门，以及传呼机和普通黑色出租车以发牌形式经营外，其余的均以专营公司模式由政府全资、官民合资或私人全资形式拥有。其性质是在政府监察下的垄断经营。对外收费和赢利的公用事业专营公司如水、电、电讯等，收费标准调整要经过政府审批；不对外收费的如清洁公司、垃圾焚化等，由政府每年支付经费。

澳门社会福利的发展，首先是从慈善救济开始，逐步走向社会公用事业，而民间社团是主要的推动力，政府的作用突出。前者从福利社团如同善堂、仁慈堂、澳门镜湖医院慈善会等的救济工作（包括施药派米，赠送寒衣，免费医疗等）开始，及至明爱中心和街坊总会等聘用社会专业人员提供多元化的社会服务；而政府则从以前作为直接提供服务的单一角色，近年成为以技术和经费资助来推动民间社会福利服务的角色。澳门社会福利主要项目有：老人津贴、丧失工作能力金、疾病津贴、失业救济金等。政府每年拨付社会保障金占当年财政预算的1%，而用于社会福利事业的开支在政府经常性公共开支中大致占10%。

第八节　教育　科技　文化

一　教育

（一）概述

20世纪70年代以后，随着澳门经济的起飞和发展，澳门的教育事业逐渐得到发展。进入80年代，澳门教育事业蓬勃发展起来并走上了正轨。近些年来，澳门虽在人才培养方面作了很大努力，但具有高等技术水平和高级管理水平的人员仍然供不应求，主要是因为澳门居民整体文化素质偏低，全澳有65%的劳动人口只具有相当初中以下的文化程度。

1989年，澳督政府任命“教育改革技术委员会”，开始对澳门教育进行反省，致力《澳门教育制度纲要法》出台，并召开“澳门教育改革研讨会”，就教育制度、学校管理、普及教育、教师技能等专题作了深入的探讨。1991～1998年间，澳门出台了有关澳门教育制度、课程计划及教师培训的法律共16部。其中，1991年8月26日《澳门教育制度纲要法》成为政府教育制度和政策的指引性文件。该部法律提倡以葡语或华语作为教学语言，逐渐实行免费基础教育，学校可自由制定部分教学计划，校长为专职担任制等。1995年6月26日，澳门颁布《教育和免费教育》法令，从1995年9月起，把只限于葡人葡语的免费教育普及到全体居民（包括临时逗留者），推行小学预备年级及小学6年共7年的免费教育。

（二）教育体制

澳门教育机构分为公立、官制和私立三种类型。公立教育是由澳门当局开支依照官立教学计划进行的。官制教育由特别的实体开办，但接受政府财政支持，并执行官立教学计划。私立教育由社会团体及私人开办，经费自筹，各行自己的教育计划。根据澳门当局统计暨普查司1990～1991年度的调查，公立学校占全澳学校总数的23.08%；官制学校占1.92%；私立学校占75%，私立学校学生占92.31%。

教育类别分为正规教育、特殊教育和非学制教育3种。正规教育是指有系统的教育，并专为儿童和青少年开办，即由学前教育至大学教育，其中包括学前教育、小学教育、中学教育、职业中学、师范、护士训练及高等教育。特殊教育是指专门为精神或肉体上有缺陷的人士开办的。非学制教育是指成人教育，专为成人开办的课程。

澳门中小学教育中存在 3 个体系、4 种学制，即:中文体系、葡文体系和英文体系;学制为中国学制、中国台湾学制、葡国学制和港英学制。在 4 种学制中,中文体系的学校占优势,全部为私立招收华人子弟,用中文授课;葡文体系全部为公立和葡籍子弟,用葡语授课;英文体系全部为私立,学生以华人子弟居多,用英语授课。公立学校的中葡学校以华人子弟为主,用华语教学,但需教授葡语。

多种学制共存是澳门教育的一大特色,中葡学制共存是历史造成的。英国学制和中国台湾学制在澳门教育领域占有一席之地,其原因是教育落后,特别是过去没有高等教育,要接受高等教育必须到香港、中国内地和台湾地区、欧美、加拿大等地。由于澳门过去没有统一的教育政策、统一的目标和管理,因而使同一学制也是各自为政,如学习年限、课程设置、教学大纲等均不统一。教科书基本上采用香港教科书。

澳门公立与私立的办学条件相差甚远，如在教育经费、校舍与教学设备、教师待遇等方面。公立学校是由“澳门政府”办的，全部经费均由当局负责，所以学校一切条件都比较好，教师待遇优厚。而私立学校财政来源大部分靠学费收入，政府补贴很少。1997 年 10 月，立法会通过法令，规定对私立学校发放各类财政补贴，使私立学校办学条件有了相应改善。

（三）各级教育状况

1. 学前教育

2001～2002 学年有 65 所幼儿园，学童5 203人。有 10 所幼儿园开设学前教育班，53 所中小学开设学前教育班。20 世纪 90 年代以后，澳门重视幼师培训，澳门大学教育学院分别开办职前和职后、学前教育文凭和教育科学等专科学位课程。

2. 小学教育

2001～2002 年度有 32 所小学，在校生有43 886人，适龄儿童在学率为 83.4%。

3. 中学教育

2001～2002 年度有中学 32 所，有学生41 840人，适龄少年入读率为 61.7%。

4. 成人教育与职业教育

至 1991 年澳门共有 98 所成人学校，在校生38 399人。澳门成人教育于 1992～1994 年进入高潮，每年大约有 300 名学员，课程水平不断提高。但政府对成人教育的投入不够，对成人教育基本没有资助，教师没有补贴，因而影响了教学质量。

5. 高等教育

1998～2001 年间，澳门高等教育发展迅速，高等院校从 4 所增加到 11 所，在校学生从7 869人增加到12 749人。其中，研究生从 358 人增加到6 503人。

表 4　澳门各类教育机构 1990～2004 年学生人数　（人）

类　别	1990～1991学年	1997～1998学年	1998～1999学年	1999～2000学年	2001～2002学年	2002～2003学年	2003～2004学年
正规教育	80 812	102 187	107 419	104 997	106 999	110 266	110 494
学前教育	20 814	18 291	17 354	16 083	13 638	12 737	11 936
小学	34 972	47 235	48 269	47 059	43 709	41 535	43 251
中学	16 911	26 406	28 543	30 685	38 751	41 551	39 278
职业中学	690	1 874	3 239	4 076	2 381	2 448	2 349
高等教育	7 425	8 381	10 014	7 094	8 520	11 995	13 680
特殊教育	182	442	494	563	693	587	568
学前	61	22	19	19	14	26	37
小学	117	46	49	52	110	86	107
中学	4	13	18	20	24	30	32
特殊班	361	408	408	472	545	445	392
成人教育	38 399	46 571	47 504	46 432	82 401	86 578	96 131

资料来源　《中国统计年鉴》2001 年和 2005 年，第 881 页。

二 科学技术

澳门的科学技术发展起步较晚。1989年设立了科技学院后，澳门才有了工科课程，主要培养电机与电子工程、土木工程、计算机软件工程和机械工程等方面的人才，本地培养的第一批工程师于1993年毕业。澳门的理工学院也是以商科和电脑为主课程。

澳门的科研机构有：(1) 联合国国际软件技术研究所，于1992年7月建立。主要任务是了解软件的技术管理，开发和推广先进软件产品，更新大学软件科学的课程，参与国际软件技术研究。该所经常进行的活动有参与一些科研项目、开办培训课程、开展研究活动、担任科研顾问及推广软件的传播工作。(2) 澳门自来水有限公司化验研究中心，1998年开始启用。工作范围是对水源的原水、水厂净化和客户的净化水作水质分析及定期监察，进行水处理和化验技术科学研究。(3) 澳门大学科技研究中心，1993年成立。(4) 地球物理暨气象台。(5) 卫生试验室和澳门土木工程实验室。

三 文学艺术

在葡萄牙侵占管制的近400年的历史中，澳门的文化艺术发展比较缓慢。由于当局对文化艺术不够重视，所以，澳门没有形成一个完整的文化体系，如缺乏正规的文化馆、美术馆、博物馆、展览馆、剧院、音乐厅等有利于文艺发展的场地。澳门的文化团体也不少，有关的社团包括集邮、天文、建筑、教育、出版、演艺、语言、影视、展览、园艺、哲学、宗教等等，其中有些团体是多功能的，一个团体同时兼几项活动。20世纪80年代以后，为开展文艺活动，澳门文化司署从经费上大力支持澳门文化团体，对各项展出、演出、出版等予以帮助。90年代以后，文化司署拨款资助了60多个文化社团开展书展、影展、演唱、演出、讲座、交流等，有力地促进了澳门文艺事业的发展。

四 新闻出版

澳门新闻出版业历史悠久，是澳门文化事业的重要组成部分。澳门中文报业的历史已有110多年，在近代历史上，中文报纸成为革命者宣传革命理论的舆论工具，例如在抗日战争中创刊的《华侨报》和《华侨晚报》的报业人士积极投身抗日救亡工作，成为澳门抗日救亡运动的主力之一。

澳门现有中文日报7家，周报12家；葡文日报2家，晚报1家，周报5家；2个广播电台和1个电视台（中、葡语分频道播出），有6个外地通讯社派驻澳门的机构和记者。本地出版社有3家。

目前，《澳门日报》是销量最多的综合性中文日报，创刊于1958年8月15日。主要在澳门地区发行，香港、珠海、广州、珠江三角洲以及东南亚国家均有订户。此外还有《华侨报》《大众报》《市民报》《星报》《正报》和《现代澳门日报》。周报涉及面有时事新闻、体育、邮市、文娱、经济、地产等。葡文日报有《澳门人报》《今日澳门》《澳门晚报》《香港澳门经济报》和《商报》等。

澳门广播电视有限公司成立于1988年5月1日，是当局和私人机构合办的电子传媒机构。分别有中文和葡文两个电视频道和两个电台频道。

澳门没有自己的通讯社，只有外地通讯社在澳门设立的分社或派出的驻澳记者。最具有规模的是葡国新闻社澳门分社和亚太分社，它除了负责向澳门中文报章译发葡新社总社的电稿及专发该分社记者所撰写的澳门新闻稿外，还负责指导葡新社驻北京、台北、香港、东京等地的记者。澳门回归前，新华通讯社则以新华通讯社澳门分社的形式，在澳门设有机构。此外，美联社、路透社、合众社等外国通讯社在澳门也驻有记者。

澳门曾出版过中国历史上第一部外文辞典《英华辞典》，但出版业发展十分缓慢。20世纪80年代初期相继成立了星光出版社、澳门日报出版社和澳门出版社等出版社。

第七节 军事与涉外事务

澳门特别行政区作为中国不可分割的一部分，按《基本法》规定，与其有关的防务和外交事务均由中央人民政府负责管理。

一 军事

对一个主权国家来说，驻扎军队是行使主权的重要特征。历史上，明朝政府就曾在澳门设立了提调、备倭、巡缉3个行署，而且明确在这3个行署中都分别派兵进行把守。清朝在澳门的关前街一带设置了“关部行台”，也派了军队驻扎。除此之外，清朝政府还设立了关闸汛和望厦汛，并派出官方船只在澳门海面进行巡逻。

1999年6月28日，第九届全国人民代表大会常务委员会第十次会议通过了《中华人民共和国澳门特别行政区驻军法》。该法对澳门驻军的职责、澳门驻军与澳门特别行政区政府的关系、澳门驻军人员的义务与纪律、澳门驻军人员的司法管辖等做了明确的规定。

1999年12月19日，根据《中华人民共和国宪法》赋予中国人民解放军的使命，依照《中华人民共和国澳门特别行政区基本法》和《中华人民共和国澳门特别行政区驻军法》的有关规定，中华人民共和国中央军事委员会主席江泽民签署了《中国人民解放军驻澳门部队进驻澳门特别行政区的命令》，并于1999年12月20日开始履行防务职责。

二 涉外事务

回归前，澳门虽然主权属于中国，但由葡萄牙管治。因此，回归前澳门在外交方面没有自主权。1987年，《中葡联合声明》发表之前，澳门参加了17个国际和地区组织。有的以葡萄牙“海外省”的身份参加，有的以葡萄牙“属地或辖地”的身份参加，也有的以葡萄牙代表团成员的身份参加，还有的是通过葡萄牙的相应机构提出加入申请后参加的。

《中葡联合声明》发表后，成立了中葡联合联络小组，在联络小组内专门设立了澳门加入国际组织工作小组，就澳门加入国际组织的相关问题进行共同讨论、协商和决策。《中葡联合声明》和《澳门特别行政区基本法》中规定：“澳门特别行政区可在经济、贸易、金融、航运、通讯、旅游、文化、科技、体育等适当领域以‘中国澳门’的名义，单独地同世界各地区及有关国际组织保持和发展联系，签订和履行有关协议。”与此相适应，《基本法》第一百四十一条还规定，澳门特别行政区可根据需要在外国设立官方或半官方的经济贸易机构，报中央人民政府备案（而不是批准）。总的来看，澳门特别行政区在对外事务方面获得的授权是相当广泛的。

澳门已参加的国际组织有40多个，其中与经济、贸易、旅游、劳工、航运、通讯、科技有关的组织有20个左右，其中既有国际性的组织，也有区域性的组织。

澳门的驻外机构主要集中在经济贸易和旅游两个方面。在经济贸易方面，在里斯本和布鲁塞尔设有两个代表处。在旅游方面，澳门旅游司在世界12个国家设有18个咨询处。联合国难民专员公署在澳门驻有高级专员。还有一些国家在澳门委任了名誉总领事或名誉领事。

《基本法》中制定了有关治安和防务的规定，明确划分了中央和特区政府的管理权限。至于特区治安中出现的特殊问题，如特大台风袭击、大火、疫症等灾难性的天灾人祸，首先应该由特区政府自行处理，若特区政府力所不能及或无法控制，可请求中央政府支持，也可由中央政府主动调动各方力量协助。（刘秀莲）

第十七章 附录 重要文献

1.《反分裂国家法》

（2005年3月14日第十届全国人民代表大会第三次会议通过）

第一条 为了反对和遏制“台独”分裂势力分裂国家，促进祖国和平统一，维护台湾海峡地区和平稳定，维护国家主权和领土完整，维护中华民族的根本利益，根据宪法，制定本法。

第二条 世界上只有一个中国，大陆和台湾同属一个中国，中国的主权和领土完整不容分割。维护国家主权和领土完整是包括台湾同胞在内的全中国人民的共同义务。

台湾是中国的一部分。国家绝不允许“台独”分裂势力以任何名义、任何方式把台湾从中国分裂出去。

第三条 台湾问题是中国内战的遗留问题。

解决台湾问题，实现祖国统一，是中国的内部事务，不受任何外国势力的干涉。

第四条 完成统一祖国的大业是包括台湾同胞在内的全中国人民的神圣职责。

第五条　坚持一个中国原则，是实现祖国和平统一的基础。

以和平方式实现祖国统一，最符合台湾海峡两岸同胞的根本利益。国家以最大的诚意，尽最大的努力，实现和平统一。

国家和平统一后，台湾可以实行不同于大陆的制度，高度自治。

第六条　国家采取下列措施，维护台湾海峡地区和平稳定，发展两岸关系：

（一）鼓励和推动两岸人员往来，增进了解，增强互信；

（二）鼓励和推动两岸经济交流与合作，直接通邮通航通商，密切两岸经济关系，互利互惠；

（三）鼓励和推动两岸教育、科技、文化、卫生、体育交流，共同弘扬中华文化的优秀传统；

（四）鼓励和推动两岸共同打击犯罪；

（五）鼓励和推动有利于维护台湾海峡地区和平稳定、发展两岸关系的其他活动。

国家依法保护台湾同胞的权利和利益。

第七条　国家主张通过台湾海峡两岸平等的协商和谈判，实现和平统一。协商和谈判可以有步骤、分阶段进行，方式可以灵活多样。

台湾海峡两岸可以就下列事项进行协商和谈判：

（一）正式结束两岸敌对状态；

（二）发展两岸关系的规划；

（三）和平统一的步骤和安排；

（四）台湾当局的政治地位；

（五）台湾地区在国际上与其地位相适应的活动空间；

（六）与实现和平统一有关的其他任何问题。

第八条　“台独”分裂势力以任何名义、任何方式造成台湾从中国分裂出去的事实，或者发生将会导致台湾从中国分裂出去的重大事变，或者和平统一的可能性完全丧失，国家得采取非和平方式及其他必要措施，捍卫国家主权和领土完整。

依照前款规定采取非和平方式及其他必要措施，由国务院、中央军事委员会决定和组织实施，并及时向全国人民代表大会常务委员会报告。

第九条　依照本法规定采取非和平方式及其他必要措施并组织实施时，国家尽最大可能保护台湾平民和在台湾的外国人的生命财产安全和其他正当权益，减少损失；同时，国家依法保护台湾同胞在中国其他地区的权利和利益。

第十条　本法自公布之日起施行。

2.《中俄睦邻友好合作条约》

（2001年7月16日）

中华人民共和国和俄罗斯联邦（以下简称“缔约双方”），

基于中俄两国人民睦邻友好的历史传统，认为一九九二年至二〇〇〇年期间两国元首签署和通过的中俄联合宣言和声明对发展双边关系具有重要意义，坚信巩固两国间各个领域的友好、睦邻与互利合作符合两国人民的根本利益，有利于维护亚洲乃至世界的和平、安全与稳定，重申各自根据《联合国宪章》及其参加的其他国际条约所承担的义务，希望促进建立以恪守公认的国际法原则与准则为基础的公正合理的国际新秩序，致力于将两国关系提高到崭新的水平，决心使两国人民间的友谊世代相传，兹达成协议如下：

第一条

缔约双方根据公认的国际法原则和准则，根据互相尊重主权和领土完整、互不侵犯、互不干涉内政、平等互利、和平共处的原则，长期全面地发展两国睦邻、友好、合作和平等信任的战略协作伙伴关系。

第二条

缔约双方在其相互关系中不使用武力或以武力相威胁，也不相互采取经济及其他施压手段，彼此间的分歧将只能遵循《联合国宪章》的规定及其他公认的国际法原则和准则，以和平方式解决。

缔约双方重申，承诺互不首先使用核武器和互不将战略核导弹瞄准对方。

第三条

缔约双方相互尊重对方根据本国国情所选择的政治、经济、社会和文化发展道路，确保两国关系长期稳定发展。

第四条

中方支持俄方在维护俄罗斯联邦的国家统一和

领土完整问题上的政策。

俄方支持中方在维护中华人民共和国的国家统一和领土完整问题上的政策。

第五条

俄方重申一九九二年至二〇〇〇年期间两国元首签署和通过的政治文件中就台湾问题所阐述的原则立场不变。俄方承认，世界上只有一个中国，中华人民共和国政府是代表全中国的唯一合法政府，台湾是中国不可分割的一部分。俄方反对任何形式的台湾独立。

第六条

缔约双方满意地指出，相互没有领土要求，决心并积极致力于将两国边界建设成为永久和平、世代友好的边界。缔约双方遵循领土和国界不可侵犯的国际法原则，严格遵守两国间的国界。

缔约双方根据一九九一年五月十六日《中华人民共和国和苏维埃社会主义共和国联盟关于中苏国界东段的协定》继续就解决中俄尚未协商一致地段的边界线走向问题进行谈判。在这些问题解决之前，双方在两国边界尚未协商一致的地段维持现状。

第七条

缔约双方将根据现行的协定采取措施，加强边境地区军事领域的信任和相互裁减军事力量。缔约双方将扩大和加深军事领域的信任措施，以加强各自的安全，巩固地区及国际稳定。

缔约双方将本着武器和武装力量合理足够的原则，努力确保本国的安全。

缔约双方根据有关协定进行的军事和军技合作不针对第三国。

第八条

缔约双方不参加任何损害缔约另一方主权、安全和领土完整的联盟或集团，不采取任何此类行动，包括不同第三国缔结此类条约。缔约任何一方不得允许第三国利用其领土损害缔约另一方的国家主权、安全和领土完整。

缔约任何一方不得允许在本国领土上成立损害缔约另一方主权、安全和领土完整的组织和团伙，并禁止其活动。

第九条

如出现缔约一方认为会威胁和平、破坏和平或涉及其安全利益和针对缔约一方的侵略威胁的情况，缔约双方为消除所出现的威胁，将立即进行接触和磋商。

第十条

缔约双方将利用并完善各级别的定期会晤机制，首先是最高级和高级会晤，就双边关系和共同关心的重要而迫切的国际问题定期交换意见、协调立场，以加强平等信任的战略协作伙伴关系。

第十一条

缔约双方主张严格遵守公认的国际法原则和准则，反对任何以武力施压或以种种借口干涉主权国家内政的行为，愿为加强国际和平、稳定、发展与合作进行积极努力。

缔约双方反对可能对国际稳定、安全与和平造成威胁的行为，将在预防国际冲突及其政治解决方面相互协作。

第十二条

缔约双方共同致力于维护全球战略平衡与稳定，并大力促进恪守有关保障维护战略稳定的基本协议。缔约双方将积极推动核裁军和裁减化学武器进程，促进加强禁止生物武器的制度，采取措施防止大规模杀伤性武器及其运载工具和相关技术的扩散。

第十三条

缔约双方将加强在联合国及其安理会和联合国专门机构的合作。缔约双方将努力增强联合国作为由主权国家组成的最具权威性和最具普遍性的国际组织在处理国际事务，尤其是在和平与发展领域的中心作用，确保联合国安理会在维护国际和平与安全领域的主要责任。

第十四条

缔约双方将大力促进加强两国周边地区的稳定，确立相互理解、信任和合作的气氛，推动旨在上述地区建立符合其实际的安全和合作问题多边协作机制的努力。

第十五条

缔约双方将根据两国政府间有关协定和其他文件处理债权、债务关系，彼此承认缔约一方对位于缔约另一方境内属于对方的资产及其他财产拥有的合法权益。

第十六条

缔约双方将在互利的基础上开展经贸、军技、科技、能源、运输、核能、金融、航天航空、信息技术及其他双方共同感兴趣领域的合作，促进两国边境和地方间经贸合作的发展，并根据本国法律为此创造必要的良好条件。

缔约双方将大力促进发展文化、教育、卫生、信息、旅游、体育和法制领域的交流与合作。

缔约双方将根据本国法律及其参加的国际条约，保障维护知识产权，其中包括著作权和相关权利。

第十七条

缔约双方将在国际金融机构、经济组织和论坛内开展合作，并根据上述机构、组织和论坛章程的规定，促进缔约一方加入缔约另一方已成为成员（参加国）的上述机构。

第十八条

缔约双方将根据各自承担的国际义务及本国法律在促进实现人权和基本自由方面进行合作。

缔约双方将根据各自承担的国际义务以及各自的法律和规定，采取有效措施，保障缔约一方法人和自然人在缔约另一方境内的合法权益，并相互提供必要的民事和刑事司法协助。

缔约双方有关部门将根据相关法律调查与解决缔约一方的法人和自然人在缔约另一方境内进行合作和经营活动过程中出现的问题和纠纷。

第十九条

缔约双方将在保护和改善环境状况，预防跨界污染，公平合理利用边境水体、太平洋北部及界河流域的生物资源领域进行合作，共同努力保护边境地区稀有植物、动物种群和自然生态系统，并就预防两国发生的自然灾害和由技术原因造成的重大事故及消除其后果进行合作。

第二十条

缔约双方将根据本国法律和各自承担的国际义务，在打击恐怖主义、分裂主义和极端主义，以及打击有组织犯罪和非法贩运毒品、精神药品、武器等犯罪活动方面进行积极合作。缔约双方将合作打击非法移民，包括打击通过本国领土非法运送自然人的行为。

第二十一条

缔约双方重视发展两国中央（联邦）立法和执行机关之间的交流与合作。

缔约双方将大力促进开展两国司法机关之间的交流与合作。

第二十二条

本条约不影响缔约双方作为其他国际条约参加国的权利和义务，也不针对任何第三国。

第二十三条

为执行本条约，缔约双方将积极促进在双方都感兴趣的具体领域签订条约。

第二十四条

本条约需经批准，并自互换批准书之日起生效。批准书将在北京互换。

第二十五条

本条约有效期为二十年。如果在本条约期满一年前缔约任何一方均未以书面形式通知缔约另一方要求终止本条约，则本条约将自动延长五年，并依此法顺延。

本条约于二○○一年七月十六日在莫斯科签订，一式两份，每份都用中文和俄文写成，两种文本同等作准。

中华人民共和国代表　　俄罗斯联邦代表
江泽民　　弗拉基米尔·普京

3. 中美《联合公报》

（《上海公报》）

（1972 年 2 月 28 日）

应中华人民共和国总理周恩来的邀请，美利坚合众国总统理查德·尼克松自一九七二年二月二十一日至二月二十八日访问了中华人民共和国。陪同总统的有尼克松夫人、美国国务卿威廉·罗杰斯、总统助理亨利·基辛格博士和其他美国官员。

尼克松总统于二月二十一日会见了中国共产党主席毛泽东。两位领导人就中美关系和国际事务认真、坦率地交换了意见。

访问中，尼克松总统和周恩来总理就美利坚合众国和中华人民共和国关系正常化以及双方关心的其他问题进行了广泛、认真和坦率的讨论。此外，国务卿威廉·罗杰斯和外交部长姬鹏飞也以同样精神进行了会谈。

尼克松总统及其一行访问了北京，参观了文

化、工业和农业项目，还访问了杭州和上海，在那里继续同中国领导人进行讨论，并参观了类似的项目。

中华人民共和国和美利坚合众国领导人经过这么多年一直没有接触之后，现在有机会坦率地互相介绍彼此对各种问题的观点，对此，双方认为是有益的。他们回顾了经历着重大变化和巨大动荡的国际局势，阐明了各自的立场和态度。

中国方面声明：哪里有压迫，哪里就有反抗。国家要独立，民族要解放，人民要革命，已成为不可抗拒的历史潮流。国家不分大小，应该一律平等，大国不应欺负小国，强国不应欺负弱国。中国决不做超级大国，并且反对任何霸权主义和强权政治。中国方面表示：坚决支持一切被压迫人民和被压迫民族争取自由、解放的斗争；各国人民有权按照自己的意愿，选择本国的社会制度，有权维护本国独立、主权和领土完整，反对外来侵略、干涉、控制和颠覆。一切外国军队都应撤回本国去。中国方面表示：坚决支持越南、老挝、柬埔寨三国人民为实现自己的目标所作的努力，坚决支持越南南方共和临时革命政府的七点建议以及在今年二月对其中两个关键问题的说明和印度支那人民最高级会议联合声明；坚决支持朝鲜民主主义人民共和国政府一九七一年四月十二日提出的朝鲜和平统一的八点方案和取消“联合国韩国统一复兴委员会”的主张；坚决反对日本军国主义的复活和对外扩张，坚决支持日本人民要求建立一个独立、民主、和平和中立的日本的愿望；坚决主张印度和巴基斯坦按照联合国关于印巴问题的决议，立即把自己的军队全部撤回到本国境内以及查谟和克什米尔停火线的各自一方，坚决支持巴基斯坦政府和人民维护独立、主权的斗争以及查谟和克什米尔人民争取自决权的斗争。

美国方面声明：为了亚洲和世界的和平，需要对缓和当前的紧张局势和消除冲突的基本原因作出努力。美国将致力于建立公正而稳定的和平。这种和平是公正的，因为它满足各国人民和各国争取自由和进步的愿望。这种和平是稳定的，因为它消除外来侵略的危险。美国支持全世界各国人民在没有外来压力和干预的情况下取得个人自由和社会进步。美国相信，改善具有不同意识形态的国与国之间的联系，以便减少由于事故、错误估计或误会而引起的对峙的危险，有助于缓和紧张局势的努力。各国应该互相尊重并愿进行和平竞赛，让行动作出最后判断。任何国家都不应自称一贯正确，各国都要准备为了共同的利益重新检查自己的态度。美国强调：应该允许印度支那各国人民在不受外来干涉的情况下决定自己的命运；美国一贯的首要目标是谈判解决；越南共和国和美国在一九七二年一月二十七日提出的八点建议提供了实现这个目标的基础；在谈判得不到解决时，美国预计在符合印度支那每个国家自决这一目标的情况下从这个地区最终撤出所有美国军队。美国将保持其与大韩民国的密切联系和对它的支持；美国将支持大韩民国为谋求在朝鲜半岛缓和紧张局势和增加联系的努力。美国最高度地珍视同日本的友好关系，并将继续发展现存的紧密纽带。按照一九七一年十二月二十一日联合国安全理事会的决议，美国赞成印度和巴基斯坦之间的停火继续下去，并把全部军事力量撤至本国境内以及查谟和克什米尔停火线的各自一方；美国支持南亚各国人民和平地、不受军事威胁地建设自己的未来的权利，而不使这个地区成为大国竞争的目标。

中美两国的社会制度和对外政策有着本质的区别。但是，双方同意，各国不论社会制度如何，都应根据尊重各国主权和领土完整、不侵犯别国、不干涉别国内政、平等互利、和平共处的原则来处理国与国之间的关系。国际争端应在此基础上予以解决，而不诉诸武力和武力威胁。美国和中华人民共和国准备在他们的相互关系中实行这些原则。

考虑到国际关系的上述这些原则，双方声明：

——中美两国关系走向正常化是符合所有国家的利益的；

——双方都希望减少国际军事冲突的危险；

——任何一方都不应该在亚洲—太平洋地区谋求霸权，每一方都反对任何其他国家或国家集团建立这种霸权的努力；

——任何一方都不准备代表任何第三方进行谈判，也不准备同对方达成针对其他国家的协议或谅解。

双方都认为，任何大国与另一大国进行勾结反对其他国家，或者大国在世界上划分利益范围，那都是违背世界各国人民利益的。

双方回顾了中美两国之间长期存在的严重争

端。中国方面重申自己的立场：台湾问题是阻碍中美两国关系正常化的关键问题；中华人民共和国政府是中国的唯一合法政府；台湾是中国的一个省，早已归还祖国；解放台湾是中国内政，别国无权干涉；全部美国武装力量和军事设施必须从台湾撤走。中国政府坚决反对任何旨在制造“一中一台”、“一个中国、两个政府”、“两个中国”、“台湾独立”和鼓吹“台湾地位未定”的活动。

美国方面声明：美国认识到，在台湾海峡两边的所有中国人都认为只有一个中国，台湾是中国的一部分。美国政府对这一立场不提出异议。它重申它对由中国人自己和平解决台湾问题的关心。考虑到这一前景，它确认从台湾撤出全部美国武装力量和军事设施的最终目标。在此期间，它将随着这个地区紧张局势的缓和逐步减少它在台湾的武装力量和军事设施。

双方同意，扩大两国人民之间的了解是可取的。为此目的，他们就科学、技术、文化、体育和新闻等方面的具体领域进行了讨论，在这些领域中进行人民之间的联系和交流将会是互相有利的。双方各自承诺对进一步发展这种联系和交流提供便利。

双方把双边贸易看作是另一个可以带来互利的领域，并一致认为平等互利的经济关系是符合两国人民的利益的。他们同意为逐步发展两国间的贸易提供便利。

双方同意，他们将通过不同渠道保持接触，包括不定期地派遣美国高级代表前来北京，就促进两国关系正常化进行具体磋商，并继续就共同关心的问题交换意见。

双方希望，这次访问的成果将为两国关系开辟新的前景。双方相信，两国关系正常化不仅符合中美两国人民的利益，而且会对缓和亚洲及世界紧张局势作出贡献。

尼克松总统、尼克松夫人及美方一行对中华人民共和国政府和人民给予他们有礼貌的款待，表示感谢。

4.《中华人民共和国和美利坚合众国关于建立外交关系的联合公报》

（1979 年 1 月 1 日）

中华人民共和国和美利坚合众国商定自一九七九年一月一日起互相承认并建立外交关系。

美利坚合众国承认中华人民共和国政府是中国的唯一合法政府。在此范围内，美国人民将同台湾人民保持文化、商务和其他非官方关系。

中华人民共和国和美利坚合众国重申《上海公报》中双方一致同意的各项原则，并再次强调：

——双方都希望减少国际军事冲突的危险。

——任何一方都不应该在亚洲—太平洋地区以及世界上任何地区谋求霸权，每一方都反对任何国家或国家集团建立这种霸权的努力。

——任何一方都不准备代表任何第三方进行谈判，也不准备同对方达成针对其他国家的协议或谅解。

——美利坚合众国政府承认中国的立场，即只有一个中国，台湾是中国的一部分。

——双方认为，中美关系正常化不仅符合中国人民和美国人民的利益，而且有助于亚洲和世界的和平事业。

中华人民共和国和美利坚合众国将于一九七九年三月一日互派大使并建立大使馆。

5.《中华人民共和国和美利坚合众国联合公报》

（1982 年 8 月 17 日）

一　在中华人民共和国政府和美利坚合众国政府发表的一九七九年一月一日建立外交关系的联合公报中，美利坚合众国承认中华人民共和国政府是中国的唯一合法政府，并承认中国的立场，即只有一个中国，台湾是中国的一部分。在此范围内，双方同意，美国人民将同台湾人民继续保持文化、商务和其他非官方关系。在此基础上，中美两国关系实现了正常化。

二 美国向台湾出售武器的问题在两国谈判建交的过程中没有得到解决。双方的立场不一致，中方声明在正常化以后将再次提出这个问题。双方认识到这一问题将会严重妨碍中美关系的发展，因而在赵紫阳总理与罗纳德·里根总统以及黄华副总理兼外长与亚历山大·黑格国务卿于一九八一年十月会见时以及在此以后，双方进一步就此进行了讨论。

三 互相尊重主权和领土完整、互不干涉内政是指导中美关系的根本原则。一九七二年二月二十八日的上海公报确认了这些原则。一九七九年一月一日生效的建交公报又重申了这些原则。双方强调声明，这些原则仍是指导双方关系所有方面的原则。

四 中国政府重申，台湾问题是中国的内政。一九七九年一月一日中国发表的告台湾同胞书宣布了争取和平统一祖国的大政方针。一九八一年九月三十日中国提出的九点方针是按照这一大政方针争取和平解决台湾问题的进一步重大努力。

五 美国政府非常重视它与中国的关系，并重申，它无意侵犯中国的主权和领土完整，无意干涉中国的内政，也无意执行“两个中国”或“一中一台”政策。美国政府理解并欣赏一九七九年一月一日中国发表的告台湾同胞书和一九八一年九月三十日中国提出的九点方针中所表明的中国争取和平解决台湾问题的政策。台湾问题上出现的新形势也为解决中美两国在美国售台武器问题上的分歧提供了有利的条件。

六 考虑到双方的上述声明，美国政府声明，它不寻求执行一项长期向台湾出售武器的政策，它向台湾出售的武器在性能和数量上将不超过中美建交后近几年供应的水平，它准备逐步减少它对台湾的武器出售，并经过一段时间导致最后的解决。在作这样的声明时，美国承认中国关于彻底解决这一问题的一贯立场。

七 为了使美国售台武器这个历史遗留的问题，经过一段时间最终得到解决，两国政府将尽一切努力，采取措施，创造条件，以利于彻底解决这个问题。

八 中美关系的发展不仅符合两国人民的利益，而且也有利于世界和平与稳定。双方决心本着平等互利的原则，加强经济、文化、教育、科技和其他方面的联系，为继续发展中美两国政府和人民之间的关系共同作出重大努力。

九 为了使中美关系健康发展和维护世界和平、反对侵略扩张，两国政府重申上海公报和建交公报中双方一致同意的各项原则。双方将就共同关心的双边问题和国际问题保持接触并进行适当的磋商。

6.《中华人民共和国政府和日本国政府联合声明》

（1972年9月29日）

日本国内阁总理大臣田中角荣应中华人民共和国国务院总理周恩来的邀请，于1972年9月25日至9月30日访问了中华人民共和国。陪同田中角荣总理大臣的有大平正芳外务大臣、二阶堂进内阁官房长官以及其他政府官员。

毛泽东主席于9月27日会见了田中角荣总理大臣。双方进行了认真、友好的谈话。

周恩来总理、姬鹏飞外交部长和田中角荣总理大臣、大平正芳外务大臣，始终在友好的气氛中，以中日两国邦交正常化问题为中心，就两国间的各项问题，以及双方关心的其他问题，认真、坦率地交换了意见，同意发表两国政府的下述联合声明：

中日两国是一衣带水的邻邦，有着悠久的传统友好的历史。两国人民切望结束迄今存在于两国间的不正常状态。战争状态的结束，中日邦交的正常化，两国人民这种愿望的实现，将揭开两国关系史上新的一页。

日本方面痛感日本国过去由于战争给中国人民造成的重大损害的责任，表示深刻的反省。日本方面重申站在充分理解中华人民共和国政府提出的“复交三原则”的立场上，谋求实现日中邦交正常化这一见解。中国方面对此表示欢迎。

中日两国尽管社会制度不同，应该而且可以建立和平友好关系。两国邦交正常化，发展两国的睦邻友好关系，是符合两国人民利益的，也是对缓和亚洲紧张局势和维护世界和平的贡献。

（一）自本声明公布之日起，中华人民共和国和日本国之间迄今为止的不正常状态宣告结束。

（二）日本国政府承认中华人民共和国政府是中国的唯一合法政府。

（三）中华人民共和国政府重申：台湾是中华人民共和国领土不可分割的一部分。日本国政府充分理解和尊重中国政府的这一立场，并坚持遵循波茨坦公告第八条的立场。

（四）中华人民共和国政府和日本国政府决定自1972年9月29日起建立外交关系。两国政府决定，按照国际法和国际惯例，在各自的首都为对方大使馆的建立和履行职务采取一切必要的措施，并尽快互换大使。

（五）中华人民共和国政府宣布：为了中日两国人民的友好，放弃对日本国的战争赔偿要求。

（六）中华人民共和国政府和日本国政府同意在互相尊重主权和领土完整、互不侵犯、互不干涉内政、平等互利、和平共处各项原则的基础上，建立两国间持久的和平友好关系。

根据上述原则和联合国宪章的原则，两国政府确认，在相互关系中，用和平手段解决一切争端，而不诉诸武力和武力威胁。

（七）中日邦交正常化，不是针对第三国的。两国任何一方都不应在亚洲和太平洋地区谋求霸权，每一方都反对任何其他国家或国家集团建立这种霸权的努力。

（八）中华人民共和国政府和日本国政府为了巩固和发展两国间的和平友好关系，同意进行以缔结和平友好关系为目的的谈判。

（九）中华人民共和国政府和日本国政府为进一步发展两国间的关系和扩大人员往来，根据需要并考虑到已有的民间协定，同意进行以缔结贸易、航海、航空、渔业等协定为目的的谈判。

中华人民共和国国务院总理　日本国内阁总理大臣

周恩来(签字)　田中角荣(签字)

中华人民共和国外交部长　日本国外务大臣

姬鹏飞(签字)　大平正芳(签字)

1972年9月29日于北京

7.《中华人民共和国和日本国和平友好条约》

（1978年8月12日）

中华人民共和国和日本国满意地回顾了自一九七二年九月二十九日中华人民共和国政府和日本国政府在北京发表联合声明以来，两国政府和两国人民之间的友好关系在新的基础上获得很大的发展；确认上述联合声明是两国间和平友好关系的基础，联合声明所表明的各项原则应予严格遵守；确认联合国宪章的原则应予充分尊重；希望对亚洲和世界的和平与安定作出贡献；为了巩固和发展两国间的和平友好关系；决定缔结和平友好条约，为此各自委派全权代表如下：

中华人民共和国委派外交部长黄华；

日本国委派外务大臣园田直。

双方全权代表互相校阅全权证书，认为妥善后，达成协议如下：

第一条

一　缔约双方应在互相尊重主权和领土完整、互不侵犯、互不干涉内政、平等互利、和平共处各项原则的基础上，发展两国间持久的和平友好关系。

二　根据上述各项原则和联合国宪章的原则，缔约双方确认，在相互关系中，用和平手段解决一切争端，而不诉诸武力和武力威胁。

第二条

缔约双方表明：任何一方都不应在亚洲和太平洋地区或其他任何地区谋求霸权，并反对任何其他国家或国家集团建立这种霸权的努力。

第三条

缔约双方将本着睦邻友好的精神，按照平等互利和互不干涉内政的原则，为进一步发展两国之间的经济关系和文化关系，促进两国人民的往来而努力。

第四条

本条约不影响缔约各方同第三国关系的立场。

第五条

一　本条约须经批准，自在东京交换批准书之日起生效。本条约有效期为十年。十年以后，在根据本条第二款的规定宣布终止以前，将继续有效。

二　缔约任何一方在最初十年期满时或在其后的任何时候，可以在一年以前，以书面预先通知缔约另一方，终止本条约。双方全权代表在本条约上签字盖章，以昭信守。本条约于一九七八年八月十二日在北京签订，共两份，每份都用中文和日文写成，两种文本具有同等效力。

中华人民共和国全权代表	日本国全权代表
黄　华(签字)	园田直(签字)

第二编

日　本

第一章　概况

第一节　概述

国名　日本国（Japan）。

领土面积　377 880万平方公里。

人口　约 1.2774 亿（2004 年 12 月）。

民族　主要民族为大和族，还约有 120 万琉球人，北海道地区约有 2.5 万阿伊奴族人。

宗教　主要宗教是神道教和佛教，信仰人口分别占宗教人口的 49.6%和 44.8%。还有基督教等。

语言文字　通用日语；使用表意文字（汉字）与表音文字（假名）相结合的文字。

首都　东京（Tokyo），面积约2 183平方公里，人口约1 256万人（2006 年 1 月）。

国家象征　天皇明仁（Akihito），1989 年 1 月即位，年号平成。

第二节　自然地理

一　地理位置

日本位于亚洲大陆以东海域，是由太平洋西北部的众多岛屿组成的国家。西南隔黄海、东海，同中国的本土及其台湾省相望；西隔日本海同朝鲜、韩国相望；西北与北隔日本海、宗谷海峡（拉彼鲁兹海峡）和鄂霍次克海，同俄罗斯远东联邦区属的滨海边疆区、哈巴罗夫斯克边疆区、萨哈林岛及千岛群岛相望；东及东南濒太平洋。日本的四大岛屿地处北纬45°25′3″～北纬 30°59′30″与东经145°49′5″～东经129°30′49″之间。海上诸岛地处北纬45°33′20″～北纬20°25′24″与东经 153°59′10″～东经122°56′10″之间。

二　国土形状、地形、地质结构与土壤

日本国土呈半圆弧形，由北向南延伸，四面环海。由北海道（8.35 万平方公里）、本州（23.1 万平方公里）、四国（1.9 万平方公里）和九州（4.4 万平方公里）等 4 个大岛（占国土总面积的 98%）以及数以千计的沿海小岛组成，共有岛屿6 800余个。南北长约3 600公里，东西宽约1 800公里，东西最宽陆地约 600 公里。海岸线蜿蜒曲折，全长34 000公里，海港千余个。

日本是一个多山的国家，最负盛名的是富士山，高度为3 776米，以其优美壮丽受人们赞赏。山地约占国土总面积的 61%，如果加上丘陵地则占 71.8%。山脉分为两大系统：以位于本州中部的大地沟带为界，东北部，北海道和本州北部南北走向的山脉为东北部山系，称为北弯山系；西南部，四国和本州南部东西走向的山系为西南部山系，称为南弯山系。北弯山系由北向南有日高山脉、北见山地、天盐山地、北上山地、阿武隈山地以及日本最高的山脉奥羽山脉、出羽山地、越后山脉、三国山脉、关东山地。横贯本州的南弯山系包括有飞驒山脉、木曾山脉、赤石山脉，再向南有四国山地、九州山地、中国山地，还有伊吹山地、纪

伊山地、筑紫山地和丹波山地。

平原大部分是冲积平原，缺乏构造平原。由于受山地阻隔显得零散而狭小。平原面积仅占国土面积的24.8%。关东平原为最大的平原，面积1万平方公里，这里是日本最发达的地区，首都东京位于该区，是全国政治、经济和文化中心。大阪平原面积为1 600平方公里，是日本第二大经济区，是全国的重要经济中心，全国第二大城市大阪府位于该区。浓尾平原面积1 800平方公里，是中京工业区所在地，全国第三大城市名古屋是该区的中心。此外，在日本列岛上由北向南还有十胜平原、石狩平原、津轻平原、秋田平原、仙台平原、庄内平原、新潟平原、富山平原、伊势平原、冈山平原、姬路平原、赞岐平原、筑紫平原和宫崎平原。

日本列岛在地质年代中，经过复杂的地质变动，断层、褶皱、海进、海退，以及火山运动的内力与外力作用形成了现在的地貌。古生代末期的海西造山运动，形成了日本的脊梁山脉，佐川造山运动形成了本州、四国、九州的褶皱山脉，大八州造山运动则使日本形成接近现代轮廓的地面起伏状态。到了新生代日本列岛与亚洲大陆分离，并出现许多岛屿，呈东北—西南走向，使日本形成今天的弧形列岛状态。

大地构造线将日本地貌分成不同类型，本州中部南北走向的大地沟带，将日本列岛分成东北和西南两部分。大地沟带长约280公里，宽约50～60公里。中央构造线将日本西南部分为两部分，北侧为内带，南侧为外带。

日本位于活跃的太平洋火山和地震带上，地壳变动剧烈，境内火山众多，分布面很广，全国共有火山192座，其中活火山58座。国土东北部的火山，主要在北海道的中央高地，奥羽山脉，北阿尔卑斯山区及伊豆诸岛；西南部火山主要集中在九州和西南诸岛。传统上划分为八大火山带，即：千岛火山带、那须火山带、鸟羽火山带、富士山火山带、阿苏火山带、白山火山带、雾岛火山带和大屯火山带。

地震活动十分频繁，属地震多发国。全国平均每天有4次地震，每隔2～3年发生一次较强的地震。地震多发生在太平洋沿岸一带，有时还有海啸发生，往往给经济建设和人民生命财产造成重大损失。20世纪以来6级以上强烈地震达28次，其中8级以上5次，7～8级15次，6～7级8次。1923年关东大地震，震级为7.9级，死亡近15万人，毁坏房屋达60万间。1946年的福井地震达7.3级、南海地震达8.1级，这两次地震均有数以千计的人死亡和数万间房屋毁坏。1995年发生的阪神大地震死伤人数近5万人，损失财产达9.6万亿日元。2004年10月23日，在日本北部新潟县发生里氏6.8级的大地震，给该县造成了约3万亿日元（约合285亿美元）的损失，大地震中有40人丧生，数千座房屋以及公路、铁路受到严重损坏。

由于自然条件复杂，土壤种类较多，主要有灰化红壤、灰化黄壤、灰褐色灰壤、红褐色砖红壤、人工土壤、火山灰土、半沼泽土、冲积土、砂土和砾土。土壤分布呈水平地带性和垂直地带性。

三 河流、湖泊

日本河流较多，水力资源丰富，水力发电蕴藏量达5 156万千瓦。河流由于受地貌和气候的影响，流程短，流域面积小，200公里以上的河流仅有10条，最长的信浓川仅367公里。其次是山地与海岸距离短，河流从山地流出后很快流入大海，加之雨量充沛、水流量大，致使河水落差大，水势湍急，上游、下游区分不明显。第三是水流的季节变化大，雨季与旱季降水量相差悬殊，夏季降水多，流量大，冬季枯水。不同地区降水量相差也大。

湖泊分布在山地，多数为火山湖泊。有些由死火山喷口积水形成，具有小而深的特点。在滨海地区也有泻湖。全国共有湖泊600余个，主要集中在东北部，西南部较少。最大的湖是本州地区滋贺县境内的琵琶湖，面积为670.5平方公里，海拔85米，水深103.8米。最深的湖是田泽湖，水深423米。此外，北海道的支笏湖，青森县和秋田县之间的十和田湖水深300米以上。海拔最高的湖是枥木县境内的中禅寺湖，海拔1 269米。湖水透明度最高的湖是摩周湖，透明度达41.6米。

湖泊在经济生活中意义重大，是生活用水、工业用水的来源，也是重要的水产基地。许多湖泊风景秀丽，是良好的旅游胜地。

表 1　　日本的主要河流

河　名	长度（公里）	流域面积（平方公里）	河　名	长度（公里）	流域面积（平方公里）
信浓川	367	11 900	渡　川	196	2 270
利根川	322	16 840	江之川	194	3 870
石狩川	268	14 330	吉野川	194	3 750
天盐川	256	5 590	新宫川	183	2 360
北上川	249	10 150	荒　川	173	2 940
阿武隈川	239	5 400	大并川	168	1 280
最上川	229	7 040	大胜川	156	9 010
木曾川	227	9 100	钏路川	154	2 510
天龙川	213	5 090	斐伊川	153	2 070
阿贺野川	210	7 710	那珂川	150	3 270

四　气候

日本列岛大部分位于温带，气候属于温带海洋性季风型。年平均气温在 10℃以上，仅北海道和东北地方北部以及本州山区年平均气温在 10℃以下。气候特点是终年温和湿润，冬无严寒、夏无酷暑。春夏秋冬四季分明，日照充足，雨量丰富，年平均降水量为1 800毫米。季节差异明显，冬季北部降雪量很大，南部几乎不降雪。

五　自然资源

日本自然资源十分贫乏，原材料、能源绝大部分依靠进口。矿藏中煤、石灰石、硫黄、铜、铋等蕴藏量相对较多。煤蕴藏量约为 86 亿吨，主要分布在北海道和九州等地，但 2/3 靠近海域，水分和瓦斯含量高，开采费用昂贵。金属矿藏中，铜的蕴藏量和开采量居前列，铜矿区共 200 余个，主要分布于枥木、岩手、秋田、茨城等县。目前基本可自给的矿产有硫化铁、硫黄、石灰石和石膏等。铅、锌、铜、煤可部分自给。

日本列岛雨量充沛，宜于植物生长，品种多达2 700余种，其中经济价值较高的约有1 500种，是世界植物品种最丰富的国家之一。

森林面积达2 462万公顷，国土总面积的 2/3 被森林覆盖，是世界上森林覆盖率最高的国家之一，为世界平均森林覆盖率（30%）的 2 倍。在日本，天然林和人工林各占一半，树种约有1 500种，木材储量达 22 亿立方米。

日本现有农业人口约1 400万。可耕地面积 600 万公顷，占国土总面积的 14.7%。农业用地约为 55 万公顷，其中半数以上为水田。日本栽培植物历史悠久、品种较多。农作物主要有水稻、麦类、玉米、豆类、红薯、马铃薯。蔬菜类有豆角、豌豆、芋头、茄子、大葱、洋葱、卷心菜、黄瓜、西红柿和萝卜等。水果类柑橘最多，还有西瓜、苹果、香蕉、菠萝、樱桃、梨、柿子、枇杷。经济作物有茶、甘蔗、烟草、樟脑、竹、椰子、漆、亚麻和甜菜。

草原面积较小，占有 55 万公顷，占国土面积的 1.5%。分布在北海道、东北和北陆等地区，为这些地区畜牧业发展提供了有利条件。

动物分为陆地动物与海栖动物。日本陆上动物种类不多，大的野生动物更稀少，只有熊、狼、狐狸、猿猴、野猪、羚羊和鹿。家畜类有马、牛、猪、狗、兔和猫。鸟类约有 400 种，其中原产鸟 140 种、寒鸟 150 种、热带鸟 50 种、特有的鸟类约有 50 种。鸟类中水鸟较多，林中歌鸟较少。家禽类有鸡、鸭、鹅和火鸡。明色长尾鸡是日本的特产。陆地爬行类动物很多，有蜥、蛇、龟等。昆虫类动物也很多，仅蝴蝶就有 500 余种。在昆虫类中，蚕具有重要的经济价值。

海洋资源丰富。世界著名的四大渔场之一西北太平洋渔场，就在三陆海岸到堪察加半岛之间，是近海的优良渔场。此外，日本列岛沿岸的大陆架也是良好的渔场。近海鱼类品种达2 000种之多，其中可食鱼类不下 600 种，如沙丁鱼、大马哈鱼、金枪鱼、鳕鱼、青花鱼、秋刀鱼等。水产业是日本最主要的产业之一。20 世纪 90 年代年均捕鱼量为

1 100余万吨。日本的近海养殖业十分发达。日本人均鱼类消费居世界第一位。

第三节　人文地理

一　人口状况

按1997年统计的日本人口数为12 616.6万人(其中男人6 180.5万人，女人6 436.1万人)，约占世界人口的2%，居世界人口第八位。每平方公里人口密度超过332人。2002年4月人口达1.273亿。目前，日本人口进入“静止”状态，出现缓慢增长或零增长，全面进入老龄化社会。

(一) 当代人口变化的四个阶段

1945～1949年为第一阶段，具有高出生、低死亡、高增长的特征，年均出生率达33‰～34‰，死亡率为14.6‰。

1950～1957年为第二阶段，政府开始鼓励计划生育，这一时期人口出生率和死亡率均呈下降趋势，年均出生率为22‰～23‰，死亡率为9.4‰，人口出生率进一步下降。

1958～1973年为第三阶段，年均出生率为18.5‰～19‰，人口死亡率为7.1‰。

1974年以来为第四阶段，由于人们的价值观、婚姻观念、家庭观念发生变化，晚婚和节育比较普遍，出现低出生、低死亡和低增长的特点，年均出生率为12‰～13‰。1990年出生率降至10‰，死亡率降至6‰。

(二) 人口分布特点

多数日本人居住在高度发达的东海岸和南部地区，约有4/5的人居住在城镇。据1985年调查，城市人口占76.7%，城市人口中约有半数集中于三大城市圈，即：包括东京在内的南关东地区占25%；包括大阪在内的西近畿地区占13.7%；包括名古屋在内的东海地区占11.4%。其中，东京人口达1 229万人，人口密度为每平方公里5 571人；其次是横滨、大阪、名古屋、札幌、京都、神户、福冈、川崎、北九州和广岛。而北海道人口密度较低，每平方公里仅有72人。

人口分布不平衡给日本经济、社会发展带来诸多不利影响。城市交通拥挤、住房紧张、地价高、生态环境差。人口稀少的地区缺乏劳动力、技术力量薄弱，制约地区的经济和社会发展。

(三) 人口增长趋势

少年人口呈减少趋势（1950年占35%，1990年占19%，1995年占16%），壮年人口增长缓慢，老年人口激增（1950年占4.9%，1990年占12%，1995年占14.5%）。人口老龄化趋势明显，给社会、经济发展带来新的矛盾。据1996年公布的国家资料，0～19岁的人口为2 900万（男1 500万，女1 400万），占总人口的23%；20～59岁的人口为7 050万（男3 550万，女3 500万），占总人口的56%；60岁以上人口为2 600万（男1 100万，女1 500万），占总人口的21%。

二　民族

民族构成比较单一，现有的1.31亿人中，绝大多数属于大和民族。此外，还有少数生活在北海道的阿伊努人和琉球群岛的琉球人。

大和民族是日本民族的主体，属蒙古人种东亚类型，其形体特征是头部短，黄皮肤，黑直头发，被认为是身材矮小的民族。有文字记载的历史不甚悠久，但有独特的文化和自己的语言，并善于吸取其他民族文化中的精华。生活习俗很有特色，喜食清淡食物，凉菜居多。主食多为大米，副食以蔬菜和海产品为主，爱吃酱汤、酱菜，喜欢沐浴。传统服装是和服，男女和服有较大差别，穿和服时穿布袜，木屐。传统房屋为木制平房，屋内铺草垫（称榻榻米)，进屋要脱鞋。

阿伊努族是日本一个古老的民族，旧称虾夷族，属千岛人种类型，身体形态具有蒙古人种的基本特征并兼有赤道人的一些特点，肤色黑黄，体毛浓密，腿长腰阔，头大颧高。有自己的语言和文化，语言为阿伊努语。现有人口约25 000人，信奉一种带有浓厚萨满教色彩的宗教。

琉球人属蒙古人种，在日本约有120万人。绝大多数生活在琉球群岛。琉球人身材矮小，眉毛较重，颧骨较高。有自己的语言，称琉球语。琉球人的文化受中国和日本本国的影响较大。信奉佛教和神道教，也有信奉道教的。喜欢吃比较油腻的菜肴。

三　宗教

在日本有佛教、神道教、基督教等多种宗教。佛教是公元6世纪经中国传入日本，目前有信徒7 800万人。神道教是日本民族中固有的宗教，是出于对自然的崇拜而产生的。这种宗教认为神在大自然中无所不在。神道教是日本生活方式的一部分，并构成各种传统的基础，目前约有7 000万信徒。基督教于1549年传入日本，至19世纪中叶前，约有250年曾被禁止。1859年再次传入日本，目前有信徒约100万人。

四　语言文字

语言单一，在世界语言体系中为独立语系。古代日本只有语言，没有文字。约在公元1世纪，中国的手工业制品，刻有铭文的铜镜、印章和货币等传入日本，这时日本开始接触汉字。到3～7世纪，中国的佛学、儒学著作大量传入日本，日本人开始学习和使用汉字。公元8世纪，在日本的书籍中，除使用表意的汉字外，还创造了表音的字，称"万叶假名"，两者结合使用，形成日本文字；到公元10世纪又创造出"平假名"。现代日语有5个元音，14个辅音，2个半元音，3个特殊音，合计24个音素。一个或两个以上音素构成音节，日语的一个音节就是一个假名。日语有两种书写体，称为"平假名"和"片假名"。这两种日语字母系统都有46个字母。

汉字是日语的主要文字，当前日本法定使用的汉字有2 100余个。假名也是日语中的主要文字，有平假名、片假名之分，但只是书写法不同，实际意义相同。

五　行政区划

行政区划是明治维新以后逐步建立的。现有1都（东京都）、1道（北海道）、2府（京都府和大阪府）和43个县，总计为47个地方自治体，其下设有662个市、1 993个町、581个村和23个特别区。这些都、道、府、县又被划分为北海道、东北、关东、中部、近畿、中国、四国、九州8个地区（见表2）。

表2　　日本都道府县面积、人口一览表

行政区划		面积（平方公里 1990年）	人口（人 1990年）	行政区划		面积（平方公里 1990年）	人口（人 1990年）
北海道地区	北海道	83 408	5 643 647	近畿地区	京都府	4 612	2 602 460
东北地区	青森县	9 605	1 482 873		大阪府	1 884	8 734 516
	岩手县	15 274	1 416 928		滋贺县	4 017	1 222 411
	宫城县	7 236	2 248 558		兵库县	8 382	5 405 040
	秋田县	11 613	1 227 478		奈良县	3 690	1 375 481
	山形县	9 323	1 258 390		和歌山县	4 722	1 074 325
	福岛县	13 781	2 104 058	中国地区	鸟取县	3 498	615 722
关东地区	东京都	2 183	11 855 563		岛根县	6 626	781 021
	茨城县	6 093	2 845 382		冈山县	7 111	1 925 877
	枥木县	6 408	1 935 168		广岛县	8 473	2 849 847
	群马县	6 363	1 966 256		山口县	6 109	1 572 616
	埼玉县	3 797	6 405 319	四国地区	德岛县	4 143	831 598
	千叶县	5 156	5 555 429		香川县	1 875	1 023 412
	神奈川县	2 412	7 980 391		爱媛县	5 674	1 515 025
中部地区	新潟县	12 582	2 74 583		高知县	7 104	825 034
	富山县	4 246	1 120 161	九州地区	福冈县	4 966	4 811 050
	石川县	4 185	1 164 628		佐贺县	2 439	877 851
	福井县	4 188	823 285		长崎县	4 089	1562 959
	山梨县	4 465	852 966		熊本县	7 401	1 840 326
	长野县	13 585	2 156 627		大分县	6 336	1 236 942
	岐阜县	10 598	2 066 569		宫崎县	7 733	1 168 907
	静冈县	7 779	3 670 840		鹿儿岛县	9 183	1 797 824
	爱知县	5 147	6 690 603		冲绳县	2 264	1 222 398
	三重县	5 774	1 792 514				

日本是实行地方自治制度单一制国家。分为都、道、府、县和市、町、村两级。这些地方自治体均设有议会和行政机关。都、道、府、县的知事和市、町、村首长由居民直接选举产生。 （王仲全）

第二章 历史

第一节 上古史（远古～公元645年）

距今数万年以前，日本列岛已经有古人类存在，并经历了旧石器时代。大约1万年前，日本进入新石器时代（约1万年前～公元前3世纪），这一时代被称为“绳纹文化时代”（因出土的陶器多饰以草绳纹而得名）。公元前3世纪左右～公元1世纪，是日本的“弥生文化时代”（因出土的陶器首先发现于东京都弥生町而得名）。弥生文化的突出特点是吸收外来文化特别是中国文化，并加以创造，形成了多元性文化。弥生时代的水稻耕作技术有了长足的进步，铁器已经普遍使用。生产力的发展促进了社会的分化，形成了阶级社会。公元1世纪末，日本出现了奴隶制国家邪马台国和古大和国。

古大和国位于畿内地区。古大和国利用地理上的优势大量地吸收来自中国大陆的先进文化和技术，国力强盛，最终统一了日本，建立了大和国。大和国的最高统治者称“大王”。大和国的政治组织为氏姓制度。它由氏和姓构成，氏是以血缘家族为基础的集团，姓由大王赐予。氏姓成为各级贵族在政治上、经济上享受世袭特权的依据。大和国的统治基础为部民制。“部”是当时社会的基层组织；“部民”是主要的社会生产者，地位相当于奴隶。

大和国时期，儒教传入日本并成为统治思想。大和国在推古女皇和圣德太子（574～622）掌权时期进行了一系列重要改革。607年，大和国派使节赴中国隋朝，在国书中称“东天皇敬白西天皇”。这是日本历史上第一次使用“天皇”名称。

第二节 中古史（645～1868）

一 大化革新与封建制度的确立

6世纪末～7世纪初，由于国内危机加深和东亚国际形势的压力，统治阶级内部出现了改革势力。受留唐学生的影响，以中大兄皇于和中臣镰足为首的改革派，于公元645年6月12日发动宫廷政变，击败保守派，拥立孝德天皇，宣布年号为“大化”。大化新政府仿效中国唐制实行改革，历史上称为“大化革新”。革新的主要内容：1. 废除世袭氏姓制度，建立中央集权官僚体制；2. 实行公地公民制；3. 实行班田收授法和租庸调制。大化革新使日本进入封建社会。

大化革新后，日本建立了古代天皇制和封建官僚制度。古代天皇制是天皇拥有至高无上的权威，是“现世神”。古代天皇制下的官僚制度，基本上仿照中国唐朝的模式建立，称“太政官制”，“太政官”相当于宰相。

二 庄园制的形成与武士的出现

大化革新确立的班田制到8世纪初开始瓦解，代之以庄园的迅速兴起。庄园的发展动摇了天皇朝廷赖以存在的经济基础，并导致武士的出现。

公元794年，皇室由奈良（710年定都）迁至平安（今京都），从此开始了平安时代（794～1184）。古代天皇制走向衰落。外戚同皇室长期处于政治对抗状态，由于双方皆利用武士集团的支持，遂导致武士阶层势力膨胀，逐渐登上政治舞台。

三 幕府政治

（一）镰仓幕府（1184～1333）

武士集团中两个最大的集团平氏和源氏直接参与朝廷内部的斗争，结果，源氏集团最终消灭平氏集团。1192年，源赖朝被天皇任命为“征夷大将军”。源赖朝将幕府设于镰仓，是为“镰仓幕府”（“幕府”原意为将军出征时的营幕，这里指武士建立的政权）。这是日本历史上第一个武士政权。从此，日本开始了长达700余年的幕府（武家或武士）政治时代。

在幕府政治下，国家出现双重结构，即天皇为首的皇室和将军为首的幕府。天皇仍为国家的最高统治者，但不掌握实权。幕府将军是真正的国家权力掌握者。

（二）室町幕府（1336～1573）

镰仓幕府灭亡后，后醍醐天皇曾一度亲政，史称“建武中兴”。但不久被武士足利尊氏击败。足利尊氏在京都拥立光明天皇，后醍醐天皇逃到吉野另立朝廷，形成了日本历史上的南（吉野）北（京都）朝时期（1336～1392）。

足利尊氏取得“征夷大将军”称号，在京都成立幕府。第三代将军足利义满将幕府迁至室町，故史称室町幕府。

室町幕府时期，国内战乱频繁。公元1467年，幕府内部发生冲突，导致一场全国性的武士战乱，史称“应仁之乱”（1467～1477）。此后，出现了群雄割据的局面，日本历史上称为“战国时代”（1467～1573）。

丰臣秀吉最终统一了日本全国。丰臣秀吉实行一系列国内改革取得了成功，但他发动了两次（1592和1597）侵略朝鲜的战争，皆以失败而告终。丰臣秀吉于1598年死去。

（三）江户幕府（1600～1868）

丰臣秀吉的近臣德川家康于公元1603年2月取得“征夷大将军”称号，在江户（今东京）建立幕府，史称江户幕府（也称德川幕府）。

江户幕府的政治体制称为“幕藩体制”。中央为幕府，地方政权为藩。江户幕府比从前的两个幕府具有更大的集权性。江户幕府用“参觐交代制”和武士戒律等手段牢牢地控制各级武士。此外，还在全国范围内实行严格的等级身份制。

1639年江户幕府颁布最后一道《锁国令》，最终完成了锁国体制，使日本在此后的200多年时间里基本上处于与世隔绝的状态。

17世纪末叶以后，由于商品经济的发展，幕藩体制发生动摇。江户幕府先后进行了享保、宽政和天保三次改革。这些改革并没有取得效果，反而使社会矛盾更加激化，幕藩体制日趋瓦解。

第三节 近现代史

一 明治维新（1868～1873）

19世纪中叶，幕藩体制处于解体状态，西方列强加紧叩关。公元1853年7月，美国人佩里率舰队到达日本，要求日本开国，幕府被迫屈服。此后，幕府陆续同美、英、法、俄等列强签订了不平等条约，锁国体制宣告崩溃。日本开始沦为西方列强的半殖民地，民族危机空前严重，社会矛盾也进一步加深。于是，在中下级武士中形成了革新势力。其代表人物集中在西南的长州、萨摩等强藩，包括大久保利通、木户孝允、西乡隆盛等人。革新势力由“尊王攘夷”发展为“倒幕”。经过1868～1869年的戊辰战争，打败了腐朽的幕府，建立了明治新政权。

以天皇为首的明治政府顺应时势，实行了一系列资产阶级改革，把日本推向资本主义道路，史称“明治维新”。公元1868年颁布《五条誓文》：一，广兴会议，万机决于公论；二，上下一心，大展经纶；三，公卿与武官同心，以至于庶民，须使各遂其志，人心不倦；四，破历来之陋习，立基于天地之公道；五，求知识于世界，大振皇基。这是明治维新的开始。此后，经过“奉还版籍”、“废藩置县”和土地改革，废除了封建制度。明治政府积极借鉴西方资本主义国家的先进经验。1871～1873年，日本派出以外务卿岩仓具视为首的近50人大型使团访问欧美国家，决心效法欧美国家发展的经验。其后，着力推行“殖产兴业”、“富国强兵”和“文明开化”三大政策，使日本迅速步入了世界资本主义的行列。

在明治维新的实施过程中，保留了大量的封建残余，如大力提倡尊皇思想，“武士道”精神，对国民进行军国主义教育等，使日本在发展资本主义的同时，很快走上了对外侵略扩张的道路。

二 自由民权运动与近代天皇制的确立（1873～1890）

19世纪七八十年代，国内爆发了一场以要求开设国会，制定宪法，减轻地税，修改不平等条约和确立地方自治为主要内容的全国规模的群众性政治运动，史称“自由民权运动”。

明治政府在自由民权运动的强大压力下，于1890年2月颁布了效仿德国法律的《大日本帝国宪法》（通称《明治宪法》）。《明治宪法》规定天皇为全国最高统治者，总揽一切大权。同时也受法律的限制。《明治宪法》是东亚第一部近代宪法。1890年11月29日，日本第一届议会开幕，《明治宪法》正式实施，日本式的君主立宪体制——近代天皇制从此确立。

三 争霸东亚与成为强国（1890～1928）

（一）日中甲午战争（1894～1895）

明治政府在发展资本主义的同时，逐步实施其图谋已久的“大陆政策”，即先夺取朝鲜，后侵占中国，进而称霸亚洲。明治政府从19世纪70年代起就多次侵略朝鲜，迫使朝鲜订立不平等条约。为独占朝鲜，日本发动了对中国清朝的战争，史称“日中甲午战争”（1894年8月～1895年3月）。经过5次大的海陆战役，清军惨败，清政府对日求和。1895年4月17日，清政府代表李鸿章在丧权辱国的《马关条约》上签字。日本取得了巨大利益：占领了中国的台湾、澎湖，并获得巨额赔款。这就为日本快速发展资本主义，扩军备战提供了有利条件，日本从此逐步走向帝国主义。

（二）日俄战争（1904～1905）

甲午战争后，日本资本主义进入垄断阶段。日本急于扩大海外市场，在争夺中国东北和朝鲜的过程中与俄国矛盾愈演愈烈。1904年10月，日俄战争终于爆发。日俄战争的主要战场在中国东北，战争严重破坏了中国的领土主权，给中国人民带来了深重的灾难和巨大损失。1905年5月，日俄海军在日本海进行大海战，日本舰队击败俄国舰队，取得了战争的胜利。

1905年8月9日，日俄双方签订《朴次茅斯和约》，日本控制了中国辽东半岛并逐渐吞并朝鲜。到20世纪头10年，日本完成了产业革命，实现了资本主义工业化，并在第一次世界大战前完成了向帝国主义的过渡。

（三）参加第一次世界大战，扩大对中国的侵略（1914～1928）

日本为巩固其在东亚的地位和扩大对中国的侵略扩张，重新瓜分东南亚及太平洋殖民地，参加了第一次世界大战。

日本是在中国的领土上对德国开战的。1914年9月，日本进攻并占领了山东半岛和德属太平洋诸岛。11月，日本又提出了灭亡中国的“二十一条”，遭到中国人民的坚决抵制。日本与中国的军阀相勾结，加紧做大规模侵华的准备。

1926年4月，政友会总裁田中义一上台后，于次后召开“东方会议”，制定侵华战略方针，对华实行“积极干预政策”，妄图侵占中国东北和内蒙古。在中国北伐战争期间，日本多次出兵山东。于1928年5月，日本制造“济南惨案”，妄图阻挠北伐军北上。继之，同年6月，日本关东军又制造了“皇姑屯事件”，炸死中国东北军政要人张作霖，阴谋趁机扩大对中国的侵略。

四 走向法西斯化和在亚太广大地区燃起二战战火（1929～1945）

20世纪20年代，日本经济处于萧条之中。1926年12月25日，大正天皇去世，大正时代（1912～1926）结束。裕仁（1901～1989）继位，改元昭和，是为昭和天皇。翌年3月，爆发了“昭和金融危机”。1929年开始，资本主义世界爆发了一场破坏性空前的经济危机。这场危机很快席卷日本，日本经济陷入困境，国内矛盾日益激化。

在经济危机期间，日本的法西斯势力抬头，法西斯组织大量出现。日本统治集团中以军部为代表的军国主义极右势力，企图以建立法西斯专政和发动侵略战争的办法来摆脱危机。他们把武力侵略中国提上日程，发动了侵华战争。1931年9月18日发动了“九一八事变”，侵占了中国东北。1937年7月7日制造了“卢沟桥事变”，发动了全面侵华战争，先后侵占中国东部经济较发展的约1/3领土，军事侵略活动波及半个中国。日本侵略军大肆屠杀中国人民和掠夺中国的财富。日本侵华期间造成中国军民死伤3 500多万人，仅在1937年12月制造的世界历史罕见的“南京大屠杀”，即屠杀中国军民30万人以上；按1937年比值折算，日本侵华给中国造成的直接经济损失为1 000多亿美元，间接经济损失达5 000多亿美元。

1940年9月27日，日本与德、意法西斯签订了《德意日三国同盟条约》。此后，日美矛盾日益尖锐。日本以“大东亚共荣圈”为标榜，实施南进战略，不惜与美国开战。1941年12月8日，日本偷袭珍珠港的美国太平洋舰队，挑起了太平洋战争。太平洋战争爆发后，日本不敌美国，很快处于劣势。1942年6月5日，日美在中途岛进行了决定性的海战，日军惨败，彻底丧失了海上进攻能力。

在日本侵占东南亚地区期间，该地区的资源财富遭到疯狂的掠夺，各国人民也遭到残酷屠杀，其中：越南伤亡约200万人，印度尼西亚伤亡约400万人，菲律宾伤亡111万人。二战结束后，盟国远东国际军事法庭判决书列举日军在东南亚所进行的大规模屠杀事件，就有109起之多。连同在中国和太平洋造成的人员伤亡，日本在亚太区域给各国造成的人员伤亡在4 211万以上。

二战后期，日军在中国和亚洲其他战场上也陷入困境。1945年8月6日和9日，美国分别向日本的长崎和广岛投下两颗原子弹，给予日本统治阶级致命的打击，也使几十万平民死于非命。8月8日，苏联对日宣战。8月15日，日本被迫宣布无条件投降。

日本政府由于发动对亚太地区许多国家的侵略战争，不仅给被侵略国家和人民造成空前的浩劫，而且给日本人民造成巨大的灾难：日本军人死伤达250多万，战败投降者达720余万；工矿业生产水平降至战前的1/10；已支付战争赔偿达22.3亿美元以上，其中：支付印尼8亿美元，菲律宾8亿美元，韩国3亿美元，缅甸2亿美元，越南3 900万美元，柬埔寨417万美元，老挝278万美元，泰国150亿日元，新加坡2 500万新元，马来西亚2 500万马元，此外，还向瑞士、西班牙、瑞典、丹麦等支付43亿日元。

中国领导人曾多次指出：日本发动侵略中国等国战争的责任，应该由日本极少数军国主义分子承担，广大日本人民也是受害者。在战火纷飞的年代，中国的聂荣臻将军在战场上救助了日本孤儿美穗子，亲自悉心照料，并想方设法把她送回到亲人身边。战争结束后，在交通不便、物资极度匮乏的条件下，中国人民全力帮助105万日本侨民平安返回家园。战后，还有2 808名日本孩子被遗弃在中国，成为孤儿。饱受战争创伤的中国人收留了他们，把他们从死亡线上拯救出来，并抚育成人。中日邦交正常后，中国政府为这些遗孤寻亲提供了极大的帮助。至今已有2 513名日本遗孤返日定居。在日本侵略战争中遭到损失最严重的中国，在日中1972年建交时，中华人民共和国政府宣布：为了中日两国人民的友好，放弃对日本国的战争赔偿要求。

第四节　当代(二战后)史

一　美国占领与日本民主化改革(1945～1952)

1945年8月15日，裕仁天皇通过电台广播了《终战诏书》，宣布日本战败接受《波茨坦公告》投降。随后，美国单方面对日本实施占领，麦克阿瑟被任命为“盟国驻日占领军最高统帅”。10月，“盟总”在东京正式开始工作。“盟总”及下属部、局负责决定处理日本的有关事宜，并分工制定战后改革的各项计划，指导各项民主化改革的进行。

“盟总”对日本实施了各项非军事化措施，包括铲除日本帝国主义的武装力量，撤销各级军事机构，废除有关军事法令等。接着开始逮捕和审判战犯。“盟总”设置了远东国际军事法庭，审判甲级战犯。1948年11月12日，远东国际军事法庭判处东条英机等7名甲级战犯绞刑，另有16人被判处无期徒刑，1名被判处20年徒刑，1名被判处7年徒刑。由于美国当局的操纵和包庇，不仅在审判过程中开脱了不少日本战犯，不久又不顾有关国家抗议，陆续释放了重光葵、荒木贞夫等首要战犯，为日本右翼势力否认历史侵略罪行和复活军国主义留下了隐患。

在远东国际军事法庭审判的进行中，南京、上海、马尼拉等地也设立军事法庭，审判日本乙级、丙级战犯，受审战犯共5 416人，其中937名战犯被处以死刑。

从1945年9月起，“盟总”和日本政府推行了一系列民主化改革。这些改革涉及政治、经济、文化、教育等社会生活的广泛领域。

政治方面，通过修改宪法，对近代天皇制、议会制、内阁制、中央集权制和司法制度进行了改革；经济方面，进行了改组财阀、农地改革和劳动立法等三大民主改革；文化教育方面，废除旧的教育制度，颁布《教育基本法》，建立起了资产阶级教育体系。此外，“盟总”和日本政府还对日本家族制度、警察制度和公务员制度等方面进行了相应的民主改革。

二战后民主化改革是日本历史发展的重要转折点，它为日本民主政治的建立，为经济的发展奠定了基础，揭开了战后日本历史发展的新篇章。

二　政治独立与经济复兴(1952～1960)

随着冷战格局的形成，美国政府的对日政策发生逆转。对日政策从惩罚日本战争行为，根除日本战争潜力转向促进日本经济复兴、扶植日本重整军备，使日本成为美国在亚洲的反共堡垒。

1951年9月8日，在美国旧金山由48个国家签署了片面对日和约《旧金山和约》。同时，日美缔结了《日美安全保障条约》。《旧金山和约》的缔结，使日本重新获得了政治独立和外交主权。《日美安全保障条约》的缔结使日本成为美国冷战体系中的一个重要伙伴，并在朝鲜战争中发挥了重要作用。

二战后10年，在美国的扶植和朝鲜战争的刺激下，日本的经济快速复兴。1955年，保守政党合并成立自由民主党(简称自民党)，保守政权的执政地位更加稳固。此后自民党长期执政，其他政党处于在野监督地位，这种体制被称为“1955年体制”。

三　经济大国的建成(1960～1972)

1960年7月，池田勇人取代岸信介成立池田内阁。

12月,池田内阁制定了《国民收入倍增计划》(1960～1970年度)。日本经济进入高速增长时期。到1970年,《倍增计划》所提出的各项主要经济目标均超额完成,国民生产总值超过原计划的41%。

在农业、教育等方面也实现了现代化。20世纪60年代末,日本相继超过英、法、联邦德国,成为资本主义世界中仅次于美国的第二经济大国。

70年代世界上发生两次石油危机。日本面对石油危机的冲击,积极调整产业结构,大力发展科技密集型产业,使日本经济在70年代和80年代实现了稳定增长,经济大国的地位进一步巩固。

四　从经济大国向政治大国发展的努力(1972～1990)

随着日本成为世界第一流经济大国,日本要成为政治大国的愿望也日益强烈。1978年,大平正芳提出了“环太平洋合作构想”,并力图实施“太平洋共同体”计划,企望成为太平洋地区的领头羊。1983年,中曾根康弘提出“战后政治总决算”和要做“政治大国”的口号,把争做“政治大国”确定为日本未来的国家目标。20多年来,日本为向政治大国迈进,已广泛地开展了外交、经济等活动。如要求成为联合国安理会常任理事国;制定《联合国维持和平活动合作法》;通过修改《日美防务合作指针》,要在亚太地区发挥作用,等等。日本的这些动向,引起了世人的广泛关注。

五　1955年体制的终结(1990～　)

20世纪90年代以来,日本的经济一直处于不景气的状态。1991年,出现了“泡沫经济崩溃萧条”,金融机构和中小企业大量破产、倒闭。

90年代,日本的政坛动荡不定,内阁更迭频繁。1993年,自民党一分为三,在大选中未获半数议席。是年8月,日本新党、新生党、先驱新党、社会党、公明党、民社党(民主社会党)、社民联(社会民主联合)和参议院民主改革联盟等七党一派所推举的首相候选人细川护熙当选为日本第79任首相,从而结束了自民党长达38年的执政历史,“1955年体制”宣告结束。细川内阁之后又相继出现了多党联合的羽田内阁、村山内阁和桥本内阁。1998年6月初,在桥本内阁时期一直同桥本内阁进行“阁外合作”的社民党和先驱新党宣布退出“阁外合作”后,又恢复了自民党单独执政的局面。　(赵成国)

第三章　政治体制与法律制度

日本古代曾长期实行古代天皇与幕府统治的封建政治体制与法律制度。1868年明治维新后,实行日本式的君主立宪政治体制与法律制度,又保留了大量封建制度残余。其后,逐步对外扩张,于20世纪上半叶多次发动侵略战争,占领了亚太许多国家的领土。1945年日本战败投降,受到盟国管制及日本人民长期展开要求民主化、和平化的强大斗争,促成日本政治体制与法律制度发生重大变化。

第二次世界大战结束后,以美国为首的占领军在日本推行“民主化”和“非军事化”改革,并制定了新宪法——《日本国宪法》。就整体政治结构来看,它已不再是以天皇为中心的君主立宪政治体制,而变成了遵循资产阶级政治民主制原则,确立立法、行政和司法“三权分立”为基础的议会内阁制政治体制。即国会是国家权力的最高机关和唯一的立法机关;内阁作为行政机构行使行政权,执行国会通过的各种法律,并对国会负有连带责任;最高法院行使司法权,具有对宪法的解释权和审查国会通过的各种法律是否违宪的权力。从中央与地方的关系来看,二战后日本实施地方自治制度,即:地方政府作为独立法人团体,根据所在地区居民的意愿管理地方事务;中央政府只是给予适当的指导,国家在地方的事务委托地方自治体执行。

政治体制的运转程序大体上是:选民在选举自己的政治代表即各级议会议员的同时,也提出了自己的利益要求,而且具有相同利益的人们为更有效地利用自己的政治资源,可以组成较大的社会团体,对立法机构和行政机构施加影响。国会成为各个政党讨价还价的场所,在野党则利用制度上的规定或惯例,通过各种手段迫使执政党接受自己所代表的阶层利益的要求。由于国会两院通过的法律大多比较笼统,因而行政机构在执行这些法律时就不得不加以补充，并制定各种"政令"。制度上的这种规定赋予行政机构较大的权限，但其行为受到司法机构的监督。

二战后半个多世纪以来，日本政治体制在逐渐发生变化。20 世纪 70 年代以前，行政官僚在政治决策过程中起主导作用，但随着日本经济进入低速增长时期，从 70 年代开始，政党特别是执政党的作用日益增大。80 年代末以来，随着世界冷战的终结及全球经济一体化的发展趋势，过去曾经使日本取得成功的政府主导经济发展模式受到挑战，其政治体制也进入较大变化时期。从 1993 年开始的政治改革与政界分化组合至今尚未结束，其前景亦难以预料，但可以确信的是，政治体制将发生较大乃至是彻底的变化。

第一节　宪法

1945 年日本战败投降，随后在美军占领下，应广大人民的要求进行政治经济改革，并制定新宪法。

1946 年 11 月 3 日公布了《日本国宪法》，翌年 5 月 3 日起实施。全文共 103 条，分前言、天皇、放弃战争、国民权利与义务、国会、内阁、司法、财政、地方自治、修订、补则等 11 章。其主要内容如下。

一　有关天皇的规定

宪法规定，"天皇是日本国的象征，是日本国民整体的象征，其地位以主权所在的全体日本国民的意志为依据"；"天皇只能行使本宪法所规定的有关国事行为，并无关于国政的权能"，"天皇关于国事的一切行为，必须有内阁的建议和承认，由内阁负其责任"。根据新宪法的规定，天皇的权力受到极大限制。宪法还规定"皇位世袭"、"给予皇室以财产，或皇室承受或赐予财产"均需根据国会的有关决议等。

二　有关放弃战争的规定

这是宪法最具特色的内容之一。宪法第九条规定，日本"永远放弃以国权发动的战争、武力威胁或武力行使作为解决国际争端的手段"。"为达到前项目的，不保持陆海空军及其他战争力量，不承认国家的交战权"。

三　有关政治制度的规定

主要内容有以下几点。

(一)实行议会民主制

规定"国会是国家的最高权力机关，是国家唯一的立法机关"，国会"由众议院和参议院构成。两院由选举产生的代表全体国民的议员组成"，"国家费用的支出，或国家负担债务，必须根据国会决议实施"，国会对行政、财政、司法拥有监督的权力。

(二)行政权属于内阁，内阁向国会负责

"内阁总理大臣和其他国务大臣必须是文职人员"，"内阁成员半数以上必须从国会议员选任。内阁能否继续执政，取决于国会的信任"，"内阁在众议院通过不信任案或信任案遭到否决时，如 10 日内不解散众议院，必须总辞职"。

(三)一切司法权属于最高法院及由法律规定设置的下级法院，不受立法和行政机关的干涉

"法官除因身心故障经法院决定为不适于执行职务外，非经正式弹劾不得罢免"，"法官的惩戒处分不得由行政机关行使"。国会议员可以组成"弹劾法院"，审判受到罢免的法官。

(四)实行地方自治制度

地方自治体行政首长、议会议员以及法律规定的其他官员，由地方居民直接选举产生。地方自治体有"管理财产、处理事务以及执行行政的权能，可以在法律规定的范围内制定条例"。"仅适用于某一地方的特别法，非经该地居民投票半数以上同意，国会不得制定"。

四　有关国民权利与义务的规定

宪法中有关国民权利与义务的条款多达 30 余条，约占宪法全部条款的 1/3。国民的基本权利有平等权、财产权、自由权、参政权、劳动权、受教育权等，但同时规定"国民不得滥用"这些自由和权利，"且始终负有为公共福利而予以利用的责任"。国民所负义务有 3 条，即："国民有按照法律规定纳税的义务"，"全体国民都有劳动的权利和义务"以及"全体国民都有使其受保护的子女接受普通教育的义务"。

五　有关修改宪法的规定

宪法规定，"本宪法的修订，须经各议院全体议员 2/3 以上赞成，由国会创议，向国民提出，并得其承认。此种承认，须在特别国民投票或国会规定选举时进行的投票中，获半数以上赞成"。

第二节　天皇制

明治维新以后，日本统治阶级出于稳固政权乃至对外侵略扩张的需要，将天皇塑造为至高无上的权力者。明治宪法规定，天皇总揽国家包括立法、行政、司法、外交、统帅军队、任免官吏、修改宪法、对外宣战及媾和等囊括一切的统治大权。

第二次世界大战后初期的改革，虽然保留了天皇制，但天皇的地位和权限却发生了很大的变化。天皇没有统治实权，而只是日本国和日本国民整体的象征，既不是明文规定的国家元首，也没有关于国事的权能，只能根据内阁的建议从事宪法规定的有关国事行为。

根据日本国《宪法》规定，天皇拥有以下权力，即：根据国会的提名任命内阁总理大臣，根据内阁的提名任命最高法院院长；根据内阁的建议和承认，天皇行使下列国事行为，即：公布宪法修正案、法律、政令及条约，召集国会，解散众议院，公布举行国会议员的大选，认证国务大臣和法律规定的其他官吏的任免、全权证书以及接受大使、公使的国书，认证大赦、特赦、减刑、刑罚执行的免除以及恢复权力、授予荣誉称号、认证批准书以及法律规定的其他外交文书等。

天皇皇位世袭，继承权属于皇亲血统的男系男子，通常是长子及其子孙优先。目前在位的天皇是1989年1月继位的明仁天皇，皇后美智子平民出身，1959年与明仁天皇结婚，有二男一女。长子德仁亲王1993年与原外交官小和田雅子结婚，有一女，名爱子。次子文仁，先于德仁结婚，有二女一子。

因天皇制的存在，日本在使用公元纪年的同时，也使用年号纪年。明治维新以后，一个天皇仅使用一个年号。1989年明仁天皇继位后，改“昭和”年号为“平成”，其典故出自《史记·五帝本纪》中的“内平外成”和《书经·大禹漠》中的“地平天成”。1989年为“平成元年”。

第三节 国会

国会为两院制，由众议院和参议院组成。众议院议员480名，参议院议员242名，均由选民直接选举产生。法律规定众议院议员任期为4年，但由于内阁可以提前解散众议院，所以战后众议院议员的任期平均为两年半。参议院议员任期为6年，每3年改选其半数。参议院不能被解散。

一 国会职权

根据宪法规定，国会有如下职权。

(一)立法权

包括修改宪法的倡议权和法律的制定权。

(二)政府监督权

包括内阁总理大臣的提名、众议院对内阁提出不信任案和两院议员就内阁的施政方针等对国务大臣提出质询等。

(三)财政监督权

包括审议批准政府预算，对政府财政支出，国会进行事后审查与承认，内阁定期向国会报告政府财政状况等。

(四)外交监督权

内阁有权处理外交事务，但与其他国家缔结的条约须经国会审议通过后方能生效。

(五)司法监督权

国会可通过弹劾手续监督司法机关，对渎职的法官有权组织起诉委员会进行调查与起诉，并有权通过弹劾法院对其审查或罢免。

(六)国政调查权等

二 国会会议制度

国会会议采用会期制，分通常国会、临时国会和特别国会三种。通常国会从每年1月到6月，长达150天，主要审议下一年度政府预算案及与预算有关的法案。临时国会一般在夏末秋初召开，主要审议通常国会审议未完而又需尽快做出决定的重要法案、外交悬案及补充预算或其他紧急事态需要国会立法的法案等，其会期由众参两院或由众议院决定。特别国会于大选结束后30天内召开，其主要内容是选举新一届内阁和国会两院各级领导，一般不审议法案。通常国会、临时国会和特别国会的会期均可延长，延长时间由各党派协商决定。此外，还有一种是在众议院解散期间召开的参议院紧急会议，主要是审议通过需要立即处理的重要法案，但做出的决议须在下一届国会上提交众议院审议，如未取得众议院的认可，参议院的决议则无效。

三 国会审议法案

国会审议法案以常设委员会或特别委员会为中心进行。目前众议院有18个常设委员会(有内阁、地方行政、法务、外务、大藏、文教、社会劳动、农林水产、商工、运输、科学技术、通信、建设、环境、预算、决算、惩罚、议院运营委员会等)，参议院有16个常设委员会(除科学技术与环境两个委员会外，其他与众议院相同)。另外还有为审议涉及面广的法案或特定法案而成立的特别委员会，例如政治改革、地方分权、灾害对策、安全保障特别委员会等。

四 国会议员选举

国会议员的选举分大选、通常选举、再选举和补缺选举4种。大选是指众议院议员选举，通常选举是指参议院议员选举，再选举是指选举之全部或部分因无效而重新进行的选举、或因当选人数不足而进行的选举，补缺选举是指国会议员出缺达到一定数额，为补足其数额而进行的选举。有关法律规定，年满20周岁的日本国民均有选举权，众议院议员的被选举权年龄为25岁以上，参议院议员的被选举权年龄为30岁以上。

众议院议员的选举方式采用的是小选区和比例代表区并立制，也就是在480名众议院议员中，300名来自一个选区只选举一名议员的小选区，其余180名来自全国的11个比例代表区。所谓比例代表区是指符合竞选条件的政党提交各自的候选人名簿，选民投票时只写政党的名称，而不写候选人的名字，各党当选名额按得票比例分配。参议院议员的选举方式采用的是地方选区和全国选区两种，其中146名参议院议员来自地方选区，96名来自全国比例选区。地方选区以都、道、府、县行政区划为单位选区，分别选举1～4名议员。全国选区是将全国作为一大比例选区，其方式大致与众议院比例选区相同，但选民在投票时可以写候选人的名字，按照选票多少决定当选者。

第四节 内阁

一 内阁的性质与职权

内阁是行使国家最高行政权力的机关。按照宪法规定，内阁的职责是：1. 拥有行政权。2. 内阁除执行一般行政事务外，还要处理下列事务，即"忠实执行法律，总理国务"；处理对外关系；缔结条约；按照有关法律规定，掌管官吏任免等事务；编制并向国会提出政府翌年度预算；制定与实施宪法和法律所需要的政令等行政法规；决定大赦、特赦、减刑及免刑等。3. 解散众议院，宣布国会议员大选。4. 召开国会或决定召开国会临时会议。5. 提名最高法院院长，任命各级法官。6. 向国会提交国家预算和会计检查报告。7. 向国会及国民报告国家财政收支状况等。

二 内阁总理大臣(首相)的产生及其职权

法律规定，内阁总理大臣(亦称首相)在国会议员中提名，经国会议员选举产生。国会中超过半数议席的政党领袖自然当选为内阁总理大臣，如果所有政党均未超过半数议席，则由几个议席较多的政党联合推举候选人并投票表决。天皇根据国会提名任命内阁总理大臣后，内阁总理大臣物色内阁成员人选，开始着手组织内阁。内阁由总理大臣和负责各省厅的国务大臣组成。

内阁总理大臣的主要权限是：(1)代表内阁向国会提出法案、预算案及其他议案，就一般国务及外交关系向国会提出报告。(2)对行政部门实施指挥、监督，并有权中止各行政部门的处分和命令。(3)主持内阁会议，当对主管部门国务大臣的权限发生异议时，有权做出裁决。(4)根据国家公安委员会的建议，在全国或部分地区宣布紧急状态或调动自卫队。(5)批准对国务大臣的追诉，检察官对内阁成员提起的公诉，当需要逮捕或拘留内阁成员时，须事先得到内阁总理大臣的承认和批准。(6)任免国务大臣等。

三 内阁所属机构

内阁由内阁辅助机构、总理府和12个行政省3部分组成。内阁辅助机构有内阁官房、内阁法制局、人事院及安全保障会议等部门。其中内阁官房负责内阁的日常事务，内阁法制局是内阁的法律咨询机构，人事院管理国家公务员事务，安全保障会议主要审议国防基本方针等。

总理府是由内阁总理大臣亲自担任首长的行政机构，负责综合调整政府各部门的政策和措施，掌管部分行政事务。除总理本府外，总理府还下设3个委员会和9个厅，即公正交易委员会、公害委员会、国家公安委员会、宫内厅、总务厅、北海道开发厅、防卫厅(2007年1月改为防卫省)、经济企划厅、科学技术厅、环保厅、冲绳开发厅和国土厅。12个行政省(2007年1月增为13个省，即增加防卫省)分别是负责有关司法事务的法务省，主管国家外交事务的外务省，主管国家财政、金融和税收的大藏省，主管国家教育和文化事务的文部省，主管国家医疗保健、社会福利与保障的厚生省，主管农牧林水产及相关产品流通与消费的农林水产省(简称为"农水省")，主管国家工商业和贸易、专利的通商产业省(简称为"通产省")，主管国家陆海空运输及相关产业、气象事务的运输省，主管邮政、汇兑、电信和邮政储蓄事务的邮政省，负责劳动力管理的劳动省，负责国家基本建设的建设省和主管地方自治与消防事务的自治省。

为适应新时代的要求，1998年6月国会通过《中央省厅等改革基本法》，计划将现行的行政机构改编为1府12省厅，即内阁府、国家公安委员会、防卫厅、总务省、法务省、外务省、财务省、经济产业省、国土交通省、农林水产省、环境省、劳动福利省和教育科学技术省。其目的是通过这些改革，以期减少省厅的数目并增强首相的权限，在削弱行政机构权限的同时，提高内阁对突发性事态的管理能力。2001年1月，正式启动新的行政体制。

2007年1月起，防卫厅改为防卫省。

第五节　地方自治

所谓地方自治制度，是指地方各级政府作为独立法人团体，根据所在地区居民的意愿实施地方的政治与行政，中央政府只是给予适当的指导。这些地方政府既称作“地方公共团体”，也称作“地方自治体”。日本宪法对“地方自治”的规定有：(1)地方公共团体的组织和工作必须由法律规定。(2)地方公共团体的决议机关和执行机关由居民直接选举产生。(3)地方公共团体有制定条例、执行行政、管理财产等职能。(4)制定仅适用于某一特定地方公共团体的法律时，须获当地居民半数以上的同意。为保障地方自治制度的实施，日本制定了《地方自治法》、《公职选举法》、《地方公务员法》、《地方财政法》、《地方税法》等有关法律。

地方自治体与行政区划一致，分都、道、府、县和市、町、村两级组织。两者具有平等的法律地位，不存在上下级、监督与被监督的关系。截至2005年3月，日本全国共有地方自治体2 643个，其中分为1都、1道、2府、43县、2 596个市町村。

地方自治体的权力机关由一院制议会及行政首长组成。地方议会是地方自治体的立法机关，但只能在国家法律的范围内行使立法权。议员由年满25岁并在自治体内居住3个月以上的居民中选举产生，任期4年。地方自治体首长在都、道、府、县分别称“都知事”、“道知事”、“县知事”，市、町、村分别称“市长”、“町长”、“村长”，由直接选举产生，任期4年，可连选连任。年满30岁以上的选民可作知事候选人，年满25岁以上者可作市、町、村长候选人。

就中央政府与地方自治体的关系而言，虽然地方自治体是独立法人，中央政府只是给予适当的指导，但实际状况并非如此简单。中央政府可以通过各种措施干预地方事务，其主要手段有立法、行政和财政方面的干预。例如，地方议会在制定条例时，其内容必须在国会或内阁制定的法律、决议和政令所允许的范围内，否则一律无效，而且条例的制定、修改都必须报告内阁主管部门首长——自治大臣。另外，中央政府还可以对地方自治体的组织机构及运营给予“指导”与“劝告”，除安排大量退职的中央政府官僚到地方自治体任职外，还通过派出的方式派到地方自治体要害部门任职，从而控制地方自治体。更为重要的是，中央政府可以通过财政来控制地方自治体。一方面，国家在地方的事务，通常委托都、道、府、县知事和市、町、村长或都、道、府、县和市、町、村的行政委员会执行，这种事务被称作“机关委任事务”，其内容涉及各种数字的统计、国会两院议员的选举、福利制度的实施、城市及道路建设、文化教育、其他公共事业等，这些均由有关法律加以规定。由于这些“机关委任事务”伴随着巨额资金，因而是地方自治体极力争取的对象；另一方面，大部分税收为中央政府所得，然后以地方交付税、地方让与税、补助金的名义交付地方自治体，用以调整中央与地方的财政平衡以及纠正地方自治体之间的财政差距。这部分财政大约相当于地方自治体年支出的60%以上，因而地方自治体被戏称为“三分自治”。

为充分发挥地方自治体的活力以适应国内外形势的变化，国会在1995年通过了《地方分权推进法》，并成立了“地方分权推进委员会”，就地方分权的具体措施及进程加以调查研究并提出相应的建议。从该委员会提出的四次劝告书来看，地方分权的主要内容是废除“机关委任事务”、下放税收权给地方自治体、成立第三者机构处理国家与地方发生的纠纷等。如果能够实现这一目标，地方自治体便成为名符其实的自治性公共团体。

第六节　司法

《日本国宪法》规定，“一切司法权属于最高法院及由法律规定设置的下级法院”。

最高法院是日本国家最高司法机关，形式上与国会、内阁处于平行地位，分掌国家三权之一。最高法院拥有广泛的司法权力，它不仅是民事、刑事、行政诉讼等各类案件的终审法院，而且在解释和运用法律方面，具有掌握判例统一的职能。它“有权决定一切法律、命令、规则以及处分是否符合宪法”，有权提名下级法院法官，“有权对有关诉讼手续、律师、法院内部纪律以及司法事务处理等事项制定规则”。

最高法院由包括院长在内的15名法官组成,其法官必须是“见识广博,具有高深的法律素养”,年龄在40岁以上者。最高法院院长由内阁提名,天皇任命。其余法官经最高法院提名,由内阁任命。法官任期10年,可以连任。

下级法院分为高等法院、地方法院、家庭法院和简易法院四种。高等法院主要负责二审工作,其审判权限为,受理对地方法院、家庭法院以及简易法院有关刑事案件判决的上诉,受理《法院法》中特别规定的抗诉以及对地方法院、家庭法院、简易法院的判决与命令的抗诉,受理“内乱罪”的一审案件以及有关法律规定的由高等法院进行的一审案件。

日本全国共有8所高等法院和6所高等法院的分院。地方法院是高等法院的下一级法院,全国共有50所地方法院。家庭法院与地方法院并列,全国有50所,有地方法院的地点均设有家庭法院,但两者在受理案件方面有所不同。家庭法院主要审理家庭纠纷和少年问题方面的案件,一般以调解为主,无权判决监禁以上的刑罚。简易法院是日本最基层的法院,主要任务是处理一些轻微的民事刑事案件。简易法院无权判决监禁以上的刑罚,但有法律特别规定时,也可以判决3年以内的徒刑。日本全国有452所简易法院。

第七节 政党与利益集团

一 政党

虽然日本至今尚无明文规定政党及其活动的法律,但因其实行议会内阁制,推行“议会民主”,因而代表不同社会阶层或利益集团的政治势力纷纷组成政党,并努力扩大自己的力量,以期达到通过执政实现自己政治纲领及目标。政党之间的力量消长又是同社会发展变化密切相关的,战后最初10年,日本社会处于大的变动时期,因而政治势力分化组合现象十分激烈,政党最多时达到300余个。20世纪50年代中期社会逐渐稳定下来,经济发展也逐步走上轨道,因而形成了以自民党与社会党两大政党对峙的政治格局。60年代末以后,随着经济高速增长带来的利益多元化,开始呈现多党化趋势。进入90年代以后,日本社会再次处于大的转变时期,政界分化组合的速度令人目不暇接,因而本文只是简单介绍几个主要的政党。

(一)自由民主党

自由民主党简称“自民党”,1955年11月由自由党和民主党合并而成,此后长期单独执政38年。1993年7月大选前因内部发生分裂,其在众议院议席没有超过半数,结果被其他8党派赶下台,成为在野党。1996年4月,与社会党以及先驱新党组成联合政权,重新成为执政党。2005年3月,自民党在众议院中拥有248个议席,在参议院中拥有114个议席。发行机关报《自由新报》和月刊《自由民主》。自民党的主要负责人为总裁、干事长、总务会长和政务调查会长。现任总裁为安倍晋三。

自民党为传统的保守政党,主要代表大工商企业经营者以及土地所有者的利益,其基本政治纲领是:“反对以土地、生产资料的国有国营和官僚统治为主体的社会主义经济,以自由企业为基本”,“一心一意地走议会民主道路,排斥以暴力和破坏、革命和专政为政治手段的一切势力或思想”,“将个人自由和人格尊严视为社会秩序的基本条件,反对利用权力推行专制和阶级主义”。

(二)民主党

民主党成立于1996年9月,由脱离社民党、先驱新党、新进党的成员组成。1997年底新进党解散后,其大部分成员加入民主党,致使该党势力迅速增长。2005年3月,民主党在众议院拥有177个席位,在参议院拥有84个席位,为仅次于自民党的第二大党。发行机关报《民主新闻》,现任党首为冈田克也。

民主党属于保守派政党,主要代表市民阶层的利益。民主党的政治纲领为“通过对行政进行本质性改革和实现民众主导政治的变革,在21世纪的日本创造出以自立的个人为基础的富裕的市民社会”。在基本政策方面,民主党大力主张“减少中央政府的职能,充分确保地方独自的财源”,“贯彻以自己负责和自愿为前提的市场原理”,“支持扩大妇女和老年人的就业机会”,“在宪法范围内积极参加联合国维持和平行动”,“维护宪法基本精神,并进一步推动发展宪法的讨论”等。强调维护消费者和纳税人的利益,主张改变中央集权式的政府体制,维护和平宪法。

(三)公明党

公明党成立于1964年,原为宗教团体创价学会支持的政党,1993年与其他党派组成联合政权,执政时间不到一年。下野后与其他政党组成新进党,1997年底新进党解散后,原公明党众议院议员组成“和平新党”,参议院议员组成“黎明俱乐部”，1998年11月两者联合组成新的“公明党”。2005年3月，公明党拥有34个众议院议席，24个参议院议席。发行机关报《公明新闻》和杂志《公明俱乐部》。现任党代表神崎武法。

公明党被称作“中道政党”，其社会支持者大多是信仰日莲正宗的城市中小企业主、下层市民和没有参加工会的劳动者。其基本政策是最大限度地尊重生命、生活和生存的“人道主义政治”，为此主张成立“尽可能小而效率高的政府”，建立实行“自助、共助、公助”的协调的社会保障制度，不为特定的集团谋利益，实行透明而公正的政治行政体系。在对外政策上，公明党主张维持《日美安全保障条约》，坚持不拥有、不制造、不使用核武器的“新无核三原则”，努力使日本成为联合国安理会常任理事国等。

（四）日本共产党

日本共产党成立于1922年，但二战前和战时一直处于非法状态，二战结束后成为合法政党。2005年3月，在众议院拥有9个议席，在参议院拥有9个议席。发行机关报《新闻赤旗》和月刊《前卫》，目前最高领导人是不破哲三议长。

日本共产党在城市一般市民、中小工商业界、知识分子界支持者较多。虽然该党强调“以独立和民主主义任务为中心的革命向连续的社会主义革命发展具有必然性”，但随着国内外形势的变化，日本共产党开始转变自己的方针政策。1997年的该党代表大会决议案将“美国帝国主义”改为“美国霸权主义”，将“日本垄断资本”改为“跨国大企业资本”，强调在资本主义的框架内建设以“国民为主人公”的民主主义日本。目前日本共产党对《日美安全保障条约》及自卫队的态度有所变化，但依然反对提高消费税，主张保护国内农业及健全社会保险制度，反对政党补助金等。

（五）社会民主党

社会民主党简称“社民党”，其前身为社会党。社会党成立于1947年，1996年改为现名。2005年3月，社民党在众议院有6个议席，在参议院有6个议席。发行机关报《社会新报》和月刊《社会民主》。现任党首是福岛瑞穗。

社会党的支持团体是以原“总评”为中心的工会组织。长期以来主张实现社会主义，反对日美安全条约，认为自卫队违反宪法。进入20世纪90年代以后该党的纲领发生了较大的变化，如将“和平、民主地实现社会主义”改为“选择社会主义最民主的方针——社会民主主义”，在具体政策上放弃了一贯坚持的“非武装中立”立场、承认自卫队符合宪法、支持日美安全条约、赞成参加联合国维持和平活动、承认“日之丸”（太阳旗）为国旗和“君之代”为国歌等。

二 利益集团

利益集团是指那些为追求共同利益而采取一致行动的个人集合体，其行动绝大多数是通过提供政治资金、聚集选票、直接参与、大众动员等方式影响决策过程，以保护或扩大自己的利益，因而也被称作“压力集团”，由此形成的政治现象被称作“压力政治”。在日本，较具影响力的利益集团有工商业利益集团、劳工（工会）利益集团、农业利益集团、专家利益集团、公众性利益集团等。

（一）工商业利益集团

分三个层次的组织。最高层次的组织是被称作“财界”的、代表工商业整体利益的四个团体，即“经济团体联合会”（简称“经团联”）、“日本经营者团体联盟”（简称“日经联”，2002年并入“经团联”）、“日本商工会议所”（简称“日商”）以及“经济同友会”（简称“同友会”）。中间层次的组织是被称作“业界”的行业团体，例如日本钢铁联盟、石油联盟、日本矿业协会、日本造船工业会、日本汽车工业会、全国银行协会联合会及日本化学工业会等。基层组织是中小企业团体，如中小企业团体中央会、环境卫生同业组合联合会、商店街组合联合会等。

（二）劳工（工会）利益集团

日本全国性的工会组织有“日本劳动组合总联合会”（简称“联合”，拥有会员798万，占有组织工人的65.3%，1989年）、“全国劳动组合总联合会”（简称“全劳联”，拥有会员140万）、“全国劳动组合联络协议会”（简称“全劳协”，拥有会员50万）。日本的工会组织有以下两个特点：一是工人参加工会组织的比例较低，目前大约为24%；二是大多数工会是企业内工会，未参加任何一个全国性工会组织。由此决定了工会组织在日本政治中的影响力不是很大。

（三）农业利益集团

日本农业领域也存在各种各样的团体，如：日本农业协同组合（简称“农协”）、全国农民总同盟、中央酪农会议、日本园艺农协联合会等等，其中“农协”是日本最大的农业利益集团，几乎所有的农户都被组织到“农协”中来，大约拥有会员800万。“农协”既是一个经济团体，也是一个政治团体，例如它拥有协助政府分配农业补助金等特权，同时协调成员的投票行为，而且还负有对其他农业组织指导监督、提供信息、调解纠纷以及向政府提出建议的责任，因而具有较强的政治影响力。

（四）专家利益集团

指那些以专门技术人员为中心组成的社会团体，例如：日本医师会、日本税理士联合会、日本律师联合会、日本行政文书代理者联合会、日本公证会计师协会等。虽然这些团体的规模较小，但由于它们具有完善的组织机构、特殊的社会地位及专业技术，因而往往具有较强的政治影响力。

（五）公众性利益集团

是指那些为维护社会共同利益而组成的团体，其特点是成员没有职业或行业的限制，所关心的问题对整个社会具有普遍影响，例如社会福利、消费者权益、生态环境、能源问题、税收政策、妇女及老人社会地位。这些团体在日本数不胜数，具有代表性的有“全国社会福利协议会”、“国民健康保险中央会”、“新日本妇女会”、“日本残疾人团体联合会”、“日本消费者联盟”、“拥护宪法国民联合”、“禁止核武器日本国民会议”等。虽然这些团体的规模较大，但因缺乏资金和人力，所以政治影响力比较弱。

除上述利益集团外，在日本较有影响的利益集团还有地方行政利益集团、教育利益集团和宗教利益集团等等。（王新生）

第八节　主要政治人物

明仁（Akihito）天皇（1933～　）　日本天皇。已故裕仁天皇长子。生于1933年12月23日。1952年11月立为皇太子。1953年3月代表日本皇室参加英国女王伊丽莎白二世的加冕典礼，并访问欧美一些国家。1956年在日本皇族贵族学校学习院大学经济系毕业。1989年1月7日继位，成为日本第125代天皇，年号“平成”。1992年10月对中国进行正式友好访问。明仁天皇是鱼类学专家，曾在鱼类杂志上发表过许多论文。1959年与现在的皇后、平民之女正田美智子（日本著名“日清”制粉公司已故创始人正田英三郎之女）结婚，打破了皇室不从民间选妃的传统。有二子一女。

安倍晋三（1954～　）　日本现任首相。1954年9月21日生，山口县人。出身政治世家，外祖父是已故前首相岸信介，父亲是已故外相、自民党前干事长安倍晋太郎。1977年毕业于成蹊大学法学系，曾赴美国南加利福尼亚大学学习政治。回国后进入神户制钢公司工作。1993年起5次当选众议员，隶属自民党内最大派系森喜朗派。历任自民党国会对策副委员长、内阁官房副长官、自民党干事长、内阁官房长官等要职。2006年4月，在任内阁官房长官期间曾参拜靖国神社。

他被称为日本中生代政治家。2006年9月初为竞选自民党总裁而发表了题为《致美丽的国家——日本》的政权公约，全面阐述了其政治主张，称要“制定符合旨在开拓新时代日本国情的宪法，奉行开放的保守主义”；要对教育进行“彻底的改革”；“建立能够被世界信赖和尊重的、得到世界爱戴的、具有领导能力的、开放的国家”；“要向世界显示日本的魅力，发挥日本的特长，积极为世界作贡献，培养能活跃在世界各地并具有奉献精神的日本人”。还强调，要强化日美同盟；在亚洲建立稳固的合作关系，加强与中、韩等近邻各国之间的信赖关系；推动与美、欧、澳、印等拥有共同价值观国家之间的对话；确保能源安全；要使日本成为“世界上负责任的、发挥积极作用的国家”；为“走出战后体制，开辟新的未来”，要制定符合21世纪日本国情的新宪法；要为使日本成为联合国安理会常任理事国而继续努力。

2006年9月20日，以绝对优势当选日本自民党第21任总裁，26日当选日本第90届首相。他上台前后，多次表明日中、日韩友好的重要性，并在上台后不久即访问中国和韩国，表示友好意向。10月8～9日，他对中国进行正式访问。访问前9月29日，他表示，日本加强与中国和韩国的信赖关系对亚洲地区以及整个国际社会极为重要。10月2日，在国会众议院回答有关历史问题的质询时，他引用“村山谈话”说，日本的殖民统治和侵略给许多国家特别是亚洲各国人民造成了巨大的损害和痛苦。

夫人安倍昭惠是日本森永制果公司创业者的外孙女、该公司总经理的女儿。

小泉纯一郎（1942～ ） 日本2001～2006年首相。1942年1月8日生于神奈川县横须贺市。出身政治世家，其祖父、父亲都曾是众议员，祖父次郎曾为递信大臣，父亲纯也氏曾任防卫厅长官。他1967年毕业于庆应大学经济系，1968年赴英国伦敦大学学习。1972年首次当选众议员，至今10次当选。历任自民党副干事长及全国组织委员长、邮政大臣、厚生大臣。2001年4月24日，当选为自民党第20任总裁，4月26日，经众参两院投票表决，正式出任日本政府第87任首相。当选后，提出“新世纪维新”的口号，把新内阁定为“坚决改革的内阁”，宣布退出派系，不按传统的派系组阁，大胆起用新人。2001年6月，小泉政府提出了结构改革的“骨架方针”，包括道路公团民营化，特殊法人改革，削减地方交付税等，包括产业结构改革，财政结构改革和社会保障改革。他就任后多次声称要参拜靖国神社，并不顾日本及亚洲各国人民的反对，执意前往。对于历史教科书问题，他也坚持篡改历史的错误提法。2003年11月和2005年9月先后组织第88、89届内阁，续任首相。

2005年10月17日，小泉不顾中国和亚洲其他国家人民的强烈反对，又一次悍然参拜了供奉有二战甲级战犯的靖国神社。对他这种肆意伤害受害国人民感情和尊严、严重损害中日关系的错误行径，中国政府和中国人民表示强烈愤慨，并向日方提出强烈抗议。韩国总统立即取消了访日计划。韩国外交通商部长官潘基文紧急召见日本驻韩大使，就小泉再次强行参拜靖国神社，表示强烈抗议和愤慨。日本一些政党领导人也纷纷发表谈话，谴责小泉再次参拜靖国神社的错误行径。

2006年8月15日，在他即将离任时再次参拜靖国神社，这是他就任以来第六次参拜，但选在“战败纪念日”当天参拜尚属首次，也是自1985年时任首相中曾根康弘参拜后，日本在任首相21年来首次在战败日参拜。中国外交部当天发表声明，强烈抗议小泉再次参拜靖国神社。2006年10月，卸任首相。 （杨艳艳）

第四章 经济

1868年明治维新之后，日本正式走上了近代化发展的道路。日本资本主义发展虽然起步较晚，但是随之又逐步进入对外扩张时期，在亚太地区多次发动侵略战争，给许多国家造成严重灾难，给日本本国也带来严重灾难，直至1945年战败投降。第二次世界大战结束以后，日本经过政治体制改革，经济获得高速发展，目前已成为仅次于美国的世界第二经济大国。

第一节 经济发展概述

一 明治维新和军事扩张时期

明治维新之后成立的明治政府，从政治、经济、社会等方面进行了一系列重大结构改革，如“废藩置县”、“奉还版籍”（版指领地，籍指户籍，即各藩主交出领地、领民，丧失了领主权），废除等级制度及行业公会，允许国民迁居及择业自由等等。在此基础上，大力推行所谓的“殖产行业”政策，如开办官营的“模范工厂”等来推动资本主义的工业化，使得以棉纺工业为中心的近代产业革命迅速展开。

到了日俄战争（1904～1905）爆发时，日本已开始由自由竞争资本主义向垄断资本主义过渡。到1913年，日本垄断组织已大体控制了日本工商业资本的3/4。随着这一过程的完成，经济发展呈停滞之势并经常为周期性危机所困扰。为转嫁危机及各种矛盾，对外军事扩张与国民经济的军事化刺激了国民经济的畸形发展。20世纪30年代与军事工业相关的一些产业虽曾一度急剧膨胀，但整个国民经济的停滞之势并没有得到扭转。在此期间，工业增长缓慢，农业更是出现了明显的衰退。接连挑起的对外侵略战争，既给被侵略的许多国家造成灾难，也使日本的国家财富和人民的生命财产受到极大的损失。1945年战争结束时，日本的工业生产能力仅相当于战争前的31%左右，而农业生产能力也只有战前的60%。

二 二战后的改革与发展

二战后，在美国占领当局的直接督导下，日本进行了“三大改革”：

一是农地改革。1949～1950年进行的农地改革，通过土地的征购转让，改革地租和保障佃耕权等，铲除了在农村占统治地位的半封建寄生性地主土地所有制，确立起了自耕农个人土地所有制。

二是解散财阀。从1945年底开始，日本从冻结财阀"限制公司"（特指与财阀家族利益相关的企业）的资产、解散财阀控股公司和切断财阀家族对企业的控制三个方面，实施了对原居日本垄断组织核心和主体地位的财阀组织的解体。

三是劳动立法。1945年12月，制定颁布了《工会法》，1946年颁布了《劳动关系调整法》，1947年颁布了《失业保险法》、《职工稳定法》等，这一系列劳动立法，为从法律上改变日本工人的劳动与生存状况，为建立现代劳动工资制度奠定了基础。

日本经济于1955年恢复到历史最高水平之后，进入了长达近20年的高速增长时期。在经历了设备投资主导型增长、推行收入倍增计划和追求规模效益这三个阶段之后，到20世纪70年代初，日本基本实现了国民经济的现代化。这期间日本经济的年均增长率高达10%。1967年日本超过了英国，翌年又超过了法国和联邦德国，成为仅次于美国的第二大经济强国。

三 石油危机与泡沫经济

由于1973年10月爆发的第四次中东战争和1979年4月以伊朗革命为导火索，石油价格大幅度上涨，日本经济连续遭到了两次石油危机的打击，高速增长时期遂宣告结束。

20世纪70年代，日本以减少原料和能源消耗为中心，调整产业结构，推行科技兴国，大力发展知识密集型产业和高附加值的产品。80年代以来，日本在加强产业研究开发的同时，大力推进经济的国际化，对外投资空前活跃，到80年代中期，日本已成为世界上最大的债权国。2002年，日本政府和企业拥有的对外纯资产为175万亿日元（约相当于1 560亿美元），连续12年保持世界第一大债权国的地位。海外投资累计额也居发达国家之首。

以1985年9月西方发达国家达成的"广场协议"为契机，日元迎来了大幅度升值的时期。与之相随，以股票和土地价格狂涨为代表的泡沫经济也开始形成，并愈演愈烈。以达到巅峰的1989年为例，日本股价指数最高时达到38 915日元，是1985年的3倍还多；日本的土地面积仅是美国的1/25，而当年日本地价总和竟是美国地价的4倍。随着泡沫膨胀，副作用越来越大，政府不得不采取紧缩政策和加强规制。1991年"泡沫经济"破灭。日本经济由此陷入了长期的萧条之中，大的银行和证券公司相继倒闭，如"百年老店"且为日本三大证券公司之一的山一证券公司，和日本最大20家商业银行之一的北海道拓殖银行相继破产，就是证明。彻底改革金融体制已势在必行，但从日本政府所采取的对策看，其改革的前景和日本经济的全面恢复还有待时日。

四 雄厚的经济实力

尽管经济的前景还难以预料，但由于日本政府有较强的监管协调能力，有雄厚的资金（国内储蓄资产达1 200万亿日元，约相当于1万亿美元）和高度的科技开发能力，有较协调的劳资关系和高素质的劳动力，因此，日本经济的发展仍然有很大潜力。更何况日本的经济规模十分庞大，2000年，国内生产总值（GDP）为47 458.66亿美元，比当年英德法3国之和46 212.64亿美元还多。2003年虽有所下降，但仍相当于3国之和的2/3。日本的人均国内生产总值（GDP）在主要发达国家中一直位居前列。2005年，日本人均国内生产总值（GDP）为35 751美元，仅次于美国的42 079美元和英国的36 682美元。截至2006年2月底，日本的外汇储备总额达8 501亿美元，仅次于中国的8 537亿美元。

五 日本二战后经济取得快速发展的主要原因

第一，是正确认识自身条件，扬长避短，寻找到了一条合适的发展途径。第二，是充分利用有利的国际环境，适时调整发展战略。第三，是相对稳定的政局和较完备的法制，并保持政府的政策活力。第四，是官民协调与劳资协调的经济体制。第五，是高度重视教育，重视科学技术的引进与创新，迅速提高了劳动生产率。第六，是由居民的高储蓄率所保证的高投资。

第二节 经济体制、政策、计划与结构

由于日本是一个后起的资本主义国家，因而除了具有资本主义自由市场经济体制的一般特点外，它还带有其自身历史的印记，即缺乏原始积累并过早进入垄断阶段，国家的扶植和指导长期存在。这

就使得封建主义、军事扩张主义以及国家垄断资本主义的色彩十分浓厚。它们曾在历史上造成了巨大灾害，有些至今仍是导致日本在一些方面落后于欧美国家的重要原因。但如前所述，二战后经过改革，日本逐步形成了一整套适应生产力快速发展的生产关系。

一　经济体制

二战后，日本实行的是资本主义的市场经济制度，但与欧美国家又有不同，它是由政党政治与行政机构共同发挥作用管理经济。具体表现为：

（一）"行政指导"下的市场竞争

政府不仅以法律和政策手段干预竞争，而且还以"劝告"等微妙方式诱导企业，使其行为符合某个行业甚至整个国家经济发展目标的要求。

（二）监督与"护航"并举的政企关系

日本产业和企业的发展都受到政府相关部门的控制，通产省（现为经济产业省，下同）、大藏省（现为财务省，下同）以及日本银行等通过政策对企业进行扶持，调整竞争中的危机。企业则利用政府提供的机会寻求发展。

（三）银行和企业经营者控制企业

二战后由于股权的极大分散，股东的影响力普遍降低，经营者实际上控制了企业。由于贷款成了企业主要的资本来源，因而银行等金融机构对企业的影响大大增强。

（四）长期稳定的就业制度

保持就业的稳定与雇佣长期化是战后日本经济制度一个重要特征。而保证这一制度得以维持的一个基本做法就是，企业有相当数量的计时工和临时工，通过增减这些工人来适应经济发展周期的变动和景气循环的要求。

二　经济政策

政府对经济的干预主要包括三个方面的政策，即产业政策、财政政策和金融政策。在物价、国土开发以及对外贸易方面，日本政府也实施过一系列不同的相关政策。

（一）产业政策

由通产省制定并推行，以产业和企业为主要对象的行政干预政策。它又包括产业结构政策和产业组织政策。其主要目的在于调整产业结构，优化产业组织，增强产业部门或企业的竞争能力。战后著名的产业政策有：1947年的倾斜生产方式、1951年的产业合理化政策、20世纪70年代中期以后的针对萧条行业的临时措施法。以及"前川报告"和"90年代通商产业政策"，等等。

（二）财政政策

财政是指国家和地方公共团体进行活动所需财源的筹措和运用的体系。财政政策则是为实现各种政策目标而运用该体系的活动。二战后日本财政政策的特点，一是对公共事业的投资和补助金；一是促进资本积累的租税优惠措施。此外还有财政投资货款，即将邮政储蓄资金有偿贷放，这也是二战后日本建设"小政府"的有效举措之一。

（三）金融政策

金融政策的直接制定和执行者是作为中央银行的日本银行。其主要政策手段包括：调整官方利率或称再贴现率、公开市场操作和调整存款准备金比率。此外还有独具特色的"窗口指导"等等。战后日本长期实行的是人为的低利率政策，它一方面通过降低资金成本以刺激企业投资，另一方面降低产品成本以增强企业产品的国际竞争力。

政府的经济政策，还通过包括日本开发银行、日本进出口银行和10个金融公库在内的这个体系完整、门类齐全的政府金融体系来贯彻实施。

三　经济计划

二战结束后，日本政府编制和实施了20多个各类经济计划，是其对整个国民经济进行干预和调节的重要手段。

从计划期来看，短者两三年，长者七八年甚至10年不等。

从实施情况来看，计划均为指导性的，没有行政约束力。

从战后实践来看，或者因为指标提前完成，或者因为政府更迭，或者因为不具备实施条件，这些计划均提前结束，有些未能付诸实施。其中最著名的《国民收入倍增计划》，原定10年期限，结果仅实施了3年。

上述政府计划的编制一般要经过3个阶段，约需要6个月到1年时间。首先由首相提出制定新计划的咨询，由经济审议会回答并提出草案；紧接着由经济审议会会同有关方面编制计划草案，向首相报告；最后由首相将计划草案提交内阁会议正式讨论通过。

经济审议会由财界、产业界、学术界、舆论界以及工会、消费者团体的首脑人物数十人组成，任期2年，它在二战后日本经济发展过程中的作用非常显著。

四　产业布局与结构

日本经济高度发达，但布局却很不平衡，简要地可概括为所谓的“三圈五区一带”。“三圈”即分别以东京、大阪、名古屋这三大城市为中心形成的经济圈。它们是日本制造业最发达的地区，也是第三产业和教育事业最发达的地区。其面积虽只占日本的1/10多一点，但其人口、制造业产值、商品零售额、受到高等教育的人数等都占到全国的半数以上。“五区”即京滨工业区、阪神工业区、中京工业区，北九州工业区和濑户内海工业区。前4个工业区二战前已大体形成，二战后其规模又迅速扩大。最后一个则是二战后发展起来的规模最大的工业区。“一带”即是指包括东京都、大阪府和15个县在内的太平洋沿海带状工业地区。

由于近代大工业在日本起步较晚，因而直到明治维新时，日本仍基本上是一个落后的农业国。“殖产兴业”政策的大力推行及经过两次世界大战，日本的加工制造业迅速发展。1944年，日本第一、二、三产业产值的比重分别为17.8%、40.5%和41.7%。经过恢复时期和高速发展，第一、二产业的比重经历了一个由升到降的过程，第三产业的比重则稳步上升。到1999年，上述三个产业部门的比重分别为2%、37%和61%。

二战后产业发展有以下三点引人注目：一是严重依赖国际市场，原料、能源和商品都有明显的对外依赖性；二是资源高消耗型，直到20世纪80年代末，日本仍是世界上单位产值消耗资源最多的国家之一；三是各部门发展不平衡，现代化的加工工业发展迅速，而社会基础设施、商业、金融业等领域的现代化则大大落后于欧美发达国家。目前日本所进行的金融改革，就是要全面学习和引进欧美尤其是英、美国家的金融体制。

第三节　经济发展区域

日本为促进经济发展，习惯上将全国划分为8个地区及冲绳诸岛，即：关东地区、近畿地区（亦称关西地区）、中部地区、中国地区、四国地区、东北地区、北海道地区和九州地区以及冲绳岛。上述划分不是行政上的地区划分，而是根据历史和社会经济特征的划分。总体上说，南关东、近畿和东海等地经济发达；北关东、北九州、山阳、北陆等地次之；东北、东山、山阴、四国、南九州和北海道经济相对落后。

一　关东地区

位于日本的中心地带，总面积为3.2万平方公里，约占全国总面积的8.5%，人口占全国总数的30.8%。自古以来这里经济、文化一直很发达，是日本政治、经济中心，是全国陆、海、空交通枢纽，包括东京都、千叶、琦玉、神奈川、茨城、枥木、群马等县。该区关东平原占全区面积的2/3。京滨工业区位于本区，轻、重工业均很发达，有钢铁业、金属加工业、化学工业、电机工业、造船业、汽车业、运输机械、食品加工和印刷业。第一、二、三产业分别占本地区的1.2%、37.2%和61.6%，工业产值占全国的1/4以上。

二　近畿地区（亦称关西地区）

总面积为3.3万平方公里，约占全国面积的8.7%。人口约1 500余万，占全国的15.6%。包括大阪府、京都府、滋贺、三重、奈良、和歌山、兵库等县。该区商业发达，中小企业众多。阪神工业区位于本区。二战后重、化工业、纺织工业以及手工业发展迅速。目前第一、二、三产业分别占本地区的1.5%、39.3%和59.2%，工业产值占全国的18%。

三　中部地区

总面积为6.67万平方公里，占全国面积的18%，人口约1 700万，占全国的13.9%。包括新潟、富山、石川、福井、长野、山梨、岐阜、静冈、爱知、三重等县。境内丘陵较多，也有些小块平原。工业规模仅次于京滨和阪神工业区。这里汽车工业发达，占全国的35%，轻纺工业比较集中，占全国轻纺工业的1/2，工业产值占全国的13.2%。

四　中国地区、四国地区（官方划为2个地区，民间通常以合为1个地区表述）

总面积5万余平方公里。包括鸟取、岛根、冈山、广岛、山口、德岛、香川、爱媛、高知等县。人口约1 100余万人。该区农业发达，盛产水果，渔业、盐业也比较发达。重工业有煤炭、石油、化工、橡胶、钢铁业，轻工业以造纸和食品加工为主。

五　九州地区

总面积为4.2万平方公里，包括北九州市以及福冈、佐贺、长崎、熊本、大分、宫崎、鹿儿岛、冲绳等县。人口约1 300万人。北九州工业区在这里。食品工业发达。还有水泥、印刷、造纸、钢铁、化工、煤炭等工业。煤炭产量占全国的1/2以上。农产品有稻米、麦类。森林面积约300万公顷。这里渔业也比较发达。

六　东北地区

包括青森、岩手、宫城、秋田、山形、福岛等县。该区山地较多，约占本区面积的65%。利于开发电力资源。农作物方面盛产稻米、苹果、葡萄、樱桃和梨。渔业比较发达，仅次于北海道居全国第二。森林资源占全国的1/5。

七　北海道地区

位于日本列岛的北端，总面积7.85万平方公里，人口570余万。适于农业发展的土地约有330万公顷，泥炭地20万公顷，火山地166万公顷，黏土地54万公顷。主要农作物有稻米、甜菜、亚麻等。饲养的家畜、家禽有牛、马、猪、羊和鸡等。这里有丰富的森林资源，面积占全国森林面积的30%，经济价值高，优良品种多。矿藏有煤、天然气、石油、金、银、铁等。渔业非常发达，捕鱼量占全国总量的1/4以上。

八　冲绳（包括冲绳诸岛，宫古列岛以及八重山列岛）

面积2.4万平方公里，人口129万人。该地第一产业，有农林业和水产业。第二产业有工、矿业、制造业、建筑业，但均不甚发达。第三产业，有商业、运输、通信、服务业以及为驻军服务业。第一、二、三产业分别占本地的8.8%、17.8%和73.4%。（王仲全）

第四节　农业、林业、畜牧业和渔业

一　农业

二战后日本农业发展大体经历了以下几个时期：（1）战后初期至20世纪50年代，经过农地改革，促进了农业的恢复和进一步发展。（2）20世纪60年代，通过推行"基本法农政"，迎来了农业现代化的高潮。（3）20世纪70年代以后，农业发展趋于停滞，开始出现对农业的全面调整。

虽然农业在日本经济中的份额呈不断下降的趋势，但在战后整个国民经济高速发展与现代化进程中，农业同样发挥了重要的基础与保证作用。（1）农业的发展与劳动生产率的提高，为经济高速增长提供了充足的劳动力，据统计农业等提供了新增劳动力的2/3。（2）农业的发展与农户收入和消费水平的提高，保证了农村市场的迅速扩大，1955～1975年扩大了5倍多。（3）农业的发展与产品结构的调整，基本满足了国民日益增长和不断变化的食用农产品需求。到21世纪初，日本大米自给有余，蔬菜基本自给，肉、奶、水果的自给率亦在80%以上。

二战后政府对农业发展的支持，除了农地改革及陆续颁布的一系列法律外，还在提供农业投入的资金来源和实施农产品价格政策方面做出了积极的努力。从农户负债余额来看，政策性贷款的比重占到30%左右并保持基本稳定，显示了其在农业金融中的主导作用。在较长时间里，政府通过管理价格制度、安定价格带制度、稳定指标价格制度、最低价格保证制度以及抑制价格制度等，对大米、烟草、肉类、生丝以及乳制品、糖料、麦类、饲料等农产品的价格进行了积极的干预和影响。

二　林业

森林面积广大，资源丰富，二战后其森林总面积变化不大，目前约占国土总面积的2/3。从森林覆盖率、人工造林面积及比重等方面来看，日本可称为名副其实的重视森林保护与人工造林国家。虽然日本森林资源极为丰富，但目前日本木材的自给率并不高，20世纪80年代中期为1/3左右，目前降到了1/4，即大部分木材依靠进口。2000年日本的森林面积为2 449万公顷，木材蓄积量达到约34.8亿立方米。

三　畜牧业

受佛教禁止杀生的影响，历史上畜牧业并不发达。20世纪60年代，随着《农业基本法》的推行和畜牧科技的进步，畜牧业才得到较快的发展。国民经济的快速发展、国民生活方式的西化和多样化，对畜牧业的发展起到了推动作用。从国民的肉类消费水平来看，在1985年以前，人均消费量呈稳步增加之势，而从1988年至今，总量上基本没有什么变化，年消费量人均维持在28公斤上下。从单个品种看，除牛肉消费略有增加之外，其他均无明显变化，而牛肉消费量的增加又与进口牛肉增加且价格相对便宜有关。

四　渔业

日本四面环海，渔业资源得天独厚，而日本人又以“食鱼之民”著称，因而日本的渔业尤其海洋渔业十分发达。年捕捞量长期保持在1 000万吨以上。近年来明显下降，2000 年只有 502 万吨。远洋渔业曾在渔业中占有十分重要的地位，最高年产量曾达到 400 万吨（1973），占到总捕捞量的 1/3 以上。近年来，由于国际上普遍推行了 200 海里专属经济区制度，致使日本远洋捕捞量大幅度下降，2000 年产量仅为 85.5 万吨，只有过去的 1/5 多一点。

海水养殖业是海洋渔业的一个重要方面，产量长期保持稳定，年产量现已明显高于远洋捕捞量，2000 年为 123 万吨。

由于自然地理条件的限制，淡水渔业和养殖业的规模都比较小，2000 年产量在 13 万吨上下。

（黄晓勇）

第五节　加工制造业、基础材料工业、能源工业和建筑业

一　加工制造业

日本将加工制造业分为机械制造和食品加工两大类。前者又包括运输机械、一般机械、电气机械和精密机械这四大部门。

（一）机械制造

1. 汽车工业

汽车工业是加工制造业中一个较大的部门，是国民经济的带头和支柱产业。二战后汽车工业以民用小汽车为重点，获得了空前发展，其年产量 1946 年不足 1.5 万辆，1956 年超过了 10 万辆，1963 年达到了 128 万余辆，1980 年更是超过1 100 万辆，1990 年最高峰时为 1348 万余辆。1996 年的产量为1 034万余辆，1999 年为 986.8 万辆，2003 年为 847.8 万辆。

日本是世界上重要的汽车生产国和出口国，1980 年超过美国，成为世界第一汽车生产大国，该年出口汽车 597 万辆，超过美、英、法、联邦德国和意大利等国的出口总和。促成日本汽车工业迅猛发展的主要原因是：（1）汽车厂家多、竞争激烈，促进了新产品研究开发与技术创新，质量提高，成本降低，产品多样化。（2）政府对汽车工业予以保护和扶植，如限制进口、大力引进技术、提供资金援助等。（3）国内外市场扩大。

汽车工业的主要厂家包括丰田、日产、本田、三菱、五十铃、日野、马自达等公司。

2. 造船工业

造船工业是日本工业发展最早和最快的部门之一。1951 年超过美国居世界第二位，1956 年超过英国居世界第一位。20 世纪 50 和 60 年代是造船工业的黄金时期，年平均增长率分别为 17.3% 和 19.7%，不仅超过欧美而且超过本国整个工业的发展速度。60 年代中期以后一个相当时期，日本制造的船舶下水量占到世界总量的 40%以上。

石油危机以后，日本造船工业开始走下坡路，呈逐步萎缩之势，已难再现昔日风光。但近年来订货额明显回升，1997 年为14 650亿日元，甚至超过了最高水平的 1980 年的1 4417亿日元。2001 年日本造钢质船 602 艘，产值达10 450亿日元（约为 86 亿美元），其中出口 327 艘，占 54.3%，产值达 9 244亿日元（约为 76.2 亿美元），占 80.9%。2001 年，日本订造新船1 101万吨，占全球总吨位 38.4%，居世界首位。

（二）一般机械工业

这是一个范围十分广泛的部门，包括建筑、矿山、农业、化工、动力、纺织、金属加工等众多机械生产部门。一般机械工业在二战后获得巨大发展，虽然 20 世纪 70 年代以后增长速度减缓，但整个 80 年代仍维持了 3.2% 的平均增长速度。进入 90 年代以后，呈现下跌趋势，1991 年订货额为 12 065亿日元，1996 年为9 727亿日元，明显下跌。

（三）电气机械工业

电气机械工业是日本加工制造业中一个发展十分迅速的重要部门。它主要包括有电子零部件、半导体、电子计算机、家用电器、音响及摄像机等产品。1981 年其在制造业中所占比重仅 5.67%，到 1997 年已扩大到 26.34%。同时它也是日本重要的出口产业。1980 年其在日本制造业出口中所占比重就达 14.37%，2000 年进一步扩大到 26.47%，即占到 1/4 以上，出口金额为136 728.67亿日元。

（四）精密机械工业

精密机械工业在日本制造业中所占比重虽不是很大，但其发展水平却很高，在世界市场上具有很强的竞争力。1981 年精密机械工业只占日本制造

业的1.67%，到1997年这一比重还略有下降，仅为1.41%。但其出口却有显著的增长。1980年其在日本制造业出口额中仅占0.7%，到2000年这一比重扩大到5.37%，出口额从2 056亿日元增加到27 726亿日元，增长了12倍多。

二 基础材料工业

（一）钢铁工业

日本在二战后积极引进先进技术，促进了钢铁工业的发展。1973年粗钢首次突破年产1亿吨大关，成为世界上仅次于美苏的第三大钢铁生产国，同时还成为世界上最大的钢铁出口国，出口量占到世界总出口量的20%～30%。石油危机以后，钢产量始终在1亿吨上下徘徊。1996年粗钢产量为9 880万吨，1997年为10 454万吨，2003年为11 051万吨。钢铁业界的大企业是新日本制铁、日本钢管、川崎制铁、住友金属和神户制钢等公司。

（二）石油化学工业

石化工业是二战后发展最快的工业部门之一。到20世纪70年代初，日本已成为世界第二大石化工业国，其产品不仅满足国内需要，还是重要的出口产品，出口比率大致为10%。石油危机以后，石化工业受到沉重打击。一方面是出口市场萎缩，另一方面则是原料价格上涨，再加上防止公害投资增加，企业全线亏损，不得不削减生产。进入90年代，受整个经济萧条的影响，石化工业更趋衰退，订货额大幅下降，如1997年下降了41.6%。

三 能源工业

日本自然资源贫乏，石油、煤炭、天然气等一次能源几乎全部依赖进口。尤其是石油，99.7%依靠进口，自给率仅0.3%。各类能源的综合进口依赖比率高达80%以上。因而确保能源的稳定供应，是关系国家发展的战略性问题，亦是能源政策的基本出发点。

（一）石油天然气工业

日本石油储量小，加之开采条件复杂，所需成本高，因此开采量始终很少。天然气储量较丰富，年产量自1970年以来长期保持在20亿立方米左右。天然气在能源供应总量中占到10%左右。

（二）煤炭工业

煤炭工业曾是日本最主要的国产能源部门和发展最早的工业之一。1878年开始发展。20世纪初年产煤量曾达到1 000万吨左右，除满足国内需要外，还有30%左右供出口。二战后至20世纪60年代初是日本煤炭工业发展的鼎盛时期，60年代以来处于停滞时期，产量维持在5 000万吨左右。能源结构转向石油，导致了煤炭工业的衰落。年进口煤炭达到了1亿吨，自给率不到1/10。

（三）电力工业

电力工业主要包括水力发电、火力发电和原子能发电即核电这3个部门。1960年以前是“水主火从”时代，即水力发电多于火力发电，而在此之后则变为火力发电为主、水力发电为辅。20世纪70年代以来，随着核电的迅速发展，又出现了所谓“核主火从”的局面。2001年，日本共有4 500家电厂，发电能力达2.617亿千瓦，其中：核电的电厂数和发电能力的比重分别占38.35%，17.72%；另火力和水力发电厂和发电能力分别为60.04%，64.77%；0.37%，17.54%。

四 建筑业

建筑业是日本经济中的一个重要部门，其状况是经济景气的关键指标之一。在经济高速增长时期，建设投资年均增长率达20%，曾被称为“永恒增长产业”。但在1973年至20世纪80年代中期，出现了所谓的“冬季时期”。1987年出现了大幅度增长的局面，以后开工面积增长平稳，但费用额增幅过大。“泡沫经济”破灭后，建筑市场上民间需求萎缩，政府订货增加，但总的趋势仍为下降。例如建筑业的承包额，1990年为26.82万亿日元，1997年为18.52万亿日元，2001年为13.75万亿日元，下降幅度十分明显。

第六节 企业集团与中小企业

一 企业

企业是经济的细胞组织。从法律形态来看，依据出资形式和经营责任的不同，日本的企业可分为个体商人、无限公司、股份两合公司（合资公司和合名公司）、股份公司及有限公司。目前后两者占到日本企业总数的97%以上。而从资本金的大小和从业人员的多寡，又可分为大企业和中小企业。例如资本1亿日元以上，从业者300人以上的制造业企业为大企业，而在其以下的制造业企业则为中小企业。目前日本大企业仅占企业总数的1.36%。从企业所提供的商品和劳务来分类，又可分为第一、二、三产业的企业。目前第一产业的企业仅占企业总数的1%，其余分别占到36.1%和62.15%，另外还有0.7%的其他法人形态。

企业的主体是私有企业，其比重高达97.7%，私人企业的从业人员占到92.1%。二战后企业变化的特点有两个：一是股东即资本家不再居企业支配地位，而没有或稍有股权的企业经营者统治着企业。二是企业股东中，个人股东持股比重减少而法人持股比重上升。

二战后日本经济的快速发展首先是企业经营的成功。日本企业经营的特点除前面已提到的那两项外，还包括实行终身雇佣制、年功序列工资制和企业内部工会制。

企业尤其是制造业企业在国际市场上拥有较强的竞争能力，而竞争力强的原因主要有：(1) 着眼于中长期的发展目标。(2) 以人为经营的基本出发点。(3) 用户至上的经营体制。(4) 提高质量与降低成本同步。(5) 建立命运共同体式的企业交易网络。

二　企业集团

企业集团通常被分为两类：一类是在二战前旧财阀重组和发展的基础上形成的，如三菱集团、三井集团、住友集团、富士集团、三和集团、第一劝银集团这六大集团。其主要特点是：

（一）企业集团成员之间相互持有股票。例如，1996年三菱集团相互持股比率为26.78%，在六大集团中居首位。第一劝银集团的比率最低，为11.24%。

（二）企业集团成员企业的总经理组成经理会，并定期开会以沟通信息。

（三）企业集团的中心是大城市银行，它与本系统金融机构合作向内部企业进行系列贷款，成为贷款中心的银行为主办银行。1996年度，系列贷款比率最高的是住友集团，为22.71%，最低的是第一劝银集团，为14.08%。

（四）综合商社是内部企业间交易的媒介，同时它还可为内部企业提供商业贷款。

（五）在开发新兴产业领域时，组成联合开发公司，消除个别企业开发时的困难并加强大企业之间的联系。

（六）在内部企业与外部企业往来时，发挥组织协调作用。

另一类企业集团是所谓独立系集团。它们都是二战后在重化工业迅速发展的过程中成长起来的。其主要代表包括日立制作所、松下电器、东芝电器、丰田汽车、新日铁公司等6家。它们的基本特点是：

（一）核心企业与子公司和关联公司的关系是直接的、纵的关系，通常是一种支配与被支配的关系。

（二）集团企业自有资本比率很高，资金主要来自企业集团内部，很多企业正向“无借款经营”发展。即使借款也是多头借贷，而没有特定系列。

（三）其产品以重化金属工业部门的产品为主。

（四）集团具有一个完整的生产和流通体系。

在现代日本的经济生活中，大企业集团占据着极为重要的地位。1996年度，除去银行和保险业外，前述六大企业集团的成员企业不过184家，仅占全产业246.7万家企业的万分之零点七，但却占有总资产额的11.46%，资本金的14.17%，销售额的12.52%，经常利润的11.90%，纯利润的18.2%。如果再加上它们的子公司和关系公司，其所占比例还会更大。

三　中小企业

按照日本《中小企业基本法》的规定：(1) 工矿业或运输业等业行业资本金或投资额在1亿日元以下，或从业人员在100人以下者。(2) 以批发业为主，资本金或投资额在3 000万日元以下或从业人员在100人以下者。(3) 零售业或属于服务业为主，资本金或投资额在1 000万日元以下，或从业人员在50人以下者，符合上述条件即属中小企业；从业人员在20人（经营商业或服务业为主的5人）以下者为小企业。

在二战后经济发展中，大企业通过供应材料、加工订货、技术指导及提供贷款等方式，将中小企业纳入到自己的生产系列之中，并与之形成了独特的分工协作关系，也即所谓的“系列化”。为消除大企业与中小企业间的巨大差距即二重结构，日本政府采取的扶植中小企业的政策措施主要有：(1) 1948年设立了中小企业厅，专事对中小企业的行政指导及协调。(2) 以1963年的《中小企业基本法》为核心，制定并推行了一系列旨在保护和促进中小企业发展的政策法规。(3) 设立专门的中小企业金融机构，扶植中小企业发展。

中小企业在二战后经济高速发展中所起的积极

作用主要表现在：(1) 以承包特色的零部件加工为重化工业的发展发挥了辅助作用。(2) 通过吸收大量劳动力，扩大了社会就业，稳定了社会秩序。(3) 支撑了地方经济和特色行业的发展。

第七节 财政金融

一 财政

日本财政体系包括中央财政一般会计、中央财政特别会计、政府关系机构会计、财政投资贷款计划、地方财政等5项内容。欧美国家通常没有上述第4项内容。

一般会计反映的是中央财政的基本收支情况，以税收为主要来源，它是整个财政体系的主导内容。目前一般会计的收入与支出大体占国内生产总值的15%左右。特别会计是指中央财政有特定收入并用作特定支出的会计，通常它的规模都远远大于一般会计，目前其收入与支出占到国内生产总值的40%以上。中央政府关系机构会计的规模历来就不大，20世纪80年代中期，国铁与邮电公社等实现民营化以后，其规模更小，目前仅占国内生产总值的2%左右。财政投资贷款计划是中央政府用邮政储蓄等资金来发展某项重点事业。近年其收入规模达到一般会计的1/2左右。日本地方财政独立收入不大，而由中央财政的一般会计拨付金额的比重很大。

日本会计年度始于每年的4月1日，翌年的3月31日结束。由大藏省负责编制每年的政府预算，经各省厅协商修订后，由内阁向国会提交预算草案，先由众议院后由参议院审议，获得通过后预算便告成立，然后由内阁组织实施。

税收是以直接税为主，以间接税为辅，1996年，前者占65%，后者占35%。在税收中又分为国税和地方税两大部分，前者占的比重大，后者小，1996年，分别为60.8%和39.2%。在直接税中，个人所得税与法人税所占比重大，1996年，前者为34.6%，后者为25.5%。

为弥补财税收入的不足，政府可发行国债。日本自1965年起开始发行国债，日本中央政府财政支出对国债的依存度大幅上升，1996年度达到了28%。目前，包括地方财政在内的政府债务余额约相当于日本国内生产总值的1.4倍，政府债务之巨，在主要发达国家中名列第一。

二 金融体制

日本于1872年设立国立银行，1882年成立日本银行作为日本的中央银行。后来又陆续设立了众多专业银行和各种中小金融机构。战后日本政府对金融领域实行了多种严格管制。如限制业务范围(长短期业务分开、银行与信托业务分开、金融与证券业务分开)、限制利率和管制外汇等。从而形成了以间接金融为主的融资模式和以官方利率为中心的低利率体制。同时国内金融市场高度封闭，与国际金融市场几乎处于隔绝状态，保证了政府对金融机构和金融市场高度集中的管理和控制。

上述体制，自20世纪70年代中期以来，遇到了国内企业改革和国际上要求实行金融自由化的巨大挑战。泡沫经济破灭后，压力越来越大，近两年更是掀起了金融大改革的高潮，改革成功与否，直接影响到日本经济何时能摆脱困境。截至2003年3月底，日本民间金融机构还有44.5万亿日元的债权，其中有25.3亿日元很可能永久无法收回。巨额不良债权不仅导致金融机构贷款门槛提高，而且也极大地阻滞和延缓了日本金融体制改革与重组的步伐。 (黄晓勇)

第五章 外贸与国际经济关系

对外贸易、对外直接投资和政府对外开发援助(ODA)是日本对外经济关系的重要内容。

第二次世界大战以后，日本之所以迅速发展成为世界第二位的经济大国，是它长期以来一直奉行"贸易立国"方针，努力发展对外贸易的结果。1956年日本的进出口总额57亿多美元，在世界贸易中的比重只有2.6%。1997年日本的对外贸易总额已达7 596.4亿美元，成为世界第三大贸易国。2000年突破8 000亿美元大关，达8 616.2亿美元。

日本由商品输出发展到资本输出则经历了很长一段时间。但是，随着日本贸易的扩大，它的资本输出，特别是对外直接投资则呈现出起步晚而发展快的态势。进入20世纪80年代以后，特别是1985年“广场会议”之后，随着日元对美元的大幅度升值，日本经济的发展和对外贸易的增长，对外直接投资出现了空前发展的热潮，1971年度对外直接投资只有8.6亿美元，1997年度按当年1美元兑120.99日元计算，约合547.4亿美元，26年时间增长了近64倍。对外直接投资的增长，又促进了对外贸易的发展。

与二战后日本的经济增长和对外贸易的迅速扩大相比，政府对外开发援助（ODA）的增加显得缓慢，1970年其总额为4.6亿美元，1996年达94.4亿美元，27年间增长的幅度并不很大。政府对外开发援助最明显的特点是，以开发援助为杠杆，促进出口和确保资源供应。因此说，对外开发援助实际上是战后对外贸易政策的重要组成部分。只是后来，随着世界形势的发展变化，日本又附加了一些新的内容，如协助发展中国家发展经济和提高人民生活水平等。

第一节　对外贸易

二战后，日本为了实现在经济上“赶超”欧美国家的战略目标，根据其国家人口众多、国土狭小、资源贫乏的客观实际，提出了“贸易立国”的发展战略。这一战略的实施，使日本的对外贸易获得了迅速发展。整个经济面貌也随之发生了巨大的变化，从而引起世界各国的广泛关注。

战后对外贸易发展可分为如下三个阶段。

一　经济恢复时期的对外贸易（1945～1955）

1945年日本战败投降时，国内可谓一片废墟。到1947年时经济形势依然相当严峻。1947年日本发表的《经济白皮书》把当时的经济状况概括为三个赤字，即“政府赤字”、“企业赤字”和“家庭赤字”。因此，作为当时的日本对外贸易，要解决的问题主要是增加进口，缓解国内需求，抑制国内的严重通货膨胀，促使国内经济恢复与发展。

当时日本对外贸易的管理权主要掌握在美国占领军手里，实行的是“管理贸易”。从事进出口贸易的企业是由政府全额出资设立的“贸易公团”，全部贸易由它来进行。

由于国内经济不景气，出口相当困难。只好采取所谓“饥饿出口”的办法，即压缩国内消费，降低国民生活水平，来强制出口。政府还采取了优先向出口企业提供原材料和迫使企业推行合理化，以降低成本扩大出口的措施。

表1　日本经济恢复时期的对外贸易变化　（百万美元）

年份	出口额	与上年比%	进口额	与上年比%	逆差
1946	103	—	306	—	-203
1950	820	60.8	974	7.6	-154
1955	2 011	23.4	2 471	3.0	-460

资料来源　日本《通商白书》1990年版。

1949年以后，美国为了使日本成为其远东的战略要地，对日本的经济政策由限制变为扶植。将日本的对外贸易管理权转交给日本政府，贸易方式也由“国营贸易”转为“民营贸易”。同时相继协助日本政府完善贸易制度、组织和法令。其中最主要的是1949年4月确立了日元对美元的单一汇率制，这为日本恢复和发展贸易奠定了基础。还设立了通商产业省等贸易管理机构，公布了《贸易及外汇管理法》，这一系列的措施实施，使日本对外贸易得到较快的恢复和发展。

到1955年日本的出口和进口额分别达到20.1亿美元和20.7亿美元，虽然仍低于二战前的最高年份，但是这与1946年的出口与进口额分别为1.0亿美元和3.1亿美元相比，增加幅度之大是不言而喻的。

20世纪50年代出口商品主要是棉织品、生丝、人造棉之类等，进口商品主要是原料品、粮食和各种制成品等。这一时期，对外贸易连年逆差，逆差额累计达52.9亿美元，相当于这一时期日本出口额的56%。

二　高速增长时期的对外贸易（1956～1973）

1956～1973年的“石油冲击”时期，被称为日本经济高速增长时期。为大力发展重化学工业，加大了从国外进口先进技术和设备的力度。同时国内也增加了设备投资，许多骨干产业，如钢铁、造船、汽车、电器、机械和石油化工等先后达到世界先进水平，这种供应能力的提高和国际竞争能力的增强，促使出口货源的增加和整个对外贸易的发展。

据日本海关统计，1956～1973年，日本出口贸易额从20多亿美元增至369亿美元，年均增长率达17.5%。日本在世界出口贸易总额的比重由1956年的2.6%，上升到1973年的6.8%。同一时期，虽然世界贸易中的出口也有增长，但是日本出口的增长率则是它的1.6倍多。这一时期出口的主要商品是钢铁、船舶、汽车和纺织品等，出口的主要国家和地区是美国、东南亚和欧洲等。

日本在积极扩大出口的同时，进口也在持续大幅度地增加。1956～1973年的17年间，进口额从32.3亿美元增加到383亿多美元，年均增长15%多，也大大高于当时世界贸易总额的年增长10.3%的水平。日本在世界进口中的比重也从1956年的3.2%上升到1973年的7.0%，进口的主要商品是石油、原材料和粮食等。据统计，这一时期铁矿石进口增加了18倍，石油进口增加了22倍多。

同时，制成品进口在总进口中的比重也迅速上升。从1960年的22.7%上升到1970的30.4%。这一时期，尽管进口也有很大增长，但是仍赶不上出口增长的速度。所以，从1965年开始日本贸易收支转为顺差，到1972年日本贸易顺差已达51.2亿美元。特别是对美贸易一举扭转了长期逆差的局面。

这一时期也被称为日本开始向开放型体制过渡的时期。在美欧等发达国家的压力下，日本于1960年6月公布了《贸易汇兑自由化大纲》。以此为开端，日本逐步实施贸易自由化。1964年日本加入了“经济合作与发展组织”（OECD），这表明日本的经济发展已进入了一个新阶段。

但是，1971年“尼克松冲击”（1971年8月15日，美国总统尼克松提出保卫美元的八项措施，对日本等国的经济形成冲击）以后，日元对美元的固定汇率被打破，日元对美元的汇价开始大幅度升值。自此，日本的出口贸易又面临新的考验。

表2 日本经济高度增长时期的对外贸易变化 （百万美元）

年份	出口	增长率%	进口	增长率%	贸易差额
1956	2 501	24.4	3 230	30.7	−729
1960	4 055	17.3	4 491	24.8	−436
1965	8 452	26.7	8 169	2.9	283
1970	19 318	20.8	18 881	25.7	437
1973	36 930	29.2	38 314	63.2	−1 384

资料来源 日本《通商白书》1990年版。

三 经济低速和中速增长时期的对外贸易（1973年以后）

1973年爆发的第一次石油危机，给主要依靠海外能源供应的日本经济沉重打击。它不仅引起日本列岛“供应不足恐慌”，同时也宣告日本经济高速增长时代的结束。特别是1974年出现了战后首次负增长。此后日本经济的增长也一直在低水平上徘徊。1973～1980年的年均经济增长降至3.7%，1980～1985年为3.9%，1986～1989年为4.1%，1990～1997年为1.5%。这一时期日本对外贸易的特点主要是：

（一）贸易顺差不断增加

第一次“石油冲击”以后，由于受石油及其他初级产品进口价格暴涨等的影响，贸易收支曾出现逆差。但是大部分年份仍保持在顺差水平，而且顺差的幅度越来越大。20世纪80年代顺差的最高年份是1989年，高达677亿美元。1992年日本对外贸易顺差首次突破1 000亿美元大关，达到1 066亿美元。以后连续三年也都保持在1 000多亿美元的水平上，1996年略有减少，但是也在620亿美元水平之上。

对外贸易顺差不断增加的主要原因是，企业积极开拓国外市场，努力扩大出口。据统计，1973～1980年间出口年均增长10.1%，1980～1985年年均增长9.2%，1985～1990年年均增长7.9%，1990～1997年年均增长5.6%。其次是企业适应能力强，通过合理化降低成本等措施，维持和强化其出口产品的竞争能力。第三是努力改善出口商品结构，加大机电产品的生产和出口力度。因为这类产品属于知识和技术密集型产品，在生产中所需能源较少，石油价格上涨对其影响有限。而且在世界性能源供应紧缺的情况下，市场对节能型机电类产品需求趋旺，这也促进了机电类产品的出口。

（二）对外贸易呈阶段型发展

随着对外贸易的不断增长，贸易发展呈阶段型发展态势，即隔几年便跃上一个新台阶。如自1979年对外贸易首次突破2 000亿美元后，在这一水平上徘徊了5年时间，1984年才突破3 000亿美元。之后用了4年时间，1988年突破4 000亿美元。而1990年仅用了两年时间便突破5 000亿美元。至1993年突破6 000亿美元，1995年登上7 500亿美元大关，仅用两年时间。受日本泡沫经济破灭和亚洲金融危机的影响，日本的对外贸易额在7 000多亿美元的水平上徘徊了5年，2000年才突破8 000亿美元大关，达8 616.2亿美元。2002年为8 527亿美元。2004年为10 194.6亿美元。

日本对外贸易呈阶段型发展态势的原因是，日本企业在维持和强化原有产品出口的同时，努力强化新产品新技术的研究开发力度，所以每一二年内便有一批新产品、新技术出口到国外市场。另外，随着日元对美元汇价的不断升值，企业对海外直接投资持续增加。这些海外企业生产的产品不断返销回日本市场，加之日元升值有利于日本进口等。

这一期间，对外贸易的另一个特点是贸易摩擦逐步升级。特别是同美国的贸易摩擦呈越演越烈之势，从20世纪70年代的钢铁、彩电，发展到80年代以来的汽车、机床和半导体等。美国对日本的要求也从签订双边和多边协定、实行“出口自主限制”、设定最低价格升级到要求日本设定进口数额、扩大内需直至放宽限制、开放市场等。

表3　　日本1973～2005年对外贸易发展变化　　(百万美元)

年份	出口	与上年比%	进口	与上年比%	贸易差额
1973	36 930	29.2	38 314	63.2	－1 384
1975	55 753	0.4	57 863	－6.8	－2 110
1980	129 807	26.0	140 528	27.0	－10 721
1985	175 638	3.2	129 539	－5.1	46 099
1990	286 948	4.3	234 799	11.4	52 149
1995	442 937	12.0	336 094	22.3	106 843
1996	412 433	－7.2	350 653	3.9	61 780
1997	422 881	2.5	340 408	－2.9	82 473
1998	386 544	－2.8	279 756	－17.4	106 788
1999	417 303	8.0	309 531	10.6	107 772
2000	480 734	15.2	380 892	23.0	99 841
2001	405 152	－15.7	351 111	－7.9	54 042
2002	415 872	2.6	336 830	－4.2	79 046
2003	469 862	13.0	381 528	13.3	88 334
2004	565 150	20.3	454 307	19.1	110 843
2005	595 322	5.2	515 567	13.2	79 755

资料来源　日本《东洋经济统计月报》有关各年；日本贸易振兴会《2005贸易投资白书》；2005年日本海关统计。

第二节　日本对外直接投资

根据日本贸易振兴会发表的《2000日本贸易振兴会白书》（投资编）的统计，至1995年前日本尚属于世界五大对外直接投资国，其名次仅次于美国、法国和英国，为世界第四位的投资大国。但是1996年以后则被荷兰所取代。

日本对外直接投资虽然已有近50年的历史，但是增长较快的还是20世纪60年代以后。60年代以来，对外直接投资呈波浪式的发展态势，其中出现4次高潮。

表4　　日本对外直接投资申报统计

(百万美元)

年度	项目数	金额
1951～1984	34 314	71 433
1985	2 613	12 217
1986	3 196	22 320
1987	4 584	33 364
1988	6 077	47 022
1989	6 589	67 540
1990	5 863	56 911
1991	4 564	41 584
1992	3 741	34 138
1993	3 488	36 025
1994	2 478	41 051
1995	2 863	50 694
1996	2 501	48 019
1997	2 489	54 739
1998	1 597	40 747
1999	1 703	66 694
2000	1 684	48 580
2001	1 786	32 287
2002	2 164	36 858
2003	2 411	36 092
合计		880 008

资料来源　日本《海外投资研究所报》、日本贸易振兴会《2004贸易投资白书》。

一　第一次高潮（20世纪60年代后半期）

二战后初期，日本对外直接投资规模很小。

1951～1964年的13年间的投资额为8亿美元，年均只有5 700万美元。而且这种投资主要注重资源开发和促进对外贸易服务。

20世纪60年代中期以后，随着经济高速增长，引起国内的劳动力相对短缺，从而使一些劳动密集型产业开始向亚洲发展中国家和地区转移。此外，1964年日本加入经济合作与发展组织（OECD）等国际组织和机构，使日本经济进入开放时期。1969年日本又开始推行对外直接投资自由化政策。这些对日本对外直接投资出现新高潮起到了巨大的推动作用。此外，为实现进口替代的工业化政策和解决当时的纺织品贸易摩擦问题，也是促进当时扩大对外投资的重要因素。1965年，日本直接投资首次达到1.6亿美元，1968年达5.6亿美元，1970年猛增到9亿美元。

二 第二次高潮（20世纪70年代）

20世纪70年代“尼克松冲击”后，日元对美元的汇价开始升值，从360日元兑1美元升到308日元兑1美元。日元的升值直接带动了日本企业的海外直接投资的增加。日本政府为缓和日元升值对企业的压力而鼓励资金外流。这对日本企业的对外投资增加也起到了刺激作用。此外，为了克服“尼克松冲击”中的贸易保护主义倾向，日本企业实施的扩大市场战略和为缓和当时的钢铁、彩电、机床的贸易摩擦而增加的对外投资，更是促使产生第二次投资热的重要条件。

由于上述的一些原因，日本对外直接投资1972年实现了飞跃，比上一年的8.6亿美元增加近3倍，达23.4亿美元。因此，这一年被称为日本“对外投资元年”。1973年增加到34.9亿美元，这相当于1951～1970年20年间日本对外直接投资的总和。此后受石油冲击的影响，短期内对外投资有所减少。但是1978年日元对美元进一步升值后，把日本的对外直接投资再度推向新的高潮。1978年日本对外直接投资达46亿美元，1979年达创纪录的50亿美元。

三 第三次高潮（1986～1989）

在日本经济克服了第二次石油冲击的影响和国际收支有所改善以后，进入20世纪80年代，日本对外直接投资连续登上几个新台阶。

1984年日本对外直接投资首次突破100亿美元大关，而达到102亿美元。之后日本进入“泡沫经济”时期，国内经济过热。这时不仅企业自有资金相当充裕，随着房地产、股票价格的暴涨，筹措资金也很容易。加之1985年广场会议后，日元对美元急剧大幅度升值，企业加大了对外直接投资的力度。在制造业中，以电机、汽车、机械业中的组装业为中心，对欧美地区的投资急剧增加。此外，为了降低成本，开拓国外市场，制造业对亚洲的投资也有增加。日本非制造业凭借雄厚的资金实力，在国外设立金融子公司以及在国外收购不动产为目的的投资也迅速增加，而且主要是在欧美发达国家收购。

在日元对美元急剧大幅度升值之时，日本政府又推动包括扩大对外直接投资在内的经济结构调整，更为企业到海外投资起到了推波助澜的作用。

1986～1989年的4年中，日本的对外直接投资各年度与上年度比较，分别增加82.3%，49.5%，40.9%和43.6%。1986年日本对外直接投资首次突破200亿美元，达223亿美元。之后连续两年每年增长都在100亿美元以上，1987年为333亿美元，1988年达470亿美元，1989年一举达到675亿美元。4年加起来投资额为1 702亿美元，相当于1951年～1985年日本对外直接投资总额836.5亿美元的2倍。

进入20世纪90年代以后，由于日本“泡沫经济”的破灭，企业效益下滑，资金筹措也较为困难。这一时期，日元对美元的汇价比较稳定。加之整个发达国家经济衰退等原因，1990～1992年企业对海外直接投资连续3年减少。

四 第四次高潮（1993～1995）

1993年以后，日元对美元的汇率进一步攀升，带动了日本企业海外直接投资连续3年增长。特别是1995年达507亿美元，比上年增加23.5%，创1990年以后的最高峰。

这一时期日本企业对外投资的特点是，制造业投资创历史最高水平。1995年达186亿美元，比上年增加35.1%。而且主要是对亚洲地区的投资增长较显著。与上年相比1993年增17.9%，1994年增41.6%，1995年增幅高达55.5%。因此，1994年以后的两年，日本制造业对亚洲地区的投资占全制造业对外直接投资的总额，14年来首次超过对北美地区，而成为最大的投资地区。

与此同时，在日本总的对外投资中，自1994年以后，对亚洲地区的投资占其全部对外投资的比重连续4年超过对欧洲地区的投资，欧洲地区成为其仅次于亚洲和北美地区的第三大投资热点地区。

表5　　日本1951～2003年度对主要国家、地区投资状况　　（亿美元）

国别地区	2003年度			1951～2003年度累计	
	金额	构成%	较上年增%	金额	构成%
合计	360.92	100.0	-2.1	8 800.08	100.0
北美	106.80	29.6	26.4	3 444.16	39.1
美国	105.77	29.3	28.8	3 302.84	37.5
中南美	52.62	14.6	-8.4	1 080.60	12.3
亚洲	63.99	17.7	12.9	1 511.20	17.2
中国	31.43	8.7	78.0	269.20	3.1
亚洲四小龙	11.54	3.2	-41.2	561.99	6.4
韩国	2.84	0.8	-54.6	101.48	1.2
中国台湾	1.52	0.4	-59.4	72.94	0.8
中国香港	3.96	1.1	90.6	207.27	2.4
新加坡	3.22	0.9	-57.2	180.30	2.0
东盟四国	19.36	5.4	27.1	625.70	7.1
泰国	6.29	1.7	24.8	168.85	1.9
马来西亚	4.63	1.3	478.4	103.74	1.2
印尼	6.48	1.8	22.6	278.13	3.2
菲律宾	1.06	0.5	-52.2	74.98	0.9
印度	0.87	0.2	-71.8	24.22	0.3
欧洲	126.23	35.0	-18.2	2 202.93	25.0
中东	0.17	0.0	-53.7	59.52	0.7
非洲	1.05	0.3	-45.9	103.90	1.2
大洋洲	10.06	2.8	-24.7	397.77	4.5

资料来源　日本贸易振兴会《贸易投资白书》2004年版，第399页。

企业增加对亚洲地区投资的主要原因是，在1993年之后的日元大幅度升值中，那些在价格上很难维持竞争能力的企业，为了降低成本而增加对亚洲地区的投资；这一时期，亚洲国家和地区经济保持较高速度的增长，市场迅速的成长起来，极大地吸引了日本的投资家。特别是中小企业，对这一地区的投资增长更加引人关注。

这一时期，日本企业对发达国家的投资已不再是收购大型企业，而主要是为支持"泡沫经济"时期投资后经营陷入困难的企业。但是，1996年后，由于经济衰退和日元贬值等原因，对外投资也有所下降。2006年版《JETRO贸易投资白皮书》统计显示，2005年日本对外直接投资455亿美元，比上年增长46.8%，与泡沫经济时期的1990年并列创下15年最高纪录。

第三节　对外开发援助

对外援助可分为资金援助（资金合作）、技术援助（技术合作）以及通过贸易方式进行的援助等。按援助的主体划分，可分为政府援助（官方开发援助）和民间援助。民间援助是指民间企业对发展中国家提供出口信贷、债务救济、对外直接投资以及技术合作等。本文所介绍的对外援助主要是指由政府资金援助和技术援助组成的政府开发援助（ODA）。

资金援助包括赠款（无偿援助）和日元贷款，其中大部分是通过双边援助形式进行的，少部分是以向国际组织（世界银行、亚洲开发银行等）出资的形式进行的。技术援助主要包括人才培训和开发项目咨询等。

一　发展阶段

二战后日本对外援助始于20世纪50年代中期，迄今已有近50年的历史。其发展可分为四个阶段。

（一）20世纪50年代以赔偿为主的阶段

20世纪50年代初，日本政府开始对外实施开发援助时，主要是以二战后战争赔偿为主。如20世纪50年代至60年代初期，在日本的政府开发援助中，赔偿所占的比重一直占60%左右。而在这10年中，每年的开发援助金额只有1亿多美元。这是因为当时日本经济困难，尚拿不出更多的资金用于开发援助。这一时期日本作为赔偿和"准赔偿"提供给受援国家和地区的主要是船舶和各种机械设备。这些产品在当时的国际市场上并无竞争能力，只能通过援助的方式才能达到出口的目的。因此，对外援助一开始便着眼于促进出口。另外，为在国外获得稳定的能源和原材料供应，也利用了一些援助资金。所以，援助多在亚洲国家和地区有能源的地方。

（二）20世纪60年代后期的多样化发展阶段

60年代后期至70年代中期，日本的援助金额增长较快，援助的形式也出现多样化趋势。1965年对外援助资金一举增加到2.4亿美元，比上年的1.2亿美元增加了1倍，结束了十几年来援助金额每年均在1亿美元上下波动的历史。不仅金额增加，援助的形式也很多。首先是在日元贷款中，增加了协助发展中国家偿还债务的贷款、商品贷款等。在技术援助方面，先后开始了向海外派遣青年海外协力队等。其次，增加日元直接贷款，这一时期双边直接日元贷款大大增加。在日本直接向被援助国家提供的援助总额中，有近60%为日元贷款。这种贷款多用于被援助国、地区从日本购买机械设备和服务等，这也是为了增加日本的出口。这一时期日本双边援助中的70%～90%用于东南亚地区，所以在当时的日本对发展中国家的出口中，对东南亚地区的出口占1/2左右。同时，日本为了从这一地区进口能源和原材料，也理所当然地把这一地区作为开发援助的主要地区。

这一时期的援助内容，逐渐从对外赔偿和由日本输出入银行提供政府贷款，发展到向国际金融组织出资、由海外经济协力基金（OECF）提供日元贷款，以及双边无偿援助等。

（三）20世纪70年代末期开始的有计划的扩大开发援助阶段

20世纪70年代末至80年代中期，在经历了第二次石油危机冲击之后，发达国家中只有日本经济仍保持增长的势头。所以，发展中国家纷纷要求日本扩大经济援助。在这种形势下，日本开始考虑有计划地增加援助问题。于是，1977年5月制定了第一个经济援助的《五年计划》，后又改为《三年计划》。1980年完成这一计划后，1981年又制定了1981～1985年的第二个"五年倍增计划"，即在1975～1980年的援助总额106.8亿美元的基础上再增加1倍。这些计划完成以后，日本的援助不仅金额有了大幅度增加，开发援助也从过去的被动转向了主动。对外援助的质量有了明显的提高。

（四）20世纪80年代后期开始的"为国际作贡献"的阶段

20世纪80年代后期以来，日本在继续增加开发援助金额的同时，还提出了"为国际作贡献"的口号。这一口号提出的背景是：日本在本国经济增长的同时，也应为发展中国家的经济发展做出些贡献；日本成为世界经济大国之后，为在政治上增加发言权，力图在经济上对发展中国家有些"表示"，以换取发展中国家的好感与支持。因此，1985年9月，又制定了第三个开发援助计划，即在1985～1992年的7年中，将开发援助总额增加到400亿美元以上。在实施期间，因为预计可提前完成，所以在1988年6月制定了第四个《五年倍增计划》，即从1988～1992年将开发援助总额由1983～1987年的250亿美元增加1倍，达500亿美元。而且提出要进一步提高援助水平，增加无偿援助、救济债务贷款和技术援助、提高日元贷款质量等目标。

为达到这一目标，日本政府做出了很大努力。1989年援助总额达89.7亿美元，第一次超过美国而居世界第一位。1990年92.2亿美元，低于美国居世界第二位。但是自1991年以后，日本连续7年居世界第一位。日本的援助质量在某些方面也有所提高，如在日元贷款中，1995年不限制购买日本商品和服务的比率达到97.7%，这在开发援助委员会（DAC）中是比较高的。此外，日元贷款的条件也有所改善。1966年日元贷款开始时利率为3.5%，偿还期为20年。而1995年平均利率为2.45%，偿还期平均为28.9年（其中宽限期9.5年）。1997年9月又决定降低日元贷款利率为0.75%，偿还期40年（包括10年宽限期）。

日本政府制定的第五个中期开发援助计划，是自1993～1997年的5年，要达到的金额为700亿～800亿美元。而实际完成577.9亿美元，离要达到的目标相差很远。目前日本国内要求调整"政府开发援助"政策的呼声很高，现在日本政府正在组织有关人士进行研究。预计对外援助金额不会减少，今后援助领域可能发生某些变化，如协助发展中国家培育人才、发展环保事业、进行经济结构调整等。

然而，尽管日本已成为世界上最大的援助国，但是日本在援助中的某些作法，也不断的受到国际社会的批评。这些批评主要是：目前的援助与其经济规模相比仍很小，1997年对外援助金额仅占其国民生产总值的0.22%，在开发援助委员会（DAC）的21个成员中为第19位，属较低的；日本的援助商业色彩仍很浓，即援助是为了扩大出口；有偿援助多而无偿援助少，援助质量不高。在日本的对外援助中，有偿援助即日元贷款占相当大的比重，而无偿援助则很少。另外赠予比率低，1995～1996年度的赠予比率为41.4%，低于开发援助委员会成员国平均76.9%的水平，在21位成员中属最后一位。综合赠予比率也较低为80.5%，低于开发援助委员会成员平均91.8%的水平，也属最后一位；20世纪90年代以后，日本的开发援助增加了许多政治色彩，如强调援助要考虑对象国的"军费支出"、"武器交易"、"民主化和市场经济"等。

上述这些批评已引起日本的重视，有的正在设法克服，日本认为有的是别国的误会，正在通过各种形式进行宣传和解释。

表6　至1998年度末累计接受日元贷款最多的20个国家　(百万日元)

位次	国家	接受日元贷款金额	位次	国家	接受日元贷款金额
1	印度尼西亚	3 377 380	11	斯里兰卡	489 041
2	中国	2 260 873	12	埃及	432 625
3	印度	1 925 361	13	缅甸	426 567
4	泰国	1 665 412	14	土耳其	347 103
5	菲律宾	1 626 506	15	巴西	258 637
6	巴基斯坦	822 137	16	秘鲁	256 320
7	马来西亚	754 032	17	墨西哥	207 420
8	韩国	645 527	18	约旦	204 425
9	越南	520 234	19	肯尼亚	172 833
10	孟加拉	519 924	20	叙利亚	156 305

资料来源　日本外务省《政府开发援助ODA白书》1999年。

表7　日本1965～2000年政府开发援助的变化　(百万美元)

年份	金额	年份	金额	年份	金额	年份	金额
1965	244	1985	3 171	1993	11 259	1997	9 358
1970	458	1990	9 069	1994	13 239	1998	10 640
1975	1 148	1991	10 952	1995	14 489	1999	15 323
1980	3 353	1992	11 151	1996	9 439	2000	13 508

资料来源　日本通产省《经济协力的现状与问题》1998，日本贸易振兴会(JETRO)《日本2002》。

二　援助的主要特点

(一) 多用于经济基础设施领域

开发援助的最突出的特点是，多数用于发展中国家的经济基础设施的建设上，如交通、能源、通讯等方面，1994年度开发援助中用于经济基础设施部分占42.1%，远高于开发援助委员会成员平均21.2%的水平。这一特点与赠与部分所占比重偏低有关，像教育、卫生等领域一般是无偿援助对象，而交通、能源等经济基础设施部分日本均使用日元贷款等有偿援助。

(二) 亚洲地区仍是开发援助的重点

亚洲一直是日本开发援助的重点地区，与过去相比，1996年所占比重虽然有所下降，但仍占49.6%，远高于对其他地区援助。对亚洲地区援助较多的特点是由历史、地理、政治、经济等诸多因素决定的。首先，二战后日本对外援助是从赔偿和准赔偿开始的。而这一地区便是二战时遭受日本侵略的重灾区。另外，日本对外援助上的经济目的之一是带动出口，配合对外投资以及确保资源的供应。而亚洲恰恰是日本的主要出口市场、投资场所和资源供给地。

(三) 日元贷款在援助中所占比重最大

日元贷款也称政府贷款，因为日本是以日元贷出的，故称为日元贷款。这是日本政府向发展中国家提供的用于发展经济等为目的的长期低息贷款。在发达国家中，政府贷款占其政府开发援助的比重均较低，而日本所占的比重则最高。据统计，1995年为80.5%。日本政府开发援助的重要组成部分——日元贷款的利率偏高。特别是在日元升值的情况下，发展中国家接受的日元贷款本息折成美元，其债务负担相当沉重。所以20世纪80年代后期至90年代中期，在日元大幅度升值的情况下，发展中国家纷纷要求日本降低日元贷款利率，并设法协助它们减轻债务负担。 （徐长文）

第六章 人民生活与社会保障

第一节 二战结束后人民生活的变化

日本军国主义在近现代发动的侵略战争，不仅给中国、朝鲜—韩国及其他亚太国家带来严重灾难，也使日本本国人民深受其害。根据日本经济安定本部《我国在太平洋战争中所受损失综合报告书》（1949）记载，在第二次世界大战当中，日本损失了和平时期国家财富的25%。二战后初期，日本因战争造成国土荒废，到处都是孤儿和失业者，粮食严重不足，物价飞涨，很多人只能在饥饿中度日。经过二战后50年多年的发展，日本成为世界发达国家的一员，是仅次于美国的经济大国。日本人民生活稳定，人均寿命和人均收入水平都在世界前列。

二战结束后日本人民生活所发生的变化，大体可划分为6个时期。

一 二战后初期：物资严重不足，人民生活极度贫困

战后初期，日本人民生活面临的主要困难是：第一，失业严重。军需工业停产，军人复员以及海外归来人员形成庞大的过剩劳力，据1946年4月日本官方的人口调查，当时包括完全失业和非完全失业（每月劳动7～20天）在内的人数高达787万人，约占国内总人口的11%。第二，物价飞涨。第三，生活必需品、特别是粮食供应紧张。

二 50年代：人民生活逐步提高，消费水平达到和超过战前水准

从1946年起，在美国大力扶植下，日本政府采取了诸如“倾斜生产方式”等一系列重建经济的政策，使经济很快得到恢复。随着工农业的发展，人民生活有了很大提高。这一时期人民消费生活的主要特征是：第一，全国和城市家庭消费水平分别于1953年和1954年恢复到二战前水平。到50年代末，全国居民消费水平已比二战前提高36%，其中农村提高44%，城市提高31%。第二，居民营养状况显著改善，开始摆脱二战后初期消费生活以衣、食为主的局面。1946年，全国居民人均每天摄取动物蛋白和脂肪分别为10.6克和14.7克，到1955年分别增至22.3克和20.3克。第三，引进美国生活方式，以电视机、冰箱、洗衣机为代表的家用电器开始进入城市居民家庭。1953年日本电视机产量仅为1万台，普及率只有0.1%，而到1959年产量增至285万台，普及率也上升到23.6%。同年，洗衣机和冰箱的产量分别比1953年增长11倍和86倍，达114万台和52万台，普及率分别为33%和5.7%。

三 60年代：人民物质生活进一步提高，出现了“消费革命”

20世纪60年代，日本经济处于高速增长时期。1960年12月，日本政府提出为期10年的《国民收入倍增计划》，规定在计划期间年均经济实际增长率和国民收入实际增长率分别为7.8%，并为计划的实现拟定了包括“实现产业结构高级化”、“充实社会基础设施”、“振兴科学技术”、“推进农业现代化”在内的一系列方针政策。在《倍增计划》的推动下，日本经济的各个领域均出现了深刻的变化。这10年中，年均经济实际增长率高达10.9%，工矿业年均增长率达14.7%。家庭平均月收入也由1959年的3.7万日元上升到1969年的10万日元，增长1.7倍，如扣除物价上涨因素，实际增长 1.1 倍。这一时期经济高速发展及人民收入较大幅度提高给家庭消费生活带来的影响，家用电器的普及由追求“实用性”的老“三大件”（黑白电视机、洗衣机、冰箱）向追求“舒适性”的新“三大件”（彩色电视机、空调、小轿车）发展，营建“个人住宅”之风开始兴起。

四　70 年代：消费的“平均化”倾向明显，消费内容和消费态度发生变化

经过 20 世纪 60 年代的经济高速度发展，至 1968 年日本的国民生产总值已超过原联邦德国，成为资本主义国家中仅次于美国的第二“经济大国”，人均国民收入也由 1960 年的 382 美元提高到 1 141美元。但是进入 70 年代，由于内外经济环境发生很大变化，各种经济矛盾日益表面化。因而以 1973 年的“石油危机”为转折点，日本经济进入“低速发展时期”。70 年代年均实际增长率已由 60 年代的 10.9%骤降至 5%。与此相应，人民生活也出现如下变化：一方面随着衣、食、住等基本生活的满足，消费需求向其他领域扩展，生活费中“杂费支出”的增加，即使收入最低的阶层，每月也有 2/5 以上的支出用于衣、食、住以外的其他消费。另一方面，由于经济增长速度放慢，特别是因“石油危机”引发的物价暴涨，使广大消费者对经济前景感到不安，消费态度转趋慎重。不同收入层的平均消费额占个人收入的比重均呈现下降趋势，为防备生活不测的个人储蓄急剧增加。

五　80～90 年代：由“增长型消费社会”向“成熟型消费社会”转变

进入 20 世纪 80 年代，日本经济面临的内外环境继续动荡多变。在 80 年代初遭受第二次“石油危机”冲击后，80 年代中期又受到日元大幅度升值的困扰，发展道路并不平坦，但是与西方主要发达国家相比，日本经济发展的基础条件还是比较好的。1980～1989 年日本的年均经济实际增长率达 4.2%，虽不如 70 年代，但在欧美主要发达国家中仍名列前茅。日本的经济实力进一步增强，人均国民收入于 1987 年超过美国，1989 年达20 185美元，这标志着人民生活的总体水平又达到一个新的高度。这一时期，人民消费日趋成熟，无论是消费动机、消费内容，还是消费意识均出现深刻的变化，出现了消费“多样化”和“个性化”的发展趋势，商品生产由“重、厚、长、大”朝“轻、薄、短、小”的方向发展，日本人的生活开始强调个性，日本由“增长型消费社会”向“成熟型消费社会”转变。

六　90 年代以后：泡沫经济的破灭给日本人民的生活带来创伤

进入 20 世纪 90 年代，一方面日本的国际化、信息化进一步发展，给日本国民的生活创造了新的空间，另一方面，泡沫经济的破灭也给日本人的生活带来了严重的创伤。日本经济下滑是由 1990 年年末的房地产和股市泡沫崩溃引发的。1987～1990 年日本的房地产和股市价格连续上涨，股市价格平均每年上涨 30%，大城市地价平均上涨了 3～4 倍。1990 年年末，日本房地产和股市价格开始大幅度下跌，到 1992 年房地产和股市价格比 1989 年高峰时期的价格下跌了 50%以上，下跌幅度大的达到 80%以上。房地产和股市价格暴跌立即导致经济增长速度减慢，同时对企业财务和居民资产收益造成很大损失，企业投资和居民消费倾向明显减弱，日本经济从此由二战后连续 50 多个月的景气高涨转入景气衰退。日本泡沫经济崩溃后日本家庭的消费行为和消费结构都较以前发生了变化。1990 年以后，日本人在耐用消费品方面的支出一直呈下降趋势。1998 年耐用消费品支出比上一年减少 1.3%，1999 年又减少 3.4%。泡沫经济崩溃后企业进行结构调整，控制薪金上涨，人们不再像以前那样期待工资的上升，对以后生活收入的不安反映在消费行为的消极上。　（王　伟）

第二节　劳动工资与物价

一　劳动工资

二战后，日本企业盛行终身雇佣制，即资方很少单方面解雇工人，而从业人员也很少中途跳槽。与之相适应，日本企业普遍实行所谓年功序列工资制，即根据职工在本企业的工作年限来确定其工资水平。而这种年功工资的核心即是以本人学历为基础。于是就形成了相同工龄不同学历工资不同，相同职务不同学历工资不同等等情况。

工资水平在不同行业之间和不同地区之间是不相同的。电力、煤气、自来水工业的平均工资最高，其次是金融保险业等，批发零售业最低。1995 年，前者高出后者 50%～70%。从地区水平看，东京、大阪、神奈川、爱知、兵库、京都等地区高出全国平均水平，其余40个地区则低于全国平均水平，最低的青森县还不到东京的60%。

日本人均国民生产总值高于欧美国家，名义工资也高于多数发达国家，但由于物价水平偏高，再加之地价房价等因素，因而其实际工资水平目前只相当于欧美国家的70%～90%。

二 物价

二战后，日本政府在经济发展过程中，始终把平抑物价作为宏观经济的重要目标，针对不同时期的不同情况实施了富有成效的干预和管理，保持了物价的长期平稳。

二战后物价变动的主要特点是：（1）批发物价的上涨幅度大大低于同期消费物价的上涨，有时甚至相背离，例如以1990年为100，1997年的批发物价为93.7，消费物价为109。（2）消费物价上涨平稳，如前所述，1990～1997年仅上涨了9个百分点。（3）批发物价稳中有降，例如以1995年的批发物价为100，则1980年为120.3，1990年为108.5，2001年为96.9，呈持续下降趋势。（4）消费物价上涨率低于短期存款利率，更低于工资增长率。

但日本的物价水平在发达国家中长期偏高也是不争的事实。例如，以1995年11月东京的综合物价为100，则纽约、伦敦、柏林、巴黎分别为63、66、74和75。又如从与日常生活相关的零售物价来看，以1996年9月纽约的综合水平为100，则东京高达161，大大高于波恩的118、巴黎的112和伦敦的102。（黄晓勇）

第三节 社会保障

一 概述

日本社会保障制度形成于20世纪20年代，二战后取得长足发展。1950年10月，日本首相的咨询机构——社会保障制度审议会提出《关于社会保障制度的劝告》，日本的社会保障制度就是以这个《劝告》为基础，逐步得到充实和完善的。至60年代初，基本形成综合性的社会保障体系。战后日本社会保障制度发展迅速的主要原因是：第一，人们对争取生存权的认识有了很大提高。第二，人口老龄化趋势的发展。第三，经济的恢复和发展，特别是50年代后期至70年代初期的经济高速增长，为社会保障制度的普及、推广提供了雄厚的物质基础。

从二战后日本社会保障制度的发展过程看，有以下几个特点。（1）社会保障制度的体系化。从各个单项制度的建立起步，向比较完整的综合性制度发展，社会保障对象也不断扩大，更具“全民性”。（2）社会保障政策的重点逐步转移。随着经济的发展，人民生活的改善，社会贫困层面日益缩小，社会保障政策从维持低收入阶层最低生活水准的“扶贫”向以保证全体国民生活稳定为宗旨的“防贫”方面转变。这一政策的重点转移，标志着日本社会保障的重心由政府救济逐渐向社会保险过渡。（3）社会保障制度根据形势变化不断修正。50年代后期至70年代初期是日本经济高速发展的时期，同时也是日本社会保障发展最迅速、成果最明显的时期。但自1973年“石油危机”后，鉴于经济增长速度放慢，租税收入减少，国家财政困难，以国库负担作为重要支柱之一的社会保障制度不得不进行修订和调整。70年代中期至今，日本已多次修改有关制度。

二 社会保障制度的基本内容及实施原则

日本的社会保障制度有狭义和广义之分，从狭义角度来分，社会保障制度由4个部分组成：一是政府扶助（生活保障）。指国家为维持低收入阶层最低生活水准所提供的救济，扶助对象为生活贫困者。二是社会保险。包括健康保险（1927年开始实行政府掌管及工会掌管，与“疾病保险”同义）、国民健康保险（1938年开始实行，对象是个体经营者、农民等所有居民）、厚生养老金保险。国民年金保险、失业保险、船员保险、工伤事故补偿保险等17项。保险对象涉及企业职工、船员、国家和地方公务员、私立学校教职员、农林渔业团体职员及其他国民。三是社会福利。包括残疾人福利、老人福利、儿童扶养补贴、母子福利、灾害救济等14项，提供对象为老年人、残疾人、妇女、儿童及多子女家庭，其中儿童补贴则面向全体国民。四是公共卫生及医疗。包括传染病预防、结核病对策、精神卫生事业、老人保健等14项内容。此外，还有公营住宅建设、住宅地区改造，失业对策等相关制度。

日本社会保障大体遵循3项原则实施：第一，保险原则。第二，扶助原则。第三，扶养原则。这几个原则是可以并用的。

三 社会保障费用的筹措与使用

在国际上，社会保障的财源可分作两类：一类是“英国、北欧型”，资金来源主要依靠税收，另一类是“西欧大陆型”，资金主要来自保险费。日本则介于二者之间，属于“混合型”。在资金筹措上有以下几种途径：(1) 社会保险费。它是医疗保险、年金保险等制度的基本财源，由被保险人与事业主分担。(2) 租税。它包括有特定用途的普通税和充作社会保障经费的社会保障特别税（又称社会保障目的税）。(3) 保险基金的运作收入。即各种保险基金的利息和红利收入。(4) 其他收入。包括社会福利设施的使用费、公共卫生部门收取的手续费等。

四 存在的问题与改革的方向

日本是以绝大多数国民为对象实行社会保障制度的国家，在经济高速增长的同时，它的有关制度得到了发展与完善。但是，与其他发达国家一样，随着庞大的社会保障费用的上升，日本也面临着财政支出不断增大的压力。这是因为，第一，70年代后期以来，日本经济进入低增长时期，财政收入恶化，90年代“泡沫经济”崩溃后，日本政府陷入了更严重的财政困难之中。第二，人口高龄化的加速，使社会保障费用在国家财政支出中的比重日益增大。鉴于财政收入的增长速度难以赶上社会保障支出的增加，日本从70年代末80年代初便开始进行社会保障制度改革，目前，社会保障制度的改革是日本的主要任务之一。日本社会保障制度改革的主要方向是：(1) 大幅度减轻国库的负担。(2) 把社会保障的负担从中央政府转向地方政府、个人及保险者。(3) 降低社会保障的支付水平，使之向更低的方向平均化。这一改革能否顺利进行，将影响今后日本社会保障制度的发展。 （王 伟）

第七章 教育 科技 文化

第一节 教育

日本是一个非常重视教育的国家，举国上下都把教育视为“立国之本”。日本经济的高速发展与重视教育有密切的关系。日本现代化成功的秘诀归根结底是日本大力发展教育，开发人力资源，拥有一大批适应国民经济发展的各类人才。今天日本的教育无论在数量上，还是质量上都已经达到了世界一流的水平。

一 概述

在19世纪前半叶之前的封建时代，日本国民自主办教育的热情就很高，全国有2万所教农民和商人生活中必要的读、写、算等知识的私塾。据推测约有40％的农民和商人到此求过学。

进入明治时代，随着日本现代化的进展，政府为引进西方学问、发展产业和文化，建立了从小学到大学的教育制度。

二战后，日本的教育制度发生了比较大的变化，原来的六、五、三、三学制改为六、三、三、四学制，即小学六年，初中三年，高中三年，大学四年。义务教育由6年延长至9年。

二 学校教育

日本的教育是一个庞大的系统，学校教育是教育系统中的主体。20世纪80年代以来，日本正沿着多样化、终生化、灵活化的方向对整个教育体制进行改革和重新建构。

（一）初等、中等教育

日本的小学学制为六年、初中为三年，这两个阶段属于义务教育时期，入学率几乎达100％。盲校、聋哑学校、养护学校的小学部和初中部也属于义务教育范畴。由于小学和初中实行强制性义务教育，因而学生既没有跳级，也没有留级。

高中实行分科制。根据所设学科的性质，分为普通高中、职业高中和综合高中三种类型。普通高中只设普通科，以普通教育为主。职业高中只设职业科，以职业教育为主，职业高中的专业设置包括工业、商业、水产、家政、医护等几类。此外，职业高中又分为工业高中、农业高中等。综合高中既设有普通科，又设有职业科。根据授课形式的不同，高中又分为全日制、定时制和函授制。

到2004年，日本有小学23 420所，在校教师41.5万人，在校学生720万人；有初高中16 531

所，在校教师50.5万人，在校学生737.9万人。

（二）高等教育

日本的高等教育主要指由高等专科学校、专修学校、短期大学、四年制大学、研究生院及高等院校附属机构进行的教育。

高等专科学校的人学资格为初中毕业，修业年限五年，目的在于“传授高等的专门学艺，培养从事职业所必需的能力”。

日本的大学一般专指四年制大学。大学通常设学部（系），根据下设学部的多少，可分为综合大学、多科大学和单科大学。综合大学是日本高等教育机构的主体，一般设有文、理、工、医、艺术、法律等多种学部以及供教学与科研用的研究所和附属设施。

研究生院（大学院）是日本进行高水平科学研究、培养高级专业人才的场所。一般分为大学研究生院。独立研究生院和联合研究生院三种。大学研究生院指大学在设有学部的同时设有的研究生院；独立研究生院指不设学部，以研究生院为主体的大学；联合研究生院指同一系统的两所以上大学合作设立的研究生院。

到2004年，日本有大学709所，在校教师15.9万人，在校本科生280.9万人，硕士研究生7.67万人，博士研究生1.79万人。

（三）社会教育

在日本，除学校的正规教育外，还有家庭教育和社会教育。家庭教育当然是家庭内部所进行的教育，而社会教育则主要是指企业内教育和社会实施的教育。企业内教育是由“培养训练”、“提高训练”、“能力再开发训练”三种类型教育组成的培训体系。社会实施的教育，就是在公民馆、图书馆、博物馆及其他公共场馆所进行的各类教育。

（四）教育改革

1.教育改革的历程

日本历史上有过三次大的教育改革，即：明治维新初期的教育改革，二战后初期的教育改革和目前正在进行的教育改革。

第一次教育改革始于1868年的明治维新初期。在“富国强兵、殖产兴业、文明开化”目标和“求知识于世界”的政策下，教育的改革主要是模仿和学习西方先进的教育体制和教育思想，将振兴实学以谋求殖产兴业作为基本的教育政策，并强制推行义务教育。目的是追赶欧美先进工业国家，通过欧美化、近代化和工业化达到“富国强兵”。这次教育改革，使日本近代教育制度最终得以建立。

第二次教育改革是1945年日本战败投降、美国军队以盟国的名义占领日本后，对日本进行的消除帝国主义影响的社会政治、经济、军事和教育等全方位的改革。通过这次教育改革，日本确立了教育的民主化制度。也正是这些改革，给日本教育带来了新的生机，为日后经济的腾飞奠定了良好的基础。

第三次教育改革，是在日本经济实现高速发展，于20世纪80年代提出“科技立国”发展战略后开展的，以培养独创性、创新性和个性化的人才为方向，既重视自然科学，又重视社会科学，发展终身学习体系的教育改革。

第三次教育改革同历史上的前两次教育改革相比明显不同：

（1）以往的改革是伴随社会政治结构的变革进行的，当前的改革是面对着科技、经济和社会发展的挑战以及教育自身的危机进行的。

（2）以往的改革是依据和引进外来模式，这一次改革则主要以日本自身的教育现实及其实践为基础。

（3）以往的改革是在较短的时期内进行和完成的，当前的改革经过了长期的酝酿和讨论，并且面向21世纪，具有强烈的未来意识。

2.第三次教育改革的基本方向

1987年，日本临时教育审议会（临教审）发表的《关于教育改革的最终报告》中，指出了日本教育改革的基本方向：第一，改变以学校为中心的传统的教育体制，向建立能够广泛提供学习机会终生学习体系过渡。第二，重视个性，培养身心和谐发展的新一代日本人。第三，加强高等教育，振兴基础科学研究。第四，适应国际化、信息化的发展。

3.第三次教育改革的主要内容

教育改革是日本目前所进行的主要改革之一，根据日本文部省在1997年1月所制定的计划，教育改革的具体实施包括以下内容。

（1）教育制度的革新和培养身心协调发展的人才

① 教育制度的改革。② 采用弹性教育制度。

③ 重新修正学校的教育内容。④ 培养身心协调发展的人才。⑤ 充实环境方面的教育。⑥ 提高教员素质。⑦ 改善地方教育行政体系。⑧ 改善大学和高中入学考试。⑨ 搞活高等教育机构。

(2) 适应社会需求的变化

① 根据出生率降低，人口老龄化加剧的情况，充实与之相应的教育。② 振兴学术研究，培养科技人才，满足社会需要。③ 制定振兴文化总体规划，以振兴教育的基础。④ 振兴校内外体育运动。

(3) 与社会有关方面进行积极的协作

(4) 加强留学生方面的交流，推动国际化的进展

(5) 加强与经济界及社会各界的交流，以便使教育改革得到多方面的支持

（王　伟）

第二节　科学技术

日本从16世纪中叶开始接触西方现代科学技术，1868年明治维新后，经过全面和大规模地引进、消化和改良、发展，目前已经成为世界第二科学技术大国。日本在科学技术方面形成了独具特色的发展机制。

一　科学技术发展历程

明治维新以后，日本的科学技术发展可以分为二战前和二战后两大时期。二战以前可分为全面引进、谋求科学技术的国产化和优先发展军事科学技术三个阶段；二战后则可分为大规模引进先进工业技术、进行自主开发与发展独创性科学技术三个阶段。

（一）二战前注重发展军事科学技术

日本在明治维新后引进西方现代科学技术，是通过开办学校、兴办工业、建立研究机构等方式进行的。

政府各部门负责引进本部门有关的产业技术，其中最活跃的部门是工部省、内务省、大藏省等。文部省是担当引进西方科学技术教育制度的主管部门。科学技术研究开发机关由产业部门和教育部门分别设立。在初期引进阶段，日本曾采用高薪聘请外籍专家和教师的方法，1877年在东京开成学校的基础上成立的东京大学，是世界上最早设有工科的综合性高等教育机构。这表明日本从一开始就重视技术和技术教育。向海外派出大批留学生也是日本学习西方科学技术的重要途径之一。大批学有所成的留学生回国后取代了外籍专家和教师，成为自主地发展本国科学技术的中坚力量。

到20世纪20年代，日本引进西方科学技术的工作基本上告一段落，谋求产业技术的国产化开始成为重要课题。但是，随着日本在政治上走向军国主义天皇制，对外实行侵略扩张政策，科学技术也一步步被纳入为发展军事力量和为战争服务的轨道，优先发展军事科学技术成为二战前日本科学技术发展的主要特征。

（二）二战后优先开发民用技术

二战结束后，美国对占领之下的日本社会进行了全面的“民主化”改革。日本的科学技术开始走向和平发展的道路。“军转民”，优先发展民用技术成为二战后日本科学技术发展的基本特征。二战期间，由于基本上断绝了来自美、英、法等美欧国家的最新科学技术信息，日本在科学技术上拉大了与世界先进水平的差距。为复兴经济，求得民族的生存与发展，从20世纪50年代开始，日本再次掀起全面和大规模地引进国外先进科学技术，特别是产业技术的热潮。进入70年代后，世界性产业公害问题的表面化和“石油危机”的发生，使日本在科学技术（主要是工业技术）领域里与欧美国家站到了同一条起跑线上，日本不得不靠自己的力量发展防治公害和节约能源等科学技术。到70年代末，日本的科学技术，主要是产业技术基本赶上了世界先进水平。因此，从80年代起，日本提出了“技术立国”和“科学技术立国”战略，强调要发展有独创性的科学技术。

到了20世纪90年代，日本又提出了“创造科学技术立国”的国家发展战略口号。据当时通产省的产业结构审议会的报告说，提出这一战略的时代背景是：

1. 冷战结束后，各国都把发展经济放在最优先政策的地位，美欧国家相继采取加强产业竞争力的政策，使企业逐渐恢复了活力。

2. 东亚国家在工业现代化的道路上迅速前进，产业技术水平不断提高。

3. 由于日元急剧的和大幅度的升值，日本企业蜂拥到海外投资建厂，为了利用外国廉价的智力资源，甚至把部分研究开发功能转移出去。

上述种种情况使日本产生了危机意识，担心国

内发生所谓的“产业空心化”和“研究空心化”现象，以致削弱产业的国际竞争力和技术优势。因此，日本更加重视科学技术对发展经济的作用，将它放在“成功和发展的源泉”、“唯一而无限的资源”的位置上，强调“研究开发是创造‘知识资产’的活动”，日本必须通过“创造科学技术”，“创立新产业”。

1995年，日本制定《科学技术基本法》，确定了21世纪发展科学技术的宏观规划和政策框架，为实现“创造科学技术立国”战略提供了强有力的支持与保证。

二　科学技术管理体制

日本的科学技术管理体制有三大特点，这就是分权自立制、咨询审议制和综合协调制。

（一）分权自立制

这一制度是自明治维新以来逐渐形成的。二战后，一直到2000年之前，在内阁中，以科学技术厅为首，各省、厅都拥有科学技术行政权。科学技术厅作为权限最大的科学技术行政管理机关，于1956年根据《科学技术厅设置法》设立。其主要任务是“为振兴科学技术，对发展国民经济作出贡献而综合性地推进有关科学技术的行政管理”，主要权限是“策划、起草和贯彻有关科学技术的基本政策”，“对政府有关部门编制的试验研究机构的科技经费以及各行政部门的试验研究补助金、发放金、委托费等科技行政经费的预算方针进行综合协调”。该厅还辖有原子能、宇宙航空、海洋开发等大科学领域的12所研究开发机构。在科学技术行政管理方面，其他政府部门的分工是：通商产业省是主管工业技术的最主要部门，农林水产省则管辖有关农、林、畜牧和水产养殖等的研究开发机关，厚生省主管医疗、卫生、保健等科学技术的研究开发，海、陆、空交通科学技术由运输省负责，环境保护科学技术由20世纪70年代初设立的环境厅主管，信息通信技术归邮政省管辖，建筑技术由建设省主管，文部省主要负责自然科学领域的基础研究和教育，军事科学技术的研究开发主要由防卫厅负责。各省、厅在各自所管辖的科学技术研究开发方面都握有制定和实施政策的实权，形成了相当大的独立自主性。

日本政府于1999年4月，颁布了《关于推进中央省、厅改革的方针》。根据方针规定，从2001年开始，总理府更名为内阁府，通产省更名为经济产业省，大藏省更名为财务省，环境厅升格为环境省，科学技术厅和文部省合并为文部科学省，厚生省和劳动省合并为厚生劳动省，国土厅、运输省、建设省等合并为国土交通省，自治省、邮政省和总务厅等合并为总务省，原有的1府和22省、厅精简为1府和12省、厅。隶属于内阁府的科学技术会议更名为综合科学技术会议。从现实情况看，这次中央政府机构改革并没有对日本的科学技术管理和运行体制产生太大影响。

（二）咨询审议制

二战后，日本对制定国家长远的、根本性的科学技术发展战略及其方针、政策和计划采取咨询审议制。其最高决策机关是隶属于内阁府的综合科学技术会议。它作为内阁总理大臣的咨询机关，对内阁总理大臣提出的关于科学技术工作的咨询进行调查、研究，然后向内阁总理大臣做出答复，提出政策性建议，经内阁会议通过后，作为政府的法律或者计划付诸实施。

综合科学技术会议的前身是科学技术会议，创立于1959年，由议长和10名“议员”组成，内阁总理大臣担任议长，4名内阁成员（大藏大臣、文部大臣、经济企划厅长官和科学技术厅长官）以及日本学术会议会长、5名各界知名人士为“议员”，其中，2人作为常勤“议员”主持日常工作。到1997年7月底为止，这个最高决策机关总共向内阁总理大臣提出了30余项政策性建议。

与科学技术有密切关系的省、厅也都设有自己的科学技术咨询机关：文部科学厅有科学技术和学术审议会、日本学士院、放射线审议会和日本学术振兴会等，经济产业省有产业结构审议会，厚生劳动省有厚生（医疗、卫生、福利）科学审议会，农林水产省有农林水产技术会议，环境省有中央环境审议会，总务省有日本学术会议，国土交通省有运输技术审议会等。这些咨询机关同样具有决策机能，负责制定本部门的科学技术发展计划及其所需要的方针、政策等。

（三）综合协调制

科学技术行政的分权自立制导致严重的部门主义和条块分割现象。各省、厅都有强调“省益”的倾向。因此，在科学技术的发展计划和预算编制等问题上，主要是各省、厅之间经常发生重复和冲突。为此，不可避免地要在各省、厅之间进行协调。在科学技术发展计划上，综合科学技术会议发挥着平衡协调功能。在预算分配方面，主管财政的财务省则充当着主要协调者的角色。在一般情况下，政府有关各部门之间总能达成妥协，或者进行合作。

日本的研究开发体制的特点是，政府发挥主导、组织和支援作用，企业是研究开发科学技术的主体，产业界、政府科研机关和大学之间实行多种形式的联合攻关。

1. 政府主导

在发展科学技术方面，日本政府发挥着主导作用。这种作用表现为制定科学技术发展战略；制定发展科学技术的总体规划、长期和重点计划，确定发展科学技术的方向和重点；制定发展科学技术战略、计划所需要的方针、政策，支持和资助产业界引进国外先进技术和研究开发新技术；设立中介机构，促进国立科研机构向民间企业的技术转让，加速科研成果向生产力的转化进程；推进重要科学技术项目的研究开发，组织多种形式的联合攻关；阻止外国商品和资本的流入，保护国内市场，为本国企业发展技术和制造新产品创造有利条件，等等。

2. 企业是发展科学技术的主体

这一特点表现在许多方面。

首先，在研究开发经费上，企业负担的比例约占 80%。例如 1999 年，自然科学研究开发经费为 147 104.86亿日元，政府负担部分仅有30 594.51亿日元，占总额的 20.8%；民间企业负担约115 927亿日元，占总额的 73.8%。1999 年，日本企业把全年商品销售额的 3.09% 投入研究开发（最高年份是 1998 年，为 3.14%），其中，制造业的研究开发投资更多，对商品销售额的比例高达 3.68%（1998 年为 3.89%）。

其次，在科学技术研究开发人员方面，企业也占有过半数的比例。2000 年，全国科学研究人员总数为 78.4 万人，其中：企业有 43.6 万人，大学等为 28.1 万人，政府科研机关为 6.7 万人，三者分别占总数的 55.6%、35.9%和 8.5%。

第三，企业拥有为数众多的研究开发机构。据 2000 年的统计，全国共有研究开发机构21 569所，其中：进行研究开发活动的企业有19 400家，国、公立研究开发机构 674 所，大学等研究机构 888 所，此外还有相当数量的民营科研机构。

第四，企业确立了完备的研究开发体制，特别是那些规模巨大、实力雄厚的大企业，都建立了世界一流的研究开发机构。

第五，企业为研究开发长期、中期和近期等不同时期的新产品和新技术，设立了不同级别的研究机构。如：基础研究所、中央研究所或综合研究所、技术本部或研究开发中心等。基础研究所从事 10 年以后的基础性研究，中央研究所或综合研究所从事 3～5 年以后的应用研究和开发研究，技术本部或研究开发中心担当 3 年内的新技术和新产品的研究开发。企业以营利为最高目的，因此，它的基础研究始终是围绕着研究开发新产品和新技术进行的。不过，随着高技术的发展，技术与科学正在迅速接近，二者之间的界线日趋模糊。因此，要开发新产品、新技术，就必须进行基础性研究。

第六，发展研究和应用研究一直被企业置于优先地位。由于企业是科学技术研究开发活动的主体，因此，这个特点在企业中表现得最为明显。以 1999 年的研究开发经费使用情况为例，总额的 62.3% 用于发展研究，23.6% 用于应用研究，14.1% 用于基础研究。在企业中，发展研究占 73.7%，应用研究占 20.5%，基础研究占 5.8%。在政府科研机关中，也存在同样的倾向：基础研究占 24.9%，应用研究占 27.9%，发展研究占 47.1%。日本的大学主要从事基础研究，因此，基础研究占 52.6%，应用研究占 38.0%，发展研究占 9.4%。

上述情况表明，日本企业的研究开发，无论是投入力度，还是实力，都大大超过政府和大学的科研机构，几乎可以代表日本科学技术的整体水平。

3. 官民协调

如上所说，在日本，大学主要从事基础科学的研究和教学活动，民间企业优先进行发展研究，政府科研机构介于二者之间，偏重于发展研究，兼顾基础研究和应用研究。联合攻关是日本官民协调、分工合作体制最集中的体现。

日本的联合攻关是 1960 年代在向美国学习的基础上发展起来的。它具有多种形式，如官民联合、产学联合、官产学联合等。1976 年建立的“超大规模集成电路技术研究组合”，可以说是日本在高技术领域里实行产官学联合攻关的成功范例。

三　科学技术政策

1980年3月，通产省的政策咨询机构——产业结构审议会发表《80年代通商政策设想》，指出“明治维新以来追赶型的现代化历史结束了”，日本从“文明开化时代”进入了“文明开拓时代”。这个文件提出的新的国家目标是，日本作为经济大国，要为国际社会作贡献，要克服资源小国的制约，建设充满活力和生活舒适并存的社会。作为实现上述三大目标的必经之路，《设想》提出了“技术立国”的战略。其内容是“活用智力资源，推进有创造性的自主技术的研究开发”。主管科学技术行政的科学技术厅在1980年版的《科学技术白皮书》中提出了“科学技术立国”的口号，从其所处立场出发，对通产省的只提及技术而未提及科学的提法作了补充，使这一发展战略更加全面和完整。

1984年11月，科学技术会议向内阁总理大臣提出第11号政策建议《关于适应新的形势变化，立足于长期展望振兴科学技术的综合基本方策》。其中指出，当今的科学技术正朝着高、精、尖的方向发展，正在从以硬件为主转向重视智能化和综合化等软件科学技术，科学技术与人类的联系加强了。作为振兴科学技术的基本政策课题和方向，这项政策建议提出：

（1）要振兴富于创造性的科学技术。

（2）要谋求科学技术与人类及社会的协调发展。

（3）要重视国际交流与合作。

它还提出三大重要研究开发领域，这就是：基础性和先导性的科学技术、增强经济活力的科学技术、提高生活质量的科学技术。

内阁会议根据上述政策建议于1986年3月通过了《科学技术政策大纲》。这个《大纲》在1992年4月经过修改后成为日本在新时期发展科学技术的指导性纲领。《大纲》提出的发展科学技术的三大目标是：

（1）人类共存并和地球相调和。

（2）扩大知识积累。

（3）构筑能够安心生活的富裕社会。

其基本方针是：加强基础性研究，创造立足于原理和现象的技术种子，并与社会需求相结合，以推进有独创性的科学技术的发展。

这一《大纲》提出的发展科学技术的重点方针政策有：科学技术与人类和社会协调发展、培养和确保科学技术人才、增加对科学技术研究开发的投资、加强研究开发的基础条件、增强研究开发活力和发挥科研人员的创造性、加强国际合作、振兴地方科学技术等。根据这一《大纲》，日本政府自1980年以来，制定了多项振兴科学技术，特别是高、新技术的方针、政策、计划和措施，掀起了二战后的第三次科学技术热。

（一）加强对科学技术工作的一元化领导

为加强对科学技术工作的领导，科学技术会议于1983年增设了“政策委员会”，进一步增强了这个咨询机构的职能，使之成为有关科学技术工作的最高决策机构。此后，这个机构制定了多项促进科学技术发展的方针和政策，如：《关于加强振兴科学技术基础条件的基本方针》（1989年12月）、《关于面向新世纪应采取的科学技术的综合基本方针》（1992年1月）、《关于确保科学技术人才的基本指针》（1994年12月）、《关于促进地区科学技术活动的基本方针》（1995年11月）等。还制定了多项高技术发展计划，仅1990年以来，就有《关于地球科学技术的研究开发基本计划》（1990年6月）、《关于软科学技术的研究开发基本计划》（1992年12月）、《关于尖端基础科学技术的研究开发基本计划》（1994年12月）、《关于能源研究开发基本方针的意见》（1991年3月）、《关于防灾科学技术研究开发的基本方针》（1993年11月）、《关于生命科学的基本研究开发计划》（1997年7月）等。

在加强对科学技术工作的协调功能方面，日本政府在20世纪80年代初设立了“科学技术阁僚联席会议”，成员是大藏相、文部相、农林相、科学技术厅长官、经济企划厅长官和总务厅长官。科学技术厅在80年代初设立了“科学技术论坛”制度，每年年初邀请数十名不同学科的著名专家、学者，聚集一堂，就世界科学技术发展的最新动向交流信息，探讨科学技术发展的新方向和进行跨学科研究合作的可能性。其他各有关省、厅也根据《科学技术政策大纲》制定了本部门的科学技术发展方针、政策和计划。

（二）加大科学技术投入力度

1980年，日本的研究开发经费为5.2万亿日元（自然科学经费为4.7万亿日元）；到1988年，突破10万亿日元（自然科学部分为9.8万亿日元）大关，翻了一番；1995年，增加到14.4万亿日元（自然科学部分为13.2万亿日元），占国内总产值（GDP）的比例为2.95%，居世界最高水平。1999年，日本的研究开发经费为16.0万亿日元（自然科学部分为14.7万亿日元），在国内总产值中所占比例为3.12%，仍为世界最高值。

研究开发人员人数也有较大增加。1980年以来，科研人员（科学家）的年递增率为：1981～1985年为4.7%，1985～1990年为4.9%，1991～1995年为3.5%。到2000年，日本的科研人员（科学家）已经增加到大约64.4万人。

自然科学各学科的学位（包括硕士和博士）获得者人数在1980年为16 622人（理科占15.2%，工科占49.1%，农科占10.2%，医科占25.5%），到1993年，增加到37 926人（理科占13.3%，工科占55.3%，农科占9.3%，医科占22.1%），增加1倍以上。1997年，硕士和博士学位获得者人数分别增加到13 163人和35 051人。

在高技术研究开发设施和设备方面，自1980年以来，日本企业先后开发成功扫描型隧道显微镜（STM）和原子间力显微镜（AFM），政府继在筑波科学城高能物理研究所（现已更名为高能加速器研究机构）建成同步加速器之后，又在播磨科学公园城建设了世界最高水平的大型辐射光设施（SPRING－8）；高能物理研究所的巨型对撞机从1994年起开始兴建第二期工程；国立天文台设立了直径为45米的大型宇宙电波望远镜，正在设立口径为8米的大型红外线望远镜；文部科学省在航空和航天领域建设了大型风洞、大型辐射型宇宙空间模拟室；在地震研究方面，建设了大型耐震实验设施；超级电子计算机已被广泛地应用在各种高、新技术的研究开发上。

（三）加强联合研究，充分发挥民间企业的主体作用

官产学联合攻关是日本在产业技术领域赶超欧美国家先进水平的传家宝。在20世纪80年代振兴高技术的过程中，日本进一步发挥这一武器的威力，各省、厅所有重大高技术发展计划都采取了官产学联合攻关的形式。

（四）改革研究开发体制

日本的研究开发体制带有极大的封闭性，二战后，政府科研机构（包括国立大学）基本上不聘用外国的科学技术研究人员。从1980年起，日本逐渐对原有的研究开发体制进行改革，以加速科学技术的发展。主要措施有：

1. 实行“研究开国”，即从国外招聘优秀的年轻科学研究人才，让他们参加国家级的高技术研究开发计划

如前科学技术厅设立了创造科学技术推进事业（1981年开始）、前沿研究系统（1986年开始）、国际联合研究综合推进制度（1996年开始）等，前通产省工业技术院设立了国际研究交流事业（1986年开始）等。

2. 加强横向联合和交流

如创立了科学技术振兴调整费制度（1981年开始），前科学技术厅制定了产官学联合计划（1981年开始）、省际基础研究制度（1988年开始）、战略性基础研究推进制度（1995年开始）等。农林水产省有尖端生物技术研究开发制度。前通商产业省有产业科学技术研究开发制度（1993年开始）等。前邮政省有电信前沿研究开发制度（1988年开始）。

3. 激发科研人员的自主性和独创性

前科技厅设立了21世纪先驱研究计划（1991年开始）、基础科学特别研究员制度（1989年开始）和科学技术特别研究员制度等。

4. 引进竞争机制

1996年制定的《科学技术基本计划》规定，在国立科研机关和国立大学中，对科研人员和教师要实行任期制，对科研资金实行竞争性分配，加强科研机关领导人在人事、业务、资金等方面的权限，加强对科研成果的评估等。

（五）加强基础研究

为适应高技术发展的新形势，1980年以来，政府各部门大大增强了科学技术研究开发机构，主要方式是改组和扩充原有机构，新设高技术研究机构，特别是以微电子、新材料、生物技术和生命科学为重点，加强了基础研究。到目前为止，政府机构相继实施的加强基础研究的科研计划有：总务省有信息通信领域的基础研究推进制度，文部科学省有战略性基础研究推进事业和开辟未来学术研究推进事业，厚生劳动省有保健医疗领域基础研究推进事业，农林水产省有创立新技术和新领域的基础研究事业，国土交通省有推进运输领域的基础研究制度，等等。1981 年根据《国立学校法》创建的冈崎国立共同研究机构，下设分子科学、基础生物学和生理学三个研究所，大大加强了大学的基础研究力量。

自 1985 年以来，大企业则掀起了建设基础研究所的热潮。

四　科学技术实力

从总体上看，日本的科学技术属于世界一流水平，其综合实力仅低于美国而高于西欧；在一般工业技术方面，日本已经赶上美国，某些领域还超过美国，更领先于德、法、英等主要西欧国家；在高技术领域里，日本紧跟在美国后面，并在迅速接近美国的水平，而且高于西欧国家。但是，在基础科学领域里，日本还大大落后于美国，与欧洲国家相比，则各有千秋。

（一）在对科学技术研究开发的投入力度上，日本堪称世界第一

在研究开发经费方面，日本虽赶不上美国，但是比德、法、英三个西欧主要国家的总和还要多：1999 年，以日元计算，日本约为147 105亿日元（约合1 362亿美元），美国约为278 859亿日元（约合2 582亿美元），德国为57 169亿日元（约合 529 亿美元），法国为35 402亿日元（约合 328 亿美元），英国为30 712亿日元（约合 284 亿美元）。若从占国内总产值的比例看，自 1991 年以来，日本就赶上美国、超过德国而跃居世界领先地位：以 1999 年为例，日本为 2.86%，美国为 2.63%，德国为 2.37%，法国为 2.17%，英国为 1.87%。在科学技术研究开发人员（科学家）的数量上，日本也是少于美国而多于西欧三国的总和：日本约 64.4 万人（2000 年），美国约 98.77 万（1995 年），德国约 23.8 万人（1998 年），法国约 15.53 万人（1997 年），英国约 15.87 万人（1998 年）。按照每万人和每万名劳动力中的科研人员（科学家）人数计算，日本大大超过科技实力最强的美国：日本分别为 50.7 人和 95.2 人（2000 年），美国分别为 37.6 人和 73.8 人（1995 年）。

（二）技术贸易、专利产生数量、高技术产品贸易和学术论文数量增长迅速

这些是衡量一个国家科学技术总体水平的重要尺度。

1. 技术贸易额反映一个国家的企业国际化程度、产业和技术竞争力的高低

关于技术贸易统计，日本有两个机关，一个是中央银行——日本银行，另一个是总务省。按照日本银行的国际收支统计，1999 年，日本的技术进口支出为 98.4 亿美元（11 213亿日元），技术出口收入为 81.7 亿美元（9 310亿日元），收支相抵，有 16.7 亿美元（1 903亿日元）的赤字，出口收入对进口支出之比为 0.83。但是，总务省的统计却有 48.3 亿美元（5 505亿日元）的盈余：技术出口收入为 84.4 亿美元（9 608亿日元），技术进口支出为 36 亿美元（4 103亿日元），收支比为 2.34。二者之间所以出现这么大的差距，是因为它们的统计的方式、对象和范围不同。根据总务省的统计，美国一直是日本最大的技术进口国，1999 年，日本进口美国技术而支出的金额为2 896亿日元，占技术进口支出总金额的 70.6%；日本对美技术出口收入为4 691亿日元，日方有1 795亿日元的赢余，改变了 1996 年之前的赤字状态。在对美国以外的国家的技术贸易上，日本也有较大幅度的赢余，其中，对亚洲国家和地区的技术出口占其技术出口总额的 26.2%。

2. 专利数量能够说明企业研究开发的成果及活跃程度

日本是当今世界上最大的技术专利生产国。据世界知识产权组织的统计，1998 年，日本申请的专利高达 79.2 万项，获准登记的专利为 21 万项，其中：向外国申请和在国外获得登记的专利分别为 43.17 万项和 8.449 万项，在专利总量中所占比例分别为 54.5% 和 40.2%。美国是日本向国外申请专利最多的国家。1998 年，在美国国内申请和获得登记的专利中，美国人自己的专利分别占 53.8%和 54.4%，日本申请的专利为大约 4.7 万项，获得登记的专利大约为 3.1 万项，在美国国内外国人专利中分别占 10.8% 和 36.5%，大大高于德国、英国、法国等国家所占的比例。所有这些都说明，日本重视技术发展，在工业技术领域拥有较大的优势，而且高度重视对知识产权的保护。

3. 高技术产品出口额居世界前茅

一般把航空航天器械、电子计算机和办公自动化机器、通信器材、医药品、精密机械和电子等产业称作高技术产业。1994 年，在经济合作与发展

组织（OECD）成员国的高技术产品出口总额（6 444亿美元）中，日本占22.7%，仅次于美国（24.7%），远远超过德国（13.6%）、英国（8.8%）、法国（8.2%）等欧洲国家。其中，日本在通信器材产业中占33.2%，在电子计算机和办公自动化机器产业中占26.2%，在精密机械产业中占24.6%，在电气机械产业中占22.6%。20世纪80年代，日本在该组织的高技术产品出口额中所占比例最高（1986年，24.7%），但是到了90年代，由于美国产业竞争力的恢复与加强，日本的高技术产品出口在其中所占比重有所下降，而美国则取代了昔日日本的地位。

4. 学术论文是科学技术研究开发，特别是基础科学研究的成果

二战后，美国成为世界科学技术的中心，每年产生的学术论文数量最多。从论文数量看，日本1981年有28 000篇，居世界第四位，1990年跃居第二位，仅次于美国。1999年增加到74 000篇。1996年，全世界共发表学术论文669 491篇，其中，美国占34.6%，日本居第二位，占9.9%，多于英国（占9.2%）、德国（占8.5%）和法国（占6.6%）。与1986年相比，日本所占比重提高了2.2个百分点。日本的学术论文集中在以下几个科学技术领域：材料科学技术，占15.5%；药理学，占12.8%；农学，占12.3%；化学，占12.2%；电子计算机科学技术，占9.7%。被引用次数是衡量学术论文质量的重要指标。在这方面，1999年，日本的学术论文被引用次数在全世界论文引用次数中所占比重为8.5%，远不及美国（1996年，51.6%），也赶不上英国（1996年，11.9%）和德国（1996年，9.9%）。但是，日本自身与1981年相比，学术论文被引用次数的比重提高了3个百分点。这些表明，日本的基础科学水平也在渐渐地提高。

从学术论文数量来看，日本在基础科学研究方面并不算很落后，但是获得世界科学最高奖赏——诺贝尔奖的数量却不多。到2002年，在自然科学诺贝尔奖中，日本仅拿到9个，与美国（204个）以及英国（72个）、德国（64个）、法国（25个）相差甚远，只与丹麦相等。可以说，这个数值没有如实地反映日本基础科学的实力现状。进入21世纪以来，日本提出，要为在50年内拿到30个诺贝尔奖而努力。

日本科学技术厅于1995年就日本与美欧国家的科学技术实力进行过调查。调查结果认为：在生命科学、物质和材料、信息和电子材料、海洋和地球科学、能源、生产和机械等6个科学技术领域的应用研究和发展研究方面，与美国相比，日本占优势的仅仅有生产和机械一个领域，与西欧国家相比，日本占优势的有4个领域（物质和材料、信息和电子材料、能源生产和机械）；在生命科学、物质和材料、信息和电子、海洋和地球等4个基础科学研究领域中，与美国相比，日本均处于不及美国一半的落后状态，与西欧国家相比，日本也仅在信息和电子这一个领域略占优势。

五　主要科学技术成就

在明治维新以来的130多年间，日本在学习和消化西方的现代科学技术的过程中，取得了相当可观的成就，特别是工业技术的发展，更有引人注目之处。不过，相比较而言，日本取得的成就多是在已有成果基础上所作的提高和深入，独创性的发现和发明少。

（一）明治维新至第二次世界大战前的科技成就

1. 技术方面的“十大发明”

（1）丰田佐吉（1867～1930）发明的动力织布机。（2）御木本幸吉（1858～1945）发明人工珍珠养殖法。（3）高峰让吉（1854～1922）研究开发成功高淀粉糖化酶和分离出肾上腺素（激素之一种）晶体。（4）池田菊苗（1864～1936）发现香味之源谷氨酸钠，研究开发了味精制造技术。（5）铃木梅太郎（1874～1943）发现脚气病的原因是缺乏维生素（B_1），并从米糠中提取成功。（6）杉本京太（1882～1912）发明日文打字机。（7）本多光太郎（1870～1954）发明KS永磁钢和保磁性能更强的新KS永磁钢。（8）八木秀次（1886～1976）发明“八木天线”。（9）丹羽保次郎(1893～1975)发明NE式照片传真技术。（10）三岛德七（1893～1975）发明MK永磁钢（沉淀硬化型铸造永磁钢）。

2. 基础科学领域的主要成就

汤川秀树（1907～1981年）发现基本粒子——介子，因而获得诺贝尔奖；北里柴三郎（1856～1931）纯培养破伤风菌获得成功，进而发现了白喉和破伤风菌的抗毒血清，确立了血清免疫疗法；著名数学家高木贞治（1875～1960）确立了“相对阿贝尔域理论”；遗传学家木原均（1893～1986）发现高等植物的性染色体，外山龟太郎（1867～1918）证实孟德尔遗传定律在动物界同样成立；气象学家北尾次郎（1853～1907）发表《大气的运动及台风的理论》，当时被称为“理论气象学的最新进展”，等等。

（二）二战结束以来的科学技术成就

1. “十大革新技术”

（1）原仓敷人造丝公司的维尼纶（聚乙烯醇缩醛纤维）。（2）丰田汽车公司的传票卡生产方式。（3）索尼公司的半导体收音机。（4）日清食品公司的方便面。（5）原国有铁路公社的新干线（高速铁路）。（6）超高层建筑（东京霞关大厦）。（7）东丽公司的碳纤维生产技术。（8）本田公司的 CVCC 发动机（复合涡流调速燃烧装置）。（9）东芝公司的日语文字处理器。（10）任天堂公司的家庭游戏机。

2. 基础科学领域取得较前更为显著的成就

在物理学领域，朝永振一郎（1906～1979）就量子电磁力学提出了“重整化理论”，江崎玲淤奈（1925～　）发现了半导体的“隧道效应”，并在此基础上发明“隧道二极管”，两人都因其独创性的发现和发明而荣获诺贝尔物理学奖；西泽润一（1926～　）提出研制光二极管、半导体激光和光导纤维的理论，被称为“光导通信之父”；小柴昌俊（1938～　）发明了一种探测装置，捕捉到了来自太阳的和超新星爆炸后释放出来的中微子，他因此而和美国科学家雷蒙德·戴维斯一道获得 2002 年的诺贝尔物理学奖；与此相关，东京大学教授户冢洋二（1942～　）基本上观测和确认中微子有质量，被认为是有可能在近期内获得诺贝尔奖的研究成果；小林诚（1944～　）和益川敏英(1940～　）两人提出了“小林—益川理论”，预言构成物质的最基本的夸克粒子有 6 种，如今这些基本粒子都被找到；与此相关联，日本科学家也确认了电荷宇失衡现象，因而推论在上述 6 种夸克粒子之外，还可能存在新的未知粒子。

在化学领域，福井谦一（1918～1998）把量子力学理论引入有机化学领域，确立了关于化学反应的“前沿电子轨道理论”，于 1981 年获得诺贝尔奖；白川英树（1936～　）因发现导电性高分子而于 2000 年获得诺贝尔化学奖；名古屋大学教授野依良治（1938～　）发现手性合成反应，并且正在广泛被应用到医药等工业生产上，他因此获得了 2001 年的诺贝尔化学奖；岛津制作所公司田中耕一（1959～　）由于发明了新的蛋白质分析法，2002 年和美国、瑞士的科学家分享了诺贝尔化学奖；吉田善一（1925～　）确立了关于发生荧光的“吉田定律”，并预言了碳 60（C_{60}）的存在。

在医学和生理学领域，利根川进（1939～　）因发表《产生抗体多样性的遗传原理》而获得 1987 年度诺贝尔医学和生理学奖。

在生命科学和生物技术领域，木村资生（1924～　)发表“分子进化中立说”，被认为是自达尔文以来关于生命进化论的最大业绩；早石修（1920～　）发现生物体内新陈代谢过程与燃烧现象一样，是从外部吸收氧气，氧气添加酶在发挥着这一功能，推翻了一直在世界上占统治地位的“脱氢酶论”；冈田善雄（1928～　）发现了细胞融合现象，开拓了细胞融合技术；掘越弘毅(1932～　）发现碱性环境中存在多种微生物，推翻了自巴斯德以来一直认为微生物只生存于中性或弱酸性环境中的定论；多田富雄（1924～　）发现生物体内有促进抗体产生的“协助者 T 细胞”和抑制抗体产生的“抑制者 T 细胞”。

在数学方面，广中平佑（1931～　）解决了 19 世纪以来代数几何学上的难题之一——“消除奇（异）点”的问题，于 1970 年荣获菲尔兹奖。

六　科学技术发展方向

日本自 1980 年提出“技术立国”、“科学技术立国”战略，宣言要致力于发展有独创性的科学技术。

日本政府 1992 年通过的新《科学技术政策大纲》规定，要振兴基础研究和推进重要领域的研究开发。这一目标至今没有变化。它所列举的“重要研究开发领域”：一是基础性、先导性科学技术，包括物质和材料科学技术、信息和电子科学技术、生命科学技术、软科学技术、尖端基础科学技术、宇宙科学技术、海洋科学技术、地球科学技术。二是为了人类共存的科学技术，包括保护地球和自然环境的科学技术、开发和利用能源的科学技术、开发和循环利用资源的科学技术、可持续生产食粮的科学技术。三是为了充实生活和社会的科学技术，包括维持和增进健康的科学技术、提高生活环境的科学技术、建设社会经济基础的科学技术、充实防灾和安全对策的科学技术。

1995年，日本政府制定了《科学技术基本法》，第二年，又据此制定了《科学技术基本计划》，从而确立了面向21世纪实现“创造科学技术立国”战略所需要的基本方针政策。这两项根本性文献的基本思路是，要从各个方面采取措施，振兴处于落后状态的基础科学，重点在于充分发挥科学技术研究开发人员的独创性。

《科学技术基本法》所确立的发展科学技术的基本方向是：“谋求提高国家科学技术的水平，以此有助于国家经济社会的发展和提高国民的福利，同时对世界的科学技术进步和人类社会的持续发展作出贡献”。

《科学技术基本计划》强调：(1) 要培养广泛的、均衡的研究开发能力。(2) 要协调发展基础研究、应用研究和发展研究。(3) 要促进国立科研所、大学和大学研究生院、民间企业等各种研究开发机关之间的有机合作。(4) 要实现自然科学与人文科学的协调发展。

《科学技术基本计划》对科学技术发展的基本方向作了更具体的规定：

“(1) 为实现有活力的和富裕的国民生活，要推进有助于创造具有独创性和革新性科学技术的研究开发，使之能够对拓展经济领域和建立高度的社会经济基础作出贡献，能够解决创立新产业和飞跃性地发展信息通信产业等课题。

(2) 为了能够使人类与地球、与自然共存，同时又能够实现持续发展，要推进有助于解决随着人类活动范围扩大和人口猛增而突现的地球环境、食粮、能源以及资源等各种全球性课题的科学技术的研究开发。

(3) 为构筑满足国民的需求和能够安心生活的社会，要推进有助于解决增进健康、防治疾病、防止灾害等各种课题的科学技术的研究开发。

(4) 基础研究旨在通过揭示物质的根源、宇宙的各种现象和生命的现象等，以发现新的定律、原理，构筑独创性的理论，预测和发现未知现象。基础研究成果作为人类可共享的知识资产，有其自身的价值，会对人类的文化发展作出贡献，与此同时，还能够给国民以梦想和自豪感。而且，这些新的研究成果，有时还能带来技术体系的革命性变化和崭新技术体系的出现，给社会以各种各样的波及效果，加深对自然和人类的理解，也是人类维持同自然的协调关系并实现可持续发展的大前提。鉴于这样的重要性，要积极地振兴基础研究。”

上述科学技术发展的基本方向清楚地表明，日本仍然是把研究开发新技术作为发展科学技术的最主要目标，最终目的是要“创立新产业”。因此，基础研究被置于相当重要的地位。

自20世纪80年代提出“科学技术立国”战略，到90年代提出“创造科学技术”，制定《科学技术基本法》，20多年的实践表明，日本正在脱离学习、模仿的阶段。不过，在发展高、新技术方面，依然是向美国看齐，并且紧跟在美国后面。从已经结束和正在实施的多项高技术发展计划的内容来看，日本确实是在依靠自己的力量和聪明才智，努力研究开发迄今没有的新技术。在此期间，日本对科学技术的投入力度不小，而且获得了数量巨大的专利，为21世纪的产业和经济发展积蓄了雄厚的物质（技术）基础。但是，它尚未获得预期的、足以使世界刮目相看的、划时代的突破性科学技术成就。正如为期10年的《第五代电子计算机研究开发计划》实施结果所表明的，日本尚未彻底摆脱许久以来养成的那种“善于模仿，拙于独创”的气质，还不善于独立思考，还没有发挥出应有的独创性。

《科学技术基本法》和《科学技术基本计划》的制定表明，21世纪，日本将做出进一步的努力，加大投入力度，加强基础研究，以发展有独创性的科学技术。进入21世纪后，根据世界科学技术发展的新形势，日本实施了“科学技术的重点化战略”，生物技术和生命科学、信息科学技术、环境保护科学技术、纳米材料科学技术、能源科学技术、制造技术以及航空航天和海洋开发等前沿科学技术被列为八个重点领域，其中生物技术和生命科学、信息科学技术和纳米材料科学技术为重中之重。

到目前为止，日本已经基本上完成对国立科研机构的体制改革，大部分都实现了“行政法人化”，国立大学的“行政法人化”改革也正在进行之中。这一改革完成后，将能够大幅度增强各个科研机构和大学在人才和资金的使用、科研活动等方面的独立自主性，增强竞争和激励机制，促进交流与合作，有利于科研成果向生产力的转换。但在另一方面，这种改革有可能削弱基础研究，对于科学技术整体水平产生一定的负面影响。　　（张可喜）

第三节　文化

一　哲学社会科学

哲学社会科学在日本又称为人文·社会科学。一般情况，人文科学包括以普遍的人性为基调的诸科学，如哲学、伦理学、美学、逻辑学、历史学、文学、艺术学、人文地理等，而社会科学则是关于经济学、法学、政治学、社会学等社会现象的经验科学的总称。

（一）概述

日本的人文·社会科学研究由来已久，古代就曾有过重要的成果。如古代接受、消化中国文化后，经过长期的社会发展，在哲学、伦理学、历史学、文学等方面取得了成就，创造了独具特色的日本文化。

明治维新以后，伴随着政治、经济和社会的发展，以哲学为核心形成了日本近代人文·社会科学。这一时期，文学、伦理学、民俗学等都取得了令世人瞩目的成就。

第二次世界大战结束以来，日本学术界总结战前的经验教训，开拓人文·社会科学研究的新的发展道路。日本人文·社会科学得到了进一步的发展，在哲学、美学、伦理学、宗教学、历史学、经济学、法学、政治学、社会学等方面开展独立的创造性研究，接近或达到学科的世界先进水平。

（二）二战结束后的发展

一般认为，二战后日本人文·社会科学的发展，大致经历了以下3个阶段。

第一个阶段是1945年至20世纪50年代中期，这一时期，日本在美国以盟军名义占领下，实行了一系列民主改革，制定了战后新《宪法》，从而为人文·社会科学的学术自由提供了政治保证。二战前一度曾被取缔的马克思主义研究重新登上理论舞台，并推动了各学科研究的开展。

第二阶段从20世纪50年代中期到70年代初，这是日本经济在复苏之后开始腾飞的时期。现代科技革命不断为工业化的迅速发展提供新的动力，经济的发展带动了人文·社会科学的繁荣。1955年，日本学术界重新提出日本文化研究问题，《世界》杂志发表《关于日本文化的提案》，《思想》杂志也出版了关于日本文化的专集。1956～1957年末，日本人文·社会科学界知名学者共同编辑出版了11卷本的《现代思想》丛书，包括现代思想状况、人的问题、民族思想、社会、民众与自由、科学与科学家、技术革新与现代、战争与和平、现代艺术、现代日本的思想等内容。60年代，岩波讲座《哲学》丛书、筑摩书房《现代日本思想大系》等各类数十卷本的大型丛书相继出版，人文·社会科学呈现出一片繁荣景象。

第三阶段从20世纪70年代开始至今，这一时期，日本在实现现代化之后，开始向后工业社会过渡。80年代，日本政府提出“国际化”口号，并采取积极对策，促进人文·社会科学的发展。建立了京都国际日本文化研究中心等研究机构，汇集优秀的研究人员，通过国际间的交流与协作，对日本文化展开多学科的综合性研究。经济上的富裕、政治上的民主化趋向和学术研究的自由，为日本人文·社会科学的发展创造了良好的条件。这一时期，日本人文·社会科学研究学派林立，硕果累累。许多学科，摆脱了西方人文·科学的羁绊，涌现出许多创造性的研究成果。

二战后60年来，日本的人文·社会科学随着日本社会、经济的发展，一方面，继承战前的传统做法，注意跟踪国外人文·社会科学发展的最新动向，引进最新成果；另一方面，立足于日本文化，根据时代的要求和社会的需要，开展创造性的研究，取得了令人瞩目的成就。概括起来，战后日本的人文·社会科学研究具有以下几个特点：（1）注重基础理论研究，同时积极开展应用研究。（2）重视综合性研究和新兴学科的研究。（3）积极开展国际交流。（4）充分利用人文·社会科学研究的成果，尽量使其在决策中发挥作用。

（三）机构、团体

日本的人文·社会科学研究机构和学术团体，是在明治维新以后发展起来的。第二次世界大战结束后，日本的人文·社会科学又获得了发展的机会，特别是进入70年代，日本政府强调社会科学与自然科学同时发展的必要性，人文·社会科学的研究人员、研究机构和研究经费逐年增加。随着研究领域的不断拓宽，一些新兴学科和边缘学科的研究也发展起来。

日本的人文·社会科学及自然科学研究的管理，由日本政府的“日本学术会议”和文部省的国际学术局领导。此外，还有学术审议机构，各大学和民间企业、团体的学术研究机构，形成以官、学、民并举的研究体制。政府部门的研究机构主要侧重政策研究和应用研究，大学的研究机构主要侧重基础理论、综合性研究和专题研究，民间的研究机构主要侧重应用研究和市场研究。

日本主要的研究机构和学术团体有：日本经济研究中心、亚洲经济研究所、野村综合研究所、三菱综合研究所、国立教育研究所、国际日本文化研究中心、国民经济研究协会、日本能源经济研究所、人口问题研究会、日本新构想研究会等。

（四）人文·社会科学的作用

日本人文·社会科学的研究活动，在日本政府及社会各界受到高度重视。回顾二战后日本经济复兴、国家机构重建、经济高速增长、社会一系列重大变革的过程，人们即可以得出这样的结论：日本的人文社会科学研究与自然科学研究和其他学科研究一样，发挥了重要作用。著名经济学家有泽广巳的“倾斜式发展”学说，成为二战后日本经济复兴时期的指导思想，可以说是日本政府尊重、重视人文·社会科学研究成果的典型例子。像土居健郎的《“依赖”的心理结构》、中根千枝的《纵向社会的人际关系》等，都是二战后日本人文·社会科学界研究日本人、研究日本文化的杰出成果。这些成果在社会各界广为受到尊敬与重视，为二战后日本人重新认识自己、了解自己、增强民族自信心、在世界面前塑造新日本人形象发挥了重要作用。人文·社会科学工作者除教授学生和发表著述外，对社会发展还发挥着直接的作用：一是参与政府和企业的决策，为政府和企业提供专业知识；二是以专家的身份在大众传媒上解释社会现象，影响社会进程。

从日本政府的决策过程，即各种政策出台过程，可以看出人文·社会科学研究在日本的地位和作用。作为制定政策的重要一环，日本政府各个部门均设有审议会、调查会或审查会，其成员由各大学的教授或知名学者组成。审议会、调查会及审查会的职责是应政府行政官厅的咨询，调查审议各种重要政策，或对行政处分进行不服审查，或进行审查、检查调停等活动。截至2000年以前，日本的各类审议会达217个之多，专家学者们的研究成果和专业知识，在审议政府决策过程中发挥着重要作用。每当重大政策出台前，政府行政长官都要听取审议会专家的意见。审议会对某一事务的咨询报告，虽说没有法律效力，但对政策的制定有强大影响。经专家学者审议并提出方案后，再由政府部门提出施政方针，这一做法在日本已成为惯例，成为学术研究与政府施政相结合的重要形式。

关于在大众媒体上发挥作用，在国内外发生重大事件时电视或报纸等媒体，都会请有关社会科学家发表意见，而社会科学家的意见一般都会对社会产生影响。

二 文学

（一）古典文学

日本文学积极吸收外来文化与文学的营养，融合本土传统，创造出了独具日本特色的审美境界。

日本文学的最早文献，一般认为是《古事记》和《日本书纪》。这是两部叙述日本古代神话传说中关于民族形成、发展及天皇谱系的著作。《古事记》与《日本书纪》的编撰体例与文字表记，都明显受到汉文化的影响。

在日本的传统文学概念中，“诗”与“歌”是各有内涵的。诗指汉诗，亦即用汉文按中国诗格式写出的作品，而歌则指和歌，也就是用日文创作的诗。日本最早的抒情诗集《怀风藻》是日本诗的发端，《万叶集》是和歌的源头。

公元8世纪末，日本进入平安时代，政治、经济均进入新时期，就文化方面而言，则从对汉文化的模仿，进入经过日本人的改造，形成独特的日本文化品貌的阶段。和歌这一文学样式，在平安时期发展到精致纯熟的艺术境地，其主要成就，体现在《古今和歌集》与《新古今和歌集》的作品里。《古今和歌集》所收作品皆为9世纪的和歌，除5首“长歌”外，其他都是“短歌”，表明“短歌”已成为和歌的基本诗型。

物语文学在平安时期同样取得了辉煌的成就，11世纪初成书的《源氏物语》，一向被誉为日本古典文学的顶峰。物语文学作为一种文学样式，产生于10世纪初，早期作品有《竹取物语》和《伊势物语》，前者为虚构性物语，在民间故事的基础上提炼加工，结构成完整的故事，文体为散文叙述体；后者又称歌物语，通篇由和歌连缀而成，用一个人物贯穿起众多独立的故事。从物语文学的谱系考察，《源氏物语》是虚构性物语与歌物语的结合，它继承了前代物语文学的传统，又丰富发展了其表现力。从文类学角度看，物语文学属于小说。在10世纪初叶，出现《源氏物语》这样的长篇小说，不仅在亚洲绝无仅有，在世界文学史上也是少见的。

中世纪以后，日本又出现了一系列传世作品。如《平家物语》、《太平记》、《方丈记》、《徒然草》、《好色一代男》等等，反映了社会思潮和文学风尚的变迁。

（二）近现代文学

明治维新后，日本结束了长期的闭关锁国，开始追赶西方近代化国家。文学在西方思想的影响下，也掀起了规模宏大的改革运动。首先是诗界改良，外山正一等人的《新体诗抄》，明确提出要以西方的诗学理论为规范，创作言文一致体的诗；随后，二叶亭四迷（1864～1909）的小说《浮云》问世，开了以近代口语创作小说的先河。此后，西方的写实主义、自然主义、浪漫主义、象征主义思潮，也都不同程度地在日本文坛引起反响。

学习西方的同时，还要不要坚守自己的文学传统，是日本近代文学家不能不思考的问题。经历了初期饥不择食的吞纳，到了明治后期，日本文学家已经对此有了相当成熟的态度。近代文学的杰出代表者夏目漱石在其成名作《我是猫》中嘲讽了明治初年盲目崇拜西方的浮华风尚。另一位作家森鸥外重新发现了日本的传统文学，并尝试对其进行创造性改造。芥川龙之介、川端康成等人的作品也很注意东西方文化的结合。芥川的小说，多取材于日本和中国古代传说、故事，然后加以现代化转化，其怪异奇幻的风格，神秘深邃的气氛，都得力于东方志怪文学传统，又融合了欧洲19世纪末文学的技巧。川端康成早年曾是“新感觉派”的重要人物，该派自称是表现主义和达达主义结合的产物，重视象征，变形、强调非理性的感觉，后来转而醉心日本古典文学，追求东方特有的情趣意境。其代表作《雪国》、《伊豆舞女》所体现出的哀婉典雅风格，是日本“物哀”情调和风雅精神的现代延续，而其对四季物候的敏感，以及无常观念，也明显来自日本的中世文学。

第二次世界大战期间，军国主义的专制使日本文学一片黑暗。战后，日本文学在废墟上新生。战后初期的文学多为反思战争的作品，如大冈升平的《俘虏记》、野间宏的《真空地带》、梅崎春生的《樱岛》等。进入20世纪60年代，日本经济得到恢复并发展迅速，使日本社会与民众生活发生了重要变化，新一代的文学家也开始走上文坛，给日本文学带来新鲜气息。一方面，社会派作家如石川达三等以笔伸张正义，批判现代社会种种弊端；另一方面，受存在主义影响的作家，如大江健三郎等，则深入现代人的内心，揭示高度现代化对人类全面发展的负面作用。

三　艺术

（一）戏剧

日本传统戏剧有歌舞伎、能和净瑠璃，并称为三大国剧。

歌舞伎　始于江户初期。据说最早始于巫女出云的阿国于庆长八年在京都演出“歌舞伎舞”。初期表演者为女性，幕府以“紊乱风纪”为由限禁女性演出，遂改由美貌童男表演，称作“少年歌舞伎”。后由成年男子表演，称“男歌舞伎”。宽文年间出现“续狂言”的多幕剧。元禄年间进入鼎盛时期，歌舞伎日臻成熟，形成以科白剧形式为中心的舞台表演艺术，后受人形净瑠璃影响，将音乐、舞蹈、舞台美术等融合于一体。

能　是具有歌唱、演奏、舞蹈等多种表现形式的短剧。

净瑠璃　始于室町中期用琵琶和扇拍子伴奏的说唱艺术，后因演出据三河国流传的净瑠璃姬和牛若丸恋爱故事改编的《净瑠璃姬物语》而得名。演出时使用琵琶和扇拍子伴奏。

狂言为短喜剧。以讽刺诙谑为特色。原在能演出的幕间插演，以缓和能剧悲戚哀伤的气氛。第二次世界大战后逐渐摆脱从属性而单独演出。

（二）电影

日本电影是更多地接受美国电影影响而发展起来的。20世纪20年代初，美国电影企业联艺、派拉蒙、环球和福斯公司等，开始在日本设立了分公司，这便更加剧了它们对于日本电影的影响。日本的电影企业是由几个相互竞争的公司组成，它们各自拥有在合同下工作的作家、导演和技术人员，以及自己的创作基地。这几家公司是：始建于无声时代“日活”、“松竹”两个最老的公司，“东宝”创建于30年代，“大映”创建于战争期间。这种制片公司的体系最明显的标志之一，就是成批量的生产。日本在20年代末和30年代初，每年固定生产400部以上的影片，仅次于好莱坞黄金时代。而且，在五六十年代，当好莱坞的产品数量下降的时候，日本电影以每年五六百部的数量居然成为世界的首位。日本电影企业尽管模仿了好莱坞，却形成了一套对自己有利的实践方法和传统。

日本曾以《罗生门》为东方电影敲开了世界影坛的大门，一时间世界影人全都注目东方，在世界影坛上诞生了一位电影大师黑泽明，并创造了50年代东方电影的辉煌。在展示东方的神秘深邃之后，日本电影曾一度陷于低迷与彷徨。60年代末70年代初，一批日本新秀向西方寻找对话与交流，加入新浪潮行列。世界影坛造就了一位巨匠大岛渚。80年代，起步于记录电影的今村昌平、熊井启以对日本历史和社会的深刻反思跻身国际影坛。由于80年代东方各国电影的崛起，日本电影再度陷入低迷与彷徨。90年代，日本电影又迎来了辉煌，令全世界对日本影人刮目相看。自1995年《情书》一片在柏林电影节受到热烈欢迎，获最佳亚洲影片奖之后，一大批日本电影人如雨后春笋频频出现在世界影坛的领奖台上。特别是1997年，日本电影在世界最著名的三大电影节上捧了两个金奖。一个是今村昌平的《鳗鱼》获戛纳电影节金棕榈奖，另一个是北野武的《花火》获威尼斯电影节金狮奖。这些获奖作品都是现代题材，主人公都是当代社会中各式各样的小人物，视角都凝聚在心理层面上。这些作品的特点可以概括为当代心态、当代气质、当代思潮。与第一次高潮的经典作品中东方古典神秘美完全不同，显示了日本电影的飞跃与成熟。

（三）茶道

日本的茶道源于中国，却有自身形成和发展的特殊内蕴。在日本，茶道是一种通过品茶艺术来接待宾客、交谊、恳亲的特殊礼节。茶道不仅要求有幽雅自然的环境，而且规定有一整套煮茶、泡茶、品茶的程序。日本人把茶道视为一种修身养性、提高文化素养和进行社交的手段。

茶道有烦琐的规程，茶叶要碾得精细，茶具要擦得干净，主持人的动作要规范，既要有舞蹈般的节奏感和飘逸感，又要准确到位。茶道品茶很讲究场所，一般均在茶室中进行。接待宾客时，待客人入座后，由主持仪式的茶师按规定动作点炭火、煮开水、冲茶或抹茶，然后依次献给宾客。客人按规定须恭敬地双手接茶，先致谢，尔后三转茶碗，轻品、慢饮、奉还。点茶、煮茶、冲茶、献茶，是茶道仪式的主要部分，需要专门的技术和训练。饮茶完毕，按照习惯，客人要对各种茶具进行鉴赏，赞美一番。最后，客人向主人跪拜告别，主人热情相送。

日本茶道是在“日常茶饭事”的基础上发展起来的，它将日常生活与宗教、哲学、伦理和美学联系起来，成为一门综合性的文化艺术活动。它不仅仅是物质享受，主要是通过茶会和学习茶礼来达到陶冶性情、培养人的审美观和道德观念的目的。正如桑田中亲说的：“茶道已从单纯的趣味、娱乐，前进为表现日本人日常生活文化的规范和理想。”16世纪末，千利休继承历代茶道精神，创立了日本正宗茶道。他提出的“和敬清寂”，用字简洁而内涵丰富。“清寂”是指冷峻、恬淡、闲寂的审美观；“和敬”表示对来宾的尊重。

（四）花道

花道是日本传统的文化遗产，是随着佛教传入日本。花道也称“插花”、“华道”、“生花”，即把适当剪下的树枝或花草经过艺术加工后，插入花瓶等器皿中的方法和技术。花道是日本的一种室内装饰艺术，讲究艺术造型，最完美的造型为三角形，即造型分为三面，各自代表天、地、人，最高的一枝象征天，最低的一枝象征地，中间的一枝象征人，表示圆满如意。

花道的基本要素，即“花道三要素”，包括色彩、形态、质感。如色彩由明度、色调、饱和度构成。赤橙黄绿蓝紫六色，分别代表热情、喜欢、愉快、温和、敦厚、忧郁。三个最基本的美感要素通过花材表现出来，即为花道艺术。

在日本主要有池坊流、草月流、小原和未生流等流派。

四　媒体

（一）概述

日本大众传播媒介十分发达，是当今世界上屈指可数的“大众传播媒介王国”。日本传统的分类把大众传播媒介分为报纸、杂志、电视、无线电广播等四大媒介。日本的大众传播媒介在日本当今社会中起着重大的作用，这种作用的集中表现是舆论监督、舆论导向和舆论制造。它对日本政局、经济、社会思潮、日本人的价值取向乃至对外关系往往产生重大影响。因此，日本的大众传播媒介被视为官吏、政党和利益集团以外的“第四种势力”。

（二）报纸

日本已是世界上屈指可数的报纸大国。各家大报社除出版日报外，还出版晚报。日本国民几乎人人都离不开报纸。报纸把国内外的政治、经济、社会、文化等所有的信息都集中到一起，是信息量巨大的载体。读者获得这些信息所付出的费用却相对小，同时，还可以把它保存起来备查。这是电视、无线电广播等其他传媒所不能与之相比的优势。因此，即便在信息传播手段多样化的今天，报纸依然得到日本国民的欢迎。

日本的报纸分为“全国报”、“地区报”、“地方报”以及“行业报”四大类。“全国报”是指发行量大、覆盖面广，以整个日本的读者为对象的报纸，有《读卖新闻》、《朝日新闻》、《每日新闻》、《日本经济新闻》和《产经新闻》。这五大“全国报”的发行量占日本报纸总发行量的50%以上。还有全国发行的地区报3家——《中日新闻》、《北海道新闻》、《西日本新闻》，以及主要地方报纸121家。2000年，日本的日刊报纸每天发行7 190万份，全国平均每1 000人有报纸570份，近年来，随着英特网的发展，日本的报社都在因特网上设有主页，随时更新消息，以便人们查阅。

（三）杂志

二战结束以后，在日本，杂志出版事业进入了一个新时期，创刊和复刊了许多杂志。在经济高速发展时期，随着人们文化需求的扩大，一批周刊应运而生，出现了所谓“周刊杂志时代”。日本的杂志界与其他行业一样，竞争非常激烈，朝生夕灭，优胜劣汰的现象很普遍。特别是20世纪90年代以来，随着泡沫经济的崩溃，杂志的创刊热已经过去。各种杂志都在根据社会环境的变化和读者的需求，调整办刊方针，改变编辑内容，以保证拥有固定的读者群。全国有杂志3 433种，其中月刊3 336种。年发行29.6亿册；周刊97种、年发行16.5亿册。日本较有影响的杂志有：《中央公论》、《东洋经济》、《文艺春秋》、《世界周报》、《经济学家》、《世界》、《钻石》等。

（四）电视、广播

日本的电视业始于20世纪50年代，从1959年5月15日开始电视试播算起，至今已有近50年的历史。电视现在已经成为日本大众传媒之首，成了社会影响最大的大众传播媒介。

在日本，电视是需要政府部门负责人（邮政大臣）批准的事业，日本是以地区为单位配置电视台的。电视台基本由两大部分组成：一个是全国统一的公共电视广播组织日本广播协会（NHK）。它的总部设在东京，在国内大阪、名古屋等城市设有7个总局，在国外北京、纽约、巴黎等地设有27个支局。作为非营利的公共广播电视事业机构，日本广播协会对内以3个广播频道和5个电视频道播送新闻、教育、文化、娱乐等节目；1983年10月图文电视开播，1984年5月开始卫星电视广播，1996年3月播送调频文字多声道广播。另一个是以东京五大中枢台为中心的民间电视网，属于前述五大报业集团。

2002年，日本还有10家民营卫星电视台和若干民营有线电视台。

日本的广播电视事业目前正在努力发展电缆电视、卫星直播电视、高清晰度电视等包含最新高科技的新传播媒体。

日本的对外广播开办于1935年，现在由日本广播协会进行，每天用中、日、英、俄等22种语言广播，共约59小时。

（五）通讯社

日本有两家大通讯社，它们是共同通讯社（简称共同社）与时事通讯社（简称时事社）。共同社是代表日本的通讯社，它是1945年成立的社团法人组织，其前身是第二次世界大战前的日本官方通讯社“同盟通讯社”。它自称是一个“代表日本国民的国际性通讯社”，是“日本全国的报社、广播电台合作建立起来的，以收发消息为宗旨的共同组织”。它的加盟单位共有80余家，包括全国报、主要的地区报及日本广播协会。它的主要业务是向入盟的报纸、电台、电视台等新闻单位提供国内、国际的文字、声音以及图片新闻，还向在海洋上航行的日本船只播发日文和英文新闻，此外，它还有英文国际传真业务，播发《共同传真快讯》，内容为当天的日报、日刊来不及刊登的新闻。它还办有出版年鉴之类的事业。共同社在世界上许多国家和地区设有支局。

时事社是1945年成立的社团法人组织，其前身也是“同盟通讯社”。它自称是“向日本报道世界的动向，向世界传播日本的声音的国际通讯社”。它还办有《经营信息新闻》、《金融传真新闻》等业务，还出版发行《世界周报》、《时事年鉴》等刊物。时事社在海外也设有支局。

五　体育

（一）概况

第二次世界大战结束后，日本的体育事业结束了较长的中断时期，随着经济的复兴和发展，凭借雄厚的基础，在热爱体育活动的广大群众的积极支持下，很快地得到恢复和发展。1946年召开了第一届国民体育大会，国际体育交流也全面恢复。

日本通过学校、企业采取各种形式推广体育运动。其中，有组织地开展的体育项目有田径、游泳、体操、棒球、网球、足球、排球、篮球、乒乓球、羽毛球、举重、拳击、射击、冬季项目（滑雪、速滑、花样滑冰）、登山和日本传统民族体育项目柔道、空手道、剑道等项目。除此之外，职业体育项目相扑及职业棒球、职业摔跤、职业足球、高尔夫球等也深受日本广大群众的喜爱。其中，相扑和棒球被称为是日本的“国技”。

（二）学校体育

日本的学校体育分为体育课程和课外体育活动两个部分。文部省对小学、初中、高中的体育教学都规定了明确的目标，并有一套相应的体育课教材。其中要求小学的体育教育应达到：一至二年级的学生能够愉快地进行各种基本运动和游戏，以增强体质；三至四年级的学生能够轻松地进行各种运动，并根据各项运动的特点掌握运动技术、增强体质；五至六年级的学生在能够体会到各种运动的快乐的同时，针对运动项目的特点掌握运动技巧，提高运动能力。中学阶段通过各种运动的实践，掌握运动技巧，在让学生能够体验到运动乐趣的同时，培养他们健康的生活态度和积极向上的生活能力。高中阶段，要合理地进行各种运动实践，提高运动技能，培养公正精神、协作精神和责任感，促进学生身心的全面发展。对大学的体育课程，文部省也有相应的要求。各类学校每年都要举行运动会，平时根据学生的爱好，组织学生参加体育俱乐部，从事课外体育活动。日本政府每年都要投入大量资金来建设学校体育场馆。

（三）社会体育

日本的社会体育有雄厚的群众基础。过去在日本，体育活动主要在学校中开展，而在一般群众中并没有广泛地普及。近20年来，随着人民生活水平的提高，体育已成为群众业余生活中的一项重要活动。

日本政府每年都拨出一笔数目可观的经费，用来修建和改善社会体育所需的体育设施。各大企业也修建各种体育设施，以便为当地的居民和职工提供更多的体育场所。公共体育设施在体育组织的协助下，开办以群众为对象的“体育教室”，普及体育活动。为指导推广、提高活动，日本还设有全国、地方性体育指导员联络会议，每年举办全国进修会、县级学习会和职工体育普及学习会，采取各种方式大力培养不同类别、级别的指导教练员。

随着平均寿命的提高，日本还特别重视老年体育，为老年人开放体育场所，经常组织适合于老年人的门球、太极拳等体育活动。

目前，根据男女老少不同特点组织的群众性体育俱乐部遍布日本各地。

（四）国民体育大会

国民体育大会是日本最大、最重要的全国性体育竞赛活动，也是日本体坛每年一度影响最大的盛会。举办国民体育大会的宗旨，是“在国民中间广泛普及体育运动；发扬光大体育的业余精神和竞争精神；增进国民身体健康和国民体质的提高；振兴地方体育和发展地方文化，使国民生活更加丰富多彩”。

国民体育大会由日本体育协会、文部省和东道主三方联合举办，经费由三方共同出资。国民体育大会在47个都道府县巡回举行。国民体育大会每年按冬、夏、秋三季举行3次，以奥运会项目为主，并适当增加一些民族项目。

每年10月10日为“体育节”，是法定节日，人们利用这一天进行各种各样的体育活动。

（五）竞技体育

日本当今已成为世界上体育活动发达的国家之一，拥有国际水平的实力，几届奥运会总成绩均名列第十五名前后，也是亚洲的劲旅。成绩较好的体育项目有柔道、排球、体操、射击、马拉松、游泳（短距离）、乒乓球等项目。　　（王　伟）

第八章　宗教

第一节　神道教（简称神道）

日本是一个多宗教信仰的国家。主要的民族宗教是神道教，外来宗教有佛教、基督教。宗教的形成与发展，与日本的自然风土和社会生产、生活有着密不可分的关系，还受到政治、国际环境的影响。以上各种因素的相互作用，使日本的宗教具有自己的特点。

神道是在日本民族固有信仰基础上发展起来的宗教。神道的产生，最早可以从绳文时代原始人的自然崇拜、祖先崇拜和象征生命力量源泉与丰产的女性偶像崇拜，以及祭祀活动中找到端倪。至弥生时代，日本开始大面积推广种植水稻，并在此基础上建立了农耕生活的共同体，在为祈求神灵保佑农业丰收及丰收后答谢神灵恩惠的祭祀场上，逐渐形成了原始神道。随着时代的发展和国家制度的日趋完备，神道也日渐体系化、制度化。明治维新以后，明治政府出于加强国家统一和富国强兵的需要，定神道为国教。神道在行政上和教育上与国家紧密配合，对民众进行敬神爱国，崇祖忠皇教育，宣传狭隘的民族主义和军国主义思想。随着日本步入侵略战争的深渊，神道也成为对内从精神上控制国民，对外为侵略战争服务的工具。第二次世界大战后，日本废止了国家神道，实行政教分离，神道恢复为一般宗教的地位。

第二节　佛教

由亚洲大陆东渡日本的"渡来人"将佛教传入日本。之后，佛教逐渐在日本传播开来。7 世纪初，圣德太子下诏兴隆佛法，使佛教广为传播，佛教寺院大量兴建。大化革新后佛教有了新的发展，佛教逐渐遍及各地，至 7 世纪末，全国寺院多达 540 余所。奈良时期，佛教受到国家的保护，有了较大发展。城市里相继建立了官立的大寺院，从中国传入了佛教诸宗。跟随遣唐使入唐的留学僧人与中国东渡日本的鉴真和尚等，对奈良佛教的发展作出了巨大贡献。到 13 世纪，日本不论是上层贵族还是民间，佛教都极为盛行，武士中则普及了"禅"。佛教，在近代曾一度受到排斥。恢复后的佛教，世俗色彩已很浓重，如僧人不必超尘脱俗等。佛教在日本历史上，无论是作为宗教本身，还是作为一种传播思想、文化的工具，都起过重要的作用。日本的美术、文学、建筑及至日本人的思想、道德等等，无不受到佛教的深刻影响。目前，日本佛教主要有日莲宗、天台宗、净土宗、真言律宗等流派。

第三节　基督教

基督教是伴随着欧美资本主义文化的传播，由西班牙天主教的耶稣会士方济各在 1549 年传入日本的，一时颇为盛行。但在 16 世纪末期，幕府政府因怀疑西方国家对日本有领土野心，利用传教士进行活动，同时也害怕强大的基督教徒团体反对当时新成立的中央政府，危及封建秩序，而禁止了基督教的传播。基督教被禁长达 250 年之久，直到 19 世纪中叶欧美国家船只的到来，使日本重新向世界开放为止。二战结束后，日本基督教发展较快，教徒人数增加，在知识文化界影响颇大。目前，基督教系主要有日本基督教团、天主教中央协议会等。基督新教徒略多于天主教徒。

二战后，日本出现一批新宗教，过去被镇压的教派也有所恢复。如大本教恢复后改称大本爱善苑，人士路教改名为完全自由教团（PL 教团）。新兴教派主要有属于佛教日莲宗的创价学会以及灵友会、立正佼成会等。

20 世纪 70 年代中期以来，日本又出现了许多新的宗教团体，掀起了所谓第三次宗教热。有些宗教团体和宗教徒走向了狂热的极端。（王　伟）

第九章 防卫力量

1868年明治维新后，日本走上资本主义发展道路，在加强军备的同时，开始推行对外侵略扩张政策。自1894年发动侵略中国的甲午战争至1945年第二次世界大战战败投降，在长达半个世纪的时间里，日本穷兵黩武，野蛮肆虐，使中国及亚太很多国家人民深受其害。

二战后初期，美国占领军对日推行“民主化”和“非军事化”政策，日本旧的国家机器被打碎，军队被遣散，战争罪犯受到惩办，使日本的国家战略发生了转折性变化。1946年11月，日本制定新宪法，规定日本“永远放弃以国家权力发动的战争、武力威胁或使用武力作为解决国际争端的手段”，“不保持陆海空军及其他战争力量，不承认国家的交战权”。但是，其后不久，美国改变对日政策，开始重新武装日本。1950年8月，日本按照美国占领军总司令麦克阿瑟的指令成立警察预备队；1952年4月，成立海上警备队；同年8月，成立保安厅，警察预备队改称保安队，海上警备队改称警备队，隶属保安厅领导；1954年7月，在保安厅基础上成立防卫厅，保安队扩充、改编为陆上自卫队，警备队扩充、改编为海上自卫队，新组建航空自卫队，实际形成陆、海、空三个军种的体制。

经二战后50余年的发展，日本军费开支达4.96万亿日元（约合439亿美元），高居世界第二位；日本自卫队现已成为一支军兵种齐全、武器装备先进、作战能力较强的军队，并已开始向海外派兵，涉足日本国外的军事活动。

目前修改宪法已提上日本政治日程。2005年10月，自民党提出宪法修改案，拟将自卫队改称“自卫军”。

第一节 防卫方针与政策

自1954年日本陆上、海上和航空自卫队建立以来，日本在不断扩大、充实各种军事机构和部队职能的同时，也相应地不断制定和健全其防卫方针与政策。

1957年日本国防会议和内阁讨论通过第一个有关防卫方针与政策的正式文件——《国防基本方针》，确立了日本扩充军备的基本方向。此后，又相继确定了“专守防卫”、“无核三原则”、“文官治理”等战略方针和防卫管理原则，为日本防卫事务制定了基本框架。

20世纪80年代以前，针对国内外舆论对日本军事大国化的担心和疑虑，日本当局一再声称：日本的基本理念是“遵守宪法，贯彻‘专守防卫’原则，不做对别国构成威胁的军事大国”。然而，自冷战结束以来，尤其是1995年制定新《防卫计划大纲》和1996～1999年日美两国发表《安全保障联合宣言》、新《日美防务合作指导方针》，以及日本国会通过新《指针》相关法以来，日本防卫方针与政策已经发生很大变化。

日本基本防卫方针与政策主要是：以日美安全保障体制为基础，有计划地发展高效的防卫力量，加紧建立“临战态势”，谋求实现政治军事大国的战略目标。其重要发展历程如下。

一 20世纪50年代中叶制定“国防基本方针”

1954年自卫队成立后，日本出于扩充军备的需要，于1956年成立国防会议（1986年改组为安全保障会议）作为内阁专门审议、制定国防政策和研究重大国防问题的机构。国防会议成立后的首要工作是于1957年7月讨论通过了“国防基本方针”，并经内阁会议批准颁布。该方针主要包括四项内容：

（一）支持联合国的活动，谋求国际间的协调，以期实现世界和平。

（二）安定民生，发扬爱国心，确立保障国防所必须的基础。

（三）适应国力和国情，在自卫所必须的限度内，逐步建立有效的防卫力量。

（四）对于外来侵略，在将来联合国能够有效地发挥阻止职能之前，将以同美国的安全保障体制为基础处理之。

上述四项内容的核心是后两项。这一方针首次明确提出了二战后日本的防卫政策，为日本和平时期的军队建设提供了基本依据。

二 20世纪60～70年代确定“专守防卫”战略方针、“无核三原则”和“文官治理”原则

（一）“专守防卫”战略方针

“专守防卫”方针是1970年佐藤内阁时期，日本发表的第一份《防卫白皮书》中正式提出的。其定义是：“（日本）在遭受对方攻击时方可行使防卫力量，行使防卫力量的样式限制在自卫所需要的最小限度之内，（日本）所保持的防卫力量也限制在自卫所需要的最小限度之内”。根据“专守防卫”方针，日本表示：要建设一支最小限度的自卫力量；不拥有对他国构成威胁的战略进攻性武器；不对对方实施先发制人的攻击；防御作战只限定在日本领空、领海及其周边海域。

然而近年来，日本的做法发生了很大变化。日本以参加联合国维持和平行动为名向海外派兵，甚至应美国之邀派兵赴伊拉克，参加未经联合国授权的活动；开发侦察卫星；日美联合研制战区导弹防御系统（TMD）；根据新“指针”及其相关法的规定，未来一旦美军在日本“周边地区”采取军事行动，日本自卫队将提供后方支援和采取其他军事支援行动等，这些均已突破了“专守防卫”的基本方针。

（二）无核三原则

所谓无核三原则是指不拥有、不制造、不运进核武器。这项原则是20世纪60年代末佐藤内阁时期提出来的，此后编入日本的《防卫白皮书》，成为日本防卫政策的一项基本原则。在1955年日本国会通过的《原子能基本法》中，也明确规定日本不制造、不保有核武器。1976年日本加入《不扩散核武器条约》，承担了不保有、不制造核武器的国际义务。

（三）“文官治理”原则

所谓“文官治理”，按照2005年《防卫白皮书》的解释是：

1. 由代表国民的国会以法律和预算形式决定自卫队的定员和主要组织机构，同时自卫队的“防卫出动”（即采取军事行动）要获得国会的承认。

2. 有关国防事务的行政决定权完全属于内阁，内阁总理大臣和其他国务大臣必须是文官。

3. 内阁总理大臣代表内阁对自卫队行使最高指挥监督权。

4. 领导和管理自卫队事务的防卫厅长官必须由文官国务大臣担任。

5. 辅佐防卫厅长官工作的副长官、长官政务官、事务次官和参事官亦均为文官。

日本在防卫政策中采取这一原则是出于对二战前的反省。二战前，日本军部权力过大，往往凌驾于内阁之上，不仅内阁中的陆海军大臣必须由军人担任，而且军人可以出任内阁总理大臣；对不满意的内阁，军部往往通过拒绝入阁或陆海军大臣辞职等手段迫使内阁解散。在日本看来，军部权力过大是导致日本走向发动和扩大战争道路的根本原因。

三 20世纪90年代中叶至21世纪初叶制定新《防卫计划大纲》、日美发表《安全保障联合宣言》和日本制定《周边事态法》等一系列相关法律

（一）制定新《防卫计划大纲》

日本1954年成立自卫队后，从1958年起，一直在有计划地实行军备扩充，先后制定了4个为期3～5年的《防卫力量整备（扩充）计划》。第四期计划结束后，日本于1976年改变了推行固定期限计划的做法，代之制定了不固定期限的《防卫计划大纲》。该大纲所确定的指标于1990年前后完成。

冷战结束后，日本认为原《防卫计划大纲》所确定的指标和一些原则已不适应冷战后的国内外形势。因此，1994年2月成立了作为内阁总理大臣私人咨询机构的“防卫问题恳谈会”，专门研究冷战后的国际形势和新防卫政策。该恳谈会于同年8月提出咨询报告，就未来国际形势和日本的防卫政策提出了一系列看法和建议。此后，日本防卫厅根据咨询报告精神，结合原《防卫计划大纲》的有关原则，经过一年多的酝酿讨论，于1995年11月出台了第二版《防卫计划大纲》。与第一版《大纲》相比，其主要变化是：

1. 首次赋予自卫队以对外职能

第二版《大纲》提出，自卫队要“实施国际和平合作业务”以及“当日本周边地区发生对日本的和平与安全产生重大影响的事态时，日本谋求顺利而有效地运用日美安全保障体制予以适当应付”。前者指日本自卫队要参加联合国维和行动，后者则为后来制定以应付日本“周边事态”为主要内容的新“指针”，为日本在其疆域外发挥军事作用埋下伏笔。

2. 提高防卫力量的质量

第二版《大纲》在原《大纲》基础上，进一步提出对自卫队要“充实各种必要的防卫职能，提高防卫力量的质量”，建立“合理、高效、精干”、“能有效对付各种事态”的防卫力量。

3. 增强日本在日美安保中的自主性

在应付外来入侵方面，原《大纲》提出，对于“有限的小规模入侵”，原则上由日本自力排除；对中等规模以上的外来入侵，日本则坚持抵抗，以等待美国来援，共同予以排除。第二版《大纲》则规定：“当发生直接侵略事态时，日本立即采取行动，并同美国进行适当合作，综合、有机运用防卫力量，尽早予以排除”。这显然增强了日本在日美安全保障体制中的自主性。

自第二版《大纲》出台后，日本在防卫政策上又进行了大幅度调整。随着日美安全保障体制的进一步深化，日本外向型防卫力量建设步伐明显加快。

为了适应新形势的需要，日本开始对《大纲》再度进行修改。2004 年 4 月，日本首相的私人咨询机构“安全保障与防卫政策恳谈会”开始对防卫政策相关问题进行广泛研讨，并于同年 10 月 4 日，向小泉首相递交了一份题为《面向未来的安全保障与防卫力量构想》的报告。在此基础上，2004 年 12 月 10 日，日本安全保障会议和内阁会议批准通过了的第三版《防卫计划大纲》。其主要变化是：

(1) 提出安全保障的两大目标

两大目标是：“防止威胁直接波及日本”和“改善国际安全保障环境”。同时明确了实现两大目标的三种途径，即：日本自身的努力、与盟国的合作以及与国际社会的合作。

(2) 明确提出自卫队新时期的三大使命

三大使命是：有效应付“新型威胁和多种事态”、防备正规侵略事态和自主积极地致力于改善国际安全保障环境。这是日本在二战后首次以官方文件的形式将所谓“国际和平合作活动”确定为自卫队的“固有职能”。

(3) 提出“多能、弹性、有效”的新时期防卫力量建设总方针

日本以这一新的防卫力量建设总方针呼应新时期防卫力量职能的转变。

（二）日美发表《安全保障联合宣言》，修订《日美防务合作指导方针》

根据 1957 年制定的《国防基本方针》的规定，日本防卫政策的主要内容之一，是坚持日美安全保障体制。日美安全保障体制的基础，是 1951 年缔结、1960 年修订的日美安全条约。

1976 年，根据日美安全条约有关条款的规定，经一年多的磋商和讨论，双方共同制定了《日美防务合作指导方针》，具体规定了在日本遭受外来入侵时日美进行联合作战保卫日本的原则和有关具体措施。

冷战结束后，国际形势嬗变，作为日美“共同防御”的对象——苏联已不复存在，东西方两大军事集团的对抗亦随之消失。在这种国际背景下，日美同盟体制何去何从成为日美两国的主要课题，亦引起国际舆论的广泛关注。自 1994 年秋起，经过一年多的内部磋商和讨论，1996 年 4 月 17 日，日美双方共同签署发表了《日美安全保障联合宣言》，为未来日美安全保障体制的发展和加强定下了基调。该联合宣言的核心内容有三：

1. 宣称日美安全保障体制将“继续成为维持亚太地区面向 21 世纪的稳定和繁荣形势的基础”

这意味着日美安全条约的适用范围由该条约规定的“日本管理下的领域”和“远东”扩大到整个亚太地区。

2. 确认未来双方将共同对付所谓亚太地区的“不稳定和不确定因素”

从而改变了日美共同防范的战略目标。

3. 双方表示今后将在五个方面加强军事合作

主要是进行相互战略磋商，尤其强调要修改 1978 年的“日美防务合作指导方针”，相互提供后勤支援，共同研制 F－2 型战斗机，以及防止核扩散和进行导弹防御等。

《日美安全保障联合宣言》发表后，双方有关人员立即就修改《日美防务合作指导方针》进行紧锣密鼓的讨论和磋商，并于 1997 年 9 月 23 日正式签署了新的《日美防务合作指导方针》。同原《指针》相比，新《指针》的最大特点是未来双方防务合作的重点发生变化：原《指针》的重点是规定在日本遭受外来入侵情况下，日美如何进行联合作战保卫日本，新《指针》则重点规定一旦“日本周边

地区发生对日本和平与安全产生重要影响的严重事态”，在美军采取军事行动时，日本要向美军提供“后方支援”。为此，新《指针》共列举了40个合作项目，其中与日本自卫队有关的内容包括提供补给、运输、装备维修、医疗、通信、提供军事情报、公海扫雷和检查可疑船只等等。对日本来说，新《指针》的制定意味着其防卫政策发生重大变化：

1. 日本自卫队在日美防务合作中承担的防务范围由过去的“日本管理下的领域”扩大到非地理概念的“周边地区”

这意味着日本将在海外发挥军事作用。

2. 日本的战略指导思想由以自卫为主要内容的“专守防卫”转向协助美军在“日本周边地区”采取攻势作战

3. 日美防务合作的形式由过去日本单方面依赖美军支援以求自保，转向两国对等，由日本向美军提供后勤支援

（三）日本制定《周边事态法》等一系列相关法律

为使日本在日美防务合作中承担的军事义务得到具体落实，1999年8月25日，新《指针》相关法——《周边事态法》等正式施行，其中包括应付“周边事态”的基本原则、定义、基本计划、行动内容、有关行政机构的应对措施以及自卫队的武器使用等多项内容。同时，提出“准有事”概念，将“周边事态”的外延由事发时提前到事发前，并将自卫队对美军的支援行动扩展到战时。这样，未来一旦“日本周边地区”发生军事冲突且美军采取军事行动时，日本向美军提供后方支援便将有法可依，同时日本采取有关军事行动亦将受到法律的保护。

2001年11月，日本国会通过《恐怖对策特别措施法》，为自卫队对在东亚以外地区展开战斗行动的美军实施后方支援提供了法理支持。

2003年6月日本出台的《武力攻击事态法》等“有事法制”相关三法，不仅进一步完善了“周边事态”理论，提出了极具主观色彩的“推断有事”概念，同时也为自卫队直接参与作战行动提供了法律依据。

2003年7月，日本国会通过的《伊拉克重建支援特别措施法》，首开日本战时直接向冲突地区派遣自卫队之先例，同时亦为日本在不经联合国授权和冲突当事国政府认可的前提下，实施自卫队的海外派遣打开了法理之门。2003年10月，依据《伊拉克重建支援特别措施法》，日本派遣自卫队到达伊拉克。2004年12月和2005年12月，日本内阁会议决定日本自卫队在伊拉克驻期各延长1年。

第二节 国防体制与指挥系统

一 国防体制

日本国防体制主要由统帅机构和陆、海、空3个自卫队组成。统帅机构系指对自卫队拥有指挥监督权的机关及其代表，包括内阁总理大臣、安全保障会议、防卫省、统合幕僚会议（相当于参谋长联席会议）和陆海空3个幕僚监部（相当于陆海空军参谋部）。

陆上自卫队、海上自卫队和航空自卫队分别由陆海空幕僚监部及受防卫厅长官指挥监督（经3个自卫队幕僚长）的部队及机关组成。

（一）内阁总理大臣和内阁会议

内阁总理大臣是国防问题的最高领导人、自卫队最高统帅，代表内阁对自卫队行使指挥监督权。内阁会议是国防问题的最高决策机构，负责对提交国会审议的有关国防问题的法律草案、预算草案作出决定，制定有关政令，决定有关国防的重大方针和计划。

（二）安全保障会议

安全保障会议由内阁总理大臣、总务大臣、外务大臣、财务大臣、经济产业大臣、国土交通大臣、内阁官房长官、国家安全委员会委员长和防卫省大臣等有关国务大臣组成，内阁总理大臣担任主席。它是国家安全事务的最高审议机关和总理大臣的咨询机构。其职责是：（1）审议有关国防的重要事项；（2）审议重大紧急事态对策。

（三）防卫省

二战结束后长期称为防卫厅。2006年12月，参议院继众议院之后决定，自2007年1月开始改为防卫省。它是在内阁总理大臣领导下处理国防事务的指挥监督与行政机构。防卫省大臣由内阁总理大臣任命，在内阁总理大臣的指挥与监督下领导防卫省的工作，统管防卫省的业务，并通过陆、海、空幕僚长指挥部队。防卫省除防卫省长官外，编有副长官1名、长官政务官2名、事务次官1名、防卫参事官10名，等等。

防卫省由本省和防卫设施厅组成。本省包括内部部局、统合幕僚会议、陆海空幕僚监部、部队与机关，以及附属机关等。防卫设施厅是负责日美军用设施营建和维护管理的机构。

内部部局是防卫省的直属机构，由长官官房、防卫局、运用局、人事教育局和管理局组成，官房长和各局局长均由参事官担任，负责直接协助防卫省长官对自卫队实施全面监督和领导。

统合幕僚会议是辅佐防卫省长官的合议参谋机构，负责统一和协调陆海空自卫队的指挥与运用，由主席和陆海空自卫队幕僚长组成，主席由现役军官中职务、军衔最高者担任。

二 作战指挥系统

日本作战指挥系统包括战略指挥系统、地面作战指挥系统、海上作战指挥系统、国土防空作战指挥系统以及日美协调作战指挥系统等 5 个部分。

（一）战略指挥系统

内阁总理大臣和防卫省大臣构成“国家最高指挥当局”，负责对自卫队进行全面指挥。内阁总理大臣是自卫队最高指挥官，防卫省是内阁总理大臣对自卫队实施指挥的职能机关。防卫省大臣受内阁总理大臣的指挥监督，负责统一领导和指挥陆海空自卫队。统合幕僚会议是防卫省大臣的参谋机构，亦是协助防卫省大臣指挥陆海空 3 个自卫队联合作战的指挥机关。防卫省大臣对两个军种以上合成部队行动的指挥，通过统合幕僚会议主席实施。直属于防卫省大臣的中央指挥所是内阁总理大臣和防卫省大臣指挥全军作战的基本指挥所，系日本指挥系统的神经中枢。

（二）地面作战指挥系统

地面作战包括登陆与抗登陆作战、空（机）降与反空（机）降作战、内陆纵深作战等，以陆上自卫队为主，其他自卫队协同实施。陆上自卫队所属各方面队（相当于军或军区）为防卫省大臣直辖作战部队。地面作战时，按下述系统实施指挥：防卫省大臣（经陆上幕僚长）通过中央指挥所下达命令。方面队司令部按计划编成基本指挥所、前进指挥所、后方指挥所和预备指挥所指挥部队。师接受方面队指挥，并指挥所属部队。

（三）海上作战指挥系统

海上作战包括反潜护航、海峡封锁、保护 1 000海里海上航线、水面打击、扫布雷等，以海上自卫队为主，其他自卫队协同实施。海上自卫队自卫舰队和各地方队为防卫省大臣直辖作战部队。海上作战时，按下述系统实施指挥：防卫省大臣（经海上幕僚长）通过中央指挥所下达命令，自卫舰队司令根据防卫省大臣的命令，通过指挥支援系统向护卫舰队、潜艇舰队及航空集团下达命令，实施指挥。地方队司令根据防卫省大臣的命令，通过各自的指挥系统，指挥所属部队。

（四）国土防空作战指挥系统

防空作战由航空自卫队、陆上自卫队防空部队和海上自卫队防空部队组成。航空自卫队是国土防空的主要力量。航空总队为防卫省大臣直辖作战部队。航空自卫队作战部队由航空总队司令指挥。防空部队的作战指挥程序是：内阁总理大臣和防卫省大臣（经航空幕僚长）向航空总队司令下达命令，航空总队司令指挥所属部队各级指挥官具体组织实施防空战斗。防空总队及下属各级部队均设有作战指挥所，进行作战指挥。

（五）日美协同作战指挥系统

日美协同作战目前正由日美各拥有指挥权的二元化指挥协调机制向“统一司令部”指挥机制的方向发展。针对日本可能遭受的武力进攻和周边事态，日美双方将建立两大协调机制：一是决策层，包括政策磋商在内的总体协调机制；二是建立“日美联合协调所”，协调双方的军事行动。

第三节 编制与装备

一 陆上自卫队编制与装备

（一）编制体制

陆上自卫队编有北部、东北部、东部、中部和西部 5 个方面队（军区）。截至 2004 年底，主要作战部队共编有 10 个师、3 个旅和 2 个混成旅，每个方面队辖 2～4 个师（旅）不等。根据第二版《防卫计划大纲》，陆上自卫队最终将改编为 9 个师、6 个旅的编制。除第七坦克师外，其余师（旅）将根据部队的部署位置和任务分工编成三种类型部队，即“政经中枢师”（第一、第三师）、“海岸部署师（旅）”（第二、第四、第九师和第一混成旅〔待改编〕、第五、第十一旅）和“战略机动师〔旅〕”（第六、第八、第十师和第十二、第十三旅及第二混成旅）。

（二）主要武器装备

坦克 截至 2003 年 9 月，共装备 90 式、74 式

两种坦克1 030辆，今后将在重点发展90式坦克的同时，开发新型主战坦克，并对74式坦克进行现代化改装。

装甲车 截至2003年9月，共装备装甲车1 160辆。

野战火炮 截至2003年9月，陆上自卫队装备的各型火炮为5 920门（辆）。其中包括无后坐力炮3 190门、迫击炮1 870门、榴弹炮及加农炮750门（辆）（自行式约占75%）、高射炮等110门。

反坦克反舟艇导弹 引进美制"陶"式反坦克导弹，采购01式轻型反坦克导弹、79式反坦克反舟艇导弹和96式多用途导弹系统。

防空武器 在35毫米双管高炮和改进型"霍克"防空导弹的基础上，增加93式、"毒刺"等便携式防空导弹。

飞机 截至2003年3月，共装备各型飞机511架，其中包括LR－1/2固定翼联络机16架、AH－1S反坦克直升机89架、OH－6D观察直升机162架、OH－1观察直升机16架、UH－1H/J多用途直升机157架、UH－60JA多用途直升机21架、V－107A运输直升机1架、CH－47J/JA运输直升机49架。

二 海上自卫队编制与装备

（一）编制体制

海上自卫队现编有1个自卫舰队（辖护卫舰队、航空集团、潜艇舰队、2个扫雷队群等）、5个地方队、1个教育航空集团、1个练习舰队等。

（二）主要装备

截至2003年9月，海上自卫队共拥有各型舰艇425艘，其中作战舰艇141艘，约39.6万吨，各型飞机213架。

三 航空自卫队编制与装备

（一）编制体制

航空自卫队编有1个航空总队（辖北部、中部、西部三个航空方面队和西南航空混成团）、1个航空支援集团、1个航空教育集团、1个航空开发实验集团等。

（二）主要装备

截至2003年底，航空自卫队拥有各型飞机850架，其中作战飞机411架。

第四节 兵力与部署

一 总兵力

日本武装力量主要由现役兵力、文职人员和预备役三部分组成。截至2005年3月，现役编制员额253 180人（实有239 430人），文职人员23 347人，合计276 527人；预备役47 900人（实有38 213人）。现役兵力、文职人员、预备役编制员额比例约为1∶0.09∶0.19。自卫队兵力规模正在逐步削减，最终编制员额将定编为：陆上自卫队15.5万人（含应急预备役员额0.7万人），海上自卫队4.6万人，航空自卫队4.8万人。

二 陆上自卫队的兵力与部署

陆上自卫队现役编制员额163 784人，约占现役编制总兵力的62.3%；实有兵力148 226人，约占实有总兵力的61.8%；满员率为93.9%。文职人员9 031人。

5个方面队（军区）的部署如下。

北部方面队 防区为北海道全境。司令部设在札幌。目前部署有1个坦克师、2个步兵师（其中1个将改编为旅）、1个步兵旅、1个炮兵旅、1个霍克导弹旅、1个坦克群和1个工兵旅。

东北部方面队 防区在津轻海峡中线以南，福岛和山形县界（含）以北地区。司令部设在仙台。部署有2个师、1个炮兵群、1个霍克导弹群、1个工兵旅。

东部方面队 防区在静冈、长野、新潟县南界以北、东北部方面队防区界以南地区。司令部设在东京都练马区。部署有1个师、1个旅、1个空降旅、1个直升机旅、1个霍克导弹群、1个工兵旅。

中部方面队 防区在东部方面队西南界西南、丰后和关门海峡中线以北地区。司令部设在伊丹。部署有2个师、2个旅、1个霍克导弹群、1个工兵旅。

西部方面队 防区为九州及冲绳地区。司令部设在熊本。部署有2个师、1个混成旅（将改编为旅）、1个霍克导弹旅、1个炮兵群和1个工兵旅。

三 海上自卫队的兵力与部署

海上自卫队现役编制员额45 842人，约占编制总员额的18.1%；实有兵力44 375人，约占实有总兵力的18.5%；满员率为96.8%。文职人员3 601人。

海上自卫队部队部署如下。

防卫舰队及其下辖的护卫舰队、潜艇舰队的司令部均设在横须贺市。航空集团司令部设在厚木。教育航空集团司令部设在千叶县东葛饰郡沼南町。

海上自卫队5个地方队分别部署在横须贺、吴港、佐世保、舞鹤和大凑。

横须贺警备区　部署有1个护卫队群、1个潜艇队群、1个扫雷队群、1个地方队、3个航空群、2个航空队等。

吴港警备区　部署有1个护卫队群、1个潜艇队群、1个扫雷队群、1个地方队、2个航空群、1个航空队。

佐世保警备区　部署有1个护卫队群、1个地方队、4个航空群、1个航空队。

舞鹤警备区　部署有1个护卫队群和1个地方队。

大凑警备区　部署有1个地方队和1个航空群。

四　航空自卫队的兵力与部署

航空自卫队现役编制员额47 361人，约占武装力量编制总员额的18.7%；实有兵力45 483人，约占实有总兵力的19%；满员率96%。文职人员3 771人。

航空总队司令部、航空支援集团司令部设在东京都府中市。

航空自卫队设北部、中部、西部、西南部4个防空区，其兵力均部署在四大防区内。

北部航空方面队

司令部设在三泽。部署有2个航空团、2个防空导弹群、1个航空警戒管制团、1个警戒航空队、1个基地防空群。管制空域，北纬41°20′～39°20′～38°0′，东经133°40′～139°30′～144°38′之间。

中部航空方面队

司令部和航空开发实验集团司令部设在入间，航空教育集团司令部设在滨松。部署有4个航空团、2个防空导弹群、1个航空警戒管制团、1个飞行开发实验团、1个航空救护团、1个侦察航空队。管制空域，北纬37°17′～30°0′，东经133°0′～136°0′之间。

西部航空方面队

司令部设在春日。部署有2个航空团、1个防空导弹群、1个航空警戒管制团。管制空域，北纬33°0′～30°0′，东经125°0′～135°05′之间。

西南航空混成团

司令部设在那霸。部署有1个航空队、1个防空导弹群和1个航空警戒管制队。管制空域，北纬23°0′至东经123°0′－132°0′之间。

第五节　教育训练

日本自卫队的教育训练分院校教育、部队训练和预备役训练三大类，由防卫厅统管，防卫厅运用训练局、人事教育局以及陆上幕僚监部教育训练部、海上幕僚监部与航空幕僚监部下属的人事教育部等分别负责组织实施。

一　院校教育

院校教育是指院校或教导队对其人员进行的教育训练，分初、中、高级教育3个层次。日本自卫队的院校教育系统完整，各级人员特别是军士、军官晋升前，必须在有关院校或部队教导队接受教育。

（一）防卫厅直属院校教育

防卫厅下设4所直属院校，即防卫大学、防卫医科大学、统合幕僚学校以及防卫研究所的教育部。防卫大学是陆海空自卫队培养未来初级军官的共同教育机关，防卫医科大学是培养未来医药军官的共同教育机关，统合幕僚学校是统合幕僚会议的附属机构，主要培训合成军队运用的中高级指挥官和参谋，防卫研究所的教学任务由该所教育部承担，开设普通课程和特别课程。

（二）陆上自卫队院校教育

陆上自卫队设有干部学校、干部候补生学校、富士学校等15所学校，3个教导旅、2个教导团，以及其他一些教导部队，分别负责各类人员的教育训练。归陆上幕僚监部管辖的体育学校、中央医院和4个地区医院等自卫队共同机关，也负有人员培训任务。

（三）海上自卫队院校教育

海上自卫队有各类学校6所，即干部学校、干部候补生学校和4所技术学校。此外，自卫舰队以及航空集团直属的各业务队、各地方队教导队、教育航空集团均负有对有关人员的培训任务。

（四）航空自卫队院校教育

航空自卫队有7所学校，即干部学校、干部候补生学校和5所技术学校。此外，航空教导队、飞行教育团和训练航空团也担负教学任务，除干部学校外，其余均纳入航空教育集团管辖。

二 部队训练

自卫队的部队训练是指各级部队进行的应用训练，分单兵训练和部队训练两大类。

（一）陆上自卫队的部队训练

陆上自卫队年度训练时间为1 100小时（其中精神教育时间约为100小时）。单兵训练时间为600小时，主要内容是射击、滑雪、格斗等共同课目，同时还根据不同岗位进行专业技能训练。部（分）队训练时间为400小时，一般按建制实施，也可临时编组进行。团以上部队合练是部队训练的重点，基本方式是按编组编成战斗群进行各种演练。训练的重点是反坦克火力及其他地面火力的运用，以及指挥、通信、情报、电子对抗和后方支援等。

（二）海上自卫队的部队训练

海上自卫队部队的应用训练区分为单兵训练和部队训练两大类。单兵训练与院校训练相衔接，士兵侧重于提高单兵战术和战技，军官主要进行指挥法、训练法和战术、技术的训练。部队训练一般由单舰单机开始，逐级扩大规模。训练的主要内容是反潜护航、扫布雷、海上攻击与海上防空作战等。舰艇部队平均年度训练时间为1 400小时。

（三）航空自卫队的部队训练

航空自卫队的基本作战任务是实施防空作战，并负责支援地面和海上作战。其战斗部队、空中警戒管制部队及防空导弹部队的训练不仅旨在提高个人的技战术水平，而且旨在提高整体作战能力。基本战术训练课目有仪表飞行、超音速飞行、超低空飞行、夜航、空中射击、对地（舰）攻击、轰炸等，应用战术课目有空中格斗、截击战斗等。

（四）陆海空自卫队合同演习

1979年以前，陆海空自卫队每年举行一次合同指挥所演习，自1979年起，合同指挥所演习扩大为实兵演习。1986年起又发展成有美军参加的联合实战演习。这种演习分指挥所演习和实兵演习两个阶段实施，两个演习相继连续进行，时间一般在每年的11月。自1995年起，日美联合指挥所演习改在1～2月举行。

（五）日美联合训练

陆上自卫队的联合演练始于1981年，平均每年举行例行联合演练7次。包括方面队指挥所演习、师联合指挥所及师联合实兵演习、与美海军陆战队的联合实兵训练、严寒地区联合训练以及导弹部队赴美实弹射击等。

海上自卫队的联合训练始于1955年，每年例行的联合演练有7次，包括指挥所演习、反潜特别训练、扫雷特别训练和姊妹舰训练等。

航空自卫队的联合演练十分频繁。目前，小规模的联合演练平均每周1次，中等以上规模的联合演练平均每月1次。主要演练空中格斗、截击、对地（舰）攻击、空难救护、护航等。

三 预备役训练

预备役工作分别由陆上幕僚监部人事部人事计划课下设的预备役班、海上幕僚监部人事部的人事教育课、航空幕僚监部的人事课以及各地方联络部（募兵机构）下设的预备役班负责。

预备役人员每年训练不超过2次，分“1天训练”和“5天训练”两类。退役不满1年的预备役人员，当年训练1天；超过1年者，每年训练5天。

陆上自卫队预备役训练的主要内容有单兵训练、实弹训练、野外训练、参加演习和专业训练等。陆上自卫队新组建的应急预备役为战时可立即动员的力量，其训练时间和训练要求均不同于普通预备役，训练时间为每年30天，其中单兵训练16天，分队战术训练14天。

海上自卫队预备役训练的方法有轻武器射击、基地警戒、部队实习、乘特务舰实习等。

航空自卫队预备役人员训练的主要内容有基地防卫、后勤补给、地勤支援等。

第六节 兵役和人事制度

一 兵役制度与兵役机构

日本实行招募制度，招募对象是兵、防卫大学与防卫医科大学学员、军士和干部候补生等。

自卫队的兵役机构是地方联络部，其主要任务是：招募新兵；招募和管理预备役军人；协助退役军人再就业；进行募兵宣传；掌握本地区出身的军人情况，并与其家属保持联系等。地方联络部系陆海空自卫队共同机关，由陆上自卫队领导。目前，自卫队共有50所地方联络部，划分为A、B、C三类，编制人员为14～20人不等。

二　现役制度

（一）级衔

自卫队现行级衔共分6等17个级别：将（分四星和三星，相当于中将）、将补（相当于少将）、一佐（上校）、二佐（中校）、三佐（少校）、一尉（上尉）、二尉（中尉）、三尉（少尉）、准尉、曹长（军士长）、一曹（上士）、二曹（中士）、三曹（下士）、士长（上等兵）、一士（一等兵）、二士（二等兵）、三士（三等兵）。

（二）服役期限

自卫队服役制度分两种：合同制（任期制）和退休制。普通二士、一士和士长实行合同制。其合同期为：陆上自卫队2年，海、空自卫队3年。合同期满时，根据本人志愿可续签合同，一般最多续签3次，每一继任期为2年。士长在服役期满准备退役时，防卫厅有权根据具体情况延长其任期，延长期限为：平时半年，战时1年。军曹以上自卫官是职业自卫官，实行退休制。按规定，三曹至二曹的退休年龄为53岁，一曹至一尉为54岁，三佐至二佐55岁，一佐56岁，将补至将60岁。

（三）晋升

自卫队晋升制度分定期晋升和特别晋升两种。定期晋升的基本条件是：达到规定的任职年限，勤务成绩优良，考试合格。特别晋升不受任职年限的限制而随时晋升1级或2级职衔，其条件是：工作成绩突出；因公负伤或病亡或终身残废；符合防卫厅长官特定的条件。

（四）待遇

自卫官（队员）的法律身份是特别职国家公务员，其政治待遇同国家公务员基本一致。其物质待遇主要包括：工资、特殊津贴（共分17项）、实物供应、休假、福利保健等。

三　文职人员制度

文职人员是自卫队的一个重要组成部分，除防卫设施厅一般职员外，均正式列入自卫队编制，其工资、津贴及其他物质待遇由防卫费支出。文职人员包括参事官、书记官、部员、事务官、技官、教官、书记、技术员等。

文职人员的招募、晋升、调配及其他方面的管理，由防卫厅人事教育局、陆海空自卫队幕僚监部人事（教育）部及各编有文职人员单位的相应人事部门负责。文职人员的晋升，按照《自卫队法》规定，根据本人实绩，通过选拔和考试进行。服役最高年限一般为60岁，医疗部门的文职人员可延至65岁。

四　预备役制度

预备役实行志愿制。退出现役人员依本人意愿应募。地方联络部负责招募。任用期3年，期满后可根据本人志愿延长一个任期，或在国家发布防卫征召令期间强制延长任期1年。应募条件：服满现役1年以上；上尉以下级衔；兵的年龄不超过37岁，军曹年龄不超过52岁，尉官的年龄不超过55岁。

按《自卫队法》第七十条规定，在国家发布防卫出动命令时，防卫厅长官认为有必要并征得内阁总理大臣的批准后，可以发布防卫征召命令。接到防卫征召命令的预备役人员必须在指定的时间和地点报到，并从应召之日起自动成为指定衔级的现役人员。对有特殊情况者，长官可对其实行缓召或免召。

陆上自卫队预备役部队主要用于编组轻型步兵团，担任后方警戒；编成后方支援部队；直接补充一线部队。海、空自卫队预备役部队主要用于后勤保障、技术保障和基地防卫。

1997年，陆上自卫队开始设立应急预备役。与普通预备役相比，应急预备役具有如下特点：一是担任第一线作战任务，在防卫征召令发出后，将作为现役部队参加作战；二是有固定编制，平时即编入作战部队；三是训练时间长；四是待遇高；五是雇用应急预备役人员的企业可获国家补助。

（袁　杨）

第十章 外交

第二次世界大战结束以来，日本外交是以日美同盟为基轴开展的。半个多世纪中随着日本实力地位的增强，日本在日美同盟中的地位虽有所变化，其对外政策也作出了相应调整，但日本以美为伍谋求本国发展的基本战略没有变。截至2005年，日本已同190个国家建立了外交关系，日本在发展与这些国家关系中基本是在日美同盟关系的框架内进行的。

第一节 二战后日本外交政策的演变

第二次世界大战战败后，日本于20世纪50年代重返国际社会，60年代发展为世界经济大国，其外交政策在不同时期表现出不同的特点。其基本趋势是：外交的性质由“追随外交”逐步带有“自主外交”的色彩，极力谋求安理会常任理事国地位，推行大国外交；其内容从偏重经济转为政经并重积极插手安全领域；外交范围从利害关系地区扩展到全世界；外交姿态也不断由低向高转变。

一 依靠美国重返国际社会

二战结束不久，随着美苏冷战体制的形成，美国考虑对日媾和问题的同时，也将日本作为亚洲的反共堡垒。1949年中华人民共和国成立、1950年朝鲜战争爆发，美国的对日政策重点转为扶日反共。而这时的日本急于摆脱在世界上的孤立地位，重新加入国际社会，决定采取追随美国的外交政策，以战略上支持美国换取其对日重返国际社会的支持。1951年9月8日，美日等国不顾苏联的反对，在排除中国的情况下，签订了《旧金山和约》，与此同时，美日签订了《日美安全条约》；1952年4月28日，日本与中国台湾地方当局签订了“日蒋和约”；同年5月29日，日本在美国的支持下加入了国际货币基金组织和世界银行；1955年日本加入关贸总协定；1956年12月18日，日本加入联合国。

二 20世纪60年代日本推出“亚洲一员外交”

20世纪50年代末，日本外交出现新变化，明确将“坚持亚洲一员立场”作为日本外交活动的原则之一。日本认为，日本地处亚洲，亚洲的稳定与繁荣对日本的和平与繁荣至关重要。于是将亚洲作为其向世界扩伸的立足点。这一时期日本“亚洲一员”外交的核心，是要确保获得亚洲丰富的资源、能源及东南亚市场。其间日本依靠美国实力，以战争赔偿为台阶，实现了对东南亚地区的经济扩张；在美国的导演下展开了对韩国的外交，与韩国签订了《日韩基本关系条约》，为向韩国进行经济渗透开辟了道路；大力加强了对台湾的经济扩张和政治渗透。后来“亚洲一员”外交被历届内阁所重视，但其含意随着日本国力的变化而变化。

三 20世纪70年代日本推出“等距离”、“全方位”外交

20世纪70年代初，国际形势发生了巨大变化。美国实力相对下降，西方国家内部间的力量对比发生变化，内部矛盾加剧；美苏力量对比发生变化，两霸争夺加剧；中国加入联合国，中美关系趋于缓和；南北矛盾突出，第三世界要求独立自主，保卫民族经济利益的斗争高涨；亚太地区的国际秩序发生变化。这一时期日本经济迅猛发展，国际收支年年大幅度赢余，外汇储备大量增加，1971年超过美国居资本主义国家的第二位。随着日本经济实力和国际地位的提高及日本对苏恐惧心理增大，开始改变以往向美一边倒的政策，采取所谓谁都不得罪与谁都友好的“自主多边”、“平衡外交”。1972年日本政府决定与中国邦交正常化，同时也积极谋求改善对苏联的关系，在中、美、苏间搞所谓平衡的等距离外交，以在政治上取得有利地位。同年日本同蒙古建交，1973年先后同民主德国、越南建立了外交关系，同朝鲜也开始交往。

四 20世纪80年代日本推出“西方一员外交”

1979年日本政府明确表明持“西方一员”的立场。所谓“西方一员”大体上包含两层意思：一是指日本站到与“东方”苏联对峙的一边；二是指日本要与美欧一道加强“日美欧世界体制”。1979年越南入侵柬埔寨，苏联出兵阿富汗，苏联咄咄逼人的扩张势头，使日本感到苏联的威胁不再是潜在

的而是“实实在在的”，遏制苏联的扩张已成为世界的头等大事。1980年日本《防卫白皮书》指出，日本作为西方一员，同西方各国建立相互信赖关系，保持东西方均势，从经济上提供力量对国际安全作出贡献，同美国的军事力量汇合起来，以推进国际综合安全保障战略。日本政府1980年发表的《外交蓝皮书》进而提出，今后日本在世界范围内，不仅从经济上而且要从政治上、外交上发挥更大的作用。阿富汗事件后日本积极与美国配合参加了对苏联的经济制裁，抵制莫斯科奥运会，对安全受到苏联威胁的紧张地区和重要战略地区，通过提供“政治性、战略性的经援”，进行政治介入。

五　20世纪90年代日本推行政治大国外交

20世纪90年代，国际形势发生了重大变化。“柏林墙”的拆除、东欧剧变、苏联解体，二战后美苏两极对抗格局瓦解，世界进入新的历史发展时期。新时期为日本外交带来了机遇，于是日本加快了谋求“政治大国”地位的步伐，重提“联合国中心主义外交”，谋求成为常任理事国；加大亚太外交的力度，谋求亚太新秩序的主导权，以作为政治大国的依托；在大国关系中加强日欧政治对话，增强在日美欧三极中的分量；在外交中强调本国的利益，极力淡化对美追随的形象，谋求外交的自主性，对谁都敢说“不”；通过联合国维和活动及双边、多边安全对话，主动介入亚太及世界安全事务；利用经济援助，向受援国施加政治影响。

六　21世纪初，日本推出“正常国家化”战略，强化大国外交

进入21世纪，特别是在美国发生国际恐怖主义袭击的九一一事件后，日本顺应美国单边主义政策，采取了一系列外交行动；进一步强化日美同盟，“借船出海”将自卫队派往印度洋，派兵伊拉克，突破不能参加集体自卫的禁区；大力开展联合国外交，力图突破成为联合国常任理事国羁绊；鼓噪“中国威胁”，完善“战争立法体系”；遏制中国崛起，与中国争夺能源，向中国明打“台湾牌”；抛弃“脱亚入欧”理念，极力争夺亚洲盟主地位。

第二节　同美国关系

日美关系是日本外交的基轴。随着日本国力的增强，日本外交上要求自主，政治上要求平等的欲望增大，两国间的矛盾和摩擦时有发生。然而，日本以美为伍，安全靠美保护，经济靠美国市场，政治上借美国影响的基本态势未变。

一　《日美安全条约》的签订与对美追随外交

1952年随着《旧金山和约》的生效，美国承认日本为独立国家，从而日本有了自己的外交活动。最初，日本将其外交目标定为“基于自由与正义，建立和维护世界和平”，并提出了以“联合国为中心”，“与自由主义各国协调”，“坚持亚洲一员立场”的三原则。但随着美苏对立激化，冷战结构形成，日本将自己的安全寄托于美国保护，外交上实际执行了一条对美追随路线。1952年继《日美安全条约》之后，日本又与美签订了《共同防御协定》、《驻日美军地位行政协定》。上述条约和协定构成了日美安全保障体制。1960年岸信介政权强行在国会通过了《新日美安全条约》。根据条约，美驻日军队约为4.8万人，其任务是确保日本和远东的和平与安全。冷战时期，《日美安全条约》一直以苏联为主要“假想敌”。基于日美安全保障体制，日美两国在军事方面一直保持着密切的关系。1990年在《新日美安全条约》缔结30周年之际，日美发表声明称，《日美安全条约》是“确保日美自由和安全，促进亚太地区和平与繁荣不可缺少的手段”。1991年日美签订了驻日美军经费特别协定，规定到1995年底日本负担驻日美军军费的一半。苏联解体，冷战结束后，日美双方仍强调《日美安全条约》具有现实意义，主张美军在亚太地区的继续存在。1997年日美修订了《日美防卫合作指针》，实质上将日本安全体制纳入美国的亚太战略，以“对美支援”形式赋予日自卫队介入第三国的新任务。

二　日美同盟与战略合作

20世纪70年代末苏联出兵阿富汗、越南入侵柬埔寨。出于对抗苏联对外扩张的需要，日本同美国的关系出现了质的变化，即双方结成战略的同盟关系。所谓同盟关系，即政治上的志同道合，经济文化上交流融合，军事防务上通力合作。1980年日本承诺对美国的全球战略予以全面合作，大大增加了对“争端周边国家”的战略援助，增大作为同盟国的责任。1981年5月，日美发表共同声明，第一次在正式文件上称“日美同盟关系”。1982年中曾根康弘出任日本首相后称，“日美两国是隔海相望的命运共同体”，“日美同盟当然包括军事同盟”，

并承诺:(1)把日本建成抵御苏联的"不沉航空母舰",必要时封锁宗谷、津轻、对马3海峡;(2)保卫1 000海里海上通道;(3)增加防务开支;(4)向美国提供日本研究开发的先进军事技术;(5)有事时日本自卫队保卫美国舰船。1984年12月,日美两国制定了联合作战计划,双方战略合作得到空前的加强。进入90年代后,日本国会根据《日美防卫合作新指针》,相继通过了以《周边事态法》为核心的3个相关法案;2001年,日本以反恐为名制定《恐怖对策特别措施法案》和《自卫队法修改案》,确定了一系列与之相衔接、相配套的法律体系。这就表明,日美安保体制已经成为一种"涵盖世界、多维渗透、攻防兼备、平战结合"的全方位体制。

三 日美经济摩擦

(一) 二战结束后日美经济摩擦经历的时期

1. 从50年代末到60年代初,为日美摩擦的初期

主要表现在劳动集约型的轻工产品上。

2. 从60年代中期到70年代初的纤维摩擦

1965年日本对美出口超过从美进口,并对美贸易黑字逐年扩大。导致摩擦的主要产品是毛纺及纤维产品。

3. 70年代的钢铁、汽车、彩电摩擦

1973年发生第一次石油危机后美国经济严重衰退,美国对日贸易赤字直线上升,1976年达54亿美元,1978年突破100亿美元大关,日美经济关系日趋紧张。1979年经双方反复谈判,日本作出让步,同意从1981年起,对美国出口汽车实行"自主限制",才使此次摩擦告一段落。

4. 80年代的综合摩擦

20世纪80年代中期的日美经济摩擦出现"质变",由商品扩大到金融领域。故80年代中期的摩擦又称为"商品加金融之战"。

5. 90年代日美经济出现结构性摩擦

20世纪90年代前期,美国采取咄咄逼人的态度,压日本以空前的速度和规模调整经济结构并开放市场。因此,日本对美态度日趋强硬,导致两国关系紧张。90年代后半期,随着日本对美贸易顺差的下降,两国经济摩擦趋于缓和。

(二) 冷战结束后日美经济摩擦异常激烈

1. 摩擦面广而且尖锐

1991年,连续3年下降的美对日贸易赤字再度上升,达434亿多美元;1994年,美国对日贸易赤字达656亿美元,创历史最高纪录。摩擦领域包括汽车、大米、半导体、金融、投资等各个领域。并且由此开始演变为民族感情和心理摩擦。美国人指责日本将美变为日本的"经济殖民地",日本人埋怨美国将日本视为"精神殖民地"。

2. 克林顿政府加大对日压力,将解决日美贸易逆差置于对日政策首位

美强调日本出口要实行量化达标管理,迫使日本在减少对美出超和开放市场方面作出让步,并拿出"301条款"对日实行制裁相要挟。

3. 日本对美针锋相对,不轻易就范

对于美国的强硬态度,日本并未退让。日本公开表示,"不接受数字指标",如果美国实行制裁,日本则将向世贸组织提出诉讼。同时,日本还联合西欧等抵制美国的设定目标管理贸易的做法。进入20世纪90年代中期后,随着日本泡沫经济的破灭,经济出现滑坡,日美经济摩擦出现缓解。

第三节 同中国关系

日中两国一衣带水,交往历史十分悠久。

20世纪70年代以来,日中关系进入新的时期。两国自1972年建交以来,虽还存在各种矛盾和摩擦,但总体关系是好的。2004年,两国贸易额达1 696亿美元,中国已成为日本的最大贸易伙伴,两国人员往来亦十分频密。日中关系发展到今天来之不易,大致经历以下几个时期。

一 邦交正常化前的民间外交时期

中华人民共和国自1949年成立后,日本人民基于同中国人民2 000多年的传统友谊,要求发展日中友好,恢复日中邦交。但由于当时日本政府推行追随美国的政策,并在美国的操纵下签署了旧金山对日单独媾和条约,以及由此产生的"日台和约",日中邦交正常化前的日本历届内阁,大多在台湾问题上坚持"两个中国"的立场,采取敌视中国的政策,岸信介内阁时期尤为突出。日本按照美国的意愿选择与中国台湾地方当局建立"外交"关系,追随美国对中国采取遏制政策,阻挠中国恢复联合国的合法席位。因此,这一时期的中日关系的主体是民间往来。

在此期间,中日民间先后签订了4个贸易协议以及《中日民间渔业协定》《中日文化交流协定》和《中日长期综合贸易备忘录》(简称"LT贸易")

等，促进了中日民间经济和文化的交流。

二　恢复邦交、发展关系的准备时期（1972～1977）

1972年7月7日，田中角荣出任第64任首相。田中首相一上台便宣布，新内阁“最紧急”、“最重大”的外交课题就是实现日中邦交正常化。田中内阁的积极姿态受到中国政府的重视。周恩来总理立即做出了“欢迎”的反应，指示新华社编发了一篇内容丰富的新闻稿，引述了田中讲话的重要内容。并于7月16日向前来中国访问的社会党委员长佐佐木更三表示欢迎田中访华的意向。7月27日，周总理会见公明党委员长竹入义胜，就中日复交的具体问题进行了长时间的磋商，并请竹入义胜将中方起草的联合声明草案转交田中首相。9月25日，田中首相由大平正芳外相、二阶堂进内阁官房长官陪同访问中国。9月29日，中日两国政府发表《联合声明》，从此，两国间不正常的状态宣告结束，双方恢复了外交关系。1973年1月，中日两国在东京和北京互设大使馆，3月互派大使，同月揭开两国实务协定谈判的序幕。1974年中日《贸易协定》、《航空协定》、《海运协定》相继签订。同年11月，《日中和平友好条约》谈判开始。

三　缔结《日中和平友好条约》，日中关系的历史性转折时期（1978～1982）

1978年8月12日，悬置6年之久的《日中和平友好条约》终于在北京签订。同年10月23日，两国政府在东京互换批准书。条约的签订使日中两国迎来了和平友好的新时代，两国的交流迅速从政治、经济扩大到文化、科技、学术、体育、卫生、宗教以及工、青、妇等各个方面，形成了多领域、多渠道、多形式、多层次官民并举的局面。两国间的政治对话从过去的民间转向官民双管齐通，形成了制度，连成了网络；中日经济关系进入官民并举的新阶段，两国经济交流出现规模空前的“热潮”。大平内阁成立后向中国提供了第一次日元贷款，为期5年（1979～1984），金额为3 300亿日元；中日科技合作、文化交流、人员往来全面铺开，迅速发展。1979年12月，日中签订了《文化协定》；1980年5月，日中签订《科技合作协定》。

四　友好合作与矛盾、摩擦并存的“务实”时期（1982～1989）

20世纪80年代日中关系的发展出现如下新特点。

（一）从单一的贸易关系走向深入的经济合作

1987年中曾根内阁向中国提供了第二次日元贷款，总额为4 740亿日元。1988年竹下内阁提供了第三次日元贷款，总额为8 100亿日元。日本逐步扩大对华投资，据日本方面统计，1978年日对华投资仅3项1 400万美元，到1989年增加到120项4.94亿美元。1988年8月，日中还签订了投资保护协定，以进而推动日本企业到中国投资。

（二）政治对话取得新进展

在整个80年代，日本6届内阁首相除宇野宗佑因时间太短，未访华外，其他首相均访问了中国，并在发展日中关系上各有新意。大平正芳内阁主张构筑“深而广的日中关系”；铃木善幸内阁提出“建立不受国际风云变幻影响的日中关系”；中曾根康弘内阁提倡“发展面向21世纪的日中关系”；竹下登内阁则表示要“寻找新的飞跃”，以“日中新时代”为出发点，“扩大合作领域”；宇野宗佑执政期间遇上1989年“六四事件”，他强调日中特殊关系，提出不干涉中国内政，不孤立中国，与欧美保持一定距离；海部俊树内阁最先突破了西方对华经济制裁，恢复了对华经济援助，并作为西方首脑第一个访问了中国。

（三）两国间的矛盾和摩擦突出

这一期间中日间的矛盾和摩擦，既有对侵略战争的认识、与台湾的关系等政治性问题，也有贸易不平衡、技术转让保守等经济性问题。如1982年日文部省在审定教科书时产生了篡改侵华历史的教科书问题；1985年出现了日本产品质量和中曾根第一次以日本首相的公职身份正式参拜靖国神社问题；1986年出现了文部大臣藤尾公开发表讲话，歪曲历史，为侵略战争翻案的事件；1987年出现了“光华寮”问题。

五　面向21世纪，日中关系进入新的历史性转折时期（20世纪90年代以后）

进入20世纪90年代后，日中两国发展关系的基础、环境均发生了重大变化。虽然日中关系的基本框架未变，且对话与合作仍是主流，但制约两国关系发展的因素增多。新时期的日中关系又出现了新的特点：

（一）日中政治关系出现阶段性发展，起伏大且处在“流动”状态

冷战结束以来，日中关系大致可以分为三个

阶段：

第一阶段 双边关系取得重大进展（1990～1993）

双方就发展“世界中的日中关系”基本达成共识；日本提升日中关系在其对外政策中的地位，首次将日中关系与日美关系相提并论。江泽民总书记访日与日本天皇访华，日中政治对话登上新台阶，两国关系进入一个新阶段。

第二阶段 两国摩擦迭起、双边关系进入困难时期（1994～1996）

1994年，日本不顾中国的一再反对，邀请台湾“行政院副院长”徐立德访日，并从此逐年提升对台实质性关系。1995年，即反法西斯战争胜利50周年之际，日本不但未认真反省历史，为战争画上句号，反而更加肆无忌惮地否定历史，美化侵略。仅1993～1995年的3年中，在日发生的这类事件比过去20年还多。1996年，日本更是变本加厉，在领土、防卫、历史、台湾等问题上全面向中国发难。日本右翼团体登上我钓鱼岛并在岛上设置灯塔，公然对中方进行挑衅；日美修订《防卫合作指针》，将防卫范围扩大到我台湾省；以中国核试验为由，冻结对中国无偿援助，成为世界上唯一对中国核试验进行制裁的国家；对中国在台湾海峡的导弹试射提出所谓抗议（日本是亚洲唯一向中国提抗议的国家）等等，日中关系一度陷入建交以来最困难的局面。

第三阶段 加强对话、扩大合作的同时，日中摩擦长期化趋势进一步发展（1997年以来）

1996年底，借亚太经合组织首脑会议之机，江泽民主席与桥本龙太郎首相在马尼拉举行会晤。会谈中，桥本首相再三强调“日中关系与日美关系同等重要”的观点，并邀江泽民主席访日。1997年，中日两国总理实现互访，桥本访华时提出“加强对话，扩大合作，建立建设性伙伴关系”的倡议，李鹏总理访日时提出中日发展关系的五原则。1998年中国国防部长迟浩田访问了日本，使中日安全对话进入一个新层次。胡锦涛副主席的访日为中日两国新一代领导人建立起了对话渠道。江泽民主席对日访问更是意义重大。其一，这是中国国家元首首次访日，使中日间的政治对话进入一个新层次。其二，访问中提出了“致力于和平与发展的友好合作伙伴关系”，为面向21世纪的中日关系定了位，使中日关系有了明确的发展方向。其三，中日两国发表了继《联合声明》、《和平友好条约》之后又一个规范中日关系发展的重要文件《中日共同宣言》，并且根据该宣言达成了多达33项的政策性合作，使中日间的合作领域不断扩大。其四，在《共同宣言》中，日本首次承认了“侵略”，一致认为正确认识历史是发展中日关系的基础。

2001年以来，双边关系呈现“政冷经热”态势。

小泉纯一郎内阁成立后，对华采取了强硬政策。他公然以首相身份连续6次参拜供奉有甲级战犯亡灵的靖国神社；为否定侵略历史的教科书放行；将台湾纳入日美的共同战略目标，与美联手对付中国；在钓鱼岛问题上，将右翼团体非法修建的灯塔纳入国有；公然挑战中国领土主权；对我东海春晓油田开发横加指责和干涉，从而导致两国首脑互访中断、高层对话受阻，伤害国民间感情，对立情绪加深，日中政治关系陷入僵局。

另一方面，经济关系虽然受到一定影响，但基本保持了发展势头：一是日本官方将双边通商协议的中心从美国移向中国，以加强日中间的经济政策协调；二是日中贸易每年以30%的速度增长，2004年双边贸易额达1 696亿美元，连续5年创新高；三是日本对华投资前景看好，据调查目前有70%日资企业将中国作为其今后海外投资的主要目的地。

（二）日本对华政策的两面性更加明显

冷战结束后，日本既想加强与中国的合作，保持与中国关系的稳定，又担心中国强大；既想将中国拉入国际社会以多边合作制约中国，又担心中国的国际影响力扩大；既希望大陆与台湾加强两岸对话与合作，又怕中国实现统一。因而对华政策进行了调整：变“联华御苏”为借重中国，为实现日本“政治大国”目标服务；变双边关系为“亚太中”和“世界中”的日中关系，防止中国动荡或对外采取强硬政策而将中国拉入国际协调轨道；使日中合作内容从侧重经济转向经济、政治、安全并重，以改变政治上的被动局面；变日中特殊关系为“普通关系”，以形成对华说“不”的态势。经济上变对华援助重点从基础建设转向环保合作，并对经援附加政治条件，以防止中国经济发展过快，从而使日中关系形成对话与摩擦并存，合作与竞争同在，友好中带有防范，合作中又有牵制的现状。

（三）日中间存在的问题呈长期化趋势

第一，在历史问题上，日本尚未形成足以承认二战期间侵略罪行的政治气氛和道德价值观。第二，在台湾问题上，目前在自民党内仍有一股较大的亲台势力，他们希望维持台湾的现状，不愿中国实现统一。第三，在领土问题上，日本右翼势力还不时挑起事端。第四，在防卫问题上，日美新《防卫合作指针》将台湾纳入其“合作范围”，这表明日本实际上已将中国作为其防范对象，这便是日中关系中的一大隐患。

第四节　同苏联—俄罗斯关系

日俄两大民族历史积怨甚深，两国至今领土问题未解决，和平条约未签订。日本与苏联在1956年建交，苏联解体后，日本与俄罗斯建交，双边关系大致经历了6个发展阶段。

第一阶段　日苏建交（1956～1965）

1956年日本首相鸠山一郎访问苏联，并签署了《日苏联合宣言》。《宣言》宣布，日苏两国恢复睦邻友好关系；今后继续进行和平条约的谈判，和约生效时，苏联将齿舞、色丹移交日本；苏联支持日本加入联合国。日本与苏联正式恢复邦交。但时隔不久，1960年日本同美国修订日美安全条约，实行共同防卫，苏联大为恼火，单方改变了联合宣言的内容，提出向日本归还两岛必须从日本撤出所有外国军队。因此，这一阶段日苏两国虽然正式复交，但双边关系未取得进展。

第二阶段　日苏关系取得初步进展（1965～1973）

1965年7月，日苏间成立了日苏经济联合委员会；翌年6月，日本外相椎名访问苏联，双方发表了联合声明；同年7月，苏联外长葛罗米柯访问日本，两国签署了领事条约；1967年日本外相三木武夫访问苏联，并就领土问题进行了商谈；1970年，日苏签订了建设东方港总协议，日本向苏联提供8 000万美元的借款；1972年葛罗米柯访日，双方决定就缔结和约问题进行谈判；1973年，日本首相田中角荣访问苏联，并发表了联合声明，指出：“双方认识到解决第二次世界大战以来悬而未决的各项问题，缔结和平条约一事，有助于建立两国之间真正睦邻友好关系”。据日方称，勃列日涅夫总书记口头承认悬而未决的各项问题中包括北方领土问题。

第三阶段　日苏关系陷入僵局（1973～1978）

此前，美国总统尼克松访问了中国，中美关系出现松动；中日实现邦交正常化并着手准备缔结和平条约的谈判。苏联为了阻止日中和平友好条约的签订，这一时期不断对日施加压力。在领土问题上采取强硬态度，称“这是部分人提出的毫无根据的要求”，“是直接受外部唆使的”，不承认存在领土问题，日苏关系因而又出现了紧张状态。

第四阶段　日苏关系进入二战后最冷时期（1978～1984）

1979年底苏联入侵阿富汗，同年在北方四岛扩建新的军事设施，并不断派出飞机和舰艇在日本周围频繁活动，尤其是在远东部署了大量SS－20中程核导弹。于是日本公开推出“西方一员”外交，宣布苏联是日本的“防卫对象国”，与苏进行全面对峙。

第五阶段　戈尔巴乔夫时期日苏关系开始缓和（1986～1991）

戈尔巴乔夫任苏共总书记后，在外交“新思维”的指导下，修改了过去对日本政治上高压、军事上威胁、经济上利用、领土问题上不容言及的强硬政策。其间，恢复了日苏外长级定期协商。1991年4月16～19日，戈尔巴乔夫率400人大型代表团正式访问了日本。这在日俄、日苏关系史上尚属首次。日苏双方签署了15个协议文件。但此时日本对苏的基本政策仍是首先归还北方四岛，在此基础上缔结和约和对苏联提供经济援助。

第六阶段　苏联解体后的日俄关系（1991年以来）

1991年苏联解体后，日本政府便立即承认了继承苏联的俄罗斯和其余11个新独立的国家，并于1992年与上述各国相继建交。日本政府表示，日将与独联体发展新关系，从根本上改善日俄关系，并将对苏的“政经不分原则”，改为“扩大均衡”方针，提出了对俄五原则，即：支持俄改革，扩大并加强对俄合作，协助俄成为亚太地区建设性伙伴，支持俄加入国际货币基金组织和世界银行，早日解决领土问题，签订和平条约，决定向俄提供经济援助。在领土问题上，日本也改变了“一揽子归还政策”，提出“分阶段归还”，即：如果立即归还齿舞、色丹两岛，其余两岛只要承认日本对其拥有主权，也可以承认俄罗斯的临时主权。俄对日政策也做出了重大调整。叶利钦主张根据“法律与正义”，“克服战胜国与战败国的区别”，解决领土问题，建立俄日新关系。1993年叶利钦正式访问日本，并发表了《东京宣言》和《经济宣言》。《东京宣言》指出，“应依据历史事实和法律事实”解决领土问题；日苏缔结的一切条约和国际承诺，在日俄之间继续适用；日俄两国将在军控与裁军、亚太经济合作与安全、发挥联合国作用等方面共同努力。《经济宣言》称，日本二战后经济发展的经验可供借鉴，日俄将进一步发展经济合作。

1997年，日俄关系进一步取得进展。桥本太郎首相在提出对俄全面接触政策后，又提出了对俄三原则（相互信任、相互利益、长远观点），第一次表示对俄采取政经分离政策。同年桥本访俄并与叶利钦举行非正式会谈，拟定了《桥本—叶利钦计划》。其主要内容包括，两国首脑间设立“热线电话”；日本支持俄加入亚太经合组织等亚太对话合作机构；双方就日本支持和参与西伯利亚能源开发、西伯利亚铁路运输网复兴计划等达成协议；日本同意增加对俄投资和帮助俄培训经济管理人才；双方同意在2000年缔结和平条约等。1998年叶利钦访日，使上述计划得到进一步充实，日俄政治、军事、经济等各个领域的对话与合作日趋活跃。1998年小渊惠三内阁成立后，继承了桥本政权的对俄政策，并表示要与桥本联手为2000年日俄解决北方领土问题及缔结和约而努力。

进入21世纪，日本表示要进一步发展日俄关系，并将其纳入到国际格局和亚太安全的整体战略框架之中考虑。2003年小泉首相访问俄罗斯，同普京总统就《日俄行动计划》达成协议，决定“深化政治对话”、“在国际舞台上开展合作”等。日俄贸易迅速恢复。2003年日本对俄出口较前年增长87.2%，进口增长28.7%。然而，日本对俄直接投资进展却十分缓慢。据统计，到2001年6月，日本对俄直接投资合同累计额为2.58亿美元，仅占俄国引进外资累计额的1.47%。2004年日本推出对俄外交新方针，再次将领土问题作为两国谈判核心，欲通过首脑外交先收回北方四岛，然后缔结和约。然而，领土问题的真正解决并非易事，日俄双边关系的发展仍将是有限度的。

第五节 同东南亚国家关系

第二次世界大战期间，日本帝国主义在占领越南、老挝和柬埔寨等国家之后，随即将侵略的魔爪伸向泰国、缅甸、马来西亚、印度尼西亚和菲律宾等东南亚广大地区，侵略者铁蹄所到之处烧杀抢掠，给当地人民带来了无穷的痛苦与灾难。

二战后，日本出于经济发展和“谋求亚太新秩序主导权”的需要，日益重视发展同东南亚各国的关系。东盟丰富而又廉价的资源为日本经济高速发展输入了血液；东盟各国为日本商品提供了市场；东盟为日本顺利从海外输入资源和能源，提供了海上通道的安全保障；东盟为日本的环太平洋经济圈构想提供了立足点。

一 开展“赔偿外交”，重返东南亚

二战后，日本东南亚外交是从赔偿谈判开始的。1952年日本经济已恢复到一定水平，但日本与东南亚许多国家尚未恢复邦交，这无疑是日本发展对外贸易的一大障碍。而要消除这一障碍，必须解决战争赔偿问题。随着战争赔偿问题的解决，菲律宾1956年批准了旧金山和约，印度尼西亚1958年单独与日签订了和平条约，至此除越南民主共和国外，日本与东南亚国家全部实现了邦交正常化。

二 开展经济外交，确保资源来源和开辟市场

二战后，日本经济得到迅速恢复和发展。为扩大出口，确保稳定的市场和资源，日本提出了“经济外交”的口号。所谓“经济外交”，就是以经济为手段向外扩展，其重点正是东南亚地区。作为日本外交的方针，是在用自己的工业力量和技术帮助东南亚国家建立经济基础的同时，扩大日本的市场，并以此加强与东南亚国家的政治关系。

三 开展“政经并重”外交，打消东盟国家对日戒心

20世纪70年代末，日本的东南亚政策出现转折。1977年福田赳夫首相访问东盟国家，推出了“福田主义”，主要内容有三条：第一，日本不做军事大国，并从这一立场出发，为东南亚及世界的和平与繁荣作出贡献。第二，日本与东南亚各国之间，不仅要在政治、经济方面，而且要在社会、文化等广阔的领域内，建立起作为真正朋友的心心相印的相互信赖关系。第三，从“对等合作者”的立场出发，加强与东盟及其加盟国的团结与合作。与

印度支那各国之间谋求建立基于相互理解的关系，以利于建立整个东南亚地区的和平与繁荣。

四　加强与东盟的战略性合作，突出日本的作用

20世纪80年代，日本的东盟政策较以往的“福田主义”又有新发展。铃木善幸内阁一成立，便打破新内阁首相首先访美的惯例，而将东盟作为其出访的第一站，并提出要从综合安全保障战略的观点出发，努力发挥日本在东南亚地区的政治作用；努力加强对东盟国家的知识性投资，注重从精神、思想和文化方面发展与东盟各国的关系，以发挥日本在东南亚地区的政治作用。其后，中曾根康弘内阁出于对苏战略考虑，更注重与东南亚国家的战略性合作，从而使日本的东盟政策从注重经济逐步走向重视政治和安全，从偏重金钱和物质的交流，向注重人员和思想交流的转变。

五　努力发挥在亚洲的作用，谋求亚太新秩序的主导权

冷战结束后，日本一度将外交重点移到亚洲。一时间“脱美归亚”论盛行日本。1993年，宫泽首相出访东盟，并发表了关于冷战后日本新亚太外交政策演说。主张推进政治、安全保障对话；坚持经济开放；联合起来推进民主化；在支援印度支那方面实行合作等，从而使日本的亚洲外交进行了较大调整：

（一）提升日亚关系在日本对外政策中的地位

自宫泽到村山的4届内阁首相的第一次出访均选在亚洲，将亚洲外交与日美关系同视为日本外交的基础。

（二）改变过去在安全问题上的谨慎态度，极力推销亚洲集体安全设想，建立亚洲安全机制，以增大日本在安全领域的发言权

冷战结束后，日本对亚洲安全形势有4种担心：一是担心美国从亚洲收缩出现地区真空；二是担心中国强大危及日本利益；三是担心朝鲜拥有核武器；四是担心俄罗斯“死灰复燃”。因而极力主张进行双边和多边安全对话，以通过参与对话达到与美韩中合作牵制朝鲜发展核武器；联合美、中牵制俄促其归还北方领土；依靠美国、联合东盟和越南牵制中国，确保日本的最大安全系数。

（三）加强与亚洲国家的经济合作，以实现以日本为中心的东亚经济圈

冷战结束后，日本经济出现向亚洲倾斜。对外贸易和投资流向亚洲。1991年日本对东盟等国的出口额比1985年增加了3倍，在对外投资全面收缩的情况下，唯独对亚洲的投资增加了5.5%。1995年，村山首相访问了东盟4国，提出了日本的新亚洲外交三原则，即：深化区域内的相互依赖关系，综合发挥各种合作组织的作用，确保联合国及世界贸易组织等国际性机构的合作。1997年，桥本首相访问了东南亚，提出加强与东盟对等合作伙伴关系，建立首脑间对话机制，并在文化领域和解决全球性课题等问题上进行合作，进一步表明了日本要在亚洲发挥更大作用的欲望。

进入21世纪后，为寻求战略依托，日本进一步加大了回归亚洲的步伐，提出了新的亚洲政策，强调要促进亚洲民主化；坚持自由贸易体制；加强与东盟的政治、安全对话；与东盟国家建立“全面合作的平等伙伴关系”。经济上以亚洲为立足点，谋求建立以日本为核心的经济圈。

第六节　同朝鲜半岛关系

从地理位置看，日本与朝鲜半岛是一衣带水的近邻。但朝鲜半岛人民对日本35年的殖民统治至今记忆犹新。加之1945年日本战败投降后，曾长期处于冷战时期，而日本政界有些人否定以往侵略历史，制造“历史教科书事件”等，甚至日本政要一再参拜供奉有甲级战犯的靖国神社，这些因素使日本与韩国及朝鲜关系变得错综复杂。

一　同韩国关系

1965年，日韩经过14年艰苦而漫长的谈判，签订了《日韩基本条约》，缔结了关于渔业、请求权和经济合作、在日韩国人的法律地位等协定，实现了邦交正常化。日韩建交后，日本对韩国外交的基本原则是：鉴于日韩间有过不幸的历史，日本尊重并理解朴正熙政权的立场；即使出现反日运动，日本方面也以忍耐为宗旨；不进行军事合作；由于韩国经济的发展关系其政权的稳定，要积极加强与其经济合作。因此，这一时期日韩经济关系得到较快发展。

与此同时，日韩政治关系相对滞后。建交后两国间虽然建立起了各种对话渠道，但由于历史的原因，两国间政治摩擦时有发生。如20世纪70年代的“金大中事件”、“暗杀朴正熙总统事件”、80年代初的日本教科书问题等。日韩间高层次的往来甚少。1965～1983年的17年中，只有佐藤和田中两位首相访问过韩国，并且都不是正式访问。韩国总统则无一人访问日本。1984年，中曾根内阁提出了开创“日韩新时代”的口号，实现了韩国总统第一次正式访日。80年代末期，竹下内阁提出与韩国建立“近而又近的关系”的口号，竹下首相两度访韩。

20世纪90年代，随着冷战结束，日本急需与韩国建立紧密协调体制。在日本看来，要开展“亚洲外交”，必须与韩国结束过去，建立面向未来的友好关系。在安全问题上，韩国的举动对日影响很大，韩国若在朝鲜核开发问题上作出政治上的让步，日将陷入困难境地。因而，两国间出现了加强对话与合作的态势。金大中出任总统后两国关系进一步发展，1998年3月，日本外相小渊惠三访问了韩国，并同金大中总统等韩国政要举行了一连串会谈，双方确认要建立面向21世纪的两国伙伴关系。1998年10月，金大中总统访问了日本，两国发表了题为《日韩面向21世纪的新伙伴关系》的联合声明；在历史问题上，日本首次将对韩国的谢罪以文件形式固定下来。日韩两国还对今后在安全保障、经济合作等多领域内的合作制定了《行动计划》，两国关系出现转机。

然而，新世纪伊始，历史教科书问题的分歧则使得日韩关系重又出现反复。

二　同朝鲜关系

二战结束后60多年来，日本没有与朝鲜建立外交关系，这也是日本没有完成对外关系中二战遗留问题的唯一国家。

20世纪60年代，日本与韩国签订的《日韩基本条约》只承认韩国是朝鲜半岛唯一合法政府。日本当时对朝鲜半岛政策的核心是不使韩国产生丝毫动摇和不安，认为如果日本对朝鲜作出某种具体接近，马上会导致韩国心理上的动摇，因此，60年代日朝间基本处于隔绝状态。

20世纪70年代，日本政府开始调整其朝鲜半岛政策，指出：“韩国不是朝鲜半岛唯一合法政权，在朝鲜北方也存在合法政权。并且，北方政权没有以武力统一朝鲜半岛的意图。日本的安全不应只着眼于韩国的安全与和平上，而必须谋求整个朝鲜半岛的安全与和平。”1975年，三木武夫首相提出了对朝鲜的基本方针：“坚持与北朝鲜开展文化、经济、体育等方面的交流，在政治方面对北朝鲜抱慎重态度，当前不考虑承认北朝鲜，但最终应为与其建立外交关系而努力。”

20世纪80年代，相继发生了“仰光事件”、“第18富士丸事件”、“轻津号事件”以及韩国飞机事件，日朝关系基本处于紧张状态。

20世纪90年代，随着冷战结束，俄韩建交、中韩关系改善等，为日朝关系的改善起到促进作用。1990年，日本提出了开辟外交途径，打开与朝鲜民主主义人民共和国关系的方针。同年9月，日本前副首相金丸信、社会党副委员长田边诚分别率团赴朝访问，与金日成主席举行会谈，并发表了朝鲜劳动党、日本自民党和社会党三党联合声明。同年10月，日朝开始建交谈判。到1992年，谈判共举行8次，最终由于美国的压力，朝鲜的核核查问题以及韩国的牵制，加之双方根深蒂固的互不信任，导致谈判破裂。

进入21世纪，日本调整对朝政策，解除对朝鲜的制裁措施，双方重新开始举行实现关系正常化的谈判。小泉上台后，在经济和结构改革都停滞不前的情况下，为维持政权的向心力，在外交上寻找出路，做出访朝决断。2000年4月，朝鲜与日本恢复中断了9年的两国邦交正常化交涉，开始举行新一轮建交谈判。7月，朝鲜外务相利用出席第七届东盟地区论坛会议的机会，与日本外相举行了半个多世纪以来的首次会晤，日朝关系取得了新进展。2002年9月17日，日本首相小泉纯一郎访问平壤，与朝鲜领导人金正日举行会谈，实现了二战后多年来日朝两国首脑首次会谈，双方签署《日朝平壤宣言》，日朝关系显露出新亮点。2002年10月初，美国总统布什的特使、助理国务卿詹姆斯·凯利对朝鲜进行访问，朝鲜“核问题”再次爆发，日朝关系又趋紧张。长久以来，小泉政权对朝鲜采取的是利用、接触与施压相结合的政策。近年来，小泉出于扩充军备和制定战时立法的需要，利用朝核问题，渲染朝鲜威胁，将解决人质问题的压力作为对朝外交的前提，结果日朝关系不仅没有进展，反而双方隔阂日益加深。为打破僵局，2004年5月，小泉纯一郎再次访朝，同金正日委员长举行了会谈。然而，此次访问对改善两国关系并未发挥明显作用，2005年日朝关系重陷僵局。

2003年8月至2007年2月，日本参加了在北京举行的，由朝、韩、中、美、俄、日六方参加的关于朝核问题的六轮会谈。

第七节 同其他地区国家关系

一 同欧洲国家关系

与日美关系相比，日欧关系是比较薄弱的。因而冷战结束后，日本调整了较长时期“以双边经济交流为主，政治联系为辅”的对欧政策，将与欧洲国家间双边政治、外交关系提升至日欧合作的层次，同时利用欧洲联盟和欧安会，使日欧政治合作进入一个新阶段。

（一）积极推行“日美欧三边战略”，提升欧洲在日本对外政策中的地位

20世纪90年代，日本推出了“新欧洲政策”，即：支持德国统一，赞成联邦德国总理“分阶段统一的构想”；积极支持东欧改革；理解和支持欧洲大市场的建立；密切日欧关系，加强日美欧三极的政策协调。日本在这一新政策的指导下，日欧关系不断加强。政治上，双边领导人频频互访，日欧间的政治对话已形成制度。安全上，日本派代表参加了1990年欧安会，并向北约组织派出了常驻代表。日本在“欧亚安全保障不可分”的主张下，在日欧安全方面建立起初步的联系。

（二）在一些重大国际问题和对美利益问题上加强合作

如在援俄问题、北方领土问题、朝鲜核问题上都取得了一致看法。在对美关系上，加强彼此的关系，不给美国以利用美日欧不平衡关系，拉欧压日或联日打欧的机会。欧洲联盟委员会也推出一项对日关系新战略，强调以合作代替对抗，并表示支持日本成为安理会常任理事国。

（三）扩大日欧贸易，努力减少对欧贸易顺差

20世纪80年代初期，日本对西欧贸易顺差已突破190亿美元；10年后则猛增到340亿美元，创历史最高纪录，从而引起西欧国家的强烈不满。贸易不平衡是日本与西欧间长期存在的问题。因此，日本政府和民间都成立了专门的研究机构，探讨如何开展同欧共体国家的经贸活动。为加强双方的经济合作与协调，还设立了“双边工作委员会”，并且制定了处理日欧经济关系的三项指导原则：第一，建立多层次的合作关系；第二，通过竞争与合作扩大均衡；第三，个别问题及时解决。近两年来日本对欧贸易顺差出现减少。

二 同大洋洲国家关系

日本十分重视与澳大利亚和新西兰的关系。自1952年与澳、新建交以来，一直保持着良好的关系，进行了频繁的高层对话。继1957年岸信介作为首相访问澳、新之后，池田、佐藤、田中、大平、中曾根、竹下、宫泽等都先后访问了澳、新。经济上日本是澳、新第一大贸易伙伴。日与澳大利亚的年贸易额达200亿美元，与新西兰为30亿美元。冷战结束后，日本与澳、新的关系又有新发展。双方同意在维护和加强亚太和平与繁荣、自由开放的世界经济体制以及保护地球环境等各方面，建立起“建设性的伙伴关系”。

三 同非洲国家关系

日本与非洲由于地理上相距遥远，文化差异大，相互关系的发展起步较晚。20世纪50年代中期，日本才开始较多地接触非洲国家。而日本对非洲外交的真正开展是70年代后。80年代，随着日本政治大国目标的确定，日本已将非洲视为扩大影响的重要地区。日本与所有的非洲国家都建立了外交关系。日本在非洲21个国家建立了大使馆，有24个非洲国家向日本派驻了大使。20世纪80年代初，日本与非洲的年贸易额达140亿美元，后来由于非洲国家经济出现不景气，到1996年降至50亿美元。随着日本国力的增大，国际影响的提高，越来越多的非洲国家对日本寄予期待，希望得到日本的经济援助。日本也正利用这一点将非洲视为其谋求政治大国地位的“票田”。1997年，日本为取得非常任理事国席位，日本首相、外相相继访问了非洲。进入21世纪后，日本为挤进联合国安理会常任理事国，增加了对非援助，进一步加强与非洲国家的关系。

四 同拉丁美洲国家关系

同与非洲国家的关系相比，日本同中南美国家的关系可谓历史悠久。早在300多年前，日本使者就曾抵达过墨西哥。明治年间日本已开始向中南美大批移民。现在中南美的日本移民达95万多人。冷战结束后，日本与中南美国家政治对话、人员往来、经济合作日益活跃。20世纪90年代初，日本对中南美的年贸易额达253亿美元，投资达460多亿美元。中南美国家出于振兴经济的需要，越来越重视日本。日本出于谋求大国地位之需也在加大对中南美国家外交的力度。

（徐之先）

附录　重要文献

1.《日本国宪法》(选录)

(1946年11月3日公布，1947年5月3日施行)

日本国民决心通过正式选出的国会中的代表而行动，为了我们和我们的子孙，确保与各国人民合作而取得的成果和自由带给我们全国的恩惠，消除因政府的行为而再次发生的战祸，兹宣布，主权属于国民，并制定本宪法。国政源于国民的严肃信托，其权威来自国民，其权力由国民的代表行使，其福利由国民享受。这是人类普遍的原理，本宪法即以此原理为根据。凡与此相反的一切宪法、法令和诏敕，我们均将排除之。

日本国民期望持久的和平，深知支配人类相互关系的崇高理想，信赖爱好和平的各国人民的公正与信义，决心保持我们的安全与生存。我们希望在努力维护和平，从地球上永远消灭专制与隶属、压迫与偏见的国际社会中，占有光荣的地位。我们确认，全世界人民都同等具有免于恐怖和贫困并在和平中生存的权利。

我们相信，任何国家都不得只顾本国而不顾他国，政治道德的法则是普遍的法则，遵守这一法则是维持本国主权并同他国建立对等关系的各国的责任。

日本国民誓以国家的名誉，竭尽全力以达到这一崇高的理想和目的。

……

第二章　放弃战争

第九条　日本国民衷心谋求基于正义与秩序的国际和平，永远放弃以国权发动的战争、武力威胁或武力行使作为解决国际争端的手段。

为达到前项目的，不保持陆海空军及其他战争力量，不承认国家的交战权。

2.《日本国政府和中华人民共和国政府联合声明》

(1972年9月29日)

〔全文见本书下卷第二部分第一编第十七章附录“重要文献之6”，第988～989页〕

3.《日本国和中华人民共和国和平友好条约》

(1978年8月12日)

〔全文见本书下卷第二部分第一编第十七章附录“重要文献之7”，第989～990页〕

4.《日美安全保障条约》

(1951年9月8日于旧金山)

日本国于本日和盟国签订了和约。由于日本国被解除武装，所以在和约生效后，不具备行使固有自卫权的有效手段。

由于不负责任的军国主义还没有从世界上驱逐出去，在上述状态下的日本国是危险的。因此，日本国希望在和平条约在日本国与美利坚合众国之间生效的同时，与美利坚合众国签订一个安全保障条约。

和平条约承认作为主权国家的日本国拥有缔结集体安全保障协定的权利。进而联合国宪章承认一切国家拥有个别的及集团自卫的固有权利。

为行使这种权利，日本国希望美利坚合众国在日本国内及其附近维持美利坚合众国的军队，以作为防止对日本国武力攻击的临时措施。

美利坚合众国为了和平与安全，目前有意在日本国内及其附近维持本国的相当数量的军队。但美利坚合众国希望日本国自己逐渐负起针对直接及间接侵略的防卫责任，经常避免拥有可能成为进攻威胁、或可能用于按照联合国宪章的目的与原则来促进和平与安全以外的军备。为此，两国协定如下：

第一条　在和平条约和本条约生效之时，日本国授权美利坚合众国的陆、海、空军配备在日本国内及其附近，美利坚合众国予以接受。这种军队将有利于维持远东的国际和平与安全，并可用于镇压由于一个或两个以上的外部国家的教唆或干涉而引起的日本国内的大规模的内乱和骚扰，可以根据日本国政府的明确要求，针对外部的武力攻击，包括援助在内，用于有利于日本国的安全方面。

第二条　在行使第一条所述的权利期间，日本国未经美利坚合众国的事先同意，不得将基地或基地内的有关权利或权能、驻兵或演习的权利，以及陆海空军通过的权利授予第三国。

第三条　美利坚合众国之军队配备在日本国内及其附近的条件，应由两国政府之间的行政协定决定。

第四条　日本国与美利坚合众国在认为已有联合国之办法或其他单独或集体安全的布置，可由联合国或其他方面圆满维持日本地区之国际和平与安全时，本条约即应停止生效。

第五条　本条约应由美利坚合众国和日本国批准，在两国于华盛顿互换本条约之批准书之后开始生效。

下列全权代表兹于本条约签字，以昭信守。

本条约以日文和英文写成两份，1951 年 9 月 8 日于旧金山城。

日本代表：　　　　美利坚合众国代表：

吉田茂　　　　迪安·艾奇逊

约翰·福斯特·杜勒斯

亚历山大·维利

斯太尔斯·布里奇斯

5.《日美相互合作及安全保障条约》

（1960 年 1 月 19 日在华盛顿签字，同年 6 月 23 日生效）

日本国和美利坚合众国希望加强两国之间一向存在的和平与友好关系，并拥护民主主义各项原则、个人自由和法治，同时希望进一步促进两国间密切的经济合作，促进两国的经济稳定和福利条件，重申对联合国宪章的目的和原则的信念，以及和各国人民、各国政府和平生存的愿望，两国确认拥有联合国宪章所规定的个别或集体自卫的固有权利，鉴于两国共同关心维持远东的国际和平与安全，决定缔结相互合作及安全保障条约。其协议如下：

第一条　缔约国约定，按照联合国宪章的规定，用和平手段并不致危及国际和平、安全与正义的方式，解决与各自有关的国际争端，并在各种国际关系中，慎重使用武力威胁或行使武力，对任何国家的领土完整或政治独立，也慎重采取任何与联合国的目的不符的其他方法。

缔约国将同爱好和平的国家共同合作，努力加强联合国，以进一步有效地实施联合国维持国际和平与安全的任务。

第二条　缔约国将通过加强两国的各种自由制度，通过促进了解这些制度所根据的原则，并且通过促进稳定和福利的条件，进一步对发展和平与友好的国际关系作出贡献。两缔约国将努力消除在国际经济政策中的分歧，并促进两国间的经济合作。

第三条　缔约国将通过单独及相互合作，通过继续有效的自助及相互援助，在遵循各自宪法规定的条件下，维持和发展各自抵抗武力攻击的能力。

第四条　缔约国将随时就本条约的执行问题进行协商，并且将在日本的安全或远东的国际和平和安全受到威胁时，应任何一方的请求进行协商。

第五条　缔约国的每一方都认识到：对在日本管理下的领土上的任何一方所发动的武装进攻都会危及它本国的和平和安全，并且宣布它将按照自己的宪法规定和程序采取行动以应付共同的危险。

任何这种武装进攻和因此而采取的一切措施，都必须按照联合国宪章第五十一条的规定立刻报告联合国安全理事会。在安全理事会采取了为恢复和维持国际和平和安全所必需的措施时，必须停止采取上述措施。

第六条　为了对日本的安全以及对维持远东的国际和平和安全作出贡献，美利坚合众国的陆军、空军和海军被允许使用在日本的设施和地区。

关于上述设施和地区的使用以及美国驻在日本的武装部队的地位，应由另一项代替1952年3月28日根据美利坚合众国和日本安全保障条约第三条在东京签订的并经修改的行政协定的协定，以及两国可能商定的其他安排加以规定。

第七条　本条约对缔约国根据联合国宪章所享有的权利和承担的义务，对联合国维持国际和平和安全的责任都不产生任何影响；而且不应作产生那种影响的解释。

第八条　条约应经日本和美利坚合众国按照各自的宪法程序予以批准，并且将从两国在东京交换批准书之日起生效。

第九条　1951年9月8日在旧金山市签署的日本和美利坚合众国的安全保障条约在本条约生效时即告失效。

第十条　本条约在日本政府和美利坚合众国政府认为联合国就维持日本地区的国际和平和安全作出令人满意的规定的安排已经生效以前一直有效。

但是，在本条约生效十年以后，缔约国的任何一方都可以把它想要废除本条约的意图通知另一方，在那种情况下，本条约在上述通知发出以后一年即告失效。

下列全权代表在本条约上签字，以资证明。

1960年1月19日订于华盛顿，一式两份，用日文和英文写成，两种文本具有同等效力。

日本代表：
岸信介
藤山爱一郎
石井光次郎
足立正
朝海浩一郎

美利坚合众国代表：
克里斯琴·阿·赫脱
道格拉斯·麦克阿瑟第二
杰·格雷姆·帕森斯

6.《日美防务合作指导方针》

日美安全保障协商委员会

（1997年9月23日于纽约）

一　指导方针的目的

本指导方针的目的是，建立在平时及日本受到武力进攻和发生周边事态时能够实施更可靠的日美合作的坚实基础。同时，指导方针对平时及紧急事态时日美两国各自的作用和相互间合作与协调的方式，确定了一般性框架和方向。

二　基本前提及考虑

指导方针及在其指导下的共同作业，依照以下基本前提及考虑。

1. 日美安全保障条约及其相关文件所规定的权利、义务和日美同盟关系的基本框架不得改变。

2. 日本的一切行动均应在宪法约束范围内，遵照专守防卫、无核三原则等日本的基本方针进行。

3. 日美两国的一切行动均不得违背包括和平解决争端和主权平等等内容在内的国际法基本原则和联合国宪章等有关国际规约。

4. 指导方针及在其指导下的共同作业，不对任何一方的政府负有采取立法、预算及行政措施的义务。但鉴于建立日美合作的有效态势是指导方针及在其指导下共同作业的目标，因此，期待日美两国政府依照各自的判断，以适当的方式将这一努力的结果反映在各自的具体政策和措施中。日本的一切行动须遵循适用于其时的国内法令。

三　从平时开始进行的合作

日美两国政府将坚持现行的日美安全保障体制，并努力维持各自必要的防卫态势。日本将遵照《防卫计划大纲》，在自卫所需的必要范围内保持防卫力量。美国为履行其承诺，将在保持核威慑力量的同时，维持在亚太地区的前沿部署，并保持其他可来的兵力。

日美两国政府以各自的政策为基础，为日本的防卫和建立更加稳定的国际安全保障环境，从平时起保持密切的合作。

日美两国政府将从平时开始加强各个领域的合作。这一合作包括根据日美相互提供物资与劳务协定、日美相互防卫援助协定及其相关文件所规定的相互支援活动。

1. 情报交换及政策磋商

日美两国政府认识到正确的情报及准确的分析是安全保障的基础，为此将以亚太地区的形势为中心，就双方共同关心的国际形势加强情报和意见交换，并继续就防卫政策及军事态势进行密切磋商。

这种情报交换及政策磋商，将利用日美安全保障协商委员会、日美安全保障高级事务级协商（SSC）等所有机会，尽可能在广泛的层次及领域内展开。

2. 安全保障方面的各种合作

日美为促进地区及全球规模的各种安全保障活动而进行的合作，将有助于建立更加稳定的国际安全保障环境。

日美两国政府认识到本地区内安全保障对话、防卫交流和国际军控与裁军的意义与重要性，在促进这些活动的同时，将根据需要开展合作。

当日美任何一方或两国政府参加联合国维持和平行动或人道主义国际救援活动时，日美两国政府须根据需要进行密切合作，以相互支援。日美两国政府预先规定在运输、医疗、情报交换及教育训练等领域内的合作要领。

当发生大规模灾害且日美任何一方或两国政府应有关政府或国际机构的请求实施紧急援助活动时，日美两国政府应根据需要密切合作。

3. 日美双方的共同作业

日美两国政府进行包括研究日本受到武力进攻时的联合作战计划和发生周边事态时的相互合作计划在内的共同作业。这一努力将在双方有关机构参与下的综合机制中进行，并建立日美合作的基础。

日美两国政府在检验这种共同作业的同时，须加强联合演习和训练，以使自卫队和美军等日美有关政府机构和民间机构能够顺利、有效地应付事态。此外，日美两国政府须从平时开始建立日美间的协调机制，以便在发生紧急事态时能够在有关机构的参与下启用。

四　日本遭到武力进攻时的应付行动等

日本遭到武力进攻时的共同应付行动等，依然是日美防务合作的核心要素。

当对日本的武力进攻迫近时，日美两国政府须在采取措施控制事态扩大的同时，为防卫日本做好必要的准备。当日本遭受武力进攻，日美两国政府须共同切实应付，尽早将其排除。

1. 当对日本的武力进攻迫近时

日美两国政府在加强情报交换及政策磋商的同时，应尽早开始启动日美两国间的协调机制。日美两国政府密切合作，并按双方商定的准备阶段，做好必要的准备，以确保协调一致地应付事态。日本建立并保持美军来援的基础。此外，日美两国政府还须根据形势的变化，在加强情报搜集和警戒监视的同时，做好应付可能发展成为武力进攻日本的行动的准备。

为控制事态的扩大，日美两国政府须作出包括外交活动在内的一切努力。

此外，日美两国政府须考虑到随着周边事态的发展日本也可能遭到武力攻击，同时需注意防卫日本的准备与应付周边事态的准备相互之间的密切关系。

2. 日本遭到武力进攻时

（1）关于采取协调一致的联合应付行动的基本考虑

① 在日本遭到武力进攻时，日本将主动采取行动，尽早将其排除。届时，美国须给日本以适当的合作。这种日美合作方式虽将因武力进攻的规模、形式、事态的发展及其他要素的不同而不同，但其中可能包括实施协调一致的联合作战及为此所作的准备、控制事态扩大的措施、警戒监视及情报交换等合作。

② 自卫队与美军实施联合作战时，双方将确保协调一致，并在适当的时候以适当的方式运用各自的防卫力量。届时，双方须有效地综合运用各自的陆、海、空军部队。自卫队主要在日本疆域及其周边海空域实施防御作战，美军支援自卫队的作战，并将实施弥补自卫队能力不足的作战。

③ 美国需适时地派兵前来支援；为促进美军的来援，日本须建立并保持所需的基础。

（2）作战构想

① 应付空中进攻日本的作战

自卫队和美军须联合实施应付空中进攻日本的作战。

自卫队主动实施防空作战。

美军在支援自卫队作战的同时，为弥补自卫队能力的不足，实施包括使用打击力量在内的作战。

② 防卫日本周边海域及保护海上交通的作战

自卫队和美军须联合实施防卫日本周边海域的

作战和保护海上交通的作战。

自卫队主动实施防守日本重要港口及海峡、保护日本周边海域船及其他作战。

美军在支援自卫队作战的同时，为弥补自卫队能力的不足，实施包括使用机动打击力量在内的作战。

③ 应付对日本的空降和登陆进攻的作战

自卫队和美军联合实施应付对日本的空降和登陆进攻的作战。

自卫队主动实施阻止及排除对日本的空降和登陆进攻的作战。

美军主要实施弥补自卫队能力不足的作战。届时，美军根据进攻的规模、形式及其他因素，尽早派兵支援自卫队的作战。

④ 应付其他威胁

a. 对潜入日本疆域内的军事力量所实施的游击战和特种作战等非正规进攻，自卫队主动尽早予以制止并排除。届时，须在与有关机构密切合作及协调的同时，根据事态的发展，取得美军的适当支援。

b. 为应付弹道导弹攻击，自卫队和美军须密切合作与协调。美军在向日本提供必要情报的同时，可根据需要考虑使用拥有打击力量的部队。

（3）有关作战的各项活动及其必要事项

① 指挥与协调

自卫队和美军在密切合作的前提下，按照各自的指挥系统行动。为有效地实施联合作战，自卫队和美军须预先制定好有关确定任务区分和确保作战行动协调一致等程序。

② 日美间的协调机制

日美两国有关机构间必要的协调须通过日美间的协调机制进行。为共同实施有效的作战行动，自卫队和美军须通过包括灵活运用日美联合协调在内的协调机制，在作战、情报活动及后方支援方面相互密切协调。

③ 通信电子活动

为确保通信电子能力的有效运用，日美两国政府将相互支援。

④ 情报活动

为联合实施有效的作战行动，日美两国政府将就情报活动开展合作，其中包括在情报的要求、搜集、处理及分发等方面的协调。届时，日美两国政府应对共享情报的保密各负其责。

⑤ 后方支援活动

根据日美间的相应规定，自卫队和美军将有效且恰当地实施后方支援活动。

为提高后方支援的有效性和弥补各自能力的不足，日美两国政府恰当地灵活运用中央政府与地方公共团体所拥有的权限和能力以及民间所拥有的能力，实施相互支援活动。届时，需特别注意以下事项：

a. 补给

美国负责提供筹措美制装备品等补给品的支援，日本负责提供筹措日本国内补给品的支援。

b. 运输

日美两国政府就美国向日本空运及海运补给品等运输活动进行密切合作。

c. 维修

日本负责保障在日本国内的美军装备品的维修，美国负责保障美制装备中日本不具备维修能力的装备品的维修。维修保障中包括必要时对维修人员的技术指导，此外，日本还将应美军有关船舶打捞与回收等需求提供支援。

d. 设施

根据需要，日本依照日美安全保障条约及其相关规定提供新的设施和区域。此外，为有效、高效地实施作战，必要时，自卫队和美军将依照该条约及其相关规定，共同使用自卫队的设施和美军设施及区域。

e. 医疗

在医疗领域，日美两国政府相互提供伤病员的治疗及后送等支援。

五　日本周边地区事态对日本的和平与安全造成重大影响时（周边事态）的合作

周边事态是指对日本的和平与安全造成重大影响的事态。周边事态不是地理性概念，而是着眼于事态的性质。为防止周边事态的发生，日美两国政府将进行包括开展外交活动在内的一切努力。日美两国政府在就各种不同事态的状况达成共识时，将有效地协调各自的行动。此外，应付周边事态时所采取的措施，可根据形势的不同而有所不同。

1. 预计将发生周边事态时

在预计将发生周边事态时，日美两国政府将加强包括努力就该事态达成共识在内的情报交换和政策磋商。

与此同时，为控制事态的扩大，日美两国政府将进行包括开展外交活动在内的一切努力，并尽早启用包括使用日美共同协调所在内的日美协调机制。日美两国政府将恰当实施合作，并按双方商定的准备阶段做好必要的准备，以确保应付行动的协调一致。进而，日美两国政府根据形势的变化，在加强情报搜集和警戒监视的同时，针对形势的发展加强应急反应态势。

2. 应付周边事态

在应付周边事态时，日美两国政府将采取包括旨在控制事态扩大在内的适当措施，这些措施依据第二条所提出的基本前提和考虑，并依照各自的判断而定。日美两国政府根据适当的决定，必要时相互提供支援。

合作范围的机能、领域及合作事项示例如下，并列于别表中。

(1) 日美两国政府在主动行动时的合作

日美两国政府可根据各自的判断实施下列活动，但日美间的合作则可提高其实效性。

① 救援活动及应付难民的措施

日美两国政府在灾区当局的同意与合作下实施救援活动。日美两国政府将考虑各自的能力，根据需要进行合作。

必要时，日美两国政府在难民问题处理方面进行合作。当难民流入日本疆域时，由日本制定应付措施，同时主要由日本负责应付，美国给予适当的支援。

② 搜索与救护

日美两国政府将在搜索与救护活动中进行合作。日本在日本疆域及与战斗行动实施区域相毗邻的日本周边海域实施搜索与救护活动。美国在美军活动时，负责实施活动区域内及其附近的搜索与救护活动。

③ 撤出非战斗人员的活动

在作为非战斗人员的日本国民或美国国民需要从第三国撤退至安全地域时，日美两国政府对撤出本国国民及处理与当地当局的关系上各自负有责任。日美两国政府认为双方均合适时，可互补使用各自所拥有的能力，并在制定包括运输手段的确保、运输以及设施的使用等一系列关于撤出非战斗人员的计划时进行协调，并在实施时进行合作。当日本国民或美国国民以外的非战斗人员提出相同撤退需求时，日美两国可根据各自的准则，商讨对第三国国民的撤退提供有关援助。

④ 为确保以维持和平与稳定为目的的经济制裁效果而展开的活动

日美两国政府根据各自的准则，在确保旨在维持和平与稳定的经济制裁效果的活动中作出贡献。

此外，日美两国政府将考虑各自的能力，开展适当的合作。这些合作包括情报交换及基于联合国安理会决议实施的船舶检查。

(2) 日本对美军活动的支援

① 设施的使用

根据日美安全保障条约及其相关规定，必要时，日本须适时、适当地提供新的设施和区域，同时还将确保美军临时使用自卫队设施及民用机场和港口。

② 后方地域支援

日本对美军旨在达成日美安全保障条约目的的活动提供后方地域支援。这种后方地域支援以美军能够使用设施和有效遂行各种活动为着眼点。根据这一性质，后方地域支援将主要在日本疆域内实施，但也有可能在与战斗行动实施区域相毗邻的日本周边公海及其上空实施。

在实施后方地域支援时，日本将有效而灵活地运用中央政府与地方公共团体拥有的权限和能力以及民间拥有的能力。自卫队在谋求与遂行日本防卫和维持公共秩序的任务相协调的同时，适当地实施此类支援。

(3) 日美在运用方面的合作

由于周边发生事态将给日本的和平与安全带来重大影响，因此，自卫队为保护生命财产和确保航行安全，须实施情报搜集、警戒监视、排除水雷等活动。美军将实施旨在恢复日本周边地区和平与安全的活动。

在有关机构的参与下，通过开展合作与协调，将大幅度提高自卫队与美军双方活动的实效。

六　为在指导方针指导下实施有效防卫合作而进行的日美共同作业

为有效推进在指导方针指导下的日美防卫合作，针对日本可能遭受的武力进攻和周边事态等安全保障方面的种种情况，日美两国有必要在平时进行协商。为确保日美防卫合作切实取得成果，双方在各种级别相互提供情报并进行协调是不可或缺的。为此，日美两国政府除将利用日美安全保障协调委员会及日美安全保障高级事务级协商等各种机会加强情报交换与政策磋商外，还将建立起以下两大协商机制，以促进协商、政策调整以及作战和具体行动方面的协调：

第一，日美两国政府为在研究计划的同时确立共同的准则和实施要领等，将建立总体机制。参与此事的不仅有自卫队和美军，还有双方政府的其他有关机构。

必要时，日美两国政府将进一步完善该总体机制。日美安全保障协商委员会将在明确该机制作业的政策性方向方面继续发挥重要作用。日美安全保障协商委员会有责任提出方针、确认作业的进度并在必要时发出指示。防务合作小组委员会在共同作业方面协助日美安全保障协商委员会。

第二，日美两国政府为在发生紧急事态时协调双方的行动，平时将建立起包括两国有关机构在内的日美间协调机制。

1. 在研究计划和确立共同准则及实施要领等方面的共同作业

在双方有关机构的参与下建立总体机制的过程中，将有计划、高效地推进下列共同作业。这些作业的进展及结果将在每一阶段上报日美安全保障协商委员会防务合作小组委员会。

（1）联合作战计划和相互合作计划的研究

自卫队和美军在为日本遭到武力进攻时能够顺利而有效地实施协调一致的行动，平时将开展联合作战计划的研究。此外，日美两国政府为能够顺利而有效地应付周边事态，平时将开展相互合作计划的研究。对联合作战计划和相互合作计划的研究，是在期望其结果能恰当反映在日美两国政府各自计划之中的前提下，设想各情况而展开的。日美两国政府应根据实际情况对各自的计划进行调整。日美两国政府应注意谋求协调联合作战计划研究工作与相互使用计划研究之间的关系，以便在周边事态可能发展为对日本的武力进攻或两者同时发生时能采取妥善的对策。

（2）确立防卫准备的共同标准

日美两国政府将在平时确立关于日本防卫的准备工作的共同标准。这一标准须明确规定各准备阶段的情报活动、部队的活动、移动、后方支援及其他事项。当对日本的武力进攻迫近时，将根据日美两国政府的协议，选定共同准备等级，并使之反应在自卫队、美军及其他有关机构所实施的各阶段的防卫准备之中。

同样，关于发生周边事态时合作措施的准备工作，日美两国政府也将确定共同的标准，以便于能够选定双方认可的共同准备等级。

（3）确定共同的实施要领等

日美两国政府须预先确定共同的实施要领等，以便自卫队和美军能够顺利而有效地实施旨在防卫日本的协调一致的作战行动。其中包括通信、目标位置的通报、情报活动、后方支援及防止误伤的要领，同时还包括切实约束各自部队活动的标准。此外，自卫队和美军应考虑通信电子活动等方面相互通用的重要性，预先确定相互必要的事项。

2. 日美间的协调机制

日美两国政府在日美两国有关机构的参与下，在平时建立起日美间的协调机制，以便当日本遭到武力进攻和发生局部事态时，对双方的行动予以协调。

协调的要领将根据所需协调事项和有关参与机构的不同而有所不同。协调要领中包括召集协调会议、互派联络员以及指定联络渠道。作为该协调机制的一环，自卫队和美军在平时须预先组建旨在协调双方行动的、具备必要的硬件和软件的日美联合协调所。

七　“指导方针”的适时而妥善的修改

当与日美安全保障形势相关的各种形势发生变化，且根据当时的情况断定有必要时，日美两国政府将以适时而妥善的形式修改本指导方针。

7.《日美安全磋商委员会联合声明》

（2005 年 2 月 19 日）

（一）2005 年 2 月 19 日，美国国务卿赖斯、国防部长拉姆斯菲尔德与日本外相町村信孝、防卫厅长官大野功统在华盛顿举行日美安全磋商委员会会议。双方就日美安全同盟及两国关系中的其他问题交换了看法，表示将共同应对当今世界所面临的挑战。

（二）日美双方均认为，两国在政治、经济及安全等领域有着卓有成效的合作。日美两国将继续加强现有的双边合作，双方认为，在确保日美两国安全与繁荣、加强地区及全球和平稳定方面，以日美安全为核心的日美同盟将继续扮演重要角色。

（三）日美双方强调了两国在向阿富汗、伊拉克及中东提供国际援助时充当领导角色的重要性——这些努力正在产生效果。在向印度洋地震及海啸受灾人员提供国际救援方面，日美双方对两国与其他国家的成功合作表示赞赏。

（四）日美双方认为，日本与美国之间的合作与协商，是防止武器扩散的关键，特别是在执行《防扩散安全倡议》时更是如此。双方对日本、美国及其他国家成功举行多国防扩散演习表示欢迎。

（五）日美双方对建立导弹防御系统（BMD）充满信心，认为该系统将加强两国防御弹道导弹的能力，阻止其他国家继续发展弹道导弹。双方在导弹防御合作领域取得了一定的成效，如日本决定引进部署导弹防御系统、最近发表有关“武器出口三原则”的声明等。双方重申，日美将在政策方针及整个运作上更紧密的合作，继续加强两国在导弹防御系统研究领域的合作。

（六）日美双方还讨论了新的安全环境以及新出现的威胁，如国际恐怖主义、大规模杀伤性武器及运载工具的扩散等。双方认为，由于世界各国之间的相互依赖日益加深，这些威胁会影响到世界所有国家的安全，包括日本及美国。

（七）日美双方均认为，以上威胁也出现在亚太地区，这些挑战将给该地区局势带来不确定性及不可预测性。另外，亚太地区的军事现代化也值得进一步关注。

（八）日美双方强烈要求朝鲜迅速的、无条件的重返六方会谈，以一种透明的方式停止其所有核项目。

（九）日美双方认为，两国政府要紧密合作，通过各自的努力实现共同的战略目标、执行两国的安全规划。双方均认为，为实现共同的战略目标，两国应就相关政策定期进行磋商，并根据变化中的安全环境对战略目标进行调整。

（十）亚太地区，共同的战略目标包括：

确保日本的安全，加强亚太地区的和平与稳定，保持应对突发事件的能力；

支持朝鲜半岛的和平统一；

寻求和平解决朝鲜相关问题，包括朝鲜核问题、弹道导弹问题、非法活动、人道主义问题等；

发展与中国的合作关系，欢迎该国在地区及全球事务中扮演负责任及建设性的作用；

鼓励通过对话和平解决台湾问题；

鼓励中国提高军事透明度；

鼓励俄罗斯在亚太地区采取建设性的接触政策；

解决北方领土问题，促进日俄关系全面正常化；

促进南亚地区保持和平、稳定及活力；

欢迎各种形式的地区合作，同时强调建立公开、透明地区机制的重要性；

反对有害地区稳定的武器及相关军事技术的销售与转让；

确保海洋运输的安全。

（十一）全球共同战略目标包括：

在国际社会推行基本的价值观念，如人权、民主及法律；

为加强全球范围的和平、稳定及繁荣，进一步巩固美日两国在国际和平及发展援助中的伙伴关系；

通过完善《不扩散核武器条约》，加强国际原子能机构及其他组织的效能，进一步阻止大规模杀伤性武器及其运载工具的扩散；

阻止并根除恐怖主义；

促成日本成为联合国安理会常任理事国，提高该机构的效能；

维持并加强全球能源供应的稳定；

加强日美安全及防务合作。

（十二）日美两国对双方为制定安全及防务政策所付出的努力表示支持与赞赏。日本新“防卫指针”强调，日本有能力应对新出现的威胁及突发事件，提升国际安全环境，同时强调了日美同盟的重要意义。

在不确定的安全环境中，美国正在加强其全球防御能力，并将之作为国防改革的重要组成部分。双方确认重申，日美两国拥有共同的战略目标，可以确保双方在安全及防务领域进行有效的合作。

（十三）在此情况下，为更有效地应对各种威胁，日美双方均认为，应继续对日本自卫队及美国军队的角色、任务及能力进行审查。这种审查将包括军队所取得的成就与进步，如日本为应付突发事件所制定新防卫指针及相关法律、双方后勤支援及导弹防御系统合作等。双方还强调了美日两国军队加强协同作战的重要性。

（十四）日美双方认为，这种审查应该有利于驻日美军与日本方面的磋商。鉴于日美同盟是日本安全的基石、地区稳定的舵锚，为强化这种同盟关系，两国均决定用各种方式加强双边磋商。双方重申维持驻日美军的规模与作战能力，减少给当地社会带来的负担，包括冲绳美军基地。日美两国部长将要求相关人员迅速报告磋商的结果。

（十五）双方强调了驻日美军与当地居民保持良好关系的重要性。双方还强调要执行《驻军地位协议》（SOFA）以及《关于冲绳的特别行动委员会》（SACO）所达成的共识。该共识对维持美国在日本驻军具有重要意义。

（十六）日美双方注意到，目前的《特别措施法案》（SMA）将于2006年3月到期，两国决定就未来的具体安排进行磋商。《特别措施法案》对于维持美国在日本驻军具有重要意义。

第三编

朝鲜　韩国　蒙古
俄罗斯西伯利亚与远东地区

关于朝鲜半岛的说明

东亚地区的朝鲜半岛，约在50万年前即有人类生息繁衍。古代的朝鲜与中国保持着十分密切的联系，当时朝鲜的经济、科技和文化都有重要发展，并对日本产生明显影响。经过长期演化发展，20世纪初朝鲜遭到日本的侵略，于1910年8月沦为日本的殖民地，直至1945年8月日本在二战中战败投降为止。

由于第二次世界大战结束时，美国和苏联军队为接受朝鲜半岛日军投降，一度分别进驻半岛南北两部分；1948年8月与9月，南北方分别建立了大韩民国和朝鲜民主主义人民共和国，直至今日；故在本编分为第一、二两章予以介绍。然而，它们曾经是统一的国家，拥有共同的历史和文化，并面临实现自主、和平统一的共同愿景。

朝鲜半岛及其周围隶属于朝鲜和韩国的济州岛、郁陵岛等4 198个岛屿，总面积为222 209平方公里，海岸线长1.7万多公里。它地处北纬33°6′40″～43°0′39″。与东经124°11′～131°52′42″之间。半岛北部与大陆相连处最宽；半岛东西直线距离最长约360公里（按朝鲜里计算，宽约900里），南北最长直线距离841公里（按朝鲜里计算长约2 100里）。故朝鲜半岛有“三千里江山”之称。半岛平均海拔高度440米，全境多山地和高原，山地约占半岛总面积的80%。半岛地势北高南低、东高西低；东海岸较平直，西海岸较曲折。

第一章　朝鲜

第一节　概述

国名　朝鲜民主主义人民共和国（The Democratic People's Republic of Korea　DPRK）。

领土面积　123 138平方公里（朝鲜中央年鉴2003）。

人口　2 314.9万（2001年）。

民族　单一民族——朝鲜族。

宗教　少数人信仰宗教，主要宗教为佛教和基督教。

语言文字　通用朝鲜语；使用表音文字。

首都　平壤（Pyongyang），面积2 629.4平方公里，人口200万。

国家元首　最高领导人金正日（Kim Jong Il），朝鲜劳动党总书记、国防委员会委员长、朝鲜人民军最高司令官。

最高人民会议常任委员会委员长金永南（Kim Yong Nam）。按照朝鲜《宪法》规定，最高人民会议常任委员会委员长代表国家。

第二节　自然地理与人文地理

一　自然地理

(一)地理位置

朝鲜位于亚洲大陆东端由北向南延伸的朝鲜半岛北半部。它的北缘以鸭绿江和图们江为界与中国为邻;西临黄海与中国的辽东半岛和山东半岛隔海相望;东北隔图们江入海口附近与俄罗斯相邻;东濒日本海(又称朝鲜东海),隔海与日本相望;南面以北纬38°线为大体走向的停战分界线与韩国接壤。

(二)地形

朝鲜地形可分为以下三部分。

1. 北部山地和高原

其主体是被誉为半岛"屋顶"的东高西低的盖马高原。它介于狼林、赴战岭和白头山山脉之间,熔岩覆盖地区较广。高原面波状起伏，一般海拔为1 000～1 500米。北部山地山脉大多为东北—西南走向，系长白山脉分支；白头山主峰海拔2 749米，为半岛第一高峰。其东侧是咸镜山脉和白茂高原，西侧为狄逾岭和妙香山脉；咸镜山脉主峰冠帽峰海拔2 541米。

2. 东部山地

地势不如北部高亢，主体山脉太白山脉北起元山以南，循海岸向东南延伸450公里，绵延在韩国境内；其东坡陡峻，西坡平缓，海拔一般在1 000米以下。位于太白山脉北段的金刚山，海拔1 638米，峰峦秀丽，林木参天，飞瀑倾泻，为著名风景区。山脉以东沿海平原狭小，仅咸兴平原面积较大，为东北部主要农业区。山脉向南和向西逐渐延伸，分出许多东北－西南走向的低山和丘陵，山间多河谷盆地。

3. 西部及南部丘陵平原

丘陵是北部和东部山脉向西和向南的延续,境内为数不多的平原夹杂其间。面积较大的西部平原有载宁、平壤、龙川、十二三千里、延白、安州、温泉等。

(三)气候

朝鲜位于海洋性气候向大陆性气候过渡地带，具有寒温带季风气候特点，四季交替分明。冬季受来自大陆的北风或西北风影响，寒冷干燥；夏季受海洋上吹来的东南风影响，高温多雨。全年降水量的2/3集中于7～8两月，且多暴雨；春秋两季风和日丽、降水较少。年平均气温为8℃～12℃；最冷月（1月）平均气温最北部为－20℃，绝对最低气温可降至－43℃，最热月（8月）平均气温为20℃。年均降水量为1 120毫米。1年中日照时数为2 280～2 680小时。

(三)自然资源

朝鲜自然资源比较丰富。主要矿产资源储量占整个半岛储量的80%～90%，享有"有用矿物标本室"的称誉。具有经济开发价值的矿产蕴藏区约占国土面积的80%，已探明矿物有300多种，其中有经济开发价值的矿物达200多种。

最主要矿产资源有金、银、铜、钨、钼、铅、铝、镁、锌、铁矿；石灰石、云母、石棉、重晶石、萤石、石墨和菱镁矿，以及煤炭等。朝鲜自古以来就有"产金国"之称，而且金常与银、铜等矿共生。平安北道云山、大榆、昌城、三城里是最大的黄金产地。铁矿主要分布在咸镜北道茂山、咸镜南道利原和端川、平安北道德岘、平安南道介川、黄海南道下圣、载宁和殷栗等地，其中以茂山铁矿（褐铁矿）储量最大，约占全国总储量的2/3，介川铁矿品位最高。全国铁矿储量约为300万吨。钨矿主要分布在江原道等地。菱镁矿和石墨储量均居世界前列，尤其是大约为49万吨的菱镁矿，占全球储量的40%～50%。菱镁矿主要集中分布在咸镜北道和咸镜南道端川郡等地。煤分布很普遍，储量约为1 200万吨，其中大约有90%是无烟煤。平安南道安州煤田和平壤煤田是最大的无烟煤产地。朝鲜还没有发现石油，至今依赖进口。

朝鲜水力资源较丰富。境内较大河流，有全长821公里、通航河段约为698公里的中朝界河鸭绿江，全长520公里的中朝与朝俄界河图们江，全长439公里、通航里程为244公里、流域面积约1.7万平方公里的流经平壤市内的大同江，以及清川江、秃鲁江等。其中鸭绿江、大同江和清川江流入黄海，图们江流入日本海。境内河流较短小，上游湍急多瀑布。河流发电能量估计在1 000万千瓦以上，在鸭绿江及其支流虚川江、长津江都建有相当规模的水电站。境内有较多湖泊，它们主要是火山湖、海迹湖和河迹湖等天然湖，如白头山天池（中朝界湖）、三池渊、长津湖等。另外还有1 700多个为兴建大规模灌溉工程和建设水电站而修建的人工湖，其中最著名的有水丰湖、长津湖、赴战湖、将子江湖、满丰湖、长寿湖、延丰湖、瑞兴湖和银波湖等。此外，沿海有大面积渔场，水产资源丰富。海盐也是重要资源之一，西海岸城市南浦附近广梁湾是设备完善、规模最大的盐场。

朝鲜森林和动植物资源也很丰富。森林面积在20世纪90年代初约为940万公顷。境内有9 548种植物，其中木材用植物约100种、药用植物约900种、纤维植物约100种、园林植物约300种。主要树种有鱼鳞松、通古斯落叶松、红松、朝鲜杉松、银松以及黑桦、白杨、山樱、小叶橡树等。朝鲜有脊椎动物1 434种，无脊椎动物7 031种。森林中有阿穆尔虎、朝鲜虎、东西伯利亚豹、黑熊、梅花鹿等兽类。朝鲜有850种鱼类和海胆类，其中已认定有经济价值的达220多种。

二　人文地理

(一) 人口状况

朝鲜半岛的地形和地貌，决定了人口分布南密北疏、西密东疏的特点。同地处半岛南部的平原较多的韩国比较，地处半岛北部的高原和山地较多的朝鲜，人口一直较少。日本统治期间，矿产资源丰富的北部地区得到集中开发，工业部门多建在北部，从而造成当时半岛人口由南向北迁徙。但是，1950年朝鲜战争爆发后，不仅造成人民生命财产的巨大损失，而且导致人口向南迁移。

停战后，为确保劳动力资源和国防后备力量，朝鲜一直实行积极的人口政策，鼓励多生。人口总数和密度从20世纪60年代初的1 000多万和88人/平方公里，增长到90年代中期的2 300多万和195人/平方公里。1998年，朝鲜人口达到2 255万。

在人口布局上，朝鲜实行以郡为点，发展政治、经济、文化的战略方针，重点发展中小城市，不搞大城市化；人口分布形成向中小城市和工人区发展、非密集的城市化特点。在农村，解放初期，政府有计划地把分散在山区刀耕火种的“火田民”迁移到平原地区，消除了农村人口分布的分散性。

(二) 民族和语言

朝鲜全国民族为单一民族朝鲜族，与东亚其他民族肤色相同，通用朝鲜语。朝鲜语属阿尔泰语系。目前朝鲜正在推广以平壤话为中心的“朝鲜文化语”。

朝语史上创立其独立的文字体系是在1443年，即朝鲜王朝第四代国王世宗大王二十三年。朝文创立和颁布时叫做“训民正音”，即教育百姓之正音。朝文是表音文字，训民正音创制时共有28个字母，现已简化为24个，包括10个母音和14个子音。母音是根据天地人三才创制的，子音是根据象形原理。

(三) 华侨

朝鲜半岛是中国的近邻。很久以前不少山东半岛的中国人，漂洋过海或北闯关东，辗转来到朝鲜半岛。第二次世界大战结束时，朝鲜半岛约有华侨8万人，其中6万人在北方。

朝鲜华侨80%为工人。农场职工约有12%，其余8%为医护人员、教师、技术员等。朝鲜有华侨小学14所，中学4所。

朝鲜华侨社团为华侨联合中央委员会，它在各道、郡设有分会，出版中文刊物《华讯》。

(四) 宗教

朝鲜宗教历史悠久，但现在只有少数人信奉宗教。主要宗教为佛教和基督教。目前有佛教寺院45座，有组织地进行佛事活动，并对游人开放。

除了佛教徒联盟、基督教徒联盟等宗教组织之外，1988年朝鲜又组织成立了“朝鲜天主教徒联盟”，修建教堂，做弥撒。

(五) 行政区划

朝鲜全国划分为3个直辖市，9个道。它们分别是平壤市、开城市、南浦市；咸镜南道、咸镜北道、两江道、慈江道、平安南道、平安北道、黄海南道、黄海北道和江原道。道、直辖市下设市、郡(共200多个)、区、洞、里。

表1　朝鲜行政区划及面积、人口和行政中心

项目/序号	直辖市　道	面积(平方公里)	人口(万)	行政中心
1	咸境北道	17 570	200.3	清津
2	两江道	14 317	62.8	惠山
3	慈江道	16 968	115.6	江界
4	咸境南道	18 970	254.7	咸兴
5	平安北道	12 191	238.0	新义州
6	平安南道	11 577	265.3	平城
7	平壤特别市	2 000	240.0	平壤
8	南浦市	753	37.0	南浦
9	江原道	11 152	122.7	元山
10	黄海北道	8 007	191.4	沙里院
11	开城市	1 255	12.0	开城
12	黄海南道	8 002	191.4	海州

资料来源　《朝鲜—韩国地图集》，中国地图出版社。

第三节 历史

一 古代史

朝鲜具有悠久历史。约50万年前开始，朝鲜半岛就有人类生息繁衍。在忠清南道、平壤、京畿道和平安南道等地古代原始人群时期遗址中，出土了各种打制石器和许多动物骨化石。在平壤市力浦区的旧石器时代遗址中还发现了可能是10万年前的原始人类的骨化石，被称为力浦人。在平安南道德川郡旧石器时代遗址中发现了距今约10万～4万年以前的原始人类的骨化石，被称为德川人。距今六七千年前朝鲜半岛进入新石器时代，公元前15世纪开始青铜器时代。公元前4世纪进入铁器时代，兴起以部落集团为特征的古朝鲜国。公元前108年古朝鲜国被中国汉朝征服，被分割为汉朝4个郡。公元前后，出现北部高句丽和南部马韩、辰韩和牟韩等部落联盟，史称“三韩时代”。高句丽在公元前1世纪率先进入奴隶社会。公元3世纪末，半岛西南部和东南部分别兴起百济和新罗，形成高句丽、新罗和百济“三国鼎立”局面，三国先后进入封建社会。

公元676年新罗征服百济和高句丽统一半岛。公元10世纪初，后百济和后高句丽兴起，与新罗重新形成三国鼎立之势，史称“后三国”。公元936年，后高句丽统一半岛创建高丽王朝，把疆域扩展至鸭绿江。1231年蒙古入侵高丽。1392年李成桂推翻高丽王朝建立新王朝，翌年宣布国号为“朝鲜”，一般称之为李氏朝鲜（简称李朝）。1592～1597年，日本两次入侵朝鲜失败。1637年满族人攻陷首都汉城，朝鲜国王被迫投降。清朝建立后，朝鲜向清朝纳贡称臣。

16世纪末、17世纪初，日本在丰臣秀吉（1536～1598）的接替者德川家康（1542～1616）治理下，建立了和平集权的封建社会。经由朝鲜输入新儒教的政治哲学，和研究朝鲜发展的医学材料和治疗方法，帮助了日本。当时经由朝鲜传入的中国活字印刷术，促进了日本书籍的刊印。日朝战争中被日军掳去的朝鲜工匠，也帮助日本发展了陶瓷和纺织工艺。

17世纪中叶“实学派”提倡科学，批判儒教，天主教经中国传入朝鲜。

二 近现代史

进入19世纪，西方国家加强对朝鲜的扩张活动。1801～1866年，出现迫害天主教教徒、驱逐传教士事件。1864年朝鲜实行闭关锁国政策，烧毁进行抢掠的美国军舰，击退法国和美国军舰进攻。

1868年日本明治维新后，加紧对朝鲜的侵略。1876年日本逼迫朝鲜签订《日朝友好条约》，使朝鲜向其开放主要港口。日本的行径导致清朝借机出兵，同朝鲜签订贸易协定。此后，美、英、德、俄、法等国也先后与朝鲜签订贸易协定。从此朝鲜开放门户。

1894年爆发东学道起义。清军在朝鲜请求下入境，同时日本也擅自出动大军压境。清军与日军对峙，爆发1894年中日战争。日本战胜后，中日签订《马关条约》，清政府被迫承认日本在朝权利。沙俄对此表示不满，朝鲜遂表露出反日倾向。1895年10月，日本策划杀死有反日嫌疑的闵妃（1874～1895）。1897年10月，高宗（1852～1910）宣布改国号为“大韩帝国”。1902年2月，日本在汉城设立统监府，掌握朝鲜的内政、外交、军事、立法、司法等各方面权力。1904～1905年日俄战争后，1905年9月，《朴次茅斯条约》确认日本在韩国的霸权。同年12月，日本又强迫韩国签订协定，规定其接受日本“保护”。1910年8月，日本强迫韩国签订“日韩合并条约”，改大韩帝国为朝鲜；沦为日本帝国主义殖民地。

朝鲜沦为日本殖民地后，人民前仆后继，展开了长期的抗击日本侵略、争取独立的伟大斗争。1919年3月爆发大规模反抗日本殖民统治的“三一”运动，遭到日本当局残酷镇压。同年4月，朝鲜独立运动领导人在中国上海建立临时政府。1926年汉城群众反日集会和1929年光州学生反日起义均遭镇压。1937年上海被日军攻陷，朝鲜临时政府迁往中国重庆，组建自己的独立战斗队向日本宣战。

金日成（1912～1994）1925年随父移居中国东北，于1926年10月创建朝鲜第一个共产主义组织——“打倒帝国主义同盟”，又于1927年8月成立朝鲜共产主义青年同盟，组织和动员青年学生进行反日斗争。1930年6月，在卡伦会议上提出抗日武装斗争路线等有关朝鲜主体革命路线，推动了抗日武装斗争的准备工作。1932年4月25日，他组织了抗日游击队，又于1934年把东满和南满的抗日游击队合编为朝鲜人民革命军。1936年5月建立了朝鲜第一个反日民族统一战线组织——“祖国光复会”，并当选为会长。1937年6月4日，他指挥联军支队攻打朝鲜境内普天堡的日军守备队，成为朝鲜人民武装抗日的重要人物。1938年任东北抗日联军第二军第六师师长。1940年后金日成去苏联，在苏联陆军士官学校毕业，曾参加苏德战争，任少将。1945年从苏联返回朝鲜北部，建立北朝鲜共产党中央组织委员会。

1943年12月，中、美、英三国首脑发表的《开罗宣言》确认朝鲜的独立地位。1945年7月，中、美、英三国（随后苏联参加）发表的促令日本投降的《波茨坦公告》重申包括朝鲜独立在内的《开罗宣言》条文将得到履行。1945年日军投降前夕，美、苏两国首脑商定以朝鲜半岛北纬38°线作为两国军事行动和受降的临时分界线，38°线以北为苏军受降区，以南为美军受降区。其后，苏联和美国军队以北纬38°线为界分别进驻半岛北部和南部。1945年8月15日日本投降，朝鲜结束长达35年的日本殖民统治。

三　当代史

1945年8月日本战败投降，美国和苏联军队一度分别进驻朝鲜南、北方，接受日军投降。

1948年8月15日，朝鲜半岛南半部成立大韩民国，李承晚任总统。同年9月9日，朝鲜民主主义人民共和国于朝鲜半岛北半部成立，金日成任首相。南北两方实行不同社会制度，不时出现矛盾和摩擦，以致到1950年6月25日爆发内战。北方部队迅速向南推进，南方处境困难。6月27日，美国总统杜鲁门宣布派兵投入侵朝战争，并派第七舰队到中国沿海，以武力阻挠中国人民解放台湾。同日，美国在没有苏联和中华人民共和国代表出席会议的情况下，操纵联合国安理会通过违反《联合国宪章》关于不得授权干涉在本质上属于任何国家内部事务原则的非法提案，“号召”联合国成员国出兵参加朝鲜战争。7月7日，在美国策动下，安理会又非法作出决议，授权美国组织“联合国军”司令部，由美远东军总司令麦克阿瑟出任“联合国军”总司令，统率英、法、土耳其、澳大利亚、新西兰、加拿大、泰国、菲律宾、比利时、卢森堡、希腊、荷兰、哥伦比亚、南非和埃塞俄比亚等15国军队（多数国家只派了象征性部队）扩大侵朝战争。美军9月15日在仁川登陆后，大规模向北推进。为了扼制朝鲜战争向更加严重化方面发展，中华人民共和国周恩来总理1950年9月30日郑重宣告：“中国人民热爱和平，但是为了保卫和平，从不也永不害怕反抗侵略战争。中国人民决不能容忍外国的侵略，也不能听任帝国主义者对自己的邻人肆行侵略而置之不理。”10月3日，周总理又约见印度驻华大使潘尼迦，请他转告美国：朝鲜事件应该和平解决，朝鲜战争必须即刻停止。如果美军企图越过“三八线”，扩大战争，“我们不能坐视不顾，我们要管”，中国将出兵援助朝鲜民主主义人民共和国；若只是南朝鲜部队越过“三八线”，中国将不采取这一行动。当天，印度政府将此警告转达给了美国政府。但美国不顾中国一再发出的严正警告，竟突破“三八线”，大肆向北方推进，把战火烧到鸭绿江边，并不断空袭中国东北地区。美国扩大侵朝战争的行动，不仅使朝鲜处于十分危险境地，而且严重威胁中国安全。应朝鲜劳动党和政府出兵援助的请求，1950年10月19日中国人民志愿军赴朝参加抗美援朝战争，与朝鲜人民军共同将以美国为首的“联合国军”，推回到北纬38°线附近，双方形成对峙局面。1953年7月27日交战双方签订《停战协定》。根据《停战协定》，朝鲜半岛被基本上以北纬38°线为走向的军事分界线所分开。

停战后，朝鲜半岛一直存在着紧张对峙的两种社会制度。1972年7月朝、韩发表《联合声明》，同意在“自主、和平、民族大团结”原则下实现祖国统一。此后双方进行了多层次、多渠道对话。

20世纪90年代以后，朝鲜对外交往范围扩大，同美国、日本等西方国家的接触增多。1991年朝、韩同时加入联合国。截至2003年12月，朝鲜建交国为157个（含欧盟）。

在经济建设方面，停战后，朝鲜在社会主义国家援助下，提前完成《战后恢复和发展国民经济三年计划（1954～1956）》，工农业生产恢复并超过战前水平。从1957年起，朝鲜实施《国民经济五年计划（1957～1961）》，于1960年提前完成计划指标。1958年朝鲜完成城乡生产关系的社会主义改造，建立起了社会主义经济制度。

从1961年开始的第一个《国民经济七年计划》期间，朝鲜加强经济管理，建立起大安工作体系、新的农业领导体系和计划的一元化体系。为加强国防，“一七”计划延期3年至1970年完成。同年，朝鲜宣布实现了社会主义工业化，建立起了自主的民族经济体系。20 世纪 70 年代，朝鲜进入社会主义全面建设阶段。1971～1976 年实行了一个《国民经济六年计划》。从 1978 年起，朝鲜执行第二个《国民经济七年计划（1978～1984）》。

20 世纪 80 年代以后，朝鲜进入社会主义改革新时期。为吸引外资发展经济，1984 年颁布《合资经营法》。1985～1986 年朝鲜对国民经济进行了调整。从 1987 年起，朝鲜实行第三个《国民经济七年计划（1987～1993）》，“继续大力促进国民经济主体化、现代化和科学化，为社会主义完全胜利打下坚固的物质技术基础”。1991 年朝鲜决定建立罗津—先锋自由经济贸易区，允许外国人在此建立合作、合资和独资企业。1993 年 12 月，朝鲜决定自 1994 年起 2～3 年为经济调整缓冲期，强调在此期间要贯彻农业、轻工业和贸易“三个第一”的方针，缩小经济规模，完善经济结构。

1995～1997 年，朝鲜大部分地区连年遭受严重的洪水干旱和海啸灾害，每年受灾人口数百万，经济损失上百亿美元。为摆脱困境，朝鲜继续贯彻经济调整缓冲期的发展方针，号召发扬自力更生、艰苦奋斗精神，解决生产和生活中的困难。1998 年 9 月，朝鲜正式提出了建设“社会主义强盛大国”的国家发展战略，着手对原有国内经济和对外经济关系进行调整。1999 年朝鲜经济开始出现复苏迹象。

21 世纪初，朝鲜进一步加快了经济调整与改革步伐。2002 年 7 月以来，采取了一系列调整经济的措施，包括：全面提高物价和职工工资，调整朝鲜货币对国际流通货币的比价，以及成立经济特区等。

第四节　政治体制与法律制度

一　宪法

1948 年 9 月，朝鲜第一届最高人民会议通过的第一部宪法规定，朝鲜民主主义人民共和国的政权属于人民；最高人民会议是国家最高权力机关；生产资料所有制分为国家、合作组织及个别自然人或法人 3 种；实现矿藏、资源、重要企业、银行、邮电、交通国有化；实行耕者有其田；公民拥有平等权利，负有义务。

1972 年 12 月，朝鲜第五届最高人民会议第一次会议修改《宪法》，定名为《朝鲜民主主义人民共和国社会主义宪法》。该宪法规定，朝鲜民主主义人民共和国是建立在全体人民政治思想统一、社会主义生产关系和自立民主经济基础之上的社会主义国家。该宪法废除了此前实行的内阁和最高人民会议常任委员会制度，改设国家主席、中央人民委员会、政务院和最高人民会议常设会议。

1992 年 4 月，朝鲜第九届最高人民会议第三次会议再次对《宪法》进行增删和修改，规定以“主体思想”作为朝鲜国家活动指导方针；最高人民会议每届任期由 4 年改为 5 年；删去国家主席担任一切武装力量最高司令官和国防委员会委员长的条款，增添“国防委员会”一节，规定国防委员会为国家最高军事领导机关，国防委员会委员长指挥和统率所有武装力量；最高人民会议除具有选举国家主席的职权外，又新增可罢免国家主席的职权。

1998 年 9 月，朝鲜举行第十届最高人民会议第一次会议。这是朝鲜民主主义人民共和国缔造者、前国家主席金日成去世之后的首次最高人民会议。这次会议对《宪法》进行了重要增删和修改。新《宪法》新增加的序言指出，朝鲜《宪法》是“把伟大领袖金日成同志的主体国家建设思想和国家建设业绩法律化的金日成宪法”，金日成是朝鲜“永远的主席”。新《宪法》对主要国家机构有关条文进行修改和补充，撤销了中央人民委员会和最高人民会议常设会议，恢复最高人民会议常任委员会作为最高人民会议休会期间的最高国家权力机关。新《宪法》还规定恢复内阁，取代政务院作为国家最高权力的行政执行机关。

二　最高人民会议

最高人民会议是朝鲜国家最高权力机关，行使立法权。宪法赋予它的职权是：通过或修改宪法和法令；制定国家内外政策基本原则；选举国家领导人和政府首脑；确定发展国民经济计划；决定战争与和平、批准国家预算与决算等。

最高人民会议议员由选举产生，每届任期 5 年。闭会期间的常务机构为最高人民会议常任委员会。1948～2003 年，共选举产生了 11 届最高人民会议。

最高人民会议常任委员会是朝鲜最高人民会议休会期间的国家最高权力机关。它由委员长、副委员长、秘书长和委员组成。最高人民会议常任委员会向最高人民会议负责。

三　国防委员会

国防委员会是朝鲜国家权力的最高军事领导机关和国防管理机关。它由委员长、第一副委员长、副委员长和委员组成。国防委员会委员长统率一切武装力量，领导整个国防事业。国防委员会的职责是，领导整个国家的武装力量和国防建设事业，设置或撤销国防领域的中央机构，任免重要军事干部，制定军衔和授予将官以上军衔，宣布战时状态和动员令。国防委员会对最高人民会议负责。

四　政府

政府称为内阁，它是国家最高权力的执行机关。内阁设总理、副总理、委员长、相和其他必要成员。它在最高人民会议和最高人民会议常任委员会的领导下工作，负责各委员会、省、内阁直属机关和地方行政委员会的工作。

地方权力主要机关是道（直辖市）、市（区）、郡人民会议。它们是相应级别人民会议闭会期间的地方权力机构。

五　司法机关

司法机关有中央、道（直辖市）、基层人民裁判所和特别裁判所。裁判所由裁判员和人民陪审员组成。中央裁判所是最高审判机关，监督所有裁判所的审判工作。

检察机关有中央、道（直辖市）、市（区）、郡检察所和特别检察所。各级检察机关由中央检察所统一领导。

六　政党与团体

（一）政党

1. 朝鲜劳动党

执政党。1945年10月10日在金日成主持下于平壤成立，当时称为北朝鲜共产党中央组织委员会。1946年8月28日与朝鲜新民党合并，组成北朝鲜劳动党。1949年6月29日又与南朝鲜共产党、人民党和新民党合并，改称朝鲜劳动党。

1980年10月，朝鲜劳动党第六次代表大会通过新党章规定，该党是“主体型马克思列宁主义政党”，是朝鲜“工人阶级和劳动群众有组织的先锋队”；该党以金日成的革命思想和以政治自主、经济自立、军事自卫的主体思想作为唯一指导方针。该党当前目标是在半岛北半部实现社会主义的完全胜利，在整个半岛范围内完成民族解放和人民民主革命任务；最终目标是实现全社会主体思想化，建设共产主义社会，提高人民物质和文化生活水平。

在对外关系方面，朝鲜劳动党主张根据自主和无产阶级国际主义原则，加强社会主义国家和国际共产主义运动的团结，发展面向世界所有新兴力量国家人民的友好合作关系；支持亚非拉人民反帝民族解放运动和资本主义国家劳动人民革命斗争；反对帝国主义、殖民主义和支配主义。

在朝鲜半岛北南统一的问题上，朝鲜劳动党提出了自主和平统一祖国的主张，建议在北南双方互相承认各自思想和制度的前提下，经过协商成立高丽民主联邦共和国；建议举行朝鲜北、南和美国3方会谈，以及进行北南国会会谈。

朝鲜劳动党的领导机构为中央委员会、政治局和书记局。现任总书记金正日。地方组织机构为各道（直辖市）、市（区）、郡的党委会。朝鲜劳动党领导的群众团体有：祖国统一民主主义战线、朝鲜职业总同盟、朝鲜农业劳动者同盟、朝鲜金日成社会主义青年同盟和朝鲜民主妇女同盟。朝鲜劳动党现有党员400多万；建党纪念日为1945年10月10日；中央机关报为《劳动新闻》日报，党刊为《勤劳者》月刊。

2. 朝鲜社会民主党

成立于1945年。原名朝鲜民主党，1981年改为现名。主要成员是部分反帝、反封建的中小企业家、商人、手工业者、农民、基督教徒。该党以建设没有剥削和压迫的理想社会为最终目标，承认朝鲜劳动党的领导，支持朝鲜劳动党的政策，拥护国家独立和民主社会主义，主张自主、民主、和平和保护人民。该党现有党员3万余名。

3. 朝鲜天道教青友党

成立于1946年。主要成员是信仰天道教的农民。该党承认朝鲜劳动党领导，拥护朝鲜劳动党政策，遵守“人乃天”的指导原则，以反对外来帝国主义侵略和奴役、把朝鲜建设成富强的民主主义自主独立国家为基本纲领。该党现有党员1.3万名。

（二）团体

1. 祖国统一民主主义战线

成立于1946年。是由一些政党和群众团体组成的追求半岛北南统一的先锋队组织。其成员有朝鲜劳动党、朝鲜社会民主党、朝鲜天道教青友党、朝鲜职业总同盟、朝鲜金日成社会主义青年同盟、朝鲜民主妇女同盟和朝鲜农业劳动者同盟。

2. 朝鲜职业总同盟

成立于1945年。是朝鲜工人阶级的群众政治组织，现有盟员160多万。

3. 朝鲜金日成社会主义青年同盟

原称朝鲜社会主义劳动青年同盟，成立于1946年。是朝鲜青年群众政治组织，现有盟员380多万。

4. 朝鲜民主妇女同盟

成立于1945年。是朝鲜劳动妇女群众政治组织，现有盟员20多万。

5. 朝鲜农业劳动者同盟

成立于1965年。是农业劳动者群众政治组织，现有盟员130多万。

七 统一问题与朝鲜半岛北南关系

（一）统一问题

20世纪90年代冷战结束以后，国家主席金日成通过元旦献词多次提出，在北南方具有不同制度的情况下，祖国统一应在谁也不吃掉谁，谁也不被谁吃掉的原则下，在一个民族、一个国家、两种制度、两个政府的基础上以联邦制方式实现。建立高丽民主联邦共和国方案可以成为全民族一致意见基础和公正的统一方案。对实现全民族大团结具有特别重要意义的是北南方政界人士相互接触，开展对话，增加信任。金日成主席强调指出，北南要根据自主、和平统一和民族大团结的祖国统一三大原则，认真履行《北南和解、互不侵犯和合作交流协议》，争取早日实现祖国统一。有关国家要尊重协议精神，积极协助朝鲜民族以自主、和平方式解决统一问题。

1993年4月，朝鲜公布《争取祖国统一全民族大团结十大纲领》指出，“结束近半个世纪的分裂对抗历史，实现祖国统一，是全民族的共同要求和意志。为实现祖国自主和平统一，全民族必须大团结”。纲领主张，依靠全民族大团结建立自主、和平、中立的统一国家；在民族友爱和民族自主精神基础上团结起来，谋求共存、共荣、共利；民族内部停止加剧分裂与对抗的一切政治争执；消除北侵、南侵、胜共和赤化恐惧，相互信任，实现联合等。

1994年7月金日成主席去世后，朝鲜党报、军报和青年报共同发表社论指出，要继承领袖遗志，结束民族分裂历史，在20世纪90年代统一祖国；强调朝鲜仍将本着自主、和平统一和民族大团结的三项原则，贯彻金日成主席提出的《争取祖国统一全民族大团结十大纲领》，为以一个民族、一个国家、两种制度、两个政府为基础的联邦制方式实现国家统一而作出一切努力。

1998年朝鲜劳动党总书记金正日发表《全民族团结起来，实现祖国自主和平统一》一文，指出金日成同志的民族大团结思想和《争取祖国统一民族大团结十大纲领》，是实现祖国统一的坚实基础。提出了民族自主、爱国爱民族、统一祖国不分意识形态和社会制度分歧、改善北南关系、反对外来势力干涉等民族大团结五点方针。

1999年元旦，朝鲜党报、军报、青年报再次共同发表社论，重申了金正日提出的民族大团结五点方针。2000年6月15日朝鲜与韩国发表《北南共同宣言》，宣告：解决统一问题的主人是朝鲜民族，双方要团结起来，自主解决统一问题；南方联邦制统一方案和北方邦联制统一方案具有共同点，今后应沿此方向促进统一。

2001年1月10日，朝在人民文化宫举行“我们民族自己打开统一大门的2001年大会”，会议决定将2001年定为“我们民族自己打开统一大门之年”。2002年1月22日，朝鲜举行政府、政党、团体联席会议，会议通过了《致海内外同胞的呼吁书》，提出坚持履行《北南共同宣言》、推进北南关系和清除威胁国家和平统一因素等“三大号召”，并将6月15日定为民族自主统一纪念日的“三大提议”。

（二）建立朝鲜半岛和平机制问题

20世纪70年代以来，朝鲜半岛北南双方曾就结束半岛停战状态、建立新的和平机制提出了各种主张。90年代以后，随着冷战格局消失，在朝鲜半岛建立新的和平机制取代现存停战机制，成为有关各方亟待协商解决的共同课题。1996年2月，朝外交部发言人发表谈话，提出在和平协定取代停战协定之前，作为过渡措施，先由朝美签订临时和平协定，对此美韩表示反对。4月，朝鲜人民军板门店代表处发表书面谈话指出，由于美韩方面的原因，军事分界线非军事区已经失去作为缓冲区的意义，已成为向北入侵的军事区和进攻阵地，朝不得不单方面放弃根据停战协定所承担的管理和维护军事分界线和非军事区的义务。

1996年4月，美国总统克林顿访问韩国，与韩国总统金泳三共同提出建议，举行由韩、朝、美、中参加的讨论建立朝鲜半岛和平机制的“四方会谈”。此后，朝、美、韩3国就此进行多次接触。1997年6月，各方同意举行“四方会谈”预备会议。8～11月，中、美、朝、韩4国在纽约先后举行3轮预备会议，经反复磋商，就正式会议的时间、地点、级别、运作方式、议程等达成协议。会议议程确定为“在朝鲜半岛建立和平机制及有关缓和半岛紧张局势的诸问题”。同年12月，“四方会谈”第一次正式会议在日内瓦举行，中、美、朝、韩在已达成协议的议程框架内讨论了有关问题，成功启动了解决朝鲜半岛问题的谈判机制。

截至1999年8月，四方会谈正式会议共举行了6次，组成了“缓和半岛紧张局势”和“建立半岛和平机制”2个工作组。

（三）北南关系

朝鲜半岛北南双方经历过朝鲜战争后的长期分立和对峙，从20世纪70年代开始出现缓和迹象。随着冷战结束，北南接触和对话局面逐渐形成。

1. 政治军事关系

1990年9月，双方总理举行第一次会谈。1991年12月，双方总理签署《关于北南和解、互不侵犯和合作交流协议书》，表示互相承认和尊重对方的制度，在政治军事上结束敌对和对抗，用对话和协商方法解决分歧与争端；把停战状态转变为巩固的和平，互设联络办事处和各种小组委员会；实现经济、科技、文教、新闻出版等领域的合作交流；实现离散家属和亲属的自由通信、往来等。同年底，双方又签署《关于朝鲜半岛无核化共同宣言》，规定双方不生产、储存、使用核武器，不拥有核后处理设施，以及相互进行核查等。双方根据协议和宣言决定成立和解、核控制等共同委员会。

1992年2月《关于北南和解、互不侵犯和合作交流协议书》和《关于朝鲜半岛无核化共同宣言》正式生效。同年双方总理又举行第6～8次会谈，同意成立南北联络办事处，签署了《关于北南和解、互不侵犯和合作交流协议》的3个附属协议书和《北南和解共同委员会组成运作协议书》，成立了和解共同委员会。

1993年3月，美韩恢复举行“协作精神93”军事演习，因此朝鲜宣布中断北南对话，并进入准战时状态。第9次总理会谈未能如期举行。此后双方就特使互访问题举行了3次工作会谈，但因存在明显分歧而未取得实质性成果。

1994年朝鲜突发核危机，北南对话搁置。金日成会见来访的美国前总统卡特时表示，愿意无条件在任何时间和地点同韩国总统举行会晤，商讨改善北南关系等问题。此后朝韩商定在平壤举行首次北南首脑会晤，但因金日成突然病逝未能实现。金日成病逝后，朝鲜对韩国当局阻挠和取缔南方人员举行悼念活动提出强烈谴责，强调南方必须就此道歉，并且只有南方废除《国家保安法》，才能恢复北南政府间会谈。

1996年9月，韩国在军事分界线以南东海岸发现一艘触礁朝鲜潜艇，艇上人员已登陆。韩动用大批军警搜捕，结果登陆人员中1人被俘，24人毙命。韩谴责该事件违反停战协定，是对韩严重挑衅，要求联合国安理会就此发表主席声明。朝方声明该潜艇是在正常训练中发生机械故障，漂流至南方，成员不得已上岸，要求韩方无条件送还潜艇和死者及幸存人员，警告要对韩进行报复。12月，朝鲜和美国就结束该事件达成协议。朝外交部发言人受权发表声明，对该事件深表遗憾。随后韩国通过板门店向朝交还了24名朝军人骨灰。

1997年北南政府间对话继续中断，但仍保持民间交流。朝韩红十字会在北京举行会谈，就韩国红十字会向朝鲜提供粮援达成协议；韩红十字会按协议向朝提供了10万吨粮援。6～7月，朝韩士兵在黄海和陆上军事分界线各发生1次小规模冲突。此后朝韩草签航空协议，规定双方于次年4月相互对民航客机开放领空。同年韩国政府通过国际组织向朝鲜提供了6.85万吨粮援。

1998年4月，北南双方在北京举行4年来首次政府间高层会晤，但未能解决在化肥援助和离散家庭团聚方面的争端。6月，韩方在其水域捕获被流刺网缠住的一艘朝鲜潜水艇和艇上9具乘员尸体。10月，韩国现代集团名誉总裁郑周永应邀访问平壤，受到朝鲜劳动党总书记金正日的接见。12月，韩国军队在其海域击沉一艘朝鲜潜水艇。

1999年6月，韩朝双方海军舰只在朝鲜康翎郡双桥里东南方海域交火，造成朝方1艘鱼雷艇“被击沉”，韩方1艘警备艇船体受伤，但没有人员伤亡。9月，韩国政府批准现代集团承建平壤综合体育馆建筑项目和南北篮球比赛体育交流项目。

2000年4月，朝鲜与韩国宣布，为了再次确认“自主、和平统一、民族大团结”的统一原则，加快实现民族和解与团结、交流与合作以及和平与统一，韩国总统金大中将访问平壤，与朝鲜劳动党总书记、国防委员会委员长金正日举行“历史性的北南首脑会晤”。6月13～15日，金正日与金大中在平壤举行了历史性的会晤。双方发表《北南共同宣言》，表示解决统一问题的主人是朝鲜民族，双方要团结起来，自主解决统一问题；南方邦联制统一方案和北方联邦制方案具有共同点，今后应在此方向促进统一；双方将解决交换离散亲属访问团等人道主义问题，通过经济合作均衡地发展民族经济，加强社会、文化、体育、卫生、环境等各领域的合作和交流，增进相互信任；为此双方将举行当局间的对话。7月底，朝韩部长级会谈正式启动。8～9月，根据三次部长级会谈达成的协议，朝韩恢复了板门店联络事务所，进行了第一次离散家属团互访，部分地解决了“非转向长期囚”问题。双方举行第一次国防部长会谈，表示要努力缓和军事紧张局势，消除战争危险，实现持久和平。其后，朝韩军方举行两轮工作会谈，就划定非军事区管理区、建立紧急联络体制和非军事区内修复铁路和修建公路工程的开始时间等问题达成了一致。

2001年1～3月，朝韩军方举行第四、五轮工作会谈，就北南铁路和公路跨越非军事区段的管理问题达成了协议。

2001年9月中旬，朝韩在汉城举行了第五次部长级会谈，发表了联合新闻公报。朝韩双方再次确认了坚决履行《6.15南北共同宣言》的意志，表示今后将为南北关系的持续发展和保障和平而积极努力。为了均衡地发展南北经济和扩大经济合作，南北双方决定采取9项措施。其中包括：连接汉城至新义州间铁路和汶山至开城公路并首先接通开城工业园区；积极推进开城工业园区的建设和金刚山旅游事业；允许民间船舶通过相互领海；共同防止临津江水害；商讨共同利用朝鲜东海部分渔场；投资保护、防止双重课税、公司纠纷解决程序和结算办法等4项已经达成的协议早日生效；召开第2次经济促进委员会会议，商讨上述经济实务问题的具体履行等。

2002年6月29日，朝鲜和韩国的海军舰艇，在朝鲜半岛西部黄海海域的延坪岛附近发生交火冲突事件，韩方一艘高速艇沉没，朝鲜一警备艇被击中起火。随后于7月25日，朝鲜以南北部长级会谈朝方代表团团长金灵成的名义，致电韩方首席代表丁世铉，对不久前发生海上武装冲突的“偶发事件”表示遗憾，今后双方应共同努力，防止类似事件再次发生。同时，朝方提出举行第九次南北部长级会谈，商讨履行双方已达成协议的事项。韩国统一部发言人随即在30日表示，韩国同意就举行南北部长级会谈进行业务性接触，并对朝鲜此次主动就黄海交火表示的遗憾，给予肯定的评价。朝方主动提出重开部长级会谈，成为打破南北关系僵局的突破口。

随后，于2002年9月15日，朝鲜与韩国军方就南北军事分界线非军事区设立共同管理区域等问题达成协议。从而为此后连接韩朝之间的铁路和公路建设提供安全保障。9月24日，根据9月17日韩朝双方达成的有关协议，韩朝开通一条军事当局之间的直通电话热线，避免双方在连接非军事区铁路和公路过程中发生突发事件。11月6～9日，朝韩经济合作促进会第三次会议在平壤举行，双方就南北铁路公路连接、开城工业区建设等问题达成六点协议。

2003年，虽面对朝核危机挑战，朝鲜北南双方依然为北南和解与合作做出努力，进行了多次部长级会谈，安排了多次离散家属会面。2月14日，首次开通了金刚山陆路游，分裂半个世纪封闭的北南军事分界线终于有了一个新的通道。6月14日，朝韩在军事分界线一带举行京义线和东海线的连接仪式，是朝鲜半岛分裂半个多世纪来首次实现南北铁路大动脉的连接。7月9～12日，于汉城举行了朝韩第11次部长级会谈，就共同维护朝鲜半岛和平与稳定达成共识。8月15日，朝韩两国政党及各界团体在平壤举行“8.15和平统一民族大会”，纪念朝鲜半岛摆脱日本殖民统治独立解放58周年。10月6日，韩国千人访朝团沿新建公路跨过三八线进入平壤，参加耗资5600万美元的郑周永体育馆开馆仪式，是朝鲜半岛分裂50年来颇具历史意义的事件。

2005年5月14日，在南北双方为纪念《南北共同宣言》签署5周年之际，朝鲜表示积极改善南北关系和为朝鲜半岛的和平而努力。当天向韩国建议恢复已中断10个月的对话，于16～17日在朝鲜南部城市开城举行双方当局会谈。5月19日朝韩副部长级会谈在朝鲜开城结束。朝韩双方经过协调，达成三项协议：（1）韩国政府将派出部长级代表团参加在朝鲜平壤举行的纪念《南北共同宣言》5周年庆典。（2）南北第十五次部长级会谈将于6月21～24日在韩国汉城举行。（3）韩国从5月21日起向朝鲜提供20万吨化肥。

2005年6月15日，在《北南共同宣言》签署5周年之际，由朝韩双方政府及民间代表团和海外侨胞代表及平壤市各界群众代表参加的"民族统一大会"在平壤隆重举行。大会通过了《民族统一宣言》，决定将6月15日定为"民族之日"，呼吁加强民族内部的和解与合作，消除战争危险，促进共同发展和繁荣，为实现朝鲜半岛自主和平统一而积极努力。

2005年6月22日，以韩国统一部长官郑东泳为首的韩国代表团和以朝鲜内阁责任参事权浩雄为团长的朝鲜代表团在汉城举行朝韩第十五次部长级会谈。双方分别提出重启朝韩各项会谈及开展新会谈的方案，以落实朝鲜领导人金正日和郑东泳不久前在平壤会晤时所达成共识的各项合作事宜。双方就重启第三次南北将军级会谈和第十次朝韩经济合作推进委员会会议以及红十字会谈等交换了意见。另外，双方还就举行水产合作会谈、航空会谈、农业合作会谈及6月份举行"离散家属通过可视电话互致问候筹备企划会议"、在汉城举行"八一五"南北政府工作协调会议等提出了各自的方案。2005年6月22日朝鲜最高人民会议常任委员会发布政令，决定正式成立作为政府机构的"民族经济合作委员会"，以进一步推动朝韩经济合作。

2. 经济、文化关系及人员往来

从1988年起，朝韩两国通过不同方式和渠道进行贸易。朝鲜向韩国主要出口钢材、有色金属（以锌锭为主）、水泥、纺织品；从韩国进口电子产品、化工制品、纺织品、农林水产品等。双方贸易额虽小，但发展迅速。

1989年朝韩双边贸易额为1 900万美元。1995年达2.87亿美元，韩国成为朝鲜第三大贸易伙伴。2000年，朝韩双边贸易额首次超过4亿美元，达到4.25亿美元。2002年朝韩双边贸易额达到6.4亿美元，增幅达59.3%，超过日本紧随中国之后。2003年，朝韩双边贸易额为7.24亿美元，其中，韩国从朝鲜进口2.89亿美元，向朝出口4.35亿美元。2003年较1989年朝韩首次开展双边贸易增加37倍。2003年，韩国向朝鲜提供了30万吨化肥和50万吨粮食援助。

1995年6月，双方政府官员在北京举行会谈，就韩国无偿援助朝鲜15万吨粮食达成协议。1年后，韩国政府响应联合国呼吁，向朝鲜提供了价值300万美元的紧急食品援助。

2000年8～9月，朝韩还进行经济合作事务接触，就韩方以贷款方式向朝方提供50万吨粮食援助达成协议。在悉尼奥运会开幕式上，朝韩运动员共同组队，在"朝鲜半岛旗"引导下步入会场。12月，朝韩举行第四次部长级会谈，决定成立北南经济合作促进委员会，协商解决电力合作、连接铁路和公路、建立开城工业区、防治临津江水灾等问题，谋求民族经济均衡发展，并正式签署了投资保障、防止双重征税、解决商业纠纷程序、财务结算等协议。此后，朝韩举行了北南经济合作促进委员会第一次会议。

2001年1～3月，根据朝方提议，朝韩举行了第三次红十字会谈，进行了第三次离散家属团聚，实现了朝鲜半岛分裂以来双方离散家属的首次信件交换。

表2　朝鲜1989～2003年与韩国贸易状况

（海关标准，百万美元）

年份	进口额	出口额	进出口差额	进出口总额
1989	0.069	18.655	18.586	18.724
1991	5.547	105.719	100.172	111.266
1993	8.425	178.167	169.742	186.592
1995	64.436	222.855	158.419	287.291
1997	115.270	193.069	78.420	308.339
1999	211.832	121.604	－90.228	333.437
2000	272.770	152.370	－120.400	425.150
2003	435.000	289.000	－146.000	724.000

资料来源　韩国统一部资料。

韩国统一部披露，自1989年6月，韩国政府允许韩国人访问朝鲜之后，截至2002年11月，访问朝鲜的韩国人共计3.9万多名，其中2002年前11个月访朝的韩国人达到1.2万多名，为1989年以来访朝人数最多的一年。同一时期，访问韩国的朝鲜人为2 568名，其中2002年到韩国访问的朝鲜人达到1 034名，也是人数最多的一年。

从1989年开始，朝鲜同韩国企业家积极接触。1989年韩国现代集团名誉会长郑周永到朝鲜探亲，同朝鲜亚太和平委员会就共同开发金刚山地区和共同参与俄罗斯西伯利亚和远东地区开发问题达成协议。罗津—先锋自由经济贸易区成立以后，韩国有关公司多次派人前往考察和洽谈投资事宜。从1991年起，韩国政府准许韩国企业和非政府组织从事南北交流与合作活动，截至2000年末，获得许可的企业和非政府组织达到了65个。1998年6月以来，郑周永又多次访问平壤，促成朝鲜金刚山向韩国游客开放。双方还达成其他一系列协议，其中包括由现代集团独家开发朝鲜海州韩商投资团地，共同开发韩国—朝鲜—中国旅游路线等。

2002年10月，韩国的现代集团同朝鲜达成协定，获得了开城工业区50年的开发权。韩国现代公司计划在开城吸引850家中小型企业，这将为朝鲜创造22万个就业机会。2003年夏天，南北双方签署了一系列经济贸易协定，并在开城地价问题上达成初步一致，从而为开城特区计划的实施创造了有利条件。

八 主要政治人物

金正日（1942～ ）朝鲜最高领导人，朝鲜劳动党总书记、国防委员会委员长、朝鲜人民军最高司令官，元帅。1942年2月16日出生于中朝边境白头山朝鲜抗日游击队密营。1950年9月～1964年先后就读于平壤红旗万景台革命学院、平壤南山中学和朝鲜金日成综合大学政治经济学系。从1964年6月起，在朝鲜劳动党中央委员会工作。1973年9月任劳动党中央委员会书记。1974年2月，在劳动党中央五届八次全体会议上被确定为朝鲜“主体事业”继承人，并当选为劳动党中央委员会政治委员会委员。1974年8月，他提出了实现全党主体思想化的方针。1980年10月起，任劳动党中央委员会政治局常务委员会委员，党中央军事委员会委员，后任党中央军事委员会委员长。1990年5月～1993年4月，任朝鲜国防委员会第一副委员长。1991年12月，劳动党中央六届十九次全体会议决定，由他担任朝鲜人民军最高司令官。1992年4月20日，劳动党中央、劳动党中央军事委员会、朝鲜国防委员会和朝鲜中央人民委员会联合做出决定，授予他共和国元帅称号。1994年7月金日成去世后，朝鲜在金正日领导下于1994年10月与美国达成了核问题框架协议。1997年10月，他出任劳动党总书记，继续推进金日成开创的事业。1998年9月，朝鲜第十届最高人民会议第一次会议推举他为朝鲜国防委员会委员长。1998年以来，金正日提出了建设“主体社会主义强盛大国”的国家发展战略，号召摈弃旧思想和旧观念，领导朝鲜人民克服巨大的困难，重建家园。2000年6月，他与韩国总统金大中在平壤举行了朝鲜半岛分裂以来的首次南北峰会，发表了《南北共同宣言》，大大推动了朝鲜半岛的和解进程。2002年9月，他和日本首相小泉纯一郎在平壤会晤，为推动两国关系实现正常化产生了积极的作用。2002年，朝鲜在金正日领导下对国内经济关系进行了大幅度调整，建立了新义州特别行政区、金刚山旅游经济区和开城工业区。

金永南（1928～ ）朝鲜最高人民会议常任委员会委员长。1928年2月4日生于朝鲜平壤市。毕业于金日成综合大学，1953年留学莫斯科大学。历任朝鲜劳动党中央委员会副部长、朝鲜外务省副相、劳动党中央委员会部长。1974年11月，出任劳动党中央委员会书记兼国际部长，1975年2月任党中央委秘书。1978年8月起任劳动党政治局委员。1983年12月，担任政务院副总理兼外交部长，1989年9月，任祖国和平统一委员会副委员长，1998年9月任朝鲜最高人民会议常任委员会委员长，2003年9月连任。金永南曾分别荣获金日成勋章、劳动英雄称号、一级国旗勋章等。1965年以来多次访华。1999年6月对中国进行正式友好访问。

朴奉柱（1939～ ） 朝鲜内阁总理。1939年4月10日出生。1980年10月任朝鲜劳动党中央候补委员，1983年7月，在南兴青年化学联合企业所任党责任秘书，1993年5月任朝鲜劳动党轻工业部副部长，1994年3月，任党中央经济政策检阅部副部长，1998年7月起，任最高人民会议第十至十一届期代议员，1998年9月～2003年9

月，任朝鲜化学工业相。2003年9月起任朝鲜内阁总理。他被认为是技术专家官员，将负责制定未来五年的经济和国家发展政策。据朝中社报道，他在就职仪式上表示，在加强国防力量的同时，会致力于经济建设。他也誓言促进南北统一。

赵明录（1930～　）朝鲜国防委员会第一副委员长，次帅。1930年生于中国东北。毕业于朝鲜万景台革命学院，一直在军队任职。1978年任人民军空军司令。1980年10月在朝鲜劳动党第六次代表大会上当选为中央委员、中央军事委员会委员。1992年被授予朝鲜人民军大将军衔，1995年10月8日被授予次帅军衔，几天后出任朝鲜人民军总政治局局长。1998年9月任朝鲜国防委员会第一副委员长。2003年9月继续担任朝鲜国防委员会第一副委员长。2000年10月，他以金正日特使的身份访问美国。他是50年来朝鲜访美级别最高的领导人。

第五节　经济

一　概述

第二次世界大战结束前，朝鲜是一个十分落后的殖民地农业国。其后，朝鲜于1946年颁布《土地改革法》和实行产业国有化。但因1950年6月爆发朝鲜战争，经济又遭到严重破坏。

1953年7月停战后，朝鲜在社会主义国家大力援助下，提前完成《战后恢复和发展国民经济三年计划（1954～1956)》，工农业生产全面恢复并超过战前水平。从1957年起，朝鲜实施国民经济五年计划（1957～1961)，开展“千里马运动”，于1960年提前完成计划指标。1958年朝鲜完成城乡生产关系的社会主义改造，建立起了社会主义经济制度。

在从1961年开始的第一个国民经济七年计划期间，朝鲜加强经济管理，建立起“大安工作体系”、新的农业领导体系和计划的一元化体系。为加强国防，“一七”计划延期3年至1970年完成。同年，朝鲜宣布实现了社会主义工业化，建立起了自主的民族经济体系。

20世纪70年代，朝鲜进入社会主义全面建设时期。1971～1976年实行了一个国民经济六年计划。从1978年起，朝鲜执行第二个国民经济七年计划（1978～1984)。

20世纪80年代以后，朝鲜进入社会主义改革新时期。为吸引外资发展经济，1984年颁布《合资经营法》。1985～1986年朝鲜对国民经济进行了调整。1947～1987年，朝鲜国民生产总值增加148倍，国民总收入增加108倍，工业总产值增加498倍，其中生产资料增加629倍，消费资料增加398倍，工业年平均增长率为16.3%。

从1987年起，朝鲜实行第三个国民经济七年计划（1987～1993)，“继续大力促进国民经济主体化、现代化和科学化，为社会主义完全胜利打下坚固的物质技术基础”。1991年朝鲜决定建立罗津—先锋自由经济贸易区，允许外国人在此建立合作、合资和独资企业。继1992年10月公布《外国人投资法》、《外国独资企业法》和《合作法》之后，朝鲜又于1993年公布了《自由经济贸易区法》、《外汇管理法》、《外国投资企业及外国人税收法》、《土地租赁法》、《外资银行法》和《外国人出入自由经济贸易区规定》。

1993年12月，朝鲜调整“三七”计划所规定的国民经济增长速度，缩小经济规模，完善经济结构。决定自1994年起2～3年为经济调整缓冲期，强调在此期间要贯彻农业、轻工业和贸易“三个第一”的方针以提高人民生活，同时要重点抓好煤炭工业、电力工业和铁路运输业，以争取国民经济全面发展。朝鲜虽未能实现“三七”计划所提出的工业生产总规模，以及电力、钢铁、化学纤维等部分重要指标，但在所有经济领域都取得了大发展。1994年，朝鲜对《合资经营法》进行修改和补充。1995～1996年，朝鲜发扬抗日游击队时期“艰苦行军”精神，完成了交通、煤炭、电力、钢铁、建材、金属等部门的一些基础建设工程。

1995年，朝鲜遭受严重水灾，占国土面积75%的8个道145个郡受灾，受灾人口520万，共有120万公顷农田受损，经济损失达150亿美元。1996年，再次出现严重水灾，8个道117个市、郡受灾，经济损失达17亿美元，全年粮食产量只有250万吨。1997年又遇历史罕见大旱、高温和海啸，造成10多万公顷农田绝收，灾民多达280万人，全年粮食产量仅为268.5万吨。

1998年1月，朝鲜提出坚决扶持农业、煤炭、电力、铁路运输和金属工业，最大限度地发展自立民族经济为当前最重要任务。1998年4月，朝鲜向联合国提出的统计资料表明，朝鲜农业生产从1993年开始，连续3年减产达30%以上；国内生产总值4年内减少一半，人均国内生产总值从1992年的1 500美元，减少到1996年的481美元。

根据2003年6月初韩国银行（BOK）公布的资料显示，朝鲜经济经历了20世纪90年代的下降后，2002年朝鲜的国内生产总值年增幅为1.2%，是连续第4年的扩张。2002年朝鲜的国内生产总值为170亿美元，人均国民收入为762美元。农业生产方面，近年来发展起落不定，2000年下降1.9%之后，2001年增长6.8%。2002年农业增长4.2%，主要得益于三个因素，即：好的气候，肥料的进口和农产品收购价的提高。然而，2002年工业多数部门情况不佳，唯有轻工业增幅为2.7%，主要得益于消费品供应的改善；而重工业年降幅达4.2%，主要是由于原料能源特别是电力不足；矿业降幅达3.8%，主要是由于能源短缺与设备陈旧。

二　世纪之交朝鲜国内外经济关系调整与变革

1998年9月以来，朝鲜正式提出了建设“社会主义强盛大国”的国家发展战略，着手对原有国内经济和对外经济关系进行调整。为了重建经济，提出了一系列新的经济建设路线和方针，即重新定义了“自力更生”的概念；要求改变高度集中的中央计划体制；强调要切实贯彻“各尽所能、按劳分配”的社会主义分配原则；号召要重视实际利益和科技创新；根据新时代要求，破除旧观念，树立新观念。

与此同时，朝鲜还陆续出台了扩大企业自主权、改良农作物种子、提高土豆产量、进行农作物两季种植、开展农作物间作等旨在恢复经济、实现生产正常化的一系列新的经济政策。通过这些措施，从1999年起，朝鲜经济遏制住了连续9年下滑的局面，出现了恢复性增长趋势。为了加强经济管理和提高效益，从2001年起，朝鲜采取了旨在体现“各尽所能、按劳分配”社会主义分配原则的重要措施，开始在工厂和企业实行“独立核算制”，在合作农场加强作业班和小组的机能。

但是，这些重要措施没有能够很快产生预期的效果，依然有众多的工人和农民离开工作岗位走向农民市场，从事“非法”的个体经营，形成规模越来越大的黑市经济。对此，朝鲜意识到：第一，要通过经济管理取得最大效益，首先就要确定合理的物价体系。第二，为了使新的经济建设的路线、方针和政策充分发挥其应有效力，还要在调整国内经济的同时，改变过去“互通有无”的对外经济政策，建立更为广泛的对外经济关系。

基于上述背景，进入21世纪后，朝鲜加快了经济调整步伐。2002年7月以来，采取了一系列调整经济的重要措施，主要包括：全面提高物价和职工工资，调整朝鲜货币对国际流通货币的比价，改变单一化银行制度，成立信托银行，成立新义州特别行政区。

随着物价和工资调整逐步落实到位，旧体制对新措施的羁绊作用不断显露，表明经济调整与改革的进程将不会是一帆风顺。但是此次全面地进行物价和工资调整等措施则表明，朝鲜有决心改变实行了数十年的经济运行模式。尤其是2002年12月，朝韩共建开城工业区、金刚山旅游和经济特区项目启动以后，朝鲜将形成进一步对外开放的局面。可以预期，新世纪初开始的朝鲜加速推进的深化国内外经济关系的调整，将对其自身经济乃至朝鲜半岛形势的发展带来影响。

三　工矿业

（一）概况

1953年朝鲜战争停战后，朝鲜根据自然资源分布特点和工业基础设施状况，采取工业自足政策，以机器制造业为中心，优先发展重工业，走重工业进口替代的道路。经过半个多世纪的发展，朝鲜建立起了门类比较齐全的工矿业体系，已经拥有采掘、冶金、机械、电力、化工和建筑材料等重工业，以及以纺织、食品和日用品工业为主的轻工业。整个工矿业以采矿、冶金、机械、电力、化工、纺织业等为重点。

根据官方数据，1970～1979年朝鲜工业生产年均增长率为15.9%。在“二七”计划期间（1978～1984），实现了规定的工业生产目标：电600亿千瓦小时，煤8 000万吨，钢800万吨，有色金属100万吨，化肥500万吨，水泥1 300万吨，纺织品8亿米，机床5万台。1984年工业总产值是1977年的120%，其中各主要工业部门增长情况为：电力78%、煤炭50%、钢85%、金属切削机床67%、拖拉机50%、客车20%、化肥56%、化纤80%、水泥78%、纺织45%。

在“三七”计划期间（1987～1993），朝鲜把工业投资重点继续放在动力、金属和化学工业上，提出生产电1 000亿千瓦小时、煤12 000万吨、钢1 000万吨、有色金属170万吨、水泥2 200万吨、化肥720万吨、布15亿米的指标。1991年工业生产指数为327（以1980年为100），其中采掘工业为97，制造业为338，电力工业为319。1993年12月朝鲜政府宣布，1993年工业总产值比1986年增加了90%，年均增长率为9.6%，其中生产资料增长90%，消费资料增长80%；煤炭生产增长40%，钢铁生产增长30%。

在从1994年开始的经济调整缓冲期，朝鲜在强调农业、轻工业和贸易“三个第一”方针的同时，重点加强了煤炭、电力和铁路运输等部门。

朝鲜工矿业系统主要分布在7个重点工业区内，它们分别是：以平壤为中心、连接南浦直辖市和黄海北道松林地区的中央工业区，以平安北道新义州市为中心的轻工业区，咸镜南道咸兴化学工业区，以咸镜北道清津为中心的钢铁工业区，慈江道江界—满浦—熙川工业区，平安北道博川一带石油化工区和江原道元山工业区。大多数工业部门和企业集中在平壤和南浦之间的大同江下游和东北部狭长的沿海地带。

在工业管理中，朝鲜贯彻具有自己特色的“大安工作体系”。其实质是在经济管理中贯彻群众路线，主要内容包括：

1．实行党委集体领导

企业重大问题由党委会集体讨论决定，党委会组织和领导决议的执行。

2．集中统一领导生产

组织以工程师为首的生产指挥部，直接领导企业的计划、生产、技术工作。

3．上级帮助下级

从中央到企业，逐级地把生产材料送到现场。

4．统一管理职工及家属生活福利

与企业所在地有关单位组成工人区委员会，统一负责职工及其家属的生活福利事业。

随着国家经济规模的扩大，生产单位不断增加，以及生产单位之间生产和技术联系日益增多和复杂，生产单位大型化和减少生产单位数量的客观要求日益增大。因此，1985年金日成主席提出成立联合企业，建立以联合企业为基本环节的工业管理体制。现在朝鲜实行“政务院主管工业的部委－联合企业－企业”这样一个工业管理体制。政务院主管工业的部委主要抓长期规划和技术指导，领导联合企业的工作，不再直接领导企业；联合企业既是自行制定计划的单位，又是执行计划的生产单位。

朝鲜联合企业的组织形式有：（1）以一个工厂为母体，联合一定区域内与生产有密切联系的工矿企业。（2）联合一定区域内同行业企业和为它们服务的企业。（3）在全国范围内联合同行业或者不同行业的相关企业。企业联合的名称不一，可称做联合企业、会社、联合会社、总会社、管理局、总局等。

由于长期偏重于发展重工业，朝鲜轻工业生产相对薄弱。20世纪80年代以来，轻工业难以充分提供优质、多样的消费品，国内需求难以得到满足的状况变得更加突出。

（二）采掘工业

采掘工业一直是先行工业部门。朝鲜已实现矿山采掘作业的综合机械化。

1．铁矿

朝鲜铁矿储量约为30亿吨，不仅可以满足国内工业发展需要，而且也是换取外汇的重要资源。除原有茂山、殷栗、德城、载宁等铁矿之外，朝鲜在20世纪80年代又开发了两处新矿。在“三七”计划期间，矿业部门集中力量改建和扩建了茂山矿山联合企业以及德岘、德城等铁矿石储量多的大矿，开发了一批新矿。1991年咸镜南道定平铁矿投入开采。朝鲜铁矿生产自1985年的800万吨增加到了20世纪90年代初的1 300万吨。

最大铁矿生产基地是位于咸镜北道的茂山矿山联合企业。该企业在停战后扩大开发规模，全面实现了生产过程的机械化和自动化。其未来扩建目标是铁精矿年产能力达到1 500万吨。

2．菱镁矿

菱镁矿及其副产品矿渣是重要的耐火材料，也是朝鲜主要出口产品之一。朝鲜菱镁矿储量约为49万吨，在世界上所占比重最大，大约占全球储量的40%～50%。菱镁矿主要集中在东北部咸镜南道端川地区，该地区有世界驰名的菱镁矿山。1987年端川菱镁矿完成扩建工作，其矿渣产能提高到了每年2 000吨。

1994年美国首次部分解除对朝鲜的经济制裁

和向朝鲜开放菱镁矿矿渣市场以后，朝鲜大幅度提高了菱镁矿生产能力。1995 年 6 月，首次访美的朝鲜贸易代表团与美国签订了向美国出口 10 万吨菱镁矿的合同。

3. 其他种类矿产

朝鲜大量生产的其他种类矿产有铅、锌、钨、水银、磷、金、银和硫。锌和铅都在国内熔炼，锌锭和铅锭是主要出口产品。国内熔炼厂建于端川、南浦、海州等地。1990 年朝鲜生产了约 20 万吨高等级电解锌和 8 万吨铅。

1987 年朝鲜启动了一个重新开发云山金矿的合资项目。同年，首批约 100 公斤金矿石出口到日本。云山金矿是世界主要金矿之一，已探明储量超过1 000吨，1990 年目标是年产 2 吨，计划最终年产量达到 10 吨。

最著名的有色金属矿物生产基地是检德矿业联合企业。它还开发蓝晶石等轻金属矿、稀土金属矿和滑石、重晶石、萤石等非金属矿。

（三）能源工业

1. 煤炭

朝鲜煤炭总储量约为 120 亿吨，其中大约 90% 是无烟煤，所需大量炼焦煤依靠从国外（主要是从中国）进口。朝鲜煤炭分布很普遍，但主要煤炭生产基地集中在平安南道。平安南道安州和平壤煤田是最大的采煤基地，它们在朝鲜煤炭工业中占有重要地位。其他主要煤炭生产基地有平安南道北部德川、顺川和介川等地区煤田。

20 世纪 90 年代以前，朝鲜煤炭生产稳步发展。在“二七”计划期间，朝鲜集中力量重建和扩建了 20 世纪 70 年代苏联援建的安州煤矿联合企业。在“三七”计划期间，继续集中力量改建和扩建了储量大、采掘条件好的安州煤矿联合企业和顺川、德川、北仓、江东、北部等几个地区的大煤矿。与此同时，积极开发低热煤和超无烟煤产地，新建了“12 月 16 日”等一些新煤矿。1988 年安州、顺川等地区煤矿改建和扩建工程取得较大进展。

进入 20 世纪 90 年代后，随着采掘煤层加深和采掘设备老化，原有煤炭生产机械化水平显得普遍低下，煤炭生产效率显著下降。朝鲜 2001 年煤炭年产量为2 310万吨，煤炭生产难以满足经济发展的能源需求。

2. 电力

朝鲜电力工业主要依靠水力和煤炭资源，坚持水电站和火电站建设并举、大型和中小型电站建设并举的方针。凡是水力资源超过 300～500 千瓦的地方尽可能建设水力发电站。在电力结构上，水力发电量大于火力发电量。

水力发电站除水丰、云峰（中朝合营）、江界、长津江、虚川江、赴战江、西头水等主要发电站外，还有太平湾、渭原、泰川、金刚山、“3 月 17 日”水电站等。主要火力发电厂有平壤热电厂、北仓热电联合企业、“6 月 16 日”火力发电厂、清川江火力发电厂以及雄基、顺川等火力发电厂。

20 世纪 90 年代之前，朝鲜电力工业稳步发展。1970 年全国总发电量为 165 亿千瓦小时，人均1 184千瓦小时；1977 年总发电量为 252 亿千瓦小时；1984 年达到 450 亿千瓦小时。在“三七”计划期间，电力部门提出在提高现有发电设备能力的同时，大力兴建新电站，新增水力发电能力 400 万千瓦，1987 年的发电量增加到 600 亿千瓦小时。

20 世纪 90 年代以来，由于煤炭工业发展相对滞后，发电设备老化，电力生产受到很大影响。落后的交通系统更加重了能源问题。2001 年全国发电量下降到 202 亿千瓦小时。

（四）冶金工业

朝鲜钢铁工业已发展成为用现代技术装备起来的部门，能够满足国内对钢材的需要。

最主要钢铁工业基地是位于咸镜北道清津的金策钢铁联合企业和位于黄海北道松林的黄海钢铁联合企业，此外还有千里马、城津等钢铁联合企业。

“二七”计划期间，钢铁工业年产量目标为生铁和铁砂 640 万～700 万吨、粗钢 740 万～900 万吨、钢板和结构钢 560 万～600 万吨。1986 年钢产量达到 673 万吨，比 1946 年增加了1 346倍。

“三七”计划期间，钢铁工业的主要任务是改建和扩建大型钢铁企业，1988 年后，金策钢铁联合企业扩建工程获得较大进展，大型吹氧转炉、大型连续粗轧机和加热炉、石灰熔烧炉等 40 多项工程完工。经过改建和扩建，1993 年金策钢铁联合企业以每年1 000万吨钢的生产能力，超过黄海钢铁联合企业，成为朝鲜最大的钢铁生产中心。

20 世纪 80 年代末，朝鲜每年钢产量曾达1 500万吨。进入 90 年代，面对设备陈旧、技术过时、缺少焦炭和国内铁矿石纯度低等困难，遂使朝鲜钢产量降低。据美国矿产局估计，1993 年朝鲜生铁、钢坯和钢板产量分别为 660 万、810 万和 400 万吨。

1992 年，朝鲜有色金属的产量为 30 万吨。

（五）化学工业

化学工业是朝鲜重点发展的工业部门之一。朝鲜主要依靠其丰富的煤炭资源发展化学工业。

1. 农药和化肥工业　化肥工业由于它在农业上的重要作用而很受重视，获得大量投资和很大发展。朝鲜主要化肥工业企业是位于咸镜南道的年产能力为 100 万吨的兴南肥料联合企业。此外，还有包括新建的设计年产能力为 51 万吨钾肥的沙里院钾肥联合企业、顺川肥料厂等在内的 10 多个化肥厂。

据官方消息，在“二七”计划期间，化肥生产完成规定任务，取得了 56% 的增长，年产量从 1976 年的 300 万吨达到 1984 年的约 470 万吨。1986 年化肥年产量则达到 530 万吨。

“三七”计划提出了把化肥年产量增加到 720 万吨的任务。1989 年完成了沙里院钾肥联合企业的建设，兴南肥料联合企业扩建工程、端川磷氨肥料厂建设工程等也都取得新进展，从而使化肥总产量达到了 560 万吨。1991 年朝鲜完成了兴南化肥联合企业的设备大型化、现代化工程建设。在“三七”计划期间，朝鲜化肥产量提高了 50%。

2. 化学纤维工业　朝鲜主要化学纤维企业有年产能力为 5 万吨的“二八”维尼纶联合企业、新义州和清津的现代化粘胶纤维生产基地。

“三七”计划提出了将朝鲜化纤年产量从 1986 年的 12.6 万吨增加到 22.5 万吨的目标。1988 年，年产能力为 3 万吨的清津化学纤维联合企业和新义州化学纤维联合企业扩建工程完工。当年，新建的顺川维尼纶联合企业建筑工程和设备安装第一期工程完工。至 1992 年，顺川维尼纶联合企业建设工程全部完工，年生产能力为 10 万吨。

据外国观察家估算，“三七”计划期间朝鲜化纤年产量大约为 17.7 万吨。

3. 精细化工　朝鲜主要精细化工企业有平安南道顺川乙烯工厂、平安南道安州青年化学联合企业和“二八”维尼纶联合企业乙烯联合工厂等。顺川乙烯工厂于 1989 年末完成一期建设工程后投产。其总设计年产能力为乙烯 10 万吨、甲醇 75 万吨、苛性钠 25 万吨、氯乙烯 25 万吨和碳酸钠 40 万吨。

根据“三七”计划，合成树脂和增塑剂产量要从 1986 年的 9.2 万吨增加到 50 万吨。这期间朝鲜建成海州造纸联合企业、兴南青年化学联合企业青年树脂袋厂等工厂和企业，其他新的树脂生产基地建设工程也都取得进展。1991 年合成橡胶产量为 15 060吨。

（六）机械制造工业

朝鲜主要机械制造企业有熙川机床厂、“4 月 3 日”工厂、万景台机床厂等。此外还有现代化的金星拖拉机厂和“忠诚”拖拉机厂等拖拉机生产基地，以及现代化的胜利汽车综合厂等汽车生产基地。同时，还有金钟泰电力机车联合企业、“六四”车辆联合企业等铁路运输器材生产基地。

1946 年机械制造业只占整个工业产出的 5.1%。为大力发展机械工业，1959 年朝鲜开展全国性的机床生产运动，机械工业得到很大发展。从 20 世纪 70 年代中期开始，朝鲜从西方发达国家引进先进机器设备。在“二七”计划期间，机械制造业增长 130%。

“三七”计划期间，机械工业把加速行业冲压化、模锻化，开展焊接和绝缘体革命作为主要任务，决定提高机械产品生产的冲压化、模锻化和焊接结构比重；在发展科学技术和电子自动化工业的基础上，实现生产过程自动化、机器人化和电子计算机化；通过采用高速精密设备实现全行业现代化，使机械工业生产增长 150%。1992 年朝鲜生产了 2.2 万台机床、2 万台牵引车、1 500台运输车。

（七）轻工业

朝鲜轻工业主要包括纺织、食品和日用品工业。

在轻工业发展上，朝鲜实行大型中央工业企业和中小规模地方工业企业并举的方针，采取加速工厂现代化、保证其所需原材料、确保企业的满负荷运转等措施。地方工业企业原由地方政府用行政办法领导。1987 年政务院地方工业部改变对地方工业企业领导体制，成立以郡为单位的“综合工厂”，由郡行政委员会一名副委员长兼任厂长，对所属各地方工厂用经济办法领导。国家只发给“综合工厂”行政人员基本工资的 60%，其余部分则与所属地方工厂的收入分配挂钩。目前全国地方工业企业约有4 500个，每个市、郡有 20 多个，其产品种类达 2.5 万多种。

朝鲜主要纺织厂有平壤综合纺织厂、新义州纺织厂、沙里院纺织厂、九月纺织厂、博川丝织厂、新义州毛纺厂、咸兴毛纺厂等。其中，20 世纪 50 年代由苏联援建的平壤综合纺织厂占主导地位。它基本使用本国生产的聚乙烯醇纤维等合成纤维和新的石油化纤，也使用棉花和蚕丝。纺织工业以化学纤维纺织为主，同时还有棉纺、丝纺、毛纺等。

“二七”计划期间，纺织工业以针织制品为重点，大量使用国产奥伦。20 世纪 70 年代引进日本先进设备建立起来的一些骨干工厂企业，则主要生产毛衣、夹克和其他针织服装等产品。这期间，朝鲜的纺织品产量提高 78%，年均增长 8.6%。

“三七”计划提出了通过改造现有设备和安装更先进的纺纱机和织布机，将布匹年产量提高到 15 亿米的目标。1988 年建成龟城纺织厂空气纺纱车间和沙里院纺织厂织布车间，并动工兴建熙川纺丝厂。1989 年顺川维尼纶联合企业建设工程完成。

（八）建筑业

朝鲜在基本建设中贯彻集中化、工业化、正常化方针，大力推进基本建设，以保证社会主义经济的发展。

“三七”计划期间（1987～1993），建设部门力争在保证生产性建设的同时，加快城乡住宅建设，完全解决住房问题。为举办 1989 年第十三届世界青年学生联欢节，政府拨出巨额资金兴建总建筑面积达 550 多万平方米的多项文化和体育设施。其中包括作为联欢节主会场的有 15 万个座位的陵罗岛体育场、青年中央会馆、平壤国际机场扩建和 105 层柳京饭店等 260 多幢宏伟的建筑物。这期间完成的其他主要建筑项目有：位于青春大街的面积达 175 万平方米的安谷体育村（其中包括 9 个室内体育馆、1 个足球场和 3 个饭店）、平壤国际文化会馆等 131 项工程。

随着建筑业的迅速发展，建筑材料工业也已发展成为能够满足改造自然工程和基本建设需要的现代化工业部门。建材工业中占主导地位是水泥工业。朝鲜水泥品种很多，除波特兰水泥外，还有白水泥、高强度水泥、速凝水泥、低温水泥和矾土水泥等。

主要水泥厂除平壤胜湖里水泥厂、黄海南道的海州水泥厂外，还有新建的平安南道顺川水泥联合企业、“二八”水泥联合企业、浮来山水泥厂、“8 月 2 日”水泥厂等。为了实现“三七”计划规定的 1993 年达到2 200万吨水泥和建材生产目标，继 1988 年建成年产能力为 200 万吨的现代化平壤祥原水泥联合企业以后，中央和地方都新建了一批建材工业基地，还建设了一批陶瓷建材厂和玻璃厂。

四　农业

（一）概况

朝鲜于 1946 年 3 月实行土地改革，废除封建土地所有制，把土地分给农民，消除了土地所有制上的不平等。

朝鲜战争停战之前，个体农业占主导地位。从 1954 年起，朝鲜积极推进农业集体化。到 1958 年 8 月，完全实现农业合作化，确立了集体和国营农业体系。1964 年金日成主席发表《关于我国社会主义农村问题提纲》，提出解决农民和农业问题的三项基本原则：（1）在农村彻底进行技术革命、文化革命和思想革命；（2）加强工人阶级对农民的领导、工业对农业的帮助和城市对农村的支援；（3）使农业的领导和管理水平迅速接近先进的工业企业管理水平，加强全民所有制和集体所有制之间的联系，使集体所有制不断接近全民所有制。

20 世纪 80 年代朝鲜约有3 800个集体农场和 180 个国营农场，其中集体农场耕地占 90%。90 年代，政府逐步推行集体农场国有化。经过合并，扩大了农场平均面积。

朝鲜重视农业发展，推进以全面实现农业水利化、机械化、电气化和化学化为基本内容的农村技术革命。然而，山地居多，农业用地较少，尤其是缺少耕地面积，加上不合理的生产关系，一直制约着朝鲜农业的进一步发展。长期以来，朝鲜致力于围海造田，但收效不甚显著。近年来，朝鲜开展大规模的土地整理作业，平整土地，将面积窄小不一的小块田地整理为大小划一、适合机器生产的大块田地，从而在一定程度上减少了田埜占地面积，扩大了耕地面积。

1. 水利化

1975 年基本实现农田水利化后，朝鲜将灌溉工程重点由已取得相当成功的稻田转移到非稻田。“二七”计划期间（1978～1984），非稻田灌溉量增加了 40%。20 世纪 80 年代后期引进非稻田喷灌。1988 年又开展全民运动扩大旱田灌溉面积。

随着作物单位面积产量不断提高，旱田喷灌面积逐渐扩大和围海造田面积增加，农业对水的需求不断增加。为进一步提高水利化水平，实现“三七”计划期间（1987～1993）农业年均增长率达到4.9%的目标，加速西部地区“千里引水渠”工程建设。至21世纪初，兴修了2 000公里水渠，把大同江和礼成江、鸭绿江和大宁江连成一个大灌溉网，解决了西部产粮区农田的灌溉问题。

2. 电气化

20世纪90年代初期，农村年供电量达到25亿千瓦小时。同1963年相比，1993年农村用电量增长了7.6倍。

3. 机械化

1974年朝鲜实现了年产7～8万台拖拉机的目标，农业机械化进入即将完成阶段。1984年每100公顷耕地平均拥有的拖拉机数，平原地区为7台，山区和半山区为6台。水旱田的翻耕、插秧、除草、施肥、收割、脱粒、搬运等作业基本实现了机械化。

“三七”计划提出了要达到每100公顷耕地平均拥有拖拉机10～12台、载重汽车1.5辆，每100公顷水田拥有插秧机5.5台的任务。20世纪90年代初，“三七”计划规定的稻田插秧机拥有量目标得以实现。

4. 化学化

朝鲜于1975年完成了平均每公顷耕地化肥施用量达到1吨的目标。1977年稻田与非稻田每公顷施肥量分别为1.3和1.2吨。1984年实现了每公顷2吨的目标。

“三七”计划中，朝鲜提出了每公顷耕地施肥要达到2.5吨的目标。然而，近年来化学工业备受燃料原料短缺之苦，生产化肥不足需求一半，严重依赖进口。

除推进农业水利化、机械化、电气化和化学化以外，朝鲜还注意普及农业科技知识。20世纪90年代中期，农业技术人员和专家人数已达到24万。

近年来，朝鲜重点加强水利建设，推广农村技术，加强科学种田和农产品价格激励政策，使得90年代中期遭受水旱灾害严重打击的农业生产，得到一定的恢复与发展。

（二）种植业

朝鲜主要农业基地集中在西部平原地区。北部边陲夏季只有2个月，生长季很短；而最南部则有至少4个月的生长季。

在朝鲜国土面积中，农业用地约为20%，其中耕地只占16%，1997年总耕地面积约为185万公顷。除去果园和种植经济作物占地，用于种植粮食作物的耕地只有150万公顷。人均耕地不足0.1公顷。因此，朝鲜一方面根据因地制宜、因时制宜的原则，采取保证单位面积棵株数和每穴棵株的方法，不断提高单位面积产量，另一方面通过开荒和开垦海涂，扩大耕地面积，其中大部分造田用于种植水稻。

为增加耕地面积，朝鲜从1976年起实施《改造自然计划》，计划开发10万公顷荒地，修建15万～20万公顷梯田，围海造田，完成非稻田灌溉、植树造林和蓄水等项目。1986年完成了历时5年、对围海造田具有重要意义的西海拦河大堤工程。该大坝总长8公里，横穿大同江，包括1个主坝、3个闸河和36个水闸，耗资约400万美元。

表3 朝鲜1989～1999年主要农作物产量 （万吨）

区分 品种	单产（公斤/公顷）				总产量（万吨）			
	1989～1991	1997	1998	1999	1989～1991	1997	1998	1999
稻谷	5 961	2 499	3 978	4 040	373.0	152.7	230.7	234.3
小麦	1 467	1 333	2 357	3 000	12.7	10.0	16.5	18.9
粗粮	4 823	1 661	2 576	2 289	438.7	123.9	194.0	142.6
谷物小计	5 079	2 001	3 145	3 127	824.4	286.6	441.2	395.8

资料来源 联合国《粮农组织生产年鉴》(1999)。

“三七”计划期间，朝鲜提出了围海造田30万公顷的目标。1991年朝鲜对全国农田进行了改良土壤，以增强土壤肥力，当年粮食产量为：大米400万吨，玉米50万吨，马铃薯100万吨，小麦、大麦和粟类为75万吨。

根据朝鲜政府于1998年初公布的数字，1995～1997年朝鲜粮食生产因连续发生严重自然灾害而大量减产，全年粮食产量分别为350万吨、250万吨和268.5万吨。2002年粮食产量达384万吨。

朝鲜最主要的粮食作物是稻米和玉米，其产量各占粮食总产量近一半；其次为小麦、大麦、小米、高粱、燕麦、裸麦。主要经济作物有烟草、亚麻和苹果、梨、桃、杏、李、樱桃、葡萄、柿子、枣等。北青苹果、黄州苹果、海州梨、载宁桃、龙冈白桃和开城高丽人参等均为朝鲜著名特产。

朝鲜现有果木林（不包括板栗树）30万公顷。果园有国营和集体之分。国营果木农场一般拥有500公顷以上的果园。主要国营果木农场为拥有8 000多公顷果园的黄海南道瓜饴儿郡果木综合农场、果园面积分别超过1 000公顷的平壤果木农场、肃川果木农场、温泉果木农场、黄州果木农场、凤山果木农场和北青果木农场等。集体合作农场的果园面积平均约50公顷，其中有164个合作农场平均拥有果园面积100～500公顷。

（三）畜牧业

朝鲜实行以国营和集体畜牧业为主，个人饲养为辅的方针，积极推进饲养业工业化。在各城市和工人区建立了现代化养猪、养鸡和养鸭厂。根据联合国粮农组织公布的数字，2002年朝家禽畜饲养量4 878万头、只。

表4　　朝鲜1989～1999年主要牲畜存栏数　（万头）

年份 畜种	1989～1991	1997	1998	1999
马	4.4	4.0	4.0	4.0
牛	98.6	54.5	56.5	56.5
猪	579.3	185.9	247.6	297.0
山羊	65.0	107.7	150.8	190.0

资料来源　联合国《粮农组织生产年鉴》(1999)。

（四）林业

朝鲜的森林面积占国土总面积的73%，是世界上森林覆盖面积比较高的国家之一。

朝鲜的潮湿气候有利于树木生长，其落叶松、云杉、冷杉和松木林等优质木材生产基地主要集中于北部山区。

由于战争的损坏和多年来毁林造田，森林面积由20世纪70年代的990万公顷下降到了90年代的940万公顷。为缓解国内木材短缺状况，朝鲜从俄罗斯远东地区进口相当数量原木。为满足不断增长的木材需要和保护森林资源，朝鲜从1992年12月开始施行新的《森林法》，定期动员民众植树造林。

（五）渔业

由于朝鲜半岛地处寒温带海洋性气候带，有漫长海岸线和众多河流，所以渔业资源很丰富。朝鲜主要渔业区分布在东部日本海（东海）和西部黄海海域。日本海（东海）渔业资源有绿鳕、章鱼、沙丁鱼、比目鱼、鳕鱼、鲨鱼、青鱼和鲭鱼。黄海渔业资源则有带鱼、沙鳗鱼和虾类等。深海渔业资源有鲱鱼、鲭鱼和狗鱼等。主要渔港有清津、金策、新浦和元山。深海渔业基地为咸镜南道洪原。除渔业基地之外，在东西海岸传统渔业中心还有较小的渔业集体单位。

水产品是朝鲜居民的主要副食品，因此朝鲜政府对开发渔业资源十分重视。20世纪70年代朝鲜开始进行大规模深海捕鱼。“二七”计划期间朝鲜实现了每年生产350万吨海产品的目标。1985年水产品总产量达到360万吨，其中鱼类产量为239万吨。

朝鲜水产养殖和淡水渔业有较大发展，许多大型渔场在建设之中。到20世纪90年代中期，已拥有约4万艘渔船，包括3 750吨位深海渔船和450吨位近海渔船。随着海洋捕捞发展，21世纪初海产品出口增长迅速，2002年海产品出口值达2.61亿美元，年增幅达65%，成为主要出口产品。

五　交通运输

鉴于交通运输在国民经济发展中的重要作用，尤其是在燃料、原材料和工业半成品运输方面对采掘工业、制造业和对外贸易所具有的举足轻重的影响，朝鲜比较重视交通运输业。从“一七”计划期间（1961～1967）开始，朝鲜重视扩大铁路、公路和海路的运输能力，以及运输的集中化和集装箱化，加大对港口改扩建的投资力度，改善港口货物处理能力。20 世纪 90 年代中期以来，朝鲜特别提出将铁路交通放在交通运输发展的优先位置。

（一）铁路

朝鲜陆路交通以铁路为主，60％以上的客运量和 80％以上的货运量由铁路承担。全国铁路总长近9 000公里。

为提高铁路运输能力，朝鲜在铺设新铁路的同时，大力推进铁路电气化。继 1988 年铁路货运量比上一年增加 20％之后，1989 年完成青丹—德达铁路铺设、罗津—清津复线和端川—万德铁路电气化工程，基本完成安边—温井里、南洞—温泉铁路铺设工程、海州—瓮津窄轨改宽轨和惠山—满浦铁路电气化工程。1993 年基本实现干线铁路电气化，电气化铁路总长度达到2 000多公里。

与此同时，朝鲜推进铁路运输重量化，电力机车由 4 轴、6 轴转向 8 轴大动力机车。加紧完成北部铁路工程项目，在 5 年多的时间里完成了该项目第一期工程，即长达 252 公里的惠山—满浦青年铁路。它包括 76 个隧道，116 座桥梁，42 个车站，对开发北部山区具有重要作用。

首都平壤是全国铁路运输中心，也是朝鲜半岛主要铁路交通枢纽之一。从半岛东南端韩国釜山、经汉城和平壤直通半岛西北端新义州和从半岛西南端韩国木浦、经汉城和元山直通半岛东北端洪仪里的半岛两条主要铁路干线，以“X”形状贯穿半岛。朝鲜有定期国际列车来往于平壤—北京和平壤—莫斯科之间。目前，铁路交通承担了全国大约 62％的客运量和 86％的货运量。

此外，1973 年朝鲜在平壤建成由两条线路组成的总长 32 公里的地铁系统。

（二）公路

在朝鲜交通运输体系中，公路运输和水路运输均处于从属地位。公路运输主要起着联系铁路与河运、沿海与内地的纽带作用，并以短途运输为主。

朝鲜公路总长 7.5 万多公里，四通八达；农村每个里都有公路。主要公路交通运输中心有平壤、云山、新溪、惠山等地。

截至 1993 年底，朝鲜全国高速公路总长度为 524 公里。继平壤—元山（172 公里）、平壤—南浦（53 公里）高速公路建成通车以后，又建成平壤—顺安（15 公里）、元山—金刚山（114 公里）、平壤—开城（170 公里，1992 年 4 月竣工）高速公路，完成了平壤—妙香山旅游公路（135 公里，1995 年 10 月竣工）工程建设。

（三）水运

朝鲜主要商业河道为鸭绿江、大同江、图们江和礼成江。固定客货线路有南浦—造山—水丰、清水—新义州—大沙岛、南浦—椒岛、平壤—南浦，此外还有连接载宁江和大同江的航线。1994 年朝鲜有 115 艘远洋运输船，总排水量约为 70 万吨。

水运虽然在交通运输中所占比例不大，但其作用在加强。1995 年 11 月，罗津—先锋自由经济贸易区港口海运系统，作为图们江三角洲发展计划的一部分宣告开工。这个系统是朝鲜和中国延边海运公司的合作计划，它将连接朝鲜罗津、中国延吉和韩国釜山，大大节省海运时间和运输费用，同时将促进朝鲜与韩国的双边贸易。

（四）港口

朝鲜海运港口主要集中在东部沿海，主要港口是清津、南浦、兴南、元山等。

清津港　位于咸镜北道日本海（朝鲜东海）岸，于 1908 年开埠。该港分有东西两个港区。东港有 5 个杂货、散货和散粮泊位；西港是煤、矿石出口港区。港口冬季多雪冰冻，但不碍航行。

兴南港　位于咸镜南道日本海（朝鲜东海）咸兴湾北岸。该港冬季多西北风有薄冰，但不碍航行。夏季多南风，全年少雾，潮差也很小。港内最小水深 8.54 米，可允许吃水 7.62 米以下的船只进港。兴南港有用于煤炭进口的煤码头，用以输出水泥、化肥等的散货码头，以及杂货码头和小艇码头。

南浦港　位于南浦直辖市大同江口北岸，是首都平壤的外港。它临北黄海，距入海口约 20 公里，1897 年辟为商港。到 20 世纪 80 年代中期，该港建成2 000米码头岸线、9 个泊位，其中 5 个为远洋深水泊位，最大能停靠 5 万吨级轮船。港口吞吐能力比战前提高 3 倍多，主要出口煤炭、水泥、粮食等，进口所需工业品。

（五）民航

朝鲜国内航线不多，有不定期的平壤—咸兴、平壤—清津等航线。

朝鲜先后开辟的定期国际航线有平壤—北京、

平壤—大连—北京、平壤—名古屋、平壤—莫斯科、平壤—莫斯科—柏林、平壤—莫斯科—索非亚、平壤—哈巴罗夫斯克、平壤—海参崴、平壤—曼谷等。另外，平壤与欧洲、中东、非洲之间还有不定期航班。

1992年1月，朝鲜曾与日本达成年度包机飞行协议，商定日本航空和全日空飞行20架次，朝鲜民航和金刚山国际航空飞行60架次。1993年初双方商定将该年度包机飞行协议顺延1年。

朝鲜主要国际机场为距离平壤24公里的顺安机场。

六　旅游业

（一）旅游资源

朝鲜的地理位置、地形和地貌以及气候条件，造就了丰富多彩的自然旅游资源。

在自然旅游资源中最具特色的是景观资源。白头山、金刚山、妙香山、七宝山、九月山等都是世界闻名的旅游胜地。由于这里自然环境保持较好，吸引着许多外国游客。

朝鲜地处北半球寒温带，四季分明，气候宜人。春季从3月开始，延续到5月；夏季从6月持续到8月；9～11月是秋季；冬季则从12月到翌年2月。朝鲜年平均气温为8℃～12℃，最热的8月份，大部分地区平均气温为23℃～27℃；最冷的1月份，大部分地区平均气温为－5℃～－20℃。朝鲜年平均降水量为1 120毫米，与世界陆地年平均降水量相比，显得相当丰富。朝鲜年日照时数为2 280～2 680小时，雨季日照时数超过200小时。朝鲜的气候属于典型的东亚季风性气候。旱季和雨季鲜明。夏季的降水量占年降水量的50%～60%。冬季有“三寒四暖”现象，即3天连续出现寒冷天气之后，紧接着是4天温暖天气的周期性现象。

此外，还有丰富的矿泉、海水和特殊气候等能用于医疗的自然资源。已知的矿泉地带有152处，其中温泉56处、药水泉96处。

人文旅游资源也很丰富。朝鲜具有悠久的历史和文化。朝鲜半岛作为人类的发祥地之一，经历了猿人、古人、新人等人类早期发展阶段，养育了具有悠久文明历史、使用同一种语言和具有同样风俗传统的单一民族。因此，朝鲜有许多历史文化遗迹。

平壤、南浦、黄海道和开城一带，有10万年前原始人遗迹（黑色毛卢遗迹），和高句丽时期德洪里坟、江西世坟、古国原王坟、东明王坟，还有高丽时期公闵王壁画坟和封建王公贵族的坟墓。大成山城、平壤城、太白山城、正方山城、大兴山城、垂扬山城等古城墙，大成山城南门、大东门、普通门、开城南门、大兴山城北门等古城门，乙未台白相楼、通军亭、万岁楼等古楼亭，广法寺、宝贤寺、观音寺等古刹，都展现着朝鲜悠久的历史和优秀的建筑艺术。在平壤朝鲜中央历史博物馆、朝鲜民俗博物馆和朝鲜美术博物馆，陈列着世界最早的金属活字及其印刷物、朝鲜李朝500余年的政府日志《李朝实录》和佛教传书《八万大藏经》、享誉世界的高丽青瓷和金刚山金佛像等许多历史文物。其他各地也都有历史博物馆。开城还有高丽博物馆。

各地还有许多专门纪念地、纪念碑、博物馆，陈列着朝鲜人民在金日成和朝鲜劳动党领导下进行革命斗争的生动历史资料和遗物。在平壤和其他地方，还可以见到很多具有民族和时代特色的纪念性艺术造型物，欣赏到独特的朝鲜艺术表演。朝鲜还有许多产业形态的旅游资源，可以通过其中直接了解朝鲜的经济发展。

（二）旅游设施

从20世纪80年代中期开始，朝鲜积极发展对外旅游业。1986年朝鲜政府将旅游管理局升格为国家旅游管理总局。1987年确定白头山、金刚山、妙香山、南浦、清津、元山、咸兴、开城、板门店、海州等地为对外开放旅游区。同年9月朝鲜正式加入世界旅游组织，先后与日本、美国、联邦德国、法国、澳大利亚、中国香港等地的旅行社建立了联系。

1988年朝鲜开辟了香港—丹东—平壤旅游线，同年4月开辟了丹东—新义州一日游；1989年末开辟了丹东—新义州—妙香山3日游；1990年又开辟了大连（沈阳）—丹东—平壤—妙香山—金刚山—开城—板门店—平壤，以及珲春—延吉—稳城1日游等国际旅游线路。此外还兴建了平壤郊区的高尔夫球场、咸兴海员俱乐部，有800个座位的鸭绿江外宾用旅游船等设施。

朝鲜金刚山旅游特区是朝韩双方经济合作三大项目之一，被誉为朝鲜半岛南北经济合作的象征。

1998年11月，现代峨山公司与朝鲜亚太和平委员会合作，开辟了金刚山旅游项目。韩国游客利用韩朝间的海上线路及后来开辟的陆地线路前往金刚山旅游。1998年11月18日，882名韩国游客乘坐“金刚号”客轮抵达朝鲜江原道高城郡长箭港，开始了金刚山旅游特区处女游。截至2004年底，已有120多万名韩国游客及部分外国游客通过海路或陆路实现了“跨越军事分界线的特殊旅游”。

七 财政金融

（一）财政

朝鲜实行中央和地方两级财政预算体制。1974年废除税收制度，国家财政收入全部来自周转金和国营企业上缴的利润。

表5 朝鲜1990～2002年财政收支状况 （亿朝鲜元）

年份	收入	支出	差额
1990	356.9	355.1	1.8
1994	416.2	414.4	1.8
1998	197.9	200.2	-2.3
2000	209.3	209.5	-0.2
2001	216.4	216.8	-0.4
2002	222.8	221.3	1.5

资料来源 朝鲜《劳动新闻》。

朝鲜每年财政收支基本平衡，略有盈余。20世纪80年代，国家预算收入每年平均增长6.7%，国家预算规模扩大了90%。

1995年国家财政预算出现大幅度负增长，1996年继续出现下滑趋势。1999年财政预算规模比上一年度有较大增长。2000年国家财政规模较1999年又有所增长，但与历史最高时期相比，仍有很大差距。2002年，国家预算收入和支出均为221.7379亿朝元，实际财政收入超过计划0.5%，其中22.7%用于国民经济各部门投资，14.9%用于国防。

（二）金融

朝鲜没有私营金融部门，政府金融在启动国内储蓄和分配资源方面起决定作用。

朝鲜中央银行是货币发行银行。国内主要银行还有朝鲜贸易银行、金刚银行、朝鲜大圣银行和与日本Palace会社合营的朝鲜乐园金融合营会社。朝鲜贸易银行将其外汇部门单独分离出来，从事外汇业务，促进政府间的协定和外国银行与金融机关之间的协定，有权决定和颁布外汇汇率。

第六节 外贸与对外经济关系

一 外贸

朝鲜坚持独立自主、自力更生地发展经济和提高人民生活。国内所需基本和大宗物品主要靠自己力量生产供应；国内没有的、需要量不大或不能完全满足需要的物品，本着互通有无的原则，通过对外贸易来解决。

朝鲜贸易进口主要以满足经济生产所需和缓解计划外短缺、实现重工业进口替代为目的。1989年朝鲜劳动党中央六届十四中全会通过《关于迅速发展机床工业和电子、自动化工业的决议》以后，朝鲜增加了对先进技术设备的进口。出口则主要用于偿付进口和解决计划外盈余。

朝鲜历年进口的商品主要是石油、炼焦煤、机械和运输设备、高等级钢铁产品、电子产品、纺织产品、化学药品、粮食、棉花和大豆等。2002年，朝鲜的两个主要的进口项目是矿产品、机械及电子电器产品，两项各占进口额的15.5%，如果加上纺织品10.4%，化学品8%，将占到进口总值的一半。

出口产品主要是钢铁、有色金属、机床、机器设备、金属制品、军火、化工、化纤产品、纺织品、服装、水果和水产品等。直到20世纪80年代中期，稻米曾是主要出口商品。但在90年代初出现粮食短缺以后，朝鲜开始从泰国、韩国和其他国家进口稻米和小麦。2002年，由于急需硬通货，在出口商品结构上，初级产品出口增长迅速，半成品和制成品出口萎缩。动物制品（主要是鱼类和贝类）2002年增幅高达65%，占所有出口产品的1/3强。纺织品在出口中的位置在下滑。1995年，占首位的纺织品（主要是纱）占出口收入的1/3。至2002年，纺织品出口降幅达12.4%，虽然它仍是第二大出口品，但在出口中的比重已降至1/6。

朝鲜对外贸易规模起伏较大。1984年出口总额相当于1946年的74倍。但外贸额绝对值及其所占国民生产总值比例都不大。1988年最高峰时，对外贸易总额为52.40亿美元，进口额和出口额分别为32.10和20.30亿美元。1996年对外贸易总额降到23.62亿美元，其中出口8.37亿美元，进口15.25亿美元。至2002年朝鲜对外贸易额又增为29亿美元，年增幅达28%；出口超过10亿美元，年增幅超过37%；进口近19亿美元，年增幅达25%。贸易赤字为8.88亿美元。

表6 朝鲜1998和2002年主要进出口商品结构 （百万美元 %）

区分 品种	进口				出口			
	1998		2002		1998		2002	
	金额	占有率	金额	占有率	金额	占有率	金额	占有率
动物制品	175	19.8	103	6.9	61	10.9	261	35.5
植物制品	64	7.2	118	7.9	58	10.3	27	3.7
矿产品	151	17.1	236	15.9	43	7.7	70	9.5
化工塑胶	120	13.6	188	12.7	28	5.0	42	5.7
纺织品	88	10.0	158	10.6	148	26.4	123	16.7
机电产品	91	10.3	235	15.8	90	16.1	86	11.7
其他	194	22.0	447	30.2	132	23.6	126	17.2
合计	883	100.0	1 485	100.0	560	100.0	735	100.0

资料来源 大韩贸易振兴公社，2000年6月；英国《国别报告：朝鲜》，2003年8月。

朝鲜逐步实行贸易多边化和多样化政策。朝鲜战争结束初期，贸易伙伴曾全部为社会主义国家。20世纪70年代，朝鲜进口西方国家技术设备，贸易对象结构发生变化。80年代末，同社会主义国家的贸易占其对外贸易总额的60%。到90年代，朝鲜与世界上100多个国家和地区建立了经济贸易关系，同50多个国家和地区签订了政府间贸易协定；主要贸易对象为中国、日本、韩国、俄罗斯、东南亚国家和其他第三世界国家。

20世纪70年代从西方国家进口先进设备，日本曾为最大贸易伙伴。到80年代末，苏联一直是最大贸易伙伴。1989和1990年，朝苏贸易量占进出口总量的49.8%和53.9%。苏联解体后，1991年这个比重急剧下降到17.3%，俄罗斯成为落在中国和日本之后的第三大贸易伙伴。2003年，中、韩合计占朝鲜出口总额的64.2%和进口总额的51.8%。

中国与朝鲜于1951年签订贸易协定书，1989年两国又成立了经济贸易科技合作委员会。1989和1990年，朝鲜对华贸易分别占其对外贸易总额的11.7%和10.1%。随着朝苏贸易下滑，中国成为最大贸易伙伴（占外贸总额的22.8%），即最大进口国和第二大出口国。随着两国关系不断发展，双方本着平等互利、互通有无的原则，不断扩大经贸交往。朝鲜从中国进口的主要商品有原油、炼焦煤、石膏、锰砂、原盐、轮胎等；向中国出口的主要产品有无烟煤、磁铁粉、水泥、钢板、有色金属、红参等。据中国海关总署统计，2003年中国仍是朝鲜最主要的贸易伙伴，中朝贸易总额为10.23亿美元，同比增长38.5%。其中中方出口额为6.28亿美元，同比增长34.2%，进口额为3.95亿美元，同比增长46%。自1990年以来，朝中双方累积的贸易赤字已超过40亿美元。

2002年，韩国是朝鲜的第二大贸易伙伴和最大的出口地。多年来，朝韩贸易额在3～4亿美元之间波动，但在2002年，猛增到6.42亿美元（增幅达59.3%），超过了日本而紧随中国之后。

1991年，日本成为朝鲜出口商品最大进口国和第三大对朝出口国，列居中国和苏联之后为朝鲜第三大贸易伙伴。1995年日本超过中国，成为朝鲜最大贸易伙伴。近年来，随着东北亚地区形势变化，朝日贸易额呈下降趋势，2002年朝日贸易额为3.7亿美元，仅仅是朝中贸易额的一半，较2001年下降了22%。其中，朝鲜从日本进口几乎下降了一半，使得作为朝鲜主要进口来源国日本的位次，从第三下降到第六，在中国、韩国、印度、泰国和德国之后。

由于美国对朝鲜施行经济制裁，朝美之间没有贸易往来。1995年首次访美的朝鲜贸易代表团与美国签署了向美国出口10万吨菱镁矿的合同。

表7　　朝鲜1982～2003年对外贸易估计值　　（亿美元）

年份	进出口总额	进口总额	出口总额	进出口差额
1982	17.42	8.43	8.99	−0.56
1985	30.90	13.10	17.80	−4.70
1988	52.40	20.30	32.10	−11.80
1990	–	–	–	–
1995	20.60	5.90	14.70	−8.80
1996	23.62	8.37	15.25	−6.88
1999	14.80	5.15	9.65	−4.50
2000	23.94	7.08	16.86	−9.78
2001	26.73	8.26	18.47	−10.21
2002	29.02	10.07	18.95	−8.88
2003	31.04	10.55	20.49	−9.83

资料来源　世界银行《世界发展报告》；联合国《亚太统计年鉴》；英国《国别报告：朝鲜》2004年11月。

表8　　朝鲜2003年主要出口地与进口地　　（%）

出口国	占出口总额%	进口国	占进口总额%
中国	37.1	中国	30.6
韩国	27.1	韩国	21.2
日本	16.3	泰国	9.9
泰国	4.8	印度	7.8

资料来源　英国《国别报告：朝鲜》2004年11月。

国际市场上朝鲜主要出口产品价格下滑、石油危机引起进口成本升高、全球经济萧条和国内交通运输困难等，造成朝鲜长期出现贸易赤字和债务问题。20世纪90年代以前，外贸逆差主要是对苏联的。70年代中叶曾出现对日本和西欧机械设备进口还贷困难，影响了从西方国家进一步获得贷款。据估计，1993年朝鲜外债从1988年的5.2亿美元上升到10.3亿美元。20世纪90年代中期以来，随着旅日朝侨资金大量流入，外债问题得到很大缓解。

据世界银行以主要出口商品种类和对外债务划分国家的标准，1996年朝鲜被列为制成品出口低负债国家。

二　对外经济关系

（一）引进外资

从20世纪80年代起，朝鲜鼓励各经济部门同世界其他国家开展经济合作，引进外资，创办合资和合营企业。

为扩大同世界各国的经济与技术交流，1984年9月，朝鲜公布了旨在鼓励外国企业投资的《朝鲜民主主义人民共和国合资经营法》。该法公布以后，对外经济技术合作得到很大发展，合营企业逐年增加。1988年已有100多家合营企业注册，其中70%是旅日朝侨投资。1989年，外国企业在朝投资项目，从1985年的6项增加到53项。

为更多地吸引外资和加强对合营企业的领导，朝鲜政务院于1988年新设合营工业部，1991年改为合营工业总局。当年政务院又作出《关于建设自由经济贸易区》的决定，扩大对外招商引资和经济交流与合作规模，并陆续公布了50多项有关自由经济贸易区的法律和法规。自由经济贸易区设在与中国和俄罗斯接壤的罗津和先锋地区，面积746平方公里。1992年修改的宪法还增加了国家鼓励机关、企业、团体同外国法人或个人企业合营和合资等内容。同年又公布了《外国人企业法》。为实施该法，1993年公布了针对外资企业的《税法》、《外汇管理法》和《土地租赁法》，为外国企业运营提供了法律保障和各种优惠条件。

至1992年9月，外商合资项目累计达到140多项，外资总金额约1.5亿美元。截至1998年底，在朝注册外国人投资企业总数超过400个，其中大部分已经投产。它们主要集中在电子、机械、化工、建材、轻工、纺织、服装、水产、农业、制药、银行、运输、通信、饮食服业等行业。合营企业的电子产品、宝石、工艺品、陶瓷器具、钢琴等的产量增加很快。

1996年，朝鲜举行罗津—先锋国际投资暨企业讨论会。联合国开发计划署、联合国工业开发组织及中国、美国、日本、英国、法国、意大利、加拿大、芬兰、新加坡、荷兰、澳大利亚、丹麦、德国、印度等26个国家的代表团和500多名投资商及企业负责人与会。会议共签署2.7亿美元的合同和5.7亿美元的意向书。近年来，罗津—先锋自由经济贸易区外资投入逐渐增加，到1997年10月，已到位资金近5 000万美元，开工项目13个，涉及基建、制造等行业。

20世纪80年代中期以后，朝鲜与苏联合营项目增加较快，从苏联进口设备和原料，返销苏联。90年代初朝苏合营服装和鞋类加工厂达20多个。与此同时，旅日朝侨对轻工业部门的投资也迅速增加。

朝鲜还在国外建立合营企业。国外经济合作项目主要集中在俄罗斯。朝方出劳动力在俄远东地区伐木，俄方提供机械设备，朝鲜工人的工资以木材支付。两国商定在俄远东地区兴建木材加工厂和家具厂、合营海胆加工厂、利用朝鲜农业技术和劳动力进行种植业合作和合营餐厅。朝鲜在中国也有多家饮食服务合营企业。

（二）外国援助

1994年以来，由于连年遭受自然灾害等原因，朝鲜粮食、能源、原材料和其他物资供应出现严重短缺。国际社会通过双边或世界粮食计划署等国际组织向朝提供了大量人道主义援助。1995～1999年，中国先后向朝鲜无偿提供了价值3 000万元人民币的紧急救灾物资、52万吨粮食、8万吨原油、2万吨化肥和40万吨炼焦煤。一些国家和地区通过世界粮食计划署等国际组织，也提供了大量粮食和其他人道主义援助，主要为美国、韩国、日本、欧盟等。联合国开发计划署、国际红十字会等一些国际机构、非政府组织和团体也提供了援助。

据韩国统计，1995～2003年国际社会对朝援助共计29.96亿美元，主要是粮食、化肥等。2003年国际社会对朝援助4.2亿美元，主要援助国依次为美国、韩国、欧盟、俄罗斯和意大利。联合国机构援朝1.33亿美元，韩援助2.6亿美元。

第七节　人民生活与社会保障

一　人民生活

按照以人均国民生产总值划分国家类别的标准，20世纪90年代以来朝鲜一直被世界银行列为“下中等收入国家”。根据联合国开发计划署资料，1996年朝鲜人均国内生产总值为481美元。

迄至20世纪90年代初，朝鲜始终致力于提高全体国民生活水平和逐步缩小人民生活水平差别。在具体做法上，坚持多提高低收入人员生活费，以缩小人民生活差距；加强对农业的支援，减轻农民负担，以缩小工农之间的差别。

表9　　朝鲜1970～1992年食品供应状况

类别＼年份	1970	1980	1990	1992
每日人均热能摄入量（卡路里）	2 392	2 957	2 938	2 833
其中：植物产品	2 272	2 780	2 720	2 624
动物产品	120	176	218	209
每日人均蛋白质摄入量（克）	70.5	83.2	85.3	82.7
其中：植物产品	59.5	68.3	66.3	64.3
动物产品	11.0	15.0	19.0	18.3
每日人均脂肪摄入量（克）	28.8	37.2	41.0	40.6
其中：植物产品	20.9	24.9	26.4	26.4
动物产品	8.0	12.2	14.2	14.2

资料来源　联合国粮农组织生产年报（1994）。

同时，为了更好地解决人民吃、穿、住问题，朝鲜在提高职工生活费的同时，还注重劳动者福利待遇的改善。在粮食和日用品供应方面，国家提供大量补贴，提高集体福利所占的比重。国家定期向许多职工无偿供应制服、工作服和劳动保护用品，承担学生和儿童服装费的大部分，经常向儿童和学生赠送学习用品。职工住宅使用费仅占生活费的0.3%，加上燃料及其他使用费也不过3%，并且向农民提供新式免费住宅。

进入21世纪，为了革除旧体制的弊端，朝鲜加快了经济调整与改革步伐。从2002年7月开始，采取了一系列调整和改革经济的重要措施，主要包括：全面提高物价和职工工资，调整朝鲜货币对国际流通货币的比价，改变单一化银行制度，成立信托银行，成立经济特区。这些改革的积极意义是食品和其他产品的供应得到一定程度的改善，但是，工资和物价的同步上涨并没有解决货币流通领域的问题，相反，却引起了严重的通货膨胀，并使贫富之间的差距开始扩大。

朝鲜在推动各项改革的同时，还着手经济结构调整，积极促进有关国计民生的轻工业和农业的发展。全国各地新建和改建了一大批养鸡场、鲇鱼养殖场、食品厂、针织厂、电站和住宅，在改善人民生活方面发挥重要作用。并于2003年发行了人民生活国债，主要用于电站建设和工业企业的改造，用于增进人民福利的财政支出占40.5%，确保了无偿教育、免费医疗和社会保障制度的实施。

二　卫生保健与社会保障

在卫生保健和社会保障方面，从1953年起在全国普及免费医疗，建立起全民社会保险及社会保障制度。在平壤产院分娩者可以得到政府资金补助，劳动妇女享受带薪产假，有3个以上孩子的妇女每天工作6小时，领取相当于8小时工作的生活费。年老者（男子满60岁以上，女子满55岁以上）得到老年补助金，无人照顾的老人和孤儿由国家给予生活保障。

据20世纪80年代末、90年代初统计和估算，朝鲜每万名人口拥有病床135.9个，医生27名；出生率为22.9‰，死亡率为5‰。

表10　　朝鲜1960～1996年卫生保健状况

年份	每名医生负担人口（人）	总和生育率（%）	婴儿死亡率（‰）	儿童死亡率（‰）		预期寿命（岁）	
				男	女	男	女
1960	–	–	64	–	–	52	56
1965	–	6.5/5.6	63	–	–	55	58
1980	440	–	–	–	–	–	–
1985	–	3.8	27	–	–	65	71
1990	420	2.3	26	36	27	–	–
1996	–	2.1	56	–	–	63	–

资料来源　世界银行《世界发展报告》（1983～1998），《世界发展指标》（1999）。

第八节　教育　科技　文化

一　教育

朝鲜从1956年开始普及初等义务教育，1958年起普及七年制中等义务教育，1959年4月开始实行免费教育制度，1967年起又普及九年制技术义务教育，1975年开始普及包括一年学前义务教育和十年学校义务教育在内的十一年制免费义务教育。

学前教育机构是以4～5岁儿童为对象的二年制幼儿园。儿童在幼儿园大班接受一年学前教育，6岁进四年制小学。中等教育机构是六年制高等中学。学生从高等中学毕业后，可以升入二至三年制专科大学或四至六年制大学本科。学生从小学到大学全部免费上学，大学生和专科学校学生都享受国家发给的助学金。

朝鲜现有大专院校260多所，中专570多所。著名高等院校有金日成综合大学、金亨稷师范大学、金策综合工业大学和人民经济大学等。

近年来，朝鲜学生从 14 岁开始把英语作为第二语言必修课。

二　科学技术

为实现国民经济主体化、现代化和科学化，朝鲜大力发展科学技术。1988 年朝鲜劳动党六届三中全会制定并实行了《科学技术发展三年计划》，把电子、生物工程和热工程等列为发展和应用的主要对象。同年科技投资在国民生产总值中的比重达到 3%。1989 年政务院颁布的《发展科学技术计划》规定，国家保护个人的发明专利权，对重大发明者给予奖励。

在科学研究工作为国民经济的主体化、现代化和科学化服务的过程中，科技工作者解决了国民经济各部门遇到的许多科技难题。20 世纪 80 年代末以来，朝鲜研制出高性能微型电子计算机、多功能机器人、数控机床、加工中心机床等，在生物、热工学研究和应用方面取得了不少成就。例如，采用微生物技术生产蛋白饲料，依靠工业化养殖技术发展浅海养殖业，利用基因工程学培育抗病虫害的高产水稻、玉米，利用植物组织细胞在试管中培育西红柿、橘子苗等。

朝鲜有科学院、社会科学院、轻工业科学院、工业科学院、教育科学院、医学科学院等部门科学院和研究所等专门研究机构。全国知识分子总数从 1987 年的 130 万人，达到 90 年代末期的 170 多万人。

三　文化

（一）文学

上古朝鲜的文学作品以口头形式流传，保留至今的主要有古歌谣和神话传说，如《龟旨歌》《檀君》《东明王》《解慕漱》和《箜篌引》等。

公元前 1 世纪至公元 7 世纪，朝鲜半岛先后出现了高句丽、百济和新罗 3 个国家，史称“三国时期”。这一时期的文学作品主要是些历史传说和故事，收在后来的史书中，如《朱蒙》《乙支文德》和《都弥的妻子》等。

新罗统一三国以后，朝鲜的乡歌和汉诗继续发展，著名的乡歌有《祭亡妹歌》和《献花歌》等。而这一时期由于受中国唐诗的影响，新罗朝的汉诗也很发达，涌现出一批大诗人，其中最著名的是崔致远。崔致远生于 857 年，12 岁便留学唐朝，17 岁中举，28 岁回国。他在中国写作的诗文很多，诗文集《桂苑笔耕集》20 卷被收入《四库全书》，诗歌被收入《全唐诗》。他的诗歌既表现出强烈的爱国热情，又带有浓厚的现实主义色彩，被朝鲜人奉为汉文诗歌的典范。

10～14 世纪的高丽王朝时期，朝鲜产生了一批在民间文学基础上形成的国语诗歌，被称为高丽歌谣。其主要代表作有《墨册谣》《阿也歌》《沙里花》和《西京别曲》等。

朝鲜李朝建立于 1392 年。在此后的几个世纪，李朝文学有了很大发展，出现了不少文学家和著名作品。李朝前期的小说家以金时习（1435～1493）为代表，他的作品有《梅月堂集》17 卷和小说集《金鳌新话》。李朝中期，无名氏的《壬辰录》是一部歌颂爱国名将李舜臣抗倭的精彩小说。李朝后期，朝鲜出现了三大国语诗集《青丘咏言》《海东歌谣》和《歌曲源流》，同时也出现了朝鲜古典小说的三大名著《春香传》《沈清传》和《兴甫传》。其中《春香传》最为有名，艺术成就最高，屡屡被搬上舞台和银幕。

近代朝鲜被日本占领前后，随着思想界启蒙运动的开展，朝鲜文坛上出现了新小说，其代表者为李海潮（1869～1927）和李人植（1826～1916）。此后，开始了朝鲜文学的现代时期。20 世纪 20 年代以后，朝鲜的无产阶级文学组织出现，并出现了一大批无产阶级作家。

（二）艺术

上古朝鲜人举行祭祀时使用音乐和舞蹈，后来这些乐舞逐渐发展变化为民间乐舞，即所谓的“乡乐”、“农乐”一直流传下来。三国时期，中国的玄琴被改造为朝鲜乐器，伽耶国的伽耶琴也传到新罗。

朝鲜民族能歌善舞，舞蹈独具特色。古代则有民间舞、宫廷舞（呈才）和僧侣舞（梵舞）等多种流派。

流传下来的朝鲜早期绘画为古墓壁画，多见于 4～7 世纪的墓葬。高丽时期，很多画家到中国学习山水画。15 世纪到 16 世纪中叶，画师多模仿中国绘画。16 世纪中叶到 17 世纪末，开始出现朝鲜画风。18 世纪，朝鲜画风确立。

朝鲜建筑中的宫殿、寺庙、佛塔等受中国建筑艺术影响较大。庆尚北道庆州市的佛国寺初建于

515年，重建于751年，规模宏大，为朝鲜早期佛寺建筑的代表作。到新罗时期，佛教兴盛，佛教寺庙建筑多而艺术水平高。庆州石窟岩修建于8世纪，学习了唐代雕刻风格，释迦牟尼的雕像、罗汉、菩萨和各种花纹的浮雕等，都体现出朝鲜古代工匠的高超技艺，使之成为新罗时代雕刻艺术的代表作。

（三）媒体

朝鲜最主要报刊有创刊于1946年、发行量为150万份的朝鲜劳动党中央委员会机关报《劳动新闻》；创刊于1946年、发行量为30万份的朝鲜劳动党中央委员会机关刊物《勤劳者》月刊；创刊于1946年的政府机关报《民主朝鲜》；创刊于1948年的日报《朝鲜人民军》。另外还有《青年近卫》《平壤新闻》和《朝鲜文学》，以及其他几十种有关国民经济各部门的全国性专业报刊和各地方报纸。其中全国性报纸有10多种，总发行量约为500万份。

朝鲜有近20个出版社，其中外文综合出版社用多种外文出版《朝鲜》《今日朝鲜》《朝鲜民主主义人民共和国对外贸易》等近10种刊物，用英、法、西班牙文发行的周报《朝鲜时报》。

国家通讯社为朝鲜中央通讯社（简称朝中社），成立于1946年，用英、俄、法、西班牙等文发行日刊《朝鲜中央通讯》。

国家广播电台是成立于1945年的朝鲜中央广播电台。它除了用朝鲜语广播外，还用俄、汉、英、法、德、日、西班牙和阿拉伯语等多种语言对外广播。主要电视台有从20世纪60年代开始播放节目的朝鲜中央电视台、开城电视台，以及从1983年底开始播放节目的万寿台电视台。其中，朝鲜中央电视台每天播送11小时，开城电视台和万寿台电视台分别播送5～11小时不等。

根据联合国教科文组织估算，1993年朝鲜有43万台电视机和290万台收音机。电视网覆盖全国大部分地区。彩色信号传输已遍及平壤。工厂和所有城市空旷地设有扩音设备，家庭有线广播每天22小时播放节目。

第九节　军事

一　国防体制和军事思想

根据新宪法，朝鲜国家最高军事领导机关和国防管理机关为朝鲜民主主义人民共和国国防委员会。国防委员会的职责是，领导整个国家的武装力量和国防建设事业，设置或撤销中央国防机构，任免重要军事干部，制定军衔和授予将军以上军衔，宣布战争状态和发布动员令。国防委员会对最高人民会议负责。国防委员会由委员长、第一副委员长、副委员长和委员组成。国防委员会委员长统帅全国武装力量，领导全国国防事业。

朝鲜劳动党中央设有军事部，共和国政府设有人民武装力量省。朝鲜常备武装力量即朝鲜人民军的常设领导机关，为朝鲜人民军总参谋部和总政治局。现任朝鲜武装力量最高统帅为朝鲜劳动党中央委员会总书记、党中央军事委员会委员长、国防委员会委员长、人民军最高司令官金正日元帅。

通过认真总结朝鲜人民军在1950～1953年朝鲜卫国战争中的经验和教训，1966年金日成在朝鲜劳动党代表大会上提出，把“军队现代化、军队干部化、全民武装化、全国要塞化”作为朝鲜军事路线的基本内容。

二　国防费用

朝鲜国防支出占国家总财政支出的比重，在1961～1966年年平均为19.8%，1967年猛增到30.4%。直到1971年，国防支出占国家总财政支出的比重保持在30%左右之后，1972年又骤降至17.0%，并逐步下降。1991年军费开支占国家财政预算支出的12.1%。1992～1995年保持在11.6%左右，1995年军费开支估计为49亿朝鲜元，约合23亿多美元（按当年汇率换算）。

三　武装力量

朝鲜人民军前身，是金日成于1932年4月25日在中国东北创建的朝鲜抗日游击队，1934年改编为朝鲜人民革命军。1945年8月15日朝鲜光复以后，根据形势发展要求，金日成把建设一支正规化军队看做是建设新朝鲜的最重要任务之一，积极着手建立正规军的准备工作。金日成先后创立平壤学院、中央保安干部学校、朝鲜航空协会和水上保安干部学校，培养了大批工人和农民出身的军事政治干部，建立了正规化武装力量所需的新军种。1948年2月8日，朝鲜人民军正式宣告成立。

在1950～1953年的朝鲜战争中，人民军官兵与中国人民志愿军一道，敢于以劣势装备同以美国为首的现代化的“联合国军”进行激烈较量，经受了考验，捍卫了新生的朝鲜社会主义制度。停战后，人民军在金日成提出的“军队现代化、军队干部化、全民武装化、全国要塞化”的军事路线指导下，发展壮大成为由陆、海、空军和炮兵、装甲兵组成的合成军队。

人民军建军日原为1948年2月8日。20世纪70年代末，朝鲜劳动党中央委员会决定，把金日成创建抗日游击队的1932年4月25日，定为朝鲜人民军建军日。

（一）兵力与编成

1995年6月，人民军现役部队总人数为112.8万（伦敦国际战略研究所资料）。2004年现役部队实力为110.6万人。

1.陆军 编为军（军团）、师（师团）、团（联队）、营（大队）、连（中队）、排（小队）、班（分队）。1995年6月陆军人数为100万。2004年约95万人，编为20个军（其中1个装甲军、4个机械化军、12个步兵军、2个炮兵军、1个首都防御军）、27个机械化步兵师、15个装甲旅、14个机械化步兵旅、21个炮兵旅、9个火箭发射旅；1个特种作战军（8.8万人，下辖22个旅，包括3个空降旅、17个侦察团、1个炮兵空降营、8个特种任务营），6个直属炮兵旅、1个“飞毛腿”地对地导弹旅、1个“蛙”式地对地导弹旅、14个特种炮弹火箭炮旅。陆军武器装备为苏俄制，包括地对地、地对空导弹、中型和重型坦克，火炮、雷达、AA式步枪和其他军事技术装备。其中，T－34、T－54·55、T－59、T－62型主战坦克约3 500辆和PT－76、M－85型轻型坦克560辆；BTR－40·50·60·152等型装甲输送车约2 500辆；122、130、152毫米牵引炮共3 500门，122、130、152、170毫米自行火炮共4 400门，107、122、240毫米火箭炮共约2 500门，82、120、160毫米迫击炮共约7 500门；“蛙”式、“飞毛腿”C改进型及劳动型地对地导弹多枚；若干具“甲鱼”、“耐火箱”、“塞子”和“拱肩”型反坦克导弹；无坐力炮约1 700门；高炮1.1万门。

2.海军 兵力约为4.6万，编为东海、西海2个舰队。装备的作战舰艇有：潜艇26艘（苏制R级等22艘、苏制W级4艘）；护卫舰3艘（“罗津”级2艘、“苏湖”级1艘）；猎潜艇6艘；导弹快艇43艘；鱼雷艇103艘；巡逻艇158艘；扫雷艇23艘；登陆艇10艘。

此外，2个共有6个发射场的“幼鲑”地舰岸防部队导弹团，装备有122、130、152毫米岸炮若干门。

3.空军 兵力为11万人，编为6个航空师。装备有作战飞机621架，其中：H－50型轰炸机约80架，苏－7型18架、苏－25型34架，米格－21型约120架，米格－23型约46架，米格－29型20架，米－24型攻击直升机约50架，地对空导弹约300部（SA－2型240部、SA－3型36部、SA－5型24部）。

4.预备役部队 人数为470万。

5.准军事部队 18.9万。工农赤卫队约350万人，最大年龄为60岁，编成旅、营、连、排，装备有轻武器、迫击炮和高炮。

（二）兵役制度

朝鲜实行普遍义务兵役制。服役期为陆军5～8年，海军5～10年，空军3～4年。

（三）军衔

人民军军衔共分5等21级，将官以上为大元帅、元帅、次帅、大将、上将、中将、少将7级，校官为大校、上校、中校、少校4级，尉官为大尉、上尉、中尉、少尉4级，士官为特务上士、上士、中士、下士4级，兵为上等兵、下等兵2级。

（四）驻外部队

朝鲜约在12个非洲国家派有军事顾问。

第十节 外交

一 概述

朝鲜坚持自主、和平、友谊的外交政策指导方针，以完全平等和相互尊重为原则，努力维护世界和平，发展同其他国家人民的友好合作关系。

朝鲜对外政策经历了不同阶段。建国后到20世纪50年代，朝鲜坚定地捍卫以苏联为核心的社会主义阵营。在朝鲜战争和停战后重建时期，朝鲜从苏联、中国和东欧社会主义国家得到大量军事和其他援助。60年代初中苏关系破裂后，朝鲜站在倾向于中国的立场，致使苏联在一段时间内停止对其援助。60年代，朝鲜同美国的关系依旧处于紧张状态。70年代随着中美关系趋向缓和，朝鲜恢复了同苏联的关系。积极参与不结盟运动，于1975年加入不结盟运动组织，密切了同第三世界国家的关系。同时，朝鲜与西方国家的关系取得突破，与4个北欧国家建立外交关系，从日本和西欧国家贷款引进了价值数亿美元的先进设备。

20世纪80年代前期，朝鲜同一些社会主义国家关系出现不同程度的变化。在柬埔寨问题上，朝鲜支持中国立场；在阿富汗问题上，则倾向于苏联。为加强同苏联和东欧社会主义国家的关系，1984年金日成主席访问了莫斯科和东欧。1986年朝苏海军进行了联合演习。此外，朝鲜还准备向苏联舰队和空军开放一些港口和领空。这个时期朝苏贸易得到迅速发展。到80年代末，朝鲜同103个国家和地区建立了外交关系。从80年代后期到90年代初，由于东欧、苏联和许多独联体国家以及中国先后与韩国建立外交关系，尤其是苏联率先单方面决定，从1991年起对朝贸易要按国际市场价格用可兑换货币结算，1991年朝鲜对外贸易总额大约减少了1/3。这使朝鲜对外政策进入前所未有的重大调整时期。

20世纪90年代以后，朝鲜对外交往范围显著扩大，同美国、日本等西方国家的接触明显增多。1991年9月朝鲜加入联合国，先后建交的国家有：巴哈马、伯利兹、爱沙尼亚、立陶宛、拉脱维亚、圣基茨和尼维斯、塞浦路斯（1991）；乌克兰、土库曼、吉尔吉斯斯坦、哈萨克斯坦、摩尔多瓦、阿塞拜疆、白俄罗斯、亚美尼亚、塔吉克斯坦、乌兹别克斯坦、阿曼、斯洛文尼亚、克罗地亚（1992）；捷克、斯洛伐克、卡塔尔、吉布提和马其顿（1993）。恢复外交关系的有：泰国、格林纳达（1991）；智利（1992）。尤其是2000年以来，朝鲜集中开展对西方国家外交，先后同意大利、菲律宾、英国（2000），以及荷兰、比利时、加拿大、西班牙、德国、卢森堡、希腊、巴西、新西兰、科威特（2001）建立了外交关系，同澳大利亚恢复了大使级外交关系（2000）。截至2003年12月，同朝鲜建交的国家达到157个。

2003年8月至2006年12月，在北京举行了五轮关于朝核问题由朝鲜、韩国、中国、美国、俄罗斯和日本参加的六方会谈。2003年8月，第一轮六方会谈，与会各方最终达成重要共识，确认了朝核问题应通过谈判和平解决的原则。2004年2月25日，第二轮六方会谈，重点讨论了解决核问题的目标和解决核问题第一阶段的措施问题。2004年6月，第三轮六方会谈，与会各方达成“以循序渐进的方式，按照口头对口头、行动对行动”的原则寻求和平解决朝核问题。2005年7～9月，第四轮六方会谈发表《共同声明》。2005年11月，第五轮六方会谈第一阶段会议通过《主席声明》。

2006年10月9日，朝鲜进行了地下核试验。联合国安理会10月14日下午一致通过了关于朝鲜核试验问题的第1718号决议，对朝鲜进行核试验表示谴责，要求朝鲜放弃核武器和核计划，立即无条件重返六方会谈。10月31日，中国、朝鲜和美国三方作出将于近期恢复朝核问题六方会谈的决定后，韩国、俄罗斯、日本均对此表示欢迎，并对中方为此作出的努力表示感谢。联合国秘书长安南当天也发表声明对中朝美的决定表示欢迎。11月1日朝鲜外务省发言人在平壤宣布，在朝美在六方会谈框架内讨论解除金融制裁问题的前提下，朝鲜将重返六方会谈。12月18～22日举行第五轮六方会谈第二阶段会议，22日后休会。2007年2月8～13日，第五轮六方会谈第三阶段会议在北京举行，2月13日通过共同文件《落实共同声明起步行动》。六方就落实2005年9月19日共同声明起步阶段各方应采取的行动进行了认真和富有成效的讨论。3月19～22日，根据2月13日的文件，第六轮六方会谈在北京举行。3月22日各方同意暂时休会，尽快复会。

二　同中国关系

自古以来，朝鲜与中国即保持十分密切关系。在20世纪初日本侵占朝鲜后，朝鲜爱国志士展开抗日斗争，其中有些人士来到中国；在日本发动侵华战争后，中、朝两国人民共同展开抗日斗争直到取得胜利。

朝鲜建国后，于1949年10月6日同中华人民共和国建立了外交关系。1950年10月～1953年7月，由于美国发动侵朝战争，并将战争扩大到中朝边境附近，威胁中国安全，中国人民派遣志愿军赴朝，与朝鲜人民一道把美军等推回到三八线以南；朝鲜半岛交战双方于1953年7月签订停战协定。1953年11月，朝中两国签订了经济文化合作协定。1961年7月，金日成首相访华，两国签订了《友好合作互助条约》。进入20世纪90年代以后，两国继续保持传统睦邻友好合作关系。

2001年1月15～20日，朝鲜劳动党总书记金正日对中国进行非正式访问。访问期间，江泽民总书记与金正日总书记举行会谈；同年9月3～5日，江泽民主席对朝鲜进行为期3天的访问。2004年4月19～21日　朝鲜劳动党总书记、国防委员会委员长金正日对中国进行非正式访问。中共中央总书记、国家主席胡锦涛同金正日举行了会谈。双方就进一步发展中朝两党两国关系、国际和地区形势及朝鲜半岛核问题交换了意见，取得了广泛的共识。

中国政府对朝鲜因连年自然灾害所遭受的人民生命财产严重损失深表关切。截至1999年10月，中国先后向朝鲜无偿提供了价值3 000万元人民币的紧急救灾物资、52万吨粮食、8万吨原油、2万吨化肥和40万吨炼焦煤。

2003年8月开始，在北京举行的多轮朝核问题六方会谈中，中国一直在为推动和平解决半岛核问题作出不懈努力，与各方保持着沟通与协调，耐心、深入地做工作。中国始终坚持劝和促谈，希望有关各方本着对话和协商的态度，多做增进信任的事，努力落实六方会谈发表的共同声明。

三　同美国关系

1945年8月日本投降时，由杜鲁门提议、斯大林同意，美苏两国商定以北纬38°线为界，把朝鲜半岛划分为两个接受日军投降的区域，苏军和美军分别进驻北半部和南半部。后来北南两半部都建立了独立的国家。

在美苏两个大国严重对峙的冷战情况下，1950年6月25日，朝鲜内战爆发。随之，美国出兵朝鲜，并派第七舰队封锁台湾海峡。1950年9月15日，美军在仁川登陆，进而向“三八线”以北进犯，逼近中朝边境，美机一再赴中国东北轰炸扫射。为了抗美援朝、保家卫国，1950年10月19日，中国派出人民志愿军渡过鸭绿江，入朝参战。1953年7月27日，美国被迫签订了《朝鲜停战协定》。

20世纪90年代以来，朝鲜同美国的接触明显增多。两国经数十次参赞级接触，1992年首次在纽约举行高级会谈。从1990年开始，朝鲜向美国移交在朝鲜战争中死亡的美军官兵遗骨，截至1993年底共移交190具。

但美国认为，改善双边关系的主要障碍是它所怀疑的朝鲜核武器发展计划。1991年，朝鲜与国际原子能机构（IAEA）就《核安全保护协议》草案达成协议，允许对其核设施进行核查。美国宣布撤回世界各地战术核武器、韩国确认未保留驻韩美军战术核武器之后，朝鲜正式签署《核安全保护协议》，并向国际原子能机构提交关于其核设施的详细报告；国际原子能机构开始对朝核设施进行正式核查。但美国仍怀疑平壤北部宁边一座建筑物为核材料再加工厂。

1993年朝鲜拒绝国际原子能机构对宁边两处设施进行特别核查，宣布要退出《不扩散核武器条约》。朝美在纽约举行首次副外长级正式会谈，发表两国第一个联合声明，就保证不使用包括核武器在内的武力和以武力相威胁，保障朝鲜半岛无核化及和平与安全，互相尊重对方主权、互不干涉内政，支持朝鲜和平统一等原则达成协议。朝鲜宣布暂时中止退出《不扩散核武器条约》，允许国际原子能机构继续进行核查。此后双方又进行第二次正式会谈和多次接触，签署了关于美军人员遗骨问题协议。

1994年，克林顿总统和金日成主席通过访朝的美国宗教领袖互相转达口信。不久，朝鲜在无有效监督下更换使用过的重水核反应堆燃料棒，导致国际原子能机构提议给予国际制裁。因此朝鲜宣布完全退出国际原子能机构。美国不顾中国和俄罗斯反对，建议联合国安理会对朝实行制裁。金日成主席会见应邀到访的美前总统卡特，阐述对举行朝美会谈解决核问题的立场。10月，朝美在日内瓦举行第三轮高级会谈，签署关于核问题和双边关系的框架协议：美国在2003年以前向朝鲜提供200兆瓦的轻水反应堆，取代朝鲜的石墨减速反应堆；轻水反应堆建成前美国每年向朝鲜提供50万吨重油作为能源补偿；朝鲜冻结其石墨减速反应堆和有关设备，接受国际原子能机构监督调查；美国承诺不对朝鲜进行核威胁或使用核武器，朝鲜留在《不扩散核武器条约》内履行核安全保障协定，遵守北南无核化共同宣言并继续北南对话。

1995年，美国承诺当年提供的重油全部运抵朝鲜。但双方在轻水反应堆问题上出现分歧，朝鲜表示不接受韩国型轻水反应堆。美日韩正式成立旨在建造轻水反应堆的“朝鲜半岛能源开发组织(KEDO)”之后，朝美在吉隆坡就轻水堆型号问题达成原则协议。同年，美国还向朝鲜提供了22.5万美元的水灾援助。

1996年，朝美围绕导弹、美军遗骸发掘和双边关系问题在柏林和纽约先后进行三次准高级对话和工作磋商。同年，美国通过朝鲜半岛能源开发组织提供了50万吨重油，还提供了价值620万美元的紧急粮食援助。

1997年，朝美除举行两次副部长级会谈外，还多次进行了准高级会谈和工作接触，就导弹、寻找美军遗骸、互设联络处、粮援和四方会谈等问题进行磋商。但与此同时，双方框架协议的执行开始出现波折。美方以种种理由拖延按时向朝鲜提供重油和如期按计划进行轻水反应堆建设，引起朝方非常不满。

1998年9月，朝鲜宣布进行了人造卫星发射试验，使美国加强了对朝鲜的关注。经过多次谈判，朝鲜同意美国对平壤附近一处可疑地下设施进行检查，结果美方没有找到能够证明该设施用于核开发的证据。就此双方经过多次副部长级谈判，于1999年9月在柏林达成协议，美国进一步缓和对朝鲜的经济制裁，朝鲜在同美国谈判期间停止进行导弹发射试验。

2000年10月，朝美发表联合声明，一致表示反对任何形式的恐怖主义活动。随后，金正日的特使、朝鲜国防委员会第一副委员长赵明录访问美国，与美国总统克林顿举行了会晤，就两国关系等共同关心的问题交换了意见，并转交了金正日致克林顿的信函。就此，美朝政府再次发表联合声明，决定采取措施从根本上改善两国关系，以促进亚太地区的和平与安全。此后，美国国务卿奥尔布赖特访问朝鲜，受到金正日两次接见，就双边关系问题交换了意见。

美朝关系在克林顿当政时期有所突破，但2001年小布什上台后，朝美关系又趋紧张。2002年1月29日，美国总统布什发表首篇国情咨文，对伊朗、伊拉克和朝鲜试图发展大规模杀伤性武器提出警告，并称其为“邪恶轴心”国家。2002年10月3～5日，美国总统特使凯利访问平壤，朝美间的对话在中断近两年后恢复。2002年11月13日，美国总统布什在同国家安全顾问举行的会议上决定，停止向朝鲜继续运送作为燃料用的重油。11月14日，朝鲜半岛能源开发组织执行理事会在纽约举行会议并决定，从12月起中止向朝鲜输送燃料重油，因而使朝鲜问题再起波澜。2002年12月12日，朝鲜政府宣布，由于美国当月起停止向朝鲜提供重油，朝鲜决定解除对核计划的冻结，重新启动用于电力生产的核设施。

2003年1月10日，朝鲜政府发表声明指出，国际原子能机构已成为美国对朝鲜政策的工具，企图借条约之约束，解除朝鲜的武装。为守卫国家的主权、生存权和尊严，朝鲜宣布正式退出《不扩散核武器条约》，11日起生效。声明同时表示朝鲜无意开发核武器。这是朝鲜自1985年加入《不扩散核武器条约》以后第二次宣布退出该条约。

朝鲜核危机发生后，引起国际社会普遍关注，有关各方积极斡旋，努力争取通过外交、政治手段使之和平解决。2003年8月27～29日，在北京举行了第一次包括朝、韩、中、美、俄、日的朝鲜半岛核问题六方会谈。各方都主张保持对话、建立互信、减少分歧、扩大共识，继续六方会谈的进程。2004年2月25～28日，第二轮朝核问题六方会谈在北京举行，进一步明确了维护朝鲜半岛无核化的目标，并发表了启动六方会谈以来首份共同文件《主席声明》，确定成立工作组，使六方会谈机制化。2004年6月23～26日，第三轮朝核问题六方会谈在北京举行。此轮会谈在巩固以往成果的基础上，达成了一系列新的共识，向着无核化目标迈出了新的步伐。会议通过了工作组概念文件，发表了和谈启动以来的第二份《主席声明》，标志六方会谈进程将继续下去。

在中断13个月后，2005年7月26日开始，举行第四轮会谈。经历两个阶段共20天的艰苦谈判，到9月19日结束时，各方以《共同声明》的形式通过了六方会谈启动以来首份共同文件，为一揽子解决朝鲜半岛核问题确立了框架。2005年11月9～11日，第五轮六方会谈第一阶段会议举行。各方在会议通过的《主席声明》中重申，将根据“口头对口头、行动对行动”原则全面履行共同声明。

四　同日本关系

直到20世纪80年代末，日本对朝鲜采取不承认政策。1988年，日本呼吁朝鲜进行直接对话，并撤销对朝鲜的制裁。1990年，日本副首相金丸信率两党代表团访问朝鲜后，同年底朝日就邦交正常化问题在北京举行3次预备会议。

1991年，两国举行首次正式谈判，启动邦交进程。截至1992年11月，两国共举行8次谈判。会谈主要涉及邦交正常化基本问题、战争赔偿和国际问题。

1993～1994年，双方建交谈判因朝鲜核问题出现而停顿。1995年，日本前副首相渡边美智雄率执政党代表团访朝，与朝鲜劳动党代表团签署关于恢复朝日会谈的协议书。此外，双方相约将推动各自政府，尽快举行关于实现邦交正常化的第九次谈判。同年，日本还向朝鲜提供30万吨粮食援助。但是，朝鲜在日本海（朝鲜东海）试射“劳动1号”中程导弹以后，日朝关系变得紧张。

1997年，朝日两国红十字会联络协议会在北京举行了第一次会议，双方就在朝日本妇女回乡探亲问题达成协议，第一批回乡探亲妇女于同年11月访问了日本。这一年，日本通过世界粮食计划署向朝鲜提供了6.7万吨粮食援助。

1998年，朝鲜宣布进行了人造卫星发射试验后，日本断定这是多级导弹，对朝鲜采取了暂停邦交正常化谈判、暂停粮食援助、暂停向朝鲜半岛能源开发组织（KEDO）提供资金和暂停飞机航班等制裁措施。1999年9月朝美达成柏林协议之后，同年12月，日本前首相村山富市率政府代表团访朝，就恢复双边谈判达成共识。随后日本基本上解除了对朝鲜的制裁。

2000年4月，朝鲜与日本恢复中断了9年的两国邦交正常化交涉，开始举行新一轮建交谈判。7月，朝鲜外务相利用出席第七届东盟地区论坛会议的机会，与日本外相举行了半个多世纪以来的首次会晤，朝日关系取得了新进展。

2002年9月17日，日本首相小泉纯一郎访问平壤，与金正日总书记等会见，双方签署《朝日平壤宣言》，朝日关系似显新亮点。2002年10月初，美国总统布什的特使、助理国务卿詹姆斯·凯利对朝鲜进行访问，朝鲜“核问题”再次爆发，朝日关系又趋紧张。

2004年5月22日 日本首相小泉再次访问朝鲜。专家认为，小泉此行一是促成8名被绑架的日本人家属回国；二是谋求早日恢复有关两国邦交正常化的磋商。

五 同原苏联、俄罗斯及独联体各国关系

朝鲜于1948年10月12日同苏联建交。1961年7月双方签订《友好合作互助条约》。1990年苏联同韩国建交后，朝苏关系趋于冷淡。1991年苏联解体后，朝鲜同俄罗斯等独联体国家分别建立了外交关系。从1992年秋开始，俄罗斯重视东方外交后，朝俄关系再次转暖。继1992年俄总统特使和独联体武装力量代表团先后访朝以后，1993年俄副外长作为总统特使访朝，建议重新修订1961年签订的友好合作互助条约。双方表示愿意实现两国关系正常化。同年，朝鲜政府科技代表团访问俄罗斯和乌克兰，同俄签订两国《科技合作协定》。1994年，作为总统特使的俄副外长和俄自由民主党主席访朝。

1996年，由俄副总理率领的联邦政府代表团和俄议长率领的联邦议会（杜马）代表团先后访朝。两国签署政府间《相互保护和鼓励投资协定》和《文化合作协定》。

1997年，俄副外长率团访朝，双方讨论了修订原苏朝友好条约问题。同年，双方签署《民航航路协定》、《关于建立合资企业协定》和《关于防止所得和财产双重征税的协定》，开通平壤—海参崴的定期航班。

2000年2月，朝鲜与俄罗斯联邦签订《朝俄友好睦邻合作条约》，取代到期的1961年签订的《朝苏友好合作互助条约》。根据新签订的条约规定，“缔约一方有义务不与第三国缔结反对缔约另一方的主权、独立和领土完整的条约和协定，不参与任何行动和措施”。新条约的签署是朝俄“发展两国关系新阶段的开始”，它表明延续数年的两国关系的倒退和停滞时期已经结束。7月，俄罗斯总统普京应邀访问朝鲜，成为第一位访朝的俄国家元首。访问期间，两国首脑就共同关心的问题交换意见，在一些重大问题上达成共识。此次访问推动了朝俄关系的进一步改善，揭开了两国关系发展的新一页。

1996年，由哈萨克斯坦副外长率领的代表团访朝，双方签署了领事协议。

朝鲜与白俄罗斯和乌克兰等来往也较多。

六 同其他国家和国际组织关系

朝鲜重视南南合作，曾经向一些发展中国家提供过物资和技术援助。朝鲜向贝宁、几内亚、卢旺达、埃塞俄比亚、坦桑尼亚等国提供技术援助，建立印刷厂、水电站、玉米加工厂、水泵厂和砖厂；在几内亚和坦桑尼亚建立农业科学研究所；在赞比亚、布基纳法索和加纳建立试验农场；帮助莫桑比克、卢旺达和埃塞俄比亚兴修灌溉工程；帮助布隆迪、赤道几内亚、多哥、中非、莱索托、乌干达、布基纳法索、苏丹、圣多美和普林西比、坦桑尼亚、塞内加尔等国修建文化娱乐设施和体育设施。

20世纪90年代前期，朝鲜同除中、美、日、俄之外的其他国家来往也非常密切。1994年金日成主席去世后，朝鲜领导人出访和外国领导人来访次数大大减少。从1997年，尤其是1999年起，朝鲜对外交往有所增加。

20世纪90年代，同朝鲜来往较多的国家首先是发展中国家。这些国家中有亚洲的巴基斯坦、巴勒斯坦、菲律宾、哈萨克斯坦、柬埔寨、老挝、马来西亚、蒙古、孟加拉国、尼泊尔、斯里兰卡、泰国、乌兹别克斯坦、新加坡、叙利亚、也门、伊朗、印度、印度尼西亚、约旦、越南；非洲的阿尔及利亚、埃及、埃塞俄比亚、安哥拉、布基那法索、赤道几内亚、冈比亚、刚果、几内亚、加纳、津巴布韦、喀麦隆、利比亚、毛里求斯、莫桑比克、纳米比亚、尼日利亚、塞拉里昂、塞舌尔、坦桑尼亚、突尼斯、乌干达、赞比亚；美洲的巴西、哥伦比亚、古巴、乌拉圭等国家。在欧洲和大洋洲国家中，朝鲜同丹麦、法国、芬兰、瑞典、瑞士、希腊、意大利、英国和澳大利亚等国家来往较多。

在近60个来往较多的国家中，朝鲜同巴基斯坦、柬埔寨、老挝、泰国、伊朗、印度尼西亚、越南、埃及、古巴、印度和利比亚等国家交往最为密切。

朝鲜连年遭受自然灾害以后，它同世界粮食计划署、联合国计划开发署、石油输出国组织、联合国人道主义组织、国际农业发展基金会、联合国儿童基金会和联合国粮农组织等国际组织的接触明显增加。（朴键一）

第二章　韩国

第一节　概述

国名　大韩民国（Republic of Korea）。

领土面积　99 600平方公里。

人口　4 905.3万（2004年）。

民族　为单一民族——韩民族组成的国家。

宗教　最古老的宗教有萨满教、佛教和儒教，还有基督教、天主教、道教、伊斯兰教、天道教和园佛教等。

语言文字　使用一种语言，即韩国语（也称朝鲜语）；使用表音文字。

首都　首尔（seoul曾用名汉城），面积605.5平方公里，人口1 028.8万（2004年）

国家元首　总统卢武铉（Roh Moo－hyun），2002年12月19日当选，2003年2月25日就任。

第二节　自然地理与人文地理

一　自然地理

（一）地理位置

韩国位于亚洲东端由北向南延伸的朝鲜半岛的南半部。西临黄海，与中国山东半岛和江苏省隔海相望；北以北纬38°线为大体走向的军事停战线，与朝鲜民主主义人民共和国接壤；东与东南临日本海（韩国称东海）与釜山海峡，同日本隔海相望；东北临日本海，隔海与俄罗斯相望。地处北纬33°6′40″～38°11′，东经124°11′～131°52′42″之间。

（二）地形、地质结构与土壤

1．地形

韩国的整个地形为东北高，西南低。山地多集中在北部和东部，山地面积约占国土面积的70%；平原多分布于西部和南部。国土三面环海，海岸线较长，多岛屿和海湾。

山脉依其走向分为两个山系：一个是由西北向东南延伸的太白山脉和庆尚山脉，另一个是由东北向西南展开的车岭山脉、小白山脉和芦岭山脉。韩国没有2 000米以上的山峰。有两个较大的高原，即岭西高原和镇安高原。

韩国大多数重要河流流入黄海、济州海峡和朝鲜海峡。主要河流有流入黄海的汉江、锦江和流入朝鲜海峡的洛东江。在河流的中上游，有许多面积较小的侵蚀盆地。

半岛北部和东部的山脉向西部和南部缓缓延伸，形成了西部和南部的平原、丘陵地带。平原主要分布在西南的河川流域、海岸地带，多为冲积平原，只有少量侵蚀平原。最大的平原为湖南平原（亦称全北平原），其次为全南平原。南部较大的平原为金海平原。

海岸线漫长曲折。在东部，海岸比较平直，多岩石，没有多少海滩。西海岸和南海岸则曲折复杂，有许多的岛屿、小半岛和海湾。南部水域有半岛，最大的岛屿济州岛和第二大岛屿巨济岛。韩国从1978年起施行12海里领海权。由于韩国的东海没有其他国家，而在黄海和南部海域从基线划定了12海里线，但在朝鲜海峡则从基线起3公里以内划为领海。朝鲜半岛（韩半岛）与济州岛之间虽属韩国领海，但为了照顾国际航行的方便，允许他国船只的无害通行。

2. 地质结构和土壤

韩国的地质大都属于古生代甚至更早的地质时期，新生代的地层极少。古生代前半期以前的地层大都是海成层，古生代末期及中生代的地层则大都是陆成层。

最古老的岩石是由始生代堆积的地层变成的结晶片麻岩系，其次是始生代末期由灌入结晶片麻岩系地层的花岗岩变成的花岗片麻岩系，与这些岩石一起广泛分布于各地的有中生代灌入的花岗岩。堆积岩层中具有代表性的是始生代堆积的祥原系、古生代前期堆积的朝鲜系和古生代后期到中生代前期堆积的平安系。

大部分地表都是花岗岩和片麻岩，只有极少数地区为石灰岩和熔岩，因此韩国的土壤不管低地和高地，大都是淡褐色。淡褐色的酸性沙质土壤主要在花岗岩地带，棕色的土壤则主要在花岗岩和片麻岩地带。在江原道的部分地区有石灰岩形成的红色土壤，在济州岛、郁陵岛有许多黑色的火山土壤。

（三）气候

韩国绝大部分位于北纬34°～38°之间，三面环海，海拔较低，又受到南部海洋暖流北上的影响。较明显地呈海洋性温带季风型气候，比较温暖、湿润。春、夏、秋、冬四季变化明显。一年四季中，夏、冬长，春、秋短。北部和内地的温差较大，南部和沿海地区的温差相对较小。年平均气温北部为11℃～12℃，南部为13℃～14℃，济州岛为16℃。

韩国位于东亚季风带。冬季受西伯利亚地区上空形成的大陆高压气团的直接影响，盛行干燥的西北风，比较寒冷。夏季炎热多雨，季风来自海上，带来充分的雨水。雨季集中在6～9月，这段时间的降水量约占全年总降水量的70%。南部沿海地区的年降水量为1 400毫米，而北部内陆年降水量仅为500毫米。年平均降水量为1 100～1 200毫米。

（四）自然资源与自然保护区

1. 耕地资源

韩国耕地面积只占全国国土面积的1/5，而且山地的比重很大。1998年，耕地面积为191万公顷。其中水田为115.7万公顷，约占总耕地面积的60.6%，旱田为75.3万公顷，约占总耕地面积的39.4%。由于扩大工业用地和修筑高速公路等，大量占用农地，耕地面积逐年减少，耕地资源十分匮乏。1999年，韩国耕地面积占国土面积比重为19.1%。

2. 矿产资源

韩国境内已发现的矿物总共有287种，其中经济价值较大的52种。储量较大的矿物有铁、金、银、钨、萤石、高岭土、煤、石灰石、滑石、硅石、铜、锌、铅等。

由于资源匮乏，所需工业原料大量依靠进口。如工业用石油、原棉、原糖、铝等全部依靠进口，原木的85%、化学原浆的98%以及煤、焦炭等动力资源的70%均来自海外。铜矿、铁矿的储量和产量也远远满足不了消费需求。

3. 植物资源

韩国植物种类共约5 000余种，分别归于167科、903属，其中特产植物500多种。目前的森林总面积为644.8万公顷，约占国土面积的66%，其中139.9万公顷为国有林，49万公顷为公有林，455.9万公顷为私有林，私有林约占71%。木材蓄积量约为32 378万立方米。野生林种主要有针叶林与阔叶林及混交林、南部亚热带常绿阔叶林。森林总量中落叶林占21%，针叶林占51%，混交林占28%。

4. 动物资源

韩国原有鸟类379种，有些迁徙，有些灭绝，现有314种，其中候鸟64种。土生哺乳动物有88种，爬虫类有25种，两栖类有14种，淡水鱼类有130种。外来驯养动物主要有短尾鸡、加利福尼亚灰鲸、珍岛犬和某些鱼类。

5. 自然保护区

随着工业的发展和土地的开发利用，自然环境遭到很大破坏。野生动物的栖息条件不断恶化，它们的生存面临严重威胁。韩国政府从20世纪60年代开始，将韩国特有的动物和世界性珍稀动物指定为天然纪念物。现已指定的天然纪念物有23种野生动物、20种鸟类、4种鱼类和若干种昆虫，其中最为珍贵的是身材矮小而聪明伶俐的珍岛犬，其他有名的珍稀动物有白腹黑啄木鸟、白颈鹤、大鸨、赤狐等。现在珍稀动物栖息地附近划定18个自然保护区，以保护珍稀动物并使其繁殖。

二　人文地理

（一）人口状况

韩国从20世纪60年代开始，开展家庭计划运动（family plan，类似于中国的计划生育），人们的生育观念逐渐得到改变，人口增长得到了明显的控制，家庭成员平均数量持续减少，一家3～4口人的核心家庭结构成为基本家庭结构。

人口结构中男女性别比例为100∶101.6，比例比较平衡，非劳动人口的总和在下降，劳动人口（15～64岁）与非劳动人口（1～14岁，65岁以上）比例，1998年为71.4∶28.6。但老龄化趋势严重，老龄人口逐年增加，65岁以上老龄人口占全部人口的比率1998年为6.57%。相反14岁以下人口占全部人口的比例逐年减少，1998年为22%。

随着城市化的发展，农村居民不断迁往城市，使得人口越来越向大城市集中。除江原道、庆尚北道、忠清北道人口比较稀少外，其他几个道与首尔（原名汉城）、釜山、大邱等大城市人口均十分稠密，每4个韩国人中就有1人住在汉城。韩国城市人口所占比例1970年为43.3%，1980年为57.3%，1990年约为74%，1997年约为79%。2002年，韩国总人口为4 802.16万人，人口密度为每平方公里482.1人，年人口增长率为0.92%（1999）。

表1　　韩国行政区划及面积、人口和首府

特别市、广域市和道	所属二级政区	面积（平方公里）	人　口*（人）	首　府
首尔（原名汉城）特别市	25区	606	9 853 972	中区
釜山广域市	15区　1郡	751	3 655 437	莲堤区
大邱广域市	7区　1郡	886	2 473 990	中区
仁川广域市	8区　2郡	958	2 466 338	南洞区
光州广域市	5区	501	1 350 948	东区
大田广域市	5区	540	1 365 961	中区
蔚山广域市	4区　1郡	1 056	1 012 110	南区
京畿道	27市　4郡　16区	10 136	8 937 752	水原市
江原道	7市　11郡	16 536	1 484 536	春川市
忠清北道	3市　9郡　2区	7 433	1 462 621	清州市
忠清南道	7市　9郡	8 590	1 840 410	大田广域市
全罗北道	6市　8郡　2区	8 047	1 887 239	全州市
全罗南道	5市　17郡	11 956	1 994 287	光州广域市
庆尚北道	10市　13郡　2区	19 021	2 716 218	大邱广域市
庆尚南道	10市　10郡	10 512	2 970 929	昌原市
济州道	2市　2郡	1 846	512 541	济州市
合计	77市　88郡　91区	99 373	45 985 289	

*　2000年人口普查数字。

资料来源　韩国地方政府国际化协会北京办事处资料。

（二）语言文字

韩国人使用同一种语言，即韩国语（也称朝鲜语）。韩国语属于中亚的乌拉尔－阿尔泰语系。

韩语史上创立其独立的文字体系是在1443年，即朝鲜王朝第四代国王世宗大王二十三年。韩文创立和颁布时叫做“训民正音”，即教育百姓之正音。

韩文是表音文字，训民正音创制时共有 28 个字母，现已简化为 24 个，包括 10 个母音和 14 个子音。母音是根据天地人三才创制的，子音是根据象形原理。韩国的文字形态是拼音方块字。

（三）民族

韩国是单一民族组成的国家。韩国学者普遍认为，今天的韩国人的直接祖先是具有新石器文化的人。据考古发现，在朝鲜半岛上曾有旧石器时代前期的人居住。但考古发现还不充分，这些旧石器时代的人与今天的韩国人之间有何关系还不清楚。

另据人类学和语言学方面的考证以及历史传说，韩民族起源于中亚细亚阿尔泰山脉一带。几千年前，有几个蒙古部落开始东移，大约公元前 3 000年进入朝鲜半岛，韩国人就是那些蒙古部落的后裔。到公元初，韩国人就已经融合为同一民族。公元 7 世纪，新罗国王第一次实现朝鲜半岛的统一。目前，除了大约 2 万名华侨以外，韩国几乎不存在少数民族。

（四）宗教

韩国没有规定国教，实行政教分离。宗教信仰自由受宪法保护，多种宗教在韩国并存，最古老的宗教有萨满教、佛教和儒教。其他大教还有基督教、天主教、道教、伊斯兰教、天道教和园佛教等。目前，约有 50.7%的韩国人信奉宗教。

（五）行政区划

韩国的行政区划分为三个层次，即：特别市、广域市和道；市、郡、区，邑和面；洞。现有 1 个特别市（汉城特别市），9 个道（京畿道、江原道、忠清北道、忠清南道、全罗北道、全罗南道、庆尚北道、庆尚南道、济州道），6 个广域市（釜山、大邱、仁川、光州、大田、蔚山）（参见表 1）。

第三节 历史

一 古代史

韩国具有悠久历史。约从 50 万年前开始，朝鲜半岛即有人类生息繁衍。在忠清南道、平壤、京畿道和平安南道等地古代原始人群时期遗址中，出土了各种打制石器和许多动物骨化石。在平壤市力浦区的旧石器时代遗址中还发现了可能是 10 万年前的原始人类的骨化石，被称为力浦人。在平安南道德川郡旧石器时代遗址中发现了距今约 10 万～4 万年以前的原始人类的骨化石，被成为德川人。距今六七千年前朝鲜半岛进入新石器时代，公元前 15 世纪开始青铜器时代。公元前 4 世纪进入铁器时代，兴起以部落集团为特征的古朝鲜国。公元前 108 年，古朝鲜国被中国汉朝征服，被分割为汉朝 4 个郡。公元前后，出现北部高句丽和南部马韩、辰韩和牟韩等部落联盟，史称“三韩时代”。高句丽在公元前 1 世纪率先进入奴隶社会。公元 3 世纪末，半岛西南部和东南部分别兴起百济和新罗，形成高句丽、新罗和百济“三国鼎立”局面，三国先后进入封建社会。

公元 676 年新罗征服百济和高句丽统一半岛。公元 10 世纪初，后百济和后高句丽兴起，与新罗重新形成三国鼎立之势，史称“后三国”。公元 936 年，后高句丽统一半岛创建高丽王朝，把疆域扩展至鸭绿江。1231 年蒙古入侵高丽。1392 年李成桂推翻高丽王朝，建立新王朝，翌年宣布国号为“朝鲜”，一般称之为“李氏朝鲜”（简称“李朝”）。1592～1597 年，日本两次入侵朝鲜失败。1637 年满族人攻陷首都汉城，朝鲜国王被迫投降。清朝建立后，朝鲜向清朝纳贡称臣。

16 世纪末 17 世纪初，新儒教的政治哲学和中国的活字印刷术经由朝鲜传入日本，以及朝鲜的医学材料和治疗方法，帮助了日本。朝鲜工匠也帮助日本发展了陶瓷和纺织工艺。

17 世纪中叶“实学派”提倡科学，批判儒教，天主教经中国传入朝鲜。

二 近现代史

进入 19 世纪，西方国家加强对朝鲜的扩张活动。1801～1866 年，出现迫害天主教徒、驱逐传教士事件。1864 年朝鲜实行闭关锁国政策，烧毁进行抢掠的美国军舰，击退法国和美国军舰进攻。

1868 年日本明治维新后，日本加紧对朝鲜的侵略。1876 年日本逼迫签订《朝日江华岛条约》，向日本开放主要港口。日本的行径导致清朝借机出兵，同朝鲜签订贸易协定。此后，美、英、德、俄、法等国也先后与朝鲜签订贸易协定。从此朝鲜开放门户。

1894 年爆发东学道起义。清军在朝鲜请求下入境，同时日本也擅自出动大军压境。清军与日军对峙，爆发 1894 年中日战争。日本战胜后，中日签订《马关条约》，清政府被迫承认日本在朝权利。沙俄对此表示不满，朝鲜遂表露出反日倾向。1895

年10月日本策划杀死有反日嫌疑的闵妃。1897年10月，高宗宣布改国号为“大韩帝国”。1902年2月，日本在汉城设立统监府，掌握韩国的内政、外交、军事、立法、司法等各方面权力。1904～1905年日俄战争后，1905年9月，《朴次茅斯条约》确认日本在韩国的霸权。同年12月，日本又强迫韩国签订协定，规定其接受日本“保护”。1910年8月，日本强迫韩国签订“日韩合并条约”，改大韩帝国为朝鲜，朝鲜遂沦为日本帝国主义的殖民地。

朝鲜半岛沦为日本殖民地后，人民前赴后继，展开了长期的抗击日本侵略争取独立的伟大斗争。1919年3月爆发大规模反抗日本殖民统治的“三一”运动，遭到日本当局残酷镇压。同年4月，韩国独立运动领导人在中国上海建立临时政府。1926年汉城群众反日集会和1929年光州学生反日起义均遭镇压。1937年上海被日军攻陷，韩国临时政府迁往中国重庆，组建自己的独立战斗队向日本宣战。

1943年12月，中、美、英三国首脑发表的《开罗宣言》确认朝鲜的独立地位。1945年7月，中、美、英三国（随后苏联参加）发表的促令日本投降的《波茨坦公告》，重申包括朝鲜独立在内的《开罗宣言》条文将得到履行。1945年日军投降前夕，美、苏两国首脑商定以朝鲜半岛北纬38°线作为两国军事行动和受降的临时分界线，38°线以北为苏军受降区，以南为美军受降区。其后，苏联和美国军队以北纬38°线为界分别进驻半岛北部和南部。1945年8月15日日本投降，朝鲜结束长达35年的日本殖民统治。

三　当代史

1945年8月日本战败投降，美国和苏联军队一度分别进驻朝鲜南北方，接受日军投降。1948年8月，半岛南部宣布成立大韩民国，北方于同年9月9日宣告成立朝鲜民主主义人民共和国。南北两方实行不同社会制度，不时出现矛盾和摩擦，以致到1950年6月25日爆发内战。北方部队迅速向南推进，南方处境困难。6月27日，美国总统杜鲁门借口朝鲜发生内战，宣布派兵投入朝鲜战争，进行武力干涉，并派第七舰队到中国沿海，以武力阻挠中国人民解放台湾。同日，美国在没有苏联和中华人民共和国代表出席会议的情况下，操纵联合国安理会通过违反《联合国宪章》关于不得授权干涉在本质上属于任何国家内部事务原则的非法提案，“号召”联合国成员国出兵参加朝鲜战争。7月7日，在美国策动下，安理会又非法作出决议，授权美国组织“联合国军”司令部，由美远东军总司令麦克阿瑟出任“联合国军”总司令，统率英、法、土耳其、澳大利亚、新西兰、加拿大、泰国、菲律宾、比利时、卢森堡、希腊、荷兰、哥伦比亚、南非和埃塞俄比亚等15国军队（多数国家只派出象征性部队），披上“联合国军”外衣，参加朝鲜战争。美军9月15日在朝鲜西海岸仁川登陆，开始向北推进。为了扼制朝鲜战争向更加严重化方面发展，中华人民共和国周恩来总理1950年9月30日郑重宣告：“中国人民热爱和平，但是为了保卫和平，从不也永不害怕反抗侵略战争。中国人民决不能容忍外国的侵略，也不能听任帝国主义者对自己的邻人肆行侵略而置之不理。”10月3日，周总理又约见印度驻华大使潘尼迦，请他转告美国：朝鲜事件应该和平解决，朝鲜战争必须即刻停止。如果美军企图越过“三八线”，扩大战争，“我们不能坐视不顾，我们要管。”中国将出兵援助朝鲜民主主义人民共和国；若只是南朝鲜部队越过“三八线”，中国将不采取这一行动。当天，印度政府将此警告转达给了美国政府。但美国竟不顾中国一再严正警告，突破“三八线”，大肆向北方推进，把战火烧到鸭绿江边，并不断空袭中国东北地区。美军扩大侵略的行动，不仅使朝鲜处于非常危险境地，而且严重威胁中国安全。应朝鲜劳动党和政府出兵援助的请求，1950年10月19日，中国人民志愿军赴朝参加抗美援朝战争，与朝鲜人民军共同将以美国为首的“联合国军”推回到北纬38°线附近，双方形成对峙局面。1953年7月27日双方签订《停战协定》。根据《停战协定》，朝鲜半岛被基本上以北纬38°线为走向的军事分界线所分开。

停战后，在李承晚政府统治下的韩国，继续面临着严重的社会骚乱问题。当时韩国民主制度尚不完善，国家经历了巨大磨难。李承晚总统于1960年4月下台；8月，民主党成立了第二共和国，标志着张勉（1899～1966）政府开始执政。但这届政府寿命不长，1961年5月16日，朴正熙（1917～1979）发动了军事政变。由他领导的国家再建最高会议接管了政府的立法、行政和司法权力。

社会与经济方面的飞速变化，使朴正熙总统选择了建立强大中央集权政府的道路。其目标是要在总统强有力的领导下，通过社会经济进步来实现政治稳定和民族复兴的历史重任。朴正熙当时开创了被称之为“汉江奇迹”的经济发展。

1979年10月，朴正熙遇刺身亡后，出现了以崔圭夏（1919～ ）总统执政的实行戒严的过渡时期。1980年5月，新军部势力动用军队镇压了光州起义等民主运动。全斗焕（1931～ ）于1980年8月由统一主体国民会议（选举团）选为总统。全斗焕任职期间，实行一系列经济调整，把经济运行机制由“政府主导型”转为“民间主导型”，并加快科技开发。因而使经济获得了飞速发展，创造了令世界瞩目的“汉江奇迹”，成为亚洲新型工业化国家和地区（俗称“亚洲四小龙”）之一。1962～1988年间，韩国的国民生产总值从23亿美元增长到1 700亿美元，提高约74倍；人均国民生产总值从87美元增长到4 000美元（按现行价格计算），提高约46倍；对外贸易额从5亿美元增长到1 125亿美元，提高225倍。全斗焕在执政期间，虽然推动韩国经济取得了巨大成就，但政治上却采取高压手段进行专制统治。

1987年，卢泰愚（1932～ ）赢得了选举胜利，担任总统。在他任职期间，韩国的政治自由有所放宽。1992年，持不同政见者、自由民主党领袖金泳三（1927～ ）当选为总统，成为韩国32年来第一位文职总统。但金泳三当政期间，韩国政治腐败，经济丑闻不断。其中以1997年1月曝光的韩宝贷款丑闻最具有代表性。在经济上，从1992年开始，韩国国际收支状况恶化，经常性项目收入逆差激增，大企业不断倒闭，韩元对美元不断贬值。到了1997年10月，始自东南亚的金融危机风暴刮到了韩国，韩国金融动荡，韩元剧跌，股市急挫，企业倒闭，经济状况严重恶化，成为亚洲金融危机的重灾区。

1998年2月25日，金大中（1925～ ）当选韩国第十五任总统。当时正值韩国遭受亚洲金融危机冲击的危难之际，在金大中的领导下，韩国国民同心协力，在东亚地区率先走出了金融危机的低谷。在北南问题上，金大中大力推行“阳光政策”，奉行先经后政、先民后官、先易后难的方针，终于在2000年6月实现了与朝鲜领导人金正日的会晤，加快了朝鲜半岛南北的自主和解进程。

2003年2月25日，卢武铉（1946～ ）宣誓就任总统。2004年3月12日，韩国国会以法定的2/3以上的绝对多数票通过了弹劾总统卢武铉动议案，他被中止总统权力，由国务总理代行总统权力。5月14日，韩国宪法法院对卢武铉总统弹劾案作出判决，宣布驳回国会提出的总统弹劾案，卢武铉总统立即恢复行使总统权力。

1999～2004年间，韩国经济通过艰难调整与改革，走出金融危机的低谷，1999、2000年实现了8%以上的高速增长。然而2001年后，受世界电子产品市场疲软和内需不振影响，国内消费和设备投资仍然不旺，使得多数年份经济增幅徘徊于3%～4%的中低增速之间。 （朴光姬）

第四节 政治体制与法律制度

一 宪法

韩国的第一部宪法于1948年7月颁布实行，其后，先后经9次修改。最后一次修宪为1987年10月27日。除法定修宪程序外，宪法中还作了很多重大的更改，其中包括削减总统的权限、加强立法的权力，以及进一步加强保护人权的措施等，特别是新的、独立的宪法法庭的创建与运作。

韩国宪法包括序言、130项条款和6个补充规定。宪法共分10章：总纲、公民的权利和义务、国会、行政、法院、宪法法院、选举管理、地方政府、经济和修改宪法。

韩国宪法的基本原则包括：国民主权、三权分立、寻求南北方和平民主统一、寻求国际和平与合作、依法治国，以及国家负责促进国计民生。

二 总统

韩国的政治体制是“三权分立”制。韩国宪法规定，行政权属于总统为首的政府（也称内阁），立法权属于一院制的国会，司法权属于由法官组成的法院。但总的来说，仍是以总统为核心的体制。

总统有6项主要职能：一是国家的元首，是国家的象征；二是首席行政长官；三是武装力量总司令；四是全国性主要政党的领袖；五是最高外交官和对外政策制定者；六是主要决策者和首要立法者。总统通过国务会议（即内阁）行使行政职能。总统任期为5年，不得连任。

在发生内乱、外部威胁、自然灾害、严重的财政或经济危机的时候，总统拥有处理国家紧急情况的广泛权力，但必须是在无时间满足等待国会开会的情况时。总统事后还必须通知国会并得到国会的同意。否则，总统发布的措施将失去法律效力。

三 国会

韩国国会是由国民选举出来的国会议员所组成的代议机关和立法机关，具有制定国家法律，监督国家行政和审议国家财政预算等权力。

1948年5月10日，在美国主导的“联合国监督”下，韩国由公民直接投票选举产生了制宪国会议员。韩国国会通过全民选举产生，有议员299名，任期4年。

2004年，韩国第十七届国会选举首次实行“一人两票”制，即选民向支持的国会议员和支持的政党各投1张选票。299名国会议员中的243名由全民投票直接选出，其余56名按照各政党得票比例进行分配。

国会按职能划分另设立有各种委员会。韩国国会有两种委员会，一是国会常设委员会，二是特别委员会。常设委员会是国会的常设机构，负责提出议案或接受请愿，审查并收集有关资料而进行立案。常设委员会的主席从各委员会成员中选举产生。委员会委员任期两年，不得兼任其他常设委员会成员。

国会选举议长一名，副议长两名，他们的任期为两年。议长主持全体会议，代表国会全面负责国会的一切工作。副议长协助议长工作。议长和副议长的选举采用无记名投票方式进行，得票超过半数才能有效。在国会提出议案，可以是由政府提出，或者在有20名（含20名以上）议员附议的情况下，由1名议员提出。委员会就议案作出决定后，必须把决定报告国会全体会议。被否决的议案可以不提交全体会议，除非议长要求由全体会议处理。全体会议可以对委员会通过的议案进行修改、否决、批准，或者退回该委员会。

宪法赋予国会的主要职权有立法权、财政审议权、外交和战争权、人事权、监督权、弹劾权。国会有权对国家政务进行监督和控制，主要有：对总统实行的紧急财政、经济处理命令及紧急命令有批准权；可以要求总统解除所宣布的戒严令；总统进行一般赦免也须经国会同意。如果总统、总理、内阁成员、各部长官、宪法法院成员、法官、中央选举管理委员会的成员、监察院的成员或者法律规定的政府其他官员被认为在履行职责时违反了宪法或者其他任何法律，国会有权提出弹劾动议。国会有权决定一些重要职位的人选。如大法院院长、宪法法院院长、监察院院长和大法官的任命，都须获得国会的同意。根据规定，在宪法法院法官9人及中央选举管理委员会9人中，国会有权分别决定其中的3人，另外6人则通过总统任命或协商选举产生。

国会会议分定期和临时会议两种。定期会议根据宪法规定每年召开一次，临时会议可以根据总统或者1/4以上议员的要求召开。国会会议必须有一半以上的议员出席才能举行。凡是在国会会议上审议的议案，必须得到过半数议员的同意才能通过。如果未能过半数，就被视为遭到否定。国会通过的有关政府部门的议案，由议长送交政府。总统有权否决国会通过的法案，但必须向国会提出再议的要求。若在15天内总统不公布，也不要求再议时，那么，该法案的法律地位就得到确认。

四 政府

（一）国家行政机构

根据韩国的总统体制，总统通过由15～30人组成并由其主持的国务会议行使行政职能。总统单独负责决定政府的各项重要政策。国务总理由总统任命，但须经国会同意。作为总统的主要行政助手，国务总理在总统的领导下监督各部的工作和管理国务调整室的工作。国务总理有权参与制定重要的国家政策，并出席国会举行的各种会议。

国务会议成员由总统根据国务总理的推荐任命。国务会议成员有权领导和监督自己的行政部门，筹划重要的国务，代表总统出席国会会议并说明自己的观点。国务会议成员集体和个人仅对总统负责。除国务会议外，总统还有几个直接由他本人掌管的部门制定和推行国家政策，它们是监察院、国家情报院和中央人事委员会。

（二）地方政府

大韩民国宪法第一百一十七条规定，“地方政府应负责处理当地居民的福利事务，管理财产，并可在法律和法规的范围内制定有关当地自治的规章制度”。

1988年，中央政府修订了于1949年通过的《地方自治法》。根据新法，汉城特别市、6个自治市和9个道被定为高级地方政府。汉城的区、自治市、市（小市）和郡被定为低级地方政府实体。这种区分是为了分段推行地方自治。

五 法律制度

法院分大法院、高等法院、地方法院（包括分支法院和家庭法院）三级。韩国的司法机构除法院外，还有宪法裁判所（又称宪法委员会）和专门审理婚姻问题和青少年案件的家庭法院。国家最高监察机构是监察院，下设高等监察厅、地方监察厅和支厅。

六 政党

1945年光复之后，在举国关注建立民主政治的形势下，韩国涌现出许多政党。党派政治在50多年的时间里经历了曲折的发展过程。1948年11月，大韩国民党成立，该党是李承晚政权初期的执政党。李承晚为了对抗民主国民党等在野势力，巩固独裁统治，于1951年成立自由党。该党成为李承晚政权后期的执政党。1963年2月，朴正熙授意金钟泌组建民主共和党，该党成为朴正熙政权时期的执政党。

1981年1月，全斗焕担任总裁的民主正义党成立，成为全斗焕政府的执政党。卢泰愚当选为总统后，执政党还是民主正义党。主要反对党除以金大中为首的和平民主党、金钟泌组建的新民主共和党之外，还有民主韩国党、韩国国民党、统一民主党（简称民主党）等。

1990年，执政的民主正义党和在野的统一民主党、新民主共和党三党达成妥协，合并组建新党，称为民主自由党，该党成为金泳三时期的执政党，并从1995年12月6日起更名为"新韩国党"。金泳三时期的主要在野党有自由民主联盟、新政治国民会议、统合民主党。

1997年12月，在野党候选人金大中当选为总统，新政治国民会议和自由民主联盟成为联合执政党。主要在野党为大国家党和国民新党。2000年1月20日，宣布成立"新千年民主党"（简称"民主党"），推举总统金大中为总裁，并在全国设立了48个支部。次日，民主党宣布与执政的新政治国民会议合并，从而成为韩国最大的执政党，也是韩国政坛仅次于大国家党的第二大政党。民主党成立后，韩国政坛仍然继续呈现大国家党、民主党、自民联三分天下的局面。

2003年9月20日，韩国执政的新千年民主党37名议员公开宣布退党，并与从在野的"大国家党"退出的5名国会议员一起组成一个新的政党，名为"国民参与统合新党"。新组建的这个政党目前在国会中拥有42个议席，成为独立于执政的新千年民主党和在议会中占多数的大国家党之外的又一股政治力量，打破了韩国政坛内原有格局，标志着韩国政坛发生重大分化改组。至此，韩国政坛由原来的大国家党、民主党、自由民主联盟三党统治变成了四党体制——大国家党、民主党、新党和自由民主联盟。在这4个党派中，大国家党在议会中占149席，仍为议会第一大党，而新千年民主党的席位则由101席降至64席，遭受了沉重的打击。新党在议会拥有42个议席，已经是议会第三大党，与执政的民主党相差无几，而且不排除还会有一些民主党议员改换门庭，转投新党，也就是说目前执政的新千年民主党在韩国政坛的地位可能会继续下降。 （金英姬）

七 主要政治人物

卢武铉（1946～ ）现任总统。1946年8月6日出生于韩国庆尚南道的金海市。1963年获得釜山商贸高等学校的奖学金进入该校学习，1966年毕业后曾短时就职于一家生产渔网的小企业。1968～1971年在韩国江原道从军（陆军）。1971年退伍后，开始为取得"从政资格"进行考前学习。1975年通过司法资格考试，于1977年9月成为大田地方法院的法官。1978年5月，在釜山开设律师事务所。1981年担任与民主化运动相关事件的辩护律师。他对社会的认识发生了转变，自认为此一时期是其人生重要转折点。此后他先后成立了公害研究所、釜山民主市民协议会、劳动法律商谈所等。1986年开始，几乎结束了辩护律师业务，转为"人权律师"。1988年，他受金泳三推荐，作为釜山南区代表，在选举中获胜，成为政界新星。1988年进入国会以来，拒绝参与任何派系，勇于面对现实，总共参加了6次公职竞选活动，2胜4负。经历多次失败后，他在竞选过程中曾说过，"林肯总统在四次小选举中落选，但赢得了一次大的竞选"。他走过了与当年林肯相似的竞选之路。1990年1月进行的三党合并中，他认为金泳三是没有历史意识的变节者，转而参加了金大中领导的新民党与在野党合并后的民主党。1992年4月，在第十四届大选中再次失败。1993年，他成立了地方自治事务研究所，强调以"地方"为主体的主要政治主张。1995年6月，竞选釜山市长失败后，对为了竞选总统而解散统合后的民主党、创立国民会议新党的金大中进行了强烈抨击。他仍然坚守在民主党内，并与金元基顾问等从事国民统合促进会议活动。1997年大选前夕，民主党与新韩国党合并后，又与国民会议联合，帮助金大中竞选总统。2000年再次参加釜山的竞选，仍以失败告终。2000年8月～2001年3月担任海洋水产部长官。2003年当选韩国总统后，其政权交接委员会确定了十大预备国政课题，即：建设东北亚中心国家，地方分权和国家均衡发展，更新国家系统，构筑先进经济系统等。其中，"建设东北亚中心国家"旨在通过东北亚经济合作，将韩国建设成物流和商业中心国家；"地方分权和国家均衡发展"主要指建设新行政首都和集中培养地方大学；"更新国家系统"意为杜绝不正之风和建立透明而又公正的人事系统；"构筑先进经济系统"的主要内容为改革企业的规章制度，技术革新，科学发展和培育新工业等。选定的十大国政课题中还包括培养社会人才和改善教育制度，消除社会性歧视和妇女、福利领域问题，南北方关系和对美关系等外交问题。同年2月25日，他宣誓就任总统。同年9月29日，他宣布退出新千年民主党。2004年3月12日，韩国国会以法定的2/3以上的绝对多数票通过了弹劾他的动议案，随即被中止总统权力，由国务总理代行总统权力。弹劾案被移送韩国宪法裁判所进行为期180天的裁决，最终决定弹劾案是否有效。5月14日，韩国宪法法院对该弹劾案判决，宣布驳回国会提出的总统弹劾案，卢武铉总统立即恢复行使总统权力。2004年5月，他宣布正式加入开放国民党。（朴光姬）

金大中（1925～ ） 韩国前总统（1998年2月～2003年2月在任）。1925年12月3日出生于韩国全罗南道新安郡的一个小岛上。7岁时在私塾学习，初步接受了儒家文化的熏陶。11岁时转入木浦第一小学学习。当时，日本进行残酷的殖民统治，学校禁止使用朝鲜语，强迫学生改用日本姓名。这一切深深激发了他的爱国热情。

日本战败投降后，他担任一家海运公司的管理委员会委员长，把公司经营得很红火。但朝鲜战争使他失去了一切。尽管此后再次经营过海运业务，但为了实现韩国政治民主化，最终还是走上了从政的道路。

韩国历届政权都恐惧民主化运动，对他不择手段地百般进行迫害。因此他从政道路之曲折和艰险，在世界政治史上都是罕见的。一生5次死里逃生，55次遭软禁，被关押在狱中6年，被迫退出政治活动16年，两次被流放国外。尽管经受了如此多的磨难，他毫不畏惧，继续为韩国的民主而奋斗。1997年12月，他依靠长期的政治磨炼和丰富的政治经验，赢得了韩国民众的拥护和支持，终于当选为韩国总统。

他受命于韩国遭受亚洲金融危机冲击的危难之际。在他的领导下，韩国国民同心协力，率先冲出了金融危机的低谷。在对待朝鲜问题上，他大力推行"阳光政策"，奉行先经后政、先民后官、先易后难的方针，终于在2000年6月实现了与朝鲜领导人金正日的会晤，有力地促进了朝鲜半岛南北的自主和解进程。鉴于他对民主与和平作出的杰出贡献，2000年12月，他被授予诺贝尔和平奖，成为20世纪最后一位诺贝尔和平奖获得者。

金大中对中国人民怀有十分友好的感情，致力于发展韩中两国之间的传统友谊。1996年10月，他以韩国新政治国民会议主席的身份访问中国，1998年11月，首次以总统身份访问中国。

他是天主教徒。他的夫人李姬镐是从民主斗争时期起就与他同甘共苦的同志，对于他取得的成功给予了大力的支持。

韩明淑（1944～ ）韩国现任总理。1944年3月24日生于平壤，幼年随父母离开平壤，到三八线南部。19岁时，考入韩国梨花女子大学，专攻法国文学专业，1967年2月毕业。此后，还获得韩神大学神学硕士学位和梨花女子大学女性研究博士学位。1979年，曾因政治问题入狱两年。尽管屡遭挫折，她仍积极投身维护妇女权益的社会活动，曾先后担任多个妇女团体的领导人。20世纪80年代，她与韩国妇女团体一道，推动国会通过了《家族法》《男女平等雇用法》和《性暴力处罚法》等法律，为解决韩国根深蒂固的妇女地位低下问题做了奠基工作。争取男女平权，构成了她20世纪80～90年代政治活动的主线，曾任韩国女性团体联合家庭法修订特别委员会委员长、韩国女性民友会会长、韩国女性团体联合共同代表。2001年，担任韩国历史上首任女性部部长。

在担任金大中政府的女性部部长之前，2000～2001年，曾任韩国第十六届国会议员，之后的2003～2004年，又担任卢武铉政府环境部长。

2004年，作为开放国民党员战胜一位大国民党享有广泛知名度的男性国会议员（此人曾连续5届担任国会议员），担任韩国第十七届国会议员，此事一时轰动韩国政坛。

“合理，有均衡感，人际关系圆满，同时坚持原则，外圆内方”，这是韩国政坛对她的评价。和常见“女强人”穿一身简洁得体的套装，说起话来细语柔和，与韩剧中常见的有教养的中老年家庭妇女并无二致。在韩国议员选举期间，候选人互相攻击对方的缺点是常有的事，但那位被她击败的议员事后说，“要找出韩明淑的弱点是一件很难的事。”

韩国国会2006年4月19日表决批准她担任国务总理，从而使她成为韩国1948年建国以来的第一位女总理。2007年3月辞去总理职务。韩国媒体认为，此举是为未来竞选总统作准备。（何 强）

潘基文（1944～ ） 韩国外交通商部原长官，2007年1月起担任联合国秘书长。1944年6月13日出生于韩国中部忠州市的一个小镇。1962年，美国红十字会举办了“外国学生访美活动”，当时正在念高中二年级的他在选拔中脱颖而出。1970年毕业于韩国汉城国立大学外交学系，1972～1996年先后担任韩国驻新德里外交官、外务部联合国课长、美洲局长、负责外交政策企划的次官、韩国驻联合国代表和驻奥地利大使。1985年取得美国哈佛大学肯尼迪政治学院硕士学位，1996年11月任总统府秘书室外交安保首席秘书，后任总统外交政策顾问，2004年1月16日出任韩国外交通商部长官，2006年当选联合国第八任秘书长，12月14日宣誓就任，2007年1月就职。

绰号“主事”，同僚对他的评价是：勤奋、沉稳，具有出色的口才和非同寻常的记忆力。他外貌温文尔雅，待人亲切诚恳。同时，他头脑敏捷，观察细致，总是能敏锐地抓住细节，摆脱媒体和对手为他设置的陷阱。由于他总是面带微笑，态度温和，西方媒体称他为“和蔼可亲的外交官”。精通英语、法语。

第五节 经济

一 当代经济发展的5个时期

韩国经历建国初的战乱与恢复后，20世纪60年代开始走向经济的快速增长和稳定发展时期。1962～1988年间，韩国的国民生产总值从23亿美元增长到1 700亿美元，人均国民生产总值从87美元增长到4 000美元（按现行价格计算）。创造了举世瞩目的“汉江奇迹”，成为亚洲新兴工业化国家和地区（俗称“亚洲四小龙”）之一。到1997年韩国的国民生产总值已增长到4 852亿美元，人均国民生产总值增长到10 550美元（按现行价格计算）。

1997年，韩国卷入亚洲金融危机，韩国政府领导韩国人民为克服危机，振兴经济，强力推行各项改革，很快又恢复元气，步入迅速发展的轨道。韩国银行《2004年国民统计》显示，2003年，韩国国民生产总值约合6 061亿美元，列世界第十位；人均国民生产总值约合12 646美元。

当代韩国经济主要经历了以下五个时期。

（一）经济混乱倒退时期（1945～1953）

在日本殖民统治时期，韩国经济遭到日本的残酷掠夺。1945年日本战败投降之后，韩国经济一片混乱，许多部门无法正常运转。1948年，分别成立了韩国与朝鲜两个国家，使长期形成的“北工南农”的经济联系中断。中、日两大市场的丧失使外贸受到很大冲击，国民经济在崩溃的边缘挣扎。依靠美国的经济援助才使韩国经济和生活得以维持。经过朝鲜战争，韩国经济遭到进一步摧残，几乎处于瘫痪状态。

（二）恢复经济建设时期（1953～1961）

1953年7月朝鲜战争停战以后，韩国政府制定了《1954年度经济复兴计划》和《韩国经济再建计划》。在美国的援助下，采取一些稳定和恢复经济的措施，使其经济走上了恢复和发展之路。到1958年，韩国把原本由日本人占有的归属企业的92％转给民间个人，基本建立起新的以私有制为基础的资本主义经济体制。在金融方面，政府采取措施抑制了战后持续10年之久的恶性通货膨胀，出现了比较稳定的局面。这一时期韩国经济工作的重点是恢复和发展工业部门，其中纤维工业和食品工业发展最为显著。到1958年，韩国国民经济规模全面超过战前水平，生产得到恢复。

（三）经济快速增长时期（1961～1980）

1961年朴正熙上台后，开始推行加快工业化建设的方针，提出“经济增长第一”的口号，决定采取“工业立国”和“出口立国”的发展战略。实施对外开放、保证重点投资等政策措施，从而形成了以促进轻工业制品的出口和参与世界经济为重点的外向型经济发展模式。1962～1981年，韩国制定并实施了4个五年经济发展计划，韩国经济进入高速发展时期，被誉为“亚洲四小龙”之一。

（四）经济稳定发展时期（1980～1996）

这一时期在经济稳定发展的基础上，进行政策和结构调整，确立“技术立国”战略，全方位进行科技开发。1986～1988年，韩国在经济调整的基础上借助国际上的“三低”（低利率、低汇率、低油价）有利条件，连续3年实现经济高速增长，经济增长率高达12%～13%。对外贸易从长期入超变为出超，失业率下降。但自1989年起，由于外部环境转坏、内部调整进展缓慢，经济的增长势头开始放缓，韩国经济在“三高”（高物价、高工资、高利率）情况下，出现衰退。同时韩币大幅度升值，削弱了韩国商品的出口竞争力，1991年国际收支出现88亿美元的赤字。

在此情况下，韩国迫切需要新的经济政策来培育增长潜力。为了扩大增长潜力，韩国把扩建基础设施，改善经济制度，改变国民意识等作为最大目标，而且企业和政府都以积极的态度努力进行技术开发。“七五”（1992～1996）期间，国民经济年均增幅7.1%，国内生产总值达到4 846亿美元，人均国内生产总值达到10 548美元。1996年韩国加入了被称之为“富国俱乐部”的“经济合作与发展组织”（OECD），在世界上的经济地位上升到第十一位。

（五）金融危机及经济恢复与重建时期（1997年以来）

1997年开始，大企业集团接连倒闭，上万家中小企业破产，国家外汇储备严重短缺。韩国内部危机因素在东南亚国家金融危机的诱发下，到了下半年从外汇支付危机开始引发了罕见的金融危机。韩元对美元的汇率直线下降，从1996年的844韩元兑换1美元，跌至1998年1月的2 000多韩元兑换1美元。股价暴跌，金融危机严重影响到韩国的经济、社会和政治各个方面。政府不得不向国际货币基金组织（IMF）求援，于1997年12月3日，与国际货币基金组织签署了580亿美元的紧急资金救助计划。韩国接受该组织的要求，对经济进行全面改革。为了挽救并重新振兴韩国经济，自1997年底以来，尤其是金大中当选总统以后，开展了大规模的经济改革，如：大力推进金融改革，加大企业结构调整力度，精简政府机构，稳定物价，解决失业问题，鼓励高科技、高风险产业带动经济发展，大力拓展出口市场等。

表2 韩国1997～2005年主要经济指标

指标 \ 年份	1997	1998	1999	2000	2001	2002	2003	2004	2005
国内生产总值（10亿美元）	475.7	317.2	405.8	511.8	481.0	546.3	608.1	680.5	787.6
国内生产总值实际增长率（%）	5.0	−6.6	10.9	8.5	3.8	7.0	3.1	4.7	4.0
消费品价格指数（%）	4.4	7.5	0.8	2.3	4.1	2.8	3.5	3.8	2.8
人口（百万）	46.0	46.4	46.9	47.3	47.3	47.6	47.8	48.1	48.3

注 2004年为预测数。

资料来源 英国《国别报告：韩国》2006年8月。

通过1998和1999两年的艰苦努力，韩国金融改革和经济改革获得了较大的成果。在金融领域，清理了银行呆、坏账，整顿金融机构，使一批无望回生的金融机构退出经营领域，提高银行的自有资本比率，使其达到国际清算银行（BIS）要求的8%以上，促使一批银行合并、兼并或对外出售。在企业改革问题上，重点放在具有高负债率和左右韩国经济命脉的五大企业集团的调整与改革上，改善了企业经营，加强了大企业集团之间的产业交换。到1999年底，可用外汇储备额为740.5亿美元；外贸经常项目收支出现较高盈余；股价综合指数攀升，汉城综合股指从1998年1月份的475.2点上升到2000年3月初的894.66点；汇率持续反弹，上升到2000年2月中旬的1美元兑换约1 115韩元；外债减少，提前全部偿还国际货币基金组织提供的紧急援助贷款并不再接受原定的贷款，国际信用评价机构纷纷调高韩国的国家信用等级，产业形势好转，经济景气出现恢复势头。1999年，韩国经济增长率接近11%，创下1987年以来的最高纪录。2000年继续保持8%以上的高速增长。2001年受世界电子产品市场疲软影响，经济增幅降至4%以下。

2003年，韩国在2002年达到6%以上的较高增长之后，由于外部环境变动和内需不振，上半年经济重又陷入了低迷状态。下半年在出口拉动下开始走出谷底，但另外两个经济支柱——国内消费和设备投资仍然不旺。2003年全年经济增长率为3.1%。据韩国中央银行资料，2004年经济增长率为4.7%，2005年经济增长率为4.0%。到2005年底，韩国外汇储备达2 104亿美元，居世界第四位。

（金英姬）

二 韩国的经济发展战略和寻求新的经济增长点

自20世纪60年代起，韩国经济经历了30多年的持续高速增长，但20世纪90年代末的亚洲金融危机使韩国经济遭到重创。尽管其后摆脱了金融危机，但随着以往支持韩国经济高速增长的一些有利因素逐渐消失，2003年上半年经济增长率仅为2.7%，大大低于2002年同期6.4%的增幅。韩国政府认为，韩国经济基本面依然强劲良好，面对机遇与挑战，韩国必须重新审视经济发展战略和寻找新的经济增长动力。为此，韩国政府提出了争取在2010年前后使人均国民收入从目前的1万美元上升到2万美元的目标，并确定近期经济发展战略和“十大增长动力产业”，作为实现这一目标的根本措施。

（一）韩国近期的经济发展战略

2003年6月30日，韩国总统卢武铉提出今后5～10年韩国达到人均收入2万美元，逐步迈入发达国家行列的五项经济发展战略。

1. 技术创新

政府决定通过持续增加科技开发投资和“第二次科技立国”，提高汽车、造船、钢铁等主力产业的竞争力，在信息等尖端产业领域创造新的增长动力。

2. 市场改革

要坚持不懈地努力提高企业的透明度、责任感和健全性，特别是通过采用“集体诉讼制”、“产业报告执行总裁（CEO）认证制”等，把企业经营透明度提高到发达国家水平。

3. 文化革新

要改变韩国的劳资文化，通过“原则与信赖”、“对话与合作”，创造劳资双赢的新型劳资关系。要将劳动制度、习惯以及劳动市场的灵活性和劳动者的权利、义务都提高到国际水平。

4. 建设东北亚经济中心

要以韩国的地理位置、人力资源、信息化基础和能力以及世界水平的物流基础设施等优势条件为基础，推进把韩国建设成为东北亚商贸运营中心的计划。加强区内合作，与邻国共同创造繁荣。

5. 实行地方化战略

要制定《国家均衡发展特别法》，实行地方分权、财政分权和新行政首都建设等综合措施，切实把地方培育成革新和发展的主体。

（二）确定“十大增长动力产业”作为韩国经济新的增长点

为了使韩国经济摆脱“危难时期”，韩国政府在2003年8月确定了“十大增长动力产业”，期望以此为突破口，使经济恢复生机。这将成为韩国经济的新增长点，也将维系韩国经济发展的未来。

韩国政府确定的“十大增长动力产业”包括：智能型机器人、未来型汽车、新一代半导体、数码电视广播、互动电视网、新一代移动通信、等离子显示器和绿色新药等。入选的这些产业一部分是韩国目前拥有一定技术优势的产业，另一部分是具有发展潜力或在未来国际竞争中对韩国经济发展可起到关键作用的产业。令人关注的是，韩国政府主要是围绕信息技术产业来确定经济新增长点的，并确立了使传统产业信息化的目标。根据政府的计划，今后韩国人均国民收入新增的1万美元中有33%将来自信息技术产业。

为推动“十大增长动力产业”发展，韩国政府计划对相关的研究开发和设备投资实行优惠的税收政策。在2007年前，将研发投资由目前的每年960亿韩元（约0.93亿美元）提高到4 000亿韩元（约3.88亿美元），同时将其中基础科学研究经费的比例由19.5%提高到25%。韩国政府还决定，将“十大增长动力产业”进行分解，选择各产业的重点培育技术和企业，并通过现金补助制度等优惠的金融政策引进外国高科技投资。此外，韩国政府将放宽理工科教育认证制度，改革大学人才培养机制，目标是培养出1万名服务于未来型产业的核心研究人才。韩国政府还决定与民间企业构筑战略合作机制。政府负责扩大研究与开发投资，加快培养研发人才，有效分配国家资源；民间企业则专事高新技术开发和高新技术产品的生产。

确定“十大增长动力产业”，预示着韩国将经历经济增长模式的转变和经济机制的转型。迄今为止，韩国经济发展战略的重点是以增加资金和劳动的投入来实现经济总量的增长。今后，韩国主要将通过建立适应高技术的经营管理体制、增加研发投资和提高产业的科技含量，使产业创造出更高的附加值。（何　强）

三　农林牧渔业

（一）农业

韩国原来是一个传统的农业国，农作物以水稻为主，其次是麦类、薯类、豆类和杂粮。1945 年 8 月光复之后，韩国政府为了恢复经济，推行了一系列农业方面的改革政策和措施。这些政策措施的实施，使韩国农业有了较为稳定的发展。然而，随着出口导向型的经济发展战略的推行，片面追求工业化，工农业生产比例严重失调，农业在韩国国民经济中所占比重逐年减少，农业日益萎缩。

基于上述原因，韩国政府于 1970 年开始投入 163 亿韩元，在农村开展“新村庄运动”。提倡勤奋、自助、协作精神，大力发展农业生产，扩大收入，改善环境，树立新风尚，走共同富裕的道路。从 20 世纪 70 年代末起，韩国政府推行粮食进口自由化政策。到 80 年代末，农产品的进口自由化率达到 75%。自 1986 年开始，政府实施“农渔村综合对策”，将农业政策的基本目标定为：保证主要粮食作物的自给自足，扩大农业生产基础，加速农业现代化，提高农民收入，减轻农民负担等。

现有耕地面积 184.6 万公顷，主要分布在西部和南部平原、丘陵地区。农业人口 195 万，约占总人口的 8.8%。

（二）种植业

大米是韩国人的主食，水稻生产在韩国农业中占据支配地位，韩国政府一向重视有关水稻的政策制定与实施。1965 年，水稻占全国粮食总产量的 54%，1970 年为 57%，1980 年为 67%，到 1990 年和 1998 年分别上升到 84% 和 88.5%。2002 年稻米产量 493 万吨，小麦产量约 22 万吨。

大麦和小麦也是韩国的重要粮食作物。1998 年大麦产量约为 18.9 万吨，自给率为 65.3%。但小麦产量很少，只有 1 万吨左右。由于传统的饮食习惯，大豆也是重要的粮食作物之一，其产量在过去几十年间增加了 1 倍，1998 年为 16.5 万吨。玉米产量也逐年有所增加，1998 年约为 7 万吨。但是目前小麦、大豆和玉米的自给率很低，分别为 0.3%、8.0% 和 0.9%，国内产量远远不能满足需求，需大量进口。

韩国的水果品种较少，大部分水果特别是热带水果都需进口。苹果和梨是韩国的两大主要水果品种。1998 年，韩国的水果产量为 215.3 万吨，同比减少 12.2%，人均消费量为 49 公斤，同比减少 15.5%。

蔬菜产量自 20 世纪 70 年代以来一直迅速增长。塑料大棚的推广是蔬菜增产的主要因素。1998 年，韩国的蔬菜产量为 998.4 万吨，同比增加 1.8%，人均消费量为 146 公斤，同比增加 0.7%。

（三）林业

韩国林业的发展始于 20 世纪 50 年代。为了保护森林资源，政府实行了林木采伐许可制度，禁止乱砍滥伐，提倡以无烟煤代替木材用作燃料。自 70 年代初开始，开展全国造林运动，大力发展造林、育林事业，为荒山披上了绿装。在 70 年代，每年造林约 10 万公顷，主要是经济林和用材林。1988 年，又开始实施《山地资源化十年计划》（1988～1997），政府采取有力措施，在保护原有森林的同时，每年大量植树，同时发展速生和抗病虫害强的新树种。

韩国的林地总面积占其国土总面积的 65%。但人均林地不过 0.2 公顷，仅为世界人均林地面积的 25%，林地面积日趋减少。山林面积的减少并未导致林木资源的减少，木材蓄积量每年都在增加。为保护森林资源，在树木成材之前，伐木受到严格控制。

韩国直到 20 世纪 70 年代末期，曾经是世界上最大的胶合板出口国之一。除胶合板之外，韩国出口的林业产品主要还有锯材、木制品、栗子和蘑菇。因韩国的木材产量远不能满足其国内木材需求，大部分木材工业在很大程度上仍然依靠外国原料，现在韩国使用的木材中大约 85% 要从海外进口。为确保木材的稳定供应，政府支持企业到海外去开发林业。

（四）畜牧业

韩国畜牧业的主要部门是养牛、养猪、养禽业等。韩国畜牧业在20世纪80年代以前很不发达，规模小，劳动生产率低。畜牧业在农户收入中所占比重也小。从80年代开始，随着人民生活水平的逐步提高以及食物消费结构的变化，韩国畜牧业有了较大的发展。自1981年开始，政府对24种畜产品实行进口自由化政策。目前，韩国的牛肉产量，只能满足90%的国内需求。猪肉产量曾经实现了自给自足，但不时出现短缺，有时也需进口。大城市近郊地区及高寒山区出现一些大型化、现代化的牧场，以提高畜牧业的生产效率，增加产量。1998年，韩国的肉类产量为121万吨，同比增加1.2%。其中，牛肉产量为26.4万吨、猪肉产量为70.1万吨、鸡肉产量为24.5万吨。人均肉类消费为28.1公斤，同比减少4.1%。鸡蛋产量为45.5万吨、牛奶产量为202.7万吨。

（五）水产业

韩国附近海域有丰富的水产资源，但在20世纪50～60年代，由于政府对水产业重视不够，水产业发展较为迟缓，规模小，基本上是以沿海渔业为中心，在近海和沿岸捕捞。自70年代开始，水产业开始得到政府的重视。渔船数量逐年增加，并朝着动力化、大型化方向发展，水产养殖业和远洋捕渔业有了长足进展，水产业生产能力也有较大增加，渔业结构实现了多样化。

水产养殖部门的生产，在韩国的渔业总产量中占24%，在产值中占18%。自各沿海国家实行200海里专属经济区以来，水产养殖业日显重要。为了有效地实施沿海开发计划，提高水产养殖业的生产率和产品质量，政府在1991年修改了《渔业法》。同时，政府采取改善渔场环境、改进渔港设施、捕鱼设备和渔业产品加工设备的措施，促进了渔业的发展。

韩国现在是世界主要捕鱼国之一。20世纪70年代中期以前，由于捕捞方法现代化，沿海捕捞量逐步增加。70年代末开始，尽管捕捞量的年增长率有所下降，但沿海捕捞量绝对数仍在逐步增加。

韩国的远洋捕捞活动是1957年在印度洋捕金枪鱼开始的。自那时以来，韩国的远洋捕捞产量一直持续上升，并在70年代中期达到高峰。韩国已与许多沿海国家洽谈渔业协定，以保持在有关国家经济水域捕鱼的权利。

韩国的渔场主要有日本海渔场、黄海渔场和南海渔场，并在西萨摩亚和拉斯帕尔马斯建立了渔业基地。

1998年，韩国的水产品总捕捞量为283.4万吨，同比减少41万吨，其中远洋捕捞量为72.2万吨，浅海养殖量为77.7万吨。出口额为13.69亿美元，进口额为5.87亿美元。

四 工业

（一）当代工业发展的4个时期

韩国工业的发展经历了两次重大的发展战略的转变：第一次是由进口替代战略（1953～1961）向出口导向型发展战略转变（1962～1979）；第二次是向国际化、自由化和科技化战略转变（1980年以来）。其间，大致可分为以下4个时期。

1. 混乱、战争与恢复时期（1945年光复之后～20世纪50年代末）

1945年光复之前，朝鲜半岛一直维持着“北工南农”的经济格局。这使得韩国的工业相对薄弱。日本殖民统治时期的残酷掠夺和历时3年的朝鲜战争，进一步破坏了仅有的一些工业，工业生产陷入了瘫痪状态。停战后，韩国在美国的援助下开始进行恢复建设。同时，没收日本人的“归属财产”，有偿转让给韩国民间所有。这一措施为20世纪50年代韩国财阀企业的形成奠定了基础，并促进了民族工业的发展。

韩国首先采取措施，发展替代进口的消费品的生产。政府恢复和发展轻工业部门及其他消费资料工业，而且加快投资步伐，大量引进机器设备，促进企业现有设备的更新和改造。但是由于生产规模小，基础十分脆弱，直到20世纪50年代末，工业生产才勉强达到二战前的水平。这一时期的国民经济结构仍以分散的个体农业为基础。

2. 重点发展轻纺工业时期（20世纪60年代）

进入20世纪60年代，韩国狭小的内部市场已经不足以容纳迅速发展起来的劳动密集型加工工业。这一时期，正值世界性产业结构的升级，美、日等发达国家转向资本密集型工业，其国内市场所需的劳动密集型消费品的相当一部分，成为韩国经济发展战略选择的主要方向。因此，政府制定“经济增长第一”、“工业立国”和“贸易立国”的指导方针，一方面继续发展替代进口的消费品工业，另一方面将内向型经济转向外向型经济，推行出口主导型经济发展战略，积极发展劳动密集型的轻纺工业产业。整个20世纪60年代，纺织、服装、鞋类、木材加工等轻纺工业部门得到了迅速的发展。

3. 重点发展重化工业时期（20世纪70年代）

从20世纪60年代后期开始，韩国对重化工业的发展予以特别重视。政府于1973年发表了《重化工业宣言》，并制定了1972～1981年《发展重化工业长远计划》，集中资金、技术、人力发展重化工业，将钢铁、有色金属、造船、机械、电子、化工作为韩国的“六大战略工业”，建设了浦项钢铁工业基地、温山有色金属冶炼基地、蔚山造船基地、昌原机械工业基地、龟尾电子工业基地、丽川石油化工基地等等。

同时，政府对重化工业的发展采取强有力的保护和优惠政策。1972～1979年间，政府对重化工业投资额，平均每年占制造业投资总额的67.7%。20世纪70年代，重化工业获得了迅速的发展。1970～1979年间，工业年均增长17.1%，其中轻工业为15.1%，而重化工业达到22.8%。出口商品的结构也发生了变化。1966年，制成品出口占出口总额的62.4%，进入70年代，这一比例大幅度增长，1976年达到89.8%。

经济结构也发生了显著的变化。从工业内部结构来看，在20世纪60年代中期以前，韩国的工业结构，主要以食品加工、棉纺织和制糖工业以及零散的机修工业为主。但进入70年代后，冶金、汽车、船舶和化学工业等都有了明显的发展，并居于主导地位。

4. 开发新兴技术产业时期（20世纪80年代以来）

20世纪80年代以来，由于两次石油危机的冲击，世界经济进入了一个新的重建时期。贸易摩擦加剧，国际经济环境日趋严峻，而国内经济也产生了不少困难。因此，韩国政府及时调整经济发展战略，重新调整经济结构，确立和实施“科技立国”国策，加速对高新技术产业的开发。以半导体、计算机、办公自动化机器、产业机器人为核心的新兴技术产业，成为韩国重化学工业的重要组成部分。

为了加紧开发新技术，发展技术知识密集型产业，政府采取了一些重要措施。

首先，增加科技研究和开发投资，使其在国民生产总值中所占的比重逐步提高。

其次，要求大专院校、职业中学和企业加速培养高科技人才和熟练工人，并派遣更多年轻有为的科学家到海外学习深造。

再次，加快发展高科技产业。政府采取减免税收、低息贷款等各种优惠政策，鼓励和扶植劳动密集型产业向技术、知识密集型产业转化。为此，韩国还先后建成了大德科学城、光州尖端技术产业研究基地等。20世纪80年代末公布的《尖端技术开发基本计划》，要求在1990～1996年的7年间，大力支持发展十大领域的尖端科学技术。

韩国确定的科技发展目标是，在21世纪初，在新材料、生物工程、微电子、光学和航空工业等7个领域赶上先进国家，使电子、汽车、机械、高级化学等产业再上一个新台阶。1990～2000年高科技产值占国民生产总值的比重，从12.3%增加到32.7%

（二）主要工业部门

1. 钢铁工业

20世纪60年代初开始，朴正熙政府采取积极的政策，大力扶植钢铁工业的发展。1966年4月，成立了“浦项综合制铁股份公司”，1970年颁布实施《钢铁工业育成法》。70年代韩国钢铁工业发展比较迅速，钢铁产品出口年均增长在40%左右。

1983年，炼铁、炼钢和轧钢等工序齐全的浦项综合制铁株式会社的全部工程竣工投产，标志着韩国钢铁工业发展的历史性转折。浦项综合制铁株式会社是规模合理、工艺技术和设备先进的大型联合企业，目前是韩国最大的钢铁生产专业企业集团、世界第二大钢铁联合企业。之后，80年代和90年代，韩国又陆续建立了一些钢铁企业，钢铁产量大增，使韩国成为世界第六大钢铁生产国。韩国钢铁工业在将新技术用于炼钢过程和成品生产方面，也取得了显著的进展，半成品生产上连续铸造的比率上升。韩国的钢铁工业引进和采用了世界最新的技术和设备，从高炉到轧钢都是连续自动化生产体系。1998年，钢铁内销总量为2 495万吨，同比减少34.5%，出口总量为1 620万吨，同比增长56.3%。1999年，政府决定对浦项制铁实行民营化。韩国的钢铁产业，今后将在产品品种和技术开发领域加大投资力度，重点放在高附加值钢材的开发和生产，以提高其生产效率，增强竞争力。

1990～2000年间钢铁产量由2 312万吨上升为4 657万吨。2005年钢铁产量4 777万吨，居世界第五位，钢铁生产基地，主要分布在浦项、光阳、釜山、仁川、马山和东海等地。

2. 造船工业

20世纪50年代初，在美国资金援助下，韩国恢复了大韩造船公司等造船厂的生产。为大力扶植韩国造船业的发展，政府于1958年颁布《造船奖励法》，"二五"（1967～1971）期间又制定了《造船工业振兴法》。

1968年，韩国首次实现了船只的出口，向台湾出口了20艘250吨级用于捕捞金枪鱼的远洋渔船。70年代，作为重点发展的十大战略产业部门之一的造船工业，获得了迅速的发展。1974年，韩国在蔚山的尾浦建设的当时世界最大造船厂——现代造船厂第一期工程竣工，使韩国的造船能力，从1971年的19万吨猛增至1974年的110万吨，韩国开始建造大型船舶。从此，韩国造船工业在世界船舶市场上占有了一席之地。从1981年开始，韩国每年接受的订货及造船总吨位均跃居世界第二位，仅次于日本，成为世界第二大造船国。韩国还提供各种船舶行业服务，包括船舶维修和改装、游艇和近海平台建造等。从80年代中后期开始，由于世界第一造船大国日本造船工业的不景气和衰退，韩国逐渐取得了优势。日本造船订单占世界造船订货量的比重逐年下降，而韩国的订单比重则持续上升。

1999年，韩国接受的造船订单超过了日本，成为世界第一造船大国。现代、大宇、三星等三家重工业公司接受的造船订单达到了1 271.9万吨，比1998年增加了27.2%。1999年是韩国连续第三年造船订单超过1 000万吨。韩国造船业不仅在接收订单方面居世界前列，在实际造船量方面也名列前茅，1998年即已达到了882万吨，现代、大宇、三星等三家造船厂的造船量分别居世界前三位。现代造船厂是韩国最大的造船厂，也是世界上最大的造船厂之一，能建造100万吨级的超级油轮。韩国在2000年初拥有的造船订单余量为2 419万吨，已经确保了往后两年的工作量。2001年韩国造船业盛况空前，造船量比2000年增加6.6%。2005年，韩国造船业订单的船只总吨位在全球市场的占有率从2004年的37.4%提升到39.2%。2003～2005年，韩国已经连续3年保持全球最大"船业王国"桂冠。

3. 电子工业

到21世纪初，韩国已经是世界十大电子产品生产国之一。电子工业是韩国国民经济支柱产业。根据韩国电子产业振兴会2001年10月的统计资料，2000年韩国电子产业产值比1999年增加164%，达到673亿美元，位居美国、日本和中国以后的第四位，在世界电子产业总产值中所占比重为5.1%。

韩国的电子工业，从20世纪60年代初进行半导体收音机的简单组装，迅速发展到先进存储芯片的复杂制造。电子工业以高技术密集型为主，半导体集成电路发展尤为迅速。

1959年，金星集团利用进口零部件组装出韩国第一台电子管收音机。为保护和发展本国电子产业，韩国政府于1961年制定《特定外来品禁止贩卖措施》，禁止收音机的进口。1962年，韩国第一次出口收音机。4年后，韩国可以进行装配生产电视机，紧接着开始加工装配现代电子工业的基础——集成电路。1969年，政府颁布实施《电子工业振兴法》和1969～1976《振兴电子工业八年计划》，从而吸引许多大、中、小型企业投身于电子工业。在政府的大力扶持之下，韩国的电子产业发展很快，1969年，三星集团生产出韩国首批黑白电视机。

韩国从1971年开始，集中力量提高电子零部件的国有化率。1973年，韩国开始生产彩色电视机、台式电子计算机等，电子产品实现了多样化。在整个20世纪70年代，韩国电子工业以年均47.2%的速度增长，逐渐成为韩国重要的出口产业。进入80年代，尤其是80年代中期以后，国际市场的美元贬值、石油价格及国际利率下降的有利形势，为韩国电子工业的进一步发展提供了有利的外部条件，使电子工业保持了高速发展的势头。电子工业在韩国经济中的地位不断提高，在世界电子工业中所占比例也迅速上升。到80年代末，韩国的黑白电视机产量已跃居世界首位，彩色电视机的产量仅次于日本和美国，居世界第三位，成为世界电视机的主要供应地。20世纪80年代末90年代初，家用小型录像机和微波炉也开始作为出口商品而引人注目。

随着工业结构的转变，自20世纪80年代中期以来，韩国将电子工业的生产重点，从民用电子产品转向附加价值高的工业用电子产品，加快了向高技术电脑、电信设备和工厂自动化设备的发展。面对传统民用电子产品竞争力的不断下降，韩国开始着重于提高质量，开发附加价值高的新型电子产品。韩国电子工业与先进国家的技术差距正在缩小。1991年，韩国成为世界第五大电子产品出口国。1994年8月，韩国在全世界率先研制成功256兆位存储芯片（DRAM）。这一产品迅速占领了国际市场，到1998年，由它组装的半导体存储芯片（DRAM）在世界市场上的占有率达到40.9%，居世界第一位。

1999年，韩国液晶显示器（LCD）等电子产品产销和出口都十分兴旺，韩国CDMA移动电话在国际市场的占有率达到56.9%。这为韩国相关产业的复苏和出口的增加发挥了重要作用。同年，韩国宣布在世界上首次研制成功超高频CMOS芯片，并成功地进行了通话测试。超高频CMOS芯片与标准的超高频集成电路芯片（REIC）相比，价格便宜90%，耗电量低50%，通话性能明显提高。韩国在世界上首次研制成功超高频CMOS芯片，扭转了韩国移动电话制造厂商所需的超高频集成电路过去全部靠进口的局面，从而不仅大大提高了韩国移动电话在国际市场上的价格竞争力，而且还使韩国移动电话制造厂商在世界无线通信和半导体市场上牢牢掌握了主动权。目前，半导体、液晶显示器、移动通信终端机已成为韩国的主力出口商品。

2001年韩国手机出口达到100亿美元，占世界市场的9.6%，超高速因特网设备的出口为37亿美元，占世界市场的4%。韩国政府计划在2005年使手机的出口达到350亿美元，占世界市场的17.5%；使超高速因特网设备的出口在2006年达到100亿美元，占世界市场的14%。

4. 汽车工业

汽车工业是韩国“五大战略产业”之一，起步于20世纪50年代中后期。60年代韩国采用进口零部件组装整车。同时，逐渐提高各种汽车零部件的国产化，形成了系列化生产体系。

为了促进汽车工业的快速发展，政府于1973和1974年，先后制定了《汽车工业扶植计划》和《汽车工业长期振兴计划》。在这些计划中，政府把轿车生产摆在最突出的位置，要求汽车生产企业开发自己的新车型，提高国产化水平，并促进整车和零部件的出口。同时，现代和起亚两大公司建立了现代化综合汽车厂，生产自行设计的新车种，并于1975年实现了向国外的出口。到1979年，汽车零部件国产化达到85%，汽车生产能力跃居世界第二十二位。20世纪70年代成为韩国汽车工业大发展的时期。

在20世纪80年代前半期，韩国汽车工业大力发展出口所需要的轿车和汽车零部件，开辟国际市场，进入世界主要汽车生产国的行列。由于实行了汽车生产的专业化，韩国汽车产业不仅产量猛增，还增强了各种车辆在国际市场上的竞争力。韩国现代汽车公司在1984年打入加拿大市场，1986年又打入了世界第一大汽车市场——美国。1986年，韩国的汽车产量占世界汽车总产量的13%，跃居世界第十一位，汽车出口量占世界汽车出口量的1.9%，居世界第九位。自1987年起，根据商工部的决定，韩国汽车行业实行“三家（现代、大宇、起亚）自由竞争体制”，以期刺激设备、技术的更新和改造，同时，实行外国汽车进口自由化政策。自80年代后期以来直到90年代，韩国致力于扩大汽车生产规模，加快技术开发，扩大市场，步入汽车生产大国。1997年，韩国的汽车产量排名曾跃升至世界第四位。

但在1998年，因受金融危机的影响，韩国的汽车产量在世界的排名降至第八位。政府将1997年破产的起亚汽车公司并入现代汽车公司。经过1年多的结构调整和改革，韩国的汽车产业恢复景气，汽车产销量和出口量都有所恢复。1999年，韩国生产汽车284.3万辆，产量排名上升至世界第七位，出口排名占世界第九位。1990～2000年间，汽车产量由132万辆上升为311万辆。2005年韩国汽车产量369.9万辆，连续4年在世界汽车生产大国排名中居第六位。

5. 纺织工业

纺织工业是韩国的传统工业，在战后得到了迅速的发展，尤其20世纪60～70年代，是其快速增长的时期。60年代，韩国实行进口替代发展战略，纺织工业成为韩国制造业的主导产业，70年代韩国重点发展轻纺工业，纺织工业成为韩国的主要出口产业。80年代以来，由于发达国家的进口限制，以及发展中国家产品不断跻身于国际市场，韩国的纺织工业增长趋缓，在制造业中的地位和在国民经济中所占的比重有所下降，但从生产设施和出口的角度来说，韩国仍然是世界上十大纺织品生产国之一。韩国的纺织品质优价廉，在国际市场上享有盛名。纺织工业中心主要集中在岭南、中部和京仁地区。

韩国的纤维工业始于20世纪60年代，起步较晚，但发展很快。60～70年代是韩国纤维工业的鼎盛时期。从80年代开始，因韩国经济发展战略的调整，纤维工业在整个韩国经济中的地位和比重逐渐下降。目前，纤维产品产量占世界纤维总产量的5.3%，而其出口量约占总产量的80%。2000年韩国纤维工业的发展规划是，纤维产品出口达到250亿美元，在世界市场占有率达到8%，纤维工业在世界同行中的排名提高到第三位。纤维工业主要集中在以大邱为中心的岭南和京仁地区。

韩国的服装工业从20世纪60年代末开始，由内销转向出口，逐步发展成为出口产业。服装工业已经是韩国纺织品出口的主力。服装工业中心集中于汉城、釜山、大邱、仁川、大田、水原、全州等地。

6. 机械工业

韩国机械工业，是在政府“二五”（1967～1971）期间制定的《机械工业振兴法》指导下起步的，而迅速发展是在20世纪70年代。80年代机械工业成为韩国主要的产业部门之一。韩国的机械工业主要从事金属加工机械、工业设备、通用机械、动力机械、矿山机械、工程机械、装卸机械、农业机械、空调设备、工具等产品的生产。

韩国的机床工业，从70年代中后期起有了迅速的发展，产品的质量和性能有了较大的提高，新产品不断得以开发。到80年代后半期，由于对机床工业积极进行了设备投资，以及国内需求和出口的增加，韩国的机床工业持续发展。但是由于国内机床的质量不如发达国家的机床，国产机床的规格和品种也有限，因此，迄今为止，机床需求大约有57%靠进口满足。机床工业主要集中在昌原、晋州、仁川、马山、始兴等地。

韩国产业机械的迅速发展，是从1973年政府推行重化工业政策开始的。产品主要包括化工机械、运输及装卸机械、纤维机械、塑料及橡胶加工机械、造纸机械等。韩国的产业机械工业的技术水平还比较低，大量技术需从国外引进。产业机械制造中心主要集中在昌原、汉城、仁川、龟尾、始兴、安养、九路等地。

7. 能源工业

（1）主要能源与能源供需、消费

韩国的能源包括石油、煤炭、水力、液化天然气、核能和木柴等。20世纪60年代开始进行工业化以来，能源的需求与消费日益增加，一次能源的消费从1975年的2 755.3万TOE（以每吨原油的发热量为基准换算的单位）增加到2000年的1.95亿TOE。但韩国能源资源贫乏，能源多半依赖进口，而且进口依存度逐年上升，1975年为58.6%，1980年为73.5%，自1997年开始为87.9%，2000年则上升为97.4%。能源进口中，石油占80.3%。由于国内能源需求增加，1999年韩国的能源进口量为2.01亿TOE，2000年1～9月份的能源进口量约为1.58亿TOE。

在过去50多年中，韩国的能源消费结构发生了巨大的变化。在上述能源中，石油的使用量最大，大部分年份占能源总消费量的一半以上，1998年所占比重为54.9%。有烟煤的消费比重仅次于石油，在1998年为20.1%。在韩国，液化天然气是从20世纪80年代中期开始使用的，1986年，其消费占能源消费总量的0.1%，之后消费增长非常迅速，到1998年达到8.5%。核能从1977年开始使用，当年核能消费量占能源消费总量的0.1%，到1996年迅速增加到11.2%，最高时为20世纪80年代后半期至90年代初期的14%左右，20年间增加了100多倍。相反，最传统的能源材料，即木柴的消费比重急速下降，从1962年的51.9%下降到1996年的0.7%。

从能源的消费部门结构来看，1998年，产业部门的能源消费占58.6%，交通运输部门的消费占19.6%，居民和商业部门的消费占19.7%。

2000年3月，韩国宣布，在蔚山市东南地区探查到总开采价值约为5.4亿美元的天然气油气区。这是韩国自1969年在沿海大陆架地区勘探石油以来，首次发现具有可开采价值的油气区，标志着韩国结束了“无油”的历史。该油气田按年产量30万吨计算，开采年限预计将超过15年。

（2）电力工业

韩国的电力工业，自20世纪60年代起取得了快速发展。1961年，政府将电力生产公司和电力分配公司合为一体，成立了韩国电力公司。自1962年起，韩国实施《电力发展五年计划》，大力发展电力工业。随着这些发展计划的圆满实施，电力生产取得了显著的增长。政府还对电力部门进行改革，允许私人电力公司参与电力发展活动，从而扩大了韩国的发电能力。70年代，韩国实现了电力资源多样化和农村电气化。80～90年代韩国的电力工业稳步发展。1999年，在韩国进行大规模结构调整的情况下，电力行业也成为改革的对象。根据政府的指示和行业改革计划，电力产业要进行重组，并实现民营化经营。

韩国的电力，过去主要依靠火力发电，到1985年，其比重占总发电量的65%以上。但自1986年开始，核能发电的比重急剧上升，与火力发电互争高低，甚至几度超过了火力发电。位于全罗南道灵光郡的两座核电站2003年2月22日已经竣工并投入运行。两座新核电站投入运行后，韩国目前的核电站数量增加到18座，总装机容量达到1 572万千瓦，约占韩国国内发电设备装机总量的30%。随着两座新核电站的竣工，韩国核电站总装机容量已经位居世界第六位。由于石油进口成本上涨且不稳定，韩国的电力发展计划主要是用核能和煤取代石油。韩国计划更多地建设核电站，使其电力工业在21世纪进入核能时代。

水力发电在韩国的电力工业中比重很小。

1998年，全国总发电量为2 153.0亿千瓦小时，其中水力发电量为61.0亿千瓦小时，火力发电量为1 195.1亿千瓦小时，核能发电量为886.9亿千瓦小时。

(3) 石油、炼油及石油化工工业

韩国原油一直依靠进口，大部分来自中东。随着消费的增长，原油进口量从1964年的580万桶增加到1998年的8.7亿桶，增长了150倍。

韩国的石油化学工业，始于20世纪60年代。1964年，韩国政府与美国海湾石油公司合资在蔚山建成一个炼油设施。随着石油需求量的增长，随后又建造了几座炼油厂。1966年11月，韩国政府颁布实施了《石油化学工业开发计划》，次年正式定为重点发展的产业部门。1968年开始将蔚山石油化工基地的13家企业联合起来，予以重点扶植。1972年，蔚山石油化工联合企业全部建成。从此，韩国的石油化学工业获得了迅速的发展，石化工业品的自给率达47%。现在，全国炼油能力，从1975年的每连续开工日加工44万桶，增加到1998年的200多万桶。

政府为尽量利用国内能源和减少长期对进口石油的依赖，采取了各种政策。1986年以来，在核电站、水电站和燃煤发电厂的建造方面，以及利用液化天然气方面，都取得了显著的成就，但石油现在仍是主要能源。

在1998年的经济大调整与改革中，为吸引外资发展本国的炼油业，韩国废除了外资在炼油业所占股份不得超过50%的限制。

1999年7月，可储存3 000万桶石油的丽水地下石油储备基地，和可储存210万桶石油的全罗南道谷城石油储备基地，相继竣工并投入使用。这两个石油储备基地的竣工，使韩国的石油储备能力从6 300万桶提高到9 500万桶。从储油规模来看，丽水储油基地堪称世界之最。

从1976年开始，韩国着手兴建丽川石化基地的十大系列化工厂。该工程于1979年12月全部竣工投产，从而使韩国石油化工产品的自给率提高到64%，乙烯的年生产能力达到50多万吨，从世界第二十四位上升到十四位。

第二次石油危机，使韩国的石化工业受到极大冲击，出现了亏损，石化工业面临着原料供应不足、生产效率低、自给率下降的问题。1983年以后，由于原油市场的稳定以及世界经济的恢复，石化产品的需求不断增长，韩国的石化工业又得到了迅速的发展，石化工业的生产能力大大提高。到20世纪80年代末，其生产能力提高为世界第五位。

目前，韩国石化工业所需原油全部依赖进口。因此，韩国的石化工业中心集中分布在沿海地带。丽水为韩国最大的石化工业中心，其次是蔚山、釜山。

化肥工业在20世纪60年代，是韩国化学工业的主要部门。韩国第一个化肥生产厂家清州肥料公司于1961年投产，在60年代的前5年，化肥工业就实现了自给自足。在70年代，化肥工业通过扩大副产品的生产，发展成为一个综合性产业。然而由于国内消费的迅速增长，化肥产量供不应求，韩国对部分化肥的需求还要靠进口满足。

(三) 主要工业地区

1. 京仁地区

京仁地区是韩国经济的核心。它位于朝鲜半岛的中西部，主要由首都汉城、韩国第二大港口城市仁川及富川、城南、安养等城市群组成。该地区西临黄海，汉江自东向西流经该区中部，地理位置十分有利，水、陆、空运输条件优越，有四通八达的铁路、公路、水路、航空网，形成了韩国规模最大、工业最发达、经济实力最雄厚的工业区。主要工业部门有机械、金属及非金属、化学、纤维、食品、造纸、木材家具等。该地区也是韩国最大的运输中心、商业中心、金融中心和文化中心。

2. 东南沿海地区

东南沿海地区是韩国第二大经济中心，也是最大的重工业区。主要由韩国最大的港口城市釜山、最大的钢铁生产基地浦项、世界最大的造船基地兼韩国重要的重化工业城市蔚山、韩国最大的有色金属冶炼中心城市温山、最大的原子能发电基地古里、最大的机械工业中心城市昌原、第二大钢铁工业中心城市光阳等城市群组成。韩国几乎全部的石化、造船工业和大部分钢铁、机械、制鞋、有色金属工业都集中在该地区。其地理位置优越，水、陆、空交通运输发达。在二战前原有的工业基础上，形成了韩国重要的出口产业基地和重化工业中心。

3. 其他主要工业地区

岭南内陆地区是韩国第三大工业区。主要由韩国第四大城市兼著名的纺织工业城市大邱、著名的电子工业城市龟尾以及达城、庆山、安东等城市群组成。主要工业部门为纺织纤维和电子工业。

中部内陆地区工业区位于韩国的中心部位，紧邻京仁地区，陆路交通方便。主要由大田、新滩津、清州、天安等城市群组成。主要工业为纤维、电子、机械、食品等。

湖南地区工业区主要由光州、群山、木浦、全州等城市群组成，主要工业为纤维、汽车、化工、木材等。

太白山地区工业区是韩国最大的产煤区和水泥生产中心。分为以东海、三陟为中心的临海工业区和以原州、忠州、江陵、丹阳等为中心的内陆工业区。

五 交通运输业

(一) 概述

韩国加速建设全国交通网，是在1962～1966年的“一五”计划期间，当时的建设重点是铁路。“二五”计划期间（1967～1971），公路建设也开始受到重视，先后建成一些高速公路，并开始生产汽车。这10年是韩国铁路、公路、港口及机场等交通建设的快速发展时期。

1972年以后，韩国开始重视交通建设质量，一方面继续扩建交通网，另一方面解决急剧发展带来的问题，在投资方面进行调整，建起了地铁和电铁，产业性交通干线实行了电气化和复线化，各地区的地方公路达到高标准，扩建和新建了港口设施和国际机场。韩国交通量的增长速度，已超过经济的增长速度。1970～1997年，交通运输业以年均11%的速度递增，仅客运量就从1966年的16亿人次，增至1998年的131.6亿人次，运输设施和设备也都大大增加了。韩国以首都汉城为核心，已形成向四外扩散的比较完整的海陆空交通运输体系。

(二) 铁路

经过20世纪50～60年代的发展，到70年代，韩国铁路实现了电气化和复线化。进入80年代以来，铁路在交通运输中的承担比重下降，到1997年客运承担比重只占6.2%，货运承担比重也只有7.7%，与60～70年代的30%～40%相比大幅下降，主要承担无烟煤、水泥、矿石、石油产品、化肥等大宗货物运输及中长距离的运输。截至2002年底，铁路总长3 129公里，其中复线1 028.6公里，电气化铁路667.5公里。2004年3月，汉城—釜山高速铁路开通，最高时速300公里。

(三) 地铁

韩国的地铁，自20世纪70年代初开始建设以来，发展迅速。地铁一号线于1974年8月15日通车，从东到西穿越汉城市中心。1980年，韩国地铁全长仅9.45公里，而到2002年地铁总长则达402公里，其中汉城287公里，釜山62.8公里，大邱27.6公里，仁川24.6公里。这四大城市的市内客运以地铁为中心，使地铁在旅客运输中的承担比重从1981年的1%迅速上升为2000年的约11.7%。

(四) 公路

韩国公路分为一级国道、二级国道、特别市道、地方道、市郡道等5个等级。截至2002年底，公路总长9.1万公里。截至2003年底，公路总长达97 252公里，其中高速公路2 778公里。

韩国高速公路的修建，始于1968年2月。同年韩国第一条现代化高速公路京仁（汉城—仁川）高速公路建成，全长 29.5 公里。它把汉城到仁川的行车时间从 1 小时缩短到不足 20 分钟。20 世纪 70 年代是公路发展最快的时期。1971 年 6 月，全长 428 公里四车道的京釜（汉城—釜山）高速公路竣工通车，标志着韩国在扩大现代化交通运输方面出现的一次巨大飞跃。它呈对角线穿越韩国全境。之后，高速公路建设迅速发展，又相继修建了 10 多条高速公路。1990 年，韩国高速公路总长达 1 551公里，把汉城同各道的大小城镇连接在一起，形成了“当日交通圈”（即一日内可以抵达境内任何地方）。到 1998 年，这一数字达到1 996.3公里，共有 20 条高速公路。韩国高速公路 2002 年达2 637 公里，计划到 2004 年延长至3 500公里，从而实现“半日生活圈”。

在建设高速公路网的同时，政府对一般公路进行铺筑和扩建，使公路在质量和数量上都有了很大的改善和发展，公路铺筑率从 1975 年的 22.3%迅速上升到 1998 年的 74%。

在公路建设迅速发展的同时，公路运输手段也发生了巨大的变化。二战结束时，韩国共有汽车仅 7 000余辆，货物运输主要依靠牛车和马车。二战结束后，尤其是在 20 世纪 70～80 年代韩国重点发展重化工业以来，韩国汽车工业发展突飞猛进，韩国汽车数量逐年大幅提高。全国汽车保有量，从 1981 年的 57.1 万辆增加到 2003 年1 394.9万辆，其中货车 289.4 万辆，小轿车 973.7 万辆。

（五）空运

20 世纪 60 年代以来，韩国的国际航空运输有了迅速发展。从经济起飞时期到现在，国际旅客和货物运输的年均增长率达到 70%，远远超过国内运输的增长率。特别是成功地主办了 1988 年奥运会之后，汉城在国际航空交通中的重要性大大增加。

韩国的航空运输，由大韩航空公司（简称韩航，KAL）和亚细亚航空公司（简称韩亚，AAR）两家航空公司经营。大韩航空公司已发展成为世界前 10 位以内的大型航空企业。

截至 2003 年底，韩国同 81 个国家签有航空协定，开通国际航线 137 条，可飞往 30 个国家、90 多个城市。现有 8 个国际机场：仁川、金浦、金海、济州、清州、光州、大邱、襄阳。另有国内航线机场 16 个。截至 2002 年，拥有飞机 295 架，其中客货运飞机 183 架。

（六）水运

韩国在 20 世纪 60 年代交通设施建设快速发展时期，建设了蔚山港和浦项港等，并把仁川港扩建为同时具备工业港和商业港功能的大港。韩国现在共有港口 50 个，包括 28 个贸易港和 22 个沿岸港，2002 年总吞吐量1 175万集装箱，其中釜山港吞吐量为 933 万集装箱，为世界第三大港。船舶6 586 艘，总吨位 659.2 万吨。主要港口有：仁川、群山、木浦、釜山、浦项、济州、丽水等。海上客运也较发达，2002 年国际旅客 125.3 万人次。

韩国国际海运在经济开发初期，主要是出口原材料，进口制成品。到 20 世纪 60 年代末期，则改为大量进口原油、煤炭、矿石等原材料，出口电子及重化工业产品，集装箱货运迅速增加。20 世纪 80 年代末 90 年代初，韩国已开始接近世界十大贸易国的进出口贸易水准，货运量急剧增加。

为了使韩国水运业随着其经济实力的增长而快速发展，政府将水运业作为经济发展的关键产业加以扶植，加大了水运业的改革力度。1999 年，在《水运业促进法》以及修订的《海运法》的推动下，韩国水运业采取了一系列自由化及解除管制的措施，从而在水运领域几乎完全实现了自由化及解除管制。从 1999 年 1 月 1 日起，韩国对外国人投资远洋运输业务的限制已经彻底取消，外国人可以自由投资韩国的远洋运输业。而且，随着 1999 年 7 月 16 日对《海运法》的修改，外国水运机构只要履行简单的备案程序，便可在韩国自由设立分支机构。韩国政府正创造自由、公平的水运环境，并谋求与其他亚洲海运联合会成员进行合作。

六　邮政通讯业

（一）邮政业

韩国是万国邮政联盟（UPU）的成员国之一。韩国自 20 世纪 60 年代开始，大力发展邮政业，到 70 年代后期，韩国邮政业达到中等发达国家水平。进入 80 年代，韩国邮政业进一步取得长足的发展。1980 年开始，韩国相继对许多国家和地区开办特急邮件业务，1981 年开设国内特急邮件业务，1984 年开始实行国际电子邮政，1989 年新建汉城邮件集中处理局，改建汉城国际邮政局，开展现代化的国际邮政业务。从 1991 年起，国际国内特快邮件用电脑系统自动处理。到90年代初，韩国邮政业已跨入世界先进行列。目前，韩国快递服务已和全世界120个国家建立了邮政网络，国际快递服务可在次日将邮件送到主要国家的主要城市，同时还提供国际电子报文服务。

除传统的邮政业务之外，从1980年开始，韩国的大城市邮局发行个人名头的支票。1983年，邮局又重新开办定期储蓄和教育、养护、福利、特别保险等5种保险业务。全国所有邮局还承办人寿保险、汇票以及邮政转账等服务项目。现在，韩国邮局均提供邮政储蓄、邮政人身保险、邮政汇票及邮政转账服务。邮政部门采用联网计算机银行网络，将遍布全国各地的邮局连接起来进行储蓄、转账、保险等业务。

到1998年底，韩国邮政局从1960年的691个增加到3 610个，邮局遍布全国各地，即每个里（若干村落的集合）至少有一个邮局，邮件数目达36.09亿件，邮件数量大约以平均每年6.7%的速度递增，绝大部分邮件一天内就可以送到。

（二）电讯业

韩国自20世纪60年代起，在电讯业的基础设施建设和设备方面进行重点投资，加速电话电报等通讯设备的更新。70年代初期和中后期，先后建成两座地球卫星通讯站并投入使用。到70年代后期，韩国电讯业已接近先进国家水平。1980年，全国所有村庄都普及了电话。1984年，在全国22个城市建立了自动电话服务体系。1985年，在8个重要城市安装了减震器和在3个主要城市安装了分组交换器，建成了全国公用数据电讯网络。1986年，韩国成为世界上第10个开发出电子交换系统的国家。1987年6月30日，实现了全国电话直拨，完成了全国电话自动化，全国10户以上的自然村都设有直拨电话，在境内各地都可同世界任何地方直拨通话。到90年代初，韩国电讯业已跨入世界先进行列。

传呼机最初使用于1982年，到1986年开始广泛使用，并以年增长率100%的速度增长。1984年，韩国移动电信公司（KMT）成立，开始提供汽车电话和寻呼服务。

移动电话最初使用于1976年，到1989年开始广泛使用。1991年，韩国设立国际海事卫星机构（INMARSAT）支局，从而使太平洋上作业的船队，可以同本国用直拨电话联系。同年，一体化服务数字网（ISDN）开通，提供该网电话、可视电话等各种服务，汉城与釜山之间可举行电视会议，1992年开始还能举行国际电视会议。1994年，韩国的电话普及率居世界第八位，而自动化率和电子化率达到100%。

韩国1996年在世界上率先实现了码分多址（CDMA）移动通信的商业化服务。如今，其移动通信用户超过3 000万，普及率达到63%。2000年10月，韩国开始提供第三代移动通信"CDMA2000－1X"服务。随后，韩国从2001年10月起，在首都地区播送数字电视，并计划在2010年完全实现数字电视广播。

亚洲金融危机后，韩国政府把发展信息技术业作为克服危机、推动经济发展的一项重要措施。从1998～2002年，韩国政府已投入约11万亿韩元（约合100亿美元），建设宽带网基础设施。目前在韩国，除大城市外，像邑、面（相当于中国的乡镇）这样的基层单位，有98%铺设了宽带网。

2004年，韩国已成为世界上宽带普及率最高的国家，约75%的韩国家庭可以享用宽带服务，而美国只有20%多一点的家庭接入了宽带。美国的宽带传送速度可以达到每秒2兆比特，这种速度适合下载音乐，而韩国宽网的传送速度可以达到每秒20兆比特。韩国信息通信部表示，2005年韩国宽带传送速度可以达到50兆比特，到2012年这一速度将是100兆比特。为了保持宽带在全球的领先地位。2005年初韩国宣布，计划在高速宽带网上再投资106亿美元，同时开始把目光投向国外，以求占领更广泛的市场。

（三）卫星通信

1999年9月，韩国"无穷花3号"卫星发射成功，并进入太空预定轨道。该卫星装置有通信中继器24个、高性能电视转播器6个、新型频道资源30.20千兆赫兹宽带通信中继器3个，该卫星零部件的国产化率达到15%。"无穷花3号"卫星从2000年1月起，提供无线通信、超高速因特网、宽幅多媒体通信服务与电视转播服务，其服务区域不仅覆盖朝鲜半岛，还可达到东南亚地区。

七　旅游业

韩国的旅游业较发达。韩国四季分明，风景优美，有海滨、山林及河流，也有古佛寺、王宫、古迹、宝塔、城堡、博物馆等许多文化和历史遗产，分布在全国各地的旅游胜地。韩国的历史遗迹、庙宇寺院、山岳、河流、温泉、海水浴场等名胜游览地共有2 300多处。其中，人文旅游资源中历史遗迹最多，有680处；其次为庙宇、陵墓、亭台、阁楼等；自然旅游资源中山岳193处，湖泊、沼泽、水库等187处。从地区分布来看，汉城等城市主要拥有旅游园地、城市公园、商业中心等人工旅游资源，而其他地方主要拥有自然旅游资源和传统文化遗产。

政府开发建设的旅游景点包括国立公园、道立公园、郡立公园、国民旅游地等。各级公园和国民旅游地为政府指定的旅游景点，是韩国旅游资源主体和旅游者主要的游览对象。主要旅游服务设施：全国有40多家饭店达到国际标准，其中部分已加入国际饭店预订系列。汉城的新罗饭店、乐天饭店、洲际饭店、朝鲜饭店、凯悦饭店、广场饭店、华克山庄饭店等被列入超豪华类别。主要旅游点：景福宫、德寿宫、昌庆宫、昌德宫、民俗博物馆、南山塔、江华岛、板门店、庆州、济州岛、雪岳山等。

政府制定了一系列促进旅游业发展的法令，使得20世纪80年代以来，韩国旅游入境人数年增长率以两位数增加。特别是1986年第十届亚运会和1988年第二十四届奥运会的成功举办，使旅游业跨上一个新台阶，1988年接待旅游人数，第一次突破200万人大关。进入90年代以来，入境人数和旅游外汇收入连年增长。2005年访韩外国游客602.2万人次，其中日本244万人次、中国71万人次、美国53.1万人次，旅游外汇收入56.5亿美元。

面向新世纪，1999年韩国将旅游业定为21世纪国家经济发展的基础产业，决定给予金融、税收等方面的支持，以大力扶持旅游业的发展。具体措施包括：第一，开发针对儒教文化圈的旅游产品和南海海洋旅游资源；第二，减免观光饭店部分税收；第三，开放首都汉城的部分风景区，进行观光饭店建设；第四，不再向餐饮服务业对外国人销售的部分征收特别消费税；第五，允许外资参与水上观光饭店的建设；第六，放开部分对外国人投资的限制地区和限制行业。

八 财政、税收与金融

（一）财政

韩国的财政制度，分国家财政和地方财政两部分。中央政府机构的财政收支按国家财政制度执行，地方政府机构的财政收支按地方财政制度执行。

1. 国家财政制度

韩国中央政府的财政预算，每年由政府各有关部门制订出方案，再由政府编制汇总后提交国会审议，经国会审批之后确定。一经批准，即有法律效力。然后交由各部、处、所执行。

韩国中央政府的财政预算收支称为预算会计制度。根据预算会计法的规定，中央财政预算分为普通会计（又称一般会计、一般预算）和特殊会计（又称特殊预算）两种。

普通会计指为执行政府职能所必要的资金预算的总和以及收支计划。它是国家预算的主体，反映政府机构通常的财政活动及其规模。通常说的财政规模，就是指普通会计的岁入岁出项目及其数额。

特殊会计指依照法律，国家在经营特定事业和运用特定资金，以及用特别税收充当特定支出时设立的收支计划，它是普通会计的补充，是为区别普通会计而设立的。特殊会计包括以下内容：一是国家需要经营特定事业的费用，二是国家需要保留和掌握的特定资金，三是由于其他特定财政收入而充作特定财政支出的费用。

普通会计和特殊会计分别由普通财政部门和特别会计部门掌管。除了普通会计和特殊会计之外，中央政府为事业经营的需要，根据法律设置了特别基金，在岁入岁出预算之外进行管理。

2. 地方财政制度

韩国的地方财政分地方财政和地方教育财政两种，按年度分别编制和执行预算。地方财政的管理按地方法规执行。地方教育财政是中央从国库中拨给地方的金额，是教育经费的特别会计业务。

3. 财政收支

（1）财政收入　韩国的中央政府财政收入包括三大项：税收、公营企业的纯收入和其他收入。其中税收是财政的主要来源。

20世纪60年代以前，韩国财政的自立程度很低，其财政收入主要依赖外国（主要是美国）的援助。外援在各年度的财政收入中所占比重高达50%，最高年度超过2/3。从1957年开始，外援逐年递减。到60年代后半期，由于改革税制，建立了以间接税为中心的租税体系，租税收入大大增加。70年代，在韩国的普通会计收入中，年均国税收入大约占80%，80年代上升到约84%，90年代则达到约92%。

(2) 财政支出　中央政府的财政支出大体上分一般支出和财政贷款两大项。进入20世纪80年代，财政支出中社会开发支出比重上升，经济开发支出比重下降。这主要是因为以政府为主导的经济开发，逐渐转向以民间为主导。到20世纪90年代，国防费用支出比重持续减少，社会开发支出比重持续上升，经济开发支出比重回升。

（二）税收

1954年3月，韩国开始实行税制改革，废除了战时的《租税特例法》和《临时增收法》。20世纪60年代，韩国政府进行了全面的税制改革。经过几次的税制改革，韩国逐步形成了现代税收体制。

韩国的租税分为国税和地方税两大类。国税分国内税、关税、防卫税、教育税、专卖益金、交通税、农村特别消费税等。国内税由国税厅管理，关税由关税厅管理。国内税又可分为直接税和间接税两类。地方税分独立税和目的税。韩国的主要税种有所得税、法人税、不当利益税、证券交易税、附加价值税、特别消费税、酒税、印花税等。

在关税方面，韩国在20世纪60年代改组了关税厅的编制，增设了处理关税与贸易总协定(GATT)有关事务的国际科，于1967年4月加入关税与贸易总协定，成为世界贸易组织(WTO)的创始成员国。到1994年，韩国关税率和经济合作与发展组织成员国的税率基本持平。为吸引和鼓励外国人来韩投资，韩国政府还制定了许多税收优惠政策，以借助外国资金发展本国经济。

（三）金融

1. 金融制度

1962年5月，政府修订了《韩国银行法》，大大削弱了金融自主性，使金融制度转换为政府主导的体制。这一制度对振兴出口和整顿国内金融体制等，发挥了一定的推动作用。

20世纪80年代初期，韩国开始了以市场调节为基础、实行利率自由化和金融结构合理化、鼓励金融机构间的公平竞争和提高金融业效率为目的的金融自由化改革。主要内容是：(1)“官治金融”自律化；(2)银行经营民营化；(3)银行利率自主化；(4)金融商品多样化；(5)资本流动国际化。在20世纪90年代金泳三执政时期，韩国开始实行了金融实名制。

10多年来，通过商业银行私有化、扩大银行管理自主权和公开性及利率调整等改革措施，韩国的金融结构出现了许多变化。韩国金融自由化改革，不仅向国内金融市场引进了外国金融业务，提高了国内金融市场的国际化程度，而且促使韩国各金融机构随着海外投资的增长而走向国际金融市场。

2. 金融机构与银行体系

韩国的金融机构可分直接金融市场的金融机构和间接金融市场的金融机构。直接金融市场的金融机构包括证券股份公司、证券交易所、证券金融株式会社、证券投资信托会社、证券监督院。间接金融市场的金融机构分银行金融机构和非银行金融机构。韩国的银行金融机构按其职能可以分为中央银行、商业银行和专业银行。银行监督院负责对银行机构进行监督和定期检查。

根据《韩国银行法》，韩国的央行，即韩国银行是“无资本的特殊法人”，但实际上从属于韩国财政经济院。韩国的银行机构主要指商业银行和专业银行。商业银行包括全国性市中银行（又称存款银行）、地方银行和外资银行。全国性市中银行在20世纪80年代之前由政府持股控制，此后开始逐渐私有化，目前已全部实现民营。全国性市中银行主要从事短期金融业务，兼营长期金融业务，通过贷款的周转，解决工商业对长期资金的需求。地方银行始建于70年代，由民间私营，其资产额仅占商业银行资产总额的一小部分。80年代以来，由于韩国政府逐步放松了对外资银行的限制，外资银行的业务便从通知取款的储蓄存款、即期存款的定期存款、一般性贷款、证券信托之外的证券投资、股票和外汇买卖，扩展到了所有的信托和银行再贴现等其他领域。

韩国各专业银行分为官方和非官方两种，其经营活动受财政经济院和韩国银行的监督和控制。它们用公众存款以及政府和中央银行的贷款向各专业部门提供贷款，以补充商业银行资金的供给不足。

韩国的非银行金融机构为数众多，大多始建于20世纪70年代以后，按其业务活动内容分为开发机构、储蓄机构、投资机构、保险机构和其他金融机构。开发机构主要为设备投资、产品出口、企业运营等提供长期贷款，其资金主要来源于财政资金、发行债券和引进外资。储蓄机构主要利用定期存款资金，提供规模不大的贷款。投资公司主要从事商业票据的短期业务，充当货币与资本市场的媒介，主要业务有证券买卖、投资咨询和代行投资等。保险机构主要办理人身保险和财产保险等保险业务，有人寿、灾害、共营等保险公司。

3. 货币政策和金融政策

韩国的货币政策，主要是通过影响金融机构准备金头寸的三个相互有关、相互补充的手段而实施的，即：再贴现的期限和条件的变化，证券的公开市场业务和法定存款准备标准的改变，具体包括再贴现政策、公开市场政策和存款准备金政策。

在20世纪70年代以前，货币政策主要依靠法定存款准备金政策和其他直接措施来控制货币流通总额和国内信贷。特别是在1978～1981年，货币控制的主要手段就是存款银行确定信贷最高限额。但是在1982年，决定让银行机构更为自由地进行它们自己的证券管理，利用再贴现政策和法定存款准备金政策的间接控制办法，取代了通过存款银行的信贷最高限额实行的直接信贷控制。

此外，韩国的一个重要的金融政策是支援出口金融政策。在支援出口政策上，韩国央行对出口厂商实行倾斜金融政策。

4. 利率政策

1965年9月，韩国根据《利息限制法》，在最高利率限度范围内，不仅制定了中央银行的存放款利率，还规定了金融机构的最高利率。韩国官定利率的种类大致分为：(1) 以商业票据再贴现率为主的中央银行存放利率；(2) 金融机构的存放利率；(3) 非银行金融机构的吸收利率；(4) 其他证券公司和私人债务市场利率。民间利率一般以官定利率为基准上下浮动。进入20世纪80年代，韩国实行了一系列的金融改革，其中一个重要内容就是实现利率的自由化。韩国逐步推行“投资自立”政策，1984年取消了商业银行贷款利率的优惠制度，1988年12月，对长期贷款和存款的利率也解除了管制。目前，韩国的利率制度已经从利率控制向利率管理、自由利率制度转化。

5. 证券市场

韩国证券市场的管理，基本上属于二级管理体制。最上层是证券交易委员会和证券监督理事会。证券交易委员会作为一个独立的实体，与财政部制定的所有政策相一致，对与证券市场有关的问题作出决定，并保持市场的公正与秩序。该委员会由6位委员组成。证券监督委员会具体实施证券交易委员会作出的决定，并在委员会的指导下，对证券机构进行监管。

在1955年设立韩国证券金融会社之后，1956年3月，由韩国一些银行、保险公司和证券公司共同出资成立韩国证券交易所的前身——大韩证券交易所。1968～1972年，韩国政府采取了一系列发展证券市场的政策措施，使得韩国证券市场在1971～1978年间得到很大的发展，上市公司的数目增加6倍，综合股价指数上升近5倍。

到了20世纪70年代末和80年代初，由于第二次石油危机、韩国总统遇刺、出口和经济增长速度放慢，以及人们对高额外债的担忧等因素的影响，韩国证券市场的发展受到严重的冲击，上市公司数目下降，综合股价指数下跌。

自1985年下半年起，韩国证券市场出现了引人注目的兴旺景象。上市公司数目、综合股价指数、在证券交易所上市股票的市场价值总额占国民生产总值的比重、在证券交易所上市的公司债券总额以及韩国股票的价格/收益平均比例都大幅度上升或增加。

为了使国内和国外的资本市场逐步联为一体，韩国政府在1981年宣布了一项资本市场国际化计划，允许外国投资者通过由韩国证券公司管理的国际信托基金，以及由外国证券公司管理的封闭基金，对韩国的证券进行间接投资。1988年12月，政府又宣布了一项修正计划，分阶段地允许外国投资者在有一定比例限制的条件下，自由地向证券市场进行直接投资。

但自1989年中期开始，由于经济景气减退以及股市过度扩容和需求增长乏力，韩国股市进入熊市。韩国政府采取了扩大机构投资者的融资规模、建立“证券市场稳定基金”等措施，使韩国股市经过3年多的低谷运行后，从1993年10月开始反弹。

1997年下半年开始，一场严重的金融危机席卷韩国，股市迅速进入低谷。1998年4月，韩国政府召开“引进外资汉城经济会议”，决定允许外国投资者拥有韩国公司的股权比例由 26%提高到 55%，允许外商全额认购韩国国内上市公司的股票，大大放宽了外国投资者对证券市场的投资。

6. 保险市场

韩国的保险业自 1961 年开始发展，并从 1988 年开始扩大业务领域和对国外开放。为加强对保险市场的管理，政府制定了《保险业法》及实施细则、《火灾赔偿和加入保险法》及实施细则和《出口保险法》及实施细则。通过这些法令，政府有效地指导和监督保险业，保证保险业的健康发展。到 1996 年，韩国保险业在世界市场上的占有率达到 2.97%，韩国成为世界第六大保险国。

1998 年初，韩国共有人寿保险公司 31 个，财产保险公司 14 个。其中经营财产保险业务的保险机构（包括各保险公司的分支机构）有4 464家，代理机构有 5.18 万家，在海外经营财产保险业务的公司有 10 个，机构有 45 家。除本国的保险公司外，共有 8 家外国保险公司在韩国开办保险业务，其中人寿保险公司 5 家，财产保险公司 3 家。

在 1998 年金融改革的大潮中，韩国的保险业也进行了较大规模的改革。在人寿保险领域，4 家经营不善的公司被勒令退出经营，另有 7 家公司被允许有条件地保留下来进行结构调整。韩国的人寿保险业，通过改革支付保证金制度，强化会计标准，引进人寿保险中介制度和对保险独立代理机构及保险中介机构实行对外开放，从而提高了保险公司的财务健全性。在财产保险领域，实行汽车保险基本费率自由化，合并双保险公司，将 1989 年开始实行的由保险监督院管理的保险保证基金，合并为由储蓄保险公司管理的储蓄保险基金，保障了投保人的利益。

到 1998 年底，韩国保险业的总资产为 114.8 万亿韩元，其中人寿保险业的总资产为 92.3 万亿韩元，财产保险业的总资产为 22.5 万亿韩元；保险费达到 60.64 万亿韩元，其中人寿保险费为 46.39 万亿韩元，财产保险费为 14.25 万亿韩元，保险费占国民总收入的比例为 13.69%。到 1999 年，按保险金标准计算，韩国人寿保险业国际市场占有率为 3.47%，位居世界第六位，韩国财产保险业国际市场占有率为 1.55%，位居世界第十二位。两项合起来统计，韩国保险业国际市场占有率继续保持世界第六位。

九 外汇管理

（一）外汇管理机构

韩国外汇管理部门是财政经济部。财经部负责外汇市场业务和干预外汇市场，并制定有关外汇方面的政策，如对外结算的货币和方式、外汇买卖、非商品交易的支付以及资本交易和转移等政策。韩国银行则是外汇管理的执行机构。韩国银行每天公布韩元对美元的汇价。根据韩国的《外汇管理法》，在财经部设有外汇审议委员会，调查和审议关于外汇管理方面的事项。

韩国对外汇买卖既不征税也不补贴。外汇银行可以经营各种货币的远期交易，对银行间的远期外汇合同交易没有什么特殊限制。韩国的所有外汇银行和在韩国的外国银行都有权经营各种商业性的国际银行业务以及一切外汇业务，特别禁止的项目除外。

（二）汇率

1980 年以前，韩国的汇率为单一汇率制。1980 年实行浮动汇率制度，汇率不再受官方的限制，可根据外汇市场的供求关系自由波动。但实际上，韩国政府为避免汇率波动过大影响经济稳定，往往对外汇市场进行一定程度的干预。

十 金融危机后的金融改革

1997 年下半年开始发生严重的金融危机之后，韩国进行大刀阔斧的金融体制改革。这些改革计划旨在按照国际标准重建韩国金融系统。改革金融业采取了以下主要措施。

（一）健全金融立法

1997 年 12 月 30 日在国会通过《韩国银行法》、《建立统一金融监管机构法》等 13 项金融改革法案，并于 1998 年 4 月 1 日起实施。《韩国银行法修改案》赋予了中央银行的独立性，使中央银行在控制货币发行政策上有更多的主动权。为了对银行、证券、保险及第二金融部门（包括信托）统一实施金融监管，1998 年 4 月，把原来监督韩国银行、保险和证券的三家机构合并为一个监察机构，成立了独立的金融监督委员会，并将其置于总理办公室的直接管理之下，使其引导金融部门的结构调整。为此，确定了关闭无望回生的不良金融机构和对有望回生的不良金融机构进行结构调整和扩充资本的原则。银行的“退出政策”，包括允许国内外投资者接收、合并和关闭。加强了有关金融机构关闭、分摊损失、持有股份减资的立法。为原有股东持有股份完全减资时，不再套用有关银行保有最少基本金限度的现行规定，确立相关法案。

（二）进行银行机构的结构调整

1997年底，政府规定，以国际清算银行（BIS）的自有资本充足率8%为基准，判断不良银行，宣布关闭一些扭亏无望的商业银行，未关闭的银行被限期增资。要求各上市银行，必须在1998年7月1日以前，把自身资本比例提高到国际清算银行要求的8%，否则将被剥夺经营权。政府还成立资产管理公司，用以收购韩国银行的呆账并将其证券化。1998年6月开始，韩国进行广泛的金融结构调整。金融监督机构制定银行系统整顿计划，规定各银行在2年内，必须把它们给财阀的大笔贷款，从迄今占自有资本的45%减少到25%。

（三）进行综合金融社的结构调整

1997年12月，政府成立架桥综金社（一揽子综金社），负责处理被关闭综金社的资产与负债的接收、管理、运营、出售的业务。1998年1月开始，政府雇用国际上承认的法人与专家组成综金社经营正常化计划评价委员会，审查综金社的经营正常化计划和资产负债表。

（四）加强健全性规定

对金融机构从韩国银行取得外汇支援，政府确定了严格的受援资格标准，一一进行审查，事后再验证。严格控制金融机构借入海外短期资金，强化会计及公示的规定，使其符合国际标准；要求大型金融机构接受国际承认的法人的监督与审查，定期公开不良信贷与资本的比率、所有权结构及结合形态等各项金融资料。

（五）鼓励竞争，开放国内金融市场

韩国政府还打破金融机构间的业务分工界限，鼓励银行间竞争。另外，政府在1997年12月通过改革方案，内容主要是取消对外汇资本流通和利率的所有管制，逐步容许外国金融机构接管和收购韩国的部分金融机构。根据这项方案，政府于1998年1月，将外国金融机构在有关韩国银行里的控股比率从4%提高到10%。自1998年3月31日开始，韩国允许外国银行和证券公司在韩国建立分支机构。从1999年4月起，取消对外汇交易的所有限制，外国人在国内的投资等一切资本交易将不受限制。为吸引外资，政府制定了许多详细的引资计划，修订了现行的《外国人投资法》，并以总统令形式提供外商投资指南书。

（六）改革官治金融

政府致力于根治官治金融，取消银行候补行长推荐委员会，银行行长可由银行自行选任，以消除政府对银行、金融系统的直接干预和间接影响，尽早实现金融系统的正常化。

（七）改革金融业许可证制度

为促进金融机构改革，政府于1999年1月，改革金融业的经营许可证发放办法，即：调整对银行、保险、证券、信托等金融业和金融服务业的经营限制，把现行的经营许可证审批制度改为有条件的登记制度，从原来的“事前批准”原则，改为“原则上自由，但个别限制”的金融业许可证发放办法，以此推动金融机构之间的兼并。

（八）出台金融业审批新标准

为防止大企业集团垄断第二金融圈（在韩国，指除银行以外的保险、证券、信托投资等公司）资金，韩国金融监督委员会于1999年7月底对企业投资金融业务的审批标准作出重大调整。新的金融机构审批标准主要包括：从事银行、保险、证券、信托投资等金融业务的企业，其负债与自有资本的比例须保持在200%以下，变更目前实行的投资金融业资本限额制（即资本达到一定规模后才可经营金融业务），规定企业的自有资本规模必须达到对金融业投资额的4～5倍。

第六节　外贸与对外经济关系

一　外贸

（一）概述

韩国以发展出口导向型经济起家，对外贸易发展十分迅速。为发展以外贸为龙头的出口导向型经济，韩国政府采取了各种措施，在财政、金融、税收和对外贸易管理等各方面提供优惠政策，积极鼓励出口。同时建立有关对外贸易的促进机构，统一组织和协调全国的外贸，并进行行政干预，保证了韩国外贸的快速发展。

经过20世纪60年代的起步阶段，70年代得到了快速增长。80年代以来，韩国的贸易市场向多元化方向发展，对美、日等传统市场的出口相对减少，对其他国家和地区的出口增加。1986年韩国实现了31.3亿美元贸易顺差，结束了持续40年之久的“赤字贸易历史”。特别是1988年推行“北方外交”政策后，与中国、苏联和东欧国家的贸易迅速发展，对外贸易转入稳步发展阶段，年均出口增长率达14.3%。

但由于全球范围内的贸易保护主义升级，贸易环境恶化，特别是由于韩国经济内在的脆弱性和不稳定性，1989年贸易顺差减少为9.1亿美元，1990年开始再次出现贸易逆差。1996年为谷底，贸易逆差为206.2亿美元。

1997年金融危机发生之后，外贸全面滑坡，尤其是进口急剧减少。1998年外贸总量为2 226亿美元，贸易总额居世界第十四位，其中：出口1 321亿美元，居世界第十二位，进口905亿美元，居世界第十六位，实现约416亿美元的巨额盈余。这是自1990年以来首次实现外贸顺差，也是历史最高纪录。

1999年，韩国的进出口总额为2 610亿美元，其中：出口总额约为1 452亿美元，进口总额约为1 168亿美元。2000年进出口总额为3 350亿美元，出口1 759亿美元，进口1 591亿美元，贸易出超168亿美元。2001年进出口在2000年大幅度增长之后有所回落，全年进出口总额为2 891亿美元，其中：出口1 513亿美元，贸易顺差135亿美元。

韩国产业资源部统计显示，2004年韩国进口额为2 244.7亿美元，出口额为2 542.2亿美元，较上年增长31.2%，创历史新高。贸易顺差为297.5亿美元。全球经济复苏及市场对半导体、汽车和移动电话需求强劲，是导致2004年韩国出口劲增的主要原因。2005年进出口总额为5 456.6亿美元，居世界第十二位，其中进口2 612.4亿美元，出口2 844.2亿美元。和世界上180多个国家和地区有经贸关系，其中中国、日本、美国分别为韩国第一、第二、第三大贸易伙伴国。

（二）进出口商品结构

韩国的主要进口产品有原油、煤、焦炭、原棉、原糖、铝、原木、化学原料等。20世纪90年代开始，韩国进口商品结构有了新的变化。机械设备等资本货物进口比重进一步增加，原料、包括粮食等生活用消费品进口比重进一步减少。

主要出口产品有电子产品、纺织品、钢铁产品、化工产品、汽车、船舶、机械等。20世纪90年代初开始，虽然劳动密集型产品的出口总额在进一步增长，但其占韩国出口总额的比重却大幅度下降，而资本密集型、技术密集型的高技术、高附加值产品出口剧增，占出口总额的比重也不断上升，逐渐成为出口主导商品。2001年，韩国的电子产品、机器设备、汽车、化工及钢铁五大类出口产品，在出口总额中所占比重已达到60.3%，比1996年的53.5%有了较大幅度的提高。近年来，电子、汽车及船舶出口增长是构成韩国出口迅速增长的主要因素，2004年韩国计算机芯片出口增长35.4%，移动电话及其他电信设备出口增长41.1%，汽车出口增长39.5%，船舶出口增长33.1%。

表3　韩国1997～2005年对外经济活动主要指标　（亿美元）

类别＼数据＼年份	1997	1998	1999	2000	2001	2002	2003	2004	2005
出口	1 386	1 321	1 452	1 759	1 513	1 634	1 973	2 577	2 844
进口	1 418	905	1 168	1 591	1 378	1486	1 753	2 196	2 612
经常收支平衡	−82	404	245	122	82	54	120	276	272
外汇储备	204	520	740	961	1 028	1 213	1 553	1 990	2 104
外债	1 491	1 413	1 373	1 299	1 149	1 226	1 328	1 448	1 537
汇率（韩元：美元）	951.3	1 401.4	1 188.8	1 131.0	1 291.0	1 251.1	1 191.6	1 145.3	1 024.1

资料来源　英国《国别报告：韩国》2006年9月；2005年的数据来自中国商务部。

（三）技术贸易

技术贸易是指成套设备及其他技术的进出口。韩国十分注重从发达国家引进成套设备及技术。韩国的技术引进与产业结构调整是同步进行的。20

世纪60年代，主要引进消费品低级加工技术。随着经济的不断发展和产业结构调整的需要，引进技术也由初级技术向中高级技术过渡，70年代初开始，重点引进重化工业技术设备，80年代引进技术的重点逐步转向技术和知识密集型产业。进入90年代，主要以引进高级尖端技术为主。

20世纪50年代，韩国主要是接受美国的无偿技术援助。到1962年，政府制定了《外资引进法》，建立起引进外资和技术的制度和体制，开始与发达国家以签订技术合同的方式进行有偿技术（包括成套设备）引进。80年代，年平均引进技术在400项以上，90年代达到500项。

韩国引进成套设备及技术的市场，主要集中于日本和美国。从日、美两国引进技术占总数的77.2%。继日本、美国之后的是德、英、法等国家。此外，韩国还从加拿大、澳大利亚、意大利、荷兰等国引进技术。

（四）与主要国家的贸易

美国、日本和中国是韩国的三大贸易伙伴，2004年韩国对美国和日本的出口均增长25.3%，对欧盟出口增长39.5%，对中国、巴西、俄罗斯和印度四国的出口增长41.9%。

1. 与美国的贸易

美国是韩国主要出口市场和贸易伙伴。20世纪50～70年代中期，韩国对美国出口一直占韩国出口总额的30%以上，进口占韩国进口总额的20%以上。70年代中期以后，特别是美国自1976年实行普惠制后，韩国对美国出口开始大幅度增长，占韩国出口总额的比重，仍继续保持在30%左右，而同期自美国进口占韩国进口总额的比重，则有所下降。但是在1982年以前，韩国对美贸易多数年份都是逆差。自1982年开始，随着韩国贸易出口的大量增加和进口市场多元化，韩国与美国贸易出现顺差2.9亿美元。1987年对美贸易顺差达95.5亿美元。随着对美贸易顺差的增加，双方贸易摩擦日益加剧。美国不断对韩国施加压力，甚至动用“超级301条款”，迫使韩国不得不采取一系列措施减少对美贸易顺差。韩国对美出口主要是劳动密集型商品和一般机械商品，约占55%以上，而资本密集型和技术密集型商品比重，却只有20%左右。

2. 与日本的贸易

日本一直是韩国仅次于美国的第二大贸易伙伴，也是韩国的主要出口市场和进口来源。直到20世纪90年代初，对日出口一直占出口比重的15%以上，进口则一直占韩国进口总额的30%左右。韩国对日贸易，进口主要为机械设备中间产品和先进技术，而出口主要是一些初级制成品和零部件。但韩国与日本贸易却一直是进口超过出口，呈一边倒的逆差状态。在韩国对日贸易逆差持续扩大的情况下，为缓和对日贸易摩擦，促进产品的国产化进程，韩国于1978年开始实行“进口多边化制度”，限制日本产品进口。随着韩国世贸组织体制的出台，这一制度受到越来越多的批评和责难。由于日方施加影响，韩国最后同意自1999年7月1日起，全面废除实行了21年之久的“进口多边化制度”。由此，一直受到进口限制的汽车、彩电等最后16项日本产品，被准许进入韩国市场。

3. 与中国的贸易

韩国与中国的经济贸易关系，大体开始于20世纪70年代中期。70年代中期到1988年，双方的贸易关系主要通过香港、新加坡等地进行间接贸易。1988年开始，韩国积极发展与中国的经济贸易关系，双边贸易得到较快的发展。1992年韩中两国建立外交关系之后，双方的直接贸易得到快速发展。为促进韩中贸易的进一步发展，两国于2000年3月10日，在北京签署了有关中国加入《关于曼谷协定》、韩中两国间采取特惠关税即减让关税的谅解备忘录。

2005年初，韩国LG经济研究院发表的《韩国经济对中国的依赖度》报告显示，2004年，对华出口拉动韩国经济增长2个百分点，占整个出口贡献率的1/3。据中国海关总署统计，2005年中韩贸易额为1 119.3亿美元，增长24.3%，其中：中方出口351亿美元，增长26.2%，进口768.2亿美元，增长23.4%；比先前所预期的2007年提前实现了突破1 000亿美元大关。中国是韩国第一大出口对象国和第一大贸易伙伴国，韩国是中国第三大贸易伙伴国。截至2005年底，韩国企业对华投资共38 900项，协议金额505.6亿美元，实际使用311.01亿美元。其中，2005年实际对华投资51.68亿美元。中国是韩国最大的海外投资对象国，韩国是中国第四大外资来源地。

尽管中韩贸易可以上溯到1979年，但真正得到快速发展是1992年以后至今。二十几年来，两国间的贸易关系经历了以下的发展过程：1979～1984年期间主要是间接贸易，贸易额较小；1985～1989年为贸易扩大阶段，由间接贸易向直接贸易过渡，贸易量明显增加；1989～1991年期间直接贸易量加大，贸易额急剧增加；1992年中韩建交后，贸易方式基本为直接贸易；而2001年中国更是超过日本成为韩国的第二大出口市场。中韩建交以来，两国贸易往来取得了长足发展，双边贸易额由建交时的50.3亿美元增加到2002年的440.7亿美元，增长了7倍多，年均增长26%。这不仅大大高于同期韩国对外贸易年均增长7%的速度，也高于同期中国对外贸易年均增长13.3%的水平。与此同时，随着韩国对华出口成倍增长，中方逆差与日俱增。特别是1998年后，中方逆差连年超过当年中国对韩出口总额。截至2002年底，中国对韩国贸易逆差累计已超过800亿美元。据韩国国家统计厅公布的资料，韩国经济增长98.5%依赖出口，而韩国对外贸易顺差88%来自中国。

表4　韩国2003年主要出口对象和进口来源

主要出口对象	占出口总额%	主要进口来源	占进口总额%
中国	18.1	日本	20.3
美国	17.7	美国	13.9
日本	8.9	中国	12.3
中国香港	7.6	沙特阿拉伯	5.2
中国台湾	3.6	澳大利亚	3.8

资料来源　英国《国别报告：韩国》2004年11月。

韩国政府的统计数字显示，1992年中韩建交时，两国贸易额只有53亿美元。10多年来，两国外贸额以年均25%的速度递增。至2005年已达1 119亿美元，增长320倍。韩国贸易协会预期，2006年韩中贸易额将达到1 062亿美元，比先前所预期的2007年提前一年实现突破1 000亿美元大关。

同时，韩国贸易协会认为，随着中国产品竞争力的提高，韩国对中国的进口成长率，将会超过出口成长率。因此，2008年以后，韩国对中国贸易收支顺差将趋于平衡。到2011年以后，中国对韩国的贸易将会扭转为出现顺差。

二　对外经济关系

（一）外资利用

长期以来，韩国在外资利用方面更多地采取举借外债的方式，而对于外商直接投资进行限制。60年代和70年代，外国直接投资仅占资本流入的一小部分。80年代起韩国逐步放宽外商投资限制。进入20世纪90年代后，韩国外债持续上升，最终在1997年底国家外汇储备资不抵债，由外汇危机引发了严重的金融危机。

20世纪90年代末东亚金融危机后，韩国放宽了外国人对韩投资限制，决定除涉及国家安全和文化理由的行业，如近海渔业、传媒，以及吸收国外投资须经国际磋商的通信和海运业以外，其他所有行业将进一步对外资开放。外国人因商贸需要或因非商贸需要购买土地时，将享受与本国人同等的待遇。自1998年5月25日起，除国防工业和国营公司外，外国投资商可以购买任何一家韩国公司的股票，而不必获得该公司董事会的许可或政策的批准。外国人可以购买任何一家国营公司多至30%的股票。此外，外商还被允许接收合并韩国的民营公司。自1999年1月起，包括图书和期刊在内的韩国出版业，向外国投资者全面开放。

据韩国产业资源部2003年1月7日发表的《2002年实际外国投资（暂定）》的报告显示，自从1999年韩国吸引外资达155.4亿美元并比上年增长后，韩国吸引外资规模已经连续三年下降。2000年和2001年韩国吸引外资的规模分别为152.2亿美元和112.9亿美元。2002年韩国吸引外资规模（以申报为标准）为91.01亿美元，远未达到产业资源部设定的130～150亿美元的目标，比2001年减少了19.4%。2003年引进外资26.6亿美元。2004年引进外资127.7亿美元。

（二）对外投资

韩国的对外投资，从20世纪80年代末期开始逐渐增加。主要投资地区为东南亚，投资的企业，大部分生产劳动密集型产品。这类投资主要是为了加强因国内工资上涨而削弱的国际竞争力。韩国在美国、加拿大、欧洲等地的投资，主要是大企业为了躲避发达国家日益加剧的关税、进口限制等贸易壁垒。与此同时，目前韩国对外投资结构已由劳动密集型产业向知识密集型产业、由传统产业向高新技术产业、由制造业向服务业转移，投资结构呈优化发展态势。随着海外直接投资的扩大，更多的大型企业将逐渐转变为国际企业、多国籍企业和跨国企业。

韩国内企业2001年对外投资50.35亿美元，2002年对外投资30.46亿美元，2003年对外投资28.03亿美元。韩国财政经济部2005年1月26日发表的《2004年度海外直接投资动向》报告显示，2004年韩国企业及个人在国外直接投资额接近80亿美元，创历史最高纪录。对中国投资的快速增长和美国等发达国家经济回升，是韩国对外投资创新高的主要原因。自2002年以来，中国连续3年成为韩国的最大投资对象国。2004年韩国对外投资中，对中国的投资额仍高居榜首，达到36.3亿美元。韩国对美国、欧盟、越南及日本的投资额分别为14.2亿美元、7.1亿美元、3.5亿美元和3.3亿美元。另据韩国贸易协会发布的统计资料显示，截至2004年5月底，韩国对中国直接投资额已超越日本，在香港、维尔京群岛之后，跃居中国吸收的外来直接投资第三位。

（三）劳务合作

韩国海外承包工程始于1965年，经历了四个时期。

1．起步时期（1965～1975）

1965年11月，现代建设公司以承包费用低廉的优势，一举击败日本等竞争对手，赢得了为泰国修筑高速公路的合同，从而揭开了海外承包工程的发展序幕。此期间，受技术水平和施工能力限制，承包的大都是一些土木工程。

2．扩张时期（1975～1982）

20世纪70年代油价高涨，使中东各产油国的财政收入大幅增加，建筑市场空前繁荣。韩国瞄准目标，抓住机遇，积极介入中东市场，以质优价廉的相对优势，获得了大批合同，促使海外承包工程进入“黄金年代”。

3．衰退时期（1983～1990）

到20世纪80年代，随着油价下降，中东建设市场条件日益恶化。由于承包市场过度集中，使其建筑业的输出规模和收益深受影响。韩国海外承包工程出现了巨额经营亏损。

4．重整时期（1991年以后）

进入20世纪90年代，韩国进一步调整经营机制，以建筑业为主兼搞多种经营，加速进入发达国家和东欧市场，并把东南亚地区作为拓展市场的重点。韩国已成为仅次于美国的世界第二大海外工程承包国。

（金英姬）

第七节 教育 科技 文化

一 教育

（一）概述

韩国历来十分重视教育，早在20世纪70年代已基本扫除文盲，目前成为全世界识字率最高的国家之一；每1万人中大学毕业生所占比重仅次于美国，教育水平在世界上名列前茅。

教育资金由中央统一筹措，政府拨款占学校预算的绝大部分。教育费预算通常占政府支出总额的20%左右。教育部负责有关学术活动、科学及公众教育方针政策的制定和执行。

表5 韩国2002年各类学校、学生和教师数

学校分类	学校（所）	学生（万人）	教师（万人）
幼儿园	8 343	55.2	2.97
小学	5 384	413.8	14.75
初中	2 809	184.1	9.50
高中（含职高）	1 995	179.6	11.40
专科大学	159	96.3	1.20
大学	163	177.2	4.40

资料来源 韩国教育部2002年资料。

韩国的教育机构分为国民学校（小学）、中学校（初中）、高等学校（高中），以及大学。1953年起实行小学六年制义务教育，从1993年起普及三年初中义务教育。高等教育机构80%为私立。教育预算占政府预算的20%，占国内生产总值的5%。

全国各类学校（公立、私立）1.96万所，学生1 195.7万人，教师45.2万多人。著名大学有国立汉城大学、延世大学、高丽大学、浦项工业大学、梨花女子大学等。

（二）教育政策、目标和改革

为提高国民的素质和教育水平，加快现代教育的发展，韩国政府出台了一系列政策措施，深化教育改革。在1968年制定的《国民教育宪章》中规定，韩国教育的目标是“培养热爱国家，并为祖国的发展与繁荣而献身的真正的韩国人”。20世纪70年代，政府以《国民教育宪章》为准绳，改革教育

课程、修改教科书。韩国还成立了“韩国教育开发院”，进行大学教育改革，实行大学特色化制度，目的是“培养具有主体意识的韩国人”。80年代，韩国的教育改革顺应国内外环境的变化，将目标定在建立培养国际化人才的教育体系。韩国制定《面向2000年国家长期发展构想·教育部门报告书》，提出了“培养主导信息化、国际化和开放的高度发达的21世纪社会的具有主体精神、创造精神和有道德的韩国人”的目标。1992年公布第六次《课程改革大纲》，再次把教育改革的战略“着眼点放在面向民主化、信息化社会，高度产业化、国际化的未来社会所需要的新型人才的培养上”。1995年5月31日，出台了新的教育改革方案，即《为建立主导世界化、信息化时代的新教育体制》，把培养具备全球意识和良好素质、领导能力的人才作为基本目标，把培养国际化人才作为教育改革的战略方针，并将教育开放视为“教育国际化及保证国家竞争力的契机”。教育改革的方向是：从“整齐划一的教育”向培养高素质、有创造性人才的“多样化教育”转换，从“供给者决定的教育”向“尊重需要者选择的教育”转换，从“以规章制度为主的教育”向“自律教育”、“参与教育”转换。这是基于国际社会的发展趋势和韩国经济、科技发展战略提出的对策，改革目标是要造就符合并能引导国际化潮流的人才。

（三）社会教育与在职培训

韩国社会教育机构包括公民学校和商业学校等。公民学校和高级公民学校，为那些希望提高或恢复初中正规教育的人，提供1～3年不等的相当于正规小学和初中的课程。商业学校和高级商业学校则对小学毕业或初中毕业或具有同等学力的人传授1～3年的职业教育课程。广播函授大学是韩国社会教育的另一条重要渠道，为在职青年和成年人提供高中之后的4年课程。修完所要求的学分的学生，可以获得与正规高等院校毕业生同等的学位。

此外，还通过街道、农村文库（即小型图书阅览室）开展读书活动，通过公园、文化馆等场所举行各种短期讲座，在乡村地区还组织各种青年班或妇女班，作为社区教育活动的一部分。课程的范围非常广泛，从特殊职业技能到各种工艺技术，可谓丰富多彩。

1976年，韩国颁布了《企业员工培训法案》。该法案规定：任何一个超过150名员工的企业，每年必须对其20%的员工进行不少于3个月的脱产技术培训。事实上，韩国一些大中型企业集团，都有独资办企业院校甚至办研究生院的文化传统，

（四）特殊教育

韩国教育法规定，每个道和广域市必须为残疾儿童建立1所以上特殊教育学校。近年来提供小学及中等教育的特殊教育学校数目在不断增加。截至1997年，韩国共有114所特殊教育学校，在校学生总数达22 569人。这些学校中有12所盲人学校、19所聋哑学校、16所肢体残疾人学校、63所弱智学校和4所精神残疾人学校。除了普通教育之外，这些学校也提供技术培训，以便为残疾学生从事生产工作做好准备。教育部负责学生的就业安排，并举办特殊技能竞赛。

二 科技

（一）概述

科技是韩国优先发展的一个重要领域。50多年来韩国对发展科技高度重识，政府带头倡导，官、企、学分工合作，制定了许多政策、法规，采取了有力措施。如1967年，政府成立科技处，统管韩国的科技研究工作。再如从1982年1月起，由总统亲自主持并定期召开科技振兴大会，使韩国的科技事业得到飞速发展。2002年11月，韩国国家科技委员会召开的第十一次会议决定，制定国家技术发展规划蓝图——“国家技术地图”。通过制作“国家技术地图”实现韩国的社会信息化、知识化和技能化，建立健康文明社会，振兴环境和能源等新领域，创造骨干产业的价值，保障国家安全和提高国家形象，以期在今后的10年内把韩国的综合竞争力提高到世界前十位。

目前，韩国在科技方面优先考虑的领域是计算机、半导体、机器人、电信和精密化学制品等。1999年，韩国政府制定了在《2025年前将本国的科技竞争力提高到世界第七位的科技振兴长远规划》。按照这个规划，韩国把信息、生物工程、新型材料、能源、环境等7个领域作为21世纪的先导科技领域，集中人力、物力，大力支持这些领域的科研工作。同时，政府还推进“一人一台电脑”、“一人一个网址”等运动。政府还制定了《地方科技振兴综合计划》和《宇宙开发工作体制预备方案》，逐步提高对地方科研的投资，推进地方科技

的均衡发展，并制定有关宇宙开发的计划及政策，培养宇宙空间开发人才。

为切实保障“科技立国”的政策得到有效的落实，韩国政府大力加强科技立法工作。1999 年 11 月，新的《科学技术创新特别法》正式颁布实施。新法规在以下几方面作了较大修改，使科技立法工作进一步得到加强。

1. 设立国家科学技术委员会，强化国家对科学技术的领导。

2. 扩大国家科学技术委员会的职能。

3. 增设韩国科学技术评价院。

4. 发行技术开发彩票。

5. 振兴地方科技等。

为了建设国家科技创新体系，韩国政府在颁布实施新法规的同时，着手对国家科研体制和政策进行了一系列的重大改革和调整。

1. 改革和调整国家科研体制，包括：加强国家对科技工作的宏观管理与协调，改组政府科研体系，改革科研院所管理体制，在用人和分配上引入竞争机制，实施评价制度。

2. 发挥企业技术开发主体的作用。

3. 加速高新技术产业发展。

4. 加强基础研究。

（二）科技研究与开发

从科技研究与开发的投资规模来看，自 20 世纪 80 年代开始，韩国科技研究与开发总投资占国民生产总值的比重迅速提高，1981 年仅为 0.81%，1996 年提高到 2.79%，计划到 21 世纪初将年投资比重提高至 5% 以上，从而缩短与发达国家的差距。政府还提供税收和信贷方面的优惠政策，鼓励企业将其研究开发费用提高到占营业总额的 3%～4%，从而与发达国家的企业看齐。从投资结构来看，20 世纪 80 年代中期之前是政府和公共部门的投资占多数，80 年代中期开始，政府和公共部门的投资比重急剧下降，民间部门的投资比重大幅增加。

在 1997 年之前，研究与开发投资增长率，基本上每年都在 12% 以上。据瑞士国际经营开发院（IMD）的调查，按 1997 年的标准，韩国科技研究与开发投资的绝对规模位居世界第六位。1998 年，受金融危机的影响，研究与开发投资增长率下降到 10.5%，1999 年又恢复到 13.4% 的水平。1999 年研究与开发总投资额为 12.37 万亿韩元。其中，政府和公共部门的投资为 3.11 万亿韩元，增长率为 14.1%，占研究与开发总投资的比重为 25.1%，民间部门的投资为 9.26 万亿韩元，增长率为 13.2%，比重为 74.9%。

（三）科研人员和科研机构

韩国科研人员和科研机构的增加速度十分迅速。1972 年，韩国的科研人员仅为5 599人，1995 年增至 12.8 万人。1999 年平均百万人中有2 139名科学家和工程师。韩国每年向海外派遣科学家、工程师和技术人员进行培训的人数也逐年增加，20 世纪 70 年代年均 600 余人，80 年代初年均9 000余人，90 年代初年均近万人。韩国政府还极力招揽国外高级科技人才，并吸引在发达国家深造和受训的有才能的科学家归国工作。

1996 年，韩国共有2 856所科研机构，其中包括 163 所公立研究院所、258 所附属于大学、学院和专科学校的研究机构和2 435所属于私营企业的研究所。韩国的科技信息机构和科研机构主要有韩国科学技术院（KIST）、韩国高级科学技术院（KAIST）、产业技术情报院、生产技术研究院、国立工业实验院、专利厅、中小企业振兴工团及大田附近的大德科学城等。韩国科学技术院和韩国高级科学技术院在提高科学知识和技术方面起了关键作用。大德科学城于 1992 年 11 月全部竣工，拥有 60 个研究开发机构和 3 所大学。

三　文化

（一）概述

韩国的文化艺术具有悠久的历史和丰富的遗产。大韩民国政府成立之后，韩国的文化艺术摆脱殖民文化政策的桎梏，开始了新的发展。但由于在一段时期韩国政府实行文化限制政策，文学艺术的发展受到了一定的限制。1988 年，政府颁布新的文化政策，开始实行宽松的、扶持性的文化政策，文化领域从此出现了繁荣的局面。1994 年 7 月，创建韩国文化政策开发院，专门承担对国家的文化发展政策进行研究，并制订文化发展方案。

为了振兴文化事业，韩国把文化纳入法制化管理，有关法律有《文化艺术振兴法》、《公演法》、《电影法》、《文物保护法》、《著作权法》、《声像作品管理法》、《博物馆法》、《传统建筑物保存法》等，促进了文化事业的健康发展。韩国文化部统管韩国的文化艺术工作。

（二）文学

公元前1世纪～公元7世纪，朝鲜半岛先后出现了高句丽、百济和新罗三个国家，史称“三国时期”。这一时期的文学作品主要是些历史传说和故事，收在后来的史书中，如《朱蒙》、《乙支文德》、《都弥的妻子》等。三国时期有汉诗和乡歌两种，著名的汉文诗歌有《黄岛歌》、《孤石》、《太平颂》等，著名的乡歌有《彗星歌》等。

新罗统一三国以后，朝鲜的乡歌和汉诗继续发展，著名的乡歌有《祭亡妹歌》和《献花歌》等。而这一时期由于受中国唐诗的影响，新罗朝的汉诗也很发达，涌现出一批大诗人，其中最著名的是崔致远。崔致远生于857年，12岁便留学唐朝，17岁中举，任溧水县尉，28岁回国。他在中国写作的诗文很多，诗文集《桂苑笔耕集》20卷被收入《四库全书》，诗歌被收入《全唐诗》。他的诗歌既表现出强烈的爱国热情，又带有浓厚的现实主义色彩，被朝鲜人奉为汉文诗歌的典范。

10～14世纪的高丽王朝时期，朝鲜产生了一批在民间文学基础上形成的国语诗歌，被称为高丽歌谣。其主要代表作为《墨册谣》、《阿也歌》、《沙里花》、《西京别曲》等。高丽时期也有一批汉诗作者，其中最著名的是李奎报（1169～1241）。李奎报曾任宰相，又屡受贬谪和流放。《东国李相国集》收有诗作约2 000首。李奎报与崔致远和李齐贤（1288～1367）并称为朝鲜古代三大诗人。

朝鲜李朝建立于1392年。在此后的几个世纪，李朝文学有了很大发展，出现了不少文学家和著名作品。李朝前期的小说家以金时习（1435～1493）为代表，他的作品有《梅月堂集》17卷和小说集《金鳌新话》。李朝中期，无名氏的《壬辰录》是一部歌颂爱国名将李舜臣抗倭的精彩小说。李朝后期，朝鲜出现了三大国语诗集《青丘咏言》、《海东歌谣》和《歌曲源流》，同时也出现了朝鲜古典小说的三大名著《春香传》、《沈清传》和《兴甫传》。这些都出自市民之手。

近代朝鲜被日本占领前后，随着思想界启蒙运动的开展，朝鲜文坛上出现了新小说，其代表者为李海潮（1869～1927）和李人植（1826～1916）。此后，开始了朝鲜文学的现代时期。

韩国成立后，其文学活动从20世纪50年代开始。当时韩国文坛出现了“战后文学派”，代表人物有吴永寿（1914～　）、孙昌涉（1922～　）、河瑾灿（1931～　）、徐基源（1930～　）、张龙鹤等。他们以传统的手法着重表现战争时期和战后的社会生活。20世纪60年代，韩国出现了“新感觉派”文学，其代表作家为金承钰(1941～　)。他擅长写小说，也写电影剧本。长篇小说《我偷走的夏天》和《雾律纪行》被认为是他的代表作。该派擅长心理描写，反映工业化时期人们的苦闷心情。20世纪70年代，韩国经济发展势头很好，现代化给人民的精神世界也带来了困惑。这一时期的作家很活跃，纷纷探索文学创作的新路子和新视角。著名作家和作品有：黄皙英（1943～　）及其长篇小说《客地》(1971)、巨型长篇小说《张吉山》（已出版7卷），赵世熙（1942～　）及其12篇系列小说《矮子射向空中的小球》等。

（三）绘画

1. 传统绘画

韩国绘画有悠久的历史,可以追溯到三国时代。韩国绘画在吸收外国、特别是中国的影响之后形成了独立的风格,而且在某种程度上影响了日本绘画的发展。韩国的绘画是具有韩国人典型的创造力和审美观文化的一种写照,与其他东亚国家的绘画作品有明显不同。总的来说,高句丽绘画的特色是刚健和富于节奏感,而百济绘画反映出优美、闲适的意趣。然而,韩国绘画的传统风格在19世纪末和20世纪初趋于衰落,尤其在1910年被日本吞并之后。

2. 当代绘画

20世纪50年代，韩国艺术家们在战后严峻环境用绘画表现他们的不幸处境，严重受到表现主义派的吸引。这时的先锋派艺术家在50年代末期创作了大量表现主义绘画，特别是1958～1959年之间。这是当代韩国艺术的萌芽时期，韩国的抽象艺术排斥传统的规律与价值观念，追求人的自由精神的直接表现。20世纪60年代以来引导韩国绘画的主要是抽象主义，它进一步可分为抽象表现主义、几何图形式程式化的后期色彩抽象画以及抽象单色画。80年代出现了一个朝着表达具有社会影响的思想方向前进的浪潮。

（四）音乐

韩国传统音乐大体上可以分成两大类，一类叫“正乐”，一类叫“俗乐”，前者是统治阶级的音乐，后者是平民的音乐。这两大类又可以分成许多小类，从而构成整个韩国音乐。上层阶级的音乐是一种叫做“风流”的合奏音乐（属于最复杂的韩国抒情歌曲一类）、“歌曲”和韩国本地流行歌曲“时调”。它是指一种供贵族享受的合奏音乐。普通人的音乐“俗乐”包括萨满教音乐、佛教音乐、民歌、叫做“农乐”的农民音乐、一种叫做“板声”的剧歌和一种叫做“散调”的器乐独奏。

作为中国的近邻，韩国的传统音乐在很大程度上受到中国音乐的影响。到了现代，韩国音乐又受到西方音乐的巨大冲击，流行音乐在青年人中十分普及。但是，韩国的传统音乐仍然具有自己的特色，既区别于中国音乐，又不同于西方音乐。首先，韩国音乐以无伴音的五声音阶为主，以三声音阶和四声音阶为辅，而不用中国的七声音阶；第二，韩国音乐不用和声，不像西方音乐那样大量使用和声；第三，韩国乐器的演奏有自己的特长，以“弄弦”表现丰富的装饰音是其最基本的技法。

（五）舞蹈

高句丽继承了三国时期的舞蹈传统，但后来又传入了宋代中国的宫廷和宗教舞蹈，舞蹈的种类更为丰富。朝鲜时代后期，民间舞蹈，其中包括农家舞、萨满教舞、僧舞，与面具舞和傀儡舞都很盛行。虽然在后来有的时期传统舞蹈有些衰微，但到20世纪80年代，人们又开始重视传统舞蹈。在56个原有的宫廷舞蹈中，今天为人所熟知的只有很少的几个。其中包括新罗的处容舞（一种面具舞）、高丽的鹤舞，以及朝鲜的夜莺舞。韩国现代舞蹈的发展主要归功于活跃在日本殖民主义统治期间的现代舞蹈先驱赵泽元和崔承喜。光复后，韩国于1950年建立了汉城芭蕾舞团，这是第一个演出芭蕾舞和现代舞的团体。

（六）世界级文化遗产

1995年12月9日，韩国3项最珍贵的国宝，首次被列入联合国教科文组织的世界文化遗产名录之中，加入到其他105个国家的469项文化自然遗产的行列。获此殊荣的韩国国宝是坐落在庆尚北道庆州的8世纪的佛国寺及附属于该寺的人工开凿的石窟庵，收藏于庆尚南道海印寺中的13世纪的《高丽大藏经》，以及位于首都汉城的朝鲜王朝（1392～1910）的宗庙。1997年，另两项文化遗产——华城和昌德宫也被列入世界文化遗产名录之中。

1997年在乌兹别克斯坦举办的联合国教科文组织国际咨询委员会第三次会议上，韩国的《训民正音》和《朝鲜王朝实录》被认定并列为“世界遗产目录”（UNESCO Memory of the World）。1998年，韩国加入《保护世界文化自然遗产公约》。

为了更好地管理和保护国家文化遗产，1999年5月，韩国国会通过政府组织法修正案，将原来的文化遗产管理局升格为“文化遗产管理厅”。这是韩国政府成立以来首次设立文化遗产管理厅，而且又恰逢强调精兵简政之时，因此，这一举措显得格外引人注目。

（七）媒体

1.报纸和期刊

韩国报刊已有100多年的历史。韩国第一份近代报纸《独立新闻》，于1896年由徐载弼博士创办。《朝鲜日报》和《东亚日报》是韩国历史最悠久的两家报纸，均创办于著名的“三一”独立运动之后的1920年。最近几年，韩国报纸在出版印刷的环境和设备上进行了大量的投资。

截至2003年，韩国共有新闻机构236家，从业人员3.6万人。报社60家，其中10家中央综合报纸，38家地方综合报纸，7家经济类报纸，2家外文报纸和3家体育报纸。《朝鲜日报》、《中央日报》、《东亚日报》、《韩国日报》、《汉城新闻》和《京乡新闻》为六大全国性韩文日报。《朝鲜日报》于1920年3月创刊，《东亚日报》于1920年4月创刊，《中央日报》于1965年9月创刊。

到1998年，韩国的期刊总数为7 000种，比1987年的2 200种增长了320%。另外，从1998年1月起，多家报社纷纷将几十年来竖排的排版方式改为横排，便于读者阅读。为了满足全球化和信息化的要求，韩国的杂志业也将注意力集中于特别的行业上。当前出版的杂志，约有80%为商贸杂志，向读者提供专业性和系统性的资料和信息。

2.通讯社

1945年光复后不久，韩国的第一家通讯社“解放通讯”便成立了。1980年，两家最主要的综合新闻社“合同”与“东洋”合并为“联合通讯社”。“联合通讯社”成了全国新闻媒体的合作机构，也是目前韩国唯一的综合通讯社。联合通讯社与国际上主要通讯社，如美联社和法新社等45家以上的外国通讯社，签有合同及新闻交换协议。

3. 广播电台

1927年日本侵占韩国期间，在汉城建立了第一家广播电台，这是在韩国无线电广播的开始。1945年9月，美军政当局接管了这家电台，并成立了韩国广播公司（KBS）。这是韩国当时唯一的广播电台。直到1954年，一家由教会资助的广播网——基督教广播电台（CBS）成立，才开始了教育、宗教节目以及新闻和娱乐节目的广播。1956年12月，福音派联合传教团创办了另一家基督教广播电台——仁川远东广播电台。韩国第一家商业性广播电台是1959年4月在釜山成立的釜山文化广播电台，接着它的两个对手东亚广播电台（DBS）和东洋广播公司（TBC）分别于1963年和1964年开始营业。1966年，汉城调频广播公司开办了一家广播电台，这标志着韩国调频广播的开始。其他3家调频广播电台成立于1970年。

各传播媒体于1980年秋进行合并，使韩国无线电广播的历史发生了巨大的转变。韩国广播公司（KBS）成为拥有25家地方广播电台的最大的广播网，目前用10种语言进行广播服务。1990年，再次出现了遍及韩国广播业的改革浪潮。改革的一项政策是以私营广播电台的出现作为对国营电台的补充。另外一个现象是一些专门性广播电台的设立。由汉城市管理的交通广播电台（TBS）于1990年6月创立，国营教育广播电台（EBS）于同年12月建立。天主教和平广播基金电台和佛教广播电台亦于1990年建立。1991年3月，私营汉城广播电台开播，对象是汉城市区和附近地区的某一部分听众。1997年还有5家私营地方调频台开播。1997年，驻韩美军广播网更名为美军广播网（AFN）。目前，韩国共有254家无线电广播台，其中136家为调频台，59家为调幅台。尽管电视十分普及，无线电广播在韩国仍然拥有日益增多的听众。1998年12月，韩国广播界成立广播改革委员会，主张提高和强调广播电台的公益性和公正性。

4. 电视

1956年，韩国第一家电视台，也是一家私人经营的商业性电视台在汉城开设，但这家电视台毁于1989年的火灾。1961年12月31日，政府在汉城创立了官方的韩国广播公司电视台（KBS－TV），以此作为韩国第一家提供全国电视服务的电视台。此后，民营东洋广播公司电视台（TBC－TV）于1964年12月开播，民营文化广播公司电视台（MBC－TV）于1969年8月成立，后来扩展为拥有19个地方电视台的遍及全国的电视网。1980年12月1日，韩国政府允许播映彩色电视节目。1990年开始，私营电视台不断涌现。目前，韩国共有46家电视台。1961年，韩国广播公司电视台开播时，韩国仅有2.5万台电视机。到1998年3月，在韩国广播公司注册的彩色电视机超过1 580万台，全国平均每户超过1台。还有数百万黑白电视机在全国各地使用。

5. 有线电视

有线电视于1970年首次传入韩国。20世纪80年代末期，由于公众对信息的需求不断增长，同时由于通讯技术的进步，使广泛地接收有线电视成为一种必要和可能。1991年，政府决定允许引进完备的有线电视。1995年3月1日，有线电视开播。到1997年，有线电视共有29个频道播出16类节目，其中有3个是公用频道。

6. 卫星电视

从1996年7月起，韩国广播公司通过“无穷花”通讯卫星，用2个频道播放电视节目。1997年8月起，教育广播电台也用2个卫星频道播放电视节目。1999年8月，韩国阿里郎电视台从韩国向海外进行了历史上首次卫星电视直播。该电视台在整个亚太地区、北欧和北非等60多个国家获得电视直播权，全天候播放电视节目。

此外，韩国因特网普及率较高。截至2003年10月，因特网用户2 800万名，其中宽带网用户1 100万名。

（八）体育

韩国政府特别重视发展体育运动，增强人民体质，并通过提高国际比赛中的成绩以扬国威。发展体育事业成为政府的一项重要国策而得到加强。

为发展体育事业，韩国政府很早就制定并颁布了有关法规，如1962年颁布《国民体育振兴法》，1976年颁布《国民体育振兴基金法》等。政府还重奖取得优异成绩的运动员。1982年，政府设立体育部。1993年，该部与文化部合并，成为文化体育部。1998年该部改为文化观光部。汉城奥林匹克运动促进会成立于1989年，负责筹措和管理用于促进全国体育和提高运动员水平的基金。韩国体育理事会（KSC）主管所有的业余体育活动。这一协会由 47 个单项联合会组成。

随着经济的发展，韩国对体育事业的拨款逐年增多。1977 年以前，每年体育经费不足 10 亿韩元，20 世纪 80 年代开始，体育经费大幅度增加。1995 年筹集体育振兴基金5 000亿韩元。

为加强体育科研和教学，有关体育组织有计划地组织体育教师、教练到国外进行考察和学习，并重金聘请外国体育人士来韩讲学、指导和传播经验。为进一步完善和加强国家承认的教练员研修制度，指定汉城大学、大韩柔道学校、忠南大学、朝鲜大学、东亚大学等为社会体育指导者研修院，负责培养体育人才。

良好的群众体育基础和经济的迅速发展，以及政府对体育工作的重视和提倡，使得韩国的体育事业发展很快，在一系列的国际比赛中屡创佳绩。尤其是 1988 年在汉城举行的第二十四届夏季奥运会中，名列世界第四位的成绩，最为世人所瞩目。1992 年在西班牙巴塞罗那举行的第二十五届夏季奥运会上，韩国名列第七位。在亚洲，韩国是 4 次打进世界杯足球决赛阶段的唯一的国家。2004 年 8 月，在希腊雅典举办的第二十八届夏季奥运会上，韩国名列第九，夺得了 9 块金牌、12 块银牌和 9 块铜牌。

现在，韩国已经是世界所公认的体育强国，不仅积极参加各种国际性和地区性体育比赛，还主办了很多国际比赛和地区比赛。自 1971 年起，韩国每年主办国际足球锦标赛，至 2002 年，韩国足球队共 6 次入围世界杯决赛圈。曾多次获亚洲足球赛冠军、亚军。在 2002 年世界杯足球赛上，韩国队第一次杀进四强，这也是亚洲人第一次历史性地杀进四强。除 1986 年的第十届亚运会、1988 年的奥运会之外，韩国还于 2002 年在釜山主办第十四届亚运会，同年还与日本共同主办世界杯足球赛。

（金英姬）

第八节 人民生活与社会保障

一 人民生活

随着经济的快速发展，韩国人民生活水平逐步提高。韩国人均国民收入于 1995 年达到11 432美元，首度突破 1 万美元大关；1996 年增加至12 197美元，创历史最高纪录，使韩国加入了经济合作与发展组织，生活水平跻身于世界中等发达国家行列。

1997 年发生金融危机之后，韩国的失业率大增，工资水平下降，收入大幅减少。加之韩元对美元大幅贬值，使得到 1998 年，韩国人均国民收入减缩为7 355美元，为 20 世纪 90 年代新低。

1999 年，通过两年多大刀阔斧的经济、金融改革和结构调整，经济恢复景气，就业人数大大增加，失业率明显下降，收入增加，人均国民收入达到8 581美元。2000 年达到10 841美元，再次突破 1 万美元大关。

进入 21 世纪，2001～2003 年，韩国人均国民收入分别为：10 162美元、11 493美元和12 646美元。韩国银行发表的《2005 年经济展望报告》披露，韩国 2004 年的人均国民收入为14 100美元，创下历史的最高纪录。2005 年人均国民收入增加至16 291美元。

近年来，韩国人均国民收入大幅增加，主要原因在于汇率的急剧变化。预期，美元的弱势将会持续一段很长的时间，因此，韩国有可能在 2007～2008 年左右，实现人均国民收入达到 2 万美元的目标。

2005 年，韩国居民住房普及率 101%，移动电话普及率 76%，宽带网普及率 24.9%。平均寿命 75.9 岁，其中男子 72.1 岁，女子 79.5 岁。

二 医疗卫生

（一）概述

韩国于 1963 年制定《医疗保险法》，并从 1977 年 7 月开始，在拥有 500 人以上员工的制造行业和建筑行业单位中实施医疗保险制度。1979 年 1 月，韩国开始对公务员、教师等行业的人群实施医疗保险制度。1988 年 1 月，韩国的医疗保险制度的适用范围扩大到农村和渔村地区以及拥有 5 人以上员工的单位。1989 年 7 月，又将其适用范围扩大到城市个体户等城市居民，从而实现了全民医疗保险。目前，韩国实行医疗保险和医疗援助相结合形式的医疗保障制度。医疗保险的种类有 4 种，即公教人员的公教保险、文艺界与城市自由职业者的职业种类保险、农渔村居民的地区医疗保险、私有企业工人的工厂医疗保险等。

韩国的医疗保健事业已经走上法制化的轨道。先后制定了医疗法、医疗保险法、公务员与私立学校教职工医疗保险法、医疗技师法、农渔村保健医疗特别措施法等。

保健社会部是韩国医疗保健事业的归口管理单位。另外在医疗保健界有影响的团体是大韩红十字会、大韩医学协会和大韩护理协会。

（二）医疗卫生状况

由于生活水平的提高，家庭总开支中医疗费用所占比重逐年增加。从20世纪70年代后半期起，大多数人都可以享受到医疗保险和医疗援助。1989年7月1日，医疗保险的范围扩大到了全国。从此，享受医疗保障的人数为总人口的100%。到1997年12月，全国加入医疗保险制度的医疗机构共有55 429个。1998年，有95.3%的人受益于各种不同类型的保险，剩下的4.7%的人，可以直接获得医疗援助。

韩国在20世纪80年代初期已基本根除了霍乱和脑膜炎等传染病，其他疾病的传染率也逐渐下降。目前，韩国4岁以下儿童死亡率下降到2.0‰，达到较先进国家水平。

2005年，韩国从事医疗行业的人员共计30多万人，各类医院、诊所总数为4.6万所。1980～2004年间，每千人拥有医生数由0.6人上升为1.8人，每千人拥有病床数由1.7张上升为6.1张。

三　社会保障

韩国的社会保障制度分为两类：一类是根据社会保障法制定的保险计划，包括医疗、歇业、失业、老年、工伤事故、家庭补贴、孕妇分娩和家属丧葬等补助。另一类是公共救济计划或免费赠予，向老年人、工伤致残者、精神错乱者、先天残疾者提供生活费、津贴和医疗费用。保险范围分为可以享受保险和可以享受公共救济两部分。根据政策实行各种福利制度，并逐步扩大和发展这些制度。

韩国社会保障计划的具体内容如下：在社会保险方面，有医疗保险、工伤事故赔偿保险、养恤金保险、海员保险、解雇金津贴制度等。另外，在公共救济和社会福利服务方面，对需要生活照顾的人由社会保健部向他们提供食品、燃料、教育、药品和丧葬费用。

1998年抚恤金制度的实施，扩大到了一切工作场所和个体户。

2000年2月，韩国出台《国民基本生活保障法》。根据这项新的法规，从2000年10月起，收入在韩国政府规定的最低生活标准线以下的所有家庭，都将得到政府提供的最低生活保障。新法规的核心是放宽政府救济对象的标准。新法规实施后，接受政府提供最低生活保障人数，从59万人增加到194万人。实施这一政策是韩国迈向福利国家的重要一步。　（金英姬）

第九节　军事

一　军事学说与军事战略

1954年，韩美签订《共同防御条约》。50年来，韩国在“坚持韩美安全保障体制、建设精干的防卫力量、发展本国的国防工业”的军事战略方针下，将加强战备和建设武装力量视为国家的首要任务之一，努力实现提高本国军事政治地位和军事经济地位的军事战略目标。尤其是近10年来，韩国根据军队发展的《818计划》，努力加强本国的国防实力，对国防物资和人员保障都有严格规定。

二　军事领导体制

根据宪法，在国防体制上，总统为武装力量最高统帅，国家安全保障会议为最高国防统帅机构，总统任主席，成员包括总理、国防部长、国家安全企划部部长、参谋长联席会议主席和若干政府部长。总统通过国防部长来领导本国的武装力量。国防部长则在总统和国家安全保障会议领导下，通过国防部的各个机构、参谋长联席会议、各军种参谋总长来管理军队。参谋长联席会议主席由总统任命，每届任期两年。各军种参谋总长是联席会议成员。联席会议的工作机构是秘书处和参谋部，起草战争、演习、训练的相关战略计划，组织军事侦察活动，与美韩联合指挥部协调行动。各军种参谋总长对军队实施行政管理，负责军队组织、人员配置、干部培训和物资技术保障。

三　军事实力与编制

韩国现役部队总兵力为68.7万人。其编制和装备如下。

陆军　56万人。编有3个集团军、11个军、50个师、21个旅。装备有主战坦克共2 130辆，其中：T88型1 000辆、T－80U型80辆、M－47型400辆、M－48型850辆。装甲步兵战车BMP－3型40辆，装甲运兵车3 500辆，其中：KIFV型1 700辆、M－113型420辆、M－577型140辆、FIAT6614/KM－900－901型200辆、BTR－80型20辆。牵引火炮：105毫米、155毫米、203毫米

共3 500门。自行火炮：155毫米、175毫米、203毫米共有1 040辆。无坐力炮：57毫米、75毫米、90毫米、106毫米若干门。迫击炮：81毫米、107毫米6 000门。反坦克火炮：76毫米、90毫米共58门。地对地导弹：12枚。反坦克导弹：若干枚。高射炮：20毫米、30毫米、35毫米、40毫米共600门。地对空导弹：共1 020枚，其中，"轻标枪"350枚、"红眼睛"60枚、"毒刺"130枚、"西北风"170枚、"霍克"110枚、"奈基"200枚。

陆军航空兵　装备有攻击直升机AH－1F/－J型60架、O－lA型飞机5架，休斯500MD型45架、130－105型12架，运输直升机CH－47D型18架，直升机休斯500型130架、UH－1H型20架、UH－60P型130架、AS－332L型3架。

海军　6万人（含陆战队2.5万人，雇佣兵1.9万人）。编有3个舰队。装备有驱逐舰："广开土大王"级3艘、"光州"级3艘。护卫舰："蔚山"级9艘、猎潜艇"浦项"级24艘，"东海"级4艘。潜艇："张保皋"级9艘、小型潜艇11艘。导弹护卫舰：5艘。导弹快艇："白鸥"52型5艘。近海巡逻艇："海豚"型75艘。扫雷舰："海鹰"型1艘。扫雷艇：14艘，其中"江津"级猎雷艇6艘，"金山"级扫雷艇8艘。登陆舰艇：12艘，其中"短吻鳄"级大型坦克登陆舰4艘、美制LST－511型坦克登陆舰6艘、美制LSM－1型中型登陆舰2艘。

海军航空兵　编有3个反潜中队，装备有16架作战飞机、43架直升机。其中，S－2E型反潜机8架，P－3C型反潜巡逻机8架，SA－316型直升机10架，"大山猫"和"超级大山猫"型反潜直升机11架，MD500型直升机22架。

海军陆战队　2.8万人，编有2个师、1个旅。主战坦克：M－47型60辆。装甲突击车：LVTP－7型60辆、AAV－7A1型42辆。

空军　6.47万人。编有飞行团10个、战术飞行团1个、防空管制团1个、侦察飞行团1个、训练飞行团1个、防空司令部1个，作战飞机538架。装备有战斗机：F－16C型机104架，F－16D型机49架，F－5E型机150架。F－5F型机35架，F－4D型机60架，F－4E型机70架。攻击机：A－37B型机22架。侦察机：RF－4C型18架、RF－5A型5架、霍克型机8架。救难搜索机：UH－1H型5架、贝尔－212型4架。运输机：BAE748型（要员专机）2架、波音737－300型（要员专机）1架，C－118型1架，C－130H型10架。直升机：CN－235M型20架，CH－47型6架，AS－332型3架，VH－60型3架。改装训练机：F－5B型25架，T－37型50架，T－38型30架，T－4lB型25架，"隼"式MK－67型18架。空对地导弹："小牛"式、"哈姆"式、AGM－130、"恰夫纳普"等若干枚。空对空导弹："麻雀"、"阿姆拉姆"等若干枚。地对空导弹：奈基、霍克等若干部。

准军事部队　民防部队350万人。海洋警察约4 500人，装备有大型巡逻艇10艘、海岸巡逻艇33艘、近海巡逻艇38艘、直升机休斯500型9架。

在国防力量方面，如今韩国陆军所具备的防卫能力，能够迎击地面坦克和空中飞机的进攻。1945年创建的韩国海岸警卫队是韩国海军的基础。韩国海军从1954年开始担负起韩国整个领海防务责任。海军在20世纪60年代有了驱逐舰和护卫舰，70年代又配备了登陆车辆、直升机和高速巡逻艇，如今能够独自进行海空作战。韩国空军是1949年10月，由国防警备队侦察队改建而成的，开始时只有几架轻型飞机和10架非作战飞机。朝鲜战争时期，韩国空军从美国得到了一批F－51"野马"式飞机，战争结束之后换成喷气式飞机。1969年开始，陆续得到一批F－4"鬼怪"式战斗轰炸机、C－123运输机和F－5D、F－5E、F－5F、F－16战斗机。韩国的防空网早已建立两套警报系统。由于建立了早期警报系统以及所有防空警报点都同一个微波通信系统相连，雷达盲区即盲点问题便得到了解决。如今，韩国的武装直升机部队，被认为是一支极为出色的攻击力量。从整个军队来看，根据西方军事专家的评估，韩国军队拥有很强的战斗力。

四　兵役制度

实行义务兵与志愿兵相结合的兵役制度。陆军服役期26个月，空军和海军为30个月。据韩国1998～1999年度国防白皮书，韩国现役总兵力为69万人，其中陆军56万人、海军6.7万人、空军6.3万人。1968年4月创建的韩国乡土预备军，保证了每年400余万名的后备兵源。此外，现在约有3.7万人的驻韩美军。韩国军队军衔共分5等15级：将官4级（上将、中将、少将、准将），校官3

级（上校、中校、少校），尉官4级（上尉、中尉、少尉、准尉），军士3级（上士、中士、下士），兵1级。

五 国防经费

2000年国防预算为13.75万亿韩元（合121.57亿美元），2001年国防预算16.364万亿韩元（合126.75亿美元）。2002年韩国为驻韩美军分摊的驻军费用为4.72亿美元。

六 国防工业

韩国自20世纪70年代开始发展国防工业。1971年12月，美国决定从韩国撤走第七步兵师之后，韩国政府宣布实行“全国紧急状态”，政府考虑由本国生产军事装备，以加强自主国防能力。1973年颁布《军需法》，并采取了支持和扶持国防工业的各种措施，包括建立国防支持基金、提供补贴、税收方面给予特殊待遇、合同方面予以优先，以及掀起筹措防务基金的活动。1975年以后，韩国实行了防务税收制以加快国防工业的发展。自1977年开始，500MD型直升机已投入大批生产。1978年，韩国成功研制出技术先进的远程导弹和多管发射火箭。同年，生产与美国陆军装备的M－60A1型坦克性能相同的M－48A3和M－48A5坦克的准备工作就绪。韩国如今能够生产诸如迫击炮、无后坐力炮、火神式防空高射炮及榴弹发射器等协同操作武器以及弹药、地雷和榴弹。

除了这些基本火器以外，韩国军火工业还能生产诸如装甲设备、装甲运兵车和两栖车辆等重型硬件。韩国建造的“蔚山号”驱逐舰于1980年3月编入现役。自1982年开始执行第二个军队现代化计划以来，韩国已进入了可以合作生产最新式F5F战斗轰炸机的阶段。韩国自1987年开始，一直使用自产的由M60A1型坦克改进的88型坦克，取代M－48系列坦克。

20世纪90年代，韩国的军工企业能够满足本国军队约2/3的武器和军备需求，余下的1/3依靠进口。1987～1997年间，韩国的军火进口额为100亿美元。1999年11月，韩国完全采用国内技术，成功地独立研制出“天马”短程地对空导弹，并开始批量生产。这种导弹有效射程为8～10公里，最大探测距离为20公里，配备有高性能的雷达，能全天候发射，适用于山地作战。它是韩国独立研制开发出的第一个地对空导弹。经过试验，它的命中率达到百分之百，性能比其他发达国家的类似导弹更为先进。它的研制成功将大大增强韩国4～6公里中高度领空的防御能力。今后这种导弹除了供应韩国军队之外，还将向中南美洲和亚洲国家出口，使韩国成为弹道武器的出口国。

1999年初，韩国出台了2000～2004年武装力量技术装备改造五年计划，为此国家将斥资230亿美元。该计划的重点是实现空军和海军装备的现代化。韩国2000年的军费支出高达128亿美元，占整个国家预算的25%～30%。

韩国国防工业的突出特点与民用工业类似，即大公司占有主宰地位，如三星、现代、大宇、LG等。在这些公司的业务中，军用及民用生产所占比例通常为1∶10。目前，韩国的军事经济就其规模和发展水平而言，居东亚第三位。其主要军事经济指标仅次于中国和日本。

七 对外军事关系及驻韩美军

前任总统金大中，对韩国国防政策进行了调整。他主张，坚持自主防御政策、提高独立防卫能力是韩国的基本国策。在军事防务上，主张奉行“民主主义综合安保主义”国防观念，实现“人民防务”；在战争准备上随时准备应付和处置各种危机；在作战指导上坚持“对敌威慑”的同时，强调“多方位防御”，扩大军事行动范围；在军队建设上，通过精简军队员额、理顺体制编制、改革兵役制度等途径，以达到建设一支人员精干、装备精良、训练有素及机动力强的现代化军队的目的。与此同时，加强韩美联合防御体系，密切韩美军事合作，以维护韩美在该地区的共同利益。此外，积极与中、俄、日等国发展多边军事联合，弥补由美军在全球范围内战略收缩而造成的地区力量失衡，以构筑地区联合防务机制。韩国新总统卢武铉2003年10月1日在韩国军队成立55周年纪念大会上强调说，今后10年，韩国将培育自主国防力量，今后韩美军队的关系是韩国军队逐步在所有战线发挥主导性的防御作用，而驻韩美军则处于协助地位。为了实现上述目标，近几年来韩国在世界新军事革命浪潮的推动下，加快了自身的变革步伐。

截至2003年6月，驻韩美军约有3.7万人，其中陆军2.7万人，海军290人，海军陆战队150人，空军1万人。美韩联军司令部负责指挥驻韩美军和韩国陆海空三军。美韩联军一向由驻韩美军司令兼任正指挥官，而由韩国参谋长联席会议主席担任副指挥官。发号施令也一向以美方为主，但空军部分从1988年起，在防空作战有关规定中，加上联军空军司令官（即美第7空军司令官）不在时，判定有入侵飞机船舰、并下达交战命令的权限，属于联合空军韩方副司令官（即韩国空军作战司令）的规定。而陆军部分从1994年起，由美方把平时韩国部分的作战指挥权，交还给韩国军方。以后驻韩美军，也将从主导的角色，转变为支持的角色。另外，美韩双方也有协议，除非韩国面临朝鲜的军事威胁，否则韩国若和北朝鲜以外的国家发生武装冲突，将由韩国军方自行指挥自己的军队，而美军将“置身事外”。驻韩美军司令部设于汉城靠南边的龙山营区。司令官为四星上将。是韩国境内3.7万多美军和69万多韩国军队事实上的最高指挥者。

（金英姬 何强）

第十节 外交

截至2005年底，韩国与186个国家建立了外交关系，驻外外交机构129个。是91个国际组织的成员国，其中包括16个联合国所属机构、世界贸易组织（WTO）和亚太经济合作组织（APEC）等，并且是很多非政府国际组织的成员，是东南亚国家联盟（ASEAN）等地区组织的对话伙伴。1996年，韩国加入经济合作与发展组织（OECD），是年其经济地位在全世界排名第十一位。目前，韩国在亚太地区和国际经济、政治舞台上，都在扮演着重要角色。

一 外交政策

二战后到冷战结束前的很长一段时间里，韩国的外交政策，可以归结为“亲美联日，抗北反共”，这种外交政策，是在冷战格局下制定和执行的。冷战期间，韩国外交的最主要目标是维护韩国的安全，奉行向美国一边倒的外交政策。直到20世纪70年代，韩国的外交政策一直表现出强烈的亲美色彩，以及对西方阵营的高度依附。

进入20世纪70年代，韩国外交进入一个活跃时期。韩国为谋求经济发展，加强了同发展中国家的接触，特别是发展了同中东国家的友好关系，使中东国家成为韩国稳定的原油供应源和韩国产品的重要市场。对中国的外交政策也作了调整，表示愿意与中国接触、增进了解。同时，韩国对朝鲜展开外交攻势，寻求南北对话途径，缓和朝鲜半岛紧张局势。

20世纪80年代末冷战结束，韩国迅速调整了外交政策，外交上变得更加积极主动。在全斗焕执政时期，韩国就表示愿意与社会主义国家改善关系。1988年7月7日，卢泰愚发表《促进民族自尊、统一和繁荣特别宣言》，被称为“北方政策七七宣言”（与社会主义国家的外交被称为“北方外交”），在宣言中表示愿意帮助朝鲜改善与美日等韩国友邦的关系，同时希望改善同苏联及中国等社会主义国家的关系。

在整个20世纪90年代，韩国政府推行的外交政策，旨在确保国际社会对东北亚的和平与稳定的支持，从而为朝鲜半岛的统一奠定基础。韩国政府还积极推行经济外交，与其他发展中国家分享其经验和专门知识，以使韩国跻身于先进国家之林，谋求发挥与其国际地位相称的全球性作用。

二 南北关系

早在冷战年代，朝韩双方曾试图探索一条对话的渠道。70年代初，韩国和朝鲜，首先就寻找被分隔在军事分界线两侧的离散家属开始对话。1972年，当时的韩国中央情报部长李厚洛，和朝鲜第二副首相朴成哲进行了互访，并发表了《南北联合声明》，开启了韩国和朝鲜之间战后敌对近30年的双边正式对话历史。和平的过程之所以没有持续下去，是因为当时是冷战时期，双方背后都有强大的干涉力量。

20世纪80年代，朝鲜半岛开始了多渠道的南北对话。1980年10月，金日成主席提出在自主、和平、民族大团结三大原则下建立高丽联邦共和国，主张通过实行“一个民族、一个国家、两种制度和两个政府”的联邦式来实现统一。随后，自80年代中期开始，韩朝掀起了一轮对话高潮，双方举行了红十字会谈、体育会谈和经济会谈。1984年夏天，韩国汉城地区暴雨成灾，朝鲜向韩方提供5万石大米、50万米布匹、10万吨水泥和其他一些救灾物资。根据双方达成的协议，韩朝双方于1985年9月，互派艺术团和故乡访问团，这是朝鲜半岛分裂以来的首次艺术交流和离散家属返乡寻亲活动。1988年2月，卢泰愚上台后，提出了与北方“邦联制”统一方案相对应的“联邦制”统一方案，主张建立“一族、两国、两制、两府”的

"韩民族共同体"。

进入20世纪90年代，特别是随着东西方冷战的结束，半岛北南方之间的交往更加密切。1990年9月4日，韩朝总理聚首汉城，商讨朝鲜半岛问题的综合解决之策。经过5轮谈判，韩国总理郑元植和朝鲜总理延亨默，于1991年12月签署了《北南和解消除紧张局势和合作交流协议书》。这是朝鲜半岛分裂后达成的第一个框架性文件，是引导双方消除对抗、走向和解的重要步骤。从当时的气氛看起来，似乎不过五六年朝鲜半岛问题就可以解决了。但就在这时，美国进行了干涉。它抓住北方的核设施问题，使南北和解转为北方与美国关系的紧张。

1993年7月，金泳三在卢泰愚提出的"联邦制"统一方案的基础上，提出了以尊重民主、发扬共荣共存精神、增进民族繁荣三原则为基础的统一方案，主张通过和解与合作最终建立一个民族、一个国家的民主共和国。1994年6月，朝鲜国家主席金日成与韩国总统金泳三确定，在同年7月下旬举行首脑会晤。由于金日成主席于1994年7月8日突然去世，原定会晤没有成行。

1997年12月，金大中当选韩国总统，为韩国和朝鲜调整关系提供了契机。金大中上台后，提出了他认为具有和解意义的"阳光政策"，后改称为"包容政策"。金大中主张，韩朝以基本协议书为基础改善南北关系，南北方互派特使，举行南北首脑会谈，解决离散家属团聚等人道主义问题，扩大南北方的经济、文化、体育等领域的合作与交流，实现双方的直接贸易。

韩国现代集团名誉会长郑周永，此时充当了韩朝加强交流合作的特殊角色。他先后两次赶着共1 000头耕牛跨过停战村板门店访问朝鲜，成为轰动一时的新闻。郑周永对平壤的多次访问，促成了朝鲜与现代集团合作开发风景名胜金刚山旅游等项目。1998年11月，首批889名韩国游客乘韩国"现代金刚号"大型豪华客轮，前往金刚山进行为期5天的旅游，从而开创了韩国游客到朝鲜旅游的先河。

1999～2000年间，韩国和朝鲜方面都提出了举行南北当局会谈，以实现和解与合作的建议。1999年1月22日，朝鲜半岛问题四方会谈第四次会议在日内瓦结束。会议正式启动了"缓和半岛紧张局势"工作小组和"建立半岛和平机制"工作小组。2000年3月9日，金大中总统在德国发表了《柏林宣言》，呼吁实现南北首脑会晤。朝鲜方面也提出举行北南高级政治会谈等建议。正是在这一共同意愿的推动下，双方经过共同努力，于2000年4月达成协议，使这次推迟了长达6年的南北首脑会晤得以举行。2000年6月13～15日，韩国总统金大中和朝鲜最高领导人金正日，在平壤举行朝鲜半岛分裂以来南北双方领导人的首次会晤，并于6月15日发表《南北共同宣言》，宣告：解决统一问题的主人是朝鲜民族，双方要团结起来，自主解决统一问题；南方联邦制统一方案和北方邦联制统一方案具有共同点，今后应沿此方向促进统一。

2001年9月中旬，韩朝在汉城举行了第五次部长级会谈，发表了联合新闻公报。韩朝双方再次确认了坚决履行"六一五"南北共同宣言的意志，表示今后将为南北关系的持续发展和保障和平而积极努力。为了均衡地发展南北经济和扩大经济合作，南北双方决定采取九项措施，其中包括：连接汉城至新义州间铁路和汶山至开城公路并首先接通开城工业园区；积极推进开城工业园区的建设和金刚山旅游事业；允许民间船舶通过相互领海；共同防止临津江水害；商讨共同利用朝鲜东海部分渔场；投资保护、防止双重课税、公司纠纷解决程序和结算办法等四项已经达成的协议早日生效；召开第二次经济促进委员会会议，商讨上述经济实务问题的具体履行等。

2002年6月29日，朝鲜和韩国的海军舰艇，在朝鲜半岛西部黄海海域的延坪岛附近发生交火冲突事件，韩方一艘高速艇沉没，朝鲜一警备艇被击中起火。随后于7月25日，朝鲜以南北部长级会谈朝方代表团团长金灵成的名义，致电韩方首席代表丁世铉，对不久前发生海上武装冲突的"偶发事件"表示遗憾，并希望今后双方应共同努力，防止类似事件再次发生。同时，朝方提出举行第七次南北部长级会谈，商讨履行双方已达成协议的事项。韩国统一部发言人随即在30日表示，韩国同意就举行南北部长级会谈进行业务性接触，并对朝鲜此次主动就黄海交火表示的遗憾，给予肯定的评价。朝方主动提出重开部长级会谈，成为打破南北关系僵局的突破口。

随后，于2002年9月15日，韩国与朝鲜军方就南北军事分界线非军事区设立共同管理区域等问题达成协议，从而为今后连接韩朝之间的铁路和公路建设提供安全保障。9月24日，根据9月17日韩朝双方达成的有关协议，韩朝开通一条军事当局之间的直通电话热线，避免双方在连接非军事区铁路和公路过程中发生的突发事件。11月6日～9日，朝韩经济合作促进会第三次会议在平壤举行，双方就南北铁路公路连接、开城工业区建设等问题达成六点协议。

2003年，虽面对朝核危机挑战，朝鲜北南双方依然为北南和解与合作作出努力，进行了多次部长级会谈，安排了多次离散家属会面。2月14日，首次开通了金刚山陆路游，使分裂半个世纪、长期处于封闭状态的北南军事分界线，终于有了一个新的通道。6月14日，朝韩在军事分界线一带举行京义线和东海线的连接仪式，这是朝鲜分裂半个多世纪来首次实现南北铁路大动脉的连接。7月9～12日，于汉城举行了朝韩第十一次部长级会谈，就共同维护朝鲜半岛和平与稳定达成共识。8月15日，朝韩两国政党及各界团体在平壤举行“八一五和平统一民族大会”，纪念朝鲜半岛摆脱日本殖民统治独立解放58周年。10月6日，韩国千人访朝团沿新建公路跨过三八线进入平壤，参加耗资5 600万美元的郑周永体育馆开馆仪式，这是朝鲜半岛分裂50年来颇具历史意义的事件。

2005年5月14日，在韩朝南北双方为纪念《南北共同宣言》签署5周年之际，朝鲜表示为积极改善南北关系和促进朝鲜半岛的和而努力，当天向韩国建议恢复已中断10个月的对话，于16～17日在开城举行双方当局会谈。5月19日韩朝副部长级会谈在朝鲜开城结束。韩朝双方经过协商，最终达成三项协议：（1）韩国政府将派出部长级代表团参加在朝鲜平壤举行的纪念《南北共同宣言》5周年庆典。（2）南北第十五次部长级会谈将于6月21日至24日在韩国汉城举行。（3）韩国5月21日起向朝鲜提供20万吨化肥。

2005年6月15日，在《北南共同宣言》签署5周年之际，由朝韩双方政府及民间代表团和海外侨胞代表及平壤市各界群众代表参加的“民族统一大会”在平壤隆重举行。大会通过了《民族统一宣言》，决定将6月15日定为“民族之日”，呼吁加强民族内部的和解与合作，消除战争危险，促进共同发展和繁荣，为实现朝鲜半岛自主和平统一而积极努力。

2005年6月22日，以韩国统一部长官郑东泳为首的韩国代表团和以朝鲜内阁责任参事权浩雄为团长的朝鲜代表团在汉城举行韩朝第十五次部长级会谈。双方分别提出重启韩朝各项会谈及开展新会谈的方案，以落实朝鲜领导人金正日和郑东泳不久前在平壤会晤时所达成共识的各项合作事宜。双方就重启第三次南北将军级会谈和第十次韩朝经济合作推进委员会会议以及红十字会谈等交换了意见。另外，双方还就举行水产合作会谈、航空会谈及农业合作会谈及6月份举行“离散家属通过可视电话互致筹备企划会议”、在汉城举行“八一五”南北政府工作协商会议等提出了各自的方案。2005年6月22日朝鲜最高人民会议常任委员会发布政令，决定正式成立作为政府机构的“民族经济合作委员会”，以进一步推进朝韩经济合作。

三 朝核六方会谈及韩国的立场

中国为使朝核会谈能够进行下去，做出了一系列努力，利用自己的独特地位，巧妙地化解了朝美在重开和谈中的“死结”，促成了2003年4月的北京三方会谈。后经中国在朝美之间的多次斡旋，为多方会谈打开了突破口；随后，中国外交部副部长王毅于8月初访问了朝鲜，使得由朝、韩、中、美、俄、日参加的朝核问题第一次六方会谈得以举行。

2003年8月29日第一次朝鲜半岛核问题六方会谈结束，达成六点共识。这六点共识是：第一，各方都致力于通过对话和平解决朝鲜半岛核问题，维护半岛和平与稳定，开创半岛的持久和平；第二，各方都主张半岛应无核化，同时认识到，也应考虑解决朝方在安全等方面提出的关切；第三，各方原则上赞同按照分阶段同步或并行实施的方式，探讨并确定公正合理的解决方案；第四，各方同意在会谈、和谈进程中，不采取可能使局势升级或激化的措施；第五，各方都主张保持对话，建立信任，减少分歧，扩大共识；第六，各方同意继续六方会谈的进程。2004年2月和6月，继续在北京举行了有关朝核问题的第二和第三轮会谈。

2005年7月26日开始，举行第四轮会谈，经历两个阶段共20天的艰苦谈判，到9月19日结束时，各方以《共同声明》的形式通过了六方会谈启动以来首份共同文件，为一揽子解决朝鲜半岛核问题确立了框架。2005年11月9～11日，第五轮六方会谈第一阶段会议举行。各方在会议通过的《主席声明》中重申，将根据“承诺对承诺、行动对行动”原则全面履行共同声明。

2006年10月9日，朝鲜宣布成功地进行了地下核试验。联合国安理会14日通过第1718号决议，对朝鲜核试验表示谴责，要求朝鲜放弃核武器和核计划，立即无条件重返六方会谈。10月31日，中国、朝鲜和美国三方作出将于近期恢复朝核问题六方会谈的决定后，韩国、俄罗斯、日本均对此消息表示欢迎，并对中方在其间作出的努力表示感谢。联合国秘书长安南当天也发表声明对中、朝、美的决定表示欢迎。11月1日朝鲜外务省发言人在平壤宣布，在朝美在六方会谈框架内讨论解除金融制裁问题的前提下，朝鲜将重返六方会谈。12月18～22日举行第五轮六方会谈第二阶段会议，22日后休会。2007年2月8～13日，第五轮六方会谈第三阶段会议在北京举行，2月13日通过共同文件《落实共同声明起步行动》。六方就落实2005年9月19日共同声明起步阶段各方应采取的行动进行了认真和富有成效的讨论。3月19～22日，根据2月13日的文件，第六轮六方会谈在北京举行。3月22日各方同意暂时休会，尽快复会。

韩国高度评价北京六方会谈，认为采用外交手段和平解决朝鲜核问题是实现朝鲜半岛无核化的正确途径，六方会谈是一个良好的开端。韩国强调，六方会谈是解决核问题的场合，在解决核问题之后，再通过继续会谈探讨建立半岛和平机制问题。

四 其他主要对外关系

（一）同美国关系

韩美于1949年1月建交。1950年6月25日，朝鲜内战爆发。在两天后，美国就宣布出兵朝鲜，并派第七舰队封锁台湾海峡。美军在仁川登陆后，将战火烧到朝中边境，并轰炸中国东北。这不仅使朝鲜处于非常危险境地，而且严重威胁中国安全。应朝鲜劳动党和政府出兵援助的请求，中国人民志愿军入朝参加抗美援朝战争，并与朝鲜人民军一道将战线推回到北纬38°线附近。朝鲜战争交战双方1953年7月签订《停战协定》。美国3年间轮番参战的军队有172万人，直接战费200亿美元，加上备战和援韩等间接费用则达640亿美元。美军宣布，战时阵亡3.3万人，负伤10.8万人，确认被俘3 700人。加上因事故、伤病不治而亡者，总死亡数5.3万人。朝鲜战争的结局，按美太平洋军总司令克拉克所言，是“美国历史上第一次没有取得胜利的停战”。1953年10月，韩美签订了《共同防御条约》。在冷战时期，韩美关系是韩国立国和外交的基石。美国是韩国对外关系中最重要的国家，保持韩美友好关系是历届韩国政府外交政策的基本原则。尤其在停战后至20世纪70年代初期，美国全面影响和控制韩国的内政外交，而韩国则依靠美国的支撑，维持和巩固其统治。韩美在军事、政治、外交、经济等各个领域结成实质性的、依赖与利用的同盟关系。美国对韩国负有安全防卫义务，美国在韩国设有军事基地，驻扎军队，为韩国提供军事保护和经济援助。进入80年代，随着韩国政权的巩固、军事和经济实力的增强，韩国对美国的依赖性也逐渐减少。到了90年代，尽管韩国寻求独立自主的新外交，但对美关系仍然是韩国对外政策的重点。1999年，美军在朝鲜战争期间，在韩国老根里等地屠杀无辜平民事件的披露，和驻韩美军种种卑劣行径的曝光，使得韩国对美不满情绪增加。加上韩国表示不参与美国的战区导弹防御系统（TMD），并积极开发中远程弹道导弹，发展自主国防，使得美国认为韩国违反了韩美《导弹谅解备忘录》，增添了韩美关系中的不和谐因素。

（二）同日本关系

大韩民国建立后，在美国的积极推动下，韩日于1965年6月签订《韩日基本关系条约》，实现了韩日邦交正常化。但是，韩日双边关系中有一些重大问题不时影响着两国关系的正常发展。这些重大问题主要有：1. 日本侵朝历史反省问题；2. 关于渔业权问题；3. 关于旅日朝侨法律地位问题；4. 关于独岛（日本称竹岛）归属问题。这些问题，有的通过韩日会谈解决了，有些问题至今悬而未决。

韩日经贸关系在邦交正常化后得到迅速发展。韩国从日本引进了大量的资金、技术、设备和原料，促进了韩国经济的发展，但也使韩国经济对日本的依赖加深。由于韩国对日本的出口额与从日本的进口额长期保持在1∶2的比例，从而使韩日贸易逆差长期居高不下。而日本长期没有采取切实步骤改变这种局面。韩国经济跃居“亚洲四小龙”之首的地位，韩日经济竞争加剧，使双方贸易摩擦有增无减，数度爆发贸易战。

1998年韩日关系取得突破。当年10月，金大中总统对日本进行了国事访问，发表了《21世纪韩日新型伙伴关系联合宣言》及行动计划。其间，日本正式向韩国就侵略和殖民统治朝鲜半岛问题正式道歉，韩国表示对此今后不再追究。这使得韩日关系向前迈进了一大步。但在1999年，日本岛根县一些居民，将户籍（户籍登记地）迁移到韩日有争议的独岛上，为此韩国政府向日本政府提出了严正抗议。

2005年是韩日建交40周年和韩日友好之年,韩国全体国民本着面向未来的精神,为解决两国间存在的日本侵略历史问题而努力。在这种情况下,日本在独岛主权问题上再掀波澜,日本首相小泉纯一郎再次参拜靖国神社,使韩国为改善韩日关系的努力遭到挫折。

同年2月23日，日本岛根县议会接受议员的提案，审议将2月22日定为“竹岛之日”。同日，日本驻韩国大使高野纪元称，竹岛为日本领土。日本方面的举动引起韩国政府和民众的强烈抗议。韩国政府表示将坚决维护独岛主权。

同年3月23日，卢武铉总统发表《告国民书》指出：100年前，日本将独岛纳入其版图，而今日本岛根县议会又将其定为“竹岛日”，这是试图将过去的侵略行为正当化。“对于日本国粹主义者的侵略企图，我们决不容忍。”

同年10月17日，日本首相小泉纯一郎再次参拜靖国神社，韩国外交通商部长官潘基文在汉城（首尔）召见日本驻韩大使大岛正太郎，提出强烈抗议。韩国外交通商部发言人也发表声明，代表韩国政府抨击小泉再次参拜靖国神社。

（三）同中国关系

韩国与中国一衣带水，自古以来关系很密切。在20世纪初日本侵占韩国后，韩国的爱国人士展开抗日斗争，其中一部分志士来到中国。在日本发动侵华战争后，韩中两国人民共同展开抗日斗争，直到取得胜利。

20世纪中期，由于国际上处于冷战时期，韩中两国中断往来将近40年。20世纪80年代末冷战结束，韩中两国开始逐步实现关系正常化。1992年8月24日，韩中建立外交关系之后，双方交流与合作大大增强，官方和民间互访不断。1998年11月中旬，韩国总统金大中对中国进行了正式访问，与中国领导人就进一步发展双边关系、保持朝鲜半岛的和平与稳定，及加强在国际事务中的合作，广泛交换意见并达成共识，发表了《构筑面向21世纪的中韩合作伙伴关系的联合声明》，为发展韩中面向21世纪的合作伙伴关系奠定了基础。

2000年朱镕基总理访韩时，两国领导人决定把中韩合作伙伴关系推向全面合作的新阶段。2000年9月6日和11月15日，江泽民主席分别在出席纽约联合国千年首脑会议和文莱亚太经合组织第八次领导人非正式会议期间在下榻饭店两次会见韩国总统金大中，就中韩关系、朝鲜半岛局势和其他共同关心的问题交换意见。

2001年，中韩合作伙伴关系在各个领域继续取得良好发展。2001年10月19日，江泽民主席在上海锦江饭店会见出席亚太经合组织第五次领导人非正式会议（APEC）的韩国总统金大中，就中韩关系、朝鲜半岛局势和其他共同关心的问题交换了意见。6月19～22日韩国总理李汉东应朱镕基总理邀请访华，与朱总理会谈，江泽民主席、李鹏委员长分别会见他。

2002年，中韩共同纪念了建交10周年，两国之间的合作伙伴关系在各个领域继续取得良好发展。2002年8月24日，中韩建交10周年之际，江泽民主席与金大中总统互致贺电，唐家璇外长与韩国外长崔成泓互致贺电。10月，江泽民主席在墨西哥亚太经合组织会议期间会见韩国总统金大中，就朝核问题交换了意见。12月，江泽民主席电贺卢武铉当选韩国第十六任总统。

2003年2月，钱其琛副总理代表中国政府专程赴韩出席卢武铉总统就职仪式。

2003年7月7～10日，韩国总统卢武铉对中国进行国事访问。胡锦涛主席与卢武铉总统举行会谈，双方就中韩关系、朝核问题以及国际和地区形势等共同关心的问题广泛交换意见，宣布建立中韩全面合作伙伴关系。

韩中建交以来，两国睦邻友好合作关系不断发展，在政治、经济、社会、文化等各个领域合作取得的显著成就，不仅给两国人民带来了巨大利益，也为促进本地区的和平、稳定与繁荣作出了重要贡献。两国领导人一致同意并宣布，以联合国宪章原则、中韩建交联合公报精神以及两国间业已存在的合作伙伴关系为基础，面向未来，建立中韩全面合作伙伴关系。

韩中建交后,在国际和地区事务中,两国友好合作,相互支持。韩国坚持一个中国政策,不与台湾建立官方联系;中国主张朝鲜半岛保持和平稳定,积极支持韩国的对朝和解合作政策。在亚太经合组织、亚欧会议、东盟与中日韩合作等国际和地区组织中,中韩建立良好的合作关系,为推动地区经济合作作出了积极努力,也为双边关系增添了新内涵。

2003年7月中韩建立全面合作伙伴关系以来,两国在各个领域的交流与合作又取得了新的进展,政府高层互访频繁。2004年8月,应韩国国会议长金元基邀请,全国政协主席贾庆林对韩国进行正式友好访问。同年10月,温家宝总理在越南出席亚欧首脑会议期间,会见了韩国总统卢武铉。同年11月19日,胡锦涛主席在圣地亚哥出席亚太经合组织领导人非正式会议期间,会见了韩国总统卢武铉,双方就中韩关系和地区局势等共同关心的问题交换了看法。同年11月29日,温家宝总理在老挝首都万象出席东盟与中日韩等领导人会议期间,会见了韩国总统卢武铉。

2005年11月16～17日,应韩国总统卢武铉邀请,胡锦涛主席对韩国进行了国事访问。访问期间,胡锦涛主席同卢武铉总统举行会谈。两国元首对2003年7月北京会晤以来中韩关系取得的新进展表示满意,并就进一步深化中韩全面合作伙伴关系和共同关心的地区、国际问题坦诚深入地交换了意见,达成广泛共识。

(四)同其他国家关系

冷战期间,韩国作为西方阵营中的一员,与西欧、北美、中东等地区中的许多国家相继建立了外交关系。1988年开始推行"北方外交"政策以来,与社会主义国家的关系也迅速得到改善。1989年2月,韩国与匈牙利建立外交关系,随后波兰、南斯拉夫、保加利亚、捷克斯洛伐克、罗马尼亚亦相继与韩国建交。1990年3月26日,韩国同蒙古建交。9月30日同前苏联建交。苏联解体后,韩国与俄罗斯保持原外交关系。1999年9月,韩国宣布与智利就签订双边自由贸易协定达成一致。同年11月,韩国同泰国进行双边贸易协定谈判,涉及撤销进口关税和非进口关税壁垒,使货物和服务贸易自由展开。韩国同东盟国家进行双边自由贸易谈判尚属首次。

(金英姬)

第三章 蒙古

第一节 概述

国名 蒙古国(Mongolia)。

领土面积 156.65万平方公里。

人口 253.32万(2004年底)。

民族 喀尔喀蒙古族约占全国总人口的80%。此外,还有哈萨克、杜尔伯特、巴雅特、土尔扈特(内蒙古额济纳旗土尔扈特部和俄罗斯卡尔梅克部为同一部落)、布里雅特、额鲁特、扎哈沁、明阿特、浩托戈特和察哈尔等15个少数民族。另外还有一定数量的中国人(包括从内蒙古移民的蒙古族人)和俄罗斯人,他们绝大多数是没有入蒙古国国籍的旅蒙华侨(大约2 500人)和俄侨(2 000多人)。

宗教 主导宗教为藏传佛教即喇嘛教。还有少数人信奉伊斯兰教、基督教等。

语言文字 主要语言为喀尔喀蒙古语;通用文字是以斯拉夫字母为基础的新蒙文。

首都 乌兰巴托市(Ulanbator),面积2 000多平方公里,人口87万(2004年初)。

国家元首 总统 那木巴尔·恩赫巴亚尔(Nambaryn Enkhbayar),2005年5月31日当选。

第二节 自然地理与人文地理

一 自然地理

(一)地理位置

蒙古属于东亚国家,位于亚洲内陆的蒙古高原上。南、东、西与中国接壤(边界线长达4 676.8公里),北面与俄罗斯联邦交界(边界线长达3 485公里)。地处东经87°47′～119°57′与北纬41°35′～52°06′之间。

(二)地形与地表结构

蒙古是一个多山的国家,山地约占全部国土面积的40%,整个地形由西向东倾斜,平均海拔高达1 580米。全国领土根据地形分为四大自然地理区:阿尔泰山区、杭爱－肯特山区、东部平原和戈壁区。

阿尔泰山区 沿西部边境自西北向东南延伸，由许多山脉组成，平均海拔3 000～3 500米，长约2 000公里，宽300公里，面积约20多万平方公里。塔本博格多山地是阿尔泰山区诸多山脉的汇聚处，向东北方向延伸的是赛留格木岭，赛留格木岭以东是哈尔希拉山脉，主峰哈尔希尔峰高达4 116米；向东南方向延伸的是蒙古阿尔泰山脉，主峰为位于蒙中边境的乃拉姆达勒山（即友谊峰）海拔4 374米，是国土最高点。

杭爱—肯特山区 几乎占据了蒙古北半部，地势较阿尔泰山区低矮，面积约50多万平方公里。按山的高度可分为杭爱山地、滨库苏泊山地和肯特山地三个地区。杭爱山地及其支脉地处蒙古中心部位，其平均高度为海拔2 500～3 000米，是内陆水系和注入海洋的外流水系之间的分水岭。滨库苏泊山地位于蒙古北部，其海拔高度随色楞格河流域走向逐步降低。肯特山地的主要山脉自西南向东北伸展，它是太平洋水系和北冰洋水系的分水岭，其中段海拔高度达2 000米。

东部平原 是蒙古国内最平坦、最低地区，谷地和草原占据该地区的大部分。东部平原一般没有高耸的山脉，许多形状相同的低丘相互靠得很近，形成明显的波状地形。南部海拔1 000～1 500米，由南向北逐渐下降，至贝尔湖地区的高度只有583米。面积约20多万平方公里。

戈壁区 西部被阿尔泰山诸脉分隔，北部与杭爱—肯特山区相邻，地势与东部平原一样比较平坦，海拔750～800米。位于阿尔泰地区和杭爱山地之间的前阿尔泰戈壁境内，是一个中间平坦、四周海拔高达1 500米的巨大盆地，因有众多湖泊而得名为大湖盆地。面积50余万平方公里。

（三）土壤

蒙古地处西伯利亚原始森林和中亚荒漠之间的过渡地带。全国大部分地区为山地地形。这一切决定了蒙古境内土壤和植被的多样性。

蒙古的土壤主要有黑土、栗钙土和棕钙土等。黑土约含6%～12%的腐殖质，厚度为40～70厘米，主要分布于蒙古草原地带。栗钙土包括暗钙土（腐殖质为3%～5%）、栗钙土（腐殖质为2%～3%）和淡栗钙土（腐殖质为1.6%～2%），分布于森林草原、草原地带，占全国总面积的24.6%，是具有较高农业价值的土壤类型。棕钙土腐殖质不超过1%，厚度为15～20厘米，主要分布在戈壁地带。

（四）河流与湖泊

蒙古境内共有大小河流3 800多条，总长度为7万公里；大小湖泊1 200个左右，山泉约6 900处。河流除经他国流入北冰洋、太平洋外，为本国内陆水系。

属于流入北冰洋的水系有：色楞格河及其各条支流，包括叶尼塞河上游之一的希什黑特河等。色楞格河是最大、水量充沛的一条河流，全长1 024公里，在蒙境内长615公里，流域面积447 060平方公里，流入俄罗斯境内后注入贝加尔湖，湖水经安加拉河汇入叶尼塞河，最终流入北冰洋。

属于流入太平洋的水系有：发源于肯特山区的鄂嫩河和克鲁伦河，以及发源于中国兴安岭的哈拉哈河。鄂嫩河全长808公里，在蒙古境内流长298公里，流域面积28 425平方公里，是这些河流中最大、最深的河流，流入俄罗斯境内后汇入中、俄界河黑龙江，向东注入太平洋。克鲁伦河全长1 264公里，在蒙古境内长度为1 090公里，流域面积116 455平方公里，为东蒙古平原上最长的一条河流，向东注入中国的呼伦湖。哈拉哈河全长233公里，流域面积17 116平方公里，其中有7 440平方公里的面积在蒙古国境内。该河由中国兴安岭向西流入蒙古境内后，其两条支流中的一支经贝尔湖注入中国境内的乌尔逊河，另一支直接注入乌尔逊河，向北流入呼伦湖。克鲁伦河与哈拉哈河均由呼伦湖北端出口流入中、俄界河额尔古纳河、黑龙江，最终向东流入太平洋。

属于内陆水系的河流有：发源于阿尔泰山地的科布多河及发源于杭爱山地的扎布汗河和特斯河等。科布多河源自塔本博格多山南麓，是中亚内陆盆地最大的河流，全长516公里，流域面积9 670平方公里，流入哈腊乌斯湖。扎布汗河全长808公里，流域面积71 210平方公里，流向吉尔吉斯湖。特斯河全长568公里，流域面积33 358平方公里，流入乌布苏湖。

蒙古的湖泊大都分布在草原上。按照成因可分为构造湖、冰川湖、堰塞湖、岩溶湖等。按照含盐量的高低，可以分为淡水湖、咸水湖和盐湖三类。

库苏古尔湖水表面积为2 760平方公里，最深处达262.4米，是蒙古最大最深的淡水湖泊；乌布苏湖地处大湖盆地北部，面积为3 350平方公里，是全国最大的咸水湖；吉尔吉斯湖和哈腊乌斯湖位于大湖盆地中部，吉尔吉斯湖水表面积1 407平方公里，平均深度47米，最深处达80米，哈腊乌斯湖水表面积1 852平方公里；在阿尔泰山地，分布着一些面积不大的盐湖；东蒙古平原则以堰塞湖和盐湖居多，较著名的堰塞湖是长40公里、宽21公里、面积615平方公里的贝尔湖。

此外，蒙古65%的土地没有经常性的河川径流，一些农牧业活动主要利用地下水资源。据估算，约35%的可利用地下水集中在东蒙古平原，25%在杭爱－肯特山地，32%在戈壁区，其余在阿尔泰山地。

（五）气候

蒙古国远离海洋，位于亚洲内陆，四面环山，海拔较高，具有鲜明的大陆性气候特点：一是气温的日较差和年较差都很大。最冷的1月份，北部山区平均气温为－25℃～－30℃，戈壁区为－15℃～－20℃，北部地区的冬季绝对温度达－45℃～－53℃；最热的7月份，平均气温为17℃～18℃，戈壁区达41℃。二是无霜期短，平均仅为110天，霜冻期长达160～220天。三是多风，夏日大部分地区炎热而干燥。另外，几乎所有地区的湿润度都较低，年平均降水量为200～250毫米，80%～90%的降水集中在5～9月。冬季积雪很薄，一般不超过10厘米。雪覆盖日数南部为40～60天，北部为150天。蒙古是日照时间最长的国家之一，在大湖盆地、东蒙古平原和戈壁省，年均日照时间长达2 600～3 300小时。

（六）自然资源

1. 土地资源与动植物资源

蒙古国土地利用总面积为15 646.46万公顷，其中：农牧业用地为12 238.1万公顷，占全国土地利用总面积的78.22%。在农牧业用地中，草牧场面积为11 943.4万公顷，占全国农牧业用地总面积的97.6%，耕地和轮耕地面积分别为121.7万公顷和136.4万公顷，仅占全国农牧业用地总面积的1%和1.1%。2002年种植业播种总面积为28.57万公顷；森林面积为1 530万公顷，占全国土地利用总面积的9.7%。

蒙古的植被以北部的西伯利亚针叶林、南部的中亚草原、荒漠植物组成。蒙古的森林资源较丰富，森林占地总面积15 218 600公顷，约占全国土地总面积的9.7%，其中针叶林占90%，木材蓄积量为12.77亿立方米，主要分布在北部库苏古尔和肯特山地。草原地带广泛分布着各种针茅等禾本科植物和茅草、艾蒿等。荒原地带主要植物有蒙古茅草、科尔金斯基茅草等独特的草种。

蒙古地处森林地带和荒漠地带的交界处，适宜于各种毛皮动物、有蹄类动物和鸟类的栖息与繁殖。蒙古约有134种哺乳动物、410种鸟、68种鱼、20种爬行动物和8种两栖动物。除此之外，蒙古还有超过2万种无脊椎动物，包括1.3万种昆虫、1 000种蠕虫、50种淡水和陆地软体动物、98种甲壳纲动物、89种轮虫和几千种原生动物。

在野生动物资源中，具有经济价值的哺乳动物主要有旱獭、短尾黄羊、母盘羊和野山羊等；鸟类有雷鸟、草原榛鸡、雪鸡等。家畜资源主要有马、骆驼、牛、绵羊和山羊，主要提供肉、奶和各类皮毛制品。

2. 矿产资源

蒙古国地下资源丰富，且分布较广。主要矿物有煤、金、铜、钼、钨、铁、锡、萤石、铅、石油、宝石、石膏等90多种，其中磷、铜、萤石、煤、石膏的探明储藏量居世界前列。煤矿蕴藏量约500亿吨，萤石蕴藏量约800万吨，铁20亿吨，磷2亿吨，金3 000吨，银7 000吨，铀140万吨，石油30亿～60亿桶。经初步探测，蒙古的东、南、西部地区有13个较大的石油盆地，储量在30亿桶左右。蒙古现拥有矿床和矿化点4 500多处，已勘探的有300多处，开始开采的有100多处，主要开采煤、铜、钼、铁、金和萤石。在80多种矿物的500多个矿中，有250个为煤矿。此外，额尔登特地区的铜钼矿是世界十大铜钼矿之一。

二　人文地理

（一）人口特点

蒙古人口呈以下特征：人口密度低，每平方公里仅1.52人。城市人口较为集中，至2001年，约有57.2%的人口集中在大小城市。男女性别比例为51∶49，大体持衡。人口趋于年轻化，0～29岁人口占70%。人口增长率近年来呈下降趋势，1935年，蒙古人口自然增长率约为2.2‰，20世纪60年代达到增长高峰期，自然增长率保持在30‰左右，80年代以来逐渐下降，1979～1989年和1989～2000年，年平均自然增长率分别为25‰和14‰。低出生率和向国外移民的增加，是近年蒙古人口增长率下降的主要原因。

（二）语言文字

蒙古的国语为喀尔喀蒙古语，属阿尔泰语系蒙古语族。蒙古文字是在回鹘文字母的基础上创制的，1946年1月1日起使用以斯拉夫字母为基础的新蒙文。1992年，蒙古国家大呼拉尔作出决定，逐步将蒙古国文字改回以回鹘文字母为基础的蒙古本民族文字。但迄今为止，这一计划的实行并不顺畅。2003年，蒙古政府出台了《拉丁文字国家计划》，计划改用世界通用的拉丁文字取代仍在使用的新蒙文。目前，该计划尚未得到蒙古国家大呼拉尔的批准。以斯拉夫字母为基础的新蒙文仍是蒙古国的通用文字。

（三）宗教状况

蒙古国民多信仰喇嘛教即藏传佛教。13世纪，佛教分支喇嘛教经西藏传入蒙古地区。至1921年革命前，约有庙宇1 118座，喇嘛10万多名（约占全国男子的1/3）。此后，由于政府采取了削弱宗教势力的措施，至1940年末，喇嘛基本还俗。20世纪90年代，实行西方民主政治体制后，宗教势力逐渐恢复，新建了120多座寺庙，喇嘛教的信徒也在增加。除喇嘛教徒外，全国约有4%的人信奉伊斯兰教，少量人信奉基督教、道教。

（四）行政区划

蒙古国全国共分为1个直辖市——乌兰巴托市、21个省。省下设县，县下设乡，省会所在地为省辖市。直辖市下设区，区下设里。乡和里是蒙古的基层行政单位。

表1 蒙古国行政区划及面积、人口和首府

项目 直辖市 省份	面积(平方公里)	人口(人)*	首府
乌兰巴托市(Ulaanbaatar hot)	4 700	760 077	
后杭爱(Arhangai)	55 300	97 091	车车尔勒格(tsetserleg)
巴彦洪戈尔(Bayanhongor)	116 000	84 779	巴彦洪戈尔(Bayanhongor)
巴彦乌列盖(Bayan－Olgii)	45 700	91 068	乌列盖(Olgii)
布尔干(Bulgan)	48 700	61 776	布尔干(Bulgan)
达尔汗乌拉(Darkhan－Uul)	3 280	83 271	达尔汗(Darhan)
东方(Dornod)	123 600	75 373	乔巴山(Cholbalsan)
东戈壁(Dornogov')	109 500	50 575	赛音山达(Sainshand)
中戈壁(Dundgov')	74 700	51 517	曼达勒戈壁(Mandalgov')
扎布汗(Zavhan)	82 500	89 999	乌里雅苏台(Uliastai)
戈壁阿尔泰(Gov'－Altai)	141 400	63 673	阿尔泰(Altai)
戈壁苏木贝尔(Govisumber)	5 540	12 230	乔伊尔(Choyr)
肯特(Hentii)	80 300	70 946	温都尔汗(Ondorhaan)
科布多(Hovd)	76 100	86 831	科布多(Hovd)
库苏古尔(Hovsgol)	100 600	119 063	木伦(Moron)
南戈壁(Omnogov')	165 400	46 858	达兰扎德嘎德(Dalanzadgad)
鄂尔浑(Orkhon)	840	71 525	额尔登特(Erdenet)
前杭爱(Ovorhangai)	62 900	111 420	阿尔拜赫雷(Arvaiheer)
色楞格(Selenge)	41 200	99 950	苏赫巴托尔(Suhbaatar)
苏赫巴托尔(Suhbaatar)	82 300	56 166	西乌尔特(Baruun－Urt)
中央(Tov)	74 000	99 268	宗莫德(Zuunmod)
乌布苏(Uvs)	69 600	90 037	乌兰固木(Ulaangom)
总计	1 564 160	2 373 493	

* 2000年底人口数。

21个省分别是：后杭爱省、巴彦乌列盖省、巴彦洪戈尔省、布尔干省、戈壁阿尔泰省、东戈壁省、东方省、中戈壁省、扎布汗省、前杭爱省、南戈壁省、苏赫巴托尔省、色楞格省、中央省、乌布苏省、科布多省、库苏古尔省、肯特省、鄂尔浑省、达尔汗乌拉省、戈壁苏木贝尔省。

蒙古全国共有25个城市，城市人口占总人口的57.2%。

首都乌兰巴托市（Ulanbator） 全国的政治、经济、文化和交通中心，面积2 000多平方公里，人口87万（2004）。蒙古国的议会、政府、国家安全会议和军队、各党派的总部均设于该市。工业以轻工业为主，工业产值占全国一半左右。公路、铁路、民航交通运输网络直达全国各地，担负全国客货运量一半以上。蒙古国家科学院、蒙古科技情报中心及高等院校均设于乌兰巴托市。

达尔汗市 蒙古第二大城市，也是蒙古的第二大工业中心。位于乌兰巴托市以北230公里处，是达尔汗乌拉省省会。全市面积200平方公里，人口8.6万（2001）。

额尔登特市 蒙古第三大城市，鄂尔浑省省会。位于乌兰巴托市西北340公里处。人口7.7万（2001）。

第三节 历史

蒙古人的远祖属于东胡部，约在公元前5世纪曾活动于西起叶尼塞河上游，东到黑龙江上游，包括现在的贝加尔湖地区，南抵长城的广大地区。它在中国战国时期（公元前475～前221）多次南进；几经强盛、衰落，先后演化为鲜卑、室韦各部，在隋朝时（公元581～618）南下归顺。中国唐代（公元618～907）曾在外蒙古地区设6府7州，又在阴山南麓设都护府，统辖上述州府。

公元13世纪初，铁木真（1162～1227，1206年称成吉思汗）称雄大漠南北，建立统一的蒙古汗国。成吉思汗及其后代在13世纪曾统率蒙古大军征伐中亚、西亚、南亚和欧洲，建立了史无前例的蒙古帝国。1271年11月，成吉思汗之孙忽必烈（1215～1294）建立元朝，1274年元朝定都北京（元大都），1279年元军南下灭宋，统一中原。1368年，元朝为明朝取代。公元17世纪初，随着满族势力的崛起和清王朝的建立，蒙古各部先后臣服于清王朝。

明（1368～1644）末清（1616～1911）初时的蒙古各部分为漠南蒙古、漠北喀尔喀蒙古和漠西额鲁特蒙古三大部。今天蒙古国的主体民族即漠北喀尔喀蒙古族中的外喀尔喀七部。外喀尔喀七部在清代合并为车臣汗部、土谢图汗部、札萨克图汗部和赛音诺颜汗部，共4部86旗。清朝中叶，此4部分别改为巴尔和屯盟、汗阿林盟、毕都里雅诺尔盟和齐齐尔里克盟，这4盟所辖地区及唐努乌梁海和科布多两区合称外蒙古。清朝中叶亦在乌里雅苏台（今蒙古国扎布汗省省会乌里雅苏台）、库仑（今蒙古国乌兰巴托市）、科布多（今蒙古国科布多省省会科布多）派驻定边左副将军、库仑办事大臣和科布多参赞大臣对外蒙古地区进行节制。1840年鸦片战争后，唐努乌梁海地区及科布多的部分地区先后并入沙皇俄国，科布多阿尔泰乌梁海的部分地区属今中国新疆，科布多额鲁特的其余地区则划归今蒙古国。

外蒙古地区的最高统治者是哲布尊丹巴呼图克图。哲布尊丹巴为藏语音译，意思是“尊胜”。达赖、班禅、哲布尊丹巴、章嘉是清代藏传佛教的四大转世活佛，哲布尊丹巴的地位仅次于达赖和班禅，掌管外蒙古地区喇嘛事务。呼图克图藏语语意为“化身、圣者”，是被中央王朝政权承认并注册的大活佛的尊号。他也是喀尔喀蒙古最大的活佛和封建主。

第一世哲布尊丹巴（本名罗布藏旺布札木萨，1635～1723），是喀尔喀部土谢图汗滚布多尔吉之子。1691年他亲率喀尔喀各部归顺清朝，并受清廷册封为呼图克图大喇嘛，总管喀尔喀各部的宗教事务。1911年12月，第八世哲布尊丹巴（本名阿旺垂济尼玛丹旺舒克，1870～1924）博格多格根（“博格多”为神圣之意，蒙古可汗的称号、封号，“格根”为活佛的蒙语音译，意为“光明觉者”）在沙俄支持下，驱逐清政府驻库仑办事大臣三多，宣布外蒙“独立”。1913年沙俄与袁世凯政府订立《中俄声明文件》，确认中国是蒙古的宗主国，改蒙古“独立”为“自治”。1917年，俄国发生十月社会主义革命，外蒙古随即撤销自治，仍隶属中华民国政府，内政、外交、军事等统归中华民国政府管理，第八世哲布尊丹巴也由中华民国大总统册封为“外蒙翊善辅化博格多哲布尊丹巴呼图克图汗”。

1921年3月，苏赫巴托尔（1893～1923，蒙古人民革命党和蒙古人民军的创始人和领袖）和乔巴山（1895～1952，蒙古人民革命党创始人之一，蒙古人民共和国前部长会议主席）领导成立了蒙古人民军和蒙古临时政府；6月，苏俄派驻红军；7月，蒙古人民军和苏俄红军开入库伦，7月10日成立正式的人民革命政府。7月11日，君主立宪政府宣告成立。苏联于1922年正式承认蒙古独立。1924年11月26日，蒙古废除君主立宪，宣告建立蒙古人民共和国。1945年2月，苏、美、英三国首脑，背着当时的中国政府，签订《雅尔塔协定》，规定“外蒙古（蒙古人民共和国）的现状须予维持”，中国国民党政府为换取苏联的支持，于1946年1月承认外蒙独立。1949年中华人民共和国成立后，于同年10月16日与蒙古人民共和国建交。蒙古在独立后的近70年期间，一直保持与苏联的紧密同盟关系。

20世纪80年代末90年代初，蒙古受苏联东欧政局剧变影响，开始进行政治、经济体制转轨。1992年1月13日，蒙古正式颁布现行宪法，将蒙古人民共和国改称为蒙古国。蒙古推行独立自主的外交政策，重视与俄、中两大国的睦邻友好关系，同时积极发展与西方国家及亚太各国的关系。

第四节 政治体制与法律制度

一 国体与政体的演变过程

1921年，蒙古人民党（后改称人民革命党）领导的人民革命取得胜利，同年7月10日，在库仑正式成立了蒙古人民革命政府。在确定国家政权的组织形式时，考虑到当时蒙古社会经济发展水平相当落后以及喇嘛教在民众中的影响，决定在国内实行有限制的君主立宪体制。根据1921年11月由人民党、人民政府和蒙古社会上层人士共同缔结的具有临时《宪法》性质的《誓约》规定，保留哲布尊丹巴博格多格根名义上的国家元首地位及宗教上的无限权力，但行使国家政务及对外关系的实权掌握在由蒙古人民党领导的人民政府手中。国家及地方各级呼拉尔是国家政权的组织形式，也是蒙古的基本政治制度。1924年5月，博格多格根圆寂，蒙古政府于同年6月公布了在国内实行共和政体的决定，同时彻底废除君主立宪制。同年11月8日召开第一届大人民呼拉尔会议，26日通过第一部《宪法》，宣布成立蒙古人民共和国，确立了蒙古人民党领导下的社会主义国家政治制度。国家机构的设置也随之发生变革，即：国家不设总统，大呼拉尔成为蒙古人民共和国的最高权力机构，小呼拉尔是大呼拉尔的常设机构，负责在大呼拉尔休会期间行使其职权。1949年2月，蒙古政体进一步完善化，大呼拉尔改称大人民呼拉尔，小呼拉尔则改称大人民呼拉尔主席团，其各自作用不变。1921～1990年的69年中，蒙古人民党（后称人民革命党）一直掌握着国家政务及对外关系的领导权。

1989年底，蒙古政坛受苏联和东欧政局影响，开始剧烈动荡，并最终迫使执政的蒙古人民革命党放弃蒙古《宪法》中关于该党“领导作用”的条款和国家实行多年的社会主义制度。自此，蒙古开始步入西方式多党民主制的政治体制时代。根据1990年5月颁布的《宪法补充法》，转轨后的蒙古实行两院制的议会制政体，即：蒙古人民共和国大人民呼拉尔（即蒙古国议会）为国家最高权力机构，负责制定国家的大政方针；恢复设立国家小呼拉尔，作为大人民呼拉尔的常设机构，行使立法和监督权。根据这一《补充法》，大人民呼拉尔主席团的国家集体元首职能被单独分离出来，设蒙古总统职位作为新的国家元首，实行议会制下的总统制。

1992年1月13日，蒙古正式颁布现行宪法，该宪法将蒙古人民共和国改称为蒙古国，将大人民呼拉尔改称为国家大呼拉尔；取消原设的国家小呼拉尔和副总统建制，实行一院制的议会制度，即国家大呼拉尔为行使立法权的国家最高权力机构；总统作为国家元首，其权力有所加强。此外还设有国家安全会议，主要成员由总统、总理、国家大呼拉尔主席3人组成，可就关系国家安全的一切问题做出决定，并督促有关部门执行。

二 宪法

蒙古建国以来，分别于1924、1940、1960和1992年先后颁布过4部《宪法》。《1992宪法》规定：蒙古国是独立、主权的共和国；以在本国建立人道的公民民主社会为崇高目标；按照“三权分立”的原则，确立了国家大呼拉尔、政府和司法机构之间相互制约的政治结构，即国家大呼拉尔行使立法权，政府行使行政权，司法机构行使司法权；国家承认公有制和私有制的一切形式；国家尊重宗教，宗教崇尚国家，有宗教信仰与不信仰的自由。在未颁布法律的情况下，禁止外国军事力量驻扎在蒙古国境内和通过蒙古国领土。根据公认的国际法准则和原则，奉行和平外交政策。根据该宪法，改国名为“蒙古国”，建立设有总统的议会制。

三 总统

总统是蒙古国家元首，兼任国家安全委员会主席、武装部队最高统帅。总统不得兼任总理、国家大呼拉尔委员、政府成员及法定以外的其他职务。总统的主要职权有：全部或部分否决国家大呼拉尔通过的法律和其他决议；同议会多数党磋商总理人选以及把解散政府的意见提交国家大呼拉尔表决；在自己的职权范围内对政府工作提出指导方针，并就此发布行政命令，由总理签署后生效；在对外交往中全权代表国家；在宪法规定范围内，宣布全国或部分地区进入紧急或战争状态，发布军事动员令。总统办公机构为总统府，设主任、顾问等职。总统工作必要时可设临时委员会和工作组。总统在工作上向国家大呼拉尔负责。

根据现行《蒙古国宪法》和《总统选举法》规定，总统由在国家大呼拉尔中拥有席位的政党单独或联合推举候选人，经选民无记名投票产生。总统任期 4 年，可连任两届。

四 国家大呼拉尔

蒙古国大呼拉尔是国家最高权力机构，拥有立法权。其主要职权如下：批准、增补和修改法律；确定内外政策的基础；宣布总统和大呼拉尔及其成员的选举日期；决定和更换大呼拉尔常设委员会；颁布认为总统已经当选并承认其权力的法律；罢免总统职务；任免总理、政府成员；决定国家安全委员会的结构、成员及权力；决定赦免等。

大呼拉尔为一院制议会，由 76 名成员组成，任期 4 年。大呼拉尔下设 7 个常设委员会和 5 个小组委员会。大呼拉尔主席、副主席从大呼拉尔成员中产生。凡 25 岁以上拥有选举权的蒙古国公民，均有权当选为国家大呼拉尔成员。1998 年 11 月 25 日，蒙古宪法法院通过最终裁决，规定国家大呼拉尔成员不得兼任总理和政府成员。

五 政府

蒙古政府是国家权力最高执行机关。在 1951 年 6 月至 1990 年 9 月期间，也曾称为部长会议。政府可由在国家大呼拉尔选举中获得多数席位的政党单独组阁，也可以联合组成，每届任期 4 年。政府工作由总理主持，向国家大呼拉尔负责，其主要职权是：保障宪法和其他法律的组织实施；制定国家经济、社会发展的基本方针，编制国家预算和信贷、财政计划；领导中央政府机关，指导地方行政机关的工作；实施国家对外政策及国防方针等。

政府内设办公厅和总理顾问，下设 5 个委员会、11 个部和 8 个国家直属局。5 个委员会是：国家私有化委员会、国家自然环境监督委员会、国家证券委员会、国家建筑与城市建设委员会、国家文化艺术发展委员会；11 个部是：财政部、外交部、法律内务部、自然环境部、国防部、教育文化科学部、基础设施部、社会保障和劳动部、工业贸易部、食品农牧业部、卫生部；8 个国家直属局是：国家统计局、国家税务总局、国家运输总局、国家邮电总局、中央情报局、国家警察总局、国家监察局、国家广播电视局。

六 司法机构

蒙古的司法权由法院行使。为保证法院的独立地位，国家依宪法设立司法总委员会，履行选拔法官并保障其独立工作的条件等职责。法院由国家最高法院和各级地方法院构成，国家最高法院设大法官和法官，总统根据司法总委员会的建议向国家大呼拉尔推荐任命最高法院法官，并根据最高法院的建议，从最高法院成员中任命大法官，任期为 6 年。

蒙古国监察机构是国家的法律监督机构。主要职能是，对立案、侦查和审判工作进行监督，代表国家参加审判工作。国家总检察院是最高监督机关，由总检察长、副检察长及若干检察官组成。国家总检察长和各级地方检察长分别行使法律的最高检察权和地方检察权。总检察长由国家大呼拉尔任命，任期 6 年。

蒙古国宪法法庭是监督宪法实施的最高机构，具有独立地位。法庭由 9 名委员组成，分别由国家大呼拉尔、总统、最高法院提名，最终由国家大呼拉尔任命，任期 6 年。法庭主席从 9 名委员中选出，任期 3 年，可连任两届。总统、国家大呼拉尔委员、总理、政府成员、国家最高法院法官，不得充任宪法法庭委员。

七 政党与社会团体

1990 年 5 月，蒙古开始实行多党制，除原有的蒙古人民革命党外，先后成立了 22 个政党。经过10多年的分化组合，截至2004年4月，在蒙古最高法院正式注册的有14个政党，主要是：蒙古人民革命党、蒙古民主党、公民意志共和党、民主新社会主义党、祖国党、共和党、人民党、绿党、新社会民主党等。

（一）蒙古人民革命党

原称蒙古人民党，1925年3月改称现名蒙古人民革命党。成立于1921年3月1日，同年7月夺取政权后，曾执政75年。1996年在议会选举中失败，一度成为在野党。1997年2月，第二十二大通过的新党纲明确规定，该党为“民族民主主义性质的中左翼政党”，理论基础为“民主社会主义思想”，主张自由、公正、民主、团结、和平等，实行多种经济成分并存的市场经济，反对贫富过于悬殊，为在蒙古建立人道、民主、法制的社会而奋斗。在2000年大选中获胜，重新执政。2001年2月28日，该党召开二十三大，选举产生了244名成员组成的党的代表会议、15人组成的党的领导委员会（相当于政治局）和由11人组成的党的监督总委员会。现任主席米耶贡布·恩赫包勒德。迄2002年3月，有党员约12.1万名。

（二）蒙古民主党

成立于2000年12月6日，其前身是在1996年4月由蒙古民族民主党、蒙古社会民主党、蒙古宗教徒民主党和蒙古绿党结盟而成的“民主联盟”（全称“蒙古民族民主党—蒙古社会民主党民主联盟”）。“民主联盟”在1996年6月议会选举中获胜，并首次执政，4年后因其政绩欠佳，在2000年7月的议会选举中，被蒙古人民革命党击败。为再次与执政的蒙古人民革命党抗衡，2000年12月6日，“民主联盟”中的蒙古民族民主党、蒙古社会民主党、蒙古宗教徒民主党与在野的蒙古民主复兴党、蒙古民主党等5党合并，成立蒙古民主党，党员人数超过10万，成为蒙古政坛中举足轻重的第二大政党。该党党章规定，其宗旨是：崇尚蒙古国的根本利益，重视人的发展、人的权力和自由，并视个人能力大小承担相应的社会责任。党的目标是：巩固蒙古政治独立；建立合理、强大的经济体制；建立开放的社会；建立良政；将社会发展与国际社会进步密切接轨。现任主席拉德那苏木贝尔勒·贡其格道尔吉。

目前，蒙古政坛上党派林立、群雄角逐的局面，已逐渐让位于蒙古人民革命党和蒙古民主党两强对立的格局，其他各政党只能依附上述两大政党，或分别与后者结盟来参与蒙古的政治活动，蒙古政治结构中的两党体制已初露端倪。

八 主要政治人物

那木巴尔·恩赫巴亚尔（Nambaryn Enkhbayar，1958～ ） 现任总统，蒙古人民革命党主席。1958年6月1日生于蒙古乌兰巴托市。大学时期，他就读于苏联莫斯科文学研究院。1980大学毕业后，进入蒙古作家协会工作，历任翻译、编辑、处长、司长、翻译家协会副主席。1990年，他出任国家文化艺术发展委员会第一副主席。1992年6月，在蒙古国家大呼拉尔（议会）选举中，他当选为大呼拉尔委员。同年8月，他被任命为政府文化部长。1996年7月开始任蒙古人民革命党总书记，1997年6月起任蒙古人民革命党主席至今。2000年7月2日，他领导的蒙古人民革命党在国家大呼拉尔选举中获得总共76个席位中的72席，以绝对优势赢得大选，获得单独组阁权。26日，国家大呼拉尔任命他为新政府总理。2004年6月，大呼拉尔举行换届选举，8月13日，新一届大呼拉尔以全票通过他为大呼拉尔主席。在2005年5月22日举行的总统选举中，他是4名总统候选人之一。5月31日蒙古国家总选举委员会宣布总统选举结果，他当选为总统。

恩赫巴亚尔在1993年11月曾以文化部长身份访问中国；在任总理期间，于2002年1月访问中国；2005年6月就任总统后，于同年11月27日至12月3日对中国进行国事访问。

他会讲英语和俄语，翻译过蒙古的传统史诗、英国作家狄更斯和其他西方作家的作品。

米耶贡布·恩赫包勒德（Miyeegombo Enkhbold 1964～ ） 现任总理。1964年出生于乌兰巴托，1987年毕业于蒙古国立大学经济学专业。1990年加入蒙古人民革命党，1997年任该党乌兰巴托市委员会主席；1999年当选该党领导委员会成员，并任乌兰巴托市长；在2005年6月18日举行的蒙古人民革命党第二十四次代表大会上当选新一任党主席。2006年1月25日就任新一届蒙古国总理。

第五节 经济

一 概述

20世纪20年代蒙古人民革命前，蒙古具有明显的封建性游牧经济特征，主要的生产资料——土地属于喇嘛和王公所有，游牧养畜业是主要的经济部门，牧业人口约占全部人口的90%；居民的生活必需品约2/3来自畜产品，另外1/3由外部输入；工业只有十几家小手工作坊。

人民革命胜利后，蒙古政府废除一切外国商号和高利贷者的债务，并将土地、牧场收归国有，消灭封建生产关系，建立和发展社会主义所有制，建立了一批国营工厂、运输机构、国营农牧场、割草站、国家银行等。从此蒙古在单一畜牧业经济的基础上，逐步发展起种植业、工业、运输业、建筑业等经济部门，并形成了拥有3.81万人的工人、职员阶层。1948年，蒙古开始实施发展国民经济和文化的第一个五年计划（1948～1952），从而把国民经济建设纳入了计划轨道。1961年后又陆续执行了“三五”（1961～1965）、“四五”（1966～1970）、“五五”（1971～1975）、“六五”（1976～1980）、“七五”（1981～1985）和“八五”（1986～1990）计划。到1989年，蒙古经济一直平稳发展。

20世纪90年代初，蒙古以私有化为突破口，开始实行由传统计划经济体制向西方市场经济模式全面过渡的激进式经济改革。在1991～1994年经济转轨初期，在失去原苏联和经互会国家外援的背景下，蒙古国民经济受到巨大冲击，1991～1992年国内生产总值分别比上一年下降9.2%和9.5%；1993年消费者物价指数高达182.9%；财政预算赤字由1993年的68.2亿图格里克上升为1994年的464.8亿图格里克；经常项目收支逆差由1993年的6.8亿图格里克上升为1994年的15.2亿图格里克。据有关专家估计，此期间蒙古的人均国民收入至少倒退了15年。随着经济私有化基本目标的达成及稳定国家财政、抑制通货膨胀等宏观调控措施的成功实施，蒙古经济开始好转。1994年，国内生产总值比上年增长2.3%，实现经济转轨4年来首次正增长。1995年后的5年间，其国内生产总值年增长率保持在3.2%～5.6%之间，通货膨胀率也由1994年的66.3%降至2002年的1.6%，工业生产恢复增长，对外贸易、外汇储备以及国家财政等方面的状况均有所改善。2002年，蒙古国内生产总值增长率达到3.9%，2004年增长10.6%，创该国自1990年经济转轨以来经济增长率的新高。

20世纪20年代以来，蒙古经济发展大致经历了如下几个阶段。

（一）社会主义改造时期（1925～1959）

蒙古1925年起开始组织牧民合作社，1940～1959年在全国推行合作化运动，加速农牧业社会主义改造。至1959年底，全国99.3%的牧民及77.3%的牧畜加入了农牧民合作社。

（二）由单一牧业国向工业—农牧业国过渡时期（1960～1990）

1961～1965年第三个五年计划把工业作为经济建设的重点，提出把蒙古建设成“农牧业—工业”国家的目标，而在其后的“四五计划”中，又将这一目标修改为“工业—农牧业国”。经过几个五年计划建设，蒙古工业在国民经济中所占的比重不断提高，至20世纪90年代初，蒙古国按产值计算的国民经济各部门构成是：工业36%，商业28.4%，农牧业20.7%，运输业7.2%，建筑业5.5%，其他部门2.2%。这说明，蒙古已基本实现“工业—农牧业国”的发展目标，全民所有制和集体所有制经济占有统治地位。

（三）经济转轨时期（20世纪90年代以来）

1990年，蒙古随着政治体制的演变，开始实行经济改革，其主要内容如下。

1. 所有制改革

蒙政府1991年5月13日公布《蒙古国财产私有化法》，决定除保留170多个关系国计民生的国有企业外，其余企业自1991年起，分两个阶段实行私有化，即首先实行对中、小企业和服务性行业的“小私有化”，后实行对大企业的“大私有化”。

蒙古经济私有化的进展较为顺利。截至1995年，私有经济已占国民生产总值的63.8%。私有经济在各经济部门所占的比重分别为：工业46%、农牧业88.4%、建筑业63.2%、交通业21.3%、商业91.2%、公共服务业24.8%、其他部门20%。2002年，蒙古共有私有企业24 496家，私有企业的产值占国内生产总值的比例已高达75%。

2000年后，蒙古在推动畜牧业、商业、服务业，以及轻工业、建筑业私有化的基础上，开始全面推进大型企业、金融机构和土地的私有化进程，已经确定了《蒙古国2001～2004年私有化纲领》，2002年6月又通过了《蒙古公民土地私有化法》。自2003年5月1日至2005年5月1日止，全国56.8万户居民可获得一次性的免费土地，使每一位蒙古公民皆享有自己的土地权。私有化后的土地作为个人财产可在蒙古公民之间进行买卖、转让，也可作为财产抵押从银行贷款。大专院校、医院、疗养院等社会事业部门的私有化进程也已纳入改革议程。

2. 放开价格

自1991年起，市场价格与货币汇率开放同步分阶段进行，至1993年6月，几乎开放了所有产品的价格。

3. 本外币自由汇率

实行蒙币与美元等外汇自由兑换的自由汇率政策。

4. 银行体制改革

现行单一的蒙古银行实行二元体制，即中央银行和商业银行，依照1991年4月公布的《银行法》从事经营管理。此外还进行了建立新的税收制度和进出口贸易制度方面的改革。

5. 对21世纪头20年的构想

21世纪初，蒙古为未来20年制定了社会经济发展蓝图，总体构想包括以下几项内容。

（1）4年内使国民经济达到年6%的中速增长目标，进而实现经济持续稳定增长

大力调整经济结构，建立起出口型经济模式，到2004年经济增长率达到6%，进而保持蒙古经济持续稳定增长。具体目标包括：提高蒙古的主要产业——畜牧业的集约化生产及畜产品原料的加工水平，并在今后几年内实施开发羊绒、羊毛、皮革和肉类深加工的4项重大计划，以提高蒙古畜产品在国际市场上的竞争力；建立良好的投资和经商环境，大力引进外国直接投资，在沿铁路线的蒙俄、蒙中边境建立阿拉坦布拉格及扎门乌德两大自由贸易区，前者位于色楞格省蒙俄边境地区，与俄罗斯南部城市恰克图毗邻，占地500公顷，后者位于东戈壁省蒙中边境地区，与中国内蒙古自治区二连浩特相对，占地2 000公顷，以此带动蒙古经济发展。

（2）10年内修筑纵横贯通全境的“千年公路”，促进蒙古经济与国际市场接轨

从2000年开始，10年内建成两条贯通南北、连接东西的公路大动脉——“千年公路”。一条是东西走向的公路，从蒙古东部地区的东方省至西部地区的巴彦乌勒盖省，总长2 200公里，横跨全国五大经济规划区，覆盖全国1/3的土地、77%的人口和72%的居民点。另一条是南北走向的阿拉坦布拉格—达尔汗—乌兰巴托—乔依尔—赛音山达—扎门乌德的公路，将覆盖国土面积11.6%，全国人口14.7%。“千年公路”计划的最终实现，将蒙古与中国和俄罗斯的公路网相连接，使之成为继连接欧亚大陆的铁路干线后，又一主要公路线路。它将开辟蒙古走向世界的新通道，必将对蒙古未来的经济和社会发展发挥积极作用。

（3）20年内实现区域化、城市化构想

蒙古学者在20世纪60年代，把当时全国的18个省和3个直辖市，划为中部、东部和西部三个经济地理区，即：中部经济重心区、东部农牧业—工业区和西部畜牧业区。新构想则规划在今后20年内，把蒙古全国划分为五大区域，即：首都乌兰巴托市、西部区域、杭爱区域、中部区域和东部区域。在2001～2010年期间建成“千年公路”，通过“千年公路”工程将各区域中心连接起来，进而建设连接各县的公路网，为各区域的发展奠定基础。然后，在2010～2020年期间，重新规划各区域范围内的城市布局，再兴建10个中小城市。实现由传统的“游牧”生活方式向现代的城市“定居”生活方式转变。

二　农牧业

农牧业是蒙古的主要经济部门。20世纪60年代中期，蒙古的农牧业人口只占全国总人口的59.1%，而其提供的出口商品，却在全部出口商品总额中占据了92.5%。在农牧业中，畜牧业是蒙古传统的经济部门，也是国民经济的基础和支柱产业，由畜牧业提供的牲畜和原料，占农牧业总产值的80%和出口商品总额的80.9%，大部分轻工业和食品工业，也都是以畜产品为原料进行加工的。

20世纪90年代初，蒙古政府实行了经济体制改革，将牲畜分给了牧民，畜产品的收购也完全按市场机制运行，这大大调动了牧民的生产积极性，促进了牧业生产的发展。90年代以后，蒙古畜牧业稳步发展。截至2002年底，全国牧场总面积为1.29亿公顷；牧民人数由1992年的33万人增加到40.96万，占全国从业人员的40%以上，牧民家庭共有18.36万户，平均每户牧民家庭拥有牲畜170头；牲畜头数连年增加，其中山羊增幅最大，创历史最高纪录；年产山羊绒近3 000吨，同时，羊绒加工业也迅速发展，年加工羊绒2 000吨；牧业产

值约占国内生产总值的30%，占农牧业产值的80%多，出口年创汇额中畜产品占1/4。

蒙古畜牧业生产存在诸多问题，主要表现在：一是牲畜出栏率下降，商品率低；二是畜群结构不合理，山羊所占比重太大；三是良种种畜数量减少，母畜所占比重呈下降趋势。因此，蒙古政府决定在边远地区继续发展以游牧为主的畜牧业，而在乌兰巴托、达尔汗和额尔登特等大城市和省会周围，逐步使牧民向定居和半定居生活方式过渡，发展牧场经济。同时，政府重视生产效率的提高，下大力气培育繁殖产出高、效益好的畜种，增加良种畜数量，改善畜群结构。此外，蒙古国各级政府积极帮助牧民按照市场原则建立新的合作形式，形成符合牧民利益的产供销一条龙服务机制，在牧民和畜产品加工企业间建立稳定的合作关系。

种植业是在20世纪40年代以后逐渐发展起来的，到1965年，种植业的产值已占农牧业总产值的20%，成为农牧业生产的重要组成部分。

表2　　蒙古国2000～2004年经济发展主要指标

主要指标 \ 年份		2000	2001	2002	2003	2004
国内生产总值	当年价（亿图格里克）	10 441.78	11 582.08	12 500.00	13 625.27	–
	1995年不变价（亿图格里克）	6 325.07	6 394.91	6 644.31	–	–
	增长率（%）	1.10	1.10	3.90	5.50	10.60
人均国内生产总值	当年价（图格里克）	436 970	477 608	511 875	526 072	–
	1995年不变价（图格里克）	264 592	263 706	272 085	–	–
	增长率（%）	–0.30	–0.30	3.20	–	–
汇率（1美元＝本币（图格里克）年平均值）		1 097.00	1 102.00	1 125.00	1 146.50	1 209.10
外汇储备（百万美元）		178.70	205.60	200.00	236.10	164.00
消费物价指数（%）		11.50	8.00	0.30	4.60	11.00

资料来源　蒙古国家统计局《蒙古统计月报》，2003年12月号；2004年数据引自中华人民共和国商务部资料。

表3　　蒙古国2000～2004年各种牲畜存栏与育羔情况　　（万头　万只）

类别 \ 年份	2000	2001	2002	2003	2004
总头数	3 022.74	2 605.83	2 368.45	2 535.56	2 795.63
骆驼	32.29	28.52	25.22	25.56	25.63
马	266.07	219.08	197.03	200.00	200.00
牛	309.76	206.96	186.95	180.00	180.00
绵羊	1 387.64	1 192.81	1 053.66	1 070.00	1 170.00
山羊	1 026.98	958.46	905.59	1 060.00	1 220.00
育羔总数	830.00	740.00	680.00	790.00	–

资料来源　蒙古国家统计局《蒙古统计月报》，2003年12月号；2004年数据引自中华人民共和国商务部资料。

在蒙古的种植业中，粮食作物占有重要地位。为了解决国内粮食完全自给的任务，到20世纪60年代中期，粮食作物播种面积已接近种植业播种总面积的90%。至80年代末粮食作物的生产达到顶峰，粮食产量曾经达到80多万吨，不仅能满足本国的需求，而且丰收之年还能少量出口。然而，

1990年以来，由于政府在实行私有化过程中，未能采取相应的保护和管理措施，致使农业生产条件趋于恶化。据报道，90年代以来，共有25万公顷农田荒芜，4 340眼水井报废，可耕地面积减少30%左右，播种面积和单位面积产量连年下降，导致粮食及饲料作物的总产量大幅下降，使得蒙古重新成为粮食进口国。

在种植业中居第二位的是饲料作物的栽培，其目的主要用于牲畜育肥和土地轮作。而蔬菜栽培业在蒙古种植业中位居第三。

面对种植业遇到的问题，蒙古国内存在着是否放弃农业转而依赖粮食进口的争论。官方目前的态度还是强调要发展农业，认为如果面粉全部依赖进口，将耗费大量外汇。因此，蒙古政府近年来加大了对种植业的扶植力度，1997年又启动为期7年的"绿色革命"计划，这使得蒙古种植业大幅度滑坡的趋势有所减缓。2000年以来，农业播种面积逐年回升，2002年比2001年增长31.3%，达到28.57万公顷，其中谷物占92.1%。

2004年组建的新政府将农业列入重点发展产业之一。2003年蒙古粮食收成比2002年增长31.2%。据蒙古食品和农牧业部2004年末公布数字显示，2004年蒙古小麦总产量将达13.7万吨，能满足国内需求的43%。而2003年70%～75%的小麦需求还要依靠进口。另据2004年末获得蒙古议会批准的新政府施政纲领规定，在未来4年里，蒙古将逐步使农民拥有自己的土地。此外，政府还将鼓励兴建农场并提供贷款为农场配备生产设备，提倡发展适应蒙古自然、气候条件的灌溉农业，以及支持水利设施建设。

表4　　蒙古国2000～2004年农产品产量　　（万吨）

类别＼年份	2000	2001	2002	2003	2004
谷　物	14.21	14.22	12.59	16.50	
小　麦	13.87	13.87	12.31	–	13.85
饲　料	0.41	0.27	–	–	2.74
蔬　菜	4.40	4.45	3.97	5.96	4.92
马铃薯	5.89	5.80	5.19	7.87	8.02

资料来源　蒙古国家统计局《蒙古统计月报》，2003年12月号；2004年数据引自中华人民共和国商务部资料。

三　工业

蒙古民族工业起步于20世纪20年代中期，特别是在20世纪60年代以后，蒙古工业得到迅速发展，使蒙古国民经济发展进入了由农牧业经济向工业—农牧业经济过渡的阶段。

蒙古工业经济结构的演进，经历了从加工畜产品到开采加工工矿产品的过程，目前加工业已成为蒙古社会生产的主要部门。2004年蒙古工业总产值为3 131.57亿图格里克（1995年不变价），在岗工人数为6.32万人（2001）。

蒙古主要工业部门有采掘业、食品工业和轻工业、燃料动力工业等。采掘业包括有色金属开采业和煤炭工业，前者近年来的产值占工业总产值的比重一直在40%左右，是蒙古工业的支柱产业。食品工业和轻工业，是蒙古国满足居民需要的食品和日用品的两大工业部门，其产值约占全国工业总产值的1/3。食品工业以乳酪、肉类和面粉加工为主；轻工业主要是加工皮毛，此外还有木材加工和日用品生产。燃料动力工业主要包括电力工业等，其产值约占重工业总产值的1/5。

蒙古作为一个内陆国家，20世纪90年代以前的工业经济，主要是依存于前经互会国家的区域分工体系，实行部分工业部门的专业化生产。因而，前经互会国家区域分工体系的解体，以及蒙古国内的经济转轨，使其工业经济受到极大冲击，1990～1993年期间，工业总产值年均递减20.77%；机械维修与金属加工业、建筑材料业、木材加工业、皮革制鞋业、食品加工业等7个部门，其产值同期年均递减率都超过30%以上。随着蒙古国内经济体制转轨的进展及国际组织对蒙的财政援助，从

1994年起蒙古大多数工业部门开始出现恢复性增长，1994、1995年工业总产值分别较上年增长3.7%和20.7%。进入21世纪以来，蒙古工业经济大致维持着2%～4%左右的年增长速度，在个别年份，如2001年的增长率达11.8%，2004年更是高达13.0%。2004年带动蒙古工业经济增长的主要是电力、供暖、供水和矿业开采等行业，特别是采矿业，增长幅度达30.8%；主要得益于国际市场有色金属、贵金属和燃料价格上涨等有利因素。但同期蒙古的加工工业却下降了7%。

从总体看，由于蒙古工业经济发展的市场容量过于狭小，各工业部门难以形成规模经济效益，因而其本国工业的主导产业较难确立，也使蒙古工业经济的发展一时无法摆脱对国际市场的依赖。

表5 蒙古国2002～2005年工业总产值及部门构成变化 （10亿图格里克 %）

类别	年份	2002	2003	2004	2005
工业总产值	工业总产值（当年价）	750.8	879.3	1 317.3	1 457.0
	工业总产值（2000年不变价）	770.5	814.1	902.1	864.3
	工业总产值增长率（%）	3.8	5.6	10.8	-4.2
工业部门构成变化（%）	采掘业	47.3	49.6	58.1	65.4
	其中				
	有色金属开采	38.8	40.4	51.1	57.7
	煤炭	5.8	6.0	4.8	5.0
	其他	2.7	3.2	2.2	2.7
	制造业	34.0	32.5	26.5	20.4
	其中				
	食品工业	12.2	11.1	9.0	7.1
	纺织工业	8.7	6.2	6.1	4.5
	服装业	6.0	7.0	3.5	2.1
	其他	7.1	8.2	7.9	6.7
	燃料动力工业	18.7	17.9	15.4	14.2
	合计	100.0	100.0	100.0	100.0

资料来源 蒙古国家统计局《2005年蒙古统计年鉴》。

四 交通运输

蒙古国的客货运输以公路和铁路为主。2004年全年蒙古全国完成货物运输总量2 160万吨，同比增长了22.5%；旅客运输1.94亿人次，同比增长15.7%。2004年交通部门统计显示，蒙古全国共有机动车12.04万辆，比2003年增长1.46万辆，增幅为13.8%，其中75%的汽车为私人所拥有。

公路运输在客运方面一直居于首要地位。各省省会和大小城市均有公路相通，国营农牧场、饲料场以及农牧业生产队之间多数通汽车。全国公路长度有5万多公里，其中主要是以乌兰巴托为中心，向东、西、南、北方向连接各省省会的公路网，西线和北线公路越出国境通往俄罗斯，一些海拔千米的山区也能通行汽车。到20世纪90年代，全国公路的90%仍是土路。由于公路破损相当严重，蒙古在1982年后对全国公路进行了整修。21世纪初，硬面公路为3 100公里，柏油路为1 400公里。2002年客运量为1.01亿人次，比上年增长7.8%；货运量为188.87万吨，比上年增长13.9%；总收入为178.28亿图格里克，比上年增长11.6%。

蒙古铁路总长度约为1 815公里，其中扎门乌德—乌兰巴托—纳乌什铁路干线全长1 000多公里，是蒙古国内外交通运输连接中、蒙、俄三国的纽带。此外，还有几条短程铁路：乌兰巴托—纳莱哈的窄轨铁路，长43公里；乔巴山市—俄罗斯境内索洛耶夫斯克的宽轨铁路，长238公里；萨里特—额尔敦特的铁路，长168公里；以及小杭爱—小淖尔、达尔汗—沙拉河煤矿等铁路支线。短程铁路主要承担矿产品、煤和生产设备的运输任务。目前，蒙古铁路运输装卸作业的90%以上实现了机械化。铁路担负着全国货运量的3/4和客运量的1/3。2002年全国总货运量为1 163.7万吨，比上年增长14.7%；客运量为400万人次，比上年减少2.9%；铁路运输总收入为866.44亿图格里克，比上年增长37.1%。

蒙古的航空运输主要承担客运和空邮任务。目前的航空运输线总长度约4.92万公里，共有首都乌兰巴托通往全国各省省会的19条国内航线，并与莫斯科、北京、呼和浩特、汉城、大阪、阿拉木图和伊尔库茨克之间有定期国际航班。蒙古全国拥有约80多个机场，在使用的约有30个，其中只有乌兰巴托国际机场能够起降喷气式飞机。国际机场2个，主要机场为乌兰巴托“布音特－乌哈”机场。蒙古民航局拥有20架安－24、几架图－154和其他小型飞机。国营企业蒙古航空（MIAT）主要经营国际航线，另外三家民营公司主要经营国内航线。2002年客运量为30万人次，其中国际客运量为20万人次，国内客运量为10万人次；货运量为2 400吨，比上年减少17.2%。航空运输总收入为483.75亿图格里克，比上年增长16.2%。

蒙古的水上运输量较小。蒙古西北部的库苏古尔湖和北部的色楞格河分别与俄罗斯的水路通航。随着蒙俄关系的全面恢复，中断十几年的库苏古尔湖水运已全线复航，从而使蒙古水运行业大为改观。蒙古中部的鄂尔浑河和东北部的克鲁伦河、鄂嫩河、哈拉哈河等也可通小型船舶。2002年其货运量为1 800吨，总收入为1 800万图格里克。

蒙古作为一个内陆国家，其主要对外经济活动需通过他国领土进行。苏联解体以后，蒙古与中国及其他东亚国家的经贸联系逐渐增强。1993年以后，蒙古利用日本援助资金，对扎门乌德站的货物转运设施进行了扩建，以便更好地利用二连浩特—北京—天津铁路出海通道。同时，基于欧亚大陆桥的设想，从俄罗斯的赤塔经蒙古的乔巴山、塔姆查格布拉格，通往中国伊尔施（内蒙古自治区兴安盟阿尔山市伊尔施镇）的铁路建设正在规划中。阿尔山市位于中蒙边界东段，与蒙古国东方省为邻，有93.434公里长的国境线；同时阿尔山市也是联合国开发计划署规划的东北亚运输主干线的连接点，中国阿尔山—蒙古国松贝尔二类口岸已于1992年设立，并已实现正常过货。2002年，阿尔山市口岸公路全线通车。目前，蒙古与周边国家尤其是亚太国家的空、陆联系逐渐增强，在乌兰巴托—北京之间每周对开两个航班和两对客运列车；北京—乌兰巴托—莫斯科之间每周对开一个航班、一对客运列车；乌兰巴托—莫斯科、乌兰巴托—伊尔库茨克、乌兰巴托—呼和浩特之间也有国际航线。乌兰巴托—大阪之间自1994年下半年起，每周对开两个航班。此外，蒙古还积极参与今后货运必经地之一的图们江流域的开发计划。

五　邮电通信

蒙古从20世纪60年代后期开始重视发展邮电通讯事业。国内有邮路连接首都和各省、县，主要以飞机递送邮件。飞机每周1～3班，从乌兰巴托飞往各省。但在气候恶劣、飞机受阻时，邮路也就不能通畅。无直接航班的各省之间，邮件通过乌兰巴托中转。

乌兰巴托市从20世纪60年代起，装备自动电话、长途电话、电报、传真、电传等现代化通讯设备。现在，电话、电报线路已贯通全国各省、市、县中心，以及工厂、农牧业社、国营农牧场、饲料场乃至基层单位。2002年蒙古全国每百人拥有的电话数为5.2部。1971年蒙古参加国际卫星通讯联盟，现能直接通过通讯卫星同国际上进行通讯联系。目前，蒙古国已有140条线路同140多个国家和地区进行通信。

2002年，蒙古邮电通讯业总收入为387.07亿图格里克（约合3 450万美元），比上年增长11.5%。

六　财政金融

蒙古自1921年建立人民革命政府后，即开始建立本国的财政金融体系。1925年，在苏联的帮助下发行了本国的货币——图格里克。1927年建立了由中央财政预算、地方财政预算和社会保险组成的预算体系和财政制度。20世纪50年代中期，将苏联帮助组建的蒙苏工商银行改为蒙古国家银行。60年代以后，蒙古的财政金融体系不断完善，成为保持国民经济稳定运行的强大经济杠杆。据80年代的资料，该银行下设21所分行、25所支行，资金周转额比60年代增长10多倍，在银行开设账户的企业数增长2.5倍。

表6　蒙古国2000～2004年财政收支情况

（亿图格里克，均为当年价格）

类别＼年份	2000	2001	2002	2003	2004
收入	3 432	4 394	4 770	5 358	6 927
支出	4 129	4 897	5 486	6 165	7 169
赤字	697	503	716	807	242

资料来源　蒙古国家统计局：《蒙古统计月报》2003年12月号；2004年数据引自中华人民共和国商务部资料。

蒙古实行经济体制转轨以来，特别是受亚洲金融危机的影响，一度出现严重的财政金融危机。1998年各类银行的债务余额为866亿图格里克（约合7 000万美元）。商业银行贷出的款项无法收回，不良债务大幅增加，一些银行濒临倒闭。

2002年，蒙古政府实施了比较稳定的货币政策，蒙币图格里克的汇率没有出现大幅度波动；全年通货膨胀率只有3%左右。与此同时，蒙古政府还对银行等金融机构进行了有力的改革，通过政策支持、引入外资等措施一举使几家国有商业银行扭亏为盈。

截至2002年底，蒙银行储蓄额达2 700亿图格利克（约合1.4亿美元），比前一年增加了近2倍。银行外汇储备达2.26亿美元。稳定的市场和投资环境为蒙古的经济复苏和吸引外资创造了良好的条件。截至2002年，蒙外债额为8.5亿美元，占其国内生产总值的92%，比1999年的98%下降了6个百分点。

七　旅游业

旅游业是蒙古近年来发展较为迅速的新兴产业。蒙古地域辽阔、人口稀少，许多地区还处于未开发状态，自然风景得以保持原貌，旅游资源比较丰富。为发展本国经济，蒙古本届政府采取了一系列措施，积极发展旅游业，使近几年到蒙古旅游的外国游客数量呈逐年递增的趋势。2000年，共有137 374名外国游客赴蒙旅游，全行业产值达0.949亿美元，占当年国内生产总值的10%；2001～2002年的同期指标分别为：165 899人、1.029亿美元、10.2%和192 087人、1.2亿美元、10.9%。另据2002年上半年蒙有关部门对赴蒙旅游的外国游客地区分布情况的调查：2002年上半年来自东亚及太平洋国家的游客为36 508人，欧洲游客为35 751人，分别占同期赴蒙旅游外国游客总数的49%和48%。赴蒙游客人数居前六名的国家排序分别是：俄罗斯39.7%、中国39.4%、韩国4%、日本3.7%、美国2.3%、德国2.1%，其他国家8.8%。

由于旅游业每年给蒙古带来大量外汇收入，政府对旅游业的发展日渐重视。特别是2002年末，政府就进一步发展旅游业做出了部署，将2003年定为“来蒙旅游年”，号召全国民众和政府部门一道，通过努力发展旅游业，增加外汇收入，减少失业人数，提高蒙古的知名度，促进外国企业来蒙投资。同时，蒙古旅游业的发展也得到中国、俄罗斯及日本、韩国、美国、西欧等国家和地区的密切合作。蒙古与日本、韩国等国相互设立旅游代表处，对促进蒙古旅游业的发展起到了重要作用。

蒙古发展旅游业具有很多优越条件。一是蒙古国政局相对稳定，社会矛盾比较缓和，且至今未发生重大暴力和恐怖袭击事件，加之该国大部分公民信奉佛教，待人比较友善，是较为理想的旅游目的地。二是蒙古的旅游特色突出，民族风情、自然风光和原始特色是三大旅游主题，符合现代社会很多人希望重返自然，返璞归真的心态。三是蒙古国物价水平相对较低，游客来蒙旅游费用较少，符合大多数发展中国家游客的消费心理和消费能力。从统计数字可以看出，俄、中两大邻国是游客的主要来源国。随着蒙古的这两大邻国经济水平的不断发展，赴外国旅游的人数将不断增加，赴蒙旅游的人数也必将随之增加。四是随着蒙古航空业的不断发展，韩国、日本、德国等国家赴蒙旅游的游客数量也呈增长的态势。因此，只要蒙古政府不断积极采取措施，改善接待条件，简化签证手续，加强对外宣传，蒙古的旅游业必将进一步得到发展，最终形成由农牧业、矿产开发、加工业和旅游业四大支柱产业占主体地位的社会经济形态。

目前，蒙古全国共有旅游企业412家，其中各种旅游点130个，接待游客总床位数为5 000余张。

按照综合条件可分为一类旅游点26个（家）、二类21个（家）。全国共有大小饭店205座，日接待能力为8 000人，提供就业机会8 000个。仅乌兰巴托市就有各类旅馆、饭店、酒店116座，总床位约5 000余张，从业人员总数2 000余人。此外，全国其他18个省的旅馆、饭店共有89家，总床位数为3 000余张。在全国的饭店当中，达到一星级标准的有25家、二星级17家、三星级8家、四星级一家。蒙古目前开设旅游专业学校共有25所，在校学生2 000余人，其中约有60%的学生正在攻读旅游专业的学士学位。

主要旅游景区有：首都乌兰巴托市及周边风景带；位于西北部的阿尔泰湖、盐湖、喷泉旅游区，库布德四季雪山风景区，乌布斯河、特斯河、金沙风景区，乌里雅苏台和特勒门湖风景区；位于北部的库布斯古尔湖风景区和达尔汗市；位于中部的嘎鲁特河风景区，哈尔和林古迹与鄂尔浑河风景区；位于南部的达兰扎德盖沙丘风景区；位于东北部的成吉思汗故乡及门纳恩平原和贝尔湖风景区；位于东部的冈嘎湖、锡林博格多平原洞穴风景区、苏赫巴特省等。

第六节　外贸与对外经济关系

外贸与对外经济关系在蒙古经济中占有突出地位。蒙古经济曾长期高度依赖苏联和东欧国家。迄至20世纪80年代末，与蒙古建立经贸关系的国家中，经互会成员国占重要位置，其对外经贸关系尤其是贸易格局呈现出如下特点：(1) 形成了面向前经互会国家循环的产业分工和贸易格局。(2) 初级产品出口为主的贸易结构。(3) 出口货源不足，吸纳进口容量较小。(4) 自由外汇短缺。(5) 国家垄断对外贸易。20世纪90年代蒙古国内外环境的剧变，直接引发了蒙古国内的经济危机，迫使其选择了对外经贸关系多元化道路。

一　外贸

经过近年来的努力，蒙古对外贸易多元化的政策已取得初步成效。蒙古除加速发展与中国的双边贸易外，与日、韩、德、瑞（士）、英、美等国家间的双边贸易增长迅速，与俄罗斯的贸易额则由苏联时期的85%下降到2004年的19.02%。对外贸易中以往对苏联等东欧国家的单向依赖格局已得到根本改观，呈现多元化均衡发展的态势。

（一）蒙古的主要贸易伙伴国排序发生重大变化

中国取代俄罗斯成为蒙古的第一大贸易伙伴国。按2004年蒙古贸易对象国占其进出口贸易总额大小排序，前5名主要贸易伙伴，分别为：中国（35.51%）、俄罗斯（19.02%）、美国（10.73%）、日本（5.84%）、韩国（3.85%）。

（二）与中、俄两大邻国的贸易仍然居重要地位

2004年蒙古与两大邻国间的贸易份额达54.53%。

（三）亚太地区的重要性显著增强

蒙古与中、美、日、韩等亚太主要国家间的贸易份额增长迅速，达55.93%。

（四）与德、英、意、法等4个欧盟国家之间的双边贸易发展迅速

2003年的贸易份额已增长至10.01%。

蒙古国以两大邻国为首要贸易伙伴，主要面向亚太地区的多元外贸格局已初步形成。

2004年蒙古国外贸进出口总额为18.65亿美元，同比增长31.6%，其中：出口总额8.53亿美元，同比增长38.5%；进口总额10.12亿美元，同比增长26.3%；外贸逆差1.58亿美元，比上年减少了2 680万美元。

表7　蒙古国2000～2005年外贸情况　（亿美元）

类别＼年份	2000	2001	2002	2003	2004	2005
总额	11.503	11.592	12.147	13.875	18.65	22.02
进口额	6.145	6.377	6.907	7.873	10.12	11.49
出口额	5.358	5.215	5.240	6.002	8.53	10.53
差额	−0.787	−1.162	−1.667	−1.871	−1.59	−0.96

资料来源　蒙古国家统计局《蒙古统计月报》，2003年12月号；2004、2005年数据引自中华人民共和国商务部资料。

二　对外经济关系

（一）引进外资

20世纪80年代末以来，蒙古加快了吸引外国直接投资的步伐。1990～2001年底，蒙古已吸收来自70个国家和地区的直接投资4.81亿美元，建立外资企业约2 000家，其中合资企业占71%，独资企业占29%。就投资规模而言，资本额为1万～5万美元的占60%，5万～10万美元的占13.4%，10万～50万美元的占17.2%，50万～100万美元的占4.8%，超过100万美元的仅占4.4%，这表明赴蒙投资的多为中小型企业。主要投资国按顺序，依次为中国（不包括香港、澳门、台湾）、俄罗斯、韩国、日本、美国、德国等。主要投资部门依次为矿山（20.3%）、轻工（19.28%）、畜产品加工（10.8%）等。

（二）接受外援和贷款

蒙古争取国外援助和贷款的努力也取得了成效。1991～2002年，由日本政府牵头，9次召开包括世界银行、亚洲开发银行等国际组织和多个国家参加的国际援蒙会议，承诺向蒙古提供32亿美元的援助。迄今实际到位21亿美元，包括无偿援助9亿美元，优惠贷款12亿美元。其中，日本承诺的援助额和实际到位的援助款最多，占援助总额的40%以上。2003年11月19～21日，在东京召开的第十届国际援蒙会议上，与会各方代表同意向蒙古提供3.35亿美元的贷款和援助，其中1.3亿美元为无偿援助。

表8 蒙古国1996～2000年国外援助情况 （官方发展援助 净额）（百万美元）

类别 \ 年份	1996	1997	1998	1999	2000
双边	126.6	112.7	135.1	128.3	142.8
其中					
日本	103.7	68.5	84.3	97.6	101.1
德国	21.6	17.5	17.1	16.2	16.5
美国	6.0	12.0	17.7	12.5	12.6
多边	63.6	128.1	60.2	79.4	60.6
其中					
亚洲开发银行	34.8	67.4	31.9	46.9	32.9
国际开发协会	11.0	33.8	16.7	14.2	14.1
国际货币基金	8.1	7.7	0.0	4.2	1.5
其他	0.9	5.9	3.5	6.5	7.9
总计	191.1	246.7	198.8	214.2	211.3

资料来源 （英）经济学家情报部《国家概况——蒙古》2002年度。

第七节 人民生活与社会保障

一 人民生活

20世纪80年代中期，蒙古人民的生活水平在当时的亚洲社会主义国家中处于较高水准，1987年人均国民收入约合1 300美元。20世纪90年代初，蒙古开始实施经济转轨，人民生活水平受经济衰退影响急剧下降。1990年，人均国内生产总值降为700美元，1995年降为370美元。随着蒙古经济的复苏，人民生活水平逐步恢复上升，2005年蒙古人均国内生产总值（GDP）为737美元。2002年5月，蒙古政府重新确定最低生活标准，全国5个地区的最低生活标准为19 100～24 600图格里克（约合17～22美元）不等。2002年12月，蒙古政府会议决定将月工资最低标准定为30 000图格里克（不足30美元），自2003年1月1日起开始实施。另外，蒙古自1998年1月1日起开始实行五天工作制。

蒙古2002年失业人数为3.09万人。其中，54.4%的失业者为女性。蒙古劳动局登记的失业人士中90%具备各级专业知识，其中：高等专业的人数占9%，专科人员为10.5%，初级专业人员为11.2%，高中及初中毕业生为63.5%，小学毕业生占5.1%，未受教育人数占0.7%。从年龄层次来看，16～24岁的失业者为7 700人，占失业者总数的25.1%；25～34岁的有10 600人，占总数的34.4%；35～44岁的有9 300人，占30%；45～59岁的有3 200人，占10.5%。目前蒙古大学生就业较为困难，就业率仅为25%，毕业后找到理想工作并不容易。相反，蒙古乡村却面临人才严重短缺的局面，有将近40个县无专业医师与大夫。此外，俄文、数学、计算机等课程的教师空缺岗位高达600多个。蒙古青年协会的“新世纪志愿者”自2000年创办以来，推动大学毕业生志愿前往乡村工作，以解决乡村人才短缺的矛盾。

二　医药卫生

蒙古从20世纪30年代起实行免费医疗制度，住院免费，门诊和药费自理。90年代实行市场经济后，除公职人员可报销药费外，其余人员均实行自费医疗。但周岁内婴儿仍免费。蒙古医疗事业，40年代以后，曾有较快发展，建立了医学院和医护学校，培养出本国的医务人员队伍，医院和病床数有较大增长。全国性医疗卫生网初具规模，消灭和控制了部分流行病和传染病。妇幼保健工作尤受重视。

蒙古有国家级医院3家、综合医院和儿童综合医院、精神病院、理疗医院、结核病院等10多家，均设于乌兰巴托。第二综合医院为高干和外交人员医院，医疗设备和水平较其他医院高。国家级医院除内、外科外，还设有胸外科、脑外科、消化、呼吸、残疾、泌尿、心血管等科，能做脑颅、心脏、动脉和神经系统的急救和激光治疗。临床实践中也运用中药和针灸疗法。此外，传统的蒙医药学在20世纪70年代开始在蒙古得以恢复和发展，不仅一些较大的医院内均设立了蒙医（或称民间医学）门诊，而且出现了一些独立的国立、民办和个体蒙医药机构，蒙医药初级卫生保健网络系统在全国范围内已基本形成。但是，蒙古医院的医疗水平仍不算高，手术技术和设备都较差。另外，蒙古药品生产落后，有两家制药厂，生产50多种药品。药品和医疗设备基本依赖进口。除首都外，直辖市和省会也有综合医院，各县设有诊所。1999年，国家医疗卫生拨款占预算总支出的10.86%左右。蒙古全国共有医院110家，医师诊所312所，护士诊所1 237所，另有一个医学研究所。全国拥有医师6 166人、护士7 340人、药剂师491人。每万人拥有医生约25人、病床74张。

三　国民福利与社会保障

蒙古的国民福利与社会保障体系，主要包括补助救济制度、休养与疗养业及各种免费待遇等项内容，20世纪90年代以来，社会保险业有了较快发展。

在20世纪50年代以前，蒙古的社会福利发展缓慢。1921～1940年，蒙古的住宅与社会福利投资，只占国民经济总投资额的6.9%，全国只有2个休养所。60年代后，蒙古不断加大对社会福利事业的投资力度，1980年的住宅与社会福利投资额，比1960年增长了4倍，占国民经济总投资额的投资比重由1940年6.9%增长到1982年的21.3%。到80年代末，蒙古已有了国家与省、市级社会福利管理机构，和包括养老院、残疾院、假肢厂、孤儿抚养部门、休养院、疗养院和少先队夏令营等多种形式的福利机构和设施。

（一）补助救济制度

实行国家补助救济金制度，是蒙古社会福利措施的主要组成部分，大致可分为国家保证金、国家补助金和国家特殊补助金三种。

国家保证金包括养老金、残疾金、安葬费、抚养费和农牧业社社员保障金等。国家补助金主要包括对多子女母亲的补助、妇女产前产后补助、学生助学金和其他补助金。国家特殊补助金主要包括对国家领导人、现役军人、退伍军人、警务人员等实行的某些特殊补助。

（二）休养及疗养制度

蒙古《劳动法》规定，社会保证金除用于补助、救济外，还用于建立和发展疗养院、休养所、少先队夏令营和其他社会福利设施。蒙古的疗养院以矿泉疗养为主，政府利用蒙古丰富的热能矿泉资源，陆续建立了一批疗养院和休养所。截至1985年，蒙古全国约有100多座疗养院和休养所，国家职工和其他劳动者，可按保留原薪的轮休假期到这些疗养机构享受免费疗养。

（三）社会保险业

20世纪90年代以前，蒙古模仿前苏联实行以国家的资金为国有财产保险的社会保险体制。在向市场经济过渡的过程中，蒙古为保护劳动者权益和稳定社会，开始尝试建立一些新的社会保险制度。1993年7月后，蒙古先后颁布《健康保险法》、《社会保险法》、《关于由社会保险基金发放养老抚恤、补助救济津贴法》和《关于由社会保险基金发放失业津贴法》等相关法律，同时颁布了《社会保险法细则》，决定从1995年1月1日起，全面实施社会保险法。

蒙古社会保险的内容主要包括：养老、抚恤保险；补助、救济保险；健康保险；工伤、职业病保险和失业保险等。保险方式分为强制保险和自愿保险两种。

蒙古的社会保险组织机构，是由国家社会保险总局及其设在各处的分支机构组成的。为解决雇佣单位、投保人和保险机构之间产生的矛盾和争议，设立了投诉委员会。社会保险机构和投诉委员会的章程由政府制定，总机构由负责社会保障问题的政府成员直接领导，各分支机构则在总机构及地方各级政府领导下开展工作。此外，还建立了由保险方、被保险方和雇佣单位三方代表组成的社会保险国家委员会，主要负责监督社会保险法制的实施，和社会保险基金的收支情况等方面的工作。

第八节 教育 科技 文化

一 教育

蒙古国的教育普及程度较高，基础教育实行免费，总人口中在校人数占很高比重，成年人的识字率为97%。蒙古国大部分职工、干部具有中等以上文化程度，受过高等教育的人口比例达到了7.6%。蒙古的教育除学前教育外，分为全日制普通教育、职业技术教育、中等专业教育和高等教育4个层次。

全日制普通教育为10年制（小学3年，初中5年，高中2年）。在普通教育学校中，完全小学占总数的17.6%，不完全中学（含小学、初中8个年级）占57.7%，完全中学（包含所有10个年级在内）占24.7%。

职业技术教育分为：进行2年职业定向教育的职业技术学校；进行完全普通教育和职业技术教育相结合的3年制职业技术学校；进行1年职业定向教育的职业技术学校；招收青年工人，不脱产学习半年至一年半的职业技术夜校和函授学校等。此外，蒙古每年还向国外的职业技术学校派出学生进修。

中等专业教育，分为学制3～4年的中等专科学校和学制2～2.5年的中等专科学校。

高等教育院校以国立高等院校为主，近年来私立大学也有所发展。国立高等院校主要有：国立大学、国立师范学院、国立农牧业大学、医科大学、技术大学、人文大学、文化艺术大学、军事大学等，主要私立大学有奥特根腾格尔大学、蒙古商业学院、乌兰巴托学院、鄂尔浑学院等。

2002～2003学年，全日制普通教育学校共700所，学生53.44万人；高等院校142所，其中国立高校67所、私立高校75所，在校学生9.84万人。2002年各级学校学生达65.23万人，毕业生达9.63万人。2001年政府教育经费拨款为910亿图格里克，占国家预算的19.3%。根据政府间文化、教育、科学合作协定，蒙古与50个国家交换大学生，截至2001年12月，蒙在15个国家和地区共有947名大学生。

二 科技

蒙古现代科学技术，是在1921年后逐渐发展起来的。1921年11月19日，蒙古建立了第一个科学研究机构——蒙古经书院，其主要任务是收集文物、经书和手抄本，为蒙古历史和语言文学研究工作做必要准备。1930年，在经书院基础上建立了科学委员会，先后成立了农业、畜牧兽医、地理、植物和生物研究所。1961年正式成立了蒙古科学院，下设畜牧研究所、农作物研究所、理化研究所、语言文学研究所和经济研究所等8个研究所及生物和天文两个研究室。此外，还设有国立图书馆、中央博物馆、宗教博物馆等附设机构。蒙古科学院成立后，国家逐年增加对科研部门的预算拨款，在国家政策支持下，政府各部委和高等院校相继成立了研究机构，形成了以科学院为主，各部、委和高等院校相辅的科研网络，使蒙古科技研究事业发展为一个较完整的体系。

在20世纪40～60年代，蒙古的科研工作重点是农牧业研究。随着蒙古科研体系的建立和发展，研究领域也逐步拓展深入。在语言文学方面，对蒙古民族的文化遗产和民间文学做了大量的搜集、整理工作。在历史方面，对蒙古古代史和现代史做了系统研究。在经济领域，对国家生产力发展的远景规划、国民经济结构、布局等做了深入探讨。在哲学、社会学和法学等方面致力于近代蒙古社会、政治、哲学思想史及佛教史的研究。在自然科学领域里，基础科学和应用科学研究、农牧业研究和地理、地质考察研究等方面都获得一批成果。

在蒙古科学院成立后的30多年中，蒙古科研队伍在数量和质量方面发生了很大变化。科学院成立时仅有科研人员 129 名，到 1985 年已发展为 2 716人，其中近 45％的科研人员取得学位。同年，蒙古全国有博士 87 人，副博士1 135人，他们中的 49％在科学院系统工作，25％在农牧业系统，其余的在部委所属研究机构工作。至 20 世纪 80 年代末期，约有6 400余名科研人员，在全国 43 个科研机构从事各种专业的科研工作。其后，蒙古科研事业的发展，受其社会政治、经济转轨影响，处于大幅度调整状态，1999 年科研人员数下降为2 437名。

三　文化

（一）文学

蒙古有着悠久的历史文化，曾留下了《蒙古秘史》、《江格尔》等一批不朽巨著，丰富了世界文学宝库。蒙古人民还创造了大量的神话、寓言和历史故事，在民间广为流传。

蒙古现代文学则以诗歌、小说和剧本为主导。20 世纪 20 年代初期的文学作品以歌曲为主；20 年代后期的文学作品，出现多种体裁的创作尝试；40～50 年代，诗歌、小说、散文、戏剧等文学种类得到发展，长篇小说也开始出现，这一时期的文学创作开始摆脱对民间文学的简单模仿，走上现实主义的创作道路；从 50～60 年代开始，小说逐渐取代诗歌成为蒙古现代文学中占主导地位的体裁，文学创作开始重视对自然、社会现象的艺术描绘，注意对普通人心理的挖掘，努力从全新的角度和视点，对社会和人生进行观察和分析。

（二）艺术

蒙古戏剧艺术，有话剧、歌剧、舞剧等种类。1922 年上演的《三多大臣》是蒙古最早的话剧。1934 年上演的《三座山》，是蒙古的第一部歌剧。蒙古的舞剧是从蒙古舞蹈中分离出来的，是蒙古戏剧艺术中最年轻的一门艺术。

蒙古戏剧事业的发展与戏剧艺术团体的发展密不可分。20 世纪 30～40 年代，蒙古只有一家全国性剧院，到 50 年代，专业和半专业性剧院发展到 20 多家，并有了地方性剧院。目前，蒙古有 10 多家专业剧院和 3 家专业歌舞团，其中较著名的有“纳楚格道尔吉”国家话剧研究院、国家歌舞剧研究院和国家民间歌舞团等。

蒙古民族是能歌善舞的民族，有风格独特的长、短调民歌和马头琴等民族乐器。蒙古于 1922 年成立了最初的文艺机构——阿拉坦布拉格俱乐部，1958 年成立国家交响乐团，1972 年将其改组为国家音乐馆，内设国家交响乐团和“富饶的蒙古”、“文化”两个爵士乐团。

20 世纪 20～30 年代的音乐作品，注重在民间音乐基础上反映当时的政治内容及人民精神面貌。40 年代，则创作了大批政治歌曲和抒情歌曲。1950 年，乐曲《革命英雄主义进行曲》揭开了蒙古交响乐创作的序幕。此后，蒙古舞台上开始出现交响组诗、交响乐序曲、交响乐组曲和合奏曲。70 年代后，抒情歌曲特别是通俗歌曲的创作获得了丰硕成果。

舞蹈艺术也是蒙古文化艺术中发展较快的一个门类。1930 年，在蒙古音乐话剧院设立了舞蹈小组，成为蒙古第一家专业舞蹈艺术团体。1937 年后陆续在艺术学校和音乐舞蹈学校设立专门的舞蹈班，所培养的专业舞蹈艺术骨干，推动了蒙古舞蹈艺术的发展。几十年来，蒙古舞台上出现了大批优秀的舞蹈节目，从不同角度颂扬了蒙古民族的理想和情操，在继承和发扬历史舞蹈遗产方面，进行了许多可贵的探索。

（三）影视及造型艺术

影视艺术在蒙古发展的历史很短。1935 年 10 月 11 日，蒙古决定建立电影制片厂。该厂 1936 年建成投产，年冲洗胶片3 000～4 000米，生产电影 1～2 部。1961 年，制片厂完成第一期扩建工程，年生产能力提高为 4 部故事片、24 部纪录片和 6 部译制片。1978 年第二期工程全部竣工，年生产能力上升为 6～7 部故事片，20～25 部新闻简报，25～30 部纪录片，20～24 部幻灯片和 40 余部译制片，年冲洗胶片可达 600 余万米。

蒙古的近、现代造型艺术始于 1921 年后。蒙古早期的绘画作品，主要是由民间画师利用传统的绘画艺术手段创作宣传画、肖像画和书籍插图等。20 世纪 30 年代，西方绘画艺术经由俄罗斯传入蒙古后，蒙古绘画作品摆脱了蒙古传统绘画的构图和象征手法，大量采用现代绘画技巧进行创作，使油画创作在造型艺术中一直处于主导地位。传统蒙古画的艺术创作，则在吸收西方绘画技巧基础上推陈出新，独具风格。蒙古的雕刻艺术除人物雕像外，木雕、石雕、铜、银、铁器雕刻和装饰艺术都相当发达。这类作品，正由早期的装饰品，逐渐发展为具有民族形式和现代意识、内容的艺术品。

（四）文化设施

随着科学文化的发展和全民文化水平的提高，

蒙古全国各地，陆续兴建了大批图书馆、博物馆、文化馆、影剧院，以及固定和流动电影放映点等各种形式的群众性文化教育设施。在首都乌兰巴托还设有一些全国性文化设施，如国家公共图书馆、青少年宫和各类博物馆等。按全国人口计算，蒙古各类文化设施人均拥有量是较高的。至1985年，蒙古每1 000人中有一所图书馆或阅览室，每4 000人中有一所俱乐部，3 000人中有一个电影放映点，平均每700人中有一个文化设施。但20世纪80年代末期的社会政治、经济转轨，也使蒙古的社会文化设施建设深受影响（参见表8中1990年以后各年的部分数据）。

蒙古文化设施中的绝大多数分散在各省市，由于地域和人口原因，文化设施分布极不平衡。按全国面积计算，文化设施之间相隔遥远，各类文化设施平均间隔470公里，占人口半数的乡村牧民，很难得到各类文化设施的直接服务。

表9 蒙古国1950～1999年文化设施一览表

类别 / 年份	俱乐部文化馆	图书馆	图书馆藏书量（百万册）	剧院	电影院	固定放映点	流动放映点
1950	37	22	30	4	7	37	44
1960	87	33	80	9	5	37	329
1970	356	349	390	11	17	27	446
1980	441	381	660	15	23	34	463
1985	449	401	910	21	27	33	502
1990	–	421	10.5	–	–	–	–
1995	–	464	4.9	–	–	–	–
1999	–	282	9.2	–	–	–	–

资料来源 1985年以前数字引自宝音：《蒙古人民共和国》；1990年以后数字引自蒙古国家统计局《1999年蒙古统计年鉴》。

（五）媒体

1. 报刊与通讯社

20世纪初，在中国吉林出版的蒙古文版《蒙话报》和在哈尔滨出版的《蒙文白话报》，是当时在蒙古地区流传最早的报刊。此后，还有库仑总督府出版的《朔方日报》和库仑部分知识分子出版的《首都新闻报》等报刊。1919年秋，由苏赫巴特尔和乔巴山领导的地下组织，在俄国的伊尔库茨克创办了地下报纸《蒙古真理报》，以传播十月革命的影响和自己的政治主张。1921年7月10日蒙古成立新政府后，在《蒙古真理报》基础上出版了蒙古党政机关报《号召报》。

蒙古现发行的报刊可以分四大类，即：由政府控制的《政府消息报》和《人民权力报》；各主要政党创办的党的机关报；由一些社团组织或个人创办的报纸；行业性报纸。

第一类报纸，主要由政府从国家财政预算拨款出资主办。在大政方针上基本与官方保持一致，其主要领导人的任免也均由政府掌握。但《人民权力报》的资金有很大一部分靠自己创收，故政府的控制也相对较松。

第二类政党主办报纸。主要有蒙古人民革命党机关报《真理报》、民族民主党机关报《自由报》以及社会民主党机关报《言论报》，另外还有民族民主党和社会民主党联合创办的《您好报》等。这类报纸不受政府控制，其报道方针是维护本党利益和反映其呼声。

第三类报纸，是所谓“自由报纸”。即以非官方或超党派面孔出现，在一定程度上反映蒙古社会中的现实问题和民众心声的一些报刊，如《今日报》等。此外还有专以猎奇性新闻吸引读者的一些报纸，如《明报》等。

第四类报纸，是行业性报纸。多以反映行业新闻为主，医疗卫生系统、军队、警察及海关等部门均有自办报纸，但发行量不大。

1996年5月，全国公开发行的报纸约470种

(其中地方报纸64种)，杂志118种，其中约70%为私营报刊。1998年报纸发行量为570万份。

1921年成立了通讯机构蒙古通讯社（简称蒙通社)。1957年10月蒙通社改为国家通讯社。出版物有俄文版的《蒙古新闻报》及周刊，法文版的《蒙古新闻》及周刊，中文版的《蒙古消息报》及周刊。现在莫斯科和北京派有常驻记者。

2. 图书出版

蒙古每年出版图书近600种，印刷量约500万册。年发行图书1 000万册以上，其中进口图书约占一半。

蒙古出版业管理机构，为文化部隶属的国家联合出版编辑部和国家出版局，其他出版机构还有科学院的出版社、农牧业出版社、教育部出版司等。蒙古国家图书贸易局，主管内外图书的发行工作。

蒙古为出版服务的印刷力量也逐步有所加强。1921年，蒙古在原“俄蒙印刷所”基础上开办了一家拥有7名工人、3架手摇印刷机的印刷厂，年印量为1 000印张，这是当时蒙古印刷工业真正拥有的第一所印刷厂。在该厂基础上发展起来的联合印刷厂是蒙古最大的印刷厂，由凸版印刷厂、凹版印刷厂和平版印刷厂以及印报车间、机械车间组成，设在乌兰巴托。该厂于1972年全部实现了机械化，约有700台机器设备，800名职工，年印刷1.5亿印张。

至20世纪90年代，蒙古全国有26家印刷厂，印刷机1 000余台，印刷工人和技术人员2 000多名，全国年印刷量2.64亿印张。

3. 广播电视

蒙古广播电视事业起步较晚，规模较小。

蒙古广播电台（乌兰巴托广播电台）创办于1931年。1934年9月1日，首次对国内进行无线电广播，使用喀尔喀蒙古语。当时只有3名职工，向13个省的省会播送2小时的广播节目。1961年，用两套节目进行全天24小时广播。1964年9月首次用蒙、汉语播音。1965年1月，开始用英语对外播音。1997年1月，对外节目改名为“蒙古之声”。台内分对内和对外两个编辑部，下设13个部、室，工作人员200余人。对内广播有新闻、政治、歌曲、音乐、广播教学等48种专题节目，在5个省会有转播台，覆盖率90%以上。对外用“蒙古之声”广播，目前该电台用蒙、英、汉、俄、日等5种语言对外广播，每日播音8小时。

至20世纪90年代，除乌兰巴托广播电台外，还有设在乌兰巴托市和蒙古西部乌勒盖市的两座发射台，及设在戈壁阿尔泰等省会的短波转播台，覆盖率达90%以上。

蒙古的电视业起步于20世纪60年代中期，主要播放本国及转播当时苏联的电视节目。1973年，蒙古加入国际电视组织。1990年蒙古实行社会政治、经济转轨后，电视业得到较快发展。蒙古的主要电视台有：

蒙古国家电视台（MTB）　建成于1967年9月7日，该台使用双频道分别播放本国及转播当时苏联的电视节目。1981年起播放彩色电视节目。1991年1月起转播美国世界新闻网的电视节目。1992年9月7日起，开辟“乌兰巴托”电视节目频道。1994年12月20日起，蒙俄合资的“太空电视公司”在蒙开播第二套俄罗斯电视节目。1995年4月起转播日本NHK电视节目。还转播法国、德国和中国内蒙古电视台节目。1995年8月开播有线电视节目。

蒙古还在达尔汗、额尔敦特、乔巴山等城镇建立电视台，用于转播乌兰巴托电视台和当时苏联电视节目。

乌兰巴托电视台（UBS）　创办于1992年9月13日。每日播放节目，每次约5小时。

“鹰”电视台（蒙美合资私营电视台）　1996年4月建台，每天都播放节目，除播放蒙语节目外，主要转播“CNN”节目。

“MN－25频道”(私营电视台)　1996年9月26日建台。每日播放节目，每次约6小时。

蒙古首都还设有“大蒙古”、“幸运”和“欣欣向荣的蒙古”等有线电视台。

4. 媒体管理机构

蒙古发生政治体制变革前，负责管理全国新闻媒体的机构，主要是蒙古人民革命党中央宣传部和部长会议报刊书籍审查局等单位。变革发生后，这些单位不复存在，过去那种一党体制下，严格控制新闻媒体的做法也随之销声匿迹。政府近年来一直力图建立一个统一的全国管理机构，但均因分歧较大而未能实现。目前，国家大呼拉尔新闻处、政府新闻处、总统新闻处和对外关系部新闻司，分别发布与各自活动有关的信息，彼此之间并无隶属关系或协调，全国新闻界处于既无统一管理机构，又无具体新闻出版管理法规可循的“真空”状态。

现有的媒体管理机构和行业管理组织还有：

国家广播电视局　原称国家新闻、广播与电视委员会，1959 年设立，是政府主管新闻工作的部级机构，主管蒙古通讯社、《现代蒙古》杂志社和乌兰巴托广播电视台的工作。

蒙古新闻工作者协会　成立于1950 年，同年9 月加入国际新闻工作者协会。1975 年，蒙古有专业新闻工作者1 000余名，通讯员1.5万名。1978 年，蒙古新闻工作者协会有会员 600 多人。

（六）体育

蒙古现代体育的前身，是具有蒙古民族传统的男子三项竞技运动，即赛马、射箭和摔跤。由生存斗争需要发展起来的这些技巧，锻炼了蒙古民族顽强剽悍的性格，很久以来，已成为蒙古民族酷爱的体育运动项目。

1921 年后，流传于民间的男子三项竞技运动得到政府的大力支持，并在此基础上开展了蒙古的现代体育运动。1924 年，蒙古革命青年团中央设立了体育运动办公室，1936 年将其改为体育运动委员会，并在青年人中推广男子三项竞技运动以及篮球、足球、田径等现代体育运动。20 世纪 40 年代，现代体育运动逐渐被蒙古人民接受，1945 年 2 月，建立了“人民”、“文化”等 5 个业余体协，并于同年举办了蒙古第一届全国运动会。1947 年，团中央所属的体委，改组成部长会议下属的国家体育运动事业管理委员会，并在各省成立了省级体委。1955 年开始实行体育运动等级制，选拔运动健将和等级运动员，许多运动项目采用了国际比赛规则。

由于当时的蒙古人民革命党及政府的重视，群众性体育运动有了很大发展，每年约有数十万人参加各种体育运动与比赛。1945 年，蒙古借鉴苏联推行的《准备劳动与保卫祖国体育制度》（简称“劳卫制”），建立了本国的体育锻炼标准和评价体系。通过群众性体育运动，每年有数万人达到“劳卫制”体育锻炼标准。60 年代，蒙古体育运动开始走向世界，除参加各项国际比赛外，还于 1962 年被接纳为国际奥委会成员。

至20 世纪 90 年代，蒙古有 24 个体育协会，其中除 18 个省的体协外，还有乌兰巴托铁路局的“铁路工人”体协、军队的“光荣”体协和工会中央理事会的“劳动”体协等。现有体育馆 19 个，训练厅 46 个，运动场 22 个，田径运动场 879 个。

第九节　军事

一　概述

蒙军前身是 1921 年建立的蒙古牧民游击队。1920 年末，蒙古人民军的缔造者苏赫巴托尔和乔巴山开始筹建军事组织。1921 年初，苏赫巴托尔亲自来到蒙古北部边境，在查格泰、呼德尔等边境哨卡附近的居民中积极宣传蒙古人民党武装夺取政权的主张，并组建了 50 余人的第一支牧民游击队，这支队伍后与另外两支游击队汇合，使部队人数达到 400 余人。

1921 年 2 月 9 日，在北恰克图（中国清代中叶，恰克图分新、旧城，北恰克图即旧城，今为俄罗斯布里亚特自治共和国南部城市恰克图；南恰克图为旧城以南新建之城，清代称买卖城，今为蒙古国北部边境城市阿拉坦布拉格）召开的蒙古革命者代表大会决定，将游击队改称为人民军（亦称人民义勇军）；苏赫巴托尔在这次会议上当选为人民军总司令。1921 年 3 月，蒙古人民党第一次代表大会决定成立人民军司令部，苏赫巴托尔任人民军司令，乔巴山任政委。同年 3 月 13 日，新成立的临时人民政府通过了建立正规军的决定，人民军下辖 4 个骑兵团。

1921 年 3 月 18 日，蒙古人民军攻占中国北洋军阀军队驻守的南恰克图（即阿拉坦布拉格），这是蒙军建立后取得的第一个巨大胜利，后将这一天定为蒙古人民军建军节。1921 年 6 月 28 日，苏联红军应蒙古临时政府的请求进入蒙古，在其帮助下，蒙古人民军于 1921 年 7 月 6 日解放了被温甘伦白俄匪军占据的库伦（今乌兰巴托市），宣告人民革命的胜利。同年 7 月 10 日，蒙古人民革命政府正式成立，苏赫巴托尔被任命为军事部部长，乔巴山为副部长。

1921 年 7 月，蒙军将原来团的编制改为旅、团制，建立了一个骑兵旅和几个独立团。8 月，蒙军成立了人民军政治部，在各部队建立党、团组织；9 月，建立蒙军军官学校，后发展为蒙古军事学院。

20 世纪 30 年代后期，面对日本帝国主义的扩张威胁，蒙古与苏联签订了为期10年的《蒙苏互助协定书》。据此，苏联红军于1937年9月第二次进入蒙古。1939年5月11日，蒙苏联军发起哈勒欣河（即哈拉哈河）战役，全歼入侵的日军，捍卫了蒙古的安全。在第二次世界大战期间，蒙军发展到5万多人，实行了一长制领导和军衔制。1945年8月10日，蒙军作为苏军右翼穿越大兴安岭，参与了解放中国内蒙古和东北地区的战斗。

二战后，蒙军大规模裁减军队和削减军费。经过7次减员，到1960年蒙军人数缩减了约80%，即不足1万人。国防开支由1945年占国家总预算支出的44.4%下降到2.9%。60年代初期，蒙军随国际形势变化再次扩编。1962年12月，苏军再次进驻蒙古。1963年7月，蒙苏签订防务协定，1966年，蒙苏又签订《友好互助条约》。蒙军也由1960年只有一个步兵团扩充到1964年的8个步兵团，总兵力达到1.4万～1.5万人。1969年前后，正式成立第一、第二摩托化步兵旅。至1972年，蒙军总兵力达到4.7万人，其中陆军2.8万人，空军1 000人，公安部队1.8万人；70年代末，蒙军人数达到5万多人。70年代，蒙军主要作战部队再次进行了大规模扩编，1979年5月成立步兵军指挥机构，将原来的2个摩步旅扩编为师，后又新组建2个摩步师和一些独立部队。1982年步兵军升格为集团军。

20世纪80年代以来，蒙军随国际形势变化，再次精简军队人数，压缩军费开支。据1998年出版的蒙古国防白皮书介绍，其武装力量有2万人。2002年国防预算为272.66亿图格里克（约合2 423.64万美元），占国家预算总支出的5.1%。

二 军事思想与国家安全战略

在冷战时期，蒙古基于与苏联的联盟关系，强调与“具备进行地区战争和世界战争军事实力的国家”（指苏联）“结盟”，本国军队参与其中，充当一个战役兵团，共同组成防御、进攻体系。苏联解体后，蒙古根据均衡发展与中、俄两国睦邻友好关系的外交政策，对其国防战略作了较大调整，将军事战略思想定位于：依靠本国力量，开展全民防卫，尽量通过政治和外交途径解决矛盾和争端。国防、军事建设在和平时期服从经济发展大局。军队通过精简整编，实行寓兵于民，平战结合，战时扩充的政策，以尽量减少军费开支，实行强化训练，建设一支适应国家安全要求的、职业化的精干军队。而建筑工程部队、民防部队和预备役人员平时主要从事劳动生产，每年定期参加军队组织的扩充性军事训练，一旦战事需要，立即将二者结合，迅速扩充军队编制。军费开支以国家预算拨款为主，部队开展生产经营自补为辅。同时，依靠中央和地方相结合的方式，加强边防部队建设，强化国家安全控制和国境保卫。

另据官方的《人民权利报》报道，蒙古已修改了该国的军事法律，以便在发生战争时允许外国军队入境。根据新法律，蒙将允许外国军队进入其领土，如联合国安理会通过相关决议，它也可以允许联合国维和部队入境。此外，在认为不对其国家安全构成威胁的情况下，蒙还将允许外国军队或飞机过境。

三 国防体制与指挥系统

蒙古宪法规定，总统兼任武装力量总司令，总统通过国防部长会议对军队实施指挥。国防部长会议是国防部的最高决策机构，国防部长任主席，其他成员有：国防部国务秘书、武装力量总参谋长及各职能部门的负责人。国防部长会议负责制定和实施国防政策，完善军队编制，管理国防经费，配备领导干部以及负责军队对外关系。国防部是最高军事行政机关，统管全国武装力量。蒙古自1996年起实行文职国防部长制度，现任国防部长是2000年任职的朱·古尔拉格查。

总参谋部是蒙古最高专业军事领导机构，负责制定军事战略计划，指挥各军兵种部队，并完成政府赋予的其他任务。蒙古2002年11月12日颁布实施的《蒙古武装力量总参谋部条令》明确规定，武装力量必须由总参谋部在法律范围内按照统一的目标、标准，运用专业的军事管理体制进行统一的指挥和协调。总参谋部必须定期向蒙古武装力量总司令和负责国防事务的政府成员提出专业的军事建议，负责制定军事政策和计划并协调实施。总参谋长为1998年8月起任职的策·达希泽伯格中将。

近年来，蒙古着手调整国防体制，完善指挥体系，将国防部的职能由军队统帅机关改变为国家对军事、国防实施行政领导的中央机关。国防部长改由文职人员担任。国家非常状态委员会主席由国防部长兼任，强化军队的国家化性质和执行民防特别任务的职能。将原属国防部的武装力量后勤部、建筑兵管理局和国土防空军司令部划归武装力量总参谋部，强化总参作为武装力量专业统帅机关的一元化军事指挥职能。集军事、政训和后勤管理为一体的总参，不仅可以对武装力量各部队和预备役部队实行全面、直接的领导，而且有权通过参谋长会议，直接讨论决定武装力量范围内的军事大事和任免部队干部。总参谋长的基准军衔也随之由少将改为中将。国防部作为政府负责国防问题的中央机关，对武装力量总参谋部、边防军管理局、国家民防局、外事与情报研究局等4个军事协调执行机关实施行政领导。

四 兵役和军衔制度

蒙古实行义务兵役制、合同兵役制为主，和等同兵役、税代兵役等多种服役形式为辅的混合兵役制。1963年《兵役法》规定，蒙古国18～45岁的男子为“兵役义务承担者”，每年1月份，年满18岁的男子和其他“兵役义务承担者”需亲自到兵役机关进行登记，但年满20岁才应征入伍服现役。从1972年起，应征年龄改为18～29岁，服役期1992年起改为1年。同时，为了改变青年人不愿服兵役的社会现实，蒙古还试行选择服役、替代服役和补偿服役等办法。1997年10月，蒙古国家大呼拉尔修改兵役法，规定以各种理由不去服兵役的蒙古适龄青年，可以在民防或公益部门义务工作两年或者向国家交纳相当数量的国防税，以代替服役；也可以服合同兵役，即与边防部队签订合同，在边境地区当战士或边防辅助队员2～3年，每月领取一定工资。目前，蒙古武装力量正在尝试由具有较高专业水平、经过训练的干部履行合同兵义务。军人服役年龄最高为：士兵服现役到27岁，预备役到45岁。军官服现役到50岁，服预备役到55岁；将官服现役到55岁（元帅除外），服预备役到60岁。

蒙古人民军军官军衔分4等12级：将官3级（上将、中将、少将），校官3级（上校、中校、少校），尉官3级（上尉、中尉、少尉），准尉3级（一级准尉、二级准尉、三级准尉）；士兵军衔分军士和兵两等，军士3级（上士、中士、下士），兵2级（上等兵、列兵）。

五 军队编制和实力

蒙古武装力量由现役部队、预备役部队和准军事部队组成，其编制体制自1997年开始，由师—团制转入旅—营制。各级部队都设有负责政治工作的副职指挥官，但其军衔一般低于军事指挥官。

现役部队8 600人，是总参谋部直接领导的部队。包括陆军、国土防空军。陆军7 500人，编有6个摩托化步兵团，1个炮兵团，1个快速反应营，1个独立营等。装备坦克370辆、装甲侦察车120辆、步兵战车310辆、装甲输送车150辆、牵引炮300门、火箭炮130门、迫击炮140门、反坦克炮200门。国土防空军800人，下属2个歼击机中队及航校、伞兵队和汽车运输团各1个。

预备役部队陆军13.7万人。

准军事部队7 200人。包括边防部队6 000人，内务部队1 200人。

六 武器装备

20世纪20～30年代，蒙古人民军在苏联的援助下，实现了军兵种的扩充，装甲兵、炮兵、航空兵等特殊兵种开始列入编制。第二次世界大战期间，由于反法西斯战争的需要，蒙军从苏联接受了大批机械化装备，建立了新的团、连。在此期间，蒙军常规武器增加了4倍，大口径火炮、迫击炮和自动武器增加了50%，装甲兵增加了21倍，蒙军机械化部队的兵力占总兵力的50%。

20世纪60年代中期，蒙军开始逐步实现武器装备的现代化，建立了能够适应现代化战争需要的专业化兵种，装备了喷气式战斗机、新式坦克和装甲车及各式自动武器。摩托化步兵旅装备的大炮、迫击炮等比1945年增加了3.3倍，反坦克武器增加了9倍，其火力、机动性和进攻能力大大提高。

蒙军的制式武器均为苏—俄式装备。

陆军装备主要有：T－54、T－55、T－62型坦克约650辆；BPIIM－2型装甲侦察车120辆，BMII－1型步兵战车400辆，BTP－60型装甲输送车250辆；牵引火炮300门，火箭炮130门，迫击炮140门，反坦克炮200门。

国土防空军装备主要有：米格－21型歼击机8架，米格－21U型歼击机1架；米－24型武装直升机11架；运输机34架；高炮150门，萨姆－7型地空导弹250部。

其他装备还有：水陆两用快速架桥车、雷达车和通讯车辆等。

七 军队的职业化建设

近年来，蒙古正着手于军队的职业化建设，以便提高军队整体战斗力，节约军费开支，加强对领空和边境的设防密度。所采取的主要调整措施有：(1) 削减武装力量征兵员额2 000多人；(2) 缩减建筑兵部队，建筑兵除管理局领导和司令部机关干部外，经费一律通过自负盈亏解决；(3) 将原来的摩步师缩编为旅，并在东方省边境地区组建新的摩步旅；(4) 组建武装力量第一支职业化部队——精兵摩步营，该部队全部由精选的军官和准尉组成，配备蒙古现有最精良的武器，实行强化训练；(5) 在西部和东北部的对空侦察空白地区组建雷达监空分队，并适当调整现有监空、侦察部队的布防；(6) 调整加强国土防空部队。

此外，为了强化边境管理，蒙古正采取一系列措施加强边防军建设。如：修改有关法规，确定边境保卫原则；将边防军纳入国防部领导系统，在国境的主要方向设置边境全权代表机构，将边境检疫机构划归边防军管理局管辖；增加边防军征兵员额1 000多人，首先在边防部队试行新的服役制度，分别制定南、北边境工作计划，完善边防辅助队组织，强化边境地区军民联防体制；扩大边防军职业化分队数量，在一些边防部队设立特别行动小组；提高边防军人生活待遇和社会地位；打击边境犯罪，强化边境管理，整顿边防军纪律作风。

第十节 外交

一 概述

1921 年 7 月，蒙古人民革命胜利后，苏俄政府首先承认了蒙古的独立，双方于当年 11 月 5 日签订了建立友好关系的协定。但当时蒙古的独立地位并未得到国际社会的普遍承认。1945 年 2 月，苏、美、英三国在雅尔塔会议上达成“外蒙古现状须予维持”的协议，迫使当时中国国民政府于 1946 年 1 月承认蒙古独立。1949 年 10 月 1 日中华人民共和国成立后，10 月 16 日与蒙古建交。从 20 世纪 40 年代末开始，蒙古陆续与其他国家建立了外交关系。截至 2002 年底，蒙已同 141 个国家建交。

蒙古于 1961 年 10 月加入联合国，1962 年加入经济互助委员会，1996 年 7 月参加世界贸易组织。迄 20 世纪 90 年代末，蒙古参加了 80 多个国际组织，同时也是 60 多个国际公约的缔约国。

二 外交政策

蒙古革命胜利后，在很长一段时间里主要是与苏联及其他社会主义国家发展关系，在重大国际事件及场合中的立场、观点也与苏联保持一致，采取一贯支持苏联的政策。

从 20 世纪 90 年代起，蒙古政府随国内政局的演变，开始大幅度地调整其对外政策。1994 年 6 月 30 日，国家大呼拉尔通过的《蒙古国对外政策构想》提出，蒙古将实行开放的、不结盟的、多支点的和平外交政策。该《构想》以法律形式规定了蒙古实行新的对外政策基本方针，主要包括：

（一）同俄罗斯和中国建立友好关系

这是蒙古国外交新战略的首要目标。作为处在中、俄两大邻国之间的一个小国，蒙古国始终强调要同中俄均衡交往，发展广泛的睦邻友好合作关系。

（二）发展同西方发达国家的关系

近年来，蒙古积极发展同美、日、德等西方发达国家的关系，十分重视根据大国关系的变化适时调整本国的对外政策。蒙古官方占主导地位的观点认为，虽然国际关系格局近年来呈现出多极化趋势，但美国依仗其实力居于首位，是具全球性影响的一极，其他各极只具地区性影响。因此，在可预见的将来，蒙古政府在全力推行“全方位”、“等距离大国均衡外交”的同时，总体上逐渐向西方倾斜这一走向将日趋明显。

（三）面向亚太地区的政策

蒙古国在积极发展同亚洲、太平洋国家的双边关系的同时，还积极参与关于建立地区合作的活动。其主要目的，一是希望借此吸引更多的贷款和援助，以缓解本国经济下滑的“燃眉之急”；二是希望借参加亚太地区国际组织之机为发展本国经济寻找新的“增长点”。

三 对外关系

（一）同中国关系

自古以来，蒙古与中国就存在着十分密切的关系。

1949 年 10 月 1 日中华人民共和国成立后，蒙中两国于 1949 年 10 月 16 日建立外交关系。两国建交 50 多年来，虽经历过一些曲折，但睦邻友好始终是主流。尤其是近 10 多年来，两国关系发展迅速，成果显著。

蒙古是最早承认中华人民共和国的国家之一。1960 年双方签订《中蒙友好互助条约》，1962 年签订《边界条约》。60年代中后期，两国关系经历了曲折。70年代，两国恢复互派大使。80年代，两国关系逐步改善。1989年两国关系和两国执政党——中国共产党与蒙古人民革命党相互关系实现正常化。此后，两国友好关系与合作在政治、经济、文化、教育、军事等各个领域不断得到巩固和发展。

20世纪90年代初，蒙古政府把发展与中国的睦邻友好关系，作为其对外政策的重点之一。1994年，两国在1960年友好互助条约基础上签订了新的《中蒙友好合作关系条约》。1997年1月底，蒙中两国就蒙古保留驻香港领事馆达成协议，并签署了三项发展双边贸易的文件。90年代以来两国高层领导人互访不断。1999年6月，中国国家主席江泽民正式访问蒙古，将中蒙两国的友好关系提升到新的高度。2003年6月4～5日，中国国家主席胡锦涛访蒙期间，双方宣布建立和发展中蒙睦邻互信伙伴关系，并发表了《中蒙联合声明》，双方同意大力发展互利互惠的经贸关系，把资源开发和基础设施建设作为今后两国合作的重点领域。胡锦涛主席的成功访问，为两国之间的进一步合作，特别是经贸合作的深入发展，注入了新的活力。

在经济领域，中蒙两国经贸合作已步入稳定发展阶段。据蒙方统计，2002年，中国同蒙古的贸易总额为3.73亿美元，其中中国出口额为1.61亿美元，进口额为2.12亿美元；2002年，两国贸易额约占蒙外贸总额的32.14%，中国已超过俄罗斯成为蒙古的第一大贸易伙伴。蒙古主要向中国出口铜精粉、羊毛、羊绒和皮张，从中国进口面粉、大米、食糖、服装、电器和机电产品等。从投资方面看，截至2002年，中国对蒙古的累计投资额为2.82亿美元，约占蒙古引进外资总额的一半以上，注册公司847家，是在蒙古开办公司最多的国家。蒙方为扩大中蒙经贸合作规模，计划兴建从3个经济区分别通往中国的公路干线，从而使蒙古公路与中国公路网和亚洲公路网相连接，并对连接中国的主要口岸扎门乌德进行了大规模扩建。

（二）同俄罗斯关系

冷战结束后，蒙俄“同盟关系”因两国国内政局的剧烈动荡而一度中断。20世纪90年代初，蒙俄两国开始恢复政治对话和领导人的高层互访，探索建立新的蒙俄国家关系。1993年1月，两国在莫斯科签署《蒙古国和俄罗斯联邦友好关系与合作条约》。与两国关系紧密时期签订的《蒙苏友好与合作互助条约》相比，新条约显示出蒙苏之间特殊的同盟关系正朝着正常国家关系的方向转变，该条约为两国建立新型国家关系奠定了法律基础。2000年7月，蒙古人民革命党重新执政后，加强了对近些年来进展缓慢的蒙俄关系调整，使蒙俄关系出现恢复发展趋势。2000年11月13～14日，俄罗斯总统普京对蒙古进行了为期两天的国事访问。访问期间，蒙俄双方签署的《乌兰巴托宣言》，成为确定21世纪发展蒙俄关系原则方针的纲领性文件。

政治领域国家关系的修复，推动了两国经贸合作关系的发展。在1995年召开的两国政府间贸易、经济、科学技术合作委员会第三次会议上，双方就债务、长期贷款的协调使用、蒙向俄出口产品给予优惠的纳税政策以及为过境货物提供方便等一系列问题举行了会谈，并在会后签署了蒙俄政府间在经贸等诸多领域合作的10个重要文件。2002年3月，俄总理卡西亚诺夫率经贸代表团访问蒙古，双方就俄方援蒙的三大合资企业技术改造，两国工业部门合作，俄方参与途经蒙古的石油、天然气管道铺设以及蒙欠俄债务等问题进行了会谈，双方对会谈取得的成果给予积极评价。2003年底，经蒙俄两国政府协商，俄方同意免除蒙古所欠债务的98%，其余2%的债务由蒙方于2003年底前以其他各种形式偿还，从2004年1月1日起，两国间历史上形成的债务问题已得到解决。由于蒙俄两国间经济联系的修复及近年来俄罗斯经济的恢复性增长，俄在蒙古对外经贸合作中的影响有所回升。2002年，俄在蒙古进出口贸易总额所占的比重为23.07%，是蒙古的第二大贸易伙伴国；在蒙投资企业300余家，投资额5 000多万美元（不包括三大合资企业），在外国投资中占第五位。

在新的基础上发展蒙俄两国军事合作关系，也是发展21世纪蒙俄关系中的重要领域。就此，蒙俄军事当局近年来进行了一系列重要磋商和会谈，并签署了一些重要合作协定和相关文件。1993年2月，蒙俄两国军事领导人签署了蒙俄军事合作协定。1995年初，两国安全部门就俄罗斯安全机构向蒙提供技术援助和培养专业技术人才方面达成了协议。同年5月，双方还签署了两国国家安全委员会之间的合作议定书。1997年2月，蒙国防部长率高级军事代表团对俄进行正式访问，与俄国防部长就建立军事领域信任关系、开展边防合作、俄向蒙提供武器装备及其他军事援助等方面达成了广泛共识，并签署了《蒙俄国防军事合作协定》《蒙俄民防联合训练协定》和《蒙俄边防军至2000年合作协定》等一系列重要文件。2001年蒙俄军事合作步伐加快。根据《蒙俄边防部门2000年至2005年合作协定》《2001年蒙俄国防部合作计划》和《蒙俄武装力量合作备忘录》，两军就年内高级军官互访、俄方为蒙军武器装备进行现代化改造及两军举行联合演习等问题达成协议。

蒙俄两国之间还存在一些亟待解决的历史遗留问题。苏联解体前，两国签订的数百个条约和协定的有效性问题，潜在的领土争议，及蒙古民族对沙俄领土扩张历史的警戒心理等问题，都困扰着两国关系的发展。不过，总的来看，蒙古现政府对发展蒙俄双边关系采取了较为务实的态度，即在探索建立蒙俄新型国家关系道路的同时，注意寻求解决现存问题的途径，以求蒙俄间传统友好关系在新的基础上得到保持和发展。

（三）同美国关系

蒙古与美国于1987年1月27日正式建交，但蒙美两国关系取得长足进展却是在1990年蒙古局势发生剧变以后。随着蒙古开始步入西方式多党民主制政治时代，蒙美两国关系迅速升温。

蒙美两国高层官员及政界领导人频繁接触，加强政治对话。1990年以来，尽管蒙古国内政坛多次出现政府更迭的动荡局面，但朝野党派在执政后均十分重视发展对美关系，蒙总统、总理等高层领导人曾多次访美，向美方表达蒙古坚持走向民主化、市场化道路的决心。2001年美国发生九一一恐怖袭击事件，同年11月4～20日，那·恩赫巴亚尔总理访美期间，除对遭受恐怖袭击的美国明确表示支持外，还进一步申明了蒙古的外交方针："扩大外交关系，应该与发达国家建立邻国般的密切关系，特别是要与美国建立战略性双边关系。这将在蒙古今后的发展中发挥重要作用。"恩赫巴亚尔总理还转告布什总统，蒙古准备同意美军用飞机通过蒙古领空等。美国则对地处中俄两大国间的蒙古表现出了超乎寻常的兴趣。美方除明确表示美支持蒙古的"多元化政治和民主改革运动"，防止这一进程逆转意图外，美国国会还通过在人权、民主、贸易等领域发展美蒙关系的一系列决议案。2004年10月，美国将蒙古列入美国2005年的"千年挑战基金"（MCA）援助项目。该项基金的援助目标是蒙古的教育和商业，却带有强烈政治色彩，是将援助与政治和经济改革挂钩，从而鼓励改革的一种援助方式，以便为蒙古的"多元化政治和民主改革运动"进程提供资金支持。

美国国务卿贝克、前总统卡特、美助理国务卿洛德、克林顿夫人希拉里、美国务卿奥尔布赖特、国防部长拉姆斯菲尔德等先后访蒙，特别是美国总统布什于2005年11月21日中午抵达蒙古首都乌兰巴托，对蒙古进行了为期4小时的短暂访问。这是历史上美国总统首次对蒙古进行访问。访问期间，蒙美双方发表了联合声明，表示将深化2004年7月两国确立的全面伙伴关系。此外，布什还给蒙古军队带去1 100万美元援助，用以改善蒙古在反恐方面的军事装备。美国是继日本、德国之后，蒙古的第三大经济援助国。根据美国海外援助预算，2005年度蒙古从美国收到的经济资助约为1 000万美元。

蒙美军事关系的发展也极引人注目。近年来，蒙美双方的军事领导人多次互访，讨论了促进双边军事合作的有关问题。1991年，美国在蒙设立武官处。1994年4月，美军方决定将蒙纳入太平洋总部"联盟战略体系"，美军方组成的参谋人员小组对蒙古军事院校的课程设置、军官与军士教育体系以及教官训练方式等方面进行直接指导。美国还向蒙古边界地区提供巡逻无线电通讯和工程支援。据美国对外军援人员称，在蒙古戈壁沙漠边界地区的"工程支援"，包括安装电子监视设备等。另外，美国还向蒙古提出了如何改造军队的建议。1996年末，蒙古国家大呼拉尔批准了《蒙美政府间军事交流协定》，规定双方将在工程、医务、救灾、特种空运等方面展开合作，双方可互派军事人员，加强维和行动的配合，必要时美军可临时进入和使用蒙古的设施、蒙为进出蒙境内的美军人员提供方便等。

蒙美军事合作的另一个重要领域是双边或多边联合军事演习。自2003年8月以来，蒙古和美国驻日本冲绳海军陆战队的军事人员连续3年在蒙古首都乌兰巴托以西65公里处的蒙古武装力量训练中心举行代号为"可汗探索"的年度系列联合军事演习。2004年5月13～27日，蒙古首次参加了在泰国东北部举行的2004年度美泰“金色眼镜蛇”联合军事演习。2006年8月11～24日，蒙、美、泰、印等7国的1 000多名军人在蒙古武装力量训练中心塔旺陶勒盖举行代号为“可汗探索－2006”的多国联合军事演习。这是继2003年蒙美双边军演以来首次在蒙古举行的多国联合军演。

此外，蒙古在参与国际重大事件或危机处理的过程中，也逐渐显现出重视与美国合作的立场。2003年9月中下旬，180名蒙古士兵乘坐美国军用运输机抵达伊拉克，并在波兰军队的指挥下执行巡逻、保护石油管道任务。在当时的东亚国家中，这是首支不在美国邀请派兵国家之列，却率先派兵抵达伊拉克的部队。对此，美国驻蒙古大使帕梅拉·斯鲁兹评价称，蒙方的这一种友好姿态说明了美国军事援助计划收到了预期的效果。这表明美国与蒙古的军事合作进一步加强。

（四）同日本关系

近年来，日本成为蒙古重点交往的另一个西方国家。1997年2月，蒙古总理访日时，双方确定建立“面向21世纪的全面伙伴关系”，并签署了经济合作协议。1997年10月，蒙外长访日，表示蒙支持日本充任联合国安理会常任理事国，认同日美强化其安全体制。同月，日防卫厅副长官访蒙，成为访蒙的首位日军方高级官员。蒙古国家大呼拉尔蒙日议员小组主席卓力格曾表示，蒙日关系已从经济合作为主转向政治、经济、安全并举，发展势头良好。

就目前蒙日两国关系的发展现状看，经济合作仍占主导地位。1991年以来，日本政府积极参与国际援蒙会议，至2003年止，该会议已举办了10届，其中7次在日本、2次在乌兰巴托、1次在巴黎，先后为蒙古筹措了29亿美元的贷款和无偿援助，日本是所有对蒙援助国家中提供援助和贷款最多的国家，占总援助金额的一半。日本向蒙古提供的官方援助，主要用于发展蒙基础设施部门和农牧业、人才培训和保障人民基本生活所需。日本还加强文化教育投资力度，增进蒙古人对日本的认同感。从2002年起，日本政府在蒙实施专门针对平民的《草根计划》，将工作重点从经济援助逐渐转向文化思想灌输。该计划包括援建各类文化教育设施和向蒙免费提供图书等项目，从2003年开始，日本政府又将教育投资工作从首都乌兰巴托向牧区转移，重点帮助贫困省县改善教学环境。在蒙古的21个省市中，获得日本《草根计划》援助的学校不下70所，总投资金额在150万美元左右。2003年11月，时任蒙古总理的那木巴尔·恩赫巴亚尔访问日本，访日期间出席了第十次国际援蒙会议。2006年8月10～11日，日本首相小泉纯一郎对蒙古进行为期两天的访问。蒙古和日本于1996年建立“全面伙伴关系”后，日本已连续10年成为蒙古的最大援助国。日本平均每年对蒙援助达1亿美元。

（五）同亚太其他国家关系

朝鲜 蒙朝两国有着传统友好关系，两国于1948年10月15日建交。1986年两国签订《蒙朝两国友好关系和合作条约》。1999年，朝鲜宣布由于财政上的原因关闭驻蒙使馆。2001年9月，蒙古国外交部国务秘书冈包勒德对朝鲜进行工作访问。2002年8月，朝鲜外务相白南舜访蒙，双方重新签订了《蒙古朝鲜友好关系与合作条约》，为发展两国关系奠定了新的基础；同年9月，蒙朝政府间经济、科技合作委员会第五次会议在平壤举行，蒙古法律内务副部长蒙赫奥尔吉勒率团与会。2003年7月，蒙国家大呼拉尔自然环境和牧区发展常设委主席贡嘎道尔吉访朝；同年11月，蒙总理恩赫巴亚尔访朝。2004年8月6日，朝鲜驻蒙使馆举行了复馆仪式。同年12月21～22日，蒙古总统巴嘎班迪正式访问朝鲜，两国签订了双边贸易协定和关于建立贸易科技协议会的协定，并向朝方转交了由蒙古政府提供的价值1 500万图格里克（约合1.25万美元）的无偿援助。

韩国 2001年2月，蒙古国总统巴嘎班迪对韩国进行国事访问，双方商定发展“知识伙伴关系”计划，发表《蒙韩国家元首会谈成果联合新闻公报》；同年6月，韩国总理李汉东访蒙，这是韩总理首次访蒙，韩政府允向蒙提供100万美元的无偿援助用于发展电信业，双方签署中小企业合作协定和两国电信公司的合作协定。同年12月，蒙基础设施部副部长乌勒木巴尔访韩，考察发展旅游事务。2002年5月，蒙古国外长额尔登楚龙出席在汉城举办的世界杯赛开幕式；同年11月，韩国国际协力团与蒙签署《信息技术园建设方案备忘录》，韩将向蒙信息领域提供100万美元无偿援助。2003

年9月，韩国会议长朴宽用访蒙。

新加坡　2001年2月，蒙古国总统巴嘎班迪对新加坡进行国事访问，这是蒙国家元首首次访新，双方签署两国科技大学之间合作协定。2002年3月，国防部副部长陶高访问新加坡。2002年10月总理恩赫巴亚尔访问越南、印尼、新加坡。

马来西亚　泰国　东帝汶　2001年12月，蒙古国基础设施部副部长乌勒木巴亚尔访问泰、马等国，考察发展旅游业的经验。2002年11月国家大呼拉尔主席图木尔奥其尔访问泰国。2003年1月马来西亚政府特使、国民团结及社会发展部长苏莱曼访蒙，转达了马来西亚总理对蒙总理恩赫巴亚尔出席不结盟运动首脑会议的邀请；同年2月，蒙总理恩赫巴亚尔出席在马来西亚吉隆坡举行的不结盟运动首脑第十三次会议；同年10月，蒙国家大呼拉尔安全和对外政策常设委主席龙戴姜仓率政治军事代表团访问泰国、东帝汶。

印尼　2003年6月，印尼总统梅加瓦蒂访蒙。

越南　2001年7月，蒙古国外长额尔登楚龙对越南进行正式访问，双方签署“蒙古政府与越南政府文化合作协定”。2003年1月，越南国会主席阮文安访蒙。

印度　2001年1月，蒙古国总统巴嘎班迪对印度进行国事访问，双方签署《蒙印联合宣言》等七个文件。同年7月，印度议会下院议长访蒙；同年9月，印度信息产业部长马哈金访蒙。2002年1月，蒙国防部长古尔拉格查访问印度；同年3月，蒙教育文化科学部长仓吉德对印度进行正式访问；同年5月，蒙古国国家大呼拉尔副主席宾巴道尔吉对印度进行正式访问。2003年11月，蒙国防部长古尔拉格查访印。

尼泊尔　2001年1月蒙古国总统巴嘎班迪对尼泊尔进行国事访问，这是蒙总统首次访尼，双方签署《蒙古国政府与尼泊尔政府双边合作总协定》，并发表《蒙尼联合公报》。

加拿大　2001年4月加拿大外交与国际贸易部国务秘书雷·巴格塔汗访蒙，双方商定自2002年起每年将互派20名留学生。2002年5月，蒙古国工业贸易部长冈卓里格访问加拿大；同年9月，蒙古国法律内务部国务秘书策伦道尔吉访问加拿大；同年11月，蒙古国食品农牧业部长那桑扎尔格勒访问加拿大。2003年10月，蒙古加拿大首次副外长级圆桌会议在渥太华举行。

墨西哥　2001年4月，蒙古国国家大呼拉尔主席额奈比希对墨西哥进行正式访问，这是两国间进行的首次高层访问；同年10月，墨西哥总统福克斯赴上海出席亚太经合组织领导人非正式会议途中经蒙古作短暂停留，这是墨总统首次访蒙。

智利　2001年1月，蒙古国国家大呼拉尔副主席扎·宾巴道尔吉出席在智利圣地亚哥举行的亚太地区论坛，并对智利进行访问。2003年9月，蒙古国总统巴嘎班迪访问智利。

（六）同德国及欧盟关系

蒙古将发展与欧洲其他国家的关系作为其“多元化”外交的又一个重点。

同德国关系是蒙古欧洲外交战略中的重要一环。蒙古重视德国是有其历史原因的，蒙古作为前经互会成员国，曾与前民主德国在诸多领域里长期合作，目前蒙古懂德语的人多达2万余人，这为两国间的交往提供了便利。两德统一后，蒙古与德国交往中的意识形态障碍消失，两国之间在政治、经济、文化和军事领域的合作更为便利。在西欧国家中，德国是目前向蒙提供贷款和援助最多的国家。在文化方面，从1992年起，德国政府每年为蒙古培训20～25名市场经济方面的专业人员。1998年蒙总统访德期间，又签署了两国政府在文化、科学和教育部门合作的议定书。在军事方面，德国不仅为蒙古无偿培训军事干部，而且在最近两年还向蒙古国防部门提供了大量军用物资。1998年10月，两国国防部官员在乌兰巴托签署了《关于蒙德两国国防部合作的联合声明》和《关于德国军事院校为蒙古培养军事干部的协定》两个文件，为两国军事交流的法制化奠定了基础。

蒙古与欧盟的关系，自1989年双方建交以来也有所发展。1991年欧盟把蒙古纳入到自己的贸易最惠国体系中，对蒙古商品免征关税；1992年，欧盟把蒙古纳入到技术合作计划之中；同年，蒙古在欧盟开设了大使馆，并签署了经贸合作协议。与此同时，双方最高立法机构也增强了相互间的接触。　　（陈　山）

第四章 俄罗斯西伯利亚与远东地区

说 明

俄罗斯联邦疆土横跨欧亚大陆，位于欧洲东部和亚洲的北部。因其长期以来政治经济发展与居民居住重点在欧洲东部，在本套《简明国际百科全书》的东欧卷设置专章（第一部分第二编第一章），对俄罗斯联邦做了全面介绍。然而，由于俄罗斯西伯利亚（含近年行政建制划归乌拉尔联邦区的秋明州等）与远东地区地处亚洲北部，与东亚各国保持密切联系，故在东亚卷设此专章予以介绍。

第一节 概述

俄罗斯西伯利亚与远东地区不仅幅员辽阔、资源丰富，而且位于欧、亚、美三大洲和北冰洋与太平洋之间，邻近世界最发达的国家美国、日本和人口最多、发展最快的中国。因而，该地区具有极其重要的地理和战略地位，在亚太、欧洲及世界未来经济、政治与科技发展中，都具有十分重要的作用和影响。

面积 1 276.59万平方公里，占俄罗斯全国面积的74.75%，其中：西伯利亚地区为650.96万平方公里，远东地区为621.5万平方公里。俄罗斯仅这部分领土的面积就超过了世界上任何国家的面积。

人口 3 180万，占俄罗斯总人口的21.83%。它超过加拿大人口（3 108.19万），也超过澳大利亚、白俄罗斯、特立尼达和多巴哥、加蓬四国人口之和（3 149万）。

民族 为多民族聚居区，约有130个民族，主要有：俄罗斯人和乌克兰人，还有白俄罗斯人、乌德穆尔特人、雅库特人、犹太人、阿尔泰人、鞑靼人、哈萨克人、德意志人、布里亚特人、图瓦人（旧称乌梁海人）、涅涅茨人、埃文克人、汉特人、楚科奇人、埃文人（旧称拉穆特人）、纳奈人、科里亚克人、曼西人、科米人、哈卡斯人（旧称阿巴坎鞑靼人或米努新斯克鞑靼人）、多尔甘人、尼夫赫人、乌德盖人、尤卡吉尔人、爱斯基摩人、阿留申人、托法拉尔人、中国人和朝鲜人等。

宗教 有多种宗教信仰，其中主要有东正教、天主教、新教，还有萨满教、佛教（喇嘛教）、犹太教等。

语言文字 西伯利亚远东地区官方语言为俄语。西伯利亚（包括极北地区）有40多个民族，其中有30种语言为本地民族语言。远东地区有20个民族，15种民族语言。比较大的少数民族语言有雅库特语、布里亚特语、阿尔泰语、达尔吉语、阿瓦尔语等，在西伯利亚和远东地区用这些民族语言的载体，出版报刊、出版物、网站、广播、剧院。俄文为官方文字。

总统全权代表 西伯利亚联邦区第一任总统全权代表列昂尼德·瓦季莫维奇·德拉切夫斯基（Леонид Вадимович Драчевский），2000年5月18日任职。根据俄罗斯联邦总统令，2004年9月9日，西伯利亚联邦区第二任总统全权代表为克瓦什宁·阿纳托里·瓦西里耶维奇（Квашнин Анатолий Василъевич）。

远东联邦区第一任总统全权代表康斯坦丁·鲍利索维奇·普里科夫斯基（Константин Борисович Пуликовский），2000年5月18日任职，2005年11月14日离任。远东联邦区第二任总统代表卡米尔·伊斯哈科夫（Камилъ Шамилъеви Исхаков）于2005年11月21日正式上任。

第二节 自然地理与人文地理

一 自然地理

（一）地理位置

俄罗斯的西伯利亚和远东，经常被称为俄罗斯东部地区。它位于西起欧亚两洲分界的乌拉尔山，东至太平洋西北沿海及附近岛屿之间的十分广大的区域。它南邻中国、哈萨克斯坦、蒙古和朝鲜；东南与东部隔日本海、白令海同日本、美国以及加拿大遥遥相望；西隔乌拉尔山与俄罗斯东欧部分毗连；北部沿海及各群岛临北冰洋及喀拉海、拉普捷夫海、东西伯利亚海和楚科奇海。

西伯利亚地区在陆上与中国、哈萨克斯坦和蒙古接壤，边界线总长度为7 269.6公里，其中与中国的边界线长1 255.5公里，与哈萨克斯坦的边界线长2 697.9公里，与蒙古边界线长3 316.2公里。远东地区在陆上和东亚地区国家的中国、蒙古、朝鲜接壤，其中远东与中国的边界线长3 065公里，与蒙古边界线长 124.8 公里（俄罗斯与蒙古的边境总长度为3 441公里），与朝鲜的边界线长 15 公里。

（二）自然环境

1. 西西伯利亚

西西伯利亚地区 92%的地区为大平原，只有东南部的边界地区是阿尔泰山和萨彦岭的余脉。

西伯利亚大平原从北向南绵延2 500多公里，北部是苔原冻土带，中部是泰加林，南部是草原和森林草原。

冬季，西伯利亚大平原经常刮南风和西南风，并引起暴风雪。夏季，湿润的冷风从北极的喀拉海上吹来，与来自哈萨克斯坦的干燥热风相遇，产生降雨气旋。

这里有2 100多条河流组成纵横交错的水道网，河流总长度超过 25 万公里，其中：鄂毕河和额尔齐斯河以及他们的 61 条支流总通航距离达 4.2 万公里，通航期上游为 200 天，下游为 140 天；鄂毕河是仅次于伏尔加河的产鱼大河。这些众多的河湖分布极不平衡。在北部平原地区多水，由于地势平坦，迂曲平缓的河流流速极为缓慢，有的几乎处于停滞不动的状态，有的河宽甚至达几十公里。而在南方地区又不同程度地缺水，如在西伯利亚大铁路沿线的农业地区，由于大城市和大企业过于集中，水源显得不足。而在河流密度达到每千平方公里有700～800 公里河流的南部山区，虽然水源有可靠的保障，但崎岖的地形却不利于建设城镇和大企业。在南方草原和森林草原地区，地表水和浅地表水水质差，不适于饮用。尽管深层地下水资源丰富和质量好，但取水成本较高。

2. 东西伯利亚

东西伯利亚绝大部分地区是海拔 500 米以上的山地，南方和西南方边界地区有萨彦岭。为典型的大陆性气候，具体表现为冬夏温差巨大，昼夜温度剧烈变化。在北冰洋的直接影响下，东西伯利亚成为世界上最寒冷的地区之一。夏短冬长，化冻晚，而上冻早。在北部地区冬季长达 9～10 个月。西部地区的年降水量为 600 毫米，而东部仅为 300 毫米，在降水量最少的东南部地区冬季平均雪厚只有5～10 厘米，有时一冬天很难见到雪。

东西伯利亚北纬 70 度以南的绝大部分地区是森林草原地带。东西伯利亚河流密布，占全俄河流流量的 30%。这里的河流一般都穿山越岭，常有急流险滩。叶尼塞河是西伯利亚河流中水量最充沛的大河，全长3 487公里，注入北冰洋，自古以来是重要的水上交通干线。这里有享有美誉的贝加尔湖，是世界上最清澈和最深的淡水湖，湖深1 620米，面积 3.15 万平方公里，有 336 条河注入该湖。湖中有 40 多种鱼，其中许多为独有鱼种。

3. 远东地区

（1）地形与地表特点

远东地区地域广大，地形呈狭长状。从最东北部的欧亚大陆极点、北亚东端捷日涅夫角到本区最南端的波谢特港约有4 000公里，东西跨度2 500～3 000公里。远东海岸线长达 1.77 万公里（包括岛屿海岸线），占全俄海岸线总长的 29%。

远东地区的地形特征是山多平原少，山地占全区面积的 3/4 强。山脉纵横，山地平均高1 000～2 000米，个别山脉达2 500～3 000米。虽有山地区域之称，但其山并不高，只有堪察加州的克留契夫火山海拔4 750米，它是欧亚大陆最高的活火山，也是远东区的最高点。萨哈林州的最高山峰海拔1 609米，千岛群岛的某些火山也都超过1 500米。远东区内还有沿海岸的锡霍特阿林山脉，它沿日本海和鞑靼海峡伸展。此外，还有堪察加山脉、萨哈林山脉和千岛群岛的火山脉。上述山脉的山峰大多高达2 000～3 000米，某些山峰甚至超过这一高度。堪察加州和萨哈林州是地震频发地区。远东西北部有巴贾尔山脉、小兴安岭山脉、布列亚山脉、杜谢—阿林山脉，它们与锡霍特阿林山脉平行。

远东地区地表结构极其复杂，因而在区内出现了各种不同景观的地理带，如克里亚克山地群以及远东岛屿的山脉都是偏往经线的东北走向。远东地区南部，由于火山活动的结果，形成结构熔岩高原，北部由于冰川作用，山脉多呈阿尔卑斯式地貌。远东的山地群多被凹陷分割，在远东南部，这种凹陷面积很大，形成了平原。平原仅占全区的1/4，主要分布在南部的阿穆尔河流域和兴凯湖沿岸、萨哈的中部河勒拿河及其支流维柳伊河西岸。远东最大的平原在阿穆尔河流域，例如，在结雅河上游有辽阔的上结雅平原，沿阿穆尔河中游是结雅—布列亚平原和中阿穆尔平原。在乌苏里江上游、兴凯湖沿岸和绥芬河沿岸是乌苏里—兴凯—绥芬平原。

远东地区的面积一半属多年冻土地带。造成永久冻土现象的主要原因是千万年来这些地方从地下深层到地表都在零摄氏度以下。北部地区 400～600 米厚的永久冻土层对采掘作业有利，无论打多深的矿井，无须采用任何支撑材料。堪察加半岛南部 2/3 的面积、千岛群岛、萨哈林岛、滨海边疆区全部地域、哈巴罗夫斯克边疆区和犹太自治州的平原以及阿穆尔州的森林草原不属于永久冻土地带。

(2) 三种自然景观带

远东地区沿纬度方向分布着 3 种自然景观带：

① 冻土带　冻土带分为极地冻土带、典型冻土带、南部冻土带、森林冻土带。

极地冻土带　它分布在远东地区最北部的弗兰格尔群岛、东西伯利亚海沿岸。这是极地荒漠地带，几乎没有土壤植被。

典型冻土带　指科雷马河、阿纳德尔河下游的山地和平原以及整个楚科奇半岛。这一地带适于放牧北方鹿，但尚未得到充分利用。

南部冻土带　白令海沿岸的草原地带均属此冻土带。该地带可以见到草场和牧场。

森林冻土带　该地带的森林和灌木丛具有防风和保持水土的作用，因而应很好地加以利用和保护。

② 森林带　可分为：

冻土前沿的稀疏林地带　包括堪察加半岛的火山地带、千岛群岛北部、锡霍特－阿林山脉。

原始森林带　包括萨哈林岛大部分、哈巴罗夫斯克边疆区、滨海边疆区、阿穆尔州北部地区。

针叶阔叶林带　哈巴罗夫斯克边疆区和滨海边疆区南部绝大部分地区。

③ 森林草原　仅限于结雅—布列亚平原和兴凯湖沿岸平原地区。远东森林草原的独特性与季风气候有关，季风气候给土壤形成过程规定了特殊的方向，有些地方的土壤层很厚，而且很黑，但褶皱黑土同欧洲和西伯利亚黑土毫无共同之处。

(3) 河流与湖泊

远东地区共有1 700条河流，长度为 10～4 825 公里不等。其中，长度超过1 000公里的河流有 4 条，这就是：阿穆尔河（与中国的界河，即黑龙江）、科雷马河、阿纳德尔河和结雅河。河流主要分布在山脚下，因此水流湍急。春季河水枯浅，夏秋洪水猛烈，为远东大部分河流的主要特点。河流按其水源特性分为：

① 雨水水源河流　雨水占 75%～80%，地下水占 5%～8%。属于这类河流的有阿穆尔河流域的河流。

② 雪水水源河流　雪水占 50%～60%，雨水占 30～40%，地下水占 10%。属于这类河流的有科雷马河、阿纳德尔河及楚科奇地区的河流。

③ 过渡类型河流　有萨哈林州、堪察加州及阿穆尔河下游左岸地区的河流。

冰雪覆盖江河的持续月数为：科雷马河、阿纳德尔河 7～8 个月，堪察加州的河流 5.5～6 个月，阿尔丹－鄂霍次克分水岭的河流 7～7.5 个月，阿穆尔河流域南部 4 个月，北部 5.5～6 个月。

远东地区湖泊大多分布在平原地区。按矿化程度分为淡水湖、稍咸湖和最咸湖。比较大的著名湖泊有兴凯湖、奥列尔湖、齐利亚湖、博隆湖、大奇吉湖、卡基湖、乌迪利湖等。

(4) 濒临的海洋

远东地区北部濒临北冰洋的海有东西伯利亚海、楚科奇海，东部有太平洋的白令海、鄂霍次克海和日本海。

① 东西伯利亚海　它不很深，沿岸有几个海湾，其中最大的海湾是恰翁湾和诺利杰湾，全年水温在零摄氏度以下，夏季北部和南部的水温为 1℃～1.5℃，春秋甚至夏季，由于阳光不足，容易结冰。

② 楚科奇海　它在南部通过白令海峡同白令海相连。在楚科奇海内只有一个港湾，即科留钦斯卡亚湾，该海湾虽很大，但水很浅，不便于停泊海船。楚科奇海经常结冰，几乎全年都难以通航。

③ 白令海　它被科曼多尔群岛和阿留申群岛同太平洋隔开，是远东地区诸海中最深的一个海，南部最大深度达4 773米。白令海有一系列深水海湾同太平洋相连接。窄而浅的白令海峡把白令海同北冰洋水域分开，白令海的远东沿岸有许多大海湾和深入内陆的避风港。白令海北部海水温度全年均在 0℃以下，一年之内有 9 个月为结冰期。在南半部和阿纳德尔湾夏季水温达 8℃～11℃。

④ 鄂霍次克海　其东南面以千岛群岛同太平洋相隔，东面是堪察加半岛，北部是品仁纳湾，南部是萨哈林湾，西部是萨哈林岛东岸。该海通过鞑靼海峡与宗谷海峡（拉彼鲁兹海峡）同日本海相连，北部深达 500 米，南部达2 000米，最大深度为3 657米。鄂霍次克海有乌利班湾、图古尔湾、舍利霍夫湾、吉日加湾、品仁纳湾等。冬季到 150 米深处的水温保持在零下 1℃～1.8℃之间，夏季表层水温达 0℃以下。冬季整个海区均结冰达 7～8 个月之久，夏季无冰。尚塔尔群岛沿岸的冰保持最久，直至 8 月份。

⑤ 日本海　为俄罗斯远东地区濒临的诸海中最南部的海，它与滨海边疆区、萨哈林岛以及日本、朝鲜和韩国相毗邻。由日本海经过 4 个海峡可以进入附近的海和太平洋：经过宗谷海峡（拉彼鲁兹海峡）进入鄂霍次克海，在刮东风时出现海水倒流现象；涅维尔斯科伊海峡是连接日本海和鄂霍次克海的第二个海峡，但该海峡很浅，因此不会通过该海峡发生海水交换现象；经过朝鲜海峡（对马海峡）可以进入黄海；经过津轻海峡可以进入太平洋。日本海西部水温冬季不超过 5℃，东部水温在 15℃～16℃之间，只有在西北部才会出现结冰现象。

（5）气候

远东地区的气候，总的来说属于北方型季风气候。冬夏受外来气团影响极大。冬季常刮西风，西部风力较小。随着经度的增加，风力也逐渐增大，到堪察加半岛和千岛群岛风力增到最大。在阿穆尔河上游地区冬季少雪，而在堪察加半岛、萨哈林岛和千岛群岛则常有大风雪。夏季由于来自南、东南方向的旋风，常有季风雨。东部夏季多云，直接辐射成为漫射，西部天空晴朗，日照充足。远东地区濒临海域，附近各海的水温极端不同，也影响着远东地区气候的差别。寒冷的鄂霍次克海和白令海紧接远东地区的北部边疆区，它们向大陆吐散着潮湿的寒雾。远东地区沿海的鞑靼海峡以南，则是温暖的日本海，它不仅使远东地区的滨海地带，而且使远东地区的南部（阿穆尔河流域腹地）内陆地区，夏季变得暖和而潮湿。例如在波雅尔科夫（阿穆尔河中游）7 月平均气温为 21.3℃，最高气温达 32℃。

远东地区气温夏季炎热，最高气温达 30 多摄氏度。冬季漫长而寒冷，达零下几十摄氏度。这里的维尔霍扬斯克区被称为世界冷极，最低温度达零下 60 多摄氏度。远东地区各地温暖期持续时间是：楚科奇半岛 2～2.5 个月；堪察加半岛 2.5～3 个月；阿尔丹－鄂霍次克分水岭 4～4.5 个月；阿穆尔河沿岸、滨海边疆区 5～6.5 个月；萨哈林岛 5～5.5 个月；千岛群岛 6～7 个月。远东各地区降水量不一，科雷马地区最少，全年不超过 200 毫米；堪察加半岛、千岛群岛最多，达1 000毫米，其中 70%～80%的降水都集中在 7～8 月。远东地区相对湿度夏季大于冬季，最低相对湿度在春季和深秋，此时，阿穆尔河沿岸地区为 40%～45%，沿海地区为 21%～35%。远东地区的整个南半部，夏季较热以及无霜期较长等条件完全适宜于普通春播谷类作物的生长。而在沿海边疆区的南部，甚至较为喜暖的作物，如大豆、大米以及果树，也都能够生长。（刘秀莲）

（三）自然资源

俄罗斯西伯利亚与远东地区拥有十分丰富的自然资源。有些资源不仅在俄罗斯，而且在世界上都名列前茅。其煤炭储量占世界总储量的 1/2；石油储量占世界总储量 1/4；天然气储量约占世界总储量的 1/3；木材蓄积量为世界各国中少有；黑色金属、有色金属、贵金属及非金属所包括的各类矿藏不仅应有尽有，而且储量十分丰富。

1. 自然资源储量大，种类齐全

石油、天然气　西伯利亚与远东地区拥有丰富的油气资源。按照俄罗斯官方发表的《俄罗斯 2020 年前能源发展战略》公布的数字，俄罗斯的石油储量为 440 亿吨，天然气储量为 127 万亿立方米，其中：两个联邦区——乌拉尔联邦区（秋明州）和西伯利亚联邦区——的石油储量占全国的 60%，天然气储量占 40%。远东地区的石油和天然气预估储量分别占全俄的 6%和 7%。西伯利亚地区的石油储量应为 264 亿吨，天然气储量为 50.8 万亿立方米；远东地区的石油储量为 26 亿吨，天然气储量为 8.89 万亿立方米。

东西伯利亚和远东的石油、天然气资源主要蕴藏在东西伯利亚的西伯利亚台地南部和远东的萨哈林大陆架。其中东西伯利亚台地石油储量为 13.3 亿吨，天然气储量为 3.64 万亿立方米。萨哈林大陆架石油和天然气储量分别为 2.63 亿吨和8 240亿立方米。

其他矿产品 西伯利亚与远东地区的矿产资源十分丰富，黑色金属矿、有色金属矿、贵金属矿、非金属矿所包括的各类矿藏不仅应有尽有，而且储量十分丰富。煤炭储量占世界总储量的1/2左右。远东探明的矿藏达70多种，其中不少在全俄甚至在世界占有重要地位。

森林资源 西伯利亚与远东地区的森林资源异常丰富，木材蓄积量总计为607亿立方米，其中西西伯利亚的蓄积量为97亿立方米，东西伯利亚为286.9亿立方米，远东为223.1亿立方米。西西伯利亚森林覆盖率为33.5%，东西伯利亚为53.3%，远东为40.7%，为世界上少有。

海洋资源 西伯利亚与远东地区北临北冰洋，东临沿海海域及太平洋，海岸线十分绵长。据估算，太平洋大陆架的生物资源17%集中在远东沿海海域，鱼和海产品资源总量达2 600万吨。

2. 自然资源具体分布状况

(1) 西西伯利亚地区

该地区地下资源极为丰富，是俄罗斯最主要的产油区。秋明州和托木斯克州境内有全俄最大的石油基地。在秋明州目前约有400处石油产地，探明储量200亿吨，已开采70亿吨。

根据预测，油气田总面积达180万平方公里，主要分布在鄂毕河中游地区，采油中心有秋明州的苏尔古特、尼日涅瓦尔托夫斯克、乌拉伊等和托木斯克州的斯特列热沃依。目前的采油量占全国石油产量的70%。大部分石油通过大口径输油管输往南方和欧俄大城市进行加工。西西伯利亚是俄罗斯最主要的天然气产地，其产量占全俄的90%，主要分布在纳蒂姆、乌连戈伊、新乌连戈伊、别列佐沃、扬堡等地。近年来在亚马尔半岛又发现新的天然气田。

西西伯利亚还有丰富的煤炭资源。位于东南部克麦罗沃州的库兹巴斯煤田举世闻名，面积达2.6万平方公里，从距地表几米起到1 800米深度蕴藏着6 430亿吨煤，其中30%为炼焦煤，年开采量可达1.5亿吨左右。另一处煤田伊塔次克的资源条件更好，厚达55～80米的煤层仅距地表十几米，因此这里产煤的成本，是全俄最低地区。在托木斯克州和秋明州也有大型煤田。该经济区的石油加工和煤炭化工都很发达。目前，该经济区为俄罗斯生产40%的煤，其中炼焦煤占全国炼焦煤产量的80%。西西伯利亚还有丰富的铁矿资源，钢铁产量目前占全俄产量的20%。新库兹涅茨克钢铁联合企业和库里耶夫斯克西西伯利亚钢铁厂都是全国著名的黑色冶金企业。

(2) 东西伯利亚地区

该地区水力资源在全俄占第一位，安加拉河—叶尼塞河流域潜在电能高达4 800亿千瓦小时，几乎占东西伯利亚地区的50%，适合建立大功率的梯级电站。由于地形有利，因此水力发电成本是全俄最低的。已经建成一批世界上规模最大的水电站，其中有：安加拉河上的伊尔库茨克水电站，装机容量662万千瓦；布拉茨克水电站，装机容量450万千瓦；乌斯季伊利姆斯克水电站，装机容量430万千瓦；在叶尼塞河上有克拉斯诺亚尔斯克水电站，装机容量600万千瓦，年发电量约为300亿千瓦小时；萨彦舒申斯克水电站，装机容量640万千瓦，年发电量为240亿千瓦小时等。

该地区矿藏丰富，煤的地质储量达3万亿吨，其中2/3储量集中在北部地区的通古斯煤田、泰梅尔煤田和叶尼塞河口煤田。南部的坎斯克—阿钦斯克煤田地质储量为6 000亿吨，煤层厚80米，距地表浅，适于露天开采，全俄适于露天开采的煤炭储量有80%集中在这里。炼焦煤主要蕴藏在通古斯和乌卢格赫姆斯克两大煤田。建在产煤区的纳扎罗沃热电站，功率为140万千瓦，以及赤塔热电站、伊尔库茨克热电站、诺里尔斯克热电站等都是全俄最著名的大型火力发电站。

在南部伊尔库茨克州一带新近发现了丰富的石油和天然气田，其开采前景十分广阔。东西伯利亚有多种有色金属矿藏，其中铝、铜、金、锡、钨等矿产储量丰富。该地区还有丰富的铁矿资源。

(3) 远东地区

该地区以自然资源十分丰富著称。无论是种类，还是储量，在前苏联和现在的俄罗斯乃至全世界均占有相当大的比重。这里集中了俄罗斯大部分钻石、黄金、白银、锡、萤石、铂、钨、铅和锌，稀有金属的储量也很大。远东地区已探明的矿物资源有70多种，其中包括：有色金属矿、稀有金属矿、铁矿石、化学及化肥原料矿等。已探明的矿物资源储量约为44亿吨，未探明的储量约为26亿吨。在矿物资源中，金刚石开采量占全俄罗斯的

98%，锡占80%，黄金占50%，煤占13%，钨占14%。能源资源方面，已探明的煤炭储量超过181亿吨，占全俄的1/3；已探明的石油储量为3.82亿吨，占全俄罗斯的3.7%，据估计，未探明的储量大约还有1.52亿吨；已探明的天然气储量为1.5万亿立方米，占全俄罗斯的7.3%。

远东地区自然资源具体分布状况如下。

① 煤炭资源　远东地区已勘探出约100个煤产地，确认储量为181亿吨，其中65%为褐煤，35%为石煤（其中46%为焦煤）。煤炭资源预测储量80%以上和确认储量的42%集中在雅库特。著名的煤田有：南雅库特煤田，其优质焦煤储量大；连斯克和济良诺夫斯克煤田；坎戈拉斯克褐煤田。已探明的动力煤产地在阿穆尔州、滨海地区、哈巴罗夫斯克边疆区（布列亚煤田及萨哈林），约60%的确认煤储量可供露天开采。

② 石油、天然气资源　远东地区工业级石油确认开采储量为3.82亿吨，其中61%的石油蕴藏在陆地，其余分布在鄂霍次克海大陆架。据估计，俄罗斯远东地区预测石油资源为80多亿吨，其中65%～70%蕴藏在大陆架。远东地区天然气的确认储量为1.5万亿立方米。其中59%以上的储量位于萨哈共和国，40%在萨哈林州（主要在大陆架），堪察加州和马加丹州只占1%。

③ 电力资源　远东地区大、中型河流有效电力资源潜力估计为3 000亿千瓦小时，已开发的电力仅占资源潜力的6%，水电站在远东北部地区和阿穆尔河流域已显示出较高的动力效率。该地区的鄂霍次克海沿岸还蕴藏着丰富的潮汐能，可兴建装机容量达1 000万千瓦的潮汐发电站（哈巴罗夫斯克边疆区同通古拉海湾）。另外，在堪察加半岛和千岛群岛地热资源也很丰富，可用于发电。

④ 森林资源　远东地区森林面积49 589.8万公顷（1998年数字），森林覆盖面积2.78亿公顷，占全俄的35.87%，木材蓄积量达203.62亿立方米，占全俄的27.39%，仅次于东西伯利亚地区，在前苏联时期即占其总储量的28%。成熟林和过成熟林占林区面积的45%。远东绝大部分地区都处在原始密林和混合林地带。阿穆尔州1/2以上、哈巴罗夫斯克边疆区1/3、滨海边疆区3/4的面积，均被森林覆盖。虽然绝大部分森林都是不便采伐的山地森林，但是，便于采伐的木材总储量仍有好几十亿立方米，并且，其中还包括多种珍贵的阔叶树。如在北部近极地苔原（楚科奇民族区）直到南部地质区有混合林和阔叶林，这是树种极其复杂的森林，其中除朝鲜雪松和冷杉外，数量最多的要算千斤榆、榛、麻栎、紫杉、黄檗、黑桦和槭树，还有很多藤本植物（五味子、山葡萄）。在鄂霍次克海沿岸地区（科里姆河和堪察加河流域），有着鱼鳞云杉和兴安岭落叶松；在苔原边界则生长着偃松。远东地区的森林分布相当广泛，几乎到处都有当地的或附近的森林资源来满足各地区对林产资源和木质建筑材料的需求。

⑤ 动植物资源　远东地区拥有巨大的生物资源宝库，除森林资源外，可供人类利用的其他生物资源储量有2 600万吨。在乌苏里密林及其北部的森林中，有北方的动物，如黑豹、麝、松鼠及旅鼠，也有虎、梅花鹿和雉。远东地区的北部，特别是堪察加和楚科奇半岛，有很多北极狐和白鼬。还有松鼠、山鸡、野鸭、雁、细嘴松鸡、榛鸡等多种野禽。远东地区鱼类资源相当丰富，有许多珍贵的鱼类，尤其是鲑鱼类（大马哈鱼、北鳟），在产卵期都从各入海口一直沿河上溯到内陆地区。在堪察加附近的海上，盛产大蟹。此外，在远东各海，特别是北方各海，繁殖着大量的名贵海兽，如鲸、海象、海狗、海狸和海豹。远东地区鱼产品和其他海产品的生产占前苏联的40%。远东地区还盛产药材、各种浆果、蘑菇、野生动物肉、蜂蜜等。此外，远东森林资源中的非木材原料占有重要地位，其中药用植物超过1 000种、食用植物350多种、食用菌400多种、蜜源植物和提供花粉植物250多种。

总之，远东地区的自然资源种类繁多，储量巨大，其综合利用价值相当高。

二　人文地理

（一）人口与民族

俄罗斯西伯利亚与远东地区的人口为3 180万，占俄罗斯联邦人口总数的21.83%。

1. 人口与民族分布状况

（1）西西伯利亚

人口1 500万。该地区为多民族地区，人口最多的是俄罗斯人，占全地区人口的90%。

北部地区有汉特人、曼西人、涅涅茨人、科米人等小民族，在南方的山区生活着阿尔泰人。在该地区还散居着一些鞑靼人、哈萨克人和德意志人。

人口分布极不平衡，全区人口密度每平方公里仅为6.2人。该区劳动力长期匮乏。

（2）东西伯利亚

人口为900万，占全俄人口的6.2%。人口密度每平方公里2.2人，人口分布极不平衡。

该区亦为多民族地区，主要有布里亚特人、图瓦人、哈卡斯人、鞑靼人、托法拉尔人、埃文克人、多尔甘人、涅涅茨人等。

苏联解体以后，由于居民生活水平急剧下降，造成出生率下降、死亡率上升，居民平均寿命缩短，人口趋于老龄化，人口停止自然增长。

（3）远东地区

这是俄罗斯最大的经济区，但人口稀少。在1986～1992年间，远东地区的人口增长了0.2%。从20世纪80年代中期起，远东地区人口自然增长率明显下降，1991年人口普查时，首次出现负增长。

根据2002年10月俄罗斯人口普查统计，2002年该地区人口总数为668.67万，约占全俄人口的5.4%，其中城市居民为507.75万人，占远东地区人口总数的76%；农村居民160.92万人，占24%。

俄罗斯人和乌克兰人占远东人口总数的90%以上，其余为白俄罗斯人，雅库特人、埃文克人、犹太人、乌德盖人、奥罗奇人、尤卡吉尔人、尼夫赫人、楚科奇人、科里亚克人、爱斯基摩人、阿留申人；此外，还有中国人和朝鲜人。

远东地区人口密度为每平方公里1.1人。人口分布极不均衡，80%的人口聚居在面积仅占本地区30%的南部各行政区（滨海边疆区、阿穆尔州、萨哈林州和堪察加州）。在滨海边疆区南部地带和几条主要铁路沿线，人口密度每平方公里达10～25人；在北部地区，即使是很适宜人们居住的地方，如各海沿岸地区以及内陆的某些河谷地区，人口密度下降到每平方公里1～10人；在不宜于人们居住的地区，每平方公里甚至不足1人。

远东地区有劳动能力的青年人占远东总人口的比重为27.6%，这一指标高于全俄的24.3%，仅低于东西伯利亚地区的28.8%水平。远东有劳动能力的人口比重也高于全俄的56.7%水平，达到61.4%。远东地区人口1991～2002年，减少了140多万人。人口减少趋势至今仍未扭转。远东地区劳动力资源增长速度比20世纪70年代下降了1/2，由于出生率下降和人口外流增加，劳动力资源还将继续减少。

2. 劳动力缺乏十分严重

西伯利亚与远东地区由于人口少，密度低，人口死亡率大于出生率，人口外流严重，人口健康状况恶化等原因，造成劳动力缺乏十分严重。近些年来，西伯利亚与远东地区人口自然增长率一直为负增长。以1994年为例，自然增长率为－4.4%；东西伯利亚自然增长率为－3.1%；远东自然增长率为－1.9%。西伯利亚与远东地区的人口每年正以10多万人的速度减少，其中：西伯利亚在1999年初至2000年初人口减少了12.2万人，特别是西西伯利亚这一年人口减少了6.4万人。2000年，西伯利亚（不包括秋明州和阿尔泰共和国）人口又减少了11.4万人。

据俄罗斯有关专家悲观的估计，到2020年西伯利亚人口将减少到2 240万人，即比现在减少150万人（《西伯利亚研究》2002年8月，第39页）。20世纪90年代后，俄罗斯由于一度经济衰退，生活水平下降，人口外流数量增多。如远东地区俄罗斯科学院远东分院等研究机构，由于自然条件严酷，生存条件恶化，以及社会基础设施建设长期落后等因素影响，造成科学家、学者和专业技术人员持续外流。西伯利亚与远东地区多为劳动密集型产业，因而劳动力需求量很大，并且越来越大。根据专家预测，靠本地区的人口自然增长率只能解决劳动力需求的1/3，在未来展开的大规模开发建设中将缺少300万～500万名劳动力。

（二）宗教

17世纪末期和18世纪初期，俄罗斯沙皇彼得一世打通了俄罗斯与印度的通道，又侵占了西伯利亚和远东的广大地区。西伯利亚和远东地区是个多民族杂居的地方，大约有100多个民族，宗教信仰呈多样性，有东正教、旧礼仪教、伊斯兰教、萨满教、佛教（喇嘛教）、犹太教、天主教、新教等。其中最主要的是东正教、萨满教、佛教和伊斯兰教。

东正教

17世纪末期，随着西伯利亚和远东地区的开发，大量俄罗斯人涌入，东正教也传入该地区。主要分布于各大城市及其周边地区，信仰者以俄罗斯民族为主。由于1917年十月革命以后东正教的传播受到遏制，20 世纪 90 年代苏联解体后才逐步得到恢复，因此尚无比较确切的人数统计。

萨满教

其他宗教传入西伯利亚和远东地区以前，当地的阿尔泰突厥族和阿尔泰蒙古族主要信仰萨满教。该教由原始崇拜发展演变而来。17 世纪以后，其他宗教陆续传入，萨满教也受到巨大冲击。1917 年十月革命后更受到禁止，20 世纪 40 年代重新抬头。绝大部分信仰者在信仰该教的同时也信仰其他宗教，二重信仰和三重信仰者为多，如兼信东正教，或兼信佛教，或三者兼信。纯萨满教信徒很少。

佛教

传入西伯利亚和远东地区的佛教属于藏传佛教，俗称喇嘛教。17 世纪由西藏经蒙古传入。信仰者主要是操蒙古语的布里亚特人、卡尔梅克人和图瓦人。他们在佛教传入以前基本都信仰萨满教，后来改宗喇嘛教。20 世纪 30 年代遭到严厉镇压，40 年代复苏，50 年代又受无神论冲击，60 年代复兴。目前信徒数量约 240 余万，主要分布于外贝加尔等蒙古民族聚集地区。

伊斯兰教

俄罗斯第二大宗教，也是俄罗斯西伯利亚远东地区的一大宗教。最早于 7 世纪传入，10～19 世纪上半叶，在鞑靼人、巴什基尔人、阿迪格人、切尔克斯人、阿巴津人、卡巴尔达人、车臣人、印古什人、奥塞梯人、巴尔卡尔人、卡拉恰耶夫人的部落中传遍。信徒主要分布于乌拉尔山前地带、伏尔加—卡马河流域和北高加索地区。西伯利亚和远东地区的人数相对为少。

（三）行政区划

1. 关于俄罗斯西伯利亚与远东地区地理概念和行政区划的历史沿革

（1）俄罗斯西伯利亚的地理概念

“西伯利亚”这一概念，历史上是泛指俄罗斯的亚洲部分。1917 年前的俄国官方文件和科学文献把乌拉尔山脉以东的全部领土和太平洋间的地域统称为西伯利亚。1904 年俄国出版的《帝俄大百科全书》的解释是：西伯利亚是指俄国在北亚的全部领土。它北临北冰洋，西起乌拉尔山，南至蒙古、中国边界（圣彼得堡 1904 年版，第 17 卷，第 334 页）。苏维埃政权建立后，“西伯利亚”划分为两个区，分别称为西伯利亚和远东区。从那时起，“西伯利亚”就具有双重含义：一是指乌拉尔山以东的广大地区（含远东地区），二是指东西伯利亚和西西伯利亚，而不包括远东地区。西伯利亚与远东同时又被称为苏联东部地区。按照 1979 年出版的《苏联大百科全书》的解释：西伯利亚地区占有北亚大部分地域，西起乌拉尔山，东至太平洋分水岭，北起北冰洋海岸，南至哈萨克草原和中国、蒙古边界（莫斯科 1979 年版，第 23 卷，第 338 页）。这样划分后，西伯利亚的面积减少到1 000万平方公里（《苏联百科词典》，中国大百科全书出版社 1986 年版，第1 401页），并以叶尼塞河为界分为东西伯利亚和西西伯利亚两部分。

（2）俄罗斯远东地区的地理概念

苏联时期，远东地区从西伯利亚分离出来，形成一个独立的与西伯利亚并重的地理概念。它包括俄罗斯整个太平洋沿岸地区、绝大部分阿穆尔河流域、整个阿纳德尔河流域，以及科雷马河上游地区。远东的西部是中西伯利亚高原，与赤塔州为邻，东至太平洋沿岸，南部与中国和朝鲜接壤，北部是北冰洋。俄罗斯与美国的海界就在本区东北面，从东迪奥米特岛与西迪奥米特岛之间的白令海峡通过。俄罗斯与日本的海界在本区千岛群岛南部的库纳希尔岛与北海道之间沿拉彼鲁兹海峡通过。

2. 普京执政后对西伯利亚行政区划的调整

2000 年普京执政后，为加强国家垂直管理，对俄罗斯进行重新整合和划分，将俄罗斯原来的 11 个经济区合并为 7 个联邦区。因此，位于西伯利亚与远东地区的联邦主体分别隶属于 3 个联邦区，即：西伯利亚联邦区、远东联邦区和乌拉尔联邦区（原隶属西西伯利亚经济区的秋明州和汉特—曼西民族自治区和亚马尔—涅涅茨民族自治区划归乌拉尔联邦区）。西伯利亚与远东 2 个联邦区，其下辖有 19 个联邦主体和 4 个州、2 个边疆区、1 个自治共和国。尽管如此，西伯利亚和远东地区的地理概念未发生变化。

（1）西伯利亚地区

现在整个西伯利亚地区共有 19 个联邦主体，分别隶属于西伯利亚联邦区和乌拉尔联邦区。归西伯利亚联邦区管辖的共有 16 个联邦主体，包括：4 个共和国（阿尔泰共和国、布里亚特共和国、图瓦共和国、哈卡西共和国），2 个边疆区（阿尔泰边疆区、克拉斯诺亚尔斯克边疆区），6 个州（伊尔库茨克州、克麦罗沃州、新西伯利亚州、鄂木斯克州、托木斯克州、赤塔州)，4个自治区〔阿加布里亚特自治区、泰梅尔自治区（多尔甘—涅涅茨自治区)、乌斯季-奥尔登斯基自治区、埃文克自治区〕。归乌拉尔联邦区管辖的有3个联邦主体，即：原属西西伯利亚经济区的秋明州、汉特—曼西自治区和亚马尔-涅涅茨自治区。

① 西西伯利亚地区

共有9个联邦主体，即：阿尔泰共和国、阿尔泰边疆区、克麦罗沃州、新西伯利亚州、鄂木斯克州、托木斯克州、秋明州、汉特—曼西自治区和亚马尔—涅涅茨自治区。该区有87座城市，42个市区，146个镇和2 446个农村管理机构。其中许多大城市是举世闻名的，如新西伯利亚、巴尔瑙尔、鄂木斯克、秋明、克麦罗沃等。绝大部分居民都生活在城镇中。

表1　　俄罗斯西伯利亚地区行政区划、面积、人口和首府

行政区划	面　积（万平方公里）	人　口（万人）	首　府
俄罗斯西伯利亚联邦区	511.48	2 006.4	新西伯利亚市
1　阿尔泰共和国	9.26	20.5	戈尔诺—阿尔泰斯克市
2　阿尔泰边疆区	16.91	262.1	巴尔瑙尔市
3　克麦罗沃州	9.55	294.1	克麦罗沃市
4　新西伯利亚州	17.82	271.7	新西伯利亚市
5　鄂木斯克州	13.97	212.7	鄂木斯克市
6　托木斯克州	31.69	106.1	托木斯克市
7　赤塔州	41.25	115.7	赤塔市
8　阿加布里亚特自治区	1.9	8.0	阿金斯科耶
9　伊尔库茨克州	74.55	257.3	伊尔库茨克市
10　乌斯季奥尔登斯基布里亚特自治区	2.24	14.3	乌斯季伊里木斯克
11　布里亚特共和国	35.13	101.9	乌兰乌德市
12　特瓦（原图瓦）共和国	17.05	31.0	克孜勒市
13　哈卡斯共和国	6.19	57.6	阿巴坎市
14　克拉斯诺亚尔斯克边疆区	233.97	301.5	克拉斯诺亚尔斯克市
15　泰梅尔（多尔干—涅涅茨）自治区	86.21	4.4	杜金卡市
16　埃文克自治区	76.76	1.8	图拉市
俄罗斯乌拉尔联邦区（以下为历来属西伯利亚部分，现仅行政区划改置）	178.89	1 238.2	秋明市
17　秋明州	143.52	327.2	秋明市
18　汉特—曼西自治区	52.31	142.4	汉特—曼西斯克
19　亚马尔—涅涅茨自治区	75.03	50.9	萨列哈尔德

注　表中西伯利亚联邦主体的排序全部参照俄罗斯国家统计局编制的《国家统计年鉴》的排序，即按俄文字母的顺序排列。
资料来源　俄罗斯国家统计局《2002年国家统计年鉴》，莫斯科，2003年版，第42～43页，第81页。

（制表　冯育民）

② 东西伯利亚地区

有10个联邦主体，即：布里亚特共和国、图瓦共和国、哈卡斯共和国、克拉斯诺亚尔斯克边疆区、泰梅尔（多尔甘—涅涅茨）民族自治区、埃文基自治区、伊尔库茨克州、乌斯季奥尔登斯基布里亚特自治区、赤塔州和阿加布里亚特民族自治区。

该区有73座城市，20个市区，194个城镇和1 675个农村管理机构。

③ 西伯利亚联邦区总统全权代表

西伯利亚联邦区第二任总统全权代表：科瓦什宁·阿纳托利·瓦西里耶维奇（Квашнин Анатолий Васильевич），1946年8月15日生于巴什基尔苏维埃社会主义自治共和国（现为巴什科尔托斯坦共和国）乌法市。1969年毕业于库尔干机械制造学院，1976年以优异成绩毕业于装甲部队军事学院，1989年以优异成绩毕业于俄联邦武装力量总参谋部军事学院。1976年起，先后担任坦克团参谋长、副团长。1978～1987年任坦克团团长，随后担任坦克师参谋长、副师长、师长。1989年起担任第一副军长、军长。1992～1994年，先后担任俄联邦武装力量总参谋部作战总指挥部副指挥长、第一副指挥长。1994年12月至1995年2月1日，任北高加索军区联合部队总指挥。1995年2月至1997年5月，任北高加索军区司令员。1997年5月至2004年6月，先后任俄联邦武装力量总参谋部参谋长、俄联邦国防部第一副部长。他被授予大将军衔，军事科学博士、社会学副博士、俄罗斯导弹和炮兵科学院通讯院士。获俄联邦英雄称号，还获得“苏联军队为祖国服务”三级勋章、“英勇”奖章、“祖国功勋”二级和三级勋章。

2004年9月9日，按照俄联邦总统令，他被任命为西伯利亚联邦区总统全权代表。家庭状况：已婚，有两个儿子。

(2) 远东地区

远东地区面积621.59万平方公里，占俄罗斯总面积的36.4%。该地区下属4个州（阿穆尔州、堪察加州、马加丹州、萨哈林州），2个边疆区〔滨海边疆区和哈巴罗夫斯克（伯力）边疆区〕，1个自治共和国〔萨哈（雅库特）自治共和国，它原属东西伯利亚地区，与远东各行政区的联系很少，因东西伯利亚地区面积太大，1963年才被划入远东地区，但许多俄罗斯学者至今认为，把它划入远东地区是错误的〕。

远东联邦区总统全权代表

表2　俄罗斯远东联邦区行政区划、面积、人口和首府

行政区划	面积（万平方公里）	人口（万人）	首府
俄罗斯远东联邦区	612.59	703.8	哈巴罗夫斯克市
1 阿穆尔州	36.37	98.2	布拉戈维什斯克市
2 堪察加州	47.23	38.0	彼得罗巴甫洛夫斯克市（堪察加）
3 科里亚克自治区	30.15	38.0	帕拉纳市
4 马加丹州	46.14	22.9	马加丹市
5 萨哈林州	8.71	58.54	南萨哈林斯克市
6 滨海边疆区	16.59	212.5	符拉迪沃斯托克市（海参崴）
7 哈巴罗夫斯克边疆区	78.86	148.6	哈巴罗夫斯克市
8 萨哈（雅库特）自治共和国	310.32	98.3	雅库特市
9 犹太自治州	3.6	19.5	比罗比詹市
10 楚科奇自治州	73.77	7.4	阿纳德尔市

资料来源　俄罗斯国家统计局《2002年国家统计年鉴》，莫斯科，2003年版，第42～43页，第81页。

（制表：冯育民）

俄罗斯远东联邦区第二任总统全权代表伊斯哈科夫·卡米尔·沙米里耶维奇（Исхаков Камилль Шамильевич），1949年2月8日出生于喀山。高等教育为无线电物理专业。1965年开始参加工作，做电工。从喀山国立大学毕业之后，于1973～1980年担任喀山市苏联列宁共产主义青年团区委

员会第一秘书。1980～1988年，任喀山市“阿尔戈里特姆”科学生产联合体科教中心主任、副主任，喀山市计算技术和信息学科学生产联合公司总经理，苏联计算机技术和信息学国家委员会喀山科教中心主任。1988～1989年，任喀山市共产党苏维埃区委第一秘书。1989年起，担任喀山市人民代表苏维埃执行委员会主席。1991年起，担任喀山市执行长官。1995年起，担任喀山人民代表苏维埃主席。曾任鞑靼斯坦共和国和喀山人民代表苏维埃人民代表。还任俄罗斯历史城市和地区局局长、世界友好城市协会国际联合会理事，俄罗斯历史城市和地区协会副会长，协调联合国教科文组织规划中心的地区分部主任，国际信息科学院通讯院士，欧盟国家安全国际科学院通讯院士。

曾获“祖国功勋”四级荣誉勋章、“英勇劳动者——为纪念列宁诞辰100周年”奖章，获苏联部长会议奖金。拥有鞑靼斯坦共和国荣誉证书，曾被评为俄罗斯市政住宅建设荣誉工作者。1995年，在全俄市长评比中被评选为俄联邦“年度十佳市长”。

2005年11月14日俄罗斯联邦总统普京颁布命令，任命他为俄罗斯远东联邦区总统全权代表。

已婚，有两个女儿。 （刘秀莲 冯育民）

第三节 历史

一 西伯利亚地区

（一）古近代史

13～16世纪，西伯利亚曾先后隶属于金帐汗国（Золотая орпа）和西伯利亚汗国（Сибирское ханетво）。

16世纪中叶，统一的俄罗斯中央集权国家形成，开始向外大举扩张。1581年9月10日，一支由哥萨克头领叶尔马克率领的远征军，越过乌拉尔山向西伯利亚汗国进攻，正式拉开了俄国兼并西伯利亚的序幕。1582年11月4日，叶尔马克占领了汗国京城西伯利亚城。

1586年，督军苏金在图拉河口建立了第一座俄罗斯城堡——秋明。此后，先后又建立了诸多城堡，如托博尔斯克（1587）、别列佐夫（1592）、苏尔古特（1594）、库兹涅茨克（1681）、叶尼塞斯克（1619）、连斯克（后改为雅库茨克，1632）等。这些城市在日后发展中成为行政、军事、商业、宗教和文化中心，在西伯利亚开发中发挥了重要作用。

1637年，沙皇颁诏建立西伯利亚衙门，负责处理军事、行政、司法、税收等各方面的事务。各县听命于西伯利亚衙门，县督军由衙门派任。县以下设两类基层行政单位，一类是俄罗斯居民点，包括城堡、城关镇和村，行政长官称总管。第二类基层单位是少数民族的实物税乡。

1639年，以莫斯科维京为首的一队哥萨克抵达鄂霍次克海岸，标志俄国已把边界推进到太平洋西岸。

俄国兼并西伯利亚时，那里约有30多个土著民族，人口约20多万。

到18世纪中叶，西伯利亚已建立了大型东正教教堂37座。在俄罗斯居民的影响下，土著民族的生活方式和生产方式也逐渐发生变化。俄罗斯人较先进的生产工具、生活用品及衣服食品等渐为土著居民所接受。

为对这一地区实行有效控制和经济开发，俄罗斯开始向这里大规模移民。移民分为三类：强制移民、自由移民和流放移民。根据1649年颁布的《法典》，流放西伯利亚是仅次于死刑的重刑，用于惩处各类犯罪分子和政敌。17世纪下半叶，每年流放到西伯利亚的人数达6 000～9 000人。从19世纪起，沙皇政府还把政治流放作为镇压解放运动的重要工具。大批十二月党人、革命民主主义者和马克思主义者相继被流放到西伯利亚。沙皇政府把流放当作加速向西伯利亚移民的手段。到1858年，西伯利亚的俄罗斯居民人口已从17世纪末30万，猛增至269.12万人。1861年农奴制度废除后，俄欧地区农奴获得自由，再加上沙皇政府颁布鼓励向西伯利亚移民的法令，使西伯利亚人口迅速增加，1897年达到579.98万人。1891～1905年西伯利亚大铁路建成后，西伯利亚地区开始了大规模的开发建设。

渔猎业是西伯利亚最早出现的经济部门。有学者认为，西伯利亚的毛皮贸易可以同中国的丝绸贸易和茶叶贸易媲美。西伯利亚毛皮在俄国原始积累中起了重要作用。农业是渔猎业之后迅速发展起来的经济部门，主要种植麦类、蔬菜和亚麻等作物。到17世纪末，耕地面积已达12万俄亩。从1655年起西伯利亚实现粮食自给，而到19世纪上半叶不仅自给有余，还开始大量输往其他地区。1900～

1904年，西伯利亚年均出口粮食1 500万普特，1909年猛增至4 630万普特。粮食增产保证了畜牧业的发展，19世纪西伯利亚被称为世界生产黄油质量最好的地区。此外，还大量出口肉类，第一次世界大战前，年均出口量为280万普特。西伯利亚的酿酒、制革、制粉等农副产品的加工业发展非常迅速。

沙皇彼得执政时，不止一次地提出从西伯利亚出发寻找美洲的计划。1732年他的继任者安娜女皇下令对西伯利亚进行考察，开辟去美洲和日本的海路。这次综合性的考察历经10年之久，参加人员多达2 000人，耗资36万多卢布，基本探明了西伯利亚的资源情况，对整个西伯利亚的发展产生深远影响，具有重大的历史意义。对此，俄罗斯科学之父罗蒙诺索夫（М.В.помоносов 1711～1765）则做出了“俄罗斯的强盛有赖于西伯利亚”的论断。随着西伯利亚矿产资源的探明，采矿业迅速发展，同时还带动了冶金业的发展。1891年开始修筑西伯利亚大铁路，是西伯利亚历史上的大事。这条长近万公里的钢铁大动脉，促进了西伯利亚经济发展和对外经济贸易的扩大。在1897～1917年的20年间，铁路沿线地区的城市从40座增加到63座，各城市居民分别增加2倍、4倍甚至8倍不等。

（刘秀莲）

（二）现当代史

1917年俄国十月社会主义革命的爆发，使西伯利亚的历史翻开了新的一页。

十月社会主义革命胜利后，西伯利亚地区经过70多年有计划的开发建设，使其成为全苏重要的工业基地和能源生产基地。

在列宁时期，国家对如何开发西伯利亚就有了一个初步的战略构想。列宁把西伯利亚开发同国家政权存亡与稳定联系在一起，主张充分发挥西伯利亚的基础和基地作用，设想把西伯利亚与远东建成未来强大国家的后方，使其充分发挥社会主义建设物质技术基础的作用；在可靠物质基础之上逐渐实现从西部向东部的战略转移，通过长远规划和五年计划，发展西伯利亚地区生产力，合理配置基础设施；利用外资巩固和加强生产部门。

在斯大林时期，斯大林继承和发展了列宁开发西伯利亚的思想，并对西伯利亚实施有计划的战略开发，在国家的每个五年计划中均有重点开发项目。例如，苏联“一五”计划期间（1929～1932），在西伯利亚东部地区重点建立煤炭冶金工业中心；“二五”计划期间（1933～1937）重点完成冶金工业基地及其相关产业的建设，从而奠定了西伯利亚地区工业发展基础；“三五”计划期间（1938～1942），有计划地建设战备、后方供应基础；“四五”计划期间（1946～1950），重点开发西伯利亚安加拉—叶尼塞河的水力资源。在斯大林执政时期，苏联兴建的乌拉尔－库兹涅茨克煤炭钢铁联合企业，带动了西伯利亚化学工业、焦炭工业、动力工业和交通运输业的发展，形成了一个规模宏大的工业开发区，成为苏联经济发展的一个新的亮点。

在赫鲁晓夫执政时期，国家逐渐形成“三大基地”思想，即把西伯利亚开发成为全苏联最大的燃料动力基地、高耗能产品生产基地和粮食基地。从20世纪50年代开始，在安加拉—叶尼塞河流域兴建的一系列大型水电站和火电站，是苏联实现生产力进一步东移的标志性成果。它的建成为西伯利亚地区的发展提供了廉价的电力，促进了该地区的制铝工业、化学工业、有色金属冶炼业、采矿业及其他部门的发展。

20世纪60年代秋明油田的开发和西西伯利亚区域生产综合体的建设，标志着西伯利亚的经济开发进入到一个新的阶段。秋明油田的开发使得西西伯利亚变成吸引资金和劳动力最多的地区。秋明州和托木斯克州以开采石油和天然气工业为核心，逐步形成一个以石油加工、石油化学工业、机器制造业、木材加工业和动力工业为主要部门的西西伯利亚区域经济生产综合体，在托木斯克和鄂木斯克形成两个大型石油化工基地。秋明油田开发10年后，苏联原油产量居世界第一位，成为苏联出口创汇的主要来源，进一步奠定了西伯利亚地区在全苏经济中的地位。

1974年苏联开始投资建设贝阿铁路（贝加尔—阿穆尔铁路的简称），西起西伯利亚大铁路的泰谢特，东至太平洋沿岸的苏维埃港，全长4 275公里。工程分4个工区同时动工。其中，伊尔库茨克—吉普昆段铁路，横贯东西伯利亚和远东中部地区，全长3 145公里，1984年全线接通，1989年正式通车。国家实际投资110亿卢布（约177亿美元）。2001年随着北穆亚隧道工程的完工，标志着该干线的建设告一段落。之后这条铁路的建设，开发重点逐步转向西伯利亚的极北地区。

20 世纪 80 年代，苏联将西伯利亚开发的投资重点放在西西伯利亚极北地区的天然气开发上，建成世界著名的杨堡和乌连戈伊等大型气田。

经过上述阶段的发展，西伯利亚的南部地区得到较为充分地开发，沿西伯利亚大铁路基本上形成了一条工农业生产地带。中部地区也得到不同程度的开发。与此同时，西伯利亚与远东地区初步形成以能源、燃料和工业原料加工为特点的经济区。石油、天然气工业、有色金属业、木材加工亚、化学工业、纸浆造纸业不仅是本地区的经济命脉，而且也是全苏的支柱产业。但该地区的农业、轻工业和食品加工业发展一直缓慢，严重阻碍着西伯利亚经济协调发展。

苏联解体以后，俄罗斯在向市场经济转轨时期，由于实行私有化，中央和地方的经济关系发生重大变化。在转轨初期，俄罗斯政府不可能再按照以前计划经济时期的速度和财力实行“生产力东移”战略。西伯利亚地区的各联邦主体不得不摒弃依靠国家资助的“生产力东移”发展模式，而改为依靠自身的优势发展经济，即：由过去最大限度地保证全苏的经济发展变为满足市场的需求；由依靠中央财政支持，变为中央、地方、企业、个人多元投资，最大限度地吸引外资，建立合资企业；由大规模的开发，变为依靠自身的资源优势，积极恢复和发展东部地区的经济。尽管该地区的区域产业结构畸形，严重制约着该地区的协调发展，但它在全俄国民经济发展中的作用仍不断增长。尤其是西伯利亚地区的石油、天然气、木材、有色金属化工产品是俄罗斯在国际市场上的主要出口创汇物资，可以说，西伯利亚过去是、现在是，将来仍是俄罗斯的经济支柱，是振兴俄罗斯经济的主要力量。

叶利钦执政时期，俄联邦政府十分重视该地区的发展，由俄罗斯经济部生产力布局与经济合作委员会、俄科学院西伯利亚分院工业生产经济与组织研究所、“西伯利亚协议”跨地区经济协作联合会等单位共同制定了《西伯利亚 1997～2005 年经济社会发展联邦专项纲要》。由于俄罗斯国内政局动荡不安，经济形势每况愈下，因此无法实施。

普京执政后，十分重视西伯利亚的发展，考察该地区的社会经济形势，研究东部地区的发展战略。2002 年 6 月 7 日俄政府出台《西伯利亚经济社会长期发展战略》。该战略的基本出发点是，利用西伯利亚各种资源优势，加快该地区的经济社会发展，使地区总产值的年均增长速度达到 6%～7%，赶上或者超过全俄平均指标，使西伯利亚地区的居民生活达到相应的水平，即不低于俄罗斯欧洲部分的居民生活水平。如果该战略实施顺利，2020 年该地区人均产值将达到6 600～7 200美元，高于全俄平均指标5 300～5 900美元。　　（冯育民）

二　远东地区

（一）古近代史

沙俄远东疆界，直到 19 世纪 60 年代才最终形成。俄军占领东西伯利亚后，以新建的城堡为依托，向勒拿河进发，闯入远东地区。17 世纪 30 年代末，俄军占领了勒拿河流域大部分地区，修筑了一系列城堡，其中雅库茨克（1632 年时称连斯克）的地位最为重要，很快成为俄军东下太平洋、南侵黑龙江、北进楚科奇和堪察加的大本营，并长时间作为远东的行政指挥中心。17 世纪末俄军进入堪察加半岛，于 1731 年彻底兼并了该半岛。

与此同时，雅库茨克派出哥萨克士兵向南方的中国黑龙江流域伸出触角。1643 年，文书官波雅尔科夫率领由 132 人组成的队伍远征黑龙江。他们到达黑龙江北岸的达斡尔人地区大肆抢劫，遭到达斡尔人的奋勇抗击。受到重创的哥萨克军龟缩在冬营地，陷入困境。波雅尔科夫竟命令哥萨克士兵吃被打死的达斡尔人和饿死的军役人员，一冬天吃了 50 多人。1649 和 1650 年，哈巴罗夫率队两次远征黑龙江，在黑龙江北岸修筑了阿尔巴津堡，以该堡为据点四处抢掠杀害中国居民。在居民连连请求下，清政府派兵剿灭“罗刹”。此后又多次派兵与俄军交战，于 1659 年收复了阿尔巴津堡，肃清了黑龙江下游的俄军。而俄国趁清军撤回内地之机不断蚕食中国土地，并于 1684 年在达斡尔人居住地设立阿巴尔津县。

自 1648 年起，清廷多次接待俄国使团，希望通过外交途径解决争端，然而俄无视中国的诚意和坚定立场，加紧向黑龙江流域扩张。在这种情况下，康熙皇帝于 1685 年下令进攻阿尔巴津堡，而清军攻克该堡并撤回瑷珲后，俄军再次进驻该堡，迫使清军长期包围该堡。1689 年 9 月 7 日，中俄两国使臣索额图和戈洛文经过 16 天谈判后，在尼布楚签订了《中俄尼布楚条约》，划定了两国东段边界，即以格尔必齐河、外兴安岭和额尔古纳河为界，在法律上肯定了黑龙江和乌苏里江流域是中国领土。条约签订一个多月，沙皇政府就忙着给大小俄国商队签发去中国贸易的许可证。大批俄商以涅尔琴斯克（中国地名为尼布楚）为基地，以北京为贸易中心，以骆驼、马车为运输工具，进行了大规模的商队贸易，最庞大的1703年商队人数多达830人。对华商队贸易的兴盛使涅尔琴斯克等一批坐落在俄中贸易商路上的城市和边境口岸得到繁荣和发展。1696年，俄国对华贸易额一举突破10万卢布，西伯利亚的商业中心逐渐向远东转移。

沙皇政府利用北方大考察打通了通往美洲的海路后，俄国商人和渔猎人对北太平洋岛屿和美洲丰富的毛皮兽和海兽资源趋之若鹜。仅1743～1797年，他们就向那里进行了89次大规模的渔猎远征，猎获了大量珍贵毛皮。1784年，富商舍利霍夫在阿拉斯加的卡迪亚克岛建立了第一个俄国在美洲的殖民点。此后俄国开始大批向北美洲移民，把阿拉斯加、加利福尼亚一部分和阿留申群岛变成俄国属地，称为俄属美洲，把新阿尔汉格尔斯克定为行政中心。为治理新占领的美洲土地，巩固俄国在北太平洋的地位，沙皇政府批准成立受沙皇庇护的俄美公司，让它作为沙皇政府在不便以自己名义出面的特殊情况下最忠实和最可靠的代理机构。19世纪中叶，沙皇政府陷入克里米亚战争失败和农奴制危机的内外交困境地，无力治理和保护俄属美洲，于1867年以720万美元的价格把阿拉斯加卖给了美国。

1840年中英鸦片战争后，列强加速瓜分中国，沙俄利用这一时机向黑龙江地区扩张。1854～1857年，东西伯利亚总督穆拉维约夫率军队和移民四次强行航行黑龙江，沿江建立了大批军事据点和移民点。1858年5月28日，穆拉维约夫用武力迫使清廷黑龙江将军奕山在瑷珲城签订了《中俄瑷珲条约》，割去了黑龙江以北、外兴安岭以南60多万平方公里的中国领土。1860年，沙俄又迫使清政府签订《中俄北京条约》，将乌苏里江以东约40万平方公里领土强行划归俄国。至此，沙俄利用不平等条约，割去中国土地100多万平方公里。

（刘秀莲）

（二）现当代史

在俄国十月社会主义革命以后，远东的发展可以划分以下五个阶段。

1. 国民经济恢复阶段（1923～1932）

1914年第一次世界大战爆发到1923年国内战争结束，远东经济遭到严重破坏。远东工业产值从1913年的6 400万卢布下降到1923年的3 400万卢布。主要产品鱼的捕捞量由136.9万公担减少到119万公担。在国民经济恢复时期，远东地区依靠自力更生恢复经济，大力发展渔业，增加海产品的捕捞量。1923～1928年期间每年的捕捞量都保持在119万吨左右。新建和改造鱼产品加工厂。大力发展森林采伐和木材加工，使木材加工量由1923年的305万立方米增长到1928年的345万立方米。煤的产量由1923年的62.8万吨增长到111.6万吨。建立与发展采金工业。这一时期还建立了石油工业，1928年产油2.6万吨。1928～1932年采掘工业和重工业仍是高速增长，工业产值增长170%以上。1928年远东经济顺利恢复到一战前水平，恢复经济的速度甚至超过西伯利亚乃至全苏水平。

2. 工业军事化阶段（1933～1940）

1930年全俄中央执行委员会和联共（布）中央委员会分别做出有关加速远东经济发展的决定。当时日本在中国的东北部聚集兵力，准备发动大规模的战争。根据俄国在日俄战争中失败的教训，苏联决定加速远东发展，增强远东经济和军事实力建设。远东从此便走上工业军事化的道路。为了迅速建立强大的国防工业，联盟中央加大对远东地区的物力和人力支持。当时为了解决远东劳动力短缺问题，苏联从30年代中期开始实施强制性移民政策。在斯大林肃反运动中被清洗出来的大批政治犯被强制遣送到远东。强制移民的规模很大，有学者统计，仅通过海路向远东极北的荒凉地区就运送了100多万政治犯。正是利用这批政治犯，在远东地区建成国防工业基地——阿穆尔共青城，发展了马加丹州和雅库特共和国的有色冶金工业，在极北地区建立了许多林场。此外，联盟中央投巨资，在远东建立国防工业和重工业基地。例如，在阿穆尔共青城建设了炼钢厂、炼油厂、造船厂；在哈巴罗夫斯克、符拉迪沃斯托克、布拉戈维申斯克等城市建设机器制造厂。在远东北部地区开发大批矿山，使马加丹州和雅库特成为全苏最大的黄金工业、锡矿石开采和加工基地。渔业和煤炭工业也得到发展。1933～1937年远东工业产值就已实现翻番。

3. 战时经济阶段（1941～1945）

卫国战争爆发以后，远东成为欧洲战场的大后方，同时它又成为防御日本军国主义进攻的前沿阵地。当时远东一切为了满足战争的需要。大批机器制造厂转产生产军火，以保证战时军用物资的供应。远东依靠丰富的自然资源和重工业，为苏联战胜德国法西斯和日本军国主义提供了强有力的物质保障。

4. 经济调整阶段（1946～1964）

卫国战争结束后，远东经济面临着新的问题。在国内由于国家的主要任务是迅速恢复被德国破坏了的欧洲地区的经济，为此调集全国的财力和物力。苏联的东部地区的国际环境良好，中国、朝鲜和蒙古都与苏联结盟并成为兄弟国家。远东经济由战时经济转为和平发展经济。由于国家财政支持减半，使得远东地区工业在这一时期年平均增长率为9%，远远低于全苏平均增长水平（12.3%）。

5. 经济停滞阶段（1965～1991）

苏联进入长达20余年的停滞时期，远东地区也是如此。在全国资金匮乏的情况下，中央对远东地区的投资只占全国投资的4.4%～5.5%。与此同时，远东的资源开发成本不断增长。由于缺少资金和技术，远东没有能力大规模开发新的资源产地，也无力对老资源开发基地进行改造和技术升级，只能保持缓慢发展。1976～1985年远东工业生产增长率仅为3.2%。到20世纪80年代中期，远东地区的经济与社会开始滑向全面危机。1985年戈尔巴乔夫开始执政，苏共中央和苏联部长会议批准《远东经济区2000年前的经济与社会发展长期国家纲要》，确定远东到2000年前的宏伟发展目标，并计划向远东投资2 000亿卢布（折合3 225亿美元）。鉴于全国经济萧条，对远东的资金投入很难兑现，但有所好转。远东地区是一个长期依赖国家投入发展的地区，一旦缺少投入，生产发展就趋于缓慢。长期以来，远东地区工资一直有国家的补贴，在资金投入减少的情况下，工资增长速度加快（1986年工资增长2.7%，1987年提高了7%），出现严重通货膨胀。1990年所有工业生产部门生产下降，远东生产开始负增长，步入经济危机。

俄罗斯独立后，政府采取一系列改革措施，通过“休克疗法”迅速向市场经济转轨。开放价格不到一年，全国的消费品和服务费的价格平均上涨2 500%，生产大幅下降，经济严重萎缩。运费上涨了上万倍，致使远东无力支付从西部地区购买燃料和其他物资的运费。例如1992年，远东从西伯利亚购买1 000万吨煤，运费竟是其批发价格的1.73倍。随着远东燃料缺口的逐步加大，许多生产企业由于缺少燃料严重开工不足，不仅生产严重下滑，而且居民冬季取暖没有保障。远东北部地区的居民由于缺少燃料和其他生活物资被迫迁移。“休克疗法”以及1998年俄罗斯的“金融危机”使得远东经济严重倒退。1999年初，远东的工业生产比1990年下降了60%，高于全国下降46%的幅度。某些地区，例如哈巴罗夫斯克边疆区、阿穆尔州、犹太自治州工业生产下降幅度更大，达到70%～90%。居民生活水平下降，人口死亡率上升，出生率下降，大量人口迁移到俄罗斯西部发达地区，使远东人口10年间共减少140多万人，由1991年的804.39万人减少到2002年的668.57万人，劳动力短缺现象日益严重。

1996年俄罗斯制定《1996～2005年经济与社会发展联邦专项纲要》。该纲要目标雄伟，计划在1996～2000年期间向远东地区注入500亿美元的资金。但由于联邦政府财政拮据，仅完成拨款计划的5.2%，远东和后贝加尔地方财政也只完成17%的拨款计划。因此纲要的大部分措施都未实施，远东地区也未能摆脱经济危机。

普京执政后，更加关注远东地区的发展，委托俄罗斯科学院远东分院和哈巴罗夫斯克经济研究所研究新的远东发展纲要，同时委托经济部联合其他一些部委在原有纲要的基础上制定新的纲要——《远东与后贝加尔1996至2005年和到2010年的经济和社会发展联邦专项纲要》（简称《远东纲要》）。该《纲要》于2002年3月19日以政府令的形式批准实施。该《纲要》自实施以来，已对远东经济与社会产生积极影响：它使远东在俄罗斯地缘政治与地缘经济中的地位得到提升，加大招商引资力度，加速实施相关投资项目，增加就业岗位，提高居民生活水平。（冯育民）

三 关于俄日四岛领土争执问题的由来

四岛领土争执，日本方面称为“北方四岛”问题，是指日俄两国关于日本北海道东北部和俄罗斯千岛群岛之间的齿舞、色丹、国后和择捉4个岛屿领土争执问题。这4个岛屿总面积4 996平方公里。

日本称之为“北方四岛”，俄罗斯称为“南千岛群岛”。

这里资源丰富，地理位置优越。四岛位于冷暖流交汇处。渔业发达，水产丰富，是世界上三大著名渔场之一。这里地下矿藏丰富，探明的或正在开采的矿产有金、银、铜、铝土、硫黄等200余种。四岛附近水域是俄罗斯往返堪察加和楚科奇以及北美各港口岸的必经之路。四岛拥有天然良港，比较有名的是择捉岛上的年荫港和天宁港，色丹岛上的斜古丹港。这些港口港阔水深，可长年停泊大型船舶。

历史上，日本和俄罗斯因领土争端而引起战火，于1855年，俄罗斯与日本双方决定，千岛群岛南部归日本，北部属俄国，库页岛暂作悬案。1875年，两国签订《桦太与千岛群岛北部互换条约》，将日占库页岛南部与俄罗斯占千岛群岛北部相互交换。1905年，日俄战争后，日本夺回换给俄罗斯的库页岛南部，并夺得沙俄在远东的大部分权益。1945年苏联为战胜日本法西斯，出兵中国东北，同时收复库页岛南部，并攻占了千岛群岛全部。1945年《雅尔塔协定》规定，千岛群岛需交予苏联，于是四岛在二战后划归苏联。日本与俄罗斯两国围绕领土问题争执不休。

20世纪80～90年代，俄日两国领导人互访日增，但领土问题一直没有进展。1991年，当时任苏共莫斯科市委书记的叶利钦访日，提出解决北方四岛问题的“五阶段设想”：1. 苏联方面承认存在这一问题；2. 把北方四岛指定为“自由企业区”；3. 决定这些岛屿实现非军事化；4. 缔结苏日和平条约；5. 斟酌当时国际形势和苏日关系，把这一问题交给下一代和新的领导人去解决。1993年10月，双方签订了关于俄日关系的《东京宣言》和《经济宣言》。叶利钦重申了“五阶段设想”。日本前首相森喜朗曾提议将俄日之间尚未解决的北方四岛问题分两步走，即：俄罗斯先归还距日本较近的齿舞、色丹两个小岛，其余两岛的归还问题另行协商。但根据新华社莫斯科2002年3月13日报道，俄罗斯对北方四岛的立场没有改变，仍以2001年3月25日俄日首脑会晤时签署的联合声明为准。

2004年11月14日，俄罗斯外长拉夫罗夫透露，俄准备在与日本缔结和平条约后还南千岛群岛（日本称北方四岛）中的两个岛屿。次日，俄总统普京在政府会议上表示，俄方可以根据1956年苏联与日本的《联合宣言》，将齿舞群岛和色丹岛归还给日本。上述俄政府向日本抛出的“橄榄枝”非但未受到日方欢迎和认可，且遭到日本政要的反对。日本领导人强烈要求一并归还北方四岛。日本首相小泉纯一郎2005年4月16日在日本静冈县下田市举行的《日俄通好条约》签订150周年纪念仪式上致词时，重申要解决日俄两国间的领土问题。鉴于两国政府在领土问题上信守不同的原则，俄罗斯政府希望日本政府在四岛问题上以1956年10月的《苏日联合声明》为准则，而日本政府则希望以1855年4月16日两国签署的《日俄通好条约》为准则，故两国首脑会晤一拖再拖，两国政府何时可以达成共识仍是个未知数。（刘秀莲）

第四节 经济

一 概述

在俄罗斯，西伯利亚与远东地区通常被称为经济区。在苏联时期，由于受到不合理的劳动分工体系的制约，西伯利亚与远东地区处于原材料供应基地的地位。

苏联解体后，西伯利亚地区特别是远东地区在俄罗斯国民经济发展和对外开放中的战略地位和作用迅速上升，其资源优势和地缘优势使它成为俄罗斯与亚太地区，特别是与东亚地区开展区域经济合作的桥梁和通道，俄罗斯对远东地区的开发更加重视。1996年远东地区经济投资总额为24.8亿美元。其中由联邦预算中拨款2.4亿美元，得到联邦预算拨款最多的是滨海边疆区为8 870万美元，约占1/3多；哈巴罗夫斯克边疆区4 980万美元，约占1/5；萨哈林州4 600万美元，占近1/5。得到联邦预算拨款最少的是：犹太自治州为500万美元，马加丹州为350万美元。俄罗斯在向市场经济转轨过程中，制定了西伯利亚与远东地区的经济发展战略，包括《远东纲要》和《西伯利亚纲要》。

（一）《远东纲要》

1996年4月15日，俄罗斯政府批准了《远东和外贝加尔1996～2005年经济与社会发展专项纲要》。《纲要》分三个阶段实施：1996～1997年解决旨在达到社会经济稳定的紧急而迫切的问题；在2000年前完成形成新经济结构的任务；在2001～2005年完成加强新的经济关系，并为远东和外贝加尔地区社会经济潜力以后的增长创造条件的任务。纲要包括四个子纲要，并从四个方面阐述了主要任务和具体措施：

（1）制定该地区社会经济状况的紧急措施；

（2）对经济进行结构改造；

（3）促进就业和对居民的社会保障；

（4）加强与亚太地区国家的经济合作。

实施《纲要》所需资金总额为371万亿卢布（按1995年汇率约合740亿美元）。

该《纲要》于2001年进行了修订，对目标、任务和经济社会指标作了一些调整，并将实施期限延长至2010年。《纲要》预期的宏观发展指标：1995～2005年，10年内该地区人均国民收入增长64%，零售贸易额增长36.5%，有偿服务增长23.5%。该《纲要》中总计有68个联邦专项纲要和子纲要。为完成上述纲要，国家计划投资24 910万亿卢布（约合5 000亿美元），占纲要投资总额的67.1%。尽管有些子纲要尚不属政府批准的联邦纲要系列，但对远东和后贝加尔社会经济进一步发展具有重要意义。

（二）《西伯利亚纲要》

根据俄罗斯联邦总统1996年6月19日发布的《关于国家支持西伯利亚经济与社会发展的补充措施》第737号总统令，1998年9月底完成了纲要草案的制定。纲要分三部分：

1.1997～2005年，西伯利亚经济与社会发展联邦专项纲要；

2. 西伯利亚各联邦主体的经济与社会发展；

3. 阐述该纲要的主要思想并规定社会经济发展指标。

《纲要》的战略意图是有效利用西伯利亚地区的自然、生产和潜力；保证西伯利亚及其各联邦主体有效与稳定地自我发展的条件；协调联邦与地方的利益；形成国家调节与西伯利亚发展的机制。

实施该纲要所需资金总额为18 323亿卢布（按1997年价格计算，改值后的卢布，约合600亿美元）。其中43.3%用于工业，27.5%用于发展社会基础设施，9.5%用于农业，8.7%用来加强矿物原料工业基础设施。

二 生产力布局

经过几十年的开发和建设，西伯利亚与远东地区变成了俄罗斯主要的燃料动力工业基地、冶金工业和机器制造业基地、石油化工基地以及森林采伐、木材加工和制浆造纸工业基地。远东地区还是全国的海洋渔业和水产品加工基地。西伯利亚与远东地区开采全俄79%以上的煤，69%的石油和92%的天然气，生产全俄40%的锯材，20.5%的纸板和33.8%的纸浆，合成树脂和塑料的产量占全俄的30.2%。

表3 俄罗斯及西伯利亚、远东地区1999年工业各部门产值所占比重 （%）

部门	全俄	西西伯利亚	东西伯利亚	远东
整个工业	100	100	100	100
其中：				
电力	10.1	9.1	10.9	13.7
燃料工业（石油、天然气）	16.9	60.1	5.0	10.0
黑色冶金业	8.3	6.1	1.2	0.7
有色冶金业	10.1	2.8	52.0	34.5
化学和石油工业	7.3	3.3	5.6	0.7
机器制造和金属加工业	19.2	6.9	7.6	6.6
林业和木材加工和纸浆造纸业	4.8	1.0	8.1	4.1
建筑业	2.9	1.6	1.4	1.5
轻工业	1.7	0.6	0.5	0.1
食品工业	14.7	6.3	5.6	0.4

资料来源 俄罗斯国家统计委员会《俄罗斯工业统计年鉴》，莫斯科，2000年版，第40～41页。

表4　俄罗斯西伯利亚与远东地区部分工业产品2003年在全俄同类产品所占比重　（%）

某些工业产品	俄罗斯	秋明州	西伯利亚	远东
电力	100	7.2	14.4	18.3
燃料	100	86.4	12.9	9.9
其中：　开采石油	100	71.3	2.5	4.5
原油加工	100	1.1	1.7	0.7
天然气*	100	14.0	0.3	0.4
煤炭	100	–	8.3	4.2
黑色金属成品轧材	100	0.1	9.7	1.1
有色金属	100	0.0	25.5	27.3
石化产品	100	0.4	5.2	0.7
机械制造	100	3.6	12.2	13.8
木材加工、纸浆和纸	100	0.53	5.4	5.2
建筑材料	100	0.5	2.4	2.3
玻璃、瓷器制品	100	0.0	0.0	0.1
轻工产品	100	0.1	0.6	0.5
食品加工	100	0.9	9.1	18.4

*　为1999年的统计数字。

资料来源　俄罗斯国家统计委员会《2004年俄罗斯统计年鉴》，莫斯科，2004年版第262～363页。

迄今，西伯利亚与远东地区畸形的经济结构仍未得到根本的改变。其特点是：从产业结构上看，农、轻、重发展比例失调；从工业内部结构看，采掘工业与加工工业比例失调，军工企业在机器制造业中占有很大比重，基础设施发展落后，第三产业不发达。俄罗斯向市场经济转轨后，该地区的经济结构更加畸形，重工业所占的比重更大，轻工业和农业萎缩。以远东地区为例：农业不能保证居民对主要粮食品种的需求，食品需要量的40%靠进口；该地区资源丰富，然而加工工业发展严重滞后，且开工不足。远东经济结构的另一个特点是强烈依赖国防生产，有近一半工业企业是为军用品生产服务的。各个行政区的经济发展也不平衡。

苏联解体后，西伯利亚和远东的经济在历经滑坡、衰退后，从1999年开始出现恢复性增长，恢复性增长的趋势持续至今。

21世纪初，西伯利亚经济区生产的工业产品在全俄所占的比重：电力为22.1%，石油和凝析油为2.3%，原油加工14.5%，天然气为0.7%，煤炭为76.6%，黑色金属轧材为16.5%，合成氨为6.7%，锯材为23.2%。与20世纪90年代初相比，除电力和煤炭产量下降幅度较小外，其他产品仍远未恢复到苏联解体前的水平。

21世纪初，远东地区的经济出现复苏局面，工业生产的产品在全俄所占的比重有所提升：电力为4.4%，石油和凝析油为1.2%，原油加工3.8%，天然气为0.6%，煤炭为10.5%，黑色金属轧材为0.7%，合成氨为6.7%，锯材为4.1%。与20世纪90年代初相比，除石油产量增长1倍以外，其他产品远未恢复到苏联解体前的水平。

三　能源工业

（一）石油和天然气

1．概述

俄罗斯共有8个大产油区，即：高加索油气区、伏尔加—乌拉尔油气区、蒂曼—伯朝拉油气区（包括欧洲西部北极海陆架）、西西伯利亚油气区、东西伯利亚油气区、叶尼塞—阿那巴尔油气区、远东油气区、萨哈林海油气区。这些油气区按勘探开发程度可分为老油气区、主要开采区、新增产量接替区。从产油区的特点和地理位置看，西伯利亚和远东均颇具潜力。

西西伯利亚是俄罗斯21世纪前期油气主要开采区，该区石油剩余储量占全俄总储量76.8%，石油年产量占全俄总产量的65.5%。该油气区含油气远景面积为180万平方公里，原油可采储量达246亿吨，迄今原油累计产量为76.5亿吨，1988年原油产量高峰值达4.1亿吨，1995年以来，原油产量稳定在2亿吨以上。该地区中南部（尤甘克和托木斯克地区)，是俄罗斯重要产油基地和原油出口基地。西西伯利亚油气区天然气储量占全俄的68%，产量约占全俄的90.2%。在已发现的五大气田中，有4个在西西伯利亚(乌连戈伊、杨堡、扎波利亚尔诺耶和梅德韦日耶，其中乌连戈伊气田是当时世界上第一大气田)，这些气田使得前苏联天然气产量跃居世界第二。

20世纪80年代后，苏联开始实施东部油气发展战略，油气开发中心向东转移，即从西西伯利亚油区转向东西伯利亚和远东地区的油区。东西伯利亚(西起叶尼塞河，东至勒拿河，北抵泰梅尔半岛，南达伊尔库茨克州)和远东(西起勒拿河下游与赤塔州东界，东至库页岛海域)，油区面积合计为1 030万平方公里。其油气资源状况见表5。

表5　俄罗斯东西伯利亚和远东地区油气资源状况

地　区	石油(亿吨)			天然气(万亿立方米)		
	剩余探明储量	待探明资源量	石油资源总量	剩余探明储量	待探明资源量	天然气资源总量
东西伯利亚	15.28	161.46	176.73	3.70	49.13	63.82
远东	12.32	160.24	172.56	4.37	41.78	46.67
合计	27.60	321.70	349.29	8.07	90.91	110.49

资料来源　英国皇家国际事务研究所《东北亚石油与天然气》，1995。

东西伯利亚、远东地区作为俄罗斯石油天然气新增产量接替区，是俄罗斯21世纪油气产量增长远景地区及向东亚地区出口油气的资源基地。

至21世纪初，东西伯利亚南部已发现3个大型油田，初步预测石油资源储量在600亿吨以上，集中分布在伊尔库茨克、克拉斯诺亚尔斯克地区。如全面投入开发，预计2010年可年产石油1 000万～2 000万吨，2020～2030年预计年产原油3 000万～4 000万吨。

2. 油气田的开发

目前，西西伯利亚依然是俄罗斯的主要产油区。秋明州和托木斯克州境内的石油基地在全俄属最大，无论从石油开采量，还是从经济效益看，都居全俄第一位。在秋明州，目前有400处石油产地，探明储量200亿吨，占全俄总储量的65%，已开采70亿吨，尚有130亿吨未被开采(汉特-曼西自治区有80亿吨，亚马尔-涅涅茨自治区有45亿吨)。

表6　俄罗斯西伯利亚远东地区1990～2002年天然气开采量　(百万立方米)

区划＼数据＼年份	1990	1995	2000	2001	2002
俄　罗　斯	640 566	595 467	583 878	581 184	594 912
秋明州	574 371	544 756	530 359	526 391	539 916
其中					
汉特—曼西自治区	28 973	17 606	20 119	20 414	20 844
雅马尔—涅涅茨自治区	545 197	527 028	510 234	505 969	519 063
西伯利亚联邦区	201	122	3 005	4 135	4 877
远东联邦区	3 234	3 303	3 406	3 526	3 484

资料来源　俄罗斯国家统计局《2003年俄罗斯地区》，莫斯科，2003年版，第435页。

东西伯利亚和远东地区石油储量丰富，石油资源总量为349.29亿吨，占世界资源总量的13.46%，但目前仍处于开发初始阶段。因此，当前这里的石油天然气开发对当地社会经济发展的拉动作用还很有限。然而，目前已经证实，东西伯利亚的克拉斯诺亚尔斯克边疆区、伊尔库茨克州和远东地区的萨哈共和国所处的勒拿—通古斯卡河石油天然气蕴藏区是俄罗斯未来最有发展前景的石油天然气开采区。俄罗斯计划在东西伯利亚和萨哈自治共和国建立新的石油基地，到2020年力争使这里的石油开采量达到5 000万～5 500万吨。

东西伯利亚和远东地区的天然气资源总量为

110.49万亿立方米，占世界资源总量的39.96%，其总量比中东国家还高14%，勘探、开发潜力巨大。该地区的已探明气田总数为250个，其中：大型气田（储量在300亿立方米以上）54个，中型气田36个，小型气田160个。目前，东西伯利亚和远东已开发气田32个，其中：大型气田和中型气田的开发率分别仅为1.6%和5.6%。

3. 石油生产和油气运输

（1）石油生产

长期以来，西西伯利亚作为俄罗斯主要产油区，该地区的石油产量一直占全俄总产量的65%～66%。但由于产地条件不断恶化，西西伯利亚地区的石油开采前景已受影响。西西伯利亚秋明州的石油开采高峰已经过去，现有储量的80亿吨均分布在小而低产的产地，贫油油床数量增加，开采难度系数和开采成本亦不断提高。2020年前石油的开采量将逐步减少，有专家估计，其开采量在全俄所占的份额将由目前65%下降到58%～55%。随着资源减少，在保持现有开发速度的条件下，西西伯利亚目前的已开采的探明储量到2040年将所剩无几。为改变这种状况，俄政府正在加强对东部地区石油的勘探开发工作。

远东地区的石油产地主要集中在萨哈林州和萨哈共和国（雅库特）。20世纪90年代以来，萨哈林州的石油和凝析油产量稳步上升，由1990年的191.8万吨上升到2001年的430.3万吨。萨哈共和国的石油产量也由1990年的10.8万吨，增长到2001年的43.6万吨。因而，尽管目前这里的石油开采量尚无法与西西伯利亚和东西伯利亚地区的产量相比，但若从发展潜力看，其增速却不可小视。可以预期，随着石油开采量的增加，21世纪远东地区的石油和天然气开发定将对远东乃至亚太地区的经济发展起巨大的拉动作用。

（2）油气生产和输送的规划

根据《2020年前西伯利亚发展战略》的设想，在21世纪的头20年，将在东西伯利亚地区建立新的石油和天然气开采中心。在这期间东西伯利亚的石油开采量可达到4 000万～5 000万吨，天然气的开采量可达到700亿～800亿立方米。此外，还计划发展石油管道运输基础设施，修建连接尤鲁博切诺—托霍姆油气区与跨西伯利亚石油运输管道干线的石油管道，铺设塔拉干—上乔纳油气田—安加尔斯克的石油管道，以安加尔斯克为终点的石油干线管道可向中国的东北部地区延伸，也可延伸至俄罗斯东部海港（瓦尼诺、苏维埃加湾和纳霍德卡港）。

西伯利亚地区有三条主要输气管道干线。第一条是北部线，即乌连戈伊—纳迪姆—萨列哈尔德—乌赫塔—戈列亚维奇—托尔诺克线，主要向俄罗斯的西部和欧洲地区输送天然气；第二条是南部线，即纳迪姆—蓬加—图拉—彼尔姆—喀山线，分别向莫斯科、利佩茨克、库尔斯克、基辅以及西欧国家分别输送天然气；第三条是下瓦尔托夫通往库兹巴斯地区输送天然气线。

表7　俄罗斯西伯利亚与远东地区1990～2003年石油和凝析油的产量　（万吨）

区划 \ 数据 \ 年份	1990	1995	1996	1997	1998	1999	2000	2001	2002	2003
俄罗斯	51 618	30 682	30 122	30 564	30 328	30 516	32 351	34 813	39 756	42 134
秋明州	36 534	20 159	19 669	20 038	19 769	20 070	21 346	23 125	25 416	28 318
其中：										
汉特—曼西自治区	30 596	16 917	16 503	16 838	16 670	16 994	18 088	19 422	20 989	23 315
雅马尔—涅涅茨自治区	5 935	3 237	3 150	3 170	3 049	3 026	3 202	3 634	4 343	4 912
西伯利亚联邦区	1 031	687	671	656	621	617	701	793	1 099	1 457
其中：托木斯克州	1 030	674	667	652	615	610	690	775	1 059	1 365
远东联邦区	202	190	187	195	193	214	378	430	367	357
其中：萨哈林州	191	172	166	172	169	183	336	376	325	320

资料来源　俄罗斯联邦国家统计局《2004年国家统计年鉴》，莫斯科，2004年版，第377页。

2001年6月，俄罗斯第二大石油公司尤科斯石油公司、俄罗斯管道运输公司与中国石油天然气公司经过洽谈，正式同意对修建长达2 400公里、从俄罗斯东西伯利亚的安加尔斯克到中国大庆的输油管线（简称安大线）进行可行性研究。同年9月，中国政府总理与俄罗斯能源部部长尤素福夫签署了该管道项目的工程和经济可行性研究框架协议。根据协议，安大线预计将投资17亿美元，于2005年竣工，2005～2010年间原油运输量为每年2 000万吨，2010～2030年运输量将增加到每年3 000万吨。2002年7月按期结束可行性研究工作。但在2002年底，俄罗斯石油管道运输公司的态度发生急剧变化，公开声称，安大线的建设过于依赖中国单一市场，因而提出铺设安加尔斯克－哈巴罗夫斯克－纳霍德卡输油管线（简称安纳线），这条管线西起伊尔库茨克州，穿越布里亚特共和国、赤塔州、阿穆尔州、犹太自治州、哈巴罗夫斯克边疆区，东至滨海边疆区的港口城市纳霍德卡，总长度为3 765公里。该方案的提出在俄罗斯引发了“安大线方案”和“安纳线方案”的激烈争执。2005年12月31日，俄政府总理以1737号令批准了“东西伯利亚—太平洋”石油管道项目，即泰舍特—纳霍德卡项目，简称泰—纳线。泰—纳线全长4 130公里，年输油量8 000万吨。在俄总理令中，除标明管道起点和终点外，还标明了唯一一个中点（或拐点）斯科沃罗季诺，而该地距我国界约60公里，与我漠河市相邻。总理令还责成俄罗斯石油管道运输公司在2003年5月1日前提出分阶段建设方案，责成工业和能源部负责对项目的协调和监督。泰—纳线方案的提出，为从拐点处修建至中国的支线管道创造前提。但该方案能否最终实现，尚难判断。

远东现有两条输油管道线。从萨哈林岛北部的奥哈油田至阿穆尔共青城炼油厂的管道线为复线。第一条长650公里，管径为300毫米，输油能力低；第二条与第一条平行，管径为470～500毫米。在萨哈共和国（雅库特）境内有两条输气管线。一条从下维柳伊气田的开采中心塔斯图木斯至雅库特自治共和国首府府雅库茨克，长310公里，管径529毫米；另一条长200公里为小管径管道线，从马斯塔赫气田至塔斯图木斯。这两条管线分别已经运营30年和20年。目前，为了解决萨哈共和国天然气运输问题，正铺设第三条输气管线（维柳伊气田至雅库茨克），长384公里，管径达700毫米。该项工程铺设难度系数大，要求在深达1.6米的永久冻土上进行铺设。2002年开始铺设塔拉坎油田至维季姆长达210公里的石油管线。此外，俄罗斯政府还计划铺设堪察加半岛索博列沃天然气管道，这条管道具有战略意义。它将解决堪察加州一半以上地区使用自产天然气，不再依赖其他地区的重油。此外，远东地区南部也在加强天然气管线建设。从1998年起在哈巴罗夫斯克边疆区开始铺设天然气管线，目前已铺设300公里。2001年阿穆尔共青城至哈巴罗夫斯克的天然气管线已经开始铺设，总长度为502公里，现已完成60公里管线的铺设。该管线将直接通往符拉迪沃斯托克。

（二）电力

1. 电力资源

俄罗斯的水电资源潜力在世界居第二位，85%以上在西伯利亚与远东地区。

西伯利亚的江河、湖泊众多，拥有鄂毕河、叶尼塞河等的世界上为数不多的大河，水力资源丰富，其水力资源约占全俄的50%。鄂毕河、额尔齐斯河、叶尼塞河与安加拉河丰富的水力资源，估计年可发电约4 000亿千瓦小时。西伯利亚还拥有世界上最大的淡水湖——贝加尔湖。

远东地区水电资源占全俄的30%，可年发电约1万亿千瓦小时。远东河流纵横，拥有俄罗斯第一和第二长河的阿穆尔河和勒纳河。阿穆尔河，即黑龙江，是中俄两国界河。它全长4 440公里，流域面积185.5万平方公里，其中俄方境内流域面积为98万平方公里。阿穆尔河及其支流蕴藏着丰富的水利资源。可供修建总功率2 000万千瓦的梯级水电站。目前人们已在其支流结雅河和布列亚河上建立水电站。

西伯利亚的煤炭资源十分丰富。库兹巴斯的动力煤是电站的主要燃料。

2. 电站和电力输送

西伯利亚和远东地区电力工业具有以下特点：

（1）电力分布的不均匀决定着工业生产力和居民分布的不均匀：西伯利亚在全俄电力的份额约占20%，远东地区仅占近6%。

（2）在不同地区电力结构的差别非常大：西伯利亚的水电比重最大，约占整个装机容量的一半，而火电则集中在乌拉尔、远东联合电网。

(3) 火电厂中所用的燃料结构差别非常明显。

(4) 在远东地区，由于居民生活采暖的需求，热电厂占有相当大的比重。

伊尔库茨克州和克拉斯诺亚尔斯克边疆区，是西伯利亚电力较为发达的地区。在安加拉河上有3个大型水电站，即：乌斯季伊利姆斯克水电站（装机容量430万千瓦）、布拉次克水电站（装机容量410万千瓦）和伊尔库茨克水电站（装机容量66万千瓦）。强大的电力基地为有色冶金和森林工业提供廉价的电力，是维系有色冶金业生产的支柱。

伊尔库茨克州在输出电力方面位居全俄前列，中俄两国政府有建立俄中输电线路的意向，拟议线路总长2 600公里，功率达200万～300万千瓦，年可输电180亿千瓦小时。按长期纲要规划，2000年伊尔库茨克州发电量应达600亿～617亿千瓦小时，2010年应达650亿～700亿千瓦小时，但由于受贝加尔湖水储量影响，发电总量仅为490亿千瓦小时，与州内电力需求大体相仿，出口受到制约。

在克拉斯诺亚尔斯克，丰富的水力资源、煤炭资源和天然气资源为该边疆区发展电力工业提供良好的条件。在边疆区有两大动力系统，即：克拉斯诺亚尔斯克动力系统和诺里尔斯克动力系统，后者主要负责向泰梅尔自治区的各城市和居民点输送电力。

克拉斯诺亚尔斯克动力系统属西伯利亚联合电力网，是俄罗斯最大的动力系统之一，它包括水电站、国营地区发电站和中央热电站。其所属的下述几个发电站都是西伯利亚地区的大型发电站，如：克拉斯诺亚尔斯克水电站，发电能力600万千瓦；克拉斯诺亚尔斯克国营地区1号发电站，发电能力160万千瓦；克拉斯诺亚尔斯克国营地区2号发电站，发电能力125万千瓦；纳扎罗沃国营地区发电站，发电能力115万千瓦。

远东地区虽然水电资源丰富，但尚未得到充分利用。现有水电站只利用了该地区7%的水力资源。目前远东地区装机容量超过10万～30万千瓦的电站有25个。其中水电站3个，原子能电站1个，地热电站1个，其余都是火力发电站。远东地区电厂的发电能力为1 110万千瓦，其中火力发电420万千瓦，水力发电270万千瓦，国立地区发电415万千瓦，核发电5万千瓦。

在阿穆尔河左岸支流结雅河上已建成功率为129兆瓦的结雅水电站。1985年在阿穆尔河的另一条支流布列亚河上开始建布列亚水电站，设计安装6台水轮发电机组，总装机容量为2 000万千瓦，年发电量可达70亿千瓦小时。第一台和第二台机组于2003年6月开始投产，第三台机组于2004年11月投产，第四台机组于2005年11月投产。水电站的全部建设工作计划于2009年结束。届时布列亚水电站的年均发电量将达71亿千瓦小时。该电站全部投产运营之后，首先，它的建成可以大大缓解远东地区用电紧张状况，保障阿穆尔州、哈巴罗夫斯克边疆区和滨海边疆区的电力供应。其次，可以消除布列亚河和阿穆尔河中部地区的水患。再次，电站水库蓄水可灌溉1.5万公顷的农田。全部投产运营之后将大大缓解远东地区用电紧张状况。此外，阿穆尔河及其支流蕴藏着巨大的水力资源，可供修建总功率2 000万千瓦的梯级电站。该地区的鄂霍次克海沿岸蕴藏丰富的潮汐能，优先设计的项目是通古拉海湾的潮汐发电站，装机容量可达1 000万千瓦，另外，在堪察加半岛和千岛群岛地热资源很丰富，也可用于发电。

（三）煤炭工业

1. 煤炭资源

西伯利亚与远东地区的煤炭资源十分丰富，储量约为800亿吨，占俄罗斯煤炭总储量2 020亿吨的39.60%。其中：西西伯利亚的煤炭储量为930亿吨，是全俄总量的46.1%，东西伯利亚的煤炭储量为600亿吨，是全俄总储量的33.7%，远东地区的煤炭储量为200亿吨，是全俄总储量的10.2%。

2. 主要煤田分布

西伯利亚煤炭资源主要分布在两个大型含煤带内：一是位于贝加尔湖与图尔盖洼地之间，包括伊尔库茨克、坎斯克—阿钦斯克、库兹巴斯、埃基巴斯图兹和卡拉干达等煤田；另一个位于叶尼塞河以东，北纬60°以北，包括通古斯、勒拿和泰梅尔等大煤田。此外，远东地区的南雅库特等煤田也很重要。

库兹巴斯煤田　它是位于西西伯利亚克麦罗沃州境内，面积为2.6万平方公里，煤炭地质储量7 250亿吨，其中炼焦煤和焦煤配料占一半，每平方公里煤炭储量平均为2 700万吨。2001年库兹巴斯煤田占全俄煤炭产量的76.6%。

坎斯克—阿钦斯克煤田　坎斯克—阿钦斯克煤田为俄罗斯储量与产量最大的侏罗纪褐煤煤田，大部分分布于俄罗斯克拉斯诺亚尔斯克边疆区的南部，沿西西伯利亚铁路延伸，东西长800公里，南北宽50～250公里，面积达6万平方公里。这里煤资源丰富，600米深度以内的煤炭资源量即达638亿吨。20世纪70年代以来加快了开发速度，1992年生产能力达到5 000万吨。

远东地区的煤炭资源主要分布在萨哈共和国（南雅库特），该地区煤炭地质储量丰富。

南雅库特煤田　地质储量为440亿吨，2002年煤炭产量为980万吨。

虽然煤炭是远东地区燃料的主要部分，在燃料的构成中煤炭所占份额高达75.6%。但由于缺乏资金，煤炭自给能力很低，2000年远东煤炭缺口达1 400万吨，严重影响着经济的发展。

表8　　俄罗斯西伯利亚与远东地区1990～2002年煤炭产量　　（百万吨）

地区＼年份	1990	1995	1998	1999	2000	2001	2002
俄罗斯	395	263	232	250	258	270	255.75
西伯利亚联邦区	250	171	165	182	194	207	198.5
远东联邦区	49.8	33.9	27.8	29.4	28.4	28.2	30.06

资料来源　俄联邦国家统计委员会《2003年俄罗斯地区》，莫斯科，2003年版，第436页。

四　冶金工业

（一）矿产资源

西伯利亚蕴藏有黑色金属、有色金属、贵金属和稀有金属以及非金属矿，资源储量巨大。2002年4月，俄罗斯政府颁布的《2020年前西伯利亚发展战略》显示，西伯利亚已探明的有色金属矿藏是：铜矿占俄罗斯储量的70%，镍矿占68%，铅矿占77%，钼矿占82%，金矿占41%，铂类金属占99%。其中，仅东西伯利亚北部诺里尔斯克就集中了世界镍储量的35.8%、钴的14.5%、铜的9.7%、铂类矿的40%，以及大部分的钯矿。

冶金业在俄罗斯各个经济区布局很不平衡。西伯利亚区黑色冶金比较发达，2001年其产量占全俄总产量的53%，而在远东（铁矿石开采业除外）规模则较小。东西伯利亚、远东有色冶金业在全俄总产量中的比重分别达37.7%，20.7%，而西西伯利亚的有色冶金业全在俄总产量中的比重仅占3.3%。

表9　　俄罗斯西伯利亚与远东地区1990～2002年钢产量　　（百万吨）

区划类别＼数据＼年份	1990	1995	1996	1997	1998	1999	2000	2001	2002
俄罗斯	8 862.2	5 158.9	4 925.3	4 850.2	4 367.3	5 151.8	5 915	5 903	5 988.3
成品轧材	6 373.7	3 903.5	3 891.1	3 879.3	3 518.9	4 087.7	4 671.2	4 690.3	4 853.4
钢管	119.2	379.8	358.4	355.2	294.7	342.7	497.9	540.5	516.1
西伯利亚联邦区	1 326.6	878.8	791.6	668.6	565.7	790.5	936.1	951.8	847.7
成品轧材	983.4	675.8	610.8	539.0	442.6	645.4	761.7	770.7	704.3
钢管	53.3	11.6	9.91	5.46	2.57	9.69	15.2	16.7	17.3
远东联邦区	140.8	14.6	8.74	12.1	22.1	24.9	40.0	35.4	41.7
成品轧材	121.1	12.8	8.46	11.0	20.9	23.0	38.9	34.3	39.9
钢管	0.06	–	–	–	–	0.005	0.003	0.01	0.01

资料来源　俄罗斯国家统计局《2003年俄罗斯地区》，莫斯科，203年版，第438、439、440页。

（二）黑色金属冶金业

西西伯利亚黑色金属冶金基地主要有车里亚宾斯克、斯维尔德洛夫斯克和新库兹涅兹克。俄罗斯钢铁生产高度集中，目前由九大集团所掌控。九大钢铁集团粗钢产量占俄国内总产量的91%。在这九大钢铁集团中西伯利亚地区有五个，即：马格尼托格尔斯克钢铁公司、下塔吉尔钢铁公司、车里雅宾斯克钢铁股份公司、库兹涅茨克钢铁公司、西西伯利亚钢铁公司。俄罗斯国家统计委员会公布的数据显示，2001年俄罗斯粗钢产量5 903万吨，其中西伯利亚地区的粗钢产量为3 183万吨，占俄罗斯粗钢产量的53.92%。

（三）有色金属冶金业

西伯利亚有色金属的主要基地是克拉斯诺亚尔斯克边疆区，有色冶金业是边疆区的支柱产业。克拉斯诺亚尔斯克边疆区约有20家有色冶金企业。据统计，俄罗斯10%的黄金（该边疆区的奥林匹克金矿是俄罗斯第二大黄金产地，黄金储量600吨以上）、65%的钴、60%的铜及50%的镍都集中在该边疆区。此外，其他有色金属、稀有金属和贵金属储量在全俄也占相当大的比例。

诺里尔斯克联合企业股份公司是世界上最大的有色金属生产和出口企业之一。它生产全俄40%的镍、57%的铜、一半的钴和大部分铂铱合金类金属，保证着世界市场上镍钴需求的1/5和铂铱合金贵金属需求的40%。

西伯利亚有色金属的另一基地是伊尔库茨克州。1997年伊尔库茨克州生产的铝占俄联邦总产量的64.1%。伊尔库茨克州的布拉次克铝厂是世界上最大的铝厂之一。该厂生产的铝占俄罗斯铝产量的1/3，初收铝的年产量超过92万吨。目前州内生产85%的铝供出口。

五　森林工业

（一）西伯利亚森林资源与木材加工

俄罗斯是世界上著名的多森林国家，西伯利亚是俄罗斯森林资源最丰富的地区，森林覆盖面积2.75亿公顷（其中东西伯利亚2.01亿公顷），占全俄罗斯的41.96%；森林覆盖率，西西伯利亚为36.7%，东西伯利亚为54.8%；木材蓄积量，西西伯利亚为95.19亿立方米，东西伯利亚为261.16亿立方米。整个西伯利亚的木材蓄积量为全俄总蓄积量的48.8%，为世界的12%。其中4/5以上属贵重的针叶树种，3/5是成熟林和过熟林。

根据森林资源的分布、开发状况，西伯利亚林区被划分为五个森林经济区，即：西西伯利亚的托木斯克－秋明、阿尔泰－克麦罗沃和鄂木斯克－新西伯利亚三个森林经济区；东西伯利亚的克拉斯诺亚尔斯克（含图瓦共和国）和后贝加尔（含布里亚特共和国赤塔州）两个森林经济区。

西伯利亚是全俄最大的森林工业基地，1998年木材开采量占全俄的27%。伊尔库茨克州和克拉斯诺亚尔斯克边疆区是西伯利亚最大的木材采伐区，产量占西伯利亚全区的70%。然而由于木材采运企业流动资金匮乏和森林加工业不景气，近年来木材采伐量急剧下降，90年代末仅相当于1990年的66.7%。

20世纪80年代末，西伯利亚地区的木材加工和制浆造纸业的生产能力是：年生产锯材2000万立方米，胶合板34万立方米，纤维板1亿立方米，刨花板140万立方米，纸浆200万吨。转轨以来，西伯利亚木材生产每况愈下，加工能力仅达原生产能力的20%～30%。尽管如此，1998年西伯利亚仍生产了全俄1/4的木材和制浆造纸产品。

（二）远东地区森林资源与木材加工

远东也是全俄森林资源极为丰富的地区之一，其森林覆盖率高达40.7%。远东地区不仅森林资源蓄积量巨大，而且具有重大经济价值的珍贵树木比重相当高。森林采伐业和木材加工业是本地区传统的经济部门，具有较强的实力，经过数十年的发展，已经成为远东地区的三大支柱产业之一，在地区国民经济中发挥着重要作用，在全俄经济中也具有显著地位。远东地区拥有五大森林经济区，即哈巴罗夫斯克边疆区森林经济区、滨海边疆区森林经济区、阿穆尔州森林经济区、萨哈林州森林经济区和东北森林经济区（包括堪察加州、马加丹州和萨哈共和国）。

2001年远东森林工业生产保持增长势头，产值为137亿卢布，按可比价格计算，比上一年增长7%。从产品结构看，经济用材产量为960万立方米，锯材产量为71.19万立方米，纸张产量（萨哈林州）为11 521吨，木质纤维板产量（阿穆尔州）为433万平方米。近年来远东地区森林工业虽然呈恢复性增长，但长期的经济危机造成的严重后果依然存在，且积重难返。

表 10 俄罗斯西伯利亚与远东地区 1990～2002 年生产木材加工产品产量 （万立方米 万吨）

数据／类别 年份	西伯利亚联邦区					远东联邦区				
	经济用材	锯材	胶合板	纸浆*	纸*	经济用材	锯材	胶合板	纸浆*	纸*
1990	8 991.7	2 274.7	24.08	180.91	11.0	2 345.6	541.4	2.53	53.9	21.55
1995	2 370.7	718.54	11.56	138.09	6.03	737.03	97.27	0.1	6.00	1.42
1996	2 014.0	579.98	10.47	102.21	5.60	651.4	72.21	0.05	0.86	0.67
1997	1 557.9	504.52	7.59	82.91	4.22	813.8	55.09	–	0.16	0.07
1998	1 439.9	499.64	8.11	89.15	3.59	491.43	48.37	–	0.22	0.02
1999	1 613.4	480.86	9.45	128.71	4.86	754.4	58.10	–	1.26	0.91
2000	1 732.6	484.32	13.50	147.64	5.32	845.05	67.33	–	1.13	0.95
2001	1 918.9	443.29	13.74	154.38	4.61	962.53	78.81	–	1.11	1.15
2002	2 156.0	474.93	12.70	167.98	4.19	1 058.0	83.02	–	0.46	0.46

* 纸浆和纸的单位为万吨。

资料来源 俄罗斯国家统计局《2003 年俄罗斯地区》，莫斯科，2003 年版，第 453、455、456、457 页。

（三）萨哈共和国森林资源与木材加工

萨哈共和国的森林覆盖面积为 1.19 亿公顷，在全部的森林蓄积量中，针叶林木材占 98%，其中落叶松木材蓄积量占 87%，其他松树木材占 11%。萨哈共和国的西南各区（勒拿河流域，包括奥廖克马河中、下游）是森林工业的主要基地，几乎所有的专业采伐企业都集中在这里。该地区的森林覆盖率最高，达到 84%，绝大多数树木是落叶松，也有一些其他松树。平均每公顷森林的木材蓄积量达到 131 立方米。整个萨哈共和国木材蓄积量约为 110 亿立方米，占全国木材蓄积量的 15% 左右，可是年均采伐量仅达到年计划采伐量的 20% 左右，约为 350 万立方米。萨哈共和国的木材加工能力薄弱，只能生产原木和锯材。许多大直径的木材得不到合理的利用。

六 渔业和农业

（一）渔业

远东是俄罗斯最主要的海产品产区。转轨以来，远东渔业遭受重创，捕捞量下降 50%。2001 年远东鱼和其他海产品的捕捞量为 212.5 万吨，仅相当于 1966 年的水平，较 1991 年下降了 53.8%。

远东渔产工业最发达的地区是滨海边疆区，其捕捞量占远东地区的 1/3 以上，2001 年为 74.82 万吨。从捕捞的品种来看，主要是明太鱼（48.1 万吨），其次是鲱鱼（11.68 万吨）。由于捕捞量下降使远东海产品加工业受到严重影响。

表 11 俄罗斯远东主要渔产品的捕捞量 （万吨）

类别	2000	2001
全俄罗斯	380.0	360.0
远东总捕捞量	233.8	212.5
明太鱼	121.3	114.2
鲱鱼	36.1	27.8
鲑鱼	21.9	22.5
比目鱼	10.3	9.4
大西洋鳕鱼	6.8	6.0
六线鱼	5.3	4.9
秋刀鱼	1.7	4.0
宽突鳕鱼	3.7	3.4
蟹	5.8	4.7
鱿鱼	7.0	4.5
鲽鱼	2.3	1.9

资料来源 俄罗斯联邦国家统计局《2002 年俄罗斯统计年鉴》，莫斯科，2002 年版第 365 页。

A. 波波夫：《2001 年远东联邦区各联邦主体社会经济发展总结》，《联邦关系与地区社会经济政策》，2002 年第 3 期。

远东鱼和其他海产品加工主要在海上的工厂母船上进行。滨海边疆区的海上加工能力最强，它拥有远东85%的罐头生产船、31.3%的鱼品加工船和24.1%的冷冻加工船。其次是萨哈林州和堪察加州。然而，目前无论是加工船，还是加工厂，其技术设备都存在老化和失修问题，致使加工能力下降。1994年与1988年相比，鱼类食品（包括罐头）产量下降一半多，其中罐头产量下降80.4%，非食用鱼类产品产量下降76.1%。

表12　　俄罗斯远东食用商品鱼主要品种产量　　（万吨）

类别	2000	2001
食用商品鱼总产量	190.200	160.200
冻鱼	105.700	105.300
净鱼肉	10.230	6.900
鱼肉馅	1.780	1.100
熏鱼里脊	0.071	0.046
鱼干	0.011	0.014
半成品鱼	0.067	0.061
鲑鱼子	0.640	0.590
其他鱼子	1.980	2.250
海产品	9.400	7.210
饲料鱼粉	9.74	7.07
鱼罐头（万听）	10600	8000

资料来源　《2001年滨海边疆区渔业状况》，见《符拉迪沃斯托克报》，2002年1月28日。

（二）农业

远东经济区不是农业发达地区，从事农业的人数只占本地区就业人数的8%。农业生产基地多半集中在远东区的南部。泽雅—布列雅平原是远东区的主要粮仓，绥芬—兴凯湖低地除生产大量谷物外，还播种稻米、大豆、甜菜以及其他喜暖的经济技术作物。在谷类作物中，春播小麦和燕麦占优势。阿穆尔州播种面积占远东区播种总面积的一半，谷物播种面积占2/3以上；沿海边疆区，主要是南部则占远东区总播种面积的1/2。在阿穆尔州、滨海边疆区和哈巴罗夫斯克边疆区马铃薯播种面积相当大。远东地区粮食自给率很低，为15%，蔬菜自给率为36%，各州能够自给的产品只有鸡蛋。因此，粮食和生活必需品严重依赖进口。远东地区存在的另一个问题是劳动力短缺，农业人口流向城市，导致农业开发费用上升，农业经营困难。但是，在滨海边疆区和阿穆尔州可开发的耕地和稻田很多，因此，远东地区农业开发具有广阔的前景。近几年来，远东地区农业呈下降趋势，1996年，下降幅度最大的是犹太自治州，达45.8%，马加丹州下降41.5%，下降幅度最小的是堪察加州和萨哈林州，均为0.2%。在远东农业总产值中占最大比重的是滨海边疆区，为29%，阿穆尔州为25%，哈巴罗夫斯克为18%。

此外，远东地区养兽业和养蜂业发展较快，许多集体农庄利用当地含蜜度很高的植物，建立了大量养蜂场。俄罗斯13%的蜂蜜来自远东地区。在锡霍特－阿林山脉、堪察加半岛和某些岛屿上，国营养兽场特别发达，如北极狐。在沿海地区，则发展着大规模的养鹿业。

七　交通运输业

（一）西伯利亚

交通运输业是其国民经济的支柱产业。其中，铁路运输为交通运输业的中坚，西伯利亚大铁路和贝阿（贝加尔—阿穆尔）干线横贯东西。长期以来，西伯利亚大铁路作为俄罗斯铁路主干线，从俄罗斯欧洲部分越过西伯利亚直到太平洋沿岸。该铁路1891年从莫斯科和海参崴东、西两端同时动工，全长9 311公里。目前，电气化的西伯利亚大铁路，承担着国内外大量过境运输任务。西南部的南西伯利亚铁路和中西伯利亚铁路承担着库兹巴斯—乌拉尔区域近40%的东西走向的货运量。贝阿干线西起伊尔库茨克州交通枢纽泰谢特，东至鞑靼海峡岸边苏维埃港（瓦尼诺港），长达4 275公里。2001年底贝阿干线的建设告一段落。

西伯利亚地广人稀，在不通铁路又没有河流和海运航线的地区，公路交通几乎成了唯一运输方式。西伯利亚拥有硬面公路14.57万公里，其中5.58万公里归部门所属。一等公路的比重尚不及全俄水平的1/3，二等公路比重仅及全俄水平的3/4强。西西伯利亚四等和五等公路的比重分别占56.5%和8.4%，东西西伯利亚则分别为59.2%和17.4%。西伯利亚的国道干线为9 130公里，大多为改良的高等级公路，东西伯利亚和西西伯利亚各占一半。按现有规划，到2005年，西伯利亚拟建设和改造公路9 000～11 000公里，按总统纲要将完成公路改造的“贝加尔”项目和“叶尼塞”项目工程；完成赤塔—后贝加尔斯克—边境口岸及秋明—亚鲁多罗夫斯克—伊什姆—鄂木斯克公路干线改建，拟改建的国道干线达2 300公里，占西伯利亚现有国道总里程的1/4强。

西伯利亚的海洋货物运输，主要是通过北方海路实施。对西伯利亚极北地区进行补给的季节性航运，主要基地港是摩尔曼斯克和阿尔汉格尔斯克。北冰洋航线是从摩尔曼斯克起，经巴伦支海、喀拉海、拉普捷夫海，全长7 000多公里，它是北方极地最重要的交通线。

内河运输是俄罗斯人在西伯利亚最早期使用的运输方式，是西伯利亚重要交通运输部门。在西伯利亚所有河道中，唯有叶尼塞河可通行3万吨以下的海轮，并可沿河上溯500公里；5 000吨级海轮可抵达列索西比尔斯克与西伯利亚南部的铁路干线交汇。

管道运输是西伯利亚的新兴产业，在西伯利亚未来的交通运输中的地位和作用仅次于铁路。在西伯利亚建设了第一条煤炭运输管道，即别列洛沃—新西伯利亚试验输煤管。

西伯利亚地域辽阔,铁路、公路网十分稀疏,因此,航空运输就起着极为重要的作用。西伯利亚现有40多家航空公司,有实力的不到1/4,大多公司面临固定资产老化,飞机主要是20世纪60～80年代的产品。由于价格等原因,航空线和机场数目减少,飞机老化、机场设备老化成为亟待解决的问题。

（二）远东地区

远东地区交通运输相当发达，除个别州没有铁路外，大部分州内均有铁路、公路、河运、海运、空运通往州内外各地区。

1. 阿穆尔州

阿穆尔州虽然地处边境地区，但它的交通运输条件比较好，铁路和公路、河运和空运四通八达。俄罗斯最长的西伯利亚大铁路，从西南到东南横穿阿穆尔州，在本州境内延伸1 500公里。布拉戈维申斯克市通过109公里的支线与西伯利亚大铁路连接，从布市乘快车到8 000公里之遥的莫斯科需要5昼夜。第二条大铁路贝阿干线全长约4 275公里，其中有1 500公里在该州境内通过。以布拉戈维斯申克市为中心的民航飞机，可以抵达州内各市区中心、远东与西伯利亚各城市、贝阿铁路各枢纽站以及北部边远的居民点，并可直达航程为6 500公里的莫斯科。另有50多条航线与州内外联系。公路从城市延伸到各村镇、农场和集体农庄，纵横交错，路面较好，运输方便。还拥有3 000多公里的水上运输线。主要河港有布拉戈维申斯克港、波亚尔科沃港、斯沃博德内港和结雅港。

2. 滨海边疆区

滨海边疆区是全俄最大的运输枢纽所在地，这里集中了海运、铁路、公路、航空运输。西伯利亚大铁路贯穿该区南北，还有几条支线与大铁路相接，沟通了区内的主要城镇与港口。其中乌苏里斯克至哈桑站全长250公里，可通往中、朝、俄三国。帕尔季赞斯克支线，由乌格洛沃耶至纳霍德卡全长177公里，沟通了重要海港城市纳霍德卡与西伯利亚大铁路的联系。格罗捷科沃支线，由乌苏里斯克至格罗捷科沃，是中俄贸易的主要通道之一。

全区公路总长4 095公里，其中国家级公路2 152公里，纵贯和横穿该区的干线公路各一条，公路质量较好且与铁路相连。

边疆区内有两个全俄最大的轮船公司，即远东轮船公司和滨海轮船公司。远东轮船公司在国内外享有声望，与许多国家有业务来往。

滨海边疆区海洋运输业相当发达，主要港口有符拉迪沃斯托克港、纳霍德卡港、波谢特港和东方港。符拉迪沃斯托克港是俄罗斯最大的军港之一，也是全俄最大的五个港口之一，是一个高度机械化的港口。纳霍德卡也是五大港之一，是俄罗斯与太平洋沿岸国家联系的枢纽，从日本、香港、新加坡运来的货物，经该港再经过西伯利亚大铁路运往欧洲各国。该港也是俄罗斯第一个集装箱集散港，每年有世界上30多个国家的轮船停靠该港。东方港是俄罗斯最大的高度机械化的深水港。港口设备自动化，全部工作都靠电子计算机和工业电视操纵，可在一昼夜内引领22艘船入港。该港有70个专业码头，其中有碎石码头、木材码头、煤炭码头。这些码头可停泊10万吨级轮船，年吞吐量可达1 850万吨。2001年装卸货物1 286万吨。

滨海边疆区的空中交通主要是符拉迪沃斯托克—莫斯科航线，这是远东地区通往欧洲地区的重要航线，全长7 752公里。

3. 哈巴罗夫斯克边疆区

哈巴罗夫斯克边疆区是远东地区最大的水、陆、空交通运输中心。这一地区的特点是水运非常发达，有哈巴罗夫斯克、阿穆尔共青城、尼古拉耶夫斯克、苏维埃港四大货物集散港。海港配有现代化的轮船装卸设备和可停泊大吨位船舶的深水码头。边疆区有两条横贯全区的大铁路，即西伯利亚大铁路和贝阿铁路干线。哈巴罗夫斯克是西伯利亚大铁路向南延伸的重要枢纽和最大的货车编组站，阿穆尔共青城是贝阿铁路干线与西伯利亚大铁路交会的重要枢纽。

该边疆区还是远东地区最大的航空中转地区，有通往区内外各地的密集航空网，通往平壤、河内、万象、金边等地的国际航班和飞往美国、日本、德国、捷克等国的中转航线，是远东地区的重要国际机场。

此外，哈巴罗夫斯克边疆区已经形成覆盖率较高的公路运输网络。

4. 马加丹州

河运和海运在马加丹州运输中占有重要地位，该州同欧洲及其他地区的联系主要靠海运。主要港口有纳加耶夫港、普罗维杰尼亚港、埃格韦基诺特港、阿纳德尔和彼韦克等港口。其中，纳加耶夫港早在前苏联时期就被列为政府建设的重点工程。该港的主要任务是为科雷马水电站、比利比诺原子能电站、科雷马和楚科奇矿山，运输建筑材料、燃料、粮食等货物。由于马加丹独特的地理位置，近海运输是其与外界联系的主要方式，港口的码头运输效率可达3 600吨，码头使用率已达93%～95%，在远东地区各港口中位居首位。港口机械化程度高，散装货物机械化装卸程度达99%，木材达97%，一般货物达92%。1977年开始了集装箱运输业务。该州同莫斯科、雅库茨克、新西伯利亚、伊尔库茨克、鄂霍茨克、哈巴罗夫斯克、克拉斯诺亚尔斯克等地都有航空联系。

5. 堪察加州

堪察加州交通运输比较落后，主要依靠海运、河运和空运。彼得罗巴甫洛夫斯克港是该州最大的港口。内港南北长400米，东西宽300米，最深处10米，入口处宽约100米。该港是符拉迪沃斯托克、纳霍德卡至堪察加的货运中转站。该港的内港海岸线已经修整，西岸码头已延伸，1972年新建成一座250米的码头。

6. 萨哈林州

主要靠铁路、公路和河运。萨哈林岛和千岛群岛与州外的联系主要靠海运和空运。该州的公路运输发达，特别是萨哈林岛南部公路网较密集。该州主要海港有：霍尔姆斯克港、涅维尔斯克港和科尔萨科夫港，这三个港口同符拉迪沃斯托克、纳霍德卡、瓦尼诺等港口之间都有班轮往返。

7. 萨哈共和国（雅库特）

萨哈共和国地域辽阔，但交通运输业不发达。境内主要交通运输线是水路和公路。境内许多地区都有航空线路与首府雅库茨克市相通。雅库茨克市与马加丹市、伊尔库茨克市、新西伯利亚市、莫斯科亦有班机往来。继小贝阿铁路竣工后，又建设了阿雅铁路，这条铁路南起小贝阿铁路终点站别尔卡基特，北至雅库茨克，全长830多公里，这条铁路通过贝阿铁路，与西伯利亚大铁路相连接，可通往该共和国腹地，因此十分重要。

此外，为加快交通运输设施的建设，俄罗斯正在建设马哈林诺市至珲春的俄中铁路，布拉戈维申斯克市至黑河市的大桥，计划在几年以后改建、扩建远东所有的港口。按俄罗斯海运局的计划，到2000年，俄罗斯全部港口的吞吐量应扩大90%。为此，需新建和扩建145个码头，总长28 400米，吞吐量为1.505亿吨。远东改建、扩建码头和投资规模占全俄的30%。为尽快解决贝阿干线周围铁路支线过少的问题，2001年开始了修建另一条贝阿干线北部铁路支线的巨大工程，即由阿穆尔州境内贝阿干线上的乌拉尔站，通往雅库茨克的超大型煤矿埃利金的320公里长的铁路线，该工程计划于2004年第一季度完成。

八 各联邦主体、州和重要城市经济发展

（一）西伯利亚地区

1. 概述

西伯利亚地区：由西伯利亚联邦区的16个联邦主体和乌拉尔联邦区的1个州和两个民族自治区（秋明州、汉特—曼西民族自治区和亚马尔—涅涅茨民族自治区）组成。

渔猎业是西伯利亚最早出现的经济部门。农业是渔猎业之后迅速发展起来的经济部门。1732年，安娜女皇下令对西伯利亚进行考察。经历10年之久的资源考察，西伯利亚矿产资源陆续探明，采矿业迅速发展，同时还带动了冶金业的发展。1891年开始修筑西伯利亚大铁路，促进了西伯利亚经济发展和对外经济贸易的扩大。在1897～1917年的

20年间，铁路沿线地区的城市从40座增加到63座，各城市居民也成倍增长。

1917年俄国十月社会主义革命胜利后，西伯利亚地区经过70多年有计划的开发建设，使其成为苏联时期重要的工业基地和能源生产基地。

在列宁领导时期，把西伯利亚开发同国家政权存亡与稳定联系在一起，决心充分发挥西伯利亚的基础和基地作用。斯大林继承和发展了列宁开发西伯利亚的思想，并对西伯利亚实施了有计划的战略开发。

赫鲁晓夫时期，国家逐渐形成“三大基地”思想，即把西伯利亚开发成为全苏联最大的燃料动力基地、高耗能产品生产基地和粮食基地。勃列日涅夫时期，苏联开始走上经济集约化发展道路，西伯利亚地区注重开发质量，提高投资效益，加速科技进步。在这一时期，为适应能源消费结构调整需要，重点加强西伯利亚的极北地区的各大油气田的开发建设。

经过上述各时期的发展，西伯利亚的南部地区得到较为充分地开发，沿西伯利亚大铁路基本上形成了一条工农业生产地带，中部地区也得到不同程度的开发。与此相适应，西伯利亚地区的秋明、鄂木斯克、新西伯利亚和巴尔瑙尔等城市的机械制造和石油化学工业都得到了发展。

2. 主要城市及其经济发展特点

秋明市　俄罗斯联邦秋明州首府。是西伯利亚地区的第一个俄罗斯城市。1586年设置，是14世纪俄国开发西伯利亚的中心，距莫斯科2 144公里，人口50.1万（1998年）。该市也是工业和文化中心。机器制造业为该市主导产业，还有造船厂、发动机厂、机床厂、电机厂、汽车拖拉机电器设备厂、汽车制造厂、仪表厂、医疗设备和器械制造厂、建筑机械厂等企业。其他工业部门有金属加工、木材加工、化工、轻工和食品等。另有大型木材加工厂，主要生产锯材、胶合板和家具，精梳毛纺联合厂，为前苏联大型企业之一。1960年建成了中央热电站。该市是石油天然气开采工业中心，有多条输油管道，还有通往叶卡捷琳堡、鄂木斯克和苏尔古特的铁路运输线。内河港口是水路和铁路相互转运的大型基地。

鄂木斯克市　俄罗斯联邦鄂木斯克州首府，西伯利亚地区第二大城市，距莫斯科市2 555公里。人口115.9万（1998）。该市为西伯利亚工业中心之一。机械制造和化学工业占主要地位，为石油加工基地。主要工业部门有机器制造、石油加工、轻工业及食品等。大型企业有石油加工联合体和船舶修造、木材加工、农业机械、建筑材料等。还有制革制鞋、纺织、缝纫、家具、肉类联合加工、面粉联合加工、农业原料加工等。建有4座总功率约为90万千瓦的发电站。该市位于西伯利亚大铁路的鄂木斯克—新西伯利亚区段上，因此成为铁路货运量最大的区段，年货运量达13.140万吨。水陆运输也十分发达，年货运量大约在2.170万吨。还建有莫斯科—鄂木斯克—哈巴罗夫斯克和乌法—鄂木斯克—伊尔库茨克—哈巴罗夫斯克航空线。

新西伯利亚市　俄罗斯新西伯利亚州首府，距莫斯科市3 191公里。人口大约139.9万（1998）。为西伯利亚地区大型铁路运输枢纽，交通运输十分方便，可抵达全国各地。内河港口是巨大的港口运输中心，附近建有新西伯利亚水电站和水库。有发达的通往俄罗斯各地的航空港和公路。该市被称为科学城，20世纪30年代建成的大型工业、交通、科学、教育和文化中心，为东部地区最大的综合性工业城市和俄罗斯最大的科学中心之一。科学城建在离市中心28公里处的新西伯利亚水库沿岸，有俄罗斯科学院西伯利亚分院、列宁农业科学院分院、医学科学院分院、有机化学研究所等数十个科研设计单位，教育、娱乐、文化等设施都非常发达。机器制造和冶金工业占主导地位，在俄罗斯国民经济中起着重要的作用。主要有重型机械厂、水压机厂、电热设备厂、电力机械厂、农机厂、无线电元件厂、机床厂、精密仪器厂和冶炼厂等。此外还有航空、化工等企业。轻工业和食品工业也占有显著地位。有4座热电中心为代表的电力工业企业。

巴尔瑙尔市　俄罗斯阿尔泰边疆区首府，距莫斯科3 419公里，距新西伯利亚市200公里。人口约58.9万（1998）。是一个工农牧业全面发展的城市。这里有机器制造、化学、轻工、食品和建材等工业，主要企业有：为大型发电厂提供蒸汽锅炉的锅炉厂、柴油机厂、金属切削厂、压力锅厂、无线电元件厂、机车修配厂、驳船修配厂、运输机械制造厂等。轻工和化工在该市占有主导地位，比较重要的产品有松香、火柴。该市是通往谢苗帕拉金斯克、库伦达、新西伯利亚、新库兹涅次克和比斯克的铁路枢纽站。有码头在鄂毕河左岸，水陆运输十分方便。

托木斯克市　俄罗斯联邦托木斯克州首府，距莫斯科 3500 公里，人口 47.8 万（1998）。是西伯利亚地区重要的经济文化中心。机器制造和金属加工业是主导产业，此外还有石油化工、数控机床、电机、仪表、轴承、矿井开采设备等工业部门。大型企业有西伯利亚电缆联合公司、西伯利亚电机厂、轴承厂、电缆厂、机电厂、切削工具厂等。还有制鞋、制药、服装、家具、肉类和制粉等轻工业。有内河港口、航空站，并有白亚尔—阿西诺—泰加的铁路线与西伯利亚铁路干线相连。

克麦罗沃市　俄罗斯联邦克麦罗沃州首府，距莫斯科市3 482公里，人口 49.8 万（1998）。为库兹巴斯煤田开采中心，是本州第二大工业城市。化工、煤炭和机器制造（电动机、电力设备等）为重点工业。此外还有轻纺工业、食品工业、建筑企业、家具企业等。该市也是铁路、公路和航空运输中心。

克拉斯诺亚尔斯克市　俄罗斯克拉斯诺亚尔斯克边疆区首府。距莫斯科市3 955公里。人口 87.5 万（1998）。跨叶尼塞河两岸，全市共有 7 个区，是东西伯利亚铁路、公路、内河和航空运输的枢纽，西伯利亚大铁路横贯市区。该市是东西伯利亚地区最大的城市，也是经济和文化中心。工业主导部门是重型机器制造、冶金和化工。铝锭产量在俄罗斯占第一位。还有轻工、食品、建材等工业。市财政收入在俄罗斯占第三位，仅次于莫斯科和圣彼得堡。市郊的叶尼塞河右岸有一处“石林”自然保护区。距该市 35 公里处建有克拉斯诺亚尔斯克水电站，这是世界上最大的水电站之一，其装机容量为 600 万千瓦，年发电量为 204 亿千瓦小时。该市是俄罗斯航天火箭制造和发射基地。该市设有俄罗斯科学院西伯利亚分院及所属物理研究所、生物物理研究所、森林与木材工业研究所、化学与化工研究所、经济与工业生产组织研究所、经济问题研究所等 20 多个科研单位。

伊尔库茨克市　俄罗斯东西伯利亚伊尔库茨克州首府，距贝加尔湖 66 公里，是西伯利亚大铁路重要枢纽之一。人口 59.5 万（1998）。该市是东西伯利亚地区最大的经济中心之一，建有伊尔库茨克水电站。该市有大煤田，其西部产二级褐煤，中部和东部产长焰煤、气煤和石煤。有重型机器制造、食品、轻工和建材等工业。有云母加工厂、肉乳联合加工厂、服装厂、制鞋厂等 70 多个工业企业。该市是动西伯利亚铁路、公路、水上运输和航空运输的中心。该市以电力、林业、木材加工、造纸等工业为主，尤其是电力、化学、石油化工和铝制品工业发展速度较快。

赤塔市　俄罗斯联邦赤塔州首府。人口 31.6 万（1998）。西伯利亚大铁路的重要枢纽站，铁路运输线四通八达，可通往乌兰乌德、斯沃博德内和外贝加尔斯克等地，还可抵达中国的满洲里市。公路运输也十分方便，有通往乌兰乌德、哈普切兰加和外贝加尔斯克等几条国家级公路线。还有飞往新西伯利亚、伊尔库茨克、哈巴罗夫斯克和丘利曼等地的航线。该市还建有河港。该市是西伯利亚经济区的工业中心，也是该州的科学文化中心。主要企业有汽车装配厂、机器制造厂、机床厂、机车车辆厂、建筑材料厂、家具—木材联合加工厂、制革制鞋联合加工厂和食品加工厂等。建有发电站和煤矿。此外，奶制品加工、肉制品加工和食品工业也很发达。

新库兹涅次克市　是俄罗斯联邦克麦罗沃州煤炭工业中心城市。人口 56.4 万（1998 年）。该市是前苏联最大的冶金工业中心之一，也是库兹巴斯煤炭城市群的中心。工业以钢铁、煤炭、机械制造和煤炭化工为主。库兹巴斯为俄罗斯第二大煤炭冶金基地（第一大煤炭冶金基地是顿巴斯煤田）。此外还有炼铝厂、铁合金厂、矿山设备、制药厂等企业，以及剪裁、轻工、食品等工业。该市是通往尤尔加、塔什塔戈尔和阿巴坎的铁路枢纽，20 世纪 50 年代末期即已成为大型的工业和文化中心城市。

安加尔斯克市　俄罗斯伊尔库茨克州的一座新建城市（建于 1945 年），人口 26.7 万（1998 年）。该市为大型石油化工中心。1954 年建有石油化工联合企业（从巴什基尔和鞑靼用输油管道输送）。拥有年加工原油1 800万吨的炼油厂、水电厂、氮肥厂、塑料厂、合成橡胶厂、水泥厂、机电厂、木材加工厂、服装厂、肉联加工厂等。该市被林带分成工业区和居民区，中间有 2 公里宽的泰加林作为防护带，绿化程度很高，除保留了大片原有松林外，又栽种了阔叶树、灌木和草坪，人均绿地面积达22～25平方米。文化生活服务设施齐全。

（二）远东地区

1. 阿穆尔州

（1）概述

阿穆尔州在俄罗斯联邦东南部，远东地区的西南部，延展在阿穆尔河（黑龙江）与结雅河的河岸旁。东临哈巴罗夫斯克边疆区，西接赤塔州，北连雅库特自治共和国，南至阿穆尔河，与中国黑龙江省的黑河市隔江相望，阿穆尔河与黑河相对应的水界为355公里，与黑龙江省的大兴安岭及伊春地区为邻。该州有9个行政区分别与中国的县、镇、乡隔江相对：斯科沃罗基诺区－漠河县；马格达加奇区－呼玛县白银那乡；施马诺斯克区－呼玛镇；斯沃德内区－呼玛县三卡乡；布拉戈维申斯克区－黑河市上马扬乡；塔姆博夫卡区－孙吾县沿江乡；米哈伊洛夫卡区－逊克县；阿尔哈拉区－嘉荫县。阿穆尔州首府布拉戈维申斯克市与中国黑龙江省黑河行署所在地黑河市，分别坐落在黑龙江两岸，是中俄两国沿黑龙江几千公里边境线上最大的对应城市。

阿穆尔州铁路、公路、内河和航空运输四通八达。西伯利亚大铁路在该州境内1 500多公里，在阿境内巴姆—腾达支线与贝阿铁路相连，进入全国铁路运输网。该州境内铁路总长度为3 000公里，居远东地区第一位。有布拉戈维申斯克市中心航空站和赖奇欣斯克、腾达、马格达加奇等大型现代化机场，开通50多条航线，可直达莫斯科、新西伯利亚、雅库茨克、伊尔库斯托克、哈巴罗夫斯克、克拉斯诺亚尔斯克等城市，并且开通了通往日本、韩国和中国哈尔滨等航线。

（2）主要城市

布拉戈维申斯克市（海兰泡）　位于结雅河与阿穆尔河的交汇处，同中国黑龙江省的黑河市隔江相望。它是阿穆尔州和市政府首脑机关的所在地，是全州的政治、经济和文化中心。该市已成为远东地区的重要城市之一，号称河运、机械、船舶工人和大学生城。市区面积30平方公里，市管辖范围356平方公里，划分为列宁区和边境区两个行政区，人口约25万。该市是一个颇具规模的工业城市，拥有造船、采金设备、机械制造、金属加工、电器、建筑材料、制材、纺织、缝纫、食品和印刷等工业企业。能够生产河运船只、渔轮、矿山设备、电工测量仪表、各种机床和大型钢筋混凝土预制件等300多种产品，有些产品销往世界20多个国家和国内一些经济区。该市交通运输比较发达，除有便利的铁路、公路和民航运输条件外，还有优越的河运条件。航运码头比较大，设备先进、配套，拥有能够吊装10吨货物的高架起重机和铁路专用线，是一座现代化的码头，年吞吐量为300万吨。该市的电讯事业也比较发达，1983年就建成并投入使用了城市间直拨电话站，同莫斯科、新西伯利亚、伊尔库茨克、哈巴罗夫斯克、赤塔、奥姆斯克、巴尔瑙尔、雅库茨克等城市建立了自动电话通讯。

斯沃博德内市　该州第二大城市。人口约12万。该市工业已初具规模，其中比较著名的是船舶修造厂和汽车配件厂。该市在结雅河与西伯利亚大铁路的交汇点上，是水路交通运输枢纽。这里还有民用航空线通往州内外各地。

别洛戈尔斯克市　为该州第三大城市，人口约10万。它是布拉戈维申斯克市通过支线与西伯利亚大铁路相连的接轨点。这里有远东最大的罐头厂，因此，该市有食品城之称。

（3）经济发展特点

阿穆尔州分为三个经济区，即农业－工业区，森林工业区，以采矿业为基地的山地原始森林狩猎区。该州经济基本尚属初级开发型经济区。

2001年工业生产总值为125亿卢布，其中：食品占12.7%，有色金属占23.4%，机器制造和金属加工占5.6%，林业和木材加工占7.9%，电力占32.3%，建材工业占4.7%，燃料占6.3%，轻工业占0.4%。阿州主要有采矿、造船、机械制造、电力、林木采伐与加工、轻纺、食品等行业，共有200多家现代化企业。主要产品有煤、船舶、汽车配件、农业机械、矿山机械、木材、电器、食品等。该州机械制造企业已具有生产定型产品的能力，如全州每年能生产1 300多台热发电机和1 500多台锅炉等。

煤炭开采业发展迅速，产量占远东煤炭总产量的40%，为该区的重要燃料基地。有4个露天采煤厂，年产量1 250万吨。该州电力已经自给有余，每年可输送给哈巴罗夫斯克边疆区、滨海边疆区和雅库特自治共和国南部15亿千瓦小时。阿州有十大金矿，主要集中于州的北部。

建材工业于20世纪50年代后期发展起来，主要产品有硅酸盐块砖、碎石、石灰、石棉、玻璃纤维、钢筋混凝土构件、暖气片和玻璃等。阿州重视木材加工综合利用，能够用1 000立方米的木材生产出450立方米胶合板和320立方米刨花板。轻工业发展缓慢，尤其是食品行业，产品品种少，产量不高，满足不了本州居民的需求。

该州农业较为发达，素有“远东粮仓”之称。2001年年农业总产值为84.44亿卢布，其中种植业产值为59.6亿卢布，畜牧业产值为24.84亿卢布。该地区现有耕地面积120多万公顷，占远东地区总耕地面积的60%。其中大豆种植面积占俄罗斯大豆总面积的70%，占远东地区的80%。粮食和大豆的年产量占远东地区的2/3，牛奶和肉类生产占1/3。农业机械化与现代化已经达到一定水平，农业机械基本配套，主要农作物的生产基本上是机械化作业。

2．堪察加州

(1) 概述

该州包括堪察加半岛、卡拉琴岛、科曼多尔群岛及其他一些小岛，总面积47.23万平方公里。半岛部分约占60%，大陆部分约占40%。有7个行政区（其中4个区属科里亚克自治区）、4个城市、8个镇、53个村。2002年人口总数为35.88万人。居民分布很不均匀，在经济发达的南部，人口占全州人口的86%，而北部则占14%。全州一半的居民住在彼得罗巴甫洛夫斯克市和相邻的阿瓦恰河谷地带。人口密度为每平方公里0.8人。俄罗斯人占81%，乌克兰人占9.1%，科里雅克人占1.5%，北方民族（包括科里亚人、楚科奇人、埃文克人、伊捷尔缅人、阿留申人）占8.4%。2000年人口自然增长率为－1.6‰，人均寿命64.15岁。

(2) 主要城市

彼得罗巴甫洛夫斯克市　堪察加州首府，港口城市。是远东地区最古老的城市之一，也是该地区工业和运输业的重要中心之一。建有列宁造船厂、修船厂、罐头盒工厂、水产联合加工厂、大型冷藏库、建筑材料联合工厂等，它是海上门户，整个堪察加的商船队和渔船队都以该港为基地。

3．科里亚克自治区

(1) 概述

位于堪察加北部，面积30.15万平方公里，人口3.9万人。科里亚克人（土著居民）占75%。自治区已探明煤的储量为2 400万吨，但开采量不大。这里还有石油、天然气；在帕拉波里山谷古代水网的沉积中含有丰富的黄金。渔业在自治区的经济中占有主导地位；养鹿业也是主要的经济部门；狩猎业和养兽业在全自治区各地都比较发达。

(2) 经济发展特点

该州自然资源虽然丰富，但它在远东地区是一个经济比较落后的州，它远离工业中心，交通不便，再加上恶劣的气候条件，这些都制约着该州的经济发展。工业尤其落后，工业总产值仅占远东地区工业总产值的7.6%（不包括萨哈自治共和国）。工业中，采矿业发展较好，由于金矿、硫汞和地热的开发，涌现出一批采矿工业企业。

渔业是该州国民经济的主导部门，渔业及为渔业服务的各个部门的产值占全州工业总产值的90%左右，年捕获量在800万公担以上。其中，每个渔民的年捕获量为350～500公担，比美国和加拿大一个渔民的年捕获量高几倍。堪察加州的河流是太平洋回流的细鳞大马哈、大马哈、红大马哈、银大马哈等一些珍贵鱼类的产卵地，而大陆架是鲱鱼、比目鱼、宽突鲑鱼等的再生区，也是蟹的栖息地。该州的鄂霍次克海和白令海水域是远东地区的主要捕鱼区，这里的捕鱼量占远东的45%～50%。该州渔业加工占远东10%，其中有65%是采用冷藏和罐装法。

林业也是该州国民经济的主要部门之一。林业和木材加工总产值已扩大到1 200万卢布。毛皮业是该州的重要经济部门。所产的貂、狐狸、青狐和水貂的皮毛都非常珍贵，在国际市场上享有较高的声誉，也是国民收入的重要来源。

该州农业和畜牧业虽然获得了较大发展，但仍不能满足当地的需要，有相当一部分商品要从州外运入。堪察加州交通运输不发达，州内没有铁路，主要依靠海运、河运和公路运输。

4．马加丹州

(1) 概述

马加丹州土地面积119.91万平方公里（楚科奇自治县为73.8万平方公里），占俄罗斯联邦土地面积的7%。位于俄罗斯东北部边疆，西部与萨哈自治共和国接壤，西南与哈巴罗夫斯克边疆区相连，北邻东西伯利亚海和楚科奇海，东部隔白令海峡与美国阿拉斯加相望，南邻堪察加州和鄂霍次克海。该州分为16个区，其中有8个属楚科奇自治县。有4个城市，其中，州辖市1个，区辖市3个。52个镇，78个村。该州总人口约60万人，其中80%是城市人口，属人烟稀少的地区。

（2）主要城市

马加丹市　是该州的行政中心，也是鄂霍次克海沿岸最大的工业和文化中心。人口大约有14万。该市是一座既年轻又现代化的城市，有笔直宽阔的马路、鳞次栉比的高层建筑及现代化的文化娱乐设施。

（3）经济发展特点

马加丹州工业一直比较落后，许多工业门类至今仍是空白。工业总产值占远东地区工业总产值的7.5%，其中渔业占远东地区的3.3%，食品占2.6%，林业和木材加工业占4.1%，机械制造业占6.3%，燃料占3.7%，建筑材料占6.6%，玻璃占34.6%，轻金属冶炼业占7.6%，没有重金属冶炼业，其他占35.4%。工业发展面临劳动力不足，主要是因为气候寒冷，环境艰苦，住房、文化生活等条件都非常差，致使劳动力外流严重。其次是电力不足。

该州有两个工业区，即科雷马－马加丹工业区和楚科奇工业区。矿业开采是该州工业中的主要生产部门，其中，采金业居全俄之首。近些年来，金矿装备了高效的电动挖泥机，它的使用大大降低了黄金开采成本。目前，该州是俄罗斯主要的金矿开采中心。锡矿开采业在国民经济中占有重要地位。煤的储量不少，但开采量不高，年产量约500万吨。

该州的自然条件不宜发展农业生产，农业生产中畜牧业较为发达，其中，养鹿业是州的主导行业，其收入占农业收入的一半。渔业是其第二个专业化部门。该州还盛产黑貂、白鼬、松鼠、北极狐、兔、狐狸和熊等，国营毛皮养殖场主要养殖水貂、北极狐和银狐等珍贵毛皮兽，每年向国家上交大量的毛皮。

该州的交通运输比较落后，和州外的联系主要靠海运和空运。州内没有铁路，汽车运输占州内运输的绝对优势，州内大约有103条公路，总长1万多公里。河运也是州的主要运输手段之一。海运在该州交通运输业中占有重要地位，同欧洲及其他地区的联系主要靠海运。该州主要港口有纳加耶夫港、普罗维杰尼亚港、埃格韦基诺特港、阿纳德尔和彼韦克等港口。该州同莫斯科、雅库茨克、新西伯利亚、伊尔库茨克、哈巴罗夫斯克、克拉斯诺亚尔斯克等地都有航空联系。

5. 楚科奇自治州

（1）概述

该州面积为73.8平方公里，居民稀少。境内多民族中，楚科奇人占大多数。州内多山地。除西南部有面积不大的密林外，全境都处于苔原带和森林苔原带。养鹿业是自治区的主要经济部门。

（2）主要城市

阿纳德尔市　属区辖海港市镇，系楚科奇自治县的行政中心，市内最主要的工业企业是鱼品加工厂。该市与远东各港口间有海洋运输联系。

6. 萨哈林州

（1）概述

该州是俄罗斯唯一的岛屿州，它包括萨哈林岛、千岛群岛和分布在萨哈林附近的小岛。

萨哈林岛被鄂霍次克海、日本海和太平洋所环绕。南部隔拉彼鲁兹海峡与日本北海道相望。千岛群岛的东海岸濒临太平洋。它所处的地理位置使它成为俄罗斯在太平洋上的屏障，具有特别重要的战略地位。该州面积8.71万平方公里，占俄联邦领土面积的0.5%。全州人口约为54.65万人，人口密度每平方公里6.8人，是远东地区人口密度最大的地区。人口主要集中在萨哈林岛的南部。俄罗斯人在该州占优势，其次是乌克兰人。2000年人口增长率为－3.9%，人均寿命为64.94岁。

（2）主要城市

南萨哈林斯克市　是该州的行政中心，也是州内最大的工业和文化中心。有居民约16万多人。市内有剧院、电影院、体育馆、少年宫、俱乐部、图书馆和地质博物馆等。还有师范学院和几所中等技术学院以及几十所普通学校。

科尔萨科夫市　是一个海港城市，是面向太平洋的门户。这里有萨哈林与滨海边疆区、堪察加州和千岛群岛间的定期航运。市内有船舶修理、木材加工、水产品加工、建筑材料、服装加工等行业。

霍尔姆斯克市　位于萨哈林岛的西海岸，是该州唯一的不冻港。它与滨海边疆区和哈巴罗夫斯克边疆区南部地区有密切联系。近年来，城市发生了巨大变化，新建房屋接踵而起，街道宽敞。

(3) 经济发展特点

萨哈林州的工业比较发达，其工业产量在远东地区属第三位，仅次于滨海边疆区和哈巴罗夫斯克边疆区。工业产值占远东地区的14%。捕鱼量占远东地区总捕鱼量的20%，木材输出量约占远东地区木材总输出量的20%，煤炭开采量约占17%，石油开采业和制浆造纸业生产几乎占远东地区的100%。萨哈林州工业最发达的地区是南方工业区，该区主要是制浆造纸工业和渔业，有4个制浆造纸公司和一个大型的硬纸板箱工厂，这些企业生产的产品占全州制浆造纸工业总产值的50%。

煤炭工业是该州国民经济的主要部门之一，占全州生产总额的18%左右，年产量为430万吨。采煤工业主要分布在阿列克桑德罗夫斯克、乌戈列尔斯克、多林斯克、马卡罗夫、列索戈尔斯克、戈尔诺扎沃茨克等地。煤质很好，含硫量低，可供炼焦。萨哈林是远东地区石油供应基地，石油工业在萨哈林州的经济中占有重要地位。石油产地主要分布在萨哈林岛的东北沿岸。石油年产200多万吨，天然气年产80亿立方米。

渔业也是萨哈林州的主要经济部门，其产值超过全州总产值的1/3，远海捕获的鱼占捕鱼量的3/4。据统计，全州渔业用船约有1 000艘，其中大型捕鱼、运输、冷藏船300多艘。鱼和海产品的捕获量达578.8万公担，占远东地区捕获量的1/4。该州还有20多个大型养鱼场。千岛群岛也是重要的捕鱼区，仅在南库里利斯克捕鱼区每年可捕近50万公担的刀鱼、12万公担的鲭鱼。

萨哈林州的气候较差，不适合发展大规模的农业。东部地区特别是北部地区由于气候严寒，不适宜农田耕作，只能发展畜牧业，而中部地区和南部地区完全适合农田耕作，不仅适合种植马铃薯、蔬菜、甜菜、谷物、还适合园艺栽培。北千岛群岛不适合于农作物生长，只限于种植马铃薯、洋白菜等几种蔬菜。南千岛群岛可种植胡萝卜、豌豆、烟草和甜菜。鄂霍次克海的沿海地带还可种植西红柿、黄瓜、南瓜、西瓜、甜瓜，燕麦、荞麦和大麦，收成都很好。

畜牧业是该州国民经济的主要部门，是州财政收入的主要来源。州国营养兽场主要养殖水貂，每年向国内、国际市场提供大量的兽皮。萨哈林岛上的运输主要靠铁路、公路和河运，萨哈林岛和千岛群岛与州外的联系主要靠海运和航空运输。

7. 滨海边疆区

(1) 概述

面积为16.59万平方公里。位于远东地区南部，在太平洋沿岸；东南面和南面濒临日本海，西部与中国黑龙江、吉林两省接壤，西南部同朝鲜隔江相望，北与哈巴罗夫斯克边疆区相连。首府设在符拉迪沃斯托克（海参崴）。边疆区下辖12个市（含5个市辖区）。2002年人口约206.82万人，占远东人口的30%。该地区是远东人口最多的地区。俄罗斯人、乌克兰人约占总人口的95.1%。2000年人口自然增长率为-5.15‰，人均寿命64岁。

(2) 主要城市

符拉迪沃斯托克（海参崴）　俄罗斯远东地区第二大城市，远东太平洋沿岸最大的港口城市，滨海边疆区的首府，是世界驰名的大军港，俄罗斯太平洋舰队驻地，也是西伯利亚大铁路和北海航线的终点。铁路、空运、公路都十分发达。该港为不冻港，年吞吐量约500万吨。该市地理位置优越，军事战略地位十分重要，有“太平洋门户”之称。该市为滨海边疆区的政治、经济、文化、军事中心。面积约为560平方公里，人口70万（1998）。全市划为5个区。1869年，正式将该市作为太平洋沿岸最重要的军事要塞，1872年又将其太平洋舰队驻地从尼古拉耶夫斯克迁到该市，开始进行港口和军事设施的建设。市区围绕金角湾周围的丘陵山坡，呈半圆形分布。城市主体部分位于金角湾的北岸，主要街道沿港口一带伸展，每栋建筑都很有特点，景色十分优美。该市还设有卫星城。美国、印度、韩国在此设有领事馆。该市已成为中国、日本、韩国、美国的商家云集和商品竞争之地。

纳霍德卡市　滨海边疆区的海港城市，是太平洋沿岸大型国际贸易商港之一，是俄罗斯与太平洋地区国家经济合作的重要中心，是欧亚大陆桥集装箱运输线的东方起点之一。是俄罗斯纳霍德卡自由经济区工业、运输和行政管理中心。该市濒临日本海，地处滨海边疆区南部阿美利加湾西南的纳霍德卡湾。面积311.04万平方公里，人口14.3万人。该城市三面环山，一面临海，海岸线曲折，形成海湾，水深9～10米，是世界上少有的天然良港，为不冻港，港湾内水深浪静，可全年通航。港内航道设有专门航标，在大雾天气采用雷达导航。港口位于西南部，全长约3公里，码头水深10米。港口西端为客船专用码头，南端为货运码头，其中2号码头为钾盐专用，3～7号码头为杂货专用，8～10号码头为煤炭专用。每个码头长约100米，依山傍海，连成一直线，可同时停泊万吨级货船10艘。日装船能力仅煤炭一项即约为8 000吨。港内设有可容纳6万吨的储煤场及前后仓库。铁路专用线将码头与前后仓库连接起来，装卸货物十分便利，年吞吐量为1 950万吨。来自美国、澳大利亚、日本和东南亚国家、印度、非洲的海运航线都到达此港。每年进港船只数量超过2 000艘，其中外轮占1/3，多数是日本商船。输出货物主要有煤与石油，其次是水泥、木材、矿物、建筑材料等；输入货物主要有机械、粮食、糖、日用百货。整个港口还兼作渔港，可进行近海和远洋捕鱼，港内拥有17万吨的冷藏库。纳霍德卡有铁路与西伯利亚大铁路相连，城内有4个火车站。该市的工业较发达，主要经济部门有运输业、渔业、船舶修造业、建筑业等。

乌苏里斯克（双城子）　曾用名为伏罗希洛夫市，是滨海边疆区第二大城市。该市地处滨海边疆区南部乌苏里－兴凯湖平原的南端，在绥芬河与拉科夫卡河及苏普京卡河三条河的交汇处、绥芬河下游的左岸。乌苏里斯克历史上一直是中国东北通向远东滨海边疆区南部和太平洋沿岸最重要的交通要道之一。由乌苏里斯克到达中国东北北部地区有两条重要通道：一是沿1893年沙俄修建的中东铁路格罗捷科沃，通过边境到达中国境内的绥芬河站；二是由乌苏里斯克顺绥芬河河谷到达中国境内的东宁县，由此沿大、小绥芬河谷，往北可抵绥阳，往南直至中国吉林省延边朝鲜族自治州。西伯利亚大铁路穿过该市，北接哈巴罗夫斯克，南至边疆区首府符拉迪沃斯托克。市内工业以食品工业为主，约占全市工业总产值的75%。农业比较发达，农作物主要有小麦、荞麦和大麦，还种植少量水稻。

达里涅列千斯克　原名伊曼市，是滨海边疆区直辖市。距中国黑龙江省虎林县虎头镇8公里。市区面积108.49平方公里，人口约10余万人。市内主要工业企业有机械厂、水泥厂、木材加工厂、木器厂、印刷厂、啤酒厂、糖果罐头厂和面包厂等。西伯利亚大铁路和一条国家级公路干线经过该市。

（3）经济发展特点

滨海边疆区有2 000多个工矿企业，按专业分工划分，主要从事渔业、有色金属工业、森林工业、木材加工业、毛皮业。其中以捕鱼、鱼类加工、采矿选矿和森林采伐为主。其次为机器制造业、轻工业和食品工业。滨海边疆区重工业和军事工业比较发达，轻工业基础薄弱。工业中心多分布于边疆区南部市镇、铁路沿线和日本海沿岸地区。工业主要有机器制造、金属冶炼、煤炭、采矿选矿、电力、建材、机车制造、森林采伐和木材加工等。阿尔焦姆和帕尔季赞斯克是边疆区的重要煤炭工业基地，素有“煤炭工业中心”之称。20世纪90年代以来，机器制造在边疆区经济中的比重逐年增长，许多企业的产品已进入国际市场。滨海边疆区是军事工业较为集中的地区之一，主要有飞机和发动机制造、坦克、枪炮制造和造船等军工企业，分布在符拉迪沃斯托克、乌苏里斯克、纳霍德卡等地。轻工业不够发达，大量轻工产品依赖内地供应或从国外进口。滨海边疆区中心符拉迪沃斯托克市的工业产值占全区的1/3，这里有造船和船舶修理业、渔业、木材加工业、矿业设备、车床和仪器；有最大的捕鱼船队基地。

边疆区农牧业生产在远东地区居首位，农产品产量占远东地区农产品总产量的30%以上。农作物种植区主要在绥芬河、兴凯湖平原和铁路沿线地区，主要农作物有小麦、水稻、大豆、燕麦、玉米、马铃薯和甜菜等。农业机械化程度较高。1995年，农业总产值为2万亿卢布，种植业和畜牧业占有同样比重。这里的农业资源尚未被充分利用。

边疆区是远东最大的渔业区，是全俄最大的渔业基地之一，捕鱼量占远东的1/2，渔业产值占边疆区工业总产值的1/3，较大的渔业中心有8个，多年向国家提供7种活鱼、42种鲜鱼、50种冻鱼、17种咸鱼、11种干鱼、58种熏鱼、57种海产品。鱼类和海产品加工工业也较发达，生产66种鱼类罐头食品，年生产5亿多盒。滨海边疆区又是捕鲸船基地，捕鲸作业主要在南极洲。

8．哈巴罗夫斯克（伯力）边疆区

（1）概述

边疆区位于俄罗斯联邦东部，远东地区中南部太平洋沿岸，海岸线长2 500公里。西南部与中国佳木斯市、鹤岗市所辖5县以阿穆尔河、乌苏里江分界，这段边界线长达807公路。现辖7个市、17个区、25个市级镇。边疆区首府为哈巴罗夫斯克（伯力）市。边疆区面积为82.46万平方公里，为远东地区面积的13.3%，在俄罗斯联邦各地区和州中占第五位。历史上，这一地区大部分为中国领土，是沙俄通过不平等的《中俄瑷珲条约》（1858）和《中国北京条约》（1860）夺得的。1996年共有人口157.1万人，其中81%是城市居民。民族构成比较复杂，俄罗斯人占86.4%，乌克兰人占6.1%，白俄罗斯人占1.1%，其余有德国人、摩尔多瓦人、朝鲜人以及当地的北方少数民族。

（2）主要城市

哈巴罗夫斯克（伯力）　边疆区首府，建于1858年。它位于阿穆尔河与乌苏里江汇合处右岸，与中国黑龙江省抚远三角洲隔江相望。是远东地区重要的河港，西伯利亚大铁路重要枢纽。也是远东地区水、陆、空交通运输枢纽。民航有国际和国内几十条航线，1989年9月与中国哈尔滨通航。全市划分为5个区：中央区、铁路区、基洛夫区、工业区、红色舰队区。80%的居民为俄罗斯人。人口大约70万，是远东地区政治、经济、军事、科学、文化和贸易中心。主要工业部门有机器制造、金属加工、石油加工、燃料木材加工、轻工业、食品和建筑业等。出口商品主要有：木材、石油产品、金属、鱼产品等。该市设有70多所科研机构与设计单位，10多所高等学校，17所中等专业学校，有上百个公共图书馆，还有方志博物馆。该市还是远东地区最大的绿化城市之一，仅市区主要街道的绿化面积就达800万平方米。距市区不远的地方，有一个占地4.6万公顷的大海赫齐尔自然保护区，区内有原封未动的大原始森林。中国在该市设有总领事馆。

阿穆尔共青城　距首府百公里，为边疆区和远东地区又一工业、文化、交通运输的中心。是贝阿铁路线上最大的城市。人口29.8万（1998）。该市是根据联共（布）第17次代表大会关于“在远东地区建立工业基地”的决议而兴建的城市。这里工业企业有钢铁、机器制造、石油加工、石油化工、木材采运加工、采矿选矿、建材等工业企业连成一片，成为远东地区大型的生产综合体之一。市内有综合技术学院和师范学院，矿山冶金技术学院、建筑工程技术学校、卫生学校等中等专业学校，以及9所职业技术学校。有剧院、方志博物馆和艺术博物馆。

苏维埃港　位于鞑靼海峡西岸。是边疆区的渔业中心，每年海洋捕捞量达数万吨，占边疆区总捕捞量的60%。该市也是俄罗斯通向太平洋的新的出海口。瓦尼诺贸易港有能够停泊远洋巨轮的深水码头，大批货物从这里转到东北各州和国外。

尼古拉耶夫斯克（庙街）　位于阿穆尔河入海处。是河港，也是海港，担负着河运和海域的货物中转任务，是重要的水陆运输枢纽。

比金　它位于比金河畔，四周群山环抱，风景如画，与黑龙江省饶和县隔乌苏里江相望，相距只有17公里。该市已成为林业和木材加工业的中心，煤田具有露天开采的很好条件。还有远东最大的火力发电厂，装机容量达120万千瓦。

（3）经济发展特点

1996年工业生产总值为12.3万亿卢布，其中机器制造占29.4%，食品工业占20.6%，林业和木材加工业占12%，燃料占7.5%，建材工业占5.6%，有色金属占5.2%，轻工业占5%，黑色金属占4.6%，电力占3.4%，化工和石油化工占2.5%。边疆区的机器制造工业产值、产量都超过整个远东地区的一半以上，成为边疆区和远东的主导工业部门。机器制造部门门类齐全，其中生产的柴油发动机在国外广泛赢得声誉。剪板机在国内机器制造业广泛获得信誉。动力机器和涡轮发动机销往欧亚诸国。哈巴罗夫斯克万能电缆厂生产的百种电缆远销国内外。边疆区造船业也很发达，还有汽车、飞机修理及军事工业。边疆区森林工业包括木材采运、加工和制浆造纸三大部分，是边疆区的主要重工业部门之一。该区成为向日本、朝鲜、罗马尼亚、波兰、越南、古巴等国出口木材的重要基地。木材加工量占远东地区的1/3。

9. 犹太自治州

面积只有3.6万平方公里。人口约8万。位于远东地区南部、阿穆尔河南部的一个大弯处，与中国黑龙江省同江市仅一江之隔。该地区原为中国领土，1858年被沙俄通过不平等的《中俄瑷珲条约》强行霸占。1934年5月7日设立犹太自治州，原隶属哈巴罗夫斯克边疆区，苏联解体后成为俄联邦主体。区内下辖5个市、12个市级镇。首府比罗比詹。

自治州西部山区矿藏很丰富，有铁矿、锡矿、石墨、建材等。比拉坎地区造纸工业和木材加工工业很发达，苏卢克木材中心闻名于世。下列宁斯阔耶是犹太自治州南部边镇，与中国黑龙江省同江市隔阿穆尔河相望，这里是西伯利亚大铁路分支的终点，又是阿穆尔河的天然良港。

10. 萨哈（雅库特）共和国

（1）概述

是远东地区内唯一的自治共和国，位于该地区的西北部。现辖 32 个区、10 个市、66 个镇、317 个村，首府为雅库茨克市。面积 310.32 万平方公里。人口约 100 万，是一个多民族聚居的地区，主要有雅库特人、俄罗斯人、乌克兰人、白俄罗斯人、鞑靼人、埃文克人、楚科奇人等。

（2）经济发展特点

该共和国工业落后，但其资源丰富，因而工业发展潜力很大。本地区的工业主要是采掘工业，以开采煤、天然气、有色金属及贵金属为主。南雅库特煤田年产煤1 300万吨，是远东最重要的煤炭产地。天然气已开采多年，产量不大。森林工业和建筑材料工业发展很快。电力工业集中在少数几个重要的市镇。轻工业及食品工业不发达，有制革厂和服装厂、鱼类加工厂和面包、糖果、点心及肉制品加工厂。农业之一是畜牧业，养牛、马、鹿。狩猎业和养兽业占有重要地位，是贵重毛皮的产地之一。在毛皮收购中，松鼠皮占 30%，雪兔占 15%，北极狐占 12%，白鼬占 5%，麝鼠占 8%。交通运输业不发达，水路和公路是主要交通线。境内许多地区都有航空线路与首府雅库茨克相通。

（刘秀莲　冯育民）

第五节　外贸与对外经济关系

1991 年苏联解体，俄罗斯的版图与前苏联相比缩小了 1/5，社会经济潜力（人口、生产规模和国民经济总收入）几乎减少了一半。其所属欧洲部分的发展潜力已相当有限，促使俄罗斯将经济发展战略迅速东移，所以，西伯利亚与远东经济区的地位和作用也就随之上升。特别是远东地区，无论从自然资源潜力、交通运输功能来看，还是从地缘优势来讲，已经成为俄罗斯与亚太地区实现区域经济一体化的主要通道。同时，对外经济关系在远东地区经济发展中也起着非常重要的作用。

一　外贸

（一）西伯利亚地区

无论是在苏联时期，还是在苏联解体之后俄罗斯联邦建立以来，西伯利亚以其丰富的自然资源，尤其是战略资源在对外经济活动中都处于重要地位。在苏联时期，西伯利亚是国家开展对外经济关系的自然资源供应基地。俄罗斯联邦成立以来，西伯利亚地区开始走上全面对外开放道路。在区域经济一体化和经济全球化的背景下，西伯利亚地区大大加快拓展与世界各国的经济关系，特别加强与中国的贸易联系和东亚地区各国的经济关系。

表 13　俄罗斯、西伯利亚和远东地区 1998、2002 年对外经济贸易额　（百万美元）

区域＼年份	1998				2002			
	与非独联体国家		与独联体国家		与非独联体国家		与独联体国家	
	出口	进口	出口	进口	出口	进口	出口	进口
俄罗斯联邦	57 614.4	32 266.	13 699.4	11 313.4	90 545.5	35 930.5	15 608.8	10 232.5
西伯利亚联邦区	7 569.2	1 929.8	724.6	957.6	9 597.5	1 489.8	1 117.2	823.3
远东联邦区	2 663.8	1 573.1	11.5	67.8	3 770.2	1 340.8	16.7	18.3
乌拉尔联邦区的								
秋明州	6 197.8	888.3	2 022.9	189.2	17 461.4	566.4	1 238.0	173.7
汉特—曼西自治区	–	–	–	–	14 258.3	369.3	1 126.2	40.6
亚马尔—涅涅茨自治区	–	–	–	–	2 277.0	133.9	77.8	91.8

资料来源　俄罗斯国家统计局《俄罗斯地区社会经济指标》，2003 年俄文版，第 890、891 页。

苏联解体后，西伯利亚基本上在保持与独联体国家的经贸关系前提下，不断拓展与非独联体国家的经贸关系。经过十几年的发展，非独联体国家成为西伯利亚主要的贸易伙伴，与独联体国家的经济联系日趋减少，能够跻身前十大贸易伙伴的只剩下哈萨克斯坦和乌克兰。2002 年与非独联体国家的贸易额占其总贸易额的 84.3%。中国是西伯利亚第一大贸易伙伴，其贸易额为220 535.95万美元，占该地区贸易总额的 17.3%。在西伯利亚十大贸易伙伴中，排在第二位的是英国（贸易额为138 370.76万美元，占 10.8%），第三位的是美国（贸易额为129 422.64万美元，占 10.1%），第四位是哈萨克斯坦（105 528.35万美元，占 8.3%），第五位是日本（贸易额为 82 325.58 万美元，占 6.4%），第六大贸易伙伴是乌克兰（67 782 万美元，占 5.3%），第七大贸易伙伴是荷兰（贸易额为57 761.17万美元），第八大贸易伙伴是德国（贸易额为45 611.86万美元，占 3.6%），第九大贸易伙伴是印度（其贸易额为 41 973.23 万美元，占 3.3%）。值得一提的是，2002 年与德国的贸易额增长 5 倍，与印度的贸易额增长 3 倍。与独联体国家的经济关系有所减弱，哈萨克斯坦和乌克兰是独联体国家的主要贸易伙伴，2002 年与独联体国家的贸易额只有 19.4 亿美元，约占西伯利亚整个贸易额的 20%，出口贸易额占 10%。

西伯利亚出口的地区结构和商品结构　2002 年在西伯利亚出口商品中第一大类应属金属和金属制品，占该地区出口总额的 38.2%（41.6 亿美元）。其中：粗铝出口 192.6 万吨，出口额为 18.412 亿美元，占出口贸易额的 16.9%。向 32 个国家出口，美国和日本是最大的买主，占出口商品铝的 78.3%。粗镍的出口量达 16 万吨，总金额为 9.59 亿美元，约占 8.8%。粗铜的出口 31.18 亿美元，出口金额为 1.34 亿美元，占 4.0%。黑色金属出口总金额为 6.157 亿美元，占 5.7%。黑色金属出口产品主要是螺纹钢、带钢、铁合金和各种黑色金属半成品，主要销往非独联体国家。第二大类是燃料能源产品，占出口贸易额的 22.8%（24.835 亿美元）。其中：煤炭出口 320 万吨。石煤焦炭和半焦炭的出口增幅较大（60%），主要出口乌克兰和塞浦路斯。原油和成品油的出口量增加，总值增长了 3.32 亿美元。第三大类是化工产品，占该地区贸易额的 14.1%，主要有无机化学产品、氮肥和有机化合物。第四大类是木材和纸浆，占 10.7%。中国是西伯利亚锯材的主要进口国，占出口锯材总量的 66.4%。第五大类是机器制造业产品，出口额达 12.644 亿美元，占 11.6%，主要出口印度、中国、乌克兰、哈萨克斯坦和保加利亚。主要产地是伊尔库茨克州、新西伯利亚州和布里亚特共和国。

表 14　俄罗斯西伯利亚与远东地区 2000、2003 年对外经济贸易额　（百万美元）

类别 / 数据 / 区划	2000				2003			
	与非独联体国家		与独联体国家		与非独联体国家		与独联体国家	
	出口	进口	出口	进口	出口	进口	出口	进口
俄罗斯	89 269	22 275	13 824	11 604	113 000	44 107	20 450	13 156
秋明州	14 623	707	1 197	99	20 976	505	1 900	179
西伯利亚联邦区	10 355	1 422	1 066	875	11 590	1 406	1 691	975
远东联邦区	3 625	635	7	34	4 402	1 782	15	9

资料来源　俄罗斯国家统计局《2004 年俄罗斯国家统计年鉴》，2004 年版，第 651～652 页。

西伯利亚进口的地区结构和商品结构　2002 年向西伯利亚进口的国家有 95 个，进口贸易额为 18.96 亿美元。主要进口国是哈萨克斯坦（占 27.5%），乌克兰（占 12.4%），德国（占 9.2%），中国（8.1%），印度（占 4.5%），几内亚（占 3.2%），美国（占 2.8%），意大利（占 2.5%），芬兰（占 2.2%），委内瑞拉（占 1.9%），其他占 25.8%。就进口商品结构而言，第一大类进口产品是化工产品（铝氧化物、药品、塑料和塑料制品），占进口总额的 50.3%。第二大类产品是机械设备和交通运输工具。机械设备的主要进口国是德国、乌克兰、美国、意大利、中国、哈萨克斯坦和瑞典，分别占该类产品进口总量的23.3%、10.7%、7.4%、5.9%、5.6%和5.4%。第三大类进口产品是食品和农产品。从哈萨克斯坦、摩尔达维亚和吉尔吉斯斯坦进口的蔬菜和水果均有所减少，从非独联体国家进口的数量却增长了33.3%，主要是增加从中国进口的肉制品、花生米、水果和饮料，增加从蒙古进口肉制品以及从巴西进口饮料。在西伯利亚食品进口中中国产品居首位，占32.4%，哈萨克斯坦占14.2%，再次是乌克兰，占12.5%。

西伯利亚贸易特点是贸易顺差持续增长，进出口比例严重失衡，进出口总额中出口比重2001年占83.3%，2002年占85.2%。进口额偏低的原因首先是进口关税不合理，关税过高，有些生产急需产品的关税都很高；再有，美元汇率偏高，使进口成本增加；此外，中央和地方的某些政策限制了西伯利亚地区进口的积极性，许多轻工业品无法自主进口，只能通过莫斯科。

（二）远东地区

对外贸易是远东地区对外经济关系的主要形式。20世纪70～80年代，远东地区对外贸易的主要对象是日本，尤其是原材料，即初级产品。远东地区对外贸易在俄罗斯对外贸易中占有相当大的比重。1970～1990年，远东地区的出口增长了3.5倍。1990－1992年，远东地区的对外贸易额曾经有所下降，随后则重新呈现增长趋势，1992年为27亿美元，1993年上升到30亿美元，1994年达到34亿美元。其中，出口总额从1992年的15亿美元增加到1993年的18亿美元和1994年的20亿美元；进口额1994年达到了14亿美元。1994年对外贸易顺差为6亿美元。1995年，远东地区对外贸易额比1994年增长8%，1996年比1995年增长13%。1996年出口增长36%，进口则比1995年下降7%，受1998年亚洲金融危机的影响，1998年对外贸易下降了27%。1999年以来，远东对外贸易呈波动上升的趋势。到2001年初，远东与世界95个国家和地区有贸易往来。远东的出口规模并不大，1997年和2000年达到39亿美元，而在1992年只有15亿美元，其余年份则在30亿美元上下大幅度波动。目前远东在俄罗斯出口总额中占4%～5%。

远东地区各海港保证了俄罗斯对亚太国家的大部分货物运输。远东为外贸开放和为外轮服务的主要港口有：符拉迪沃斯托克（海参崴）、纳霍德卡、东方港、波谢特港、扎鲁比诺港、瓦尼诺港等。1994年，通过这些港口运输的外贸货物达2 600万吨，占货运总量的85%。1994年，俄罗斯政府通过决议，开放了马加丹、科尔萨科夫、彼得罗巴甫洛夫斯克、尼古拉耶夫斯克（庙街）和苏维埃港等港口。俄罗斯计划利用外资来改建纳霍德卡、东方港、瓦尼诺、科尔萨科夫、哈桑等商港的码头，使这些港口的吞吐能力达到7 500万吨。

近年来，远东港口吞吐量快速提升，2001年远东港口货物运量为5 160万吨，2003年为5 100万吨。其中：东方港口货运量1 760万吨，瓦尼诺港694万吨，纳霍德卡港795万吨。各港口经营的出境货物主要有：黑色和有色金属、煤炭、石油、木材、粮食；入境货物主要有：集装箱过境货物、汽车、日用品等。

表15　俄罗斯远东地区与亚太部分国家贸易的比重　（%）

国　别	1992	1998
中　国	36	23
日　本	35.2	18.5
韩　国	9.1	19.6
美　国	3.9	14.9
其　他	15.8	24

资料来源　中国《西伯利亚研究》2000年10月，第13页。

20世纪90年代末期以来，远东地区商品进出口结构也发生了很大变化。在进口构成中，以食品和机器制造产品为主。在出口方面，过去机器制造产品只占出口产品总值的很小部分，1994年，该项指标仅为6%，1996年已达43%。从对外贸易的地理分布来看，远东地区对外贸易涉及100多个国家和地区，独联体所占份额很小且连年下降（1994年为7.7%，1995年为4.5%，1996年为3.2%），而东亚国家则占绝大部分，并呈稳步增长趋势。其中对日本、中国和韩国所占出口份额，1994年为80%，1995年为69%，1996年为80.5%。1996年对中国和韩国的出口分别比1995年增长2.6倍和

1.1 倍；对日本出口在 1994～1996 年逐渐减少；对美国的出口 1996 年虽增长 3.22 倍，但仅占远东出口总额的 2%。进口食品主要来自美国、韩国、中国和日本，其份额由 1994 年的 54%增至 1996 年的 64%。

表 16　　俄罗斯远东 1994～1996 年与大贸易伙伴进出口总值　　（百万美元）

年份 / 国别地区	1994		1995		1996	
	出口	进口	出口	进口	出口	进口
日　本	890	198	782	181	734	146
中　国	253	192	205	155	746	208
韩　国	138	227	155	218	333	275
瑞　士	20	28	38	10	74	5
美　国	27.6	233	14	397	45	424
德　国	9.1	171	17	199	3	79
中国香港	20	13.5	32.6	11.6	44	3

资料来源　俄罗斯《对外贸易》，1998 年第 1～3 期合刊。

1994～1996 年，远东地区对外贸易在其行政区内分布不均，滨海边疆区和哈巴罗夫斯克边疆区的出口规模持续稳定增长，堪察加州和马加丹州的进口保持增长，阿穆尔州和犹太自治州的外贸额则连年下降。1996 年远东地区各州（区）占整个地区进出口商品总额的比重分别是：滨海边疆区出口占 29%，进口占 32%；哈巴罗夫斯克边疆区出口占 22%，进口占 17%；萨哈林州出口占 10%，进口占 17%；堪察加州出口占 16%，进口占 9%；阿穆尔州出口占 3%，进口占 4%。

二　对外经济关系

苏联解体以后，西伯利亚与远东经济区在俄罗斯对外经济关系中的作用明显增强。

（一）西伯利亚

苏联解体以后，俄罗斯政府利用西伯利亚丰富的自然资源，扩大其资本市场。但由于西伯利亚总体投资环境不佳，外资注入量增长缓慢，与期望值相差甚远，严重影响着西伯利亚经济的发展。1999 年西伯利亚吸引外资 13.39 亿美元，2000 年——11.34 亿美元，2001 年——12.26 亿美元，2002 年——8.78 亿美元。从该地区的投资结构看，直接投资少，其他投资较多，故对西伯利亚经济发展无法形成拉动作用。值得一提的是，近年来“泡沫外资”在该地区产生极为恶劣影响。一些俄罗斯大型金融工业集团在境外的子公司以向国内投资的名义，把在海外的外逃资金直接注入国内。外国实际投资很少，俄罗斯回流资金较多，有学者估算，在西伯利亚的外国投资中真正的外国投资仅占 10%。

（二）远东地区

近年来，俄罗斯为加强和巩固与亚太地区国家的关系，尤其重视远东经济区的开发和建设。为使远东地区成为俄罗斯对外经贸联系的窗口和桥梁，俄罗斯制定了一系列政策和措施。其中，主要有：

1. 制定《远东和贝加尔 1996～2005 年经济与社会发展联邦纲要》

《纲要》提出，2000 年前，在远东和贝加尔俄中边境设立开发地带，在与中国黑河、绥芬河、珲春、满洲里等相对应的重要城市建立经济合作区、开发区、仓储区，其中包括在布拉戈维申斯克（海兰泡）与黑河之间建立一座阿穆尔（黑龙江）大桥；在扎鲁比诺与珲春之间增辟一条连接中国的铁路；在外贝加尔斯克与满洲里建立具有世界先进水平的仓储区和工业开发区；重新拟定布拉戈维申斯克与黑河经济合作区的经济发展草案。

2. 成立亚太经济合作组织事务跨部门委员会，积极参加亚太地区的多边合作

跨部门委员会 1996 年 8 月成立，有 16 个有关部、主管部门的代表参加。该委员会任务是：研究亚太经济合作组织大会制定的贸易和投资制度，协调各部和各主管部门在解决俄罗斯同亚太地区国家进行多边经济合作方面的行动，支持国家申请成为亚太经济合作组织全权成员并参加7个工作组的工作。1997年11月26日，俄罗斯正式成为亚太经济合作组织成员。俄罗斯还是太平洋经济理事会和太平洋经济合作理事会的成员国。在普京总统和俄议会上院主席斯特罗耶夫的支持下，2000年9月19～22日在伊尔库茨克州首府举行了题为“西伯利亚与远东展望21世纪”的贝加尔经济论坛。会议通过了主题报告《21世纪俄罗斯在亚太地区发展战略》纲要。该纲要强调指出，俄罗斯与亚太国家合作并非权宜之计，而是具有战略意义的大事。因此，俄罗斯应在维护国家安全的前提下，利用本国经济与亚太地区经济的互补性，发挥东部地区的优势，积极发展多领域的双边和多边合作。其内容包括：

（1）用自然资源优势与亚太国家进行资源开发和加工合作，主要措施有：扩大现有油田开采规模，提高石油和天然气采量，预计2010年石油和天然气采量将分别增至3.35亿～3.45亿吨和6 300亿～6 750亿立方米。敷设俄东部到亚太国家中国、日本和韩国的油气输送管道；逐步优化投资环境等。

（2）利用俄罗斯东部的科技优势与亚太国家开展科技合作。

（3）发挥地缘交通优势，发展多种形式的国际运输业务，使俄罗斯成为联结欧洲和亚洲的天然桥梁，主要项目有：改造西伯利亚大铁路，扩建贝阿干线；建设日本北海道到萨哈林的海底隧道和萨哈林岛到俄大陆的海底隧道；建设雅库特—阿穆尔铁路，开辟进入中国中部的通路；建设东北亚国际运输圈等。

（4）利用亚太国家劳动力开发俄东部，重点是远东人口稀少的地区。

3. 开放远东最大的城市、军事要塞符拉迪沃斯托克（海参崴）

1991年12月，俄罗斯远东大学、联合国工业发展组织和日本工会的专家共同制定了在符拉迪沃斯托克市及其周围地区建立自由经济区的方案。建立大符拉迪沃斯托克自由经济区的宗旨是加速解决滨海边疆区的社会经济发展问题；综合开发滨海边疆区的自然资源；全面扩大滨海边疆区和俄罗斯联邦的出口能力；生产高质量的替代进口产品；在与外国发展经贸和科技合作的基础上进行跨国运输；创造引进外资、技术和管理经验的有利条件，同时加强本国企业出口能力和提高经济效益。1992年1月1日，根据叶利钦总统的命令，俄罗斯宣布开放远东最大的城市、军事要塞符拉迪沃斯托克。该市是俄罗斯远东地区的经济中心，内有军港、商港、渔港等4个不冻港。

4. 加速远东军工企业向民品生产的转轨，增加出口产品的生产

远东地区是俄罗斯重要军工生产基地之一，主要有船舶制造、船舶维修和电子工业等。到1995年末，民品生产占远东军工企业产品总量的42%～45%。远东军工企业参与了俄罗斯8项军转民规划，如复兴《俄罗斯商船队规划》、《发展民航技术规划》、《研制与生产新型医疗器械规划》等。

5. 下调各港口国际过境货物运输费和港务费

从1997年7月1日起，俄罗斯交通部和远东海运公司将国际过境货物运输费下调10%，将远东各港口征收的港务费降低50%。

6. 政府给予远东各种特权

俄政府允许远东将黄金开采量的10%、海关关税的20%和地方税的45%留作贷款抵押金和地方发展基金。在对外贸易方面，给予远东地区30%战略性物资的自主出口权。

2000年3月，俄罗斯政府召开开发北极、西伯利亚和远东地区全俄会议。会议对开发区建立动力系统、银行系统、信息系统、运输系统的整体基础设施问题，以及金融信贷政策、吸引投资等重要问题进行了仔细研究。

7. 引进外资

（1）概述

吸引外资也是远东地区对外经济关系的主要形式。俄罗斯专家认为，远东地区引进外资最有发展前途的方向是：①森林工业和鱼品加工部门；②修造船工业；③矿物原料部门的综合加工；④国防工业转产；⑤饮食、旅游等服务业；⑥农业开发。

1992年，远东各行政区获得了对法定资本在1亿卢布以下的合营企业自行办理注册的权力。到1995年年中，远东已注册的合资企业大约有2 000家，累计外国投资总额为10亿～12亿美元。大部分合资企业为股份公司，外资在股份公司中所占比重为3%～50%不等。大部分外资企业为独资，作为有限责任公司注册。大约有9%的合资企业是外国公司的分公司和子公司。主要投资者是中国、日本、美国、韩国的公司，1995年分别占合资企业的40%、17%、16%和10%。此外，还有些来自新加坡、中国香港、越南、中国台湾、加拿大、英国、澳大利亚、瑞典、芬兰、意大利和朝鲜。

表17　俄罗斯西伯利亚与远东地区1999、2002年的外国投资额　（百万美元）

数据 类别 / 区划	1999年外国投资				2002年外国投资			
	总量	直接投资	间接投资	其他	总量	直接投资	间接投资	其他
俄罗斯	956	425	30	5 269	19 779	4 002	4 716	15 305
秋明州	176.82	107.29	0.74	69.45	384.98	168.73	–	216.25
西伯利亚联邦区	1 338.66	166.25	6.73	1 165.74	2 944.12	41.29	163.379	2 739.45
远东联邦区	1 257.61	1 096.72	1.57	159.32	1 141.46	724.18	4	413.28

资料来源　俄罗斯国家统计局《2003年俄罗斯地区》，莫斯科，2003年版，第862页。

大约有75%的合资企业集中在远东南部沿海地区，其中有1/3在纳霍德卡和萨哈林两个自由经济区。1995年年中，远东地区合资企业的地区分布如下：滨海边疆区为38%，哈巴罗夫斯克边疆区为23%，萨哈林州为14%，堪察加州为8%，阿穆尔州为7%，萨哈共和国和马加丹州各5%。

20世纪90年代中期以来，合资企业呈上升趋势。大部分外资集中于劳务部门和渔产品工业，其余部分在建筑业、森林工业等部门。在劳务部门中，又以投入通讯、运输、旅馆业、公共饮食业、营销、咨询等部门的外资为最多。大部分公司是从事贸易和中介业务的小公司，属于生产领域的一些合资，通常只是使用陈旧的设备建立起来的，主要从事原料初加工。合资企业对发展远东地区的对外贸易贡献较大，1994年，大约占本地出口总值的24%，而在萨哈林州，合资企业已占鱼和海产品出口的80%。2000年，远东吸引外资5.77亿美元，2001年为7.67亿美元，2003年上半年达到13.01亿美元。这些资金主要用于开采萨哈林大陆架石油天然气的国际合作项目。

表18　俄罗斯西伯利亚与远东地区1998～2002年外国投资公司数量　（个）

数据 年份 / 区划	1998	1999	2000	2001	2002
俄罗斯	11 252	11 787	12 563	13 104	13 829
秋明州	117	118	107	99	119
西伯利亚联邦区	522	509	554	566	589
远东联邦区	536	595	681	693	749

资料来源　俄罗斯国家统计局《2003年俄罗斯地区》，莫斯科，2003年版，第388～396页。

（2）自由经济区

建立自由经济区是远东地区吸引外资的最主要形式，已批准建立的自由经济区有：纳霍德卡、符拉迪沃斯托克（海参崴）、萨哈林、犹太自治州、哈桑地区、朝鲜族地区、布拉戈维申斯克。

在俄罗斯最有发展前景、效益最高的自由经济区当属纳霍德卡。这里自然资源充足，地理位置十分优越，是俄罗斯远东最大的交通枢纽，处于太平洋国家、远东和西欧国家运输通道的交汇处，工业发达，基础设施较好。运输企业每年装卸2 500万吨出口货物。东方港年吞吐量为800万～1 000万吨，纳霍德卡的商港、石油罐装港和渔港的年吞吐量为600万吨，海参崴港年吞吐量为400万吨。俄罗斯政府于1995年同自由经济区行政委员会签署了每年向自由经济区提供4 000万美元以下的贷款协议，用于发展该地基础设施的建设：交通运输、热电站、供水系统、改造“黄金谷地”飞机场、扩建港口吞吐能力。

目前，纳霍德卡自由经济区的金融基础设施正在完善，已有15家银行机构，其中部分银行有进行外汇业务的一般许可证。从1992年起，2家银行即财政储蓄银行和投资银行有权根据客户的委托买卖股票、债券以及不动产和其他形式的财产，有3家银行从事股票和其他有价证券的金融咨询和经纪人业务，2家信托银行提供财产管理和提供审计服务，6家公司提供保险服务。

海参崴国际证券交易所成立于1990年年底，是证券交易总中心，俄罗斯大型交易所之一。在这里，纳霍德卡自由经济区的所有金融机构都有自己的交易点，都是它的股东。股东中有7个国家的12个法人和自然人，交易所有75个经纪人办公室。近几年，二级市场的交易额增长了20倍，每年的交易额近千亿卢布，实行网上拍卖，有200多家大型企业上市。

纳霍德卡是俄罗斯第一个经济特区，区内建有2个工业园区。俄韩工业园是韩国政府积极支持的在俄投资项目，占地面积300公顷，主要生产在国际市场上有竞争力的日用产品（年产值10亿美元），以及年产量40万个集装箱的工厂。俄美工业园，其俄方代表是自由经济区行政委员会，美方投资人是“太平洋工业集团”，位于东方港集装箱码头附近，占地200公顷，双方准备投资2.86亿美元。园内划分为若干区用于设置轻工业、组装工业（木材、金属和食品）、加工业、仓储业等企业。到1995年年中，该自由经济区的外资额已达3.8亿美元，其中直接投资达8 000万美元。

为加快吸引外资，根据《自由经济区条例》和俄罗斯政府规定的发展自由经济区的措施，对法定基金中外商投资占30%以上的企业规定下列优惠：利润税为10%（联邦税为7%，地方税为3%）；自获得利润起，5年内免交利润汇出境外税；如果把利润用于生产的再投资，或用于发展基础设施和社会领域的项目，则这部分利润的利润税全免。1994年2月，纳霍德卡自由经济区行政委员会根据现行立法和世界各国自由经济区的建设经验，制定并批准了自由经济区发展战略：在自由经济区设立自由关税区和保税仓库区。

远东另一个具有发展前景的“大海参崴自由经济区”开发方案，是俄罗斯远东地区1991～2010年发展战略性规划，它包括海参崴、纳霍德卡和哈桑三个地区。它将建成包括贸易、金融、科研、交通、通讯和高新技术生产项目的现代化经济中心。该自由经济区的建成将改变远东地区的生产结构和加快沿海水域开发，并使远东的沿海地区形成一条高速发展的经济带，以此带动俄罗斯内地经济的发展。

8. 俄罗斯的能源战略与中俄油气合作

俄罗斯能源部于2001年11月公布的《至2020年俄罗斯能源战略》重新进行了详细修订。2002年10月14日俄罗斯政府初步批准了《至2020年俄罗斯能源战略》文件。该文件指出，俄罗斯境内有10%以上的世界石油探明量、33%的天然气储量和11%的煤炭储量。即使在经济危机和开采量下降的情况下，俄仍然可保证世界9%～10%的石油、25%的天然气和5%～7%煤炭的需求。俄罗斯天然气工业股份公司董事会成员在听证会上表示，预计2010年前，俄罗斯天然气产量要达到6 150亿～6 550亿立方米，到2020年达到6 600亿～7 000亿立方米。

表19 俄罗斯各大石油公司2002年产量

石油公司	产量（万吨）
鲁克	7 549
尤科斯	6 988
苏尔古特	4 920
秋明	6 750
西伯利亚	2 632

资料来源 《俄罗斯中亚东欧市场》，2003年第6期，第2页。

（1）输油管道

中俄两国政府2001年9月曾达成意向性协议，拟共同建设安加尔斯克（东西伯利亚）－大庆石油管道，经过双方努力，已完成了论证等技术性工作。2002年底，俄国有企业“石油运输公司”等提出了安加尔斯克－纳霍德卡管道方案，于是引发了“大安方案”和“安纳方案”之争。到2003年11月，俄罗斯作出决定，否决了“安大线”的建设。

2004年12月31日，俄政府总理以1737号令批准了“东西伯利亚—太平洋”石油管道项目，即泰舍特—纳霍德卡项目，简称泰—纳线。泰—纳线全长4 130公里，年输油量8 000万吨。在俄总理令中，除标明管道起点和终点外，还标明了唯一一个中间点（或拐点）斯科沃罗季诺，而该地距我国界约60公里，与我漠河市相邻。总理令还责成俄罗斯石油管道运输公司在2005年5月1日前提出分阶段建设方案，责成工业和能源部负责对项目的协调和监督。泰—纳线方案的提出，为从拐点处修建至中国的支线管道创造前提。但该方案能否最终实现，尚难判断。

（2）输气管道

2003年11月14日，中国、俄罗斯与韩国共同签署了“伊尔库茨克供气项目”可行性方案，即中国、俄罗斯和韩国三方共建的天然气管道项目。该线路的起点为俄罗斯西伯利亚东部伊尔库茨克附近的科维克金（Kovykta）油气田直达中国的满洲里，随后分为两路：一路通往大连，然后通过海底燃气管道直通韩国；另一路直达中国东北三省，辐射首都北京及环渤海湾的周边地区，直接通往中国华北五省二市。输气管道预计长度为4 000公里，年天然气输送能力为200亿立方米左右，大于中国的“西气东输”的120亿立方米/年的设计容量。但其中将有100亿立方米的天然气转口大连港通过海底输气管道输往韩国。预计最早于2005年开工。

然而，2004年1月29日，俄天然气工业公司总裁米勒表示，科维克金项目不符合俄罗斯国家利益，铺设从伊尔库茨克州的科维克金气田通往中韩两国的天然气管道是不适宜的。始于1994年的科维克金项目原定于2005年开工，2008年开始供气。俄方此时突然“叫停”，让该项目的前景蒙上了一层阴影。（冯育民 刘秀莲）

第六节 人民生活及医疗卫生设施

20世纪90年代初期以来，远东地区人均居住面积有明显增加的趋势。在1980～1991年期间，居民平均住房面积从11.8平方米增至14.3平方米，其中城市居民的居住面积从12.0平方米增至14.4平方米，而农村从10.9平方米增至14.0平方米。但居民人均住房面积仍比俄联邦平均水平低，1991年与俄联邦的差距为2.1平方米，农村更落后2.8平方米。整个远东修建的医院、门诊部的投资额，1991年每万人居民为15.2万卢布，超过1980年和1985年水平的2倍，超过1990年水平的3.4%。远东每万名居民拥有的医院床位、医务人员、门诊机构等超过俄罗斯国内其他地区的平均水平，但医疗服务水平却落后于俄罗斯的平均水平。远东地区的住宅、日常生活服务、医疗保健、儿童学前教育等社会基础设施保证程度，长期落后于俄联邦水平，即使城市在可比指标上也仅达到俄联邦水平的70%～95%。在形成居民生活条件的综合体系中，生活、商业、交通服务、通讯设施，网络及服务种类不断扩大，但其发展水平仍不能满足居民的需要。（刘秀莲）

第七节 教育 科技 文化

在西伯利亚与远东地区建有110多所高等院校，大部分院校都设有科研机构。在这一地区，科学院系统的、高等院校系统的、企业系统的科研机构已经形成了完整的科研网络和体系。西伯利亚与远东地区具有较完善的教育和文化基础设施，各州和城市内建有各类高等院校、各类专科学校、各种娱乐设施、博物馆等。

俄罗斯西伯利亚与远东地区的科技力量在全俄占有重要地位。这一地区有俄罗斯科学院的2个分院、5个支院。2个分院是西伯利亚分院、远东分院。5个支院是东西伯利亚支院、克拉斯诺亚尔斯克支院、托木斯克支院、雅库特支院、布里亚特支院。西伯利亚分院下属50余个科研机构，在新西伯利亚建有世界闻名的科学城。远东分院下属35个科研机构，是一个大型的科研综合体。

一 西伯利亚地区

新西伯利亚科学城建有各类综合大学和专业技术学校，以及艺术、师范、医学、建筑等院校。其中，新西伯利亚国立技术大学，建校有50年的历史，在全俄高校排名第七位。该校是以工科为主的综合大学，在控制论、无线电、计算机、数学、原子物理学、航空仪表等专业具有较强的实力。此外，新西伯利亚还有剧院、博物馆、图书馆、教堂等，是俄罗斯的文化名城。

1957年，西伯利亚科学院分院建立。到20世纪80年代，分院已经发展成为前苏联科学院最大的分支机构。科学院分院培养出各种专业人才，在促进西伯利亚经济发展方面取得了重大成绩，许多科研成果已经转化为经济和社会效益。新西伯利亚科学城成为与美国的硅谷、日本的筑波相媲美的科学研究重地。科学城设有许多著名的研究所，如固体化学和机械化研究所，细胞与遗传研究所，碳元素设计技术研究所，流体力学研究所，半导体物理联合研究所，核物理研究所，激光物理研究所，计算技术工艺设计院，应用微电子工艺设计研究所，数学研究所，水域和生态问题研究所，以及哲学、法律、文学、历史等研究所。新西伯利亚是俄罗斯在亚洲地区最大的科学中心。江泽民主席曾于1998年11月到此地访问，在该城会见了俄罗斯科技人士并发表了重要的讲话。

二　远东地区

远东国立技术大学有100多年的历史，为俄罗斯重要的研究中心，特别是注重研究俄罗斯政治、经济在太平洋地区的影响。在焊接、采矿、海洋工程方面的研究历史悠久，其水下机器人的研究水平尤其先进。该校在汉学、日本学、朝鲜学、越南学以及印度学的教学与研究方面，很受俄罗斯学生的欢迎。学校在法律、经济学基础学科方面的实力著称，在俄罗斯200多所高校中排名第十三位，在基础学科方面排名第七位。该校教授素质高，教学质量一流。

俄罗斯科学院远东分院的前身是1932～1939年的苏联科学院远东分院，1943～1948年为苏联科学院远东科研基地。1958～1970年曾作为苏联科学院西伯利亚分院的分部，1970年后更名为苏联科学院远东科学中心，1987～1991年重新定名为苏联科学院远东分院。1991年12月至今称为俄罗斯科学院远东分院。远东分院具有强大的科研基础，建有35个研究所，分别隶属于6家地方科学中心，它们是：阿穆尔科学中心、滨海科学中心、萨哈林科学中心、东北科学中心、哈巴罗夫斯克科学中心、堪察加科学中心。

远东分院的科学家们致力于研究板块由陆地向海洋运动和结构在地质及地球物理方面的规律；研究和总结矿物原料技术的理论基础；研究自动化和建立专业性的系统；发展通讯系统技术；对地震和火山危害的评价；对远东地区的动植物多样性、运动规律和生态的基础研究；海洋生物体系分子组成基础理论研究；生物免疫性、生物技术、海洋志、海洋领域的研究等等。

远东分院已经建立了科技资源共享网络，其协作单位分别是：俄罗斯科学院远东分院下属的阿穆尔科学中心、土壤生物研究所、植物园、远东学报、远东地质研究所、远东科学出版社、自动化和过程控制研究所、海洋生物杂志、实用数学研究院（海参崴所和哈巴罗夫斯克所）、海洋技术研究所、化学所、堪察加科学中心、太平洋生物有机化学研究所、哈巴罗夫斯克科学中心、中央科学图书馆、俄罗斯科学院院部（主席团）等22家单位。

远东分院与世界各国开展广泛的科技合作。其中，远东科学院与中国科研单位有许多方面的合作，如矿物资源处理、农业生产废料的再利用、净化污水中的有机污染、新型信息技术、新型生物技术、生物多样化性，保护东北亚地区环境、研究连接太平洋和亚洲大陆的走廊的地质构造、勘测东北亚地区的石油和天然气储量等等。

（冯育民　张中华）

第四编

越南　老挝　柬埔寨　缅甸

第一章　越南

第一节　概述

国名　越南社会主义共和国（The Socialist Republic of Viet Nam）。

领土面积　329 556平方公里。

人口　8 090万（2003年）。

民族　有54个民族，其中京族占总人口的近90%以上，超过50万人的少数民族主要有岱依族、傣族、芒族、华族、侬族等。

宗教　主要有佛教、天主教、和好教与高台教。

语言文字　通用越南语；使用拉丁化越南文字。

首都　河内（Ha Noi），人口300万（2003年）。

国家元首　国家主席阮明哲（Nguyen minh triet），2006年6月27日当选。

第二节　自然地理与人文地理

一　自然地理

（一）地理位置与地形

越南位于东南亚中南半岛东部。北部与中国云南、广西接壤；东面和南面临南海，其中：东北部隔北部湾与中国海南、广西和广东三省区相望；西部和老挝、柬埔寨为邻；西南隔海与泰国、马来西亚和新加坡相望。地处北纬8°30′～23°22′与东经102°10′～109°30′之间。

越南国土形状略呈“S”形，南北长约1 600公里，东西最窄处约为50公里。它是一个多山的国家，全国大约75%的国土面积为山地和高原。特别是北部、西北部和中西部地区，海拔超过2 400米以上的山峰就有10多座；西北部的黄连山主峰番西邦峰海拔3 142米，是中南半岛最高点。它的平原主要分布在北部的红河三角洲和南部的湄公河三角洲以及东部沿海地区。

（二）气候

越南的气候属于典型的热带、亚热带季风气候，气温高，湿度大，降雨多。全国年平均气温在23℃～27℃，夏季最高气温可达到40℃～43℃，山区冬季最低气温在0℃以下。

越南的干、雨季分明，大部分地区每年11月至次年4月为干季，其余月份为雨季。总的来说，越南海岸线长，江河多，空气湿润，雨量充沛，年平均降雨量为1 500～2 000毫米。

（三）自然资源

越南的自然资源，包括矿物资源、生物资源和水力资源等十分丰富。

目前已发现的矿物资源就有金、银、铜、铁等90多种，其中储量较多且有开采价值的有煤、铁、铬、锡、磷灰石、硫铁矿、石墨、云母、石棉、稀土、铝矾土、磷酸盐、石油、天然气等。其中煤、磷灰石、铁、铬和磷酸盐的总储量分别为220亿吨、15亿吨、10亿吨、1 890亿吨和300多万吨。

越南因地处北回归线以南，气候炎热、湿润，土地肥沃，有利于各种野生动、植物的生长。越南的原始森林中有野生植物龙脑香、楝、无患子、木兰、腊梅等 200 多科，有杉、楠、铁树、栎等 1 000多属，有柚木、格木、铁木、菩提树、花纹木、楠木、白皮树、花梨木、橡树等7 000多种，其中花纹木、楠木、格木、柚木、铁木等名贵木材是越南出口创汇的重要林木产品。越南是一个多山的国家，在越南东北、西北山区和长山山脉森林密布，是各种飞禽走兽栖息和繁殖的理想场所。目前越南境内有禽类动物1 000多种，兽类 300 多种，爬行动物 300 多种。野生动物主要有虎、豹、熊、象、鹿、犀牛、野牛等。

越南的粮食作物主要有稻谷、玉米、小麦、高粱、薯类等。经济作物可分为两大类：一类是当年生经济作物，包括烟草、棉花、甘蔗、桑树、黄麻、蒲草、豆类和各种蔬菜；另一类是多年生经济作物，主要有咖啡、橡胶、胡椒、茶叶、八角、草果、漆树、槟榔、油桐树、可可树等。

二 人文地理

（一）人口状况

越南是中南半岛人口最多的国家，它的总人口从 1990 年的6 623.3万人，增加到 2003 年的8 090万人。

按城乡人口划分，1990～1996 年，乡村人口从5 190.8万人增加到5 907.9万人，城镇人口从1 328.0万人增加到1 523.15万人，城市化率达20.5%。

从地域分布看，越南人口主要集中在红河三角洲和湄公河三角洲，其次是沿海地区，北部和中部高原地区（西原地区）人烟稀少。全国平均人口密度为每平方公里 200 人，其中红河三角洲地区人口密度最大，平均每平方公里高达 790 人，湄公河三角洲地区平均每平方公里 454 人，沿海地区每平方公里 260 人，而人口密度最低的西原地区平均每平方公里只有 50 人左右。

按联合国的统计数字，越南 0～14 岁的人口比重为 37%，15 岁以上的人口比重为 63%。1995 年，越南劳动力人口共有 305.31 万人，按所从事的职业划分，从事农林业的人口为 28.22 万人，渔业0.89 万人，矿业 1.08 万人，制造业 59.90 万人，而电力、天然气和供水 5.35 万人，建筑业 29.65 万人，旅店餐馆 3.46 万人，交通运输 19.49 万人，财政信用 4.76 万人，科技 2.68 万人，教育 7.11 万人，卫生事业和社会保障 16.34 万人，个人和公共服务 1.55 万人。

1960～1999 年，人口出生率从 47‰减少到 19.9‰，死亡率从 21‰下降到 5.6‰。婴儿死亡率从 1980 年的 57‰下降到 1999 年的 37‰。人均寿命从 1960 年的 43 岁提高到 1999 年的 68.6 岁。

（二）民族与宗教

越南是一个多民族的国家，全国有 54 个民族。按人口多少依次为京族、岱依族、傣族、华（汉）族、高棉族、芒族、侬族、赫蒙（苗）族、瑶族、嘉莱族、艾族、埃地族、巴拿族、色登族、山泽族、格贺族、占族、山由族、赫耶族、墨侬族、拉格莱族、斯丁族、布鲁—云乔族、土族、热依族、戈都族、叶坚族、麻族、克木族、戈族、达渥族、遮罗族、抗族、欣门族、哈尼族、朱鲁族、佬（寮）族、拉基族、拉哈族、夫拉族、拉祜族、卢族、倮倮族、哲族、莽族、巴天族、仡佬族、贡族、布依族、西拉族、布标族、布娄族、俄都族和勒曼族。

京族是越南的主体民族，人口逾6 000万人，占全国总人口的 89%以上，主要分布在红河三角洲、湄公河三角洲和沿海地区等经济、文化较发达且交通便利的地区。少数民族人口约占总人口的10%。除高棉族、占族和部分华族与越族杂居在平原地区以外，其余少数民族都分布在北部和西部靠近越中、越老和越柬边境的广大山区和河谷盆地，面积占全国总面积的 2/3 以上。他们的分布特点是：在北方多交叉居住，有的山区一个乡就有六七个民族；在南部多形成单一的小块民族聚居区。中越两国有 10 多个跨境民族。

越南是一个多种宗教并存的国家，主要教派有佛教、高台教、和好教、天主教等，而佛教又分为大乘佛教和小乘佛教。大乘佛教徒约有3 000万人，小乘佛教徒 200 万人，高台教徒 200 万人，和好教徒 150 万人，天主教徒 300 万人。此外还有儒教、道教影响的残余以及其他一些规模较小的宗教，如伊斯兰教徒约有 4 万人。

当前，在越南的华人、华侨约 110 万人，其中祖籍广东省的占 80%以上，福建、云南和广西等省籍的约为 20%。从地域分布看，80%以上的华人、华侨居住在越南南部，仅胡志明市的华侨就占越南华侨总数的一半以上。越南华人、华侨所从事的职业范围相当广泛，他们参与了越南几乎所有的经济部门，如农业、渔业、林业、畜牧业、交通运输业、采矿业、金融业、工业、商业以及其他服务行业。从事农业的华人、华侨主要分布在越南北方的丘陵地区以及越南东北部、南部的沿海地区，他们以种植水稻为主。从事渔业的华人、华侨居住在沿海地区，他们长年生活在船上。居住在城镇的华人、华侨从事各种工商业，包括碾米、制糖、轧棉、纺织、造船、酿酒、榨油、烟草、陶瓷、药材、采矿、蚕丝、调味品、茶叶、塑料、化工、炼钢、电器、食品、服装、机械等行业。长期以来，越南华人、华侨与当地人民一道辛勤劳动，为越南经济的发展做出了巨大的贡献。

（三）语言文字

1. 汉字与喃字

越南直到法国19世纪入侵前，一直使用汉字。

越南在10世纪建立独立的封建国家之后，出现了喃字。喃字与汉字关系密切，是一种借用汉字和仿造汉字形式创造的。但由于喃字书写比汉字更为复杂，表音困难，难以推广，未能替代汉字，在越南历史上占优势的仍然是汉文汉字。

2. 越南的拉丁化文字

从最初的拼音试验到形成拉丁化文字系统，大约经历了200年时间。法国统治越南期间，开始在越南推广拉丁文字，并使其进入学校，称之为“国语文字”。直到20世纪40年代，拉丁化的越南文字，才开始普及，成为正式的越南文字。越南拉丁文字是一种注音文字，读写基本一致，极易普及。20世纪50年代仅用3个月时间，即在整个越南北方完成扫盲。

（四）行政区划

1996年11月，越南九届国会十次会议把全国划分为4个直辖市（河内市、胡志明市、海防市和岘港市）和57个省，省下面是县（市）、区（也称郡）、乡（镇）、坊、行政村。全国有490个县（其中有62个县级市），33个区（郡），8 850个乡、530个镇、915个坊。越南行政区划相关情况参见表1。

表1 越南行政区划及面积、人口和省会

序号	省市名称	面积（平方公里）	人口（万）	省会
1	河内市	921	267	
2	海防市	1 507	167	
3	河西省	2 169	239	河东市
4	海阳省	1 661	107	海阳市
5	兴安省	889	165	兴安市
6	河南省	826	79	府里市
7	南定省	1 669	189	南定市
8	太平省	1 519	179	太平市
9	宁平省	1 398	88	宁平市
10	河江省	7 831	60	河江市
11	高平省	8 444	49	高平市
12	老街省	8 044	59	老街市
13	北浒省	4 795	26	北浒市
14	谅山省	8 178	70	谅山市
15	宣光省	5 801	68	宣光市
16	安沛省	6 808	68	安沛市
17	太原省	3 541	105	太原市
18	富寿省	3 465	126	越池市
19	永富省	1 362	109	永安市
20	北江省	3 816	149	北江市
21	北宁省	797	941	北宁市
22	广宁省	5 938	101	下龙市
23	莱州省	17 133	59	莱州市
24	山罗省	14 210	88	山罗市
25	和平省	4 749	76	和平市
26	清化省	11 168	347	清化市
27	宜安省	16 371	286	荣市
28	河静省	6 053	127	河静市
29	广平省	7 984	79	河海市
30	广治省	4 952	57	东河市
31	承天－顺化省	5 010	105	顺化市
32	岘港市	942	68	
33	北太省	11 043	137	三歧市
34	广义省	5 177	119	广义市
35	平定省	6 076	146	归仁市
36	富安省	5 278	79	绥和市

（续表）

序号	省市名称	面积（平方公里）	人口（万）	省会
37	广和省	5 257	103	芽庄市
38	昆嵩省	9 934	31	昆嵩市
39	嘉莱省	16 212	97	波来古市
40	多乐省	19 800	178	邦美蜀市
41	胡志明市	2 090	504	
42	林同省	10 137	100	大叻市
43	宁顺省	3 427	51	藩朗市
44	平福省	6 796	65	禄宁市
45	西宁省	4 029	97	西宁市
46	平阳省	2 718	72	土龙木市
47	同奈省	5 864	199	边和市
48	平顺省	7 992	105	藩切市
49	巴地－头顿省	1đ965	80	头顿市
50	隆安省	4 338	131	新安市
51	同塔省	3 276	157	高岭市
52	安江省	3 424	205	龙川市
53	前江省	2 339	161	美荻市
54	永隆省	1 487	101	永隆市
55	槟椥省	2 247	130	槟椥市
56	建江省	6 243	149	迪石市
57	芹　苴	2 965	181	芹苴市
58	茶荣省	2 369	97	茶荣市
59	朔庄省	3 191	117	朔庄市
60	薄寮省	2 485	74	薄寮市
61	金瓯省	5 204	112	金瓯市

第三节 历史

一 古代史

越南早期人类活动遗址，是1924年在越南河内东北的北山发现的“北山文化”，其年代约在公元前7 000～前5 000年左右，属于东南亚新石器时代早期文化。当时，主要分布在越南东北部红河三角洲的雒越，是京族的先民。

越南与中国有悠久的历史渊源，公元前214年，越南还未出现严格意义上的国家。中国秦王朝平定岭南后，曾于此地设立南海、桂林、象郡。其中象郡在今越南的北、中部和广西南部。公元前207年，建立地方割据政权——南越国。公元前111年，汉武帝灭南越国，再次于此建立郡县。

直至公元968年，越南建立了历史上第一个独立王朝——丁朝。丁朝存在13年，为前黎朝代替。前黎朝存续29年，建立了李朝。李朝是越南古代史上重要时期，传位9代，历经216年。李朝开国皇帝李公蕴于1010年建都升龙（今河内），国号为“大越”，于1225年为陈朝取代。陈朝后经历短暂胡朝，1428年建立了后黎朝。

后黎朝相传17世，历经360年，是越南封建王朝中历时最长最重要的一个朝代。后黎朝前期，越南封建社会达到鼎盛时期，经济发展，版图迅速扩大。后黎朝中期，出现南北割据分裂局面，持续至西山农民起义爆发和阮朝建立。

1802年，原广南王阮福淳侄儿阮福映击败起义军，建立了阮朝，定都富春（今顺化），改国号为越南。阮朝是越南的最后一个封建王朝，把越南的疆域扩大至现代越南的范围。其间，随着人口不断增多，越南不断向南迁移，从而导致与高棉王国（即今柬埔寨）和泰王国之间的冲突。直到19世纪的阮朝时期，越南的南部边界达到如今的界线即泰国湾。

二 近现代史

从19世纪中叶阮朝后期起，越南封建王朝逐渐走向衰落，法国殖民者乘机入侵越南。1858年，法国侵略者炮击越南港口岘港，法国殖民者从此开始侵略越南。中国太平天国革命失败后流落到越南的刘永福黑旗军和越南军民奋勇抵抗法国殖民军，但阮朝统治者忙于求和，于1874年与法国殖民者签订和约，规定法国人在越南享有治外法权，开放平定、海阳、河内等地作为商港，等等。但法国侵略者的野心并没有得到满足，遂于1882年再次攻占河内和阮朝都城顺化，1884年阮朝投降，越南沦为法国的“保护国”。法国殖民者在越南的统治先后长达近70年之久，这一时期，法国殖民者对越南人民实行严酷的政治压迫、经济掠夺和文化渗透，越南人民处在水深火热之中。

从法国殖民军入侵那天起，越南人民从未停止过抵抗。同时，越南产生了新一代知识分子和民族主义者，而资本主义工商业的兴起则为资产阶级民族民主运动及此后转变为无产阶级革命运动准备了重要的工人阶级队伍。越南民族主义运动的代表人物潘佩珠于1906年在中国广州成立了以“驱逐法贼，恢复越南，建立君主立宪”为宗旨的“越南维新会”，1912年又成立“越南光复会”，提出“建立越南共和国”的口号，后被法国殖民者迫害。

1930年，胡志明领导成立越南共产党即印度支那共产党，并领导越南人民坚决抵抗法国殖民统治者。第二次世界大战期间，日本于1940年取法国而代之，占领了越南。越南人民在印度支那共产党领导下，进行了坚苦卓绝的抗日斗争。1941年，越南独立同盟宣告成立，它以赶走日本帝国主义、实现民族独立为宗旨。

三 当代史

1945年8月15日日本战败投降。9月2日，由印度支那共产党领导的越南民主共和国正式成立；胡志明在河内巴亭广场50万人大会上宣读《独立宣言》。

日本战败投降后，法国殖民军又卷土重来，重新占领了越南的许多地区，并在1946年对越南再次发动全面侵略战争。越南人民经过8年奋战，终于迫使法国于1954年在日内瓦会议上承认越南独立。

然而，法国殖民者撤走后，美国侵略者又接踵而至。美国扶持和策划吴庭艳在越南南方成立“越南共和国”，1961年又在越南南方发动特种战争，妄图消灭南方人民武装力量；同时积极做好入侵越南北方的准备。1964年制造了“北部湾事件”，开始轰炸越南民主共和国；同时大量增兵到越南南方，并纠集澳、新、菲、韩、泰等5国出兵越南南方，把侵略战火扩大到老挝和柬埔寨。越南北方人民在以胡志明为首的越南共产党和政府的领导下，在中国、苏联等国的帮助下，终于打败了美帝国主义，迫使美国签署《巴黎协定》，撤出越南。1975年越南人民军解放了越南南方。1976年，越南南北正式实现统一，成立“越南社会主义共和国”。

1976年以后，越南本应致力于经济建设，医治战争创伤，改善和提高人民生活水平。然而，黎笋集团却凭借其在战争中膨胀起来的军事力量和美国遗留下来的数十亿美元军用物资，扩军备战，出兵柬埔寨，把深受战争创伤的国民经济进一步引向崩溃的边缘。总之，这一时期越南的经济形势日趋恶化，从而影响了整个国民经济的发展。

1986年12月，越南共产党召开第六次全国代表大会，认真总结了1976年以后社会主义建设中的经验教训，决定把党的工作重点转移到经济建设上，提出了全面革新开放的路线。从此，越南逐渐走上了建设有越南特色的社会主义道路。越共六大以后，革新开放迅速地在越南全面展开。越南逐步从战争的阴影中摆脱出来，开始把全国工作中心转到国内经济建设上。

1991年6月召开的越共七大重申，坚持社会主义道路是越南“唯一正确的选择”，并一致肯定胡志明主席领导的越共和人民所选择的目标是正确的，表示决心要“永远沿着这一目标指引的道路前进”。进入20世纪90年代后，越南继续推出改革措施。1992年，越南已从计划经济向市场经济迈出了一大步。

1996年召开的越共八大在总结10年革新开放的成果和经验的基础上，充分肯定了六大以来的革新开放政策，越共八大还确定了到2000年和2020年的奋斗目标。根据大会的决议，在2020年以前的二三十年时间里，越共要带领全国人民努力奋斗，把越南建设成为一个工业化国家；确立了面向21世纪的行动纲领。

2001年4月，越共九大选出第九届中央委员会。新世纪初，越共九大的胜利召开为越南经济发展规划出新的蓝图，提出了21世纪头10年的发展目标。

第四节 政治体制与法律制度

一 概述

越南古代曾长期实行封建政治体制。19世纪末叶沦为法国殖民地后，1940年又遭到日本侵略，长期处于殖民地政治体制，直到1945年日本战败投降。1945年9月越南虽宣布独立，但法国、美国又先后入侵越南，使越南处于反对侵略争取民族解放时期的政治体制。1976年4月，越南赶走了外国侵略者，实现了国家统一，建立了共产党领导下的全国统一政权，并逐步开始实行社会主义政治体制，将原国名“越南民主共和国”改为“越南社会主义共和国”。

二 宪法

1945年越南独立后，于1946、1959、1980和1992年，先后颁布了4部宪法。1980年12月，越南第六届国会第七次会议通过的《宪法》规定，越南社会主义共和国为无产阶级专政的国家，越南共产党是领导国家、领导社会的唯一力量。

越南现行的《宪法》，于1992年4月15日在八届国会十一次会议上通过。它是对前三部宪法的继承和发展，体现了越共七大提出的社会主义目标与国家全面革新路线。该宪法不但纠正了1980年宪法中存在的缺点，而且内容更加完备。1992年宪法规定：越南社会主义共和国是一个人民建立的、为了人民的国家，一切国家权力属于人民，而其基础是工人阶级与农民阶级和知识阶层的联盟；国家确保不断发挥人民在各方面当家作主的权利，建设富强国家，实现社会公平，人人过温饱、自由、幸福并有条件全面发展的生活；越南共产党作为工人阶级的先锋队，忠实代表工人阶级、劳动人民和全民族利益和坚持用马克思列宁主义和胡志明思想的政党，是国家和社会的领导力量；国会是人民的最高代表机关，是国家的最高权力机关；越南经济是在国家管理下朝着社会主义方向发展的多种成分并存的商品经济。新宪法的制定和通过，为越南推行全面革新开放路线提供了法律依据。

2001年十届国会十次会议对1992年宪法部分条款作出修改，确定越南要发展"社会主义定向"的市场经济。

三 国家主席

越南宪法规定："国家主席是国家的元首，对内、对外代表越南社会主义共和国"；"国家主席由国会在国会代表中选举产生"。

越南宪法第一〇三条规定，国家主席的职责与权限是："公布宪法、法律、法令"；"统领全国人民武装部队并兼任国防与安宁委员会主席的职务"；"建议国会选举、免任、罢免国家副主席、政府总理、最高人民法院院长和最高人民检察院检察长"；"根据国会或国会常务委员会决议，公布决定、宣布战争状态，公布大赦决定"；"派遣或召回越南的全权大使；接受外国的全权大使；以越南社会主义共和国名义同外国国家元首谈判、签订国际条约"，以及"决定大赦"等。

现任国家主席阮明哲（Nguyen minh triet），2006年6月27日当选就任。

四 国会

国会是越南社会主义共和国的最高权力机关，也是全国唯一的立法机关。每届国会任期5年，每年举行两次例会。国会代表以普选制投票产生。现任国会主席阮富仲（Nguyen phu trong），2006年6月26日当选就任。

国会主要职权是：制定和修改宪法及其他法律并实施监督；决定国家经济计划；审定国家财政预算和决算；规定国会、部长会议、法院、检察院等国家机构的组织形式，任免国务委员会和部长会议主席、副主席和其他成员，以及最高人民法院院长、最高人民检察院检察长；决定成立或撤销国家各部、委；审议国务委员会、部长会议、最高人民法院院长和最高人民检察院检察长的工作报告；决定各省、中央直辖市和相当级别行政单位的地界划分；规定、修改或废止各种税收；决定大赦及战争与和平问题等。

2003年越南国会开展了一系列的立法工作。5月3日，第十一届国会第三次会议共审议通过了包括《统计法》《会计法》和《国家边境法》等8项法律草案。

国会常务委员会是国会的最高常设机关，任期与国会相同。

五 政府

中央政府在1992年前称为部长会议。据1992年4月15日通过的新宪法，部长会议改为政府，部长会议主席改称政府总理。

政府是国家最高权力机关（国会）的执行机关和最高行政机关，向国会负责，在国会闭会期间向国会常务委员会负责。现任总理阮晋勇（Nguyen tan dung），2006年6月27日当选就任。

地方政权机关，包括省、县、乡、村在内的各级地方政权机关是各级人民议会和各级行政委员会（人民委员会）。各级人民议会是地方权力机关，由地方人民普选产生，向地方人民负责。省、中央直辖市和同级的人民议会任期4年，其他各级人民议会的任期2年。各级行政委员会是各级人民议会的执行机关和地方行政机构，由本级人民议会选出，任期与同期人民议会相同。

六 司法机关

人民法院

越南的人民法院包括县人民法院、省人民法院和最高人民法院。人民法院实行二级审判制，但在特殊情况下，最高人民法院有权进行初审，同时进行终审。最高人民法院是最高审判机关，监督地方人民法院和军事法庭的审判工作，最高人民法院要向国会负责并报告工作，在国会休会期间向国会常务委员会负责并报告工作。地方人民法院向同级人民议会负责并报告工作。

人民检察院

越南的人民检察院与人民法院平行，其组织形式也包括县人民检察院、省人民检察院和最高人民检察院三级。

七 政党及统一战线组织

（一）越南共产党（Dang Cong San Viet Nam）

1991年6月越共七大通过的党章规定：共产党“是越南工人阶级的先锋队，是工人阶级、劳动人民和全民族利益的忠实代表”；“以马克思列宁主义和胡志明思想作为理论基础和行动指南，把民主集中制作为党的基本组织原则”；“党的目标是在越南建设一个走社会主义道路的、民主而繁荣的国家，并最终实现共产主义的理想”。

1930年2月3日成立，同年10月改名为印度支那共产党，1951年更名为越南劳动党，1976年改用现名。

自1976年越南统一以来，每5年举行一次全国代表大会，选出越共中央委员会，再由中央委员会选举产生政治局，它是党的执行机构。2001年4月19～22日，越共九大在河内举行。大会决定取消政治局常委和恢复中央书记处，并由越共九届一中全会选举农德孟为新一任总书记，选出由15名成员组成的中央政治局和由9名成员组成的中央书记处。截至2001年，越共约有党员253万。全国有4万多个党的基层组织。

1. 指导思想

在政治上，越共强调以马列主义和胡志明思想作为越南社会主义建设和改革事业的行动指南；走社会主义道路是越南唯一正确选择；坚持党的领导是坚持社会主义方向和保证改革成功的主要条件；坚持民主集中制，反对政治多元化和多党制。

2. 政治路线

1986年12月，越南共产党召开第六次全国代表大会，认真总结了1976年以后社会主义建设中的经验教训，决定把党的工作重点转移到经济建设上来，提出了全面革新开放的路线。从此，越南逐渐走上了建设有越南特色的社会主义道路。越共六大以后，革新开放迅速地在越南全面展开。其特点是：农村改革、价格改革和对外开放迈出重大步伐，其他领域的改革也在逐渐铺开。在对外开放方面，制定并通过了《外国在越南投资法》，扩大对外经济关系。此外，在财政、金融、工资等方面也进行了不同程度的改革。在革新过程中，越南始终强调要坚持党的领导，坚持走社会主义道路。针对革新开放中出现的错误观点，1989年3月召开的越共六届六中全会提出必须坚持六项基本原则，即：坚持社会主义道路、坚持马列主义、坚持无产阶级专政、坚持党的领导、坚持社会主义民主、坚持爱国主义和国际主义。

1991年6月召开的越共七大重申，坚持社会主义道路是越南“唯一正确的选择”，并一致肯定胡志明主席领导的越共和人民所选择的目标是正确的，表示决心要“永远沿着这一目标指引的道路前进”。大会还重申，越南共产党是越南社会主义建设的领导者，“是工人阶级的先锋队，最能代表工人阶级、劳动人民和全民族的利益”，“走社会主义道路不能没有共产党的领导”。这次大会总结了越南革新开放以来的经验，制定了社会主义过渡时期的建设纲领，通过了新的完善的党章，提出新的奋斗目标，是越共历史上的一次重要的大会。

1996年召开的越共八大在总结10年革新开放的成果和经验的基础上，充分肯定了六大以来的革新开放政策，并确定了到2000年和2020年的奋斗目标。根据大会的决议，在2020年以前的二三十年时间里，越共要带领全国人民努力奋斗，把越南建设成为一个工业化国家，同时确立了面向21世纪的行动纲领。

2001年4月，越共九大为越南经济发展规划出新的蓝图。黎可漂代表越共第八届中央委员会所作的报告，提出了21世纪头10年的发展目标，指出：到2010年要使越南摆脱不发达的状况，显著提高人民的物质和精神生活水平，为2020年基本成为一个现代化的工业国奠定基础；2005年越南国内生产总值要比1995年翻一番，2010年国内生产总值也至少要比2000年翻一番。

近年来，越南国内政治的变化就是稳步推进以行政改革为中心的国内政治改革。当前越南的行政改革主要围绕以下几个方面来进行：推进行政事业单位的体制改革；改革行政机构组织，其中包括分清政府部门的职能和任务；革新和提高干部职工队伍的质量，确立新的干部职工管理制度和工资制度，按标准和职称集中进行干部职工的培训和培养；设立各种有效的机制和政策，加强国家机关的反官僚主义和贪污腐败斗争；革新财政体制，广泛推行编制和行政支出费用包干的新制度等。

2003年7月，越南共产党九届八中全会分析了越南当前面临的形势，制定了今后的工作任务和奋斗目标，明确了今后政治改革的方向。

（二）越南祖国阵线（Mat Tran To Quoc Viet Nam）

是越南的统一战线组织。成立于1955年9月，南北方统一后于1977年同越南南方民族解放阵线和越南民族、民主及和平力量联盟合并。1999年6月12日，越南十届国会第五次会议通过的《越南祖国阵线法》明确规定，越南祖国阵线是政治联盟组织，各政治组织、政治与社会组织、社会组织以及各阶级、社会阶层、民族、宗教和海外定居越南人的个人代表的自愿联合。它是越南共产党领导的越南政府系统的一个组成部分，是人民政权的政治基础，是体现人民意志愿望、实现全民大团结、发挥人民当家作主精神的组织，也是各成员协商、配合和统一行动的组织。其任务是：建设全民大团结，加强人民在政治和精神上的一致，动员人民发挥当家作主权，实现党的路线、主张和政策，严肃执行宪法和法律，监督国家机关的活动，代表选民和国家干部、职工；集中人民的意见和建议，向党和国家反映；参与建设和巩固人民政权；同国家一起关心、维护人民的正当权益；参与发展越南人民同本地区和世界各国人民之间的友谊与合作。该法还规定，越南祖国阵线的组织活动原则是：自愿、民主协商、相互配合和统一行动。本届祖国阵线中央主席团主席为范世阅（Pham The Duyet）。越南祖国阵线中央机关报为《大团结》报。

八 主要政治人物

农德孟（**Nong Duc Manh** 1940～ ） 越共中央总书记。1940年9月11日生于越南北太省，岱依族。1958年参加革命工作，1963年7月加入越南共产党。毕业于河内中央农林中专，长期从事林业工作，1958～1965年在基层林业单位工作。1966～1971年在苏联列宁格勒林业学院留学。1972～1974年在北太省林业厅工作，之后到阮爱国党校学习。1976～1997年历任越共北太省委委员、北太省林业厅副厅长和厅长、北太省人民委员会副主席、越共省委副书记、省人民委员会主席、越共省委书记、中央民族部部长、第八届国会民族委员会副主任和第九、十届国会主席等职。1986年12月在越共六大上当选为中央候补委员，1989年3月在越共六届六中全会上补选为中央委员。1991年7月在越共七大上当选为中央委员会委员和政治局委员。1996年7月在越共八大上当选为政治局委员，负责国会工作。1998年1月当选为中央政治局常委。2001年4月22日在越共九届一中全会上当选为越共中央总书记。他曾于1994年2月和2000年4月率越南国会代表团访华，2001年11月30日～12月4日，作为越共中央总书记对中国进行正式友好访问。2003年4月7～11日，对中国进行工作访问。

阮明哲（**Nguyen minh treit 1942～** ） 越共中央政治局委员、越南国家主席。1942年10月8日出生于越南南方平阳省边吉县富安乡。曾获数学学士学位，还曾到胡志明国家政治学院学习。18岁就在越南南方参加革命运动，直到1975年越南战争结束。战争结束后，负责胡志明市共产主义青年团中央工作，后任团中央书记。1988～1996年，先后任胡志明市附近的小河省省委副书记、书记。在他主政期间，小河省从一个农业为主的省份变成了地外国投资者最具吸引力的地方之一。1997年起先后任胡志明市市委副书记、书记。其间胡志明市吸引了大批外国投资。2006年2月，他曾为越南与英特尔公司签署价值逾6亿美元的合同。同时，他以坚决反腐败著称。在他上任的第二年，胡志明市的黑社会老大、越南建国以来最大的黑社会犯罪集团头子张文甘锒铛入狱。

1997年12月越共八届四中全会上当选中央政治局委员，2001年越共九大、2006年4月越共十大上连任中央政治局委员。

2006年6月27日，在越南国会被选为国家主席。

1995年4月曾率越南小河省代表团访华，2000年7月率越南共产党代表团访华。

阮富仲（**Nguyen phu trong 1944～** ） 越共中央政治局委员、国会主席。1944年4月14日生于越南河内市东英县东会乡。1963～1967年，就读于河内综合大学语言文学系。1967～1968年，在《共产主义》杂志资料室工作，1968～1973年任《共产主义》杂志党建部编辑，1973～1976年在阮爱国高级党校攻读政治经济学硕士学位，1976～1981年任《共产主义》杂志党建部编辑。1981～1983年，前往苏联实习并获副博士学位。学成归国后，于1983～1989年任《共产主义》杂志党建部副主任、主任，1989～1990年任《共产主义》杂志编委会委员，1990～1991年任《共产主义》杂志副总编辑，1991年8月任《共产主义》杂志总编辑，1996年10月任河内市委副书记，2000年初任河内市委书记，2001年兼任中央理论委员会主席。1994年1月在越共七届七中全会上被补选为中央委员，1996年6月在越共八大上当选中央委员。1997年12月在越共八届四中全会上当选中央政治局委员并负责思想、文化、科技方面的工作。2001年4月和2006年4月在越共九大和十大上连任中央政治局委员。

2006年6月26日在越南第十一届国会第九次会议上当选为越南国会主席。

他曾于1992、1997和2001年三次访华，并于2003年10月率团出席在北京举行的中越两党理论研讨会。

阮晋勇（Nguyen tan dung 1949～ ） 越共中央政治局委员、政府总理。1949年11月17日生于越南南部金瓯省的金瓯市，是革命烈士的后代。毕业于法律专业，获法律学士学位。曾在阮爱国高级党校学习。1961～1981年在越南人民军服役，先后担任团政委、坚江省军事指挥部干部部部长等职。此后，他先后担任坚江省委委员、省委组织部副部长、省委常委、省委常务副书记、省委书记等职。1994年12月，出任越南内务部副部长，1996年6月任中央经济部部长，1997年9月任政府常务副总理。1997年亚洲金融危机爆发，越南受到影响。在艰难时刻，他受命兼任越南国家银行的行长。负责监督越南的整体经济运行。致力于在越南建立健康的金融制度，改革国有企业，加强监管机制。2002年8月连任政府常务副总理。2006年6月27日，越南国会选举为政府总理。

1991年在越共七大上当选中央委员，1996年在越共八大上当选中央政治局委员、政治局常委，2001年4月在越共九大和2006年4月在越共十大连任中央政治局委员。

他曾于1993、1997、1999和2003年先后访华。1999年底陪同越共中央总书记黎可漂，2005年7月陪同越南国家主席陈德良访华。

第五节 经济

一 概述

（一）发展历程

越南经济的发展，正如它的政治发展一样，经历了曲折的过程。

1. 从封建经济转入殖民地经济（古代～1945）

越南古代曾长期处于封建自然经济阶段。19世纪末叶，法国殖民主义者入侵越南后，打破了那里的自然经济形态，使越南进入了殖民地经济发展阶段。法国殖民者和1940年取代法国入侵越南的日本帝国主义不仅在政治上实施严酷的统治，而且在经济上进行疯狂的掠夺，使越南民族经济长期处于十分落后的状态。

2. 为争取独立和统一的战时经济（1945～1975）

1945年9月，随着日本战败投降，坚持抗日战争的越南共产党领导人民取得胜利，建立了越南民主共和国。但法国又卷土重来，再次占领越南。越南人民经过多年抗法战争，赢得了重大胜利，签订了《日内瓦协议》。由于美国插手干预越南事务，扶植吴庭艳在越南南方执政，从1955年起越南分裂为南北两个部分。北方在以胡志明为首的越南劳动党的领导下走上社会主义道路。1961年，越南共产党三大制定了第一个五年计划（1961～1965），提出了发展国民经济的总方针是“合理优先发展重工业，加快发展农业和轻工业，以工业为主导，以农业为基础，地方工业和中央工业相结合”。“一五”期间，越南的工业总产值平均每年递增14%，轻工业和手工业已经能基本满足国内大部分需求，粮食产量比历史最高水平增长2倍多，经济发展取得了可喜成绩。但南方经济仍未摆脱固有的束缚而无法取得进展。

抗美战争期间（1965～1975），国民经济转入战时轨道。这一时期，由于美国悍然发动对越南民主共和国的武装袭击，使越南北方的经济遭到了严重的破坏，国家财政支出几乎全靠外援。越共中央提出“一切为了前线，一切为了战胜美国侵略者”的口号，直到1975年越美《巴黎协定》签订后，越南北方的经济才开始得以恢复。南方经济则由于美国入侵的战争破坏，愈加凋敝。

3. 执行扩张主义政策时期经济（1976～1986）

1976年以后，越南本应致力于经济建设，然而，黎笋集团却扩军备战，甚至出兵柬埔寨，把深受战争创伤的国民经济进一步引向崩溃的边缘，致使越南粮食连年减产，粮荒遍及全国；工业产值急剧下降，计划指标均未能完成；财政金融形势严峻，通货膨胀率扶摇直上；外贸逆差激增，债台高筑。总之，这一时期越南的经济形势日趋恶化，从而影响了整个国家的发展。

4. 进入革新开放时期经济（1986年以来）

从20世纪80年代中期起，越南逐步从战争的阴影中摆脱出来，开始把全国工作中心转到国内经济建设上。从1986年起，越南推出革新开放政策，经济发展从此有了转机。1986年越共六大以来，越南推行革新开放的经济政策。从1988年初起，越南党和政府开始推出了一系列经济改革政策措施，诸如：农业实行家庭承包制、给予国有企业以更多的自主权、鼓励发展私人企业、制定更为自由的外资投资企业法规等。进入20世纪90年代后，越南继续推出改革措施。从1991年6月起，外国银行和合资银行已在越南出现，越南制定了《土地法》《破产法》《劳动法》《国内投资法》和《采矿法》等一系列法律法规，并制定新的税收政策。1992年，越南已从计划经济向市场经济迈出了一大步。

（二）经济成就

1986年以来，越南经济取得很大成绩，并保持了较高的发展速度。其主要成就如下。

1. 经济稳步增长

1986年越南推出革新开放政策，经济发展从此有了转机。1991～2000年平均年经济增长率为7.6%。2000年国民生产总值为320亿美元，人均国民生产总值420美元。2001～2004年，越南经济仍保持持续快速增长势头，年均增长达7.2%。2005年越南经济持续高速增长，取得8.4%的增长率，人均国内生产总值达640美元。

2. 恶性通货膨胀得以扼制

1988年以前，越南通货膨胀率达三位数，1986年的通货膨胀率高达774.7%。1990年降为两位数67.4%，1996年后降到一位数，在4%～8%之间。越南通货膨胀率的降低，越币的稳定，为其扩大对外开放和吸引外资创造了有利条件。

3. 外来投资迅速增长

从1987年颁布《外国在越南投资法》以来，1988～1999年间，有50多个国家和地区的700多家公司在越南投资设厂。截至2003年底，越南累计吸引外资协议总额407.94亿美元，其中实际到位资金246亿美元，有效项目4 324个。外资的进入对引进先进生产技术和管理经验，推动经济增长，解决就业起到了重要作用。

4. 经济结构出现良性转变

农业历来占越南国民经济的主导地位，但革新开放以来，非农业部门占国内生产总值的比重不断扩大，特别是服务业迅猛发展。越南的经济结构出现了工业和服务业比重上升、农业比重下降的转变。按现行价格计算，1985～2003年间，各经济部门的产值占国内生产总值的比重分别是：农、林、渔业从40.17%下降到21.8%，工业、建筑业从27.3%上升到40%，服务业从32.48%上升到38.2%。

5. 工业呈两位数增长

1990～2003年，越南工业产值连续13年保持两位数增长。油气、石化、电子、汽车和机车装配等新型工业发展迅速。1985～2003年间，原油产量从5万吨跃升至1 769万吨，发电量从15亿千瓦小时上升至411亿千瓦小时。2003年钢产量达268万吨，煤开采量达1 896万吨。

6. 粮食自给有余

1991～2003年，越南农业产值年均增长率达4%以上。水稻是农业的支柱，1989年越南从1988年大米净进口国一跃成为世界第三大大米出口国。1996～2003年大米出口一直居世界第二位，90年代大米年均出口量约200万吨。

7. 对外贸易发展迅速

10多年来，越南对外贸易取得迅速发展，对推动经济的发展起到了重要作用。1986～2003年，进出口额分别从23.15亿美元和10.15亿美元，上升为368亿美元和322亿美元。出口商品结构也发生很大变化，实现了以原油、大米、纺织品、服装、水产品及咖啡等为主的出口产品多样化，出口产品质量也有所提高。截至2004年，越南已与世界上150多个国家和地区建立贸易关系。1998～2004年越南主要经济指标见表2。

表 2　　越南 1998～2004 年主要经济指标

项目 \ 年份	1998	1999	2000	2001	2002	2003	2004	2005
国内生产总值（亿美元）	272	287	312	327	351	396	453	521
GDP 实际增长率（%）	5.8	4.8	6.8	6.9	7.1	7.3	7.7	8.4
消费品价格指数（%）	7.3	4.1	−1.7	−0.4	3.8	3.1	7.8	8.4
人口（百万）	76.1	77.1	78.1	79.5	80.6	81.6	82.7	83.8

资料来源　英国《国别报告：越南》2006 年 1 月。

2001～2004 年，越南经济保持快速发展趋势，年均增长 7.2%。

到 2010 年，越南国内生产总值将达到约 850 亿～890 亿美元，比 2000 年增长 2.1 倍，人均国内生产总值将达 950～1 000美元。为实现上述目标，2006～2010 年间，越南的国内生产总值年均增长率要达到 7.5%～8%。

二　农业

越南是传统的农业国，农业在其国民经济中居主导地位。迄至 20 世纪 90 年代前，越南农业部门的就业人数约占全国就业人口总数的 70%，农产品出口值占全国出口总值的 1/3，耕地及林地占总面积的 60%。粮食作物包括稻米、玉米、马铃薯、番薯和木薯等，经济作物主要有咖啡、橡胶、腰果、茶叶、花生、蚕丝等。1986 年，越共六大决定在全国进行大规模的经济改革，把发展农业摆在国民经济建设中头等重要的位置，并率先在农业领域推行家庭承包制，把绝大部分土地分给农民，使 90%的粮食生产和畜牧生产从国家和集体手中转到私人手中；鼓励农民在扩大传统的农产品生产的同时，实现农产品多样化，从而使农业的发展速度创历史最高纪录，粮食生产连年丰收。1991～2000 年，农业产值年均增长率达 4.2%。

（一）种植业

越南的耕地面积严重不足，但自 1991 年以来，每年以平均 3%的速度扩大作物耕种面积。越南的种植业主要有以水稻为主的粮食作物和以棉花、食糖、橡胶、茶、咖啡等为主的经济作物。

1. 粮食作物

越南的粮食作物以稻谷为主，稻谷产量从 1978 年的每公顷 1.79 吨增加到 1996 年的 3.76 吨，增长 1 倍多。但是，水稻产量仍受化肥、农药和其他各种因素的制约。因此，只要增加投入，越南的稻谷产量还会进一步提高。除水稻以外，越南的粮食作物还有其他谷物和甘薯、木薯等薯类作物。

2. 经济作物

越南的经济作物种类繁多，主要有咖啡、橡胶、甘蔗、大豆、食糖、棉花等，其中尤以咖啡和橡胶为主。1999 年，越南咖啡种植面积约为 1985 年的 9 倍，即从 4.47 万公顷增加到 39.74 万公顷；同一时期咖啡产量从 1.23 万吨增加到 48.68 万吨，增长近 40 倍；2003 年达 63 万吨。越南的咖啡大都用于出口，1997 年越南成为本地区的第一大咖啡出口国和世界第四大出口国。橡胶也是越南最重要的经济作物之一，越南现有的许多橡胶产地是法国殖民统治时期的橡胶园，但以前单产很低，如今产量已大大提高；橡胶加工质量，特别是胶乳的质量也大为改善，使得越南的橡胶出口市场显著扩大。2003 年橡胶产量达 35 万吨。越南主要农作物和水产品产量见表 3。

表 3　　越南 2003 年主要农作物和水产品产量　　（万吨）

名称	产量	名称	产量
稻谷	3 420	咖啡豆	63
橡胶	35	水产品	263

资料来源　越南国家统计局《2004 年统计年鉴》。

（二）养殖业

越南草木繁茂，天然饲料很多，自然条件有利于畜牧业的发展。但是，长期以来，养殖业只是作为农民的一项家庭副业，一直从属于种植业；养殖手段和技术都很落后，没有质量较好的动物饲料，农民主要依靠干燥的谷灰、蔗梗、玉米和土豆作为家畜饲料。自 20 世纪 80 年代末 90 年代初以来，越南的养殖业有了长足的发展，1991～1995 年，生猪数量年均增长 6.3%，猪肉质量大为改善；水牛和黄牛数量也显著增加。发展最快的要数绵羊和山羊，从37.2万头增加到51.3万头，特别是最近几年来发展非常迅速。家禽养殖业的产量也以年均6%以上的速度迅速增长。

（三）林业

20世纪70年代初期，越南森林面积多达1 000万公顷。其后至80年代初期10年间，毁林现象较为严重，森林面积以每年20万公顷的速度递减。据越南官方统计，越南陆地的森林覆盖率1943年为44%，1984年减少到23%。20世纪80年代中期以来，随着造林护林政策实施力度加强，毁林面积逐年减少。截至2000年，森林面积已恢复到1 081.6万公顷，森林覆盖率达33.2%。至21世纪初，越南每年大约生产280万立方米的木材，产品主要用于出口。

（四）渔业

越南海岸线长达3 000多公里，全国的江河、运河、湖泊纵横交错，星罗棋布，水产养殖资源十分丰富。自1990年以来，越南开始逐步开发这些水产资源，鱼虾产量平均每年递增3.5%，2000年水产养殖及内河捕捞总产量为72.3万吨，海洋捕捞量为128万吨。水产品出口值从1990年的2.39亿美元增长到2000年的14.75亿美元，成为越南第三大出口产品。当前，越南的水产品主要是内陆水产养殖。为了扩大远洋深水捕鱼量，越南政府向当地渔民提供信贷，鼓励渔民深水捕鱼，还尽力吸引外资投资远洋捕鱼。截至1999年，越南已有92个外商投资的渔业项目，注册资金达3.47亿美元，包括鱼类加工厂等。

三 工矿业

1991～2000年间，越南工业产值的年均增长率达11.3%，远远高于同期国内生产总值的年均增长率（7.6%）。工业产值占国内生产总值的比重不断提高，并已成为越南经济增长的主要推动力。越南工业基础薄弱，生产技术落后，工业部门主要由能源、冶金、建筑、电子、服装和日用品等部门组成。2003年，越南工业产值占国内生产总值比重升至约40%，总产值达302.99万亿越盾，同比增长16%。其中，国有企业产值为117.416万亿越盾，同比增长12.4%；非国有企业产值为75.906万亿越盾，同比增长18.7%；外资企业产值为109.795万亿越盾，同比增长18.3%。

当前，越南共有国家直属工矿企业550多家，这些企业大部分是重工业企业。越南几乎所有的石油天然气、电力和钢铁工业都是国家直属企业。

（一）采矿业

越南的矿产资源十分丰富，且大多分布在北部地区。这里储藏有丰富的具有商业开采价值的煤炭、铁、磷灰石、铬铁、红宝石和金等。此外，越南还有丰富的锰、钛、铝土、锡、铜、锌、铅、镍、石墨和云母等。其中，铁矿的储量近5.6亿吨，磷的储量达10亿吨。铝土和铜的储量分别为42亿吨和60万吨。

（二）能源工业

越南的能源储量非常丰富，但迄今开采的仍不多。虽然近年来能源消费量的年均增长率达8%，但与该地区的其他国家相比，人均能源产量和消费量都还很低。

1. 电力 1985～1992年，电力部门的产值年均增长10.5%，然而，越南的电力生产能力仍然很低。政府努力使其发电量在20世纪末几年里年均增长14%～15%，装机容量从1996年的6 700兆瓦增加到2000年的9 000兆瓦，发电量从1996年的164亿千瓦小时增加到2003年的411亿千瓦小时。到20世纪末，越南4/5以上的乡村和社区都实现通电。计划到2005年发电量达440亿千瓦小时，2020年达1 670亿千瓦小时。

2. 煤炭 煤炭是越南仅次于石油的商用能源。越南的煤炭以无烟煤为主，储量估计达37亿吨；新探明的无烟煤储量超过15亿吨。红河三角洲一带还有许多尚未探明储量的褐煤。预计各种煤炭（包括无烟煤、褐煤、烟煤和泥煤）的总储量达200亿～300亿吨。1988年越南煤炭年产量达690万吨，之后几年有所下降，90年代上半期年均产量只有450万吨。近年来，煤炭产量迅速上升，2003年的产量达1 896万吨。

3. 石油 越南的近海石油资源十分丰富，主要产于南部海域、湄公河三角洲和红河三角洲。自1988年以来，西方国家和其他国家与越南签订了29份共同勘探和开采近海石油的合同。当前越南3/4原油产量产于白虎油田，该油田是美孚石油公司于1975年发现的，后由越苏石油合资企业勘探。其余1/4的产量产于大熊油田。1996年越南石油的总产量达880万吨，2003年达1 769万吨。

表 4　越南 2000～2003 年主要工业产品产量

项　目 ＼ 年　份	2000	2001	2002	2003
原油（万吨）	1 627	674	1 662.7	1 769
钢材（万吨）	167	171	242.91	268.2
发电量（亿千瓦小时）	266	308	355.63	411.2
化肥（万吨）	150	107	117.61	127.6
水泥（万吨）	1 334.8	1 537	1 948.17	2 328.2
煤（万吨）	1 085	1 296	1 587.85	1 896.3

资料来源　越南国家统计局《2004 年统计年鉴》。

四　建筑业

越南由于曾长期处于战争状态，民用建筑工业技术力量薄弱，设备简陋，发展缓慢。直到 20 世纪 80 年代末，越南仍很少有大规模的建筑项目。越南城市建设十分落后，首都河内人均建筑面积只有 3 平方米，人均建筑面积最多的胡志明市也只有 5 平方米。但是，20 世纪 90 年代以来，越南建筑业的发展速度明显加快，1990～1995 年，建筑业年均增长率达 15.3%，占国内生产总值的比重从 1991 年的 4%上升到 1995 年的 7%。建筑材料如水泥和砖块等的产量迅猛增长。

五　交通运输及邮电

越南的地理位置决定了交通运输对其国民经济具有独特的作用。近年来，交通运输业经过重组，提高服务质量，取得了较好的经济效益。但交通运输仍为其经济发展的薄弱环节。2002 年全部客运量为 8.33 亿人次，货运量 2.38 亿吨，分别比上年增长 3.9%和 9.4%。

（一）公路

越南公路网络在中南半岛来说是相当稠密的，总长 13 万多公里（其中 1.4 万公里国道，1.5 万公里省道，其余是连接各县乡的公路）。柏油路、水泥路约占 10%。近年来，越南政府大力投资公路建设，公路里程增加很快，设施也有明显改善。2002 年新建和升级改造公路2 690公里。根据越南官方的统计数字，2002 年越南有货车 8.8 万辆，客车 6.1 万辆。2002 年客运量 6.83 亿人次，货运量 1.6 亿吨。越南的摩托车相当普遍，河内和胡志明市 2/3 的家庭拥有摩托车。

（二）铁路

越南铁路系统共有 6 条干线和一些支线，总长 3 220公里，干线全长2 700公里。这 6 条干线主要是：河内—胡志明市线（1 730公里）、河内—海防线（102 公里）、河内—老街（295 公里）、河内—太原（76 公里）、河内—同登（160 公里）和壮街—汪秘（73 公里）等。1990～1998 年，越南铁路机车数量由 507 台减少到 377 台，货物车厢从5 286节减少到4 578节，旅客车厢从 983 节减少到 794 节。

（三）水运

越南的内河运输主要是红河及其支流和湄公河及其支流，内河运输货运量超过陆路运输或海洋运输。2002 年水路总长 1.1 万公里，内河水运有 854 艘拖船、28 470艘货船、1 355艘驳船，运输能力约 163 万吨。

2002 年海运有 610 艘货船、6 艘驳船，运输能力 84 万吨。

（四）主要港口

越南共有 7 个国际港口和 5 个用于运输石油和煤炭的专业港口，国际港口主要以北部的海防港、南部的胡志明市和中部的岘港为主。胡志明市西贡港的吞吐量从 1988 年的 310 万吨增加到 1994 年的 640 万吨，远远超过了原先设计的 500 万吨的吞吐量。海防港是最靠近中国的大港，也是北方的最大港口和首都河内的海上门户，2000 年吞吐量达 760 万吨，其后年吞吐量以 10%速率递增，预计 2010 年达到1 800万吨。岘港是越南中部最大的港口，邻近中国的海南省，2000 年吞吐量达 140 万吨，最近越南政府已决定将岘港作为“东西走廊”开发区的终点，从而将成为越、老、泰三国部分地区的出海口。

（五）民航

近年来，越南的国内、国际航线都有了相当的发展。2000年全国共有大小机场90个，其中15个为民用机场。3个国际机场分别为：内排机场（河内市）、岘港机场（岘港市）和新山一机场（胡志明市）。原用客机大多为前苏联制造，近几年，通过向西方公司购买和租用，正逐步由欧美机型所取代。2000年客运量为402万人次，货运量6.2万吨。

（六）邮电通讯

2000年，越南邮电总局营业收入约10亿美元，电话普及率达4%，总数超过300万部，85%的乡通了电话，电话装机数以每周1.5万～2万速率增长。1996年2月，越南首次开通纤维光学国际电讯网。目前越南至少拥有12个转换系统和大量的电讯设备，移动电话也日趋普及。越南电信网现有8座卫星地面站，多条海底光缆，3台门户式总机5 764条国际通话线路，年国际长途通话量4亿分钟以上。全国现有60万部电脑，6万多个因特网用户。

六 旅游业

越南不仅拥有较为丰富的自然旅游资源，而且人文景观也随处可见，有避暑胜地，也有古都、古建筑和革命纪念地，还有独特的民族风情等。

北部的河内既是首都，也是历史名城，市内有很多风景如画的公园和名胜古迹。

中部有古都顺化，它的风景区有御屏山、钱场桥等，古迹有皇城、皇陵、天姥寺塔等。

南部的胡志明市是越南最大的城市、港口及经济中心。该市在交通、通讯、购物、服务等方面的优势尤为突出，是越南吸引游客最多的城市。

巴地—头顿省的省会头顿市有著名的海滨浴场，以湖、瀑布、松林和鲜花而闻名，是著名的避暑胜地。

位于庆和省的金兰湾是东南亚著名的军港。而位于越南最南端的河仙（建江省）是一座美丽的边境城市。

越南在资金困难的情况下，仍然尽力增加投入，改善旅游设施。为迎接河内建城990周年（2000年）和建城1 000周年（2010年），河内从1999年开始推出一系列旅游项目。同时，政府决定投资6亿美元，在河内以西的河西省山西市和巴维县境内建设占地861公顷的国家级文化活动中心——民族文化旅游村，那里将集中再现、挖掘和保护越南54个民族的传统文化遗产，并组织各种文化艺术和旅游活动。在东北部的旅游城市海防，到2000年，星级宾馆已增加到19家。与此同时，也加强了图山、吉婆岛的旅游设施规范管理，并加紧修建海防到吉婆岛、新桥的道路。在南部的避暑胜地大叻，为改善旅游设施，大叻旅游公司也进行了大量的投资。

自1986年革新开放以来，越南的旅游业有了很大的发展，旅游人次迅速增多，国际游客从1986年的7 000人次上升为2003年的220万人次。到越南旅游的外国游客主要来自中国台湾、日本、法国、中国等。1994～2003年间，旅游总收入从4万亿越盾上升为20万亿越盾（约合13亿美元），旅游业已成为越南第四大创汇产业。

七 财政金融

（一）财政

1988年12月召开的越南八届国会第四次会议通过了一项关于当前财政政策的纲领性决议。该决议规定国家的财政预算从中央到地方实行统一管理，改善各级财政状况；企业实行经济核算，解放各种经济成分的生产力，重视商品与货币之间的平衡，产品成本中的原材料、能源支出和流通费用要求节约5%～10%。

从1989年开始，越南实行新的国家财政管理体制：取消对粮食、进出口的补贴；取消对生产经营企业的补贴，把企业推向市场，让企业自主经营，自负盈亏；加强对税收的征收和管理，建立从中央到地方的国家税务系统，并颁布营业税法、特种消费税法、所得税法等多个法规；合理调整财政开支，对生产、行政、事业、国防、安全等各个领域全面实行财政紧缩政策。

1999年初开始，由于受亚洲金融危机的影响，越南经济增长趋缓，出现持续的通货紧缩，供需失衡。为刺激经济发展，2000年政府采取了积极财政政策，制定了一系列促进经济发展的措施，包括发行国家债券，增加投资资金，加强财政投资和财政预算管理，控制财政赤字等，从而有效地遏制了经济滑坡的趋势。此后，财政收入连续多年稳定增长。2003年财政收入同比增长11.3%，超过当年计划的11.6%，连续多年超额完成年计划。财政支出同比增长14.1%。财政赤字控制在5%的计划指标以内。金融状况出现好转，呆坏账减少，外汇比价相对稳定。1997～2003年越南财政收支情况见表5。

表5 越南1997～2005年财政收支情况 （万亿越盾）

收支＼年份	1997	1998	1999	2000	2001	2002	2003	2004	2005
财政收入	65.35	72.96	78.49	80.75	100.00	112.00	138.00	171.03	199.42
财政支出	78.06	81.99	95.97	101.63	110.45	118.84	152.20	210.20	251.19
财政赤字	12.71	12.14	18.52	20.88	10.45	6.84	14.20	39.17	51.77

资料来源 越南国家统计局《2000年统计年鉴》,《2004年统计年鉴》,《2006年统计年鉴》。

（二）金融

1986年越南革新开放以前，银行系统主要是由越南国家银行（它既是中央银行，也是最重要的商业银行）、外贸银行和建设投资银行组成。1988年7月，越南对银行系统进行重新改组，国家银行的宏观调控能力进一步加强，而把商业银行的功能主要划分给两个新成立的银行，即越南农业银行和越南工商业银行。1992年以来，越南的银行系统基本实现了多样化，国有银行、合股银行、合资银行和外资银行等纷纷涌现，并吸收了大量的存贷款客户。到1995年12月，除了4家国有商业银行以外，越南已有52家合股银行、23家外国银行分行、4家合资银行和62家外国银行的办事处。1995年，政府又增设扶贫银行，它的业务主要是"向贫困地区的穷人提供信贷服务"。

1993年，中央银行规定短期贷款最高月利率为2.1%，年利率为28.3%。长期贷款月利率限制在1.7%以内，这样的利率一直持续到1995年底。到1995年底，随着通货膨胀率的降低，贷款利率又一次大幅降低。到1996年底，短期贷款的月利率降低到1.25%，年利率为16.1%，中期贷款的月利率降到1.35%，年利率为17.5%，而长期贷款的月利率和年利率则分别下降到1.55%和20.3%。

1988年后，在国有商业银行不能满足蓬勃发展的非国有企业的信贷需求情况下，越南的信用合作社如雨后春笋般迅猛发展，它们为非国有企业提供着相当优惠的利率。据世界银行估计，1995年初农村家庭从信用合作社的贷款比从正规银行贷款额高出4倍。1990年10月，越南颁布两项银行条例，对商业银行、信用合作社和其他金融机构实现规范化管理，信用合作社由国家银行而不是当地人民委员会签发营业执照。第一项条例规定，对国有商业银行下放更多的自主权，允许它们之间实行自由竞争，鼓励它们从国家以外的其他途径筹资；第二项条例，则旨在加强国家银行对银行系统的控制，包括开放市场操作、储备需求和降利幅度等。

自1988年越南政府允许外资银行在本国开设办事处以来，越南的外资银行有了一定的发展；1991年7月又颁发法令，准许外国银行在越南设立分支机构，准许成立合资银行，同时越南第一家外资银行正式成立。然而到1995年底，越南虽然有了95个外国银行办事处、分支机构和合资银行，但它们的业务主要局限于贸易借贷，并且主要从事长期贷款。

目前越南证券市场主要包括上市债券和股票。2000年8月第一个证券市场——胡志明市证券交易中心成立，一年间进行了148次交易，其中股票交易占90%。截至2001年8月，胡志明市证券交易中心已有11种股票和债券参加交易，包括6种股票、3种政府债券和2种公司债券。参加交易的各公司营业额和利润都大大增加，2000年营业额平均增长25%～36%，利润平均增长16%～20%。当然，目前越南的证券市场还年轻，交易量还不大，市场活动范围还小，还不能满足公众投资需求。

1990～2000年，越南的外汇储备（包括黄金）从4.29亿美元上升为34.17亿美元。2003年外汇储备约60亿美元。20世纪80年代中后期，越盾连续几次大幅贬值使官方和市场两个汇率趋于等同，1989年3月，两个汇率重新统一。除了1991年下半年因通货膨胀压力而短期内出现越盾骤然贬值外，越南中央银行即越南国家银行始终能够维持越盾“有控制的浮动”，保持美元与越盾稳定的正常汇率。1992 年以来，越盾与美元的汇率基本上保持 1 美元兑10 800～11 200越盾的汇率。尽管国内仍存在通货膨胀的压力，但越盾却出现过分高估的现象。1997 年亚洲金融危机东亚各地货币相继贬值，越盾汇率亦随着下调，2000 年越盾汇率为 1 美元兑14 500越盾。2003 年 12 月越盾汇率为 1 美元兑15 650越盾。

第六节 外贸与对外经济关系

一 概述

1986 年越共六大确定革新开放的路线后，越南的对外贸易和对外经济关系发展顺利。20 世纪 90 年代以来，越南外贸出口结构明显改善，特别是近 5 年来，越南对外贸易与经济合作连年取得进展。革新开放以来，日本一直是越南的重要贸易伙伴；1991 年中国和越南实现关系正常化，从此中越经济关系发展迅速；截至 1995 年底，越南已同 108 个国家和地区建立经贸关系，越南已加入东盟和东南亚自由贸易区及亚太经济合作组织，并与美国进行谈判，拟加入世界贸易组织。

二 外贸

越南和世界上 150 多个国家和地区有贸易关系。近年来对外贸易保持高速增长，对拉动经济发展起到了重要作用。1992～2000 年，越南出口商品累计金额为 628 亿美元，出口值年均增长 20%以上；同一时期进口累计金额为 723 亿美元。2003 年进出口贸易总额 448.15 亿美元，其中出口增长 18.9%，进口增长 26.4%。为了提高产品的出口创汇能力，20 世纪 90 年代越南政府不断调整产品结构，使出口产品以农林水产为主的局面有所改变，农矿产品出口比重下降，加工产品的比重上升。但是，加工产品比重仍未超过 40%，初级产品比重仍高达 60%左右，其中资源、矿产和农副产品比重分别达 1/4 以上。

越南主要贸易伙伴是美国、欧盟、东盟、日本和中国。五大出口市场为美国、欧盟、日本、中国、新加坡。五大进口市场为中国、韩国、日本、新加坡、泰国。近年来，越南对日本的出口贸易增长迅速，并出现顺差，这主要是因为越南出口日本的原油增长较快。2004 年越南主要进出口来源与方向见表 7。

大力发展出口产品是越南促进外贸出口的重要措施，该国地处热带，农林水产丰富。因此，越南政府充分利用这一自然优势，大力发展粮食生产以及其他经济作物，并取得很大成就。1989 年随着粮食丰收，越南从缺粮国成为大米出口国。此外，石油、纺织品、鞋类及海产品是主要出口创汇产品。

表 6 越南 2004 年主要进出口商品结构 （%）

主要出口商品	占出口总额%	主要进口商品	占进口总额%
原油	22.1	机械设备	17.5
纺织与服装	17.1	炼油	11.5
鞋	10.5	钢	7.2
鱼制品	9.4	纺织业原料	8.3
电脑和电器产品	4.1	电脑和电器产品	6.0

资料来源 英国《国别报告：越南》，2006 年 1 月。

表 7 越南 2004 年主要进出口来源与方向 （%）

主要出口方向	占出口总额%	主要进口来源	占进口总额%
美国	18.8	中国	13.9
日本	13.2	中国台湾	11.6
澳大利亚	10.3	日本	11.3
中国	6.9	新加坡	11.1
德国	5.2	韩国	10.4
新加坡	4.0	泰国	5.8
英国	3.8	马来西亚	3.8

资料来源 英国《国别报告：越南》，2006 年 1 月。

但是，应当看到，截至 20 世纪 90 年代越南出口的绝对额仍然很少。例如，20 世纪 90 年代中期越南人均出口值为 99 美元，而泰国为 905 美元，印尼为 255 美元。同时，截至 21 世纪初越南出口贸易中初级农矿产品仍占绝对多数，而工业加工产品的出口比重仍然很小，每年人均出口不到 28 美元。2005 年进出口额分别为 368 亿美元和 322 亿美元，两项相抵贸易逆差创近年最高水平。2000～2005 年越南对外贸易情况见表 8。

表 8　　越南 2000～2005 年对外贸易情况　　（亿美元）

类别＼数据＼年份	2000	2002	2005
总　额	295	358	790
出口额	143	165	322
进口额	152	193	368
差　额	9	28	46

资料来源　越南国家统计局《2004 年统计年鉴》，香港《大公报》2005 年 12 月 29 日。

三　对外经济关系

（一）外商直接投资

吸引外国直接投资是越南实行对外开放的重要方面。1987 年 12 月越南国会通过了《外国投资法》，它对越南吸引外国直接投资起了重要作用。据越南投资委员会公布的数字，截至 2003 年底，越南累计吸引外资协议总额 407.94 亿美元，其中实际到位资金 246 亿美元，有效项目4 324个，外资主要投向工业和建筑业、农林渔业和服务业。外资的进入对越南引进先进生产技术和管理经验、推动经济增长和解决就业起到了重要作用。

实施外资法最初几年，外商直接投资主要集中在油气开采和矿业，1991 年后，则日益转向工业、建筑及旅游服务业。投资地域主要集中于越南的三大经济中心，即：胡志明—同奈—头顿经济中心、河内—海防—广宁经济中心和岘港经济中心。投资来源地主要是：新加坡、中国台湾、中国香港、日本、韩国和法国。

1997 年亚洲金融危机后，外商直接投资曾一度持续锐减，因此越南政府对外资法进行修订，在税收及利润汇出方面予以更多的优惠。2000 年引资状况明显好转，外企出口创汇（含油气）60 多亿美元，约占全国出口创汇一半；外企产值（含油气）占越南全部国内生产总值的 1/4 以上，外企为越南提供直接就业人数达 35 万。2001 年越南批准外国投资项目和合同投资金额同上年相比，有较大幅度增长，同比增长 20% 以上。2003 年越南全年新批外资项目 660 个，金额 16.54 亿美元，同比增长 15%。2005 年吸引外资金额达到 58.5 亿美元新高。截至 2003 年 12 月 31 日各国和地区累积对越投资情况见表 9。

表 9　　各国和地区累积对越投资表
（截至 2003 年 12 月 31 日）

国家和地区	项目（个）	投资额（百万美元）
新加坡	288	7 370.11
中国台湾	1 086	5 997.73
日本	418	4 480.43
韩国	662	4 161.33
中国香港	288	2 974.58
法国	134	2 114.15
英属维尔京群岛	187	2 090.43
荷兰	51	1 768.27
泰国	119	1 408.3
英国	51	1 180.33

资料来源　越南国家统计局《2004 年统计年鉴》。

（二）外债

1989 年以前，越南不可兑换领域的经常项目赤字，主要靠从东欧集团援助的资金项目平衡，可兑换领域的总收支平衡赤字主要通过逾期债款来平衡。1989 年以来，虽然越南的逾期债款直到 20 世纪末还继续增加，但资本账户主要依靠外国直接投资和海外发展援助来平衡。

据国际货币基金组织统计，1995 年越南中、长期外债包括可兑换货币 45 亿美元和不可兑换货币（主要是卢布）44 亿美元。1996 年越南偿还外债总额占其出口收入的比重（亦即债务偿还比率）为 11%。由于政府和国有企业所借的外国贷款大量增加，所以未来几年越南所需偿还的外债将有显著增加。

自 1993 年底以来，越南就重新安排外债支付计划和注销 38 亿美元外债问题，与它的双边和多边硬货币债主进行了谈判，还与波兰、德国（就原民主德国遗留）、匈牙利、捷克等国举行了谈判，商讨越南对这些国家的卢布欠款的解决办法。此外，越南还有一些尚未确定的债务问题，即对原苏联（今俄罗斯）所欠的 106 亿卢布债款。

（三）外援

外援大致可以分为国际组织的援助、外国政府的援助和非政府发展援助等几项。1993 年 11 月，由世界银行与联合国开发计划署主持、有 22 个国家和 17 个国际组织（美国以观察员身份列席会议）参加的首次援越会议在巴黎召开，决定在 1993～1994 财政年度通过贷款与无偿援助两种方式向越南提供18.6亿美元的援助。1994年11月，第二次国际援越会议在巴黎召开，有18个国家和15个国际组织参加会议，并决定向越南提供20亿美元的援助。1993年开始，国际货币基金组织、世界银行、亚洲开发银行和世界粮农组织等国际组织均向越南提供经济援助。就外国政府对越南的援助额而言，日本是最大的援助国，其援助额占越南外援总额的近1/3。法国是仅次于日本的第二大援越大国。此外，澳大利亚、瑞典、英国、意大利和中国等国家和地区都给越南以积极援助。自1993年国际社会恢复对越援助以来，越获得的官方发展援助（ODA）累计已达224.4亿美元，到位资金为110亿美元。2002年举行的国际援助越南咨商会共承诺向越提供官方发展援助25.1亿美元，当年实际利用金额为15.27亿美元。2003年12月举行的援越咨商会议上，各方承诺2004年度向越提供官方发展援助28.2亿美元，创历史最高纪录。2003年实际利用官方发展援助约15.5亿美元，其中贷款13.9亿美元，无偿援助1.6亿美元。

（四）国际收支

20世纪90年代中期，越南经常项目赤字高达占国内生产总值的10.7%，主要源于外援和外国直接投资激增、越南货币盾过分高估以及从世界资本市场大量借入。90年代后半期，尽管国民经济仍以较快速率增长，但经常项目赤字占国内生产总值的比率仍维持在5%以上。对外贸易赤字一直是越南经常项目赤字的主要原因。因此，1996年以来，越南在扩大出口的同时，着力限制进口，外贸逆差逐年减少，国际收支状况有所改善。

第七节 人民生活与社会保障

随着经济的持续增长，越南人民生活水平也有所提高。1993～2002年，世界银行认定越南贫困人口的比重，已由58%下降为29%。2003年，越南国家职工最低月工资增至29万越盾。城市失业率为5.78%，全年物价指数为3%。越南政府重视开展扶贫工作，制定了国家消饥减贫计划。特别是自1998年以来，开始实施“135工程”，连续5年每年向各贫困乡拨付5亿越盾，用于基础设施建设、修建学校、医疗站等。2003年贫困人口占全国人口的比重降至12.5%。电话普及率为每百人5部。2002年人口增长率为13.2‰。

1990～1998年，政府对医疗卫生事业的财政投入，仅占国内生产总值的0.8%。2000年，越南拥有医院和诊所1 771家，疗养院92家，医院病床数19.2万张，医生3.92万人，助理医师5.08万人，护士4.62万人。1980～1998年，每万居民拥有医生由2人上升为6人，每万居民拥有病床由35张下降为17张。1992～2000年越南医疗卫生机构情况见表10。

表10 越南1992～2000年医疗卫生机构

类别 \ 年份	1992	1995	2000
医疗机构	12 646	12 972	13 117
其中：医院和诊所	1 743	1 941	1 771
疗养院	111	103	92
基层医疗站	10 687	10 840	11 189
病床（千张）	197.5	192.3	192.0
其中：医院和诊所	113.4	115.5	120.1
基层医疗站	69.6	64.6	57.4
医师（千人）	27.4	30.6	39.2
助理医师（千人）	46.3	45.0	50.8
护士（千人）	55.2	47.6	46.2

注 不包括私立医院。

资料来源 越南国家统计局《2000年统计年鉴》，2001年版。

第八节 教育 科技 文化

一 教育

越共中央在1996年12月通过《工业化、现代化时期教育—培训发展战略定向和至2000年任务》的决议，确立了到2020年越南教育—培训事业所要完成的任务：全面提高小学质量；在2010年完成初中教育普及，至2020年完成高中教育普及；在一些少数民族地区和贫困地区发展教育，缩小各地区之间在教育发展方面的差距；发展大学、专业中学培训，大力推动熟练工人培训，保证在21世纪初为国家培养更多的优秀人才；为整个教育系统提高教师质量和保证足够数量；实行教与学条件标准化和现代化；力争早日有一些大学和专业中学、职业教育学校达到国际标准；到2000年的总体目标是在大、中、小学实行德育、智育、体育、美育全面教育，重视政治、思想、人格教育，提高创造思维能力和实践能力。

为了达到上述目标，越南将增加对教育培训的财政投入，加强师资队伍建设，为教师和学生创造动力；继续革新教育—培训内容和方法，改善学校的硬件设施；革新教育管理工作；加强越共对教育—培训的领导，等等。

1997年7月，越南政府颁布了第500号决议，以制定到2020年的教育培训发展战略。该决议责成教育培训部负责组织、指导、制定《越南至2020年教育培训发展战略》提案。近年来政府对教育的投入明显增多，占政府经常性开支的比重从1989年的5%增加到1996年的12%。学生入学率有了显著的增长，从1992～1993学年到1999～2000学年入学率迅速增加，同一时期在校大专学生人数由13.68万猛增为73.49万。

目前越南已形成包括幼儿教育、初等教育、中等教育、高等教育、师范教育、职业教育及成人教育在内的教育体系。普通教育学制为12年，分为三个阶段：第一阶段为5年小学，第二阶段为4年初中，第三阶段为3年高中。2000年越南宣布已基本实现普及小学义务教育目标。2001年开始普及9年义务教育。2000年教育经费占国内生产总值的15%。2001～2002学年，全国在校大、中、小学学生及学前教育儿童约1 860万名。全国共有2.58万所三级普通学校，179所高等院校。2001年高校在校学生91万人。著名高校有河内国家大学、胡志明市国家大学、顺化大学、太原大学、岘港大学等。虽然大专院校升学率还很低，但国民的识字率相对较高。世界银行资料显示，1990～1999年间，越南男性成人文盲率由6%降为5%，女性成人文盲率由13%降为9%，男女青年文盲率由5%降为3%。2001～2002年度各级学校、学生及教师情况见表11。

表11　越南2001～2002年度教育发展规模

数量 类别 / 项目	学前教育	普通教育	高等教育
学校（所）	87 400	25 825	179
教师人数	103 700	723 500	33 400
学生人数	2 143 900	17 700 000	908 800

资料来源　越南国家统计局《2003年统计年鉴》。

二　科技

为适应本国发展市场经济和实现国家工业化的要求，越南政府提出发展科技，推进教育改革，以便培养和训练一支有智慧的劳动者队伍，直接为经济革新和社会管理服务。1986年，越共六大提出“在世界进入新的科技革命阶段的形势下”，“把科学技术真正作为加速社会经济发展进程的巨大动力”。同时提出在发展生产、增加国民收入的基础上，把发展教育事业放在头等重要的位置。1991年，越共七大进一步明确提出，促进教育培训和科学技术事业，是“发挥作为发展的直接动力——人的因素的头等国策”。

为了适应经济改革大潮，并把科学技术迅速转化为生产力，越南政府成立了国家自然科学和工程技术中心，还建立了国家社会与人文科学中心。当前，越南的科研机构直接与国家任务及公司企业的任务挂钩，开展有偿的科技服务，通过签订合同取得科研经费和劳务报酬，走科研、教学与生产经营密切配合的道路，极大地提高了经济效益和社会效益，经济发展中的科技含量也明显提高。

目前，越南的科技力量已有一定的规模，它拥有一支由数十万人组成的科技干部队伍，其中有近万人具有博士、硕士的水平。

近年来，科研部门在水利、水产资源、矿产资源和环境的调查研究方面作出了突出的成绩；植物栽培、种子改良、牲畜品种改良、医药和兽医药的研究方面也取得了进展。国家为发展应用和技术科学，对先进仪器设备的设计和自动化设备的研制投入了更多的力量，并重点发展电子、生物工程和新型材料等尖端科学技术。

为促进科学技术更好地为国家工业化服务，1995年2月在河内召开了全国科技干部大会，确立了走向21世纪的科技发展方向，确定科技组织与开发机制，理顺国家科学中心、国立大学、国家重点研究院及其他科研单位之间的关系，健全科技法规，增强科技力量，开展多层次、全方位的国际科技合作，培养新一代科技管理专家，为缩小本国与先进国家之间存在的科技差距而努力。

三　文化

（一）文学

越南早期流传的口头文学在中国古代文献中也有少量记载。越南古代使用汉字，汉语文学发达。

到10世纪中叶，越南建立自己的国家，汉字仍然通用，汉语文学创作一直延续下来，直到当代的越南领导人胡志明还用汉语写诗。越南古代著名的汉语作家和作品很多，最著名的有：阮荐（1380～1442）及其《军中词命集》、《抑斋诗集》等，黎圣宗（1442～1479）及其《南天余暇集》，阮屿及其《传奇漫录》，邓陈琨及其《征夫吟曲》，黎贵惇（1726～1784）及其《桂堂诗集》、《联珠诗集》、《全越诗录》、《皇越文海》等。

喃字是在汉字基础上创造的越南民族文字，13世纪开始应用于文学创作。初期的优秀文学作品有：阮诠的《飞砂集》、陈光启的《卖炭翁》、阮士固的《国音诗集》、无名氏的《王嫱传》等。18世纪，喃字被定为全国通用文字，所以18世纪、19世纪出现了一批名著，有阮嘉韶（1742～1789）的《宫怨吟曲》、阮攸的《金云翘传》等最为著名。尤其是《金云翘传》，在越南至今家喻户晓。法国占领越南后，著名文学家和作品有阮春温的汉文《玉堂诗集》，潘佩珠（1876～1940）的汉文诗文《越南亡国史》和《海外血书》，这一时期越南文学以爱国主义为主。

1930年以后，越南文学进入现代时期。著名的作家和作品有素友（1920～　）及其诗集《从那时起》，阮公欢（1903～1977）及其长篇小说《最后的道路》等。1945年越南民主共和国成立后，出现了一批文学新秀和优秀文学作品，如武辉心（1926～　）的《矿区》，阮庭诗（1924～　）的《冲击》和《决堤》，原玉（1932～　）的《祖国站起来了》，元鸿（1918～1982）的《怒潮》，朱文（1922～　）的《海上风暴》等。这一时期越南文学作品以反映越南人民的社会生活为主。

（二）艺术

越南音乐可分为宫廷和民间两大类。早期越南大部区域在中国封建王朝控制下，中国古代音乐影响着越南音乐。陈朝时期，由中国传去元曲，在宫廷影响很大。黎朝引进明代音乐，阮朝引进清代音乐。越南的民间音乐很发达，南北各地都有自己的特色和流行曲调。越南最著名的民族乐器是独弦琴（葫芦琴）。舞蹈则分为原始、民间、宫廷和宗教几种。民间舞蹈广泛流行，如竹竿舞、斗笠舞等；宫廷舞如宫廷音乐一样受中国影响；宗教舞则在宗教仪式上表演。在古代舞蹈的基础上，现代越南舞蹈形式多样，如《伞舞》、《芦笙舞》、《红叶舞》等。

上古越南的民居为船形或龟背形高脚屋。但宫殿、寺庙才是越南古代建筑艺术的代表。越南人建筑宫殿的历史可以追溯到公元前的几个世纪。公元1～9世纪受中国统治，建筑样式受中国建筑艺术影响。10世纪独立后，直到19世纪，越南建筑始终吸收中国建筑的风格。如19世纪初越南迁都修建的皇城，就仿照了北京故宫的布局。法国统治时期，出现了西方式的教堂、剧院和洋房。

越南的美术起源于民间工艺。至今，越南民间绘画和磨漆画仍然盛行。此外，在佛教寺院，佛像的雕造和佛寺壁画成为古代雕塑和绘画的主要内容，现在能见到的古代美术品也大多是寺院中的作品。

（三）媒体

越南新闻出版法规定报纸由国家控制。中央及地方新闻单位共450家。主要出版社有政治出版社、文化出版社、文学出版社、科技出版社、教育出版社和世界出版社等。各种出版物13 515种，年发行量2.18亿册。报社约150家，其余为行业小报。主要报刊有：《人民报》，越共中央机关报，1951年创刊，在国外设有3个分支机构，1998年5月开设电子版；《人民军队报》，越南人民军总政治局机关报；《大团结报》，祖国阵线中央机关报；《西贡解放报》（越文和中文版），越共胡志明市委机关报；《共产主义》月刊，越共中央政治理论刊物，1956年创刊，2001年设电子版；《全民国防》月刊。

经过多年的发展，越南的广播事业也有了长足的进展。各省都建立了广播电台，中央设有“越南之声”广播电台，同时开办对外广播节目，其中包括汉语、广东语、英语、法语、日语、西班牙语、印尼语、俄语、老挝语、柬埔寨语等10多种外语节目。在国内的西原地区、北方山区开设少数民族语言的广播节目。越南的新闻广播采用短波、微波和卫星通讯技术向国内外传送节目；电视系统也有一定的发展。越南中央和各省区都建立了电视台。越南中央一、二、三、四台电视节目均通过卫星传送。各省电视台的电视节目主要采用微波和闭路（电缆）传送。

越南通讯社　国家通讯社，1945年创立，1976年越南南方解放通讯社与之合并。在全国各省市均设有分社，驻外分社有16个。1998年8月开设互联网（越、英、法、西班牙文）。

“越南之声”广播电台　成立于1954年，有4套对内节目，用越南语及数种少数民族语言播音，每天广播98小时；对外广播用中国普通话、广东话、俄语、英语、法语、西班牙语、日语、泰语、老挝语、柬埔寨语、印尼语、马来语等。每日播音时数为26小时。

越南中央电视台　成立于1971年，可同时播送4套节目，每天播出约21小时。

第九节　军事

越南人民军创建于1944年12月22日。60多年来，在数量上，由创建时的34人发展为目前的近50万人；在结构上，由过去单一的陆军，发展到现在的陆军、海军、空军—防空军、炮兵、装甲兵诸军兵种合成的军队。越南人民军从越共六大以来始终坚持实行“压缩数量、提高质量”的建军方针。20世纪90年代以后，越军继续贯彻“积极防御”军事思想，按照“正规化精锐化现代化”的总方针，全面加强部队建设，改革步伐明显加快。

一　国防领导体制与军事战略

越南实行党管军队的原则。越南宪法虽规定，国家主席统率各人民武装力量，并兼任国防与安全会议主席，但实际上越共中央军事党委是最高军事决策机构。越共中央总书记兼任军委书记，通过国防部对全国武装力量实行统一领导和指挥。下设总参谋部、总政治局、总后勤局、总技术局、国防工业总局和情报总局。

越南领导人认为，在新形势下，战争的形式不再是单纯的军事斗争，还涉及政治、经济、外交、文化、心理及思想、意识形态等领域的斗争。战争的规模不再是大规模的，而是高技术条件下的中等程度的局部战争，因而保卫国家的经济发展，阻止、避免和延缓战争，为经济发展创造有利的国际环境，成为国防战略的重要目标。

因此，越南确立了“减少边境一线驻军，加强沿海和海上布防，确保一海两湾（南海、北部湾、泰国湾）的既得利益，加强全民国防，建立平战结合防守体系”的军事战略方针。

2001年4月，越共九大制定了《巩固国防安全，保卫祖国》的新国防政策。越南实行“积极防御”战略的主要内容是：以美国为全球范围的潜在敌人，以“对越构成威胁的周边大国”为地区主要作战对象；以保卫领土（海）主权完整和社会主义制度为基本战略目标；以积极应付局部战争和武装冲突，坚决抵制“和平演变”为军事战略方针；以主力部队、地方部队和民兵自卫队三种武装力量相结合，建立“区域防御”体系为战略手段。

二　武装力量编制与实力

越南实行主力部队、地方部队和民兵自卫队“三位一体”的武装力量体制，并以较完善的预备役动员体制作补充。

主力部队和地方部队均属于正规常备军队，包括陆军、海军、空军—防空军三大军种以及后勤保障部队和经济建设部队。

到2004年，现役部队总兵力48.4万人，其中：

陆军　人数最多、编成最大的一个军种，兵力为41.2万人，约占越军总兵力的70%。其中有步兵、炮兵、装甲兵、工兵、通信兵、化学兵等兵种和边防部队。划分为8个军区（含首都军区），编有14个军部、58个步兵师、3个机械化步兵师、10个装甲旅、15个独立步兵团、若干个特种作战部队（含空降旅和爆破工兵团）、约10个野战炮兵旅、8个工兵师、10～16个经济建设师、20个独立工兵旅。陆军主要任务是在陆地战场负担国土防卫，必要时可在邻国领土上作战。能够独立或者在其他军种协同下实施进攻、防御、反空降和抗登陆作战，并能够实行一定规模的空降和登陆作战。此外，还负有反暴乱任务和经济建设任务。

海军　兵力4.2万人（含海军陆战队2.7万人），由水面舰艇部队、海岸炮兵部队、陆战部队、海岛守备部队、水上特工部队、工兵部队、运输船队和机关院校及勤务部队组成。划分为4个沿海区。海军的主要任务是：担负近海防御作战和支援海岸、岛礁防御作战、港口反封锁、支援陆军濒海方向作战，单独或与其他军种协同实施登陆和抗登陆作战，并担负海上运输。

空军—防空军　兵力3万人，由航空兵部队、导弹部队、高炮部队、雷达部队等兵种组成。编为3个航空师，2个攻击机团，6个歼击机团，3个运输机团，3个教练机团，4个高炮旅，6个雷达旅。越空军—防空军主要担负国土防空任务，并为陆军和海军提供空中火力支援和掩护；为陆军前沿部队空运物资器材以及提供运载特工分队实施机降；可实行反游击战、反空降作战和其他特种任务，以及实行轰炸、侦（观）察等任务。

地方部队 编有省、市、县军事指挥部，每个省、市军事指挥部下辖若干个独立团，每个县军事指挥部下辖若干个独立营。

预备役部队 迄2004年底，全国预备役人员有50万人。

民兵自卫队 迄2004年底有近100万人。

三 军事装备发展趋势

近年来，越军的军费每年都有所增加，从1992年的11亿美元增加到2000年的26亿美元，平均年增长率为26%，2000年的防务开支占越南当年国内生产总值的8.5%。

越军现有装备：陆军主战坦克1 315辆，轻型坦克620辆，侦察车100辆，步兵战车300辆，装甲输送车1 380辆，火炮4 000多门。海军护卫舰7艘，小型潜艇2艘，巡逻艇和导弹、鱼雷快艇41艘，登陆舰6艘，小型登陆艇30艘。空军－防空军攻击战斗机65架，战斗机124架，武装直升机26架，反潜直升机15架，对空警戒雷达约1 000部。

新旧世纪交替之际，越南政府和军队制定了《新世纪武装部队现代化计划》，其主要内容是：在新的世纪，越南将对其陆、海、空三军的武器装备进行全面更新换代，以彻底改变长期以来越南军队武器装备落后的局面。

在新世纪越南军队准备购买的武器装备中，海、空军装备占了相当大的比重。这显示出了越南新世纪军事战略的基本走向，即：通过加快海、空军建设，提高海上和空中的攻击能力。根据安排，2001年俄罗斯交付越南军队苏－27战斗轰炸机24架，装备有SS－N－25反舰导弹的小型护卫舰6艘和武装直升机数十架等。今后几年，越南军队还将购买更多的俄式装备，并争取引进美国的F－16战斗机、预警机等武器装备。

第十节 外交

越南奉行独立自主、全方位、多样化的对外方针路线。近年尤其注重与周边邻国和大国发展关系。越南发展对外关系的基本原则是，本着“越南随时与国际社会中各国做朋友并且是可以信赖的合作伙伴，为和平、独立及发展而奋斗”的精神，主动扩大国际合作，巩固有利的国际环境以确保和平，稳定社会，力促国家工业化现代化，提高越南在地区和世界上的地位。

近年来，越南的对外关系发展顺利，并取得了重大突破。越南继续奉行积极、务实的全方位外交路线，积极发展同邻国、传统友好国家、西方国家的外交关系，并努力使越南同上述国家的关系处于一种均衡发展的状态。同时，越南又有重点地发展同中国、美国和印度等大国的关系，以寻求最大化的国际利益。越南发展对外关系的另一个特点是，发展对外经济关系被置于头等重要的地位。截至2003年，越南已与168个国家建交，并同20个国际组织及480多个非政府组织建立合作关系。40多个国家在河内设有大使馆，20多个国家在胡志明市、岘港、海防、巴地—头顿设有总领馆和领事馆。

一 同中国关系

越中两国交往历史源远流长。在越南取得独立和中华人民共和国成立后，于1950年1月18日建交。在长期的革命斗争中，中国政府和人民全力支持越南的抗法、抗美斗争，向其提供了巨大的军事、经济援助；越南视中国为坚强后盾，两国在政治、军事、经济等领域进行了广泛的合作。70年代后期，由于越南曾执行出兵柬埔寨等政策，中越关系一度恶化。1991年11月，应江泽民总书记和李鹏总理的邀请，越共中央总书记杜梅、部长会议主席武文杰率团访华，双方宣布结束过去，开辟未来，两党两国关系实现正常化。

此后，两党两国关系全面恢复并深入发展。两国领导人保持频繁互访和接触，双方在各领域的友好交往与互利合作不断加强。1999年初，两党总书记确定了新世纪两国“长期稳定、面向未来、睦邻友好、全面合作”关系框架。2000年，两国发表了关于新世纪全面合作的《联合声明》，对发展双边友好合作关系作出了具体规划。

2002年2月27日～3月1日，中共中央总书记、国家主席江泽民对越南进行正式友好访问。双方就加强新世纪两党两国关系深入交换意见并达成重要共识。双方签署了《中越两国政府经济技术合作协定》和《中越两国政府关于中国向越南提供优惠贷款的框架协议》。江总书记还在河内国家大学发表了题为《共创中越关系的美好未来》的演讲。

2003年4月7～11日，越共中央总书记农德孟对中国进行工作访问，两党两国领导人均表示要继续加强和发展中越传统友谊和全面友好合作关系，进一步充实和丰富“长期稳定、面向未来、睦邻友好、全面合作”16字指导方针的内涵，把中越关系不断提高到新的水平，使两国和两国人民永做好邻居、好朋友、好同志、好伙伴。

2005年7月18～22日，越南国家主席陈德良应邀访问中国。胡锦涛主席和陈德良主席在诚挚、友好的气氛中，就如何巩固和加强双边关系以及共同关心的地区和国际问题深入交换了意见。双方签署了《中越WTO双边市场准入协议》《中越关于中国—东盟自贸区货物贸易协议的谅解备忘录》和《中国政府和越南政府关于中国向越提供优惠贷款的框架协议》。10月31日至11月2日，中共中央总书记、国家主席胡锦涛应邀对越南进行正式友好访问。访问期间，胡锦涛主席与农德孟总书记、陈德良主席举行会谈，会见了越南政府总理潘文凯、国会主席阮文安。胡锦涛主席还在越南国会发表重要演讲。双方发表《联合声明》并签署《中越经济技术合作协定》等一系列合作文件。

至于中越边界领土问题，包括陆地边界、北部湾划分和南沙群岛及其附近海域的主权和海洋权益争议等三方面，双方同意通过和平谈判协商解决这些问题。经过双方努力，两国于1999年12月30日在河内正式签署《中越陆地边界条约》。2000年7月6日，双方在北京互换条约批准书，《陆地边界条约》正式生效。目前中越陆地边界勘界立碑工作正在进行。2000年12月25日，两国在北京正式签署中越《关于在北部湾领海、专属经济区和大陆架的划界协定》和中越《北部湾渔业合作协定》。北部湾渔业合作协定的后续谈判也正在加紧进行。自1995年起，中越成立海上问题专家小组，就南沙群岛争议问题举行谈判。迄至2005年6月已进行10轮。双方同意通过友好协商寻求妥善的解决办法，同时探讨开展合作的可能性。2005年3月，中国、菲律宾和越南签署《在南中国海协议区三方联合海洋地震工作协议》，南海共同开发取得进展。

二　同东盟国家关系

1995年7月，越南加入东盟。入盟后，越南同东盟各成员国的关系得到改善，贸易市场进一步拓宽，越南与东盟国家的经贸关系迅速发展，已占越南外贸总额的1/3。越南于2000年中开始担任为期一年的东盟轮值主席国。2001年9月10～16日，第三届亚欧经济部长会议和第三十三届东盟经济部长会议在河内举行，潘文凯总理出席两会开幕式并发表讲话。11月5日，潘文凯总理出席在文莱举行的第七届东盟首脑会议。2002年11月，潘文凯总理出席在金边举行的第八届东盟首脑会议、第六次10+3、10+1领导人会议和首次大湄公河次区域合作首脑会议。

越南非常重视发展同东盟国家特别是与邻国老挝的关系。2003年4月23日，越南政府副总理武宽会见了到越南访问的老挝人民革命党中央委员、总参谋长肯坎代·沈拉通少将率领的老挝人民革命党高级干部代表团。武宽对发展两国军队之间的友好合作关系表示赞赏，认为这对巩固及发展越老两党、两国及人民之间的特殊友好关系具有特别重要的意义。6月9日，应越南国会主席阮文安的邀请，老挝国会主席沙曼·维亚吉率领老挝国会高级代表团对越南进行正式友好访问。两国的国会领导人对两国之间的全面合作关系的不断发展表示满意。

三　同日本关系

1973年9月21日越南同日本建交。近年来，越南与日本的经贸合作关系发展迅速。日本已成为越南最大的援助国和第一大贸易伙伴，对越援助（ODA）为82亿美元（1992～2002），对越直接投资（FDI）为42.9亿美元，居世界各国和地区对越投资的第三位，到位资金则为第一位，达到32亿美元。2002年双边贸易额为49.3亿美元。2002年4月27～28日，日本首相小泉纯一郎访越，并承诺将继续支持越革新开放，将在人力资源开发、交通和电力工程改造、农村基础设施建设、教育和医疗卫生及环境保护等五大领域向越提供长期援助。

四　同美国等西方国家关系

1995年7月12日，越南同美国建立外交关系。1997年5月双方首任大使抵任。2000年，越美关系有新的发展。3月13～15日，美国防部长科恩访越，此系自1975年越南北统一以来美国防部长首次访越。11月16～19日，应越国家主席陈德良邀请，美国总统克林顿偕夫人希拉里正式访问越南。克林顿此行系越战后美国总统首次访越。访问期间，双方签署了《科学技术合作协定》、《劳务合作备忘录》及包括越购买3架波音飞机在内的10项商业合同意向书。

2003 年，越美关系进一步得到发展。3 月，越美发展经贸关系混委会第二次会议在河内举行。6 月，越外交部常务副部长阮庭兵访美。11 月，越国防部长范文茶访美。同月下旬，美海军舰队访问越胡志明市。12 月，越政府副总理武宽访美，双方签署《越美航空协定》。

2005 年 6 月 19～25 日，越南总理潘文凯对美国进行为期一周的访问。这是越南战争结束 30 年来，第一位越南政府领导人访问美国，被称为“破冰之旅”。美国总统布什 21 日在白宫与潘文凯总理举行会谈，双方探讨了两国经贸关系发展、越南加入世界贸易组织等问题。布什宣布，他将于 2006 年参加由越南主办的亚太经合组织领导人非正式会议时访问越南。会谈主要成果见之于美越联合声明，声明确认：“美越关系的特征是相互尊重，加强经贸关系，分担对东南亚和亚太地区和平、繁荣与安全的关切，在双方共同关心的一系列问题上加强合作”；主张“通过在平等、相互尊重与互利的基础上发展友好、建设性和多方面合作的伙伴关系，把双方关系提高到新的高度”，从而为越美关系的未来确定了性质和方向。1995 年越美恢复外交关系以来，经济往来不断发展，双边贸易额从 4.51 亿美元增至 2004 年的 64 亿美元。美国在越南的投资也以年均 20%以上的速度增长。

近年来，越南与西方国家的关系虽有所发展，但发展的程度有限。受伊拉克战争和中东局势的影响，美国等西方国家对发展与越南关系的关注程度有所降低。尽管如此，越南与西方国家的关系仍有所发展，特别是经贸关系仍有较大进展。围绕着越南加入世贸组织的问题，越南国家社会与人文科学中心与世界银行 2003 年 7 月 3 日在河内联合举办了“越南随时准备加入世贸组织”论坛。

五　同俄罗斯关系

1950 年 1 月 30 日，越南与苏联建交。1991 年苏联解体后，俄罗斯联邦继承了前苏联对越南的外交关系。2001 年 2 月 28 日～3 月 2 日，俄罗斯总统普京对越进行正式访问，此系俄总统首次访越。越国家主席陈德良与普京会谈，双方签署了《联合声明》，确定了两国“战略伙伴关系”；合作范围涵盖外交、军事、经贸、电力、油气、化工、机械等广泛领域。越共中央总书记黎可漂、政府总理潘文凯、国会主席农德孟分别会见普京。10 月 17 日，俄宣布将从 2002 年 1 月 1 日起，关闭其在越南的金兰湾基地，租期（自 1979～2004 年为期 25 年）届满后不再续租。

六　同印度关系

进入 21 世纪以来，越南非常重视同印度的关系。2003 年越南在推行全方位外交方面，最引人注目的是和印度关系的全面发展。2003 年 4 月 29 日，应印度总理瓦杰帕伊的邀请，越南共产党中央委员会总书记农德孟抵达西孟加拉州首府加尔各答，开始对印度进行为期 4 天的正式访问。5 月 1 日，农德孟与瓦杰帕伊在印度总理府举行高级会谈。会谈结束后，越南外交部长阮颐年和印度外交部长签署了题为《21 世纪越南社会主义共和国和印度共和国全面合作范畴》的联合公报。

（孔建勋）

第二章　老挝

第一节　概述

国名　老挝人民民主共和国（The Lao People's Democratic Republic）。

领土面积　23.68 万平方公里。

人口　583.6 万人（2004 年）。

民族　有 68 个民族，统划成三大民族，即：老龙族（主要是老挝族、泰族，约占全国人口的 60%）、老听族（主要是卡族、普囡族）、老松族（主要是苗族、瑶族）。华人、华侨约 3 万多人。

宗教　居民多信奉佛教。

语言文字　通用老挝语；官方文字是老文。

首都　万象（Vientiane），人口 66.9 万（2004）。

国家元首　国家主席朱马利・赛雅贡（Choummaly Sayasone），2006 年 6 月当选。

第二节　自然地理与人文地理

一　自然地理

（一）地理位置与地形

老挝位于东南亚中南半岛的东部，北面与中国云南省接壤，东邻越南，南接柬埔寨，西邻泰国，西北以湄公河为界与缅甸毗邻。地处北纬13°52′～22°05′和东经100°10′～107°30′之间。

老挝是中南半岛以山地和高原为主的内陆国家。全境地势北高南低，从东向西倾斜。其北部有中南半岛屋脊之称，山地和高原占国土面积80%，川圹高原平均海拔200～1 400米，普比亚山海拔2 820米，为全境最高峰。低地丘陵次之，平原平坝较少。

1．北部山区

老挝北部群山连绵，主要山脉是中国横断山脉无量山向南的延续，可分为三支：第一支沿老越边境向东延伸，在老挝境内形成锡朴乌台山和会芬高原；第二支沿老中边境向南至湄公河东岸，由北向南倾斜；第三支沿湄公河西岸老泰边境从东北向西南延伸，由西向东倾斜，形成琅勃拉邦山脉和碧差汶山。

2．东部高地

老挝东部为富良山（长山）山脉西坡。该山脉形成了向西的湄公河水系和向东注入南海的诸河流的分水岭和老越两国的天然分界线。地质构造属老挝北部中生代褶皱带和印支古陆的一部分，经长期的风化和水浸，呈现高原地貌状态。

3．西部低山丘陵地

老挝西部的万象省西北地区、沙耶武里省和波利坎赛省，是不连续的低山丘陵地。山丘大都呈浑圆状态，岩石很少，海拔高度为300～1 000米，相对高度为150～600米。

4．西南部平原低地

从万象省东南部沿湄公河向东南至老柬边境的狭长地带，是平原和低地。其中，万象平原南北宽80公里，东西长120公里，海拔200米左右。北汕平原，东西长40公里，南北宽30公里，海拔150米左右。沙湾纳吉平原（又译更谷平原），南北长150公里，东西宽140公里，海拔100～200米；平原中还有沼泽地，长约40公里，宽约20公里。巴色平原南北长250公里，东西宽10～20公里，海拔50～100米。

（二）气候

1．气候类型与气温

老挝属热带季风型气候，气温终年常热，季节性温差变化不大，全年没有春、夏、秋、冬之分，只有雨、旱两个季节。除北部高山地区外，各地气温差异很小。这一气候条件是由其地理位置、地形和大气环流三大因素决定的。老挝是亚洲季风区之一，季风气流流向每年都有两次转变。5～10月，温湿气流从海洋吹向大陆，称为西南季风，形成雨季。10月至翌年4月，干冷气流从大陆吹向海洋，称为东北季风，形成旱季。

全年的平均气温在20℃～26℃之间，1月气温最低，月平均气温10℃～15℃，5月气温最高，月平均气温达20℃～30℃。老挝各地的温度年变化不大，月平均气温的最低值在旱季，12月至翌年1月，东北季风带来冷空气的侵入带来了气温的最低值。4～5月是旱季末期，日照和地面辐射很强，使气温升到最高值。盛夏时节因为是雨季，雨水遏制了炎暑，气温反而不高。老挝由于同一纬度地区的海拔高度相差较大，所以气温差异也较大。在东北部地区的昼夜温差较大。

2．雨量

雨量充沛，年均降水量为1 250～3 750毫米之间。各地雨量分布不平衡，可以分成北、中、南3个降水段。北段包括老挝北部西侧地区，因深处内陆，西南季风到达这里须经很长的路程，途中有崇山的障碍促成降水，消耗大量水汽，故本地区雨量较少，年降雨量在1 250～1 800毫米之间。南段包括老挝南部西侧，这里接近海洋，西南季风来得早，退得晚，加之地势较高，地形雨丰富，旱季的东北季风带来的冷气流也会引起降雨，年降雨量达2 500～3 750毫米。这一地区的波罗芬高原是中南半岛降雨量最多的地区之一，年降雨量达4 000毫米左右。中段为介于上两段之间的地区，包括北部东南侧、中部地区和南部西北侧，年降雨量为1 275～2 500毫米。这一地区的沙湾纳吉和孔埠附近只有1 250～1 875毫米，是老挝雨量最少的地区之一。万象东部和北汕北部因处在川圹高原和长山山脉西南的迎风坡地带，年降雨量达2 500～3 750毫米，是老挝雨量丰富的地区之一。

雨量90%左右集中在雨季，7～9月为降水高峰期，然后逐月减少，12月至翌年1月雨量最少，然后逐月增多。高峰期的月雨量可达300毫米，雨季的一般月雨量为100～200毫米。旱季的月雨量仅为10～20毫米，有时全月无雨。

3. 湿度、云雾和风力

相对湿度很大，年均在75%～85%之间。最高是8～9月，达80%～90%，最低是3～4月，为65%～75%。全国相对湿度最高的地区是北松，达92%左右，最低的孟新地区为65%左右。老挝的绝对湿度也较高，为25～35毫巴，最高是沙湾纳吉地区达35.3毫巴。

年平均云量在5成左右，其中，旱季为2～3成，雨季6～8成，阴霾天气和雨日在8成以上。平均云量最大的是川圹地区，为8成，最小的是琅勃拉邦地区，为5成。老挝的雾日主要是在东北季风期（旱季），西南季风期（雨季）雾日很少。北部的山间谷地是中南半岛雾日最多的地区，全年雾日80～110天。老挝的云雾多在清晨出现，9时左右最浓，11时以后逐渐消退，有时也会整天浓雾不散。浓雾天气能见度较差，仅为50～200米。

风向多为东北风和西南风，11月至翌年4月以东北风为主，5～10月以西南风为主，风力不强，多在二级以下。东北部的锡朴乌台山和长山之间的查尔平原，由于地处山口风力会达到四级以上。东南部的波罗芬高原由于地势较高，风力也较强，为二至四级，最大达五至六级。

（三）植被

老挝由于地处亚洲大陆和南洋群岛之间及北部湾和泰国湾之间的陆桥位置，接受了南北和东西不同区系的动植物传播。因此，动植物种类繁多，现已发现的植物种类1 000余种。老挝气候湿热，雨量丰富，土地肥沃，林木生长十分繁茂，树木高大挺拔。自然植被1 660余万公顷，约占全国总面积的70%，其中森林面积900多万公顷，约占全国面积的42%，占自然植被的60%。自然植被之外的土地，有的是耕地，有的是城市和村镇，还有的是长期刀耕火种后的空地，也有部分石山。从飞机上看，老挝基本上是一个绿色的海洋。

植被可以分为热带雨林、热带季风林、高山矮林、针叶林、竹林、人工园林、草场等类型。其中，热带季风林所占比重最大，约占老挝森林总面积的80%。

（四）自然资源

老挝由于长期内乱外患，经济落后，开发程度很低，是一块尚待开发的土地。自然资源多种多样，土地资源、森林资源、水资源、矿产资源和旅游资源等都很丰富，开发条件也很优越。

1. 土地资源

老挝国土面积23.68万平方公里，可耕地420万公顷，约占全国面积的18%，现耕地66.8万公顷，约占全国面积的3%，占可耕地的16%。老挝土地肥沃，以腐殖土、灰化土、冲积土和潜育土居多。老挝全国雨量充沛、地下水丰富、气候湿热，很适于农作物的生长，具有巨大的农业开发和发展潜力。

可供大量开发利用来发展农作物生产的地区如下。

（1）沙湾纳吉平原　面积1.8万平方公里，湄公河、色邦发河和色邦亨河穿流其间，水源充足，发展水稻生产的条件良好。

（2）巴色平原　面积1.6万平方公里，湄公河和色顿河流经该平原，发展水稻生产的条件也很好，也可以发展经济作物。

（3）万象平原　面积5 000平方公里，湄公河和南俄河流经该地，是发展水稻和其他粮食作物生产的重要地区之一。

（4）北汕平原　面积650平方公里，湄公河、南涅河和南桑河纵贯平原区，现该平原的耕地很少，可以大量开发利用。

老挝中部和北部的查尔平原、班班平原、琅勃拉邦谷地和孟新盆地等，也可供大量开发利用，发展粮食作物和经济作物生产。

老挝还有1 000多万公顷的高原、坡地和丘陵地，这些地区竹草终年常青，是广阔的天然牧场，可供大量发展畜牧业生产，也可以用来种植咖啡、茶叶、橡胶、棉花、花生等经济作物。

2. 森林资源

老挝林木多种多样。自然植被1 660万公顷，占全国总面积的70%。森林面积900多万公顷，占全国总面积的42%。木材积蓄量16亿立方米。老挝的森林种类主要有以下6种。

（1）常绿密林　面积约540万公顷。主要经济树种有花梨木、油楠木、紫檀木、铁力木、坡垒木、紫薇木、野桐和棕榈等，每公顷材积量约150

立方米。

（2）落叶常绿混交林　面积约430万公顷。主要经济树种有柚木、莱木、桧木、木棉树、黄檀木和紫薇木等，每公顷材积量约300立方米。

（3）龙脑秃疏林　面积约420万公顷。主要经济树有龙脑香木、安息香木、檀香木、阴香木、椿木、楸木、缅茄木和红豆杉等，每公顷材积量约45立方米。

（4）山地疏林　面积约30万公顷。主要经济树种有安息香木、樟木、苏木、桦木、柏树、乌桕、金龟木、油杉、黄榉木和红榉木等，每公顷材积量约15立方米。

（5）针叶林　面积约40万公顷。主要经济树种有南亚松、海南松、鸡毛松、双叶黄松、油杉和红胶木等。每公顷材积量约300立方米。

（6）竹林　老挝的竹林有纯竹林和混生竹林两种。纯竹林主要分布在万象以北的万荣地区、老越边境地区，西北部的南塔和乌都姆赛两省也较多。混生竹林分布在其他森林中，成片生长，主要种类有篱竹、头惠竹、硕竹、大叶竹和实心竹等。

森林除主产一般木材外，还产红豆杉、榉木、桧木、檀香、沉香、柚木、铁力木、乌木和紫檀木等珍稀木材。主要森林副产品有各种藤竹、药材、香料、化工原料和许多珍贵野生动物。

3．水资源

老挝江河密布，水资源十分丰富。湄公河纵贯老挝南北，在老挝的流长达1 864.8公里，流域面积达231 940平方公里，相当于老挝国土面积的97%；在老挝长200公里以上的支流有20条，分支百余条。湄公河在老挝北段年流量139.41亿立方米，南段273.59亿立方米。

南塔河、南本河、南乌江、南湘河、南坎江、南森河、南桑河、布涅河、南汕河、南嘎丁河、色邦发河（又译宾非河）、色邦亨河（又译宾双河）、色顿河（又译色硐河）和色功河（又译公河）等20余条湄公河支流横穿老挝东西，形成叶脉状的河网。

江河带给老挝巨大的能源，老挝的水能理论储量达3 000万～3 200万千瓦，可开发的装机总容量达2 800万～3 000万千瓦。年发电量可达1 500亿～1 600亿千瓦小时。其中，湄公河主流落差虽仅800余米，但流量巨大，且峡谷和隘口较多。据湄公河委员会和老挝政府的勘测，可兴建20座大型或超大型电站。湄公河支流大都从被称为东南亚屋脊的富良山（又译长山）山脉倾泻而下，具有落差大、水能集中、深谷隘口众多等建电站的优越条件。现已列入规划的大中型电站已达58座。老挝政府正努力推进水能的国际合作开发，使其成为东南亚的新能源基地。

江河还带给老挝丰富的灌溉、生产和生活水源，为其发展农业、渔业、牧业、工矿企业和生活设施提供了良好的条件。

4．矿物资源

矿物资源尚未进行全面勘探，具体种类、储量和品位均是未知数。根据老挝有关部门和法、苏、越等国专家的初步勘察和测算，老挝的金、铜、铁、钨、铝、锌、锑等金属矿均较丰富，玉石、煤、岩盐、石膏、水晶和石油等非金属矿也不少。

金矿主要分布在乌都姆赛省的北本至琅勃拉邦省的北乌之间的湄公河沿线。川圹省的丰沙湾西部，波利坎赛省与川圹省交界地区，甘蒙东部的色邦发河沿岸，沙湾纳吉省东部的色邦亨河上游沿岸，以及色功省东南部地区。

铜矿主要分布在丰沙里省西南部和乌都姆赛省交界地区，川圹省的查尔平原、波利坎赛省东部、甘蒙省中部、沙湾纳吉省中部、色功省北部、占巴塞省西部等地区。

铁矿主要分布在丰沙里省南部，川圹省班班平原东部、丰沙湾东部、万象省西北部、甘蒙省北部等地区。

锡矿主要分布在波利坎赛省西北部、甘南蒙省南部和沙湾纳吉省西南部等地区。

钨矿主要分布在波利坎赛省中部地区。铅矿主要分布在乌都姆赛省东北部和琅勃拉邦市南部等地区。

煤矿主要分布在沙耶武里省西北部、南塔省南部、琅勃拉邦省西部、川圹省北部、丰沙里省北部和沙拉湾省中部等地区。

石油主要分布在沙湾纳吉平原和巴色平原地区。

玉石种类较多，有白玉、红宝石、黄玉、翡翠和黑玉等，主要分布在波乔（意为玉石）省、南塔省西南部和占巴塞省西部等地区。

5．旅游资源

老挝自然景观多种多样，人文景观多姿多彩，文物古迹众多，宗教文化浓郁，旅游资源十分丰富。

老挝山水秀丽，景色迷人。如果从柬老边境顺湄公河而上，第一景区是世界最壮观的孔大瀑布。该瀑布由一座横亘于湄公河中的石山阻断湄公河水而形成，宽10公里，是一个巨大的瀑布群。湄公河水从石山之顶奔泻而下，有如无数咆哮的巨龙从天而降，气势恢弘壮观。

翻越大瀑布沿河而上就进入一个天然大水库，中间有数以千计的岛屿和岩礁，有如银河中的无数星星，神奇而秀丽。最大的孔埠岛，岛上有孔埠县城和简易机场。其他小岛上可看到小村或独屋，景色如诗如画。

再沿湄公河而上，过了沙湾纳吉市就是著名的锦马叻大险滩。上段是一系列并排的石梁横亘于河中，绵延25公里，下段是成群的岩礁阻塞河床，河水被切割成曲折的无数细流，呈现出奇幻惊险的场景。

沿湄公河到老挝北部，过了琅勃拉邦进入北乌，这里山清水秀，林木高大挺拔，翠竹满山遍野，河岸奇异，群峰耸立。有4座大型溶洞坐落在悬崖陡壁的幽谷深涧，洞中遍布石柱、石笋、石乳和奇形怪石，有的如水晶龙宫，令游人流连忘返。

至于人文景观，一是老挝有68个民族，形成不同的生产、生活和文化习俗，构成第一种多彩的人文景观；二是老挝历史上的无数王国都留下了自己王权的象征和陈迹，形成了众多的文物古迹群，构成第二种多彩的人文景观；三是老挝的佛教寺院，经历了近千年的兴建和扩建，形成了丰富的佛教文化艺术，构成第三种多彩的人文景观。

二 人文地理

（一）人口状况

老挝人口稀少，但增长很快。全国人口在1975年仅280万，1980年增至319万，1985年为362万，1990年增至414万，1995年为461万，1997年达490万，1999年为509万，2003年达560万人。1975～1997年的人口出生率为40.5‰～46.2‰，人口死亡率为13.5‰～17.1‰，人口增长率达27‰～29‰。老挝人口密度每平方公里仅24人，其分布极不均衡，主要集中在湄公河沿线和平坝地区，东北部山区人口稀少。人口密度最大的是万象地区，每平方公里达162人，其次是占巴塞、沙湾纳吉、沙拉湾和琅勃拉邦等省，每平方公里分别为39人、38人、29人和26人。人口密度最小的阿速坡省、色功省、丰沙里和赛宋汶特区，每平方公里人口仅10～12人。

按年龄层次来分，老挝人口比重青少年最大，老年人最小。其中，0～14岁人口210万人，占总人口的40.2%；15～29岁人口190万人，占25.7%；30～44岁人口72万人，占15.5%；45～59岁人口40万人，占8.5%；60～74岁人口28万人，占4.9%；75岁以上人口7万人，占1.2%。1980～1999年间，随着经济发展城市化水平提高，城市人口占总人口的比重，已从13%提高到23%。

（二）民族

老挝有68个民族，主要分为六大语族：一是泰—老语族，包括老族（主体民族）、普泰、泰登、泰考、泰诺、叻、潘、永、塞、蔑、嘎达和泰兰等族。二是孟—高棉语族，包括佧木、拉梅、达叻、拉维、绥、拉威、老埂、巴拉和雅听等族。三是苗—瑶语族，包括蒙考、蒙庙、蒙莱、瑶、楞登、阿佧、老努、老毕、英蒂和努玛等族。四是藏—缅语族，包括倮、桂、西达、和、普诺和木塞等族。五是越—蒙语族，包括满、沙兰、德里、里拉和旺等族。六是汉语族，包括贺（汉）和辽等族。

在长期共同的生产和生活中，各部分民族经济相互融合和演化，逐步形成了相近的生活习俗、生产方式和文化，实际上一些少数民族已被同化。老挝人民革命党在反帝反殖斗争期间为便于发动人民参加斗争，把老挝民族分成三大民族，即：老龙族（居住在平坝区的老挝人）、老听族（居住在半山区的老挝人）和老松族（居住在高山地区的老挝人）。其中，老龙族包括17个民族，老听族包括34个民族，老松族包括17个民族。

（三）宗教

主要有小乘佛教（又称南传佛教和上座部佛教）、原始宗教和基督教。小乘佛教是老挝的国教。有50%以上的老挝人信仰小乘佛教，主体民族和其他泰—老语族信仰佛教人数占80%以上。老挝全国共有各种佛教寺院2 000余座，其中首都万象市有200余座，其他主要城市有20～30座，泰—老语族村寨都有佛寺，大村有2～3座。这些佛寺既是求神拜佛的场所，又是人们聚会学习和娱乐的场所。对于增进本民族的团结和凝聚力起着重要的作用。

苗—瑶语族主要信奉原始宗教，供奉神灵，相信万物有灵，每年都要与神灵相会一次，由巫师主持举行与神灵相会仪式。这期间外人禁止进入村寨。

蒙—高棉语族大都相信鬼神，每年要举行祭鬼神活动。活动期间人们唱歌跳舞，尽情狂欢，大吃大喝，常常通宵达旦。

老挝还有少数人由于受欧美传教士的影响信奉天主教和基督教。

(四) 语言文字

老挝使用官方文字是老文，属汉藏语系壮侗语族泰老语支。老语词包括本族词和巴利语借词，本族词大部分为日常生活用词，借词主要来自梵语和巴利语。在词组结构方面，老挝语吸收梵语、巴利语的词组方法，产生了重叠词、附加词和复合词，大大丰富了老挝语的词汇。

(五) 行政区划

1975 年 12 月 2 日，老挝人民民主共和国成立后，对行政区划做了调整，将全国划分为 16 个省、1 个中央直辖市和 1 个特区；全国共有 115 个县，11 512个行政村。首都设在万象。截至 20 世纪 90 年代末期的相关情况参见表 1。

表 1　老挝行政区划及面积、人口和首府

序号	省市名称	面积（平方公里）	人口（万）	省会
1	万象市	3 267	61	
2	丰沙里省	16 270	18	丰沙里市
3	南塔省	9 325	13	南塔市
4	波乔省	5 970	7.5	会晒市
5	乌多姆赛省	24 190	33	孟赛
6	琅勃拉邦省	18 900	35	琅勃拉邦市
7	华潘省	16 500	28	桑怒市
8	川圹省	19 800	23	丰沙湾市
9	沙耶武里省	18 000	22	沙耶武里市
10	万象省	19 990	35	丰洪市
11	波里坎赛省	16 470	17	北汕市
12	甘蒙省	16 000	29	他曲市
13	沙湾拿吉省	22 000	69	沙湾拿吉市
14	沙拉湾省	11 236	24	沙拉湾市
15	色公省	7 665	7.5	拉芒镇
16	占巴色省	15 400	50	巴色市
17	阿速坡省	1 032	12	阿速坡市
18	赛宋奔特区	7 100	6	赛宋奔

(六) 主要城市

老挝没有大城市，只有中小城市，这些城市大部分集中在湄公河沿岸，大都是农业和商业中心，设施均较落后。

1. 万象市　老挝首都，全国政治、经济和文化中心，有“檀香之城”和“月亮城”的美称。人口 61.1 万。

2. 琅勃拉邦市　老挝古都，老挝北部政治、经济中心。市区面积 9 平方公里，人口 10 万。

3. 沙湾纳吉市　老挝中部重镇，经济文化中心和重要交通枢纽。面积 12 平方公里，人口 10 万。

4. 巴色市　老挝南部的经济文化和交通中心。面积 10 平方公里，人口 8 万。

5. 他曲市　老挝中部重镇和甘蒙省会及经济文化和商贸中心。面积 4 平方公里，人口 5 万。

6. 川圹市　老挝东北部重要城市和通向越南的主要商贸通道。面积 4 平方公里，人口 5 万。

第三节　历史

一　古代史

老挝是文明古国。老挝境内最早的人类，可以追溯到更新世中期之末，距今大约 10 万年。在老挝查尔平原北面的坦杭遗址中，发现了人科骨骼遗存和猿人类型的牙齿，以及当时的人类使用的骨器和石器。坦杭地区人类的年代远远早于爪哇南部的瓦贾克人，可能处于人类学上的早期智人阶段。

老挝《宪法》(1991 年 8 月 14 日颁布）前言指出：“数千年来，我各民族同胞世代生息繁衍在老挝可爱的土地上。早在 6 个世纪以前的法昂时代，我们的祖先就在这里建立了繁荣统一的国家——澜沧王国。”

公元 749～1893 年，老挝古王国时期。749 年老挝地区建立了文单王国，建都文单（今万象市)，是古真腊王国的一部分。14 世纪初期，真腊王国瓦解，分裂成琅勃拉邦、万象、占巴塞和川圹等许多小王国。1353 年，范甘王以武力征服了各个小王国，建立了澜沧王国，老挝从此形成了一个统一的国家。1694 年澜沧国王死后，王族争夺王位导致内乱，1707 年澜沧王国重新分裂成琅勃拉邦、万象和占巴塞 3 个小王国，越、泰、缅、柬力量开始介入。1828 年泰国（暹罗）占领万象王国和占巴塞王国，并把琅勃拉邦王国变成其保护国，接着川圹地区被越南占领。

二 近现代史

19世纪末叶起，老挝受到列强的入侵，人民展开反侵略的斗争。1893年法军占领老挝，取代了泰国和越南对老挝的统治，将其并入法属印支联邦，把琅勃拉邦王朝作为其统治工具。法国派遣了总督进驻琅勃拉邦，直接控制老挝国王，万象、占巴塞和川圹小王朝改为省。这期间老挝人民曾举行过多次武装起义，这些起义在法军的镇压下都失败了，但为以后的反殖民主义斗争提供了宝贵的经验和教训。

1940年6月，法国投降德国，日本趁机侵占印度支那。1940年9月22日，日法签订《关于日军进驻印度支那的协定》；12月9日，日法签订《共同防守法属印度支那地方军事协定》。表面上是日法共同统治印度支那，实际的控制权已掌握在日本手中。1945年3月10日，日军从越南攻入老挝；3月17日，日本宣布，琅勃拉邦王国以独立王国的名义加入"大东亚共荣圈"，老挝附属于法国的法律关系结束。

1945年8月日本宣告投降，1946年3月法国殖民者在英军的支持下重返老挝。这一期间老挝人民展开了英勇的抗法斗争，1948年成立了老挝伊沙拉阵线（自由阵线），1949年组建了寮国（老挝）战斗部队（后改为人民解放军，现称人民军），1950年成立了寮国抗战政府。1951年成立了越、老、柬人民联盟，共同进行反法斗争。经过无数战斗，法军节节失败，法国终于在1954年在"承认老挝独立主权和领土完整"的日内瓦协议上签字。

日内瓦协议签署后，老挝并未获得真正的独立。1956年，美国步法国的后尘，进入老挝并扶植老挝的极右势力，组成老挝右派政府，与伊沙拉阵线相对抗，挑起了老挝的内战。

老挝人民在人民党（1955年3月成立，后改称人民革命党）和爱国阵线领导下，开展了抗美救国斗争。1957年成立了联合政府，1958年在美国的策动下，联合政府解体，建立了萨纳尼空亲美政权。1960年贡勒发动政变推翻了亲美政权，成立了以富马为首的中立政府。1962年以富马为首相组成民族团结政府。

1964年老挝极右势力在美国的支持下发动政变，颠覆了民族团结政府。同时美国派遣飞机轰炸老挝解放区，直接对老挝进行军事干涉。老挝人民革命党和爱国阵线领导老挝人民进行了针锋相对的斗争，巩固和扩大了解放区，建立了各级人民政权。1973年2月，老挝爱国力量与万象政府举行谈判，双方签订了《关于老挝恢复和平实现民族和睦的协定》。1974年又建立了新的联合政府和民族政治联合委员会。1975年美军撤离老挝。老挝人民革命党发动了全国性政治和军事进攻，夺取了全国政权，建立了老挝人民民主共和国。

三 当代史

1975年12月老挝人民民主共和国成立后，人民革命党在巩固政权和恢复经济的同时，开始采取一系列措施向社会主义过渡。后来人民革命党还进一步提出了社会主义过渡时期的总路线，但是这条急于求成的总路线无论在理论上还是在实践上都重复了其他社会主义国家的失误，对推动老挝社会和经济发展的作用十分有限。

1986年11月，老挝人民革命党举行了四大，认真总结了革命胜利以来的经验和教训，重新认识了老挝的现状，检讨了党的工作，作出了全面实行革新开放的决策，将对外政策由原来封闭的一边倒亲越调整为开放的多边外交。四大是老挝改革的里程碑和经济发展的转折点。此后老挝解散了农业合作社，分田到户。在工业上，下放经营管理权。

1990年，苏联和东欧的剧变影响到了老挝，党内外一些势力要求实现多党制和政治多元化，旧王室的支持者和一些少数民族甚至举行了武装叛乱，老挝政局出现了动荡。1991年老挝人民革命党召开了五大，确立"有原则的全面革新路线"，提出坚持党的领导和社会主义方向等六项基本原则，对外实行开放政策。对于反政府的叛乱则进行了坚决打击，使局势很快平稳了下来。

1996年，老挝人民革命党六大重申继续贯彻执行五大确定的有原则的全面革新路线。

2001年老挝人民革命党七大提出了老挝在21世纪前20年的发展目标和具体方针，强调继续坚持党的领导和社会主义方向不变；将经济建设作为工作重心，将解决人民的温饱问题作为首要任务，加快发展，尽快摆脱不发达状态；制定了2001年分别至2005年、2010年和2020年发展规划。其中，到2005年将贫困人口由36%减至18%，到2010年基本消除贫困，至2020年国家基本摆脱不发达状态，人均国内生产总值翻三番。

2002年，老挝继续贯彻落实老挝人民革命党七大精神，保持政局稳定、社会安宁。年初举行了第五届国会选举并召开五届国会首次会议，选举坎代·西潘敦连任国家主席，朱马里·赛雅颂（Choummaly Saygnasone）连任国家副主席，通过了由22人组成的新一届政府。

第四节 政治体制与法律制度

一 概述

老挝曾长期处于封建体制和殖民体制之下。在封建体制下，它是一个君主立宪国家，国王是国家最高元首，是军队的最高统帅和佛教的最高保护人。其间，法国和日本曾先后侵占老挝，使其沦为殖民地。随后，美国亦曾策动老挝内战，并进行武装干预。1975年美国被迫撤出后，老挝宣告废除君主制，建立人民民主共和国，实行社会主义制度。1991年颁布的老挝宪法规定，老挝是一个独立、统一的人民民主共和国。1996年3月，老挝人民革命党六大提出“把老挝建设成为独立、和平、统一、民主和繁荣的新国家”。

二 宪法

1991年8月，老挝最高人民议会第二届六次会议通过了老挝人民民主共和国第一部宪法。宪法规定：“老挝人民民主共和国是人民民主国家，国家的一切权力属于人民，为以工人、农民和知识分子为主体的社会各民族、各阶层人民服务。”“老挝各族人民享有国家主人翁的权利，这种权利将通过以老挝人民革命党为领导核心的政治制度来保障实现”。老挝设国家主席、国会、国务院、人民检察院和人民法院等机构。

三 国家主席

宪法规定，国家主席是老挝人民民主共和国的国家元首，武装部队的最高司令。由国会选举国家主席，获国会2/3选票方能当选，每届任期5年，可以连任一届。国家主席的主要职权是：公布实施宪法、法律，发布条令条例；任免政府官员，必要时出任政府首脑；决定免刑；宣布紧急状态；宣布批准或废除与外国达成的条约和协议等。现任国家主席是朱马利·赛雅贡（Choummaly Sayasone）。

四 国会

老挝国会（原称最高人民议会，1992年8月改为现名），是国家最高权力机构和立法机构，负责制定宪法和法律。国会每届任期5年，每年召开两次会议，特别会议由国会常委会决定或由2/3以上的议员提议召开。国会议员由地方直接选举产生。

五 政府

宪法规定：国务院是老挝国家的行政机关，统一管理国家政治、经济、社会文化、国防、治安和外交等各方面的工作。本届政府于2006年6月组成。政府总理为阿索内·布帕万（Bouasone Bouphavanh）。

六 司法机构

宪法规定：老挝设总检察院、省人民检察院、市人民检察院、县人民检察院和军事检察院；各级人民法院是国家的审判机关，设最高人民法院、省人民法院、市人民法院、县人民法院和军事法院。老挝最高人民法院为最高司法权力机关。

七 政党

老挝人民革命党

老挝实行一党制，该党为执政党。1955年3月22日建立，原称老挝人民党，1972年召开二大时改为现名。现有党员7.8万人。其宗旨是：领导全国人民进行革新事业，建设和发展人民民主制度，建设和平、独立、民主、统一和繁荣的老挝，为逐步走上社会主义创造条件。老挝人民革命党第七届中央委员会于2001年3月15日选举产生，由53名中央委员组成。坎代·西潘敦为党中央主席。

1991年，该党五大确定“有原则的全面革新路线”，提出坚持党的领导和社会主义方向等六项基本原则，对外实行开放政策。1996年该党六大重申继续贯彻执行五大确定的有原则的全面革新路线。2001年该党七大提出了老挝在21世纪前20年的发展目标和具体方针，强调继续坚持党的领导和社会主义方向不变；将经济建设作为工作重心，将解决人民的温饱问题作为首要任务，加快发展，尽快摆脱不发达状态，制定了从2001年分别至2005年、2010年和2020年的发展规划。其中，到2005年将贫困人口由36%减至18%，到2010年基本消除贫困，至2020年国家基本摆脱不发达状态，人均国内生产总值翻三番。

八 主要政治人物

朱马利·赛雅贡（Choummaly Sayasone 1936～） 老挝人民革命党中央总书记、国家主席。

1936年3月6日生于老挝阿速坡省，1982年老挝人民革命党第三次全国代表大会上当选为中央委员，1986年老挝人民革命党四大上当选为中央政治局候补委员、中央书记处书记。此后，在老挝人民革命党五大、六大、七大上，他连续当选为中央政治局委员。他还曾先后出任国防部长、政府副总理兼国防部长、国家副主席等职。在2006年3月老挝人民革命党八大上，他当选为中央总书记，同年6月当选为国家主席。

夫人乔赛斋·赛雅贡。

布阿索内·布帕万（Bouasone Bouphavanh 1954～ ） 老挝政府总理。1954年6月3日生于沙拉湾省。曾在苏联莫斯科高级党校学习。1975年起，先后在占巴塞省办公厅和青年团、万象市委办公厅和老挝人民革命党中央和部长会议办公厅工作。1994～2003年，历任总理府副部长、总理府办公厅副主任、老党中央办公厅主任，并在老党六大当选中央委员，七大当选中央政治局委员；2003～2006年任政府常务副总理，2006年6月在第六届国会第一次会议上当选为政府总理。

第五节 经济

一 概述

老挝宪法第十三条规定："老挝人民民主共和国的经济制度是多种经济成分并存，发展生产，扩大流通，把自然经济转变为商品经济，加强国家的经济基础，不断提高人民的精神和物质生活水平"。宪法第十四条规定："国家保护和发展全民、集体和个体所有权，保护国内资本家的私人所有权，和来老挝投资的外国人的所有权"。"国家鼓励各种经济成分互相竞争，互相合作，促进经济和各项建设事业的发展，各种经济成分在法律面前一律平等"。

宪法第十五条规定："国家保护团体和个体所有权的占有权、使用权、转让权和财产继承权。对于国家和集体单位所有的土地，国家依法保证其使用权、转让权和继承权"。"国家鼓励在相互尊重独立、主权和平等互利的原则基础上，以各种形式发展同外国的经济关系"。

老挝以农业为主，工业基础薄弱。1975年12月2日老挝人民民主共和国建立后，推行了农业合作化、工业国有化、商业统购统销等政策。

1988年以来，推行革新开放路线，老挝党和政府进行了认真总结、研究和反思，制定了对内实行经济政治体制改革，对外全方位开放的政策。调整经济结构，即农林业、工业和服务业相结合，优先发展农林业；取消高度集中的经济管理体制，转入经营核算制，实行多种所有制形式并存的经济政策，逐步完善市场经济机制，努力把自然和半自然经济转为商品经济；对外实行开放，颁布外资法，改善投资环境；扩大对外经济关系，争取引进更多的资金、先进技术和管理方式。1991～1996年，国民经济年均增长7%。20世纪80年代后期以来，国民经济年增长率达7%～10%，通货膨胀率由两位数降至一位数。至1998年，外资项目已达700余项，协议金额达70亿美元。

20世纪90年代末的东南亚金融危机给老挝带来很大的影响，老币基普与美元的汇率从1997年的1 000∶1跌至1998年的1 800∶1，经济增长率降至20世纪90年代以后的最低点。老挝政府通过采取加强宏观调控、整顿金融秩序、扩大农业生产等措施，基本上保持了社会安定和经济的稳定。

2001年，老挝国民经济增长6.4%，其中农业部门增长4.5%，稻谷产量达到230万吨，实现了粮食自给，并有少量大米出口。工业部门增长10%，工业产值占国民生产总值的比重从22%上升至23%。人均国民收入达到327美元，年通货膨胀率控制在10%以下。2001年老挝政府批准外资项目52个，总值4 200万美元。2001年老挝得到的无偿援助达2.86亿美元，低息贷款3.86亿美元。

2002年，老挝经济继续保持发展势头，同比增长5.7%，基本完成年度经济计划和财政预算，财政赤字约1.4亿美元，汇率基本稳定。老挝在中部沙湾拿吉省成立了首个沙湾－色诺经济特区，同时通过修订《投资法》，简化外资审批程序，改善投资环境，实行多项优惠政策等措施，大力吸引外资。老挝经济发展仍面临基础薄弱、人才和资金缺乏、交通等基础设施条件滞后等困难。2003～2005年，继续保持5%～6%左右较快的经济发展势头。

根据2001年老挝人民革命党七大制定的《2001～2005年经济发展规划》，规定5年间，老挝国内生产总值年均增长速度不低于7%，重点发展农业、能源、矿产、旅游等优势产业，增加出口。至2020年人均国内生产总值翻三番，达到1 500美元。1998～2004年老挝主要经济指标见表2。

表 2　　老挝 1998～2005 年主要经济指标

项目＼年份	1998	1999	2000	2001	2002	2003	2004	2005
国内生产总值（10 亿美元）	1.3	1.5	1.7	1.7	1.8	1.9	2.3	2.6
国内生产总值实际增长率（%）	3.9	7.3	5.8	6.4	5.7	5.9	5.0	6.5
消费价格指数（%）	91.0	128.7	24.9	7.8	10.6	15.5	10.5	9.4
人口（百万）	5.0	5.2	5.3	5.4	5.5	5.7	5.8	5.9

资料来源　英国《国别报告：老挝》，2005 年 11 月。

二　农业

农业是老挝经济的基础和支柱产业，在国民经济中占有重要的地位。农业人口约占全国人口的 90%。农作物主要有水稻、玉米、薯类、咖啡、烟叶、花生、棉花等。全国耕地面积约 74.7 万公顷。农业产值 1991 年3 652亿基普，占国民经济总产值的 57.3%；1997 年 5 009 亿基普，占总产值的 51.5%；2001 年农业产值约为 6 056 亿基普。1991～1997 年的耕地面积从 67.4 万公顷略降为 66.8 万公顷。1991～2002 年间粮食总产量从 163 万吨上升为 250 万吨。

（一）种植业

老挝主要作物为稻谷、玉米、黄豆、烟草、花生和咖啡，稻谷种植面积占粮食作物种植总面积的 80%以上，产量占粮食总产量的 90%以上。稻谷按品种来分有糯稻和粳稻两种，糯稻产量占 90%左右。按种植方式来分有水稻和旱稻两种，水稻产量占 70%左右。水稻又分为单季稻和双季稻两种，单季稻产量占 70%左右。20 世纪 90 年代主要作物的种植面积和产量如下。

表 3　　老挝 1996～2001 年主要农产品产量　　（万吨）

类别＼年份	1996	1997	1998	1999	2000	2001
稻谷	141.32	166.00	177.45	209.40	220.00	233.00
玉米	7.66	7.80	10.99	9.61	11.70	11.30
薯类	9.25	9.40	10.79	8.06	11.70	10.10
蔬菜	8.67	10.00	11.73	23.60	63.60	63.10
花生	1.19	1.20	1.50	1.30	1.32	1.68
烟草	2.60	2.80	2.56	2.34	3.34	3.01
蔗糖	8.71	9.50	17.02	17.36	17.36	17.00
咖啡	1.00	1.23	1.70	1.75	2.35	2.58

资料来源　2000、2001 年《老挝统计年鉴》。

1. 稻谷

1990～1997 年，种植面积由 65.67 万公顷下降为 56.18 万公顷。1990～2001 年，产量由 15.08 万吨上升为 233 万吨。

2. 玉米

是发展潜力很大的粮食作物之一。老挝可用于种植玉米的土地在 100 万公顷以上，目前种植面积仅 5 万公顷左右，还可以大量扩大种植面积；单位面积产量每公顷仅 1～2 吨，也还可以成倍提高。产量由 1990 年 8.2 万吨上升为 1997 年 11.3 万吨。

3. 黄豆

是老挝第三种发展潜力很大的粮食作物。全国各地都可以种植，现种植较为普遍，但耕作粗放，产量很低。

4. 绿豆

是老挝发展潜力很大的粮食作物之一，全国各地都可以大量种植。但过去种植很少，20 世纪 90 年代种植面积也不多。

5. 花生

是老挝的主要经济作物。1990～1997 年间的种植面积在8 000公顷左右，产量在5 000～8 000吨之间。2001 年，产量为 1.68 万吨。

6. 烟草

是老挝重要经济作物和出口创汇商品之一。1990～1997 年的种植面积在7 000～1 万公顷之间，产量在 3 万～5 万吨上下。2001 年，产量为 3.01 万吨。

7. 咖啡

是老挝第三大经济作物和主要的出口商品之一。1990～1997 年的种植面积在 1 万～2 万公顷之间，产量在5 000～8 000吨上下。2001 年，产量为 2.58 万吨。

其他作物还有棉花、甘蔗、茶叶、糖棕、罂粟、薯类、果类、菜类和药类等。1996～2001 年老挝主要农产品产量见表 3。

（二）畜牧业

畜禽种类很多，主要有水牛、黄牛、山羊、绵羊、马、骡、猪、鸡、鸭、鹅、鹌鹑等，还有部分地区驯养象和其他野生动物。

如前所述，老挝发展家畜和家禽生产的条件很优越，拥有 10 多万公顷草地和数百万公顷山地，且四季常青、食草丰富，人工饲料的种植条件也很优越。广阔的土地既可以供放牧大牲畜使用，又可供种植饲料使用。老挝发展畜牧业的潜力很大，前景十分美好。

按人口计算，老挝目前是东南亚人均占有畜禽数额最多的国家之一。1985～2001 年老挝畜禽存栏数见表 4。

表 4　　老挝 1985～2001 年畜禽存栏数　　（万头　万只）

年份＼类别	水牛	黄牛	生猪	羊	家禽
1985	93.9	62.7	119.0	8.2	647.1
1990	105.9	85.1	143.7	11.0	813.5
1995	119.1	114.5	172.4	15.3	1 133.9
2000	102.8	110.0	142.5	12.1	1 309.0
2001	105.1	121.7	142.6	12.4	1 406.3

资料来源　老挝国家统计中心编：《老挝社会经济统计资料》，1985～2001 年卷。

（三）林业

老挝林业年产量，圆木 30 万～60 万立方米；木板 8 万～10 万立方米，最高年产量 29 万立方米；胶合板 150 万～200 万张；地板条 20 万～48 万立方米。木器产值 50 亿～80 亿基普；竹藤器产值 3 亿～9 亿基普。

林业工业主要有木材加工、家具生产、竹木雕刻及精巧木器、竹器、藤器和乐器制造等。

万象市是老挝的林业工业中心，现有老挝木料成材厂、坤达木材加工厂、万象市木材加工厂、彭东木材加工厂、西沙瓦木材加工厂、老挝地板条厂、老挝层板厂、塔考木材加工厂、赛弄藤篾加工厂、高留锯木厂、西凯锯木厂和隆达锯木厂等。沙湾纳吉市是老挝第二大林业工业基地，现有各种木材加工厂、家具厂、竹藤器厂和其他竹木雕刻厂 20 余家。巴色市和琅勃拉邦市也有类似的林业工业厂家约 10 家左右。各县、市有林业工业厂家 1～2 家，主要是生产当地建房和其他建设工程所需的木材。

三　工矿业

主要工业企业有发电、采矿、炼铁、水泥、服装、食品、啤酒、制药等及小型修理厂和编织、竹木加工等作坊。从业人口约 10 万人，约占总劳动力的 4.2%。这些工业部门，万象市约占 1/3，琅勃拉邦、沙湾纳吉和巴色3市约占1/3，其他各省市约占1/3。据老挝国家统计中心公布的数字，老挝共有各种企业25 807家，其中较大的有444家，中小型的611家，规模很小的24 752家。老挝共有各种工厂10 818家，其中大厂81家，中型厂363家，小厂（有的是作坊）10 374家。1997年老挝的工业产值1 829亿基普，占国民经济总产值的18.8%。2001年工业生产总值约为2 790亿基普。1999～2001年老挝主要工业产品产量见表5。

表5　老挝1999～2001年主要工业产品产量

类别＼年份	1999	2000	2001
电力(亿千瓦小时)	28.49	36.78	35.90
胶合板(万张)	211	215	220
盐(万吨)	1.8	1.9	2.1
卷烟(百万盒)	37	41	40.6
啤酒(万升)	3 210	5 089	5 765
布匹(万米)	54	70	95
水泥(万吨)	7.4	7.5	7.5

资料来源　2000、2001年《老挝统计年鉴》。

（一）电力工业

水力电力工业是老挝目前最主要的产业，也是老挝发展最快和发展潜力最大的产业。老挝水电站现在有南俄电站、塞色电站、南顿河电站、下湄公河电站、南通电站、波乔电站、南果电站、南诺电站、庚维瀑布电站和南塔电站等。其中，南俄电站装机总容量15万千瓦，年发电量8亿千瓦小时左右，南通电站还未全部竣工，装机容量40万千瓦，年发电量18亿千瓦小时。1990～1997年间发电量由8.4亿千瓦小时上升为20.64亿千瓦小时。

老挝现正在建设南通河梯级电站，其中第一级电站即将投入生产。该河位于老挝中部的波利坎赛省，又名南嘎丁河。此电站共投资3.3亿美元，主要由泰国投资，投产后的电力主要输往泰国，还计划修建二、三、四、五级电站，总装机容量94.5万千瓦，年总发电量62.66亿千瓦小时。还准备修建南俄河梯级电站，其中第一梯级早已竣工投产，电力主要出口泰国，现正准备扩建，再装4万千瓦发电机组一台，还规划修建二、三、四级电站，总装机容量101万千瓦，年总发电量61.15亿千瓦小时。

（二）采矿业

采矿业是老挝的优势产业之一，也是发展潜力很大的产业之一。

采矿工业才开始起步，规模也很小。除锡矿早在法国占领时期就开采外，其他矿产大多从20世纪90年代开始才逐步进行开采，还有许多已查明开采价值很高的矿藏至今未能涉足。老挝目前开采的主要矿点有：甘蒙省的波宁锡矿点、隆生锡矿点和丰都锡矿点；沙湾纳吉色崩金矿、甘蒙高原金矿和查尔平原东部金矿；乌都姆赛和南塔两省的锌铅矿和锑矿；波乔和占巴塞两省的玉石；沙湾纳吉省的东兴石膏矿；沙耶武里和丰沙里两省的煤矿；乌都姆赛省和万象省的盐矿等。

主要矿产品年产量：锡300～400吨；食盐1万～1.4万吨；煤1万～2万吨；石膏10万～15万吨。

（三）建材工业

建材工业是近几年在外国的援助和合作下建立起来的，规模很小，有水泥厂、砖瓦厂、高岭土研末厂、花岗石加工厂、瓷砖厂、石料厂、木料成材厂、波型瓦厂、钢筋厂、水泥构件厂、石棉瓦厂、纤维板厂和双飞粉厂等。这些厂商也大多集中在万象市及湄公河沿线城市。

水泥厂最大的是万象市以北的万荣水泥厂，现年产量8万吨左右，计划扩建为年产20万吨的中型水泥厂。其他水泥厂产量很少，主要有万象市东纳索水泥厂和苏卡坊水泥厂，沙湾纳吉两座水泥厂，巴色市水泥厂等，年产量仅1万～2万吨。

砖瓦厂最大的是万象砖瓦厂和沙湾纳吉市砖瓦厂，年产建筑用砖各2 500万～3 000万块。其他砖瓦厂，万象市有10座，巴色市有5座，沙湾纳吉市有5座，北汕市有2座，琅勃拉邦市有2座。年产量各为10万～20万块砖，各县还有部分砖瓦窑，年产量仅数万块砖。

木材厂最大的是塔勒木料成材厂，年产建设用木材1.5万立方米，有较现代的机械设备，是老挝利用外资于1994年建设投产的。其他建材厂大都很小，数量也不多，产量微不足道。

主要建材产量：水泥10万～15万吨，砖3 500万～6 000万块，建筑木材30万～40万立方米。水泥构件2.5万～30万立方米，镀锌波型瓦100万～

150万张，铁钉50～120吨，铁丝2 000～8 000件，瓷砖38万～50万块，石棉瓦8.2万～15万张，水泥电杆5 000～1 5000根。

（四）日用品工业

目前日用品工业有纺织品、针织品、服装、鞋、被褥、床上用品、洗涤用品、竹藤器、陶器、塑料制品、卷烟、农具、铁器、金银器、厨房用具、文具、手工工具和电工工具等门类。

纺织部门包括丝织、棉织、针织和刺绣等厂家和作坊。丝织是老挝有较长历史的产业，其中万象市的班勃和琅勃拉邦市的班帕隆是著名的丝织村。棉织在老挝比较普遍，较大的有万象劳永纺织厂、万象市坤达织布厂、桑怒中央织布厂，华潘省织布厂、川圹省农赫织布厂、甘蒙省织布厂、丰沙里织布厂、巴色织布厂和沙湾纳吉织布厂等。年产量30万～40万米布料。

农具和铁器的生产在老挝的日用品工业中占有重要地位，较大厂家有万象的农机厂、塔勒农机修理厂、塔温工具厂等。各省都有一些生产锄、刀、斧、铲和其他农具和手工工具的作坊，年产农具和铁器4万～5万件。

陶瓷器较大的厂家有万象陶瓷厂、沙湾纳吉陶瓷厂和丰沙里陶器厂，主要生产盆、盘、碗、匙、缸、坛、罐、台灯、笔筒、电源开关插座等。

竹藤器厂家较大的有巴色竹藤器厂、沙湾纳吉竹藤器厂和万象竹藤器厂等，民间还有一些小作坊。产品有桌椅、藤箱、饭盒、文具盒、菜篮、食品盒、针线盒和工艺品等。

服装是老挝20世纪90年代发展起来的产业。主要是港台地区的厂商利用老挝没限制出口配额和关税优惠的条件，到老挝设厂而发展起来的。较大的厂家有万象服装厂、南塔服装厂和巴色服装厂等，年产各种服装2 000万～2 500万套（件）。主要出口东南亚和欧美市场。

其他日用工业品的年产量：塑料制品400～500吨，皮革100～200吨，皮鞋15万～20万双，水鞋45万～50万双，肥皂50万～100万块。洗衣粉400～900吨。卷烟3 000万～4 000万条。

四　交通和邮电

主要交通运输靠公路，其次是内河，再次是航空和畜力。现还没有铁路，拟议中兴修的铁路有3条，一是中—老—泰铁路，二是越—老—泰铁路，三是万象—廊开铁路。

（一）公路运输

2001年，公路总长25 090公里，客运量1 912.4万人次，货运量154.3万吨。

（二）江河运输

内河航道总长4 600公里，客运量188.5万人次，货运量73.9万吨。

湄公河是老挝的天然交通线，沟通了中、老、缅、泰、柬、越6国和老挝北、中、南3大地区。湄公河可以分段通航载重20吨～200吨船只。主流分成7个自然航段，20条支流也可以通航小型船只。

第一航段，从南腊河口（老中边境）至会晒，枯水期可通航10～30吨江船，洪水期可通航30～50吨江船。

第二航段，从会晒至琅勃拉邦，330公里，枯水期可通航40吨江船，洪水期可通航60吨江船。

第三航段，从琅勃拉邦至万象，426公里，枯水期可通航30～50吨江船，洪水期可通航80～100吨江船。

第四航段，从万象至他曲，386公里，枯水期可通航50～200吨江船，洪水期可通航300～500吨江船。

第五航段，他曲至沙湾纳吉，91公里，河道宽阔水流慢，枯水期只能通航15吨以下的小船，洪水期可通航50～100吨江船。

第六航段，沙湾纳吉至巴色，236公里，途经锦马叻险滩，枯水期可通航15吨以下小船，洪水期可通航50～100吨江船。

第七航段，巴色至孔乌（老柬边境），156公里，枯水期只能通航30～50吨江船，洪水期可通航60～100吨江船。

支流航线，湄公河在老挝的支流20余条，下游大多可通航10～20吨小船，中上游只能通航5吨以下小船和竹木小舟。

（三）航空运输

航空运输比较发达。过去由于战争所需先后修建了各种机场150余个。共和国建立后又对部分机场进行了改进和扩建，用于民航运输。现国内航线有万象至琅勃拉邦、南塔、孟赛、丰沙里、丰沙湾、会晒、沙湾纳吉、巴色、沙耶武里、阿速坡等航线。

国际航线有7条：万象—昆明、万象—景洪、万象—曼谷、万象—清迈、万象—河内、万象—胡志明市、万象—金边。与中国台北开通不定期万象—台北旅游包机航线。客运量为44.7万人次，货运量为1 400吨。万象瓦岱机场、琅勃拉邦机场和巴色机场为国际机场。

（四）畜力运输

畜力运输是老挝传统的运输方式。现老挝仍有80%左右的乡村没有公路，还有部分县城也未通公路。这些地区的主要交通运输工具是骡、马、牛和象。

主要畜力运输线有："胡志明小道"，1 000公里；孟洪—班孟涡线，151公里；会晒—北本线，150公里；班香果—会晒线，123公里；孟棒—班香果线，154公里；曼景塔—员普卡线，61公里；南塔—孟洪线，170公里；孟塞—南坝线，99公里；南塔—巴塔线，225公里；孟赛—琅勃拉邦线，184公里；孟夸—班哈邵线，127公里；丰沙里—莱洲（越南）线，205公里；孟夸—江城（中国）线，298公里；琅勃拉邦—丰沙里线，354公里。

（五）邮电通讯

老挝的现代邮电通讯是20世纪90年代以来才逐渐发展起来的。1990年老挝利用世界银行贷款在万象兴建了1 032门电话交换机和1 000部电话单机。兴建了一座15线的卫星地面站，还兴建了万象电报中心，共450条线路。1991年又利用世行贷款，兴建17 200门电话交换中心，安装了12 577部电话单机。并在琅勃拉邦、沙湾纳吉、巴色、他曲和北汕兴建了电话交换系统，开通了相互间的长途电话。同年中国公司在万象等地建了BP机传呼中心。1993年老挝与澳大利亚合作租用卫星开通了亚、欧、美主要国家国际长途电话。同年美国公司在万象建立了移动电话中心。

至1995年，老挝共建立了电话交换中心55个，电话容量16 263门。1997年电话总容量增至43 000门，安装电话单机42 250部。

五 财政金融

目前老挝财政金融处于十分困难境地，每年的财政赤字都很大，主要依靠外援和贷款来弥补，因此债台越筑越高。

1990～1997年间，老挝政府的财政收入年增长率在10%～20%之间，1990年仅153.9亿基普，1995年增至1 640亿基普，1997年达到2 180亿基普。

老挝政府的国内收入主要用于党、政、军和其他社会组织的开支，少量用于工业、农业、服务业和其他基础设施建设及外国投资的配套投资。

20世纪90年代末的东南亚金融危机对老挝经济冲击很大。老挝基普对美元的官方汇率从1991年的706∶1，1997年初的1 100∶1跌至1998年末的3 298∶1和2003年末的10 570∶1。

六 国内贸易

国内贸易相对景气，市场呈现繁荣景象。20世纪90年代老挝国内贸易有高速发展。在国内贸易方面，老挝现已实行了私有化，全国21 600家商店实现了私有制。其中万象市的5 449家商业企业，私营占99%。老挝的国内贸易方式在城市以商场和商店贸易为主，大商场拥有商户数百家，小商场也有数十家，有百货商场、农贸市场和食品商场等。商店规模一般较小，分布在大街小巷。农村以集市贸易为主，在较大的中心乡村街道举行，一般每日一小集，五日一大集。20世纪90年代以来，老挝年度的商品零售额由1990年408.8亿基普上升为1997年698.0亿基普。

第六节 外贸与对外经济关系

一 外贸

外贸出口单一，进口繁多，逆差很大。外国商品在老挝的市场占有率超过80%。

老挝同50多个国家和地区有贸易关系，实行自由贸易政策。近年革新外贸体制，减少原材料出口，增加成品、半成品出口。老挝主要贸易伙伴是泰国、越南、法国、日本和中国等。主要出口商品是电力、木材、石膏、锡、咖啡，年出口总创汇额1.5亿～2.5亿美元。主要进口商品是车辆、燃油、建材、衣料、药品和电器。年进口总额3.5亿～6亿美元。每年进出口逆差都超过1亿美元，最多达3.5亿美元，这些逆差主要靠外援和贷款来弥补。1998～2003年老挝主要对外经济活动指标统计见表6。2003年老挝进口来源与出口方向见表7。

表 6　　老挝 1998～2005 年主要对外经济活动指标统计　　（亿美元）

项目 \ 年份	1998	1999	2000	2001	2002	2003	2004	2005
出口	3.37	3.11	3.30	3.31	2.98	3.59	3.61	3.79
进口	5.53	5.25	5.35	5.28	4.31	4.82	5.06	5.41
经常收支平衡	－1.30	－1.21	－0.09	－0.82	－0.32	－0.55	－0.46	－0.58
外汇储备	1.122	1.012	1.390	1.309	1.916	2.086	2.23	2.08
汇率（基普：美元）	3 298.3	7 102.0	7 887.6	8 954.6	10 056	10 569	10 586	10 778

资料来源　英国《国别报告：老挝》2005 年 11 月。

表 7　2004 年老挝进口来源与出口方向

出口方向		进口来源	
国家地区	占出口总额（%）	国家地区	占进口总额（%）
泰国	19.3	泰国	60.5
越南	13.4	中国	10.3
法国	8.0	越南	7.1
德国	5.3	新加坡	4.0
英国	5.0	德国	2.6

资料来源　英国《国别报告：老挝》2005 年 11 月。

二　对外经济关系

外国援助、贷款和投资在老挝财政中占有重要地位，对老挝的建设起着重大作用。

（一）外国援助与贷款

20 世纪 90 年代老挝获得的外国援助大幅度减少，最大援助项目是瑞典国家对外开发署援助的 4 000万美元，用以扩建巴卡丁—万象—万荣公路；其次是澳大利亚援助的3 000万美元，用以修建万象—廊开湄公河大桥。其他国际开发组织和金融机构每年也给老挝一些援助，少则几十万美元，多则上千万美元，用于学校、医院或其他福利设施和基础设施的建设。1991～1996 年共获外援约 13.4 亿美元，年均 2.23 亿美元。

2002 年获外援约 3.78 亿美元。主要援助国及组织有：日本、瑞典、澳大利亚、法国、中国、美国、德国、挪威、泰国及亚洲开发银行、联合国开发计划署、国际货币基金组织、世界银行等。外援主要用于公路、桥梁、码头、水电站、通讯、水利设施等基础建设项目。

20 世纪 90 年代，老挝取得的外国贷款增长较快，最大的贷款项目是 13 号公路的高等级化改造工程项目，先后由亚洲开发银行、世界银行和联合国开发计划署等机构贷款近 1.5 亿美元。其次是 9 号和 7 号公路的扩建工程，获贷款共4 000多万美元。在市政建设、邮电通讯工程、桥梁、码头、航道等建设中，也获得不少外国贷款。这些贷款有的是低息的，有的是无息的，是老挝建设资金的重要来源。

（二）外国资本

1994 年 4 月 21 日，老挝国会颁布的新修订的《外资法》规定，政府不干涉外资企业的事务，允许外资企业汇出所获利润；外商可在老挝建独资企业、合资企业，国家将在头 5 年不向外资企业征税等。至 2002 年底，政府已批准外资项目 944 项，协议金额 76.05 亿美元。主要投资国家和地区有泰国、美国、韩国、法国、澳大利亚、马来西亚和中国台湾地区等。

第七节　人民生活与社会保障

一　人民生活与劳动就业

老挝实行低工资制，职工退休后可拿基本工资的 80%。就业人数最多的是万象、琅勃拉邦及沙湾纳吉和巴色市，其他城市居民主要还是以务农为生。

政府在计算劳动适龄人口时，是按男性 16～60 岁，女性 15～55 岁计算的。老挝全国 1997 年劳动适龄人口 167.4 万人，其中男性 81.6 万人，女性 85.8 万人。全国就业人口 150 万人，其中男性 72.6 万人，女性 77.4 万人。

在劳动人口中，从事农业生产者 133.8 万人，占全国劳动人口的 89.16%。其中：男性 58.6 万人，女性 75.2 万人。其他行业（即非农业）劳动人口仅 33.6 万人，占全国劳动人口的 10.84%。其中，教育部门29 900人，商业部门25 400人，国家机关16 500人，工业部门15 700人，手工业部门16 100人，运输、通讯、服务、旅游、科研、文艺、卫生、财会和保险等部门的劳动适龄人口各数千人。

全国非农业就业人数共95 400人，其中：农牧管理部门5 600人，供电和自来水部门1 470人，工业部门12 100人，矿业部门 170 人，建筑部门2 900人，商业部门 3 万人，宾馆饭店3 400人，运输和邮电部门6 400人，财经部门3 000人，殡仪部门1 900人，服务部门 2.2 万人。

就业人数按职务来分，领导干部1 750人，机关工作人员6 300人，科技人员15 500人，助理人员11 300人，经理人员3 600人，农渔管理人员5 100人，技工和工匠9 600人，机械维修人员9 300人，基层职工24 700人，军队干部和警察等8 300人。

二　医疗卫生

老挝流行疾病较多，主要有疟疾、痢疾、鼠疫、伤寒、霍乱、恙虫病和钩端病等。疾病是造成老挝人口稀少的主要原因。疾病严重影响老挝人口素质和劳动力的提高，也严重影响老挝社会经济的发展。

共和国建立后，政府对改善医疗卫生条件特别重视，医疗卫生事业逐年发展，国家职工和普通居民均享受免费医疗。20 世纪 90 年代，老挝的医疗卫生条件、人民的居住条件和生活环境都有了明显改善，在整顿和修缮原有的医疗卫生机构和医院的同时，建立了一批新的医疗机构、医院和其他卫生设施，加紧培训医护人员。另一方面与外国合作开发老挝的动植物药材，建立了一批药品厂。目前老挝缺医少药的局面已有所改变，人们的发病率特别是流行性传染病的发病率已大大降低，老挝人民的身体素质和劳动素质已大大提高。

到 2005 年底，全国有医院 151 所、卫生站 746 个；每千人拥有病床 1.6 张、医生 9 人。2003 年，老挝人平均寿命为 55 岁。1999 年人口增长率 2.4%，出生率 3.5%，死亡率 1.2%。

第八节　教育　科技　文化

20 世纪 90 年代以来，老挝教育、科技、文化都有了较大发展，但发展很不平衡，大学都集中在万象和琅勃拉邦；而东北部各省甚至连中学都很少，文盲人数多。

一　教育

学校有小学、初中、高中、职业学校和大学。学制分为小学五年，初高中各三年。90 年代，老挝教育经费占国家预算的约 10%。

到 1998 年，农村已普遍设立小学，乡村适龄儿童入学率为 70%，城市为 85%。全国小学 1975 年仅4 444所，1990 年增至6 316所，1995 年增至7 591所，2001 年为8 184所。在校学生人数 1975 年为 32 万，1990 年增至 58 万，1995 年增至 72 万，2001 年为 93 万。

原乡政府所在地一般都有初中，大约 1/3 的小学生可升初中。全国初中 1975 年仅 72 所，2001 年为 596 所。在校学生 1975 年仅 2.7 万人，2001 年为 12.2 万人。

到 1998 年，基本是每县一所高中，初中生的 1/3 左右可升高中。全国高中 1975 年仅 11 所，1990 年增至 119 所，1995 年增至 129 所，2001 年为 235 所。在校学生 1975 年仅2 500人，1990 年增至 3.33 万人，1995 年增至 4.46 万人，2001 年为 16.3 万人。

老挝的职业学校和大学是 20 世纪 90 年代才逐步发展起来的。

老挝国立大学是老挝唯一的综合性大学。老挝国立大学前身为老挝东都师范学院，1995 年 6 月东都师范学院与其他 10 所高等院校合并，设 8 个学院，2001 年有学生10 100人，教师 600 人。

除上述正规学校教育外，老挝的佛寺也是重要的教育场所。老挝的2 000多座佛寺，也是2 000多所学校。佛寺的教师就是比丘和僧侣，学习内容有识字、算术、礼仪、佛经、医学和外语等。2001 年老挝各级学校数目及学生、教师人数见表 8。

表 8　　老挝 2004 年各级学校数目及学生、教师人数

类别＼项目	学校（所）	学生（万人）	教师（人）
小学	8 529	88.5	28 000
初中	626	24	9 000
高中	30	13.5	5 000
技工校	26	1.1	700
中专	34	2.4	1 000
大专	19	1.8	1 000
大学	3	1.05	600

资料来源　2005 年《老挝统计年鉴》。

二 科技

老挝长期遭受殖民统治，经济不发达，科技落后，文化水平不高，科技基础十分薄弱。1982 年老挝国内的科技与管理人员中具有大学文化程度的只有1 300名，至今尚未形成具有一定规模的科技队伍和体系。1987 年后，老挝政府成立了“科学技术部”，军队设立了“科学技术局”，负责消化吸收应用外援技术。还成立了“老挝社会科学委员会”，领导部分研究机构，由著名文化界人士西沙纳·西山任主任。近几年老挝政府加强了对科学技术的领导与管理。与此同时，开始重视人才培养，相继有计划地选拔人才到国外深造。1986～1989 年共选送2 914人到国外深造，现基本都已回国服务。目前，老挝共有 15 所高等院校。老挝在农业领域提倡科学种植和水产养殖，选育优良品种，进行杂交水稻高产试验；对咖啡等经济作物进行高产试验示范和推广。在食品等加工业方面努力学习和应用外国科学方法和新工艺。

三 文化

(一) 文学

13 世纪以前，老挝从属于柬埔寨，文学状况大体相似，印度文化流行。14 世纪以后，上座部佛教传入，佛经故事广泛传播，民间传说也被打上佛教烙印，印度的史诗《罗摩衍那》在民间影响很大，被编成戏剧。16 世纪，老挝的史诗《坤博隆》《陶洪》等编定。17 世纪，澜沧王国的文学繁荣起来，出现了大批文学作品，其中诗人庞坎4 000多行的长篇叙事诗《信赛》最为有名。

19 世纪末法国入侵，爱国知识分子开始整理民族文学作品。20 世纪中期，老挝进步文学产生，出现了一批新诗和散文，著名进步作家有富米·冯维希、西沙纳·西山、乌达玛·朱拉玛尼、坎马·彭贡、宋西·德沙坎布等。其中，西沙纳·西山创作有《爱老挝》，乌达玛·朱拉玛尼创作有《占芭花之歌》（1945），都深受读者喜爱。20 世纪 60～70 年代，较著名的作品主要有：坎连·奔舍那的小说《西奈》、占梯·敦沙万的回忆录《革命的光芒》和中篇小说《生活的道路》（1970）等。20 世纪 80 年代的重要作品主要有坎连·奔舍那的长篇小说《爱情》（1981），反映少数民族生活的《山雨》《新生活》和妇女题材的小说《三好妇女娘玛》等。

(二) 艺术

老挝文化由于深受婆罗门教和佛教的影响，所以其艺术在古代也主要是为宗教服务的。老挝的建筑艺术主要体现在佛教塔寺上。老挝的佛教寺庙很多，而其中常常有婆罗门教大神的浮雕，如毗湿奴雕像、吉祥天女的雕像。另外，在不少寺庙中还能够看到中国、泰国以及柬埔寨的影响痕迹。澜沧王朝建于万象东郊的塔銮被视为老挝民族的象征，也是老挝古代建筑艺术的杰出代表。这是一座佛教建筑，砖石结构，三层塔基象征三界，塔体峻拔。

老挝的民歌很发达，不同地区各有特色。人们喜闻乐见的曲调有两种：一种为“卡”，一种为“喃”，加在地名前面表示出其流行的地区，如“卡桑怒”、“卡琅勃拉邦”和“喃达”、“喃兑”等。各种曲调均可即兴填词，多以对歌的形式演唱。

老挝有古典舞蹈和民间舞蹈两种。古典舞蹈源于印度，后经柬埔寨传入。以手势、身段、表情和眼神的丰富表现力见长，题材以印度史诗故事为主，其中以脱胎于印度史诗《罗摩衍那》的《娘西达》最为著名。民间舞多表现人民的生活和生产劳动，如《射箭舞》《捕鱼舞》《孔雀舞》和《打谷舞》等。《占巴花灯舞》是大型民间舞蹈，用于大型的喜庆活动。《南旺舞》是老挝最流行的民间舞，它是受泰国影响出现的舞蹈，在民间流行极广。

(三) 媒体和文化设施

文化和媒体事业发展较快。出版社 1976 年仅 9 家，1990 年增至 27 家，1995 年增至 35 家，1998 年为 38 家。20 世纪 90 年代以来老挝每年出版各种书籍 3 万～9 万册，各种杂志 2 万～4 万册，馆藏书刊 25 万～55 万册，专业书籍 3 万～8 万册。

全国各种报刊约有 20 种，每年发行报纸 300 万～400 万份。《人民报》为老挝人民革命党中央机关报，创刊于 1950 年 8 月 13 日，用老挝文出版。其他还有《新万象报》《人民军报》和《青年报》等。外语报有英文报“VIENTIANETIMES”和法文报“LE RENOVATEUR”。

巴特寮通讯社 1968 年 1 月成立，国营。出版老挝文《巴特寮》日报（1999 年 12 月 2 日创刊）及英、法文《每日消息》。

广播电台 1976 年仅 4 家，1990 年增至 9 家，1995 年增至 12 家，1998 年为 15 家。老挝国家广播电台：设在万象，用老挝语广播，对外用越、柬、法、英、泰语广播。此外，还有老挝人民军广播电台和12个省级广播电台。

电视台 1976年仅1家，1990年增至2家，1995年增至12家，1998年为17家。老挝国家电视台：建于1983年12月。每天播放老挝语节目5小时左右。

图书馆和影剧院等 图书馆1976年仅10家，1990年增至70家，1995年增至76家，1998年为80家。1998年有电影院21家，剧院9家，纪念馆8家。

第九节 军事

老挝人民军前身为老挝爱国战线领导的“寮国战斗部队”，始建于1949年1月20日，1965年10月改名为老挝人民解放军，1982年7月改称现名。最高领导机构是中央国防和治安委员会，坎代·西潘敦任主席，隆再·披吉任国防部长。实行义务兵役制，服役期最少为18个月。

一 国防体制

老挝最高军事决策机构是老挝人民革命党中央国防安保委员会，由人民革命党主席、政府总理、国防部长、内务部长和军队各总部最高长官组成，党的主席兼任中央国防安保委员会主席。

国防部既是中央国防安保委员会的办事机构，又是军队的最高行政管理机构，下辖总参谋局、总政治局、总后勤局三大机关，分别负责全军的作战、训练，政治思想教育和后勤技术保障。

二 武装力量编制和实力

老挝武装力量由正规军、地方部队、预备役部队和民兵自卫队组成。正规军又称主力部队，是现役部队，分陆军和空军两个军种。

到2004年，武装部队总兵力29 100万人，其中：

陆军 25 600人，划分为4个军区，编有5个步兵师、7个独立步兵团、3个工兵团（其中2个建筑团）、5个炮兵营、9个高炮营。配备有坦克30辆，装甲输送车70辆，牵引火炮约100门。

空军 3 500人，编有2个攻击战斗机大队、1个运输机大队、1个直升机大队。配备有米格－21型机12架，运输机14架，直升机27架以及空空导弹等武器。

内河巡逻部队 600多人。

部队机关院校 5 000人。

地方部队 有近2万人。

预备役部队 约1万人。

民兵自卫队 8万余人。

第十节 外交

1991年老挝人民革命党五大确定独立、中立、自主的和平外交政策，主张在和平共处五项原则基础上同世界各国发展友好关系，重视发展同周边邻国和东盟国家关系，其中强调继续保持同越南的“特殊关系”，加强同中国的睦邻友好与全面合作，改善同西方国家关系。2001年老挝党七大仍坚持“多方位与多种形式的”对外交往，强调加强同社会主义国家的战略关系，继续发展同越南“特殊关系”与中国的全面合作，加强与东盟国家的友好合作，改善与西方国家关系，争取它们的经济援助。

老挝于1997年7月正式加入东盟。截至2002年底，老挝已同世界114个国家建立外交关系。

一 同中国关系

1961年4月25日中老建交。中国对老挝人民的抗美救国斗争和战后经济建设提供大量的经济援助。1989年10月，老挝部长会议主席、人民革命党总书记凯山·丰威汉对中国进行正式友好访问，使中老两党、两国关系实现了正常化。1990年12月，李鹏总理应邀访老，标志着中老睦邻友好关系进入了新的发展阶段。1991年10月，老挝总理坎代·西潘敦应邀访华，两国总理签署了具有历史意义的《中老边界条约》。此后，两国领导人又先后签署了《中老边界议定书》、《中老边界制度条约》和《中老边界制度条约的补充议定书》。中老边界已成为两国之间的一条友好合作边界。

新世纪老中关系又获新发展。2000年7月13～15日，应中国国家主席江泽民的邀请，老挝国家主席坎代·西潘敦对中国进行国事访问。江泽民主席同坎代主席举行了正式会谈。11月13～15日，应老挝国家主席坎代·西潘敦的邀请，国家主席江泽民对老挝进行国事访问，这是中国国家元首首次访问老挝。访问期间，双方签署了《中华人民共和国与老挝人民民主共和国关于双边合作的联合声明》。

2001～2002年，中老关系继续保持良好的发展势头，两国在各个领域保持密切的交往与合作。

2002年2月3～7日，应朱镕基总理邀请，老挝政府总理本扬·沃拉吉对中国进行正式访问。江泽民主席、李鹏委员长分别会见，朱镕基总理与其会谈。2002年11月，在柬埔寨召开首届“湄公河次区域经济合作”领导人会议期间，中老签署关于中国政府向老挝政府提供特别优惠关税待遇的换文，同时中国还为昆（明）—曼（谷）公路老挝路段建设提供财政援助。

二 同越南关系

1960年老越恢复外交关系。近年来，两国继续保持“特殊关系”，高层互访频繁，老越两党政治局每年定期内部磋商。新世纪两国关系继续保持良好发展势头，双方在政治、经贸、科技、文化等各领域的合作不断加强。

2001年2月5～8日，老挝副总理本扬·沃拉吉率团访越，并出席第二十三次老越经济、文化、科技合作会议。双方签署了2001～2005年合作协定和2001～2010年经济、文化、科技合作备忘录。3月11～12日，越共中央总书记黎可漂率团出席老挝党七大，并向大会宣读了贺辞。4月18～23日，老挝人民革命党中央主席、国家主席坎代·西潘敦出席越共九大。7月9～12日，越共中央新任总书记农德孟对老挝进行正式友好访问，老人民革命党中央主席坎代·西潘敦与其会谈，并授予农德孟老挝最高金质勋章。

2002年是老越友好合作条约签署25周年及建交50周年，老越两国领导人互致贺电，老挝人民革命党中央政治局委员、国家副主席朱马里率老挝党政代表团访越，越共中央政治局委员、书记处常务书记潘演访老，两国举行群众集会、图片展、展销会、体育比赛等活动隆重庆祝。

三 同东盟关系

1997年7月老挝正式加入东盟后，积极参与东盟事务，发展与东盟的友好合作关系。2001年在老挝举办了一系列东盟重要会议。2001年10月22～24日，东盟秘书长鲁道夫·赛贝里诺访老，老挝政府总理本扬·沃拉吉、副总理兼外长宋沙瓦·凌沙瓦分别会见。2002年11月8日，东盟秘书长鲁道夫·塞贝里诺访老，老挝政府总理本扬·沃拉吉、财政部长苏甘分别会见，副总理兼外长宋沙瓦代表老挝政府授予其友谊勋章。

四 同日本关系

1952年12月老日建交。自1991年以来，日本成为老挝最大的援助国，年均援助数额超过1亿美元。1995年1月12～13日，日本首相小渊惠三访问老挝。5月，老挝总理坎代·西潘敦访日。

2001年3月23日，老挝副总理兼外长宋沙瓦·凌沙瓦访问日本。8月5～15日，日本天皇次子礼宫文仁对老挝进行正式友好访问。

2002年5月20～25日，本扬·沃拉吉总理访日，日本首相小泉与其会谈，日本天皇次子礼宫文仁会见他。

2002年日本先后向老提供了约1.16亿美元的援助，此外，还向老挝各省及教育、卫生、水电、市政、气象等部门提供了一批小额援助。自1991年以来，日本成为老挝最大的援助国，年均援助数额超过1亿美元。

五 同美国关系

1950年老美建交。1975年后两国仅维持代办级外交关系。1991年11月，两国关系升格为大使级外交关系。1992年8月，双方恢复互派大使。2000年两国关系继续改善。3月16～18日，美国防部负责维和与人道主义援助的副部长助理詹姆斯率团访老。8月10～13日，美国国防部副部长罗伯特访老，双方讨论了美军士兵遗骸的搜寻问题。自1992年以来，双方在禁毒、寻找美军士兵遗骸、清除战争未爆炸物方面进行了卓有成效的合作。至2002年底，老、美专家组已合作进行了80次美国士兵遗骸的寻找和挖掘工作。（马树洪）

第三章　柬埔寨

第一节　概述

国名　柬埔寨王国（The kingdom of Cambodia）。

领土面积　181 035 平方公里。

人口　1 340 万（2004 年）。

民族　有 20 多个民族，高棉族占 80%，其余为占族、普农族、老族、泰族、斯丁族等少数民族。

宗教　佛教为国教，80%以上的人信奉佛教，占族多信奉伊斯兰教，少数城市居民信奉天主教。

语言文字　高棉语为通用语言，与英语、法语同为官方语言；使用多缀拼音文字。

首都　金边（Phnom Penh），人口约 110 万。

国家元首　国王诺罗敦·西哈莫尼（His Majesty Norodom Sihamoni），2004 年 10 月 14 日王位委员会举行会议推选，同年 10 月 29 日正式登基。

第二节　自然地理与人文地理

一　自然地理

（一）地理位置与地形

柬埔寨位于东南亚中南半岛南部。东面和东南面与越南交界，边界线长1 228公里；北面与老挝毗邻，边界线长 514 公里；西面和北面与泰国相接，边界线约长 800 公里；西南濒临泰国湾（海岸线长 435 公里），隔海与泰国南部、马来西亚及新加坡相望。地处北纬 10°20′～14°32′与东经 102°18′～107°37′之间。

全境地形四周高，中间低，东南有一缺口，与越南南部的湄公河三角洲相连。中部为平原以及东南亚最大的内陆湖泊洞里萨湖，四周为山地。

（二）气候

属热带季风气候。全年明显地分为两季，即雨季和旱季。每年 5～10 月为雨季，11 月至翌年 4 月为旱季。温度较高，年平均气温为 27℃，其中以 12 月至翌年 1 月气温最低，月平均温度 24℃，4 月份温度最高，月平均约 35℃，个别地区达到或高于 40℃。全国年平均降雨量在1 000～1 500毫米之间，西南部降雨量比其他地区大。雨季中的月降雨量一般在 200 毫米以上，9、10 两月降雨量最多。

（三）自然资源

已探明的矿藏资源有限。已发现的矿种有铁、锰、煤、盐、磷、宝石、金、银、铜、铅、锡、钨、大理石、石英砂等。

农业资源十分丰富，土地总面积达1 765.2万公顷，其中可耕地 680 万公顷。森林和林地1 287.6万公顷，其中森林面积 890 万公顷，约占全国总面积的 49%。主要农作物包括粮食作物和经济作物两大类。粮食作物又分为主粮和杂粮两类。其中，稻米是主粮，杂粮主要有玉米、豆类、木薯、白薯等。经济作物主要有橡胶、棉花、烟草、黄麻、甘蔗、胡椒、咖啡、花生和芝麻等。

二　人文地理

（一）人口状况

柬埔寨是中南半岛地区除老挝以外人口最少的国家。据联合国人口基金会和柬埔寨政府估计，1996 年底全国总人口约1 070万人，2004 年中已增加到1 380万人。独立以来，由于长期的战乱，柬埔寨的人口总量变化很大，人口的高出生率常常被高死亡率所抵消。因而，在 20 世纪 70～80 年代期间，柬埔寨的人口增长相当缓慢。20 世纪 90 年代初以来，随着战火的逐渐停息，人口增长率不断上升，近年来一直保持在 28‰以上的高增长率。从年龄结构来看，人口年轻化的特点比较明显。15 岁以下的人口约占总人口的 45%，65 岁以上的老人仅占 2%。其经济活动人口粗略估计占总人口的 47%，约 450 万人，其中约 80%的人从事农业、林业、渔业，只有约 15%的人受雇于公共事业机构。柬埔寨 20 世纪 60 年代以来人口变化情况见表 1。

（二）民族

柬埔寨是一个多民族国家，全国共有 20 多个民族和部族。除操南亚语系的高棉族及其近亲民族外，还有越族（京族）、操汉藏语系语言的华族（华人）、操南岛语系语言的占族、缅族、泰族和马来族等，此外还有一些土著民族以及欧洲人。其中，高棉族是柬埔寨的主体民族，有1 000多万人，约占全国总人口的

80%。他们在政治、经济和文化上占主导地位，在全国各地的居民中都占多数，但最主要的聚居区是湄公河、洞里萨河流域沿岸和洞里萨湖周围的低平地区以及过渡性平原地带和沿海地区。

表1 柬埔寨20世纪60年代以来人口变化情况 （万人）

时 间	人口数	时 间	人口数
1962.4.17	572.88	1990	830
1981.5.1	668.20	1993.1	870
1983	682.10	1996.12	1 070
1984	705.80	2004.6	1 380

资料来源 《远东与澳大利亚年鉴》(1989)，英国《国家报告：越南、老挝、柬埔寨》(1992～1993)，《国家报告：柬埔寨、老挝》(1996)、(1997)、(2003)、(2005)。

越侨和越南人是柬埔寨的第二大民族集团，也是最大的少数民族集团。其人数究竟有多少，众说纷纭，比较客观的估计为60万～70万人。他们分布于柬埔寨城乡各地，其中以城镇和平原地区农村及洞里萨湖周围地区较为集中，尤以首都金边人数最多。居住在城镇的越南人大多系小商贩和手艺人，此外，有的是电工、机械工，有的为裁缝、面包师，还有的行医。居住在乡下的越南人，在洞里萨湖沿岸的主要以捕鱼为生，分布在各地农村的，则以种植水稻和水果为生。

华侨、华人是柬埔寨的第三大民族集团，也是仅次于越南人的第二大少数民族集团。他们是在不同历史时期从中国移民柬埔寨的，其中以清代移居的最多。与许多国家华侨、华人多数居住在城市的情况相反，柬埔寨的华侨、华人有相当一部分住在农村。根据20世纪60年代中期的统计材料，有41%的华侨、华人居住在农村。按地区分布，首都金边华侨、华人最多，占柬埔寨华侨华人总数的32%，其余聚居在马德望、干丹、贡布、磅湛、波萝勉等省。20世纪60年代末期的统计资料显示，柬埔寨的华侨、华人约有42.5万人。但自20世纪70年代中期以后，大批华侨、华人沦为难民，流落异国他乡，留柬人数锐减。到1984年，金边市只有华侨61 400人。

20世纪70～80年代期间，柬埔寨的华侨、华人遭受了红色高棉极左政策和长期战乱的磨难，许多人流落或客死他乡。然而，他们对第二故乡的眷恋依然。20世纪80年代末期柬国内政局逐渐平稳以后，他们又很快重新振作起来，为柬埔寨战后经济的重建出力。如今，他们仍然是柬埔寨经济建设中的主力军，有的已成为拥有庞大资产的跨国企业家。例如，现任柬埔寨湄江银行董事长的许锐腾，其资产数以亿计，已成为柬埔寨著名的大企业家。20世纪80年代末期随着柬埔寨形势日益稳定，华侨、华人人数迅速回升。截至2004年，包括新移民在内，柬埔寨全国华侨、华人总数已达约40万人，分属于五大方言集团，即：潮州帮、广肇帮、海南帮、客家帮和福建帮。其中：潮州帮最大，约占全柬埔寨华侨、华人的77%；广肇帮占10%，海南帮占8%，客家帮占3%，福建帮占2%。

占族约有15万人，占柬全国人口的1.75%，是第三大少数民族集团。他们主要分布在金边东北部的湄公河谷地，以及洞里萨湖周围地区，此外还有山区占族人2.5万人。生活在乡下的占族人主要以种植水稻、饲养牲畜或从事渔业为生。有些村专门从事金属制品生产，有些村则专门种植果树和蔬菜。少数生活在城镇的占族人从事商业或工业，如贩卖牲口，做丝绸工和屠夫。

部落集团也被称为山地高棉人，包括若干个集团，其中规模较大的有库伊人、墨农人、斯丁人、布劳人、比尔人、嘉莱人和拉德人，主要分布在柬埔寨东北部山区，总数约10万人。

（三）宗教

柬埔寨是一个多种宗教并存的国家。历史上，婆罗门教和大乘佛教都曾在柬埔寨广泛传播。14世纪以后，小乘佛教成为柬埔寨的国教并一直延续至今。现今，全国有90%的居民信奉小乘佛教。小乘佛教在柬埔寨人民的社会、政治、文化和日常生活中发挥着重要作用。

柬埔寨的小乘佛教主要有两大派别：摩诃尼迦派（The Mohanikay又名大部派）和达摩育特派(The Thommayut又名法相应派)。其中，摩诃尼迦派最大，人数占全国佛教徒的90%；达摩育特派的人数仅占10%。20世纪60年代初，摩诃尼迦派共有僧侣5.2万多名，他们分属于2 700多所寺院。达摩育特派有1 460名僧侣，拥有100所寺院。两派都有自己的僧长，共分11个等级。摩诃尼迦派的僧伽议会由35名僧伽组成；达摩育特派的议会由21名僧伽组成。

20世纪70年代的红色高棉时期，宗教信仰被取缔，许多僧侣受到迫害。1979年后，柬埔寨政府宣布实行宗教信仰自由，佛教开始缓慢复苏。20世纪80年代初，全国僧侣已达7 000多人，约有2 000所寺院被交还给宗教界或得以修复，佛事活动也得以恢复。1993年5月大选，新政府成立后，宗教自由的政策进一步得到落实，小乘佛教得以全面复兴。

除小乘佛教外，目前柬埔寨还有伊斯兰教、天主教、儒教、道教、大乘佛教、原始宗教等。

伊斯兰教徒约有6万人，是柬埔寨占族人的宗教，主要是逊尼派。20世纪70年代初期，全国共有约150所清真寺，其中绝大多数在红色高棉时期被毁。20世纪80年代末期宗教信仰自由恢复后，伊斯兰教开始复苏。

儒教、道教和大乘佛教的信徒主要是华人和越南人。原始宗教主要在山地部落人中流行。

（四）语言文字

柬埔寨王国《宪法》第五条规定："官方语言和官方文字是高棉语和高棉文"。高棉文字是在梵文和巴利文基础上结合高棉族创造出来的一种古老文字，约在公元7世纪开始使用。高棉文字是一种多缀拼音文字，有21个元音、12个独立元音和33个辅音，共有66个字母。高棉文采用反切法拼音，元音在前，辅音在后。

（五）行政区划

柬埔寨的行政区划总体上是比较稳定的，分为省（直辖市）、县、乡（镇）、村四级。省在高棉语中称为杰特（Khet），县称为斯洛克（Srok），乡叫库姆（Khum），村称福姆（Phum）。中央直辖市称为克伦（Krung），直辖市中的区叫桑卡特（Sangkat），街道称为克洛姆（Krom）。

截至20世纪90年代中期，柬埔寨共划分为19个省，2个直辖市，159个县，1 492个乡，12 960个行政村。首都设在金边。相关情况参见表2。

表2　柬埔寨行政区划及面积、人口和省会

序号	省市名称	面积(平方公里)	人口(万)	省会
1	金边(首都)	46(包括郊区)	150	
2	西哈努克市	69	20	
3	磅同省	12 251	65	磅同市
4	磅清扬省	5 520	36	磅清扬市
5	磅士卑省	7 016	60	磅士卑市
6	戈公省	11 140	7	克马拉普明
7	贡布省	9 862	65	贡布市
8	菩萨省	12 692	33	菩萨市
9	马德望省	19 044	120	马德望市
10	暹粒省	10 897	85	暹粒市
11	奥多棉吉省	5 678	46	三隆
12	柏威夏省	14 350	12	崩特棉则
13	上丁省	11 209	8	上丁市
14	腊塔纳基里省	10 782	8	隆发
15	桔井省	11 094	35	桔井市
16	蒙多基里省	14 288	4	森莫诺隆
17	磅湛省	10 498	170	磅湛市
18	波萝勉省	4 883	130	波萝勉市
19	柴桢省	2 966	60	柴桢市
20	干丹省	3 813	130	达克茂
21	茶胶省	3 818	97	茶胶市

第三节 历史

一 古代史

柬埔寨是一个有着悠久历史和灿烂文化的文明古国，早在新石器时代至青铜器时代，柬埔寨即有早期人类活动。据考古发现，位于洞里萨湖东南部的三隆森贝丘遗址，是东南亚地区发现最早的史前遗址，年代下限在公元前第2 000年后半叶，属于东南亚新石器时代至青铜器时代。1902 和 1923 年法国考古学家进行了两次发掘，出土了磨制石器、骨器和手制陶器（罐、圈足盘等），还发现牛骨、鹿骨、贝壳等的化石。

公元 1 世纪，柬埔寨人民就建立了东南亚历史上最早的国家——扶南王国。扶南王国时期，柬埔寨的社会、经济、文化、宗教、军事的发展均位居东南亚地区的前列。

公元 6 世纪扶南王国逐渐衰落后，位于扶南北部、作为其属国的真腊开始同扶南对抗，并最终于公元 7 世纪初兼并了扶南王国。柬埔寨从此进入了真腊王国时期。

真腊王国从 7 世纪初叶至 16 世纪晚期，共存在了约 10 个世纪，其间又大致可以划分为 3 个时期：7～8 世纪的早期真腊、9～15 世纪初叶的吴哥王朝以及 15 世纪初叶～16 世纪末叶的晚期真腊。真腊王国的吴哥王朝时期，柬埔寨人民创造了举世闻名的吴哥文明，柬埔寨历史进入了鼎盛时期。但是，由于统治阶级骄奢淫逸、大兴土木和连年出征，13 世纪末叶以后，强大的吴哥王朝开始走下坡路，国势日益衰微。14 世纪中叶泰国的阿瑜陀耶王朝建立后，对吴哥王朝的威胁日益严重，吴哥城先后于 1353 年、1394 年和 1431 年 3 次被泰人攻占，吴哥王朝被迫于 1432 年迁出吴哥，吴哥王朝宣告结束，真腊王国逐渐衰落。柬埔寨从此进入频繁的内部社会政治动乱和外部入侵时期。1515 年安赞夺取政权自立为王，面对强大邻国暹罗的频繁入侵，其恢复国力的努力最终并未获得成功。1594 年 1 月，暹罗军队攻克了真腊王国都城洛韦，时为国王的萨塔及两个儿子逃亡万象，真腊王国最终衰亡。

16 世纪末叶，真腊改称柬埔寨。1600 年暹罗将攻占洛韦时俘获的原国王萨塔之弟索里约波送回国就任柬埔寨国王，从形式上恢复了柬埔寨作为一个独立国家的存在。尽管如此，柬埔寨仍然长期处于分崩离析的状态，暹罗和越南为争夺柬埔寨的统治权，常常在柬埔寨大地上刀兵相见，柬埔寨人民长期处于国破家亡的境地。

二 近现代史

19 世纪中叶，法国殖民者在占领越南南部之后，开始入侵柬埔寨。法国殖民者在 1863 年 8 月 11 日以武力逼迫诺罗敦国王签订《法柬条约》，获得了对柬埔寨的“保护”权之后，又在 1884 年 6 月 24 日用刺刀逼迫诺罗敦国王签订了另一个条约，获得了对柬埔寨的“全部政权权利”。1887 年 10 月，柬埔寨被正式并入法属印度支那版图，沦为法国殖民地。

1940 年日本取法国而代之侵占柬埔寨，直至 1945 年日本战败投降。其后，法国又卷土重来，恢复了对柬埔寨的殖民统治。

帝国主义的长期侵略，使柬埔寨这个昔日以繁荣富强著称于世的东方文明古国，沦为世界上最为贫穷和落后的国家之一，同时也激起了柬埔寨人民的强烈反抗，示威游行、抗暴抗税和武装起义此伏彼起。第二次世界大战结束后，柬埔寨人民的民族意识日益觉醒，要求国家独立、民族解放，争取民主、自由和平等的情绪日益高涨。愈来愈多的人拿起武器，投入到由高棉民族统一阵线领导的武装斗争之中，给二战后卷土重来的法国殖民者以沉重打击。至 1950 年底，抵抗运动已在全国 14 个省中的 11 个省建立了根据地。到 1953 年，全国 1/3 的地区和 1/4 的人口已挣脱了法国殖民主义枷锁，获得了解放。1953 年 11 月 9 日，柬埔寨王国宣告独立。

三 当代史

（一）积极发展民族经济壮大国力

柬埔寨 1953 年独立以后，在 1954～1969 年期间，把发展经济当作首要任务，并在改造殖民地经济的基础上，独立自主、自力更生地建立起自己的民族经济体系，使柬埔寨经济健康发展。其间，以西哈努克亲王为首的政府积极采取措施发展民族经济，决心使柬埔寨再现辉煌。为此，先后制定并执行了两个经济发展计划；赎买和监督外资企业，使之为柬所用；发放政府贷款，促进经济的全面重建；兴修水利，组织“皇家合作社”，扶持农业生产，促进手工业的发展。这些措施有力地促进了柬埔寨工农业的全面发展。到 20 世纪 60 年代末期，全国已拥有1 500多家工业和加工企业，其中中型以上企业已达到100多家，逐步形成了门类较为齐全的民族工业体系。在农业方面，由于措施得当，特别是60年代中期进行了土地改革，农民的生产积极性有了很大提高，农业生产发展很快。稻谷总产量从1955年的140万吨增加到1960年的240万吨，1969年又达到325万吨，粮食达到自给有余。

（二）美国支持朗诺集团发动政变颠覆柬王国政府

美国为推翻以西哈努克为首的柬埔寨王国政府，1970年3月18日，支持朗诺—施里玛达集团发动政变，成立“高棉共和国”。与此同时，西哈努克亲王和柬国内各界人士展开抗美救国斗争，1970年5月5日成立了以宾努亲王为首相的柬王国民族团结政府。朗诺集团的倒行逆施把柬埔寨引向了大规模战乱的旋涡，国家经济每况愈下，滑向崩溃的边缘。尽管得到美国的极力扶持，靠美援度日，也无法逃脱覆灭的命运。

（三）“红色高棉”执政造成严重后果

在柬全国各方的共同努力下，1975年取得抗美救国战争的胜利。其后，“红色高棉”开始执政，建立了民主柬埔寨政府。在“红色高棉”执政的4年里，由于推行一条严重背离了柬埔寨国情的极左路线，导致国家经济严重衰退，走向崩溃。其经济政策主要表现是：强力推行合作化，取消货币和集市，废除商品交易，实行配给制。最后发展到用武力将200多万城市人口强行赶往农村。结果是工商活动瘫痪，农业生产停滞，使得自1978年初起曾一度得到恢复的柬埔寨经济，又走向衰落。

（四）越南出兵推翻“红色高棉”政权

1978年12月，越南出兵柬埔寨，推翻“红色高棉”政权，建立以韩桑林等为首的“柬埔寨人民共和国”。在其掌权的13年间，面对国内“红色高棉”、西哈努克、宋双三大武装派别的武力抗击和国际社会的经济封锁，为恢复其控制区经济做出了努力，取得了一定成效。至20世纪80年代末期，已实现了粮食自给，橡胶种植业、渔业和畜牧业也在很大程度上得到恢复和发展。与此同时，长期陷入停顿状态的工业也起死回生。由于开始推行改革和对外开放政策，经济生活日益活跃，外资也开始涌入柬埔寨。但是，经济的发展仍然面临着许多问题，特别是通货膨胀率居高不下，工业的复苏困难重重，人民生活水平提高缓慢。

1982年7月，西哈努克亲王、宋双、乔森潘三方组成民主柬埔寨联合政府。1990年9月组成柬全国最高委员会，西哈努克任主席，10月23日，柬埔寨问题国际会议在巴黎召开，签署了《柬埔寨冲突全面政治解决协定》。

（五）柬埔寨王国政体的恢复与经济的发展

1．1993年大选和实施新宪法

1993年5月，在联合国监督下，柬埔寨举行了大选，重新选择了君主立宪制的政治体制，建立了两党联合政府，柬埔寨经济的发展进入了一个新的时期。新政府产生以来，为重建柬埔寨经济新秩序做出了努力，并已取得成效。

1993年9月，柬埔寨颁布实施新宪法。根据新宪法精神，新政府强调要继续推行经济改革和对外开放政策，并将实行市场经济作为国家的新型经济制度载入宪法。柬埔寨当前所实行和正在不断完善的市场经济是“自由市场经济”，其基本特点是：农村土地全部分给农民，企业全部实行私有化，国家不控制工业企业；国家除了不出卖土地之外，任何行业和领域都允许外国投资者前来投资；外汇可以自由兑换，也可以自由汇出国外。

自由化经济政策的推行，有力地促进了新时期柬埔寨经济的发展。大选后的第二年，柬埔寨经济便突破以往多年的徘徊局面。

不幸的是，正当柬埔寨经济健康发展之际，1997年7月，第一首相拉那烈与第二首相洪森之间因权力之争而爆发了“七月事件”，导致国内战端再起，给柬埔寨经济的发展前景蒙上了阴影。

2．1998年大选和实现民族和解

1998年7月底，柬埔寨举行了第二次大选，人民党、奉辛比克党、高棉民族党（即桑兰西党）均未获得2/3选票，不能单独组阁。在经历了4个多月的政治危机之后，人民党与奉辛比克党达成妥协，再度携手，于11月30日组成联合政府。拉那烈出任国会议长，洪森出任政府总理。12月5日，前“红色高棉”最后一批武装力量向政府投诚，柬实现民族和解，进入和平发展新时期。人民党和奉辛比克党两大执政党在政府和国会等各机构保持团结合作，努力落实施政纲领，致力于巩固民族和解的成果，集中精力发展经济，行政、军队、司法和财政四大改革初见成效，对外关系进一步拓展，国际环境得到进一步改善。

2000年1月1日，反对党主席桑兰西称，柬君主制是没有希望和垂死的制度，鼓动人民起来为建立“现代国家”而斗争。桑兰西的讲话遭到柬各界人士的广泛批评。西哈努克国王发表电视讲话，谴责反对君主制和佛教制度的言论。人民党和奉辛比克党发表声明，强烈谴责桑兰西的危险言论。洪森首相公开发表讲话说，柬埔寨的君主制将一直存在下去。2月，人民党和奉辛比克党在中央和省级成立两党协调委员会，旨在维护和巩固两党合作关系。5～6月，由自由工会领导的制衣厂工人连续进行大规模罢工和示威游行，要求提高月薪、缩短工时、享受与公务员相同的假期。11月24日凌晨，近百名“自由高棉”武装分子对金边市内国防部、内阁办公厅、负责国家高级领导人安全的70旅一营地等军政目标发动袭击，柬军方和警方迅速平息了暴乱。

2001年1月18日、2月14日，柬国会和参议院分别通过地方选举法，柬首次乡级选举于2002年2月3日举行。5月24日，人民党主席谢辛和奉辛比克党主席拉那烈签署两党合作协议，确保2002年初地方选举自由公正顺利举行。

2002年2月，柬举行首次乡级选举。共有8个政党竞选全国1 621个乡区理事会的11 261个席位。人民党大获全胜，获乡、分区长职位1 598席，桑兰西党获乡、分区长职位13席，奉辛比克党获乡、分区长职位10席。7月23日，柬国会通过投票决定，第三届国会增加奥多棉吉省选区议员1名，故2003年大选后新一届国会拥有123席。8月21日，柬国会审议通过《选举法修正案》。新《选举法》将国家选举委员会成员由11名减为5名。

3. 2003年大选与新的政府和议会的组成

2003年7月27日，柬埔寨举行了恢复和平以来的第三届国民议会选举。8月30日，柬选委会公布了大选正式结果。在柬全国630余万登记选民中，近530万人投票，投票率为83%。柬埔寨共有23个政党参加这次竞选，但只有人民党、奉辛比克党和桑兰西党在议会中占有席位。其中人民党占有73席，奉辛比克党占有26席，桑兰西党占有24席。由于人民党中央委员会确定洪森为该党唯一的首相候选人，人民党的获胜则意味着该党副主席、时任首相洪森连任新一届政府首相。

然而大选后，由于三党在新政府首相人选等问题上分歧严重，新政府迟迟不能组成。2004年6月2日，柬埔寨人民党和奉辛比克党发表新闻公报声明，两党工作组经过近两个月的14轮会谈，就即将成立的第三届柬埔寨王国政府施政纲领完全达成一致。两党在新政府施政纲领、新国会领导层选举和新政府组成等重大问题上达成一致表明，柬埔寨在2003年7月大选后出现的长达10个月的僵局终于取得突破。7月14日，西哈努克国王发布王令，任命洪森为新一届政府首相并负责组建新政府。15日，国会通过投票表决，批准了以洪森为首相的新一届王国政府。新一届柬埔寨王国政府仍然由人民党和奉辛比克党联合组成。奉党主席拉那烈继续出任新一届国民议会议长，人民党名誉主席韩桑林取代人民党主席谢辛，出任新一届参议院主席。新一届国家权力机构的组成，标志着柬埔寨持续了11个月的政治危机已经结束。

4. 国民经济水平得到提高

进入20世纪90年代后，随着国内政局逐渐趋于稳定，柬埔寨经济也开始得到发展。柬政府实行对外开放的自由市场经济，推行经济私有化和贸易自由化，把发展经济、消除贫困作为首要任务。推进行政、财经、军队和司法等改革，提高政府工作效率，改善投资环境，取得一定成效。据2003年世界银行公布的数字显示，1996～2002年间，柬埔寨国内生产总值从23亿美元上升为32亿美元；人均国内生产总值从220美元上升为260美元。

第四节 政治体制与法律制度

一 概述

柬埔寨是东南亚国家中政治体制变动最大的国家之一。

独立后，在1954～1970年的约16年间，柬埔寨实行君主立宪制的政治体制。

1970年3月朗诺—施里玛达集团发动政变上台后，宣布废除君主立宪制，建立起所谓的“高棉共和国”；但以西哈努克亲王为首的爱国力量组成了柬王国民族团结政府并开展抗美救国斗争。

1975年4月柬抗美救国战争胜利后，1976年1月颁布新宪法，改国名为民主柬埔寨。

1978年12月，越南出兵占领柬埔寨，建立起

“柬埔寨人民共和国”。

1982年7月，西哈努克亲王、宋双、乔森潘三方组成民主柬埔寨联合政府。1990年9月组成柬全国最高委员会，西哈努克任主席。

1993年5月，在联合国斡旋和干预下，柬埔寨举行大选，11月柬王国政府成立，拉那烈和洪森分别任第一、二首相。同年颁布实施新宪法。1994年国会通过立法宣布民柬为非法组织。1997年7月，联合执政的人民党和奉辛比克党发生军事冲突，拉那烈流亡国外。1998年7月26日，柬举行第二次全国大选，人民党获胜成为第一大党，11月30日成立以洪森为首相的第二届政府。拉那烈获特赦后回国参选并担任第二届国会主席；12月5日，前民柬最后一批武装力量向政府投诚，柬实现民族和解，进入和平发展新时期。

二　宪法

柬埔寨现行宪法1993年9月21日经柬制宪会议通过，由西哈努克国王于同年9月24日签署生效。1999年3月4日，国会通过宪法修正案，新宪法由原来的14章149条增至16章158条。宪法规定，柬埔寨系君主立宪制王国，实行多党自由民主制和自由市场经济，立法、行政、司法三权分立。国王是终身国家元首、国家军队最高司令、国家统一和永存的象征，有权宣布大赦，根据首相建议并征得国会主席同意后解散国会。国王因故不能理事或不在国内期间，由参议院主席代理国家元首职务。王位不能世袭，国王去世后由首相、佛教两派僧王、参议院和国会主席、副主席组成的9人王位委员会从王族后裔中推选产生新国王。

三　立法机关

国会是柬埔寨全国最高权力机构和立法机构，设122个议席（2003年增补1名后为123席），每届任期5年。首届国会成立于1993年，有120个席位，其中奉辛比克党获58席，人民党51席，人民党主席谢辛（Chea Sim）任国会主席。1998年9月24日成立第二届国会，有122个议席，其中人民党64席、奉辛比克党43席、桑兰西党15席，诺罗敦·拉那烈（Norodom Ranariddh）任国会主席，下设2名副主席和9个专门委员会。第三届国会于2004年7月中旬正式成立，共有123个议席，其中人民党占有73席，奉辛比克党占有26席，桑兰西党占有24席，奉辛比克党主席诺罗敦·拉那烈任国会主席。

1999年，根据形势发展需要，新设立了参议院。宪法规定，参议院有权审议国会通过的条款并提出意见。参议院主席在国王因故不能视事时代理国家元首。在1999年3月25日成立的首届参议院中，共设61个议席，其中人民党、奉辛比克党和桑兰西党分别占31、21和7席，另两名参议员由国王任命。人民党主席谢辛（Chea Sim）出任参议院主席，下设2名副主席和9个专门委员会。2004年7月中旬，第二届参议院组成，人民党名誉主席韩桑林（Heng Samrig）出任主席。

四　政府

政府为国家行政机关，处理日常事务，由国会中的多数党领袖充任首相。首相、副首相及各部部长组成王国政府。第二届柬埔寨王国政府成立于1998年11月30日，设25个部和2个国务秘书处，共有82名内阁成员。主要成员有：首相洪森（Hun Sen）、副首相韶肯（Sar Kheng）、托罗（Tol Lah），国务大臣索安（Sok An）、迪班（Tea Banh）、吉春（Keat Chhon）、贺南洪（Hor Namhong）、卢莱斯棱（Lu Laysreng）、洪逊霍（Hong Sunhuot）、尤霍格利（You Hockry）、翁斯里武（Veng Sereyvuth）。2004年7月25日，经柬国会批准，组成了以洪森为首相的新一届柬埔寨王国政府。根据柬埔寨宪法规定，新一届政府任期为5年。

五　司法

法院分初级法院、上诉法院和最高法院三级。最高法官委员会监督法院工作，拥有遴选、任免法官的职权。委员会由国王主持，由国王、最高法院院长、总检察长、上诉法院院长和检察长、金边法院院长和检察长以及两位法官等9人组成。最高法院院长狄蒙蒂（Dith Munty）。柬无独立检察院，各级法院设检察官，行使检察职能。

六　政党

柬埔寨是一个多党制国家。在2003年7月27日举行的第三次全国大选中，柬埔寨共有23个政党参加竞选，但只有人民党、奉辛比克党和桑兰西党在议会中占有席位。

（一）柬埔寨人民党

原名“柬埔寨人民革命党”，最早起源于20世纪30年代的印度支那共产党，其成分十分复杂，包括从越南回国的共产主义知识分子、柬埔寨共产党内部的反对派、西哈努克政府和朗诺政府中的部分高级官员以及一些宗教界人士。1975年，柬共内部进行了大清洗，韩桑林等人脱离柬共后成立“柬埔寨救国民族团结阵线”，后更名为“柬埔寨人民革命党”。1979年1月越南大规模出兵占领金边后，韩桑林等人在越军支持下，成立“柬埔寨人民共和国”（即金边政权）。1981年，柬人民革命党召开五大，选举韩桑林为总书记。在1991年召开的特别会议上，该党进行了较大改组，党名改为“柬埔寨人民党”，选举韩桑林为名誉主席，谢辛和洪森分别当选正副主席，通过了新的政纲和党章，主张以“实现和平、统一、民主和国家重建与发展”为其主要政治主张。人民党是柬埔寨的第一大党，其党员人数号称200多万人。在2003年7月27日举行的第三次全国大选中，人民党获得简单多数的胜利，在国会123个议席中占有73席。由于未能获得占2/3以上的席位，在经过11个月的争执后，人民党最终决定继续与奉辛比克党联合，于2004年7月15日组成了以党的副主席洪森为首相的新一届两党联合政府。

（二）奉辛比克党

该党是“争取柬埔寨独立、中立、和平与合作民族团结阵线”的简称。1981年3月26日由西哈努克亲王在朝鲜平壤创立并任主席，1989年8月，西哈努克亲王辞去主席职务，由莫尼克公主和涅·刁龙任联合主席。1992年2月，阵线改为政党，由拉那烈王子任主席，涅·刁龙为名誉主席。拥有原“西哈努克民族主义军”和其他派别武装力量合并后成立的皇家军队。在1993年全国大选中以微弱多数获胜（获58席），被迫与实力较强的人民党联合执政，拉那烈任第一首相，控制45%的政府实力。由于与人民党矛盾不断激化，在1997年的“七月事件”后拉那烈被迫流亡国外。此后，奉辛比克党发生分裂，翁霍、罗新等人另立山头，该党实力受到很大削弱。1998年7月在第二次全国大选中成为第二大执政党。现有党员40万人。该党信奉西哈努克主义，拥戴西哈努克国王，坚持与人民党合作。主张对内实行政治民主化、经济私有化，对外奉行独立、和平、中立与不结盟，与一切友好政党建立和发展友好合作关系。

2002年3月1日，拉那烈在泰国曼谷主持召开奉辛比克党高层会议，商讨改善与巩固该党内部机制，总结乡区理事会选举失利的经验教训。3月21日，该党举行建党21周年庆祝大会，拉那烈主席在讲话中提出三个目标：维护君主立宪制度和自由民主多党制；忠于国王，维护民族和解，捍卫和平，继续执行非暴力和平解决问题的政策，通过和平方式解决国内纷争。9月，该党在西哈努克市召开党的高层研讨会，集中讨论2003年大选策略。在2003年7月27日举行的第三次全国大选中，奉辛比克党获得国会123个议席中的26席，为国会中的第二大党。在经过多轮谈判后，2004年7月15日，该党与人民党组成了第三届联合政府，党主席拉那烈出任国会议长。

（三）桑兰西党

高棉民族党的别称。该党是由原奉辛比克党重要领导人、原联合政府大臣桑兰西于1995年创立。该党建立后发展很快，1996年初党员人数已达7万人，并在好几个国家建立了海外支部。1996年3月底，该党与自由党合并，仍称高棉民族党；因桑兰西出任主席，故习惯上称“桑兰西党”。两党合并后，党员人数已突破10万。在1998年7月26日的大选中，该党获得70万张选票，成为柬埔寨的第三大政党，在国会122个议席中获得15席。在1998年11月30日人民党与奉辛比克党联合组成政府后，桑兰西党成为柬埔寨最大的在野党和柬埔寨国会中最大的反对党。在2003年7月27日举行的第三届大选中，桑兰西党获得国会123个议席中的24席。2004年7月中旬人民党与奉辛比克党组成新一届联合政府后，桑兰西党继续成为柬埔寨最大的在野党和柬埔寨国会中最大的反对党。

（四）佛教自由民主党

源于宋双等人于1979年创立的“高棉民族解放阵线”。后分裂为以宋双为首的“佛教自由民主党”和以沙索沙康为首的“高棉自由民主党”。佛教自由民主党在1993年5月的大选中获得10个议席，控制政府10%的权力，它所领导的“高棉民族解放军”大选后与柬埔寨政府军合并。1997年该党再次发生分裂，力量进一步遭到削弱，已大不如从前。在1998年和2003年的两次大选中，该党未获选票，因而没有产生多大影响。

七　主要政治人物

诺罗敦·西哈莫尼（His Majesty Norodom Sihamoni　1953～　）柬埔寨国王。前国王西哈努克和

前王后莫尼列所生之子。1953年5月14日出生于金边。1965～1967年在捷克布拉格念中学。1975年毕业于布拉格音乐艺术博士学院。1975～1981年曾在朝鲜学习拍摄电影,在法国巴黎任古典舞蹈与艺术师范学院教授。1981～1984年,任法国高棉舞蹈协会会长和德瓦芭蕾舞团团长兼艺术主任。1992年任柬埔寨全国最高委员会驻联合国代表。1993年8月起任柬驻联合国教科文组织代表,直至西哈努克退位前夕才辞去这一职务。他长期在法国工作。1994年被国王封为亲王。2004年10月14日柬埔寨王国王位委员会宣布,推选西哈努克国王之子诺罗敦·西哈莫尼继承王位,10月29日诺罗敦·西哈莫尼正式就任柬埔寨王国国王王位。

西哈莫尼对华友好。20世纪80年代，他曾和同父异母的姐姐诺罗敦·帕花·黛维率柬埔寨皇家舞蹈团到中国访问演出。西哈努克国王在北京期间，他也经常到京探望。王位委员会推选他为新国王时，他正和西哈努克国王一起在北京。西哈莫尼至今未婚。他除母语柬语外，还会法语、英语、捷克语和俄语。

洪森（1951～ ） 柬埔寨现任王国政府首相、柬埔寨人民党副主席。1951年4月4日出生于磅湛省一农民家庭。20世纪70年代参加柬埔寨人民革命军，历任连、营长。1981年当选柬埔寨人民革命党中央政治局委员。1990年9月参加柬埔寨全国最高委员会，1991年10月当选柬埔寨人民党副主席。1993年7月出任柬埔寨临时民族政府联合主席，同年9月出任柬埔寨政府第二首相。1998年12月任柬埔寨第二届王国政府首相。2004年7月任柬埔寨第三届王国政府首相。

诺罗敦·拉那烈（1944～ ） 柬埔寨现任国会主席、奉辛比克党主席。1944年1月2日生于金边，西哈努克国王之子。1968年获法国公共法学士学位。20世纪70年代在法国从事教学工作。1983年起从政，先后任西哈努克国王驻柬埔寨和亚洲私人代表，争取柬埔寨独立、中立、和平与合作民族团结阵线秘书长、主席，柬埔寨民族军总司令兼总参谋长。1990年9月参加柬全国最高委员会。1993年5月领导奉辛比克党参加柬全国大选获胜，并当选为金边选区议员。7月出任柬埔寨临时民族政府联合主席。9月任柬埔寨王国政府第一首相。11月被西哈努克国王册封为亲王。1997年7月初被罢黜第一首相职位，流亡国外。8月6日，柬国会撤销其议员豁免权。1998年3月，被柬军事法庭缺席判处30年徒刑，后被国王赦免。1998年率奉辛比克党参加全国大选，得票率仅次于人民党，位居第二。同年11月任第二届国会主席。1994年1月与洪森第二首相来华访问。1999年6月17～24日率国会代表团正式访华。2004年7月任柬埔寨第三届国会主席。爱好体育运动。夫人玛丽公主，有二子一女。

桑兰西（1949～ ） 柬埔寨反对党桑兰西党创始人和党主席。1949年3月10日出生于金边。1965年前往法国接受教育，先后获政治学、经济学、统计学和商业管理学学位。1992年回国从事政治活动。历任柬埔寨最高民族委员会委员、国会议员。1993～1994年出任柬埔寨王国联合政府财政部长，1995年以来，一直任桑兰西党主席。他所领导的桑兰西党现为柬埔寨第三大政党，也是柬埔寨国会中的第一大反对党。

第五节 经济

一 概述

柬埔寨独立以来，由于长期处于战乱和政局激变之中，经济发展受到很大的制约。进入20世纪90年代后，随着国内政局逐渐趋于稳定，经济也开始得到发展。

根据英国《国别报告：柬埔寨》（2005年11月）数字显示，2001～2004年，柬埔寨国内生产总值从38亿美元上升为49亿美元。同一期间，商品进出口总额从59.2亿美元降为56.7亿美元（其中进口从34.3亿美元降为31.9亿美元，出口从24.9亿美元降为24.7亿美元）。2004年平均汇率为1美元兑换4 098瑞尔。

近代以来，由华侨、华人构筑的华人经济一直是柬埔寨经济的重要组成部分。华侨、华人对柬埔寨经济发展的贡献，主要表现在3个方面：一是为柬埔寨拓荒造田、建立市镇立下了汗马功劳；二是带来先进技术，促进了柬埔寨现代工农业的形成和发展；三是促进柬埔寨的商品流通，加速了国内市场的形成。

1997～2004年柬埔寨主要经济指标见表3。

表3 柬埔寨1997～2004年主要经济指标

项目 \ 年份	1997	1998	1999	2000	2001	2002	2003	2004
国内生产总值（亿美元）	33	33	33	36	38	41	44	49
国内生产总值实际增长率（%）	3.7	1.5	6.9	7.0	5.5	5.2	7.1	7.7
消费价格指数（%）	8.0	14.8	4.0	−0.8	−0.6	3.2	1.2	3.8
人口（百万）	11.6	12.3	12.8	12.9	13.0	13.3	13.5	13.8

资料来源 英国《国家报告：柬埔寨》2005年11月。

二 农业

柬埔寨是一个落后的农业国。农业是柬国民经济的主要支柱。农业人口约占总人口的85%，占劳动总人口的77%。可耕地面积680万公顷，其中可灌溉面积占耕地面积的16%。在农业这个最大的产业部门中，起基础性作用的是种植业。

（一）种植业

包括粮食作物种植和经济作物种植。

1. 粮食作物

柬埔寨粮食作物具有明显的热带气候特征。其粮食包括主粮和杂粮两大类。稻米是主粮，其中又分为水稻、旱稻和漂稻等。杂粮作物主要有玉米、木薯、白薯、豆类等。

柬埔寨稻米主要是水稻，种植面积为480万公顷，分布在排灌条件较好的广大平原地区，湄公河、洞里萨河、巴萨河沿岸为主要产稻区。按季节，可分为雨季稻和旱季稻两种。其中，雨季稻播种面积较大，约占全国水稻面积的85%～90%，但单产量较低，每公顷平均产量约800～1 000公斤。旱稻是一种山地作物，主要分布于灌溉条件较差的山区。虽然适应性强，对气候、土壤、水分要求不高，但产量极低，因而播种面积不大。漂稻是一种深水稻，主要分布于洞里萨湖和湄公河沿岸的洪泛区，生长期长达8～10个月，产量不高，播种面积不大，但米质好，深受欢迎。

由于受长期战乱和气候条件的影响，柬埔寨稻谷生产很不稳定。20世纪70～80年代期间，大片稻田荒芜，粮食基本不能自给。1993年大选产生新政府以后，随着政局的好转特别是农村经济自由化政策的实施，稻谷产量也迅速增加。耕地面积已从20世纪70年代末期的不足100万公顷增加到1996年的280万公顷，其中稻谷面积已突破200万公顷。20世纪80年代，绝大多数年份粮食总产量在200万吨左右徘徊。1996年，虽然遭受了严重水灾，但其稻谷总产量仍达到26年来的最高点，突破了1970年380万吨的记录，达到400万吨。2001年稻谷总产量为409万吨。柬埔寨大米生产仍有巨大潜力，随着播种面积的不断扩大，农田水利建设的发展以及抗灾害能力的不断提高，其大米总产量还可以在现有基础上翻番，达到约800万吨。

玉米是最重要的杂粮作物，主要有红玉米和白玉米两个品种。红玉米作为上等饲料，主要用于出口，因而种植面积比白玉米大。20世纪60年代末期，玉米种植面积达到14万公顷，总产量达20多万吨。此后，产量大幅度下滑，90年代末年产量不足20万吨。此外，比较重要的杂粮作物还有木薯和豆类。

2. 经济作物

柬埔寨经济作物又分为工业原料类经济作物、油料香料类经济作物和水果类经济作物。

工业原料类经济作物主要有橡胶、胡椒、糖棕榈、烟草、麻类、棉花等。其中橡胶是最重要的经济作物，也是其最重要的出口物资。2002年全国橡胶园有10万公顷，年产橡胶5万吨。棉花的产量不多，每年生产约100吨。烟草由于受到政府的重视，2001年以来产量有所增加，其中一部分作为国内卷烟工业原料，一部分出口国外特别是泰国。甘蔗年产量约15万吨。

油料和香料类经济作物主要有胡椒、咖啡、花生、芝麻等。

水果类经济作物最常见的有椰子、香蕉、柑橘、芒果、菠萝、木瓜、榴莲等。柬埔寨曾经是东南亚地区的主要椰子生产国。由于遭长期战乱的破坏，椰子产量已微不足道。1998～2001年柬埔寨主要粮食作物和经济作物产量见表4。

表4 柬埔寨1998～2001年主要粮食作物和经济作物产量 （万吨）

类别＼年份	1998	1999	2000	2001
稻谷	351.0	404.0	402.6	409.9
玉米	4.9	9.5	18.3	17.4
木薯	6.7	22.8	14.5	14.2
蔬菜	21.7	18.2	16.6	18.5
蔗糖	13.3	16.0	21.3	16.9
烟草	1.0	0.6	0.6	0.5
橡胶	3.6	4.6	3.6	4.9

资料来源 英国《国家报告：柬埔寨》，2004年度报告。

（二）畜牧业

作为重要经济部门之一，柬埔寨畜牧品种主要包括家畜和家禽两大类。2001年主要家畜存栏数是：奶牛349万头；水牛62万头；猪211万头。主要家禽存栏数为1 525万只。随着畜禽存栏数的增加，畜禽产品产量也迅速增加。

（三）渔业

渔业在柬埔寨国民经济中占有重要地位，1996年约占其国内生产总值的3.5%。渔业包括水产捕捞和水产养殖两大部分。水产捕捞则包括海洋捕捞和内湖捕捞。1996年，全国鱼产量约36万吨，包括内湖捕捞、淡水养殖和海洋捕捞。近年来，其每年的鱼产量均在40万吨左右徘徊。海洋捕捞主要在泰国湾本国的领海内进行；内湖捕捞则在洞里萨湖作业。20世纪80年代中期，洞里萨湖每天可捕捞50吨以上淡水鱼。由于设备落后，海洋捕捞产量很低，只能在资源日益减少的浅海地区作业。柬埔寨发展水产养殖具有得天独厚的条件，既可在沿海一带发展浅海养殖，也可在内陆面积广大的湖泊、河汊发展淡水养殖。淡水养殖发展很快，已有相当规模。

（四）林业

柬埔寨森林资源丰富，主要分布在北部、东北部、西部和西南部的广大山区，其树种有200多种。其中，贵重的热带林木树种有柚木、铁力木、紫檀、观丹木等。林业在国内生产总值中的比重约达20%，木材和橡胶是主要出口创汇农林商品。20世纪60年代，全国森林面积约为1 320万公顷，森林覆盖率高达73%，有一半以上可作商业性开发。由于长期的战乱造成无节制的乱砍滥伐，林业资源在20世纪70～80年代期间遭到巨大破坏。据统计，到1996年森林面积已降至890万公顷，森林覆盖率降至49%，原始森林仅存400万公顷，全国木材蓄积量估计已降至82.13亿立方米。1993年新政府成立后，尽管采取了种种措施来保护林业资源，力图使林业合理有序地发展，但总体来讲收效甚微。如果不采取有效措施，用不了多少年，森林资源的优势将不复存在。林产品加工技术和设备都还很落后，加工能力有限，其木材产品的出口主要是原木、锯木、木板和胶合板。目前，原木和锯木已被禁止出口。

三 工矿业

柬埔寨工矿业基础薄弱，门类单一，大多数工厂机器设备陈旧，原料缺乏，技术落后。近年来，外商投资建立了部分服装、纺织、轻工产品生产和农林产品加工等企业。主要工业产品为服装、卷烟、食品饮料、木材制品等。制衣业为柬最大工业。2002年制衣业出口14.67亿美元，同比增长19.7%，占出口总值的98.7%。

（一）采矿业

柬埔寨矿产资源有限。已探明的金属矿种主要有：铁矿，已发现30多个矿点，估计储量约700万吨，主要分布在东北部的磅同和上丁两省。锰矿，已在磅同省发现2个矿床，储量约12万吨。铅矿，已发现矿点，散布于东北部地区，储量不明。金矿，已知的矿点有7个，主要分布在东北部地区。铜矿，已发现6个矿点，主要分布在东北部地区。此外，还发现锌、银、钨、锡等，但大多储量较小，无开采价值。已探明的非金属矿藏主要有煤、磷。煤的储量约700万吨，磷的储量约800万吨。红、蓝宝石开采价值较大，主要产于西部的拜林和东北部山区的博胶。已进行过不同程度开采的，主要有铁矿、煤炭、磷矿和宝石等矿种。其中，磷矿和宝石的开采已形成规模。

（二）能源工业

柬埔寨能源工业落后。是一个贫油国，其领土、领海内是否有石油和天然气资源，特别是具有工业开采价值的油气资源，情况尚不十分明朗。因而，其石油产品均需进口。柬埔寨的电力工业主要有水力发电和柴油发电，其中以柴油发电为主，水力发电次之。火力发电、风力发电、地热发电、潮汐发电以及核能发电仍属空白。

按官方统计，20世纪90年代，全国每年的发电能力只有约35兆瓦，其中30兆瓦为柴油发电，5兆瓦为水电。此外，许多工厂和企业单位（包括规模较大的宾馆）都备有发电机自己发电。包括未并入电网的各单位自己的发电，全国每年电力生产能力约达100兆瓦。

20世纪90年代，金边市的电力基本上为柴油发电。金边市4家最大的发电厂均烧柴油。此外，磅逊、马德望、奥多棉吉以及磅湛、磅同等较大的城市和省会，都建有柴油发电厂。这些柴油发电厂的绝大多数都是由前苏联援建的。1993年以来，王国政府为修复被战争破坏的各种基础设施，包括发电和供电系统做出了很大努力，取得了一定成效。柬埔寨金边周围地区供电工程于2002年3月5日落成，供电工程的供电网络将覆盖金边市周围的水净华地区、波成东地区、罗塞胶地区和金边市南部的干丹省省会及省会以南地区。供电工程正式投入使用，基本上解决了金边市周围地区的民用供电和部分工业用电问题，从而促进了金边市的工业、电讯业等迅速发展。

柬埔寨水电资源非常丰富，其水能储量高达8 000万千瓦。纵贯北南的湄公河和作为湄公河主要支流的色功河、桑河、龙川河、特诺河都有修筑大坝、建大型水力发电站的有利条件。20世纪60年代，湄公河委员会曾对柬埔寨水电资源的开发进行过规划，先后拟订了上丁水电航运灌溉和洪控综合工程（坝高180米，装机容量540万千瓦）、桑坡水电航运和灌溉综合工程（装机容量320万千瓦）、马德望水电和灌溉综合工程（装机容量31.5万千瓦，年发电17.4亿千瓦小时）、特诺河水电和灌溉综合工程（总装机容量6万千瓦，年发电量3亿千瓦小时）、多韦奥贝水电工程（总装机容量4万千瓦，年发电量2 200万千瓦小时）。不幸的是，自20世纪70年代初起柬埔寨便陷入长期的战乱之中，因而上述计划至今绝大多数未能付诸实施，曾经一度上马的也很快下马。迄至80年代中期，全国仅存的几座水电站（包括基里隆水电站）规模都很小，发电量很少。

进入20世纪90年代以后，随着政局的日益稳定，政府急切希望外商前来投资水电业。政府将17项水电工程定为“优先工程”。据亚洲开发银行估计，这些工程至少需要2 300万美元的投资。2001年，修复了基里隆水电站，架设了从基里隆到金边100多公里的输电线路。柬埔寨电力公司还与越南和泰国的电力公司达成协议，通过向越、泰两国购买电力改善边界城镇的缺电状况。此外，政府也积极鼓励发展小水电事业，将东北部的蒙多基里省定为发展小水电事业的示范省。

（三）冶金工业

由于没有大型的金属矿产资源可供开采，柬埔寨至今没有自己的冶金工业。20世纪80年代期间，国内所需钢材、铝材、铜材等基本金属产品完全从苏联和东欧国家进口。90年代初期以后，由于苏联、东欧发生剧变，柬埔寨转向从亚洲国家进口所需的钢材等金属产品。目前，尚无大规模金属冶炼能力。

（四）化学工业

柬埔寨化学工业主要包括橡胶加工业和日用化工业。橡胶制品主要有自行车、摩托车和汽车内外胎、塑胶凉鞋、球鞋、胶皮水管以及工业用胶皮带等，20世纪80年代末期年产值约2.5亿瑞尔（约合160万美元）。日用化工业也只能生产一些诸如磷肥、油漆、电池、氧气、碳化钙等极为普通的产品，且生产工艺落后，产品质量不高，产量有限，主要供国内消费。

（五）机械工业

柬埔寨的机械工业仅仅有一些五金机械产品的制造和机械设备的维修、组装行业。其产品主要包括各种铁钉、铁丝、厨具、犁具、各种农具、机械零部件以及自行车零件等。进入20世纪90年代以来，随着市场需求的日益扩大，柬埔寨的机械工业有了较大发展。如果按1989年不变价格计算，1996年机械工业的产值约达7.5亿瑞尔。一些新的、规模较大的企业相继建立起来，原有的一些企业技术设备也得到了明显改善，而且还建立了几家拖拉机、摩托车和汽车修配厂。但是，其机械工业仍十分落后，大型机械设备仍依赖国外进口。

（六）建材工业

柬埔寨建材工业门类单一，只有一些规模较小、设备简陋的建材工业企业，只能生产数量有限的砖瓦、水泥、平板玻璃；而建筑所用钢材和绝大部分水泥均需进口或靠国外无偿援助。目前只有一家水泥厂，即20世纪60年代由中国援建的窄格亭水泥厂，设计能力年产水泥15万吨。1997年3月，韩国最大的水泥公司即东洋水泥公司，投资2亿美元在贡布省兴建一座年产80万吨的水泥厂，已于2000年投产。随着建筑业的发展，近年来砖瓦生产发展很快，砖瓦厂比比皆是。据初步统计，仅金边及其周围地区，大大小小的砖瓦厂就有上百家，而且还有多家正在筹建之中。其中，绝大多数均为烧柴的小窑，每窑能烧约8万块砖。由中国援建和中国技术人员管理的柬埔寨第一砖瓦厂是规模最大、技术设备最先进、产量最高的砖瓦厂，占地11公顷，由32个小窑组成，每天可轮流烧出10万块砖。

（七）纺织工业和成衣制造业

20世纪60年代，柬埔寨的纺织业就有一定规模。70～80年代，由于战乱，纺织业陷于瘫痪。80年代末期以后，纺织业开始复苏，到1993年大选前夕，全国已有11家纺织厂恢复生产。但是，由于技术落后，设备陈旧，原料缺乏，目前纺织业困难重重，效益欠佳。与此同时，近年来所兴起的成衣制造业则显现出良好的发展前景。根据柬埔寨发展委员会的报告，截至1996年7月，全国拥有出口许可证的成衣厂已有38家，从业人员1.6万人。其中绝大多数为外资企业。1996年，成衣出口额已达到8 000多万美元。2002年，制衣业出口已猛增至14.67亿美元。

（八）食品加工业

该行业是目前柬埔寨轻工业中规模最大、发展最快、创产值最多的一个工业部门。主要包括碾米、制糖、饮料生产、酿酒、制冰、磨面、各种糕点、糖果和罐头生产。当前，柬埔寨食品加工业面临的主要问题是技术设备陈旧，缺乏机器零部件和原材料，绝大多数企业生产能力低下，产品质量不高，主要满足当前消费水平较低的城乡人民的日常生活需要。

（九）日用消费品工业

主要指卷烟、纸张、皮革、塑料制品、玻璃制品等行业。柬埔寨卷烟生产已有很久的历史，20世纪90年代中期，全国有3个规模较大的卷烟厂。目前，卷烟年产量约2.4亿支，其中过滤嘴香烟1.5亿支，非过滤嘴香烟9 000万支。此外，在造纸、制革等方面，柬埔寨也有一定基础，但产量有限，质量也不高。

四　建筑业

过去的20多年中，柬埔寨建筑业发展缓慢，至今仍比较落后。20世纪80年代末期，在国民经济各部门中，建筑业所创产值排在农业、工业、商业和侨汇之后，名列第五位，仅占其国内生产总值的4%。其中，国营企业所创产值占26%，私营企业所创产值占74%。就建筑队伍的素质及技术设备而言，也是比较落后的。直到1983年，柬埔寨政府才在苏联帮助下建立了国营建筑公司，共有3 000多名建筑工人，全套设备均由苏联提供，但长期也只能从事些修路架桥和维修政府办公楼的简单任务。20世纪90年代以来，专业建筑队伍迅速扩大，设备不断得到改善，技术也大为提高，业务范围迅速扩大到宾馆、饭店和其他公共设施的建设。但是总体来讲，他们至今仍不能独立承担大型项目的设计和施工。

五　交通运输及邮电

交通运输以公路和内河运输为主。主要交通线集中在中部平原地区以及洞里萨河流域。北部和南部山区交通闭塞。

（一）公路

公路是柬埔寨交通运输网络中极为重要的组成部分。截至2002年底，全国公路总长约1.5万公里。最主要的公路有4条：1号公路（金边—越南胡志明市）；4号公路（金边—西哈努克港）；5号公路（金边—马德望—泰国边境）；6号公路（金边—磅同—暹粒—吴哥古迹）。

1993年新政府成立后，为适应战后经济重建的需要，加大了对公路交通建设的力度，一是加大了财政投入，二是大力吸收外资。重点是修复遭受战火严重破坏的公路设施，在恢复通车的基础上提高公路等级。金边至越南胡志明市的高速公路已于1998年开工，于2000年竣工，结束了柬埔寨没有高速公路的历史。

（二）铁路

柬埔寨铁路运输发展相对滞后，铁路运输事业虽然起步较早，但起点低，发展十分缓慢。从20世纪60年代中期至20世纪末的约30多年间，不但未新修1公里铁路，即使原有铁路也因长期战乱的破坏和设备老化而处于瘫痪状态。截至2002年底，全国只有两条铁路：金边—波贝铁路，全长385公里，1930～1940年间建成，可通曼谷；金边—西哈努克市铁路，全长270公里，20世纪60年代建成，是交通运输的大动脉。以上两条铁路全为米轨，设备简陋，年久失修，运输能力很低。

（三）水运

包括内河航运和远洋运输。

内河（湖）航运是柬埔寨交通运输体系中的一个重要组成部分。内河航运以湄公河、洞里萨湖为主，主要河港有金边、磅湛和磅清扬。雨季4 000吨轮船可沿湄公河上溯至金边，旱季可通航2 000吨货轮。湄公河—洞里萨河与洞里萨湖水系有长达2 399公里的航线，目前总通航里程达1 800公里，其中有321公里可以全年通航，另有534公里在雨季的高水位期间可以通航小火轮。丰水期载重量5 000吨以下的船只，枯水期载重量2 500吨以下的船只，可由湄公河河口经越南南部直抵金边港和磅湛港。连接湄公河和洞里萨湖的洞里萨河金边—磅清扬段约100公里，终年可通行载重量50吨以下的船只，丰水期可通航300吨以下的船只。进入洞里萨湖以后则可通航载重量25吨以下的机帆船。由于长期的战乱，内河航运的发展受到严重影响，航道淤塞，船只破损，运力低下。近年来，随着战后经济重建的全面展开，由于受到各级政府的重视，内河航运出现了良好的发展势头。

柬埔寨远洋运输比较落后，但对于其发展对外经济关系却起到极为重要的作用。西哈努克港为主要对外海港，进出口货物绝大部分都需经由金边港和西哈努克港进出。经由金边港，远洋船只可顺湄公河而下入南中国海，然后抵达世界各港口；经由西哈努克港，则可以直接抵达世界五大洲。

（四）港口

柬埔寨有两个国际商用港口：西哈努克港和金边港。

西哈努克港 柬埔寨最大的海港。20世纪70～80年代期间称磅逊港。它是柬埔寨与外部世界进行经济交往的海上通道的重要起点。该港于1960年由法国援建，水深港阔，其主航道水深8.5～9米，港口建有693米钢筋混凝土码头，包括290米“桥”，可同时容纳4艘万吨轮停靠码头。港口日装卸能力约1 000吨。港区建有3.6万平方米仓库，储货能力6.4万吨。港区还建有一个能修理350吨船只的浮船坞。港区有铁路和公路直接与金边相连，港口东南约10公里处建有飞机场。该港是柬埔寨对外贸易的咽喉，全国对外贸易物资的约70%由这里出入。20世纪90年代末，该港货物年装卸能力约100多万吨。

金边港 既是河港，也是海港。位于首都金边湄公河和洞里萨河交汇处，距湄公河口332公里。丰水期5 000吨以下、枯水期2 500吨以下海轮可由湄公河口直接驶入，或由金边港经湄公河直接出海。港口有185米的钢筋混凝土泊岸码头以及540米浮动码头。港区有12个仓库，总建筑面积1.2万平方米，能储存货物1万多吨。该港每天可装卸货物200～250吨，每年能接待159～200条船装卸货物。迄至20世纪末，每年装卸货物约15～20万吨，其中约10万吨出口物资。20世纪60年代末期，日本公司曾承包金边港的扩建业务，后因战争而停顿。1995年，日本政府再次决定援建金边港。

此外，重要的海港还有：云壤港（军用港口）、戈公港（渔港）、白马港（渔港和商港）。重要的内湖、河港口还有：磅同港、磅清扬港、洞里贝港、什里安贝港、上丁港、暹粒港。

（五）航空运输

20世纪60年代，柬埔寨已有大小机场26个，但大多质量较差，在以后的战乱中废弃了不少，到80年代中期还有13个能够使用。迄21世纪初，规模较大并能正常使用的实际只有波成东国际机场和暹粒机场。

柬主要航空公司有金边王家航空公司、总统航空公司、暹粒航空有限公司等。辟有金边—曼谷、金边—胡志明市、金边—万象、金边—吉隆坡、金边—新加坡五条国际航线。外国航空公司在柬开辟的主要航线有：金边—曼谷、金边—广州、金边—香港、暹粒—曼谷、金边—上海、金边—新加坡、金边—台北、金边—高雄、金边—胡志明市、金边—万象、金边—普吉、暹粒—昆明等航线。有波成东和暹粒两个大型机场。

波成东国际机场位于金边以西8公里处，始建于1953年，机场跑道长3 000米，宽40米，可供大型喷气客机如波音系列飞机起降。1993年大选后，奉辛比克党控制的柬埔寨皇家航空公司（Royal Air Cambodge）与马来西亚航空公司联营，柬政府拥有60%股权，马方拥有40%股权。1997年“七月事件”后，第二首相洪森于8月8日宣布正式恢复1994底被迫停业的柬埔寨航空公司（Kampuchea Airlines）。该公司与泰国东方航空公司联营，柬方占51%的股份，泰方占49%的股份。该公司首先恢复了金边—新加坡航线。迄21世纪初，香港港龙航空公司、新加坡胜安航空公司、马来西亚航空公司、中国国际航空公司、中国西南航空公司、中国东方航空公司、中国南方航空公司等国外航空公司都已在金边开办业务，已开通的国际航线有10多条。金边至曼谷、新加坡、吉隆坡、胡志明市、香港、巴黎、洛杉矶、旧金山、广州、北京、上海、厦门、武汉、福州、汕头、杭州、成都、海口、青岛、大连、昆明、沈阳、重庆等地都有直接航班或联运业务。1996年，共有25.5万国内游客和61.3万外国游客经由波成东国际机场出入。2001年，波成东国际机场的旅客出入量约达120万人，其中国外游客80万人，国内旅客40万人。

（六）邮政电讯

1993年大选以来，柬埔寨邮政事业已有很大发展。一是服务范围扩大，全国1 300多个乡中，大多数乡邮件已能直接通达；二是处理邮件的数量猛增，1988年金边政权所属邮政总局共处理55万份邮件，到1995年，处理邮件的数量已达到160多万份；三是随着国际交往的日益增多，特别是航空事业的发展，国际邮件数量大大增加，传递速度大大加快。

柬埔寨的电讯业包括有线通讯和无线通讯业。按1997年的统计数字，其电话占有率为每100人不足0.5部。由澳大利亚国际电讯公司于1992～1993年为联合国驻柬临时权力机构安装的价值5 000万美元的电讯网络，目前仍然在柬埔寨通讯业中发挥着重要作用，联系着21个省市。但是，迄20世纪90年代末仍只有少数乡镇通电话。值得注意的是，无线通讯近年来发展比较快。1997年，金边市已有4个移动电话服务网开业。此外，还建立了数家传呼公司，比如联通、福铃等。

根据柬埔寨邮电部的统计，到2002年底，柬埔寨共有固定电话用户4万户、移动电话用户43万户。移动电话用户的数量已经超过固定电话用户数10倍，固定电话和移动电话的普及率分别为0.34%和3.3%。固定电话和移动电话用户主要分布在首都金边（占85%）和各省城市。

因特网近几年刚在柬埔寨发展起来，其他数字通信方式则更属刚刚起步。据柬埔寨邮电部统计，到2001年底，柬埔寨的因特网用户仅有5 096个。

六　财政金融

（一）财政

1993年大选后，柬埔寨联合政府为了改善财政状况，采取了两条重要措施，一是放慢中央银行对政府的贷款；二是制定并公布实施了《预算基本法》，从而将国家预算纳入法制化轨道。此外，还在建立合理的税收体系和使预算合理化方面作了有益的探索。与此同时，政府努力拓宽收入基础，逐渐改变收入过分依赖外援和关税收入的状况。这些努力已取得一定的成效。在2005年的财政预算中，赤字在国内生产总值中的比重已降至3.9%。2005年外汇储备约7.65亿美元。2000～2005年财政收支情况见表5。

表5　　柬埔寨2000～2005年财政收支情况　　（亿瑞尔）

年份 收支	2000	2001	2002	2003	2004	2005
收入	14 755	16 934	21 670	15 880	20 618	21 270
支出	12 061	25 009	34 096	26 626	27 881	29 700
差额	2 694	−8 025	−12 426	−10 746	−7 263	−8 430

资料来源　柬埔寨财经部资料（转引自中国外交部网站）。

（二）金融

为了建立健全金融体系，1993年大选以后，柬埔寨政府采取了一系列措施，其中最主要的，一是控制货币供应的增长；二是加强国家银行的自主地位，建立合理的银行体制。为了有效地控制货币供应的增长，政府责成职能金融机构加强对公共部门贷款的管制，但是这一措施并未取得成功。由于货币供应量大幅度增加，通货膨胀的压力也日益加大。另一方面，为了加强柬埔寨国家银行的自主地位，使金融业向正规化方向迈进，国会于1996年批准并公布实施了《中央银行法》。2002年全柬共有17家银行，包括柬国家银行（中央银行）和16家商业银行。

总体来讲，近年来柬埔寨金融已有很大发展，正逐渐步入正轨，主要表现是：第一，国家银行机构日益健全，实力日益增强，逐步成为制定货币政策、发行货币、管制外汇的根本性银行。第二，各种专业银行（包括国内国外的、公营私营的）不断涌现，正在形成一个初具规模的银行网络。第三，股票市场已列入计划，呼之即出。

七　国内贸易

1993 年大选以来，柬埔寨新政府相继采取了许多措施来促进商业的发展，取得了较好的效果。其中主要措施有两条：一是创造宽松环境，放手发展。根据新宪法关于"实行市场经济体制"的精神，新政府彻底取消了计划经济时代对商业发展的不利限制，从所有制结构上彻底废除了国营商业的垄断地位，积极鼓励私营和个体商业发展。二是加强法制建设，力图使商业健康有序地发展。为此，已相继实施了多项规定，并正在着手制定商业法。21 世纪初，柬埔寨已真正形成了市场繁荣、物价基本稳定的局面。主要表现是：一方面，已基本形成了以首都金边为中心，向全国各省会城市辐射，各省会城市又向广大基层城镇辐射的多层次商品批发和交易网络。另一方面，商品货源充足，品种齐全，与 20 世纪 80 年代货架空空如也的状况形成了鲜明对比。金边市固定的自由市场，大型的已有 10 多个，中小型的已有 30 多个。

八　旅游业

柬埔寨旅游资源非常丰富，有 3 个显著特点：一是自然环境优美，二是民族风情独特，三是历史文化遗迹和古迹众多。这里气候适宜，山川瑰丽，景色迷人，有高山、平原、湖泊、河流、大海，既可进行旅游探险，也可以进行休闲漫步。这里高棉民族独特的居住方式、生活习惯、婚姻习俗以及异彩纷呈的民族歌舞，能使人领略大千世界的多姿多彩。而以吴哥古迹、金边王宫建筑群为代表的历史文化遗迹则展示了柬埔寨悠久的历史和灿烂的文化，每年吸引着八方游客前往观光。但是，由于长期的战乱，柬埔寨的旅游资源并未能很好利用，其旅游业发展缓慢。1993 年新政府成立后，随着国内形势的日益稳定，旅游业进入了一个新的发展时期。1993 年，柬埔寨接待外国游客首次突破 10 万人，1996 年再创新高，达到 26 万人。在所有外国游客中，有 70% 来自亚洲国家，其中又以日本人占的比重最大。从统计资料来看，最有吸引力的景点是吴哥古迹群。游客的增多，还带动了旅馆饭店业的发展。21 世纪初全国标准客房已达3 000多间，金边市的五星级宾馆已有 2 家。其中金宝殿大酒店有 380 个标准间；五洲大酒店拥有 334 个标准间。

据柬埔寨旅游部统计，2001 年到柬埔寨观光的外国游客约 60.49 万人次，比 2000 年增长了 29.7%，其中有 26.4 万人次到吴哥游览，比 2000 年增加了 36%。外国游客主要来自美国、中国、法国和日本。2002 年，接待外国游客总数再创新高，已达到786 500人次。

第六节　外贸与对外经济关系

一　外贸

柬埔寨对外贸易落后，但 1993 年以来发展较快。1995 年外贸总额曾一度突破 20 亿美元。1997 年东南亚金融危机后，柬对外贸易受到较大冲击，1999 年进出口总额已超过危机前水平，达 21.61 亿美元，其中进口 12.27 亿美元，出口 9.34 亿美元。

2001 年柬埔寨进出口贸易总额为 58.21 亿美元，其中进口额为 34.31 亿美元，出口额为 24.9 亿美元。2004 年进出口贸易总额为 56.69 亿美元，其中进口为 31.93 亿美元，出口额为 24.76 亿美元。主要贸易伙伴为美国、欧盟，东盟、中国。进口货物主要是燃料、汽车及零配件、建筑材料、食品等；出口货物主要是成衣，其次是木材、大米等。2005 年进出口总额为 64.2 亿美元，其中进口额为 34.9 亿美元，出口额为 29.3 亿美元。柬埔寨 1990～2004 年主要对外经济活动指标见表 6；2004 年主要出口方向与进口来源见表 7。

表 6　　柬埔寨 1990～2002 年主要对外经济活动指标　　（亿美元）

项目 \ 年份	1990	1998	1999	2000	2001	2002	2003	2004
进出口	1.50	19.22	21.61	33.4	58.21	40.73	45.87	56.69
出口	0.35	7.95	9.34	14.01	24.90	17.55	20.27	24.76
进口	1.15	11.27	12.27	19.39	34.31	23.18	25.60	31.93
经常收支差额	−0.80	−3.32	−2.93	−2.07	−5.58	−1.28	−1.59	−2.41
外汇储备(亿美元)	–	3.24	3.93	5.02	5.87	7.76	8.16	9.43
汇率(瑞尔:美元)	–	3 744.4	3 807.8	3 840.8	3 916.3	3 912.1	3 973.0	4 016.0

资料来源　根据柬埔寨王国商业部和海关总署资料及英国《国家报告：柬埔寨》(2005 年 2 月）资料整理。

表7　柬埔寨2004年主要出口方向与进口来源

出口方向		进口来源	
国家地区	占出口总额（%）	国家地区	占进口总额（%）
世界总计	100.0	世界总计	100.0
其中：美国	58.4	其中：泰国	24.9
德国	12.2	中国香港	15.6
英国	7.2	中国	15.1
越南	4.6	越南	12.1
加拿大	4.3	新加坡	12.0

资料来源　英国《国家报告：柬埔寨》，2005年11月。

二　对外经济关系

柬埔寨20世纪80年代前，长期处于战乱和政局激变之中，经济发展严重受阻，使其成为世界上接受外援最多的国家之一。外援在财政收入中占较大比重，约占财政预算的40%。近年来，其外援主要来自以下几个方面：一是国际援柬会议和国际组织的援助。1992～1997年国际援柬会议承诺向柬提供的援助已达35亿美元；与此同时，共有98个国际组织向其提供了近10亿美元的各种援助。二是一些国家提供的援助，其中日本提供的援助最多，在1992～1996年的5年间，日本对柬援助总额达4.46亿美元。2002年度柬接受外援总额约10亿美元（包括各种贷款）。主要援助国及组织有日本、法国、德国、瑞典、英国、澳大利亚、亚洲开发银行、世界银行、国际货币基金组织、联合国开发计划署、联合国粮农组织等。2002年援柬咨询团会议承诺援柬6.35亿美元。

截至1998年10月，柬埔寨外债总额已达22亿美元，其中大部分为长期贷款。与此同时，国库只有3亿美元的外汇储备，其偿债能力极其有限。近年来，外汇储备大幅度增加，2002年，其外汇储备已达到7.76亿美元。

由于实行自由经济政策，所有行业都对外开放，鼓励外商投资，因此柬埔寨外商投资迅速增加。1994年柬国会通过《投资法》，以法律形式规定了为投资者提供优惠条件。外商投资方式有独资、合资、合作和租赁4种，生产性企业可由外商独资，贸易性企业不允许外商独资。柬政府还出台了一系列法规，同投资商建立了定期磋商和协调机制。至2002年底，外商投资总额累计已突破40亿美元。2002年，柬吸收外资2.426亿美元，比上年增加4.5%，其中柬人投资1.36亿美元。投资主要来自中国（含台湾）、马来西亚、韩国、泰国。

第七节　人民生活与社会保障

柬埔寨20世纪80年代以前，由于长期战乱与政局波动，人民生活贫困，其收入与消费水平在东亚国家中属最低之列。1993年大选，新政府成立后，经济逐步走上恢复与发展的轨道，但迄至21世纪初依然是世界银行所列的最低收入国家。

柬埔寨从事经济活动人口约有450万人，占总人口的47%左右，其中约有15%就业于服务业，80%从事农业、林业和渔业。由于柬埔寨社会经济比较落后，再加上国内政局波动较大，经济重建受到很大影响，每年创造的就业机会有限，因而就业压力越来越大。1994～1996年3年期间，全国新办企业仅50家，新增16 552个就业岗位，平均每年新增就业机会约5 500个。

在整个20世纪80年代，柬埔寨实行高度集中的计划经济，工资和物价都很低。当时，非熟练工人和低级公务员月薪为100～150瑞尔（约合15～16美元），熟练工人和中级公务员150～250瑞尔，高级公务员500瑞尔。此外，还得到一定数额的实物补助。1993年大选成立新政府实行市场经济体制后，政府多次进行了工资改革和调整。目前，低级公务员月薪约25～30美元，中级公务员50～60美元，高级公务员70～80美元。加上来自从事第二职业等方面的收入，在城市地区多数人可维持基本生活。而在乡村地区多数农民则处于贫困状态，2005年柬埔寨全国贫困线以下人口约占总人口28%。

柬埔寨的消费水平在东南亚国家中是最低的，2002年，柬全国有手机、电话座机共27万部，平均每千人有电话24部。人均卡路里摄入量仅2 021大卡。2005年人均国民生产总值仅388美元。

柬埔寨社会保障体系的建立目前正在探索之中。目前，包括年休、病休、解雇等在内的一些措施已陆续出台，正在试行中。关于年休，有关法律规定，职工每月可得1.5天年假，总计1年可获18天休假（星期天除外），工龄每延长3年，可多得1

天公休假。关于病休，虽无具体规定，但规定企业必须向职工提供必要的医疗保健设施。职工被解雇，需由企业按工龄长短付给一定的解雇费，并必须预先通知。女职工工龄已满1年的，可获90天产假，假期可获半额工资，等等。

柬埔寨的卫生保健条件是比较差的。2004年，每1万人中才有2名医生。缺医少药的现象十分严重，全国共有8家国有医院，68家省级医院和856家各级医疗中心。农村缺医少药，医疗设施较差。目前，全国约有1.3万名医务人员，其中医生约800名，医士约1 000名，其余为中级护士、中级助产士和初级护士及初级助产士。落后的医疗卫生条件，使得婴儿死亡率十分惊人，2003年高达97‰。绝大多数婴儿死于腹泻和麻疹、破伤风、疟疾等疾病。

第八节 教育 科技 文化

一 教育

20世纪60年代，柬埔寨文教事业一度有较大发展。自70年代后，因长期战乱，文教事业遭受严重破坏。近年来政府重视教育，兴建了一些学校。2005年全柬共有2 205所幼儿园，7.22万名入园儿童。6 063所小学，学生人数270万人；698所中学，学生人数46万人；26所大学（其中9所政府主办的大学，17所私立大学），学生人数4.1万人。2002年成人识字率为69.4%，在东南亚国家中，柬埔寨的识字率属于最低水平。

金边王家大学为综合性大学，始建于20世纪60年代，"民柬"时期停办，1980年复课。目前在校学生6 200人，教师400人，外国留学生120人。

二 科技

由于长期的战乱，柬埔寨科技水平落后。政府目前压倒一切的任务是巩固政权，稳定政局，尚无更多精力来促进科学技术的发展。但是，一些应用型科学技术的研究和推广，在一些部门已经逐步展开，比如，在水稻栽培、良种培育、渔业研究、畜牧兽医、林业研究等方面，都建有专门的研究机构，并且取得了一些进展。此外，对职工的技术培训，近年来也有很大发展。20世纪90年代初期在金边开办职业技术培训中心，开设了五金加工、机械设备维修、机床操作、木工、农机具维修、汽车维修、无线电、冷冻等专业，在培人员达到600多人。到20世纪90年代中期，全国已有15万名在职工人和政府职员接受了职业和技术培训，另有约8万名各级教师、2万名专业人员和高级技工、1.8万多名技术人员接受了不同程度的技术培训。

三 文化

（一）文学

古代柬埔寨文学有口头（民间）和书面（宫廷）两种。公元1～7世纪，柬埔寨的扶南王朝和真腊王朝初期，婆罗门教和大乘佛教流行，人们在兽皮上写字，也在石碑上刻字（用梵文），这是柬埔寨书面文学的开始时期。9～15世纪为吴哥王朝时期，书面文学仍然使用梵文，保存下来的仍然是一些为国王们歌功颂德的碑铭。印度史诗《罗摩衍那》此时已经被加工改编而广泛流传。15世纪中叶以后，直到19世纪末，吴哥王朝已经衰落，上座部佛教传入柬埔寨并广泛流行，巴利文代替了梵文的地位。20世纪前半叶，著名诗人有索丹波雷杰·恩（1859～1942），作品44部。著名小说家有林根（1911～1959），代表作是《苏帕特》。

1953年柬埔寨独立以后，文学有了长足发展，尤其是中、长篇小说发展较快，特点是贴近和反映现实生活。比较著名的有苏恩·索林的长篇小说《新太阳照在旧土地上》，梅帕特的长篇小说《汽车司机孙姆》《乡村女教师》和《苦力》，恩·琼的长篇小说《兰娜》，郑璜的中篇小说《何罪之有》等。

（二）艺术

柬埔寨的扶南王国建立于公元初年。从现在保留下来的文物看，扶南时期雕刻有大量的佛像和婆罗门教大神毗湿奴像。其艺术风格既承袭了印度雕刻风格，同时也有扶南工匠艺人自己的发展。

著名的吴哥古迹主要建筑于9～15世纪，当时那里是吴哥王朝的都城，最能代表柬埔寨古代建筑和雕刻艺术的水平，为人类艺术宝库中的珍品。吴哥建筑群包括数个著名的建筑集群，其中最著名的是吴哥通王城和吴哥窟。

吴哥通王城（Angkor Thom） 是"大吴哥"之意，建于9世纪，曾一再毁于战火。今天所见遗迹建于12世纪后半期至13世纪初。城呈正方形，城墙高约7米，厚3.8米，全部为石墙城，周长达13公里，城门用巨石砌成。城外有护城河，宽约百米，5座城门外各有一座横跨护城河的大桥。桥上两边各有27尊神态各异的石刻神像。石城内庙宇、宝塔、皇宫等建筑鳞次栉比，庄严雄伟。

吴哥通王城的走廊里密布着大型的浮雕，墙面没有留下一点空白，内容分别取材于印度史诗中的两大史诗《罗摩衍那》和《摩诃婆罗多》，以及高棉王国的战争等。连接各个庙宇的通道旁则布满蛇形和狮形雕塑。神庙完全是金字塔造型，阶梯陡峭，层层叠高，象征印度教里诸神居住的地方——弥楼（Meru）山。

位于吴哥通王城中心的巴戎寺（Bayon），是吴哥通王城的佛教艺术中心，12 世纪末由阇耶跋摩（Jayavarman）七世建造。这位君王创造了高棉历史上最鼎盛时期，吴哥建筑群中许多著名的寺庙都是那个时期修建的，包括塔布隆寺（Ta Prohm），豆蔻寺（Preah Khan），以及巴戎寺（Bayon）等。

吴哥窟（Angkor Wat）　即吴哥寺，又称小吴哥，是“塔城”之意，是吴哥地区最集中、最杰出的古迹。吴哥窟离暹粒约 6 公里，占地约 208 公顷。它是世界上最大的宗教建筑物，与其他世界奇观如泰姬陵或金字塔等齐名；不同的是它并非陵墓，而是一个提供心灵慰藉的宗教中心。

吴哥窟建于 12 世纪上半叶，主殿建在一个长 215 米、宽 187 米的三级台基上。殿上有 5 座尖塔，中央一塔最高，塔顶高于庭院地面 65 米，庄严雄伟，气势恢弘。吴哥窟整个建筑宏伟壮观，是柬埔寨古代石构建筑和石刻浮雕的杰出代表。其中长达 800 米的“浮雕回廊”，雕刻的是印度古代史诗《摩诃婆罗多》和《罗摩衍那》中的故事，是闻名世界的艺术瑰宝。

吴哥窟的建筑可分东西南北四廊，每廊都各有城门。从西参道进去，经一段长达约 600 米的石板路后方是正门。伫立在吴哥窟的外墙往里头看，有一种因为震撼所带来的木然的感觉，而今虽然已成废墟，但是这座建筑还是很壮观，很难想象在 它全盛的时候的磅礴气势。庙宇过去由巨大的护城河环绕着，现在这些护城河已几乎绝迹。

吴哥窟的“窟”字是英文寺庙（WAT）的意思，与敦煌莫高窟的“窟”，完全不同。15 世纪上半叶吴哥古都废弃，寺院随之荒芜。19 世纪中叶后重新修整。

柬埔寨音乐受到印度影响，但自成体系，且从 3 世纪开始就有乐人到中国来。中国隋唐时期的宫廷音乐中就有一部扶南乐，直到元代还有真腊乐工来华。至今，柬埔寨的舞蹈伴乐《宾柏乐》和喜庆音乐《高棉乐》最为流行。

柬埔寨有民间舞蹈和古典舞蹈两大类。民间舞蹈起源于上古人的祭祀和生产劳动，古代著名的民间舞有《木杵舞》《昌扬舞》《孔雀舞》等，现代民间舞蹈有《德洛舞》《牛角舞》《竹竿舞》等。印度古典舞蹈传入以后，柬埔寨的宫廷舞蹈直接受其影响，但又带有本民族的特点。直到柬埔寨独立以后，宫廷中还有一支庞大的舞蹈队。

（三）媒体

柬埔寨有 360 家注册报刊，但目前多数已停业或不定期发行。发行量较大的有《柬埔寨之光报》（柬文，日报）、《人民报》（人民党党报，柬文）、《和平岛报》（柬文，日报）、《柬埔寨日报》（柬文，英文）。发行较正规、影响较大的中文报纸有《华商日报》《柬华日报》和《星洲日报》。较有影响的英文报刊有 3 家，法文报刊 1 家，如《金边邮报》（英文，双周报）、《柬埔寨时报》（英文、柬文，周报）等。

柬新社（AKP）为唯一的官方通讯社，成立于 1980 年。

柬埔寨拥有 16 家电台，其中 FM103 台属国家台，每天播音 18 个小时。电视台 6 家：国家电视台（建于 1984 年，以柬语播放为主）；仙女台第 11 频道（私营）；第 9 频道（私营）；第 5 频道（军队开办）；首都第 3 频道（官方开办）；巴戎台（私营，每日有中文新闻报道）。此外，有 3 家有线电视台：柬埔寨有线电视台、金边有线电视台、微波无线电视台。

第九节　军事

1993 年 6 月 23 日，柬三派武装力量组成柬埔寨武装部队，西哈努克国王为最高司令。1993 年 9 月 24 日改名为高棉王家军。目前，柬埔寨继续以 2000 年颁布的《国防白皮书》指导国防和军队建设。根据 2004 年 11 月 19 日公布的 2005 年财政预算案，国防经费每年约5 000万美元。

一　国防体制

柬埔寨最高军事决策机构为柬埔寨王国武装部队总司令部。根据柬埔寨宪法规定，“国王是国家军队最高司令，但不指挥军队”。国防部既是总司令部的办事机构，又是军队的最高行政机关，下辖总参谋部。总参谋部负责全军的作战指挥、后勤供应和技术保障。柬武装部队总司令部总司令盖金扬上将（1999年1月25日上任），国防部联合大臣迪班上将（人民党）、涅本蔡（奉辛比克党）。柬埔寨皇家军有40多位将军，其中包括四星上将、上将、中将、少将等。

二 军事实力与编制

柬埔寨武装力量由现役部队、地方部队和准军事部队组成。

到2004年，现役部队总兵力为124 300人。

现役部队有陆军、海军和空军3个军种，其中：

陆军 约7.5万人，划分为6个军区（包括1个首都特别军区），编有12个步兵师、3个独立旅、1个警戒旅（辖4个营）、9个独立步兵团、3个装甲团、1个特种作战团、4个工兵团。装备有坦克170多辆、装甲车辆430辆、火炮430多门、地空导弹等武器。

海军 2 800人，其中陆战队1 500人。舰艇部队编有内河巡逻和沿海防御部队，装备巡逻艇6艘。

空军 约1 500人，编有1个飞行团，2个防空团，1个运输机团，1个直升机团。装备有战斗机19架、运输机11架、直升机16架。

地方部队 4.5万人，每个省有数个独立团（营）。

准军事部队（民兵） 约有10万人，以连为单位编成。

三 兵役制度

根据2004年9月3日内阁通过的由国防部制定的《义务兵役法》，柬埔寨实行义务兵役制；服役年龄为18～30岁；服役期为18个月。对已到服役年龄的男女国民将按国防实际需要征用；同时拥有柬埔寨国籍及其他国家国籍，长期在柬埔寨居住者，也应义务服兵役。

第十节 外交

柬埔寨奉行独立、和平、永久中立和不结盟的外交政策，反对外国干涉和侵略，主张遵循和平共处五项原则，同所有邻国建立睦邻友好关系，支持建立东南亚和平、自由、中立和无核区，主张相互尊重国家权益，通过谈判解决国与国之间的争端。

柬埔寨新政府1993年成立后，确立了融入国际社会、积极争取外援发展本国经济的对外工作方针，加强同周边国家的睦邻友好合作关系，重视改善和发展与西方国家和国际机构的关系。

截至2002年，柬埔寨已与107个国家建交，其中，62个国家向柬派出大使，常驻金边使馆26家；柬向22个国家派出大使，开设5个领事馆，任命6位名誉领事。1998年12月5日，柬在联合国的席位得以恢复。1999年4月30日加入东盟。入盟后，柬埔寨积极参与东盟政治合作机制和经济一体化进程，坚持成员国协商一致和不干涉原则，主张加强合作，缩小新老成员差距，重视发展同东盟国家的友好合作关系。

一 同中国关系

柬埔寨同中国于1958年7月19日正式建立外交关系。此前，周恩来总理和柬埔寨国家元首西哈努克亲王于1955年4月在万隆亚非会议上结识，被视为中柬正式友好关系的开端。50～60年代，中国领导人周恩来总理、刘少奇主席等曾访柬，西哈努克亲王曾6次访华，并两次在华领导柬人民争取国家独立、民族解放的斗争，得到中国政府和人民的大力支持。近年来，中柬关系保持良好发展势头。西哈努克国王、国会主席拉那烈、洪森首相等分别访华。江泽民主席、朱镕基总理、全国政协主席李瑞环等党和国家领导人先后访柬。中柬两国长期以来保持了友好合作关系。

二 同越南关系

1967年6月15日，柬埔寨王国与越南民主共和国建交。1969年5月14日，柬承认越南南方共和临时革命政府。1970年5月6日，越南民主共和国和越南南方共和临时革命政府分别承认柬王国民族团结政府。1978年底，越南出兵柬埔寨。1989年8月26日，越南宣布已从柬“全部撤军”。1991年10月，越南参加签署《柬埔寨冲突全面政治解决协定》。1998年12月，洪森首相对越进行正式访问。1999年6月，越共中央总书记黎可漂对柬进行正式访问。近年来，柬越关系发展良好，但存在边界和越难民问题。2001年11月，应西哈努克国王的邀请，越南国家主席陈德良对柬进行国事访问，双方签署了《促进和保护投资协议》、《边贸协议》和《两国外交部合作备忘录》等文件，并发表了《双边合作框架联合声明》。2002年1月，洪森首相率团赴胡志明市出席柬老越三国总理第二次会晤。三国总理主要就三国“发展三角”的建设问题进行磋商并发表了新闻公报。

三　同朝鲜和韩国关系

(一) 同朝鲜关系

柬朝有着传统友好关系。两国于1964年12月15日建交。朝鲜政府和人民支持柬维护国家独立、主权的正义斗争。1994年4月，西哈努克国王访问朝鲜，5月26～28日，在平壤主持召开柬埔寨民族和解圆桌会议。1999年7月，西哈努克国王应朝鲜最高人民委员会主席金永南的邀请，再次对朝进行国事访问。2001年7月，朝鲜最高人民会议常务委员会委员长金永南应西哈努克国王邀请对柬进行正式友好访问，双方发表了联合公报。

(二) 同韩国关系

1997年柬韩建交。近年来，两国关系发展很快。2000年2月，韩国前总统全斗焕率商贸代表团访柬。2001年4月，洪森首相对韩进行正式访问。这是柬韩建交后双方首次高层往来。双方签署了航空、文化交流和韩向柬提供2 000万美元低息贷款等三项协议。12月，柬国会主席拉那烈访韩。2002年7月，韩国交通部宣布，柬韩已就开通两国直达航线达成协议。

四　同东盟国家关系

柬于1999年4月30日加入东盟，成为东盟的第十个成员国。入盟后，柬积极参与东盟政治合作机制和经济一体化进程，坚持成员国协商一致和不干涉原则，主张加强合作缩小新老成员差距，重视发展同东盟国家的友好合作关系。2000年，柬与东盟国家往来增多。洪森首相先后访问缅甸、新加坡、菲律宾和文莱，老挝总理西沙瓦·乔森潘、泰国总理川·立派和越南副总理阮晋勇也相继访柬。2002年7月1日，柬开始担任东盟轮值主席国，为期一年。11月初，第六次东亚领导人会议（10+3）和首次大湄公河次区域（GMS）首脑会议在柬埔寨金边举行。有关国家签署了《大湄公河次区域便利运输协定》谅解备忘录、《大湄公河次区域政府间电力贸易协定》和《南海各方行为宣言》等文件。

五　同日本关系

日本是柬最大援助国，柬重视发展同日本的关系。2000年1月，日本首相小渊惠三对柬进行正式访问。这是43年来日本首相首次访柬，小渊拜会了西哈努克国王、参议院主席谢辛和国会主席拉那烈，并与洪森首相举行会谈。小渊表示，将继续支持柬政府为巩固国内和平和促进经济发展作出的新努力；承诺分别向柬提供280万美元和1 900万美元的非项目援助，用于排雷与安顿地雷受害者的生活及支持柬的经济发展。6月，洪森首相前往日本参加小渊的葬礼并拜会日首相森喜朗。9月，日本就柬发生特大水灾向柬提供了56万美元救灾物资和现金。2001年6月，日本皇次子访柬。2002年1月，日本厚生省大臣盐川正十郎对柬进行正式访问。盐川表示，日每年将继续向柬提供1亿美元的无偿援助，每隔3年，日还将向柬提供4 000万美元的贷款。

六　同美国关系

柬美于1950年建交。1970年美国策动朗诺发动政变推翻西哈努克亲王后，两国关系中断。1991年底美向柬派驻大使。2001年美向柬提供3 800万美元的援助。2001年1月，美对柬国会和参院通过审判前民柬领导人法案表示欢迎。同月，美太平洋舰队司令布莱尔上将率美军事代表团访柬。2001年美国发生国际恐怖主义袭击的九一一事件后，西哈努克国王、洪森首相分别致函美总统布什，表示柬政府坚决反对和谴责一切恐怖行为，对美国人民遭受生命和财产损失表示慰问。2002年4月，美国通过联合国粮农组织向柬捐赠24 400吨大米和2 300吨植物油。6月，柬商业大臣占蒲拉西访问美国，争取美国鼓励对柬投资、增加柬服装出口配额、支持柬加入世界贸易组织。

七　同欧盟及法国关系

(一) 同欧盟关系

自1991年以来，欧盟已向柬提供了2.65亿美元的援助，援助主要领域为教育、扫雷、民主与人权、人道援助、农村发展、人力资源培训和环境保护等方面。2000年5月，柬与欧盟举行第一次双边会议，欧盟承诺将扩大对柬的援助与合作。6月，欧盟表示将向柬提供520万美元援助并派遣专家到各部指导培训工作，以协助柬政府进行扶贫工作和司法行政改革，加强和改善政府重要部门官员的行政能力。

(二) 同法国关系

柬法两国历史上有着传统关系。2000年4月，法国参议院主席克里斯蒂安·彭塞勒访柬，双方签署了法向柬提供550万美元的援助协议。5月，柬外交大臣贺南洪与到访的法国国际合作部长若斯林共同主持柬法合作联合委员会第三次会议，双方签署了柬法合作伙伴框架协议，就双方在农村发展、农业和卫生方面的合作协议举行换文仪式。2001年1月，柬法签署经济援助协议，法向柬提供435万欧元的援助，帮助柬修建从暹粒市至吴哥的公路和其他项目。4月，法国海军帕拉里尔（Prairial）号军舰访问西哈努克港。5月，法国国际电台在西哈努克港建立调频转播站。（王士录）

第四章　缅甸

第一节　概述

国名　缅甸联邦（The Union of Myanmar）。

领土面积　676 581平方公里。

人口　5 300万（2005年3月）。

民族　共有135个民族，主要有缅族（约占总人口的65%）、克伦族、掸族、克钦族、钦族、克耶族、孟族、若开族、佤族和华族。

宗教　全国85%以上的人信奉佛教，约8%的人信奉伊斯兰教。

语言文字　缅语为官方语言。在公务与商务方面广泛使用英语。各少数民族均有自己的语言。缅甸使用表音文字。缅族、克伦族、克钦族、掸族和孟族等有自己的文字。

首都　仰光（Yangon），人口约530万（2004年）。

国家元首　国家和平与发展委员会主席丹瑞大将（Senior Gen. Than Suwe），1992年4月23日出任国家恢复法律和秩序委员会主席，1997年11月15日改任现职。

第二节　自然地理与人文地理

一　自然地理

（一）地理位置

缅甸位于东南亚的中南半岛西部。其东北部和北部与中国云南省和西藏自治区接壤（中缅国境线总长2 185公里，其中滇缅段1 997公里）；西北部和西部与印度和孟加拉国为邻（缅印、缅孟国境线分别为1 462公里和72公里）；东南部和东部与泰国和老挝毗连（缅泰、缅老国境线分别为1 799公里和238公里）；西南濒孟加拉湾，南临安达曼海，隔海与印度安达曼群岛、尼科巴群岛，印度东海岸，孟加拉国，斯里兰卡，泰国南部，马来西亚，新加坡和印尼苏门答腊相望。西南部若开海岸线长710公里，南部三角洲海岸线和德林达依海岸线长分别为430多公里和1 100公里。地处东经92°20′～101°11′和北纬9°58′～28°31′之间。

缅甸是中南半岛面积最大的国家，也是东南亚唯一既与东亚又与南亚接壤的国家，具有重要的地理和战略地位。

（二）国土形状与地形

缅甸国土形状犹如一扇长菱形风筝，南北最长处约2 050公里，东西最宽处约937公里。

缅甸地势北高南低，东、北、西三面均为高山及高原所环抱，高山区以南，东部为广阔的掸邦高原，西部为起伏连绵的阿拉干山地，中部为伊洛瓦底江及其支流的冲积平原。南部狭长的德林达依地区有许多山间谷地，沿海有广阔的冲积平原。

缅甸山脉北南纵列，分西部山脉、中部山脉和东部山脉。西部山脉是喜马拉雅山向南的延伸，整个山脉由若开山、钦山、那加山和巴盖山组成；最北端的开卡博峰高5 881米，是缅甸境内的第一高峰。西部山脉不仅有丰富的矿藏，还覆盖着常绿林，因交通不便，矿产及森林资源均不易开采和采伐。中部山脉由济普山、古孟山、明京山、甘高山和敏温山组成，除北面山峰外，其余山峰都比西部山脉低，中部山脉到处亦覆盖着季风林。东部山脉北宽南窄，是高黎贡山的南延部分，它延伸至掸邦高原后，逐渐变狭形成克伦尼山。南部的瑞格彬山、辛解山、邦朗山及当纽山均为该山的再延伸部分，这一地区蕴藏着丰富的有色金属矿藏。

缅甸沿海还有众多岛屿，南面的丹老群岛由900多个大小岛屿组成。

（三）河流

缅甸境内河流密布，第一大江是伊洛瓦底江，其次是萨尔温江，再就是锡唐河。被缅甸人民称为“天惠之河”的伊洛瓦底江发源于中国青藏高原的察隅地区，在缅甸境内的两条上源为恩梅开江和迈立开江，两江汇合称伊洛瓦底江。伊洛瓦底江全长2 150公里，流域面积达43万多平方公里，约占缅甸幅员的60%以上。该江是缅甸国内主要运输命脉。萨尔温江上游为中国云南省的怒江，在北纬24°附近流入缅甸，流经掸邦，在毛淡棉附近注入莫塔马湾，全长1 660公里，流域面积20.5万平方公里。该江属于山地河流，水流湍急，且多旋涡和瀑布，不利航行。还有发源于中国的澜沧江，流经缅老边境和泰、柬、越境的湄公河，已成为中、缅、老、柬、越共同合作开发的河流。

（四）气候

缅甸气候以北回归线为界（北纬23°27′），全年可分干、雨两季，干季再分凉季与暑季。但就缅甸大部分地区气候而言，仍属热带气候。3～5月为暑季，6～10月为雨季，11月～翌年2月为凉季。缅甸境内气候变化不很大，除了海拔1 000米以上的掸邦高原地区，大部分地区终年炎热，最凉的1月份，大部分地区气温在20℃～25℃之间，最热的4～5月间，全国平均气温25℃～30℃，各地气温相差最大约10℃。暑季时，被称为“火炉地区”的缅甸中部气温可达38℃以上。全国雨量充沛，雨量最少的伊洛瓦底江中游的干燥地区，年降雨量也在500～1 000毫米，其他地区的年降雨量则达1 500～5 000毫米。

（五）自然资源

缅甸是个自然资源丰富的国家，除以盛产大米和柚木闻名于世外，矿藏储量也很丰富，且种类较多。已勘察到的矿藏资源有石油、锡、钨、铅、锌、铜、锑、铬、镍、锰、金、铝、银、钼、煤、铁和天然气等。红蓝宝石、玉石翡翠与琥珀更是驰名全球。

缅甸开采石油已有数百年历史，陆地石油蕴藏量约30亿桶（不包括沿海和大陆架的蕴藏量），在东南亚名列第三；钨产量曾仅次于中国占世界第二位；铅和锡的产量也曾分别占世界第六和第七位。缅甸地处东南亚的锡矿带，南部以产锡为主，北部以产钨为主，其次为锡。

缅甸森林覆盖率占全国土地面积的48%，有8 570多种植物，其中包括2 700种树木、850种兰花、91种竹子和32种藤树。缅甸盛产柚木，素享“柚木之邦”的美称。第二次世界大战之前，柚木出口量占世界总出口量的70%。除柚木外，还有50多种硬木和70多种杂木，均属优质木材。其他林产品还有竹和藤，全缅共有竹林7 800多平方公里，其面积之广，为世界之最，年产竹约10亿根。克钦邦和掸邦产藤尤多，特别是水藤和红藤，坚韧结实，用途很广，通常一年生产藤条6 000万条。缅甸林产品出口额约占外贸总出口额的1/3。

缅甸果树极多，除有榴莲、芒果、山竹、桔、柑、柚子、柠檬、木瓜、菠萝蜜、番石榴、荔枝、甘蔗、酸角、香蕉和菠萝等热带水果之外，也在缅北地区种植苹果、梨、葡萄和桃等温带果树。

缅甸动物种类繁多，出没在森林中的野兽有象、虎、豹、狼、犀牛、熊、猿、猴、狐狸、野牛、野猪以及包括鳄、蛇、蜥、龟在内的各种爬行动物。蛇类388种，鸟类1 240种。到20世纪90年代末，缅甸共设立15个野生动物自然保护区。

缅甸海域鱼类自然资源为190万吨，年可捕量为90万吨。

据缅甸政府公布，1997年缅甸全国可耕地面积为1 827万公顷，占全国土地面积的37%，但实际种植面积为1 232万公顷。由于地形和气候多样，有60多种作物可以生长，包括热带作物与温带气候的谷类作物，如稻谷、小麦、玉米、豆类及油料作物，经济作物有棉花、橡胶、黄麻、甘蔗、油棕、烟草及香料等。

二　人文地理

（一）人口状况

1997年缅甸人口有4 830多万人，平均人口密度每平方公里59.4人；城市人口与农村人口分别为27%和73%。多年来，缅甸人口自然增长率为20‰～24‰。0～14岁人口为1 430万人；15～59岁人数为2 430万人；60岁以上人数为640万人。2005年3月，缅甸人口已达5 300万。

（二）民族

据世界人类学家鉴定，缅甸种族多属蒙古人种。缅甸是个多民族的国家，全国有135个民族，120多个支系。缅族是主体民族，人口约2 800多万人，占总人口的65%。其他主要少数民族有：克伦族（占8%）、掸族（占7%）、若开族（占5%）、孟族（占2.8%）、克钦族（占2.4%）、钦族（占2%）、佤族（占0.8%）、克耶族（占0.3%）、华族（占1.5%）。

1. 缅族

缅族人口约2 800多万，主要分布在缅甸的南部，即从伊洛瓦底江三角洲到中游地区直至八莫的南部，其次分布在德林达依沿海地带、亲敦江沿岸和若开沿海岸地带。

缅族主要从事农业，种植水稻、花生、芝麻和棉花等，家庭手工业也很发达。

从古到今，缅族在政治、经济、文化等各方面都领先于缅甸其他民族。

缅族佛教徒每个男性都必须出家当一次和尚，时间可长可短，长则数年，短则几天，这样，社会上承认他是一个成人。女孩在十二三岁时都要举行"穿耳典礼"。所以，成年的缅甸女性几乎个个都戴耳环。

缅族人一般为中等身材，不论男女老少，其民族服装是上穿衬衣下穿纱笼（亦称笼基），男性纱笼还称为伯梭，女性纱笼则称着特敏。男女老幼平时都不穿鞋袜，一般只穿拖鞋。上寺庙到佛塔，任何人都必须脱鞋。

习惯上，缅人每日吃两顿饭，吃饭时用手抓来吃。

缅族热情、好客、乐观。

缅族的许多风俗习惯，包括他们的各种节日，都是离不开小乘佛教的教规、教义与教节。缅历一年12个月，缅族月月有节过，最热闹的两大节日是泼水节即缅历新年（公历4月13日）和点灯节（亦称德丁卒节，约在公历10月间）。缅族有名无姓，但对人称呼上有差别，且有严格区分。男性方面：对年长者或有社会地位的人，称其名字时前面必须加"吴"；对小辈或青少年，称其名字时前面加"貌"；对平辈的中年人和受尊重的青年人称其名字时前面加"哥"。女性方面：对年长者或有社会地位的人，称其名字时前面加"杜"；对小辈和青少年称其名字时前面加"玛"。

2. 克伦族

克伦族是缅甸第二大民族，人口300多万人。克伦族有1/3人口聚居在克伦邦，其余与缅族杂居于三角洲和全缅各地。克伦族分为3个族系，即斯戈克伦（平原克伦）、波克伦（山地克伦）和贝克伦（高原克伦）。

克伦族大多数信仰佛教，信奉基督教的人虽不算多，但在缅甸基督教徒中却占2/3。克伦族有自己的语言，但原先没有文字，美国传教士采用部分缅文字母于1830年和1840年先后创制了斯戈克伦文和波克伦文。

3. 掸族

掸族是缅甸第三大民族，人口约270万人。掸族有66%聚居于掸邦（该邦土地面积在缅甸7省7邦中是最大的），其余分布在缅甸北部、中部和东南部地区。

缅甸的掸族与中国的傣族、泰国的泰族、老挝的佬族、印度的阿萨姆族都是同源异称、跨国界而居的民族。

缅甸的掸族与中国的傣族关系十分密切，结亲者甚多，他们跨境而居，隔界相望，通婚互市，亲如一家。

掸族信奉小乘佛教，掸文是从梵文和缅文字母转化来的一种拼音文字。掸族性格温柔、善良，具有团结互助的精神。掸族人民喜歌善舞。

4. 克钦族

克钦族是一个跨居缅、中、印三国的民族。克钦族在缅甸境内约有70多万人口。克钦族自称景颇（意为一个人）。据缅史记载，古代缅王阿隆悉都出巡时，受到景颇人民载歌载舞的迎送，故赐名"克钦"，意为"想跳舞"，转意为"欢歌乐舞"之民族。

克钦族传统宗教信仰鬼神，为了驱恶崇善，克钦族进行经常性的宗教活动和盛大的祭典。"木瑙会"是克钦族最隆重的一种群众性祭祀盛典。英美传教士到克钦族聚居区传教后，许多人改信基督教。20世纪初，由英国传教士用罗马字母创制了克钦文。克钦族豪爽侠义、勇猛剽悍，待客如宾，疾恶如仇。客人来访，必置酒肉款待，如蒙欺侮，则兵刃相见。

5. 华族

缅甸华人华侨约70余万人，其中福建籍的最多，其次是云南籍，广东籍位居第三，其余还有浙江、江苏、四川、湖北等省籍的。旅缅华人、华侨在缅甸经济中占有一定地位。

中缅两国人民很早就有友好交往，汉代（公元前206～公元220）至宋代（960～1127），就不断有中国人通过“海上丝绸之路”和“南方陆上丝绸之路”到过缅甸。《汉书·地理志》记载，当时到缅甸的海上航路是从广东合浦郡出发，经马来半岛，抵邑没国（缅甸沿岸）。到元、明、清，因各种原因，中国人较多地从云南进入缅甸，并在当地定居，那时主要聚居在缅甸北部。随后侨居缅甸的华人、华侨在他们居住的城乡陆续修建中国民间的传统庙宇，缅北一些城镇出现了“中国街”，华侨社会也就逐步形成。中国人大量移居缅甸是从19世纪末开始的，当时正处在东南亚进行普遍开发以及西方殖民主义势力向该地区扩张的时期。缅甸也不例外，其经济开发正需要大量的劳力，同时，英国的殖民体制与法律为移民大开绿灯，所以缅甸华侨人口有了成倍的增长，从1891年的3.7万人增加到1911年的12.2万人，1931年又增加到19.4万人。第二次世界大战前，缅甸华侨社会有以下4个特点：（1）华侨人数迅速增加；（2）华侨主要从事与缅甸近代经济发展有关的工商业；（3）华侨建立了各种社会团体与组织；（4）华侨开创与发展了自己的教育与文化事业。

（三）宗教

缅甸被认为是世界著名的佛教国家，缅甸的佛教是小乘佛教，与斯里兰卡、泰国、柬埔寨等国同属一系。缅甸的佛教徒约3 300多万人，占总人口的85%，占缅族人口的95%；伊斯兰教徒约130万人，占全国人口的3%；基督教徒约95万人，其中新教徒约70余万人，天主教徒约20余万人，占全国人口的2%。还有少数人信仰印度教，居住边远山区的少数民族信奉原始拜物教或多神教。

（四）语言文字

按语言谱系分类，缅甸各民族语言分属3个语系，即汉藏语系、孟高棉语系和泰汉语系。

缅文是一种表音文字，属于音素—音节文字类型，即字母可独自成一音节。缅文创制于11世纪，现存最早的缅文碑铭是1058年的雷谢德碑。到公元12世纪末，缅文已成为缅甸占统治地位的书面语言。缅文字体在古碑铭中是方形的，古代的缅文字母分为两种字体：方角型直线体和方形巴利字母体，笔画已有圆化趋势。后来为了在贝页上刻写方便，逐渐变成圆形的。当今的缅文看起来像用大小不同圆圈连接或重叠而成，构成了独特的风格。

（五）行政区划

缅甸全国共划分为7个省（是缅族主要聚居区）和7个少数民族邦；省（邦）之下为镇区，相当于过去的县；镇区以下为村组（乡）。1988年9月18日军人接管政权后，废除过去的行政机构，成立国家治安建设委员会及省（邦）、镇区、村组治安建设委员会，相应地管理各级行政机关。缅甸行政区划见表1。

表1　缅甸行政区划、面积、人口和省会

序号	省邦名称	面积(平方公里)	人口(万)	省会
	7个省			
1	伊洛瓦底省	35 000	530	勃生市
2	马圭省	40 000	380	马圭市
3	曼德勒省	35 000	480	曼德勒市
4	勃固省	35 000	420	勃固市
5	仰光省	10 171	450	仰光市
6	实皆省	90 000	420	实皆市
7	德林达依省	35 000	130	土瓦市
	7个邦			
1	克钦邦	8 911	130	密支那
2	掸邦	158 347	420	东枝
3	钦邦	35 000	46	哈卡
4	克伦邦	30 000	115	巴安
5	克耶邦	10 000	22	乐可
6	孟邦	12 297	185	毛淡棉
7	若开邦	30 000	230	实兑

第三节　历史

一　古代史

缅甸历史悠久。据考古发现，早在旧石器时代和新石器时代，缅甸已有早期人类居住和活动。到青铜器时代和铁器时代，他们已有较高的文化了。

公元前后，缅甸已经出现部落国家。古代缅甸境内的“掸国”与中国的汉朝（公元前206～公元220）、“骠国”与中国的唐朝（618～907）有过密切的关系。缅族约在7世纪由南诏徙入缅甸。“骠国”农业、文化发达。公元802年，骠国王子率友好使团访问中国。

公元1044年，阿奴律陀在缅甸中部地区的蒲甘建立统一的国家，即蒲甘王朝（1044～1287）。蒲甘王朝时期，为了发展农业，全国大兴水利，还创造了缅甸文字，立佛教为国教。从1287年起，缅甸又开始分裂成许多小王国，这时缅甸北部的掸族再次兴起，并占据缅甸大部分国土，故缅甸历史上称这个时期为掸族统治时期（1287～1531）。到1531年，原先在东吁建立的半独立性王国的国王莽瑞体征服缅甸大部分地区，逐渐强大起来，并建立了东吁王朝（1531～1752），当时统一了全国度量衡。东吁王朝末年，内乱外患交迫，乘机兴起的得楞族推翻了该王朝。1752年，瑞波的雍藉牙领导缅族击败得楞族，重新统一了全国，建立了雍藉牙王朝（1752～1885，亦称贡榜王朝）。它的领土一度扩展至现在的印度阿萨姆、曼尼普尔，还远征过泰国。

二 近现代史

1824～1885年，英国殖民主义者通过发动三次侵缅战争，逐步侵占全缅，最终使缅甸沦为英国殖民地，并把缅甸划为英属印度的一个省。1920年以后，缅甸人民的民族解放运动高涨。1932年，缅甸进步知识青年组成“我缅人协会”（即德钦党），领导开展反英运动。1937年，英殖民主义者被迫将缅甸从印度划出，受英国总督直接统治。1942年5月，日本占领缅甸，缅甸的爱国组织发动了抗日武装斗争，1945年3月，缅甸抗日武装配合盟军，歼灭了大批日本占领军，光复了缅甸。日本投降后，英军重占缅甸，缅甸各族人民又掀起波澜壮阔的民族解放运动。1947年7月19日，英殖民主义者策动暗杀领导缅甸争取独立斗争的民族领袖昂山等7人，激起全缅甸人民的愤慨和反英运动的高涨。1948年1月4日，缅甸终于获得独立，建立缅甸联邦。

三 当代史

1948年1月4日，缅甸脱离英联邦宣布独立。以吴努为首的政府实行多党民主议会制。

1962年，奈温将军发动政变，推翻吴努政府，成立革命委员会。1974年1月，颁布新宪法，成立人民议会，组建了“社会主义纲领党”（以下简称“纲领党”），奈温任“纲领党”主席，定国名为“缅甸联邦社会主义共和国”。1988年7月，因经济恶化，全国爆发游行示威，纲领党主席吴奈温和总统吴山友被迫辞职，吴盛伦被选为党的主席和总统。不久，缅甸各地再次爆发大规模反政府游行示威，吴盛伦被迫辞职，貌貌博士出任总统。

1988年9月18日，以国防部长苏貌将军为首的军队接管政权，成立“国家恢复法律和秩序委员会”（以下简称“恢委会”），宣布废除宪法，解散人民议会和国家权力机构，并于同年9月23日将“缅甸联邦社会主义共和国”改名为“缅甸联邦”。

1992年4月23日，丹瑞大将出任国家恢委会主席。丹瑞执政后，撤销宵禁令和两项军管法令，陆续释放1 200余名“政治犯”，各大专院校亦于8月24日复课。1993年1月，缅政府召开制宪国民大会。但政府与国内最大反对派全国民主联盟（以下简称“民盟”）的矛盾并没有化解。1995年7月，民盟总书记昂山素季被解除软禁后，双方对抗升级。同年11月，民盟退出国民大会。1996年12月，仰光部分大学生上街游行，政府再度关闭除军校以外的所有大学。

1997年11月15日，“恢委会”更名为“国家和平与发展委员会”（以下简称“和发委”）。

1998年5月，“民盟”举行庆祝该党大选获胜8周年大会，通过13项决议，要求限期召开议会、进行对话和无条件释放所有政治犯等；同年9月，“民盟”宣布成立由吴昂瑞任主席的10人议会代表委员会，行使议会权力。军政府称此举违法，采取措施进一步限制昂山素季的活动，不允许其在周末发表路边演讲和赴外地活动，双方矛盾日益激化。

2000年10月，军政府与昂山素季开始政治对话。2002年5月，军政府解除了对昂山素季长达19个月的软禁，允许其自由旅行及参加政治活动。

进入2003年，相对平静的缅甸国内政治局势再次出现动荡，政府与反对派之间的矛盾激化，缅甸一度陷入新一轮的政治危机之中。2003年初，以昂山素季为首的缅甸民盟的活动打破以往的沉闷，显得比较活跃。1月4日，民盟发表2003年独立节公告，在谴责了军政府压制民盟的做法，呼吁当局兑现1990年大选结果并与民盟开展实质性对话之后，阐述了民盟关于无条件释放所有政治犯、执行1990年大选结果、国民会议召开后应立即起草宪法等基本立场。5月27日，民盟在仰光总部举行大选获胜13周年纪念大会，会上宣读了昂山素季的贺信及民盟声明。声明强调，只有议会产生的民选政府才能解决缅甸当前面临的政治、经济和社会问题，呼吁政府切实履行联合国决议，尽快召开人民会议，兑现1990年大选结果。

2003年5月30日，昂山素季在耶乌政治旅行时，民盟的支持者同政府的支持者之间发生冲突，造成4人死亡，50多人受伤，8辆汽车和9辆摩托车被毁。事后，政府以安全为由扣押了昂山素季及其18名随行人员，查封了民盟在仰光的总部及包括曼德勒、毛淡棉和勃生在内的民盟设在各邦、省的分部，软禁了民盟主席吴昂瑞、发言人吴伦等8名中央执委，并且切断了电话联系。

"五卅"事件发生后，国际社会反应强烈。联合国秘书长安南多次发表声明，要求军政府释放昂山素季，敦促双方进行政治对话，实现民族和解。美、日两国扬言要进一步加大对缅甸的制裁力度，英、法、德、意、新（西兰）、加拿大等国则先后发表声明，呼吁尽快释放昂山素季和民盟领导人。有关国际组织也对此事做出了反应。联合国人权委员会、人权观察、国际劳工组织、大赦国际等强烈呼吁军政府停止压制民盟，尽快进行实质性对话。东盟也突破不干涉成员国内政的原则，在第36届东盟外长会议上，将缅局势列入议题，在发表的公报上写明"期待昂山素季和她的政党成员早日获释"。

缅甸反政府武装和流亡海外的反政府组织也利用此事向缅政府施压，纷纷发表声明，表明立场。在多方压力下，到2003年7月底，缅甸军政府释放了大部分被关押的人士。2003年8月25日，缅甸国家和发委主席丹瑞大将签发和发委2003年第5、6、7号公告，分别任命和发委第一秘书长钦纽上将为缅甸政府总理；任命和发委第二秘书长梭温中将为和发委第一秘书长。钦纽出任总理后不久，即提出七点"民主路线图"计划，主要内容包括：恢复国民大会；与会代表根据大会制定的基本原则起草一部新宪法；根据通过的新宪法举行"自由和公正"选举；组成新政府等。2003年9月底允许昂山素季返回其寓所休养。

2004年10月19日，缅甸国家电台证实：缅甸国家和平与发展委员会（和发委）已经同意总理钦纽退休，同时任命和发委第一秘书长梭温中将为缅甸新总理。舆论认为，缅甸虽然更换了总理，但军政府仍将坚持"积极独立"、"睦邻优先"的外交政策，现行经济政策不会有太多变化，维护与反政府少数民族武装达成的和解局面，继续与最大的克伦反政府武装进行和谈的民族和解政策也将将继续执行。但如何使缅甸经济快速发展，进一步拓展国际空间，推进缅甸民主化进程，却是新总理要面对的重大而艰巨的政务。

第四节　政治体制与法律制度

一　概述

缅甸曾长期实行封建政治体制与法律制度；19世纪上半叶至20世纪上半叶，沦为殖民地。从1948年1月4日获得独立到1962年3月，是实行议会民主制度时期。在这一时期，基本上由反法西斯自由同盟（一个由许多党派、团体及个人组成的政治联盟）执掌权力，大部分时间由吴努任总理。其间，反法西斯自由同盟内部由于政见不一，相互争权夺利，于1958年5月发生分裂，吴努被迫辞职，国防军总参谋长奈温出组看守内阁。1962年2月大选后，以吴努为首的联邦党执政，吴努重新担任总理。

1962年3月，奈温发动政变，推翻吴努政府，成立革命委员会，自行执政。7月，以奈温为主席的缅甸社会主义纲领党正式成立。1964年3月，奈温政府取缔除纲领党以外的所有政党，并宣布实行"一党制"。1974年1月颁布新宪法，3月召开缅甸第一届人民议会，革命委员会把权力移交给人民议会。根据宪法规定：缅甸联邦改名为缅甸联邦社会主义共和国；缅甸是各族劳动人民主权独立的社会主义国家，国家的目标是社会主义；纲领党是缅甸唯一合法的政党；国家政体采用人民议会制，人民议会具有唯一的立法权，人民议会每届任期4年，每年召开两次例会；人民议会闭会期间，由国务委员会行使国家最高权力，国务委员会主席即国家总统。

1988年9月，缅甸军方接管国家政权，同时宣布全国实行军管，缅甸国家恢复法律与秩序委员会为缅甸最高权力机构。人民议会与国务委员会均被解散，政府各部继续保留，但部长全被免职，均由军官兼任。军政府上台执政后，在宣布摒弃缅甸式社会主义路线的同时，也将国名重改为缅甸联邦。一些原先的行政制度及区划仍予保留，全国仍划分为7省7邦。1993年，恢复县的行政区编制（全国共设64个县），并将镇（区）由原来的314个增加到324个。为了减少军人统治色彩，20世纪90年代中期，政府许多部陆续改由文官担任部长。1997年11月15日，军政府内部进行“大换血”，缅甸国家恢复法律与秩序委员会更名为缅甸联邦和平与发展委员会，政府各部有一半以上的部长被撤换，同时将原先的27个部增加到31个部。

目前缅甸形势的基本特点是：军政府已较牢固地控制了政局，在同合法的反对派政党和非法的反政府武装的较量中，取得了比它上台执政时远为明显的优势。但是，缅甸合法的反对派政党拥有相当的群众基础并得到西方势力的支持。反政府武装在各自民族中拥有一定的群众基础，缅共解体后由缅共领导的人民军武装一分为四，都接受了军政府的“招安”，军政府批准他们成立第一、第二、第三和第四特别行政区，他们也一直保持着相当的独立性和实力。这几股势力同军政府的矛盾与斗争，仍然是错综复杂与长期的。

二　宪法

1974年缅甸制定了《缅甸社会主义联邦宪法》。1988年军政府接管政权后，宣布废除宪法，并于1992年起召开国民大会制定新宪法。制宪国民大会从1996年4月起休会，2004年5月曾一度复会。由于“民盟”抵制，加之在联邦制下中央和地方之间在分权问题上，军政府与少数民族存在分歧，2004年7月国民大会再度休会。缅甸现仍沿用1974年宪法中的部分条款。

缅甸正在起草新宪法，从其框架及内容来看，缅军政府所希望产生的未来缅甸国家体制模式，是介乎印尼和泰国之间的政体。新宪法最主要的有3条：（1）保证发挥军队在缅甸未来政治中的领导作用。（2）实行总统制。按新宪法规定，缅总统并不是通过缅甸“国大”选举产生的，而是通过“总统选举委员会”选举出来，这个“总统选举委员会”所有委员由军政府指定。（3）非常时期法。所谓非常时期法是指国家处于动乱或紧急状态时，军队可以随时接管国家政权。

三　国家和平与发展委员会

国家和平与发展委员会前身是成立于1988年9月18日的“国家恢复法律和秩序委员会”，1997年11月15日更名为“国家和平与发展委员会”，系国家最高权力机关，由13人组成。国防军最高司令部司令丹瑞大将任主席，国防军最高司令部副司令兼陆军总司令貌埃副大将（Vice－Senior Gen. Maung Aye）任副主席，三军情报总部部长兼国防军最高司令部高级顾问钦纽上将（Gen. Khin Nyunt）任秘书长。

四　政府

1988年9月18日缅甸军方发动军事政变，由军人组成的国家恢复法律和秩序委员会夺取执政权力，并于1997年11月更名为国家和平与发展委员会。

缅甸的国家元首是国家和平与发展委员会主席丹瑞大将。在中央政府中，国家和平与发展委员会控制着所有的权力机构。

2004年10月19日，缅甸发生重大人事变动。此次改组后的缅甸最高权力机关领导人名单如下：丹瑞大将为国家和平与发展委员会主席，貌埃副大将为副主席，原国家和平与发展委员会第二秘书长登盛（Thein Sein）中将升任第一秘书长，原国家和平与发展委员会第一秘书长梭温中将改任政府总理。政府各主要部门的部长分别为：农业和水利部长忒乌（Htay Oo）少将，交通部长登水（Thein Swe）少将，总理府部长比宋（Pyi Sone）准将，外交部长年温（Nyan Win）少将，合作社部长佐明（Zaw Min）上校，商务部长丁乃登（Tin Naing Thein）准将，内政部长貌乌（Maung Oo）少将，科技部长吴丹（U Thaung）兼任劳工部长，建设部长梭吞少将（Major－General Saw Tun），国防部长丹瑞（Senior General Than Shwe），能源部长伦蒂准将（Brigadier－General Lun Thi），财政与金融部长拉吞少将（Major－General Hla Tun），第一工业部长昂东（Aunt Thaung），第二工业部长梭伦少将（Major－General Saw Lwin），矿业部长翁敏准将（Brigadier－General Ohn Myint），电讯、邮政和电报部长丁佐准将（Brigadier－General Thein Zaw），中央银行行长觉觉貌（Kyaw Kyaw Maung）。

五　司法

缅甸法院和检察院共分4级。设最高法院和最高检察院，下设省邦、县及镇区3级法院和检察院。最高法院为国家最高司法机关，首席法官吴昂都（U Aung Toe）。最高检察院为国家最高检察机关，总检察长吴达吞（U Tha Tun）。

六 政党

缅甸政府军以武力平息了1988年8～9月间发生的大规模反政府游行示威后，缅甸军政府进行了一系列重大政治变动。当年9月16日，缅甸国防部宣布所有现役军人集体退出纲领党，并表示军警等武装力量保持中立，不与任何党派有牵涉。甚至后来军政府明文规定，凡政府公务员一律不准参加任何民主党派。军政府上台后，立即宣布废除1974年宪法中关于缅甸社会主义纲领党是缅甸唯一合法政党的规定，同时废除《纲领党资助法》。接着颁布了《缅甸政党注册法》，允许组织其他政党。随着解除党禁，缅甸各种政治势力纷纷组党，准备参加大选。

到1989年2月28日政党注册截止日，注册政党共有233个。后来，许多政党又自动解散或被取缔，现只剩以下10个合法政党存在：（1）全缅民主联盟；（2）民族团结党；（3）掸族民主联盟；（4）联邦克伦族联盟；（5）联邦勃欧联合会；（6）佤族发展党；（7）拉祜族进步党；（8）果敢民主团结党；（9）谬族（亦称克密族）团结党；（10）掸邦果敢民主党。在众多的政党中，真正有影响的政党主要是民族团结党和由反对派联合组成的全缅民主联盟。此外，掸族民主联盟在掸邦的影响最大。

全国民主联盟（National League for Democracy）

成立于1988年9月29日，系缅甸最大政党和最有影响的反对党。第一任主席是昂山素季。同年11月，她因同其他领导人发生严重分歧而退出。全国民主联盟在大选前已有200多万成员，是缅甸反对派政党中人数最多、力量最强的政党。现任主席吴昂瑞，副主席吴丁吴和吴基貌，昂山素季任总书记。该联盟在其政策声明中强调将"坚定不移地执行真正主动和独立的外交政策"，主张在国际事务中摒弃自我孤立的政策，同各国发展互利的经济关系。在对待国内民族问题上，主张在承认民族平等权利的前提下，优先解决他们之间存在的问题，以维护国内和平和稳定。政治上反对缅甸军人集团独裁统治。经济上主张"以自由经济体制取代缅甸式的社会主义经济体制"。

民族团结党（National Unity Party）

由原执政的缅甸社会主义纲领党于1988年9月24日改组而成，系缅第二大政党。1988年，在接连发生政治事件的背景下，缅甸社会主义纲领党主席奈温等于7月突然辞职，接下来在"八月风暴"的进一步冲击下，许多党员纷纷退党，纲领党实际上陷入瘫痪。同年9月26日改名为民族团结党，并宣布了新制定的政治纲领。该党党员人数约20余万。民族团结党在1990年5月军政府主持的多党制全国民主大选中，参加了全部485个议席的竞选，但只有10人当选，在参加竞选的93个政党中按获议席数量排名第四。

掸邦民主联合会（Shan National League for Democracy）

1988年10月成立，为掸邦少数民族政党。在1990年5月大选中获23个席位。主席吴昆吞乌（U Hkun Htun Oo），总书记吴赛艾邦（U Sai Ai Pao）。

七 主要政治人物

丹瑞（Senior Gen. Than Shwe 1933～ ） 缅甸国家和平与发展委员会主席兼国防部长和三军总司令，大将。1933年2月2日生于曼德勒省。1953年毕业于军事学校。历任国防部参谋、师长、西南军区司令、陆军副总参谋长。1988年9月出任缅甸国家恢复法律和秩序委员会委员，1989年12月任三军副总司令兼陆军司令。1990年3月任国家恢复法律和秩序委员会副主席。1990年3月晋升为上将。1992年4月23日出任缅甸国家恢复法律和秩序委员会主席。1993年4月晋升为大将，1997年11月15日出任缅甸国家和平与发展委员会主席兼政府总理、国防部长和三军总司令。

貌埃（Vice-Senior Gen. Maung Aye 1937～ ） 缅甸国家和平与发展委员会副主席、国防军最高司令部副司令兼陆军总司令，副大将。1937年12月25日生于实阶省。1959年军事学院毕业，历任南部军区一级参谋、副师长、国防部军械局局长、东北军区司令、东部军区司令。1988年9月军队接管政权后，出任国家恢复法律和秩序委员会成员、掸邦"恢委会"主席。1990年3月晋升少将，1993年2月晋升中将，1993年3月任三军副总司令兼陆军司令，1994年3月晋升上将，2002年9月晋升副大将，任国防军最高司令部副司令兼陆军总司令。1994年6月任国家恢复法律和秩序委员会副主席，1997年11月15日任现职。1996年10

月率军事代表团访华。2000 年 6 月应国家副主席胡锦涛邀请以缅甸“和发委”副主席身份访华。

梭温（Lt－Gen，Soe Win 1949～ ） 现任缅甸总理，中将。1949 年 5 月 10 日生于掸邦东枝。原担任军人政府的国家和平与发展委员会第一秘书长，是丹瑞主要副手之一。极力主张以强硬手段对付昂山素季领导的民主运动，也坚持要采取强硬立场对抗那些批评缅甸政治的外国人士。缅甸国家电台 2004 年 10 月 19 日宣布，缅甸总理钦纽因健康理由而获准退休，由梭温中将接任总理。

梭温就任后，积极推动缅中和东盟—中国经济合作，在 2004 年 11 月 3 日于中国南宁举行的首届中国—东盟博览会上，梭温呼吁加快中国—东盟自由贸易区建设，为进一步发展双方经贸合作奠定坚实基础。他还表示，缅中两国已在农业、基础设施、自然资源开发等领域开展了广泛合作，缅方有信心继续推进这些合作。他于 2004 年 12 月 3 日在仰光会见到访的中国外交部副部长武大伟时重申，缅甸政府将继续坚定奉行一个中国政策，反对“台独”，继续高度重视发展同中国的友好关系。

昂山素季（Aung San Suu Kyi 1945～ ） 缅甸 20 世纪 80 年代以来最大反对党“全国民主联盟”领导人，缅甸早年独立运动领导人昂山之女。1945 年 6 月 19 日生于仰光。15 岁时出国学习，后嫁给一英国公民并定居英国。1988 年 4 月返回缅甸并随即参加国内反对军政权的民主运动，成为领导人之一。1988 年 9 月她与其支持者成立全国民主联盟。1989 年 7 月遭到军政权软禁。在 1990 年 5 月举行的大选中，全国民主联盟取得压倒性胜利。1991 年 9 月，她获得当年诺贝尔和平奖。1995 年 7 月，被解除软禁后，民盟与政府双方对抗升级。1998 年 9 月，民盟宣布成立由吴昂瑞任主席的 10 人议会代表委员会，行使议会权力。政府称此举违法，采取措施进一步限制昂山素季的活动。2002 年 5 月，军政府解除了对她长达 19 个月的软禁，允许其自由旅行及参加政治活动。2003 年 5 月 30 日，她在其追随者同政府支持者发生流血冲突后，再度被缅甸政府逮捕并软禁。

第五节 经济

一 概述

缅甸自 1948 年 1 月获得独立以来，国民经济发展大致可分为以下 3 个时期。

第一个时期 恢复与重建经济时期（1948～1962）

执政的吴努政府依靠外国专家先后制定了《两年经济发展计划》、《国家繁荣八年经济发展计划》。在计划结束的 1960 年实现国内生产总值达到 70 亿缅元（当时折合 14 亿美元）。由于国内外诸多不利因素，上述经济发展计划实施受阻，经济建设目标基本没有实现。

第二个时期 建设“缅甸式的社会主义”时期（1962～1988）

发动军事政变上台执政的奈温政府建立了“缅甸式社会主义”经济体制，先是制定了《缅甸四年经济计划》，接着又制定《缅甸二十年长期经济计划》。由于“缅甸式社会主义”经济体制的畸形与脆弱，经济决策严重失误，致使缅甸经济长期发展滞缓，甚至倒退，最后濒临崩溃边缘。

第三个时期 实行变革与开放的新政策时期（1988 年以来）

1988 年 9 月，以国防部长苏貌将军为首的军方接管缅甸政权迄今，缅甸实行变革与开放的新经济政策。缅甸现政府上台不久就宣布摒弃“缅甸式社会主义路线”，改变闭关锁国的基本国策，经济上快节奏地进行带有战略转变意义的应急性调整，实行“对内搞活，对外开放”，引进国际竞争机制，建立国内市场经济。先后颁布了《外国投资法》、《私营企业法》等新的一系列以鼓励和扶持私营经济发展为主的经济变革的法令、法规。缅甸政府调整了农业政策，扶持农业经济发展，取消纲领党执政时期实行的农产品计划种植、统购统销和低价收购政策，因而大大调动了农民的生产积极性。经过几年的发展，1997 年度经济增长率由缅甸现政府上台执政的 1988 年度的 0.2%增至 5.7%。1992～1996 年间，年经济平均增长 8.3%。1997～2002 年间，年经济增长率在 5%～6%之间。

据缅甸官方的统计数字，2002～2003 财政年度，缅甸的国内生产总值增长率为 11.1%，人均国内生产总值达到 10.594 万缅元。而据国际权威机构和西方经济学家的估测，该财政年度缅甸的国内生产总值增长率为 5.2%。

2004～2005 年度缅币兑美元的官方汇率为 5.6 缅币兑 1 美元，而市场平均汇率为1 120缅元兑换 1

美元。同年度缅甸外汇储备为6亿美元（不含黄金储备），外债总额为667亿美元。2004年11月缅甸总理梭温表示，缅甸已完成第三个五年计划，过去3年国家经济保持了8.5%的增长，已从中央控制的经济转向市场经济。

迄至21世纪初，缅甸政府正在推行以农业为基础的各行业共同发展的工业国国家经济发展战略。首先，通过加大农业投入，兴建水库、水坝，鼓励开垦荒地，改良农作物品种，推广农机使用等措施，优先发展农业，以满足5 200万人口的基本生存需求。维护社会稳定，并为工业生产提供必要的原材料。其次，在国家经济并不宽裕的情况下，继续挖掘潜力，投入巨资进行基础设施建设，以改变已对经济发展形成瓶颈制约的交通通讯滞后、电力供应不足的状况。再次，继续鼓励私有经济发展，加快私有化进程，在进一步放宽私有经济经营和从业范围的同时，增加了对国有经济特别是国有工业的投入，积极利用国内国外的两种资源，特别是中国的出口信贷，建设了一批国有工厂，以解决进口替代问题。缅甸1997～2004年主要经济指标见表2。

表2　　缅甸1997～2004年主要经济指标

年份 类别	1997	1998	1999	2000	2001	2002	2003	2004
国内生产总值（亿美元）	47.0	48.0	64.0	72.0	57.0	58.0	80.0	86.0
实际经济增长率（%）	5.7	5.8	10.9	6.2	5.3	5.3	-2.0	-2.7
消费物价指数（%）	29.7	51.5	18.4	-0.1	21.1	57.1	36.6	4.5

资料来源　英国《国别报告·缅甸》2005年11月。

缅甸从封闭走向开放，制定了许多吸引国内外投资的优惠政策。1988年11月30日颁布的缅甸《外国投资法》，其主要内容有：(1) 外国投资者可以采用独资、合资或成立股份有限公司等方式在缅甸投资，独资企业的外资必须为100%，合资企业的外资不得少于35%，投资额的最低限额为10万美元。(2)允许外国投资的范围和经济项目有农业、工业、畜牧渔业、矿业、建筑业、能源、运输与通讯业以及旅游业。凡到缅甸投资的外商头3年一律免税；缅甸政府保证对到缅甸投资的外国独资和合资企业不收归国有，还保证外商在投资过程中或结束时汇走红利或他们带来的全部外汇。截至1997年7月，来自22个国家或地区的国外公司在缅投资项目为260个，总投资额达62.4276亿美元。

当然，缅甸的经济变革与发展尚存在诸多不利因素与制约因素，它们是：经济基础薄弱，基础设施较差；改变缅甸单一经济结构，难度极大，且会有较长的过程；资金不足，缺乏技术；外贸长期逆差；汇率极不合理（官方牌价1美元兑6.3缅元，而黑市价可兑约300缅元）。

二　农业

缅甸是一个以农业为主的国家，农业产值占国民生产总值的56%；农业劳动力为1 796万，约占全国总就业人数的65%。农产品出口额占外贸总出口额的1/2以上。长期以来，缅甸经济形势好坏几乎完全取决于农业，而农业生产的好坏又取决于稻谷产量的增减。

农业产值占国内生产总值的42%。据缅甸政府公布，1997年缅甸全国可耕地面积为1 827万公顷，占全国土地面积的37%，但实际种植面积为1 232万公顷。由于地形和气候多样，有60多种作物可以生长，包括热带作物与温带气候的谷类作物，如稻谷、小麦、玉米、豆类及油料作物。经济作物有棉花、橡胶、黄麻、甘蔗、油棕、烟草及香料等。1999～2000年度主要农作物产量为：稻谷1 979万吨，小麦9.46万吨，玉米31.66万吨，棉花17.4万吨。

缅甸政府自1988年以来共投资514.53亿缅元（约合1.47亿美元）兴修水坝130个。1980～1981年度至2001～2002年度，农田灌溉面积占缅甸耕地总面积的比重由14.5%上升为18.6%，这些灌溉面积约74%用于种植水稻。

20世纪90年代，政府继续积极推进关键作物生产的发展，将稻米、豆类、棉花和甘蔗作为“支柱产品”，并鼓励食用油生产发展，以减少对进口的依赖。加之近年开始鼓励对上述生产的私人投资，使得在 1994～1995 年度至 1998～1999 年度间，豆类产量增加了 51%，棉花、甘蔗产量也大量增加。

然而传统作物生产增长缓慢，稻米虽然依然占作物全部播种面积的 2/3，但是由于肥料不足，1994～1995 年度至 1997～1998 年度间稻米产量徘徊不前。20 世纪初，缅甸曾是亚洲的主要大米出产国，近年来出口急剧下降。橡胶由于投资不足，1994～1995 年度至 1999～2000 年度间出口量亦处于停滞状态。

除了气候条件波动的影响外，农业生产不景气的原因是：（1）农民缺少资金购买燃料和肥料。（2）干燥设备、除虫剂、仓库及良种严重不足。（3）技术障碍。虽然政府通过没收大量土地建立机械化现代农场，但是依然存在着大量沿用传统技术的小农户。（4）灌溉不足。灌溉地占全部播种面积的比重仍不足 20%，灌区扩大主要受燃料价格上涨与动力紧缺的影响。

畜牧渔业以私人经营为主。缅甸政府允许外国公司在划定的海域内捕鱼，向外国渔船征收费用。1990 年开始同一些外国公司合资开办鱼虾生产和出口加工企业，2001 年虾产量 1.3 万吨，全部出口。1999～2000 年度，肉类产量为 3.758 亿公斤。

主要林产品有花梨、丁纹、鸡翅木、黑檀、铁木等各类硬杂木和藤条、竹子等，1999～2000 年度柚木产量 23 万立方米，其他硬杂木产量 143.9 万立方米。林业产值约 5 亿缅币。

三　工矿业

缅甸工业基础薄弱，工业产值约占国民生产总值的 10.5%，在 1996～1997 年度至 2000～2001 年度五年计划期间，工业产值年均增长 10.6%。全国 5.3 万余个企业中，私人企业有 5.1 万余个，全国共建有 24 个工业区。全国工业从业人数约 174 万，占全国总劳力的 10% 左右。工业主要有石油和天然气开采、小型机械制造、纺织、印染、碾米、木材加工、制糖、造纸、化肥和制药等。1999～2000 年度主要工业产品产量如下：原油 47 万吨，天然气 16.5 亿立方米，水泥 35 万吨，化肥 13.8 万吨，食糖29 560吨，纸张15 760吨。

缅甸政府下设第一工业部和第二工业部。缅甸工业主要有碾米、木材加工、纺织与服装加工、建筑材料、石油矿产加工、工业原料、机械以及饮食加工等。第一工业部所属工厂企业是以生产日用轻工产品为主，还包括服装、布匹、饮食、药品、化妆品、住房建筑材料及其他日用品；第二工业部下属机构有缅甸重工业公司与工业技术服务公司。重工业公司所属工厂企业主要生产车辆（装配）、拖拉机、手扶拖拉机、水泵等农机具、电器、车床等机械和电视机、冰箱等家用电器。该公司还向有关部门提供技术帮助，而工业技术服务公司的任务是为国营工业部门建新工厂，为改建和扩建老厂制定计划，为工厂的建造、机器的安装以及测试运转提供必要的技术帮助。

缅甸的加工制造业是排在种植业与商业贸易后的第三大产业，但其发展程度迄今还处在很低的阶段。实行经济变革后的缅甸，其加工制造业是以私营为主，1997 年度，在加工制造业产值中，私营部门占 72%，国营部门占 26%，合作社部门占 1%。全国从事加工制造业的企业共有48 802家，其中生产食品与饮料的企业有28 811家，服装制造的有3 073家，生产建材的有3 834家，家庭用品的 296 家，印刷与出版的 386 家，工业原材料方面的企业3 017家，矿产及石油制品的有2 193家，机械设备方面的企业有 212 家，家用设备的 67 家，车辆运输方面的 314 家，工场与船舶修建企业有 307 家，其他产品生产的有5 503家。加工制造业的突出问题是门类少、规模小、技术落后。究其原因，大致有三：（1）过去缅甸政府长期实行闭关锁国政策，很少引进外国资金与技术。在过去数十年中，除 1984 年与联邦德国合资建过兵工厂外，再无其他合资企业。这样，加工制造业方面难以改变基础薄弱的状况。（2）由于 20 世纪 60 年代初期，缅甸政府在全国范围内实行“国有化”，造成很大的负面影响，私营业主惧怕再遭国有化厄运，长期以来只得实行小规模作坊式生产。（3）国营企业经营不善，长期处于高投入低产出的状态。根据亚洲开发银行报告，缅甸国营企业占用了政府投资的 1/3，收入只提供政府财政收入的 1/5。

缅甸矿业开发程度很低。一般情况下，矿业产值在国民生产总值中仅占 0.8%～1%，矿产业从业人员约 8 万人，占全国就业人数的 0.5%。矿产业的生产经营是以国营为主。缅甸矿业部下属机构有：计划与工作检查局、地质勘探局、第一矿业公司、第二矿业公司、第三矿业公司、缅甸宝石贸易公司、缅甸珍珠生产与贸易公司、缅甸盐及海洋化工产品生产与贸易公司。计划与工作检查局的工作是检查有关机构是否正确地担负起矿产资源的勘探、开采、利用和扩大经营等工作，并检查监督计划实施与安全生产情况。地质勘探局主要负责研究地质条件，寻探矿产资源，测量矿脉储量和研究冶炼。第一矿业公司的主要业务是进行铝、锌、铜、银、锑、镍等矿产品的开采和提炼。第二矿业公司的主要业务是进行锡、钨、金、宝石、钻石等矿产品的开采与加工。第三矿业公司的主要业务是进行铁、煤、重晶石、石膏、石灰石、铬、锑等矿产品的勘探和开采。缅甸宝石贸易公司的主要业务是开采生产宝石、玉石、翡翠和举办缅甸珠宝展销会。缅甸盐及海洋化工产品生产与贸易公司主要生产各种盐以及为畜牧场与水产部生产幼虾饲料。

（一）采矿业

缅甸矿产资源的大致分布情况是：中部与北部地区主要有宝石、金、铜；东部地区主要有铝、锌、铜、银、锡、钨、锑、金与铁；南部与东南部地区主要有锡和大理石矿；西部地区主要有镍、铬、铂。过去，矿业部门全由国营企业垄断经营，因国营企业开采能力不足，矿产业的发展长期受到制约。军政府执政后，对矿产业政策作了相应的调整，改变以往全由国营企业专营的做法，将一些矿产品的开采向私营部门与外资开放。军政府于1989年5月颁布的《外国投资项目管理条例》中规定，允许外资勘探、开采、生产和销售非重金属矿产品，如煤、石灰石、石膏等，允许外资从事大理石石材的生产与销售，允许外资对其他石材进行开采、加工与销售。1994年8月和9月，军政府又先后颁布允许私人投资者独立经营包括矿产业在内的8个行业的《公民投资法》和《缅甸矿产法》。《缅甸矿产法》将矿产资源分为4类，即宝石类（包括红宝石、蓝宝石、玉石及其他名贵石材）、金属矿类（包括金、银、铂及其他稀有金属）、工业矿产类（包括煤、石膏及其他主要用于工业生产的矿产）和石材类（包括石灰石、石英、大理石及其他未包括在上述3类中的所有矿产）。该法规定，允许私营企业进行矿产资源的勘探和开采，但为了避免掠夺性开采，规定对各种矿产资源的调查、勘探及开采都必须得到矿业部的批准，违者将被判处7年监禁或罚以8 200美元的罚款；对虽经批准但不遵守有关环境保护法规的经营者，将判处3年监禁或罚款3 300美元。该法同时宣布，1887年的《缅甸红宝石法》、1923年和1961年的《矿产法》全部作废。1994年10月，军政府宣布将由国营部门专营的金矿和铜矿的开采向外资开放，并划定出16个金、铜矿勘探区，向外国公司发出投标邀请，以进行合作勘探和开采。上述16个勘探区分布于缅甸中部和北部地区，每个勘探区面积为1 400平方公里，其中2个在东北部的掸邦地区，其余都在实阶省和曼德勒省内。1995年9月，军政府又颁布了《缅甸宝石法》，开放宝石市场，允许私营企业和合作社参与宝石经营。

缅甸矿业发展中存在的主要问题是：（1）开采能力低下，主要是由交通设施落后、电力不足、设备短缺和技术水平低等原因造成的。（2）矿产资源开发不平衡，除宝石、玉石得到较为充分的开采以及天然气、石油得到一定程度的开采外，其他矿产资源的开发利用十分有限。（3）家底不明，即对整个矿产资源的确切分布位置和基本储量缺乏详细的了解。

为了弄清矿产资源的分布、储量和品位，矿业部下属的地质调查与矿产勘探局从20世纪80年代末起，选定宝石、黄金、钻石、铂、铀、铬、锡、钨、煤、银、铅、铜、锑、锰、铁、石棉、建筑装饰石材、石膏和石灰石等18种矿产作为重点勘测对象。勘探工作大致进展如下。

1．宝石矿

缅甸素以出产上好玉石、优质红蓝宝石和猫眼石等驰名全球。传统的红宝石和蓝宝石产地集中在上缅甸的抹谷一带，玉石产地除抹谷外，还有克钦邦的孟拱、帕敢、弄肯和甘祥地等地。近年来政府扩大了宝石的勘探区域，1989年12月，开始对南坎镇宾龙地区进行勘探，并建了一个日处理50吨宝石矿的开采场，现已确定该地区的tha－2级宝石矿石储量为442 770吨，每吨矿石的宝石含量为25.32克拉。1990年9月，在曼西镇南撒地区进行的勘探中，发现一宝石矿带，每吨矿石的宝石含量达73.6克拉。1992年4月，在对孟休镇赛连地区的勘探中，发现两个宝石矿，其中一个属tha－2级矿，宝石矿储量为34 595吨，每吨矿石的宝石含量为33.4克拉；另一个属tha－3级矿，宝石矿储量为447 270吨，每吨矿石的宝石含量为6.09克拉。值得一提的是，1996年，在抹谷金村第14号宝石矿点的一个公私合营企业经营的矿坑中，发现了迄今世界上最大的红宝石，长17.78厘米，宽11.43厘米，高10.16厘米，重41 450克拉。1972年，在抹谷曾发现重6.3万克拉，被称为世界上最大的蓝宝石。1966年12月，在缅甸珍珠岛附近的海域采集了一颗世界上最大的珍珠，长轴线为44.2毫米，短轴线为31.6毫米。这样，缅甸便成为世界上最大的红、蓝宝石和珍珠的发现地。

2. 金矿

在掸邦葛鲁镇莱表—瑞半地区发现了两个金矿，其中一个矿石储量为105 827吨，每吨矿石含金量为2.29克；另一个矿石储量为113 801吨，每吨矿石的含金量为0.332克。在曼德勒省德县金镇敦栋赛地区发现一个矿石储量为24万吨的金矿，每吨矿石含金量为2.64克。在该省勃镇帕尧地区也发现两个金矿，其中一个属tha－2级矿，矿石储量为264万吨，每吨矿石的含金量为4.8克；另一个属tha－3级矿，矿石储量为59万吨。在蛇瓦巴地区发现一个矿石储量为5 151吨的tha－3级矿点，每吨矿石的含金量为1.36克。此外，第二矿业公司目前还正在实阶省勃罗镇、平梨镇、文镇和勃固省瑞金地区进行金矿勘探。

3. 铂矿

在兰依卡河谷地区发现了储量约为1万立方米的铂矿场，每立方米矿石的铂含量为0.058克。在楠寨金河谷地区发现了3个铂矿场，其中A区的矿石储量为6万立方米，每立方米矿石的铂含量为0.011克；B区和C区的矿石总储量为15万立方米，两区每立方米矿石的铂含量分别为0.09克和0.039克。在楠麻特地区发现了一个原生铂矿带，对来自两个工作面的129份样本分析表明，铂含量在0.01～1.34PPNPP之间，矿石总储量尚未确定。

4. 大理石矿

1995年进行勘探工作的地区有孟密的莫汗地区、德孟邦加耶多地区，探明黑色大理石储量4 500万吨；在孟邦延地区探明灰色大理石储量为2亿吨；在德林达依省木心桑龙岛上探明灰色大理石储量28亿吨；在德林达依省克坦岛探明灰色大理石储量50亿吨；在克伦邦丹当地区探明红色大理石储量1.6亿吨。

（二）能源工业

1. 主要能源工业

（1）水电

缅甸的电力生产、输送和销售业务全由缅甸电力公司经营，迄今缅甸尚未有从事电业的私营企业。缅甸为发展电业，规划在短期内主要是修建小型水力发电站和热力发电站，长期目标是修建大型综合水电站。目前极为重视小水电站的建设。近5年来，缅甸每年装机容量增加36兆瓦，政府其他部供自己用电的装机容量共345兆瓦，其中国防部装机容量最大，约87 790千瓦。目前缅甸主要利用成本低廉的水力与天然气发电，这两项发电装机容量分别占总装机容量的36%和44%。水力发电装机容量为291兆瓦，天然气为357兆瓦，热力为92兆瓦（占总装机容量的11%），柴油78兆瓦（占总装机容量的9%）。

已修建的水电站有：洛比大、根达、色道基、抹谷、达基、鄂市巴、东巴咋来、妹坎、怎界、木姐、密矮河、葡萄、柏桑、帕崩、第二比鲁河、金克朗卡、尬得鲁、格莱河、腊河、内朗、野德贡河、南山、巴界郝（果敢地区）、于南当河（拉地区）、西鲁河（景栋地区）和百力瓦。

正在修建中的水电站有：选基（掸邦亚绍镇区）、早都（勃固市附近）、南坎卡、南苗、南山袄（掸邦皎脉镇区）、南沃（景栋镇区）、当那温、西河、莱帕（钦邦法兰镇区）、敏达、通赞和九谷。

正在考察和准备修建的水电站有：邦朗（彬文那镇区）、比邻、贡（勃固省）、耶暖、赛丁、南吞、滚弄、马里温耶村和第三比鲁河。

正在修建中的早都水电站和选基水电站装机容量分别为9兆瓦和6兆瓦。计划修建的邦朗水电站属中型水电站，装机容量280兆瓦（为现在全国装机容量的24%）。

缅甸电力短缺，发展电业缺乏资金和技术，要想根本改善上述状况，必须引进外资和技术设备，加强同外国电力公司的合作。

缅甸在发电、输送、供应等各个环节耗损电力相当大，据统计，仅1994年度缅甸电力公司耗损电力达10.71亿千瓦小时，占发电量的35%。

缅甸有丰富的水力资源，全国水力资源蕴藏量为10万兆瓦，而目前全国水力发电装机容量仅有

300 兆瓦，所以缅甸水力发电发展潜力很大。

（2）石油 天然气

缅甸生产石油的历史很早，在世界上也是用土法打油井的最古老的产油国之一。据历史记载，缅甸著名的仁安羌（缅语意为“石油溪”）油田在 13 世纪末就已经开采。19 世纪上半叶，英国殖民者侵入缅甸，1886 年英国缅甸石油公司开始用新法开采石油。第二次世界大战前，石油成为缅甸最大的矿业，最高年产量达 100 多万吨，出口到印度及其他英联邦国家，石油出口额曾占缅甸总出口额的 1/4。第二次世界大战中，石油工业遭受严重的破坏，油田、炼油厂的设备几乎全遭毁坏。二战后，因控制缅甸石油业的英国垄断资本拖延缅甸石油工业的恢复，1945～1959 年，缅甸原油产量仍只达战前水平的 49.2%，缅甸一变而为石油输入国。1963 年后，缅甸政府把石油公司完全收归国有，并陆续发现一些新油田，产量有所提高。1972 年缅甸原油产量恢复到战前水平，年产量约 98.5 万吨。1988 年缅甸政治动荡前，年产石油 84 万吨；动荡期间，石油生产设备遭破坏，1989 年年产石油下降到 66 万吨。军政府上台后，对提高石油、天然气产量的期望很高，想通过与外国石油公司合作迅速提高产量，结果很不理想。近几年来，缅甸石油年产量保持在 75 万～80 万吨左右。据资料统计，缅甸已探明石油储量为 695 万吨，估计潜在的储量约 4 亿～7 亿吨。

缅甸目前石油、天然气的勘探、开采、输送均由缅甸石油与天然气公司经营。开采石油与天然气的石油天然气田如下：阿耶道油田（马圭省木格县）、代马油田（曼德勒省蒲甘）、兰濑油田（马圭省木格县）、稍埠油田（马圭省稍埠）、仁安羌油田（马圭省仁安羌）、漫油田（马圭省敏甫—新姑）、奎夏彬—甘尼油田（马圭省敏甫—新姑）、拜百油田（马圭省敏拉）、仁安马油田（马圭省敏拉）、卑亚露油田（马圭省蔑台）、卑亚耶油田（马圭省第悦茂）、卑谬油田（勃固省卑谬）、苗旺—瑞卑达油田（伊洛瓦底省苗旺）和帕牙贡油田（伊洛瓦底省吉叻）。

根据《外国投资法》和国际惯例，从 1989 年 10 月开始，缅甸石油与天然气公司同外国石油公司采取生产分成方式合作开发石油天然气。与缅甸签订合同的外国石油公司有美国阿莫科公司（Amoco）、韩国永光公司（Jukong）、日本意德密苏公司（Idemisn）、加拿大石油公司（Petor Canada）、美国尤诺科尔公司（Vnocal）、荷兰壳牌公司（Shelc）、澳大利亚布罗肯希尔控股有限公司（BHP）、英国克洛夫特公司（Croft）等 9 家石油公司，共投资 3 亿多美元，在陆地勘探石油，先后共打 11 口井，结果只有 1 口井出少量天然气，其他井都没能打出石油天然气。在这种情况下，外国石油公司不得不分别中止合同。例如澳大利亚 BHP 公司 1989 年 11 月 24 日签订合同，在曼德勒、勃固和仰光省的共4 723平方公里作业区勘探石油。1991 年 2 月 27 日在勃固省岱吁市附近开始打第一口井，当钻进2 805米深，取样化验分析结果认为天然气储量极少，于 1991 年 6 月 16 日封井。

1989～1991 年，缅甸与外国石油公司合作开发石油天然气，虽然没能开采出较多石油，但也获得一些好处：签订合同获得4 700万美元签字费（Signature Bonus）；获得国际先进的石油勘探技术；通过大规模勘探，给今后勘探开采创造了条件，又增加了就业机会。

1991 年底以前，能源部又在缅中部地区划出 20 个作业区，促请外国公司参与开发，1991 年经双方协商，有 6 个外国公司与能源规划局签订了 13 个作业区合同。这 6 家公司是美国山达菲公司（SontaFo）、美国阿巴基公司（Apache）、澳大利亚凯利斯资源开发公司（Lailis Kesourcesl）、美国阿马得缅勺公司、法国托塔尔公司（Total）及英国帕里米亚尔（Primser）公司。美国德斯科（Texoco）公司、日本国日本石油公司、英国帕里米亚尔公司又续签了近海石油作业区 M－12 合同。

缅甸军政府还十分重视近海区天然气油田的开采，1992 年缅甸石油与天然气公司同法国都德石油公司签订了《天然气勘探与开采协定》。其后，都德石油公司在莫塔马海湾北纬 15°17′与东经 90°11′处的 M－5、M－6 天然气油田进行反复勘探，并建立 4 口实验油井。勘探表明，该地区天然气储量达1 897亿立方米。1995 年 2 月，缅甸石油与天然气公司同泰国签订了为期 30 年的天然气销售合同。该合同中规定，自 1998 年 7 月开始，缅甸向泰国输送天然气。若按合同规定，30 年内缅甸总共收入 49 亿美元。

从总体上看，缅甸石油天然气开发前景不容乐观，原因有四：（1）由于缅甸地质条件，每口油井产量很低。其他国家石油每口井日产量约在1万桶以上，而缅甸每口井日产量却只有1 000桶左右。（2）老油井设备陈旧，开采石油技术落后。（3）交通、通讯、电力等基础设施差。（4）缺乏资金与技术。

2. 能源工业机构

1985年成立的缅甸能源部下属机构有：能源规划局、缅甸电力公司、石油与天然气公司、石油产品贸易公司。能源规划局的主要任务是制定能源计划，估算工业能源、运输能源、化学原料及家用能源需求，规划石油、天然气、电力的生产和使用，调查市场情况，制定国内外销售计划，协调企业间的业务工作。缅甸电力公司的主要任务是负责国内电力生产、输送与国内外销售任务，按照能源部指示具体实施经批准的电力计划、试验、改进与安装电力设备。缅甸石油与天然气公司主要负责石油、天然气的勘探、开采与输送。缅甸石油与化工公司负责利用原油生产石油产品，利用天然气生产尿素、甲醇。缅甸石油产品贸易公司的任务是在政府计划销售主要石油产品的基础上，再根据能源部的具体指示进行销售。

四 建筑业

缅甸建筑业由三个部分组成，即：交通设施建筑、房屋建筑和水利、电力、矿山及其他项目建筑。缅甸建筑部下属机构有：房建局、人民建筑公司。前者主要负责建筑用地开发、住房兴建、排水供水设施等修建工作；后者主要负责道路修建与改扩建、桥梁建造、工业用房、商业用房及其他公用设施等建筑工作。整个建筑业以国营为主，但近几年作了一些政策调整，将过去规定只能由国营的人民建筑公司承建的工程对社会开放。

军政府上台后大抓基础设施的建设，十分重视公路与桥梁的建设，建筑业产值年年超额完成，其年均增长率保持在15%以上。

经过几年的建造，全国沥青路由1991年的9 138公里增加到2000年9 720公里；碎石路由5 923公里增加到8 087公里；砾石路由5 923公里增加到6 653公里；土路由6 426公里增加到10 740公里。同期公路总里程由24 231公里增加到32 295公里。近几年，缅甸已建成的桥梁有：仰光—丁茵大桥（在勃固河架设的大桥，全长2 938.56米，用中国贷款1.69亿人民币）；莽应龙大桥（桥长500.2米，耗资2.5亿缅元）；格拉彬大桥（桥长183米）；额温江桥；良彬温大桥等。此外，正在新建的大桥有：伊洛瓦底桥（桥长1 257米）；丹伦江桥（桥长540米）；毛吁蓖桥（桥长725米）等。

缅甸铁路总里程由1962年的3 061公里增加到2000年的4 667公里。

仰光国际机场、曼德勒国际机场、罕礁瓦底机场、火荷机场等都在改扩建中。

仰光港、迪拉瓦港等一些码头也在修建和扩建中。

1992年以来，完成了房屋类项目1 302个；共开发房屋建筑用地218 108块。

五 交通运输及邮电

交通以水运为主，铁路多为窄轨。近年来，政府大力修筑公路和铁路，陆路运输有了较大发展。

铁路 总长4 667公里。拥有蒸汽机车43台，柴油机车270台，客车厢701节，货车厢3 906节，2001年度货运量为355万吨。全国共有铁路桥9 009座，火车站739个。

水运 内河航道约为12 800公里。可供远洋货轮停靠的港口主要有仰光港、勃生港和毛淡棉港，其中仰光港是缅甸最大的海港。缅甸仅有“缅甸五星轮船公司”经营远洋运输，1997～1998年度，该公司的客运量为5.3万人次，海运货运量为120万吨。

公路 总长约28 972公里，共有客车190 484辆，货车53 722辆。1999～2000年度，客运量4 978万人次，货运量120万吨。

空运 有波音737－300型飞机2架，320型空中客车1架，福克F－27型飞机10架，福克F－28型飞机3架。全国有大小机场80个，主要机场有仰光机场、曼德勒机场、黑河机场、蒲甘机场、丹兑机场等，仰光机场及曼德勒机场为国际机场。目前已与13个国家和地区建立了直达航线，其中包括曼谷、北京、新加坡、香港、吉隆坡、昆明、达卡、万象、加尔各答、清迈、卡拉奇、阿布扎比、伦敦和中国台北。国内航线共17条，大城市和主要旅游景点均已通航。

六 财政金融

据世界银行统计，截至2004～2005年度，缅甸共欠外债约67亿美元。最大债权国为日本。截至2005年底，外汇储备6亿美元。

缅甸原仅有5家国有银行，分别为：缅甸中央银行（1948年成立，前身为缅甸联邦银行，1990年改称中央银行）、缅甸农业银行（1953年成立）、缅甸经济银行（1967年成立）、缅甸外贸银行（1967年成立）和缅甸投资与商业银行（1989年成立）。从1992年起，允许私人开办银行和外国银行在缅设立办事处，截至1998年底，缅共有20家私人银行和43个外国银行驻缅办事处。主要的私人银行有：亚洲经济银行、五月花银行、妙瓦底银行、罗马银行、环球银行和东方银行等。

七　旅游业

风景优美，名胜古迹多。主要景点有世界闻名的仰光大金塔、文化古都曼德勒、万塔之城蒲甘以及额不里海滩等。从1993年起，政府大力发展旅游业，积极吸引外资，建设旅游设施。1994～1995年度赴缅旅游人数为13.23万人次，1995～1996年度为17万人次，1996～1997年度为31万人次，1997～1998年度为33万人次，1998～1999年度为35万人次，1999～2000年度为30.95万人次，2000～2001年度为27.29万人次。目前有大小酒店533家，拥有客房15 848间。较著名的饭店有：仰光的诗多娜酒店、茵雅湖酒店、商贸酒店、海滨酒店、花园酒店，曼德勒的诗多娜饭店，蒲甘的蒂丽毕瑟亚饭店、蒲甘饭店等。2002年旅游收入为9 900万美元。

第六节　外贸与对外经济关系

一　外贸

对外贸易在缅甸的经济发展中具有重要的作用。根据缅甸中央统计局公布的数字，2002年缅甸进出口贸易总额为53.55亿美元，同比增长1.59%，其中出口30.23亿美元，进口23.32亿美元，分别增长26.7%和下降19.17%，首次实现贸易顺差，顺差总额达6.91亿美元。2004～2005年度，缅甸进出口贸易额为49亿美元，其中：进口额为19.73亿美元，出口额为29.27亿美元。近年来，缅甸政府采取了一系列措施来扩大出口，减少贸易逆差，并取得了成效。其中，天然气的出口发挥了重要作用。1998年天然气首次出口创汇75万美元，2001年达到5.23亿美元，2002年则高达8.46亿美元，弥补了其他产品贸易的逆差。

表3　　缅甸1998～2004年主要对外经济活动指标　　（百万美元）

项目＼年份	1998	1999	2000	2001	2002	2003	2004
出口	1 065.2	1 293.9	1 661.6	2 521.8	2 421.1	2 709.7	2 926.7
进口	2 451.2	2 181.3	2 165.4	2 443.7	2 022.1	1 911.6	1 998.7
经常收支平衡	−494.2	−284.8	−211.6	−153.6	96.6	−19.4	111.6
外汇储备	314.9	265.5	223.0	400.5	470.0	550.0	672.1
市场汇率(缅元:美元)	333.9	340.8	355.3	620.0	970.0	960.0	910.0

资料来源　英国《国别报告·缅甸》2005年11月。

长期以来,缅甸外贸出口的基本特点是出口结构单一,即出口产品几乎都是农林、矿业初级产品,大米、柚木和豆类这三项产品的出口占外贸全部出口的70%～80%;外贸进口优先进口生产设备、原料与中间产品,消费品进口比重不大。缅甸对外贸易的另一突出特点是,外贸进出口逆差大,但近年来逐步有所改善。

缅甸对外贸易的主要伙伴是泰国、新加坡、中国、印度及日本。2004年对泰国出口额占其出口总额36.6%，随后印度占14%、中国占6.2%、日本占5.1%；最大的进口来源是中国，占进口总额的28.5%，新加坡占19.4%，泰国占18.1%，韩国占7.2%，马来西亚占5%。缅甸商务部认为，未来几年中国和印度是缅甸最重要贸易伙伴，预计2003～2006年间，缅甸对中国的贸易额将从10亿美元上升为15亿美元，对印度的贸易额将从5亿美元上升为10亿美元。缅甸1998～2004年主要对外经济活动指标见表3。2003年缅甸主要进出口国见表4。

表4　　缅甸2003年主要进出口国

出口国	占出口总额（%）	进口国	占进口总额（%）
泰　国	36.6	新加坡	28.5
印　度	14.0	中　国	19.4
中　国	6.2	泰　国	18.1
日　本	5.1	韩　国	7.2
英　国	4.0	马来西亚	4.5

资料来源　英国《国别报告·缅甸》，2004年5月。

二　对外经济关系

迄至2004年，美国等西方国家还对缅甸实行经济制裁，但这些国家的民间企业公司依然看好缅甸市场，纷纷到缅进行投资。缅甸实行开放政策后，东盟成为缅甸外资的一个最重要来源。1997年7月缅甸加入东盟后，缅甸与东盟国家的经济关系则呈现出更加密切的趋向。

截至2003年上半年，外国在缅甸的投资项目共371个，协议投资总额为75亿美元。投资国家和地区为27个，投资额上亿美元的国家和地区依次排列为新加坡、英国、泰国、马来西亚、美国、法国、印度尼西亚、荷兰、日本、韩国、中国香港、菲律宾。中国排名第十五位，投资项目13个，金额为6 400多万元，占外国在缅甸投资总额的0.86%。从投资领域看，外资主要投向石油天然气、制造业、饭店与旅游业、地产业和矿业等。

军政府上台后，美国严厉制裁缅甸军政府，缅甸军政府被国际社会长期孤立。从1988年9月以来，缅甸基本上没有获得外国经济援助，国际上也没有任何银行贷款给缅甸。

第七节　人民生活与社会保障

缅甸劳动力约1 670余万人，其中从事农业生产的人数占劳动力的63%，从事其他劳动的人数占37%。缅甸政府公务人员及工人的工资都很低，军政府曾先后于1989年2月和1993年4月为约100万公务人员加薪。如今不同级别公务员月薪最低者为850缅元，最高者3 000缅元。据统计，军政府上台后，缅甸货币投放量年增长率为35.3%，全国消费品价格年上涨率在17.6%～36.5%之间。

缅甸拥有较好的自然条件，食物供应较为充足，赤贫人数相对较少，但长期以来由于国民收入增长较慢，由低收入造成的贫困现象则普遍存在。2004～2005年度人均国民收入不足300美元。

缅甸公务人员退休金按其工龄一定百分比发放。2000～2001年度共有医院734所，医生14 007名，病床28 943张。平均每万人拥有病床6.23张，医生3.02名。2002年人口增长率为0.56%。

第八节　教育　科技　文化

一　教育

缅甸政府重视发展教育和扫盲工作，维护传统民族文化。教育分学前教育、基础教育和高等教育。学前教育包括日托幼儿园和学前学校，招收3～5岁儿童；基础教育学制为10年，1～4年级为小学，5～8年级为普通初级中学，9～10年级为高级中学；高等教育学制4～6年不等。

缅甸独立后，政府注意发展文化教育。全国除设有大专院校外，还兴办了工业、农业、医科、畜牧和计算机等专科学校。著名学府有仰光大学和曼德勒大学。每年培养研究生约190人，理科大学生26 000人。除一般高等教育外，还有各类函授大学、夜校、技校和培训中心，培训了一批技术人员。如农业局的教育培训中心包括一个农学院、一个农专、一所农技校。此外，缅甸还每年选派20名学者出国深造和交流。2002年缅甸各级学校数目及学生、教师人数见表5。

表5　　缅甸2002年各级学校数目及学生、教师人数

项目 类别	学校（所）	学生（万人）	教师（万人）
小学	37 433	514.5	16.7
中学	2 232	154.5	5.7
高中	977	38.5	1.7
大专院校	129	37.4	0.76

资料来源　缅甸国家计划与经济发展部《财政、经济和社会情况报告》。

二 科技

缅甸没有一个统一管理科技工作的部门，而是由政府各部委分头管理。科技力量比较薄弱，科技水平相当落后，尤其是工矿制造业的科技水平更为落后。科技研究和开发的层次很低。相比较，农林方面科技力量在国内为最强，科技工作有一定特色和优势。自20世纪80年代颁布了《外资法》后，技术引进有了较大进展。

缅甸的科技研究与开发工作都由政府各部委直属的研究单位和大学来担任。以农林科技为例，农林部下属有计划统计局、农业局、农村企业局、农机局、灌溉局、勘测调查局、安置与土地利用局、林业局、林业企业局。农业局下属又有土地利用处、农业科研所、科研服务保障处、推广处等部门，都与科研有关。设在叶津的农科所有中高级研究人员100多人，初级研究人员955人。对农艺、植物、稻米、杂粮、纤维作物、经济作物、园艺、土地化学、植物病理、小农具等学科开展了研究。该所还设有干旱作物、山地耕作、水果蔬菜、植保等研究分所。科研服务保障处有12个中心农场和44个种子站，作为农作物试验和优良品种推广的基地。推广处在省邦都设有推广站，289个城镇有分站和推广点，形成了全国推广体系。

缅甸优良品种培育工作颇具特色，还因地制宜地研制出各种耐用的农机具。林业科研主要是设在叶津的科研所内。从事森林管理与造林、植物和树木改良、自然资源利用、森林保护、木材资源及利用、林业加工等方面的研究开发。

缅甸独立后经济虽获得了一定的发展，但一直缺乏资金、设备和技术。由于经济困难，科技发展受到制约。因此，政府不得不大量争取外援来引进国外设备和技术。

三 文化

（一）文学

缅甸最初的文学是口头文学，具体情况已不可考。婆罗门教和佛教传入缅甸后，对其文学发生了深刻影响。到12世纪，缅甸已有了自己的文字，文学作品则见于保存至今的碑文。1287～1532年是缅甸的阿瓦时期。这一时期的上座部佛教流行，文学得到明显发展，绝大部分作品都与佛教关系密切，要么抄袭佛经，要么改编佛经故事。1531～1752年间，世俗文学得到发展，但佛教文学仍占主导地位，现今保存下来的文学中只有很少篇反映平民生活。

进入20世纪，受西方文学影响，缅甸文学又有了新的发展。1904年詹姆斯拉觉（1866～1919）受《基度山伯爵》的启发写出了缅甸第一部现代小说《貌迎貌玛梅玛》，拉开缅甸现代文学的序幕。爱国反帝诗人德钦哥都迈（1872～1964）用一种韵散相间的文体写出了《洋大人注》、《孔雀注》、《猴子注》等向殖民主义者开火。20世纪20年代末期，缅甸文坛掀起实验文学运动，参加者颇多，其最主要的代表人物是佐基（1908～1990）。此后，一部分左派青年开始学习共产主义理论，著名作家吴登佩敏（1914～1978）写的《摩登和尚》便是这一时期的代表。二战以后，缅甸涌现出一批好作品，女作家加尼觉玛玛礼的长篇小说《不是恨》（1955）写的是一个女青年在东西方文化的冲突中成为牺牲品；吴拉的《监牢与人》（1958）、《笼中小鸟》（1958）、《战争、爱情与监狱》（1960）揭示了不合理社会制度。

（二）音乐 舞蹈

缅甸的音乐有悠久历史，早在802年，当时的骠国王子舒难陀就曾带领35名乐工到中国的长安来演出，“骠国乐”一时间成为唐代的著名乐派。18世纪中叶，缅甸攻打暹罗，俘虏了一批艺人回国，丰富了缅甸的音乐、舞蹈和戏剧。缅甸的音乐有古典和民间两大流派。古典音乐的曲调有弦乐曲、颂曲、鼓曲、暹罗曲和孟曲6种，民间音乐则有插秧歌、大鼓曲、腰鼓歌、长鼓歌等。现代西方音乐传入缅甸后，流行歌曲也传播开来。如今，缅甸音乐在东西结合中发展。

缅甸舞蹈与音乐相联系，早就发展起来。缅甸舞蹈可分为两大类：一类是以鼓为主要伴奏乐器的舞蹈，如大鼓舞、腰鼓舞、象脚鼓舞、背鼓舞、神舞等；另一类是带有故事情节的戏剧式舞蹈，如傀儡舞、拜神舞、宫女舞、隐士舞、油灯舞等。在戏剧式的舞蹈中，“阿迎”很著名，它最初在宫廷中演出，后来流传到民间，成为大众喜闻乐见的娱乐形式。缅甸的古代戏剧是从泰国传去的，主要是罗摩戏和伊瑙。近代缅甸艺术家实行戏剧改革，把从前一演就是45天的长戏改为只演一夜的短剧。

（三）建筑艺术

缅甸素有“佛塔之国”的美称，其建筑艺术以佛塔为代表。11世纪，蒲甘王朝建立，缅甸兴起了建塔之风，在短短的二三百年间蒲甘城便成为“万塔之城”，成为佛教文化的中心。目前，蒲甘尚有佛塔2 217座，其中保存较好和规模宏大的有上百座，而最著名的是瑞喜宫塔。它和仰光的瑞达光大金塔、勃固的瑞穆陶塔、卑谬的瑞珊陶塔并称为缅甸四大佛教圣迹。仰光的大金塔是缅甸古代建筑艺术的杰出代表，除了基座以外，主塔塔身的高度为112米，周身贴满金箔，为人类建筑艺术宝库中的佳作。

（四）媒体

目前，缅甸报纸均为官办，全国发行的报纸有3种：《缅甸之光》缅文版、《缅甸新光》英文版和1992年9月复刊的《镜报》，发行量分别为17.5万份、2.3万份和18万份。地方性的报纸有仰光出版的《首都报》、曼德勒出版的《曼德勒报》和《雅德那崩报》3份。此外，全国还有约140种杂志，较著名的有《妙瓦底》、《秀玛瓦》、《威达意》、《视野》和《财富》等。1997年11月，华文报纸《缅甸华报》创刊，是全缅唯一允许公开发行的华文报刊。

官办的“缅甸之声”是唯一的广播电台，建于1937年。目前用缅甸语、英语及8种少数民族语言广播。

缅甸全国有两家电视台。“缅甸电视台”建于1980年。1995年3月27日，为庆祝缅军建军50周年，军方创办的“妙瓦底电视台”开播。目前，缅全国各地共有电视转播站109个，全国各省邦绝大部分地区都能收看到电视节目。

第九节 军事

缅军成立于1942年，当时称“缅甸独立军”。1945年3月27日，民族英雄昂山等人发起抗日运动，改称“爱国军”，定3月27日为建军节。1988年以后，调整国防体制，取消总参谋部，建立军种司令部。2002年9月，将缅军建制调整为国防军最高司令部、陆军总司令部、三军情报总部、空军司令部和海军司令部。丹瑞大将任国防军最高司令部司令，貌埃副大将任国防军最高司令部副司令兼陆军总司令，钦纽上将任三军情报总部部长兼国防军最高司令部高级顾问。季敏中将和妙亨少将分别任海军司令和空军司令。

一 国防体制

缅甸“国家和平与发展委员会”主席为国防军总司令。国防部为国防军最高统帅机关，统管作战、训练和军工等工作。国防部下设总参谋部，为最高军事指挥机构。陆、海、空军又分别设参谋部。

二 军事编制与实力

独立初期，缅甸国防军体制、编制和各种制度均沿袭英军制。从1956年起，缅甸政府不断对陆军进行改编、扩编，并成立了总参谋部，统一指挥陆、海、空三军。缅甸国防军是以陆军为主。军政府上台后，制定了于1991年开始实施的《五年扩军计划》。

缅甸国防军现役部队总兵力已由1988年的19万人增加到2004年的37.5万人，其中：

陆军 兵力达35万人，编为12个军区（北部军区、东北军区、三角地军区、东部军区、东南军区、沿海岸军区、中部军区、南部军区、西北军区、西部军区、西南军区和仰光军区）、4个特战指挥部、10个装甲营、14个战线指挥部、34个战术指挥部，10个机动步兵师、437个步兵营、10个装甲营、14个高炮营和37个独立炮兵连。配备主战坦克、轻型坦克205辆，各型装甲车440辆，各种火炮1 478门。

海军 兵力1.3万余人（含陆战队1个营800人）。下设4个海军区（伊洛瓦底海军区、阿拉干海军区、德林达依海军区和达亚瓦迪海军区），有6个海军基地（仰光、勃生、墨吉、毛淡棉、塔韦、实兑）。装备有轻型护卫舰4艘，导弹艇6艘，巡逻艇60艘，两栖船只11艘、支援船9艘。

空军 兵力1.5万人，编有3个战斗机中队，2个攻击机中队，2个防暴机中队，1个运输机中队和4个直升机中队。装备作战飞机125架（战斗机70架，攻击战斗机22架，防暴机37架），直升机66架。

准军事部队 有10.725万人，其中：人民警察7.2万人，民兵3.5万人，渔业部门约250人及11艘船只。

三 兵役制度

实行志愿兵役制度。

第十节 外交

包括缅甸现政府在内的缅甸历届政府，基本上都奉行独立、中立和不结盟的外交政策。缅甸前几届政府在对外关系方面，表现出以下几个共同的特点：尽力在大国之间保持平衡，避免卷入大国纷争，同时十分警惕外国势力对缅甸的渗透，在国际社会上不大出头露面，对一些国际重大问题不轻易表态。

缅甸是最早的不结盟国家，而且是不结盟组织发起国之一。但在1979年声称“不结盟运动已违背原先宗旨”，宣布缅甸退出不结盟运动。1992年9月重返不结盟运动。主张全面禁止和彻底销毁核武器，并将常规军备削减到国家自卫的水平。1992年加入《不扩散核武器条约》和1949年订立的关于保护战争受害者的四个日内瓦公约。1997年7月加入东盟。截至2002年底，缅甸与89个国家建立了外交关系。

1988年9月，军政府上台后，立即宣布继续执行独立的、积极的外交政策。1989年9月9日，缅甸国家恢复法律与秩序委员会第一秘书长钦纽将军在记者招待会上解释说，缅甸今天对外政策的实质是：维护世界和平与安全，防止世界战争，反帝、反殖，在平等、合作、互相尊重、不干涉别国内政、坚持和平共处五项原则的基础上和所有国家保持友好关系。

针对以美国为首的西方国家在国际社会中孤立与打击缅甸的作法，并长时间对缅甸实行经济制裁的状况，缅甸军政府积极发展对华关系，同时高度重视改善和发展与东南亚国家联盟的关系，并以此来抵消和打破美国等西方国家对缅甸所实行的经济制裁。

到2002年末，缅甸已同89个国家建立了外交关系。

一 同中国关系

缅中两国山水相连，自古以来胞波情谊源远流长。近百年来，在共同抵御外敌的侵略与蹂躏的斗争中，缅中两国相互支持和相互帮助。20世纪40年代抗日战争期间，缅中两国人民借助缅滇陆上有利的地缘联系，互为后方，为抗击侵略者，谱写了壮丽恢宏的抗敌诗篇。

第二次世界大战结束后，随着缅甸获得独立和新中国的成立，1950年6月8日两国建交。50年代，两国总理共同倡导了和平共处五项原则。1960年10月，两国政府签订了《中缅边界条约》，圆满解决了历史遗留下来的边界问题。中缅领导人一直保持互访传统，周恩来、刘少奇、陈毅等老一辈领导人都曾访缅，缅甸吴努、吴奈温、吴山友、吴貌貌卡等领导人也多次访华，其中周总理9次访缅，吴努6次访华、吴奈温12次访华。中缅友谊被称颂为“胞波”（兄弟）情谊。1988年9月缅现政府执政以来，中缅继续保持友好交往。双方在政治、经贸、军事、文体等各个领域的交流与合作不断扩大。江泽民主席、李鹏总理、李瑞环政协主席、胡锦涛副主席先后访缅。缅甸国家和发委主席丹瑞大将、副主席貌埃上将、第一秘书长钦纽中将和第二秘书长丁吴中将等也分别访华。

进入21世纪，十分值得东亚尤其是东南亚各国关注的是，昔日中国西南境外的泰国、缅甸、老挝三国交界处曾是名噪一时的鸦片金三角，如今已成为旅游及国际交流的热点地区。随着东盟—中国及缅中合作步伐的加快，中缅老和中缅印两个新的发展金三角正在中南半岛出现，将在开发地区经济和加速中国—东盟自由贸易区建立的进程中发挥日益重要的作用。

2000年是中缅建交50周年，中国国家副主席胡锦涛和缅甸国家和发委副主席貌埃上将实现了互访，双方还发表了关于双边合作的《联合声明》。

2001年，中缅睦邻友好合作关系进一步发展。12月12～15日，中国国家主席江泽民对缅甸进行了为期4天的国事访问，这是中国最高领导人首次访问缅甸，在中缅关系史上具有里程碑意义。访问期间，双方签署了《中缅经济技术合作协定》、《中缅渔业合作协定》、《中缅边防合作议定书》、《中缅投资保护协定》、《中缅动植物检验检疫协定》等7个双边合作文件。

进入2003年以后，中缅两国的睦邻友好合作关系得到进一步发展，双方在各个领域的交流与合作都得到了明显的加强。2003年1月6～11日，应当时的中国国家主席江泽民的邀请，缅甸国家和平与发展委员会主席丹瑞大将率团对中国进行国事访问。双方签订了《中缅两国政府经济技术合作协定》等3个协定。

2004年3月23日，中国国务院副总理吴仪访问缅甸，与缅甸总理钦纽举行会谈，双方就发展两国经贸合作全面深入地交换了看法。会谈后，双方签署了两国政府经济技术合作协定和关于促进贸易、投资和经济合作谅解备忘录等21个协议。3

月 25 日，缅甸国家和发委主席丹瑞会见了吴仪。

2004 年 7 月 12 日，缅甸联邦总理钦纽来华访问，温家宝总理与钦纽总理举行会谈。温家宝对中缅在禁毒领域富有成效的合作给予了高度评价，希望双方进一步加大禁毒合作力度和建立两国边境管理合作机制，严厉打击跨国犯罪。会谈后，双方签署了经济技术合作协定等 11 个文件。温家宝和钦纽出席了签字仪式。2004 年 7 月 14 日，胡锦涛主席和吴邦国委员长分别会见了钦纽总理。

在 2004 年 11 月 3 日于中国南宁举行的首届中国—东盟博览会期间，缅甸新任总理梭温出席会议，他呼吁加快中国—东盟自由贸易区建设，为进一步发展双方经贸合作奠定坚实的基础，表示缅中两国已在农业、基础设施、自然资源开发等领域开展了广泛合作，缅方有信心继续推进这些合作。同年 12 月 3 日，他在仰光会见到访的中国外交部副部长武大伟时重申，缅甸政府将继续坚定奉行一个中国政策，反对“台独”，继续高度重视发展同中国的友好关系。

二 同东盟国家关系

缅甸重视发展同东盟各国的睦邻友好关系，特别是 1997 年加入东盟后，与东盟各国关系进一步发展。国家和发委主席丹瑞大将遍访东盟各国，东盟国家的元首和政府首脑也分别访问过缅甸，双方部长级代表团频繁互访。缅甸与东盟国家间的经贸关系十分密切，缅甸外来投资的 52% 来自东盟国家，与东盟各国的贸易额约占外贸总额的 48%。其中，新加坡和泰国分别是缅第一和第三大投资国，截至 2000 年 6 月底，新对缅投资协议金额累计约 15 亿美元，泰国对缅投资协议金额约为 12.6 亿美元。缅甸加入东盟后，积极参加东盟各种会议，截至 2000 年，共承办包括东盟部长会议在内的 19 次东盟会议。

进入 21 世纪，缅甸和东盟组织及东盟其他成员国的关系得到明显改善。2002 年 11 月，缅甸国家和发委主席丹瑞大将赴金边出席首次大湄公河次区域峰会、东盟第八次峰会和东盟“10 + 3”、“10 + 1”非正式领导人会议以及东盟—印度峰会和东盟与非洲联盟首次峰会。2003 年，丹瑞主席出席了在泰国曼谷举行的中国与东盟“10 + 1”领导人特别会议；钦纽出任总理后率团出席了在印尼巴厘岛举行的东盟首脑会议和第七届“10 + 3”和“10 + 1”首脑会议以及东盟—印度首脑会议。特别值得一提的是，2003 年，缅甸还作为东道主承办了一系列东盟会议。在 2003 年 10 月初举行的东盟首脑会议上，东盟顶住外部压力，对缅甸提交的国内和平“路线图”表示了理解。

三 同日本关系

缅日于 1954 年 12 月建交。日本是缅甸的主要贸易伙伴和最大的债权国。1995 年初，日本部分恢复了自 1988 年中断的经援。1998 年 3 月，日本向缅甸提供2 000万美元用于仰光国际机场扩建；5 月，提供 8.2 亿日元（约 550 万美元）的禁毒援助。此外，日本还通过联合国禁毒署（UNDCP）向缅南佤地区替代种植项目捐赠 80 万美元。截至 1998 年，日本已 18 次减免缅债务，总额达 3.72 亿美元。日本目前是缅甸第九大投资国，投资协议金额为 2.33 亿美元，投资领域为石油天然气开发、制造业、矿业、旅游业和房地产业等。

1999 年 11 月，在马尼拉举行的东盟与中日韩领导人非正式会晤期间，丹瑞与日本首相小渊惠三实现了 15 年来两国领导人首次会晤。2000 年 6 月，缅甸国家和发委第一秘书长钦钮中将赴日本出席日前首相小渊惠三的葬礼，广泛接触日政坛和商界要人，积极开展对日外交。2001 年 11 月，丹瑞主席在文莱出席 10 + 1、10 + 3 会议期间，会见了日本首相小泉纯一郎。2002 年缅日关系进一步发展。8 月，日本外相川口顺子访缅。这是自 1983 年以来日外相首次访缅。

四 同美国关系

1948 年缅甸与美国建交。1988 年以前，美国每年向缅甸提供约 800 万美元赠款和 500 万～700 万美元禁毒援助。缅军队接管政权后，美把驻缅使馆降为代办级，停止对缅经援和禁毒援助，撤销给缅的贸易普惠制（GSP），对缅实行武器禁运，阻止国际金融机构向缅提供援助，不向缅高官及其家属发放入境签证。1997 年 5 月，克林顿总统签署行政命令，禁止美国商人对缅进行新的投资。1999 年 2 月，美英等国联合抵制在仰光举行的第四届国际反海洛因大会。2000 年 12 月，克林顿总统授予昂山素季“美国总统自由勋章”。布什政府上台后，对缅的强硬立场一度有所缓和，2001 年 2 月和 11 月，美国副助理国务卿鲍伊斯和马修·戴利先后访问缅甸。7 月，缅甸外长吴温昂在河内出席东盟及对话国会议期间，会见了美国国务卿鲍威尔。

2001年美国发生国际恐怖主义袭击的九一一事件以后，美国与缅甸的关系仍然没有改善，美国仍然利用各种场合对缅甸现政权进行攻击，采取各种措施力图使缅甸向“民主化”改变。2003年缅甸的“五卅事件”发生后，美国总统布什于6月2日发表声明，要求缅政府立即释放昂山素季及其支持者，并使其政党总部重新开放。同日，美参议院通过第1215号法案，禁止从缅甸的进口并且冻结缅甸政府在美国的资产。7月16日，美众议院通过《2003年缅甸自由和民主法》。同日，缅甸政府发表声明，谴责美国众议院通过制裁缅甸法案旨在制造混乱和使缅甸人民遭受苦难。布什在纪念“被奴役国家周”活动上发表讲话，将缅甸等6国列入违反人权黑名单。7月28日，布什总统签署对缅甸实行经济制裁的《2003年缅甸自由和民主法》及行政命令并发表声明，强调“美国致力于缅甸民主和人权事业的决心绝不会动摇”。30日，缅甸外交部发表声明，对美国新的制裁表示遗憾。9月，布什总统在向国会提交的年度报告中指责缅甸禁毒不力，并将缅甸列为23个毒品生产国名单。缅外交部就美方指责缅禁毒和打击贩卖人口不力两次发表声明，予以回击。2005年1月，布什总统在连任就职演说中，誓言要在全球推动民主自由；国务卿赖斯则将缅甸列入6个“暴政据点”国家。

五　同印度关系

1988年，缅军接管政权后，缅印两国关系一度冷淡。1993年，缅副外长和印国务秘书进行互访，并签署了边贸协议和合作禁毒协议，缅印关系开始改善。1998年，印度政府向缅提供1 000万美元贷款。1999年两国关系继续改善：印度外交秘书拉古纳特和国防大学代表团先后访缅，缅甸海军司令纽登少将访印，双方还举行了第四次缅印禁毒合作中央级会议。2000年11月，缅甸国家和平与发展委员会副主席貌埃上将访问印度，成为军政府执政12年来访印的最高领导人。2001年1月，印海军参谋长兼参谋长委员会主席库玛尔上将访缅。2月，印度外长辛格访缅，这是1987年以来访缅的印最高级别官员。

缅甸是印度陆路进入东南亚的门户，近年来，印度为加速实施东进战略，已经放弃了对缅甸反对党的支持，进一步加强与缅甸的经贸关系。2001年，印度耗资10亿卢比（约合2 200万美元），在缅甸西北边境地区修建了一条连接缅甸与印度的长160公里的重要边境公路，即达武—加那瓦公路。该公路已于2001年2月13日正式交付缅甸使用。从2002年印度—东盟峰会确立开始，印度就有意从4个新东盟成员入手，以修建泛亚公路计划和新德里—河内铁路线为契机，帮助东盟内发展程度相对落后的缅甸、柬埔寨等追赶其他国家，以提升印度对东盟的影响力。

2003年1月，缅甸外交部长吴温昂访问印度，印度总理瓦杰帕伊等分别会见吴温昂。缅印两国外长举行了双边磋商，建立外长磋商机制，并签署了一项旨在发展双边关系和边境贸易的协议，以加强在水电站和公路建设、油气开发、信息技术等方面的合作。8月，印度外交部发言人称印缅关系发展良好，印度在缅甸开展一系列的经济合作项目，缅甸应该推进民族和解和民主化，印度坚持不干涉缅甸内政的立场。

六　同欧盟关系

在缅甸与西方国家关系中，由于缅甸与美国的关系长期陷于僵局，因此缅甸现政府历来重视发展与欧盟的关系。2003年1月，缅甸副外长吴钦貌温赴布鲁塞尔出席欧盟和东盟外长会议。这是缅甸自1997年加入东盟以来首次参加同欧洲进行的对话，实现了与欧盟关系的重大突破。2003年4月，缅甸主席府部长埃博尔准将率团赴老挝出席东盟经济部长非正式会议并与欧盟贸易专员拉密商讨了东盟与欧盟经济合作现状和未来面临的任务，同意实施欧盟—东盟跨区域贸易协议，并考虑签署《欧盟—东盟贸易倡议》，加快发展两个组织的贸易往来。2003年7月，在印尼召开的亚欧外长会议上通过了一项声明，继续敦促缅甸政府早日释放昂山素季。

（张惠霖　孔建勋）

第五编

泰国　马来西亚　新加坡

第一章　泰国

第一节　概述

国名　泰王国（The Kingdom of Thailand）。

领土面积　513 115 平方公里。

人口　6 308 万（2003 年底）。

民族　全国有 30 多个民族，泰族为主要的民族，占总人口 40%，其他为老族（占 35%）、华族（占 10%）、马来族（占 3.5%）、高棉族（占 2%），还有苗、瑶、桂、汶、克伦、掸等山地民族。

宗教　90%以上的居民信仰佛教，马来族信奉伊斯兰教，还有少数信奉基督教、新教、天主教和印度教。

语言文字　泰语为国语，马来族居民讲马来语。此外，英语也广泛使用。泰文是拼音文字，为官方通用文字。

首都　曼谷（Bangkok），面积1 569平方公里，人口 584 万（2003 年底）。

国家元首　国王普密蓬·阿杜德（Bhumibol Adulyadej），拉玛九世王；1946 年即位，1950 年 5 月 5 日加冕。

第二节　自然地理与人文地理

一　自然地理

（一）地理位置

泰国位于东南亚中南半岛的中南部。其西北与缅甸接壤；东北与老挝交界；东南接柬埔寨、临泰国湾；南连马来西亚；西南临安达曼海和马六甲海峡，隔海与印尼苏门答腊岛相望；西隔安达曼海与印度尼科巴群岛相望。地处北纬 5°37′～20°27′与东经 97°22′～105°37′之间。

泰国是东南亚中南半岛与南亚、东南亚群岛及大洋洲等地相联系的交汇点之一，具有重要的地理和战略地位。

（二）地形

泰国的国土北部开阔而南部狭长入海，南北长 1 650公里，东西宽 780 公里。海岸线长达2 600公里。自古以来，泰国出产的象非常著名，因此，有人将泰国的形状比喻为一个象头，两只象耳分别构成泰国的东北部和北部地区，南部是细长的象鼻，伸入大海，切断了太平洋和印度洋之间的通道。

泰国地形的特征是北高南低，由西北向东南倾斜。泰国的水网密布，河流很多，湄南河是最重要的河流，长1 352公里，流域面积 15 万平方公里，占全国面积的 1/3 强。

全国大体可分为 5 个地形区，即：北部和西部山区，东北部高原，中部平原，东南沿海地区和南部半岛。其中，中部平原地区是泰国经济、贸易的中心，也是全国人口最稠密的地区。

1. 北部和西部内陆山区

分为北部高山峡谷和西部山岭峡谷两部分。北纬 18°以北的北部山区是湄南河的发源地，也是湄南河和湄公河的分水岭。该区域多为大山脉和河流。主要的山岭有登劳山、坤丹山、匹邦山和琅勃拉邦山，平均海拔1 600米，是全国地势最高的地区。清迈的因他暖峰海拔2 576米，是全国的最高峰。山间河谷地区人口稠密，有狭窄的冲积盆地，可种植粮食作物和棉花，栽培水果和放牧牲畜。北纬12°～18°之间的泰、缅边境地带，有许多南北走向的山岭，向南延伸，直入马来半岛。主要山脉有他侬通猜山和丹那沙林山。其间有夜速隘口和三塔关隘口，是泰、缅两国的重要通道。西部山区农业不发达，但矿藏丰富。

2. 东北部高原

也称呵叻高原，包括东北部 17 个府的广大地区。整个高原由西向东南方向倾斜，构成两个盆地。其一是呵叻盆地，盆地当中有一片位于 5 府交界处的广阔平地。但这里雨季成沼泽，旱季积水干涸，作物难以生长。仅在荣河河口有一个冲积小平原，土地肥沃，是东北部水稻的主要产区。其二是沙功那空盆地。该地区均为高原、大山和巨川。稻米生长在山谷中，其他的作物还有烟草、咖啡和茶。不过这些耕地的面积不到总面积的 6%。东北部高原的地质为砂岩结构，广大地区被沙土覆盖，降水量虽比某些地区多，但土层薄，蒸发和渗透快，保水性能差，因此，这里又是泰国的干旱地区。

3. 中部流域平原

该区域是泰国最大的冲积平原，南北长约 480 公里，东西宽 150～250 公里，土质为夹杂有少量沙土的黏土，保水性能好，适合种植水稻。这里是泰国最主要的水稻产区，素有“泰国粮仓”之称，是全国的经济、贸易中心，也是全国人口最稠密的地区。

4. 东南沿海地区

该区域包括巴真武里、差春骚、春武里、罗勇、庄他武里和达叻 6 个府的狭小地区，面积约16 763平方公里。属于大莫山脉的占他武里山和班塔山构成泰国和柬埔寨的天然分界线。本区雨量充沛，适宜种植橡胶、水果，也是木薯、甘蔗等经济作物的产区。本地区海岸曲折，近海有阁昌、阁谷、阁锡昌等大小岛屿。在春武里府西拉差县岛是重要的深水港，供不能进入曼谷码头的船只停泊。巴塞河口和威鲁河口有茂密的红树林。没有河流入海的海岸，有许多环境优美的海滨沙滩，成为优良的旅游地。著名的旅游胜地帕塔亚就在本地区。

5. 南部半岛

该地区范围从碧武里府境内北纬 12°51′往南，直至泰国—马来西亚边境，包括马来半岛的一部分以及把半岛和大陆连接起来的克拉地峡。此地形区可分为西海岸和东海岸两个差别很大的地区。西海岸为下沉海岸，大陆架曲折破碎，多为岩岸。甲米河口和北占河口一带，普遍生长红树林。海岸附近有泰国最大的岛屿普吉岛，岛上盛产锡和钨。东海岸则平直开阔，多沙滩，少海湾，有春蓬、素叻他尼、宋卡和北大年等港口。沿海为沙土，盛产椰树。一些河谷适宜种水稻、蔬菜和水果，海拔稍高的地方则种橡胶。

（三）气候

泰国地处热带和亚热带，除南部延伸到马来半岛外，其余与亚洲大陆相连，夏、冬两季陆地和海洋的气温和气压悬殊很大。

全国大部分地区属热带季风气候，全年明显分为 3 季：雨季、凉季和热季。每年 5～10 月，受西南季风的影响，全国普遍降雨，为雨季；10 月到翌年 2 月，受东北季风的影响，来自中国大陆的干冷空气使泰国除南部以外的大部分地区（尤其是北部和东北部）气温降低，为凉季；2～5 月，从东南方向进入泰国的南海气流，使全国的气候炎热干燥，为热季。凉季和热季很少下雨，因此也叫干季和旱季。泰国北纬 12°以南的地区，地处马来半岛的北部，属于热带雨林气候，终年炎热多雨，无明显旱季。

泰国的年温差很小，即使在凉季，月平均气温也不低于 18℃。4 月是最热的月份，最高气温一般在 33℃～38℃之间，夜里稍凉。

由于泰国地形不同，各地气温又有所差异。南部半岛地区属海洋性气候，终年温暖湿润，年温差小，年平均气温在 26℃～27℃之间。首都曼谷为中心的中部地区平均最高气温为 32℃。最热月份 4 月的平均气温为 35℃。而凉季的平均最高气温为 31℃。泰国北部的气温则低于全国其他地区，平均最高气温为 20℃。在一些山区，最低气温可达 0℃。这种气候条件有利于生物生长，因此，植物资源和动物资源都十分丰富。这对泰国的饮食习惯产生了巨大的影响。

由于地形的特点，降水量比东南亚其他国家

少，平均降水量约1 550毫米，而中部地区年平均降水量不到1 500毫米，东北部地区除高原边缘降水量可达3 000毫米外，其余部分平均年降水量仅有1 000毫米左右。雨量最充沛的是处于迎风坡面的沿海地区，如南部普吉山西面的拉廊府南部和泰国湾东海岸的罗勇府至达叻府一带。拉廊府年降水量约5 106毫米，达叻府约4 454毫米。半岛东海岸从春蓬府到北大年府的降水量也较充沛，年平均降水量在2 000毫米左右。各地降水时间不一，北部、东北部及半岛西部海岸降水量多的月份为8月，中部和东南部为9月，半岛东海岸为11月。

（四）河流湖泊

泰国河流纵贯全国。湄南河是最主要的河流，发源于北部山地，上游有宾河、汪河、荣河、难河4条支流，下游有巴赛河和色梗港河两条支流汇入。湄南河流至猜纳时分成两支，东支仍称湄南河，西支改称他真河，分别注入泰国湾。中部平原水网密布，大河除湄南河和他真河外，还有夜功河、挽巴功河，其他小河、运河和沟渠不计其数。东北部则有东南亚最长的河流——湄公河流经，不过由于水深流急，礁石起伏，所以只能通行小船。东南沿海和南部半岛的河流属于山地河流，长度较短，只有泰叻他尼府的打比河稍长。

泰国湖泊不多。南部半岛的宋卡湖是泰国最大的湖泊，沿东南海滨延伸75公里，属泻湖型湖泊。其他主要的湖泊还有中部的波拉碧湖，东北部的农汉湖、公博哇丕湖和农雅湖，都属于小型淡水湖。

（五）自然资源

泰国是一个自然资源丰富的国家。主要有钾盐、锡、褐煤、油页岩、天然气，还有锌、铅、钨、铁、锑、铬、重晶石、宝石和石油等。其中，钾盐储量4 070万吨，居世界第一；锡储量约120万吨，占世界的12%；油页岩储量达187万吨；褐煤储量约20亿吨，天然气储量约4 644万立方米，石油储量1 500万吨。森林覆盖率28%，常绿林约占全国森林面积30%，落叶林约占70%。

二　人文地理

（一）人口状况

泰国人口总数在东南亚地区列第四位。人口增长一直呈下降趋势，20世纪60年代年均增长率为30‰，90年代为23‰，2001年则降至9‰。全国约70%的人口分布在农村，其余集中在以曼谷为代表的大、中城市。2001年曼谷市区人口568万人，占总人口的8.99%。

（二）民族宗教

泰国人中95%信仰佛教，其余信仰伊斯兰教、基督教、印度教和其他宗教。

佛教在泰国的社会生活中起着举足轻重的作用。泰国宪法上虽然明确规定，“公民有信仰宗教或任何主义之完全自由，也有按照其信仰举行宗教活动之自由，惟其信仰不得抵触公民之义务、公共治安和公共道德”；但实际上佛教在泰国享有特殊的地位。泰国宪法规定，国王必须是佛教徒，而且是佛教的最高维护者。泰国的国旗以白、红、蓝三色组成。白色象征佛教在泰国的重要地位。泰国宪法的前言是用佛教语言——巴利文撰写的，国家采用的纪年方法也是佛教纪年。

泰国有僧侣30万人，其中许多人终生为僧。泰国境内寺庙林立，全国共有佛寺3.2万多所，平均每个行政村或每1 600多人有一所寺庙，平均每160多人当中有一名僧侣。由于泰国僧侣都穿黄色袈裟，所以泰国素有“黄袍佛国”之称。泰国僧侣在国内享有很高的社会地位。国王和老百姓见了出家人都要致礼，而僧人不必回礼。一般人们见到国王要跪地觐见，而僧人则可以与国王并坐。泰国僧侣不必劳作，衣食有人布施供养。僧侣们每天除打禅行坐之外，还向世人教授禅定，念颂赞文，讲解佛教教理，劝人们皈依五戒，乐于布施，热爱正法，抛弃心理和精神上的烦恼和压力，同时要求人们效忠政府和国王。僧侣还举行仪式，引导人们宣誓，坚定佛教信念，进行“精神或道德的净化”。

佛教发源于公元前6～前5世纪的古印度，距今已有2 500多年的历史。大约公元前3世纪开始，佛教从印度向周围国家和地区传播，逐渐发展为世界性的宗教。泰国古代时称暹罗，暹罗早期曾受到中国文化的影响，流行大乘佛教。13世纪，素可泰王朝（1238～1378）时期，上座部佛教从缅甸传入。后来在统治阶级的扶持下，佛教僧阶制度渐趋完善，形成了以僧王为首，从中央到地方的僧官体系。14世纪，斯里兰卡佛教再次传入，上座部佛教终于在泰国逐渐取得了统治地位。之后，又建立了自己的宗派，形成了与世俗权并存的僧王制僧阶管理系统。现在，泰国是当今南传佛教的三大中心之一。

泰国自立国700年以来，佛教一直是国教，是泰国重要的政治力量，也是泰国朝野的精神支柱。虽然经过近代和现代经济的发展及社会的进步，可是佛教在泰国的崇高社会地位和广泛的社会影响依然如故。泰国曾一度沦为西方列强的附庸，成为事实上的半殖民地国家，但是，人们所依靠的精神基础——佛教仍然保存下来，没有受到多少破坏。无论泰国社会发生什么样的变化，佛教立国的基本思想没有变化。例如1932年泰国发生了著名的“六二四政变”，推翻了延续将近700年的君主制，建立了君主立宪制政体。然而，佛教的地位在新宪法中再次得到明确的肯定，并为以后佛教的发展提供了制度保障。随着泰国经济的发展，泰国佛教在现代社会的政治、经济生活中仍居重要的地位。

泰国宪法规定:“国王处于至高无上和备受尊敬的地位。”国王是佛教的保护者,有义务扶持佛教的发展。泰国王室对佛教非常虔诚,拥有属于自己的皇家佛寺,供养了一大批佛教僧侣。每逢佛教节日,国王全家必到佛地膜拜,斋僧布施,发愿祈福。国王的虔诚,得到了全国佛教徒的拥护。国王及皇室成员崇佛,民间百姓竞相效仿,使佛教在泰国多种宗教并存的情况下,处于绝对的统治地位,佛教的社会凝聚力大大超过了民族和其他宗教的凝聚力。

泰国佛教的僧侣系统划分为4个大区域，大上座为区域首长，区域下设18个部域，管辖3～4个府。僧侣的最高领袖为僧王，僧王下有副僧王。僧侣分沙弥和比丘。国王有权从有名望的大长老中选出一名德高望重者为僧王；政府可以从人事权和财政权等方面控制和制约着佛教的活动，而且规定僧人不得参与政治，沙弥和比丘及修道者不得行使选举权。但是，历届泰国的统治者都十分清楚，佛教维系了老百姓对国家、政府和国王的忠诚，使人民可以更好地相互理解，以促进国家的整合；并通过国家的整合，促进人民的团结和社会的稳定。因此，泰国的政府取得佛教界的支持与合作，对其政权的巩固至关重要。

佛教是意识形态的重要组成部分，它的发展与变化不仅要以社会经济发展为基础，而且在传播和发展过程中还要受社会环境和传统文化的制约。但是反过来，佛教又深刻地影响着泰国的政治、文化，并逐渐浸透到生活习俗之中，对社会经济的发展和人们的消费起着重要的作用。在日常的社会生活中，佛教是人们的精神支柱。佛教对泰国的意识形态的形成和发展的影响很大，佛教文化已经深深地渗入国家稳定和民族性格之中。在泰国人民社会生活中，政府及民间的许多仪式中人们都经常采用佛教礼仪。例如，国家庆典、军队的阅兵式、商行店铺开张、婚礼喜庆、丧葬祭祀等，都要有佛教僧侣诵经祈福、超度。因此，有关佛教的方方面面都得到了促进和发展。

（三）语言文字

泰国国语为泰语，马来族讲马来语；此外英语也广泛使用。

泰文是拼音文字。据泰国现存的素可泰时期石碑铭文记载，泰国文字是由13世纪的素可泰王朝三世兰甘亨所创。经考证，古泰文是在古高棉文基础上演化而成，历经数百年沿革，泰文基本拼写规则一直保留至今。泰文有元音字母40个，分别代表38个元音音素；辅音字母42个，分别代表32个辅音音素。其中，辅音字母主要用于拼写梵语和巴利语词汇。泰文书写时，自左而右、横向连续书写，词与词之间，既无标点也无间隔；句与句之间，以空格加以分隔。

（四）行政区划

泰国全国分为曼谷都市区、中部、东北部、北部、南部5个地区。共有75个府，府下设县、区、村。首都曼谷是唯一的府级直辖市，不仅是泰国第一大城市，全国政治、经济和文化的中心，而且也是东南亚重要的城市和重要的交通及通讯枢纽，素有东方的“威尼斯”、东方的“巴黎”之美称。各大地区面积、人口情况见表1。

各府市及面积、人口情况见表2。

表1　泰国各大地区面积人口与府数

区　名	面积（平方公里）	人口（2000）	府数
曼谷都市区	1 569	8 000 000	
中　部	102 335	14 101 530	25
东北部	168 855	20 759 899	19
北　部	169 645	11 367 826	17
南　部	70 715	8 057 518	14

表 2　　　　泰国各府（市）面积、人口

府、市名	面积（平方公里）	人口（人）	主要城市
曼谷直辖市 Bangkok	1 569	约 800 万	
北揽（沙没巴干）Samut Prakan	1 004	1 028 401	北揽（沙没巴干）
暖武里 Nonthaburi	622	816 614	暖武里
巴吞他尼 Pathum Thani	1 526	677 649	
帕 Phrae	6 539	492 561	帕
红统 Ang Thong	968	269 419	红统
华富里 Lop Buri	6 200	745 506	华富里
四色菊 Si Sa Ket	8 840	1 405 500	四色菊
猜那 Chai Nat	2 470	359 829	猜那
北标（沙拉武里）Saraburi	3 577	575 053	北标（沙拉武里）
春武里（万佛岁）Chon Buri	4 363	1 040 865	春武里
罗勇 Rayong	3 552	522 133	罗勇
尖竹汶（庄他武里）Chanthaburi	6 338	480 064	尖竹汶（庄他武里）
达叻 Trat	2 819	219 345	
北柳（差春骚）Chachoengsao	5 351	635 153	北柳（差春骚）
巴真 Prachin Buri	4 762	406 732	
那空那育 Nakhon Nayok	2 122	241 081	
沙缴 * Sa Kaeo	7 195	485 632	
呵叻 Nakhon Ratchasima	20 494	2 556 260	呵叻
武里南 Buri Ram	10 323	1 493 359	武里南
素林 Surin	8 124	1 327 901	素林
信武里 Sing Buri	823	232 766	
乌汶 Ubon Ratchathani	15 745	1 691 441	乌汶
耶梭通 Yasothon	4 162	561 430	
猜也奔 Chaiyaphum	12 778	1 095 360	猜也奔
安纳乍能 * Amnat Charoen	3 161	356 556	安纳乍能
廊莫那浦 * Nong Bua Lam Phu	3 859	482 207	廊莫那浦
孔敬 Khon Kaen	10 886	1 733 434	孔敬
乌隆 Udon Thani	11 730	1 467 158	乌隆
黎 Loei	11 425	607 083	黎
廊开 Nong Khai	7 332	883 704	廊开
玛哈沙拉堪 Maha Sarakham	5 292	947 313	玛哈沙拉堪
黎逸 Roi Et	8 299	1 256 458	黎逸
加拉信 Kalasin	6 947	921 366	加拉信
色军（沙功那空）Sakon Nakhon	9 606	1 040 766	色军（沙功那空）
那空帕农 Nakhon Phanom	5 513	684 444	那空帕农
莫达汉 Mukdahan	4 340	310 718	莫达汉
清迈 Chiang Mai	20 107	1 500 127	清迈
南奔 Lamphun	4 506	413 299	南奔
南邦 Lampang	12 534	782 152	南邦
程逸（乌达拉迪）Uttaradit	7 839	464 474	程逸（乌达拉迪）
大城（阿育他亚）Phra Nakhon Si Ayutthaya	2 557	727 277	大城（阿育他亚）
难 Nan	11 472	458 041	

（续表）

府、市名	面积（平方公里）	人口（人）	主要城市
帕尧 Phayao	6 335	502 780	
清莱 Chiang Rai	11 678	1 129 701	清莱
夜丰颂 Mae Hong Son	12 681	210 537	
北榄坡（那空沙旺）Nakhon Sawan	9 598	1 090 379	北榄坡（那空沙旺）
乌泰他尼（色梗港）Uthai Thani	6 730	304 122	
甘烹碧 Kamphaeng Phet	8 608	674 027	甘烹碧
达 Tak	16 407	486 146	
素可泰 Sukhothai	6 596	593 264	素可泰
彭世洛 Phitsanulok	10 816	792 678	彭世洛
披集 Phichit	4 531	572 989	披集
碧差汶 Phetchabun	12 668	965 784	碧差汶
叻丕 Ratchaburi	5 197	791 217	叻丕
北碧（干乍那武里）Kanchanaburi	19 483	734 394	北碧（干乍那武里）
素攀武里 Suphan Buri	5 358	855 949	素攀武里
佛统（那坤巴统）Nakhon Pathom	2 168	815 122	佛统（那坤巴统）
龙仔厝（沙没沙空）Samut Sakhon	872	466 281	龙仔厝（沙没沙空）
夜功（沙没颂堪）Samut Songkhram	417	204 177	夜功（沙没颂堪）
佛丕（碧武里）Phetchaburi	6 225	435 377	佛丕（碧武里）
巴蜀 Prachuap Khiri Khan	6 368	449 467	
洛坤（那空是贪玛叻）Nakhon Si Thammarat	9 943	1 519 811	洛坤（那空是贪玛叻）
甲米 Krabi	4 709	336 210	
攀牙 Phangnga	4 171	234 188	
普吉 Phuket	543	249 446	普吉
素叻 Surat Thani	12 892	869 410	素叻
拉农 Ranong	3 298	161 210	
春蓬（尖喷）Chumphon	6 009	446 206	春蓬（尖喷）
宋卡 Songkhla	7 394	1 255 662	宋卡
沙敦 Satun	2 479	247 875	
董里 Trang	4 918	595 110	董里
博达伦 Phatthalung	3 425	498 471	博达伦
北大年 Pattani	1 940	595 985	北大年
也拉 Yala	4 521	415 537	也拉
陶公（那拉提瓦）Narathiwat	4 475	662 350	陶公（那拉提瓦）

注　人口数是2000年4月1日人口普查数据，可能包含在泰国的外国人。

第三节　历史

一　古代史

考古学家在泰国东北部的曼清发现许多古老的遗迹，证明泰国的文化起源于大约5 000年前的青铜文化期。因为泰国的风俗和残存的文化一直在变动，文字记载很少，而且很多早期文物也在缅甸的多次入侵中被破坏殆尽，史前的情况至今仍然不明。

1238年泰族人脱离高棉人的统治，并夺取了素可泰城，建立起泰国历史上的第一个王朝——素可泰王朝（1238～1350）。素可泰王朝的兰甘亨大帝被泰国人尊称为“泰国之父”，他创立了泰国文字，并从锡兰（今斯里兰卡）引入了上座部佛教。公元14世纪初期，素可泰王朝的势力已扩大到整个马来半岛和老挝一带。但兰甘亨大帝去世后，素可泰王朝逐渐衰弱。而泰国东部的一股泰族势力却开始日益壮大，并很快蔓延到中部地区。1347年拉玛铁菩提建造了阿育陀耶城，并自立为王，开创了大城王朝（1350～1767）。大城王朝前后400多年，经历33位国王，最后在1767年被缅甸军队灭亡，都城阿育陀耶也被付之一炬。半年后，华人后裔郑信从东南沿海起兵，带领泰国人民驱逐了缅甸军队，并定都湄南河西岸的吞武里，建立了吞武里王朝（1767～1782）。虽然郑信王很快就消灭了据地称雄的势力并统一了泰国，但在随后的宫廷政变中被弑。1782年郑信王的大将却克里登基，称拉玛一世，并迁都湄南河东岸的曼谷，建立了曼谷王朝，延续至今。

二　近现代史

1855年，在英国的威胁下，泰国与英国驻香港总督鲍林签署了《英暹条约》(即《鲍林条约》)。条约规定，英国人在泰国有治外法权；英国享有贸易的特惠权，英国商品进口税只有30%，允许英商直接与泰国人做生意，等等。这项条约严重地破坏了泰国的独立和主权，打开了泰国的国门。此后美、法、荷、日、俄等列强分别与泰国签订了类似的不平等条约。

1896年英法签订条约，使泰国成为英属缅甸和法属印度支那之间的“缓冲国”。1904年英法又将湄南河以西划为英国的势力范围，以东为法国的势力范围。尽管如此，泰国却始终保持着“独立”，是东南亚唯一没有沦为殖民地的国家。

1932年泰国人民党在军队的帮助下发动政变，推翻了长期统治泰国的封建君主专制制度，提出了限制君主权力、设立国民议会、立法与行政权力分离、国王是名义上的国家元首等政治改革方案，并颁布了宪法。从此，泰国结束了君主专制，开始了君主立宪制。

1939年国名由暹罗改称泰国。在第二次世界大战期间，1941年泰国被日本占领，泰国被迫宣布加入“轴心国”至1945年。

三　当代史

1945年泰国恢复使用暹罗国名，1949年再次改称泰国。1957年，陆军元帅、国防部长沙立·他纳发动政变，推翻了1947年政变上台的披汶为首的军人集团，1958年出任总理，并兼任陆海空三军司令和警察总监，集军、政、警大权于一身。泰国进入了军人专政时期。20世纪泰国政变不断，1932～1992年的60年间共发生了18次政变，颁布了15部宪法。

1992年泰国爆发要求民主的“五月流血事件”，结束了军人专政。1997年第16部宪法的颁布，标志着泰国走上了民主化道路。1997年亚洲金融危机爆发后，泰国全国团结一致调整结构推进改革，摆脱危机阴影，经济迅速复苏。

2001～2004年，泰国政府推行务实的经济政策，以私人消费刺激经济发展，向农村和城市平民提供大笔低息贷款或基金，改善了全国低收入阶层的经济状况。过去4年，泰国经济进一步摆脱1997年亚洲金融危机的阴影，经济开始全面复苏，提前还清国际货币基金组织的债务，股市和房地产业也取得了令人满意的发展成果。2003年泰国国内生产总值增幅达6.8%，2004年增幅达6.2%，居东南亚各国之首。2001～2004年4年间，国内生产总值增长了35%，外汇储备增加1倍，增至490亿美元。国债占国内生产总值比率由62%，减少至47%。2004年实现了1997年以来首次政府财政预算收支平衡。

2004年泰国经历了禽流感和海啸等重大自然灾害。政府高效的防病救灾措施使得泰国经受住了考验。海啸发生后，塔信（又译他信）总理立即赶赴灾区现场指挥，动员和组织各级政府、军警和全社会力量投入救灾，灾难应急机制运转顺畅。

2005年2月6日泰国举行新一届下议院选举。泰国中央选举委员会公布的选举结果显示，塔信总理领导的泰爱泰党已稳获下议院500个议席中的374席。

2006年1月，塔信家族向新加坡淡马锡公司出售大部分股权，在泰国引起强烈震动。此后，反塔信活动不断，要求其下台的呼声日益高涨，对泰国政治、经济、社会的稳定带来冲击。有鉴于此，塔信于2月24日宣布解散国会下议院，并定于4月2日重新举行大选。然而，4月2日的大选被宪法法院以“存在舞弊行为”为由宣布无效，选举委员会的数名核心成员也被解职并监禁，泰国政局再度陷入困境。

2006年8月，泰国新选举委员会成立。普密蓬国王确定2006年10月15日再次举行大选。但新选举委员会的成立并未使泰国政局稳定，各种政治矛盾与纷争依旧，要求塔信下台的呼声再次高涨。9月19日，由泰陆军总司令颂提领导发动军事政变，并迅速接管泰国政权。一个名为泰国国家管理改革委员会的军事组织随后宣布，废除1997年制定的泰国宪法、解散泰国宪法法院、解散泰国议会上下两院和由看守政府总理塔信领导的内阁。

2006年10月1日，泰国管理改革委员会宣布，泰国国王普密蓬已签署由该委员会起草的临时宪法，临时宪法颁布后立即生效。同日，枢密院大臣素拉育被任命为泰国临时总理。10月10日，受到国王普密蓬认可的临时内阁正式上任，政变之后的泰国政局逐渐明朗并日趋稳定。

第四节　政治体制与法律制度

一　概述

泰国的政治体系和法律体系经历了一个曲折的发展过程。古代曾遭遇缅甸等入侵，13世纪30年代，泰国摆脱高棉人的统治，建立本国王朝的统治，实行封建的政治体制与法律制度。至19世纪末叶，英、法等殖民主义者与泰国签订了不平等条约，但泰国保持了独立的地位。20世纪30年代，泰国开始实行君主立宪制。1941年日本占领泰国，至1945年战败投降。20世纪30～90年代泰国多次发生军事政变，实行军人专制，至90年代逐步走上宪政民主化体制。

二　宪法

泰国现行宪法是第16部宪法，于1997年9月27日经议会批准，同年10月11日颁布实施，共12章，336条。《宪法》规定，泰国实行君主立宪制，主权来自全国人民，国王依据宪法通过国会、内阁和法院行使权力。

三　国王

国王是泰国国家元首，王位世袭。国王神圣不可侵犯，任何人不可以指责国王。国王担任泰国武装部队统帅。国王有权召集国会会议，并可根据总理的建议，任免内阁成员。在紧急情况下，有权颁布与国会法令有同样效力的法令。在征得国会同意后，有权对外宣战。国王设有枢密院，负责处理日常事务。虽然泰国实行君主立宪制，但在国家发生政治动荡之时，国王的作用举足轻重。现任国王普密蓬·阿杜德，是曼谷王朝第九世，1927年出生于美国，1946年继位，1950年加冕。

四　国会

国家立法机关，1932年成立。初期曾采取一院制，后实行两院制，分为上议院和下议院。下议院议长任国会主席，上议院议长任国会副主席。立法权主要属于下议院，上议院只限审议法律，起辅助作用。国会的主要职能是：审查政府财政预算法案；审查内阁提交的关于国家安全、王位或国家经济的重要议案；解释或修改宪法；委任宪法法官团和监督国家行政工作。一切重要议案，都要由上、下两院集会讨论，共同投票表决。

上议院议员由大选直接选出，不得隶属政党，不得担任阁员。现任上议院议员200人，是于2000年3月选举产生的，任期6年。

下议院议员是通过大选产生的，共设有500个议席，其中400席通过单区选举制产生，100席通过政党名单制产生。下议院议员任期4年，不得担任官方机构、政府机构或国营企业的任何职务以及地方议员、行政职务。

五　政府

国家行政机关。2002年10月政府机构改革后，在总理以下共设19个部，分别是：农业合作部、商业部、文化部、国防部、教育部、能源部、金融部、外交部、工业部、信息产业部、内务部、司法部、劳动与社会福利部、自然资源与环境部、公共卫生部、科技部、社会发展与人权部、旅游体育部和交通通讯部。

六　政党

泰国中小政党林立，1932～1996年正式申报注册的政党多达155个，造成历届选举的议席分布都相当分散。直到2001年泰国大选后，泰国政局才逐渐显露以新崛起的泰爱泰党与老牌的民主党争雄的两极格局。

（一）泰爱泰党

成立于1998年7月，现任党的领导人塔信·钦那瓦。2001年大选时，泰爱泰党提出“新思想、新作风”的口号，并承诺建立廉洁高效政府、减少贫困人口、发展农村经济、完善社会保障体系、扫毒并打击黑社会犯罪，深得选民支持，一举获得近半数的议席，跃升为泰国第一大党。在自由正义党和新希望党先后并入后，目前泰爱泰党在下议院的议席已增至298席。由于泰国经济复苏势头强劲，而各种提高底层民众福利待遇的政策也不断落实，近年来泰爱泰党的民众支持率持续上升，全国党员增至907.49万人，票基也已从泰北发展到除泰南的全国各地，每年所获的政治献金更是远远高于其他政党。2005年2月6日泰国举行新一届下议院选举，泰国中央选举委员会公布的结果显示，泰爱泰党已稳获下议院500个议席中的374席。

（二）民主党

成立于1946年4月，是泰国历史最悠久的政党。民主党曾是泰国第一大党，前党魁川·立派更是两度出任总理，但2001年大选后其地位已被泰爱泰党取代，现在仅拥有下议院128席，全国党员降至323.20万人。为在下届大选中胜出，民主党新党魁林书清提出了通过发展高等教育、增加人才储备、提高科技水平，从而增强国际竞争力的发展构想，并强烈反对泰爱泰党通过鼓励民众借债消费以扩大内需的政策，提出应当通过减债政策实现经济的平稳复苏。目前，作为第一大反对党的民主党身处逆境，不但泰南传统票基在泰爱泰党的攻势下不断流失，党内也随着2003年党魁换届选举而出现新旧派别的分裂。

（三）泰国党

成立于1974年10月，曾盛极一时，于1995～1996年间牵头组阁，不过现在已是中型政党，仅拥有下议院的41席。目前泰国党尽管是联合执政党，但处境堪忧，党内已有近一半的议员明确表示将在下届大选中跳槽泰爱泰党。因此，曾出任总理的党魁马德祥提出了联合中小型政党组成第三大党抗衡泰爱泰党与民主党的倡议，但由于多数小型政党有意并入泰爱泰党，所以至今响应者不多。

其他拥有下议院议席的反对党还有：国家发展党，1992年7月成立，党魁素瓦·林达攀洛，现拥有下议院29席；公民党，1979年初成立，党魁沙玛·顺通卫，现拥有下议院2席；社会行动党，1982年8月成立，党魁素威·坤吉滴，现拥有下议院1席；祖国党，1998年成立，党魁披集·拉达军，现拥有下议院1席。

七　主要政治人物

普密蓬·阿杜德（Bhumibol Adulydej 1927～　） 拉玛九世王，现任泰国国王，泰国武装部队最高统帅。已故泰国国王朱拉隆功（拉玛五世）之孙。1927年12月5日生于美国马萨诸塞州坎布里奇市，1928年底随父母回泰国。1933年又到瑞士洛桑居住，1945年回国。曾在洛桑大学和曼谷大学学习法律。1946年6月9日，其兄阿南达·玛希敦国王（拉玛八世）在宫中遇刺身亡，由普密蓬继承王位，成为拉玛九世。登基后，普密蓬并未亲政，而是再赴瑞士洛桑大学学习政治和法律。1950年4月28日与当今王后诗丽吉结婚，同年5月5日加冕，之后又回瑞士洛桑大学继续学习，1951年底回国执政。积极参加国内的政治生活，在国内有很高的威望和影响。每年到外地行宫期间，经常亲自同附近的村民接触，关心泰国农业和水利发展，深受百姓的敬仰。他多次访华与中国领导人会谈，增进两国友谊。他还出访美国、英国、德国、加拿大等国家。他多才多艺，兴趣广泛，精通绘画、音乐、摄影，并爱好汽车竞赛和帆船运动。他有一子三女，王储和公主曾多次访问中国。

素拉育·朱拉暖（Surayud Chulanont 1943～　） 泰国临时总理。1943年8月28日出生于泰国首都曼谷，毕业于朱拉宗告王家陆军军事学院。并先后就读于泰国王家军事学院、步兵中心学校、泰国参谋学院和美国参谋学院。1965年，开始长达38年的军旅生涯。早期服役于步兵、炮兵和反暴动部队，后加入特种部队。1992年，被任命为特种作战司令部司令。1998年川·立派任泰国总理时，由第二陆军军区司令晋升为陆军司令。2003年塔信任总理后，他卸去陆军司令职务，改任武装部队最高司令，并在不久后退役。2003年11月，担任枢密院大臣。

2006年9月19日，泰国军人发动政变，推翻塔信政府后。泰国国王普密蓬10月1日签署御令，任命他为泰国临时总理。他是近15年来泰国第一位未经选举而受任命的总理。作为过渡时期的临时总理，任期为一年。泰国民众普遍对他表示欢迎；泰国主流媒体认为，他有知识、有能力，经验丰富，更重要的是他正直诚实，公正无私，符合泰国人民的期望。

塔信·钦那瓦（又译他信·钦那瓦　Thaksin Shinawatra 1949～　） 前总理。1949年7月26日生于泰国清迈。曾祖父为华人。他曾留美获博士学位。1973～1987年在泰国警察局任职，警衔为中校。1983年创办西那瓦计算机及通讯集团有限公司，目前已控制泰国一半以上电信业务，被誉为“电信大王”。1994年10月～1995年2月，任川·立派政府外长。1995年7月～1996年8月，任政府副总理。1997年8月，任差瓦力政府副总理。1998年7月，创立泰爱泰党。2001年1月，当选泰国第24任总理。2005年2月，当选连任泰国总理。2006年9月19日，在他出席联合国大会时，泰国发生军事政变，他被迫下台。

他入主内阁期间多次访问中国，会见中国领导人。他赞赏中国领导人为泰中友好做出的宝贵贡献，表示泰国将始终如一地坚持一个中国的政策，为泰中友好合作关系迈向新水平，为维护地区与世界和平、促进共同发展作出贡献。他宣布，泰国承认中国完全市场经济地位，并呼吁其他国家也能尽早承认中国完全市场经济地位。

诗琳通（Maha Chakri Sirindhorn 1955～　）　泰国公主。1955年4月2日出生，是国王第三个孩子。1976年毕业于朱拉隆功大学艺术系，并获学士学位，1980年获硕士学位，1987年获博士学位。自幼通过参与国王和王后的开发项目，积累了丰富的工作经验。她对妇幼保健、学前教育、学生健康等问题尤为关切。对残疾人事业也十分关心。她领导了多个爱心组织和基金会，自1979年开始，在朱拉隆功大学任教，讲授教育学，目前担任历史系主任。积极参加国内外的学术活动，了解世界，造福国民。她喜欢撰写文章、诗歌、故事，其收入是1979年成立的诗琳通基金会的主要资金来源。诗琳通基金会主要资助需要帮助的中学生和职业学校的学生。她喜爱文学，不仅是泰国文学，对世界其他国家的文学也有浓厚的兴趣。她还喜欢泰国传统的乐器和舞蹈。她喜欢的体育运动有慢跑、游泳、自行车等。她通晓巴利文、梵文、柬埔寨文，并能用英文和法文进行交流，还在学习中文、德文和拉丁文。由于她长期学习中文，研习中国文化。并于2001年在北京大学进修，获得名誉博士学位。她多次访华并撰著出版《踏访龙的故土》《平沙万里行》《云雾中的雪花》《云南白云下》《清清长江水》《归还中华领土》和《江南好》等访华纪实文学作品。

第五节　经济

一　概述

第二次世界大战结束以后，泰国面临如何发展本国经济，实现经济上独立自主的问题。由于泰国是落后的农业国，经济结构单一，工业基础薄弱，如何发展经济，选择什么样的发展道路，对泰国的生存与发展至关重要。根据发展经济的理论和亚洲新兴工业化国家和地区（亚洲“四小”）经济发展的经验，泰国先后采取“进口替代”和“面向出口”的发展战略。

在半个多世纪的工业化过程中，泰国不仅发展了本国的经济，而且走出了一条适合本国国情的工业化之路——“农业工业化道路”，即：以农业为基础，利用充足的农业和矿业资源向工业提供发展所需的资金、原料、劳动力；以轻纺工业、农产品加工工业等资源和劳动密集型产业为工业的先驱，主导产业的发展，形成比较优势，推动国民经济产业结构的逐步升级。农产品加工工业提高了农产品的价值含量，因而促进了农业自身的发展。在此基础上，以改造传统的农业入手，发展现代化农业；农业生产的发展又给工业化注入新的动力。这种波浪式的发展，使泰国农业的现代化与工业化形成协调发展的良性循环。这种工业发展与农业开发“两个轮子一起转”的工业化道路常被称之为“泰国模式”。此外，泰国还利用对外贸易优化国内生产要素的配置，加速经济发展，积极吸引和利用外资为工业化服务。

（一）当代泰国经济发展的五个时期

1．“工业化启动”时期（1954～1959）

1954年颁布《鼓励工业发展条例》是泰国政府开始实施以工业化为中心的经济发展战略的开端，其特点是以政府主导，通过发展国家资本发展工业，振兴经济。

1957年，沙立政变上台标志着“泰国新的政治经济制度的开始”，被称为是“一场革命”。

在经济上，泰国政府聘请了世界银行专家调查团到泰国帮助制定国民经济发展计划，并根据世界银行专家调查团的建议，采取鼓励私人投资发展工业化的政策。

从1958年起，泰国政府开始在经济政策方面实行了重大的改革，从由政府起主导作用发展工业转为鼓励私人资本为主导发展工业。

1959年成立了国家经济发展委员会（1972年更名为国家经济和社会发展委员会）和投资委员会，负责制定全国性的经济发展规划与鼓励私人投资，对经济进行宏观调控。

1954～1959年间的工业化，在泰国经济现代化过程中的作用，主要是为工业发展提供了基础，唤醒国民工业化的意识，启动泰国工业化的进程。1954年开始的工业化，是国家资本为主进行工业化规模最大的一次。在国家资本的大力扶持下，国营经济规模迅速扩大。1957年国营企业总数达到了150多家，经营范围几乎包括了泰国经济的主要领域。这为启动泰国的工业化进程，提高经济实力打下了重要的基础。但同时国营企业的发展也出现了一些问题：一是国营企业效益低下；二是国营企业实权多为军政官员所把持，形成了对生产和市场的垄断；三是滋长了腐败现象；四是私人和外国资本受到排挤。

2．“进口替代”时期（1960～1970）

1960年颁布《鼓励工业投资法》，1961年开始实施第一个《国民经济和社会发展计划》，“进口替代”发展战略开始大规模实施。在“进口替代”阶段，泰国成功地实施了两个经济和社会发展计划，工业以两位数字的速度发展，超过了工业化启动时期的1倍。由于工业的发展，1960～1970年期间，泰国经济持续高速发展，年平均增长8.4%。然而，到20世纪60年代末，“进口替代”工业的发展逐渐不能适应经济的发展，泰国适时进行了战略调整。

3．“面向出口”时期（1971～1980）

随着工业的发展，“进口替代”暴露出三大弊端：第一，“进口替代”工业是以国内市场为主，泰国国内市场规模有限，人民生活水平还很低，国内市场很快就达到饱和。第二，在“进口替代”时期，泰国还不能生产工业发展所需机器设备和多数的中间产品，因此在替代消费品进口的同时，扩大了生产资料的进口，导致国际收支的恶化。第三，在关税保护之下建立起来的工业，成本较高，效率较低，缺乏竞争力。因此，泰国在从1971年开始实施的第三个经济和社会发展计划中明确提出了发展“面向出口”的工业化政策，并于1972年制定了《鼓励投资法案》，对投资的安全和受益提供更可靠的保证，对投资的鼓励更灵活。同时给予投资委员会全权负责《投资法》的实施，强化了投资委员会的作用。投资委员会有权决定受鼓励投资的项目（原由内阁决定），并可以决定单个投资项目的不同情况和投资额，按《鼓励投资法》的规定批准其免税期。泰国在1977年又对《投资法》进行了修订，进一步鼓励外国和私人投资，对出口导向型的企业给予各种优惠。

泰国实行“面向出口”发展战略时期，正值亚太地区20世纪70年代至80年代的产业结构调整。泰国及时利用了地区产业结构所出现的资金和设备从发达国家或亚洲“四小”向发展中国家转移的机会，发展自身的工业，并利用市场结构的变化，积极扩大对外贸易。所以，不仅较快地建立起自己以轻纺、食品加工等劳动密集型为主的工业体系，而且扩大了对外贸易。

4．初步工业化时期（20世纪80年代～90年代初）

20世纪80年代中期，泰国的工业逐渐取代了农业在经济中的位置，在20世纪80年代后期出现了发展“高峰”，并于20世纪90年代初工业化发展取得了极大的成功。

首先，经济结构发生了巨大变化。工业成了泰国经济发展的主要动力，使得泰国的国民经济结构发生了根本性的变化。1979年，泰国工业在国内生产总值中的比重达到28%，首次超过了农业（26%）。从此改变了泰国农业一直在经济当中的统治地位。继之，1984年，泰国的制造业在国内生产总值中的比重也超过了农业，标志着工业化进入了新的发展阶段。

其次，对外贸易结构发生根本性的变化。20世纪50年代末，泰国初级产品的出口在出口总额中约占93%，直至20世纪70年代末仍占60%以上。然而，工业和制造业在泰国经济中相继取得主导地位后，泰国对外贸易的出口结构逐渐发生了质的变化。1985年泰国制造业出口值首次超过了农业的出口值。同年，泰国纺织品的出口超过了一直居泰国出口首位的大米出口，结束了泰国以农产品出口为主的历史。1990年机械设备、珠宝加工、电子设备、电器等四大类商品出口也超过居出口第二位的大米出口，使泰国传统的出口支柱产品大米的地位降至第六位，1990年泰国制成品出口已占出口总额的75%。

5．经济调整时期（20世纪90年代初以来）

虽然泰国经济有了长足的进步，但经济发展不平衡的问题日益突出，主要表现为：第一，地区间经济发展不平衡。到20世纪70年代末，中部地区（包括首都曼谷）的生产总值约占全国的60%，而全国其他地区仅占产值的40%。第二，城乡之间的差距不断扩大。1960年曼谷的人均收入比收入最低的东北部地区人均收入高4倍，但到了1979年差距扩大到5倍。第三，工农之间的差别日益加大，影响了泰国的政治、社会的稳定，制约了经济的发展。

此外，基础设施的匮乏和人才的短缺、政治上的腐败、管理上的低效、金融市场的不规范、币值高估和外国投机等综合因素，导致了1997年7月的经济危机，造成1997年和1998年国内生产总值连续出现负增长。

为使经济协调发展，泰国政府进行了经济改革和结构调整。1999年和2000年国内生产总值增长均超过4%。2001年由于受到国际恐怖主义的威胁和美国经济衰退的影响，国内生产总值增长下滑到1.8%。2002年和2003年泰国经济在出口和内需"双引擎"的拉动下迅速恢复增长势头，经济增长率分别达到5.4%和6.8%。2004年增幅达6.2%。2005年经济增幅为4.5%。

（二）经济发展的主要特点

1. 重视农业

没有农业的发展作为泰国工业化的后盾，泰国的经济成就难以取得。发展中国家在实行工业化的发展战略时，对农业的发展往往采取两种截然不同的态度，一种是忽视农业的发展，以致造成农业发展逐渐滞后；另一种是以农业作为工业发展的摇篮，由农业发展向工业化发展过渡。泰国则选择了后一种的工业化发展模式，将农业的发展作为工业化取得成功的必要条件和重要基础，随着工业化程度的不断提高，农业也不断得到发展。目前，泰国是世界上少数几个重要的粮食和农产品出口国之一，这在东亚发展中国家中实不多见。

2. 重视发挥私人资本的作用

由于历史、政治和经济等方面的原因，泰国在工业化的启动时期曾试图用传统的国家资本为主导振兴经济，结果是步履维艰。1958年以后，泰国开始鼓励私人资本在经济发展中唱主角戏，而国家的作用主要为经济发展提供基础设施。同时，政府通过投资政策不断调整投资的地区结构和行业结构，不仅使国家资本与私人资本有机地结合，形成合力推进经济的发展，而且把私人资本纳入国家经济战略发展的轨道。因此，泰国的私营企业发展一直很快。此外，泰国政府还从金融、关税等方面对私人投资给予优惠待遇，并从法律上给投资者提供保护。

3. 合理使用外资

泰国并没有专门为吸引外资制定法律，泰国的投资法规对本国资本和外国资本同样适用，对投资项目是否给予优惠待遇，不取决于是不是外国资本，而是要看投资项目是不是符合国家发展战略的要求。例如资金的投向、扩大出口的潜力、雇佣工人的数量、原材料国产化的比重，等等。直至20世纪70年代后期，泰国受鼓励的投资领域中，外资所占比重不足30%。1977年新的《投资法》颁布后，外国资本投资泰国的速度明显加快。大量外资的投入不仅为泰国经济发展提供了资金，而且加快了泰国产业调整的周期和对外贸易的发展。

表3　　泰国1997～2003年主要经济指标

类别＼年份	1997	1998	1999	2000	2001	2002	2003	2004	2005
国内生产总值（亿美元）	1 509	1 118	1 226	1 227	1 155	1 269	1 432	1 616	1 762
经济实际增长率（%）	−1.4	−10.5	4.4	4.8	2.1	5.4	6.8	6.2	4.5
人均国内生产总值（美元）	2 538	1 862	2 020	1 997	1 854	1 992	–	2 525	2 655
通货膨胀指数（%）	5.6	8.1	0.3	1.6	1.7	0.6	1.8	2.7	4.5

资料来源　英国《国别报告：泰国》2004年8月；2004、2005年数据来自中华人民共和国外交部网站。

二　农业

（一）概述

农业曾是泰国最重要的部门。农业产值在二战后初期曾占到国内生产总值的50%，后来比重随着工业和服务业的发展而不断下降，2002年已降至仅占9.1%

泰国是世界最重要的农业产品的出口国之一。根据自然地理条件，泰国可分4个农业经济区。

1. 中原地区

即湄南河三角洲，是湄南河下游形成的约5万平方公里的冲积平原。这一地区河渠纵横、人口稠密、经济发达。盛产稻米、甘蔗、豆类、棉花、玉米、木薯和麻等，是泰国出口稻米的主要生产基地。

2. 东北部呵叻高原

平均海拔只有150～300米，地势较平坦，高原处于背风面，有许多良好的天然牧场。这一地区河谷宽浅，沿河地带可种植稻米和其他农作物。

3. 北部山区

森林茂密，农业生产多集中在山间盆地。这一地区水利设施较好，主要种植水稻、棉花、烟草等，稻米的单位面积产量居全国之首。

4. 南部马来半岛

多丘陵，气候终年湿热，适宜橡胶、油棕、椰子等热带作物的生长，是重要的橡胶和油棕生产基地。

泰国农业可分为种植业、畜牧业、渔业和林业。2000年种植业产值占72%，列第一；渔业和畜牧业分别占17%和10%，分列第二和第三；林业只占1%。

（二）种植业

种植业包括粮食作物，是泰国农业中最重要的部门。农业一直以种植业为主，种类繁多，主要有水稻、橡胶、玉米、木薯、甘蔗、麻、烟草、水果、花卉、蔬菜、咖啡等。

1. 水稻

泰国素有“亚洲的米仓”之称。水稻在泰国中部富饶的平原已有数千年的历史。一些考古学家认为，泰国可能是一个在亚洲地区传播“水稻文化”的国家。

大米是泰国人的基本粮食。水稻生产不仅是泰国农业的重要支柱，也是国家经济的重要支柱。泰国的经济发展是与水稻生产密不可分的。泰国的稻米分水稻和旱稻两种，稻米种植区主要分布在中部、北部、东北部和南部沿海地区。其中，中部地区是传统的水稻种植区，年稻米收获量约占全国总产量的50%；北部和东北部则主要种植旱稻，年收获量约占全国总产量的33%；南部占6%。水稻种植的面积约占耕地总面积的3/5左右。泰国的水稻一年两熟，有些地方甚至可以一年三熟。优越的自然条件使泰国大米洁白晶莹，米粒细长，有“白色金子”之称。

第二次世界大战以后，泰国水稻生产一直呈稳步增长的趋势，产量从1953年的823万吨增加到1963年的1 099万吨，1973年增加到1 241万吨，1980年达到1 594万吨，1985年突破2 000万吨大关，2001年更增加到2 795万吨。长期以来，稻米在泰国外贸出口中占有重要地位。从19世纪以来，泰国大米一直向国外出口。泰国现在是东南亚最重要的大米出口国，大米主要输往中国香港、印尼、中国台湾和新加坡等国家和地区。近些年来，中东也逐渐成为泰国大米的主要进口地区。第二次世界大战前，泰国大米出口值占出口总值60%～65%；20世纪50年代，大米出口值仍占出口总值的50%以上；1984年以前大米在出口商品总值中一直雄踞第一位。60年代以来，随着工业化的发展，出口商品不断多样化，大米在出口总值中的比重逐渐减少，但出口量仍在不断增加。60年代，大米出口量一般均在100万吨以上，1963年出口量为141万吨，出口值1.64亿美元；1980年出口量增加到279.9万吨，出口值猛增到合9.53亿美元；到1990年出口量达401万吨，出口值10.85亿美元；2000年出口值高达14.98亿美元。

2. 橡胶

泰国是全球第一大橡胶生产国，橡胶在泰国经济中占有重要地位。橡胶又是打破泰国农业领域水稻“一统天下”局面的作物。

19世纪末、20世纪初，英国种植园主把种植橡胶技术传到泰国。橡胶产地主要分布在泰国的南部沿泰国湾的高温多雨和排水良好的地区，那里集中了全国90%的橡胶园和95%的橡胶产量，橡胶园约占南部全部耕地的一半左右。

泰国最初引种橡胶，主要是农民为了利用田头地边的零星空地和稻田生产的间歇时间或剩余的劳动力，以增加现金收入。后来，随着人口的发展，橡胶种植面积的不断扩大，才逐渐出现了以种植橡胶为生的胶农。那时，泰国橡胶以小农户为主经营，特点是投资少，管理差，耕作简单。这样，在相当长的一段时间里，泰国的橡胶种植发展缓慢。

泰国开始大规模种植橡胶是在20世纪20～30年代。当时的种植园主大部分是华人移民。第二次世界大战后，特别是在朝鲜战争期间，随着国际市场对橡胶需求的增长，泰国橡胶种植业发展迅速。由于泰国自60年代加强对橡胶生产的科学管理，培育良种，改进种植方法，提高橡胶单产，泰国橡胶在世界橡胶生产中的地位不断提高。1961年，泰国颁布了《橡胶园更新基金条例》，计划每年用高产胶树更新老化和劣质胶树2.16万公顷。到70

年代中期，在东海岸地区也发展起一个新兴的橡胶生产基地。

1980年泰国的橡胶产量和种植面积均比20世纪50年代增加了大约4倍。80年代中期，泰国已有一半以上的胶园采用了新的高产树种。此后，橡胶的种植面积的增长速度明显放慢，但产量却稳步递增，1980年产量为50.1万吨，1990年增至125万吨，2000年产量更达到237.8万吨，几乎是每10年翻一番。

多年以来，泰国生产橡胶一直是以出口创汇为主要目的，每年产量95%用于出口。20世纪70年代以前，在农产品出口创汇项目中橡胶列第二，仅次于大米的出口。70年代，木薯出口逐渐超过了橡胶出口，橡胶出口居农产品出口的第三位。1988年开始，橡胶出口又恢复了第二位。所以，橡胶一直是泰国外汇的重要来源之一。1980年，泰国橡胶出口量为45.5万吨，出口值为6.03亿美元；到2002年出口量提高到200万吨以上，占世界天然橡胶出口的45%，出口值也随之猛增到17.3亿美元。泰国橡胶主要出口到日本、中国、美国、韩国、法国和新加坡等国。

3. 木薯

木薯也是泰国重要农作物之一，主要种植区分布在泰国东北部和中部的部分地区。木薯产量很高，平均每公顷产量可达1.5万公斤左右，收成好时可达到1.8万公斤。木薯用途广泛，可加工成薯粉、薯干，是良好的牲畜饲料，也可作为多种轻工业品的原料。木薯极易种植，有较强的耐旱性，在其他农作物难于生长的贫瘠土壤和沙砾条件下，也能生长。

泰国于1935年引进木薯在本国种植，随着含木薯产品的各种饲料被广泛采用，国际市场对木薯的需求增加，20世纪50～60年代，泰国开始大规模种植木薯。1960年种植木薯面积仅为7.2万公顷，产量为122.2万吨；1970年增加到22.4万公顷，产量达到343 .1万吨。80年代以来，木薯已成为泰国农业经济的重要支柱之一，同时也成为世界主要的木薯生产国之一，产量仅次于巴西，居世界第二位。1980年木薯种植面积达到101.5万公顷，产量增加到1 380.9万吨；1990年木薯种植面积为148.8万公顷，产量达到2 070.1万吨。但是，在这一时期，泰国木薯的生产发展主要是以扩大种植面积来实现的。例如，1970年泰国木薯种植面积比1960年扩大了2倍，而产量只增加了1.8倍，1980年又比1970年的种植面积增加了3.5倍，可同期产量却只增长了3倍。

泰国的木薯主要用于出口，木薯制品主要输往荷兰（约占泰国木薯出口的1/2）、韩国、西班牙、中国台湾、日本、葡萄牙和美国等国家和地区。木薯制品的外销约占其总产量的95%以上。1990年，泰国木薯出口额为9.04亿美元。20世纪70年代中期至80年代后期，木薯在泰国农业出口项目中名列第二，仅次于大米。80年代中期，西方国家开始对木薯进口采取了限制性的措施，使泰国木薯的生产和出口均受到很大影响。90年代木薯的种植面积和产量都有所减少，1999年泰国木薯产量仅为1 646万吨。尽管如此，目前泰国依然是世界上最大的木薯制品出口国。

4. 玉米

泰国玉米生产主要在东北部、中部，一年可种两季，3～4月为一季，7～8月为另一季。

玉米是二战后泰国农业多样化最典型的例子。16世纪，西班牙人和葡萄牙人把玉米种植引入泰国，但是直到第二次世界大战以前，泰国的玉米种植仍然非常有限，几乎没有出口。第二次世界大战后，随着世界许多国家畜牧业的发展，玉米作为饲料，消费量不断上升，刺激了泰国玉米生产的发展。同时，由于泰国国内人口增长对经济和环境所造成的压力，发展玉米种植对泰国农业发展显得更为迫切。国家铁路、公路网的建设，也使得大规模的玉米生产成为可能。泰国种植玉米起步较晚，后发效应明显，生产的扩大除了耕种面积的拓展之外，不断提高单位面积产量，是泰国发展玉米与发展其他传统农作物的主要区别。

1951年，泰国从危地马拉引进玉米良种，并在全国推广。20世纪60～80年代中期，泰国玉米生产迅速发展。1960年泰国玉米种植面积为28.6万公顷，玉米产量54.4万吨；1970年扩大到74.9万公顷，产量增加到195万吨；1980年达到133.5万公顷，产量为299.8万吨。1985年达到191.8万公顷，产量达到493.4万吨。1960～1985年，泰国玉米耕种面积扩大了66.1倍，而同期玉米产量却增长了89.7倍。但是80年代中期以后，由于国际市场玉米价格疲软，泰国玉米生产深受其害，出现滑坡。1990年玉米种植面积降到171.3万顷，产量仅为380万吨，其后一直未有大幅增长，2000年玉米产量为449.2万吨。

泰国现在是亚洲生产玉米的第四大国，居世界第十六位。泰国种植玉米一开始就主要用于出口，直至20世纪70年代中期，玉米产量的90%用于出口，日本、马来西亚、新加坡、中国香港、中国台湾、中东等国家和地区是泰国玉米出口的传统市场。70年代末至80年代初出口量下降了30%左右，80年代后期以来下降了70%左右。造成泰国玉米出口迅速下落的原因，一是国际贸易保护主义势力的抬头，二是泰国在80年代中后期农产品加工业发展较快，本国对玉米的需求量不断扩大。

5. 甘蔗

甘蔗是泰国的传统农作物，主要产地分布在中部平原边缘的丘陵地带，而东北部和北部的一些地区也有出产。中部同时也是泰国最重要的甘蔗加工区，全国50%的糖厂集中在这一地区。

20世纪60年代泰国开始大规模种植甘蔗，70年代有了较快的发展。由于60年代末世界原糖价格暴涨，泰国甘蔗种植面积也随之迅速扩大。从60年代中期的不足16万公顷，70年代初的30万公顷，增加到70年代中后期的56万公顷。甘蔗产量60年代末不足600万吨，此后持续增长，70年代中增至2 600多万吨，1991年达到4 200万吨，而2002年更是创了7 407万吨的历史记录。

泰国还是世界上重要的糖生产国和出口国。蔗糖产量60年代末不足20万吨，70年代末增至230多万吨，1990年为387万吨，2002年更增至729万吨。泰国所产蔗糖大部分用于出口。1969年蔗糖出口仅为1.61万吨，1980年增至45.16万吨，1990年达到237万吨，2002年增至420万吨，占全球蔗糖出口总量的10%。

6. 烟草

烟草也是泰国传统的农作物，主要产区集中在泰国北部及东北部。2000年泰国烟叶产量达7.4万吨。烟草是泰国的传统出口商品，1991年出口量4.4万吨，出口值1.12亿美元，列为18项主要出口农产品之一。泰国烟草出口不仅在泰国经济中居重要地位，而且还是世界十大烟叶出口国之一。

7. 麻

泰国种植的有红麻和黄麻两种。红麻主要出产在东北部，约占泰国麻产量的94%。20世纪80年代以前，泰国原麻主要用来制作装大米的麻袋，麻生产发展较快，成为泰国农业出口创汇的主要项目之一。例如，1966年产量达到67.33万吨，出口47.3万吨，出口值7 760万美元，居当年出口第三位。后来由于合成纤维的出现和集装箱的广泛使用，减少了对麻的需求，泰国政府也随之减少了对麻生产的价格补贴，引导麻农改种其他作物。

8. 水果

泰国是著名的水果之乡，一年四季水果不断，著名的水果有榴莲、芒果、菠萝、龙眼、红毛丹、荔枝、香蕉、柑橘、葡萄、柚子、椰子、番木瓜和西瓜等，几乎所有的热带水果在泰国都可找到。

20世纪70年代以来，随着保鲜手段和运输条件的改善，新鲜水果的出口量迅速增加。1980年泰国新鲜水果出口量达3.7万吨，1990年达6.6万吨，价值3 466万美元。泰国新鲜水果的出口市场主要是中国香港、新加坡、马来西亚、美国、日本、澳大利亚和西欧国家。

除新鲜水果的出口外，水果罐头出口近年来也有较大发展，其中尤以菠萝罐头发展为最。1978年，菠萝罐头出口为5 905万美元，1991年达到2.85亿美元。泰国菠萝种植业注意因地制宜，选择适当的土壤，选用良种。同时国家给予资助，泰国菠萝生产和出口迅速发展。1967～1980年，相继增设12家菠萝罐头厂，打开了国际市场，并占世界总消费量的45%，泰国已成为世界上最重要的菠萝罐头出口国之一。

9. 蔬菜

泰国年平均气温32℃左右（最低14°C，最高42°C)，全年适于蔬菜生产。1981～1990年，27种主要蔬菜的年平均种植面积达31.4万公顷，主要集中在中部、东北部和北部，南部较少。年总产量平均为212万吨。种植面积最大的是辣椒（小米椒及牛角椒)、大蒜、黄瓜及豇豆。

辣椒在全国范围内广泛种植，大蒜、葱、洋葱和番茄主要在东北部和北部地区。豇豆在全国一年四季都可以栽培，但中部及南部是最著名的产地。豌豆主要是在北部的冬季生产。叶菜类（芥蓝、大白菜、结球芥菜、菜心、甘蓝等）在中部全年都有栽培。

蔬菜生产主要以个体农民为主，农民生产出来的产品多数情况下是卖给中间商或零售商，再由他们销到市场或组织运输、批发到全国各个地方。对于一些加工蔬菜，如番茄、石刁柏、玉米笋等，很多加工厂直接与农民签订合同，为农民提供加工所需的种子、技术指导、生产资本等，农民生产出来的产品全部交给加工厂。另外，也有一些加工厂通过中间商收购农民的产品，中间商与农民签订合同，为农民提供种子、技术和生产资本，农民生产出来的产品由中间商收购，中间商再卖给加工厂。

在1981～1990年间，泰国出口蔬菜的产值平均每年为3 164万美元，平均每年以28.7%的速度增加。出口蔬菜包括加工蔬菜和鲜菜，其中75%以上为加工蔬菜，主要有速冻蔬菜，如石刁柏、青花菜、花椰菜、玉米笋、豌豆等；罐藏蔬菜，如石刁柏、豌豆、蘑菇、香菇等；菜汁，如番茄汁等。

二战后蔬菜栽培面积的增加，主要集中在扩大加工出口蔬菜的生产，如玉米笋、石刁柏、竹笋、蘑菇、香菇、黄秋葵和一些配料蔬菜。

10. 花卉

鲜花是泰国重要出口商品。泰国出口的花卉主要是兰花，目前泰国约有200个兰花种植场和一些种植兰花的小农户。运输和销售则由一些专营公司负责，形成产、运、销配套的专业化系统。20世纪60年代初期，泰国开始小批量出口兰花。70年代以后，出口势头一直看好，1980年出口量达4 483吨，1990年出口量上升到1.67万吨。目前泰国和新加坡以及美国的夏威夷已成为世界上三个主要的兰花生产地。泰国兰花主要出口到德国、荷兰、日本、瑞士、意大利、奥地利、芬兰、瑞典、中国香港等国家和地区。每年圣诞节前夕至元旦是兰花出口的黄金季节。

除了上述产品外，还有豆类、高粱、棉花、咖啡、油棕等，在泰国农业中也占有重要地位。

（三）林业

林业曾经为泰国的经济发展做出过重大贡献，是泰国农业的支柱之一。然而，随着岁月的流逝，林业在泰国经济中的地位日趋下降。2000年林业产值仅占农业总值的1%，仅占国内生产总值的0.05%。

泰国有2 000多个树种，其中被列为保护树种的约有250个。泰国的森林多属于木质坚硬的阔叶林，可以分为常青林和落叶林两大类。常青林约占全国森林总面积的30%，又可分为3种林型：一是热带常青林，分布较广，大部分生长在南部与东部地区，中部及东北部也有生长。泰国采伐量较大的央木就属这一类。热带常青林约占常青林总面积的3/4。二是山地常青林，主要分布在海拔1 000米的高原和丘陵地带。三是红树林，分布在沿海地带，东部和南部是其主要产区，这类树林适合烧炭、做木柱。落叶林约占全国森林总面积的70%，主要分布在北部以及中部的一些地区。落叶林大部分是良好的建筑材料，著名的柚木就是其中的一种。落叶林又分两种林型，一种是混交落叶林，占落叶林总面积的25%，另一种是龙脑香落叶林。

除上述几种林型外，泰国还有海岸沙滩林、淡水沼泽林和上百万公顷的竹林。泰国森林资源分布并不平衡，北部森林覆盖率最高，东北部最低。

木材生产在泰国国民经济中曾占有重要地位。柚木和央木是泰国两大重要的出口林木。20世纪50年代初，柚木年出口将近4万立方米，出口值仅次于大米、橡胶、锡，居第四位，成为泰国财政收入的重要来源之一。

多年来，由于泰国经济建设的需求以及人口的增长，造成林木资源的采伐量过度，森林遭受严重破坏。1951年在泰国51.4万平方公里的国土总面积中，森林面积达到30.9万平方公里，森林覆盖率达60%；1961年森林面积为29.9万平方公里，森林覆盖率下降为58.2%；1971年森林面积锐减为20.96万平方公里，森林覆盖率又进一步下降到40.8%；1981年，森林面积仅剩不足20万平方公里，森林覆盖率降到38%；1990年森林面积为14.3万平方公里，森林覆盖率仅为28%。仅以泰国的柚木生产为例，1960年柚木采伐量为15.4万立方米，1970年增加到23.4万立方米，但到了1981年就下降到7.3万立方米，1990年泰国柚木开采量仅有1.8万立方米。

泰国森林面积的迅速减少，使林业在国民经济中的作用每况愈下，林业产值由1951年占国内生产总值的5.1%，下降到1991年占国内生产总值的0.2%。从20世纪70年代末以来，泰国从一个木材出口国转变为木材进口国。泰国森林面积迅速减少的原因是：

1. 土地问题

由于历史原因和土地制度的不合理，泰国存在着大量无地或少地的农民，主要集中在中部和北部。他们需要出卖劳动力，生活艰苦。其中一些人为了生活，便占用公地或毁林种地。他们没有土地所有权，因此，对土地的使用随意性大，缺乏管理，甚至游耕，对森林的破坏性很大。

2. 价格驱动

泰国的木材出口主要是对美国、日本、澳大利亚、英国、加拿大和中国台湾。20 世纪 60 年代，国际市场对木材的需求一直保持旺盛的势头，使得木材价格上升，刺激了泰国的木材生产。1960 年泰国柚木和央木的批发价每立方米分别为 111 美元和 18.8 美元；1965 年分别上升到每立方米 139 美元和 22.6 美元；1968 年又分别上升为每立方米 153.7 美元和 26.2 美元。由于价格的驱动作用，泰国柚木产量 1969 年比 1960 年增长了近 1 倍。

3. 人均木材消费量大

主要原因是泰国人习惯把木柴作为日常生活的燃料。泰国每年对木柴的需求量大约为5 000万立方米，远远超过本国木材的供给量。

4. 种植业与林业争地

泰国农业中的种植业的发展，很大程度上是依靠扩大土地的耕种面积，其中重要的途径就是毁林造田。人们对森林保护的概念十分淡薄，把繁茂的森林误认为是土地肥沃的象征，并用现代的技术将大片森林改造为粮田，在这一过程中，大量森林被乱砍滥伐，林木损失严重。

5. 管理欠佳

首先，政府对植树造林不重视。直至 1974 年，泰国才开始实施植树造林的计划，但被普遍认为规模太小，为时已晚。其次，政府不能为森林保护和森林状况的评估投入足够的财力和人力。其结果是：一方面使盗伐事件屡禁不止，另一方面使一些合法伐木公司超限额野蛮开采，形成木材加工的“灰色区域”。最后，政府在林区进行经济开发时缺乏保护森林措施，因开矿山、建工厂、修公路，甚至修建伐木的道路时，历来很少顾及对森林资源的保护，这更加剧了森林面积的缩小。

随着泰国森林遭破坏程度的不断严重，泰国政府越来越重视资源的保护。1973 年泰国为制止严重的大规模砍伐森林，首次颁布法律，禁止直径超过 0.1524 米的原木出口。1974 年又开始实施 240 公顷柚木和1 440公顷其他树木的造林计划。1977 年公布了一项管制木材出口的法令，1979 年，泰国下令禁止木材出口。1989 年泰国又在禁止原木出口的基础上进一步宣布禁止在泰国南部省份伐木，并将禁令逐步扩大到全国范围。泰国还先后划出2 000多个护林区、13 个国家植物园和 12 个野生动物保护区，并采取措施，严惩滥伐及盗伐，禁止增设锯木厂。

此外，20 世纪 70 年代中期，泰国还正式实施营林村计划，目的是将林区内以及森林周围的游耕民迁居到一起，进行以营林为主，辅以农林间作、农牧结合的生产活动，从而减少对森林的人为破坏，增加森林资源。营林村的村民以户为单位，采取承包的方式从事林业生产活动。营林村的计划、组织、拨款、管理和监督均由泰国林业厅负责。政府还向营林村提供技术服务。尽管泰国的营林村计划遇到了一些问题和困难，但是，营林村计划确实有助于制止森林破坏，是社会办林业的成功举措。到 1985 年，泰国已建立了 150 个营林村，将 104 万公顷的土地分配给了 64.5 万户营林村的农户。泰国营林村计划所取得的成功，受到了国际社会的关注。目前，营林村计划已被印度、柬埔寨、肯尼亚、加蓬、乌干达、尼日利亚等国仿效和实施。

（四）畜牧业

泰国畜牧业产地主要有两个：一个是以呵叻高原为中心的东北部地区，该地区生产了全国 1/3 的猪和近一半的牛。另一个是以曼谷为中心的中部地区，这里集中了全国 70％的禽、蛋和 1/3 的猪、牛产量。畜牧业主要包括牛（水牛和黄牛）、羊（绵羊和山羊）、猪、鸡、鸭、象等的养殖，其中比较重要的是牛、猪和鸡的生产。

牛是泰国牲畜中数量最多的，2002 年泰国牛的存栏数是 644 万头，其中黄牛 464 万头，水牛 180 万头。过去，因为水牛和黄牛分别适宜于水田和旱田的耕作，被农民广泛用于农业生产当中，商品率较低。为改变这种落后的经营方式，泰国从引进优良品种开始，建立国营牲畜站，推广选种育种新技术，促进专业化经营的养牛场和奶牛场的发展，并辅之以改良牧草的技术，使养牛业成为畜牧业中的主要部门。

猪是泰国最重要的畜产品，因为泰国肉食的一半曾是猪肉。由于价格的原因，20世纪70年代，鸡肉逐渐取代了猪肉的地位。尽管如此，泰国的养猪业仍发展较快，2002年存栏数达到668.9万头，比1980年增长了1倍多。猪肉除了满足泰国国内需求以外，还有部分出口。

养鸡业在泰国畜牧业中发展最快。20世纪70年代初，饲养量每年大约增加50%。肉鸡产量1990年突破1亿只大关，2002年达1.2亿只。目前，泰国养鸡业的经营管理日趋现代化，在亚洲居领先地位。

以前，泰国畜牧业经营粗放，以国内消费为主。从20世纪60～70年代以来，畜牧业发展迅速，并逐渐从过去一家一户品种单一的小生产经营，转为多种生产方式并存的商品型生产部门，采用现代化管理机械生产，主要是以为国际、国内市场提供大量禽畜产品为目标。目前，泰国的畜牧业产值在农业中居第二位，仅次于种植业的产值。1990年畜牧业的产值为12.9亿美元，占农业总产值的11.8%，占泰国国内生产总值的1.5%。

迄至20世纪80年代，畜牧业仍是重要的出口创汇部门。主要出口产品有冻鸡、猪肉、生猪和生牛等。1973年泰国首次出口冻鸡，虽然出口数量很小，但标志着畜牧业加工产品第一次进入国际市场。1977年泰国冻鸡出口值720.6万美元，到1987年达1.56亿美元，1990年达30.3亿美元。泰国冻鸡90%左右销往日本，其次为新加坡、中国香港、菲律宾、新西兰等地。近年来，泰国出口商已将视线扩大到中东地区，加紧研究中东地区市场的需求状况，力图在该地区市场上占有较大份额。此外，泰国还是禽蛋出口国，主要是向中国香港、新加坡等地出口。

畜牧业的另一项重要出口产品是猪肉和生猪、生牛，其中猪肉主要销往新加坡和中国香港。生猪出口值一般约80万美元，冻猪肉的出口值约230万美元。

畜牧业在过去20多年里取得了长足的进步，这与泰国政府及有关部门所采取的政策和措施密不可分。这些政策措施主要有以下几条：(1) 因地制宜，采用不同的生产方式发展畜牧业。如在中部水稻种植地区，多采取个体农户少量饲养的方式，育肥后交机械化屠宰厂加工。在呵叻高原，则采用以村寨为单位，雇佣劳动力放牧的生产方式。鸡的饲养方式更是多种多样，如独立饲养户、代雇主养鸡的饲养户、与买主按保障价格签约进行经营的饲养户、与饲料公司联手进行经营的专业户。(2) 建立各类畜牧业基地，使其成为带动整个畜牧业发展的骨干。1960年以来，泰国政府采用国家和民间合作投资方式，先后在一些主要地区建立了一批现代化的牧场、牛奶场、养猪场、养鸡场和屠宰厂等，并在各地建立了60多座饲料厂。近年来，鉴于本国缺乏设备完善的屠宰厂，政府投资委员会宣布扶持屠宰业，通过用先进方法进行畜产品加工，增强在国际市场的竞争力。(3) 加强科研工作，引进先进技术。早在20世纪70年代，泰国便用科学方法饲养、繁殖水牛，并对猪、鸡等采用现代化饲养方法，如选用良种杂交、混合饲料喂养等方式，提高了育肥速度。(4) 建立健全了兽医保健网络。在农业部设有“畜牧发展厅”，负责全国畜牧业的兽医保健工作。泰国政府每年投资5亿铢（约合2 000万美元）专门用于牲畜疫病防治。1973年，在日本专家帮助下，泰国建立了口蹄疫苗血清站，经过扩建，目前该站已成为东南亚地区最大的口蹄疫苗生产和实验中心。兽医工作已渗透到牲畜生产的各个环节。

（五）渔业

泰国渔业资源丰富，渔业历来是泰国经济中的重要生产部门。泰国的自然环境十分有利于渔业的发展。自20世纪60年代起，泰国就一直是世界上的渔业大国，是亚洲第三大渔业国（仅次于日本和中国），现在直接从事渔业生产的人数达45万人，拥有各种渔船4万艘，其中2成是拖网渔船。泰国的渔场主要分布在泰国湾和安达曼海等沿海海域。此外，有1 100多平方公里的淡水养殖面积。

过去泰国的渔业较落后，只能进行小规模的近海作业，捕鱼量有限。1960年的海洋捕鱼量仅14.6万吨，不能满足国内消费，需要从国外进口。近20多年来，由于泰国政府及有关部门的重视，渔业生产发展迅速。1968年水产品产量首次突破100万吨，1977年达200万吨，1990年突破300万吨。泰国鱼产量的增长，主要是海洋捕捞量的增加，其产量历年都约占渔业总产量的9/10。渔业产值自1977年以来不断增长，1988年超过7.9亿美元，1990年又超过11.7亿美元。2001年，仅出口额即高达20.9亿美元。渔业已从缺乏渔业机械发展到高度机械化，从小规模、传统性沿海渔业发展为深海大规模作业，从单纯捕捞为主发展到捕捞和养殖并重的大型商品化生产。泰国主要水产品种类有鱿鱼、金枪鱼、沙丁鱼、鲈鱼、鲭鱼、墨鱼、鲳鱼、对虾等。

泰国在积极发展海洋渔业的同时，加快了发展淡水养殖业的步伐，因地制宜地把虾类作为发展淡水养殖的重点。20 世纪 60 年代以来，泰国不断地从先进国家引进养殖技术，推广良种虾苗。到 1987 年全国养虾场已发展到4 000处，获得较高的经济效益。

随着捕捞业的发展，水产加工业，如冷冻业、罐头加工业、焙干业、熏鱼业、鱼粉业等相关产业也迅速发展起来，特别是海产罐头加工业的发展最为迅速，成为国家重要的出口商品。1974 年海产罐头出口值仅为 8.85 亿美元，1990 年上升到 8.88 亿美元。除海产罐头外，冻虾和鱿鱼也是重要的出口商品，其中冻虾出口创汇最高，出口量从 1978 年的15 378吨上升到 1990 年的84 725吨，出口值也从7 375万美元上升到 7.99 亿美元。

泰国渔业的发展与政府的扶持是分不开的。从 20 世纪 60 年代以来，泰国政府先后采取了许多有效的政策和措施。

1. 制定渔业发展规划，设立专门机构执行政府有关渔业的方针和政策。从 20 世纪 60 年代起，政府就开始制定渔业生产指标，同时设立了直属农业部的渔业厅，负责渔业生产、资金管理、税金征收、渔业基本建设以及渔民的社会福利保险等事项。另外，政府还设立了“泰国水产局”，专司有关渔业的科研和对渔业生产进行科学指导和技术培训等工作。

2. 积极引进和利用外资以及国外先进渔业技术和人才，进行合资经营，加强国际合作。

3. 制定保护渔业资源的措施，包括限制使用不符合规格的小网孔拖网作业。宣布 200 海里的近海专属经济区，限制或不允许外国渔船在经济区内捕鱼。

4. 充分利用国际市场的供求关系，大力发展“拳头”产品。早在 20 世纪 60 年代，泰国便看准国际市场，把发展虾类和沙丁鱼、鱿鱼、金枪鱼等作为重点，加以大力扶持和发展。这些产品在国际市场上有较强的竞争力，从而大大带动了整个渔业的发展。

三 工矿业

（一）概述

泰国工矿业包括采矿业、制造业、建筑业、电力和供水部门。目前制造业产值占工业总产值的 81.62%，是泰国工业发展的“火车头”。泰国制造业主要以纺织服装业、汽车摩托车装配业、电子电器工业、食品业为主，鞋类、珠宝首饰、皮革制品等产业也成了重要的制造业部门，重化工业还比较薄弱。

工业的持续高速发展使其在国民经济中的地位不断上升。1960 年工业仅占国内生产总值的 19%，1979 年已超过农业在国民经济中的比重，成为泰国经济中最重要的经济部门。1990 年工业的比重达到 39%，但此后由于第三产业的迅速发展，工业比重的上升速度放缓，2000 年工业的比重增至 43.09%。工业部门中最重要的制造业一直发展较快，1960 年在国民经济中所占比重仅为 13%，1984 年就超过了农业在经济中所占的比重，成为最大的产业部门，1990 年提高到 26%，2000 年则提高到 35.17%。

由于工业在国民经济中地位的提高，工业成为泰国经济发展的发动机，为泰国经济发展提供主要动力。50 多年来，泰国的工业发展速度一直比农业快 1 倍，并高于国民经济发展的平均速度。以制造业为例，1960～1970 年年平均增长 11.4%，大大高于同期经济年平均增长 8.4%和农业年平均增长 5.65%的速度；1970～1980 年，制造业年平均增长 10.6%，而同期经济增长为 7.2%，农业增长为 4.7%；1980～1990 年泰国制造业年均增长 9.4%，仍大大高于 7.6%的经济年平均增长速度和 4.1%的农业年平均增长速度。制造业持续高速发展对国民经济的发展起了牵引作用。同时，工业的发展为国民经济其他部门的发展创造了机会和条件，如金融保险业、房地产业、通讯业、服务业、旅游业等。

（二）纺织服装业

纺织服装业是泰国制造业中规模最大的部门，年产值居各工业部门之首。1989 年，泰国纺织服装行业有3 500家工厂，员工 55 万人。其中包括纺纱厂、织布厂、漂染厂、印花厂、成衣厂，其他则为地毯厂、麻袋厂、帆布厂、毛巾、窗帘、浴巾、台布等专门生产家庭生活用纺织品的加工厂。这些纺织厂的大约62%集中在曼谷及附近的地区。

20世纪50年代泰国就有了纺织工业，但规模很小，而且由于受到外国纺织品的排挤，脆弱的泰国纺织业几乎无法生存。1955年政府颁布了《管制棉纱进口条例》，使本国纺织业出现了生机，大大小小的纺织厂纷纷建立，国内棉花产量出现了供不应求的局面。因此，从1959年起政府鼓励发展人造纤维工业，开始从日本引进资金和技术合办人造纤维加工厂。60年代中期至70年代初，东亚地区进行了二战后第二次产业结构的调整，泰国和其他东盟国家一道，将进口替代轻纺工业作为产业调整的重点。恰逢此时，泰国的经济发展战略正处于由"进口替代"时期向"面向出口"转变的过渡时期，纺织工业遂有了长足的发展。70年代初，泰国棉纺织工业和人造纤维工业迅速发展，纺织品基本上能够满足国内需求；到80年代成为泰国规模最大、最有生气的工业部门。

纺织业的兴旺，带动了印染、服装、纺织机械工业的迅速发展，形成了从纺织到服装工业一条龙生产体系。目前泰国的印染厂大致可分为两种类型：第一类是大型纺织企业的附属工厂；第二类是独立的、不同规模的印染厂。这些印染厂可以加工生产国内纺织品的60%以上，产品大部分在国内销售。外销纺织品大部分属坯布或原纤维布，原因是国内漂染技术低于欧美水平。

服装制造业是纺织系统的重要生产部门，产品绝大部分用于出口，1985年纺织品出口率先超过泰国传统的出口"拳头产品"——大米，居出口商品的首位。1992年纺织品出口（包括成衣）总额达到49亿美元，其中主要是服装出口，占70.5%。2001年纺织品出口（包括成衣）总额为45.5亿美元。服装工业所需原料主要由本国生产，高档出口时装仍需要进口原料。由于拥有劳动力优势，许多外国服装厂都到泰国办厂或将名牌服装转移到泰国生产，使泰国服装制造业20多年来一直保持了较快的增长势头。

泰国服装和纺织产品现在主要销往美国、日本、波兰、德国、沙特阿拉伯、阿联酋、英国、法国等国家和地区。与此同时，泰国每年也从国外进口大量纺织工业原料，1990年进口的各种纺织工业原材料共计13.5亿美元，占当年纺织品出口值的1/3强。

泰国的纺织服装工业由下列5个垄断组织控制，它们是：（1）泰国织业公会；（2）泰国纺织品公会；（3）泰国合成纤维公会；（4）泰国成衣公会；（5）泰国丝业公会。其中以泰国纺织品公会实力最雄厚。持有该公会下属厂家股份的大多是政界和金融界巨头，他们控制的纺织厂生产能力占全国纺织品总产量的80%以上。这些公会除了起到控制市场，协调生产的作用外，还起着内引外联的作用。例如，成衣公会就经常举办服装展销会，邀请国内外客商参加交易，促进服装业的生产和出口。

20多年来，泰国纺织品和服装业一直在困难中发展。原材料价格上涨和西方国家日益严重的贸易保护政策使纺织服装工业的发展举步维艰。为了扶持纺织服装业的发展，泰国政府和纺织服装企业共同努力，由政府对这类工业给予特殊优惠政策，包括减低征税、免征原材料进口税等。而纺织服装行业也努力提高工艺技术水平和产品质量，注意产品的多样化、名牌化和新型化，加紧开拓市场，从而使纺织服装业保持了良好的增长势头。

（三）农产品加工业

农产品加工业是泰国既传统又十分重要的工业部门，最能反映泰国工业化的特点。从狭义上划分，除传统的碾米、木薯制品、卷烟业之外，还包括20世纪60～70年代发展起来的麻制品、制糖、食品罐头、饮料等行业。由于碾米等传统工业一般规模小，与农业关系密切，目前泰国的各种经济统计中已不把它们的产值列入工业产值。目前，农产品加工业中比较重要的行业有以下几个。

1. 罐头食品工业

它是泰国食品工业中的重要行业，产品主要是水果、海产和炼乳罐头，其中水果和海产罐头销路极好，增长最快，已成为泰国的重要出口商品。

菠萝在泰国被誉为"金水果"。20世纪70年代以来，菠萝罐头加工迅速发展成一种重要的出口产业。1982年泰国以生产菠萝罐头为主的罐头加工厂有20家，其中8家规模较大，年产菠萝罐头1 200万箱。从1981年以来，泰国菠萝罐头出口一直居世界第一。1985年菠萝罐头出口值达1.2亿美元，1990年达2.16亿美元。由于20家罐头厂生产能力已完全能满足国内市场需求，各厂家都在市场上压价竞争。因此从20世纪80年代以来就没有新工厂投产，生产规模一直保持在上述水平。除8家较大规模的罐头加工厂外，另外12家工厂还加工其他水果和蔬菜，如红毛丹、龙眼、荔枝、芒果、玉米、蘑菇等，这些产品除5%投放国内市场外，其余主要销往国际市场，主要出口到美国和欧洲国家。

20世纪70年代末，泰国有50多家海产罐头厂，其中一半以上是家庭式工业。这类工厂一般仅雇佣三四十名工人，利用本国捕捞的海产进行加工。80年代中期以后，由于海产罐头在国际市场上销路较好，海产罐头加工业迅速发展。例如金枪鱼罐头，在70年代末仅有由澳大利亚和中国香港投资的两家小厂，每个工厂仅雇佣40名工人，主要生产供猫狗食用的金枪鱼罐头。80年代中期，由于西方国家流行宠物热，使这类罐头销路大增。1990年这两家小厂已经发展成有7个大厂，3 000多名工人的企业集团。目前，泰国已拥有一批具有较大生产能力的海产罐头企业。生产的主要海产罐头种类有：金枪鱼、鲣鱼、沙丁鱼、蟹、龙虾、牡蛎、贻贝等，产品主要用于出口。日本、美国、欧洲等国家和地区是最大的主顾。1974年海产罐头出口值仅为88.3万美元，1985年增加到2.7亿美元，1990年上升到8.88亿美元。

2. 制糖业

制糖业是泰国传统的食品工业部门。手工糖坊曾是19世纪以前的主要手工业之一。泰国第一家机制糖厂建于1937年。二战后，由于产量不足，泰国一度进口蔗糖。但从20世纪50年代以来，蔗糖产量一直保持上升趋势，糖产量和出口量大大上升。但是，由于国际糖价波动很大，严重影响泰国甘蔗生产和制糖工业的稳定发展，因而时常使泰国蔗糖出口和外汇收入大起大落。1980年泰国糖产量达85.6万吨，出口量达45.2万吨，出口值1.45亿美元。1992年泰国糖产量增至485.7万吨，出口量达到375.7万吨，出口值达7.45亿美元。泰国蔗糖产品大部分出口到日本、美国、新加坡等国家。

3. 食品冷冻业

食品冷冻业是食品加工业中的后起之秀，主要分为海产品冷冻和禽畜冷冻两大类。

海产品冷冻主要有冻虾，冻鲜鱼、冻鱿鱼、冻熟虾等。在冷冻海产品当中，冻鱼所占比重最大，约为40%，冻虾占30%，冻鱿鱼也占30%。海产品冷冻主要用于出口，日本、美国和欧洲国家是最重要的主顾，对它们的出口量约占泰国冷冻海产品出口量的4/5以上。目前，泰国有现代化的冷冻厂约75家。

禽畜冷冻与海产品冷冻一样，其发展势头迅猛。但是，泰国禽畜冷冻的发展面临不利的国际环境，发展进程相对坎坷。在发展初期成效不甚显著，直至20世纪70年代后半期，冻鸡的产量和出口量才迅速增加。泰国的禽畜冷冻产品主要是以冻鸡为主，1978年冻鸡出口量9 287吨，出口值1 642万美元，1980年冻鸡的出口量翻了一番，达到1.85万吨，出口值增至3 203万美元，1985年泰国的冻鸡出口量和出口值分别增至3.8万吨和5 401万美元，在1980年的基础上又翻了一番。1988～1992年，泰国的冻鸡出口量和出口值分别以13%和16.8%的平均速度增长。泰国的冻鸡出口主要以日本市场为主，1988年冻鸡对日本出口量约占冻鸡全部出口量的90%，出口值所占比重更高，达到92.2%。近几年来，泰国在对日本出口不断扩大，对中国香港、新加坡等市场保持稳定增长基础上，积极开辟新市场，比如对德国和荷兰的出口从1988年的1 300吨和600吨增至1992年的1.4万吨和2 000吨，分别增长了近9.7倍和2.3倍。1992年对日本出口冻鸡在泰国冻鸡出口量中的比重下降至82.1%。

4. 饮料业

饮料业主要产品是酒类、啤酒、汽水、可口可乐等。酿酒厂分三类：第一类是乡村小厂，主要用稻谷等农作物酿酒，以满足当地需要；第二类是大酿酒厂，主要生产威士忌、味美思、鸡尾酒等多种外国名酒，同时也生产泰国人所喜爱的不同酒精含量的白酒、红酒；第三类酿酒厂则是完全仿造欧洲名酒的加工厂，原料从欧洲进口，生产方法也完全按照欧洲名酒的方法。例如泰国生产的苏格兰威士忌，就是从原料到技术全部由苏格兰引进。随着旅游业的发展，饮料中啤酒业发展最快、盈利最多。1980年泰国啤酒产量1.24亿升，1990年增至2.6亿升，1992年又增加到3.3亿升。12年间泰国啤酒产量增长了1.7倍，平均年增长8.5%。1990年酒类产量达到6.24亿升，比1980年增长了约1倍。软饮料1992年产量为12.57亿升。

（四）电子电器工业

1. 电子电器工业是泰国工业中的后起之秀

由于该行业对技术、资金等方面的要求比较高，20世纪60年代以前，产品主要靠国外进口。其后，泰国开始建立一些家用电器和电子装配工厂，电子电器工业逐步发展起来。

到20世纪70年代，泰国利用亚太地区产业调整的有利时机，在日本、美国等发达国家将一部分劳动密集型产业向外转移，努力将本国变为新的生产基地的情况下，电子电器工业有了进一步发展。随后不久，新兴工业化国家和地区也开始把部分电子产品和元器件生产基地转移到泰国，使泰国电子电器工业在80年代末进入了一个加速发展时期。

目前，泰国大约有300多家电子电器工厂。这些工厂大多数与日本的公司合资或由日资兴办，主要生产收音机、录音机、录像机、电冰箱、空调机、洗衣机、微波炉、电风扇等各种家用电器，还能生产通讯用的电缆、电线、变压器、电话机等。电子工业元件及产品的自给率明显提高。泰国的电子电器工业主要用于出口，1992年电子电器产品出口总值约46亿美元，其中电子产品出口值为22.2亿美元，电器产品出口值为23.7亿美元。

2. 电子电器工业中发展最快的是20世纪70年代中期才开始起步的集成电路工业

20世纪70年代，新加坡、马来西亚等国家的集成电路工业迅速发展，引起泰国政府的注意。为配合电子工业的发展，政府专门成立了电脑委员会，加强对发展电子工业的指导。泰国还鼓励外资和本国私人资本发展集成电路工业，政府允许集成电路公司进口原料，本地生产的集成电路原料也免予征税，外国投资者可免税8年。1980年泰国集成电路产量达到4.35亿件，1990年增至13亿件，1992年又增加到15.3亿件。到80年代，泰国已有7家集成电路的生产、经营公司，其中5家为外国独资经营，最著名的是美国投资建设的N.S电器公司，年产集成电路约占泰国集成电路产量的1/3。

20世纪80年代以来，集成电路已成为泰国十大出口产品之一。1980年，泰国集成电路出口值为3亿美元，1990年猛增到8.43亿美元，2000年更增至44.7亿美元，2001年因受美国经济衰退影响，出口值降为35.9亿美元。泰国的集成电路主要销往新加坡、美国、日本、马来西亚、中国香港等国家和地区。

（五）珠宝首饰业

泰国盛产宝石，包括红宝石、蓝宝石、绿宝石、黄玉尖晶石、电石、锆石、石英、翡翠等，其中以红宝石和蓝宝石最为著名。主要产地是占他武里、达叻、是刹菊、北碧和帕府，其中占他武里的宝石产量约占全国产量的70%。

早期由于泰国宝石加工业落后，宝石主要作为原料出口。珠宝首饰加工是近20年来发展较为迅速的加工行业。20世纪80年代初，泰国仅有40万名珠宝琢磨工人，加工厂大部分集中在曼谷和中部地区。珠宝年出口值为1.3亿美元。

1990年泰国已有珠宝加工方面的技术工人130万人，加工厂扩大到北部、东北部、东部和南部等地区。当年珠宝出口值达13.6亿美元，珠宝出口跻身于泰国十大出口产品之列，并超过大米的出口，居于出口商品的第三位，仅次于纺织品和机械设备的出口。

目前泰国每年生产大约30亿件宝石、250亿件首饰，其中80%以上供出口。主要出口市场是美国、日本、比利时、瑞士、中国香港等国家和地区。随着宝石业的发展，现在泰国珠宝行业的加工原料绝大部分依赖进口，主要进口国是缅甸、斯里兰卡、澳大利亚、非洲及越南。除进口原料外，泰国珠宝业也积极到上述国家投资开矿，以保证原材料来源。

由于珠宝加工属于劳动密集型企业，而且出口创汇能力强，因此，泰国积极鼓励、扶植宝石加工业，给予税收优惠。同时，为了促进珠宝首饰的出口，泰国珠宝首饰品商会和政府有关机构相互配合，积极筹建珠宝加工区、培训技术工人。

1976年珠宝首饰出口创汇4 308万美元，1985年达到3.14亿美元，增长了约10倍。1992年出口值已高达14.39亿美元。

（六）汽车工业

1. 发展汽车工业，替代进口，满足国内需求

20世纪60年代初，泰国就开始发展自己的汽车工业；在此之前，泰国的汽车依赖外国进口。泰国实行工业化之后，对运输工具的需求不断扩大，每年为进口汽车要花费大量外汇。因此，泰国开始建设汽车工业，以替代进口，满足国内的需求。到70年代，泰国拥有10多家汽车工厂，生产各种日本、美国和欧洲国家的汽车和卡车。1975年泰国汽车装配产量为4.8万辆，1985年装配产量达到8.2万辆。

2.20世纪80年代后半期起实现汽车工业起飞

经过多年的发展，泰国已经有了较扎实的汽车装配和零件生产基础，有条件在20世纪80年代后半期实现汽车工业的起飞。

20世纪80年代后期起，泰国汽车的装配量增长迅速，1990年达到30.5万辆，1996年增至54.2万辆。亚洲金融危机后，1998年产量仅为15.8万辆。但2001年产量已恢复到45.9万辆，其中大约1/3为客车，2/3为货车。

2005年，泰国汽车产量已突破100万辆，出口汽车已达44万辆，是亚洲地区仅次于日本和韩国的第三大汽车出口国。泰国政府争取4年内汽车产量达200万辆。

3. 制定发展汽车工业的相应政策

泰国对汽车工业的保护政策也是其迅速发展的重要原因。泰国对汽车工业的保护关税是世界上最高的。但是，在保护的同时，泰国政府还注重汽车工业的国产化，规定不同类型的汽车及配件国产化率从54%～70%不等。20世纪80年代，泰国所生产的汽车及其零件国产化率均超过了50%，泰国汽车的装配业日趋成熟。此时，泰国又适时调整汽车工业的政策，逐步放开对汽车进口的限制。1991年7月，进口汽车的各种税收从原来的600%降至200%，逐渐将汽车工业推向世界市场。从目前情况看，由于汽车工业已较成熟，估计将在这一政策的鞭策下进一步提高性能和质量，更有利于同进口汽车进行竞争。

（七）钢铁工业

钢铁工业是泰国国民经济的基础部门之一，又是资金和技术密集型产业，相关配套的部门庞大。这对于泰国这样一个以农业起步，经济基础薄弱，而且又缺乏发展钢铁工业所需资源和能源的国家来说，是相当困难的。正因为如此，钢铁工业是泰国工业中发展较慢的部门。虽然20世纪60年代泰国就开始发展本国的钢铁工业，但其生产能力远远不能满足国内市场的需要。目前泰国钢铁工业中存在3种不同类型的工厂：第一类是具有炼钢、轧钢能力的钢厂有6家，共拥有15个电炉，年生产能力约64.8万吨，主要产品是小规格的钢筋、圆钢和其他钢材；第二类是小轧钢厂，有39家，年生产能力约60万吨；第三类是生产镀锌板和镀锡板的工厂，主要生产建筑用的镀锌平板和波形板，以及供罐头食品厂制罐头盒的镀锡薄板和用做集装箱体的镀锡板。这些产品需求量大，在市场上销路很好，所以生产发展较快。1976年泰国镀锌板和镀锡板的产量分别只有8.9万吨和2.6万吨，1980年分别增加到12.4万吨和7万吨，1990年又分别达到20.8万吨和17.3万吨，是1976年产量的2.3倍和6.6倍。

除此之外，泰国每年还少量出口钢管，1980年出口量为8.7万吨，出口值为4 551万美元；1990年出口量增至13.75万吨。随着泰国工业化程度的提高，对钢铁生产的需求不断扩大，特别是由于汽车生产和电器生产的扩大对钢铁工业及金属加工业具有很大刺激作用。因此，泰国已经把发展钢铁工业作为今后工业发展的重要内容之一，并且已经着手实施。

（八）石化、天然气工业

泰国一直是能源短缺的国家，其主要原因就是缺少石油资源。长期以来，泰国的石油生产远不能满足国内的消费需要，主要依靠进口。在泰国实施工业化战略以后，能源问题成为制约泰国经济的一个重要因素。尤其是在20世纪70年代，泰国经济向“面向出口”的发展方向倾斜，工业规模迅速扩大，所需能源不断增加。而此时正值世界石油危机爆发，引起高油价，导致泰国贸易收支严重恶化，原油及其制品的进口1980年占泰国进口总额的31.1%。在这种情况下，泰国开始注重开发本国的石油、天然气资源。

早在1961年泰国就曾颁布过《石油开采条例》。在此基础上又于1971年2月颁布了新的《石油法》，规定：“取得开采权的石油公司勘探期限为8年，期满后可延长4年，发现油气后的开采权为30年，期满后可续约10年，全部合同到期之后，所有生产设施归泰国所有。”条例修订后不久，恰逢国际市场油价飞涨，许多外国石油公司纷纷向泰国政府申请勘探权。政府在泰国湾海域划分出29个海域供外商申请，每个海区5 000～2万平方公里，总面积约20万平方公里。

20世纪80年代以来，泰国在泰国湾和内陆先后发现了天然气和石油资源，从此，泰国石油工业发展加快。1983～1985年间，原油产量由221.8万桶猛增至759.3万桶，2001年产量已达到2 200万桶（约合299万吨）。

1973年泰国发现了天然气，开始了天然气的生产。1977年泰国政府制定了天然气发展计划。1983年泰国天然气产量达到16.06亿立方米，1985年又增到37.45亿立方米，2001年产量则达到196.12亿立方米。目前泰国湾12个气田中储量最大的是属于得克萨斯太平洋石油公司的"B"气田。随着天然气成为石油的有效替代能源，天然气在泰国能源消费中所占比重已由1986年的0.5%上升到2001年的23.5%，而同期石油消费所占比重则从51.1%下降到45%。

目前，泰国正在计划实施的《南海岸开发计划》，将建设大型储油和炼油设备作为其重要内容之一，目的是要从根本上解决泰国的能源短缺问题，并将泰国变为东南亚新的炼油中心。

（九）采矿业

泰国目前采矿业方兴未艾，仍有巨大潜力。采矿业是泰国五大出口创汇产业之一，目前泰国已对30多种矿藏进行了商业开采。主要有锡、钨、萤石、重晶石、石灰石、锑、铅、锰、铁、褐煤等矿物，大多数矿产品主要用于出口。

泰国采矿业由私人经营或与外资合营，其特点是经营规模小，生产方式落后。目前全国矿场1 003个，其中3/5为锡矿。全国有矿工大约7万人，其中3/4为锡矿工人。

为了鼓励私人投资矿产资源的勘探和开采工作，泰国政府于1967和1973年两次修订了《矿业勘探和开采法案》。法案规定私人（含外国人）资产总额达50万铢（约合2万美元）者可以向政府申请矿业勘探权和开采权，因而私人探、采矿活动十分活跃。

20世纪60年代以来，随着勘探工作的进展，泰国矿业生产发展较快。矿产品产值从1951年的2 491万美元增加到1989年的24.1亿美元，扣除币值变动因素，年增长率保持在10%左右，矿业产值占国内生产总值的3.5%。20世纪80年代初，由于缺乏有效的法令和管理措施，乱采滥掘现象严重，直接危害了森林和旅游资源，政府开始限制勘探活动。

泰国的锡矿开采最为著名，居矿产品之首位，开采历史近千年。目前，泰国是世界锡矿储量最多的国家，估计有556万吨，已探明的还有120万吨。泰国是世界上第三大锡出口国，仅次于马来西亚和印度尼西亚。锡一直是泰国最重要的四大传统出口商品之一，1986年以前居十大出口产品之列。但是20世纪80年代后半期以来，由于国际锡价不振，加之国际锡生产协会的配额限制，泰国锡的生产地位下降。1980年锡产量为4.6万吨；1990年下降到2万吨左右，同期出口量从3.4万吨下降到1.1万吨；2001年产量仅2 400吨。

钨、铅、萤石的生产规模较小，发展也基本上与锡的情况相类似，经历了20世纪80年代的发展高峰之后，产量均有不同程度的下降，其中莹石生产曾居世界第二位。

铁矿与煤的开采一直呈上升势头，1970年、1980年、1990年和2001年产量分别为2.3万吨和40万吨，8.5万吨和149万吨，12.9万吨和1 242万吨，96.8万吨和600万吨，其主要原因是工业迅速发展对钢铁与煤炭的需求迅速增长。

四　交通运输

泰国交通运输发展较快，较好地满足了经济发展的需要。但目前铁路交通显得有些滞后，阻碍了与周边邻国经贸往来的扩大。

（一）公路

公路运输可以说是泰国最重要的运输部门，全国货运的85%（吨公里）是由公路运输的，公路客运占各类运输工具运送旅客的90.5%（人公里）。

公路运输主要由以曼谷为中心的4条干线组成，与全国70多个府相连，分北部、东北部、东部和南部。泰国的公路全长15万多公里，分三个等级：国家一级有2万多公里，府级有3万多公里，乡村级有10万多公里。其中有4.5万公里由道路局统一管理，1.5万多公里的路面良好，公路的铺装率达88%。东北部公路分布最多，一级、二级公路拥有30%多、乡村级公路有44%；北部和中部分别占27%、24%。

在泰国公路运输中，使用的主要运输工具是客车、货车（客货两用车）、卡车、摩托车等。公路车辆总数达1 110万辆，其中曼谷拥有1/3左右的车辆。

（二）铁路

泰国的铁路历史悠久，全长4 487公里，主要以曼谷为中心的长约3 825公里的4条干线组成，它们北到清迈、东到泰柬边境的亚兰、南到泰马边境的帕当贝萨尔和宋艾哥洛、东北到泰老边境的廊开和乌汶。除主线外，支线约607公里，共8条，北部1条、中部2条、南部5条。泰国铁路除了曼谷附近一段90公里的复线外，其他的全部是单线。目前，在铁路货运方面，主要承担的是长途大宗货运，如在内地运输石油制品、大米和水泥等。

在铁路运输中，铁路部门管理着300多台机车、1 000多节车厢和近万节车皮。

(三) 航空

泰国航空运输以往主要由泰国航空公司和泰国国际航空公司经营。泰国航空公司主要负责国内的航线。泰国国际航空公司有30%的股份是欧洲斯堪的那维亚航空公司的。现在，泰航的国内航线有20多条，贯通泰国每一个角落；国际线遍及30多个国家，伸展到4大洲的70多个目的地。

在航空运输中，泰航拥有70余架飞机，其中有ATR－42、最新波音747－400和空中客车等先进的机型。泰航的航机平均年龄只有5.87岁，在整个航空界是最年轻的。

(四) 水路

水路航运包括内河航运和海运两部分，内河航运的规模远远小于海运。泰国国际贸易的95%是由海运来完成的，但是泰国本国的船队十分落后，承运的货物量只占全部海运额的10%，其余90%不得不依靠外国海运公司。

泰国地处东南亚，东临太平洋，西临印度洋，地理位置和自然条件都非常优越，基本不受台风侵袭，波浪不大，潮差较小。泰国的海岸线长2 600公里，沿海地带分布的500吨级以上的大小国营和私营港口100多个。但由于泰国港口发展起步较晚，形成规模的港口不多，现有的大中型港口有曼谷港、廉查邦港、马塔普港、宋卡港、普吉港、是拉差港等。除曼谷港、廉查邦港、马塔普港受政府控制外，其余均属私人的港口，或是政府建设的由私人管理的港口。

现有的各类商船约155艘、近70万总吨(GT)。其中油轮80艘，15万载重吨；散货船80艘，50余万载重吨。大部分（75%）船的寿命在15年以上。

内河航运系统主要包括约占全国面积1/3的中央平原水系。该水系特别包括湄南河流域、夜功河流域以及南萨科河流域，这些河流由许多运河连接，组成了水运网。

内河航运的主要船舶是驳船和拖船。有适当载量的自航货轮在泰国的内河里是很少见的。

五 商业

(一) 历史沿革

在暹罗国正式建立之前，泰国就出现了贸易。交换者主要为获得各自所不能生产的产品或为交换剩余产品来获得利益。在素可泰王朝早期，贸易方式是直接地以物易物的换货贸易，贸易活动是自由的，王室不加干涉，市场就在村社附近或远离村社的地方。泰国国内市场是在国外对泰国农产品的需求及泰国人民对进口商品的需求刺激下发展起来的，国内商业性生产将该国自给自足的经济转化为市场经济。泰国的市场组织，也都是在素可泰王朝早期发展起来的。

(二) 商业现状与发展

泰国的商品流通市场大致可以分为初级产品市场和制成品市场两类。

初级产品市场中交易的主要产品是农产品、鱼产品、林产品、矿产品等。其中，农产品市场分为三种形式：一是初级市场，指农村地区季节性的农产品贸易市场和村社的集市。这种市场既是零售中心，又是集散中心。农民出售的产品大多数通过这一市场来进行。一般来讲，粮食作物主要在市场周围的居民之间进行交易，经济作物则通过中间商的贩卖而扩散到更大的贸易市场中去。二是中级市场，又指批发市场。在生产地区，它起到集中商品的作用；在消费地区，它起到扩散商品的作用。这种市场一般在沿河流或铁路、公路等交通便利的地方。国内贸易的大部分都在初级市场和中级市场之间进行。三是终端市场。通常由贸易公司、贸易协会组建，既进行国内贸易，也进行出口贸易。其主要功能是销售汇集于港口的来自全国的产品，曼谷是所有农产品终端市场的中心。制成品市场上交易的主要商品是手工业品和工业制成品。

泰国是东南亚国家中发展较快的国家之一，其商品市场相对而言比较自由化。商品市场中各主体的活动以及整个生产、分配、消费过程都不受政府干预。泰国政府对国民经济的控制以及协调各方面独立决策的职责，是靠自由价格制度的运作来完成的。

泰国政府依靠各种法律规章，对个体和私营企业的市场活动进行管理，主要法律有：《进出口商品管制法》、《商品标准法》、《民法》、《商法》、《固定价格与反垄断法》、《商品控制法》、《商会法》、《产业联合会法》、《仓库所有权法》等。泰国商品市场的法律法规体系虽仍不是十分完善，但是泰国政府在这方面给予了足够的重视，为泰国的商品市场的发展创造了良好的环境。

商会和泰国工业联合会是泰国的两个最重要的行业组织，代表企业利益与政府对话，既传达政府意图，又反映会员意见，同时为会员提供信息，组织技术交流和教育训练和调解纠纷，等等。政府与行业组织对话的形式多种多样：一是吸收行业组织的代表参加政府组织的常设或临时的委员会。二是吸收行业组织代表参加政府组织的贸易代表团举行的交易会。三是行业组织根据会员的意见，随时向有关部门提出建议。如商会曾就知识产权、曼谷港口拥塞等问题向政府提出建议；家具协会反映1987年颁布的《森林保护法》实施后，藤条供应困难等，这些反映均通过对话的形式得到了解决。

泰国商品市场管理组织机构有：

泰国商业部　商品市场管理的主要机构，成立于1921年8月20日。商业部部长由议会任命，系政务官员性质，部内日常工作由部长助理负责。

堆栈组织　又称公共仓库系统。其前身是中央仓库，成立于1942年，1955年改组，升级为国家企业，成为农民存放农产品的仓库组织。其主要职责是交换、调集并输送各种商品，尤其是稻米和其他农产品；完成仓库功能，提供销售服务；向农民提供可靠的附属担保和贷款或私人担保；开办稻米仓库、加工厂、公共仓库和零售店，等等。

泰国商会　创始于1954年，1966年根据《商会法》重新组建。商会下有4个团体会员：泰国商业工会、外国人商业工会、行业协会和国家企业(包括全国农业合作社)。团体会员下属有普通会员2万多个以及非正式会员500多个。泰国商会是泰国商业企业的代表组织与代言人，是政府与企业合作和交流的重要渠道。商会的经费来源主要有总商会从政府投资委员会获得的投资额转企业后从使用企业提取的一定手续费，组织商品展览会的收入，会员交纳的会费，检验大米、发放出口产品标准证明所得收入，等等。其主要职能是促进生产，发展贸易，增加出口。

泰国工业联合会　其前身是成立于1967年的泰国工业协会，它是泰国商会的一个团体成员。1987年，根据《泰国工业联合会法》改组成立，包括24个行业和2 000个会员。作为工业部门私人企业的统一代表组织，与商会平起平坐。它也是泰国私人企业与政府对话的主要机构，同时拥有检验产品、发放产地证明和产品质量证书等职责。

（三）商圈形态

近年来，随着泰国经济的发展，人们的生活方式和消费方式也发生了较大的变化。据专家们估计，泰国人口中，40%左右的人年纪在14～34岁之间，这势必对消费产生一定的影响。由于人们年轻，单身居多，所以有可能花费更多的钱买衣服、耐用消费品，选择一些更快捷的购买方式。这样，一些国外商家涌入零售市场，如在曼谷和其他一些大城市，美国人开的7－ELEVEN自选市场，截至1993年在泰国已有了258家批发店，而且计划增加到1 000家。

城市人口主要集中在曼谷，曼谷的商业现状比较能够代表泰国的商业发展现状。主要的大型百货商场、超级市场都集中在曼谷，泰国最著名的百货商店有：灰猫百货商场（1950年建立）；茵他博大洋行（1975年由泰籍华裔蔡明祥创立）；鲁滨逊百货商场（1979年建立），有6个分店，总营业面积10万平方米，年销售额达3.2亿美元；帝国百货集团公司（建于1983年10月），是泰国从事零售的五大商店之一，经营的玩具占曼谷市场的80%；中央洋行。

从20世纪50年代起，曼谷市陆续出现了一些稍具规模的百货商场，灰猫百货商场、茵他博大洋行、鲁滨逊百货商场等。在此基础上，1984年开始出现大型百货商店，其后在1985和1986年由于石油危机的影响，泰国百货商场的兴建出现了停滞，1987年又开始重新兴建。1989年曼谷市初具规模的大型百货商店达到33家，设有56个分公司，这些商店的经济效益好。随着经济的发展和人们生活水平的提高，一些大型、特大型的百货商店开始向多元化经营或购物中心方向发展。大型百货商店、超级市场的经营特点是：商品丰富，种类齐全；优质高档，明码标价；多元化经营，系列化服务。

（四）自由贸易与政府指导

泰国是以私人经济为主体的国家，实行自由贸易制度。私人企业可以自由经营，政府鼓励并支持私人贸易上的竞争，政府的作用是在私人企业经营中给予政策上的指导，以避免损害消费者的利益或在生产与流通中形成垄断。一些社会公用事业由政府直接经营，如能源、交通运输、自来水、电话，等等。

六 旅游

（一）概述

泰国旅游资源丰富，种类较多，风光秀丽、气候宜人。加上自然、社会、历史、宗教、民族和现代社会文化的有机结合，构成了独有的旅游特色，向各国旅游者展示了泰国的悠久历史、人文景观和得天独厚的优美自然环境。

泰国自然景色秀丽，三面环海，有山区、高原，也有平原、大河。由于受历史、文化、宗教、地理条件等方面的影响，各地区旅游资源差异很大，形成了多彩多姿的旅游景点布局。

泰国北部是重要的旅游区域，那里茂密的丛林覆盖着群山。山地部落的村寨、美丽的河流、当地的节日和庆祝仪式是旅游的重要内容。其中清迈、清莱府是重点旅游区，加上泰国最大的自然保护区——考艾森林公园，以及神秘的“金三角”地区，每年都吸引着大批的旅客前来观光。

泰国东北部成为重要的旅游地的历史不长，但那里以丰富的古文化遗迹和独特的民间音乐艺术而闻名。20世纪80年代后期，柬埔寨问题出现转机后，泰国与老挝等印度支那国家的关系迅速改善，泰国东北部成了通往印支地区的大门。

泰国南部则以秀美的沙滩、海洋、岛屿和瀑布而著名。国家级的旅游景点就有16个，是泰国重要的旅游地区之一。

普吉岛位于泰国南部，也是泰国最大的海岛，围绕着普吉岛的是安达曼海的温暖海水、美丽的海滩、奇形怪状的小岛、钟乳石洞、天然洞窟等自然景观，再加上沿岸海水的清澈湛蓝，海底世界美不胜收，所有这些天然条件，都会让人自然而然地把普吉岛称为“热带天堂”。普吉岛的旅游业于1970年开始逐渐兴起，在短暂的时间内发展成为亚洲最著名的观光重点之一。“普吉岛”一词源自于马来语，意思是“山丘”。它是泰国南部最小的府城，距离首都曼谷862公里，南北长48公里，东西宽21公里，面积543平方公里，大致与新加坡的面积相近。岛上的主要地形是绵延的山丘，其中点缀着盆地，并有39个离岛。普吉岛还是泰国锡矿的主要生产区。岛上人口多以种植橡胶为业，此外还种植椰子、稻米和水果，或是靠出海捕鱼来维持生活。

首都曼谷及其周围的中部地区也是泰国最重要的旅游中心之一。曼谷是全国的政治、宗教、文化中心。市内有许多著称于世的皇宫、佛寺、庙宇，也有大型的购物中心、娱乐中心等现代化的旅游设施。曼谷周围地区还有不少闻名的旅游区。

此外，曼谷还是一个国际性大都市，有15个联合国的下属机构和其他国际组织的机构设在曼谷。

（二）发展状况和原因

1. 泰国旅游业起步晚，发展快，规模可观

泰国的旅游业不仅在东南亚国家中跃居首位，而且在世界旅游业中也属佼佼者。更重要的是旅游业已成为推动泰国经济发展的重要产业。泰国旅游业的迅猛发展在世界各国旅游业中是极为少见的。在接待国际旅游者人数上，泰国已跃居世界第六位，在亚洲仅次于中国、中国香港和新加坡。泰国的旅游收入1991年开始超过新加坡，排在东南亚国家之首。1997年泰国国际旅游收入为87亿美元，而新加坡为80亿美元。

2. 泰国旅游业迅速发展的主要原因

由于天时、地利、人和，泰国旅游业迅速崛起，而且将会有一个良好的发展前景。所谓天时是指有利的国际环境；所谓地利是指泰国本身所具有丰富的旅游资源；所谓人和是指泰国政府发展旅游业所采取的措施。

（1）国际、国内环境有利

旅游业发展的重要前提之一就是安全。泰国近几十年来，不仅经济蓬勃发展，而且国际环境相对稳定，这为泰国发展旅游业创造了十分有利的条件。

（2）物产丰富，物价水平较低

泰国的食品很便宜、实惠。大多数去过泰国的游客都反映，到泰国旅游比较省钱。泰国是低工资国家，工资水平仅相当于日本的1/14、中国台湾的1/6、马来西亚的1/3。由于饮食、购物、住房比较便宜，所以泰国每年吸引大量游客，其中不少是回头客。

(3) 政府重视发展旅游业

泰国政府为促进旅游业发展主要采取了以下措施。

一是设立专门管理机构。2002年10月的政府机构改革后，泰国政府专设了旅游体育部，负责分管旅游发展事务。

二是列入国家经济发展规划。泰国从《第四个国民经济与社会发展计划》（1976～1981）开始，把促进旅游业的发展正式列入国家的经济发展计划，对旅游业的各类发展指标作了具体规定。泰国政府非常重视和不断加强旅游规划工作。各级旅游管理部门都设立专门的调研机构，配备先进的资料分析处理设备，拥有高水平的研究人员，分析国际旅游市场形势，研究和确定旅游开发对策。

泰国政府还向旅游业提供优惠的政策。政府对兴建旅馆的投资给予减收电费、可以聘用外籍管理人员等项优惠政策。

三是加强对外宣传工作。在海外设立办事机构；用多种语言印制宣传品，在国内、外宣传，广泛介绍泰国的旅游资源，促进旅游业的发展；在国外举办旅游资源展览。1992年泰国拨出12.55亿铢（合5 000万美元）作为旅游宣传推销费。

四是提高服务质量和工作效率。为了提高旅游业的服务质量，泰国政府重视培养专业人才。旅游部门招聘职员要经过严格的挑选，接受培训后才能上岗。

为了吸引更多的游客前去国观光，泰国政府还注意简化签证手续，缩短申请时间。1985年，泰国政府批准对55个国家和地区的游客，如果逗留不超过两周，可以免签证手续。此外，为保障游客的安全，专门成立了旅游警察部队。

五是力争使泰国成为又一个“购物天堂”。在泰国的旅游收入中，购物不仅占有重要地位，而且有很大的潜力。购物在游客消费总额中占首位，为38%，其次是住宿，占24%，食品占16%，国内的交通占13%，娱乐占5.8%，其他费用占3.2%。

针对这一情况，泰国开设了许多的免税商店，在机场，在全国各地设立连锁的免税商店，主要销售泰国产品，力争使泰国成为像中国香港和新加坡那样的“购物天堂”。

此外，泰国还利用各地民族风情、风俗，每年都推出许多民族、民间节庆活动，如水果节、荔枝节、龙眼节、赛龙舟、赛象会等丰富多彩的项目。

所有这些都说明泰国的旅游事业将会有一个良好的发展前景。

（三）特点

经过40多年的发展，泰国旅游业已经具有相当的规模，并形成独特的风格。

1. 发展速度快

在1960～1990年的30年间，泰国接待游客人数增长了64.4倍，年平均增长15%。同期，旅游收入增长了563倍，年平均增长23.5%。进入90年代，旅游业发展有所放缓；1997年金融危机后，旅游业在泰国政府的大力推动下，再次出现迅猛增长。1998～2001年赴泰游客人数年均增长8%以上，仅2001年赴泰游客就达1 013万人次。

2. 客源多元化

泰国旅游刚刚起步时，客源很大程度上依靠美国。随着旅游业的发展，泰国注重开发新的国际旅游客源。经过几十年的努力，现在泰国旅游客源已形成稳定的多元结构。从客源的地区结构看，最重要的是东亚地区，占56.4%；其次是欧洲地区，占23.5%；再次是美洲地区，占7%；大洋洲和南亚地区分别占5.34%和5.1%；中东和非洲地区占2.6%。

3. 内容多样化

有位于首都曼谷的金碧辉煌的旧王宫，曼谷北面100公里处的大城府遗址；各地著名的佛寺、林立的佛塔和众多的佛教僧侣；民情的纯朴，山民的村寨和边陲小镇；有“东方夏威夷”之称的帕塔亚；数量众多的民族民俗文化和工艺品；遍布各地购物中心中物美价廉的商品。这种历史与现实、农村与城市、人文与自然的交融与呼应，正是泰国旅游业的生命力所在。

（四）贡献

1. 旅游业是服务业的支柱

泰国的服务业发展较快，而其主要动力来自旅游业。20世纪80年代，旅游业所创造的产值一直居服务业之首。从80年代末开始，泰国服务业收入中，旅游业的收入超过了其他各项收入的总和。旅游业的兴衰直接关系到服务业在泰国国民经济中的位置。泰国的服务业之所以超过农业，无疑是旅游业为服务业的地位提高和泰国产业的升级提供了强大的推动力。

2. 旅游业是重要的创汇渠道

首先，与出口贸易的创汇比较。泰国的出口创汇能力1990年已达到国内生产总值的27%，形成相当可观的规模。旅游业成为泰国创汇的支柱产业之一，每年旅游外汇收入达70亿美元，占当年国内生产总值的6%～7%。

其次，与出口商品的创汇比较。大米是泰国传统的出口优势产品，1982年开始，旅游业一直居泰国单项创汇之首，旅游业从此成为泰国最大的创汇单项产业，为增加外汇收入做出重大贡献。

第三，与出口贸易发展速度比较，旅游业的增长远远高于出口的增长率。在1960～1990年的30年中，泰国对外出口年均增长15.1%，而同期旅游业的增长率则为23.5%。

3. 旅游业促进经济均衡发展

首先，促进经济多元化。泰国过去经济结构单一，经济主要依靠少数几种农、矿产品支撑，如大米、橡胶和锡矿石等。旅游业对于改善泰国的经济结构，建立多样化的稳定经济起了积极的作用。

其次，平抑赤字。泰国贸易长期逆差，贸易逆差是造成泰国国际收支赤字的主要原因。随着旅游业的崛起，有效地缓解了国际收支和贸易收支赤字对泰国经济的压力。

第三，促进落后地区的发展。泰国的北部、东北部一些山区经济和文化落后，把这些地区的民族风情和自然景观作为重点旅游资源开发，就成为新颖别致的旅游项目，吸引了大量国外游客，促进了当地商业和工业的发展，从而加快了落后地区开发。

另外，旅游资源的开发，旅游设施的建设，特别是在远离城市的农村或经济落后地区的基础设施迅速改善，如道路、供水、供电、通讯、运输等，为上述落后地区经济发展提供了条件和机会，有利于缩小地区间与行业间的发展差距。

4. 扩大就业，促进相关行业的发展

泰国是从传统农业起家的，农业为工业化提供了大量的劳动力，但也释放出大量剩余劳动力，旅游业的发展可以提供大量的就业机会。旅游业也属于劳动力密集型产业，可以吸收大量劳动力就业。泰国旅游业的直接从业人员约为40万～50万，如果把间接为旅游业服务的从业人员加在一起，大约有120万～150万人，这在很大程度上缓和了泰国的就业压力。实际上，泰国长期以来失业率维持在较低水平（约为3%～4%），旅游业的发展功不可没。

5. 促进相关经济部门的发展

泰国旅游业的发展是以其经济发展为背景的，因为旅游业是联系广泛的行业，它的发展依靠各行各业的共同参与，离不开商业、建筑、交通、通讯、轻工业等方方面面的配合和协作。

七　财政金融

（一）概述

1. 国家财政预算与收支

第二次世界大战以前，泰国财政收支数额不大，预算一般是顺差。二战后，由于经济发展和军费开支增加，国家财政开始出现赤字。1950年财政年度收入为9 600万美元，支出1.02亿美元，赤字582万美元。20世纪60年代以后，为了维持经济发展速度，泰国政府长期实行财政赤字预算。1970～1990年的20年间，政府年度总收入从9亿美元上升到160.9亿美元，总支出从11.6亿美元上升到119亿美元。1988年后，泰国财政摆脱了长期赤字的状况，当年财政收入盈余达14.3亿美元。1990年财政盈余达41.8亿美元。但在1997年金融危机后，政府财政再次出现赤字，2001年赤字总额高达30.8亿美元。2004年实现了1997年以后首次政府财政预算收支平衡。

泰国财政收入主要来源于税收，20世纪80年代以来，税收在财政收入中的比重一般均在85%以上。2001年度财政收入180亿美元，其中税收为161亿美元，占总收入的89.52%。泰国税收分直接与间接税收两种，前者包括个人所得税和企业所得税等，后者主要是进出口税和营业税。2001年直接税收入为59亿美元，占税收总额的36.58%，其中个人所得税为22.5亿美元，企业所得税为32.5亿美元；间接税收入102亿美元，占税收总额的63.42%，其中进出口税为21亿美元，其他税收为81亿美元。

泰国财政支出主要用于经济、社会服务（包括教育、卫生、科技等）、行政开支、国防等经济和社会各部门。1997年金融危机后，泰国政府为了促进经济复苏，使用了财政扩张政策，使得政府财政支出增长迅速。2001年财政支出为211亿美元。

2. 内外债务

泰国内债主要分为三类：公债、泰国银行掌握的国际复兴开发银行的贷款及国库券；外债分为政府直接借债和政府担保的借债。外债主要借自日本、美国、加拿大、澳大利亚、法国、欧盟、世界银行、亚洲开发银行等国家和国际金融机构。

长期以来，为了弥补财政赤字，保持经济增长速度，泰国的内外债务迅速增加。1975年泰国的债务总额为27.2亿美元，其中内债21.2亿美元，外债6亿美元。到1987年12月，泰国内外债务累计额达248.5亿美元，约占当年国内生产总值的一半，其中内债为125.2亿美元，外债达123.3亿美元。1988年以后，由于财政收支出现盈余，内外债务明显下降。到1990年，内外债务累计额下降到216.9亿美元，仅占当年国内生产总值的约1/4。但1997年金融危机的爆发却使泰国外债骤增，当年外债总额高达1 097亿美元。其后，随着泰国经济的复苏，外债额逐年下降，2003年尚欠外债521亿美元。

3. 金融体系

在泰国的金融体系中，有各类金融机构，其中专业银行、商业银行、金融公司等是主要从事银行业务的机构。其他诸如租赁公司、农业储蓄合作社、保险公司、证券公司等也是重要的金融中介，但它们一般不作为正规银行系统的机构。

泰国金融体系的主体是银行业。在管理体制上，银行业受泰国银行（泰国的中央银行）监管，后者又受财政部监管。财政部是泰国金融的决策主体，负责制定银行必须遵守的法规条例，以及批准新的外资银行进入。泰国银行执行中央银行的功能，即作为银行的银行、政府的银行，实施货币发行、清算、系统的管理等。

除中央银行外，泰国还有3个专业银行：政府储蓄银行、政府住宅银行和农业合作银行。它们都根据各自特殊的法规而设立，全部或大部分归政府所有。在接受存款方面，它们可以从社会公众处接受几乎所有类别的存款，与商业银行没什么区别。

泰国的工业金融公司是一个专业化的金融机构，主要是动员和提供该国工业发展所需的长期资金。它主要通过发行证券、票据、债券或从国外借贷来募集资金。

小型工业金融公司是一个政府机构（不是法人实体），设在财政部的工业促进委员会下面，它的大部分资金来自政府，其主要目的是为小型工业企业提供资金和技术帮助。

此外，泰国还有29家商业银行经营着泰国金融业的大部分业务。这些银行绝大多数是私营银行，其中有15家属本国资本，14家属外国资本。根据对29家商业银行1991年3月总资产的统计，15家泰国商业银行占了全部银行总资产的95%，而14家外资银行仅占5%。

（二）政策调整

随着泰国经济的发展，政府逐渐减少对经济的直接干预，越来越多地由财政和金融手段来调节。20世纪80年代后半期，虽然经济超高速发展，但是也暴露出泰国经济上的弱点：国内储蓄不振；外债规模迅速扩大；对外贸易逆差不断扩大。

上述问题使泰国政府意识到需要大力扶植金融业的发展，改革现有的财政金融体系，使其逐渐成为调控国民经济的重要手段。

泰国自20世纪80年代以来不断对其金融体制进行调整，其主要目标是减少各方面的限制，使泰国的金融体制符合国际标准并逐渐与国际金融市场接轨；扩展金融业的业务范围，提高工作效益；完善法规，调整机制；创造积极参与国际金融市场竞争的基础与条件。主要内容有以下几点。

1. 减少对利率的限制

过去泰国对国内利率有严格的限制。限制利率在一定程度上有利于经济的稳定，但是，它也有挫伤储蓄积极性的一面，使资本的机会成本得不到充分的反映，限制了资本的灵活性。从20世纪80年代起，泰国逐步实行自由化政策。1989年6月，国家银行开始放宽对国内利率的管制，宣布撤销1年期以上存款利率不低于9.5%的规定，从而实现存款利率的自由浮动。而后，于1990年3月16日又宣布，撤销1年期和1年期以下存款利率的9.5%上限，使国内存款利率实现全面自由浮动。1992年1月撤销原定储蓄存款利率12%上限，将改为自由浮动。1992年6月进一步撤销原定贷款利率19%上限改为自由浮动。通过上述一系列改革之后，泰国国内存款和贷款利率变化完全由市场机制决定。此举加强了各金融机构之间的竞争。以前各金融机构之间的业务经营，主要是统一价格之下进行服务素质的竞争。而其后，除了以上的重要因素之外，还必须与同业间进行价格方面的竞争，使每家金融机构都必须千方百计地谋求降低营业费用和成本。

2. 减少对外汇的控制

1949年泰国与国际货币基金组织签署协议，正式加入“布雷顿森林体系”。此后，泰国货币币值长期与美元挂钩。20世纪70年代后期，以美元为中心的西方货币体系解体，泰国多次调整泰铢与美元的比值。1984年11月，泰国财政部和国家银行宣布实行新的货币汇兑体制，泰国铢币值不再以美元作为浮动标准。同时，泰币贬值14.8%，泰铢与美元的比值从1982年以后的23∶1跌至27∶1。与此同时，泰币对世界主要货币实行“一揽子”浮动。泰币汇兑体制将根据世界金融货币的实际情况以及主要贸易伙伴国家的币值变动而浮动。

除采取浮动汇率外，泰国还逐步减少对外汇的管制。泰国国家银行放宽对外汇的管制已实行多年；1990年以来，国家银行对外汇管制的放宽更加系统化。这项工作分三个阶段进行。

第一阶段始于1990年5月22日，泰国国家银行正式宣布承诺国际货币基金组织协约的约束。其主要精神是准许各商业银行直接批准支付货款和外汇支付申请，而免去以前需交国家银行审批的手续。在外汇兑换服务方面，放宽出国旅游者申请购买外币的限额，由原来每次不超过4 500美元增至2万美元。外国投资者可以随时将其在泰国出售证券所得汇出国外，但不准超过50万美元，超过者须报国家银行审批。

1991年4月，国家银行进行了第二阶段放宽外汇管制，其主要做法是准许企业家和一般民众向商业银行买卖外汇。与此同时，对于外资流入、流出不管是属于什么形式都不予管制，或像以往那样必须履行登记手续。此外，还准许拥有外汇的泰国人在商业银行开设外币账户，普通个人外币存款不准超过50万美元，法人公司不准超过500万美元。这就使泰国货币政策朝国际化方面迈进了一大步。

第三个阶段是1992年5月开始的，主要精神是进一步放宽外汇管制范围，如准许出口商从非居民的泰币存款户头中以泰币偿还出口货款和准许其经商业银行从外币存款户中提款支付国外债务。

3. 拓展金融体系，扩大经营范围

泰国各类主要从事银行业务的金融机构的开业要求和业务活动范围（尤其是接受存款活动）并不完全一样。政府为新的地方银行规定了许多必须遵守的条例，但这些条例并不是完全公开的。事实上，1960年、1989年政府一直没有批准和颁发过新的银行营业许可证。对外国银行开业和设立分行有另一套标准，其中之一是它们在泰国必须有一笔5 000万美元的最低注册资本。

为适应国际经济竞争，提高金融机构业务运作能力和效率，泰国政府一方面鼓励银行增设分支机构，另一方面扩大金融机构业务范围和自主权。根据客户多种不同需求提供服务，通过金融机构间的自由竞争，既可使信誉好、服务好的金融机构受惠，促进优质服务，又可使民众在金融业的竞争中获得方便和实惠。诸如，放宽对商业银行的限制；准许商业银行扩充其业务范围；金融机构采用国际清算银行的国际标准。为此国家银行宣布更改原有各金融机构应具有的资金与风险资产的比率，使之符合国际清算银行的标准。

4. 强化证券市场

泰国的证券交易所建于1962年，当时叫“曼谷证券交易有限公司”（BEC）。成立之初交易十分冷清。至1969年止，交易所共32名会员，43家上市公司，直到1975年泰国公布新的《证券交易法》之后才重新开业。20世纪80年代以来发展速度加快，1982年外国投资者通过证券市场的投资为2.3亿铢（合1 000万美元），占外国投资总额的2.05%，到1989年达97.3亿铢（合3.79亿美元），占外国投资总额的12.9%。另外，泰国于1992年5月颁布了管制证券及证券交易所条例，对原有的证券交易和证券交易所之法规进行了增订。主要精神是调整现有泰国资本市场结构，使之能够提高工作效率，具有较严密的稽核制度以及为开发各种新型商业票据和金融机构创造条件，使资本市场能够充分发挥其促进民间储蓄积极性的机能，并使泰国资本市场符合国际标准。

此外，政府还将继续批准更多的外资金融公司到泰国设立代表事务处和组成合资公司。1989年已有9家外国证券公司在泰国设立了分支机构。

5. 加强泰国的国际金融地位

1992年9月泰国宣布在曼谷设立“曼谷国际

银行设施”（BIBF），准许泰国和外国商业银行遵循曼谷国际银行设施规定的标准开展离岸金融业务。目前已接纳了47家银行，其中有15家泰国的商业银行。这些银行将可以享受各种税收方面的优惠，如，公司税从一般的30%减少为10%。

总之,泰国金融结构中银行虽然占了垄断性的地位,但在20世纪80年代中,其他各类金融机构发展迅速,它们在经济和金融活动中各司其职,业务十分活跃。金融竞争的加速促进不同金融机构的业务范围日趋交叉,适应着国际市场和国内经济金融条件的变化。金融危机之后,泰国政府采取有效措施改善金融环境,逐步放宽管制,鼓励金融创新。

第六节 外贸与对外经济关系

一 概述

泰国经济发展的过程是一个对国际市场的参与过程。泰国经济的几次重大变化都是在外贸的牵动下发生的。例如，2001年泰国经济复苏受阻主要就是受到美国经济不景气的影响。

(一)“进口替代”时期的外贸

1961年以后，泰国的经济结构有了很大的变化。第二次世界大战结束后，泰国经济得到迅速的恢复，于1954年开始了工业化进程。20世纪50～60年代，由于泰国经济处于起步阶段，对外贸易对经济的牵引作用还没有充分地显现出来。当时泰国虽然开始了“进口替代”的发展战略，但是基本上还是处在摸索阶段。“进口替代”的重要特征之一就是限制进口，然而限制进口使泰国的出口也受到了影响，对外贸易一直未打开局面。这一时期的对外贸易主要有以下的特点。

1. 贸易规模小

20世纪50～60年代，泰国经济刚刚起步，这时经济的发展主要是以农业为动力促进经济的发展。由于对外贸易规模小，其在国民经济中的地位较低，尚不足以带动泰国经济的发展。

2. 对外贸易逆差扩大

泰国实施“进口替代”发展战略时，为了发展替代工业，又必须进口大量的资本和货物。泰国遇到了进口增加、外汇缺口扩大等问题，进出口逆差也不断扩大。

3. 对外贸易的内容以初级产品为主

直到1970年，泰国的初级农产品的出口值仍然占出口总值的一半以上。这种以农产品为主的出口贸易，反映了泰国经济的“米粮特征”。

(二)“面向出口”时期的外贸

20世纪70年代后，泰国对外贸易，特别是出口贸易，成为经济发展的重要动力。泰国的对外贸易特点主要如下。

1. 对外贸易的规模逐年扩大

70年代泰国实施“面向出口”的发展战略，主要是发展加工型工业，这种工业的特点就是以国内的初级产品为原料，或者进口原料和配件，在国内加工、组装后，再返销到国际市场上去。这一工业形态的特征是从进口和出口两个方面促进对外贸易的发展。这个时期的对外贸易发展迅速，1970～1980年的10年中，出口贸易增长了8倍，出口贸易平均每年增长24.6%，增长速度远远超过“进口替代”时期5.6%的增长速度。但是，这一阶段的对外贸易仍然呈现赤字特征。

2. 20世纪80年代以后，泰国对外贸易虽然进一步扩大，但是对外贸易的速度却开始放慢

进入20世纪80年代以后，泰国经济虽然进入调整阶段，但是对外贸易却进一步扩大。这个时期，泰国对外贸易规模的扩大并不是“匀速运动”，在80年代前半期，对外贸易总额增长比较平缓。这主要是因为：(1) 20世纪80年代以后的泰国发展经济战略需要调整；(2) 国际贸易保护主义势力抬头。1987年以后，速度明显加快。

3. 20世纪90年代，泰国对外贸易发展较快，但逆差增大，1997年泰国遭受金融危机的打击，对外贸易大幅度下降，1999年开始回升

自从泰国实行工业化发展战略以来，对外贸易曾长期处于逆差状态。1960年泰国的对外贸易逆差4.77亿美元，占当年出口总额的11.6%；1970年贸易逆差增加到5.85亿美元，占当年出口总额的比重高达82.8%；1980年，泰国的贸易逆差达到27亿美元，占总出口的41.7%；1990年泰国贸易逆差高达99.5亿美元，占当年出口总值的43.2%。

造成泰国贸易逆差的主要原因是泰国与日本的贸易严重失衡。20世纪50～60年代，泰国开始工业化进程时，需要进口大量的机械设备，日本便成了泰国工业设备的主要提供者。1960年泰国与日本的贸易逆差占泰国贸易逆差的92.6%。70～80

年代，由于石油危机，泰国的能源进口增大，对日本的贸易逆差有所降低。然而，80年代中期以后，泰国与日本的贸易逆差再度成为造成泰国贸易逆差的关键因素。进入90年代后，泰国和日本之间的贸易逆差仍然占泰国贸易逆差的4/5左右。1997年金融危机后，泰国对外贸易虽出现顺差，但外贸规模受到很大影响，目前泰国经济复苏主要靠出口带动，2001年出口总额占国内生产总值的66.3%，而1984年仅占23%。2002年出口增长4.8%。出口增长不仅带动了出口型产业的增长，而且使泰国外汇储备从年初的323亿美元 增至年末的380亿美元。2003年末外汇储备增至410亿美元；2004年末外汇储备为498亿美元；2005年末外汇储备为553亿美元。2004年对外贸易总额达1 905亿美元；2005年对外贸易总额为2 270亿美元，其中：出口为1 092亿美元，进口为1 178亿美元。

表4 泰国1997～2003年对外经济活动主要指标 （亿美元）

项目＼年份	1997	1998	1999	2000	2001	2002	2003	2004	2005
出口	566.57	527.54	567.75	678.94	630.83	660.89	783.97	961.00	1 092.00
进口	550.84	365.15	427.63	561.94	545.38	570.09	667.91	944.00	1 178.00
经常账户平衡	−30.21	142.42	124.28	93.14	61.91	70.15	79.64	—	—
外汇储备	269.68	295.36	340.63	320.16	323.55	380.46	410.77	498.00	553.00
外债	1 092.76	1 050.62	950.51	797.15	672.00	592.00	521.00	506.00	562.00
汇率（泰铢:美元）	31.4	41.4	37.8	40.1	44.4	42.9	41.5	40.28	37.95

资料来源 英国《国别报告：泰国》2004年8月；2004、2005年数据来自泰国国家银行资料。

二 贸易结构

近年来，泰国主要的进口贸易伙伴依次是日本、东盟、欧盟、美国和中国。2001年，泰国从上述国家和地区的进口额占总进口额的68.4%，具体分布是日本22.4%，东盟16.2%（其中马来西亚占5%），欧盟12.2%（其中德国占4.1%），美国11.6%，中国6%。

而泰国主要的出口贸易伙伴则依次是美国、东盟、欧盟、日本和中国香港。2001年，泰国向以上国家和地区的出口占总出口额的78.1%，具体分布为美国22.2%、东盟19.4%（其中新加坡占8.1%）、欧盟16.1%（其中英国3.6%）、日本15.3%、中国香港5.1%。

二战后，泰国的进口贸易商品结构经历了由以消费品为主到以生产资料为主的转变过程。二战前，泰国名曰独立国家，但实际上在经济上是西方国家的附庸，进口商品主要是消费品。随着实施“进口替代”和“面向出口”的发展战略，泰国对能源、工业原料、半成品以及生产设备的需求不断增加，对消费品的需求也随着人们生活水平的提高而逐年增加。因此，在泰国的进口商品中，资本货物、中间产品及工业原料、消费品和能源的进口都有不同程度的增长。其中，资本货物和中间产品及原料的进口以高于进口平均速度增长，燃料（原油及其制品）的进口与进口的平均增长速度一致，而消费品的增长则滞后于进口的平均增长速度，尽管消费品的增长速度也呈增长趋势。

泰国进口商品结构的变化以资本货物的增长最为显著。无论是在“进口替代”时期，还是在“面向出口”时期，由于工业化的进程不断加快，泰国对资本货物的进口都呈增长趋势。1960年，泰国进口资本货位列进口大类商品的第二位，资本货的进口总值在泰国的进口总值中约占1/4。1970年，泰国进口资本货上升到第一位，其进口值占泰国进口总值的比重上升到1/3强。1980年石油危机使世界石油价格居高不下，能源进口额骤然上升，资本货物的进口额退居第二位。但是资本货物进口的实际速度在加快，1980年比1970年增长了4.6倍，而1970年仅比1960年增长3倍。1990年资本货物的进口远远超过了其他各大类商品的进口额而居首位，占泰国当年进口总额的45.4%。1990年资本货物的进口值比1980年增长了6倍多。1960～1990年的30年中，泰国资本货物的进口值年平均增长18.5%，高于同期泰国进口总值年平均16%的增长率。而2001年资本货物的比重更是高达53.93%。

原料及中间产品的进口增长也很迅速。增长的主要原因在于：泰国的工业相对落后，工业原料的开发较晚。加之，泰国注重出口加工组装类型的劳动密集型工业的发展，因此，对工业原料、中间产品的需要随着工业化的深入而不断扩大，进口也就相应增加。1960年泰国的中间产品和原料的进口列第三位；1970年列进口大类商品的第二位，仅次于资本货的进口；1980、1990和2001年均居进口大类商品的第二位。在泰国的中间产品和原料进口中，化工制品和金属制品占有重要地位。

泰国能源进口增长平稳。泰国是一个能源短缺的国家，能源进口始终在泰国的进口贸易中占有重要的地位。泰国的能源进口主要是石油及其制品。20世纪80年代后期，泰国进入了新的经济高速发展的周期，石油及其制品的进口有所增加，1990年占当年总进口的9.3%，2001年占11.42%，位列进口大类商品的第三位。在进口贸易中，消费品的进口比重呈下降趋势。

随着产业结构的外向化和高级化，出口贸易的商品结构也有很大变化。首先，出口由以初级产品为主转为以制成品为主。1955年泰国的主要出口商品是大米、橡胶、锡、柚木等初级产品。上述四大传统产品在泰国的出口贸易中曾经长期占有统治地位。1957年它们在泰国总出口中的比重高达77.2%；直至1978年，这4种产品还约占出口总值的2/3。但是随着泰国经济的发展，初级产品在泰国出口贸易中的重要性逐渐下降，从1957年的92.82%下降到1978年的64.05%。进入20世纪80年代后，在出口商品贸易中制造业逐渐成为主力军。1985年，泰国制造业的出口值达到956.15亿铢（合35.2亿美元），占当年出口总值的49%，而农产品的出口值占出口总值的38%。制造业的出口首次超过农业的出口，标志着泰国结束了以初级产品出口为主的历史。此后，泰国制造业的出口突飞猛进，以平均年发展26.4%的速度增长。现在，泰国4/5的出口商品是制成品，彻底改变了泰国以出口农产品为主的外贸结构。

三　对外经济关系

（一）概述

进入20世纪70年代以后，泰国工业化战略开始往“面向出口”过渡。工业发展需要更多的资金投入。这一时期国际产业调整成为一股潮流，国际游资也比较丰富，引进外资的客观条件比较宽松。因此，从70年代起，泰国外资的引进发展迅速。1972～1974年，泰国共引进各类外资总额比1969～1971年增加了1.4倍，占同期固定资产总额的比重提高到10.9%。1978～1980年，泰国利用各种外资总额已上升至38.5亿美元，比1972～1974年又增加了4倍多，占同期泰国固定资产总额的比重进一步上升，达到17.9%。进入80年代以后，由于泰国经济表现出良好的韧性，相对其他国家而言，能够较快地渡过世界性经济危机给经济发展带来的困难，因而泰国成为东南亚地区外国投资的热点国家。1980年泰国利用外资总额为21.7亿美元。1997年金融危机后，外国对泰国的直接投资有所下降，1999年降为57.42亿美元，到2001年更降至36.52亿美元。2002年外来直接投资45亿美元。

泰国对外投资。主要是对美国、东盟各国、中国内地和中国台湾地区投资；近年来重视对越、缅、柬、老等国的投资。截至1997年，泰国对外投资总额约208亿铢。20世纪末金融危机发生后，对外投资曾一度急剧减少。21世纪初，泰国对外投资逐渐恢复，特别是近年来对中国的投资有较大发展。据不完全统计，截至2005年底，中国共批准泰国到华投资项目3 684项，合同外资金额81.5亿美元，实际使用28.2亿美元。在华投资的公司主要有：正大集团、协联集团、暹罗机械集团、盘谷银行等。

（二）现行投资法规

为了吸收外资，泰国政府从1954年以来，制定了一系列关于吸收和管理外资的法律、法规，其中主要的有：1954年颁布的《奖励投资工业条例》、1960年的《鼓励工业投资法》、1977年的《投资促进法案》和1983年的《投资委员会公告》等，在各方面为外资进入泰国提供保护和优惠。

在经济特区，为了鼓励投资，泰国建立了“投资促进区”、“综合开发区”和“工业区”，以引导外国投资在泰国的合理分布。1983年，泰国设立四大“投资促进区”。第一区在清迈府、达府和南奔府；第二区在呵叻府和沙拉武里府；第三区在孔敬府；第四区在宋卡府。

1986年9月，泰国投资委员会修订了投资促进区，将泰国全国分为三大投资促进区。第一区是曼谷市及周围的佛统府、暖武里府、沙没沙空府、沙没巴干府和巴吞他尼府。第二区位于第一区的外围，共有10个府：干乍那武里府、素攀武里府、沙没颂堪府、沙拉武里府、武里府、那空那育府、红统府、春武里府、差春骚府和大城府。第三区包括其他各府。在第一区投资优惠条件最少，在第三区投资优惠条件最多，第二区的优惠条件介于两者之间。

1988年11月，再次修订投资促进区的范围，将上述第二类地区并入第一类地区，从原第三类地区中划出10个府组成第二类地区，余者为第三类地区。泰国政府根据经济发展需要，不断调整投资促进区，以便使外资的投资布局符合泰国经济社会发展的方向。

泰国还设立了“综合开发区”，促进地方工业的成长，加速工业化的进程。从20世纪80年代初开始，泰国实施了《东海岸开发计划》。上述两项计划都是包括重化工业、出口加工业、交通、运输、通讯等项的大规模综合开发。其中《东海岸开发计划》要在廉差挽建一个深水港及一个工业区，在目达普建设石油化学工业及一个工业区。《南海岸开发计划》是要在泰国南部马来半岛东海岸的他卡暖和西海岸的克拉比之间建一条由双向公路、铁路和石油、天然气管道组成的横跨马来半岛的陆上“桥梁”。陆地经济走廊沿线每隔50公里建一个工业区，并分别修建西海岸的深水港和空中、水上、陆地的交通网络，开辟太平洋至印度洋的一条新通道。这些综合开发计划需要大量资金，是外国投资的重要市场。

此外，泰国还建立了“工业区”和“出口加工区”。泰国于20世纪70年代开辟一些适于工业发展的地区，并建立必要的设施和采取一些优惠政策，进行工业开发。泰国目前已有挽成、挽披、挽浦拉卡邦、南奔等5个工业区开始营运。还建立了拉卡邦、挽浦和北部（清迈附近）3个出口加工区，另有几处正在计划或是筹建当中。同时，为了分散外国投资，允许外商在工业化和出口加工区内投资得到更多的优惠待遇。

第七节 人民生活与社会保障

从20世纪80年代起，泰国属于中等收入国家。1997年金融危机发生前，泰国经济持续快速增长，人民生活水平与质量不断提高，工人最低工资和公务员薪金多次上调，居民教育、卫生、社会福利状况不断改善。1997年上半年，人均国民收入达2 525美元。金融危机后，人均国民收入一度下滑。近几年，随着经济的逐步恢复，人民生活水平再度提升。2005年人均收入为2 655美元。不过泰国贫富差距较大。在农村地区，仍有近1 800万人日收入不足2美元，其中400多万人日收入甚至不足1美元。2000～2004年间，贫困人口从1 280万降至750万。

泰国的失业率自1998年起一直呈下降趋势。2002年泰国劳动力总数3 510万人，全年平均失业率2.4%，与2001年3.3%的失业率相比下降0.9个百分点。近年来泰国各府的最低日工资虽均略有上升，但大批缅甸、柬埔寨非法劳工的涌入造成泰国工资增长缓慢。据泰国劳工部2002年1月的统计，多数地区的最低日工资水平与1998年相比仅增长了2.3%。

20世纪初，近代医疗卫生事业开始在泰国出现，第二次世界大战后，泰国的医疗事业不断发展，全国600多个县中已有500多个县建立了县级医院或卫生所。卫生机构与设施的数量、规模、现代化程度较高。泰国人均寿命已从1970～1975年的59.5岁上升到2003年的69岁。

泰国医疗体系以公共医疗为主，全国70%以上的医院和卫生所由政府出资维持，2000～2001年度公共医疗支出占政府财政支出的7.6%。目前泰国公共医疗保障体系最重要的措施是“三十铢治百病”计划，即泰国公民只要支付30铢（约合人民币5～6元）就能获得医疗服务。

第八节 教育 科技 文化

一 教育

自1977年以来，学制一直实行“6334”制，即小学6年，初中3年，高中3年，大学4年。泰国各类学校一年分为两个学期。

泰国实行义务初等教育，并从20世纪60年代起开始普及初等教育，2000年小学的适龄儿童入学率为91%。目前泰国文盲率已降至不足6%。

中等教育除了初中和高中之外，还有职业技术学校，政府还鼓励私人或民间团体出资办学。泰国中等教育在近30年获得长足发展，1970年中学入学率仅为17%，1990年升至45.5%，2000年则已升到65.7%

高等教育在1960年制定了第一个教育发展规划后，获得较快发展，2000年大学入学率为22%。泰国的高等教育在课程设置、教学方法和教育体制上都采用美国模式。目前，泰国有大学20多所，主要大学有：

朱拉隆功大学　1916年成立，位于首都曼谷，是泰国规模最大、历史最悠久的综合性大学，也是世界著名大学之一。下设13个学院，7个研究所，主要专业有上百个。

法政大学　位于首都曼谷，1934年成立，是以政治学为主的国立文科大学，设有法学院、政治学院等8个学院和4个研究所。

玛希敦大学　1943年成立，是著名国立医科大学，设11个学院和研究生院、营养学研究所、人口及社会问题研究所等。

农业大学　建于1943年，是国立农业大学，设11所学院，另有食物研究与产品发展研究所、玉米高粱研究中心等研究机构。

清迈大学　位于清迈市，建于1964年，是国立综合大学。设有人文科学11个学院，有近百个专业。

孔敬大学　位于东北部孔敬府，建于1964年，是国立综合大学，设有农学院、教育学院、工学院、护理学院、人文科学院、社会科学院、理学院、医学院、牙科学院。

二　科技

泰国科技发展起步较晚，但发展较快。1982年，政府开始有计划地开展科技活动，并首次将科技发展计划列入国民经济和社会发展计划。

泰国的科研活动主要由公共科研机构、大学和企业（包括国营和私营）三个方面承担。公共科研机构主要有国家科技开发署（NSTDA）、国家研究理事会（NRCT）和泰国科技研究院（TRSTR）。内阁各部中许多都有自己的科研机构。全国共有54所大学，是科研群体的一个主要组成部分。国营和私营企业的科研力量较弱，参与科研开发的积极性不高，主要原因是追求短期商业利润，认为长期科技投入风险大周期长，因而奉行拿来主义，大量进口技术设备和生产线。

泰国现共有科研开发人员2.4万人，其中公共科研部门占5.2%，大学占39%，企业占9%。在全国科研人员总数中，外国科研人员占18%。目前每万名就业人员中研究人员仅2人。

泰国政府为推动科技研发，实施了一系列政策优惠，其中包括：对从事科技研发的私营机构，允许其从应缴所得税中提取相当于研发支出数额200%的费用，用于加强研发活动；提供科研基金和低息贷款，用于改善科研条件、技术革新和新产品开发；提供工业咨询和联机信息检索服务；建立科技工业园，为私营机构开展研发活动提供理想孵化器。

三　文化

（一）语言

泰语是素可泰王朝兰甘亨大帝于1283年根据孟文和高棉文创造而成，当时基本上是由单音节的词组成。经过700年的演变后，现代泰语由44个字母组成，即20个辅音和15个元音符号代表的22个元音、双元音和三元音，具有五种不同的音调。泰语是一种复杂的文化混合体，许多词汇来源于巴利语、梵语、高棉语、马来语、英语和汉语。

（二）文学

泰国早期的文学主要取材于佛经，如1360年编著的《三界经》。

大城王朝早期，宫廷文学作品多从婆罗门教和佛教经典中吸收内容加以改编，此外尚有长篇叙事诗《阮国之败》《帕罗传》等。大城王朝中期，最著名的宫廷诗人西巴拉写出了《悲歌》等优秀诗作。大城王朝后期，有两位公主根据爪哇民间故事创作出诗体剧本《大伊瑙》和《小伊瑙》。印度史诗《罗摩衍那》早已传入泰国，此时被改编为剧本《拉玛坚》。顺通蒲（1786～1855）为泰国古典文学史上最优秀的宫廷诗人，他的代表作是长篇传奇叙事诗《帕阿派玛尼》。1806年，中国的《三国演义》被译成泰文。《昆昌昆平》在泰国古典文学中享有盛名，是在民间故事的基础上由拉玛二世国王与顺通蒲等诗人编写的，1917年经再次整理后出版。

近代，拉玛五世（1868～1910）和拉玛六世（1880～1925）都是文学爱好者。拉玛六世的文学造诣很高，其代表作有译著《那罗传》《沙恭达罗》《威尼斯商人》《罗密欧与朱丽叶》和剧本《玫瑰的传说》《战士的心》等。同一时代的丹隆亲王更是著名学者兼文学家，有著作700余部，文学代表作为《德达班剧集》。不过，他们的作品都没能摆脱古文学和西方文学的禁锢。

泰国现代文学开始于1932年实行君主立宪前后。主要作家和作品有：西巫拉帕（1905～1974），著有小说《降伏》《男子汉》《生活的战争》《后会有期》和《童年》等；阿卡丹庚（1905～1932），著有长篇小说《生活的戏剧》《黄种人与白种人》等；女作家多麦索（1905～1963），著有长篇小说《她的敌人》《第一个错误》；杜尼·绍瓦蓬，著有《魔鬼》；克立·巴莫，著有《四朝代》；西拉·沙塔巴纳瓦，著有《这块土地属于谁》；格莎娜·阿速信，著有《人类之舟》《夕阳西下》；索婉妮·素坤塔，著有《甘医生》，等等。其中西巫拉帕被认为是泰国新文学的开拓者和奠基人，其代表作小说《向前看》成功塑造了一系列工人、农民等社会底层人物的形象。

（三）艺术

7～13世纪，泰国受印度婆罗门教和佛教的影响，产生了佛教艺术，传世的有佛塔、青铜雕和石雕等作品。

13～15世纪的素可泰王朝时期，由锡兰（即今斯里兰卡）传来的上座部佛教成为国教，佛教艺术也受到来自锡兰方面的影响。在建筑方面，这一时期的佛寺有3种风格，即纯素可泰式、锡兰式和西维猜式。佛像的雕塑也出现了4种样式，典型的有青铜镀金的清拉佛像和云石寺走廊上行走姿势的青铜佛像。舞蹈有古典和民间两种，古典舞有固定的服装、动作、配乐。“洛坤”剧已经出现，表演的剧目是《玛诺拉》。

15～18世纪的泰国艺术被称为“阿逾陀耶艺术”。这一时期的建筑艺术以佛塔为代表，多数为高棉式的巴壤塔。后期兴起了12角或20角的塔，成为泰国特色的佛塔。这一时期兴起的还有装饰华丽的青铜佛陀立像，佛像头戴宝冠，耳轮下有耳坠。后期佛寺中的壁画以色彩丰富和贴金多而著名，成为泰国壁画的一大特色。皮影戏已由印度、印度尼西亚传入泰国，成为宫廷娱乐，剧目有《拉玛坚》《伊瑙》《五十故事》等。洛坤剧此时有3个流派：差德里洛坤，全由男演员扮演，公开演出，剧目取材于《五十故事》；外洛坤，由差德里洛坤发展而来，有女演员参加，于宫廷内演出；内洛坤，由外洛坤发展而来，在宫廷演出，全由宫女担任角色，有4个剧目：《拉玛坚》《乌纳洛》《伊瑙》和《达朗》。“孔剧”开始出现，只有一个剧目《拉玛坚》。

曼谷王朝建立后，泰国艺术出现新的发展。在建筑方面，曼谷王朝时期的大王宫、玉佛寺等，具有强烈的民族色彩，是泰国古典建筑的代表。佛像雕塑开始世俗化，形体与面部已经如同凡人。拉玛四世时，受西方影响，泰国绘画走向现代时期，形成了传统派、写实派和抽象派。戏剧进一步发展，孔剧划分出若干流派，如广场孔剧、剧场孔剧、幕前孔剧、宫廷孔剧、布景孔剧等；洛坤剧也划分出混杂洛坤和歌舞洛坤两大类。

泰国民间舞蹈在现代随着旅游业的发展而得到复兴，目前流行的民间舞蹈为南旺舞。此外，北部还有笙舞、竹竿舞、饭篮舞、捕鱼舞、长甲舞、蜡烛舞、玛拉舞、兰达舞、丰收舞、诺拉舞等。

（四）媒体

1. 广播、电视

泰国的广播、电视事业发展很快，广播电台和电视台的数量也很多。除了政府和军队主办的广播电台和电视台外，还有民办的广播电台和电视台。目前全国的广播电台已达200多个。全国各地都能收听到泰国国家广播电台的广播，收看到各地电视台的电视节目。

泰国主要广播电台有：

泰国国家广播电台　1930年成立，除了用泰语广播外，还用英语、法语、马来语、越语、老语、柬语、缅语、日语、华语对外广播。主要内容是泰国国内外新闻、体育消息、商业信息、新闻特写、音乐节目等。

亚洲自由之声广播电台　1969年成立，原由美国承建，受美国控制。1975年由泰国外交部接管，成为泰国外交部的喉舌，注重播送泰国政府对外政策和国际评论。

装甲兵电台　由军队主办，与王室关系密切。

2002年泰国有无线电视台6家，都设在曼谷。电视节目通过卫星转播。各地有线电视公司86家，电视网覆盖全国。泰国的电视台每逢节日、星期六和星期日为全天播放。电视内容除国内外新闻外，还播放音乐、舞蹈、体育等节目和电视故事片及影片。在曼谷地区可以收看到5个频道的电视节目。另外还有一个11频道，是泰国教育部管理的教育电视台，播出时间从清晨5点到午夜。广告在泰国电视中占有很大的比重。

2. 报刊

泰国的新闻出版业已有100年的历史。1941年泰国政府颁布了《新闻出版条例》，对新闻出版业进行严格管制。1956年政府才取消了有关禁令，新闻界一度活跃。1980年以后，泰国的民主气氛有所增强，对报刊广播的限制逐步减少，除了仍然执行“不得亵渎国王或污蔑、蔑视和侮辱王室成员”、“不得直接或间接鼓励亲共和信仰共产主义”等规定外，已经不再强调另外的规定了。

报刊大都集中在曼谷出版。每种报纸和期刊的发行量都不大，大都是民营。有以下几种：《泰叻报》《每日新闻》《民意报》《商情日报》《沙炎叻报》等。

主要期刊有如下几种：《政治公报》《经济与社会发展》《沙炎叻评论》《太阳》等。

第九节　军事

一　国防体制与军事战略

《宪法》规定，泰国国王是军队的最高统帅。最高国防决策机构为国家安全委员会，隶属于政府，总理兼任安全委员会主席。政府通过国防部和最高司令部对全国武装力量实施领导和指挥。最高咨询机构为国防委员会，隶属于国防部。国防部是最高军事行政机关，负责制定、实施国防政策和计划。最高军事指挥机构为最高司令部。2001年国防预算20亿美元。

泰国国防政策纲领为：加强军队建设，保持一支规模适当、有进攻能力和机动性的、有高效率指挥系统的武装力量，以应付来自国内外的威胁；建立一个高水准的、现代化的军事训练和教育体系，提高军人素质；发展国防工业，依靠自身的力量促进国防生产，使之接近于国际水平；调整后备兵员系统，朝着面向公众的方向发展，获得人民的合作与支援；保卫国家经济利益和自然资源，维护边境地区安全；加强福利保障，提高军人及其家属的生活水平；开展与友好国家的军事合作，积极支援联合国维持和平行动。

泰国军事战略遵循“总体防御战略”原则，将军事战略目标设定为海洋和本土综合防御，以确保经济建设和维护海洋利益为重要目标；防御重点以东南沿海新兴工业区和能源基地为主，将防御纵深从内陆向海洋扩展，由沿海向近海延伸；作战对象，将“来自陆地的对手”改为“来自海上的潜在对手”；在防御体制上，由依赖美国保护逐渐向增强本国防御力量与加强联盟军事合作相结合的“总体防御”转变。

二　兵役制度和军官军衔

泰国实行义务兵役制，服役期2年。

军衔分4等10级：元帅，将官3级（上将、中将、少将），校官3级（上校、中校、少校），尉官3级（上尉、中尉、少尉）。

三　军事编制与实力

武装力量分为现役部队和准军事部队，到2004年，总兵力为47.72万人。其中：

现役部队兵力约30.66万人。

陆军　19万人。编为4个部域军,2个小军,2个骑兵师,3个装甲师,2个机械化师,1个轻型步兵师,2个特种作战师,1个炮兵师,1个高炮师(6个高炮营),1个工程兵师,4个经济开发师,1个独立骑兵团,8个独立步兵营,4个侦察连,3个空中机动连和1支正在组建的快速反应部队。重点部署在中部和东南部地区。装备坦克848辆(主战坦克333辆、轻型坦克515辆),各型装甲车982辆,各型火炮约2 485门,各型飞机305架。

海军　7.06万人(含陆战队、海军航空兵和岸防部队)。编为3个作战舰队和1个海军航空兵联队。主要部署在曼谷、宋卡、攀牙、梭桃邑、达叻等5处海军基地。装备有直升机航空母舰1艘,导弹护卫舰8艘,护卫舰4艘,小型护卫舰5艘,导弹快艇6艘,巡逻艇104艘,扫雷舰艇8艘,两栖舰艇7艘,后勤支援舰艇15艘。陆战队2.3万人,编有1个师,2个步兵团,1个炮兵团,1个两栖攻击营,1个侦察营,装备装甲输送车57辆、牵引炮48门、高炮14门,驻扎在梭桃邑海军基地。海军航空兵1 700人,装备作战飞机44架,武装直升机8架。

空军　约4.6万人。编为4个航空师，1个飞行训练学校，10个攻击战斗机中队，3个武装侦察机中队，1个电子侦察机中队，3个运输机中队，2个直升机中队，1个高炮连。装备有作战飞机190架。主要部署在廊曼、呵叻、打卡里、华富里等13处空军基地。

准军事部队　约11.37万人。其中，“猎勇”部队约2万人，保卫国土志愿队约4.5万人，海上警察2 200人，航空警察500人，边境巡逻警察4.1万人，地方警察5万人。

预备役部队　20万人，编有4个陆军预备役师。

第十节　对外关系

一　概述

灵活外交使泰国自立国之后一直保持独立，没有沦为殖民地，这在亚洲中小国家当中是罕见的。早在阿瑜陀耶王朝时，泰国就允许外国人经商贸易、传教、定居，并任用外国人辅佐政府。曼谷王朝建立后，聘用了大批西方人在政府中任职，注意学习西方的先进技术和文化，使得泰国可以在西方列强中利用矛盾，左右逢源，相互制约，保全自己。第一次世界大战中，泰国为避免战火，宣布中立。在战争快要结束时，参加协约国，战后享受战胜国待遇。第二次世界大战时，泰国与日本结盟，在日本投降时，泰国及时发表和平宣言，宣布对英、美宣战无效，免遭战败国待遇。20世纪50年代后，泰国一直是美国的重要盟友，敌视社会主义国家。20世纪70年代，东南亚地区形势发生了根本变化，泰国又及时调整其外交政策，在主张建立东盟的同时，改善了与中国、越南和印支国家的关系。20世纪70年代末，因越南入侵柬埔寨，泰国面临直接军事威胁，所以在80年代，泰国依靠东盟，借助中国和美国与苏联支持的越南相抗衡。1988年泰国提出了“变战场为市场”的建议，受到东南亚国家的欢迎。不仅改善了与印支国家的关系，而且为开拓当地市场创造了条件。经济危机之后，泰国更加强调外交为国内经济的复兴服务，重视与美国、中国、日本等大国的关系。

二　与主要国家关系

同东盟国家关系

泰国是东盟的创始国之一，把同东盟国家的关系视为其外交政策的基石，特别强调与其他东盟国家长远的团结与合作。1997年泰国和菲律宾一起还提出了在东盟实施“建设性干预”的建议，虽然未被东盟采纳，泰国一直为此而努力。至1999年，和其他成员国一道，实现了东盟的扩大。

同中国关系

泰中两国的交往始于汉代，双方民间人员和货物往来不断。二战后初期，由于国际上处于冷战格局，双方关系的发展受到影响。两国的外交关系是1975年建立的。建交后，双方在各个领域的友好关系得到顺利发展。两国高层互访不断，“像走亲戚一样”。中泰关系被誉为“不同社会制度国家之间友好的典范”。

同美国关系

冷战时期，泰国与美国保持着密切关系。1950年，泰国与美国签订了《泰美军事援助协定》和《泰美经济技术援助协定》，泰国支持美国的侵朝战争，并派出军队参战。1954年泰国加入“东南亚条约组织”，并将总部设在曼谷。20世纪60年代，泰国又支持美国侵略越南，提供基地和军队。20世纪70年代中，美国在越南战败，并开始从印支地区撤走。泰美关系拉开距离，美军从泰国撤出全部驻军，减少对泰的援助，但泰国一直是美国在东南亚地区的重要盟国。泰美关系中也存在一些问题，如贸易、知识产权等。2001年在美国发生国际恐怖主义袭击的九一一事件之后，泰国虽然支持美国打击恐怖主义，但否认国内穆斯林问题与国际恐怖主义有直接联系，主张通过国际和地区合作来综合治理恐怖主义。

同日本关系

泰日关系源于素可泰时期。第二次世界大战期间泰日又结为盟友。第二次世界大战之后，1952年两国建交。双边的经济、政治和文化往来日益密切。但因贸易不平衡（泰国逆差）和对日本经济入侵的担心，20世纪70年代和80年代泰国分别爆发了大规模的“抵制日货”运动，迫使日本增加对泰国的投资和援助，并放宽技术转让的限制。1991年，日本明仁天皇访问泰国，使泰日关系登上了新台阶。2001年5月泰日签署《货币互换协议》。9月，诗琳通公主应日本天皇和皇后邀请赴日访问，接受日本大学授予的名誉博士学位。11月，塔信总理访问日本。双方探讨签订泰、日自由贸易协议以及日本、东盟合作等问题。两国外长签署了

2001～2005年泰日《经济合作伙伴协定》。2002年1月，日本首相小泉纯一郎正式访问泰国。4月，塔信总理在出席博鳌亚洲论坛期间会晤小泉，双方同意建立联合工作组，探讨两国经贸合作中的具体问题以及双边自由贸易合作的可行性。

同英国关系

泰国与英国于1855年建交。二战前英国在泰国的势力很大，但二战后被美国所取代。2002年1月，泰外长素拉杰对英国进行为期两天的正式访问，并在伦敦经济学院就泰方提出的“亚洲合作对话”设想发表了主题演讲。5月，泰总理塔信对英国进行正式访问，与英国首相布莱尔举行会谈。双方就开展两国经贸合作交换意见，同意成立经济合作委员会，并就反恐、禁毒、打击跨国犯罪等问题达成了共识。

同南亚国家关系

泰国与南亚各国的关系近年来发展较快。泰国出于经济方面的考虑，希望尽快打开南亚市场。2002年1月，塔信总理对印度进行工作访问，两国签署了科技合作协议与和平利用外层空间的协议。11月，印度总理瓦杰帕伊在出席东盟—印度领导人会议后过境泰国，与塔信总理进行了非正式会晤。双方均认为泰印两国已具备建立双边自由贸易区的条件，同意尽快实现泰、缅、印三国公路贯通。泰国与巴基斯坦于1951年建交。2002年3月，泰外长素拉杰访问巴基斯坦，建议恢复1998年设立的泰巴联合委员会。7月，塔信总理对巴基斯坦进行正式访问，与巴总统穆沙拉夫进行了双边会谈。泰国与孟加拉于1972年建交。2002年7月，塔信总理对孟加拉进行正式访问，两国签署了促进和保护投资贸易协定及记账贸易协定。12月，孟加拉国总理卡莉达·齐亚应邀访泰，觐见了国王，与他信总理会谈，双方签署了《泰孟关于投资促进与保护协定的批准书》、《孟吉大港与泰国证券交易所合作谅解备忘录》等文件。　　　（韩　锋）

第二章　马来西亚

第一节　概述

国名　马来西亚（Malaysia）。

领土面积　330 257平方公里（马来西亚财政部2002～2003年度财政报告）。

人口　2 558万人（2004年底）。

民族　马来人及其他土著占66.1%，华人占25.3%，印度人占7.4%。

宗教　伊斯兰教为国教，其他宗教有佛教、印度教和基督教等。

语言文字　标准马来语为国语，通用英语，华语使用也很广泛。通行马来文“卢米文”。

首都　吉隆坡（Kuala Lumpur），面积244平方公里，人口约130万。

国家元首　最高元首米詹·扎因·阿比丁（Sultan Mijan Zainal Abidin）2006年12月13日就任第十三任最高元首，任期5年。

第二节　自然地理与人文地理

一　自然地理

（一）地理位置

马来西亚领土分为西马来西亚（又称马来西亚本土）和东马来西亚两个部分，分别位于东南亚中南半岛南部的马来半岛和加里曼丹岛（以前曾称为婆罗洲）西北与北部地区。这是两个互不相连的地区，中间是南海，两块土地最近处相隔约750公里。

西马来西亚（简称西马）北与泰国接壤；南隔柔佛海峡与新加坡相望；东濒南海，与印尼纳土纳群岛、中国曾母暗沙、东马来西亚及文莱隔海相望；西临马六甲海峡，与印尼苏门答腊隔海相望。西马来西亚在当地亦以英语称为“半岛”，或以马来语称“马来本土”，地处北纬1°20′～6°40′和东经99°35′～104°20′之间。

东马来西亚（简称东马）包括沙捞越和沙巴两个州，位于加里曼丹岛西北和北部。东南与印尼加里曼丹部分接壤，北部中段与文莱为邻，西北临南海，东北隔苏禄海与菲律宾群岛南部岛屿相望，地处北纬0°30′～7°5′与东经109°～120°之间。

马来西亚总面积约为33万平方公里，其中西马约13.2万平方公里，东马约19.8万平方公里。马来西亚是东南亚通往大洋洲、印度洋和太平洋的必经之地，具有重要战略地位。

（二）地形与河流

马来西亚属于半岛和岛屿地形。海岸曲折，海岸线总长约4 800公里，陆地边界线总长约为2 700公里。

西马地形为北高南低，巽他弧的西段自西北至东南纵贯全境。最大的山体是吉保山脉，亦称中央山脉；山体向东西两侧坡降，是经济开发程度不同的东西两部分的分界线，也是世界最大的锡矿带。山脉西坡的丘陵是西马矿山、种植园、铁路、公路和城镇的集中地带，全国经济的重心地区。西海岸平原海拔50米以下，平均宽20～30公里，是重要的稻米产区。西海岸有深水港，历史上就是马六甲海峡北口的要冲。马六甲海峡是世界上通航历史最久、航运量最大的海峡之一，峡中大部分时间风平浪静，利于航行。西马东北部是一片较宽阔的高地，高地外侧的海岸平原宽度不超过8公里，且不连续，有许多长条低丘突出海滨形成岬角或沙嘴，有屏蔽河口的作用。东海岸最北部有宽约60公里的吉兰丹平原，是重要的农业区；南部有一些丘陵和平原，是重要的垦殖区。西马河流都发源于中央山脉，最长的河流是彭亨河，全长434公里，流域面积2.9万平方公里，中下游沿岸是全国重点垦殖区；其次是霹雳河，流域面积1.5万平方公里，上游有大型水坝，下游沿岸多矿场、种植园和稻田；再次是吉兰丹河，全长280公里，流域面积约1.27万平方公里。

东马西北部沿海为冲积平原，内地为森林覆盖的山地和丘陵。巽他弧的东段自西南向东北形成沙捞越州与印尼加里曼丹诸省分界的伊兰山脉，其北部进入沙巴州称克罗克山脉，因此东马沙捞越州的地形是从东南向西北递降，沙巴则从中部向东西两侧递降。沙捞越州的山脉北侧是缓和的丘陵和并行的单面山，其沿海岸平原海拔不到25米，面积1.8万平方公里，是沙捞越州的粮食和经济林木重要产区。沙巴州的西部有4条山脉，其中克罗克山脉主峰名基纳巴卢山，海拔4 102米，是马来西亚及东南亚的最高峰。山脉以东是中部高地，蕴藏多种金属；向东有一系列低丘、准平原、河谷、三角洲、岛屿，各级地面较平坦，宜农宜牧，海岸线极为曲折，多良港。东马河网密，水量大。最长为拉让河，全长592公里，流域面积3.9万平方公里；其次为基纳巴坦甘河，长560公里，流域面积1万平方公里，通航320公里；巴兰河，长400公里，地势高，水量大，水力资源丰富。

（三）气候

气候特点是均衡高温、多雨。各月平均温度，低地在26℃～27℃左右，各地相差不过1℃～3℃；山地一般不低于18℃，仅最高的峰岭低于15℃。气温受海洋调节，不太炎热，沿海低地白天平均最高温度为31℃～32℃，很少超过34℃～36℃；夜间在20℃～22℃之间。年平均降雨量为2 000～2 500毫米，每年10～11月至次年2～3月的东北季风期是雨季，4～9月东南海陆风较活跃，降水相对少一些，被称为干季。降雨一般较猛烈，很少绵绵细雨。

（四）自然资源

1. 矿产资源

矿产资源种类比较丰富，已发现的矿产种类相当于世界矿物种类的75%。但是蕴藏量大多很小，其中只有锡、石油、天然气储量较大，产量和产值在经济中占有较重要地位，其他矿产的经济价值和对经济的影响能力较小。总体来看，除石油、天然气之外，其他都处于萎缩或在经济中仅占相当次要的地位。

锡矿主要分布在西马的山脉与平原交界地带，储量居世界第二位。锡矿的主要形态是锡砂。经过长期开采，一些埋藏浅、易开采、含锡量丰富的矿床日益减少。

石油和天然气的蕴藏主要分布在东马的沿岸地区和西马的东海岸地区。20世纪初，英国、荷兰资本的“壳牌石油公司”开始在沙捞越州的米里地区开发油田，到1973年米里油田枯竭。20世纪60年代末在沙捞越州近海地区发现了新的油田，70年代初期在西马的东海岸发现油田，并在沙捞越州发现大型天然气田，使马来西亚的油气储量不断增长。据1994年5月在挪威召开的第十四届世界石油大会报道，马来西亚最终可采石油资源为18.8亿吨，天然气3.1万亿立方米。

其他主要矿产资源有：西马地区的金、银、铜、锌、铁、锰、铝土、铀、钴等，东马地区有大面积的火成岩，金属矿物种类繁多，主要有铬、铁、铜、镍等。

2. 植物资源

由于高温和雨量充沛，植物资源十分丰富。据估计，显花植物就有8 000多种，其中至少有2 500种是木本植物。植物以热带雨林为主。这些植物的基本分布是：

热带雨林　占全国面积的3/4。构成热带雨林的树木为常绿阔叶树。它们大致可分为平地雨林和丘陵雨林。树种有龙脑香属、娑罗树属、坡垒属、青梅属、栲属等。

季雨林　与热带雨林相似，但季雨林每年都有部分树木落叶；落叶树的多少，因年降雨量的不同而变化。与热带雨林相比，季雨林的植物要少得多。马来西亚的季雨林分布在西马的西海岸和东马的沙捞越州。树种有竹类及大叶合欢、多花紫薇等缅甸种的植物。

红树林　一般分布在河口一带，宽度由几米到几公里不等。马来西亚的河口一带大多有分布。主要树种有海榄雌属、木榄属、印茄属、红树属、木果楝属等植物。

石楠灌木林　只局限于湿润的赤道附近地区，往往出现在该地区的沙质灰化土上。主要分布在东马的沙捞越州和西马的东海岸。石楠灌木林也是常绿林。在西马东海岸的彭亨州，灌木林内有丰富的附生植物和藤蔓植物。

泥炭林　只局限于湿润的赤道地区。在东马的沙捞越州，泥炭林覆盖面积大约为15 600平方公里，西马大约为5 000平方公里。泥炭林可以形成许多以某个单一种属占优势的细长的植物丛块。在东马的沙捞越州，这样的单一林种是白娑罗树。

沼泽植物　生长在地势低洼地区。在湿润的赤道附近地区，沼泽植物都是森林。不同地方的沼泽林的高度各不相同；树种的成分与沼泽的深度、洪水持续时间有关。在西马的沼泽林中，龙脑香科植物占优势；但在某些地区，如柔佛州东部，露兜树属、白藤属植物和其他棕榈植物如油榈属、蒲葵属、山槟榔属植物占优势。

在西马丘陵地带主要分布着山地热带雨林。在海拔1 000米的高度开始出现特有的山区森林。主要由多种栎属和栲属、月桂属的许多树种和长春花属树种组成。海拔2 000米以上，森林特征又变成单一树层，由不多的几个树种构成，其中许多是杜鹃花科的石楠灌木林。有的地方，如彭亨—雪兰莪边界的最高点和东马的基纳巴卢山，树的主要成分是桃金娘科植物。在海拔3 000米以上的山地，只有杜鹃花科灌木丛和低矮的草丛以及藻类。

还有大量的竹类、藤蔓类植物以及低矮常绿灌木林。

3. 动物资源

马来西亚野生动物资源种类较多，除常见动物外，还有不少珍稀动物。

哺乳动物有白长臂猿、黑长臂猿、象、虎、豹、狸、马来熊、羚羊、野牛、貘、鹿、豆鹿（特有动物）、野猪、黑豹、豺、鹿猫、犀牛、穿山甲、大蝙蝠等。

鸟类动物有700多种，其中有40多种为猎鸟。较著名的有孔雀、鹌鹑、雉、犀鸟、交嘴鸟、九宫鸟、苍鹰、翠鸟、鹦鹉、太阳鸟、鹧鸪、鹌鹊、翡翠鸟等。

爬行动物以蛇为多，已发现的蛇类有150种以上，包括热带巨蟒、眼镜蛇、金环蛇、树蛇、蝮蛇、竹叶青蛇等。在西马已发现的111种蛇中，只有16种是毒蛇，其中5种对人类比较危险。其他爬行动物有巨蜥、壁虎、海龟、鳖、鳄等。

鱼类在马来西亚内河与沿海都有分布。主要鱼类有：鲭鱼、白鱼、宝刀鱼、鲷鱼、金枪鱼；其他海洋动物还有墨鱼、海虾、龙虾等。

二　人文地理

（一）人口状况

在东南亚地区，马来西亚人口密度并不算高，2001年平均每平方公里74人。西马地区是全国人口的主要分布地区，约占总人口的82%；东马的沙巴州约占8%，沙捞越州约占9%。人口政策的基本方针是鼓励生育。人口增长率在20世纪60年代年平均为29‰；70年代为25‰，80年代为26.6‰；90年代为29.7‰。各民族在人口中的比重在马来西亚成立后有较大的变化，总的趋势是马来人等"原住民"比重上升，而华族和印度族等非土著民族比重持续下降。根据统计，2001年马来西亚总人口中马来西亚公民约2 308万人，其中"原住民"约1 525万人，占总人口的62.6%；华族为586万人，占24%；印度族171万人，占7%。而在1970年，这三大民族在总人口中的比重各为55.9%、34.4%、9.1%。

（二）民族

马来西亚是一个多民族国家，以人口数量排序，主要有马来族、华族、印度族，被称为马来西亚的三大民族。此外还有分布在沙巴州的伊班族、沙捞越州的卡达山族等。马来族主要分布在马来半岛，它与伊班族、卡达山族等一起构成马来西亚的土著民族，亦称“原住民”。华族主要来自中国南部的广东和福建。印度族主要是来自印度南部和斯里兰卡的泰米尔人，以及少量的锡克人和马拉雅尼人。华族和印度族组成马来西亚的非土著民族。

（三）宗教

马来西亚是多种宗教并存的国家。根据马来西亚宪法，伊斯兰教是马来西亚的国教。宪法规定每个公民都有宗教信仰自由，可以信奉和传播其他宗教。但是不允许向穆斯林传播其他宗教信仰。各宗教团体有权管理自己的宗教事务，并在法律规定的范围内建立、保留、管理本宗教的机构与财产。

伊斯兰教 据称，1082年穆斯林商人将伊斯兰教传入爪哇，这是东南亚最早出现伊斯兰教的地区。伊斯兰教进入马来半岛的时间大约是在13世纪。到15世纪初，马来半岛的满剌加国首任国王下令全国信奉伊斯兰教，15世纪中叶第四任国王将国王改称为苏丹。16世纪随着西方殖民者的侵入，基督教开始传入马来半岛，但伊斯兰教并未因此被削弱。马来亚独立后将伊斯兰教定为国教。

马来西亚没有全国性的伊斯兰教领袖，有苏丹的9个州内，苏丹即是本州的伊斯兰教领袖；最高元首是本州的伊斯兰教领袖，也是马六甲、槟榔屿、沙巴、沙捞越等州和联邦直辖区的伊斯兰教领袖。最高元首可主持全国性的伊斯兰教活动。

1968年统治者会议确定成立全国性的伊斯兰教务会，负责协调各州伊斯兰教活动。

穆斯林约占全国人口的55%，马来人基本都信奉伊斯兰教，其他信徒来自华人、印度裔人和一些少数民族。马来西亚的穆斯林绝大多数属于逊尼派的沙斐仪教法学派。

佛教 佛教进入东南亚地区的时间没有确切的历史记载，据估计是在公元初期，由印度传入。此后到14世纪初的漫长时期内，佛教都是马来半岛盛行的宗教。15世纪初，满剌加王国改奉伊斯兰教为国教，佛教很快衰落下去。到19世纪后期，华人大批来到马来亚，佛教逐步恢复。20世纪50年代以后，大乘佛教在马来亚有较大发展。

佛教徒基本上是华人，其中多数信奉大乘教。

印度教 印度教在公元初期与佛教一起传入马来半岛，当时称为婆罗门教。由于15世纪初马来半岛满剌加国王下令全国信奉伊斯兰教，随后印度教迅速衰落，原来的许多信徒改信伊斯兰教。19世纪后半期，随着大批印度移民进入马来亚，印度教逐步恢复。到20世纪90年代中期，印度裔马来人中约87%信奉印度教。

基督教 基督教早期是由波斯商人传入马来半岛，这些商人和传教士的目的是去中国，一些人停留在马来半岛而使基督教开始进入当地。16世纪初西方殖民者侵入马来亚，基督教随之扩大规模。这些殖民者属于不同教派，因此他们传播的基督教既有天主教，也有新教。到20世纪90年代中期，据称马来西亚基督教徒约有100万人，占总人口的6%。信徒包括菲律宾移民、部分华人以及沙巴、沙捞越的一些当地少数民族。

德教 德教是当代华人中兴起的一种混合性宗教，它融道教、佛教、儒教、基督教、伊斯兰教为一体，提倡以道德教化人间，劝人弃恶从善。它崇拜五大教的教主，但以老子为主。它是华人李善德在1952年首创的，目前全国约有60多个德教组织，信奉者全是华人。

原始宗教 是伊班人、梅拉瑙人、卡扬人、塞芒人、塞诺伊人、原始马来人等几个土著民族信奉的宗教。他们都相信万物有灵，崇拜多神。巫师在这些土著民族中有很高的地位，一般都是由各个民族部落的酋长兼任。

（四）语言文字

国语为马来语。马来语属南岛语系印度尼西亚语族。独立以后，政府在马六甲—柔佛方言的基础上，统一规定了各地使用的马来语，形成了全国通行的标准马来语。目前，绝大多数马来西亚人都使用标准马来语，政府、学校、新闻机构及商业团体都使用标准马来语。英语是马来西亚仅次于马来语的通行语言，学校、新闻出版、广播电视、商业团体都使用英语作为交际语言。占马来西亚全国人口近30%的华人，大部分使用汉语。印度族人主要使用泰米尔语、德鲁古语、兰姆语。其他少数民族主要使用本民族语言。

马来文有两种拼写形式，即“爪威文”和“卢米文”。前者是马来文的最初形式，后者是现在马来西亚最通行的文字。马来文的基本书写形式是自左向右，横向书写，词与词之间有间隔并使用标点符号。由于文化传统、生活习惯、民族、宗教等方面的差异，马来人在书写、拼读马来文时，有5种略有差异的书写和拼读方式，即标准书写方式、商业拼写方式、皇室拼写方式、传统拼写方式和现代拼写方式。

（五）行政区划及沿革

马来西亚有3个联邦直辖区和13个州。3个联邦直辖区是：首都吉隆坡、纳闽和普特拉贾亚联邦直辖区。13个州包括西马来西亚地区的11个州：柔佛、吉打、吉兰丹、马六甲、森美兰、彭亨、槟城、霹雳、玻璃市、雪兰莪、丁加奴和东马来西亚地区2个州：沙巴、沙捞越。

1957年8月1日马来亚独立时，有现在西马地区的11个州，吉隆坡被定为首都。1963年9月16日马来西亚建立时，新加坡、沙巴、沙捞越均以州的名义和马来亚联合邦合并成一个新的联邦。新的联邦政府基本保留了原有的区域划分，这样就有14个州加入马来西亚。但是在1965年8月，新加坡州由于政治和经济上的原因宣布独立，建立了新加坡共和国。当时没有为吉隆坡设立一个单独的地理行政区划。1974年，联邦政府与雪兰莪州共同谈判确定了吉隆坡作为联邦直辖区的边界，至此吉隆坡成为第一个联邦直辖区。1984年，联邦政府将位于东马沙巴州东端的一个小岛——纳闽岛确定为第二个联邦直辖区。1993年6月2日，政府确定在吉隆坡以南35公里的普特拉贾亚（putrajaya）建设新的行政中心并将其定为第三个联邦直辖区，2000年12月，联邦政府行政中心普特拉贾亚正式成为第三个联邦直辖区。1999年6月总理府及部分政府工作人员迁入这里，并计划在2005年将联邦政府行政中心完全迁入普特拉贾亚（jaya中国新华社通用译称“贾亚”）。

表1　马来西亚行政区划及面积、人口、首府

联邦直辖区、州		面积（平方公里）	人口①（人）	首府	
				名称	人口（人）
联邦直辖区	吉隆坡（Kuala Lumpur）	244	1 297 526	吉隆坡 Kuala Lumpur	
	纳闽（Labuan）	98	70 517	维多利亚 Victoria	
	普特拉贾亚（Putrajaya）②	—	—	布特拉贾亚 Putrajaya	
州	吉打 Kedah	9 425	1 649 756	亚罗士打 Alor Setar	186 524
	吉兰丹 Kelantan	14 931	1 289 199	哥打巴鲁 Kota Baharu	252 714
	玻璃市 Perlis	795	198 335	加央 Kangar	198 335
	丁加奴 Terengganu	12 955	879 691	瓜拉丁加奴 Kuala Terengganu	255 109
	槟榔屿 Pulau Pinang	1 033	1 225 501	槟城 George Town	180 573
	森美兰 Sembilan	6 643	830 080	芙蓉 Seremban	290 999
	彭亨 Pahang	35 965	1 231 176	关丹 Kuantan	289 395
	霹雳 Perak	21 005	2 030 382	怡保 Ipoh	574 041
	雪兰莪 Selangor	7 956	3 947 527	沙阿兰 Shah Alam	319 612
	柔佛 Johor	18 985	2 565 701	新山 Johor Baharu	630 603
	马六甲 Melaka	1 650	602 867	马六甲 Melaka	149 518
	沙捞越 Sarawak	124 449	2 012 616	古晋 Kuching	423 873
	沙巴 Sabah	73 711	2 449 389	哥打基纳巴鲁 Kota Kinabalu	305 382

①　人口数据为2000年7月5日人口普查数据。

②　普特拉贾亚的数据包含在雪兰莪州内。

第三节 历史

一 古代史

马来半岛是原始人类自大陆移居海岛的桥梁。早在远古时代，马来半岛就有原始人类经过和居留。考古文物显示，马来半岛在距今1万～4 000年前，已经有人类定居。考古学家在一些洞穴中发现烧焦的木片和骨头，并发现旧石器时代的原始手斧和其他一些石器工具。可见他们已经学会了用火和简单工具。

约公元前300年左右，马来半岛上的人们开始组成部落，逐渐定居下来。此后，马来半岛曾出现过一些规模较小的古国，它们的经济形态大多以农业和贸易为主，具备一些受印度影响较大的政治法律制度。公元初年，马来半岛出现了羯荼、狼牙修等古国。公元7～14世纪，马来半岛先后由苏门答腊的室利佛逝国和满者伯夷控制，半岛的北部由暹罗王国控制。

当时的东南亚地区盛产樟脑、檀香、金和锡，而且位于古代的海上丝绸之路上，适合过往商船停泊和交换商品，因此逐步成为重要的国际贸易中心。受季风影响，每年5～8月，印度人、阿拉伯人和波斯人的商船运来棉花、燃料和药品，11月至次年4月，中国商船带来丝绸、锦缎和瓷器，因此在马六甲和渤泥（现在的文莱）的市场上可买到当地和其他地区生产的许多商品。

公元9～15世纪，婆罗洲（现称加里曼丹岛，东马地区的沙巴和沙捞越在其西北和北部）的渤泥王国是周围先后出现的强大国家的属国。15世纪中叶，渤泥王国发展成东南亚的一个强国，16世纪初，它的都城人口达1万人，土地范围大致包括婆罗洲及其周围岛屿。

15世纪初，马来半岛出现了一个古称满剌加（即现在的马六甲）的王国，统一了马来半岛的大部分地区。满剌加王国濒临太平洋和印度洋的海上交通要道——马六甲海峡，是当时东南亚的国际贸易中心。满剌加王国在15世纪中期以后，逐步用武力征服了马六甲海峡沿岸各国，势力范围几乎包括整个马来半岛和苏门答腊，成为当时东南亚最强大的国家之一。

二 近现代史

从10世纪起，欧洲与东方的贸易基本上被中东穆斯林商人垄断，特别是东方的香料（主要是丁香、豆蔻）贸易完全由中东商人控制。欧洲一些国家为了打破穆斯林商人的贸易垄断，直接从东方产地取得所需香料和其他原料，从14世纪后期起纷纷到东方寻找殖民地。葡萄牙是最早的海上强国，也是对东方贸易产生兴趣的国家，而马六甲是当时东南亚的贸易中心，自然成了葡萄牙人的占领目标。1511年8月，葡萄牙人要求在马六甲建立商业基地和城堡被拒后，攻占了马六甲。

16世纪末，荷兰作为新崛起的欧洲国家，其势力开始进入东南亚地区。为了垄断东南亚地区的贸易，1641年1月，荷兰人攻占马六甲，结束了葡萄牙人在这里约130年的统治。

继荷兰人之后侵入马来半岛及周边地区的是英国人。18世纪后半期的产业革命使英国资本主义迅速发展，英国迫切需要更多的原料及海外商品市场。18世纪60年代英国东印度公司通过战争夺得印度大片土地后，转向马六甲海峡，寻找贸易和海军基地。

1786年8月，英国殖民者占领槟榔屿后，于1819年占领了新加坡。1824年英荷签订《伦敦条约》，英国将苏门答腊划归荷兰，荷兰则放弃马六甲及其属地。1826年，英国人将槟榔屿（包括威斯利）、马六甲和新加坡合并管理，建立所谓“海峡殖民地”。

英国建立了“海峡殖民地”后，宣布这些地区的土地归英王所有；把新加坡、槟城辟为自由港，以控制东方贸易。为掠夺这些地区的资源，英国从中国和印度招募了大批劳工，在此开矿山、建城市，开辟大批胡椒、丁香、甘蔗种植园。由于英国资本主义的侵入，这些地区的自然经济逐步瓦解，农业中的商品生产迅速发展，国内原有的商业网成为英国人收购农矿产品和推销其工业品的渠道，新加坡和槟城成了贸易发达的殖民地城市。

在未被英国人占领的马来亚内地9个土邦，商品经济逐渐发展，当时从事工商业活动的除了统治阶级外，更多的是定居当地的各族商人，其中主要是来自中国东南沿海的移民。到19世纪中叶，他们纷纷投资于工矿业和经济作物的种植业，出现了新兴的资产阶级，一些近代城市，如吉隆坡、太平、怡保等也陆续出现了。

19世纪后半期，随着西方资本主义国家工业迅速发展和苏伊士运河的开通，欧洲对橡胶、锡和其他原料的需求急速增加，从而加紧了对亚非殖民地的争夺。在此形势下，英国殖民者开始改变对马来亚内地的不干预政策，采取行动逐步接管马来半岛各邦。20世纪初，马来亚完全沦为英国的殖民地。沙捞越、沙巴历史上属文莱，1888年两地沦为英国的保护地。

1941年12月日本入侵马来半岛，直至1945年日本战败投降。由于马来亚2/3的粮食靠进口，日军占领后无法提供足够的粮食，因而饥荒蔓延，人民生活十分困难。日本投降后，英国又卷土重来，恢复在马来亚、沙捞越和沙巴的殖民统治。1948年2月成立马来亚联合邦。

1954年英在马宣布“新宪制”，允许马来亚设立部分民选的议会（98名议员中民选52人，其余由英方指定）和政府，但政府的政务、司法、财政、经济和防务等重要部门仍由英国人掌握，英高级专员仍是政府首脑。1955年7月，马来亚根据“新宪制”举行第一次大选，1956年1月，英国和马来亚谈判后达成协议，同意马来亚在英联邦内独立；但英国在马可以继续驻军、使用军事基地，并向马提供军事援助。

三　当代史

（一）独立后20多年的政治经济发展

1957年8月31日马来亚宣布独立，成立了马来亚联合邦，它仅包括西马地区，而不包括仍为英国殖民地的新加坡和东马地区。马来亚联合邦共11个州，620多万人，面积13.18万平方公里，首都设在吉隆坡。

1961年5月，马来亚联合邦总理东姑·拉赫曼提出将马来亚联合邦与英国其他殖民地——新加坡、沙巴、沙捞越、文莱合并，成立马来西亚联邦。他的提议得到时任人民行动党主席李光耀的支持。经过长期谈判，除文莱苏丹不同意之外，其他各方在1963年7月签订协议，沙巴、沙捞越、新加坡均以州的名义和马来亚联合邦合并组成一个新的联邦，称为马来西亚。英国政府撤销英国女王在沙巴、沙捞越和新加坡的宗主权和司法权。英国政府和马来亚联合邦签订的防务互助协定扩大到全马。1963年9月16日，马来西亚联邦正式成立。由于政治和经济上的原因，1965年8月新加坡脱离马来西亚宣布独立，建立了新加坡共和国。

1969年5月，马来西亚举行独立以后的第三次大选，5月13日大选结果公布后，华族政党的青年支持者在街上游行庆祝胜利，与马来人发生冲突。骚乱从吉隆坡蔓延到其他地方，从冲撞发展到暴力冲突，混乱持续了近半个月，到7月31日，各族死亡人数共196人，受伤367人，失踪37人。5月13日晚，总理拉赫曼宣布雪兰莪州进入紧急状态。第二天，最高元首宣布全国进入紧急状态，中止国会民主。第三天，拉赫曼在巫统激进派的压力下，宣布成立以敦·拉扎克为主任的全国行动理事会，实际上后者接管了全国权力，国家政权转移到第二代人手中。其间，马华公会一度退出政府，马来人转向全面控制政权。

为了确保“五一三”事件不再重演，确保马来人特殊地位不受挑战，1971年2月马来西亚国会通过了对宪法的修正案。修正案规定，禁止质询关于宪法中规定的国语、马来人特殊地位、马来统治者地位和主权及公民权等条文；取消豁免议员在议会内的言论不受司法管辖的权利，大专院校给马来人和土著保留一定比重的名额。

虽然“五一三”事件的导火线是选举，但一些马来人认为其根源是马来人与华人之间经济发展的不平衡。据此，政府于20世纪70年代初开始实施扶持马来人经济的“新经济政策”。“新经济政策”为期20年（1971～1990），目标是消除贫困和重组社会，要求把马来人在全国资产总额中的股份从1970年的2.4%提高到1990年的30%。具体说，就是到1990年，西马股权有限公司的股权分配应为：原住民30%，非原住民40%，外资30%。新经济政策对马来西亚的经济发展和社会变化产生了深刻的影响。

（二）20世纪80年代以来的发展

1976年1月，第二任总理敦·拉扎克病逝，敦·奥恩继任，1981年奥恩因健康原因辞职，其副手马哈蒂尔出任总理和巫统党主席，自此马来西亚进入马哈蒂尔时代。

1. 调整经济发展战略，实现10年高速增长

马哈蒂尔被认为是马来西亚新一代政治家的代表。在他之前的三任总理都是贵族出身，而马哈蒂尔原是一位平民医生。他大力推行新的工业化政策，在大量借入外债的基础上发展重化工业和资源加工工业，到20世纪80年代中期因外债负担过重而不得不停止这一发展现代化工业的尝试，经济也在此时陷入负增长的窘境。此后，政府及时调整经济发展战略，利用东亚地区的“四小龙”产业转移的有利时期，吸引外资发展劳动密集型出口加工业，经济从20世纪80年代后期开始进入长达10年的高速增长期。经济的高速发展使原有的民族和社会矛盾大大减轻。

1990年新经济政策到期，政府先后推出第六个《五年计划》(1991～1995)、第二个《远景计划纲要》（1991～2000年，亦称《新发展政策》）和《2020年宏愿》（1991～2020）等中长期经济发展计划，号召全国人民努力奋斗，保持经济的高速增长，在2020年前把马来西亚建成先进的工业化国家。新发展政策不再强调经济中民族的比重关系，而将政策重点转向整体经济结构的调整和消除全社会的贫困。为此，20世纪90年代开始，政府制定了一大批大型发展计划，其中主要有：在吉隆坡南面的普特拉贾亚建立新的行政首都；在雪兰莪州建立一个新的国际机场；改善全国的交通系统（包括高速公路和连通欧亚的铁路设施）；新建几个大电站（其中包括在沙捞越的巴昆水电站），等等。因此，经历了1988～1997年连续10年平均8%的经济高增长时期。

2. 克服经济危机，实现政权平稳过渡

1997年，受到东亚金融危机的严重冲击，马来西亚货币林吉特对美元贬值26%。1998年9月开始实行与美元直接挂钩的固定汇率制以避免币值进一步下降。1998年马来西亚经济增长率骤然降至-7.4%，这是自马来西亚成立以来最低的增长纪录。国民经济因此陷入极度困难之中，部分大型项目纷纷取消或暂停。

马来西亚政府做出巨大努力，实施了较强的管理措施，如实行固定汇率、限制资本外流等，力图制止经济的继续下滑，促使其尽快回升。1999年政府的反危机措施开始见效，而且国际市场、特别是电子产品市场的迅速恢复对马来西亚的出口增长起了促进作用，因此全年经济增长率达到6.1%。2000年为8.3%。这样，整个20世纪90年代马来西亚的经济增长率大致在6.9%左右，略低于《十年规划》的要求。

1999年11月29日，马哈蒂尔总理利用经济恢复的大好时机，宣布提前进行大选，结果执政党“全国阵线”获得议会2/3以上的议席，马哈蒂尔再次连任总理。此后，马哈蒂尔重申实现《2020年宏愿》的决心，认为尽管受到金融危机的严重打击，但马来西亚经济基础较好，只要人民共同努力，届时仍有可能达到中等发达国家的发展水平。经过政府与人民的共同努力，以及世界经济的好转，马来西亚经济已基本恢复到了危机前的水平。

2003年10月31日，马哈蒂尔总理在国内政治经济基本稳定的局势下，经过一年多的准备与过渡，正式辞去政府总理、巫统兼国阵主席等职位，由副总理阿卜杜拉·巴达维接任。马来西亚平稳地完成了建国以来最重要的一次政府领导人的更替过程。

第四节　政治体制与法律制度

一　概述

马来西亚政治体制与法律制度的发展经历了一个曲折的过程。公元前马来西亚开始出现古代国家。其后，苏门答腊的室利佛逝国、满者伯夷和暹罗王国曾控制马来半岛。15世纪初出现满剌加王国。16～18世纪葡萄牙、荷兰和英国先后入侵马来西亚，19世纪初叶马来西亚沦为英国殖民地。1941年马来西亚被日本占领，直至1945年日本战败投降。其后英国又卷土重来，直至20世纪50年代马来西亚获得独立。

马来西亚政体类似于君主立宪制，实行的是一种较特殊的君主立宪制。它的君主不是世袭的，而是选举产生的；不是终身制，而是有任期的；不是个人君主制，而是轮换的集体君主制。独立后一直实行议会政治制度，同时保留着传统而又特殊的君主制度。

二　宪法

1. 宪法的制定和修订过程

1957年制定的联邦宪法，由14章（共181条，其中部分内容后来已被宣布作废）和13个附表组成，全文约10万多字。

宪法的制定和修订有一个过程，它是在马来亚联合邦独立前，由英国政府和马华印联盟代表、苏丹等各方经多次商谈协议而定，因而受英、美两国宪法影响很大。在政治制度方面，责任内阁制、下院多数党领袖组阁、国会两院权力分配等均仿效英国的制度。在联邦制度方面，联邦与各州权力的划分、上院议员代表各州而不是代表贵族等是受美国宪法的影响。

20世纪50年代，与马来亚独立进程同时，马来亚联合邦政府代表团同英国政府签订了一项协定，准许马来亚联合邦于1957年8月31日前独立，双方指派一个宪法委员会负责起草新宪法。1957年5月宪法草案获得各州苏丹会议与联合邦行政会议通过，联合邦立法会议于7月11日通过。经由英国上下两院先后通过，《马来亚联合邦宪法》于1957年8月27日正式公布。

1963年9月16日马来西亚成立，《马来亚联合邦宪法》即改名为《马来西亚宪法》。此后，马来西亚联邦议会以宪法修正案形式多次对宪法进行修订。20世纪80年代以来几次重要的修订内容有：

（1）1983年宪法修正案将联邦法院改名为“最高法院”（1994年又改回原名“联邦法院”），一切案件（包括民事案件）不再上诉英国枢密院。

（2）1984年宪法修正案规定，最高元首对议会呈递的法案，最多只能拖延30天，30天之后不论他是否签署，该法案将自动生效；最高元首宣布紧急状态必须经总理提出建议，不得单方面行使这一权力。

（3）1993年宪法修正案废除苏丹个人的司法豁免权，规定设立特别法庭，根据普通法律审理涉及最高元首和苏丹们的任何刑事和民事案件，该法庭有终审权。

（4）1994年宪法修正案规定，最高元首必须接受及根据政府的劝告执行任务。

这些宪法修正案使马来西亚的王权一步步受到削弱，国家的实际权力已基本转入政府手中。

2. 宪法的基本内容

宪法各章大致内容为：第一章“联邦的州、宗教与法律”；第二章“基本自由权”；第三章“公民资格”；第四章“联邦”；第五章“各州”；第六章“联邦与各州的关系”；第七章“有关财政的规定”；第八章“选举”；第九章“司法机关”；第十章“公共服务”；第十一章“对付颠覆、有组织的暴乱及危害公众的行动与罪行的特别权力与紧急权力”；第十二章“总则及其他”；第十三章“临时条款与过渡条款”；第十四章“统治者君主权等的保留”。

13个附表的内容主要有：正、副最高元首的选举资格、选举程序；统治者会议的组成、议事规则；中央与地方权力的具体划分及州宪法应增补的条款；选区划分的程序；公民、正副最高元首、统治者会议成员、议会议员的就职与效忠誓词，等等。

三　最高元首

由于马来亚历史上曾存在着许多独立的苏丹国，独立后保留下来的9个原苏丹国与其他4个州组成了联邦制国家。君主制的特殊之处正源于此，它没有唯一、世袭的君主，而是实行一种集体轮换的君主制。由玻璃市、吉打、霹雳、雪兰莪、森美兰、柔佛、吉兰丹、丁加奴、彭亨这9个州的世袭苏丹与马六甲、槟榔屿、沙巴、沙捞越等4个州的州长组成一个统治者会议。该会议从其中9个苏丹中轮流选举出国家最高元首，每届任期5年，不得连任，且只有苏丹有选举和被选举权。

最高元首是武装部队最高司令，有立法和行政权，他可以根据议会提名任命总理；随时召开议会会议，宣布议会休会和解散；签署议会通过的法案使其成为法律；任命武装部队参谋长、法官、审计长、总检察长、4个州的州长，等等。

但这些权力的行使必须依照宪法和内阁意志。因此，最高元首的权力实际上是礼仪性的。随着马来西亚政治和经济的发展，政府在1984年和1993年两次对宪法进行修正，限制最高元首的权力，使王权受到削弱，从二元政治制度向一元政治制度转化，王室实际上已被排斥在政治领域之外。

四　议会

联邦议会是最高立法机构。议会的主要职权是修改宪法，制定法律和法令；讨论通过财政预算，对政府提出质询。

议会由参议院和众议院组成。参议院有70席，其中30席由各州的立法议会推选，其余40席由最高元首根据总理建议任命。被任命的议员一般是社会各界有特殊成就或代表意义的人。参议员任期6年，正、副议长从中选出。

众议院是主要立法机构，权力大于参议院，由选民直接选举产生，每届任期5年，1999年议员为193人。获得众议院多数席位的政党为执政党，其领袖由最高元首任命为总理。

五　内阁

内阁是最高行政机构，由总理、一名副总理和各部部长组成，总理是政府首脑。所有政府阁员必须是议会议员，内阁集体对议会负责。为协助内阁协调、监督各部工作，政府设立了国家行政、经济、安全等3个理事会，由总理直接领导。

内阁的组成一般是由议会中的多数党决定的，它的主要职能是制定和执行政策、法律；决定和实施国家内外政策，任免高级官员；掌管并指挥军、警、法等强力机关；干预及参与国家经济活动；组织选举、建议解散议会等。

六 最高法院

最高法院是最高司法机构，最高法院由一名首席大法官主持、两名大法官和多名联邦法官组成。马来西亚的法院分为最高法院、高等法院（西马设马来亚高级法院，东马设婆罗洲高级法院）和初级法院（包括地方法院、巡回法院）等三级。另外还设有审理各种特殊案件的专门法院，如特别军事法庭、伊斯兰教法庭、少年法庭、劳工法庭、铁路法庭等。

七 地方政府

作为联邦制国家的组成部分，各州有一定的政治权力，它们各有一套类似联邦政府的完整的州政府机构，君主立宪的原则也适用于各州。9个州有世袭的苏丹，他们在本州的权力类似于最高元首。另4个州设州长，由最高元首根据该州首席部长提名任命，任期4年，政治地位类似苏丹。

行政会议是州的行政机构（沙捞越称最高会议、沙巴称内阁），由首席部长和其他部长组成。首席部长是本州首脑，由本州议会多数党领袖担任。各州有一个一院制的立法议会，在本州的地位、作用与联邦议会基本相同。与政治权力相比，各州的经济力量相对较弱，各州政府财政收入中源于本州的收入仅约为联邦财政收入的20%左右(1998年)。

八 政党

政党体制从实际力量对比上看，是一种一党执政、多党参政的多党联合执政体制。它不同于一般的多党制，其执政党不是一个单一政党，而是由一些独立政党组成的联合体，特殊之处在于这些政党不是临时的组合，而是有一定组织形式的统一的政治实体。

（一）国民阵线

现在的执政党是国民阵线，由14个党联合而成，其核心力量是巫统（马来民族统一机构，United Malays National Organization，UMNO)。国民阵线的前身是联盟党，1958年正式作为政党注册成立，一直是执政党。当时由巫统、马华公会（华人公会，Malaysian Chinese Association)、马印国大党（印度人国大党，Malaysian Indian Congress）组成，巫统出任常任主席。1974年联盟党改称国民阵线，成员扩大，一直执政至今。“国阵”的最高领导机构是最高执行委员会，每个成员党至少有3个代表，主席是巫统主席，也是联邦总理，各成员党有相对的独立性。最高执行委员会有权选择竞选议员的候选人，提出政策动议，选择党的主要行政领导。由于巫统在力量上的绝对优势，自独立以来，其领导人当然成为联邦政府的高级官员。除主席任总理外，一般巫统的署理主席（第一副主席）任副总理，副主席任外交、财政等重要部门的部长。巫统党内选举在大选之前进行，因而其结果常决定着大选后政府的人选与分工。

（二）人民阵线—替代阵线

是一个多党组成的阵营，反对党，但组织不如国民阵线，力量也较弱。1995年大选时反对党的名称是“人民阵线”；1999年大选时称为“替代阵线”。

在1995年第9届大选选举出的联邦议会194个议席中，“国阵”有164席，占84.5%；其中巫统的席位达88席，马华公会30席，其他成员党席位相对很少。反对党的“人民阵线”在选举中获得席位的有4个党，一共只获得30席。反对党在州议会选举中只在吉兰丹州获胜，成为州执政党，在其他州全部失利。

第十届大选应在2000年6月举行，但1998年马来西亚受到金融危机的沉重打击，执政党国民阵线的威信大大下降，给它在下届大选中的地位造成严重威胁。特别是当马哈蒂尔总理和其原定接班人安瓦尔副总理的关系因危机对策意见不同而出现分裂，安瓦尔被撤职并因其他原因被捕入狱后，执政党的地位更受到以安瓦尔夫人为首的反对阵线的严重挑战。

不过，当1999年政府的危机对策开始逐步见效后，第三季度国内生产总值增长率为8.1%，执政党的威信有所恢复。马哈蒂尔利用这一有利时机，宣布提前在1999年11月29日举行大选。此举令反对党措手不及，因为竞选时间只有9天。他们组成新的反对阵线，称为“替代阵线”，在各选区与国阵展开全面较量。这次大选使马政治力量发生变化，以马来族为主的反对力量进一步扩大。虽然它们最终没有撼动执政党的优势地位，但也使执政党在国会的议席明显下降。在总共193个议席中，“国阵”获得148席，占76.7%；“替阵”获得45席。特别是在州议会选举中，伊斯兰教党不但继续在吉兰丹州取得政权，而且还取得了丁加奴州政权。

（三）马来西亚政党的特点

马来西亚政党的一个重要特点是其突出的种族性质，而不是以阶级或意识形态为基础。各政党的主要政治目标常带有明显的种族色彩，一些为淡化种族界限而建立多种族政党的尝试均告失败。其原因是各种族之间在历史、文化上存有较大差异，主要种族之间因历史形成的分工格局使其经济地位和经济利益差距甚大，而主要种族间人口比重的接近又使利益差距引起的冲突更为敏感，这就使种族观念代替了阶级或其他政治观念，维护种族利益成了政治活动的重要原则之一。

近年来，随着经济的迅速发展，“原住民”的经济地位明显提高，政党之间因民族问题而引起的纷争也开始减少。1997年东南亚金融危机爆发后，印尼因危机导致政权更迭、种族冲突和社会暴乱。上述情况引起马来西亚华人的忧虑，使得他们在大选中对马来西亚现在的执政党采取较积极的支持态度，而对以伊斯兰教党为首的反对派态度消极。

九　主要政治人物

米詹·扎因·阿比丁（Sultan Mijan Zainal Abidin 1962～　）　现任最高元首。1962年1月22日生，马来西亚丁加奴州人。1981～1983年在英国皇家军事学院学习。而后在伦敦的欧洲美国国际大学学习，1988年获国际关系学位。回国后在丁加奴州政府任职。1999年4月任马来西亚副最高元首，时年仅37岁，是马来西亚最年轻的苏丹。2001年12月连任副最高元首。2006年11月3日，马来西亚统治者会议举行特别会议，推选阿比丁为第十三任最高元首。同年12月13日宣誓就职，任期5年。

他喜爱运动，如骑马、足球、高尔夫球及潜泳，并且是跆拳道黑带高手。

夫人西蒂·艾萨。

端古·赛义德·西拉杰丁（Tuanku Syed Sirajuddin 1943～　）　前任最高元首。1943年5月16日生于玻璃市州亚劳。早年先后在马来西亚和英国接受马来文和英文教育。1964～1965年在英国皇家军事学院受训。1965年回国后，曾服务于国防部，并在沙巴、沙捞越、彭亨州服役，先后任中尉、少校、上校。1960年10月30日被册封为玻璃市州摄政王。1967年7月至10月任玻璃市州代理统治者。2000年4月17日就任玻璃市州统治者。2001年12月12日，在第191次统治者会议上当选第12任最高元首，次日就职，2002年4月25日举行登基仪式。2006年12月13日卸任。

阿卜杜拉·宾·哈吉·艾哈迈德·巴达维（Abdullah bin Haji Ahmad Badaw 1939～　）　现任总理。1939年11月26日生于槟榔屿州，1964年毕业于马来亚大学，而后进入马来西亚政府部门。1965年加入执政党巫统，1978年作为槟榔屿州的代表当选国会议员，并被选为联邦直辖区部的政务次长。1984年被任命为教育部长，并于同年在党内选举中赢得巫统副主席一职。1986年任国防部长，1987年因涉及巫统内部斗争使其在当年的大选中拒绝支持马哈蒂尔并退出内阁。不过当年晚些时候他又被召回巫统。1991年被任命为外交部长。1999年1月任副总理兼内政部长。2003年10月在原总理马哈蒂尔辞职后接任政府总理。他的施政理念崇尚种族平等、国家团结和维护本国的发展权。他出任总理后，相继采取严厉打击贪污、提高政府和公务员效率、增加政府项目招标透明化等重要措施，树立了廉政、亲民的形象。2004年3月22日马来西亚第十一届大选结果揭晓，他领导的执政联盟国民阵线（国阵）获得超过3/4议席的大胜，反映了马人民对国阵奉行的稳定、发展政策的支持和认同。他是虔诚的穆斯林，被称为“廉洁先生”。曾于1997年5月和2003年9月两次访华。

第五节　经济

一　概述

（一）社会经济发展战略

1. 经济发展战略指导思想

自1957年独立至20世纪60年代末的较长一段时期内，马来西亚没有明确的社会经济长期发展战略。但是，政府在对国民经济的管理中，逐步形成了较为明确的经济发展战略指导思想，即以国民经济的工业化为主要目标，对严重依赖几种初级产品的旧殖民地经济结构进行彻底改造，使之逐步多元化，以此带动整个国民经济的增长。当时，工业化的主要途径是发展以消费品生产为主的进口替代型工业。

由于这一指导思想未将经济结构转变与社会政治结构的发展联系起来，因而在经济发展的同时，社会结构没有相应调整，各社会阶层没有均衡发展。由此产生的社会动荡使政府不得不重视社会结构的调整，将其与经济发展协调起来，以保证经济发展的顺利与持续进行。而在这个经济与社会发展的协调过程中，政府起了主导作用。

2. 新经济政策——第一个远景规划

20世纪70年代初，马来西亚政府提出了一个长达20年（1970～1990）的发展战略，即著名的《新经济政策》，亦被称为《第一个远景规划》。其目标包括社会与经济两个相互联系的方面。自此，马来西亚有了正式的长期社会经济发展战略。

《新经济政策》的社会目标是，确定各主要民族在经济中的相应地位，其中特别强调了马来人经济地位的提高；经济目标提出了主要产业结构的调整比例，重点是提高制造业在经济中的比重，相应降低农业的比重。《新经济政策》在工业化方面的主要变化是逐步重视了出口导向工业的发展，特别是在其后期，即20世纪80年代后半期，出口加工工业迅速发展，带动了整个国民经济的发展。

3. 新发展政策——第二个远景规划

《新经济政策》在1990年结束，1991年马来西亚政府继之制定了一项为期10年的《1991～2000年社会发展计划》，即《第二个远景规划》，亦被称为《新经济政策》之后的《新发展政策》（后更名为《国家发展政策》）。该计划的基本要求是在这10年中，国民经济以年均7%的速度均衡发展。它与前一发展远景规划的主要区别在于，没有突出强调原住民（主要是指马来人）在经济活动中的地位问题。而从对整个国民经济发展的要求上看，仍以工业化为经济发展的主要动力，这一基本指导思想没有改变，但是其中的变化是很明显的。规划要求经济保持较为平稳的发展，强调国民经济基础结构的均衡发展，从而使经济管理的重心从工业与农业的协调发展扩展到工业内部的协调发展，即基础工业与加工工业的平衡发展上来。

4.《2020宏愿》

在制定第二个远景规划的同时，马来西亚也确定了以《2020宏愿》为名的更为长远的战略目标，即在1990～2020年的30年间，将马来西亚建成发达的工业化国家。其基本目标是：在此期间，国内生产总值保持年增长7%的速度，从1990年的1 150亿林吉特增长到2020年的9 200亿林吉特，即翻三番；人均收入从1990年的6 238林吉特（约2 465美元）增至2020年的2.5万林吉特（相当于1万美元，1990年价格），即翻两番（相当于年均增长4.7%）。这一长远战略目标的提出，表明马来西亚在20世纪80年代后期经济持续高速增长的基础上，对自己的发展前景所具有的充分自信。20世纪90年代后期，马来西亚经济受到东南亚金融危机的沉重打击，使其勉强完成10年内年均增长7%的目标（约为6.9%）。但随着经济的逐步恢复，时任总理的马哈蒂尔在2000年初再次强调实现《2020宏愿》的决心，并继续将其作为国家经济发展的基本战略目标。

（二）经济发展概况

以社会经济发展战略来划分，经济发展大致可分为三个阶段：

第一阶段，从1957年马来亚独立到1970年。主要是在发展初级产品的生产与出口的基础上，建立和发展进口替代工业，并着力完善基础设施。20世纪60年代国内生产总值年均增长率为6.5%。

第二阶段，即"新经济政策"时期，1970～1990年。这一时期国内生产总值年均增长6.9%，主要是以工业化为中心，带动经济均衡发展，同时解决社会分配差距。在此阶段的后期，经济政策已开始转变，工业化的重点从进口替代向出口导向型转移。

第三阶段，即1991年开始实施的"国家发展政策"时期。该计划要求产业结构不断升级，制造业在经济产值中的比重和就业比重进一步提高，使马来西亚2020年成为"全面发达的工业化国家"。实际执行情况是，1991～1997年国内生产总值年均增长8.5%。1997年爆发的东南亚金融危机严重地打击了马来西亚经济，1998年国内生产总值实际为−7.4%，1999年恢复到6.1%，2000年为8.3%。2001～2005年，除2001年经济增长率接近零增长外，其余年份均保持4%～5%以上较高的经济发展速度。

从实际状况看，马来西亚经济发展呈现明显的周期性波动，周期的长度大致为10年左右。从20世纪60年代马来西亚联邦成立后，第一次较大的经济衰退是在 1975 年，主要原因是石油危机引发的世界经济振荡。第二次是 1985～1986 年，主要原因一是世界初级产品价格持续下降造成出口下降；二是 20 世纪 80 年代前半期大规模发展重化工业导致赤字财政与外债猛增，在出口受阻时导致资金短缺，不得不强迫经济实施“硬着陆”。第三次是 1997 年泰国爆发的东南亚金融危机波及到马来西亚，长期高速增长中积累的种种隐患，导致马联邦出现自成立以来最严重的经济衰退。尽管有这几次较严重的下降，马来西亚成立以来 30 多年的经济增长速度仍然达到很高水平，特别是在 20 世纪 80～90 年代中期，国内生产总值年均增长率连续 10 年保持在 8%以上，使其迅速成为受世人瞩目的新兴工业化国家。

表 2　　马来西亚 1996～2003 年主要经济指标

项目＼年份	1996	1997	1998	1999	2000	2001	2002	2003
人口（万人，年中）	2 117	2 167	2 218	2 271	2 349	2 401	2 453	2 500
国内生产总值增长率（%）	10.0	7.3	−7.4	6.1	8.3	0.4	4.2	5.2
国内生产总值（亿美元）	1 008	1 002	722	791	900	880	952	988
消费价格指数（%）	3.5	2.7	5.3	2.8	1.5	1.4	1.8	1.1

资料来源　亚洲开发银行《发展中成员主要指标》2004 年。

（三）重要经济区域的划分

在主要以初级产品为经济支柱的时期，按资源分布情况划分的经济区域是：

1. 稻米产区　主要在西马的吉打、吉兰丹、霹雳、玻璃市等 4 个州及东马的西海岸平原地区。

2. 橡胶和油棕等经济作物区　主要分布在西马和东马西部沿海一带。

3. 渔业产区　西马有邦咯、槟榔屿、马六甲、丁加奴等渔场，沙巴有东海岸水产专业区。

4. 木材采伐区　主要在东马及西马的彭亨州，其中沙巴是全国最大产区。

5. 加工工业区　多数集中在西马的西海岸城市，如槟城、北海、太平、怡保、吉隆坡、巴生、芙蓉、波德申、新山和沙捞越的古晋与沙巴的哥打基纳巴卢等。

6. 采矿工业区　采锡多分布在西马的槟城、太平、怡保、吉隆坡、马六甲等地；铁、金、铝土、铜的开采分别在西马的瓜拉龙运、东马眼、新山、打扪、劳勿及沙捞越的石龙门、沙巴的马目；原油开采在沙捞越的米里和 20 世纪 70 年代以后陆续开发的米里西北，沙巴的哥打基纳巴卢以北，西马关丹东北等地区的近海油田。

随着经济的迅速发展，国民经济结构发生重大变化，初级产品在整个经济中的比重迅速下降，而工业制成品已占很大比重。因此，以资源生产划分的经济区域已不能确切地展现当前经济布局。实际上，现在国民经济的主要部分——制造业大部集中在西马的城市及周边地区。原来的初级产品主产区虽然有的也有很大发展，但它们在经济中的作用已远非昔日可比，特别是马来西亚引以自豪的橡胶和锡的生产下降更是惊人，锡矿已基本处于停产状态，橡胶的生产也降到仅有 100 万吨左右，大部分胶园改种油棕榈树。

二　政府对经济发展的计划与管理

（一）经济发展计划

马来西亚自独立前即已开始实施以中期（5 年）计划为主的经济计划管理，这一管理手段延续至今已 40 年，中间并未因任何原因而中断，其连续性、稳定性在发展中国家里是比较突出的。

第二次世界大战后，马来西亚最早的五年计划是 1950～1955 年的《发展计划草案》，由当时的英国殖民政府制定；1956～1960 年有了第一个五年计划，又称第一个马来亚计划，实施一年后马来亚独立；1966～1970 年的计划是马来西亚联邦成立后的第一个五年计划。此后计划的顺序便依次排下来，到目前已是第八个五年计划（2001～2005）。

以“新经济政策”开始实施的 1971 年分界，此前的经济计划并不完善，计划主要是一些独立项目的集合，并不是一个包含许多单项的大的发展规划，这意味着政府尚无明确的产业政策。计划扶持的重点是农业和基础设施建设，政府没有直接支持工商业的发展。

整个“新经济政策”时期，各五年计划的政策重点也在不断变化，“二五”计划（1971～1975）重点是解决马来人的贫困和社会结构调整，“三五”计划（1976～1980）重点改为解决各民族的贫困问题，“四五”计划（1981～1985）以解决就业和大力发展工业为重点，“五五”计划（1986～1990）则既要向完成“新经济政策”的基本目标冲刺，又向私有化、区域发展等方向转变，实际上已成为一个新的国家经济政策的开端。

1991年开始的“六五”计划是《第二个远景规划》和《2020宏愿》的开端，计划的主旨是“均衡发展”。这是与同期推出的“国家发展政策”（《第二个远景规划》）强调经济发展先于财产分配的重要政策转变相吻合的，并提出以私人部门作为发展的首要动力；“七五”计划（1996～2000）重视产业的升级，发展新技术、新产业，以此推动经济继续高速发展。

总的来看，马来西亚的经济计划在经济发展中起到了指导性的作用，基本上都能完成。当然在经济受到国际经济严重冲击而衰退时，其计划都没有达到指标。

（二）财政政策

从马来亚独立到20世纪60年代的10余年间，马来西亚的财政政策基本上是保守型的，即收支平衡，以丰补歉。

1971～1990年的“新经济政策”时期，政府对经济直接干预增强，导致财政赤字迅速增长。政府在这一时期逐步采取的扩张性财政政策，在20世纪80年代初达到顶峰，财政赤字达到占国民生产总值的19.1%（1981年），随后政策开始转向紧缩，财政赤字逐步下降，1990年为5%。

20世纪90年代以来，政府继续严格控制财政支出，尽力保持收支平衡。1993年联邦政府财政收支开始转为盈余，终于在相隔近30年后再次出现了黑字财政。1997年东南亚金融危机爆发后，政府采取紧缩对策，但效果不佳；随后又实施扩张性财政政策，1999年财政预算赤字为136亿林吉特。

财政赤字主要是政府债务和非预算国有企业债务。政府在较长时期内将经常支出与收入抵平，而将发展支出用作投资性目的，形成了结构性赤字。这些赤字以政府债务、特别是外债形式填补，政府以预期的出口收入和投资项目收益作为偿债的基础。20世纪80年代中期出口受阻后，债务支付发生困难，政府开始将财政政策由赤字扩张型转变为收支平衡型，20世纪90年代以后偿还外债的问题基本解决。

（三）货币政策

货币政策目标基本上有两个主要方向：一是保证经济发展的持续性，即货币政策必须有利于经济的不断增长，其政策性质特征常常是扩张性的。二是保证经济发展的稳定性，即对经济发展的过热状态降温，这常是在过度强调前一方向时，起修正作用，其性质特征基本上是收缩性的。从实际执行中看，这两种政策目标常常是对立的，交替为主。

20世纪60年代货币政策基本上是保守型的，政府一直较谨慎，很少将其作为刺激经济增长的工具。货币增长相应较稳定，M1（指政府发行的硬币、纸币和居民活期存款总数）年增长率控制在6.4%左右。20世纪70年代马来西亚开始执行“新经济政策”，将经济快速发展、特别是以“原住民”为主的农村和农业的发展作为重要目标，因此，货币政策的目标也开始向扩张型转变，M1年均增长率接近17%。货币增长的加速导致通货膨胀压力增加，20世纪70年代末80年代初开始，政府的货币政策目标转向抑制通胀，一直延续到80年代中期。此后，货币政策目标逐步向以适度控制为主、保持经济稳定发展的方向转变，通货膨胀也基本控制在5%以下。

控制利率在较长时期内是货币政策的主要实施手段。20世纪60～70年代，政府政策一直是严格控制利率，官方贴现率基本上是固定在4%或5%。政府通过规定商业银行的贷款利率下限和存款利率上限以及法定储备率来控制贷款规模。中央银行一直没有鼓励政府证券二级市场的发展，因此公开市场操作在较长时期内并未被当作一种货币政策工具。20世纪80年代中期以后，为了支持经济的恢复与发展，中央银行加强了货币市场操作，降低了贴现率和法定准备金率，并向金融系统注入流动资本。1987年取消了存款利率限制，但是对贷款利率仍有限制，直到1992年2月才取消所有对贷款利率的限制。

（四）汇率政策

1973年货币林吉特采取浮动汇率制后，汇率才成为一种新的政策选择。林吉特的汇率由中央银行根据其内部确定的货币篮子加权决定，以美元作为干涉货币。20世纪80年代前半期中央银行采取汇率升值政策，从1980年的90.8（以1985年为100）上升到1984年的105.3，据测算其币值高估了20%。在此期间林吉特对英镑升值67%，对马克升值34%，对日元也升值14%。高估汇率可以使以林吉特计算的外债不致增长过快，同时也可避免贬值造成的通货膨胀压力。但是高估汇率又导致对林吉特的贬值预期越来越强，使资本大量外流。20世纪80年代中期以后，中央银行调整汇率政策，林吉特逐步贬值，目的是鼓励外资投入，促进出口增长。20世纪90年代以后，林吉特逐步停止贬值，目的在经济高速增长时降低通货膨胀压力。

三　东南亚金融危机的冲击及政府对策

（一）金融危机对马来西亚经济的打击

马来西亚经济对外依存度很高，是典型的外向型经济，因此外部经济环境的急剧变化极易对其经济产生巨大的影响。20世纪90年代中期，马来西亚经济在近10年之久的持续高增长后，需要进行结构性的调整，对此马政府已着手推动以“多媒体超级走廊”为代表的经济结构调整计划。而正在此时，1997年爆发的东亚金融危机，迅速波及高度开放的马来西亚经济并对其造成严重冲击，主要表现为：

汇率　1997年7月2日为2.52林吉特兑1美元，1998年1月7日为4.88∶1（比危机爆发时贬48.4%，最低点），而后反弹；当8月份降幅再度超过4时，政府采取固定汇率措施，将汇率定在3.80∶1（贬值33.7%）。

股市　1997年2月25日吉隆坡综合股指1 271点，1998年9月1日为262.7点，市值损失约6 000亿林吉特。

国内生产总值　1997年为2 754亿林吉特（979亿美元）；1998年为2 647亿林吉特（675亿美元）。1986～1997年平均增长率为7.8%；1997年增长7.8%，1998年为-7.4%。

人均国民生产总值　1997年为4 284美元，1998年为3 018美元。

（二）政府应对危机措施

危机爆发后，马政府为维护经济自主，拒绝了国际货币基金组织的援助，采取了一系列措施力求减缓危机冲击。以1998年7月政府推出《国民经济恢复计划》为界，此前以紧缩为基调，此后开始采取扩张型措施。直接目标是稳定经济，使其停止下降。应对危机措施有较强的政府管制色彩，采取的主要政策如下：

1. 外资与外汇政策　1998年9月1日采取固定汇率制，3.8林吉特兑1美元。外资在马一年后才可撤离。1999年2月改为征收撤资税。

2. 货币政策　先紧后松。初期主要是降低贷款增长率、提高储蓄率、增拨信贷资金鼓励投资。而在1998年7月后，3次降低存款准备金率，6次降低3个月干预利率。

3. 财政政策　初期采用紧缩政策，压缩政府支出，而后采取扩张政策。1998年3月将财政目标调整为赤字预算，1998年赤字50亿林吉特，1999年赤字再扩大至136亿林吉特。

4. 金融政策　1998年3月提出计划，要将39家金融公司合并为8家；成立资产管理公司以收购56家金融机构的不良贷款；成立资本基金公司，对银行及金融机构提供资金；成立债务重整委员会，对5 000万林吉特以上债务的企业解困，降低企业与金融机构双方的损失。

（三）政府危机对策的初步效果及原因

1999年二季度国内生产总值增长4.1%，是危机后首次季度增长。1999年全年增长率为6.1%，远高于年初各方面的估计，表明马来西亚经济已步入复苏轨道。经济复苏较快主要有以下原因。

1. 政策措施稳定经济　首先，此次危机的直接起爆剂是国际投机资本的恶意冲击，政府对国际资本流动采取强制性的管制阻断了投机资本的活动渠道，使国内经济没有陷入大规模的混乱，为经济的恢复提供了稳定的环境。其次，政府投入带动了国内需求。

2. 国际市场复苏　马来西亚是外向经济，出口对经济影响极大。1999年美国、欧洲经济发展较好，日本也出现增长苗头；同时作为马出口重点的国际电子市场需求转旺，都为马出口提供了良好的外部环境。

3. 经济基础较好　马来西亚的经济发展水平、基础设施建设、人力资源等方面的条件在东南亚仅次于新加坡。实际上马政府在金融危机前已着手进行产业升级，重点发展电子、信息产业。因此在国内外经济环境趋向好转时，能够较迅速地发挥经济潜力。

四　主要产业部门的发展

马来西亚成立之初，工业很不发达，所需工业用品主要依赖进口。在以工业化为中心的社会经济发展战略逐步形成中，工业部门迅速发展。经过30多年的努力，工业部门占国民生产总值的比重在20世纪90年代后期超过服务业，接近国内生产总值的一半，就这一点来看，已基本完成了它的工业化进程。

（一）主要产业部门的增长

从农业、工业、服务业的发展速度看，农业的发展速度呈逐步下降趋势，工业的发展一直保持着较高的增长率。特别是在20世纪80年代以后，工业的增长速度基本上一直高于农业和服务业的增长速度。

从三个主要部门的增长关系看，大致可分为两个阶段：

第一阶段是在20世纪60～70年代期间，农业是经济的主要物质生产部门，因而其他产业的增长受农业增长的强烈制约。这一期间工业的发展速度虽然高于农业，但其增长率的波动与农业增长率波动几乎完全一致。同期的工业主要是对农林产品的初加工，特别是对橡胶、油棕榈等热带经济产品的加工，因此这类农林产品的收成直接影响了工业的增长。

第二阶段是从20世纪80年代初开始，社会经济向重点发展重化工业的战略转变，使工业发展对农业的依赖逐步下降，工业的增长开始与农业增长脱钩，而服务业的增长逐步向工业靠拢。特别是在20世纪80年代中期以后，重点发展劳动密集型出口加工工业，服务业与工业的发展基本同步。到20世纪90年代两者与农业的增长已成为负相关关系，即农业与它们的增长呈反向发展。

（二）主要产业部门在国内生产总值中的地位

受上述工业持续高增长和农业增长率逐步下降的影响，这两大部门在经济中的地位从20世纪70年代初期实现换位，此时工业部门占国内生产总值的比重开始超过了农业部门。

服务业在30多年中一直保持较高的增长率，因此工业直到20世纪90年代中期才超过服务业，成为国民经济的第一大产业。

到1997年东南亚金融危机爆发时，马来西亚工业已占国内生产总值的48%，其中制造业占34%。工业在经济中的地位如此之高，可以认为马来西亚已基本实现其国民经济工业化的长期发展目标。根据其他工业化国家的经验，工业在经济中的比重达到这样的高度后，经济增长的主要动力将逐步转向服务业，因此工业在经济中的比重将呈下降趋势。否则工业生产能力过大，国内市场难以全部吸收其产品，将导致大量的生产过剩。在出口渠道畅通时尚可维持平衡，一旦国际市场发生变化，出口受阻时，极易发生生产过剩型经济危机。20世纪90年代后期发生东南亚金融危机时，上述原因是马来西亚经济受到严重冲击的重要国内因素。

（三）部分重点产业

1．制造业

制造业一直是发展最快的部门之一，特别是1987～1997年期间，该部门一直保持两位数的年增长率。不过，它的增长在1998年受金融危机的影响而急剧下降为－10.2%。1999年才开始恢复，1～8月已达到6.4%。制造业中受金融危机冲击最严重的是面向国内市场的生产部门，1998年该部门比上年下降了14.4%。这些部门包括化工与塑料制品、食品饮料和烟草、基础金属、建材和玻璃、汽车等。下降最严重的是汽车生产，比上年减少52%。1999年内向性生产部门的恢复主要靠化工和塑料、食品饮料等部门。1998年面向国际市场的生产部门下降了6.4%，它们包括电子电器和机械、纺织、木制品、橡胶制品的生产，其中主要部分是电器和机械，产值约占这些外向生产部门产值的70%，当年这两个部门下降了7.5%。但到1999年8月份，电器和机械的生产即恢复到1997年的水平，这表明国际电子产品市场的需求转旺对马来西亚经济的恢复起了重要作用。

2．采掘工业

该部门曾是最重要的工业生产部门，但由于其他工业部门迅速增长，而采掘工业的增长速度相对较低，其在工业中的比重不断下降。采掘工业的主要产品是石油、天然气、锡、铁矿石、煤，等等，其中又以石油、天然气和锡为主。锡的产量大大下降，其他矿产品数量相对很小。马来西亚曾是世界最大的锡生产国，但在其他产锡国的竞争和国际市场需求下降的双重压力下，采锡业急剧萎缩，产量从20世纪80年代初期的6万吨左右降到90年代中期的0.5万吨，1999年为0.7万吨。

3. 能源工业

马来西亚是一个能源净出口国，主要出口产品是原油和液化天然气，以及少量的电力；同时进口少量的煤炭（主要用于发电）。石油开采从20世纪初开始，集中在东马的沿海地区，到60年代基本枯竭，遂逐步转向深海地区。进入70年代以后，石油开发与生产继续迅速扩大。1973年在西马的东部沿海也发现了新油田，1974年在东马的沙巴沿海找出了新油田，并在沙捞越沿海开始发现大型天然气田。到90年代中期，已探明的石油储量可供生产10～15年，天然气储量可供生产75～100年。以资源为基础，油气生产迅速增长，成为东南亚地区继印尼之后的重要能源输出国。1999年年产原油3 400万吨，出口1 800万吨；石油液化气1 540万吨，出口1 490万吨。电力生产主要靠热力发电，从一次能源来源划分：天然气占70%，石油占11%，煤炭占9%，水电只占10%（1995年）。电力生产发展的目标是大力发展天然气和煤炭发电，以降低电力生产成本。

4. 农业

农业（包括林业和渔业）的发展可分为两个主要阶段：第一个阶段是20世纪60年代马来西亚联合邦成立到80年代初；其后至今为第二个阶段。

在第一个阶段中，农业增长呈现明显的短周期振荡，即农业增长率以1或2年为一个周期上下波动，造成振荡的原因一是国际市场价格的波动，二是农作物自然生产周期变化引起的产量大小年的自然循环影响。尽管波动幅度较大，但农业增长总水平相对较高且呈上升趋势，20世纪60年代平均为4.1%，70年代为5.1%。

第二个阶段特点：一是增长率下降，20世纪80年代为3.8%，90年代大约在2%左右；二是增长振荡幅度减小。农业增长率下降使其在经济中的地位相应下降，到90年代末只占国内生产总值的11%左右，而农业就业人口占总就业人口的比重也只有16%。

主要农业产品有稻米、橡胶、棕榈油、可可等。马来西亚成立后，一直将稻米的自给作为国家经济安全的战略重点之一，政府财政对稻米生产给予较大支持。但在20世纪80年代中期遇到严重的经济衰退时，政府被迫调整稻米自给率，从原来的80%～85%降到60%～65%，不足部分从周边国家进口。1997年稻米产量137万吨，进口65万吨，自给率为68%。马来西亚曾是世界第一大橡胶生产与出口国，1988年产量为166万吨，90年代以后因人造橡胶等替代产品、国外其他国家竞争、国内棕榈油等其他经济作物的竞争等原因使橡胶生产持续下降，1999年产量仅为86万吨。棕榈油是马来西亚最重要的农业产品，种植油棕榈的单位面积收益比种橡胶高2/3左右。在政府的大力支持下，20世纪70年代马来西亚即成为世界最大的棕榈油生产和出口国；80年代末，棕油成为最大的出口农产品。1999年棕油产量为993万吨，产值138亿林吉特，相当于石油、天然气产值之和。

5. 服务业

马来西亚成立后，服务业一直是最大的一种产业，约占国内生产总值的40%～50%，只是在20世纪90年代中期才被工业超过。在80年代中期到90年代中期的经济高速增长期间，服务业也相应有较高的增长，1988～1997年的10年中，服务业年均增长率约为9%。1998年下降为1.08%，1999年增长2.3%。

服务业包括：交通、仓储、通讯；批零贸易、旅店、餐饮；金融保险、不动产、商业服务；政府服务和其他服务等几大类。其中批零贸易、旅店、餐饮和金融保险、不动产、商业服务两大类各占服务业的27.6%和28.3%；政府服务占21.4%；交通、仓储、通讯占18%（1999年）。

从近10年的发展趋势看，政府服务在服务业总产值中的地位逐步下降，从1988年的29.1%下降到1999年的21.4%；而同期金融保险、不动产、商业服务从22.7%上升到28.3%。其他几大类的比重变化都在2%以内。不过，值得指出的是政府为了更准确地反映经济结构的变化，在1999年将统计经济增长的基期价格从1978年价格改为1987年价格。此番调整后，变动最大的是“其他服务”（包括团体、社会与个人服务，私人非盈利性家政服务，国内家政服务等），它在服务业中的比重从4.8%变更为16.4%；政府服务和金融保险等服务的比重则有较大下降。

6. 交通业

马来西亚是一个多山的半岛与海岛国家，其交通系统受地理环境的影响，国内交通以公路为主，铁路为辅；对外交通以海运和空运为主。

1999年，马来西亚公路总长约6.47万公里，其中铺装路面4.87万公里，石子或土压实路面1.2万公里，一般路面道路0.4万公里。汽车是公路交通的主要工具，随着经济增长和人民收入的提高，汽车拥有量也迅速增长，基本上达到了每10年翻一番的增速。1980年马来西亚共有乘用车86.2万辆，商用车20.5万辆；1990年乘用车上升到184.6万辆，商用车40.8万辆；到1999年乘用车达到358.3万辆，商用车为70.9万辆。

铁路运输因地形和国土纵深限制，发展缓慢。1970年马来西亚的西马地区共有铁路2 160公里，东马的沙巴地区有铁路154公里，每年的总运量约12亿吨公里；到1999年铁路总长降为1 949公里。1997年总运量为13.4亿吨公里，金融危机爆发后运量迅速下降，到1999年只有9亿吨公里，2001年有所恢复，达到10.9亿吨公里。

海运是马来西亚大宗货物运输的重要手段。到1998年注册商船总吨位已有521万吨。

建国初期的马来西亚航空运输业是与新加坡联合经营的。1972年10月两家分开，当时马来西亚只有4架民用飞机，随后购置飞机逐步建立起自己的民用航空系统。马经济进入迅速而持续的增长阶段，不仅有实力增购飞机，而且经济发展也对航空运输提出了更大的需求，因而在10年间飞机总数迅速增长，到1997年飞机数量增至101架。金融危机的爆发沉重地打击了马来西亚航空业，1998年飞机总数下降到91架。

7. 通讯业

马来西亚传统的通讯手段是信件、电报，在20世纪60～70年代它们是主要的通讯方式。不过，从70年代开始，电话的使用率在迅速提高。1966年使用中的电话约有13万部，到1970年接近18万部。此后的30年中，电话的使用率约以每10年增加2倍的速度迅速上升。1980年达到60万部，1990年达到202万部，1998年为580万部。随着电话的迅速普及，信件在70年代开始减少，电报在80年代开始下降。以发往国外的电报为例，1974年约为50万份，到1985年只有19万份。

20世纪90年代后期，新的信息技术与手段迅速发展。以此为基础，计算机网络迅速在全球扩展，马来西亚对此已有所准备，政府在90年代中期推出“多媒体超级走廊”。虽然离成功还有很大距离，但经过几年的宣传和政府与私人的投资，马来西亚信息技术和信息产业的发展，已经形成了一个良好的社会环境。1996年马来西亚每千人拥有的移动电话为74部，相当于韩国、葡萄牙等国家的水平；2000年上升到213部，超过了同年固定电话每千人199部的水平。到2002年已安装电话共479万部，注册移动电话905万部。

1996年每千人拥有个人计算机42.8台，到2000年已达100台，远远超过同期除新加坡之外的其他东南亚国家（泰国只有25.4台）。2000年个人电脑总数约为220万台，平均每千人拥有电脑96台。

2002年，马来西亚的互联网注册用户为261万户，使用者已达到784万人。随着网络技术的发展，宽带网用户急剧增长，2002年宽带网用户为1.9万户，2003年中期已上升到5.4万户。

第六节　外贸和对外经济关系

一　外贸

（一）对外贸易的发展及其在经济中地位的变化

自独立到20世纪60年代后期，基本上是以进口替代为其工业化的基本战略，因此对外贸易并未成为经济政策的重心，外贸发展相对缓慢。1957～1969年间，出口额（当年美元价格，下同）年均增长6.5%，进口额年增7%。20世纪70年代开始实施出口导向发展战略后，对外贸易迅速增长，70年代外贸总额年增21%，不过受国际市场价格大幅波动的影响，外贸增长大起大落。80年代受中期经济衰退的影响，外贸作为经济的重要组成部分经历了同样的起伏，对外贸易年增长只有9.3%。90年代基本保持了相对平稳的高速增长，1990～1996年的7年间外贸总额年均增长18.6%。1997年开始受东南亚金融危机的影响，外贸增长仅1.7%；1998年更降至－16.6%。1999年反弹为13.9%，2000年增长20.3%，对外贸易额已超过危机前的水平。2005年对外贸易总额达9 678亿林吉特（约合2 600亿美元），较2000年增幅达50%。

马来西亚经济结构是开放性的，对外贸易在经济发展中一直占有极为重要的地位。特别是20世纪60年代后期政府将经济发展重点从进口替代型向出口导向型转移以来，外贸保持较高的发展速度。1980年外贸总额超过国内生产总值总额，1999年外贸总额6 218亿林吉特（1 455亿美元），相当于国内生产总值的207%。

表3　马来西亚1996～2003年对外经济活动主要指标　（亿美元）

项目＼年份	1996	1997	1998	1999	2000	2001	2002	2003
出口	768.75	773.9	717.74	840.97	984.29	879.81	933.83	1 006.6
进口	728.57	737.38	541.37	614.52	775.75	695.98	752.48	768.29
经常收支平衡	-44.56	-59.35	95.29	126.04	84.88	72.87	71.89	123.21
外汇储备	271.3	208.99	256.75	305.58	295.23	304.74	342.22	445.15
外债	396.73	472.28	424.09	419.00	418.00	434.00	…	493.00
汇率（林吉特：美元）	2.5159	2.8132	3.9244	3.8	3.8	3.8	3.8	3.8

资料来源　亚洲开发银行《发展中成员主要指标》2004年。

这样高的外贸依存度使马来西亚经济受外贸的影响非常大。但不同时期出口与进口对经济作用的力度是不同的。20世纪70年代国际市场价格在石油价格飙升的冲击下普遍上扬，此时出口的影响很大，国内生产总值的振荡几乎与出口额的波动同步。而在20世纪80年代中期以后，出口导向型经济的发展严重依赖进口的设备、零部件和原材料，因而进口增长程度基本上决定着国内生产总值的走向。

影响外贸的国内因素是对外贸易的战略性政策变化。20世纪80年代以前，外汇来源主要是出口收入，因此外贸原则基本是量入为出，控制进口，使贸易基本保持盈余状态。70年代后期开始的以重化工业为代表的第二次进口替代时期，进口依赖政府外债，使其与出口逐步分离，开始出现贸易赤字。80年代后期，以大量外资为基础的出口导向战略刺激了大量设备、中间产品的进口需求，而这些进口又有外资支持，因此连续出现巨额外贸逆差。

国际市场价格变动是影响外贸的重要外部原因。在出口以初级产品为主的20世纪70年代，出口增长与出口产品价格的波动基本一致。但80年代后期以来，制成品在出口中的比重迅速上升使这种相关关系减弱，出口增长明显高于出口价格增长。而进口方面则受外汇来源变化的影响较大。如上所述，70年代后期相当大部分进口是靠外债支付的，因此尽管进口价格上升，但进口额并未减少；当80年代中期发生外债支付困难时，进口价格持续下降，但进口额却没有相应增长。到80年代后期，部分进口由外资支付，因此尽管进口价格有所上升但进口额却有更大的增长。

（二）外贸市场分布结构的变化

1. 外贸向亚太地区集中

20世纪70年代初，马来西亚外贸的61%在美国、日本、东盟、韩国、中国以及中国的香港和台湾等亚太地区；22%与欧盟进行。到1997年亚太地区已占74.5%，欧盟下降到14.3%。1998年金融危机对外贸区域分布的最大影响是美国上升了3.1个百分点，日本下降了2.6个百分点。

表4　马来西亚外贸总额的区域分布变化　（%）

地区＼年份	1970	1980	1990	1997	1998	1999	2000	2001
亚太地区	60.8	66.2	72.6	74.5	74	74.7	76.5	74.9
东盟	24.1	19.8	23.9	24.3	23.6	23.6	25.4	24.0
美国	11.0	15.8	16.8	17.7	20.8	20.0	18.7	18.3
东亚其他*	7.8	7.7	12.0	15.3	15.0	15.4	15.7	16.6
日本	17.9	22.9	19.9	17.2	14.6	15.7	16.7	16.0
欧盟	21.7	16.7	14.8	14.3	14.3	13.9	12.3	13.3
其他	17.5	17.2	12.6	11.2	11.7	11.3	11.1	11.9
总计	100	100	100	100	100	100	100	100

*　此处“东亚其他”指韩国、中国以及中国的香港和台湾地区（引自原资料）。

资料来源　马来西亚财政部《经济报告》有关年版；马来西亚统计局。

2. 出口市场的变化 主要出口市场是东盟、美国、日本、欧盟和“东亚其他”（此处指韩国、中国以及中国的香港和台湾地区，下同），它们在马出口总额中的比重从1970年的83%上升到1997年的89%。其中美国的比重从13%上升到21.7%，“东亚其他”从6.4%上升到13.7%，是升幅最大的两个地区；而同期对日本出口从18.3%降到10.5%，对欧盟从20.3%降到16.2%。1998年金融危机后美国和欧盟受危机影响小，马对其出口有所上升，而日本、东盟、“东亚其他”等地区的比重因危机影响而下降7.3个百分点。

3. 进口市场的变化 20世纪70年代初，进口的主要来源是欧盟和东盟，各占进口总额的23%，日本占17%、“东亚其他”占10%、美国占9%。到1997年进口结构已发生重大变化，美国上升到16.8%，“东亚其他”上升到15.2%，日本上升到22%；而欧盟下降到14.1%，东盟降到20.4%。引起进口变化的主要原因是外国直接投资大部源于亚太地区，外资导致大量设备和中间产品的进口。

（三）外贸商品结构的变化

自20世纪70年代经济向出口导向转移后，对外贸易的商品结构随之逐步发生变化。70年代，出口导向产业基本上是以资源类产品为基础，因此到1980年时，出口商品中食品、油料、原料、燃料等仍占72%，仅比1970年下降了1%。80年代后期以劳动密集型产品为主的出口加工工业迅速发展，使出口商品结构开始发生重大变化。资源类产品在出口中的比重到1997年降到12.9%，机械与交通工具的比重从1970年的2%上升到1997年的56%。

将出口商品与进口商品结构相比较，可明显看出，非资源加工型出口工业在近30年的时间里取得了很大进展。1970年出口制成品（国际贸易商品分类第七、八类）仅占出口的3%，而进口制成品却占进口总额的33%；到1997年两者各为64.6%和65%。这表明马来西亚已可以大量利用进口资源加工后出口，而不必仅仅依赖本国自然资源加工出口了。尽管如此，目前的制成品出口依然是建立在大量进口相应设备与中间产品的基础之上的，而且在大量外国直接投资流入和政府着力发展重化工业、基础设施的影响下，20世纪90年代以来机械与交通工具的进口超过总进口的50%，并在逐步上升。

二 对外经济关系

（一）对外资的政策演变

在至今40多年的经济发展过程中，马来西亚对外国资本基本上是持欢迎态度的。但政府在经济发展的不同阶段，对外国资本的政策导向有不同的侧重。20世纪60年代对外国资本基本上是采取比较开放的态度，曾公布《新兴工业法》、《投资奖励法案》，给新兴的、有利于出口的工业企业以税收优惠；但对外资没有特殊的优惠或限制，外资与国内资本基本上是享受同等待遇的。70年代对外资的限制逐步明确。当时的“新经济政策”强调提高“原住民”的经济地位，重新构造以民族为基础划分的全国工商业资产结构。将外资在工商业资产中的比重限制在30%，主要政策手段是限制外资持股比重、限制外资企业就业的民族结构、划定鼓励外资的投资区域、建立出口加工自由贸易区。80年代马来西亚逐步放宽对外资的限制，将鼓励外资的着眼点逐步从股权比重转向产业结构调整。放宽的措施是根据出口比重来考虑股权比重，自由贸易区的外资企业最高股权比重可达100%。

20世纪90年代马来西亚政府开始调整经济发展战略，目标是使经济结构逐步向较高附加值的产业转移，以保持经济的持续发展和较强的国际竞争能力。外资政策也相应进行了调整，突出的变化是加强对外商投资的产业引导，鼓励外资向资本技术密集产业投资，对向其他部门投资的外资实行适当限制。主要的鼓励措施包括修订鼓励投资产业范围；扩大鼓励企业投资的优惠。限制措施包括缩小一般外资企业的税收优惠；限制外籍职工；不鼓励外资对劳动密集型产业投资。

从对外资政策的变化看，马来西亚从独立初期面临外资对经济的垄断性控制而采取对外资较强的限制，逐步走向对外资的选择性引进。特别是在金融危机爆发后，为防止外资大量撤走，政府对外资的撤出曾采取严厉而又较灵活的措施，规定从1998年9月开始外资必须在马1年后才能撤出，并随局势的缓解而逐步放松控制；1999年2月将规定改为征收撤资税，9月又下调撤资税率。2001年5月2日由财政部正式宣布全面撤销离境税措施。至此，马政府在1998年9月作出的严厉管制资本流动的措施全部取消。

从外资政策执行效果看，马来西亚经济所受的打击没有泰国、印尼那样严重。对此，处理危机措施与马意见相左的国际货币基金组织认为，马来西亚以政府管制为特征的危机应对措施在短期内是卓有成效的，但长期影响有待观察。上述情况表明，马来西亚的经济独立性大大增强，政府对外资的管理已进入要求较为自主控制的阶段。

（二）外资的增长

在马政府的鼓励下，流入马来西亚的外国直接投资一直保持较高的水平，在20世纪80年代中期以前一直保持在国内总投资的10%左右。从80年代后期开始，在经济高速增长的前景引导和政府对外资优惠政策的鼓励下，亚太地区周边的产业转移资本迅速流入马来西亚。1987年是马经济衰退后的恢复期，当年外国直接投资约4.2亿美元，是1978年以后的最低点。此后即开始迅速增长，1990年已达23.3亿美元，1991～1997年期间都在40亿美元以上的高水平波动，7年累计369亿美元。这一期间流入马来西亚的外国直接投资已相当于总投资的20%以上，其中1997年外国直接投资流入量达到70亿美元。1998年受金融危机的影响，马来西亚外资流入大幅下降，只有22亿美元；1999年随着经济的逐步恢复，外资开始返回，1～8月已批准的外国直接投资已达19.7亿美元，相当于1998年批准外资总额的57%。

（三）外资的主要来源

独立前马来西亚受英国的殖民统治，英国基本控制了马来西亚的主要经济部门。英国资本利用这一优势，在马来西亚的所有外国资本中占据首要地位。独立后，政府鼓励发展"新兴工业"，到1968年颁布《投资奖励法案》时，日本和美国在这些工业的投资开始超过英资。到1978年底，外资总额累计约70亿美元，其中英资40亿美元（占57%）居第一；美资10.5亿美元居第二；日资9.5亿美元居第三。但在新兴工业累计26亿美元的外资中，日本6.5亿美元居第一，新加坡5.8亿美元居第二，英国只居第三位，4.2亿美元，其后是美国和中国香港，各为2.8亿美元，上述5家共占85%。

20世纪80年代前半期，受马来西亚经济波动和"新经济政策"对外资股权比例限制的影响，外资的流入也出现了较大起伏。80年代后期，经济快速恢复，东亚部分地区因产业结构而扩大对外投资，使其一度取代欧美成为马来西亚外资的主要来源。1989年马当年制造业外资批准额中，来自东亚地区的投资占74%，其中亚洲"四小龙"就占42%，日本占31%；西欧占17%，美国只有4%。但是这种以产业转移为基础的投资浪潮具有较大的波动性，一旦其他地区条件相对优于马来西亚，这些投资就会迅速流向其他地区。80年代末中国有的地方发生动乱和经济紧缩，导致部分外资转向东南亚，但1992年以后中国经济恢复高速增长，外资迅即回流中国。相反，马来西亚在这一时期因劳动力短缺、工资上升而对一些劳动密集型产业的吸引力减弱，这方面的投资相应减少。到1993年东亚"四小龙"在马制造业批准外资中的比重也下降到25%，而美国上升到29%，西欧为9%，日本为27%。到1997年，美国为29%、日本为21%、英国和德国分别为19%和3%。

1998年金融危机爆发后，外资大量逃离马来西亚，美资乘机进入。在当年制造业批准外资额中，美国急剧上升到49%，日本占14%，"亚洲四小龙"占15.8%。

（四）外资产业结构的变化

20世纪70年代初期，外资在马来西亚经济中占有重要地位。从制造业看，外资占总投资的59%，其中外资比重超过70%的部门有食品、饮料、烟草、家具、橡胶；超过60%的有化工、非金属矿物、金属制品、电子电器、其他制成品，显示外资重点投向资源加工部门。到90年代初期，外资的投向已发生向劳动密集型产业部门的转移，在制造业各部门固定资产总额中，外资比重超过60%的是纺织服装，还有皮革（59%）、家具、电子电器等几个行业，它们基本上是东亚典型的劳动密集型产业部门。在制造业中，外资产业结构的变化也有类似趋势，1984年电子电器业外资只占9.5%，石油加工业占23.3%；而到1992年，电子电器业外资已达37.6%，石油加工业外资则降到4.6%。

20世纪90年代，马来西亚外资产业结构最突出的变化，是橡胶产业的外资在外资总额中的比重从1992年的8.5%降到1997年的2.7%；纺织服装从5.9%上升到9.3%；石油加工业从4.6%上升到9.1%。1997年外资中所占比重最高的仍是电子电器业，约为32.4%；外资在部门总资产中占

60%以上的产业部门有饮料、烟草、纺织服装、机械、电子电器，这几个部门的外资约占外资总额的49%。

（五）对外债务

对外借债是马来西亚引入外资的重要手段。从20世纪70年代中期开始外债迅速增加，在外债与外国直接投资总和中，外债的份额从1975年的85%上升到1982年的90%。此后因80年代经济衰退，外国直接投资纷纷撤出马来西亚。马引入的外国资本主要是外债形式，到1987年外债占马外债与外国直接投资总额的98%。1988年以后东亚产业转移使进入马来西亚的直接投资迅速增长，外资中外债的比重有所下降，到1991年外国直接投资40亿美元，而外债为171亿美元，占外债与外国直接投资总额的81%。此后进入马来西亚的外国直接投资增长率逐步下降，马则再次开始大量对外借债。到1997年外债总额约472亿美元。

20世纪90年代马来西亚外债结构发生了很大变化。一是私人长期外债迅速增长，从1990年的18亿美元上升到1997年的155亿美元，相当于外债总额的33%；而政府长期外债在同期从115亿美元上升到168亿美元，增长幅度远远低于私人长期外债。二是短期外债同期从19亿美元上升到149亿美元，占外债总额的32%。

导致上述外债结构变化的主要原因，是马来西亚长期持续高增长使国际投机资本大量涌入，造成短期外债迅速上升；同时因劳动力紧张、工资成本上升，一些劳动密集型外资转向东亚其他国家，使直接投资的增长速度有所下降，企业为维持增长而大量借外债，导致私人长期外债猛增。

大量私人长期外债和短期外债的增加，使马来西亚外债结构越来越脆弱，一旦市场出现波动，大量短期外债就会闻风而逃，导致金融危机的爆发。东南亚金融危机对马来西亚的冲击也正是从这里产生的。

第七节 人民生活与社会保障

独立前，马来西亚长期处于殖民统治之下，经济畸形发展，人民生活水平较低。独立后，马来西亚推行经济多元化发展战略，经济取得长足进展，由落后农业国发展成准新兴工业经济体。1973～2005年，人均国内生产总值从600美元上升为4 930美元，人民生活水平有显著的提高。

一 人民生活

（一）人民生活水平

20世纪90年代以来，马来西亚人民生活素质明显改善。根据马来西亚总理署经济计划厅发表的《2002年马来西亚人民生活品质报告》，1990～2000年期间，在有关人民生活的11个领域中，除“公共安全”外，皆获得改善。其中工作环境及房屋两项改善最为显著，分别上升了19.1和16.3个百分点，而环境与家居生活改善较小。相反，“公共安全指数”在10年期内下跌了16.01个百分点。

马来西亚“公共安全指数”由两个次项指数来衡量：每千人的平均罪案率，以及每千辆车的平均车祸率。罪案率由1990年的3.8‰上升至2000年的7.1‰，而超过80%的罪案与财物有关。每千辆车的车祸率从1990年的19.4‰上升至2000年的21‰，几乎有半数的车祸涉及摩托车。

2005年马来西亚人均国民收入（GNI）4 930美元，被世界银行列为上中等收入国家。1997年基尼系数为49.2%。

2004年已安装电话共455万部，注册移动电话1 240万部，因特网注册用户261万户。

2004年全国有个人电脑420万台，平均每千人拥有电脑166台。共有政府医院118家，病床35 665张。此外，还有3 115家县乡级医务所。全国共有医生10 196人，护士14 614人，平均每1 455人1名医生，12 756人1名药剂师，11 552人1名牙医。2005年人均预期寿命男性为71.8岁，女性为76.2岁，婴儿死亡率5.18‰。

（二）生活习俗

马来西亚穆斯林一般较虔诚，每天都祈祷五次，到麦加朝圣过的人备受尊敬。回历九月是斋月，马来人一般情况下均昼禁夜食，只有年老体弱多病、孕妇或外出旅行者可例外。马来人平时一般忌讳用左手，习惯用右手用餐或接受别人的东西。通常男士不主动与女士握手。马来人普遍喜好辣食，忌食猪肉，不饮烈性酒，在正式场合也不敬酒。马来人最禁忌的动物是猪，但喜爱猫。

清真寺是穆斯林举行宗教仪式的地方，对外开放时，女士需穿长袍及戴头巾。否则将被拒之门外。马来人男女传统礼服分别是：男士为无领上衣，下着长裤，腰围短纱笼，头戴“宋谷”无边帽，脚穿皮鞋。女士礼服也为上衣和纱笼，衣宽如袍，头披单色鲜艳纱巾。马来人男女礼服和便服都有一个共同的特点，即又宽又长，遮手盖脚且色彩鲜艳，图案别致，样式美观。目前打工族为了工作穿着方便，一般着轻便的西服，只在工余在家或探亲访友或在重大节日时，才着传统服装。在各种正式场合，男士着装除民族服装或西服外，可穿长袖巴迪衫。巴迪衫是一种蜡染花布做成的长袖上衣，质地薄而凉爽，现已渐渐取代传统的马来礼服，成为马来西亚“国服”。在马来西亚除皇室成员外，一般不用黄色衣饰。

二　社会保障

马来西亚实行“储蓄型”社会保障制度。它以“个人账户积累”为原则，社会保障费用由劳资双方按比例交纳，以职工个人名义存入个人账户，在职工退休或有其他生活需要时，将该费用连本带息发给职工个人。这种社会保障制度有利于树立自我保障意识，鼓励人们的劳动积极性，有利于保障劳动者的基本生活需要。但它也存在不能对保险基金进行必要的使用调剂、不能发挥社会保障的互助功能的缺陷。

1951年员工准备金法规定，受聘员工均须强制参加准备基金，至55岁时可获全额返还。所有雇主及员工均须按员工每月薪金的12%及10%分别交纳员工准备金。

1969年颁布《员工社会安全法》。依此法，社会安全组织（SOCSO）实施《工作伤害保险计划》、《失能年金计划》等两项社会保障计划。包括工厂在内的所有企事业机构，凡聘雇月薪不超过2 000林吉特之员工者，均须依上述两项社会安全计划为其员工投保。

《工作伤害保险计划》为员工提供因工作伤害而造成的任何伤残死亡保险，受益人将获得现金及医疗照顾。这项社会保险的费用完全由雇主支付，费率为员工月薪之1.25%。

大多数公司提供各项福利，如免费医疗、个人意外及人寿保险、免费交通或交通津贴、退休福利，以及增加对员工准备基金交纳。

第八节　教育　科技　文化

一　教育

（一）概况

教育在马来西亚社会生活中占有重要地位。教育的主要目标是：有利于国家统一，能够满足社会发展需要和开发学生能力。

政府每年用于教育事业的经费一般占联邦财政总支出的1/5左右，20世纪90年代教育经费有一定的增长。

表5　马来西亚联邦政府的教育支出　（百万林吉特）

项目／类别	经常支出			发展支出			总支出		
	1990	1995	2000	1990	1995	2000	1990	1995	2000
政府总支出	25 026	34 395	52 351	10 689	14 051	23 674	35 715	48 446	76 025
教育支出	4 962	8 178	11 937	1 634	2 044	3 695	6 596	10 222	15 632
教育占（%）	19.83	23.78	22.80	15.29	14.55	15.61	18.47	21.10	20.56

资料来源　马来西亚财政部《经济报告》1996和2001年版。

教育为经济发展提供了有一定素质的劳动力，这主要依靠大量的职业和技术学校。但同时由于高等教育力量不足，在20世纪90年代马来西亚面临高级经济管理人才、高级工程技术人员的严重短缺。因此政府努力扩大大学教育规模，1998年在校大学生人数已相当于1990年人数的4倍。

随着教育的发展，人口的教育水平不断提高，成人识字率已达到发展中国家的中上水平。20世纪70年代以后推行的“新经济政策”，为马来人在高等教育、职业技术教育等方面留有政策性优越地位。而各级教育中对马来语的偏重，使理工方面的教育受到一定限制，特别是在将世界新的经济、技术引进教学内容时受到语言的限制。同时大学中许多马来族学生凭借其语言和政策优势选修文科，更使理科教育备受冷遇。90年代中期以来，在教育界的呼吁下，政府开始重视对理工科学生的培养，允许扩大理工科重要课程用英语讲课的范围。这样，学生不仅可以尽快、尽量地直接接受国外先进科学技术，而且也可提高科技领域的英语水平，以适应今后对经济国际化的需要。

（二）学校教育

学制　实行分流制教育，学制比较复杂。主要学制实行“6344”制，即小学6年，初中3年，高中4年（其中高中3年级分2级，第2级分为准备升学，或准备毕业，共2年），大学4年。各类学校一学年分为两个学期，但各个学年开学时间不尽相同（主要是职业技术学校、学院和大学之间各不相同）。

初等教育　学前教育主要是在托儿所和幼儿园里进行。大多数马来西亚儿童从6岁开始接受初等教育。政府强制执行9年制义务教育，规定所有适龄儿童都必须接受9年制义务教育，其中包括为时6年的小学教育。小学学制为6年，称为标准学制。由于实行义务教育，小学毕业无需经过全国会考就可以直接升入中学，但在小学5年级，学生必须接受一次考试，以评估学习成绩。马来西亚各类学校一般都实行马来语、英语双语教学。小学通常有两类：一是以标准马来语为教学语言的国立小学；一是以英语、华语、泰米尔语为教学语言的国立模范小学。独立以来，马来语和英语在所有的小学强制推行，小学都能进行英语、马来语双语教学；有些学校甚至能进行马来语、英语、华语或泰米尔语三语教学。

小学其他课程通常有算术、历史、地理、公民学、艺术、生理卫生、体育等。

中等教育　中等教育从年限上分为初中3年，高中4年。学生初中毕业后，开始分流，一部分升入高中，一部分则进入中等职业与技术学校，主要为毕业后的就业进行训练。高中阶段也进行分流，读完高中二年级后学生可以得到学历证书，一部分毕业生升入各类专业技术学院，一部分学生则升入高中三年级（中学六年级）。高中三年级分初等、高等两个阶段，读完高中三年级需要2年时间。读完高中全部课程学生可得到高中文凭，然后升入各类综合性大学。教育部规定，只有国立初级中学的毕业生才能进入农业学校和各类职业学校；而国立模范初级中学的学生则只能升入高中。一部分国立模范小学的学生为了将来能够进入农业学校和各类职业学校以及更高一个层次的工艺专科学校，便转入国立初级中学。这些国立模范小学毕业的学生进入国立初级中学后，必须接受为期1年的马来语训练，以适应国立初级中学以马来语为教学语言的教学方式。另外，以华语为教学语言的华文中学转为私立性质，不再接受政府的资助；以泰米尔语为教学语言的学校到中学阶段便不复存在。

职业与技术教育　职业与技术教育主要有两类学校：一类是面向国立初级中学毕业生招生的3年制农业学校、2年制的职业学校、2年制的工艺专科学校。教育部规定：只有国立初级中学的毕业生才有资格进入这类职业与技术学校，其目的是为了提高马来人的社会就业比率，因为国立初级中学的学生大多是马来人。第一类职业与技术学校教学用语主要是马来语，开设的课程主要有机械、农业、商业和家政学等。另一类职业与技术学校是面向高中二年级招生的2年制小学教师师范学院、2年制中学教师师范学院、3年制的理工学院、农业学院、5年制的玛拉理工学院。这类职业与技术学校的教学语言是马来语和英语。

高等教育　马来西亚成立后，高等教育事业开始有了较快发展，先后创建或改建了9所国立综合大学以及其他一批高等院校。这9所大学是：国立马来西亚大学、马来西亚理工大学、马来西亚农业大学、马来亚大学、马来西亚理科大学、国际伊斯兰大学、马来西亚北方大学、马来西亚沙捞越大学、马来西亚沙巴大学。

除办好国内教育外，政府还积极鼓励学生到西方国家深造。近年来，一些马来西亚高等学校还和西方一些高等学校开展合作，在马来西亚办国外著名大学的分校，既培养人才，又可使大量外汇留在国内。

二　科技

（一）科技研究重点的转变

在独立前马来西亚经济是一个结构单一的殖民地型经济，最重要的产业部门是橡胶和锡矿业。在独立后的较长时期里，农业和种植业被视为经济发展的重点部门，因此对农业科学技术的研究与开发比较重视。农、林、牧、渔各部门以及一些重要的经济作物都设有相应的科研机构，其中有政府办的，也有民间办的。在一些大的种植园还有自己的技术研究开发部门和实验场，在农村设有农业技术站。这些机构分工明细，从种子、土壤到产品的加工利用以至销售等都列入研究范围。

20世纪80年代初，马来西亚经济向重化工业倾斜，但数年后这一发展战略基本失败。经历了80年代中期的严重衰退后，马来西亚经济向以出口加工工业为主的工业道路发展。自1988年以后，马来西亚经济持续高速增长，劳动力日益紧缺；周边劳动力丰富的印尼、越南以至中国的快速发展，对劳动密集型产业形成巨大的竞争压力，迫使其经济结构向较高技术水平的层次升级，以保持它在地区内相对的经济竞争优势。对此，政府在1990～1995年的第六个五年计划中，将科技的发展置于重要地位，确定了一批重点发展的产业部门或技术领域，它们包括航空和合成材料、微电子与自动化、生物技术、信息技术等。在随后的第七个五年计划中，将重点发展的高技术产业确定为自动化制造技术、先进材料、生物技术、电子技术和信息技术。这表明，马来西亚已将科技发展的重点从初级产品的综合开发利用转向含有更多科技成分的制造与信息产业。

（二）科技开发主要推动力的变化

科技开发以政府的支持作为主要推动力，特别是在国家经济以初级产品综合加工业为主要支柱的时期。因为一般的种植园或矿山没有实力或迫切的需要来进行周期较长的开发研究，所以一些重要的科研机构大部分都是隶属于相关的政府机构。20世纪80年代以后，开始强调民间企业对科技开发的参与。政府因实力有限，只能将科技开发重点放在前述的重点领域的重点项目，其余则鼓励私人部门积极参与开发。以列入重点发展的信息产业为例，1996年它的资金来源中，来自政府的资金只占11%。

20世纪90年代中期，马来西亚计划将国家行政中心迁往吉隆坡南边的普特拉贾亚，并在新的雪兰莪机场、新的行政中心和吉隆坡市边缘地带之间建立一条“多媒体超级走廊”。它长约50公里，宽约10～15公里，总面积相当于吉隆坡市区面积的2～3倍，实际上是一条新的高科技工业发展地带。该走廊将在10年内建成，耗资500亿～1 000亿林吉特（约200亿～400亿美元）。政府将这个走廊的建设当做解决产业升级的重要途径，而它的资金来源则重点依靠国内外私人企业的投资。为此，马哈蒂尔总理亲自出马，在1995～1996年近半年的宣传、招商活动中，带领数百人的工商企业领导出访美国、日本、英国等发达工业化国家，将“多媒体超级走廊”推向世界，以期利用以“多媒体超级走廊”和以“电子政府”为特色的新的行政中心的建设，对信息技术产业的发展产生强大的推动力。在1997年东亚金融危机的冲击下，超级走廊的建设一度陷入停滞状态。到1999年新的行政中心基本完工，但规划的高科技工业发展地带发展状况并不理想。

（三）政府对科技开发研究的支持

预算　为支持科技研究与开发，马来西亚政府在政府财政预算中拨款4.7亿林吉特（1996年），另外还为属于优先研究领域的项目拨款2亿林吉特，用于鼓励相关研究和加强政府研究机构与产业之间的联系。两项合计约占当年财政预算支出总额的1.1%。

税收　为鼓励承担研究开发活动的公司或大学，研究开发活动所涉及的投资支出可享受双倍的税收优惠。从1988年开始，马来西亚逐步建立了一批技术园区，鼓励民间企业和国营部门在这里投资发展技术产业。同时，给高技术产业税收优惠，包括免除5年的所得税，从项目批准时起5年内减免60%的投资税，等等。

1996年政府财政预算中，硅晶片的研制开发作为特殊重点，所给予的特别政策包括：投资可获得10年以上先锋产业投资优惠地位；参与的马来西亚工程师和科学家可获得特别培训；提供特别基础设施保障条件，如不间断电力供应、清洁水供应、有害废料的存储设施、电站设施；吸引所需的外国工程师和科学家；以及其他一些财政鼓励措施等。

（四）科技管理体制

马来西亚政府设立了科学、技术与环境部，负责发展与扩大科学与技术的开发活动，该部由8个主管机构组成：

1. 管理局　负责部的行政、人事、财务、协调等。

2. 马来西亚科技中心　全国知识与信息中心。

3. 科技局　负责“强化优先领域研究项目”的科研规划、执行与完成，负责建立政府与产业的联系。

4. 马来西亚遥感中心　负责全国遥感业务与设施的更新与协调，负责相关地图的制作。

5. 技术园区　支持高技术产业的发展，提高产业竞争力，鼓励技术的产业转化与加速转移。

6. 国家科学中心　负责新技术的展示。

7. 国际局　负责增强科技、环境领域的对外交流。

8. 环境保护与管理局　负责环保及其技术的政策与技术规划管理。

科学、技术与环境部还负责监督一些部直属机构：(1) 环境署　负责环境的污染检测、环境影响评估、环境信息与教育、相关的国际协调。(2) 监测署　为国家发展提供测量与地理方面所要求的相应等级的相关服务，包括空气污染、酸雨等监测，及相关的国际交流。(3) 野生动物与国家公园署　负责保护野生动物，建立与管理国家公园、野生动物保护区，以及相关的科学研究、教育培训。(4) 化学署　对有关政府部门提供包括对药品、供水、进出口化学检查、大气和水污染、涉及化学品的分析、调查、咨询服务。(5) 核技术研究所　负责核技术知识的普及、扩展对核技术的应用和市场的拓展、加强对核技术的研究和应用。(6) 微电子系统研究所　其目标是将微电子作为国家发展的战略性技术，促进电子产业的协调发展，增强其创造和竞争能力，支持电子产业在产品、制造、市场和服务方面效率的提高。(7) 原子能管理局　目标是在全国规范和控制原子能的安全应用。(8) 标准与工业研究所　从事工业技术开发与研究，加速技术转让，提供技术服务。

三　文化

(一) 文学

马来西亚文学发展大致经历 3 个时期，即古代文学（传统文学）、近代文学（翻译文学）、当代文学（本土化文学）。马来西亚的本土文学主要是在独立后迅猛发展起来的。

古代文学带有较强的皇室文学、宗教文学色彩，受古代印度、波斯、阿拉伯文学的影响较大，主要形式是史诗、传奇等。15 世纪以前主要是印度文学流入。15 世纪伊斯兰教传入马来亚，此时建立的马六甲王朝将伊斯兰教奉为国教，原来信奉的婆罗门教和佛教逐渐衰落，波斯和阿拉伯文学很快取代了印度文学的地位。

近代文学主要是受英国殖民者带来的西方文化影响，注重和借鉴了西方文学的部分创作风格和特点，翻译了大量的西方和阿拉伯近代文学作品，并将译文编成教材，推动了马来亚文学创作的发展。20 世纪 20～30 年代，马来亚开始出现由马来亚作家创作的短篇小说集，探讨社会各方面的问题；同时一批华人作家也逐步走上马来亚文坛，在一些华文报纸的副刊上发表作品。

二战后及马来亚独立后，本土文学逐步成为马来西亚文学的主流。20 世纪 80 年代以前以现实主义文学为主，多为描写马来亚历史、现实社会变化的作品。80 年代以后开始出现借鉴西方现代派等流派的写作技巧和风格的作品。70 年代以前华人文学发展较快，但 70 年代受整个社会和政府政策的影响，华人文学进入低潮；80 年代以后再次进入发展高潮。二战后的华人文学逐步本土化，华人文学原有的明显侨民意识已完全淡化。

(二) 艺术

马来西亚的音乐舞蹈受到印度、阿拉伯和中国的影响，又以印度的影响为最深远。在音乐上，其节奏与旋律比较接近印度和阿拉伯音乐。舞蹈则与印度舞蹈相似，突出特点是以手势表达复杂的舞蹈语汇。

马来人的舞蹈有相当悠久的历史。著名的民间舞蹈有马来隆梗舞、西拉舞、阿西伊克舞、沙捞越扎宾舞，还有从马六甲王朝流传下来的纳吉舞，最出名的纳吉舞叫做约吉南巴。其他马来舞蹈还有苏马绍舞、蝶舞、烛烛舞、宫廷舞及扇舞等。马来西亚传统舞蹈节奏欢快、动作优雅、活力十足，舞者服饰鲜艳华丽，舞蹈情节引人入胜。其他民族的民间舞蹈有华人的龙舞、狮子舞和印度人的盘舞等。

马来西亚有一种歌舞剧，叫做“玛永”，已经有数百年的历史，通常用于重大典礼。其皮影戏也很有特色，上演前有一套古老的宗教性仪式，摆上各色香料祭品，祷告神灵保佑演出成功。其内容大多是印度两大史诗中的故事，也有表现现代人生活的皮影戏。

马来人有马来武术，他们称之为“希拉”，是马来社会的一门传统艺术。它是一种自卫武术，同时也是一种舞蹈，在民间广为流传，动作和谐有力，一般在结婚或者武术竞赛中能看到表演。

(三) 媒体

1. 广播电视

马来西亚广播电台　1946 年设于新加坡，前身为马来亚广播电台，马来西亚独立后迁至吉隆坡，1959年6月1日开播后改为现名。该台有国家广播网、蓝色广播网、绿色广播网、红色广播网、首都广播网、立体声广播网，覆盖全国各地。该台在槟城、怡保、亚罗士打、哥打巴鲁、瓜拉丁加奴、关丹、芙蓉、沙阿兰、新山、马六甲、沙巴、沙捞越等地设有地区分台，全国共有21个广播站。广播电台对内广播共有1～6套节目，1991年开播有线网台。对外广播服务每周约168小时，使用阿拉伯语、马来语、英语、印尼语、汉语、缅语、他加禄语、泰语。

主要电视广播系统　马来西亚共有4家官办电视台：马来西亚电视台、沙捞越马来西亚电视台、沙巴马来西亚电视台、马来西亚教育台。另有第三电视台（TV3）、城市电视（Metrovision）和国民电视（NTV）3家私营电视台。

马来西亚电视台主要是TV1和TV2两套节目，以及有线电视Ⅲ。20世纪90年代中期，TV1每周播出时间约87小时，TV2每周播出时间为76小时。广播电视发展的主要因素是人民收入水平。从总体来看，马来西亚人均收入水平较高，但西马地区与东马地区存在较大差别，因此在信息的获取上有明显的差距。以电视和广播为例，90年代中期，马来西亚15岁以上人口中，电视收视覆盖率大约是77%。其中城市和农村的收视人口有一定差别，而在东马地区差别则极为明显。在西马地区，城市与农村15岁以上人口的电视收视人口比为1.2∶1，差距并不算大；而人均收入相对较低的东马地区则高达6.8∶1。同样，15岁以上人口中，西马地区城市与农村的广播接收人口也是1.2∶1，东马地区则为6.2∶1。

2.报刊

1996年马来西亚各地出版的主要报刊有120多种（67种报纸和59种期刊），主要分为马来语、英语、汉语、泰米尔语等四大语种。

20世纪90年代以来，随着政府政策逐步放宽，经济上对“原住民”的股权照顾有所淡化，对其他民族文化的宽容性也相应增大。从报纸发行的语种结构看，马来文的报纸发行销量没有明显增长，其比重已在下降，而中文报纸的销量上升很快，其比重有所上升。这一趋势在金融危机后更为明显，其原因主要是危机导致读者收入下降，特别是收入水平相对较低的“原住民”对马来语报纸的需求下降，使报纸销量减少。随着经济的恢复，马来语报纸的销量也在逐步增长，2002年已恢复到危机前的销量。

第九节　军事

一　国防体制

宪法规定，国家最高元首为武装部队最高统帅。国家安全委员会是国家安全的最高决策机构，决定国防战略、政策、规划及措施。国家安全委员会主席由政府总理兼任，成员包括内阁中的有关部长及三军首脑。内阁中设国防部，为最高军事行政机关，负责武装部队的建设和运转，包括政府国防政策的制定与执行，协调武装力量内部活动，分配和制定国防预算，提供装备和后勤服务，训练和补充兵员等。最高军事指挥机构为武装力量司令部，直接指挥和协调陆海空三军的行动。

武装力量由现役部队、准军事部队和预备役部队组成。现役部队分陆、海、空3个军种，各军种均设司令部。准军事部队由警察部队、海上警察、地区治安警察、边境侦察部队和人民志愿团组成。

武装力量的基本任务是防止外敌入侵，保证领土完整，保证国家各部分之间的联络畅通，保证民选政府的连续与稳定。

二　军事战略和作战指导思想的转变

马来西亚独立时，政府防务战略中心是维护国内的稳定和安全，这一任务主要由陆军担当，警察、海军及空军起辅助配合作用。此后30多年，这一战略方针基本保持不变。20世纪80年代后期以来，随着柬埔寨问题获得政治解决，东南亚地区形势逐步缓和，马来西亚国内政局因共产党停止武装斗争而趋于稳定。国际海洋公约于1994年生效以后，根据国际和地区形势的发展，越来越重视海上安全，并将海上安全问题视为可能构成对本国国防安全的现实威胁。除了与周边国家在岛屿上的争议外，它的海上通道、海洋专属经济区等都要加强监督和保护。因此，军事战略从“平息国内动乱”转向“抵御外敌入侵”，重点是应付可能发生的海上军事冲突。

以上述军事战略的转变为基础，马来西亚全面推行“积极实施近海防御作战”的作战指导思想。它的长远防务战略的基本方针是：以维护南中国海军事安全为主要战略目标，优先考虑海军与空军的建设和发展，加强这两个军种在南中国海的机动作战能力。而军队的主要任务则明确为：维护国内安全，确保领土完整，加强海岸防卫和国土防空，重点控制海上交通线，保卫200海里专属经济区，维护海洋权益。马来西亚军队将采取的防卫手段主要分为两种：一是利用壮大自身国防力量和加强对外国防合作，以武力威慑作用来遏制可能的战争。近年来，马来西亚在强调提高综合国力的同时，重视发展同其他东盟国家和美国、英国、澳大利亚等西方国家的军事合作，以提高联防自保能力。二是利用海空联合力量进行近海协同作战。马来西亚在发展海空力量时，注重提高海军对海上目标的精确打击能力和空军的机动支援作战能力。为提高海军海上支援作战能力，马来西亚不断完善它在南沙所占弹丸礁的军事设施，并与英国协作于1996年在濒临南海的东马沙巴州建成了昔邦加湾海军基地。

三 防务政策

以军事战略的转变为基础，马来西亚对其国防政策也作了相应的调整。

首先，加快自身国防现代化的步伐。20世纪90年代以来，马来西亚大力增加军费，加强以海空军为主的军队现代化建设，走精兵之路。为此，从国外采购了一批先进的战斗机和军舰，用于海空军武器装备的更新。但采购中，不主张单一依赖某一个大国，要从多个国家采购武器，这一方面可保持国防政策的独立性，另一方面也是开展多边国防合作的需要。马来西亚军队在建设中还注重加强快速反应部队的发展，专门组建了东南亚地区第一支师级规模的快速反应部队。

其次，加强对外军事合作。马来西亚不主张通过建立多边军事合作机构来把东盟变成一个军事联盟，但它十分重视发展与东盟国家之间的双边防务合作关系；并借助与英国、澳大利亚、新西兰和新加坡等国组成的五国联防组织以及美国来加强自身的安全。马来西亚对外军事合作的主要形式是：联合军事演习、后勤保障与军工合作、海上联合治安与监控管理、军事人员培训等。

四 武装力量编制及实力

到2004年，现役部队有11万人。

陆军 兵力为8万人。编为2个军区，1个军，4个师，1个机械化步兵旅，11个步兵旅，1个空降旅（包括3个空降营、1个轻型炮兵团、1个轻型坦克中队），1个特战团（3个营），1个陆航直升机中队。装备有轻型坦克26辆，各型装甲车1 210辆（其中包括比利时制SIBMAS型162辆、法制AML－60型及AML－90型共140辆、英制“白鼬”型92辆，装甲输送车KIFV型111辆、“突击队员”型184辆、“攻击者”型25辆、“神鹰”型459辆、M－3型37辆），各型火炮732门；各型导弹包括：SS－11反坦克导弹若干枚，英制“标枪”防空导弹发射器48具，“轻剑”式12具；法制SA－316型直升机10架；DAMEN型攻击型快艇165艘。

海军（含海军航空兵） 兵力为1.5万人。编有1个海上司令部和关丹、拉布安2个海军区，即第一海军区负责西部海域防务，第二海军区负责东部海域防务；以东经109°为界。任务是独立或与作战指挥部、空军和陆军协同，执行海岸防御和领海警卫。后勤指挥部下辖若干物资技术器材库、弹药库、油料库、给养库、修理厂、船坞和后勤保障分队。海军基地共有4个，设在卢马特、关丹、伍德兰兹、拉布安。装备有各型舰艇约92艘，其中：导弹护卫舰2艘，各型护卫舰8艘、导弹快艇8艘，巡逻艇27艘，两栖舰1艘，扫雷艇4艘，后勤支援舰船4艘。

空军 兵力为1.5万人。编有4个航空师，3个攻击战斗机中队、2个战斗机中队、2个侦察机中队、4个运输机中队、1个地空导弹中队。空军也以东经109°线为界，分设东部军区和西部军区。马来西亚的空军基地共有3个，设在吉隆坡、亚罗士打、吉打。装备有各型攻击战斗机57架、米格－29型战斗机17架，武装侦察机4架，运输机40架，运输直升机35架，教练机87架，无人驾驶飞机3架，以及空对空导弹、防空导弹若干。

为了加强快速部署能力，1993年建立了一支师规模的快速部署力量，其编制为师，下辖空降旅、海战旅、火力支援旅、机械化旅和后勤保障分队。投放手段为空军运输机、直升机、海军登陆艇。

预备役部队 5.16万人，其中陆军5万人，海军1 000人，空军600人。

准军事部队 26万余人，其中：警察1.8万人（编为5个旅）、海上警察2 100人、地区治安警察3 500人，边境侦察部队1 200人。人民志愿团24万人，武装人员1.75万人。

五　军事制度

兵役制度　马来西亚一直实行志愿兵役制，陆、海、空三军的服役期年限均为10年。除正规部队外，有相当一部分青年要响应国家号召，服预备役。

教育训练制度　马来西亚独立时，军队中部分高级职务一直由英籍军官担任。从1966年起开始推行“马来化”政策，着手培养本国的中高级指挥官和专业技术人才。随后，军队的训练体系不断完善。目前已有10所重要的军事院校和训练中心，陆、海、空三军均建立了包括作战教育、技术教育、学术教育和供给教育等主要训练部门在内的完善的教育训练体系。同时，每年都派出相当数量的海空军军官和专业技术人员到国外学习先进的军事作战理论和技术。

军衔制度　军队军官军衔分3等9级，即将官3级（上将、中将、少将），校官3级（上校、中校、少校），尉官3级（上尉、中尉、少尉）。

六　国防支出

国防支出占财政支出的比重，在20世纪70年代后期约为20%左右，80年代以后随着国内外安全形势的缓和，国防支出比重逐步下降。90年代以来，国防支出随着军事战略从“平息国内动乱”转向“抵御外敌入侵”而迅速增长，到90年代中期已接近政府财政支出的18%。1997年经济受到东亚金融危机的沉重打击，国防支出不得不大幅度削减，2000年财政预算中国防支出仅占11%，是近20年来最低的。而后随着经济的逐步恢复，国防支出的水平也有所提高。

表6　马来西亚1980～2002年国防支出占财政支出的比重　（%）

年　份	1980	1985	1990	1995	1996	1997	1998	1999	2000	2001	2002
国防支出比重	19.1	15.1	13.6	17.6	15.5	14.8	11.9	13.3	11.0	11.7	12.8

资料来源　马来西亚财政部《经济年度报告》有关年版，亚洲开发银行《亚太发展中成员主要指标》。

七　外国驻军

澳大利亚在马来西亚驻军148人，其中陆军115人，空军33人，装备有2架P－3型飞机。

第十节　对外关系

一　对外政策的基本出发点

马来西亚外交的基本出发点是强调独立自主、维护国家和地区的稳定与发展。经济发展的需要是影响对外关系的重要因素。马来西亚经济规模相对较小，并且具有明显的外向性，因此易受外部环境的影响。为保持经济的持续增长，需要有一个稳定的周边环境。同时，因经济处于相对低的发展阶段，实力有限，又需要一定程度的保护，这就要求有较强的自主性。马来西亚对外关系的几个主要方面都反映出上述因素的影响。

（一）坚持亚洲价值观，以其作为外交自主性的理论基础

马来西亚认为，东亚地区经济持续高增长说明，东方文化、价值观以至国家制度等与西方文化一样，都有可能使国家发展；西方以人权、民主等为借口干涉亚洲国家内政，或将其文化、制度等强加给亚洲国家是无理的。

（二）抵制西方压力，保护国家利益

近年来，亚太经济合作组织（APEC）发展很快，已成为地区经济合作的重要推动力。但以美国为首的发达工业国家成员要求亚太经合组织制度化，以压迫发展中成员尽快开放市场，从而为自己攫取利益。马来西亚对此十分担心，认为这将冲击正在成长中的相对较弱的地区和本国经济，一再表示反对亚太经济合作组织制度化。同时，马来西亚提出建立“东亚经济核心论坛”，以求保护东亚国家自身的利益，并得到东南亚国家联盟其他国家的支持。因此，在地区经济合作问题上，马来西亚屡屡与美国观点不同，但没有表示要退让。

（三）保持与地区大国的等边关系，以求力量的均衡

马来西亚希望在东亚地区建立多边的、非对抗性的地区力量平衡型的安全机制，以代替以往的大国对抗均衡机制。为此，马来西亚除支持东盟作为整体参与地区安全对话机制的建立，同时也在地区内几个大国间进行等距离经济外交活动。马来西亚希望日本以其经济实力为后盾，作为东亚的代表在国际场合、特别是西方工业化国家首脑会议上为东盟说话，为此，马多次邀日本作“东亚经济核心论坛”的主导。同时，马来西亚也希望利用中国在东亚的大国地位来制约日本。马在1994年11月接待江泽民主席访问时，高度评价马中关系，其后又多次表示中国不构成威胁。马来西亚与美国虽然在亚太经合组织制度化、人权等问题上观点不同，并表示亚洲不需要美国的军事存在；但仍在经济上与美合作，也购买了美国的军舰和飞机，并在扫毒、波黑等国际问题上与美合作。为保持军事装备的相对独立，马来西亚在1994年向俄罗斯订购了米格29战斗机，并着手与俄罗斯合资建设相应的服务设施。

二 主要对外关系

（一）同东盟国家关系

马来西亚周边国家均为东盟成员。独立时，当时的马来亚对印尼、菲律宾、泰国等邻国都有疑虑，因此要依靠西方国家的力量保护自己的安全。1957年与英国签订《马英防务协定》规定，在受到外来威胁时，英国将保证马来西亚的领土完整。1967年英国撤出新加坡海军基地，马开始与地区其他国家领导人考虑地区的安全与合作。8月与新加坡、印尼、泰国、菲律宾组成了东南亚国家联盟。

马来西亚与周边国家都有或大或小的边界纠纷，曾在20世纪50年代末与印尼在沙捞越发生武装冲突，60年代后期与菲律宾因沙巴问题断交，与泰国也曾发生边界争执，与新加坡也有一小岛之争。到90年代，随着东盟内部合作逐步加强，已能与其他当事国比较平稳地谈判这些争议问题，甚至能够将一些难题交由国际组织或机构仲裁解决。

马来西亚与东盟国家的经贸关系极不平衡。在近20～30年中，最主要的经济贸易合作伙伴是新加坡，其次是泰国。20世纪90年代以来，马对东盟内的经济合作采取积极支持的态度，参加了新加坡、柔佛（马）、廖内群岛（印尼）三角区的合作开发，以及有菲律宾、印尼、文莱、马来西亚参与的“东东盟经济合作区”；由印尼、泰国、马来西亚组成的“北东盟经济合作区”。

在英国和美国撤出东南亚后，马来西亚和东盟其他国家逐步认识到，必须由自己组织起来寻求地区的安全，因此马支持东盟提出的建立“和平、自由和中立区”的基本指导思想。到20世纪90年代，鉴于世界经济全球化和集团化愈演愈烈的情势，马来西亚希望东亚地区也能发展自己的经济合作，因而建议成立“东亚经济集团”，而后改为“东亚经济核心论坛”。特别是在1997年东亚金融危机爆发后，马来西亚更认为，东亚必须有自己的金融合作组织，才能预防或减轻金融危机对整个地区经济发展的冲击。在马的不断倡议和实际经济环境变化的推动下，东亚的经济合作已逐步发展，而马来西亚的各种区域合作倡议都是以东盟的合作作为基础的。

（二）同中国关系

马中两国于1974年5月31日正式建立外交关系。建交30多年来，双方在政治、经济、文化等各个领域的友好合作关系总体发展顺利。

政治关系 1985年起，马来西亚政府逐步调整对华政策，两国各个层次的往来不断增多。进入20世纪90年代，马中关系开始进入新的发展阶段。两国高层领导人保持互访和频繁接触，双方在各个领域的友好合作全面展开。两国高层互访主要有：江泽民主席于1994年正式访马，1997年出席在吉隆坡举行的东亚领导人非正式会晤，1998年出席在吉隆坡举行的第六届亚太经合组织领导人非正式会议。李鹏总理（1990、1997）、朱镕基总理（1996、1999）、杨尚昆主席（1992）、乔石委员长（1993）、李瑞环政协主席（1995）、姚依林副总理（1992）、王汉斌副委员长（1997）、钱其琛外长（1991）、唐家璇外长（1998）等先后访马。

马来西亚最高元首苏丹·阿兹兰（1990、1991）、端古·贾阿法（1997），马哈蒂尔总理（1985、1993、1994、1996、1999），加法尔副总理（1987）、安瓦尔副总理（1994）、巴达维外长［1992、1997、2003（时任副总理）］、赛义德外长（1999）先后访华。

马哈蒂尔总理曾多次表示，中国不是东亚地区安全的威胁因素，并坚持“一个中国”的政策，强调马不会改变这个坚定的立场。1999年8月马哈蒂尔在一篇文章中表示，“一个中国”的政策有助于本区域的稳定。他说，李登辉的“两国论”是不实际的，大多数国家都不会承认台湾是一个“独立的国家”。

双边经贸关系和经济技术合作　两国经贸关系由来已久。近年来，两国政府先后签署了《避免双重征税协定》、《贸易协定》、《投资保护协定》、《海运协定》、《民用航空运输协定》等10余项经贸合作协定。1974年两国建交初期，双边贸易额仅3.68亿美元，1994年增加到33亿美元。1995～2001年间马中双边贸易额急剧增长，从1995年的36亿美元，增至2002年的142.71亿美元，同比增长51.4%。从2002年3月开始，新加坡在中国对东盟各国出口中的领先地位被马来西亚赶上。

两国双向投资有了良好开端。截至1999年5月，马对华协议投资金额43.2亿美元，实际投资18.1亿美元。中方在马实际投资3 336.9万美元。中国公司在马承包工程不断增多。截至1999年6月，承包工程共1 158项，合同金额23.6亿美元，营业额13.2亿美元。

科技、教育、文化与军事等方面的交往与合作　1992年马中签署《科技合作协定》，双方成立了科技联合委员会，1994年召开联委会第一次会议。1997年马中签署《教育交流谅解备忘录》。目前，中国在马留学生约2 000多人，马在华留学生约500多人。1995年双方互设武官处，两军高层领导人保持互访，双方在军事领域的交往增多，两国军舰互访，防务合作发展顺利。

双边关系中的其他问题　两国对中国南沙群岛部分岛礁的归属问题有争议。双方多次表示，将共同致力于“维护南中国海的和平与稳定，根据公认的国际法原则，包括1982年《联合国海洋法公约》，通过双边友好协商和谈判促进争议的解决”。

（三）同美国关系

马来西亚独立后即与美国建立了外交关系。此后40多年间，马来西亚与美国基本保持比较友好的关系，主要的变化是从亲美逐渐转向保持距离的接近。

20世纪60年代，美国支持建立“马来西亚联邦”，在联邦成立前后美国都提供了政治、经济和军事上的帮助。70年代，马美关系开始发生变化，但仍保持基本的合作。美国不断增加对马来西亚的投资和贷款，并向马来西亚派遣“和平队”以帮助马的经济开发。80年代以后，马来西亚与美国的关系开始出现矛盾，马哈蒂尔总理希望美国尊重发展中国家的主权和领土完整，不要干涉它们的内政。但是双方仍保持高层的接触。

20世纪90年代以来，马美之间虽然矛盾更为突出，但仍保持着正常的双边关系。对于海湾危机，马支持迫使伊拉克从科威特撤军的努力，但希望以和平方式解决。在90年代初期全球经济集团化趋势日益明显的压力下，马哈蒂尔提出“东亚经济集团”设想，但遭美国反对。美认为这将在刚刚成立的“亚太经济合作组织”中形成新的区域集团，不利于美国控制亚太经济合作，甚至可能将美国排除在迅速增长的亚太经济之外。马哈蒂尔对此十分不满，因而抵制了1993年在美国西雅图召开的首次“亚太经合组织”成员领导人会议。1998年，被认为是亲美的马来西亚副总理安瓦尔被解职，美国对此十分不满，美国总统克林顿不出席在吉隆坡举行的“亚太经合组织”年会，以副总统戈尔代之，而且戈尔在会议正式晚宴上直接批评马政府后离席而去，使马哈蒂尔极为恼怒。不过，双边关系并未因此而破裂。

2001年美国发生国际恐怖主义袭击的九一一事件后，美出于反恐需要，与马关系明显改善。10月，马哈蒂尔总理与布什总统在上海“亚太经合组织”领导人非正式会议期间举行了双边会晤，主要就反恐问题交换了意见。2002年5月，马哈蒂尔总理应邀访美并会见了布什总统，两国签署了《打击国际恐怖主义合作宣言》，与美在反恐领域加强合作。马哈蒂尔还出席了美国会“马来西亚贸易、安全和经济合作委员会”成立仪式。7月，美国务卿鲍威尔和助理国务卿凯利访马，就反恐问题同马总理和副总理举行会谈。马同意与美合作在马设立“东南亚反恐训练中心”。8月，马海军与美海军舰队在南中国海进行联合军事演习。

马来西亚与美国之间的经贸关系十分密切，美国向马来西亚提供了大量贷款和投资，也是马来西亚重要的贸易伙伴。2002年，马美双边贸易额613.95亿林吉特，占马外贸总额的19.4%。1995年至2001年7月，美对马累计投资73亿美元。

（四）同日本关系

二战中马来亚曾被日本占领。马来亚独立后即与日本建立了外交关系。马来西亚一直希望借助日本发展自己，并提高自己在东南亚和亚太事务中的地位。

20世纪60～70年代，日本经济高速增长并开始向海外发展，对马来西亚的投资和贸易也相应增长。日本对马来西亚发展“新兴工业”的投资居首位。80年代马哈蒂尔上台伊始，即提出“向东政策”，号召本国人民学习日本的先进技术、管理经验和劳动态度，并以日本发展重化工业建立经济起飞基础为借鉴，将经济的发展重点转向重化工业。80年代初马来西亚与日本高层领导互访频繁，日本也为马提供了大量优惠贷款。到1985年3月，日本对马贷款总额达3 100亿日元。80年代中期马经济严重衰退后，急需外资促进经济恢复，此时恰逢日元急速升值，日本开始对外大量直接投资。在此背景下，日本对马直接投资迅速增长，从1987年的1.6亿美元上升到1990年的7.2亿美元。

20世纪90年代初马哈蒂尔提出成立“东亚经济集团”的建议并邀日本做领导，但因美国从中作梗而未果。但马哈蒂尔并未放弃，又在多种场合提出上述建议。同时他也支持日本在地区乃至全球恢复政治地位的努力，并认为“日本在东亚的历史错误已经过去，对日本的作用应向前看，不应老纠缠历史”。

（五）同英国关系

马来西亚曾是英国的殖民地。殖民地时期马来亚的内政、外交和对外经贸都受英国的控制。独立后，马来亚仍留在英联邦内，与英国保持广泛的联系。到20世纪60年代，大量的英国资本仍控制着马来西亚的经济命脉。英国也与马来西亚进行防务合作，在马来西亚成立之初与印尼发生边界冲突时，英国甚至还出兵帮助马军队打击沙捞越与印尼交界处的印尼武装志愿人员。由于英军从新加坡撤出，马英的《防务协定》到1970年终止。1971年马参加了与新加坡、澳大利亚、新西兰、英国的《五国防务协定》；但因它对新、马的保护只是象征性的，马英防务合作已趋于松散。70年代马来西亚开始实施“新经济政策”，强调马来人的经济参与，限制外资股权，政府实行收购外资的政策，首当其冲的就是英国资本。这就引起英国的不满，马英关系逐步紧张。

到20世纪80年代初，马一方面推行“向东政策”靠拢日本，一方面宣布实行“最后购英货”的政策。直到1983年3月马哈蒂尔以私人身份访英，与英首相撒切尔夫人会谈后，马取消“最后购英货”政策，两国关系才开始好转。但在1986年英国拒绝支持对南非经济制裁，且英政府大幅提高外国留英学生收费，引起马政府强烈不满，马哈蒂尔甚至曾说要退出英联邦。次年马哈蒂尔总理访英，希望修复马英关系，英也愿意继续向马留英学生提供奖学金，双边关系有所改善。

20世纪90年代初，马英关系发展顺利。英国曾向马出售战斗机及提供训练和技术服务。但1994年因马指责英媒体对马领导人进行无中生有的攻击，马宣布无限期拒绝向英国公司提供基础设施的承包合同。但实际上双方并不愿真正闹僵，此后马宣布制裁只对不负责任的英媒体，而不对英政府，马将继续执行对英国的贸易和投资政策。英也说媒体观点不代表政府，两国关系逐步恢复正常。1998年马成功地举办了英联邦运动会，英女王也出席了此项盛会。2000年10月，马哈蒂尔总理赴英出席马英21世纪联合大会。2001年，英国王子安德鲁和副首相约翰·普雷斯科特先后于5月和12月访马。2002年双边贸易额71.86亿林吉特（约合18.9亿美元），占马外贸总额2.3%。

（周小兵）

第三章　新加坡

第一节　概述

国名　新加坡共和国（The Republic of Singapore）。

领土面积　689平方公里（新加坡统计局2004年数字）。

人口　公民和永久居民348.7万，常住人口424万（2004年）。

民族　多种族多民族国家。华人占77%，马来人占14%，印度人、巴基斯坦人占7.6%，其他少数民族占1.4%，包括阿拉伯人、苏格兰人、荷兰人、阿富汗人、菲律宾人、缅甸人和欧亚混血种人。

宗教　存在多种宗教信仰。华人多信奉佛教、道教，少数信奉基督教和天主教，马来人和巴基斯坦人大多信奉伊斯兰教，印度人大多属印度教徒。

语言文字　马来语为国语，英语、华语、马来语、泰米尔语为官方语言，英语为行政用语。通用英文和中文。

首都　新加坡（Singapore）。

国家元首　总统纳丹（S.R.Nathan），1999年9月1日就任，2005年8月17日连任，任期6年。

第二节　自然地理与人文地理

一　自然地理

（一）地理位置

新加坡是位于东南亚马来半岛以南海域的一个岛国。由主岛新加坡岛和周围54个岛屿组成。东、西隔海与马来西亚相望；北与马来半岛隔1.2公里宽的柔佛海峡，有长堤与马来西亚柔佛州的新山相连；南隔新加坡海峡与印度尼西亚廖内群岛相望。地处北纬1°09′～1°29′和东经103°38′～104°06′之间。

新加坡由于濒临马六甲海峡，扼控海峡出入口，是太平洋和印度洋的交通咽喉，因此具有十分重要的地理位置和战略地位。

（二）地形地貌

新加坡国土包括主岛（占全国面积91.6%）和附近的54个小岛。主岛略呈菱形，东西宽42公里，南北长23公里。岛上地势较平坦，最高点武吉知马（Bukit Timah）山海拔164米。岛上有格兰芝、裕廊等一些河流，但最长也不过6公里多。

（三）气候

属热带雨林气候，由于受海洋调节，不太炎热，年平均气温为24℃～27℃。5月为最热月，12月为最冷月。年平均降水量2 400毫米左右，每年10月至次年3月为多雨季节，12月降水最多，雨量可达257毫米，4～9月雨量较小，7月最为干燥，降水量仅为70毫米。新加坡没有台风、地震和其他自然灾害。

（四）自然资源

植物资源较丰富，已发现的植物多达2 000多种，被称为城市花园之国。其中，橡胶是经济价值较高的作物。著名的胡姬花（兰花）的种植很普遍。其他自然资源贫乏。

二　人文地理

（一）人口状况

新加坡是世界上人口最稠密的国家之一。1947～1965年，新加坡的人口平均年增长率高达24‰～38‰，1965年的人口密度高达3 062人/平方公里。1965年开始，新加坡为减轻人口剧增对社会带来的巨大压力，实行了家庭计划生育政策，提出“两子女家庭”模式，并鼓励晚婚晚育。1984年提出了新的人口政策：一是争取人口实现零增长；二是提高人口素质，对具有高等教育文化程度的育龄夫妇实行鼓励生育和大家庭政策，同时鼓励低文化水平的母亲减少或保持国家规定的生育数。该政策自实行以来起到了一定的作用，近年来人口呈现递增趋势，1995年人口增长率由20世纪80年代中期的10‰增至20‰。2001年人口为331.91万人。但是人口的老龄化现象严重和一些经济因素（如房地产价格较高）的作用，人口出生率从1993年起开始下降。

（二）民族与宗教

在新加坡各种族民族中，历史最早的是马来族，人口最多的是华族。据中国《汉书·地理志》记载，早在2 000多年前，汉武帝派往印度的特使归国时就曾到过新加坡，但真正有华人在新加坡居住甚至拓荒则要到14～15世纪。在元末（1349）汪大渊所著的《岛夷志略》中有最早到新加坡华人的描述。在1822年英国殖民者莱佛士的下属写给他的信中，也记载了华人在莱佛士登陆新加坡之前已在这里拓荒的情况。华人移民大量涌入新加坡，则是在莱佛士宣布新加坡成为自由港以后。当时中国正处于腐朽的清王朝统治时期，一方面，由英法殖民者掠夺中国的苦力到其殖民地；另一方面，穷苦的人民不满清政府的统治，无法在原来的居住地继续生活下去，只好到海外谋生。

民族、种族和宗教和谐被认为是新加坡的“基本财富”。新加坡是一个多种族、民族的社会，政府奉行种族、民族平等的原则，强调各种族、民族间要和睦相处、相互协调、相互宽容，而不应相互歧视。同时，新加坡是多元宗教国家，政府奉行多元宗教政策，其主要内容有：信仰自由，每个公民都可以自由的选择自已所信仰的宗教；鼓励人民信仰宗教，鼓励宗教组织和教徒在教育、文化和社会福利方面发挥积极作用，为社会和人民造福；促进与实现各种宗教之间的和谐、容忍与节制；坚决反对宗教干涉和介入政治，实现宗教与政治的严格分离。

（三）行政区划

新加坡没有地方行政机构，新加坡市行政上相当于国家，它直接处理各种国家事务，因此它是一个城市国家。新加坡分为 4 个地区——市中心区、城市边缘区、市郊区和外围区。

新加坡市位于新加坡岛的南岸，是新加坡共和国的行政中枢和商业中心，也是东南亚及世界的大港埠和金融中心之一。位于扼控新加坡海峡的咽喉，船舶都要从这里经过。市区面积 98 平方公里，占全国土地面积的 15.9%，占主岛面积的 17.2%。市区人口约 160 万，约占全国总人口的 60%。

第三节　历史

一　古代史

据古代文献记载，早在2 000多年前，新加坡就有人类居住，并有其他地域人经过此地。新加坡古称淡马锡（Tumasek，爪哇语“海市”之意），岛上最早居民是从马来半岛跨海而来的原始马来人后裔，他们结庐而居，以渔猎为生。公元 8 世纪建国，是印尼利佛逝王朝的一个小渔村。大约公元 10 世纪，随着东西方交通的发展，加之地理区位优势，新加坡成为东西方船舶的避风港，并逐渐发展为一个重要的国际贸易商埠。公元 13 世纪，随着利佛逝王朝的衰败，一个独立的国家——“信诃补罗”（即“狮子城”）形成了。1350 年后，该国屡遭爪哇的麻喏巴歇王朝和暹罗大城王朝的进攻而招致毁灭。18～19 世纪初，新加坡及其附近的廖内群岛都是马来亚柔佛王国的属地。

二　近现代史

16 世纪初期，西方殖民主义开始向东南亚扩张，荷兰、英国、葡萄牙等殖民者纷至沓来。1819 年 1 月 28 日，英国人莱佛士登陆新加坡，看中其重要的地理位置，为英国在这里建立了贸易前沿哨站。1824 年，迫于压力，柔佛苏丹将新加坡岛永久的割让给了英国东印度公司，从此新加坡便沦为英国殖民地。英国殖民者占领了新加坡后，实行“自由贸易”政策，新加坡很快成为东西方及东南亚的自由贸易港口。1826 年，英国将新加坡、马六甲以及槟城组成“海峡殖民地”，由英国殖民部设官治理。到 1867 年，英国殖民者把海峡殖民地改为英王直辖殖民地，加强了对新加坡的掠夺，这种形式一直持续到第二次世界大战期间，日军侵占新加坡。

1942 年日军侵占了新加坡，曾将其改名为“昭南岛”，对其实施殖民统治。1945 年 8 月，日本战败投降，英国借机卷土重来，恢复对新加坡的殖民统治。1946 年 1 月和 12 月，英国政府先后发表了《马来亚和新加坡关于未来宪法的声明》和《马来亚政制建议书》，决定把海峡殖民地中的马六甲、槟榔屿与马来亚联邦和马来亚属邦合并成马来亚联盟，新加坡则成为单独的英国直辖殖民地，新加坡在政治上从马来亚划分出来。同年 4 月，英王敕命，在新加坡正式成立行政会议和立法议会，并要求有民选的议员参加。1947 年 7 月，新加坡政府制定了立法议会选举法令，1948 年举行立法会议议员大会，组成立法议会。新加坡立法机关 22 个席位中有 6 个席位由选举产生，表明新加坡的制宪过程有所加快。1952 年，新加坡在宪制改革方面又有了一些新的发展。1954 年英国发表的《伦德尔制宪调查报告书》中提出，在新加坡成立一个有 32 个席位的立法议会，其中 7 席由官方担任，25 席由民众选举产生，在此基础上成立民选政府。于是，内阁式的政府于 1955 年成立，但要职仍被英国殖民当局霸占。1956 年 3 月，新加坡各族人民爆发了要求结束殖民统治、实行独立的“独立运动周”。1958 年 4 月 11 日，英新双方签订了《关于新加坡自治宪法草案》，新加坡得以在英联邦范围内自治，成立新加坡自治邦，但国防、外交、修宪和颁布紧急法令权仍保留在英国手上，而且英国还在新加坡派有驻军。1959 年 5 月，新加坡举行了新的立法议会选举，人民党获胜。同年 6 月 30 日，新加坡自治邦成立，由人民行动党组阁，该党秘书长李光耀担任首届总理。

因为新加坡面积狭小，资源匮乏，不仅日常用品需从外地输入，连食物、用水也要靠马来西亚的柔佛州供给，所以人民行动党认为同马来西亚合并对新加坡的经济有利。1961 年 5 月，李光耀同意将新加坡与马来亚联合邦、沙捞越、沙巴和文莱合并成马来西亚联邦。1962 年新加坡应马来亚联合邦首相东姑阿都拉曼的建议，就此问题举行了公民投票并获通过。1963年9月16日，马来西亚联邦正式成立，新加坡成为其中一州。

三　当代史

（一）新加坡的独立

新加坡加入马来西亚联邦后不久，马来西亚和新加坡领导人在中央政府领导人选、联邦中央议席分配、新加坡自治权益和经济贸易等一系列问题上发生分歧，致使新加坡的政局动荡，经济发展受阻。而且人民行动党地位的不断提高及马来人在新加坡人口数量上的优势下降，也使联邦总理东姑阿都拉曼不安。1965年，新马双方因如何分配新加坡的关税收入再次发生分歧，东姑阿都拉曼借机逼迫新加坡退出联邦。于是在同年8月7日，新、马、英三方谈判签订了同意新加坡退出马来西亚联邦的《1965年新加坡独立协定》。两天后，新加坡宣告脱离马来西亚成为一个独立的共和国。1965年12月8日，新加坡第一届国会开幕。

（二）新加坡独立后的迅速发展

1. 采取切合本国实际的经济政策

新加坡独立以后，政府坚持自由经济政策，大力吸引外资，发展多样化经济。政府利用自身独特的地理位置优势，充分发挥其东南亚地区贸易中心和国际交通中的海、空枢纽作用，引进、利用外国资金和技术，在多变的国际政治经济环境中制定适当的经济政策。加上政局稳定，国民经济获得飞速发展。在20世纪80年代初，新加坡就已成为举世闻名的亚洲4个新兴工业化国家和地区（亚洲“四小龙”）之一。1960～1990年间，新加坡国内生产总值几乎每10年翻一番，年平均经济增长率达8%。到20世纪90年代，新加坡已发展成一个富裕的新兴工业化国家。1990～2000年间，经济发展有所放缓，年平均经济增长率亦达7.8%。在总体经济发展的同时，人均国内生产总值亦迅速提高，1987年起，新加坡已被世界银行列入高收入国家行列。1973～2002年间，新加坡人均国内生产总值从1 710美元上升为21 538美元。与此同时，人民生活水平也迅速提高，不仅解决了刚独立时面临的失业和住房两大难题，而且通过“中央公积金制度”的建立，居民的社会保障体制也得到进一步的完善。

2. 非常重视廉政建设

建国之初，由于长期处于英国殖民统治之下，贪污横行，官场腐败。因此，政府提供丰厚的奖学金给品学兼优的中学生，送他们出国留学，学成归国后出任政府官员。这些精英取代了腐败官员，从而打破了官僚机构的桎梏。与此同时，为加强廉政建设，政府规定政府官员必须定期申报个人财产，不得经营股票；设立直接向总理负责的反贪局，有效地防止了贪污腐败风气的蔓延。新加坡重视依法治国，强调个人的自由、民主权利与个人责任义务的平衡。

3. 高度重视教育与科技

为了保证经济持续稳定的增长，独立后，新加坡始终将教育视为立国之本，不惜重金发展本国教育。1980年，政府的教育支出占政府总支出的14.6%，到90年代末这一比重提高到20%以上。与此同时，为适应经济现代化需要，进行了一系列教育改革，高度重视职业技术教育，以克服教育与生产脱节的弊端。

同时，新加坡高度重视发展科技事业。独立后不久，新加坡即成立了科学技术局，统一领导全国的科技工作。还设立了由各方面专家组成的科学委员会，作为政府在培养专业人才和开展科研活动等方面的决策顾问。为促进本国科技水平的提高，新加坡高薪聘请国外科技人才，并以优惠的条件吸引外国人才来新定居，进行研究开发。

20世纪70年代末，为适应产业升级、提高国家整体产业竞争力的需要，新加坡政府发起“第二次工业革命”。要求淘汰本国传统工业，发展高精尖新兴工业，在最大限度利用科技成果的基础上提高社会生产率。当时确定的经济发展总目标是：以科学技术和科学知识为基础，将新加坡发展成为一个具有制造业、外贸、运输、服务和旅游五大支柱的现代化国家。

1991年以来，推行国际化、自由化、高科技化和以服务业为中心的“三化一中心”的经济发展战略时期。从1991年起，政府开始实施科技发展第一个五年计划（1991～1995），并取得了重大的成果。1997～2002年的第二个五年科技发展计划，重点增强本地科研发展能力，支持私人企业的研究与发展工作和加强培养科技人才。政府对科研工作的投入也与日俱增。在1981年，新加坡研究与发展开支占国内生产总值的比重为0.3%，1997年为1.13%，2004年达到2.25%，计划2010年提高到

3%。政府在科技发展第一个五年计划和第二个五年计划期间，为发展科技共投入了60亿新元资金。计划2006～2010年间，在科研开发领域再投入135.5亿新元资金（约合85亿美元）。

第四节 政治体制与法律制度

一 宪法

1965年12月颁布的独立后的《新加坡共和国宪法》规定:实行议会共和制。总统为国家元首,由议会选举产生。1991年1月,国会通过宪法修正案,1992年颁布民选总统法案,规定从1993年起总统由民选产生,任期由4年改为6年。总统委任议会多数党领袖为总理;总统和议会共同行使立法权。

二 总统

作为国家元首和国家武装部队最高统帅的总统由人民直接选出，任期6年（1993年以后），其职权包括：监督管理新加坡的金融资产和国家储备金；维护公共服务的正直廉洁；批准和否决政府的常年财政预算案；监督政府执行《内部安全法》、《维护宗教和谐法》和反贪污调查局的工作；批准和否决政府部门、主要法定机构和国营公司重要职位的人选。总统权力受总统顾问理事会的制约。

三 议会

新加坡议会称国会,实行一院制。议长由国会选举产生。议员由公民投票选举产生,任期5年。总统和议会共同行使立法权。议员必须是年满21岁以上的新加坡公民,由全国42个选区各选举1名,其他议员由13个团体代表选区选出,每个团体选出3名,其中至少有1名马来人、印度人或其他少数民族。国会的主要职责是制定、修改和废止法律,但必须经过总统履行批准手续,才能成为正式法律。

四 政府

作为最高执行机构的内阁，由总理、几名副总理和10多名部长以及政务次长组成。内阁成员由国会多数党内部推选，任期5年；总理一般是国会多数党的领袖，由总统任命，同时为总统任命各部部长提出建议；内阁应对政府进行总的领导和控制，并集体向议会负责；总理下设一个总理公署，其成员包括政务部长、政治秘书、总理秘书、内阁秘书各1名，主要负责协调和监督政府各部和其他政府机构的活动，并负责领导和监督反贪污调查局、公共事业局、公民咨询委员会等机构的活动。

五 司法

新加坡司法机关的主要职能是维护宪法和法律。司法机构设最高法院和总检察长公署。还设有地区法院、地方法院和特别法院。

最高法院设有大法官1名，终身制；法官8名（含大法官）以及主步官、副主步官和助理主步官。他们都是由总统根据总理的建议任命的。最高法院下设高等法庭、上诉庭和刑事上诉庭。高等法庭审理来自初级法庭的上诉案件，上诉庭和刑事上诉庭审理来自高等法庭的上诉案件。初级法庭设有推事法庭和地方法庭。1994年后，最高法院上诉庭被确定为新加坡的终审法庭。

检察制度是总检察长负责制。作为政府机构一部分的总检察厅是一个独立的部门，由立法、民事、刑事三个处组成。设正副总检察长、法律起草专员、政府律师等。总检察厅独立行使职权，其职责是：担任议会法律顾问、政府法律顾问和公诉人、负责起草宪法和法律草案。

新加坡是一个法制非常完备的国家，政府十分重视执法。厉行法治是新加坡社会管理的突出特点，具体表现在：

（一）立法完备、详细、具体、界限分明，可操作性强，法律、法规、条例涉及到社会的各个方面。

（二）执法严格，官民平等，真正做到法律面前人人平等。

（三）具有严密的法律监督体系和素质精良的警察队伍，有效地维护法律的权威。

（四）对新闻舆论的管理比较严格，以抵制西方腐朽思想文化的影响和侵蚀。

（五）从严治国治党，要求党员廉洁公正，公务员必须遵守《公务员守则和法律条例》，在各个方面严格要求自己，以保证官员的廉洁和机构的高效。

六 政党

新加坡政党制度最明显的特点是人民行动党“一党优势制”。虽允许除共产党外的多党并存，但人民行动党处于绝对优势地位，自1959年以来一直垄断着政权。目前，新加坡共有24个政党。主要政党是人民行动党、民主党和工人党。

人民行动党

执政党。1954年由李光耀等人发起成立的。它主张建立一个民主社会主义的新加坡。在政治上，它通过建立民主制度来实现社会主义；在经济上，主张通过资本主义的经济模式实现社会主义的目标。人民行动党推行比较务实路线，在其40年的执政中带领新加坡创造了经济奇迹，取得很大的建设成就。党员分为四等：预备党员、普通党员、预备干部党员和正式干部党员。

民主党

1980年7月成立。近年来随着国内要求扩大民主的呼声日高，主张民主改革、反对一党统治的民主党日益显示出其号召力。在1991年选举中，民主党的议席由1席升至4席。

工人党

成立于1959年。1971年重新建立领导机构。主张非暴力议会斗争，恢复言论及结社自由，修改《国内治安法》，废除《雇佣法》。该党约1 000人，主要是工人。1981年，工人党获得10多年来反对党第一个议会席位。

七 主要政治人物

纳丹（S.R.Nathan 1924～ ） 新加坡现任总统。印度族。1924年7月3日出生于新加坡，28岁进入当时设在新加坡的马来亚大学，获社会学文凭。1955年加入民事服务部门。1962年，到新加坡外交部从事秘书工作。1979年，升任外交部第一常任秘书。1982～1988年间，担任《海峡时报》集团执行主席。其后，他先后出任新加坡驻马来西亚最高专员和驻美国大使。1996年回国后，被委任为外交部巡回大使，并兼任南洋理工大学国防与战略研究院院长。他于1999年8月18日当选为新加坡共和国总统，9月1日宣誓就职，任期6年。他曾多次访华，最近一次是以总统身份于2001年9月对中国进行国事访问。

李光耀（Lee Kuan Yew，1923～ ） 新加坡首任总理，现任内阁资政。1923年9月16日生于新加坡。祖籍中国广东省大埔县党溪乡。新加坡莱佛士学院毕业。1940～1950年在伦敦经济学院、剑桥大学和中殿律师学院学习，1950年获中殿律师学院律师资格。1954年11月参与创建新加坡人民行动党，并任秘书长。1955年当选为立法议会（1965年12月改称国会）议员。1959年6月任新加坡自治政府首届总理。1965年8月9日，新加坡退出马来西亚联邦后成立共和国，担任共和国总理至1990年11月27日。1991年9月起任总理公署高级部长。1994年10月5日当选为新成立的国际儒学联合会名誉理事长。1997年1月起任内阁资政（总理公署），2001年11月连任。

他的治国之道是将经济建设放在首位，在他领导下，新加坡独立后即迅速将进口替代调整为出口导向战略，发展经济。在发展经济的同时，他也十分重视文明建设，一再呼吁："保留我们的基本价值观念"，抵御西方个人主义生活方式的影响。他推行法治，反对腐败，倡导廉政建设。在对外关系方面，他主张在独立自主、平等互利和互不干涉内政的基础上，同所有不同社会制度的国家发展友好合作关系。积极开展以经济外交为重点的对外交往，同时坚持"大国平衡"外交原则，以确保地区的"力量均势"，并致力于东盟的团结合作。他积极推进新中友好，曾多次访问中国。从小受英文教育，又努力学习华语和方言闽南话。尤其喜欢学习及背诵中国人的四字成语。

夫人柯玉芝，祖籍中国福建省同安县，早期在狮城中学毕业后，前往剑桥大学攻读两年，成为当时获颁荣誉学位的第一位马来亚女性。1950年9月30日结婚。长子李显龙，次子李显扬，女儿李玮玲。

李显龙（Lee Hsien Loong 1952～ ） 新加坡现任总理。1952年2月10日生于新加坡，新加坡前总理、现内阁资政李光耀的长子。在当地华文小学及公教中学毕业后，进入国家初级学院就读。后赴英国剑桥大学深造，1974年毕业。1978年在美国堪萨斯州莱文沃堡进修陆军指挥和参谋的课程。1979年获美国哈佛大学肯尼迪行政管理学院公共行政学硕士学位。回国后任新加坡武装部队参谋长兼联合行动与策划司长。1984年6月升准将，同年9月辞去军职，任国防部长政治秘书，12月当选为国会议员。1984年12月31日～1986年2月任国防部政务部长兼贸易和工业部政务部长。1986年2月～12月任贸易工业部代理部长，11月被选为人民行动党执委会委员。同年12月起任贸易和工业部长。1988年9月再任第二国防部长。1990年11月任副总理兼贸易与工业部长，后任副总理并负责监督贸工部。他还任经济委员会的主席（部长级），人民行动党第一助理秘书长。1997年1月连任政府副总理，兼任金融管理局主席。2004年8月12日，他宣誓就职，成为新加坡第三任政府总理。

吴作栋（**Goh Chok Tong 1941～ **） 新加坡前任总理，现任内阁资政。生于1941年5月20日。早年就读于新加坡历史悠久的莱佛士学院，后在新加坡大学学习，获一等经济荣誉学位。1964年开始在政府部门任职，两年后到美国威廉斯学院深造，获发展经济学硕士学位。1969年起在新加坡海皇轮船有限公司任职，1973年后任公司董事经理。1976年当选为国会议员，第二年9月任财政部高级政务次长，1981～1985年先后任卫生部长兼贸工部长和国防部长兼卫生部长。1985年任第一副总理兼国防部长。1990年11月任总理兼国防部长，1991年9月继任总理。1997年1月新加坡大选后连任总理。2001年11月大选获胜再次连任总理。1979年担任执政的人民行动党中央执行委员，1989年任该党第一助理秘书长，1992年12月任该党秘书长。1993年4月、1994年2月、1995年5月、1997年4月、2000年4月和2003年11月多次来华访问。2001年10月到中国参加亚太经合组织第九次领导人非正式会议。

他的夫人陈子玲是一位律师，早年毕业于新加坡大学。他们有一子一女。

第五节 经济

一 经济发展概述

新加坡独立之初，面临内外种种挑战。对此，政府审时度势，采取了走“工业化道路”的正确经济发展路线。其经济发展经历了由独立初期的劳动密集型工业，逐步过渡到具有高附加值的资本、技术密集型工业和高科技产业，进而发展到目前的信息产业等知识密集型经济。从20世纪70年代开始，新加坡逐步摆脱了仅仅依靠转口贸易维持生计的局面，国家日益走向富裕，人民生活水平迅速上升。除1997年后，因亚洲金融危机的冲击，加之自身的结构调整，新加坡经济波动较大外，在1965年后的37年间（截至2000年），新加坡经济平均增长8%以上。如今，新加坡已发展成为东南亚地区重要的金融中心、运输中心和国际贸易中转站、世界电子产品重要制造中心和第三大炼油中心。国内生产总值1997年曾达到945亿美元，后几年因东亚地区金融危机有所下降，2003年恢复到913亿美元。2002年，新加坡人均国内生产总值为37 401新元（约合21 538美元）。

20世纪60年代以来，新加坡经济发展大致经历以下五个时期。

（一）第一个五年经济发展计划时期（1961～1965）

重点是恢复经济，解决失业问题，并为下一步的发展打下基础。政府在鼓励发展替代进口和劳动密集的轻工业、改变单一转口贸易的同时，集中力量积极发展各种经济基础设施，为投资者创造良好的投资环境，例如设立了半官方性质的建屋发展局和经济发展局，利用政府的力量兴建房屋和工业基础设施。政府通过颁布《新兴工业法令》和《工业扩展法令》，鼓励并参与兴办企业，对基础薄弱而国民经济发展十分需要的食品、轻纺等行业在财政与管理上都给予鼓励，并大力发展水电、煤气、通讯、交通、教育、卫生等事业。1965年新兴工业发展到95家，实现产值3.18亿新元。1959～1961年国内生产总值年增长率达7%，初步建立了工业化的基础。

（二）第二个五年经济发展计划时期（1966～1970）

因国内市场狭小，政府采取以促进出口为目标的出口导向战略和全面开放政策，大力鼓励外来投资，重点鼓励以出口为目标的炼油业、食品加工业、电子电器业、修造船业及木业的发展，对贸易和旅游业、交通行业也予以扶持。经过5年的努力，这些行业都获得了很大的发展。制造业的增加值由1966年的4.93亿新元增至1970年的10.07亿新元，失业率由8.9%降至4.8%。5年的经济年平均增长率达到12.8%，为工业发展和国民经济多元化进一步奠定了基础。

（三）第一个十年经济发展计划时期（1971～1980）

重点鼓励发展高技术、高附加值和在国际市场上竞争力较强的工业。同时，注重教育投入，吸引海外人才，加强职业技能培训，建立亚洲美元市场，吸收亚洲太平洋地区的游资。到20世纪70年代末，炼油业、电子电器业和修造船业已成为新加坡工业中的三大支柱产业。这一阶段，新加坡的经济结构也随制造业的发展而发生了变化，转口贸易在国民经济中所占的比重相应减少。但新加坡经济对进出口的依赖还是很大，市场经济体系脆弱，20世纪70年代的两次石油危机使新加坡受到了冲击。

1978年新加坡政府发起“第二次工业革命”，即“经济重组”，要求淘汰本国传统工业，发展高精尖新兴工业，在最大限度利用科技成果的基础上提高社会生产率。1971～1980年平均经济增长率为9.1%。

（四）第二个十年经济发展计划时期（1981～1990）

政府采取了实行高工资、撤除关税保护、建立科学园区、向内外投资者提供优惠、培训人才和加强教育等一系列措施，以推进第二次工业革命。经济发展总目标是：以科学技术和科学知识为基础，将新加坡发展成为以制造业、外贸、运输、服务和旅游五大支柱为主的现代化国家。1981～1984年新加坡经济年平均增长高达8.1%。然而，“重组经济”虽然健全了新加坡的市场经济体系，但高工资却造成了生产要素的人为扭曲，外商的投资热情有所降低；加之世界经济动荡和油价暴跌，导致1985年新加坡经济出现建国以来的首次负增长。政府为了重振经济，宣布暂时停止实行“第二次工业革命”，采取削减雇主交纳的中央公积金、减少公司税、减免外国投资企业的税收及调减职工工资等降低成本的措施，以加强出口产品的竞争力。同时拓展对中国香港、中国台湾、日本、韩国、其他东盟国家及中国等亚洲国家和地区的贸易。通过这些措施的实施，新加坡的经济开始回升，1986年经济增长1.8%，1988年达11.1%，1989年和1990年分别为9.2%和8.3%。

（五）1991年以来，推行国际化、自由化、高科技化和以服务业为中心的“三化一中心”的经济发展战略时期

经济国际化就是扩大与外部世界挂钩的领域，加强与世界经济的联系。主要措施有：争取更多跨国公司前来新加坡投资；争取更多跨国公司把新加坡作为本地区的业务中心或营业部；鼓励新加坡本地企业在海外设立分公司，加强海外投资；加强区域合作。

经济自由化的概念包括两方面的内容：一是放宽国家对经济生活的控制，将大量国营企业私有化；二是强调发挥私人企业的作用，将采取许多措施，包括资金、科技、人力培训等，鼓励私人企业的发展。

经济高科技化就是发展高科技产业，如信息技术、生物技术，使新加坡在激烈的国际竞争中立于不败之地。

以服务业为经济发展的中心就是优先发展服务业，将新加坡发展成为一个服务输出国，向国外提供各种各样的服务，包括推销新加坡在旅店、机场、海港管理、城镇设计、电脑辅助设计、自动化、研究与设计咨询、金融业等方面的专门知识和服务。

1991～1997年新加坡经济稳步增长。但是，亚洲金融危机以后，新加坡经济波动很大。经历了1998年和2001年两次衰退，1999～2000年和2002年的两次复苏。2003年上半年又再次陷入经济衰退，全年经济增幅为1.1%。2004年，在世界经济和全球电子行业增长加快带动下，对外贸易总额增幅为22%，全年经济增长率高达8.7%。2005年经济增长率为6.4%

为了保持新加坡在21世纪的制造业、制造服务业与贸易性服务业等产业仍占有优势地位，新加坡政府提出了《产业21计划》。发展蓝图是以知识为主导的制造业及贸易性服务业，它们将分别占国内生产总值的25%和15%。制造业每年创造1.5万个就业机会；知识与技术员工占2/3以上。服务业每年创造5 000至1万个就业机会；知识与技术员工占3/4以上。为此政府制定了一系列经济发展战略，主要包括高科技战略、中国战略和扩大腹地战略。新加坡1997～2003年主要经济指标见表1。

表1　新加坡1997～2003年主要经济指标

分类　　　年份	1997	1998	1999	2000	2001	2002	2003	2004	2005
国内生产总值（亿美元）	945	819	814	926	860	883	913	1 107	1 162
实际经济增长率（%）	8.6	−0.9	6.4	9.7	−1.9	2.2	1.1	8.7	6.4
消费物价指数（%）	2.0	−0.3	0.0	1.3	1.0	−0.4	0.5	1.7	0.5
人口（百万）	3.6	3.7	3.9	4.0	4.1	4.2	4.2	4.2	4.35

资料来源　英国《国别报告：新加坡》2004年12月。

二 经济发展的政策措施

独立以来，新加坡经济发展取得长足进展，主要归因于以下两个方面。

（一）采取市场经济与国家干预相结合的经济政策

新加坡奉行自由经济政策，许多经济活动都由市场机制来调节，同时，也重视政府对经济的干预和指导作用，使之成为市场调节的有效补充。政府对经济的干预，表现在政府不仅负责制定国民经济发展的战略目标，而且运用具体经济政策及税收、利率、汇率及工资等经济杠杆对企业实行宏观管理和运行机制的调控。另外，通过改进与落实福利政策，使国家对国民承担一定的责任，保证国家的政治稳定与社会安定。

（二）对国有企业采取“控制而不干涉”的管理模式

新加坡的国有企业主要有两种形态：一是半官方性质的法定机构，如经济发展局、港务局、电讯局等。二是政府所属的三大控股公司，即淡马锡控股有限公司、发展部控股有限公司和科技控股公司及其下属的大批国有企业。前者是通过立法程序设立的独立法律实体，其运行自主性较大，但仍隶属于政府部门；后者多集中在需要发展而私人企业无法投资的项目上。政府对国有企业的管理有以下几个方面。

1. 政府采取控股方式对国企进行宏观管理

（1）国有企业不享受任何特权，要和私人企业一样，按照有关法律登记注册，根据商业原则和私人企业进行平等竞争。

（2）政府对企业的控制要通过直接或间接入股的方式来进行。

（3）政府对国营企业在人事上进行管理。

（4）董事会负责经营方针与投资方向，而日常经营活动则由经理独立负责。

（5）对符合国家产业政策、经营好的企业，政府增加股份进行鼓励，反之抽股，促其改变经营方向或重组。

2. 政府为企业的经营活动建立了严格的财务制度

（1）所有经营单位都要有年度报告、月度财务简报。年度经营报告须经过董事会讨论通过，月度的要经总经理签署。

（2）这些报告要经过公共会计审计署才能上报给政府有关部门，否则无效。公共会计是独立的，对所审计的账目负法律责任，并且不得审查本人直接入股的企业和亲属经营的企业。

（3）政府成立专门监督机构，总理署设监督公务人员的贪污调查局，财政部设商业犯罪调查局。另外，税务局、金融管理局、商业注册局等也负有监督责任。

3. 将国有企业逐步向私营化转变

通过私营化缩小国有企业的经营规模，提高资本的投资效率，更多地引进市场机制，提高国有企业的经营效率。

除此之外，新加坡还十分注重治理社会环境，大力发展科技教育，保持政府的廉洁，这些也都是新加坡经济成就的必不可少因素。

三 主要经济区

位于新加坡岛西南部的裕廊工业镇是国内最大的工业区，创建于1961年10月，它包括供研究和发展的科学园。目前，裕廊工业区拥有4 000座工厂、20多万工人，并以其优越的投资环境及优惠的投资政策吸引了大量的外资。裕廊工业区由原来的一片荒芜之地发展到现在工厂林立、人口众多、日益朝高科技方向发展的工业城镇，被国际社会誉为现代化、工业化的典范。

另外，政府为了推进工业发展计划，还先后开辟了20多个工业区，主要有：加冷盆地工业区、亚逸拉惹工业区、红山工业区、大巴窑工业区、东陵铎工业区、中巴鲁工业区、圣·麦芝工业区、红茂桥工业区、勿洛工业区、双溪加杜工业区、格兰芝工业区、史诺谷工业区、罗扬工业区、友弟工业区、三巴旺工业区、森氏路工业区、甘榜安拔工业区等。工业区一般分为内围和外围工业区两类，前者一般位于住宅区附近，后者位于新加坡本岛的边缘地区。

四 工矿业

新加坡在殖民地时期，只有少数原材料加工工业，如把锡矿砂、橡胶、木材、椰干等转口的初级产品加工成半成品出口到工业国家，并为过境的船舶提供修理和进行小型机械零件的装配等。工业门类少、产值小，是典型的殖民地工业形态。但从1961年新加坡工业计划实行以来，工业得到了突飞猛进的发展。1964年新加坡整个工业产值为

15.45亿新元，到1990年增至627.11亿新元。工业以制造业为主，其中电子电器、石油化工业和机械业是其三大支柱。制造业以每年平均20%的速度迅速增长，1960年制造业的产值仅为1.8亿新元，1998年增至2 069亿新元。另外，新加坡的化工、纺织、金属加工、医药、建筑材料、食品加工、精密机械和仪器及运输设备等工业部门也有很大发展。相反，食品、木材、橡胶等行业则急剧萎缩。

（一）电子电器业

电子电器业发展非常迅速，是制造业就业人数最多、产值最大的行业。1985～1987年的3年中，新加坡电子电器业的产值分别为104.75亿新元、128.27亿新元和175.93亿新元，分别占制造业总产值的29.5%、34.2%和39.1%。1996年，其出口占制造业出口额的2/3。1998年该行业占制造业总增加值的43.1%。从1987年开始，随着跨国公司积极参与技术密集和高增值产品的开发和生产，电子业已从简单加工装配发展到自行设计和生产。20世纪90年代起，电子业成为新加坡的主要经济支柱之一。2001年电子业的产值已占到整个制造业总产值的约45%。电子业在制造业中所占比重过高也存在一定风险。2001年国际电子市场需求锐减，使新加坡制造业产值下降了11.5%。

（二）炼油及化工业

新加坡将石油提炼业视为其重要经济行业，而且是世界第三大炼油中心，其炼油业对整个世界的石油提炼和进出口贸易都起到重大作用。每天的炼油能力为100万桶，其炼油产品主要有石油、煤油、燃料油、喷气燃料和润滑油剂等，90%以上的产品供出口，主要输往澳大利亚、中国香港、日本、马来西亚、泰国和美国等国家和地区。新加坡所需的原油全部依赖进口，其中有一半以上来自沙特阿拉伯。20世纪80年代以后，炼油业发展步伐减慢。为改变这种局面，加强新加坡的石油加工转运中心的地位，政府注重调整炼油业投资结构，促进新产品开发和生产。与此同时，美国埃克森、英国壳牌等外国石油跨国公司也扩大了在新加坡的投资，改善炼油设施，并提高了炼油能力。1992年，炼油业产值为105亿新元，占制造业总值的13.8%，增加值为17.9亿新元，占制造业总增加值的7.4%；职工人数为3 500人左右，占制造业就业人员总数的1.1%。2001年该行业占制造业总增加值的3.9%。

新加坡的化学工业近年来发展迅速，这很大程度上得益于来自国外的投资，特别是欧盟的投资。化学工业占制造业总增加值的比重从1998年的12.8%增加到2001年的17%。

（三）运输装备业

该行业主要是修造船业，它分为修船、造船和钻井平台建造3个部分。20世纪80年代以来，新加坡的运输装备业受世界海运业低迷的影响，出现了严重的衰退。1985年营业额和出口额均降至1980年以后的最低点，但1986年开始该行业出现了转机。到1992年，运输装备业产值为43.2亿新元，占制造业总产值的5.7%，增加值为19.4亿新元，占制造业总增加值的8%；职工人数为27 024人，占制造业就业人员总数的9.0%。

（四）机械制造

机械制造业发展很快，产值1997年比上年增长25%，1998年又比1997年增长了32.5%。主要包括汽车、电池、制冷设备、油田设备等机械设备的制造。

（五）采矿业

由于矿产资源贫乏，2001年采矿业的产值不到国内生产总值的0.02%。

五　建筑业

新加坡政府于1960年和1961年分别成立了建屋发展局和经济发展局，利用政府的力量来兴建房屋和工业基础设施。这也是新加坡发展较快的行业之一。1969～1979年建筑业年平均增长率为6.9%。1980～1984年建筑业平均增长率高达22%，占国内生产总值的比重由1980年的6%提高到1984年的11%。从1984年新加坡建筑业市场出现供过于求的情况后，政府就将建筑业作为拉动其他行业的重要手段之一，使得建筑业衰退的现象在一定程度上得以抑制。1991年建筑业签订的合同总值达77亿新元，该行业增长率高达21%，成为该年发展最快的行业。1996年、1997年建筑业分别增长了19.5%和15%，1998年又有3.9%的增长。但劳动力短缺是其面临的严重问题，新加坡的建筑工人基本都是来自斯里兰卡、马来西亚和泰国的外籍劳工。但是1999年以来，建筑业不断下滑。1999年建筑业比上年下跌了近9%，2000年和

2001年分别下跌1.7%和2.1%。建筑业滑坡的主要原因是国内房地产市场价格低迷、政府减少了土地的出售、私人住宅建设近期没有复苏迹象。

六　农业及渔业

农业和渔业在国民经济中所占比重很小，仅占国内生产总值的0.1%左右，其主要构成是园艺种植、家禽饲养和近海养殖。园艺种植主要生产蔬菜、蘑菇和观赏植物胡姬花。胡姬花的出口量较大。饲养业以饲养猪和家禽为主，1984年有1 200个养猪场和4 300个养鸡场。1985年4月政府宣布，将分阶段淘汰养猪业以控制污染，而从国外进口鲜猪肉和冻猪肉来满足市场需要。渔业发展因渔场过小和水质的严重污染而受到限制，渔产品竞争力不断下降，现在每年有2/3的上市鲜鱼需要靠进口来解决。此外，粮食和蔬菜也不能自给。粮食全部靠进口，80%的蔬菜从马来西亚、中国、印尼和澳大利亚进口。

1986年9月新加坡提出农业科技园发展计划，运用科学发展“非污染化农业”，以便在有限的土地和人力资源条件下，提高农业生产率，增强农副产品的自给能力。同时，积极从事农业的研究与发展活动，力求使新加坡成为区域性农业科技中心。政府已划出2 000公顷农业科技园地，并为高科技农业提供税收优待和投资津贴。20世纪80年代末，政府在罗央、淡滨尼、惹兰加田、义顺、万礼、双溪、加登、丰加、慕莱、阿妈宫和林厝港等地设立农业科技园。90年代，高科技农业和食品加工成为新加坡进一步扩展的主要目标。

七　交通运输及邮电

（一）公路

新加坡有1 056米的长堤与马来西亚相连。1996年，新加坡的普通公路长2 730公里，高速公路全长128公里。1998年，新加坡有客车370 804辆，出租车17 886辆。新加坡的陆路交通较为拥挤。为解决这一问题，政府采取了各种各样的有效措施，如机动车辆配额系统、周末“拥车证”措施、进入市区许可计划和对车辆的使用征收高养路费和停车费。新加坡的公共汽车和出租车服务十分快捷方便，遍及全国每个角落。两家公共汽车公司的大约3 000辆公共交通车共经营239条线路。

（二）铁路

有一条铁路从海港纵贯新加坡岛，并经过柔佛海峡的长堤，一直向北通往马来西亚内陆，尔后在马来西亚北部边境与泰国南部铁路相连接；新加坡是该国际列车线路的起点。

被称做新加坡大众捷运系统的地铁，全长83公里，有东西、南北两条，共48个站，连接商业、工业和住宅区，并由电脑控制。新加坡40%的商业和工业区离捷运系统不远。目前地铁建设还在继续进行，向北一直延伸到马来西亚的新山。

（三）水运

作为太平洋和印度洋转运要道的新加坡，不仅是亚太地区重要的海运中心，也是世界上第四大港，而且早在1969年已经是英联邦中最大的海港。目前，有5个现代化港口码头，即：裕廊工业港、丹绒巴葛码头、岌巴码头、巴西班让码头和三巴码头；有8个主要集装箱船停泊处和一个支线集装箱停泊处。这些港口码头具有先进的仓储设施和电脑管理系统，使货物进出口报关非常省时。新加坡同世界上500个港口、80多个国家的500家船务公司有海运联系。以进港船只的吨位计算，新加坡曾六度蝉联“世界最繁忙港口”的称号。2002年集装箱吐量达到1 600万标准箱，仅次于香港，位居世界第二。新加坡港务局是管理港口设施的法定机构。

（四）民航

樟宜机场和实里达机场是新加坡主要的商用机场。位于新加坡城东北20公里处的樟宜机场，是一个规模巨大、拥有现代化设备和良好服务的国际机场，自1981年启用以来，一直被公认为世界最好的机场之一。1991年又名列世界第九大客运机场和第十大货运机场。扩建完成后，每年可运输9 500万名旅客。1996年政府又准备对其扩建，开辟第三个航空集散站，预计2004年完成。实里达机场供出租飞机和一般飞行活动使用。

目前，新加坡与52个国家和地区的100座城市通航，直达的主要国家和地区有独联体、北美、西欧、北欧及亚洲主要国家，并有包租的直升机到马来西亚和印尼。1992年7月2日，新加坡航空公司又开辟了直飞美国纽约的航线（每星期6个班次），成为世界第一家飞越两大洋前往美国东、西两岸的国际航空公司。同时，新加坡航空公司的管理与服务也非常卓越，长期维持丰厚利润，多次被评为世界最佳航空公司。2001年新加坡全年起飞架次为86 853次，客运量为1 354.66万人次，货运量为848 269吨。

（五）邮政

邮政服务既高效又费用低廉，并且已实现了电脑化服务。全国有69家邮局和8家分支机构，其中一些邮局可提供24小时服务。邮局还提供一种称为LUM的快件邮递服务，它可使当地的邮件在3个小时内送至新加坡的任何地方。

（六）电讯

新加坡是国际通讯中心之一。其电讯事业法定管理机构为新加坡电讯事业局，该局成立于1974年4月1日。它不仅经营和提供国内和国际的电讯服务和特别电讯服务，还为气象台和民航局提供海空、海上和气象通讯服务，该机构于20世纪90年代初私营化。新加坡通过海底电缆、卫星系统提供服务，同世界上绝大多数国家有电信联系。6条海底电缆同东南亚、大洋洲、中东和欧洲的洲际电缆相连；建立在圣淘沙岛和武吉知马的两个地面卫星通讯站与太平洋和印度洋上空的卫星保持联系。全国拥有电话130万台，是亚洲仅次于日本拥有电话比率最高的国家，并已全部实行电脑化。1981年3月，新加坡电讯局开始使用自己的国际电话信用卡。1988年8月，新加坡开始使用移动电话，1989年4月，移动电话可以延伸到地铁和隧道中使用，开创世界各国先河。新加坡还拥有流动电台系统，岸外10公里以内均可使用。空中旅客可以接通空对地电话，也可通过新加坡电讯局、英国国际电讯局和挪威电讯管理局三家联合发起建立的空中电话服务系统接通任何目的地的电话，并查找有关资料。从1987年4月开始，新加坡又有了电台记事服务，用户可通过租用的电传机、电话机、电台线路或数据终端设备与其联系。1990年底，新加坡电讯局不仅开展了商业性电视直播服务，而且还开通了集成服务数据网，通过前者，客户可享受教育、购物、与其他电脑联系等服务，通过后者，用户可进行声、像和资料等方面的国内外沟通。

八　财政金融

（一）财政

自独立以来，新加坡就一直坚持执行量入为出、收支平衡并略有盈余的财政政策，不搞赤字财政。有效的财政政策使新加坡成为高储蓄、低外债的国家。

1. 四种基金

政府的财政预算是围绕着各项基金而编制的，其中最重要的是总集基金、发展基金、偿债基金和技能发展基金。

（1）总集基金

包括一切没有按照法律规定拨充指定用途的收入。总集基金收入账户的主要来源是税收、出售货物、劳务和资产的收入以及投资收益。

（2）发展基金

主要收入来源是筹供发展用途的贷款，从总集基金转移过来的款项以及发展资金投资收益，只要获国会批准，发展开支（包括辅助金和贷款）可以从发展基金中拨出。

（3）偿债基金

根据《发展贷款法》的规定设立，用于偿还国内债务。偿债基金的收入来源是从总集基金拨来的款项以及偿债基金的投资收益。

（4）技能发展基金

在1979～1980财政年度设立，用于已批准的人力训练计划和购买提高工人生产的机器设备和利息津贴。基金来源是由雇主为月薪不到750新元的员工缴付的相当于员工薪金4%的税。

2. 政府收入

主要是税务收入和非税务收入，分别占总收入的52%和40%，还有8%的资产收入。

税务收入是新加坡财政收入的主要来源，其主要税种有所得税、房地产税、遗产税、薪金税等直接税和商品与劳务税、国际贸易税等间接税。税收管理层次少，征管严格，并有一套科学化、现代化的管理方法，应交的税可通过电脑直接划拨，税收的成本也很低。政府的税收政策主要是为了繁荣经济，而非只顾一时收入的增加。

非税收收入主要包括政府法定机构的货物售卖、劳务收入和投资收入等。

3. 政府的财政支出

主要采取两种形式：一种是经常支出，包括政府行政管理支出、国防费用、社会和社区服务、经济、公共债务等项支出。另一种是发展支出，是政府机构和企业对经济和社会基础设施的投资。发展支出由经常预算剩余转入，不足部分靠在国内外举债弥补。

政府支出的主要项目有：基础设施（如公路、

海港、水利、电力、电讯等）建设、国防和警卫、行政管理、社会文化教育卫生事业、债务（国债本息）支出、储备金等。

4. 公共债务

1966～1985 年公共债务由 6.9 亿新元增至 321.6 亿新元，年增长率为 22.4%。1966 年，内债比重为 90.9%，1985 年升为 98.1%。20 世纪 70 年代新加坡的债务偿还率为年均 0.6%，80 年代为年均 1%，90 年代初为 0.1%。

为了促进经济的稳定增长、加强对经济的宏观调控以及使经济和社会均衡发展，政府综合运用其财政、税收和金融政策，有效地抑制了国内消费，加速了资本的积累，使政府的储蓄保持在一定的水平上。同时，政府每年都要拨付大笔的开支用于国家基础设施的建设。这不仅实现了资源的合理分配，而且促进了经济的增长。另外，政府对人力的投资也十分重视，实行教育津贴，对低收入者采取住房补贴、医疗补贴等手段进行帮助，同时，对社会分配方式进行了调节，使社会发展和经济增长形成互相促进、互为动力的良性循环，并促进了社会的稳定。

（二）金融

1. 发展概述

20 世纪 70 年代，石油冶炼业的发展对金融业提出了较高的要求，需要开展外资的存贷、保险等一系列业务，新加坡政府决定实行“金融开放”。1972 年政府取消了外汇管制，允许外汇自由买卖和流通，并与国际上其他金融市场接轨。

根据美洲银行经济学家的建议，新加坡政府于 1968 年 10 月 1 日批准美洲银行新加坡分行设立“亚洲货币单位”（ACU），经营亚洲美元，这标志着新加坡离岸金融市场的诞生。

此后，获准设立亚洲货币单位的金融机构不断增多，业务量迅速扩大，金融业发展迅速。20 世纪 70 年代末到 80 年代初，新加坡金融业年增长率为 16.2%，1990 年竟高达 33%，同制造业一起成为新加坡的两大支柱产业。金融业产值由 1975 年的 21 亿新元增长到 1980 年的 42.9 亿新元。到 1984 年以 99.6 亿新元的产值，首次超过了制造业；1990 年更高达 205.7 亿新元。

到 1992 年，新加坡拥有 75 家商业银行、27 家金融公司、136 家各类保险公司、71 家股票经纪公司、93 家投资咨询公司、7 家国际货币经纪公司及众多的货币兑换商和有着大量分支机构的邮政储蓄银行。

截至 1995 年 5 月，新加坡拥有 140 家商业银行，57 家海外银行设立的代表处。在这短短的 20 多年中，新加坡已逐渐发展并形成了一套比较完备、多元化的金融体系，作为国际金融中心，发挥着越来越重要的作用。

1997 年的亚洲金融危机促使新加坡金融管理局（Monetary Authority of Singapore　MAS）对金融业进行改革。1997 年 11 月该管理局宣布新的金融服务办法，包括国家对金融业的管制要转向监管为主，要求银行体系具备更高的透明度等。2000 年中，金融管理局又宣布了一条新规定，要求国内银行在从 2001 年底起的 3 年内分离金融业务及非金融业务。

2. 银行与金融机构

（1）商业银行（Commercial Bank）

分为以下三种类型。

① 完全许可银行（Full Licence Bank）

完全许可银行能够从事《银行法》中规定的向当地或外国客户提供全面的银行服务：一是接受往来账户存款、储蓄存款和定期存款；二是提供基金汇款业务；三是提供信用贷款（包括信用证、担保和贸易的资金融通）；四是从事外汇、黄金、证券和金融票据的交易；五是从事其他任何类型的银行业务。完全许可银行能与新加坡的居民和非居民进行银行业务，但不得向非居民提供新币信贷，也不能向新加坡居民提供用于在新加坡境外使用的新币贷款。

值得一提的是新加坡发展银行（DBS），它是为了接收经济发展局的工业发展融资而于 1968 年设立的。主要职责是通过长期贷款或股份参与的方式，为制造及加工行业企业的设备改进和技术更新提供资金。它能够经营所有商人银行和商业银行的业务，是新加坡四大银行之一。

② 限制性银行（Restricted Bank）

限制性银行是外国银行在新加坡设立并营业的分行。限制性银行可以开展完全许可银行的一般业务，但不得从事下列银行业务活动：一是在新加坡不得开设两家或以上的银行分支机构；二是不得接受储蓄存款；三是不得接受非银行客户每次 25 万新元以下的新币定期存款或其他有利息支付的存款。限制性银行有权进行外汇交易、经营亚洲货币单位业务和大笔的工业存贷款。

③ 离岸银行（Offshore Bank）

离岸银行是指在新加坡开设不超过一家银行分支机构，也不接受储蓄存款的外国银行分行。除这两项限制外，离岸银行还受下列限制：

一是离岸银行不得接受任何非银行的新加坡居民客户的定期新币存款和其他支付利息的新币存款，也不得接受非银行的非新加坡居民25万新元以下的定期新币存款和其他支付利息的新币存款。

二是除非得到新加坡金融管理局事先同意，离岸银行提供给新加坡非银行居民的新币贷款总额，任何一次都不得超过3 000万新元，其中不包括未使用的信贷额度和应急债务。

三是离岸银行可以吸收外汇存款，但对贷款方有一定的限制：每笔贷款不能低于1 000万新元，最高限额为5 000万新元，限期至少两年。

大多数离岸银行集中经营与非居民的批发银行业务，一般都可以经营亚洲货币单位（ACU），并分开立账。

（2）商人银行（Merchant Bank）

商人银行与商业银行有所不同，它主要从事当地和离岸银行财团贷款、黄金和外汇买卖，包销债券、安排投资和提供金融咨询服务等业务。其业务受金融管理局监督。商人银行的营业范围主要是离岸的非银行贷款，不能在新加坡本地接收非银行存户的存款或储蓄业务。其资金主要来自本身或银行贷款。

（3）国际货币经纪商（International Money Brokers）

它们为国内银行提供与国际金融机构进行外汇交易活动方面的服务，但不能经营自己的账户，不得吃进外汇头寸，不得与私人或者与公司客户进行交易。

（4）金融公司（Finance Companies）

金融公司是新加坡金融管理局批准许可的所有在新加坡当地注册的金融机构。金融公司可以接受固定存款和储蓄存款，为居民购买汽车和其他高档消费品提供分期付款服务，向中小工业企业提供贷款、租赁、转账等业务，但不能提供往来账户服务，也不能经营亚洲货币单位业务或从事外汇和黄金交易，不得发行新元可议付存款单。金融公司是对商业银行的一种补充。它受金融管理局颁布的《金融公司法》的约束。金融公司贷款和垫款的对象较集中，主要为专业部门和私人个人、建筑和工程、金融机构及一般商业。

（5）保险公司和其他金融机构

保险公司在金融管理局的监督下，重点经营集团公司内部保险和岸外保险，它受金融管理局颁布的《保险法》的约束。政府鼓励资力雄厚的和声名卓著的跨国公司到新加坡建立保险公司，这种内部保险公司不接受社会保险，只在集团内部进行保险，其风险自己承担。

此外，两家特殊的金融机构是新加坡邮政储蓄银行（The Post Office Bank）和新加坡国际金融交易所（Singapore International Monetary Exchange—SIMEX）。前者接受储蓄存款以及提供往来账户服务，其资金运用中多半流向政府、法定机构和政府拥有的公司。它不能进行外汇交易，也不能为外贸提供资金。后者是在取代新加坡黄金交易所的基础上建立的。1984 年 7 月，由其经营的新加坡金融期货市场正式开始营运，重新推出黄金期货交易，继而推出欧洲美元利率和德国马克兑美元的货币期货合同，随后是日元兑美元的期货合同。发展至今，该交易所已有 20 种期货与期权合同。新加坡国际金融交易所虽成立于 1984 年 7 月 5 日，直到 1991～1994 年利率和汇率频繁波动之前一直影响很小。1990 年成交量仅 572 万合约，到 1994 年成交量增为2 406万合约，1996 年的成交量下降至2 260万合约。新加坡国际金融交易所目前正试图加强与其他交易所的联系，如芝加哥商品交易所。

新加坡还有租赁公司、保理公司和私人信贷公司等金融机构或准金融机构。

3. 金融管理

新加坡政府的金融政策开放程度很高，管理也十分严格。它不仅保护了广大存款客户的利益，同时也保护了银行的利益。在对外国银行的管理上，实行宏观上鼓励其开放，微观上加以必要引导的政策。新加坡金融管理的法定机构是金融管理局和货币局。

（1）新加坡金融管理局的职能

它担负着除货币发行以外的全部中央银行的职能。它于 1970 年由政府建立。在此之前，这些与中央银行有关的金融职能是由不同的政府部门和机构分别负责的，金融职能与金融管理比较分散。金融管理局正是为了改变这种状况而建立的。它的具体职能包括：

管理并实施有关银行与金融政策及外汇汇率政策；审批银行成立、审核颁发银行营业执照和经营亚洲美元业务许可证；依据《银行法》对银行实行监督、稽查和处罚；通过行政权同银行就发展方向和出现的问题进行协商和协调，采取措施保护本地金融市场；负责新加坡金融系统的监督、管制、计划和发展，发放银行和金融机构许可证，监督银行、金融公司、汇款行、保险公司、投资顾问商、期货交易咨询商、证券交易商等。

（2）金融管理的具体做法

① 所有的银行都要将其年度经营状况向金融管理局呈报，内容包括：存贷款情况、固定资产投资、股票经营及亚洲美元买卖情况，由金融管理局审核并在报纸上加以公布。

② 各银行每两周和每月都要向金融管理局呈交业务情况报告，将各种账目制成表格，以供稽查和审核。

③ 银行必须向金融管理局做出保证，确保经营状况良好，遵纪守法，无舞弊行为。

如稽查人员发现银行有舞弊行为和触犯《银行法》的现象，金融管理局就会派专门审查小组进驻银行逐笔查账。如发现确实有违法行为，便提出警告或进行处罚。

④ 年终报表必须由政府审批的审计师审理，不得任意委托审计师。

同时，为了防止银行无法满足客户的提款要求，金融管理局规定：银行每天必须向其提交数额相当于银行吸收存款额的6%，而且银行20%的资产必须作为其流动资产。这样就防止了银行不顾客户利益，将所有资产投入某个项目。

在贷款方面，为防范“坏账”的出现，减少银行在放款业务中可能遭受的损失，金融管理局要求银行进行抵押贷款，贷款必须有90%的抵押。

在银行的资金运用方面，为防止银行盲目投资和减少投资风险，金融管理局要求根据负债的来源、种类和期限适当使用资金，确定资金的使用方向、性质和期限。

新加坡货币局的主要职责是依据《货币法》进行新加坡货币的发行与回笼，同时货币局自行决定以新元兑换黄金或其他外汇储备。

4. 货币供应量

新加坡的货币供应量包括3个层次：

M_1 = 流通中现金 + 活期存款；

M_2 = M_1 + 定期存款 + 储蓄及其他存款 + 新元可转让存单；

M_3 = M_2 + 金融公司净存款 + 邮政储蓄银行净存款。

金融管理局没有把流通中的现金专门设为 M_0，因为现金流通量不属于金融管理局的管理目标，而是由货币委员会监控，现金的发行也由货币委员会负责。

20世纪70年代新加坡经济的开放度比较低，而且对外汇管制较严，所以货币供应量与国内经济的相关性较高，货币供应量的可控性较好，是金融管理局的主要中介目标。随着新加坡经济开放度的提高和对外汇管制的取消，货币供应量与经济增长和物价上涨的相关性大大降低。同时，金融管理局对货币供应量的控制难度也有所加大，所以新加坡当局已经停止把货币供应量作为主要中介指标，但可作为金融管理局制定政策时参考。

5. 汇率政策与利率管理

新加坡实行自由汇率政策，各国货币可以自由兑换，长短期资金流动绝对自由。新元汇率不是只盯住一种货币，而是盯住一揽子货币，主要有美元、德国马克、日元、英镑、瑞士法郎、韩元、港元、马来西亚林吉特、泰国铢、法国法郎、印度尼西亚卢比和新台币等。将这些汇率按照各自的贸易权重加权计算出有效汇率作为新元的汇率目标。金融管理局进行汇率调控的中介目标是名义有效汇率，但为保证本国货币金融制度的稳定，它不主张新元成为基准货币，更不主张新元国际化，所以政府不公布汇率目标。金融管理局也设定了汇率变动的目标区间，区间大小取决于当前国际通胀水平和国内通胀因素，也不对外公布，但总的原则是使本币升值。金融管理局对新元名义有效汇率每年的升值幅度一般掌握在2%～3%，最多不超过5%。若新元升值过快，金融管理局就要在外汇市场上抛售新元买进美元，1995年就进行了两次这样的操作。另一种操作就是货币互换，签订买进美元卖出新元的互换协议。从1980年以来，名义有效汇率一直在升值，到1985年达到高峰后开始下跌，1988年到达谷底后又有所回升。1997年8月份开始，受亚洲金融危机的影响，新元有所贬值。新元兑美元的名义汇率由危机前的1.43新元:1美元下跌到2001年5月的1.80新元:1美元。

金融管理局对利率调节的自主性较差，所有的银行和金融公司都可以自由决定其存贷利率，并允许利率自由浮动，但利率政策仍可在一定程度上辅佐汇率政策。20世纪70年代初，金融管理局运用再贴现政策对国内利率水平进行调节，因当时开放程度有限，所以对本国利率水平的调节具有一定的自主性。随着新加坡国际金融中心地位的确立及亚元市场的发展，新加坡国内利率与国际金融市场，特别是美国金融市场的利率紧密挂钩，尤其在新加坡取消外汇管制后，新元利率与美元利率的联系更加紧密。虽然国内资金松紧、企业利润等因素仍然可影响到利率调整的幅度和时滞，但利差不会太大，否则会引起国际游资的大量流动。

6. 外汇市场和亚洲美元市场

早在20世纪20年代，新加坡就出现了外汇买卖，但规模很小。60年代后，政府为改善金融设施做了大量工作。70年代初期，外汇市场得到了较大的发展。20多年内，外汇日平均交易额翻了几十倍，1974年平均日交易额为3.5亿美元，1986年达到220亿美元，到1990年增至830亿美元。目前，新加坡是全球第四大外汇市场。在该市场，交易量最大的货币依次为美元、马克、日元、英镑和瑞士法郎，但增长最快的是一些区域性货币如印尼卢比、马来西亚林吉特和泰国铢等。而且，越来越多的跨国银行把外汇交易总部设在新加坡；许多国际性机构、全球投资基金把部分外汇储备调到新加坡来运用和管理；这些都说明新加坡外汇市场的国际地位与日俱增。

新加坡亚洲美元市场是一个国际货币和资金市场的中心，汇聚外汇货币后贷放给其他亚洲国家。从1968年美国的美洲银行获准在新加坡设立“亚洲货币单位”(ACU)起，亚洲美元市场开始运营，并在20多年的时间里得到了迅速的发展。1975年资产总额为126亿美元，1982年增为1 033亿美元，1986年猛增为2 006亿美元，1990年底，市场总资源已达到3 900亿美元。到1995年3月底，在新加坡经营离岸金融业务的持有亚洲货币单位（ACU）执照的机构达209家，分别来自30多个国家，90%以上在全世界1 000家最大的银行、证券公司和保险公司之列。这些公司在新加坡的离岸金融市场的总资产逾4 450亿美元。该市场以银行同业交易为主，亚洲货币单位的总负债中近80%是同业拆入资金，同业拆放占总资产的55%以上。新加坡亚洲美元市场的另外一个特点是以经营美元为主，目前美元交易仍占交易总量的80%以上。新加坡离岸金融市场的发展，不仅促进了新加坡的经济腾飞和国际金融中心地位的确立，而且也改变了国际金融由伦敦、纽约各据一极的格局，对国际资本流动起到了巨大的调节作用。另外，作为东盟国家和其他亚太国家的资金集散中心，也有力地促进了这些国家和地区的经济发展。

7. 股票、债券及金融期货市场

（1）股票市场

新加坡股票市场是东亚最重要的股票市场之一，20世纪80年代经历的风波较多。1986年，上市公司新加坡泛电子公司突然倒闭，许多经纪人公司陷入财务危机，致使新加坡证交所关闭3天；1987年又受到蔓延全球的股市危机的影响；1989年，由于马来西亚在新加坡挂牌的147家公司撤销挂牌，使新加坡证交所的上市公司数从329家降至182家，资本总值从1 120亿新元锐减到620亿新元。但政府及时采取了措施，如成立挂牌交易监督委员会，改组经纪人协会，将四大银行补进经纪人席位，允许国外经纪公司入市交易等。到1993年其资本总值超过1 937亿新元，为新加坡名义国内生产总值的2.7倍，全年总交易量（场外交易市场除外）近570亿新元，新加坡资本市场重新振作。2001年新加坡全年挂牌交易总额为1 138.7亿新元。

政府积极推动私有化，对国营公司上市和组建股份有限公司十分支持，所以新加坡的股票发行多采取公开募股的形式。银行业、交通及房地产等行业占据最大份额（60%以上），股票持有者多以银行、华人企业和政府机构为主。新加坡的股票交易市场分为新加坡股票交易所（Stock Exchange of Singapore　SES）和国外上市股票的柜台交易市场(Central Limit Order Book　CLOB)。

新加坡股票交易所是根据《股票公司法》和1986年《证券行业法》组建的法人实体，全称为新加坡证券交易有限公司。该公司由一个按交易所章程组成的9人委员会管理,主要根据政府的立场对交易所行使日常管理,其中4人由交易所经纪人选出,5人由金融管理局任命,一般来自其他行业。

国外上市股票的柜台交易市场，是在1990年初成立的一个以外币报价和交易的国际性股票柜台交易系统，目的是为了方便新加坡居民交易已经在新加坡设有上市席位的马来西亚公司股票。截至1994年底，共有130多只股票在这里挂牌交易，其中马来西亚公司112家。该交易市场已于1998年9月停止交易。

新加坡股票市场的管理机构除金融管理局外，还有1986年依据《证券行业法》成立的新加坡证券行业委员会和1978年成立的股票行业顾问委员会。前者是管理股票市场的权力机构，代表政府执行《证券行业法》；后者是以私人机构代表为主的咨询机构，能影响金融管理局的决策。

（2）债券市场

国内债券市场较小，发行的债券品种主要是公司债券、信用债券、政府中长期债券和可转换债券等，其中大部分可以在新加坡股票交易所挂牌上市，但是也要符合一定的条件。国内债券市场一直不太活跃，自1987年中长期国债发行以来，这种局面有所改观，二级市场交易量尤为活跃。到1989年，公司债券的累计未清偿余额约为227亿新元，而中长期政府债券则远远超过此数。但总体来说，新加坡国内债券市场相对于亚洲货币债券市场仍小得多，而且二级市场缺乏活力。

（3）金融期货市场

新加坡是亚太地区第一个设立金融期货市场的金融中心。1984年9月，政府将新加坡黄金交易所改组为新加坡国际金融交易所（Singapore International Monetary Exchange SIMEX），提供各类金融期货交易设施和服务。短短几年间，金融期货交易迅速增长。1985年国际金融交易所营业第一年全年的交易量为538 829宗，到1993年增至15 729 787宗，年增长率为52%。1993年，新加坡国际金融交易所在全球最大交易所中名列第十四位。这不仅归功于政府的支持和引导，还应归功于国际金融交易所灵活的经营策略。另外，新加坡的时区优势使其国际金融交易所的交易时间正好填补欧洲和北美各大期货交易所的闭市时间，便于交易者抓住时机及时对冲。

8. 国际储备

新加坡是世界上外汇储备最多的国家之一，其外汇储备比美国和许多新兴工业化国家都要多，而且人均拥有外汇储备的水平稳居世界前列。新加坡的外汇储备近年来呈现稳步上升趋势，尽管受亚洲金融危机的影响，1997年新加坡的外汇储备有所下降，从1998年开始逐步恢复增长。2004年末除黄金外的外汇储备，已从危机前1996年的768.47亿美元上升为1 128亿美元。

9. 特点

新加坡的金融业能以较短的时间在国际化和多元化方面有如此大的发展，主要归功于以下几方面特点：（1）地理位置优越；（2）政治环境安定；（3）经济发展战略与政策适应本国情况；（4）基础设施完善；（5）政府积极支持，严格监管；（6）办事机构及机制效率高。

九 旅游业

旅游资源比较丰富，有许多名胜可供游览。位于首都市区直落亚逸街的天福宫，始建于1839年，是新加坡最古老的庙宇之一，具有中国建筑风格。宫内正殿供奉着“妈祖”，因而又被称为“妈祖宫”。裕华园是位于裕廊河心的新游览胜地。它面积13.5公顷，是以中国宋朝盛行的庭园特点结合北京颐和园造型而设计建造的，充分表现中国传统建筑风格。全园共31景，各具特色，其中白虹桥和邀月舫分别仿造北京颐和园十七孔桥和石舫而建。最高建筑为入云宝塔，高44.2米。此外，主要旅游点还有苏丹伊斯兰教堂、双林寺、星和园、龙山寺及范克利水族馆，各大蓄水池和圣陶沙度假胜地也成为新加坡人休闲的好去处。新加坡还具有世界一流的旅游配套设施和服务。

旅游业是新加坡的四大支柱产业之一，兴旺于20世纪60年代末70年代初。成立于1964年的旅游促进局在有关部门的配合下，大力促进旅游业的发展。1970年接待游客首次突破50万人，1978年突破200万人，到1996年已达729.3万人。1997年受金融危机的影响，旅游业在游客人数和旅游业收入上均比1996年下降了1.3%。1998年又分别在上年的基础上下降了13.3%和17.4%。

长期以来，旅游业为新加坡赚取了大量的外汇，创造了许多的就业机会，对推动交通、建筑、商业及城市绿化都起到重大作用。从2001年前往新加坡的游客来看，东盟的游客最多，占总数的33.5%，其次是日本，占总数的10.1%，中国内地及台湾地区的游客占9.6%，英国和美国游客分别占总数的6.1%和4.6%。但是，2001年在美国发生国际恐怖主义袭击的九一一事件、东南亚地区出现恐怖主义活动以及2003年上半年的“非典”，都影响了新加坡旅游业的发展。

第六节　外贸与对外经济关系

一　外贸

新加坡实施的是贸易立国战略。此战略分三步实施：第一步，致力于与周边国家的转口贸易，带动了新加坡贸易的起步；第二步，制定优惠政策，积极吸引外资，发展加工贸易，把贸易与国内经济的发展结合起来；第三步，把发展加工贸易与利用外资结合起来，带动本国经济发展，促使经济贸易持续高速增长。

作为重要国际贸易中心的新加坡，是少数几个贸易总额大于国内生产总值的国家之一，1996年贸易总额为2 490亿美元，占当年新加坡国内生产总值的273%。

由于电子行业的迅速发展以及新加坡作为港口和地区中心重要性的增强，20世纪90年代中期新加坡的进出口贸易增长很快。1998年由于受到金融危机影响，贸易量下滑，1999年和2000年又开始回升。受电子行业复苏的影响，2000年新加坡的出口和进口分别比1999年增长了23.4%和22.4%。2001年受世界经济及电子行业疲软的影响，进出口又下滑，2002年有所恢复。2004年，得益于美、日和欧盟的经济复苏以及全球电子业的强劲需求，外贸总额达3 544亿美元，增幅高达22%。2005年外贸总额为4 299亿美元。2005年末，外汇储备达1 104亿美元。新加坡1997～2005年对外经济活动主要指标见表2。

表2　新加坡1997～2005年对外经济活动主要指标　（亿美元）

分类＼年份	1997	1998	1999	2000	2001	2002	2003	2004	2005
进出口总额	2 503.74	2 063.71	2 199.76	2 859.67	2 516.30	2 546.96	2 862.99	3 544	4 299
出口	1 257.46	1 105.91	1 156.39	1 493.49	1 336.76	1 372.73	1 578.09	1 853	2 298
进口	1 246.28	957.80	1 043.37	1 366.18	1 179.54	1 174.23	1 284.90	1 691	2 001
经常收支平衡	169.12	210.25	212.54	132.45	161.40	188.73	281.87	162	297
外汇储备	712.89	749.28	768.43	801.32	753.74	820.21	957.26	1 128	1 104
汇率（新元:美元）	1.48	1.67	1.70	1.72	1.79	1.79	1.74	1.64	1.66

资料来源　英国《国别报告：新加坡》2004年12月；《新加坡国家概况》；中华人民共和国外交部网站2006年9月15日。

（一）进出口贸易结构

对外贸易中包括了大量的转口贸易。在独立前及独立初期，新加坡转口贸易几乎每年都占出口总额90%以上。20世纪80年代以来，各邻国都努力减少对别国的依赖，发展自己的对外贸易，直接同贸易国建立联系，因而新加坡转口贸易的比重有所下降，但仍占总出口的30%以上。1998年转口贸易占总出口的42%。初期新加坡的转口商品以周边国家的初级产品为主，现在重点转向了电子产品及部件。

在共和国独立前及独立初期，本地产品出口贸易所占比重很小，随着新加坡工业化程度的不断加深，本地产品出口贸易所占比重越来越大，减少了对转口贸易的依赖。1998年本地产品出口贸易占总出口的57.6%。

20世纪80年代中期政府积极鼓励开展补偿贸易，并为此成立了专门的机构。1986年，政府颁布了《补偿贸易先锋计划》，对以新加坡为基地进行补偿贸易的公司给予5年免征所得税的优惠。

进口贸易在世界贸易中也占有重要的地位，2002年进口额为1 270.09亿美元。

（二）进出口商品结构

从1965年至今，新加坡进口商品结构已发生很大变化。首先，原材料的进口因制造业加工深度的提高而大大减少。其次，矿物燃料的进口因工业的发展和油价的提高而大幅度增加。第三，以化工产品、机械与运输设备等为主的工业制成品的进口大量增加。目前，新加坡主要进口商品有：石油、石油产品、纺织品、动力设备、原胶、钢材、科学与光学仪器、汽车、办公室自动化设备、电力设备、船舶、钻井台、塑料等，其中机械设备的进口比重很大，2001年其进口占总进口额的60%。

新加坡的出口商品结构也有很大的变化。一是化工产品和矿物燃料的出口比重随着炼油业和加工业水平的上升而有所提高，由20世纪60～70年代的11%左右上升至80～90年代的30%以上。二是原材料的出口比重由20世纪60～70年代的30%～27%下降至80～90年代的8%～2%以下。三是制成品的出口因工业化程度的加深而大幅度增长，由建国初期的30%左右增加至80年代末、90年代初的64.5%～73%之间。目前，新加坡主要出口商品有：石油产品、原胶、成衣、办公室自动化设备、科学与光学仪器、通讯设备等。

（三）主要贸易伙伴

马来西亚是新加坡传统的贸易伙伴，早在英国殖民主义时代双方就有贸易关系。新加坡一直是马来西亚重要的转口贸易中心和对外门户。马来西亚的初级产品如橡胶、棕榈油、木材等多是通过新加坡出口的，同样，不少商品的进口也要通过新加坡。长期以来，马来西亚是新加坡的第一大贸易伙伴国。1997年两国的贸易额为619.5亿新元，2001年增加到738亿新元。

美国是新加坡最大海外市场。历年来，新加坡对美国的出口额在其出口总额中占据非常重要的地位。在1988年以前，新加坡在对美贸易中享受优惠关税待遇，但从1989年1月开始，美国取消了对新加坡的关税优惠国待遇。1999年新加坡对美国的出口占新加坡出口总额的19.2%，但2002年下降到了14.7%。新加坡对美国长期保持小额的贸易顺差。

日本不仅是新加坡重要的出口国，近年来也是新加坡重要的进口国。新加坡对日贸易一直呈逆差状态。2002年新加坡对日本的出口占总出口的7.1%，但进口占到总进口的12.5%。

随着中国经济的迅速增长，新加坡和中国的贸易关系也飞速发展。2002年中国已跃升为新加坡的第五大出口对象，并且新加坡对香港的出口中有很大一部分也是出口到中国的。

欧盟也是新加坡重要的贸易伙伴。1998年前，新加坡对欧盟的贸易一直呈较小的逆差，但1999～2001年出现了持续的盈余。2003年新加坡主要贸易伙伴见表3。

表3 新加坡2003年主要贸易伙伴国和地区 （%）

主要出口国、地区	占出口总额的	主要进口国、地区	占进口总额的
马来西亚	15.8	马来西亚	16.8
美国	13.3	美国	13.9
中国香港	10.0	日本	12.0
中国	7.0	中国	8.7
日本	6.7	中国台湾	5.1
中国台湾	4.8	泰国	4.3
泰国	4.3	沙特阿拉伯	3.1

资料来源 英国《国别报告：新加坡》2004年12月。

二 吸收外资与对外投资

（一）外国直接投资在促进新加坡经济发展中起着举足轻重的作用

早在20世纪60年代初，政府开始引进外资。到60年代中期，新加坡开始允许外国投资者设立独资企业，经济领域内几乎所有的部门（公用事业和电信业除外）都鼓励和允许外国投资。这一时期外资集中在纺织、食品等劳动密集型行业。从70年代开始，为适应其出口创汇的发展战略，政府重新调整了投资鼓励措施，引导外国投资者向高附加值、资本密集型产业投资，其中以电子业最为突出。对电子业的投资最初主要集中在家用电器和半导体领域。随着电子业的发展和电子产品的多元化，外资也开始向计算机系统、电信设备和办公自动化设备领域转移。目前新加坡已成为世界上最大的计算机硬盘驱动器和声卡制造国，电子工业产值占制造业产值中的比重超过40%，约占国内生产总值的15%。

20世纪80年代，政府将金融、运输、通讯、旅游等服务业确定为优先发展对象，吸引外资的政策也随之向这些领域调整。由于政策引导得当，引发了新一轮的投资高潮。在整个80年代，新加坡吸收的外国直接投资年平均达23亿美元，居发展中国家之首，占其国内总投资的1/3，其中以制造业为主，美国、日本、英国是最大的投资国。1995年外资占其制造业投资的71.3%，外资企业产值占制造业总产值的50%以上，外资企业出口额占新加坡本地出口总额的80%以上。而且制造业的发展也相当迅速。1960年制造业占新加坡国内生产总值的11%，到1998年已达到了23.44%。

利用大量国外直接投资促进了制造业的发展，这为新加坡的发展奠定了基础。可以说，外国跨国公司在许多行业的突出地位是政府经济政策的主要决定因素。仅从如下简单的统计数字就可以看出外资对新加坡的重要性：1996年制造业71%的投资协议来自国外。从投资行业分布看，主要集中在电子和机械领域，分别占外国直接投资总额的42%和13%。其他如化工、炼油等领域占45%。

20世纪90年代，政府又开始鼓励高新技术产业的持续投资。政府采取税收优惠或政府资助的形式吸引跨国公司来投资高新技术产业，设立研究奖励基金，吸引外国集团来新设立研究与发展中心。这些措施为新加坡外贸提供了坚实的基础，使其本地出口商品结构明显提高，目前以技术密集型的机电产品和资金密集型的石化产品为主，1998年这两项产品共占本地出口的七成以上。电子行业可谓首屈一指，它在1998年制造业产出中占49.4%，石油冶炼和化工工业长期以来也都是很重要的行业。目前，全世界已有约400多家大公司涉足新加坡的投资领域。

金融危机后，外资流入减少。1998年国际直接投资为96.43亿新元，1999年和2000年分别降至54亿新元和36.45亿新元。

（二）对外投资不断增加，成为“外在的翅膀”

虽然大力吸引外资促进了新加坡经济的迅速发展，但是对缺乏资源及劳动力、国内市场狭小而资金又相对剩余的新加坡来说，对外投资则显得尤为必要。政府也意识到这只“外在的翅膀”是新加坡经济腾飞的助推器，因此大力鼓励各种形式的海外投资。

20世纪70年代开始，新加坡在继续吸引外资进入的同时，开始将劳动密集型产业向海外转移，主要集中在马来西亚和香港地区。80年代初，对上述两地的投资分别占到新加坡对外投资的60%和11%。

80年代后期，由于亚太地区投资机会的增多和政府政策的大力支持，新加坡的对外投资开始迅速增长。政府当时推行地区“增长三角”计划，鼓励当地公司到马来西亚的柔佛州和印尼的廖内省去投资。

90年代初期，政府开始将视野放得更远，鼓励当地公司去亚太地区投资，并把触角伸至许多发达国家。新加坡还鼓励本国公司与私人或者和政府有联系的公司联合投资一些大型项目，在一些国家进行许多基础设施建设，而且兴建了一些工业园区，为这些国家的发展作出了贡献。

截至2000年底，新加坡在海外直接投资约919亿美元，主要投资于金融、制造业和服务业。主要投资对象为印尼、马来西亚、中国、越南、缅甸等国。截至2005年12月，新加坡累计对华投资协议金额532亿美元，实际投入277亿美元。两国间重要合作项目有苏州工业园、无锡工业园、上海三林城住宅开发项目、大连集装箱码头等。

三　外债

新加坡外债一直处于低水平，而且在继续下降。2001年外债总额仅为92亿美元，相对于新加坡的经济规模微不足道。新加坡官方外债为零。

四　国际收支

新加坡历年来在商品贸易上有较大的逆差，但经常账户却有较大的余额。这主要归功于新加坡发达的服务业，服务业为其在国际收支方面带来大量盈余，其中旅游服务业的贡献最大。

20世纪90年代初新加坡进行的海外投资，现在大多数已进入了收益期，并且净收益逐年增加。从整体看来，新加坡的国际收支历年来都有较大的盈余。

五　与东盟的经济关系

新加坡是东盟经济最发达的国家，它在推进东盟及自身发展以及亚太地区贸易与投资自由化的进程中起到了重要的作用。

（一）东盟国家是新加坡传统的和最大的市场

1995年双边贸易额增加了12.5%，达到880亿新元。新加坡在马来西亚的外来投资中占首位；它是缅甸的第二大投资国，1995年两国的贸易额突破40亿新元；新加坡也是柬埔寨的最大贸易伙伴和第二大投资国；1996年新加坡与越南的贸易额达31亿新元，成为越南第二大贸易伙伴，累计对越南投资17亿新元，为其第四大投资国。

（二）新加坡提出和推动“增长三角”，是它的国际化战略的重要组成部分，也是东盟经济协作中的新内容

该构想最初是由新加坡总理吴作栋提出的，后发展为“新加坡—柔佛—廖内增长三角”（Singapore Johor Riau SJR）。在“增长三角”中，新加坡、马来西亚的柔佛州与印尼廖内群岛的巴淡岛、民丹岛等岛屿共同组成了一个互补性的区域分工，这种合作基于三地在历史上就有着非常密切的联系。新加坡在“增长三角”中一直扮演主角，主要负责提供资金、管理经验等，柔佛和廖内则负责提供土地、水源、天然气和劳动力，从而形成了经济所需的各种要素的最佳结合。在发展方向上，新加坡以资本和技术密集型的工业和服务业为主；廖内群岛以劳动力密集型的产业为主；柔佛以中等层次的工业为主。同时三地又都发展为旅游胜地。各方均能以对方作为自己经济发展的条件，互相依赖、互为基础、互相促进，为三国的长期经济合作开辟了广阔的道路。

从2002年起，新加坡与东盟其他5个老成员国马来西亚、印尼、菲律宾、泰国和文莱一起，对所有东盟成员国将产品关税下降到0%～5%。

六 与中国的经济关系

中国与新加坡进行商品贸易始于1958年，该年贸易额7 078万美元。在20世纪60～70年代，两国商品贸易额缓慢增长，到1979年为4.01亿美元。80年代以来，中国与新加坡的经济政策都根据世界形势的变化有所调整，两国贸易跨入了一个新的发展阶段。从1978年中国与新加坡签订双边贸易协定到1989年的11年中，中新双边贸易额年平均增长19.7%。在中国与东盟的进出口贸易中，新加坡始终居于首位，在东盟中是中国的最大贸易伙伴。1989年两国贸易总额达31.91亿美元，1995年增至近60亿美元。近年来，中国与新加坡的贸易迅速扩大。据中国海关统计，2004年中新贸易额达266.8亿美元，比上年增长37.9%。其中，中国出口126.8亿美元，进口140亿美元。

20世纪80年代末以来，中国许多企业纷纷前往新加坡开拓业务，参与竞争。截至1995年6月，已有160余家中国合资或独资的企业在新加坡落户，主要从事交通运输、金融、工程承包、贸易、保险、商检、招商引资、劳务合作、工业合作等业务。由于新加坡建筑业和制造业发达而劳动力短缺，中国也积极对新加坡开展劳务输出、项目承包业务。随着新加坡政府对中国劳务输出政策的不断调整，中国对新加坡的劳务输出发展十分迅速，并且劳工的种类已不局限在建筑业、制造业和电子加工业，而是向餐饮业、服务业等进一步拓展。在中国对外开展承包劳务业务的178个国家（地区）中，合同额、营业额、年末在外人数三项指标中，新加坡分别名列第二、第四和第三位，并且呈现着持续稳定发展的良好势头。另外，中国驻新加坡的银行和金融机构多达7家，在世界各大金融中心中，新加坡已成为中国金融机构最集中、分支机构最多的地方。

新加坡对中国的投资始于20世纪70年代末，在1979～1992年的13年中发展十分缓慢，总投资协议金额不到9亿美元，实际投入仅2.78亿美元。从1993年起，随着中国改革开放步伐的加快，新加坡在华投资开始有了飞速发展，该年投资协议金额为29.5亿美元，实际投入4.9亿美元。新加坡在中国投资的项目特点一直是规模较小，项目平均额近300万美元。但1997年以来已有几个超5 000万美元甚至超10亿美元的大项目落户。其行业涉及轻纺、服装、食品、建材、造纸、电子、医药卫生、餐饮、饭店、房地产及仓储等。地区分布大多集中在中国沿海区域，尤其是几个经济特区和中国同新加坡合作的苏州工业园区内。1997年已有向内地投资的趋势，投资的项目多为劳动密集型。按照实际投入资金额计算，2003年新加坡对中国投资排名第七。绝大多数新加坡投资企业经营良好，效益也较好。截至2004年末，新加坡在中国的累积合同投资额高达480亿美元，实际投入资金255亿美元，累积投资项目为1.3万多个，居东盟各国对华投资之首。

第七节 人民生活与社会保障

一 人民生活与卫生保健

快速的工业化和现代化使新加坡人的生活水平日益提高。2005年人均国内生产总值为26 832美元。联合国2004年的《人类发展报告》根据收入、实际购买力、教育和保健情况等因素对全球173个国家的人类发展状况进行综合评比，新加坡人类发展指标全球排名第二十五位。

（一）就业

新加坡是失业率较低的国家之一。但是1997年金融危机后，失业率有所提高。2004年失业率达到了4.6%。

（二）工资

新加坡是高工资国家。1991年新加坡人的月平均收入为1 410新元，1995年增至2 280新元。因为政府大力鼓励发展第三产业，所以从事金融、贸易和旅游业的收入要高于制造业。而且，由于新加坡对人才高度重视，白领阶层和蓝领阶层的收入有十分明显的差异，工程技术人员、企业管理人员与工人之间的收入相差4倍。另外，尽管政府中下层官员的收入比较高，但白领阶层上层的收入要高于政府高级官员。

新加坡对政府官员实施的是高薪养廉政策，与其他国家相比，新加坡政府是世界上最“贵”的政府。为适应市场的变化，从1994年1月1日起，新加坡政府大幅度提高公务员、法定职位、法官、总理、部长及其他政治职位的工资，平均提高幅度为7.1%，最低为5%，最高为35%，各类人员加薪的幅度如下：年终奖金的顶限调高到6个月；国会议员津贴增加13%。为使政府部门和私人部门的工资增长幅度平衡，保证把最优秀的人才吸引到政府部门工作，1994年10月24日政府又对原来的工资制度进行了一次大的改革，发表了《以竞争性薪金建立贤能廉洁政府——部长与高级公务员薪金标准》白皮书。该白皮书将政府政治官员和行政服务公务员的工资与私人企业部门正式挂钩，使其工资接近市场的价格。

新加坡的贫富悬殊较大。据世界银行发展报告统计，20世纪80年代中期，贫困人口占总人口的10%。1987年，新加坡收入最高的20%的家庭占收入分配总额的48.9%，而收入最低的20%的家庭仅占5.1%。如果以家庭人均月收入少于250新元的标准计算，目前，新加坡有3万个开支出现赤字的家庭被列为最贫穷家庭，占全国家庭总数的4%，这些家庭的总月收入一般都少于1 500新元。

（三）消费水平

新加坡的消费水平较高。首先，消费中用于购买食物的比重较小，并不断降低。其次，从拥有耐用消费品和住房情况看，新加坡平均每2人拥有一部电话机，每2.6人拥有一部电视机；自1964年政府实施“居者有其屋”政策以来，经过20多年的努力，新加坡人的居住状况得到了根本的改善，98%以上的人口解决了住房问题，而且人均居住面积达到21平方米。新加坡最贫穷的家庭中，85%拥有自己的住房，基本上都有自己的电视机、电话和冰箱，超过70%的家庭拥有录像机和洗衣机，这些家庭离中下层收入家庭的生活水平不是太远。

（四）卫生保健

2004年新加坡医生对人口的比例为1∶670。1980～2003年，初生婴儿的死亡率从12‰下降为5‰；出生时预期寿命从71岁提高到79岁。

二　社会保障

社会保障分为三部分。

（一）主要由政府出资设立的各种社会福利设施

其全部或大部分由政府财政收入中拨款。包括：

1. 儿童津贴　通过减免个人所得税，对生育两个和两个以上子女者进行补助。

2. 老人和残疾人保障计划　纳税人赡养父母及残疾兄妹可以享受每人2 500新元的个人所得税的税务扣除，但条件之一是他们必须同纳税人同住在一起。到1991年，扣税额已提高至3 500新元。参加工作的残疾人，每年还可以享受2 000新元的收入税减免。

3. 医疗保健基金　该基金从1991年设立，最终目标是筹资50亿新元。政府每年从盈余中划出一笔巨款存入该项基金，目前该基金的总额有5亿新元，主要用于资助无法支付医疗费用的贫困户。到1995年，已有8.7万个病人获得该基金的资助，支付总额2 300万新元。

4. 教育储蓄基金　新加坡教育支出在政府财政支出中的比重仅次于军事开支，此外还设立了许多奖学金和教育基金，鼓励并帮助贫困家庭子女上学。

5. 公共援助津贴　政府在“公共援助计划”下，向那些没有亲友帮助或本身没有生活来源的贫困家庭直接提供现金津贴。1996年，公共援助计划受惠人数1 935人。

（二）由政府立法和管理、带有强制储蓄性质的社会福利设施

1. 医疗储蓄　“医疗储蓄”法令于1984年制

定，规定每人必须将其月收入的6%存入“医疗储蓄户口”，用于支付其本人和家庭的医疗费用。

2. 工业灾害保障计划　“工业赔偿法”规定，所有的雇主必须为其所有从事体力劳动的雇员和月收入在1 200新元以下的非体力劳动雇员缴纳工业灾害保险金，因工伤而部分或永远失去劳动能力的工人可获得赔偿。

3. 中央公积金　新加坡实现社会福利制度的重要依托是中央公积金制度，这是一种通过强制储蓄方式实行的社会保障制度。它从1955年7月开始实行，由新加坡政府成立中央公积金局，实行强制性全民储蓄。起初由雇员交纳月薪的5%作为公积金，另外雇主也要为雇员按其月薪的5%交纳公积金。以后其提取的比重根据经济发展状况不断进行调整。这笔钱存入雇员的账户中，不得任意动用。公积金存款享受利息，原则上每隔6个月根据本地银行的利率波动幅度进行调整，但这一利率不与通货膨胀挂钩。

中央公积金主要用于以下3个方面：一是养老。养老金支付通常采取两种形式：一种是对55岁的职工进行一次性的支付；另一种是从60岁开始，按每月不低于230新元的标准分月支付。二是医疗保险。旨在使职工能够支付得起本人及其家庭成员的医疗费用和卫生保健费用。三是购房。目前，新加坡人口中有85%拥有自己的住房，而其购买房子的资金大多是靠公积金储蓄。另外，公积金除用于支付会员利息和正常提取外，积存的部分主要用来购买政府发行的公债。同时，还用于修建道路、机场、港口、码头等公共设施以及建设公共住房，并且已开始用做向国外的投资。

中央公积金制度不仅对新加坡的社会福利做出了重大贡献，而且在调控国民经济方面也具有十分重要的作用，主要表现在：首先，提供了经济高速发展的资本。新加坡的国民储蓄率是全世界最高的，其中公积金占国民总储蓄的1/3，这种高储蓄率使新加坡国内有大量资本可投资于生产，带来经济发展高速度。其次，对新加坡的金融体系影响很大。公积金局是政府除国库券外的多种有价证券最大持有者，其结存款项有89%以上是用来购买政府有价证券的，政府用此资金资助公共投资。第三，有效抑制通货膨胀。政府根据经济发展状况不断调整公积金交纳率，从而有效地节制了个人消费，抑制了通货膨胀。

（三）由各种社会团体和民间组织出资设立和进行管理的各种社会福利设施

新加坡有313个积极从事各种社会福利活动的社会团体和民间组织，成为整个社会保障制度的一个重要的组成部分。按机构的组织性质可分为6类：一是各种宗教团体；二是各类宗乡会馆；三是各种经济团体；四是各种社区组织；五是各种志愿组织；六是各种基金会。1996年，新加坡福利团体总数231个。

第八节　教育　科技　文化

一　教育

新加坡一向将教育视为国家经济、政治、科技文化发展的重要推动力量，所以不惜重金发展本国教育。1980年，政府的教育支出占政府总支出的14.6%，1993年这一比重提高到22.3%。到1997年，政府的教育经常性支出为33.53亿新元，教育发展支出为9.09亿新元，分别比1996年增加了18%和41%；1998年的教育经常性支出仍高达33.27亿新元。

政府制定的教育方针为：培养每一个儿童，使其有健康的品德和价值观，长大成为一个有责任感、义务感、忠于祖国、关心家庭和自立自强的人。其教育特点是注重使用技术和培养科技人才，并进行双语教育（母语和英语）。新加坡也非常重视“精英教育”，集中财力、物力培养高级科技管理人才。新加坡实行十年制义务教育，儿童6岁入学，一般都要经过六年制小学和四年制中学教育，随后进入大学或工艺学院深造。据联合国亚太经济社会理事会统计，1996年，新加坡的国民识字率高达96.4%（男）和87.8%（女）。

（一）基础教育

分为小学、中学、大学预科及高等教育四个阶段。

1. 小学教育　包括4年的基础阶段和2年的导向阶段。在基础阶段中，重点为基本语文和算术技能。四年级后，学生正式分流，学校根据学生的成绩和能力分为不同的语言班。小学结束时进行离校考试，根据学生的能力选择合适的中学。新加坡现有小学200余所，基本都是政府兴办或协助兴办的。1996年新加坡小学会考及格率为94.2%。

2. 中学教育 中学教育中，学校根据学生的成绩分为三种班：特别班、快捷班和普通班。特别班和快捷班学制四年，普通班五年。在开始两年中，所有的学生必须修相同的课程，第三年开始，学生可选艺术、商业、科学等科目就读，也可选学第三语言如德语、日语等。学生毕业时，统一参加“一般教育证书普通水准考试”。

3. 大学预备教育 学生通过一般教育证书水准考试后，可以进入大学预备班学习。大学预备班初级学院为2年，在中心学院或大学预备中心为3年。预备班结束时，学生将参加“一般教育证书高级水准考试”，成绩优秀者可接受任何高等教育。

4. 高等教育 新加坡的高等教育机构主要有：新加坡国立大学、南洋理工大学、义安工艺学院、淡马锡工艺学院和新加坡工艺学院等10所工艺教育学院和4所理工学院。新加坡国立大学是东南亚著名的高等学府，同时还是国家的科研中心，常为政府解决建设所需的科研课题。3家工艺学院提供范围广泛的学位课程，包括工商、技术、管理等。1996年新加坡进入大专院校的人数由1984年的3.6万人增长到7万人。

（二）职业教育

政府对科技人员的技术培训非常重视。从20世纪70年代起新加坡经济发展局设立了一批培养精密仪器制造业人员的训练中心。1979年，又成立了“职业与工业训练局”，专门负责新加坡职业训练的促进、推动和管理工作，它也是确定和建立技能标准、公共贸易训练的实施和技能证明的国家机构。80年代，又与德国、法国、日本联合建立了5个技术学校，并且设立“科学园”，以优良的设施和高额研究经费吸引各国科学家来科学园开展研究工作，科技成果双方共享。1990年，职业与工业训练局发起一项“新学徒系统”，目的是使得学徒训练更加吸引离校学生，为缺乏足够学术资格的学徒提供继续受教育的机会。至1991年，参加职业和工业训练机构培训的受训人员达3万多人，从职业和工业机构毕业的人数为2.7万多人。

（三）教育设施

政府重视完善教育设施。在小学方面，主要是翻新学校设施和建造新的学校来取代旧的学校，并给所有的小学都配备了电脑。在中学方面，新加坡的150余所中学已有70余所实行单班制教学（不再分为上午班和下午班授课），政府打算在今后的几年中投资11亿新元，使全部中学都实行单班制教学。在大学方面，政府希望有更多的人受到高等教育，目前正在考虑建立一所私立大学——新加坡管理大学。另外，新加坡国立图书馆是其最大的图书馆，1990年藏书多达245万册。它已经实行了电脑联网，在新加坡各地都设有分支机构，使用非常方便。它除了提供一般服务外，还设有教育、文化及娱乐方面的设施。新加坡的全年借书量为973.83万本。

二 科技

（一）新加坡非常重视科技发展

1968年，新加坡设立了科学技术局，统一领导全国的科技工作。1973年科学技术局下设应用研究公司，专门为各部门提供咨询服务，并奖励研究成果。另外，还设立了由各方面专家组成的科学委员会，作为政府在培养专业人才和开展科研活动等方面的决策顾问。为促进本国科技水平的提高，新加坡高薪聘请国外科技人才，并以优惠的条件吸引外国人才来新定居，进行研究开发。同时，政府采取税收优惠或政府资助的形式吸引跨国公司来投资高新技术产业，设立研究奖励基金，吸引外国集团来新设立研究与发展中心。

从1991年起，政府开始实施科技发展第一个五年计划（1991～1995），并取得了重大的成果。政府增加了对科技的投入，不仅扩大了原有的4个研究中心的规模，还新成立了9个研究中心，并与本国企业界合作开展了800多项科研计划，开发了120多项新产品及生产方法。同时，政府积极鼓励私人企业界开展研究工作，5年间共展开了123项私人工业科技计划，并成立了67个私人企业研究中心。1996年9月，政府公布了科技发展第二个五年计划（1997～2002），重点放在增强本地科研发展能力，支持私人企业的研究与发展工作和加强培养科技人才上。

（二）政府对科研工作的投入与日俱增

在1981年，新加坡研究与发展开支占国内生产总值的比重为0.3%，到1995年达到1.1%，为13亿新元。政府在科技发展第一个五年计划期间共投入了20亿新元发展科技，并准备在第二个五年计划投入40亿新元。

（三）在政策上给予优惠

主要表现在两个方面：

一是提供资金资助。1992年国家科学与技术局制定并开始实施《公司研究奖励计划》，鼓励私人企业从事研究与发展工作。该计划从设立至1996年4月共吸引了40多家公司在本地设立55个研究与发展中心，引进18亿新元的投资。在1996年5月，政府再次为该计划拨款7亿新元。此外，还有《半导体加工能力发展计划》、《创新计划》等与研究发展有关的资助计划。

二是给予税收优惠。按照经济发展局的规定，从事研究与发展工作的公司可享受相当于其研究与发展开支50%的政府津贴；对带来先进工艺的高技术外国公司在新加坡投资设厂，可享有减免公司盈利税的优待，减税期为5～10年；公司的研究与发展开支享受双倍的税务扣除等。

（四）培养与吸收人才并重

政府大力发展大学本科与研究生教育，并培养全国人民，尤其是中小学生对科学的兴趣，鼓励更多的中学毕业生学习科学与工程学科，毕业后投入科研行业。政府还开展一年一度的“科技月”（9月）活动，在该月举办各种科技展览，宣传科技的重要性。至1996年新加坡共举办了10届“科技月”活动。另外，政府还设立了“国家科学奖”和“国家科技奖”，每年评选一次。在吸收国外人才方面，经济发展局立下了很大功劳，仅在1995年该发展局就吸收外国人才7 500名，其中大部分为科技人员。

1990年在新加坡每1万名工人中，科研人员和工程师约占28名，到2000年增加到了70人，接近发达国家水平。许多科研人才来自中国、印度和发达国家。

三　文化

（一）文学

二战结束以前，新加坡的文学主要是华语文学，内容以反封建和抗日为主。著名长篇小说有李西浪的《蛮花苦果》、邱志伟的《长恨的玉钗》、曾华丁的《五兄弟墓》、拓哥的《赤道上的呐喊》等，中篇小说有张一倩的《一个日本女间谍》、铁抗的《试炼时代》等。二战以后到独立前，华语文学仍占主流，主要作品中篇小说有姚紫的《秀子姑娘》（1945）、韩萌的《杀妻》（1950）、苗秀的《新加坡屋顶下》（1951）、李过的《大港》（1959）等，长篇小说有苗秀的《火浪》（1960）、赵戎的《在马六甲海峡》（1961）、李过的《浮动地狱》（1961）和李汝琳的《旋涡》（1962）等。此时新加坡的马来文作家也写出了不少好作品。

1965年新加坡建国以后，文学日益繁荣。据统计，1965～1979年间出版的汉文散文集182部、小说136部、诗集112部、剧本25部、评介40部、丛刊58部。优秀散文集有李炯才的《印尼——神话与现实》、周颖南的《迎春夜话》和黄叔麟的《青灯黄卷》。优秀长篇小说有苗秀的《残夜行》、田流的《沧海桑田》和《金兰姐妹》等。这些作家和作品涉及的题材很广泛，但以表现新加坡社会的精神面貌为主。

（二）艺术

1996年第十一届艺术节有36个国内外表演艺术团体参与，呈现107场各类艺术形式演出，耗资约683万新元。现有嘉龙剧院、电力站、海港之苑、美术馆。专业艺术团体仍然不多，新加坡舞蹈剧场、必要剧场、实践话剧团、新加坡华乐团等现已成为本地艺术的中流砥柱。

（三）体育

政府早在1984年就已经倡导“全民体育”，并在各个主要的住宅区建设运动设施。在1983年举行的东盟运动会上，新加坡取得38块金牌、38块银牌和58块铜牌；在1995年于清迈举行的第十八届东盟运动会上，新加坡再次夺得26块金牌、27块银牌和42块铜牌。

（四）传媒

报纸　新加坡有10余家报社。比较有名的中文报纸有：《联合早报》和《联合晚报》，发行量分别为11.3万份和9万份。英文报纸有发行量高达201 700份的《海峡时报》、发行量为8.6万份的《民族报》和发行量达9 300份的《商业时报》。马来文的报纸有《每日新闻》。除此之外，还有一些印度文的报纸。

电视　新加坡电视台于1963年建立，自1974年开始播放彩色电视节目，一共设有3个台，每周播映时间为155小时。

广播　新加坡广播电台自1959年1月开始以英语、华语、马来语和泰米尔语进行广播，每周广播时间达648小时。

第九节 军事

一 国防体制

总统为武装力量统帅。政府国防部对武装部队拥有领导和管理权。总参谋部为最高军事指挥机构。武装力量由现役部队正规军和准军事部队两部分组成。

二 防卫政策

新加坡实行的是“全面防卫”的国防政策，目的是唤起每个国民对祖国的责任感，强调新加坡的防卫不能单靠武装部队，而必须依赖于各行各业、全国人民。“全面防卫”政策包括五个方面：

（一）心理防卫

每个国民都应对国家的国防充满信心，立志效忠，对祖国要有归属感。

在“心理防卫”下，全国人民团结一致，建立集体意识，确保祖国在和平中发展。

（二）社会防卫

对于多种族、多宗教的新加坡社会，人民非常需要和睦共处，一起工作、生活、消遣、玩乐，不分种族、语言和宗教，都要互相帮助，并以国家和群众的利益为重。

（三）经济防卫

政府、工商界应组织起来，应付有政治动机的经济侵略。确保新加坡经济受外来侵略时能够迅速转移，确保在紧急时期，当战备军人（相当于中国的预备役军人）和军事配备不被动用时，工厂、企业和机关仍可继续正常运转。

（四）民事防卫

一旦爆发战争，新加坡有能力保护国民的生命，援助受伤者及检修受破坏的工程。它为战争下的国民提供安全保障和基本要求，让国民在战乱时仍可正常的生活，保证前线官兵无后顾之忧。

（五）军事防卫

在外交及其他手段不能阻止外来侵略时，政府要做出果断的决定，调集军事力量，迅速将入侵敌人消灭。这要求武装部队训练有素、有精良的装备和作战技巧，军队和国民均有很高的士气、严格的纪律以及团结和献身精神。

三 国民服役制度

国民服役制度规定，凡是新加坡男性公民或是永久居民，年满 18 岁，都必须服兵役两年或者两年半。在此期间，新加坡武装部队不仅对士兵进行必要的军事技术、技能的训练，还注重培养其国民意识，使之成为以国家利益为重，具有团结精神、高度责任感、体魄健壮的合格军人。全民服役期满，他们便返回社会成为战备军人，每年必须回军营参加规定的训练，目的是使新加坡的武装部队成为“公民军队”。军官和专业技术人员要服务到 50 岁，其他人员服务到 40 岁。

四 武装力量编制及实力

武装力量由现役部队、准军事部队和预备役部队组成。

到 2004 年，现役部队 7.25 万人。其中：

陆军 5 万人。编有 3 个混合师（各辖 2 个步兵旅、1 个机械化旅、1 个侦察营、2 个炮兵营、1 个高炮营和 1 个工兵营），1 个快速反应师（辖 3 个步兵旅），1 个机械化旅。装备各型坦克 450 辆、装甲输送车1 280辆、各型火炮 588 门、地空导弹 75 枚。

海军 9 000人。编有舰队司令部、海岸司令部、海军后勤司令部。装备有各型舰艇 35 艘（其中潜艇 2 艘、小型护卫舰 6 艘、导弹快艇 6 艘、巡逻艇 11 艘、两栖舰艇 4 艘、扫雷舰艇 4 艘、后勤舰船 2 艘）。

空军 1.35 万人。编有 6 个攻击战斗机中队、2 个战斗机中队、1 个空中预警中队、1 个侦察机中队、1 个海上巡逻机中队、2 个武装直升机中队、1 个加油机中队、5 个运输机中队（其中 4 个直升机中队）、1 个教练机中队、1 个无人侦察机中队、4 个机场防卫中队，装备作战飞机 125 架、武装直升机 28 架。

全国共有军事基地 4 处，其中海军基地 2 处（三巴旺、裕廊）、空军基地 2 处（丁加、巴耶黎巴）。

预备役部队 约 31.25 万人，其中：陆军 30 万人，海军约5 000人，空军约7 500人。

准军事部队 9.63 万人。警察 1.2 万人（包括廓尔喀警卫营1 500人），民防部队 8.43 万人。

五 外国驻军

美国 89 人（海军 50 人、空军 39 人），新西兰 11 人，编有 1 个支援单位。

第十节 外交

新加坡是不结盟运动成员国，奉行和平、中立和不结盟的外交政策。它主张在独立自主、平等互利和互不干涉内政的基础上，同所有不同社会制度的国家发展友好合作关系。新加坡积极开展以经济外交为重点的对外交往，加强同美国、日本、西欧和亚洲“新兴工业国家及地区”的经济合作。同时坚持“大国平衡”的外交原则，主张美国势力继续留在西太平洋地区，以确保本地区的“力量均势”；主张日本在政治上、经济上在亚太区域发挥更大的作用，并且致力于东盟的团结合作。新加坡目前已和80多个国家建立了大使级外交关系。

一 同东盟国家关系

新加坡把加强同东盟的合作作为改善和发展与邻国关系的重要环节。从20世纪70年代开始，特别是从1976年东盟第一届首脑会议后，新加坡开始全面参与东盟在政治、安全、经济、社会和文化等各方面的合作，为东盟各成员国提供了抵御外部压力的安全感、相对的经济实惠，并强化了东盟对外谈判的地位。同样，东盟各国的团结一致与经济繁荣又将最终保证新加坡的独立和生存。

二 同中国关系

对中国关系是新加坡“大国平衡”政策的重要一环，是其在经济上“多边卷入”政策日益重要的组成部分。新加坡从20世纪70年代开始积极发展对中国关系，1975年新加坡外长访华，使两国关系迈出了重要的一步。1990年10月3日中新建交，1992年1月7日，中国杨尚昆主席访问新加坡，与新加坡总统黄金辉就双边关系和共同关心的国际问题交换了意见。新加坡发展对华关系主要是从经济领域着手，近年来，两国除在传统贸易关系方面取得迅速发展外，还在投资、金融与技术方面开展了广泛而深入的合作。

2004年7月，时任新加坡副总理的李显龙在访华后赴台湾，使中新双方合作受到不利影响。此后，新加坡领导人在新国庆庆典、联合国大会及亚欧领导人会议上多次公开表示坚持一个中国政策和反对“台独”的立场，并呼吁国际社会共同反对“台独”。11月，胡锦涛主席在智利举行的亚太经合组织领导人会议和温家宝总理在老挝举行的中国与东盟领导人系列会议期间分别会见李显龙，两国关系逐步改善。

2005年10月24日，李显龙一行开始为期一周的对中国正式访问，先后访问了北京、天津、沈阳和大连。在北京期间，胡锦涛主席、吴邦国委员长、温家宝总理、贾庆林政协主席分别与李显龙举行了晤谈。10月25日上午，李显龙还在中央党校发表了演讲，重申“新加坡希望中国成功”。

三 同美国关系

1966年4月4日新加坡与美国建交。新重视对美关系，支持美在亚太地区的军事存在。美国是新加坡最大的投资来源和贸易伙伴。两国在政治、安全、经济等方面保持密切关系。2002年10月，李光耀资政访美。2003年1月，新美完成自由贸易协定谈判。2004年3月，美国国土安全部长里奇访新。5月吴作栋总理访问美国，会见了包括总统布什在内的美多位主要领导人。6月，美国防部长拉姆斯菲尔德到新出席第三届亚洲安全大会。9月，李光耀夫妇访美。

四 同日本关系

1966年4月26日新加坡与日本建交。日本是新加坡的主要投资来源和贸易伙伴之一。2000年10月，吴作栋总理在出席第三届亚欧领导人会议期间与日本首相森喜朗共同宣布，两国将在一年内达成自由贸易协定。2002年1月，日本首相小泉纯一郎访新，两国签署新日《新时代经济伙伴关系协定》。10月，新副总理兼财政部长李显龙访日。2004年1月，日本财长谷垣祯一访新，同新方就进一步加强日本同东盟的经济联系交换了意见。

五 同韩国关系

1975年新加坡与韩国建交。1999年双边贸易额75.6亿美元，新为韩第七大贸易伙伴，韩为新第八大贸易伙伴。截至2000年11月，新加坡在韩国投资达100亿美元，为韩第四大投资国。2000年11月，韩国总统金大中在出席东亚领导人非正式首脑会晤后对新加坡进行国事访问。2002年4月，新总统纳丹对韩国进行国事访问。这是新总统首次访韩。2004年11月，新韩宣布完成自由贸易协定谈判。

六 同马来西亚关系

1965年9月1日新加坡与马来西亚建交。两国关系密切。马是新最大的贸易伙伴。新是马在海外投资最大的国家。但两国关系曾一度因供水、填海、白礁岛主权等问题出现摩擦。2001年9月，李光耀率领政府高级官员访马，双方就供水等两国长期悬而未决的问题达成一揽子基本协议。2004

年1月，马总理巴达维就职后正式访新，双方一致同意努力解决有关历史遗留问题。7月，新、马、印尼三国签署协定，决定轮流在马六甲海峡进行海军巡逻。

七　同印度尼西亚关系

1966年1月1日新加坡与印尼建交，重视同印尼的关系。新为印尼第三大投资来源，占印尼外资总额的1/10。自1974年起，两国每两年举行一次联合军事演习。2004年10月，李显龙总理赴印尼出席新任总统苏西洛的就职仪式。12月，印尼在印度洋地震海啸灾害中遭受重大人员伤亡和财产损失，新加坡积极派遣救灾人员前往印尼灾区提供援助。

八　同泰国关系

新加坡重视同泰国的关系。自1981年起，两国每年举行联合军事演习。1997年吴作栋总理访泰期间，两国达成21世纪“新泰增进伙伴关系”计划，涉及信息科技、教育、旅游、电信等领域。2002年2月，吴作栋总理访泰并会晤塔信总理，双方同意在“新泰促进经济关系”计划下，探讨在旅游、农产品和食品业、金融服务业、汽车业和交通等5个领域加强双边经贸关系。吴作栋还提出新泰的长远目标是实现“一个经济体、两个国家”。

九　同澳大利亚关系

1965年新加坡与澳大利亚建交。新澳关系良好。新是澳第二贸易伙伴。2000年6月，李显龙副总理应邀正式访澳。2002年11月，新副总理兼国防部长陈庆炎访澳，双方达成共识，将互换反恐情报，并就两国防范生化和核武器攻击能力加强合作。11月新澳完成自由贸易协定谈判。2004年3月，澳大利亚总督杰弗里访新，双方就两国经贸、国防合作和民间交流等议题交换意见。

十　同欧洲国家关系

重视同欧洲关系。欧盟是新第二大贸易伙伴。1998年新与法国签署新空军使用法国基地协议。2000年5月，新教育部长兼国防部第二部长张志贤访法，续签新空军使用法国基地协议，使新使用法国基地的年限延至2018年。2004年5月，陈庆炎副总理兼国防及安全统筹部长访问德国、荷兰和西班牙，三国同意与新联手打击恐怖主义。6月，欧盟驻新加坡代表处正式成立。8月，欧盟贸易专员拉米访新，双方同意在近期开展欧盟与新加坡的自由贸易协定谈判。10月，法国总统希拉克、爱尔兰总理埃亨、挪威国王哈德罗五世偕王后索尼娅分别访新。　　　　（王晓龙）

第六编

印度尼西亚　菲律宾　文莱　东帝汶

第一章　印度尼西亚

第一节　概述

国名　印度尼西亚共和国（The Republic of Indonesia）。

领土面积　陆地面积1 904 443平方公里，海洋面积3 166 163平方公里（不包括专属经济区）。

人口　2.15亿（2004年印尼国家统计局数据）。

民族　有100多个民族，其中爪哇族45%，巽他族14%，马都拉族7.5%，马来族7.5%，其他26%。

宗教　信奉伊斯兰教的人口约占87%，是世界上穆斯林人口最多的国家；信奉基督教、新教的占6.1%；信奉天主教的占3.6%；其余信奉印度教、佛教和原始拜物教。

语言文字　通用印尼语，此外有民族语言200多种。使用拼音文字。

首都　雅加达（Jakarta），面积664平方公里，人口838.5万（2000年人口普查）。

国家元首　总统苏西洛·班邦·尤多约诺（Susilo Bambang yudhoyono），2004年10月4日当选，10月20日就任。

第二节　自然地理与人文地理

一　自然地理

（一）地理位置

印度尼西亚是位于东南亚南部的群岛国，也是地跨亚洲和大洋洲的国家。其北部，在加里曼丹岛与东马来西亚的沙巴州、沙捞越州接壤，并与文莱邻近，隔苏拉威西海与菲律宾相望；南与东帝汶接壤，隔帝汶海、阿拉弗拉海与澳大利亚相望；西隔孟加拉湾、安达曼海、马六甲海峡，与斯里兰卡、印度、孟加拉国、缅甸、泰国、马来西亚、新加坡相望；东与大洋洲的巴布亚新几内亚为邻。绝大部分领土位于东南亚最南部的岛屿区，部分领土位于大洋洲范围内，因此它是地跨亚洲和大洋洲的国家。地处北纬6°08′～南纬11°15′和东经94°45′～141°05′之间，赤道横穿其国土。

（二）地形

印度尼西亚领土由太平洋和印度洋上的1.75万个大小岛屿组成，可谓是“万岛之国”，是世界上最大的群岛国家。全国岛屿分布比较分散，东西延伸约5 000公里，南北约1 900公里。主要岛屿有爪哇岛（12.6万平方公里）、苏门答腊岛（43.4万平方公里）、加里曼丹岛南部（53.6万平方公里）、苏拉威西岛（17.9万平方公里）、新几内亚岛（伊里安岛）西部（31万平方公里）。上述5个岛屿的面积即占国土面积的83%。各岛屿中部多山，沿海多平原。境内约有400座火山，其中有129座活火山，居世界各国首位。

（三）气候

印尼气候主要属热带雨林气候，具有气温高、雨水多、风力小、湿度大的特征。全年气温相差很小，年平均气温一般为 25℃～27℃。因受季风影响，有旱季和雨季之分。4～9 月为旱季，雨水较少；10 月至翌年 3 月为雨季，降水量较多。年平均降水量一般在2 000毫米以上。

（四）自然资源

1. 矿产资源

印尼矿产资源相当丰富。

石油和天然气储量较多。据前总统苏哈托 1990 年 5 月讲话，估计石油储量为1 200亿桶左右。截至 2001 年已探明的石油储量为 50 亿桶，已探明的天然气可采储量为 2.62 万亿立方米。按上述探明储量和 2001 年的产量计算，石油可开采 10 年，天然气可开采 41 年以上。因勘探活动还在进行中，所以还会有新的油田、气田发现，探明储量还将增加。

从储量看，铝土开采潜力很大，宾坦岛的铝土储量为7 800万吨，按 1996 年的产量计算可开采 92 年以上；西加里曼丹省还有一个更大的铝土矿，其储量高达 4 亿吨。煤的储量比较丰富，截至 1990 年底，已探明的煤储量达 43.38 亿吨；估计煤的总储量可达 320 亿吨。按 1997 年的产量计算，已探明的煤储量可开采 80 年以上。其他矿产资源还有锡、铜、镍、铁、金、银、铬、锰、铀、钨、锑、钴、镁、磷、硫黄、碘、金刚石、石英等。

2. 水产资源

印尼地处热带，终年高温，水产资源非常丰富。海岸线长约 8.1 万公里，领海面积为 316.6 万平方公里；1980 年 3 月，印尼政府宣布建立 200 海里专属经济区，其面积约 270 万平方公里，这样，海洋管辖总面积达 586.6 万平方公里。实际作业海域达1 685万平方公里。此外，印尼有为数众多的池塘、湖泊、河流和沟渠，内陆开阔水域面积为 1 370万公顷。据联合国粮食与农业组织有关资料估计，渔业最大持续年产量为 802.5 万吨，其中海洋渔业资源潜在量为 662.5 万吨，内陆水域渔业资源潜在量为 140 万吨。

3. 林业资源

印尼拥有广阔、茂密的森林和林地，森林资源很丰富。据联合国粮食与农业组织的资料，1994 年，森林和林地面积为11 177.4万公顷，占国土面积的 58.7%，除拥有丰富的木材资源之外，还拥有大量野生动物、植物及树脂。

4. 种植业资源

2000 年，印尼耕地面积为2 050万公顷，多年生作物土地为1 304.6万公顷，分别占国土面积的 10.76%和 6.85%。印尼的气候适宜种植多种农作物。主要粮食作物有稻谷、玉米、大豆、木薯、甘薯、花生等。主要经济作物有椰子、橡胶、油棕、咖啡、可可、胡椒、木棉、金鸡纳树、丁香、茶、甘蔗、烟草等。此外还有香蕉、芒果、柑橘、菠萝、木瓜、红毛丹、番石榴、榴莲、柚子、杜古果、人心果、菠萝蜜等多种水果和蔬菜。

二　人文地理

（一）人口状况

印尼是仅次于中国、印度和美国的世界第四人口大国，到 2003 年已达 2.16 亿人。

印尼人口增长趋势是:1950 年人口为7 720.7万人,1961 年9 708.6万人,1971 年11 920.8万人,1980 年14 693.5万人,1990 年17 863.3万人,1997 年的人口达20 135万人,2000 年为20 955万人。人口年平均增长率为:1951～1961 年为 21‰,1962～1971 年为 20.7‰,1972～1980 年为 23.5‰,1981～1990 年为 19.7‰,1991～2000 年为 16.1‰。

20 世纪 80 年代以来，人口增长率趋于下降，主要原因是政府采取控制人口增长的政策，实行计划生育取得了显著成效。

人口主要分布在爪哇（包括马都拉岛和巴厘岛）和苏门答腊，2000 年分别占全国人口的 60.5%和 21%。其次为苏拉威西、加里曼丹和努沙登加拉，分别占 7.2%、5.5%和 3.8%。巴布亚（伊里安查亚）和马鲁古分别仅占 1.1%和 0.9%。2000 年，爪哇、马都拉和巴厘岛的人口密度高达每平方公里 934 人，其次为努沙登加拉每平方公里 116 人，苏门答腊 90 人，苏拉威西 78 人，马鲁古 24 人，加里曼丹 20 人，巴布亚仅为 6 人。

城市人口在全国人口中所占比重不断上升，1965 年城市人口占全国人口的 16%，1995 年上升到 34%。

从人口的年龄结构看,50 岁以上的人口所占比重不断上升,1971 年占总人口的 9.5%,1997 年上升到 13.7%。同期,9 岁以下人口所占比重已从 32%降至 21.3%,10～49 岁人口从 58.5%增至 65%。

（二）民族与宗教

印尼是个多民族的国家，全国有 100 多个民族。主要民族有：爪哇族，约占全国人口的42%，分布于中爪哇和东爪哇；巽他族约占全国人口的13.6%，分布于西爪哇；马都拉族约占全国人口的7%，分布于马都拉岛和东爪哇部分地区；米南加保族约占全国人口的3.3%，散居于苏门答腊岛西部。其他为巴塔克族、马来族、布吉斯族、望加锡族、巴厘族、达亚克族、亚齐族、托拉贾族、米纳哈萨族、萨萨克族、巨港族、楠榜族、马鲁古族以及华人、印度人、阿拉伯人等。

居民约有90%信奉伊斯兰教，其他居民信奉基督教、天主教、佛教和印度教等。印尼人民有宗教信仰自由。

（三）语言文字

印尼1945年《宪法》规定，印尼语是印尼国家官方语言。使用人口2亿多人。印尼语属于南岛语系，在马来语基础上形成。使用拼音文字，以字母表示语音。有单元音6个，复合元音3个，辅音25个。语法简单易学，构词别具一格，词辍和词之重叠、吸收大量外来词，赋予词汇丰富特色。语音优美，具有"东方的意大利语"之美称。

（四）行政区划

2000年，印尼共有27个省和3个省级特区。

表1　　印尼行政区划及面积、人口、首府

项　目 / 省和特区	面积（平方公里）	人口[①]（万）	人口密度（人/平方公里）	首府
雅加达首都特区	664	838.5	12 628	雅加达
亚齐特区	51 722	392.9	76	班达亚齐
北苏门答腊省	73 732	1 164.2	158	棉兰
西苏门答腊省	42 918	424.9	99	巴东
廖内省	95 339	494.8	52	北干巴鲁
占碑省	53 641	240.7	45	占碑
南苏门答腊省	93 239	689.9	74	巨港
明古鲁省	19 841	156.4	79	明古鲁
楠榜省	35 295	673.1	191	直落勿洞
邦加—勿里洞省	16 075	90.0	56	槟港
日惹特区	3 186	312.1	980	日惹
西爪哇省	34 588	3 572.4	1 033	万隆
中爪哇省	32 564	3 122.3	959	三宝垄
东爪哇省	47 911	3 476.6	726	泗水
万丹省	8 653	809.8	936	西冷
巴厘省	5 637	315.0	559	登巴萨
西努沙登加拉省	20 147	400.9	199	马塔兰
东努沙登加拉省	47 618	382.3	83	古邦
西加里曼丹省	149 415	401.6	27	坤甸
中加里曼丹省	154 750	185.5	12	帕朗卡拉亚
南加里曼丹省	43 264	298.4	69	马辰
东加里曼丹省	223 193	245.2	11	三马林达
北苏拉威西省	15 243	200.1	132	万鸦老
中苏拉威西省	63 384	217.6	35	帕卢
南苏拉威西省	62 478	805.1	129	乌戎潘当
东南苏拉威西省	37 943	182.0	48	肯达里
哥伦打洛省	12 280	83.3	68	哥伦打洛
马鲁古省	46 367	116.3	26	安汶
北马鲁古省	31 402	73.2	25	特尔纳特
巴布亚省	370 156	221.4	6	查亚普拉
合计	1 892 645[②]	20 584.3	109	

①　2000年人口普查数。

②　原文如此，此数为以上数的合计数，有误差，全国陆地面积应为1 904 443平方公里。

资料来源　英国《国别报告：印度尼西亚》，2004年；印尼中央统计局资料。

第三节　历史

一　古代史

印尼是早期人类生息的地区之一，在爪哇岛已发现 50 万年前的人类化石。大约在公元前 2 世纪，印尼开始形成奴隶制国家。公元 3 世纪以前建立的王国有苏门答腊岛的毗骞国、爪哇岛的诸薄国、叶调国等。其后建立的奴隶制王国还有东加里曼丹的古戴王国（约在 3～5 世纪）、西爪哇的多罗磨王国（约在 4～6 世纪）、苏门答腊岛中部的摩罗游王国（7 世纪）等。

从 7 世纪起，经济发展较快的地区已逐步进入封建社会。7 世纪后期至 8 世纪后期，建都于苏门答腊岛巨港的室利佛逝王国，先后征服了苏门答腊的其他部分、西爪哇、中爪哇和马来亚等地，成为东南亚的强国。公元 11 世纪，室利佛逝王国受到印度人的入侵，遭到沉重的打击，于 11 世纪中叶走向衰落，并于 1377 年灭亡。

室利佛逝王国衰落后，谏义里王国控制了印尼东部地区。13 世纪初，谏义里发生大规模农民起义，于 1222 年推翻了谏义里王国，统一东爪哇，建立了新柯沙里王国。该王国不断对外扩张，到 13 世纪末，它已征服整个爪哇岛、苏门答腊岛东部、马来半岛以及加里曼丹等地，成为东南亚的强大国家。

新柯沙里王朝于 1292 年被推翻。其王室成员率残部逃往布兰塔斯河下游，于 1293 年建立了麻喏巴歇王国。该王国在鼎盛时期，其领土包括爪哇岛、苏门答腊岛、马来半岛、加里曼丹岛全部、苏拉威西岛、马鲁古群岛、小巽他群岛和伊里安岛西部。麻喏巴歇王国于 1520 年被淡目王国所灭亡。

随着麻喏巴歇王国走向衰落和灭亡，印尼出现了一些伊斯兰教王国。例如爪哇岛东部和中部的淡目王国，即后来的马打蓝王国；爪哇岛西部的万丹王国；苏门答腊岛西北部的亚齐王国；苏拉威西岛南部的哥阿王国（望加锡王国）等。

二　近现代史

（一）葡萄牙殖民者入侵

16 世纪初，葡萄牙殖民者开始入侵印尼。1521 年，葡萄牙殖民者在马鲁古群岛的特尔纳特（Ternate）岛上修筑了炮台等军事设施，并垄断了马鲁古群岛的香料贸易。1522 年西班牙殖民者也开始入侵马鲁古群岛，并同葡萄牙人展开了激烈争夺，两国经过多次谈判都未达成协议。1542 年，西班牙再次派遣战船远征马鲁古群岛，结果被葡萄牙人击败。西班牙殖民者被迫离开该群岛。

（二）荷兰殖民者入侵

荷兰殖民者于 1596 年 6 月抵达西爪哇的商港万丹。1598～1601 年，荷兰组织了 14 次开往印尼的船队，并成立了一些贸易公司，在印尼设立贸易办事处、收购站。为了避免本国各公司相互竞争，1602 年成立了“联合东印度公司”，通称“东印度公司”。荷兰国会授予该公司特许权，包括贸易垄断权、拥有武装力量、建筑炮台和城堡、代表国家对外宣战以及缔结条约等。

东印度公司成立后，派遣大批战船前往印尼，对印尼进行征服活动。该公司首先把葡萄牙人赶出马鲁古群岛，于 1605 年占领马鲁古群岛主要岛屿，基本垄断了当地的香料贸易。1610 年东印度公司在印尼设立总督一职，领导各地的商馆。荷兰人于 1611 年在雅加达设立贸易站，并于 1619 年完全占领了雅加达。此后 300 多年，雅加达一直是荷兰殖民者侵略和统治的据点。

荷兰殖民者侵占雅加达后，不断进行扩张。1628 年和 1629 年，统治爪哇岛东部和中部的马打蓝王国苏丹阿贡两次派兵攻打雅加达的荷兰军队，均告失败。其继任者被迫对荷兰人妥协。1663 年荷兰殖民者与苏门答腊北部的亚齐王国发生战争，亚齐战败，被迫割让土地。1666 年荷兰军队进攻望加锡王国，望加锡王国战败后，被迫于 1667 年签订条约，同意东印度公司垄断望加锡的贸易，并给予战争赔款等。17 世纪中叶以后，东印度公司还逐步占领了加里曼丹岛西部的坤甸和南部的马辰等地。18 世纪中叶，西爪哇的万丹王国沦为荷兰的属地。从此，大部分地区已被荷兰殖民者直接或间接统治。1800 年 1 月 1 日，荷兰在印尼正式成立殖民政府，荷兰东印度公司宣告解散。

1811 年 8 月，英国军队在爪哇岛登陆，雅加达被英军占领。9 月 18 日，荷兰殖民者被迫向英军投降，从此至 1816 年，印尼被英国殖民者统治。

拿破仑战争结束后，英国将印尼统治权归还荷兰。从此，荷兰恢复对印尼的统治直至日本侵略者占领印尼。

（三）日本帝国主义入侵

1942 年 1 月，日军攻陷加里曼丹岛东部的打拉根（Tarakan），攻占马鲁古群岛的安汶；2月攻占邦加岛、苏门答腊岛的中部和南部；3月上旬，攻占雅加达、万隆等地；3月10日，荷兰殖民政府军队宣布投降，印尼被日本帝国主义占领，直到1945年8月日本战败投降为止。

（四）殖民者的掠夺和统治

荷兰殖民者在印尼实行农产品征收制、强迫供应制、强迫种植制，并征收其他苛捐杂税。农产品征收制规定，农民必须缴纳收成的1/4或1/3作为农业税。强迫供应制规定，各地区必须向荷兰殖民者供应该地的特产，其价格压得很低。强迫种植制是强迫印尼农民用最好的土地种植指定的农作物，规定爪哇农民必须用1/5（实际上远远超过此数）的耕地种植经济作物，使印尼成为向欧洲资本主义国家提供热带经济作物产品的基地。

为了保护贸易垄断，维护荷兰统治，防止印尼人民反抗，荷兰殖民者采取在印尼各地建立武装，派遣战船在海上巡逻，屠杀与其他国家进行贸易的印尼人民；限制印尼人民进行正常的宗教活动，实行军事管制等措施。当印尼人民起来反抗时，荷兰殖民者则进行残酷镇压。

1942年3月，日本侵占印尼，在印尼建立了军政府，宣布禁止印尼人的一切政治活动，解散原有全部政党，并建立严格的新闻、图书审查制度。日本军政府经常逮捕和监禁反日的可疑分子，镇压一切抗日活动，屠杀印尼人民。在日本占领印尼期间，掠夺了大量石油、锡、橡胶、铝土、蔗糖、大米等物资，并强迫印尼人民负担各种劳役。

（五）印尼人民的反殖、争取独立的斗争

自西方殖民者入侵印尼之后，印尼人民的反殖斗争一直未停。其中规模较大的有1683年苏拉帕蒂（Surapati）领导的起义，1740年华侨和当地人民的联合抗荷斗争，1825年庞格兰·蒂博尼哥罗（Pangeran Diponegoro又译迪波内戈罗）领导的起义等。

苏拉帕蒂原为荷兰东印度公司军队的下级军官，于1683年在东爪哇率领部下起义，发动群众，开展反抗荷兰殖民者的斗争。该起义部队曾打败当地的荷兰殖民军队，占领了东爪哇的部分地区。1706年，苏拉帕蒂在战斗中身负重伤逝世。其儿子和部下继续与荷兰殖民者战斗，但最后失败。

从1690年起，荷兰殖民者限制雅加达华侨人口的增长，实施“居留证”制度。1727年以后，荷兰殖民当局多次颁布法令，限制华侨在雅加达居留，逮捕、迫害没有“居留证”和被怀疑的华侨。1740年10月，华侨奋起反抗，荷兰殖民者进行武力镇压，大批华侨惨遭杀害。红溪惨案激起爪哇岛各地华侨和当地人民联合起来，袭击当地的荷兰殖民者。但终因华侨和爪哇人民的武装力量分散，于1743年被荷兰殖民者镇压下去。

庞格兰·蒂博尼哥罗是日惹苏丹哈孟库布沃诺三世的长子，他对荷兰殖民统治极为不满。1825年7月20日，他领导印尼人民起义，几日内就有数万人参加，多次击退荷兰殖民军队，并向日惹城进攻。其后，起义军在中爪哇和东爪哇地区开展游击战，荷兰殖民军队受到沉重打击。1830年3月，蒂博尼哥罗被荷军逮捕，流放到苏拉威西岛。印尼人民的起义再次失败。

1821～1837年苏门答腊岛西部人民开展武装抗荷斗争；1873～1912年亚齐人民掀起抗荷斗争。

1908年5月20日，印尼一批知识分子成立了“至善社”。该组织主张复兴民族文化，发展民族经济。虽然“至善社”没有提出推翻殖民统治的主张，但它的活动对印尼民族的觉醒起了推动作用。

1914年印尼一些革命知识分子成立了“东印度社会民主联盟”，其纲领首次提出“争取印度尼西亚独立”，在城市建立工会，在农村成立合作社等，并出版报纸宣传马克思主义。

1920年5月23日，东印度社会民主联盟更名为“东印度共产主义联盟”，后改称“印度尼西亚共产党”。在印尼共产党的领导下，工人运动日益高涨，农民运动不断发展。

1927年7月，以苏加诺为首的民族主义者成立了“印度尼西亚民族联盟”，翌年5月改称“印度尼西亚民族党”。该党提出争取印尼独立，并出版报纸进行宣传。1929年苏加诺被捕，殖民当局宣布该党为非法政党。

1937年，印尼共产党成立了公开的群众性组织“印尼人民运动党”。1939年，该党与其他民主党派联合组成了“印尼政治联盟”。1939年12月，在该联盟的倡议下，召开了印尼人民代表大会，大会决议以印度尼西亚语为国语，红白旗为国旗，《大印度尼西亚歌》为国歌。1941年9月成立了“印尼人民会议”，该会议要求委派印尼人担任总督，将荷属东印度改为“印度尼西亚”。

1942年日本侵占印尼后，印尼人民又展开了反对日本帝国主义的斗争。一些地区开展了武装斗争，例如1942年苏门答腊东部农民的抗日斗争，1943年南安由农民的反日抗粮斗争，1944年打横穆斯林的抗日武装暴动和辛阿帕尔纳农民的反日抗粮斗争，1943～1944年西加里曼丹华侨和当地人民共同举行武装暴动等。

1945年8月14日，日本帝国主义投降。在印尼革命青年的推动下，8月17日苏加诺和哈达代表印度尼西亚民族宣布印度尼西亚独立。

三 当代史

1945年8月17日印尼宣布独立后，选举苏加诺和哈达为正、副总统，颁布印度尼西亚共和国宪法。然而，1945年9月英军在印尼登陆，荷兰殖民者随后卷土重来。荷兰先后于1947年7月和1948年12月两次发动殖民战争，印尼人民英勇抗击殖民者的入侵。荷军攻陷印尼临时首都日惹，苏加诺、哈达等国家领导人被俘。随即，印尼被迫与荷兰签订了《林芽椰蒂协定》(1946年10月)、《伦维尔休战协定》(1948年1月）和《圆桌会议协定》(1949年11月)。按协定规定，成立了印尼联邦共和国，颁布印尼联邦共和国宪法。鉴于印尼人民强烈要求民族统一，1950年8月15日，苏加诺正式宣布成立统一的印尼共和国，颁布印尼共和国临时宪法。1959年7月5日恢复1945年宪法。随后，在苏加诺总统领导下，多次平息地方武装叛乱，并于1963年5月1日收复西伊里安，印尼实现了领土完整。

苏加诺总统不仅为争取印尼民族独立、建立统一的国家作出了很大贡献，而且在任内奉行反帝、反殖、独立自主的外交政策，对召开1955年亚非会议，加强亚非人民团结，发起不结盟运动也作出了重要贡献。1965年9月，因获悉印尼陆军中部分高级军官成立了反对苏加诺总统的“将领委员会”，并准备在1965年10月5日发动政变，一些拥护苏加诺总统的中下级军官采取了先发制人的行动，于9月30日晚处决了6名陆军将领，占领了广播电台、邮电总局、独立广场等。但在时任印尼陆军战略后备部队司令苏哈托领导下，军人集团10月1日晚发动政变，对“九卅运动”进行镇压，并对印尼共产党等进步力量进行残酷镇压，控制了雅加达，挟持苏加诺总统，夺取了国家权力。军人集团还以镇压“九卅运动”分子为借口，在全国范围内大肆逮捕和屠杀共产党人和爱国人士。

1966年3月11日，苏加诺被迫将行政权力交给苏哈托。随之，印尼临时人民协商会议于1967年3月委任苏哈托为代总统，1968年3月选举他为总统。苏加诺被临时人民协商会议撤销总统职务后受到软禁，1970年病逝于雅加达。

1998年在严重的经济危机和宗教矛盾以及民族矛盾的冲击下，印尼许多城镇社会秩序混乱。部分当地人矛头指向华人华侨，哄抢、捣毁他们的商店，甚至纵火烧毁他们的商店、超级市场、餐馆、汽车和住房，已造成人员伤亡。社会动乱导致政局动荡，苏哈托被迫于1998年5月21日下台。

梅加瓦蒂执政后，面临的形势是社会动荡不安，经济复苏缓慢，失业问题严重，百姓生活水平下降。因此，她首先组建了得到议会和各界支持的互助合作内阁，在致力于恢复社会秩序，维护民族团结和国家统一的同时，还积极努力采取措施振兴经济。

2004年，印尼举行了历史上首次由选民直接选举国家元首，经过两轮投票，苏西洛成为印尼首位直选总统，于10月20日就任。他誓言要做“人民总统”，集中精力解决选民最关注的国内问题：促进经济发展，减少失业和贫困人口；严惩贪污腐败；加强打击恐怖活动；制止分裂活动，维护国家统一；解决对华人的歧视问题等。在对外关系方面，新政府将继续加强与东盟国家的合作，加强与美国、澳大利亚、日本等发达国家的合作，也将积极发展同中国的友好关系。

2004年后半期印尼经济复苏强劲，全年经济增长率预计为5%，高于2003年的4.5%。政府外债占国内生产总值的比重控制在50%以内，国内外投资增长率从2003年的3%上升到11%。2005年1月17日，印尼基础设施高层会议在雅加达召开，苏西洛重申，政府将在今后5年内实现经济年增长6.6%的目标，到2009年将失业率减少到5.1%，贫困人口减少到8.7%。为此政府将启动总资金1 500亿美元用于基础设施建设，国际社会对此给予了积极评价。

2004年底发生的印度洋地震和海啸给印尼造成了重大人员和财产损失，预计灾区重建费用将需要45亿美元。政府拟将此次灾难转化为发展经济的契机，借助国际社会的支援和国内民众的团结，推行亚齐重建，带动全国经济振兴计划的实施。

到2005年1月28日，印尼新总统苏西洛执政满100天，印尼整体局势保持平稳，经济持续复苏。苏西洛上任初期曾许诺采取强力措施打击腐败、刺激经济，但真正实现这些目标仍有待时日。

第四节 政治体制与法律制度

一 概述

印尼独立以来，政治体制经历了以下主要发展过程。

（一）人民代表会议和人民协商会议

1945年8月独立后不久，印尼独立筹备委员会增加了青年代表，并改组为中央国民委员会，行使国会权力。1950年成立最高立法机构人民代表会议（国会）。1955年9月，印尼举行历史上第一次大选，选举国会议员。同年12月，选举制宪会议议员。1956年3月，成立了由普选产生的国会。从1959年7月开始，苏加诺实行“有领导的民主”，下令解散制宪会议；1960年6月，苏加诺任命互助合作的人民代表会议成员和临时人民协商会议成员。

1967年苏哈托执政后，于1971年举行大选，成立新的人民代表会议（国会）和人民协商会议。1977～1997年间，每隔5年换届一次。由于苏哈托下台，2002年的大选提前到1999年6月举行。

（二）议会内阁制和总统内阁制

1945年9月4日组成以苏加诺为首的总统制内阁。同年11月改行议会内阁制。1950年8月颁布的印尼共和国临时宪法规定，实行议会内阁制。1957年4月成立工作内阁，协助总统处理国事，从1959年7月恢复1945年宪法到1966年3月苏加诺被迫交权，一直实行总统内阁制。苏哈托执政后，继续实行总统内阁制，从1968年6月组成第一届建设内阁到1998年，每隔5年换届一次。随后，瓦希德、梅加瓦蒂和苏西洛执政时仍继续实行总统内阁制。

二 宪法

1945年8月印尼独立后，颁布了《印度尼西亚共和国宪法》。印尼与荷兰签订《圆桌会议协定》后，成立了印尼联邦共和国，1949年12月颁布了第二部宪法，即《印尼联邦共和国宪法》。因印尼人民强烈要求民族统一，苏加诺于1950年8月15日宣布成立统一的印尼共和国，并颁布《印尼共和国临时宪法》。1959年7月5日恢复《1945年宪法》。

现行宪法为《印度尼西亚共和国宪法》（又称《1945年宪法》）。该宪法规定，建国五项原则（又称“建国五基”和“潘查希拉”，即信仰神道、人道主义、民族主义、民主和社会公正）为立国基础。宪法规定了国家机构及其权限。从1999年10月以来，国家的最高权力机构人民协商会议对宪法进行了3次修改，主要包括规定总统和副总统只能连选连任一次，每任5年，减少总统权力，强化议会职能。从2004年开始，总统、副总统、国会议员和人民协商会议代表都要通过直接选举产生。

三 人民协商会议

国家最高权力机构。负责制定和修改宪法，决定国家的大政方针，选举总统和副总统。

宪法规定：“印度尼西亚是共和体制的单一国家。主权掌握在人民手中，并全部由人民协商会议行使”。

人民协商会议由国会议员和各地区、各阶层的代表组成。1997年组成的人民协商会议共有代表1 000名，其中包括国会议员（即人民代表会议代表）500名。

按规定，人民协商会议每届任期5年，但因苏哈托总统下台，提前到1999年6月7日大选，代表总人数减至700名，其中国会议员仍为500名，另有135名来自全国各地代表，65名来自各个团体代表。

2004年，人民协商会议代表总人数仍为700名，其中550名为国会议员，另150名为全国各地代表，由选区居民直接选举产生；没有军队和各阶层代表。

四 国会

印度尼西亚国会，即印尼人民代表大会（Dewan Perwakilan Rakyat），也是国家的立法机构。宪法规定：“每项法律须经国会通过”；“如某项法律草案虽经国会通过但未获总统批准，该项草案在应届国会中则不得再行提出”。在制定法律方面，国会与总统是互相制约的。宪法还规定：“国会至少每年开会一次”。

1997年组成的国会议员共有500名，其中425名通过全国大选产生，执政党专业集团获得325席，在野党建设团结党和印尼民主党分别获得89席和11席，其余75席是由总统指定的武装部队代表。按规定，国会每届任期5年，但因特殊情况，1999年提前大选。国会议员总人数仍为500名，但军人席位从75个减至38个。2004年大选，国会议员总人数增至550名，全部由选民直接选出。

苏哈托总统执政时期，只允许政府承认的专业集团、建设团结党和印尼民主党3个政党参加国会议员竞选。1998年这个限制已经废除，允许成立新的政党，并参加竞选。1999年参选的政党有48个。2004年参选的政党为24个。

五 总统与副总统

宪法原规定：总统与副总统由人民协商会议以多数票选出，每届任期5年，可以连选连任。总统既是国家元首，也是政府首脑和武装部队最高统帅。副总统协助总统行使职权；如果总统在任职期间逝世、停职或不能执行职务，由副总统代理直至期满为止。总统的主要职权是：掌握政府的权力，统帅陆、海、空三军，经国会同意有权制定法律、政府命令，与外国宣战、媾和并缔结条约，宣布紧急状态，委派大使与领事，接纳外国大使，颁布恩赦、大赦、免职与复职等。从印度尼西亚共和国成立至1967年3月，苏加诺任总统。1967年3月至1968年3月，苏哈托任代理总统。1968年3月至1998年5月21日苏哈托任总统。1998年5月，因严重经济危机，失业人口激增，物价飞涨，人民生活困难，以及民族矛盾和宗教矛盾，引发社会秩序混乱，造成许多人员伤亡和大量财产损失，并导致政局动荡，苏哈托被迫下台，由副总统哈比比接任总统。1999年10月，新议会选举阿卜杜勒－拉赫曼·瓦希德和梅加瓦蒂为正、副总统。2001年7月23日，瓦希德被人民协商会议罢免职务，梅加瓦蒂就任总统。2004年通过选民直接选举，苏西洛·班邦·尤多约诺和尤素夫·卡拉于2004年10月4日当选正、副总统。

六 内阁

宪法规定，印度尼西亚共和国实行总统内阁制，中央政府各部的部长协助总统工作，各部部长由总统任免。按规定每届内阁任期5年，但因特殊情况总统易人，内阁也随之更迭。2001年8月，梅加瓦蒂总统组建的内阁成员有：3名统筹部长（副总理级）、17名部长、10名国务部长及国务与内阁秘书和最高检察长，共32人。2004年10月20日，苏西洛总统组建的内阁成员有：3名统筹部长、1名国务秘书部长（统筹部长级）、18名部长、12名国务部长及最高检察长和内阁秘书，共36人。

七 最高评议院

总统的咨询机构。为总统提供政治、经济、军事、外交及社会文化等方面的咨询，或以备忘录的形式对国家大事发表看法，提出建议等。宪法规定："最高评议院有责任回答总统的咨询，并有权向政府提出建议"。评议院成员由国会提名，一般是从全国知名人士中提出，由总统任命，任期5年。为保证其独立性和公正性，评议院成员不得兼任其他公职。

八 司法机构

司法机构由普通法院、宗教法院、军事法院和行政法院组成。普通法院包括最高法院、高等法院和地方法院。最高法院是刑事、民事案件上诉的终审法院。最高法院院长由议会根据总统提名的候选人选举产生，其他高级法官由总统任命。

各省和特区设有高等法院，主要受理县和市法院上诉的刑事和民事案件。

宗教法院受政府的宗教事务部监督。其法官均由宗教事务部任免。在县、市和重镇一般设有宗教法院，与县级普通法院并列。这些法院依据伊斯兰法规处理婚姻、财产纠纷等案件。但判决结果须经县、市级普通法院批准。

军事法院分为最高军事法院、高等军事法院和军事法院，负责审理武装部队人员的案件。

行政法院负责审理行政官员的案件。

宪法规定："最高法院及其他司法机关根据法律行使司法权，即所有法院都独立行使司法权。"

九 国家审计署

国家审计署是根据宪法成立的，宪法规定："成立一个财政检查机构，以审查、审计、结算所有属于国家财政方面的账目，并向国会报告审计结果"。国家审计署与国会、中央政府、最高法院、最高评议院的地位相同，可独立进行审查、审计工作。

十 地方政府

地方政府分为四级：一级地方政府为省与特区；二级地方政府为县与市；三级地方政府为乡与镇；四级为村。

十一 政党

20世纪50年代，印尼有30多个政党。为了减少政党之间的斗争，避免政局剧烈动荡，保持政府相对稳定，1961 年苏加诺总统将政党减少到 10 个，即：印尼民族党、伊斯兰教师联合会、印尼共产党、印尼基督教党、天主教党、印尼伊斯兰教联盟党、印尼独立维护者联盟、印尼穆斯林党、白尔蒂伊斯兰教党和平民党。

苏哈托执政后，为了巩固其统治地位，于 1966 年 3 月宣布印尼共产党为非法政党，并进行血腥镇压。1967 年政府又颁布了“简化政党”的条例，规定所有政党必须以“建国五项原则”为指导思想，又于 1973 年 1 月强行将当时的 9 个政党合并为 2 个政党，使政治舞台上出现了两个政党和一个专业集团（实际上也是政党）的局面。

1998 年 5 月哈比比接任总统后解除党禁，印尼成立了一些新政党。2004 年参加大选的政党有 24 个，其中在国会获得议席的政党为 17 个，即：建设团结党、印尼民主斗争党、专业集团党、民族觉醒党、民主党、国家使命党、星月党、福利公正党、改革之星党、福利和平党、关心民族专业党、印尼民族平民党、民族民主团结党、独立雄牛民族党、印尼团结公正党、先锋党、印尼民主创立党（Partai Penegak Demokrasi Indonesia）。

建设团结党（Partai Persatuan Pembangunan）

该党于 1973 年 1 月由伊斯兰教师联合会、印尼穆斯林党、印尼伊斯兰教联盟党和白尔蒂伊斯兰教党 4 个穆斯林政党合并而成。其成员均为伊斯兰教徒。由于合并后各党仍维持原有的组织系统，有相对的独立性，因此该党是个松散的政党联合体。建设团结党在党的领导权、党的性质和宗旨等问题上存在分歧，影响了该党在印尼政治舞台上的作用。该党在 1997 年 5 月的大选中获得 23% 的选票，在 1999 年 6 月的大选中获 10.72% 的选票，在 2004 年 4 月的大选中获 8.15% 的选票。

印尼民主斗争党（Partai Demokrasi Indonesia Perjuangan）

该党是从印尼民主党（Partai Demokrasi Indonesia）分裂出来的。印尼民主党于 1973 年 1 月由印尼民族党、印尼基督教党、天主教党、印尼独立维护者联盟和平民党等 5 个政党合并组成。该党代表了印尼社会中非伊斯兰的力量。因该党是多党被迫联合在一起的，内部矛盾重重，有的支持苏哈托政府，有的反对苏哈托政府。官方则支持该党内拥护自己的一派，压制反对政府的一派。这就更加深了该党的党内矛盾和冲突，使该党分裂为两大派。

1998 年 10 月，梅加瓦蒂领导的印尼民主党斗争派（PDI Perjuangan）在巴厘岛举行全国代表大会，选举梅加瓦蒂为总主席。在这之前 1 个多月，亲官方的印尼民主党在中苏拉威西省首府帕卢召开代表大会，选举布迪·哈佐诺为总主席。印尼民主党已正式形成两个中央委员会。现已分为两个党。在 1999 年 6 月的大选中，印尼民主党仅获得 0.62% 的选票；印尼民主党斗争派（印尼民主斗争党）获得 33.76% 的选票，居第一位。在 2004 年 4 月的大选中，印尼民主党没有参选；印尼民主斗争党获得 18.53% 的选票，居第二位。

专业集团党（Partai Golongan Karya）

在印尼“有领导的民主”时期，已出现专业集团。为了牵制政党斗争，苏加诺主张吸收非政党的专业集团代表参政。1964 年 10 月，陆军专业集团为了对付印尼共产党及其领导的群众组织，联合其他受军人控制的职业团体成立了“专业集团联合书记处”。苏哈托执政后，印尼政府利用这个机构继续联合其他职业团体，并把各级政府的公务员和国营企业的人员全部拉入专业集团，这就形成了印尼统一的专业集团。1969 年专业集团的团体成员已达 270 多个，其中包括现役军人、退伍军人、公务员、学生、工人、农民、渔民、商人、职员、律师、记者、医生等，以及跨行业的组织，例如青年、妇女、知识分子、宗教界等。因此，专业集团的覆盖面很广，在印尼社会中的影响力很大。

在苏加诺执政时期和苏哈托执政初期，专业集团并不是一个完全意义上的政党，它是一个松散的各职业团体的联合体。1978 年，专业集团举行第二次全国代表大会，在章程中明确规定“专业集团是一支社会政治力量”。1983 年 10 月，专业集团举行了第三次全国代表大会，开始把团体成员变为个人成员，并进行个人成员的登记工作，使专业集团成为实际意义上的政党。其宗旨是遵守建国五项原则。

专业集团在印尼政坛上发挥着重要作用。苏哈托执政时期的历次议会选举，专业集团都获得了多数票，1987 年获得选票的 73.2%，1992 年获得选票的 68.1%，1997 年获得选票的 74%。在 1999 年议会选举之前改称专业集团党（Partai Golkar），在这次大选中的得票率为 22.46%，居第二位。2004 年 4 月大选中的得票率为 21.58%，居第一位。

民族觉醒党（Partai Kebangkitan Bangsa）

该党于 1998 年 7 月 23 日成立，是伊斯兰教政党之一，党员主要来自印尼最大的穆斯林组织伊斯兰教师联合会。该党主张宗教和睦，反对宗教政治化，反对宗教歧视，反对建立伊斯兰教国。总主席为现任人民福利统筹部长阿尔维·希哈布（Alwi Shihab），中央指导委员会主席为前总统瓦希德。1999 年 6 月大选中的得票率为 12.62%，居第三位。2004 年 4 月大选中的得票率为 10.57%，仍居第三位。

国家使命党（Partai Amanat Nasional）

该党于 1998 年 8 月 23 日成立，也是伊斯兰教政党之一，党员主要来自印尼第二大穆斯林组织穆罕默迪亚协会。该党主张三权分立制衡、人民主权、经济平等、种族宗教和睦。总主席为前人民协商会议主席阿敏·赖斯（Amien Rais）。1999 年 6 月大选得票率为 7.12%，居第五位。2004 年 4 月大选得票率为 6.44%，居第七位。

十二 主要政治人物

苏西洛·班邦·尤多约诺（Susilo Bambang Yudhoyono 1949～ ）现任总统。1949 年 9 月 9 日出生于东爪哇省巴芝丹一个穷苦的穆斯林家庭。1970 年考入印尼国家军官学院，1973 年毕业后赴美国接受培训，1976 年受训结业后回国，在印尼国民军（印尼武装部队）任职。80 年代再赴美国学习，获得美国韦伯斯特大学管理学硕士学位。1991 年就读于美国陆军指挥与参谋学院。1995～1996 年率印尼军队参加波黑的维和行动。1997 年被任命为印尼国民军总部副总参谋长，分管社会和政治事务。1999 年退役从政时是四星将军。

1999 年 10 月，被瓦希德总统任命为矿业与能源部长。2000 年 8 月，被任命为负责政治和安全事务的统筹部长（副总理级）。2001 年 6 月，因拒绝执行瓦希德在雅加达等地实行紧急状态的指示而被罢官。2001 年 7 月，梅加瓦蒂上台组阁时，被任命为政治、社会和安全事务统筹部长，他是作为无党人士和专家人物辅佐梅加瓦蒂进入内阁成为统筹部长的。

2001～2004 年的 3 年里，印尼经历了诸多暴力纷争和恐怖活动，包括 2000 年底教堂系列爆炸事件、巴厘岛恐怖爆炸、首都雅加达万豪酒店爆炸、亚齐分离主义活动和马鲁古等地教派流血冲突等，他凭借其作为高级军官的背景和丰富的经验，进行化解和善后工作，成为颇得人心的政治人物。

2004 年 2 月 9 日，他在与当地媒体记者的谈话中，首次表示准备以民主党候选人的身份竞选总统。他的决定，构成了对梅加瓦蒂的严重挑战。由于事先未向总统汇报，引起了梅加瓦蒂的不快，两人关系出现裂痕。随后，有几次关于安全的会议，本应属于他分内的职责，却没邀请他参加，实际上已被排除出内阁会议之外。2004 年 3 月初，梅加瓦蒂组成了政府监督官员竞选小组，苏西洛又被排除在外。因此，他于 3 月 10 日给梅加瓦蒂去函，要求对她的做法予以澄清。但梅加瓦蒂不予理会，于是他次日便宣布辞职。

印尼 2004 年 7 月 5 日举行独立 59 年以来首次总统直选。经过两轮选举，他于 2004 年 10 月 4 日当选总统，于 10 月 20 日就任总统。

梅加瓦蒂·苏加诺（Megawati Soekarnoputri 1947～ ） 前总统，是印尼独立后首任总统苏加诺的长女，印尼民主斗争党领导人。1947 年 1 月 23 日生于日惹。1965 年进入印尼万隆的帕贾贾兰大学学习，两年后因苏加诺总统退位被迫辍学。1970 年，进入印度尼西亚大学攻读心理学。1972 年因婚姻受挫再次辍学。1987～1997 年任国会议员，曾于 1991 年 10 月随印尼议会代表团访华。1993 年 12 月当选为印尼民主党总主席，1996 年 6 月被党内支持苏哈托的派系排挤下台。1998 年 10 月当选为印尼民主党斗争派（印尼民主斗争党）总主席，1999 年 10 月 21 日就任印尼副总统。2001 年 7 月 23 日就任印尼总统。2001 年 10 月到上海出席亚太经济合作组织领导人非正式会议，2002 年 3 月对中国进行国事访问。2004 年 7 月总统直选中落选。

第五节 经济

一 概述

（一）独立初期的经济情况

印尼由于先后遭受荷兰和日本的侵略及第二次世界大战的严重破坏，独立初期，经济基础非常薄弱，生产力水平很低，经济处境十分困难，生活必需品远不能满足国内需求。例如 20 世纪 50 年代初，全国纺织品产量仅有7 000万米，人均不到1米；国内生产的工业品占需要量的比重：干电池为24%，啤酒瓶14%，印刷纸12%，包装纸1%，袜子9%，脸盆4%，毛巾1%，火柴7%，油墨7%。1950年的发电量为5.62亿千瓦小时，人均发电量只有7千瓦小时。农业生产衰退，大米产量1950年为578.7万吨，比1940年减少17.1%。以大米为主食的印尼人民，1950年的人均大米产量只有75公斤。1951年的煤和锡砂产量分别为86.77万吨和3.15万吨，分别比1940年减产56.8%和28.5%。

（二）苏加诺执政时期的经济发展战略及政策措施

为了改变经济严重落后的状况，改造殖民地经济结构，苏加诺政府采取了恢复和发展国民经济，限制外资，发展民族经济，实行工业化的战略方针，并制定了经济发展计划。

1. 重视发展农业

在农业生产下降，居民缺吃少穿的情况下，苏加诺政府于1947年就制定了农业发展计划，1954年又扩充了农业发展计划；在1956～1960年的五年建设计划中，把发展农业放在了重要位置。农业发展计划的主要任务是最大限度地提高粮食、蔬菜和水果的产量，并增加经济作物产品的生产，增加外汇收入，提高农民的购买力。由于98%的衣料需要依赖进口，农业发展计划还特别提出重视发展苎麻和棉花生产。为了实现农业发展目标，政府制定了具体措施，如：政府增加农业投资，对农民给予指导和帮助，成立农民学习班，提高农业生产技术；推广优良品种，增施肥料，消灭害虫；开垦荒地，扩大耕地面积，增加种植面积；兴修水利，扩大灌溉面积；防止水土流失；提高农业生产技术，建立农业试验站；改良土壤，增加土地肥力；种植业和畜牧业并举；改良牲畜饲料，做好牲畜病的预防和治疗工作。为发展渔业生产，印尼政府于1949年就制定了使用机动渔船捕捞的计划，政府向渔业公司提供贷款，促使渔业生产实现机械化。

此外，为了促进农业发展，在苏加诺执政时期还进行了土地改革，成立了“印尼土地改革委员会”和“印尼土改基金会”等组织。根据1960年颁布的土地基本法和条例，以赎买的办法，进行了部分土地改革。

2. 努力发展进口替代工业

20世纪50年代初，印尼经济基础，尤其是工业基础非常薄弱，国内所需工业品主要依赖进口。同时，许多农、矿产品主要供出口，初级产品贸易条件恶化。这种情况促使印尼在1951年通过了一项工业发展计划（即“苏米特罗计划”），由政府拨款建设了陶瓷厂、铁工厂、印染厂、皮革厂、木材加工厂、印刷厂、纺纱厂、烧碱厂等民族企业，使印尼步入了发展进口替代工业时期。在1956～1960年的五年建设计划中，印尼制定了进口替代工业的发展战略，把工业建设作为经济建设的中心。其优先发展部门是：居民必需的主要消费品，国内缺少、需要进口的产品，增加外汇收入的产品。鼓励发展的主要工业项目有：食品、饮料、卷烟、纺织、编织、木材、家具、造纸、印刷、制革、橡胶制品、制药、化肥、塑料、玻璃、陶瓷、油墨、油漆、建筑材料、冶金、金属制品、机械、运输工具、电器，等等。国家的重点建设项目有：发电厂、水泥厂、化肥厂、纸和纸浆厂、海港，等等，并准备建设炼铝厂和钢铁厂。

为完成上述计划，政府把建设经费的25%用于工矿业。政府提出：国家工业银行在实现工业化方面将起重要作用，向各企业提供贷款；印尼人民银行、邮政储蓄银行、地方建设银行、小工业基金会等也向工业企业提供贷款；贷款首先贷给优先部门。国家工业银行和印尼政府一起监督和经营工业大企业；省政府对省的工业企业进行监督。为促进工业部门的发展，政府还提出在大力发展国营企业的同时也要重视发展私营企业，在一定限度内保护和帮助现有小企业扩大生产，处理好进口和国内生产的关系，保护国内工业。注意原料分配工作，更好地利用国内的原材料；采取措施研究交通和能源的有效利用；加强技术教育，培训工人和技术人员，更好地发挥国内专家的作用。接着印尼开始实施1961～1968年的《八年全面建设计划》，计划强调优先发展工业，通过发展民族工业推动国民经济的发展。

3. 限制外国资本，发展民族经济

印尼独立初期，经济命脉仍然被外国垄断资本所控制，种植园、矿业、制造业、银行、交通运输、对外贸易和国内批发商业的绝大部分仍然操纵在外国资本家手中。例如：西爪哇的692个种植园中，有690个是外资经营的，只有两个是属于印尼人的；在石油业，只有一两处规模很小的油矿由政府经营，其他大规模的油田和炼油厂均由外资经营；1951年，悬挂印尼国旗的岛际航运轮船仅占2%，远洋轮船仅占1%；1954年10月，印尼纺织业共有9万多枚纱锭，其中荷兰、英国资本就占有8万多枚。

苏加诺政府为了摆脱外资对印尼经济的控制，改造殖民地经济结构，发展民族经济，实现经济上的独立，对外国资本采取了没收、接管和赎买的政策，减少外资对印尼经济命脉的垄断。1949年8月至1965年9月期间，政府没收、接管了日、德、意、荷、英、美和其他资本主义国家的外资企业以及荷兰殖民政府的资产总值达28.41亿美元。这些企业包括种植园、发电厂、工业企业、石油公司、铁路公司、海运公司、银行、保险公司、贸易公司等。因此，国营企业成为印尼经济的重要组成部分。截至1963年5月，印尼国营企业已达1 120家，其中包括工业、矿业、农业、林业、牧业、商业、金融、保险、交通运输和公用事业等。

（三）苏加诺执政时期的经济发展状况

由于实施上述经济发展战略及政策措施，印尼经济有所发展。产量增长比较快的有电力和原油，发电量从1950年的5.62亿千瓦小时增至1965年的15.13亿千瓦小时，年平均增长率为6.8%；原油产量从1953年的1 026.1万吨增至1965年的2 795.5万吨，年平均增长率达8.7%。但锡矿产量从1953年的34 363吨降至1965年的14 698吨，减产57.2%。粮食产量缓慢增长，例如：大米产量从1955年的750.48万吨增至1965年的887.73万吨，年平均增长率为1.69%；同期，玉米产量从197.08万吨增至236.45万吨，年平均增长率为1.84%。而同期的人口已从8 844万人增至10 541.4万人，年平均增长率为1.77%。因此，造成人均大米产量已下降。总的来看，苏加诺时期的经济发展速度相当缓慢。1950～1960年的国内生产总值年平均增长率为4%；按1960年不变价格计算，1961～1965年的国内生产总值年平均增长率仅为2%，农业产值年平均增长率为1.4%，制造业为1.8%，采矿业为2.1%，交通运输与通讯业仅为0.8%。按当年价格计算，1965年的国内生产总值为38.4亿美元，人均只有36.4美元。

经济发展缓慢的主要原因是：苏加诺政府限制外资，使外国资本不敢在印尼投资，外资投资总额急剧下降，到1966年，外资在印尼只剩下11亿美元左右。而收归国有的大批外资企业经营管理不善，导致生产下降，未能起到国营企业应有的作用。政府的财政极端困难，建设资金短缺，以及缺少技术人员和其他必要的条件，国家的经济发展计划未能实现。国内私人企业基础薄弱，国内私人投资很少。加上国内政治局势不稳定，苏加诺政府主要致力于实现全国的统一，巩固政治独立，对发展经济不够重视等。

（四）苏哈托政府的经济发展战略及政策措施

苏哈托于1965年“九卅事件”发生后开始执政。1966年，印尼经济十分困难，工业企业的开工率只有20%左右，农村大片土地荒芜，交通瘫痪，财政赤字庞大，物价飞涨，通货膨胀率高达635%，官方外汇储备枯竭，1965年底官方外债总额已达23.58亿美元。印尼经济发展速度缓慢、工业基础薄弱、建设资金匮乏、生产技术落后、依赖少数几种初级产品的生产和出口、生活必需品奇缺、失业和半失业现象严重。苏哈托政府为了维持和巩固政权，恢复和发展印尼经济，采取了积极吸收国外直接投资和贷款，引进国外先进技术；发展进口替代工业，节约外汇；发展出口工业，增创外汇；继续发展初级产品的生产和出口，为工业化建设积累资金；实施“绿色革命”，实现农业生产多样化和粮食自给；大力发展对外贸易，促进国民经济发展等战略措施。

1. 积极吸收国外直接投资和贷款

在国民经济落后，经济结构畸形，人民生活贫困，国内积累能力很低的情况下，印尼要完全依靠本国的经济力量发展民族经济、实现工业化是非常困难的。因此，印尼政府采取了对外经济开放政策，从发达国家引进资金和技术，利用本国的自然资源和劳动力发展本国经济。

印尼独立后，为了掌握国家的经济命脉，先后从荷兰殖民主义者和其他外国垄断资本手中收回了本国的土地、矿藏、森林等资源，接管了海关、交通、邮电、金融等重要经济部门，并没收了一批大型工业企业。对外资企业采取没收和接管的强硬措施，导致外资企业纷纷撤离，外资总额大减，经济发展受到严重影响。为了扭转这种状况，争取外国资本前来投资，印尼政府改变了对外资企业实行国有化的政策，于 1967 年 1 月颁布了给予外资多种优惠待遇的《外国资本投资法》。其主要内容是：鼓励外资投在创汇部门，有利于减少进口、节约外汇的企业，可在两年以内盈利的企业，能大量增加就业机会的企业，引进新技术、新工艺和现代生产设备的企业，基础设施和政府规定的特别优先企业及爪哇岛以外的地区。其优惠待遇是：从投产起的 5 年内，免缴公司税、利润税、财产税、资本印花税、进口所需机器设备的进口税；在免税期内发生亏损，可拿免税期满后受课税的利润补偿；允许缩短固定资产的折旧期；缺乏印尼专家或技术人员时可雇用外国人；企业利润、固定资产折旧费、外籍职工的工资可汇出国外等。允许投资的期限规定为 30 年，并可申请延长投资期限。印尼保证对外资企业不实行国有化，如需国有化，保证给予赔偿。但印尼政府规定：在免税期内资本不准回流；在矿业、港口、海运、航空、铁路、电讯、公用发电、输电、原子能反应堆、饮用水、宣传等部门的外国直接投资，必须与印尼政府合营；完全禁止外资在武器、弹药、爆炸物等军用物资部门投资。

由于这部《投资法》对外资投资限制少，给予的优惠待遇多，外资大量投入印尼，竞争能力差的民族企业受到一定打击。为了缓和外资与民族资本的矛盾，保护民族资本的发展，引导外资投在最急需的部门和地区，印尼政府多次修改《外资投资法》，并颁布了《外国投资优先顺序表》，列出优先投资项目、特惠项目、非特惠项目和禁止投资的项目。这个顺序表每年都有变化。总的看，印尼鼓励外国资本直接投资，引进外国先进技术的总政策没有变，但具体规定经常改变。20 世纪 80 年代后期以来的主要政策是：鼓励外资在外向型企业、劳动密集型企业、资本密集型企业（投资额在1 000万美元以上）、高科技企业、机械制造工业、利用当地资源的工业和落后地区、偏僻地区投资。鼓励投资的措施是：提高外资的持股比重，准许外资购买印尼国营公司的股票，延长外资的经营期限，降低投资最低限额，给予税收优惠，降低外资企业享受本国企业同等待遇的条件，扩大投资领域等。

为了解决资金短缺困难，促进国民经济发展，在积极吸收外国直接投资的同时，印尼政府还努力争取国际金融组织和发达国家提供长期与低息贷款和援助，并举借了一些短期外债。筹集的这些资金主要用于基础设施和大型企业。这对促进经济发展起了重要作用。

2. 继续发展进口替代工业

经过 1966～1968 年的经济恢复时期，经济形势已有好转，但许多工业品仍然供不应求，需要依赖进口。例如：1969～1970 年度（财政年度自当年 4 月 1 日至翌年 3 月底）的产量，化肥为 8.54 万吨、水泥 54.2 万吨、纸 1.7 万吨，这些产品远不能满足国内需要；纺织品 4.5 亿米，人均只有 3.9 米；农药、平板玻璃、去污粉、喷雾器、钢丝、柴油机等全部依赖进口。为了满足国内市场对许多工业品的需求，以国产工业品代替外国制成品，特别是减少消费品的进口，节约外汇，以及为了创造更多的就业机会，苏哈托政府继续采取了发展进口替代工业的战略，以便逐步实现工业化，改变畸形的经济结构，并带动国民经济迅速发展。

为实现上述战略目标，苏哈托政府实施的第一个五年建设计划（1969～1970 年度至 1973～1974 年度）就优先发展支援农业的工业，重视发展农业生产工具、农产品加工工业，并发展增加和节约外汇的工业、原料加工工业、劳动密集型工业等。重点建设项目有化肥、水泥、化工、纺织、纸浆、造纸、印刷、制药等。“二五”计划期间（1974～1975 年度至 1978～1979 年度），重点发展原料加工工业，进一步促进发展劳动密集型工业，使更多的劳动力就业。“三五”计划期间（1979～1980 年度至 1983～1984 年度），优先发展钢铁工业和其他金属工业、交通运输工具、化工原料、建筑材料以及制成品生产。“四五”计划期间（1984～1985 年度至 1988～1989 年度），优先发展机械制造工业，特别鼓励生产农产品加工工业的机械设备。“五五”计划期间（1989～1990 年度至 1993～1994 年度），继续优先发展机械制造工业，满足国内对工业机器、设备的需求。为此，印尼加强发展机械工业原材料的生产，继续发展重工业、电子工业，并发展造船工业、航空工业等。

3. 努力发展出口工业

印尼发展进口替代工业的初期进展比较顺利，成效比较显著。但是，进口替代工业的发展是以保护性关税为后盾建立起来的，主要是小规模、低效率和内向型的，竞争能力低，又受国内市场容量不大的限制，继续扩大生产有较大困难。因此，印尼在推行了一段时间的进口替代工业战略之后，在消费品基本满足国内需要的情况下，于20世纪70年代中期开始，把推行工业化的重点逐渐转向发展出口工业方面，侧重发展以出口为主的、劳动密集型的加工工业。

为了促进出口工业的发展，以工业品逐步替代农矿原料初级产品的出口，印尼政府除了在全国采取积极引进外国资本和技术、鼓励国内私人资本投资的政策外，还在雅加达、芝拉扎、泗水、棉兰、巴淡岛、宾坦岛等地建立工业区、出口加工区、自由贸易区和保税区。向国内外投资者提供比较完备的基础设施，给予更多的优惠待遇，对出口能力大的企业给予特别优惠。同时，印尼政府还限制或禁止原木、原藤等原料初级产品出口，鼓励在国内加工。为了增加工业品出口，“六五”计划期间（1994～1995年度至1998～1999年度）的发展战略是：提高产品质量，增加花色品种，增强竞争力，扩大销售市场。

4. 实施“绿色革命”，实现粮食自给

印尼是以农业为主的国家，农业在国民经济中占主要地位。1965年农业（包括林、牧、渔业）产值占国内生产总值的58.7%，农业人口占全国人口的70.5%。根据这一基本国情，印尼要进行工业化建设就必须以发展农业为基础。苏哈托政府认识到，发展农业不仅可促进工业和国民经济的发展，而且对解决1亿多人口的吃饭穿衣问题、稳定社会和政局、巩固政权都具有重要意义。因此，苏哈托总统执政以后一直重视发展农业生产，在1969年开始实施的第一个五年建设计划中，就把发展农业作为重点，提出要优先发展农业。

为了实现粮食自给，提高经济作物产量，增加经济作物产品的出口创汇能力，印尼政府积极推行“绿色革命”政策，并采取了具体措施。如：政府不断增加农业投资，兴修水利工程，扩大灌溉面积；移民开荒，扩大种植面积；提供低息农业贷款；提供廉价化肥、农药；供应优良种子，推广高产新品种；重视农业科研工作，培养农业科技人才，推广农业先进技术，提倡精耕细作，提高单位面积产量；规定粮食的最低价格，并不断提高，使农民的收入有保障；鼓励外资和国内私人资本投资农业等。

5. 大力发展对外贸易

经济发展在很大程度上依赖于对外贸易。石油、镍矿砂、铜精矿等矿产品主要供出口；天然橡胶、咖啡、香料、茶叶等热带经济作物产品和液化天然气、胶合板、铝、镍、锡等工业品也主要销往国际市场。而经济建设所需要的机器设备则绝大部分需要进口。1970年的进出口贸易额相当于国内生产总值的22.9%，1980年提高到48%。对外贸易能否顺利进行，直接影响印尼国民经济的建设和发展。

为了提高出口创汇能力，促进农业、矿业和制造业的发展，印尼在经济建设中把能够扩大出口的项目摆在优先地位，并采取鼓励外国资本和国内私人资本优先投向出口企业的政策。如对出口工业企业提高外资的控股比重，产品全部出口的工业企业，外资可以控股100%。为了提高出口商品的竞争能力，政府对生产出口商品的制造业厂商减免生产设备进口税和产品的出口税；对必须进口的原材料减免进口税；为出口商提供优惠出口信贷等。为了促进出口贸易的发展，印尼建立了自由贸易区、自由贸易港和出口加工区。为了扩大出口市场，印尼加强对外贸易派出机构的活动；扩大外贸商品展销活动；组织官方、半官方和民间代表团出访，加强宣传和推销工作。印尼尽力使出口商品多样化，一方面继续发展初级产品的出口，增加初级产品的出口数量和品种；另一方面加速发展制成品的出口，并不断提高出口商品的质量，增强产品的竞争能力。

（五）苏哈托执政时期经济成就与存在问题

1. 经济发展成就

（1）国民经济发展速度较快

苏哈托执政以后，特别是20世纪70年代至1997年金融危机之前，印尼经济发展速度较快。据世界银行资料，印尼国内生产总值年平均增长率，1960～1970年为3.9%，1970～1980年为7.6%，1980～1990年为6.1%，1990～1997年为7.5%。据印尼中央统计局资料，按1993年不变价格计算，1991～2000年各年的国内生产总值增长率分别为8.93%、7.22%、7.25%、7.54%、8.22%、7.82%、4.7%、-13.1%、0.8%、5.4%。

（2）经济规模显著扩大

由于经济发展速度较快，国内生产总值显著扩大。据国际货币基金组织资料，按1990年不变价格计算，1997年的国内生产总值比1965年增长7.38倍。据世界银行资料，按当年价格计算，国内生产总值已从1965年的38.4亿美元提高到1999年的1 409.6亿美元，增长了35.7倍。

(3) 人均国内生产总值提高

因经济发展较快，以及人口增长率下降，人均国内生产总值也有较大幅度增长。据国际货币基金组织资料，按当年价格计算，1970年的人均国内生产总值为77美元，1999年提高到670美元，增长了7.7倍。

(4) 经济结构明显改善

由于农业生产受到耕地面积、技术水平和抗灾能力的限制，发展速度不快。矿业生产既受地下资源的限制，又受国际市场价格的影响，采矿业的发展速度不稳定。加之外资和国内私人资本在制造业部门的投资比较多，因此，印尼制造业的发展速度比农业和采矿业的发展速度快得多，在国内生产总值中所占比重显著上升，农业所占比重大幅度下降。1960～1997年间，制造业在国内生产总值中所占比重已从8.4%提高到26.8%，增加18.4个百分点；同期，农业在国内生产总值中的比重则从53.9%降至16.1%，下降37.8个百分点。

2. 存在的主要问题

苏哈托时期印尼在取得上述经济成就的同时，也存在着下述严重的经济问题。

(1) 失业问题严重

印尼早就面临着劳动力数量增长较快与就业岗位不足的严重矛盾。1990～1995年，劳动力从7 391.4万人增至8 636.1万人，年平均增长率为3.16%；同期，就业人口从7 157万人增至8 011万人，年平均增长率仅为2.28%；而同期的公开失业人口从234.4万人增至625.1万人，年平均增长率高达21.68%。这就使公开失业率从1990年的3.17%提高到1995年的7.24%。此外，印尼还存在大量的半失业人口。

1997年7月发生亚洲金融危机后，不少企业倒闭或处于半停产状态，失业问题更加严重。据印尼劳动部资料，1998年2月，劳动力达9 358.7万人，就业人口为8 014.3万人，公开失业人口高达1 344.4万人，公开失业率已达14.37%；每周工作15小时以下的半失业人口高达1 836.4万人，占劳动力的19.62%。

(2) 国际收支经常项目赤字较大

20世纪60年代后半期以后，国际收支经常项目只有1979～1980年度、1980～1981年度和1998～1999年度有盈余，其余各年度均为赤字。20世纪80年代，经常项目赤字最少的年份是1989～1990年度，为15.99亿美元；赤字最多的是1982～1983年度，达70.39亿美元。20世纪90年代以后，经常项目赤字最少的年份是1992～1993年度，为25.61亿美元；赤字最多的是1996～1997年度，高达80.69亿美元的最高纪录。经常项目多年赤字的主要原因是，外资的利润、利息、红利汇出和劳务进出口逆差大，例如1996～1997年度，这方面的赤字高达142.88亿美元。

(3) 外债负担沉重

在建设资金短缺的情况下，为了发展本国经济，印尼举借了大量外债。截至1996年底，官方和私人外债余额已达1 290.33亿美元。1996年的外债还本付息额高达214.59亿美元，外债偿债率达36.8%，每年都须拿出大量外汇偿还外债本息。1996～1997年度财政预算，官方外债还本付息额为199 362亿印尼盾（约合85.1亿美元），占国内财政收入的25.5%，占政府日常支出的35.5%。

(4) 陷入金融危机

1997～1998年，印尼陷入深重的金融危机之中，经济形势严峻，其原因是：由于国际收支经常项目赤字过大；外债偿债率过高，债务负担过重，特别是到期应还的私人短期外债过多；银行坏账、呆账较多；金融政策缺陷和失误；并受到其他国家金融危机的影响和国际游资的冲击等。印尼是亚洲金融危机的重灾区，汇市、股市跌幅均高于其他国家。1997年7月1日，印度尼西亚银行（中央银行）公布的中心汇率为2 451印尼盾兑换1美元，1998年6月17日降至15 250印尼盾兑换1美元，印尼盾贬值83.9%。1998年5月19日，外汇市场的汇率一度跌至1.7万印尼盾兑换1美元。从1998年5月8日至10月6日，印度尼西亚银行公布的中心汇率一直在1万印尼盾以上兑换1美元。1999年2月22日，中心汇率为8 900印尼盾兑换1美元。货币危机导致了股市危机，使股票价格暴跌。雅加达证券交易所的股票综合指数，1997年7月8日高达740.83点（最高纪录），1998年9月21日降至

256.83点（金融危机以后的最低收盘纪录），下跌65.3%。1999年2月22日的股票综合指数为398.67点。

金融危机不仅使汇市、股市剧降，也使经济形势严重恶化。因货币大幅度贬值导致物价上涨，通货膨胀加剧，国内市场萎缩；因东亚许多国家和地区发生金融危机，商品进口能力下降，主要贸易对象国日本经济衰退，需求降低，导致印尼出口额下降；金融危机迫使政府紧缩财政支出，政府的建设投资减少；金融危机使投资环境恶化，外资和国内私人投资额下降；货币大幅度贬值使进口商品的价格猛涨，特别是进口工业原材料和机器设备的价格暴涨，一些企业倒闭或处于半停产状态。因此，印尼经济大幅度萎缩，国内生产总值增长率已从1996年的7.8%降至1997年的4.7%，1998年出现13.1%的负增长。

（六）1998年印尼政府更迭后经济发展与存在问题

1. 发展状况

（1）发展速度

经历了1998年严重的经济危机，从1999年下半年开始，印尼经济缓慢复苏。国内生产总值由负增长转为正增长，2000年各部门产值均为正增长。2004年印尼国内生产总值增长5.13%，超过了原定的4.8%到5%的目标，也明显高于2003年的4.5%。2005年印尼国内生产总值增长率为5.6%。

（2）国内生产总值和人均国内生产总值

据印尼中央统计局资料，1998～2003年，国内生产总值从954亿美元上升为2 433亿美元。同期，人均国内生产总值从467美元上升为1 103美元。2004年印尼人均国内生产总值已达1 064万印尼盾（约合1 181美元）。2005年印尼人均国内生产总值为1 245万印尼盾（约合1 308美元）。

（3）对外贸易

印尼的外贸出口受国际市场石油需求和价格变动的影响较大，因此，历年出口额的波动较大，1999～2000年出口额由487亿美元上升为621亿美元，2001年降为564亿美元，2003年为610.58亿美元，2004年达到创纪录的697.1亿美元。进口商品主要是工业原材料和资本货物，随着国内需求的变化，1999年进口额为240亿美元，2000年升至335亿美元，2001年降为310亿美元，2003年为326.10亿美元。2003年对外贸易顺差额达284.48亿美元。2004年对外贸易顺差达350.5亿美元。

（4）外汇储备

1998年以来外贸顺差较大，国际收支经常项目盈余，外汇储备增加。截至2004年底，外汇储备约363亿美元。较之苏哈托执政时期最高纪录增加152亿美元。

2. 政策措施

苏哈托下台后，哈比比、瓦希德和梅加瓦蒂三位总统及其政府都重视克服经济困难和危机，恢复印尼经济，并采取了多项政策措施。例如实施紧缩的财政政策，压缩财政开支，减少对外举借商业性债务，缓建一些政府和国营企业的工程项目；提高税率，增加财政收入；争取延缓外债偿还期；积极争取国际金融机构及友好国家和地区给予援助性贷款；整顿金融机构，合并一些银行，关闭经营不善的私人银行；清理和出售金融危机以来政府接管的不良资产；加强对国有企业的管理；进一步放宽投资政策，简化投资手续；改善对华人政策，吸引外逃的华人资金回流；改革外贸政策，进一步实行贸易自由化，废除商品贸易垄断权，减少非关税壁垒，降低出口税，取消限制出口的许可证制度；降低利率，促进消费和投资；提高工人最低工资限额和公务员、教师等的工资，扩大国内市场需求等。此外，政府还重视化解民族及宗教矛盾，平息分离运动，维持社会安定。

3. 存在问题

（1）建设资金短缺

20世纪末金融危机以来，由于政府采取紧缩财政政策，公共投资减少，影响了基础设施建设。近年来，投资环境欠佳，私人投资萎缩。2002年经政府批准的外国直接投资协议额为97亿美元，比上年减少35.3%；经政府批准的国内私人投资协议额253万亿印尼盾（约合271亿美元），比上年减少57%。2002年9月，联合国贸发会议发表的投资报告显示，1997年印尼吸引了46.77亿美元的外来直接投资，但从1998年起外来投资开始低于流出的资本，1998～2001年的4年间，投资倒流依次为3.56亿、27.45亿、45.5亿和32.77亿美元。

（2）外债负担依然沉重

多年来，印尼政府和私人举借了不少外债。截至2004年12月，印尼的外债为1 360亿美元，约相当于当年国内生产总值的1/2。

(3) 就业问题日趋严重

1998年金融危机以来，印尼的失业人数有增无减，2002年8月失业总人数约达3 800万人，另外还有大量半失业人口。2004年的公开失业率为9.5%。

(4) 汇率偏低

2001年平均汇率为10 260.9印尼盾兑1美元，2004年平均汇率为8 600印尼盾兑1美元，均低于1999年第4季度平均汇率7 192.7盾兑1美元。

表2　　印尼1997～2003年主要经济指标

项目＼年份	1997	1998	1999	2000	2001	2002	2003
国内生产总值（亿美元）	2 158	954	1 547	1 650	1 641	2 038	2 433
GDP实际增长率（%）	4.7	-13.1	0.8	5.4	3.8	4.3	4.5
消费品价格指数（%）	6.2	58.4	20.5	3.7	11.5	11.9	6.6
人口（百万）	201.4	204.4	206.5	209.5	212.1	214.2	216.2

资料来源　英国《国别报告：印尼》2002年、2003年、2004年；印尼中央统计局资料。

表3　　印尼1960～2002年国内生产总值部门构成（按当年价格计算）　　（%）

项目＼年份	1960	1970	1980	1990	1996	2000	2001	2002
农业	53.9	47.2	24.8	19.4	16.7	17.2	17.0	17.5
采矿业	3.7	5.2	25.7	12.2	8.7	13.9	13.2	11.9
制造业	8.4	9.3	11.6	20.7	25.6	24.9	25.0	25.0
水、电、气	0.3	0.4	0.5	0.7	1.3	1.3	1.5	1.8
建筑业	2.0	3.0	5.6	5.6	7.9	6.1	5.9	5.7
交通运输与通讯	3.7	2.9	4.3	6.3	6.6	4.9	5.2	6.0
商业	14.3	18.5	14.1	13.7	13.0	15.7	16.2	16.1
金融业	1.0	1.0	1.7	4.0	4.1	6.4	6.3	6.6
其他	12.7	12.5	11.7	17.4	16.1	9.6	9.7	9.4
合计	100.0	100.0	100.0	100.0	100.0	100.0	100.0	100.0

资料来源　印尼中央统计局《印度尼西亚统计手册》1968～1969年、1974～1975年、1983年；《经济指标统计月报》1999年4月和12月号；印尼《商业新闻》1995年4月5日；印尼中央统计局资料，亚洲开发银行网站。

二　农业

（一）概述

印尼是一个农业国，农业是国民经济的支柱。独立后，特别是20世纪70年代以来，由于其他经济部门发展较快，农业在国民经济中的地位逐渐下降。但农业仍然是国民经济的主要部门，大多数人仍居住在农村，大部分人仍依赖农业为生，农业是国内生产总值的主要组成部分，在出口换汇和财政收入方面也起一定作用，并为城市和工业部门提供粮食、原料、劳动力。同时，农村也是工业制成品的重要销售市场。

农业产值在国内生产总值中所占的比重曾较大，按当年价格计算，1960年占53.9%，1962年高达59%。然而，由于农业生产受土地、自然灾害、生产技术、生长期等条件的制约，发展速度没有其他部门快，农业产值在国内生产总值中所占的比重不断下降：1969年降至50%以下（49.3%），1990年降至20%以下（19.4%），1997年降至16%。2001年回升到17%，农业产值为240亿美元。

农产品出口额在出口总额中所占比重下降也很明显。1973年石油价格上涨以前，农产品出口在对外贸易出口中居首要地位。例如1963年农产品出口额占当年出口总额的57.7%，其中，天然橡胶、椰干、茶叶、咖啡、烟叶、蔗糖、棕榈油、胡椒、木棉、麻、金鸡纳树皮等11种产品的出口额即占出口总额的53%。此后，因石油价格大幅上涨，石油、液化天然气出口额剧增，以及工业品出口额增长较快，1974年和1998年的农产品（包括加工天然橡胶和棕榈油）出口额在出口总额中所占比重分别降为24.9%和12.2%。

农业地位的下降还表现在该部门就业人口在社会就业总人口中所占比重下降。1971年的务农人口为2 493.6万人，占全国就业人口的66.3%。劳动力增长虽然很快，但由于矿业、制造业、建筑业、服务业等部门发展较快，吸收了大量劳动力，务农人口在全国就业总人口中所占比重已经下降。1997年印尼农业部门的就业人口为3 584.9万人，占全国就业人口的41.2%。

多年来，印尼由于实施“绿色革命”政策，政府和私人在林、牧、渔业中也投入不少资金，以及印尼有发展农业生产的十分优越的自然条件，农业发展速度并不慢，农业产值年平均增长率，按不变价格计算，1973～1983年为4.07%，1984～1990年为3.34%，1991～1997年为2.82%。但由于种植业，特别是粮食作物发展速度相对较慢，农业内部结构已发生变化。

表4　印尼1970～1998年农业内部结构变化（按当年价格计算）　（%）

项目＼年份	1970	1980	1990	1996	1998*
农业	100.0	100.0	100.0	100.0	100.0
粮食作物	61.08	56.31	62.90	53.63	52.67
经济作物	18.86	17.69	14.19	16.26	18.26
畜牧业	6.48	8.78	8.86	10.73	9.65
林业	6.48	10.11	7.31	9.20	8.83
渔业	7.11	7.11	6.73	10.18	10.59

*　初步计算数。

资料来源　印尼中央统计局《印度尼西亚统计手册》1974～1975年、1983年；《经济指标统计月报》1999年4月、12月号；印尼《商业新闻》1995年4月5日；印尼中央统计局资料。

（二）粮食作物

20世纪70和80年代，粮食产量增长较快。按不变价格计算，粮食作物产值年平均增长率，1973～1983年为4.97%，1984～1990年为2.86%。因粮食产量增长较快，长期缺粮的印尼已于1981年基本实现粮食自给，1984年实现大米自给，并开始少量出口大米。但因抗灾能力低，20世纪90年代以来的自然灾害严重，粮食产量增长缓慢，1991～1997年粮食作物产值年平均增长率仅为1.14%，其中有4年出现负增长。但粮食作物产值在农业总产值中所占比重一直在51%以上。1996年水稻、玉米、大豆、花生、木薯和甘薯（薯类5公斤折合1公斤粮）总产量达4 858.1万吨，人均达245公斤。

粮食作物以稻谷为主，稻谷的收获面积占稻谷、玉米、大豆、木薯、甘薯、花生等收获总面积的60%左右，在种植业中居第一位。

（三）经济作物

种植园发展较快。1968年种植园的面积为495.4万公顷，1997年增至1 421万公顷，年平均增长率达3.7%。加之经济作物绝大部分是木本作物，受旱灾影响较小，因此，产量增长较快。按不变价格计算，经济作物产值年平均增长率，1973～1983年为4.24%，1984～1990年为4.87%，1991～1997年达5.4%。按当年价格计算，经济作物产值在农业总产值中所占比重，1970年为18.9%，1997年为16.3%，在农业部门一直居第二位。

印尼盛产多种热带经济作物，其中椰子产量居世界第一位，椰干、天然橡胶、棕榈油、油棕仁产量均居世界第二位；咖啡、胡椒、金鸡纳树皮、茶叶、可可豆、丁香、木棉等在世界产量中也占有重要地位。

表 5 印尼 1970～2002 年主要粮食产量 （千吨）

项目 \ 年份	1970	1980	1990	1996	2000	2001	2002
大米	1 314	20 163	29 366	33 216	32 800	31 891	32 542
玉米	2 825	3 994	6 734	9 307	9 677	9 347	9 654
大豆	498	653	1 487	1 517	1 018	827	673
木薯	10 478	13 774	15 830	17 002	16 089	17 055	16 913
甘薯	2 175	2 078	1 971	2 017	1 828	1 749	1 772
花生	281	470	651	738	737	710	718

资料来源 印尼中央统计局《印度尼西亚统计手册》1974～1975 年、1983 年；《经济指标统计月报》1999 年 12 月号；印尼《罗盘报》1998 年 8 月 28 日；印尼农业部资料；英国《国别报告：印度尼西亚》2004 年。

表 6 印尼 1970～2001 年主要经济作物产量 （千吨）

类别 \ 年份	1970	1980	1990	1996	2000	2001
椰干①	1 207.7	1 759	2 331.5	2 719	2 778	–
橡胶	809.2	1 002	1 228.7	1 613	1 501	1 522
棕榈油	216.5	701	2 473.9	4 960	6 552	6 939
油棕仁	48.5	126	445.8	1 051	1 655②	1 760②
咖啡	186.3	285	410.0	479	613	609
丁香	15.4	39	66.9	94	–	–
可可	1.7	10	139.0	318	411	427
蔗糖	909.1	1 831	2 173.2	2 076	1 780	1 836
烟叶	74.4	116	156.3	140	146	146
茶叶	63.5	106	160.5	159	163	172
胡椒	17.2	37	69.9	63	–	–

① 包括椰子折合成椰干。

② 非官方数据。

资料来源 印尼中央统计局《印度尼西亚统计手册》1974～1975 年、1995 年；印尼《商业新闻》1984 年 1 月 20 日；印尼财政备忘录；印尼《罗盘报》1998 年 8 月 7 日；印尼农业部资料；英国《国别报告：印度尼西亚》2004 年；联合国粮农组织《生产年鉴》2001 年。

此外，印尼还有丰富的热带水果，1973 年的水果产量已达 424.9 万吨，1996 年和 1997 年分别高达1 184.5万吨和1 147万吨。

蔬菜产量增长也较快。1973 年的蔬菜产量为 229.5 万吨，1996 年和 1997 年的产量分别高达 884 万吨和 874 万吨，1974～1996 年年平均增长率达 6%。

（四）畜牧业

印尼有辽阔的草地，牧草四季常青，发展畜牧业的自然条件优越。20 世纪 70 年代后期，特别是 20 世纪 80 年代粮食自给以后，居民对肉、奶、蛋的需求量增长较快，促使印尼政府更加重视发展畜牧业，畜牧业发展相当快。按不变价格计算，畜牧业产值年平均增长率，1973～1983 年为 3.29%，1984～1990 年为 4.12%，1991～1997 年达 5.66%。按当年价格计算，畜牧业产值在农业总产值中所占比重，已从 1970 年的 6.48%提高到 1997 年的 11.57%，在农业部门中居第三位。

牲畜存栏数量增长缓慢，其主要原因是国内对肉类的消费量增加较快，牲畜屠宰量较大。1970

年的肉类产量（包括鸡肉、马肉等）仅为 31.26 万吨，1996 年增至 163.2 万吨，年平均增长率达 6.56%。1997 年的产量达 174.9 万吨，比上年增长 7.17%。

表 7 印尼 1970～2002 年主要牲畜存栏数 （千头 千只）

类别 \ 年份	1970	1980	1990	1996	2000	2001	2002
黄牛	6 130	6 480	10 704	11 816	11 008	10 275	10 435
水牛	2 976	2 461	3 335	3 171	2 405	2 333	2 436
山羊	6 336	7 906	11 250	13 840	12 566	12 464	13 045
绵羊	3 362	4 196	5 900	7 724	7 427	7 401	7 661
猪	3 169	3 018	7 650	7 897	5 357	5 867	5 927

资料来源 印尼中央统计局《印度尼西亚统计手册》1974～1975 年；联合国粮农组织《生产年鉴》1982、2001 年；《统计季刊》1993 年第 3 期；《统计公报》2003 年第 2 期。

奶牛饲养业发展较快。1970 年印尼有奶牛 5.9 万头，1996 年增至 34.77 万头，年平均增长率达 7.06%。1970 年鲜奶产量仅为 2.93 万吨，1997 年增至 44.7 万吨，年平均增长率达 10.62%。

由于家禽饲养业的迅速发展，蛋类产量增长相当快，1970 年的蛋类产量为 5.86 万吨，1997 年增至 81.8 万吨，年平均增长率高达 10.26%。

畜牧业发展速度较快，但因人口众多，人均肉、奶、蛋的产量仍然很低。随着国民经济发展和人民生活水平提高，印尼国内对肉、奶、蛋的需求量将有较大增长。因而，从优越的生产条件和需求情况看，畜牧业将会有较快的发展，畜牧业发展前景看好。

（五）林业

印尼有茂密的热带森林，盛产铁木、乌木、柚木、檀木、樟木等各种贵重木材。森林产品除木材外，还有产量居世界第一位的藤条、富饶的竹类、丰富的天然树脂和龙脑香子等。

20 世纪 60 年代后期，为了积累建设资金，印尼政府开始重视木材的生产和出口，积极引进外国资本，鼓励国内私人资本投资开发森林。由于在林业部门投入了大量资本，原木产量迅速增加，1968 年的原木产量为 382.8 万立方米，1973 年增至 2 492万立方米，5 年增加 5.51 倍。因受资本主义经济危机的影响，国际市场的木材需求量下降，1974～1978 年间的原木产量均未达到 1973 年的水平，1979 年的原木产量提高到2 531.4万立方米。

与此同时，由于对砍伐和保护森林缺乏监督的措施，滥伐森林现象十分严重；同时，火灾毁林也产生了不良后果，造成水土流失、生态失衡，引起公众的不满。鉴于此，印尼政府为了保护森林资源，维护本国的利益，采取了多项措施。1975 年印尼政府规定伐木企业必须在开始采伐的 3 年之内建立木材加工厂，并在 7 年之内将采伐原木的 60% 进行加工。1978 年初，政府将原木出口税率从 10%提高到 20%，并降低木材加工品的出口税率。1978 年 1 月 26 日，印尼政府规定禁止名贵木材以原木形式出口。从 1985 年起，印尼禁止出口原木。自 1986 年 10 月起，禁止原藤出口。1989 年 10 月，大幅度提高锯木出口税。为了鼓励出口木制品，印尼政府于 1991 年 6 月大幅度提高各种木材的出口税，木制品出口均免税。遵照关贸总协定的规定，印尼政府于 1992 年 5 月 27 日解除了禁止原木、原藤出口的禁令。但为了防止过量砍伐林木，并保护国内木材加工工业和藤编织业的生产，对原木和原藤出口征收高关税。

在上述政策的影响下，林业发展速度波动很大。林业产值年平均增长率，1968～1972 年高达 20.6%，1973～1978 年为 4.1%，1979～1983 年出现 10.4% 的负增长，1984～1990 年仅增长 0.12%，1991～1997 年为 2.67%。因此，林业产值在农业总产值中所占比重也发生了很大变化，按当年价格计算，1967 年林业产值仅占农业总产值的 1.3%，1979 年上升到 11.7%，1986 年降至 4.0%，1997 年回升到 9.7%。

因木材加工工业需要大量原料，原木产量仍然很高，1987～1988年度高达2 756.6万立方米，1996～1997年度为2 372.2万立方米，2000年为1 379.8万立方米。此外，1993～1994和1994～1995年度的藤条产量分别达8.81万吨和7.83万吨。

（六）渔业

印尼是世界最大的群岛国家，拥有漫长的海岸线和广阔的海域，海洋渔业资源非常丰富。在江河、湖泊和沟渠中也有大量的鱼类，在爪哇岛利用池塘养鱼、养虾也较普遍。渔业发展速度较快，渔业产值年平均增长率，1973～1983年为4.76%，1984～1990年为5.24%，1991～1997年达5.54%。因此，渔业产值在农业总产值中所占比重已从1970年7.11%提高到1997年10.77%。

渔业产量增长相当快，特别是20世纪70年代后期以来，海洋渔业推广机械化捕鱼，水产品产量增长速度加快。1968年捕捞量为115.9万吨（其中淡水产量43.7万吨），1975年提高到139万吨（其中淡水产量39.3万吨），1997年的水产品产量提高到479万吨（其中淡水产量106.2万吨），1976～1997年年均增长率达5.78%，其中海洋捕捞量年平均增长率高达6.18%。

表8 印尼1970～2000年渔业产量 （千吨）

类别＼年份	1970	1980	1990	1996	1998	1999	2000
海洋渔业产量	807	1 395	2 370	3 503	3 837	3 683	3 807
淡水渔业产量	421	455	792	1 017	1 000	1 045	1 082
渔业总产量	1 228	1 850	3 162	4 520	4 837	4 728	4 889

资料来源 印尼中央统计局《印度尼西亚统计手册》1983年、1995年；印尼《罗盘报》1998年8月7日；印尼农业部资料；英国《国别报告：印度尼西亚》2004年。

三 采矿业

采矿业，特别是石油和天然气开采在印尼国民经济中占有重要地位，对印尼经济的发展作出了重要贡献。

（一）在国内生产总值中占有重要地位

矿业是印尼经济的主要部门之一，特别是1973年国际市场石油价格大幅度上涨之后，矿业产值在国内生产总值中所占的比重显著上升。按当年价格计算，1970年的矿业产值仅占国内生产总值的5.2%，1980年上升到25.7%，1974～1984年各年的矿业产值均占当年国内生产总值的18.8%以上。进入20世纪80年代，特别是1983年以后，国际市场石油价格下跌，印尼加快了经济调整的步伐，制造业产值比重加大，矿业产值在国内生产总值中比重下降，1997年降至8.9%。尽管如此，采矿业仍然是印尼经济的重要部门。

（二）外汇的重要来源

原油、铜精矿、镍矿砂、铝土、锡矿砂、煤等矿产品的出口曾在印尼外贸出口中占主要地位。例如1981年，这些产品的出口额高达171.56亿美元，占当年出口总额的68.2%。如果包括石油产品、液化天然气和液化石油气，其出口额高达208.66亿美元，占当年出口总额的82.9%。为了逐步改变过分依赖石油、天然气和其他矿产品出口的局面，减轻世界经济形势动荡对本国经济的影响，解决经济增长速度放慢、外债负担日趋沉重等难题，从1983年开始，特别是在1986年国际市场石油价格暴跌之后，印尼政府在投资、外贸、金融等方面采取措施，鼓励发展农矿产品加工工业、机械制造工业、电子工业等。随着产业结构的改变和石油、天然气价格大幅度下跌，外贸出口结构也发生了很大变化。但矿产品出口仍然是印尼外汇的重要来源，例如1997年，原油和其他矿产品出口额为85.87亿美元，占当年出口总额的16.1%。如果包括石油产品、液化天然气和液化石油气，1997年的出口额为147.3亿美元，占当年出口总额的27.6%。

（三）财政收入的重要来源

石油、天然气税收是重要财政收入来源，对解决财政困难起了很大作用。从所占比重看，从1974～1975年度至1985～1986年度，石油、天然气税收在各年度国内财政收入中所占比重均在

54.1%以上，1981～1982年度所占比重高达70.6%。近年来，因石油价格降低，石油、天然气的税收减少，以及非石油、天然气部门的税收增长较快，石油、天然气税收在国内财政收入中所占比重已经下降，1996～1997年度降至23%。从金额看，1981～1982年度的石油、天然气税收额高达8.63万亿印尼盾（约合136.57亿美元），1996～1997年度高达20.14万亿印尼盾（约合85.97亿美元）。

此外，采矿业还为石油提炼、液化天然气、锡、铝、镍、铜、铁、金、银等加工工业提供了原料。

（四）发展状况

印尼是石油输出国组织的成员，是东南亚最大的石油、天然气生产国和出口国，石油和天然气产值在矿业产值中所占比重很大。因此，20世纪80年代的国际市场石油价格大幅度下跌和石油输出国组织采取的限产保价措施对矿业发展影响很大。采矿业产值年均增长率，1973～1983年为3.23%，1984～1990年降为1.22%，1991～1997年上升到5.42%。其中石油、天然气产值年均增长率相当低，1984～1990年仅为0.85%，1991～1997年为1.34%。但同期，其他矿产品产值年均增长率较高，分别达5.92%和17.14%。因此，采矿业的内部结构随之发生变化，石油、天然气产值在矿业产值中所占比重已从1983年的占93.8%降至1997年的占61.26%。

表9 印尼1997～2001年石油天然气储量和产量

项目 \ 年份	1997	1998	1999	2000	2001
石油储量（亿桶）	50	50	50	50	50
石油产量（万吨）	7 320	7 190	6 820	6 780	6 856
天然气储量（万亿立方米）	2.05	2.05	2.05	2.05	2.62
天然气产量（亿立方米）	664	684	664	639	629

资料来源 英国石油公司《世界能源统计年鉴》2003年。

四 制造业

（一）地位和作用

1. 在国民经济中的地位显著提高

1970年，制造业产值仅占国内生产总值的9.3%，还不到农业产值的1/5。20世纪60年代后期以来，印尼政府投入到大量资金建设钢铁厂、炼油厂、液化天然气厂、炼铝厂、化肥厂、水泥厂等大型企业，外国直接投资的71%和国内私人投资的65%投入了制造业部门。因此，制造业的发展速度远远超过农业和矿业的发展速度，同时也超过商业、交通运输与通信等部门的发展速度。制造业产值在国内生产总值中所占的比重大幅度提高，1990年已达20%以上（20.7%），超过了农业产值，跃居各部门之首，成为印尼经济的首要支柱产业。1997年，制造业产值在国内生产总值中所占比重又提高到26.8%，比位居第二位的农业高10.7个百分点。

2. 在外贸出口中的作用越来越大

随着制造业的发展，工业产品的种类和产量不断增加，过去需要进口的产品，现在绝大部分已能满足国内需求，并有许多产品销往国际市场。特别是20世纪80年代以来，印尼发展农矿产品加工工业，发展出口工业，使工业品出口额迅速增长，在出口总额中所占的比重大幅度提高。例如1981年工业品（不包括石油产品、液化天然气和液化石油气）出口额为26.67亿美元，仅占出口总额的10.6%；1998年工业品出口额增加到345.93亿美元，已占出口总额的70.8%。

3. 在解决就业方面的作用提高

20世纪60年代后期以来，印尼政府采取积极发展制造业的政策措施，政府投资建设了不少大型工业企业，并鼓励外资和国内私人资本投资建设了许多工厂，这些工厂提供了大量就业机会，为解决失业问题作出了一定贡献。1971年制造业部门的就业人口为268.2万人，1997年增至1 121.5万人，增加3.18倍。制造业部门的就业人口在全国就业总人口中所占的比重明显提高，1971年仅占6.5%，1997年提高到12.9%。

（二）发展概况

由于印尼政府采取发展进口替代工业、发展出口工业、鼓励发展资本和技术密集型工业等战略措施，外资和国内私人资本在制造业部门投入了大量资金。1967年1月至1998年4月，经政府批准的外国直接投资协议额高达1 502亿美元；经批准的国内私人投资计划额高达401.27万亿印尼盾。与此同时，印尼政府在制造业部门也投入了大量资金。因此，印尼制造业的发展速度相当快，其产值年均增长率，1973～1983年为11.9%，1984～1990年为12.33%，1991～1997年为10.29%。许多工业品的产量有了大幅度提高。

1. 纺织和成衣工业

印尼人口众多，对纺织品和成衣的需求量大，产品还可出口换汇，因此，纺织和成衣工业发展非常快。1951年纺织品产量仅为7 000万米，人均不到1米；1970～1971年度的产量增至5.98亿米，人均达5.1米，纺织品产量比1951年增长7.5倍多。20世纪70年代以来，纺织品产量增长仍然很快，从1970～1971年度至1995～1996年度，纺织品年均增长率高达11.8%，纺织品产量达到82.21亿米，人均高达42米。

成衣工业发展也很快。1978～1979年度的产量为1.73亿件，1995～1996年度增至13.8亿件，年均增长率高达13%。

成衣和其他纺织品的出口额增长也很快，1981年的出口额仅为1.26亿美元，1998年增至73.28亿美元，年均增长率高达27%。其在商品出口总额中所占比重已从1981年的0.5%提高到1998年的15%。

2. 木材加工业

为了保护和更有效地利用森林资源，增加外汇收入，并解决部分就业问题，印尼政府限制出口原木，并一度禁止出口原木，规定原木必须在国内加工。因此，20世纪70年代初至80年代中期，木材加工工业发展相当快。例如锯木产量1970年仅为24.54万立方米，1987～1988年度增至975万立方米，年均增长率高达24.2%。胶合板产量从1975年的10.7万立方米提高到1987～1988年度的640万立方米，年均增长率高达40.6%。

随着木材加工业的发展，其产品在印尼出口中的地位显著提高。木材加工品出口额，1981年仅为4.17亿美元，1993年增至55.06亿美元。其在商品出口总额中所占比重，已从1981年的1.7%提高到1993年的15%。

由于木材加工企业增加过快，产品积压，以及对森林造成严重破坏，20世纪80年代印尼政府采取了限制建立木材加工厂的措施，80年代后期已禁止在伊里安查亚省（巴布亚省）以外的地区建立新的木材加工厂。由于政府限制在木材加工工业投资，以及国内外市场基本饱和，木材加工业发展速度明显放慢。1988～1989年度至1996～1997年度，锯木和胶合板产量年均增长率分别仅为1.7%和4.2%。1996～1997年度的锯木和胶合板产量分别达1 130万立方米和930万立方米。

1997年后，木材加工业的发展速度放慢，使1998年木材产品的出口额降为44.23亿美元，在出口总额中所占比重降为9.1%。

3. 纸浆和造纸工业

因原料充足，国内外市场需求量大，纸浆和纸张产量一直增长很快。例如，1975年纸浆产量仅为3.2万吨，1997～1998年度增至304.2万吨，年均增长率高达23%。1969～1970年度纸张产量仅为1.7万吨，1997～1998年度增至531.4万吨，年均增长率高达22.8%。

1996年，纸浆和纸张生产能力分别达310万吨和670万吨。

4. 水泥工业

20世纪60年代后期以来，随着经济发展速度加快，国内对水泥的需求量不断增加，促使水泥工业迅速发展。1969～1970年度的水泥产量仅为54.2万吨，1997～1998年度增至2 771.6万吨，年均增长率达15.1%。

5. 化肥工业

化肥工业主要是在20世纪60年代后期和70年代发展起来的新兴工业。70年代投产的化肥厂比较多，发展速度加快，年均增长率高达37.7%，1979～1980年度的化肥总产量达208.93万吨。随着化肥产量逐渐增多，并基本满足国内需求，80年代以后，发展速度放慢。1994～1995年度，化肥总产量达767.53万吨，其中尿素为543.53万吨，硫酸铵 62 万吨，磷肥 120 万吨，氨肥 42 万吨。从 1980～1981 年度至 1994～1995 年度，化肥从年均增长率降为 9.1%；1994～1995 年度至 1997～1998 年度年均增长率又降至 6.3%。1997～1998 年度的尿素产量达 652.1 万吨。

6. 钢铁工业

钢铁工业主要是 20 世纪 70 年代后期发展起来的。1970 年铁产量仅为 1 万吨，国内所用铁的 98%靠进口。70 年代后期，位于西爪哇的克拉卡陶钢铁厂部分投产，80 年代全部建成投产，使印尼铁产量有了较大幅度提高。1981 年生铁产量仅为 38.4 万吨，1997 年增至 203.9 万吨。同时，钢产量增长也很快，1979 年的钢锭产量仅为 8 万吨，1996 年达 260.9 万吨，1997 年提高到 240 万吨。

随着钢铁产量迅速提高，钢铁加工产品的产量也取得快速发展。例如钢筋产量，1970 年仅为 4 500吨，1996 年增至 225.6 万吨；同期，钢管产量从1 900吨增至 54.7 万吨。此外，钢丝、钢板等产量均有大幅度增长。

7. 电子、电器工业

20 世纪 70 年代，电子、电器工业发展迅速，但因政府采取保护措施，致使产品质量较低、成本高，竞争力不强，在国内市场基本饱和以后，未能顺利打入国际市场。因此，20 世纪 80 年代的发展速度明显放慢。1990 年 5 月，印尼政府取消了禁止进口电视机、收音机和其他电子成品的规定，以进口税来代替，最高税率为 40%；并把电子零件、部件进口税率降至 5% 以下。这一措施促使电子、电器工业重新恢复高速增长。例如收音机和收录机产量，1970 年为 36.35 万部，1998 年增至1 264.1 万部，年均增长率达 13.5%。黑白电视机和彩色电视机产量，1970 年为4 500台，1998 年增至 364.1 万台，年均增长率高达 27%。此外，电风扇、空调机、电冰箱、电冰柜、电话机、扩音机、小型计算机等的产量增长都很快。

电器出口额增长也很快，1981 年的出口额仅为 0.86 亿美元，1997 年增至 13.71 亿美元（1993 年曾达 16.37 亿美元）。同期，电器出口额在商品出口总额中所占比重已从 0.34% 提高到 2.56%（1993 年占 4.45%）。

8. 石油提炼和液化天然气

国内对燃料油的需求量不断增加，促使石油提炼工业快速发展。1969 年石油日提炼能力仅为 22 万桶。20 世纪 70 年代以后，印尼新建和扩建了一些炼油厂，截至 1996 年 8 月，石油日提炼能力已增至 89.89 万桶。随着石油提炼能力的增强，石油炼油量已经提高，1968 年印尼原油炼油量为7 230 万桶（包括运进厂的原油，下同），1996 年增至 33 670万桶，增加 3.66 倍。同时，液化石油气的产量也有了很大提高，1980 年液化石油气产量为 56.7 万吨，1997 年增至 294.5 万吨（1995 年曾达 393.6 万吨）。

建在东加里曼丹省邦唐和亚齐特区阿伦的液化天然气厂，分别于 1977 年和 1978 年投产。1980 年印尼液化天然气产量为 878.4 万吨，1984 年增至 1 465.3万吨，已成为世界最大的液化天然气生产国和出口国；1997 年的产量提高到2 714.6万吨，比 1980 年增长 2.9 倍。

印尼液化天然气和液化石油气绝大部分供出口，1980 年的出口量分别占产量的 97.3% 和 91.7%，1997 年分别占 98.7% 和 72.4%。其出口额增长也较快，1981 年为 24.99 亿美元，1997 年增至 48.4 亿美元。

五 水、电、气

1973～1983 年，饮用水、电力和燃气产值的年均增长率达 14.19%，1984～1990 年达 12.72%，1991～1997 年为 11.82%，其产值在国内生产总值中所占比重已从 1970 年的 0.4% 提高到 1996 年的 1.3%。

为了促进经济发展，满足生产和居民生活的需要，印尼政府特别重视电力工业的发展，为电力工业投入了大量资金。近年来，私人也投入了不少资金发展电力工业。因此，电力工业发展很快。1968 年，全国发电厂的装机容量仅为 66.16 万千瓦，1996 年增至1 497万千瓦，增加 21.63 倍。1968 年的发电量仅为 17.8 亿千瓦小时，1997 年增至 708.45 亿千瓦小时，年均增长率达 13.5%，高于同期制造业的发展速度。

六 建筑业

印尼不仅由政府、外资和国内私人资本在农业、制造业、矿业、能源、交通运输、电信、旅游业和其他服务业等部门投入了大量资金，外资和国内私人资本在建筑业部门也投入了部分资金。同时，政府每年还通过财政拨款进行城乡建设。因此，建筑业发展也较快，1973～1983 年其产值年均增长率达 12.42%，超过了同期制造业的发展速度，仅低于水、电、气同期的年均增长率。1982 年之后，国际石油市场持续不景气，经济发展速度放慢，建筑业的发展速度也随之降低。1984～1990 年其产值年均增长率降为 5.47%，但仍高于农业和采矿业同期的年均增长率。20 世纪 90 年代，随着印尼经济发展速度加快，建筑业高速增长，1991～1997 年的产值年均增长率高达 12.79%，居各部门之首；其在国内生产总值中所占比重已从 1970 年的 3%提高到 1996 年的 7.9%。

七　交通运输和通讯业

印尼政府特别重视交通运输和通讯业的发展，每年都给予大量财政拨款。同时，外资和国内私人资本在交通运输和仓储部门也投入了部分资金。因此，该部门的发展速度较快，1973～1983 年其产值年均增长率达 11.42%，1984～1990 年为 6.5%，1991～1997 年回升到 8.06%。产值在国内生产总值中所占比重已从 1970 年的 2.9%提高到 1997 年的 6.1%。

（一）公路运输

20 世纪 70 年代后，公路建设进展很快，公路担负着国内近 90%的客运和 50%的货运。1970 年，全国公路总长度为 8.43 万公里，其中沥青路为 2.04 万公里。1999 年公路总长度增至 35.59 万公里，其中沥青路达 18.17 万公里。

随着公路建设的进展和国民经济不断发展，机动车辆增加相当快。截至 2000 年底，共有登记车辆1 897.5万辆，其中轿车 303.9 万辆，摩托车 1 356.3万辆，货车 170.7 万辆，公交车 66.6 万辆。

（二）铁路运输

独立以来，印尼新建铁路很少，而原有铁路有的因年久失修已不能通车，因此，铁路通车里程波动较大。1952～1970 年，铁路总长度为6 640公里，其中爪哇岛和马都拉岛有4 684公里，苏门答腊岛有1 956公里；1986～1988 年，运营的铁路增至 6 708公里，其中爪哇和马都拉岛有4 693公里，苏门答腊岛有2 015公里，其他岛屿至今没有铁路。此后印尼运营的铁路不断减少，1994 年降至5 051 公里。2001 年铁路总长达6 458公里，其中电气化铁路 101 公里，复线 250 公里。由于提高了铁路的利用率，运输能力有所提高。1970～2001 年间，客运量从5 000万人次增至 2.1 亿人次，货运量从 395.8 万吨增至2 100万吨。

（三）海洋运输

远洋运输业比较落后，发展也较慢，进出口货物绝大部分依靠外国轮船运输。1974 年，印尼有远洋运输船 41 艘，总载重吨位为 33.74 万吨，当年的货运量为 991.7 万吨。1984 年，远洋商船增至 51 艘，总载重吨位达 73.2 万吨，当年的货运量为1 896.4万吨。1985 年，印尼政府不准破旧的轮船继续运营，并要求航运公司从国内造船厂购买万吨和万吨以下的新轮船。在旧船停航后，新船增加很少，但货运量仍在增长。1997 年，远洋运输船仅有 21 艘，总载重吨位为 35.8 万吨，当年的运输量增至4 491.6万吨。

印尼的岛屿众多，各岛间的海运和本岛海上运输占有重要地位，发展也较快。例如 1974 年，印尼有岛际和本岛海上运输商船分别为 267 艘和 980 艘，总载重吨位分别为 28.49 万吨和 9.26 万吨，当年的运输量分别为 353.87 万吨和 120.8 万吨。1997 年，岛际和本岛海上运输商船共达1 393艘，总载重吨位共达 421.59 万吨，当年的运输量达 6 956.3万吨，比 1974 年增长 13.66 倍。

此外，印尼还有运输木材、水产品、石油和其他矿产品的专业运输船。1990 年，印尼有专业运输船2 993艘，总载重量为 150.37 万载重吨和 61.55 万登记吨，运输量为16 542万吨。1997 年，专业运输船增至3 676艘，总载重量增至 208.1 万载重吨和 69.8 万登记吨，运输量达31 837万吨，年均增长率为 9.8%。

印尼是世界最大的群岛国家，海港相当多，主要海港有爪哇岛的丹戎不碌（雅加达）、丹戎佩拉（泗水）、三宝垄、井里汶、芝拉扎，苏门答腊岛的勿拉湾（棉兰）、沙璜、杜迈、巨港、潘姜（直落勿洞），廖内群岛的巴淡岛，加里曼丹岛的坤甸、马辰、巴厘巴板、三马林达，苏拉威西岛的乌戎潘当（望加锡）、比通，马鲁古群岛的安汶、特尔纳特（德那地），伊里安岛的索龙、查亚普拉、马老奇等。1997 年的国内岛际和国际海运吞吐量，丹戎不碌港为 4 520.6 万吨（其中进出口货物占 57.5%），丹戎佩拉港为3 529.6万吨（其中进出口货物占 46.2%）、勿拉湾港为1 289.4万吨（其中进出口货物占 47.6%）、望加锡港为 379.7 万吨（其中进出口货物占49.2%)。

(四)民用航空运输

机场增加较快,1969年有68个机场,1996年增至179个(其中大型机场61个、小型机场118个),增长1.63倍。可起降波音－747型飞机的机场有7个,分别在棉兰、巴淡岛、雅加达(2个)、泗水、巴厘岛和比亚克岛。飞机数量增加更快,1969年有185架(其中直升机11架),1995年增至910架(其中直升机194架),增长3.92倍。随着机场和飞机数量的增加,旅游业、商业等部门的发展加快,航空客运量和货运量增长很快。例如国内航空客运量,1969年的登机人数仅为44.77万人次,1997年增至1 250万人次,增长26.92倍;国内航空货运量,1969年的装机量仅为5 295吨,1997年增至19.48万吨,增长35.79倍。国际航空客运量,1969年的离境人数为11.09万人次,入境人数为10.78万人次,过境人数为5.2万人次,1997年分别增至493.58万人次、505.19万人次和41.24万人次,分别增长43.51倍、45.86倍和6.93倍;国际航空货运量,1969年的装卸量为5 960吨,1997年增至29.22万吨,增长48.03倍。

(五)通讯

通讯业发展也相当快,例如1979年国内邮递信件为1.15亿封,1997年增至6.37亿封(不包括传真),年均增长率达10%;同期,寄往国外的信件从1 060万封增至4 084.8万封(不包括特快专递和传真),年均增长率为7.8%。1968年的电话机装机容量仅为17.2万部(其中人工操作电话机占54.8%),1996年3月增至482.4万部,增长27倍多。电信基础设施不断发展,大中城市已有国际网络服务,移动电话的覆盖范围已从城镇扩大到乡村。

八　旅游业

印尼的旅游资源十分丰富,有美丽的热带海岛风光、独特的民族风情和文化艺术,尤其是巴厘岛已成为世界各国游客向往的旅游胜地。印尼还拥有世界著名的茂物热带植物园、中爪哇的婆罗浮屠等。旅游景点多,发展旅游业的自然条件优越。

印尼政府重视旅游业的发展。为了促进旅游业的发展,从1983年4月起,印尼对东盟国家、西欧国家、美国、加拿大、澳大利亚、新西兰、日本和韩国等国家和地区的旅游者放宽了入境条件,免签证入境旅游两个月;对参加国际会议的各国代表也给予免签证入境的待遇。还增加了入境机场和海港,对发展旅游业的饭店、航空公司、汽车公司、旅行社等减轻税收。因此,旅游业的发展速度很快。1969年,外国游客仅为8.61万人次,旅游外汇收入仅为1 080万美元;2001年分别增至515万人次和54亿美元,年均增长率高达双位数。

九　财政金融

(一)财政

国内财政收入项目包括石油、天然气收入和非石油、天然气收入。1981～1982年度的石油税曾占国内财政收入的70.6%。1997～1998年度财政预算(修订),石油、天然气收入占国内财政收入的32.7%。非石油、天然气收入有所得税、增值税、奢侈品销售税、进口税、出口税、国内货物税、土地与建筑税等和非税收入。

经常支出包括公务员支出(工资与退休金、大米及其他食品津贴、国内公务员其他开支、驻外公务员开支)、用品开支、自治区补贴、国家债务还本付息和其他支出。建设支出包括工业、农业、水利、交通、邮电、能源、地方建设、移民、环保、科技、文教、卫生、体育、国防与安全等部门。

表10　印尼2000～2004年财政预算收支状况　(万亿盾)

数据类别＼年份	2000*	2001	2002	2003	2004
总收入	152	286	301.9	341.1	403.8
总支出	197	340	344	374.4	430.0
财政赤字占GDP百分比	3.8	3.7	2.5	1.9	1.3

*　当年预算为9个月。

资料来源　印尼国家统计局、印尼财政部、IMF。

独立后至1967年,印尼财政收支几乎每年都出现赤字。1968年以来,印尼政府采取措施力争财政收支平衡,把外国贷款和赠款纳入财政收入,即依靠大量外国贷款和赠款来弥补财政赤字。1969～1970年度,国内财政收入为2 437亿印尼盾,外国贷款和赠款为910.6亿印尼盾,财政总收入为3 347.6亿印尼盾;同年,经常费用支出为2 165.4亿印尼盾,建设支出为1 181.3亿印尼盾。表面上有0.9亿印尼盾的盈余，实际上，财政总支出的27.2%是靠外国贷款和赠款弥补的。1999～2000年度财政预算，国内收入为140.8万亿印尼盾，外国贷款为77.4万亿印尼盾；同年，经常费用支出为134.6万亿印尼盾，建设支出为83.6万亿印尼盾。表面上收支平衡，实际上，靠外国贷款弥补财政总支出的35.4%。

从1968年到1997年金融危机前，印尼政府一直实行财政预算平衡略有盈余政策。近年来实施赤字预算，政府财政较为困难。

（二）金融

印尼的银行有中央银行、国营商业银行、地方国营银行、国内私营银行、外资与合资银行。1983年以前，政府严格管制金融业。从1983年6月起，政府实行银行体制自由化，减少了国家对金融业的干预，取消了利率限制和信贷最高限额。从1988年10月27日起，政府允许建立新的私营银行，包括与外国银行合资经营。此后成立了许多新银行，国内私营银行从1988年的67家增至1996年的164家；同期，外资与合资银行从11家增至41家。

印度尼西亚银行（印尼中央银行）监管银行及非银行金融机构，执行政府的金融政策，负责发行货币、控制货币流通量。1975年的流通货币为6 253亿印尼盾，1997年增至28.42万亿印尼盾，年均增长率为18.9%；同期，票据通货从6 248亿印尼盾增至49.92万亿印尼盾，年均增长率达22%。

印度尼西亚银行和财政部负责外汇管理。20世纪70年代以来，印尼盾多次大幅度贬值。1971年8月23日，政府调整了印尼盾对美元的汇率，从378印尼盾兑换1美元，贬为415印尼盾兑换1美元，印尼盾贬值8.9%。此后7年多，印尼盾兑美元的汇率一直保持在415∶1。1978年11月15日，政府宣布将印尼盾对美元的汇率贬为625印尼盾兑换1美元，即印尼盾贬值33.6%。同时，印尼实行有管制的浮动汇率制，由印度尼西亚银行每日公布印尼盾对外币的汇价。1983年3月30日，政府再次宣布印尼盾贬值，从702.5印尼盾兑换1美元，贬为970印尼盾兑换1美元，即印尼盾贬值27.6%。1986年9月12日，印尼盾再次大幅度贬值，从1 134印尼盾兑换1美元贬为1 644印尼盾兑换1美元，即印尼盾贬值31%。此后，印尼盾对美元的汇价不断往下浮动，1997年7月1日印度尼西亚银行公布的中心汇率为2 451印尼盾兑换1美元。

20世纪80年代后期以来，证券市场发展相当快。为了给企业筹集资金创造方便条件，在1960年停止营业的雅加达证券交易所，于1977年8月再度开业。1989年6月16日，泗水证券交易所正式开业，在雅加达证券交易所上市的所有股票和债券，在这里均可进行交易，并可发行新股票和债券。1988年，在雅加达证券交易所上市的公司仅为24家，交易额为306亿印尼盾；1997年分别增至282家和102.39万亿印尼盾。1990年，在泗水证券交易所上市的公司为123家，交易额为1 412亿印尼盾；1997年分别增至222家和10.75万亿印尼盾。

由于印尼存在外债偿债率过高，私人短期外债过多，银行的坏账、呆账较多，国际收支经常项目赤字过大，印尼盾兑美元的汇率偏高等问题，加之受到泰国金融危机的影响，从1997年7月起，印尼陷入严重的金融危机。1997年7月15日，印度尼西亚银行公布的中心汇率为2 449印尼盾兑换1美元，1998年1月22日降为11 500印尼盾兑换1美元，印尼盾贬值78.7%。1998年5月中旬，首都雅加达以及其他城市爆发大规模骚乱，社会严重动乱，政局动荡，导致印尼盾汇价猛跌，5月19日外汇市场的汇价一度跌至1.7万印尼盾兑换1美元。6月17日，印度尼西亚银行公布的中心汇率降至15 250印尼盾兑换1美元，这是金融危机以来印度尼西亚银行公布的最低汇率，该汇价与1997年7月15日相比，印尼盾贬值83.9%。从5月18日至10月6日，印度尼西亚银行公布的中心汇率一直在1万印尼盾以上兑换1美元。

货币危机导致了股市危机，使股票价格暴跌。1997年7月8日，雅加达证券交易所的股票综合指数高达740.83点，1998年9月21日降至256.83点，下降65.3%。

为了摆脱金融危机，政府采取了干预汇率、紧缩财政、紧缩银根、争取国际金融组织和外国给予援助性贷款，整顿金融机构等对策。亚洲金融危机后成立银行重组机构，进行银行业整合。关闭了60多家银行，对12家银行实行国有化。现有商业银行166家，包括5家国有银行，26家地方银行，83家私营银行和52家外资及合资银行。1999年7

月 30 日，印度尼西亚银行公布的中心汇率已回升到6 875印尼盾兑换 1 美元。同日，雅加达证券交易所的股票综合指数已回升到 597.87 点。2004 年 11 月，印尼盾对美元平均汇率为9 037.5比 1。

第六节　外贸和对外经济关系

一　外贸

（一）概述

20 世纪 50～60 年代，印尼外贸发展缓慢。1973～1981 年因石油价格大幅度上涨，出口额快速增长；1983～1986 年石油价格下跌，出口量减少，出口总额随之下降。因此，政府采取降低出口税率、放宽对外汇的管制、实行对销贸易制度、对海关进行改革、简化出口手续、降低印尼盾汇率、积极开拓新市场等措施，鼓励非石油、天然气产品出口，从 1987 年起出口总额开始回升。2003 年的出口总额已达 610.58 亿美元，相当于国内生产总值的 25.1%；同年的进口额为 326.10 亿美元，相当于国内生产总值的 13.4%。自 1962 年以来，印尼的对外贸易一直保持顺差。2003 年的顺差额达 284.48 亿美元。2004 年印尼的出口增长近 11.5%，达到创纪录的 697.1 亿美元。

从 1982 年石油输出国组织采取限产保价措施以来，印尼大力发展非石油、天然气生产。随着产业结构的改变，以及石油、天然气价格大幅度下跌，外贸出口结构发生了很大变化。例如石油、石油产品、液化天然气和液化石油气出口额在出口总额中所占比重，已从 1981 年的 82.1%降至 1998 年的 16.1%；同期，其他产品出口额所占比重已从 17.9%提高到 83.9%，其中工业品出口额在出口总额中所占比重从 10.6%增至 70.8%。

（二）出口

长期以来，日本在印尼的出口市场中居第一位；美国绝大多数年份居第二位，少数年份居第三位；新加坡绝大多数年份居第三位，有的年份居第二位。20 世纪 80 年代以来，为了扩大非石油、天然气产品出口，印尼政府积极采取外贸出口市场多元化政策，特别是注意同日、美以外的国家和地区发展贸易关系，使外贸出口国家和地区结构发生了一些变化，对日、美市场的依赖程度有所降低。

表 11　印尼 1950～2003 年对外贸易额及顺差　（百万美元）

年份	出口额	进口额	顺差	外贸总额
1950	799.7	439.0	360.7	1 238.7
1960	840.8	577.7	263.1	1 418.5
1970	1 108.1	1 001.5	106.6	2 109.6
1980	23 950.4	10 834.4	13 116.0	34 784.8
1986	14 805.0	10 718.4	4 086.6	25 523.4
1990	25 675.3	21 837.1	3 838.2	47 512.4
1996	49 814.9	42 928.5	6 886.4	92 743.4
1997	53 443.6	41 679.8	11 763.8	95 123.4
1998	48 847.6	27 336.9	21 510.7	76 184.5
1999	48 666.0	24 003.0	24 663.0	72 669.0
2000	62 124.0	33 515.0	28 609.0	95 639.0
2001	56 447.0	31 010.0	25 437.0	87 457.0
2002	58 120.0	31 289.0	26 831.0	89 409.0
2003	61 058.0	32 610.0	28 448.0	93 668.0
2004	69 710.0	34 660.0	35 050.0	104 370.0

资料来源　印尼中央统计局《印度尼西亚统计手册》1977～1978 年、1983 年；《经济指标统计月报》1993 年 4 月号和 1999 年 12 月号；联合国《统计月报》，2004 年 10 月号；印尼工贸部资料。

（三）进口

20 世纪 70 年代以来，随着进口替代工业的发展和粮食逐渐自给，进口商品结构也发生了较大变化。例如消费品在进口总额中所占比重已由 1970 年的 25.1%降至 1998 年的 7%（1985 年和 1991 年曾降至 3.7%）；同期工业原材料和资本物资所占比重则由 74.9%提高到 93%。

在进口来源国和地区中，日本长期居第一位；20 世纪 70 年代以来，除了 1982 年和 1983 年之外，美国均居第二位；新加坡曾于 1982 年和 1983 年居第二位，1984～1989 年、1997 和 1998 年均居第三位；1990～1996 年德国居第三位，新加坡居第四位。

表 12 印尼 1970～2003 年出口国家和地区结构（按出口额计算） （%）

国家和地区 \ 年份	1970	1980	1990	2003
日本	40.82	49.41	42.54	24.60
美国	13.02*	20.03	13.10	15.30
新加坡	15.51	12.48	7.41	10.60
其他国家和地区	30.65	18.08	36.95	49.50
总计	100.00	100.00	100.00	100.00

* 不包括夏威夷。

资料来源 印尼中央统计局《印度尼西亚统计手册》1974～1975 年、1983 年；《经济指标统计月报》1999 年 10 月；英国《国别报告：印度尼西亚》2004 年 12 月。

表 13 印尼 1970～2003 年进口国家和地区结构（按进口额计算） （%）

国家和地区 \ 年份	1970	1980	1990	2003②
日本	29.41	31.50	24.27	19.10
美国	17.82	13.01	11.54	–
新加坡	5.67	8.64	5.82	15.10
德国	9.24①	6.33①	6.88	–
其他国家和地区	37.86	40.52	51.49	65.80
总计	100.00	100.00	100.00	100.00

① 为联邦德国数。

② 2003 年主要进口国除日本、新加坡外，中国占 14.0%，韩国占 8.5%。

资料来源 同上表。

二 对外经济关系

（一）外国直接投资

苏哈托执政后，政府改变了对外资企业实行国有化的政策，于 1967 年 1 月颁布了给予外资多种优惠待遇的《外国资本投资法》，此后对该投资法进行过多次修改。特别是 20 世纪 80 年代后期以来，政府进一步放宽了外资政策，提高外资的持股比例，准许外资购买印尼国营公司的股票，延长外资企业的经营期限，给予税收优惠，扩大投资领域等。因此，印尼吸收了大量外国直接投资，1967 年 1 月～1998 年 5 月，经政府批准的外国直接投资（不包括石油、天然气）为6 025项，累积协议金额达2 131.1亿美元。从投资部门看，制造业占累积协议金额的 64.3%；其次为水、电、气；交通运输、仓储和电信；商业、旅馆和餐饮业；金融、保险、房地产和企业服务；采矿业；农、林、渔业。从资金来源看，1967 年 1 月～1998 年 1 月累积协议投资额为2 068.36亿美元，其中日本占 16.2%，居第一位；英国占 10.2%，居第二位；新加坡居第三位。

截至 20 世纪 90 年代初期，对于投资者来说，印尼曾是外资的一块巨大的磁铁。每年几十亿美元的外来投资大大推动了该国经济发展的步伐。但经过 1997～1998 年的金融危机，印尼经济遭受沉重打击，外国投资一落千丈。金融危机后暴露出的政治、经济和社会环境的不稳定性，法律不健全，执法软弱无力，地区发展失衡，基础设施薄弱等诸多因素，使投资者望而却步。据印尼官方统计，印尼外来实际投资额从 1991 年巅峰时的 56.4 亿美元降至 2000 年的仅 7 亿美元。资料显示，2002 年由印尼投资统筹机构核准的外国投资计1 135个项目，协议投资额 97.44 亿美元，比 2001 年的1 333个项目，协议投资额 150.56 亿美元减少了 35.3%。2003 年和 2004 年外资协议投资额分别为 135.8 亿美元和 95.8 亿美元。

（二）外债

为了发展本国经济，印尼政府在建设资金短缺情况下，积极吸收国外直接投资，同时还努力争取国际金融组织和发达国家提供长期与低息贷款和援助，并举借了一些短期外债。为了筹措建设资金，印尼还在国外发行了债券。筹集的这些资金主要用于交通运输、电信工程、水利工程等基础设施，以及建发电厂、钢铁厂、炼油厂、液化天然气厂、炼铝厂、化肥厂、水泥厂等大型企业。这些基础设施和大型企业对促进经济发展起了重要作用。但近年来，私人短期外债增加较快，使偿债率大幅上升，并引发了债务危机。据印尼中央银行资料，截至 1998 年 3 月底，外债余额高达1 380.18亿美元，其中政府和国营企业的债务为 655.64 亿美元，私人债务达 724.54 亿美元。1996～1997 年度至 1997～1998 年度外债偿债率从 34.2% 上升到 43.7%，远远超过 20% 的警戒线。因私人外债不能按期偿还，印尼已于 1998 年与外国债权银行达成协议，重新安排了偿债日期。2003 年底外债余额为1 354.01亿美元，其中政府外债 816.66 亿美元，私营部门 537.35 亿美元。到 2004 年 12 月，印尼的外债余额为1 360亿美元。

（三）国际收支

20 世纪 70 年代以来，国际收支经常项目只有 1979～1980、1980～1981 和 1998～1999 年度因外贸顺差多，有盈余，其余各年度均为赤字。80 年代以来，经常项目赤字最少的年份是 1989～1990 年度为 15.99 亿美元；最多的年份是 1996～1997 年度，高达 80.69 亿美元。经常项目多年赤字的主要原因是：外资利润、利息汇出和劳务支出相当多。但因吸收了一些外国直接投资，并举借了不少外债，资本项目几乎每年都有大量盈余，因此国际收支绝大多数年份有盈余。2001 年国际收支赤字 20.92 亿美元（其中经常项目盈余 69 亿美元，资本项目赤字 89.92 亿美元）。

三 国际储备

20 世纪 70 年代初，印尼的国际储备很少。据国际货币基金组织资料，1971 年底，印尼的国际储备（包括官方黄金储备、外汇储备、在国际货币基金组织的头寸和特别提款权）仅为 1.87 亿美元。1973 年以后，随着石油价格上涨，外贸顺差增加，以及政府借了一些外债，国际收支资本项目有盈余，国际储备增加，1980 年底已增至 65 亿美元。据印度尼西亚银行的资料，从 1992 年起，国际储备均在 116 亿美元以上，1997 年 6 月底高达 210.84 亿美元。但因金融危机和经济危机，1998 年 3 月底的国际储备已降至 131.8 亿美元。截至 2003 年底，外汇储备约为 362.53 亿美元。

表 14　　印尼 1981～2003 年国际储备

（百万美元）

年份	金额	年份	金额
1981	6 085	1996	19 125
1985	5 846	1997	17 396
1990	8 661	1998	23 516
1991	9 868	1999	27 257
1992	11 611	2000	29 268
1993	12 352	2001	28 018
1994	13 158	2002	32 048
1995	14 674	2003	36 253

资料来源　印尼中央统计局《经济指标统计月报》1998 年 12 月号；国际货币基金组织《国际金融统计月报》2005 年 1 月。

第七节　人民生活与社会保障

一　人民生活

20 世纪 60 年代末至金融危机前，由于印尼经济发展较快，居民生活不断改善，贫困人口大幅度减少。1976 年贫困人口为5 420万人，1996 年降至2 250万人。同期，贫困率已从 40.1% 降至 11.3%。就业人口增加，1971 年的就业人口为3 762.8万人，1997 年增至8 705万人，年平均增长率达 3.28%。从各部门的就业人数和所占比重看，农业部门的就业人口从 1971 年的2 493.6万人增至 1997 年的3 584.9万人，但所占比重已从 1971 年的 66.3% 降至 1997 年的 41.2%；同期，其他部门的就业人数和所占比重都已增加，其中矿业部门的就业人口所占比重已从 0.2% 增至 1%，制造业从 6.8% 提高到 12.9%，建筑业从 1.7% 提高到 4.8%，商业从 10.8% 提高到 19.8%，交通运输和通讯业从 2.4%

提高到4.8%。

1997年金融危机引发经济危机，失业人口大幅度增加，加之粮食作物减产，贫困人口剧增。因此，政府通过提供生活必需品和生产工具等措施，救助因金融危机而陷入暂时贫困的家庭；同时采取扩大就业和能力建设等中长期措施，解决结构性贫困问题。此外，政府还成立专门工作小组，研究构筑全国社会保障体系。2003年贫困人口3 720万，占总人口的17.4%。

二 医疗卫生

印尼政府和私人投入了不少资金发展医疗卫生事业，使医疗卫生状况有了很大改善。1980年印尼获得安全饮用水的人口仅占总人口的32%，2000年提高到76%。1968年印尼有医院1 125家，1996年3月增至1 868家；同期，病床已从8.55万张增至13.25万张。此外，1968年印尼有公共保健中心（医疗保健单位）1 227个，1996年3月增至7 014个。印尼享受到卫生设施的人口占总人口的比重大幅提高，已从1980年的23%提高到2000年的66%。因此，5岁以下儿童的死亡率显著降低，1980年为124‰，2003年降至31‰。人口预期寿命也明显提高，从1980年的55岁增至2003年的67岁。

三 社会保障

为了保持社会稳定，印尼政府关心国民的社会保障，关心国民的住房问题、就业问题，关注提高就业人员的工资，规定并逐年提高最低工资，关心医疗保险、人寿保险、事故保险和退休人员的福利等。在职和退休的公务员、公共事业人员的生活是有保障的；政府根据物价上涨指数和财政收入情况，相应提高他们的工资和退休金，并能基本按时发放。

第八节 教育 科技 文化

一 教育

印尼政府重视发展教育事业，每年都给教育部门大量拨款，2002年文化、教育、青年、体育预算开支11.6万亿印尼盾，占国家发展支出24.5%。同时，政府鼓励私人办教育。印尼从1984年开始实行6年义务教育计划，从1994年5月起在全国实行9年义务教育计划。因此，教育事业发展较快。1968年在校小学生为1 230万人，2001年增至2 161万人；同期，在校初中及技校生从115万人增至760万人；在校高中及技校生从48.2万人增至420万人；在校大学生从15.6万人增至291万人。2000年小学入学率为95.5%，初中入学率为78.7%，高中入学率为49.1%。1999年文盲率为10.21%（农村13.46%，城市5.36%）。

二 科技

印尼政府比较重视科技工作。为了满足经济建设的需要，并促进经济发展，于1967年8月成立了印度尼西亚科学院，该院设有物理、化学、冶金、电子、技术、文化、经济与社会等研究所。1974年成立了国家航空航天研究院。1976年成立了科学与技术发展中心，该中心设有结构、仪器标准化、计量、能源、电子、民用反应堆、化学、物理、力学、气体等实验室。此外，国家还设立了原子能机构、技术评价与应用局、测绘局等。重点大学、一些大型企业和公司也有研究机构。

但是，印尼存在科研经费短缺的问题。其科研经费主要来源于政府拨款。1994年的科研与技术开发经费，政府占65.8%，企业占32.5%，国外占1.6%，其他为0.1%。由于政府财政困难，拨款有限，科研经费不足。1995年的国内科研与技术开发总支出仅占国内生产总值的0.3%，约合6亿美元。

印尼存在科技人才匮乏的问题。因政府和企业的科研与技术开发投入偏低，印尼的科技人才不多。1998年全国的研究人员约3.7万人，其中高级科学家很少。

由于科研和技术开发处于后进状态，印尼的高技术产品不多。1998年高技术产品出口仅占印尼制成品出口额的10%。为了推动经济发展，印尼政府已把飞机制造、造船、电子工业等高科技产业作为重点发展的部门。

三 文化

（一）文学

印尼是一个具有悠久历史的国家，在文学方面，先是有口头文学，主要是一些神话传说和民间故事。早期的书面文学受印度文化影响较深，后来又受伊斯兰文化影响，并于16～19世纪出现了《马来纪年》《杭·杜阿传》和《阿卜杜拉传》3部重要文学作品。

进入20世纪以后，现代印尼文学迅速成长。

著名作家和作品有：马斯·马尔戈诗集《香料诗篇》和小说《自由的激情》等，马拉·鲁斯里的长篇小说《西蒂·努尔巴雅》，鲁斯丹·埃芬迪的诗集《沉思集》和诗剧《贝巴莎丽》，阿卜杜尔·慕依斯的长篇小说《错误的教育》，达提尔的长篇小说《扬帆》等。印尼独立后，涌现了一批作家，最著名的是普·阿南达·杜尔，早期的代表作是长篇小说《游击队之家》《贪污》等，1980年出版的《人世间》已被译成荷兰、中、英、法、日、德等多种文字。

（二）艺术

13世纪以前，印尼流行印度教和佛教。因此，印尼的建筑艺术深受印度文化的影响。8～9世纪建造的婆罗浮屠和普兰邦南神庙最具代表性。婆罗浮屠的雕刻艺术造诣高深，总共有1 460块浮雕，432个佛龛，32只石狮，100多个喷水石兽头，都是精美的艺术品。13世纪末伊斯兰教传入后，印尼建造了许多清真寺，苏门答腊的清真寺具有阿拉伯风格，爪哇的清真寺是佛教建筑艺术和中国建筑艺术相结合的成果。

在西方雕刻和绘画艺术影响下，印尼的雕刻和绘画艺术发展也较快。巴厘岛的工艺木雕闻名世界。20世纪画家辈出，主要画家有苏勃鲁托·阿卜杜拉、巴苏基·阿卜杜拉、阿樊迪、李曼峰、依达·哈加尔等。

印尼各民族都有自己独特的音乐和舞蹈。例如西爪哇巽他族的“杭格隆”是独具风格的乐器，爪哇和巴厘岛的“加美兰”是典型的印尼民间音乐。著名民歌有《宝贝》《拉藤歌》《回安汶》和《哎哟妈妈》等。现代歌曲有国歌《大印度尼西亚》以及《奋勇前进》《祖国》《梭罗河》《赞歌》《潘查希拉轰响》和《巴厘岛》等。印尼民族舞蹈的种类很多，主要有交谊舞、迎宾舞、宗教舞、英雄舞、宫廷舞、欢乐舞等。

皮影戏是印尼人民喜闻乐见的传统文化艺术，主要表演印度史诗中的神话故事及民间传说等。

20世纪80年代之前，印尼的电影事业发展缓慢。1927年，印尼拍摄了第一部故事片。此后，除了战争年代，每年都有生产，但数量不多。进入80年代，印尼的电影事业有较大发展，每年能生产上百部影片。但90年代，影片生产呈下降趋势。其主要原因是电视越来越普及，电影观众减少，以及进口影片增多，致使国产电影的收入下降，影响了生产。

（三）媒体

1. 通讯社

安塔拉通讯社 1937年成立，现隶属于印尼新闻部，是国家通讯社。

印尼民族通讯社 1967年成立，是私营通讯社。

武装部队新闻社 是印尼国防与安全部主办的新闻通讯社。

2. 报刊

主要印尼文报纸有《罗盘报》、《专业集团之声报》、《武装部队报》、《独立报》、《战斗报》、《明灯报》、《希望之光报》等；英文报纸有《雅加达邮报》、《印尼观察家报》等；中文报纸有《印度尼西亚日报》、《商报》、《新生报》、《千岛日报》、《华文邮报》等。

主要杂志有：政论性的《论坛》、《分析》；综合性的《英迪沙里》；经济杂志《印尼经济与财政》、《自力更生》；科技杂志《技术》；保健杂志《健康》；文学杂志《地平线》、《基础》；社会科学杂志《棱镜》；旅游杂志《印尼旅游》；妇女杂志《卡尔蒂妮》等。

3. 广播电台

印度尼西亚共和国广播电台为国家广播电台，成立于1945年9月11日。现设有53个分台和对外广播的“印尼之声”台（用10种语言广播）。此外还有地方政府广播电台和私营广播电台。

4. 电视台

印尼共和国电视台为国家电视台，1962年8月17日正式开播。1976年和1987年印尼的两颗通讯卫星上天，使全国各地区都可以收看该台的电视节目。

从1988年起，印尼政府允许开办私营商业电视台。目前，私营电视台有鹰记电视台（在雅加达），1988年11月14日开播，以娱乐节目为主；太阳电视台（在泗水），建于1990年8月，以娱乐节目为主；教育电视台（在雅加达），1991年1月建立，以文化教育节目为主；美都电视台，建于2000年10月，是新闻电视台。

（四）体育

独立后，印尼于1948年9月9日在中爪哇省梭罗市举行第一届全国运动会，并把9月9日定为全国体育日。从此，印尼每5年举行一次全国运动会。通过举办体育运动会，推动全国的体育活动，选拔体育人才。印尼体育代表团从1952年首次参加在赫尔辛基举行的奥林匹克运动会至今，已多次获得奖牌。1992年在巴塞罗那举行的夏季奥运会，印尼获得5枚奖牌，其中羽毛球男子单打和女子单打获金牌。1996年在亚特兰大举行的夏季奥运会，印尼获得4枚奖牌，其中羽毛球男子双打获金牌。2000年在悉尼举行的夏季奥运会，印尼获得2枚奖牌。2004年在雅典举行的夏季奥运会，印尼获得3枚奖牌，其中羽毛球男子单打获金牌。2002年在韩国釜山举行的亚洲运动会，印尼获得23枚奖牌，其中金牌4枚、银牌7枚、铜牌12枚。获得奖牌的项目有：羽毛球、网球、沙滩排球、自行车、空手道、跆拳道、举重等。

羽毛球是印尼最普及的体育运动项目，因此印尼能成为世界羽毛球强国。印尼人民比较爱好的其他体育运动项目还有网球、排球、足球、拳击等。

第九节 军事

印度尼西亚独立后，于1945、1946和1949年先后建立陆、海、空军。每年9月5日为武装部队节。

一 国防体制、建军方针和国防政策

印尼总统为武装力量统帅，总统通过国防部和国民军总司令部对全国武装力量实施领导和指挥。国防部负责制定国防政策，国民军总司令部负责作战指挥。实行国防与内卫合一的武装体制。武装力量由正规军现役部队和准军事部队两部分组成。现役部队分陆、海、空三个军种。

印尼国防军的职能是保卫国家的主权和领土完整，保卫国家的海域和领空。其建军方针是：建设一支兵力精干，机构合理，具有高度机动和威慑力，拥有先进武器装备和专业人员的现代化军队。同时，印尼不断加强与东盟国家及美、澳等国的军事合作，提高整体防御能力，共同维护地区安全。

二 军事战略

长期以来，印尼实行“区域防御”军事战略。随着形势的发展，这一战略逐渐被“逐岛防御”战略所取代，并向“全面向外防御”方向发展。“逐岛防御”即以大岛为核心，以群岛为基地，建立内外兼顾、独立防卫与机动作战相结合的防御体系。根据国际形势的发展，印尼认为未来国防安全的主要威胁将来自海上，因此，独立保卫本国领土、领海、领空和维护社会治安，军队在保卫国内安全的同时，将重点加强海上通道、海洋专属经济区的安全保卫。为此，根据“增加比重，提高能力”、重点实施振兴海军的方针，印尼增设和调整了海军基地，加强了濒临马六甲海峡、南海及印度洋等具有战略意义的前沿、边境、重要海峡以及边远地区的防卫力量，形成以爪哇岛为中心、东西兼顾的战略布局。

三 武装力量编制与实力

到2004年，印尼现役部队总兵力为30.2万人，其中：

陆军 约23.3万人。编有1个战略后备部队司令部，11个军区司令部和1支特种部队。战略后备部队下辖2个步兵师，3个步兵旅，3个空降旅，2个野战炮团，1个高炮团，2个装甲营，2个工兵营。11个军区辖有2个步兵旅，65个步兵营，8个骑兵营，11个野战炮兵营，10个高炮营，7个工兵营，1个混合航空兵中队，1个直升机中队。特种部队编有3个特种大队。装备坦克365辆，装甲侦察车142辆，步兵战车11辆，装甲输送车356辆，火炮2 250门，地空导弹68枚，飞机11架，直升机51架。

海军 约4.5万人（含陆战队和航空兵）。编有东西2个舰队司令部和1个海上补给司令部。装备有各种舰艇108艘（潜艇2、护卫舰16、巡逻舰艇39、扫雷舰艇11、两栖舰艇26、后勤支援舰船15），飞机74架。陆战队1.5万人，编有2个步兵旅，装备有轻型坦克55辆，装甲侦察车21辆，步兵战车10辆，装甲输送车84辆，火炮约210门。

空军 约2.4万人。编有东西2个空军作战司令部，1个训练司令部，5个攻击战斗机中队，1个战斗机中队，1个海上侦察机中队，1个侦察机中队，5个运输机中队，3个直升机中队，3个教练机中队。装备作战飞机94架。

预备役部队 40万人。

准军事部队 近30万人，其中国家警察约28万人、海上警察为1.2万人。

四 军事部署

印尼陆军遍布全国各地，编有1个战略后备部队，司令部驻雅加达；11个军区，司令部分别驻棉兰、巨港、万隆、三宝垄、泗水、马辰、乌戎潘

当、查亚普拉、登巴萨、雅加达等。印尼海军的东部舰队司令部驻泗水，西部舰队司令部驻雅加达。空军2个作战司令部分别负责东、西部防空任务。全国共有军事基地42处，其中空军基地26处（主要有雅加达、朱安达、乌戎潘当等），海军基地16处（主要有雅加达、丹戎槟榔、腊太港、乌戎潘当和勿拉湾等）。

五　兵役制度

实行义务兵和志愿兵相结合的兵役制。义务兵服役期2年。军官最高服役年龄为55岁。

第十节　对外关系

苏加诺执政时期，印尼政府推行独立、中立和睦邻友好的外交政策，主张联合亚非拉国家反对殖民主义；曾与印度、缅甸、巴基斯坦、锡兰（今斯里兰卡）共同发起，在万隆召开了第一次亚非会议，倡议的以和平共处为基石的十项原则作为国与国之间和平共处、友好合作的基础。这次会议在促进亚非团结、加强反帝反殖和世界和平方面都产生了重大影响。

苏哈托执政时期，印尼政府奉行独立自主、不结盟的外交政策，主张大国平衡，促进南南合作和南北对话，广交朋友。

梅加瓦蒂执政后，印尼的外交政策是：继续奉行独立自主、不结盟的外交政策，主张各国平等、相互尊重，执行大国平衡原则，积极参与国际和地区事务。继续以东盟为立足点，积极参加地区合作，进一步加强与发展中国家和亚洲大国的关系，并积极寻求西方的政治支持和经济援助。截至2002年底，印尼已与135个国家建立了外交关系。

一　同中国关系

1950年4月13日，印尼与中国建交。建交后两国关系密切，国家领导人互访频繁。1955年4月，周恩来总理到万隆出席亚非会议后应邀访问了印尼，并签署了两国《关于双重国籍问题的条约》；1965年4月，周恩来总理赴印尼参加万隆会议10周年庆典，再次访问印尼。宋庆龄副委员长（1956年7月）、陈毅副总理兼外交部长（1961年3月28日～4月2日、1965年4月、1965年8月）、刘少奇主席（1963年4月）先后访问印尼。苏加诺总统3次访问中国（1956年9月30日～10月4日、1961年6月、1964年11月）；阿里·沙斯特罗阿米佐约总理（1955年）、沙多诺国会议长（1956年）、苏班德里约第一副总理兼外交部长（1965年1月）先后访华。两国先后签订了贸易协定、友好条约、文化协定、航空协定、经济技术合作协定和贷款协定。

1965年印尼“九卅事件”后的10余年间，两国关系严重恶化。1967年10月30日断交，随之中断了直接贸易关系。1985年7月两国恢复直接贸易关系。1990年8月8日恢复外交关系。此后，两国间的贸易发展很快，据中国海关总署资料，2000年双边贸易额达74.64亿美元，比上年增长54.5%，其中中方出口额为30.62亿美元，进口额为44.02亿美元。2001年中印（尼）贸易额67.25亿美元，同比下降9.9%。2002年中印（尼）贸易大幅增长，双边贸易额接近80亿美元，创历史最好水平。

1990年复交后双方的重要访问有：李鹏总理（1990年8月）、杨尚昆主席（1991年6月）、乔石委员长（1993年7月）、江泽民主席（1994年11月）、朱镕基总理（2001年11月）、吴邦国委员长（2003年）先后访问印尼。苏哈托总统（1990年11月）、苏胡德国会议长（1991年10月）、苏达尔莫诺副总统（1992年4月）、苏多莫最高评议院主席（1997年11月）、瓦希德总统（1999年12月）、梅加瓦蒂总统（2002年3月）先后访华。复交后两国先后签署了贸易协定、促进和保护投资协定、文化协定、避免双重征税协定以及科技、农业、金融、旅游等合作备忘录。

2005年4月21～26日，中国国家主席胡锦涛对印度尼西亚进行国事访问，并出席在印尼举行的2005年亚非峰会和万隆会议50周年纪念活动。在胡锦涛主席访问印尼期间，双方就进一步发展双边关系达成广泛共识，胡锦涛主席与印尼总统苏西洛签署了两国建立战略伙伴关系的《联合宣言》。

二　同美国关系

1949年12月28日印尼与美国建交，两国经济关系密切。在苏加诺执政时期，因美国支持印尼反政府势力，干涉印尼内政，1963年美国宣布停止对印尼援助，两国关系恶化。苏哈托执政后，两国关系改善，克林顿总统、戈尔副总统曾访印尼。印尼在经济和军事上得到美国的援助，但印尼坚决反对美国利用“人权”问题干涉印尼内政。2001年9

月，梅加瓦蒂总统访美，两国关系得到改善。据印尼工贸部统计，2001年印尼与美贸易额为116.8亿美元，美是印尼第二大贸易伙伴。美并通过双边及多边渠道向印尼提供贷款援助。

三　同日本关系

1958年1月，印尼与日本签订了和约，日本同意向印尼支付战争赔款。同年4月15日两国建交。由于苏加诺政府实行反帝、反殖的外交政策，而日本执行与美国结盟政策，两国关系一般。苏哈托执政后，两国的经济关系很密切。日本明仁天皇、宫泽、桥本、小渊和小泉等历任首相均曾访问印尼。苏哈托总统（1989）、哈比比总统（1998）瓦希德总统（1999）和梅加瓦蒂总统（2001）先后访日。

日本是印尼最大债权国、最大贸易对象国、最大外国直接投资来源国（不包括石油、天然气）。金融危机期间，日本向东盟提供总计400多亿美元双边援助贷款，印尼是最大的受益方。2001年双边贸易额191亿美元。截至2002年，日本在“国际援助印尼协商财团”（“援助印尼国际财团”）项下提供的援助贷款累计260亿美元。2002年1月，日首相小泉访问印尼，双方就打击走私和恐怖活动及区域经济合作交换了意见，印尼对日本承诺与东盟10年内建立自由贸易区表示支持。巴厘岛爆炸事件发生后，日本向印尼提供2 600万美元援助。在政治上两国关系也较好，在人权、民主等问题上，日本与西方国家不同，一直保持低调。

四　同东盟其他国家关系

1967年8月，印尼参与发起建立东南亚国家联盟，此后一直把东盟作为“贯彻对外关系的基石之一”，积极发展同东盟其他国家的友好和经济关系，巩固东盟的团结，致力于建立东南亚和平、自由、中立区。梅加瓦蒂执政后，于2001年8月遍访东盟国家，重申印尼积极参与盟内建设与合作。2002年，印尼积极参与东盟内部合作，并与菲、马签署情报交换及建立联系程序协定（5月），协调区域反恐合作；与泰、马签署建立“三国橡胶联合公司”协议（8月），联手稳定天然橡胶国际市场价格。

同新加坡关系

印尼与新加坡1967年9月7日建交，两国关系十分密切。2000年新总理吴作栋、教育部长兼国防部第二部长张志贤等访问印尼，印尼总统瓦希德、副总统梅加瓦蒂、国会议长丹绒和总检察长马祖基访新。两国于1995年9月签订《军事合作协定》，不定期举行联合军演，新空军可在南苏门答腊、纳土纳群岛上空进行训练、演习。新是印尼2000年第三大出口市场和第三大进口来源。长期以来，印尼对外经济活动有相当一部分以新为中介。2001年双边贸易额97亿美元。2001年2月，印尼国家石油公司和新加坡能源公司签署两国第二个天然气销售合同，合同金额约140亿美元。梅加瓦蒂2001年8月访新时，两国探讨了引渡、劳工和打击走私等问题。

同马来西亚关系

印尼1957年同马来亚联邦建交。1963年9月马来西亚成立后两国断交，1967年复交。1991年成立印（尼）—马联合委员会。苏哈托执政后，两国关系较和睦，领导人接触频繁，就地区及东盟问题保持联系、协调立场。2000年3月马哈蒂尔总理访问印尼，双方签署交通、能源、多媒体等8个合作谅解备忘录。1999年11月、2000年10月，瓦希德总统两次访马。金融危机期间两国贸易进展稳定。印尼向马输出约40万劳工，占其输出劳工的1/3。2001年印尼国家石油公司与马来西亚国家石油公司签署天然气销售合同，合同金额85亿美元。2001年8月梅加瓦蒂总统访马，就加强双边合作、特别是反恐合作交换了意见。2002年两国合作又有加强，马副总理巴达维（6月）和总理马哈蒂尔（8月）先后访问印尼，就双边经贸、劳工、边界、打击恐怖活动及非法砍伐、走私原木等问题广泛交换意见。

同泰国关系

1951年3月印尼与泰国建交。两国关系密切，领导人互访频繁。1999年11月瓦希德总统访泰。双方签有科技合作发展备忘录、经济合作协定等多项协议，成立了特别经济委员会、部长级联合委员会。两国军队曾举行10多次联合军事演习。泰国派员参加驻东帝汶多国部队。两国一直就地区政治安全及国际问题保持协商，尤其在政治解决柬埔寨问题的进程中开展了良好合作。2001年瓦希德总统和梅加瓦蒂总统先后访泰，两国就原油提炼、贸易、航空、旅游和天然橡胶加工达成合作协议，重申加强印（尼）马泰成长三角区建设，同意就打击跨国犯罪加强合作。

同文莱关系

1984年2月印尼与文莱建交，交往密切。印尼帮助文莱训练行政和军事人员，两国领导人多次互访。2000年瓦希德总统访文，与文政府签署避免双重征税协定，提出印尼、马来西亚与文莱三个穆斯林产油国制定共同石油政策的建议。2001年2月文莱武装部队司令访问印尼，探讨了加强防务合作。

同菲律宾关系

1950年1月印尼与菲律宾建交。印尼在穆斯林摩洛民族解放阵线与菲政府和谈中发挥重要作用，最终促成和平协议的签署。两国间存在划分领海与海域问题，同意根据“群岛原则”划定领海范围。1999年11月瓦希德访问菲律宾，并与埃斯特拉达总统就棉兰老岛、南中国海和东帝汶等问题交换看法。2001年8月梅加瓦蒂总统访菲，11月阿罗约总统访问印尼，双方签署了渔业、旅游、投资和能源等合作协议，就开启海洋划界谈判、加强防务安全合作和联合打击跨国犯罪达成一致。2002年12月，两国双边联委会决定于2003年2月启动关于该问题的谈判。

五 同东帝汶关系

1975年12月，印尼出兵东帝汶；1976年7月，宣布东帝汶归并印尼，成为印尼的第27个省。东帝汶1999年8月通过全民公决脱离印尼，双方关系逐渐正常化。2002年5月，梅加瓦蒂总统应邀出席东帝汶独立庆典。6月，印尼内政、贸工、矿能等6位部长联合访问东帝汶。7月，夏纳纳总统对印尼进行国事访问，双方正式建交并成立双边联委会。10月，双边联委会举行首次会议，就难民、边界、印尼在东帝汶资产等双边关系遗留问题交换意见，决定在2003年6月达成陆上边界协议并就解决海上边界问题成立专门机制。

六 同澳大利亚关系

1950年5月印尼与澳大利亚建交。两国关系时冷时热。澳在印尼外国直接投资和对外贸易方面都占有一定地位。两国多次举行联合军事演习。1995年12月两国签订了《维护安全协定》。1998年澳积极推动国际货币基金组织援助印尼计划，并与印尼举行联合军事演习。但1999年澳积极插手东帝汶问题、提出组建多国维和部队进驻东帝汶，引起印尼极大不满，宣布取消双边安全协定，两国关系降至历史最低点。东帝汶独立进程启动后，双方有意改善关系，但时有波折。两国签署了加强司法合作的谅解备忘录，同意由东帝汶取代印尼作为帝汶海床协定的协议方，原印尼与澳的有关协定中止。2000年11月，瓦希德在东盟首脑会议上倡议成立包括印尼、澳、巴布亚新几内亚、东帝汶和新西兰在内的“西太平洋论坛”（West Pacific Forum）。12月两国举行第四次部长级论坛和第三次经济开发区部长级会议，签署农业联合声明、卫生合作行动计划和交通合作谅解备忘录3个文件，就深化合作达成多项共识。澳对印尼“西太论坛”动议表示欢迎，并重申对印尼领土完整和经济复苏的支持。2001年6月瓦希德总统访澳，系印尼总统26年来首次访澳；8月霍华德总理访问印尼，表示支持印尼领土和主权完整；9月两国有关部长就非法移民问题举行磋商；11月印尼外长哈桑访澳，就东帝汶问题和恢复防务关系交换意见，同意建立澳、印尼和东帝汶三边磋商机制，澳支持印尼关于建立“西太平洋论坛”。

七 同荷兰关系

荷兰曾长期对印尼进行殖民统治。印尼独立后，1951年1月两国建交。后因西伊里安归还问题两国关系紧张，1960年8月断交，1962年8月签订了将西伊里安归还印尼的协定。1963年3月复交。1963年5月1日印尼收复了西伊里安，两国关系改善。荷兰曾任“援助印尼国际财团”主席，为印尼争取了大量外援。1992年3月，印尼因荷对其实行制裁而宣布拒绝荷兰援助，要求荷不再担任援助印尼国际财团主席。20世纪90年代，因荷兰反对印尼侵占东帝汶、镇压东帝汶人民，两国关系曾恶化。荷兰在印尼的外国直接投资和对外贸易方面，都占有一定地位。1995年8月荷兰女王访问印尼期间，向印尼提供1.52亿美元的优惠贷款，双方签订了31个有关贸易、投资和金融合作的文件，总值6.25亿美元。1999年荷恢复在“援助印尼国际财团”正式成员地位。

八 同葡萄牙关系

印尼与葡萄牙曾有过外交关系。1975年印尼出兵东帝汶，葡宣布与印尼断交。自此东帝汶问题一直成为影响双边关系发展的主要因素。1983年起，两国在联合国秘书长斡旋下举行有关东帝汶问题的三方会谈，于1999年5月达成最终协议，同意在东帝汶就是否接受印尼政府提出的自治方案进行全民投票。东帝汶独立进程启动后，两国就此保持密切接触。哈比比执政期间两国关系得到一定改善，1999年1月30日互设利益代表处，11月28日发表联合公报，宣布正式恢复大使级外交关系。2000年葡外长伽马对印尼进行了访问。

（马汝骏）

第二章 菲律宾

第一节 概述

国名 菲律宾共和国（The Republic of Philippines）。

领土面积 29.97万平方公里（根据菲内务与地方政府部资料）。

人口 8 400万人（2004年统计）。

民族 有近90个民族，马来系族占全国人口的85%以上，包括米沙焉人、他加禄人、伊洛戈人、邦班牙人、维萨亚人和比科尔人等；少数民族和外国后裔有华人、印尼人、阿拉伯人、印度人、西班牙人和美国人，还有为数不多的土著民族。

宗教 居民中约85%信奉天主教，4.9%信奉伊斯兰教，少数人信奉独立教和基督教新教，华人多信奉佛教，土著民族多信奉原始宗教。

语言文字 菲律宾有70多种语言。国语为以他加禄语为基础的菲律宾语。英语为官方语言。通用他加禄文和英文。

首都 大马尼拉市（Metro Manila），面积636平方公里，人口1 090万（2004年）。

国家元首 总统格罗丽亚·马卡帕加尔·阿罗约（Gloria Macapagal Arroyo），2001年1月20日就任，2004年5月大选中蝉联总统，6月30日宣誓就职。

第二节 自然地理与人文地理

一 自然地理

（一）地理位置

菲律宾位于东南亚东部海域，是世界上仅次于印度尼西亚的第二大群岛国家。它北面仅隔100多海里宽的巴士海峡与中国台湾省相望；西北隔南海与中国东沙群岛及广东省、香港、澳门相望；西临南海，与中国的中沙群岛、西沙群岛、海南岛及越南隔海相望；西南面的巴拉望岛与中国南沙群岛邻近；南面隔苏禄海和苏拉威西海与东马来西亚的沙巴州、沙捞越州，文莱和印度尼西亚群岛相望；东临太平洋。地处北纬4°23′～21°25′与东经116°40′～127°之间。所处地理和战略位置十分重要。

（二）地形

菲律宾是"千岛之国"，有7 107个大小岛屿和露出水面的石礁，有名称的有3 000余个，有人居住的仅1 000个左右，面积在1平方公里以上的有466个。菲律宾由北部吕宋岛及附近岛屿，中部米沙鄢群岛，南部棉兰老岛及附近岛屿，西南部巴拉望岛和苏禄群岛组成。吕宋岛是菲律宾最大的岛屿，面积为104 688平方公里，约占全国总面积的35%；棉兰老岛为菲律宾第二大岛屿，面积为94 630平方公里，占全国总面积的32%。吕宋岛、棉兰老岛、萨马岛等13个面积超过1 000平方公里的岛屿约占全国总面积的96%。

菲律宾海岸曲折，海岸线长1.85万公里，有许多优良海港。全国共有61个海港。由于岛屿多，各岛之间有许多内海。棉兰老岛东北部的"菲律宾海沟"是太平洋的第二大海沟，深度超过7 000米，最深处达11 515米。

菲律宾三大岛上均有很多山脉。主要山脉是南北走向的东部沿海山脉，从吕宋岛向南伸延，经萨马岛直抵棉兰老岛，纵贯整个菲律宾。棉兰老岛上的阿波火山是全国最高峰，海拔2 953米；其次是吕宋岛北部的布律山，海拔2 930米；一般山地海拔多在2 000米以上。海岸多形成悬崖峭壁。

菲律宾领土南北长1 855公里，东西宽1 098公里。山地占全国总面积的3/4，沿海平原宽度一般都不超过15公里，只有在吕宋、棉兰老等大岛上才有作为经济活动主要场所的较大的平原。菲律宾东部山脉沿海绵延，溪流从陡峭的山坡上流入沿岸低洼地，形成小块冲积三角洲，这些平原的宽度约15公里左右。吕宋岛和棉兰老岛有一些较大的山间平地，如：吕宋岛北部的卡加延谷地，总面积达5 000平方公里；吕宋岛中央平原面积为卡加延谷地2倍；棉兰老岛东北部的阿古桑谷地；棉兰老岛西南部的哥打巴托谷地等。

菲律宾地处西太平洋火山环带上，全国共有火山106座，其中19座是活火山。最著名的是吕宋岛东南端的马荣火山，海拔2 462米，周长130公里，呈锥形。由于火山多，菲律宾群岛上经常发生地震，严重时也会造成灾难。

（三）河流、湖泊

菲律宾共有河流132条，分布在73个省。虽河流密布，但源短流急，不利航运，水能资源价值很高。主要河流为：棉兰老河，全长400公里，是菲律宾的第一大河；因河槽曲折，通航的地段不长。卡加延河是菲律宾第二大河，也是航程最长的河流，全长352公里。该河流域较广，灌溉面积为2万平方公里。棉兰老岛东南部的阿古桑河，长约150公里，是菲律宾第三大河。最有名的河是巴拉望岛上的地下河，长约4 380米，可通航。

菲律宾群岛上湖泊众多，全国有59个湖泊。吕宋岛上的内湖是全国最大的湖泊，面积为922平方公里，湖中渔产丰富；棉兰老岛上的拉瑙湖，面积357平方公里。湖中有十几个小岛，湖畔有数座死火山。湖水清澈，风景清幽秀丽。位于吕宋岛西南部八打雁省境内的塔阿尔湖，面积为267平方公里。

（四）气候

菲律宾群岛地处北纬4°23′～21°25′之间，属于季风型热带雨林气候，特点是温度高、多台风、雨量充沛、湿度大。全年平均气温为27.6℃。最高平均温度为33℃～39℃，最低平均温度为16.7℃～20.9℃。最热的月份为4～6月，平均气温约35℃，温度最低的月份是12月～翌年2月，平均气温约为19℃。除高山地区外，常年温差很小，最热和最冷的月份温差不超过3℃，无明显的热季和凉季之分。菲律宾大部分地区年平均降水量约2 000～3 000毫米，雨量充沛，终年有雨。每年11月到翌年5月多东北风。6月至10月来自印度洋的水汽在群山西坡及西南坡凝聚成季风雨。北部吕宋岛可分为东、西两个部分，东部以每年11月至翌年1月降水量较多；西部每年11月至翌年5月为旱季，6月至10月为雨季，年降雨量变化很大。南部棉兰老岛的大部分地区终年多雨，没有雨季和旱季之分。宿务岛和吕宋岛的卡加延谷地年平均降水量不到1 500毫米，是比较干燥的地区。

菲律宾以东的太平洋西部是台风发源地，在夏秋两季，台风自马里亚纳群岛东南吹至菲律宾，越过中部和北部。台风常常给菲律宾带来严重灾害。气候对农业生产有很大影响，高温和多雨有利于农作物生长发育，一些热带农作物产量较高。但是台风和霜冻也经常威胁农作物的正常生长，有时造成较大损失。

（五）自然资源

1．矿产资源

菲律宾的金属矿产资源丰富，有铜、铁、金、银、镍等20多种矿产。金属矿藏储量约占矿产储量的18.42%。菲律宾是世界上铬矿储量最丰富的国家之一，铬矿储量约为2 000万吨。金是菲律宾最著名的矿产，矿石蕴藏量为1.36亿吨，以原生金矿为主。铜和镍矿石的蕴藏量分别为37.16亿吨和1.27亿吨。非金属矿藏有20多种，分布比较零散，主要有石棉、煤、重晶石、石膏、硅藻土、石灰石、大理石、硫黄、硅砂、水泥、云母等。非金属矿藏储量占矿产储量的81.58%。

菲律宾有丰富的地热资源，预计有20.9亿桶石油当量能源。1976年以来在巴拉望岛西北部海域发现石油，储藏量为3.5亿桶。

2．植物资源

在植物资源方面，菲律宾的森林面积大，植物资源非常丰富，有热带植物近万种，其中仅树种就有2 500余种，如热带雨林、热带季风林、海滨红树林等，有高级植物8 000余种，还有濒危高级植物371种。1996年菲律宾有森林136万公顷，森林覆盖率为36.7%，林木蓄积量为7.9亿立方米。由于日益严重的人口压力和乱砍滥伐，菲律宾的森林资源日趋减少。卡加延地区的森林地带是菲律宾最重要的林区，森林面积占该区面积的70.1%。

1994年菲律宾国家自然保护区有6 000平方公里左右，占总面积的2%。

菲律宾花卉品种近万种，其中热带兰花最为著名。菲律宾还生长着世界上最大的花——大花草花。这是一种寄生植物，全株无叶、无茎、无根，一生只开一朵花，花直径可达1米以上，重达6～7公斤。

菲律宾被称为“太平洋上的果盘”，水果品种多，产量大。菲律宾素有“世界椰王”之称，椰子产量占世界第一位。菲律宾香蕉在国际市场上也极为畅销，是亚洲第一香蕉输出国，被誉为“亚洲香蕉大王”。另外，菲律宾还是世界主要菠萝产地，在国际市场上颇具竞争力。

3. 动物资源

菲律宾的动物资源也非常丰富，有153种哺乳类动物，其中有22种哺乳动物属于濒危动物。鸟类有556种，濒危鸟类有86种（世界发展指标，1998年）。菲律宾大型兽类较少，大部分为翼手目、啮齿目和食虫目。最有特色的动物有：民都洛岛的野水牛，身躯矮小，但凶猛如虎；世界上最小的猴子：眼镜猴，体长仅15～18厘米，尾长22～25厘米，体重100多克；巴拉望岛附近巴拉巴克岛上世界最小的鹿：鼠鹿，身高不到30厘米。

菲律宾的鸟类中最著名的奇鸟有“心脏出血鸽”、“法国式孔雀雉”、“食猴鹰”等。

水产资源丰富。在菲律宾周围的海域和内河湖泊中生长的鱼类品种达2 400多种，主要有沙丁鱼、鲭鱼、鲔鱼、鲣鱼、柔鱼、石斑鱼、乌贼鱼等。其中世界上最小的侏儒鱼，身长仅9.66毫米；还有身长15米以上、重达数吨的世界最大鲸鲨。此外，菲律宾还盛产贝、螺、蟹、珍珠、食用海藻等。重达6 350克、半径长达13.97厘米的世界最大珍珠，就产在巴拉望海。

4. 淡水资源

1996年菲律宾人均淡水资源量4 492立方米；年度淡水抽取总量为295亿立方米，占水资源总量的9.1%。其中，农业用水占61%，工业用水21%，家庭用水18%。

二 人文地理

（一）人口状况

2001年菲律宾的总人口数为8 120万人，预计2010年人口将达到9 200万人。菲律宾是世界上人口增长率较高的国家之一，1980～1996年，人口年平均增长率为25‰，远远超过世界的平均增长率，是东南亚地区人口增长最快的国家之一，人口在东南亚国家中仅次于印尼居第二位。1996年菲律宾人口增长率23.0‰，死亡率6.6‰。根据联合国开发计划署《2002年人类发展报告》，菲律宾城市人口占总人口比重2000年占58.6%，2015年将达到69%。

20世纪60年代以前，菲律宾政府鼓励人口生育，但随后人口迅速增加带来了严重的社会政治问题。1969年菲律宾第一次提出了全国人口政策，同年成立了人口委员会。1971年菲律宾制定了人口法规，实行节制生育的政策。政府的计划生育政策收效并不显著，原因在于大量菲律宾人信奉天主教，天主教会反对任何形式的节制生育措施。此外，农村地区的劳动力需求和少数民族的人口需求，也是限制计划生育政策推行的原因之一。1996年菲律宾人平均预期寿命接近65.96岁，其中男性63.98岁，女性68.04岁。菲律宾社会也出现了人口老龄化的迹象。1996年60岁以上人口占总人口的5.4%，预计2010年为6.8%。

（二）民族

菲律宾是一个多民族的国家。阿埃塔人的祖先是菲律宾群岛上最早的居民。其次是原始马来人。他们约在公元前3 000～前1 000年从亚洲大陆由水路迁到菲律宾，带去了新石器文化。

菲律宾近90个民族中，主要有米沙鄢、他加禄、伊洛戈、比科尔、邦班牙、邦阿锡南、卡加延、马京达瑙、马罗瑙、陶苏格、萨玛尔、亚坎、伊戈罗特、巴交、克诺伊等民族。

米沙鄢、他加禄、伊洛戈、比科尔等民族生活在平原地区。马来系族米沙鄢人是菲律宾人口最多的民族，约2 640万人，约占全国人口42%，主要分布在萨马岛、保和岛、宿务岛等地。农业和畜牧业在米沙鄢人的经济中占有重要的地位。

在菲律宾群岛各个岛屿，非南岛语系的民族中，人数最多的民族是华人，有120万，大部分是当地出生的华裔。华人分布在各个岛屿的商业中心，多数集中在马尼拉市。华人自7世纪开始移居菲律宾，主要来自中国的福建、广东两省。菲律宾华人与当地居民混血程度比东南亚海岛地区的其他国家的华人要深，几乎20%的菲律宾人有华人血统，包括许多菲律宾名人在内。菲律宾民族英雄何塞·黎刹和菲律宾前任总统科拉松·阿基诺夫人均有华人血统。菲律宾华人主要从事商业、工业和日常生活中的服务业。1986年《菲律宾共和国宪法》承认华人现有的菲律宾国籍，允许未获国籍者申请加入菲律宾国籍，使菲律宾人和菲籍华人之间增强了团结。

（三）宗教

菲律宾是一个多宗教的国家，主要宗教有基督教、伊斯兰教、佛教和当地民族传统宗教等。其中，基督教的势力最大，信仰基督教的人口占全国总人口90%以上。在基督教中以天主教派人数最多，占全国人口83%。菲律宾是东南亚乃至亚洲唯一的天主教占统治地位的国家。在西班牙统治时期，菲律宾曾经是一个政教合一的国家，教会的影响相当大；在美国统治时期，教会的地位一度有所降低。20世纪60年代以来，天主教和新教各教派开始关注和维护社会正义。今天，作为一股强大的社会力量，天主教派有着不可忽视的影响。政府在宗教政策方面实行“宗教信仰自由”、“政教分离”，鼓励宗教发展。教会对政府持“积极合作”、“善意批评”的态度，形成了政教相互依存的关系。

（四）语言文字

菲律宾有70多种语言（另说有近100种），除华人和外来移民以外，菲律宾各民族都讲南岛语系印度尼西亚语族的语言，使用最广的8种方言依次为：宿务语、他加禄语、伊洛干诺语、希利盖农—伊隆戈语、比科尔语、萨马—雷伊泰语（又称瓦莱—瓦莱语）、邦班牙语和邦加锡南语。

1959年菲律宾政府正式宣布，将以他加禄语为基础的菲律宾语定为菲律宾国语。菲律宾语和英语均为菲律宾官方语言。在外交场合和文化交流中，主要使用英语；菲律宾政府机构、国会、电视台和商业金融单位在工作时大多也使用英语；首都的大报全是英文日报，小报、电台广播和电影则用菲律宾语。学校授课时，英语和菲律宾语通用。菲律宾是东南亚国家中最广泛使用英语的国家之一。此外，华侨和华裔使用中国语言，主要是福建省的闽南话。

（五）行政区划

根据菲律宾统计局公布的资料，菲律宾全国划分为吕宋、米沙鄢和棉兰老三大岛组，设有17个大区（包括国家首都区、科迪勒拉行政区和棉兰老穆斯林自治区），下设79个省。

表1　　菲律宾各级地方政府数目　　（截至2004年7月31日）

岛　组	大　区	省	市	市　镇	村　社
吕宋 Luzon	8	38	57	714	20 487
米沙鄢 Visayas	3	16	32	376	11 443
棉兰老 Mindanao	6	25	27	410	10 044
合计	17	79	116	1 500	41 974

资料来源　菲律宾统计局网站（NSCB）转引内务和地方政府部国家村社运行办公室（NBOO/DILG），2000年5月1日人口普查资料。

全国实行省、市、村政府管理体制。省政府为最大的行政单位，省政府首脑为省长，是中央政府在该省的主要代理人。省政府由省长、副省长和负责各部门工作的官员组成。副省长和各部门官员由省长任命。地方各级政府设有立法机构，在职权范围内行使立法权。省级行政区划分的依据是：土地面积在2 500平方公里以上，人口超过50万人。市分为两种，一种是高度城市化的市，人口在15万人以上，平均年收入超过3 000万比索，它们独立于省。另一种城市是省的组成部分，人口在10万人以上，年收入在1 000万比索。村人口不得少于1 000人。

菲律宾最重要的城市是大马尼拉市，又称国家首都区，位于吕宋岛南部，濒临马尼拉湾，面积636平方公里，人口1 000万人（2000年）。它由4个市、13个镇构成。

马尼拉市，也称“小吕宋”，是菲律宾的首都。马尼拉市位于菲律宾群岛中最大的岛屿吕宋岛，大马尼拉市的中心。1992年马尼拉的市区面积为38.3平方公里，人口为163万人。作为首都，马尼拉已有400多年的历史，是菲律宾的政治、经济、文化中心，也是著名的商港，全国有1/3的出口货物和4/5的进口货物出入这里。马尼拉港是世界优良港口之一，可停泊20多艘万吨轮，从这里开辟了30多条航线通往世界各地。它是一座文化古城，市内有许多古老的文化遗迹和建筑。它还是一座工业城市，全国半数以上的工业企业集中在该市，主要工业有纺织、碾米、榨油、制革、造纸、卷烟、钢铁、水泥和汽车装配等。

科迪勒拉行政区由5个省组成，其中包括1个市、75个镇。面积18 293.7平方公里，人口14.6万人。区政府所在地碧瑶是菲律宾著名的避暑胜地。伊富高省巴纳韦镇附近的高山梯田是菲律宾著名的名胜古迹。

表2　　菲律宾17个大区面积、人口和首府

大　区　名	面积（平方公里）	人　　口（人）*	首　　府
伊罗戈斯 Ilocos	12 840	4 200 478	圣费尔南多 San Fernando
卡加延河谷 Cagayan	26 838	2 813 159	土格加劳 Tuguegarao
中央吕宋 Central Luzon	21 471	8 204 742	圣费尔南多 San Fernando
甲拉巴松 Calabarzon	16 230	9 320 629	奎松城 Quezon
民马罗巴 Mimaropa	27 456	2 299 229	波尔多—普林赛萨城
比科尔 Bicol	14 544	4 674 855	黎牙实比 Legaspi
西米沙鄢 Western Visayas	20 223	6 208 733	伊洛伊洛 Iloilo
中米沙鄢 Central Visayas	14 951	5 701 064	宿务 Cebu
东米沙鄢 Eastern Visayas	21 433	3 610 355	塔克洛班 Tacloban
西棉兰老 Western Mindanao	16 042	3 091 208	三宝颜 Zamboanga
北棉兰老 Northern Mindanao	14 033	2 747 585	卡加延－德奥罗 Cagayan de Oro
南棉兰老 Southern Mindanao	27 141	5 189 335	达沃 Davao
中棉兰老 Centrai Mindanao	14 373	2 598 210	哥打巴托 Cotabato
卡拉加 Caraga	18 847	2 095 367	萨里高城 Surigao City
国家首都区 National Capital Region	636	9 932 560	马尼拉 Manila
科迪勒拉行政区 Cordillera	18 294	1 365 220	塔布克 Tabuk
棉兰老穆斯林自治区 Muslim Mindanao	11 638	2 412 159	素丹库达拉 Sultan Kudarat
合　计	300 077	76 498 735	马尼拉

*　2000年5月1日人口普查资料。

资料来源　菲律宾统计局网站（NSCB）转引内务和地方政府部国家村社运行办公室（NBOO/DILG）资料。

第三节　历史

一　古代史

菲律宾的远古文明可追溯到旧石器时代，距今约40万年前，在吕宋岛卡加延河谷一带，就有使用旧石器的人类在活动。

菲律宾古人类以塔崩人为代表，考古发现的塔崩人骨化石年代约在2.2万年～2.4万年前。塔崩人的眉棱较高，前额向后倾，是智人的早期代表。

约公元前7 000年，菲律宾的石器文化已经有了较大的进步。约公元前5 000年，菲律宾进入新石器时代。在新石器时代，菲律宾人的社会经济状况有了较大的发展。在生产工具方面。菲律宾人主要使用磨制石器。陶器大约出现在公元前1 500年或更早的新石器时代后期。工具的进步使经济生活发生了变化，人们开始烧荒耕作，发展种植业，动物驯养也始于此时，狩猎和捕鱼仍然是这个时期的重要经济活动。经济发展使得菲律宾人逐渐定居于沿海和河岸等地，也出现了社会分工和物产交换等经济活动方式。新石器时代的墓葬发掘表明，这时也出现了贫富差别，在一些墓葬里发现较多陶器和饰物。

公元前700年左右，菲律宾进入金属时代。金属时代分为早期金属时代和后期金属时代。早期金属时代约在公元前700年～前200年左右。在这一时期，金属工具只限于铜器和青铜器，由于菲律宾

在这时并没有掌握青铜器的生产技术，此时的青铜器主要还是从外部引进的工具，数量非常有限。公元前200年～公元900年是菲律宾的后金属时代，此时铁器已经开始被广泛应用。农业和水稻种植在这个时代得到了较大的发展，粮食产量的增加，使人口增加的速度加快。在吕宋岛和比萨扬群岛的一些土地肥沃的海岸和河谷地区，人类居住点明显增多，吕宋北部和中部山区的人开始兴修梯田。

在金属时代，制陶技术已经成熟，背织机的采用是纺织技术的一大进步，扎染也是这时发明或引进的。

在后金属时代，铁器普及，竹子也被广泛应用于经济和生活中。这个时期菲律宾的贸易有所发展。自然地理条件对贸易影响重大，河口地区由于交通便利而成为贸易中心。贸易主要是在山地居民同沿海平原居民之间进行，在狩猎采集经济与定居农业之间实行物物交换。此时，菲律宾的造船技术已达到较高的水平，而造船技术的提高又促进了贸易的发展。

菲律宾的奴隶社会经历了10多个世纪。公元2世纪，菲律宾进入奴隶制社会。据中国史籍《宋史》和《文献通考》记载，公元10～14世纪期间，在民都洛岛上曾出现一个叫麻逸国的奴隶制国家，这个国家的贸易和手工业发达。中国元代汪大渊《岛夷志略》曾记载过麻逸国奴隶殉葬的情况，曰："酋豪之丧，则杀奴婢二三十人，以殉葬。"菲律宾的另一个奴隶制国家叫苏禄国，根据《岛夷志略》记载，苏禄国珍珠采集和手工业较发达。在班乃岛还有一个奴隶制国家名曰马迪加亚斯，该国的奴隶制较为发达，贩卖奴隶的活动十分普遍。统治阶级颁布了一系列法律，例如《马塔斯法典》《卡兰来雅奥法典》，以维护其统治地位。上述典籍和史料说明，菲律宾当时已经是一个相当发达的奴隶制国家了。

14世纪以后，随着伊斯兰教的传入，苏禄、棉兰老岛等地区出现了封建苏丹政权。苏丹政权实行政教合一的政治制度，苏丹为最高统治者，其权力和领地为世袭，农民在苏丹的土地上耕种，向苏丹交租服役，逐步形成封建等级关系。苏丹还制定了自己的法律，例如《卢瓦兰法》，它是保护贵族地主私有财产的法律。封建社会的形成，使菲律宾的社会经济和社会生活进一步得到发展。从出土文物来看，菲律宾无论是在农业、手工业、工程、医学、天文历法和文学艺术方面都达到了一定的高度，特别是菲律宾艺人的雕刻艺术，例如竹、木、石、牙雕等技艺达到了相当精湛的水平。

二 近现代史

菲律宾近现代先后遭受到多个帝国主义的交替入侵。

15世纪末～16世纪初，西班牙人开始侵入菲律宾。1521年3月，葡萄牙探险家麦哲伦奉西班牙朝廷之命，寻找一条去东印度的新路线，率西班牙远征队第一次抵达菲律宾的萨马岛。1565年4月，西班牙政府再次派遣黎牙实比率舰队入侵菲律宾，侵占宿务岛，并开始建立永久性殖民地。1571年5月，西班牙从墨西哥调集大量的殖民军队占领了马尼拉，使马尼拉成为殖民中心。

菲律宾沦为殖民地后，西班牙通过墨西哥副王对菲律宾进行统治，在菲律宾设殖民总督。由于当时西班牙君主制度的神权性质，基督教僧侣阶层对菲律宾行政机构有着很重要的影响，他们掌握着菲律宾的政治、经济、文化教育大权。西班牙殖民统治者在菲律宾广泛传播天主教，300多年间，派往菲律宾的传教士达1万人左右，使大多数菲律宾人改信了天主教，在很大程度上改变了菲律宾社会的文化结构。西班牙统治者控制了菲律宾的对外贸易，使其贸易对象仅限于墨西哥和中国。西班牙的残酷统治，引起了菲律宾人民的强烈不满，16～19世纪，反抗西班牙殖民者的斗争持续不断。

1756～1763年，英国和法国争夺海上霸权，法国失败。西班牙由于站在法国一边也受到沉重打击。1762年10月，英军占领马尼拉，1764年6月，英法两国签订《巴黎条约》，英军才撤出马尼拉。其间，英军的占领大大动摇了西班牙殖民者的基础。

1896年美西战争爆发，西班牙战败，美军于1896年8月13日占领了马尼拉。

19世纪后半叶起，菲律宾的民族解放运动走上了历史舞台。1896年8月，菲律宾爆发了全国性的反西班牙革命，革命浪潮席卷了菲律宾的许多地区。阿吉纳尔多领导的政府1898年9月在临时首都马洛洛斯镇召开议会，通过了《独立宣言》和《菲律宾共和国政治宪法》，建立了菲律宾共和国。

美国在美西战争中曾答应支持菲律宾的民族解

放斗争，允诺菲律宾在摆脱西班牙统治后独立。但是美国在战后决意取代西班牙，继续对菲律宾进行殖民统治。1898 年 8 月美军占领马尼拉以后，建立了军政府。1899 年 12 月 10 日，美国和西班牙在巴黎签订和约，西班牙将菲律宾“割让”给美国。美国在以武力征服菲律宾以后，于 1899 年发表了《开明同化宣言》，声明美国对菲律宾拥有主权。1902 年美国国会通过了《菲律宾法案》，宣布菲律宾对美国的依附地位，美国政府控制了菲律宾的行政、司法和立法大权。美国的殖民方针是迅速将菲律宾变成其原料基地、商品和投资市场。在政治上，美国用国内的政治体制取代西班牙的殖民体制，实行所谓的民主政治。在经济上，美国推行“免税贸易”，使菲律宾的经济依附于美国。1916 年，美国国会通过《琼斯法案》，也称《菲律宾自治法》，这个法案给予菲律宾人以较大的自治权。

第一次世界大战期间，由于世界市场对菲律宾某些产品的需求扩大，菲律宾经济一度繁荣。但是，在两次经济危机期间，美国将经济危机的损失转嫁于菲律宾，使其经济受到严重损失。在这种背景下，菲律宾人民争取独立的呼声日渐高涨。1932 年 12 月 17 日，美国国会通过《海尔—哈卫斯—加亭法案》，又称《菲律宾独立法案》。该法案规定：经过 10 年的过渡期，菲律宾可以独立。过渡时期可以建立一个自治政府，自治宪法由民选的宪法会议制定，但必须由美国政府批准。美国的允诺并没有平息菲律宾人民的反美浪潮，菲律宾人民要求无条件的独立。这一斗争席卷了全国，最后引发了一场声势浩大的农民暴动及著名的“萨克党人”起义。起义遭到美国的血腥镇压，美国人最终于 1935 年 9 月在菲律宾组建了自治政府，奎宋和奥斯敏纳分别当选为正副总统。自治政府制定了一系列政治、经济和社会发展政策，但其殖民性质仍然是菲律宾发展难以摆脱的桎梏。

1941 年太平洋战争爆发后，日本军队一度击败了麦克阿瑟指挥的美菲军队，入侵菲律宾。1942 年 1 月 3 日，日军侵占了马尼拉。日本占领菲律宾后，在政治上实行军管，强令建立“行政委员会”，接着又成立“菲律宾共和国”，假意宣布许可菲律宾独立。在经济上，日本强行改变菲律宾的经济结构，以适应日本侵略战争的需要。1943 年，美军开始反攻，在菲律宾抗日军队的协助下，于 1945 年重新占领马尼拉。战争结束后，菲律宾人民要求独立的呼声更加强烈，美国于 1946 年 7 月 4 日被迫同意菲律宾独立。通过选举，罗哈斯集团建立了菲律宾共和国。

三 当代史

（一）罗哈斯执政时期

1946 年 7 月，菲律宾虽然宣布了独立，但是实际上并没有真正摆脱美国人的控制。罗哈斯政府屈服于美国的压力，与美国签订了一系列不平等条约，使美国得以继续控制菲律宾的经济命脉。美国与罗哈斯政府签订的条约有《菲美总关系条约》和《菲美关于菲律宾独立后过渡时期中的贸易和有关事项的协定》。根据该协定，美菲双方将执行美国国会议员菲律宾商务委员会主席贾斯铂·贝尔提出的《菲律宾贸易法案》，又称《贝尔贸易协定》。该法案规定，菲律宾独立后，美国和菲律宾必须保持“自由贸易”制度，这种制度使美国得以继续控制菲律宾的对外贸易。

美国通过不平等条约控制着菲律宾的政治和经济生活，使其成为美国的附庸。例如，《贝尔贸易协定》给菲律宾的经济造成了严重影响。菲律宾不仅成了美国的原料基地和商品倾销地，也没有了关税主权，不能改变美元与菲币的比率，等等。在军事上，美国保持着对菲的控制，把它变成了美国在东南亚推行其政策的军事战略基地。在签订《美菲总关系条约》和《贸易协定》之后，美国政府又于 1947 年 3 月 14 日和 3 月 21 日同罗哈斯政府分别签订了《美菲军事基地协议》和《美国对菲律宾军事援助协定》。这样，菲律宾成了美国在亚洲战略体系中的一个重要环节。

（二）麦格赛赛、加西亚执政时期

1953 年，麦格赛赛在美国的支持下当上了菲律宾总统。上台后，他一方面镇压国内的反抗力量，主要是镇压菲律宾共产党领导的人民解放军，另一方面开始制定新的经济政策，如鼓励人们向人口稀少地区迁移和垦殖荒地，取得土地所有权。麦格赛赛经济政策的中心是实行财政赤字，扩大政府投资，这使菲律宾中央银行承受沉重压力。麦格赛赛的经济政策使菲律宾经济陷入严重的危机中，不仅一般民众，而且其他阶层，如新兴企业家阶层也都对其极为不满。迫于舆论，麦格赛赛于 1954 年 12 月与美国签订了《劳雷尔—兰格雷协定》，对

《贝尔贸易协定》进行了修改。修改的结果并没有改变美国资本勾结菲律宾买办官僚继续控制菲律宾经济的现实。

1957年3月17日，麦格赛赛因飞机失事遇难，副总统加西亚继任总统。1958年8月21日，国家经济会议第204号决议通过“菲人第一”的政策，该政策受到人民的普遍欢迎。1961年马卡帕加尔当选总统，在经济和政治上，他力求实现5个目标：反贪污和贿赂；粮食自给；增加人民收入；实施社会经济五年计划；提高国家的道德标准。为了改变菲律宾人的国际形象，马卡帕加尔推行“回到亚洲”的外交政策。

（三）马科斯执政时期

1965年12月，参议院议长马科斯成为菲律宾第六任总统，开始了长达20年的统治。马科斯把自己的政治前途与国家的经济发展联系在一起，努力使经济取得一定的成绩，改善菲律宾的经济环境。他上台时正值亚洲反帝、反殖和反霸斗争的高涨时期，为了谋求在国际事务中发挥更积极的作用，菲律宾开始逐渐摆脱美国的控制和影响。

20世纪60年代末和整个70年代，菲律宾社会政局出现剧烈动荡。在南部，要求分裂的穆斯林反政府武装活动日渐活跃；马尼拉的工人发动了一系列罢工运动；大批农民走上街头抗议地主的压迫和剥削；知识分子和青年学生要求民主和自由，反对美国控制。同时，统治阶级内部加紧争权夺利。1972年，马科斯宣布实行军事管制，使全国处于紧急戒备状态。军事管制共实行了8年零4个月，于1981年结束。1983年8月21日，菲律宾反对党领袖、前参议员贝尼尼奥·阿基诺结束在美国的流亡生活，返回马尼拉，在机场被枪击致死。阿基诺是马科斯总统的主要政敌，自由党的领袖，阿基诺之死成为反马科斯运动的导火索。1985年11月4日，马科斯宣布举行大选，1986年2月16日，国民议会宣布马科斯获胜，但是选举结果遭到阿基诺夫人和反对派的抵制。2月22日国防部长恩里莱和参谋长拉莫斯发动兵变，宣布支持阿基诺夫人。2月25日马科斯举行总统就职仪式，同时，阿基诺夫人也宣誓就职总统。9个小时以后，马科斯总统携家眷离开菲律宾，结束了他统治菲律宾20年的历史。

（四）阿基诺夫人执政时期

1986年2月，阿基诺夫人担任总统以后，宣布了一系列经济目标，主要有：减少贫困，创造就业机会，公平分配。阿基诺夫人废除了马科斯政府制定的1972年宪法，于1987年2月2日对新宪法进行全民投票，新宪法以76%的支持率获得通过。1987年5月11日，菲律宾举行国会参、众两院的选举。这是自1972年马科斯实行军管以来首次举行的国会民主选举。在选举中，执政党获得了胜利。7月27日，菲律宾国会参议院和众议院举行了开幕仪式，结束了总统政令治国的时代。此后，菲律宾各届政府对内重视经济发展，特别是提高农业水平，通过与反政府武装谈判和军事打击交替的方式维护国家的稳定。

（五）拉莫斯执政时期

1992年5月11日，菲律宾迎来了25年来第一次中央和地方同时换届选举，前国防部长拉莫斯在选举中挫败6名对手，从科·阿基诺手中接过了政权，成为菲律宾的又一位总统。1992年，菲参议院通过法令使菲律宾共产党合法化，从而使多年的内乱得到初步的解决。

（六）阿罗约执政时期

2000年菲律宾政局持续动荡。埃斯特拉达总统领导的政府陷入严重政治危机。埃被指控收受博彩业贿款，引发强烈政治风暴。阿罗约副总统辞去内阁职务并领导反对党联盟公开要求埃辞职，一方面组织大型示威集会和罢工，另一方面推动国会众议院通过针对埃的弹劾动议，并将动议提交参议院，参议员组成的弹劾法庭于12月7日开始审理此案。2001年1月20日阿罗约在首席大法官戴维德的见证下宣誓就任总统，埃被迫下台。

阿罗约政府2001年上台执政后，注意汲取前任教训，重点发展经济尤其是农业，努力消除贫困，强化道德规范，惩治腐败，使菲经济发展和政治体制适应新时代要求。她积极推动菲南部民族和解进程，同时严厉打击阿布沙耶夫等反政府武装；对外奉行大国平衡政策，大力推行经济外交，积极吸引外资。菲政府与摩洛伊斯兰解放阵线的和谈取得成果，签署了的黎波里和平协议、马来西亚停火协议及和平协议。南部棉兰老穆斯林自治区完成了改选。

2004年5月初，菲律宾举行全国选举，4 200多万选民在各地投票点推选总统、副总统、24名参议员中的12名、244名众议员以及1.7万多名地方官员和议员。共有 5 名候选人参加了自 1986 年马科斯下台以来最为激烈的总统竞选。6 月 20 日，由菲律宾国会参、众两院组成的联合检票委员会完成的计票结果显示，阿罗约获得1 290多万张选票，赢得胜利，蝉联总统；反对党候选人费尔南多·波以 112 万张选票之差落败。阿罗约于 6 月 30 日正式宣誓连任总统。

第四节 政治体制与法律制度

一 概述

菲律宾的政治体制与法律制度经历了一个曲折的发展过程。在古代较长时期，实行奴隶制和封建制的政治体制与法律制度。近现代先后受到西班牙、美国和日本的侵略沦为殖民地，实行殖民地的政治体制与法律制度。1946 年获得独立后，实行共和制政治体制与法律制度。

二 宪法

菲律宾共和国实行议会民主制，国家宪法为根本大法。菲律宾于 1899、1935、1975、1986 和 1987 年先后颁布 5 部《宪法》。1986 年《宪法》又称“自由宪法”，1987 年《宪法》是现行宪法。

现行宪法于 1987 年 2 月 2 日经由全民投票通过,同年 2 月 11 日由总统正式宣布生效。这部宪法共有 18 项条款。《宪法》规定:国家主权属于人民,政府的一切权力来自人民;国家政策的基本原则是制止战争,人民的权力高于一切;政府遵循国家根本利益的原则,坚持不懈地奉行独立自主的外交政策,采取并支持在其领土内禁止使用核武器的政策;确保社会正义并完全尊重人权;诚实而正直地服务于公众;地方政府具有自治权,保护家庭、促进教育、艺术、私营企业、农业和城市改革的发展,保证妇女、青少年、城市贫民和少数民族的权利。

菲律宾的国家政体为共和制，政府实行总统内阁制，按行政、立法、司法三权分立的原则组织国家机构。

三 总统

菲律宾《宪法》规定：国家行政权属于总统。总统拥有国家最高行政权力，是国家元首、政府首脑和武装部队最高统帅。总统由选民直接选举产生，任期 6 年，不得连任。副总统可以连任 2 届，每届 6 年。当选总统必须是原生菲律宾人，在菲律宾居住不少于 10 年的登记选民，年龄在 40 岁以上，有一定的文化程度。

总统和副总统由选民直接选举产生，总统拥有最高行政权力。总统提名委任各部部长组成内阁，总统、副总统和内阁组成菲律宾共和国中央政府。总统府是总统官邸和办公处，也是菲律宾中央政府的首脑机关。中央政府的主要职权是：负责国家的内政、外交、国防、经济、文化和社会生活等具体事务；制定和执行有关政策措施；领导政府各部门和各级地方政府的工作；向国会提出议案和立法建议；任免政府官员和工作人员；指挥和控制军队、警察，维护社会秩序和国家安全。

四 国民议会

菲律宾国家的最高立法机构是国民议会。国会由参议院和众议院两院组成。参议院有议员 24 人，由全国直接选举产生，任期 6 年，每 3 年改选 1/2，可任 2 期。参议员必须是在菲律宾本土出生，年龄在 35 岁以上，在其选区已有登记的非文盲公民。众议院有议员 250 人，其中 200 人由各省、市按人口比例分配，通过直接选举产生，25 人由总统从社会各界选定，25 人由参选获胜各党派按得票比例分配，任期 3 年，可连任 3 届。众议员必须是在菲律宾本土出生，年龄在 25 岁以上，在其选区已有登记的非文盲公民。

国会的主要职权是：制定法律，选举议长、内阁总理，决定对外宣战或媾和，检举违宪事件和弹劾违法官员。国会代表选民制定法令，或否决与宪法不符的法律。议员在任职期间，除担任内阁总理或阁员职务外，不得在政府或其他部门中任职。议员在出席议会期间不受法律的干涉和逮捕，必须有 2/3 的议员投票同意方可停止某议员职务或开除某议员。国会议员在任职期间的个人财务和收入情况要公开。

五 立法与司法

最高法院由 1 名首席法官和 14 名陪审法官组成，均由总统任命，任期 4 年；拥有最高司法权和颁布宪法没有规定的法律和法令。最高法院下设上诉法院、地区法院和市镇法院，另外还有反贪污法院、税务法院等专业性法院。为了促进廉政和提高效率，菲律宾还设有公务员犯罪特别法院和行政监察委员。

法官的任用资格是：年龄在 40 岁以上、菲律宾土生土长的公民、具有 10 年以上任市镇法院法官的经历，或有法律工作实际经验。

菲律宾没有与最高法院平衡的检察机构，检察工作由司法部检察长办公室负责。

六 政党

菲律宾政党多达 100 个，大多数为地方性小党，主要有以下政党。

拉卡斯（LAKAS） 执政党联盟。由前总统拉莫斯于 1991 年底创建。由人民力量党、全国基督教民主联盟和菲律宾穆斯林民主联盟等组成。主张通过谈判实现民族和解，促进社会稳定；鼓励出口，加速吸引外资，实行土改，发展能源；倡导经济外交，奉行更加开放政策。该党全国执行委员会主席阿罗约，荣誉主席拉莫斯，全国主席何塞·德维尼西亚，总裁特奥菲斯托·金戈纳，总书记赫赫森·阿尔瓦雷兹（Heherson L. Alvarez）和常务副主席费里西亚诺·贝尔蒙特（Feliciano R. Belmonte）。2000 年，该联盟与自由党、民主行动党、改革党、地方发展优先党等再组成“人民力量联盟”（PPC），成为 2001 年阿罗约政府执政联盟。

菲律宾民主战斗党（Laban Ng Demokratikong Pilipino） 1988 年由国家力量党和菲律宾民主党、人民力量党合并组成。该党主张建立政治稳定，经济自主，尊重人权的社会。该党目前是菲律宾最大的政党。

菲律宾民众党（Partido Ng Masang Pilipino） 反对党。1997 年 10 月成立。主张实行改革，发展经济，解决社会贫困；加强党派合作，加快政治改革步伐；惩治腐败，打击犯罪；在外交方面，重视与美、欧的合作及亚太地区的和平与稳定。党总裁兼全国名誉主席约瑟夫·埃斯特拉达（Joseph E. Estrada），总书记罗纳尔多·萨莫拉（Ronaldo B. Zamora）。该党与民主战斗党、民族主义人民联盟、民族党等组成“民众力量联盟”（NPC）

自由党（Liberal Party） 1945 年成立。主张把外国企业收归国有，清除核武器。

国民党（Nationalista Party） 1907 年成立。该党要求改组政府领导层，主张共和国联邦化；要求美国不要干涉菲律宾的内政；主张同各国建立友好关系。

菲律宾共产党（Communist Party of the Philippines） 成立于 1930 年，1967 年发生分裂，1968 年 12 月何塞·西逊（Jose Sison）宣布重建。主张通过武装斗争和建立统一战线，夺取国家政权。1969 年，菲律宾共产党在中吕宋建立新人民军，开展武装斗争。菲共的力量迅速发展，到 80 年代中期拥有 3 万多名党员。新人民军游击队曾扩展到 3 万多人。苏联东欧剧变后，菲共内部发生了分裂，新人民军急速走向衰落，到 1997 年总人数降至2 000多。近年来，新人民军实力又有所恢复，2001 年底已达 1.2 万人。菲共曾与历届政府多次举行和谈，迄今未达成实质性协议。2001 年在美国发生国际恐怖主义袭击的九一一事件后，菲政府对新人民军采取了强硬措施，包括军事打击。2002 年，菲政府将新人民军宣布为“恐怖组织”，并促使美国和欧盟也将新人民军列为“国际恐怖组织”，冻结其海外资产。此后，菲共与政府关系破裂，双方和谈无限期停顿。

摩洛民族解放阵线（Moro National Liberation Front） 菲南部穆斯林反政府武装组织。1968 年菲律宾大学教授密苏阿里创立，旨在棉兰老地区建立独立的伊斯兰国家。1987 年菲南各省举行公投，建立由棉兰老岛四省组成的“棉兰老穆斯林自治区”（ARMM），密苏阿里任主席。1996 年政府与摩解阵线最终达成和平协议。2001 年密苏阿里与阿罗约政府发生裂痕，其支持者于 11 月在霍洛岛发动武装叛乱。政府迅速平叛，宣布密苏阿里犯有叛乱罪。密潜逃至马来西亚沙巴，被马政府逮捕并于 2002 年 1 月引渡回菲。

摩洛伊斯兰解放阵线（Moro Islamic Liberation Front） 目前菲最大的穆斯林反政府组织。现有武装力量 1.25 万人，主要活跃在棉兰老岛。1978 年，以哈希姆·萨拉马（Hashim Salamat）为首的强硬派从摩解阵线脱离后建立，萨拉马任主席。主张建立独立的伊斯兰国家，坚持武装斗争。该组织与政府虽多次签署停火协议，但均未能得到有效执行。2000 年 4 月该组织与政府冲突升级为“全面战争”，该组织的营地被政府军全部攻占。其武装力量溃散后，继续以小股武装袭击政府军和民用设施。2001 年阿罗约政府与该组织重开和谈，于 6 月 22 日在利比亚签署了的黎波里和平协议，8 月 7 日和 10 月 18 日在马来西亚分别签署了停火协议与和平协议。

其他政党还有：民主行动党（Aksyon－Demokratiko）、改革党（Reporma）、地方发展优先党

(Probinsiya Muna Development Initiative)、菲律宾民主战斗党（Laban ng Demokratikong Pilipino）、民族主义人民联盟(Nationalist People's Coalition)等。

七 社会团体

菲律宾的主要社会团体有：

菲律宾工会大会 成立于1975年12月，是菲律宾最大的工会组织，会员约有125万人。

全国工人反贫困联盟 1984年4月成立，成员为工人、学生、教师、城市贫民、自由职业者和宗教人士。

菲律宾工人团体 1981年3月成立，由一些不属于菲律宾工会大会的工会组织联合组成，会员达50万人。

菲律宾工人联盟 1975年5月成立，成员有8万人。

菲律宾青年公民大会 1975年4月成立，全国15～21岁的青年都是当然的成员，现有会员390万人。

菲律宾全国妇女俱乐部联合会 成立于1921年，会员35万人。

农民自由团结组织 1964年成立，约有会员数万人。

八 主要政治人物

格罗丽亚·马卡帕加尔·阿罗约（Gloria Macapagal Arroyo 1947～ ） 菲律宾现任总统。1947年4月5日生于邦加锡南省，系菲律宾前总统迪奥斯达多·马卡帕加尔的女儿。曾就读于阿桑普申中学，1968年到华盛顿乔治敦大学学习。回国后继续深造，先后获得马尼拉大学协会经济学硕士学位和菲律宾大学经济学博士学位。毕业后在阿桑普申大学开始教学生涯，后来成为一名助理教授。1986年2月，马科斯下台后，她进入新总统阿基诺夫人的内阁，担任贸易和工业部的副部长。1988～1990年，掌管纺织服装出口局。1992年，当阿基诺夫人的任期即将结束时，被推举为菲律宾民主党参议员候选人，并当选为参议员，1995年连任。多次被评为“杰出参议员”，曾被《亚洲周刊》评为亚洲最有影响力的妇女之一。1998年5月，以绝对优势当选副总统。因总统埃斯特拉达涉嫌贪污被迫下台，2001年1月20日她就任总统。2001年竞选执政后，注意汲取前任教训，着力发展经济，惩治贪污腐败，推动民族和解进程，加上其才学渊博、为人友善，富有亲和力，得到选民认可。2004年5月再次参加全国竞选，获得1 290多万张选票，赢得胜利，蝉联总统，6月30日正式宣誓就职。曾于1972、1975、1992和2000年访华，于2001年10月29～31日对中国进行国事访问。其丈夫何塞·米格尔·阿罗约，是律师兼商人。

第五节 经济

一 概述

菲律宾虽然资源丰富，但在西班牙、美国殖民统治和日本侵略时期，菲律宾民族工业落后，主要生产手工业品和普通日用品，重要工业品依赖进口。农业是菲律宾的主要经济部门，但是农业极为分散，只是在一些岛屿的沿海平原地区的经济中占有优势。在农业经济中，甘蔗、椰子、麻和烟草四大经济作物的地位十分重要。

1946年独立后，菲律宾政府制定了以经济增长为中心的新经济发展政策，但是仍然保留着殖民时代的许多痕迹。20世纪50年代，由于经济措施得当，菲律宾曾经是东南亚地区经济发展最快、工业化程度最高的国家。1950～1961年，国民生产总值年增长率为7%。20世纪60年代，由于人口增长的压力，菲律宾政府调整了经济政策，取消贸易保护主义，发展出口产品制造业。1962～1972年，国民生产总值年均增长率为5%。

20世纪70年代，菲律宾政府制定了增强本国工业基础的计划，进一步实施鼓励出口加工业政策，大力吸收外资。1973～1980年，菲律宾经济增长速度很快，国民生产总值年均增长率为6.3%。

20世纪80年代后期，世界经济衰退对菲律宾经济也造成了严重的影响。为了加强对经济恶化局面的控制，政府对国家经济进行了前所未有的干预，但是这并未改变经济衰退的颓势，加上政局不稳，国内外投资者对政府的信任度下降，菲律宾经济陷入泥潭。自此，菲律宾经济始终在苦苦挣扎，经济发展在东南亚国家中一直排名靠后。

20世纪90年代上半期，东南亚各国经济发展处于黄金时期。在国际货币基金组织和世界银行的帮助下，菲律宾经济开始复苏。但是交通、电力不足和能源短缺是制约菲律宾经济发展的重要因素。90年代后期，同东南亚其他国家一样，菲律宾经济也受到亚洲金融危机的影响。1999年菲经济逐渐开始恢复。世界银行资料显示，1999 年菲律宾国民生产总值 780 亿美元，在世界排名第四十位；人均国民生产总值1 020美元，在世界排名第一百三十一位。2000 年由于政局动荡，菲金融形势一度恶化，汇率创历史新低，股市也跌至两年来最低水平。2001 年阿罗约总统执政后，推进经济改革，重点提高农业生产力。受全球经济减速和政局动荡的影响，菲律宾仅保持缓慢增长，经济走势低迷。外贸下滑，外来投资减少，政府债务负担加重，贫困问题仍较突出。

目前，菲律宾国民尽管人均收入不高，但仍然要高于亚洲许多国家。1982 年被世界银行列为“中等收入国家”。

2003 年菲律宾国内生产总值增长 4.7%；2004 年增长 6%，2005 年增长 5.1%。

表 3　　菲律宾 2000～2004 年主要经济指标

年份 类别	2000	2001	2002	2003	2004
国内生产总值（10 亿美元）	75.9	71.2	76.7	79.3	86.1
GDP 实际增长率（%）	6.0	1.8	4.3	4.7	6.0
消费品价格指数（%）	4.3	6.1	3.1	2.9	6.0
人口（万）	7 970	8 140	8 300	8 460	8 620

资料来源　英国《国别报告：菲律宾》2006 年 1 月。

二　农业

农业是菲律宾的主要经济部门。全国 50% 以上人口从事农业生产。菲律宾农业包括种植业、林业和渔业。1996 年主要农产品人均产量如下：谷物 226.8 公斤，棉花 0.01 公斤，肉类 25.4 公斤，牛奶 0.5 公斤，原糖 25.62 公斤，水产品 32.3 公斤（1995）。1996 年肉类总产量为 172.4 万吨，牛奶产量为 1.8 万吨，鸡蛋产量为 30.5 万吨，水产品产量为 226.9 万吨。

2001 年，农业产值 146.6 亿美元，比上年增长 3.9%，占国内生产总值的 18.9%。

（一）种植业

菲律宾国土总面积为近 30 万平方公里，40% 为耕地。1994 年有可耕地 552 万公顷，其中农田面积为 367 万公顷。由于农田水利设施的改善，许多农作物可以一年几熟。

1. 粮食作物

粮食作物的种类比较少，主要为谷类、薯类和豆类。谷类作物是菲律宾最主要的粮食作物，种植面积和总产量都居第一位。1995 年，谷物、薯类和豆类在粮食作物中所占比重分别为：84.1%，15.6% 和 0.3%。

稻谷生产对菲律宾经济尤为重要，历史上，凡稻米短缺时，菲社会就会出现动荡。菲律宾 4/5 的人民以稻米为主食，2/3 的耕地种植水稻，农民中有 40% 是稻农。1997 年菲律宾稻米产量为1 166.9 万吨。

玉米也是菲律宾重要的粮食作物，全国普遍种植双季玉米。约有 1/5 以上的居民以玉米为主食。玉米种植主要集中在棉兰老岛。1997 年产量 416 万吨。

薯类作物主要包括木薯、甘薯和马铃薯等，其中木薯的比重占绝对优势，产量约占薯类作物总产量 66% 还多。木薯是热带地区的重要粮食作物之一。1995 年菲律宾薯类作物的产量为 282 万吨。

豆类作物。由于生活水平或宗教原因，许多菲律宾人以豆类为摄取蛋白质的重要来源。豆类品种很多，主要有大豆、青豆、豌豆和鹰嘴豆。1996 年，豆类植物的种植面积为 4.7 万公顷，每公顷单位产量为 786 公斤，总产量为 3.7 万吨。

2. 经济作物

油料作物主要是椰子，椰子是菲律宾除了稻谷、玉米之外种植面积最大的作物。椰树种植面积占全国耕地面积的 20%。在棉兰老岛上，约有 50% 以上的土地种植椰子。菲律宾是世界上最大的椰子生产国和椰油输出国，提供世界市场全部椰产品的 60%。油棕是菲律宾的另一种重要油料作物。与椰子比较，油棕的单位面积产油量更高。近几年，国际油棕价格呈上升的趋势。为了扩大出口创汇能力，菲律宾的油棕无论是种植面积还是产量都有逐年增加之势。甘蔗是仅次于椰子的经济作物，种植面积为37.4万公顷，集中于尼格罗斯和吕宋岛中部。1997年菲律宾的甘蔗产量为2 600万吨。蕉麻也是菲律宾重要的经济作物。二战前菲律宾的蕉麻产量几乎垄断了国际市场，现在年产量稳定在8万吨左右。

3. 水果

菲律宾的气候和土壤条件都很适合热带水果的生长，水果产量大、品种全。1997年菲律宾年产水果942.3万吨，人年均水果达到105公斤，是世界水果生产大国。香蕉、菠萝、芒果不仅满足了国内的需求，而且还大量出口，1994年仅菠萝和香蕉的出口就换取了3亿美元的外汇。香蕉生产和出口称霸东亚，出口值超过了四大传统作物（椰子、蔗糖、蕉麻、烟草）中的蕉麻和烟草。菠萝产量位居世界第二，仅次于泰国，是菲律宾排在第二位的出口农产品。

（二）林业

菲律宾森林资源丰富。有红木、樟木等名贵木材。由于长期无计划砍伐，森林面积逐年缩小。1976～1982年间，每年平均有20万～25万公顷的森林资源被砍伐。为了增加森林资源面积，菲律宾政府制定了中期林业计划。1998年底共有森林1 585.5万亩。1998年生产圆木57万立方米。1999年生产圆木72.6万立方米。

（三）渔业

菲律宾是群岛国家，是东南亚海上和内陆水域面积最大的发达渔业区。内海海域有166.6万平方公里，天然港湾有60余处，便于发展海洋捕捞和养殖渔业。内河流域及湖泊面积辽阔，具有淡水养殖的优越条件。菲律宾是东南亚主要的海水养殖国，人均鱼消费量估计高达每年40公斤，菲律宾人的动物蛋白摄入量70%来自鱼类。近10年来，渔业发展迅速，产量增加迅猛，年平均增长速度为6%，高过农业的整体发展速度；渔业产值占国内生产总值的5%，从业人口约有180万人。目前菲律宾在世界80个产鱼国中排名第十一位。现已开发的海水、淡水渔场面积2 080平方公里。捕捞技术仍比较落后。1998年鱼产品产量为279.11万吨。1999年水产品产量为281.5万吨。

三　工业

主要工业部门有制造业、采矿业和能源工业，工业总产值占国内生产总值31.9%，从业人口占总劳力的15.6%。制造业约占工业总产值的78.5%，建筑业约占17.5%，矿产业约占3%。2001年工业产值为248亿美元，比2000年增长1.9%。

（一）制造业

制造业主要是制糖、椰油、卷烟、食品、锯木、造纸等初级产品加工工业。此外，还有纺织、水泥、制革、橡胶、医药、汽车装配和石油加工等工业。钢铁、冶金、机器制造等重工业很少。

马尼拉区集中了全国31%的小型工业企业、66%的中型工业企业和57%的大型工业企业。其余工业企业则分布在宿务、内格罗斯岛的巴哥洛地区、棉兰老省的伊利甘市、棉兰老南部的达沃市。

20世纪60年代，菲律宾主要发展替代进口工业。70年代以后，开始发展以电子、服装业为代表的劳动密集型产业，产品主要在国内销售。80年代，菲律宾政府开始注重发展中间产品工业和重工业。进入90年代，菲律宾政府对制造业的发展方向做了重大调整，改变以往面向城市、资本密集的工业政策，鼓励发展中小型的劳动密集型工业和乡村工业。

食品工业在制造业中占有重要分量，1995年占制造业的34.9%，占国内生产总值的8.8%。

（二）采矿业

矿藏开采始于西班牙殖民时期，但独立后采矿业才有了大规模的发展。1977年菲律宾的铜矿开采量曾经达到世界第六位。在开采金属矿产方面，菲律宾主要依靠私营公司开采和生产，大部分金属产品供出口。主要出口国是美国和日本。1994年，菲律宾铜产量为18.9万吨，金0.7万公斤，银1.24万公斤。

1996年菲律宾主要工业产品人均产量如下：煤15.3公斤，原油2.0公斤（1995），电46 415千瓦小时，水泥150.5公斤（1995），化肥5.7公斤，钢7.1公斤（1995）。

（三）能源资源与能源工业

能源资源主要包括石油、煤炭，此外还有地热和水电资源。由于勘探、开发能力有限，能源消耗以石油为主，且主要依赖进口。

1995年主要能源储量如下：烟煤探明储量100万吨；亚烟煤和褐煤的估计储量为116 900万吨，

已探明储量36 900万吨，可开采量26 200万吨。1999年煤炭产量121万吨。天然气可开采储量980亿立方米，巴拉望岛西北部海域拥有石油储量3.5亿桶（约合5 000万吨）。

1995年一次性能源生产量919万吨标准煤，能源消费总量为2 936万吨标准煤，其中，固体能源消耗225万吨标准煤，液体能源1 691万吨标准煤，电能891万吨标准煤，人均消费能源标准煤433公斤。发电297亿千瓦小时，其中水力发电占10.9%，煤发电占6.8%，石油发电占62.8%。

菲律宾石油主要分布在巴拉望岛近海、马尼拉湾、苏禄地区及苏禄锡布卢近海地区。1995年菲律宾生产原油14.2万吨，出口9.2万吨，进口1 594.5万吨，原油消费量1 571.7万吨。天然气分布在巴拉望和卡加延西北外海域。菲律宾在南中国海的巴拉望岛附近发现了最大的油气田，储量为3.5亿桶。1993年菲律宾共有9口产气量较大的天然气井，总储量估计为515万亿立方米；煤炭分布在塞米拉拉岛周围，1996年菲律宾煤炭产量为110万吨。

菲律宾火山多，地热资源相当丰富，预计有20.9亿桶石油当量能源。1973～1974年世界第一次石油危机以后，为了降低能源消费对石油的依赖，菲律宾地热开发工程进展相当迅速，现已建成10座地热发电厂，总发电能力为89.4万千瓦，地热发电能力仅次于美国。

菲律宾的水力资源丰富，全国河流和湖泊的蓄水能力达2 569亿立方米，水力发电潜在能量达400万千瓦至880万千瓦。

最近几年，国内能源在菲律宾能源需求中比重增大，尤其是水电和地热在能源结构中的比重增大，但石油进口在国家的商品能源消费中仍然占最大份额。

四　服务业

菲律宾服务业在国民经济中占有主要地位，其产值占国民生产总值的52%左右。近几年来，服务业产值逐年增长。1995年为3 453亿比索（合367亿美元，按1985年不变价格计算），比上年增长4.92%。1996年服务业产值为3 660亿比索（合389亿美元），比1995年增长6%。1997年服务业产值为411亿美元，比1996年增长5.6%。1999、2000和2001年服务业产值分别为314亿美元、322亿美元、335亿美元。

五　交通运输

（一）公路

公路交通在菲律宾整个交通运输业中占十分重要地位，65%的货运和90%的客运通过公路系统进行。

日本提供的低息贷款修建的“泛菲公路”是菲律宾最长的公路，北起吕宋岛北部的拉奥市，南抵棉兰老岛西部的三宝颜市，全长1.3万公里。其他公路线大部分集中在吕宋岛，以马尼拉和黎牙实比为中心，基本形成一个环状公路网。棉兰老岛的公路分布在沿海和平原地区。米沙鄢群岛的公路主要分布在沿海低地，各岛的公路也基本呈环状分布，除干线外还有很多支线通向种植园、矿区。苏禄群岛仅在沿海地区有一些短距离公路。

菲律宾的公路密度相对较高。1995年菲律宾公路长度为16.1万公里，其中，干线公路为2.68万公里，平均每1 000人拥有5公里。2002年公路总长约20万公里。

（二）铁路

由于地形复杂，菲律宾岛内不利于铁路网发展。铁路主要集中于吕宋岛、班乃岛、棉兰老岛。铁路线总长度1 228公里，其中吕宋岛1 027公里，班乃岛只有116公里，宿务岛85公里。国营铁路公司管辖的铁路长度678公里。1995年铁路载客58.9万人次，货物1.41万吨，马尼拉高架铁轨系统经常性乘客405.5万人次。1998年客运量528.02万人次。1999年客运量555.6万人次。

（三）水运

菲律宾是一个群岛之国，对国际贸易的依赖性很大，海上交通运输业非常重要。海运分沿海航运和远洋航运。远洋航运在全国运输业中占有极为重要的地位。沿海航运以轮船为主，岛际航运以木帆船和小汽轮为主。沿海和岛际航运主要由国内航运公司经营。进出口商品主要由外轮运载。马尼拉和宿务是两个最繁忙的集装箱港口。主要对外贸易港口有：马尼拉港、宿务港、卡加延德奥罗港、怡朗港、三宝颜港和达沃港。1995年菲律宾商船的总吨位为874.4万吨，1 349.59万载重吨，载重吨位居世界第十三位，在东南亚地区居第一位。

内河港口和航道运输在全国运输计划中的分量不大。马尼拉港是菲律宾最主要的港口，货物吞吐量1 874万吨，占全国进口的80%，占出口的15%。

1997年菲律宾总共有船只26.796万艘，总吨位2.74亿吨，货运量1.45亿吨。全国共有1 425个大小港口，总吞吐量1.68亿吨。

（四）航空

菲律宾航空运输业较发达，全国各主要岛屿间都有航班。1941年成立的菲律宾航空公司是东南亚国家中历史最悠久的航空公司，1977年起由政府控制。目前该公司经营的国内航线遍及全国40多个城市，单程飞行距离达2万多公里。菲航是政府指定的经营国际航线的航空公司，有班机飞曼谷、吉隆坡、雅加达、新加坡、东京、卡拉奇、香港、北京、旧金山、悉尼、墨尔本、罗马、法兰克福、阿姆斯特丹等城市。

1997年有机场192个，其中89个为国营机场，103个为私人机场；主要机场有首都的尼诺·阿基诺国际机场、宿务市的马克丹国际机场和达沃机场等。马尼拉机场是菲律宾重要的机场，机场面积631公顷，距离市中心为10公里。马尼拉机场由15家外国大航空公司和菲律宾航空公司联合经营使用。菲律宾有6个国际机场，分布在马尼拉、宿务、达沃、达格罗班和三宝颜。

六 旅游业

菲律宾地处热带，风景秀丽，物产丰富，民族文化和风俗习惯奇特，有众多的著名旅游胜地。主要风景名胜地有：

马尼拉 菲律宾首都所在地，同时它也有许多景色优美的旅游景点，如旧王城、圣地亚哥城堡、马拉卡南宫、黎刹公园、菲律宾文化村等。

巴纳韦高梯田 地处吕宋北部伊富高省巴纳韦镇。该梯田是2 000多年前的伊富高民族修建成的古代梯田，盘山渠和梯田由于用石工程量浩大，又被称为“世界第八大奇迹”。

碧瑶 距马尼拉市300公里，碧瑶山岭叠翠，风景迷人，是菲律宾北方土著民族风情游览区。

巴克山寒飞瀑 距马尼拉市124公里。

塔尔火山 地处吕宋西南部八打雁省内的塔阿尔湖。是世界上最低的火山。

宿务 历史名城，地处米沙鄢群岛。

旅游业为菲律宾带来了丰厚收益，是菲外汇收入重要来源之一。菲律宾最大的3个旅游市场是美国、日本和中国台湾。1998年外国游客到达总人数为197.5万人，东亚国家和地区人数为81.6万人（日本人36.2万人，中国台湾18.6万人，韩国8万人，东盟13.7万人），北美53.6万人（美国46.88万人），北欧和西欧27.5万人。按平均兑换率计算，1998年菲律宾旅游收入为24.1亿美元。2002年接待外国游客193万人次，比上年增长7.6%，估计各类相关消费85亿美元。

七 财政金融

（一）财政收入和支出

菲律宾财政开支分为经常行政费用开支、资本支出、政府贷款和偿还债务支出等。

菲律宾外债负担沉重。2001年菲律宾的国际收支赤字为1.92亿美元。截至2002年9月，外债总额536亿美元，其中短期外债58.9亿美元，约占外债总额的11%。总外债中美元债务占56%。菲律宾外债主要来自国际货币基金组织、美国商业银行、国际复兴开发银行、美国进出口银行、美国政府和日本政府。

截至2003年12月，外汇储备134亿美元。

表4 菲律宾1999～2004年财政收支状况 （亿比索）

年份 分类	1999	2000	2001	2002	2003	2004
收入	4 785	5 147	5 637	5 660	6 266	6 983
支出	5 901	6 489	7 107	7 787	8 265	8 844
差额	－1 116	－1 342	－1 470	－2 127	－1 999	－1 861

资料来源 菲律宾中央银行。

（二）金融机构

菲律宾金融机构分为银行和非银行机构两大类。菲律宾银行体制按职能分为菲律宾中央银行、商业银行、储蓄银行、农村银行、政府的专业银行、外国和地区银行的离岸业务单位和代办处等。1992年总共有25家私人国内银行，4家外国银行的分支机构，2家政府银行。

1. 中央银行

菲律宾中央银行的主要职能为：（1）发行货币，代理国家保管准备金，代表政府处理国际金融事务。（2）代表政府监督和管理各种金融机构及货币体系，制定和执行金融政策。（3）管理外汇储备，稳定本国币值，促进金融市场的健全和发展。（4）从事公共市场上的业务活动，影响银根、汇率、利率、贴现率，保持内外平衡和经济的稳定发展。

2. 商业银行

菲律宾金融业以商业银行为主。目前商业银行系统共有32家股份制银行和私营银行，国有银行只有3家。菲律宾商业银行的主要业务活动包括存款、贷款、外汇兑换、物品存放（安全箱）、信托业务。

3. 储蓄银行

储蓄银行包括私人发展银行、储蓄和抵押银行以及股票储蓄和贷款协会。它们通过发展个人小额存款来吸收存款，以低利率发放小规模的贷款，经营转让的债券，例如政府债券和抵押证券等，并经营住房贷款。

4. 农村银行

农村银行大多是私人银行，主要业务是向农业和渔业发放短期、小额贷款。虽然是私人银行，仍以中央银行优惠贴现率的形式获得政府的财政资助。但若发行长期和中期贷款，需得到中央银行的批准。

5. 菲律宾发展银行

是政府的金融机构，主要向农业和工业发展项目提供中、长期贷款或提供担保，它是获得长期贷款的唯一来源。

菲律宾土地银行向农民提供财务支持，推动农业改革。

菲律宾阿玛那银行为穆斯林社区政治经济的发展服务，主要在穆斯林聚居的棉兰老岛开展业务。

6. 外资银行

菲律宾政府开放了外资银行的经营，外资银行注册3亿比索即可在菲律宾开业。目前，美国花旗银行、美洲银行、香港银行、汇丰银行、荷兰商业银行已在菲律宾开设分行。

菲律宾是东南亚各国中最先实行利率自由化的国家，于1982年12月放开了存款利率，1983年1月放开了贷款利率。菲律宾实行浮动汇率制度，货币可自由兑换，兑换率由银行根据菲律宾银行家协会的准则确定。为保持市场的正常秩序及满足政府政策的需要，必要时有关部门可以进行干预。

（三）外汇和黄金管理

1. 外汇交易

只有商业银行指定的代理行才可以经营外汇买卖业务。指定的外汇代理人和指定的外汇买入者不能将外汇卖给一般公众。但是可以将旅游者及特定的非居民的外汇兑换成比索，并且可为出售商品、提供劳务收取外汇。

2. 外汇收支管理

出口收入必须收取指定的21种外币。出口支付需通过国内系统办理。与社会主义国家或中央计划经济国家间的出口贸易，必须由菲律宾国际贸易公司办理。

3. 资本输出入管理

菲律宾禁止向国际社会决议规定禁运的国家和地区付款和转移资本。除了某些银行业务和与国际贸易融资有关的一些交易，所有资本的出入均必须经中央银行专项批准。

4. 黄金管理

中央银行收购国内10个黄金生产厂家的全部产品。同时，中央银行也收购小型黄金生产者或淘金者的产品，以及菲律宾联合冶炼公司冶铜部门的银矿副产品。小型淘金者免于中央银行的征购义务。中央银行按最新的伦敦固定价格和现行比索对美元汇价付给生产厂家比索。这些黄金是官方国际储备的一部分。进口任何形式的黄金只能用于工业和艺术生产。进口黄金者必须有中央银行有关部门签发的许可证。

（四）非银行金融机构

政府非银行金融机构包括政府服务保险系统、社会保险系统和全国投资发展公司。政府服务保险系统负责全国公务员的生活保险和养老抚恤金；社会保险系统负责私营企业雇员的保险业务。

其他金融机构主要有投资公司、贷款公司、证券经纪公司、当铺和保险公司五类。1992年菲律宾共有168家公司的证券、股票在马尼拉和马卡提（Makati）的股票交易所上市。

第六节 外贸与对外经济关系

一 外贸

（一）发展概况

菲律宾地处太平洋西域，亚洲—大洋洲，亚洲—北美洲、南美洲及东亚—南亚—西亚—欧、非洲之间的交通要道上。因此，对外贸易在菲律宾国民经济中具有十分重要的地位。

1. 主要发展历程

第二次世界大战以前，美国利用不平等贸易法案垄断了菲律宾的对外贸易。1946年菲律宾独立之后，开始恢复和调整国民经济，制定了不同的国民经济发展战略，大致有如下几个时期：

（1）20世纪40年代末～50年代，经济恢复时期

在经济恢复时期，对粮食、机器设备、交通工具的需求迅猛增长，对外贸易额增长很快，进口贸易额大大超过出口贸易额。贸易收支逆差额不断增大。

（2）20世纪50年代～70年代初，发展替代进口工业时期

菲律宾采取限制进口贸易，实施外汇管制等措施，对外贸易额增长缓慢。为了充分吸纳资金，政府于1967年和1970年分别颁布了《投资奖励法案》和《出口奖励法案》，对出口工业实行了优惠政策。

（3）20世纪70年代初～80年代初是菲律宾的出口导向发展战略时期

1973～1980年，马科斯政府推行"新经济政策"，采取扩大出口商品市场和出口商品多样化的政策，使得出口贸易迅速发展。此期间的对外贸易额增长速度高于独立后的任何一个时期，菲律宾实现了经济发展战略的转化。

2．外贸规模的扩大

独立后的大多数年份中，菲律宾对外贸易规模不断扩大。1946年进出口贸易总额仅为3.6亿美元，1986年增至135亿美元，增长37.5倍，年均递增9.8%。

20世纪80年代，国际经济环境恶化，各贸易伙伴国对菲律宾主要出口商品需求疲软，出口商品价格下跌，比索对美元汇率大幅度贬值。政府为改善国际收支赤字状况严格限制进口，国内市场对进口商品需求下降，加上国内决策失误，对外贸易额增长速度处于停滞甚至负增长状态，菲律宾出口导向战略受阻。

20世纪80年代后期，菲律宾开始推行第二次进口替代工业化战略，强化重工业部门及化工部门的优惠税制。通过调整国内产业结构、提高农矿初级产品的深加工层次、增加农矿产品出口的附加值，实现在较短时期内带动出口和刺激经济增长的目的。由此，对外贸易在经过20世纪80年代的停滞及负增长后，开始恢复和发展。1990年，出口额达到63亿美元，进口额为102亿美元。

表5　菲律宾2000～2004年对外经济活动主要指标　（亿美元）

项目＼年份	2000	2001	2002	2003	2004
出口	372.95	312.43	343.77	348.42	387.28
进口	334.81	319.86	339.70	360.95	451.09
经常收支平衡	62.58	13.23	43.83	33.47	20.80
外汇储备	130.47	134.29	131.36	134.57	131.16
外债	574	578	593	632	659
汇率(比索:美元)	44.19	50.99	51.60	54.20	56.04

资料来源　英国《国别报告：菲律宾》2006年1月。

贸易逆差是菲律宾外贸面临的一个严重问题。长期以来，进出口商品结构主要是用初级产品及其加工产品换取生产设备和工业材料，贸易收支长期逆差。在1946～1983年的37年间，逆差多达34个年份，逆差总额183亿美元。进入20世纪90年代，贸易逆差依然困扰着菲律宾。

20世纪90年代以来，由于政局趋于平稳，政府得以将主要精力投入经济发展，对外贸易情况开始好转，国内外对菲律宾经济的信心大大增强。外贸的进出口都有了大幅度增长，出口商品结构也向合理的方向转化。但仍然面临外债负担沉重，贸易逆差、出口产品竞争力低下，易受国际经济环境的影响等问题。

劳务输出是菲律宾对外贸易的重要组成部分，劳务外汇收入对改善政府的财政收支平衡有着重要作用。

2003年，菲律宾外贸额已达709.37亿美元，其中：出口额为348.42亿美元，进口额为360.95亿美元，均较上年增长。2004年外贸额总增至838.37亿美元，其中：出口额为387.28亿美元，进口额为451.09亿美元。2005年，外贸总额为886亿美元，其中：出口额为412亿美元，进口额为474亿美元。

（二）进出口贸易方向及其商品构成

菲律宾出口商品主要是初级产品及其加工产品。传统出口商品是四大经济作物，即椰子、甘蔗、蕉麻、烟草及其制品；铜、镍、黄金等初级矿产品也是主要出口商品。菲律宾用初级产品及加工品换取生产设备、工业材料。

近年来，菲律宾积极推行出口商品多元化政策和面向出口工业，进出口商品结构发生了显著变

化。在出口商品结构上，制成品在出口商品中的比重上升，初级产品的比重下降。1976年电子设备及其零件占全部出口收入3%，到1981年为15%，1990年为24%，1995年为43%；劳动密集型产品（主要是服装、家具、鞋类等）在出口制成品中的比重日益上升，20世纪60年代在出口制成品中的比重为14%，80年代为49%；椰子、甘蔗、蕉麻、烟草四大经济作物及铜、黄金等传统出口商品和电子器材、香蕉、服装、化肥、手工艺品等非传统出口商品之间的相对位置发生了明显的变化，后者的出口额已超过了前者的出口额，1980年椰产品、铜、蔗糖及木材共占出口收入的41%，1990年则降为10%。

20世纪90年代后期，进出口商品结构发生了进一步的变化。1996年菲律宾进口额为341.2亿美元，出口额为204.2亿美元。进出口贸易差额为-137.1亿美元。在进口贸易中，较大宗的是制成品，占77.5%；农业原材料占2.1%、食品8.1%、燃料9.2%、矿产品及金属2.9%。出口商品构成为农业原材料1.2%、食品10.1%、燃料1.9%、制成品83.7%、矿产品及金属3.2%。

1975年菲律宾与133个国家和地区建立了贸易关系，1990年增加到150个。主要贸易伙伴是美国、日本和西欧、亚洲“四小龙”以及其他东盟国家。20世纪90年代以来，美国和东盟其他成员国在菲律宾的出口贸易额中所占比重显著提高，日本在菲律宾的出口贸易额中所占比重则明显下降。

1998年菲律宾向美国的出口占出口总额的34.2%，欧盟20.2%，新加坡6.2%。从进口来看，美国占进口总额的21.8%，日本占20.4%，韩国7.4%，新加坡4.8%，中国台湾4.8%，中国香港4.4%，欧盟8.9%。

近年来，菲政府积极发展对外贸易，促进出口商品多样化和外贸市场多元化，进出口商品结构发生显著变化，非传统出口商品如成衣、电子产品、工艺品、家具、化肥等的出口额已超过传统商品出口额。

2001年菲律宾主要出口产品为电子零配件、服装、木器家具、矿产品等；主要进口产品为原油及燃料油、电动机械及配件、通信设备等。消费品进口比重下降，生产资料进口比重增加。主要贸易伙伴是美、日、荷兰、新加坡、英国、中国台湾、中国香港等。

菲律宾1990～2004年进出口贸易情况分别见表6、表7。

表6 菲律宾1990～2004年主要出口贸易国(地区)及所占比率 (亿美元 %)

1990(亿美元)		1996(亿美元)		2004(%)	
总出口额	81.93	总出口额	205.43	总出口额	100.0
其中：		其中：		其中：	
美国	31.03	美国	69.66	美国	20.1
日本	16.22	日本	36.68	日本	17.9
德国	4.13	德国	8.47	荷兰	9.1
英国	3.50	英国	9.37	中国香港	7.9
中国香港	3.30	中国香港	8.68	中国	6.7

资料来源 英国《国别报告——菲律宾》2005年7月。

表7 菲律宾1990～2004年主要进口贸易国(地区)及所占比率 (亿美元 %)

1990(亿美元)		1996(亿美元)		2004(%)	
总进口额	129.92	总进口额	317.56	总进口额	100.0
其中：		其中：		其中：	
日本	23.96	日本	69.16	日本	19.8
美国	25.38	美国	62.43	美国	13.7
沙特阿拉伯	6.20	沙特阿拉伯	16.30	中国	7.7
韩国	4.98	韩国	16.43	新加坡	7.4
中国香港	5.76	中国香港	13.43	中国台湾	7.0

资料来源 英国:《国别报告:菲律宾》2006年1月。

二 劳务输出

菲律宾是一个能运用当今先进的经济模式——“分布式经济”的国家。占全国1/10人口的800万菲律宾海外劳工，遍布世界160个国家和地区。沙特阿拉伯、中国台湾和香港、日本和意大利是最集中的地方。每年收入的外劳汇款，构成菲律宾外汇的最重要来源，与国家的国防预算持平，相当于所得海外援款的3倍。近20年来，全球经历了数次经济周期振荡，但海外劳工汇款仍保持两位数的年增长率。2002年收到的外劳汇款近80亿美元，创历史新高。

三 外国投资和外国援助

据菲律宾投资署统计，1999年菲批准外国间接投资26.7亿美元，直接投资18.94亿美元，两项比1998年减少10%。荷兰、日本、美国、新加坡位居投资的前四位。2000年吸引外国直接投资15.84亿美元；2001年菲律宾的外国投资出现了增长，当年菲律宾吸引外国直接投资达19.53亿美元，比2000年的13.48亿美元增加了近45%。证券投资净流入13.99亿美元，与2000年净流出1.13亿美元形成鲜明对比。外资的增加直接导致资本和账户赤字的减少。

外援主要来自美、日、西欧国家和国际金融组织。截至1995年，菲律宾政府接受的外国援助协议总额60亿美元。其中与日本签订的20项贷款协议达296亿比索（约合11.4亿美元），居第一位。2002年外国承诺给予菲各项援助28亿美元。

第七节 人民生活与社会保障

一 人民生活

近几年来，人民生活水平逐步提高。2001年家庭平均收入约2 881美元。20世纪80年代，菲律宾个人人均支出为725美元，90年代为749美元，1998年为830美元。1980～1990年期间，人均个人消费支出增长率为0.3%，1991～1998年期间为1.3%，低于该地区的其他国家。从城乡居民消费结构看，菲律宾的恩格尔系数较高。1993年家庭消费的57.3%用于食品消费。不过，食品占消费支出比重在不断下降，用于人力资本投资的教育、文化、卫生、保健支出比重在上升。

1994～1996年，人均每天食物热值2 366大卡，蛋白质含量55.8克，脂肪含量46.8克。城乡居民之间的消费结构差异甚大。城市居民消费结构已接近中等收入国家水平，但农村居民消费结构还相当于低收入国家的水平。以1995年为基准，2000年消费品价格指数为140.9，工资指数242.13。

耐用消费品的拥有量特别是电脑的人均拥有量增长较快。1980年每千人拥有收音机的数量为124台，1990年为142台，1997年达到159台；电视机每千人拥有量分别为1980年22台，1990年40台，1998年为108台。1990年每千人有电脑3.5台，1998年已经达到22台；每千人使用互联网的人数1998年为0.59人。2000年每千人拥有45辆汽车。

1995年菲律宾共有电话141万部，每千人有电话21部，传真机有0.7部。1996年每千人有移动电话13部。2001年每千人拥有90部固定电话，40部移动电话。长途电话公司是唯一经营国际通讯业务的国营企业，通过这家公司可直接与世界117个城市通话。

不过，由于近年来菲律宾经济发展缓慢，失业率高和就业严重不足，给人民生活带来了较大的影响。2002年全国15岁以上的人口达5 084万，其中劳动人口为3 367万，已就业人口3 025万，失业人口为342万，失业率10.2%。菲律宾服务部门提供的就业机会最多。在已就业人口中，在服务部门就业的有1 430万人，占总就业人数的47.2%；农业部门吸纳了1 131万个劳动力，占总就业人数的37.4%；工业部门提供了467万个岗位，占总就业人数的15.4%。

为了改善就业，政府出台了一些相关政策，诸如中小型企业发展计划、发展旅游业、加强海外劳工权益保护、呼吁民众自然节育等。但就业前景仍然不佳。首先，劳动市场供过于求的矛盾将长期存在。一方面，长期以来，菲律宾人口年均增长率25‰上下，每年新增人口180万，估计2010年人口将超过1亿。另一方面，近20多年来，菲律宾经济增长率约3%～4%，由于技术进步、产业升级、结构调整等因素，其增长率尚不足以吸纳新增劳动力。从经济发展的内外部环境来看，治安不良、腐败低效、政局多变，也使经济很难在短期内脱胎换骨。

虽然菲律宾人民的生活有了较大的改善，但贫富不均现象仍然严重。1994年，农村、城市和全国生活在国家贫困线以下人口占总人口的比重分别为 53.1%、28.0% 和 40.6%；1997 年全国有 40.6%的人口的生活低于国家贫困线，其中农村低于贫困线的人口为 51.2%，城市为 22.5%。菲律宾属于收入严重不平等国家之一，1997 年菲律宾的基尼系数达到危险的 46.2。收入最低的 20%人口的收入或消费的比重仅占 5.4%，收入最高的 20%群体的收入和消费比重占 52.3%。2000 年基尼系数更是上升到 51.0。最穷的 10%人口的收入占总收入的 1.8%，最富的 10%人口的收入达到总收入的 39.7%。

2004 年 6 月 30 日，阿罗约总统在其就职演说中，提出 6 年任期内消除贫困的 10 点计划，即 2010 年前每年创造 100 万～160 万个就业机会；向 300 万家小企业发放贷款；给每个社区提供电力和清洁饮用水和每间教室配备一台电脑。

总之，菲律宾仍然是一个经济不发达的国家，减少贫困，救助社会弱势群体仍然是需要关注的重要问题。

二　社会保障

独立以后，菲律宾的社会保障和医疗服务有了长足进步。20 世纪初，菲律宾人均寿命尚不足 40 岁，婴儿死亡率很高。霍乱、伤寒和麻风病非常普遍，此外还时常爆发周期性的瘟疫，对人们的生命造成严重威胁。60 年代，成人和婴儿的死亡率开始大幅度降低，人口有了较快的增长。1960 年，菲律宾的人口出生率为 29.6‰，死亡率为 7.8‰，婴儿死亡率为 73.1‰，当时的人口平均预期寿命男子 48 岁，妇女 50.9 岁。今天，菲律宾的医疗保健状况有了进一步的改善，人均预期寿命延长，儿童死亡率降低。2003 年，菲律宾人均寿命已经达到 70 岁，人口出生率为 26‰，死亡率为 6‰。每千名儿童出生时的死亡从 1960 年的 107 人下降到 2003 年的 27 人。

从医疗设施和医疗人力资源来看，1994 年菲律宾每千人有医生 0.1 人，医院床位 1.1 个。2000 年达到每千人约拥有 1.23 名医生，1.5 张病床。1998 年医院总数为1 713所。

菲律宾私营部门在医疗保健部门中占有很大的比重，只有 1/3 的医院属于国有。私立医院的床位为总床位的 50%，私立医院医生的数量为医生总人数的 60%。大多数菲律宾私立医院的规模都较小，只能提供基本的医疗服务。公立医院虽然数量不及私立医院，但通常有 60%的床位作慈善用途，而私立医院只有 10%的病床用作此目的。公有设施仍然是菲律宾政府为人们提供医疗保健服务的基础设施，公立医院为居民提供的服务要远远多于私立医院。

2000 年能获得基本药物治疗的人口占总人口的 50%～79%。1995～2000 年期间，避孕普及率达 46%。

1994～1995 年，菲律宾安全饮水普及率 81%，卫生设施普及率 72%。2000 年饮水不能达到安全标准的人口占总人口的 13%，而已经有 83%的总人口使用合格卫生设施。

菲律宾重视经济发展，政府医疗保健开支低，医疗保健开支的相当一部分依赖于医院对病人的收费。1998 年公共卫生保健支出占国内生产总值的 1.6%，个人支出医保费用占国内生产总值的 2.1%，人均支出 37 美元。

菲律宾医疗保障的水平较低，医疗卫生设施分布不均匀，大部分医生和护士集中在城市地区，城市人口和就业人口能够享受的服务好于农村人口。为了改变农村人口医疗条件差的情况，菲律宾设立了免费医疗或接近免费医疗的制度，对贫困的农村人口实行免费医疗。由于资金问题，农村医疗服务只是初级和最原始的形式，参与的人数也不是很多，很难真正解决农村人口的就医问题。

菲律宾正式医疗保障的覆盖面较窄。正式医疗保健制度主要是指由政府财政支持的医疗保健制度，这类制度的适用对象主要是国家公务人员、军人、警察和少数特殊人群如穷人等社会救济对象。享有正式医疗保健的人口约2 350万，占菲律宾总人口的 38%。在就业人员中，只有 20%的人参与了这个项目。医疗保险项目将家庭帮工、临时工，季节性农业工人和年收入在 1.8 万比索（约合 450 美元）以下的自谋职业者也排除在外。大多数被排斥的人居住在农村地区，约有1 300万～1 500万人，其中 90%的人生活在贫困线以下。

第八节　教育　科技　文化

一　教育

菲律宾是亚洲教育最为发达的国家之一。菲律宾的劳动力素质较高，教育水平在东盟各国中名列前茅，是唯一不缺乏合格中级管理人员的东盟国家。菲律宾是世界第三大讲英语的国家，仅次于美国和英国,这为其进入世界经济提供了优越条件。

菲律宾宪法规定，中小学实行义务教育。政府重视教育，1995年公共教育经费423.7亿比索，占国内生产总值的2.2%。其中日常开支为368.3亿比索，投资支出55.3亿比索。在公共教育的日常支出中，中小学占73.1%，大学占15.1%，其他为11.8%。2002年教育预算为1 053亿比索，占政府预算开支的13.48%。菲律宾鼓励私人办学，为私立学校提供长期低息贷款，并免征财产税。

1994年全国识字率为93.5%。1995年人均受教育时间男女各为12年。2000年成人文盲率（占15岁以上人口的百分比）为4.7%。

教育文化体育部是菲律宾国家教育的主管机构。全国分为12个学区，每个学区由学区教育与文化管理局负责管理。教育文化体育部下分设初等教育局、中等教育局、高等教育局，分别负责和监督全国范围各级公立、私立学校的办学情况。此外，直辖于教育文化体育部的机构还有儿童与青年研究中心、国语研究所、国家历史研究所、国家教育测验中心、国家教育贷款援助中心、国家博物馆、国家图书馆、菲律宾音乐促进基金会等。

国家教育计划规定，初级和中级教育为义务教育，科学技术教育和培训是优先发展的项目。

菲律宾小学教育为六年学制，公立学校实行六年义务教育制，学生免交学费，只需交少量的学杂费。学生结束六年初等教育以后，经过考试进入中等学校。

中等学校由普通中学和中等职业技术学校组成，学制四年。普通中学对学生进行文化技术知识教育，学生毕业考试合格者，可以进入普通高等院校学习。中等教育的目标是使学生掌握生存技巧，增强对环境的适应，具有一定的科技知识和某种程度的艺术欣赏能力。普通中学的必修课为国语、英语、数学、自然科学、社会科学，选修课为音乐、打字、速记等。菲律宾中等教育分为私立中学和公立中学，中等教育要收费，私立中学费用较高。

高等院校学制时间不定，从几个月到几年。二年以下的只发给毕业证书。学士学位课时为四至五年；硕士学位课时为二年；博士学位课时为三年，但是医学、药学和兽医学等博士学位的学制一般为六年，有的甚至长达十年。大学在校学生数183.3万人（1994）。大马尼拉市有高等院校169所，约占全国高等院校的1/4。菲律宾最著名的高等院校有：菲律宾大学，1908年创办；圣托马斯大学，1611年创办。还有阿特尼奥大学、东方大学、远东大学等。

成人教育比较发达。成人教育局负责成人教育。成人教育的目的在于提高劳动力的素质，促进经济的发展。为了实现这一目标，政府建立成人学校，举办各种技能训练班，如农业、环境卫生、英语以及扫盲班等，以适应不同阶层人的需要。

菲律宾高等教育的目标为：提供普通教育课程，促进国家统一，振兴文化，净化道德风气；培养国家领导人才；用新知识改变人们的生活水平；培养有实际应用知识和技能的人才，适应国家和社会发展需要。

菲律宾公立院校的教育经费主要来自政府的财政预算、学生的学杂费和社会捐款。私立学校的经费主要来自学生的学杂费和私人团体的捐助。1990～1991学年，全国共有小学34 081所，公立学校占95.4%；中学5 550所，公立学校占61.1%；各种高等院校2 071所，公立大学占23.7%。1993年全国共有职业学校1 235所。

1996～1997学年，全国有小学37 721所，中学63 695所，高等学院1 316所；在校生中，小学生1 150.48万，中学生488.35万，大学生222.09万。

二 科技

（一）科学研究的发展

菲律宾科技研究机构的建立在东南亚国家中比较早。第二次世界大战以前，科学技术研究已经初具规模，在医学方面已经有重大发展。菲律宾于1903～1935年相继成立了许多医学科技组织，如马尼拉医学协会、菲律宾大学附属医院、国际麻风协会、菲律宾防癌联盟、菲律宾公共卫生协会等。第二次世界大战期间，一些科研机构遭到严重破坏。独立以后，菲律宾政府立即着手恢复科技工作，筹建新的科研机构，培养新的科研人员。到了20世纪90年代，科研工作有了长足发展。1978年，菲律宾科学技术学院成立，它是菲律宾科学技术的最高学术机构。菲律宾科学技术学院由著名的科学家组成，院士为终身制，也是科研人员的重大荣誉。

（二）科学技术基本方针和政策

菲律宾科学技术基本方针和政策，主要是促进公共与私人部门科学技术的研究和开发，有效利用各种能源和原料，开发和改善技术，提高粮食生产，加强环境保护；培养高质量的科技人员，稳固学术机构在不同地区的科研能力；发展有效的技术转让或推广服务系统；加强全国性和国际间的科技合作；扩大经费的来源，鼓励私人部门积极投入并参加研究与开发。这些发展的领域或项目是：能源、工业、基础结构和公用事业、农业和自然资源、社会服务、科学促进和普及。科技人力的开发注重天然产品的化学加工，生物遗传的研究，新材料的应用以及电子产业的发展。

1987年，为了加快经济增长速度，菲律宾科学技术部开始实施科技发展六年规划，主要内容为：加快推广农村发展技术；从国外引进经济技术；挖掘国内科技潜力，提高本国科技水平，开发农业、自然资源、工业、卫生和营养、环境保护等方面的一批项目。

1992年，菲律宾研究与开发经费占国民生产总值的0.2%，人均研究开发费用为46比索。1990～2000年研究与开发支出占国民生产总值的0.2%。

（三）科研机构及科研管理机构

菲律宾的科研体制分为科研管理机构和科研机构。1958年成立的全国科研最高领导机构是国家科学发展署，负责安排全国科研机构的科研工作。该署成员为教育文化部长、国家经济发展署署长等，经费由国家调拨。成立于1958年的菲律宾科学技术部是管理全国科研的部级政府科研管理机构，主要负责科研政策的制定、科技研究与开发、研究成果的推广和应用。菲律宾全国经济和开发管理局负责制定社会与经济综合规划。

从事科研的机构主要是如下一些组织：高等教育机构，在高等学校内从事农业、自然科学、医学、工程和社会科学研究，大约有155个；非盈利基金会（组织），约有69个；大量私人企业，从事某种研究与开发活动。

1992年从事研究和开发的科技人员数量为：科学家和工程师9 960人，技术员1 399人。每百万人口平均科学家和工程师人数为157人，每百万人口平均技术员数22人。

（四）对外科技交流

菲律宾比较重视对外科技合作和科技交流。对外交流与合作的方式有：与国外科研机构之间的联系与合作；根据对等和互惠、互相尊重独立和国家主权的原则，加强国家之间的双边合作；作为东盟成员国，菲律宾还与东盟国家进行了地区性的科技合作；另外，菲律宾还与联合国下属组织和特设机构进行了多边合作。

三　文化

（一）文学艺术

菲律宾的文学艺术，特别是民间文学艺术形式非常发达。在古代，菲律宾民间就流行着丰富多彩的艺术形式，流传着许多民间故事。这些艺术形式包括戏剧、史诗、抒情诗、神话及谜语、谚语等等。对菲律宾文学影响最大、最为著名的代表作有古代的《祈祷诗》《暖屋歌》和伊斯兰风格的抒情诗《我的七爱之歌》《送别歌》，以及代表高原文学的伊富高族的著名叙事诗《阿丽古荣》《都郡地方的狩猎歌》和《孤儿之歌》等。另外还有古代民歌故事《麻雀与小虾》《安哥传》和《世界的起源》。

殖民时期，在西班牙殖民者的压制下，菲律宾本土民间文学的发展受到局限。在西班牙统治的300多年间，菲律宾文学基本上是中世纪的骑士文学，作品多以中世纪的欧洲为背景。19世纪反殖民斗争期间，诞生了一批著名诗人和作家，代表人物为何塞·黎刹（1861～1896），代表作为长篇小说《不许犯我》（1887）和《起义者》（1891）；以及发动著名的“卡蒂普南”起义的安德列斯·波尼法秀的诗歌《对祖国的爱》。这些作品主要反映了菲律宾人争取民族独立的爱国主义精神。

进入美国占领时期以后，英文写作成了时尚，产生了不少用英文创作的作品。英文作品的产生和发展分为三个时期：1908～1924年的模仿时期，作者多为大学生，模仿美国的小说；1924～1935年的“实验和独创时期”，这一时期的主要代表人物有克莱门西达·乔文·科莱科，代表作为小说《他的归来》（1924年）；第三个时期是第二次世界大战前夕到20世纪60年代的“更伟大的独创时期”，此时的文学主题为歌颂祖国、自由民主、纯洁的爱情和反对侵略。

除此之外，菲律宾政府还逐步推广国语的文学创作。

菲律宾很早便存在戏剧艺术形式，代表有“卡拉加丹”和“拉普洛”两种。这两种形式都是诗歌体，在民间集会和婚丧嫁娶的时候表演。在西班牙殖民者统治期间，受到西方文化的影响，产生了与宗教题材有关的戏剧形式和内容。主要戏剧形式有万餐室剧、摩罗—摩罗戏和音乐喜剧。

最受菲律宾人民喜爱的戏剧形式当属音乐歌舞剧“萨苏埃拉”。该戏剧具有西班牙轻歌舞剧的风格，用他加禄语演出，穿插对话、歌唱和舞蹈。这种形式融进了菲律宾人民的智慧和创作，是戏剧艺术的一朵民族奇葩。

菲律宾著名的民族剧团是西宁·西拉娥南演出团，创立于1973年。

（二）媒体

1. 报纸期刊

1996年，每千居民平均日报发行量为79份。

1996年全国有257家出版机构。菲文日报：《消息报》《菲律宾快报》。主要英文日报为：《马尼拉公报》《菲律宾星报》《菲律宾询问日报》《自由报》《马尼拉时报》《马尼拉纪事报》。华文日报：《世界日报》、《商报》、《菲华时报》、《联合日报》和《环球日报》。

《马尼拉公报》，是菲律宾历史最久、发行量最大的英文对开日报。有要闻、国际新闻、国内新闻、社会和评论、商业、体育、文化、建设、海运等专栏。发行量27.3万份左右。《联合日报》是菲律宾华人中有较大影响的中文报纸。该报辟有半版“新闻窗”，专门报道有关中国的情况。此外，其他版面也刊登少量中国的消息或特稿，发行量2万份。《世界日报》也是用中文出版的报纸，专门报道中国国内外政治、时事新闻及体育消息。发行量近万份。

菲律宾的主要期刊有：《商业杂志》，菲律宾美国商会出版，报道菲、美贸易和相关国际贸易方面的动态、企业新闻、产品介绍。《亚洲研究》，刊载有关亚洲国家与地区的政治、经济、社会、历史、文化、宗教等问题的论述。《马尼拉周报》，唯一向国外发行的英文周刊，读者对象是海外菲律宾人。

2. 广播电视

菲律宾广播、电视事业相当发达。菲广播电台服务始于20世纪20年代，电视事业始于20世纪50年代初。1995年每千人有收音机147部，电视机49台，每千人中有5.9人收看有线电视。政府拥有的电台以及教育或宗教等非商业电台占电台总数的14%。全国最大的广播网是国家广播公司。电台节目的80%为音乐节目。全国有389个广播电台，42家电视台，其中广播局和人民电视台属官方性质，其余均为私人所有。菲律宾广播电台、电视台使用的语言主要是英语、他加禄语和华语。

1974年成立的广播新闻委员会，负责制定广播、电视的宣传政策，是颁发广播电台、电视台营业许可证的唯一授权单位。另有菲律宾广播协会，具体执行广播新闻委员会所制定的政策，并在广播电台、电视台之间进行协调工作。全国所有广播电台、电视台（包括政府电台）都是菲律宾广播协会的会员。

广播电视的主要机构有：新闻部广播局、全国新闻生产中心、菲律宾国家广播公司、坎拉翁广播系统、巴纳豪广播公司、洲际广播公司、广播电视艺术公司、远东广播公司、菲律宾之音电台。

3. 新闻社

菲律宾通讯社是官方通讯社，成立于1973年3月1日。与中国、马来西亚、印尼、泰国、巴基斯坦、日本等15个国家和地区的通讯社建有新闻交换关系，与美联社、合众国际社、路透社均有工作联系。

新闻组织有菲全国新闻记者俱乐部、菲新闻摄影家协会、菲出版者协会等。全国共有257家出版机构。

菲律宾有国家图书馆和公共图书馆。国家图书馆藏书为90万册。

（三）体育

与其他亚洲国家丰富多彩的体育爱好不同，菲律宾人对篮球运动情有独钟，篮球是菲律宾的国球。20世纪60年代～70年代初，菲律宾国家男篮曾多次获得亚洲冠军。菲律宾人对篮球的喜爱已经到了难以言表的程度。

菲律宾人喜爱的另一种运动是巴斯克人的回力球运动，这是受西班牙人影响的结果。

第九节 军事

菲律宾革命武装力量曾长期从事反对西班牙、美国和日本侵略的斗争。独立后，1946年建立了菲律宾国防军，分海、陆、空和保安军四个军种。1950年4月19日正式改称菲律宾武装部队，并将3月22日（1897年菲革命军反抗西班牙殖民统治的斗争日）定为建军节。

一　国防体制

宪法规定，总统为武装力量统帅；国家安全委员会是国防安全的最高决策机构，由总统任主席。国防部是最高军事行政机关，负责制定和实施国防计划和政策。总统通过国防部和武装部队司令部对全国武装力量实施领导和指挥。最高军事指挥机构为武装部队司令部，总参谋长是总统之下的最高指挥官。武装力量由现役部队和准军事部队组成。

二　国防战略目标与国防政策

菲律宾国防战略目标是保护国家安全利益，维护国家政治稳定和促进经济发展，确保菲律宾在地区和国际上发挥更积极的作用。

为了实现上述目标，菲律宾执行如下国防政策：(1) 大力加强海空军建设，着重提高快速反应能力、海上作战能力和三军协同作战能力。(2) 密切与亚太地区各国尤其是东盟国家在防务方面的合作，支持东南亚建设成一个“和平、自由和中立区”，全面推进东南亚无核化进程。(3) 维系菲美军事同盟，拓宽防务合作范围，向美提供军队部署、给养和武器装备维修方面的支持，争取美向菲提供物资、技术援助并协助菲训练军队。(4) 积极参与联合国维和行动。(5) 坚持对所占南沙岛礁拥有“主权”的立场。

三　国防军事战略

菲律宾实行总体积极防御战略，即在面临重大威胁时，将动员包括军事力量在内的一切国家力量进行积极防御，尽可能早地发现各种现实和潜在的威胁，并作出及时反应。通过争取政治或外交途径解决，若不能奏效，随时准备诉诸武力。在作战指导思想上，奉行“纵深防御”，重点加强菲律宾西、北、南三个方向的防御部署。

四　军事预算和兵役制度

1998年军费开支约13亿美元。1999年军费预算13.6亿美元。2002年军费预算12.2亿美元，占预算总额约10%。1995年2月16日，菲参议院通过一项使菲武装部队现代化的法案。该法案决定在今后10年里增拨500亿比索（约20亿美元）用于军队的现代化建设。

菲律宾实行志愿兵役制，服役期限最少不低于3年，最多30年。

五　武装力量编制与实力

菲律宾武装力量由现役部队和准军事部队组成。

现役部队有陆军、海军、空军3个军种。到2004年，现役部队兵力约10.6万人，其中：

陆军　6.6万人，编为5个军区，1个首都防区，8个步兵师（各辖3个步兵旅、1个炮兵营），1个特种作战司令部（下辖1个轻装甲旅、1个骑兵侦察团，1个特种作战团、5个工兵营、1个炮兵团、1个总统卫队）。装备有轻型坦克65辆、步兵战车85辆、装甲运输车370辆、火炮350余门。

海军　约2.4万余人（含陆战队）。编有6个海军区。装备有护卫舰1艘、巡逻舰艇58艘、两栖舰艇7艘、后勤支援舰船11艘。陆战队7 500人。编为3个旅，10个营（将减为2个旅6个营）。装备有装甲运输车109辆、105毫米火炮150门，以及迫击炮等。海军航空兵有飞机10架。

空军　约1.6万人，编成3个战斗机中队、2个武装直升机中队、1个武装侦察机中队、3个运输机中队、2个直升机中队、4个搜索救援机中队、2个教练机中队，装备作战飞机约36架，武装直升机约25架。

预备役部队　13.1万人，其中：陆军10万人，海军1.5万人，空军1.6万人。

准军事部队　有国民警察4.4万人，编为15个地区司令部，73个省级司令部。海岸警卫队3 500人，装备有巡逻艇43艘，轻型飞机3架。国民防卫军4万人，编为56个营。

六　菲美军事关系

长期以来，菲律宾与美国的军事关系密切。菲律宾与美国曾在1947年签署《菲美军事基地协定》，美国使用菲律宾军事基地的期限为99年。1966年双方对协定进行了修改，把租期缩短为25年，即1991年9月16日期满。美国在菲律宾共有6个军事基地，其中克拉克空军基地和苏比克海军基地是美国在海外的两个最大的军事基地。克拉克空军基地是美国第十三航空队的总部驻地，也是美国在西太平洋地区的空军后勤中心。苏比克海军基地是美国第七舰队的母港，也是美国在海外的舰船、人员的最大休息和娱乐中心。1997年7月17

日，非美第七轮军事基地谈判达成协议，美国继续租用苏比克军事基地10年，其余基地将交还给菲律宾，但是此协议遭到参议院否决。最后，菲律宾提出新的建议，要求美国用3年的时间从菲律宾撤出军事基地，即美国于1994年撤出菲律宾军事基地。1999年菲律宾和美国增强了军事方面的合作，两国拟在菲律宾举行联合军事演习。1999年5月27日，菲律宾参议院以18票对0票通过支持美国舰队到菲进行军事访问的提案，为两国举行一些联合军事训练活动确立了法律框架。而1995年以来，两国之间还没有举行过这样的活动。

第十节 外交

一 外交政策的演变

从1946年独立到20世纪60年代，菲律宾一直推行亲美的外交政策，不与社会主义国家建立任何外交关系。随着国际形势的变化，菲律宾逐渐修改了其僵硬的外交政策，开始奉行独立的外交政策，在平衡、平等、互利、互敬的基础上发展同所有国家的政治经济关系。菲律宾积极参与国际和地区事务，促进本国社会和经济的发展，促进本地区和全球的和平与稳定。菲律宾对外政策的三大目标是：加强国家安全，促进经济发展，保护海外菲律宾公民。重视同美国、中国和日本等大国的关系；积极推动东盟内部合作；发展同伊斯兰国家的友好关系。大力推行经济外交，积极参与国际和地区事务。截至2000年底，已同125个国家建交。

在国际政治事务中，菲律宾反对使用武力，主张用和平方式解决国与国之间的争端。1976年菲律宾正式宣布不参加任何军事组织。菲律宾政府支持裁军和反对一切形式的核试验。

在国际经济关系中，菲律宾反对贸易保护主义，主张南北对话，缩小发达国家与发展中国家的经济差距。

二 菲律宾与主要国家关系

（一）同中国关系

菲中两国的关系源远流长。从菲律宾群岛发掘出的大量唐代中国文物来看，菲律宾同中国早在公元7～9世纪就有了非常广泛的交往。中国宋、元和明三代的有关史籍对中菲交往也有许多记载。一些中国商人、农民移民到菲律宾，把中国的生产技术传入菲律宾，促进了菲律宾农业、手工业和早期工业的发展。在近现代，菲中两国又共同经历了受帝国主义侵略和展开反侵略斗争的时期。

1975年6月9日，中国与菲律宾建交后，两国领导人经常互访，就国际和国内重大问题交换意见，在政治、经济、文化和科技领域进行广泛的合作。1993年菲律宾总统拉莫斯和中国人大常委会委员长乔石先后互访，就全面拓展两国经贸关系达成了一致认识，两国签署了《中菲消费品进出口协定》《中菲旅游合作协定》《中菲经济技术合作协定》《中菲鼓励投资及相互保护协定》等4个政府间协定及9个民间经济协定，使中菲关系跃上了一个新台阶。1997年5月，菲律宾驻广州总领馆开馆。2000年是两国建交25周年纪念，双方进行了一系列高层访问和庆祝活动。2000年菲在澳门开设总领馆。

2001年中菲两国关系取得新进展。菲国防部长莫卡多、菲总统特使杨应琳先后访华。5月，菲副总统兼外长金戈纳来京参加第三届亚欧外长会议，胡锦涛副主席和唐家璇外长分别会见他。10月，阿罗约总统和金戈纳副总统兼外长来华出席上海亚太经合组织会议。10月29～31日，阿罗约总统对中国进行国事访问。访问期间，两国领导人就保持高层和各层次的交往、进一步加强各领域的全面合作达成共识。双方签署了《引渡条约》、《打击跨国犯罪合作谅解备忘录》、《打击贩毒合作协议》等双边合作协议，并就菲方在上海设立总领馆互换照会。

2002年中菲两国在各领域的友好合作关系继续取得长足发展。1月，菲律宾总统阿罗约发布总统令，将中菲建交日（6月9日）定为“菲华友谊日”。6月，菲外交部和华人各界举行了一系列庆祝活动，阿罗约总统出席了有关活动。7月，菲律宾驻上海总领馆开馆。9月，全国人大常委会委员长李鹏应邀对菲进行正式访问，其间双方签署了《中国全国人大常委会与菲律宾众议院合作谅解备忘录》等合作文件。9月，中央军委副主席、国务委员兼国防部长迟浩田应邀访菲。

2004年9月1～3日，菲律宾总统阿罗约应邀到中国进行国事访问。2005年4月26～28日，中国国家主席胡锦涛对菲律宾进行了国事访问。访问期间，胡锦涛主席与阿罗约总统就共同关心的国际和地区问题交换意见，两国决定建立致力于和平与发展的战略性合作关系。

据中国海关总署统计，2004 年中菲贸易额为 133.3 亿美元，同比增长 41.8%。其中，中方出口 42.7 亿美元，增长 38%；进口 90.6 亿美元，增长 43.6%。

菲律宾承认中华人民共和国为中国唯一合法政府，执行“一个中国”的政策。菲律宾对中国南沙群岛的部分岛屿持有异议，并在一些岛屿上驻军。2005 年 3 月 14 日，中国、菲律宾和越南的三家石油公司在马尼拉签署《在南中国海协议区三方联合海洋地震工作协议》。三方将通过合作，实践各自国家政府作出的使南海地区变为“和平、稳定、合作与发展地区”的承诺。

（二）同美国关系

由于历史的原因，菲律宾同美国的关系较为密切。两国曾签有《军事基地协定》、《军事援助协定》和《共同防御条约》。1991 年 9 月，菲律宾参议院废除了菲美《军事基地协定》，但《共同防御条约》依然有效。1991～1992 年 11 月 24 日，美先后向菲归还了全部 6 个基地，结束了美在菲长达 93 年的驻军。1998 年初，两国签署《访问部队协定》，该协定旨在为参加菲美联合军事演习的到访美军确立法律地位，为军事基地协定废止后美军重返菲铺路。1999 年 5 月，该协定获菲参院批准，菲美计划于 2000 年初恢复军事演习。10 月美国防部长科恩访菲，双方主要讨论了菲美军事关系及向东帝汶派驻维和部队问题，美表示愿协助把菲维和部队运到东帝汶。2000 年菲美举行多次军事演习。2001 年美国发生国际恐怖主义袭击的九一一事件以后，菲律宾全力支持美国反恐行动，向美开放军事设施，提供后勤服务。美则派反恐专家赴菲协助反恐训练。2001 年 11 月，阿罗约总统访美，美承诺向菲提供 46 亿美元经济援助与民间投资，并允诺提供武器装备等大规模军援。同月，美太平洋总司令布莱尔访菲，会见阿罗约总统和菲军方高官，表示美将向菲提供更多军援，帮助菲消灭阿布沙耶夫武装。2002 年初，菲美在菲南部开展为期半年的以阿布沙耶夫为打击目标的“肩并肩”联合军事演习。

随着美国于 1992 年结束了在菲律宾长达 93 年的驻军，两国长达百年的特殊伙伴关系宣告结束，转而确立了以经贸为核心的新型外交关系。美国撤军以后，对菲律宾的军事和经济援助减少，经济援助由 1987 年的 3.75 亿美元降为 1993 年的 1.45 亿美元；军事援助由 1991 年的 2 亿美元降为 1993 年的2 500万美元。尽管如此，美国仍然是菲律宾最大的贸易伙伴和主要投资国。1985～1991 年，美国累计向菲律宾提供了 30 亿美元的援助。1993～1997 年间，美在菲投资 18 亿美元，是菲最大投资来源。美是菲最大贸易伙伴。2002 年菲美贸易总额为 149 亿美元，其中菲向美出口 86 亿美元。

（三）同日本关系

1941 年日本帝国主义军队曾入侵菲律宾，给菲律宾带来深重的灾难。日本战败投降后，菲律宾于 1956 年与日本正式建交。1960 年两国正式签署了《菲日友好通商航海条约》，此后，两国关系在许多方面都取得了较大的进展。目前，日本是菲律宾最大的投资国和第二大贸易伙伴。1994 年日本向菲律宾提供的援助金额达 12.61 亿美元。1998 年日菲贸易额 102.6 亿美元。1999 年 1 月，日宫泽基金批准给菲 14 亿美元贷款。2002 年菲日贸易额 122 亿美元。

近年来，两国高层关系密切，菲律宾积极支持日本在国际事务中发挥作用，例如支持日本争取成为联合国安理会常任理事国的要求，希望日本在世界上发挥与其经济影响相称的政治作用。2001 年 9 月，阿罗约总统对日本进行国事访问时会见了日本天皇夫妇，与小泉首相举行了会谈。双方发表了联合声明，表示将加强对话，在未来把两国合作关系提升到伙伴关系；共同支持美国打击国际恐怖主义。2002 年 1 月，日本首相小泉纯一郎访菲，倡议日本与东盟建立全面经济联盟，包括签署双边自由贸易协议等。5 月，阿罗约总统对日本进行工作访问，表示支持日本建立亚洲经济共同体的倡议。12 月，阿罗约总统对日进行国事访问，其间会见了日本天皇和首相小泉纯一郎。

（四）同东南亚国家关系

菲律宾是东南亚国家联盟的创始国之一，重视同东南亚国家的关系，尤其重视同东盟国家在各个领域的合作。菲律宾同泰国、印尼关系较好，同马来西亚之间存在着沙巴领土争端，但均表示愿通过友好协商解决。菲律宾对马来西亚把原英属北加里曼丹（包括沙巴）并入马来西亚并成立马来西亚联邦表示不满，认为沙巴这块资源丰富的土地是菲律宾苏禄苏丹于1878年租让出去的，希望收回主权。1963年和1968年由于沙巴领土问题，菲马两国曾两次断交，后来复交。

菲律宾与印度尼西亚在政治、经济等方面有着密切的关系。两国之间签有多项加强两国安全合作的协议。菲律宾和泰国之间签有经济、贸易、农业、文化和航空方面的协定。菲律宾与新加坡有着密切的外贸关系。1995年3月，因新加坡处死一名菲律宾女佣，菲新关系降级，菲外长罗慕洛引咎辞职。1996年4月，新菲互派大使，关系恢复正常。2001年阿罗约就任总统后，也非常重视加强与东盟其他国家的关系。 （田 禾）

第三章 文莱

第一节 概述

国名 文莱达鲁萨兰国（Brunei Darussalam）。

领土面积 5 765平方公里。

人口 37.01万（2005年）。

民族 马来人占66.7%，华人占11%，其他种族占22.3%。

宗教 伊斯兰教为国教，还有佛教、基督教、拜物教等。

语言文字 马来语为国语，通用英语，华语使用较广泛。通用马来文和英文。

首都 斯里巴加湾市（Bandar Seri Begawan），面积15.8平方公里，人口约6万（2001年）。

国家元首 苏丹·哈吉·哈桑纳尔·博尔基亚·穆伊扎丁·瓦达乌拉（Sultan Haji Hassanal BolkiAh Mu'izzaddin Waddaulah），1967年10月5日即位。

第二节 自然地理与人文地理

一 自然地理

（一）地理位置

文莱位于东南亚南部岛屿区的加里曼丹岛西北部，地处北纬4°～5°5′与东经114°23′～115°40′之间，离赤道440公里。北临南海和文莱湾，隔海与中国南沙群岛相望；东、南、西三面与东马来西亚的沙捞越州毗邻，并被该州分为互不相连的东西两部分，相距8公里。

（二）地形

文莱国土东西宽183公里，北至西南长145公里。由第三纪和第四纪沉积岩组成，地势西低东高，国土分东、西两部分。西部地区面积占全国总面积的4/5，为低山地，其南半部海拔150米以上，东南角国境线上的巴干山海拔1 850米，沿海地带有珊瑚沙滩延伸的狭窄平原，地形比较平坦开阔，为文莱主要农业区。东部地区面积占1/5，其东和南部为丘陵带，只有15%的土地得到开垦。海岸线长161公里。

（三）河流

东部和南部河流众多，向北注入南海，较大的有白拉弈河、都东河等。白拉弈河长32公里，为全国最大河流。发源于巴干山的淡布伦河，向北注入文莱湾，为东部地区最大河流。

（四）气候

文莱属于热带雨林气候，终年炎热多雨，以高温度、高湿度和丰富的降雨为特色，没有明显的干湿季。终年气温在26℃～35℃之间，平均湿度为79%，降雨在9月和1月最多，降雨量从沿海地区的每年2 500毫米到内陆的7 500毫米不等。东北季风期（11月～次年3月）是全年的大雨季，沿海风浪大；西南季风期（6～9月）为全年小雨季，风力较小。文莱从来没有发生过台风、地震和水灾。

（五）自然资源

植被 文莱森林资源丰富，森林面积为4 352平方公里，占国土面积的75%。热带雨林多分布在内地山区河流的上游。河流下游生长泥炭沼泽林，沿海有红树林。

动物资源 野生动物有蜜熊、鹿、猴、多种爬行动物及鸟类。

矿产资源 文莱盛产石油和天然气。石油蕴藏量为16亿桶，天然气约2 943亿立方米。诗里亚是自1929年发现石油以来文莱重要的石油工业基地，石油城外有天然气基地卢穆。文莱因其丰富的石油资源而成为世界上人均国内生产总值最高的国家之一。硅石的已探明储量为200万吨，很适合制造玻璃。

二　人文地理

（一）人口状况

1998年文莱人口为323 600人，人口增长率28‰，其中男性为171 700人（占53%），女性为151 900人（占47%）。年龄在15岁以下的有105 800人，占32.7%；15～64岁的有206 200人，占63.7%；超过65岁的有11 600人，占3.6%。2002年文莱人口为34.08万，人口出生率为24‰，死亡率为3‰；人口预期寿命男性为72.1岁，女性为76.5岁。在文莱有大量外国流动人口从事石油、天然气及建筑业。

（二）民族与宗教

文莱政府采取扶持马来人的“文莱化”政策。在文莱现有35万多居民中，马来人占66.7%，华人占15%，其他民族占18%。马来族是文莱的主体民族，他们在殖民地时期曾处于政治和经济上受压迫和剥削的境地。独立后，文莱苏丹为了增加马来族的凝聚力，强调保证马来族居民的政治地位和经济利益。

由于历史的原因，大多数马来人主要从事农业和渔业。1962年的文莱宪法规定，非马来人取得公民资格，必须通过马来文和一般常识的考试。此后又采取措施，让马来人在投资、就业和教育等方面享有更多的机会。在投资政策方面，规定马来人的或以马来人为伙伴的合资企业，可以享受额外的优惠政策；在就业上，马来人有优先录用和晋升的权利。文莱的公共部门规定，不准雇用非公民任职，文莱的一些公司如文莱壳牌石油公司规定，不准招收非公民在公司中任职；在工程建筑方面，土著马来人有取得合约的优先权。对其他民族如华人，则采取了一些限制性和歧视性的政策。华人约有5万人，主要从事工商业和经营小型农场。由于没有公民权，他们不能拥有房地产。华人在求职、晋升和经营活动等方面，也都受到限制。因此，自20世纪60年代以来，华人较多地移居加拿大、澳大利亚等国。

文莱是一个传统的伊斯兰国家，伊斯兰教是法定国教，苏丹为伊斯兰教的领袖。伊斯兰教在文莱已有500多年的历史。文莱苏丹王朝的兴起和发展都与伊斯兰教的传播密不可分。在英国殖民时期，苏丹一直持有管理宗教事务的权利。文莱独立后强调伊斯兰教传统。较之东南亚别的伊斯兰国家，文莱更严格地信奉传统的伊斯兰教教规。在文莱，跳舞、赌博、饮酒等都遭到禁止，也不存在所谓“夜生活”。文莱在致力于发展经济现代化的同时，仍然强调本国的伊斯兰教传统。但伊斯兰化进程基本控制在政府手中，危及苏丹地位和国家安全的宗教活动都在禁止之列。

宪法保障宗教自由，居民可以信奉包括基督教和佛教在内的其他宗教。伊斯兰教徒占国家人口的65%，佛教徒占15%，基督徒占10%。

（三）行政区划

文莱国土分为4个行政区，即西部的穆阿拉区、都东区、白拉弈区及东部的淡布伦区，每个区由一个区长官管理。

首都　斯里巴加湾市。面积16平方公里，人口约6万，位于穆阿拉区，是政府所在地和商业中心。原名为文莱城，从17世纪起即为文莱首都。1970年10月4日，为了纪念前任苏丹奥玛尔在其17年统治期间对国家现代化所作的贡献，更名为斯里巴加湾市。该市包括一群存在数世纪的位于文莱河的小村子，即水村。

除首都斯里巴加湾市外，其他城市还有重要港口城市穆阿拉、油气工业基地诗里亚以及白拉弈区、都东区和淡布伦区的行政中心瓜拉白拉弈、都东与邦古尔。

第三节　历史

一　古代史

文莱历史悠久，古称渤泥国，又称婆罗乃、婆利、布尔尼等名，自古为酋长统治。据考古发现等证明，它同亚洲大陆的邻国有广泛联系，早在公元517年和522年，当时的婆利国就曾两度遣使到中国，与梁朝（502～557）交往。1408年（明永乐六年），渤泥国王率王妃、王子等亲随150人造访中国。“文莱”一名的正式出现是在16世纪明朝张燮所著的《东西洋考》之中。但依据文莱学者的说法，文莱的历史始于14世纪，而此前的历史均属“史前社会”。

在15世纪初伊斯兰教传入古渤泥国后，建立了苏丹国。当时文莱第一位统治者艾旺·阿拉克·

贝塔塔尔信奉伊斯兰教，并更名为穆罕默德，成为文莱第一位苏丹，享有穆罕默德一世称号。从15世纪到16世纪，尤其是在第五世和第九世苏丹时，文莱成为一个经济发达、商业繁荣、国力强盛的地区强国，16世纪初达到极盛期，曾远征加里曼丹岛东海岸、爪哇、马六甲、吕宋等，所辖领土包括整个加里曼丹岛，并延伸至菲律宾部分地区，还同中国和阿拉伯国家建立了密切联系。

二　近现代史

16世纪中叶，欧洲殖民者开始到达文莱。首先到来的是葡萄牙、西班牙和荷兰殖民者，英国从17、18世纪开始蚕食文莱。16～19世纪，文莱失去了对国家的主导权，受到英国等的宰割。境内战争、起义不断，海盗横行。

1841年文莱被切割为互不相连的两部分，1842年文莱苏丹被迫把沙捞越割让给英国人詹姆斯·布鲁克，1847年文莱同英国签订条约；1881年又被迫将沙巴的领土划给英北婆罗洲渣打公司；1888年文莱正式成为英国的“保护国”。到1904年，文莱领土缩小至一个三面临沙捞越、北濒南海的小苏丹国，仅保留了目前的领土。

1888年9月17日签订的《英国文莱条约》规定，英国享有苏丹王位继承的决定权和外交权；未经英国许可，文莱不得将其领土割让给他国。1906年，英国又与文莱签订了补充协定，规定由英国派行政长官掌管文莱的一切内政、外交和国防大权，苏丹的实际权力仅限于掌管传统习俗和伊斯兰宗教事务。

1929年，在文莱发现石油和天然气。石油开采不仅给英国殖民者带来巨额利润，而且也迅速改变了文莱的落后面貌。文莱经济得以稳步发展，传统社会开始向现代工业社会转变。

第二次世界大战爆发以后，日本于1941年侵占文莱。日本投降后，英国卷土重来，文莱又沦为英国的“保护国”。此后，文莱的石油产量稳步增长，经济迅速恢复。20世纪50年代初，文莱第二十八世苏丹奥玛尔·阿里·赛福迪制定了文莱的第一个五年发展规划（1953～1958），利用文莱的石油收入大力发展基础设施建设，将文莱从一个落后国发展成为一个现代化国家。

文莱于1959年颁布了成文宪法，获得了内部自治。始于1906年的英国行政长官改为高级专员。高级专员对除伊斯兰宗教和马来习俗外的其他事务向苏丹提供咨询。1967年苏丹奥玛尔·阿里·赛福迪在位17年后主动退位，其长子哈桑纳尔·博尔基亚继位。

英国为了保持和扩大其在东南亚的统治地位，积极支持马来亚联邦推行包括文莱在内的“马来西亚”计划，遭到文莱人民反对。1962年12月，文莱人民在人民党领导下发动大规模武装起义。在苏丹的请求下，英国空运英联邦军队将起义镇压下去。随后，人民党被取缔，宪法被终止，苏丹宣布实施紧急状态法令。1963年7月，由于在石油收入分配以及文莱在马来西亚统治者会议中的地位等问题上发生争执，文莱苏丹宣布退出关于成立马来亚联邦的伦敦谈判。在1970年的一次选举中，一个新的反对党取得了胜利。从此以后，文莱王室抵制了所有主张选举立法机构和建立代议制政府的言行，代之以组成清一色委任的议院，通过皇家法令实施统治，文莱重又回到君主专制政体。苏丹将大量收入用于发展公用事业及各种福利设施。

1971年，文莱与英国签订新条约，文莱获得“完全的内部自治”，但仍由英国执掌外交权和国防事务。当时文莱王室出于对自身安全和经济发展等各种因素考虑，仍然希望继续保留其英国“保护国”的地位。但是，1975年12月，在马来西亚的推动下，联合国大会通过决议，要求英国撤出文莱，允许流亡者回国，举行大选。

三　当代史

1979年是文莱历史的一个转折点。英国与文莱签订《友好合作条约》，保证文莱在1983年后获得完全独立。1984年1月1日，文莱历史掀开了新的一页，文莱苏丹博尔基亚宣布文莱独立，并宣布文莱“永远是一个主权、民主和独立的马来穆斯林君主国”。苏丹宣布组建一个6人内阁，他本人任首相，并兼任内务和财政大臣。1月7日，文莱正式加入东南亚国家联盟，成为其第六个成员国。1月9日，文莱正式加入联合国，成为其第159个成员国。同年，文莱还加入了英联邦和伊斯兰会议组织。

1988年，苏丹重新组阁，他宣布放弃兼任的内务和财政大臣职位，而担任他父亲自1984年以来担任的国防大臣一职。他同时宣布任命5位新大臣和8位副大臣。为了推动国家的经济发展，1988年11月30日，苏丹重新组阁，组建工业和初级资源部，将一位副大臣提升为大臣。新内阁自 1989 年 1 月 1 日开始工作。20 世纪 50 年代以来，在苏丹的领导下，文莱政府已制定了 8 个五年计划，致力于国家经济、社会和文化的发展。

第四节　政治体制与法律制度

一　概述

文莱实行马来伊斯兰君主立宪政体，其政治体制有两个支柱，一是文莱的成文宪法，二是马来伊斯兰君主传统。这两点在文莱政治生活和政府道德中起主导作用。法律原则以英国不成文法和司法独立为基础。苏丹的权力至高无上。

文莱独立时，苏丹宣告文莱永远是一个主权、民主和独立的马来穆斯林君主国。独立以来，苏丹政府大力推行“马来化、伊斯兰化和君主制”政策，重点扶持马来族等土著人的经济，在进行现代化建设的同时严格保持伊斯兰原则。注意巩固王室统治，加强王室和人民之间的团结，对穆斯林极端分子严加控制。

二　宪法

文莱有一部成文宪法，即 1959 年 9 月 29 日颁布的第一部宪法。宪法除基本文本外，还包括 1959 年继承和摄政公告。1959 年宪法规定，文莱苏丹为国家元首，拥有行政、立法、司法全部权力。下设枢密院、部长委员会（现称内阁部长委员会）、立法委员会、世袭委员会和宗教委员会，协助苏丹行使职权。另外，1959 年宪法规定首席大臣为最高级别的官员，英国使节对除有关穆斯林宗教和马来习俗以外的所有事务提供咨询，但关于所有内部和财政事务，文莱实行自治。

1971 年和 1984 年对宪法进行重要修改。1971 年修改的宪法进一步削弱了英国政府的权力，英国仅保留外交权，国防由双方共同负责。1984 年文莱独立后，获得了全部的外交和国防权。修订后的文莱宪法于 1984 年 1 月 1 日起生效，体现了文莱作为一个独立主权国家的地位。文莱苏丹作为最高的执行权威，并由枢密院、继承委员会、宗教委员会和内阁部长委员会给予帮助和咨询。

原立法议会由 33 人组成，其中 16 人由民选产生。1962 年和 1965 年曾进行立法议会选举，1970 年被停止。此后，全部立法议员由苏丹任命。1984 年宣布取消议会。

三　政府

苏丹政府原来采用传统的马来方式，由首席代表和高官提出建议。1984 年 1 月 1 日，苏丹博尔基亚实行内阁制。苏丹为国家最高行政首脑，自 1984 年文莱独立以来一直担任首相。内阁由 7 人组成，1988 年改由 12 人组成。文莱的行政体系以首相办公室为中心。王室成员占据着政府内所有重要职位。苏丹本人还兼任国防大臣。

政府的结构如下：最高为苏丹国王，下设继承委员会、枢密院、内阁部长委员会和立法委员会；部级行政机关包括首相办公室、外交部、国内事务部、财政部、国防部、教育部、工业和初级资源部、发展部、文化青年和运动部、健康部、宗教事务部及交通部。宗教委员会就与伊斯兰教有关的事务为苏丹提供咨询。枢密委员会负责授予荣誉称号等事宜。当王位继承出现问题时，由继承委员会进行裁决。根据宪法规定，由立法委员会对立法进行检查，但最近几年立法委员会没有开会，法律由皇家宣布制定。

四　司法

司法权力被授予最高法院及下级法院。最高法院包括中级法院、上诉法院以及高级法院，下级法院包括各地方法院。与伊斯兰信仰有关的事务由伊斯兰教法院处理。

五　政党

文莱在获得独立之前曾出现文莱人民党和文莱人民独立阵线。1985 年 5 月 30 日苏丹宣布允许政党注册，随后出现了文莱国家民主党和文莱国家团结党。现仅存文莱国家团结党。

文莱国家团结党

1986 年 2 月成立。该党从国家民主党分裂出来，自称是一个多元民族政党，接纳穆斯林和非穆斯林为党员，主张与王室和政府合作，改革政体，建立一个民主的马来伊斯兰教王国。秘书长阿旺·哈达·扎纳尔·阿比丁。目前，国家团结党已成为文莱仅存的政党。

此外，曾先后活动的政党还有：

文莱人民党

1956 年 8 月 21 日成立。该党主张实现文莱人民自治，坚决反对文莱加入马来西亚联邦，其最高纲领是建立一个包括文莱、沙捞越和沙巴在内的北加里曼丹统一邦。人民党在 1962 年首次举行的文莱议会选举中获得绝对胜利。1962年底发动反对文莱加入马来西亚联邦的起义。英国廓尔喀雇佣兵从新加坡飞抵文莱，协助苏丹很快将人民党起义镇压下去，苏丹宣布国家进入紧急状态，并取缔人民党。其主席为阿·穆·阿扎哈里。

文莱人民独立阵线

1966年8月10日成立。主张效忠王室和苏丹，目前很少活动。主席为扎纳尔·阿比丁·布迪。

文莱国家民主党

1985年9月成立。主要成员是信奉伊斯兰教义和自由民族主义的马来商人，主张建立君主立宪制下的议会民主制度，尽快举行大选。文莱苏丹禁止政府雇员加入该党。1988年，由于该党提出要求苏丹辞去首相职务，结束长达26年的紧急状态并举行大选而遭到取缔，其领导人则根据“国内安全法”被捕入狱。主席为阿卜杜勒·拉蒂夫。

六　主要政治人物

哈吉·哈桑纳尔·博尔基亚·穆伊扎丁·瓦达乌拉（Sultan Haji Hassanal BolkiAh Mu'izzaddin Waddaulah　1946～　）　14世纪以来文莱第二十九位国王，兼任首相、国防大臣和财政大臣。1946年7月15日生于文莱市（现斯里巴加湾市）。幼年接受宫廷教育，曾就读于文莱苏丹奥玛尔阿里学校和马来西亚吉隆坡维多利亚学院，后在英国皇家军事学院学习，并于1967年获上尉军衔。作为长子，1961年成为王储，1967年10月5日在其父苏丹奥玛尔·阿里·赛福迪自动退位后登基，1968年8月1日加冕。1984年1月1日文莱独立后兼任首相。1984年1月～1986年10月兼任财政大臣和内政大臣，1986年兼任国防大臣。他还是文莱国宗教——伊斯兰教的领袖。苏丹可以宣布国家进入紧急状态，不管是否与宪法相抵触。1984年兼任首相后，在国内，他把进一步调整经济结构、实现经济多样化作为可持续发展战略的核心；在国际上，奉行不结盟和同各国友好的外交政策，将同东盟发展关系作为其对外政策的基石，重视发展同东盟国家、伊斯兰国家、英联邦国家、日本和美国的关系。他酷爱体育，尤其是马球。他有两位妻子，10个孩子，其中4位王子，6位公主。

阿尔·穆塔迪·比拉（Haji Al－Muhtadee Billah）（1974～　）　王储。生于1974年2月17日，为苏丹和皇后的第3个孩子。1995～1997年在文莱大学和英国牛津伊斯兰研究中心学习伊斯兰教经典等，并在牛津大学马格达伦学院攻读外交。1997年毕业回国后，在文莱教育部、外交部等多个政府部门实习。1998年8月10日，被正式确定为王储。为将来成为国家领导人做准备，王储在各种公私部门任职锻炼。爱好台球运动，曾在国际台球比赛中获奖。

第五节　经济

一　概述

文莱历史上是一个贫穷落后的农业小国，从20世纪初发现石油到60～70年代石油、天然气的大量开采，文莱的经济结构发生了根本性的变化，石油和天然气开采业成为经济的支柱产业，成为典型的石油经济国家。石油、天然气的生产和销售为文莱政府带来丰厚的外汇收入，加之国家人口少，文莱国民经济迅速发展，成为世界上人均国民收入最高的国家之一，也使得政府得以推行各项社会福利措施，人民生活水平大幅度提高，文莱因此被称为“壳牌福利国家”。

随着石油工业的发展，文莱经济结构过于单一的弊端日趋显露。20世纪70年代以来，为了改变经济过分依赖石油经济的单一格局，政府通过制定和贯彻国民经济发展五年计划，促进产业结构合理化和多样化，力图改变对石油和天然气过分依赖的国民经济结构。政府多元化经济政策鼓励发展的主要领域有：石油、天然气的下游产业及能源工业，如炼油、天然气液化、化肥、塑料、化工原料；农、林、渔业，包括扩大粮食和蔬菜种植面积，增加牛、羊、鸡、鱼、虾的养殖及蛋奶的生产，增加食品的自给率，减少进口；鼓励国内外商人在文莱投资、经商，促进中小型私人企业、商业部门的发展，允许外资在高科技和出口导向型工业项目拥有100％的股权；推行私有化，逐步将政府管理的电讯、邮政、水电、交通等公共服务部门私有化，以提高服务质量和办事效率，减少政府财政负担。通过推动私有化，实现文莱经济朝着从以政府为主导逐步转向以私人为主导的方向发展。

经过几十年的努力，文莱非石油产业得到一定的发展，其产值占国内生产总值的比重不断提高。1980年为16.3％，1990年为37％，2001年则上升为46.5％。而油、气所占比重则由80年代的占

83.7%下降到2001年的占53.5%。

前些年，政府对公共服务业和建筑业投入较大，使得这两个部门的产值占到国内生产总值的30%。而工业、农业、渔业、商业等生产性部门的发展则相对滞后，其总产值占国内生产总值的比重几十年来仅增长几个百分点。

2002年文莱经济增长率为3%，失业率4.6%，国内生产总值达到45亿美元。近年来，文莱的经济增长速度跟不上人口增长速度，是人均收入水平下降的一个原因。自1984年独立以来，国内生产总值实际增长率仅为人口增长率的一半，除非这种趋势得到控制，否则人均收入和生活水准仍将会继续下降。文莱的人均国民收入，已由80年代的世界第一跌至90年代的亚洲第一，现在已下滑至亚洲第三。2002年文莱人均国内生产总值为1.3万美元。2005年，文莱人均国内生产总值约合1.6万美元（26 500文莱元），国内生产总值增长率为3.6%。

文莱政府认为，经济问题会对社会和政治产生直接影响，如不加以解决，就可能造成社会不稳定。现在文莱政府把进一步调整经济结构、实现经济多样化作为可持续发展战略的核心。文莱要改革现行的管理体制，大力提高经济竞争力，以应对各种挑战，使文莱继续享受和平与繁荣。

政府采取了多项措施刺激经济发展，努力由土地资源经济转型至人力资本经济。小国没有大国所拥有的全方位竞争能力，只能选择具有优势的领域重点开发。文莱当前所面临的4个重要挑战是：经济增长、多元化、就业和投资。

在文莱的“八五”计划（2001～2005）中，拟定了石油及天然气工业总体规划，以吸引外来投资，为中小型企业创造商机。文莱继续朝非石油工业领域持续挺进，而其中60%的增长需要依靠私企的发展。文莱国内私人企业中，中小型企业占了95%，2000年有注册公司5 784家。为了协助国内的中小型企业发展，开拓国际市场，政府为它们提供培训、辅导，并计划设立营销中心。

表1　　文莱1997～2004年主要经济指标

项目＼年份	1997	1998	1999	2000	2001	2002	2003	2004
按现价计算的GDP（10亿文莱元）	6.6	6.9	7.1	7.4	7.7	7.88	–	–
GDP实际增长率（%）	3.6	−4.0	2.6	2.8	1.5	4.1	3.1	1.7
消费品价格指数（%）	1.7	−0.4	−0.1	1.2	0.6	−2.0	0.3	0.9
人口（万人）	31.4	32.4	33.1	33.8	34.5	35.1	–	–
出口　离岸价（百万文莱元）	3 971	3 194	4 325	6 734	6 522	6 629	7 704	8 563
进口　到岸价（百万文莱元）	−3 154	−2 338	−2 251	−1 908	−2 046	2 787	2 312	2 413
外汇储备（亿美元）	36.56	40.11	–	–	–	200.00	–	–
汇率（文莱元：美元）	1.48	1.67	1.69	1.72	1.79**	1.79	1.74	1.69

资料来源　英国《国别报告·文莱》2005年7月。

文莱政府正采取各种措施，逐步减少各种福利性补贴以减轻政府的财政负担。对国有企业实行股份化和民营化，大力鼓励民间中小企业的发展。文莱经济经过1997年亚洲金融风暴的冲击后，从1999年起开始走向复苏。根据文莱“八五”计划，2001～2005年国民生产总值年均将增长5%～6%，并将积极朝非石油工业领域努力，重点是旅游业、纺织业、信息业。“八五”计划中政府拨款70亿文元，另外再增加10亿文元作为特别经济拨款。其中投资3 100万文元推动多项中小型工程，以促进国内中小型企业的发展。

“八五”计划中，政府拨款9亿文元发展信息业，建立电子政府和电子商务，为政府部门、学校、社区中心和伊斯兰教堂及城乡居民提供电子服务，其目标是使文莱政府成为本区域率先广泛使用电子服务的政府。现在文莱95%以上的家庭有电话，40%有手机，但只有9%的家庭上网。电子化的文莱将最广泛地使用互联网作为沟通、经商、教育、卫生、理财的主要工具。为减轻政府负担、提高服务质量，电力局等政府部门将率先企业化，鼓励私人参与电力服务。“八五”计划拨出5.29亿文元发展电力服务，该预算占总预算的7.26%。

虽然目前文莱没有转口贸易，也没有足够的国际金融方面的人才，但有丰富的石油和天然气，稳定的政治环境，和谐的民族关系和充足的外汇储备。文莱没有个人所得税、销售税、外汇管制等，在国际金融中心注册的岸外公司无须缴纳公司营业税。同时，文莱有完善的英国普通法系统，以及国际金融中心应该具备的国际法规。有良好的基础设施、优越的地理位置、便利的交通和宜人的环境，因此，它有条件成为国际金融中心。吸引外资不是比较富裕的文莱的唯一目的，它更需要借此培养国际金融人才和创业的企业家。文莱政府现在正致力于把国家建设成为国际金融中心。

二　工业

文莱富藏石油和天然气，石油和天然气工业在文莱经济中占主导地位。1996～2000年间，日产原油在15万桶水平上下波动，是东南亚仅次于印尼和马来西亚的第三大产油国，并且是世界第四大液化天然气出口国。1998年油气产值占文莱国内生产总值的32.5%；90%以上的出口收入依靠原油、石油制品和天然气的出口。

自1929年英荷壳牌石油公司在诗里亚首次发现大油田以来，经过几十年的努力，文莱先后发现了西南安巴油田、诗里亚的海上油田、费尔利油田、钱皮思7号油田、马丕油田和甘尼海上油田等大、中型油田。1984年文莱建成一座日提炼能力达1万桶的炼油厂，从而改变了石油制品完全依赖进口的情况。石油产量1979年最高时达每日26.1万桶。

目前，文莱LNG公司负责处理文莱壳牌石油公司所属油田提供的天然气。从1999年4月1日起，LNG公司将接收马哈拉加拉·加马鲁拉马（Maharajalela Jamalulalam）油田所属非壳牌石油公司的天然气。

表2　　文莱1997～2004年石油天然气储量和产量

类别＼年份	1997	1998	1999	2000	2001	2002	2003	2004
石油储量（亿桶）	14	14	14	14	14	14	14	14
石油产量（万吨）	800	770	890	950	950	1 015	1 035	1 030
天然气储量（万亿立方米）	0.40	0.39	0.39	0.39	0.39	0.39	0.39	0.39
天然气产量（亿立方米）	113	110	113	116	114	98	105	102

资料来源　英国石油公司《世界能源统计年鉴》2003年；英国《国别报告——文莱》2005年7月。

近年来，由于政府实施一系列五年计划，对经济和基础设施发展的投资加大，从而带动了建筑业的发展。建筑业已成为文莱第二大工业。

三　农业

农、林、渔业约占文莱国内生产总值的2.2%，其中农业（狭义上）约占1%。主要农作物有水稻、胡椒、椰子和橡胶等。除有少量木材和橡胶出口外，农产品几乎都依靠进口。其中粮食的4/5需要进口。海上和内河捕鱼在文莱的经济中起着一定的作用，但由于技术落后，捕获量不大。

稻米生产

最近10年来，政府采取各种措施鼓励稻米生产。由于引进了先进的生产方法，平均每公顷产量有所提高。全国大米需求的1%由当地613公顷的稻田提供。为了实现大米自给，政府于1978年在甘榜瓦杉（Kampong Wasan）开展了大规模的水稻机械化种植计划。此计划占地400公顷，由农业部和公共事业部联合负责。

水果种植

规模较小。当地产水果品种很多，可提供国内水果需求1.4万吨的11%。1975年，农业部发起了水果种植计划，鼓励水果种植。在班堂密特斯（Bantang Mitus）、塔纳（Tanah）、加布（Jambu）及鲁玛帕斯（Lumapas）种植包括红毛丹、榴莲及橘子在内的各种水果。

蔬菜

当地种植的蔬菜产量为6 700吨，可满足国家需求的65%。由于越来越多的人从事水果蔬菜种植，产量逐步增加。

塞纳特（Sinaut）农业培训中心

建于 1976 年，旨在通过有效地培训农业从业人员来促进文莱的农业发展。培训中心的课程包括年轻农民的培训课程、技术人员的训练项目、服务培训、农业和农业工程国家文凭课程等。

牲畜

文莱每年生产1 000头牛和水牛，可满足国内牛肉需求的 6%。政府在小牛照料、机器、喂养、肥料以及兽医等方面帮助牲畜养殖者。文莱每年需要3 000～5 000吨肉，人均 9～17 公斤。为满足对牛肉的需要，文莱平均每年从澳大利亚进口4 000～7 000头活牛。当地鲜奶产量为每年 19.9 万升。为了促进水牛生产，农业部在都东区班堂密特斯（Batang Mitus）发起了一个占地达4 000公顷的研究项目。

林业

文莱 3/4 的国土为森林覆盖，但林业对经济的贡献很小。每年伐木 10 万立方米，仅限于满足当地需要。

渔业

1983 年文莱宣布 200 海里渔业区范围，并且逐渐认识到渔业的潜能。据估计文莱渔业价值超过 2 亿文莱元。1993 年当地的海鲜生产为4 269吨。有 21 艘商业船只和近2 000名渔夫从事生产，其中大部分渔夫为兼职。目前渔业的开发和利用包括捕捞、海水养殖以及水产加工，大约占国内生产总值的 0.5%（3 720万文莱元）。由于有出口潜力但缺乏技术，文莱政府积极鼓励外资投入水产领域。

四　交通通讯基础设施

（一）陆路

文莱国内陆路交通以公路为主，同国外的交通主要靠航空运输。仅有一条 19.3 公里长的铁路。2001 年公路总长为3 298.5公里，一条高速公路贯穿国家的整个海岸线，将穆阿拉港和石油产地白拉弈相连。公共事业部负责道路的维修。由于政府提供燃料补贴、路税和驾驶执照费用较低，文莱的车辆数量不断增加。大部分车辆是从日本、英国、德国、意大利、印尼和马来西亚进口。截至 2002 年 4 月，共有注册汽车 224 110 辆，其中私人轿车 192 127辆，货车17 967辆，摩托车7 251辆。

（二）航运

水运是重要的运输渠道。穆阿拉深水港是主要港口，此外还有斯里巴加湾市港、马来弈港和卢穆港等，主要供出口石油和液化天然气使用。穆阿拉是深水港，距斯里巴加湾市大约 29 公里，与新加坡、马来西亚、香港、泰国、菲律宾、印尼和中国台湾有定期货运航班。

（三）空运

文莱国际机场离首都斯里巴加湾市大约 15 分钟的路程，一天 24 小时运营。机场有一条4 000米的跑道可供各式飞机起降，一年可运载 150 万旅客和 5 万吨货物。空运业务由 1974 年 11 月 18 日成立的皇家航空公司经营。文莱皇家航空公司有 10 架客机，开辟了 26 条往返于新加坡、马来西亚、香港、泰国、菲律宾和印尼以及中国台湾等地的国际航线。2001 年客运量 106.12 万人次，货运量 24 309.2吨；空运邮件量 260.2 吨。文莱壳牌石油公司在诗里亚石油基地有一个小型机场。

（四）通讯

全国有 16 个邮局和几个邮政代理商，11 625 个邮筒。除周日、周五和公共假日外，每天都办理投递业务。航空信件可达所有国家。自 1981 年实施国家电话方案后，电话得到很大发展。文莱的电话通讯在东南亚属最先进之列。文莱有两个地球人造卫星站提供与世界各地的直拨电话、电传和传真联系。现在运作的几个系统包括模拟电话交换系统、与新加坡和马来西亚的光纤电缆联系、一套进入国外高速计算机基地的交换系统、移动电话以及寻呼机系统。通过微波和太阳能电话，直拨电话联系可达全国各地。

五　财政金融

（一）财政

财政收入主要来源于生产石油和天然气的公司税和政府财产收益，支出主要用于防务、行政开支、公共发展基金和社会服务。对外贸易多年来始终保持顺差，外汇储备比较充足。外汇来源除石油和天然气的出口收入外，还有在海外投资的巨额利润。

文莱政府一直努力保持低水平的国内价格。汽油价格低廉，基本食品、水、电和燃料都有高额补贴以维持低价。此外，公民免征收入税，文莱唯一的税收是统一的 30%的公司利润税。

文莱政府正采取各种措施，逐步减少各种福利性补贴和其他财政负担，对国有企业实行股份化和民营化，鼓励中小企业发展。1997年亚洲金融危机后，2001年已复苏；在文莱“八五”计划中，其国民生产总值年均增长5%～6%。文莱积极发展非石油工业领域，财政重点支持旅游业、纺织业和信息产业。“八五”计划中政府拨款70亿文元，另外再增加10亿文元作为特别经济拨款。

表3 文莱1999～2001年政府收支情况 （亿文莱元）

年份 / 收入	1999	2000	2001
收入	25.360	50.844	42.326
支出	41.206	41.985	38.563
差额	-15.846	8.859	3.763

资料来源 文莱财政部2002年度统计。

（二）金融

境内有几家大商业银行。1935年政府建立邮政储蓄银行，成为国内第一家银行。在日本占领时期，此银行被毁，丢失了所有资料。1946年重新开张，并于1978年最终关闭。

文莱曾属英镑区，当时的外汇管制和银行工作程序由1956年的银行法管理。现在已没有外汇管制，文莱元和新加坡元随美元浮动。文莱实行货币局制度，没有中央银行。政府在《银行法》和《金融公司法》的规范下管理银行业。金融部通过金融制度紧密规范银行活动，以确保有一个稳定和金融法规健全的商业环境。货币局对货币的发行和管理负责。官方外汇储备约200亿美元，无外债。为了实现国家储备增长收入的最大化，政府于1983年建立了文莱投资局，投资局与银行和投资公司密切合作，以保证这些储备得到良好使用。

文莱于1967年发行本国货币，取代了与新加坡和马来西亚通用的马来亚英属文莱货币。文莱货币包括1元、5元、10元、25元、50元、100元、500元、1 000元和10 000元，并有1分、5分、20分和50分的分币。1989年文莱货币局发行新货币，新货币单位为1元、5元、50元、100元、1 000元和10 000元；1992年，25元票面的货币开始使用。1992年文莱货币流通量为4.597亿元。文莱元和新加坡元通行，并可相互自由兑换。

全国有9家外国银行的分支机构，分别为：拜杜利银行有限公司（Baiduri Bank Berhad）、花旗银行、文莱发展银行有限公司（Development Bank of Brunei Berhad）、汇丰银行、文莱伊斯兰银行有限公司（Islamic Bank of Brunei Berhad IBB）、马来亚银行有限公司（Malayan Banking Berhad）、海外联合银行（OUB）、标准渣打银行以及森那美银行有限公司（Sime Bank Berhad）。

截至2002年2月，银行总资产为109.25亿文莱元。

第六节 外贸与对外经济关系

一 外贸

对外贸易在文莱国民经济中占重要地位。文莱主要出口石油、天然气和石油产品，并进口大量粮食、饮料、日常用品、机械和各种制成品。目前，文莱对外贸易状况良好，一直处于顺差。但受石油价格波动以及国家石油生产数量的限制，顺差有逐年减少的趋势。2004年，对外贸易总额为66.1亿美元，其中：出口51.6亿美元，进口14.5亿美元，贸易顺差37.1亿美元。

（一）出口

20世纪70～80年代是文莱出口石油的黄金时代。其间，文莱的出口年均增长高达41%。70年代中期后，由于石油价格的逐年增高，文莱的出口额也随之增加。后来，由于石油价格回落，政府为保护资源而控制石油产量，出口随之减少。近几年的出口值保持在25亿～30亿美元的水平。

由于国内消费有限，文莱生产的石油和天然气大部分都用于出口换汇。原油和液化天然气出口约占总出口收入的90%以上。主要出口产品包括三大类：原油、石油制品和液化天然气。早期原油出口量比天然气为多，随着石油减产政策的推行，液化天然气的出口开始超过原油。另外还出口机械和运输设备以及少量的制成品和食品。

原油主要出口至日本、韩国、泰国、新加坡、中国台湾、菲律宾、澳大利亚等国家和地区，石油产品主要销往美国、日本、韩国、新加坡、澳大利亚、马来西亚等国家；天然气主要出口到日本，1993年99%的天然气出口到日本。1993年文莱每天出口石油170 240桶，主要目的地及比重如下：东盟为38.01%，日本占34.02%，美国占0.25%，韩国占20.64%，中国台湾占5.59%，澳大利亚占

1.48%。

（二）进口

随着国家经济、基础设施的发展以及人口的增长，进口有逐年增加的趋势，进口值保持在10亿～15亿美元的水平。进口商品包括机械和运输设备、制成品、食物、饮料、化学品、药品等。进口来源地比较分散，文莱进口最多的国家和地区是新加坡，其次为日本、英国、中国香港和几个欧洲国家。文莱进口货物的大多数由新加坡转口输入，大约占进口的1/3；主要从日本、美国、英国、德国进口机械、运输工具、配件及各种制成品；从马来西亚、泰国进口粮食和制成品，以上7国占了进口值的80%左右。从中国进口的金额和比重不大，1999年从中国的进口仅为0.08亿美元。

表4　文莱2004年主要出口和进口国与地区

主要出口国	占出口总额%	主要进口国和地区	占进口总额%
日本	36.7	东盟	44.6
东盟	17.1	欧盟	13.4
韩国	13.4	美国	10.1
澳大利亚	13.3	日本	9.7

资料来源　英国《国别报告——文莱》2005年7月。

二　外国投资及对外投资

（一）外国投资

文莱独立以来，为推行经济多元化政策，努力改善投资环境以提高对外国投资的吸引力，大力鼓励本地商人与外国投资者搞联合企业，重点发展新的出口导向型工业和进口替代工业，增加就业，发展多种经济。文莱政府通过与主要贸易伙伴签署双边投资保护协议和避免双重征税协定，以寻求解除投资障碍，提高投资者的信心。其制定的鼓励投资措施，目标是改善投资环境，简化手续，减少审批时间，对于出口型、高科技等企业，进口所需的原材料免关税。文莱工业和初级资源部根据鼓励投资法令，划定10个工业项目以及这些工业所生产的产品为“先驱工业”或“先驱工业产品”，如轧钢厂、玻璃工业、造纸厂等，可以在一定期限内免缴30%公司税，根据投资额多少，享受不同免税期，可免缴公司税2～8年。但不能独资，须和马来人合资，文莱方拥有51%的股权。森林和深海捕鱼领域不对外开放。但对于高科技制造业和出口导向型工业投资可以独资，进口的相关机械、原料、配件等享受免税。文莱投资由工业和初级资源部工业发展局管理。政府在第八个五年计划结束的2005年时，希望能够获得44亿文元的外来投资。主要领域为旅游、高科技、运输和转运站。

在文莱的外国资本中，英国资本居首位，其次是荷兰、日本、美国。投资项目主要在石油勘探和开采、天然气液化工程及发电站等方面。为了实现工业多样化，文莱积极吸引外资。1990年政府扩大了对外国资本投资的优惠范围，规定对个人所得与资本赢利不征所得税，利润汇出不加限制，先驱企业享受5年免税期。但除石油和天然气领域外，外国投资较少涉及其他经济部门。

外国公司特别是国际知名的跨国公司，利用技术、资金、人才和品牌的优势，顺应文莱政府经济发展的战略定位，同文莱政府合作开发文莱的石油、天然气、渔业等特有自然资源。1998年3月，苏丹政府与壳牌国际石油公司及三菱公司组建了一个合资公司——文莱天然气运输公司（the Brunei Gas Carriers Sendirian Berhad BGC），在开发文莱的油气资源方面已形成先入为主的、长期和稳定的合作关系。由于其合作领域为文莱国家经济命脉，因此意义重大、影响深远。

（二）对外投资

文莱在海外投资方面的做法：一是政府决策的国有资金的对外投资，二是企业自主决策、政府放任自流的民间对外投资。文莱政府部门设有专门机构，组织文莱企业到国外参加展览会并提供一定的资助。对需要引进外资的基础设施项目，文莱有关政府部门也走出国门招商引资。

文莱拥有300亿美元的外汇储备，又无国债，具有雄厚的资本向外投资。由财政部下属的“投资署”负责办理和管理到国外投资的项目。文莱政府为了解决国内牛肉供应，在澳大利亚北部地区的沃勒若（Willeroo）投资设立了养牛基地。这个基地比文莱本土的面积还大，大约7 793平方公里，是世界最大的养牛基地之一。

第七节　人民生活与社会保障

一　人民生活

国家不征收个人所得税，实行医疗保健和各级教育免费制度。2005年人均国民收入约1.6万美元，已恢复到亚洲金融危机前的水平。2003年全国共有11所医院，936张病床。截至2004年6月，每100人拥有电话23.2部，手机拥有率54%。

文莱人口少，劳动力资源有限。1998年文莱政府部门的劳动力为36 345个，私营部门106 000个（包括安全力量和家庭劳务）。近几年，文莱招募了大量熟练和非熟练的外国工人，数量约占总劳动力的1/3。外来劳动力的流动受劳动力配额控制，劳力配额和工作许可由劳动力和移民部门的官员签发，通常为一年，可以续签。

文莱是一个穆斯林君主国，伊斯兰教为国教。文莱政府部门每周五和周日不办公。公共假日有新年（1月1日）、春节（2月）、国庆节（2月23日）、皇家马来军团周年纪念（5～6月）、苏丹诞生日（7月15日）、圣诞节（12月25日），还有一些宗教公共假日，如真主升天节、斋月、古兰经发现纪念日、古尔邦节、伊斯兰历新节、伊斯兰教祖穆罕默德生日等，按公历来排日期，每年都会有变化。

二 社会保障

文莱有“壳牌福利国家”之称。巨额的石油收入使政府有可能推行广泛的福利计划。公民享有免费教育权利，还有权享受免费医疗、住房和汽车补贴贷款、殡丧补贴以及麦加朝觐补贴。

文莱人享有遍布全国的政府医院、健康中心和医疗诊所提供的免费医疗和保健，在遥远的水陆交通难以到达之地，由空中医疗服务提供基本服务。在每个区除了4个政府医院外，另外还有2个私人医院。军队有自己的医院。恶性传染病如麻风病、霍乱和天花已在文莱根除。健康部定期执行免疫计划。

第八节 教育 文化 媒体

一 教育

文莱政府为5岁以上的国民提供免费教育，并资助留学费用，但华文学校费用由私人负担。教育经费开支一直占政府每年财政预算的10%。9岁以上人口识字率为92.5%。

文莱设有小学、中学、师范学院和职业学院。大学有文莱达鲁萨兰大学和文莱技术学院，另外还有一所语言和文学专科学院，专门研究马来民族的语言、文学和文化。文莱的绝大部分学校是国立的，另外还有少数教会学校和私立学校。学校按不同语种分为马来语学校、英语学校和华语学校。前两类学校由国家拨给经费，华语学校则完全由当地华人社团和私人资助。

文莱目前有147所政府学校和60所非政府或私立学校。文莱的教育制度主要依照英国模式建立，并依照英国的教学大纲进行教学。学制为小学6年，初级中学3年，中级中学2年，高级中学或大学预科2年。只有顺利完成13年学业的青年，才有资格进入高等学校继续深造。

文莱政府规定，对文莱公民实行中小学免费教育，并向那些居住地较远（离学校5公里以上）的学生提供免费寄宿宿舍、免费交通或生活补贴。政府还对研究生和海外留学生提供丰厚的奖学金。目前有2 000多名文莱人（包括获政府奖学金者在内），在英国、美国、新西兰、澳大利亚、加拿大、埃及、马来西亚、新加坡等国家学习。

表5 文莱2005年各类学校数目、学生及教师人数

项目 / 数据 / 类别	学校（所）	学生（人）	教师（人）
幼儿园、小学	210	58 413	5 237
普通中学	33	40 850	3 914
职业技术学校	8	3 180	502
师范学校	1	406	45
大专学院	1	663	111
大学	1	3 634	377

资料来源 文莱首相府经济计划发展局统计公报。

二 文化

文化主要源于马来群岛的古马来文明，其他文化因素和外国文明也对文莱文化起到影响，其中包括万灵论、印度教、伊斯兰教及西方文明。然而，只有伊斯兰教得以在文莱扎根，成为人们的生活方式及被采纳为国家的思想哲学。

文莱境内有丰富的文化遗产。1975年艺术和手工艺品中心建立。文莱以造船、制银、铜制品、织布及席子和篮子编制闻名。文莱的文化遗产还有马来武器、木雕、传统游戏、传统乐器、传统自卫艺术及女性装饰品。部分物品藏于文莱博物馆和文莱技术博物馆。

三　媒体

文莱新闻社是文唯一官方新闻机构，创建于1959年。主要报纸有周报《婆罗洲公报》和《文莱灯塔》。前者创办于1953年，每周六以马来文和英文同时出版；后者创办于1956年，由政府的文化、青年和体育部新闻局主办，以马来文出版。

文莱广播电视台拥有两个广播网，一个用马来语和方言，一个用英语、华语和廓尔喀语广播。1975年文莱开设了彩色电视频道。文莱还与东盟各国以及亚洲广播联盟建立了广播电视信息交流与合作关系。

第九节　军事

1961年5月，文莱成立了皇家马来兵团，军事指挥官由英国人担任。1984年文莱独立后，改称文莱皇家武装部队，苏丹担任最高统帅兼国防大臣，拥有对军队的管理和指挥权。内阁设国防大臣。国家元首通过国防大臣对武装力量实施领导。军队中的250名军官都出身贵族或上层家庭。

一　防务政策

文莱非常关注保持国内政局的稳定，维持王室的统治，以及防止被邻国吞并。文莱由于国民收入的重要来源是近海海上石油和天然气生产，因此十分关注南沙形势的发展。

文莱在加强自身军队建设的同时，还谋求加强对外安全合作，借助英、美和东盟的力量来维护和巩固自身的安全，企图通过地区共同防御来确保国家安全。

英国在文莱长期驻有1个廓尔喀步兵营和1个空军直升机分队，共约900余人。新加坡也在文莱长期驻有数百人的训练部队。文莱与美国达成了美军使用文莱港口设施的协定，同意美国军舰每年泊港2～3次，并为其提供维修补给服务，还向美军提出将文莱列入美军丛林地作战训练演习地的申请。与新加坡、印尼等国家达成了定期举行联合演习的协定。此外，通过参加东盟论坛，增加与东盟其他国家之间的信任和了解。

海湾战争中科威特的遭遇增强了文莱的忧患意识。自1991年开始，文莱开始制定新的军事发展计划，强调提高海空军的作战能力，并逐步使文莱军队的职能由以对内为主开始转向以对外为主。1992年，文莱组建了3个步兵营，海、空军也组建了1个作战飞行中队。根据20世纪90年代初制定的《十年国防现代化计划》，文莱准备耗资12.7亿美元，采购先进的海空军装备。现已从英国购进了16架隼－100型战斗机，使文莱第一次获得现代空战能力。文莱还订购了4架印尼与西班牙合作生产的CN－235型海上巡逻机。

文莱是东盟国家中军事力量最单薄的国家，其国防开支1993～1995年年均不到3亿美元，但人均国防开支约为1 100美元，在亚洲国家名列前茅。1997年的国防预算达3.4亿多美元。

对外防务关系：文莱同英国、新加坡、马来西亚、美国和澳大利亚都保持着较为密切的军事合作关系，以增强其安全的国际保障。

二　武装力量编制及实力

武装力量由现役部队和准军事部队两部分组成，其中现役部队分陆、海、空三个军种。到2004年，文莱有现役部队7 000人，其中：

陆军　兵力为4 900人。编有3个步兵营、2个坦克连、1个装甲侦察中队、1个地空导弹连、1个特战中队、1个工程兵中队和1个女兵连。每个步兵营编有600人，下辖营部和营部连、2个步兵连以及若干支援分队。装备有轻型坦克16辆、装甲运兵车52辆、地空导弹发射装置等。

海军　兵力1 000人。编有第一舰队、特别战斗分队和河道分队。海军基地设于穆阿拉。海军装备有护卫舰、导弹快艇、登陆艇、通用舰、小型巡逻舰及快艇。

空军　兵力为1 100人。编有1个防暴中队、1个直升机中队。装备有作战飞机2架、武装直升机6架。有战斗机、喷气式巡逻机、武装直升机和教练机等。

预备役部队　700人。

准军事部队　兵力3 750人，主要包括警察部队1 750人，廓尔喀后备队2 300人。

三　外国驻军

英国在文莱驻有军队900人，包括1个廓尔喀步兵营和1个直升机分队。新加坡在文莱驻有军队500人，建有1所训练学校，配有1个直升机分遣队，UH－1型直升机5架。

四　武器装备

陆军武器装备

坦克和装甲车68辆，其中：英制“蝎子”式轻型坦克16辆；装甲输送车52辆（VAB型26辆、英制“苏尔坦”2辆、“AT－104”型24辆）。81毫米迫击炮24门。英制“长剑”式防空导弹12枚。

海军武器装备

各型水面舰艇7艘，其中包括导弹艇、巡逻艇和登陆艇。

空军武器装备

空军各型飞机38架，其中包括直升机29架（其中武装直升机26架）。

五　军事制度

（一）兵役制度

文莱军队实行志愿兵役制。《兵役法》规定，男子的服役年龄为18～32岁。预备役部队为陆军编制，共700人。全国人口中的兵役适龄人口有4万多人，但由于生活富裕，民间大多不愿当兵，造成兵源不足。

（二）教育训练制度

文莱军队由英国组建。长期以来，部队的指挥机构和训练基本上由英国控制。文莱独立后，为了逐渐摆脱英国的控制，制定了《军官队伍文莱化计划》，将英国军官担任的一些军队高级职务改由文莱军官担任，从中国台湾、新加坡、澳大利亚、马来西亚、印尼等地聘请一批军事教官替代英国军官。同时，派出部分军官和专业技术人员到上述国家和地区深造。

文莱还重视各种科目的军事训练，训练方式主要是与外军进行联合军事演习。除长期定期与英国联合进行演习训练外，1987年以来每年与澳大利亚联合举行一次代号为“企鹅”的海空联合演习。同时文莱军队每年还定期不定期地与马来西亚、泰国、印尼、菲律宾等东盟国家举行双边或多边海空演习。

（三）军衔制度

文莱军衔分为3等8级，即将官2级（中将、少将）、校官3级（上校、中校、少校）、尉官3级（上尉、中尉、少尉）。现任武装部队司令为少将军衔。

第十节　外交

文莱奉行不结盟和同各国友好的外交政策，视同东盟发展关系为其对外政策的基石，重视发展同东盟国家、伊斯兰国家、英联邦国家、日本和美国的关系。对区域性经济合作持积极态度，反对贸易保护主义。重视联合国和地区组织在维护和平与稳定中的作用。

文莱政府主张国家无论大小、强弱，都应相互尊重主权自由。文莱积极参与柬埔寨问题的和平进程，是柬埔寨问题巴黎协定的签字国之一。在地区合作上，文莱主张东盟发展与印度支那各国的关系。在国家问题上，文莱主张公正、永久和全面解决中东问题，支持巴勒斯坦解放组织，反对以色列占领阿拉伯领土。近年来，文莱政府强烈谴责塞尔维亚对波黑穆斯林的暴行。

1984年1月7日，文莱于独立后不久加入东盟，2月24日加入联合国，此后相继成为伊斯兰会议组织、英联邦和不结盟运动等国际组织的成员。1993年12月9日加入关贸总协定，1994年4月15日在乌拉圭回合谈判最后文件上签字，成为世界贸易组织成员国。

近年来，文莱积极参加地区和国际事务，1999年苏丹出席了第七次亚太经合组织领导人非正式会议、第三次东盟—中、日、韩首脑非正式会晤及英联邦国家首脑会议等。2000年作为东道主，成功举办了第八次亚太经合组织领导人非正式会议。苏丹还先后赴汉城出席了第三次亚欧会议、赴新加坡出席了第四次东盟—中日韩领导人会晤。2001年，作为东盟轮值主席国，成功主办了第七次东盟领导人会议和10＋3领导人会议。

截至2002年，文莱与135个国家建立外交关系，在32个国家设有使馆或高级专员署（英联邦国家对使馆的称谓）。

一　同中国关系

文莱与中国的交往源远流长。公元5世纪中叶，中国古书开始出现关于婆利国（古文莱）的记载。到明代，中文友好交往达到鼎盛时期。永乐六年八月，渤泥国王麻那惹加那亲率王妃、弟妹、子女、亲戚、陪臣等150余人来华访问，明王朝给予隆重接待。同年十一月，渤泥国王加那不幸病故于南京会同馆，明帝辍朝3日以示哀悼，将其安葬于安德门外石子岗，并加封其子遐旺为渤泥国王。永乐六年十二月，明成祖派人将渤泥国王遐旺等一行送回国。安德门外石子岗在南京雨花台铁心桥乡。1958年南京市文物保管委员会工作人员在当地群众的帮助下，终于找到了寻觅多年而未得的渤泥王墓。1985年文莱官方派特使专程来遗址考察，并代表文莱政府对中国政府精心保护渤泥国王墓表示感谢。

文莱宣布独立后，中国领导人表示祝贺和承认。1989年中国经贸代表团首次访问文莱。两国于1991年9月30日建交。1993年10月和11月，中、文两国先后在对方首都设立大使馆，随后派任常驻大使。建交以来，两国政治关系得到了较快发展。1993年11月，文莱国家元首哈桑纳尔·博尔基亚苏丹对中国进行国事访问，将中、文关系推到一个新阶段。

1999年文莱苏丹对华进行工作访问，访问期间两国发表了关于双边合作关系发展方向的《联合公报》，签署了《文化合作谅解备忘录》。2000年11月，江泽民主席在文莱出席第八次亚太经合组织领导人非正式会议后，对文莱进行了国事访问。访问期间，两国签署了《互相鼓励和保护投资协议》、《中国公民自费赴文旅游实施方案的谅解备忘录》和《钱皮恩原油长期合同》。2001年是中国与文莱建交10周年，两国关系又有新的发展。5月，李鹏委员长对文进行友好访问；11月，朱镕基总理出席在文莱举行的东盟与中、日、韩领导人10+3和10+1会议，并与苏丹举行会晤。

2005年4月20日，中国国家主席胡锦涛应邀到文莱进行国事访问，两国领导人深入交换意见，取得重要共识，一致同意继续发展中文睦邻友好合作关系。

二 同东盟关系

文莱强调与东盟的关系是其外交政策的基石。文莱独立不久即加入东盟，与东盟其他各国都相互设大使馆或高级专员署，关系密切，来往甚多。文莱自加入东盟以来，积极谋求在东盟内部和东南亚地区发挥作用。1994年文莱接任东盟地区外长会议和东盟地区论坛主席国，并先后主持召开了东盟有关能源、环境、森林与粮食等问题的数次部长会议和高官会议。

文莱与新加坡的关系最为密切。新加坡帮助文莱培训文职人员、保安人员和部分军官，文莱则向新加坡提供军事训练和演习基地。另外，两国货币根据有关协定可等值流通，大大促进了双边贸易的发展。新加坡还是文莱重要的石油输出国。

文莱与马来西亚因同文同种同宗教，经济文化关系密切。文莱独立前，因文莱拒绝加入“大马来西亚”和马来西亚支持文莱人民党，两国关系曾有过一段不愉快的时期。文莱独立后，两国关系在政治、经贸和区域及国际合作上得到发展。1987年两国签订航空协定。

文莱同印尼的关系由于印尼总统积极支持文莱加入东盟而关系密切。1987年文莱向印尼提供巨额无息贷款，支持印尼发展工业和交通项目。

文莱同泰国和菲律宾一直保持着传统的友好关系，泰国一直是文莱主要的大米供应国，菲律宾则向文莱提供大量的熟练工人。

东盟组织扩大后，文与越南、老挝、柬埔寨和缅甸的来往和交流逐渐增多。在亚洲金融危机中，文积极援助有关国家，分别向泰、马、印尼提供了5亿、10亿和12亿美元双边贷款援助。2001年文莱任东盟轮值主席国。

三 同英国关系

文莱独立前曾长期为英国的“保护国”。独立以后，英国撤走了派驻文莱的高级行政官员，但文莱仍然保持与英国传统的政治、军事和经济联系，并且不断发展与英联邦国家之间的友好合作关系。英国保留了一支廓尔喀军驻守诗里亚，由文莱政府每年支付300万英镑的费用。文莱还经常派青年到英国等西方国家学习军事指挥。在文莱的外国投资中，英资一直居于首位。1993年5月，文莱苏丹任命库图·特金·福阿德为文莱上诉法院院长，从而结束了香港高级法院院长（英国）兼任文莱上诉法院院长的时代。

1998年4月，文莱苏丹在伦敦出席第二次亚欧首脑会议期间会见了英国首相布莱尔。9月，英国女王伊丽莎白二世对文进行国事访问。1999年2月，英外交国务大臣德里克·法切特访文。2000年英国国防部总参谋长查尔斯访问文莱。2001年5月，英国安德鲁王子对文进行工作访问；8月，文苏丹应英国女王伊丽莎白二世邀请参加英海军学院毕业典礼，并被英女王授予英国皇家海军上将军衔。2002年4月，文莱苏丹赴英国参加英国皇太后葬礼。

四 同美国关系

文莱重视与美国的关系，1984年独立后即与美建交，并于同年2月9日派出首任驻美大使。两国关系良好。1994年两国开始互免签证。

双方军事关系密切。1984年两国海军开始举行联合演习。1994年11月，双方签订了国防合作谅解备忘录。2002年5月，美国军舰访文，并与文海军举行了代号为“CARAT 2002”的联合军事演习。

2002年12月，文莱苏丹访问美国，与美总统布什举行了会谈，双方发表联合声明并签署《双边贸易投资框架协定》。

五　同日本关系

日本是文莱的最大经济贸易合作伙伴，是文莱石油和天然气的主要出口市场，日本在文莱的投资也逐年增加。1998年文向日出口了价值9.65亿美元的液化天然气和原油。到2002年上半年，文即向日出口了价值10.73亿文莱元的液化天然气和原油。

1997年1月，日本首相桥本龙太郎访文。2001年1月，文莱副财长艾哈迈德参加了在日本召开的亚欧财长会议。2002年1月，日本众议院议长访文，拜会了苏丹。3月，比拉王储访日，拜会了日本天皇、王储夫妇及其他皇室成员，并与日本首相和外相进行了会晤。2002年3月，日本巡逻舰访文，并与文海军进行了联合军事演习。

2001年3月，日本海上自卫队3艘战舰访文，文海军总司令贾利勒接见了日舰艇编队司令。

六　同阿拉伯国家关系

出于历史和宗教的原因，文莱一直把它同阿拉伯国家的关系放在重要位置。1989年3月，文莱苏丹在利雅得举行的伊斯兰组织会议上，呼吁伊斯兰国家团结一致支持巴勒斯坦人的事业。

（张兴利）

第四章　东帝汶

第一节　概述

国名　东帝汶民主共和国（Democratic Republic of East Timor）。

领土面积　14 874平方公里。

人口　92.46万（2004年人口普查）。

民族　主要是东帝汶土著人（巴布亚族与马来族或波利尼西亚族的混血人种），占78%；其他有印尼人占20%，华人占2%。

宗教　约91.4%居民信奉罗马天主教，2.6%信奉基督教新教，1.7%信奉伊斯兰教，0.3%信奉印度教，0.1%信奉佛教。

语言文字　有20多种语言，德顿（Tetun）语为通用语言和主要民族语言，德顿语和葡萄牙语为官方语言，印尼语和英语为工作用语。葡萄牙文为官方文字。

首都　帝力（Dili），人口167 777人（2004年联合国统计报告）。

国家元首　总统夏纳纳·古斯芒（Xanana Gusmao），2002年4月当选独立后首任总统，5月20日宣誓就职。

第二节　自然地理与人文地理

一　自然地理

（一）地理位置

东帝汶位于东南亚南部群岛中努沙登加拉群岛（小巽他群岛）最东端，是一个岛国。包括帝汶岛东部和西部北海岸的欧库西地区以及附近的阿陶罗岛等。西部与印尼西帝汶相接，陆地边界长228公里。东南隔帝汶海与澳大利亚相望。海岸线长708公里。

（二）地形

境内多山，森林茂密，有海岸平原和红树林沼泽。山地和丘陵占总面积的3/4。最高峰塔塔迈劳山的拉玛劳峰海拔2 495米。

（三）气候

平原、谷地属热带草原气候，其他地区为热带雨林气候。年平均气温26°C，12月至翌年3月为雨季，4～11月为旱季，年平均降水量2 000毫米。

（四）自然资源

东帝汶地处热带，自然条件较好，石油和天然气储量丰富，已发现的矿藏有金、锰、锡、铜等。帝汶海有储量丰富的石油和天然气。

二 人文地理

（一）人口状况

2003年东帝汶的人口增长率估计为21.3‰，在总人口中，男性与女性的比例为1.04∶1。平均预期寿命为65.2岁，其中女性平均寿命67.55岁，男性62.97岁。

（二）民族宗教

多民族的人口构成给东帝汶带来了丰富多彩的语言文化和宗教信仰。东帝汶各民族使用20多种语言和30多种方言，其中使用最广泛的是德顿语。约91.4%的居民信奉罗马天主教，2.6%信奉新教，1.7%信奉伊斯兰教，其余0.4%的人信奉印度教、佛教和原始宗教。

（三）行政区划

东帝汶设13个县：阿伊莱乌、阿伊纳罗、包考、博博纳罗、帝力、埃尔梅拉、劳滕、利基卡、马纳图托、马努法伊、欧库西、苏艾和维韦克。

第三节 历史

一 古近现代史

16世纪前，帝汶岛曾先后由以苏门答腊为中心的室利佛逝王国和以爪哇为中心的斯里维加亚和满者伯夷王朝统治。

1520年，葡萄牙殖民者首次登陆帝汶岛，以开展紫檀木贸易为名滞留在那里，逐渐建立起殖民统治。1613年，荷兰势力侵入，并于1618年在西帝汶建立了基地，将葡萄牙势力排挤至东部地区。18世纪，英国殖民者曾短暂控制西帝汶。1816年荷兰恢复对帝汶岛的殖民统治。1859年葡、荷签订条约，重新瓜分帝汶岛。帝汶岛东部及欧库西归葡萄牙，西部并入荷属东印度（今印尼）。

1942年日本侵占东帝汶，直至战败被驱逐出境。第二次世界大战结束后葡萄牙恢复了对东帝汶的殖民统治，1951年改为葡萄牙的海外省。1960年第十五届联合国大会通过1542号决议，宣布东帝汶岛及附属地为葡萄牙管理的领土。

二 当代史

1975年葡萄牙政府允许东帝汶举行公民投票，实行民族自决。当时东帝汶各派政治势力积极活动，主要有主张独立的东帝汶独立革命阵线（简称“革阵”），主张同葡萄牙维持关系的民主联盟（简称“民盟”）和主张同印尼合并的帝汶人民民主协会（简称“民协”）。三方因政见不同引发内战。经过斗争，“革阵”于1975年11月28日单方面宣布东帝汶独立，成立东帝汶民主共和国。

1975年12月，印尼出兵东帝汶。随后联合国大会通过决议，要求印尼撤军，呼吁各国尊重东帝汶的领土完整和人民自决权利。1976年印尼宣布东帝汶为印尼第27个省。1977年7月，葡萄牙表示自1976年8月起已不再对东帝汶寻求主权。此后联合国大会多次审议东帝汶问题，1982年联大以50票赞成、50票弃权、46票反对，通过了支持东帝汶人民自决的决议。但由于“革阵”独立进程进展甚微，印尼占领既成事实，国际社会对东帝汶问题关注下降。

20世纪90年代后期亚洲金融危机和印尼政权更迭后，东帝汶独立倾向上升，东帝汶问题再度引起国际社会的广泛关注。1996年东帝汶天主教大主教贝洛和独立运动流亡领袖霍塔双双获得当年的诺贝尔和平奖，从而激励了东帝汶人的独立斗争。在内外压力下，1999年1月，印尼哈比比总统同意东帝汶通过全民公决选择自治或脱离印尼。1999年2月4日，印尼政府表示允许东帝汶广泛自治。5月5日，印尼和葡萄牙在联合国签署了关于东帝汶问题的三个协议：东帝汶实行特别自治的宪政框架，东帝汶人民对自治方案进行直接投票的安全安排和操作程序。6月11日，联合国安理会通过决议成立联合国驻东帝汶特派团（UNAMET），负责东帝汶过渡初期工作。8月30日，东帝汶在联合国主持下举行全民公决，45万登记选民中约44万人参加了投票，其中78.5%拒绝特别自治而选择脱离印尼。哈比比总统当日表示接受投票结果。投票后，由于东帝汶亲印尼派与独立派武装发生流血冲突，导致局势恶化，联合国特派团被迫撤出，约20多万难民逃至西帝汶。9月，哈比比宣布同意多国部队进驻东帝汶。此后，安理会通过决议授权成立以澳大利亚为首的约8 000人组成的多国部队，并于9月20日进驻东帝汶，与印尼驻军进行权力移交。10月，印尼人民协商会议通过决议正式批准东帝汶脱离印尼。同月，安理会通过第1272号决议，决定成立联合国东帝汶过渡行政当局（UNTAET），全面接管东帝汶内外事务。10月30日，最后一批印尼军警离开帝力，标志着印尼正式结束对东帝汶的23年统治。

2001年8月30日，东帝汶在联合国东帝汶过渡行政当局主持下举行大选，选举立宪会议。2002年4月14日，又举行了正式独立后的首任总统大选，夏纳纳·古斯芒获胜。5月20日，东帝汶正式独立。

独立以来一段时间，东帝汶局势总体稳定。东政府加强行政、司法和警务建设，致力于推进经济重建和社会发展。2004年，东颁布了政党法，一批涉及行政、司法、商业、投资的法案提交议会讨论；地方政权建设基本完成，政府管理深入到基层。

但是，由于经济基础薄弱，政府缺乏执政经验，失业和贫困问题较为突出，民众不满情绪时有浮现。2006年初以来，600名被开除士兵闹事，引发大规模社会骚乱，30多人死亡，60多人受伤，20多万人逃亡。6月27日，东总理阿尔卡蒂里辞职，独立人士、前国务兼外长与合作部长、前国防部长拉莫斯·奥尔塔接任政府总理。新政府于2006年7月14日成立，任期至2007年大选前。

第四节 政治体制与法律制度

一 宪法

2002年3月22日，东帝汶制宪议会通过并颁布《东帝汶民主共和国宪法》。宪法规定，东帝汶总统、国民议会、政府和法院共同组成国家权力机关。总统是国家元首和武装力量最高统帅，总统通过直接选举产生，任期5年，仅可连任一届。国民议会代表全体公民行使立法、监督和政治决策权，最少由52名、最多由65名议员组成，由选民直接选举产生，每届任期5年。制宪议会于2002年5月20日宪法生效时自动成为国民议会。作为特例，首届国民议会由88名议员组成。政府负责制定和执行国家政策，是最高国家行政机关。政府由总理、各部部长和国务秘书组成。总理是政府首脑，由议会选举中得票最多的政党或占议会多数的政党联盟指定，并由总统任命。法院代表人民行使司法管辖权，职权独立，只服从于宪法和法律。最高司法法院院长由总统任命，任期4年。

二 议会

1999年12月，东帝汶成立具有准内阁、准立法性质的全国协商委员会（NCC）。2000年10月成立了完全由东帝汶人组成的全国委员会（NC）以取代全国协商委员会。先后颁布法规30多项，包括独立进程时间表、制宪议会选举法和政党登记法等重要文件。

2001年8月30日，制宪议会选举顺利举行，共有38.4万人参加投票，占登记选民的91.3%。1 300多名当地观察员和45个国家的500余名国际观察员实地观察了选举。参加选举的16个政党中的12个入选，其中“革阵”以57.3%的得票率胜出，获全部88个席位中的55个。9月15日，成立制宪议会，“革阵”主席卢奥洛任制宪议会议长。2002年5月20日《宪法》生效时，制宪议会自动成为国民议会。

三 政府

2001年9月15日成立了全部由东帝汶人组成的第二届过渡内阁，“革阵”秘书长马里·阿尔卡蒂里任过渡内阁首席部长。东帝汶政府内阁由第二届过渡内阁于2002年5月20日直接过渡而成，成员包括：总理兼经济和发展部长马里·宾·阿穆德·阿尔卡蒂里（Dr. Mari Bim Amude Alkatiri）、国务兼外交和合作部长若泽·拉莫斯·霍塔（Dr. Jose Ramos Horta）、司法部长安娜·席尔瓦·平托（Dra. Ana Maria Pessoa Pereira da Silva Pinto）、财政部长费尔南达·梅斯基塔·博尔热斯（Dra. Fernanda Mesquita Borges）、内政部长安东尼纽·比安科（Dr. Antoninho Bianco）、卫生部长鲁伊·玛丽娅·德·阿劳乌若（Dr. Rui Maria de Araujo）、供水和公共工程部长塞萨尔·维塔尔·莫雷拉（Arq. Cesar Vital Moreira）、交通和通信部长奥维迪奥·德·热苏斯·阿马拉尔（Eng. Ovidio de Jesus Amaral）、教育、文化和青年部长阿尔明多·马亚（Dr. Armindo Maia）、农业和渔业部长埃斯塔尼斯劳·阿莱绍·达·席尔瓦（Eng. Estanislau Aleixo da Silva）、劳工国务秘书阿尔塞尼奥·派尚·巴诺（Dr. Arsenio Paixao Bano）、部长会议国务秘书格雷戈里奥·德索萨（Dr. Gregorio Jose da Conceicao Ferreira de Sousa）、自然和矿产资源国务秘书埃吉迪奥·德热苏斯（Sr. Egidio Jesus）。

四 司法

法院代表人民行使司法管辖权，职权独立，只服从于宪法和法律。最高法院院长由总统任命，任期4年。目前尚未设立最高法院，由上诉法院行使终审法院职权，上诉法院院长克劳迪奥·希门内斯

(Claudio Ximenes)，2003 年 3 月 12 日任命。检察长隆吉尼奥斯·蒙泰罗（Longuinhos Monteiro）。

五　政党

东帝汶共有 16 个合法注册政党，主要政党为：

东帝汶独立革命阵线(Revolutionary Front of Independent East Timor　FRETILIN),简称"革阵"

成立于 1974 年 5 月 20 日，原名帝汶社会民主协会（ASDT），于同年 9 月 11 日改现名。主张东帝汶独立。1975 年 8 月 20 日该党建立了武装——东帝汶民族解放军（FALINTIL），控制了东帝汶大部分地区，并于 1975 年 11 月 28 日宣布成立东帝汶民主共和国。1975 年 12 月印尼占领东帝汶后，部分"革阵"成员流亡海外，其余在国内坚持抵抗斗争。1988 年 1 月，东帝汶民族解放军脱离"革阵"，成为非政党的武装力量。1999 年东帝汶启动独立进程后，"革阵"重新整合，并提出恢复民主独立、巩固民族团结，建立多党民主法治国家等主张，获得广泛支持。在 2001 年 8 月 30 日举行的东帝汶制宪议会选举中，"革阵"赢得 88 个席位中的 55 席。党员人数超过 15 万。主席古特雷斯·卢奥洛（Francisco Guterres Luolo)，秘书长马里·阿尔卡蒂里（Mari Bim Amude Alkatiri）。

民主党（Partido Democratico　PD）

成立于 2001 年 6 月 10 日。主张东帝汶在民主原则基础上建立新的国家，并推行自由市场经济。在制宪议会中有 7 个席位。党员多为青年学生和知识界人士。主席费尔南多·德阿劳乌若（Fernando de ARAVLO）。

社会民主党（Social Democrat Party of East Timor　PSD），简称社民党

成立于 2000 年 9 月 20 日。立场中庸温和。主张将东帝汶建为多党民主、政教分离的法治国家，主张东帝汶独立后优先加入东盟和葡语国家共同体。在制宪议会中有 6 个席位。党员人数8 000人。主席马里奥·维埃加斯·卡拉斯卡朗（Mario Carrascalao）。

帝汶社会民主协会（Associacao Social - Democrata Timorense　ASDT），简称社民协会

成立于 2001 年 5 月 20 日。将民主、人权和经济发展立为党纲的三大支柱。在制宪议会中有 6 个席位。主席弗朗西斯科·沙维埃尔·多阿马拉尔（Francisco Xavier do Amaral）。

六　主要政治人物

夏纳纳·古斯芒（Xanana Gusmao，1946～　）

东帝汶首任总统，独立运动领袖。1946 年 6 月 20 日生于东帝汶马纳图托。他在达雷接受完初、中级教育后，到首府帝力参加工作，当过测量员、教员和"帝汶之声"的记者。1974 年加入东帝汶独立革命阵线。1981 年 3 月当选"革阵"主席和东帝汶民族解放军总司令。1992 年 11 月 20 日被印尼逮捕并判终身监禁，后改为 20 年徒刑。1998 年 4 月在狱中再次当选抵抗委员会主席。1999 年 9 月 7 日获印尼总统特赦返回东帝汶。2000 年 1 月当选东帝汶全国委员会主席，2001 年 3 月辞去该职。主张民族和解，以其顽强的斗争经历被誉为东帝汶的"曼德拉"，2002 年 4 月当选东帝汶独立后首任总统，并于 5 月 20 日宣誓就职。古斯芒的妻子是澳大利亚人，育有一子一女。古斯芒曾于 2000 年 1 月访问中国。

古特雷斯·卢奥洛（Francisco Guterres Luolo，1954～　）　东帝汶国民议会议长，东帝汶独立革命阵线主席。1954 年 9 月 7 日生于维克克地区的奥苏镇，早年在帝力就学。1975 年加入"革阵"，1977 年成为其中层干部，1991 年任其领导委员会副秘书长，1997 年任秘书长，1998 年当选为"革阵"武装斗争抵抗委员会总协调人，并任帝汶抵抗全国委员会内政战线书记和政治军事委员会成员。东帝汶脱离印尼后，同东帝汶民族解放军一起进驻阿伊莱乌县。2000 年 7 月回到帝力改组"革阵"机构。2001 年 7 月当选为"革阵"主席。2001 年 8 月当选为制宪议会议员，9 月当选为制宪议会议长，并主持了东帝汶首部宪法起草工作。2002 年 5 月 20 日起任国民议会议长。

拉莫斯·奥尔塔（Ramos - Horta　1949～　）政府总理。1949 年 12 月 26 日生于帝力，父亲是葡萄牙人，母亲是东帝汶人。早年就读于天主教教会学校。曾当过记者，积极参与东帝汶独立运动。1970～1971 年流亡莫桑比克。1975 年东帝汶宣布独立后任外交新闻部长。印尼占领东帝汶后逃亡海外。1975～1985 年任东帝汶革命阵线常驻联合国代表。1998 年 4 月当选帝汶抵抗全国委员会副主席，并担任夏纳纳·古斯芒的个人代表。2000 年 10 月起任东帝汶行政过渡内阁外交与合作部长。2006 年 7 月 14 日起任政府总理。长期在海外从事东独立运动。1996年12月获诺贝尔和平奖，1998年获葡萄牙政府最高奖——“自由命令奖”。2000年随夏纳纳访华，2002年12月、2004年12月两次访华。

马里·阿尔卡蒂里（Mari Bim Amude Alkatiri，1949～　）　东帝汶政府第一任总理，东帝汶独立革命阵线秘书长。阿拉伯后裔，曾任帝力穆斯林社区领导人。1949年11月26日出生于帝力市。早年在帝力读书，后去安哥拉学习。“革阵”创始人之一。1975年“革阵”宣布东帝汶独立时任政治事务部长，后转任对外关系部长，长期流亡于莫桑比克。1999年10月返回东帝汶，任首届过渡内阁经济部长。2001年9月起任第二届过渡内阁首席部长兼经济和发展部长。2002年5月20日东帝汶独立后任政府总理兼经济和发展部长。2006年6月27日，因发生社会骚乱事件辞职。

西门内斯·贝洛（Carlos Filipe Ximenes Belo，1948～　）　东帝汶大主教。1948年2月3日生于东帝汶外拉卡马村。1968年毕业于东帝汶神学院。1969～1981年在葡萄牙和罗马进修哲学和神学，后成为神甫。1981年返回东帝汶，任法图马卡学院院长。1983年被梵蒂冈任命为帝力教区教徒主管。1986年被任命为大主教。帝汶天主教会是印尼统治期间东帝汶唯一与外界沟通的渠道。他作为大主教与国际社会建立了广泛联系。1989年他致函葡萄牙总统、罗马教皇、联合国秘书长，呼吁通过全民公决决定东帝汶未来；倡议成立东帝汶和解委员会，与东帝汶统独两派频繁对话，为东帝汶公决的顺利举行发挥了重要作用。他还鼓励东帝汶人使用当地语言——德顿语和葡萄牙语，创办天主教广播电台和教会委员会对印尼在东帝汶侵犯人权行为进行监督和抗议，并资建一批教堂、教会学校和医院等。1996年与霍塔（曾任东帝汶常驻联合国代表、东帝汶独立后的国务兼外交与合作部长等职）同获诺贝尔和平奖。

第五节　经济　社会　文化　教育

一　概述

东帝汶经济落后，人民生活贫困，是世界上最贫穷的国家之一。国内一些地区的居民基本上处于自然经济状态，以农业为主。

1999年末，东帝汶大约70%的基础设施被印尼军队和反独立的民兵所破坏。1999年脱离印尼以后，东帝汶经济恢复主要依靠外援和联合国东帝汶过渡行政当局等国际机构。2000年大约有5万难民回归东帝汶。目前东帝汶部分地区的供电、供水、学校、医院、银行和邮局等逐步恢复，农业生产恢复到1999年公决前水平。

据联合国发展计划署统计，2001年东帝汶国内生产总值增长率18%，人均国内生产总值478美元，通货膨胀率3%，失业率80%。国内生产总值中农业占25.4%，工业占17.2%，服务业占57.4%。主要工业为印刷业、肥皂制造业、手工业和织布。2001年出口800万美元，主要出口产品为咖啡、檀香和大理石，进口23 700万美元，食品为主要进口商品。通用货币有美元、印尼盾，尚未发行本国货币。

二　农业

东帝汶处于较落后的自然经济状态，以农业为主，但粮食不能自给，经济作物主要供出口。农业人口占东帝汶人口的90%。主要农产品有玉米、稻谷、薯类等。经济作物有咖啡、橡胶、椰子等，咖啡是主要出口产品。

三　基础设施

基础设施差，交通不便，许多道路只能在旱季通车。帝力港为深水港。帝力国际机场于2000年初修复并投入使用。

四　财政金融

2000～2001财政年度过渡政府总拨款5 945.6万美元，总支出5 132.3万美元，盈余813.3万美元。预算总执行率为86.3%。年收入5 693.7万美元，其中国际赠款3 154.2万美元，占55%，东帝汶自创收入2 510万美元。总支出按部门分，主要用于公共服务开支（占31%）、经济发展（21%）、教育（20%）、社会治安（11%）、卫生（6%）、住房和社区发展（3%）、国防（1%）。

五　对外经济关系

近年来，联合国、世界银行、亚洲发展银行等国际机构和一些友好国家向东帝汶提供了大量人道主义援助。世行于1999年底召开首次东帝汶捐助国会议，会上各国共承诺捐赠5亿美元。此后会议每半年召开一次，讨论东帝汶财政预算和国家发展战略，并设立两个基金，即由联合国经管的统一信托基金（CFET）和世行经管的东帝汶信托基金（TFET），作为对东捐助渠道。至2001年底，后者

（TFET）共获捐款1.42亿美元，该款主要用于基础设施、卫生教育和农业灌溉等重建项目。双边援助方面，2001年主要赠款国家有英国（213.4万美元）、芬兰（70.9万美元）、爱尔兰（45.6万美元）、卢森堡（25万美元）、新西兰（21.3万美元）、瑞典（11.8万美元）等。2002年5月，在第六次东帝汶捐助国会议上，联合国和世行承诺在未来3年内向东提供4.4亿美元的经济援助。

东帝汶于2002年7月23日正式成为国际货币基金组织和世界银行的第184个成员。

六　人民生活

据东帝汶国家发展委员会公布的《东帝汶贫困状况评估报告》显示，东帝汶贫困率达41%以上，其中农村贫困率46%，城市贫困率26%。平均寿命65.2岁。

七　文化教育

共有小学700所，初中100所，科技学院10所。东帝汶国立大学于2000年11月重新开办，在校生500人。

2001年东帝汶非文盲（15岁以上，有读写能力的人）比例为48%。

东帝汶有两份报纸：2002年11月8日东帝汶第一份葡语报纸《帝汶邮报》（Timor Post）发行，日发行量约2 000份，系独立报纸；《东帝汶之声》（Suara Timor Lorosae），用德顿语、印尼语和葡萄牙语发行，日发行量约2 000份。东帝汶尚未成立通讯社，主要葡语新闻均来源于葡萄牙卢萨社（LUSA，又名葡通社）。东帝汶国家电台（RNTL）节目覆盖率90%，用葡语和德顿语播出；东帝汶电视台（TVTL）节目覆盖率30%，用葡语和德顿语播出。东帝汶民族解放军电台——希望之声（Radio Falintil－voz Da Esperanca），用德顿语和葡语广播。

第六节　军事

东帝汶独立过渡期内，由联合国维和部队担负防务任务。1999年9月联合国安理会通过第1 264（999）号决议，授权设立多国部队。该部队由14个国家组成，总兵力最多达8 950人，并设有近200名军事观察员。联合国东帝汶过渡行政当局民警人员由38个国家组成，共1 270人。

东帝汶国防军于2001年2月正式成立，原为东帝汶民族解放军。总司令塔乌尔·马坦·鲁瓦克（Taur Matan Ruak）。

现役军人　1 500人。

后备役　1 500人。

东帝汶警察部队　在编1 453人。

2003财年军费开支440万美元。

第七节　外交

东帝汶政府奉行较务实的平衡外交政策，重视发展与印尼、葡萄牙、澳大利亚和亚洲国家的关系，积极建立与美中等大国的合作，同时广泛寻求国际援助，以促进经济重建。截至2002年11月，东与57个国家建立了外交关系。东帝汶于2002年9月加入联合国，并寻求成为东盟观察员，加入东盟地区论坛和亚太经合组织。东帝汶还将加入葡萄牙语国家共同体。截至2001年底，各国常驻代表机构共13个，常驻国际机构19个。

一　同中国关系

东帝汶脱离印尼后，中国作为联合国安理会常任理事国，在政治解决东帝汶问题上发挥了积极作用。中国与东帝汶关系发展顺利，双方交往与合作正在逐步展开。自2000年1月，中国先后向联合国东帝汶过渡行政当局派遣了5批共113名维和民警赴东帝汶执行联合国维和任务。东帝汶独立后，中国继续向联合国驻东帝汶支助团派遣民事警察和官员。

2000年1月，东帝汶抵抗全国委员会主席古斯芒和副主席霍塔应邀访华，胡锦涛副主席、钱其琛副总理和唐家璇外长分别会见。4月，联合国东帝汶过渡行政当局行政长官德梅洛访华。8月，中国对外友协会长齐怀远应邀赴帝力参加东帝汶全民公决一周年庆祝大会。9月，中国在帝力开设大使级代表处。

2001年3月，外经贸部副部长孙广相率中国政府经贸代表团访东。7月，唐家璇外长在出席河内东盟地区论坛会议期间，会见了联合国东帝汶过渡行政当局行政长官德梅洛、东帝汶独立领袖古斯芒和过渡内阁外长霍塔。8月，李鹏委员长和唐家璇外长分别向东帝汶制宪议会议长卢奥洛和过渡内阁外长霍塔发了任职贺电。10月，古斯芒访问澳门，拜会了澳门行政长官何厚铧。11月，古斯芒以东帝汶老兵协会主席身份访问了澳门、上海和青岛。

2002年5月，唐家璇外长应邀出席东帝汶独立庆典，会见了东当选总统古斯芒、制宪议会议长卢奥洛和首席部长阿尔卡蒂里，与东外长霍塔举行了会谈。5月20日，两国外长在帝力签署了中国与东帝汶建交联合公报，中国驻帝力代表处升格为中国驻东帝汶民主共和国大使馆。

近年来，中国向东提供了一定数量的无偿援助。1999年9月底，中国红十字会通过红十字国际委员会向东帝汶人民提供价值10万美元的援助。10月初，中国驻印尼大使向东帝汶难民捐赠了3万美元救济款。2000年以来，中国先后向东帝汶提供了多批无偿援助物资，并为东承建工程项目和提供人力资源培训，无偿援助总价值约8 000多万元人民币。东帝汶独立后，中国继续向其提供经济援助。

二 同印尼关系

东帝汶脱离印尼后，与印尼的关系逐步改善。1999年10月帝汶抵抗全国委员会主席古斯芒访问印尼，与瓦希德总统讨论了东帝汶难民安置问题、东帝汶政治犯释放问题、印尼军队停止支持东帝汶民兵等问题，双方表示要忘却过去、展望未来，做真正的朋友。

2000年2月，瓦希德总统访问东帝汶，为印尼过去的所作所为向东帝汶人民道歉。双方先后就边境安全与合作、海上界线、东在印尼建立外交机构等问题展开磋商，成立东帝汶—印尼联合边境委员会，签署边境非军事化和人员交流等协议。

2001年1月，东帝汶外长霍塔访问印尼；8月，梅加瓦蒂总统在第一份国情咨文中指出，尊重东帝汶人民的选择。她的表态为东印双方正常关系奠定了基础。在8月30日东帝汶独立两周年纪念日，古斯芒表示不会向印尼当局寻求经济赔偿，不过他强调依然有必要谴责那些在东帝汶独立运动期间滥施暴力的印尼军人，并且不会反对建立一个国际军事犯罪法庭来审判这些人。9月，以联合国东帝汶当局行政长官德梅洛为团长、包括独立领导人古斯芒、外长霍塔和“革阵”秘书长阿尔卡蒂里的东帝汶高级代表团访问印尼，同梅加瓦蒂等印尼领导人举行会谈。11月，古斯芒访问印尼西帝汶，增进与亲印尼民兵的和解并鼓励东难民重返家园。据东帝汶方面统计，截至2001年底，已有19万滞留在西帝汶的难民返东，但仍有约7万难民滞留西帝汶。

2002年5月20日，梅加瓦蒂总统应邀出席东帝汶独立庆典，并在古斯芒总统陪同下凭吊在东帝汶阵亡的印尼军人陵园。

三 同东盟国家关系

东盟国家积极参与东帝汶独立进程，以维护本地区安全与稳定。泰、马、菲、新、文均派员参加联合国维和行动，维和部队司令先后由菲、泰两国官员担任。在双边交往方面，2000年12月，东帝汶外长霍塔访问新加坡，会见了吴作栋总理，向新加坡表示东帝汶拟与东盟建立联系的愿望。2001年2月，贝洛主教访问马来西亚，会见了马来西亚外长赛义德，寻求马来西亚为东帝汶训练警察部队和提供教育援助。6月，东帝汶派团赴菲律宾，考察菲律宾地方政府自治制度。2002年5月，泰国、马来西亚、文莱、柬埔寨外长分别应邀出席东独立庆典。目前东帝汶已与除缅甸外所有东盟国家建立了外交关系。东帝汶积极与东盟国家发展关系，争取在5年内加入东盟。

四 同葡萄牙关系

东帝汶曾长期属于葡萄牙殖民地，与葡萄牙关系十分密切。葡萄牙在东帝汶独立进程中也发挥了重要作用。1975年印尼出兵东帝汶后，葡萄牙宣布与印尼断交。1984年7月，葡萄牙总统发表公告，“谴责任何干涉东帝汶人民自由表达意愿的企图”，重申决意同直接卷入冲突的所有各方进行对话，并寻求尊重东帝汶人民意愿的和平解决办法。1999年10月，东帝汶独立运动领袖古斯芒对葡萄牙进行正式访问，受到国家元首的最高礼遇。12月葡萄牙外长伽马访东帝汶，对东帝汶独立进程表示全力支持。2000年2月，葡萄牙总统桑帕约对东帝汶进行正式访问，这是葡萄牙1975年撤出东帝汶后其国家元首对该地区的首次访问。4月，葡萄牙总理古特雷斯访问东帝汶。8月，葡萄牙总统代表赴帝力出席东帝汶全民公决一周年庆祝大会。2001年1月，葡萄牙外长伽马访东，会见了联合国东帝汶过渡行政当局行政长官德梅洛和东帝汶独立运动领袖古斯芒等东政治、宗教界领导人，主持了帝力葡萄牙文化中心开幕式。10月，古斯芒对葡萄牙进行访问，过渡内阁首席部长阿尔卡蒂里对葡萄牙进行工作访问。2002年5月20日，葡萄牙总统、总理共同出席了东独立庆典，东帝汶与葡萄牙建交。8月，古斯芒总统出席葡共体第四届首脑会议并访问巴西，其间东被接纳为葡共体成员国。

五　同澳大利亚关系

作为东帝汶的重要邻国，澳大利亚一直积极推进东独立进程。东帝汶独立运动组织曾长期在澳设有办事处。1998年12月，澳大利亚总理霍华德就东帝汶问题致信印尼总统哈比比，敦促其允许东帝汶举行全民公决。1999年1月，澳政府发表声明，支持东帝汶问题政治解决方案。9月，霍华德总理建议组建多国维和部队进驻东帝汶，并将澳大利亚达尔文作为联合国赴东行动的基地。10月，古斯芒访澳时受到高规格接待。11月，霍华德总理访问东帝汶，与贝洛主教等东帝汶人士进行了接触。2000年5月，古斯芒再次访澳，进一步寻求澳方政治和经济支持。8月，澳外长唐纳应邀赴东帝汶出席东帝汶全民公决一周年纪念活动。2001年7月，澳外交贸易部出版《过渡中的东帝汶》一书，介绍澳政府在东帝汶问题上的立场和作用。东与澳政府在帝力签署了关于帝汶海油气资源开发的谅解备忘录。澳大利亚还为东帝汶建立军事训练营和培训特种部队。2002年5月20日，澳大利亚总理霍华德出席东帝汶独立庆典。

六　同美国关系

美国关注东帝汶人权问题，在处理东帝汶问题上支持澳大利亚发挥主导作用，并提供后勤、情报、运输等支援。在联合国东帝汶过渡行政当局中，美具有对东政治、司法、人权等方面的主导权。2001年5月，东帝汶独立运动领导人古斯芒和过渡内阁外长霍塔访美，会见了美国国务卿鲍威尔，美表示将继续支持东帝汶独立进程，并推动建立国际战争法庭，审判在1999年印尼撤离东帝汶前后发生的严重侵犯人权事件。东帝汶希望美保持在东帝汶的军事存在，包括军事援助组织（US-GET）和美国军舰定期访东。2002年5月20日，美国前总统克林顿出席东独立庆典。

七　同日本、韩国关系

2001年9月，日本防卫厅前官房长官久间章生率日本议会代表团访东，会见了联合国东帝汶过渡行政当局行政长官德梅洛、过渡内阁和制宪议会成员，推动日本在东帝汶独立后参加联合国在东的维和行动。东过渡内阁外长霍塔对此表示欢迎。日本为东重建提供多项援助，包括基础设施建设、农、林、渔业发展、人力资源培训和机构建设等。日派员参加联合国东帝汶过渡行政当局工作。日本自卫队于2002年3月派遣了一支690人的工程兵部队加入联合国东帝汶过渡行政当局维和行动，主要任务是修建路桥和提供后勤支援。2002年4月，日本首相小泉纯一郎访问东帝汶。

2001年4月，东帝汶国防军司令塔乌尔·鲁瓦克访问韩国，寻求韩国在给予军事援助方面的长期合作。

（王小敏）

第三部分　重要文献及基本统计资料

第一编

重 要 文 献

第一章 第二次世界大战期间涉及战后东亚国家重大权益的国际文献

一 中美英三国开罗宣言〔摘要〕

（1943年12月1日 开罗）

三国军事方面人员，关于今后对日作战计划，已获得一致意见，我三大盟国表示决心以不松弛之压力，从海陆空诸方面加诸残暴的敌人。此项压力已经在增长之中。

我三大盟国此次进行战争之目的，在于制止及惩罚日本之侵略。三国决不为自身图利，亦无拓展领土之意。三国之宗旨在剥夺日本自1914年第一次世界大战开始以后在太平洋所夺得的或占领之一切岛屿；在使日本所窃取于中国之领土，例如满洲、台湾、澎湖群岛等，归还中华民国。日本亦将被逐出于其以暴力或贪欲所攫取之所有土地，我三大盟国轸念朝鲜人民所受之奴役待遇，决定在相当期间，使朝鲜自由独立。

我三大盟国抱定上述之各项目标并与其他对日作战之联合国家目标一致，将坚持进行为获得日本无条件投降所必要之重大的长期作战。

蒋介石
罗斯福
丘吉尔

二 苏美英三国关于日本的协定（雅尔塔协定）〔摘要〕

（1945年2月11日 雅尔塔）

苏美英三大国领袖同意，在德国投降及欧洲战争结束后两个月或三个月内苏联将参加同盟国方面对日作战，其条件为：

(一)外蒙古(蒙古人民共和国)的现状须予维持。

（二）由日本1904年背信弃义进攻所破坏的俄国以前权益须予恢复，即：

甲 库页岛南部及邻近一切岛屿须交还苏联；

乙 大连商港须国际化，苏联在该港的优越权益须予保证，苏联之租用旅顺港为海军基地须予恢复；

丙 对担任通往大连之出路的中东铁路和南满铁路应设立一苏中合办的公司以共同经营之；经谅解，苏联的优越权益须予保证而中国须保持在满洲的全部主权。

（三）千岛群岛须交予苏联。

经谅解，有关外蒙古及上述港口铁路的协定尚须征得蒋介石委员长的同意。根据斯大林大元帅的提议，美总统将采取步骤以取得该项同意。

三强领袖同意，苏联之此项要求须在击败日本后毫无问题地予以实现。

苏联本身表示准备和中国国民政府签订一项苏中友好同盟协定，俾以其武力协助中国达成自日本枷锁下解放中国之目的。

斯大林

罗斯福

丘吉尔

三 中美英三国促令日本投降之波茨坦公告〔摘要〕

（1945年7月26日 德国柏林波茨坦 8月8日苏联正式加入此公告）

中、美、英三国政府领袖公告：

美国、英国及中国之庞大陆海空军，业已增强数倍，并受到所有联合国成员国的支持；他们即将给予日本以最后的打击。盟国对日作战将直到它停止抵抗为止。

如不将穷兵黩武之军国主义驱出世界，则和平、安全及正义之秩序不能产生。因此，决心将欺骗及误导日本人民使其妄图征服世界之政权及势力，永远扫除。

《开罗宣言》的条件必须实施，日本的主权必将限于本州、北海道、九州、四国及盟国所决定的其他小岛之内。

日本军队要完全解除武装。

日本战犯将交付审判。

阻止日本人民民主的所有障碍必须消除；言论、宗教及思想自由，以及对于基本人权之重视，必须确立。

不准日本保有可供重新武装的工业等。

日本政府应立即宣布无条件投降；除此一途，日本即将迅速完全毁灭。

第二章 当代东亚地区内国际组织与会议的重要文献

一 关于东亚峰会的吉隆坡宣言

（2005年12月14日 吉隆坡）

我们，东南亚国家联盟（东盟）成员国、澳大利亚、中华人民共和国、印度共和国、日本国、大韩民国和新西兰的国家元首或政府首脑，于2005年12月14日在马来西亚吉隆坡举行具有历史意义的首届东亚峰会之际：

忆及2004年11月29日在老挝万象举行了第十次东盟首脑会议，决定2005年在马来西亚召开首届东亚峰会，得到第八次东盟与中日韩（10+3）领导人会议的支持；

重申遵守《联合国宪章》的宗旨和原则、《东南亚友好合作条约》及其他公认的国际法准则；

认识到随着国际环境迅速变化，我们的经济和社会联系日益增强，相互依赖日益加深；

意识到世界面临的挑战不断增加，需要协同地区和全球的力量加以应对；

认识到实现东亚及世界的和平、安全与繁荣符合我们的共同利益；

愿意本着平等的伙伴精神和协商一致的原则，加强合作，增进友谊，创造一个和平的环境，为地区及世界的和平、安全与经济繁荣作出贡献；

确信东亚峰会参加国相互之间乃至与整个世界就共同感兴趣和关切的问题加强双边和多边互动与合作，对促进和平与经济繁荣具有重要意义；

重申坚信多边机制有效运作是推动经济发展不可或缺的力量；

认识到本地区现已成为世界经济活力的源泉；

认同东亚峰会可以在本地区共同体建设的过程中发挥重要作用；

进一步认识到有必要支持建设一个强大的东盟共同体，为我们共同的和平与繁荣提供坚实的基础；

兹宣告如下：

首先，我们将东亚峰会建立为一个论坛，就共同感兴趣和关切的、广泛的战略、政治和经济问题进行对话，目的是促进东亚的和平、稳定与经济繁荣。

第二，东亚峰会在努力推进本地区共同体建设时，应与东盟共同体建设保持一致，并有助于这一目标的实现，成为不断发展的地区架构的有机组成部分。

第三，东亚峰会将是一个开放、包容、透明和外向型的论坛，东盟将在其中发挥主导作用，并与其他参加国携手合作，推动加强全球性的规范和国际公认的价值观。

第四，我们将着重致力于以下几个方面：

——就政治和安全问题加强战略对话与合作，确保我们之间和平相处，与整个世界生活在公正、民主与和谐的环境之中；

——通过加强技术转移、基础设施建设、能力建设、良政、人道主义援助，促进东亚的发展、金融稳定和能源安全，实现经济一体化和增长，消除贫困，缩小发展差距，并促进相互之间的金融联系，推动贸易和投资的扩大和自由化进程；

——促进更深的文化认知，加强民间交往并在提高人民生活水平和福祉方面加强合作，增进相互信任和团结，推动在保护环境、预防传染病及减灾等领域的合作。

第五，

——东亚峰会的参加范围将依据东盟制订的参与标准；

——东亚峰会将定期举行；

——东亚峰会将由东盟主席国主办并担任主席，与东盟年度首脑会议同期举行；

——东亚峰会的模式将由东盟和东亚峰会其他所有参加国共同审议。

2005年12月14日签署于吉隆坡

二　东南亚国家联盟宣言

（1967年8月8日　曼谷）

政治事务常务委员会部长、印度尼西亚外交部长、马来西亚副总理、菲律宾外交部长、新加坡外交部长和泰国外交部长：

注意到东南亚国家之间存在着共同利益和共同问题，并相信有必要进一步加强已经存在的区域团结和合作联系；

希望本着平等和伙伴关系的精神为促进东南亚的区域合作而奠定共同行动的坚实基础，从而对本地区的和平、进步和繁荣作出贡献；

意识到在一个越来越互相依存的世界里，加强在历史上和文化上早就有联系的本地区各国之间的良好的谅解、睦邻友好和有意义的合作是实现和平、自由、社会正义和经济福利这些为人民所珍视的理想的最好途径；

考虑到东南亚国家对于加强本地区的经济和社会稳定，保障本国的和平发展共同负有重大责任；考虑到这些国家决心根据本国人民的理想和愿望，保障它们的稳定和安全免遭形形色色的外来干涉，以维护它们的民族特性；

肯定所有的外国基地都是暂时的，只是在有关国家的明确同意下才存在，并不是为了直接或间接地用来颠覆这一地区的国家的民族独立和自由或者危害各国发展的正常进程；

特此宣告：

第一，建立东南亚国家之间的地区性合作联盟，即东南亚国家联盟（简称东盟）。

第二，本联盟的目的和宗旨是：

（一）为了增强东南亚国家繁荣与和平的社会的基础，本着平等和伙伴关系的精神，通过共同努力加速本地区的经济增长、社会进步和文化发展；

（二）在本地区的国家关系中，通过坚持不懈地维护正义和法治以及遵守联合国宪章的原则，来促进区域和平和稳定；

（三）在经济、社会、文化、技术、科学和行政管理领域内，促进对共同有利的事业的积极合作和互助；

（四）在教育、职业、技术和行政方面采用培训和提供研究条件的方式相互援助；

（五）为了更充分地利用它们的农业和工业，扩大它们的贸易，包括国际商品贸易问题的研究、交通运输设施的改进和提高人民的生活水平，进行更富有成效的合作；

（六）促进东南亚的研究；

（七）与现有的具有类似目的和宗旨的国际和区域性组织保持更密切、更有利的合作，探讨所有促使它们进行更加紧密合作的途径。

第三，为了实现这些目的和宗旨，将建立下列机构：

甲，被称为东盟部长级会议的外长年会，由各成员国轮流主持。必要时可召开外长特别会议；

乙，常务委员会，由东道国的外交部长或他的代表担任主席，其他成员国委派的大使作为成员，在外长会议休会时进行联盟的工作；

丙，由专家和专务官员组成的特别委员会和常设委员会；

丁，各成员国的秘书处代表本国作联盟的工作，为外长年会或特别会议、常务委员会和今后可能建立的其他委员会服务。

第四，联盟对所有赞成上述目的、原则和宗旨的所有东南亚国家开放，欢迎参加。

第五，联盟代表东南亚国家集体的意志，友谊和合作把它们联结在一起，通过共同努力和牺牲，确保它们的人民和子孙后代得享和平、自由和繁荣。

公元 1967 年 8 月 8 日于曼谷

三 东南亚国家联盟和平、自由和中立化宣言

（1971 年 11 月 27 日 吉隆坡）

我们，印度尼西亚外交部长、马来西亚外交部长、菲律宾外交部长、新加坡外交部长和泰国全国行政委员会特使，

坚信区域性合作的优点，这种合作已使我们几国在东南亚国家联盟内在经济、社会和文化方面共同合作，

希望取得国际紧张局势的和缓和在东南亚实现持久和平，

受到联合国的崇高宗旨和目标，特别是受到尊重所有国家的主权和领土完整、不进行武力威胁或使用武力、和平解决国际争端、权利平等和自决以及不干涉他国内政这些原则的鼓舞，

相信 1955 年万隆会议的“促进世界和平与合作宣言”继续有效，这次宣言中阐明了各国和平共处的原则，

注意到如《禁止在拉丁美洲设置核武器条约》和宣布非洲为无核武器区的卢萨卡宣言中所表现的走向建立无核武器区以便通过减少国际冲突地区和国际紧张局势地区来促进世界和平与安全这一意义重大的趋势，

认识到每个国家不论大小都有权在其内政不受外来干涉的情况下保持其民族生存，因为这种干涉将对其自由、独立和完整产生不利影响，

致力于维护和平、自由和独立不受损害；

同时相信需要同这个地区内外的一切爱好和平与自由的国家进行合作来推进世界和平、稳定与和谐一致以应付目前的挑战和形势的新发展；

重申我们在 1967 年建立东南亚国家联盟的曼谷宣言中所承诺的原则，即：东南亚国家在增进这个地区的经济和社会稳定及保证自己的和平与进步的民族发展方面担负着主要的责任，我们决心确保自己的稳定和安全不受任何形式或表现的外来干涉以根据我们几国人民的理想和愿望维护自己的民族特点，

一致认为东南亚中立化是一个可取的目标并一致认为我们应当探求促使其实现的方法，

确信采取联合行动来有效地表达东南亚各国人民想确保为自己的独立以及经济和社会繁荣所必不可少的和平与稳定条件的深切愿望，时机是有利的，

兹声明：

一 印度尼西亚、马来西亚、菲律宾、新加坡和泰国决心初步地进行必要的努力来获取对东南亚作为一个不受外部强国的任何形式或方式的干涉的和平、自由和中立地区的承认和尊重。

二 东南亚国家应当进行配合一致的努力来扩大合作的方面，这种合作将有助于增强它们的力量、团结和进一步密切关系。

1971 年 11 月 27 日于吉隆坡

四 东南亚友好合作条约

（1976 年 2 月 24 日 巴厘）

序言

缔约各方：

认识到把缔约各国人民联系在一起的业已存在的历史、地理和文化纽带；

渴望通过尊重正义、规则或法律和增强各国关系中的地区活力，来促进地区和平与稳定；

希望本着《联合国宪章》、1954 年 4 月 25 日万隆亚非会议通过的十原则、1967 年 8 月 8 日在曼谷签署的东南亚国家联盟宣言和 1971 年 11 月 27 日签署的吉隆坡宣言的精神和原则，加强东南亚地区的和平、友谊和相互合作；

确信解决该地区国家间的分歧或争端应该通过合理、有效和比较灵活的程序，避免采取可能危及或损害合作的消极态度；

相信有必要与东南亚地区内外一切热爱和平的国家进行合作来推进世界和平、稳定与和谐一致；

兹庄严地同意签署这一友好合作条约，内容如下：

第一章 宗旨和原则

第一条 该条约的宗旨是促进该地区各国人民间的永久和平、友好和合作，以加强他们的实力、团结和密切关系。

第二条 缔约各方在处理相互间关系时将遵循下列基本原则：

一、相互尊重独立、主权、平等、领土完整和各国的民族特性；

二、任何国家都有免受外来干涉、颠覆和制裁，保持其民族生存的权利；

三、互不干涉内政；

四、和平解决分歧或争端；

五、反对诉诸武力或以武力相威胁；

六、缔约各国间进行有效合作。

第二章 友好

第三条 为实现该条约宗旨，缔约各方将努力发展和加强将他们联系在一起的传统、文化和友好历史纽带以及睦邻合作关系，将真诚地履行该条约所规定的义务。缔约各方为进一步增进相互间的了解，将鼓励和促进该地区各国人民之间的接触和交往。

第三章 合作

第四条 缔约各方将促进在经济、社会、技术、科学和行政管理领域的积极合作，以及国际和平、地区稳定等共同理想和愿望以及所有其他共同关心的问题。

第五条 缔约各方将在平等、互不歧视和互利的基础上通过多边和双边方式尽最大的努力实施第四条里的规定。

第六条 缔约各方将共同合作促进地区经济增长，以便为建设一个繁荣、祥和的东南亚社会而进一步奠定基础。为实现这一目标，他们将进一步利用他们的农业和工业，扩大贸易和改善他们的经济基础结构，从而有利于该地区各国人民。这方面，他们将继续探索与其他国家以及与国际组织和该地区之外的其他区域性组织间的密切和有益合作的各种途径。

第七条 为争取社会公正和提高该地区人民的生活水平，缔约各方将加强经济合作。为此，他们还将实施适当的地区性经济发展和互援战略。

第八条 缔约各方尽力在尽可能广泛的领域进行最密切的合作，将以训练人员的方式和通过社会、文化、技术、科学和行政管理领域的研究设施，努力提供相互援助。

第九条 缔约各方将努力促进合作，以加强该地区的和平、和睦与稳定。为此，缔约各方将就国际和地区问题进行定期接触和磋商，以协调立场、行动和政策。

第十条 缔约一方不应以任何方式参加旨在对另一方的政治、经济稳定、主权和领土完整构成威胁的任何活动。

第十一条 缔约各方将根据他们各自的理想和愿望努力加强他们在政治、经济、社会、文化和安全领域的民族活力，努力摆脱外部干涉和内部颠覆活动以维护他们各自的民族特性。

第十二条 缔约各方在争取地区繁荣和安全的过程中，将在自信、自立、互尊、合作和团结的原则基础上努力加强在各个领域的合作，以增强地区活力。上述原则将是建立一个强大和具有活力的东南亚社会的基础。

第四章 和平解决争端

第十三条 缔约各方决心真诚地防止争端发生。一旦出现直接卷入的争端，他们将避免使用武力或以武力相威胁，任何时候都将通过他们之间友好谈判解决此类争端。

第十四条 为通过地区性程序来解决争端，缔约各方将成立一个由部长级代表组成的作为常设机构的高级理事会关注和处理有可能破坏地区和平与和睦的争端或局势。

第十五条 在通过直接谈判无法达成解决的情况下，高级理事会将负责处理争端或局势。它将建议有关争端各方通过斡旋、调停、调查或调解等适当的方式解决争端。高级理事会将参与斡旋，或根据有关争端各方达成的协议，参加调解、调查或调停理事会工作。在必要的时候，高级理事会将提出防止争端或局势恶化的适当措施。

第十六条 除非征得有关争端各方的同意，否则本章的前面一条不适用于解决争端。然而这样不妨碍与争端无关的其他缔约各方为解决争端提供可能的协助。而争端各方应该充分利用这样的协助。

第十七条 本条约并不排除求助于《联合国宪章》第三十三条第一款中所载的和平解决方式。鼓励与争端有关的缔约各方在采取《联合国宪章》中规定的其他方式之前应首先主动通过和平谈判方式解决争端。

第五章 一般性条款

第十八条 该条约将由印度尼西亚共和国、马来西亚、菲律宾共和国、新加坡共和国和泰王国签署。每一签署国将根据本国宪法程序予以批准。

本条约允许东南亚其他国家加入。

第十九条 本条约将自第五份批准书交存被指定为本条约和批准书或加入书保存者的签字国政府之日起生效。

第二十条 本条约用缔约各国的官方语言制订，各种文本具有同等效力。该条约的共同文本将是一个经各方核准的英译文本。对共同文本的解释若出现分歧将通过谈判解决。

缔约各方特此在条约上签字并盖章。

1976 年 2 月 24 日订于巴厘

附录 1 《东南亚友好合作条约》修改议定书（中译本）

（1987 年 12 月 15 日 马尼拉）

文莱达鲁萨兰国、印度尼西亚共和国、马来西亚、菲律宾共和国、新加坡共和国、泰王国政府：

希望与东南亚地区内、外的一切热爱和平的国家，尤其是东南亚地区的邻国，进一步加强合作。

考虑到 1976 年 2 月 24 日在巴厘签署的《东南亚友好合作条约》（以下称为《友好条约》）序言的第五段提出了有必要与东南亚地区内外的一切热爱和平的国家进行合作来推进世界和平、稳定与和谐一致。

兹同意如下：

第一条 《友好条约》第十八条修改为：

“该条约将由印度尼西亚共和国、马来西亚、菲律宾共和国、新加坡共和国和泰王国签署。每一签署国将根据本国宪法程序予以批准。

本条约允许东南亚其他国家加入。

东南亚以外的国家，经过东南亚所有缔约国及文莱达鲁萨兰国的同意，也可加入。”

第二条 《友好条约》第十四条修改为：

“为通过地区性程序来解决争端，缔约各方将成立一个由部长级代表组成的作为常设机构的高级理事会关注和处理有可能破坏地区和平与和睦的争端或局势。

但是，加入本条约的东南亚以外任何国家，只有直接涉及需通过上述地区程序解决的争端时，才适用此条款。”

第三条 本议定书将交付批准，并在最后一个签字方交存批准书之日起生效。

1987 年 12 月 15 日订于马尼拉

附录 2 《东南亚友好合作条约》第二修改议定书（中译本）

（1998 年 7 月 25 日 马尼拉）

文莱达鲁萨兰国、柬埔寨王国、印度尼西亚共和国、老挝人民民主共和国、马来西亚、缅甸联邦、菲律宾共和国、新加坡共和国、泰王国、越南社会主义共和国、巴布亚新几内亚政府（以下简称缔约方）：

希望确保与东南亚内外一切热爱和平的国家，特别是东南亚地区的邻国适当加强合作；

考虑到 1976 年 2 月 24 日于巴厘签订的《东南亚友好合作条约》（以下称《友好条约》）序言的第五段提出有必要与东南亚地区内外一切热爱和平的国家进行合作来推动世界和平、稳定与和谐一致。

兹同意如下：

第一条 《友好条约》第十八条第三款修改为：

“经东南亚所有国家，即文莱达鲁萨兰国、柬埔寨王国、印度尼西亚共和国、老挝人民民主共和国、马来西亚、缅甸联邦、菲律宾共和国、新加坡共和国、泰王国和越南社会主义共和国的同意，东南亚以外的国家也可加入。”

第二条 本议定书将交付批准，并在最后一个缔约方交存批准书之日起生效。

1998 年 7 月 25 日订于马尼拉

五 中华人民共和国与东盟国家首脑会晤联合声明

（1997 年 12 月 16 日 吉隆坡）

面向 21 世纪的中国—东盟合作

（一）中华人民共和国主席和东南亚国家联盟成员国国家元首（政府首脑）对中国与东盟组织以及中国与东盟各国关系的迅速发展感到满意。一致认为，巩固这些关系符合各自人民的根本利益和亚太地区的和平、稳定与繁荣。

（二）他们确认，《联合国宪章》《东南亚友好合作条约》、和平共处五项原则和公认的国际法应成为处理相互关系的基本准则。他们特别重申相互尊重独立、主权和领土完整和不干涉别国内政的原则。

（三）他们承诺，促进睦邻友好关系，增加高层往来，加强在所有领域的对话与合作机制，以增进了解和扩大互利。

（四）他们同意，在东盟地区论坛及其他地区和国际组织及论坛中加强合作。

（五）他们承诺，为在21世纪实现各自和本地区的繁荣，在平等互利、共负责任的原则基础上，加强双边和多边合作，促进经济增长、可持续发展和社会进步。他们将通过中国－东盟联合合作委员会、中国－东盟经贸联委会、中国－东盟科技联委会等机制，进一步加强合作。他们将继续在亚太经济合作组织、亚欧会议等区域和次区域的组织和项目中密切相互协调与合作。

（六）中国认识到东盟地区经济基础稳固，对东盟地区经济及其未来前景表示充分的信心。中国方面确信，东亚地区仍将是世界上经济增长最快的地区之一。中国和东盟国家一致认为，有必要通过促进贸易和投资、便利市场准入、加强技术交流、加强有关贸易和投资的信息交流和开放，巩固他们之间密切的经济关系。他们确认在开发湄公河盆地方面有共同的利益，承诺通过促进贸易、旅游和运输领域的活动，加强对沿岸国家的支持。他们重申支持世界贸易组织成员的普遍性，支持中国以及申请加入世界贸易组织的东盟国家早日加入世界贸易组织。

（七）他们注意到，中华人民共和国和东盟财长们在1997年12月2日吉隆坡会议上，讨论了在处理本地区目前金融形势方面各国的努力和地区及国际合作。他们赞同财长们达成的一致意见，即尽快实施马尼拉框架是促进地区金融稳定的建设性步骤。他们鼓励落实马尼拉框架有关倡议的努力，并与国际货币基金、世界银行、亚洲开发银行和国际监管机构密切配合。他们赞赏中国对最近在本地区实行的一揽子金融援助计划的贡献，并重申加强中国和东盟财长在经济和金融问题上合作的重要性。

（八）他们认为，维护本地区的和平与稳定符合所有各方的利益。他们承诺通过和平的方式解决彼此之间的分歧或争端，不诉诸武力或以武力相威胁。有关各方同意根据公认的国际法，包括1982年《联合国海洋法公约》，通过友好协商和谈判解决南海争议。在继续寻求解决办法的同时，他们同意探讨在有关地区合作的途径。为促进本地区的和平与稳定，增进相互信任，有关各方同意继续自我克制，并以冷静和建设性的方式处理有关分歧。他们还同意，不让现有的分歧阻碍友好合作关系的发展。

（九）中国赞赏并支持东盟在国际和地区事务中的积极作用，重申尊重和支持东盟建立东南亚和平、自由、中立区的努力。为此，中国欢迎《东南亚无核武器区条约》的生效。双方还欢迎条约签字国和核武器国之间为有助于后者参加《东南亚无核区条约议定书》而正在进行的磋商。东盟成员国认为一个和平、稳定和繁荣和中国是世界，特别是亚太地区长期和平、稳定与发展的重要因素。东盟成员国重申继续奉行一个中国的政策。

（十）中国和东盟成员国承诺共同为促进亚太和世界的和平与进步作出贡献，并以积极的姿态迎接充满活力的地区和国际环境所带来的挑战。

（十一）中国欢迎东盟通过的《2020年展望》，它反映了东盟的活力和迎接下个世纪挑战的决心。

（十二）中国和东盟成员国将发展彼此之间的睦邻互信伙伴关系作为中国与东盟在21世纪关系的重要政策目标。

六　中国全国人民代表大会常务委员会关于加入《东南亚友好合作条约》及其两个修改议定书的决定

（2003年6月28日通过）

第十届全国人民代表大会常务委员会第三次会议决定：中华人民共和国加入《东南亚友好合作条约》、《东南亚友好合作条约修改议定书》和《东南亚友好合作条约第二修改议定书》。

第三章　当代东亚地区跨洲（地区）组织与会议的重要文献

一　亚太经济合作组织经济领导人共同决心宣言

（1994年11月15日　茂物）

1. 今天，我们亚太经济合作组织经济领导人汇集在印度尼西亚茂物，为我们经济合作的未来绘制蓝图。这种合作不仅会使亚太地区也会使整个世界的加速、平衡和公平的经济增长更具希望。

2. 一年前在美国西雅图市的布莱克岛上，我们认识到我们多样性的各经济体之间的相互依存性正在不断加强，正在向形成一个亚太经济大家庭方向迈进。我们发表了一个展望声明，在声明中我们保证：

——对飞速变化着地区和全球经济提出的挑战，要寻找共同的解决办法；

——支持世界经济的扩展和一个开放的多边贸易体制；

——继续减少贸易和投资壁垒，以使货物、服务和资金能够在我们各经济体之间自由流动；

——保障我们的人民能够分享由经济增长所带来的好处，改善教育和培训，通过电信和运输方面的进步把我们各经济体连接起来，并使我们的资源得到可持续性的利用。

3. 我们的地区是一个在经济上具有多样性的地区，它既包括发达的、新兴工业化的经济体，也包括发展中的经济体，它们之间的相互依存性正在与日俱增。基于这样一种认识，我们提出了我们对亚洲太平洋经济大家庭的展望。亚洲太平洋的发达经济体将会为发展中经济体进一步加快经济增长，提高自己的发展程度提供机遇。与此同时，发展中经济体也将努力保持高速经济增长，以取得新兴工业化经济体目前所享有的繁荣。这一战略只有在包括了可持续的经济增长、平等的发展和国家的稳定这三个主要支柱的情况下才是完整的、全面的。不断缩小亚洲太平洋各经济体之间存在着的发展阶段上的差异，将使所有成员获益，并将推动整个亚洲太平洋经济的进步。

4. 在我们走向21世纪的时候，亚太经济合作组织需要加强亚太区域内的经济合作。这种合作的基础是平等的伙伴关系、共同的责任、相互尊重、共同利益和共同受惠，其目标是由亚太经济合作组织在以下方面起带头作用；——加强开放的多边贸易体制；——在亚洲太平洋加强贸易和投资自由化；以及——强化亚洲太平洋的发展合作。

5. 鉴于开放的多边贸易体制是我们市场驱动的经济增长的基础，因此借乌拉圭回合多边贸易谈判取得成果所产生的势头，由亚太经济合作组织率先来巩固开放的多边贸易体制是适宜的。

我们高兴地看到，亚太经济合作组织为乌拉圭回合的顺利结束作出了重要贡献。我们一致同意我们将完全地、毫不迟延地履行我们在乌拦圭回合中所作出的承诺，并且呼吁所有参与乌拉圭回合谈判的各方采取同样的做法。

为加强开放的多边贸易体制，我们决定加快实施我们在乌拉圭回合中所作出的承诺，并开展工作以达到深化和扩大乌拉圭回合成果的目的。我们还一致同意我们将使单边贸易和投资自由化进程继续下去。作为我们致力于开放的多边贸易体制的见证，我们还进一步同意停止采取有可能导致贸易保护主义升级的措施。

我们期待着世界贸易组织的顺利建立，亚太经济合作组织所有经济体全面地、积极地参加并支持世界贸易组织，是使我们有能力带头加强多边贸易体制的关键所在。我们呼吁世界贸易组织中一切非亚太经济合作组织成员能与亚太经济合作组织各经济体一道努力，促进多边自由化的进一步发展。

6. 考虑到我们的目标是增加亚太的贸易与投资，我们同意把在亚太地区实行自由的、开放的贸易和投资作为长远目标。这一目标将通过尽快进一步减少贸易和投资壁垒，促进货物、服务和资金在我们各经济体之间的自由流动来实现。我们将以与关贸总协定相一致的方式实现这一目标，并且认为我们的行动将强有力地推动我们仍然完全承诺的多边自由化的进一步发展。

我们进一步同意宣布，我们承诺最迟不晚于2020年完全实现我们的在亚太地区的自由和开放贸易和投资的目标。履行承诺的进度将考虑亚太经济合作组织各经济体的不同经济发展水平，工业化经济体实现自由和开放贸易和投资这一目标不晚于2010年，发展中经济体不晚于2020年。我们愿强调，我们坚决反对建立一个有悖于全球自由贸易目标的内向型贸易集团。我们决心将以有助于鼓励和加强整个世界贸易和投资自由化的方式来追求亚太的自由和开放的贸易和投资。因此，亚太贸易和投资自由化的结果，不仅意味着亚太经济合作组织各经济体之间壁垒的实际减少，也意味着亚太经济合作组织成员与非成员之间壁垒的实际减少。在这方面，我们将特别注意我们与亚太经济合作组织之外的发展中国家的贸易，以确保它们也能够从我们实行的与关贸总协定和世界贸易组织条款相一致的贸易和投资自由化中受益。

7. 作为对这一实质性的自由化进程的补充和支持，我们决定扩大和加速亚太经合组织的贸易和投资促进计划。这样，通过消除对贸易和投资的行政的以及其他方面的障碍，将进一步促进货物、服务和资金在亚太经合组织各经济体间的流动。

我们之所以强调贸易便利的重要性，是因为仅仅努力去实现贸易自由化还不足以带来贸易的扩大。贸易带来的利益如果确能为商界和消费者双方所共享，则在便利贸易方面作出的努力是重要的。贸易便利对于进一步实现我们的目标，即在全球范围内实现最完全的自由化也具有一定的作用。

我们特别地要求我们的部长和官员们要就亚太经合组织关于关税、标准化、投资原则和市场准入的行政障碍等方面的安排呈交建议。

为促进区域投资流动并加强亚太经合组织在经济政策问题上的对话，我们同意继续就经济增长战略、区域内资金的流动和其他宏观经济问题进行有价值的磋商。

8. 我们的目标是加强亚太各经济体组成的大家庭内的发展合作。这一目标将使我们能更有效地开发亚太地区的人力资源和自然资源，从而使亚太经合组织各经济体获得可持续的和合理的发展，同时缩小它们之间经济上的差异，并使我们的人民在经济上和社会方面更加富裕。这种努力还将促进亚太地区贸易和投资的增长。这一领域内的合作计划包括范围广泛的人力资源开发（如教育和培训，特别是改善管理与技术能力）、开发亚太经合组织研究中心的建立、科技合作（包括技术转让），旨在促进中小企业发展的措施，以及为改善能源、交通、信息、电信、旅游等经济基础设施的步骤。为对可持续的发展作出贡献，我们还将就环境问题开展有效的合作。

亚太地区经济的增长与发展主要是由市场驱动的，并建立在我们工商部门之间日益加深的相互联系支持亚太经济合作的基础之上，认识到工商部门在经济发展中的所起的作用，我们同意将工商部门纳入我们的计划，并为此建立一个不断发展的机制。

9. 为促进和加速我们的合作，我们同意，那些已经为启动和实行合作安排做好准备的亚太经合组织经济体可以先行一步，那些尚未为参加这种合作做好准备的经济体则可以晚些时候加入。

亚太经合组织经济体间的贸易及其他方面的经济争端会对已达成协议的合作安排造成负面影响，同时也会破坏合作精神。为有助于这类争端的解决并避免重复出现，我们同意就建立在一种自愿协商基础上的争端调解服务机制的可能性进行考察。这种调解服务是对世界贸易组织的争端解决机制的补充，而后者应继续是解决争端的主要渠道。

10. 我们的目标是雄心勃勃的。但我们有决心在促进全球贸易与投资进一步自由化方面表现出亚太经合组织的带头作用。实现我们的目标需要多年的努力。我们将从本声明发表之日起就携手开始我们的自由化进程。

我们指示我们的部长和官员们立即就如何实行我们目前的决定着手准备详细的建议。这些建议要尽快呈交亚太经合组织经济领导人，供他们考虑并做出后续决定。这些建议还须指出所有对我们实现目标将有影响的障碍。我们要求部长和官员们在审议知名人士小组和太平洋工商论坛报告中提出的重要建议时能给予这些建议以认真的考虑。

11. 我们对知名人士小组及太平洋工商论坛报告中提出的重要而富有思想的建议表示欣赏。这些报告将作为在亚洲太平洋各经济体大家庭的合作框架内制定政策的有价值的参考要点。我们同意要求两个小组继续开展它们的活动，向亚太经合组织经济领导人提供他们对亚太经合组织进展情况的评估，并为进一步加强我们之间的合作提出建议。

我们还要求知名人士小组和太平洋工商论坛对亚太经合组织与现存的次区域安排〔东盟自由贸易区亚太经合组织澳新贸易协定（ANZERTA）和北美自由贸易协定（NAFTA)〕之间的关系作出审评，并对如何避免它们各自设置障碍和如何发展它们之间关系的一致性研究可行的方案。

亚太经合组织经济领导人

印尼茂物 1994 年 11 月 15 日

二 亚太经济合作组织领导人宣言 迎接新世纪的新挑战

（2001 年 10 月 21 日 上海）

前言

1. 我们，亚太经合组织（APEC）的经济体领导人，在21 世纪首次会聚上海，探讨如何迎接我们所面积的新挑战。我们相信亚太地区具有巨大的潜力，并决心通过参与、合作，实现共同繁荣。

2. 此次会议是在十分关键的时刻举行的。目前，世界主要经济体增长放缓，情况比我们预想的更为严峻。亚太地区多数成员经济下滑，一些新兴经济体受到外部环境的影响尤为严重。此外，最近在美国发生的恐怖袭击事件对一些行业以及消费和投资者信心均造成了负面影响。从长远来看，应对全球化和新经济带来的深刻变革并从中获益是我们面临的另一个主要挑战。

3. 作为亚太地区最重要的经济合作论坛，亚太经合组织应发挥领导作用，帮助各成员抓住机遇、迎接挑战。同时，我们需要就反对恐怖主义传达清晰而强烈的信息。我们决心扭转当前经济的下滑趋势，反对贸易保护主义，支持世界贸易组织在即将召开的部长级会议上启动新一轮谈判，增强公众对未来的信心。这些工作将符合并推动亚太经合组织的目标：和平、和谐、共同繁荣。

4. 我们决心共同努力，促进经济可持续增长，共享全球化和新经济的收益，推进贸易投资自由化和便利化，从而使亚太经济在新世纪更加充满活力。我们重申实现茂物目标的决心，即发达成员在 2010 年、发展中成员在 2020 年实现亚太地区贸易投资自由化和便利化。为此，我们通过了《上海共识》，为亚太经合组织在第二个 10 年及以后的发展指明了道路。

促进可持续发展

5. 我们对亚太地区中、长期经济增长前景抱有坚定的信心，原因是亚太地区的经济基础依然良好。1997～1998 年亚洲金融危机以后，改革和结构调整初见成效，许多新兴经济体提高了抵御经济放缓和外部冲击的能力。

6. 我们将采取适当的经济政策和措施，加强宏观经济政策对话与合作，为促进经济复苏，实现可持续发展奠定坚实的基础。所有成员都有必要采取及时的政策行动来加强市场、促进世界经济的早日复苏。

7. 鉴此，我们呼吁强化成员内部的能力建设，深化结构改革，巩固本地区的经济基础。对此，我们重视合理的经济政策和良好的公司治理，强调政府应制定合理的法律、法规框架，鼓励创新竞争，加强能力建设。建立完善的社会安全体系十分重要，它有助于减少经济危机对社会弱势群体的负面影响。正如亚太经合组织《2001 年经济展望报告》中所提到的，提高金融效率是促进经济增长的关键。因此，我们欢迎亚太经合组织在这方面所作的努力，包括加强建设经济、法律基础设施、对资本市场进行监督、在公司治理和执行国际金融标准等方面的合作。亚太经合组织财政部长会议为此作出了贡献。我们还欢迎太平洋经济合作理事会在这些方面做出的努力。我们指示相关的部长和官员们继续推进他们在此方面的工作。

8. 我们认识到加强金融稳定、防范危机的重要性，强调有必要加强国际金融体系。我们呼吁亚太经合组织继续努力，建立有效机制，防止金融危机再度发生。我们在加强国际金融体系方面已迈出了重要步伐，例如，“金融稳定论坛”审议了“离岸金融中心和高杠杆率的金融机构工作组”有关建议的执行情况。我们强调应确保国际货币基金组织董事会的代表性，强调国际货币基金组织的份额分摊应合理反映世界经济的现状。国际货币基金组织和其他国际金融机构为加强金融稳定发挥了关键作用，地区合作组织也可成为其有益的补充。因此，我们欢迎“清迈倡议”在加强东盟和中国、日本、韩国金融合作安排方面所取得的实质性进展，并注意到“马尼拉框架工作组”的有关工作。我们支持这些努力，并敦促它们得到进一步加强。

9. 在经济增长放缓的形势下，亚太经合组织更应坚持其开放的目标，保持强劲的发展势头。我们重申追求贸易投资自由化的坚定决心。我们决心共同反对一切形式的保护主义。我们强烈支持开放、公平和遵循共同制定的规则的多边贸易体制，这对全球经济的增长至关重要。亚太经合组织必须坚持其自身的发展议程，推进贸易、投资和能力建设。

从全球化和新经济中受益

10. 我们相信，全球化是经济增长的强大推动力。它为提高亚太经合组织大家庭的人民生活水平和社会福利带来了希望。我们认识到，新经济有潜力提高生产力，促进经济组织和企业管理的变革，以及创造、传播知识与财富。然而，新经济带来的众多机会没有被各个经济体以及经济体内的各个群体充分地分享。因此，让亚太经合组织大家庭的每一个人都从中受益十分必要。我们强调，人力资源和机制两方面的能力建设都很重要。这是在全球化和新经济背景下应对挑战、抓住机遇的关键。正如市场开放一样，能力建设是保证亚太经合组织平衡发展的一个重要因素。

11. 鉴此，我们确定人力资源能力建设是今年和未来工作的核心内容。我们对人力资源能力建设高峰会议的成功举行表示祝贺，并欢迎会上通过的《北京倡议》。该倡议为在新经济背景下开展合作提出了一系列原则及机遇。我们号召亚太经合组织各论坛和各成员开展相应的后续活动，发达成员和发展中成员应优势互补。我们支持社会各主要群体全面参与，特别是建立政府、工商界、学术界三方密切的合作伙伴关系。我们欢迎由亚太经合组织教育基金支持的“亚太经合组织网络教育”项目，“人力资源能力建设促进项目”和“上海亚太经合组织金融和发展项目”。我们欢迎第四届人力资源开发部长级会议取得的成果，支持会上通过的《熊本声明》及其为21世纪亚太经合组织开发人力资源、实现社会进步及共同繁荣所作的贡献。

12. 我们认识到经济技术合作对推动经济可持续发展和均衡增长的重要作用，对亚太经合组织经济技术合作取得的进展表示欢迎，强调贸易投资自由化和经济技术合作应互相支持。我们对制定和提交经济技术合作行动计划表示赞赏，确认它是促进亚太经合组织健康平衡发展的主要步骤。我们指示部长们在不断总结经验的基础上继续执行这一倡议。

13. 我们欢迎经济技术合作其他领域所取得的进展。我们通过了《亚太经合组织应对传染病战略》，并号召各成员和相关论坛实施有关建议。

14. 考虑到中小企业和微型企业的重要作用，我们请部长和高官们在《亚太经合组织中小企业综合行动计划》的基础上开展工作，特别是针对微型企业的工作。鉴此，我们欢迎明年将由墨西哥主办的微型企业高峰会。

15. 在去年文莱会议的基础上，我们进一步制定了一份前瞻性、面向行动的《数字亚太经合组织战略》。该战略旨在利用先进的信息及通讯技术，促进因特网的广泛介入，提高就业率、改善公共服务、提高生活品质，达到在亚太经合组织地区创建数字化社会的目标。数字化社会将使本地区每个成员和每个人，包括妇女和残疾人都享有均等的机会，共同分享社会进步的成果。我们敦促各成员采取单边和共同的行动，实施这一跨领域的战略计划。在当前情况下，早日实施该战略将对信息产业的复苏起到积极的促进作用。我们也欢迎亚太经合组织为促进电子商务发展而取得的进步。

16.2002年9月，我们中的许多人将聚首约翰内斯堡，出席“可持续发展世界高峰会议”，为我们实现可持续发展的承诺重新注入活力，并实施促进经济增长，开发人力资源，推动社会进步和保护环境这三个密切相关的目标。亚太经合组织在这些领域也开展了一些活动，我们将考虑如何为约翰内斯堡峰会作出贡献，并力争落实会议成果。

17. 我们认识到，公众对全球化的利弊正在展开辩论。这些辩论应以在严密和全面的分析为基础。亚太经合组织应以建设性的方式对这些辩论加以引导。我们指示部长们召开一次亚太经合组织“全球化和共享繁荣对话会”，集中讨论结构调整及其影响。同时，亚太经合组织应加强与亚太经合组织大家庭的工商界、包括中小企业，以及其他方面交流，更有效地宣传亚太经合组织的目标、活动和益处，以保证我们社会各群体都能参与并从亚太经合组织和全球化进程中受益。我们尤其珍视与亚太经合组织及其他工商界代表的交流。我们也指示部长和官员们就《亚太经合组织与社会交流战略》和亚太经合组织与社会交流临时小组的建议。

18. 亚太经合组织地区的可持续发展还要求我们为不断增长的人口解决粮食问题。领导人们号召加速实施亚太经合组织粮食系统的倡议。我们认识到，生物技术可以提高生产力、改善营养，并改善农业生产环境。我们重申在科学基础上安全引入和使用生物技术产品的重要性。我们也欢迎召开农业生物技术政策对话的倡议，并号召就此开展更多的能力建设活动。

19. 我们对亚太经合组织妇女融入特设工作组取得的巨大成就表示满意，强调在亚太经合组织进程内男女平等的重要性。我们承诺亚太经合组织将在有关问题中充分考虑到妇女参与的因素。我们欢迎墨西哥关于举办第二届妇女部长会议的决定，这次会议将为相关领域取得更大进展提供了机会。

支持多边贸易体制

20. 贸易和投资是我们缩小差距，实现共同繁荣的另一个关键。在全球市场迅猛发展的今天，其重要性变得更加突出。为此，我们承诺将在全球和地区范围内进一步努力，促进贸易投资自由化及便利化。

21.11 月，第四届世贸组织部长级会议将做出一项重大决定，其结果将对我们的未来产生长期的影响。我们毫不动摇地支持一个能为所有人带来更多机会的、更为强健的多边贸易体制。我们坚决支持在该会议上启动新一轮谈判，近来全球经济放缓使其更为紧迫。我们一致认为，一旦启动，新一轮谈判应尽早结束。

22. 我们强调制定一个平衡、足够广泛且现实可行的议程的必要性，这对新一轮谈判的成功启动和结束至关重要。我们同意新一轮的议程应包括进一步的贸易自由化，加强世贸组织规则及有关实施问题等内容。这一议程还应体现所有成员，特别是发展中和最不发达成员的利益和关切，因应 21 世纪的挑战并支持可持续发展的目标。这将有利于保证贸易和投资的增长能够带来繁荣并且能够公平地被所有人分享。为此，我们也强调新一轮应得到所有成员的支持。为实现这一目标，有必要有效实施特殊和差别待遇，并加强世贸组织内部的透明度。

23. 我们重申我们在亚太经合组织区域内对电子交易暂不征收关税的承诺。考虑到世贸组织有关协定对电子商务的重要意义，我们同意将这一举措延期至世贸组织第五届部长级会议。

24. 我们重申亚太经合组织与世贸组织相关的能力建设项目的重要意义。它们是亚太经合组织为加强多边贸易体制所做出的独特和实质性的贡献。我们呼吁加快实施亚太经合组织关于加强执行世贸组织协议能力建设的战略计划。

25. 我们对中国入世谈判的结束表示欢迎，认为这一历史性的发展有助于使世贸组织成为名符其实的全球性组织，并加固全球经济合作的基础。我们敦促在即将召开的部长级会议上完成中国的入世进程。同时，我们重申对在该会议上批准中国台北入世以及加快俄罗斯和越南入世进程的有力支持。

26. 我们强调次区域和双边经济合作应支持多边贸易体制，应与世贸组织的有关规定和原则相一致；与亚太经合组织有关规定相一致，并支持亚太经合组织的目标和原则。我们注意到有关就此交换信息的倡议。

为亚太经合组织描绘一个更为生机勃勃的前景

27. 从 1989 年成立以来，亚太经合组织历经变革，其所处的环境也发生了巨大的变化。但这些变化从未削弱亚太经合组织这一区域合作机制的重要性。相反，它们使得我们更有必要全力支持亚太经合组织进程，秉承从 1993 年西雅图会议延续至今的“亚太大家庭”精神，共同描绘亚太经合组织成员间和平与繁荣、多样性及依赖性并存的远景，特别是向实现茂物目标迈进。同时，我们重申坚持在自主自愿、协商一致、循序渐进等基本原则基础上形成的独特的“亚太经合组织合作方式”，强调单边行动与集体行动相结合，灵活性与全面性相结合，并坚持“开放的地区主义”。这些原则是我们取得成功的关键。

28. 我们意识到，亚太经合组织必须坚持活力，与时俱进，应对并适应世界和地区经济的不断变化。当亚太经合组织进入第二个 10 年之际，应丰富并赋予亚太经合组织合作以新的内涵，为亚太经合组织描绘一个更为生机勃勃的前景。在这方面，我们展望亚太经合组织在第二个 10 年的发展前景：继续致力于实现茂物目标，通过更加广泛与平衡地分享增长的好处深化大家庭精神，并将亚太经合组织建成一个更加紧密的地区合作机制。

29. 为此，我们今天宣布《上海共识》。该《共识》将成为亚太经合组织未来发展的战略性和前瞻性的议程。“共识”不仅明确了我们的共同承诺，也为实现共同目标确定了一些关键性的步骤。在反映亚太经合组织各成员多样性的基础上，它包含了亚太经合组织贸易投资和经济技术合作这两个相辅相成的要素。

30. 通过上海共识，我们承诺：

为亚太经合组织在新世纪的发展确定一个新的政策框架。这一框架将立足于全球化和新经济带来的变化，并反映拓展了的亚太经合组织议程，使其涵盖经济体内部及国际范围的改革和能力建设的必要性。

进一步明确亚太经合组织实现茂物目标的发展战略，并在2005年进行有关全面进展情况的中期审评。具体手段包括：拓展和更新《大阪行动议程》，鼓励以“探路者”方式推进亚太经合组织为实现茂物目标的倡议，促进实施有利于新经济的贸易政策，针对亚太经合组织贸易便利化原则采取后续行动以及提高经济治理的透明度等。

通过加强单边行动计划审议机制和加强经济技术合作和人力资源能力建设等手段，强化亚太经合组织合作的执行机制。

31. 我们指示部长和高官们积极地实施《上海共识》。我们坚信，通过共同努力，我们今天确立的前景将结出丰硕的成果，最终为我们缔造一个稳定、安全和繁荣的大家庭。

三　上海合作组织成立宣言

（2001年6月15日　上海）

哈萨克斯坦共和国、中华人民共和国、吉尔吉斯共和国、俄罗斯联邦、塔吉克斯坦共和国和乌兹别克斯坦共和国国家元首，

高度评价“上海五国”成立5年在促进并深化各成员国之间睦邻互信与友好关系、巩固地区安全与稳定、促进共同发展方面发挥的积极作用；

一致认为“上海五国”的建立和发展顺应了冷战结束后人类要求和平与发展的历史潮流，展示了不同文明背景、传统文化各异的国家通过互尊互信实现和睦共处、团结合作的巨大潜力；

特别指出哈萨克斯坦共和国、中华人民共和国、吉尔吉斯共和国、俄罗斯联邦和塔吉克斯坦共和国五国元首1996年和1997年分别在上海和莫斯科签署的关于在边境地区加强军事领域信任和关于在边境地区相互裁减军事力量的两个协定以及在阿拉木图（1998年）、比什凯克（1999年）、杜尚别（2000年）会晤期间签署的总结性文件，为维护地区和世界的和平、安全与稳定作出了重要贡献，大大丰富了当代外交和地区合作的实践，在国际社会产生了广泛积极的影响；

确信在21世纪政治多极化、经济和信息全球化进程迅速发展的背景下，将“上海五国”机制提升到更高的合作层次，有利于各成员国更有效地共同利用机遇和应对新的挑战与威胁；

兹郑重宣布：

（一）哈萨克斯坦共和国、中华人民共和国、吉尔吉斯共和国、俄罗斯联邦、塔吉克斯坦共和国和乌兹别克斯坦共和国建立“上海合作组织”。

（二）上海合作组织的宗旨是：加强各成员国之间的相互信任与睦邻友好；鼓励各成员国在政治、经贸、科技、文化、教育、能源、交通、环保及其他领域的有效合作；共同致力于维护和保障地区的和平、安全与稳定；建立民主、公正、合理的国际政治经济新秩序。

（三）上海合作组织每年举行一次成员国元首正式会晤，定期举行政府首脑会晤，轮流在各成员国举行。为扩大和加强各领域合作，除业已形成的相应部门领导人会晤机制外，可视情组建新的会晤机制，并建立常设和临时专家工作组研究进一步开展合作的方案和建议。

（四）“上海五国”进程中形成的以“互信、互利、平等、协商、尊重多样文明、谋求共同发展”为基本内容的“上海精神”，是本地区国家几年来合作中积累的宝贵财富，应继续发扬光大，使之成为新世纪“上海合作组织”成员国之间相互关系的准则。

（五）上海合作组织各成员国将严格遵循《联合国宪章》的宗旨与原则，相互尊重独立、主权和领土完整，互不干涉内政，互不使用或威胁使用武力，平等互利，通过相互协商解决所有问题，不谋求在相毗邻地区的单方面军事优势。

（六）上海合作组织是在1996年和1997年分别于上海和莫斯科签署的关于在边境地区加强军事领域信任和关于在边境地区相互裁减军事力量两个协定的基础上发展起来的，其合作现已扩大到政

洽、经贸、文化、科技等诸多领域。上述协定所体现的原则确定上海合作组织各成员国相互关系的基础。

（七）上海合作组织奉行不结盟、不针对其他国家和地区及对外开放的原则，愿与其他国家及有关国际和地区组织开展各种形式的对话、交流与合作，在协商一致的基础上吸收认同该组织框架内合作宗旨和任务、本宣言第六条阐述的原则及其他各项条款，其加入能促进实现这一合作的国家为该组织新成员。

（八）上海合作组织尤其重视并尽一切必要努力保障地区安全。各成员国将为落实《打击恐怖主义、分裂主义和极端主义上海公约》而紧密协作，包括在比什凯克建立“上海合作组织反恐怖中心”。此外，为遏制非法贩卖武器、毒品、非法移民和其他犯罪活动，将制定相应的多边合作文件。

（九）上海合作组织将利用各成员国之间在经贸领域互利合作的巨大潜力和广泛机遇，努力促进各成员国之间双边和多边合作的进一步发展以及合作的多元化。为此，将在上海合作组织框架内启动贸易和投资便利化谈判进程，制定长期多边经贸合作纲要，并签署有关文件。

（十）上海合作组织各成员国将加强在地区和国际事务中的磋商与协调行动，在重大国际和地区问题上相互支持和密切合作，共同促进和巩固本地区及世界的和平与稳定。在当前国际形势下，维护全球战略平衡与稳定具有特别重要的意义。

（十一）为协调上海合作组织成员国主管部门的合作并组织其相互协作，兹建立该组织成员国国家协调员理事会，并由外长批准该理事会暂行条例来规范其活动。

责成国家协调员理事会在本宣言和“上海五国”元首已签署文件的基础上着手制定《上海合作组织宪章》，其中要明确阐明“上海合作组织”未来合作的宗旨、目标、任务，吸收新成员的原则和程序，作出决定的法律效力和与其他国际组织相互协作的方式等规定，供2002年元首会晤时签署。

总结过去，展望未来，各国元首坚信，“上海合作组织”的成立标志着各成员国合作进程开始迈入一个崭新的发展阶段，这符合当今时代潮流，符合本地区的现实，符合各成员国人民的根本利益。

哈萨克斯坦共和国总统　努·纳扎尔巴耶夫
中华人民共和国主席　江泽民
吉尔吉斯斯坦共和国总统　阿·阿卡耶夫
俄罗斯联邦总统　弗·普京
塔吉克斯坦共和国总统　埃·拉赫莫诺夫
乌兹别克斯坦共和国总统　伊·卡里莫夫

2001年6月15日于上海

四　上海合作组织宪章

（2002年6月7日　圣彼得堡）

上海合作组织（以下简称“本组织”或“组织”）创始国——哈萨克斯坦共和国、中华人民共和国、吉尔吉斯共和国、俄罗斯联邦、塔吉克斯坦共和国和乌兹别克斯坦共和国。

以各国人民历史形成的联系为基础；

力求进一步深化全面合作；

希望在政治多极化、经济及信息全球化进程发展的背景下，共同努力为维护和平，保障地区安全与稳定作出贡献；

坚信本组织的成立可以更有效地共同把握机遇，应对新的挑战和威胁；

认为本组织框架内的协作有助于各国和各国人民发掘睦邻、团结、合作的巨大潜力；

本着六国元首上海会晤（2001年）确认的“互信、互利、平等、协商、尊重多样文明、谋求共同发展”的精神；

指出，遵守1996年4月26日签署的《中华人民共和国和俄罗斯联邦、哈萨克斯坦共和国、吉尔吉斯共和国、塔吉克斯坦共和国关于在边境地区加强军事领域信任的协定》和1997年4月24日签署的《中华人民共和国和俄罗斯联邦、哈萨克斯坦共和国、吉尔吉斯共和国、塔吉克斯坦共和国关于在边境地区相互裁减军事力量的协定》，以及哈萨克斯坦共和国、中华人民共和国、吉尔吉斯共和国、俄罗斯联邦、塔吉克斯坦共和国和乌兹别克斯坦共和国元首1998年至2001年峰会期间签署文件的原则，为维护地区及世界的和平、安全与稳定做出了重大贡献；

重申恪守《联合国宪章》宗旨和原则，其他有关维护国际和平、安全及发展国家间睦邻友好关系与合作的公认的国际法原则和准则；

遵循2001年6月15日《上海合作组织成立宣言》的各项规定；

商定如下：

第一条 宗旨和任务

本组织的基本宗旨和任务是：

加强成员国间的相互信任和睦邻友好；

发展多领域合作，维护和加强地区和平、安全与稳定，推动建立民主、公正、合理的国际政治经济新秩序；

共同打击一切形式的恐怖主义、分裂主义和极端主义，打击非法贩卖毒品、武器和其他跨国犯罪活动，以及非法移民；

鼓励开展政治、经贸、国防、执法、环保、文化、科技、教育、能源、交通、金融信贷及其他共同感兴趣领域的有效区域合作；

在平等伙伴关系基础上，通过联合行动，促进地区经济、社会、文化的全面均衡发展，不断提高各成员国人民的生活水平，改善生活条件；

在参与世界经济的进程中协调立场；

根据成员国的国际义务及国内法，促进保障人权及基本自由；

保持和发展与其他国家和国际组织的关系；

在防止和和平解决国际冲突中相互协助；

共同寻求21世纪出现的问题的解决办法。

第二条 原则

本组织成员国坚持以下原则：

相互尊重国家主权、独立、领土完整及国家边界不可破坏，互不侵犯，不干涉内政，在国际关系中不使用武力或以武力相威胁，不谋求在毗邻地区的单方面军事优势；

所有成员国一律平等，在相互理解及尊重每一个成员国意见的基础上寻求共识；

在利益一致的领域逐步采取联合行动；

和平解决成员国间分歧；

本组织不针对其他国家和国际组织；

不采取有悖本组织利益的任何违法行为；

认真履行在本宪章及本组织框架内通过的其他文件中所承担的义务。

第三条 合作方向

本组织框架内合作的基本方向是：

维护地区和平，加强地区安全与信任；

就共同关心的国际问题，包括在国际组织和国际论坛上寻求共识；

研究并采取措施，共同打击恐怖主义、分裂主义和极端主义，打击非法贩卖毒品、武器和其他跨国犯罪活动，以及非法移民；

就裁军和军控问题进行协调；

支持和鼓励各种形式的区域经济合作，推动贸易和投资便利化，以逐步实现商品、资本、服务和技术的自由流通；

有效使用交通运输领域内的现有基础设施，完善成员国的过境潜力，发展能源体系；

保障合理利用自然资源，包括利用地区水资源，实施共同保护自然的专门计划和方案；

相互提供援助以预防自然和人为的紧急状态并消除其后果；

为发展本组织框架内的合作，相互交换司法信息；

扩大在科技、教育、卫生、文化、体育及旅游领域的相互协作；

本组织成员国可通过相互协商扩大合作领域。

第四条 机构

一 为落实本宪章宗旨和任务，组织框架内的机构包括：

国家元首会议；

政府首脑（总理）会议；

外交部长会议；

各部门领导人会议；

国家协调员理事会；

地区反恐怖机构；

秘书处。

二 除地区反恐怖机构外，本组织各机构的职能和工作程序由成员国元首会议批准的有关条例确定。

三 成员国元首会议可通过决定成立本组织其他机构。以制定本宪章议定书的方式成立新机构。该议定书生效程序与本宪章第二十一条规定的生效程序相同。

第五条 国家元首会议

国家元首会议是本组织最高机构。该会议确定本组织活动的优先领域和基本方向，决定其内部结构和运作、与其他国家及国际组织相互协作的原则问题，同时研究最迫切的国际问题。

元首会议例会每年举行一次。例会主办国元首担任国家元首会议主席。例会举办地按惯例根据本组织成员国国名俄文字母的排序确定。

第六条 政府首脑（总理）会议

政府首脑（总理）会议通过组织预算，研究并决定组织框架内发展各具体领域，特别是经济领域相互协作的主要问题。

政府首脑（总理）会议例会每年举行一次，例会主办国政府首脑（总理）担任会议主席。

例会举办地由成员国政府首脑（总理）预先商定。

第七条 外交部长会议

外交部长会议讨论组织当前活动问题，筹备国家元首会议和在组织框架内就国际问题进行磋商。必要时，外交部长会议可以本组织名义发表声明。

外交部长例行会议按惯例在每次国家元首会议前一个月举行。召开外交部长非例行会议需有至少两个成员国提出建议，并经其他所有成员国外交部长同意。例会和非例会地点通过相互协商确定。

国家元首会议例会主办国外交部长担任外交部长会议主席，任期自上次国家元首会议例会结束日起，至下次国家元首会议例会开始日止。

根据会议工作条例，外交部长会议主席对外代表组织。

第八条 各部门领导人会议

根据国家元首会议和国家政府首脑（总理）会议的决定，成员国各部门领导人定期召开会议，研究本组织框架内发展相关领域相互协作的具体问题。

会议主办国有关部门领导人担任会议主席。会议举办地点和时间预先商定。

为筹备和举办会议，经各成员国预先商定，可成立常设或临时专家工作小组，根据部门领导人会议确定的工作章程开展工作，专家小组由各成员国部门代表组成。

第九条 国家协调员理事会

国家协调员理事会是本组织日常活动的协调和管理机构。理事会为国家元首会议、政府首脑（总理）会议和外交部长会议作必要准备。国家协调员由各成员国根据各自国内规定和程序任命。

理事会至少每年举行三次会议。主办国家元首会议例会的成员国国家协调员担任会议主席，任期自上次国家元首会议例会结束日起，至下次国家元首会议例会开始日止。

根据国家协调员理事会工作条例，受外交部长会议主席委托，国家协调员理事会主席可对外代表组织。

第十条 地区反恐怖机构

2001年6月15日签署的《打击恐怖主义、分裂主义和极端主义上海公约》参加国的地区反恐怖机构是本组织常设机构，设在比什凯克市（吉尔吉斯共和国）。

该机构的基本任务和职能，其成立、经费原则及活动规则，由成员国间签署的单独国际条约及通过的其他必要文件来规定。

第十一条 秘书处

秘书处是本组织常设行政机构。它承担本组织框架内开展活动的组织技术保障工作，并为组织年度预算方案提出建议。

秘书处由主任领导。主任由国家元首会议根据外交部长会议的推荐批准。

主任由各成员国公民按其国名俄文字母排序轮流担任，任期三年，不得连任。

副主任由外交部长会议根据国家协调员理事会的推荐批准，不得由已任命为主任的国家产生。

秘书处官员以定额原则为基础，由雇佣的成员国公民担任。

在执行公务时，秘书处主任、副主任和其他官员不应向任何成员国和（或）政府、组织或个人征求或领取指示。他们应避免采取任何可能影响其只对本组织负责的国际负责人地位的行动。

成员国应尊重秘书处主任、副主任和工作人员职责的国际性，在他们行使公务时不对其施加影响。

本组织秘书处设在北京市（中华人民共和国）。

第十二条 经费

本组织有自己的预算，根据成员国间的专门协定制定并执行。该协定还规定各成员国在分摊原则基础上给组织预算缴纳年度会费的比例。

根据上述协定，预算资金用于本组织常设机构的活动。成员国自行承担本国代表和专家参加组织活动的费用。

第十三条 成员

本组织对承诺遵守本宪章宗旨和原则及本组织框架内通过的其他国际条约和文件规定的、本地区其他国家实行开放，接纳其为成员国。

本组织吸收新成员问题的决定，由国家元首会议根据国家外交部长会议按有关国家向外交部长会议现任主席提交的正式申请所写的推荐报告作出。

如成员国违反本宪章规定和（或）经常不履行

其按本组织框架内所签国际条约和文件承担的义务，可由国家元首会议根据外交部长会议报告作出决定，中止其成员国资格。如该国继续违反自己的义务，国家元首会议可做出将其开除出本组织的决定，开除日期由国家元首会议自己确定。

成员国都有权退出本组织。关于退出本宪章的正式通知应至少提前12个月提交保存国。参加本宪章及本组织框架内通过的其他文件期间所履行的义务，在该义务全面履行完之前与有关国家是联系在一起的。

第十四条　同其他国家及国际组织的相互关系

本组织可与其他国家和国际组织建立协作与对话关系，包括在某些合作方向。

本组织可向感兴趣的国家或国际组织提供对话伙伴国或观察员地位。提供该地位的条例和程序由成员国间的专门协定规定。

本宪章不影响各成员国参加的其他国际条约所规定的权利和义务。

第十五条　国际人格

本组织作为国际法主体，享有国际人格。在各成员国境内，拥有为实现其宗旨和任务所必需的法律行为能力。

本组织享有法人权利，可：

——签订条约；

——获得并处置动产或不动产；

——起诉和被诉；

——设立账户并开展资金业务。

第十六条　通过决议程序

本组织各机构的决议以不举行投票的协商方式通过，如在协商过程中无任一成员国反对（协商一致），决议被视为通过，但中止成员资格或将其开除出组织的决议除外，该决议按“除有关成员国一票外协商一致”原则通过。

任何成员国都可就所通过决议的个别方面和（或）具体问题阐述其观点，这不妨碍整个决议的通过。上述观点应写入会议纪要。

如某个成员国或几个成员国对其他成员国感兴趣的某些合作项目的实施不感兴趣，他们不参与并不妨碍有关成员国实施这些合作项目，同时也不妨碍上述国家在将来加入到这些项目中来。

第十七条　执行决议

本组织各机构的决议由成员国根据本国法律程序执行。

各成员国落实本宪章和本组织框架内其他现有条约及本组织各机构决议所规定义务的情况，由本组织各机构在其权力范围内进行监督。

第十八条　常驻代表

成员国根据本国国内规定及程序任命本国派驻组织秘书处常驻代表，该代表列入成员国驻北京大使馆的外交人员编制。

第十九条　特权和豁免权

本组织及其官员在所有成员国境内享有为行使和实现本组织职能和宗旨所必需的特权和豁免权。

本组织及其官员的特权和豁免权范围由单独国际条约确定。

第二十条　语言

本组织的官方和工作语言为汉语和俄语。

第二十一条　有效期和生效

本宪章有效期不确定。

本宪章需经所有签署国批准，并自第四份批准书交至保存国之日起第30天生效。

对签署本宪章并晚些批准的国家，本宪章自其将批准书交至保存国之日起生效。

本宪章生效后，对任何国家开放加入。

对申请加入国，本宪章自保存国收到其加入书之日起第30天生效。

第二十二条　解决争议

如在解释或适用本宪章时出现争议和分歧，成员国将通过磋商和协商加以解决。

第二十三条　修正和补充

经成员国相互协商，本宪章可以修正和补充。国家元首会议关于修正和补充的决定以作为本宪章不可分割部分的单独议定书方式固定下来，其生效程序与本宪章第二十一条规定的生效程序相同。

第二十四条　保留

凡与本组织的宗旨、目的和任务相抵触或其效果足以阻碍本组织任何机关履行职能的保留不得容许。凡经至少2/3本组织成员国反对者，应视为抵触性或阻碍性的保留，且不具法律效力。

第二十五条　保存国

本宪章的保存国为中华人民共和国。

第二十六条　登记

本宪章需根据《联合国宪章》第一〇二条在联合国秘书处登记。

本宪章于2002年6月7日在圣彼得堡签订，正本一式一份，分别用中文和俄文写成，两种文本同等作准。

本宪章正本交由保存国保存，并由该国将核对无误的副本分发给所有签署国。

哈萨克斯坦共和国代表

努尔苏丹·纳扎尔巴耶夫(签字)

中华人民共和国代表

江泽民(签字)

吉尔吉斯共和国代表

阿斯卡尔·阿卡耶夫(签字)

俄罗斯联邦代表

弗拉基米尔·普京(签字)

塔吉克斯坦共和国代表

埃莫马利·拉赫莫诺夫(签字)

乌兹别克斯坦共和国代表

伊斯拉姆·卡里莫夫(签字)

五　上海合作组织五周年宣言

(2006年6月15日　上海)

值此上海合作组织（以下简称“本组织”）成立5周年之际，本组织成员国元首——哈萨克斯坦共和国总统纳扎尔巴耶夫、中华人民共和国主席胡锦涛、吉尔吉斯共和国总统巴基耶夫、俄罗斯联邦总统普京、塔吉克斯坦共和国总统拉赫莫诺夫、乌兹别克斯坦共和国总统卡里莫夫在本组织诞生地——上海举行会议，声明如下：

一　本组织5年前在上海宣告成立，是所有成员国基于21世纪的挑战和威胁，为实现本地区的持久和平与可持续发展而作出的战略抉择。这一决定推动地区合作迈入新的历史阶段，对于本组织所在地区建立和保持和平与稳定，建设合作和开放的环境具有重要意义。

在国际和地区局势风云变幻的情况下，本组织已成为成员国深化睦邻友好合作和伙伴关系的重要机制，开展文明对话的典范，是推动国际关系民主化的积极力量。

二　过去几年的工作为本组织稳定和持续发展奠定了坚实基础，已得到国际社会的广泛认同。

第一，顺利完成了机制和法律建设任务，确保本组织有效发挥职能。

第二，展开安全领域的密切合作，中心任务是打击恐怖主义、分裂主义、极端主义和非法贩运毒品，应对非传统威胁与挑战。

第三，制定了区域经济合作长期计划和方向，明确了成员国经济合作的目标、优先方向和首要任务，建立了实业家委员会和银行联合体。

第四，奉行对外开放、不针对第三方和不结盟原则，积极与像本组织一样愿在平等、相互尊重和建设性基础上进行合作的国家和国际组织开展多种形式的对话、交流与合作，以维护地区和平、安全与稳定。

本组织顺利发展，在于它一直遵循“互信、互利、平等、协商，尊重多样文明，谋求共同发展”的“上海精神”。作为本组织一个完整的基本理念和最重要的行为准则，它丰富了当代国际关系的理论和实践，体现了国际社会对实现国际关系民主化的普遍要求。“上海精神”对国际社会寻求新型的、非对抗性的国际关系模式具有非常重要的意义，这种模式要求摒弃冷战思维，超越意识形态差异。

本组织将毫不动摇地坚持成立之初确立的、并在通过的文件、宣言和声明中得到巩固的宗旨及原则。

三　当今世界形势和国际关系经历着前所未有的深刻变化。世界多极化和经济全球化的趋势在曲折中向前发展，建立21世纪新型国际秩序的进程缓慢而不均衡，各国相互联系与依存日益加深。国际社会拥有实现稳定、和平和普遍发展的良好机遇，也面临着一系列复杂的传统和非传统安全挑战和威胁。

本组织一贯主张加强战略稳定和不扩散大规模杀伤性武器的国际体系，支持维护国际法秩序，将为实现上述重大任务作出自己的贡献。

本组织认为，联合国是世界上最具普遍性、代表性和权威性的国际组织，被赋予在国际事务中发挥主导作用的责任，成为制定和执行国际法基本准则的核心。联合国应根据世界形势变化进行合理、必要的改革，以提高效率，增强应对新威胁和新挑战的能力。安理会的改革，应遵循公平地域分配原则和最广泛协商一致的原则，不应为改革设立时限或强行推动表决尚有重大分歧的方案。本组织主张，下届联合国秘书长应来自亚洲。

只有所有相关国家和国际组织开展广泛合作，

才能有效应对挑战和威胁，而确定维护地区安全的具体方式和机制，是该地区国家的权利和责任。

本组织将为建立互信、互利、平等、相互尊重的新型全球安全架构作出建设性贡献。此架构基于公认的国际法准则，摒弃“双重标准”，在互谅基础上通过谈判解决争端，尊重各国维护国家统一和保障民族利益的权利，尊重各国独立自主选择发展道路和制定内外政策的权利，尊重各国平等参与国际事务的权利。

必须尊重和保持世界文明及发展道路的多样性。历史形成的文化传统、政治社会体制、价值观和发展道路的差异不应被用于干涉他国内政的借口。社会发展的具体模式不能成为“输出品”。应互相尊重文明差异，各种文明应平等交流，取长补短，和谐发展。

四　中亚地区形势总体保持稳定。各国在政治经济改革和社会发展领域取得了历史性成就。中亚国家拥有独特的历史文化传统，应得到国际社会的尊重和理解。应支持中亚国家政府为维护安全与稳定、保持社会经济发展及不断改善人民生活所作的努力。

将继续挖掘本组织潜力，加强本组织作用，为促进成员国合作，为建立和平、协作、开放、繁荣与和谐的地区作出积极贡献。

成员国将世代友好，永不为敌，将全面发展睦邻、互相尊重和互利合作的关系，相互支持维护国家主权、安全和领土完整的原则立场和努力，不参加损害成员国主权、安全和领土完整的联盟或国际组织，不允许利用其领土损害其他成员国主权、安全和领土完整，禁止损害其他成员国利益的组织或团伙在本国领土活动。为此，成员国将协商缔结本组织框架内长期睦邻友好合作多边法律文件的问题。

成员国将一如既往地就国际和地区事务加强协调与合作，就涉及本组织利益的问题形成共同立场。

本组织拥有在本地区维护稳定与安全方面发挥独立作用的潜力。当出现威胁地区和平、稳定与安全的紧急事件时，成员国将立即联系并就共同有效应对进行磋商，以最大限度地维护本组织和成员国的利益。将研究在本组织框架内建立预防地区冲突机制的可能性。

全面深化打击恐怖主义、分裂主义和极端主义及非法贩运毒品领域的合作，是本组织的优先方向。本组织将采取措施，以加强地区反恐怖机构并与相关国际机构开展合作。

为进一步扩大经济合作，需协调成员国通过实施区域经济合作重大优先项目而落实《上海合作组织成员国多边经贸合作纲要》所作的努力，协调各方推进贸易和投资便利化，逐步实现商品、资本、服务和技术的自由流动。

本组织欢迎有关伙伴参与能源、交通运输、信息通信、农业等优先领域的具体项目。本组织将尽己所能，积极参与防治传染病的国际行动，为环境保护和合理利用自然资源作出贡献。

巩固和扩大成员国友好和相互理解的社会基础，是确保本组织持久生命力的重要手段。为此，需要将文化艺术、教育、体育、旅游、传媒等领域双边和多边合作机制化。鉴于成员国拥有独特、丰富的文化遗产，本组织在促进文明对话、建立和谐世界方面，完全可以发挥促进和示范作用。

值此本组织成立5周年之际发表此宣言，我们，成员国元首深信，本组织将更加有效地致力于实现其创建时宣告的崇高目标和任务，为和平、合作和发展事业作出贡献。

哈萨克斯坦共和国总统
努尔苏丹·纳扎尔巴耶夫

中华人民共和国主席
胡锦涛

吉尔吉斯共和国总统
库尔曼别克·巴基耶夫

俄罗斯联邦总统
弗拉基米尔·普京

塔吉克斯坦共和国总统
埃莫马利·拉赫莫诺夫

乌兹别克斯坦共和国总统
伊斯兰·卡里莫夫

六　上海合作组织成员国元首理事会第六次会议联合公报

（2006年6月15日　上海）

一　2006年6月15日，上海合作组织（以下简称“本组织”或“组织”）成员国元首理事会第六次会议在上海举行。哈萨克斯坦共和国总统纳扎尔巴耶夫、中华人民共和国主席胡锦涛、吉尔吉斯共和国总统巴基耶夫、俄罗斯联邦总统普京、塔吉克斯坦共和国总统拉赫莫诺夫、乌兹别克斯坦共和国总统卡里莫夫与会。

本组织秘书长张德广、地区反恐怖机构执委会主任卡西莫夫出席了会议。

印度共和国石油和天然气部长德奥拉、伊朗伊斯兰共和国总统内贾德、蒙古国总统恩赫巴亚尔、巴基斯坦伊斯兰共和国总统穆沙拉夫作为观察员国高级代表，以及阿富汗伊斯兰共和国总统卡尔扎伊、独联体执委会主席鲁沙伊洛、东盟副秘书长比利亚科塔作为主席国客人列席并发言。

元首们签署了《上海合作组织五周年宣言》和《上海合作组织成员国元首关于国际信息安全的声明》，批准了新版《上海合作组织秘书处条例》和《上海合作组织成员国打击恐怖主义、分裂主义和极端主义 2007 年至 2009 年合作纲要》，通过了一系列有关本组织人事和组织问题的决议，批准努尔加利耶夫（哈萨克斯坦共和国）自 2007 至 2009 年担任本组织秘书长。

本组织成员国全权代表还签署了《关于在上海合作组织成员国境内组织和举行联合反恐行动的程序协定》《关于查明和切断在上海合作组织成员国境内参与恐怖主义、分裂主义和极端主义活动人员渗透渠道的协定》《上海合作组织成员国政府间教育合作协定》《上海合作组织实业家委员会决议》《上海合作组织银行联合体成员行关于支持区域经济合作的行动纲要》。

元首们会见了本组织实业家委员会成立大会与会人员，并出席了本组织成员国艺术节开幕式。

元首理事会会议在建设性和友好气氛中，总结了本组织的发展经验和成就，讨论了组织工作中的迫切问题和任务，并就共同关心的国际问题广泛深入地交换了意见。

二　元首们指出，本组织在落实 2005 年夏阿斯塔纳峰会达成的协议方面做了卓有成效的工作，这为推动本组织各领域多边合作更加蓬勃发展创造了良好条件。

此次元首理事会会议通过了关于加强秘书处在本组织机构体系中的作用和把秘书处领导职务称谓改为秘书长的决议，将为本组织工作注入全新的活力，并提高本组织常设机构完成日益重要任务的工作效率。根据这一方针，国家协调员理事会应在 2006 年底前商定秘书处机构改革问题和在平衡及保持工作连续性基础上轮换本组织常设机构编内人员的问题。

元首们注意到成员国就制定本组织应对威胁地区和平、稳定和安全事态的措施机制的原则立场达成共识，认为本组织秘书处应尽快起草有关协定，使该机制的各项措施有法可依。

打击恐怖主义、分裂主义、极端主义的威胁和非法贩运毒品，仍是本组织的优先工作。这些威胁的规模和尖锐性有增无减。继续在成员国境内举行包括有防务部门参加的不同形式的联合反恐演习，对提高成员国联合反恐行动的效率是有益的。元首们对本组织地区反恐怖机构的工作给予积极评价，同时认为，该机构在更加出色地履行所肩负的职能和任务方面仍有潜力。

元首们指出，目前开展经济合作已具备法律基础和组织机制，多边经贸合作纲要及其落实措施计划的落实工作已经启动。建立本组织实业家委员会和银行联合体将极大地推动本组织经济合作的发展。落实中方提供的 9 亿美元信贷有助于扩大区域合作。各方同意将能源、信息技术和交通作为优先方向。上述领域的合作已进入实施具体示范性项目的阶段，这对加强本组织框架内的经济合作具有特殊意义。

元首们满意地指出，环保、文化、教育、体育等领域多边合作已迈出有益步伐，本组织专家论坛已开始运作。元首们强调，这对增进成员国相互了解、开展本组织框架内的民间外交具有与日俱增的意义。

元首们完全支持六国议会领导人在 2006 年 5 月 30 日莫斯科会议上达成的有关协议（《上海合作组织议会倡议》），认为这是巩固本组织和发展成员国议会联系的有益创举。

元首们认为，随着国际形势的发展，以及本组织活动日趋积极，有必要加强本组织的新闻宣传工作，营造有利于本组织发展的公众意见和舆论环境。本组织秘书处应协调相关具体建议的制定工作。

各成员国在信息安全领域面临的具有军事政治、犯罪和恐怖主义性质的威胁，是需要立即采取措施共同应对的新挑战。责成成员国专家组在2007年本组织下次峰会前制定维护信息安全的行动计划，其中包括确定本组织框架内解决这一问题的途径和方式。

基于本组织的崇高宗旨和长远利益，并根据本组织五周年宣言，元首们责成国家协调员理事会就缔结本组织框架内长期睦邻友好合作的多边法律文件问题进行协商。

三　本组织将积极利用各种形式和方法，扩大成员国在国际舞台上的合作，并与观察员国和有关国际组织举行定期磋商。这完全适用于已成立并开始运作的上海合作组织—阿富汗联络组。

元首们满意地指出，2004年塔什干国家元首理事会关于亚太地区国际组织间建立合作关系的倡议得到广泛积极的响应。元首们欢迎本组织与东南亚国家联盟、独立国家联合体、欧亚经济共同体签署相关合作文件，并重申，本组织愿在平等、相互尊重的基础上与其他国际组织和国际金融机构发展类似联系。

本组织秘书处应会同地区反恐怖机构执委会经常关注本组织与其他组织签署的合作文件的具体落实情况，全力促进本组织与观察员国开展积极的具体合作。

元首们责成国家协调员理事会着手就本组织扩员程序提出建议。该程序应完全符合《上海合作组织宪章》规定的目的和任务，确保构成本组织法律基础的全部条约文件的有效性，应有助于增强本组织凝聚力，并保证本组织在所有层面上协商任何问题时始终遵循协商一致原则。

本组织成员国元首理事会例行会议将于2007年在比什凯克举行，下年度本组织轮值主席国相应由吉尔吉斯共和国担任。

七　第一届亚欧会议主席声明〔摘要〕

（1996年3月2日　曼谷）

第一部分　面向亚欧之间的共识

首届亚欧会议于1996年3月1～2日在曼谷举行，来自10个亚洲国家和15个欧洲国家的政府首脑参加。

会议认识到有必要努力达到一个共同目标：维护和平与稳定并使之提高到一个新水平，同时创造有利于经济和社会发展的条件。为了达到这一目标，会议确立了新的和全面的促进经济增长的亚欧伙伴关系。这种伙伴关系旨在加强亚欧联系，从而对和平、全球稳定和繁荣作出贡献。

会议认识到，伙伴关系的重要目标之一是：欧亚地区共同承担义务，通过更进一步的民间交流，加强人民之间的理解。在平等基础上，遵从合作的精神，在广泛的问题上依据双方的共识，加强对话，促进相互理解，双方受益。

第二部分　促进政治对话

这次亚欧国家首脑会议反映出他们希望加强亚欧政治对话。与会各国之间的对话应在以下基础上进行：相互尊重、平等、促进基本权利以及根据国际法和义务的有关规定不相互干涉内政，不管是直接的还是间接的。

会议一致认为加强有关军备控制、裁军和不扩散大规模杀伤武器的国际行动的重要性，同时重申亚欧国家将在这些领域加强合作。

第三部分　加强经济合作

会议认识到，由于亚欧两个地区的经济都富有活力并具有经济多样性，这两个地区具有很大的合作潜力。亚洲作为一个广阔的新兴市场的出现，孕育着消费品、资本设备、资金和基础设施的巨大需求。而欧洲则是世界商品、投资和服务的主要市场。因而，双方都具有扩大商品、资本设备和基础发展项目的市场，以及增加重要的专门技术和工艺流动的机会。

会议认识到，两地区之间不断增长的经济联系形成了亚洲和欧洲之间牢固的伙伴关系的基础。为进一步强化这种伙伴关系，会议表达了在亚欧之间促进双向贸易和投资的决心。这样的伙伴关系将建立在以下基础之上：共同承担市场经济的义务，开放多边贸易体系，非歧视的自由主义和开放的地区主义。会议强调，任何地区一体化和合作都应当是与世界贸易组织一致的，并具有外部视野。

亚欧会议国家充分参与世界贸易组织将加强这一组织的力量。

会议决定，召集高级官员进行非正式会谈，以促进经济合作，尤其是促进贸易与投资自由化和便利化。

会议决定，鼓励商业和私人部门，包括两地区中小型企业的发展，以加强他们之间的合作。为达到此目标，会议决定建立定期的亚欧商业论坛。

第四部分　推动其他领域的合作

会议认为密切加强亚洲和欧洲之间科学技术交流，尤其是优先推进农业、信息通讯技术、能源和运输等部门的交流，对加强两地区的经济联系具有重要意义。会议还支持加强各层次的教育和职业、管理培训。会议还强调增进发展两地区合作，优先缓解贫困、提高妇女的地位和加强公共健康领域的合作，包括加强全球防止和防艾滋病的努力。会议进一步决定两地区在ASEM框架下加强与其他地区的对话，并在可能的情况下，共享这些领域里各自的经验。

会议强调了环境问题的重要性，比如全球变暖，保护水资源，森林采伐和沙漠化，物种多样性的减少，海洋环境保护，决定在这些领域内，采取互利性合作，包括环保技术的转让以推动可持续发展。

会议要求加强亚洲和欧洲之间的文化联系，尤其是培育民间联系，这些都是促进两地区人民之间的相互理解所必不可少的。

第五部分　亚欧会议未来的进程

会议决定陆续采取以下措施：

马来西亚将担任跨亚洲的铁路网络一体化研究项目协商人。如果可能的话，还将研究与跨欧洲的铁路网络联成一体可行性。

在泰国建立环境技术中心，承担研究和发展活动，并对两地区的政府和人民提供指导。

在亚欧各国的捐助下，在新加坡建立一项亚欧基金，以推动智囊、人民和文化团体的交流。

第二编

基本统计资料

一　东亚地区主要经济指标数据

1. 东亚地区2003年社会经济综合指标

国家（地区）	面积（万平方公里）	年中人口（百万人）	国民总收入（10亿美元）	人均国民收入（美元）	人口密度（人/平方公里）	城市人口占总人口的%	出生时预期寿命（岁）
中国	959.8	1 288	1 416.8	1 100	138	39	71
中国台湾	3.6	22.6	295.9	13 157	622	70	74
中国香港	0.11	6.8	176.2	25 860	6 541	100	80
日本	37.8	128	4 360.8	34 180	350	79	82
朝鲜	12.1	23	—	—	188	61	63
韩国	9.9	48	576.4	12 030	485	84	74
蒙古	156.7	2	1.2	480	2	57	66
越南	33.2	81	38.8	480	250	25	70
老挝	23.7	6	1.7	340	25	21	55
柬埔寨	18.1	13	4.1	300	76	19	54
缅甸	67.7	49	—	—	75	29	57
泰国	51.3	62	135.9	2 190	121	20	69
马来西亚	33.0	25	96.1	3 880	75	59	73
新加坡	0.064	4	90.2	21 230	6 343	100	78
印度尼西亚	190.5	215	173.5	810	119	44	67
菲律宾	30.0	80	87.8	1 080	273	61	70

资料来源　世界银行《2005年世界发展指标》第22～24页、第120～122页、第166～168页。

2. 东亚国家（地区）1970～2005 年主要人口指标

国家（地区）	总人口（2002，百万人）	人口年增率（1975～2002）	城市占总人口比率%		每名妇女生育数（2002）	出生时预期寿命（岁）		婴儿死亡率（每千例）2002
			1975	2002		1970～1975	2000～2005	
中国	1 294.9	1.2	17.4	37.7	1.8	63.2	71.0	31
中国台湾	22.52	5	—	—	3.9	74	74	6
中国香港	7.0	1.7	100.0	100.0	1.0	72.0	79.9	—
日本	127.5	0.5	56.8	65.3	1.3	73.3	81.6	3
韩国	47.4	1.1	48.0	80.1	1.4	62.6	75.5	5
蒙古	2.6	2.1	48.7	56.7	2.4	53.8	63.9	58
越南	80.3	1.9	18.9	25.2	2.3	50.3	69.2	30
老挝	5.5	2.2	11.1	20.2	4.8	40.4	54.5	87
柬埔寨	13.8	2.5	10.3	18.0	4.8	40.3	57.4	96
缅甸	48.9	1.8	23.9	28.9	2.9	49.3	57.3	77
泰国	62.2	1.5	23.8	31.6	1.9	61.0	69.3	24
马来西亚	24.0	2.5	37.7	63.3	2.9	63.0	73.1	8
新加坡	4.2	2.3	100.0	100.0	1.4	69.5	78.1	3
印度尼西亚	217.1	1.8	19.3	44.5	2.4	49.2	66.8	33
菲律宾	78.6	2.3	35.6	60.2	3.2	58.1	70.0	29

资料来源 联合国开发计划署《2004 年人类发展报告》第 152～154 页，168～170 页，中国财政经济出版社 2004 年 8 月第 1 版。

3. 东亚国家（地区）1970～2002 年国（区）内生产总值和人均生产总值

国家（地区）	国（地区）内生产总值（亿美元）					人均国（地区）内生产总值（美元）					
	1970	1980	1990	2002	年增率 1990～2002	1970	1980	1990	2002	年增率 1975～2002	年增率 1990～2002
中国	783	2 017	3 649	12 095	9.6	94	246	370	940	8.2	8.6
中国台湾	57	414	1 641	2 893		389	2 344	8 111	12 916		
中国香港	36	285	597	1 600	3.7	912	5 445	11 490	23 577	4.4	2.2
日本	2 036	10 592	29 429	42 656	1.2	1 969	10 390	25 430	33 550	2.6	1.0
韩国	87	637	2 364	4 730	5.5	272	1 770	5 400	9 930	6.1	4.7
蒙古	—	23	—	11	-1.3	—	—	—	457	-0.3	0.2
越南	52	49	65	349	7.5	123	91	—	430	5.0	5.9
老挝	—	—	—	17	6.3	—	—	—	304	3.3	3.8
柬埔寨	—	—	—	40	6.5	—	—	—	280	—	4.1
缅甸	—	—	—	—	7.4	—	—	—	—	1.8	5.7
泰国	65	323	802	1 222	3.7	182	720	1 420	1 980	5.2	2.9
马来西亚	35	245	424	860	5.9	333	1 800	2 320	3 540	4.0	3.6
新加坡	19	117	346	861	6.3	916	4 707	11 160	20 690	5.0	3.8
印尼	89	780	1 073	1 499	3.5	75	500	570	480	4.2	2.1
菲律宾	68	325	439	815	3.5	187	690	730	1 020	0.2	1.1

注 台湾地区内生产总值年均增长率 1991～2000 年为 6.8%，2001～2005 年降为 3.3%。

资料来源 联合国《国民核算年鉴》1983～1984 年；世界银行《世界发展报告》1987、1992、1995、1997、1998～1999、2002、2003、2004 年；联合国开发计划署《2004 年人类发展报告》；中国台湾《统计月报》有关年份和月份。

4. 东亚国家（地区）1965～2000年生产总值的生产构成

（按增加值计算 %）

国家（地区）	产业部门	1965	1970	1980	1990	1995	2000
中国	农业	39	34	30	27	21	16
	工业	38	38	49	42	48	49
	服务业	23	29	21	31	31	34
中国台湾	农业	24	16	8	4	4	2
	工业	30	37	46	41	36	33
	服务业	46	47	46	55	60	65
中国香港	农业	2	2	1	0	0	0
	工业	40	36	32	26	17	15
	服务业	58	62	67	73	83	85
日本	农业	9	6	4	3	2	2
	工业	43	47	42	42	38	36
	服务业	48	47	54	56	60	62
韩国	农业	39	25	15	9	7	5
	工业	26	29	40	45	43	44
	服务业	35	46	45	46	50	51
越南	农业	—	—	43	39	28	25
	工业	—	—	26	22	30	34
	服务业	—	—	31	39	42	40
泰国	农业	35	26	23	12	11	10
	工业	23	25	29	39	40	40
	服务业	42	49	48	48	49	49
马来西亚	农业	28	29	22	—	13	12
	工业	25	25	38	—	43	40
	服务业	47	46	40	—	44	48
新加坡	农业	3	2	1	0	0	0
	工业	24	36	38	37	36	34
	服务业	73	62	61	63	64	66
印度尼西亚	农业	56	45	24	22	17	17
	工业	13	19	42	40	42	47
	服务业	31	36	34	38	41	36
菲律宾	农业	26	30	25	22	22	17
	工业	28	32	39	35	32	30
	服务业	46	39	36	47	46	53

资料来源 世界银行《世界发展报告》有关年份；中国台湾《统计月报》有关年份和月份。

5. 东亚国家（地区）1970～2004年进出口贸易

（亿美元）

国家（地区）	出口					进口				
	1970	1980	1990	2000	2004	1970	1980	1990	2000	2004
中国	23.1	181	621	2 492	5 930	22.8	199	533	2 251	5 610
中国台湾	14.3	198	671	1 480	1 740	15.3	198	548	1 400	1 680
中国香港	25.2	197	852	2 024	2 590	29.1	224	825	2 142	2 710
日本	193.2	1 304	2 876	4 793	5 660	188.8	1 413	2 354	3 975	4 550
韩国	8.4	175	650	1 726	2 540	19.8	223	698	1 605	2 240
越南	0.1	5.4	24	143	260	3.7	13	27	152	310
泰国	7.1	65	231	689	950	13.0	92	334	620	940
马来西亚	16.9	130	294	982	1 260	14.1	108	293	822	1 050
新加坡	15.5	194	527	1 379	1 800	24.6	240	609.0	1 347	1 640
印尼	11.1	219	257	620	710	10.0	108	218	335	460
菲律宾	10.4	57	81	400	400	12.4	83	130	346	440

资料来源 国际货币基金组织《国际金融统计年鉴》1984、1998年；《国际金融统计月报》1999年6月；世界银行《世界发展报告》2005年。

6. 东亚国家（地区）1986～2000年吸引外资与对外直接投资

（亿美元）

国家（地区）	吸引外资额（流入量）				对外直接投资额（流出量）			
	1986～1991	1995	2000		1986～1991	1995	2000	
			流入量	占固定资本形成额%			流出量	占固定资本形成额%
中国	31	358	408	10.5	7. 5	20	9.2	0.2
中国台湾	10	15.6	49	6.8	31.9	29.8	67	9.2
中国香港	17	62	619	7.7	23.7	250	594	58.7
韩国	8.6	17.8	93	7.1	9.2	35.5	50	3.8
泰国	13.2	20	28	10.4	0.92	8.9	0.5	0.2
马来西亚	16	41.3	38	16.5	3.1	25.7	20	8.8
新加坡	36	82	54	19.8	6.6	39.9	50	18.2
印度尼西亚	7.5	43.5	－45	－12.2	7	6	1.5	0.4
菲律宾	5	14.6	12	9.2	0.01	0.98	1.07	0.8

资料来源 联合国《世界投资报告》1998、2000、2002年。

7. 东亚国家 1980～1999 年外债总额、结构及偿还率

国家	负债度	外债总额（亿美元）				债务偿还占货物与劳务出口%			短期债务占总债务%	
		1980	1990	1999		1980	1990	1999	1990	1999
				总额	占出口%					
中国	L	45.04	553.01	1 542.2	59	13.1	11.7	9.0	16.8	11.5
韩国	L	294.80	349.68	1 297.8	71	19.7	10.8	24.6	30.9	26.8
蒙古	M	—	—	8.91	93	0.0	—	4.8	—	2.6
越南	M	0.06	232.70	232.60	151	—	8.9	9.8	7.7	10.2
老挝	S	3.50	17.68	25.27	290	17.1	8.7	7.7	0.1	0.1
柬埔寨	M		18.54	22.62	161	—		2.9	7.5	2.3
缅甸	S	14.99	46.95	59.99	369	25.4	9.0	7.9	4.9	11.1
泰国	M	82.97	281.65	963.35	127	18.9	16.9	22.0	29.5	24.3
马来西亚	M	66.11	153.28	459.39	48	6.3	12.6	4.8	12.4	16.4
印尼	S	209.44	698.72	1 500.9	255	13.9	33.3	30.3	15.9	13.3
菲律宾	M	174.17	305.80	520.22	110	26.6	27.0	14.3	14.5	11.0

资料来源　世界银行《2001 世界发展指标》。

8. 东亚国家（地区）（1998～2005 年）外汇储备

（亿美元）

国家（地区）	1998 年末	2000 年末	2002 年末	2004 年末	2005 年 6 月末
中国	1 449.6	1 655.7	2 864.1	6 099.3	7 109.7
中国台湾	903.4	1 067.4	1 616.6	2 417.4	2 536.4
中国香港	896.1	1 075.4	1 119.0	1 235.4	1 219.7
日本	2 032.1	3 472.1	4 514.6	8 242.6	8 249.7
韩国	519.6	958.5	1 208.1	1 981.7	2 052.6
蒙古	0.94	1.79	3.50	2.36	—
越南	20.0	34.2	41.2	70.4	82.7
老挝	1.06	1.39	1.86	2.08	—
柬埔寨	3.15	5.02	7.76	9.43	9.43
缅甸	3.15	2.23	4.70	6.72	6.91
泰国	284.3	319.3	380.4	485.0	470.1
马来西亚	247.3	286.2	332.8	654.1	740.5
新加坡	744.2	896.8	813.7	1 115.0	1 150.8
印尼	224.0	282.8	307.5	347.2	322.1
菲律宾	91.5	129.7	132.0	129.8	150.1

资料来源　联合国《统计月报》2005 年 9 月第 250～276 页。

9. 东亚9国1980～2000年能源生产与消费构成

(%)

国家	项目	生产构成				消费构成			
		1980	1990	1995	2000	1980	1990	1995	2000
中国	总量（百万吨）	615.2	1 004.0	1 237.5	1 023.3	561.8	893.4	1 171.3	1 013.3
	固体燃料	70.7	76.7	78.5	69.6	77.0	81.4	80.1	67.9
	液体燃料	25.0	19.7	17.3	22.8	18.4	14.5	15.4	24.4
	天然气	3.1	2.0	4.3	2.6	3.4	2.3	2.0	4.4
	电力	1.2	1.6	3.3	2.2	1.3	1.8	2.4	3.3
日本	总量（百万吨）	42.7	99.97	132.8	142.7	428.1	564.2	638.5	682.1
	固体燃料	40.0	7.3	3.9	1.7	18.8	20.3	19.6	22.1
	液体燃料	1.5	0.8	0.8	0.1	68.3	51.7	48.2	42.6
	天然气	7.9	2.9	2.3	2.4	7.9	12.2	12.9	15.3
	电力	50.6	89.1	93.0	95.2	5.0	18.8	19.3	19.9
朝鲜	总量（百万吨）	44.8	85.1	89.4	65.9	48.5	94.1	97.9	654.0
	固体燃料	93.8	95.4	96.8	96.0	87.8	88.8	90.7	73.7
	液体燃料	—	—	—	—	6.5	7.1	6.4	8.1
	天然气	—	—	—	—	—	—	—	—
	电力	6.2	4.6	3.2	4.0	5.7	4.1	2.9	3.5
韩国	总量（百万吨）	12.8	31. 5	29.2	43.9	52.1	119.1	186.5	221.7
	固体燃料	94.8	35.1	12.6	6.1	36.0	29.8	23.9	27.7
	液体燃料	—	—	—	—	62.7	49.4	55.3	41.8
	天然气	—	—	—	—	—	3.6	7.1	11.9
	电力	5.2	64.9	87.4	93.9	1.3	17.2	13.7	18.6
越南	总量（百万吨）	5.3	9.1	21.5	39.5	6.6	9.2	13.9	25.6
	固体燃料	97.2	50.6	38.9	29.4	71.4	45.5	34.6	31.2
	液体燃料	—	42.1	50.7	59.5	26.0	47.3	49.3	51.6
	天然气	—	0.1	0.0	4.6	*	0.04	0.1	7.0
	电力	2.8	7.2	10.4	6.6	2.2	7.2	16.1	10.2
泰国	总量（百万吨）	0.64	17.0	29.7	44.1	17.0	41.8	73.2	86.3
	固体燃料	73.7	27.3	39.0	25.2	3.0	11.6	18.9	18.4
	液体燃料	1.0	23.7	17.7	23.6	95.5	68.3	63.5	52.3
	天然气	—	45.4	40.4	49.5	0	18.5	16.4	28.5
	电力	24.5	3.6	2.8	1.7	1.5	1.6	1.2	0.8
马来西亚	总量（百万吨）	20.5	61.2	89.2	110.1	14.1	26.6	57.2	74.0
	固体燃料	—	0.2	0.1	0.4	0.5	7.1	5.0	5.1
	液体燃料	93.8	71.0	55.5	40.5	84.4	72.7	50.4	47.7
	天然气	5.4	28.0	43.3	58.3	13.9	17.8	42.8	53.0
	电力	0.8	0.8	1.0	0.8	1.2	1.8	1.8	1.2
印度尼西亚	总量（百万吨）	134.1	222.7	266.7	279.7	33.6	91.6	115.6	115.8
	固体燃料	0.2	3.3	13.5	27.5	0.8	3.2	12.7	17.1
	液体燃料	84.2	59.6	53.9	45.0	82.6	47.1	52.2	61.4
	天然气	15.5	35.9	31.3	25.8	16.1	46.8	32.0	17.2—
	电力	0.1	1.2	1.3	1.7	0.5	2.9	3.2	4.3
菲律宾	总量（百万吨）	1.7	8.6	9.2	16.2	17.4	24.8	29.4	43.1
	固体燃料	13.0	9.7	9.7	0.5	3.0	8.7	7.7	13.9
	液体燃料	46.1	4.1	2.2	0.1	93.1	61.3	64.7	50.7
	天然气	—	—	—	—	—	—	—	—
	电力	40.9	86.2	88.1	93.8	3.9	30.0	27.6	35.4

资料来源 联合国《能源统计年鉴》1982、1993、1995、2001年。

二 东亚地区主要教育、科技及卫生保健统计数据

1. 东亚国家（地区）1990～2003年教育支出及居民受教育机会

（%）

国家（地区）	教育占政府总支出比率		成人识字率		小学总入学率		中学总入学率		高等教育总入学率	
	1990	2002～2003	1990	2002	1990～1991	2002～2003	1990～1991	2002～2003	1990～1991	2002～2003
中国	12.8	—	78.3	90.9	125	116	49	67	3	13
中国台湾	6.5	6.1	92.9	96.0	101	100	95	99	37	83
中国香港	—	21.9	89.7	—	102	108	80	78	10	26
日本	—	10.5			100	101	97	103	31	49
韩国	22.4	13.1	95.9	—	105	104	90	90	39	85
蒙古	17.6	—	97.8	97.8	97	101	82	84	14	37
越南	7.5	11.8	90.4	90.3	107	101	32	72	2	12
老挝	—	11.0	56.5	66.4	103	116	24	44	0	5
柬埔寨	—	15.3	62.0	69.4	83	124	29	25	1	3
缅甸	—	18.1	80.7	85.3	109	92	22	39	4	12
泰国	20.0	28.3	92.4	92.6	98	98	31	83	15	37
马来西亚	18.3	20.0	80.7	88.7	94	95	—	69	4	12
新加坡	19.9	—	88.8	92.5	104	—	68	—	18	39
印尼	—	9.8	79.5	87.9	114	111	45	58	9	15
菲律宾	10.1	14.0	91.7	92.6	109	112	71	82	28	31

资料来源 世界银行《2005世界发展指标》第84～90页；联合国开发计划署《2004年人类发展报告》。

2. 东亚国家（地区）1990～2002年科技创造与扩散

国家（地区）	研究开发支出（占GDP%）	科技人员数（每百万人）	国内居民获得专利（件/百万人）	收到版权与许可权费（人均美元）	因特网用户（千分比）		移动电话用户（千分比）		电话主线（千分比）	
	1996～2002	1990～2001	2000	2002	1990	2002	1990	2002	1990	2002
中国	1.1	584	5	0.1	0.0	46.0	—	161	6	167
中国香港	0.4	93	6	28.4	0.0	430.1	24	942	450	565
日本	3.1	5 321	884	81.8	0.2	448.9	7	637	441	558
韩国	3.0	2 880	490	17.4	0.2	551.9	2	679	306	489
蒙古	—	531	32	0.0	0.0	20.6	0	89	32	53
越南	—	274	—	—	0.0	18.5	0	23	1	48
老挝	—	—	—	—	0.0	2.7	0	10	2	11
柬埔寨	—	—	—	—	0.0	2.2	0	28	—	3
缅甸	—	—	—	—	0.0	0.5	0	1	2	7
泰国	0.1	74	3	0.1	0.0	77.6	1	260	24	105
马来西亚	0.4	160	—	0.5	0.0	319.7	5	377	89	190
新加坡	2.1	4 052	27	—	0.0	504.4	17	796	346	463
印尼	—	130	0	—	0.0	37.7	—	55	6	37
菲律宾	—	156	—	—	0.0	44.0	0	191	10	42

资料来源 联合国开发计划署《2004年人类发展报告》第180～182页。

3. 东亚国家（地区）2002年卫生保健状况

国家（地区）	卫生保健支出（占GDP%,）	人均卫生保健支出（美元）	医生（每千人）	病床数（每千人）	安全饮水（占总人口%）	卫生设施（占总人口%）
	2002	2002	2004	1995～2002	2002	2002
中国	5.8	63	1.6	2.5	77	44
中国台湾	—	—	7.8	5.6	—	—
中国香港	—	—	1.6	5.2	—	—
日本	7.9	2 476	2.0	16.5	100	100
朝鲜	4.6	0*	3.0	—	100	59
韩国	5.0	577	1.8	6.1	92	63
蒙古	6.6	27	2.7	—	62	62
越南	5.2	23	0.5	1.7	73	41
老挝	2.9	10	0.6	—	43	24
柬埔寨	12.0	32	0.2	—	34	16
缅甸	2.2	315	0.3	—	80	73
泰国	4.4	90	0.3	2.0	85	99
马来西亚	3.8	149	0.7	2.0	95	96
新加坡	4.3	898	1.4	—	100	100
印尼	3.2	26	0.2	—	78	52
菲律宾	2.9	28	1.2	—	85	73

*　不足0.5美元。

资料来源　世界银行《2005年世界发展指标》第100～106页。

（陈秀英）

估，并为进一步加强我们之间的合作提出建议。

我们还要求知名人士小组和太平洋工商论坛对亚太经合组织与现存的次区域安排〔东盟自由贸易区亚太经合组织澳新贸易协定（ANZERTA）和北美自由贸易协定（NAFTA）〕之间的关系作出审评，并对如何避免它们各自设置障碍和如何发展它们之间关系的一致性研究可行的方案。

亚太经合组织经济领导人

印尼茂物 1994 年 11 月 15 日

二 亚太经济合作组织领导人宣言 迎接新世纪的新挑战

（2001 年 10 月 21 日 上海）

前言

1. 我们，亚太经合组织（APEC）的经济体领导人，在21 世纪首次会聚上海，探讨如何迎接我们所面积的新挑战。我们相信亚太地区具有巨大的潜力，并决心通过参与、合作，实现共同繁荣。

2. 此次会议是在十分关键的时刻举行的。目前，世界主要经济体增长放缓，情况比我们预想的更为严峻。亚太地区多数成员经济下滑，一些新兴经济体受到外部环境的影响尤为严重。此外，最近在美国发生的恐怖袭击事件对一些行业以及消费和投资者信心均造成了负面影响。从长远来看，应对全球化和新经济带来的深刻变革并从中获益是我们面临的另一个主要挑战。

3. 作为亚太地区最重要的经济合作论坛，亚太经合组织应发挥领导作用，帮助各成员抓住机遇、迎接挑战。同时，我们需要就反对恐怖主义传达清晰而强烈的信息。我们决心扭转当前经济的下滑趋势，反对贸易保护主义，支持世界贸易组织在即将召开的部长级会议上启动新一轮谈判，增强公众对未来的信心。这些工作将符合并推动亚太经合组织的目标：和平、和谐、共同繁荣。

4. 我们决心共同努力，促进经济可持续增长，共享全球化和新经济的收益，推进贸易投资自由化和便利化，从而使亚太经济在新世纪更加充满活力。我们重申实现茂物目标的决心，即发达成员在2010 年、发展中成员在 2020 年实现亚太地区贸易投资自由化和便利化。为此，我们通过了《上海共识》，为亚太经合组织在第二个 10 年及以后的发展指明了道路。

促进可持续发展

5. 我们对亚太地区中、长期经济增长前景抱有坚定的信心，原因是亚太地区的经济基础依然良好。1997～1998 年亚洲金融危机以后，改革和结构调整初见成效，许多新兴经济体提高了抵御经济放缓和外部冲击的能力。

6. 我们将采取适当的经济政策和措施，加强宏观经济政策对话与合作，为促进经济复苏，实现可持续发展奠定坚实的基础。所有成员都有必要采取及时的政策行动来加强市场、促进世界经济的早日复苏。

7. 鉴此，我们呼吁强化成员内部的能力建设，深化结构改革，巩固本地区的经济基础。对此，我们重视合理的经济政策和良好的公司治理，强调政府应制定合理的法律、法规框架，鼓励创新竞争，加强能力建设。建立完善的社会安全体系十分重要，它有助于减少经济危机对社会弱势群体的负面影响。正如亚太经合组织《2001 年经济展望报告》中所提到的，提高金融效率是促进经济增长的关键。因此，我们欢迎亚太经合组织在这方面所作的努力，包括加强建设经济、法律基础设施、对资本市场进行监督、在公司治理和执行国际金融标准等方面的合作。亚太经合组织财政部长会议为此作出了贡献。我们还欢迎太平洋经济合作理事会在这些方面做出的努力。我们指示相关的部长和官员们继续推进他们在此方面的工作。

8. 我们认识到加强金融稳定、防范危机的重要性，强调有必要加强国际金融体系。我们呼吁亚太经合组织继续努力，建立有效机制，防止金融危机再度发生。我们在加强国际金融体系方面已迈出了重要步伐，例如，“金融稳定论坛”审议了“离岸金融中心和高杠杆率的金融机构工作组”有关建议的执行情况。我们强调应确保国际货币基金组织董事会的代表性，强调国际货币基金组织的份额分摊应合理反映世界经济的现状。国际货币基金组织和其他国际金融机构为加强金融稳定发挥了关键作用，地区合作组织也可成为其有益的补充。因此，我们欢迎“清迈倡议”在加强东盟和中国、日本、韩国金融合作安排方面所取得的实质性进展，并注意到“马尼拉框架工作组”的有关工作。我们支持